工程建设标准年册（2012）

（中）

住房和城乡建设部标准定额研究所　编

中国建筑工业出版社
中　国　计　划　出　版　社

目　录

上

一、工程建设国家标准

中

下

二、住房和城乡建设部行业标准

三、附录　工程建设国家标准与住房和城乡建设部行业标准目录

中华人民共和国国家标准

钢结构工程施工规范

Code for construction of steel structures

GB 50755—2012

主编部门：中华人民共和国住房和城乡建设部
批准部门：中华人民共和国住房和城乡建设部
施行日期：2 0 1 2 年 8 月 1 日

中华人民共和国住房和城乡建设部
公　　告

第1263号

关于发布国家标准《钢结构工程施工规范》的公告

现批准《钢结构工程施工规范》为国家标准，编号为GB 50755－2012，自2012年8月1日起实施。其中，第11.2.4、11.2.6条为强制性条文，必须严格执行。

本规范由我部标准定额研究所组织中国建筑工业出版社出版发行。

中华人民共和国住房和城乡建设部

2012年1月21日

前　　言

本规范是根据中华人民共和国住房和城乡建设部《关于印发〈2007年工程建设标准规范制订、修订计划（第一批）〉的通知》（建标［2007］125号）的要求，由中国建筑股份有限公司和中建钢构有限公司会同有关单位共同编制而成的。

本规范是钢结构工程施工的通用技术标准，提出了钢结构工程施工和过程控制的基本要求，并作为制订和修订相关专用标准的依据。在编制过程中，编制组进行了广泛的调查研究，总结了我国几十年来的钢结构工程施工实践经验，借鉴了有关国外标准，开展了多项专题研究，并以多种方式广泛征求了有关单位和专家的意见，对主要问题进行了反复讨论、协调和修改，最后经审查定稿。

本规范共分16章，主要内容包括：总则、术语和符号、基本规定、施工阶段设计、材料、焊接、紧固件连接、零件及部件加工、构件组装及加工、钢结构预拼装、钢结构安装、压型金属板、涂装、施工测量、施工监测、施工安全和环境保护等。

本规范中以黑体字标志的条文为强制性条文，必须严格执行。

本规范由住房和城乡建设部负责管理和对强制性条文解释，由中国建筑股份有限公司负责具体技术内容的解释。为了提高规范质量，请各单位在执行本规范的过程中，注意总结经验，积累资料，随时将有关的意见和建议反馈给中国建筑股份有限公司（地址：北京市三里河路15号中建大厦中国建筑股份有限公司科技部；邮政编码：100037；电子邮箱：gb50755@cscec.com.cn），以供今后修订时参考。

本规范主编单位：中国建筑股份有限公司
中建钢构有限公司

本规范参编单位：中国建筑第三工程局有限公司
上海市机械施工有限公司
浙江东南网架股份有限公司
宝钢钢构有限公司
中冶建筑研究总院有限公司
江苏沪宁钢机股份有限公司
中国建筑东北设计研究院有限公司
上海建工集团股份有限公司
中国建筑第二工程局有限公司
中建工业设备安装有限公司
北京市建筑工程研究院有限责任公司
赫普（中国）有限公司
中建钢构江苏有限公司
中国京冶工程技术有限公司

本规范主要起草人员：毛志兵　张　琨　肖绪文

王　宏　戴立先　陈振明
张晶波　周观根　吴欣之
贺明玄　侯兆新　路克宽
鲍广鉴　费新华　陈晓明
廖功华　庞京辉　孙　哲
方　军　马合生　吴聚龙
秦　杰　吴浩波　崔晓强
刘世民　卞若宁　李小明

本规范主要审查人员：马克俭　陈禄如　汪大绥
贺贤娟　杨嗣信　金虎根
柴　昶　范懋达　郭彦林
王翠坤　束伟农

目　次

Contents

1 总 则

1.0.1 为在钢结构工程施工中贯彻执行国家的技术经济政策，做到安全适用、确保质量、技术先进、经济合理，制定本规范。

1.0.2 本规范适用于工业与民用建筑及构筑物钢结构工程的施工。

1.0.3 钢结构工程应按本规范的规定进行施工，并按现行国家标准《建筑工程施工质量验收统一标准》GB 50300 和《钢结构工程施工质量验收规范》GB 50205 进行质量验收。

1.0.4 钢结构工程的施工，除应符合本规范外，尚应符合国家现行有关标准的规定。

2 术语和符号

2.1 术 语

2.1.1 设计文件 design document

由设计单位完成的设计图纸、设计说明和设计变更文件等技术文件的统称。

2.1.2 设计施工图 design drawing

由设计单位编制的作为工程施工依据的技术图纸。

2.1.3 施工详图 detail drawing for construction

依据钢结构设计施工图和施工工艺技术要求，绘制的用于直接指导钢结构制作和安装的细化技术图纸。

2.1.4 临时支承结构 temporary structure

在施工期间存在的、施工结束后需要拆除的结构。

2.1.5 临时措施 temporary measure

在施工期间为了满足施工需求和保证工程安全而设置的一些必要的构造或临时零部件和杆件，如吊装孔、连接板、辅助构件等。

2.1.6 空间刚度单元 space rigid unit

由构件组成的基本稳定空间体系。

2.1.7 焊接空心球节点 welded hollow spherical node

管直接焊接在球上的节点。

2.1.8 螺栓球节点 bolted spherical node

管与球采用螺栓相连的节点，由螺栓球、高强度螺栓、套筒、紧固螺钉和锥头或封板等零、部件组成。

2.1.9 抗滑移系数 mean slip coefficient

高强度螺栓连接摩擦面滑移时，滑动外力与连接中法向压力的比值。

2.1.10 施工阶段结构分析 structure analysis of construction stage

在钢结构制作、运输和安装过程中，为满足相关功能要求所进行的结构分析和计算。

2.1.11 预变形 preset deformation

为使施工完成后的结构或构件达到设计几何定位的控制目标，预先进行的初始变形设置。

2.1.12 预拼装 test assembling

为检验构件形状和尺寸是否满足质量要求而预先进行的试拼装。

2.1.13 环境温度 ambient temperature

制作或安装时现场的温度。

2.2 符 号

2.2.1 几何参数

b——宽度或板的自由外伸宽度；

d——直径；

f——挠度、弯曲矢高；

h——截面高度；

l——长度、跨度；

m——高强度螺母公称厚度；

n——垫圈个数；

r——半径；

s——高强度垫圈公称厚度；

t——板、壁的厚度；

p——螺纹的螺距；

Δ——接触面间隙、增量；

H——柱高度；

R_a——表面粗糙度参数。

2.2.2 作用及荷载

P——高强度螺栓设计预拉力；

T——高强度螺栓扭矩。

2.2.3 其他

k——系数。

3 基 本 规 定

3.0.1 钢结构工程施工单位应具备相应的钢结构工程施工资质，并应有安全、质量和环境管理体系。

3.0.2 钢结构工程实施前，应有经施工单位技术负责人审批的施工组织设计、与其配套的专项施工方案等技术文件，并按有关规定报送监理工程师或业主代表；重要钢结构工程的施工技术方案和安全应急预案，应组织专家评审。

3.0.3 钢结构工程施工的技术文件和承包合同技术文件，对施工质量的要求不得低于本规范和现行国家标准《钢结构工程施工质量验收规范》GB 50205 的有关规定。

3.0.4 钢结构工程制作和安装应满足设计施工图的要求。施工单位应对设计文件进行工艺性审查；当需要修改设计时，应取得原设计单位同意，并应办理相关设计变更文件。

3.0.5 钢结构工程施工及质量验收时，应使用有效计量器具。各专业施工单位和监理单位应统一计量标准。

3.0.6 钢结构施工用的专用机具和工具，应满足施工要求，且应在合格检定有效期内。

3.0.7 钢结构施工应按下列规定进行质量过程控制：

1 原材料及成品进行进场验收；凡涉及安全、功能的原材料及半成品，按相关规定进行复验，见证取样、送样；

2 各工序按施工工艺要求进行质量控制，实行工序检验；

3 相关各专业工种之间进行交接检验；

4 隐蔽工程在封闭前进行质量验收。

3.0.8 本规范未涉及的新技术、新工艺、新材料和新结构，首次使用时应进行试验，并应根据试验结果确定所必须补充的标准，且应经专家论证。

4 施工阶段设计

4.1 一 般 规 定

4.1.1 本章适用于钢结构工程施工阶段结构分析和验算、结构预变形设计、施工详图设计等内容的施工阶段设计。

4.1.2 进行施工阶段设计时，选用的设计指标应符合设计文件、现行国家标准《钢结构设计规范》GB 50017 等的有关规定。

4.1.3 施工阶段的结构分析和验算时，荷载应符合下列规定：

1 恒荷载应包括结构自重、预应力等，其标准值应按实际计算；

2 施工活荷载应包括施工堆载、操作人员和小型工具重量等，其标准值可按实际计算；

3 风荷载可根据工程所在地和实际施工情况，按不小于10年一遇风压取值，风荷载的计算应按现行国家标准《建筑结构荷载规范》GB 50009 的有关规定执行；当施工期间可能出现大于10年一遇风压取值时，应制定应急预案；

4 雪荷载的取值和计算应按现行国家标准《建筑结构荷载规范》GB 50009 的有关规定执行；

5 覆冰荷载的取值和计算应按现行国家标准《高耸结构设计规范》GB 50135 的有关规定执行；

6 起重设备和其他设备荷载标准值宜按设备产品说明书取值；

7 温度作用宜按当地气象资料所提供的温差变化计算；结构由日照引起向阳面和背阳面的温差，宜按现行国家标准《高耸结构设计规范》GB 50135 的有关规定执行；

8 本条第1～7款未规定的荷载和作用，可根据工程的具体情况确定。

4.2 施工阶段结构分析

4.2.1 当钢结构工程施工方法或施工顺序对结构的内力和变形产生较大影响，或设计文件有特殊要求时，应进行施工阶段结构分析，并应对施工阶段结构的强度、稳定性和刚度进行验算，其验算结果应满足设计要求。

4.2.2 施工阶段结构分析的荷载效应组合和荷载分项系数取值，应符合现行国家标准《建筑结构荷载规范》GB 50009 等的有关规定。

4.2.3 施工阶段分析结构重要性系数不应小于0.9，重要的临时支承结构其重要性系数不应小于1.0。

4.2.4 施工阶段的荷载作用、结构分析模型和基本假定应与实际施工状况相符合。施工阶段的结构宜按静力学方法进行弹性分析。

4.2.5 施工阶段的临时支承结构和措施应按施工状况的荷载作用，对构件应进行强度、稳定性和刚度验算，对连接节点应进行强度和稳定验算。当临时支承结构作为设备承载结构时，应进行专项设计；当临时支承结构或措施对结构产生较大影响时，应提交原设计单位确认。

4.2.6 临时支承结构的拆除顺序和步骤应通过分析和计算确定，并应编制专项施工方案，必要时应经专家论证。

4.2.7 对吊装状态的构件或结构单元，宜进行强度、稳定性和变形验算，动力系数宜取1.1～1.4。

4.2.8 索结构中的索安装和张拉顺序应通过分析和计算确定，并应编制专项施工方案，计算结果应经原设计单位确认。

4.2.9 支承移动式起重设备的地面或楼面，应进行承载力和变形验算。当支承地面处于边坡或临近边坡时，应进行边坡稳定验算。

4.3 结构预变形

4.3.1 当在正常使用或施工阶段因自重及其他荷载作用，发生超过设计文件或国家现行有关标准规定的变形限值，或设计文件对主体结构提出预变形要求时，应在施工期间对结构采取预变形。

4.3.2 结构预变形计算时，荷载应取标准值，荷载效应组合应符合现行国家标准《建筑结构荷载规范》GB 50009 的有关规定。

4.3.3 结构预变形值应结合施工工艺，通过结构分析计算，并应由施工单位与原设计单位共同确定。结构预变形的实施应进行专项工艺设计。

4.4 施工详图设计

4.4.1 钢结构施工详图应根据结构设计文件和有关

技术文件进行编制，并应经原设计单位确认；当需要进行节点设计时，节点设计文件也应经原设计单位确认。

4.4.2 施工详图设计应满足钢结构施工构造、施工工艺、构件运输等有关技术要求。

4.4.3 钢结构施工详图应包括图纸目录、设计总说明、构件布置图、构件详图和安装节点详图等内容；图纸表达应清晰、完整，空间复杂构件和节点的施工详图，宜增加三维图形表示。

4.4.4 构件重量应在钢结构施工详图中计算列出，钢板零部件重量宜按矩形计算，焊缝重量宜以焊接构件重量的1.5%计算。

5 材 料

5.1 一 般 规 定

5.1.1 本章适用于钢结构工程材料的订货、进场验收和复验及存储管理。

5.1.2 钢结构工程所用的材料应符合设计文件和国家现行有关标准的规定，应具有质量合格证明文件，并应经进场检验合格后使用。

5.1.3 施工单位应制定材料的管理制度，并应做到订货、存放、使用规范化。

5.2 钢 材

5.2.1 钢材订货时，其品种、规格、性能等均应符合设计文件和国家现行有关钢材标准的规定，常用钢材产品标准宜按表5.2.1采用。

表 5.2.1 常用钢材产品标准

标准编号	标 准 名 称
GB/T 699	《优质碳素结构钢》
GB/T 700	《碳素结构钢》
GB/T 1591	《低合金高强度结构钢》
GB/T 3077	《合金结构钢》
GB/T 4171	《耐候结构钢》
GB/T 5313	《厚度方向性能钢板》
GB/T 19879	《建筑结构用钢板》
GB/T 247	《钢板和钢带包装、标志及质量证明书的一般规定》
GB/T 708	《冷轧钢板和钢带的尺寸、外形、重量及允许偏差》
GB/T 709	《热轧钢板和钢带的尺寸、外形、重量及允许偏差》
GB 912	《碳素结构钢和低合金结构钢热轧薄钢板和钢带》
GB/T 3274	《碳素结构钢和低合金结构钢热轧厚钢板和钢带》
GB/T 14977	《热轧钢板表面质量的一般要求》
GB/T 17505	《钢及钢产品交货一般技术要求》
GB/T 2101	《型钢验收、包装、标志及质量证明书的一般规定》
GB/T 11263	《热轧H型钢和剖分T型钢》
GB/T 706	《热轧型钢》
GB/T 8162	《结构用无缝钢管》
GB/T 13793	《直缝电焊钢管》
GB/T 17395	《无缝钢管尺寸、外形、重量及允许偏差》
GB/T 6728	《结构用冷弯空心型钢尺寸、外形、重量及允许偏差》
GB/T 12755	《建筑用压型钢板》
GB 8918	《重要用途钢丝绳》
YB 3301	《焊接H型钢》
YB/T 152	《高强度低松弛预应力热镀锌钢绞线》
YB/T 5004	《镀锌钢绞线》
GB/T 5224	《预应力混凝土用钢绞线》
GB/T 17101	《桥梁缆索用热镀锌钢丝》
GB/T 20934	《钢拉杆》

5.2.2 钢材订货合同应对材料牌号、规格尺寸、性能指标、检验要求、尺寸偏差等有明确的约定。定尺钢材应留有复验取样的余量；钢材的交货状态，宜按设计文件对钢材的性能要求与供货厂家商定。

5.2.3 钢材的进场验收，除应符合本规范的规定外，尚应符合现行国家标准《钢结构工程施工质量验收规范》GB 50205的有关规定。对属于下列情况之一的钢材，应进行抽样复验：

1 国外进口钢材；

2 钢材混批；

3 板厚等于或大于40mm，且设计有Z向性能要求的厚板；

4 建筑结构安全等级为一级，大跨度钢结构中主要受力构件所采用的钢材；

5 设计有复验要求的钢材；

6 对质量有疑义的钢材。

5.2.4 钢材复验内容应包括力学性能试验和化学成分分析，其取样、制样及试验方法可按表5.2.4中所列的标准执行。

表 5.2.4 钢材试验标准

标准编号	标 准 名 称
GB/T 2975	《钢及钢产品　力学性能试验取样位置及试样制备》
GB/T 228.1	《金属材料　拉伸试验　第1部分：室温试验方法》
GB/T 229	《金属材料　夏比摆锤冲击试验方法》
GB/T 232	《金属材料　弯曲试验方法》
GB/T 20066	《钢和铁　化学成分测定用试样的取样和制样方法》
GB/T 222	《钢的成品化学成分允许偏差》
GB/T 223	《钢铁及合金化学分析方法》

5.2.5 当设计文件无特殊要求时，钢结构工程中常用牌号钢材的抽样复验检验批宜按下列规定执行：

1 牌号为Q235、Q345且板厚小于40mm的钢材，应按同一生产厂家、同一牌号、同一质量等级的钢材组成检验批，每批重量不应大于150t；同一生产厂家、同一牌号的钢材供货重量超过600t且全部复验合格时，每批的组批重量可扩大至400t；

2 牌号为Q235、Q345且板厚大于或等于40mm的钢材，应按同一生产厂家、同一牌号、同一质量等级的钢材组成检验批，每批重量不应大于60t；同一生产厂家、同一牌号的钢材供货重量超过600t且全部复验合格时，每批的组批重量可扩大至400t；

3 牌号为Q390的钢材，应按同一生产厂家、同一质量等级的钢材组成检验批，每批重量不应大于60t；同一生产厂家的钢材供货重量超过600t且全部复验合格时，每批的组批重量可扩大至300t；

4 牌号为Q235GJ、Q345GJ、Q390GJ的钢板，应按同一生产厂家、同一牌号、同一质量等级的钢材组成检验批，每批重量不应大于60t；同一生产厂家、同一牌号的钢材供货重量超过600t且全部复验合格时，每批的组批重量可扩大至300t；

5 牌号为Q420、Q460、Q420GJ、Q460GJ的钢材，每个检验批应由同一牌号、同一质量等级、同一炉号、同一厚度、同一交货状态的钢材组成，每批重量不应大于60t；

6 有厚度方向要求的钢板，宜附加逐张超声波无损探伤复验。

5.2.6 进口钢材复验的取样、制样及试验方法应按设计文件和合同规定执行。海关商检结果经监理工程师认可后，可作为有效的材料复验结果。

5.3 焊 接 材 料

5.3.1 焊接材料的品种、规格、性能等应符合国家现行有关产品标准和设计要求，常用焊接材料产品标准宜按表5.3.1采用。焊条、焊丝、焊剂、电渣焊熔嘴等焊接材料应与设计选用的钢材相匹配，且应符合现行国家标准《钢结构焊接规范》GB 50661的有关规定。

表 5.3.1 常用焊接材料产品标准

标准编号	标 准 名 称
GB/T 5117	《碳钢焊条》
GB/T 5118	《低合金钢焊条》
GB/T 14957	《熔化焊用钢丝》
GB/T 8110	《气体保护电弧焊用碳钢、低合金钢焊丝》
GB/T 10045	《碳钢药芯焊丝》
GB/T 17493	《低合金钢药芯焊丝》
GB/T 5293	《埋弧焊用碳钢焊丝和焊剂》
GB/T 12470	《埋弧焊用低合金钢焊丝和焊剂》
GB/T 10432.1	《电弧螺柱焊用无头焊钉》
GB/T 10433	《电弧螺柱焊用圆柱头焊钉》

5.3.2 用于重要焊缝的焊接材料，或对质量合格证明文件有疑义的焊接材料，应进行抽样复验，复验时焊丝宜按五个批（相当炉批）取一组试验，焊条宜按三个批（相当炉批）取一组试验。

5.3.3 用于焊接切割的气体应符合现行国家标准《钢结构焊接规范》GB 50661和表5.3.3所列标准的规定。

表 5.3.3 常用焊接切割用气体标准

标准编号	标 准 名 称
GB/T 4842	《氩》
GB/T 6052	《工业液体二氧化碳》
HG/T 2537	《焊接用二氧化碳》
GB 16912	《深度冷冻法生产氧气及相关气体安全技术规程》
GB 6819	《溶解乙炔》
HG/T 3661.1	《焊接切割用燃气　丙烯》
HG/T 3661.2	《焊接切割用燃气　丙烷》
GB/T 13097	《工业用环氧氯丙烷》
HG/T 3728	《焊接用混合气体　氩—二氧化碳》

5.4 紧 固 件

5.4.1 钢结构连接用的普通螺栓、高强度大六角头螺栓连接副、扭剪型高强度螺栓连接副等紧固件，应符合表5.4.1所列标准的规定。

表 5.4.1 钢结构连接用紧固件标准

标准编号	标 准 名 称
GB/T 5780	《六角头螺栓 C级》
GB/T 5781	《六角头螺栓 全螺纹 C级》
GB/T 5782	《六角头螺栓》
GB/T 5783	《六角头螺栓 全螺纹》
GB/T 1228	《钢结构用高强度大六角头螺栓》
GB/T 1229	《钢结构用高强度大六角螺母》
GB/T 1230	《钢结构用高强度垫圈》
GB/T 1231	《钢结构用高强度大六角头螺栓、大六角螺母、垫圈技术条件》
GB/T 3632	《钢结构用扭剪型高强度螺栓连接副》
GB/T 3098.1	《紧固件机械性能 螺栓、螺钉和螺柱》

5.4.2 高强度大六角头螺栓连接副和扭剪型高强度螺栓连接副，应分别有扭矩系数和紧固轴力（预拉力）的出厂合格检验报告，并随箱带。当高强度螺栓连接副保管时间超过 6 个月后使用时，应按相关要求重新进行扭矩系数或紧固轴力试验，并应在合格后再使用。

5.4.3 高强度大六角头螺栓连接副和扭剪型高强度螺栓连接副，应分别进行扭矩系数和紧固轴力（预拉力）复验，试验螺栓应从施工现场待安装的螺栓批中随机抽取，每批应抽取 8 套连接副进行复验。

5.4.4 建筑结构安全等级为一级，跨度为 40m 及以上的螺栓球节点钢网架结构，其连接高强度螺栓应进行表面硬度试验，8.8 级的高强度螺栓其表面硬度应为 HRC21～29，10.9 级的高强度螺栓其表面硬度应为 HRC32～36，且不得有裂纹或损伤。

5.4.5 普通螺栓作为永久性连接螺栓，且设计文件要求或对其质量有疑义时，应进行螺栓实物最小拉力载荷复验，复验时每一规格螺栓应抽查 8 个。

5.5 钢铸件、锚具和销轴

5.5.1 钢铸件选用的铸件材料应符合表 5.5.1 中所列标准和设计文件的规定。

表 5.5.1 钢铸件标准

标准编号	标 准 名 称
GB/T 11352	《一般工程用铸造碳钢件》
GB/T 7659	《焊接结构用铸钢件》

5.5.2 预应力钢结构锚具应根据预应力构件的品种、锚固要求和张拉工艺等选用，锚具材料应符合设计文件、国家现行标准《预应力筋用锚具、夹具和连接器》GB/T 14370 和《预应力筋用锚具、夹具和连接器应用技术规程》JGJ 85 的有关规定。

5.5.3 销轴规格和性能应符合设计文件和现行国家标准《销轴》GB/T 882 的有关规定。

5.6 涂 装 材 料

5.6.1 钢结构防腐涂料、稀释剂和固化剂，应按设计文件和国家现行有关产品标准的规定选用，其品种、规格、性能等应符合设计文件及国家现行有关产品标准的要求。

5.6.2 富锌防腐油漆的锌含量应符合设计文件及现行行业标准《富锌底漆》HG/T 3668 的有关规定。

5.6.3 钢结构防火涂料的品种和技术性能，应符合设计文件和现行国家标准《钢结构防火涂料》GB 14907 等的有关规定。

5.6.4 钢结构防火涂料的施工质量验收应符合现行国家标准《钢结构工程施工质量验收规范》GB 50205 的有关规定。

5.7 材 料 存 储

5.7.1 材料存储及成品管理应有专人负责，管理人员应经企业培训上岗。

5.7.2 材料入库前应进行检验，核对材料的品种、规格、批号、质量合格证明文件、中文标志和检验报告等，应检查表面质量、包装等。

5.7.3 检验合格的材料应按品种、规格、批号分类堆放，材料堆放应有标识。

5.7.4 材料入库和发放应有记录。发料和领料时应核对材料的品种、规格和性能。

5.7.5 剩余材料应回收管理。回收入库时，应核对其品种、规格和数量，并应分类保管。

5.7.6 钢材堆放应减少钢材的变形和锈蚀，并应放置垫木或垫块。

5.7.7 焊接材料存储应符合下列规定：

1 焊条、焊丝、焊剂等焊接材料应按品种、规格和批号分别存放在干燥的存储室内；

2 焊条、焊剂及栓钉瓷环在使用前，应按产品说明书的要求进行焙烘。

5.7.8 连接用紧固件应防止锈蚀和碰伤，不得混批存储。

5.7.9 涂装材料应按产品说明书的要求进行存储。

6 焊 接

6.1 一 般 规 定

6.1.1 本章适用于钢结构施工过程中焊条电弧焊接、气体保护电弧焊接、埋弧焊接、电渣焊接和栓钉焊接等施工。

6.1.2 钢结构施工单位应具备现行国家标准《钢结构焊接规范》GB 50661 规定的基本条件和人员资质。

6.1.3 焊接用施工图的焊接符号表示方法，应符合现行国家标准《焊缝符号表示法》GB/T 324 和《建筑结构制图标准》GB/T 50105 的有关规定，图中应标明工厂施焊和现场施焊的焊缝部位、类型、坡口形式、焊缝尺寸等内容。

6.1.4 焊缝坡口尺寸应按现行国家标准《钢结构焊接规范》GB 50661 的有关规定执行，坡口尺寸的改变应经工艺评定合格后执行。

6.2 焊接从业人员

6.2.1 焊接技术人员（焊接工程师）应具有相应的资格证书；大型重要的钢结构工程，焊接技术负责人应取得中级及以上技术职称并有五年以上焊接生产或施工实践经验。

6.2.2 焊接质量检验人员应接受过焊接专业的技术培训，并应经岗位培训取得相应的质量检验资格证书。

6.2.3 焊缝无损检测人员应取得国家专业考核机构颁发的等级证书，并应按证书合格项目及权限从事焊缝无损检测工作。

6.2.4 焊工应经考试合格并取得资格证书，应在认可的范围内焊接作业，严禁无证上岗。

6.3 焊 接 工 艺

Ⅰ 焊接工艺评定及方案

6.3.1 施工单位首次采用的钢材、焊接材料、焊接方法、接头形式、焊接位置、焊后热处理等各种参数及参数的组合，应在钢结构制作及安装前进行焊接工艺评定试验。焊接工艺评定试验方法和要求，以及免予工艺评定的限制条件，应符合现行国家标准《钢结构焊接规范》GB 50661 的有关规定。

6.3.2 焊接施工前，施工单位应以合格的焊接工艺评定结果或采用符合免除工艺评定条件为依据，编制焊接工艺文件，并应包括下列内容：

1 焊接方法或焊接方法的组合；

2 母材的规格、牌号、厚度及覆盖范围；

3 填充金属的规格、类别和型号；

4 焊接接头形式、坡口形式、尺寸及其允许偏差；

5 焊接位置；

6 焊接电源的种类和极性；

7 清根处理；

8 焊接工艺参数（焊接电流、焊接电压、焊接速度、焊层和焊道分布）；

9 预热温度及道间温度范围；

10 焊后消除应力处理工艺；

11 其他必要的规定。

Ⅱ 焊接作业条件

6.3.3 焊接时，作业区环境温度、相对湿度和风速等应符合下列规定，当超出本条规定且必须进行焊接时，应编制专项方案：

1 作业环境温度不应低于－10℃；

2 焊接作业区的相对湿度不应大于 90％；

3 当手工电弧焊和自保护药芯焊丝电弧焊时，焊接作业区最大风速不应超过 8m/s；当气体保护电弧焊时，焊接作业区最大风速不应超过 2m/s。

6.3.4 现场高空焊接作业应搭设稳固的操作平台和防护棚。

6.3.5 焊接前，应采用钢丝刷、砂轮等工具清除待焊处表面的氧化皮、铁锈、油污等杂物，焊缝坡口宜按现行国家标准《钢结构焊接规范》GB 50661 的有关规定进行检查。

6.3.6 焊接作业应按工艺评定的焊接工艺参数进行。

6.3.7 当焊接作业环境温度低于 0℃且不低于－10℃时，应采取加热或防护措施，应将焊接接头和焊接表面各方向大于或等于钢板厚度的 2 倍且不小于 100mm 范围内的母材，加热到规定的最低预热温度且不低于 20℃后再施焊。

Ⅲ 定 位 焊

6.3.8 定位焊焊缝的厚度不应小于 3mm，不宜超过设计焊缝厚度的 2/3；长度不宜小于 40mm 和接头中较薄部件厚度的 4 倍；间距宜为 300mm～600mm。

6.3.9 定位焊缝与正式焊缝应具有相同的焊接工艺和焊接质量要求。多道定位焊焊缝的端部应为阶梯状。采用钢衬垫板的焊接接头，定位焊宜在接头坡口内进行。定位焊焊接时预热温度宜高于正式施焊预热温度 20℃～50℃。

Ⅳ 引弧板、引出板和衬垫板

6.3.10 当引弧板、引出板和衬垫板为钢材时，应选用屈服强度不大于被焊钢材标称强度的钢材，且焊接性应相近。

6.3.11 焊接接头的端部应设置焊缝引弧板、引出板。焊条电弧焊和气体保护电弧焊焊缝引出长度应大于 25mm，埋弧焊缝引出长度应大于 80mm。焊接完成并完全冷却后，可采用火焰切割、碳弧气刨或机械等方法除去引弧板、引出板，并应修磨平整，严禁用锤击落。

6.3.12 钢衬垫板应与接头母材密贴连接，其间隙不应大于 1.5mm，并应与焊缝充分熔合。手工电弧焊和气体保护电弧焊时，钢衬垫板厚度不应小于 4mm；埋弧焊接时，钢衬垫板厚度不应小于 6mm；电渣焊时钢衬垫板厚度不应小于 25mm。

Ⅴ 预热和道间温度控制

6.3.13 预热和道间温度控制宜采用电加热、火焰加热和红外线加热等加热方法，并应采用专用的测温仪器测量。预热的加热区域应在焊接坡口两侧，宽度应为焊件施焊处板厚的 1.5 倍以上，且不应小于 100mm。温度测量点，当为非封闭空间构件时，宜在焊件受热面的背面离焊接坡口两侧不小于 75mm 处；当为封闭空间构件时，宜在正面离焊接坡口两侧不小于 100mm 处。

6.3.14 焊接接头的预热温度和道间温度，应符合现行国家标准《钢结构焊接规范》GB 50661 的有关规定；当工艺选用的预热温度低于现行国家标准《钢结构焊接规范》GB 50661 的有关规定时，应通过工艺评定试验确定。

Ⅵ 焊接变形的控制

6.3.15 采用的焊接工艺和焊接顺序应使构件的变形和收缩最小，可采用下列控制变形的焊接顺序：

1 对接接头、T 形接头和十字接头，在构件放置条件允许或易于翻转的情况下，宜双面对称焊接；有对称截面的构件，宜对称于构件中性轴焊接；有对称连接杆件的节点，宜对称于节点轴线同时对称焊接；

2 非对称双面坡口焊缝，宜先焊深坡口侧部分焊缝，然后焊满浅坡口侧，最后完成深坡口侧焊缝。特厚板宜增加轮流对称焊接的循环次数；

3 长焊缝宜采用分段退焊法、跳焊法或多人对称焊接法。

6.3.16 构件焊接时，宜采用预留焊接收缩余量或预置反变形方法控制收缩和变形，收缩余量和反变形值宜通过计算或试验确定。

6.3.17 构件装配焊接时，应先焊收缩量较大的接头、后焊收缩量较小的接头，接头应在拘束较小的状态下焊接。

Ⅶ 焊后消除应力处理

6.3.18 设计文件或合同文件对焊后消除应力有要求时，需经疲劳验算的结构中承受拉应力的对接接头或焊缝密集的节点或构件，宜采用电加热器局部退火和加热炉整体退火等方法进行消除应力处理；仅为稳定结构尺寸时，可采用振动法消除应力。

6.3.19 焊后热处理应符合现行行业标准《碳钢、低合金钢焊接构件 焊后热处理方法》JB/T 6046 的有关规定。当采用电加热器对焊接构件进行局部消除应力热处理时，应符合下列规定：

1 使用配有温度自动控制仪的加热设备，其加热、测温、控温性能应符合使用要求；

2 构件焊缝每侧面加热板（带）的宽度应至少为钢板厚度的 3 倍，且不应小于 200mm；

3 加热板（带）以外构件两侧宜用保温材料覆盖。

6.3.20 用锤击法消除中间焊层应力时，应使用圆头手锤或小型振动工具进行，不应对根部焊缝、盖面焊缝或焊缝坡口边缘的母材进行锤击。

6.3.21 采用振动法消除应力时，振动时效工艺参数选择及技术要求，应符合现行行业标准《焊接构件振动时效工艺 参数选择及技术要求》JB/T 10375 的有关规定。

6.4 焊 接 接 头

Ⅰ 全熔透和部分熔透焊接

6.4.1 T 形接头、十字接头、角接接头等要求全熔透的对接和角接组合焊缝，其加强角焊缝的焊脚尺寸不应小于 $t/4$［图 6.4.1（a）～图 6.4.1（c）］，设计有疲劳验算要求的吊车梁或类似构件的腹板与上翼缘连接焊缝的焊脚尺寸应为 $t/2$，且不应大于 10mm［图 6.4.1（d）］。焊脚尺寸的允许偏差为 0～4mm。

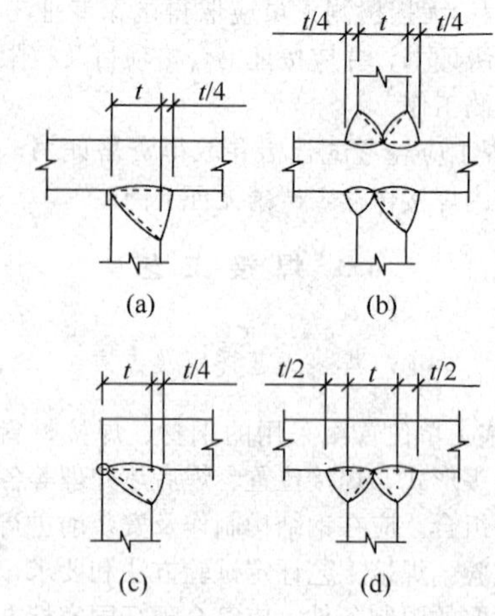

图 6.4.1 焊脚尺寸

6.4.2 全熔透坡口焊缝对接接头的焊缝余高，应符合表 6.4.2 的规定：

表 6.4.2 对接接头的焊缝余高（mm）

设计要求焊缝等级	焊缝宽度	焊缝余高
一、二级焊缝	＜20	0～3
	≥20	0～4
三级焊缝	＜20	0～3.5
	≥20	0～5

6.4.3 全熔透双面坡口焊缝可采用不等厚的坡口深度，较浅坡口深度不应小于接头厚度的 1/4。

6.4.4 部分熔透焊接应保证设计文件要求的有效焊缝厚度。T 形接头和角接接头中部分熔透坡口焊缝与角焊缝构成的组合焊缝，其加强角焊缝的焊脚尺寸应为接头中最薄板厚的 1/4，且不应超过 10mm。

Ⅱ 角焊缝接头

6.4.5 由角焊缝连接的部件应密贴，根部间隙不宜超过 2mm；当接头的根部间隙超过 2mm 时，角焊缝的焊脚尺寸应根据根部间隙值增加，但最大不应超过 5mm。

6.4.6 当角焊缝的端部在构件上时，转角处宜连续包角焊，起弧和熄弧点距焊缝端部宜大于 10.0mm；当角焊缝端部不设置引弧和引出板的连续焊缝，起熄弧点（图 6.4.6）距焊缝端部宜大于 10.0mm，弧坑应填满。

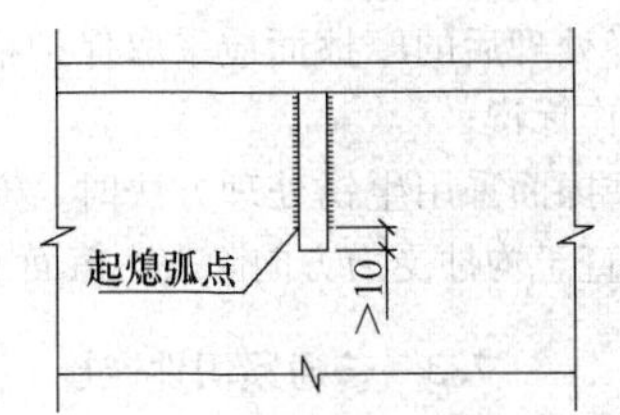

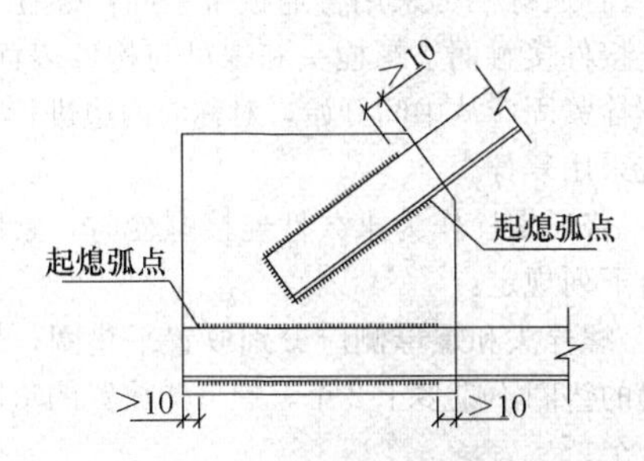

图 6.4.6 起熄弧点位置

6.4.7 间断角焊缝每焊段的最小长度不应小于 40mm，焊段之间的最大间距不应超过较薄焊件厚度的 24 倍，且不应大于 300mm。

Ⅲ 塞 焊 与 槽 焊

6.4.8 塞焊和槽焊可采用手工电弧焊、气体保护电弧焊及自保护电弧焊等焊接方法。平焊时，应分层熔敷焊接，每层熔渣应冷却凝固并清除后再重新焊接；立焊和仰焊时，每道焊缝焊完后，应待熔渣冷却并清除后再施焊后续焊道。

6.4.9 塞焊和槽焊的两块钢板接触面的装配间隙不得超过 1.5mm。塞焊和槽焊焊接时严禁使用填充板材。

Ⅳ 电 渣 焊

6.4.10 电渣焊应采用专用的焊接设备，可采用熔化嘴和非熔化嘴方式进行焊接。电渣焊采用的衬垫可使用钢衬垫和水冷铜衬垫。

6.4.11 箱形构件内隔板与面板 T 形接头的电渣焊焊接宜采取对称方式进行焊接。

6.4.12 电渣焊衬垫板与母材的定位焊宜采用连续焊。

Ⅴ 栓 钉 焊

6.4.13 栓钉应采用专用焊接设备进行施焊。首次栓钉焊接时，应进行焊接工艺评定试验，并应确定焊接工艺参数。

6.4.14 每班焊接作业前，应至少试焊 3 个栓钉，并应检查合格后再正式施焊。

6.4.15 当受条件限制而不能采用专用设备焊接时，栓钉可采用焊条电弧焊和气体保护电弧焊焊接，并应按相应的工艺参数施焊，其焊缝尺寸应通过计算确定。

6.5 焊接质量检验

6.5.1 焊缝的尺寸偏差、外观质量和内部质量，应按现行国家标准《钢结构工程施工质量验收规范》GB 50205 和《钢结构焊接规范》GB 50661 的有关规定进行检验。

6.5.2 栓钉焊接后应进行弯曲试验抽查，栓钉弯曲 30°后焊缝和热影响区不得有肉眼可见裂纹。

6.6 焊接缺陷返修

6.6.1 焊缝金属或母材的缺欠超过相应的质量验收标准时，可采用砂轮打磨、碳弧气刨、铲凿或机械等方法彻底清除。采用焊接修复前，应清洁修复区域的表面。

6.6.2 焊缝缺陷返修应符合下列规定：

1 焊缝焊瘤、凸起或余高过大，应采用砂轮或碳弧气刨清除过量的焊缝金属；

2 焊缝凹陷、弧坑、咬边或焊缝尺寸不足等缺陷应进行补焊；

3 焊缝未熔合、焊缝气孔或夹渣等，在完全清除缺陷后应进行补焊；

4 焊缝或母材上裂纹应采用磁粉、渗透或其他无损检测方法确定裂纹的范围及深度，应用砂轮打磨或碳弧气刨清除裂纹及其两端各 50mm 长的完好焊缝或母材，并应用渗透或磁粉探伤方法确定裂纹完全清除后，再重新进行补焊。对于拘束度较大的焊接接头上裂纹的返修，碳弧气刨清除裂纹前，宜在裂纹两端钻止裂孔后再清除裂纹缺陷。焊接裂纹的返修，应通知焊接工程师对裂纹产生的原因进行调查和分析，应制定专门的返修工艺方案后按工艺要求进行；

5 焊缝缺陷返修的预热温度应高于相同条件下正常焊接的预热温度 30℃～50℃，并应采用低氢焊接方法和焊接材料进行焊接；

6 焊缝返修部位应连续焊成，中断焊接时应采取后热、保温措施；

7 焊缝同一部位的缺陷返修次数不宜超过两次。当超过两次时，返修前应先对焊接工艺进行工艺评定，并应评定合格后再进行后续的返修焊接。返修后的焊接接头区域应增加磁粉或着色检查。

7　紧固件连接

7.1　一 般 规 定

7.1.1　本章适用于钢结构制作和安装中的普通螺栓、扭剪型高强度螺栓、高强度大六角头螺栓、钢网架螺栓球节点用高强度螺栓及拉铆钉、自攻钉、射钉等紧固件连接工程的施工。

7.1.2　构件的紧固件连接节点和拼接接头，应在检验合格后进行紧固施工。

7.1.3　经验收合格的紧固件连接节点与拼接接头，应按设计文件的规定及时进行防腐和防火涂装。接触腐蚀性介质的接头应用防腐腻子等材料封闭。

7.1.4　钢结构制作和安装单位，应按现行国家标准《钢结构工程施工质量验收规范》GB 50205 的有关规定分别进行高强度螺栓连接摩擦面的抗滑移系数试验，其结果应符合设计要求。当高强度螺栓连接节点按承压型连接或张拉型连接进行强度设计时，可不进行摩擦面抗滑移系数的试验。

7.2　连接件加工及摩擦面处理

7.2.1　连接件螺栓孔应按本规范第 8 章的有关规定进行加工，螺栓孔的精度、孔壁表面粗糙度、孔径及孔距的允许偏差等，应符合现行国家标准《钢结构工程施工质量验收规范》GB 50205 的有关规定。

7.2.2　螺栓孔孔距超过本规范第 7.2.1 条规定的允许偏差时，可采用与母材相匹配的焊条补焊，并应经无损检测合格后重新制孔，每组孔中经补焊重新钻孔的数量不得超过该组螺栓数量的 20%。

7.2.3　高强度螺栓摩擦面对因板厚公差、制造偏差或安装偏差等产生的接触面间隙，应按表 7.2.3 规定进行处理。

表 7.2.3　接触面间隙处理

项目	示 意 图	处 理 方 法
1		$\Delta<1.0$mm 时不予处理
2	磨斜面	$\Delta=(1.0\sim3.0)$mm 时将厚板一侧磨成 1：10 缓坡，使间隙小于 1.0mm
3		$\Delta>3.0$mm 时加垫板，垫板厚度不小于 3mm，最多不超过三层，垫板材质和摩擦面处理方法应与构件相同

7.2.4　高强度螺栓连接处的摩擦面可根据设计抗滑移系数的要求选择处理工艺，抗滑移系数应符合设计要求。采用手工砂轮打磨时，打磨方向应与受力方向垂直，且打磨范围不应小于螺栓孔径的 4 倍。

7.2.5　经表面处理后的高强度螺栓连接摩擦面，应符合下列规定：

　　1　连接摩擦面应保持干燥、清洁，不应有飞边、毛刺、焊接飞溅物、焊疤、氧化铁皮、污垢等；

　　2　经处理后的摩擦面应采取保护措施，不得在摩擦面上作标记；

　　3　摩擦面采用生锈处理方法时，安装前应以细钢丝刷垂直于构件受力方向除去摩擦面上的浮锈。

7.3　普通紧固件连接

7.3.1　普通螺栓可采用普通扳手紧固，螺栓紧固应使被连接件接触面、螺栓头和螺母与构件表面密贴。普通螺栓紧固应从中间开始，对称向两边进行，大型接头宜采用复拧。

7.3.2　普通螺栓作为永久性连接螺栓时，紧固连接应符合下列规定：

　　1　螺栓头和螺母侧应分别放置平垫圈，螺栓头侧放置的垫圈不应多于 2 个，螺母侧放置的垫圈不应多于 1 个；

　　2　承受动力荷载或重要部位的螺栓连接，设计有防松动要求时，应采取有防松动装置的螺母或弹簧垫圈，弹簧垫圈应放置在螺母侧；

　　3　对工字钢、槽钢等有斜面的螺栓连接，宜采用斜垫圈；

　　4　同一个连接接头螺栓数量不应少于 2 个；

　　5　螺栓紧固后外露丝扣不应少于 2 扣，紧固质量检验可采用锤敲检验。

7.3.3　连接薄钢板采用的拉铆钉、自攻钉、射钉等，其规格尺寸应与被连接钢板相匹配，其间距、边距等应符合设计文件的要求。钢拉铆钉和自攻螺钉的钉头部分应靠在较薄的板件一侧。自攻螺钉、钢拉铆钉、射钉等与连接钢板应紧固密贴，外观应排列整齐。

7.3.4　自攻螺钉（非自攻自钻螺钉）连接板上的预制孔径 d_0，可按下列公式计算：

$$d_0 = 0.7d + 0.2t_t \quad (7.3.4\text{-}1)$$

$$d_0 \leqslant 0.9d \quad (7.3.4\text{-}2)$$

式中：d——自攻螺钉的公称直径（mm）；

　　t_t——连接板的总厚度（mm）。

7.3.5　射钉施工时，穿透深度不应小于 10.0mm。

7.4　高强度螺栓连接

7.4.1　高强度大六角头螺栓连接副应由一个螺栓、一个螺母和两个垫圈组成，扭剪型高强度螺栓连接副应由一个螺栓、一个螺母和一个垫圈组成，使用组合应符合表 7.4.1 的规定。

表 7.4.1 高强度螺栓连接副的使用组合

螺 栓	螺 母	垫 圈
10.9S	10H	（35～45）HRC
8.8S	8H	（35～45）HRC

7.4.2 高强度螺栓长度应以螺栓连接副终拧后外露 2 扣～3 扣丝为标准计算，可按下列公式计算。选用的高强度螺栓公称长度应取修约后的长度，应根据计算出的螺栓长度 l 按修约间隔 5mm 进行修约。

$$l = l' + \Delta l \quad (7.4.2\text{-}1)$$

$$\Delta l = m + ns + 3p \quad (7.4.2\text{-}2)$$

式中：l'——连接板层总厚度；

Δl——附加长度，或按表 7.4.2 选取；

m——高强度螺母公称厚度；

n——垫圈个数，扭剪型高强度螺栓为 1，高强度大六角头螺栓为 2；

s——高强度垫圈公称厚度，当采用大圆孔或槽孔时，高强度垫圈公称厚度按实际厚度取值；

p——螺纹的螺距。

表 7.4.2 高强度螺栓附加长度 Δl（mm）

高强度螺栓种类	螺栓规格						
	M12	M16	M20	M22	M24	M27	M30
高强度大六角头螺栓	23	30	35.5	39.5	43	46	50.5
扭剪型高强度螺栓	—	26	31.5	34.5	38	41	45.5

注：本表附加长度 Δl 由标准圆孔垫圈公称厚度计算确定。

7.4.3 高强度螺栓安装时应先使用安装螺栓和冲钉。在每个节点上穿入的安装螺栓和冲钉数量，应根据安装过程所承受的荷载计算确定，并应符合下列规定：

1 不应少于安装孔总数的 1/3；

2 安装螺栓不应少于 2 个；

3 冲钉穿入数量不宜多于安装螺栓数量的 30%；

4 不得用高强度螺栓兼做安装螺栓。

7.4.4 高强度螺栓应在构件安装精度调整后进行拧紧。高强度螺栓安装应符合下列规定：

1 扭剪型高强度螺栓安装时，螺母带圆台面的一侧应朝向垫圈有倒角的一侧；

2 大六角头高强度螺栓安装时，螺栓头下垫圈有倒角的一侧应朝向螺栓头，螺母带圆台面的一侧应朝向垫圈有倒角的一侧。

7.4.5 高强度螺栓现场安装时应能自由穿入螺栓孔，不得强行穿入。螺栓不能自由穿入时，可采用铰刀或锉刀修整螺栓孔，不得采用气割扩孔，扩孔数量应征得设计单位同意，修整后或扩孔后的孔径不应超过螺栓直径的 1.2 倍。

7.4.6 高强度大六角头螺栓连接副施拧可采用扭矩法或转角法，施工时应符合下列规定：

1 施工用的扭矩扳手使用前应进行校正，其扭矩相对误差不得大于±5%；校正用的扭矩扳手，其扭矩相对误差不得大于±3%；

2 施拧时，应在螺母上施加扭矩；

3 施拧应分为初拧和终拧，大型节点应在初拧和终拧间增加复拧。初拧扭矩可取施工终拧扭矩的 50%，复拧扭矩应等于初拧扭矩。终拧扭矩应按下式计算：

$$T_c = kP_c d \quad (7.4.6)$$

式中：T_c——施工终拧扭矩（N·m）；

k——高强度螺栓连接副的扭矩系数平均值，取 0.110～0.150；

P_c——高强度大六角头螺栓施工预拉力，可按表 7.4.6-1 选用（kN）；

d——高强度螺栓公称直径（mm）；

表 7.4.6-1 高强度大六角头螺栓施工预拉力（kN）

螺栓性能等级	螺栓公称直径（mm）						
	M12	M16	M20	M22	M24	M27	M30
8.8S	50	90	140	165	195	255	310
10.9S	60	110	170	210	250	320	390

4 采用转角法施工时，初拧（复拧）后连接副的终拧转角度应符合表 7.4.6-2 的要求；

表 7.4.6-2 初拧（复拧）后连接副的终拧转角度

螺栓长度 l	螺母转角	连接状态
$l \leqslant 4d$	1/3 圈（120°）	连接形式为一层芯板加两层盖板
$4d < l \leqslant 8d$ 或 200mm 及以下	1/2 圈（180°）	
$8d < l \leqslant 12d$ 或 200mm 以上	2/3 圈（240°）	

注：1 d 为螺栓公称直径；

2 螺母的转角为螺母与螺栓杆间的相对转角；

3 当螺栓长度 l 超过螺栓公称直径 d 的 12 倍时，螺母的终拧角度应由试验确定。

5 初拧或复拧后应对螺母涂画颜色标记。

7.4.7 扭剪型高强度螺栓连接副应采用专用电动扳手施拧，施工时应符合下列规定：

1 施拧应分为初拧和终拧，大型节点宜在初拧和终拧间增加复拧；

2 初拧扭矩值应取本规范公式（7.4.6）中 T_c 计算值的 50%，其中 k 应取 0.13，也可按表 7.4.7 选用；复拧扭矩应等于初拧扭矩；

表 7.4.7 扭剪型高强度螺栓初拧（复拧）扭矩值（N·m）

螺栓公称直径（mm）	M16	M20	M22	M24	M27	M30
初拧（复拧）扭矩	115	220	300	390	560	760

3　终拧应以拧掉螺栓尾部梅花头为准，少数不能用专用扳手进行终拧的螺栓，可按本规范第7.4.6条规定的方法进行终拧，扭矩系数 k 应取0.13；

4　初拧或复拧后应对螺母涂画颜色标记。

7.4.8　高强度螺栓连接节点螺栓群初拧、复拧和终拧，应采用合理的施拧顺序。

7.4.9　高强度螺栓和焊接混用的连接节点，当设计文件无规定时，宜按先螺栓紧固后焊接的施工顺序。

7.4.10　高强度螺栓连接副的初拧、复拧、终拧，宜在24h内完成。

7.4.11　高强度大六角头螺栓连接用扭矩法施工紧固时，应进行下列质量检查：

1　应检查终拧颜色标记，并应用0.3kg重小锤敲击螺母对高强度螺栓进行逐个检查；

2　终拧扭矩应按节点数10%抽查，且不应少于10个节点；对每个被抽查节点应按螺栓数10%抽查，且不应少于2个螺栓；

3　检查时应先在螺杆端面和螺母上画一直线，然后将螺母拧松约60°；再用扭矩扳手重新拧紧，使两线重合，测得此时的扭矩应为 $0.9T_{ch}\sim1.1T_{ch}$。T_{ch} 可按下式计算：

$$T_{ch}=kPd \tag{7.4.11}$$

式中：T_{ch}——检查扭矩（N·m）；

P——高强度螺栓设计预拉力（kN）；

k——扭矩系数。

4　发现有不符合规定时，应再扩大1倍检查；仍有不合格者时，则整个节点的高强度螺栓应重新施拧；

5　扭矩检查宜在螺栓终拧1h以后、24h之前完成，检查用的扭矩扳手，其相对误差不得大于±3%。

7.4.12　高强度大六角头螺栓连接转角法施工紧固，应进行下列质量检查：

1　应检查终拧颜色标记，同时应用约0.3kg重小锤敲击螺母对高强度螺栓进行逐个检查；

2　终拧转角应按节点数抽查10%，且不应少于10个节点；对每个被抽查节点应按螺栓数抽查10%，且不应少于2个螺栓；

3　应在螺杆端面和螺母相对位置画线，然后全部卸松螺母，应再按规定的初拧扭矩和终拧角度重新拧紧螺栓，测量终止线与原终止线画线间的角度，应符合表7.4.6-2的要求，误差在±30°者应为合格；

4　发现有不符合规定时，应再扩大1倍检查；仍有不合格者时，则整个节点的高强度螺栓应重新施拧；

5　转角检查宜在螺栓终拧1h以后、24h之前完成。

7.4.13　扭剪型高强度螺栓终拧检查，应以目测尾部梅花头拧断为合格。不能用专用扳手拧紧的扭剪型高强度螺栓，应按本规范第7.4.11条的规定进行质量检查。

7.4.14　螺栓球节点网架总拼完成后，高强度螺栓与球节点应紧固连接，螺栓拧入螺栓球内的螺纹长度不应小于螺栓直径的1.1倍，连接处不应出现有间隙、松动等未拧紧情况。

8　零件及部件加工

8.1　一 般 规 定

8.1.1　本章适用于钢结构制作中零件及部件的加工。

8.1.2　零件及部件加工前，应熟悉设计文件和施工详图，应做好各道工序的工艺准备；并应结合加工的实际情况，编制加工工艺文件。

8.2　放样和号料

8.2.1　放样和号料应根据施工详图和工艺文件进行，并应按要求预留余量。

8.2.2　放样和样板（样杆）的允许偏差应符合表8.2.2的规定。

表8.2.2　放样和样板（样杆）的允许偏差

项　目	允许偏差
平行线距离和分段尺寸	±0.5mm
样板长度	±0.5mm
样板宽度	±0.5mm
样板对角线差	1.0mm
样杆长度	±1.0mm
样板的角度	±20′

8.2.3　号料的允许偏差应符合表8.2.3的规定。

表8.2.3　号料的允许偏差（mm）

项　目	允许偏差
零件外形尺寸	±1.0
孔距	±0.5

8.2.4　主要零件应根据构件的受力特点和加工状况，按工艺规定的方向进行号料。

8.2.5　号料后，零件和部件应按施工详图和工艺要求进行标识。

8.3　切　　割

8.3.1　钢材切割可采用气割、机械切割、等离子切割等方法，选用的切割方法应满足工艺文件的要求。切割后的飞边、毛刺应清理干净。

8.3.2　钢材切割面应无裂纹、夹渣、分层等缺陷和大于1mm的缺棱。

8.3.3　气割前钢材切割区域表面应清理干净。切割时，应根据设备类型、钢材厚度、切割气体等因素选择适合的工艺参数。

8.3.4 气割的允许偏差应符合表8.3.4的规定。

表8.3.4 气割的允许偏差（mm）

项　目	允许偏差
零件宽度、长度	±3.0
切割面平面度	$0.05t$，且不应大于2.0
割纹深度	0.3
局部缺口深度	1.0

注：t为切割面厚度。

8.3.5 机械剪切的零件厚度不宜大于12.0mm，剪切面应平整。碳素结构钢在环境温度低于－20℃、低合金结构钢在环境温度低于－15℃时，不得进行剪切、冲孔。

8.3.6 机械剪切的允许偏差应符合表8.3.6的规定。

表8.3.6 机械剪切的允许偏差（mm）

项　目	允许偏差（mm）
零件宽度、长度	±3.0
边缘缺棱	1.0
型钢端部垂直度	2.0

8.3.7 钢网架（桁架）用钢管杆件宜用管子车床或数控相贯线切割机下料，下料时应预放加工余量和焊接收缩量，焊接收缩量可由工艺试验确定。钢管杆件加工的允许偏差应符合表8.3.7的规定。

表8.3.7 钢管杆件加工的允许偏差（mm）

项　目	允许偏差
长　度	±1.0
端面对管轴的垂直度	$0.005r$
管口曲线	1.0

注：r为管半径。

8.4 矫正和成型

8.4.1 矫正可采用机械矫正、加热矫正、加热与机械联合矫正等方法。

8.4.2 碳素结构钢在环境温度低于－16℃、低合金结构钢在环境温度低于－12℃时，不应进行冷矫正和冷弯曲。碳素结构钢和低合金结构钢在加热矫正时，加热温度应为700℃～800℃，最高温度严禁超过900℃，最低温度不得低于600℃。

8.4.3 当零件采用热加工成型时，可根据材料的含碳量，选择不同的加热温度。加热温度应控制在900℃～1000℃，也可控制在1100℃～1300℃；碳素结构钢和低合金结构钢在温度分别下降到700℃和800℃前，应结束加工；低合金结构钢应自然冷却。

8.4.4 热加工成型温度应均匀，同一构件不应反复进行热加工；温度冷却到200℃～400℃时，严禁捶打、弯曲和成型。

8.4.5 工厂冷成型加工钢管，可采用卷制或压制工艺。

8.4.6 矫正后的钢材表面，不应有明显的凹痕或损伤，划痕深度不得大于0.5mm，且不应超过钢材厚度允许负偏差的1/2。

8.4.7 型钢冷矫正和冷弯曲的最小曲率半径和最大弯曲矢高，应符合表8.4.7的规定。

表8.4.7 冷矫正和冷弯曲的最小曲率半径和最大弯曲矢高（mm）

钢材类别	图　例	对应轴	矫正		弯曲	
			r	f	r	f
钢板扁钢	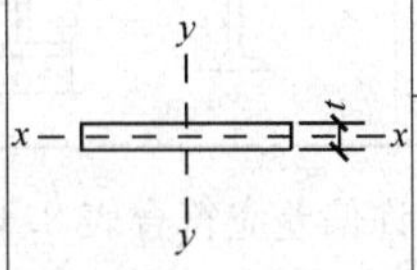	x-x	$50t$	$\frac{l^2}{400t}$	$25t$	$\frac{l^2}{200t}$
		y-y（仅对扁钢轴线）	$100b$	$\frac{l^2}{800b}$	$50b$	$\frac{l^2}{400b}$
角钢	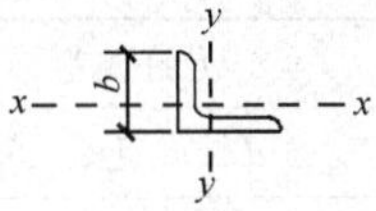	x-x	$90b$	$\frac{l^2}{720b}$	$45b$	$\frac{l^2}{360b}$
槽钢	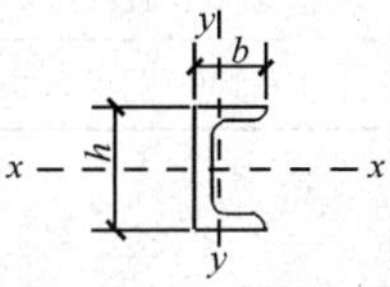	x-x	$50h$	$\frac{l^2}{400h}$	$25h$	$\frac{l^2}{200h}$
		y-y	$90b$	$\frac{l^2}{720b}$	$45b$	$\frac{l^2}{360b}$
工字钢	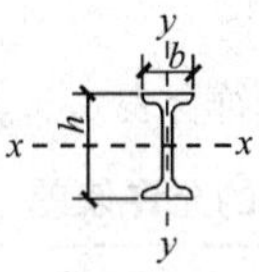	x-x	$50h$	$\frac{l^2}{400h}$	$25h$	$\frac{l^2}{200h}$
		y-y	$50b$	$\frac{l^2}{400b}$	$25b$	$\frac{l^2}{200b}$

注：r为曲率半径；f为弯曲矢高；l为弯曲弦长；t为板厚；b为宽度；h为高度。

8.4.8 钢材矫正后的允许偏差应符合表8.4.8的规定。

表 8.4.8 钢材矫正后的允许偏差（mm）

项 目		允许偏差	图 例
钢板的局部平面度	t≤14	1.5	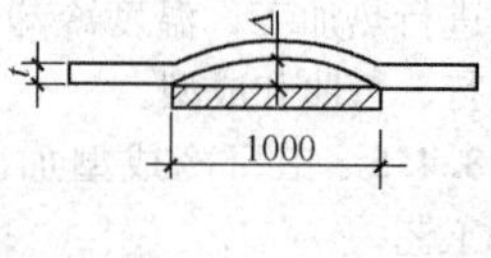
	t>14	1.0	
型钢弯曲矢高		l/1000 且不应大于 5.0	
角钢肢的垂直度		b/100 且双肢栓接角钢的角度不得大于 90°	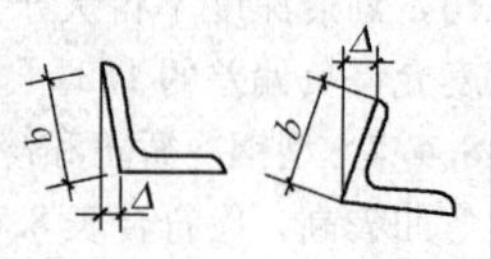
槽钢翼缘对腹板的垂直度		b/80	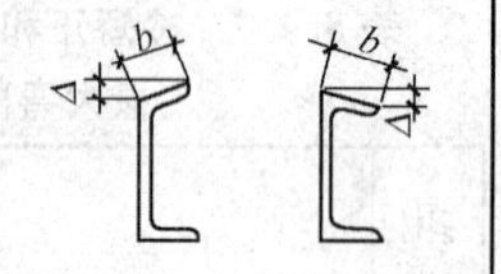
工字钢、H 型钢翼缘对腹板的垂直度		b/100 且不大于 2.0	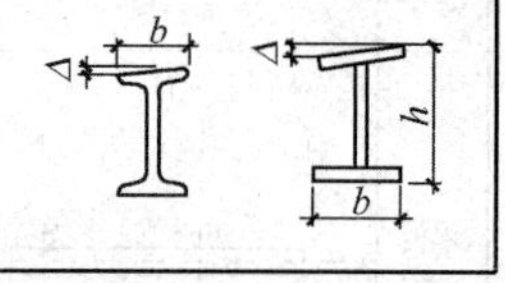

8.4.9 钢管弯曲成型的允许偏差应符合表 8.4.9 的规定。

表 8.4.9 钢管弯曲成型的允许偏差（mm）

项 目	允许偏差
直径	±d/200 且≤±5.0
构件长度	±3.0
管口圆度	d/200 且≤5.0
管中间圆度	d/100 且≤8.0
弯曲矢高	l/1500 且≤5.0

注：d 为钢管直径。

8.5 边 缘 加 工

8.5.1 边缘加工可采用气割和机械加工方法，对边缘有特殊要求时宜采用精密切割。

8.5.2 气割或机械剪切的零件，需要进行边缘加工时，其刨削量不应小于 2.0mm。

8.5.3 边缘加工的允许偏差应符合表 8.5.3 的规定。

表 8.5.3 边缘加工的允许偏差

项 目	允许偏差
零件宽度、长度	±1.0mm
加工边直线度	l/3000，且不应大于 2.0mm
相邻两边夹角	±6′
加工面垂直度	0.025t，且不应大于 0.5mm
加工面表面粗糙度	Ra≤50μm

8.5.4 焊缝坡口可采用气割、铲削、刨边机加工等方法，焊缝坡口的允许偏差应符合表 8.5.4 的规定。

表 8.5.4 焊缝坡口的允许偏差

项 目	允许偏差
坡口角度	±5°
钝边	±1.0mm

8.5.5 零部件采用铣床进行铣削加工边缘时，加工后的允许偏差应符合表 8.5.5 的规定。

表 8.5.5 零部件铣削加工后的允许偏差（mm）

项 目	允许偏差
两端铣平时零件长度、宽度	±1.0
铣平面的平面度	0.3
铣平面的垂直度	l/1500

8.6 制 孔

8.6.1 制孔可采用钻孔、冲孔、铣孔、铰孔、镗孔和锪孔等方法，对直径较大或长形孔也可采用气割制孔。

8.6.2 利用钻床进行多层板钻孔时，应采取有效的防止窜动措施。

8.6.3 机械或气割制孔后，应清除孔周边的毛刺、切屑等杂物；孔壁应圆滑，应无裂纹和大于 1.0mm 的缺棱。

8.7 螺栓球和焊接球加工

8.7.1 螺栓球宜热锻成型，加热温度宜为 1150℃～1250℃，终锻温度不得低于 800℃，成型后螺栓球不应有裂纹、褶皱和过烧。

8.7.2 螺栓球加工的允许偏差应符合表 8.7.2 的规定。

表 8.7.2 螺栓球加工的允许偏差（mm）

项 目		允许偏差
球直径	d≤120	+2.0 −1.0
	d>120	+3.0 −1.5
球圆度	d≤120	1.5
	120<d≤250	2.5
	d>250	3.0
同一轴线上两铣平面平行度	d≤120	0.2
	d>120	0.3
铣平面距球中心距离		±0.2
相邻两螺栓孔中心线夹角		±30′
两铣平面与螺栓孔轴线垂直度		0.005r

注：r 为螺栓球半径；d 为螺栓球直径。

8.7.3 焊接空心球宜采用钢板热压成半圆球，加热温度宜为1000℃～1100℃，并应经机械加工坡口后焊成圆球。焊接后的成品球表面应光滑平整，不应有局部凸起或褶皱。

8.7.4 焊接空心球加工的允许偏差应符合表8.7.4的规定。

表8.7.4 焊接空心球加工的允许偏差（mm）

项　目		允许偏差
直　径	$d\leqslant300$	±1.5
	$300<d\leqslant500$	±2.5
	$500<d\leqslant800$	±3.5
	$d>800$	±4
圆　度	$d\leqslant300$	±1.5
	$300<d\leqslant500$	±2.5
	$500<d\leqslant800$	±3.5
	$d>800$	±4
壁厚减薄量	$t\leqslant10$	≤0.18t且不大于1.5
	$10<t\leqslant16$	≤0.15t且不大于2.0
	$16<t\leqslant22$	≤0.12t且不大于2.5
	$22<t\leqslant45$	≤0.11t且不大于3.5
	$t>45$	≤0.08t且不大于4.0
对口错边量	$t\leqslant20$	≤0.10t且不大于1.0
	$20<t\leqslant40$	2.0
	$t>40$	3.0
焊缝余高		0～1.5

注：d为焊接空心球的外径；t为焊接空心球的壁厚。

8.8 铸钢节点加工

8.8.1 铸钢节点的铸造工艺和加工质量应符合设计文件和国家现行有关标准的规定。

8.8.2 铸钢节点加工宜包括工艺设计、模型制作、浇注、清理、热处理、打磨（修补）、机械加工和成品检验等工序。

8.8.3 复杂的铸钢节点接头宜设置过渡段。

8.9 索节点加工

8.9.1 索节点可采用铸造、锻造、焊接等方法加工成毛坯，并应经车削、铣削、刨削、钻孔、镗孔等机械加工而成。

8.9.2 索节点的普通螺纹应符合现行国家标准《普通螺纹　基本尺寸》GB/T 196和《普通螺纹　公差》GB/T 197中有关7H/6g的规定，梯形螺纹应符合现行国家标准《梯形螺纹》GB/T 5796中8H/7e的有关规定。

9 构件组装及加工

9.1 一般规定

9.1.1 本章适用于钢结构制作及安装中构件的组装及加工。

9.1.2 构件组装前，组装人员应熟悉施工详图、组装工艺及有关技术文件的要求，检查组装用的零部件的材质、规格、外观、尺寸、数量等均应符合设计要求。

9.1.3 组装焊接处的连接接触面及沿边缘30mm～50mm范围内的铁锈、毛刺、污垢等，应在组装前清除干净。

9.1.4 板材、型材的拼接应在构件组装前进行；构件的组装应在部件组装、焊接、校正并经检验合格后进行。

9.1.5 构件组装应根据设计要求、构件形式、连接方式、焊接方法和焊接顺序等确定合理的组装顺序。

9.1.6 构件的隐蔽部位应在焊接和涂装检查合格后封闭；完全封闭的构件内表面可不涂装。

9.1.7 构件应在组装完成并经检验合格后再进行焊接。

9.1.8 焊接完成后的构件应根据设计和工艺文件要求进行端面加工。

9.1.9 构件组装的尺寸偏差，应符合设计文件和现行国家标准《钢结构工程施工质量验收规范》GB 50205的有关规定。

9.2 部件拼接

9.2.1 焊接H型钢的翼缘板拼接缝和腹板拼接缝的间距，不宜小于200mm。翼缘板拼接长度不应小于600mm；腹板拼接宽度不应小于300mm，长度不应小于600mm。

9.2.2 箱形构件的侧板拼接长度不应小于600mm，相邻两侧板拼接缝的间距不宜小于200mm；侧板在宽度方向不宜拼接，当宽度超过2400mm确需拼接时，最小拼接宽度不宜小于板宽的1/4。

9.2.3 设计无特殊要求时，用于次要构件的热轧型钢可采用直口全熔透焊接拼接，其拼接长度不应小于600mm。

9.2.4 钢管接长时每个节间宜为一个接头，最短接长长度应符合下列规定：

1 当钢管直径$d\leqslant500$mm时，不应小于500mm；

2 当钢管直径$500\text{mm}<d\leqslant1000$mm，不应小于直径$d$；

3 当钢管直径$d>1000$mm时，不应小于1000mm；

4 当钢管采用卷制方式加工成型时，可有若干个接头，但最短接长长度应符合本条第1～3款的要求。

9.2.5 钢管接长时，相邻管节或管段的纵向焊缝应错开，错开的最小距离（沿弧长方向）不应小于钢管壁厚的5倍，且不应小于200mm。

9.2.6 部件拼接焊缝应符合设计文件的要求，当设计无要求时，应采用全熔透等强对接焊缝。

9.3 构件组装

9.3.1 构件组装宜在组装平台、组装支承架或专用设备上进行，组装平台及组装支承架应有足够的强度和刚度，并应便于构件的装卸、定位。在组装平台或组装支承架上宜画出构件的中心线、端面位置线、轮廓线和标高线等基准线。

9.3.2 构件组装可采用地样法、仿形复制装配法、胎模装配法和专用设备装配法等方法；组装时可采用立装、卧装等方式。

9.3.3 构件组装间隙应符合设计和工艺文件要求，当设计和工艺文件无规定时，组装间隙不宜大于2.0mm。

9.3.4 焊接构件组装时应预设焊接收缩量，并应对各部件进行合理的焊接收缩量分配。重要或复杂构件宜通过工艺性试验确定焊接收缩量。

9.3.5 设计要求起拱的构件，应在组装时按规定的起拱值进行起拱，起拱允许偏差为起拱值的0～10%，且不应大于10mm。设计未要求但施工工艺要求起拱的构件，起拱允许偏差不应大于起拱值的±10%，且不应大于±10mm。

9.3.6 桁架结构组装时，杆件轴线交点偏移不应大于3mm。

9.3.7 吊车梁和吊车桁架组装、焊接完成后不应允许下挠。吊车梁的下翼缘和重要受力构件的受拉面不得焊接工装夹具、临时定位板、临时连接板等。

9.3.8 拆除临时工装夹具、临时定位板、临时连接板等，严禁用锤击落，应在距离构件表面3mm～5mm处采用气割切除，对残留的焊疤应打磨平整，且不得损伤母材。

9.3.9 构件端部铣平后顶紧接触面应有75%以上的面积密贴，应用0.3mm的塞尺检查，其塞入面积应小于25%，边缘最大间隙不应大于0.8mm。

9.4 构件端部加工

9.4.1 构件端部加工应在构件组装、焊接完成并经检验合格后进行。构件的端面铣平加工可用端铣床加工。

9.4.2 构件的端部铣平加工应符合下列规定：

1 应根据工艺要求预先确定端部铣削量，铣削量不宜小于5mm；

2 应按设计文件及现行国家标准《钢结构工程施工质量验收规范》GB 50205的有关规定，控制铣平面的平面度和垂直度。

9.5 构件矫正

9.5.1 构件外形矫正宜采取先总体后局部、先主要后次要、先下部后上部的顺序。

9.5.2 构件外形矫正可采用冷矫正和热矫正。当设计有要求时，矫正方法和矫正温度应符合设计文件要求；当设计文件无要求时，矫正方法和矫正温度应符合本规范第8.4节的规定。

10 钢结构预拼装

10.1 一般规定

10.1.1 本章适用于合同要求或设计文件规定的构件预拼装。

10.1.2 预拼装前，单个构件应检查合格；当同一类型构件较多时，可选择一定数量的代表性构件进行预拼装。

10.1.3 构件可采用整体预拼装或累积连续预拼装。当采用累积连续预拼装时，两相邻单元连接的构件应分别参与两个单元的预拼装。

10.1.4 除有特殊规定外，构件预拼装应按设计文件和现行国家标准《钢结构工程施工质量验收规范》GB 50205的有关规定进行验收。预拼装验收时，应避开日照的影响。

10.2 实体预拼装

10.2.1 预拼装场地应平整、坚实；预拼装所用的临时支承架、支承凳或平台应经测量准确定位，并应符合工艺文件要求。重型构件预拼装所用的临时支承结构应进行结构安全验算。

10.2.2 预拼装单元可根据场地条件、起重设备等选择合适的几何形态进行预拼装。

10.2.3 构件应在自由状态下进行预拼装。

10.2.4 构件预拼装应按设计图的控制尺寸定位，对有预起拱、焊接收缩等的预拼装构件，应按预起拱值或收缩量的大小对尺寸定位进行调整。

10.2.5 采用螺栓连接的节点连接件，必要时可在预拼装定位后进行钻孔。

10.2.6 当多层板叠采用高强度螺栓或普通螺栓连接时，宜先使用不少于螺栓孔总数10%的冲钉定位，再采用临时螺栓紧固。临时螺栓在一组孔内不得少于螺栓孔数量的20%，且不应少于2个；预拼装时应使板层密贴。螺栓孔应采用试孔器进行检查，并应符合下列规定：

1 当采用比孔公称直径小1.0mm的试孔器检查

时，每组孔的通过率不应小于85%；

2 当采用比螺栓公称直径大0.3mm的试孔器检查时，通过率应为100%。

10.2.7 预拼装检查合格后，宜在构件上标注中心线、控制基准线等标记，必要时可设置定位器。

10.3 计算机辅助模拟预拼装

10.3.1 构件除可采用实体预拼装外，还可采用计算机辅助模拟预拼装方法，模拟构件或单元的外形尺寸应与实物几何尺寸相同。

10.3.2 当采用计算机辅助模拟预拼装的偏差超过现行国家标准《钢结构工程施工质量验收规范》GB 50205的有关规定时，应按本规范第10.2节的要求进行实体预拼装。

11 钢结构安装

11.1 一 般 规 定

11.1.1 本章适用于单层钢结构、多高层钢结构、大跨度空间结构及高耸钢结构等工程的安装。

11.1.2 钢结构安装现场应设置专门的构件堆场，并应采取防止构件变形及表面污染的保护措施。

11.1.3 安装前，应按构件明细表核对进场的构件，查验产品合格证；工厂预拼装过的构件在现场组装时，应根据预拼装记录进行。

11.1.4 构件吊装前应清除表面上的油污、冰雪、泥沙和灰尘等杂物，并应做好轴线和标高标记。

11.1.5 钢结构安装应根据结构特点按照合理顺序进行，并应形成稳固的空间刚度单元，必要时应增加临时支承结构或临时措施。

11.1.6 钢结构安装校正时应分析温度、日照和焊接变形等因素对结构变形的影响。施工单位和监理单位宜在相同的天气条件和时间段进行测量验收。

11.1.7 钢结构吊装宜在构件上设置专门的吊装耳板或吊装孔。设计文件无特殊要求时，吊装耳板和吊装孔可保留在构件上，需去除耳板时，可采用气割或碳弧气刨方式在离母材3mm～5mm位置切除，严禁采用锤击方式去除。

11.1.8 钢结构安装过程中，制孔、组装、焊接和涂装等工序的施工均应符合本规范第6、8、9、13章的有关规定。

11.1.9 构件在运输、存放和安装过程中损坏的涂层，以及安装连接部位，应按本规范第13章的有关规定补漆。

11.2 起重设备和吊具

11.2.1 钢结构安装宜采用塔式起重机、履带吊、汽车吊等定型产品。选用非定型产品作为起重设备时，应编制专项方案，并应经评审后再组织实施。

11.2.2 起重设备应根据起重设备性能、结构特点、现场环境、作业效率等因素综合确定。

11.2.3 起重设备需要附着或支承在结构上时，应得到设计单位的同意，并应进行结构安全验算。

11.2.4 钢结构吊装作业必须在起重设备的额定起重量范围内进行。

11.2.5 钢结构吊装不宜采用抬吊。当构件重量超过单台起重设备的额定起重量范围时，构件可采用抬吊的方式吊装。采用抬吊方式时，应符合下列规定：

1 起重设备应进行合理的负荷分配，构件重量不得超过两台起重设备额定起重量总和的75%，单台起重设备的负荷量不得超过额定起重量的80%；

2 吊装作业应进行安全验算并采取相应的安全措施，应有经批准的抬吊作业专项方案；

3 吊装操作时应保持两台起重设备升降和移动同步，两台起重设备的吊钩、滑车组均应基本保持垂直状态。

11.2.6 用于吊装的钢丝绳、吊装带、卸扣、吊钩等吊具应经检查合格，并应在其额定许用荷载范围内使用。

11.3 基础、支承面和预埋件

11.3.1 钢结构安装前应对建筑物的定位轴线、基础轴线和标高、地脚螺栓位置等进行检查，并应办理交接验收。当基础工程分批进行交接时，每次交接验收不应少于一个安装单元的柱基基础，并应符合下列规定：

1 基础混凝土强度应达到设计要求；

2 基础周围回填夯实应完毕；

3 基础的轴线标志和标高基准点应准确、齐全。

11.3.2 基础顶面直接作为柱的支承面、基础顶面预埋钢板（或支座）作为柱的支承面时，其支承面、地脚螺栓（锚栓）的允许偏差应符合表11.3.2的规定。

表11.3.2 支承面、地脚螺栓（锚栓）的允许偏差（mm）

项　目		允许偏差
支承面	标　高	±3.0
	水平度	1/1000
地脚螺栓（锚栓）	螺栓中心偏移	5.0
	螺栓露出长度	$^{+30.0}_{0}$
	螺纹长度	$^{+30.0}_{0}$
预留孔中心偏移		10.0

11.3.3 钢柱脚采用钢垫板作支承时，应符合下列规定：

1 钢垫板面积应根据混凝土抗压强度、柱脚底板承受的荷载和地脚螺栓（锚栓）的紧固拉力计算确定；

2 垫板应设置在靠近地脚螺栓（锚栓）的柱脚底板加劲板或柱肢下，每根地脚螺栓（锚栓）侧应设1组～2组垫板，每组垫板不得多于5块；

3 垫板与基础面和柱底面的接触应平整、紧密；当采用成对斜垫板时，其叠合长度不应小于垫板长度的2/3；

4 柱底二次浇灌混凝土前垫板间应焊接固定。

11.3.4 锚栓及预埋件安装应符合下列规定：

1 宜采取锚栓定位支架、定位板等辅助固定措施；

2 锚栓和预埋件安装到位后，应可靠固定；当锚栓埋设精度较高时，可采用预留孔洞、二次埋设等工艺；

3 锚栓应采取防止损坏、锈蚀和污染的保护措施；

4 钢柱地脚螺栓紧固后，外露部分应采取防止螺母松动和锈蚀的措施；

5 当锚栓需要施加预应力时，可采用后张拉方法，张拉力应符合设计文件的要求，并应在张拉完成后进行灌浆处理。

11.4 构件安装

11.4.1 钢柱安装应符合下列规定：

1 柱脚安装时，锚栓宜使用导入器或护套；

2 首节钢柱安装后应及时进行垂直度、标高和轴线位置校正，钢柱的垂直度可采用经纬仪或线锤测量；校正合格后钢柱应可靠固定，并应进行柱底二次灌浆，灌浆前应清除柱底板与基础面间杂物；

3 首节以上的钢柱定位轴线应从地面控制轴线直接引上，不得从下层柱的轴线引上；钢柱校正垂直度时，应确定钢梁接头焊接的收缩量，并应预留焊缝收缩变形值；

4 倾斜钢柱可采用三维坐标测量法进行测校，也可采用柱顶投影点结合标高进行测校，校正合格后宜采用刚性支撑固定。

11.4.2 钢梁安装应符合下列规定：

1 钢梁宜采用两点起吊；当单根钢梁长度大于21m，采用两点吊装不能满足构件强度和变形要求时，宜设置3个～4个吊装点吊装或采用平衡梁吊装，吊点位置应通过计算确定；

2 钢梁可采用一机一吊或一机串吊的方式吊装，就位后应立即临时固定连接；

3 钢梁面的标高及两端高差可采用水准仪与标尺进行测量，校正完成后应进行永久性连接。

11.4.3 支撑安装应符合下列规定：

1 交叉支撑宜按从下到上的顺序组合吊装；

2 无特殊规定时，支撑构件的校正宜在相邻结构校正固定后进行；

3 屈曲约束支撑应按设计文件和产品说明书的要求进行安装。

11.4.4 桁架（屋架）安装应在钢柱校正合格后进行，并应符合下列规定：

1 钢桁架（屋架）可采用整榀或分段安装；

2 钢桁架（屋架）应在起扳和吊装过程中防止产生变形；

3 单榀钢桁架（屋架）安装时应采用缆绳或刚性支撑增加侧向临时约束。

11.4.5 钢板剪力墙安装应符合下列规定：

1 钢板剪力墙吊装时应采取防止平面外的变形措施；

2 钢板剪力墙的安装时间和顺序应符合设计文件要求。

11.4.6 关节轴承节点安装应符合下列规定：

1 关节轴承节点应采用专门的工装进行吊装和安装；

2 轴承总成不宜解体安装，就位后应采取临时固定措施；

3 连接销轴与孔装配时应密贴接触，宜采用锥形孔、轴，应采用专用工具顶紧安装；

4 安装完毕后应做好成品保护。

11.4.7 钢铸件或铸钢节点安装应符合下列规定：

1 出厂时应标识清晰的安装基准标记；

2 现场焊接应严格按焊接工艺专项方案施焊和检验。

11.4.8 由多个构件在地面组拼的重型组合构件吊装时，吊点位置和数量应经计算确定。

11.4.9 后安装构件应根据设计文件或吊装工况的要求进行安装，其加工长度宜根据现场实际测量确定；当后安装构件与已完成结构采用焊接连接时，应采取减少焊接变形和焊接残余应力措施。

11.5 单层钢结构

11.5.1 单跨结构宜从跨端一侧向另一侧、中间向两端或两端向中间的顺序进行吊装。多跨结构，宜先吊主跨、后吊副跨；当有多台起重设备共同作业时，也可多跨同时吊装。

11.5.2 单层钢结构在安装过程中，应及时安装临时柱间支撑或稳定缆绳，应在形成空间结构稳定体系后再扩展安装。单层钢结构安装过程中形成的临时空间结构稳定体系应能承受结构自重、风荷载、雪荷载、施工荷载以及吊装过程中冲击荷载的作用。

11.6 多层、高层钢结构

11.6.1 多层及高层钢结构宜划分多个流水作业段进

行安装，流水段宜以每节框架为单位。流水段划分应符合下列规定：

1 流水段内的最重构件应在起重设备的起重能力范围内；

2 起重设备的爬升高度应满足下节流水段内构件的起吊高度；

3 每节流水段内的柱长度应根据工厂加工、运输堆放、现场吊装等因素确定，长度宜取2个～3个楼层高度，分节位置宜在梁顶标高以上1.0m～1.3m处；

4 流水段的划分应与混凝土结构施工相适应；

5 每节流水段可根据结构特点和现场条件在平面上划分流水区进行施工。

11.6.2 流水作业段内的构件吊装宜符合下列规定：

1 吊装可采用整个流水段内先柱后梁、或局部先柱后梁的顺序；单柱不得长时间处于悬臂状态；

2 钢楼板及压型金属板安装应与构件吊装进度同步；

3 特殊流水作业段内的吊装顺序应按安装工艺确定，并应符合设计文件的要求。

11.6.3 多层及高层钢结构安装校正应依据基准柱进行，并应符合下列规定：

1 基准柱应能够控制建筑物的平面尺寸并便于其他柱的校正，宜选择角柱为基准柱；

2 钢柱校正宜采用合适的测量仪器和校正工具；

3 基准柱应校正完毕后，再对其他柱进行校正。

11.6.4 多层及高层钢结构安装时，楼层标高可采用相对标高或设计标高进行控制，并应符合下列规定：

1 当采用设计标高控制时，应以每节柱为单位进行柱标高调整，并应使每节柱的标高符合设计的要求；

2 建筑物总高度的允许偏差和同一层内各节柱的柱顶高度差，应符合现行国家标准《钢结构工程施工质量验收规范》GB 50205的有关规定。

11.6.5 同一流水作业段、同一安装高度的一节柱，当各柱的全部构件安装、校正、连接完毕并验收合格后，应再从地面引放上一节柱的定位轴线。

11.6.6 高层钢结构安装时应分析竖向压缩变形对结构的影响，并应根据结构特点和影响程度采取预调安装标高、设置后连接构件等相应措施。

11.7 大跨度空间钢结构

11.7.1 大跨度空间钢结构可根据结构特点和现场施工条件，采用高空散装法、分条分块吊装法、滑移法、单元或整体提升（顶升）法、整体吊装法、折叠展开式整体提升法、高空悬拼安装法等安装方法。

11.7.2 空间结构吊装单元的划分应根据结构特点、运输方式、起重设备性能、安装场地条件等因素确定。

11.7.3 索（预应力）结构施工应符合下列规定：

1 施工前应对钢索、锚具及零配件的出厂报告、产品质量保证书、检测报告，以及索体长度、直径、品种、规格、色泽、数量等进行验收，并应验收合格后再进行预应力施工；

2 索（预应力）结构施工张拉前，应进行全过程施工阶段结构分析，并应以分析结果为依据确定张拉顺序，编制索（预应力）施工专项方案；

3 索（预应力）结构施工张拉前，应进行钢结构分项验收，验收合格后方可进行预应力张拉施工；

4 索（预应力）张拉应符合分阶段、分级、对称、缓慢匀速、同步加载的原则，并应根据结构和材料特点确定超张拉的要求；

5 索（预应力）结构宜进行索力和结构变形监测，并应形成监测报告。

11.7.4 大跨度空间钢结构施工应分析环境温度变化对结构的影响。

11.8 高耸钢结构

11.8.1 高耸钢结构可采用高空散件（单元）法、整体起扳法和整体提升（顶升）法等安装方法。

11.8.2 高耸钢结构采用整体起扳法安装时，提升吊点的数量和位置应通过计算确定，并应对整体起扳过程中结构不同施工倾斜角度或倾斜状态进行结构安全验算。

11.8.3 高耸钢结构安装的标高和轴线基准点向上传递时，应对风荷载、环境温度和日照等对结构变形的影响进行分析。

12 压型金属板

12.0.1 本章适用于楼层和平台中组合楼板的压型金属板施工，也适用于作为浇筑混凝土永久性模板用途的非组合楼板的压型金属板施工。

12.0.2 压型金属板安装前，应绘制各楼层压型金属板铺设的排板图；图中应包含压型金属板的规格、尺寸和数量，与主体结构的支承构造和连接详图，以及封边挡板等内容。

12.0.3 压型金属板安装前，应在支承结构上标出压型金属板的位置线。铺放时，相邻压型金属板端部的波形槽口应对准。

12.0.4 压型金属板应采用专用吊具装卸和转运，严禁直接采用钢丝绳绑扎吊装。

12.0.5 压型金属板与主体结构（钢梁）的锚固支承长度应符合设计要求，且不应小于50mm；端部锚固可采用点焊、贴角焊或射钉连接，设置位置应符合设计要求。

12.0.6 转运至楼面的压型金属板应当天安装和连接完毕，当有剩余时应固定在钢梁上或转移到地面堆场。

12.0.7 支承压型金属板的钢梁表面应保持清洁，压型金属板与钢梁顶面的间隙应控制在1mm以内。

12.0.8 安装边模封口板时，应与压型金属板波距对齐，偏差不大于3mm。

12.0.9 压型金属板安装应平整、顺直，板面不得有施工残留物和污物。

12.0.10 压型金属板需预留设备孔洞时，应在混凝土浇筑完毕后使用等离子切割或空心钻开孔，不得采用火焰切割。

12.0.11 设计文件要求在施工阶段设置临时支承时，应在混凝土浇筑前设置临时支承，待浇筑的混凝土强度达到规定强度后方可拆除。混凝土浇筑时应避免在压型金属板上集中堆载。

13 涂 装

13.1 一 般 规 定

13.1.1 本章适用于钢结构的油漆类防腐涂装、金属热喷涂防腐、热浸镀锌防腐和防火涂料涂装等工程的施工。

13.1.2 钢结构防腐涂装施工宜在构件组装和预拼装工程检验批的施工质量验收合格后进行。涂装完毕后，宜在构件上标注构件编号；大型构件应标明重量、重心位置和定位标记。

13.1.3 钢结构防火涂料涂装施工应在钢结构安装工程和防腐涂装工程检验批施工质量验收合格后进行。当设计文件规定构件可不进行防腐涂装时，安装验收合格后可直接进行防火涂料涂装施工。

13.1.4 钢结构防腐涂装工程和防火涂装工程的施工工艺和技术应符合本规范、设计文件、涂装产品说明书和国家现行有关产品标准的规定。

13.1.5 防腐涂装施工前，钢材应按本规范和设计文件要求进行表面处理。当设计文件未提出要求时，可根据涂料产品对钢材表面的要求，采用适当的处理方法。

13.1.6 油漆类防腐涂料涂装工程和防火涂料涂装工程，应按现行国家标准《钢结构工程施工质量验收规范》GB 50205的有关规定进行质量验收。

13.1.7 金属热喷涂防腐和热浸镀锌防腐工程，可按现行国家标准《金属和其他无机覆盖层 热喷涂 锌、铝及其合金》GB/T 9793和《热喷涂金属件表面预处理通则》GB/T 11373等有关规定进行质量验收。

13.1.8 构件表面的涂装系统应相互兼容。

13.1.9 涂装施工时，应采取相应的环境保护和劳动保护措施。

13.2 表 面 处 理

13.2.1 构件采用涂料防腐涂装时，表面除锈等级可按设计文件及现行国家标准《涂装前钢材表面锈蚀等级和除锈等级》GB 8923的有关规定，采用机械除锈和手工除锈方法进行处理。

13.2.2 构件的表面粗糙度可根据不同底涂层和除锈等级按表13.2.2进行选择，并应按现行国家标准《涂装前钢材表面粗糙度等级的评定（比较样块法）》GB/T 13288的有关规定执行。

表13.2.2 构件的表面粗糙度

钢材底涂层	除锈等级	表面粗糙度 Ra（μm）
热喷锌/铝	Sa3级	60～100
无机富锌	Sa2½～Sa3级	50～80
环氧富锌	Sa2½级	30～75
不便喷砂的部位	St3级	

13.2.3 经处理的钢材表面不应有焊渣、焊疤、灰尘、油污、水和毛刺等；对于镀锌构件，酸洗除锈后，钢材表面应露出金属色泽，并应无污渍、锈迹和残留酸液。

13.3 油漆防腐涂装

13.3.1 油漆防腐涂装可采用涂刷法、手工滚涂法、空气喷涂法和高压无气喷涂法。

13.3.2 钢结构涂装时的环境温度和相对湿度，除应符合涂料产品说明书的要求外，还应符合下列规定：

1 当产品说明书对涂装环境温度和相对湿度未作规定时，环境温度宜为5℃～38℃，相对湿度不应大于85%，钢材表面温度应高于露点温度3℃，且钢材表面温度不应超过40℃；

2 被施工物体表面不得有凝露；

3 遇雨、雾、雪、强风天气时应停止露天涂装，应避免在强烈阳光照射下施工；

4 涂装后4h内应采取保护措施，避免淋雨和沙尘侵袭；

5 风力超过5级时，室外不宜喷涂作业。

13.3.3 涂料调制应搅拌均匀，应随拌随用，不得随意添加稀释剂。

13.3.4 不同涂层间的施工应有适当的重涂间隔时间，最大及最小重涂间隔时间应符合涂料产品说明书的规定，应超过最小重涂间隔再施工，超过最大重涂间隔时应按涂料说明书的指导进行施工。

13.3.5 表面除锈处理与涂装的间隔时间宜在4h之内，在车间内作业或湿度较低的晴天不应超过12h。

13.3.6 工地焊接部位的焊缝两侧宜留出暂不涂装的区域，应符合表13.3.6的规定，焊缝及焊缝两侧也可涂装不影响焊接质量的防腐涂料。

表 13.3.6 焊缝暂不涂装的区域（mm）

图　　示	钢板厚度 t	暂不涂装的区域宽度 b
	$t<50$	50
	$50\leqslant t\leqslant 90$	70
	$t>90$	100

13.3.7 构件油漆补涂应符合下列规定：

1 表面涂有工厂底漆的构件，因焊接、火焰校正、曝晒和擦伤等造成重新锈蚀或附有白锌盐时，应经表面处理后再按原涂装规定进行补漆；

2 运输、安装过程的涂层碰损、焊接烧伤等，应根据原涂装规定进行补涂。

13.4 金属热喷涂

13.4.1 钢结构金属热喷涂方法可采用气喷涂或电喷涂，并应按现行国家标准《金属和其他无机覆盖层 热喷涂 锌、铝及其合金》GB/T 9793 的有关规定执行。

13.4.2 钢结构表面处理与热喷涂施工的间隔时间，晴天或湿度不大的气候条件下应在 12h 以内，雨天、潮湿、有盐雾的气候条件下不应超过 2h。

13.4.3 金属热喷涂施工应符合下列规定：

1 采用的压缩空气应干燥、洁净；

2 喷枪与表面宜成直角，喷枪的移动速度应均匀，各喷涂层之间的喷枪方向应相互垂直、交叉覆盖；

3 一次喷涂厚度宜为 $25\mu m\sim 80\mu m$，同一层内各喷涂带间应有 1/3 的重叠宽度；

4 当大气温度低于 5℃或钢结构表面温度低于露点 3℃时，应停止热喷涂操作。

13.4.4 金属热喷涂层的封闭剂或首道封闭油漆施工宜采用涂刷方式施工，施工工艺要求应符合本规范第 13.3 节的规定。

13.5 热浸镀锌防腐

13.5.1 构件表面单位面积的热浸镀锌质量应符合设计文件规定的要求。

13.5.2 构件热浸镀锌应符合现行国家标准《金属覆盖层 钢铁制件热浸镀锌层技术要求及试验方法》GB/T 13912 的有关规定，并应采取防止热变形的措施。

13.5.3 热浸镀锌造成构件的弯曲或扭曲变形，应采取延压、滚轧或千斤顶等机械方式进行矫正。矫正时，宜采取垫木方等措施，不得采用加热矫正。

13.6 防火涂装

13.6.1 防火涂料涂装前，钢材表面除锈及防腐涂装应符合设计文件和国家现行有关标准的规定。

13.6.2 基层表面应无油污、灰尘和泥沙等污垢，且防锈层应完整、底漆无漏刷。构件连接处的缝隙应采用防火涂料或其他防火材料填平。

13.6.3 选用的防火涂料应符合设计文件和国家现行有关标准的规定，具有抗冲击能力和粘结强度，不应腐蚀钢材。

13.6.4 防火涂料可按产品说明书要求在现场进行搅拌或调配。当天配置的涂料应在产品说明书规定的时间内用完。

13.6.5 厚涂型防火涂料，属于下列情况之一时，宜在涂层内设置与构件相连的钢丝网或其他相应的措施：

1 承受冲击、振动荷载的钢梁；

2 涂层厚度大于或等于 40mm 的钢梁和桁架；

3 涂料粘结强度小于或等于 0.05MPa 的构件；

4 钢板墙和腹板高度超过 1.5m 的钢梁。

13.6.6 防火涂料施工可采用喷涂、抹涂或滚涂等方法。

13.6.7 防火涂料涂装施工应分层施工，应在上层涂层干燥或固化后，再进行下道涂层施工。

13.6.8 厚涂型防火涂料有下列情况之一时，应重新喷涂或补涂：

1 涂层干燥固化不良，粘结不牢或粉化、脱落；

2 钢结构接头和转角处的涂层有明显凹陷；

3 涂层厚度小于设计规定厚度的 85%；

4 涂层厚度未达到设计规定厚度，且涂层连续长度超过 1m。

13.6.9 薄涂型防火涂料面层涂装施工应符合下列规定：

1 面层应在底层涂装干燥后开始涂装；

2 面层涂装应颜色均匀、一致，接槎应平整。

14 施工测量

14.1 一般规定

14.1.1 本章适用于钢结构工程的平面控制、高程控制及细部测量。

14.1.2 施工测量前，应根据设计施工图和钢结构安装要求，编制测量专项方案。

14.1.3 钢结构安装前应设置施工控制网。

14.2 平面控制网

14.2.1 平面控制网，可根据场区地形条件和建筑物的结构形式，布设十字轴线或矩形控制网，平面布置为异形的建筑可根据建筑物形状布设多边形控制网。

14.2.2 建筑物的轴线控制桩应根据建筑物的平面控制网测定，定位放线可选择直角坐标法、极坐标法、角度（方向）交会法、距离交会法等方法。

14.2.3 建筑物平面控制网，四层以下宜采用外控法，四层及以上宜采用内控法。上部楼层平面控制网，应以建筑物底层控制网为基础，通过仪器竖向垂直接力投测。竖向投测宜以每50m～80m设一转点，控制点竖向投测的允许误差应符合表14.2.3的规定。

表14.2.3 控制点竖向投测的允许误差（mm）

项目		测量允许误差
每层		3
总高度 H	$H \leqslant 30$m	5
	30m$<H\leqslant$60m	8
	60m$<H\leqslant$90m	13
	90m$<H\leqslant$150m	18
	$H>150$m	20

14.2.4 轴线控制基准点投测至中间施工层后，应进行控制网平差校核。调整后的点位精度应满足边长相对误差达到1/20000和相应的测角中误差±10″的要求。设计有特殊要求时应根据限差确定其放样精度。

14.3 高程控制网

14.3.1 首级高程控制网应按闭合环线、附合路线或结点网形布设。高程测量的精度，不宜低于三等水准的精度要求。

14.3.2 钢结构工程高程控制点的水准点，可设置在平面控制网的标桩或外围的固定地物上，也可单独埋设。水准点的个数不应少于3个。

14.3.3 建筑物标高的传递宜采用悬挂钢尺测量方法进行，钢尺读数时应进行温度、尺长和拉力修正。标高向上传递时宜从两处分别传递，面积较大或高层结构宜从三处分别传递。当传递的标高误差不超过±3.0mm时，可取其平均值作为施工楼层的标高基准；超过时，则应重新传递。标高竖向传递投测的测量允许误差应符合表14.3.3的规定。

表14.3.3 标高竖向传递投测的测量允许误差（mm）

项目		测量允许误差
每层		±3
总高度 H	$H \leqslant 30$m	±5
	30m$<H\leqslant$60m	±10
	$H>60$m	±12

注：表中误差不包括沉降和压缩引起的变形值。

14.4 单层钢结构施工测量

14.4.1 钢柱安装前，应在柱身四面分别画出中线或安装线，弹线允许误差为1mm。

14.4.2 竖直钢柱安装时，应在相互垂直的两轴线方向上采用经纬仪，同时校测钢柱垂直度。当观测面为不等截面时，经纬仪应安置在轴线上；当观测面为等截面时，经纬仪中心与轴线间的水平夹角不得大于15°。

14.4.3 钢结构厂房吊车梁与轨道安装测量应符合下列规定：

1 应根据厂房平面控制网，用平行借线法测定吊车梁的中心线；吊车梁中心线投测允许误差为±3mm，梁面垫板标高允许偏差为±2mm；

2 吊车梁上轨道中心线投测的允许误差为±2mm，中间加密点的间距不得超过柱距的两倍，并应将各点平行引测到牛腿顶部靠近柱的侧面，作为轨道安装的依据；

3 应在柱牛腿面架设水准仪按三等水准精度要求测设轨道安装标高。标高控制点的允许误差为±2mm，轨道跨距允许误差为±2mm，轨道中心线投测允许误差为±2mm，轨道标高点允许误差为±1mm。

14.4.4 钢屋架（桁架）安装后应有垂直度、直线度、标高、挠度（起拱）等实测记录。

14.4.5 复杂构件的定位可由全站仪直接架设在控制点上进行三维坐标测定，也可由水准仪对标高、全站仪对平面坐标进行共同测控。

14.5 多层、高层钢结构施工测量

14.5.1 多层及高层钢结构安装前，应对建筑物的定位轴线、底层柱的轴线、柱底基础标高进行复核，合格后再开始安装。

14.5.2 每节钢柱的控制轴线应从基准控制轴线的转点引测，不得从下层柱的轴线引出。

14.5.3 安装钢梁前，应测量钢梁两端柱的垂直度变化，还应监测邻近各柱因梁连接而产生的垂直度变化；待一区域整体构件安装完成后，应进行结构整体复测。

14.5.4 钢结构安装时，应分析日照、焊接等因素可能引起构件的伸缩或弯曲变形，并应采取相应措施。安装过程中，宜对下列项目进行观测，并应作记录：

1 柱、梁焊缝收缩引起柱身垂直度偏差值；

2 钢柱受日照温差、风力影响的变形；

3 塔吊附着或爬升对结构垂直度的影响。

14.5.5 主体结构整体垂直度的允许偏差为$H/2500$+10mm（H为高度），但不应大于50.0mm；整体平面弯曲允许偏差为$L/1500$（L为宽度），且不应大于25.0mm。

14.5.6 高度在150m以上的建筑钢结构，整体垂直度宜采用GPS或相应方法进行测量复核。

14.6 高耸钢结构施工测量

14.6.1 高耸钢结构的施工控制网宜在地面布设成田字形、圆形或辐射形。

14.6.2 由平面控制点投测到上部直接测定施工轴线点，应采用不同测量法校核，其测量允许误差为4mm。

14.6.3 标高±0.000m以上塔身铅垂度的测设宜使用激光铅垂仪，接收靶在标高100m处收到的激光仪旋转360°划出的激光点轨迹圆直径应小于10mm。

14.6.4 高耸钢结构标高低于100m时，宜在塔身中心点设置铅垂仪；标高为100m～200m时，宜设置四台铅垂仪；标高为200m以上时，宜设置包括塔身中心点在内的五台铅垂仪。铅垂仪的点位应从塔的轴线点上直接测定，并应用不同的测设方法进行校核。

14.6.5 激光铅垂仪投测到接收靶的测量允许误差应符合表14.6.5的要求。有特殊要求的高耸钢结构，其允许误差应由设计和施工单位共同确定。

表14.6.5 激光铅垂仪投测到接收靶的测量允许误差

塔高（m）	50	100	150	200	250	300	350
高耸结构验收允许偏差（mm）	57	85	110	127	143	165	—
测量允许误差（mm）	10	15	20	25	30	35	40

14.6.6 高耸钢结构施工到100m高度时，宜进行日照变形观测，并绘制出日照变形曲线，列出最小日照变形区间。

14.6.7 高耸钢结构标高的测定，宜用钢尺沿塔身铅垂方向往返测量，并宜对测量结果进行尺长、温度和拉力修正，精度应高于1/10000。

14.6.8 高度在150m以上的高耸钢结构，整体垂直度宜采用GPS进行测量复核。

15 施 工 监 测

15.1 一 般 规 定

15.1.1 本章适用于高层结构、大跨度空间结构、高耸结构等大型重要钢结构工程，按设计要求和合同约定进行的施工监测。

15.1.2 施工监测方法应根据工程监测对象、监测目的、监测频度、监测时长、监测精度要求等具体情况选定。

15.1.3 钢结构施工期间，可对结构变形、结构内力、环境量等内容进行过程监测。钢结构工程具体的监测内容及监测部位可根据不同的工程要求和施工状况选取。

15.1.4 采用的监测仪器和设备应满足数据精度要求，且应保证数据稳定和准确，宜采用灵敏度高、抗腐蚀性好、抗电磁波干扰强、体积小、重量轻的传感器。

15.2 施 工 监 测

15.2.1 施工监测应编制专项施工监测方案。

15.2.2 施工监测点布置应根据现场安装条件和施工交叉作业情况，采取可靠的保护措施。应力传感器应根据设计要求和工况需要布置于结构受力最不利部位或特征部位。变形传感器或测点宜布置于结构变形较大部位。温度传感器宜布置于结构特征断面，宜沿四面和高程均匀分布。

15.2.3 钢结构工程变形监测的等级划分及精度要求，应符合表15.2.3的规定。

15.2.4 变形监测方法可按表15.2.4选用，也可同时采用多种方法进行监测。应力应变宜采用应力计、应变计等传感器进行监测。

表15.2.3 钢结构工程变形监测的等级划分及精度要求

等级	垂直位移监测		水平位移监测	适用范围
	变形观测点的高程中误差（mm）	相邻变形观测点的高差中误差（mm）	变形观测点的点位中误差（mm）	
一等	0.3	0.1	1.5	变形特别敏感的高层建筑、空间结构、高耸构筑物、工业建筑等
二等	0.5	0.3	3.0	变形比较敏感的高层建筑、空间结构、高耸构筑物、工业建筑等
三等	1.0	0.5	6.0	一般性的高层建筑、空间结构、高耸构筑物、工业建筑等

注：1 变形观测点的高程中误差和点位中误差，指相对于邻近基准的中误差；

2 特定方向的位移中误差，可取表中相应点位中误差的$1/\sqrt{2}$作为限值；

3 垂直位移监测，可根据变形观测点的高程中误差或相邻变形观测点的高差中误差，确定监测精度等级。

表15.2.4 变形监测方法的选择

类 别	监 测 方 法
水平变形监测	三角形网、极坐标法、交会法、GPS测量、正倒垂线法、视准线法、引张线法、激光准直法、精密测（量）距、伸缩仪法、多点位移法，倾斜仪等

续表 15.2.4

类别	监测方法
垂直变形监测	水准测量、液体静力水准测量、电磁波测距三角高程测量等
三维位移监测	全站仪自动跟踪测量法、卫星实时定位测量法等
主体倾斜	经纬仪投点法、差异沉降法、激光准直法、垂线法、倾斜仪、电垂直梁法等
挠度观测	垂线法、差异沉降法、位移计、挠度计等

15.2.5 监测数据应及时采集和整理，并应按频次要求采集，对漏测、误测或异常数据应及时补测或复测、确认或更正。

15.2.6 应力应变监测周期，宜与变形监测周期同步。

15.2.7 在进行结构变形和结构内力监测时，宜同时进行监测点的温度、风力等环境量监测。

15.2.8 监测数据应及时进行定量和定性分析。监测数据分析可采用图表分析、统计分析、对比分析和建模分析等方法。

15.2.9 需要利用监测结果进行趋势预报时，应给出预报结果的误差范围和适用条件。

16 施工安全和环境保护

16.1 一般规定

16.1.1 本章适用于钢结构工程的施工安全和环境保护。

16.1.2 钢结构施工前，应编制施工安全、环境保护专项方案和安全应急预案。

16.1.3 作业人员应进行安全生产教育和培训。

16.1.4 新上岗的作业人员应经过三级安全教育。变换工种时，作业人员应先进行操作技能及安全操作知识的培训，未经安全生产教育和培训合格的作业人员不得上岗作业。

16.1.5 施工时，应为作业人员提供符合国家现行有关标准规定的合格劳动保护用品，并应培训和监督作业人员正确使用。

16.1.6 对易发生职业病的作业，应对作业人员采取专项保护措施。

16.1.7 当高空作业的各项安全措施经检查不合格时，严禁高空作业。

16.2 登高作业

16.2.1 搭设登高脚手架应符合现行行业标准《建筑施工扣件式钢管脚手架安全技术规范》JGJ 130 和《建筑施工碗扣式钢管脚手架安全技术规范》JGJ 166 的有关规定；当采用其他登高措施时，应进行结构安全计算。

16.2.2 多层及高层钢结构施工应采用人货两用电梯登高，对电梯尚未到达的楼层应搭设合理的安全登高设施。

16.2.3 钢柱吊装松钩时，施工人员宜通过钢挂梯登高，并应采用防坠器进行人身保护。钢挂梯应预先与钢柱可靠连接，并应随柱起吊。

16.3 安全通道

16.3.1 钢结构安装所需的平面安全通道应分层平面连续搭设。

16.3.2 钢结构施工的平面安全通道宽度不宜小于600mm，且两侧应设置安全护栏或防护钢丝绳。

16.3.3 在钢梁或钢桁架上行走的作业人员应佩戴双钩安全带。

16.4 洞口和临边防护

16.4.1 边长或直径为 20cm～40cm 的洞口应采用刚性盖板固定防护；边长或直径为 40cm～150cm 的洞口应架设钢管脚手架、满铺脚手板等；边长或直径在150cm 以上的洞口应张设密目安全网防护并加护栏。

16.4.2 建筑物楼层钢梁吊装完毕后，应及时分区铺设安全网。

16.4.3 楼层周边钢梁吊装完成后，应在每层临边设置防护栏，且防护栏高度不应低于 1.2m。

16.4.4 搭设临边脚手架、操作平台、安全挑网等应可靠固定在结构上。

16.5 施工机械和设备

16.5.1 钢结构施工使用的各类施工机械，应符合现行行业标准《建筑机械使用安全技术规程》JGJ 33 的有关规定。

16.5.2 起重吊装机械应安装限位装置，并应定期检查。

16.5.3 安装和拆除塔式起重机时，应有专项技术方案。

16.5.4 群塔作业应采取防止塔吊相互碰撞措施。

16.5.5 塔吊应有良好的接地装置。

16.5.6 采用非定型产品的吊装机械时，必须进行设计计算，并应进行安全验算。

16.6 吊装区安全

16.6.1 吊装区域应设置安全警戒线，非作业人员严禁入内。

16.6.2 吊装物吊离地面 200mm～300mm 时，应进行全面检查，并应确认无误后再正式起吊。

16.6.3 当风速达到 10m/s 时，宜停止吊装作业；当风速达到 15m/s 时，不得吊装作业。

16.6.4 高空作业使用的小型手持工具和小型零部件应采取防止坠落措施。

16.6.5 施工用电应符合现行行业标准《施工现场临时用电安全技术规范》JGJ 46 的有关规定。

16.6.6 施工现场应有专业人员负责安装、维护和管理用电设备和电线路。

16.6.7 每天吊至楼层或屋面上的构件未安装完时，应采取牢靠的临时固定措施。

16.6.8 压型钢板表面有水、冰、霜或雪时，应及时清除，并应采取相应的防滑保护措施。

16.7 消防安全措施

16.7.1 钢结构施工前，应有相应的消防安全管理制度。

16.7.2 现场施工作业用火应经相关部门批准。

16.7.3 施工现场应设置安全消防设施及安全疏散设施，并应定期进行防火巡查。

16.7.4 气体切割和高空焊接作业时，应清除作业区危险易燃物，并应采取防火措施。

16.7.5 现场油漆涂装和防火涂料施工时，应按产品说明书的要求进行产品存放和防火保护。

16.8 环境保护措施

16.8.1 施工期间应控制噪声，应合理安排施工时间，并应减少对周边环境的影响。

16.8.2 施工区域应保持清洁。

16.8.3 夜间施工灯光应向场内照射；焊接电弧应采取防护措施。

16.8.4 夜间施工应做好申报手续，应按政府相关部门批准的要求施工。

16.8.5 现场油漆涂装和防火涂料施工时，应采取防污染措施。

16.8.6 钢结构安装现场剩下的废料和余料应妥善分类收集，并应统一处理和回收利用，不得随意搁置、堆放。

本规范用词说明

1 为便于在执行本规范条文时区别对待，对要求严格程度不同的用词说明如下：

1）表示很严格，非这样做不可的用词：
正面词采用“必须”，反面词采用“严禁”；

2）表示严格，在正常情况下均应这样做的用词：
正面词采用“应”，反面词采用“不应”或“不得”；

3）表示允许稍有选择，在条件许可时首先这样做的用词：
正面词采用“宜”，反面词采用“不宜”；

4）表示有选择，在一定条件下可这样做的用词，采用“可”。

2 条文中指明应按其他有关标准执行的写法为：“应符合……规定”或“应按……执行”。

引用标准名录

1 《建筑结构荷载规范》GB 50009

2 《钢结构设计规范》GB 50017

3 《建筑结构制图标准》GB/T 50105

4 《高耸结构设计规范》GB 50135

5 《钢结构工程施工质量验收规范》GB 50205

6 《建筑工程施工质量验收统一标准》GB 50300

7 《钢结构焊接规范》GB 50661

8 《普通螺纹　基本尺寸》GB/T 196

9 《普通螺纹　公差》GB/T 197

10 《钢的成品化学成分允许偏差》GB/T 222

11 《钢铁及合金化学分析方法》GB/T 223

12 《金属材料　拉伸试验　第1部分：室温试验方法》GB/T 228.1

13 《金属材料　夏比摆锤冲击试验方法》GB/T 229

14 《金属材料　弯曲试验方法》GB/T 232

15 《钢板和钢带包装、标志及质量证明书的一般规定》GB/T 247

16 《焊缝符号表示法》GB/T 324

17 《优质碳素结构钢》GB/T 699

18 《碳素结构钢》GB/T 700

19 《热轧型钢》GB/T 706

20 《冷轧钢板和钢带的尺寸、外形、重量及允许偏差》GB/T 708

21 《热轧钢板和钢带的尺寸、外形、重量及允许偏差》GB/T 709

22 《销轴》GB/T 882

23 《碳素结构钢和低合金结构钢热轧薄钢板和钢带》GB 912

24 《钢结构用高强度大六角头螺栓》GB/T 1228

25 《钢结构用高强度大六角螺母》GB/T 1229

26 《钢结构用高强度垫圈》GB/T 1230

27 《钢结构用高强度大六角头螺栓、大六角螺母、垫圈技术条件》GB/T 1231

28 《低合金高强度结构钢》GB/T 1591

29 《型钢验收、包装、标志及质量证明书的一般规定》GB/T 2101

30 《钢及钢产品　力学性能试验取样位置及试样制备》GB/T 2975

31 《合金结构钢》GB/T 3077

32 《紧固件机械性能　螺栓、螺钉和螺柱》GB/T 3098.1

33 《碳素结构钢和低合金结构钢热轧厚钢板和钢带》GB/T 3274

34 《钢结构用扭剪型高强度螺栓连接副》GB/T 3632

35 《耐候结构钢》GB/T 4171

36 《氩》GB/T 4842

37 《碳钢焊条》GB/T 5117

38 《低合金钢焊条》GB/T 5118

39 《预应力混凝土用钢绞线》GB/T 5224

40 《埋弧焊用碳钢焊丝和焊剂》GB/T 5293

41 《厚度方向性能钢板》GB/T 5313

42 《六角头螺栓　C级》GB/T 5780

43 《六角头螺栓　全螺纹　C级》GB/T 5781

44 《六角头螺栓》GB/T 5782

45 《六角头螺栓　全螺纹》GB/T 5783

46 《梯形螺纹》GB/T 5796

47 《工业液体二氧化碳》GB/T 6052

48 《结构用冷弯空心型钢尺寸、外形、重量及允许偏差》GB/T 6728

49 《溶解乙炔》GB 6819

50 《焊接结构用铸钢件》GB/T 7659

51 《气体保护电弧焊用碳钢、低合金钢焊丝》GB/T 8110

52 《结构用无缝钢管》GB/T 8162

53 《重要用途钢丝绳》GB 8918

54 《涂装前钢材表面锈蚀等级和除锈等级》GB 8923

55 《金属和其他无机覆盖层　热喷涂　锌、铝及其合金》GB/T 9793

56 《碳钢药芯焊丝》GB/T 10045

57 《电弧螺柱焊用无头焊钉》GB/T 10432.1

58 《电弧螺柱焊用圆柱头焊钉》GB/T 10433

59 《热轧H型钢和剖分T型钢》GB/T 11263

60 《一般工程用铸造碳钢件》GB/T 11352

61 《热喷涂金属件表面预处理通则》GB/T 11373

62 《埋弧焊用低合金钢焊丝和焊剂》GB/T 12470

63 《建筑用压型钢板》GB/T 12755

64 《工业用环氧氯丙烷》GB/T 13097

65 《涂装前钢材表面粗糙度等级的评定（比较样块法）》GB/T 13288

66 《直缝电焊钢管》GB/T 13793

67 《金属覆盖层　钢铁制件热浸镀锌层技术要求及试验方法》GB/T 13912

68 《预应力筋用锚具、夹具和连接器》GB/T 14370

69 《钢结构防火涂料》GB 14907

70 《熔化焊用钢丝》GB/T 14957

71 《热轧钢板表面质量的一般要求》GB/T 14977

72 《深度冷冻法生产氧气及相关气体安全技术规程》GB 16912

73 《桥梁缆索用热镀锌钢丝》GB/T 17101

74 《无缝钢管尺寸、外形、重量及允许偏差》GB/T 17395

75 《低合金钢药芯焊丝》GB/T 17493

76 《钢及钢产品交货一般技术要求》GB/T 17505

77 《建筑结构用钢板》GB/T 19879

78 《钢和铁　化学成分测定用试样的取样和制样方法》GB/T 20066

79 《钢拉杆》GB/T 20934

80 《建筑机械使用安全技术规程》JGJ 33

81 《施工现场临时用电安全技术规范》JGJ 46

82 《预应力筋用锚具、夹具和连接器应用技术规程》JGJ 85

83 《建筑施工扣件式钢管脚手架安全技术规范》JGJ 130

84 《建筑施工碗扣式钢管脚手架安全技术规范》JGJ 166

85 《高强度低松弛预应力热镀锌钢绞线》YB/T 152

86 《焊接H型钢》YB 3301

87 《镀锌钢绞线》YB/T 5004

88 《碳钢、低合金钢焊接构件　焊后热处理方法》JB/T 6046

89 《焊接构件振动时效工艺　参数选择及技术要求》JB/T 10375

90 《焊接用二氧化碳》HG/T 2537

91 《焊接切割用燃气　丙烯》HG/T 3661.1

92 《焊接切割用燃气　丙烷》HG/T 3661.2

93 《富锌底漆》HG/T 3668

94 《焊接用混合气体　氩—二氧化碳》HG/T 3728

中华人民共和国国家标准

钢结构工程施工规范

GB 50755—2012

条 文 说 明

制 订 说 明

国家标准《钢结构工程施工规范》GB 50755－2012，经住房和城乡建设部2012年1月21日以第1263号公告批准、发布。

本规范在编制过程中，编制组进行了广泛的调查研究，总结了我国几十年来的钢结构工程施工实践经验，借鉴了有关国际和国外先进标准，开展了多项专题研究，并以多种方式广泛征求了有关单位和专家的意见，对主要问题进行了反复讨论、协调和修改。

为了便于广大设计、施工、科研、学校等单位有关人员在使用规范时正确理解和执行条文规定，编制组按章、节、条顺序编制了本规范的条文说明，对条文规定的目的、依据以及执行中需注意的有关事项进行了说明，还着重对强制性条文的强制性理由作了解释。但是，本条文说明不具备与规范正文同等的法律效力，仅供使用者作为理解和把握规范规定的参考。在使用过程中如果发现条文说明有不妥之处，请将有关的意见和建议反馈给中国建筑股份有限公司或中建钢构有限公司。

目　次

3 基本规定

3.0.1 本条规定了从事钢结构工程施工单位的资质和相关管理要求，以规范市场准入制度。

3.0.2 本条规定在工程施工前完成钢结构施工组织设计、专项施工方案等技术文件的编制和审批，以规范项目施工技术管理。钢结构施工组织设计一般包括编制依据、工程概况、资源配置、进度计划、施工平面布置、主要施工方案、施工质量保证措施、安全保证措施及应急预案、文明施工及环境保护措施、季节施工措施、夜间施工措施等内容，也可以根据工程项目的具体情况对施工组织设计的编制内容进行取舍。

组织专家进行重要钢结构工程施工技术方案和安全应急预案评审的目的，是为广泛征求行业各方意见，以达到方案优化、结构安全的目的；评审可采取召开专家会、征求专家意见等方式。重要钢结构工程一般指：建筑结构的安全等级为一级的钢结构工程；建筑结构的安全等级为二级，且采用新颖的结构形式或施工工艺的大型钢结构工程。

3.0.5 计量器具应检验合格且在有效期内，并按有关规定正确操作和使用。由于不同计量器具有不同的使用要求，同一计量器具在不同使用状况下，测量精度不同，为保证计量的统一性，同一项目的制作单位、安装单位、土建单位和监理单位等统一计量标准。

3.0.7 本条第1款规定的见证，指在取样和送样全过程中均要求有监理工程师或建设单位技术负责人在场见证确认。

4 施工阶段设计

4.1 一般规定

4.1.1 本条规定了钢结构工程施工阶段设计的主要内容，包括施工阶段的结构分析和验算、结构预变形设计、临时支承结构和施工措施的设计、施工详图设计等内容。

4.1.3 第2款中当无特殊情况时，高层钢结构楼面施工活荷载宜取0.6 kN/m^2～1.2kN/m^2。

4.2 施工阶段结构分析

4.2.1 对结构安装成形过程进行施工阶段分析主要为保证结构安全，或满足规定功能要求，或将施工阶段分析结果作为其他分析和研究的初始状态。在进行施工阶段的结构分析和验算时，验算应力限值一般在设计文件中规定，结构应力大小要求在设计文件规定的限值范围内，以保证结构安全；当设计文件未提供验算应力限值时，限值大小要求由设计单位和施工单位协商确定。

4.2.3 重要的临时支承结构一般包括：当结构强度或稳定达到极限时可能会造成主体结构整体破坏的承重支承架、安全措施或其他施工措施等。

4.2.4 本条规定了施工阶段结构分析模型的结构单元、构件和连接节点与实际情况相符。当施工单位进行施工阶段分析时，结构计算模型一般由原设计单位提供，目的为保持与设计模型在结构属性上的一致性。因施工阶段结构是一个时变结构系统，计算模型要求包括各施工阶段主体结构与临时结构。

4.2.5 当临时支承结构作为设备承载结构时，如滑移轨道、提升牛腿等，其要求有时高于现行有关建筑结构设计标准，本条规定应进行专项设计，其设计指标应按照设备标准的相关要求。

4.2.6 通过分析和计算确定拆撑顺序和步骤，其目的是为了使主体结构变形协调、荷载平稳转移、支承结构的受力不超出预定要求和结构成形相对平稳。为了有效控制临时支承结构的拆除过程，对重要的结构或柔性结构可进行拆除过程的内力和变形监测。实际工程施工时可采用等比或等距的卸载方案，经对比分析后选择最优方案。

4.2.7 吊装状态的构件和结构单元未形成空间刚度单元，极易产生平面外失稳和较大变形，为保证结构安全，需要进行强度、稳定性和变形验算；若验算结果不满足要求，需采取相应的加强措施。

吊装阶段结构的动力系数是在正常施工条件下，在现场实测所得。本条规定了动力系数取值范围，可根据选用起重设备而取不同值。当正常施工条件下且无特殊要求时，吊装阶段结构的动力系数可按下列数值选取：液压千斤顶提升或顶升取1.1；穿心式液压千斤顶钢绞线提升取1.2；塔式起重机、拔杆吊装取1.3；履带式、汽车式起重机吊装取1.4。

4.2.9 移动式起重设备主要指移动式塔式起重机、履带式起重机、汽车起重机、滑移驱动设备等，设备的支承面主要是指支承地面和楼面。当支承面不满足承载力、变形或稳定的要求时，需进行加强或加固处理。

4.3 结构预变形

4.3.1 本条对主体结构需要设置预变形的情况做了规定。预变形可按下列形式进行分类：根据预变形的对象不同，可分为一维预变形、二维预变形和三维预变形，如一般高层建筑或以单向变形为主的结构可采取一维预变形；以平面转动变形为主的结构可采取二维预变形；在三个方向上都有显著变形的结构可采取三维预变形。根据预变形的实现方式不同，可分为制作预变形和安装预变形，前者在工厂加工制作时就进行预变形，后者是在现场安装时进行的结构预变形。

目　次

3 基 本 规 定

根据预变形的预期目标不同，可分为部分预变形和完全预变形，前者根据结构理论分析的变形结果进行部分预变形，后者则是进行全部预变形。

4.3.3 结构预变形值通过分析计算确定，可采用正装法、倒拆法等方法计算。实际预变形的取值大小一般由施工单位和设计单位共同协商确定。

正装法是对实际结构的施工过程进行正序分析，即跟踪模拟施工过程，分析结构的内力和变形。正装法计算预变形值的基本思路为：设计位形作为安装的初始位形，按照实际施工顺序对结构进行全过程正序跟踪分析，得到施工成形时的变形，把该变形反号叠加到设计位形上，即为初始位形。类似迭代法，若结构非线性较强，基于该初始位形施工成形的位形将不满足设计要求，需要经过多次正装分析反复设置变形预调值才能得到精确的初始位形和各分步位形。

倒拆法与正装法不同，是对施工过程的逆序分析，主要是分析所拆除的构件对剩余结构变形和内力的影响。倒拆法计算预变形值的基本思路为：根据设计位形，计算最后一施工步所安装的构件对剩余结构变形的影响，根据该变形确定最后一施工步构件的安装位形。如此类推，依次倒退分析各施工步的构件对剩余结构变形的影响，从而确定各构件的安装位形。

体形规则的高层钢结构框架柱的预变形值（仅预留弹性压缩量）可根据工程完工后的钢柱轴向应力计算确定。体形规则的高层钢结构每楼层柱段弹性压缩变形 ΔH，按公式（1）进行计算：

$$\Delta H = H\sigma/E \tag{1}$$

式中：ΔH——每楼层柱段压缩变形；

H——为该楼层层高；

σ——为竖向轴力标准值的应力；

E——为弹性模量。

本条规定的专项工艺设计是指在加工和安装阶段为了达到预变形的目的，编制施工详图、制作工艺和安装方案时所采取的一系列技术措施，如对节点的调整、构件的长度和角度调整、安装坐标定位预设等。结构预变形控制值可根据施工期间的变形监测结果进行修正。

4.4 施工详图设计

4.4.1 钢结构施工详图作为制作、安装和质量验收的主要技术文件，其设计工作主要包括节点构造设计和施工详图绘制两项内容。节点构造设计是以便于钢结构加工制作和安装为原则，对节点构造进行完善，根据结构设计施工图提供的内力进行焊接或螺栓连接节点设计，以确定连接板规格、焊缝尺寸和螺栓数量等内容；施工详图绘制主要包括图纸目录、施工详图设计总说明、构件布置图、构件详图和安装节点详图等内容。钢结构施工详图的深度可参考国家建筑标准设计图集《钢结构设计制图深度和表示方法》03G102 的相关规定，施工详图总说明是钢结构加工制作和现场安装需强调的技术条件和对施工安装的相关要求；构件布置图为构件在结构布置图的编号，包括构件编号原则、构件编号和构件表；构件详图为构件及零部件的大样图以及材料表；安装节点主要表明构件与外部构件的连接形式、连接方法、控制尺寸和有关标高等。

钢结构施工详图设计除符合结构设计施工图外，还要满足其他相关技术文件的要求，主要包括钢结构制作和安装工艺技术要求以及钢筋混凝土工程、幕墙工程、机电工程等与钢结构施工交叉施工的技术要求。

钢结构施工详图需经原设计单位确认，其目的是验证施工详图与结构设计施工图的符合性。当钢结构工程项目较大时，施工详图数量相对较多，为保证施工工期，施工详图一般分批提交设计单位确认。若项目钢结构工程量小且原设计施工图可以直接进行施工时，可以不进行施工详图设计。

4.4.2 本条规定施工详图设计时需重点考虑的施工构造、施工工艺等相关要求，下列列举了一些施工构造及工艺要求。

1 封闭或管截面构件应采取相应的防水或排水构造措施；混凝土浇筑或雨期施工时，水容易从工艺孔进入箱形截面内或直接聚积在构件表面低凹处，应采取措施以防止构件锈蚀、冬季结冰构件胀裂，构造措施要求在结构设计施工图中绘出；

2 钢管混凝土结构柱底板和内隔板应设置混凝土浇筑孔和排气孔，必要时可在柱壁上设置浇筑孔和排气孔；排气孔的大小、数量和位置满足设计文件及相关规定的要求；中国工程建设标准化协会标准《矩形钢管混凝土结构技术规程》CECS 159 规定，内隔板浇筑孔径不应小于 200mm，排气孔孔径宜为 25mm；

3 构件加工和安装过程中，根据工艺要求设置的工艺措施，以保证施工过程装配精度、减少焊接变形等；

4 管桁架支管可根据制作装配要求设置对接接头；

5 铸钢节点应考虑铸造工艺要求；

6 安装用的连接板、吊耳等宜根据安装工艺要求设置，在工厂完成；安装用的吊装耳板要求进行验算，包括计算平面外受力；

7 与索连接的节点，应考虑索张拉工艺的构造要求；

8 桁架等大跨度构件的预起拱以及其他构件的预设尺寸；

9 构件的分段分节。

5 材 料

5.2 钢 材

5.2.6 钢材的海关商检项目与复验项目有些内容可能不一致，本条规定可作为有效的材料复验结果，是经监理工程师认可的全部商检结果或商检结果的部分内容，视商检项目和复验项目的内容一致性而定。

6 焊 接

6.1 一 般 规 定

6.1.4 现行国家标准《气焊、焊条电弧焊、气体保护焊和高能束焊的推荐坡口》GB/T 985.1 和《埋弧焊的推荐坡口》GB/T 985.2 中规定了坡口的通用形式，其中坡口各部分尺寸均给出了一个范围，并无确切的组合尺寸。总的来说，上述两个国家标准比较适合于使用焊接变位器等工装设备及坡口加工、组装精度较高的条件，如机械行业中的焊接加工，对建筑钢结构制作的焊接施工则不太适合，尤其不适合于建筑钢结构工地安装中各种钢材厚度和焊接位置的需要。

目前大跨度空间和超高层建筑等大型钢结构多数已由国内进行施工图设计，现行国家标准《钢结构焊接规范》GB 50661 对坡口形式和尺寸的规定已经与国际上的部分国家应用较成熟的标准进行了接轨，参考了美国和日本等国家的标准规定。因此，本规范规定焊缝坡口尺寸按照现行国家标准《钢结构焊接规范》GB 50661 对坡口形式和尺寸的相关规定由工艺要求确定。

6.2 焊接从业人员

6.2.1 本条对从事钢结构焊接技术和管理的焊接技术人员要求进行了规定，特别是对于负责大型重要钢结构工程的焊接技术人员从技术水平和能力方面提出更多的要求。本条所定义的焊接技术人员（焊接工程师）是指钢结构的制作、安装中进行焊接工艺的设计、施工计划和管理的技术人员。

6.3 焊 接 工 艺

6.3.1 焊接工艺评定是保证焊缝质量的前提之一，通过焊接工艺评定选择最佳的焊接材料、焊接方法、焊接工艺参数、焊后热处理等，以保证焊接接头的力学性能达到设计要求。凡从事钢结构制作或安装的施工单位要求分别对首次采用的钢材、焊接材料、焊接方法、焊后热处理等，进行焊接工艺评定试验，现行国家标准《钢结构焊接规范》GB 50661 对焊接工艺评定试验方法和内容做了详细的规定和说明。

6.3.4 搭设防护棚能起防弧光、防风、防雨、安全保障措施等作用。

6.3.10 衬垫的材料有很多，如钢材、铜块、焊剂、陶瓷等，本条主要是对钢衬垫的用材规定。引弧板、引出板和衬垫板所用钢材应对焊缝金属性能不产生显著影响，不要求与母材材质相同，但强度等级应不高于母材，焊接性不比所焊母材差。

6.3.11 焊接开始和焊接熄弧时由于焊接电弧能量不足、电弧不稳定，容易造成夹渣、未熔合、气孔、弧坑和裂纹等质量缺陷，为确保正式焊缝的焊接质量，在对接、T 接和角接等主要焊缝两端引熄弧区域装配引弧板、引出板，其坡口形式与焊缝坡口相同，目的为将缺陷引至正式焊缝之外。为确保焊缝的完整性，规定了引弧板、引出板的长度。对于少数焊缝位置，由于空间局限不便设置引弧板、引出板时，焊接时要采取改变引熄弧点位置或其他措施保证焊缝质量。

6.3.12 焊缝钢衬垫在整个焊缝长度内连续设置，与母材紧密连接，最大间隙控制在 1.5mm 以内，并与母材采用间断焊焊缝；但在周期性荷载结构中，纵向焊缝的钢衬垫与母材焊接时，沿衬垫长度需要连续施焊。规定钢衬垫的厚度，主要保证衬垫板有足够的厚度以防止熔穿。

6.3.15～6.3.17 焊接变形控制主要目的是保证构件或结构要求的尺寸，但有时焊接变形控制的同时会使焊接应力和焊接裂纹倾向随之增大，应采取合理的工艺措施、装焊顺序、热量平衡等方法来降低或平衡焊接变形，避免刚性固定或强制措施控制变形。本规范给出的一些方法，是实践经验的总结，根据实际结构情况合理的采用，对控制焊接构件的变形是有效的。

6.3.18～6.3.21 目前国内消除焊缝应力主要采用的方法为消除应力热处理和振动消除应力处理两种。消除应力热处理主要用于承受较大拉应力的厚板对接焊缝或承受疲劳应力的厚板或节点复杂、焊缝密集的重要受力构件，主要目的是为了降低焊接残余应力或保持结构尺寸的稳定。局部消除应力热处理通常用于重要焊接接头的应力消除或减少；振动消除应力虽能达到一定的应力消除目的，但消除应力的效果目前学术界还难以准确界定。如果是为了结构尺寸的稳定，采用振动消除应力方法对构件进行整体处理既可操作也经济。

有些钢材，如某些调质钢、含钒钢和耐大气腐蚀钢，进行消除应力热处理后，其显微组织可能发生不良变化，焊缝金属或热影响区的力学性能会产生恶化，或产生裂纹。应慎重选择消除应力热处理。同时，应充分考虑消除应力热处理后可能引起的构件变形。

6.4 焊 接 接 头

6.4.1 对 T 形、十字形、角接接头等要求熔透的对接和角对接组合焊缝，为减少应力集中，同时避免过大的焊脚尺寸，参照国内外相关规范的规定，确定了对静载结构和动载结构的不同焊脚尺寸的要求。

6.4.13 首次指施工单位首次使用新材料、新工艺的栓钉焊接，包括穿透型的焊接。

6.4.14 试焊栓钉目的是为调整焊接参数，对试焊栓钉的检查要求较高，达到完全熔合和四周全部焊满，栓钉弯曲 30°检查时热影响区无裂纹。

6.4.15 实际应用中，由于装配顺序、焊接空间要求以及安装空间需要，构件上的局部部位的栓钉无法采用专用栓钉焊设备进行焊接，需要采用焊条电弧焊、气体保护焊进行角焊缝焊接。此时应对栓钉角焊缝的强度进行计算，确保焊缝强度不低于原来全熔透的强度；为确保栓钉焊缝的质量，对焊接部位的母材应进行必要的清理和焊前预热，相关工艺应满足对应方法的工艺要求。

6.6 焊接缺陷返修

6.6.1、6.6.2 焊缝金属或部分母材的缺欠超过相应的质量验收标准时，施工单位可以选择局部修补或全部重焊。焊接或母材的缺陷修补前应分析缺陷的性质和种类及产生原因。如不是因焊工操作或执行工艺参数不严格而造成的缺陷，应从工艺方面进行改进，编制新的工艺并经过焊接试验评定后进行修补，以确保返修成功。多次对同一部位进行返修，会造成母材的热影响区的热应变脆化，对结构的安全有不利影响。

7 紧固件连接

7.1 一 般 规 定

7.1.4 制作方试验的目的是为验证摩擦面处理工艺的正确性，安装方复验的目的是验证摩擦面在安装前的状况是否符合设计要求。现行国家标准《钢结构设计规范》GB 50017，在承压型连接设计方面，取消了对摩擦面抗滑移系数值的要求，只有对摩擦面外观上的要求，因此本条规定对承压型连接和张拉型连接一样，施工单位可以不进行摩擦面抗滑移系数的试验和复验。另外，对钢板原轧制表面不做处理时，一般其接触面间的摩擦系数能达到 0.3（Q235）和 0.35（Q345），因此在设计采用的摩擦面抗滑移系数为 0.3 时，由设计方提出也可以不进行摩擦面抗滑移系数的试验和复验。本条同样适用于涂层摩擦面的情况。

7.2 连接件加工及摩擦面处理

7.2.1 对于摩擦型高强度螺栓连接，除采用标准孔外，还可以根据设计要求，采用大圆孔、槽孔（椭圆孔）。当设计荷载不是主要控制因素时，采用大圆孔、槽孔便于安装和调节尺寸。

7.2.3 当摩擦面间有间隙时，有间隙一侧的螺栓紧固力就有一部分以剪力形式通过拼接板传向较厚一侧，结果使有间隙一侧摩擦面间正压力减少，摩擦承载力降低，即有间隙的摩擦面其抗滑移系数降低。因此，本条对因钢板公差、制造偏差或安装偏差等产生的接触面间隙采用的处理方法进行规定，本条中第 2 种也可以采用加填板的处理方法。

7.2.4 本条规定了高强度螺栓连接处的摩擦面处理方法，是为方便施工单位根据企业自身的条件选择，但不论选用哪种处理方法，凡经加工过的表面，其抗滑移系数值最小值要求达到设计文件规定。常见的处理方法有喷砂（丸）处理、喷砂后生赤锈处理、喷砂后涂无机富锌漆、砂轮打磨手工处理、手工钢丝刷清理处理、设计要求涂层摩擦面等。

7.3 普通紧固件连接

7.3.4 被连接板件上安装自攻螺钉（非自钻自攻螺钉）用的钻孔孔径直接影响连接的强度和柔度。孔径的大小应由螺钉的生产厂家规定。欧洲标准建议曾以表格形式给出了孔径的建议值。本规范以归纳出公式形式，给出的预制孔建议值。

7.4 高强度螺栓连接

7.4.2 本条规定了高强度螺栓长度计算和选用原则，螺栓长度是按外露（2～3）扣螺纹的标准确定，螺栓露出太少或陷入螺母都有可能对螺栓螺纹与螺母螺纹连接的强度有不利的影响，外露过长，除不经济外，还给高强度螺栓施拧时带来困难。

按公式（7.4.2）方法计算所得的螺栓长度规格可能很多，本条规定了采取修约的方法得出高强度螺栓的公称长度，即选用的螺栓采购长度，修约按 2 舍 3 入、或 7 舍 8 入的原则取 5mm 的整倍数，并尽量减少螺栓的规格数量。螺纹的螺距可参考下表选用。

表 1 螺距取值（mm）

螺栓规格	M12	M16	M20	M22	M24	M27	M30
螺距 p	1.75	2	2.5	2.5	3	3	3.5

7.4.3 本条对高强度螺栓安装采用安装螺栓和冲钉的规定，冲钉主要取定位作用，安装螺栓主要取紧固作用，尽量消除间隙。安装螺栓和冲钉的数量要保证能承受构件的自重和连接校正时外力的作用，规定每个节点安装的最少个数是为了防止连接后构件位置偏移，同时限制冲钉用量。冲钉加工成锥形，中部直径与孔直径相同。

高强度螺栓不得兼做安装螺栓是为了防止螺纹的损伤和连接副表面状态的改变引起扭矩系数的变化。

7.4.4 对于大六角头高强度螺栓连接副，垫圈设置内倒角是为了与螺栓头下的过渡圆弧相配合，因此在安装时垫圈带倒角的一侧必须朝向螺栓头，否则螺栓头就不能很好与垫圈密贴，影响螺栓的受力性能。对于螺母一侧的垫圈，因倒角侧的表面较为平整、光滑，拧紧时扭矩系数较小，且离散率也较小，所以垫圈有倒角一侧朝向螺母。

7.4.5 气割扩孔很不规则，既削弱了构件的有效截面，减少了传力面积，还会给扩孔处钢材造成缺陷，故规定不得气割扩孔。最大扩孔量的限制也是基于构件有效截面和摩擦传力面积的考虑。

7.4.6 用于大六角头高强度螺栓施工终拧值检测，以及校核施工扭矩扳手的标准扳手须经过计量单位的标定，并在有效期内使用，检测与校核用的扳手应为同一把扳手。

7.4.7 扭剪型高强度螺栓以扭断螺栓尾部梅花部分为终拧完成，无终拧扭矩规定，因而初拧的扭矩是参照大六角头高强度螺栓，取扭矩系数的中值 0.13，按公式（7.4.6）中 T_c 的 50%确定的。

7.4.8 高强度螺栓连接副初拧、复拧和终拧原则上应以接头刚度较大的部位向约束较小的方向、螺栓群中央向四周的顺序，是为了使高强度螺栓连接处板层能更好密贴。下面是典型节点的施拧顺利：

1 一般节点从中心向两端，如图 1 所示：

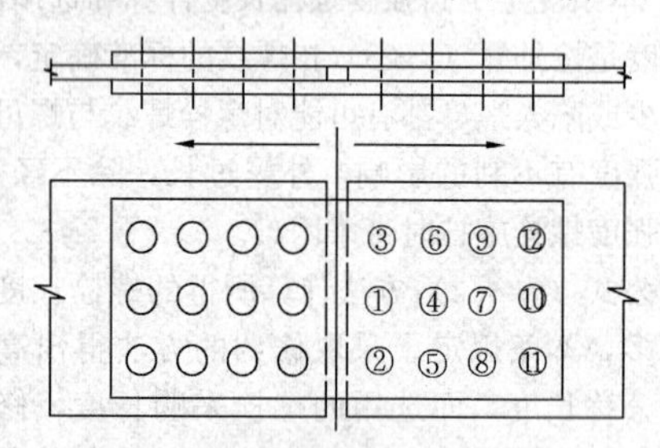

图 1　一般节点施拧顺序

2 箱形节点按图 2 中 A、C、B、D 顺序；

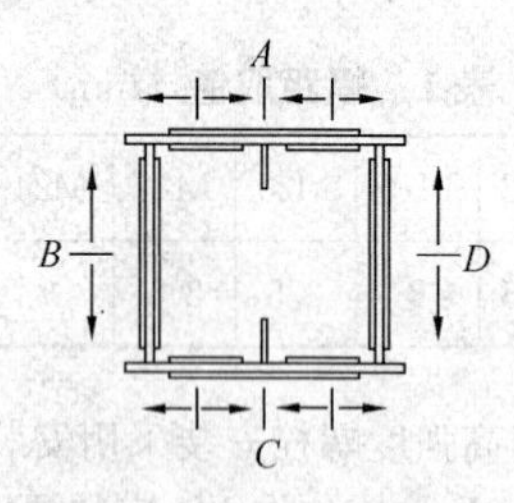

图 2　箱形节点施拧顺序

3 工字梁节点螺栓群按图 3 中①～⑥顺序；

4 H 型截面柱对接节点按先翼缘后腹板；

5 两个节点组成的螺栓群按先主要构件节点，后次要构件节点的顺序。

7.4.14 对于螺栓球节点网架，其刚度（挠度）往往比设计值要弱。主要原因是因为螺栓球与钢管连接的

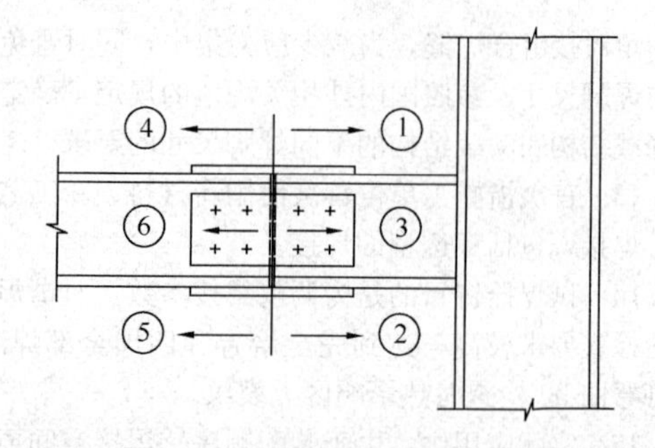

图 3　工字梁节点施拧顺序

高强度螺栓紧固不到位，出现间隙、松动等情况，当下部支撑系统拆除后，由于连接间隙、松动等原因，挠度明显加大，超过规范规定的限值，本条规定的目的是避免上述情况的发生。

8　零件及部件加工

8.2　放样和号料

8.2.1～8.2.3 放样是根据施工详图用 1∶1 的比例在样台上放出大样，通常按生产需要制作样板或样杆进行号料，并作为切割、加工、弯曲、制孔等检查用。目前国内大多数加工单位已采用数控加工设备，省略了放样和号料工序；但是有些加工和组装工序仍需放样、做样板和号料等工序。样板、样杆一般采用铝板、薄白铁板、纸板、木板、塑料板等材料制作，按精度要求选用不同的材料。

放样和号料时应预留余量，一般包括制作和安装时的焊接收缩余量，构件的弹性压缩量，切割、刨边和铣平等加工余量，及厚钢板展开时的余量等。

8.2.4 本条规定号料方向，主要考虑钢板沿轧制方向和垂直轧制方向力学性能有差异，一般构件主要受力方向与钢板轧制方向一致，弯曲加工方向（如弯折线、卷制轴线）与钢板轧制方向垂直，以防止出现裂纹。

8.2.5 号料后零件和部件应进行标识，包括工程号、零部件编号、加工符号、孔的位置等，便于切割及后续工序工作，避免造成混乱。同时将零部件所用材料的相关信息，如钢种、厚度、炉批号等移植到下料配套表和余料上，以备检查和后用。

8.3　切　割

8.3.1 钢材切割的方法很多，本条中主要列出了气割（又称火焰切割）、机械切割、等离子切割三种，切割时按其厚度、形状、加工工艺、设计要求，选择最适合的方法进行。切割方法可参照表 2 选用。

8.3.3 为保证气割操作顺利和气割面质量，不论采用何种气割方法，切割前要求将钢材切割区域表面清理干净。

表2 钢材的切割方法

类别	选用设备	适用范围
气割	自动或半自动切割机、多头切割机、数控切割机、仿形切割机、多维切割机	适用于中厚钢板
	手工切割	小零件板及修正下料，或机械操作不便时
机械切割	剪板机、型钢冲剪机	适用板厚<12mm的零件钢板、压型钢板、冷弯型钢
	砂轮锯	适用于切割厚度<4mm的薄壁型钢及小型钢管
	锯床	适用于切割各种型钢及梁柱等构件
等离子切割	等离子切割机	适用于较薄钢板（厚度可至20mm～30mm）、钢条及不锈钢

8.3.5、8.3.6 采用剪板机或型钢剪切机切割钢材是速度较快的一种切割方法，但切割质量不是很好。因为在钢材的剪切过程中，一部分是剪切而另一部分为撕断，其切断面边缘产生很大的剪切应力，在剪切面附近连续2mm～3mm范围以内，形成严重的冷作硬化区，使这部分钢材脆性很大。因此，规定对剪切零件的厚度不宜大于12mm，对较厚的钢材或直接受动荷载的钢板不应采用剪切，否则要将冷作硬化区刨除；如剪切边为焊接边，可不作处理。基于这个原因，规定了在低温下进行剪切时碳素结构钢和低合金结构钢剪切和冲孔操作的最低环境温度。

8.4 矫正和成型

8.4.2 对冷矫正和冷弯曲的最低环境温度进行限制，是为了保证钢材在低温情况下受到外力时不致产生冷脆断裂，在低温下钢材受外力而脆断要比冲孔和剪切加工时而断裂更敏感，故环境温度限制较严。

当设备能力受到限制、钢材厚度较厚，处于低温条件下或冷矫正达不到质量要求时，则采用加热矫正，规定加热温度不要超过900℃。因为超过此温度时，会使钢材内部组织发生变化，材质变差，而800℃～900℃属于退火或正火区，是热塑变形的理想温度。当低于600℃后，因为矫正效果不大。且在500℃～550℃也存在热脆性。故当温度降到600℃时，就应停止矫正工作。

8.4.7 冷矫正和冷弯曲的最小曲率半径和最大弯曲矢高的允许值，是根据钢材的特性、工艺的可行性以及成型后外观质量的限制而作出的。

8.5 边缘加工

8.5.2 为消除切割对主体钢材造成的冷作硬化和热影响的不利影响，使加工边缘加工达到设计规范中关于加工边缘应力取值和压杆曲线的有关要求，规定边缘加工的最小刨削量不应小于2.0mm。本条中需要进行边缘加工的有：

1 需刨光顶紧的构件边缘，如：吊车梁等承受动力荷载的构件有直接传递承压力的部位，如支座部位、加劲肋、腹板端部等；受力较大的钢柱底端部位，为使其压力由承压面直接传至底板，以减小连接焊缝的焊脚尺寸；钢柱现场对接连接部位；高层、超高层钢结构核心筒与钢框架梁连接部位的连接板端部；对构件或连接精度要求高的部位。

2 对直接承受动力荷载的构件，剪切切割和手工切割的外边缘。

8.6 制 孔

8.6.1 本条规定了孔的制作方法，钻孔、冲孔为一次制孔（其中，冲孔的板厚应≤12mm）。铣孔、铰孔、镗孔和锪孔方法为二次制孔，即在一次制孔的基础上进行孔的二次加工。也规定了采用气割制孔的方法，实际加工时一般直径在80mm以上的圆孔，钻孔不能实现时可采用气割制孔；另外对于长圆孔或异形孔一般可采用先行钻孔然后再采用气割制孔的方法。对于采用冲孔制孔时，钢板厚度应控制在12mm以内，因为过厚钢板冲孔后孔内壁会出现分层现象。

8.7 螺栓球和焊接球加工

8.7.1 螺栓球是网架杆件互相连接的受力部件，采用热锻成型质量容易得到保证，一般采用现行国家标准《优质碳素结构钢》GB/T 699规定的45号圆钢热锻成型，若用钢锭在采取恰当的工艺并能确保螺栓球的锻制质量时，也可用钢锭热锻而成。

8.8 铸钢节点加工

8.8.3 设置过渡段的目的为提高现场焊接质量，过渡段材质应与相接之构件的材质相同，其长度可取“500和截面尺寸”中的最大值。

8.9 索节点加工

8.9.1 索节点毛坯加工工艺有三种方式：①铸造工艺：包括模型制作、检验、浇注、清理、热处理、打磨、修补、机械加工、检验等工序；②锻造工艺：包括下料、加热、锻压、机械加工、检验等工序；③焊接工艺：包括下料、组装、焊接、机械加工、检验等工序。

9 构件组装及加工

9.1 一 般 规 定

9.1.2 构件组装前，要求对组装人员进行技术交底，交底内容包括施工详图、组装工艺、操作规程等技术文件。组装之前，组装人员应检查组装用的零件、部件的编号、清单及实物，确保实物与图纸相符。

9.1.5 确定组装顺序时，应按组装工艺进行。编制组装工艺时，应考虑设计要求、构件形式、连接方式、焊接方法和焊接顺序等因素。对桁架结构应考虑腹杆与弦杆、腹杆与腹杆之间多次相贯的焊接要求，特别对隐蔽焊缝的焊接要求。

9.2 部 件 拼 接

9.2.4、9.2.5 本条文适用于所有直径的圆钢管和锥形钢管的接长。钢管可分为焊接钢管和无缝钢管，焊接钢管一般有三种成型方式：即卷制成型、压制成型和连续冷弯成型（即高频焊接钢管）。当钢管采用卷制成型时，由于受加工设备（卷板机）加工能力的限制，大多数卷板机的宽度最大为4000mm，即能加工的钢管长度（也称管节或管段）最长为4000mm，因此一个构件一般需要2～5段管节对接接长。所以规定当采用卷制成型时，在一个节间（即两个节点之间）允许有多个接头。

9.3 构 件 组 装

9.3.2 确定构件组装方法时，应根据构件形式、尺寸、数量、组装场地、组装设备等综合考虑。

地样法是用1∶1的比例在组装平台上放出构件实样，然后根据零件在实样上的位置，分别组装后形成构件。这种组装方法适用于批量较小的构件。

仿形复制装配法是先用地样法组装成平面（单片）构件，并将其定位点焊牢固，然后将其翻身，作为复制胎模在其上面装配另一平面（单片）构件，往返两次组装。这种组装方法适用于横断面对称的构件。

胎模装配法是将构件的各个零件用胎模定位在其组装位置上的组装方法。这种组装方法适用于批量大、精度要求高的构件。

专用设备装配法是将构件的各个零件直接放到设备上进行组装的方法。这种组装方法精度高、速度快、效率高、经济性好。

立装是根据构件的特点，选择自上而下或自下而上的组装方法。这种组装方法适用于放置平稳、高度不高的构件。

卧装是将构件放平后进行组装的方法，这种组装方法适用于断面不大、长度较长的细长构件。

9.3.5 设计要求或施工工艺要求起拱的构件，应根据起拱值的大小在施工详图设计或组装工序中考虑。对于起拱值较大的构件，应在施工详图设计中予以考虑。当设计要求起拱时，构件的起拱允许偏差应为正偏差（不允许负偏差）。

10 钢结构预拼装

10.1 一 般 规 定

10.1.1 当前复杂钢结构工程逐渐增多，有很多构件受到运输或吊装等条件的限制，只能分段分体制作或安装，为了检验其制作的整体性和准确性、保证现场安装定位，按合同或设计文件规定要求在出厂前进行工厂内预拼装，或在施工现场进行预拼装。预拼装分构件单体预拼装（如多节柱、分段梁或桁架、分段管结构等）、构件平面整体预拼装及构件立体预拼装。

10.1.2 对于同一类型构件较多时，因制作工艺没有较大的变化、加工质量较为稳定，本条规定可选用一定数量的代表性构件进行预拼装。

10.1.3 整体预拼装是将需进行预拼装范围内的全部构件，按施工详图所示的平面（空间）位置，在工厂或现场进行的预拼装，所有连接部位的接缝，均用临时工装连接板给予固定。累积连续预拼装是指，如果预拼装范围较大，受场地、加工进度等条件的限制将该范围切分成若干个单元，各单元内的构件可分别进行预拼装。

10.1.4 对于特殊钢结构预拼装，若没有相关的验收标准时，施工单位可在构件加工前编制工程的专项验收标准，进行验收。

10.2 实体预拼装

10.2.1 本条规定对重大桁架的支承架需进行验算，小型的构件预拼装胎架可根据施工经验确定。根据预拼装单元的构件类型，预拼装支垫可选用钢平台、支承凳、型钢等形式。

10.2.2 可通过变换坐标系统采用卧拼方式；若有条件，也可按照钢结构安装状态进行定位。

10.2.3 本条规定的自由状态是指在预拼过程中可以用卡具、夹具、点焊、拉紧装置等临时固定，调整各部位尺寸后，在连接部位每组孔用不多于1/3且不少于两个普通螺栓固定，再拆除临时固定，按验收要求进行各部位尺寸的检查。

10.2.7 本条规定标注标记主要为了方便现场安装，并与拼装结果相一致。标记包括上、下定位中心线、标高基准线、交线中心点等；对管、筒体结构、工地焊缝连接处，除应有上设标记外，还可焊接或准备一定数量的卡具、角钢或钢板定位器等，以便现场可按预拼装结果进行安装。

10.3 计算机辅助模拟预拼装

10.3.1 本规范提出计算机辅助模拟预拼装方法，因具有预拼装速度快、精度高、节能环保、经济实用的目的。钢结构组件计算机模拟拼装方法，对制造已完成的构件进行三维测量，用测量数据在计算机中构造构件模型，并进行模拟拼装，检查拼装干涉和分析拼装精度，得到构件连接件加工所需要的信息。构思的模拟预拼装有两种方法，一是按照构件的预拼装图纸要求，将构造的构件模型在计算机中按照图纸要求的理论位置进行预拼装，然后逐个检查构件间的连接关系是否满足产品技术要求，反馈回检查结果和后续作业需要的信息；二是保证构件在自重作用下不发生超过工艺允许的变形的支承条件下，以保证构件间的连接为原则，将构造的构件模型在计算机中进行模拟预拼装，检查构件的拼装位置与理论位置的偏差是否在允许范围内，并反馈回检查结果作为预拼装调整及后续作业的调整信息。当采用计算机辅助模拟预拼装方法时，要求预拼装的所有单个构件均有一定的质量保证；模拟拼装构件或单元外形尺寸均应严格测量，测量时可采用全站仪、计算机和相关软件配合进行。

11 钢结构安装

11.1 一 般 规 定

11.1.2 施工现场设置的构件堆场的基本条件有：满足运输车辆通行要求；场地平整；有电源、水源，排水通畅；堆场的面积满足工程进度需要，若现场不能满足要求时可设置中转场地。

11.1.5 本条规定的合理顺序需考虑到平面运输、结构体系转换、测量校正、精度调整及系统构成等因素。安装阶段的结构稳定性对保证施工安全和安装精度非常重要，构件在安装就位后，应利用其他相邻构件或采用临时措施进行固定。临时支承结构或临时措施应能承受结构自重、施工荷载、风荷载、雪荷载、吊装产生的冲击荷载等荷载的作用，并不至于使结构产生永久变形。

11.1.6 钢结构受温度和日照的影响变形比较明显，但此类变形属于可恢复的变形，要求施工单位和监理单位在大致相同的天气条件和时间段进行测量验收，可避免测量结果不一致。

11.1.7 在构件上设置吊装耳板或吊装孔可降低钢丝绳绑扎难度，提高施工效率，保证施工安全。在不影响主体结构的强度和建筑外观及使用功能的前提下，保留吊装耳板和吊装孔可避免在除去此类措施时对结构母材造成损伤。对于需要覆盖厚型防火涂料、混凝土或装饰材料的部位，在采取防锈措施后不宜对吊装耳板的切割余量进行打磨处理。现场焊接引入、引出板的切除处理也可参照吊装耳板的处理方式。

11.2 起重设备和吊具

11.2.1 非定型产品主要是指采用卷扬机、液压油缸千斤顶、吊装扒杆、龙门吊机等作为吊装起重设备，属于非常规的起重设备。

11.2.4 进行钢结构吊装的起重机械设备，必须在其额定起重量范围内吊装作业，以确保吊装安全。若超出额定起重量进行吊装作业，易导致生产安全事故。

11.2.5 抬吊适用的特殊情况是指：施工现场无法使用较大的起重设备；需要吊装的构件数量较少，采用较大起重设备经济投入明显不合理。当采用双机抬吊作业时，每台起重设备所分配的吊装重量不得超过其额定起重量的 80%，并应编制专项作业指导书。在条件许可时，可事先用较轻构件模拟双机抬吊工况进行试吊。

11.2.6 吊装用钢丝绳、吊装带、卸扣、吊钩等吊具，在使用过程中可能存在局部的磨耗、破坏等缺陷，使用时间越长存在缺陷的可能性越大，因此本条规定应对吊具进行全数检查，以保证质量合格要求，防止安全事故发生。并在额定许用荷载的范围内进行作业，以保证吊装安全。

11.3 基础、支承面和预埋件

11.3.3 为了便于调整钢柱的安装标高，一般在基础施工时，先将混凝土浇筑到比设计标高略低 40mm～60mm，然后根据柱脚类型和施工条件，在钢柱安装、调整后，采用一次或二次灌筑法将缝隙填实。由于基础未达到设计标高，在安装钢柱时，当采用钢垫板作支承时，钢垫板面积的大小应根据基础混凝土的抗压强度、柱底板的荷载（二次灌筑前）和地脚螺栓的紧固拉力计算确定，取其中较大者；

钢垫板的面积推荐下式进行近似计算：

$$A=\frac{Q_1+Q_2}{C}\varepsilon \tag{2}$$

式中：A——钢垫板面积（cm^2）；

ε——安全系数，一般为 1.5～3；

Q_1——二次浇筑前结构重量及施工荷载等（kN）；

Q_2——地脚螺栓紧固力（kN）；

C——基础混凝土强度等级（kN/cm^2）。

11.3.4 考虑到锚栓和预埋件的安装精度容易受到混凝土施工的影响，而钢结构和混凝土的施工允许误差并不一致，所以要求对其采取必要的固定支架、定位板等辅助措施。

11.4 构 件 安 装

11.4.1 首节柱安装时，利用柱底螺母和垫片的方式调节标高，精度可达±1mm，如图4所示。在钢柱校正完成后，因独立悬臂柱易产生偏差，所以要求可靠固定，并用无收缩砂浆灌实柱底。

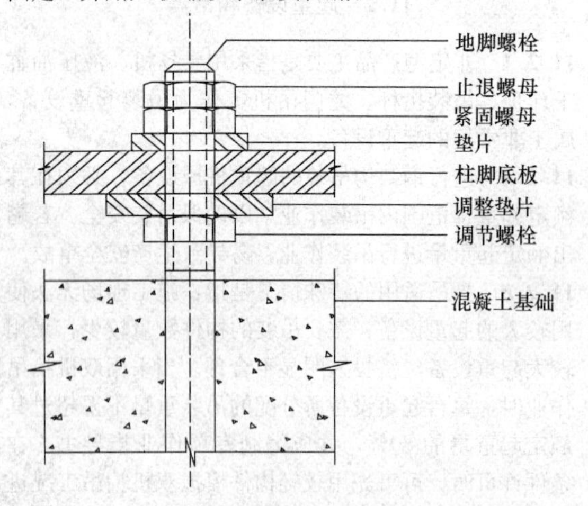

图4　柱脚底板标高精确调整

柱顶的标高误差产生原因主要有以下几方面：钢柱制作误差，吊装后垂直度偏差造成，钢柱焊接产生焊接收缩，钢柱与混凝土结构的压缩变形，基础的沉降等。对于采用现场焊接连接的钢柱，一般通过焊缝的根部间隙调整其标高，若偏差过大，应根据现场实际测量值调整柱在工厂的制作长度。

因钢柱安装后总存在一定的垂直度偏差，对于有顶紧接触面要求的部位就必然会出现在最低的地方是顶紧的，而其他部位呈现楔形的间隙，为保证顶紧面传力可靠，可在间隙部位采用塞不同厚度不锈钢片的方式处理。

11.4.2　钢梁采用一机串吊是指多根钢梁在地面分别绑扎，起吊后分别就位的作业方式，可以加快吊装作业的效率。钢梁吊点位置可参考表3选取。

表3　钢梁吊点位置

钢梁的长度（m）	吊点至梁中心的距离（m）
>15	2.5
10<L≤15	2.0
5<L≤10	1.5
≤5	1.0

当单根钢梁长度大于21m时，若采用2点起吊，所需的钢丝绳较长，而且易产生钢梁侧向变形，采用多点吊装可避免此现象。

11.4.3　支撑构件安装后对结构的刚度影响较大，故要求支撑的固定一般在相邻结构固定后，再进行支撑的校正和固定。

11.4.5　钢板墙属于平面构件，易产生平面外变形，所以要求在钢板墙堆放和吊装时采取相应的措施，如增加临时肋板，防止钢板剪力墙的变形。钢板剪力墙主要为抗侧向力构件，其竖向承载力较小，钢板剪力墙开始安装时间应按设计文件的要求进行，当安装顺序有改变时应经设计单位的批准。设计时宜进行施工模拟分析，确定钢板剪力墙的安装及连接固定时间，以保证钢板剪力墙的承载力要求。对钢板剪力墙未安装的楼层，即钢板剪力墙安装以上的楼层，应保证施工期间结构的强度、刚度和稳定满足设计文件要求，必要时应采取相应的加强措施。

11.4.7　钢铸件与普通钢结构构件的焊接一般为不同材质的对接。由于现场焊接条件差，异种材质焊接工艺要求高。本条规定对于铸钢节点，要求在施焊前进行焊接工艺评定试验，并在施焊中严格执行，以保证现场焊接质量。

11.4.8　由多个构件拼装形成的组合构件，具有构件体型大、单体重量重、重心难以确定等特点，施工期间构件有组拼、翻身、吊装、就位等各种姿态，选择合适的吊点位置和数量对组合构件非常重要，一般要求经过计算分析确定，必要时采取加固措施。

11.4.9　后安装构件安装时，结构受荷载变形，构件实际尺寸与设计尺寸有一定的差别，施工时构件加工和安装长度应采用现场实际测量长度。当后安装构件焊接时，一般拘束度较大，采用的焊接工艺应减少焊接收缩对永久结构造成影响。

11.5　单层钢结构

11.5.2　单层钢结构安装过程中，采用临时稳定缆绳和柱间支撑对于保证施工阶段结构稳定非常重要。要求每一施工步骤完成时，结构均具有临时稳定的特征。

11.6　多层、高层钢结构

11.6.1　多高层钢结构由于制作和吊装的需要，须对整个建筑从高度方向划分若干个流水段，并以每节框架为单位。在吊装时，除保证单节框架自身的刚度外，还需保证自升式塔式起重机（特别是内爬式塔式起重机）在爬升过程中的框架稳定。

钢柱分节时既要考虑工厂的加工能力、运输限制条件以及现场塔吊的起重性能等因素，还应综合考虑现场作业的效率以及与其他工序施工的协调，所以钢柱分节一般取2层～3层为一节；在底层柱较重的情况下，也可适当减少钢柱的长度。

为了加快吊装进度，每节流水段（每节框架）内还需在平面上划分流水区。把混凝土筒体和塔式起重机爬升区划分为一个主要流水区；余下部分的区域，划分为次要流水区；当采用两台或两台以上的塔式起重机施工时，按其不同的起重半径划分各自的施工区域。将主要部位（混凝土筒体、塔式起重机爬升区）安排在先行施工的区域，使其早日达到强度，为塔吊爬升创造条件。

11.6.2 高层钢结构在立面上划分多个流水作业段进行吊装，多数节的框架其结构类型基本相同，部分节较为特殊，如根据建筑和结构上的特殊要求，设备层、结构加强层、底层大厅、旋转餐厅层、屋面层等，为此应制定特殊构件吊装顺序。

整个流水段内先柱后梁的吊装顺序，是在标准流水作业段内先安装钢柱，再安装框架梁，然后安装其他构件，按层进行，从下到上，最终形成框架。国内目前多数采用此法，主要原因是：影响构件供应的因素多，构件配套供应有困难；在构件不能按计划供应的情况下尚可继续进行安装，有机动的余地；管理工作相对容易。

局部先柱后梁的吊装顺序是针对标准流水作业段而言，即安装若干根钢柱后立即安装框架梁、次梁和支撑等，由下而上逐间构成空间标准间，并进行校正和固定。然后以此标准间为依靠，按规定方向进行安装，逐步扩大框架，直至该施工层完成。

11.6.4 楼层标高的控制应视建筑要求而定，有的要按设计标高控制，而有的只要求按相对标高控制即可。当采用设计标高控制时，每安装一节柱，就要按设计标高进行调整，无疑是比较麻烦的，有时甚至是很困难的。

1 当按相对标高进行控制时，钢结构总高度的允许偏差是经计算确定的，计算时除应考虑荷载使钢柱产生的压缩变形值和各节钢柱间焊接的收缩余量外，尚应考虑逐节钢柱制作长度的允许偏差值。如无特殊要求，一般都采用相对标高进行控制安装。

2 当按设计标高进行控制时，每节钢柱的柱顶或梁的连接点标高，均以底层的标高基准点进行测量控制，同时也应考虑荷载使钢柱产生的压缩变形值和各节钢柱间焊接的收缩余量值。除设计要求外，一般不采用这种结构高度的控制方法。

不论采用相对标高还是设计标高进行多层、高层钢结构安装，对同一层柱顶标高的差值均应控制在5mm以内，使柱顶高度偏差不致失控。

11.6.6 高层钢结构安装时，随着楼层升高结构承受的荷载将不断增加，这对已安装完成的竖向结构将产生竖向压缩变形，同时也对局部构件（如伸臂桁架杆件）产生附加应力和弯矩。在编制安装方案时，根据设计文件的要求，并结合结构特点以及竖向变形对结构的影响程度，考虑是否需要采取预调整安装标高、设置构件后连接固定等措施。

11.7 大跨度空间钢结构

11.7.1 确定空间结构安装方法要考虑结构的受力特点，使结构完成后产生的残余内力和变形最小，并满足原设计文件的要求。同时考虑现场技术条件，重点使方案确定时能够考虑到现场的各种环境因素，如与其他专业的交叉作业、临时措施实施的可行性、设备吊装的可行性等。

本条列出了几种典型的空间钢结构安装方法：

高空散装法适用于全支架拼装的各种空间网格结构，也可根据结构特点选用少支架的悬挑拼装施工方法；分条或分块安装法适用于分割后结构的刚度和受力状况改变较小的空间网格结构，分条或分块的大小根据设备的起重能力确定；滑移法适用于能设置平行滑轨的各种空间网格结构，尤其适用于跨越施工（待安装的屋盖结构下部不允许搭设支架或行走起重机）或场地狭窄、起重运输不便等情况，当空间网格结构为大面积大柱网或狭长平面时，可采用滑移法施工；整体提升法适用于平板空间网格结构，结构在地面整体拼装完毕后提升至设计标高、就位；整体顶升法适用于支点较少的空间网格结构，结构在地面整体拼装完毕后顶升至设计标高、就位；整体吊装法适用于中小型空间网格结构，吊装时可在高空平移或旋转就位；折叠展开式整体提升法适用于柱面网壳结构，在地面或接近地面的工作平台上折叠起来拼装，然后将折叠的机构用提升设备提升到设计标高，最后在高空补足原先去掉的杆件，使机构变成结构；高空悬拼安装法适用大悬挑空间钢结构，目的为减少临时支承数量。

11.7.3 钢索材料是索（预应力）结构最重要的组成材料，其质量控制尤为关键。索体下料长度是钢索材料最重要的参数，要多方核算确定。索体下料长度应经计算确定。应采用应力下料的方法，考虑施工过程中张拉力及结构变形对索长的影响，同时给定施工时的温度，由索体生产厂家根据具体索体确定温度对索长的修正。索体张拉端调节量需综合考虑结构变形大小、结构施工误差等因素后与索厂共同确定。在给定索体下料图纸时，同时需标出索夹在索体上的安装位置，由厂家在生产时标出。

索（预应力）结构是一种半刚性结构，在整个施工过程中，结构受力和变形要经历几个阶段，因此需要对全过程进行受力仿真计算分析，以确保整个施工过程安全、准确。

索（预应力）结构施工控制的要点是拉索张拉力和结构外形控制。在实际操作中同时达到设计要求难度较大，一般应与设计单位商讨相应的控制标准，使张拉力和结构外形能兼顾达到要求。

对钢索施加预应力可采用液压千斤顶直接张拉；也可采用顶升撑杆、结构局部下沉或抬高、支座位移、横向牵拉或顶推拉索等多种方式对钢索施加预应力。一般情况下，张拉时不将所有拉索一次张拉到位，而采用分批分级进行张拉的方法。根据整个结构特点将预应力张拉力分为若干级，使得相邻构件变形、应力差异较小，对结构受力有利，同时也易于控制最终张拉力。

11.7.4 温度变化对构件有热胀冷缩的影响，结构跨度越大温度影响越敏感，特别是合拢施工需选取适当的时间段，避免次应力的产生。

11.8 高耸钢结构

11.8.1 本条规定了高耸钢结构的三种常用的安装方法。

高空散件（单元）法：利用起重机械将每个安装单元或构件进行逐件吊运并安装，整个结构的安装过程为从下至上流水作业。上部构件或安装单元在安装前，下部所有构件均应根据设计布置和要求安装到位，即保证已安装的下部结构是稳定和安全的。

整体起扳法：先将结构在地面支承架上进行平面卧拼装，拼装完成后采用整体起扳系统（即将结构整体拉起到设计的竖直位置的起重系统），将结构整体起扳就位，并进行固定安装。

整体提升（顶升）法：先将钢桅杆结构在较低位置进行拼装，然后利用整体提升（顶升）系统将结构整体提升（顶升）到设计位置就位且固定安装。

11.8.3 受测量仪器的仰角限制和大气折光的影响，高耸结构的标高和轴线基准点应逐步从地面向上转移。由于高耸结构刚度相对较弱，受环境温度和日照的影响变形较大，转移到高空的测量基准点经常处于动态变化的状态。一般情况下，若此类变形属于可恢复的变形，则可认定高空的测量基准点有效。

12 压型金属板

12.0.4 使用专用吊具装卸及转运而不采用钢丝绳直接绑扎压型金属板是为了避免损坏压型金属板，造成局部变形，吊点应保证压型金属板变形小。

12.0.5 采用焊接连接时应注意选择合适的焊接工艺，边模与梁的焊缝长度20mm～30mm，焊缝间距根据压型金属板波谷的间距确定，一般控制在300mm左右。

12.0.6 本条主要从安全角度出发，防止压型金属板发生高空坠落事故。

12.0.10 尽量避免在压型金属板固定前对其切割及开孔，以免造成混凝土浇筑时楼板变形较大。设备孔洞的开设一般先设置模板，混凝土浇筑并拆模后采用等离子切割或空心钻开孔。若确需开设孔洞，一般要求在波谷平板处开设，不得破坏波肋；如果孔洞较大，切割压型金属板后必须对洞口采取补强措施。

12.0.11 压型金属板的临时支承措施可采取临时支承柱、临时支承梁或者悬吊措施，以防止压型金属板在混凝土浇筑过程变形过大或产生爆模现象。

13 涂 装

13.1 一 般 规 定

13.1.8 规定构件表面防腐油漆的底层漆、中间漆和面层漆之间的搭配相互兼容，以及防腐油漆与防火涂料相互兼容，以保证涂装系统的质量。整个涂装体系的产品尽量来自于同一厂家，以保证涂装质量的可追溯性。

13.2 表 面 处 理

13.2.1 本条规定了构件表面处理的除锈方法，可根据表4选用。

表4 除锈等级和除锈方法

除锈等级	除锈方法	处理手段和清洁度要求		
Sa1	喷射或抛射	喷(抛)棱角砂、铁丸、断丝和混合磨料	轻度除锈	仅除去疏松轧制氧化皮、铁锈和附着物
Sa2			彻底除锈	轧制氧化皮、铁锈和附着物几乎全部被除去，至少有2/3面积无任何可见残留物
Sa2 1/2			非常彻底除锈	轧制氧化皮、铁锈和附着物残留在钢材表面的痕迹已是点状或条状的轻微污痕，至少有95%面积无任何可见残留物
Sa3			除锈到出白	表面上轧制氧化皮、铁锈和附着物全部除去，具有均匀多点光泽
St2	手工和动力工具	使用铲刀、钢丝刷、机械钢丝刷、砂轮等	无可见油脂污垢，无附着不牢的氧化皮、铁锈和油漆涂层等附着物	
St3			无可见油脂污垢，无附着不牢的氧化皮、铁锈和油漆涂层等附着物。除锈比St2更为彻底，底材显露部分的表面应具有金属光泽	

13.2.2 钢材表面的粗糙度对漆膜的附着力、防腐性能和使用寿命有较大的影响。粗糙度大，表面积也将增大，漆膜与钢材表面的附着力相应增强；但是，当粗糙度太大时，如漆膜用量一定时，则会造成漆膜厚度分布不均匀，特别是在波峰处的漆膜厚度往往低于设计要求，引起早期的锈蚀，另外，还常常在较深的波谷凹坑内截留住气泡，将成为漆膜起泡的根源。粗糙度太小，不利于附着力的提高。所以，本条提出对表面粗糙度的要求。表面粗糙度的大小取决于磨料粒度的大小、形状、材料和喷射速度、喷射压力、作用时间等工艺参数，其中以磨料粒度的大小对粗糙影响较大。

13.3 油漆防腐涂装

13.3.1 通常高压无气喷涂法涂装效果好、效率高，对大面积的涂装及施工条件允许的情况下应采用高压无气喷涂法，可参照《高压无气喷涂典型工艺》JB/T 9188执行；对于狭长、小面积以及复杂形状构件可采用涂刷法、手工滚涂法、空气喷涂法。

13.4 金属热喷涂

13.4.1 金属热喷涂工艺有火焰喷涂法、电弧喷涂法和等离子喷涂法等。由于环境条件和操作因素所限，目前工程上应用的热喷涂方法仍以火焰喷涂法为主。该方法用氧气和乙炔焰熔化金属丝，由压缩空气吹送至待喷涂结构表面，即为本条的气喷法。气喷法适用于热喷锌涂层，电喷涂法适用于热喷涂铝涂层，等离子喷涂法适用于喷涂耐腐蚀合金涂层。

13.5 热浸镀锌防腐

13.5.2 构件热浸镀锌时，减少热变形的措施有：

1 构件最大尺寸宜一次放入镀锌池；

2 封闭截面构件在两端开孔；

4 在构件角部应设置工艺孔，半径大于40mm；

5 构件的板厚应大于3.2mm。

13.6 防 火 涂 装

13.6.6 薄涂型防火涂料的底涂层（或主涂层）宜采用重力式喷枪喷涂，局部修补和小面积施工时宜用手工抹涂，面层装饰涂料宜涂刷、喷涂或滚涂。厚涂型防火涂料宜采用压送式喷涂机喷涂，喷涂遍数、涂层厚度应根据施工要求确定，且须在前一遍干燥后喷涂。

14 施 工 测 量

14.2 平面控制网

14.2.2 本条规定了四种定位放线的测量方法，选择测量方法应根据仪器配置情况自由选择，以控制网满足施工需要为原则，各种方法的适用范围如下：

1 直角坐标法适用于平面控制点连线平行于坐标轴方向及建筑物轴线方向时，矩形建筑物定位的情况；

2 极坐标法适用于平面控制点的连线不受坐标轴方向的影响（平行或不平行坐标轴），任意形状建筑物定位的情况，以及采用光电测距仪定位的情况；

3 角度（方向）交会法适用于平面控制点距待测点位距离较长、量距困难或不便量距的情况；

4 距离交会法适用于平面控制点距待测点距离不超过所用钢尺的全长且场地量距条件较好的情况。

14.2.3 本条规定的允许误差的依据为现行国家规范《工程测量规范》GB 50026的轴线竖向传递允许偏差的规定，以及现行国家规范《钢结构工程施工质量验收规范》GB 50205施工要求限差的0.4倍。竖向投测转点在50m～80m之间选取时，当设备仪器精度低时取小值，精度高时取大值。

14.3 高程控制网

14.3.3 对于建筑物标高的传递，要对钢尺进行温度、拉力等的校正。引测的允许偏差是参考《工程测量规范》GB 50026－2007第8.3.11条的有关规定。

14.4 单层钢结构施工测量

14.4.5 对于空间异形桁架、复杂空间网格、倾斜钢柱等复杂结构，不能直接简单利用仪器测量的构件，要根据实际的情况设置三维坐标点，利用全站仪进行三维坐标测定。

14.5 多层、高层钢结构施工测量

14.5.2 控制轴线要从最近的基准点进行引测，避免误差累积。

14.5.3 钢柱与钢梁焊接时，由于焊接收缩对钢柱的垂直度影响较大。对有些钢柱一侧没有钢梁焊接连接，要求在焊接前对钢柱的垂直度进行预偏，通过焊接收缩对钢柱的垂直度进行调整，精度会更高，具体预偏的大小，根据结构形式、焊缝收缩量等因素综合确定。每节钢柱一般连接多层钢梁，因主梁刚度较大，钢梁焊接时会导致钢柱变动，并且还可能波及相邻的钢柱变动，因此待一个区域整体构件安装完成后进行整体复测，以保证结构的整体测量精度。

14.5.4 高层钢结构对温度非常敏感，日照、环境温差、焊接等温度变化，以及大型塔吊作业运行，会使构件在安装过程中不断变动外形尺寸，施工中需要采取相应的措施进行调整。首先尽量选择一些环境因素影响不大的时段对钢柱进行测量，但在实际作业过程中不可能完全做到。实际施工时需要根据建筑物的特点，做好一些观测和记录，总结环境因素对结构的影响，测量时根据实际情况进行预偏，保证测量钢柱的垂直度。

14.6 高耸钢结构施工测量

14.6.2 高耸钢结构的特点是塔身截面较小、高度较高，投测时相邻两点的距离较近，需要采取多种方法进行校核。

14.6.6 塔身由于截面较小，日照对结构的垂直度影响较大，应对不同时段的日照对结构的影响进行监测，总结结构的变形规律，对实际施工进行指导。

15 施 工 监 测

15.2 施 工 监 测

15.2.2 规定施工现场对监测点的保护，主要是防止监测点受外界环境的扰动、破坏和覆盖。

15.2.3 钢结构工程变形监测的等级划分及精度要求

参考了现行国家标准《工程测量规范》GB 50026。本规范将等级划分为三个等级，基本与 GB 50026 规范中四个等级的前三个等级相同。

变形监测的精度等级，是按变形观测点的水平位移点位中误差、垂直位移的高程中误差或相邻变形观测点的高差中误差的大小来划分。它是根据我国变形监测的经验，并参考国外规范有关变形监测的内容确定的。其中，相邻点高差中误差指标，是为了适合一些只要求相对沉降的监测项目而规定的。

变形监测分为三个精度等级，一等适用于高精度变形监测项目，二、三等适用于中等精度变形监测项目。变形监测的精度指标值，是综合了设计和相关施工规范已确定的允许变形量的1/20 作为测量精度值，这样在允许范围之内，可确保建（构）筑物安全使用，且每个周期的观测值能反映监测体的变形情况。

15.2.4 本条列出了不同监测类别的变形监测方法。具体应用时，可根据监测项目的特点、精度要求、变形速率以及监测体的安全性等指标，综合选用。

16 施工安全和环境保护

16.1 一 般 规 定

16.1.2 因钢结构施工危险性较高，本条规定编制专门的施工安全方案和安全应急预案，以减少现场安全事故，现场安全主要含人员安全、设备安全和结构安全等。

16.1.3 本条规定的作业人员包括焊接、切割、行车、起重、叉车、电工等与钢结构工程施工有关的特殊工种和岗位。

16.1.5 作业人员的劳动保护用品是指在建筑施工现场，从事建筑施工活动的人员使用的安全帽、安全带以及安全（绝缘）鞋、防护眼镜、防护手套、防尘（毒）口罩等个人劳动保护用品。施工企业应建立完善的劳动保护用品管理制度，包括采购、验收、保管、发放、使用、更换、报废等内容，并遵照中华人民共和国住房和城乡建设部建质［2007］255 文件《建筑施工人员个人劳动保护用品使用管理暂行规定》执行。

16.2 登 高 作 业

16.2.3 钢柱安装时应将安全爬梯、安全通道或安全绳在地面上铺设，固定在构件上，减少高空作业，减小安全隐患。钢柱吊装采取登高摘钩的方法时，尽量使用防坠器，对登高作业人员进行保护。安全爬梯的承载必须经过安全计算。

16.3 安 全 通 道

16.3.3 规定采用双钩安全带，目的是使作业人员在跨越钢柱等障碍时，充分利用安全带对施工人员进行保护。

16.4 洞口和临边防护

16.4.3 防护栏一般采用钢丝绳、脚手管等材料制成。

16.5 施工机械和设备

16.5.3 本条规定安装和拆除塔吊要有专项技术方案，特别是高层内爬式塔吊的拆除，在布设塔吊时就要进行考虑。

16.5.6 钢结构安装采用的非定型吊装机械，包括施工单位根据自行施工经验设计的卷扬机、液压油缸千斤顶、吊装扒杆、龙门吊机等，因没有成熟的验收标准，实际施工中必须进行详细的计算以确保使用安全。

中华人民共和国国家标准

钢制储罐地基处理技术规范

Technical code for ground treatment of steel tanks

GB/T 50756—2012

主编部门：中 国 石 油 化 工 集 团 公 司
批准部门：中华人民共和国住房和城乡建设部
施行日期：2 0 1 2 年 8 月 1 日

中华人民共和国住房和城乡建设部
公　　告

第1361号

关于发布国家标准《钢制储罐地基处理技术规范》的公告

现批准《钢制储罐地基处理技术规范》为国家标准，编号为GB/T 50756—2012，自2012年8月1日起实施。

本规范由我部标准定额研究所组织中国计划出版社出版发行。

中华人民共和国住房和城乡建设部

二〇一二年三月三十日

前　言

本规范是根据住房和城乡建设部《关于印发〈2008年工程建设标准规范制订、修订计划（第二批）〉的通知》（建标〔2008〕105号）的要求，由中国石化集团洛阳石油化工工程公司会同有关单位编制而成的。

本规范在编制过程中，编制组经广泛调查研究，认真总结实践经验，参考有关国际标准和国外先进标准，并在广泛征求意见的基础上，最后经审查定稿。

本规范共分为12章和1个附录，主要技术内容是：总则、术语和符号、基本规定、换填垫层法、充水预压法、强夯法和强夯置换法、振冲法、砂石桩法、水泥粉煤灰碎石桩法、水泥土搅拌桩法、灰土挤密桩法、钢筋混凝土桩复合地基法等。

本规范由住房和城乡建设部负责管理，中国石化集团公司负责日常管理，中国石化集团洛阳石油化工工程公司负责具体技术内容的解释。执行过程中如有意见或建议，请寄送中国石化集团洛阳石油化工工程公司国家标准《钢制储罐地基处理技术规范》管理组（地址：河南省洛阳市中州西路27号，邮政编码：471003）。

本规范主编单位、参编单位、主要起草人和主要审查人：

主 编 单 位： 中国石化集团洛阳石油化工工程公司

参 编 单 位： 中国建筑科学研究院地基基础研究所
中国石化工程建设公司
中国石化集团上海工程有限公司
中国石化集团宁波工程有限公司
北京东方新星石化工程有限公司
中国石油工程建设公司华东设计分公司
南京水利科学研究院勘测设计院
中化岩土工程股份有限公司
北京振冲工程股份有限公司
现代设计集团上海申元岩土工程有限公司
连云港美盛沃利工程有限公司

主要起草人： 王松生　杜建民　嵇转平　谭永坚　黄左坚　谭立净　章　健　何国富　王耀东　刘杰平　胡德新　季惠彬　崔忠涛　王剑平　吴春勇　王亚凌　梁富华　郭双田　徐海荣　水伟厚　梁永辉　刘毅兵　李立昌

主要审查人： 董以富　朱　毅　任　意　马振明　汪宁扬　孙　琼　黄月年　赵福运　王　超　熊　英　刘德文　张新敏　张旭卉　田大齐

目　次

Contents

1 总　　则

1.0.1 为使钢制储罐地基处理的设计与施工做到安全适用、技术先进、经济合理、确保质量、保护环境，制定本规范。

1.0.2 本规范适用于储存原油、石化液态产品及其他类似液体的立式圆筒形钢制储罐地基处理（以下简称“储罐地基处理”）的设计、施工和质量检验。

1.0.3 储罐地基处理除应满足工程设计要求外，尚应做到因地制宜、就地取材、保护环境和节约资源等。

1.0.4 储罐地基处理除应符合本规范外，尚应符合国家现行有关标准的规定。

2 术语和符号

2.1 术　　语

2.1.1 复合地基　composite foundation

部分土体得到增强或被置换形成增强体，由增强体和周围地基土共同承担荷载的地基。

2.1.2 换填垫层法　cushion

挖去地表浅层软弱土层或不均匀土层，回填坚硬、较粗粒径的材料，并压实或夯实，形成密实垫层的地基处理方法。

2.1.3 充水预压法　hydrostatic preloading

在储罐充水试压阶段，利用储罐充水荷载对地基进行预压，使地基固结压密的地基处理方法。

2.1.4 强夯法　dynamic compaction，dynamic consolidation

反复将夯锤提到高处使其自由落下，给地基土以冲击和振动能量，将地基土夯实的地基处理方法。

2.1.5 强夯置换法　dynamic replacement

采用强夯法边夯边填碎石，在地基中形成碎石墩。由碎石墩、墩间土以及上部碎石垫层组成复合地基的地基处理方法。

2.1.6 振冲法　vibroflotation，vibro-replacement

在振冲器水平振动和高压水的共同作用下，使松砂土层振密，或在软弱土层中成孔，然后回填碎石等粗粒料形成桩体，并和原地基土组成复合地基的地基处理方法。

2.1.7 砂石桩法　sand-gravel column

采用振动、冲击或水冲等方式在地基中成孔，将碎石、砂或砂石挤压入孔中，形成砂石密实桩体，并和原桩间土组成复合地基的地基处理方法。

2.1.8 水泥粉煤灰碎石桩法　cement-flyash-gravel pile

由水泥、粉煤灰、碎石、石屑或砂等混合料加水拌和形成桩体，并由桩、桩间土一起组成复合地基的地基处理方法。

2.1.9 水泥土搅拌桩法　cement-solid deep mixing pile

以水泥作为固化剂的主要材料，通过深层搅拌机械，将固化剂和地基土强制搅拌，形成具有整体性、水稳定性和一定强度的桩体，并与桩间土和填料层组成复合地基的地基处理方法。

2.1.10 灰土挤密桩法　lime-soil compaction column

利用设备横向挤压成孔，使桩间土得以挤密。用灰土填入桩孔内分层夯实形成灰土桩，并与桩间土组成复合地基的地基处理方法。

2.1.11 钢筋混凝土桩复合地基　reinforced-concrete pile composite foundation

由钢筋混凝土桩作为竖向增强体，并由桩、桩间土一起组成复合地基的地基处理方法。

2.2 符　　号

2.2.1 作用和作用效应：

p_{cz}——垫层底面处土的自重压力值；

p_z——垫层底面处的附加压力值；

P_k——相应于荷载效应标准组合时，罐基础底面处的平均压力值；

U_t——固结时间 t 时的地基平均固结度；

$\dot{S}_t$——为时间 t 时的沉降速率；

S_c——按分层总和法计算固结沉降量。

2.2.2 抗力和材料性能：

f_{az}——垫层底面处土层经深度修正后的地基承载力特征值；

f_{ak}——基础底面处天然地基承载力特征值；

f_{sk}——处理后桩间土承载力特征值；

f_{spk}——振冲桩复合地基承载力特征值；

q_{si}——第 i 层土桩侧摩阻力特征值；

q_p——桩端土承载力特征值；

R_a——单桩竖向承载力特征值；

T_r——应变为5%时对应的加筋体拉伸强度；

E_s——桩间土压缩模量；

E_{sp}——复合土层压缩模量；

ρ_d——干密度；

ω_{op}——最优含水量。

2.2.3 几何参数：

A_p——桩身截面积或桩帽面积；

b——塑料排水带宽度；

d——桩的直径、桩孔直径；

d_e——单桩分担的处理地基面积的等效圆直径、排水体有效排水直径；

d_p——塑料排水带当量换算直径；

H——罐基础环墙内填料层厚度；

s——桩间净距，桩孔间距；

δ——塑料排水带厚度；

θ——压力扩散角。

2.2.4 计算系数及其他：

m——面积置换率；

n——桩土应力比、井径比；

λ_c——压实系数。

3 基本规定

3.0.1 在选择储罐地基处理方案前，应完成下列工作：

1 研究掌握详细的场地、岩土工程条件及储罐对地基的要求等；

2 明确地基处理的目的、处理范围和处理后要求达到的各项技术经济指标等；

3 结合工程实际情况，了解当地地基处理的经验、施工条件、建筑材料的供应及其他地区类似场地上同类储罐工程的地基处理经验和使用情况；

4 应掌握建设场地的环境情况，包括邻近建构筑物、地下工程及有关地下管线等情况。

3.0.2 在选择储罐地基处理方案时，宜选用储罐基础与地基共同作用的方案。

3.0.3 存在液化土层的场地，应根据储罐基础的抗震设防类别、地基的液化等级，结合具体情况选择适宜的储罐地基处理方案，所选方案应符合现行国家标准《建筑抗震设计规范》GB 50011 的有关规定。

3.0.4 在选择储罐地基处理方案时应根据地下水、地基土的腐蚀性等级，按现行国家标准《工业建筑防腐蚀设计规范》GB 50046 判定所选方案的适宜性并确定需要采取的防腐措施。

3.0.5 储罐基础建造在需回填或吹填的场地时，储罐地基处理方案宜与场地回填或吹填方案一起确定，并对场地回填、吹填提出具体要求。

3.0.6 选择地基处理方案时应重视施工产生的噪声、振动、挤土、泥浆等对环境的影响，采用的方案应满足国家、地方的环保要求。

3.0.7 储罐地基处理方法的确定宜按下列步骤进行：

1 根据储罐对地基的要求，结合岩土工程条件、环境情况和对邻近建构筑物的影响等因素进行综合分析，初步选出几种可行的地基处理方案，包括选择两种或多种地基处理方法组成的综合处理方案；

2 对初步选出的各种地基处理方案，分别从加固原理、适用范围、预期处理效果、耗用材料、施工机械、工期要求和对环境的影响等方面进行技术经济分析和对比，选择最佳的地基处理方法；

3 对已选定的地基处理方法，宜按储罐地基基础设计等级和场地复杂程度，在有代表性的场地上进行相应的现场试验或试验性施工，以检验设计参数和处理效果。当达不到设计要求时，应查明原因，修改设计参数或调整地基处理方法。

3.0.8 经处理后的地基，不进行基础宽度和深度的地基承载力修正；当在受力层范围内仍存在软弱下卧层时，应验算下卧层的地基承载力。

3.0.9 储罐基础建造在处理后的地基上时，应进行地基变形验算。

3.0.10 地基稳定性验算应符合现行国家标准《钢制储罐地基基础设计规范》GB 50473 的有关规定。

3.0.11 施工技术人员应了解所承担工程的地基处理目的、熟悉地基加固原理、技术要求和质量标准等。施工中应有专人负责质量控制和监测，并做好施工记录。当出现异常情况时，应及时会同有关部门妥善解决。施工过程中应进行质量监理，施工结束后应按国家有关规定进行工程质量检验和验收。

3.0.12 复合地基载荷试验应符合本规范附录 A 的规定。

3.0.13 建造在处理后地基上的储罐基础，应进行沉降观测，直至沉降达到稳定为止。

4 换填垫层法

4.1 一般规定

4.1.1 换填垫层法适用于淤泥、淤泥质土、湿陷性黄土、素填土、杂填土及暗沟、暗塘等浅层软弱土层或不均匀土层的地基处理。

4.1.2 应根据储罐基础的特点、岩土工程条件、施工机械设备及填料性质和来源等进行综合分析，进行换填垫层的设计和选择施工方法。

4.1.3 局部换填垫层时，压（夯）实后垫层的地基承载力和变形模量宜与同一基础下其他部位的原状土层相近。

4.1.4 当垫层下持力层为坡度大于 10%的基岩，且坡度方向不利于罐基础稳定时，基岩表面应做成台阶状。

4.2 设计

4.2.1 垫层厚度应根据需置换的软弱土层深度或垫层底面处土层的承载力确定。当按垫层底面处土层的承载力确定时，应符合下式要求：

$$p_z + p_{cz} \leqslant f_{az} \quad (4.2.1)$$

式中：p_z——相应于荷载效应标准组合时，垫层底面处的附加压力值（kPa），取值按现行国家标准《建筑地基基础设计规范》GB 50007 有关规定确定；

p_{cz}——垫层底面处土的自重压力值（kPa）；

f_{az}——垫层底面处土层经深度修正后的地基承载力特征值（kPa）。

4.2.2 换填垫层的厚度应符合储罐基础的变形要求，垫层厚度不宜小于0.5m，且不宜大于3m。

4.2.3 垫层底面的宽度应满足基础底面应力扩散的要求，可自储罐基础外缘向下按45°扩大角确定。垫层顶面超出基础外缘不应小于500mm。

4.2.4 垫层可选用下列材料：

1 砂石。宜选用碎石、卵石、角砾、圆砾、砾砂、粗砂、中砂或石屑，应级配良好，不含植物残体、垃圾等杂质。砂石的最大粒径不宜大于50mm。对湿陷性黄土地基，不得选用砂石等透水材料。

2 粉质黏土。土料中有机质含量不得超过5%，亦不得含有冻土或膨胀土。当含有碎石时，其粒径不宜大于50mm。用于湿陷性黄土或膨胀土地基的粉质黏土垫层，土料中不得夹有砖、瓦和石块。

3 灰土。体积配合比宜为2∶8或3∶7。土料宜用粉质黏土，不宜使用块状黏土和砂质粉土，不得含有松软杂质，并应过筛，其颗粒不得大于15mm。石灰宜用新鲜的消石灰，其颗粒不得大于5mm。

4 土工合成材料。由分层铺设的土工合成材料、填料构成加筋垫层。所用土工合成材料的品种与性能及填料的土类应根据工程特性和地基土条件，按照现行国家标准《土工合成材料应用技术规范》GB 50290的要求，通过设计并进行现场试验后确定。

4.2.5 各种垫层的压实标准及承载力可按表4.2.5的要求进行选用：

表4.2.5 各种垫层的压实标准及承载力

施工方法	换填材料类别	压实系数λ_c	承载力特征值f_{ak}（kPa）
碾压、振密或夯实	碎石、卵石	0.95～0.96	200～300
	砂夹石（其中碎石、卵石占全重的30%～50%）		200～250
	土夹石（其中碎石、卵石占全重的30%～50%）		150～200
	中砂、粗砂、砾砂、角砾、圆砾、石屑		150～200
	粉质黏土		130～180
	灰土	0.96	200～250

注：1 压实系数λ_c为土的控制干密度ρ_d与最大干密度ρ_{dmax}的比值；土的最大干密度宜采用击实试验确定，碎石或卵石的最大干密度可取2.0t/m³～2.2t/m³；

2 当采用轻型击实试验时，压实系数λ_c宜取高值，采用重型击实试验时，压实系数λ_c可取低值；

3 压实系数小的垫层，承载力特征值取低值，反之取高值。

4.2.6 垫层的承载力宜通过现场载荷试验确定，并应进行下卧层承载力的验算；初步设计阶段，当无试验资料时垫层的承载力可按表4.2.5的要求进行选用。

4.2.7 垫层地基的变形由垫层自身变形和下卧层变形组成。换填垫层在满足本规范第4.2.1条、第4.2.3条和第4.2.5条的条件下，垫层地基的变形可仅计算其下卧层的变形。垫层下卧层的变形量可按现行国家标准《建筑地基基础设计规范》GB 50007的有关规定计算。

4.3 施 工

4.3.1 垫层施工应根据不同的换填材料选择施工机械。粉质黏土、灰土宜采用平碾、振动碾或羊足碾，砂石等宜用振动碾。

4.3.2 垫层的施工方法、分层铺填厚度、每层压实遍数等宜通过现场试验确定。

4.3.3 粉质黏土和灰土垫层土料的施工含水量应控制在最优含水量$\omega_{op}\pm2\%$的范围内，最优含水量可通过击实试验确定，也可按当地经验取用。

4.3.4 当垫层底部存在古井、古墓、洞穴、旧基础、暗塘等软硬不均的部位时，应按设计要求予以处理，并经检验合格后，再铺填垫层。

4.3.5 基坑开挖时应避免坑底土层受扰动，可保留约200mm厚的土层暂不挖去，待铺填垫层前再挖至设计标高。

4.3.6 换填垫层施工应注意基坑排水，除采用水撼法施工砂垫层外，不得在浸水条件下施工，必要时应采用降低地下水位的措施。

4.3.7 垫层底面宜设在同一标高上，当深度不同，基坑底土面应挖成阶梯或斜坡搭接，并按先深后浅的顺序进行垫层施工，搭接处应夯压密实。

4.3.8 粉质黏土及灰土垫层分段施工时，上下两层的缝距不得小于500mm。接缝处应夯压密实，灰土应拌和均匀并应当日铺填夯压。灰土夯压密实后3d内不得受水浸泡。

4.3.9 铺设土工合成材料时，下铺地基土层顶面应平整，防止土工合成材料被刺穿、顶破。铺设时应把土工合成材料张拉平直、绷紧，严禁有褶皱；端头应固定或回折锚固；切忌暴晒或裸露；连结宜用搭接法、缝接法和胶接法，并均应保证连接强度不低于所采用材料的抗拉强度。

4.3.10 垫层竣工验收合格后，应及时进行基础施工与基坑回填。

4.3.11 当夯击或碾压振动对邻近建构筑物产生有害影响时，应采取有效预防措施。

4.4 质量检验

4.4.1 粉质黏土、灰土和砂石垫层的施工质量检验可用环刀法、贯入仪、静力触探、轻型动力触探或标准贯入试验检验；对砂石也可用重型动力触探检验，并均应通过现场试验以设计压实系数所对应的贯入度为标准检验垫层的施工质量。压实系数也可采用环刀法、灌砂法、灌水法或其他方法检验。

4.4.2 垫层的施工质量检验应分层进行。应在每层的压实系数符合设计要求后铺填上层土。

4.4.3 采用环刀法、灌砂法、灌水法检验垫层的施工质量时，取样点应位于每层厚度的2/3深度处。检验点数量应根据工程的面积确定，每 100m² 至少应有 1 个检验点，且每台储罐不少于 3 点；采用贯入仪或动力触探检验垫层的施工质量时，每分层检验点的间距应小于 5m。

4.4.4 竣工验收采用载荷试验法，垫层承载力载荷试验点数量应根据工程的面积确定，每 500m²～1000m² 至少应有 1 个试验点，且每台储罐不少于 3 点。

5 充水预压法

5.1 一般规定

5.1.1 充水预压法适用于地基承载力不能满足要求、沉降较大，且土层较均匀、具有良好排水通道的天然地基或复合地基。当天然地基或复合地基的透水性较差时，地基中应设置排水体。

5.1.2 工程地质勘察资料，除应符合现行国家标准《岩土工程勘察规范》GB 50021 的要求外，尚应包括土层垂直方向和水平方向土的固结系数、渗透系数、前期固结压力、三轴试验抗剪强度、十字板抗剪强度等参数。

5.1.3 采用充水预压法的罐基础，设计时应对充水预压产生的沉降进行计算，并对罐基础顶标高进行相应的预抬高。

5.1.4 在充水预压时应对储罐地基进行监测，监测项目应按现行行业标准《石油化工钢储罐地基充水预压监测规程》SH/T 3123 的有关规定确定。

5.1.5 充水预压过程中的各项控制指标应符合下列规定：

1 沉降速率不宜大于 20mm/d；

2 孔隙水压力增量不宜超过预压荷载增量的 60%；

3 侧向位移不应大于 5mm/d。

5.1.6 储罐充满水后，地基应有一定的恒压时间，大型储罐不宜小于 60d，中小型储罐不宜小于 45d。当地基经充水预压的变形量满足设计要求，且受压土层平均固结度达到 90%以上时，方可放水，放水速率宜小于 1.5m/d。

5.2 设　计

5.2.1 充水预压方案的设计，宜按以下步骤进行：

1 根据场地岩土工程地质条件、储罐基础基底压力和预期的固结度，初步制订一个充水预压方案；

2 根据初步制订的充水预压方案进行详细的固结度和整体、局部稳定验算。当验算结果不满足安全和工期要求时，应调整充水预压方案，再重新验算；

3 在确定充水预压方案后，尚需进行沉降计算、沉降速率计算。

5.2.2 当需设置竖向排水体时，竖向排水体的设计应满足下列要求：

1 竖向排水体可采用普通砂井、袋装砂井和塑料排水带。普通砂井直径可取 300mm～500mm，袋装砂井直径可取 70mm～120mm。塑料排水带的当量换算直径可按下式计算：

$$d_p=\frac{2\ (b+\delta)}{\pi} \tag{5.2.2}$$

式中：d_p——塑料排水带当量换算直径（mm）；

b——塑料排水带宽度（mm）；

δ——塑料排水带厚度（mm）。

2 竖向排水体的平面布置可采用等边三角形或正方形排列，布置范围宜在基外缘扩大 3 排。排水体的有效排水直径与间距的关系为：

等边三角形排列　　$d_e=1.05l$；

正方形排列　　$d_e=1.13l$。

3 竖向排水体的间距可根据地基土的固结特性和预定时间内所要求达到的固结度确定。设计时，排水体的间距可按井径比 n 选用，其中 n 为排水体的有效排水直径与竖井直径或当量换算直径的比值。塑料排水带或袋装砂井的间距可按 $n=15\sim22$ 选用，普通砂井的间距可按 $n=6\sim8$ 选用。

4 竖向排水体的深度，应根据土层分布、储罐对地基稳定性要求和变形的要求确定。对以地基稳定性控制的储罐，竖向排水体的深度应超过最危险滑动面 2m；对以地基变形控制的储罐，竖向排水体的深度应根据在限定的预压时间内应消除的变形量确定。当压缩层厚度不大时，竖向排水体应贯穿压缩土层。

5.2.3 充水预压宜采用分级等速加荷方式，加荷级数应根据地基强度增长计算确定。

5.2.4 地基的沉降速率，可按下列公式计算：

在 i 级加荷过程中沉降速率：

$$\dot{S}_t=\frac{S_c}{P_0}\left\{m_i\dot{q}_i+\alpha\cdot e^{-\beta\cdot t}\left[\sum_{n=0}^{i-1}\dot{q}_n\left(e^{\beta\cdot T_n}-e^{\beta\cdot T_{n-1}}\right)-\dot{q}_i e^{\beta\cdot T_i}\right]\right\} \tag{5.2.4-1}$$

在 i 级停荷期间沉降速率：

$$\dot{S}_t=\frac{S_c}{P_0}\alpha\cdot e^{\beta\cdot t}\left[\sum_{n=0}^{i}\dot{q}_n\left(e^{\beta\cdot T_n}-e^{\beta\cdot T_{n-1}}\right)\right] \tag{5.2.4-2}$$

$$\alpha=\frac{2\ r\alpha_1+\ (1-r)\ \alpha_2}{1+r} \tag{5.2.4-3}$$

$$r=\frac{P_1}{P_2} \tag{5.2.4-4}$$

$$\alpha_1=\frac{8}{\pi^2} \tag{5.2.4-5}$$

$$\alpha_2=\frac{32}{\pi^3} \tag{5.2.4-6}$$

式中：$\dot{S}_t$——为时间 t 时的沉降速率；

$\dot{q}_i$——第 i 级的加荷速率（kPa/d）；

$\dot{q}_n$——第 n 级荷载的加荷速率（kPa/d）；

β——固结衰减系数，一般由实测反算得出，无经验值时，可按表 5.2.4 计算；

r——计算系数，为地基土压缩层范围内上下面平均附加应力之比值；

α——计算系数，根据排水固结条件按表 5.2.4 采用；

m_i——考虑地基侧向变形及其他影响的经验系数，可取1.1～1.4；

T_{n-1}、T_n——加荷停荷各级的起始终止时间；

t——第 i 加荷段之间的时间；

S_c——固结沉降量，按分层总和法计算；

P_0——加荷总量；

e——自然对数的底。

表 5.2.4 不同排水固结条件下的 α、β 值

排水固结条件 / 参数	竖向排水固结 $\overline{U}_z>30\%$	向内径向排水固结	竖向和向内径向排水固结（砂井贯穿受压土层）	砂井未贯穿受压土层之固结
α	$\frac{8}{\pi^2}$	1	$\frac{8}{\pi^2}$	$\frac{8H_1}{\pi^2(H_1+H_2)}$
β	$\frac{\pi^2 c_v}{4H^2}$	$\frac{8c_h}{F_{(n)}d_e^2}$	$\frac{8c_h}{F_{(n)}d_e^2}+\frac{\pi^2 c_v}{4H^2}$	$\frac{8c_h}{F_{(n)}d_e^2}$

注：1 $F_{(n)}=\frac{n^2}{n^2-1}\ln(n)-\frac{3n^2-1}{4n^2}$，$n$ 为井径比。

2 H_1 为砂井深度（m）；H_2 为砂井以下压缩土层厚度（m）。

3 U_z 为地基竖向排水平均固结度（%）。

4 c_h 为地基土的径向固结系数（cm²/s）。

5 c_v 为地基土的竖向固结系数（cm²/s）。

6 H 为地基的竖向最短排水距离（cm）。

5.2.5 一级或多级等速加荷条件下，地基平均固结度可按下式计算：

$$U_t=\sum_i^n\frac{\dot{q}_n}{\sum\Delta p}\left[(T_n-T_{n-1})-\frac{\alpha}{\beta}e^{-\beta t}\left(e^{\beta T_n}-e^{\beta T_{n-1}}\right)\right] \quad (5.2.5)$$

式中：U_t——固结时间 t 时的地基平均固结度（%）；

$\sum\Delta p$——各级荷载的累加值（kPa）；

t——预压时间（d）；

T_{n-1}——第 n 级荷载加荷的起始时间（d）；

T_n——第 n 级荷载加荷的终止时间，当计算第 n 级荷载加载期间 t 时刻的固结度，则 T_n 改用 t（d）。

5.2.6 预压荷载作用下饱和黏性土地基中某点固结时间为 t 时的抗剪强度，可按下列公式计算：

$$\tau_{ft}=\eta(\tau_{f0}+\Delta\tau_{fc}) \quad (5.2.6\text{-}1)$$

正常固结状态时：

$$\Delta\tau_{fc}=\Delta\sigma_1\cdot U_t\frac{\sin\phi'\cos\phi'}{1+\sin\phi'} \quad (5.2.6\text{-}2)$$

超固结状态时：

$$\Delta\tau_{fc}=(\Delta\sigma_z+P_0-P_c)\cdot U_t\cdot\frac{C}{P} \quad (5.2.6\text{-}3)$$

式中：τ_{ft}——地基中某点固结时间为 t 时的抗剪强度（kPa）；

τ_{f0}——在加载之前该点土的天然抗剪强度，由十字板剪切试验、无侧限抗压试验或三轴固结不排水剪切试验确定（kPa）；

$\Delta\tau_{fc}$——计算点由于排水固结而增长的抗剪强度增量（kPa）；

η——强度折减系数，取 0.75～0.90；

$\Delta\sigma_1$——计算点由于预压荷载而引起的最大主应力增量，或可近似取其等于该点的竖向附加应力 $\Delta\sigma_z$（kPa）；

U_t——计算点固结时间为 t 时的固结度（%）；

ϕ'——土的有效内摩擦角，由三轴固结不排水剪切试验确定（°）；

$\Delta\sigma_z$——由于预压荷载而引起的该点竖向附加应力（kPa）；

P_0——计算点土的自重压力（kPa）；

P_c——计算点土的先期固结压力（kPa）；

$\frac{C}{P}$——土的强度增长率，可由三轴固结不排水剪切试验的内摩擦角或天然地基现场十字板剪切试验强度值与测定点土有效自重应力的比值测定。

5.2.7 地基整体、局部稳定可按圆弧滑动法计算。

5.2.8 预压地基的竖向变形量可按现行国家标准《钢制储罐地基基础设计规范》GB 50473 的有关规定计算。

5.2.9 预压地基应在地表铺设排水垫层，垫层厚度宜为 0.3m～0.5m。垫层材料宜用中粗纱或碎石，含泥量应小于 3%。

5.3 施　工

5.3.1 储罐地基充水预压，应根据设计提供的充水预压方案进行。

5.3.2 在充水预压过程中，当出现不满足本规范第 5.1.5 条要求时，应暂停充水加荷，分析原因并采取相应措施后，方可继续充水加荷。

5.3.3 充水预压施工现场除应设充水、排水设施外，还应设事故紧急排水设施。

5.3.4 竖向排水体采用砂井时，应保证砂井连续密实，避免缩颈现象，应尽量减少成孔对周围土的扰动。制作砂井的砂应采用中粗砂，其含泥量不宜大于 5%。砂井的灌砂量，应按井孔的体积和砂在中密状态时的干密度计算，其实际灌砂量不得小于计算值的95%。

5.3.5 竖向排水体采用塑料排水带时，塑料排水带的透水性、湿润抗拉强度、抗弯曲能力等指标应满足现行行业标准《公路工程土工合成材料 塑料排水板(带)》JT/T 521的有关要求。塑料排水带需接长时，必须采用滤膜内芯带平搭接的连接方式，搭接长度宜大于200mm。

5.3.6 竖向排水体施工时，平面井距偏差，不应大于井的直径；垂直度偏差，不应大于井深的1.5%，深度不得小于设计要求。

5.3.7 在充水预压过程中，应根据设计要求的监测项目按现行行业标准《石油化工钢储罐地基充水预压监测规程》SH/T 3123的有关规定进行监测，对储罐的不均匀沉降应重点监控。

5.4 质量检验

5.4.1 充水预压观测所用水准仪应为S_1级，且校准合格、经过检定；各类传感器精度符合要求。

5.4.2 在充水预压期间，应及时整理位移与时间、超静孔隙水压力与时间关系曲线，推算地基的最终沉降量、不同时间固结度和相应的抗剪强度值及变形量，以动态指导充水加荷。

5.4.3 储罐中心与边缘沉降差、罐直径两端沉降差、罐周边不均匀沉降应满足设计要求。

6 强夯法和强夯置换法

6.1 一般规定

6.1.1 强夯法适用于处理碎石土、砂土、低饱和度的粉土与黏性土、湿陷性黄土、素填土和杂填土等地基。强夯置换法适用于处理饱和的粉土与软塑—流塑的黏性土、素填土和杂填土等地基。

6.1.2 强夯置换法在设计前应通过现场试验确定其适用性和处理效果。

6.1.3 强夯和强夯置换施工前，应在施工现场有代表性的场地上选取一个或几个试验区，进行试夯或试验性施工。以检验并确定施工参数，试验区数量应根据场地复杂程度确定。

6.1.4 强夯场地应平整，并能承受夯击机械的重力。施工前应查明强夯影响范围内的地下构筑物和地下管线的位置及标高等，并采取必要措施避免强夯施工而造成损坏。

6.1.5 强夯设计应根据试夯检测结果和工程经验，结合储罐特点和工程地质勘察资料，选择适宜的强夯参数。强夯参数应包括加固范围、强夯能级、夯点布置、夯锤参数、夯击遍数、相邻夯击遍数的间歇时间、夯点的夯击次数和最后两击的平均夯沉量等。

6.1.6 对回填场地，当回填厚度较大时，宜采用分层强夯。

6.2 设计

Ⅰ 强夯法

6.2.1 强夯的有效加固深度应根据现场试夯或当地经验确定。在缺少试验资料或经验时可按表6.2.1的要求预估。

表6.2.1 强夯的有效加固深度（m）

单击夯击能（kN·m）	碎石土、砂土等粗颗粒土	粉土、黏性土、湿陷性黄土等细颗粒土
1000	4.0～5.0	3.0～4.0
2000	5.0～6.0	4.0～5.0
3000	6.0～7.0	5.0～6.0
4000	7.0～8.0	6.0～7.0
5000	8.0～8.5	7.0～7.5
6000	8.5～9.0	7.5～8.0
8000	9.0～10.0	8.0～9.0
10000	10.0～11.0	9.0～10.0
12000	11.0～12.0	10.0～11.0
14000	12.0～13.0	11.0～12.0
15000	13.0～13.5	12.0～12.5
16000	13.5～14.0	12.5～13.0
18000	14.0～15.0	13.0～14.0

注：强夯的有效加固深度应从起夯面算起。

6.2.2 夯点的夯击次数，应按现场试夯确定，并应同时满足下列条件：

1 最后两击的平均夯沉量不宜大于表6.2.2中的数值；

2 夯坑周围地面不应发生急剧的隆起。

表6.2.2 最后两击平均夯沉量

单击夯击能E（kN·m）	最后两击平均夯沉量（mm）
$E<4000$	50
$4000\leqslant E<6000$	100
$6000\leqslant E<8000$	150
$8000\leqslant E<12000$	200
$E\geqslant 12000$	250

6.2.3 夯击遍数应根据地基土的性质确定，可采用点夯2遍～3遍，对于渗透性较差的细颗粒土，必要时夯击遍数可适当增加。最后再以低能级满夯2遍，满夯可采用轻锤或低落距锤多次夯击，锤印搭接。

6.2.4 两遍夯击之间应有一定的时间间隔，间隔时间取决于土中超静孔隙水压力的消散时间。当缺少实测资料时，可根据地基土的渗透性确定，对于渗透性较差的黏性土地基，间隔时间宜为3周～4周；对于渗透性好的地基可连续夯击。

6.2.5 夯击点位置宜采用正方形布置。第一遍夯击点间距可取夯锤直径的2.5倍～3.5倍，第二遍夯击点位于第一遍夯击点之间。对处理深度较深或单击夯击能较大的工程，夯击点间距宜适当增大。

6.2.6 强夯处理范围应大于储罐基础范围，每边超出基础外缘的宽度宜为基底下设计处理深度的1/2～2/3，并不宜小于3m。当要求消除地基液化时，在基础外缘扩大宽度还不应小于基底下可液化土层厚度的1/2。

6.2.7 根据初步确定的强夯参数，提出强夯试验方案，进行现场试夯。根据不同土质条件待试夯结束一至数周后，应对试夯场地进行检测，并与夯前测试数据进行对比，检验强夯效果，确定工程采用的各项强夯参数。

6.2.8 强夯地基承载力特征值应通过现场载荷试验，并结合原位测试和土工试验综合确定。

6.2.9 强夯地基变形计算应符合现行国家标准《钢制储罐地基基础设计规范》GB 50473的有关规定。夯后有效加固深度内土层的压缩模量应通过原位测试或土工试验确定。

Ⅱ 强夯置换法

6.2.10 强夯置换墩的深度宜穿透软土层，到达较硬土层上。

6.2.11 强夯置换处理范围应按本规范第6.2.6条执行。

6.2.12 墩体材料可采用级配良好的块石、碎石等坚硬粗颗粒材料，粒径不宜大于500mm，且粒径大于300mm的颗粒含量不宜超过全重的30%。

6.2.13 强夯置换的单击夯击能应根据现场试验确定。初步设计时，可根据地基处理的深度、土层情况和墩体材料等因素综合确定。

6.2.14 夯点的夯击次数应通过现场试夯确定，且应同时满足下列条件：

1 墩底穿透软弱土层，且达到设计墩长；

2 每击夯沉量以不造成起拔夯锤困难为宜，累计夯沉量为设计墩长的1.5倍～2.0倍；

3 最后两击的平均夯沉量不宜大于表6.2.2的数值。

6.2.15 墩间土应根据土质情况采用满夯或碾压等方法进行加固。满夯夯击遍数和碾压遍数可根据现场试验确定。

6.2.16 墩位布置宜采用等边三角形或正方形。

6.2.17 墩间距应根据荷载大小、原土的承载力及夯点布置形式选定，宜取夯锤直径的2倍～3倍。墩的计算直径可取夯锤直径的1.1倍～1.2倍。

6.2.18 墩顶应铺设一层厚度大于或等于500mm的压实垫层，垫层材料可与墩体相同，粒径不宜大于100mm。

6.2.19 强夯置换试验方案的确定，应符合本规范第6.2.7条的规定，检测项目除进行现场载荷试验检测承载力和变形模量外，尚应采用超重型或重型动力触探等方法，检查置换墩长度情况及承载力与密度随深度的变化。

6.2.20 确定软黏性土中强夯置换墩地基承载力特征值时，可只考虑墩体，不考虑墩间土的作用，其承载力应通过现场单墩载荷试验确定；对饱和粉土地基可按复合地基考虑，其承载力可通过单墩复合地基载荷试验确定。

6.2.21 强夯置换地基的变形计算应符合本规范第7.2.9条的规定。

6.3 施　工

6.3.1 夯锤质量可取10t～60t，其底面形式宜采用圆形或多边形，锤底面积宜按土的性质确定，锤底静接地压力值可取25kPa～80kPa，对于细颗粒土锤底静接地压力宜取较小值。锤的底面宜对称设置大于或等于3个与其顶面贯通的排气孔，孔径可取300mm～400mm。强夯置换锤底静接地压力值可取120kPa～300kPa。

6.3.2 起吊夯锤的起重机械宜采用带有自动脱钩装置的履带式起重机、强夯专用施工机械，或其他可靠起重设备，夯锤的质量不应超过起重机械自身额定起重质量。采用履带式起重机时，可在臂杆端部设置辅助门架，或采取其他安全措施，防止落锤时机架倾覆。

6.3.3 当场地表层土软弱或地下水位较高、夯坑底积水影响施工时，宜采用人工降低地下水位或铺填一定厚度的松散性材料，使地下水位低于坑底面以下2m。坑内或场地积水应及时排除，对细颗粒土，应经过晾晒，含水量满足要求后施工。

6.3.4 当强夯施工所产生的振动对邻近建筑物或设备可能产生影响时，应设置监测点，并进行振动监测，必要时应采取挖隔振沟等措施。

6.3.5 强夯施工可按下列步骤进行：

1 清理并平整施工场地；

2 标出第一遍夯点位置，并测量场地高程；

3 起重机就位，夯锤置于夯点位置；

4 测量夯前锤顶高程；

5 将夯锤起吊到预定高度，开启脱钩装置，待夯锤脱钩自由下落后，放下吊钩，测量锤顶高程，若发现因坑底倾斜而造成夯锤歪斜时，应及时将坑底整平；

6 重复步骤5，按设计规定的夯击次数及控制标准完成一个夯点的夯击；当夯坑过深，出现提锤困难时，应将夯坑回填1/3～1/2后再继续夯击；

7 换夯点，重复步骤3至6，完成第一遍全部夯点的夯击；

8 用推土机将夯坑填平，并测量场地高程；

9 在规定的间隔时间后，按上述步骤逐次完成全部夯击遍数，最后用低能量满夯，将场地表层松土夯实，当夯坑回填深度大于1m时，应先对夯坑内的填料进行夯击加固，再继续满夯，并测量夯后场地高程。

6.3.6 强夯置换施工可按下列步骤进行：

1 清理并平整施工场地，当表层土松软时可铺设一层厚度为1.0m～2.0m的砂石施工垫层；

2 标出夯点位置，并测量场地高程；

3 起重机就位，夯锤置于夯点位置；

4 测量夯前锤顶高程；

5 夯击并逐击记录夯坑深度；当夯坑过深而发生起锤困难时停夯，向坑内填料，记录填料数量，当夯点周围软土挤出影响施工时，可随时清理并在夯点周围铺垫碎石，继续施工；

6 重复步骤5，按规定的夯击次数及控制标准完成一个墩体的夯击；

7 按由内而外，隔行跳打原则完成全部夯点的施工；

8 推平场地，用低能量满夯，将场地表层松土夯实，并测量夯后场地高程。

6.3.7 施工过程中应有专人负责下列监测工作：

1 开夯前应检查夯锤质量和落距，以确保单击夯击能量符合设计要求；

2 在每一遍夯击前，应对夯点放线进行复核，夯完后检查夯坑位置，发现偏差或漏夯应及时纠正；

3 按设计要求检查每个夯点的夯击次数、每击的夯沉量、最后两击的平均夯沉量和总夯沉量，每个夯点的施工起止时间。对强夯置换尚应检查置换深度；

4 强夯施工过程中，应检查各项测试数据和施工记录，不符合设计要求时，应补夯或采取其他有效措施。

6.3.8 施工过程中应对各项参数及情况进行详细记录。

6.4 质量检验

6.4.1 地基处理的试验阶段、施工过程中以及完成后，应检查各项测试数据和施工记录，并应采取有效措施。

6.4.2 强夯施工结束后应间隔一定时间方能对地基加固后质量进行检验。对砂土、碎石土地基，其间隔时间宜为7d～14d；对粉土和黏性土地基宜为14d～28d。强夯置换地基间隔时间不宜少于28d。

6.4.3 强夯处理后的地基应进行载荷试验，并结合静力触探试验、标准贯入试验、十字板剪切试验、圆锥动力触探试验、多道瞬态面波法等原位测试方法和室内土工试验进行综合检验。

6.4.4 强夯置换后的地基除应采用单墩载荷试验检验外，尚应采用动力触探或钻探等有效方法探明置换墩长度及密实度随深度的变化。

6.4.5 强夯地基检验点数量应根据场地复杂程度和工程的面积确定，且每台储罐不应少于3点；对$1000m^2$以下的工程每$100m^2$至少应有1个检验点，对$1000m^2$～$3000m^2$的工程至少应有10个检验点，对$3000m^2$以上的工程每$300m^2$至少应有1个检验点；载荷试验点数量每$500m^2$～$1000m^2$至少应有1个试验点，且每台储罐不应少于3点。检验深度不应小于设计有效加固深度。检验点应在夯间土、夯点均有布置。

6.4.6 强夯置换地基单墩载荷试验检验数量不应少于墩点数的0.5%，且不应少于3个；墩体长度及密实度检验数量不应少于墩点数的2%，且不应少于5根；墩间土检验点位置和数量宜与墩体密实度检验点相对应且不应少于3点；单墩复合地基检验数量不应少于墩点数的0.5%，且不应少于3点，复合地基检验要点应符合本规范附录A的规定。

7 振冲法

7.1 一般规定

7.1.1 振冲法分为振冲桩法和振冲密实法。

7.1.2 振冲桩法适用于处理砂土、粉土、黏性土、素填土和杂填土等地基。对于处理不排水抗剪强度小于20kPa的饱和黏性土和饱和黄土地基，应在施工前通过现场试验确定其适用性。

7.1.3 振冲密实法适用于处理黏粒含量不大于10%的砂土。

7.1.4 振冲法应在有代表性的场地上进行试验，确定该工法的可行性、设计参数、施工参数、振冲器功率及其处理效果。

7.1.5 当场地周围有建构筑物并且振冲法施工对其可能造成某些震害时，应考虑施工的安全距离，振冲孔中心距建构筑物边缘不宜小于5m。

7.2 设计

7.2.1 采用振冲法加固地基时，应根据场地地质条件和有关试验结果，确定合理的布置方案、加固深度及有关的施工参数。

7.2.2 振冲法加固范围应根据储罐的容量、重要性和场地条件确定。当用于改善储罐地基承载力和变形性质时，宜在基础外缘扩大1排～2排；当要求消除地基液化时，在基础外缘扩大宽度不应小于基底下可液化土层厚度的1/2。

7.2.3 振冲桩位布置宜采用等边三角形布置、环形布置或矩形布置。

7.2.4 振冲桩的间距应根据储罐大小和场地土层情况，并结合所采用的振冲器功率大小综合考虑。30kW振冲器布桩间距可采用1.3m～2.0m；55kW振冲器布桩间距可采用1.4m～2.5m；75kW以上振冲器布桩间距可采用1.5m～3.5m。荷载大或对黏性土宜采用较小的间距，荷载小或对砂土宜采用较大的间距。

7.2.5 振冲桩的长度应按下列条件确定：

1 当相对硬层埋深不大时，应按相对硬层埋深确定；

2 当相对硬层埋深较大时，按地基变形允许值确定；

3 在加固可液化地基中，桩长应按抗震要求的处理深度确定；

4 在用于抗滑稳定的地基中，桩长宜深入最低滑动面1m以上；

5 桩长不宜小于4m。

7.2.6 在桩顶和基础之间宜铺设一层300mm～500mm厚的碎石垫层。

7.2.7 桩体填料可采用级配良好、含泥量小于或等于5%的碎石、卵石、矿渣或其他性能稳定的硬质材料，不应采用风化易碎的石料。常用的填料粒径宜根据不同功率的振冲器按表7.2.7的规定确定。

表7.2.7 桩体填料粒径要求

振冲器功率（kW）	30	55	75	100	130～150
填料粒径（mm）	20～80	30～100	30～120	40～150	40～200

7.2.8 振冲桩复合地基承载力特征值应通过现场复合地基载荷试验确定，初步设计阶段时也可用单桩和处理后桩间土承载力特征值按下列公式估算：

$$f_{spk}=[1+m(n-1)]f_{sk} \quad (7.2.8\text{-}1)$$

$$m=d^2/d_e^2 \quad (7.2.8\text{-}2)$$

式中：f_{spk}——振冲桩复合地基承载力特征值（kPa）；

f_{sk}——处理后桩间土承载力特征值（kPa），宜通过桩间土载荷试验确定或按当地经验取值，如无试验或经验时，可取天然地基承载力特征值；

m——桩土面积置换率；

n——桩土应力比，在无实测资料时，对黏性土可取2～4，对粉土和砂土可取1.5～3.0，原土强度低取大值，原土强度高取小值；

d——桩身平均直径（m）；

d_e——单桩分担的处理地基面积的等效圆直径，等边三角形布桩时取1.05s，正方形布桩时取1.13s，矩形布桩时取$1.13\sqrt{s_1 s_2}$，s、s_1、s_2分别为桩间距、纵向间距和横向间距。

7.2.9 振冲处理地基的变形计算应符合现行国家标准《钢制储罐地基基础设计规范》GB 50473的有关规定。复合土层的压缩模量可按下式计算：

$$E_{sp}=[1+m(n-1)]E_s \quad (7.2.9)$$

式中：E_{sp}——复合土层压缩模量（MPa）；

E_s——桩间土压缩模量（MPa），宜按当地经验取值，如无经验时，可取天然地基压缩模量。

7.2.10 振冲桩的平均直径可按每根桩所用填料量计算。

7.2.11 振冲密实法应进行现场试验，确定振密的可能性、孔距、振密电流值、振冲水压力、振后砂土的物理力学指标等。用30kW振冲器振密深度不宜超过7m，75kW振冲器不宜超过15m；大于75kW振冲器不宜超过20m。

7.2.12 振冲密实法加密孔距可为2m～3.5m，宜用等边三角形布孔。

7.2.13 振冲密实法加密地基承载力特征值应通过现场载荷试验确定，也可根据加密后原位测试指标确定。

7.2.14 振冲密实法加密地基变形计算应符合现行国家标准《钢制储罐地基基础设计规范》GB 50473的有关规定。加密深度内土层的压缩模量应通过原位测试确定。

7.3 施 工

7.3.1 施工前应收集和分析施工场地地质资料及现场试验资料和检测成果。

7.3.2 施工前应根据场地条件和地层分布情况，合理划分施工作业区，确定施工顺序，制订技术质量控制措施。

7.3.3 施工前宜在护桩或非储罐处理地基场地进行工艺试验，单项工程工艺试验桩数不应少于3根。

7.3.4 起吊振冲器的设备可选用起重机、自行井架或其他合适的设备，起吊高度应满足振冲器贯入到设计深度的要求，起吊吨位应满足施工安全的要求。施工设备应配有电流、留振时间和电压的自动信号仪表。

7.3.5 供水泵扬程不宜小于80m，流量不宜小于15m³/h。

7.3.6 振冲造孔应符合下列规定：

1 振冲器对准桩位，桩位误差宜小于100mm；造孔过程中，应保持振冲器处于悬垂状态；

2 水压宜控制在0.2MPa～0.8MPa；

3 造孔速度不宜超过 2.0m/min；

4 造孔深度不应浅于设计处理深度 0.3m；

5 造孔时若孔内泥浆过稠或存在桩孔局部偏小现象，应采取边提升振冲器边冲水直至孔口，再放至孔底，重复两三次扩大孔径并使孔内泥浆变稀的清孔措施。

7.3.7 填料方式宜采用连续填料法。在桩长小于 6m 且孔壁稳定条件下可采用间断填料法。每次孔内填料高度宜为 0.5m～0.8m。

7.3.8 填料制桩应符合下列规定：

1 采用振密电流、留振时间、振密段长度作为技术控制标准；

2 桩体振密应从桩底标高开始，逐段向上进行，中间不得漏振，振密段长度为 0.3m～0.5m；

3 水压宜控制在 0.1MPa～0.5MPa；

4 填料应经过质量检验符合设计要求方可使用，应按 $2000m^3$～$5000m^3$ 为一组试样进行检验，小于 $2000m^3$ 时按一批次送检。

7.3.9 造孔和填料制桩过程中，应分段记录电流、水压、时间、填料量，一般每 1.0m～2.0m 为一段记录。

7.3.10 施工过程中，电流超过振冲器额定电流时，应停止填料，可暂停或减缓振冲器下沉。

7.3.11 施工现场应设置泥水排放沉淀系统，或组织好运浆车辆将泥浆运至预先安排的存放地点，宜设置沉淀池重复使用上部清水。

7.3.12 施工中发现串桩，可对被串桩重新振密或在旁边补桩。

7.3.13 垫层施工前，应将顶部松散桩体挖除或将松散桩头压实，随后铺设垫层并压实。

7.3.14 振冲密实法宜采用大功率振冲器，应通过现场试验确定施工技术参数和工艺。一般造孔水压水量宜大，振密过程中水压和水量宜小。振密段宜为 0.5m，振密时间不宜小于 30s。

7.3.15 制桩顺序可采用排打法或围打法。当加固地基需消除土层液化时，应采用围打法。

7.3.16 施工单位应进行施工质量自检，除按有关规范规定的自检内容外，应采用重型动力触探或标准贯入试验对桩身质量或桩间土振密效果进行跟踪自检，检测数量宜为总桩数的 2%～4%。

7.4 质量检验

7.4.1 对振冲施工过程中的各项施工记录和造孔制桩的符合性检验记录应进行检查或抽检，如有遗漏或不符合规定要求的桩或振冲点，应补做或采取有效的补救措施。

7.4.2 质量检验一般以单个储罐为检验单元。检验点应随机选取，并具有代表性。

7.4.3 振冲施工结束后，应间隔一定时间后方可进行质量检验。粉质黏土地基间隔时间可取 21d～28d，粉土地基可取 14d～21d，砂土地基可取 3d～7d。对有经验的地区，可按当地经验确定间隔时间。

7.4.4 振冲桩法质量检验分为施工质量检验和地基处理竣工验收质量检验。施工质量应检验单桩承载力、桩体密实度和桩间土处理效果；竣工验收应检验复合地基承载力。

7.4.5 单桩承载力检验应采用载荷试验，检验数量宜取总桩数的 0.5%，且不应少于 3 根。

7.4.6 桩体密实度检验应采用重型或超重型动力触探，也可采用静力触探，检验桩数宜取总桩数的 2%～3%，且不应少于 5 根。检验深度不宜小于设计桩长。

7.4.7 桩间土处理效果检验可采用静力触探、标准贯入、十字板剪切、载荷试验等方法，检验点位置和数量宜与桩体密实度检验点相对应。

7.4.8 复合地基承载力检验应采用单桩或多桩复合地基载荷试验，检验点数宜取总桩数的 0.5%，且不应少于 3 点。复合地基载荷试验要点见附录 A。

7.4.9 振冲密实法处理的砂土地基施工质量和竣工验收承载力检验可合并进行，可采用静力触探、标准贯入、重型动力触探及载荷试验等方法，检验点应选择在有代表性或地基土质较差的地段，并位于振冲点围成的形心及振冲点中心。检验数量宜取振冲点数量的 1%，总数不应少于 5 点。

8 砂石桩法

8.1 一般规定

8.1.1 砂石桩法适用于松散素填土、杂填土、砂土、粉土和粉质黏 土地基，也可用于处理砂层液化地基。

8.1.2 砂石桩法应在有代表性的场地上进行试验，确定该工法的可行性、设计参数、施工参数及其处理效果。

8.1.3 砂石桩施工可采用振动沉管或锤击沉管成桩法。当用于消除粉细砂及粉土液化时，宜用振动沉管成桩法。

8.2 设 计

8.2.1 砂石桩宜采用等边三角形或环形布置，桩径可采用 400mm～800mm。

8.2.2 砂石桩的桩距应通过现场试验确定。对砂土、粉土地基，砂石桩的桩距不宜大于桩径的 4 倍。

8.2.3 砂石桩的桩长宜为 8m～20m，根据地基中松软土层厚度、地基变形、地基稳定性和消除液化要求等综合确定。

8.2.4 砂石桩布置范围应超出储罐基础外边缘 2 排～3 排；砂石桩用于消除液化时，在基础外缘扩大宽度不宜小于处理深度的 1/2，且不应小于 5m。当液化层上覆盖有厚度大于3m的非液化层时，超出基础外缘不宜小于液化层厚度的1/2，且不应小于3m。

8.2.5 砂石桩孔内的填料宜用砾砂、粗砂、中砂、圆砾、角砾、卵石、碎石等硬质材料。填料中含泥量不得大于5%，并不宜含有大于50mm的颗粒。

8.2.6 在桩顶和基础之间宜铺设300mm～500mm厚的砂石垫层。

8.2.7 砂石桩复合地基的承载力特征值，应按现场复合地基载荷试验确定，初步设计阶段可按本规范第7.2.8条规定计算。

8.2.8 砂石桩复合地基的变形，应按本规范第7.2.9条计算。

8.3 施 工

8.3.1 振动沉管成桩法施工应根据沉管和挤密情况，控制并记录砂石用量、提升高度和速度、反插次数和时间、电机的工作电流等。

8.3.2 施工中宜采用活瓣桩靴，对砂土和粉土地基宜选用尖锥型，对粉质黏土地基宜选用平底型。

8.3.3 锤击沉管成桩法施工可采用单管法或双管法。锤击法挤密应根据锤击的能量，控制分段的填砂石量和成桩的长度。

8.3.4 砂石桩的施工宜按下列顺序进行：

1 对砂土地基宜从外围向罐基中心进行施工；

2 对黏性土地基宜从罐中心向外围施工，宜隔排或隔桩施工。

8.3.5 施工时桩位水平偏差不应大于0.3倍套管外径；套管垂直度偏差不应大于1%。

8.4 质量检验

8.4.1 砂石桩应在施工期间及施工结束后，检查砂石桩的施工记录，检查套管反插次数与时间、套管升降幅度和速度、每次填砂石料量等施工记录。

8.4.2 施工后应间隔一定时间方可进行质量检验。对粉质黏土地基的间隔时间可取21d～28d，对粉土地基可取14d～21d，对砂土地基可取3d～7d。

8.4.3 砂石桩的成桩质量可采用单桩载荷试验、动力触探试验进行检测，桩间土的挤密效果可采用标准贯入、静力触探、动力触探或其他原位测试方法进行检测，检测位置应在等边三角形或正方形的中心。桩体和桩间土的检测数量均不应少于总桩数的2%。

8.4.4 复合地基承载力检验应采取单桩或多桩复合地基载荷试验，检验点数不宜少于总桩数的0.5%，且每台储罐不应少于3点。

9 水泥粉煤灰碎石桩法

9.1 一般规定

9.1.1 水泥粉煤灰碎石桩（CFG桩）法适用于处理黏性土、粉土、砂土和已完成固结的素填土等地基，且储罐基础下土层的承载力特征值不应小于100kPa。

9.1.2 水泥粉煤灰碎石桩应采用摩擦型桩，并选择承载力较高的土层作为桩端持力层。

9.1.3 储罐基础型式应采用环墙式。环墙内填料层的材料宜采用级配良好的碎石、砂石或灰土、水泥土。当填料层采用碎石、砂石时，填料层顶部应设置500mm厚的黏性土层或灰土层、水泥土层。填料层的压实系数不应小于0.96。

9.2 设 计

9.2.1 水泥粉煤灰碎石桩可只在储罐基础范围内布置，桩位布置宜采用正方形，最外排桩应沿环墙中心线布置，桩径宜取350mm～500mm。

9.2.2 桩距应根据设计要求的复合地基承载力、土性、施工工艺、周边环境条件等确定，宜取3倍～5倍桩径。

9.2.3 桩顶宜设置桩帽，材料可与桩身相同。桩帽宜采用圆形，厚度宜取350mm～500mm，直径不宜大于1000mm，顶部宽出桩边尺寸不应大于桩帽厚度，底部宽出桩边尺寸不宜小于100mm；桩项进入桩帽长度不宜小于50mm。

9.2.4 桩帽顶和基础之间应设置褥垫层，褥垫层厚度宜为300mm。

9.2.5 褥垫层材料宜采用级配良好的碎石或砂石，不含植物残体、垃圾等杂质，最大粒径不宜大于30mm，压实系数不宜小于0.96。

9.2.6 罐基础环墙内填料层厚度应满足下式要求：

$$H \geqslant \frac{s\ (P_k - \beta f_{sk})}{2P_k \tan\theta} \qquad (9.2.6)$$

式中：H——罐基础环墙内填料层厚度（m）；

s——桩间净距（m），无桩帽时取桩间距与桩径之差，有桩帽时取桩间距与桩帽直径之差；

P_k——相应于荷载效应标准组合时，罐基础底面处的平均压力值（kPa）；

β——桩间土承载力折减系数，无桩帽时可取0.5～0.7，有桩帽时可取0.7～0.8，桩间土承载力较高时取大值；

θ——压力扩散角，碎石或砂石取15°，灰土、水泥土取28°，填料层由多种材料组成时，取加权平均值。

9.2.7 水泥粉煤灰碎石桩复合地基的承载力特征值，应通过现场复合地基载荷试验确定，初步设计阶段也可按下式估算：

$$f_{spk} = m\frac{R_a}{A_p} + \beta\ (1-m)\ f_{sk} \qquad (9.2.7)$$

式中：f_{spk}——复合地基承载力特征值（kPa）；

m——面积置换率，有桩帽时按桩帽面积计算，无桩帽时按桩身截面积计算；

R_a——单桩竖向承载力特征值（kN）；

A_p——桩身截面积或桩帽面积（m^2）。

9.2.8 单桩竖向承载力特征值应通过现场载荷试验确定，初步设计阶段也可按下式估算：

$$R_a=\mu_p\sum_{i=1}^{n}q_{si}l_i+q_pA_p \quad (9.2.8)$$

式中：μ_p——桩的周长（m）；

n——桩身范围内划分的土层数；

q_{si}——第 i 层土的桩侧摩阻力特征值（kPa）；

q_p——桩端土承载力特征值（kPa）；

l_i——第 i 层土的厚度（m）；

A_p——桩身截面积（m^2）。

9.2.9 桩身强度应满足下式要求：

$$f_{cu}\geqslant 3\frac{R_a}{A_p} \quad (9.2.9)$$

式中：f_{cu}——桩体混合料试块（边长 150mm 立方体）标准养护 28d 立方体抗压强度平均值（kPa）；

A_p——桩身截面积（m^2）。

9.2.10 复合地基的总沉降由加固区压缩变形和下卧层变形组成，变形计算应按现行国家标准《钢制储罐地基基础设计规范》GB 50473 的有关规定执行。加固区复合土层的分层与天然地基相同，各复合土层的压缩模量可按下式确定：

$$E_{sp}=\frac{f_{spk}}{f_{ak}}E_s \quad (9.2.10)$$

式中：E_{sp}——各复合土层的压缩模量（MPa）；

E_s——各天然土层的压缩模量（MPa）；

f_{ak}——基础底面处天然地基承载力特征值（kPa）。

9.2.11 地基变形计算深度应大于复合土层的厚度，并应符合现行国家标准《钢制储罐地基基础设计规范》GB 50473 中地基变形计算深度的有关规定。

9.3 施　　工

9.3.1 水泥粉煤灰碎石桩的施工，应根据现场条件选用下列施工工艺：

1 长螺旋钻孔灌注成桩，适用于地下水位以上的黏性土、粉土、素填土、中等密实以上的砂土；

2 长螺旋钻孔、管内泵压混合料灌注成桩，适用于黏性土、粉土、砂土以及对噪声或泥浆污染要求严格的场地。

9.3.2 各种成桩工艺除满足国家现行有关标准的规定外，尚应符合下列要求：

1 施工前应按设计要求在试验室进行配合比试验，施工时按配合比配制混合料。长螺旋钻孔、管内泵压混合料成桩施工的坍落度宜为 160mm～200mm；

2 长螺旋钻孔、管内泵压混合料成桩施工在钻至设计深度后，应准确掌握提拔钻杆时间，混合料泵送量应与拔管速度相配合，遇到饱和砂土或饱和粉土层，不得停泵待料；

3 施工桩顶标高宜高出设计桩顶标高不少于 0.5m；

4 成桩过程中，抽样做混合料试块，每台机械一天应做一组试块，标准养护，测定其立方体抗压强度。

9.3.3 冬期施工时混合料入孔温度不得低于 5℃，对桩头和桩间土应采取保温措施。

9.3.4 清土和截桩时，不得造成桩顶标高以下桩身断裂和扰动桩间土。

9.3.5 褥垫层铺设宜采用静力压实法，当基础底面下桩间土的含水量较小时，也可采用动力夯实法。

9.3.6 水泥粉煤灰碎石桩施工时其垂直度偏差不应大于 1%，桩位偏差不应大于 0.4 倍桩径。

9.4 质 量 检 验

9.4.1 施工质量检验主要应检查施工记录、混合料坍落度、桩数、桩位偏差、褥垫层厚度及压实系数、填料层厚度及压实系数和桩体试块抗压强度等。

9.4.2 环墙内填料层的质量检验应符合本规范第 4.4.1 条～第 4.4.3 条的要求。检验点应在环墙内均匀布置，距环墙 1000mm 范围内必须设置检验点。

9.4.3 水泥粉煤灰碎石桩复合地基竣工验收时，承载力检验应采用复合地基载荷试验。

9.4.4 复合地基载荷试验和单桩载荷试验应在桩身强度满足试验荷载条件且施工结束 28d 后进行。试验数量宜为总桩数的0.5%～1%，且每台罐的试验数量不应少于 3 点。

9.4.5 水泥粉煤灰碎石桩的桩身完整性应采用低应变动力测试进行检测，检测数量不应少于总桩数的 10%，桩身完整性检测应在施工结束 14d 后进行。

10 水泥土搅拌桩法

10.1 一 般 规 定

10.1.1 水泥土搅拌桩法按工法可分为浆喷搅拌法（简称湿法）和粉喷搅拌法（简称干法）。

10.1.2 水泥土搅拌桩法适用于处理淤泥与淤泥质土、粉土、饱和黄土、素填土、黏性土以及无流动地下水的饱和松散砂土等地基。当地基土的天然含水量小于 30%（黄土含水量小于 25%）、大于 70%或地下水的 pH 值小于 4 时不宜采用干法。

10.1.3 水泥土搅拌桩法用于处理泥炭土、有机质土、塑性指数 I_p 大于 25 的黏土、具有腐蚀性环境的场地以及无工程经验的地区时，应通过现场试验确定其适用性。

10.1.4 采用水泥土搅拌法进行地基处理的储罐基础

其储罐容积不宜大于20000m³。

10.1.5 搅拌桩复合地基处理方案应根据拟处理场地的岩土工程勘察资料确定。岩土工程勘察除常规要求外，应重点查明填土层的厚度和组成、软土层的分布范围、分层情况，查明地下水位及pH值、土的含水量、塑性指数和有机质含量等。

10.1.6 设计前应进行拟处理土的室内配比试验。针对现场拟处理的最弱层软土的性质，选择合适的固化剂、外掺剂及其掺量，为设计提供各种龄期、各种配比的强度参数。水泥土强度宜取90d龄期试块的立方体抗压强度平均值。

10.2 设 计

10.2.1 水泥土搅拌桩固化剂宜选用强度等级为42.5级及以上的普通硅酸盐水泥，水泥掺量宜为12%～20%，湿法的水泥浆水灰比可选用0.45～0.55。

10.2.2 当搅拌桩的桩长超过10m时，可采用变掺量设计。在总体掺量不变的前提下，桩身上部三分之一桩长范围内可适当增加水泥掺量及搅拌次数，桩身下部三分之一桩长范围内可适当减少水泥掺量。

10.2.3 水泥土搅拌法的设计，主要是确定搅拌桩的置换率和桩长。桩长应根据罐基础对承载力和变形的要求确定，宜穿透软弱土层至承载力相对较高的土层。水泥土搅拌法的加固深度，湿法不宜大于20m，干法不宜大于15m；桩径不应小于500mm。

10.2.4 搅拌桩可只在基础范围内布置，平面布置可根据储罐基础对地基承载力和变形的要求采用柱状、壁状、格栅状等型式，柱状加固可采用正方形、等边三角形等布桩型式。

10.2.5 搅拌桩复合地基应在基础和桩顶之间设置褥垫层，褥垫层厚度可取200mm～300mm，其材料可选用中砂、粗砂、级配砂石、砾石等，最大粒径不宜大于30mm。

10.2.6 水泥土搅拌桩复合地基的承载力特征值应通过现场单桩或多桩复合地基荷载试验确定。初步设计时也可按本规范公式（9.2.7）进行估算，当桩端土未经修正的承载力特征值大于桩周土的承载力特征值的平均值时，桩间土承载力折减系数β可取0.1～0.4，差值大时取低值；当桩端土未经修正的承载力特征值小于或等于桩周土的承载力特征值的平均值时，β可取0.5～0.9，差值大或设置褥垫层时取高值。

10.2.7 单桩竖向承载力特征值应通过现场载荷试验确定。初步设计时也可按式（10.2.7-1）估算，并应同时满足式（10.2.7-2）的要求；应使由桩身材料强度确定的单桩承载力不小于由桩周土和桩端土的抗力所提供的单桩承载力。

$$R_a = u_p \sum_{i=1}^{n} q_{si} l_i + \alpha q_p A_p \quad (10.2.7\text{-}1)$$

$$R_a = \eta f_{cu} A_p \quad (10.2.7\text{-}2)$$

式中：f_{cu}——与搅拌桩桩身水泥土配比相同的室内加固土试块（边长为70.7mm的立方体，也可采用边长为50mm的立方体）在标准养护条件下90d龄期的立方体抗压强度平均值（kPa）；

η——桩身强度折减系数，干法可取0.20～0.30，湿法可取0.25～0.33；

u_p——桩的周长（m）；

n——桩长范围内所划分的土层数；

q_{si}——桩周第i层土的侧摩阻力特征值，对淤泥可取4kPa～7kPa，对淤泥质土可取6kPa～12kPa，对软塑状态的黏性土可取10kPa～15kPa，对可塑状态的黏性土可以取12kPa～18kPa；

l_i——桩长范围内第i层土的厚度（m）；

q_p——桩端地基土未经修正的承载力特征值（kPa）；

α——桩端天然地基土的承载力折减系数，可取0.4～0.6，承载力高时取低值。

10.2.8 搅拌桩处理范围以下的软弱下卧层承载力验算，应按现行国家标准《建筑地基基础设计规范》GB 50007的有关规定进行。

10.2.9 搅拌桩复合地基的变形计算应按现行国家标准《钢制储罐地基基础设计规范》GB 50473的有关规定进行。各复合土层的压缩模量按本规范公式（9.2.10）计算。

10.3 施 工

Ⅰ 一般要求

10.3.1 施工现场应先进行整平，清除地上、地下的障碍物。遇明浜、塘及场地低洼时应抽水和清淤，分层夯填黏性土料，不得回填杂填土或生活垃圾。开机前应进行调试，确保桩机运转正常和输料管畅通。

10.3.2 施工前应根据设计进行工艺性试桩，数量不应少于3根。当桩周为成层土时，应对相对软弱土层增加搅拌次数或增加水泥掺量。

10.3.3 搅拌头翼片的枚数、宽度、与搅拌轴的垂直夹角、搅拌头的回转数、提升速度应相互匹配，钻头每转一圈的提升（或下沉）量以10mm～15mm为宜，以确保加固深度范围内土体的任何一点均能经过20次以上的搅拌。

10.3.4 成桩应采用重复搅拌工艺，确保全桩长在喷浆（粉）后上下至少再重复搅拌一次。

10.3.5 承重水泥土桩施工时，设计停浆（灰）面一般高出基础底面标高300mm～500mm，在开挖基坑时，应将该施工质量较差段用人工挖除。

10.3.6 施工中应保持搅拌桩机底盘的水平和导向架

的竖直，搅拌桩的垂直偏差不得超过1%，桩位的偏差不得大于 50mm，成桩直径和桩长不得小于设计值。

10.3.7 承重水泥土桩在开挖基坑时，停浆（灰）面以上 300mm 宜采用人工开挖，避免挖土机械破坏桩体。

10.3.8 水泥土搅拌法施工步骤由于湿法和干法的施工设备不同而略有差异，其主要步骤应为：

1 搅拌机械就位、调平；

2 预搅下沉至设计加固深度；

3 边喷浆（粉）、边搅拌提升，直至预定的停浆（灰）面；

4 重复搅拌下沉至设计加固深度；

5 根据设计要求，喷浆（粉）或仅搅拌提升直至预定的停浆（灰）面；

6 关闭搅拌机械。

在预（复）搅下沉时，也可采用喷浆（粉）的施工工艺。

Ⅱ 湿 法

10.3.9 施工前应确定搅拌机械的灰浆泵输浆量、灰浆经输浆管到达搅拌机喷浆口的时间和起吊设备提升速度等施工参数，并根据设计要求通过工艺性成桩试验确定施工工艺；宜用流量泵控制输浆速度，使注浆泵出口压力保持在 0.4 MPa～0.6MPa，并应使搅拌提升速度与输浆速度同步。

10.3.10 水泥应过筛，制备好的浆液不得离析，泵送应连续。拌制水泥浆液的罐数、水泥和外掺剂用量以及泵送浆液的时间等应有专人记录，喷浆量及搅拌深度应采用经国家计量部门认证的监测仪器进行自动记录。

10.3.11 搅拌机喷浆提升的速度和次数应符合施工工艺的要求，并应有专人记录。

10.3.12 当浆液达到出浆口后，应座底喷浆搅拌 30s，在浆液与桩端土充分搅拌后，再开始提升搅拌头。

10.3.13 搅拌机预搅下沉时不宜冲水，当遇到较硬土层下沉太慢时，可适量冲水，但应控制冲水量，减少冲水成桩对桩身强度的影响。

10.3.14 施工时如因故停浆，宜将搅拌机下沉至停浆点以下 500mm 处，待恢复供浆时再喷浆搅拌提升。若停机超过 3h，浆液有可能硬结堵管，宜先拆卸输浆管路，清洗干净。

10.3.15 壁状加固时，相邻桩的施工时间间隔不宜大于 24h，如因特殊原因超过 24h，应对最后一根桩先进行空钻留出榫头以待下一批桩搭接；如间歇时间太长与下一根无法搭接时，应在设计和建设单位认可后，采取局部补桩或注浆措施。

Ⅲ 干 法

10.3.16 喷粉施工前应仔细检查搅拌机械、供粉泵、送气（粉）管路、接头和阀门的密封性、可靠性。送气（粉）管路的长度不宜大于 60m。

10.3.17 水泥土搅拌法喷粉施工机械应配置经国家计量部门确认的具有能瞬时检测并记录出粉量的粉体计量装置及搅拌深度自动记录仪。

10.3.18 搅拌头每旋转一周，其提升高度不应超过 16mm。

10.3.19 搅拌头的直径应定期复核检查，其磨耗量不应大于 10mm。

10.3.20 当搅拌头到达设计桩底以上 1.5m 时，应开启喷粉机提前进行喷粉作业。当搅拌头提升至地面下 500mm 时，喷粉机应停止喷粉。

10.3.21 成桩过程中因故停止喷粉，应将搅拌头下沉至停灰面以下 1m 处，待恢复喷粉时再喷粉搅拌提升。

10.3.22 需在地基土天然含水量小于 30%土层中喷粉成桩时，应采用地面注水搅拌工艺。

10.4 质 量 检 验

10.4.1 水泥土搅拌桩的施工过程中应及时检查施工记录和计量记录，并根据确定的施工工艺参数对每根桩进行质量评定。检查重点是：水泥用量、桩长、搅拌头转数和提升速度、复搅次数和复搅深度、停浆处理方法等。

10.4.2 水泥土搅拌桩的施工质量检验可采用以下方法：

1 成桩后 3d 内，可用轻型动力触探（N_{10}）检查桩身的均匀性。检验数量宜为施工总桩数的 1%，且不应少于 3 根。

2 成桩 7d 后，采用浅部开挖桩头，深度宜超过停浆（灰）面下 0.5m，目测检查搅拌的均匀性，量测成桩直径，或采用桩身静力触探试验、标准贯入试验检验，检验量为总桩数的 5%。

3 成桩 28d 后，用单动双管钻进钻取芯样作抗压强度检验或（和）桩身采用静力触探试验、标准贯入检验和重型动力触探试验检验，检验数量为施工总桩数的 2%，且不应少于 3 根。承载力宜用单桩载荷试验进行承载力检验，检验数量为施工总桩数的 1%，且不应少于 3 根。

10.4.3 水泥土搅拌桩地基竣工验收时，承载力检验应采用复合地基载荷试验。载荷试验必须在桩身强度满足试验荷载条件时，并宜在成桩 28d 后进行。检验数量为桩总数的 0.5%～1%，且每台罐不应少于 3 点。

10.4.4 基槽开挖后，应检验桩位、桩数与桩顶质量，如不符合设计要求，应采取有效补强措施。

11 灰土挤密桩法

11.1 一 般 规 定

11.1.1 灰土挤密桩法适用于处理地下水位以上的湿陷性黄土、黏土、素填土和杂填土等地基。

11.1.2 灰土挤密桩处理地基的深度宜为5m～15m。

11.1.3 对缺乏经验的地区和大型储罐，施工前应在现场选择有代表性的地段进行试验。施工试桩时，宜依据选定的成孔和夯实设备，采用两种以上桩孔间距，对成桩可能性和挤密效果及有关设计参数，进行包括填料速率和夯实工艺标准对比试验，提出最优设计方案和质量控制标准。

11.2 设 计

11.2.1 灰土挤密桩处理储罐地基的范围应大于储罐基础，并应超出储罐基础底面外缘的宽度，且不宜小于处理土层厚度的1/2。当有经验时，可适当减少，但不应小于2m。

11.2.2 当以提高地基承载力为目的时，灰土挤密桩处理地基的深度，应按灰土桩地基下卧层承载力验算要求确定。对湿陷性黄土地基，应符合现行国家标准《湿陷性黄土地区建筑规范》GB 50025的有关规定。

11.2.3 桩孔直径宜为300mm～600mm，并可根据当地常用成孔设备或成孔方法确定。

11.2.4 桩孔宜按等边三角形布置，桩孔间距宜取桩孔直径的2.0倍～2.5倍，也可按下式估算：

$$s=0.95d\sqrt{\frac{\overline{\eta}_c\rho_{dmax}}{\overline{\eta}_c\rho_{dmax}-\overline{\rho}_d}} \tag{11.2.4}$$

式中：s——桩孔间距（m）；

d——桩孔直径（m）；

ρ_{dmax}——桩间土的最大干密度（t/m³）；

$\overline{\rho}_d$——地基处理前土的平均干密度（t/m³）；

$\overline{\eta}_c$——桩间土经成孔挤密后的平均挤密系数，宜取0.93～0.95。

11.2.5 桩间土的平均挤密系数$\overline{\eta}_c$，应按下式计算：

$$\overline{\eta}_c=\frac{\overline{\rho}_{d1}}{\rho_{dmax}} \tag{11.2.5}$$

式中：$\overline{\rho}_{d1}$——在成孔挤密深度内，桩间土的平均干密度（t/m³），平均试样数不应小于6组。

11.2.6 孔底在填料前必须夯实，灰土桩体的平均压实系数$\overline{\lambda}_c$不应小于0.96。灰土的体积配合比宜为2∶8或3∶7。

11.2.7 桩顶部分应预留被清除的松动层，其厚度宜根据选用的成孔设备和施工方法确定。桩顶标高以上应设置300mm～500mm厚的2∶8灰土垫层，其压实系数不应小于0.95。

11.2.8 灰土挤密桩地基的设计可采用承载力计算控制。灰土挤密桩复合地基承载力特征值，对大型储罐应通过现场单桩或多桩复合地基载荷试验并结合当地经验确定。对中、小型储罐，当无试验资料时，可按当地经验确定。对于灰土挤密桩复合地基的承载力特征值，不宜大于处理前的2.0倍，且不宜大于250kPa。

11.2.9 灰土挤密桩复合地基的变形计算，应符合现行国家标准《建筑地基基础设计规范》GB 50007的有关规定，其中复合土层的压缩模量，可采用载荷试验的变形模量代替。

11.3 施 工

11.3.1 成孔应按设计要求、成孔设备、现场土质和周围环境等情况，选用沉管或冲击等方法。

11.3.2 桩顶设计标高以上的预留覆盖土层厚度宜符合下列规定：

1 沉管成孔，宜为0.50m～0.70m；

2 冲击成孔，宜为1.20m ～1.50m。

11.3.3 成孔时，地基土宜接近最优（或塑限）含水量，当土的含水量低于12%时，宜在地基处理前4d～6d对拟处理范围内的土层进行增湿，加水量可按下式估算：

$$Q=v\overline{\rho}_d(\omega_{op}-\overline{\omega})k \tag{11.3.3}$$

式中：Q——计算加水量（m³）；

v——拟加固土的总体积（m³）；

$\overline{\rho}_d$——地基处理前土的平均干密度（t/m³）；

ω_{op}——土的最优含水量（%），通过室内击实试验求得；

$\overline{\omega}$——地基处理前土的平均含水量（%）；

k——损耗系数，可取1.05～1.10。

11.3.4 成孔和孔内回填夯实应符合下列规定：

1 成孔和孔内回填夯实，宜从中心向外围间隔1孔～2孔进行；

2 向孔内填料前，孔底应夯实，并应抽样检查桩孔的直径、深度和垂直度；

3 桩孔的垂直度偏差不宜大于1.5%；

4 桩孔中心点的偏差不宜超过桩距设计值的5%；

5 桩孔经检验合格后，应按设计要求，向孔内分层填入筛好的灰土，并应分层夯实至设计标高。

11.3.5 铺设灰土垫层前，应按设计要求将桩顶标高以上的预留松动土层挖除或夯（压）密实。

11.3.6 施工过程中，应有专人监理成孔及回填夯实的质量，并应做好施工记录。如发现地基土质与勘察资料不符，应立即停止施工，待查明情况或采取有效措施处理后，方可继续施工。

11.3.7 雨季或冬季施工，应采取防雨或防冻措施，防止桩孔进水和灰土料受雨水淋湿或冻结。

11.4 质量检验

11.4.1 施工过程中和结束后应分次检测桩孔质量、桩体质量、桩间土挤密效果、地基强度是否满足设计要求。对于湿陷性黄土尚应检测地基湿陷性消除程度。对于地基强度及湿陷性检验在成桩后的间隔时间不应少于12d。

11.4.2 桩孔质量检测应随施工过程进行，包括桩位检测、桩孔直径、深度和垂直度检测，以及桩孔内有无缩颈、坍土及回淤等情况检查。

11.4.3 桩体质量检测数量不应少于总桩数的1.5%，检测方法可根据经验和条件选择静载荷试验、轻便触探、桩芯钻孔取芯、标贯试验等方法。

11.4.4 桩间土挤密效果的检测，可根据工程地质条件确定，对于进行过试桩的均匀场地，一般可不进行或进行少量的检测工作；对土质变化较大的场地应视具体情况进行桩间土挤密效果检测。检测方法可采用钻孔取样、静力触探或轻便触探进行，必要时采用探井分层取样。

11.4.5 地基竣工验收时，承载力检验应采用复合地基载荷和单桩静载荷试验，检验数量为桩总数的0.5%～1%，且每台罐不应少于3点。

12 钢筋混凝土桩复合地基法

12.1 一般规定

12.1.1 钢筋混凝土桩复合地基适用于处理黏性土、粉土、砂土和已自重固结的素填土等地基，且储罐基础下天然土层的承载力特征值不应小于100kPa。

12.1.2 钢筋混凝土桩应采用摩擦型桩，并选择承载力相对较高的土层作为桩端持力层。

12.1.3 储罐基础型式应采用环墙式，环墙内填料层的材料宜采用级配良好的碎石、砂石或灰土、水泥土。当填料层采用碎石、砂石时，填料层顶部应设置500mm厚的黏性土层或灰土层、水泥土层。填料层的压实系数不应小于0.96。

12.2 设计

12.2.1 钢筋混凝土桩可仅在储罐基础范围内布置，桩位布置宜采用正方形，最外排桩应沿环墙中心线布置，桩径宜取300mm～500mm。

12.2.2 桩距应根据设计要求的复合地基承载力、土性、施工工艺、周边环境条件等确定，宜取3倍～5倍桩径。

12.2.3 桩顶宜设置钢筋混凝土桩帽，桩帽宜采用圆形，直径取1000mm～1500mm。桩帽的厚度不应小于300mm，桩顶进入桩帽长度不宜小于50mm。

12.2.4 桩帽的设计应满足抗弯、抗冲切和抗剪要求。配筋按抗弯计算确定，控制截面为桩边缘处截面。

12.2.5 桩帽配筋宜为单层，按双向均匀通长布置，钢筋直径不应小于10mm，间距不宜大于200mm，混凝土强度等级不应低于C20，钢筋保护层厚度不应小于40mm。

12.2.6 桩帽顶和基础之间应设置褥垫层，褥垫层厚度宜取300mm。

12.2.7 褥垫层材料宜采用级配良好的砂石或碎石，不含植物残体、垃圾等杂质，最大粒径不宜大于30mm，压实系数不宜小于0.96。

12.2.8 填料层厚度宜满足本规范第9.2.6条的要求，当不能满足时，褥垫层应采用加筋垫层。

12.2.9 当褥垫层采用加筋垫层时，应满足以下要求：

1 加筋体铺设层数不宜大于2层，单层铺设时厚度宜取300mm，两层铺设时加筋体间距为150mm；

2 加筋体宜采用双向土工格栅，加筋体的拉伸屈服强度宜大于30kN/m，屈服延伸率宜大于10%，应变为5%时的双向拉伸强度不宜低于15kN/m；

3 应变为5%时加筋体的总拉伸强度应满足下式要求：

$$nT_{\mathrm{r}} \geqslant \left(P_{\mathrm{k}}-\frac{2H\tan\theta}{s-2H\tan\theta}f_{\mathrm{sk}}\right) \bigg/ \frac{2\sin\alpha}{s-2H\tan\theta} \tag{12.2.9}$$

式中：n——加筋体铺设层数；

T_{r}——应变为5%时对应的加筋体拉伸强度（kN/m），无相关资料时宜通过张拉试验确定；

α——加筋体拉力方向与桩顶水平面的夹角宜取10°。

12.2.10 钢筋混凝土桩复合地基的承载力特征值，应通过现场复合地基载荷试验确定，初步设计时也可按公式（9.2.7）估算。

12.2.11 单桩竖向承载力特征值应通过现场载荷试验确定，初步设计时也可按本规范公式（9.2.8）估算。

12.2.12 复合地基的变形计算应符合本规范第9.2.10条、第9.2.11条的要求。

12.3 施工

12.3.1 桩的制作、运输、施工应满足现行行业标准《建筑桩基技术规范》JGJ 94的有关要求。

12.3.2 桩帽下土层应平整夯实。桩帽浇筑完毕应进行养护，达到设计强度70%后方可施工褥垫层。

12.3.3 褥垫层铺设宜采用静力压实法，当基础底面下桩间土的含水量较小时，也可采用动力夯实法。

12.3.4 桩施工垂直度偏差不应大于1%，桩位偏差不应大于0.4倍桩径。

12.3.5 土工格栅铺设时不允许有折皱，应人工拉紧；端头应固定或回折锚固；下承层顶面应平整；避免过长时间曝晒或裸露，间隔时间不宜超过48h；土工格栅通常采用搭接法连接，纵横向搭接宽度不应小于200mm，搭接处采用聚乙烯扎扣等措施连接，并保证连接强度不低于所采用材料的抗拉强度；当为两层时，上、下层接缝应交替错开，错开长度不应少于0.5m。

12.4 质 量 检 验

12.4.1 施工质量检验主要应检查施工记录、桩数、桩位偏差、褥垫层厚度及压实系数、填料层厚度及压实系数、土工格栅铺设质量和桩帽施工质量等。

12.4.2 钢筋混凝土桩复合地基竣工验收时，承载力检验应采用复合地基载荷试验。

12.4.3 环墙内填料层的质量检验应符合本规范第4.4.1条～第4.4.3条的要求。检验点应在环墙内均匀布置，距环墙1000mm范围内必须设置检验点。

12.4.4 复合地基载荷试验和单桩载荷试验数量宜为总桩数的0.5%～1%，且每台罐的试验数量不应少于3点。

12.4.5 钢筋混凝土桩的桩身完整性应采用低应变动力测试进行检测，检测数量不应少于总桩数的10%。

12.4.6 土工格栅质量及检测应符合现行国家标准《土工合成材料　塑料土工格栅》GB/T 17689的有关要求。

12.4.7 土工格栅搭接宽度和搭接缝错开距离符合要求，抽检比例不应少于2%。

12.4.8 桩帽施工质量检验项目主要有轴线偏位、平面尺寸、厚度以及混凝土强度等，抽检比例不应少于2%。

附录A　复合地基载荷试验要点

A.0.1 本试验要点适用于单桩和多桩复合地基载荷试验。

A.0.2 复合地基载荷试验用于测定承压板下应力主要影响范围内复合土层的承载力和变形参数。复合地基载荷试验承压板应具有足够刚度。单桩复合地基载荷试验的承压板可用圆形或方形，面积为一根桩承担的处理面积；多桩复合地基载荷试验的承压板可用方形或矩形，其尺寸按实际桩数所承担的处理面积确定。桩的中心（或形心）应与承压板中心保持一致，并与荷载作用点相重合。

A.0.3 承压板底面标高应与桩顶设计标高相适应。承压板底面下宜铺设粗砂或中砂垫层，垫层厚度取50mm～150mm，桩身强度高时宜取大值。试验标高处的试坑长度和宽度，不应小于承压板尺寸的3倍。基准梁的支点应设在试坑之外。

A.0.4 加荷装置宜采用压重平台装置，量测仪器和试验设备等应有遮挡设施，严禁暴晒、雨淋，严禁周围存在振动情况下进行试验。

A.0.5 试验前应采取措施，避免阳光照射、冰冻及雨水浸入，以保持试验土层的天然结构和湿度，以免影响试验结果。当试验标高低于地下水位时，应先将地下水位降低到略低于试验标高后再进行开挖，待试验设备安装后使地下水恢复到原水位再开始试验。

A.0.6 加载等级可分为8级～12级。最大加载压力不应小于设计要求压力值的2倍。

A.0.7 每加一级荷载后第一小时内按5min、15min、30min、45min、60min读记承压板沉降量一次，以后每半个小时读记一次。当一小时内沉降量小于0.1mm时，即可加下一级荷载，对于淤泥质土等软土地基，当一小时内沉降量小于0.25mm时，可加下一级荷载。每级加荷过程中应保持加荷量值的稳定。

A.0.8 试验前应进行预载，预载量宜为上覆土自重。

A.0.9 当出现下列情况之一时可终止试验：

1 承压板的累计沉降量已大于其宽度或直径的10%；

2 达不到极限荷载，而最大加载压力已大于设计要求压力值的2倍；

3 在某级荷载作用下承压板的沉降量大于前一级的2倍，且经过24h尚未稳定，同时累计沉降量达到载荷板宽度（或直径）的7%以上。

A.0.10 卸载级数可为加载级数的一半，等量进行，每卸一级，间隔半小时，读记回弹量，待卸完全部荷载后间隔3h读记总回弹量。

A.0.11 试验点复合地基承载力特征值的确定：

1 当压力—沉降曲线上极限荷载能确定，而其值不小于对应比例界限的2倍时，可取比例界限；当其值小于对应比例界限的2倍时，可取极限荷载的一半；

2 当压力—沉降曲线是平缓的光滑曲线时，可按相对变形值确定：

1）相对变形值等于承压板沉降量与承压板宽度或直径（当承压板宽度或直径大于3.0m时，可按3.0m计算）的比值；

2）对砂石桩、振冲桩、强夯置换墩复合地基，桩间土以黏性土为主时，可取相对变形值等于0.02所对应的压力；桩间土为粉土或砂土为主时，可取相对变形值等于0.015所对应的压力；

3）对灰土挤密桩复合地基，可取相对变形值等于0.008所对应的压力；

4）对水泥粉煤灰碎石桩、钢筋混凝土桩复合地基，桩间土以卵石、圆砾、密实粗中砂为主时，可取相对变形值等于0.008所对应的压力；桩间土以黏性土、粉土为主时，可取相对变形值等于0.01所对应的压力；

5）对水泥土搅拌桩复合地基，可取相对变形值等于0.008所对应的压力；

6）对有经验的地区，也可按当地经验确定相对变形值；

7）按相对变形值确定的承载力特征值不应大于最大加载压力的一半。

A.0.12 复合地基变形模量可按下式计算：

$$E_0=\omega(1-\nu^2)\frac{pb}{s} \quad (A.0.12)$$

式中：E_0——复合地基变形模量（MPa）；

ω——刚性承压板形状换算系数，圆形承压板取0.785，方形承压板取0.886；

ν——土的泊松比（碎石土0.27，砂土0.30，粉土0.35，粉质黏土0.38，黏土0.42）；

b——承压板的边长或直径（m）；

p——复合地基承载力特征值所对应的荷载（kPa）；

s——与承载力特征值对应的沉降（mm）。

A.0.13 参加统计的试验点数量不应少于3点，当满足其极差不超过平均值的30%时，可取其平均值为复合地基承载力特征值；当极差超过平均值的30%时，应分析原因，增加试验点数量或取最低值为复合地基承载力特征值。

本规范用词说明

1 为便于在执行本规范条文时区别对待，对要求严格程度不同的用词说明如下：

1）表示很严格，非这样做不可的：
正面词采用“必须”，反面词采用“严禁”；

2）表示严格，在正常情况下均应这样做的：
正面词采用“应”，反面词采用“不应”或“不得”；

3）表示允许稍有选择，在条件许可时首先应这样做的：
正面词采用“宜”，反面词采用“不宜”；

4）表示有选择，在一定条件下可以这样做的，采用“可”。

2 条文中指明应按其他有关标准执行的写法为：“应符合……的规定”或“应按……执行”。

引用标准名录

《建筑地基基础设计规范》GB 50007

《建筑抗震设计规范》GB 50011

《岩土工程勘察规范》GB 50021

《湿陷性黄土地区建筑规范》GB 50025

《工业建筑防腐蚀设计规范》GB 50046

《土工合成材料应用技术规范》GB 50290

《钢制储罐地基基础设计规范》GB 50473

《土工合成材料　塑料土工格栅》GB/T 17689

《建筑桩基技术规范》JGJ 94

《石油化工钢储罐地基充水预压监测规程》SH/T 3123

《公路工程土工合成材料　塑料排水板（带）》JT/T 521

中华人民共和国国家标准

钢制储罐地基处理技术规范

GB/T 50756—2012

条 文 说 明

制 定 说 明

《钢制储罐地基处理技术规范》GB/T 50756—2012，经住房和城乡建设部2012年3月30日以第1361号公告批准发布。

本规范制定过程中，编制组进行了大量的调查研究，收集了大量实际工程的试验、检测资料，对我国石油化工行业工程中罐区地基处理的实践经验进行了总结分析，并结合实际工程进行了针对性试验和检测，为规范制定提供了重要参数和依据。

为便于广大设计、施工、科研、学校等单位有关人员在使用本标准时能正确理解和执行条文规定，《钢制储罐地基处理技术规范》编制组按章、节、条顺序编制了本标准的条文说明，对条文规定的目的、依据及执行中需注意的有关事项进行了说明。但是，本条文说明不具备与标准正文同等的法律效力，仅供使用者作为理解和把握标准规定的参考。

目　次

1 总　　则

1.0.1 随着地基处理设计水平的提高、施工工艺的改进和施工设备的更新以及新地基处理方法的出现，对于各种不良地基，经过地基处理后，一般均能满足钢制储罐的要求。随着钢制储罐地基处理项目的增多，用于地基处理的费用在工程建设投资中所占比重不断增大。因此，地基处理的设计和施工必须认真贯彻执行国家的技术经济政策，做到安全适用、技术先进、经济合理、确保质量、保护环境。

3 基本规定

3.0.1 本条规定了在选择地基处理方案前应完成的工作，其中强调要研究掌握详细的场地、岩土工程资料及储罐类型、容量、直径、重量等参数，了解当地地基处理经验和施工条件，调查邻近建构筑物、地下工程、管线等环境情况。目前国内常用储罐的参数见表1、表2及表3。

表1　浮顶储罐参数表

序号	公称容量 (m^3)	计算容量 (m^3)	最大允许储存容量 (m^3)	储罐内径 (mm)	罐壁高度 (mm)	总高 (mm)	总重 (kg)
1	1000	1080	945	12000	9480	≈10480	≈40630
2	2000	2100	1902	14500	12640	≈13640	≈59800
3	3000	3057	2800	16500	14220	≈15220	≈82690
4	5000	5440	4984	22000	14220	≈15220	≈122950
5	7000	7893	7230	26500	14220	≈15220	≈172050
6	10000	10137	9371	28500	15800	≈16800	≈224000
7	20000	20470	18924	40500	15800	≈16800	≈505570
8	30000	32224	30230	46000	19300	≈20300	≈990000
9	50000	54824	50683	60000	19300	≈20300	≈990000
10	70000	76260	70792	67000	21510	≈22510	≈1266000
11	100000	109578	101536	80000	21800	≈22800	≈1700000
12	120000	129963	121306	83000	23900	≈24900	≈1955000
13	125000	134703	125730	84500	23900	≈24900	≈2050000
14	130000	141155	131752	86500	23900	≈24900	≈2140000
15	150000	171216	157865	100000	21800	≈23000	≈2915000

表2　内浮顶储罐参数表

序号	公称容量 (m^3)	计算容量 (m^3)	最大允许储存容量 (m^3)	储罐内径 (mm)	罐壁高度 (mm)	总高 (mm)	总重 (kg)
1	1000	1154	1038	11000	12640	≈13960	≈27900
2	2000	2266	2039	14500	14220	≈15960	≈46940
3	3000	3382	3044	17000	15400	≈17440	≈69790
4	4000	4446	4001	19000	16180	≈18460	≈88170
5	5000	5570	5013	21000	16580	≈19100	≈110120
6	7000	7894	7104	25000	16580	≈19580	≈149730
7	10000	11367	10230	30000	16580	≈20180	≈210230
8	20000	22287	20058	40500	17800	≈23590	≈372880
9	30000	33803	30422	48000	19180	≈26040	≈550040

表3　固定顶储罐参数表

序号	公称容量 (m^3)	计算容量 (m^3)	最大允许储存容量 (m^3)	储罐内径 (mm)	罐壁高度 (mm)	总高 (mm)	总重 (kg)
1	1000	1202	1060	11000	12640	≈13960	≈27760
2	2000	2349	2067	14500	14220	≈15960	≈48450
3	3000	3496	3083	17000	15400	≈17440	≈69650
4	4000	4588	4050	19000	16180	≈18460	≈91700
5	5000	5743	5072	21000	16580	≈19100	≈111520
6	7000	8139	7188	25000	16580	≈19580	≈151450
7	10000	11720	10316	30000	16580	≈20180	≈214800
8	20000	22931	20216	40500	17800	≈23590	≈376000
9	30000	34708	30644	48000	19180	≈26040	≈568540

3.0.2 基础刚度对复合地基的破坏模式、承载力和沉降有重要影响。当处于极限状态时，刚性基础下桩体复合地基中桩先发生破坏，而柔性基础下桩体复合地基中桩间土先发生破坏。刚性基础下桩体复合地基承载力大于柔性基础下桩体复合地基承载力。荷载水平相同时，刚性基础下桩体复合地基沉降小于柔性基础下桩体复合地基沉降。为了提高罐基础下复合地基桩土荷载分担比，提高复合地基承载力，减小复合地基沉降，应选用加强储罐基础刚度和处理地基相结合的方案，如桩顶设置桩帽，填料层保证一定的厚度，填料层材料采用灰土、水泥土、加劲土等。

3.0.5 目前大量罐区建造在填海或回填场地，为减少场地处理费用和保证场地处理效果，储罐地基处理方案应与场地回填或吹填方案一起确定，并对场地回填、吹填提出具体要求。

3.0.6 随着国家或地方对环保要求的不断提高，选择地基处理方案时应充分考虑施工过程中产生的噪声、振动、挤土、泥浆等对环境的影响。

3.0.7 本条规定了在确定地基处理方法时宜遵循的步骤。着重指出在选择地基处理方案时，宜根据各种因素进行综合分析，初步选出几种可供考虑的地基处理方案，其中强调包括选择两种或多种地基处理措施组成的综合处理方案。因为许多工程实践证明，当岩土工程条件较为复杂时，采用单一的地基处理方法处理地基往往满足不了设计要求或造价较高，由两种或多种地基处理措施组成的综合处理方法可能会达到较好的处理效果，目前工程中常用的综合处理方法有：低能级强夯＋桩（碎石村、CFG桩、钢筋混凝土桩）、长短桩法（一般短桩采用碎石桩、水泥搅拌桩，长桩采用CFG桩、钢筋混凝土桩）、强夯＋充水预压、碎石桩＋充水预压、CFG桩＋充水预压、低能级强夯＋桩＋充水预压等。

4 换填垫层法

4.1 一般规定

4.1.1 换填垫层法适用于处理各类浅层软弱地基及不均匀地基。软弱层厚度较大时，采用换填垫层法会引起工期和投资的增加，因此对软弱层厚度大于3m的场地，宜考虑其他地基处理方法。

4.1.3 为避免不均匀沉降对罐体产生较大的不良影响，要求压（夯）实后垫层的地基承载力和变形模量宜与同一基础下其他部位的原状土层相近。

4.1.4 当基岩坡度方向不利于罐基础稳定时，基岩表面做成台阶状，避免垫层滑动造成罐基础失稳。

4.2 设计

4.2.1 垫层设计应满足罐基础地基的承载力和变形要求。首先垫层能换除基础下直接承受罐基础荷载的软弱土层，代之以能满足承载力要求的垫层；其次荷载通过垫层的应力扩散，使下卧层顶面受到的压力满足小于或等于下卧层承载能力的条件；再者基础持力层被低压缩性的垫层代换，能大大减少基础的沉降量。因此，合理确定垫层厚度是垫层设计的主要内容。

4.2.3 确定垫层宽度时，除应满足应力扩散的要求外，还应考虑垫层应有足够的宽度及侧面土的强度条件，防止垫层材料向侧边挤出而增大垫层的竖向变形量。

4.2.6 经换填处理后的地基，由于理论计算方法尚不够完善，或由于较难选取有代表性的计算参数等原因，而难于通过计算准确确定地基承载力，所以，本条强调经换填垫层处理的地基其承载力宜通过试验，尤其是通过现场原位试验确定。对于初步设计阶段，在无试验资料或经验时，可按表4.2.5所列的承载力特征值选用。

4.2.7 我国软黏土分布地区的大量建、构筑物沉降观测及工程经验表明，采用换填垫层进行局部处理后，往往由于软弱下卧层的变形，建、构筑物地基仍将产生过大的沉降量及差异沉降量。因此，应按现行国家标准《建筑地基基础设计规范》GB 50007中的变形计算方法进行罐基础的沉降计算，以保证地基处理效果及罐基础的安全使用。

4.3 施工

4.3.2 换填垫层的施工参数应根据垫层材料、施工机械设备及设计要求等通过现场试验确定，以求获得最佳夯压效果。在不具备试验条件的场合，也可参照建工及水电部门的经验数值，表4可供参考。对于存在软弱下卧层的垫层，应针对不同施工机械设备的重量、碾压强度、振动力等因素，确定垫层底层的铺填厚度，使既能满足该层的压密条件，又能防止破坏及扰动下卧软弱土的结构。

表4 垫层的每层铺填厚度及压实遍数

施工设备	每层铺填厚度（m）	每层压实遍数
平碾（8t～12t）	0.2～0.3	6～8
羊足碾（5t～16t）	0.2～0.35	8～16
蛙式夯（200kg）	0.2～0.25	3～4
振动碾（8t～15t）	0.6～1.3	6～8
插入式振动器	0.2～0.5	—
平板式振动器	0.15～0.25	—

4.3.3 为获得最佳夯压效果，宜采用垫层材料的最优含水量作为施工控制含水量。最优含水量可按现行国家标准《土工试验方法标准》GB/T 50123中轻型击实试验的要求求得。在缺乏试验资料时，也可近似取0.6倍液限值；或按照经验采用塑限$\omega_p\pm2\%$的范围值作为施工含水量的控制值。若土料湿度过大或过小，应分别予以晾晒、翻松、掺加吸水材料或洒水湿润以调整土料的含水量。对于砂石料则可根据施工方法不同按经验控制适宜的施工含水量，即当用平板式振动器时可取15%～20%，当用平碾或蛙式夯时可取8%～12%，当用插入式振动器时宜为饱和。对于碎石及卵石应充分浇水湿透后夯压。

4.3.4 对垫层底部的下卧层中存在古井、古墓、洞穴、旧基础、暗塘等软硬不均的部位时，挖除并根据与周围土质及密实度均匀一致的原则分层回填并夯压密实，是为了防止下卧层的不均匀变形对垫层及罐基础产生危害。

4.3.5 垫层下卧层为软弱土层时，因其具有一定的结构强度，一旦被扰动则强度大大降低，变形大量增加，将影响到垫层及储罐的安全使用。通常的做法是，开挖基坑时应预留厚约200mm的保护层，待做好铺填垫层的准备后，对保护层挖一段随即用换填材料铺填一段，直到完成全部垫层，以保护下卧土层的结构不被破坏。在软弱下卧层顶面设置厚150mm～300mm的砂垫层，防止粗粒换填材料挤入下卧层时破坏其结构。

4.3.7 垫层厚度宜相同；对于厚度不同的垫层，应防止垫层厚度突变；在垫层较深部位施工时，应注意控制该部位的压实系数，以防止或减少由于地基处理厚度不同所引起的差异变形。

为保证灰土施工控制的含水量不致变化，拌和均匀后的灰土应在当日使用，灰土夯实后，在短时间内水稳性及硬化均较差，易受水浸而膨胀疏松，影响灰土的夯压质量。

4.3.9 用于加筋垫层中的土工合成材料，因工作时要受到很大的拉应力，故其端头一定要埋设固定好，通常是在端部位置挖地沟，将合成材料的端头埋入沟内上覆土压住固定，以防止其受力后被拔出。铺设土工合成材料时，应避免长时间暴晒或暴露，一般施工宜连续进行，暴露时间不宜超过48h，并注意掩盖，以免材质老化、降低强度及耐久性。

4.4 质量检验

4.4.4 罐基础地基处理面积一般较大，所以本条根据罐基础特点并结合工程经验，规定了垫层施工质量检验点数量的取值范围及最少检验点数量。

5 充水预压法

5.1 一般规定

5.1.1 由于充水预压法对加固淤泥、淤泥质土、冲填土等饱和黏性土地基工期较长、沉降量大且沉降均匀性不易控制，实际工程中对此类地基已很少采用充水预压法。目前充水预压法主要用于处理地基承载力不低于设计要求80%或沉降较大的天然地基或复合地基。为避免罐基础产生不均匀沉降，罐基础影响范围内土层宜均匀。为加快预压期间地基土的排水固结，地基土中应具有良好的排水通道。

5.1.2 制订充水预压方案时需要常规参数之外的地基参数，因此工程地质勘察报告应给出土层垂直方向和水平方向土的固结系数、渗透系数、前期固结压力、三轴试验抗剪强度、十字板抗剪强度等参数。

5.1.3 为保证充水预压后罐基础的顶标高及储罐与管线的连接，设计时应根据计算的沉降量对罐基础进行相应的预抬高。

5.1.5 为保证地基的稳定及避免地基不均匀沉降，充水预压过程中应按本条各项控制指标进行控制。

5.1.6 为减少或消除使用过程中罐基础的沉降，经充水预压后受压土层平均固结度不宜小于90%，为避免地基土回弹，放水速率宜小于1.5m/d。

5.2 设计

5.2.1 当软土层厚度不大，且其中分布有透水性良好的粉砂薄层，则可考虑直接进行充水预压。通常当软土层超过4m时预压时间较长，则需考虑在地基中加入竖向排水体以缩短预压时间，竖向排水体多为普通砂井、袋装砂井和塑料排水板。

初步制订充水预压方案时，可先按经验设定竖向排水体的布置方式，再通过演算看是否满足工期及安全要求，然后进一步调整优化。

5.2.2 对于塑料排水带的当量换算直径 d_p，许多文献都提供了不同的建议值，但至今还没有结论性的研究成果，国内工程上普遍采用式（5.2.2）。

竖井间距的选择，应根据地基土的固结特性，预定时间内所要求达到的固结度以及施工影响等通过计算、分析确定。根据我国的工程实践，普通砂井之井径比取6～8，塑料排水带或袋装砂井之井径比取15～22，均取得良好的处理效果。

对受压土层深厚，竖井很长的情况，虽然考虑井阻影响后，土层径向排水平均固结度随深度而减小，但井阻影响程度取决于竖井的纵向通水量与天然土层水平向渗透系数的比值大小和竖井深度等。在深度较深时，土层之径向排水平均固结度仍较大，特别是当纵向通水量与天然土层水平向渗透系数的比值较大时。因此对深厚受压土层，在施工能力可能时，应尽可能加深竖井深度，这对加速土层固结，缩短工期是很有利的。

5.2.4 固结衰减系数 β 的取值区域性差别很大，一般由实测反算得出，无经验值时，可按表5.2.4计算；m_i 的取值，对于饱和软黏土，液性指数大则取大值。

5.2.5 对逐渐加载条件下竖井地基平均固结度的计算，本规范采用的是改进的高木俊介法，并考虑了竖向排水体未穿透受压土层。

5.2.8 地基最终沉降的计算多用分层总和法，不同规范及手册均有演化为不同形式的公式，此处虽建议用国标《钢制储罐地基基础设计规范》GB 50473中的公式，但实际中可按地区适用的公式及系数计算。如有条件，并通过沉降监测的结果修正适用的公式及系数，以便增强以后设计的符合性。

5.3 施工

5.3.3 设置事故紧急排水设施的目的是保证在事故情况下能顺利地将罐内的储水排走。

5.3.7 现行行业标准《石油化工钢储罐地基充水预压监测规程》SH/T 3123规定了监测点、监测网布置、监测方法、监测设备的埋设、监测数据记录和整理、监测报告的编制等。监测工作应按规定进行。

5.4 质 量 检 验

5.4.1 充水预压的实施与其他地基处理施工相比有其特殊性，更加关注结果的符合性，实施过程是以观测数据调整充水计划。因此首先要确保数据采集的准确性，各测量手段应符合各相应的测量规范。

6 强夯法和强夯置换法

6.1 一 般 规 定

6.1.1 强夯法在国外称 Dynamic Consolidation（用于粉土、黏性土等细粒土）、Dynamic Compaction 或 Heavy Tamping（用于砂土、杂填土等），通常以 100kN～400kN 的重锤（最重可达 2000kN）和 10m～20m 的落距（最高可达 40m），对地基土施加强大的冲击能（一般单击能量为 1000kN·m～8000kN·m，国内目前最高达到 20000kN·m），从而提高地基土的强度，降低压缩性，消除湿陷性，改善饱和砂土及粉土地基抵抗地震液化的能力、提高土层的均匀性，减少建（构）筑物差异沉降等作用。

强夯法开始使用时仅用于加固砂土和碎石土地基，经几十年来的应用，其适用土类已有很大的发展。强夯法适用于砂土、杂填土等粗粒土地基，黏性土和粉性土也可采用。对淤泥质土地基，经试验证明施工有效时方可采用。

强夯法是一种经济高效、节能环保的地基处理方法，其应用范围极为广泛，有工业与民用建筑、油罐、堆场、贮仓、公路和铁路路基、机场跑道、水利、港口及码头等。总之，土层条件适合、环境允许，强夯法在某种程度上比机械的、化学的和其他力学的加固方法应用得更为广泛和有效。

6.1.2 强夯置换法是采用在夯坑内回填块石、碎石等粗颗粒材料，用夯锤夯击形成连续的强夯置换墩。强夯置换法是 20 世纪 80 年代后期开发的方法，适用于处理饱和的粉土与软塑—流塑的黏性土、素填士和杂填土等地基。强夯置换法具有加固效果显著、施工期短、施工费用低等优点，目前已用于堆场、公路、机场、房屋建筑、油罐等工程，一般效果良好，个别工程因设计、施工不当，加固后效果较差。因此，本条特别强调采用强夯置换法前，必须通过现场试验确定其适用性和处理效果，否则不得采用。

6.1.3 强夯法的适用性及其加同效果取决于场地的士层条件、施工工艺和周边环境，强夯的具体施工工艺应根据类似场地的成功经验和现场试验综合确定。因此，强夯施工前，应在施工现场有代表性的场地上选取一个或几个试验区进行试验。通过现场试验监测和检测来确定其适用性、加固效果和工艺参数。试验区数量应根据场地复杂程度、施工工艺等确定。

当地质条件、工程技术要求相同或相近且已有成熟的强夯施工经验时，可不进行专门试验，但在全面强夯施工前应进行试施工。

试夯测试结果不满足设计要求时，可调整有关参数（如夯锤质量、落距、夯击次数、降排水工艺等）重新试夯，也可修改地基处理方案。

6.1.4 为提高强夯法加固地基的整体均匀性，强夯施工前，应首先进行施工场地平整，对于极软弱地基土（如新近吹填饱和土），应首先对表层土进行加固，以使其能承受施工设备进场。强夯时地基中会产生强大的冲击波和动应力，对周围环境和居民可能带来不利影响。根据国内大量的工程实践，强夯所产生的振动，对一般建筑物来说，只要有一定的间隔距离（如 10m～15m），一般不会产生有害的影响。对抗震性能极差的民房及对振动有特殊要求的建筑物或精密仪器设备等，当强夯振动有可能对其产生有害影响时，应采取防振或隔振措施。当强夯施工临近在建工程时，应错开在建工程混凝土浇筑时间，避免强夯振动对混凝土强度的影响。

6.1.6 对回填场地，当回填厚度较大时，为提高有效加固深度和加固效果，宜采用分层回填、强夯的方法。

6.2 设 计

Ⅰ 强 夯 法

6.2.1 强夯法的有效加固深度既是反映处理效果的重要参数，又是选择地基处理方案的重要依据。强夯法创始人梅那（Menard）曾提出下式来估算影响深度 H（m）：

$$H \approx \sqrt{Mh} \tag{1}$$

式中：M——夯锤质量（t）；

h——落距（m）。

国内外大量试验研究和工程实测资料表明，采用上述梅那公式估算有效加固深度将会得出偏大的结果，从梅那公式中可以看出，其影响深度仅与夯锤重和落距有关。而实际上影响有效加固深度的因素很多，除了夯锤重和落距以外，夯击次数、锤底单位压力、地基土性质、不同土层的厚度和埋藏顺序以及地下水位等都与加固深度有着密切的关系。鉴于有效加固深度问题的复杂性，以及目前尚无适用的计算式，所以本条规定有效加固深度应根据现场试夯或当地经验确定。

考虑到设计人员选择地基处理方法的需要，有必要提出有效加固深度的预估方法。由于梅那公式估算值较实测值大，国内外相继发表了大量文章，建议对梅那公式进行修正，修正系数一般碎石土、砂土 0.32～0.50，粉土、黏性土、湿陷性黄土 0.27～0.40，高填土为 0.50～0.70，根据不同土类选用不同修正系数。虽然经过修正的梅那公式与未修正的梅那公式相比较有了改进，但是大量工程实践表明，对于同一类土，采用不同能量夯击时，其修正系数并不相同。单击夯击能越大时，修正系数越小。对于同一类土，采用一个修正系数，并不能得到满意的结果。因此，本规范不采用修正后的梅那公式，而采用表6.2.1的形式。表中将土类分成碎石土、砂土等粗颗粒土和粉土、黏性土、湿陷性黄土等细颗粒土两类，便于使用。单击夯击能范围为1000kN·m～18000kN·m，满足了当前绝大多数工程的需要。表中的数值系根据大量工程实测资料的归纳和工程经验的总结而制定的，并经广泛征求意见后，作了必要的调整。

6.2.2 夯击次数是强夯设计中的一个重要参数，对于不同地基土来说夯击次数也不同。夯击次数应通过现场试夯确定，常以夯坑的压缩量最大、夯坑周围隆起量最小为确定的原则。可从现场试夯得到的夯击次数和夯沉量关系曲线确定，但要满足最后两击的平均夯沉量不大于本条的有关规定。

6.2.3 夯击遍数应根据地基土的性质确定。一般来说，由粗颗粒土组成的渗透性强的地基，夯击遍数可少些。反之，由细颗粒土组成的渗透性弱的地基，夯击遍数要求多些。根据我国工程实践，对于大多数工程采用夯击遍数2遍，最后再以低能量满夯2遍，一般均能取得较好的夯击效果。对于渗透性弱的细颗粒土地基，必要时夯击遍数可适当增加。

必须指出，由于表层土是基础的主要持力层，如处理不好，将会增加罐基础的沉降和不均匀沉降。因此，必须重视满夯的夯实效果，除了采用2遍满夯外，还可采用轻锤或低落距锤多次夯击，锤印搭接等措施。

6.2.4 两遍夯击之间应有一定的时间间隔，以利于土中超静孔隙水压力的消散。所以间隔时间取决于超静孔隙水压力的消散时间。但土中超静孔隙水压力的消散速率与土的类别、夯点间距等因素有关。有条件时最好能进行孔隙水压力监测，通过试夯确定超静孔隙水压力的消散时间，从而决定两遍夯击之间的间隔时间。当缺少实测资料时，间隔时间可根据地基土的渗透性按本条规定采用。

6.2.5 夯击点布置是否合理与夯实效果有直接的关系。罐基础一般采用正方形布置夯点，夯击点间距一般根据地基土的性质和要求处理的深度而定。对于细颗粒土，为便于超静孔隙水压力的消散，夯点间距不宜过小。当要求处理深度较大时，第一遍的夯点间距更不宜过小，以免夯击时在浅层形成密实层而影响夯击能往深层传递。

6.2.6 由于基础的应力扩散作用，强夯处理范围应大于罐基础范围，每边超出基础外缘的宽度宜为基底下设计处理深度的1/2至2/3，并不宜小于3m。根据《建筑抗震设计规范》GB 50011，当要求消除地基液化时，在基础外缘扩大宽度还不应小于基底下可液化土层厚度的1/2。

6.2.7 根据上述各条初步确定的强夯参数，提出强夯试验方案，进行现场试夯，并通过测试，与夯前测试数据进行对比，检验强夯效果，并确定工程采用的各项强夯参数，若不符合使用要求，则应改变设计参数。在进行试夯时也可采用不同设计参数的方案进行比较，择优选用。

Ⅱ 强夯置换法

6.2.10 强夯置换墩的深度宜穿透软土层，到达较硬土层上。对深厚饱和粉土、粉砂，墩身可不穿透该层，因墩下土在施工中密度变大，强度提高有保证，故可允许不穿透该层。目前工程中置换深度一般不超过10m。

强夯置换的加固原理相当于下列三者之和：强夯置换＝强夯（加密）＋碎石墩＋特大直径排水井。因此，墩间的和墩下的粉土或黏性土通过排水与加密，其密度及状态可以改善。由此可知，强夯置换的加固深度由两部分组成，即置换深度和墩下加密范围。墩下加密范围，因资料有限目前尚难确定，应通过现场试验逐步积累资料。

6.2.12 墩体材料级配不良或块石过多过大，均易在墩中留下大孔，在后续墩施工或罐基础使用过程中使墩间土挤入孔隙，下沉增加，因此本条强调了级配和大于300mm的块石总量不超出填料总重的30％。

6.2.13 单击夯击能应根据现场试验决定，目前实际工程中在初步设计时一般按下列公式估计：

较适宜的夯击能 $\bar{E}=940(H_1-2.1)$　(2)

夯击能最低值 $E_w=940(H_1-3.3)$　(3)

式中：H_1——置换墩深度（m）。

初选夯击能一般在 $\bar{E}$ 与 E_W 之间选取，高于 $\bar{E}$ 则可能浪费，低于 E_w 则可能达不到所需的置换深度。

强夯置换一般选取同一夯击能中锤底静压力较高的锤施工。

6.2.14 夯点的夯击次数应通过现场试夯确定。累计夯沉量指单个夯点在每一击下夯沉量的总和，累计夯沉量为设计墩长的1.5倍～2.0倍以上，主要是保证夯墩的密实度与着底，实际是充盈系数的概念，此处以长度比代替体积比。

6.2.20 本条规定强夯置换后的地基承载力，对粉土中的置换地基按复合地基考虑，对淤泥或流塑的黏性土中的置换墩则不考虑墩间土的承载力，按单墩载荷试验的承载力除以单墩加固面积作为加固后的地基承载力，主要是考虑：

1 某些工程因单墩承载力已够，而不再考虑墩间土的承载力。

2 强夯置换法在国外亦称为“动力转换与混合”法（Dynamic replacement and mixing method），因为

墩体填料为碎石或砂砾时，置换墩形成过程中大量填料与墩间土混合，越浅处混合的越多，因而墩间土已非原来的土而是一种混合土，含水量与密实度改善很多，可与墩体共同组成复合地基，但目前由于对填料要求与施工操作尚未规范化，填料中块石过多，混合作用不强，墩间的淤泥等软土性质改善不够，因此目前暂不考虑墩间土的承载力较为稳妥。

6.3 施　工

6.3.1 根据要求处理的深度和起重机的起重能力选择强夯夯锤质量。我国目前采用的最大夯锤质量为60t，常用的夯锤质量为18t～40t。夯锤底面形式是否合理，在一定程度上也会影响夯击效果。根据工程实践，圆形锤或多边形锤夯击效果较好。为了提高夯击效果，锤底宜对称设置大于或等于3个与其顶面贯通的排气孔，以利于夯锤着地时坑底空气迅速排出和起锤时减小坑底的吸力。

6.3.2 起吊夯锤的起重机械目前以履带式起重机为主。不论采用何种起重机械，均不应超负荷作业，防止发生安全事故。采用履带式起重机实施较高能级强夯时，可在臂杆端部设置辅助门架，或采用其他安全措施，防止落锤时机架倾覆。

6.3.3 当场地表层土软弱或地下水位高时，宜采用人工降低地下水位，或在表层铺填一定厚度的松散性材料。这样做的目的是在地表形成硬层，确保机械设备通行和施工安全，防止夯击时夯坑积水或出现“橡皮土”，保证强夯效果。

6.3.6 当表层土松软时可铺设一层厚为1.0m～2.0m的砂石施工垫层以利施工机具运转。随着置换墩的加深，被挤出的软土渐多，夯点周围地面渐高，先铺的施工垫层在向夯坑中填料时往往被推入坑中成了填料，施工层越来越薄，因此，施工中须不断地在夯点周围加厚施工垫层，避免地面松软。

6.3.7 强夯地基的加固效果很大程度决定于施工质量，施工过程中应有专人负责监测工作。首先，施工前应检查夯锤质量和落距，夯锤质量和落距未达设计要求，也将影响单击夯击能；其次，夯点放线错误情况常有发生，因此，在每遍夯击前，均应对夯点放线进行认真复核；此外，在施工过程中还必须认真检查每个夯点的夯击次数和量测每击的夯沉量。对强夯置换尚应检查置换深度。施工记录中还应反映每一个夯点夯击起止时间。不符合设计要求时应补夯或采取其他有效补救措施。

6.3.8 由于强夯施工的特殊性，施工中所采用的各项参数和施工步骤是否符合设计要求，在施工结束后往往很难进行检查，所以要求在施工过程中对各项参数和施工情况进行详细记录。

6.4 质量检验

6.4.1 强夯地基的质量检验，包括施工过程中的质量监测与检测及夯后地基的质量检验，其中前者尤为重要。监测与检测可以及时发现施工过程中的问题以控制指导施工，为工程设计提供参数或对工程质量的检验提供依据。

6.4.2 经强夯处理的地基，其强度是随着时间增长而逐步恢复和提高的，因此，竣工验收质量检验应在施工结束间隔一定时间后方能进行，其间隔时间可根据土的性质而定。

6.4.3 对强夯加固地基的质量检验，目前国内外基本上都采用载荷试验＋原位测试方法进行。对于软土地基，可选择静力触探、标准贯入、十字板剪切实验、旁压试验等方法，设计需要时，可增加室内土工试验了解强夯后地基土性变化情况。对于填土地基，也可采用动力触探试验、多道瞬态面波法等综合确定地基加固效果。通常根据工程地质和结构设计要求，对一般工程应采用两种或两种以上的方法进行检验，对重要工程应增加检验项目。

6.4.5、6.4.6 强夯和强夯置换地基质量检验的数量，主要根据场地复杂程度和处理面积确定。考虑到场地土的不均匀性和测试方法可能出现的误差，这两条规定了最少检验点数。

7 振 冲 法

7.1 一 般 规 定

7.1.1～7.1.3 振冲法对不同性质的土层分别具有置换、挤密和振动密实等作用。对黏性土主要起到置换作用，对中细砂和粉土除置换作用外还有振实挤密作用。在上述各种土中施工，都要在振冲孔内加碎石等填料，制成密实的振冲桩，而桩间土受到不同程度的挤密和振密，使桩和桩间土构成复合地基。

在制桩过程中，填料在振冲器的水平向振动力作用下挤向孔壁的软土中，从而桩体直径扩大。当这一挤入力与土的阻力平衡时，桩径不再扩大。显然，原土土质越软，也就是抵抗填料挤入的阻力越小，造成的桩体就越粗。如果原土的强度过于低弱，填料始终不能形成桩体，该法也就不再适用。一般来讲，对于饱和黏性土，要求其不排水抗剪强度不小于20kPa才能成桩。当然，在实际工程中，也有许多在不排水抗剪强度小于20kPa的黏性土上采用振冲碎石桩复合地基获得成功的实例，但有的已感觉制桩难度较大。因此要求处理不排水抗剪强度小于20kPa的饱和黏性土和饱和黄土地基，应在施工前通过现场试验确定其适用性。

在砂土层中振冲，由于周围砂土能自行塌入孔内，可以采用不加填料进行原地振冲加密的方法。该法适用于较纯净的砂土，施工简便、加密效果好。

振冲法能使地基承载力提高、变形减少，并可消除地基土层的液化。

7.1.4 振冲法处理地基的设计，目前还是处于半理论半经验状态，一些计算方法都还不够成熟，某些设计参数也只能凭工程经验确定。因此，对储罐基础工程，在初步设计阶段或正式施工前应进行现场试验，根据试验取得的有关参数来指导设计、制订施工要求。国内常用电动振冲器技术参数参见表5。

表5 国内常用电动振冲器技术参数

电动机额定功率（kW）	额定电流（A）	转数（r/min）	振幅（mm）	振动力（kN）	质量（kg）	振冲器外径（mm）	振冲器长度（mm）
30	60	1450	8～14	90	1200	325～377	1900
45	90	1450	10～14	110	1300	325～377	1900
55	110	1450	10～15	130	1600	325～377	2000
75	150	1450	14～16	160	2000	377～426	2800
100	200	1450	14～18	180	2300	377～426	2900
130	250	1450	15～18	200	2800	377～426	3000
150	290	1450	18～21	270	2800	377～426	3200

7.1.5 有些建构筑物对振动反应比较敏感，为保证场地周围建构筑物的安全，提出了振冲孔中心距建构筑物边缘的最小距离。

7.2 设　计

7.2.2 振冲桩处理范围应根据储罐的容量、重要性和场地条件确定。当要求消除地基液化时，除了宜在基础外缘扩大1排～2排桩外，还应在基础外缘扩大宽度不应小于基底下可液化土层厚度的1/2。

7.2.3、7.2.4 这两条根据大量的工程实践经验对桩位布置和桩间距作了规定。

7.2.5 当碎石桩还承担抗滑稳定功能时，有条件时桩长应深入最低滑动面1m以上；但考虑到实际工程最低滑动面就是较坚硬的残积土或强风化岩，所以规定桩长宜深入最低滑动面1m以上。

考虑到工程的经济性，要求桩长不宜小于4m。

7.2.6 碎石垫层的作用主要有两个：一是水平排水通道的作用，有利于施工后土层加快固结：二是具有明显的应力扩散作用，降低碎石桩和桩周土的附加应力，减少碎石桩的侧向变形，从而提高复合地基强度、减少地基变形量。

7.2.7 为保证碎石桩体的密实性、耐久性及具备良好的竖向排水通道功能，对桩体填料提出级配、含泥量、材质、粒径等要求。

7.2.8 公式（7.2.8-1）是南京水利科学研究院根据多年来的实践于1983年总结出来的。

7.2.11、7.2.12 这两条是根据经验提出的部分设计参数。由于不同的砂土其颗粒组成差别很大，振冲密实法加密的地基应根据现场试验确定设计参数和施工参数。振冲密实法加密孔间距视砂土的颗粒组成、密实度要求、振冲器功率等因素确定。

7.3 施　工

7.3.1 地质资料和前期现场试验资料，是指导施工的重要资料。施工单位应掌握这两项资料，当得到的资料不全时，应向建设单位索取。

7.3.2 为了控制处理后的不均匀沉降量，应根据地层竖向和水平向分布情况，制订针对性的技术质量措施，合理安排施工机组和施工顺序。

7.3.3 工艺试验的目的主要是：

1 调试施工设备，确定施工工艺。

2 通过重力触探或标贯等试验手段，验证施工技术参数的处理效果。

3 通过工艺试验成果，确认或调整施工工艺和施工技术参数。

由于罐基础振冲属于大面积地基处理，地层水平或竖向分布存在一定的变化，无论施工前是否做过现场试验，正式施工前每台机组都应进行工艺试验。

7.3.4 一般采用汽车吊施工。对较软场地或砂层场地等汽车行走困难的场地，宜选用履带吊。30kW振冲器宜选用12t～16t吊车，75kW振冲器宜选用16t以上吊车。20m以内桩长可选用25t～30t吊车，20m以上桩长宜选用35t～80t吊车。为了保证施工质量，施工设备必须配有自动信号仪表。

7.3.6 造孔工序是保证施工质量的前提条件。造孔中出现孔位偏斜应查明原因，并采取纠偏措施。一般遇土质软硬不同时，宜将振冲器向土质硬的一侧对孔位，偏移量通过现场施工调整。

3 造孔速度取决于地层条件、造孔水压、振冲器型号等。因此本标准只控制最大速度。一般黏性土层，造孔速度过快不利成孔，甚至影响成桩效果。根据工程实践经验，一般控制在每分钟不宜大于2m。

4 造孔深度浅于设计桩底标高0.3m，目的是为了防止高压水冲对设计处理深度以下土层的扰动破坏。填料振密时应从设计桩底标高开始，保证桩底加固效果。

5 清孔是指将振冲器提至孔口然后重新造孔至桩底，或是在孔内需要清理的土层段上下提拉振冲器，目的使桩孔内泥浆变稀、桩孔通畅以利于排水、填料。

7.3.7 目前国内振冲施工的填料方法可分为连续填料和间断填料两种方法。在工程施工中可根据实际情况采用一种或两种结合填料方法。

1 连续填料：在振密过程中，振冲器保持在孔内，连续向孔内填料直至振密至桩顶为止。该法适用于桩孔下料通畅及机械填料作业。

2 间断填料：填料时将振冲器提出孔口，倒入一定量石料（一般为0.3m^3），再将振冲器贯入孔中进行振密的填料方法。该法适用于人工手推车填料。

由于每次需把振冲器提出孔口，深孔施工效率低，一般应用于浅孔施工。

填料应遵循“少量多次”的原则，即每次填料不宜过多，保持孔内下料通畅，一般保持孔内虚填高度不宜超 1.0m，这样可避免桩体发生漏振现象。

7.3.8 振密是振冲法施工的关键工序。为保证施工质量，应按振密电流、留振时间、振密段长度，填料量多指标实施综合控制。

振密电流是指填料振密过程中，振冲器电机达到的设计电流值。振密电流是指持续稳定一定时间（留振时间）的稳定电流值，而非瞬时电流值。由于制造过程中机械性能存在一定差别，同型号的振冲器其空载电流值可能不一样，因此施工中宜根据不同振冲器的空载电流对设计振密电流值做适当的调整。

施工中电压若低于 360V，不能施工。振密电流应根据设计承载力、桩径、地层性质等条件确定，一般要求控制在超过空载电流 30A 以上。

留振时间指振冲器达到振密电流值后持续的一段时间。在规定的留振时间内，电流值应等于或大于设定振密电流值。留振时间一般为 5s～15s，根据设计要求达到的指标而定。

振密段长指本次振密段结束位置与前一次振密段结束位置之间的距离。

7.3.10 施工中遇到硬土夹层，往往由于振冲器下沉过快而导致电流超过振冲器额定电流，此时应控制振冲器下沉速度。另一方面由于填料过多，填料卡在孔的上部，也会造成电流过大，所以应避免一次填料过多。

7.3.11 振冲法施工会有泥水从孔内返出，必须提前设置排水沟和沉淀池，将泥水及时排出场地，做到文明施工，也有利于复合地基强度恢复。砂土层土质返出的主要是含砂水浆，砂子迅速沉淀，清水可重复使用。黏土层返出泥水量较大，沉淀时间较长，需设置分级沉淀池，循环利用水源。

7.3.14 砂土层采用不加填料就地振密施工，宜采用 75kW 以上大功率振冲器。由于大功率振冲器振动力大，影响范围大，工效高，工程造价更经济。振密过程中水压水量宜保持最小，以免返出大量细砂。应确保一定的振密时间，才能保证密实效果。

另外，不加填料就地振密法造孔比较复杂不同砂土层、不同的地下水情况，对成孔工艺影响很大，造孔速度有的可能很快，而有的可能很慢甚至很难造下去，要采取很多辅助手段，如用空压机或在振冲器两侧增焊辅助水管，加大造孔水量，但造孔水压宜小等。对振密而言，即使造孔不困难，造孔速度也不宜太快。目前，加密段通常为 0.5m，留振时间不宜小于 30s。对于饱和吹填砂土，一般用两头或三头振冲器同时振密。

7.3.15 制桩顺序一般采用排打法，即逐行逐排推进。如有抗液化要求，应采用先施工最外圈 4 排～6 排桩，然后再施工内圈桩的围打法。

7.3.16 为保证工程质量，施工单位应进行质量跟踪自检。

7.4 质 量 检 验

7.4.1 振冲桩质量检验除了施工质量检验和地基处理竣工验收质量检验外，仍应进行施工记录与造孔制桩的符合性检验。

振冲桩的各项施工记录包括：桩号、制桩日期、成孔电流、成孔时间、填料数量、密实电流、制桩时间、填料总数量和制桩总时间等。

7.4.2 检验点应布置在有代表性的加固区。必要时应考虑以下因素：地层复杂地段、可能存在的施工质量薄弱区域、储罐重点部位以及存在其他特殊条件的区域等。

7.4.3 由于制桩过程中原状土的结构受到不同程度的扰动，强度会有所降低，饱和土地基在桩周围一定范围内，土的孔隙水压力上升。待休止一段时间后，超静孔隙水压力会消散，强度会逐渐恢复，恢复期的长短视土的性质而定。原则上应待超静孔隙水压力消散后进行检验。黏性土孔隙水压力的消散需要的时间较长，砂土则较快。

7.4.5 单桩承载力检验采用载荷试验，其结果可与桩间土的承载力来计算复合地基的承载力。单桩载荷试验可参照本规范附录 A 复合地基载荷试验要点。

7.4.6 桩体密实度检验除重型或超重型动力触探之外，也可用静力触探。静力触探以单桥静探仪为宜，可得到连续的桩体密实度指标 q_c（锥尖阻力）与深度的曲线，便于建立单桩承载力与 q_c 之间的经验关系，如在粉土地基中，振冲桩体的单桩承载力特征值与锥尖阻力加权平均值的关联公式如下：

$$f_k = 26.4q_c + 79.6 \quad (4)$$

式中：f_k——单桩承载力特征值（kPa）；

q_c——桩体锥尖阻力加权平均值（MPa）。

桩体密实度资料整理时，除按设计要求评价桩体密实度外，还应着重分析桩体密实度在平面分布的均匀性，以了解储罐充水及使用阶段平面倾斜的可能性和程度，必要时可采取补救措施。

8 砂 石 桩 法

8.1 一 般 规 定

8.1.1 砂石桩法早期主要用于挤密砂土地基，随着研究和实践的深化，特别是高效能专用机具出现后，应用范围不断扩大。为提高其在黏土中的处理效果，砂石桩填料由砂扩展到砂、砾石及碎石，近些年来我国已有很多砂石桩处理地基的工程实例。

砂石桩法是指借用简单机械通过振动或锤（冲）击作用把砂石料灌入松软地层处理地基的方法。

砂石桩用于砂土及素填土。杂填土地基主要靠桩的挤密和施工中的振动作用使桩周围土的密度增大，从而使地基的承载能力提高，压缩性降低。国内外的实际工程经验证明砂石桩法处理砂土及填土地基效果显著，并已得到广泛应用。此外，经过地震的检验，这种方法也是处理可液化地基防止液化的可靠方法。

砂石桩法用于处理软土地基，国内外也有较多的工程实例。但应注意由于软黏土含水量高、透水性差、砂石桩很难发挥挤密作用，其主要作用是部分置换并与软黏土构成复合地基，同时加速软土的排水固结，从而增大地基上的强度，提高软基的承载力。在软黏土中应用砂石桩法有成功的经验，也有失败的教训。因而不少人对砂石桩处理软黏土持有疑义，认为黏土透水性差，特别是灵敏度高的土在成桩过程中，土中产生的孔隙水压力不能迅速消散，同时天然结构受到扰动将导致其抗剪强度降低，如置换率不够高是很难获得可靠的处理效果的。此外，认为如不经过预压，处理后地基仍将发生较大的沉降。考虑到储罐基础对地基变形敏感且沉降要求较高，一般难以满足允许的沉降要求，因此，本条文将碎石桩在软土地基中的应用范围暂限于渗透性相对较好的粉质黏性土。

8.1.2 针对不同地层情况，应选用不同施工机具及施工工艺。工程中常遇到设计与实际情况不符或者处理质量不能达到设计要求的情况，因此施工前在现场的成桩试验具有重要的意义。

通过现场成桩试验检验设计要求和确定施工工艺及施工控制要求，包括填砂石量、提升高度、挤压时间等。为了满足试验及检测要求，试验桩的数量应不少于7个～9个。正三角形布置至少要布置7根桩(即中间1根周围6根)；正方形布置至少要9根（3排3列每排每列各3根）。如发现问题，则应及时会同设计人员调整设计或改进施工。

8.1.3 砂石桩的施工，应选用与处理深度相适应的机械。可用的砂石桩施工机械类型很多，除专用机械外还可利用一般的打桩机改装。砂石桩机械主要可分为两类，即振动式砂石桩机和锤击式砂石桩机。

用垂直上下振动的机械施工的称为振动沉管成桩法，用锤击式机械施工成桩的称为锤击沉管成桩法。砂石桩机通常包括桩机架、桩管及桩尖、提升装置、挤密装置（振动锤或冲击锤）、上料设备及检测装置等部分。为了使砂石有效地排出或使桩管容易打入，高能量的振动砂石桩机配有高压空气或水的喷射装置，同时配有自动记录桩管贯入深度、提升量、压入量、管内砂石位置及变化（灌砂石及排砂石量）的装置，以及电机电流变化检测等的装置。国外有的设备还装有微机，根据地层阻力的变化自动控制灌砂石量并保证沿深度均匀挤密，全面达到设计标准。

8.2 设 计

8.2.1 砂石桩的设计内容包括桩位布置、桩距、处理范同、灌砂量及处理地基的承载力、稳定或变形验算。

砂石桩的平面布置宜采用等边三角形或环形。对于砂土地基，因靠砂石桩的挤密提高桩周土的密度，所以采用等边三角形更有利，可使地基挤密较为均匀。

砂石桩直径的大小取决于施工设备桩管的大小。小直径桩管挤密质量较均匀但施工效率低，大直径桩管需要较大的机械能量，工效高。采用过大的桩径一根桩要承担挤密面积大，通过一个孔要填入的砂料多，但不易使桩周土挤密均匀。目前使用的桩管直径一般为300mm～600mm，但也有小于200mm或大于800mm的。

8.2.2 砂石桩处理松砂地基的效果受地层、土质、施工机械、施工方法、填砂石的性质和数量、砂石桩排列和间距等多种因素的综合影响，较为复杂。国内外虽已有不少实践，并曾进行了一些试验研究，积累了一些资料经验，但是有关设计参数如桩距、灌砂石量以及施工质量的控制等仍应通过施工前的现场试验才能确定。

桩距不能过小，也不宜过大，根据经验提出了桩距可控制在4倍桩径以内。合理的桩距取决于具体的机械能力和地层土质条件。当合理的桩距和桩的排列布置确定后，一根桩所承担的处理范围即可确定。土层密度的增加靠其孔隙的减小，把原土层的密度提高到要求的密度，孔隙要减小的数量可通过计算得出。这样可以设想只要灌入的砂石料能把需要减小的孔隙都充填起来，那么土层的密度也就能达到预期的数值。

地基挤密要求达到的密实度是从满足储罐地基的承载力、变形或防止液化的需要而定的，原地基土的密实度可通过钻探取样试验，也可通过标准贯入、静力触探等原位测试结果与有关指标的相关关系确定。各有关的相关关系可通过试验求得，也可参考当地或其他可靠的资料。

桩间距与要求的复合地基承载力及桩和原地基土的承载力有关。如按要求的承载力算出的置换率过高、桩距过小不易施工时，则应考虑增大桩径和桩距。在满足上述要求条件下，一般桩距应适当大些，可避免施工过大地扰动原地基土，影响处理效果。

8.2.3 关于砂石桩的长度，通常应根据地基的稳定和变形验算确定，为保证稳定，桩长应达到滑动弧面之下。标准贯入和静力触探沿深度的变化曲线也是提供确定桩长的重要资料。

对可液化的砂层，为保证处理效果，桩长应穿透液化层，如可液化层过深，则应按现行国家标准《建筑抗震设计规范》GB 50011有关规定确定。

8.2.4 本条规定砂石桩处理地基要超出基础一定宽度，这是基于基础的压力向基础外扩散。另外，考虑到外围的2排～3排桩挤密效果较差，提出加宽2排～3排桩，原地基越松则应加宽越多。大型储罐以及要求荷载较大时应加宽多些。

砂石桩法用于处理液化地基，原则上必须确保安全使用。基础外应处理的宽度目前尚无统一的标准。美国经验取等于处理的深度，但根据日本和我国有关单位进行的模型试验得到结果应为处理深度的2/3。另外，由于基础压力的影响，使地基上的有效压力增加，抗液化能力增大，故这一宽度可适当降低。同时根据日本用挤密桩处理的地基经过地震考验的结果，说明需处理的宽度也比处理深度的2/3小。据此定出每边放宽不宜小于处理深度的1/2，同时规定不得小于5m。

8.2.5 关于砂石桩用料的要求，对于砂基，条件不严格，只要比原土层砂质好同时易于施工即可，一般应注意就地取材。按照各有关资料的要求最好用级配较好的中粗砂，当然也可用砂砾及碎石。对饱和黏性土因为要构成复合地基，特别是当原地基土较软弱、侧限不大时，为了有利于成桩，宜选用级配好、强度高的砂砾混合料或碎石。填料中最大颗粒尺寸的限制取决于桩管直径和桩尖的构造，以能顺利出料为宜，故本条规定不宜含有超过50mm的颗粒。考虑有利于排水，同时保证具有较高的强度，规定砂石桩用料中小于0.005mm的颗粒含量（即含泥量），不得超过5%。

8.3 施　　工

8.3.1 施工中，电机工作电流的变化反映挤密程度及效率。电流达到一定不变值，继续挤压将不会产生挤密效能。施工中不可能及时进行效果检测，因此按成桩过程的各项参数对施工进行控制是重要的环节，应予以重视，有关记录是质量检验的重要资料。

8.3.3 锤击法施工有单管法和双管法两种，但单管法难以发挥挤密作用，故一般宜用双管法。此法优点是砂石的压入量可随意调节，施工灵活。

其他施工控制和检测记录参照振动法施工的有关规定。

8.3.4 以挤密为主的砂石桩施工时，应间隔（跳打）进行，并宜由外侧向中间推进；对黏性土地基，砂石桩主要起置换作用，为了保证设计的置换率，宜从中间向外围或隔排施工；在既有建（构）筑物邻近施工时，为了减少对邻近既有建（构）筑物的振动影响，应背离建（构）筑物方向进行。

砂石桩施工后，当设计或施工投砂石量不足时地面会下沉；当投料过多时地面会隆起，同时表层0.5m～1.0m常呈松软状态。如遇到地面隆起过高也说明填砂石量不适当。实际观测资料证明，砂石在达到密实状态后进一步承受挤压又会变松，从而降低处理效果。遇到这种情况应注意适当减少填砂石量。

施工场地土层可能不均匀，土质多变。为了保证施工质量，使在土层变化的条件下施工质量能够达到标准，应在施工中进行详细的观测和记录。观测内容包括桩管下沉随时间的变化，灌砂石量预定数量与实际数量，桩管提升和挤压的全过程（提升、挤压、砂桩高度的形成随时间的变化）等。有自动检测记录仪器的砂石桩机施工中可以直接获得有关的资料，无此设备时须由专人测读记录。根据桩管下沉时间曲线可以估计土层的松软变化随时掌握投料数量。

8.4 质量检验

8.4.1 砂石桩施工的沉管时间、各深度段的填砂石量、提升及挤压时间等是施工控制的重要手段，这些资料本身就可以作为评估施工质量的重要依据，再结合抽检便可以较好地作出质量评价。

8.4.2 由于在制桩过程中原状土的结构受到不同程度的扰动，强度会有所降低，饱和土地基在桩周围一定范围内，土的孔隙水压力上升。待休置一段时间后，孔隙水压力会消散，强度会逐渐恢复，恢复期的长短是根据土的性质而定。原则上应待孔压消散后进行检验。黏性土孔隙水压力的消散需要的时间较长，砂土则很快。根据实际工程经验规定对饱和黏性土为28d，粉土、砂土和杂填土可适当减少。对非饱和土不存在此问题，一般在桩施工后3d～5d即可进行。

8.4.3 砂石桩处理地基最终是要满足承载力、变形或抗液化的要求，标准贯入、静力触探以及动力触探可直接提供检测资料，所以本条规定可用这些测试方法检测砂石桩及其周围土的挤密效果。

应在桩位布置的等边三角形或正方形中心进行砂石桩处理效果检测，因为该处挤密效果较差。只要该处挤密达到要求，其他位置就一定会满足要求。此外，由该处检测的结果还可判明桩间距是否合理。

如处理可液化地层时，可按标准贯入击数来衡量砂性土的抗液化性，使砂石桩处理后的地基实测标准贯入击数大于临界贯入击数。这种液化判别方法只考虑了桩间土的抗液化能力，而未考虑砂石桩的作用，因而在设计上是偏于安全的。

9　水泥粉煤灰碎石桩法

9.1 一般规定

9.1.1 水泥粉煤灰碎石桩是由水泥、粉煤灰、碎石、石屑或砂加水拌和形成的高黏结强度桩（简称CFG桩），桩、桩间土和褥垫层一起构成复合地基。

为发挥桩间土的作用及保证CFG桩的侧向稳定，

本条规定储罐基础下土层承载力特征值不应小于100kPa；目前工程中对储罐基础下土层承载力特征值小于100kPa的淤泥质土、素填土等地基采用CFG桩时，一般先采用低能量强夯、碎石桩等方法对表层土进行处理。

9.1.2 通过桩与土变形协调使桩与土共同承担荷载是复合地基的本质和形成条件。由于端承型桩几乎没有沉降变形，只能通过褥垫层和填料层调节，将会使罐基础顶部在桩顶与桩间产生较大的沉降差，因此，本规范规定CFG采用摩擦型桩。

9.1.3 罐基础采用环墙式可以约束环墙内填料层的横向变形，增加罐基础刚度，填料层的材料和压实系数也会对罐基础刚度产生较大影响，CFG桩复合地基考虑了填料层的共同作用，因此本规范规定填料层采用碎石、砂石、灰土、水泥土等材料，压实系数不小于0.96，以保证填料层在复合地基中充分发挥作用。

目前工程中罐基础一般都有防渗要求，即填料层上面都设有防渗层，因此可采用由碎石、砂石形成的渗透系数较大的填料层，对无防渗要求的罐基础，为发挥泄漏管的作用，及时发现罐是否泄漏，填料层顶部需设一渗透系数较小的防渗层，防渗层顶部应有一定坡度，可与基顶坡度一致。目前工程中采用500mm厚的黏性土层，但为减小填料层厚度，增加填料层刚度，宜采用500mm厚的灰土或水泥土层。

9.2 设　计

9.2.1、9.2.2 为充分发挥桩与桩间土的作用，减少罐基础沉降及桩与桩间土的间之不均匀沉降，保证罐基础顶部平整，CFG桩布置宜细而密，因此本条规定水泥粉煤灰碎石桩桩径宜取350mm～500mm，桩距宜取3倍～5倍桩径。

9.2.3 桩顶设置桩帽可增加桩承担的荷载、增加罐基础刚度和减少桩顶向上刺入量，因此CFG桩宜设置桩帽。桩帽一般采用圆锥体。

9.2.6 在土力学领域，土拱是用来描述应力转移的一种现象，这种应力转移是通过土体抗剪强度的发挥而实现的。太沙基（1943）通过活动门试验证实了土拱效应的存在。土层中的拱作用的产生与拱结构物不一样，拱结构是把材料制成拱形状，在荷载作用下发挥其承受压力的作用；而土拱有其自身的形成过程：在荷载或自重的作用下，土体发生压缩和变形，从而产生不均匀沉降，致使土颗粒间产生互相“楔紧”的作用，于是在一定范围土层中产生“拱效应”。

国内外许多学者和研究人员进行了大量的室内试验和实际工程试验，均证明了土拱效应的存在。目前国内外高速公路设计施工中普遍采用的桩承式路堤即基于土拱效应。国外许多国家已编制了相应的规范规程，各国规范规程对拱的形成和拱高的处理方法不同。例如：英国规范BS8006假设拱高为1.4S时由桩全部承担上部荷载（S为桩间净距）；北欧手册Nordic采用楔型拱，拱高为$S/2\tan\theta$，分散角取15°，即拱高为1.87S；日本规范也假设拱为楔形拱，拱高为$S/2\tan\theta$，但分散角为填土的内摩擦角：德国规程DBGEO假设拱为圆形拱，完全拱高为桩间距的1/2。上述规范均假定当填土高度大于拱高时，外加荷载全部由桩承担。

罐基础由环墙和填料层组成，为验证罐基础中是否存在土拱效应，石化行业结合实际工程在碎石桩、CFG桩、钢筋混凝土桩复合地基中进行大量试验，监测数据显示桩土应力比均大于2，表明罐基础中存在土拱效应。土拱效应的影响因素较多，目前尚无准确的计算方法，本条所列公式基于楔形拱（土楔分析法）、应力扩散法得出。

为保证罐基础刚度，充分发挥桩的承载能力，减少桩顶与桩间土间的不均匀沉降，保证基础顶面的平整，填料层厚度应满足本条要求。目前工程中通过设置桩帽、调整桩间距、改变基础埋深和填料层材料等方法，填料层厚度均能达到本条要求。对CFG桩一般不采用加筋垫层。

注：1　英国规范BS8006即英国规范British Standard Institute. British Standard 8006 Strengthened/Reinforced Soils and Other Fills［s］. London：British Standard Institute，1995.

2　北欧手册Nordic即北欧手册Nordic Geotechnical Society. Nordic Handbook . Reinforced Soils and Fills［s］. Stockholm：Nordic Geotechnical Society，2002.

3　德国规程DBGEO即德国规程Deutsche Gesellschaft fur Geotechnike E V . Entwurf der Empfeblung “Bewehrte Erdkorper Auf Punkf-Order Linienfomigen Traggliendren”［s］. Berlin：Ernst & Sohn，2004.

9.2.7 复合地基承载力由桩的承载力和桩间土承载力两部分组成。由于桩土刚度不同，两者对承载力的贡献不可能完全同步。一般情况下桩间土承载力发挥度要小一些。式（9.2.7）中桩间土承载力折减系数β反映这一情况。

9.2.10、9.2.11 复合地基的总沉降由加固区压缩变形和下卧层变形组成。目前加固区压缩变形计算方法有复合模量法、应力修正法和桩身压缩量法等，应力修正法和桩身压缩量法的一些参数值难以合理确定，计算比较困难，比较而言，复合模量法使用比较方便。CFG复合地基加固区压缩量数值不是很大，采用复合模量法计算产生的误差对工程设计影响不大。

由于罐基础对地基变形的要求与其他基础不同，所以罐基础变形的计算应按现行国家标准《钢制储罐地基基础设计规范》GB 50473有关规定执行。

9.3 施　　工

9.3.1 本条给出了两种常用的施工工艺：长螺旋钻孔灌注成桩；长螺旋钻孔、管内泵压混合料成桩。

长螺旋钻孔灌注成桩，属非挤土成桩工艺，该工艺具有穿透能力强、无振动、低噪声、无泥浆污染等特点，但要求桩长范围内无地下水，以保证成孔时不塌孔。

长螺旋钻孔、管内泵压混合料成桩工艺，是目前工程中使用比较广泛的一种工艺，属非挤土成桩工艺，具有穿透能力强、低噪声、无振动、无泥浆污染、施工效率高及质量容易控制等特点。

长螺旋钻孔灌注成桩和长螺旋钻孔、管内泵压混合料成桩工艺，对周围环境的不良影响较小。

9.3.2 长螺旋钻孔、管内泵压混合料成桩施工时坍落度应控制在160mm～200mm，主要是考虑保证施工中混合料的顺利输送。坍落度太大，易产生泌水、离析，在泵压作用下，骨料与砂浆分离，导致堵管。坍落度太小，混合料流动性差，也容易造成堵管。

长螺旋钻孔、管内泵压混合料成桩施工，应准确掌握提拔钻杆时间，钻孔进入土层预定标高后，开始泵送混合料，管内空气从排气阀排出，待钻杆内管及输送软、硬管内混合料连续时提钻。若提钻时间较晚，在泵送压力下钻头处的水泥浆液被挤出，容易造成管路堵塞。应杜绝在泵送混合料前提拔钻杆，以免造成桩端处存在虚土或桩端混合料离析、端阻力减小。提拔钻杆中应连续泵料，特别是在饱和砂土、饱和粉土层中不得停泵待料，避免造成混合料离析、桩身缩径和断桩。

施工中桩顶标高应高出设计桩顶标高，留有保护桩长。保护桩长的设置是基于以下几个因素：

1）成桩时桩顶不可能正好与设计标高完全一致，一般要高出桩顶设计标高一段长度；

2）桩顶一般由于混合料自重压力较力小或由于浮浆的影响，靠桩顶一段桩体强度较差；

3）已打桩尚未结硬时，施打新桩可能导致已打桩受振动挤压，混合料上涌使桩径缩小，增大混合料表面的高度即增加了自重压力，可提高抵抗周围土挤压的能力。

9.3.5 当基础底面桩间土含水量较大时，应进行试验确定是否采用动力夯实法，避免桩间土承载力降低。对较干的砂石材料，虚铺后可适当洒水再行碾压或夯实。

9.4 质 量 检 验

9.4.2 CFG桩复合地基考虑了填料层的共同作用，填料层施工质量的好坏直接影响罐基础的刚度和沉降，因此填料层质量检验必须按本规范第4.4.1条～第4.4.3条的规定进行。为保证环墙附近填料层的压实效果，距环墙1000mm范围内必须设置检验点。

9.4.3、9.4.4 复合地基载荷试验是确定复合地基承载力、评定加固效果的重要依据，进行复合地基载荷试验时必须保证桩体强度满足试验要求。进行单桩载荷试验时为防止试验中桩头被压碎，宜对桩头进行加固。在确定试验日期时，还应考虑施工过程中对桩间土的扰动，桩间土承载力和桩的侧阻端阻的恢复都需要一定时间，一般在冬季检测时桩和桩间土强度增长较慢。

复合地基载荷试验所用载荷板的面积应与受检测桩所承担的处理面积相同。选择试验点时应本着随机分布的原则进行。

10 水泥土搅拌桩法

10.1 一 般 规 定

10.1.1～10.1.3 水泥土搅拌法是适用于加固饱和黏性土和粉土等地基的一种方法，利用水泥（或石灰）等材料作为固化剂，就地将软土和固化剂（浆液或粉体）强制搅拌，固化剂和软土产生一系列物理化学反应，使软土硬结成具有一定强度的水泥土加固体，从而提高地基土强度和增大变形模量。水泥土搅拌法从施工工艺上可分为湿法和干法两种。

1 湿法。湿法常称为浆喷搅拌法，是利用水泥浆作固化剂，通过特制的深层搅拌机械，在加固深度内就地将软土和水泥浆充分拌和，使软土硬结成具有整体性、水稳定性和足够强度的水泥土的一种地基处理方法。

2 干法。干法常称为粉喷搅拌法，利用压缩空气，通过特殊的固化材料供给装置，将粉体固化材料经过高压软管和搅拌轴输送到搅拌叶片的喷嘴喷出，借助搅拌叶片旋转，把土与粉体固化材料搅拌混合在一起，从而形成具有一定强度的水泥土加固体。

3 两种方法的差别。干法和湿法相比较，具有如下特点：

1）干燥状态的固化材料可以吸收软土地基中的水分，对加固含水量高的软土、极软土等地基效果更为显著。

2）干法的固化材料全面地被喷射到搅拌叶片旋转过程中产生的空隙中，同时又靠土的水分把它黏附到空隙内部，随着搅拌叶片的搅拌，固化剂均匀地分布在土中，有利于提高地基土的加固强度。

3）与浆喷深层搅拌或高压旋喷相比，输入地基土中的固化材料要少，无浆液排出，地面无拱起现象。同时固化材料是干燥状态的0.5mm以下的粉状体，如水泥、生石灰、消石灰等，材料来源广泛，并可使用两种以上的混合材料。因此，对地基土加固适应性强，不同的土质要求都可以找出与之相适应的固化材料，其适应的工程对象较广。

4）湿法水泥配比较直观，材料的量化较容易，有利于质量控制。

水泥固化剂一般适用于正常固结的淤泥与淤泥质土（避免产生负摩擦力）、黏性土、粉土、素填土（包括冲填土）、饱和黄土、粉砂以及中粗砂、砂砾等地基加固。

根据室内试验，一般认为水泥固化剂对含有高岭石、多水高岭石、蒙脱石等黏土矿物的软土加固效果较好，而对含有伊利石、氯化物和水铝石英等矿物的黏性土以及有机质含量高、pH值较低的黏性土加固效果较差。

在黏粒含量不足的情况下，可以添加粉煤灰。而当黏土的塑性指数 I_p 大于25时，容易在搅拌头叶片上形成泥团，无法完成水泥土的拌和。当pH值小于4时，掺入少量的石灰，通常pH值就会大于12。当地基土的天然含水量小于30%时，由于不能保证水泥充分水化，故不宜采用干法。

在地下水中含有大量硫酸盐（海水渗入）的地区，因硫酸盐与水泥发生反应时，对水泥土具有结晶性侵蚀，使其出现开裂、崩解而丧失强度，为此应选用抗硫酸盐水泥，使水泥土中产生的结晶膨胀物质控制在一定的数量范围内，以提高水泥土的抗侵蚀性能。

在我国北纬40°以南的冬季负温条件下，冰冻对水泥土的结构损害甚微。在负温时，由于水泥与黏土矿物的各种反应减弱，水泥土的强度增长缓慢（甚至停止）；但正温后，随着水泥水化等反应的继续深入，水泥土的强度可接近标准强度。

10.1.4 一般情况下水泥土搅拌法处理后的复合地基难以满足大型储罐对承载力和沉降（尤其是不均匀沉降）的要求，故作此限定。

10.1.5 对拟采用水泥土搅拌法的场地，除了常规的工程地质勘察要求外，尚应着重查明几项内容的原因如下：

1 填土层的组成：特别是大块物体的尺寸和含量。含大块石对水泥土搅拌法施工速度和质量有很大的影响，必须清除大块石等再予施工。

2 土的含水量：当水泥土配比相同时，其强度随土样的天然含水量的降低而增大，试验表明，当土的含水量在50%～85%范围内变化时，含水量每降低10%，水泥土强度可提高为30%。

3 有机质含量：有机质含量较高会阻碍水泥水化反应，影响水泥土的强度增长，应予慎重考虑。对生活垃圾填土场地不应采用水泥土搅拌法加固。

采用干法加固砂土应进行颗粒级配分析。特别注意土的黏粒含量及对加固料有害的土中离子种类及数量，如 SO_4^{2-}、Cl^- 等。

10.1.6 水泥土的强度随龄期的增长而增大，在龄期超过28d后，强度仍有明显增长；当龄期超过三个月后，水泥土强度增长缓慢；180d的水泥土强度为90d的1.25倍，而180d后水泥土强度增长仍未终止。

为了降低造价，对承重搅拌桩试块取90d龄期为标准龄期。

当拟加固的软弱地基为成层土时，应选择最弱的一层土进行室内配比试验。

10.2 设　　计

10.2.1 采用水泥作为固化剂，在其他条件相同时，由于掺入比的不同水泥土强度将不同。掺入比大于10%时，水泥土强度可达0.3MPa～2MPa以上，一般水泥掺入比采用12%～20%。水泥土的抗压强度随着水泥掺入比的增加而增大，但因场地土质与施工条件的差异，掺入比的提高与水泥土强度增加的百分比是不完全一致的。

水泥标号直接影响水泥土的强度，水泥强度等级提高10级，水泥土强度增大20%～30%。如要求达到相同强度，水泥强度等级提高10级可降低水泥掺入比2%～3%。

外掺剂对水泥土强度有着不同的影响，木质素磺酸钙对水泥土强度的增长影响不大，主要起减水作用；三乙醇胺、氯化钙、碳酸钠、水玻璃和石膏等材料对水泥土强度有增强作用，其效果对不同土质和不同水泥掺入比有所不同。当掺入与水泥等量的粉煤灰后，水泥土强度可提高10%左右。

10.2.2 根据室内模型试验和水泥土桩的加固机理，水泥土搅拌法桩身轴力自上而下逐渐减小，其最大轴力位于桩顶3倍桩径范围内。为节省固化剂材料和提高施工效率，设计时可采用变掺量的施工工艺。

桩身强度亦不宜太高，应使桩身有一定的变形量，这样才能保证桩间土强度的发挥，否则就不能形成复合地基了。

固化剂与土的搅拌均匀程度对加固体的强度有较大的影响，实践证明采取复搅工艺对提高桩体强度有较好效果。

10.2.3 水泥土桩是介于刚性桩与柔性桩之间具有一定压缩性的半刚性桩，桩身强度越高，其特性越接近刚性桩，反之则接近柔性桩。从承载力角度分析，提高置换率比增加桩长的效果更好，桩越长，则对桩身强度要求越高，但过高的桩身强度对桩间土承载力的发挥是不利的，为了充分发挥桩间土的承载力以达到经济性，应使土对桩的支承力与按桩身强度所确定的单桩承载力接近，通常使后者略大于前者。

对软土地区，地基处理的任务主要是解决地基的变形问题，即地基是在满足强度的基础上由变形进行控制，因此水泥土搅拌桩的桩长应通过变形计算来确定；对于变形来说，增加桩长，对减少沉降是有利的。实践证明，若水泥土搅拌桩能穿透软弱土层到达强度相对较高的持力层，则沉降量是很小的。

从承载力角度分析，对某一给定区域的水泥土桩存在一有效桩长，单桩承载力在一定程度上并不随桩长的增加而增大。但当软弱土层较厚，为减少地基变形，桩长应穿透软弱土层至下部强度较高的土层，尽量避免在深厚软土层中采用“悬浮”桩。

10.2.4 水泥土桩的布置形式一般根据工程特点可采用柱状、壁状、格栅状以及长短桩相结合等不同加固型式。

柱状：每隔一定距离打设一根水泥土桩，形成柱状加固型式，此布桩型式可充分发挥桩身强度与桩周土阻力。

壁状：单方向将相邻桩体部分重叠搭接成为壁状加固型式。

格栅状：纵横两个方向的相邻桩体搭接而形成的格栅状加固型式，适用于极软土区域的地基加固。形成的加固体格栅将软土限定在一定范同内，避免或减少在基础压力作用下软土的移动与挤出，从而减少地基变形。

长短桩相结合：当地质条件复杂，基础坐落在两类不同性质的地基土上时，可用3m左右的短桩将相邻长桩连成壁状或格栅状，借以调整和减小不均匀沉降。

水泥土桩是一种半刚性桩，它所形成的桩体在无侧限情况下可保持直立，在轴向力作用下又有一定的压缩性，但其承载性能又与刚性桩相似，因此在设计时可仅在基础范围内布桩，不必像柔性桩一样需在基础外设置护桩。

对于一般储罐基础，都是在满足强度要求的条件下以沉降进行控制的，应采用以下沉降控制设计思路：

1 根据地层结构进行地基变形计算，根据变形的要求确定加固深度，即选择施工桩长。

2 根据土质条件、室内配比试验资料和现场工程经验选择桩身强度和水泥掺入量及有关施工参数。

3 根据桩身强度及桩的断面尺寸，由本规范公式（10.2.7-2）计算单桩承载力。

4 根据单桩承载力和基础要求达到的复合地基承载力，按本规范公式（7.2.8-2）计算桩土面积置换率；根据桩土面积置换率和基础形式进行布桩。

10.2.5 在基础和桩之间设置一定厚度的褥垫层后，可以保证基础始终通过褥垫层把一部分荷载传到桩间土上，调整桩土荷载分担比。特别是当桩身强度较大时，在基础下设置褥垫层可以减小桩土应力比，充分发挥桩间土的作用，即可增大值，减少基础底面的应力集中。

10.2.6 桩间土承载力折减系数β是反映桩土共同作用的一个参数。如$\beta=1$时，则表示桩与土共同承受荷载，由此得出与柔性桩复合地基相同的计算公式；如$\beta=0$时，则表示桩间土不承受荷载，由此得出与一般刚性桩基相似的计算公式。

对比水泥土和天然土的应力应变关系曲线及复合地基和天然地基的p-s曲线可见，在发生与水泥土极限应力值相对应的应变值时，或在发生与复合地基承载力设计值相对应的沉降值时，天然地基所提供的应力或承载力小于其极限应力或承载力值。考虑水泥土桩复合地基的变形协调，引入折减系数，它的取值与桩间土和桩端土的性质、搅拌桩的桩身强度和承载力、养护龄期等因素有关。桩间土较好、桩端土较弱、桩身强度较低、养护龄期较短，则β值取高值；反之，则取低值。

β值还应根据罐基础对沉降要求来确定。对沉降要求控制较严时，即使桩端是软土，β值也应取小值，这样较为安全；对沉降要求控制较低时，即使桩端为硬土，β值也可取大值，这样较为经济。

10.2.7 公式（10.2.7-2）中的加固土强度折减数η是一个与工程经验以及拟建工程的性质密切相关的参数，工程经验包括对施工队伍素质、施工质量、室内强度试验与实际加固强度比值以及对实际工程加固效果等情况的掌握，拟建工程性质包括工程地质条件，罐基础对地基的要求以及工程的重要性等。

公式（10.2.7-1）中桩周土的侧阻力特征值q_{si}是根据现场载荷试验结果和已有工程经验总结确定的。

公式（10.2.7-1）中桩端土地基承载力折减系数α取值与施工时桩端施工质量及桩端持力层土质等条件有关。当桩端为较硬土层、桩底施工质量可靠时取高值，反之取低值。

10.2.8 罐基础的水泥土桩加固设计是以群桩形式出现的，群桩与单桩的工作状态迥然不同。试验结果表明，双桩承载力小于两根单桩承载力之和，双桩沉降量大于单桩沉降量。可见，当桩距较小时，由于应力重叠产生群桩效应。因此，在设计时当水泥土桩的置换率较大（$m>20\%$）而桩端下又存在较软弱的土层时，尚应将桩与桩间土视为一个假想的实体基础，用以验算软弱下卧层的地基承载力。

10.2.9 水泥土桩复合地基的变形包括群桩体的压缩变形和桩端下未处理土层的压缩变形之和。

10.3 施　工

Ⅰ 一般要求

10.3.1 国产搅拌头大都采用双层（或多层）十字杆型。这类搅拌头切削和搅拌加固软土十分合适，但对块径大于100mm的石块、树根和生活垃圾等大块物的切割能力较差，即使将搅拌头作了加固处理后已能穿过块石层，但施工效率较低，机械磨损严重。因此，施工时应以挖除后再填素土为宜，增加的工程量不大，但施工效率却可大大提高。

10.3.2 施工前应确定搅拌机械的灰浆泵输浆量、灰浆经输浆管到搅拌机喷浆口的时间和起吊设备提升速度等施工参数，并根据设计要求通过工艺性成桩试验，确定搅拌桩的配比、喷搅次数和水泥掺量等各项参数和施工工艺。为提高相对软弱土层中的搅拌桩体强度，应适当增加搅拌次数和水泥掺量。

10.3.5 根据实际施工经验，搅拌法在施工到顶端300mm～500mm范围时，因上覆土压力较小，搅拌质量较差。因此，其场地整平标高应比设计确定的基底标高再高出300mm～500mm，桩制作时仍施工到地面，待开挖基坑时，再将上部300mm～500mm的桩身质量较差的桩段挖去。

10.3.7 根据现场实践，当搅拌桩作为承重桩进行基坑开挖时，桩顶和桩身已有一定的强度，若用机械开挖基坑，往往容易碰撞损坏桩顶，因此基底标高以上300mm宜采用人工开挖，以保护桩头质量。

10.3.8 深层搅拌机施工时，搅拌次数越多，则拌和越为均匀，水泥土强度也越高，但施工效率却降低了。实践证明，如按本条施工步骤进行，就能达到搅拌均匀，施工速度较快的目的。

Ⅱ 湿 法

10.3.9 每一个搅拌施工现场，由于土质有差异，水泥的品种和等级不同，搅拌加固质量会有较大的差别。所以在正式搅拌桩施工前，均应按施工组织设计确定的搅拌施工工艺，制作数根试桩，再最后确定水泥浆的水灰比、泵送时间、搅拌机提升速度和复搅深度等参数。

10.3.10 制桩质量的优劣直接关系到地基处理的加固效果。其中的关键是注浆量，注浆与搅拌的均匀程度。因此，施工中应严格控制喷浆提升速度。

施工中要有专人负责制桩记录，对每根桩的编号、水泥用量、成桩过程（下沉、喷浆提升和复搅等时间）进行详细记录，质检员应根据记录，对照标准施工工艺，对每根桩进行质量评定。喷浆量及搅拌深度的控制，直接影响成桩质量，采用经国家计量部门认证的监测仪器进行自动记录，可有效控制成桩质量。

10.3.11 搅拌桩施工检查是检查搅拌桩施工质量和判明事故原因的基本依据，因此对每一延米的施工情况均应如实及时记录，不得事后回忆补记。

10.3.12 由于固化剂从灰浆泵到达出口需通过较长的输浆管，必须考虑水泥浆保证到达桩端的流动时间。一般可通过试打桩后再确定其输送时间。

10.3.13 深层搅拌机预搅下沉时，当遇到较坚硬的表土层而使下沉速度过慢时，可适当加水下沉。试验表明，当土层的含水量增加，水泥土的强度会降低。但考虑到搅拌设计中一般是按下部最软的土层来确定水泥掺量的，因此及要表层的硬土经加水搅拌后的强度不低于下部软土加固后的强度，也是能满足设计要求的。

10.3.14 由于搅拌机械采用定量泵输送水泥浆，转速又是恒定的，因此灌入地基中的水泥量完全取决于搅拌机的提升速度和复搅次数，施工过程中不能随意变更，并应保证水泥浆能定量不间断供应。

凡成桩过程中，由于电压过低或其他原因造成停机使成桩工艺中断时，宜将搅拌机下沉至停浆点以下500mm，待复供浆时再喷浆提升继续制桩；凡中间停止输浆3h以上者，将会使水泥浆在整个输浆管路中凝固，因此必须排清全部水泥浆，清洗管路。

10.3.15 一般壁状加固需考虑水泥土壁的防渗性，桩与桩的搭接时间大于24h，水泥土初凝，会使搭接处出现冷缝，影响水泥土壁的防渗性能。

Ⅲ 干 法

10.3.16 粉喷桩机利用压缩空气通过水泥供给机的特殊装置，经过高压软管和搅拌轴（中空的）将水泥粉输送到搅拌叶片背后的喷粉口喷出，旋转到半周的另一搅拌叶片把土与水泥搅拌混合在一起。这样周而复始地搅拌、喷射、提升，在土体内形成一个水泥土柱体，而与水泥材料分离出的空气通过搅拌轴周围的空隙上升到地面释放掉。粉体喷射机（俗称灰罐）位置与搅拌机的施工距离超过60m时，送粉管的阻力增大，送粉量不易稳定。

10.3.18 粉喷桩机一般均已考虑提升速度与搅拌头转速的匹配，使以不同的提升速度，钻头均约每提升不超过16mm搅拌一圈，从而保证成桩搅拌的均匀性。但每次搅拌时，桩体将出现极薄软弱结构面，这对承受水平剪力是不利的。一般可通过复搅的方法来提高桩体的均匀性，消除软弱结构面，提高桩体抗剪强度。

10.3.20 开启和停止粉喷机后，粉体从粉体喷射机（俗称灰罐）到喷粉口，需要一段时间。因此开启和停止粉喷机，需要提前设定喷粉口位置，以保证粉体喷射连续成桩。

10.4 质 量 检 验

10.4.1 按水泥土搅拌法的特点，对水泥用量、桩长、搅拌头转数和提升速度、复搅次数和复搅深度、停浆处理等的控制必须在施工过程中进行。施工全过程的施工监理可有效控制水泥土搅拌法的施工质量。对每根制成的水泥土桩须随时进行检查；对不合格的桩应根据其位置和数量等具体情况，分别采取补桩或加强附近工程桩等措施。

10.4.1 水泥土搅拌桩的施工质量检验：

1 检验搅拌均匀性：用轻便触探器中附带的勺钻，在水泥土桩桩身钻孔，取出水泥土桩芯，观察其颜色是否一致；是否存在水泥浆富集的结核或未被搅拌均匀的土团。

2 用钻孔方法连续取出水泥土搅拌桩桩芯，可直观地检验桩身强度和搅拌的均匀性。钻芯取样，制成试块，作立方强度检验，进行桩身实际强度测定。为保证试块边长不小于70.7mm，钻孔直径不宜小于 108mm。由于桩的不均匀性，在取芯过程中水泥土易产生破碎，强度试验结果很难保证其真实性，进行芯样无侧限强度试验时，可视取样对桩芯的损坏程度，将设计强度指标乘以0.7～0.9 的折减系数。

3 对单桩载荷试验，一般宜在龄期 90d 进行试验，但最少龄期不得低于 28d，具体载荷试验方法参照本规范附录 A。

10.4.3 对复合地基载荷试验，一般宜在龄期 90d 进行试验，但最少龄期不得低于 28d，具体载荷试验方法参照本规范附录 A。

10.4.4 水泥土搅拌桩施工时，由于各种因素的影响，有可能不符设计要求。只有基槽开挖后测放了建筑物轴线或基础轮廓线后，才能对偏位桩的数量、部位和程度进行分析和确定补救措施。因此，水泥土搅拌法的施工验收工作宜在开挖基槽后进行。

11 灰土挤密桩法

11.1 一般规定

11.1.1 用灰土分层夯实的桩体称为灰土挤密桩。灰土挤密桩通过成孔过程中的横向挤压作用，桩孔内的土被挤向周围，使桩间土得以挤密，然后将备好的灰土分层填入桩孔内，并分层捣实至设计标高。灰土挤密桩与挤密的桩间土组成复合地基，共同承受基础的上部荷载。

11.1.2 地基下 5m 以内的湿陷性黄土、素填土和杂填土，通常采用灰土垫层或强夯等方法处理。大于15m 的土层，由于成孔设备限制，一般采用其他方法处理。本条规定可处理地基的深度为 5m～15m，基本上符合陕西、甘肃和山西等省的情况。

11.1.3 在缺乏建筑经验的地区和大型储罐，施工前应在现场进行试验，以检验地基处理方案和设计参数的合理性，对确保地基处理质量，查明其效果都很有必要。

试验内容包括成孔、孔内夯实质量、桩间土的挤密情况、单桩和桩间土以及单桩和多桩复合地基的承载力等。

11.2 设 计

11.2.1 灰土挤密桩整片处理的范围大，既可消除拟处理土层的湿陷性，又可防止水从侧向渗入未处理的下部土层引起湿陷，故整片处理兼有防渗隔水作用。

11.2.2 本条对灰土挤密桩处理地基的深度作了原则性规定，软弱下卧层的承载力验算可按现行国家标准《建筑地基基础设计规范》GB 50007 的有关规定执行。

对湿陷性黄土地基，也可按现行国家标准《湿陷性黄土地区建筑规范》GB 50025 的有关规定执行。

11.2.3 根据我国黄土地区的现有成孔设备选用桩孔直径。根据钢制储罐的特点，建议桩孔直径选上限。

11.2.4 布置桩孔应考虑消除桩间土的湿陷性。桩间土的挤密用平均挤密系数 $\bar{\eta}_c$ 表示。

大量的试验研究资料和工程经验表明，消除桩间土的湿陷性，桩孔之间的中心距离通常为桩孔直径的2.0倍～2.5 倍，也可按本条公式（11.2.4）进行估算。

11.2.5 湿陷性黄土为天然结构，处理湿陷性黄土与处理扰动土有所不同，故检验桩间土的质量用平均挤密系数 $\bar{\eta}_c$ 控制，而不用压实系数控制，平均挤密系数是在成孔挤密深度内，通过取土样测定桩间土的平均干密度与其最大干密度的比值而获得，平均干密度的取样自桩顶向下 0.5m 起，每 1m 不应少于 2 点（一组），即：桩孔外 100mm 处 1 点，桩孔之间的中心 1 点。

11.2.6 为防止填入桩孔内的灰土吸水后产生膨胀，不得使用生石灰与土拌和，而应用消解的石灰与黄土或其他黏性土拌和。石灰富含钙离子，与土混合后产生离子交换作用，在较短时间内便成为凝硬性材料，因此拌和后的灰土放置时间不可太长，并宜于当日使用完毕。

由于桩体是用松散状态的灰土经夯实而成，桩体的夯实质量可用土的干密度表示，土的干密度大，说明夯实质量好，反之，则差。桩体的夯实质量一般通过测定全部深度内土的干密度确定，然后将其换算为平均压实系数进行评定。桩体土的干密度取样：自桩顶向下 0.5m 起，每 1m 不应少于 2 点（一组），即：桩孔内距桩孔边缘 50mm 处 1 点，桩孔中心 1 点。

桩体土的平均压实系数 $\bar{\lambda}_c$，是根据桩孔全部深度内的平均干密度与室内击实试验求得填料（灰土）在最优含水量状态下的最大干密度的比值，即 $\bar{\lambda}_c=\bar{\rho}_{d0}/\rho_{dmax}$，式中 $\bar{\rho}_{d0}$ 为桩孔全部深度内的填料，经分层夯实的平均干密度（t/m^3）；ρ_{dmax} 为桩孔内的填料通过击实试验求得最优含水量状态下的最大干密度（t/m^3）。

11.2.7 灰土挤密桩回填夯实结束后，在桩顶标高以上设置 300mm～500mm 厚的灰土垫层，一方面可使桩顶和桩间土找平，另一方面有利于改善应力扩散，调整桩土的应力比，并对减小桩身应力集中也有良好作用。

11.2.8 为确定灰土挤密桩的桩数及桩长（或处理深度），设计时往往需要了解采用灰土挤密桩处理地基的承载力，而原位测试（包括载荷试验、静力触探、动力触探）结果比较可靠。

用载荷试验可测定单桩和桩间土的承载力，也可测定单桩复合地基或多桩复合地基的承载力。当不用载荷试验时，桩间土的承载力也可采用动力触探测定。

11.2.9 灰土挤密桩复合地基的变形，包括桩和桩间土及其下卧未处理土层的变形。前者通过挤密后，桩间土的物理力学性质明显改善，即土的干密度增大、压缩性降低、承载力提高，湿陷性消除，故桩和桩间土（复合土层）的变形可不计算，但应计算下卧未处理土层的变形。

11.3 施　工

11.3.1 现有成孔方法，包括沉管（锤击、振动）和冲击等方法，都有一定的局限性，选用成孔方法时，应综合考虑设计要求、现场土质和周围环境等因素。

11.3.2 施工灰土挤密桩时，在成孔或拔管过程中，对桩孔（或桩顶）上部土层有一定的松动作用，因此施工前应根据选用的成孔设备和施工方法，在基底标高以上预留一定厚度的松动土层，待成孔和桩孔回填夯实结束后，将其挖除或按设计规定进行处理。

11.3.3 拟处理地基土的含水量对成孔施工与桩间土的挤密至关重要。工程实践表明，当土的天然含水量小于12%时，土呈坚硬状态，成孔挤密困难，且设备容易损坏；当天然土的含水量大于或等于24%，饱和度大于65%时，桩孔可能缩颈，桩孔周围的土容易隆起，挤密效果差；当土的天然含水量接近最优（或塑限）含水量时，成孔施工速度快，桩间土的挤密效果好。因此，在成孔过程中，应掌握好拟处理地基土的含水量不要太大或太小。最优含水量是成孔挤密施工的理想含水量，而现场土质往往并非是最优含水量，如只允许在最优含水量状态下进行成孔施工，现场晾晒和增湿工作量很大，且不易控制。因此，当拟处理地基土的含水量低于12%时，宜按公式(11.3.3)计算的加水量进行增湿。对含水量介于12%～24%的土，只要成孔施工顺利，桩孔不出现缩颈，桩间土的挤密效果符合设计要求，不一定要采取增湿或晾干措施。

11.3.4 成孔和孔内回填夯实的施工顺序，习惯做法从外向里间隔1孔～2孔进行，但施工到中间部位，桩孔往往打不下去或桩孔周围地面明显隆起，为此有的修改设计，增大桩孔之间的中心距离，这样很麻烦。为此本条改为对整片处理，宜从里（或中间）向外间隔1孔～2孔进行，对大型工程可采取分段施工，对局部处理，宜从外向里间隔1孔～2孔进行。

桩孔的直径与成孔设备或成孔方法有关，成孔设备或成孔方法如已选定，桩孔直径基本上固定不变，桩孔深度按设计规定，为防止施工出现偏差或不按设计施工，在施工过程中应加强监督，采取随机抽样的方法进行检查，但抽查数量不可太多，每台班检查1孔～2孔即可，以免影响施工进度。

11.3.6、11.3.7 施工记录是验收的原始依据，必须强调施工记录的真实性和准确性。为此应选择有一定业务素质的相关人员担任施工记录，这样才能确保作好施工记录。

土料和灰土受雨水淋湿或冻结，容易出现“橡皮土”，且不易夯实。当雨季或冬季选择灰土挤密桩处理地基时，应采取防雨或防冻措施，保护灰土或土料不受雨水淋湿或冻结，以确保施工质量。

11.4 质量检验

11.4.1 桩孔质量、桩体质量、桩间土挤密效果直接影响灰土挤密桩的处理效果。为确保灰土挤密桩处理地基的质量达到处理效果，在施工过程中应对桩孔、桩体抽样检测；施工过程中对桩间土有扰动，因此，桩间土挤密效果、地基承载力检测应在恢复期后进行。

12 钢筋混凝土桩复合地基法

12.1 一般规定

12.1.1 为发挥桩间土的作用及保证桩的侧向稳定，本条规定储罐基础下土层承载力特征值不应小于100kPa；对储罐基础下土层承载力特征值小于100kPa的淤泥质土、素填土等地基应先采用低能量强夯、碎石桩等方法对表层土进行处理。

12.1.2 通过桩与土变形协调使桩与土共同承担荷载是复合地基的本质和形成条件。由于端承型桩几乎没有沉降变形，只能通过垫层和填料层调节，将会使罐基础顶部在桩顶与桩间产生较大的沉降差，因此，本规范规定采用摩擦型桩。

为加快施工进度、缩短施工周期，钢筋混凝土桩一般采用预制桩，目前常用桩型有预应力高强混凝土管桩（PHC桩）、预应力混凝土管桩（PC桩）、预制钢筋混凝土方桩、预应力混凝土空心方桩。

12.1.3 钢筋混凝土桩复合地基考虑了填料层的共同作用，因此本规范对填料层进行了规定。

12.2 设　计

12.2.1、12.2.2 为充分发挥桩与桩间土的作用减少罐基础沉降及桩与桩间土的间的不均匀沉降，保证罐基础顶部平整，桩布置宜细而密，本条规定桩径宜取300mm～500mm，桩距宜取3倍～5倍桩径。

12.2.3～12.2.5 桩顶设置桩帽可增加桩承担的荷载、增加罐基础刚度和减少桩顶向上刺入量，因此桩顶宜设置钢筋混凝土桩帽，目前工程中一般采用圆形。桩帽设计时最不利荷载工况一般按上部荷载完全由桩承担且桩帽底部与土体完全脱开考虑。

12.2.9 目前工程实际中常用的土工格栅种类有：塑料土工格栅（材质分PP、HDPE）、钢塑土工格栅、玻璃纤维土工格栅及玻纤聚酯土工格栅等。目前常用产品拉伸屈服强度选择范围为20kN/m～150kN/m，延伸率小于15%。

为利用桩间土的承载力，加筋体在满足强度要求的前提下需要有一定的延伸性能，且抗拉刚度不宜过高，避免造成荷载过分集中于桩体，同时考虑到长期蠕变、施工损伤和桩间土长期支承作用的可靠性等问题，结合国内外相关经验，将加筋体容许应变限制在5%以内。

在上部荷载作用下，加筋体在破坏线处会产生变形，其拉力的水平分力的反力可以限制土体的侧向位移，提高了地基承载力。加筋体拉力的垂直分力可以分担上部的荷载，减小筋材界面以下土体的附加应力，因而减小了土体的竖向压缩变形和由剪切变形产生的侧向变形，提高了地基承载力。本条仅考虑了垂直分力提高的地基承载力。

12.3 施　　工

12.3.3 桩帽承受较大荷载，为保证桩帽正常发挥作用，桩帽浇筑完毕应进行养护，达到设计强度70%后方可施工褥垫层。

12.3.5 土工格栅工作时要受到很大的拉应力，故其端头一定要埋设固定好。通常做法是在端部位置挖地沟，将合成材料的端头埋入沟内，上覆土压住固定，以防止其受力后被拔出。铺设土工格栅时，应避免长时间暴晒或暴露，以免材质老化，降低强度及耐久性。

12.4 质量检验

12.4.3 钢筋混凝土桩复合地基考虑了填料层的共同作用，填料层施工质量的好坏直接影响罐基础的刚度和沉降，因此填料层质量检验应按本规范第4.4.1条～第4.4.3条的规定进行。为保证环墙附近填料层的压实效果，距环墙1000mm范围内应设置检验点。

12.4.4 复合地基载荷试验是确定复合地基承载力、评定加固效果的重要依据，在确定试验日期时，应满足施工过程中对桩间土的扰动，桩间土承载力和桩的侧阻、端阻的恢复都需要一定时间，因此，不应在桩施工完成后立即进行检测，应留出一定时间。

复合地基载荷试验所用载荷板的面积应与受检测桩所承担的处理面积相同。选择试验点时应本着随机分布的原则进行。

中华人民共和国国家标准

水泥窑协同处置污泥工程设计规范

Code for design of sludge co-processing
in cement kiln

GB 50757—2012

主编部门：国家建筑材料工业标准定额总站
批准部门：中华人民共和国住房和城乡建设部
施行日期：2 0 1 2 年 8 月 1 日

中华人民共和国住房和城乡建设部
公　　告

第1360号

关于发布国家标准《水泥窑协同处置污泥工程设计规范》的公告

现批准《水泥窑协同处置污泥工程设计规范》为国家标准，编号为GB 50757—2012，自2012年8月1日起实施。其中，第6.2.1、6.4.1、6.5.6、7.1.1、8.1.1、8.3.2、9.0.2、10.0.1条为强制性条文，必须严格执行。

本规范由我部标准定额研究所组织中国计划出版社出版发行。

中华人民共和国住房和城乡建设部

二〇一二年三月三十日

前　　言

本规范是根据住房和城乡建设部《关于印发〈2010年工程建设标准规范制订、修订计划〉的通知》（建标〔2010〕43号）的要求，由天津水泥工业设计研究院有限公司会同有关单位共同编制完成的。

本规范共分为10章，主要技术内容包括：总则、术语、设计原则、总体设计、污泥接收和分析鉴别、预处理系统、协同处置系统、烟气净化系统、污水处理系统、环境保护与职业安全卫生。

本规范中以黑体字标志的条文为强制性条文，必须严格执行。

本规范由住房和城乡建设部负责管理和对强制性条文的解释，国家建筑材料工业标准定额总站负责日常管理，天津水泥工业设计研究院有限公司负责技术内容的解释。各有关单位在执行本规范过程中，请结合工程实际情况，注意积累资料、总结经验，如发现需要修改和补充之处，请将意见和有关资料寄至天津水泥工业设计研究院有限公司（地址：天津市北辰区引河里北道1号，邮政编码：300400），以供今后修订时参考。

本规范主编单位、参编单位、参加单位、主要起草人和主要审查人：

主 编 单 位：天津水泥工业设计研究院有限公司

参 编 单 位：中国中材国际环境工程（北京）有限公司

参 加 单 位：广州市越堡水泥有限公司
上海建筑材料集团水泥有限公司
拉法基瑞安水泥有限公司
北京金隅集团

主要起草人：胡芝娟　李　惠　沈序辉　董　涛　施敬林　隋明洁　俞为民

主要审查人：曾学敏　狄东仁　凌伟煊　毛志伟　文柏鸣　杨学权　李安平　陆民宪　辛美静　孔德强　孙伟舰　范晓虹　李昌焕　孙幸福　吴　涛

目　次

Contents

1 总　　则

1.0.1 为规范水泥窑协同处置污泥工程设计，使水泥窑协同处置污泥工程实现污泥减量化、无害化和资源化目标，制定本规范。

1.0.2 本规范适用于对城市污水处理厂污泥、工业污泥及河道排淤污泥进行协同处置的新建、改建和扩建新型干法水泥熟料生产线工程的设计。

1.0.3 水泥窑协同处置污泥工程应采用成熟可靠的技术。

1.0.4 水泥窑协同处置污泥工程规模的确定和工艺技术方案的选择，应根据城市社会经济发展、城市总体规划、循环经济规划、环境卫生专业规划、污泥产生量与特性、环境保护要求以及处置技术的适用性等方面确定。

1.0.5 水泥窑协同处置污泥工程设计内容宜包括污泥运输系统、进厂接收系统、分析鉴别系统、储存与输送系统、预处理系统、协同处置系统、热能利用系统、烟气净化系统和污水处理系统等。

1.0.6 水泥窑协同处置污泥后，水泥熟料的产品质量应符合现行国家标准《硅酸盐水泥熟料》GB/T 21372的有关规定。

1.0.7 水泥窑协同处置污泥工程的设计除应执行本规范外，尚应符合国家现行有关标准的规定。

2 术　　语

2.0.1 城镇污水处理厂污泥　sewage sludge from municipal wastewater treatment plant

是指城镇污水处理厂在污水处理过程中产生的半固态或固态物质，不包括栅渣、浮渣和沉砂。

2.0.2 工业污泥　industrial sludge

是指工业生产过程中产生的污泥。

2.0.3 河道清淤污泥　dredge sludge

是指河道清理过程中产生的污泥。

2.0.4 污泥低位热值　low heat value of sludge

是指污泥完全燃烧时，其燃烧产物中的水蒸气仍以气态存在时产生的发热量。

2.0.5 烟气净化系统　flue gas cleaning system

是指对烟气进行净化处理所采用的各种处理设施组成的系统。

2.0.6 污泥预处理　pretreatment of sludge

是指采用污泥热干化或机械、化学等方法提高污泥含固率，减小污泥体积的过程。

2.0.7 污泥热干化　heat drying of sludge

是指向污泥干化设备中输入热量，使污泥进一步去除水分，实现污泥干燥的工艺过程。

2.0.8 恶臭气体处理　odor treatment

是指消除在污泥处置过程中产生的对人体及环境有害的恶臭气体的过程。

3 设 计 原 则

3.0.1 水泥窑协同处置污泥的规模、工艺及技术方案，应综合考虑污泥产量与特性、处置成本、运输成本、当地法规要求、公众态度、水泥熟料市场规模与消费者接受程度、处置方式是否切合环保法规与趋势等因素后确定。

3.0.2 水泥窑协同处置污泥工程应进行环境影响评价分析。

3.0.3 现有水泥生产线协同处置污泥，应依据生产线的具体条件选择预处理及协同处置工艺，并做好现有生产线和污泥处置之间的衔接。

4 总 体 设 计

4.1 规 模 划 分

4.1.1 污泥处置设施的建设，应以污泥量现状为主要依据确定近期规模，并应留有对中期规划（5年～10年）的适应性空间。

4.1.2 处置线数量和单条处置线规模应根据水泥厂规模、拟处置污泥量、所选主机设备等因素确定，预处理线数量可设置2条或2条以上。

4.1.3 污泥处置设施的设计规模宜按表4.1.3的要求分类：

表 4.1.3　污泥处置能力的设计规模（t/d）

水泥熟料生产线规模	2500	3000	5000
污泥处置能力	＜300	＜600	＜800

注：以含水率80%污泥计。

4.2 厂 址 选 择

4.2.1 厂址选择应综合考虑水泥厂处置污泥的服务区域、服务区的污泥转运能力、运输距离、预留发展等因素。

4.2.2 新建水泥窑协同处置污泥生产线，厂址的选择及污泥预处理车间的布局应符合本地区工业布局和建设发展规划的要求，并应按照国家有关法律、法规以及前期工作的成果进行。

4.2.3 现有水泥生产线进行协同处置污泥的技术改造工程，预处理车间的选址应根据交通运输、供电、供水、供热、防洪、防爆、工程地质条件、企业协作条件、场地现有设施、污泥来源及储存条件、协同处置衔接条件、预处理的环境保护等进行技术经济比较后确定。

4.3 总 图 设 计

4.3.1 总平面布置应最大程度地减少污泥运输和处理过程中的恶臭、粉尘、噪声、污水等对周围环境的影响，并应防止各设施间的交叉污染。

4.3.2 污泥的预处理及协同处置系统的总图设计应根据依托水泥生产线的生产、运输、环境保护、职业卫生与劳动安全、职工生活以及电力、通信、热力、给排水、污水处理、防洪和排涝等设施，经多方案综合比较后确定。

4.4 厂 区 道 路

4.4.1 厂区道路应根据工厂规模、管线布置等因素合理确定，厂区道路的设置应满足交通运输、消防及各种管线的铺设要求。

4.4.2 厂区主要道路的行车路面宽度不宜小于6m，车行道宜设环形道路。

4.4.3 污泥预处理车间及储存接收设施处应设消防道路，道路的宽度不应小于4m。

5 污泥接收和分析鉴别

5.1 一 般 规 定

5.1.1 水泥窑宜处理性质相对稳定、量大的污泥。当每批污泥的泥质均符合国家有关规定时，才应再进行大批量混合处理。

5.1.2 污泥的接收及输送过程应采取防渗漏、防溢出、防异味散出的措施。

5.2 污泥运输与接收

5.2.1 污泥运输应采用密闭车辆、密闭驳船等密封运输工具。

5.2.2 水泥厂应设置进厂污泥计量设施，并宜与水泥生产线物料计量设施共用。

5.2.3 污泥接收设施应采用密封的构筑物或建筑物，并应配置与车辆卸料联动的通风除臭、车辆冲洗系统。

5.3 污泥分析鉴别

5.3.1 水泥厂应对每批进厂污泥进行检测，并应配备对污泥特性监测和分析的仪器设备。

5.3.2 污泥分析鉴别应采取多点取样，样品应有代表性，样品质量不应小于1kg。

5.3.3 污泥特性分析鉴别宜包括下列内容：

1 物理性质：含水率、容重、含砂率、黏性、粒度；

2 工业分析：固定碳、灰分、挥发分、水分、灰熔点、低位热值；

3 化学成分分析；

4 有害元素：重金属、硫、氯、钾、钠、磷。

5.3.4 污泥分析检测方法宜执行国家现行标准《城市污水处理厂污泥检验方法》CJ/T 221中的有关规定。

5.3.5 水泥窑接收污泥有害组分控制限值及检测周期宜满足表5.3.5的规定。

表5.3.5 干基污泥有害组分控制限值及检测周期表

序号	控制项目	总控制限值(mg/kg)	检测周期
1	汞（Hg）	＜15	每批次进厂检测1次。若来源稳定每月检测1次
2	铅（Pb）	＜1200	
3	镉（Cd）	＜45	
4	锌（Zn）	＜10000	
5	铬（Cr）	＜1500	

6 预处理系统

6.1 一 般 规 定

6.1.1 污泥预处理系统应包括污泥储存、脱水、干化装置或其中一个环节的装置。

6.1.2 当预处理后的污泥粒径大于100mm时，污泥预处理系统中宜设置破碎装置。

6.1.3 污泥预处理系统宜采用单元制配置、多模块组合的方式。

6.1.4 污泥预处理系统宜采用连续运行模式，年可利用小时数应与水泥生产线同步，并应满足污泥日产日清的要求。

6.1.5 污泥处置工程可综合考虑水泥厂生产情况、污泥泥质、污泥处理量、余热利用情况等，选择污泥干化脱水工艺或污泥直接入窑工艺。

6.2 污泥储存与输送

6.2.1 任何形式的污泥严禁露天存放。

6.2.2 污泥应采用专用密闭设施储存，不得与水泥厂原料及燃料直接混合或合并存放。污泥储存设施应加装甲烷（CH_4）气体探头，并应进行强制排风。

6.2.3 污泥储存设施的有效容积宜按1d～3d的额定污泥处置量确定，并应与污泥产生企业协商水泥窑停产期间的储存预案。

6.2.4 严寒及寒冷地区的污泥储存与输送应采取防冻措施。

6.3 直接入窑系统

6.3.1 采用直接入窑协同处置方式的污泥，储存应考虑污泥接收与储存共用，储存期宜大于 2d。

6.3.2 输送污泥入窑的设备宜采用泵送方式，并应配置备用泵。

6.4 干化脱水系统

6.4.1 含有有机质的污泥严禁以生料或煤粉喂料方式入窑。

6.4.2 含水率为 60%以上的污泥作为替代燃料处置时，宜单独设置干化或脱水系统。

6.5 热能利用系统

6.5.1 污泥预处理系统宜利用水泥窑余热作为烘干热源。

6.5.2 污泥预处理系统不宜采用一次能源作为主要干化热源。

6.5.3 污泥预处理系统干化方式可选用直接干化或间接干化。

6.5.4 用于污泥直接干化的烟气含氧量宜控制在 8%（体积百分数）以下，并宜利用烧成系统窑尾的废热烟气。

6.5.5 污泥间接干化可选用导热油、蒸汽等作为热介质。对于介质温度要求在 200℃以上的干化系统，加热介质宜为热油。

6.5.6 当热交换介质为热油时，热油的闪点温度必须大于运行温度。

7 协同处置系统

7.1 一般规定

7.1.1 污泥焚烧区域空间应满足污泥焚烧产生烟气在 850℃以上高温区域停留时间不小于 2s。

7.1.2 水泥窑协同处置污泥，设计取用的污泥低位热值应在污泥检测结果的基础上通过预测确定。

7.2 进料系统

7.2.1 污泥进料系统宜设置缓冲仓，缓冲仓的容量宜按 0.1d～0.5d 确定。

7.2.2 缓冲仓锥体角度应根据进料污泥的黏性确定，不应小于 65°；缓冲仓锥体内宜设置高分子衬板。

7.2.3 污泥缓冲仓的卸料设备应具有计量功能。

7.2.4 含水率不大于 30%的污泥可从分解炉处进料，分解炉开口位置应设置污泥打散设施。

7.2.5 含水率为 30%～80%的污泥可从窑尾烟室处进料，并应满足下列要求：

1 烟室开口处应设置强制给料设备；

2 污泥进入烟室后，烟室内温度下降宜控制在 100℃以内。

8 烟气净化系统

8.1 一般规定

8.1.1 协同处置污泥时产生的烟气应进行净化处理，排放应满足现行国家标准《生活垃圾焚烧污染控制标准》GB 18485、《水泥工业大气污染物排放标准》GB 4915 及《大气污染物综合排放标准》GB 16297 的有关规定。

8.1.2 烟气净化工艺流程的选择，应根据污泥处置工艺、污泥协同处置产生污染物的物理、化学性质的影响确定，并应兼顾组合工艺间的匹配。

8.2 收尘

8.2.1 污泥直接干化工艺烟气收尘设备的选择，应符合下列规定：

1 烟气收尘设备应选用袋式收尘器；

2 收尘设备应设置防爆、防燃、防静电设施，收尘器出口的烟气温度应控制在高于露点温度 30℃以上。

8.2.2 污泥间接干化工艺收尘设备可选用适宜的收尘设备。

8.3 恶臭气体处理

8.3.1 污泥预处理工艺应设置恶臭气体排放的净化设施。

8.3.2 恶臭污染物排放限值，应符合现行国家标准《恶臭污染物排放标准》GB 14554 的有关规定。

9 污水处理系统

9.0.1 污泥处置工程中污水处理系统的设计应综合考虑污泥泥质、处置工艺、产生污水量、污水水质、当地环保要求等情况确定。

9.0.2 污泥预处理废水应经过污水处理系统处理后循环利用。

9.0.3 污泥浓缩的上清液及污泥脱水和设备清洗过程产生的废水宜集中收集，废水经过处理后应优先回用。回用水的水质应符合现行国家标准《城市污水再生利用 城市杂用水水质》GB/T 18920 的有关规定。当废水经过处理后直接排入水体时，其水质应符合现行国家标准《污水综合排放标准》GB 8978 的有关规定。

9.0.4 污水处理系统宜设置异味控制及异味处理设施。

10 环境保护与职业安全卫生

10.0.1 污泥预处理系统应制定应急救援处置预案。

10.0.2 污泥处理、输送、装卸过程均应密闭。处置全过程均应做好防风、防雨、防晒、防渗、防漏、防洪、防爆、防自燃、防冲刷浸泡、防有毒有害及异味气体散发等的设计。

10.0.3 污泥预处理系统的噪声控制限值应符合现行国家标准《工业企业厂界环境噪声排放标准》GB 12348的有关规定。

10.0.4 污泥处置工程设计应采用有利于防治职业病和保护人体健康的措施。

10.0.5 污泥预处理系统应在有关设备的醒目位置设置警示标识，并应有可靠的防护措施。

10.0.6 污泥处置工程应配备职业病防护设备、防护用品。

本规范用词说明

1 为便于在执行本规范条文时区别对待，对要求严格程度不同的用词说明如下：

1）表示很严格，非这样做不可的：
正面词采用“必须”，反面词采用“严禁”；

2）表示严格，在正常情况下均应这样做的：
正面词采用“应”，反面词采用“不应”或“不得”；

3）表示允许稍有选择，在条件许可时首先应这样做的：
正面词采用“宜”，反面词采用“不宜”；

4）表示有选择，在一定条件下可以这样做的，采用“可”。

2 条文中指明应按其他有关标准执行的写法为：“应符合……的规定”或“应按……执行”。

引用标准名录

《水泥工业大气污染物排放标准》GB 4915
《污水综合排放标准》GB 8978
《工业企业厂界环境噪声排放标准》GB 12348
《恶臭污染物排放标准》GB 14554
《大气污染物综合排放标准》GB 16297
《生活垃圾焚烧污染控制标准》GB 18485
《城市污水再生利用 城市杂用水水质》GB/T 18920
《硅酸盐水泥熟料》GB/T 21372
《城市污水处理厂污泥检验方法》CJ/T 221

中华人民共和国国家标准

水泥窑协同处置污泥工程设计规范

GB 50757—2012

条 文 说 明

制 定 说 明

本规范在编制过程中，编制组对我国污泥处置情况进行了调查研究，总结了我国水泥窑协同处置污泥工程建设的实践经验，同时参考了国外先进技术法规、技术标准，如美国标准《美国下水污泥使用或处置标准》CFR PART 503，德国标准《德国污泥干化标准》ATV-DVWK-M 379 等。

为便于广大设计、施工、科研、学校等单位有关人员在使用本规范时能正确理解和执行条文规定，编制组按章、节、条顺序编制了本规范的条文说明，对条文规定的目的、依据以及执行中需注意的有关事项进行了说明，还着重对强制性条文的强制性理由做了解释。但是，本条文说明不具备与规范正文同等的法律效力，仅供使用者作为理解和把握本规范有关规定时的参考。

目　次

1 总 则

1.0.1 本条文阐述了编制的目的。城镇污水处理厂产生的污泥含水率高（75%～99%），有机物含量高，易腐烂。污泥中含有具有潜在利用价值的有机质，氮、磷、钾和各种微量元素，寄生虫卵、病原微生物等致病物质，铜、锌、铬等重金属，以及二噁英等难降解的有毒有害物质，如不妥善处理，易造成二次污染。近年来，国内一些水泥企业已经引进及开发了污泥预处理技术，并进行了工业化的开发应用。随着人们环保意识的不断提高，政府和社会公众对污泥焚烧及处置的环保要求也越来越高，在这种情况下为污泥处置工程提供设计规范是非常必要的。

1.0.2 本条文明确了本规范的适用范围。其中污泥是指城镇污水处理厂污泥、工业污泥、河道清淤污泥等。本规范不适用于国家环保局公布的《国家危险废物名录》中的污泥。危险废物的收运要求、焚烧处理要求及二次污染防治的指标与普通污泥有很大差异，不允许与普通污泥直接混合处置。

1.0.3 水泥窑协同处置污泥工程可积极稳妥地选用新技术、新工艺、新材料、新设备。对于需要引进的先进技术和关键设备，应以提高污泥处置工程的综合效益、推进技术进步为原则，在充分进行技术经济论证的基础上确定。

2 术 语

2.0.6 污泥预处理系统包括污泥储存、调质、污泥直接干燥工艺、污泥间接干燥工艺、污泥深度脱水工艺、污泥石灰干化工艺等。因近年来，国内外污泥预处理工艺发展迅速，工艺种类繁多，这里不再一一列举。

3 设计原则

3.0.1 应对污泥的现状泥质特性、污染物构成进行详细调查或设定，作出合理的分析预测。在污泥泥质特殊时应进行工业试验，必要时应开展中试研究。

3.0.3 水泥窑协同处置污泥工程的生产线宜利用新建或现有水泥生产线的设施、机构等，为节省投资，不应重复建设。特别是处置系统的辅助设施等应尽量规划利用水泥生产线的设施，如机修、仪修等检修车间，材料库等辅助车间。

5 污泥接收和分析鉴别

5.1 一 般 规 定

5.1.1 适用于生活污泥、工业污泥、河道清淤污泥等。对于《国家危险废物名录》中规定的工业污泥种类，不适用于本规范。

5.2 污泥运输与接收

5.2.3 污泥卸料接收设置为密闭式结构，为防止臭气，降雨及噪声对周围环境的影响，接收平台出入口宜设置气幕及控制门，侧墙应保证适当采光。

5.3 污泥分析鉴别

5.3.4 国家现行标准《城市污水处理厂污泥检验方法》CJ/T 221 中规定了城市污水处理厂污泥泥质检测的实验方法，工业污泥的检测并没有特殊规定，参照此标准执行。

5.3.5 现行国家标准《城镇污水处理厂污泥泥质》GB 24188 中对于城镇污水处理厂污泥的 pH 值、含水率、粪大肠菌群菌值、细菌总数、每千克干污泥中重金属含量、挥发酚含量、矿物油含量、总氰化物含量都有详细的规定，并给出了相应的监测分析方法。

污泥重金属的极限值规定是水泥窑可以接收污泥的最基本条件，工程设计中还要结合水泥厂原燃料中重金属含量，污泥处置量，处置工艺等综合考虑。保证不影响水泥厂生产过程及水泥熟料质量，并确保污染物的达标排放。

污泥中常见的重金属元素包括汞（Hg）、硒（Se）、镉（Cd）、铅（Pb）、砷（As）、锑（Sb）、铬（Cr）、铜（Cu）、锰（Mn）、钴（Co）、镍（Ni）等。污泥是污水处理的产物，富集了污水中大部分带有污染性的物质。污泥中重金属元素的含量是选择污泥处置方式及处置量的重要影响因素。国内外关于污泥中重金属的研究报道很多。有些重金属在焚烧过程中以气态和气溶胶态的形式排出焚烧炉。有些重金属的挥发温度较低，在炉温大于挥发温度时以气态的形式排出。这些重金属的挥发性程度由大到小依次为：Hg、Se、Cd、Pb、As、Sb、Cr、Cu、Mn、Co、Ni。为了控制重金属以气态形式从焚烧炉处理系统逃逸，很多学者研究不同的焚烧工艺以及焚烧环境，最大程度地将重金属富集在粒度较大的焚烧底渣上，减轻重金属污染对环境的压力。据研究结果表明，城镇污水处理厂污泥中重金属含量受污水处理厂进水水源及重金属形态、污水处理规模、污水处理工艺等因素的影响，没有很强的规律性可寻。有研究表明，一般来说，工业污水产生污泥中重金属的主要来源有以下几种（见表1）。

表1 重金属污水的主要行业来源

种类	主要来源
含铜污水	电镀、印刷线路板、化工、机械加工、印染、冶炼、采矿、电子材料漂洗、染料生产等
含铬污水	电镀、制革、采矿、冶炼、染料、催化剂等

续表 1

种类	主要来源
含砷污水	化工、冶炼、炼焦、火力发电、造纸、皮革等，以化工和冶金为主
含铅污水	采矿、冶炼、化学、蓄电池、染料工业等
含镉污水	采矿、冶炼、电镀、玻璃、陶瓷等

通过国内外很多研究表明，污泥中汞（Hg），铅（Pb），镉（Cd），锌（Zn），铬（Cr）等重金属对水泥窑的安全生产及排放安全是需要控制的重要指标。因此本条规定了控制极限值。表中泥质控制指标的确定参照了现行国家标准《城镇污水处理厂污泥泥质》GB 24188 中有关含水率及 pH 值的规定，重金属、碱、硫及氯等有害成分的确定参照现行国家标准《水泥工厂设计规范》GB 50295 中的规定。

由于原燃料中重金属含量尚没有比较完备的数据资料，故采用本规范编制单位检测、掌握的水泥生产用原、燃料中重金属的含量及其进入水泥熟料中的含量数据，分析确定水泥窑协同处置污泥时，到厂污泥的重金属控制要求。表 2 为本规范对污泥中重金属限制的一个匡算表。

表 2　污泥中重金属限额的匡算表（mg/kg 干燥基）

重金属元素名称	汞（Hg）	铅（Pb）	铬（Cr）	锌（Zn）	镉（Cd）
熟料中重金属限额	0.5	100	150	500	1.5
原料带入的重金属含量	约 0.1	约 60	约 100	约 150	约 0.2
燃料带入的重金属含量	约 0.05	约 3	约 4	约 13	约 0.01
污泥中的重金属检出限额	约 15	约 1200	约 1500	约 10000	约 45

注：1　表中熟料中重金属限额引自现行国家标准《水泥工厂设计规范》GB 50295—2008。

2　污泥处置规模按照 0.03kg 干基污泥/kg 熟料计算。

6　预处理系统

6.1　一 般 规 定

6.1.2　某些污泥预处理工艺，例如污泥深度脱水，经压滤后污泥的平均粒径会大于 100mm×100mm，甚至可达 500mm×500mm，宜增加破碎装置。

6.1.3　单元制是指预处理系统设置为几组可独立运行的单元，可分别开停，有利于系统局部维护或检修过程中污泥预处理的持续进行。

6.1.4　本条文是根据国内外污泥处理及水泥窑运行经验制定的。因污泥预处理系统及水泥窑每年需要进行维护、保养及定期维修，年运行时间为全年累计运行时间。同时污泥易发酵，产生细菌及恶臭，应综合考虑满足日产日清要求。

6.1.5　污泥预处理系统应考虑污泥输送、干燥或脱水等过程维护或出现故障时的应急预案。

6.2　污泥储存与输送

6.2.1　此条为强制性条款。污泥露天存放存在环境风险，同时不利于人员的健康防护。

6.4　干化脱水系统

6.4.1　此条为强制性条款。未经预处理的污泥作为原料配料直接使用，容易造成以下风险。首先，污泥燃烧起燃温度较低，燃烧通常在 250℃～650℃进行，快速燃烧区间在 500℃左右，因此污泥如果混在生料中进入预热器，基本上在上几级预热器就完成了大部分的挥发性物质的释放甚至起火燃烧，不能确保污泥的完全和无害化协同处置，且不能满足污泥协同处置的基本要求。其次，污泥的焚烧放热集中在上几级预热器，降低了预热器—风管系统的换热效率，并在旋风筒内容易形成堵塞和结皮，不利于系统的生产稳定，增加了工艺事故的隐患，也大大提高了预热器出口的废气温度，在水泥工艺控制和节能上也不能满足要求。最后，干污泥比生料轻，因此在旋风筒内进行气固分离时，作为硅铝质原料加入的污泥有可能以飞灰形式飞离系统，造成干生料的化学成分在窑尾各级预热器上的离析，入窑生料由于铝质成分的缺失不利于水泥窑的正常运行。未经预处理的污泥直接进入煤粉制备系统，由于污泥干燥后起燃温度低，易燃易爆，容易引起安全事故。

6.4.2　污泥干燥后，具有易燃易爆的特性，与水泥原料的烘干相容性较差，故干化系统应单独建设。

6.5　热能利用系统

6.5.1　水泥窑余热是指在保证水泥生产线设计指标（包括熟料热耗、熟料产量、熟料电耗）不变的条件下，在不影响如生料烘干、煤粉烘干的前提下，烘干热源采用预热器或冷却机产生的废气。

6.5.2　一次能源是指从自然界取得未经改变或转变而直接利用的能源。如原煤、原油、天然气、水能、风能、太阳能、海洋能、潮汐能、地热能、天然铀矿。在水泥厂内指原煤、原油、天然气等。

6.5.3　直接干燥系指将热烟气直接引入干燥器，通过气体与湿物料的直接接触、对流进行换热，水分得以蒸发并得到最终产品。间接干燥是指热烟气的热量通过热交换器，传给某种介质后再与湿物料传导或接触进行换热，水分得以蒸发并得到最终产品。

6.5.6　本条为强制性条款。本条款规定了对导热油闪点温度的要求。导热油的闪点温度必须高于运行温度，才能保证间接干燥过程的安全。

7 协同处置系统

7.1 一般规定

7.1.1 本条为强制性条款。本条款规定了水泥窑协同处置污泥投入的温度区域及烟气停留时间，按照现行国家标准《生活垃圾焚烧污染控制标准》GB 18485制定此规定。

7.2 进料系统

7.2.5 此条规定了可从窑尾烟室处喂入污泥的要求：

1 强制给料设备宜为喷枪，应设置压缩空气吹堵设施。

2 本款规定目的是防止烟室内部因温度剧烈变化造成局部堵塞结皮。

8 烟气净化系统

8.1 一般规定

8.1.1 本条为强制性条款。污泥协同处置产生烟气并没有相应的国家污染控制标准，可参考现行国家标准《生活垃圾焚烧污染控制标准》GB 18485、《水泥工业大气污染物排放标准》GB 4915及《大气污染物综合排放标准》GB 16297的规定执行。

8.1.2 烟气净化工艺主要去除的污染物包括HCl、SO_2、CO、NO_X、HF、二噁英等，各种污染物的成分随污泥成分的波动不断变化，要求烟气净化工艺系统有较宽的适应范围。

8.2 收尘

8.2.1 污泥在干化处理后呈粉状或细颗粒状，与空气混合形成的含粉尘混合气常常是易于爆炸的危险品。为了防止生产过程中发生意外事故，应做好干料粒度、温度、一氧化碳含量、氧气含量等危险因素的实时监测工作，并设置必要的消防灭火装置。

8.3 恶臭气体处理

8.3.1 控制恶臭气体排放的方法目前广泛应用的包括化学氧化法、化学吸收法、生物滴滤法、活性炭吸附法、燃烧法、光催化氧化法、低温等离子体法、微波催化氧化技术及以上工艺的联合使用等，工厂可依据处置污泥后烟气排放的实际情况选用。

8.3.2 本条为强制性条款。引自现行国家标准《恶臭污染物排放标准》GB 14554中二级指标值。

9 污水处理系统

9.0.1 影响污水处理系统工艺选择的因素有以下几个方面：不同污水处理工艺产生的污泥泥质不同；污泥直接干化工艺、间接干化工艺及深度脱水工艺等产生的污水水质及水量有很大差别。污泥直接干化工艺及石灰干化工艺产生的污水以设备清洗、冷却用水为主，可考虑与水泥厂污水处理共同设置污水处理设施。污泥间接干化工艺产生的污水以污泥干化冷凝水为主，水质中BOD_5、COD、总氮等指标较高，应单独设计污水处理系统，处理达标后方可排放。污泥深度脱水工艺过程添加了化学药剂，污水中污染物含量高，污水量大，也应单独设计污水处理系统。污水处理系统的设计宜参照现行国家标准《室外排水设计规范》GB 50014的规定。

9.0.2 本条为强制性条款。污泥预处理过程中产生的废水BOD_5、COD、总氮等指标较高，应经过污水处理系统处理达标后方可排放。

9.0.3 本条中要求处置污泥过程中产生的废水应本着节约用水的原则，提高水的重复利用率，尽可能回收再利用，以减少废水排放量，从而减少对环境的污染。

10 环境保护与职业安全卫生

10.0.1 本条为强制性条款。污泥带有一定的环境污染性。工厂内应设置污泥泄漏、系统紧急停机等情况下的应急措施，防止危及公共安全及环境安全的事故发生。

10.0.3 应考虑噪声源的控制，减少对厂区周围环境的噪声影响，厂区工艺应合理布置，并应优先选择噪声低、振动小的设备。

10.0.4 本条文根据《中华人民共和国职业病防治法》制定。**10.0.6** 防护用品包括防护服，防护面具、手套等。

中华人民共和国国家标准

有色金属加工厂节能设计规范

Code for design of energy conservation in non-ferrous metals processing plants

GB 50758—2012

主编部门：中 国 有 色 金 属 工 业 协 会
批准部门：中华人民共和国住房和城乡建设部
施行日期：2 0 1 2 年 1 0 月 1 日

中华人民共和国住房和城乡建设部
公　　告

第1416号

关于发布国家标准《有色金属加工厂节能设计规范》的公告

现批准《有色金属加工厂节能设计规范》为国家标准，编号为GB 50758—2012，自2012年10月1日起实施。其中，第1.0.3、1.0.5、3.2.7（1）、3.3.7条（款）为强制性条文，必须严格执行。

本规范由我部标准定额研究所组织中国计划出版社出版发行。

中华人民共和国住房和城乡建设部
二〇一二年五月二十八日

前　言

本规范是根据建设部《关于印发〈2005年工程建设标准规范制订、修订计划（第二批）〉的通知》（建标函〔2005〕124号）的要求，由中色科技股份有限公司会同有关单位共同编制完成。

本规范在编制过程中，编制组进行了广泛深入的调查研究，总结了国内生产实践经验，吸收了近年来有色金属加工先进的工艺技术、技术装备和科技成果，通过反复讨论，并广泛征求了有关设计、科研、生产等单位的意见，最后经审查定稿。

本规范共分5章，主要技术内容包括：总则、术语、铝及铝合金加工节能、铜及铜合金加工节能、公用设施节能等。

本规范中以黑体字标志的条文为强制性条文，必须严格执行。

本规范由住房和城乡建设部负责管理和对强制性条文的解释，由中国有色金属工业工程建设标准规范管理处负责日常管理工作，由中色科技股份有限公司负责具体技术内容的解释。本规范在执行过程中，请各单位注意总结经验，积累资料，随时将有关意见和建议反馈给中色科技股份有限公司（地址：洛阳市涧西区西苑路1号，邮政编码：471039），以便今后修订时参考。

本规范主编单位、参编单位、主要起草人和主要审查人：

主编单位： 中色科技股份有限公司
中国有色金属工业工程建设标准规范管理处

参编单位： 西南铝业（集团）有限责任公司
中铝洛阳铜业有限公司
东北轻合金有限责任公司
中铝包头铝业有限公司

主要起草人： 余铭皋　陈　策　张满友　王俊才
施修峰　田明焕　袁盛厚　林道新
陈李招　范瑞猷　杨春晖　李　辉
苏小新　李俊峰　杨晓霞　杭晓玲
杨敬协　罗傅华　段军伟　周迎光
赵晶磊　袁贺菊　夏　震　许冠浩
陈曙光　何　淼　龚　燃　陈　全
邴业英　曹学立　吴启明　牛红军
刘　英　周　志

主要审查人： 王自焘　宋禹田　刘光汉　吴维治
张中秋　徐　曾　马可定　高作文

目　次

Contents

1 总　则

1.0.1 为使有色金属加工工程建设项目的节能设计全面贯彻节约能源的法律法规，提高能源利用效率，达到合理利用能源和节约能源，制定本规范。

1.0.2 本规范适用于有色金属加工企业铜、铝加工项目新建、改建和扩建工程的节能设计。

1.0.3 固定资产投资项目可行性研究报告及初步设计文件必须包括节能篇（章）。

1.0.4 节能篇（章）中的节能设计应符合本规范有关节能措施的要求。

1.0.5 新建、改建和扩建项目的能耗，均应达到本规范表3.2.7和表3.3.7的三级能耗指标。

1.0.6 新建、改建和扩建项目应采用节约能源的新工艺、新技术和新装备，严禁采用国家明令淘汰的工艺、技术和设备。

1.0.7 有色金属加工厂的节能设计，除应符合本规范外，尚应符合国家现行有关标准的规定。

2 术　语

2.0.1 软合金　mild alloy

易于进行塑性加工成形的变形铝合金。

2.0.2 硬合金　hard alloy

难于进行塑性加工成形的变形铝合金。

2.0.3 扁锭　slab

用熔炼、铸造方法生产，供塑性加工（主要是热轧）等用的铸造产品。

2.0.4 圆锭　billet

用熔炼、铸造方法生产，供塑性加工（主要是挤压）等用的产品。分实心圆锭和空心圆锭。

2.0.5 连续铸轧　continuous cast-rolling

在两个相对旋转的被水冷却的轧辊辊缝间不断输入液态金属，通过冷却、铸造、连续轧出板卷坯料。简称为连铸轧或铸轧。

2.0.6 连铸连轧　continuous casting and rolling

熔融金属在连续铸造机结晶腔中凝固后，在同一条作业线上进行轧制、剪切、卷取等工序制得坯料的方法。

2.0.7 连续铸造　continuous casting

熔融金属连续注入水冷结晶器，随着金属液凝固，连续地从结晶器另一端将铸锭引出的铸造方法。包括立式连续铸造和水平连续铸造等方法。

2.0.8 热轧　hot rolling

金属在再结晶温度以上进行的轧制。

2.0.9 冷轧　cold rolling

金属在再结晶温度以下进行的轧制。

2.0.10 挤压　extrusion

用施加外力的方法使处于耐压容器中承受三向压应力状态的金属产生塑性变形。

2.0.11 拉伸　drawing

金属坯料在拉伸力的作用下，通过截面积逐渐减小的拉伸模孔，获得与模孔尺寸、形状相同的制品的金属塑性成形的方法。

2.0.12 阳极氧化　anodizing

以金属制品为阳极，置于电解质溶液中，通以电流，由于电化学的作用，在制品表面生成一定厚度的氧化膜的过程。

2.0.13 着色　coloring

使未封孔的阳极氧化膜生成各种色调的过程。

2.0.14 电解着色　electrolytic coloring

阳极氧化后，铝制品置于含金属盐的溶液中进行二次电解，金属阳离子渗入针孔底部还原沉积，而使膜层着色的方法。也称二次电解着色法或浅田法。

2.0.15 封孔　sealing

使阳极氧化或电解着色膜的多孔质层封闭的过程。

2.0.16 静电粉末喷涂　electrostatic powder spraying

工件在静电场中吸附带电荷的粉末微粒的涂装工艺。铝材经表面预处理且干燥后进入喷粉室，在强电场中通过粉末喷枪，将带负电荷的树脂粉末均匀喷涂到铝材表面，并达到一定厚度。

2.0.17 固化　curing

通过炉内热气流平衡加热，固化已涂敷在材料表面的涂料的过程。

2.0.18 板材　sheet

横截面为矩形或均匀变化，均一厚度（铝大于0.20mm，铜大于0.20mm）的扁平轧制产品，板材厚度不大于宽度的1/10。

2.0.19 带材　strip

横截面为矩形，均一厚度（铝大于0.20mm，铜大于0.05mm）的扁平轧制产品，带材厚度不大于宽度的1/10。

2.0.20 箔材　foil

具有矩形横截面，均一厚度（铝小于0.20mm，铜小于0.05mm）的轧制产品。

2.0.21 管材　tube

沿整个长度方向横截面均一、壁厚均一，且只有一个封闭孔的空心加工产品。

2.0.22 棒材　rod/bar

沿整个长度方向横截面均一，以直条状供货的实心加工产品。

2.0.23 线材　wire

沿整个长度方向上横截面均一，以卷状供货的实心加工产品。

2.0.24 型材　profile

沿整个长度方向上具有均一横截面，而横截面形状不同于板材、带材、棒材、线材的加工产品。

2.0.25 耗能工质　energy-consumed medium

指在生产过程中所消耗的不作为原料使用，也不进入产品，制取时需要消耗能源的工作物质，包括生产过程中使用的压缩空气、氮气、氯气、氩气、氧气、氢气、蒸汽等。

2.0.26 能源等值　energy equivalent value

指生产单位数量的二次能源或耗能工质所消耗的各种能源折算成一次能源的能量。

2.0.27 工艺能耗　process energy consumption

指生产某一品种加工产品的工艺过程的能耗和生产该品种所需能耗工质的能耗之和。

2.0.28 综合能耗　complex energy consumption

指统计报告期内实际消耗的各种能源的实物量，按规定的计算方法和单位分别折算后的总和。

2.0.29 产品单位产量综合能耗　complex energy consumption for unit output of product

指统计报告期内生产某种产品的综合能耗与同期该种产品合格总产量的比值。简称单位产品综合能耗。

2.0.30 标准煤　coal equivalent (CE)

将不同品种的能源，按各自不同的含热量折合成为一种标准含量的统一计算单位的能源，也称为煤当量。每千克标准煤为8.1367kW·h或29.307MJ。

3　铝及铝合金加工节能

3.1　铝及铝合金熔炼铸造

3.1.1 电解铝液为主配料的软合金扁锭熔铸应符合下列规定：

1 工艺流程宜按图3.1.1确定。

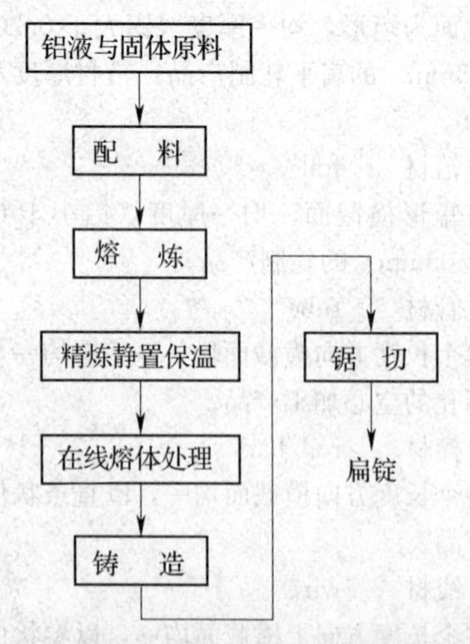

图3.1.1　电解铝液为主配料的扁锭生产工艺流程

2 电解铝液为主配料的软合金扁锭熔铸能耗指标应符合表3.1.1-1的要求。

表3.1.1-1　电解铝液为主配料的软合金扁锭熔铸能耗指标（kgCE/t）

级　别	一级	二级	三级
能耗指标	54	63	78

注：本表能耗指标按电解铝液占总投料量的65%，固体料占总投料量的35%的条件下确定。

3 当固体料占总投料量的比例α大于35%时，能耗指标应在表3.1.1-1的基础上加上修正值。

4 电解铝液为主配料的软合金扁锭熔铸能耗指标修正值应符合表3.1.1-2的规定。α值可按下式计算：

$$\alpha=\frac{\text{固体料投料量}}{\text{总投料量}} \tag{3.1.1}$$

表3.1.1-2　电解铝液为主配料的软合金扁锭熔铸能耗指标修正值（kgCE/t）

级　别	一级	二级	三级
能耗指标修正值	+79×(α-0.35)	+93×(α-0.35)	+102×(α-0.35)

3.1.2 固体配料的软合金扁锭熔铸应符合下列规定：

1 工艺流程宜按图3.1.2确定。

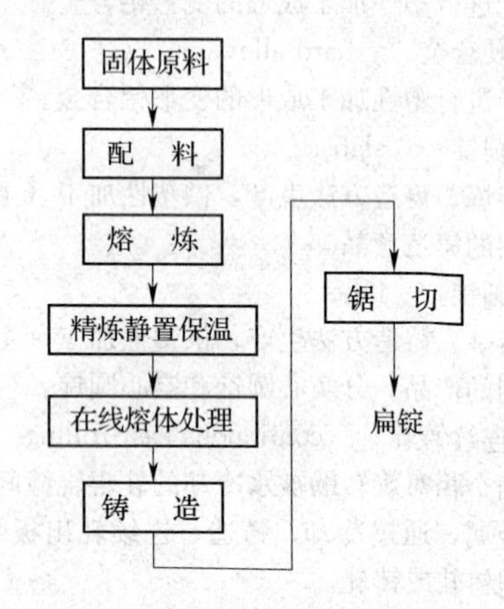

图3.1.2　固体料配料的软合金扁锭熔铸工艺流程

2 固体料配料的软合金扁锭熔铸能耗指标应符合表3.1.2的要求。

表3.1.2　固体料配料的软合金扁锭熔铸能耗指标（kgCE/t）

级　别	一级	二级	三级
能耗指标	105	124	144

3.1.3 固体配料的硬合金扁锭熔铸应符合下列规定：

1 工艺流程宜按图3.1.3确定。

2 固体配料的硬合金扁锭熔铸能耗指标应符合表3.1.3-1的要求。

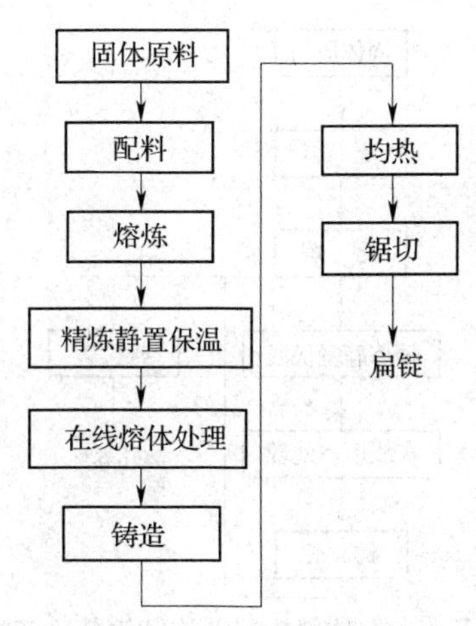

图 3.1.3 固体配料的硬合金扁锭熔铸工艺流程

表 3.1.3-1 固体配料的硬合金扁锭熔铸能耗指标（kgCE/t）

级　别	一级	二级	三级
能耗指标	113	135	160

注：本表能耗指标按硬合金扁锭占15%条件下固体配料硬合金扁铸锭的熔铸。

3　当硬合金扁锭占总扁锭量的比例 α 大于 15% 时，能耗指标应在表 3.1.3-1 的基础上加上修正值。

4　固体料配料的硬合金扁铸锭熔铸能耗指标修正值应符合表 3.1.3-2 的规定。α 值可按下式计算：

$$\alpha=\frac{\text{硬合金扁锭量}}{\text{总扁锭量}} \quad (3.1.3)$$

表 3.1.3-2 固体料配料的硬合金扁铸锭熔铸能耗指标修正值（kgCE/t）

级　别	一级	二级	三级
能耗指标修正值	$+58\times(\alpha-0.15)$	$+76\times(\alpha-0.15)$	$+106\times(\alpha-0.15)$

3.1.4　电解铝液为主配料的软合金实心圆锭和空心圆锭熔铸应符合下列规定：

1　工艺流程宜按图 3.1.4 确定。

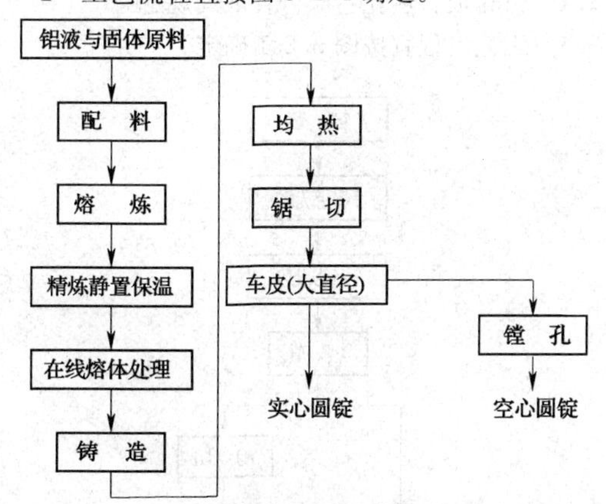

图 3.1.4　铝液为主配料的软合金实心圆锭和空心圆锭熔铸工艺流程

2　电解铝液为主配料的软合金实心圆锭和空心圆锭熔铸能耗指标应符合表 3.1.4-1 的要求。

表 3.1.4-1 电解铝液为主配料的软合金实心圆锭和空心圆锭熔铸能耗指标（kgCE/t）

级　别	一级	二级	三级
能耗指标	96	118	140

注：本表能耗指标按电解铝液占总投料量的65%，固体料占总投料量的35%的条件下确定。

3　当固体料占总投料量的比例 α 大于 35%时，电解铝液为主配料的软合金实心圆锭和空心圆锭能耗指标应在表 3.1.4-1 的基础上加上修正值。

4　电解铝液为主配料的软合金实心圆锭和空心圆锭熔铸能耗指标修正值应符合表 3.1.4-2 的规定。α 值可按下式计算：

$$\alpha=\frac{\text{固体料投料量}}{\text{总投料量}} \quad (3.1.4)$$

表 3.1.4-2 电解铝液为主配料的软合金实心圆锭和空心圆锭熔铸能耗指标修正值（kgCE/t）

级　别	一级	二级	三级
能耗指标修正值	$+87\times(\alpha-0.35)$	$+99\times(\alpha-0.35)$	$+105\times(\alpha-0.35)$

3.1.5　固体料配料的软合金实心圆锭和空心圆锭熔铸应符合下列规定：

1　工艺流程宜按图 3.1.5 确定。

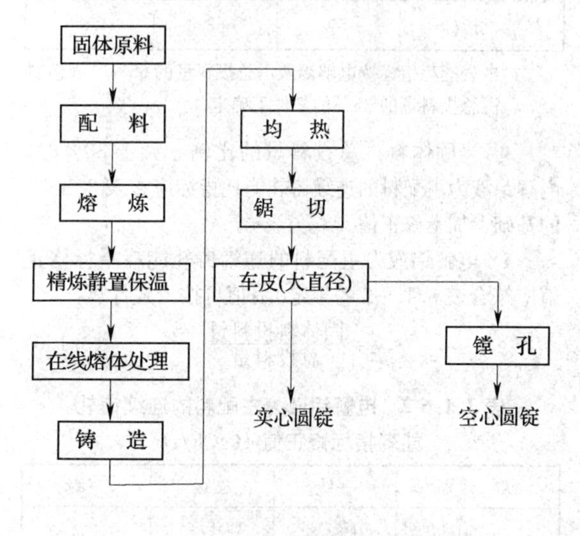

图 3.1.5　固体料配料的软合金实心圆锭和空心圆锭熔铸工艺流程

2　固体料配料的软合金实心圆锭和空心圆锭熔铸能耗指标应符合表 3.1.5 的要求。

表 3.1.5 固体料配料的软合金实心圆锭和空心圆锭熔铸能耗指标 (kgCE/t)

级 别	一级	二级	三级
能耗指标	152	182	208

3.1.6 电解铝液为主配料的连续铸轧应符合下列规定：

1 工艺流程宜按图 3.1.6 确定。

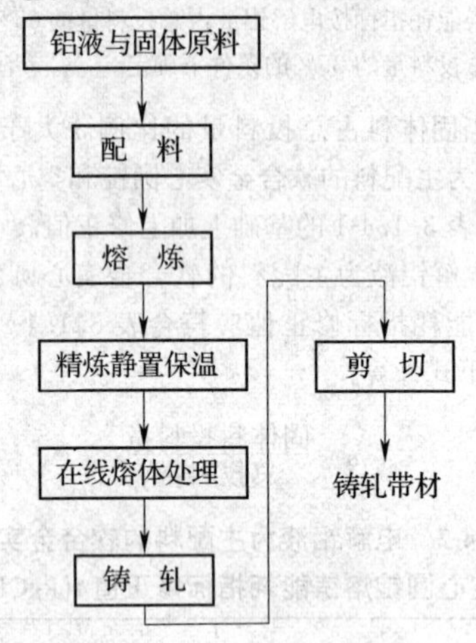

图 3.1.6 电解铝液为主配料的连续铸轧工艺流程

2 电解铝液为主配料的连续铸轧能耗指标应符合表 3.1.6-1 的要求。

表 3.1.6-1 电解铝液为主配料的连续铸轧能耗指标 (kgCE/t)

级 别	一级	二级	三级
能耗指标	50	63	79

注：本表能耗指标按电解铝液占总投料量的 65%，固体料占总投料量的 35%的条件下确定。

3 当固体料占总投料量的比例 α 大于 35%时，电解铝液为主配料的连续铸轧能耗指标应在表 3.1.6-1 的基础上加上修正值。

4 电解铝液为主配料的连续铸轧能耗指标修正值应符合表 3.1.6-2 的规定。α 值可按下式计算：

$$\alpha=\frac{固体料投料量}{总投料量} \tag{3.1.6}$$

表 3.1.6-2 电解铝液为主配料的连续铸轧能耗指标修正值 (kgCE/t)

级 别	一级	二级	三级
能耗指标修正值	$+84\times(\alpha-0.35)$	$+95\times(\alpha-0.35)$	$+104\times(\alpha-0.35)$

3.1.7 固体料配料的连续铸轧应符合下列规定：

1 工艺流程宜按图 3.1.7 确定。

2 固体料配料的连续铸轧能耗指标应符合表 3.1.7 的要求。

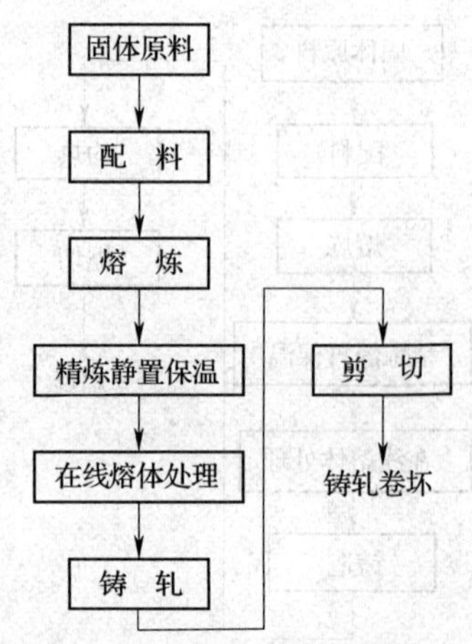

图 3.1.7 固体料配料的连续铸轧工艺流程

表 3.1.7 固体料配料的连续铸轧能耗指标 (kgCE/t)

级 别	一级	二级	三级
能耗指标	105	125	146

3.1.8 铝熔铸节能措施应符合下列规定：

1 应部分或全部采用电解铝液配料生产锭坯，电解铝厂的环保治理情况较好时，熔铸厂房应靠近电解铝厂，并应充分利用液态铝资源。

2 燃气或燃油熔铝炉、保温炉应采用高效节能燃烧系统，熔铝炉宜采用蓄热式烧嘴。

3 熔铝炉、保温炉应采用全自动控制技术。

4 熔铝炉宜使用磁力搅拌技术。

5 除均热后可锯切、铣面的合金扁铸锭外，其他扁铸锭宜采用均热与热轧加热合并的生产工艺。

6 三级废料应处理后再加入熔化炉。

7 熔铝炉、保温炉产生的热铝渣应采取残铝回收措施。

3.2 铝及铝合金压延

3.2.1 热轧板、热轧卷应符合下列规定：

1 工艺流程宜按图 3.2.1 确定。

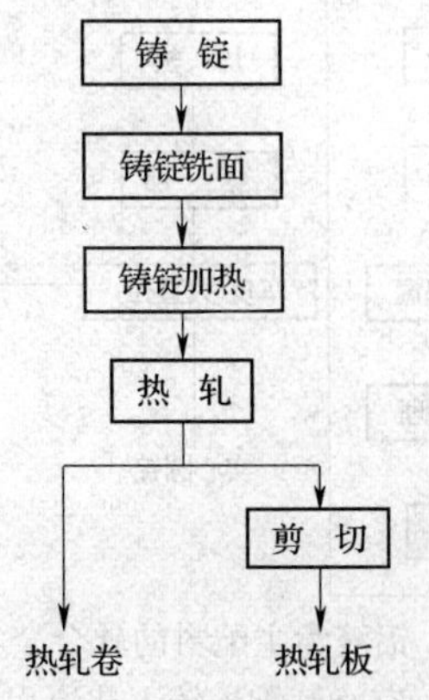

图 3.2.1 热轧板、热轧卷工艺流程

2　热轧板、热轧卷能耗指标应符合表 3.2.1-1 的要求。

表 3.2.1-1　热轧板、热轧卷能耗指标（kgCE/t）

级　　别		一级	二级	三级
能耗指标	普通热轧铝板、热轧卷	69	81	94
	连铸连轧卷坯（包括铸造，不包括熔炼）	15	18	22

注：本表能耗指标适用于软合金普通热轧板、热轧卷及连铸连轧卷坯。

3　生产硬合金热轧板、热轧卷时，能耗指标应在表 3.2.1-1 的基础上加上修正值。

4　热轧板、热轧卷能耗指标修正值应符合表 3.2.1-2 的规定。α 值可按下式计算：

$$\alpha=\frac{\text{硬合金热轧板和热轧卷产量}}{\text{总的热轧板和热轧卷产量}} \quad (3.2.1)$$

表 3.2.1-2　热轧板、热轧卷能耗指标修正值（kgCE/t）

级　　别	一级	二级	三级
能耗指标修正值	$+89\times\alpha$	$+103\times\alpha$	$+120\times\alpha$

3.2.2　热轧中厚板应符合下列规定：

1　工艺流程宜按图 3.2.2 确定。

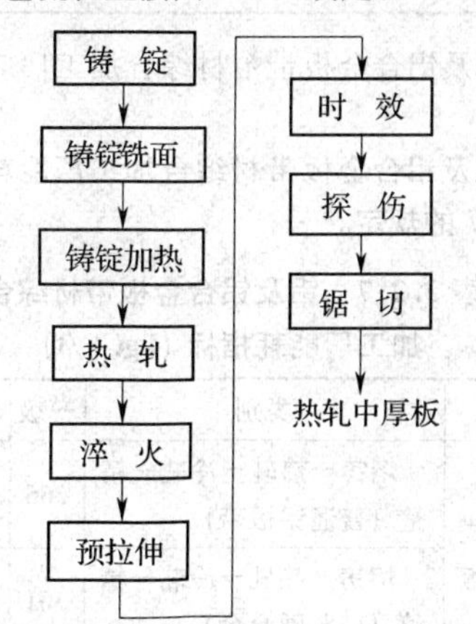

图 3.2.2　热轧中厚板（5mm 以上）的生产工艺流程

2　热轧中厚板能耗指标应符合表 3.2.2-1 的要求。

表 3.2.2-1　热轧中厚板能耗指标（kgCE/t）

级　　别	一级	二级	三级
能耗指标	107	120	140

注：本表能耗指标按 2 系、6 系、7 系合金不超过 60％的条件下确定。

3　当 2 系、6 系、7 系合金中厚板产量占总的中厚板产量的比例 α 超过 60％时，能耗指标应在表 3.2.2-1 的基础上加上修正值。

4　热轧中厚板能耗指标修正值应符合表 3.2.2-2 的规定。α 值可按下式计算：

$$\alpha=\frac{\text{2 系、6 系和 7 系中厚板产量}}{\text{总的中厚板产量}} \quad (3.2.2)$$

表 3.2.2-2　热轧中厚板能耗指标修正值（kgCE/t）

级　　别	一级	二级	三级
能耗指标修正值	$+70\times(\alpha-0.6)$	$+85\times(\alpha-0.6)$	$+96\times(\alpha-0.6)$

3.2.3　热轧卷为坯料的冷轧铝板带应符合下列规定：

1　工艺流程宜按图 3.2.3 确定。

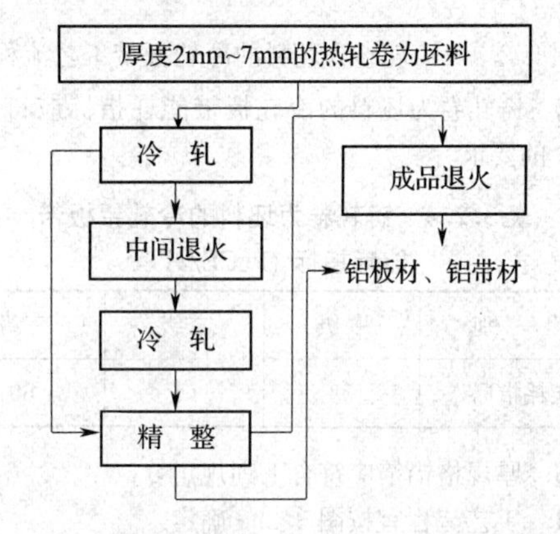

图 3.2.3　热轧卷为坯料的冷轧铝板带工艺流程

2　热轧卷为坯料的冷轧铝板带能耗指标应符合表 3.2.3-1 的要求。

表 3.2.3-1　热轧卷为坯料的冷轧铝板带能耗指标（kgCE/t）

级　　别	一级	二级	三级
能耗等级指标	53	63	71

注：本表能耗指标按 2 系、6 系、7 系合金不超过 6％的条件下确定。

3　当 2 系、6 系、7 系合金冷轧铝板带产量占总的冷轧铝板带产量的比例 α 超过 6％时，能耗指标应在表 3.2.3-1 的基础上加上修正值。

4　热轧卷为坯料的冷轧铝板带能耗指标修正值应符合表3.2.3-2的规定。α 值可按下式计算：

$$\alpha=\frac{\text{2 系、6 系和 7 系冷轧铝板带产量}}{\text{总的冷轧铝板带产量}} \quad (3.2.3)$$

表 3.2.3-2　热轧卷为坯料冷轧铝板带能耗指标修正值（kgCE/t）

级　　别	一级	二级	三级
能耗指标修正值	$+98\times(\alpha-0.06)$	$+120\times(\alpha-0.06)$	$+148\times(\alpha-0.06)$

3.2.4　铸轧卷为坯料的冷轧板带应符合下列规定：

1　工艺流程宜按图 3.2.4 确定。

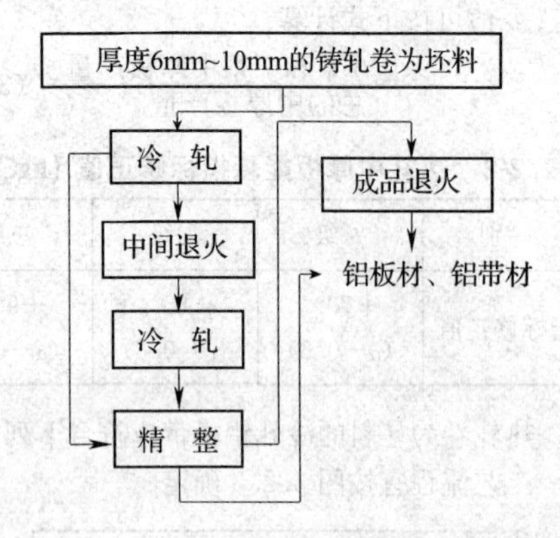

图 3.2.4　铸轧卷为坯料的冷轧板带工艺流程

2　铸轧卷为坯料的冷轧板带能耗指标应符合表 3.2.4 的要求。

表 3.2.4　铸轧卷为坯料的冷轧铝板带能耗指标（kgCE/t）

级　别	一级	二级	三级
能耗指标	53	61	69

3.2.5　厚规格铝箔应符合下列规定：

1　工艺流程宜按图 3.2.5 确定。

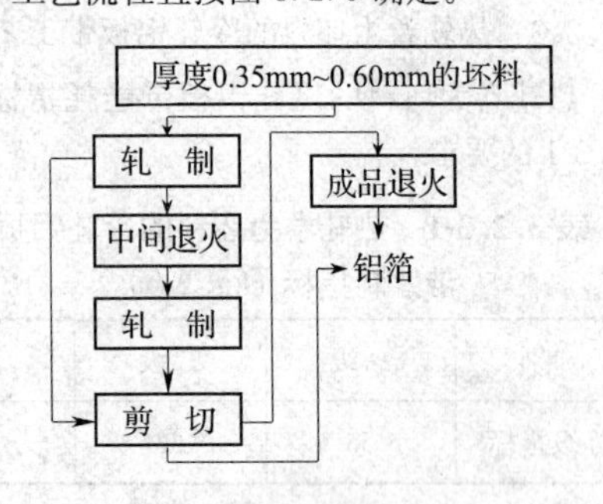

图 3.2.5　厚规格铝箔工艺流程

2　厚规格铝箔能耗指标应符合表 3.2.5 的要求。

表 3.2.5　厚规格铝箔能耗指标（kgCE/t）

级　别	一级	二级	三级
能耗指标	45	50	57

3.2.6　薄规格铝箔应符合下列规定：

1　工艺流程宜按图 3.2.6 确定。

2　薄规格铝箔能耗指标应符合表 3.2.6-1 的要求。

表 3.2.6-1　薄规格铝箔能耗指标（kgCE/t）

级　别	一级	二级	三级
能耗指标	132	147	165

注：本表能耗指标按双零箔产量不大于 90% 的条件下确定。

3　当双零箔产量占铝箔总产量的比例 α 大于

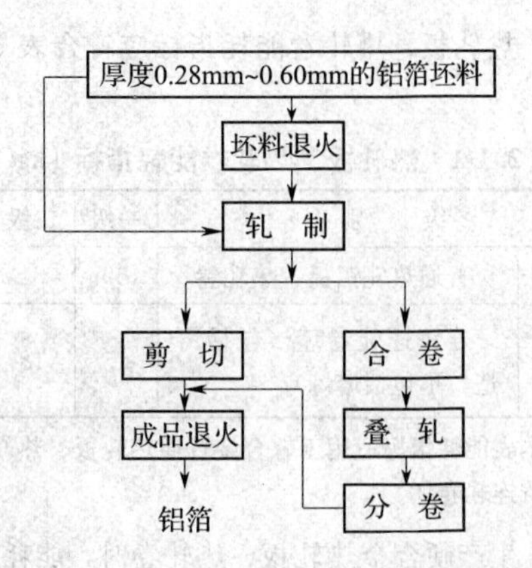

图 3.2.6　薄规格铝箔工艺流程

90%时，能耗指标应在表 3.2.6-1 的基础上加上修正值。

4　薄规格铝箔能耗指标修正值应符合表 3.2.6-2 的规定。α 值可按下式计算：

$$\alpha=\frac{\text{双零箔产量}}{\text{铝箔总产量}} \tag{3.2.6}$$

表 3.2.6-2　薄规格铝箔能耗指标修正值（kgCE/t）

级　别	一级	二级	三级
能耗指标修正值	$+76\times(\alpha-0.9)$	$+87\times(\alpha-0.9)$	$+97\times(\alpha-0.9)$

3.2.7　铝及铝合金板带箔材综合加工厂应符合下列规定：

1　铝及铝合金板带材综合加工厂能耗指标应符合表 3.2.7 的规定。

表 3.2.7　铝及铝合金板带材综合加工厂能耗指标（kgCE/t）

生产方式	类别	一级	二级	三级
热轧方式生产的铝板带厂	熔铸—热轧—冷轧—精整（普通铝板带）	266	321	350
	熔铸—热轧—冷轧—精整（15%硬合金）	301	365	438
	熔铸—中厚板生产	291	357	439
铸轧方式生产的铝板带厂	固体料—铸轧—冷轧—精整（普通铝板带）	177	212	250
	电解铝液＋固体料—铸轧—冷轧—精整（普通铝板带）	112	137	167

2　铝及铝合金板带箔综合加工厂所属铝箔分厂或铝箔车间的能耗等级指标应符合表 3.2.5 和表 3.2.6-1 的要求。

3.2.8　铝及铝合金压延节能措施应符合下列规定：

1　制罐料热轧终轧温度宜控制在再结晶温度以上。

2　冷轧、箔轧轧制宜采用强力高效的吹扫装置，冷轧带材表面残油量不应大于 70mg/m² (双面)，箔轧带材表面残油量不应大于 50mg/m² (双面)。

3 采用轧制油作为冷却介质的冷轧机、铝箔轧机，在生产过程中宜配置油洗式烟雾净化和轧制油再生装置。

4 中厚板生产中宜采用辊底式淬火炉。

5 可在乳液系统中增加在线撇油装置。

3.3 铝及铝合金挤压

3.3.1 铝型材应符合下列规定：

1 工艺流程宜按图 3.3.1 确定。

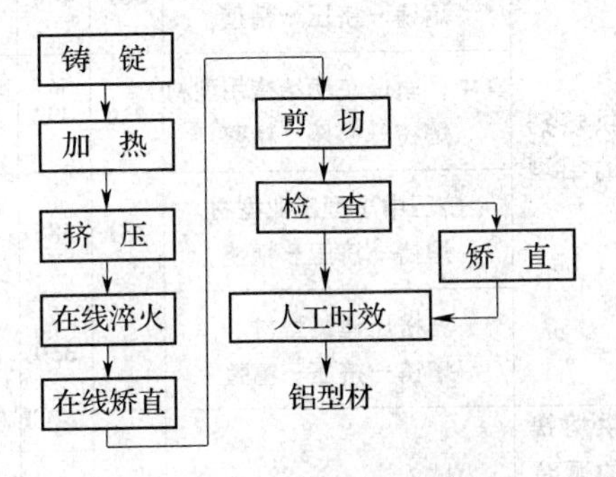

图 3.3.1 铝型材工艺流程

2 铝型材能耗指标应符合表 3.3.1 的要求。

表 3.3.1 铝型材能耗指标 (kgCE/t)

级别		一级	二级	三级
能耗指标	大型工业型材工艺	192	212	232
	中小型工业型材工艺	141	156	172
	建筑型材工艺	115	128	141

3.3.2 硬合金综合管棒型材应符合下列规定：

1 工艺流程宜按图 3.3.2 确定。

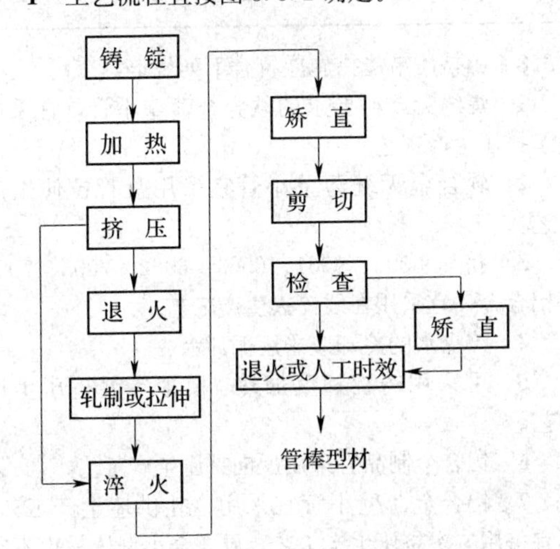

图 3.3.2 硬合金综合管棒型材工艺流程

2 硬合金综合管棒型材能耗指标应符合表 3.3.2 的要求。

表 3.3.2 硬合金综合管棒型材能耗指标 (kgCE/t)

级 别	一级	二级	三级
能耗指标	231	254	278

注：本表能耗指标是按硬合金产品产量占挤压材总产量 50%的条件下确定的。

3 当硬合金产品的产量不等于 50%时，能耗指标应在表3.3.2的基础上进行修正。修正后的指标值应按下式计算：

$$修正后的指标=表\ 3.3.2\ 中的能耗指标\times(1\pm K) \quad (3.3.2)$$

式中：K——硬合金材产量占总产量不等于 50%时增加或减少的百分数。

3.3.3 硬合金型棒材能耗应符合下列规定：

1 工艺流程宜按图 3.3.3 确定。

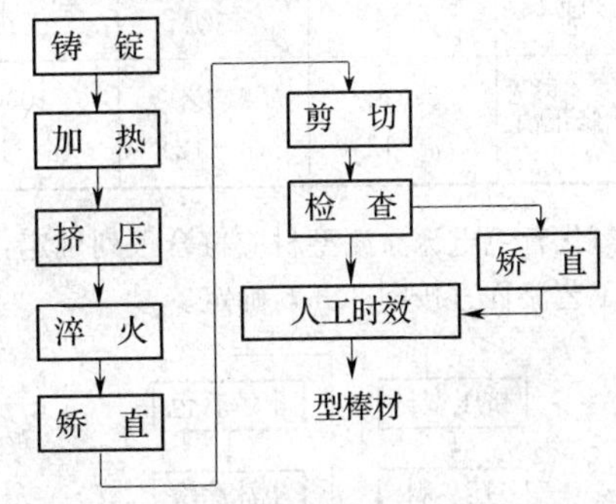

图 3.3.3 硬合金型棒材工艺流程

2 硬合金型棒材能耗指标应符合表 3.3.3 的要求。

表 3.3.3 硬合金型棒材能耗指标 (kgCE/t)

级 别	一级	二级	三级
能耗指标	208	229	251

注：本表能耗指标按硬合金产品产量占挤压材总产量 50%的条件下确定。

3 当硬合金材的产量不等于 50%时，能耗指标应在表 3.3.3 的基础上进行修正。修正后的指标值应按下式计算：

$$修正后的指标=表\ 3.3.3\ 中的能耗指标\times(1\pm K) \quad (3.3.3)$$

式中：K——硬合金材产量占总产量不等于 50%时增加或减少的百分数。

3.3.4 氧化着色低温封孔型材应符合下列规定：

1 工艺流程宜按图 3.3.4 确定。

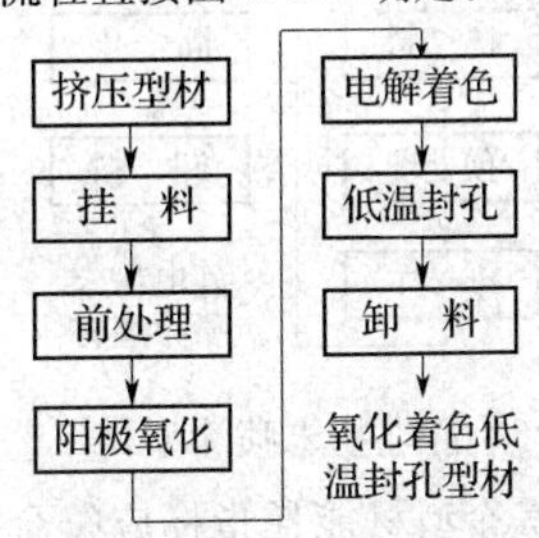

图 3.3.4 氧化着色低温封孔生产工艺流程

2　氧化着色低温封孔型材能耗指标应符合表3.3.4-1的要求。

表 3.3.4-1　氧化着色低温封孔型材能耗指标（kgCE/t）

级　别	一级	二级	三级
能耗指标	150	162	173

注：本表能耗指标按氧化膜厚度为12μm的条件下确定。

3　当氧化膜厚度α不等于12μm时，能耗指标应在表3.3.4-1的基础上加上修正值。氧化着色低温封孔型材能耗指标修正值应符合表3.3.4-2的规定。

表 3.3.4-2　氧化着色低温封孔型材能耗指标修正值（kgCE/t）

级　别	一级	二级	三级
能耗指标修正值	$8.5\times(\alpha-12)$	$9.3\times(\alpha-12)$	$10\times(\alpha-12)$

3.3.5　氧化着色电泳涂漆型材应符合下列规定：

1　工艺流程宜按图3.3.5确定。

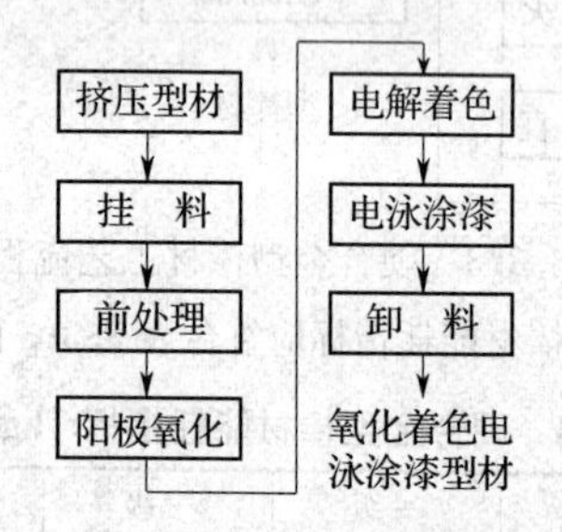

图3.3.5　氧化着色电泳涂漆型材工艺流程

2　氧化着色电泳涂漆型材能耗指标应符合表3.3.5的要求。

表 3.3.5　氧化着色电泳涂漆型材能耗指标（kgCE/t）

级　别	一级	二级	三级
能耗指标	178	192	206

3.3.6　静电粉末喷涂型材应符合下列规定：

1　工艺流程宜按图3.3.6确定。

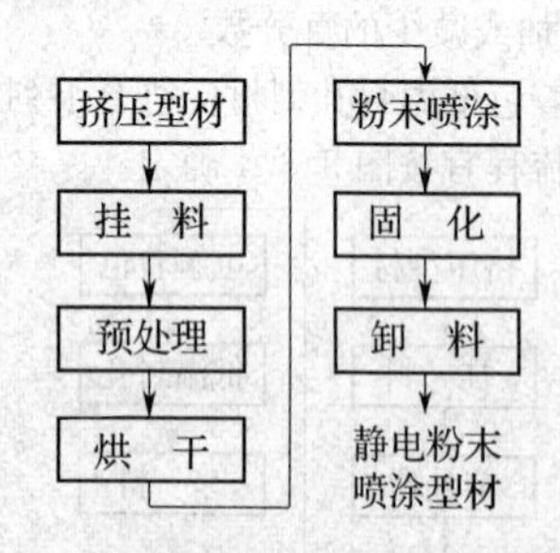

图3.3.6　静电粉末喷涂型材工艺流程

2　静电粉末喷涂型材能耗指标应符合表3.3.6的要求。

表 3.3.6　静电粉末喷涂型材能耗指标（kgCE/t）

级　别	一级	二级	三级
能耗指标	90	97	104

3.3.7　铝及铝合金挤压材综合加工厂能耗指标应符合表3.3.7的规定。

表 3.3.7　铝及铝合金挤压材综合加工厂指标（kgce/t）

生产方式	类　别	一级	二级	三级
自供熔铸铸锭的铝型材厂	挤压大型工业型材 熔铸—挤压—精整	387	448	509
	其中，轨道车辆结构用型材 熔铸—挤压—精整	416	492	567
	挤压中小型工业型材 熔铸—挤压—精整	331	386	442
	挤压建筑型材 熔铸—挤压—精整	307	350	350
自供熔铸铸锭的硬合金综合管棒型材厂	熔铸—挤压—精整	444	514	586
自供熔铸铸锭的硬合金型棒材厂	熔铸—挤压—精整	415	482	551
氧化着色低温封孔	氧化着色低温封孔	150	162	173
氧化着色电泳涂漆	氧化着色电泳涂漆	178	192	206
静电粉末喷涂	静电粉末喷涂	90	97	104

3.3.8　铝挤压节能措施应符合下列规定：

1　焊缝无严格要求的软合金薄壁小管，宜采用连续挤压生产工艺。

2　软合金无缝薄壁小管宜采用盘管拉伸生产工艺。

3　挤压6005、6061、6063、6082、7003、7005等铝合金，宜采用在线淬火生产工艺。

4　淬火水的冷却应采用循环水。

5　可采用铸锭梯度加热、模拟等温挤压生产工艺。

6　铝合金制品宜采用反向挤压生产工艺。

7　铝合金薄壁小管宜采用冷轧供坯生产工艺，不宜采用二次挤压生产工艺；硬合金小型棒材也不宜采用二次挤压生产工艺，宜采用直接铸锭挤压的一次挤压生产工艺。

8　表面处理生产线的清洗水，宜经处理后部分重复使用。

9 氧化、电解着色和电泳涂漆槽液的冷却，低温季节可直接采用冷水机组的冷却循环水冷却。

10 镍盐电解着色和电泳涂漆应采用镍回收和漆回收工艺。

11 建筑型材宜采用长锭加热热剪切生产工艺。

4 铜及铜合金加工节能

4.1 铜及铜合金熔炼铸造

4.1.1 铜及铜合金半连续铸造应符合下列规定：

1 工艺流程宜按图 4.1.1 确定。

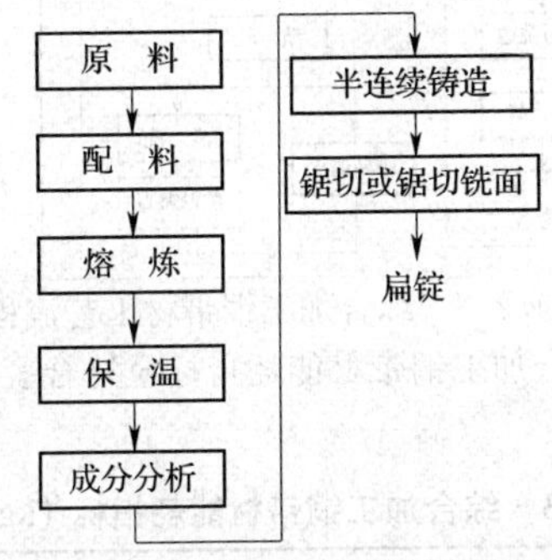

图 4.1.1 铜及铜合金半连续铸造工艺流程

2 铜及铜合金半连续铸造能耗指标应符合表 4.1.1-1 的要求。

表 4.1.1-1 铜及铜合金半连续铸造能耗指标（kgCE/t）

级别		一级	二级	三级
能耗指标	黄铜、青铜、白铜、紫铜综合生产的铸锭	53	59	69
	黄铜铸锭	46	52	61

注：本表是黄铜、青铜、白铜、紫铜综合生产的铸锭能耗指标，按青铜、白铜铸锭量占总量的 10%、黄铜铸锭量占 60%的条件下确定。

3 当黄铜铸锭量占总株锭量的比例 α 不等于 60%时，黄铜、青铜、白铜、紫铜综合生产的铸锭能耗指标应在表 4.1.1-1 的基础上加上修正值。

4 铜及铜合金半连续铸造能耗指标修正值应符合表 4.1.1-2 的规定。α 值可按下式计算：

$$\alpha=\frac{黄铜铸锭量}{总铸锭量} \tag{4.1.1}$$

表 4.1.1-2 铜及铜合金半连续铸造能耗指标修正值（kgCE/t）

级别	一级	二级	三级
能耗指标修正值	$\pm19\times(\alpha-0.6)$	$\pm19\times(\alpha-0.6)$	$\pm19\times(\alpha-0.6)$

注：表中指标为黄铜铸锭量不等于 60%的能耗指标修正值。

4.1.2 铜及铜合金立式连续铸造应符合下列规定：

1 工艺流程宜按图 4.1.2 确定。

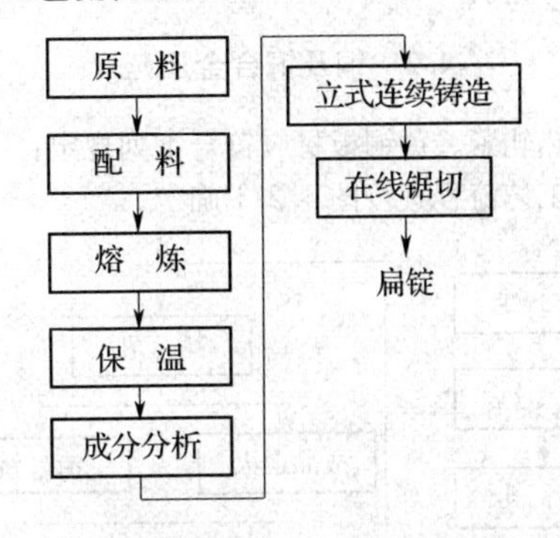

图 4.1.2 铜及铜合金立式连续铸造工艺流程

2 铜及铜合金立式连续铸造能耗指标应符合表 4.1.2 的要求。

表 4.1.2 铜及铜合金立式连续铸造能耗指标（kgCE/t）

级别	一级	二级	三级
能耗指标	53	59	65

4.1.3 铜及铜合金水平连续铸造应符合下列规定：

1 工艺流程宜按图 4.1.3 确定。

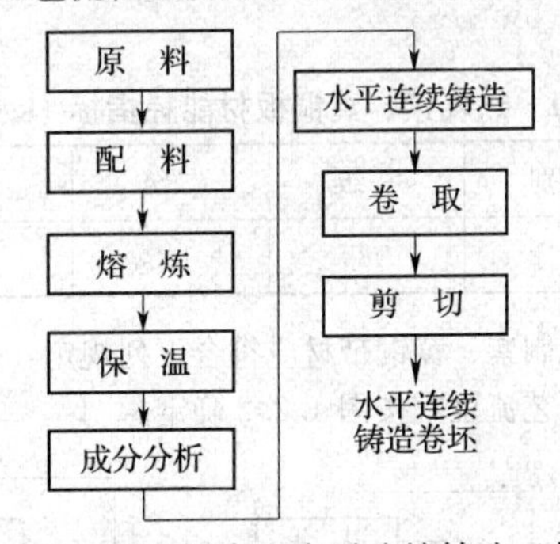

图 4.1.3 铜及铜合金水平连续铸造工艺流程

2 铜及铜合金水平连续铸造能耗指标应符合表 4.1.3 的要求。

表 4.1.3 铜及铜合金水平连续铸造能耗指标（kgCE/t）

级别		一级	二级	三级
能耗指标	青铜铸卷坯	61	67	74
	黄铜铸卷坯	52	57	64
	白铜铸卷坯	69	76	83

4.1.4 铜及铜合金熔铸节能措施应符合下列规定：

1 熔炼炉、保温炉宜采用效率高的有芯感应炉。

2 年产量 5×10^4 t 以上，且生产单一品种的紫铜铸锭，宜采用燃气竖炉熔炼、立式连铸机铸造。

3 不宜热轧的锡青铜等合金带坯，宜采用水平连续铸造工艺生产。

4 采用水平连续铸造工艺生产合金带坯时，宜采取外场干预结晶措施。

4.2 铜及铜合金压延

4.2.1 热轧紫、黄铜板材应符合下列规定：

1 工艺流程宜按图4.2.1确定。

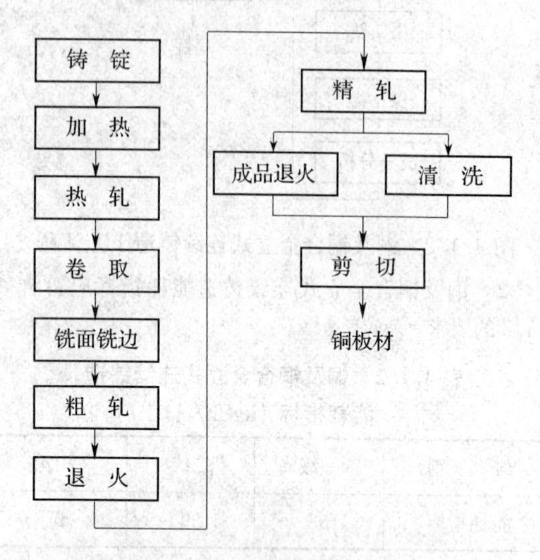

图4.2.1 热轧紫、黄铜板材工艺流程

2 热轧紫、黄铜板材能耗指标应符合表4.2.1的要求。

表4.2.1 热轧紫、黄铜板材能耗指标（kgCE/t）

级 别	一级	二级	三级
能耗指标	185	195	204

4.2.2 轧制紫、黄铜带材应符合下列规定：

1 工艺流程宜按图4.2.2确定。

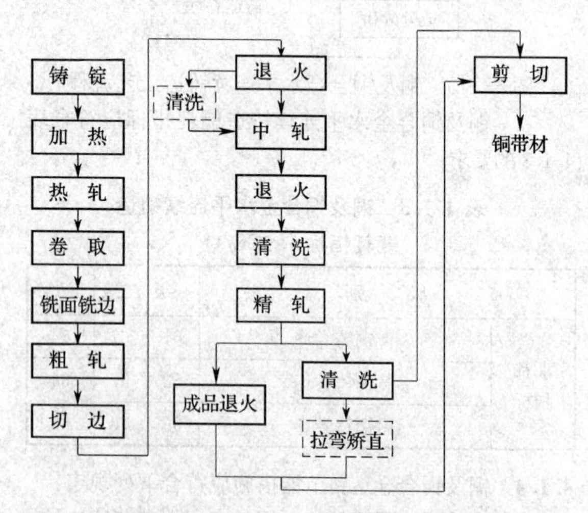

图4.2.2 轧制紫、黄铜带材工艺流程

注：虚线框表示有的产品不经该工序（下同）。

2 轧制紫、黄铜带材能耗指标应符合表4.2.2的要求。

表4.2.2 轧制紫、黄铜带材能耗指标（kgCE/t）

级 别	一级	二级	三级
能耗指标	234	251	267

4.2.3 综合加工铜带材应符合下列规定：

1 工艺流程宜按图4.2.3确定。

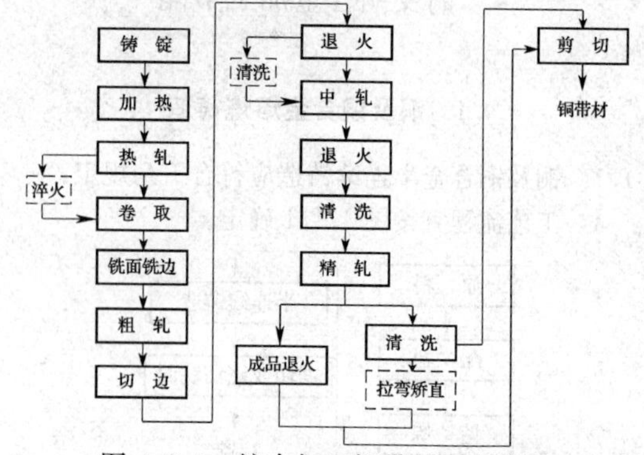

图4.2.3 综合加工铜带材工艺流程

2 综合加工铜带材能耗指标应符合表4.2.3的要求。

表4.2.3 综合加工铜带材能耗指标（kgCE/t）

级 别	一级	二级	三级
能耗指标	261	282	303

4.2.4 水平连铸坯料加工铜带材应符合下列规定：

1 工艺流程宜按图4.2.4确定。

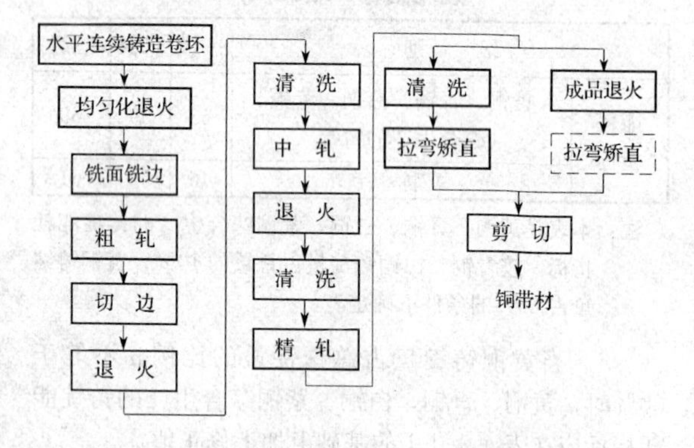

图4.2.4 水平连铸坯料加工铜带材工艺流程

2 水平连铸坯料加工铜带材能耗指标应符合表4.2.4的要求。

表4.2.4 水平连铸坯料加工铜带材能耗指标（kgCE/t）

级 别	一级	二级	三级
能耗指标	272	286	300

4.2.5 铜板带节能措施应符合下列规定：

1 可根据项目具体情况合理选用切边和清洗设备。

2 可根据退火的铜及铜合金材料要求选用高氢

气氛保护。

4.3 铜及铜合金管棒型线

4.3.1 铜及铜合金综合棒型材应符合下列规定：

1 工艺流程宜按图4.3.1确定。

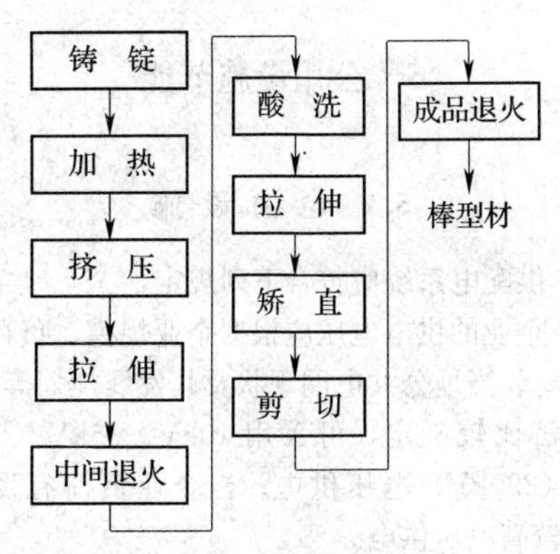

图4.3.1 铜及铜合金综合棒型材工艺流程

2 铜及铜合金综合棒型材能耗指标应符合表4.3.1的要求。

表4.3.1 铜及铜合金综合棒型材能耗指标（kgCE/t）

级别		一级	二级	三级
能耗指标	紫、黄、青、白铜综合棒型材	59	69	80
	紫黄铜综合棒型材	52	63	74

4.3.2 铜及铜合金综合管材应符合下列规定：

1 工艺流程宜按图4.3.2确定。

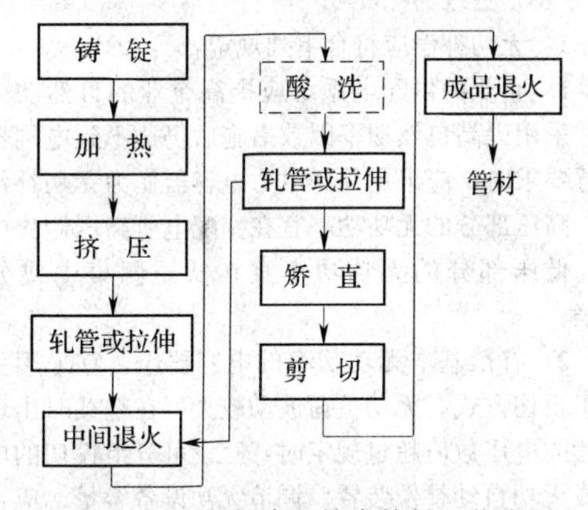

图4.3.2 铜及铜合金综合管材工艺流程

2 铜及铜合金综合管材能耗指标应符合表4.3.2的要求。

表4.3.2 铜及铜合金综合管材能耗指标（kgCE/t）

级别		一级	二级	三级
能耗指标	铜及铜合金综合管材	260	311	366
	紫铜管材	112	129	148

4.3.3 铜盘管应符合下列规定：

1 工艺流程宜按图4.3.3确定。

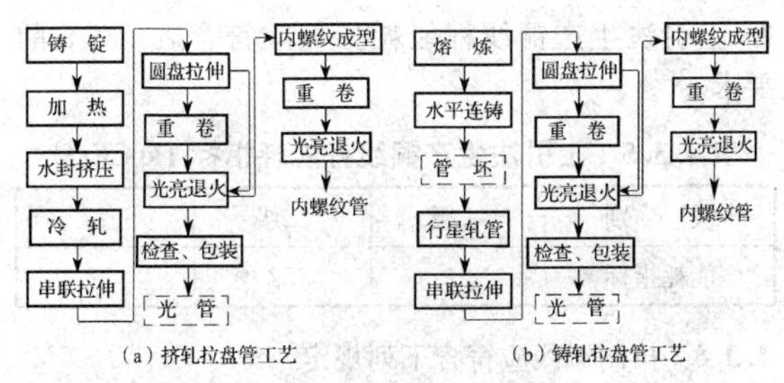

图4.3.3 铜盘管工艺流程

2 铜盘管能耗指标应符合表4.3.3的要求。

表4.3.3 铜盘管材能耗指标（kgCE/t）

级别			一级	二级	三级
能耗指标	挤轧拉盘管	紫铜挤轧拉盘管	268	315	370
		紫铜和白铜盘管挤轧拉盘管	265	311	366
	铸轧拉盘管		170	200	235

注：1 本表挤轧拉盘管工艺适用于紫铜、白铜盘管。
2 本表铸轧拉盘管工艺适用于TP2的空调与制冷用无缝铜管、无缝铜水管和铜气管等盘管及直管。

4.3.4 连铸连轧铜线杆应符合下列规定：

1 工艺流程宜按图4.3.4确定。

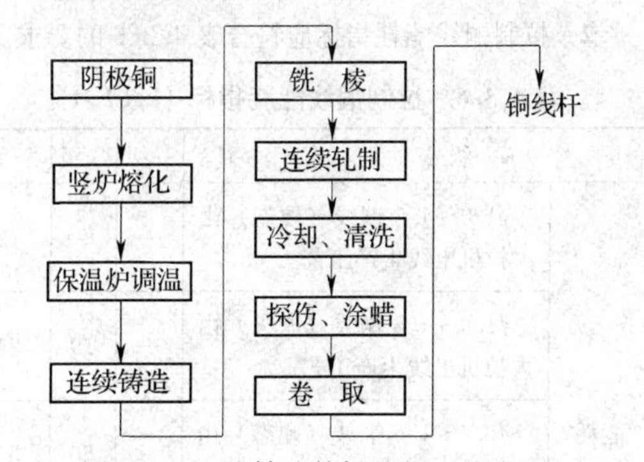

图4.3.4 连铸连轧铜线杆工艺流程

2 连铸连轧铜线杆能耗指标应符合表4.3.4的要求。

表4.3.4 连铸连轧铜线杆能耗指标（kgCE/t）

级别	一级	二级	三级
能耗指标	—	60	69

4.3.5 上引法生产铜线杆应符合下列规定：

1 工艺流程宜按图4.3.5进行。

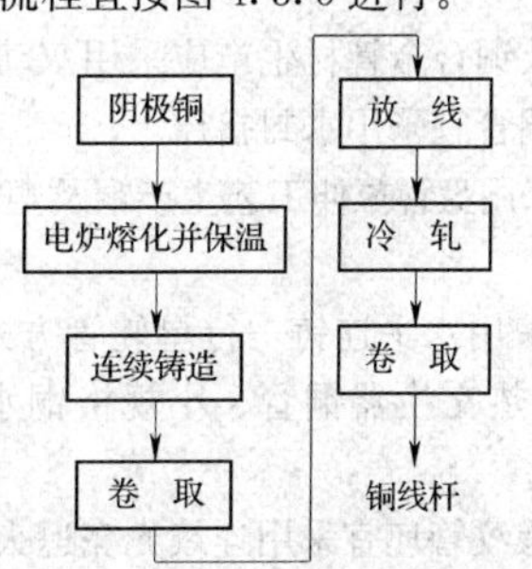

图4.3.5 上引法生产铜线杆工艺流程

2 上引法生产铜线杆能耗指标应符合表 4.3.5 的要求。

表 4.3.5 上引法生产铜线杆能耗指标（kgCE/t）

级　别	一级	二级	三级
能耗指标	—	52	56

4.3.6 拉制铜线应符合下列规定：

1 工艺流程宜按图 4.3.6 确定。

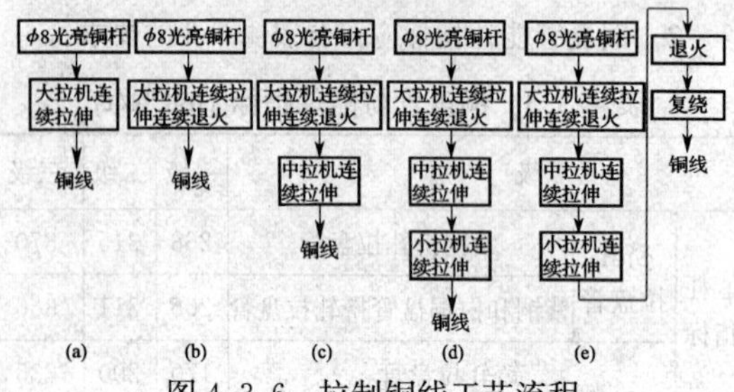

图 4.3.6 拉制铜线工艺流程

(a) ϕ1.0～4.5 铜线（硬态）由大拉机出线生产工艺

(b) ϕ1.0～4.5 铜线（退火）由大拉机出线生产工艺

(c) ϕ0.4～1.6 铜线（硬态）由中拉机出线生产工艺

(d) ϕ0.1～0.32 铜线（硬态）由小拉机出线生产工艺

(e) ϕ0.1～0.32 铜线（退火）由复绕机出线生产工艺

2 拉制铜线能耗指标应符合表 4.3.6 的要求。

表 4.3.6 拉制铜线能耗指标（kgCE/t）

级　别		一级	二级	三级
能耗指标	ϕ1.0～4.5 铜线（硬态）由大拉机出线生产工艺	—	9	12
	ϕ1.0～4.5 铜线（退火）由大拉机出线生产工艺	—	19	24
	ϕ0.4～1.6 铜线（硬态）由中拉机出线生产工艺	—	50	55
	ϕ0.1～0.32 铜线（硬态）由小拉机出线生产工艺	—	81	88
	ϕ0.1～0.32 铜线（退火）由复绕机出线生产工艺	—	108	115

4.3.7 铜及铜合金管棒型线节能措施应符合下列规定：

1 铜及铜合金管材生产应采用双动油压挤压机。

2 紫铜管宜采用水封挤压。

3 宜采用盘管拉伸工艺生产铜及塑性较好的铜合金薄壁小管。

4 宜采用水平连铸—行星轧管方式供坯生产空调与制冷用热交换器铜管、小规格铜水气管等紫铜小管。

5 内螺纹管坯宜采用连续光亮退火工艺。

6 低氧铜杆应采用连铸连轧工艺，无氧铜杆应采用上引工艺。

7 连铸连轧工艺宜采用竖炉，上引工艺宜采用联体炉（感应炉）。

8 铜线生产宜采用多头连续拉伸、连续退火工艺，连续退火宜采用交流电阻接触式退火。

5 公用设施节能

5.1 电 力 设 施

5.1.1 供配电系统应符合下列规定：

1 企业的供电电压应根据企业规模、负荷容量、供电距离、当地公共电网现状及其发展规划等因素经技术经济比较确定，可采用 10kV、35kV（66kV）、110kV（220kV）电压供电。当企业负荷有发展时，应采用较高电压供电。

2 合理确定企业的配电系统及配电电压，企业的一级配电电压应采用 10kV，配电级数不宜多于二级。大型有色金属加工企业，单台设备容量较大时，企业一级配电电压可同时采用 35kV 和 10kV，应以 35kV 专供单台设备容量较大的负荷，应以 10kV 作为其他动力和照明配电电压。

3 企业变配电所的位置应深入负荷中心。企业受电端至用电设备的变压级数，其总线损率不应超过下列指标：

1）一级为 3.5%；

2）二级为 5.5%；

3）三级为 7.0%。

5.1.2 无功补偿应符合下列规定：

1 企业的供配电系统应提高企业的自然功率因数。采用提高自然功率因数措施后仍达不到电网合理运行要求时，应采用并联电力电容器作为无功补偿装置。高压部分的无功功率宜在变配电所高压侧集中补偿，低压部分的无功功率宜在低压侧集中或分散补偿。

2 补偿基本无功功率的电容器组，宜采用手动整组投切方式。无功负荷波动较大，在轻载时出现过补偿或电压数值超过规定时，宜设可分组投切的电容器或无功自动补偿装置。调节无功设备容量，应在低压侧进行调节。

3 大型用电设备，当其功率因数低于 0.9 时，宜采取提高功率因数的措施，要求单体设备的功率因数应在 0.9 以上。当达不到要求时，宜就地补偿无功功率。配电线路较长，且运行时间较长的大型用电设备，宜在设备附近就地安装补偿装置。

4 企业用电设备的非线性负荷产生高次谐波，引起电网电压和电流的畸变时，应采取抑制高次谐波的措施。必要时，宜在谐波源处装设谐波滤波器或静止型动态无功补偿装置。

5.1.3 电气设备的选择应符合下列规定：

1 应选择自身损耗低的变配电设备。

2 变压器容量和台数的选择，除应满足企业负荷数量和负荷等级的用电要求外，应选用低损耗的节能变压器，并应按变压器经济运行原则，使其工作在高效区内。变压器容量和台数的选择应符合下列规定：

1）当企业或车间选择两台或两台以上的变压器时，其系统接线应能适应负荷的变化，按经济运行原则投切变压器，调节运行台数。

2）负载率低于30%的变压器，应予调整或更换；负载率在80%以上的变压器，可放大一级容量选择变压器。

3）应选用D，yn11接线的变压器，并有利于抑制三次谐波电流。

4）企业或车间内停产后不能停电的负荷，宜设置专用变压器或备用电源。非三班生产的车间宜设专用照明变压器。

3 电动机的选择除应满足电动机安全、启动、制动、调速等各方面的要求外，应以节能为原则，选择合适的电动机。电动机的选择应符合下列规定：

1）应选择高效率节能电动机。

2）恒负载连续运行，功率在250kW及以上，宜选用同步电动机。

3）功率在200kW及以上，宜选用高压电动机。

4）除特殊负载需要外，不宜选用直流电动机。

5）应根据负载特征和运行要求，合理选择电动机功率。

6）负载变化的生产机械，应采用调速运行的方式加以调节，调速方式的选择，应根据生产机械的要求，采用节能的高效调速方案。

5.1.4 照明节能设计应符合下列规定：

1 照明电源线路，宜采用三相四线制供电，并应使三相照明负荷平衡。

2 照明灯具应选用光效高、显色性好的光源及安全高效的灯具，应配置电子镇流器或节能型电感镇流器。单灯补偿，补偿后的功率因数不应小于0.9。

3 大中型车间照明，宜采用专用照明变压器供电，应合理配置变压器台数。辅助和生活设施，应适当增设照明灯的控制开关。

4 集中控制的照明系统、厂区道路照明等，宜按不同区域分区设置，并宜采用带延时的光电自控装置或调光装置，必要时亦可采用智能照明控制器。当采用双电源时，在“深夜”应能关闭一个电源；当采用单电源时，宜设调光装置，在“深夜”应能转换至低功率运行。

5.1.5 计量与管理节能设计应符合下列规定：

1 电气设备电测量仪表装置的设置应满足技术经济分析的要求。容量50kW以上的设备，应配置电压表、电流表、有功电能、无功电能表计或具有电压表、电流表、有功电能、无功电能表计功能的综合电能计量装置，并应统计分析下列技术经济指标：

1）单位产品电耗；

2）设备效率；

3）功率因数。

2 有条件时，可配置计算机能源管理系统。

5.2 采暖、通风和空气调节

5.2.1 采暖节能设计应符合下列规定：

1 当厂区只需要采暖用热或以采暖用热为主时，宜采用高温水做热媒；当厂区工业以工艺用蒸汽为主时，可在不违反卫生、技术和节能要求的前提下，采用蒸汽做热媒。

2 个别距离热源较远且热负荷极小的建筑物，经技术经济比较合理时可使用其他形式的采暖方式。

3 采用蒸汽为热源的采暖系统，凝结水宜回收返回蒸汽锅炉；当凝结水不回收时，宜采取凝结水的综合利用措施。

4 设置采暖的生产性建筑，工艺对室内温度无特殊要求，且每名工人占用的建筑面积超过$100m^2$时，不宜设置全面采暖，应在固定工作地点设置局部采暖。当工作地点不固定时，应设置取暖室。

5 散热器应明装，散热器的外表面应刷非金属性涂料。

6 集中采暖系统供水或回水管的分支管路上，应根据水力平衡要求设置水力平衡装置。必要时，应在每个车间供暖系统入口处设置热计量装置。

5.2.2 通风与空气调节节能设计应符合下列规定：

1 厂区平面布置，应符合现行国家标准《采暖通风与空气调节设计规范》GB 50019和有关工业企业设计卫生标准的规定。

2 消除生产厂房内余热、余湿的通风设计，宜利用自然通风的方式。

3 夏季使用空调降温的房间或地下室，当其设备发热量较大，在冬季或过渡季仍有降温需求时，应经技术经济比较合理后，直接使用室外冷空气或通过冷却塔制备空调末端用冷冻水带走余热。

4 车间内有物料冷却装置，当其排出的气体能确保车间空气品质符合国家有关工作场所有害因素职业接触限值的规定时，在严寒寒冷地区，冬季宜采取室内取风，排气可直接进入车间的气流组织形式，夏季则应确保排气至室外。

5 大量储存高温料卷的库房或设备，宜经技术经济比较合理后，采取物料余热的综合利用措施。

6 车间内产生热烟气的工艺设备，在严寒寒冷地区，可设能量回收装置。

7 以排除余热为主的通风系统，通风量应夏季大、冬季小，宜设置通风系统的温控装置。

8 选用风机的设计工况效率，不应低于风机最高效率的90%。

9 选配空气过滤器时，应符合下列规定：

1）粗效过滤器的初阻力不大于50Pa（粒径不大于5.0μm，效率小于80%且不小于20%），终阻力不大于100Pa。

2）中效过滤器的初阻力不大于80Pa（粒径不小于1.0μm，效率小于70%且不小于20%），终阻力不大于160Pa。

3）全空气调节系统的过滤器，应能满足全新风运行的需要。

10 在满足使用要求的前提下，夏季空气调节室外计算湿球温度较低、温度日差较大的地区，空气的冷却过程宜采用直接蒸发冷却、间接蒸发冷却或直接蒸发冷却与间接蒸发冷却相结合的二级或三级冷却方式。

5.2.3 空气调节系统的冷源应符合下列规定：

1 空气调节系统冷源的性能参数，均应符合现行国家标准《公共建筑节能设计标准》GB 50189的有关规定。

2 冷水（热泵）机组的单台容量及台数的选择，应能适应工艺用冷负荷变化规律，并应满足季节及部分负荷要求。

3 对冬季或过渡季存在一定量供冷需求的建筑，经技术经济分析合理时应利用冷却塔提供空气调节冷水。

5.3 给水排水

5.3.1 给水排水应根据工厂用水系统、水质标准、用水量及当地水资源以及外部供水情况合理选择水源。

5.3.2 生产用水应采取循环使用、重复利用等措施，重复利用率不应小于95%。水量控制应符合下列规定：

1 循环水系统的补充水量计算应结合当地气候条件、水源水质、浓缩倍率、水质稳定处理措施等因素确定，必要时应补充或部分补充软化水、脱盐水。

2 设备冷却水应充分循环使用，并应采取水质稳定措施。

3 车间清洗工段的清洗废水、废液应自身循环或重复使用。

4 车间地坪冲洗水量较大的生产车间，不得使用新水，宜建中水设施。

5.3.3 厂区给水系统应符合下列规定：

1 给水系统应根据用水制度、水量、水质、水压等进行技术经济、能耗等指标比较后确定。

2 泵站布置应靠近用水量较大的生产车间。

3 水泵、机械通风的冷却塔宜采用变频调速等控制系统。

4 循环回水系统宜采用余压回水的设计方案。

5.3.4 厂区排水系统应清污分流，宜分别采用不同的处理工艺。

5.3.5 设备、器材选型应采用国家推荐的高效节能型产品。

5.4 供热与供气

5.4.1 供热与供气节能设计应符合下列规定：

1 综合分析用热、用气负荷及其参数，应根据使用制度，兼顾近期用量与远期发展，合理确定供热、供气系统规模及主要设备参数。

2 供热、供气站房的设置应与区域集中供热、供气规划结合，并应利用余热及工业副产气作为热、气源。

3 应选用高效节能设备，严禁使用国家明令淘汰的高耗能产品。

4 供热、供气系统应设置计量仪表。

5 应合理设置管路。

5.4.2 锅炉房节能设计应符合下列规定：

1 工厂所需热负荷的供应，应根据所在区域的供热规划确定。当其热负荷不能由区域热电站、区域锅炉房或其他单位的锅炉房供应，且不具备热电合产的条件时，应设置锅炉房。有条件时，宜采用余热锅炉。

2 选择的锅炉应能有效地燃烧所采用的燃料，且有较高的热效率，并应使锅炉的出力、台数和其他性能均能适应热负荷变化的需要。在技术经济合理的前提下，应就地利用低热值燃料。

3 应合理选择供热介质，供采暖通风用热的锅炉房，宜采用热水作为供热介质。

4 燃用煤粉、油、气体的锅炉或额定蒸发量不小于20t/h的链条炉排蒸汽锅炉，宜装设燃烧过程自动调节装置，燃烧过程自动调节宜采用微机控制。

5 锅炉鼓风机、引风机、给水泵、循环水泵、补水泵等高耗能设备，宜采用变频调速控制。

6 链条炉排锅炉宜采用分层燃烧技术及均匀给煤装置。

7 蒸汽锅炉连续排污水的热量应合理利用，宜根据锅炉房总连续排污量设置连续排污膨胀器和排污水换热器。

5.4.3 供热管网节能设计应符合下列规定：

1 应改进供热管网的调节方式，采用平衡阀、自力式流量调节阀、变速泵、计算机等调节、控制设备，并应实行管网调度、运行、调节的自动控制。

2 应合理选择热水供热系统循环水泵，并避免大流量、低温差的运行方式。采用中央质—量调节的单热源供热系统，热源的循环水泵应采用调速泵。

3 宜采用高效、长寿、强化换热器。

4 应采用新型保温技术，对供热管道、法兰、阀门及附件应按国家现行有关标准采取保温措施；应采用成熟的直埋预制保温管，并应使供热管网热损失降到5%以下。

5 蒸汽供热系统的凝结水应予回收，高温凝结水宜利用或利用其二次蒸汽；不予回收的凝结水宜利用其热量和水资源。

5.4.4 压缩空气站应符合下列规定：

1 空气压缩机的型号、台数和不同空气品质、压力供气系统的选择，应根据用气要求、压缩空气负荷，经技术经济比较后确定。空气压缩机应在高效区运行，用气负荷变化频繁时，宜采用变频调速式空气压缩机。

2 少量用气压力或质量等级要求较高的用气设备可单独选择机组，可专线供气或采用增压机、岗位式净化装置，不应提高全厂压缩空气运行压力及供气质量等级。

3 压缩空气干燥装置的设置应与用气设备要求相适应，对吸附式干燥装置有条件时宜采用余热再生。

4 冬季需采暖的地区，冷却螺杆压缩机组及离心压缩机组产生的热风，宜用于提高站房温度。

5.4.5 氮氧站应符合下列规定：

1 氮氧站的设计容量应根据用户的用气特点，经多方案比较后确定，可按用户的昼夜小时平均消耗量或按工作班小时平均消耗量经技术经济方案比较确定，并应根据需要设置产品气储存装置。

2 空分装置的副产气应回收利用，仅有氮气用户时宜采用单塔制氮装置。

3 空分装置的选型应有一定能力的可调性及具有一定的液态产品生产能力。

4 氮、氧纯度要求较低时可采用变压吸附或膜分离制气工艺。氮、氧纯度要求较高时应经技术经济比较后确定是否采用变压吸附或膜分离加纯化的制气工艺流程。

5.4.6 氢气站应符合下列规定：

1 制氢系统类型的选择应按其规模、当地资源或原料气状况、产品氢的纯度及杂质含量和压力要求，经技术经济比较后确定。

2 水电解制氢应根据氢气的耗量、使用特点等，合理选用电耗小、电压低、价格合理、性能可靠的水电解制氢装置，利用电网低谷段生产氢气的系统宜选用压力大于1.6MPa的压力型水电解制氢装置。

3 水电解制氢系统制取的氧气宜回收利用。

4 变压吸附提氢系统应设置解吸气回收利用设施及热回收设备。

5 用户要求氮氢混合气氢含量小于等于75%时，宜采用氨分解制氢装置。

6 冬季采暖地区，采暖通风热量应计入制氢装置散发的热量。

5.4.7 煤气站应符合下列规定：

1 气化用煤种应根据用户对煤气的质量要求和就近供应的原则，经技术经济比较后确定。

2 煤气站系统设计时，有条件的应选用余热锅炉冷却煤气的工艺流程。酚水焚烧工艺流程设计应选用余热锅炉回收热量的生产工艺流程。

3 鼓风机、煤气排送机及水泵的电动机应采用变频调节控制。

4 宜采用计算机系统实现生产操作系统的自动化。

本规范用词说明

1 为便于在执行本规范条文时区别对待，对要求严格程度不同的用词说明如下：

1）表示很严格，非这样做不可的：
正面词采用“必须”，反面词采用“严禁”；

2）表示严格，在正常情况下均应这样做的：
正面词采用“应”，反面词采用“不应”或“不得”；

3）表示允许稍有选择，在条件许可时首先应这样做的：
正面词采用“宜”，反面词采用“不宜”；

4）表示有选择，在一定条件下可以这样做的，采用“可”。

2 条文中指明应按其他有关标准执行的写法为：“应符合……的规定”或“应按……执行”。

引用标准名录

《采暖通风与空气调节设计规范》GB 50019
《公共建筑节能设计标准》GB 50189

中华人民共和国国家标准

有色金属加工厂节能设计规范

GB 50758—2012

条 文 说 明

制 定 说 明

《有色金属加工厂节能设计规范》(GB 50758—2012)，经住房和城乡建设部 2012 年 5 月 28 日以第 1416 号公告批准发布。

本规范在制定过程中，编制组进行了理论计算和现场调查研究，对照已经发布的行业标准和国家标准，本着实事求是、客观公正的原则制定了能耗指标。

为了便于广大设计、施工、科研、学校等单位有关人员在使用本标准时能正确理解和执行条文规定，本规范编制组按章、节、条顺序编制了条文说明，对条文规定的目的、依据以及执行中需要注意的有关事项进行了说明，并对本规范中强制性条文的强制性理由做了解释。但是，本条文说明不具备与规范正文同等的法律效力，仅供使用者作为理解和把握规范时参考。

目　次

1 总 则

1.0.3 可行性研究报告及初步设计文件中的节能篇（章）中的节能设计要满足本规范各节的节能措施要求。本条是强制性条文，必须严格执行。

1.0.5 新建、改建及扩建项目应该是工艺先进、节能减排先进的。本规范的一级能耗指标为国际先进水平，二级能耗指标为国内先进水平，三级能耗指标是准入条件。本条是强制性条文，必须严格执行。

1.0.7 本规范的能耗指标不包括采暖能耗。采暖地区的能耗指标，当企业位处长江以北时，能耗等级指标表中的值应乘以修正系数 K，山海关以南 K 应取 1.1；山海关以北 K 应取 1.2；当企业位处海拔高度超过 1500m 时，能耗等级指标表中的值应乘以修正系数 1.03。

3 铝及铝合金加工节能

3.1 铝及铝合金熔炼铸造

3.1.8 本条是关于铝熔铸节能措施的规定。

1 用电解铝液配料生产锭坯，不但省去电解铝厂的铸造能耗，而且减少了重熔用铝锭重新熔化的能耗，是节约能源的有效措施。

2 高效节能燃烧系统能够将助燃空气预热到较高温度，提高燃料燃烧效率，达到节能效果。蓄热式烧嘴利用高温烟气预热助燃空气，使烟气余热得到回收和利用。

3 全自动控制技术能根据不同熔铸阶段的要求自动调节热量输入、烧嘴燃烧的空气/燃料比例与火焰大小以及炉温、炉压等，采用 PLC 编程控制和调节炉子热工过程，达到炉子运行安全、可靠和节能的效果。

4 磁力搅拌分为电磁搅拌和永磁搅拌。熔炼过程中采用磁力搅拌技术，不但能够避免铁制工具搅拌时对铝熔体的污染，使铝熔体的合金成分和温度均匀，保证铝熔体质量，而且可以缩短熔炼时间，减少金属烧损，提高生产效率，是行之有效的节能措施。

5 硬合金扁铸锭需要先均匀化热处理后才能进行锯切、铣面，否则可能引起铸锭开裂。而软合金扁铸锭及不会因锯切和铣面而引起开裂的合金扁铸锭，一般不单独进行均匀化热处理，可先进行锯切、铣面后进入铸锭加热炉，均匀化热处理与热轧前的加热合并进行，能够有效降低能耗。

6 三级废料为轻、薄碎料或屑料，直接加入熔化炉中熔炼造成较大的金属烧损，因此应处理后再加入熔化炉。三级废料的处理方法有复化、打包、压块等。

7 熔铝炉、保温炉在熔炼过程所产生的热铝渣中含有较多的金属铝，如不及时处理，将很快燃烧变成灰渣，增加金属损耗，因此应及时采取残铝回收措施。

3.2 铝及铝合金压延

3.2.7 本条是铝及铝合金板带材综合加工厂节能设计应符合的规定：

1 以熔铸－热轧－冷轧－精整方式生产普通铝板带的综合加工厂，按本规范等级指标进行综合计算，三级指标值为 380kgce/t，如果 35％的扁锭是外购电解铝直接铸造的，三级指标值可降至 350kgce/t。即能耗指标可降低 30kgce/t。计算外部购买扁锭的能耗是按表 3.1.1-1 等级指标折算的。

2 铝及铝合金板带材综合加工厂应包括配套熔铸生产系统的热轧方式生产的铝板带厂和配套熔铸生产系统的铸轧方式生产的铝板带厂。

3 配套熔铸生产系统的热轧方式生产的铝板带厂是指有扁锭熔铸生产能力的铝板带厂，包括从外部购买部分扁锭的铝板带厂。以熔铸－热轧－冷轧－精整方式生产普通铝板带的综合加工厂，宜采用电解铝液直接铸造扁锭或外购部分扁锭。

4 铝及铝合金板带材综合加工厂能耗指标的等级确定应符合表 3.2.7 的规定，各分厂和各车间的等级指标应符合表 3.2.1-1、表 3.2.3-1、表 3.2.4、表 3.2.5、表 3.2.6-1 的规定。

5 从外部购买部分扁锭时，所购买的扁锭能耗应按表 3.1.1-1 折算到综合加工厂等级指标中。

6 配套熔铸生产系统的铝及铝合金板带材综合加工厂所属的铝箔生产线或铝箔车间应按表 3.2.5 和表 3.2.6-1 计算，并应单独确定等级。

本条第 1 款是强制性条文，必须严格执行。

3.2.8 本条是铝及铝合金压延节能措施。

3 油洗式烟雾净化和轧制油再生装置在国内外铝板带箔材生产中应用广泛，节能效果明显。可根据生产规模及冷轧机、铝箔轧机配置的具体情况，合理选用油洗式烟雾净化和轧制油再生装置的数量。在改、扩建项目中，可在已有冷轧机、铝箔轧机上增加油洗式烟雾净化和轧制油再生装置。

3.3 铝及铝合金挤压

3.3.7 本条是铝及铝合金挤压材综合加工厂节能设计应符合的规定：

1 以熔铸－挤压－精整方式生产挤压建筑型材的综合加工厂，按本规范等级指标进行综合计算时，三级指标值为 418kgce/t，如果 70％的圆锭是外购电解铝直接铸造的，三级指标值可降低到为 350kgce/t，即能耗指标可降低 68kgce/t。

2 铝及铝合金挤压材综合加工厂包括配套熔铸生产系统的铝型材厂、硬合金综合管棒型材厂和硬合金型棒材厂。

3 配套熔铸生产系统的铝型材厂是指有熔铸圆锭生产能力的铝型材厂，包括从外部购买部分圆锭的铝型材厂。以熔铸－挤压－精整方式生产挤压建筑型材的综合加工厂，宜采用电解铝液直接铸造圆锭或外购部分圆锭。

4 铝及铝合金挤压材综合加工厂能耗指标的等级确定应符合表 3.3.7 的规定，各分厂和各车间的等级指标应符合表 3.3.1、表 3.3.3、表 3.3.4-1、表 3.3.5、表 3.3.6 的规定。

5 从外部购买部分圆锭时，所购买的圆锭能耗应按表 3.1.4-1 折算到综合加工厂等级指标中。

6 配套熔铸生产系统的铝及铝合金板带材综合加工厂所属的氧化着色低温封孔生产线（或车间）、氧化着色电泳涂漆（或车间）、静电粉末喷涂（或车间）应按表 3.3.7、表 3.3.4-1、表 3.3.5、表 3.3.6 计算，并应单独确定等级。

本条是强制性条文，必经严格执行。

3.3.8 本条是铝挤压节能措施。

1 连续挤压工艺可采用线杆为坯料连续挤压有缝薄壁小管，与一般热挤压工艺相比，节省铸锭加热能耗，简化了生产流程，大大提高了成品率，减少了拉伸工作量。

2 软合金无缝薄壁小管采用盘管拉伸工艺，与直条拉伸相比，简化了生产流程，提高了成品率，降低了能耗。

3 6063、6061、6005、6082、7003、7005 等铝合金淬火温度范围较宽、淬火敏感性不高，采用在线淬火节省了重新加热的能耗。

4 淬火水冷却采用循环水，与新水溢流排放相比，可节省新水用量。

5 采用铸锭梯度加热、模拟等温挤压生产工艺，可提高生产效率和制品质量，降低能耗。

6 反向挤压生产工艺，不但可降低挤压的能耗，还能生产出无粗晶环或粗晶环很浅、组织和机械性能均匀的制品，特别适合硬铝合金管棒材的生产。

7 铝合金薄壁小管采用冷轧供坯的生产工艺，与二次挤压相比，可大大提高成品率，降低能耗。硬合金小型棒材采用一次挤压生产工艺，可较大幅度地提高成品率，降低能耗。

8 表面处理生产线各工序清洗采用新水或纯水清洗后溢流排放，这些排放的清洗废水经处理后可部分返回用于前处理工序的清洗，可节省生产线的清洗水用量。

9 氧化、电解着色和电泳涂漆槽液一般都采用冷水机组的冷却水冷却，冷水机组采用循环水冷却。在低温季节（室外温度达到或低于冷水出口温度时），可关闭冷水机组，直接用冷水机组冷却用的循环水冷却槽液，降低生产线的能耗。

10 镍盐电解着色和电泳涂漆采用回收工艺，既可稳定生产工艺，提高产品质量，又可降低化学药品和漆的消耗，大大减轻废水处理的负担。

11 建筑铝型材采用长锭加热热剪切生产工艺，可根据挤压长度的需要随时调节挤压铸锭长度，提高成品率；采用长锭可减少熔铸车间的铸锭锯切量，有利于提高熔铸车间的成品率，且长锭存放管理方便；长锭热剪切不产生金属碎屑，可减少金属损失。

4 铜及铜合金加工节能

4.1 铜及铜合金熔炼铸造

4.1.4 本条是铜及铜合金熔铸节能措施。

1 有芯感应炉电效率较高，但其熔沟中熔体不宜倒空，不易更换合金品种。因此熔炼合金品种单一的紫铜、简单黄铜宜采用有芯感应炉，而熔炼合金品种复杂的青铜、白铜及复杂黄铜宜采用无芯感应炉。在合金品种单一的情况下，熔炼炉、保温炉均宜采用效率高的有芯感应炉。

2 燃气竖炉与感应炉相比，具有熔化能力大、热效率高的特点；立式连续铸造与立式半连续铸造相比，其采用在线锯切，铸造工艺稳定，成品率高。

3 不宜热轧的锡青铜等合金带坯，采用水平连续铸造工艺生产，直接为冷轧供坯，可省去铸锭加热、热轧工序。

4 水平连续铸造采用外场干预结晶可减少退火次数，减少铣面量。

4.2 铜及铜合金压延

4.2.5 本条是铜板带节能措施。

1 切边和清洗采用同一台机组上在国内外铜板带生产中应用尚少，可根据项目具体情况合理选用。

2 高氢气氛保护在铜带单张连续退火炉上的应用渐趋广泛，在同等加热功率情况下可大幅度提高产能，节能效果明显。可根据退火的铜及铜合金材料要求确定是否选用高氢气氛保护。

4.3 铜及铜合金管棒型线

4.3.2 本条是铜及铜合金综合管材的规定。适用于铜及铜合金综合管材，包括铜及铜合金拉制管、挤制管、气门嘴用 Hpb63－0.1 铅黄铜、热交换器用铜合金无缝管、铜及铜合金散热扁管、压力表用锡青铜管、矩形和方形铜及铜合金波导管以及铜及铜合金拉制棒、挤制棒、矩形棒、黄铜磨光棒等。

4.3.7 本条是铜及铜合金管棒型线节能措施。

1 单动挤压机不具有穿孔功能，需采用空心圆锭挤压，一般配备有穿孔机进行热穿孔。双动油压挤压机具有穿孔功能，采用实心圆锭挤压，铸锭只需加热一次，在挤压机上依次完成穿孔和挤压。省去了一次锭坯加热，节省能耗。

2 采用水封挤压时，挤出制品直接进入出料水槽，不与空气接触，避免了挤制品的高温氧化，减少了金属消耗，制品组织致密且表面光亮，无需酸洗处理。对需淬火处理的挤压制品也可通过水封挤压进行淬火，将挤压与淬火工序合并，省去了淬火加热，节省能量消耗。铜管棒材生产宜采用水封挤压。

3 圆盘拉伸采用长管进行拉伸，辅助时间少，生产效率高，可在一台圆盘拉伸机上进行多道拉伸至成品，较链式拉伸机直条拉伸提高了成品率，简化了生产流程，降低了能耗。

4 水平连铸—行星轧管取消了锭坯加热、挤压等热加工工序，三辊行星轧制时，变形区内的轧件温度迅速升高至700℃左右，实现动态再结晶，轧出管材不需中间退火即可进行后续加工，成品率高、节能显著。

5 铜管连续光亮退火使管材通过连续加热装置进行退火，管材内外表面均受到保护性气体保护，退火制品晶粒组织细致、性能均匀。与辊底式连续光亮退火炉相比，省去了退火前的复绕，实现大盘—大盘的退火，为内螺纹管成型拉伸提供大卷重管坯，从而提高了内螺纹成型的成品率和生产效率。

6 采用连铸连轧工艺和上引工艺生产光亮铜杆，避免了酸洗工序，减少了环境污染，节约了能源。

7 连铸连轧工艺采用竖炉化铜，热效率高，节约能源。

8 铜线生产采用多头工艺，多根铜丝同时进行拉伸和退火，可节省电能。铜线退火采用连续交流退火，节能效果显著。

5 公用设施节能

5.1 电 力 设 施

5.1.1 本条是供配电系统应符合的规定：

1 企业供电电压的选择，不仅与企业规模、负荷大小有关，而且与输送距离有关。输送距离长，为降低线路电压损失，宜提高供电电压等级。为避免以较低电压做大容量输送，不同电压等级一般适应输送电力的负荷距宜为：

10kV 电压的负荷距为 12MW·km。

35kV 电压的负荷距为 200MW·km。

110kV 电压的负荷距为 2500MW·km。

企业供电电压还需看企业所在地的电网提供什么电压方便和经济。所以供电电压的选择，不宜按负荷或负荷矩的大小作出严格的规定，只能提供参考。

上述所推荐的输电负荷距，对 10kV 电压的电压损失略低于 5%，对 35kV 以上电压的电压损失则略大于 5%。

2 我国公用电力系统已逐步由 10kV 取代 6kV 电压，而国家提倡的 20kV 城网尚未普及，因此企业内部的一级配电电压宜采用 10kV，有利于互相支援。

对供电电压为 110kV（220kV）的大型企业，单台设备容量在 6300kV·A 以上，其负荷容量又占企业总负荷容量的15%以上时，宜采用 110（220）/35/10kV 三绕组主变压器，以 35kV 专供单台设备容量较大的负荷，以 10kV 作为其他动力和照明供电电压，这样可以避免以低的电压作大容量输送，从而减少了电压损失和电能损耗。采用 35kV 作为企业一级配电电压时，宜采用 35/0.4kV 直降供电。

3 变配电所的位置靠近负荷中心，缩短供电半径是节能设计的基本要求，有利于减少输电线路投资和电能损耗。

合理配置变压器数量，做到配电小型化，密布点，限制供电半径，降低配电线损。在长期运行的经济性、合理性和增大配电装置一次性投资之间进行综合比较，改变现在配电变压器单台容量越选越大的不正常现象。

供电系统的损耗主要由线路损耗和变压器损耗两部分组成，减少变压级数、缩短线路长度是减少电压损失和电能损耗的有效措施。例如，35kV 供配电企业，车间负荷较为集中时，采用 35/0.4kV 直降方式对低压负荷配电，减少了变压级数和变电设备重复容量，有利于提高电压质量，减少电压损失和电能损耗。但用 35kV 电压作为企业的一级配电电压，通常受到设备、线路长廊、环境条件的影响，且占地多，投资高，为此应作技术经济比较，在技术经济比较合理时，应采用 35kV 作为企业的一级配电电压。

条文中关于总线损率的规定是衡量企业供配电系统是否合理的一项重要指标。企业线损率是指从企业受电端开始至用电设备端子需耗用和损失的电量占供电量的比率。

5.1.2 本条是无功补偿应符合的规定：

1 企业中大量的用电设备是交直流电动机、晶闸管整流装置、感应电炉及变压器等，从系统吸收大量感性无功功率，使功率因数降低。设计中应正确选择调速方案，推广交流电动机调速节电技术。提高电动机、变压器等设备的负荷率，使其运行在经济运行区域，对提高自然功率因数具有重要意义。

分级补偿，就地平衡的原则旨在减少无功电流在线路中流动所造成的有功损耗。就地分散补偿是将电容器安装在电气设备附近，这样可以最大限度地减少线损和释放系统容量，减少电能损耗。

2 条文中的基本无功功率，是指用电设备投入运行时所需的最小无功功率。因其相对稳定，为便于维护管理，宜在变配电所内集中补偿，手动投切。当采用手动投切的电容器组时，为节约设备，方便操作，宜减少分组数量，加大分组容量。

按企业合理用电技术导则的要求，企业最大负荷时的功率因数不低于0.9。当无功负荷波动较大，轻载出现电压过高或过补偿时，宜装设可分组手动投切的电容器组或无功自动补偿装置。

当采用无功自动补偿装置时，若以节能为主，则应以补偿无功功率参数来调节。只有在三相负荷平衡时，才可以采用功率因数参数调节。由于高压无功自动补偿装置对切换元件的要求比较高，且价格较高，检修维护也较困难。国内虽然有些产品，但尚未形成系列，质量还不稳定，为此宜优先采用低压自动补偿装置。

3 为减少线路的无功损耗，本着就地平衡的原则，条文中规定对大型用电设备、轧机、整流装置、感应电炉等提出了较高的要求，要求单体设备的功率因数应在0.9以上。当达不到要求时，宜装设电容器补偿无功功率，就地补偿。补偿后的功率因数应不低于0.9。尤其是对配电线路较长，运行时间较长的大容量设备，就地装设无功补偿装置的节能效果尤为显著。

4 非线性负荷产生的高次谐波电流在网络中流动，增加了变压器、电动机、线路的损耗，对电容器、电缆等的绝缘造成损害。为此，抑制谐波电流在线路中的含量，降低线路损耗是十分必要的。

本着抑制谐波电流在线路中含量的原则，宜在谐波源处就地装设谐波滤波器或静止型动态无功补偿装置，以减少谐波电流在系统中的损耗和减轻对其他设备的影响。当系统中装设有多个谐波滤波器或静止型动态无功补偿装置时，应考虑谐波电流的流向和彼此间的相互影响，并应避免系统在各种运行工况下产生谐振的可能性。

由于电业部门对企业电能质量的要求，目前有些企业常在总降主变处设一套谐波滤波器组或静止型动态无功补偿装置，这一做法只减少了供电电源线路的损耗，而未能减少企业内部设备和网络中的损耗，节能效果不大。

由于谐波分布的多变性和谐波工程计算的复杂性，要在设计阶段完全解决谐波问题非常困难，故工程调试与试运行阶段的谐波实测与分析，对电力系统的谐波治理和最终提高电能利用率起着决定性作用。

5.1.3 本条是电气设备选择应符合的规定：

2 节能型变压器是指空载、负载损耗相对小的变压器，根据行业标准的要求，某一型号或系列的变压器，新型号的自身功耗应比前一个型号低10%。例如，S10型应比S9型的空载、负载损耗低10%。国家关于变压器的能效标准促进了变压器的自身损耗的降低，所以应选择符合国家节能标准的自身损耗低的变配电设备。随着技术进步，新材料的开发应用，非晶合金材料的变压器已有产品销售，其自身损耗更低，但价格较贵，应进行经济比较后选用。

变压器的损耗主要有空载损耗和负载损耗两大部分，合适地选择或调节变压器的负荷率，使变压器满足经济运行的条件。变压器经济运行时的损耗最小，效率最高，从而达到节约电能的要求。

3 电动机的损耗主要有空载损耗（铁损）和负载损耗（铜损）两部分，减少电动机损耗的主要途径是提高电动机的效率和功率因数。一般符合下列条件时可选用高效率电动机。

1）负载率在0.6以上。

2）每年连续运行时间在3000h以上。

3）电动机运行时无频繁启动、制动（最好是轻载启动，如风机、水泵类负载）。

4）单机容量较大。

大型恒速电动机尽量选用同步电动机，并能进相运行，以提高自然功率因数。选用高压电动机是为了减少线路损耗，节约有色金属。高压电动机宜选用10kV电机，避免不必要的中间变电环节。

由于直流电动机的励磁损耗和铜损较大，与同容量的三相异步电动机相比，效率低2%～3%，所以除特殊负载需要外，一般不宜选用直流电动机。

根据电动机的效率、功率因数和负载率的关系曲线可知，电动机负载率在80%以上时，电动机的运行效果最佳，设计选择的电动机平均负载在70%以上时可以认为是合适的。应避免电动机轻载运行，以提高电动机的运行效率和功率因数。

对需要调节流量和压力的生产机械，例如，大型水泵、风机等，不应采用改变风门或阀门开度进行控制，而应采用电动机调速的方式加以控制，以达到节能的目的。

推广交流电动机调速节电技术是当前我国的一项节约用电的措施之一，宜由交流调速系统代替直流调速系统。从理论上讲，交流电动机的调速主要由三种形式，即变极数调速、变频调速和变转差率调速，但调速的控制方法却较多，应优先选择高效调速控制方案，如变极数控制、变频变压控制、无换向器电机控制和串级（双馈）控制方案。而过去常用的转子串电阻（包括电阻斩波）控制、定子变压控制、液力耦合器控制以及电磁转差离合器控制方案属转差功率不能回收利用的低效率调速方案，不推荐采用。

5.1.4 本条是照明节能设计应符合的规定：

1 为减少照明线路损失，应尽量采用三相四线制供电，并尽量使三相照明负荷对称。当照明线路电流小于30A时，可考虑用220V单相供电。

2 一般将照明功率密度值（LPD）作为照明节能的评价指标。灯具的选择应优先选用光效高的高压钠灯、金属卤化物灯和外镇流荧光灯，除特殊情况外，不应采用管形卤钨灯和白炽灯。

3 大中型车间照明，宜按车间、工段或工艺要求分区设置专用变压器台数，缩短照明线路长度，减小线损。而辅助和生活设施，适当增设照明灯的控制开关，是为了减少长明灯。长距离的照明灯，宜设双控开关。在满足灯具最低安装高度的要求时，灯具不宜抬高。

4 集中控制的照明系统、室外道路照明宜采用光电控制器代替照明开关，条件允许时，尽量采用调光器或智能照明控制器，是为了在“深夜”能转入低功率运行，以利于节电。

5.1.5 本条是计量与管理节能设计应符合的规定：

2 近年来，电力系统需求侧的管理已经提上了日程，电力综合自动化装置的采用也为企业实现电力能源管理提供了可能。通过对每台设备的技术经济分析和产品单耗量的统计计算，找出企业电力能耗的节点所在，或通过生产调度，及时关停空载运行设备，或更换运行效率低下的电气设备，或对间歇工作制的电动机安装空载断电装置等，都是节能和降低产品单耗的有效措施。

有条件的企业，可以考虑上计算机能源管理系统，其核心目标就是实现企业能源的“最佳分配”，合理利用能源，节约能源，最大限度地降低企业生产成本。为此要求能源管理系统具有如下基本功能：能源供需的中长期计划、能源供需的近期预测、能源的最佳分配、能源系统的实时运行情况和数据、能源供需的统计和经济分析、能源设备的状况、积累管理经验、集中监控各能源系统及其站所的运行等。但该系统需根据企业工艺生产流程建立准确的数学模型，编制适合企业自身的软件系统。费用较高，运行经验不足，只能在有条件的企业提倡建立计算机能源管理系统。

5.2 采暖、通风和空气调节

5.2.1 本条是采暖节能设计应符合的规定：

3 实际应用中，凝结水无法回收的情况经常发生。在有色金属加工厂中，较为可行的是将凝结水作为对供热温度均匀性、连续性要求不高的工厂辅助站房的采暖热源，在将冷凝水冷却到适宜温度后，作为循环水系统补水。

5 实验证明，散热器的外表面刷非金属性涂料比刷金属性涂料散热效果增加10%。

5.2.2 本条是通风与空气调节节能设计应符合的规定：

3 有色金属加工厂的工艺设备控制室等房间由于电气设备精度要求，夏季通常设空调系统带走设备的发热量。在冬季如果此房间通风不畅时，还需要启动空调降温，耗电量很大。本条规定旨在要求设计人员充分考虑利用室外“免费冷量”的可能性，节省空调运行能耗。

4 料卷冷却室等物料冷却装置通风量非常大，排风空气品质优良，除余热外，不含其他污染物。因此严寒寒冷地区的冷却室在工艺布置上，应考虑排风进入车间。

7 设备发热量大，且仅对最高温度有限制的房间，如轧机地下室等，多采用机械通风系统排出余热。随室外温度的变化，在满足地下室最小换气次数的前提下，应尽量减小通风量，降低风机能耗。宜利用排风温度控制风机转速或控制送排风机台数调节风量。

5.2.3 电机驱动压缩机的蒸气压缩循环冷水（热泵）机组，在额定制冷工况和规定条件下的性能系数（COP）；名义制冷量大于7100W、采用电机驱动压缩机的单元式空气调节机、风管送风式和屋顶式空气调节机组时，在名义制冷工况和规定条件下，其能效比（EER）；蒸汽、热水型溴化锂吸收式冷水机组及直燃型溴化锂吸收式冷（温）水机组在名义工况下的空气调节系统冷源的性能参数，均应符合现行国家标准《公共建筑节能设计标准》GB 50189的有关规定。

5.3 给 水 排 水

5.3.2 本条说明如下：

1 生产用水重复利用率系综合指标，包括生产工艺流程用水、设备和产品冷却用水和辅助生产用水，不包括厂区生活、消防、浇洒道路、绿化用水和其他市政用水等。计算公式如下：

$$\text{生产用水重复利用率}=\frac{\text{日循环水量}+\text{日重复用水量}}{\text{日循环水量}+\text{日重复用水量}+\text{生产新水用量}}\times 100\% \tag{1}$$

2 清洗工段包括拉矫机组、氧化着色及板、带、管材等清洗工段。工艺流程设计及工艺设备选型不同，所排出的废水、废液其污染特征存在较大差异，设计时应视废水特征采用相应的处理措施。

3 浓缩倍率：循环冷却水与补充水含盐量的比值。

4 水质稳定处理：指防止结垢、腐蚀、污垢的处理措施。

5.3.3 给水系统应进行技术经济、能耗等指标比较后确定。根据设备的用水制度、水量、水质、水压等要求进行系统划分，视工程具体情况可采用清浊分流、分压、分区等供水方案。

5.3.4 厂区排水系统应清污分流，视工艺设备选型、废水特征可分别采取直接排放、自身回用或处理后回用等措施。废乳液属高浓度污水，宜送至厂外集中处理或厂内单独处理。

5.4 供热与供气

5.4.1 本条是供热与供气节能设计应符合的规定：

1　全面深入分析用热、用气负荷及其参数，根据使用制度，合理确定供热、供气系统及站房规模，合理确定主要设备参数，是保证供热、供气设施安全、节能、环保、经济运行的基本条件。

2　实现能源资源的优化配置与合理利用，发展热电联产、区域锅炉房集中供热，取代分散、小型锅炉房供热，是我国重要的节能政策。在集中供热、供气区域一般不应设置小型、分散的供热、供气站房，企业用热、用气应纳入当地供热、供气统一规划中。

4　用能单位应按照现行国家标准《用能单位能源计量器具配备和管理通则》GB 17167—2006 的规定，根据经济运行的需要，在用能设备与系统中，配置能源计量检测和监控仪表。主要耗能设备和装备系统，应按照整体优化的原则调整运行工况。

5　供热、供气管网是企业供热、供气设施的重要组成部分，应合理确定管道走向、敷设方式、运行参数，正确选用管材、管道附件、阀门等，采用先进的绝热技术，改善管网调度、运行、调节方式，以减少介质输送中的能量（散热及阻力）损失。

5.4.2　本条是锅炉房节能设计应符合的规定：

1　采用集中供热，在供热区除必须保留的现有锅炉房外，不建分散的锅炉房，是节约能源、减少烟尘和二氧化硫等有毒气体对环境污染的有效途径。

2　根据《中国节能技术政策大纲》要求，在技术经济合理的前提下，应就地利用热值，在 12560kJ/kg 以下的矿物燃料（如褐煤、泥煤和煤矸石等）及热值在 12560kJ/kg 以上的低热值煤矸石作为工业锅炉燃料。

3　建筑物的采暖设施，应根据经济合理的原则，采用或者改为热水采暖。专供采暖通风用热的锅炉房，宜选用热水锅炉，以热水作为供热介质。

4　燃油、燃气和煤粉锅炉实现燃烧过程自动调节，对提高锅炉机组热效率、节约燃料和减轻劳动强度有很重要的意义。燃油、燃气和煤粉锅炉较容易实现燃烧过程自动调节，但应视负荷的变化幅度是否在调节装置的可调范围之内和经济上是否合理而定。

近年来，微机控制为链条炉排锅炉实现燃烧过程自动调节开辟了方便途径，锅炉微机控制系统一般都具有燃烧过程自动调节功能。

5　风机、水泵等采用变频调速控制不仅能节约电能，而且有利于系统工况调节及工况稳定，已得到普遍应用。

6　分层燃烧技术应用均匀分层燃烧机理，使煤得到充分燃烧，最大限度地释放热能，可明显降低锅炉耗煤量，提高锅炉热效率。

5.4.3　本条是供热管网节能设计应符合的规定：

1　供热管网调节是实现节能及高质量供热的重要手段。热水供应系统应采用热源处集中调节、热力站及建筑引入口处局部调节和用热设备单独调节三者相结合的联合调节方式，并宜采用自动化调节。

2　变负荷运行的水泵应推广和实现调速运行；开发使用用于流量调节的恒流量、变扬程特性的水泵，与变频器结合，用于替代阀门进行流量调节。

5　蒸汽供热系统间接加热的凝结水应予以回收，以节约软化水和能源消耗。

高温凝结水从用汽设备中经疏水阀排出，压力降低，产生的二次蒸汽混在凝结水中，增大凝结水管的阻力。二次汽最后排入大气，造成热量损失。所以采取利用饱和水或将二次汽引出利用，不仅直接利用了这部分热量，还有利于凝结水的回收。

5.4.4　本条是压缩空气站应符合的规定：

1　正确选择空气压缩机的型号、台数和压缩空气净化装置形式是降低机组节流及空载损失，合理控制再生气耗量的前提条件。目前，变频调速螺杆式空气压缩机已在一些空气压缩站中采用。通过机组的合理配置，不仅可实现变频机组本身的节能，还可保证其他空气压缩机在高效区运行。

2　不同压力等级的空气压缩机以及干燥净化装置为不同压力、不同品质的压缩空气供气系统设备选型提供了必要条件。若单纯为简化供气系统而采用提高系统设计参数的方式满足耗气量较少的高参数压缩空气用户是不经济的。

3　吸附式干燥装置主要有无热再生和加热再生两种，吸附式干燥必须有除尘装置，吸附剂的再生需消耗一定量的压缩空气或电能，且能耗较高。余热再生吸附式干燥装置利用空气压缩机的压缩热对吸附剂进行再生，与无热再生或加热再生干燥装置比较可节能 10%以上。目前，余热再生吸附式干燥装置的推广主要是受进气含油量的限制，当采用无油润滑或离心式空气压缩机时宜优先考虑采用余热再生吸附式干燥装置。

4　许多站房冷却螺杆压缩机组或离心压缩机组的热风采用通风管道排放，只需在排风管上装一个切换阀即可用于站内冬季采暖，从节能角度考虑，推荐采用。

5.4.5　本条是氮氧站应符合的规定：

1　采用深度冷冻空气分离法生产氧、氮等空分气态或液态产品的氮氧站，除停车检修、热洗、启动等时间外，系昼夜连续均匀产气。一般情况下，用户昼夜三班气体消耗是间断和不均匀的。氮氧站设计容量在不造成气体大量放空的原则下，当采取储气手段时，应按用户昼夜平均小时消耗量确定。但在工作班单班用气量较大，储气容量过大的情况下，则应按用户工作班小时平均用气量确定设计容量。

4　近年来，变压吸附及膜分离制气工艺得到了广泛应用，其特点是流程简单、结构紧凑、操作方便、启动速度快、负荷调节灵活，但产品气纯度较低。增加纯化装置不仅加大了设备投资，也增加了能耗。因此，是否采用变压吸附或膜分离加纯化的制气工艺，应结合工程具体情况，通过经济技术比较确定。

5.4.6 本条是氢气站应符合的规定：

1 国内工业氢气制取方法主要有：水电解制氢、含氢气体为原料的变压吸附法提纯氢气、甲醇蒸汽转化制氢、天然气重整制氢以及各种副产氢气的回收利用等。各种制氢方法因工作原理、工艺流程及单体设备的不同，各具特色和优势。氢气站制氢系统选择应按其规模，当地资源或原料气状况，产品气纯度、杂质含量和压力要求经技术经济比较确定。

4 视原料气的组成情况，通常提纯氢气后的解吸气热值较高，可通过增压送至厂区燃料气管网作为气体燃料，回收能量。

5 氨分解制氢装置以液氨为原料，汽化后在催化剂作用下加热分解，产生含氢 75%、氮 25%的混合气。氨分解制氢系统具有设备结构紧凑、占地面积小、操作简便、能耗低等优点。与纯化、配比装置配合使用，可制得高纯度的氮—氢混合气，是有色金属加工行业广泛采用的氮基保护性气体制备系统。

5.4.7 煤气站应符合下列规定：

1 气化煤的性质对煤气发生炉的形式、生产工艺流程、气化指标和经济运行起着决定性的作用，在开展设计工作之前，应首先选择和确定煤种，同时要取得煤的气化技术指标。设计时必须考虑充分合理利用资源，当煤的性质有不足之处时，可以在设备、流程或其他方面采取补救措施。

2 余热锅炉广泛配套应用在水煤气和两段炉水煤气发生炉的生产流程中，无烟煤煤气发生炉出口位置也可设置余热锅炉。生产实践表明，当煤气量为 $6000m^3/h$，煤气温度 600℃左右时，每小时可产生蒸汽 0.75t，蒸汽压力 0.4MPa。每年可节煤 1100t，节电 5.69×10^4kW，并可减少污染。从国外引进的二段煤气发生炉，在炉下段煤气出口旋风除尘器后也设置了余热锅炉，如 ϕ2.6m 的炉子每小时可回收 0.5t 的低压蒸汽。存在的问题是清灰困难，而且要求煤气负荷均匀，否则容易造成余热锅炉堵塞和腐蚀。

4 煤气站的生产操作与管理可利用计算机组成网络，使煤气生产的操作管理实现完全自动化，达到最有效的调节控制，做到及时、准确、完善。使生产过程按设计的技术指标运行，实现人工操作达不到的工艺参数水平，从而提高气化效率及热利用率。

中华人民共和国国家标准

油品装载系统油气回收设施设计规范

Code for design of vapor recovery facilities
of oil products loading system

GB 50759—2012

主编部门：中 国 石 油 化 工 集 团 公 司
批准部门：中华人民共和国住房和城乡建设部
施行日期：2 0 1 2 年 1 0 月 1 日

中华人民共和国住房和城乡建设部
公　告

第 1417 号

关于发布国家标准《油品装载系统油气回收设施设计规范》的公告

现批准《油品装载系统油气回收设施设计规范》为国家标准，编号为GB 50759—2012，自2012年10月1日起实施。其中，第3.0.2、5.1.3、7.1.3条为强制性条文，必须严格执行。

本规范由我部标准定额研究所组织中国计划出版社出版发行。

中华人民共和国住房和城乡建设部

二〇一二年五月二十八日

前　言

本规范是根据原建设部《关于印发〈2006年工程建设标准规范制订、修订计划（第二批）〉的通知》〔建标函〔2006〕136号〕的要求，由中国石化集团洛阳石油化工工程公司会同有关单位共同编制完成的。

本规范在编制过程中，编制组经广泛调查研究，认真总结实践经验，参考有关国家标准和国外先进标准，并在广泛征求意见的基础上，最后经审查定稿。

本规范共分9章和1个附录。主要技术内容包括：总则、术语、基本规定、平面布置、工艺设计、自动控制、公用工程、消防、职业安全卫生与环境保护等。

本规范中以黑体字标志的条文为强制性条文，必须严格执行。

本规范由住房和城乡建设部负责管理和对强制性条文的解释，由中国石油化工集团公司负责日常管理，由中国石化集团洛阳石油化工工程公司负责具体技术内容的解释。执行过程中如有意见或建议，请寄送中国石化集团洛阳石油化工工程公司（地址：河南省洛阳市中州西路27号，邮政编码：471003），以供今后修订时参考。

本规范主编单位、参编单位、参加单位、主要起草人和主要审查人：

主 编 单 位：中国石化集团洛阳石油化工工程公司

参 编 单 位：浙江佳力科技股份有限公司
江苏惠利特环保设备有限公司
上海神明控制工程有限公司
郑州永邦电气有限公司

参 加 单 位：中国石化集团青岛安全工程研究院

主要起草人：张建伟　王惠勤　何龙辉
董继军　文科武　刘新生
王珍珠　杨光义　李法海
钱永康　张炳权　屈金鹏
张庆强　张卫华

主要审查人：韩　钧　周家祥　安　山
孙秀明　杨　森　王育富
孙新宇　夏喜林　蔡　炜
黄梦华　段建卿　宋　燕

目　次

Contents

1 总　　则

1.0.1 为了保障油品装载系统作业安全、改善劳动条件、保护环境、节约能源、促进技术进步，制定本规范。

1.0.2 本规范适用于石油化工企业、石油及液体化工品库内的汽油、石脑油、航空煤油、溶剂油、芳烃或类似性质油品的新建、改建和扩建装载系统油气回收设施的工程设计。

1.0.3 油品装载系统油气回收设施的设计，除应符合本规范外，尚应符合国家现行有关标准的规定。

2 术　　语

2.0.1 油气　　vapor

汽油、石脑油、航空煤油、溶剂油、芳烃或类似性质油品装载过程中产生的挥发性有机物气体。

2.0.2 油气回收设施　　vapor recovery facilities

油气收集系统和油气回收装置的统称。

2.0.3 油气收集系统　　vapor collection system

利用密闭鹤管、管道及其他工艺设备对油气进行收集的系统。

2.0.4 油气回收装置　　vapor recovery unit

将油品装载过程中产生的油气进行回收的装置。

2.0.5 油气设计浓度　　vapor design concentration

油气回收装置能处理的挥发性有机物气体占油气总体积的百分比。

2.0.6 尾气　　tail gas

经油气回收装置回收完挥发性有机物后排放至大气的剩余废气。

2.0.7 凝缩液　　liquid condensate

油气在设备或管道中因压力、温度等变化冷凝下来的液体。

3 基本规定

3.0.1 汽油、石脑油、航空煤油、溶剂油或类似性质油品的装载系统应设置油气回收设施。

3.0.2 芳烃装载系统未采取其他油气处理措施时，应设置油气回收设施。

3.0.3 汽油、石脑油、航空煤油、溶剂油、芳烃或类似性质油品的装载系统油气回收，可采用膜分离法、冷凝法、吸附法、吸收法等方法或其中若干种方法的组合。

3.0.4 排放的尾气中非甲烷总烃的浓度不得高于 $25g/m^3$。

3.0.5 排放的尾气中苯的浓度不得高于 $12mg/m^3$，甲苯的浓度不得高于 $40mg/m^3$，二甲苯的浓度不得高于 $70mg/m^3$。

3.0.6 油气收集系统的凝缩液应密闭收集。

3.0.7 油气管道的设计压力不应低于 1.0MPa，真空管道的设计压力应为 0.1MPa 外压。油气管道和真空管道的公称压力不应低于 PN1.6。

3.0.8 油气管道宜采用地上敷设。

3.0.9 油气收集管道宜坡向油气回收装置，坡度不宜小于 2‰。

3.0.10 油气回收设施内的管道器材选用，应符合下列规定：

1 管道宜采用无缝钢管。碳钢、合金钢无缝钢管应符合现行国家标准《输送流体用无缝钢管》GB/T 8163 的有关规定；不锈钢无缝钢管应符合现行国家标准《流体输送用不锈钢无缝钢管》GB/T 14976 的有关规定。

2 油气管道用阀门应选用钢制阀门。

3 弯头、三通、异径管、管帽等管件的材质、压力等级应与所连管道一致。

3.0.11 油气回收装置的入口管道应设流量、温度、压力检测仪表。

3.0.12 油气回收装置的尾气排放管道及其附件的设置，应符合下列规定：

1 烃类尾气排放管高度不应小于 4m；

2 芳烃尾气排放管高度应符合现行国家标准《大气污染物综合排放标准》GB 16297 的有关规定；

3 尾气排放管道应设置采样设施；

4 尾气排放管道应设置阻火设施。

3.0.13 油气回收设施内的管道流速应根据水力计算确定。

4 平面布置

4.0.1 油气回收装置宜布置在装车设施内或靠近装车设施布置。

4.0.2 油气回收装置宜布置在下列场所的全年最小频率风向的上风侧：

1 人员集中场所；

2 明火或散发火花地点。

4.0.3 布置在汽车装车设施内的油气回收装置不应影响车辆的装车及通行。布置在铁路装车设施内的油气回收装置，与铁路的建筑限界应符合现行国家标准《工业企业标准轨距铁路设计规范》GBJ 12 的有关规定。

4.0.4 油气回收装置应设有消防道路，消防道路路面宽度不应小于 4m，路面上的净空高度不应小于 4.5m，路面内缘转弯半径不宜小于 6m。

4.0.5 吸收液储罐宜与成品储罐统一设置。当吸收液储罐总容积不大于 $400m^3$ 时，可与油气回收装置集中布置，吸收液储罐与油气回收装置的防火间距不应小于9m。

4.0.6 油气回收装置内部的设备应紧凑布置，并应满足安装、操作及检修的要求。

4.0.7 油气回收装置及吸收液储罐与装卸车设施内的设备、建筑物、构筑物的防火间距，不应小于表4.0.7的规定。

表4.0.7 油气回收装置及吸收液储罐与装卸车设施内设备、建筑物、构筑物的防火间距（m）

项目		油气回收装置	吸收液储罐
装车鹤位	甲A类液体介质	8	12
	甲B、乙类液体介质	4.5	9
	丙类液体介质	—	—
集中布置的泵	甲A类液体介质	10	12
	甲B、乙类液体介质	4.5	9
	丙类液体介质	—	—
缓冲罐	甲A类液体介质	15	0.75*D*
	甲B、乙类液体介质	5	0.75*D*
	丙类液体介质	—	—
计量衡		4.5	9
变配电室、控制室、机柜间		15	15
其他建筑物、构筑物		3	9

注：1 防火间距起止点应符合本规范附录A的规定。

2 可燃液体介质的火灾危险性分类应符合现行国家标准《石油化工企业设计防火规范》GB 50160的有关规定。

3 表中“—”表示无防火间距要求。

4 *D*为相邻较大罐的直径。

4.0.8 石油及液体化工品库的油气回收装置与石油及液体化工品库外的居民区、工矿企业、交通线等的防火间距，以及石油及液体化工品库内建筑物、构筑物的防火间距，应符合现行国家标准《石油库设计规范》GB 50074的有关规定。

4.0.9 石油化工企业的油气回收装置与石油化工企业外的相邻工厂或设施的防火间距，以及石油化工企业内相邻设施的防火间距，应符合现行国家标准《石油化工企业设计防火规范》GB 50160的有关规定。

5 工艺设计

5.1 油气收集系统

5.1.1 油气收集支管公称直径宜小于鹤管公称直径一个规格。

5.1.2 在油气回收装置的入口管道处和油气收集支管上，均应安装切断阀。

5.1.3 油气收集支管与鹤管的连接法兰处应设置阻火器。

5.1.4 鹤管与油罐车的连接应严密，不应泄漏油气。

5.1.5 油气收集系统应采取防止压力超高或过低的措施。

5.1.6 油气收集系统应设置事故紧急排放管，事故紧急排放管可与油气回收装置尾气排放管合并设置，并应采取阻火措施。

5.2 油气回收装置

5.2.1 油气回收装置的设计规模宜为最大装车体积流量的1.0倍~1.1倍。

5.2.2 油气回收装置的最大操作负荷不宜超过设计规模的110%。

5.2.3 油气回收装置的油气设计浓度宜取实测的最热月平均油气浓度。无实测数据时，可按下列方法确定：

1 同类地区已建有油气回收装置时，新建油气回收装置的油气设计浓度可取同类地区已建装置最热月实测的平均油气浓度；

2 同类地区无已建装置时，新建油气回收装置的油气设计浓度可按建设地区的最热月平均气温确定，并应符合下列规定：

1）最热月平均气温高于25℃的地区，油气设计浓度可取40%~45%；

2）最热月平均气温在20℃~25℃的地区，油气设计浓度可取35%~40%；

3）最热月平均气温低于20℃的地区，油气设计浓度可取30%~35%。

5.2.4 吸收液的选用宜符合下列规定：

1 回收汽油、石脑油、芳烃、航空煤油、溶剂油油气时，吸收液宜为低标号成品汽油、石脑油、溶剂油、柴油或专用吸收剂；

2 只回收芳烃油气时，吸收液可选用芳烃。

5.2.5 分离膜的设计应符合下列规定：

1 分离膜组件的进口应设置温度仪表，进出口应设置压力仪表；

2 分离膜对正丁烷的透过选择性不应低于对氮气的20倍。

5.2.6 吸收塔的设计应符合下列规定：

1 应为填料吸收塔；

2 填料宜为低压降规整填料，压降不宜高于1000Pa；

3 填料层上、下段宜设置压力仪表，塔底液体段应设置液位监测仪表就地指示及远传控制室，并应采取液位控制联锁措施；

4 吸收塔的设计压力不应低于0.35MPa。

5.2.7 活性炭的性能应符合下列规定：

1 活性炭应为煤基活性炭；

2　活性炭的比表面积不应低于 $1000m^2/g$；

3　活性炭的表观密度不应低于 40g/100ml；

4　活性炭的含水量不应高于 5%；

5　活性炭对丁烷的吸附容量不应小于 30g/100ml。

5.2.8　活性炭吸附罐的设计应符合下列规定：

1　活性炭吸附罐不应少于 2 个；

2　吸附罐内活性炭的总量应能满足设计规模、设计浓度下 20min 的油气吸附容量；

3　活性炭吸附罐的上、中、下部均宜设置温度仪表、就地指示及远传控制室，并宜采取温度控制联锁措施；

4　活性炭吸附罐床层的操作温度不应高于 65℃；

5　活性炭吸附罐的切换阀门的泄漏等级不应低于Ⅴ级；

6　活性炭吸附罐的设计压力不应低于 1.0MPa；

7　活性炭吸附罐应采取失电保护措施。

5.2.9　机泵的选用应符合下列规定：

1　增压用压缩机宜选择液环式压缩机，制冷用压缩机宜选用往复式或螺杆式压缩机，制冷剂宜选择无氯环保型制冷剂，且应符合国家关于大气臭氧层保护的有关规定；

2　真空泵宜选择旋片式或螺杆式真空泵；

3　液体输送泵宜选择离心泵；

4　当操作负荷变化较大时，机泵宜采用变频调速装置；

5　真空泵、压缩机、输送泵的进出口应设置压力仪表，压缩机和真空泵出口应设置温度仪表。

5.2.10　换热器的设计应符合下列规定：

1　换热器宜选择低压降的翅片式换热器或板式换热器，压降不宜高于 300Pa；

2　换热器的进出口应设置压力和温度仪表；

3　换热器的总传热系数不应低于 $50W/m^2 \cdot h \cdot ℃$。

5.2.11　管道阻火器的选用应符合下列规定：

1　应根据介质的火焰传播速度、介质在实际工况下的最大实验安全间隙值和安装位置，确定管道阻火器的类型和技术安全等级；

2　管道阻火器的压降不应大于 500Pa。

5.2.12　制冷系统的设计应符合下列规定：

1　制冷系统应设置融霜装置，冷凝后的油水混合液体应设置油水分离装置，水冷凝器的制冷装置应采取防冻措施；

2　制冷系统应采取保冷措施。

6　自动控制

6.0.1　油气回收装置的自动控制系统宜与装车设施的自动控制系统统一设计。

6.0.2　油气回收装置的启停应与装置入口的油气压力进行联锁。

6.0.3　油气回收装置内设置的温度、压力、流量、液位等仪表，应远传至上级控制室。

6.0.4　油气回收装置内的机泵及控制阀门的开关状态，应在自动控制系统内显示。

7　公用工程

7.1　给排水

7.1.1　油气回收装置界区内宜设置地面冲洗水设施。冲洗用水宜采用生产给水或中水。

7.1.2　油气回收装置含油污水应排入含油污水系统，排水出口处应设置水封。

7.1.3　可燃气体的凝缩液不得排入含油污水系统。

7.2　电　气

7.2.1　油气回收设施的动力负荷等级可为三级负荷。

7.2.2　油气回收设施的电力装置设计，应符合现行国家标准《爆炸和火灾危险环境电力装置设计规范》GB 50058 的有关规定。

7.2.3　油气回收设施的防雷设计应符合现行国家标准《建筑物防雷设计规范》GB 50057 对第二类防雷建筑物的规定，并应符合现行国家标准《石油与石油设施雷电安全规范》GB 15599 的有关规定。

7.2.4　油气回收设施的防静电接地设计，应符合现行行业标准《石油化工静电接地设计规范》SH 3097 的有关规定。

7.2.5　石油库油气回收设施的爆炸危险区域划分，应符合现行国家标准《石油库设计规范》GB 50074 的有关规定。

8　消　防

8.0.1　油气回收设施的消防给水系统应与装车设施及其他相邻设施的消防给水系统统一设置。

8.0.2　独立设置的油气回收装置的消防给水压力不应小于0.15MPa，消防用水量不应小于 15L/s；火灾延续供水时间不应小于 2h。

8.0.3　油气回收设施内应设置手提式干粉型灭火器，手提式干粉型灭火器的设置应符合下列规定：

1　手提式灭火器的最大保护距离不宜超过 9m；

2　每一配置点的手提式灭火器数量不应少于 2 个；

3　每个灭火器的重量不应小于 4kg。

9 职业安全卫生与环境保护

9.1 职业安全卫生

9.1.1 油气回收设施内油品管道、设备、机泵应设置静电接地装置，并应等电位接地，可接入相邻设施的接地网。

9.1.2 油气回收装置内应设置可燃气体或有毒气体监测报警及火灾监测报警，并应与相邻设施统一设置。

9.1.3 油气回收设施的防爆设计，应符合现行国家标准《爆炸和火灾危险环境电力装置设计规范》GB 50058的有关规定。

9.1.4 油气回收设施的作业人员应配备安全生产劳动防护用具。

9.1.5 作业场所的防寒、防暑及降温措施，应符合国家现行有关工业企业设计卫生标准的规定。

9.2 环境保护

9.2.1 油气回收设施内作业场所的环境质量，应符合国家现行有关工作场所有害因素职业接触限值的规定。

9.2.2 油气回收设施内的固体废物，应根据国家现行有关固体废物鉴别标准及污染控制标准进行分类和处理。

9.2.3 油气回收设施的防噪设计，应符合现行国家标准《工业企业噪声控制设计规范》GBJ 87的有关规定；噪声辐射源到达企业厂界外的噪声，应符合现行国家标准《工业企业厂界噪声标准》GB 12348的有关规定。

9.2.4 油气回收设施内的生产污水及事故处理废水应经处理，污水排放应符合现行国家标准《污水综合排放标准》GB 8978的有关规定。

附录A 防火间距起止点

A.0.1 油气回收装置与下列相邻设施防火间距计算的起止点：

1 汽车装卸鹤位—鹤管立管中心线；

2 铁路装卸鹤位—铁路中心线；

3 设备—设备外缘；

4 缓冲罐、吸收液罐—储罐外壁；

5 架空通信、电力线—线路中心线；

6 油气回收装置—最外侧的设备外缘；

7 计量衡—衡器设备外缘；

8 建筑物（敞开和半敞开式厂房除外）—建（构）筑物的最外侧轴线；

9 敞开式厂房—设备外缘；

10 半敞开式厂房—根据物料特性和厂房结构型式确定。

本规范用词说明

1 为便于在执行本规范条文时区别对待，对要求严格程度不同的用词说明如下：

1）表示很严格，非这样做不可的：
正面词采用“必须”，反面词采用“严禁”；

2）表示严格，在正常情况下均应这样做的：
正面词采用“应”，反面词采用“不应”或“不得”；

3）表示允许稍有选择，在条件许可时首先应这样做的：
正面词采用“宜”，反面词采用“不宜”；

4）表示有选择，在一定条件下可以这样做的，采用“可”。

2 条文中指明应按其他有关标准执行的写法为：“应符合……的规定”或“应按……执行”。

引用标准名录

《工业企业标准轨距铁路设计规范》GBJ 12
《工业企业噪声控制设计规范》GBJ 87
《建筑物防雷设计规范》GB 50057
《爆炸和火灾危险环境电力装置设计规范》GB 50058
《石油库设计规范》GB 50074
《石油化工企业设计防火规范》GB 50160
《输送流体用无缝钢管》GB/T 8163
《污水综合排放标准》GB 8978
《工业企业厂界噪声标准》GB 12348
《流体输送用不锈钢无缝钢管》GB/T 14976
《石油与石油设施雷电安全规范》GB 15599
《大气污染物综合排放标准》GB 16297
《储油库大气污染物排放标准》GB 20950
《石油化工静电接地设计规范》SH 3097

中华人民共和国国家标准

油品装载系统油气回收设施设计规范

GB 50759—2012

条 文 说 明

制 订 说 明

《油品装载系统油气回收设施设计规范》GB 50759—2012经住房和城乡建设部2012年5月28日以第1417号公告批准发布。

本规范在制定过程中，编写组进行了广泛调查研究，认真总结实践经验，并参考了有关国家标准和国外先进标准。

为便于广大设计单位有关人员在使用本规范时能正确理解和执行条文规定，《油品装载系统油气回收设施设计规范》编写组按章、节、条顺序编写了本规范的条文说明，对条文规定的目的、依据以及执行中需注意的有关事项进行了说明，还着重对强制性条文的强制性理由做了解释。但是，本条文说明不具备与规范正文同等的法律效力，仅供使用者作为理解和把握规范规定的参考。

目　次

1 总 则

1.0.1 本条文旨在说明制定本规范的目的。

目前在石油化工企业和石油及液体化工品库内，为了保证油品装载系统作业过程中的安全，抑制油气排放，改善作业环境的劳动条件，加强环境保护，减少资源的浪费，对汽油、石脑油、航空煤油、溶剂油、芳烃或类似性质油品装铁路和公路油罐车所排放的油气采取了回收措施。这种措施已在全国范围内普遍推广和实施，而对装船设施、原油的地下洞库储存设施等设施所排放的油气也将采取回收措施。目前油气回收工艺方法较多，包括膜分离法、冷凝法、吸附法、吸收法及相互组合的混合工艺，呈现出了油气回收技术的多样化和复杂性。由于油气回收设施的回收工艺、设备选型、材料选择、平面布置等没有相应的规定，使得油气回收设施的工程设计无章可循，给石油化工企业和石油及液体化工品库的安全生产留下了一定的隐患。

鉴于此，为了统一和规范油品装载系统油气回收设施的回收工艺、设备选型、材料选择、平面布置、安全环保等设计要求，满足企业项目建设、安全生产和可持续发展的需要，特制定本规范。

1.0.2 本条为本规范的适用范围。

本规范规定了挥发性较大的轻质油品和毒性危害较大油品的装载系统油气回收设施的工程设计。目前国内对油罐车装车设施的油气回收技术比较成熟，而对油品装船及原油地下洞库储存设施排放的油气进行回收的条件或技术还不成熟。规范针对性地对油罐车装车的油气回收设施进行了规定，对油品装船设施及原油地下洞库储存设施等设施的油气回收未作规定，待其条件或技术趋于成熟后，将对本规范进行修订，增加相关规定。

2 术 语

2.0.1 石油化工企业和石油及液体化工品库内的汽油、石脑油、航空煤油、溶剂油、芳烃或类似性质油品装载过程排放的油气量较大，回收工艺技术成熟，作为回收的重点，暂不考虑回收其他生产工艺过程中排放的气体。

2.0.3 油气收集系统通常包括装车鹤管及鹤管的气相密闭装置、集气管、鼓风机（必要时）、凝缩液分液罐（必要时）等。

3 基本规定

3.0.1 本条参考了现行国家标准《储油库大气污染物排放标准》GB 20950 的规定，汽油、石脑油、航空煤油、溶剂油、芳烃或类似性质油品装车应设置油气回收设施。对轻质油品装载过程中排放的油气进行回收不仅减少了油气的排放、节约了能源，而且从根本上改善了作业环境的空气质量，有效地抑制了环境污染，因此推广油气回收，具有很现实的社会效益。

3.0.2 本条为强制性条文。芳烃气体的毒性及危害性较大，可能导致人的中毒，产生头晕、失眠、乏力等症状，甚至引起昏迷、导致呼吸衰竭而死亡。芳烃装车时的排放气可采用密闭回收，也可采用焚烧、氧化蓄热、生物降解等处理措施进行处理；在没有采取此类处理措施的情况下，要求采用油气回收设施，以减少芳烃尾气的排放，保护环境，保障生产操作人员的身体健康。

3.0.3 考虑油气回收的工艺方法较多，有单一的工艺方法，如膜分离法、冷凝法、吸附法、吸收法等，也有组合的工艺方法，规范中对回收工艺没有限制，只要排放尾气能满足规范限值的工艺方法都可以采用。

膜分离法指采用分离膜将油气中的挥发性有机物气体与空气进行分离，并使用吸收剂吸收有机物气体的油气回收方法。

冷凝法指采用直接或间接冷凝的方法将油气中的挥发性有机物气体冷凝为液体，并进行回收的油气回收方法。

吸附法指采用活性炭或其他吸附载体分离油气中的挥发性有机物气体与空气，并使用吸收剂吸收有机物气体的油气回收方法。

吸收法指采用吸收剂分离油气中的挥发性有机物气体与空气，并使用吸收剂吸收有机物气体的油气回收方法。

3.0.4 油气回收装置排放的尾气中非甲烷总烃的浓度不得高于 $25g/m^3$，是依据现行国家标准《储油库大气污染物排放标准》GB 20950 的相关规定制定。油气回收装置排放的尾气中非甲烷总烃的浓度是指在温度 273K，压力 101.3kPa 状态下，经油气回收装置处理后排放至大气的单位体积尾气中所含非甲烷总烃的质量。

3.0.5 油气回收装置排放的尾气中苯、甲苯、二甲苯的浓度限值，是依据现行国家标准《大气污染物综合排放标准》GB 16297 对新污染源有组织排放的相关规定制定的。油气回收装置排放的尾气中苯、甲苯、二甲苯的浓度油气回收装置排放的尾气中非甲烷总烃的浓度是指在温度 273K，压力 101.3kPa 状态下，经油气回收装置处理后排放至大气的单位体积尾气中所含苯、甲苯、二甲苯的质量。

3.0.10 油气回收装置的设计和制造水平不一，对油气回收过程中可能产生的危险及危害程度的认识也不同。本条参考现行行业标准《石油化工管道设计器材选用通则》SH 3059，统一规定了钢管、阀门、管件的选用要求，便于使油气回收装置的设计和制造水平保持一致，保证油气回收装置的安全可靠运行。

3.0.11、3.0.12 规定设置必要的检测仪表，以便于生产管理、生产监控、生产安全和装置标定。

3.0.13 管道的流速应根据需要控制的压降经过水力计算确定。管道的经济流速可取下列值：气体的流速宜为10m/s～15m/s，液体管道内介质的流速宜为1.5m/s～2.5m/s。

4 平面布置

4.0.1 油气回收装置属于装车设施的附属设施。油气回收装置布置在装车设施内或靠近装车设施布置，可缩短管线长度且节能降耗。

4.0.2 将油气回收装置布置在人员集中场所和明火或散发火花地点的全年最小频率风向的上风侧，可减少散发的油气向人员集中场所及明火或散发火花地点扩散，从而减少火灾或爆炸事故发生的几率。

4.0.3 布置在装卸车设施内的油气回收装置应和装卸车设施的平面布置协调、统一，不影响装卸车作业及进出装卸车设施车辆的通行。

4.0.4 消防道路可为油气回收装置的移动消防提供保证。布置在装车设施内的油气回收装置的消防道路与装车设施内的消防道路统一考虑，有利于合理使用场地，节约用地。

4.0.5 吸收液储罐直接参与油气回收装置的工艺过程，当其储量较小时，即使发生事故，造成的危害也较小，所以可以视为油气回收装置的一部分，靠近油气回收装置布置并与油气回收装置保持必要的防火间距。当其储量较大时，一旦发生事故，造成的危害较大，会影响油气回收装置的安全，因此不能与油气回收装置集中布置。

4.0.6 油气回收装置内的设备，容积较小，均为密闭操作且工艺联系十分密切，危害性较低，因此这类设备未做防火间距的要求，但应满足安装、操作及检修的要求。

5 工艺设计

5.1 油气收集系统

5.1.2 在油气回收装置的入口处和油气收集支管上应安装切断阀，以便在事故状态时将油气收集系统与油罐车、油气收集系统与油气回收装置进行隔断，防止事故蔓延。

5.1.3 本条为强制性条文。油气收集支管上设阻火器是为了防止某一罐车或鹤管出现火灾等事故时通过油气收集系统蔓延到其他罐车，造成事故的扩大。装车鹤管包括常规的鹤管软管或其他连接型式的装车管。

5.1.5 油气收集系统在油气回收装置关闭时，可能会造成系统憋压，使鹤管的密封受到破坏，影响鹤管的密闭效果，造成油气从鹤管与油罐车的密封处泄漏，对装车的安全操作不利。因此，规定应采取防止压力超高措施，确保在压力超过安全规定值时能安全泄放。另一方面，有些油气回收工艺采用增压机，可能会造成油气收集系统出现负压，使油罐车内汽油过量挥发，影响油品质量，产生油品的较大损耗，因此规定应采取防止压力过低的措施，确保系统安全。

5.2 油气回收装置

5.2.1 油品在装车过程中会产生一定量的挥发油气，加上空罐车内原有的油气，总油气量通常会略大于装车流量，根据一些实测数据和调查数据，总油气量约为最大装车体积流量的1.0倍～1.1倍，因此将油气回收装置的设计规模取为最大装车体积流量的1.0倍～1.1倍。

5.2.3 排放油气的浓度与油品的挥发性、装油鹤管的密闭效果、环境温度都有很大的关系。对于不同种的油品，越易挥发的油品排放的油气浓度越高；对同一种油品，鹤管的密闭效果好，收集到的油气浓度相对就高，鹤管的密闭效果不好，油气会排入大气中，收集到的油气浓度相对就低。气温对排放油气的浓度的影响是直接的，气温高，排放油气的浓度就高，反之则低。油气设计浓度是确定油气回收装置设备大小的基本参数，本条结合实测数据和调查数据，并参考国外一些供货商的经验数据，给出了供参考的排放油气的设计浓度。

5.2.5 规定分离膜对正丁烷的透过选择性不应低于对氮气的20倍，是实现轻烃和空气进行有效分离的保证，没有适当的透过选择性，油气中的轻烃和空气分离效果差，进入排放尾气中的轻烃多，就难以有效保证非甲烷总烃的排放指标。

5.2.6 本条对吸收塔的设计进行了规定。

1 规定吸收塔采用填料塔，是因为填料塔结构简单，使用便利。

4 吸收塔为密闭容器，其操作压力一般为1.5kPa～3kPa；在火灾事故情况下，吸收塔内的压力可能会升高，为了保证吸收塔的安全可靠性，规定吸收塔的设计压力不应低于0.35MPa。

5.2.7 本条规定了活性炭的性能。

1 煤基活性炭是我国发展最快、产量最大的活性炭产品，具有微孔发达、吸附容量高、强度好、成本低的特点，所以规定活性炭应为煤基活性炭。

5.2.8 规定了活性炭罐的设计要求：

1 由于吸附作业完成后必须解吸，吸附与解吸必须切换交替进行，规定活性炭的吸附罐不少于2个，以便满足吸附、解吸工艺要求。

4 规定吸附罐床层的操作温度不应高于65℃，是为了尽可能延长活性炭的寿命，防止活性炭在高温工况下失活，同时避免高温产生火灾事故。

5 活性炭罐切换阀的泄露等级是参考ASME B16.1.4的要求制定的。保证切换阀门的密封性能，是保证活性炭罐进行吸附和解吸作业的关键，否则会使吸附和解吸的效果大大降低。

6 活性炭罐内的油气为爆炸性气体，在吸附过程中活性炭会放出热量，如果控制不好，活性炭罐内的温度会急剧上升，使得活性炭罐内的油气发生爆炸。活性炭罐为密闭容器，其操作压力一般为1.5kPa～3kPa，油气的化学爆炸力约为0.71MPa～0.85 MPa。为了保证活性炭罐的安全性，规定活性炭罐设计压力不应低于1.0MPa。

5.2.11 当火焰通过管道阻火器芯件细小通道时，火焰被分成无数小火焰，当通道尺寸小到某一数值时，火焰就会熄灭而达到阻火目的。该数值是在标准条件下，由一特定装置测定的，称为最大实验安全间隙(简称MESG)。通过实验得到各单组分的MESG，然后计算可燃气体与空气混合物的MESG值，再根据现行国家标准《爆炸和火灾危险环境电力装置设计规范》GB 50058的规定，确定可燃气体与空气混合物的技术安全等级（ⅡA或ⅡB或ⅡC)。管道阻火器有两种：阻爆燃型阻火器和阻爆轰型阻火器。阻爆燃型阻火器用于阻止以亚音速传播的火焰，其安装位置应靠近火源；阻爆轰型阻火器用于阻止以音速或超音速传播的火焰，其安装位置应远离火源。

7 公用工程

7.1 给排水

7.1.2 从防止环境污染和清污分流的原则考虑，油气回收设施的生产污水应排入含油污水系统并经处理达标后方能排放。

7.1.3 本条为强制性条文。可燃气体的凝缩液，主要是轻质的烃类混合物，排出后容易挥发，遇明火会发生爆炸或造成火灾，所以可燃气体的凝缩液应密闭回收，不能排入含油污水系统，以减少发生爆炸或火灾的危险。

8 消防

8.0.1 油气回收装置是装车设施的附属设施。目前，油气回收设施主要设置在石油化工企业或石油化工品库内的汽油、石脑油、芳烃、航空煤油、溶剂油的装载单元内。而石油化工企业或石油化工品库本身已有完善的高压消防给水系统，所以一般情况下不需新建单独的消防给水系统。因此，规定与相邻设施的消防给水系统统一设置。

8.0.2 对于有些改、扩建工程，油气回收设施无法布置在现有设施内，需要另外独立布置，因此无法与现有设施统一考虑消防给水系统的设置。故本条对独立设置的消防给水系统提出了专门的要求。

9 职业安全卫生与环境保护

9.1 职业安全卫生

9.1.1 在油气回收设施的生产和维护过程中，泄漏的油气易与空气混合形成爆炸性危险环境。油气回收设施的工程设计应根据项目场地的自然环境条件和介质特点，充分考虑建（构）筑物、仪表电气设备和管道系统的防雷、防静电设计。

9.1.2 油气回收设施中的介质是易燃易爆的轻质油气或有毒的苯蒸气，为了预防设备泄漏引发的火灾爆炸事故和人员伤亡事故，设计中应根据生产介质的特性和生产场所的环境特点，在油气回收设施区内易发生易燃易爆介质泄漏和积聚可燃气体的部位，设置可燃气体、有毒气体及火灾检测装置和声、光报警装置。

9.1.3 在油气回收设施的生产介质是挥发性的轻质油气，事故泄漏时油气易与空气混合形成爆炸性危险环境。电气和仪表设备的选型应符合现行国家标准《爆炸和火灾危险环境电力装置设计规范》GB 50058等设计规范的要求。

9.1.4 为了保证劳动过程和事故救援过程中工作人员的安全，应根据油气回收设施生产运行和生产维护过程中使用的生产介质的特性，结合实际生产工艺方案和维护方案，分析评估各种可能发生的生产事故，从而做好劳动保护设计。劳动及安全防护用具的配备可以按现行国家标准《个人防护装备选用规范》GB/T 11651或有关行业规范执行。

9.1.5 油气回收设施常常布置在装载区，设施的占地面积相对较小，配套工程如供电、自控、通信、给排水与消防等生产管理设施与操作人员的管理以及职工的安全卫生设施多依附石油化工企业或石油化工品库。对于独立设置的油气回收设施，其作业环境卫生条件设计应符合现行国家标准的要求。

9.2 环境保护

9.2.1 建设油气回收设施回收装载过程中产生的油气，本身就是预防火灾爆炸事故，防止环境空气污染的措施。油气回收设施内，主要废气污染物的排放指标已在本标准第3章作出规定。装载过程密闭化有利于提高装载环境的空气质量，但油气回收设施作为生产单元，其作业场所的空气质量应符合国家标准要求。

9.2.2 国家现行的涉及有关固体危险废物的鉴别标

准及固体废物的污染控制标准有10多个，如《危险废物鉴别标准》GB 5085 1～7、《危险废物贮存污染控制标准》GB 18597、《危险废物填埋污染控制标准》GB 18598、《一般工业固体废物贮存、处置场污染控制标准》GB 18599等。油气回收设施内生产及维修过程中产生的固体废弃物主要是活性炭或树脂。固体废弃物无害化处理的途径很多，应根据废弃物的特性，按照国家和地方政府有关规定以及规范的要求，对固体废弃物进行分类回收或填埋处理，不得丢弃。

9.2.3 油气回收设施常常布置在处于工厂边缘的装载区，设施内主要噪声源是机泵，由于处理量较小，机泵功率不大，做到噪声达标控制一般不难。

9.2.4 油气回收设施产生的生产废水较少，设施内生活污水、生产污水及事故废水排放前经须处理才能符合项目污水排放要求。通常，废水的无害化处理多依靠炼厂或油库的环保部门。对于独立设置的油气回收设施，其排出物应经处理，达到现行国家标准和地方标准的排放要求。

中华人民共和国国家标准

数字集群通信工程技术规范

Code for engineering technology of
digital trunking communication

GB/T 50760—2012

主编部门：中华人民共和国工业和信息化部
批准部门：中华人民共和国住房和城乡建设部
施行日期：2 0 1 2 年 8 月 1 日

中华人民共和国住房和城乡建设部
公　　告

第1353号

关于发布国家标准《数字集群通信工程技术规范》的公告

现批准《数字集群通信工程技术规范》为国家标准，编号为GB/T 50760—2012，自2012年8月1日起实施。

本规范由我部标准定额研究所组织中国计划出版社出版发行。

中华人民共和国住房和城乡建设部
二〇一二年三月三十日

前　　言

本规范根据住房和城乡建设部《关于印发〈2010年工程建设标准规范制订、修订计划〉的通知》（建标〔2010〕43号）的要求，由中讯邮电咨询设计院有限公司会同有关单位编制完成。

本规范在编制过程中，编制组经广泛调查研究，认真总结实践经验，参考有关国际标准和国外先进标准，并在广泛征求意见的基础上，最后经审查定稿。

本规范共分为7章和2个附录。主要技术内容有：总则、术语和符号、数字集群网规划、数字集群网设计、施工要求、工程验收和运行维护等。

本规范由住房和城乡建设部负责管理，工业和信息化部负责日常管理，中讯邮电咨询设计院有限公司负责具体技术内容的解释。在本规范的使用过程中，请各单位注意总结经验，并将意见和建议寄往中讯邮电咨询设计院有限公司（地址：北京市海淀区首体南路9号主语商务中心，邮政编码：100048），以供今后修订时参考。

本规范主编单位、参编单位、主要起草人和主要审查人：

主 编 单 位： 中讯邮电咨询设计院有限公司

参 编 单 位： 上海邮电设计咨询研究院有限公司

主要起草人： 孔　力　耿玉波　吕振通　马为民　刘吉克　冷　锦　华　京　李嵩泉　王　题　祁　征　王　权　徐卸土

主要审查人： 涂　进　陆健贤　毛强华　董春光　顾　建　卢　滢　陈长青　张　毅　罗利丰　张新程　王广耀

目　次

Contents

1 总　　则

1.0.1 为规范我国多种制式800MHz数字集群网的工程建设和运行维护，促进数字集群专用网、共用网的健康有序发展，制定本规范。

1.0.2 本规范适用于新建、改建和扩建800MHz数字集群网［含数字集群体制（A）、数字集群体制（B）、基于全球移动通信系统（GSM）技术的数字集群、基于码分多址（CDMA）技术的数字集群］的规划、设计、施工、工程验收和运行维护。

1.0.3 数字集群网适用于调度网，不宜作为公用移动电话网使用。

1.0.4 在筹建数字集群网时，宜建设数字集群共用网，以达到充分利用频率资源，节省投资的目的。

1.0.5 数字集群网的工程建设应充分利用现有市政、通信等公用基础设施，降低工程造价，提高经济效益。

1.0.6 数字集群网的工程建设应重视节能减排和环境保护。

1.0.7 数字集群网所使用的频率必须得到国家或省级无线电管理机构的批准。采用的发射设备必须具有国家无线电管理机构核发的《无线电发射设备型号核准证》。

1.0.8 数字集群通网的工程建设除应执行本规范外，尚应符合国家现行有关标准的规定。

2 术语和符号

2.1 术　　语

2.1.1 集群通信系统　trunking communication system

指由多个用户共用一组无线信道，并动态地使用这些信道的移动通信系统，主要用于调度通信。包括模拟集群通信系统和数字集群通信系统。

2.1.2 数字集群通信网　digital trunking communication network

由数字集群通信系统组成的集群通信网络，本规范简称数字集群网。

2.1.3 单区网　single area network

由一个基本的集群通信系统构成，网内设有一个移动交换机（或系统控制中心）和若干个基站，包括单区单基站网和单区多基站网两种结构。

2.1.4 区域网　district area network

由多个单区网通过区域控制中心连接（或系统控制中心相互连接）而成的多区集群通信网，网内具备自动漫游或半自动漫游功能。

2.1.5 呼损制　call-loss system

在系统话务信道全忙时，新的呼叫申请将被损失掉，用户必须重新申请呼叫。

2.1.6 等待制　call-delay system

在系统话务信道全忙时，新的呼叫申请将进入排队等待行列，一旦出现空闲信道，系统将按先来先服务的原则进行信道指配。

2.1.7 限时通话　time-limit talk

为保证信道有效利用，缩短等待时间，系统可采用强制办法限制通话时间，限时参数可由系统管理员调节。

2.1.8 动态重组　dynamic regrouping

根据业务的需要，系统管理员可将不同组的某些用户重新组成一个临时小组进行通信。

2.1.9 呼叫延迟概率　probability of call-delay

在等待制系统中，用户呼叫遇到阻塞而导致呼叫延迟的概率。

2.1.10 控制中心　control center

控制中心包括系统控制器和系统管理终端，主要控制和管理整个集群通信系统的运行、交换和接续。

2.1.11 基站覆盖区　range of base station coverage

一个基站所覆盖的区域。

2.1.12 集群专用网　professional trunking network

单位或部门拥有工作频率、拥有全套网络设备的非经营性集群通信网络。

2.1.13 集群共用网　common trunking network

由多个单位或部门共享频率、共享网络基础设施，并经电信管理部门许可后建立的、可进行商业经营的集群通信网络。

2.2 符　　号

AAA——鉴权、授权和计费（Authentication、Authorization、Accounting）；

AC——鉴权中心（Authentication Center）；

BSC——基站控制器（Base Station Controller）；

BTS——基站收/发信台（Base Transceiver Station）；

CDMA——码分多址（Code Division Multiple Access）；

DCC——调度控制中心（Dispatch Control Center）；

DHR——调度归属寄存器（Dispatch Home Register）；

FE——快速以太网（Fast Ethernet）；

GE——千兆以太网（Gigabit Ethernet）；

GSM——全球移动通信系统（Global system for mobile communications）；

GPS——全球定位系统（Global Positioning System）；

GCR——组呼寄存器（Group Control Register）；

GGSN——网关 GPRS 支持节点（Gateway GPRS Support Node）；

HLR——归属位置寄存器（Home Location Register）；

IP——因特网协议（Internet Protocol）；

MS——移动台（Mobile Station）；

MSC——移动交换中心（Mobile Switching Center）；

MPC——移动定位中心（Mobile Position Center）；

OMC——操作维护中心（Operation & Maintenance Center）；

PAMR——集群共用网（Public Access Mobile Radio）；

PCU——分组控制单元（Packet Control Unit）；

PDSN——分组数据服务节点（Packet Data Serving Node）；

PDE——定位实体（Position Determining Entity）；

PMR——集群专用网（Private Mobile Radio）；

PN——伪噪声（Pseudo-Noise）；

PTT——即按即说（Push To Talk）；

SCP——业务控制节点（Service Control Point）；

SSP——业务交换点（Service Switching Point）；

SGSN——服务 GPRS 支持节点（Serving GPRS Support Node）；

SMC——短消息中心（Short Message Center）；

SME——短消息实体（Short Message Entity）；

VLR——访问位置寄存器（Visited Location Register）。

3 数字集群网规划

3.0.1 数字集群网规划应遵循下列原则：

1 应根据各地区经济发展状况、各部门通信发展规划进行业务预测，确定网路组织方案；

2 接入公用电话网时，应满足市话网的进网要求；

3 组成区域网时，应考虑完成越区调度通信和漫游通信功能；

4 进行多种方案的技术经济比较，做到技术先进、经济合理、安全可靠。

3.0.2 数字集群网规划中应考虑业务发展对网络结构、网络覆盖范围、网络容量配置和网络服务质量的需求。

3.0.3 数字集群网规划应根据近、远期发展规划、用户分布密度、服务区范围、基站参数及地形环境等情况估算基站数量。

3.0.4 频道规划应考虑本期工程的合理性，兼顾将来网络发展新增基站频道配置的合理性。

4 数字集群网设计

4.1 设计基本要求

4.1.1 数字集群网设计应满足覆盖、容量、质量和投资等建设目标的要求。

4.1.2 数字集群网应以网内的调度业务为主，以互联电话业务为辅，也可传送数据、图像和传真等数据业务。

4.1.3 调度业务应采用半双工工作方式，互联电话业务应采用全双工的工作方式。

4.1.4 数字集群专用网宜与单位或部门的专用电话网相连，在满足公用电信网进网要求的条件下，可经用户线或中继线直接或间接地接入公用电信网。数字集群共用网宜直接与公用电信网相连。

4.1.5 业务模型应根据本期数字集群网的话务统计分析或预测，综合考虑调度业务、互联电话和数据业务的因素得出。

4.1.6 数字集群网应采用国家颁布的四种数字集群体制之一进行组网，四种数字集群体制的网络结构应符合本规范附录 A 的规定。

4.2 网络服务质量

4.2.1 基站覆盖区边缘的室外无线可通率宜按表 4.2.1 取值。

表 4.2.1 基站覆盖区边缘的室外无线可通率

区 域	无线可通率	备 注
高密度用户区	≥90%	按车载台计算
低密度用户区	≥75%	

4.2.2 在进行基站覆盖预测时，数字集群接收机动态灵敏度应按下列要求取值：

1 对于数字集群体制（A），基站应高于或等于−106dBm；移动台应高于或等于−103dBm；

2 对于数字集群体制（B），基站应高于或等于−105dBm；移动台应高于或等于−102dBm；

3 对于基于全球移动通信系统（GSM）技术的数字集群，基站应高于或等于−104dBm；移动台应高于或等于−102dBm；

4 对于基于码分多址（CDMA）技术的数字集群，基站应高于或等于−105dBm；移动台应高于或等于−104dBm，且导频信号的 Ec/Io 应大于或等于−12dB。

4.2.3 对于呼损制系统，无线接入质量要求宜满足下列规定：

1 对于调度业务，无线信道呼损率取值宜为5%～10%；

2 对于互联电话业务，无线信道呼损率取值宜为2%～5%。

4.2.4 对于等待制系统，无线接入质量要求应满足呼叫延迟概率小于30%。

4.2.5 低呼损中继电路的呼损率不应大于1%，高效直达电路的呼损率不应大于7%。

4.2.6 接收机射频输入端同频道干扰保护比应符合现行国家标准《陆地移动业务（16KOF3E）所要求的同波道干扰标准》GB 6281 的有关规定，同频道干扰概率应小于10%。同频道和邻频道干扰保护比应满足下列要求：

1 对于数字集群体制（A），同频道干扰保护比应大于或等于19dB（满足调度业务）、21dB（满足互联电话业务），邻频道干扰保护比应大于或等于－45dB；

2 对于数字集群体制（B），同频道干扰保护比应大于或等于18dB（满足调度业务）、20dB（满足互联电话业务），邻频道干扰保护比应大于或等于－48dB；

3 对于基于全球移动通信系统（GSM）技术的数字集群，同频道干扰保护比应大于或等于10dB（满足调度业务）、12dB（满足互联电话业务），邻频道干扰保护比应大于或等于－6dB。

4.2.7 数字集群网可采用强制性通话时限的办法，缩短通话时间，保证信道有效利用。通话时限可根据工程实际情况确定。

4.2.8 数字集群网组呼建立时延不应大于1s。

4.3 核心网设计

4.3.1 数字集群共用网宜直接与公用电话网相连，不同部门的调度网可在共用网中组成虚拟专用网，每个部门应设立自己的调度台。

4.3.2 数字集群网的移动交换机与公用电话网交换机之间，应以中继线方式连接，其间的中继路由应按低呼损路由设计。

4.3.3 数字集群网的移动交换机与基站控制器之间、移动交换机与移动交换机之间、移动交换机与公用电话网本地交换机之间的中继线路可采用标称比特速率为2.048Mb/s的数字型传输线路，也可采用基于因特网协议（IP）承载方式的快速以太网（FE）或千兆以太网（GE）连接，中继线路宜优先采用光传输线路。

4.3.4 核心网信令和接口方式应满足以下要求：

1 数字集群网接入公用电话网的接口和信令方式应符合现行行业标准《专用移动通信系统接入公用电话自动交换网的接口技术要求》GF 005 的有关规定；

2 对于数字集群体制（A）和数字集群体制（B），数字集群网内各网元之间的接口和信令方式、数字集群网与公用电话网交换机的接口和信令方式应符合现行行业标准《数字集群移动通信系统体制》SJ/T 11228 的有关规定；

3 对于基于全球移动通信系统（GSM）技术的数字集群，数字集群网内各网元之间的接口和信令方式、数字集群网与公用电话网交换机的接口和信令方式应符合现行行业标准《基于GSM技术的数字集群通信系统总体技术要求》YD/T 2100 的有关规定；

4 对于基于码分多址（CDMA）技术的数字集群，数字集群网内各网元之间的接口和信令方式、数字集群网与公用电话网交换机的接口和信令方式应符合现行行业标准《基于CDMA技术的数字集群通信系统总体技术要求》YDC 031 的有关规定。

4.3.5 数字集群网的用户识别码方式应满足以下要求：

1 对于数字集群体制（A）和数字集群体制（B），用户识别码编号方式应符合现行行业标准《数字集群移动通信系统体制》SJ/T 11228 的有关规定；

2 对于基于全球移动通信系统（GSM）技术的数字集群，用户识别码编号方式应符合现行行业标准《基于GSM技术的数字集群通信系统总体技术要求》YD/T 2100 的有关规定；

3 对于基于码分多址（CDMA）技术的数字集群，用户识别码编号方式应符合现行行业标准《基于CDMA技术的数字集群通信系统总体技术要求》YDC 031 的有关规定；

4 移动用户号码可与用户识别码相对应，也可因地制宜选用。

4.3.6 数字集群网接入公用电话网时，应符合现行行业标准《专用移动通信系统接入公用电话自动交换网的接口技术要求》GF 005中有关计费的规定，对所有与公用电话网间的来去话呼叫进行计费。

4.3.7 数字集群网内应采用主从方式实现同步；当与公用电话网相连时，应与公用电话网实现同步。

4.4 无线网设计

4.4.1 数字集群无线网设计宜遵循以下基本步骤：

1 收集基础数据；

2 明确设计目标：包括覆盖目标、容量目标、质量目标和投资费用目标；

3 无线覆盖设计：包括传播模型选择和校正、无线链路预算、基站覆盖预测和基站、基站控制器初始布置方案；

4 无线容量设计：包括话务分布预测和基站、基站控制器的容量初始配置；

5 频率配置和干扰分析；

6 系统仿真：包括频率规划（或PN码偏置规

划）、干扰分析和细致的覆盖预测等；

7 仿真评估：判断仿真结果是否满足设计目标的要求；

8 优化、调整基站、基站控制器的初始布置和容量配置方案；

9 查勘、选择基站、基站控制器站址；

10 确定最终方案。

4.4.2 无线覆盖设计宜遵循以下基本步骤：

1 选择传播模型，进行传播模型校正；

2 通过链路预算，计算无线传播路径损耗；

3 预测基站覆盖范围；

4 根据设计目标，确定基站、基站控制器的初始设置方案；

5 频率或PN码偏置复用方案；

6 系统仿真；

7 根据仿真结果，对初始基站设置方案进行调整；

8 现场查勘确定具体站点位置；

9 根据实际站址对初始基站设置方案进行调整。

4.4.3 数字集群无线网应采用蜂窝结构。

4.4.4 基站天线高度、天线类型、天线方向角和俯仰角等参数应以满足覆盖目标、减少干扰为原则确定。

4.4.5 无线覆盖区设计应考虑均衡上行和下行无线链路、扩大终端通信范围，并可采用下列措施：

1 基站可采用分集接收；

2 在上行受限且天线与基站收发信机之间馈线较长时，可设置塔顶放大器；

3 基站可采用不同增益的收、发天线，接收天线可选用高增益定向天线。

4.4.6 无线直放站的设计应满足本规范第4.2.6条关于干扰指标的要求，并应结合所选用的设备，考虑时延影响和收发隔离度指标，直放站增益设置应低于直放站收发隔离度10dB。

4.4.7 在省界/地（市）交界处，设置的基站应避免采用全向站或高山站，并应注意调整基站天线高度、方向角和俯仰角，将边界基站的覆盖范围限制在本地区内。

4.4.8 无线容量设计宜遵循以下基本步骤：

1 明确容量需求目标；

2 根据业务模型，预测覆盖区内的话务量和数据流量密度；

3 预测每个基站所吸收的话务量和数据流量；

4 确定基站和基站控制器的设备配置；

5 确定网络接口传输电路需求。

4.4.9 基站数量应根据数字集群网工程期内覆盖范围要求、容量要求、用户密度分布、基站链路预算和地形地物等情况确定。

4.4.10 基站容量配置应满足本期业务预测需求，并应考虑单呼调度、组呼调度、互联电话和各种数据业务对信道配置的影响。

4.4.11 集群单呼、互联电话和数据业务量对信道需求的计算可按一般移动通信网的计算方法。集群组呼话务量可按下式计算：

$$C=\frac{M\cdot E\cdot N}{S\cdot F} \tag{4.4.11}$$

式中：C——平均组呼信道话务量（erl）；

M——数字集群网用户数（户）；

S——每个群组的平均用户数（户）；

F——数字集群网小区总数（个）；

N——组呼平均小区占用数（个）；

E——组呼每用户平均忙时话务量（erl）。

注：erl为话务量单位，指平均1小时内所有呼叫需占用信道的小时数。

4.4.12 对于电路域业务，呼损制系统的信道配置可采用爱尔兰B公式计算，等待制系统的信道配置可采用爱尔兰C公式计算。对于分组域数据业务，无线信道配置可采用爱尔兰C公式计算。

1 爱尔兰B公式应按下式计算：

$$B=\frac{\dfrac{A^N}{N!}}{\sum\limits_{i=0}^{N}\dfrac{A^i}{i!}} \tag{4.4.12-1}$$

式中：B——呼损率；

A——流入N个信道的话务量（erl）；

N——信道数量。

2 爱尔兰C公式应按下式计算：

$$P(>t)=\frac{N\cdot B}{N-A(1-B)}\cdot e^{-\frac{t}{t_m}\cdot(N-A)} \tag{4.4.12-2}$$

式中：A——流入N个信道的话务量（erl）；

N——信道数量；

$P(>t)$——等待时间大于t值的呼叫延迟概率；

B——对应于呼损制系统的呼损概率；

t——延迟等待时间（s）；

t_m——平均通话时长（s）。

4.4.13 对于开放数据业务的数字集群网，在数据业务量不大时，不宜设专用数据信道，利用控制信道来传送持续时间短的数据信息。在数据业务量大时，可设置专用数据信道或捆绑多个时隙信道来处理大量的数据信息。

4.4.14 基站控制器的容量、端口配置应以本期业务需求为基础，并应考虑本地集群用户及漫游集群用户的业务需求。独立基站控制器的容量和端口设置应考虑20%～30%的冗余。

4.4.15 数字集群网应使用国家无线电管理委员会规定的800MHz专用频段，800MHz频段共有600个频道，详细的频道分组序号、频道序号与频率的对应关系应符合本规范附录B的规定。四种数字集群体制的频率范围、频道间隔和双工收发间隔应符合表4.4.15的规定。

表 4.4.15 四种数字集群体制的频率要求

体制分类	频率范围（MHz）	频道间隔（kHz）	双工收发间隔（MHz）
数字集群体制（A）	上行 806～821	25	45
	下行 851～866	25	45
数字集群体制（B）	上行 806～821	25	45
	下行 851～866	25	45
基于 GSM 技术的数字集群	上行 806～821	200	45
	下行 851～866	200	45
基于 CDMA 技术的数字集群	上行 806～821	1250	45
	下行 851～866	1250	45

4.4.16 数字集群网频道配置应采用等间隔配置方法，频率序号和频道标称中心频率的关系应符合下列规定：

1 对于数字集群体制（A）和数字集群体制（B），频道序号和频道标称中心频率的关系应按下列公式计算：

移动台发：$F_{上}(N)=F_{上\min}+0.001G+0.025\times(N-0.5)$ （MHz） （4.4.16-1）

基站发：$F_{下}(N)=F_{上}(N)+45$ （MHz） （4.4.16-2）

式中：N——频道序号（1，2，…，600）；

G——防卫带宽按国家无线电管理部门的相关规定设置（kHz）；

$F_{上\min}$——上行最小频率，按国家无线电管理部门的相关规定设置。

2 对于基于 GSM 技术的数字集群，频道序号和频道标称中心频率的关系应按下列公式计算：

移动台发：

$F_{上}(N)=F_{上\min}+0.2\times(N-350)$ （MHz） （4.4.16-3）

基站发：$F_{下}(N)=F_{上}(N)+45$ （MHz） （4.4.16-4）

式中：N——频道序号（350，351，…，425）。

3 对于基于 CDMA 技术的数字集群，频道序号和频道标称中心频率的关系应按下列公式计算：

移动台发：

$F_{上}(N)=F_{上\min}+0.025\times N$ （MHz） （4.4.16-5）

基站发：$F_{下}(N)=F_{上}(N)+45$ （MHz） （4.4.16-6）

式中：N——频道序号（1，2，…，600）。

4.4.17 对于数字集群体制（A）、数字集群体制（B）和基于全球移动通信系统（GSM）技术的数字集群网，应合理指配频率和频率复用方式。频率复用应满足同频道干扰保护比的要求，同频复用距离可按下式计算：

$$40\lg\frac{D-r}{r}\geqslant R \quad (4.4.17)$$

式中：D——同频复用距离（km）；

r——基站区半径（km）；

R——同频道干扰保护比。

4.4.18 对于基于码分多址（CDMA）技术的数字集群系统，应进行 PN 码偏置规划，PN 码偏置规划应遵循以下原则：

1 相邻扇区不应分配邻近相位偏置的 PN 码，相位偏置的间隔应尽可能大；

2 同相位偏置 PN 码复用时，复用的基站间应有足够的地理隔离；

3 应考虑预留一定数目的 PN 码，以备扩容使用。

4.4.19 在工程设计中，应考虑与其他相近频段无线网络的干扰协调。除考虑必要的保护频带外，还可合理利用地形地物、空间隔离、天线方向去耦或加装滤波器来满足干扰隔离要求。

4.4.20 在各省/地（市）区交界处，双方应进行频道或 PN 码偏置分配的协调，避免相互之间产生干扰。

4.4.21 基站同步应满足下列要求：

1 对于数字集群体制（A）、数字集群体制（B）和基于全球移动通信系统（GSM）技术的数字集群，应通过基站与基站控制器之间的中继码流提取时钟信号，基站设备的射频部分和基带部分应采用同一基准时钟源；

2 对于基于码分多址（CDMA）技术的数字集群，在基站和基站控制器处应设置卫星定位同步接收系统，采用卫星定位同步系统作为时钟基准。

4.4.22 基站的天线设置应满足下列要求：

1 天线的安装高度应由无线覆盖区设计决定；

2 天线安装位置应避开周围 50m 以内的高层建筑物、广告牌、高塔和地形地物等的阻挡；

3 基站采用空间分集接收天线时，相邻天线应保持一定的水平距离，间距不宜小于 4m；

4 天线安装在铁塔上时，全向天线宜安装在塔顶位置；如果安装在塔身侧面，全向天线离塔体间距应不小于 1.5m；定向天线离塔体间距应不小于 1m；

5 对于安装卫星定位同步系统的数字集群基站，卫星定位同步系统的接收天线与塔体间距不应小于 1m，且应设在铁塔的南侧。

4.4.23 基站的馈线设置应满足下列要求：

1 基站馈线通常采用（7/8）″的射频同轴电缆，

在馈线长度超过 60m 时，可考虑采用（5/4）″或（13/8）″的射频同轴电缆；在馈线与天线、基站收发信机连接处应采用（1/2）″软跳线；

2 馈线在室内应沿电缆走线架安装，不应直接敷设在地面或墙壁上；铁塔上安装馈线时，宜在设有上塔爬梯一侧安装；

3 馈线加固应均匀稳定，相邻两固定点间的距离宜为：垂直敷设 1.5m～2m，水平敷设 1m；

4 馈线在转弯处的曲率应符合产品规定的最小曲率半径要求。

4.5 设 备 选 型

4.5.1 数字集群设备应符合现行行业标准《数字集群移动通信系统体制》SJ/T 11228、《基于 GSM 技术的数字集群通信系统总体技术要求》YD/T 2100、《基于 CDMA 技术的数字集群通信系统总体技术要求》YDC 031 的有关规定。

4.5.2 需要将多个数字集群网互联的网络应采用同一制式、信令和接口可以匹配的设备，并应能实现自动漫游和越区调度通信。

4.5.3 基站设备应具备无人值守性能，应能向操作维护中心传送设备故障、告警等信息。

4.5.4 对于需要覆盖而增设基站不经济或不方便的局部区域或基站区内的盲区，可采用直放站满足要求。

4.5.5 对于接入公用电信网的集群移动交换机，应考虑与公用电信网的接口要求，不应要求公用电信网交换机或用户交换机改动现有设备。

4.5.6 数字集群设备应优选集成度高、节能、环保和技术先进的设备。

4.6 局（站）选择和要求

4.6.1 数字集群交换中心应满足下列要求：

1 数字集群交换中心局址的选择应以满足网络规划和数字集群的技术要求为主，并应综合考虑传输、供电、机房建筑、运营维护和投资费用等条件确定；

2 在同一城市有多个移动交换机时，应考虑到网路安全和控制区域的划分，移动交换中心的局址不应过于集中；

3 除上述规定外，移动交换机中心局址的选择还应按现行行业标准《电信专用房屋设计规范》YD 5003 的有关规定执行。

4.6.2 基站控制器和基站应满足下列要求：

1 独立的基站控制器宜与移动交换中心同局址设置；

2 基站站址应选择在规划设定的基站位置附近，以满足无线网络整体结构布局要求，位置偏离应以不影响干扰指标为原则，具体工程可灵活处理；

3 基站站址宜选择在基站至基站控制器间传输线路容易设置、有可靠电源可利用和交通便利的地方；

4 基站站址宜选在地势较高、有适当高度的建筑物或铁塔可利用的地方；如果建筑物高度不能满足基站天线的高度要求，应有房顶设塔或地面设塔的条件，并应征得城市规划部门或土地管理部门的同意；

5 基站站址周围应没有高于基站天线的高大建筑物阻挡；

6 当基站站址选在民用建筑物内时，应根据站内所有设备的重量、尺寸及排列方式对楼面荷载进行核算，确定是否采取必要的加固措施；

7 站址宜选择在人为噪声和其他无线电干扰环境较小的地方，不宜在大功率无线电发射台、大功率电视发射台、大功率雷达站等附近设站；

8 站址应选择在安全的环境内，不应选择在堆放有易燃、易爆材料的建筑物，以及容易产生火灾和有爆炸危险的工业企业附近；

9 基站不应选在防洪区内，如无法避免，基站机房地面应高于百年一遇水位线以上；

10 站址应有较好的卫生环境，不宜选择在生产过程中散发有害气体、多烟雾、多粉尘和有害物质的工业企业附近。

4.6.3 数字集群基站和基站控制器的机房建筑设计宜按现行行业标准《电信专用房屋设计规范》YD 5003 的有关规定执行。

4.6.4 天线塔应满足下列要求：

1 基站天线塔可采用自立式铁塔、拉线桅杆铁塔或 H 杆塔，并应符合下列规定：

1）对于在机场附近的基站，天线塔的位置和高度除应满足技术要求外，还应符合航空部门的有关规定，必要时应设置航空标志灯；

2）为便于天线、馈线的安装、调测和维护，在天线塔体的适当位置可设置操作平台和爬梯；

3）金属天线塔应采取防腐措施。

2 房顶天线塔设计应考虑屋顶的承重要求。

3 除上述规定外，天线塔的设计还应符合现行国家标准《高耸结构设计规范》GB 50135 的有关规定。

4.6.5 数字集群供电系统应符合现行行业标准《通信局（站）电源系统总技术要求》YD/T 1051 的有关规定；数字集群交换中心和基站的供电设计应按现行行业标准《通信电源设备安装工程设计规范》YD/T 5040 的有关规定执行。

4.6.6 数字集群交换中心和基站的防雷接地设计应按现行国家标准《通信局（站）防雷与接地工程设计规范》GB 50689 的有关规定执行。

4.6.7 数字集群网的工程建设对周围环境的各类影响，应按现行行业标准《通信工程建设环境保护技术规定》YD 5039 的有关规定执行。

5 施工要求

5.1 机房及环境安全

5.1.1 机房建筑及装修应按设计要求施工，基站机房应密封。屋顶不得漏水，室内不得渗水，墙体、地面应平整密实，地面水平误差应小于 2mm。

5.1.2 地槽、预留孔洞、预埋钢管、螺栓等位置、规格应符合工程设计和设备安装要求，地槽盖板应严密、坚固，地槽内不应有渗水现象。

5.1.3 机房室内装修材料应符合现行行业标准《电信专用房屋设计规范》YD 5003 的相关规定。

5.1.4 机房照明、插座的数量、位置及容量应符合设计要求，并应安装整齐、端正、牢固可靠，满足使用要求。

5.1.5 抗震措施应符合现行行业标准《电信设备安装抗震设计规范》YD 5059 的有关规定。

5.1.6 防火措施应符合国家现行消防规范标准中关于通信机房的有关规定。机房内严禁存放易燃易爆等危险品。

5.1.7 机房防洪应符合现行国家标准《防洪标准》GB 50201 中关于通信设施的规定。

5.2 电缆走道及槽道

5.2.1 电缆走道及槽道的位置、高度应符合工程设计要求。

5.2.2 电缆走道的安装应符合下列要求：

1 电缆走道应平直，无明显起伏、扭曲和歪斜；

2 电缆走道与墙壁或机列应保持平行，每米水平误差不应大于 2mm；

3 吊挂安装应符合工程设计要求，并应垂直、整齐、牢固；

4 地面支柱安装应垂直稳固，垂直偏差不应大于 1.5‰；同一方向立柱应在同一条直线上，当立柱妨碍设备安装时，可适当移动位置；

5 电缆走道的侧旁支撑、终端加固角钢的安装应牢固、端正、平直；

6 沿墙水平电缆走道应与地面平行，沿墙垂直电缆走道应与地面垂直。

5.2.3 槽道安装应平直、端正、牢固。列槽道应成一直线，两槽并接处水平偏差不应大于 2mm。

5.2.4 所有支撑加固用的膨胀螺栓余留长度应一致，螺帽紧固后应余留 5mm 左右。

5.2.5 所有电缆走道应可靠接地。

5.3 设备安装

5.3.1 设备安装位置应符合工程设计要求。

5.3.2 设备机架应垂直安装，垂直偏差不应大于 1.0‰。

5.3.3 机房走线宜采用上走线方式，布放的电缆不得影响进、出风孔洞正常换气。

5.3.4 同列机架的设备面板应处于同一平面上，相邻机架的缝隙不应大于 3mm，并应保持机柜门开合顺畅。

5.3.5 设备机架的防震加固应符合现行行业标准《电信设备安装抗震设计规范》YD 5059 和工程设计的要求。

5.3.6 电信设备的防静电措施应符合设备及工程设计要求。

5.4 线缆布放

5.4.1 交、直流电源的电力电缆应分开布放；电力电缆与信号线缆应分开布放，间距不应小于 150mm。

5.4.2 在电缆走道上布放的线缆必须绑扎，绑扎后的电缆应相互紧密靠拢，外观应平直整齐，线扣间距应均匀，线扣松紧应适度，每一根横铁上均应绑扎固定。

5.4.3 电缆槽内布放电缆时，槽内电缆应顺直，无明显交叉和扭曲现象，在进出槽道和转弯处应绑扎固定。

5.4.4 电源线布放应符合下列要求：

1 各类电源电缆的规格、型号应符合工程设计要求；

2 采用的电力电缆必须是整条电缆料，严禁中间接头；且电缆外皮应完整，芯线及金属护层对地的绝缘电阻应符合出厂要求；

3 电力电缆拐弯应圆滑均匀，铠装电缆的弯曲半径应大于或等于其直径的 12 倍，塑包电缆及其他软电缆的弯曲半径应大于电缆直径 6 倍；

4 当采用铜、铝汇流条馈电时，汇流条的截面积应符合设计要求，且表面应光洁平整，无锈蚀、裂纹和气泡；

5 设备电源引入线一般应利用自带的电源线；当设备电源线引入孔在机顶时，可沿机架顶上顺直成把布放；

6 馈电母线为铜、铝汇流条时，设备电源引入线应从汇流条的背面引下，连接螺栓应从面板方向穿向背面，连接紧固正负引线和地线应顺直并拢；电缆两端应采用焊接或压接与铜鼻可靠连接，并在两端设置明确标志。

5.4.5 信号线及控制线的布放应符合下列要求：

1 线缆规格型号、数量应符合工程设计要求；

2 布放线缆应有序、顺直、整齐，避免交叉纠缠；

3 线缆弯曲应均匀、圆滑一致，弯曲半径大于60mm；

4 线缆两端应有明确标志。

5.4.6 接地线敷设应符合下列要求：

1 接地引接线的截面积应符合工程设计要求，宜使用热镀锌扁钢、多股铜芯电缆或铜条；

2 机房内应采用联合接地系统，保护地及电源工作地均应由室内同一接地系统引出；

3 机架接地线一般应采用16mm^{2}的多股铜线，机架内设备应就近由机架汇流排接地；

4 接地线布放应尽量短、直，多余导线应截断，所有连接应使用铜鼻或连接器连接，铜鼻应可靠压接或焊接。

5.5 蓄电池安装

5.5.1 蓄电池安装位置应符合工程设计要求，位置偏差不应大于10mm。

5.5.2 电池架的材料、规格、尺寸、承重应满足安装蓄电池的要求。

5.5.3 电池架排列平整稳固，水平偏差每米不应大于3mm。

5.5.4 铁架与地面加固处的膨胀螺栓应事先进行防腐处理。

5.5.5 在抗震设防地区，蓄电池架安装应符合现行行业标准《电信设备安装抗震设计规范》YD 5059的有关规定。

5.5.6 蓄电池的型号、规格、数量应符合工程设计规定，应有出厂检验合格证、入网许可证。

5.5.7 安装时应将滤气帽或安全阀、气塞拧紧，防止松动。电池外壳及安全阀、滤气帽不得有损坏现象。

5.5.8 电池各列应排放整齐，前后位置、间距适当；电池单体应保持垂直与水平，底部四角均匀着力，若不平整应采用金属片或油毡垫实。

5.5.9 电池间隔偏差不应大于5mm，电池之间的连接条应平整，连接螺栓应拧紧，并在螺栓和螺母上涂防腐层或加装塑料盒盖。

5.5.10 电池安装在铁架上时，应垫缓冲胶垫。

5.5.11 各组电池应根据馈电母线走向确定正负极出线位置。

5.5.12 在电池架和电池体外侧，应有防腐材料制作的编号标志。

5.6 铁塔及抱杆

5.6.1 数字集群基站的铁塔（或抱杆）与机房地网应采用联合接地方式。

5.6.2 铁塔安装应满足以下要求：

1 铁塔基础应符合工程设计要求；

2 铁塔高度，平台、加挂支架的高度及位置应符合工程设计要求；

3 自立式铁塔中心轴线倾斜度不应大于1/1500；单管塔及桅杆中心轴线倾斜度不应大于1/750；

4 与铁塔基础连接的构件，螺栓必须上双螺母；

5 连接螺栓应顺畅穿入连接孔，不得强行敲击。当孔位偏差小于3mm时，可打过冲后再穿入螺栓，螺栓穿向应一致；

6 螺栓拧紧后宜外露3扣～5扣，螺母紧固应符合设计的力矩要求，铁塔全部连接螺栓均应作防松处理。

5.6.3 拉线塔安装应满足以下要求：

1 拉线地锚的埋设应符合工程设计要求；

2 地锚埋设深度允许偏差应为±50mm；地锚出土位置允许偏差应为±50mm；

3 埋设地锚时回土要分层夯实，土堆整齐，地锚柄自然顺直；

4 铁塔两层拉线之间的弯曲度应符合工程设计要求，并应在一个平面上；

5 拉线与地面夹角应为45°或60°；

6 拉线塔垂直度应为1/1500。

5.6.4 自立式铁塔安装应满足以下要求：

1 塔靴安装位置应正确，各塔靴的中心距允许偏差应为±3mm；各塔靴高度允许偏差应为±3mm；

2 塔靴调整后应在塔靴钢板下面填充水泥砂浆或用钢结构做永久性支撑；

3 自立塔垂直度应为1/1500；

4 塔基小应变测试应达到二级以上。

5.6.5 抱杆的安装应满足以下要求：

1 抱杆规格和位置应符合工程设计要求；

2 抱杆底部应与建筑物钢筋焊接固定；

3 应按工程设计要求用角钢进行加固；

4 避雷针应直接安装在抱杆顶端，避雷针高度应高于天线上端1m以上；

5 抱杆应可靠接地。

5.6.6 防腐层应满足以下要求：

1 油漆塔必须涂底漆，构件连接法兰盘禁止涂漆。涂漆应均匀，无流痕、无气泡、不掉皮；

2 镀层塔的镀层应均匀，不得有起泡、掉皮、返锈现象；

3 用0.25kg小锤轻击铁塔构件时，防腐层不得脱落；

4 塔靴紧固螺栓应作防腐处理。

5.6.7 铁塔避雷针的安装位置及高度应符合工程设计要求。避雷针应安装牢固、端正，铁塔构件电气连接较差时，应用40mm×4mm的热镀锌扁钢将避雷针与地网直接焊接连通，扁钢应间隔加固在塔身上。

5.6.8 铁塔地网的接地电阻值不应大于10Ω。

5.6.9 铁塔航空标志灯的安装应符合工程设计要求和航空部门的相关规定。

5.7 基站天馈线安装

5.7.1 天线、馈线安装及加固应符合工程设计要求，并应稳定、牢固、可靠。

5.7.2 天线方位角和俯仰角应符合工程设计要求。

5.7.3 天线应接地良好，并应处在避雷针下45°角的保护范围内。

5.7.4 全向天线与塔身的间距不应小于1.5m，与独立避雷针的间距不应小于1.5m。

5.7.5 馈线的规格、型号、路由、接地方式应符合工程设计要求。

5.7.6 馈线金属外护层应在天馈线连接处、馈线离塔处和进入机房前分别作接地处理，当馈线及其他同轴电缆长度大于60m时，宜在铁塔中部增加一个接地点。

5.7.7 馈线进入机房前应设置防水弯，弯曲半径一般应为20倍馈线直径，拐弯应均匀，防水弯最低处应低于馈线窗下沿100mm～200mm。

5.7.8 天线共用器与收发信机应和馈线匹配良好。

5.7.9 馈线衰耗应符合工程设计要求，天馈线系统的电压驻波比应小于或等于1.5。

5.7.10 安装馈线的弯曲半径和扭转角度应符合产品出厂技术标准要求。

5.7.11 漏缆安装应稳定、牢固、可靠；开槽方向应符合工程设计要求。

5.7.12 隧道内漏缆夹具可根据设计要求安装，一般间隔为1m，特殊困难区段不应大于1.5m。每隔20m～30m应安装1处防火夹具。

6 工 程 验 收

6.1 验收前检查

6.1.1 所有工程应符合工程设计要求。

6.1.2 所有工程应符合本规范第3章～第5章的要求。

6.1.3 设备通电检查应符合下列要求：

1 电源系统应工作正常，符合工程设计要求；

2 设备输入电压应符合设备说明书技术要求。

6.1.4 设备加电开机检查应按设备说明书技术要求步骤开机，并应用设备自备监视系统检查，设备应状态正常，各种辅助设备和告警装置应状态正常。

6.1.5 对已安装设备进行检查应包含下列项目：

1 标志应齐全、正确；

2 各种零件、配件安装位置应正确，数量应齐全；

3 各种选择开关应按设备技术说明书置于指定位置；

4 各类保险的规格应符合设备技术说明书的要求；

5 设备接地应良好、可靠；

6 电源引入线极性应正确，连接应牢固可靠。

6.2 工程验收要求

6.2.1 在割接开通前，应进行初验，并应检验主要系统和相关设备是否符合运转要求。

6.2.2 初验项目应至少包括下列项目：

1 天馈线系统性能检验；

2 基站子系统性能检验；

3 交换子系统性能检验。

6.2.3 初验应在安装工艺和软件版本检查合格后进行，软件修改补丁应经过验收主管部门同意。

6.2.4 验收的计划和内容应依据本规范的要求制定，测试结果应符合设计要求。

6.2.5 天馈线系统性能验收应包含下列项目：

1 天馈线驻波比在工作频段内应小于或等于1.5；

2 单条馈线驻波比在工作频段内应小于或等于1.15；

3 天线方向应安装正确；

4 衰减值按馈线长度和部件计算的总衰减应符合技术指标要求，馈线电缆衰减值可按表6.2.5-1和表6.2.5-2的规定确定。

表6.2.5-1 馈线电缆衰减值

电缆型号	衰减值(dB/m)	测试频率(MHz)	衰减值(dB/m)	测试频率(MHz)	衰减值(dB/m)	测试频率(MHz)
SYV-50-7-1	0.145	200	0.21	400	0.3	800
SYV-50-9-1	0.12	200	0.17	400	0.24	800
SYV-50-7-3	0.068	200	0.1	400	0.14	800
SDV-50-9-3	0.051	200	0.075	400	0.12	800

表6.2.5-2 馈线电缆衰减值

电缆型号	衰减值(dB/100m)	测试频率(MHz)	衰减值(dB/100m)	测试频率(MHz)	衰减值(dB100/m)	测试频率(MHz)
(1/2)″泡沫	3.00	174	4.66	400	7.52	960
(7/8)″泡沫	1.63	174	2.57	400	4.20	960
1″～(1/4)″泡沫	1.27	174	1.90	400	3.10	960
1″～(5/2)″泡沫	0.998	174	1.58	400	2.63	960
(7/8)″空气	1.14	88	—	—	4.07	960
1″～(5/8)″空气	0.636	88	—	—	2.25	960
2″～(1/4)″空气	0.519	88	—	—	1.89	960
(1/4)″超柔软	7.91	174	12.1	400	19.3	960
(1/2)″超柔软	4.58	174	7.15	400	11.5	960

6.2.6 基站子系统设备性能验收应包含下列项目：

1 发射机检验应包含下列项目：

1）发射机频率偏差；

2）相位误差；

3）发射机输出功率；

4）功率、时间包络图；

5）调制频谱；

6）杂散辐射电平。

2 接收机检验应包含下列项目：

1）灵敏度；

2）频率容差；

3）阻塞电平；

4）无用传导；

5）互调抗干扰性；

6）邻频道抗干扰性。

3 基站设备主要功能测试应包含下列项目：

1）人工语言应符合国际电信联盟电信标准化部（ITU-T）建议，并可按功能分类显示和查阅。通过人机命令可在终端上设置基站的基本参数；

2）设备应具备自动测试功能，通过人机命令来自动启动和停止测试；

3）应能够通过本地终端显示和统计各设备的运行及状态；

4）基站中的大部分设备应能通过人机命令闭塞和解闭，并应显示打印。设备应具备诊断软件和硬件故障的记录和打印功能，硬件故障检测应有定位、隔离、自动倒换能力，软件故障应有一定的自纠能力和自动恢复功能；

5）基站设备应能提供告警信息接口，并应按工程设计项目进行检验。

6.2.7 单呼、组呼通话质量模拟测试应符合下列要求：

1 城市驱车测试应符合下列规定：

1）城市驱车测试内容应包括表6.2.7-1中所列的项目；

表6.2.7-1 城市驱车测试内容

项 目	测 试 说 明
接通率	接通总次数/试呼总次数×100％
掉话率	掉话总次数/接通总次数×100％
覆盖率	（大于或等于设计门限值的总次数）/取样总次数×100％
话音质量	列出话音质量0级～7级的百分比

注：计算接通率时，在无覆盖（即小于设定门限值）路段，测试系统不进行试呼或处理统计不计入该段的试呼数。接通率取主叫测试手机的统计结果；掉话率为主被叫掉话次数之和除以呼通次数之和。

2）城市驱车测试道路应选在设计覆盖范围之内，测试路线应尽量不重复，并应在覆盖范围内均匀分布；

3）测试时间应安排在工作日（周一至周五）话务忙时进行；

4）测试速度宜保持正常行驶，最高限速应为80km/h；

5）每次呼叫间隔要求应为10s，出现未接通情况，应间隔10s进行下一次试呼。

2 在覆盖区域内应对小区质量进行测试，并应符合下列规定：

1）小区质量测试内容应包括表6.2.7-2中所列项目；

表6.2.7-2 小区质量测试内容

项 目	测 试 说 明
接通率	接通总次数/试呼总次数×100％
掉话率	掉话总次数/接通总次数×100％
覆盖率	（大于或等于设计门限值的测试点）/总测试点×100％
话音断续、背景噪声率	（出现话音断续总次数＋出现噪声总次数）/接通总次数×100％

2）应采用室内定点小区质量测试的方法，由室内小区质量测试人员相互拨打测试终端的方法完成；

3）小区质量测试的测试点应选择在高话务密度地区，应根据近日（非休息日）全天每小时的忙时话务量曲线，选出当地移动电话话务量的忙时，由拨测小组根据忙时话务统计原始数据，作出当地各小区的统计结果，内容应包括可用信道数、话务量、信道拥塞率、信道掉话率、切换成功率、接通率等；对于多层建筑测试要求应分顶楼、楼中部、底层三部分进行测试；

4）在室内定点小区质量测试时，室内信号场强不应低于设计门限值；

5）每个测试点应要求室内定点小区质量测试人员作主叫、被叫各10次，每次通话时长不应少于8s，呼叫间隔在10s左右，由主叫记录测试各项原始数据，并应计算出测试要求的各项百分率；

6）测试点应按照地理、话务、楼宇功能等因素综合考虑，均匀分布；

7）小区质量测试时间宜安排在工作日或话务忙时进行。

6.2.8 数字集群网应能提供下列基本用户终端业务：

1 调度话务应包括以下业务：

1）单呼；

2）组呼。

2 电话互联业务。

6.2.9 下列基本承载业务处理功能应符合设计要求：

1 电路方式数据业务；

2 短数据业务；

3 分组数据业务。

6.2.10 下列基本补充业务功能应符合设计要求：

1 单呼、组呼（包括组呼、全呼）；

2 区域选择；

3 优先呼叫；

4 预占优先呼叫；

5 迟后进入；

6 动态重组；

7 自动重发；

8 限时通话；

9 超出服务区指示；

10 呼叫显示；

11 主叫、被叫显示限制；

12 呼叫提示；

13 讲话方识别显示；

14 无条件呼叫转移；

15 遇忙呼叫转移；

16 用户不可及时呼叫转移；

17 无应答呼叫转移；

18 缩位寻址；

19 至忙用户的呼叫完成；

20 至无应答用户的呼叫完成；

21 呼叫限制；

22 移动台遥毙、复活。

6.2.11 下列可选补充业务处理功能应符合设计要求：

1 调度台核查呼叫；

2 监听；

3 环境侦听；

4 控制转移；

5 计费通知；

6 密匙遥毁；

7 强制呼叫结束；

8 开放信道呼叫。

6.2.12 计费功能应符合设计要求。

6.2.13 基站控制器主要功能应符合设计要求。

6.2.14 下列基本网络管理功能应符合设计要求：

1 安全管理；

2 配置管理；

3 故障管理；

4 性能管理。

6.2.15 在工程终验前，施工单位应向建设单位提交完整的竣工技术文件。

6.2.16 竣工技术文件应包括以下内容：

1 工程说明；

2 安装工程量总表；

3 测试记录；

4 竣工图纸；

5 隐蔽工程随工验收签证和阶段验收报告；

6 工程变更单及洽商记录；

7 重大工程质量事故报告表；

8 已安装设备明细表；

9 开工报告；

10 停（复）工报告；

11 验收证书；

12 其他相关记录、备考表；

13 交接书。

6.2.17 竣工技术文件应符合以下要求：

1 内容齐全；

2 图纸、测试记录、随工质量记录应与实际相符，数据准确；

3 文件外观整洁，格式、文字应规范、清晰。

6.2.18 工程终验应包括下列内容：

1 确认各阶段测试检查结果；

2 验收组认为必要项目的复验；

3 设备的清点核实；

4 对工程进行评定和签收。

6.2.19 对验收中发现的质量不合格项目，应由验收组查明原因，分清责任，提出处理意见。

7 运行维护

7.0.1 运行维护管理单位应建立健全完善、专业可行的维护管理制度，并应加强对维护质量的检查。

7.0.2 运行维护管理单位应按照运行维护的要求对设备进行例行检查、定期检查、日常巡检，各类检查应形成检查记录。

7.0.3 运行维护管理单位应对维护工作建立技术资料档案并妥善保管，技术资料应真实、完整、齐全。

7.0.4 专业技术维护人员应具备相应的资格、持证上岗。

7.0.5 基站日常维护应包括以下内容：

1 应检查基站告警状态，并应立即处理影响通信服务的紧急或严重告警；

2 应观察基站话务统计报告，对话务负荷高、接入遇忙、排队时间长等较差的小区应提出处理方案；

3 应分析全网基站各项性能指标变化趋势，并应及时优化调整网络资源配置；

4 应通过监控系统对基站运行的环境温度、湿度、电源等进行监控；

5 在重大政治、经济、体育等活动的重点区域，应做好通信保障任务。

7.0.6 数字集群基站定期维护应包括以下内容：

1 应定期巡检机房，检查机房环境以及设备运行情况；

2 应定期对蓄电池进行充放电试验；

3 对于基站收发信机功率、频率及天馈驻波比指标，应每年进行一次检测；

4 应定期维护室外天馈线支架、铁塔及检查接地系统；

5 应定期对主要室内基站及重要道路进行路测。

附录A 四种数字集群体制网络结构

A.0.1 数字集群体制（A）的网络结构（见图A.0.1）应符合现行行业标准《数字集群移动通信系统体制》SJ/T 11228的有关规定。

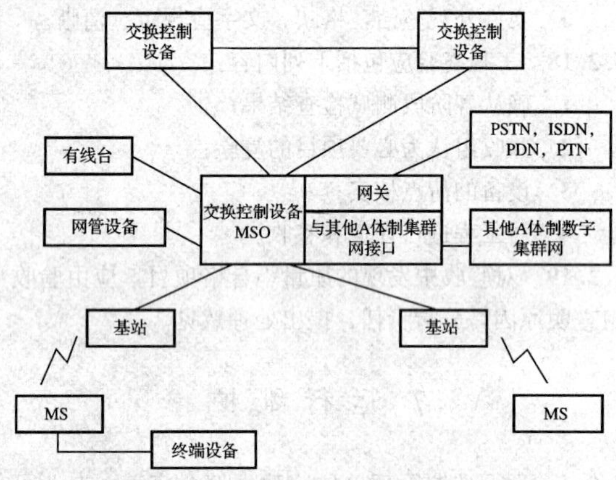

图A.0.1 数字集群体制（A）的网络结构

MS—移动台；PSTN—公共交换电话网；ISDN—综合业务数字网；PDN—分组数据网；PTN—分组传送网

A.0.2 数字集群体制（B）的网络结构（见图A.0.2）应符合现行行业标准《数字集群移动通信系统体制》SJ/T 11228的有关规定。

A.0.3 基于全球移动通信系统（GSM）技术的数字集群网络结构（见图A.0.3）应符合现行行业标准《基于GSM技术的数字集群系统总体技术要求》YD/T 2100的有关规定。

A.0.4 基于码分多址（CDMA）技术的数字集群网络结构（见图A.0.4）应符合现行行业标准《基于CDMA技术的数字集群系统总体技术要求》YDC 031的有关规定。

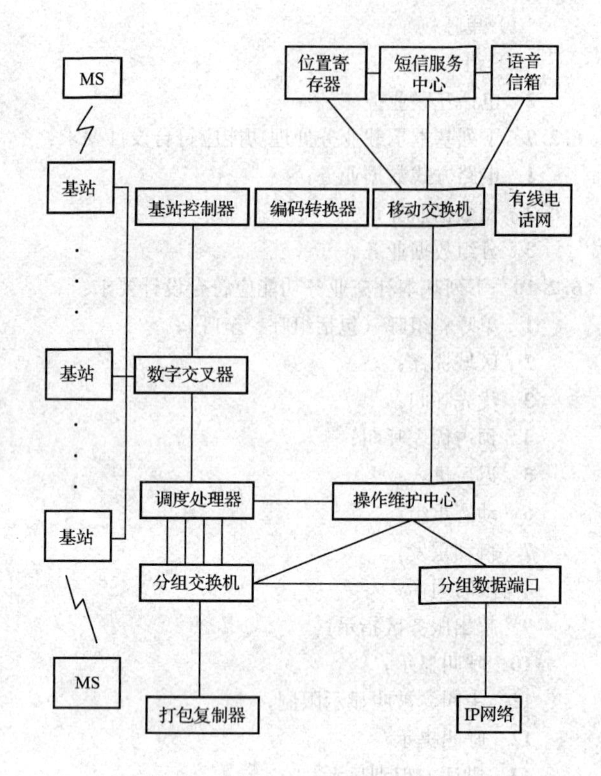

图A.0.2 数字集群体制（B）的网络结构

MS—移动台

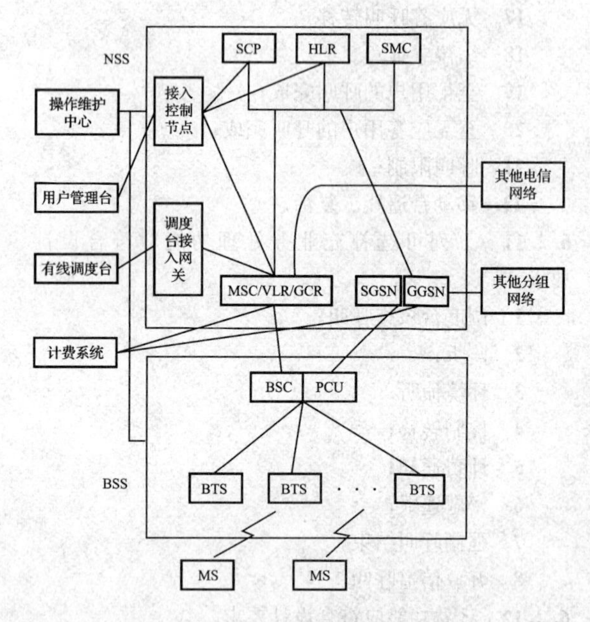

图A.0.3 基于全球移动通信系统（GSM）技术的数字集群网络结构

PCU—分组控制单元；GCR—组呼寄存器；SGSN—服务GPRS支持节点；GGSN—网关GPRS支持节点；SCP—业务控制节点；SMC—短消息中心

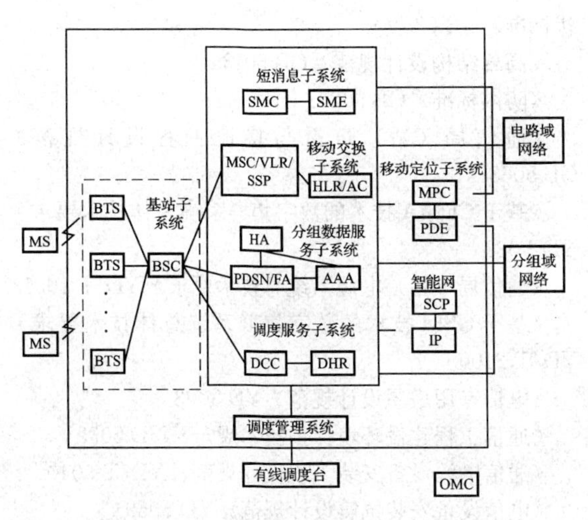

图 A.0.4 基于码分多址（CDMA）技术的数字集群网络结构

DCC—调度控制中心；DHR—调度归属寄存器；SSP—业务交换点；AC—鉴权中心；SMC—短消息中心；SME—短消息实体；AAA—鉴权、授权和计费；MPC—移动定位中心；PDE—定位实体；OMC—操作维护中心

附录 B 800MHz 频段的频道分组

B.0.1 数字集群专用 800MHz 频段应按 25kHz 等间隔划分有 600 个频道，并可按以下规定分为三段：

1 第一段：上行 806MHz～811MHz，下行 851MHz～856MHz；

2 第二段：上行 811MHz～816MHz，下行 856MHz～861MHz；

3 第三段：上行 816MHz～821MHz，下行 861MHz～866MHz。

B.0.2 第一段频道分组序号与频道号的对应关系应符合表 B.0.2 的规定。

表 B.0.2 频道分组序号与频道序号对应关系

大组序号	小组序号	频道序号
1	1	1，41，81，121，161
	2	21，61，101，141，181
	3	11，51，91，131，171
	4	31，71，111，151，191
2	1	2，42，82，122，162
	2	22，62，102，142，182
	3	12，52，92，132，172
	4	32，72，112，152，192
3	1	3，43，83，123，163
	2	23，63，103，143，183
	3	13，53，93，133，173
	4	33，73，113，153，193

续表 B.0.2

大组序号	小组序号	频道序号
4	1	4，44，84，124，164
	2	24，64，104，144，184
	3	14，54，94，134，174
	4	34，74，114，154，194
5	1	5，45，85，125，165
	2	25，65，105，145，185
	3	15，55，95，135，175
	4	35，75，115，155，195
6	1	6，46，86，126，166
	2	26，66，106，146，186
	3	16，56，96，136，176
	4	36，76，116，156，196
7	1	7，47，87，127，167
	2	27，67，107，147，187
	3	17，57，97，137，177
	4	37，77，117，157，197
8	1	8，48，88，128，168
	2	28，68，108，148，188
	3	18，58，98，138，178
	4	38，78，118，158，198
9	1	9，49，89，129，169
	2	29，69，109，149，189
	3	19，59，99，139，179
	4	39，79，119，159，199
10	1	10，50，90，130，170
	2	30，70，110，150，190
	3	20，60，100，140，180
	4	40，80，120，160，200

B.0.3 第二段或第三段频道的 200 个频道的分组序号和频道序号，应在表 B.0.2 分组序号上加 10 和 20，频道序号上加 200 和 400。

B.0.4 频道号与频率的对应关系可按下列公式进行计算。

$$上行频率=806.0125+0.025\times(N-1)\ (\mathrm{MHz}) \tag{B.0.4-1}$$

$$下行频率=806.0125+0.025\times(N-1)+45\ (\mathrm{MHz}) \tag{B.0.4-2}$$

式中：N——频道序号（1，2，…，600）。

本规范用词说明

1 为便于在执行本规范条文时区别对待，对要求严格程度不同的用词说明如下：

1）表示很严格，非这样做不可的：
正面词采用“必须”，反面词采用“严禁”；

2）表示严格，在正常情况下均应这样做的：
正面词采用“应”，反面词采用“不应”或“不得”；

3）表示允许稍有选择，在条件许可时首先应这样做的：
正面词采用“宜”，反面词采用“不宜”；

4）表示有选择，在一定条件下可以这样做的，采用“可”。

2 条文中指明应按其他有关标准执行的写法为：“应符合……的规定”或“应按……执行”。

引用标准名录

《陆地移动业务（16KOF3E）所要求的同波道干扰标准》GB 6281

《高耸结构设计规范》GB 50135

《防洪标准》GB 50201

《通信局（站）防雷与接地工程设计规范》GB 50689

《基于CDMA技术的数字集群系统总体技术要求》YDC 031

《通信局（站）电源系统总技术要求》YD/T 1051

《基于GSM技术的数字集群系统总体技术要求》YD/T 2100

《电信专用房屋设计规范》YD 5003

《通信工程建设环境保护技术规定》YD 5039

《通信电源设备安装工程设计规范》YD/T 5040

《电信设备安装抗震设计规范》YD 5059

《数字集群移动通信系统体制》SJ/T 11228

《专用移动通信系统接入公用电话自动交换网的接口技术要求》GF 005

中华人民共和国国家标准

数字集群通信工程技术规范

GB/T 50760—2012

条 文 说 明

制 定 说 明

《数字集群通信工程技术规范》GB/T 50760—2012，经住房和城乡建设部2012年3月30日以第1353号公告批准发布。

本规范制定过程中，编制组与数字集群设备厂家、运营企业、设计单位和施工单位进行了广泛的技术交流和调研，在通信行业标准《数字集群通信工程设计暂行规定》YD/T 5034和《数字集群通信设备安装工程验收暂行规定》YD/T 5035的基础上，总结了近几年我国数字集群通信工程的实践经验，同时参考了国外相关技术标准，制定了本技术规范。

为方便广大设计、施工、运营企业等单位有关人员在使用本规范时，能够正确理解和执行条文规定，《数字集群通信工程技术规范》编制组按照章、节、条顺序编制了本规范的条文说明，对条文规定的目的、依据及执行中需要注意的有关事项进行了说明。但是，本条文说明不具备与标准正文同等的法律效力，仅供使用者作为理解和把握标准规范的参考。

目　次

1 总　则

1.0.2 目前我国已发布的数字集群技术体制标准有3个：《数字集群移动通信系统体制》SJ/T 11228、《基于GSM技术的数字集群系统总体技术要求》YD/T 2100和《基于CDMA技术的数字集群系统总体技术要求》YDC 031。这些标准对4种集群：数字集群体制（A）、数字集群体制（B）、基于GSM技术的数字集群和基于CDMA技术的数字集群进行了技术规定。本规范适用于这4种制式的数字集群。

1.0.3 集群通信系统如果用于公用移动电话网，将不能有效发挥其频率利用率高、调度功能强等特点，会降低系统利用率，造成浪费。

1.0.4 集群通信共用网是由一个独立的运营公司或其他公共服务部门以盈利为目的而经营的集群通信网，向社会团体、公众开放，具有下述优点，因此应鼓励建设集群共用网：

1 共用频率资源，频率利用率较高；

2 共用覆盖区域，覆盖范围较大；

3 初期投资较低，运维成本较低；

4 便于与有线电话网互联；

5 系统容量大，话务负荷分布较均匀；

6 有可靠的计费系统等。

3 数字集群网规划

3.0.1 对于集群通信网的业务预测，最基本的方法是根据集群通信网的性质和服务对象，采取用户调查统计法。调查覆盖区域内有多少政府部门、企业有集群业务需求。然后对部门、企业内部人员进行分析，根据工作需要考虑移动台会分到哪一级人员、哪一级部门以及哪些特需人员，并据此预测近期用户数。也可以根据已开通集群通信网城市的统计数据，如集群用户普及率等，来预测本城市的集群通信用户数量。远期用户预测应根据网络所在地区的经济发展、人口发展和覆盖面积规划进行。

4 数字集群网设计

4.1 设计基本要求

4.1.2 由于移动用户与有线用户通话时间远长于调度电话，全双工移动用户间的通话需要占用两条无线信道。为了提高信道利用率，在实际工程中，应考虑对接入有线电话网的移动用户及全双工移动用户数量进行限制。

4.1.5 各种业务的业务模型应根据实际网络的统计结果得出。在建网初期，没有话务统计数据的情况下，业务模型可参照表1取定。

表1　平均每用户忙时业务量取值建议

业务类型	平均每用户忙时业务量（erl）	说明
单呼调度业务	0.008～0.012	基于全网用户
组呼调度业务	0.014～0.020	基于全网用户
互联电话业务	0.015～0.025	基于互联电话用户
数据业务	0.008～0.010	基于数据用户

4.2 网络服务质量

4.2.1 本条只给出了基站覆盖区室外边缘覆盖率要求。在实际工程中，运营商可根据工程特点，考虑客户分布和网络的重要性，对城市的不同区域提出不同的室外覆盖率或室内覆盖率要求，这属于面覆盖率要求。

4.2.2 在确定基站覆盖范围时，需要确定接收点最低可用信号强度。接收点最低可用信号强度＝接收机动态灵敏度＋慢衰落储备＋快衰落储备＋干扰/噪声储备。

对于800MHz频段数字集群，快衰落储备一般取3dB，慢衰落储备取值与边缘通信概率和慢衰落标准偏差有关，干扰、噪声储备一般取4dB。

4.2.6 对于基于CDMA的数字集群系统，各基站采用相同的频率，通过码分来分辨不同用户以抵抗干扰，因此不需要考虑同频干扰保护比要求。

4.3 核心网设计

4.3.1 集群通信网中大部分话务量发生在无线网内，但总有一些用户要与有线用户通话，所以集群通信网可直接与公用电信网连接，以充分发挥集群通信网的作用。

4.4 无线网设计

4.4.1 无线网络设计是一个循环渐进的过程，本条仅给出了基本的设计流程。在实际工程设计中，在进行完系统仿真评估后，如果发现网络不能满足设计目标的要求，应返回步骤3，调整网络初始建设方案，重新进行第3步至第9步的工作，直至满足设计目标要求。

4.4.2 下面对本条无线覆盖设计的几个步骤内容进行解释。

1 选择传播模型，进行传播模型校正。

在800MHz频段，基站覆盖预测通常采用Okumura-hata或Cost231-Hata传播模型。不同区域有不同的地形地貌和建筑物特征，会影响到传播模型中参数的取值。因此，有必要进行典型环境的实际模拟测试，来校正传播模型。

2 通过链路预算，计算无线传播的最大允许路径损耗。

需要确定地形、地物数据资料；确定基站和移动台的设计参数；计算接收点最低可用信号强度或接收机输入端最低可用信号功率；均衡上行和下行无线链路；考虑覆盖区边缘无线可通率指标和各种储备余量；如果两个方向上的覆盖不能得到平衡，应确定控制覆盖范围的方向；通过链路预算，计算得到无线传播的最大允许路径损耗。

3 预测基站覆盖范围。

通过传播模型和无线传播最大允许路径损耗，可以预测出基站覆盖半径。

4 根据设计目标，确定基站、基站控制器的初始布置方案。

根据覆盖目标、容量目标、质量目标和投资目标，以及预测的基站覆盖半径和基站容量，初步确定基站、基站控制器的规模，以及设置的位置。在进行初始网络方案制订时，用链路预算和校正后的传播模型进行基站覆盖范围的估算。

5 频率或PN码偏置设置和复用。

对于基于CDMA技术的数字集群网，需要进行PN码偏置配置；对于其他三种制式，需要进行频率配置和复用。

6 系统仿真。

在进行系统仿真时，需要利用专用的数字地图和集群通信网络规划软件进行基站覆盖区的预测。通过系统仿真结果分析，可了解数字集群网络整体覆盖效果，对初步的覆盖预测范围进行必要的修正。

7 根据仿真结果，对初始布置方案进行调整。

在仿真结果分析的基础上，对基站初始布局进行合理调整，直到满足无线覆盖区设计目标要求。主要调整手段包括：调整天线参数（下倾角、发射功率、主瓣方向、高度、类型）；调整频道配置方案；修改基站站址，从而调整基站布局。

4.4.5 在工程设计中，可根据工程的具体情况，选取本条提出的多种解决措施中的一种或几种组合。

4.4.6 直放站是无线覆盖的辅助手段，可用来覆盖地下停车场、隧道、山区和高速公路等区域。直放站分为无线直放站和光纤直放站，在进行无线直放站设置时，应注意施主天线和重发天线之间的隔离度要求。对于多级串接的无线直放站或光纤直放站应考虑时延对网络性能的影响。

4.4.8 下面对本条无线容量设计各步骤内容进行解释。

1 明确容量需求目标。

根据业务预测结果，得到用户发展规模。考虑各种业务的业务模型，得到话务量和数据流量发展目标。

2 根据业务模型，预测覆盖区内的话务量和数据流量密度。

通过现网调查或现网话务数据统计，得到覆盖区内的话务量和数据流量密度分布。

3 预测每个基站所吸收的话务量和数据流量。

通过规划仿真，可以预测每个基站的覆盖范围，以及在该范围内所吸收的话务量和数据流量。对于基于CDMA技术的数字集群，由于是自干扰系统，基站的覆盖和容量是相关联的，所以应进行系统仿真。

4 确定基站和基站控制器的设备配置。

对于呼损制系统，采用爱尔兰B公式计算业务信道数；对于等待制系统，采用爱尔兰C公式计算业务信道数。

对于基于CDMA技术的数字集群，在不同区域环境下可能设定不同的上行负载，单载频所容纳的信道数与设定的上行负载有关。对于其他三种制式，单载频所容纳的信道数分别为：体制（A）为4个信道，体制（B）为3/6个信道，基于GSM技术的数字集群为8个信道。根据计算得到的总业务信道和公共控制信道需求数量，考虑单载频最大所能承载的信道数，可得到每个基站需要配置的载频数。根据全网内的基站总数、载频总数、话务量和数据流量，除以基站控制器的最大容量和处理能力，并考虑一定冗余，可以得到需要配置的基站控制器数量。

5 确定网络接口传输电路需求。

根据预测的网络各种接口处忙时数据流量，计算得到需要的传输电路需求。

4.4.9 基站数量估算通常采用以下方法：

1 考虑覆盖受限：根据覆盖区域要求和每个基站覆盖范围，确定满足覆盖要求需要的基站数；

2 考虑容量受限：根据容量要求和每个基站最大提供的容量，确定需要的基站数。考虑到用户分布不均匀和地形地物等的影响，需要根据实际情况对上述计算结果进行调整。

4.4.12 在呼损制系统中，基站吸收的话务量、信道数和呼损率之间的关系满足爱尔兰B公式。在等待制系统中，基站吸收的话务量、信道数和呼叫延迟概率之间的关系满足爱尔兰C公式。

爱尔兰C公式中的参数平均通话时长 t_m 为负指数分布。各种不同业务按当地网络统计值取定，对于集群调度通话 t_m 可取15s～30s；对于互联电话 t_m 可取70s～150s。

对于不同种类的电路域业务，可能会有不同的接入质量要求和无线资源占用，也可考虑采用多维爱尔兰（MDE）和Campbell等计算方法。

4.4.14 基站控制器容量和端口设置可考虑适当放大，为将来发展留有余量，这样的设置投资费用增加不大。在系统应急扩容或扩容割接时，只需增加基站、中继线路和频道即可，可减小对网络结构和网络性能产生的影响。

4.4.15　现阶段我国数字集群通信使用800MHz专用频段。国家无线电管理部门将800MHz频段中第1～10大组中的200个频道分配给了军队使用，将第21～30大组的200个频道，分配给了各省（市）、自治区自行管理，并将另外一部分分配给了其他专业部门，600个频道已基本分配完毕，相应调配的余地不大。因此，设计集群通信网时，建设单位应事先向主管部门提出频率申请，落实频道的数量和具体数值。

4.4.17　在工程设计中可根据实际情况，选择频率复用方式。对于带状服务区，可采用3×1频率群复用方式。对于面状服务区，可采用12×1或7×3频率复用方式。

例如，要求满足同频道干扰保护比大于或等于21dB时，D应大于或等于$4.35r$。对于带状服务区的三频率群复用，在相邻覆盖区的交叠深度为$0.27r$时，计算得到$D=5.2r$。对于面状服务区，12×1、7×3频率复用分别对应$D=6r$、$D=4.58r$，均满足同频道干扰保护比的要求。

由于具体工程的地形条件、天线高度变化较大，所以应该进行干扰核算。

4.4.18　现行行业标准《基于CDMA技术的数字集群系统总体技术要求》YDC 031中，没有对PN码偏置提出详细的要求，本条仅给出了配置的一般原则，详细的PN码偏置规划方法应满足建设单位提出的要求。

4.4.22　在具体选择天线安装位置时，可能出现安装位置适合而高度不能与设计要求高度一致，或者完全符合设计高度而位置又不适合天线安装。一般情况下，天线的实际安装高度可在设计高度上下变化3m～5m，并不影响无线覆盖范围。

空间分集接收是利用信号空间多径传播的差异，使接收场强的相关性变小。经过测试和统计，国际无线电咨询委员会（CCIR）建议为了获得满意的分集接收效果，两天线间距应大于0.6个波长，并且最好处在$\lambda/4$的奇数倍附近，因此建议空间分集接收天线间距不宜小于4m。

我国位于北半球，将卫星定位同步系统天线设在铁塔的南侧，有利于卫星定位同步系统天线接收更多卫星信号，通常要求至少接收四颗卫星。

4.6　局（站）选择和要求

4.6.1　在同一城市设有多个移动交换机，考虑到网络安全、控制区域的划分以及传输线路的引接，应将移动交换中心的局址分散设置。

5　施 工 要 求

5.3　设 备 安 装

5.3.3　对于交换数据机房，如需使用下送风，可设置地板，但地板下原则上不布放电缆，仍使用上走线方式。

5.4　线 缆 布 放

5.4.6　安装在机架内的独立设备，应首先分别用接地导线连接到机架汇流排上，导线的截面积应符合设备说明书要求，或不应小于该设备电源线的截面积；机架汇流排用$16mm^2$的多股铜线与机房汇流排连接。光缆金属护层及加强芯应在专用连接端子固定（与机架绝缘），并单独用$16mm^2$的多股铜线与机房汇流排连接。

6　工 程 验 收

6.2　工程验收要求

6.2.1　工程初验主要检查设备安装情况、组网后工作状况和初步的功能检测，为了缩短流程时间，部分细致的功能检验可以留到试运行时进行。

附录B　800MHz频段的频道分组

B.0.1　国家无线电管理部门规定800MHz频段为集群通信系统的专用频段。800MHz频段按25kHz等间隔划分有600个频道，可分为三段，每一段内应共有200个频道，并应分成10个大组，每个大组再应分成4个小组，每个小组应有5个频道，小组内频道之间相隔40个频道。

中华人民共和国国家标准

石油化工钢制设备抗震设计规范

Code for seismic design of petrochemical steel facilities

GB 50761—2012

主编部门：中 国 石 油 化 工 集 团 公 司
批准部门：中华人民共和国住房和城乡建设部
施行日期：2 0 1 2 年 1 0 月 1 日

中华人民共和国住房和城乡建设部
公　　告

第1414号

关于发布国家标准《石油化工钢制设备抗震设计规范》的公告

现批准《石油化工钢制设备抗震设计规范》为国家标准，编号为GB 50761—2012，自2012年10月1日起实施。其中，第1.0.4、1.0.6、3.2.3、4.1.1、4.2.1、5.2.1、6.3.1、7.3.1、8.3.1、9.3.1、10.3.1、11.3.1条为强制性条文，必须严格执行。

本规范由我部标准定额研究所组织中国计划出版社出版发行。

中华人民共和国住房和城乡建设部

二〇一二年五月二十八日

前　　言

本规范是根据原建设部《关于印发〈2007年工程建设标准制订、修订计划（第二批）〉的通知》（建标〔2007〕126号）的要求，由中国石化工程建设有限公司会同有关单位共同编制而成的。

在本规范编制过程中，编制组开展了多项专题研究工作，调查总结了近年来国内外大地震的经验教训，采纳了在石油化工设备设计、施工方面的成熟经验和科研成果，考虑了我国的经济条件和工程实践，并在全国范围内广泛征求了有关勘察、设计和施工单位的意见，经反复讨论、修改和试设计，最后经审查定稿。

本规范共分11章和3个附录，主要内容包括：总则、术语和符号、基本规定、地震作用和抗震验算、鞍座支承的卧式设备、支腿式直立设备、支耳式直立设备、裙座式直立设备、球形储罐、立式圆筒形储罐和加热炉等。

本规范中以黑体字标志的条文为强制性条文，必须严格执行。

本规范由住房和城乡建设部负责管理和对强制性条文的解释，中国石油化工集团公司负责日常管理，中国石化工程建设有限公司负责具体技术内容的解释。在执行过程中，请各单位结合工程实践，认真总结经验，并将意见和有关资料寄至中国石化工程建设有限公司国家标准《石油化工钢制设备抗震设计规范》管理组（地址：北京市朝阳区安慧北里安园21号，邮政编码：100101），以便今后修订时参考。

本规范主编单位、参编单位、主要起草人和主要审查人：

主编单位：中国石化工程建设有限公司

参编单位：全国锅炉压力容器标准化技术委员会
中国地震灾害防御中心
中石化洛阳工程有限公司

主要起草人：冯清晓　寿比南　孙恒志　杨国义　李　群　孙　毅　历亚宁　赵凤新　胡庆均　陈奎显　许超洋　倪正理　张郁山

主要审查人：王亚勇　侯忠良　葛春玉　朱　红　黄左坚　张迎恺　葛学礼　李立昌　苏经宇　李小军　王　伟　陈红芳　茅建民　宋启祥　冯成红　李　冰　杨盛启

目　次

Contents

1 总 则

1.0.1 为贯彻执行国家有关防震减灾的法律法规，实行预防为主的方针，使石油化工设备经抗震设防后减轻地震破坏，减少经济损失，制定本规范。

1.0.2 本规范适用于抗震设防烈度为6度～9度或设计基本地震加速度为0.05g～0.40g地区的石油化工装置中的卧式设备、支腿式直立设备、支耳式直立设备、裙座式直立设备、球形储罐、立式圆筒形储罐和加热炉等钢制设备的抗震设计。

注：g为重力加速度。

1.0.3 按本规范进行抗震设计的石油化工设备，当遭受相当于本地区抗震设防烈度的地震影响时，设备本体不应损坏。

1.0.4 抗震设防烈度为6度或设计基本地震动加速度为0.05g及以上地区的石油化工设备，必须进行抗震设计。

1.0.5 卧式设备、支腿式直立设备、支耳式直立设备、裙座式直立设备、球形储罐及立式圆筒形储罐可采用许用应力设计法进行抗震设计，加热炉可采用极限状态设计法进行抗震设计。

1.0.6 抗震设防烈度或设计地震动参数，必须按国家规定的权限审批、颁发的文件（图件）确定。

1.0.7 抗震设防烈度可按现行国家标准《中国地震动参数区划图》GB 18306规定的设计基本地震加速度确定。对完成地震安全性评价的工程场地，应按批准的抗震设防烈度或设计地震动参数进行抗震设防。

1.0.8 石油化工钢制设备的抗震设计，除应符合本规范外，尚应符合国家现行有关标准的规定。

2 术语和符号

2.1 术 语

2.1.1 抗震设计 seismic design

对需要抗震设防的设备进行的一种专业设计，包括抗震计算和抗震构造措施。

2.1.2 抗震设防烈度 seismic precautionary intensity

按国家规定的权限批准作为一个地区抗震设防依据的地震烈度。

2.1.3 抗震设防标准 seismic precautionary criterion

衡量抗震设防要求的尺度，由抗震设防烈度和设备使用功能的重要性确定。

2.1.4 地震作用 seismic load

由地震动引起的设备动态作用，包括水平地震作用和竖向地震作用。

2.1.5 地震作用效应 seismic effect

在地震作用下设备产生的内力或变形。

2.1.6 设计地震动参数 design parameters of ground motion

抗震设计用的地震加速度时程曲线、加速度反应谱和峰值加速度。

2.1.7 设计基本地震加速度 design basic acceleration of ground motion

50年设计基准期，超越概率10%的地震加速度的设计取值。

2.1.8 特征周期 characteristic period of ground motion

抗震设计用的地震影响系数曲线中，反映地震震级、震中距和场地类别等因素的下降段起始点对应的周期值。

2.1.9 地震影响系数 seismic influence coefficient

单质点弹性体系在地震作用下的最大加速度反应与重力加速度比值的统计平均值。

2.1.10 抗震措施 seismic fortification measures

除地震作用计算和抗力计算以外的抗震设计内容，包括抗震设计的基本要求、抗震构造措施等。

2.1.11 抗震构造措施 details of seismic design

一般不需计算而对结构和非结构各部分必须采取的各种细部要求。

2.1.12 设备本体 body

设备壳体或加热炉框架结构。

2.1.13 附属构件 attachments

支撑结构、锚固结构、加强件。

2.1.14 许用应力设计法 allowable stress design

按元件在使用载荷作用下其截面中的计算应力不超过材料的许用应力为原则的设计方法。

2.1.15 极限状态设计法 limits state design

按结构或构件达到某种预定功能要求的极限状态为原则的工程结构设计方法。

2.2 符 号

2.2.1 作用和作用效应：

F_{ek}——地震作用；

F_G——设备的重力载荷；

m_{eq}——设备的等效质量；

P——压力载荷或设计压力；

P_l——液柱静压力；

S_{ehj}——由j振型水平地震作用产生的效应；

S_{ehk}——水平地震作用效应。

2.2.2 材料性能和抗力：

E^t——设计温度下材料的弹性模量；

R_{el}——材料屈服强度或应变为0.2%的应力值；

σ_{cr}——临界应力；

$[\sigma]$——材料的抗震许用应力；

$[\sigma]^t$——设计温度下材料的许用应力。

2.2.3 设备或结构几何参数：

A——横截面积；

b——支承结构中心线跨度；

D_b——地角螺栓中心圆直径；

H_0——设备顶部到基础顶面的距离；

H_s——建（构）筑物的总高度；

$\delta_{1/3}$——罐壁高度1/3处的罐壁名义厚度；

θ——拉杆的仰角。

2.2.4 各种计算系数：

α_1——对应于设备或结构基本自振周期的水平地震影响系数；

α_{max}——水平地震影响系数最大值；

α_{vmax}——竖向地震影响系数最大值；

β——构架动力放大系数；

K_L——抗震许用应力调整系数；

ζ——设备的阻尼比；

η——设备重要度系数；

η_2——阻尼调整系数；

γ_j——第j振型的振型参与系数；

R_e——地震作用效应折减系数。

2.2.5 其他：

T、T_1——设备或结构的基本自振周期；

T_g——特征周期；

T_w——罐内储液晃动基本自振周期；

X_{ji}——j振型i质点的水平相对位移；

j、i、k——质点序列号或代号。

3 基本规定

3.1 设备的重要度分类

3.1.1 设备抗震设计时，应按其用途和在地震破坏后的危害程度进行重要度分类，重要度可由小到大按下列要求分类：

1 包括储水罐和除第二、三类以外的设备，应为第一类设备。

2 容积大于或等于100m³的卧式设备，公称容积大于或等于1000m³且小于30000m³的立式圆筒形储罐，加热炉和高度为20m～80m的直立设备，应为第二类设备。

3 公称容积大于或等于30000m³的立式圆筒形储罐和高度大于80m的裙座式直立设备，应为第三类设备。

3.1.2 设备的重要度系数，应根据设备重要度类别按表3.1.2选用。

表3.1.2 重要度系数

设备重要度类别	第一类	第二类	第三类
重要度系数	0.90	1.00	1.10

3.1.3 当抗震设防烈度为6度或设计基本地震加速度小于或等于0.05g时，可不进行设备的地震作用计算，但应满足抗震措施要求。

3.2 地震影响

3.2.1 设备所在地区遭受的地震影响，应采用相应于抗震设防烈度的设计基本地震加速度和特征周期表示。

3.2.2 抗震设防烈度和设计基本地震加速度取值的对应关系，应符合表3.2.2的规定。

表3.2.2 抗震设防烈度和设计基本地震加速度的对应关系

抗震设防烈度	6	7		8		9
设计基本地震加速度	0.05g	0.10g	0.15g	0.20g	0.30g	0.40g

3.2.3 地震影响的特征周期应根据设备所在地的设计地震分组和场地类别确定。本规范的设计地震共分为三组，其特征周期应按表3.2.3采用。

表3.2.3 特征周期值（s）

设计地震分组	场地类别				
	Ⅰ₀	Ⅰ₁	Ⅱ	Ⅲ	Ⅳ
第一组	0.20	0.25	0.35	0.45	0.65
第二组	0.25	0.30	0.40	0.55	0.75
第三组	0.30	0.35	0.45	0.65	0.90

3.2.4 我国主要城镇中心地区的抗震设防烈度、设计基本地震加速度值和设计地震分组，可按现行国家标准《建筑抗震设计规范》GB 50011的有关规定执行。

3.3 设备的结构体系设计

3.3.1 设备的结构体系，应符合下列要求：

1 在满足工艺要求的前提下，设备宜露天布置。

2 应具有明确的计算简图和合理的地震作用传递途径。

3 应避免因设备零部件或附属构件失效而导致整个设备失效或抗震能力丧失。

4 应具备必要的抗震承载能力、良好的变形能力和消耗地震能量的能力。

5 对附着在设备本体上的附属设备的薄弱部位，应采取提高抗震能力的措施。

6 设备的锚固螺栓应设双螺母或带锁紧装置。

7 设备的刚度、质量变化宜平缓，其内件和整个设备的质量中心宜低位布置。

8 高径比大于10或高度大于10m的设备（立式储液罐除外），宜采用带螺栓座的结构形式。

9 与设备连接的管道，应具有柔性。

3.3.2 钢构件材料应符合下列要求：

1　材料的屈服强度与抗拉强度的比值不应大于0.85。

2　材料应有明显的屈服台阶，其伸长率不应小于20%。

3　材料应具有良好的焊接性和合格的冲击韧性。

4　在低温条件下，应计入低温导致材料冲击韧性降低的影响。

4　地震作用和抗震验算

4.1　一般规定

4.1.1　设备的地震作用和抗震验算应符合下列规定：

1　应计算水平方向的地震作用并进行抗震验算。

2　抗震设防烈度为8度、9度时，对于高度与直径之比大于5且高度大于20m的直立设备和加热炉落地烟囱，应计算竖向地震作用并进行抗震验算。

3　安装在构架（包括构筑物）上的卧式设备、支腿式直立设备，应计入设备所在构架的地震放大作用。

4.1.2　设备的地震作用计算，宜采用下列方法：

1　高度小于或等于10m，或高度与直径之比小于5、质量和刚度沿高度分布比较均匀的直立设备，以及可简化为单质点体系的设备，可采用底部剪力法。

2　除本条第1款外的设备，宜采用振型分解反应谱法。

3　设计基本地震加速度大于或等于0.30g，高度大于120m，且高径比大于25的直立设备和15×10^4m^3以上的超大型储油罐，宜采用时程分析法进行补充计算。

4.1.3　采用时程分析法时，应按设备所在场地类别和设计地震分组选用大于或等于二组的实际强震加速度记录和一组人工模拟的地震加速度时程曲线，其平均地震影响系数曲线应与振型分解反应谱法所采用的地震影响系数曲线在统计意义上相符，其加速度时程的最大值可按表4.1.3采用。

采用时程分析法时，每条时程曲线计算所得设备底部剪力不应小于振型分解反应谱法计算结果的65%，多条时程曲线计算所得的底部剪力的平均值不应小于振型分解反应谱法计算结果的80%。

表4.1.3　时程分析所用地震加速度时程的最大值（cm/s^2）

地震影响	设计基本地震加速度					
	0.05g	0.10g	0.15g	0.20g	0.30g	0.20g
多遇地震	18	35	55	70	110	140
设防地震	50	100	150	200	300	400
罕遇地震	125	220	310	400	510	620

4.1.4　鞍座支承的卧式设备、支腿式直立设备、支耳式直立设备、裙座式直立设备、球形储罐、立式圆筒形储罐等，应按设防地震计算地震作用，并按许用应力法进行抗震验算。加热炉应按多遇地震计算地震作用，并按极限状态设计法进行抗震验算。

4.2　地面设备设计反应谱

4.2.1　设备的地震影响系数应根据设防烈度、场地类别、设计地震分组、设备自振周期和阻尼比确定。其水平地震影响系数最大值应按表4.2.1选用；特征周期应根据场地类别和设计地震分组按表3.2.3选用。

表4.2.1　水平地震影响系数最大值

地震影响	设计基本地震加速度					
	0.05g	0.10g	0.15g	0.20g	0.30g	0.40g
多遇地震	0.04	0.08	0.12	0.16	0.24	0.32
设防地震	0.12	0.23	0.34	0.45	0.68	0.90
罕遇地震	0.28	0.50	0.72	0.90	1.20	1.40

4.2.2　地震影响系数曲线（图4.2.2）的阻尼调整系数和形状参数，应符合下列规定：

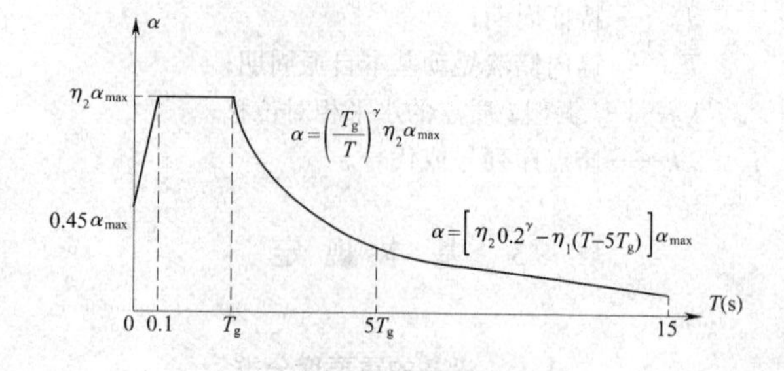

图4.2.2　地震影响系数曲线

α—水平地震影响系数；α_{max}—水平地震影响系数最大值；η_1—直线下降段的下降斜率调整系数；γ—曲线下降段的衰减指数；T_g—特征周期；η_2—阻尼调整系数；T—设备自振周期

1　曲线下降段的衰减指数应按下式确定：

$$\gamma=0.9+\frac{0.05-\zeta}{0.3+6\zeta} \qquad (4.2.2\text{-}1)$$

式中：γ——曲线下降段的衰减指数；

ζ——设备的阻尼比。

2　直线下降段的下降斜率调整系数，应按下列公式确定：

当T（s）≤6.0s时：

$$\eta_1=0.02+\frac{0.05-\zeta}{4+32\zeta} \qquad (4.2.2\text{-}2)$$

当T（s）>6.0s时：

$$\eta_1=\frac{\eta_2\ 0.2^{\gamma}-0.03}{14} \qquad (4.2.2\text{-}3)$$

式中：η_1——直线下降段的下降斜率调整系数，小于 0 时，应取 0。

3 阻尼调整系数，应按下式确定：

$$\eta_2 = 1 + \frac{0.05 - \zeta}{0.08 + 1.6\zeta} \tag{4.2.2-4}$$

式中：η_2——阻尼调整系数，小于 0.55 时，应取 0.55。

4 当水平地震影响系数的计算值小于 $0.05\eta_2\alpha_{\max}$时，应取 $0.05\eta_2\alpha_{\max}$。

4.3 地面设备水平地震作用

4.3.1 当采用底部剪力法时，设备水平地震作用计算简图可按图 4.3.1 采用，设备总水平地震作用，应按下列公式计算：

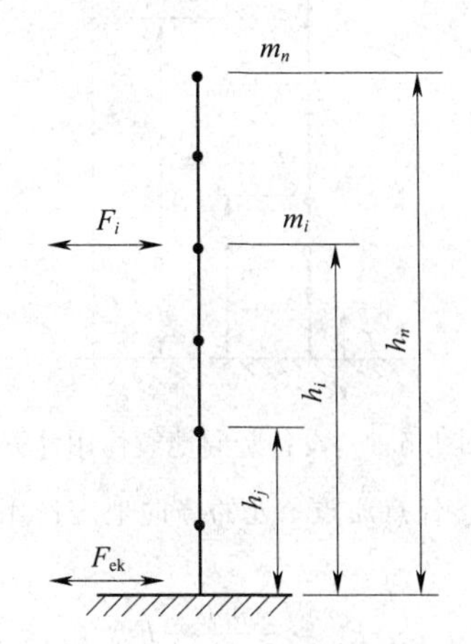

图 4.3.1 设备水平地震作用计算

$$F_{ek} = \eta\alpha_1 m_{eq} g \tag{4.3.1-1}$$

$$m_{eq} = \lambda_m \sum_{i=1}^{n} m_i \tag{4.3.1-2}$$

$$F_i = \frac{m_i h_i^{\delta}}{\sum_{j=1}^{n} m_j h_j^{\delta}} F_{ek} \tag{4.3.1-3}$$

式中：F_{ek}——设备总水平地震作用（N）；

α_1——相应于设备基本自振周期的水平地震影响系数，应根据设备的类型按本规范第 4.2 节的规定确定；

η——设备的重要度系数，应按本规范表 3.1.2 选用；

m_{eq}——设备的等效质量（kg）；

F_i——作用于质点 i 的水平地震作用（N）；

λ_m——等效质量系数，单质点可取 1，多质点体系可取 0.85；

m_i、m_j——分别为集中于质点 i、j 的质量（kg）；

h_i、h_j——分别为质点 i、j 的计算高度（mm）；

n——质点数；

δ——弯曲变形影响指数，应按表 4.3.1 选用。

表 4.3.1 弯曲变形影响指数

设备基本自振周期	<0.5	0.5～2.5	>2.5
δ	1.0	$0.75+0.5T_1$	2

注：T_1为设备基本自振周期（s）。

4.3.2 采用振型分解反应谱法时，设备的地震作用和作用效应的计算应符合下列规定：

1 设备 j 振型 i 质点的水平地震作用，应按下列公式确定：

$$F_{hji} = \eta\alpha_j\gamma_j X_{ji} m_i g \tag{4.3.2-1}$$

$$\gamma_j = \frac{\sum_{i=1}^{n} X_{ji} m_i}{\sum_{i=1}^{n} X_{ji}^2 m_i} \tag{4.3.2-2}$$

式中：F_{hji}——第 j 振型 i 质点的水平地震作用（N）；

α_j——相应于设备第 j 振型自振周期的水平地震影响系数，应按本规范第 4.2 节的规定确定；

γ_j——第 j 振型的振型参与系数；

X_{ji}——第 j 振型 i 质点的水平相对位移；

m_i——i 质点的质量（kg）。

2 水平地震作用效应，应按下式确定：

$$S_{chk} = \sqrt{\sum_{j=1}^{n} S_{chj}^2} \tag{4.3.3-3}$$

式中：S_{chk}——水平地震作用效应；

S_{chj}——由 j 振型水平地震作用产生的效应，可取前 2 阶～3 阶振型；当基本自振周期大于 1.5s 时，振型数不宜少于 3 阶。

4.4 构架上设备水平地震作用

4.4.1 本节适用于安装在构架上的卧式设备、支腿式直立设备的地震作用计算。

4.4.2 当无法确定支承设备的构架结构参数时，构架上设备的水平地震作用可采用下式计算：

$$F_h = K_m\eta\alpha_1 m_{eq} g \tag{4.4.2}$$

式中：F_h——构架上设备的水平地震作用（N）；

K_m——构架上设备的地震作用放大系数，可按表 4.4.2 选用；

m_{eq}——设备的等效质量（kg）。

表 4.4.2 构架上设备的地震作用放大系数

构架层数	第一层	第二层	第三层	第四层	第五层及以上
放大系数	1.2	1.4	1.6	1.8	2.0

注：每层构架高度可按 4m～5m 确定。

4.4.3 当已知支承设备的构架结构参数时，构架上的设备水平地震作用可按下列规定计算：

1 第 i 层构架上的设备水平地震作用，应按下式计算：

$$F_{hsi} = \eta\alpha_{si} m_{eqi} g \tag{4.4.3-1}$$

式中：F_{hsi}——第 i 层构架上的设备水平地震作用（N），其值不得小于该设备按建在地面上时计算所得的数值；

m_{eqi}——第 i 层构架上设备的等效质量（kg）。

2 支承设备多层构架的计算简图可按图 4.3.1 采用，其中 m_i 应为第 i 层构架的质量（包括该构架上的设备质量），h_i 应为第 i 层构架至地面的高度。

3 第 i 层构架的等效地面加速度系数，应按下式计算：

$$a_{si}=\frac{F_i}{m_i g} \tag{4.4.3-2}$$

式中：a_{si}——第 i 层构架的等效地面加速度系数；

F_i——第 i 层构架的水平地震作用（N），应按本规范第 4.3.1 条计算。

4 第 i 层构架上设备的水平地震影响系数，应按下式计算：

$$\alpha_{si}=\beta a_{si} \tag{4.4.3-3}$$

式中：α_{si}——第 i 层构架上的设备水平地震影响系数；

β——构架的动力放大系数（图 4.4.3）。

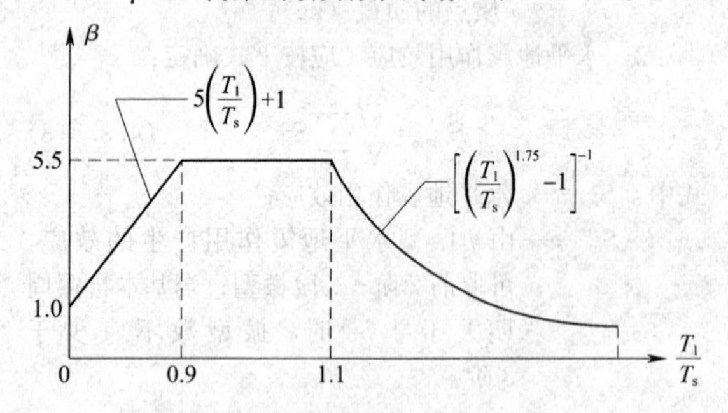

图 4.4.3 构架动力放大系数曲线

T_1—设备的基本自振周期（s）；T_s—支承设备构架的基本自振周期（s）

5 确定 T_1 值时，应将支承设备的构架视为设备的刚性基础。

6 确定 T_s 值时，所用质量应包括构架上设备等附属物的质量，无条件取得精确值时，可按本规范第 4.4.4 条计算。

4.4.4 构架的基本自振周期，可采用下列简化方法计算：

1 钢构架的基本自振周期，可按下式计算：

$$T_s=3H_s\times10^{-5} \tag{4.4.4-1}$$

2 钢筋混凝土构架的基本自振周期，可按下式计算：

$$T_s=2H_s\times10^{-5} \tag{4.4.4-2}$$

式中：T_s——构架的基本自振周期（s）；

H_s——构架的总高度（mm）。

4.5 竖向地震作用

4.5.1 直立式设备的竖向地震作用（图 4.5.1），应按下列规定计算：

1 设备底部总竖向地震作用，应按下式计算：

$$F_v=\eta\alpha_{vmax}m_{eq}g \tag{4.5.1-1}$$

式中：F_v——设备底部总竖向地震作用（N）；

α_{vmax}——竖向地震影响系数最大值，对设防地震可取水平地震影响系数最大值的 50%，对多遇地震可取水平地震影响系数最大值的 65%；

m_{eq}——设备的等效质量（kg），可取总质量的 75%。

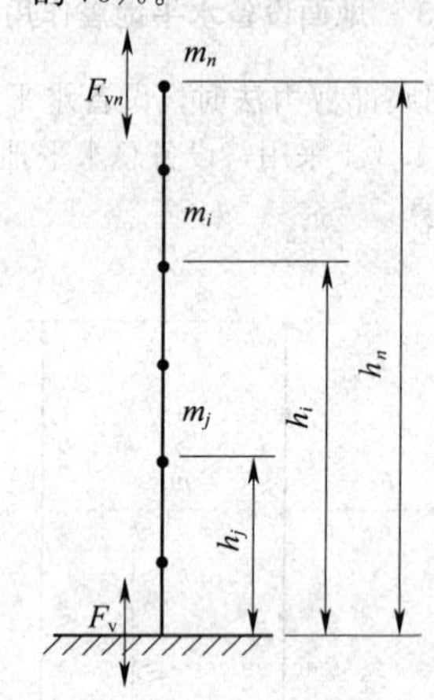

图 4.5.1 设备竖向地震作用计算

2 设备任意质点 i 处的竖向地震作用，可按下式计算：

$$F_{vi}=\frac{m_i h_i}{\sum_{j=1}^{i}m_j h_j}F_v \tag{4.5.1-2}$$

式中：F_{vi}——设备质点 i 的竖向地震作用（N）；

h_i、h_j——分别为质点 i、j 的计算高度（mm）；

m_i——集中于质点 i 的质量（kg）；

m_j——集中于质点 j 的质量（kg）。

4.6 载荷组合

4.6.1 采用极限状态法设计时，地震作用与其他载荷作用的组合，除本规范另有规定外，应按现行国家标准《建筑抗震设计规范》GB 50011 的有关规定执行。

4.6.2 采用许用应力法设计时，地震作用与其他载荷作用的组合，除本规范另有规定外，应按下列原则进行组合：

$$F_G+P+P_1+\psi_w W_f+F_{ek}+F+\psi_s S+L \tag{4.6.2}$$

式中：F_G——设备的重力载荷，包括设备的自重（包括内件和填料等），正常工作条件下内装物料的重力载荷，以及附属设备及隔热材料、衬里、管道、扶梯、平台等的重力载荷；

P——压力载荷，包括内压、外压或最大压差；

P_l——液柱静压力；

W_f——水平风载荷作用；

ψ_w——水平风载荷组合系数，对直立设备和球形储罐应取0.25，其他设备应取0；

F_{ek}——地震作用；

S——雪载荷；

ψ_s——雪载荷组合系数，应取0.5，高温部位以及设备承载面较小时，应取0；

F——其他载荷，包括支座、底座圈、支耳及其他型式支撑件的反作用力，连接管道和其他部件的作用力，温度梯度或热膨胀量不同引起的作用力等；

L——活载荷，包括人、工具、维修、冲击、振动等主要可移动载荷。

4.7 抗震验算

4.7.1 采用极限状态法设计时，应按现行国家标准《建筑抗震设计规范》GB 50011的有关规定进行抗震验算。

4.7.2 采用许用应力法设计时，除本规范另有规定外，应按下列规定进行抗震验算：

1 对设备进行抗震验算时，载荷组合作用下验算部位的应力值应满足下式要求：

$$\sigma \leqslant [\sigma] \quad (4.7.2\text{-}1)$$

式中：σ——载荷组合作用下的应力值（MPa）；

$[\sigma]$——材料的抗震许用应力（MPa）。

2 设备抗震验算截面的水平地震作用效应，应乘以相应的地震作用效应折减系数R_e。除本规范另有规定外，水平地震作用效应折减系数应按表4.7.2-1确定。

表4.7.2-1 水平地震作用效应折减系数

设备类型	部位	R_e
鞍座支承的卧式设备	壳体	0.45
	鞍式支座	0.50
	地脚螺栓	0.50
支腿式直立设备	壳体	0.45
	支腿	0.50
	地脚螺栓	0.50
	支腿底板	0.50
	支腿与壳体连接	0.45
支耳式直立设备	壳体	0.40
	支耳	0.45
	地脚螺栓	0.45
	支耳与壳体连接	0.40
裙座式直立设备	壳体	0.45
	裙座筒体	0.50
	裙座与壳体连接	0.45
	螺栓座与裙座筒体连接	0.50
	地脚螺栓	0.50
	裙座底座环	0.50
	螺栓座	0.50
球形储罐	球壳	0.40
	支柱	0.45
	支柱与壳体连接	0.40
	拉杆	0.45
	拉杆附件	0.45
	支柱底板	0.45
立式圆筒形储罐	罐壁	0.40
	地脚螺栓	0.40
	螺栓座	0.40
	螺栓座与罐壁连接	0.40

3 设备抗震验算的许用应力，除本规范另有规定外，应按下列规定确定：

1） 设备本体，可按下式计算：

$$[\sigma] = K_L [\sigma]^t \quad (4.7.2\text{-}2)$$

式中：$[\sigma]$——材料的抗震许用应力（MPa）；

$[\sigma]^t$——设计温度下材料的许用应力（MPa）；

K_L——抗震许用应力调整系数，可取1.2。

2） 支承结构，可按下式计算：

$$[\sigma] = K_L [\sigma]^t \quad (4.7.2\text{-}3)$$

式中：$[\sigma]$——材料的抗震许用应力（MPa）；

$[\sigma]^t$——设计温度下材料的许用应力（MPa）；

K_L——抗震许用应力调整系数，可取1.33。

3） 锚栓，可按下式计算：

$$[\sigma]_b = 0.75 R_{el} \quad (4.7.2\text{-}4)$$

$$[\tau]_b = 0.8 [\sigma]_b \quad (4.7.2\text{-}5)$$

4） 锚固附件，可按下式计算，并取较小值：

$$[\sigma]_b = 0.75 R_{el} \quad (4.7.2\text{-}6)$$

$$[\sigma]_b = K_L [\sigma]^t \quad (4.7.2\text{-}7)$$

式中：R_{el}——材料屈服强度（或应变为0.2%的应力值）（MPa）；

$[\sigma]_b$——材料的抗震许用拉应力（MPa）；

$[\tau]_b$——材料的抗震许用剪应力（MPa）；

$[\sigma]^t$——设计温度下材料的许用应力（MPa）；

K_L——抗震许用应力调整系数，可取1.33。

5） 锚固附件的许用压应力，可按下列规定计算：

当 $\lambda \leqslant \lambda_c$ 时：

$$[\sigma]_{bc} = \frac{\left[1-0.4\left(\frac{\lambda}{\lambda_c}\right)^2\right]}{\frac{3}{2}+\frac{2}{3}\left(\frac{\lambda}{\lambda_c}\right)^2}[\sigma]^t \quad (4.7.2\text{-}8)$$

当 $\lambda > \lambda_c$ 时：

$$[\sigma]_{bc} = \frac{0.277}{\left(\frac{\lambda}{\lambda_c}\right)^2}[\sigma]^t \quad (4.7.2\text{-}9)$$

$$\lambda = \frac{k\,l_k}{\tilde{i}} \quad (4.7.2\text{-}10)$$

$$\lambda_c = \sqrt{\frac{\pi^2 E^t}{0.6[\sigma]}} \quad (4.7.2\text{-}11)$$

式中：$[\sigma]_{bc}$——材料的抗震许用压应力（MPa）；

E^t——设计温度下材料的弹性模量（MPa）；

λ——长细比；

λ_c——临界长细比；

l_k——计算长度（mm）；

$\tilde{i}$——惯性半径（mm），对长方形截面可取 $0.289\delta_e$；

δ_e——截面有效厚度（mm）；

k——计算系数，可按表 4.7.2-2 取值。

表 4.7.2-2　计算系数 k

边界条件	两端简支	一端固支、一端自由	两端固支	一端固支、一端简支
k	1	2	0.5	0.7

6）附属构件与设备本体连接处焊缝的许用应力，可按下列公式计算：

$$[\sigma] = K_L[\sigma]^t \quad (4.7.2\text{-}12)$$

$$[\tau] = 0.8[\sigma] \quad (4.7.2\text{-}13)$$

式中：$[\sigma]$——材料的抗震许用拉应力（MPa）；

$[\tau]$——材料的抗震许用剪应力（MPa）；

$[\sigma]^t$——设计温度下材料的许用应力（MPa），取附属构件与本体材料许用应力的较小值；

K_L——抗震许用应力调整系数，可取 1.2。

5　鞍座支承的卧式设备

5.1　一 般 规 定

5.1.1　本章适用于鞍式支座支承的卧式设备。

5.1.2　重叠式卧式设备的抗震计算也应满足本章的有关规定。

5.2　地震作用和抗震验算

5.2.1　卧式设备的水平地震作用计算，地震影响系数应按本规范第 4.2.1 条设防地震的规定取最大值。

5.2.2　安装在地面上的卧式设备，应按本规范第 4.3 节的要求分别计算其轴向、横向水平地震作用；安装在构架上的卧式设备，可按本规范第 4.4 节规定分别计算其轴向、横向水平地震作用。

5.2.3　卧式设备的阻尼比可取 0.05。

5.2.4　对重叠式卧式设备，在轴向和横向均可视为一个多自由度体系（图 5.2.4），对安装在地面上的重叠式卧式设备的地震作用，可按本规范第 4.3 节计算，其地震影响系数可取水平地震影响系数的最大值；对安装在构架上的重叠式卧式设备的总地震作用和各质点的水平地震作用，可按本规范第 4.4 节计算。

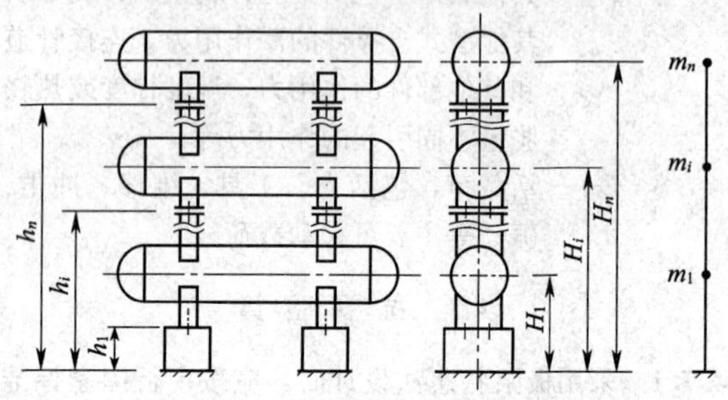

图 5.2.4　重叠式卧式设备计算

5.3　抗震构造措施

5.3.1　卧式设备每个支座的地脚螺栓数量不应少于 2 个，且应为双螺母。

5.3.2　滑动支座上的地脚螺栓应具有限制设备横向位移的功能。

6　支腿式直立设备

6.1　一 般 规 定

6.1.1　本章适用于高度小于或等于 10m（含支腿高度），高径比小于或等于 5 的支腿式直立设备的抗震设计（图 6.1.1）。

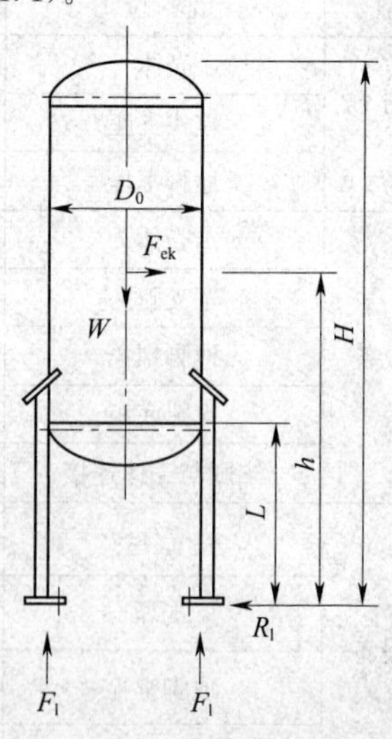

图 6.1.1　支腿式直立设备

6.1.2 对安装在地面上，直径小于1.2m、高度小于3m（含支腿高度），且支腿高度小于0.5m的支腿式设备，当抗震设防烈度为6度、7度，或设计基本地震加速度小于0.20g时，可不进行抗震验算，但应满足抗震构造措施要求。

6.2 自振周期

6.2.1 支腿式设备的基本自振周期，可按下式计算：

$$T_1 = 2\pi\sqrt{\frac{m_e}{1000K}} \tag{6.2.1}$$

式中：T_1——设备的基本自振周期（s）；

m_e——设备的质量（kg）；

K——支承结构的侧移刚度（N/mm），可按本规范第6.2.2条计算。

6.2.2 支腿式设备支承结构的侧移刚度，应按下列公式计算：

$$K = \frac{1}{\frac{\lambda_c}{K_1} + \frac{1}{K_2}} \tag{6.2.2-1}$$

$$K_1 = \frac{3nEA_zD_b^2}{2L^3} \tag{6.2.2-2}$$

$$K_2 = \frac{nK_c}{1 + \frac{LK_c}{GA_z}} \tag{6.2.2-3}$$

$$K_c = \frac{4E(I_1 + I_2)}{L^3} \tag{6.2.2-4}$$

$$\lambda_c = \left(\frac{h}{L}\right)^2 - \frac{h}{L} + 4 \tag{6.2.2-5}$$

式中：K——支承结构的侧移刚度（N/mm）；

K_1——支承结构的弯曲刚度（N/mm）；

K_2——支承结构的剪变刚度（N/mm）；

K_c——单根支腿的弯曲刚度（N/mm）；

λ_c——质心高度修正系数；

n——支腿的数量；

E——支腿材料的弹性模量（MPa）；

G——支腿材料的弹性剪变模量（MPa）；

A_z——单根支腿的横截面面积（mm^2）；

D_b——地脚螺栓中心圆直径（mm）；

h——基础顶面至设备质心的高度（mm）；

L——支腿的高度（mm）；

I_1——单根支腿的切向水平截面惯性矩（mm^4）；

I_2——单根支腿的径向水平截面惯性矩（mm^4）。

6.3 地震作用和抗震验算

6.3.1 支腿式设备的水平地震作用计算，地震影响系数应按本规范第4.2.1条设防地震的规定采用。

6.3.2 安装在地面上的支腿式设备的地震作用，应按本规范第4.3.1条计算；安装在构架上的支腿式设备的地震作用，应按本规范第4.4节的规定计算。

6.3.3 支腿式设备的阻尼比可取0.03。

6.3.4 支腿式设备壳体、支腿、支腿与筒体连接焊缝、地脚螺栓等，应按本规范第4.7节的规定进行抗震验算。

6.3.5 支腿式设备的抗震验算方法可按本规范附录B的规定执行。

6.4 抗震构造措施

6.4.1 支腿数量不应少于3个；当设防烈度为8度、9度或设计基本地震加速度大于或等于0.30g时，支腿数量不宜少于4个，且应为偶数。

6.4.2 当支腿高度大于1.5m时，可设置斜撑加强。

6.4.3 每个支腿均应设置地脚螺栓，且应为双螺母。

7 支耳式直立设备

7.1 一般规定

7.1.1 本章适用于支耳式直立设备的抗震设计（图7.1.1）。

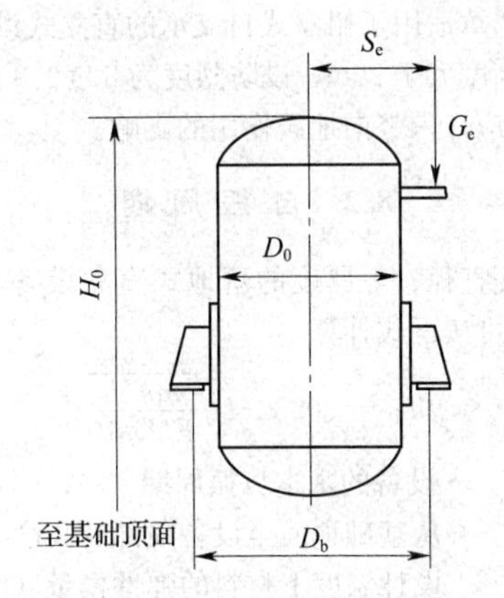

图7.1.1 支耳式直立设备

D_b—地脚螺栓中心圆直径；S_e—偏心距；G_e—偏心荷载

7.1.2 对直径小于2m、切线长度小于5m的支耳式设备，当抗震设防烈度为6度、7度或设计基本地震加速度小于0.20g时，可不进行抗震验算，但应满足抗震构造措施要求。

7.2 自振周期

7.2.1 支耳式设备的基本自振周期，可按下式计算：

$$T_1 = 0.56 + 0.4 \times 10^{-6}\frac{H_0^2}{D_0} \tag{7.2.1}$$

式中：T_1——支耳式设备的基本自振周期（s）；

D_0——设备外直径（mm）；

H_0——设备顶部到基础顶面的距离（mm）。

7.3 地震作用和抗震验算

7.3.1 支耳式设备的水平地震作用计算，地震影响

系数应按本规范第 4.2.1 条设防地震的规定采用。

7.3.2 支耳式设备的水平地震作用，应按本规范第4.2节计算。

7.3.3 支耳式设备的阻尼比可取 0.03。

7.3.4 支耳式设备壳体、支耳、支耳与筒体连接焊缝、地脚螺栓等，应按本规范第 4.7 节的规定进行抗震验算。

7.3.5 支耳式设备的抗震验算方法可按本规范附录C的规定执行。

7.4 抗震构造措施

7.4.1 支耳宜设置在设备重心高度以上，支耳数量不宜小于 4 个，且应为偶数。当设备直径小于1000mm 时，支耳数量不应少于 2 个。

7.4.2 每个支耳均应设置地脚螺栓，且应为双螺母。

8 裙座式直立设备

8.1 一 般 规 定

8.1.1 本章适用于裙座式自支承的直立式设备。

8.1.2 高度大于 20m，设防烈度为 8 度、9 度时的直立式设备应计入竖向地震作用的影响。

8.2 自 振 周 期

8.2.1 等直径、等厚度的落地式直立设备，其基本自振周期可按下式计算：

$$T_1 = 90.33H\sqrt{\frac{m_0 H}{E^t D_i^3 \delta_e}} \qquad (8.2.1)$$

式中：T_1——设备的基本自振周期（s）；

H——从基础顶面至设备顶部的高度（mm）；

E^t——设计温度下材料的弹性模量（MPa）；

δ_e——设备筒体的厚度（mm）；

D_i——设备筒体的内直径（mm）；

m_0——设备的总质量（kg）。

8.2.2 不等直径或不等厚度的直立设备，可将直径、厚度、材料沿高度变化的设备视为一个多质点体系（图 8.2.2)，其基本自振周期可按下列公式计算：

$$T_1 = 114.8\sqrt{\sum_{i=1}^{n} m_i \left(\frac{h_i}{H}\right)^3 \left(\sum_{i=1}^{n}\frac{H_i^3}{E_i^t I_i} - \sum_{i=2}^{n}\frac{H_i^3}{E_{i-1}^t I_{i-1}}\right) \times 10^{-3}} \qquad (8.2.2\text{-}1)$$

圆筒段：$I_i = \frac{\pi}{8}(D_i + \delta_{ei})^3 \delta_{ei}$ (8.2.2-2)

圆锥段：$I_i = \frac{\pi D_{ie}^2 D_{if}^2 \delta_{ei}}{4(D_{ie} + D_{if})}$ (8.2.2-3)

式中：T_1——设备的基本自振周期（s）；

h_i——第 i 段设备质量距基础顶面的高度（mm）；

m_i——设备第 i 计算段的操作质量（kg）；

H——从基础顶面至设备顶面的高度（mm）；

H_i——从设备顶面至第 i 段底截面的距离（mm）；

E_i^t、E_{i-1}^t——第 i 段、第 $i-1$ 段筒体设计温度下材料的弹性模量（MPa）；

I_i、I_{i-1}——第 i 段、第 $i-1$ 段筒体的截面惯性矩（mm^4）；

δ_{ei}——各计算截面的圆筒或锥壳的有效厚度（mm）；

D_i——第 i 段筒体的内直径（mm）；

D_{ie}——锥壳大端内直径（mm）；

D_{if}——锥壳小端内直径（mm）。

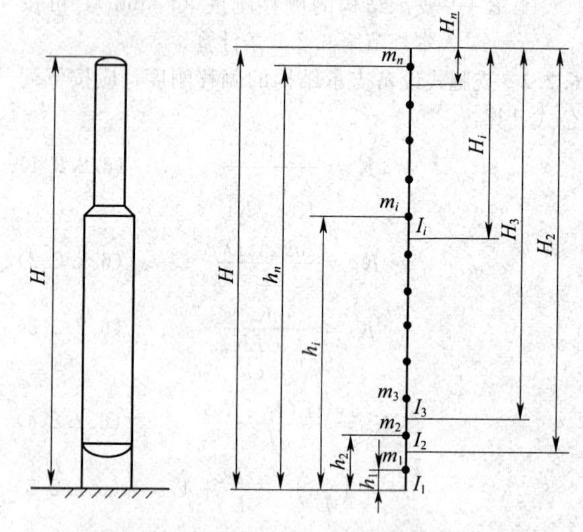

图 8.2.2 直立式设备多质点体系计算示意

8.2.3 安装在圆筒（柱）式基础的直立设备，其自振周期可采用振型分解法计算。

8.2.4 支承在构架上的直立设备，其自振周期可按下列规定计算：

1 支承构架应视为设备的一部分，每层构架可简化为一个质点，构架的层间刚度折算可按位移等效原理确定，设备的自振周期可按本规范第 8.2.3 条规定计算。

2 高径比小于或等于 5，且壁厚小于或等于30mm 的直立设备，其基本自振周期可按下式近似计算：

$$T_1 = 0.56 + 0.40 \times 10^{-3}\frac{H^2}{D_i} \qquad (8.2.4)$$

8.3 地震作用和抗震验算

8.3.1 直立设备的水平地震作用计算，地震影响系数应按本规范第 4.2.1 条设防地震的规定采用。

8.3.2 高度小于或等于 10m 或高径比小于 5 的直立设备，可采用底部剪力法进行计算，其地震影响系数可取水平地震影响系数的最大值。

8.3.3 高度大于 10m 且高径比大于 5 的直立设备，

可采用振型分解法进行计算。

8.3.4 当设备的高度大于120m，且设防烈度大于或等于8度或设计基本地震加速度值大于或等于0.30g时，其水平地震作用宜按本规范第4.1.2条第3款的规定进行补充计算。

8.3.5 直立设备的阻尼比，可按下列规定取值：

1 当设备的基本自振周期小于或等于1.5s时，可取0.035。

2 当设备的基本自振周期大于1.5s，且小于或等于2.0s时，可按下式计算：

$$\xi = 0.11 - 0.05T_1 \tag{8.3.5}$$

3 当设备的基本自振周期大于2.0s时，可取0.01。

8.3.6 直立设备的竖向地震作用，应按本规范第4.5节的规定计算。

8.3.7 直立设备的壳体、裙座筒体、基础环、地脚螺栓座、裙座与壳体连接焊缝、螺栓座与裙座筒体连接焊缝、地脚螺栓等，应按本规范第4.7节的规定进行抗震验算。

8.4 抗震构造措施

8.4.1 设备的平台不宜与其他设备或构筑物直接连接。

8.4.2 与设备连接的管道，宜采用柔性连接。

8.4.3 设备外部较重的附属设备宜另设支承结构，不宜由设备直接支承。

8.4.4 设备的内部承重构件应与壳体牢固连接。

8.4.5 设备的高径比大于5，且抗震设防烈度大于7度或设计基本地震加速度值大于0.15g时，设备筒体与裙座不宜采用搭接连接。

8.4.6 直径大于或等于600mm设备的地脚螺栓，不应小于M24，其数量不应少于8个。

9 球形储罐

9.1 一般规定

9.1.1 本章适用于赤道正切柱支撑的可调式和固定式拉杆结构的钢制球形储罐。

9.1.2 本章不适用于支柱隔一拉杆拉接或设有两层拉杆结构的储罐。

9.2 自振周期

9.2.1 球罐在操作状态下的等效质量，应按下列公式计算：

$$m_{eq} = m_1 + m_2 + 0.5m_3 + m_4 + m_5 \tag{9.2.1-1}$$

$$m_2 = m_l\varphi \tag{9.2.1-2}$$

式中：m_{eq}——球罐在操作状态下的等效质量（kg）；

m_1——球壳本身的质量（kg）；

m_2——储液的有效质量（kg）；

m_3——支柱和拉杆的质量（kg）；

m_4——球罐其他附件的质量（kg），包括各开口、喷淋装置、梯子和平台等；

m_5——球罐保温层的质量（kg）；

m_l——球壳储液质量（kg）；

φ——储液的有效质量率系数，应根据球罐内液体充满度按图9.2.1采用。

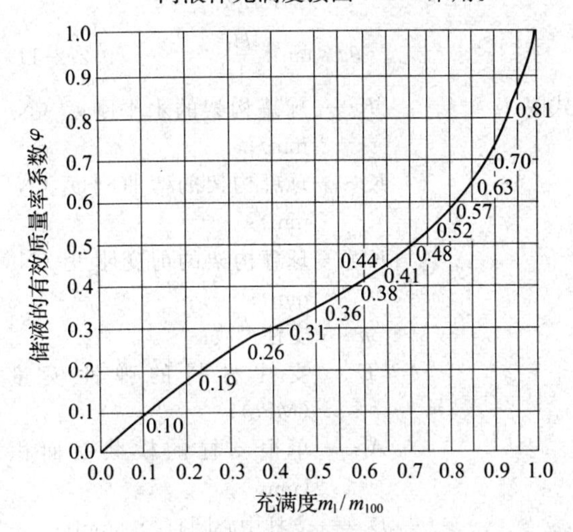

图9.2.1 液体有效率

m_{100}—球罐100%充满液体时的液体质量

9.2.2 球罐构架（图9.2.2）的水平刚度，应按下列公式计算：

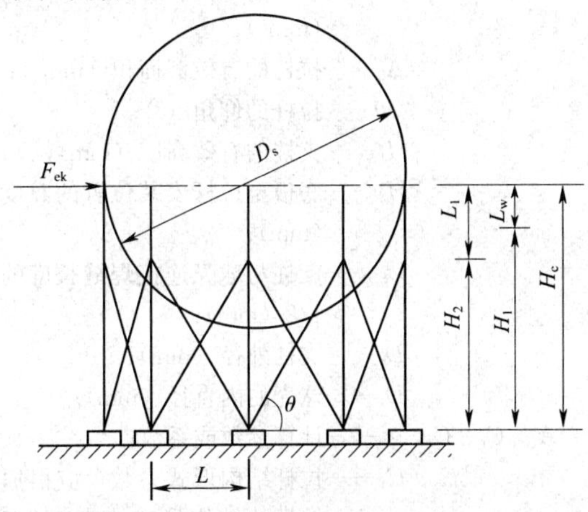

图9.2.2 球罐结构

$$K = \frac{1}{\dfrac{1}{K_1} + \dfrac{1}{K_2}} \tag{9.2.2-1}$$

$$K_1 = \frac{3nEA_c D_b^2}{8H_c^3} \tag{9.2.2-2}$$

$$K_2 = nK_c\left[\frac{2C_1}{C_2 + \dfrac{4LK_c}{EA'}} + 1\right] \tag{9.2.2-3}$$

$$K_c = \frac{3EI_c}{H_1^3} \tag{9.2.2-4}$$

$$A' = \frac{1}{\frac{C_3}{A_b\cos^3\theta} + \frac{C_4\tan^3\theta}{A_c}} \quad (9.2.2\text{-}5)$$

$$C_1 = 0.25\lambda_c^2(3-\lambda_c^2)^2 \quad (9.2.2\text{-}6)$$

$$C_2 = \lambda_c^2(1-\lambda_c)^3(3+\lambda_c) \quad (9.2.2\text{-}7)$$

$$\lambda_c = \frac{H_2}{H_1} \quad (9.2.2\text{-}8)$$

$$H_1 = H_c - L_w \quad (9.2.2\text{-}9)$$

$$L_w = \frac{1}{2}\sqrt{\frac{D_c D_s}{2}} \quad (9.2.2\text{-}10)$$

$$\theta = \tan^{-1}\frac{H_2}{L} \quad (9.2.2\text{-}11)$$

式中：K——球罐构架的水平刚度（N/mm）；

K_1——球罐构架的弯曲刚度（N/mm）；

K_2——球罐构架的剪变刚度（N/mm）；

n——支柱根数；

E——支柱材料的弹性模量（MPa）；

A_c——单根支柱的横截面面积（mm²）；

D_b——支柱中心圆直径（mm）；

H_c——支柱底板底面至球壳中心的高度（mm）；

L——相邻支柱之间距离（mm）；

I_c——单根支柱的截面惯性矩（mm⁴）；

A_b——拉杆的有效截面积（mm²）；

θ——拉杆的仰角（°）；

H_1——支柱的有效高度（mm）；

H_2——底板至拉杆安装位置的高度（mm）；

L_w——支柱与球壳连接焊缝长度的1/2（mm）；

D_c——支柱外径（mm）；

D_s——球壳的内直径（mm）；

K_c、A'、C_1、C_2、λ_c——计算参数或系数；

C_3、C_4——拉杆结构形式系数，应根据拉杆的结构形式按表9.2.2查取。

表9.2.2 拉杆结构形式系数

系　数	可调式	固定式
C_3	1.0	0.5
C_4	1.0	0

9.2.3 球罐基本自振周期，应按下式计算：

$$T_1 = 2\pi\sqrt{\frac{m_{eq}}{1000K}} \quad (9.2.3)$$

式中：T_1——球罐基本自振周期（s）。

9.3 地震作用和抗震验算

9.3.1 球罐的水平地震作用计算，地震影响系数应按本规范第4.2.1条设防地震的规定采用。

9.3.2 球罐的水平地震作用，可按本规范第4.3.1条计算。

9.3.3 球罐的阻尼比可取0.035。

9.3.4 水平地震作用在上段支柱产生的总弯矩，应按下式计算：

$$M = F_{ck}L_1 \quad (9.3.4)$$

式中：M——水平地震作用在上段支柱产生的总弯矩（N·mm）；

L_1——球罐壳体水平中心线至拉杆与支柱中心线交点的距离（mm）。

9.3.5 球壳、支柱、支柱与壳体连接焊缝、拉杆、拉杆附件、支柱底板等，应按本规范第4.7节的规定进行抗震验算。

9.4 抗震构造措施

9.4.1 球罐每根支柱的地脚螺栓直径不应小于M24，且应为双螺母。

9.4.2 与罐体连接的管线，宜采用柔性连接。

10 立式圆筒形储罐

10.1 一般规定

10.1.1 本章适用于罐壁高度与直径之比小于或等于1.5，且容积大于或等于100m³的常压立式圆筒形钢制平底储罐。

10.1.2 本章不适用于储液上表面与顶盖之间空间小于储罐容积4%的固定顶盖储罐。

10.2 自振周期

10.2.1 储罐的罐液耦连振动基本自振周期，可按下式计算：

$$T_1 = K_c H_w\sqrt{\frac{R}{\delta_{1/3}}} \quad (10.2.1)$$

式中：T_1——储罐的罐液耦连振动的基本自振周期（s）；

R——储罐的内半径（mm）；

$\delta_{1/3}$——罐壁1/3高度处的名义厚度（mm）；

H_w——储罐设计最高液位（mm）；

K_c——耦连振动周期系数，根据D/H_w值由表10.2.1查取，中间值可采用插入法计算；

D——储罐的内直径（mm）。

表 10.2.1　耦连振动周期系数 K_c

D/H_w	0.6	1.0	1.5
K_c	0.514×10^{-3}	0.44×10^{-3}	0.425×10^{-3}
D/H_w	2.0	2.5	3.0
K_c	0.435×10^{-3}	0.461×10^{-3}	0.502×10^{-3}
D/H_w	3.5	4.0	4.5
K_c	0.537×10^{-3}	0.58×10^{-3}	0.62×10^{-3}
D/H_w	5.0	5.5	6.0
K_c	0.681×10^{-3}	0.736×10^{-3}	0.791×10^{-3}

10.2.2　储液晃动基本自振周期，可按下式计算：

$$T_w = 2\pi\sqrt{\frac{D}{3680g}\coth\left(\frac{3.68H_w}{D}\right)} \quad (10.2.2)$$

式中：T_w——罐内储液晃动基本自振周期（s）；

coth——双曲余切函数。

10.3　水平地震作用及效应

10.3.1　储罐的水平地震作用计算，地震影响系数应按本规范第4.2.1条的设防地震的规定采用。

10.3.2　储罐的水平地震作用，应按下列公式计算：

$$F_{ek} = \eta\alpha m_{eq} g \quad (10.3.2\text{-}1)$$

$$m_{eq} = m_l\varphi \quad (10.3.2\text{-}2)$$

式中：F_{ek}——储罐的水平地震作用（N）；

α——水平地震影响系数，可按本规范第4.2节的规定确定；

m_{eq}——储液的等效质量（kg）；

m_l——储液质量（kg）；

φ——动液系数，可按本规范第10.3.4条计算；

g——重力加速度（m/s^2），可取9.81。

10.3.3　储罐的阻尼比可取0.04。

10.3.4　动液系数，应按下列公式计算：

1　当 $H_w/R\leqslant1.5$ 时：

$$\varphi = \frac{\tanh\left(\sqrt{3}\frac{R}{H_w}\right)}{\frac{\sqrt{3}R}{H_w}} \quad (10.3.4\text{-}1)$$

式中：R——储罐的内半径（mm）；

tanh——双曲正切函数。

2　当 $H_w/R>1.5$ 时：

$$\varphi = 1-0.4375\frac{R}{H_w} \quad (10.3.4\text{-}2)$$

10.3.5　水平地震作用下储罐底面的倾倒力矩，应按下式计算：

$$M_{g1} = 0.45R_c F_{ek} H_w \quad (10.3.5)$$

式中：M_{g1}——水平地震作用下储罐底面的倾倒力矩（N·mm）；

R_c——地震作用调整系数，可取0.4。

10.4　罐壁竖向稳定许用临界应力

10.4.1　第一圈罐壁（自下往上计）的竖向稳定临界应力，应按下列公式计算：

$$\sigma_{cr} = \kappa_c E^t\frac{\delta_1}{D_1} \quad (10.4.1\text{-}1)$$

$$\kappa_c = 0.0915\left(1+0.0429\sqrt{\frac{H}{\delta_1}}\right)\left(1-0.1706\frac{D_1}{H}\right) \quad (10.4.1\text{-}2)$$

式中：σ_{cr}——第一圈罐壁竖向稳定临界应力（MPa）；

E^t——设计温度下罐壁材料的弹性模量（MPa）；

D_1——第一圈罐壁的平均直径（mm）；

δ_1——第一圈罐壁的有效厚度（mm）；

κ_c——临界应力系数；

H——罐壁的高度（mm）。

10.4.2　第一圈罐壁的稳定许用临界应力，应按下式计算：

$$[\sigma]_{cr} = \frac{\sigma_{cr}}{1.5} \quad (10.4.2)$$

式中：　$[\sigma]_{cr}$——第一圈罐壁的稳定许用临界应力（MPa）。

10.5　罐壁的抗震验算

10.5.1　罐底周边单位长度上的提离力，应按下式计算：

$$F_t = \frac{4M_{g1}}{\pi D_1^2} \quad (10.5.1)$$

式中：F_t——罐底周边单位长度上的提离力（N/mm）。

10.5.2　罐底周边单位长度上的提离反抗力，应按下列公式计算：

$$F_l = F_{l0}+\frac{N_1}{\pi D_1} \quad (10.5.2\text{-}1)$$

$$F_{l0} = \delta_b\sqrt{\frac{R_{el}H_w\rho_s g}{10^9}} \quad (10.5.2\text{-}2)$$

式中：F_l——罐底周边单位长度上的提离反抗力（N/mm）；

F_{l0}——储液和罐底的最大提离反抗力（N/mm），当其值大于 $0.02H_w D_1\rho_s g\times10^{-9}$ 时，可取 $0.02H_w D_1\rho_s g\times10^{-9}$；

δ_b——罐底环形边缘板的有效厚度（mm）；

R_{el}——罐底环形边缘板材料的屈服强度（MPa）；

ρ_s——储液密度（kg/m^3）；

N_1——第一圈罐壁底部所承受的重力（N）。

10.5.3　锚固储罐应符合下列要求：

1　罐壁底部竖向压应力，可按下列公式计算：

$$\sigma_c = \frac{N_1}{A_1}+\frac{M_{g1}}{Z_1} \quad (10.5.3\text{-}1)$$

$$\sigma_c \leqslant [\sigma]_{cr} \quad (10.5.3\text{-}2)$$

式中：σ_c——罐壁底部的竖向压应力（MPa）；

A_1——第一圈罐壁的截面积（mm^2），可取 $\pi D_1 \delta_1$；

Z_1——第一圈罐壁的横截面抵抗矩（mm^3），可取 $0.785 D_1^2 \delta_1$。

2 地脚螺栓的拉应力，应按下列公式计算：

$$\sigma_{bt} = \frac{1}{nA_{bt}}\left(\frac{4M_{g1}}{D_b} - N_1\right) \quad (10.5.3\text{-}3)$$

$$\sigma_{bt} \leqslant [\sigma]_{bt} \quad (10.5.3\text{-}4)$$

式中：σ_{bt}——地脚螺栓的拉应力（MPa），计算值小于 0 时，表示储罐不需锚固；

n——地脚螺栓的个数；

A_{bt}——一个地脚螺栓的有效截面积（mm^2）；

D_b——地脚螺栓的中心圆直径（mm）；

$[\sigma]_{bt}$——地脚螺栓抗震许用应力（MPa），其值可按本规范第 4.7.2 条确定。

10.5.4 无锚固储罐的罐壁底部竖向压应力，应符合下列要求：

1 $F_t \leqslant F_l$ 时，可按下式计算：

$$\sigma_c = \frac{N_1}{A_1} + \frac{M_{g1}}{Z_1} \quad (10.5.4\text{-}1)$$

2 $F_l < F_t \leqslant 2F_l$ 时，可按下列公式计算：

$$\sigma_c = \frac{N_1}{A_1} + l\,\frac{M_{g1}}{Z_1} \quad (10.5.4\text{-}2)$$

$$l = 0.4\left(\frac{F_t}{F_l}\right)^2 - 0.7\,\frac{F_t}{F_l} + 1.3 \quad (10.5.4\text{-}3)$$

式中：l——罐底提离影响系数。

3 当 $F_t > 2F_l$，或 $\sigma_c > [\sigma]_{cr}$ 时，可采取下列措施中的一项或多项，并应重复本条第 1 款和第 2 款计算，直到满足要求为止：

1）减小储罐高径比；

2）加大第一圈罐壁的厚度；

3）加大罐底环形边缘板的厚度；

4）采用地脚螺栓把储罐锚固在基础上。

10.5.5 根据本章抗震验算所得的第一圈罐壁厚度大于按静液压力计算所得的厚度（不含腐蚀裕量）时，其他各圈罐壁厚度也应在按静液压力计算所得厚度的基础上，按相同的比例予以增厚，或逐圈通过抗震验算确定其壁厚。

10.5.6 设防烈度为 9 度时，应按地震作用和静液压力的组合进行罐壁环向应力验算，其许用应力值可按罐壁强度许用应力值的 1.33 倍采用。

10.6 液面晃动波高

10.6.1 水平地震作用下罐内液面晃动波高，应按下列公式计算：

$$h_v = 1.5 K_v \alpha R \quad (10.6.1\text{-}1)$$

$$K_v = 0.018 T_w^2 - 0.326 T_w + 1.697 \quad (10.6.1\text{-}2)$$

式中：h_v——罐内液面晃动波高（mm）；

α——水平地震影响系数，应根据储液晃动周期，按本规范第 4.2 节设防地震确定。

K_v——长周期反应谱调整系数。

10.6.2 储存易燃或有毒液体的储罐，对浮顶罐，浮船顶面至罐壁顶部的距离，应大于液面晃动波高；对非浮顶罐，液面至罐壁顶部的距离应大于液面晃动波高。

10.7 抗震构造措施

10.7.1 储存易燃液体的浮顶罐，其导向装置、转动浮梯等，应接触良好，并应连接可靠；浮顶与罐壁之间，宜采用软密封材料。

10.7.2 与罐体连接的管道，宜采用柔性连接。

10.7.3 采用螺栓锚固的罐体，直径小于 15m 时，螺栓间距不得大于 2m；直径大于或等于 15m 时，螺栓间距不得大于 3m。锚栓的公称直径不应小于 24mm。

11 加 热 炉

11.1 一 般 规 定

11.1.1 本章适用于一般炼油装置管式加热炉、燃烧炉、辅助燃烧室、制硫炉、硫黄尾气焚烧炉等卧式加热炉，以及余热回收系统的落地集合烟风道及落地烟囱等加热炉的附属设备。

11.1.2 加热炉结构的地震作用计算，应符合下列规定：

1 箱式加热炉、圆筒炉对流室的框架结构，应在水平面上两个主轴方向分别计算水平地震作用，并应进行抗震验算。各方向的水平地震作用，应由该方向的抗侧力构件承担。

2 卧式加热炉的水平地震作用，可仅计算炉体横向的水平地震作用，并应进行抗震验算。

3 当抗震设防烈度为 8 度、9 度或设计基本地震加速度值为 $0.2g$～$0.4g$ 时，落地烟囱应计算竖向地震作用，并应按现行国家标准《建筑抗震设计规范》GB 50011 的有关规定与水平地震作用进行不利组合。

11.2 自 振 周 期

11.2.1 圆筒型加热炉可简化为多质点结构体系，其自振周期可采用矩阵迭代法计算，静位移系数（矩阵元素）可按本规范附录 A 的规定计算。高度小于或等于 35m（包括炉顶烟囱高度）的圆筒炉，其基本自振周期可按下列公式计算：

1 纯辐射型圆筒炉（图 11.2.1-1）：

$$T_1 = 0.0268 + 0.0444\frac{H_a}{\sqrt{D_2}} \quad (11.2.1\text{-}1)$$

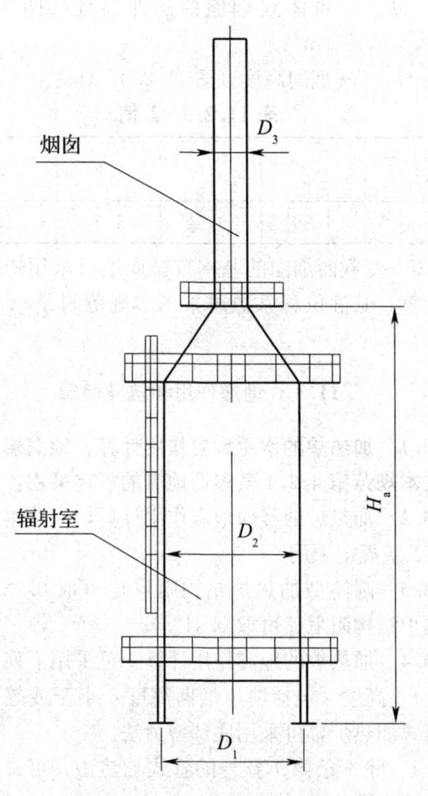

图 11.2.1-1　纯辐射型圆筒炉

2　辐射对流型圆筒炉（图 11.2.1-2）：

$$T_1 = 0.2505 + 0.976 \times 10^{-3}\left(\frac{H_1^2}{D_2} + \frac{h_4^2}{D_3}\right) \quad (11.2.1\text{-}2)$$

式中：T_1——基本自振周期（s）；

H_1——炉底柱、辐射室、对流室高度之和(mm)；

H_a——炉底柱、筒体、锥段高度之和（mm）；

h_4——烟囱高度（mm）；

D_2——辐射室筒体外径（mm）；

D_3——烟囱外径（mm）。

11.2.2　箱式加热炉（图 11.2.2-1、图 11.2.2-2），可简化为多质点体系，其基本自振周期可采用矩阵迭代法计算，静位移系数可按本规范附录 A 的方法计算。高度小于或等于 40m 的箱式加热炉，基本自振周期可按下式计算：

$$T_1 = 0.2749 + 0.02924\frac{H_1}{\sqrt[3]{b}} \quad (11.2.2)$$

式中：H_1——炉框架计算高度（mm），当辐射室边框架未到达对流室时，应取自对流室的形心至框架柱柱脚板下表面之间的距离；

b——炉框架柱中心线的跨度（mm），当炉框架为多柱列时，b 值取最外边跨度中心线的距离。

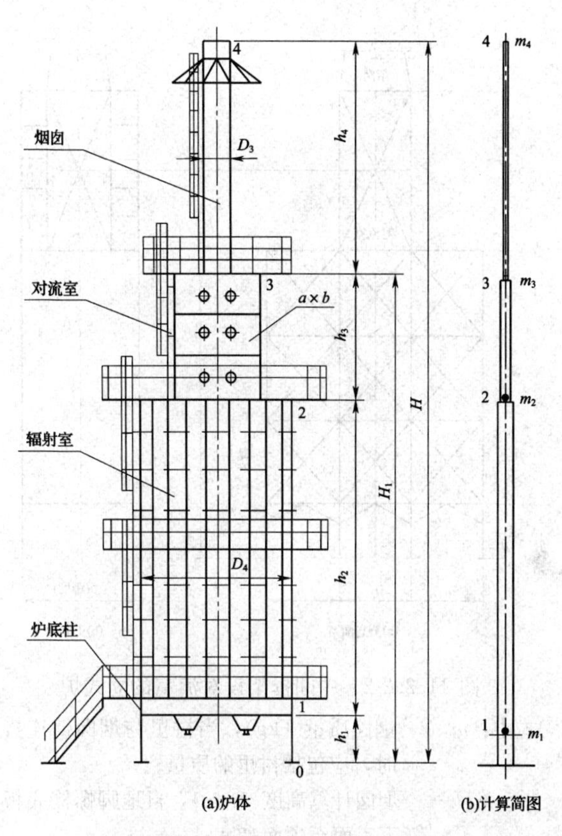

图 11.2.1-2　辐射对流型圆筒炉

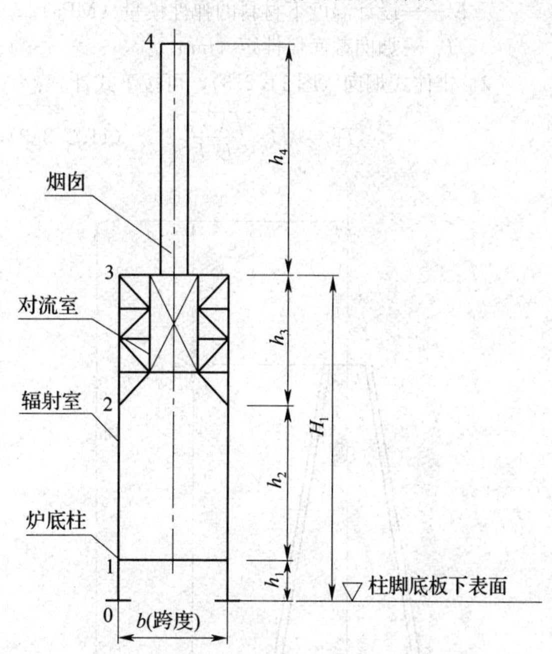

图 11.2.2-1　立式（箱式）炉

11.2.3　落地烟囱的基本自振周期可采用矩阵迭代法计算。对于高度小于或等于 40m 的落地烟囱，可按下列规定计算：

1　不变截面直筒式烟囱，可按下式计算：

$$T_1 = 1.79H_c\sqrt{\frac{m_c H_c}{E^t I}} \quad (11.2.3\text{-}1)$$

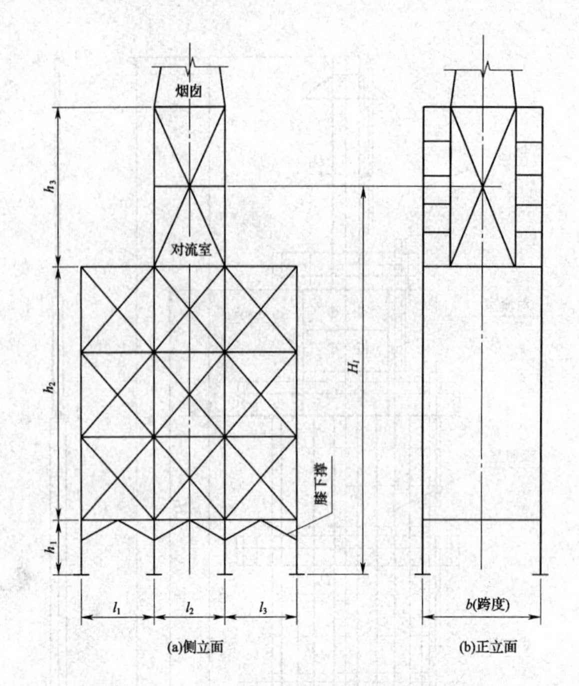

图 11.2.2-2　中间框架设对流室的立式炉

式中：m_c——烟囱质量（kg），当衬里与烟囱壁连接时，应包括衬里的质量；

H_c——烟囱计算高度（mm），自地脚螺栓底板下表面至顶面高度；

E^t——设计温度下材料的弹性模量（MPa）；

I——烟囱截面惯性矩（mm^4）。

2　锥体式烟囱（图 11.2.3），可按下式计算：

$$T_1 = \lambda H_c^2 \sqrt{\frac{A \cdot \rho}{E^t I_1}} \qquad (11.2.3\text{-}2)$$

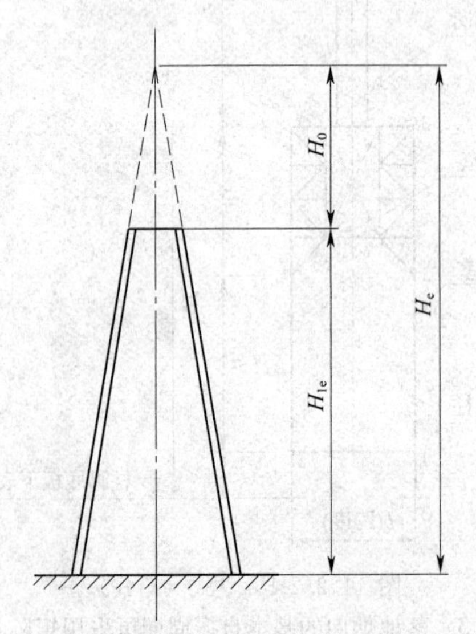

图 11.2.3　锥体式烟囱

式中：A——烟囱底部水平截面积（mm^2）；

ρ——烟囱密度（kg/m^3），当衬里与烟囱壁连接时，应包括衬里密度；

I_1——烟囱底部水平截面惯性矩（mm^4）；

λ——锥体高度系数，根据 H_0/H_{1c} 的比值，可按表 11.2.3 查取；

H_0——锥体式烟囱的延伸高度（图 11.2.3）（m）；

H_{1c}——烟囱高度（图 11.2.3）（m）。

表 11.2.3　λ 值

$\frac{H_0}{H_{1c}}$	0.4	0.6	0.8	1.0
λ	1.29	1.5	1.7	1.79

3　变截面烟囱的基本自振周期可采用矩阵迭代法计算，其静位移系数可采用本规范附录 A 的方法计算。

11.3　地震作用和抗震验算

11.3.1　加热炉的水平地震作用计算，地震影响系数应按本规范第 4.2.1 条多遇地震的规定采用。

11.3.2　加热炉的竖向地震作用计算，应按本规范第 4.5.1 条规定采用。

11.3.3　圆筒型加热炉结构阻尼比可取 0.03，箱式加热炉结构阻尼比可取 0.04。

11.3.4　加热炉的地震作用计算，可采用下列方法：

1　高度（包括炉顶烟囱高度）小于或等于 40m 的箱式加热炉，可采用底部剪力法。

2　除本条第 1 款外的管式加热炉，可采用振型分解反应谱法。

3　卧式加热炉，可采用底部剪力法，地震影响系数可取最大值。

11.3.5　地震作用计算的重力载荷代表值，应取结构和配件自重标准值和各可变载荷组合值之和。平台活载荷的组合值系数应取 0.5。

11.3.6　估计加热炉钢结构水平地震作用扭转影响时，平行于地震作用方向的两个边框架，其地震作用效应应乘以增大系数。其增大系数，短边可按 1.15 采用，长边可按 1.05 采用；当扭转刚度较小时，均可按 1.3 采用。

11.3.7　箱式加热炉顶部烟囱的水平地震作用，可采用本规范第 4.4 节的方法计算，也可采用底部剪力法计算。采用底部剪力法计算时，烟囱的地震作用效应乘以增大系数 2.0，增大后的地震作用效应可仅用于计算烟囱壁厚及其连接部分。在计算炉体结构的地震作用时，可将炉顶烟囱质量视为炉顶面上的一个集中质量。

11.3.8　落地烟囱的水平地震作用，高度小于或等于 40m 时，可采用底部剪力法；高度大于 40m 时，可采用振型分解法。

11.3.9　加热炉的附属设备、落地余热回收系统等的地震作用，可采用下列方法计算：

1　支承空气预热器的落地钢架，可采用底部剪力法。

2　架空烟道及其支架，仅计算垂直于烟道长度方向的水平地震作用时，可采用地面设备设计反应谱法，地震影响系数可取最大值。

11.3.10　加热炉结构构件的抗震验算，应采用以概率理论为基础的极限状态设计方法，应按现行国家标准《构筑物抗震设计规范》GB 50191 规定的分项系数设计表达式进行计算。结构构件、节点连接焊缝和连接螺栓的承载力，可取不计入地震作用时的1.2倍。

11.3.11　加热炉应进行多遇地震作用下的抗震变形验算，受弯构件的允许挠度应符合表11.3.11的规定。

表 11.3.11　受弯构件的允许挠度

构件名称	允许挠度
吊炉管大梁	$L/400$
主框架大梁	$L/400$
圆筒炉对流室底大梁	$L/450$
烟囱底座梁	$L/400$
炉底梁	$L/360$
其他梁	$L/250$
操作棚檩条	$L/200$
炉顶风机底座梁	$L/400$

注：L 为受弯构件跨度，悬臂梁为悬伸长度的2倍。

11.3.12　加热炉框架柱的顶端允许位移应小于柱全长的1/450。

11.4　抗震构造措施

11.4.1　箱式加热炉，应符合下列规定：

1　炉架侧墙顶部和底部横梁及炉架柱变截面部位的横梁，宜采用热轧H型钢，截面尺寸不宜小于H200×100。

2　炉顶平面应设置水平支撑，采用单肢角钢时，不宜小于角钢75×6；采用双肢角钢时，不宜小于角钢63×6。

3　当炉顶有烟囱时，应在支承烟囱的两柱之间设置斜撑，斜撑与立柱的夹角宜为30°～60°。

4　炉框架立柱与支承对流室的立柱应采用刚性连接，其间的支撑可为刚接或铰接。

5　支承炉顶烟囱底座梁的两端应采用刚性连接。

6　不同截面炉架柱的连接处，应有平缓的过渡段。

7　炉框架侧墙炉底柱间宜设置膝下撑（图11.2.2-2）。

11.4.2　圆筒型加热炉，应符合下列规定：

1　对流室高度不宜大于辐射室高度。

2　对流室结构构件应对称布置，当对流室高度大于4m时，宜在对流室框架柱的侧向对称设置斜撑（图11.4.2）。

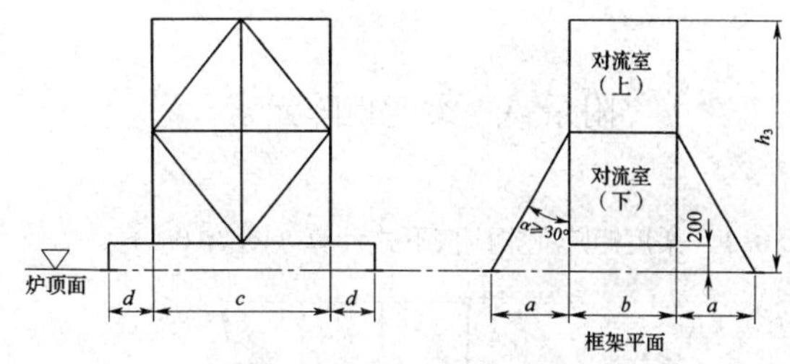

图11.4.2　对流室斜撑

3　对流室顶部设有直筒式烟囱时，对流室顶面应设置水平支撑，支撑杆件不应小于角钢63×6。

4　当对流室顶面支承烟囱的底座采用单根型钢梁支承时，其型钢不宜小于H200×100，且梁端应采用刚性连接。

5　抗震设防烈度为7度～9度或设计基本地震加速度值为0.10g～0.40g，且辐射炉管支承在筒体上部时，应在筒体顶部环梁向下均匀设置纵向加强肋，其间距宜为0.6m～1.3m。

6　炉底柱的数量小于或等于8根时，柱脚与基础应采取固接，且柱脚应设置高台底座。

7　辐射室筒体直径大于3.8m，且对流室柱脚与辐射室环柱不重合时，辐射室顶部和底部的环梁均宜采用空腹型组合截面。

11.4.3　卧式加热炉应采取下列抗震构造措施：

1　筒体厚度不宜小于10mm。

2　支承筒体的鞍座底板厚度不应小于12mm，宽度不应小于200mm；鞍座立板厚度不应小于12mm，其肋板厚度不应小于10mm。

11.4.4　加热炉的地脚螺栓不应小于M24，柱脚底板厚度不应小于14mm。

11.4.5　炉顶烟囱的底座，采用法兰形式连接时，连接螺栓不应小于M16，螺栓间距不应大于250mm；采用高台底座形式连接时，底座螺栓不应小于M24，螺栓数量不应少于8个。螺栓应采用双螺母固定。

11.4.6　炉架构件，在可能产生塑性铰的最大应力区，不宜采用焊接接头。

11.4.7　架空烟道应采取下列抗震构造措施：

1　烟道壁厚不应小于6mm。

2　当采用承插式烟道进行温度补偿时，应根据计算确定膨胀节设置个数，并应预留膨胀间隙。

3　承插式烟道补偿处应设置支承结构。

4　支座处的烟道两侧应设置限位装置，限位板应与烟道平行，距烟道外壁宜为30mm～50mm。

11.4.8　落地烟囱底座环板的厚度不应小于14mm，底部应设置螺栓座。地脚螺栓不应小于M24，其数量不应少于8个，并应采用双螺母固定。

11.4.9　梁与柱的连接宜采用柱贯通型。

11.4.10　梁与柱刚性连接时，焊接H型钢柱翼缘与腹板间或箱形柱壁板间的连接焊缝，应采用坡口全熔透焊缝。

附录 A　柔度矩阵元素

A.0.1　柔度矩阵元素应按下式计算（图 A.0.1）：

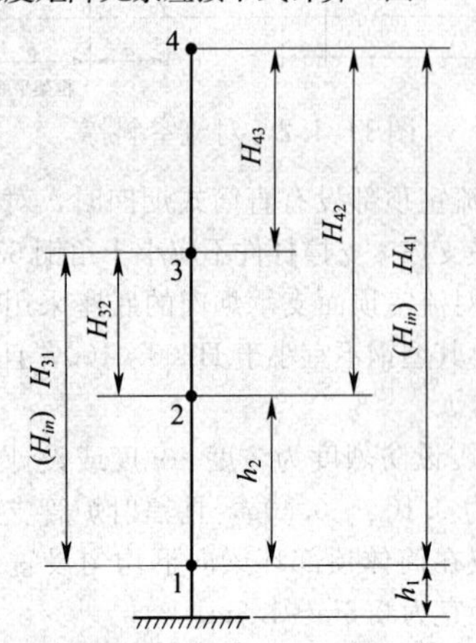

图 A.0.1　质点高度

$$\delta_{ji}=\delta_{ij}=\sum_{n=1}^{i}\frac{h_n}{EI_n}\left[H_{jn}H_{in}+\frac{1}{2}h_n(H_{jn}+H_{in})+\frac{1}{3}h_n^2\right]+\sum_{n=1}^{i}\frac{K_nh_n}{GA_n}\quad(j=1、2、3\cdots,i=1、2、3\cdots,i\leqslant j)\tag{A.0.1}$$

式中：δ_{ji}、δ_{ij}——单位力作用于质点 i（j），在质点 j（i）处引起的水平位移（mm/N）；

j、i——质点序号；

h_n——质点 n 与质点 $n-1$ 间的距离（mm）；

H_{jn}、H_{in}——分别为质点 n 与质点 j，质点 n 与质点 i 的高度差（mm）；

I_n——惯性矩（mm^4）；

A_n——计算截面积（mm^2）；

K_n——剪切截面形状系数。

1　对于辐射对流型圆筒炉，I_n、A_n、K_n 可按表 A.0.1-1 计算。

表 A.0.1-1　辐射对流型圆筒炉的几何特性

部位	截面积（m^2）	惯性矩（m^4）	剪切截面形状系数
炉底柱	$A_1=nA_{01}$	$I_1=\frac{1}{2}nA_{01}\left(\frac{D_1}{2}\right)^2$	$K_1=\frac{全截面积}{腹板截面积}$
辐射室	$A_2=nA_{02}+\pi D_2t_2$	$I_2=\frac{1}{2}nA_{02}\left(\frac{D_2}{2}+d_2\right)^2+0.393D_2^3t_2$	$K_2=3$
对流室	$A_3=nA_{03}+\frac{1}{2}[ab-(a-2t_3)(b-2t_3)]$	$I_3=nA_{03}\left(\frac{b}{2}\right)^2+\frac{1}{12}[ab^3-(a-2t_3)\times(b-2t_3)^3]$	$K_3=3$
烟囱	$A_4=\pi D_4t_4$	$I_4=0.393D_4^3t_4$	$K_4=0$

续表 A.0.1-1

注：A_{01}—单根柱截面积（mm^2）；

n—柱根数；

D_1—炉底柱中心圆直径（mm）；

A_{02}—辐射室单根筒体柱的截面积（mm^2）；

t_2—辐射室筒壁厚度（mm）；

D_2—辐射室筒体直径（mm）；

d_2—辐射室单根筒体柱的截面高度（mm）；

A_{03}—对流室单根柱的截面积（mm^2）；

a—对流室壁板长边长度（mm）；

b—对流室壁板短边长度（mm）；

t_3—对流室壁板厚度（mm）；

D_4—烟囱筒体直径（mm）；

t_4—烟囱筒体壁板厚度（mm）。

2　辐射对流型圆筒炉，可仅计算炉底、辐射室顶、对流室顶和烟囱顶的水平静位移。

3　求出静位移后，代入特征方程求解动力特性，其中质点质量“m_i”可按表 A.0.1-2 规定计算，可取前两阶振型。

表 A.0.1-2　质点质量

质点	简图	m_i	
		吊　管	座　管
4	4 m_4；烟囱	$m_4=0.25Q_4$	$m_4=0.25Q_4$
3	3 m_3；对流室	$m_3=0.75Q_4+0.5Q_3$	$m_3=0.75Q_4+0.5Q_3$
2	2 m_2；辐射室	$m_2=0.5(Q_2+Q_3)+Q_2'$	$m_2=0.5(Q_2+Q_3)$
1	1 m_1；炉底柱；0	$m_1=0.5Q_2+Q_1$	$m_1=0.5Q_2+Q_1+Q_2'$

注：Q_4—烟囱质量（kg）；

Q_3—对流室（含炉管充水、预热器）质量（kg）；

Q_2—辐射室质量（kg）；

Q_2'—辐射室炉管（含炉管充水）质量（kg）；

Q_1—炉底和炉底柱质量（kg）。

A.0.2 箱式加热炉的静位移，可按层间刚度法计算，得出静位移后，连同质点质量“m_i”代入特征方程求解动力特性，可取前两阶振型。

附录B 支腿式直立设备抗震验算

B.1 支腿

B.1.1 支腿的水平反力，应按下式确定：

$$R_l=\frac{F_z}{n}+\frac{F_{ek}}{n}R_e \qquad (B.1.1)$$

式中：R_l——单个支腿的水平反力（N）；

F_{ek}——设备的水平地震作用（N）；

F_z——设备的水平载荷（N），除水平地震作用之外的其他水平载荷之和；

n——设备支腿的个数；

R_e——水平地震作用效应折减系数。

B.1.2 单个支腿的垂直反力，应按下式确定：

$$F_l=\pm\left(\frac{4M_1}{nD_0}R_e+\frac{4M_2}{nD_0}\right)-\frac{W}{n} \qquad (B.1.2)$$

式中：F_l——单个支腿的垂直反力（N）；

M_1——水平地震作用产生的倾覆力矩（N·mm）；

M_2——倾覆力矩（N·mm），水平地震作用之外其他水平载荷产生的力矩、偏心质量产生的力矩、管道产生的力矩及其他弯矩；

W——竖向载荷（N），包括设备自重、管道及其他垂直载荷；

D_0——设备外直径（mm）。

B.1.3 支腿截面的抗震验算，应符合下列规定：

1 支腿的弯曲应力，可按下式计算：

$$\sigma_b=\frac{R_lL+F_le}{Z} \qquad (B.1.3\text{-}1)$$

2 支腿的压应力，可按下式计算：

$$\sigma_c=\frac{F_l}{A_l} \qquad (B.1.3\text{-}2)$$

式中：σ_b——支腿的弯曲应力（MPa）；

σ_c——支腿的压应力（MPa）；

L——支腿的高度，取基础板底面至支腿连接焊缝中心的距离（mm）；

R_l——支腿的水平反力（N）；

F_l——支腿的垂直反力（N）；

Z——支腿的最小抗弯截面模量（mm^3）；

A_l——支腿的横截面积（mm^2）；

e——设备外壁至支腿形心的距离（图B.1.3）（mm）。

3 支腿的许用临界压应力，可按下列规定计算：

1） 当$\lambda\leqslant\bar{\lambda}$时，可按下式计算：

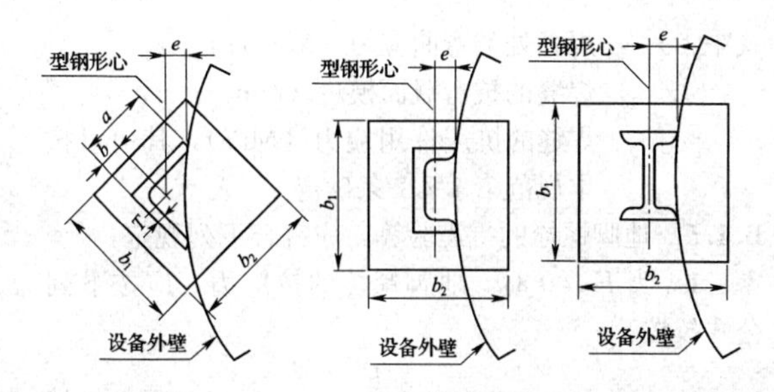

图B.1.3 支腿及基础板

$$[\sigma]_{cr}=\frac{\left[1-0.4\left(\frac{\lambda}{\bar{\lambda}}\right)^2\right][\sigma]}{\nu} \qquad (B.1.3\text{-}3)$$

2） 当$\lambda>\bar{\lambda}$时，可按下列公式计算：

$$[\sigma]_{cr}=\frac{0.277[\sigma]}{\left(\frac{\lambda}{\bar{\lambda}}\right)^2} \qquad (B.1.3\text{-}4)$$

$$\lambda=\frac{L}{\tilde{i}} \qquad (B.1.3\text{-}5)$$

$$\bar{\lambda}=\sqrt{\frac{\pi^2E}{0.6[\sigma]}} \qquad (B.1.3\text{-}6)$$

$$\nu=\frac{3}{2}+\frac{2}{3}\left(\frac{\lambda}{\bar{\lambda}}\right)^2 \qquad (B.1.3\text{-}7)$$

式中：$[\sigma]_{cr}$——支腿的许用临界压应力（MPa）；

$[\sigma]$——支腿材料抗震许用应力（MPa），其值可按本规范第4.7.2条确定；

λ——支腿的有效长细比；

$\bar{\lambda}$——支腿的临界长细比；

E——支腿材料的弹性模量（MPa）；

$\tilde{i}$——单根支腿截面的最小回转半径（mm）。

4 支腿的截面抗震验算，应满足下式要求：

$$\frac{\sigma_c}{[\sigma]_{cr}}+\frac{\sigma_b}{[\sigma]}\leqslant1 \qquad (B.1.3\text{-}8)$$

式中：$[\sigma]$——支腿的抗震许用应力（MPa），其值可按本规范第4.7.2条确定；

B.1.4 支腿与筒体连接处焊缝的抗震验算，应符合下列规定：

1 焊缝的剪应力，可按下列公式计算：

$$\tau=\frac{F_l}{A_f} \qquad (B.1.4\text{-}1)$$

$$\tau\leqslant[\tau] \qquad (B.1.4\text{-}2)$$

式中：τ——连接焊缝处的剪应力（MPa）；

$[\tau]$——焊缝的抗震许用剪应力（MPa），其值可按本规范第4.7.2条确定；

A_f——焊缝的抗剪面积（mm^2）。

2 焊缝的弯曲应力，可按下列公式计算：

$$\sigma=\frac{R_lL}{Z} \qquad (B.1.4\text{-}3)$$

$$\sigma\leqslant[\sigma] \qquad (B.1.4\text{-}4)$$

式中：σ——焊缝处的弯曲应力（MPa）；

Z——焊缝的抗弯截面模量（mm^3）；

$[\sigma]$——焊缝的抗震许用应力（MPa），其值可按本规范第4.7.2条确定。

B.1.5 地脚螺栓的抗震验算，应符合下列规定：

1 当 $F_l>0$ 时，地脚螺栓的拉应力，应按下列公式校核：

$$\sigma_b=\frac{F_l}{n_b A_b} \tag{B.1.5-1}$$

$$\sigma_b\leqslant[\sigma]_b \tag{B.1.5-2}$$

式中：σ_b——单个地脚螺栓的拉应力（MPa）；

n_b——单个支腿的地脚螺栓数量；

A_b——单个地脚螺栓的有效截面积（mm^2）；

$[\sigma]_b$——地脚螺栓抗震许用应力（MPa），其值可按本规范第4.7.2条确定。

2 地脚螺栓的剪应力，可按下列公式计算：

$$\tau_b=\frac{R_l}{n_b A_b} \tag{B.1.5-3}$$

$$\tau_b\leqslant[\tau]_b \tag{B.1.5-4}$$

式中：τ_b——地脚螺栓的剪应力（MPa）；

$[\tau]_b$——地脚螺栓抗震许用剪应力（MPa），其值可按本规范第4.7.2条确定。

B.1.6 支腿底板的厚度，可按下列规定计算：

1 支腿底板的压应力，可按下式计算：

$$\sigma_{cb}=\frac{F_l}{b_1 b_2} \tag{B.1.6-1}$$

式中：σ_{cb}——支腿底板的压应力（MPa）；

b_1——支腿底板长度（mm）；

b_2——支腿底板宽度（mm）。

2 支腿底板的厚度，可按下式计算：

$$\delta_b=B_l\sqrt{\frac{2\sigma_{cb}}{[\sigma]}}+C_2 \tag{B.1.6-2}$$

式中：δ_b——支腿底板厚度（mm）；

B_l——支腿到底板边缘的最大长度（mm）；

$[\sigma]$——支腿底板的抗震许用应力（MPa），其值可按本规范第4.7.2条确定；

C_2——支腿底板腐蚀裕度（mm）。

B.2 支腿连接处的筒体

B.2.1 与支腿连接的筒体处，由支腿反力引起的轴向弯矩、环向弯矩和径向剪力（图B.2.1），可按下列公式计算：

$$M_l=F_l L \tag{B.2.1-1}$$

$$M_c=F_t e \tag{B.2.1-2}$$

$$Q=F_r \tag{B.2.1-3}$$

$$F_r=F_t=\pm R_l \tag{B.2.1-4}$$

式中：M_l——支腿反力引起的轴向弯矩（N·mm）；

M_c——支腿反力引起的环向弯矩（N·mm）；

Q——支腿反力引起的径向剪力（N）；

e——设备外壁至支腿形心的距离（图B.1.3）（mm）；

F_r——水平载荷作用引起连接处筒体的径向反力（N）；

F_t——水平载荷作用引起连接处筒体的环向反力（N）。

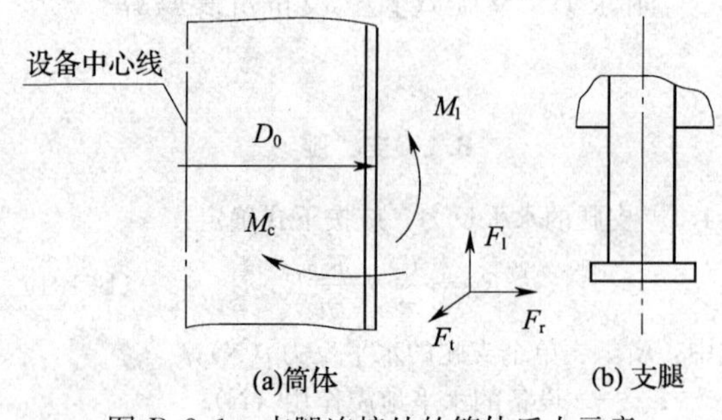

图 B.2.1 支腿连接处的筒体反力示意

附录C 支耳式直立设备抗震验算

C.1 筒 体

C.1.1 支耳处的筒壁抗震验算，应符合下列规定：

1 由压力引起的轴向应力，可按下式计算：

$$\sigma_1=\frac{PD_m}{4\delta_e} \tag{C.1.1-1}$$

式中：σ_1——由压力引起的轴向应力（MPa）；

δ_e——筒体有效厚度（mm）；

P——计算压力，取绝对值（MPa）；

D_m——筒体平均直径（mm）。

2 由竖向载荷引起的轴向应力，可按下式计算：

$$\sigma_2=\frac{W}{\pi D_m\delta_e} \tag{C.1.1-2}$$

式中：σ_2——由竖向载荷引起的轴向应力（MPa）；

W——竖向载荷（N），包括设备自重，偏心载荷，管道引起的垂直载荷；

δ_e——筒体厚度（mm）。

3 由地震弯矩引起的轴向应力，可按下式计算：

$$\sigma_3=\frac{4M_1}{\pi D_m^2\delta_e}R_e \tag{C.1.1-3}$$

式中：σ_3——由地震弯矩引起的轴向应力（MPa）；

M_1——水平地震作用产生的弯矩（N·mm）；

R_e——水平地震作用效应折减系数；

δ_e——筒体有效厚度（mm）。

4 由地震弯矩之外的弯矩引起的轴向应力，可按下式计算：

$$\sigma_4=\frac{4M_2}{\pi D_m^2\delta_e} \tag{C.1.1-4}$$

式中：σ_4——由地震弯矩之外的弯矩引起的轴向应力（MPa）；

M_2——弯矩（N·mm），水平地震作用之外其他水平载荷产生的力矩、偏心质量产生的力矩、管道产生的力矩及其他弯矩；

δ_e——筒体有效厚度（mm）。

1）组合拉应力按以下公式计算：

对内压容器 $\sigma_t=\sigma_1-\sigma_2+\sigma_3+\sigma_4$ （C.1.1-5）

对外压容器 $\sigma_t=-\sigma_2+\sigma_3+\sigma_4$ （C.1.1-6）

$\sigma_t\leqslant[\sigma]$ （C.1.1-7）

式中：σ_t——筒壁轴向组合拉应力（MPa）；

$[\sigma]$——筒壁抗震许用应力（MPa），可按本规范第4.7.2条确定。

2）组合压应力按以下公式计算：

内压容器 $\sigma_c=\sigma_2+\sigma_3+\sigma_4$ （C.1.1-8）

外压容器 $\sigma_c=\sigma_1+\sigma_2+\sigma_3+\sigma_4$ （C.1.1-9）

$\sigma_c\leqslant[\sigma]$ （C.1.1-10）

式中：σ_c——筒壁轴向组合压应力（MPa）；

$[\sigma]$——筒壁抗震许用应力（MPa），可按本规范第4.7.2条确定。

C.2 支　耳

C.2.1 水平载荷作用引起的支耳反力（图C.2.1），应按下式计算：

$$F_r=F_t=\pm\left(\frac{F_h}{n}+\frac{F_{ek}}{n}R_e\right) \quad (C.2.1)$$

式中：F_r——水平载荷引起设备支耳处的径向反力（N）；

F_t——水平载荷引起设备支耳处的环向反力（N）；

F_{ek}——设备的水平地震作用（N）；

F_h——设备的水平载荷（N），除水平地震作用之外的其他水平载荷之组合；

n——设备支耳的个数。

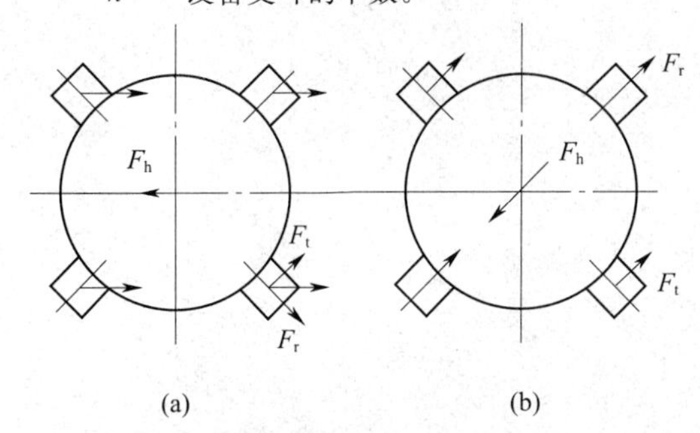

图C.2.1 水平载荷作用引起的支耳反力

C.2.2 弯矩和竖向载荷作用在支耳上产生的垂直反力，应按下式计算：

$$F_l=\pm\left(\frac{4M_1}{nD_b}R_e+\frac{4M_2}{nD_b}\right)-\frac{W}{n} \quad (C.2.2)$$

式中：F_l——支耳的垂直反力（N）；

D_b——设备地脚螺栓中心圆直径（mm）。

C.2.3 支耳的应力，可按下式计算：

$$\sigma=\frac{F_l l}{Z_t}+\frac{F_t l}{Z_l}+\frac{F_r}{A_l} \quad (C.2.3)$$

式中：σ——支耳的应力（MPa）；

F_l——支耳的垂直反力（N），可按本规范公式（C.2.2）计算；

F_t——水平载荷引起设备支耳处的环向反力（N），可按本规范公式（C.2.1）计算；

F_r——水平载荷引起设备支耳处的径向反力（N），可按本规范公式（C.2.1）计算；

l——从设备本体外壁至反力作用点的距离（mm）；

A_l——支耳的截面积（mm^2）；

Z_l——支耳对设备轴向的弯曲模量（mm^3）；

Z_t——支耳对设备环向的弯曲模量（mm^3）。

C.2.4 支耳连接处焊缝的应力，应符合下列规定：

1 拉应力可按下列公式计算：

$$\sigma=\frac{F_r}{A'_l} \quad (C.2.4\text{-}1)$$

$$\sigma\leqslant[\sigma] \quad (C.2.4\text{-}2)$$

2 剪应力可按下列公式计算：

$$\tau=\frac{\sqrt{F_t^2+F_l^2}}{A_l} \quad (C.2.4\text{-}3)$$

$$\tau\leqslant[\tau] \quad (C.2.4\text{-}4)$$

式中：σ——焊缝处的拉应力（MPa）；

$[\sigma]$——焊缝的抗震许用拉应力（MPa）；

τ——焊缝处的剪应力（MPa）；

$[\tau]$——焊缝的抗震许用剪应力（MPa）；

A_l——焊缝的焊脚截面积（mm^2）；

A'_l——焊缝截面积（mm^2）。

C.2.5 地脚螺栓的抗震验算，应符合下列规定：

1 当$F_l>0$时，地脚螺栓的拉应力可按下列公式计算：

$$\sigma_b=\frac{F_l}{nA_b} \quad (C.2.5\text{-}1)$$

$$\sigma_b\leqslant[\sigma]_b \quad (C.2.5\text{-}2)$$

式中：σ_b——地脚螺栓的拉应力（MPa）；

n——地脚螺栓数量；

A_b——单个地脚螺栓的有效截面积（mm^2）；

$[\sigma]_b$——地脚螺栓材料抗震许用应力，其值可按本规范第4.7.2条确定（MPa）。

2 地脚螺栓的剪应力可按下列公式计算：

$$\tau_b=\frac{F_r}{nA_b} \quad (C.2.5\text{-}3)$$

$$\tau_b\leqslant[\tau]_b \quad (C.2.5\text{-}4)$$

式中：τ_b——地脚螺栓的剪切应力（MPa）；

$[\tau]_b$——地脚螺栓材料抗震许用剪应力，其值可按本规范第4.7.2条确定（MPa）。

C.3 支耳连接处筒体

C.3.1 支耳连接处的筒体，由支耳反力引起的轴向弯矩、环向弯矩和径向弯矩（图C.3.1），可按下列公式计算：

$$M_l = F_l l \quad (C.3.1\text{-}1)$$

$$M_c = F_t l \quad (C.3.1\text{-}2)$$

$$Q = F_r \quad (C.3.1\text{-}3)$$

式中：M_l——支耳反力引起的轴向弯矩（N·mm）；

M_c——支耳反力引起的环向弯矩（N·mm）；

Q——支耳反力引起的径向力（N）。

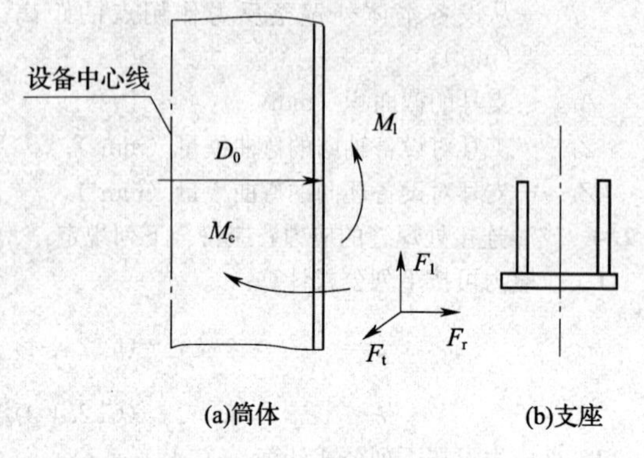

图 C.3.1 支耳反力示意

本规范用词说明

1 为便于在执行本规范条文时区别对待，对要求严格程度不同的用词说明如下：

1） 表示很严格，非这样做不可的：
正面词采用“必须”，反面词采用“严禁”；

2） 表示严格，在正常情况下均应这样做的：
正面词采用“应”，反面词采用“不应”或“不得”；

3） 表示允许稍有选择，在条件许可时首先应这样做的：
正面词采用“宜”，反面词采用“不宜”；

4） 表示有选择，在一定条件下可以这样做的，采用“可”。

2 条文中指明应按其他有关标准执行的写法为：“应符合……的规定”或“应按……执行”。

引用标准名录

《建筑抗震设计规范》GB 50011
《构筑物抗震设计规范》GB 50191
《中国地震动参数区划图》GB 18306

中华人民共和国国家标准

石油化工钢制设备抗震设计规范

GB 50761—2012

条 文 说 明

制 定 说 明

《石油化工钢制设备抗震设计规范》GB 50761—2012，经住房和城乡建设部2012年5月28日以第1414号公告批准发布。

本规范系根据原建设部《关于印发〈2007年工程建设标准规范制订、修订计划（第一批）的通知〉》（建标〔2007〕126号）的要求，由中国石化工程建设有限公司会同有关单位共同编制而成的。

为做好本规范的编制工作，规范编制组在编制过程中先后开展了石油化工钢制设备结构阻尼比研究、大型方箱形加热炉和高塔类设备自振周期的研究、现行标准规范抗震设计反应谱对比分析研究、不同阻尼比反应谱转换关系的对比研究、中欧美日储罐抗震计算方法对比分析研究、规范用长周期抗震设计反应谱研究等多项专题研究和测试工作，取得了许多重要技术参数。

2008年5月12日发生的汶川地震，对石油化工企业中的储油罐、球罐和支腿类等设备都带来了一定的破坏。本规范主编单位在中国石化集团公司主管部门的组织下，分别对西安石化分公司和都江堰、彭州、绵竹、什邡等地震灾区的有关企业进行了地震灾害的考察。这次地震考察，收集到了在以往国内外的震害资料上仅有文字描述，而没有实物照片的石化设备震害资料，为本规范的编制提供了宝贵的参考依据。

另外，为吸收国外先进标准的经验与方法，编制组还对国外相关标准，如：美国石油学会标准《钢制焊接油罐》API 650标准附录E（储罐抗震计算）、欧洲《用于储存操作温度介于0℃～165℃的低温液化气体的现场建造立式圆筒型平底钢制储罐的设计和建造》EN 14620附录A（储液罐的地震分析过程），以及日本《高压瓦斯设备抗震设计标准》等进行了翻译、研究和计算对比分析。

编制组于2008年5月完成了本规范征求意见稿初稿的编制工作。2008年7月，由中国石化集团公司主持召开了本规范征求意见稿初稿研讨会。会上，与会专家对本规范在抗震设防原则、设备重要度的分类、抗震计算方法、抗震设计反应谱等方面进行了认真的讨论，并结合石油化工行业的实际情况，提出了许多好的修改意见和建议。

为加快本规范编制工作的进度，规范编制组在落实本规范征求意见稿初稿研讨会上与会专家提出的意见和建议的同时，采取了一边抓研究、一边对完成的征求意见稿进行意见征求的办法，于2009年8月27日，由中国石化集团公司标准主管部门发文，向中国建筑科学研究院、北京工业大学、中国纺织工业设计院、中国石油天然气集团公司所属设计单位和中国石化集团公司各直属单位等近90余家勘察、设计、科研和抗震管理部门发出了规范征求意见稿进行意见征求。

2010年11月10日，由中国石化集团公司和住房和城乡建设部标准定额司主持召开了本规范送审稿审查会。会议认为，本规范的编制具有十分重要的意义，编制工作思路正确，章节划分合理，技术可靠、操作性强；编制原则符合国家当前经济发展现状，体现了石化行业特点；编制过程中所做的许多开创性工作，对做好石油化工钢制设备的抗震设计，保证石油化工企业的地震安全提供了科学依据，并对其他与石油化工设备设计有关的标准规范在抗震设防和抗震计算方面起到一定的指导和借鉴作用。

本规范的编制，主要解决了以下与石油化工设备抗震设计有关的问题：

1. 明确了石油化工设备的抗震设防目标；
2. 给出了新的抗震设计反应谱；
3. 给出了各类设备的结构阻尼比；
4. 给出了设备抗震计算的荷载组合原则；
5. 对各类设备提出了明确的抗震设计要求。

为便于广大设计、施工、科研、学校等单位有关人员在使用本规范时能正确理解和执行条文规定，《石油化工钢制设备抗震设计规范》编制组按章、节、条顺序编制了本规范的条文说明，对条文规定的目的、依据以及执行中需注意的有关事项进行了说明，还着重对强制性条文的强制理由作了解释。但是，本条文说明不具备与标准正文同等的法律效力，仅供使用者作为理解和把握标准规定的参考。

目　次

1 总 则

1.0.1 国家有关防震减灾方面的法律法规主要是指《中华人民共和国防震减灾法》及相关的条例等。本规范的编制是以现有的科学水平和国家的经济条件为前提，由于目前对地震规律的认识还很不足，因此编制规范的科学依据只能是现有的经验和资料。

1.0.2 关于大于9度地区的石油化工钢制设备抗震设计，由于缺乏相关地震资料和数据，本规范尚未给出具体设计规定，目前可按原建设部1989年印发《地震基本烈度X度区建筑抗震设防暂行规定》（建抗字第426号）执行，并结合设备的特点进行理论和试验研究，确定其分析方法和抗震构造措施，为设计提供依据。

1.0.3 鉴于石油化工设备受地震破坏后的危害程度和目前在设备的设计计算中（除加热炉外）仍采用单一安全系数的许用应力法进行强度校核，为确保设备的抗震安全，本规范仍采用1990年中国地震烈度区划图规定的地震基本烈度和现行国家标准《中国地震动参数区划图》GB 18306规定的峰值加速度所对应的50年超越概率为10%的地震烈度（也称基本地震烈度）作为抗震设防的目标。

设备本体指设备与物料接触的壳体、加热炉框架结构。

1.0.4 本条为强制性条文，必须严格执行。鉴于数十年来我国很多6度地震区发生了较大的地震，甚至发生特大地震，如1976年唐山地震之前唐山市为6度区，当时不属于抗震设防城市，而实际发生的地震烈度达8度～11度。因此，对6度区的设备也应进行抗震设计，以减轻地震灾害。

由于目前大部分《工程建设场地地震安全性评价报告》中仅给出设计基本地震加速度值，为便于设计人员使用本规范，在规范中凡是提及抗震设防烈度的地方也对应给出了设计基本地震加速度值。

1.0.5 许用应力设计法是以构件的计算应力σ不大于有关规范所给定的材料许用应力［σ］的原则来进行设计的方法。一般的设计表达式为：

$$\sigma \leqslant [\sigma] \tag{1}$$

计算应力σ按载荷标准值以线性弹性理论计算；许用应力［σ］由规定的材料屈服强度（或极限强度）除以大于1的单一安全系数而得。

许用应力设计法以线性弹性理论为基础，以设备危险截面的计算应力小于或等于材料的许用应力为准则，在应力分布不均匀的情况下，如受弯构件、受扭构件或静不定结构，用这种设计方法比较保守。

许用应力设计法是工程结构中的一种传统设计方法，应用简便。目前在公路、铁路工程设计中仍在应用。它的主要缺点是所采用的单一安全系数是一个笼统的经验系数，由此给出的许用应力不能保证各种结构具有比较一致的安全度水准，也未考虑载荷增大的不同比率或具有异常载荷效应情况对结构安全的影响。

而极限状态设计是当以整个结构或结构的一部分超过某一特定状态时就不能满足设计规定的某一功能要求，此特定状态称为该功能的极限状态，按此状态进行设计的方法称为极限状态设计法，是针对破坏强度设计法的缺点而改进的工程结构设计法。该方法一般分为半概率极限状态设计法和概率极限状态设计法。

半概率极限状态设计法是将工程结构的极限状态分为承载能力极限状态、变形极限状态和裂缝极限状态三类（也可将后两者归并为一类），并以载荷系数、材料强度系数和工作条件系数代替单一的安全系数。对载荷或载荷效应和材料强度的标准值分别以数理统计方法取值，但不考虑载荷效应和材料抗力的联合概率分布和结构的失效概率。

概率极限状态设计法是将工程结构的极限状态分为承载能力极限状态和正常使用极限状态两大类。按照各种结构的特点和使用要求，给出极限状态方程和具体的限值，作为结构设计的依据。用结构的失效概率或可靠指标度量结构可靠度（见结构可靠度分析方法），在结构极限状态方程和结构可靠度之间以概率理论建立关系。这种设计方法即为基于概率的极限状态设计法，简称为概率极限状态设计法。其设计式是用载荷或载荷效应、材料性能和几何参数的标准值附以各种分项系数，再加上结构重要性系数来表达。对承载能力极限状态采用载荷效应的基本组合和偶然组合进行设计，对正常使用极限状态按载荷的短期效应组合和长期效应组合进行设计。

在欧美等发达国家中，对压力容器和储罐采用极限状态设计方法的研究发展较快，目前已有成熟的标准供设计使用。我国对压力容器的结构设计采用极限状态设计方法的研究起步较晚，与石化设备设计有关的现行设计标准中还没有引入极限状态设计方法，鉴于本规范中对卧式设备、支腿式直立设备、支耳式直立设备、裙座式直立设备、球形储罐和立式圆筒形储罐仍规定采用许用应力设计方法，但为了反映钢制设备在地震作用下的特点，本规范在进行设备的抗震设计时引入了地震作用调整系数和抗震许用应力调整系数，来对设备的不同部位和构件进行地震作用效应计算和抗震验算，并通过设备的结构体系设计（也称为抗震概念设计）和各章中给出的抗震构造措施等方法达到规范规定的抗震设防目标，确保了石化钢制设备抗震设计的可靠性。

1.0.6 本条为强制性条文，必须严格执行。本条是按照现行国家标准《建筑抗震设计规范》GB 50011编写的。作为抗震设防依据的设防烈度或设计基本地震动参数，其审批权限是由国家主管部门依法规定和批准。

1.0.7 本条是抗震设防的基本依据。对于一般建设工程的抗震设防标准是按照现行国家标准《中国地震动参数区划图》GB 18306给出的地震动参数采用。根据《中华人民共和国防震减灾法》和《地震安全性评价管理条例》（国务院令第323号）等国家抗震减灾方面的法律法规有关条文规定，要求对已完成地震安全性评价的工程场地或已编制抗震设防区划的地区，应采用经主管部门批准的抗震设防烈度或设计地震动参数进行抗震设计。

2 术语和符号

2.1.3 抗震设防标准，是一种衡量对设备抗震能力要求高低的综合尺度，既取决于建设地点预期地震影响强弱的不同，又取决于设备使用功能重要性的不同。

2.1.4 设备或结构上地震作用的含义，强调了其动态作用的性质，不仅是加速度的作用，还应包括地震动的速度和位移的作用。

2.1.11 抗震构造措施只是抗震措施的一个组成部分。

2.1.14 许用应力设计法，以构件的计算应力σ不大于有关规范所给定的材料许用应力$[\sigma]$的原则来进行设计的方法，又称为工作应力设计、安全系数法设计等。

2.1.15 极限状态设计法，当整个结构或结构的一部分超过某一特定状态就不能满足设计规定的某一功能要求时，此特定状态称为该功能的极限状态，按此状态进行设计的方法称极限状态设计法，又称为载荷和抗力系数设计等。

3 基本规定

3.1 设备的重要度分类

3.1.1 目前，在我国已编制和颁布了国家标准《建筑抗震设防分类标准》GB 50223和《石油化工建（构）筑物抗震设防分类标准》GB 50453。在该两项标准中，对建（构）筑物按其重要性和受地震破坏后的严重程度进行了抗震设防分类。本条根据石油化工设备的特点、设备的规格、储存介质、使用用途和受地震破坏后的危害程度对其进行了重要度分类。

3.1.2 本条给出了设备重要度系数的取值规定。

3.1.3 根据地震震害调查和对6度区的设备抗震计算可知，6度地震区设备的地震作用较小，因此一般情况下，对6度区的设备可不进行抗震验算，但应满足相应的构造措施。

3.2 地震影响

3.2.1、3.2.2 关于设计基本地震加速度的取值，是根据建设部1992年7月3日颁发的《关于统一抗震设计规范地面运动加速度设计取值的通知》（建标〔1992〕419号）给出的，其定义是：50年设计基准期超越概率10%的地震加速度的设计取值：7度0.1g，8度0.2g，9度0.4g。此外，在表3.2.2中还按现行国家标准《中国地震动参数区划图》GB 18306引入了6度区设计基本地震加速度值0.05g，并将0.15g和0.3g区域分别列入7度区和8度区。

3.2.3 本条为强制性条文，必须严格执行。设备在特定场地条件下所受到的地震影响，除与地震震级（地震动强度）大小有关外，主要取决于该场地条件下反应谱频谱特性中的特征周期值。反应谱（地震影响系数曲线）的特征周期又与震级大小和震中距远近有关，在现行国家标准《中国地震动参数区划图》GB 18306中的“中国地震动反应谱特征周期区划图”中将设计近震、远震改为设计地震分组，引入了“设计特征周期”的概念。为了更好地体现震级和震中距的影响，现行国家标准《建筑抗震设计规范》GB 50011和《构筑物抗震设计规范》GB 50191对设计地震进行了分组，按三组设计地震分别给出设计特征周期值。在地震影响系数曲线中，设计所用特征周期是通过T_g来表征。

3.3 设备的结构体系设计

3.3.1 设备的结构体系的合理性与经济性是密切相关的，为了实现二者统一，必须根据设备的重要度类别，抗震设防标准、场地条件等因素，对设计方案进行综合分析、比较来确定。而规则、对称的结构是震害实例、实验研究和理论分析均得到证实是有利于抗震的，这不仅指对设备结构的尺寸要求，还包括其刚度、质量和强度分布的要求。总的目的是：避免过大的偏心距引起设备结构发生扭转振动，避免设备结构或支承设备的抗侧力构件出现薄弱部位（层）或塑性变形集中区。

1 如果设备建在建筑物内，则建筑物倒塌时将会砸坏设备；反之，设备倒塌时也可能砸坏建筑物。这些情况在1976年唐山地震和2008年汶川地震震害中均有实例。因此，在工艺条件允许的前提下，设备宜露天布置。这样不仅可减轻或避免因建筑物倒塌带来的地震破坏，而且可节省投资。

2 设备的抗震设计计算最初环节，就是依据设备的结构形式和特点来建立一个用于计算分析的数学模型，该数学模型建立的是否合理将直接影响到计算结果的精度或准确性。

3 作为抗震结构体系，应在强度和变形两方面均具有抗震能力。强度能力主要表现在弹性阶段；变形能力主要表现在塑性阶段。

4 本条是为改善钢构件所承受地震作用的变形能力而制定的。

5 有些设备因工艺要求，需安装或挂吊在主体设备上，对这类情况需在设备的连接处采取加强措施，以防止设备在地震中发生开裂或脱落。

6 根据对石油化工设备的地震震害调查分析可知，许多用来固定设备的地脚（连接）螺栓被拉长或拉断，为确保设备的地脚（连接）螺栓在地震中不发生滑扣现象，特提出此规定。

7 为了减少设备的倾倒力矩，要求设备的质心宜低。为了减小扭矩，要求设备体形宜匀称，设备质心宜与其刚度中心重合。

8 为防止设备在地震中倾覆，建议对重心较高的立式设备采用带螺栓座的结构形式。

9 通过对石油化工企业的地震震害考察可知，石油化工企业的地震灾害许多情况下是由于连接设备的管道破坏引起的。因此，本条要求与设备连接的管道应考虑采用柔性连接措施。

3.3.2 本条对设备的材料提出了基本要求。

伸长率反映钢材承受残余变形量的程度及塑性变形；屈强比为保证当结构某部位出现塑性铰后该处有足够的转动能力、耗能能力。良好的焊接性以及冲击韧性，是设备延性的保证。

低温下，材料的韧性将降低，因此应留有足够裕量。

4 地震作用和抗震验算

4.1 一般规定

4.1.1 本条是强制性条文，必须严格执行。对地震作用方向、竖向地震作用和安装在构架上的设备作出了规定。

1 在石油化工设备中，除箱式加热炉外，一般都是轴对称结构。考虑到地震可能来自任意方向，为此要求有斜交抗侧力构件的设备，应考虑各构件最不利方向的水平地震作用。

2 本款规定对高烈度区的高径比大于5且高度大于20m的直立设备和加热炉落地烟囱，应考虑竖向地震作用与重力载荷的不利组合。设备高度是指设备顶部至设备基础顶面的距离，变径设备的直径取加权平均值。

3 从国内外的震害资料了解到，安装在构架上的设备破坏程度要比安装在地面上的设备严重，因此，应对安装在构架（包括构筑物）上的卧式设备（含重叠式换热器）、支腿式设备等考虑地震的放大作用。

4.1.2 本条规定了对不同类型或不同计算要求的设备，应采取的不同计算分析方法。

1 为简化计算，对较矮的直立式设备和简化为单质点的设备可采用底部剪力法计算设备的地震作用。

2 对设备自振周期 T 处在设计反应谱速度或位移控制段的，宜采用振型分解反应谱法计算各质点的地震作用。

3 对特别重要或缺少设计依据的设备，为确保安全起见，建议采用时程分析法进行地震作用的补充计算。在选择地震加速度时程曲线时，要满足地震动三要素的要求，即频谱特性、加速度有效峰值和持续时间。

4.1.3 频谱特性可用地震影响系数曲线表征，依据设备所处的场地类别和设计地震分组确定。

加速度有效峰值可按规范表4.1.3中所列地震加速度最大值采用，该数值是以地震影响系数最大值除以放大系数（2.25）得到的。计算输入的加速度曲线的峰值，必要时可比上述有效峰值适当加大。当设备采用三维空间模型需要双向（二个水平向）或三向（二个水平和一个竖向）地震波输入时，其加速度最大值通常按1（水平1）：0.85（水平2）：0.65（竖向）的比例调整。人工模拟的加速度时程曲线，也应按上述要求生成。

输入的地震加速度时程曲线的有效持续时间，一般从首次达到该时程曲线最大峰值的10%那一点算起，到最后一点达到最大峰值的10%为止，无论是采用实际的强震记录还是人工模拟地震波，有效持续时间一般为结构基本自振周期的5倍～10倍，即设备结构顶点位移可按基本自振周期往复5次～10次。

4.1.4 为使按本规范设计的石油化工设备满足设防烈度地震下的抗震设防目标，并保持与现行标准规范的连续性，本条对卧式设备、支腿式直立设备、支耳式直立设备、裙座式直立设备、球形储罐和立式圆筒形储罐等设备提出应按设防地震进行地震作用的计算，并按许用应力法进行构件的抗震验算。对加热炉设备，应按多遇地震计算地震作用，并按极限状态设计法进行抗震验算。

4.2 地面设备设计反应谱

4.2.1 本条为强制性条文，必须严格执行。弹性反应谱理论是现阶段抗震设计的最基本理论，本规范所采用的设计反应谱（即地震影响系数曲线）是根据石油化工设备的特点，在现行国家标准《建筑抗震设计规范》GB 50011和《构筑物抗震设计规范》GB 50191基础上提出的，其特点是：

1 本反应谱给出的水平地震影响系数最大值与原建设部《关于统一抗震设计规范地面运动加速度设计取值的通知》（建标〔1992〕419号）中的规定相一致。

2 在 $T \leqslant 0.1s$ 的范围内，各类场地的地震影响系数一律采用同样的斜线，使之符合 $T=0$ 时（刚体）动力不放大的规律。

3 本反应谱存在两个下降段，即速度控制段和位移控制段，在 T_g 到 $5T_g$ 控制段是由地震动最大速度决定，此段反应谱按 $(T_g/T)^{\gamma}\eta_2\alpha_{max}$ 规律衰减；在 $5T_g$ 到 $T=15s$ 控制段是由地震最大位移控制，此段反应谱按 $[\eta_2 0.2^{\gamma}-\eta_1(T-5T_g)]\alpha_{max}$ 规律衰减，当 α 计算值小于 $0.05\eta_2\alpha_{max}$ 时，取 $\alpha=0.05\eta_2\alpha_{max}$。

4 本反应谱的长周期段主要是用来计算储罐液体晃动反应。

5 为与现行国家标准《中国地震动参数区划图》GB 18306 相协调，增加了设计地震分组和设计基本加速度为 $0.15g$ 和 $0.30g$ 地区的反应谱值。

4.2.2 为满足不同类型设备抗震设计的需要，本条给出了不同阻尼比调整系数的计算公式。

4.3 地面设备水平地震作用

4.3.1 底部剪力法视多质点体系为等效单质点体系，一般适用于质量和刚度沿高度分布比较均匀的剪切型、弯剪型和弯曲型结构。为满足设备的水平地震作用简化计算的需要，本规范的底部剪力法是参照现行国家标准《建筑抗震设计规范》GB 50011 给出的。

4.3.2 关于振型分解反应谱法。由于时程分析法也可利用振型分解法进行计算，故加上“反应谱”以示区别，称为“振型分解反应谱法”。为提高计算精度，应适当增加其振型组合的个数，一般可取振型参与质量达到 90%所需的振型数。

4.4 构架上设备水平地震作用

4.4.1 对安装在混凝土框架或钢框架上的卧式设备（含重叠式换热器）、支腿式设备等，当设备的操作质量远小于构架的整体质量时，可采用本节中给出的方法进行地震作用的计算。

对直接支承在钢框架（或钢筋混凝土框架）上的塔类设备、大型卧式设备、支耳式设备等均不属于此范围，对这类结构的设备，在抗震计算时应将设备与支承结构作为一个整体来考虑其相互耦联的影响。

4.4.2 楼层上设备地震作用的放大作用已在历次地震破坏的调查中得以证实，20 世纪 80 年代国内外有关单位已做了大量的测试和研究工作。例如：

1 日本电报电话公司（NTT）通过地震观测资料的研究分析后，确定了加速度增大的量化指标（按 4 层结构考虑），其增大率的平均值以地面加速度为准，地上一层约为 2 倍，最上层为 3.2 倍，屋顶为 4 倍左右。

2 同济大学朱伯龙教授在 20 世纪 80 年代中期通过大量的振动台试验和实物计算分析也给出了各类场地条件下的楼面设备地震作用放大系数，以Ⅱ类场地土、五层结构的房屋为例，一层的放大系数为 2.1 左右，二、三、四层分别在 2.5、3.0、3.5 左右，而顶层的放大系数可达 4.1 左右。

严格地讲，对于设置在混凝土框架或钢框架上的设备，只有在满足一定条件：①设备的质量与构架的质量相比非常小，一般小于 1/500；设备的自振周期 T_e 与构架的自振周期 T 相差较大 $0.9>T_e/T>1.1$ 时，可以忽略设备对结构的反馈作用，才可以采用楼层反应谱作为地震输入进行抗震计算，而在石化企业中安装在混凝土框架或钢框架上的大型卧式设备（含重叠式换热器）和支腿式设备等相对来说比较重，为使这类设备的抗震计算更趋合理，在原中国石化总公司北京设计院与中国建筑科学研究院合作完成的“石油化工设备抗震设计（鉴定）反应谱研究”课题的研究成果中给出了不同设备阻尼比和设备的质量与构架的质量相比的楼层放大修正系数，见表 1。

表 1 楼层放大修正系数

m_0/m_1	ξ			
	0.1	0.05	0.02	0.01
≥1/2	0.50	0.37	0.29	0.28
1/10	0.68	0.51	0.38	0.35
1/50	0.87	0.76	0.67	0.62
1/100	0.93	0.90	0.80	0.80
≤1/500	1.00	1.00	1.00	1.00

注：m_0 为设备的质量；m_1 为构架楼层的质量；ξ 为设备的阻尼比。

依据上述研究结果，本条对无法确定支承设备的建（构）筑物结构参数时，对安装在混凝土构架或钢构架上的设备给出了简化计算方法。

4.4.3 本条是根据原中国石化总公司北京设计院与中国建筑科学研究院合作完成的“石油化工设备抗震设计（鉴定）反应谱研究”课题的研究成果编写的。

在“石油化工设备抗震设计（鉴定）反应谱研究”课题中给出的构架动力放大系数曲线不仅与支承设备的建（构）筑物结构动力特性有关，而且与设备的动力特性有关。通过对大量的实例计算可知，其地震作用比值一般在 0.5～2.5，个别较小的比值甚至到 0.2，较大的有到 3.0 的。地震作用比值较小的设备一般是安放在多层结构物的第一层上，且在场地土类别较低的情况下。地震作用比值较大的设备一般是安放在较矮结构物的顶层上（这时设备的自振周期与结构物的基本自振周期相差不大），场地土类别较高，且设备质量与构架质量（包括该构架上所计算设备以外其他设备的质量）的比值较小的情况下。

对于已知支承设备的建（构）筑物结构参数时，一般可按照本条给出的构架动力放大系数曲线（图

4.4.3）进行地震作用的计算。从图4.4.3可看出，构架动力放大系数β不仅是设备自振周期，而且也是支承设备的建（构）筑物自振周期的函数。这较好地体现了地面运动、建（构）筑物和设备三者之间动力特性的相互关系。

考虑到安装在构架上的设备主要是卧式设备、重叠式换热器和支腿式设备等矮小的设备，这类设备的阻尼比一般为0.05，所以为简化计算，本构架动力放大系数β曲线是直接以0.05阻尼比给出的。

为安全起见，本条规定构架上设备地震作用的计算结果“不得小于该设备按建在地面上时计算所得的数值”，当对该设备按所在构架计算所得的地震作用与按建在地面上计算所得的地震作用比值小于1时，应取为1。

4.4.4 条文中式（4.4.4-1）和式（4.4.4-2）是取自《日本建筑结构抗震条例（1980）》。但式（4.4.3-1）中H_s的系数原为0.028，经过对石化企业中一些支承设备的钢构架的实测值和计算值发现该值偏小，因此，本规范采用0.03。

4.5 竖向地震作用

4.5.1 本条是根据现行国家标准《建筑抗震设计规范》GB 50011编写的。

通过对设备地震震害的调查实例（如汶川地震中，什邡地区的川心店化工厂的硫酸吸收塔和蓥峰化工厂的100立方米球罐地脚螺栓被拉长、拉断）和大量的计算分析表明，在地震烈度为8度、9度时，设备在竖向地震的作用下可产生一定的拉力，因此对竖向地震作用影响不能忽视。

竖向地震影响系数的最大值，可取水平地震影响系数最大值的65%。对多质点体系，计算竖向地震作用所采用的设备等效总质量载荷m_{eq}可取总载荷的75%。

4.6 载荷组合

4.6.1 考虑到与现行石油化工设备设计有关的标准规范连续性，以及目前对大部分设备采用可靠度设计的条件尚不成熟，所以在本规范中，除加热炉是采用极限状态法进行设计外，对其他设备仍采用许用应力法进行设计。

4.6.2 本条对采用许用应力设计的设备，给出了地震作用与其他载荷作用组合的基本原则。

4.7 抗震验算

4.7.1 本规范中，对加热炉设备的钢结构是采用极限状态设计法，在抗震验算时，其地震作用与其他荷载作用的组合需按现行国家标准《建筑抗震设计规范》GB 50011的规定执行。

4.7.2 本条给出了采用许用应力法设备抗震验算的规定。

为使按本规范设计的石油化工设备满足设防烈度地震下的抗震设防目标，并保持与原石油化工设备抗震计算方面相同的抗震安全度，在计算设备的地震载荷效应中引入了水平地震作用效应折减系数R_c，并说明如下：

1 本规范在按设防烈度地震进行地震作用计算时，取消了多年来在设备抗震计算中所采用的综合影响系数C，这对有些设备来说，当不考虑设备的阻尼比影响时，取消综合影响系数的地震作用计算值比考虑综合影响系数的计算值提高了50%～80%。本规范通过引入地震作用效应折减系数R_c，不仅使按本规范设计的设备在抗震强度水准上保持与现行石油化工设备抗震计算方面相同的安全度水准，也合理地提高了设备有关部位（件）的抗震设计值。

2 在计算设备的地震载荷效应中引入地震作用效应折减系数R_c在一定程度上也体现了设备结构（或构件）变形能力的不同，可合理地分配设备结构（或构件）的地震作用效应。众所周知，在原相关标准规范中对设备的抗震计算时，对不同类型的设备所取综合影响系数C值也不同，但对同一种设备无论是计算设备构件的受压、受拉或剪切载荷时，均采用相同的结构影响系数值，这从分析结构的受力状态上来说是不合理的。本规范参考了现行国家标准《建筑抗震设计规范》GB 50011和《构筑物抗震设计规范》GB 50191中给出的抗震调整系数，在设备的地震载荷效应计算中，对验算的部位和受力状态，分别给出了地震作用效应折减系数值，使其计算结果更趋合理和完善。

3 地震作用属于可变作用或偶然作用，其抗震安全度要求应低于静力作用。也就是说，抗震设计中采用的材料许用应力应高于静力作用时的材料的许用应力。对此，在本规范中通过引入抗震许用应力调整系数来提高材料的许用应力。另外，根据抗震设防目标对设备抗震验算的部位和受力状态，分别给出的抗震许用应力调整系数，使其计算结果也更趋合理和完善。

为使编制的本规范保持与现行国家或行业标准规范的连续性和可操作性，在下面各章中，对已有成熟单项标准的设备（如鞍座支承的卧式设备、裙座式直立设备、球形储罐等），一般仅给至地震作用的计算为止，但对这些设备需要进行抗震验算的部位都提出了明确的抗震设计要求，当需要计算这些设备各部位的地震效应时，可采用相应标准中给出的计算方法；而对于现行标准规范中没有给出计算方法，或计算方法不全面的（如支耳式、支腿式设备、立式圆筒形储罐等），在本规范中均给出了具体的设计计算方法。

5 鞍座支承的卧式设备

5.1 一 般 规 定

5.1.1 本条给出了卧式设备的适用范围。

5.1.2 重叠式卧式设备在石化企业中比较常见，本条要求对重叠式卧式设备的抗震计算也应按照本章的相关规定进行。

5.2 地震作用和抗震验算

5.2.1 本条为强制性条文，必须严格执行。根据振动台试验、现场实测和大量的抗震计算结果表明，卧式设备的结构自振周期大部分在0.05s～0.3s。对此，一般情况下可不作设备的自振周期计算，在采用反应谱理论计算设备地震作用时，对设备的地震影响系数可直接取$\alpha_{\max}$。

5.2.3 卧式设备的阻尼比是参考中国石化工程建设有限公司与中国建筑科学研究院以及哈尔滨工业大学等单位共同完成的“石油化工钢制设备结构阻尼比研究”课题的研究成果给出的。

5.2.4 对重叠式卧式设备，可简化为图5.2.4的多质点体系，采用底部剪力法进行抗震验算。

5.3 抗震构造措施

5.3.1 根据设备的地震震害调查可知，设备的地脚螺栓是抗震的薄弱环节。对高柔设备的地脚螺栓，往往被拉长，或拉断；对低矮设备的地脚螺栓常出现剪断破坏现象。因此，应重视对设备地脚螺栓的抗震验算。

6 支腿式直立设备

6.1 一 般 规 定

6.1.1 支腿式设备一般是由角钢、槽钢、工字钢、H型钢或钢管支柱支撑，不宜用于高度较高、直径较大、高径比较大的直立设备，当设备高度大于10m或高径比大于5时，建议采用支耳式结构或裙座式结构形式。

6.1.2 根据地震震害考察和大量的实例计算，本条对抗震设防烈度为6度、7度地区，安装在地面上的直径小于1.2m、高度小于3m（含支腿高度），且支腿高度小于0.5m的支腿式设备提出了可不进行抗震验算，但应满足抗震构造措施要求。

6.2 自 振 周 期

6.2.1 支腿式设备自振周期的计算公式是考虑了支腿弯曲变形和剪切变形的影响推导出来的。

6.3 地震作用和抗震验算

6.3.1 本条为强制性条文，必须严格执行。条文要求对支腿式设备应按照设防地震的有关规定进行抗震计算。

6.3.2 因有些支腿式设备是安装在框架（构架）上的，在计算地震作用时，应考虑构架对设备的放大影响。

6.3.3 支腿式设备的阻尼比是参考“石油化工钢制设备结构阻尼比研究”课题的研究成果给出的。

6.3.4 地震时，支腿支承的设备将随着每个支腿的弯曲变形而整体变形，由于支腿的连接部位与设备重心不在一条垂直线上，地震中设备首先将产生倾覆力矩，而支腿则承受偏心压缩使其屈曲强度降低。对此，本条要求应对支腿连接焊缝强度、地脚螺栓强度、基础板强度、支腿连接处的筒体强度进行抗震计算。

6.3.5 为简化本章正文条文的编写，将支腿式设备的抗震验算的内容放入附录B中。

6.4 抗震构造措施

6.4.2 支腿式设备的震害主要表现在设备的移位、倾覆等，由于设备的移位往往造成连接管道拉裂，因此，对设备的支腿必须设置地脚螺栓固定。

7 支耳式直立设备

7.1 一 般 规 定

7.1.1 支耳式设备是由支耳式支座通过垫板与设备筒体焊接，可用于高度较高、直径较大或高径比较大的直立设备。支座与设备重心存在偏心，在重力作用下支座处的筒体存在较大的附加剪力和弯矩。

7.2 自 振 周 期

7.2.1 由于支耳式设备是安装在框架上，设备自振周期不仅与设备本身结构特性有关，而且与框架结构特性有关，理论计算较复杂。因此，本节给出的设备自振周期计算公式是采用了国家标准《建筑结构荷载规范》GB 50009—2001附录E给出的框架基础塔的自振周期的经验公式。

7.3 地震作用和抗震验算

7.3.1 本条为强制性条文，必须严格执行。支耳式设备的结构比较特殊，一般情况下可按地面设计反应谱计算地震作用，对安装在较高框架（构架）上的支耳式设备，在计算地震作用时，应考虑构架对设备的放大影响。

7.3.3 支耳式设备的阻尼比是参考裙座式直立设备

给出的。

7.3.4 考虑到支耳式支座可用于直径较大或高径比较大的直立设备，因此，有必要核算支座处筒体的轴向应力。

7.3.5 为简化本章条文的编写，将支耳式设备抗震验算的内容放入附录C中。

7.4 抗震构造措施

7.4.1 由于支耳式设备的结构形式在地震中会产生以设备本体为刚体，支承结构为弹性体的扭转振动，因此，为减少或避免设备产生扭转振动，支座应尽量选择在设备的重心位置。当抗震设防烈度大于8度，或设计基本地震加速度大于0.30g时，支耳数应大于4，且为偶数；当支耳数量较多时，应采用上下环板的结构形式。

7.4.2 为避免设备在地震中产生移位或滑脱等震害现象，对抗震验算中拉应力和剪应力均小于0的情况下，也应设置地脚螺栓。

8 裙座式直立设备

8.1 一 般 规 定

8.1.2 根据地震震害调查和大量的实例计算，本条要求对8度、9度区，高度大于20m的直立设备应考虑竖向地震作用。

8.2 自 振 周 期

8.2.3 采用振型分解法计算直立设备的基本自振周期精度较高，对于较高的直立设备建议采用该方法计算其基本自振周期。

8.2.4 对设置在构架上的直立设备，应考虑构架对设备自振特性的影响，对此本条第1款规定，在计算构架上直立设备的自振特性时应视构架为设备本体的一部分，采用刚度等效的方法进行计算。

本条第2款给出的经验公式是通过对大量安装在构架上的直立设备动力特性的现场实测，并采用数理统计方法得到的。

8.3 地震作用和抗震验算

8.3.1 本条为强制性条文，必须严格执行。在我国早期的塔类设备抗震计算中，是采用设防烈度的地震影响进行地震作用的计算，并以综合影响系数C_z来概括设备的震害特点、结构延性和工程经验等因素。为使按本规范设计的塔类设备的抗震安全度水准不低于原相关规范的设计水准，本规范在考虑了设备阻尼影响的同时，还引入地震作用效应折减系数，使其计算结果更趋合理。

8.3.2 根据对高度小于或等于10m直立设备的计算了解到，该类设备的自振周期一般都在0.1s～0.3s，对此，为简化地震作用的计算，地震影响系数可取最大值。

8.3.4 尽管高塔类设备的设计应力主要是受风载荷控制，但对建在高烈度区的直立设备，通过采用时程分析法进行补充计算，可提高设备的可靠性。

8.3.5 在石油化工企业中，因生产工艺需要使得裙座式直立设备的类型繁多，有高度不到10m的塔类设备，也有高度超过100m的超大型塔器；有的塔直径仅有几十厘米，有的塔直径已达10m或10m以上。为使这类设备抗震计算中阻尼比的取值更趋科学合理，在“石油化工钢制设备结构阻尼比研究”课题研究成果的基础上，根据这类设备的结构形式和结构自振周期的规律统计分析给出了裙座式直立设备结构阻尼比取值范围。

8.3.6 在设防烈度为8度、9度或设计基本地震加速度值为0.20g～0.40g地区，对高径比较大的直立设备，其竖向地震作用不容忽略。

8.3.7 本条要求对裙座式直立设备的壳体、裙座筒体、地脚螺栓、裙座基础环、地脚螺栓座、裙座与壳体连接处等也要按照本规范的要求进行抗震验算。

8.4 抗震构造措施

8.4.1 在石油化工企业中，直立设备用平台与其他设备（或构筑物）连接是常见的。研究表明，当直立设备仅由一层平台与其他设备连接时，往往在连接处的筒壁上产生较大的地震弯矩和局部应力，对直立设备的抗震能力产生不利影响。因此，本条规定连接设备的平台不宜与其他设备或建（构）筑物直接连接。

8.4.2 管道与设备采用柔性连接，可减少管道对设备的地震作用影响。

8.4.3 因生产工艺要求，与主体设备有关的附属设备如直接安装在设备本体上，将对设备产生较大偏心载荷，对抗震不利。

8.4.4 直立设备在地震中晃动较大，为防止内部构件在地震中滑脱，特编写本条。

8.4.6 为使设备地脚螺栓受力均匀分布，本条规定直径大于或等于600mm的设备的地脚螺栓数目不应少于8个。

9 球 形 储 罐

9.1 一 般 规 定

9.1.1 球罐的种类很多，结构形式也有所不同。常用的有拉杆式结构，其中有的拉杆是拉接在相邻支柱之间，有的拉杆是隔一支柱拉接，有的采用钢管支撑；有的采用V型柱式支撑；有的采用三柱会一形柱式结构支撑；此外，还有因工艺要求，将球罐安装在较高的混凝土框架上，而设有两层拉杆的结构。本规范给出的计算方法适用于可调式拉杆或固定式拉杆在相邻支柱间拉接的赤道正切柱式结构。

9.2 自振周期

9.2.1 除本规范外，目前在我国还有五项标准规范涉及球罐的抗震设计（或抗震鉴定），这五项国家现行标准分别为：《钢制球形储罐》GB 12337、《构筑物抗震设计规范》GB 50191、《室外给水排水和燃气热力工程抗震设计规范》GB 50032、《石油化工钢制设备抗震设计规范》SH 3048 和《石油化工设备抗震鉴定标准》SH/T 3001。在这五项标准中，给出的自振周期的计算方法有三类，其中《钢制球形储罐》GB 12337 为一类，《构筑物抗震设计规范》GB 50191 与《室外给水排水和燃气热力工程抗震设计规范》GB 50032 为一类，《石油化工钢制设备抗震设计规范》SH 3048 与《石油化工设备抗震鉴定标准》SH/T 3001 为一类。

根据中国石化工程建设有限公司长期以来对在役的球罐类设备自振周期的大量实测值，以及“石油化工钢制设备结构阻尼比研究”课题中，对上述五项标准中的自振周期计算公式进行了计算对比分析，通过对各类方法的计算值与实测值和有限元计算值对比分析可知，现行行业标准《石油化工钢制设备抗震设计规范》SH 3048 给出的自振周期的计算方法与实测值较接近。对此，本规范采用了《石油化工钢制设备抗震设计规范》SH 3048 给出的自振周期计算方法。

球罐储存介质的有效率。球罐常用于储存石油气、煤气和氨气等液化气体。根据 G. W. Housner 理论，液体在地震中可分为两个部分，一部分是固定在罐壁上与罐体作一致运动（称为固定液体）；另一部分是独立作长周期自由晃动（称为自由液体）。地震时，主要是固定在罐壁上的这部分液体参与结构的整体振动。因此，在本节中引入了有效质量这一概念。结构的模拟质点体系见图 1。

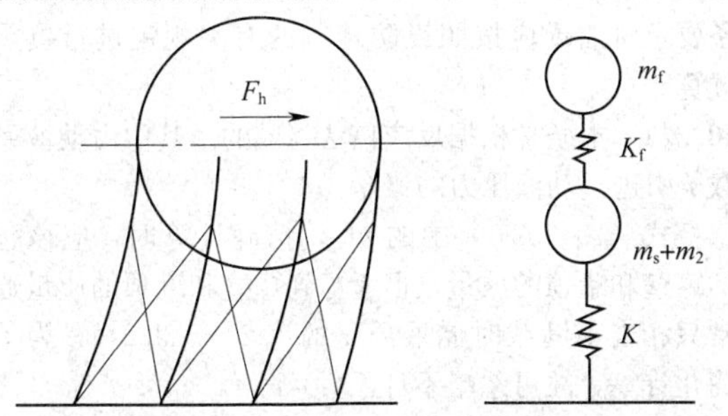

图 1　自由液体质量和固定液体质量示意

K_f—自由液体晃动刚度；m_s—球罐结构金属总质量

在图 9-1 中，自由液体质量和固定液体质量按下列公式计算：

$$m_f=(1-\varphi)m_l \tag{2}$$

$$m_2=\varphi m_l \tag{3}$$

式中：m_f——自由液体质量（kg）；

m_2——固定液体质量（也称液体有效质量）（kg）；

φ——储液的有效质量率系数；

m_l——储液质量（kg）。

由式 3 可知，储液参与整体结构振动的有效质量等于球罐储液总质量与储液有效质量率系数的乘积。而储液有效质量率系数 φ 是根据球罐中液体充满程度，按本规范图 9.2.1 查取。

9.2.2 水平刚度的计算公式与目前国内的有关标准相比有所不同，这里是采用了日本《高压瓦斯设备抗震设计标准》中的计算方法，该方法是根据结构力学中的位移法推导出来的，在推导过程中基本假设条件如下：

1 球壳为刚体；

2 支柱的上端为固接；

3 支柱的底端为铰接；

4 拉杆支撑的两端为铰接；

5 考虑支柱、拉杆的伸缩和弯曲；

6 基础为刚体。

简化的结构分析计算模型见图 2。把球壳视为刚体，地基视为刚性，设作用在球壳中心的水平地震作用 F_h 所产生的挠度为 δ，则水平刚度 K 为：

$$K=\frac{F_h}{\delta} \tag{4}$$

式中，K 是球罐支撑结构的水平刚度，它是由支撑构架抵抗弯曲变形的刚度 K_1 和拉杆与支柱形成的构架剪切刚度 K_2 合成的，即：

$$K=\frac{1}{\frac{1}{K_1}+\frac{1}{K_2}} \tag{5}$$

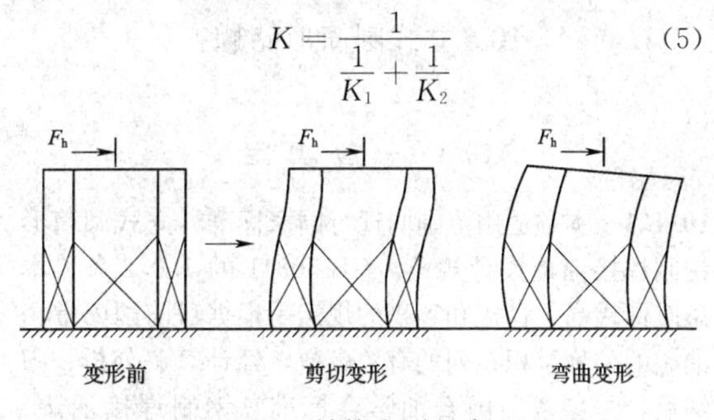

图 2　结构变形示意

根据基本假设条件可知，式 4 和式 5 的推导是偏于安全的。这两个公式在推导过程中不仅考虑了构架的剪切影响和弯曲影响，同时还考虑了拉杆位置的变化和直径变化的影响，拉杆直径的变化直接影响构架的水平刚度，考虑这一点是至关重要的。

9.2.3 目前，国内外有关的标准规范中均把球罐的整体结构简化为单质点体系来考虑，视球壳为刚体，质量集中在球壳中心，刚度以构架的水平刚度为主。忽略基础的影响，以此为动力分析模型得到球罐的基本自振周期为：

$$T_1 = 2\pi\sqrt{\frac{m_{eq}}{1000K}} \quad (6)$$

式中：m_{eq}——是按本规范 9.2.1 条求出的球罐等效质量（kg）；

K——是按本规范 9.2.2 条求出的结构水平刚度（N/mm）。

9.3 地震作用和抗震验算

9.3.1 本条为强制性条文，必须严格执行。为使按本规范设计的球罐类设备的抗震安全度水准不低于原相关规范的设计水准，本条要求对球罐类设备应按照设防地震的有关规定进行抗震计算。

9.3.3 球罐的阻尼比是根据“石油化工钢制设备结构阻尼比研究”课题的研究成果给出的。

9.3.5 本条要求对球壳、支柱、支柱与壳体连接、拉杆、拉杆附件、支柱底板及与外部管道连接的零部件等也应按照本规范要求进行抗震验算。

9.4 抗震构造措施

9.4.1、9.4.2 球罐的震害较多，主要表现在地脚螺栓被拉长，或拉断；拉杆被拉断；与罐体连接的进出口管线被拉断等。例如，1952 年美国加利福尼亚恩郡地震中，一个液化气球罐由于连接管线破裂引起爆炸；2008 年 5 月 12 日的汶川大地震中，位于什邡市红白镇的蓥峰化工厂 1000m^{3}球罐支柱的地脚螺栓被剪断、支柱移位，罐底进出口管线在法兰连接处断裂。因此，要求与罐体连接的进出口管线应采用柔性连接，并设置紧急自动切断阀。

10 立式圆筒形储罐

10.1 一 般 规 定

10.1.1 本章适用范围同现行国家标准《立式圆筒形钢制焊接油罐设计规范》GB 50341 的 1.0.2 条。本条对储罐高、径比和容积的规定是根据目前国内常用油罐的公称容积系列的有关参数，经计算、分析、归纳后，并参考美国石油学会标准《钢制焊接油罐》API 650 而制定的。

10.1.2 本章原则上只适用于具有自由液面的储液罐的设计。对于浮顶罐，因为其浮顶是处于漂浮状态的薄膜圆盘，且浮顶下面仍保持有部分油气空间，浮顶对液面几乎不起约束作用，故可把浮顶罐近似地当做自由液面储罐看待。但对固定顶盖，且盖液之间的空间小于储罐容积的 4% 时，则所有储液几乎全被储罐周边约束住，所以本条作了空间容积 4% 的规定。

10.2 自 振 周 期

10.2.1 目前我国共有四项标准规范涉及储油罐的抗震设计（或抗震鉴定）。这四项国家现行标准分别为：《立式圆筒形钢制焊接油罐设计规范》GB 50341、《构筑物抗震设计规范》GB 50191、《石油化工钢制设备抗震设计规范》SH 3048 和《钢制常压立式圆筒形储罐抗震鉴定标准》SH/T 3026。在这些标准规范中，关于储油罐自振周期的计算都各自给出了不同的计算方法。美国石油学会标准《钢制焊接油罐》API 650 2005 版中也增加了储罐罐液耦连振动基本自振周期的计算公式，这是 API 650 标准中多年来一直欠缺的。

在这些标准规范中，对同一种设备却给出了不同的计算方法而导致计算结果存在差异，给从事该方面工作的设计人员带来诸多的不便和困惑。对此，“石油化工钢制设备结构阻尼比研究”课题中，利用对大量储油罐的现场实测周期值和有限元计算得到的自振周期值与上述目前现行国家或行业标准规范中给出的自振周期计算公式进行对比计算分析。通过比较分析，课题组认为国家现行标准《立式圆筒形钢制焊接油罐设计规范》GB 50341—2003 和《石油化工钢制设备抗震设计规范》SH 3048—1999 中给出的自振周期计算值与实测值较接近。为做到国内标准规范的统一，本规范采用了《立式圆筒形钢制焊接油罐设计规范》GB 50341—2003 中给出的计算方法。

10.2.2 储液晃动基本自振周期计算公式（10.2.2）取自 G. W. Housner 的著作。美国原子能委员会和美国石油学会标准《钢制焊接油罐》API 650 均采用了此计算式。

10.3 水平地震作用及效应

10.3.1 本条为强制性条文，必须严格执行。油罐本身属大型壳体结构，在地震中一旦发生破坏不仅仅表现在地震的直接经济损失上，还表现在随之产生的次生灾害上，而往往次生灾害的损失都大大超过地震本身带来的直接损失。为使按本规范设计的油罐的抗震安全度水准不低于现行相关标准规范的设计水准，本条要求对油罐应按照设防地震的有关规定进行抗震计算。

10.3.2 本条是根据反应谱法写成的。其中由动液系数 ϕ 引进了动液压力的概念。

式（10.3.2-1）中的 m_{eq}，精确计算时，应该包括罐壁和罐顶的质量。但考虑到罐壁和罐顶的质量通常只相当于满载时储液质量的 1.2%～3.2%，为了简化计算，故可忽略不计。

10.3.3 油罐的阻尼比是根据“石油化工钢制设备结构阻尼比研究”课题的研究成果给出的。

10.3.4 本条动液系数的计算公式是取自 G. W. Housner 的著作。他认为，如果储罐比较细高，例如 $H_w > 1.5R$ 时，罐体下部深度低于 $1.5R$ 的储液可以认为与完全被约束在储罐内一样，即假定从储液上表面至深度为 1.5R 处有一刚性水平薄膜把储液分割成上、下两部分。液体的运动只限于上部分，而下部分储液则如刚体一样固定在罐壁。据此，导得式（10.3.4-2）。

10.3.5 根据 G. W. Housner 刚性壁理论，计算得到的脉冲压力作用中心的高度为 0.375H_w，日本标准取 H_w/D 的函数，其值通常为 0.375H_w～0.437H_w。考虑到罐体弹性会增大地震作用，对流压力也可能与脉冲压力耦连，所以本规范取压力中心的高度稍大一些，取 0.45H_w，于是得到倾覆力矩式（10.3.5）。

10.4 罐壁竖向稳定许用临界应力

10.4.1 罐壁竖向压缩临界应力公式（10.4.1-1）和公式（10.4.1-2）是按大连理工大学邬瑞锋教授等人提出的力学模型而求得的。首先按有限元法用环壳单元把罐壁离散，对液体则用解析法进行分析，然后通过边界积分将动力影响转加到罐壁上并求解罐液耦连振动，再用反应谱法求出其地震反应，最后用线性屈曲理论和能量法进行动力稳定分析。我们根据这一计算模型，对大量标准系列油罐进行计算，并根据计算所得的大量数据，回归而得到临界应力的计算公式。

国内外现行的一些储罐抗震标准中，包括美国石油学会标准《钢制焊接油罐》API 650，采用的轴压稳定临界应力公式，都是基于轴对称空圆筒在纯轴压作用下，按静力理论推导而得的，这显然与实际地震时的受力情况相去甚远，运用这个不考虑储液动力影响并按静力理论推导的公式，来验算由动液理论计算所得的罐壁应力显然是不够合理的。

要说明的是，在美国石油学会标准《钢制焊接油罐》API 650 中，虽然也引进了静液压力作为确定临界应力的一个附加因素，但这毕竟还是从静力观点出发的。

通过对 30 个标准系列油罐的计算结果表明：在设防烈度 8 度、Ⅱ类场地土时，按国内外一些标准中的公式计算时，许多罐的罐壁竖向压缩应力成倍地提高后也能满足抗震要求，甚至有些罐，如 50000m^3、30000m^3 外浮顶罐和 10000m^3 拱顶罐分别提高到现有应力的 4.4、2.8 和 4.2 倍都尚能满足抗震要求，这是不够安全的，也与按动力模型计算的抗失稳结果不符。另一方面，如果加大安全系数，把许用临界应力缩小，则许多容积较小的罐又不能满足要求。而采用本规范给出的计算方法，其结果比较合理。

10.5 罐壁的抗震验算

10.5.1 试验发现：尽管竖向激励时，台面加速度峰值是水平激励的 4 倍，但水平激励的提离高度却比竖向激励的还大，这说明提离力主要是由水平地震作用引起的。而式（10.5.1）正是体现了这一原则的，因为其中的 M_{g1} 就是由水平地震作用产生的。式（10.5.1）的实质是与美国石油学会标准《钢制焊接油罐》API 650 一致的，只是表现形式不同。

10.5.2 提离反抗力计算式（10.5.2-1）来自美国石油学会标准《钢制焊接油罐》API 650。F_l 包括 F_{l0} 和重力抗力，F_{l0} 为储液和罐底所能提供的最大提离抗力，其限制值 $0.02H_w D_1 \rho_s g \times 10^{-9}$ 相当于限制其提离深度为罐底半径的 6.8%。该限制值相当于原规范 F_l 的限制值 $250\rho_s H_w D_1$（这里的 ρ_s 为比重）中的 250，换为 196，本规范限制 F_{l0} 比较合理，意义更加明确。

10.5.3 本规范增加了锚固储罐的计算方法。罐壁底部应力与未发生提离的储罐计算相同。锚固螺栓的强度验算应使罐底周边单位长度上的锚固螺栓抗力大于周边单位长度上的提离力与罐壁重力之差。

10.5.4 本条主要是引进提离影响系数的问题。根据国内、外许多学者的理论和实验分析，一致认为提离会急剧增加罐壁的应力，因此提出了提离影响系数问题。式（10.5.3-1）是锚固罐，或虽是浮放罐，但未发生提离（即 $F_t < F_l$）时的罐壁底部竖向压应力的计算公式。由于提离问题，是储液罐罐体、储液与基础等的多种非线性耦连系统的三维动边界接触问题，要从理论上解决这个问题是很困难的。美国石油学会标准《钢制焊接油罐》API 650 2005 版考虑了竖向加速度的影响，根据目前国内的抗震设计的一般要求尚不考虑该部分的内容，因此我们仍然参考美国石油学会标准《钢制焊接油罐》API 650 2003 版的相关内容，该标准在发生提离时罐壁底部的竖向压应力是采取曲线形式给出的，经过转化得到：

$$\sigma_c = \frac{N_1}{A_1} + f_1(C_x)\frac{M_1}{Z_1} \tag{7}$$

式中，f_1（C_x）是变量 C_x 的函数，美国石油学会标准《钢制焊接油罐》API 650 中的 C_x 为：

$$C_x = \frac{M_1}{D_1^2(W_1 + W_t)} \tag{8}$$

式中的（$W_1 + W_t$），就是本规范式（10.5.2-2）中的 F_l，可得到：

$$C_x = \frac{\pi F_t}{4F_l} \tag{9}$$

美国石油学会标准《钢制焊接油罐》API 650 认为，当 C_x 大于 1.57 时，罐体结构将不稳定，这相当于本规范 $F_t/F_l > 2$ 的情况。这一限制，使得标准系列罐中的一些高径比较大的罐在 8 度时就已不能满足稳定性要求，除了由于这些罐的高径比较大外，另一原因是美国石油学会标准《钢制焊接油罐》API 650 的计算液体抗力 W_1 过于保守，忽略了底板膜力的影响，因此使得 W_1 偏小。考虑到限制 $F_t/F_l \leqslant 2$，有益于限制罐体的高径比，保证储罐的安全，故本规范采用了这一限制条件。式（10.5.4-2）中的 l 就是式（10）中的 f_1（C_x），它也是变量 F_t/F_l 的函数，即：

$$l = f_1(C_x) = f(F_t/F_l) \tag{10}$$

但在美国石油学会标准《钢制焊接油罐》API 650中，当C_x接近1.57（即F_t/F_l接近2）时，f_l（C_x）急剧增加，导致应力非常大。考虑到它用的是静提离模型，其提离段上的抗力W_l为常数，且W_l的计算值偏低。在对标准系列罐大量验算的基础上，本规范提出了提离影响系数的计算公式（10.5.4-3）。

应该指出的是，对标准系列罐的验算表明，现有内浮顶罐的提离影响相当大，许多罐在8度时就出现$F_t/F_l>2$的情况，这主要是由于其高径比较大，设计时应予注意。

10.6 液面晃动波高

10.6.1 G. W. Housner根据势流理论和理想流体的条件导出了液面晃动波高的计算公式，经Clough修正后为：$h_v=\alpha R$，后来美国原子能委员会技术情报司第TID7024号文献"Nuclear Reactors and Earthquakes"在应用时又改变成：

$$h_v = 0.343\alpha T_s^2 \tanh\left(4.77\sqrt{\frac{H}{D}}\right) \tag{11}$$

式中：h_v——液面晃动波高（m）；

α——地震影响系数；

H——储液高度（m）；

D——罐直径（m）；

T_s——储液晃动基本自振周期（s）。

日本工业标准《钢制焊接油罐结构》JIS B8501规定液面晃动波高为：

$$h_v = 0.418D\alpha \tag{12}$$

$$\alpha = \frac{0.641}{T_s} \tag{13}$$

该标准中选取速度谱段进行波高计算，并且取速度谱值为100cm/s。

编制本标准时，采用势流理论并考虑流体粘性影响后导出液面晃动波高h_v为：

$$h_v = 0.837R\alpha \tag{14}$$

当采用反应谱理论计算波高时，α由加速度反应谱查出。

由于本标准中反应谱对应的阻尼比为5%，而晃动阻尼比为0.5%，随着阻尼减少、地震反应加大，故应修正。日本及美国的设备抗震标准中规定的修正系数见表2。

表2 阻尼修正系数

阻尼	0.3	0.2	0.1	0.05	0.03	0.02	0.01	0.005
日本标准修正系数	0.44	0.56	0.78	1.00	1.18	1.32	1.53	1.79
美国标准修正系数	0.40	0.54	0.77	1.00	1.17	1.31	1.54	1.77

对1985年9月18日墨西哥地震记录分析可知，随不同土壤而异的阻尼修正系数在1.7～2.3。本条在计算储液晃动波高时，随着阻尼减少至0.005而乘以系数1.79。即：

$$h_v = 1.79 \times 0.837R\alpha = 1.5R\alpha \tag{15}$$

10.7 抗震构造措施

10.7.3 锚固螺栓的结构规定采用了现行国家标准《立式圆筒形钢制焊接油罐设计规范》GB 50341的有关规定。

11 加 热 炉

11.1 一 般 规 定

11.1.1 本条给出了加热炉抗震设计的适用范围。

11.1.2 本条规定了计算地震作用时应遵循的原则：

1 计算箱式加热炉框架和圆筒炉对流室框架的地震作用时，应考虑框架结构两个主轴（短边和长边）方向的水平地震作用，这是考虑到地震作用可能来自任意方向。为此，框架在两个主轴方向的抗侧力构件均应满足抗震要求。

2 卧式加热炉，是指燃烧炉之类的气体加热炉，这类加热炉，在炉膛内不设炉管，炉多为重力式结构，计算水平地震作用时，取垂直于炉体长轴方向的横向水平地震作用，这样假定偏于安全，而在炉体的长度方向，因有炉体的温度膨胀摩擦力，所以可不考虑炉体长度方向的水平地震作用。

3 本条是根据现行国家标准《烟囱设计规范》GB 50051和《高耸结构设计规范》GB 50135的规定制定的。

11.2 自 振 周 期

11.2.1 圆筒型加热炉可简化为多质点体系结构计算其自振特性。对于辐射对流型圆筒炉，一般可简化为四个质点体系，计算前两阶振型即可满足抗震要求。

公式（11.2.1-1）、公式（11.2.1-2），是根据动力测试了100多台圆筒型加热炉（辐射对流型圆筒炉约100余台，纯辐射型圆筒炉20余台）的实测数据，由最小二乘法回归得出的经验公式。

用经验公式对32个炼油和石油化工厂的百余台辐射对流型圆筒炉进行了反馈验算，其合格率95%以上。

根据"石油化工钢制设备结构阻尼比研究"课题分析报告，对目前炼油厂的20台圆筒型加热炉自振周期进行了实测，与公式(11.2.1-1)、公式（11.2.1-2）的平均偏差为16.69%，说明该计算公式可满足工程设计需要。

公式（11.2.1-2）的特点是充分考虑了炉顶烟囱在自由振动中的弯曲特性，式中的第4项h_4^2/D_3是烟囱高度和其外径之比，若烟囱外径D_3不变，烟囱高

度 h_4 增高，则 h_4^2/D_3 的变率加急，计算的基本自振周期也随着增大，这与辐射对流型圆筒加热炉弯剪振型的实际情况相当吻合。

11.2.2 对于高度小于或等于 40m（包括炉顶烟囱）的箱式加热炉，基本自振周期可按本条提供的经验公式计算，该经验公式（11.2.2）是根据测试了 30 余台箱式加热炉的实测数据，由最小二乘法归纳计算得出的。用该经验公式对 25 台箱式加热炉进行了反馈验算，合格率达 98%以上。

这类炉体框架的动力特点是：尽管炉体框架两个方向（横向和纵向）的抗弯刚度不同，但所测得的两个方向基本自振周期却很接近，这充分说明炉体框架是以剪切变形为主的剪弯型结构，实测的基本自振周期大都在 0.5～0.75 附近，这也说明炉架是刚性或中刚性结构，因此，可用测得的炉框架横向（短边）的基本自振周期代表整个炉架的基本自振周期，经验公式（11.2.2）表达了这一特点。

11.2.3 落地烟囱，可分为直筒式和锥体式，基本自振周期可按典型的公式（11.2.3-1）和公式（11.2.3-2）计算，对于较高（高度大于 40m）的变截面烟囱，可按附录 A 的方法计算，对于基本自振周期大于 1s 的烟囱计算到三阶振型，即可满足抗震计算需要。

11.3 地震作用和抗震验算

11.3.1 本条为强制性条文，必须严格执行。加热炉钢框架结构属构筑物范畴，抗震验算时，采用的是以概率可靠度为基础的多系数极限状态设计法。

11.3.3 “石油化工钢制设备结构阻尼比研究”课题组对 20 台圆筒炉和 14 台箱式炉阻尼比的数据采集工况是在脉动振源（微震）条件下完成的，考虑到现场设备的结构形式和工艺操作条件，并根据多年来振动台模型试验的基本规律，给出加热炉炉体结构在弹性阶段抗震计算用结构阻尼比建议值。

11.3.4 本条共有三款规定：

1 本款规定高度（包括炉顶烟囱高度）小于或等于 40m 且以剪切变形为主的箱式加热炉，其水平地震作用采用反应谱底部剪力法计算。这是因为这类炉多为剪切变形或是以剪切变形为主。

2 除第 1 款外的加热炉，多为弯剪变形，如圆筒形加热炉，在炉顶上的烟囱为弯曲变形，这类炉多是以烟囱弯曲变形为主和炉体剪切变形相组合的振型，所以其水平地震作用应采用振型分解反应谱法计算。

3 卧式加热炉，多系重力式炉，且低质心高频率，所以计算水平地震作用时，直接取地震影响系数的最大值，不考虑组合风载荷效应。

11.3.5、11.3.6 这两条是根据现行国家标准《建筑抗震设计规范》GB 50011 制定的。

11.3.7 坐落在箱式炉顶面上的烟囱，应按本规范第 4 章图 4.4.1 构架动力放大系数计算水平地震作用，这是因为炉顶层质量与烟囱的质量比都大于 2，炉顶面结构有较大的刚性，可以视为烟囱的刚性基础面。采用构架动力放大系数法计算得水平地震作用，比采用局部地震作用效应增大系数“3”（参照现行国家标准《建筑抗震设计规范》GB 50011）的计算方法，计算所得烟囱水平地震作用切合实际，但为了方便计算，也可以采用反应谱底部剪力法再乘以地震作用效应增大系数计算，本条采用构架动力放大系数法计算了 6 种不同类型的炉顶烟囱（见表 3），得出烟囱水平地震作用效应增大系数（与反应谱底部剪力法比较）在 1.58～1.96 之间，为了安全起见采用效应增大系数为 2.0。

表 3 炉顶烟囱水平地震作用效应增大系数

序号	炉框架		炉顶烟囱		反应谱底部剪力法、计算水平地震作用 F_{hsi}	楼面谱法计算水平地震作用 F'_{hsi}	$K_Y = F_{hsi}/F'_{hsi}$
	m_s	T_s	m_e	T_e			
1	82.69	0.7	32.47	0.42	3.15g	4.987g	1.58
2	69.6	0.62	21.0	0.37	2.13g	4.026g	1.89
3	68.34	0.522	19.95	0.522	2.15g	3.55g	1.65
4	55.44	0.56	13.40	0.32	1.36g	2.671g	1.96
5	41.47	0.5	8.2	0.231	0.81g	1.59g	1.96
6	32.00	0.42	4.85	0.18	0.49g	0.95g	1.94

注：m_s—炉框架顶层质量（t）；

T_s—炉框架基本自振周期（s）；

m_e—炉顶烟囱质量（t）；

T_e—炉顶烟囱基本自振周期（s）；

F_{hsi}—构架动力放大系数法计算得水平地震作用（kN）；

F'_{hsi}—反应谱底部剪力法计算得水平地震作用（kN）；

K_Y—炉顶烟囱水平地震作用效应增大系数（F_{hsi} 和 F'_{hsi} 的比值），$K_Y \approx 2.0$。

在计算炉体结构的水平地震作用时（按多质点体系计算），仍把烟囱质量视为炉顶面上的一个集中质量，这种假定是符合实际情况的。

11.3.8 对于高度小于或等于 40m 的落地烟囱，可按等效单质点体系采用反应谱底部剪力法计算水平地震作用；对于高度大于 40m 的落地烟囱，可按多质点体系采用振型分解反应谱法计算水平地震作用，此规定可确保不同刚度的烟囱满足抗震设计要求。

11.3.9 落地余热回收系统中的空气预热器钢架，一般为剪切振型结构，所以在计算水平地震作用时，采用反应谱底部剪力法。

架空烟道及其支架，虽然有的距地面较高，但为了安全起见，在计算水平地震作用时，取地震影响系数的最大值，且仅计算垂直烟道长度方向的水平地震作用。在烟道长度方向，因有温度膨胀作用产生的摩擦力，摩擦力的作用效应不与水平地震作用效应组合。

11.3.10 加热炉钢结构构件抗震验算，采用极限状态设计方法的原因是：

1 加热炉钢结构的主要支撑体系为框架梁柱结构，适用于工业与民用一般构筑物的钢结构设计；

2 为与国家现行标准《钢结构设计规范》GB 50017及《石油化工管式炉钢结构设计规范》SH/T 3070配套使用，本章采用了以概率论为基础的极限状态设计方法。

11.4 抗震构造措施

11.4.1 箱式加热炉的构造措施，都是多年行之有效的实践经验。为了增加抗御地震作用的能力，保证炉框架结构的整体性，以起到多道抗震防线的作用，增加吸能能力，因而支撑系统是必不可少的。

3 在炉架侧墙两端相邻两柱之间及支承烟囱的两柱之间设置斜撑是为了保证加热炉的整体稳定性，并增加柱列的侧向刚度。

7 框架侧墙的炉底柱是侧墙柱网的薄弱环节，为了加强该部位的刚度，在柱网之间增设膝下撑（图11.2.2-2）是必要的。近几年国外设计的炉框架一般都设置了膝下撑，其主要作用是加强炉底侧墙柱网的刚度。

11.4.2 本条共有7款规定：

1 要求对流室高度不宜大于辐射室高度，因为对流室过高将造成炉体重心上移，而不利于抗震。

2 要求对流室结构构件应对称布置，在对流室高度大于4m时，亦应对称设置斜撑。对称布置结构构件，使其质心、形心一致，避免结构产生扭转，对抗震有利。

3 在炉顶平面支承直筒式烟囱的平面内设置斜撑，是保证炉顶平面在地震作用下的整体性和不产生变形。

4 规定烟囱底座支承梁的最小型号，是保证烟囱底座的刚度；规定烟囱底座梁采用刚性连接，是加强结构的整体性能，从而当烟囱遭受地震作用时，底座梁能承受烟囱传来的局部振动。

5 在设防烈度7度～9度时，应在辐射室筒体上口环梁向下设置纵向加劲肋，当筒体遭受地震作用时，保持其稳定性。

6 在辐射室筒体炉底柱数目少于8根时，设计成固接柱脚对抗震是有利的，可以避免在炉底柱数目少的情况下，由于柱脚连接薄弱而产生柱脚扭转，同时要求采用高台底座的柱脚形式。

7 筒体上、下口环梁设计成空腹型闭口截面，是为了增加环梁在水平地震作用下的抗扭转性能。

11.4.3 卧式加热炉在操作状态下多为微正压，在与水平地震作用效应组合时，应能保证筒体的局部和整体稳定性能，因而对筒体提出了最小壁厚要求，使筒体在水平地震作用下，不致发生局部屈曲的现象。

规定卧式加热炉筒体鞍座最小厚度，是为了保证鞍座在水平地震作用下，有相应的稳定性能和抗剪能力。

11.4.4 规定加热炉地脚螺栓的最小规格和柱脚底板最小厚度，是保证加热炉在水平地震作用下，不减弱抗倾覆能力和保持加热炉的总体稳定性能。

以上抗震构造措施，经历了7度和7度以上的地震烈度考验，证明是行之有效的。

11.4.5 炉顶烟囱的底座螺栓，是锚固烟囱的重要部件，因此必须牢固可靠，不允许有螺栓连接松弛，造成烟囱与炉体分离，形成不同步振动的情况，以致影响整个炉体结构的稳定性和承载能力，本条规定的目的就在于此。

11.4.6 在地震时，炉架的最大应力区容易产生塑性铰，导致构件失去整体和局部稳定，所以在构件的最大应力区不宜设置焊接接头。

11.4.7 架空烟道的抗震构造措施：

1 在地震作用下，烟道壁板太薄容易产生变形，造成烟道壁板内瘪外突。同时应指出，烟道壁板的最小厚度是指在加劲肋或加强壁框能保证烟道的强度和稳定的前提下定出的。

2 用承插式烟道进行温度补偿时，应预留间隙，除吸收热膨胀外，还应留有余量，避免在发生地震时，烟道在承插处断开，致使烟道破坏。

3 承插式烟道补偿设施，应焊接在支承结构上，避免在地震时补偿设施与烟道脱开，掉出支承结构而发生事故。

4 在烟道支座处设置烟道侧向挡板，以防止地震时烟道滑出支座发生事故。

11.4.8 本条规定都是为保证底座连接的牢靠性和稳定性。

11.4.9、11.4.10 这两条是依据现行国家标准《建筑抗震设计规范》GB 50011制定的。

附录B 支腿式直立设备抗震验算

B.1 支 腿

B.1.1 支腿承受的水平载荷一般包括水平地震作用、管道载荷和风载荷等。

B.1.3 地震时，支腿支承的设备将随着每个支腿的弯曲变形而整体变形，由于支腿的连接部位与设备重心不在一条垂直线上，地震中设备首先将产生倾覆力矩，而支腿则承受偏心压缩使其屈曲强度降低。支腿的稳定强度是按压弯构件进行核算。

B.2 支腿连接处筒体

B.2.1 支腿连接处筒体的受力一般包括地震作用、压力、管道载荷和风载荷等。

在以上载荷作用下，支腿连接处的筒体将产生较大的局部应力。在各国标准中，局部应力的计算方法一般采用简化的美国焊接研究会第 107 号公报（WRC107 公报）方法。

当支腿连接处筒体的局部应力不满足要求时，可以设置垫板，使垫板厚度参与局部应力计算。垫板的宽度应根据设备的操作温度、直径和筒体长度设置。

附录C 支耳式直立设备抗震验算

C.1 筒　体

C.1.1 考虑到支耳式支座可用于直径较大或高径比较大的直立设备，因此，有必要核算支座处筒体的轴向应力。

C.2 支　耳

C.2.1 由于水平地震作用的方向不定，所以应综合考虑支耳的安装方向。至少考虑如图 3 所示的两个方向，这时各支耳的反力大小如图所示。

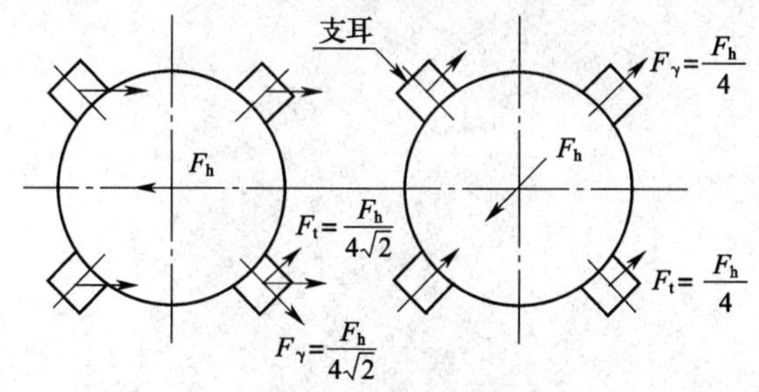

图 3　水平载荷作用引起的支耳反力示意

由于各支耳的支承载荷不一定限于理想的等分，因此，应从偏于安全来慎重考虑在一个支耳上同时作用有地震作用载荷、管道载荷和风载荷等，故给出式（C.2.1）。

C.2.2 同样，由于水平作用载荷引起的弯矩和垂直载荷在支耳上产生纵向反力也存在以上工况。故给出式（C.2.2）。

C.3 支耳连接处筒体

C.3.1 支耳连接处筒体的受力一般包括地震作用、压力、管道载荷和风载荷等。在以上载荷作用下，支耳连接处的筒体将产生较大的局部应力。在各国标准中，局部应力的计算方法一般采用简化的 WRC107 公报方法。

当支耳连接处筒体的局部应力不满足要求时，可以设置垫板，使垫板厚度参与局部应力计算。垫板的宽度应根据设备的操作温度、直径和筒体长度设置。

对支耳连接处筒体的局部应力不满足时，也可采用刚性环支撑结构，其计算方法可参考有关文献。

中华人民共和国国家标准

秸秆发电厂设计规范

Design code for straw power plant

GB 50762—2012

主编部门：中 国 电 力 企 业 联 合 会
批准部门：中华人民共和国住房和城乡建设部
实施日期：2 0 1 2 年 1 0 月 1 日

中华人民共和国住房和城乡建设部
公　　告

第 1398 号

关于发布国家标准《秸秆发电厂设计规范》的公告

现批准《秸秆发电厂设计规范》为国家标准，编号为 GB 50762—2012，自 2012 年 10 月 1 日起实施。其中，第 4.2.4、5.2.4、10.2.3、15.1.10、15.2.4 条为强制性条文，必须严格执行。

本规范由我部标准定额研究所组织中国计划出版社出版发行。

中华人民共和国住房和城乡建设部

二〇一二年五月二十八日

前　　言

本规范是根据原建设部《关于印发〈2006 年工程建设标准规范制订、修订计划（第二批）〉的通知》（建标〔2006〕135 号）的要求，由中国电力工程顾问集团东北电力设计院会同有关单位编制完成的。

本规范在编制过程中，编制组通过调查研究秸秆发电项目的建设和运行，总结了很多经验，将秸秆发电设计更趋先进合理、符合国情，以产生良好的社会效益和经济效益。编制组认真总结了近几年秸秆发电项目的实践经验，并在广泛征求意见的基础上，通过反复讨论、修改和完善，最后经审查定稿。

本规范共分 18 章，主要技术内容包括：总则、术语、秸秆资源与厂址选择、厂区及收贮站规划、主厂房布置、燃料输送设备及系统、秸秆锅炉设备及系统、除灰渣系统、汽轮机设备及系统、水工设施及系统、水处理设备及系统、电气设备及系统、仪表与控制、采暖通风与空气调节、建筑和结构、辅助和附属设施、环境保护、劳动安全与职业卫生等。

本规范中以黑体字标志的条文为强制性条文，必须严格执行。

本规范由住房和城乡建设部负责管理和对强制性条文的解释，由中国电力企业联合会标准化中心负责日常管理，由中国电力工程顾问集团东北电力设计院负责具体技术内容的解释。

在执行本规范的过程中，请各单位结合工程实践，注意总结经验，积累资料，随时将有关意见和建议反馈给中国电力工程顾问集团东北电力设计院秸秆规范管理组（地址：长春市人民大街 4368 号；邮政编码：130021），以便今后修订时参考。

本规范主编单位、参编单位、主要起草人和主要审查人：

主 编 单 位：中国电力工程顾问集团东北电力设计院

参 编 单 位：山东电力工程咨询院

主要起草人：刘　钢　付祥卫　黄明皎　崔　岩　高永芬　于永志　李向东　宋小斌　穆江宁　罗　娟　郑德升　丛佩生　宋长清　谭红军　张立忠　陈德智　田　浩　王桂华　王伟民　孙建平　杨　眉

主要审查人：胡伯云　王宏斌　韦迎旭　许松林　汪　毅　安旭东　任德刚　贾全宇　李佩建　王　瑾　刘香阶　刘经燕　王佩华　翁毕庆　郑惠民　马欣强　周曼毅　陈添槐　石会群　王建荣　于　波　郑小毛

目　次

Contents

1 总　　则

1.0.1 为了在秸秆发电厂（以下简称“发电厂”）设计中做到安全可靠、技术先进、经济适用，满足节约能源、用水、用地和保护环境的要求，制定本规范。

1.0.2 本规范适用于单机容量为30MW及以下的新建或扩建秸秆发电厂的设计。

1.0.3 发电厂的设计应积极应用经运行实践或工业试验证明的先进技术、先进工艺、先进材料和先进设备。

1.0.4 在秸秆资源丰富的地区，宜根据可利用秸秆资源情况建设凝汽式或供热式发电厂。

1.0.5 发电厂机组压力参数的选择，宜符合下列规定：

1 单机容量为30MW或25MW的机组，宜选用高压参数；单机容量为15MW或12MW的机组，宜选用次高压或中压参数；单机容量为6MW及以下机组，宜选用中压参数。

2 同一发电厂内的机组宜采用同一种参数。

1.0.6 发电厂规划容量不宜大于30MW，规划台数不宜超过两台。当经充分论证，秸秆供应量充足且采购成本合理时，发电厂规划容量也可适当增加；同一发电厂内的机组容量等级宜统一。同容量机、炉宜采用同一型式或改进型式，其配套设备的型式也宜一致。

1.0.7 发电厂应按规划容量做总体规划设计，统一安排。新建发电厂可按规划容量一次建成或分期建设。分期建设时，每期工程设计宜只包括该期工程必须建设部分。对分期施工有困难或不合理的项目，可根据具体情况按规划容量一次建成。

1.0.8 扩建和改建的发电厂设计应结合原有总平面布置、原有生产系统的设备布置、原有建筑结构和运行管理经验等方面的特点，全面考虑，统一协调。

1.0.9 发电厂的机炉配置、主要辅机选型、主要生产工艺系统及主厂房布置，应经技术经济比较确定。在满足安全、经济、可靠的条件下，发电厂的系统和布置应适当简化。

1.0.10 在确保安全生产和技术经济合理的前提下，当条件合适时，发电厂可与邻近的工业企业或其他单位协作，联合建设部分工程设施。

1.0.11 发电厂的主要工艺系统设计寿命应达到30年。

1.0.12 发电厂的设计除应符合本规范外，尚应符合国家现行有关标准的规定。

2 术　　语

2.0.1 秸秆　straw stalk

成熟农作物收获籽实后的剩余部分和枝状林作物的统称，分为硬质秸秆和软质秸秆两类。

2.0.2 硬质秸秆　hard stalk and woody plant

棉花、大豆等茎干相对坚硬的农作物秸秆及树枝、木材加工下脚料的统称。

2.0.3 软质秸秆　straw and non-hard stalk

玉米、小麦、水稻、高粱、甘蔗等茎干相对柔软的农作物秸秆的统称。

2.0.4 辅助燃料　supplementary fuel

农作物籽实外壳、林作物籽实外壳和木屑等碎料。

2.0.5 燃料　fuel

秸秆与辅助燃料的统称。

2.0.6 秸秆发电厂　straw stalk power plant

以秸秆为主燃料的发电厂。

2.0.7 收贮站　collection&storage station

秸秆发电厂用于收集、贮存、加工燃料的厂外工作站。

2.0.8 露天堆场　open-air repository

无任何建筑物或构筑物遮盖的燃料堆放场地。

2.0.9 半露天堆场　half open-air repository

具有完整顶棚、其余围护结构面积不大于30%的燃料储存建筑物。

2.0.10 秸秆仓库　straw stalk storehouse

具有完整顶棚、其余围护结构面积大于30%的燃料储存建筑物。

2.0.11 活底料仓　surge bin with push floor

底部带有给料机械的料仓。

3 秸秆资源与厂址选择

3.1 秸 秆 资 源

3.1.1 发电厂应建在秸秆产地附近，所在区域应有丰富的秸秆资源、可靠的秸秆产量及待续的可获得量。

3.1.2 发电厂所需燃料宜在半径50km范围内获得。

3.1.3 项目建设单位应调查研究厂址附近多年秸秆产量，对秸秆产量进行分析，保证在农业歉年可获得秸秆量能够满足电厂的年秸秆消耗量。

3.1.4 发电厂可燃用辅助燃料。

3.1.5 项目建设单位应充分重视秸秆发电厂的燃料及其分析数值，进行必要的调查研究后合理确定燃料及其分析数值。

3.2 热负荷及电力负荷

3.2.1 热负荷的确定应符合现行国家标准《小型火力发电厂设计规范》GB 50049的有关规定。

3.2.2 电力负荷的确定应符合现行国家标准《小型

火力发电厂设计规范》GB 50049的有关规定。

3.3 厂址选择

3.3.1 发电厂的厂址选择应根据地区土地利用规划、城镇总体规划及区域秸秆分布、现有生产量、可供应量，并结合厂址的自然环境条件、建设条件和社会条件等因素，经技术经济综合评价后确定。

3.2.2 厂址位置的确定应符合下列规定：

1 宜选择在秸秆丰产区的城镇附近，应有保证发电厂连续运行的秸秆用量。

2 应利用荒地和劣地，不得占用基本农田，不宜占用一般农田。应按规划容量确定用地范围，按近期建设规模征用。

3 不得设在危岩、滑坡、岩溶强烈发育、泥石流地段、发震断裂带以及地震时易发生滑坡、山崩和地陷地段。

4 选择在地基承载力较高，宜采用天然地基的地段。

5 应避让重点保护的文化遗址和风景区，不宜设在居民集中的居住区内和有开发价值的矿藏上，并应避开拆迁大量建筑物的地区。

6 宜设在城镇、居民点和重点保护的文化遗址及风景区常年最小频率风向的上风侧。

7 收贮站应布置在地势高，地下水位低，地形平坦，具有良好的自然排水条件的地段。

8 城市建成区、环境质量不能达到要求且无有效削减措施，或可能造成敏感区环境保护目标不能达到相应标准要求的区域，不得新建发电厂。

3.3.3 发电厂的秸秆运输宜采用公路运输方式。有较好水路运输条件时，可通过技术经济比较，采取水路运输或水陆联运。秸秆运输路径不宜穿越城镇，不宜与主要公路平面交叉。

3.3.4 选择发电厂厂址、确定供水水源时，应符合下列规定：

1 供水水源必须落实、可靠。在确定水源的给水能力时，应掌握当地农业、工业和居民生活用水情况，以及水利、水电规划对水源变化的影响。

2 采用直流供水的发电厂，宜靠近水源，并应考虑取排水对水域航运、环境、养殖、生态和城镇生活用水等的影响。

3 当采用江、河水作为供水水源时，其取水口位置必须选择在河床全年稳定的地段，且应避免泥沙、草木、冰凌、漂流杂物、排水回流等的影响。

4 当考虑地下水作为水源时，应进行水文地质勘探，按照国家和电力行业现行的供水水文地质勘察规范的要求，提出水文地质勘探评价报告，并应得到有关水资源主管部门的批准。

3.3.5 灰渣应全部综合利用，不设永久贮灰场。厂址选择时，可结合灰渣综合利用实际情况，按下列原则选定周转或事故备用干式贮灰场：

1 贮灰场容量不宜超过6个月的电厂设计灰渣量。

2 贮灰场选择应本着节约耕地的原则，不占、少占或缓占耕地、果园和树林，避免迁移居民。宜选用山谷、洼地、荒地、滩地、塌陷区和废矿坑等，并宜靠近厂区。

3 贮灰场选择应满足环境保护的要求，并应符合下列规定：

1）应选在工业区和居民集中区主导风向下风侧，场界距居民集中区500m以外；

2）禁止选在江河、湖泊、水库最高水位线以下的滩地和洪泛区；

3）禁止选在自然保护区、风景名胜区和其他需要特别保护的区域；

4）应避开地下水主要补给区和饮用水源含水层。

4 所选贮灰场的场址应符合当地城乡建设总体规划要求。贮灰场征地应按国家有关规定和当地的具体情况办理。

3.3.6 确定发电厂厂址标高和防洪、防涝堤顶标高时，应符合下列规定：

1 厂址标高应高于重现期为50年一遇的洪水位。当低于该水位时，厂区必须有防洪围堤或其他可靠的防洪设施，并应在初期工程中按规划规模一次建成。

发电厂的防洪，应结合工程具体情况，作好防排洪（涝）规划，充分利用现有的防排洪（涝）设施。当必须新建时，经比选可因地制宜采用防洪（涝）堤、排洪（涝）沟和挡水围墙等构筑物。同时，要防止破坏山体，注意水土保持。

2 主厂房区域的室外地坪设计标高，应高于50年一遇的洪水位以上0.5m。厂区其他区域的场地标高不得低于50年一遇的洪水位。

厂址标高高于设计水位，但低于浪高时可采取以下措施：厂外布置排泄洪渠道；厂内加强排水系统的设置；布置防浪围墙，墙顶标高按浪高确定。

3 对位于江、河、湖旁的发电厂，其防洪堤的堤顶标高，应高于50年一遇的洪水位0.5m。当受风、浪、潮影响较大时，尚应再加重现期为50年的浪爬高。防洪堤的设计应征得当地水利部门的同意。

4 对位于海滨的发电厂，其防洪堤的堤顶标高，应按50年一遇的高水位或潮位，加重现期50年累积频率1%的浪爬高和0.5m的安全超高确定。

5 在以内涝为主的地区建厂时，防涝围堤堤顶标高应按50年一遇的设计内涝水位加0.5m的安全超高确定。当难以确定设计内涝水位时，可采用历史最高内涝水位；当有排涝设施时，则按设计内涝水位加0.5m的安全超高确定。围堤应在初期工程中一次建成。

6 对位于山区的发电厂，应考虑防山洪和排山洪的措施，防排洪设施可按频率为1%的标准设计。

7 企业自备发电厂的防洪标准，应与所在企业的防洪标准相协调。

3.3.7 发电厂出线走廊的规划，应根据系统规划、输电出线方向、电压等级与回路数、厂址附近地形、地貌和障碍物等条件，按规划容量统一安排，并且避免交叉。高压输电线应避开重要设施，不宜跨越建筑物，当不可避开时，相互间应有足够的防护间距。

3.3.8 发电厂的总体规划，应符合下列规定：

1 应以厂区为中心，在满足工艺流程的情况下，按规划容量合理确定厂址的规划结构和发展方向。

2 厂区宜靠近秸秆收贮区域。

3 收贮站宜布置在公路或水路交通便利的地带，收购半径不宜大于15km，收购站距厂区不宜大于40km。

4 妥善处理厂内与厂外、生产与生活、生产与施工的关系。

5 合理利用自然地形、地质条件，减少工程的土石方工程量。

6 收贮站距居民点不应小于100m。

7 集约、节约用地。

4 厂区及收贮站规划

4.1 一般规定

4.1.1 厂区及收贮站的规划，应根据生产工艺、运输、防火、防爆、环境保护、卫生、施工和生活等方面的要求，结合厂区地形、地质、地震和气象等自然条件进行统筹安排，合理布置，工艺流程顺畅，检修维护方便，有利施工，便于扩建。发电厂附近应设若干个燃料收贮站，负责电厂燃料的收购和贮存。

4.1.2 厂区及收贮站的规划设计应符合下列规定：

1 厂区及收贮站应按合理区域秸秆量确定规划容量和本期建设规模，统一规划，分期建设。

2 扩建发电厂的厂区规划，应结合老厂的生产工艺系统和平面布置特点进行统筹安排，合理利用现有设施，减少拆迁，并避免扩建施工对生产的影响。

3 环境空间组织，应功能分区明确，布局集中紧凑，空间尺度合适，满足安全运行，方便检修。

4 建（构）筑物宜按生产性质和使用性质采用联合建筑、成组和合并布置。

5 厂区规划应以主厂房为中心进行合理布置。

6 在地形复杂地段，可结合地形特征，选择合适的建筑物、构筑物平面布局，建筑物、构筑物的主要长轴宜沿自然等高线布置。

7 根据地震烈度需要设防的发电厂，建筑场地宜布置在有利地段，建筑物体形宜简洁规整。

4.1.3 主要建筑物的方位，宜结合区位条件、日照、自然通风和天然采光等因素确定。

4.1.4 厂区绿化的布置应符合下列规定：

1 绿化主要地段，应规划在进厂主干道的两侧，厂区主要出入口及行政办公区，主厂房、主要辅助建筑及秸秆仓库、露天堆场、半露天堆场的周围。

2 屋外配电装置场地的绿化，应满足电气设备安全距离的要求。

3 绿地率宜为15%～20%。

4.1.5 发电厂用地指标应符合现行国家标准的有关规定。

4.1.6 建（构）筑物的火灾危险性分类及其耐火等级不应低于表4.1.6的规定。

表4.1.6 建（构）筑物在生产过程中的火灾危险性及耐火等级

序号	建（构）筑物名称	火灾危险性分类	耐火等级
1	主厂房（汽机房、除氧间、锅炉房）	丁	二级
2	吸风机室	丁	二级
3	除尘构筑物	丁	二级
4	烟囱	丁	二级
5	秸秆仓库	丙	二级
6	破碎室	丙	二级
7	转运站	丙	二级
8	运料栈桥	丙	二级
9	活底料仓	丙	二级
10	汽车卸料沟	丙	二级
11	电气控制楼（主控制楼、网络控制楼）、继电器室	戊	二级
12	屋内配电装置楼（内有每台充油量大于60kg的设备）	丙	二级
13	屋内配电装置楼（内有每台充油量小于或等于60kg的设备）	丁	二级
14	屋外配电装置	丙	二级
15	变压器室	丙	二级
16	总事故贮油池	丙	一级
17	岸边水泵房	戊	二级
18	灰浆、灰渣泵房、沉灰池	戊	二级

续表 4.1.6

序号	建（构）筑物名称	火灾危险性分类	耐火等级
19	生活、消防水泵房	戊	二级
20	稳定剂室、加药设备室	戊	二级
21	进水建筑物	戊	二级
22	冷却塔	戊	三级
23	化学水处理室、循环水处理室	戊	三级
24	启动锅炉房	丁	二级
25	贮氧罐	乙	二级
26	空气压缩机室（有润滑油）	丁	二级
27	热工、电气、金属实验室	丁	二级
28	天桥	戊	二级
29	天桥（下设电缆夹层时）	丙	二级
30	排水、污水泵房	戊	二级
31	各分场维护间	戊	二级
32	污水处理构筑物	戊	二级
33	原水净化构筑物	—	—
34	电缆隧道	丙	二级
35	柴油发电机房	丙	二级
36	办公楼	—	三级
37	一般材料库	戊	二级
38	材料库棚	戊	三级
39	汽车库	丁	二级
40	消防车库	丁	二级
41	警卫传达室	—	三级
42	自行车棚	—	四级

注：1 除本表规定的建（构）筑物外，其他建（构）筑物的火灾危险性及耐火等级应符合现行国家标准《建筑设计防火规范》GB 50016 的有关规定。

2 电气控制楼，当不采取防止电缆着火后延燃的措施时，火灾危险性应为丙类。

4.2 主要建筑物和构筑物的布置

4.2.1 主厂房位置的确定应符合下列规定：

1 满足工艺流程，道路通畅，与外部进出厂管线连接短捷。

2 采用直流供水时，主厂房宜靠近取水口。

3 主厂房的固定端，宜朝向厂区主要出入口。

4 汽机房的朝向，应使高压输电线出线顺畅。炎热地区，宜使汽机房面向夏季盛行风向。

5 当自然地形坡度较大时，锅炉房宜布置在地形较高处。

6 根据总体规划要求，预留扩建条件。

4.2.2 冷却塔或冷却水池的布置宜符合下列规定：

1 冷却塔或冷却水池，宜靠近汽机房布置，并应满足最小防护间距要求。

2 发电厂一期工程的冷却塔，不宜布置在厂区扩建端。

3 冷却塔或冷却水池，不宜布置在屋外配电装置及主厂房的冬季盛行风向上风侧。

4 机力通风冷却塔单侧进风时，其长边宜与夏季盛行风向平行，并应注意其噪声对周围环境的影响。

4.2.3 秸秆仓库、露天堆场、半露天堆场的布置，应符合下列规定：

1 秸秆仓库、露天堆场、半露天堆场宜布置在炉侧或炉前。

2 秸秆仓库宜采取集中或成组布置。

3 露天堆场、半露天堆场宜集中布置在厂区边缘。单堆容量超过 20000t 时，宜分设堆场，各堆场间的防火间距不应小于相邻较大堆场与四级耐火等级建筑的间距。露天堆场、半露天堆场应有完备的消防系统和防止火灾快速蔓延的措施。

4 秸秆输送系统的建筑物布置，应满足生产工艺的要求，并应缩短输送距离，减少转运，降低提升高度。

5 秸秆仓库、露天堆场或半露天堆场的布置，宜靠近厂区物料运输入口，并应位于厂区常年最小频率风向的上风侧。

6 燃料堆垛的长边应当与当地常年主导风向平行。

4.2.4 发电厂各建（构）筑物之间的间距，不应小于表 4.2.4 的规定。

4.2.5 发电厂采用汽车运输燃料和灰渣时，宜设专用的出入口。

4.2.6 发电厂扩建时，宜设计有施工专用的出入口。

4.2.7 厂区围墙高度宜为 2.2m。屋外配电装置区域周围厂内部分应设有 1.8m 高的围栅，变压器场地周围应设置 1.5m 高的围栅。

表 4.2.4　发电厂各建（构）筑物的最小间距

序号	建筑物名称		丙、丁、戊类建筑耐火等级			屋外配电装置	自然通风冷却塔	机力通风冷却塔	露天卸秸秆装置或秸秆堆场 W（t）			行政生活服务建筑		厂外道路（路边）	厂内道路（路边）		围墙
			一、二级	三级	四级				10≤W<5000	5000<W<10000	W≥10000	一、二级	三级		主要	次要	
1	丙、丁、戊类建筑耐火等级	一、二级	10	12	—	10	15～30 注 4	35	15	20	25	10	12	无出口时 1.5，有出口无引道时 3，有引道时 7～9			5
2		三级	12	14	—	12			20	25	30	12	14				
		四级	—	—	—	—	—	—	25	30	40	—	—	—			
3	屋外配电装置		10	12	—	—	25～40 注 5	40～60 注 3	50			10	12	1.5			—
4	主变压器或屋外厂用变压器油量（t/台）	≤10	12	15	—	—						15	20	—			—
5		>10.50	15	20	—							20	25	—			—
6	自然通风冷却塔		15～30 注 4		—	25～40 注 5	0.45D～0.5D 注 1	40	25～30			30		25	10		10
7	机力通风冷却塔		15～30 注 4		—	40～60 注 3	40	注 2	40～45			35		35	15		15
8	露天卸秸秆装置或秸秆堆场 W（t）	10≤W<5000	15	20	25	50	25～30	40～45	—			25		15	10	5	5
		5000<W<10000	20	25	30							30					
		W≥10000	25	30	40							40					
9	行政生活服务建筑	一、二级	10	12	—	10	30	35				6	7	有出口时 3 无出口时 1.5			5
10		三级	12	14	—	12						7	8				
11	围墙		5	5	—	—	10	15	5			5		2	1.0		—

注：1　D 为逆流式自然通风冷却塔进出口下缘塔筒直径（人字柱与水面交点处直径）。取相邻较大塔的直径。冷却塔布置，当采用非塔群布置时，塔间距宜为 0.45D，困难情况下可适当缩减，但不应小于 4 倍标准进风口的高度。采用塔群布置时，塔间距宜为 0.5D，有困难时可适当缩减，但不应小于 0.45D。当间距小于 0.5D 时，应要求冷却塔采取减小风的负压荷载的措施。

2　机力通风冷却塔之间的间距：
当盛行风向平行于塔群长边方向时，根据塔群前后错开的情况，可取 0.5 倍～1.0 倍塔长；当盛行风垂直于塔群长边方向且两列塔呈一字形布置时，塔端净距不得小于 9m。

3　在非严寒地区采用 40m，严寒地区采用有效措施后可小于 60m。

4　自然通风冷却塔（机力通风冷却塔）与主控制楼，单元控制楼、计算机室等建筑物采用 30m，其余建（构）筑物均采用 15m～20m（除水工设施等采用 15m 外，其他均采用 20m）。

5　为冷却塔零米（水面）外壁至屋外配电装置构架边净距，当冷却塔位于屋外配电装置冬季盛行风向的上风侧时为 40m，位于冬季盛行风向的下风侧时为 25m。

6　堆场与甲类厂房（仓库）以及民用建筑的防火间距，应根据建筑物的耐火等级分别按本表的规定增加 25%，且不应小于 25m；与明火或散发火花点的防火距离，应按本表四级耐火等级建筑的相应规定增加 25%。

4.3　交通运输

4.3.1　发电厂的燃料运输方式宜符合下列规定：

1　宜采用公路运输。

2　有较好水路运输条件时，可通过技术经济比较，采取水路运输或水陆联运。

4.3.2　厂区道路的布置应符合下列规定：

1　应满足生产和消防的要求，并应与竖向布置和管线布置相协调。

2　主厂房、秸秆仓库、露天堆场、半露天堆场、屋外配电装置周围应设环形道路。

3　厂内道路宜采用混凝土路面或沥青路面。

4 厂内秸秆运输道路宽度宜为7m～9m，其他主要道路宽度宜为6m，次要道路宽度宜为4m，人行道路宽度不宜小于1m。采用汽车运输燃料和灰渣的发电厂，应有专用的燃料运输出入口，该出入口宜面向燃料来源方向，其出入口道路的行车部分宽度宜为7m～9m。

4.3.3 厂外道路的布置应符合下列规定：

1 发电厂的主要进厂公路，应分别与通向城镇和秸秆收贮站的现有公路相连接，宜短捷，并应避免与铁路线交叉。当其平交时，应设置道口及其他安全设施。

2 进厂主干道的行车部分宽度，宜为7m～9m。

3 厂区与厂外供水建筑，水源地、码头、贮灰场之间，应有道路连接。

4.3.4 水路运输码头的设计应符合下列规定：

1 水路运输码头，应选在河床稳定、水流平顺、流速适宜和有足够水深的水域可供停泊船只的河段上。

2 码头宜靠近厂区，并应布置在取水构筑物的下游，与取水口保持一定的距离。

3 码头与循环水排水口之间，宜相隔一段距离，避免排水流速分布对船只停泊的影响。

4.4 竖向布置及管线布置

4.4.1 发电厂厂区竖向布置应符合现行国家标准《小型火力发电厂设计规范》GB 50049的有关规定。

4.4.2 发电厂厂区地下管线的布置应符合现行国家标准《小型火力发电厂设计规范》GB 50049的有关规定。

4.5 收贮站规划

4.5.1 收贮站内秸秆仓库、半露天堆场、露天堆场的布置应符合下列规定：

1 半露天堆场或露天堆场单堆不宜超过20000t。超过20000t时，应采取多堆布置。

2 秸秆仓库宜集中成组布置，半露天堆场或露天堆场宜集中布置。

3 露天堆场垛顶披檐到结顶应当有滚水坡度。

4 秸秆仓库、半露天堆场、露天堆场应位于站区常年最小频率风向的上风侧。

5 站区宜设实体围墙，围墙高为2.2m。

4.5.2 收贮站的竖向布置应符合下列规定：

1 收贮站的标高宜按20年一遇防洪标准的要求加0.5m的安全超高确定。

2 场地坡度不应小于0.5%。坡度大于3%时，宜采取阶梯布置。

4.5.3 收贮站的交通运输应符合下列规定：

1 站内道路应满足消防和运输的要求。

2 站内秸秆仓库、半露天堆场、露天堆场应设环形消防通道。

3 站内道路宽度应为7 m～9 m，主要运输道路应为9 m。

4 站内宜设不少于两个专用运输出入口。

5 主厂房布置

5.1 一般规定

5.1.1 发电厂主厂房的布置应符合热、电生产工艺流程，做到设备布局紧凑、合理，管线连接短捷、整齐，厂房布置简洁、明快。

5.1.2 主厂房的布置应为运行安全和方便操作创造条件，做到巡回检查通道畅通。

厂房内的空气质量、通风、采光、照明和噪声等，应符合现行国家有关标准的规定。特殊设备应采取相应的防护措施，符合防火、防爆、防腐、防冻、防毒等有关要求。

5.1.3 主厂房布置应根据自然条件、总体规划和主辅设备特点及施工场地、扩建条件等因素，进行技术经济比较后确定。

5.1.4 主厂房布置应根据发电厂的厂区、综合主厂房内各工艺专业设计的布置要求及发电厂的扩建条件确定。扩建厂房宜与原有厂房协调一致。

5.1.5 主厂房内应设置必要的检修起吊设施和检修场地，以及设备和部件检修所需的运输通道。

5.2 主厂房布置

5.2.1 主厂房的布置形式，宜按汽机房、除氧料仓间、锅炉房三列式或汽机房、除氧间、料仓间、锅炉房四列式顺序排列，或根据上料方式及工艺流程经技术经济比较采用其他布置方式。

5.2.2 主厂房的布置应与燃料输送方向、发电厂出线、循环水进、排水管沟、热网管廊、主控制楼（室），汽机房披屋和其周围环形道路等布置相协调。

5.2.3 主厂房各层标高的确定应符合下列规定：

1 双层布置的锅炉房和汽机房的运转层，宜取同一标高，汽机房的运转层，宜采用岛式布置。

2 除氧器层的标高，应保证在汽轮机各种运行工况下，给水泵进口不发生汽化。当气候、布置条件合适、除氧间不与煤仓间合并时，除氧间和给水箱宜露天布置。

3 给料层的标高，应按燃料输送系统及每台锅炉给料仓总有效容积的要求确定。

5.2.4 当除氧器和给水箱布置在单元控制室上方时，单元控制室的顶板必须采用混凝土整体浇灌，除氧器层楼面必须有可靠的防水措施。

5.2.5 主厂房的柱距和跨度，应根据锅炉和汽机容量、型式和布置方式，结合规划容量确定。

5.2.6 露天布置的锅炉，应采取有效的防冻、防雨、防腐、排水、承受风压和减少热损失措施。对严寒或风沙大的地区，锅炉应根据设备特点及工程具体情况采用紧身罩或屋内式布置。烟气处理设备，应露天布置。在严寒地区，对有可能冰冻的部位，应采取局部防冻措施。在非严寒地区，锅炉吸风机宜露天布置。当锅炉为岛式露天布置时，送风机、一次风机也宜露天布置。露天布置的辅机，要有防噪声措施，其电动机宜采用全封闭户外式。

5.2.7 汽轮机润滑油系统的设备和管道布置应远离高温蒸汽管道。油系统应设防火措施，并符合现行国家标准《火力发电厂与变电站设计防火规范》GB 50229的有关规定。

5.2.8 减温减压器和热网加热器，宜布置在主厂房内。

5.2.9 集中控制室和电子设备间的布置应满足下列要求：

1 集中控制室和电子设备间的出入口不应少于两个，其净空高度不宜低于3.2m。

2 集中控制室及电子设备间应有良好的空调、照明、隔热、防尘、防火、防水、防振和防噪声措施。

3 集中控制室和电子设备间下面可设电缆夹层，它与主厂房相邻部分应封闭。

4 集中控制室、电子设备间及其电缆夹层内，应设消防报警和信号设施，严禁汽水、油及有害气体管道穿越。

5 集中控制室和电子设备间不应有任何工艺管道通过。

6 集中控制室和电子设备间应避开大型振动设备的影响。

7 集中控制室和电子设备间不应坐落在厂房伸缩缝和沉降缝上或不同基座的平台上。

8 集中控制室和电子设备间内的设备、表盘及活动空间布置宜紧凑合理，并方便运行和检修。

5.3 检 修 设 施

5.3.1 汽机房的底层应设置集中安装检修场地。检修场地面积应能满足检修吊装大件和翻缸的要求。

5.3.2 汽机房内起重机的设置宜按下列原则确定：

1 汽机房内，宜设置一台电动桥式起重机。

2 起重量应按检修起吊最重件确定（不包括发电机定子）。

3 起重机的轨顶标高，应满足起吊物件最大起吊高度的要求。

4 起重机的起重量和轨顶标高，应考虑规划扩建机组的容量。

5.3.3 主厂房的下列各处应设置必要的检修起吊设施：

1 锅炉房炉顶。电动起吊装置的起重量，宜为0.5t～1t。提升高度从零米到炉顶平台。

2 送风机、吸风机、一次风机等转动设备的上方。

3 利用汽机房桥式起重机起吊受到限制的地方：加热器、水泵、凝汽器端盖等设备和部件。

5.3.4 汽机房的运转层应留有利用桥式起重机抽出发电机转子所需要的场地和空间。汽机房的底层，应留有抽、装凝汽器冷却管的空间位置。

5.3.5 锅炉房的布置应预留拆装空气预热器、省煤器的检修空间和运输通道。

5.3.6 当设有炉前料仓时，料仓间应留有清除事故状态燃料的空间；当料仓底部采用螺旋式给料机时，料仓底层应留有拆装螺旋轴的空间位置。

5.4 综 合 设 施

5.4.1 主厂房内管道阀门的布置应方便检查和操作，凡需经常操作维护的阀门而人员难以到达的场所，宜设置平台、楼梯，或设置传动装置引至楼（地）面进行操作。

5.4.2 主厂房内的通道和楼梯的设置应符合下列规定：

1 主厂房的零米层与运转层应设有贯穿直通的纵向通道。其宽度宜符合下列规定：

1）汽机房靠A列柱侧，不宜小于1m；

2）汽机房靠B列柱侧，不宜小于1.4m。

2 汽机房和锅炉房之间，应设有供运行、检修用的横向通道。

3 每台锅炉应设运转层至零米层的楼梯。

4 每台双层布置的汽轮机运转层至零米层，应设上下联系楼梯。

5.4.3 主厂房的地下沟道、地坑、电缆隧道，应有防、排水设施。

5.4.4 主厂房的各楼层地面，可设置冲洗水源，并能排水；主厂房主要楼层应有清除垃圾的设施，运转层和零米宜设厕所。

5.4.5 汽机房外适当位置应设置一个事故贮油池，其容量按最大一台变压器的油量与最大一台汽轮机组油系统的油量比较确定，事故贮油池宜设油水分离设施。

6 燃料输送设备及系统

6.1 一 般 规 定

6.1.1 燃料输送系统应按发电厂规划容量、燃料品种、燃料厂外运输方式及当地的气象条件等统筹规划，并按本期容量建设。

6.1.2 燃料输送系统应简化系统流程，因地制宜地采用机械设备或设施，减少转运环节。

6.1.3 在充分调查原有燃料输送系统运行情况的基础上，扩建发电厂的燃料输送系统设计可考虑利用原有的设施和设备，并与原有系统相协调。

6.2 燃料厂外贮存及处理

6.2.1 项目建设单位应综合考虑秸秆发电厂的地域、投资、征地、燃料种类、燃料特性、燃料产出的季节性及燃料运输等因素因地制宜地设置厂外收贮站，保证发电厂连续运行。

6.2.2 硬质秸秆及辅助燃料的厂外收贮站，应对燃料进行晾晒及破碎处理。

6.2.3 软质秸秆入厂前宜在厂外的收贮站晾晒及打包。

6.2.4 厂外收贮站应按照燃料品种、燃料特性、燃料量及发电厂对燃料的要求，设置必要的破碎、打包、燃料搬运设备及计量、水分检测等辅助设备。

6.3 秸秆及辅助燃料的接卸及贮存

6.3.1 软质秸秆包料、硬质秸秆及辅助燃料的贮存应符合下列规定：

1 厂内燃料的贮存量宜为5d～7d燃料消耗量。

2 粒度已经符合锅炉燃烧要求的硬质秸秆及辅助燃料可以混存；未经处理的硬质秸秆及辅助燃料应分堆存放，分别处理。

3 发电厂位于多雨地区时，应根据秸秆的物理特性、输送系统、料场设备及燃烧系统的布置与型式等条件，确定是否设置干料贮存设施。当需设置时，其容量不应少于3d的燃料消耗量。计算厂内燃料的总贮存量时，应包括干料贮存设施的容量。

6.3.2 硬质秸秆及辅助燃料的接卸应符合下列规定：

1 硬质秸秆及辅助燃料可采用汽车卸料沟接卸，也可直接卸入秸秆仓库、半露天堆场或露天堆场。

2 采用汽车卸料沟卸料时，卸料沟的长度及容量应根据运输汽车的型号、卸料方式、来车频率等条件确定，其输出能力应与卸车出力相适应。

3 条件合适时，可采用活底料仓接卸燃料。当采用活底料仓卸料时，活底料仓的输出能力应与卸车能力及系统输出能力相适应。

6.3.3 硬质秸秆及辅助燃料堆、取设备的选择应符合下列规定：

1 建有秸秆仓库的发电厂，当有专用卸车设施时，宜采用高架带式输送机向秸秆仓库内输送经过晾晒和破碎处理的燃料。

2 运输车辆直接将燃料卸入秸秆仓库、半露天堆场或露天堆场时，对经过处理的粒度已经符合锅炉燃烧要求的硬质秸秆和辅助燃料可采用装载机、桥式抓斗起重机、移动轮胎式或固定旋转式抓斗起重机进行堆取料作业。

3 采用装载机或轮胎式抓斗起重机作为取料设备时，设备数量不宜少于两台。当取料设备同时兼顾堆料作业时，设备数量可适当增加。

6.3.4 采用秸秆仓库贮存软质秸秆包料时，应符合下列规定：

1 秸秆仓库的面积和跨度，应根据全厂总平面布置情况、储存天数、料包的尺寸、卸料、取料设备一次抓取的包料数量确定。

2 秸秆仓库的高度应根据卸料、取料设备的安装尺寸、设备运行时的最大高度、储存包料的高度等确定。包料在堆垛时，应采用压缝交错堆垛。

3 秸秆仓库的卸车位应布置在上料输送机两侧。卸车位应采用贯通式。进出秸秆仓库的大门宽度和高度，应根据运输车辆满载时的最大外形确定。上料输送机宜布置在秸秆仓库的中部。

4 秸秆仓库每个大垛四周应留有辅助作业机械的通道。

5 秸秆仓库可采用轻型封闭，并应考虑防风措施。

6.3.5 软质秸秆包料的接卸及堆取设施的选择，应符合下列规定：

1 采用秸秆仓库贮存软质秸秆包料时，宜在秸秆仓库设桥式秸秆堆码起重机进行接卸。秸秆堆码机数量不宜少于两台。设备的堆取能力应与卸车及进锅炉房的燃料输送系统能力相适应。

2 采用半露天或露天燃料堆场贮存软质秸秆时，可在燃料堆场设桥式起重机、移动式抓料机、固定旋转式抓料机或叉车进行秸秆的堆料和取料作业。设备的堆取能力应与卸车及进锅炉房的燃料输送系统能力相适应。

3 秸秆仓库、半露天堆场或露天堆场，可设叉车或移动式抓料机进行辅助作业。辅助设备的数量，应根据辅助堆取作业、整理等作业量等因素确定。

6.3.6 桥式秸秆堆码起重机的选择及布置，应符合下列规定：

1 桥式秸秆堆码起重机的起吊重量（含夹具重量）应按打包机所能提供的最大包料重量确定。同时，还应考虑1.2倍的超载系数。

2 桥式秸秆堆码起重机夹具开口除应满足最大和最小料包的外形尺寸外，尚应考虑包料外形尺寸公差。

6.3.7 发电厂燃用多种燃料且需混烧时，料场的设置应具备混合给料的条件。

6.4 燃料输送系统

6.4.1 硬质秸秆、辅助燃料及挤压成颗粒状的软质秸秆，可采用刮板给料机、活底料仓液压推杆给料机、螺旋给料机、圆形螺旋输送机、鳞板式给料机、移动式或固定带式输送机等设备进行输送。输送系统的出力，不应小于对应机组锅炉额定蒸发量燃料消耗量的150%。

6.4.2 硬质和软质秸秆共用一套输送系统时，所选择的给料设备和输送设备应适应所有燃料的运输。

6.4.3 不设炉前料仓时，打包的软质秸秆可采用链式输送机进行输送。输送机的出力不应小于对应机组锅炉额定蒸发量燃料消耗量的100%。

6.4.4 设有炉前料仓时，经破碎的软质秸秆可采用带式输送机进行输送。输送机的出力不应小于对应机组锅炉额定蒸发量燃料消耗量的150%。

6.4.5 破碎机料斗下的带式输送机，宜按计算带宽加大1挡～2挡选取；带速不宜大于1.25m/s。

6.4.6 采用地下料斗作为软质秸秆输出设施时，应经充分调研后慎重选择给料设备。料斗下给料机械的选型，应根据物料种类和特性确定。事故料斗给料设备出、入口不宜设调节装置。

6.4.7 采用带式输送机运输时，带式输送机斜升倾角的选择应考虑燃料特性和粒度等因素。输送颗粒状物料时，输送机倾角不宜大于16°；输送破碎后的秸秆时，输送机倾角不宜超过22°。

6.4.8 带式输送机栈桥应因地制宜地采用露天、半封闭式或轻型封闭式。采用露天栈桥时，带式输送机应设防护罩，并根据当地气象条件采取防风设施。带式输送机栈桥（隧道）的通道尺寸。应符合下列规定：

1 运行通道净宽不应小于1m。

2 检修通道净宽不应小于0.7m。

3 带宽800mm及以下的栈桥净高不应小于2.2m。

4 带宽1000mm及以上的栈桥净高不应小于2.5m。

5 地下带式输送机隧道净高不应小于2.5m。

6.5 破碎系统

6.5.1 破碎机的选择应根据物料种类和特性确定，破碎后的物料尺寸不宜大于100mm。当锅炉厂对燃料颗粒尺寸有具体要求时，破碎设备应满足锅炉要求。

6.5.2 破碎机的单台出力、台数应根据秸秆的入厂条件、燃料输送系统的出力及工艺配置、所能选择的破碎机的最大型号等条件综合确定。破碎机所能选择的最大型号不能满足破碎需要时，可以选择多台。

6.5.3 硬质秸秆的破碎应符合下列规定：

1 硬质秸秆在厂内进行破碎时，破碎机宜布置在封闭厂房内。破碎机本体应带除尘装置。

2 破碎机宜适用于可获得的不同种类的燃料，选型时应考虑下列要求：

1）能适应物料的特性、运行可靠、易损件寿命较长；

2）破碎后物料的尺寸应满足系统输送、锅炉给料系统的要求；

3）落料斗沿输送方向的长度应等于或大于破碎机落料口长度；

4）破碎机前后的落料管和料斗应采取密封措施。

6.5.4 不设炉前料仓时，打包的软质秸秆应在炉前解包破碎。

6.5.5 设有炉前料仓时，打包的软质秸秆可先解包破碎再用带式输送机运至炉前料仓，解包破碎机的出力应与输送系统的出力相适应。

6.6 燃料输送辅助设施及附属建筑

6.6.1 采用汽车运输时，发电厂内应设汽车衡。应根据全厂总平面布置和车辆流向，选择合理位置，尽量使空、重车分道行驶。汽车衡的规格、数量，应根据汽车车型、汽车日最大进厂的车辆数、日运行小时数、卸车等因素确定。汽车衡的称量吨位，应根据可能进厂运输车辆的最大载重量确定。

6.6.2 输送系统采用带式输送机时，入炉燃料计量宜采用电子皮带秤。

6.6.3 对输送散料的系统，在进入主厂房前，应设一级除铁器。在除铁器落铁处，应设置集铁箱或通至地面的弃铁设施和安全围栏。

6.6.4 燃料输送系统应设有必要的起吊设施和检修场地。

6.6.5 燃料入厂时，应设置必要的水分检测和采样设备。

6.6.6 燃料输送系统中不宜采用水力清扫和真空清扫系统。

6.6.7 燃料输送系统中的卸载装置、移动的给料设备、转运点宜考虑抑尘措施。

6.6.8 附属建筑的设置宜符合下列规定：

1 燃料输送系统，不宜单独设综合楼和检修间。

2 除寒冷地区外，装载机和其他辅助作业机械库不宜采用封闭式，可按硬化地面加遮阳防雨篷设计。车库位置宜设在靠近料场并且对环境影响较小的地方。车库的停车台位数宜与作业机械台数一致。

7 秸秆锅炉设备及系统

7.1 锅炉设备

7.1.1 锅炉的选型宜符合下列规定：

1 根据软质秸秆、硬质秸秆和辅助燃料的特性及其混烧比例，宜选择层燃炉或循环流化床锅炉。

2 容量相同的锅炉，宜选用相同型式。

3 气象条件适宜时，宜选用露天锅炉或半露天锅炉。

7.1.2 供热式发电厂锅炉的台数和容量，应根据设计热负荷和合理范围内秸秆可利用量确定。条件许可时，应优先选择较高参数、较大容量的锅炉。

7.1.3 在无其他热源的情况下，供热式发电厂一期工程，不宜将单台锅炉作为供热热源。

7.1.4 供热式发电厂当一台容量最大的锅炉停用时，其余锅炉的出力应满足下列要求：

1 热用户连续生产所需的生产用汽量。

2 冬季采暖通风和生活用热量的60%～75%，严寒地区取上限。

此时，可降低部分汽轮发电机的出力。

7.1.5 发电厂扩建且主蒸汽管道采用母管制系统时，锅炉容量的选择，应连同原有锅炉容量统一计算。

7.1.6 凝汽式发电厂锅炉容量和台数的选择应符合下列规定：

1 应根据合理范围内可利用秸秆量确定锅炉容量和台数。在相同秸秆保证率的条件下，应优先选择较高参数、较大容量的锅炉。

2 一台汽轮发电机宜配置一台锅炉，不应设置备用锅炉。

7.2 秸秆给料设备

7.2.1 硬质秸秆宜设置炉前给料仓。软质秸秆可经技术比较后确定是否设置炉前给料仓。

炉前给料仓有效容积应结合仓前输料系统和设备的可靠性进行设计，并能满足锅炉额定蒸发量时燃用设计燃料不大于0.5h的需求量。

炉前给料仓的内壁应光滑，几何形状和结构应使秸秆流动顺畅，防止秸秆粘在料仓四壁或搭桥。料仓壁面与水平夹角应不小于70°，两壁间的交线应不小于65°；料仓宜预留仓壁振打等设备的安装位置；料仓内应采用有效的机械转动疏通设备，料仓宜配有料位计、防爆门、喷淋装置、排风装置和观察孔。

7.2.2 给料机的型式应根据秸秆的种类确定，并应符合下列规定：

1 对于硬质秸秆，宜选用料仓、螺旋给料输送机，料仓仓底的给料机宜采用螺旋给料机，且给料机电机应有防止卡死的措施。

2 发电厂燃用软质秸秆时，宜整包给料，在炉前设破包装置，破包后进料至炉膛。并应符合下列规定：

1）水平给料时，给料机可采用皮带给料机或螺旋给料机；

2）倾角给料时，给料机宜采用双螺旋给料机或带齿的链条给料机；

3）料仓仓底的给料机宜采用螺旋给料机，且给料机电机应有防止卡死的措施。

3 设有炉前料仓时，给料系统总容量宜按锅炉给料量150%设计。65t/h及以下锅炉宜设置两套给料系统，65t/h以上锅炉宜设置2套～4套给料系统。

7.3 送风机、一次风机、吸风机与烟气处理设备

7.3.1 锅炉送风机、一次风机、吸风机的台数和型式，应符合下列规定：

1 锅炉容量为65t/h等级及以下时，每台锅炉应装设送风机和吸风机各一台。

2 锅炉容量为65t/h等级以上时，每台锅炉应装设一台送风机和1台～2台吸风机，可增设一台一次风机；一次风机压头与送风机压头相近时，宜与送风机合并设置，压头取两者中的较高值。

3 锅炉送风机、一次风机、吸风机宜选用高效离心式风机。不宜采用调速风机。

7.3.2 送风机、一次风机、吸风机和风量和压头裕量，应符合下列规定：

1 送风机基本风量按锅炉燃用设计燃料计算，应包括锅炉在额定蒸发量时所需的空气量及制造厂保证的空气预热器运行一年后送风侧的净漏风量。送风机的风量裕量宜为10%，另加温度裕量，可按“夏季通风室外计算温度”来确定；压头裕量宜为20%。

2 一次风机基本风量按锅炉燃用设计燃料计算，应包括锅炉在额定蒸发量时所需的一次风量及制造厂保证的空气预热器运行一年后一次风侧的净漏风量。一次风机的风量裕量不低于20%，另加温度裕量，可按“夏季通风室外计算温度”来确定；压头裕量不低于20%。

3 吸风机基本风量按锅炉燃用设计燃料和锅炉在额定蒸发量时的烟气量及制造厂保证的空气预热器运行一年后烟气侧漏风量及锅炉烟气系统漏风量之和考虑。吸风机的风量裕量不低于计算风量的10%，另加不低于10℃的温度裕量。吸风机的压头裕量不低于20%。

7.3.3 采用循环流化床锅炉时，当需配置高压液化风机，宜选用离心式或罗茨风机。每炉宜配两台50%容量的高压流化风机。风机的风量裕量与压头裕量均不小于20%。

7.3.4 烟气处理设备的选择，应符合国家和地方现行的环境保护有关标准的规定，并应满足秸秆特性、燃烧方式和灰渣综合利用的要求。在下列条件下，所选用的烟气处理设备仍应达到保证的除尘效率：

1 烟气处理设备的烟气流量按燃用设计燃料在锅炉额定蒸发量时空气预热器出口烟气量计算，另加10%的裕量；烟气温度为燃用设计燃料时的设计温度加10℃。

2 烟气处理设备的烟气流量按燃用最差燃料在锅炉额定蒸发量时空气预热器出口烟气量计算，烟气温度为燃用最差燃料时的设计温度。

7.3.5 采用布袋除尘器时，若锅炉为层燃炉，应有

防止布袋除尘器被烧损的措施。

7.3.6 在除尘器前后烟道上，应设置必要的采样孔及操作平台。

7.4 点火系统

7.4.1 点火系统应简单，仅考虑锅炉点火，不考虑低负荷稳燃。秸秆锅炉的点火，宜采用人工点火方式，也可采用轻柴油点火方式。

7.4.2 采用轻柴油点火时，宜设置 $2m^3$ 的日用油罐或采用汽车车载轻柴油供燃烧器点火。设置日用油罐时，宜设两台供油泵，一台备用，供油泵的出力宜按容量最大一台秸秆锅炉额定蒸发量时所需燃料热量的10%～15%选择。其他油系统的设置应符合现行国家标准《小型火力发电厂设计规范》GB 50049的有关规定。

7.5 锅炉辅助系统及其设备

7.5.1 锅炉排污系统及其设备可按下列要求选择：

1 锅炉排污扩容系统宜全厂设置一套。

2 锅炉宜采用一级连续排污扩容系统，并应有切换至定期排污扩容器的旁路。

3 定期排污扩容器的容量应满足锅炉事故放水的需要。

7.5.2 锅炉向空排汽的噪声防治应满足环保要求。向空排放的锅炉点火排气管应装设消声器。起跳压力最低的汽包安全阀和过热器安全阀排气管宜装设消声器。

7.5.3 为防止空气预热器低温腐蚀和堵灰，宜按实际需要情况设置空气预热器入口空气加热系统，根据技术经济比较可选用热风再循环、暖风器或其他空气加热系统。当燃料条件较好、环境温度较高或空气预热器冷端采用耐腐蚀材料，确能保证空气预热器不被腐蚀、不堵灰时，也可不设空气加热系统，并应符合下列规定：

1 对暖风器系统宜按下列要求进行选择：

1）暖风器的设置部位应通过技术经济比较确定，对北方严寒地区，暖风器宜设置在风机入口；

2）暖风器在结构和布置上应考虑降低阻力的要求。对年使用小时数不高的暖风器，可采用移动式结构；

3）选择暖风器所用的环境温度，对采暖区宜取冬季采暖室外计算温度，对非采暖区宜取冬季最冷月平均温度，并适当留有加热面积裕量。

2 热风再循环系统，宜用于管式空气预热器或环境温度较高的地区。热风再循环率不宜过大；热风抽出口应布置在烟尘含量低的部位。

7.6 启动锅炉

7.6.1 启动锅炉应根据工程具体情况确定是否设置。当需设置启动锅炉时，宜采用快装式锅炉。

7.6.2 启动锅炉的容量应只考虑启动中必需的蒸气量，不考虑裕量和汽轮机冲转调试用气量、可暂时停用的施工用气量及非启动用的其他用气量。其容量宜为2 t/h～6t/h。在采暖区，同时考虑冬季全厂停电取暖时，启动锅炉的容量可根据情况适当放大。

7.6.3 启动锅炉宜采用低压蒸气参数。有关系统应力求简单、可靠和运行操作简便，其配套辅机不宜设备用。

7.6.4 对扩建电厂，宜采用原有机组的辅助蒸气作为启动气源，不设启动锅炉。

8 除灰渣系统

8.1 一般规定

8.1.1 除灰渣系统的选择，应根据灰渣量、灰渣特性、除尘器和排渣装置的型式、发电厂条件等通过技术经济比较确定。除灰渣系统的设计宜简单实用，并应充分考虑灰渣综合利用和环保要求，贯彻节约能源和节约资源的方针。

8.1.2 对于已落实灰渣综合利用的发电厂，应按照灰渣分排、干湿分排的原则设计，并为外运创造条件。对于有灰渣综合利用要求但其途径和条件都暂不落实时，应预留灰渣综合利用的条件。

8.1.3 当锅炉灰量大于或等于0.05t/h时，宜采用机械或气力除灰装置；当锅炉灰量小于0.05t/h时，宜采用简易除灰装置。

8.1.4 秸秆锅炉灰渣量应按锅炉厂提供的灰渣分配比进行计算。未取得锅炉厂提供的数据时，灰渣分配比可按表8.1.4的规定确定。

表8.1.4 灰渣分配表（%）

项目	层燃炉		循环流化床炉	
	硬质秸秆	软质秸秆	硬质秸秆	软质秸秆
渣	20～50	50～80	5～10	5～10
灰	80～50	50～20	95～90	95～90

8.2 机械除灰渣系统

8.2.1 机械除灰渣系统的选择，应根据灰渣量、输送距离、布置条件及厂外运输设备能力等因素确定。

8.2.2 锅炉排渣宜采用机械输送系统，输送设备宜按单路设置。机械输送系统的出力不宜小于锅炉最大连续蒸发量时燃用设计燃料排渣量的250%，且不小于燃用校核燃料排渣量的200%。

8.2.3 根据锅炉排渣方式，合理选用除渣系统及设备。层燃炉排渣宜采用湿式捞渣机系统，循环流化床炉排渣宜采用冷渣器及后续机械输送系统。

8.2.4 采用湿式捞渣机冷却渣时，可通过补充水维持捞渣机槽体内的水位运行，并设简易溢流水回收系统。在湿渣堆放场地，宜设积水坑及排污泵，并将积水排回捞渣机槽体中。

8.2.5 渣仓或贮渣间（棚）宜靠近锅炉底渣排放点布置，贮渣时间宜根据锅炉排渣量、外部运输条件等因素确定，贮存时间不宜小于24h的系统排渣量。

8.2.6 除尘器排灰宜采用机械输送系统，输送设备宜按单路设置。机械输送系统的出力不宜小于锅炉最大连续蒸发量时燃用设计燃料排灰量的250%，且不小于燃用校核燃料排灰量的200%。

8.2.7 采用车辆外运灰渣时，应根据灰渣的综合利用情况、灰渣量、运输条件、环保以及装车要求，选用自卸车或散装密封车辆。灰渣车的载重量，应与运输经过的厂内外道路和桥涵的设计承载能力相适应。灰渣的厂外运输，宜采用综合利用用户的车辆及社会运力。灰渣车应选用自卸车或散装密封车辆。

8.2.8 采用船舶外运灰渣时，应根据灰渣运输量和船型设置灰码头及装船设施。

8.3 气力除灰系统

8.3.1 气力除灰系统的选择，应根据输送距离，灰的物理、化学特性，灰量，除尘器的型式、灰的排放方式和排放口布置情况等确定。可按下列条件选择气力除灰系统：

1 当输送距离大于50m时，宜采用正压气力除灰系统。

2 当输送距离不大于100m时，可采用负压气力除灰系统。

3 当输送距离较短（小于或等于60m）而布置又许可时，可采用空气斜槽输送方式。

8.3.2 气力除灰系统的设计出力不宜小于锅炉额定蒸发量时燃用设计燃料排灰量的250%，且不小于燃用校核燃料排灰量的200%。

8.3.3 气力除灰系统宜全厂所有锅炉作为一个单元。

8.3.4 空气斜槽宜由专用风机供气。有条件时，也可由锅炉送风机供给。空气斜槽的布置宜符合下列规定：

1 空气斜槽宜设防潮保温措施。

2 排灰口与空气斜槽之间应装设均匀落料设备。

3 落灰管与空气斜槽之间，以及鼓风机与风嘴之间宜用软连接

8.3.5 负压气力除灰系统，应设置专用抽真空设备，并宜设一台备用。

8.3.6 正压气力除灰系统，宜设置专用空气压缩机，并宜设一台备用。

8.3.7 输灰管道的直管段宜采用碳钢管，管件和弯管应采用耐磨材料。

8.3.8 飞灰堆积密度应通过试验取得，在没有试验数据时，飞灰堆积密度可按0.2t/m³～0.4t/m³选取。计算灰库荷载时的堆积密度可按0.6t/m³选取。

8.3.9 灰库宜全厂机组公用，总的贮存时间不宜小于24h的系统排灰量。

8.3.10 灰库库底宜设热风气化装置，并宜符合下列规定：

1 气化风机可设一台运行、一台备用。

2 灰库气化风宜设专用空气加热器。加热后的空气管道应保温，空气温度宜为150℃～180℃。

8.3.11 灰库卸灰设施的配置，应符合下列规定：

1 灰库卸灰宜设干灰卸料装置，不宜设调湿装置。

2 灰的综合利用受外界影响较大时，宜设置干灰装袋装置。

3 对于干灰装卸设施、干灰装袋装置、中转存放场等，应采取防止粉尘飞扬的措施。

8.3.12 飞灰可以全部综合利用而不设厂外贮灰场时，可根据综合利用情况、交通运输条件在厂内设置飞灰中转存放场，并应符合下列规定：

1 中转存放场的贮灰量不宜小于全厂3d的排灰量。

2 中转存放场应充分利用厂内闲置区域和空间，并宜靠近灰库布置。

3 中转存放场宜存放袋装灰，并应采取防止粉尘飞扬的措施。

4 中转存放场应设置防雨设施。

8.3.13 在除灰渣设备集中布置处，可考虑必要的地面冲洗、清扫以及排污设施。

8.4 控制及检修设施

8.4.1 除灰渣系统的控制方式的设计应符合现行国家标准《小型火力发电厂设计规范》GB 50049的有关规定。

8.4.2 除灰渣系统的检修设施的设计应符合现行国家标准《小型火力发电厂设计规范》GB 50049的有关规定。

9 汽轮机设备及系统

9.1 汽轮机设备

9.1.1 发电厂的机组容量的选择应符合下列规定：

1 供热式发电厂，应根据设计热负荷和合理范围内秸秆可利用量，合理确定发电厂的规模和机组容量。条件许可时，应优先选择较高参数、较大容量和经济效益更高的供热式机组。

2　凝汽式发电厂的机组容量和台数，应根据合理范围内秸秆可利用量确定。在相同秸秆保证率的条件下，应优先选择较高参数和较大容量的机组。

3　对于干旱指数大于1.5的缺水地区，宜选用空冷式汽轮机。

9.1.2　供热式汽轮机机型的最佳配置方案，应在调查核实热负荷的基础上，根据设计热负荷曲线特性，经技术经济比较后确定。

9.1.3　供热式汽轮机的选型，宜根据合理范围内秸秆可收集量和热负荷性质选用抽凝式汽轮机。

9.1.4　供热式发电厂的热化系数可按下列原则选取：

1　供热式发电厂的热化系数宜小于1。

2　热化系数必须因地制宜、综合各种影响因素经技术经济比较后确定，并宜符合下列规定：

1）单机容量不大于50MW级的热电厂，其热化系数宜小于1；

2）对于以采暖热负荷为主的成熟区域（即建设规模已接近尾声，每年新投入的建筑面积趋于0），其热化系数宜控制在0.6～0.7；

3）对于以采暖热负荷为主的发展中供热区域（每年均有一定量新建筑投入供暖的），其热化系数可大于0.8，甚至接近1；

4）在选取热化系数时，应对热负荷的性质进行分析：年供热利用小时数高、日负荷稳定的，取高值；年供热利用小时数低、日负荷波动大的，取低值。

9.1.5　对季节性热负荷差别较大或昼夜热负荷波动较大的地区，为满足尖峰热负荷，可采用下列方式供热：

1　利用供热式发电厂的锅炉裕量，经减温减压装置补充供热。

2　采用供热式汽轮机与兴建尖峰锅炉房协调供热。

3　选留热用户中容量较大、使用时间较短、热效率较高的燃煤锅炉补充供热。

9.1.6　采暖尖峰锅炉房与供热式发电厂采用并联供热系统或串联供热系统，应经技术经济比较后确定，并宜符合下列规定：

1　采用并联供热时，采暖锅炉房，宜建在供热式发电厂或供热式发电厂附近。

2　采用串联供热时，采暖锅炉房，宜建在热负荷中心或热网的远端。

9.2　热力系统及设备

9.2.1　主蒸汽及供热蒸汽系统设计应符合现行国家标准《小型火力发电厂设计规范》GB 50049的有关规定。

9.2.2　给水系统及给水泵设计应符合现行国家标准《小型火力发电厂设计规范》GB 50049的有关规定。

9.2.3　除氧器及给水箱的设计应符合现行国家标准《小型火力发电厂设计规范》GB 50049的有关规定。

9.2.4　凝结水系数及凝结水泵的设计应符合现行国家标准《小型火力发电厂设计规范》GB 50049的有关规定。

9.2.5　低压加热器疏水泵设计应符合现行国家标准《小型火力发电厂设计规范》GB 50049的有关规定。

9.2.6　疏水扩容器、疏水箱、疏水泵与低位水箱、低位水泵设计，应符合现行国家标准《小型火力发电厂设计规范》GB 50049的有关规定。

9.2.7　工业水系统设计应符合现行国家标准《小型火力发电厂设计规范》GB 50049的有关规定。

9.2.8　热网加热器及其系统设计应符合现行国家标准《小型火力发电厂设计规范》GB 50049的有关规定。

9.2.9　减温减压装置设计应符合现行国家标准《小型火力发电厂设计规范》GB 50049的有关规定。

9.2.10　蒸汽热力网凝结水回收设备的设计应符合现行国家标准《小型火力发电厂设计规范》GB 50049的有关规定。

9.2.11　凝汽器及其辅助设备的设计应符合现行国家标准《小型火力发电厂设计规范》GB 50049的有关规定。

10　水工设施及系统

10.1　水工设施及系统

10.1.1　水务管理的设计应符合现行国家标准《小型火力发电厂设计规范》GB 50049的有关规定。

10.1.2　供水系统的设计应符合现行国家标准《小型火力发电厂设计规范》GB 50049的有关规定。

10.1.3　取水构筑物和水泵房的设计应符合现行国家标准《小型火力发电厂设计规范》GB 50049的有关规定。

10.1.4　输配水管道及沟渠的设计应符合现行国家标准《小型火力发电厂设计规范》GB 50049的有关规定。

10.1.5　冷却设施的设计应符合现行国家标准《小型火力发电厂设计规范》GB 50049的有关规定。

10.1.6　贮灰场的设计应符合现行国家标准《小型火力发电厂设计规范》GB 50049的有关规定。

10.2　生活、消防给水和排水

10.2.1　生活给水和排水管网宜与附近的城镇或其他工业企业的给水和排水系统相连。确有困难时，应自建生活给水处理设施和生活污水处理设施。

10.2.2　发电厂自建生活饮用水系统时，应符合现行国家标准《室外给水设计规范》GB 50013 的有关规定。

10.2.3 发电厂应设置消防给水系统。厂区内同一时间内火灾次数应按一次设计。厂区内消防给水水量，应按最大一次灭火室内与室外灭火用水量之和计算。

10.2.4 生活水和消防水管网宜各自独立设置。消防水池的补水时间不宜超过48h。

10.2.5 消防水泵应设备用。消防水泵除应设就地启动装置外，在集控室应能远方启动并具有状态显示。

10.2.6 在主厂房、秸秆仓库、半露天堆场或露天堆场周围，应设消防水环状管网。进环状管网的输水管不应少于两条。

10.2.7 汽机房和锅炉房的底层和运转层，除氧间各层，料仓间各层，储、运秸秆的建筑物、办公楼及材料库应设置消火栓。室内消火栓箱应配置消防水喉。主厂房、办公楼、秸秆仓库及材料库等建筑（区域）内应配置移动式灭火器。

10.2.8 秸秆仓库应设置自动喷水灭火系统或自动水炮灭火系统；半露天堆场宜设置自动水炮灭火系统。秸秆仓库或半露天堆场与栈桥连接处、栈桥与主厂房或栈桥与转运站的连接处应设水幕。

收贮站的露天堆场，宜设置室外消火栓给水系统。

10.2.9 主厂房宜设置高位消防水箱。确有困难时，可采用具有稳压装置的临时高压消防给水系统。

10.2.10 当地消防部门的消防车在5min内不能到达发电厂时，应配置一辆消防车并设置消防车库。

10.2.11 厂区的生活污水、雨水和生产废水系统，宜采用分流制。含有腐蚀性介质、油质或其他有害物质和温度高于40℃的生产废水，宜经处理达到国家现行标准规定后回收使用或与雨水一起排放，露天堆场的雨水宜采用明沟排水。

10.2.12 生活污水、含油污水等废水的处理应符合现行行业标准《火力发电厂废水治理设计技术规程》DL/T 5046 的有关规定。

10.3 水工建筑物

10.3.1 水工建（构）筑物的设计方案，应根据水文、气象、地质、施工条件、建材供应和当地的具体情况，通过技术经济比较确定。

10.3.2 设计水工建（构）筑物时，还应符合本规范第16章的有关规定。

10.3.3 水工建（构）筑物的设计，应按发电厂规划容量统一规划布置。当条件合适时，可分期建设；施工条件困难，布置受到限制，且分期建设在经济上不合理时，可按规划容量一次建成。

10.3.4 取水建筑物和水泵房级别应符合下列规定：

1 建筑结构安全等级按二级执行。

2 建筑防火等级按二级执行。

10.3.5 取水建筑物和水泵房的混凝土和钢筋混凝土构件的设计，应符合现行国家标准《混凝土结构设计规范》GB 50010 的有关规定；水工结构部分混凝土及钢筋混凝土构件的设计，应符合现行行业标准《水工混凝土结构设计规范》DL/T 5057 的有关规定；海边取水建筑物和水泵房混凝土及钢筋混凝土构件的设计，应符合现行行业标准《港口工程混凝土结构设计规范》JTJ 267 的有关规定。

10.3.6 取水建筑物和水泵房的承载能力极限状态稳定计算，应根据荷载效应基本组合和荷载效应偶然组合分别进行计算。计算方法可按照现行有关设计规范执行。

10.3.7 水工建（构）筑物的材料、荷载、荷载组合及内力计算等，可按照有关水工建筑物设计规范执行。

10.3.8 厂区内的水工建筑物，其建筑外观应与厂区的其他建筑物相协调；厂区外的水工建（构）筑物，其建筑造型应与周围环境相协调。

10.3.9 位于海水环境的水工建（构）筑物设计，应符合现行行业标准《海港水文规范》JTJ 213、《水运工程抗震设计规范》JTJ 225、《港口工程混凝土结构设计规范》JTJ 267、《港口工程混凝土结构防腐蚀技术规范》JTJ 275、《防波堤设计与施工规范》JTJ 298 的有关规定。

10.3.10 在软弱地基上修建水工建（构）筑物时，应考虑地基的变形和稳定。当不能满足设计要求时，应采取地基处理措施。建筑物周围宜设置沉降观测点。

10.3.11 取水建筑物和水泵房的地基，应根据工程地质和水文地质勘测资料、结构类型、施工和使用条件等要求进行设计。在保证建筑物正常使用的前提下，应采用天然地基。当有充分的技术经济论证时，可采用人工地基。

11 水处理设备及系统

11.1 水的预处理

11.1.1 应根据电厂附近全部可利用的、可靠的水源、经过技术经济比较，确定有代表性的水源跟踪并进行水质全分析，分析其变化趋势。用于锅炉补给水处理的原水应尽量选择清洁水源，只有在特定条件下才考虑回用污水。

11.1.2 对于地表水，应了解历年丰水期和枯水期的水质变化规律以及预测原水可能会被沿程污染情况，取得相应数据；对于受海水倒灌或农田排灌影响的水源，应掌握由此引起的水质波动；对石灰岩地区的地下水，应了解其水质稳定性；对再生水应掌握来源组成以及被深度处理等实况。

11.1.3 单一水源以及再生水的可靠性不能保证时应另设备用水源。原水水质季节性恶化会影响后续水处理系统正常运行时，应经技术经济比较确定是否设置备用水源。

11.1.4 水的预处理设计应符合现行国家标准《小型火力发电厂设计规范》GB 50049 的有关规定。

11.2 锅炉补给水处理

11.2.1 锅炉补给水处理系统，包括预脱盐系统，应根据原水水质、给水及炉水的质量标准、补给水率、排污率、设备和药品的供应条件以及环境保护的要求等因素，经技术经济比较确定。锅炉补给水处理方式，还应与锅内装置和过热蒸汽减温方式相适应。

11.2.2 锅炉正常排污率不宜超过下列数值：

1 以化学除盐水为补给水的凝汽式发电厂不宜超过1%；供热式发电厂不宜超过2%。

2 以化学软化水为补给水的凝汽式发电厂不宜超过2%；供热式发电厂不宜超过5%。

11.2.3 水处理设备的出力，应满足发电厂全部正常水汽损失量，并考虑在一定时间累积机组启动或事故一次非正常水量。发电厂各项正常水汽损失可按表11.2.3计算。

表 11.2.3 发电厂各项正常水汽损失

序号	损失类别	正常损失
1	厂内水汽循环损失	锅炉额定蒸发量的2%～3%
2	对外供汽损失	根据资料
3	发电厂其他用水、用汽损失	根据资料
4	排污损失	根据计算，但不少于0.3%
5	闭式热水网损失	热水网水量的0.5%～1%或根据资料
6	厂外其他用水量	根据资料
7	间接空冷机组循环冷却水损失	根据具体工程情况
8	直接空冷机组夏季除盐水喷淋损失	根据具体工程情况

注：发电厂其他用汽、用水及闭式热水网补充水，应经技术经济比较，确定合适的供汽方式和补充水处理方式。

11.2.4 锅炉补给水处理系统，经技术经济比较可选用离子交换法、预脱盐加离子交换法或预脱盐加电除盐法等除盐系统。

11.2.5 除盐设备的选择，宜符合下列规定：

1 离子交换器每种型式不宜少于两台。正常再生次数可按每台每昼夜1次～2次考虑。

凝汽式发电厂，不设再生备用离子交换器时，可由除盐水箱积累贮存再生时的备用水量；供热式发电厂，可设置足够容量的除盐（软化）水箱贮存再生时的备用水量或设置再生备用离子交换器。当一套（台）设备检修时，其余设备应能满足全厂正常补水的要求。

2 反渗透系统的出力应与下一级水处理工艺用水量相适应。反渗透装置不宜少于两套。当一套设备清洗或检修时，其余设备应能满足全厂正常补水的要求。

3 采用两级反渗透加电除盐系统的方案时，电除盐装置出力的选择，应考虑当一台清洗或检修时其余设备可满足正常补水量的要求。电除盐装置，宜按连续运行设计，不宜少于两套。

11.2.6 除盐水箱的容量，应满足工艺和调节的需要，并应符合下列规定：

1 除盐（软化）水箱的总有效容量，应能配合水处理设备出力，满足最大一台锅炉化学清洗或机组启动用水需要，宜为最大一台锅炉2h～3h的最大连续蒸发量；对供热式发电厂，也可为2h～4h的正常补给水量。

2 离子交换器不设再生备用设备时，除盐（软化）水箱还应考虑再生停运期间所需的备用水量。

11.2.7 除盐水泵的容量及水处理室至主厂房的补给水管道，应按能同时输送最大一台机组的启动补给水量或锅炉化学清洗用水量和其余机组的正常补给水量之和选择。

11.3 给水、炉水校正处理及热力系统水汽取样

11.3.1 给水、炉水的校正处理，应按机炉型式、参数及水化学工况设置相应的加药设施，并应符合下列规定：

1 锅炉炉水宜采用磷酸盐处理。对于空冷机组，炉水宜采用加碱处理。炉水控制标准应符合现行国家标准《火力发电机组及蒸汽动力设备水汽质量》GB/T 12145 及《工业锅炉水质》GB 1576 的有关规定。

2 锅炉给水应加氨校正水质处理。给水控制标准应符合现行国家标准《火力发电机组及蒸汽动力设备水汽质量》GB/T 12145 及《工业锅炉水质》GB 1576 的有关规定。

3 根据锅炉压力等级或炉型及供热蒸汽的用途，给水宜加联氨或其他除氧剂处理。

4 各种药液的配制应采用除盐（软化）水或凝结水。

5 每种加药装置宜设一台备用泵。

6 给水、炉水校正处理的设施宜布置在主厂房内。

7 加药部位宜根据锅炉制造厂汽水系统图确定。

11.3.2 对于不同参数机组的热力系统，应设置相应的水汽取样装置及监测仪表，取样分析的信号应能作为相关系统控制的输入信号。水汽取样应符合下列规定：

1 水汽样品的温度宜低于30℃，最高不得超过40℃。

2 水汽取样装置或水汽取样冷却器，宜布置在主厂房运转层，并应便于运行人员取样及通行。

3 取样管路及设备，应采用耐腐蚀的材质。取样管不宜过长。

4 主厂房的运转层，宜设置水汽分析室。

11.4 其他系统及设备

11.4.1 循环冷却水处理系统的设计应符合现行国家标准《小型火力发电厂设计规范》GB 50049的有关规定。

11.4.2 热网补给水及生产回水处理的设计应符合现行国家标准《小型火力发电厂设计规范》GB 50049的有关规定。

11.4.3 水处理设备及管道的防腐设计应符合现行国家标准《小型火力发电厂设计规范》GB 50049的有关规定。

11.4.4 药品贮存和计量、化验室及化验设备的设计应符合现行国家标准《小型火力发电厂设计规范》GB 50049的有关规定。

12 电气设备及系统

12.1 电气主接线

12.1.1 发电厂电气主接线设计，应根据电力系统的要求，在满足可靠性、灵活性和经济性的前提下，合理选择方案。

12.1.2 发电机的额定电压应符合下列规定：

1 有发电机电压直配线时，应根据地区电力网的需要采用6.3kV或10.5kV。

2 发电机与变压器为单元连接，且有厂用分支线引出时，宜采用6.3kV。

12.1.3 发电机的额定容量应与汽轮机的额定出力配合选择，并宜优先选用制造厂推荐的成熟、适用的数值。发电机的最大连续容量，应与汽轮机的最大连续出力配合选择。

12.1.4 发电机电压母线上的主变压器的容量、台数，应根据发电厂的单机容量、台数、电气主接线及地区电力负荷的供电情况，经技术经济比较后确定。接于发电机电压母线主变压器的总容量应在考虑逐年负荷发展的基础上满足下列要求：

1 发电机电压母线的负荷为最小时，能将剩余功率送入电力系统。

2 发电机电压母线的最大一台发电机停运或因供热机组热负荷变动而需限制本厂出力时，应能从地区电力系统受电，以满足发电机电压母线最大负荷的需要。

12.1.5 发电机与主变压器为单元连接时，该变压器的容量宜按发电机的最大连续容量扣除高压厂用工作变压器（电抗器）计算负荷与高压厂用备用变压器（电抗器）可能替代的高压厂用工作变压器（电抗器）计算负荷的差值进行选择。变压器在正常使用条件下连续输出额定容量时，绕组的平均温升不应超过65℃。

12.1.6 主变压器宜采用双绕组变压器。

当需要两种升高电压向用户供电或与地区电力系统连接时，也可采用三绕组变压器，但每个绕组的通过功率应达到该变压器额定容量的15%以上。

12.1.7 发电机电压母线的接线方式应根据发电厂的容量或负荷的性质确定，并宜符合下列规定：

1 宜采用单母线或单母线分段接线。

2 单母线分段时，应采用分段断路器连接。

12.1.8 接入电力系统发电厂的机组容量相对较小，与电力系统不相配合，且技术经济合理时，可将两台发电机与一台变压器（双绕组变压器或分裂绕组变压器）作扩大单元连接，也可将两组发电机双绕组变压器组共用一台高压侧断路器作联合单元连接。此时在发电机与主变压器之间应装设发电机断路器或负荷开关。

12.1.9 发电机电压母线的短路电流，超过所选择的开断设备允许值时，可在母线分段回路中安装电抗器。当仍不能满足要求时，可在发电机回路、主变压器回路、直配线上安装电抗器。

12.1.10 母线分段电抗器的额定电流应按母线上因事故而切除最大一台发电机时可能通过电抗器的电流进行选择。无确切的负荷资料时，也可按该发电机额定电流的50%～80%选择。

12.1.11 110kV及以下母线避雷器和电压互感器宜合用一组隔离开关。110kV线路上的电压互感器与耦合电容器不应装设隔离开关。110kV及以下线路避雷器以及接于发电机与变压器引出线的避雷器不宜装设隔离开关，变压器中性点避雷器不应装设隔离开关。

12.1.12 发电机与双绕组变压器为单元连接时，宜在发电机与变压器之间装设断路器。发电机与三绕组变压器为单元连接时，在发电机与变压器之间，应装设断路器。厂用分支线应接在变压器与该断路器之间。

12.1.13 35kV～110kV配电装置的接线方式应按发电厂在电力系统中的地位、负荷的重要性、出线回路数、设备特点、配电装置型式以及发电厂的单机和规划容量等条件确定，并应符合下列规定：

1 配电装置宜采用单母线或单母线分段接线，也可采用双母线接线。

2 采用单母线或双母线的63kV～110kV配电装置，当配电装置采用六氟化硫全封闭组合电器时，不应设置旁路设施；当断路器为六氟化硫型时，不宜设旁路设施；当断路器为少油型时，也可不设旁路设施。

3 35kV配电装置采用成套式高压开关柜配置型式时，不应设置旁路设施；断路器为六氟化硫或真空型时，不宜设旁路设施；断路器为少油型时，也可不设旁路设施。

4 发电机变压器组的高压侧断路器，不宜接入旁路母线。

5 在初期工程中，可采用断路器数量较少的过渡接线方式，但配电装置的布置，应便于过渡到最终接线。

6 配电装置不再扩建，且技术经济合理时，可简化接线型式，采用发电机—变压器—线路组接线、桥型接线或角形接线。

12.1.14 发电机的中性点的接地方式可采用不接地方式、经消弧线圈的接地方式。

12.1.15 主变压器的中性点接地方式，应根据接入电力系统的额定电压和要求决定接地或不接地，或经消弧线圈接地。当采用接地或经消弧线圈接地时，应装设隔离开关。

12.2 厂用电系统

12.2.1 发电厂的高压厂用电的电压宜采用6kV中性点不接地方式，低压厂用电的电压宜采用380V动力和照明网络共用的中性点直接接地方式。

12.2.2 采用单元制接线的发电机，当出口无断路器时，厂用分支线上连接的高压厂用工作变压器不应采用有载调压变压器。

发电机出口设置断路器时，当机组启动电源通过主变压器、高压厂用变压器（电抗器）从系统引接，高压厂用工作变压器或主变压器是否采用有载调压变压器时，应经计算和技术经济比较后确定；如高压厂用变压器（电抗器）仅提供机组工作电源，则主变压器和高压厂用变压器不应采用有载调压变压器。

12.2.3 高压厂用备用变压器的阻抗电压在10.5%以上时，或引接地点的电压波动超过±5%时，宜采用有载调压变压器。如果通过厂用母线电压计算及校验，高压厂用备用变压器也可采用无载调压方式。备用变压器引接地点的电压波动，应计及全厂停电时负荷潮流变化引起的电压变化。

12.2.4 高压厂用工作电源，可采用下列引接方式：

1 有发电机电压母线时由各段母线引接，供给接在该段母线上的机组的厂用负荷。

2 发电机与主变压器为单元连接时，应从主变压器低压侧引接，供给该机组的厂用负荷。

12.2.5 高压厂用工作变压器（电抗器）的容量，宜按高压电动机计算负荷与低压厂用电的计算负荷之和选择。低压厂用工作变压器的容量宜留有10%的裕度。

12.2.6 全厂宜设置可靠的高压厂用备用电源。高压厂用备用电源的引接方式应根据当地电网基本电费的收取情况，经过经济技术比较确定，并可采用下列引接方式：

1 有发电机电压母线时，应从该母线引接一个备用电源。

2 无发电机电压母线时，应从高压配电装置母线中电源可靠的最低一级电压母线引接，并应保证在全厂停“机”的情况下，能从电力系统取得足够的电源。

3 发电机出口装设断路器且机组台数为两台时，还可由一台机组的高压厂用工作变压器低压侧厂用工作母线引接另一台机组的高压备用电源，即机组之间对应的高压厂用母线设置联络，互为备用或互为事故停机电源。

4 技术经济合理时，可从外部电网引接专用线路供给。

12.2.7 高压厂用备用变压器（电抗器）或启动（备用）变压器的容量不应小于最大一台（组）高压厂用工作变压器（电抗器）的容量。低压厂用备用变压器的容量，应与最大的一台低压工作变压器的容量相同。发电机出口装设断路器时，备用电源是否可以只作为事故停机电源，应经济技术比较后确定。如备用电源只作为事故停机电源，其容量应根据工程具体情况核定，但至少应满足机组事故停机的需要。

12.2.8 发电机与主变压器为单元接线时，其厂用分支线上宜装设断路器。当无需开断短路电流的断路器时，可采用能够满足动稳定要求的断路器，但应采取相应的措施，使该断路器仅在其允许的开断短路电流范围内切除短路故障；也可采用能满足动稳定要求的隔离开关或连接片等。

12.2.9 厂用备用电源的设置可按下列原则确定：

1 接有Ⅰ类负荷的高压和低压厂用母线应设置备用电源，并应装设备用电源自动投入装置。

2 接有Ⅱ类负荷的低压厂用母线应设置手动切换的备用电源。

3 只有Ⅲ类负荷的低压厂用母线，可不设备用电源。

12.2.10 高压厂用电系统应采用单母线接线。每台锅炉可由一段母线供电。

12.2.11 发电厂水源地和灰场的供电方式，应经过技术经济比较后确定。收贮站的电源宜由附近电网引接。

12.2.12 高压厂用开断设备宜采用无油化设备。对容量较小、启停频繁的厂用电回路，可采用高压熔断器串真空接触器的组合设备。

12.2.13 发电厂应设置固定的交流低压检修供电网络，并应在各检修现场装设电源箱。

12.2.14 厂用变压器接线组别的选择，应使厂用工作电源与备用电源之间相位一致，以便厂用电源的切换可采用并联切换的方式。全厂低压厂用变压器宜采用“D、yn”接线。

12.3 高压配电装置

12.3.1 发电厂高压配电装置的设计应符合国家现行标准《高压架空线路和发电厂、变电所环境污区分级及外绝缘选择标准》GB/T 16434、《电力设施抗震设计规范》GB 50260、《3～110kV高压配电装置设计规范》GB 50060、《火力发电厂与变电站设计防火规范》GB 50229和《高压配电装置设计技术规程》DL/T 5352的有关规定。

12.4 电气主控制楼或网络继电器室

12.4.1 热工控制采用机炉电单元控制方式时，在配电装置附近，宜设置网络继电器室；热工控制采用机炉集中控制或汽机集中控制方式时，发电厂的电气系统及电力网络控制，应设在单独的电气主控制楼中或电气主控制室中。

12.4.2 电气主控制楼（或网络继电器室）位置的选择，应综合节省控制电缆、方便运行人员联系与发电机及高压配电装置相毗邻等因素确定，并应符合下列规定：

1 对6MW及以下机组，不宜设置独立的电气主控制室楼，宜在汽机房运转层设置电气主控制室。电气主控制室应与热工控制室统一协调布置。

2 12MW及以上机组不采用机炉电一体的集中控制方式时，可设置电气主控制楼。电气主控制楼宜与主厂房脱开布置。电气主控制楼与主厂房之间，可设置连接天桥。

3 12MW及以上机组采用机炉电一体的集中控制方式时，开关站可设置网络继电器室。网络继电器室与主厂房之间，不应设置连接天桥。

12.4.3 电气主控制楼（或电气主控制室）的面积应按规划容量设计，并应在第一期工程中一次建成；初期工程屏台的布置应结合远景规划确定屏间距离和通道宽度，并应满足分期扩建和运行维护、调试方便的要求。

12.5 直流系统及不间断电源系统

12.5.1 发电厂直流系统的设计，应符合现行行业标准《电力工程直流系统设计技术规程》DL/T 5044的有关规定。

12.5.2 发电厂内应装设蓄电池组，向机组的控制、信号、继电保护、自动装置等负荷（以下简称控制负荷）和直流油泵、UPS、断路器合闸机构及直流事故照明负荷等（以下简称动力负荷）供电。蓄电池组应以全浮充电方式运行。

12.5.3 蓄电池组数宜符合下列规定：

1 发电厂全厂宜装设一组蓄电池。

2 酸性电池组不宜设置端电池，碱性电池组宜设端电池。

12.5.4 直流系统宜采用控制负荷与动力负荷合并供电的方式，标称电压为220V。正常运行时，直流母线电压应为直流系统标称电压的105%。均衡充电时，直流母线电压不应高于直流系统标称电压的110%。事故放电时，直流母线电压不宜低于直流系统标称电压的87.5%。

12.5.5 选择蓄电池组容量时，与电力系统连接的发电厂，厂用交流电源事故停电时间应按1h计算；不与电力系统连接的孤立发电厂，厂用交流电源事故停电时间应按2h计算；供交流不间断电源用的直流负荷计算时间可按0.5h计算。

12.5.6 蓄电池的充电及浮充电设备的配置应满足下列要求：

1 当采用高频开关充电装置时，每组蓄电池宜装设一套充电设备。当采用晶闸管充电装置时，两组相同电压的蓄电池可再设置一套充电设备作为公用备用。全厂只有一组蓄电池时，可装设两套充电设备。

2 充电设备的容量及输出电压的调节范围应满足蓄电池组浮充电和充电的要求。

12.5.7 发电厂的直流系统宜采用单母线或单母线分段的接线方式。当采用单母线分段时，每组蓄电池和相应的充电设备应接在同一母线上，公用备用的充电设备应能切换到相应的两段母线上，蓄电池和充电设备均应经隔离和保护电器接入直流系统。

12.5.8 当采用计算机监控时，应设置在线式UPS。UPS宜根据全厂热工、电气以及网络的计算机监控系统的组数分别设置。

12.5.9 UPS旁路开关的切换时间不应大于5ms；交流厂用电消失时，UPS满负荷供电时间应不小于0.5h。

12.5.10 UPS应由一路交流主电源、一路交流旁路电源和一路直流电源供电。交流主电源和交流旁路电源应由不同厂用母线段引接，直流电源可由主控制室或机组的直流电源引接，也可采用自带的蓄电池供电。

12.5.11 UPS主母线应采用单母线或单母线分段接线方式。当有冗余供电或互为备用的不间断负载时，交流不间断电源主母线应采用单母线分段，负载应分别接到不同的母线段上。

12.6 其他电气设备及系统

12.6.1 发电厂电气监测与控制的设计应符合国家现

行标准《小型火力发电厂设计规范》GB 50049、《火力发电厂、变电所二次接线设计技术规程》DL/T 5136及《火力发电厂电力网络计算机监控系统设计技术规定》DL/T 5226的有关规定。

12.6.2 发电厂电气测量仪表的设计应符合现行国家标准《电力装置的电测量仪表装置设计规范》GB/T 50063的有关规定。

12.6.3 发电厂继电保护和安全自动装置的设计应符合现行国家标准《继电保护和安全自动装置技术规程》GB/T 14285的有关规定。

12.6.4 发电厂照明系统的设计应符合国家现行标准《建筑照明设计标准》GB 50034、《小型火力发电厂设计规范》GB 50049、《火力发电厂和变电站照明设计技术规定》DL/T 5390的有关规定。

12.6.5 发电厂电缆选择与敷设的设计应符合现行国家标准《电力工程电缆设计规范》GB 50217的有关规定。

12.6.6 发电厂的厂内通信设计应符合现行国家标准《小型火力发电厂设计规范》GB 50049的有关规定。

12.6.7 发电厂有爆炸和火灾危险场所的电气装置设计应符合现行国家标准《爆炸和火灾危险环境电力装置设计规范》GB 50058和《火力发电厂与变电站设计防火规范》GB 50229的有关规定。

12.7 过电压保护和接地

12.7.1 发电厂电气装置的过电压保护设计应符合国家现行标准《高压输变电设备的绝缘配合》GB 311.1、《绝缘配合 第2部分：高压输变电设备的绝缘配合使用导则》GB/T 311.2及《交流电气装置的过电压保护和绝缘配合》DL/T 620的有关规定。

12.7.2 主要生产建（构）筑物和辅助厂房建（构）筑物的过电压保护应符合现行行业标准《交流电气装置的过电压保护和绝缘配合》DL/T 620的有关规定。生产办公楼、食堂、宿舍楼等附属建（构）筑物，液氨贮罐的防雷设计应符合现行国家标准《建筑物防雷设计规范》GB 50057的有关规定。

12.7.3 发电厂交流接地系统的设计应符合现行国家标准《交流电气装置接地设计规范》GB 50065的有关规定。

12.7.4 秸秆露天堆场、半露天堆场和秸秆仓库宜采取防直击雷措施。露天堆场宜采用独立避雷针或架空避雷线防直击雷，半露天堆场和秸秆仓库宜采用避雷带防直击雷。

12.8 火灾自动报警系统

12.8.1 发电厂厂内宜设置火灾自动报警系统。

12.8.2 秸秆仓库内宜设感温或火焰探测器；栈桥与主厂房连接处、栈桥与转运站连接处、封闭栈桥宜设缆式线型感温探测器或火焰探测器。

12.8.3 消防控制室应与集中控制室合并设置。

12.8.4 消防水泵的停运应为手动控制。

12.9 系统保护、通信及远动

12.9.1 系统继电保护和安全自动装置的设计应符合现行国家标准《小型火力发电厂设计规范》GB 50049的有关规定。

12.9.2 连续电网的发电厂的系统通信设计应符合现行国家标准《小型火力发电厂设计规范》GB 50049的有关规定。

12.9.3 发电厂的远动设计应符合现行国家标准《小型火力发电厂设计规范》GB 50049的有关规定。

12.9.4 发电厂的电能量计量设计应符合现行行业标准《电能量计量系统设计技术规程》DL/T 5202的有关规定。

13 仪表与控制

13.1 一 般 规 定

13.1.1 仪表与控制系统的选型应针对机组的特点进行设计，以满足机组安全、经济运行、机组启停控制的要求。

13.1.2 仪表与控制系统应选择技术先进、质量可靠、性价比高的设备和元件。

13.1.3 对于新产品、新技术应在取得成功的应用经验后方可在设计中使用。

13.2 自动化水平及控制方式

13.2.1 自动化水平应符合下列规定：

1 机组的自动化水平应综合考虑控制方式、控制系统的配置与功能、主辅机设备可控性、运行组织管理等因素。单元机组应能在就地人员的巡回检查和少量操作的配合下，在集中控制室内实现机组启停、运行工况监视和调整、事故处理等。

2 辅助车间的自动化水平宜与机组自动化水平相协调，并应根据电厂的运行管理模式确定。各辅助车间运行人员应能在就地人员的巡回检查和少量操作的配合下，在集中控制室或辅助车间控制室内通过操作员站实现辅助车间工艺系统的启停、运行工况监视和调整、事故处理等。

13.2.2 控制方式应符合下列规定：

1 无论建设的发电厂是单台机组还是多台机组，应采用炉、机、电集中控制方式，全厂设置一个集中控制室。

2 采用集中控制方式的发电厂，其主要控制系统宜采用分散控制系统（DCS）。

3 供热式发电厂的热网系统，宜纳入分散控制系统。

4　空冷系统、循环水泵房、空压站、除灰除渣、机组取样和加药系统宜纳入机组控制系统。

5　机组的发电机—变压器组、厂用电源系统的顺序控制宜纳入机组控制系统。电力网络控制，可独立设置或纳入机组控制系统。

6　汽轮机控制系统应由汽轮机厂负责，其选型应坚持成熟、可靠的原则，宜与机组控制系统选型一致。选型不一致时，应确保与分散控制系统的可靠通信。

7　锅炉安全保护系统应由锅炉厂负责设计，并纳入机组控制系统。

8　机组控制系统发生全局性或重大故障时，即控制系统电源消失、通信中断、全部操作员站失去功能、重要控制站失去控制和保护功能等，为确保机组紧急安全停机，应设置下列独立于控制系统的硬接线后备操作手段：

1）汽轮机跳闸；

2）总燃料跳闸；

3）锅炉安全门（机械式可不装）；

4）汽包事故放水门；

5）汽机真空破坏门（如有）；

6）直流润滑油泵；

7）交流润滑油泵；

8）发电机或发电机变压器组跳闸；

9）发电机灭磁开关跳闸。

9　集中控室内不应设置模拟量控制系统后备操作器、指示表、记录表。

10　辅助车间系统宜采用集中控制方式宜设置辅助车间集中控制网络。

11　辅助车间监控系统宜采用可编程控制器(PLC)，条件允许时，辅助车间监控系统也可采用分散控制系统，以实现全厂DCS一体化控制。

12　秸秆仓库应设置一套秸秆输送监控系统，根据电厂的运行管理水平，可考虑增设秸秆仓库管理系统。

13.3　控制室和电子设备间

13.3.1　控制室和电子设备间的布置应按电厂规划容量和机组类型和数量，进行统一考虑。对于分阶段建设的电厂可按每一阶段工程建设的特点，设置控制室和电子设备间。

13.3.2　对于单元制系统，应设置集中控制室。集中控制室的标高应与运行层相同。

13.3.3　仪表与控制电子设备间可与电气电子设备间合并设置，也可单独设置。电子设备间，可根据工艺设备的布置情况，确定相对集中设置或分散设置。

13.3.4　发电厂辅助车间宜设置秸秆输送系统控制点、水系统控制点，该控制点可并入机组集中控制室，也可独立设置。各辅助车间电子设备间宜布置在相应车间。

13.3.5　秸秆输送系统可单独设置就地控制室。

13.3.6　控制室和电子设备间的环境设施应符合下列规定：

1　控制室和电子设备间应有良好的空调、照明、隔热、防火、防尘、防水、防振、防噪声等措施。

2　电子设备间还应满足控制系统、控制设备对环境的要求。

13.4　检测与仪表

13.4.1　发电厂的检测应包括下列内容：

1　工艺系统的运行参数。

2　电气系统的运行参数。

3　主机和辅机的运行状态和运行参数。

4　电气设备的运行状态和运行参数。

5　动力关断阀门的开关状态和调节阀门的开度。

6　仪表与控制用电源、气源、水源及其他必要条件的供给状态和运行参数。

7　必要的环境参数。

13.4.2　检测仪表的设置应满足下列要求：

1　在满足安全、经济运行要求的前提下，检测仪表的设置应与各主辅机配套供货的仪表统一考虑，避免重复设置。

2　反映主设备及工艺系统在正常运行、启停、异常及事故工况下安全、经济运行的参数，应设置检测仪表。

3　运行中需要进行监视和控制的参数应设置远传仪表。

4　供运行人员现场检查和就地操作所必需的参数应设置就地仪表。

5　用于经济核算的工艺参数应设置检测仪表。

6　保护系统的检测仪表应三重或双重化设置，重要模拟量控制回路的检测仪表宜双重或三重化设置。

7　测量油、水、蒸汽等的一次仪表不应引入控制室。

8　测量爆炸危险气体的一次仪表严禁引入控制室。

13.4.3　检测仪表按下列原则选择：

1　仪表准确度等级应根据仪表的用途、型式和重要性，选择适当的准确度等级。

2　仪表应视其装设区域的具体情况，选择适当的防护等级。

3　仪表应满足所在环境的防腐、防潮、防爆等要求。

4　测量腐蚀性介质或黏性介质时，应选用具有防腐性能的仪表、隔离仪表或采用适当的隔离措施。

5　发电厂不宜使用含有对人体有害物质的仪表。

13.4.4　发电厂宜设置汽包水位监视电视和下料口下

料监视电视，不宜设置炉膛火焰电视。经论证，确有必要设置炉膛火焰电视时，炉膛火焰电视的设置应满足锅炉厂的相关要求。

13.4.5 发电厂宜设置全厂工业电视系统。

13.4.6 发电厂应设置烟气连续监测系统。

13.4.7 发电厂不宜设置炉管泄漏监测装置

13.4.8 发电厂不宜设置培训用仿真系统。

13.4.9 项目建设单位有特殊要求需要时，可设置简易型厂级管理系统（MIS）。

13.5 模拟量控制

13.5.1 发电厂仪表与控制的模拟量控制宜设置下列项目：

1 锅炉给水调节系统。

2 锅炉燃料量调节系统。

3 锅炉风量调节系统。

4 锅炉炉膛压力调节系统。

5 锅炉过热蒸汽温度调节系统。

6 炉排振动频率调节系统。

7 循环流化床锅炉床温调节系统。

8 循环流化床锅炉床压调节系统。

9 除氧器压力调节系统。

10 除氧器水位调节系统。

11 凝汽器水位、加热器水位调节系统。

12 热网及减温减压器温度、压力调节系统。

13.5.2 汽机自动调节项目应根据工艺系统的特点和汽机设备的要求确定。

13.5.3 机组为单元制运行时，应设置机炉协调控制系统，并宜采用机跟炉调节方式。

13.5.4 机组采用母管制运行方式时，应设置主蒸汽母管压力调节系统。

13.6 开关量控制及联锁与报警

13.6.1 发电厂仪表与控制的开关量控制及联锁的设计应符合现行国家标准《小型火力发电厂设计规范》GB 50049 的有关规定。

13.6.2 发电厂仪表与控制的报警设计应符合现行国家标准《小型火力发电厂设计规范》GB 50049 的有关规定。

13.7 保　　护

13.7.1 保护应符合下列规定：

1 保护系统的设计应有防止误动和拒动的措施，保护系统电源中断和恢复不会误发动作指令。

2 保护系统应遵循独立性的原则：

1）锅炉、汽轮机跳闸保护系统的逻辑控制器应单独冗余设置，或者设置独立的系统；当保护采用独立的系统时，其控制器也应冗余设置；

2）保护系统应有独立的输入/输出信号（I/O）通道，并有电隔离措施；

3）冗余的 I/O 信号应通过不同的 I/O 模件引入；

4）触发机组跳闸的保护信号的开关量仪表和变送器应单独设置；

5）用于跳闸、重要的联锁和超驰控制的信号，直接采用硬接线，而不应通过数据通讯总线发送。

3 在操作台上应设置停止汽轮机和解列发电机的跳闸按钮，跳闸按钮不应通过逻辑直接接至停汽轮机的驱动回路。

4 保护系统输出的操作指令应优先于其他任何指令。

5 停机、停炉保护动作原因应设置事件顺序记录，并具有事故追忆功能。

13.7.2 锅炉应有下列保护项目：

1 汽包水位保护。

2 锅炉蒸汽超压保护。

3 锅炉炉膛安全保护。

4 给料系统串火保护。

5 锅炉厂提出的其他保护项目。

13.7.3 汽轮机应有下列保护项目：

1 汽轮机超速保护。

2 汽轮机润滑油压力低保护。

3 汽轮机轴向位移大保护。

4 汽轮机轴承振动大保护。

5 汽轮机厂家要求的其他保护。

13.7.4 发电机应有下列保护项目：

1 发电机断水保护。

2 发电机厂家要求的其他保护。

13.7.5 辅助系统的相关保护项目。

13.8 控　　制

13.8.1 控制系统的设计应符合现行国家标准《小型火力发电厂设计规范》GB 50049 的有关规定。

13.8.2 控制电源的设计应符合现行国家标准《小型火力发电厂设计规范》GB 50049 的有关规定。

13.8.3 仪表导管、电缆及就地设备布置的设计应符合现行国家标准《小型火力发电厂设计规范》GB 50049 的有关规定。

13.8.4 仪表与控制试验室的设计应符合现行国家标准《小型火力发电厂设计规范》GB 50049 的有关规定。

14 采暖通风与空气调节

14.1 燃料输送系统建筑

14.1.1 燃料输送系统建筑采暖应选用不易积尘的散

热器，在斜升栈桥内，散热器宜布置在下部。采用蒸汽采暖时，凝结水应回收利用。

14.1.2 在严寒地区，应按所在地区考虑机械排风或除尘系统排风所带走的热量补偿措施。

14.1.3 燃料输送系统的地下建筑，宜采用自然进风、机械排风的通风方式。夏季通风量可按换气次数不少于每小时15次计算；冬季通风量可按换气次数不少于每小时5次计算。通风机及电动机应采用防爆型。

14.1.4 秸秆仓库宜采用自然通风。如需采用机械通风，通风机和电动机应为防爆型，并应直接连接，室内空气不得再循环。通风机可兼作事故排风装置。事故通风量，应按每小时不少于12次换气计算。发生火灾时，应能自动切断通风机电源。

14.1.5 燃料输送系统粉尘飞扬严重处，如转运站、破碎机室等局部扬尘点，应采取机械除尘措施。吸尘罩罩面风速、破碎机除尘风量的计算及选择等，应符合现行国家标准《采暖通风与空气调节设计规范》GB 50019的有关规定。

14.1.6 锅炉房与破碎机室之间的建筑物应包括地道、采光室、栈桥等，当室内空气中粉尘含量高时，宜采取通风除尘措施。

14.1.7 燃料输送系统的除尘设备，应与带式输送机等燃料输送系统设备联锁运行，并应做到联锁启动，滞后停机。除尘设备的运行信号应送到燃料输送系统控制室。

14.1.8 燃料输送系统的除尘设备，宜选用袋式除尘器。在严寒及寒冷地区，除尘装置应布置在有采暖设施的室内，除尘器的排风口应接到室外。

14.1.9 安装在燃料输送系统内的除尘风道及部件，均应采用不燃烧材料制作。

14.2 主要建筑及附属建筑

14.2.1 主厂房的采暖通风与空气调节设计应符合现行国家标准《小型火力发电厂设计规范》GB 50049的有关规定。

14.2.2 电气建筑与电气设备的采暖通风与空气调节设计应符合现行国家标准《小型火力发电厂设计规范》GB 50049的有关规定。

14.2.3 化学建筑的采暖通风与空气调节设计应符合现行国家标准《小型火力发电厂设计规范》GB 50049的有关规定。

14.2.4 消防（生活）水泵房、排水泵房的采暖通风设计应符合下列规定：

1 消防（生活）水泵房、排水泵房宜采用自然通风，也可根据需要采用机械通风。

2 在采暖地区，设备停运时值班采暖温度不宜低于5℃。

14.2.5 污水处理站及泵房的通风设计应符合下列规定：

1 污水处理站的操作间应设置换气次数不少于每小时6次的机械排风装置。室内空气不应再循环。

2 污水处理站的各类泵房宜采用自然通风。

14.2.6 汽车衡，根据工艺需要宜设置空气调节装置。

14.2.7 在集中采暖地区和过渡地区，厂外收贮站建筑宜采用以电能作为热源的局部集中或分散供热方式，热源设备不设备用，但应符合当地建设标准。

14.2.8 厂外收贮站建筑应根据工艺需要设置必要的通风及空气调节装置。

14.2.9 集中采暖地区，循环水泵房、岸边水泵房、污水泵房、燃油泵房、灰渣泵房、空压机房等如设有人员值班室，应保证室内温度不低于16℃，设备间设值班采暖。

14.2.10 循环水泵房或岸边水泵房，当水泵配用的电动机布置在地上部分时，宜采用自然通风；当水泵配用的电动机布置在地下部分时，应设有机械通风装置。

14.2.11 空压机房、灰渣泵房夏季宜采用自然通风，通风量按排除余热计算。冬季空压机由室内吸风时，应按吸风量进行热风补偿，室外计算参数应采用室外采暖计算温度。

14.2.12 厂区采暖热网及加热站的采暖通风与空气调节设计，应符合现行国家标准《小型火力发电厂设计规范》GB 50049的有关规定。

15 建筑和结构

15.1 一般规定

15.1.1 发电厂建筑和结构的设计必须贯彻“安全、适用、经济、美观”的方针。

15.1.2 建筑设计应根据工艺设计，并结合发电厂所在的周围环境、自然条件、建筑材料、建筑技术等因素，做好建筑的平面布置、空间组合、建筑造型、建筑色彩及围护结构的选择；处理好建筑物与工艺设备等在色彩上的协调以及厂区建筑与周围环境的协调。

15.1.3 设计中应贯彻节约用地的原则。发电厂辅助、附属和生活建筑在满足使用要求的前提下，应尽量减少建筑面积和建筑体积，可采用多层或联合建筑等形式。

15.1.4 发电厂的建筑设计应积极稳妥地采用和推广建筑领域的新技术、新工艺和新材料，做到安全适用、技术先进、经济合理和满足可持续发展的要求。选择建筑材料时，宜考虑不同地区特点，因地制宜，使用可再循环利用的材料，建筑砌体材料不应使用国家和地方政府禁用的黏土制品。

15.1.5 各建筑物的建筑设计应符合现行行业标准

《火力发电厂建筑设计规程》DL/T 5094的有关规定。

15.1.6 发电厂的建筑设计应贯彻国家有关建筑节能的法律、法规和方针政策，根据各建筑物的使用性质，按国家现行的相应节能设计标准进行节能设计。

15.1.7 除临时性结构外，结构的设计使用年限应为50年。

15.1.8 建筑结构设计时采用的安全等级，除一般的棚、库属于三级外，其余建（构）筑物均应为二级。

15.1.9 结构设计应在承载力、稳定、变形和耐久性等方面满足生产使用要求，同时，尚应考虑施工条件。承受动力荷载的结构，必要时应做动力计算。

15.1.10 抗震设防烈度为6度及以上地区的建筑，必须进行抗震设计。

15.1.11 地基基础的设计应根据地质勘察资料，综合考虑结构类型、材料与施工条件等因素，因地制宜确定基础形式及地基处理方式。所有建筑物地基设计均应按国家现行规程规范进行地基承载力计算，对属于规范要求进行地基变形验算的情况，尚应进行地基变形验算。

15.2 防火、防爆与安全疏散

15.2.1 发电厂建（构）筑物的火灾危险性分类及其耐火等级，不应低于本规范表4.1.6的有关规定。

15.2.2 发电厂各建筑物的防火设计除应符合本规范外，尚应符合现行国家标准《火力发电厂与变电站设计防火规范》GB 50229和《建筑设计防火规范》GB 50016的有关规定。

15.2.3 有爆炸危险的甲、乙类厂房的防爆设计应符合现行国家标准《建筑设计防火规范》GB 50016的有关规定。

15.2.4 秸秆破碎站、转运站和分料仓至少应设置一个安全出口，安全出口可采用敞开式金属梯，其净宽不应小于0.8m，倾斜角度不应大于45°。与其相连的栈桥不得作为安全出口。栈桥长度超过200m时，还应加设中间安全出口。

15.2.5 发电厂中跨越建筑物的天桥及运料栈桥，其结构构件均应采用不燃烧材料。

15.2.6 秸秆破碎站及转运站、运料栈桥等运料建筑的钢结构应采取防火保护措施。运料栈桥为敞开或半敞开结构时，其钢结构也可不采取防火保护措施。

15.2.7 厂内燃料的贮存宜采用露天堆场或半露天堆场的形式。秸秆仓库、露天堆场和半露天堆场的设计，应符合现行国家标准《建筑设计防火规范》GB 50016的有关规定。秸秆仓库内防火墙上开设的洞口，可采用火灾时可自动关闭的防火卷帘或自动喷水的防火水幕进行分隔。

15.2.8 收贮站的建筑设计应符合现行国家标准《建筑设计防火规范》GB 50016的有关规定。

15.3 室内环境、建筑构造与装修

15.3.1 发电厂各建筑物的室内环境设计，采光、自然通风、建筑热工及噪声控制等应符合国家现行标准《小型火力发电厂设计规范》GB 50049及《火力发电厂建筑设计规程》DL/T 5094的有关规定。

15.3.2 发电厂各建筑物的建筑构造与装修，防排水、门和窗以及室内外装修等设计应符合国家现行标准《小型火力发电厂设计规范》GB 50049及《火力发电厂建筑设计规程》DL/T 5094的有关规定。

15.4 生活与卫生设施

15.4.1 根据生产特点、实际需要和使用方便的原则，在主要生产建筑物内的主要作业区以及人员较集中的建筑物内，应设置值班休息室和厕所等生活设施。

15.4.2 根据电厂所处的地理位置或生产需要，厂区内可设置食堂、浴室、值班宿舍、医务室等生活建筑。

15.4.3 发电厂的厂区生活与卫生设施应符合国家现行有关工业企业设计卫生标准及其他有关标准的规定。

15.5 建筑物与构筑物

15.5.1 建筑物与构筑物的结构形式，应根据工程特点和施工条件，经技术经济比较后确定。主厂房框、排架及楼层等，宜采用混凝土结构。因地震、地质等条件不适宜采用混凝土结构时，可采用钢结构。其他建筑物和构筑物，宜采用混凝土结构或砌体结构。

15.5.2 扩建厂房的地基基础设计应考虑对原有建筑物的影响。

15.5.3 抗震设防烈度可采用中国地震动参数区划图的基本烈度。对已编制抗震设防区划的城市，可按批准的抗震设防烈度或设计地震动参数进行抗震设防。

15.5.4 建筑物、构筑物的抗震设防类别，除一般材料库（棚）、厂区围墙等次要附属建（构）筑物属于丁类外，主厂房、空冷岛建筑、主要生产建（构）筑物、辅助厂房和其他非生产建筑物等一般均应属于丙类。

15.5.5 结构伸缩缝的最大间距宜符合下列规定：

1 主厂房采用现浇混凝土框架结构时，不宜大于75m。

2 装配式混凝土框架结构不宜大于100m。

3 其他现浇混凝土框架结构不宜大于55m。

4 混凝土排架结构不宜大于100m。

5 砌体结构，应符合现行国家标准《砌体结构设计规范》GB 50003的有关规定。

6 对采用混凝土排架结构的运料栈桥，封闭式不宜大于130m，露天式不宜大于100m。

7 对采用钢结构排架的运料栈桥，封闭式不宜大于150m，露天式不宜大于120m。

8 对混凝土及钢筋混凝土沟道，室内不宜大于30m，室外不宜大于20m。

15.5.6 汽机房屋面结构宜采用钢屋架。跨度较小时，也可采用实腹钢梁。屋架或钢梁上宜铺金属轻屋面，多雨地区亦可采用现浇混凝土板。

15.5.7 除地基条件能确保沉降很小的情况外，主厂房、烟囱、汽轮发电机基础及锅炉基础等，应设沉降观测点；其他属于甲级或乙级的建（构）筑物的地基基础，也可设沉降观测点。

15.5.8 汽机房的吊车梁应按 A1～A3 工作级别吊车设计，秸秆仓库的吊车梁应按 A6、A7 工作级别吊车设计，其他建筑的检修吊车梁应按 A1～A3 工作级别吊车设计。

15.5.9 汽轮发电机宜采用框架式基础。风机、泵等设备基础宜采用块式。设备基础设计应满足设备及工艺的要求，并应符合现行国家标准《动力机器基础设计规范》GB 50040 的有关规定。

15.5.10 烟囱的设计应符合现行国家标准《烟囱设计规范》GB 50051 的有关规定。可采用单筒式烟囱。烟囱的内衬宜按排放弱腐蚀性烟气设计。

15.5.11 运料栈桥可采用封闭式或开敞式，并均宜采用轻型结构。栈桥柱宜采用混凝土结构。栈桥的纵梁或纵向桁架，可采用混凝土结构或钢结构。支承于主厂房的栈桥端部，宜设计成滚动支座或滑动支座。运料栈桥的抗震设计，应符合现行国家标准《电力设施抗震设计规范》GB 50260 的有关规定。

15.5.12 厂区管道支架宜采用混凝土结构，必要时，也可采用钢结构。管道支架的抗震设计，应符合现行国家标准《构筑物抗震设计规范》GB 50191 的有关规定。

15.5.13 屋外变电构架及设备支架宜因地制宜选用经济合理的结构形式。当采用钢结构时，其表面宜镀锌防腐。变电构架、设备支架的抗震设计，应符合现行国家标准《电力设施抗震设计规范》GB 50260 的有关规定。

15.5.14 楼（地）面和屋面均布活荷载取值应根据设备、安装、检修和使用的要求确定，并应符合现行国家标准《建筑结构荷载规范》GB 50009 的有关规定。主厂房建筑楼（地）面和屋面均布活荷载及相关系数，可按表 15.5.14 确定。

表 15.5.14 主厂房建筑楼（地）面和屋面均布活荷载及相关系数

序号	名称			标准值（kN/m²）	计算次梁（预制板主肋）折减系数	计算主梁（柱）折减系数	计算主框排架活荷载标准值（kN/m²）	组合值系数	频遇值系数	准永久值系数
1	汽机房	地面	集中检修区域地面	15～20	—	—	—	—	—	—
2	汽机房	地面	其他地面及混凝土沟盖板①	10	—	—	—	0.7	0.7	0.5
3	汽机房	地面	钢盖板（钢格栅板）	4	—	—	—	0.7	0.7	0.5
4	汽机房	加热器平台中间（管道）层		4	0.8	0.8	—	0.8	0.8	0.7
5	汽机房	汽轮机基座中间层平台		4	0.8	0.7	—	0.8	0.8	0.7
6	汽机房	运转层	汽轮发电机检修区域楼板及基座平台	10～15	0.8	0.7	—	0.7	0.7	0.5
7	汽机房	运转层	加热器平台一般区域	6～8	0.8	0.7		0.7	0.7	0.5
8	汽机房	运转层	扩建端山墙悬挑走道平台	4	0.8	0.7		0.7	0.7	0.5
9	汽机房	运转层	A 排柱悬挑平台②	4	1.0	—	4	0.75	0.7	0.6
10	汽机房	运转层	B 排柱悬挑平台②	8	1.0	—	5～6	0.75	0.7	0.6
11	汽机房	运转层	钢盖板（钢格栅板）	4	—	—	—	0.7	0.7	0.5
12	汽机房	屋面③		1	1.0	0.7	0.5～0.7	0.7	0.5	0.2
13	除氧间	厂用配电装置楼面④		6（10）	0.7	—	3（6）	0.95	0.9	0.8
14	除氧间	电缆夹层楼面		4	0.8	—	3	0.95	0.9	0.7
15	除氧间	运转层楼面		6～8	0.8	—	5～6	0.9	0.9	0.7
16	除氧间	除氧器层楼面⑤		4	0.7	—	3～4	0.9	0.9	0.7
17	除氧间	除氧器层屋面③⑥		4（2）	0.7	—	3（1）	0.7	0.6	0.4
18	锅炉房	0.000m 地坪及钢筋混凝土沟盖板		10	—	—	—	0.7	0.7	0.5
19	锅炉房	运转层楼面		8	0.8	0.7	6	0.8	0.8	0.6
20	锅炉房	给料机层楼面⑦		4	0.7	—	3	0.7	0.7	0.7
21	锅炉房	进料层楼面⑦		4	1.0	—	3	0.7	0.7	0.7
22	锅炉房	屋面③		1	1.0	0.7	0.5～0.7	0.7	0.6	0.2

续表 15.5.14

序号	名称		标准值 (kN/m²)	计算次梁（预制板主肋）折减系数	计算主梁（柱）折减系数	计算主框排架活荷载标准值 (kN/m²)	组合值系数	频遇值系数	准永久值系数
23	其他	集中控制室楼面	4	0.8	0.7	3	0.9	0.9	0.7
24		主楼梯	4	—	—	—	0.7	0.7	0.5
25		一般楼梯	2	—	—	—	0.7	0.6	0.5

注：①汽机房、锅炉房地坪，当设置运输通道时，通道部分的钢筋混凝土沟道、沟盖板等，应按实际产生的活荷载计算。安装用临时起吊运输设备对地下设施产生的荷载，应采取临时措施解决。

②如汽机检修使用此平台，楼面活荷载应据情增加（不超过 10kN/m²）

③仅适用于混凝土屋面。

④厂用配电装置很多情况下布置在零米。括号内数字用于高压（>380V）配电装置。

⑤如除氧器在楼面上拖运，拖运方案应采取临时措施将荷载传递到梁上，避免直接作用于楼板。

⑥括号内数字用于屋面无设备管道，施工时仅有少量零星材料的情况。

⑦设计时可根据燃料和运料机的实际情况进行调整。

16 辅助和附属设施

16.0.1 发电厂的设计，应根据机组容量、型式、台数、设备检修特点、地区协作和交通运输等条件，设置必要的金工修配设施。大件和精密件的加工及铸件，应利用社会加工能力。大修外包或地区集中检修的发电厂，应按机组维修或小修的需要，配置修配设施。企业自备发电厂，当企业能满足发电厂修配任务时，不另设修配设施。

16.0.2 当发电厂位于偏僻、边远地区时，可根据机组的容量和台数，因地制宜地设置锅炉、汽机、电气、燃料、化学等检修间，并配置常用的检修机具和工具。

16.0.3 发电厂应设有存放材料、备品和配件的库房与场地。材料库的布置，应符合国家现行有关消防规范的规定。企业自备发电厂的材料库等，可由企业统筹规划设计。

16.0.4 发电厂宜设置控制用和检修用的压缩空气系统，压缩空气系统和空气压缩机宜按下列要求设计：

1 发电厂的压缩空气系统宜全厂共用，包括化学、除灰等工艺专业。

2 控制用和检修用的系统宜采用同型式、同容量的空气压缩机，并集中布置。空气压缩机出口接入同一母管，母管上应设控制用和检修用压缩空气电动隔离阀，并设低压力联锁保护，保证控制用压缩空气系统压力在任何工况下均满足工作压力的要求。两系统的贮气罐和供气系统应分开设置。压缩空气的供气压力应满足用气端的要求。控制用压缩空气的供气管道宜采用不锈钢管。

3 运行空气压缩机的总容量应能满足全厂热工控制用气设备的最大连续用气量。

4 当全部空气压缩机停用时，热工控制用压缩空气系统的贮气罐容量，应能维持在 5min～10min 的耗气量，气动保护设备和远离空气压缩机房的用气点，宜设置专用的稳压贮气罐。

5 热工控制用压缩系统应设有除尘过滤器和空气干燥器，并与运行空气压缩机的容量相匹配，供气质量应符合现行国家标准《工业自动化仪表气源压力范围和质量》GB 4830 的有关规定，气源品质应符合下列要求：

1） 工作压力下的露点应比工作环境最低温度低 10℃；

2） 净化后的气体中含尘粒径不应大于 3μm；

3） 气源装置送出的气体含油量应控制在 8ppm 以下。

6 空气压缩机房应设有防止噪声和振动的措施。

7 当企业设有空气压缩机站，且输送条件合适时，企业自备发电厂可不另设空气压缩机。

16.0.5 发电厂设备、管道的保温设计应符合下列规定：

1 发电厂的保温设计应符合现行国家标准的有关规定。

2 表面温度高于 50℃且经常运行的设备和管道，应进行保温。对表面温度高于 50℃且不经常运行的设备和管道，凡在人员可能接触到的 2.2m 高度范围内，应进行防烫伤保温，保温层外表面温度不应超过 60℃。露天的蒸汽管道，宜设减少散热损失的防潮层。

3 设备和管道保温层的厚度应按经济厚度法确定。当需限制介质在输送过程中的温度降时，应按热平衡法进行计算。

4 选用的保温材料的主要技术性能指标应符合下列规定：

1） 介质工作温度为 450℃～600℃，导热系数不得大于 0.11W/（m·K）；

2）介质工作温度小于450℃，导热系数不得大于0.09W/（m·K）；导热系数应有随温度变化的导热系数方程或图表；

3）对于硬质保温材料密度不大于220kg/m³；对于软质保温材料密度不大于150kg/m³。

5 保温的结构设计，应符合下列要求：

1）保温层外应有良好的保护层。保护层应能防水、阻燃，且其机械强度满足施工、运行要求；

2）采用硬质保温材料时，直管段和弯头处，应留伸缩缝；对于高温管道垂直长度超过2m～3m，应设紧箍承重环支撑件；对于中低温管道垂直长度超过3m～5m，应设焊接承重环支撑件；

3）阀门和法兰等检修需拆的部件宜采用活动式保温结构。

16.0.6 发电厂的设备和管道的油漆、防腐设计应符合下列要求：

1 管道保护层外表面，应用文字、箭头标出管内介质名称和流向。

2 对于不保温的设备和管道及其附件，应涂刷防锈底漆两度、面漆两度；对于介质温度低于120℃设备和管道及其附件，应涂刷防锈底漆两度。

16.0.7 发电厂应设贮油箱和滤油设备，不设单独的油处理室。透平油和绝缘油的贮油箱的总容积，分别不应小于一台最大机组的系统透平油量和一台最大变压器的绝缘油量的110%。贮油箱宜置于汽机房外。寒冷地区的贮油箱，应有防冻措施。

17 环境保护

17.1 一般规定

17.1.1 发电厂的环境保护设计（含环境影响评价及水土保持方案），应贯彻执行国家及省、自治区、直辖市等地方政府颁布的有关环境保护及水土保持的法律、法规、条例、标准及规定，并应符合区域的相关规划。

17.1.2 发电厂的环境保护设计应按四个设计阶段中进行，分别为初步可行性研究、可行性研究、初步设计及设施工图设计。各设计阶段工作的主要内容分别为厂址的环境合理性及环境影响简要分析、环境影响评价、水土保持方案、环境保护工程设计、水土保持专项设计。环境保护工程设想设计应以环境影响评价、水土保持方案及其批复文件为依据，若设计方案发生重大变化，必须重新报批环境影响评价文件、水土保持方案。

17.1.3 发电厂的环境保护设计及水土保持设计应按照环境影响评价文件、水土保持方案及其批复的要求，对产生的各种污染因子采取防治措施，以减少其对环境带来的影响，并应进行绿化规划。

17.1.4 发电厂的环境保护设计应采用清洁生产工艺，应提出资源重复利用的要求。

17.2 污染防治

17.2.1 发电厂排放的烟气应符合现行国家标准《火电厂大气污染物排放标准》GB 13223中规定的资源综合利用火力发电锅炉或《锅炉大气污染物排放标准》GB 13271中燃煤锅炉的排放要求，并应符合现行国家标准《大气污染物综合排放标准》GB 16297、《环境空气质量标准》GB 3095及污染物排放总量控制的要求。当地方有特殊规定时，还必须符合地方的有关要求。

17.2.2 发电厂应安装高效除尘器，其除尘效率应满足国家及地方排放标准和环境空气质量的要求。

17.2.3 发电厂应采用有利于减少NO_x产生的低氮燃烧技术，并预留脱除氮氧化物装置空间，必要时应设置氮氧化物脱除装置。

17.2.4 发电厂烟气中SO_2的排放应满足国家、地方排放标准及区域的总量控制要求。

17.2.5 发电厂应根据气象参数、污染物排放量、区域环境空气质量等合理优化确定烟囱的高度、数量及出口内径。发电厂的烟囱高度应高于厂区内最高建筑物高度的2倍～2.5倍。

17.2.6 发电厂应配备贮灰渣装置或设施，配套灰渣综合利用设施，灰渣应考虑综合利用。若不能全部综合利用，应设置贮灰场。贮灰场的选址及防治应满足现行国家标准《一般工业固体废物贮存、处置场污染控制标准》GB 18599的有关要求。

17.2.7 秸秆的收集、制备及储运系统，灰渣的收集及储运系统，应采取防治二次扬尘污染的措施。

17.2.8 发电厂应进行节约用水设计。应根据各种废水的水质、水量、处理的难易程度及环境质量要求，对废水的回收、重复利用及排放进行合理优化。排放的废水必须满足现行国家标准《污水综合排放标准》GB 8978的排放要求及地方的排放标准要求。排放的废水应符合现行国家标准《地表水环境质量标准》GB 3838、《海水水质标准》GB 3097、《渔业水质标准》GB 11607、《农田灌溉水质标准》GB 5084的有关规定。

17.2.9 发电厂噪声对周围环境的影响必须符合现行国家标准《工业企业厂界环境噪声排放标准》GB 12348及《声环境质量标准》GB 3096的有关规定。

17.2.10 发电厂的噪声防治设计首先应从声源上进行控制，应选择符合国家噪声控制标准的设备。对于声源上无法控制的生产噪声应采取有效的噪声控制措施。

17.2.11 对空排放的锅炉安全阀排气管及点火排气

管，应装设消声器。

17.2.12 发电厂的总平面应进行合理的优化，充分利用建筑物的隔声、消声及吸声作用，以减少发电厂的噪声对环境的影响。

17.2.13 发电厂应按水土保持方案及其批复的要求，设置水土保持设施，水土流失防治效果应满足水土保持方案中规定的水土流失防治目标的要求。

17.3 环境管理和监测

17.3.1 发电厂应设置环境保护管理机构，设置环境保护专职人员，并配置必要的监测仪器。

17.3.2 锅炉应安装烟气连续监测系统。烟气连续监测装置应符合现行行业标准《固定污染源烟气排放连续监测技术规范》HJ/T 75的有关规定。

17.3.3 发电厂若有废水外排，其废水外排口应按规范进行设计，并应安装废水计量装置。

18 劳动安全与职业卫生

18.0.1 发电厂的劳动安全与职业卫生设计应符合现行国家标准《小型火力发电厂设计规范》GB 50049的有关规定。

18.0.2 发电厂的劳动安全设计应符合现行国家标准《小型火力发电厂设计规范》GB 50049的有关规定。

18.0.3 发电厂的职业卫生设计应符合现行国家标准《小型火力发电厂设计规范》GB 50049的有关规定。

本规范用词说明

1 为便于在执行本规范条文时区别对待，对要求严格程度不同的用词说明如下：

1）表示很严格，非这样做不可的：
正面词采用“必须”，反面词采用“严禁”；

2）表示严格，在正常情况下均应这样做的：
正面词采用“应”，反面词采用“不应”或“不得”；

3）表示允许稍有选择，在条件许可时首先应这样做的：
正面词采用“宜”，反面词采用“不宜”；

4）表示有选择，在一定条件下可以这样做的，采用“可”。

2 条文中指明应按其他有关标准执行的写法为：“应符合……的规定”或“应按……执行”。

引用标准名录

《砌体结构设计规范》GB 50003
《建筑结构荷载规范》GB 50009
《混凝土结构设计规范》GB 50010
《室外给水设计规范》GB 50013
《建筑设计防火规范》GB 50016
《采暖通风与空气调节设计规范》GB 50019
《建筑照明设计标准》GB 50034
《动力机器基础设计规范》GB 50040
《小型火力发电厂设计规范》GB 50049
《烟囱设计规范》GB 50051
《建筑物防雷设计规范》GB 50057
《爆炸和火灾危险环境电力装置设计规范》GB 50058
《3～110kV高压配电装置设计规范》GB 50060
《电力装置的电测量仪表装置设计规范》GB/T 50063
《交流电气装置接地设计规范》GB 50065
《构筑物抗震设计规范》GB 50191
《电力工程电缆设计规范》GB 50217
《火力发电厂与变电站设计防火规范》GB 50229
《电力设施抗震设计规范》GB 50260
《渔业水质标准》GB 11607
《火力发电机组及蒸汽动力设备水汽质量》GB/T 12145
《工业企业厂界环境噪声排放标准》GB 12348
《火电厂大气污染物排放标准》GB 13223
《锅炉大气污染物排放标准》GB 13271
《继电保护和安全自动装置技术规程》GB/T 14285
《工业锅炉水质》GB 1576
《大气污染物综合排放标准》GB 16297
《高压架空线路和发电厂、变电所环境污区分级及外绝缘选择标准》GB/T 16434
《一般工业固体废物贮存、处置场污染控制标准》GB 18599
《环境空气质量标准》GB 3095
《声环境质量标准》GB 3096
《海水水质标准》GB 3097
《高压输变电设备的绝缘配合》GB 311.1
《绝缘配合 第2部分：高压输变电设备的绝缘配合使用导则》GB/T 311.2
《地面水环境质量标准》GB 3838
《工业自动化仪表气源压力范围和质量》GB 4830
《农田灌溉水质标准》GB 5084
《污水综合排放标准》GB 8978
《电力工程直流系统设计技术规程》DL/T 5044
《火力发电厂废水治理设计技术规程》DL/T 5046
《水工混凝土结构设计规范》DL/T 5057
《火力发电厂建筑设计规程》DL/T 5094
《火力发电厂、变电所二次接线设计技术规程》DL/T 5136
《电能量计量系统设计技术规程》DL/T 5202
《火力发电厂电力网络计算机监控系统设计技术规定》DL/T 5226

《高压配电装置设计技术规程》DL/T 5352

《火力发电厂和变电站照明设计技术规定》DL/T 5390

《交流电气装置的过电压保护和绝缘配合》DL/T 620

《海港水文规范》JTJ 213

《水运工程抗震设计规范》JTJ 225

《港口工程混凝土结构设计规范》JTJ 267

《港口工程混凝土结构防腐蚀技术规范》JTJ 275

《防波堤设计与施工规范》JTJ 298

《固定污染源烟气排放连续监测技术规范》HJ/T 75

中华人民共和国国家标准

秸秆发电厂设计规范

GB 50762—2012

条 文 说 明

制定说明

《秸秆发电厂设计规范》GB 50762—2012，经住房和城乡建设部2012年5月28日以第1398号公告批准发布。

为便于广大设计、施工和生产单位有关人员在使用本规范时能正确理解和执行条文规定，《秸秆发电厂设计规范》编制组按章、节、条顺序编制了本规范的条文说明，对条文规定的目的、依据以及执行中需注意的有关事项进行了说明，还着重对强制性条文的强制性理由作了解释。但是本条文说明不具备与标准正文同等的法律效力，仅供使用者作为理解和把握标准规定的参考。

目　次

1 总　　则

1.0.1 本条规定了制定本规范的目的。强调在秸秆发电厂设计中应做到安全可靠、技术先进、经济适用，满足节约能源、用水、用地和保护环境的要求。

1.0.2 本条规定了本规范的适用范围。目前投产运行较好的秸秆发电厂的最大单机容量为30MW，秸秆的实际收集半径已达50km或更远。因此，本条规定本规范的适用范围为单机容量为30MW及以下的发电厂。

1.0.3 本条提倡积极推广采用先进成熟的技术、工艺、材料和设备，不断提高发电厂的技术经济指标。

1.0.4 为提高秸秆发电厂的经济性，秸秆发电厂宜就近建在秸秆资源丰富的地区内。同时，还应特别注意，扣除已经用于其他用途的秸秆量后，当地可为本厂利用的秸秆量还应满足本厂规划容量的需要。

秸秆发电厂的类型可以是凝汽式发电厂，也可以是供热式发电厂。由于秸秆供应原因，已投产运行的秸秆发电厂连续满负荷运行情况不甚理想，建设供热式发电厂时，应对包括秸秆保证率在内的供热可靠性进行充分论证。

1.0.5 根据我国各汽轮机制造厂生产不同压力参数的机组情况和已投产秸秆发电厂装机情况，本条规定了不同机组的压力参数。

另外，秸秆发电厂的热力系统一般采用母管制系统。为减少系统的复杂性，降低设备投资及运行维护费用，本条规定同一发电厂内的机组宜采用同一种参数。

1.0.6 秸秆发电厂的规划容量取决于合理运输半径内可获得的秸秆量。鉴于目前投产运行较好的秸秆发电厂的最大规划容量为30MW，秸秆的实际收集半径已达50km或更远，本条规定秸秆发电厂的规划容量不宜大于30MW。根据调研以及秸秆发电厂的运行特点，单台机组的经济性要好于降低单机容量的多台机组的经济性。在不大于规划容量的前提下，宜尽量减少装机台数。对于凝汽式秸秆发电厂，建议装设一台与规划容量相等的机组，或装设两台50%规划容量的机组；对于供热式秸秆发电厂，考虑到供热可靠性，建议装设两台50%规划容量的供热式机组。因此，本条规定规划台数不宜超过两台。此外，由于秸秆种类繁多，南方地区一年中可有多季收割，不同电厂的秸秆收集情况有所差异等，在合理的运输半径内，有的电厂可以获得的秸秆量有可能满足更大规划容量的需要。故本条还原则性规定"经充分论证，秸秆供应量充足且采购成本合理时，发电厂规划容量也可适当增加"。

1.0.7 本条强调，发电厂应按规划容量做好总体规划设计，注意全厂的整体一致性。发电厂在按规划容量进行总体规划时，应处理好按规划一次建成与分期建设的关系。分期建设时，每期工程的设计，原则上只包括该期工程必须建设的部分，以免后期工程变化时造成不必要的浪费。

1.0.8 本条是对扩建和改建发电厂设计的原则性要求。强调应结合原有电厂的特点，全面考虑，统一协调。

1.0.9 秸秆发电厂规模小、造价高，应特别注意降低工程投资。经技术经济比较后，如能够满足安全、经济、可靠的条件，发电厂的各个系统和布置应适当简化。

1.0.10 为了节约投资，减少浪费，在确保生产安全和技术经济合理的前提下，发电厂可与邻近的工业企业或其他单位协作，联合建设共有的部分工程设施。

1.0.11 本规范明确主要工艺系统设计寿命应达到30年，相应也明确了设计责任期限。

1.0.12 本条强调在发电厂设计中，除应执行本规范的规定外，还应符合现行的相关标准的有关规定。

3 秸秆资源与厂址选择

3.1 秸 秆 资 源

3.1.1 秸秆发电厂的燃料由于其发热量低、密度小、松散等特点，不宜长途运输；而且，秸秆的运输费用在电厂的运行成本中占相当大的比重，因此秸秆发电厂必须建在秸秆产地附近。为保证电厂有充足的燃料来源，建厂初期不仅要调查所在区域的秸秆产量还要保证可供应电厂的秸秆量能满足电厂连续运行的需要及秸秆供应的持续性。

3.1.2 据调查，目前投产的秸秆发电厂燃料收集半径不仅限于30km～50km。已运行的电厂大都存在着无法在原设计收购范围内收集到足够的秸秆或秸秆涨价等问题，造成电厂不得不去远于50km的地区收购秸秆。因此条文仅规定发电厂所需燃料宜在半径50km范围内获得。各秸秆发电厂的燃料收集范围应综合考虑秸秆可获得系数及可供应系数、秸秆价格和运输费用等条件确定，还应确认该区域不在其他秸秆发电厂或以农作物秸秆做原料企业的原料收集范围内。

3.1.3 为确保电厂能够收集到足够的燃料，应调查研究厂址附近多年农作物产量和秸秆产量，对秸秆产量进行分析。一般情况下，应调查3年及以上的秸秆产量。

3.1.4 条文中的辅助燃料是指生物质辅助燃料。从目前投产的秸秆发电厂运行情况看，有部分电厂因秸秆收购困难而转而采用煤或油作为辅助燃料的，此做法与建厂初衷相悖。目前，很多运行的电厂采用树枝、稻壳、玉米芯、锯末、花生壳、松子壳、麦糠等作为辅助燃料，也能保证电厂的正常运行。因此规定发电厂可考虑燃用生物质辅助燃料，不提倡采用煤或油等化石燃料作为辅助燃料。

3.1.5 目前，有不少电厂的设计燃料和实际运行时的燃料有较大的差异，如有的电厂原设计采用软质秸秆，但实际运行时其燃料种类大大超过预期，只好改扩建辅助燃料运输系统。由于燃料的输送系统跟燃料品种及品质有很大的关系，因此规定应进行必要的调查研究后合理确定燃料及其分析数值，使其具有长期代表性。

3.3 厂 址 选 择

3.3.1 本条是厂址选择最基本的一条，是厂址选择的基本原则。

3.3.2 秸秆发电厂一般为城镇就近供电，厂址选择要满足城镇直接供电的要求，同时也要求厂址区域的可供电厂燃烧的秸秆量要满足电厂连续运行的要求。

我国现有耕地面积较少，建设项目用地应利用建设用地和未利用地，优先考虑未利用地，荒地和劣地是建设项目应该优先考虑的未利用地，同时着重强调节约用地。

秸秆吸水能力强，为防止秸秆吸水受潮，影响燃烧，要求收贮站地势高、地下水位低，并且有良好的排水条件。

在城市建成区、环境质量达不到标准或通过采取措施也达不到标准的区域，不得新建生物质直接燃烧的发电项目。

3.3.3 由于秸秆的生产特点，秸秆收购比较分散，适合公路汽车短程门一门运输，如果厂址所在区域的水路运输条件好，通过技术经济比较后确定运输方式。由于秸秆运输距离短，不适合两种及两种以上的换乘式运输方式。

3.3.4 本条提出了秸秆发电厂供水水源应符合的要求，包括：水源必须落实、可靠；地表水取排水位置选择要求，地下水水源应注意的问题。

3.3.5 秸秆发电厂产生的灰渣应全部综合利用，厂外可不设置永久贮灰场。在厂址选择时，根据灰渣综合利用情况选定周转或事故备用干式贮灰场。当灰渣确实能够全部综合利用，厂外可以不设置周转或事故备用灰场；当灰渣综合条件不落实，应设置周转或事故备用灰场，容量一般不超过 6 个月的电厂排放灰渣量。

贮灰场选择原则与常规电厂相同。

3.3.7 依据现行国家标准《小型火力发电厂设计规范》GB 50049 的条文修改。

3.3.8 秸秆属于易燃物质，燃烧时易产生飞火，为保证事故时不至于危害附近居民的正常工作和生活，因此提出本条要求。

节约集约用地主要包括下列三个含义：

节约用地，就是各项建设都要尽量节省用地，千方百计地不占或少占耕地。

集约用地，每宗建设用地必须提高投入产出的强度，提高土地利用的集约化程度。

通过整合置换，合理安排土地投放的数量和节奏，改善建设用地结构、布局，挖掘用地潜力，提高土地配置和利用效率。

4 厂区及收贮站规划

4.1 一 般 规 定

4.1.1 系现行国家标准《小型火力发电厂设计规范》GB 50049 条文，增加了收贮站规划内容。

4.1.2 本条中的合理区域秸秆量指厂址所在区域以厂址为中心 50km 范围内的可收购的秸秆量。

空间尺度——人与实体、空间的尺度关系；实体与实体的尺度关系；空间与实体的尺度关系。

4.1.4 参照现行行业标准《火力发电厂总图运输设计技术规程》DL/T 5032 的条文制定。

4.1.5 现行《电力工程项目建设用地指标》中有单机容量 25MW 及以下的新建或扩建发电厂的用地指标，因此，本条规定，发电厂用地指标，应符合现行国家标准的有关规定。

4.1.6 依据现行国家标准《火力发电厂与变电所设计防火规范》GB 50229 和《建筑设计防火规范》GB 50016 的相关条文制定。

4.2 主要建筑物和构筑物的布置

4.2.1 主厂房是电厂主要标志建筑之一，其位置的确定，是做好厂区规划的主要因素，固定端朝向厂区主要出入口，能使厂区具有良好的景观。充分利用坡度较大的地形条件，形成厂房一部分位于填方区，另一部分位于挖方区，锅炉房布置在地形较高处的挖方区，可以使地沟较多、较深的汽机房处于填土区或挖土较浅的地段。

4.2.2 系现行国家标准《小型火力发电厂设计规范》GB 50049 的条文，增加了冷却水池的布置要求。

4.2.3 秸秆发电厂的秸秆仓库、露天堆场、半露天堆场布置在炉前、炉后或炉侧均可行，炉后布置时输料系统长，转角输送多，系统复杂，投资高，因此宜炉前或路侧布置。原料堆垛的长边宜与当地常年主导风向平行，减少秸秆被风刮走的几率，降低秸秆损耗量。

4.2.4 本条为强制性条文，必须严格执行。系现行国家标准《小型火力发电厂设计规范》GB 50049 条文，删除露天卸煤装置或煤场的相关内容，增加了露天卸秸秆装置或秸秆堆场的相关内容。

4.2.5 秸秆发电厂燃料采用公路汽车运输时，运输量较大，汽车出入厂频次高，便于人货分流和管理，宜设专用的出入口。

4.2.6 发电厂扩建时，为避免或降低施工过程对电厂运行的影响，设置专用的出入口，使运行和施工分开。

4.2.7 依据现行行业标准《火力发电厂总图运输设计技术规程》DL/T 5032的相关条文制定。

4.3 交通运输

4.3.1 燃料秸秆距离厂区较近，且相当分散，汽车公路运输灵活，适用门—门的运输方式，短距离运输较经济，因此，燃料秸秆适合采用汽车公路运输。

4.3.2 厂内秸秆运输道路宽度宜为7m～9m，主要考虑运输秸秆的车辆来往频繁及秸秆的特点，应适当加宽路面。

4.3.3 系现行国家标准《小型火力发电厂设计规范》GB 50049条文。将进厂道路修改为7m～9m，既与厂内道路相协调，又满足秸秆运输的要求。

4.3.4 该条对码头前沿水域和码头与厂区、码头与取排水口的位置关系作出了基本的规定。

4.5 收贮站规划

4.5.1 根据现行国家标准《建筑设计防火规范》GB 50016的规定，一个稻草、麦秆、芦苇、打包废纸等材料堆场的总储量大于20000t时，宜分设堆场。各堆场之间的防火间距不应小于相邻较大堆场与四级耐火等级建筑间距。

4.5.2 一般秸秆发电厂的收贮站应为10座以上，并且分散布置在厂址的周边地带，同时遭遇50年一遇洪水威胁的几率很低，同时考虑秸秆不宜被水浸泡，因此收贮站的标高宜按20年一遇防洪标准的要求加0.5m的安全超高确定。

根据秸秆的特点，场地应有良好的排水条件，因此要求场地坡度不应小于0.5%。

4.5.3 站内道路主要是满足秸秆运输和消防的需要，根据秸秆的特点，站内道路宽度应为7m～9m，主要运输道路应为9m，主要考虑运输秸秆的车辆来往频繁及秸秆的特点，应适当加宽路面。

5 主厂房布置

5.2 主厂房布置

5.2.1 根据秸秆发电厂生产工艺特点，主厂房的布置形式，宜根据燃料上料方式特点，因地制宜地进行布置，在满足工艺流程要求的前提下，尽量简易，节约投资。

5.2.2 本条强调主厂房布置应考虑的相关因素。

5.2.3 本条主要对主厂房各层标高的设计作出规定。

1 为了便于机炉车间的相互联系，双层布置的锅炉房和汽机房的运转层宜取同一标高，这是正常运行和处理事故的需要。

对于小容量快装式零米层布置的汽轮发电机组，不应强求与锅炉运转层一致而将其抬高布置。

2 为了保证给水泵向锅炉正常连续供水，使给水泵入口在任何运行工况下不发生汽化，布置中应注意尽量减少给水泵进水管的沿程阻力和满足给水泵净正吸水头的要求。通常需将除氧器放在一定的高度。除氧层的标高就是根据除氧器要求的安装高度来确定的。

3 秸秆发电厂是典型的大燃料、小电厂，给料层的标高，应根据锅炉给料点的标高加上炉前给料仓总有效容积所要求的高度以及燃料输送方式的要求综合确定。

5.2.4 本条为强制性条文，必须严格执行。根据主厂房布置情况，集控室可能会放置在位于除氧间的运转层，为了确保运行人员、电子设备的安全，除了对除氧设备本身及系统上采取必要的安全措施外，集控室顶板（除氧层楼板）必须采用整体现浇，并有可靠的防水措施。

5.2.5 主厂房的柱距通常是根据锅炉、上料设备、汽机凝汽器等主要设备的尺寸和布置来确定的。为了便于土建构件的制作和施工，主厂房的柱距应尽量统一。

主厂房各车间的跨度主要决定于锅炉、汽机的容量、型式和布置，汽机采用横向布置或纵向布置对汽机房跨度影响很大，对土建造价和汽机房桥式起重机设备费用影响很大。采用什么布置型式，选用多大跨度合适，这应根据厂区的自然地形结合规划容量机组经技术经济比较确定。

5.2.6 锅炉露天布置，随着制造、设计水平的提高，已越来越多地被采用。锅炉露天布置可以节省建筑材料和资金，加快施工进度，改善通风、采光和运行条件。故强调了当气象条件适宜时，65t/h及以上容量的锅炉，宜采用露天或半露天布置。至于35t/h及以下容量的锅炉因其体积小，是否采用露天布置，可视供货条件并经技术经济比较后确定。

确定锅炉露天布置，必须选择露天型锅炉，设计单位应主动和制造厂配合，要求锅炉厂对汽包、联箱、汽水管道、仪表导管、炉墙、钢架、平台、楼梯等按露天布置的要求进行设计制造，采取有效的防冻、防雨、防腐、排水、承受风压和减少热损失等防护措施。

为了改善运行和检修条件，露天锅炉炉顶可设防雨盖加汽包小室。对于给水操作台等需经常监视、操作的部位，炉前或炉侧，可采用低封或防雨盖。锅炉运转层以下，一般为屋内式布置。

对严寒或风沙大的地区，锅炉应根据设备特点及工程具体情况采用紧身罩或屋内式布置。

烟气处理设备，应露天布置。严寒地区，有可能冰冻的部位，应采取局部防冻措施。

非严寒地区，锅炉吸风机宜露天布置。其电动机为非户外式时，应采取防护措施。

“气象条件适宜”是指年绝对最低气温高于－25℃，年降雨量小于1000mm的地区。

5.2.7 汽轮机油为可燃物品，为了确保汽机房的生产安全，油系统的防火措施，应按现行国家标准《火力发电厂与变电所设计防火规范》GB 50229的有关规定执行。

布置主油箱、冷油器、油泵等设备时，要远离高温管道，油系统尽量减少法兰连接，防止漏油。当油管道需与蒸汽管道交叉时，油管道可布置在蒸汽管道下面。如果避免不了，油管道在蒸汽管道的上方，则蒸汽管道保温外表面应采用镀锌铁皮遮盖，以防漏油滴落于热管上着火。

5.2.8 减温减压器通常是作为热电厂向外供热的备用设备。当汽机故障停止向外供汽时，锅炉新蒸汽通过减温减压器直接向热用户供热。

热网加热器是热电厂加热热网循环水用。

由于减温减压器和热网加热器直接和热电厂的汽水系统相连，一般都将其布置在汽机房零米层，靠A列侧。为了便于管理和减少减温减压器的噪声影响，可将其集中布置在单独房间内。

5.2.9 本条对集中控制室和电子设备间的布置提出了基本要求，确保控制系统及设备安全可靠地运行，杜绝一切干扰或影响安全、可靠运行的危险因素的发生。

1 规定了集中控制室和电子设备间的出入口数量以及净空高度。

2 规定了集中控制室及电子设备间的环境及设施要求。

3～5 规定了集中控制室、电子设备间不应有任何工艺管道通过，其下的电缆夹层内，应设消防报警和信号设施，严禁汽水、油及有害气体管道穿越。

6 集中控制室和电子设备间应避开大型振动设备，以减少振动对控制系统产生的不良影响。

7 集中控制室和电子设备间的布置应避开伸缩缝、沉降缝或不同基座的平台上。

8 规定了集中控制室和电子设备间内的设备、表盘及活动空间布置原则。

5.3 检修设施

5.3.1 由于汽机房采用岛式布置，机组检修时，运转层一般只能放置轴承、调速系统等小的部件，汽轮机大件如汽缸、隔板、转子等都需放到零米层专设的检修场地，其面积需满足翻缸的场地要求。

5.3.2 为了减轻劳动强度，提高工作效率，对于高位布置的汽轮发电机组，汽机房内宜设置一台电动桥式起重机。

起重机的起重量应按起吊物件的最重件确定，不包括发电机定子。发电机定子检修时一般都采用加固起重机或其他措施。

起重机的轨顶标高，应按起吊设备中最大的起吊高度来确定。

起重机的起重量和轨顶标高，尚应结合扩建机组统一考虑。秸秆发电厂机组台数少，主厂房规定只装一台起重机，所选择的起重机不仅应满足第一台机组的检修需要，还应满足扩建较大机组时检修起吊的需要。

对于无运转层低位布置的汽轮发电机组，是安装电动桥式起重机还是使用汽车吊宜根据具体情况由建设单位确定。

5.3.3 为了改善劳动条件，提高检修工作效率，本条规定了主厂房内主要设备附近都需设有检修起吊设施。

锅炉顶部装有安全门、排汽门等阀门，检修时，需要拆下运至其他地方检修试压，同时还有大量的保温材料运送至炉顶使用，上下运输工作量大，据调查的电厂反映，设置炉顶起吊装置很有必要。

送风机、吸风机、一次风机等转动设备的检修件重量较大，为了减轻检修劳动强度，保障人身和设备安全，在其上方规定设起吊设施。

对于汽机房内电动桥式起重机无法吊到的地方一些设备和部件的上方应有起吊设施，为检修提供方便。这主要是指布置在汽机房零米层的加热器、水泵、凝汽器端盖等设备和部件。

5.3.4 发电机大修时，通常要抽出转子进行吹扫和试验。主厂房布置不仅要考虑有适当的检修场地存放发电机转子，同时要考虑在发电机转子抽出方向预留必需的空间和场地。

检修规程规定，因泄露而堵塞的凝汽器冷却管超过规定比例后，应该更换这部分冷却管，所以在凝汽器水室的一侧，应留有更换冷却管所需的空间。

5.3.5 管式空气预热器和省煤器，易磨损和腐蚀，运行较长时间后需整组更换，应预留拆装更换空气预热器和省煤器的检修空间和运输通道。

5.3.6 本条系结合秸秆发电厂上料特点，对设有炉前料仓的料仓间因易出现蓬、堵、搭桥等现象应留有清除事故状态秸秆的空间；对料仓底部采用螺旋式给料机的，料仓底层应留有拆装螺旋轴的空间位置。

5.4 综合设施

本节条文系参照现行国家标准《小型火力发电厂设计规程》GB 50049中适用于秸秆发电厂的部分规定，并对5.4.4条中“应”改用为“可”字，而使语气变得更为宽松。

6 燃料输送设备及系统

6.1 一 般 规 定

6.1.1 据了解，目前已投产的秸秆发电厂的燃料输送系统大都是按发电厂容量统筹规划并按照本期容量建设。当发电厂需要分期建设时，每期工程的燃料输送系统设计原则上只考虑满足该期机组所需燃料输送要求，到下期建设时再建一套燃料输送系统。

6.1.2 由于秸秆发电厂容量较小，因此应尽可能简化系统流程以减少系统投资。另外由于秸秆燃料密度小及松散的特性，容易在转运环节造成堵料或蓬料，因此应尽可能减少转运环节。

6.1.3 虽然每期工程的燃料输送系统原则上按照只考虑满足该期机组所需燃料输送要求，到下期建设时再建一套燃料输送系统。但有的电厂的辅助燃料输送系统可能是有富余量的，当电厂扩建时可以考虑利用原有设备和设施，但应先对原有燃料输送系统运行情况及富余量进行调查核实。

6.2 燃料厂外贮存及处理

6.2.1 因各电厂燃料收集情况各不相同，所建厂外收贮站的数量、容量及燃料运至收贮站的距离等条件差异很大，因此不便在条文中对厂外收贮站的燃料贮存量作统一规定。但厂外收贮站的燃料贮存量应考虑秸秆产出的季节性，其总贮存量应保证在秸秆断收期仍能满足电厂燃料供应。

6.2.2 由于棉花秸秆、大豆秸秆等硬质秸秆未经破碎很难运输和接卸，所以目前投产的绝大多数燃用硬质秸秆的电厂，燃料大都在厂外进行了破碎和晾晒。另外，后期建设的秸秆发电厂，厂外收贮站大都由农民经纪人投资兴建，由农民经纪人在厂外破碎的成本一般都比在厂内破碎的成本低一些。据此规定硬质秸秆及辅助燃料的厂外收贮站，应对燃料进行晾晒及破碎处理。

6.2.3 软质秸秆的比重非常小，在厂内晾晒和打包会大大增加电厂占地，而且散料运输也会增加运输成本，因此软质秸秆比较适宜在厂外收贮站进行晾晒和打包，但也有一些电厂厂内还设有打包机用于处理不合格的包料和少量的散料，厂内移动式的打包机也经常被开到厂外收贮站进行打包。因此规定软质秸秆入厂前宜在厂外收贮站晾晒和打包。

北方少雨干燥地区可考虑在收贮站内对秸秆进行晾晒。南方多雨地区的厂外收贮站宜尽可能收购水分含量满足燃用要求的秸秆，以减少秸秆进站后的晾晒量，但收贮站应规划有晾晒区，用于晾晒因雨淋、受潮而造成水分含量不能满足燃用要求的秸秆。

6.2.4 厂外收贮站的功能，主要是从农民那里收购燃料，对燃料进行晾晒、破碎、打包和贮存等，因此应根据燃料的种类及电厂对燃料的要求，设置必要的破碎、打包、搬运设备。在燃料收购时应对燃料进行称重和水分检测，因此还应配备计量及水分检测等设备。早期投产的秸秆发电厂的厂外收贮站大多由电厂投资建设，后期建设的秸秆发电厂的厂外收贮站大多由农民经纪人投资建设，电厂应对农民经纪人提出厂外收贮站具体的建设要求及技术指导，以保证收贮站的基础设施、设备、功能及安全等各方面均能满足电厂的要求。

6.3 秸秆及辅助燃料的接卸及贮存

6.3.1 条文具体说明如下：

1 由于不同的业主有不同的要求，各电厂设置的厂外收贮站数量及条件各不相同，各地电厂占地指标要求不一，物料的厂内储存天数很难统一，因此考虑给出一个范围。当厂外建有多个收贮站且各收贮站贮量较大时，厂内储存天数可取下限值；反之可取上限值。据调查，2009 年以来新建的生物质电厂有加大厂内料场贮存量或在电厂附近建中心收贮站的趋势。在运用这一条款时可以根据工程实际情况确定厂内贮存天数。

2 目前燃用生物质散料的电厂，对各种散料大都采用分类堆放的方式，本条提出粒度已经符合锅炉燃烧要求的硬质秸秆及辅助燃料可以混存的主要原因是出于提高贮料场利用系数和作业效率的考虑。未经破碎的硬质秸秆不应与其他辅助燃料混存。

3 根据调查，南方地区燃用散料的生物质电厂基本都设有干料棚，贮存天数一般在 3d～5d；北方地区一般不设干料棚，在雨季可以采用防雨布遮挡的方式。

6.3.2 硬质秸秆一般可采用以下两种方式进行接卸：汽车卸料沟接卸和直接卸入秸秆仓库、半露天堆场或露天堆场。采用哪一种卸料方式需要根据燃料特性、总平面布置、投资等情况确定，最常见的卸料方式是直接卸入秸秆仓库或露天料场。

活底料仓在以木片为原料的造纸厂应用较多，在生物质电厂目前应用活底料仓的有高唐、垦利、成安、威县等电厂，这几个厂设计燃用的物料均为破碎后的棉花秸秆，到目前为止，上述各厂投产都超过一年以上，从运行情况看均不够理想。活底料仓当初是为输送木片设计的，木片具有尺寸均匀、流动性好、不粘连的特点，而棉花秸秆虽经过破碎，但尺寸极不规整、枝杈互相交叉、表皮粘连、有大量尘土沉积、流动性很差、蓬料严重。因此活底料仓只能适用于燃用流动性好、尺寸规整、不粘连的如木片、玉米芯、花生壳、锯末、麦壳等均匀颗粒状物料的电厂，对燃用软质和硬质秸秆的电厂应慎重使用。

6.3.3 条文具体说明如下：

1 专用卸车设施是指专用汽车卸料沟，在此情况下采用高架带式输送机向储料仓库或储料场输送是较为合理和经济的。

2 堆垛用的轮胎式抓斗起重机应当优先考虑电驱动，以降低油料成本。

3 装载机数量可根据料场储存量、料场到上料系统的距离、锅炉燃料消耗量确定。抓斗起重机在订货时要注意选用抓取轻质物料专用抓斗（如四索七瓣密封型荷叶抓斗），以提高生产效率。

6.3.4 条文具体说明如下：

1 对秸秆包料仓库在考虑储存天数时应注意料包的堆垛层数，从目前燃用包料的电厂来看，如果是采用进口打包机打的料包，堆到6层没有问题，但采用国产打包机打的料包由于密实度不高，如果堆到6层容易产生塌垛，因此在计算包料仓库储量时应根据打包质量确定合理的堆垛层数。

2 包料堆垛时一定要采用压缝交错堆垛，这种堆垛方式可以保证包料垛的稳定和规整，从技术上可以提高秸秆包堆码起重机的作业效率，同时也是一种安全措施，避免倒垛造成人身伤害事故。

3 秸秆仓库的卸车位布置在上料输送机两侧，主要考虑卸车作业与上料作业可以同时进行，可以减少包料的二次搬运，提高作业效率，减少作业成本。

4 包料大垛四周应留有叉车等辅助作业机械的通道，通道的宽度应按最宽辅助作业机械的外形尺寸加一定的安全距离确定。

5 该款防风措施主要考虑风对桥式秸秆堆垛起重机的影响。包料秸秆仓库的堆垛和取料要求比较高，如果不采用防风措施，秸秆堆垛超重机的吊具在风的影响下很难准确堆垛和抓取料包，因此要求在秸秆仓库四周考虑防风措施。

6.3.5 条文具体说明如下：

1 秸秆堆码机数量不宜少于两台的规定主要考虑两点，秸秆堆码机作为卸料、上料设备作业量较大，是上料作业的主要设备，应当有备用；在收储季节，包料大量进厂需要两台秸秆堆码机分别作为卸车和上料设备同时作业。

2～3 料场作业机械种类很多，本条款只列出调研中常见的作业机械种类，在实际运用中应当根据料场实际情况和物料种类进行选型。需要注意的是抓取软质秸秆的抓斗应采用专用抓斗。

6.3.6 根据目前投产电厂的实际情况，燃用秸秆包料的电厂一般由多个农民经纪人向电厂提供燃料，其打包尺寸和重量有较大差异，因此规定桥式秸秆堆码起重机的起吊重量应按打包机所能提供的最大包料重量确定。同时，还应考虑1.2倍的超载系数。

当采用进口打包机时外形尺寸容易保证，如果采用国产打包机应当充分考虑包料外形尺寸公差问题。

另外，桥式秸秆堆码起重机在控制上有自动控制和手动控制两种方式，从目前使用情况看，按自动控制运行问题很多，主要是包料外形尺寸误差太大，包料达不到一定的密实度造成包料堆垛参差不齐，抓具无法准确定位。因此在选择桥式秸秆堆码起重机控制方式上需要慎重。

6.3.7 当发电厂燃用多种燃料时，有混料要求的，一般在料场利用料场设备进行简单混料或在不同给料点给料到同一带式输送机上混料的方法进行。

6.4 燃料输送系统

6.4.1 刮板给料机、活底料仓液压推杆给料机、螺旋给料机、带式输送机等设备在目前已投产的项目中较为常见且证明运行可靠。国内目前有采用气力输送机的方案，但运行实例并不多。在丹麦的关于林木质发电的文献（Wood for Energy Productiong）中也有记载，只有在粒度特别合适的情况下可采用气力输送机运输林木质物料。据此建议，如采用气力输送方案应做详细的调查研究或试验。

活底料仓的适用范围见本条文说明6.3.2。

某电厂采用双列鳞板式给料机运送棉花秆、玉米芯、树皮、树枝等，投产以来设备运行情况良好，在设备价格上鳞板式给料机通常比螺旋给料机高30%～50%。

输送系统采用单路还是双路，应根据机组燃料消耗量、系统及主厂房布置、炉前料仓容量及布置等条件确定。当采用单路系统输送时，单路输送系统的出力不小于锅炉额定蒸发量时燃料消耗量的150%。当采用双路输送系统输送时，每路系统的出力不小于锅炉额定蒸发量时燃料消耗量的75%。

6.4.2 早期建设的秸秆发电厂，如果同时燃用软质和硬质秸秆，一般都设有两套输送系统，即用链式输送机输送软质秸秆，另一路采用带式输送机或波纹挡边带式输送机输送硬质秸秆和辅助燃料。而近几年有不少电厂采用硬质和软质秸秆共用一套输送系统，通常将软质秸秆破碎后采用带式输送机输送，而硬质秸秆或辅助燃料也共用同一条带式输送机，当出现这种情况时，应注意所选择的给料和输送设备满足所有燃料的运输。

6.4.3 当无炉前料仓时，打包的软质秸秆一般采用链式输送机进行输送，在炉前拆包破碎后直接入炉，因此输送机的出力选定为锅炉额定蒸发量时燃料消耗量的100%。当采用单路链式输送机输送时，输送机的出力为锅炉额定蒸发量时燃料消耗量的100%。当采用两路链式输送机输送时，每路输送机的出力为锅炉额定蒸发量时燃料消耗量的50%。

6.4.4 据对目前已投产电厂的调查，设有炉前料仓时，经破碎的软质秸秆大都采用带式输送机进行输送。炉前料仓容量一般都不超过30min的燃料消耗量。但各电厂的带式输送机出力差别很大，出力最大的超过燃料消耗量的250%以上。有不少电厂投产后都在带式输送机上装了变频器，以避免设备频繁启动。因此带式输送机的出力不必选得过大，据此规定采用带式输送机运输破碎后的软质秸秆时，带式输送机的出力应不小于锅炉额定蒸发量时燃料消耗量的150%。

6.4.5 密度较大的硬质秸秆采用大于1.25m/s带速应是可行的，但对于破碎后的软质秸秆输送机或软质和硬质秸秆共用同一带式输送机时带速不宜定得过高。由于破碎机料斗下的带式输送机一般按计算带宽加大1档～2档选取，在系统出力上是有富裕的，一般不需要将带速提高来获得大的出力。

6.4.6 据调查，地下料斗的给料设备目前常用的是各种形式的螺旋给料机，但运行中有蓬料现象，因此在螺旋给料机选型上应采用具有双向运行、辅助布料功能的设备；由于物料特性的原因，在给料设备出入口设调节装置会产生堵料现象，有碍于安全运行。

6.4.7 本条中关于带式输送机倾角的规定适用于普通带式输送机，不适用于波纹挡边带式输送机。据调查目前有多个电厂带式输送机倾角为22°～23°，经证明系统运行没有问题，但也有胶带机在冬季有物料下滑现象。因此对严寒地区，带式输送机倾角应选择较小值。

6.4.8 寒冷地区的带式输送机栈桥可考虑采用轻型封闭式，其他地区可采用露天或半封闭式栈桥。当采用露天栈桥时，带式输送机应设防护罩。在多风沙地区应根据当地气象条件采取防风设施。某电厂的带式输送机栈桥为露天布置，而当地风很大，设计院配合设备生产厂家增设镀锌铁皮挡风，现场运行情况较好。

6.5 破碎系统

6.5.1 本条规定物料尺寸不宜大于100mm，但在实际运用中应要求破碎后的秸秆尺寸尽量小，以减少系统堵料。

6.5.2 目前硬质秸秆破碎机铭牌出力可做到10t/h～15t/h，但一般不易达到，因此在破碎机选型时要做好调研工作，合理确定破碎机数量。对于燃用软质秸秆的电厂，近两年由于打包质量难以保证及打包成本高等原因，采用包料在炉前解包的电厂有减少的趋势，目前采用将包料在输送系统中解包破碎后，散料进炉前料仓的电厂数量有所增加。目前国内生产的解包破碎机出力可做到20t/h左右。

6.5.3 条文具体说明如下：

1 在电厂现场观察破碎机工作时粉尘较大，对周围环境和人员身体健康有较大影响，因此从环保和劳动保护角度要求破碎机宜封闭，并应带除尘装置。

2 目前秸秆发电厂燃料来源广泛、种类较多，在破碎机选型时应充分考虑不同种类物料的特性，按最难破碎的物料选型；对破碎机下落料斗的设计应特别注意，为了防止落料斗内产生蓬料，应当尽量避免落料斗截面的急剧收缩。

6.5.4 本条对应包料进厂、炉前解包的秸秆发电厂，这类电厂不设炉前料仓，解包后的物料通过锅炉给料装置送进炉膛，炉前解包破碎装置由锅炉厂随锅炉供货。

6.5.5 本条对应包料进厂，在输送系统解包后以散料状态输送至炉前料仓的系统。

6.6 燃料输送辅助设施及附属建筑

6.6.1 目前秸秆发电厂汽车衡的配备数量一般配备1台～2台，汽车衡的吨位多在50t～60t。根据配备一台汽车衡的电厂反映，在收获储料季节，一台汽车衡比较紧张，因此，应根据锅炉额定蒸发量所需燃料消耗量、每天进料量确定汽车衡数量。

6.6.2 在已投产的项目中，有不少的电厂反映电子皮带秤用于软质秸秆时称量不够准确。因此当采用带式输送机运输破碎后的软质秸秆时，在选用电子皮带秤时应适当考虑提高精度等级。

6.6.3 在运行的秸秆发电厂现场观察，物料中有铁件存在，但总量相对较少，因此设一级除铁器是必要的。如果系统存在多点给料，除铁器的设置位置和数量应根据系统布置情况确定。

6.6.4 考虑起吊设施应注意起吊高度满足起吊设备、被起吊设备、索具的总尺寸；对安装在地下建筑内的设备要考虑通向地面的起吊条件。

6.6.5 燃料入厂含水量、发热量是重要的结算指标，应当配备较高质量和精度的水分检测设备。目前各厂采用的大多是手持式水分检测仪，逐车检测，并以此作为结算依据性指标。采样设备基本都是采用人工采样，目前尚未有采用机械采样的工程。

6.6.6 由于秸秆燃料的特性不适于采用水力清扫和真空清扫，目前已投产的秸秆发电厂基本上均采用人工清扫。

6.6.7 由于秸秆发电厂燃用的多为农业秸秆作物，收获时夹带泥土较多，因此运行过程中扬尘较大，需要考虑抑尘措施。现在系统主要采用在转运点、给料点设水喷雾抑尘。

6.6.8 条文具体说明如下：

1 目前燃料系统的控制已经与机炉控制室合并，分厂管理、检修也做到全厂统一规划，因此燃料系统已不再单独设综合楼和检修间。

2 虽然规定了非寒冷地区可不设封闭式车库，但由于作业机械检修时需要一个清洁、封闭的空间，因此在执行此条款时可以根据需要，设1个～2个车位的封闭式检修库，但总的车位数不应超过作业机械的总台数。

7 秸秆锅炉设备及系统

7.1 锅 炉 设 备

7.1.1 对于秸秆燃料，通常可供选择的燃烧方式主要有两种，即以炉排炉为代表的层燃燃烧和循环流化床锅炉为代表的流态化燃烧。针对目前国内稻、麦秸秆和林木枝条为主的生物质燃料的多样性和复杂性，采用何种燃烧方式以及哪种炉型，必须结合燃料的特性和具体的燃烧方案进行细致分析确定。

层燃炉燃烧技术主要以炉排炉为代表，燃料在固定或移动的炉排上实现燃烧，燃烧所需的空气从下方透过炉排供应给上部的燃料，燃料处于相对静止的状态，燃料入炉后的燃烧时间可由炉排的移动或振动来控制，以灰渣落入炉排下或者炉排后端的灰坑为结束。

流态化燃烧是近代从化学反应工程技术领域发展起来的一种新型燃烧技术，其特点是低温燃烧、良好的气—固或固—固混合、燃料适应性强、燃烧可控性能好，具有低温燃烧、炉膛温度均匀、物料循环流畅、燃烧充分、燃料适应范围广等特点。

我国的生物质直燃发电技术起步较晚，秸秆锅炉尚处于起步阶段，还是以引进技术、国内制造为主，国内也在自主研发，炉型基本上以丹麦水冷振动炉排、国内锅炉厂家开发的水冷振动炉排炉为主，国内科研机构又研发了循环流化床锅炉，目前，秸秆锅炉以炉排炉和循环流化床锅炉为主。

目前国内经过政府部门核准，已建成和在建的生物质发电项目有60个～70个，锅炉容量多在65t/h～130t/h，绝大部分锅炉都是炉排炉，只有少数几个电厂采用了循环流化床锅炉。在锅炉可靠性及连续运行时间上国外进口技术生产的锅炉要优于国内自主研发的锅炉，国内各生产厂和用户都在积极的探索和改进中。但在锅炉价格上，国外进口技术生产的锅炉价格明显高出国内自主研发的锅炉价格，增加了电厂初始投资。

为了减少锅炉的备品备件和方便运行、维修、管理，秸秆发电厂内如确需上多台同容量的锅炉，宜采用同型式锅炉。由于市场竞争因素，没有规定是同一制造厂产品。

因秸秆发电厂是典型的小型发电厂，其目的是燃烧生物质，减少环境污染，提供洁净电力。当气象条件适宜时，宜选用锅炉露天或半露天布置，不仅能节约投资，还可缩短建设周期，改善锅炉卫生条件，随着锅炉制造水平的不断提高，防护措施的逐步完善，露天锅炉和半露天锅炉会得到较快发展。

7.1.2 对于秸秆发电厂，目前实现真正供热的电厂很少，主要是由于秸秆资源的特殊性和供热可靠性造成的，但随着社会的需求会逐步实现秸秆发电厂供热，供热式发电厂锅炉的台数和容量应该根据合理范围内可利用的秸秆资源来确定，从而确定可配置的供热式汽轮发电机组型式和容量，实现小范围的集中供热。

7.1.6 本条明确了凝汽式发电厂锅炉容量和台数的选择，应根据合理范围内可利用的秸秆资源来确定，汽轮机额定进汽量应与之相匹配。即以燃料定锅炉，以锅炉定汽轮机的原则。并且一机配一炉不设备用锅炉。

7.2 秸秆给料设备

7.2.1 硬质秸秆一般是破碎后散装入炉，宜设置炉前给料仓。软质秸秆分为两种情况：一是破碎后散装入炉，此时宜设置炉前给料仓；二是整包破包后直接入炉，此时可不设炉前给料仓。软质秸秆是否设置炉前给料仓，应根据燃料入炉方式经技术经济比较后确定。

给料仓是一个燃料缓冲仓，其有效总容积应结合仓前输料系统和设备的可靠性进行设计。对于130t/h锅炉，小时燃料量大约为25t/h～30t/h，硬质秸秆干态容重约为100kg/m^3，湿态容重可达300kg/m^3，按平均容重200kg/m^{3}计算，0.5h容积约为75m^3，按充满系数0.9计算，给料仓总容积约为83m^3，仓内燃料储量约为15t/h。这在布置上比较容易实现而皮带层标高不是太高。对于上料系统的故障，小的故障宜在0.5h内消除，大的故障只能停炉，不能靠给料仓的容积解决。所以把给料仓的有效总容积规定为宜能满足锅炉额定蒸发量时燃用设计燃料不大于0.5h的需求量。

由于秸秆燃料体积大、密度小以及水分大等特点，在给料仓内为了防止出现蓬、堵、搭桥等现象的发生根据调研结果对给料仓的布置、结构型式及料位计、防爆门、喷淋装置、排风装置、观察孔的设置进行了要求。实际上，由于给料仓仓底给料机的布置面积较大，已运行的有炉前给料仓的结构型式都是垂直布置或上部垂直下部放大的型式，角度上都能满足要求。为了避免出现特殊情况，还是对角度作了最低限度规定。

7.2.3 给料机是秸秆发电厂主要辅机之一，给料机的型式，应根据秸秆的种类确定，目前国内生物质电厂的给料机大部分为螺旋给料机。根据给料角度不同，还有皮带给料机、双螺旋给料机和带齿的链条给料机可供选择。

由于秸秆燃料体积大、密度小以及水分大等特点，经常会出现蓬、堵、搭桥以及打包绳缠绕或者燃料中杂质金属丝缠绕等情况，尤其是缠绕问题会对给料机电机造成破坏，所以给料机电机应有防止卡死的措施。

给料系统总容量宜按锅炉给料量150%考虑设计，与上料系统容量一致。

根据调研，65t/h及以下锅炉宜设置2套给料系统，65t/h以上锅炉宜设置2套～4套给料系统。可以满足锅炉运行要求。

7.3 送风机、一次风机、吸风机与烟气处理设备

7.3.1 本条对锅炉送风机、一次风机、吸风机的台数选择结合秸秆发电厂实际运行情况和根据现行国家标准《小型火力发电厂设计规范》GB 50049的相关条文作出规定。

7.3.2 送风机、一次风机、吸风机的风量和压头裕量，均按现行国家标准《小型火力发电厂设计规范》GB 50049的要求作出相应规定。

7.3.3 当采用循环流化床锅炉时，一般需要配置流化风机，因秸秆密度小，所需流化压头不是很高所以宜选用离心式风机，压头确实高的也可以选用罗茨风机。流化风机一般每炉宜配2台50%容量。根据现行国家标准《小型火力发电厂设计规范》GB 50049相关条文规定，风机的风量裕量与压头裕量均不应小于20%。

7.3.4 我国的农作物大量而广泛的使用复合型氯肥居多，导致我国的农作物含氯量较高。秸秆发电厂应充分考虑到防止氯腐蚀这一特点。

烟气处理设备选型应考虑较大裕量，根据调查，对于秸秆发电厂，燃用秸秆种类较多，且秸秆燃料水分较难控制，受季节影响明显，可达40%～50%。实际烟气量较设计值增加较多，因此在选择烟气处理设备时，应考虑烟气量的变化。

7.3.5 根据调研，秸秆层燃炉飞灰含碳量较高，且烟气中常带有火星，采用布袋除尘器时，容易出现损坏布袋的情况，应用防止布袋除尘器被烧损的措施。

7.3.6 符合现行国家标准《小型火力发电厂设计规范》GB 50049的有关规定。

7.4 点火系统

7.4.1 由于秸秆燃料极易点燃，对于层燃炉一般都是人工点火。调研发现，即使在设计中已经设计了厂区点火油系统的电厂，在点火时点火油系统也没有投入，所以层燃炉不建议采用点火油系统。对于循环流化床锅炉，启动时需要加热床料，可考虑采用轻柴油点火。点火系统应尽量简单，仅考虑锅炉点火，不考虑低负荷稳燃。

7.4.2 对于循环流化床锅炉采用轻柴油点火时，根据用油量要求可以设置2m³的日用油罐或采用汽车车载轻柴油点火方式。不仅设施简易，投资节省，并且机动灵活，便于管理。

如设置日用油罐，宜设两台供油泵，一台备用。供油泵的出力只考虑一台锅炉启动用油量，宜按不小于容量最大一台秸秆锅炉额定蒸发量时所需燃料热量的10%选择。对于汽车车载轻柴油供燃烧器点火的方式，应论证汽车车载油泵参数是否满足点火需要。秸秆发电厂不设厂区油系统。

7.5 锅炉辅助系统及其设备

7.5.1 系现行国家标准《小型火力发电厂设计规范》GB 50049条文。只是第一款中小火规中写明“宜2台～4台炉设置一套。”本规范改为“宜全厂设置一套。”因为对于秸秆发电厂，规划锅炉台数不宜超过两台，且机组容量较小，所以宜全厂设置一套。和《小型火力发电厂设计规范》GB 50049说法一致。

7.6 启动锅炉

7.6.1 秸秆发电厂因机组容量小，一般不需设启动锅炉。考虑到启动时必需的蒸汽量以及严寒地区可能用于采暖的需要，根据电厂具体情况可设一台启动锅炉。启动锅炉一般宜为快装锅炉。可设快装秸秆锅炉和电锅炉。在严寒地带由于启动时缺乏燃油加热手段，必须采用低凝点、高品质的轻柴油，所以不建议采用快装油炉。

7.6.2 启动锅炉的容量只考虑启动中必需的蒸汽量，不考虑裕量和主汽轮机冲转调试用气量、可暂时停用的施工用气量及非启动用的其他用气量。采暖区在同时考虑冬季全厂停电取暖时可根据情况适当放大。

7.6.3 启动锅炉宜采用低参数锅炉，在满足功能的前提下，应力求系统简单、可靠和操作简便，配套辅机不设备用。

7.6.4 必要时启动锅炉系统设计可考虑便于今后拆迁的条件。

8 除灰渣系统

8.1 一般规定

8.1.1 对除灰渣系统的选择，除基本保留常规应考虑的各种条件外，在本条文中应考虑灰渣综合利用、环保及节能、节约资源的要求。

由于秸秆发电厂机组容量较小，灰渣量相对较少，除灰渣系统的设计简单实用为宜。

水力除灰渣系统不利于灰渣的存储和综合利用，考虑到秸秆灰渣量少、综合利用好的特点，没对水力除灰渣系统具体规定，若必须采用水力除灰渣系统时，全场宜设一套灰渣混除的水力除灰渣系统，可参照现行国家标准《小型火力发电厂设计规范》GB 50049的有关规定进行设计。

8.1.2 资源综合利用是我国经济建设中的一项重大技术经济政策。秸秆灰、渣是可以利用的资源，秸秆灰是很好的肥料，同时也能为电厂带来一定的经济效

益。对于有综合利用条件的发电厂，按照灰渣分排、干湿分排的原则。灰渣的输送、储运系统的设计宜有利于灰渣的综合利用。

对于有灰渣综合利用意向，但条件和途径暂不落实时，在场地、布置、系统上按有综合利用条件设计，待条件落实时实施。

8.1.3 根据调研，秸秆发电厂灰量相对较少，但由于灰密度小，体积相对较大，有的电厂采用了人工装袋的简易方式，工人的劳动强度仍然很大，因此规定了锅炉灰量以 0.05t/h 为除灰系统形式的设置界限。

8.1.4 秸秆发电厂灰渣量与锅炉型式、秸秆种类有关。某生物发电厂（2×12MW）循环流化床锅炉，该厂以桉树枝、桉树叶、树皮、甘蔗叶等为燃料，灰渣分配比为 96.6%：3.4%；某生物发电项目（2×50MW）循环流化床锅炉，以甘蔗叶、甘蔗渣、树皮等为主要燃料，灰渣分配比为 96%：4%；某生物质发电厂循环流化床锅炉（1×75t/h），该厂主要以麦草、稻草、稻壳、木屑、树皮、意杨根为燃料进行混合燃烧，灰渣分配比为 90%：10%；某生物质发电厂，采用四回程 75t/h 炉排锅炉，该厂主要以麦草、稻草、稻壳、木屑为燃料进行混合燃烧，灰渣分配比为 60%：40%；某生物质发电厂采用 130t/h 层燃锅炉。该厂主要以木块、玉米秆、花生壳、辣椒秆等为燃料进行混合燃烧，灰渣分配比为 50%：50%。因此，在未取得锅炉厂提供数据时，灰渣分配可按表 8.1.4 选取，在选择除灰设备容量时，应适当增加裕度。

8.2 机械除灰渣系统

8.2.1 目前，国内电厂机械除渣系统方式较多，主要有湿式捞渣机配链板输送机系统、冷渣器配埋刮板输送机或链斗输送机系统。

1 湿式捞渣机系统。该炉底渣采用水浸式刮板捞渣机直接接堆放场的处理系统，也可采用二级链板输送机、刮板输送机或带式输送机将捞渣机捞出的渣转运到锅炉房外的堆放场，再用车辆外运。

2 冷渣器配埋刮板输送机或链斗输送机系统。锅炉底渣须经底渣冷却器冷却至 200℃以下，由埋刮板输送机或链斗输送机将渣转运至堆放场。该系统为干式排渣系统。

由于锅炉底渣颗粒较飞灰大，采用气力输送方式对管路的磨损严重，因此，底渣输送系统宜优先采用机械输送系统。

8.2.2 根据调研，国内秸秆发电厂燃用的辅助燃料品种较多，对渣量影响较大，输送机械经常在低速下工作，可大大减少对部件的磨损，增长设备使用寿命，故推荐系统出力不宜小于底渣量的 250%。

8.2.3 秸秆电厂锅炉型式一般为层燃炉和循环流化床炉两种型式，推荐层燃炉排渣采用湿式捞渣机系统，循环流化床炉排渣采用冷渣器及后续机械输送系统。

8.2.4 当采用水浸式刮板捞渣机输渣时，由于渣量少，可采用通过补充水来维持冷渣水槽体内的水位运行方式。简易溢流水回收系统是非正常工况，根据场地布置条件，可与湿渣堆放场地宜设积水坑及排污泵合并考虑。

8.2.5 渣仓的总容量决定于底渣量和外部转运条件。渣仓的选择除满足贮存时间要求外，还要考虑装车等运输要求。如果按贮存时间选择渣仓，渣仓的容积太小，可根据工程的实际情况，加大渣仓的容积。条文中只规定了渣仓贮存时间的下限值。

8.2.6 根据调研，目前国内秸秆发电厂所用的机械除灰系统是相对比较成熟的，对燃料适应范围较宽，条件允许的情况下尽量采用机械除灰方式。由于秸秆灰的比重一般较小，故推荐系统出力不宜小于灰量的 250%。

8.2.7 采用汽车运灰渣时应选用载重量合适的专用汽车，并应根据运输不同的灰渣（干或湿灰渣）选择不同车型。干灰应采用密封罐车，湿灰渣可采用灰渣专用的自卸汽车，为了便于管理和维修车辆，运输同类物料的车型不宜多。

采用汽车输送方式，根据其运作形式的不同，又可分为电厂自购车辆和利用社会运力两种方式。采用自购汽车方式，初投资较大，管理复杂；利用社会运力运灰，则可省去购买汽车的初期投资，管理简单，由于秸秆灰综合利用较好，不会出现运输设备闲置的问题。因此，条件允许时，宜优先考虑利用社会运力方式。

8.2.8 沿江、河的秸秆发电厂，当采用船舶运输灰渣的方式时，所采用船型、吨位以及装船方式、卸船方式，要根据发电厂的容量、当地的航运情况、航道情况和灰场贮灰方式、灰渣综合利用情况，经技术经济比较确定。

8.3 气力除灰系统

8.3.1 随着电力建设的发展，近年来国内气力除灰技术有了较大的进步。目前，我国气力除灰系统类型较多，主要有负压气力除灰系统、低正压气力除灰系统、正压气力除灰系统、空气斜槽除灰系统、螺旋输送机等方式，国外还有埋刮板输送机、气力提升装置等方式，也有由上述方式组合的联合系统。气力除灰有利于灰的综合利用、环境保护、节能、节水。气力除灰系统的类型较多，世界各国发展和采用的系统也不尽相同，都有各自的特点。近年来，我国引进了不少国家的除灰技术，粉煤灰气力除灰系统已非常成熟。

秸秆发电厂是近几年发展起来的，除灰多采用机械输送系统。对气力输送系统而言，需要在设计、制造、运行上不断积累经验，以优化气力除灰系统的方案。

8.3.2 符合现行国家标准《小型火力发电厂设计规范》GB 50049的有关规定。

秸秆发电厂除燃用设计燃料和校核燃料外，还燃烧多种辅助燃料，对灰渣量有一定的影响，在设计气力除灰系统时要充分考虑。秸秆发电厂容量小，灰量少，若气力输送系统出力太小，管径细，易造成堵管，因此可根据工程的实际情况，适当增加系统的出力，条文中只规定了气力输送系统的出力下限。

8.3.3 秸秆发电厂容量小，灰量少，全厂所有锅炉的气力除灰系统作为一个单元比较合理。

8.3.4 空气斜槽是一种干灰集中装置，其结构简单，在欧洲应用较多，我国从20世纪70年代开始在电厂使用，并不断从国外引进空气斜槽系统和设备。国内的空气斜槽也在不断改进。

灰一旦受潮，运行中就会引起堵灰，所以空气斜槽要考虑防潮措施，如提高输送空气的温度以及空气斜槽布置在室内等。当斜槽露天布置，气温较低时应考虑保温措施。根据各电厂运行经验，空气斜槽的输送气源当采用热风时，就能够使斜槽内的灰流动性更好，以保证系统正常运行。为了防止空气结露与灰黏结而引起在输送中堵灰，在选择风温时，应考虑地区差别，以不结露、不黏灰为原则。

秸秆灰与粉煤灰有一定差异，主要是密度较小。目前国内秸秆发电厂还没有使用空气斜槽系统输灰，粉煤灰空气斜槽斜度不低于6%，水泥行业为6%～10%。经运行实践证明，如斜度太小，流动不太通畅，易堵灰。空气斜槽的最小斜度可根据燃用的秸秆，通过试验取得，在布置条件允许的情况下应加大斜度，以提高系统出力。

8.3.5 符合现行国家标准《小型火力发电厂设计规范》GB 50049的有关规定。

8.3.6 目前国内使用的空压机的产品的质量越来越好，多为螺杆式（微油，无油），也有滑片式、离心式等。一般运行两台只设一台备用就可以，当采用螺杆式空压机，运行两台以上，也可只设一台备用。如选用活塞式空压机时可增加一台空压机备用。

8.3.7 输灰管道的直管段一般磨损较轻，管件和弯管相对磨损较重。条文对管材进行了明确的规定，以方便选取。

8.3.8 在设计中针对特殊生物质燃料应进行灰渣特性测试，以免造成设计偏差。在没有取得详细设计资料的情况下，根据目前我们调研取得的经验考虑灰库的容积及荷载，在计算灰库容积时，飞灰堆积密度暂按0.2t/m³～0.4t/m³考虑；计算灰库结构荷载时，飞灰堆积密度暂按0.6t/m³考虑。

8.3.9 秸秆发电厂规模小、机组容量小，总灰量不大，因此灰库宜全厂机组公用。灰库的总容量决定于灰量和外部转运条件。

灰库的选择除满足储存时间要求外，还要考虑装车要求，对于灰量较小的电厂，可根据工程实际情况，加大灰库容积。条文中只规定了灰库贮存时间的下限值。

8.3.10 过去我国设计灰库时，气化用的空气均不设加热装置，自从引进国外干除灰系统后，气化空气设置了专用加热器，有利于灰库排灰。

8.3.11 灰库卸灰宜设干灰卸料装置，当综合利用受外界影响较大时，设干灰装袋装置，以满足存放和使用要求。从灰综合利用考虑，干灰尽量不要调湿。

8.3.12 当干灰装袋后，一般为室内存放，对于室外存放的中转存放场应考虑防潮、防雨设施。根据综合利用情况并结合厂区的空间等条件限制，条文中只规定了中转存放场时间的下限值。

8.3.13 由于我国南北方温差较大，北方的秸秆发电厂冬季采用水冲洗地面的可能性较小，条文中采用“可”的语气兼顾南北方秸秆发电厂差别，适当考虑水冲洗装置。

9 汽轮机设备及系统

9.1 汽轮机设备

9.1.1 凝汽式发电厂的机组容量及台数取决于发电厂所在地区秸秆可利用量。

供热式发电厂的机组容量及台数主要取决于热负荷的大小，同时还要根据发电厂所在地区秸秆可利用量确定。

根据国家最新能源政策，热电联产应当以集中供热为前提，以热定电。在热负荷可靠落实的前提下，应优先选用容量较大、参数较高和经济效益更高的供热式机组。以大容量机组逐步代替小容量机组，以高温高压机组逐步代替次高压参数及以下机组，这样更有利于节约能源、提高热电厂的经济效益。

增大机组容量和发电厂的规模是提高发电厂经济效益的主要措施之一，但对中、小规模的电力系统，其最大机组容量的选定又受到电网容量的限制。因此，凝汽式发电厂的机组容量，应根据当地电力系统规划容量、电力负荷增长的需要和电网结构等因素综合考虑，并尽可能选择较高参数和较大容量的机组以提高经济效益。

对于干旱地区，水资源非常紧张，节约水资源是我国保护环境的基本国策，因此，干旱地区宜选用空冷式汽轮机。

9.1.2 系现行国家标准《小型火力发电厂设计规范》GB 50049条文。

9.1.3 突出秸秆发电厂燃料收集的重要性，根据燃料收集量和热负荷性质确定选用抽凝式汽轮发电机组。

9.1.4 基本为现行国家标准《小型火力发电厂设计规范》GB 50049条文要求。由于秸秆发电厂受燃料收集量限制较大，根据目前情况，不考虑秸秆发电厂供可靠性较高的工业蒸汽。

9.1.5、9.1.6 系现行国家标准《小型火力发电厂设计规范》GB 50049的条文。

10 水工设施及系统

10.2 生活、消防给水和排水

10.2.1 发电厂靠近城镇或工业区，应尽量利用城市、工业区公用给水和排水设施或与相邻企业给水和排水系统相连接，这样发电厂可节省建设费用，减少运行和维修人员。在新兴工业区建设的发电厂，应注意发电厂投运时间与工业区新建给、排水工程投入使用时间的协调，并取得必要的协议文件。一旦发电厂位置远离城镇或附近没有已经建成的工业园区给排水系统可供利用，那么秸秆发电厂应该考虑自建生活给水处理站与生活污水处理站。

10.2.2 本条对自建生活饮用水系统应符合的标准作了规定。生活饮用水系统的设计一般包括水源选择、水质标准以及原水的处理设施的确定。

10.2.3 本条为强制性条文，必须严格执行。秸秆发电厂机组容量较小，值班人员及占地面积少。电厂厂区内同一时间内火灾次数应按一次考虑。

电厂一次火灾用水量需要根据电厂主体建筑的形式确定，关键取决于秸秆仓库的建筑型式。如果是封闭式建筑，需要设置以水为灭火介质的自动灭火系统，那么它的一次灭火用水量将是最大的，也是决定性因素，其最大用水量将由室内外消火栓灭火量之和加上仓库内固定灭火系统用水量。否则，主厂房的消防用水量将为最大，将是室内、外消火栓灭火用水量之和。

10.2.4 根据目前掌握的秸秆发电厂情况，消防水用量可能较大，个别电厂的消防水量可达1000m^3/h以上，因此，二者合并将不利于保证生活饮用水的水质，条文对此作了宜分开设置的规定。

据调查，秸秆发电厂的外部给水供应条件差别较大，生活、消防给水系统的配置具有多种形式，均以满足发电厂安全运行为原则。有的电厂生活用水全部由城市给水管网供给；有的电厂不设自备生活饮用水系统，由城市给水但仅能满足饮用水的需要，发电厂的消防水与厂区工业水管网合并；也有的电厂设置了独立的消防给水系统。无论如何，电厂设置各自独立的生活饮用水系统和消防给水系统对于饮用水质的保证及消防供水的可靠都是有意义的。

10.2.5 本条对消防水泵设备用和消防水泵的启动方式作了明确规定。备用泵的容量不应小于最大一台消防水泵的容量。消防水泵的启动，除采用就地操作方式外，还应在日夜有人值班的集控室内设置远距离启动消防水泵的装置。

10.2.6 在主厂房、秸秆仓席（或半露天堆场）、露天堆场周围，应设消防水环状管网。进环状管网的输水管不应少于两条。

主厂房、秸秆仓库、油罐区是发电厂的重点防火区，为了安全可靠供给消防水，应在其周围敷设环状管网。发电厂多年运行实践表明，这是一项可靠的消防供水措施。

10.2.7 规定了汽机房和锅炉房的底层和运转层，除氧间各层，料仓间各层，储、运燃料的建筑物、办公楼及材料库应设置室内消火栓。室内消火栓的布置与安装，应按现行国家标准《发电厂和变电站设计防火规范》GB 50229、《建筑设计防火规范》GB 50016等有关规定执行。为了便于扑救初起火灾，还规定室内消火栓箱应设置水喉。

10.2.8 封闭的秸秆仓库是典型的大空间建筑。它的突出特点是可燃物多，净高大、为秸秆发电厂防火重中之重，一旦着火，后果将十分严重。

封闭仓库的消防系统，应根据仓库的建筑特点结合消防设施的能力综合确定。一般情况下，首选自动喷水系统，但应该注意，自动喷水灭火系统对于空间的高度是有限制的，即便是采用早期抑制快速响应喷头，其允许的空间高度也仅为13.5m。

针对大空间的仓库，当它的高度超过一定限度的时候，自动喷水系统的使用便受到挑战，多不能适用。国外的某电厂仓库内没有设置任何消防设施。我国现行国家标准《建筑设计防火规范》GB 50016规定，当丙类厂房不能使用自动喷水系统的时候，宜设置固定消防炮措施。因此，对于封闭式仓库，当其净空超过一定高度时，宜选择具有自动探测、自动定位功能的主动灭火型水炮系统。考虑与栈桥衔接秸秆储运的重要性及火灾危险性，半露天式仓库也宜设置这种固定水炮系统。

秸秆发电厂的栈桥不同于燃煤电厂，其碎屑粉尘爆燃的可能性甚微，至今尚未有在秸秆运输过程发生火灾的案例。因此不考虑设置自动喷水系统。但为安全起见，规定在秸秆仓库或半露天堆场与栈桥连接处、栈桥与主厂房或转运站的连接处应设水幕，以防止火灾蔓延并作主厂房的保护屏障。

厂外秸秆收购点一般远离发电厂与城镇，考虑自身管理及秸秆堆垛的火灾危险性，根据《村镇建筑设计防火规范》GBJ 39的要求及工程建设的实际情况，规定厂外秸秆收购点的露天堆场宜设置室外消防给水系统。

10.2.9 高位水箱不需要任何动力即可短时供水，主要用于扑救初期火灾，有条件时宜尽量考虑设置。具有稳压装置的临时高压消防给水系统，能够使系统始终处于准工作状态，一旦火灾发生，在很短时间内启动消防主泵，接近高压给水系统经常满足不利点水量和水压的标准，投资少，措施简单，受到建设单位等部门的欢迎，在火力发电厂中普遍采用，多年运行实践证实这一系统是适用的。当电厂不便设置高位水箱时，可以设置有稳压装置的临时高压消防给水系统用以替代高位水箱。参考现行国家标准《火力发电厂与变电所设计防火规范》GB 50229 作此规定。

10.2.10 据调查，国内秸秆发电厂机组容量一般为30MW及以下，参考现行国家标准《火力发电厂与变电所设计防火规范》GB 50229确定，当地消防部门的消防车在5min内不能到达电厂时，应配置一辆消防车并设置消防车库。这样的原则基本符合国情及满足秸秆发电厂消防需要。

10.2.11 分流制指用不同管（沟）分别收纳污水（包括生产废水）和雨水的排水方式。合流指用同一管（沟）收纳污水、工业废水和雨水的排水方式。发电厂生产排水是由两部分组成：污染较严重、需经处理后方可排放的部分称作“生产污水”；轻度污染或水温不高，不需处理即可排放的部分称为“生产废水”。

靠近城市或工业区的发电厂，排水系统采用分流制还是合流制，应根据城市和工业区规划、当地降雨情况和排放标准、原有排水设施、污水处理和利用情况、地形和水体等条件，综合考虑确定。

发电厂过去大都采用生活污水、生产污水和生产废水合流系统，雨水单独排放。严格说来，这种排水方式既不是合流制也不是分流制，既有雨水就近排入水体、建设费用少、环境效益高的优点，又有生活污水和生产污水混杂、各种污水水质不同而难于处理的缺点。随着对环境保护的日益重视，为消除或减少污染，需对生活污水、生产污水进行必要的处理后方可排放。近年来发电厂多采用分散治理的方式，对各种生产污水进行处理，达到《污水综合排放标准》的要求后排放。处理达标后的生产污水可视作生产废水，将其引入雨水管（沟）直接排放是适宜的。因此，本条对厂区排水作了宜将生活污水与生产废水和雨水分流的规定。同时还要求各种生产污水处理达标、温度高于40℃的生产废水降温后，方可排入生产废水和雨水排放系统。

露天堆场区范围具有大量秸秆碎屑等。如果在此区域采用雨水口收集雨水，很可能会引起堵塞，影响运行。因此规定露天堆场的雨水宜采用明沟排水。南方一些秸秆发电厂采用了明沟，运行中，尽管也有大量秸秆堆积在明沟内，但明沟易于清通，只要管理维护到位，并不会影响排放雨水。

10.2.12 本条规定了应按现行行业标准《火力发电厂废水治理设计技术规程》DL/T 5046 的要求处理电厂生活污水、含油污水等。该规程系针对火力发电厂而制定，操作性强，适用于秸秆电厂的污、废水处理。

10.3 水工建筑物

10.3.1～10.3.11 水工建筑物设计应遵循的主要原则。包括设计标准、材料使用要求及地基处理等，应遵照执行。

11 水处理设备及系统

11.2 锅炉补给水处理

11.2.1 锅炉补给水处理需要消耗化学药品，并有废水排放，在选择处理方案时，应重视环境保护的有关条款，经技术经济比较确定。

进行技术经济比较时，应采用系统正常出力和全年平均进水水质，并用最坏水质对系统及设备进行校核。

11.2.2 供热式发电厂以除盐水为补给水的较为普遍。设计计算锅炉正常排污率通常取1%，但实际运行中均偏大，其原因主要是一些热电厂生产回水水质时好时差，稍不注意便会将油类或悬浮物质带入锅炉，从而导致排污率增大。也有一些热电厂，将锅炉排污水作为热网补充水，而对排污率没有进行严格控制。根据实际运行情况，热电厂的排污水的热量能得到充分利用。因此，供热式发电厂以除盐水为补给水时，锅炉正常排污率宜定为2%。

11.2.3 厂内各项水汽损失率，是参照现行的有关法规、规范并结合实际调查结果制定的。厂内水汽循环正常损失的百分数有一定范围（2%～3%），其选用原则为：机组台数较少的电厂采用高限，台数较多的电厂采用低限。

闭式热水网正常损失为热水网循环水量的0.5%，该水量与管理水平有关，各厂差异较大，大都属于用户放热水使用引起的，应通过加强管理来解决。因此，本规范规定闭式热水网正常损失为0.5%～1%，以便在计算和确定水处理系统出力时留有适当的余地。

11.2.4 由于水处理技术的发展，离子交换除盐已不再是唯一的除盐方式。膜系统可减少酸碱用量，排水对环境污染小，操作容易，对原水水质变化适应性强，价格也逐渐趋于稳定，目前国内电厂已广泛采用膜法处理系统。因此，锅炉补给水处理系统应经技术经济比较确定。

11.2.5 反渗透系统的出力应与下一级水处理工艺用水量相适应。当有一套设备清洗或检修时，其余设备应能满足全厂正常补水的要求。当采用两级反渗透加电除盐系统的方案时，电除盐装置出力的选择，应考虑当一台清洗或检修时其余设备可满足正常补水量的要求，以保证安全运行。

考虑到水汽循环损失减至2%～3%，且秸秆发电厂的总水量小，所以设备的选择适当放宽。

11.2.6 供热式发电厂的除盐（软化）水箱容量，可为2h～4h的正常补给水量，也可按满足机组启动时的需要考虑。对补水率大的热电厂，宜取低限。

11.2.7 为确保供水可靠，对除盐（软化）水泵和管道的输送能力作了规定。至于补给水管条数，可视发电厂的重要性，补给水量大小、扩建情况等因地制宜予以确定。

11.3 给水、炉水校正处理及热力系统水汽取样

11.3.1 给水、炉水的校正处理，应按机炉型式、参数及水化学工况设置相应的加药设施。为了便于运行人员的操作、管理，发电厂的给水、炉水的校正处理大多布置于主厂房的运转层或零米层。如果布置在运转层，应考虑药品搬运措施。

11.3.2 根据机组参数和容量，配备必要的在线仪表。

为了保证水汽样品的代表性，取样管不宜过长，以免温度及压力沿着取样管路系统改变，蒸汽中的杂质可能沉积。取样管路及设备应采用耐腐蚀的材质。

12 电气设备及系统

12.1 电气主接线

12.1.1 本条系对秸秆发电厂电气主接线的总体要求。

12.1.2 秸秆发电厂一般位于城乡结合处，周围的用电负荷可由发电机电压配电装置供电。发电机电压的选择，可根据各地区电力网的电压情况，经技术经济比较后选定。

当发电机与变压器为单元连接，且有厂用分支引出时，发电机的额定电压采用6.3kV是恰当的，可以节省高压厂用变压器的费用，并可直接向6kV厂用负荷供电。

12.1.3 秸秆发电厂的建设受秸秆资源的限制，发电机容量可能不是标准系列的数值，故作此规定。

12.1.4 本条未规定接于发电机电压母线的主变压器台数，主要是考虑秸秆发电厂有时只建一台机组，供电负荷多为农电，为降低投资，主变也可选用一台。

12.1.5 本条“扣除高压厂用工作变压器（电抗器）计算负荷与高压厂用备用变压器（电抗器）可能替代的高压厂用工作变压器（电抗器）计算负荷的差值”系指以估算厂用电率的原则和方法所确定的厂用电计算负荷。计算方法是考虑到高压厂用备用变压器（电抗器）作为高压厂用工作变压器（电抗器）检修备用的情况。如果高压厂用备用变压器（电抗器）只作停机备用，则可直接扣除高压厂用工作变压器（电抗器）计算负荷。

12.1.6 一般情况下，发电厂的主变压器应采用双绕组变压器，以减少发电厂出现的电压等级，便于运行管理。经技术经济比较论证、确需出现两种升高电压等级，而且建厂初期每种电压侧的通过功率达到该变压器任一个绕组容量的15%以上时，才可选用三绕组变压器。

12.1.7 秸秆发电厂规划台数一股不超过两台，因此采用单母线或单母线分段接线，可以满足运行安全性和灵活性的要求。

由于发电机单机容量差异不大，因此使用“宜采用”，以便于不同工程根据实际情况灵活采用。

12.1.8 “接入电力系统发电厂的机组容量相对较小，与电力系统不相配合”系指如下情况：单机容量仅为系统容量的1%～2%或更小，而电厂的升高电压等级又较高，如12MW机组接入110kV系统，为简化与系统的连接方案和高压配电装置的接线，降低工程造价，经技术经济比较可采用扩大单元或联合单元接线。

12.1.9、12.1.10 限流电抗器安装在母线分段上的效果最为显著，最为经济，故作此规定。

12.1.11 秸秆发电厂送出电压一般不会超过110kV，因此未对更高电压等级的设备配置作要求。

12.1.12 根据目前了解的情况，秸秆发电厂起停机较频繁，在发电机与变压器之间装设断路器，对机组运行是有好处的。同时由于单机容量小，装设断路器增加的投资并不大。

秸秆发电厂起停机较频繁，据了解主要是以下原因：

1 秸秆发电厂运行时间受当地秸秆资源的限制。

2 一些电厂受秸秆质量的影响，运行不稳定。

12.1.13 秸秆发电厂为资源型电厂，建设目的主要是节约能源、保护环境，在电力系统中一般不占主要地位，对可靠性的要求并不很高。根据目前了解的情况，许多已投运的秸秆发电厂经济性并不好，其中一个原因就是初投资高，因此，建议在满足运行安全性和灵活性的前提下，尽量采用相对简化的接线，以降低电厂初投资。

12.1.14 采用发电机变压器组接线方式时，由于与发电机直接联系的电路距离较短，其单相接地故障电容电流很小，不会超过规定的允许值，因此采用发电机变压器组接线的发电机的中性点，应采用不接地方式。

有发电机电压直配线时，则需经过计算，可采用不接地方式或经消弧线圈的接地方式。

12.1.15 发电厂主变压器的接地方式决定于电力网中性点的接地方式，因此本条不作具体规定，应按系

统规划专业提供的接地方式而定。

12.2 厂用电系统

12.2.1 发电机与变压器为单元连接时，高压厂用电系统电压，建议采用6kV中性点不接地方式，不推荐采用6kV电压等级。

有发电机电压母线时，高压厂用电系统电压应经技术经济比较后确定。

12.2.2 大多数发电机的端电压比较稳定，波动范围一般在额定电压的±5%范围内，只要合理选择高厂变的固定分接头，就可以保证高压厂用母线的电压偏移控制在额定电压的±5%范围内。另外，高厂变采用有载调压变压器，增加投资的同时还降低了运行可靠性。因此，采用单元制接线的发电机，当出口无断路器时，厂用分支线上连接的高压厂用工作变压器不应采用有载调压。

如果发电机出口装设断路器或负荷开关，机组启动电源通过主变压器、高压厂用变压器（电抗器）从系统引接，还是会受到电力系统电压波动的影响。但是随着国家电网的日益强大，电厂厂内高压母线电压水平比较平稳，波动范围也在逐渐减小。目前在国内的大容量机组，发电机出口装设断路器时，主变、高厂变均未采用有载调压方式的电厂也有不少，已经投运的电厂也没有反映有启动时电压水平低的问题。根据对某电厂（2×15MW）运行人员的调查，机组启动时，厂内66kV母线电压并不低，高的时候甚至达到68kV以上。当然，由于各地区电网情况差异较大，不能一概而论，但绝不是必须装设有载调压开关。因此规定高压厂用工作变压器或主变压器是否采用有载调压，应经计算和技术经济比较后确定。

在调研中还了解到，一些发电机出口装设断路器的电厂，其启动电源仍然通过高压启动（备用）变压器（电抗器）取得。如果这种启动方式能够固定下来，则主变压器和高压厂用变压器就没有必要采用有载调压变压器了。

12.2.3 高压厂用备用或启动（备用）变压器作为机组的启动和备用电源，情况与“12.2.2 发电机出口装设断路器时，如机组启动电源通过主变压器、高压厂用变压器（电抗器）从系统引接”类似，因此规定其阻抗和调压方式的选择应经计算和技术经济比较后确定。

12.2.4 为了便于检修，强调了高压厂用工作电源与机组对应引接的原则，我国绝大多数火力发电厂是按此引接的，并已有丰富的运行经验，在这一点上也同样适用于秸秆发电厂。

12.2.5 根据目前调研了解的情况，已投运的电厂，运行工况与设计工况都存在差异，主要有以下几点：

1 燃料收集的稳定性存在差异。一些电厂在设计的资料收集区域内，燃料资源没有预想的丰富，造成资料收集困难，机组经常不满负荷运行。

2 燃料的含水量存在差异。设计时燃料的含水量可能按照不大于25%设计，而很多电厂有大量资料堆放在露天堆场，在南方雨季时燃料的含水量可能超过40%甚至50%，如果没有燃料干燥设备，则只能采取晾晒的办法，很难将燃料的含水量降到设计值。燃料的含水量高，厂用负荷的负荷率会有所提高。

3 燃料的品种存在差异。设计时一般会按照几种资源较丰富的秸秆作为设计燃料，而实际上一些电厂秸秆占燃料的比例会低于50%，稻壳、树皮、锯末、松针等都可作为燃料，这就造成燃料输送、破碎及燃烧等系统的负荷率与设计值差异较大。

目前调研时还没有电厂反映高压厂用变压器（电抗器）过载的情况，但由于各电厂差异较大，规定“高压厂用工作变压器（电抗器）的容量，宜按高压电动机计算负荷与低压厂用电的计算负荷之和选择”，设计时可根据实际情况调整。

12.2.6 设置可靠的高压厂用备用电源，对电厂安全可靠运行是有好处的，但一些已投运的秸秆发电厂并没有设置高压厂用备用电源，只是把施工电源改造成停机电源，运行人员也没有反映有什么问题。因此规定“全厂宜设置可靠的高压厂用备用电源”，便于各电厂根据实际情况执行。

厂网分开后，在设计电厂启动（备用）电源引接方案时，应该考虑基本电费对电厂运行费用的影响。目前各地区基本电费的收取情况差异较大，各工程应根据与当地电业部门签订的供、购电协议，经过技术经济比较确定合理的启动（备用）电源引接方案。

第三款的规定目的在于减少基本电费和电度电费，但破坏了厂用电系统的单元性，高厂变（电抗器）容量也会增大，应经过技术经济比较后确定。

12.2.7 根据目前了解的情况，只设置停机备用电源的电厂，基本上都装设了发电机出口断路器，因此规定“当发电机出口装设断路器时，备用电源是否可以只作为事故停机电源，应经过经济技术比较后确定”。

12.2.8 对30MW及以下发电机的厂用分支线上装设断路器，已有成熟的运行经验，其优点是：当厂用分支回路发生故障时，仅将高压厂用变压器切除，而不影响整个机组的正常运行。

12.2.9 如高压备用电源仅作停机备用，可手动投入。

12.2.10 30MW及以下的秸秆发电厂高压辅机多为单套，故宜设置一段母线。

12.2.11 秸秆收贮站一般距电厂较远，由附近电网引接电源更经济。

12.2.12 F—C回路投资低，占地小，故推荐使用。

12.2.13 发电厂内设置固定的交流低压检修供电网络，为检修、试验等工作提供方便。

在检修现场装设检修电源箱，是为了供电焊机、电动工具和试验设备等使用。

12.2.14 厂用变压器接线组别的选择，应使厂用工作电源与备用电源之间相位一致，以便厂用工作电源可采用并联切换方式。

低压厂用变压器采用 D、yn 接线，变压器的零序阻抗大大减小，可缩小各种短路类型的短路电流差异，以简化保护方式。另外，对改善运行性能也有益处。

12.4 电气主控制楼或网络继电器室

12.4.1 本条规定了电气主控制楼和网络继电器室的设置原则。

12.4.2 电气主控制楼（室）是全厂电气设备的控制中心，其主要任务是对全厂电气设备进行监视、控制，保证全厂电气设备的安全运行。因此，其位置的选择，不仅应考虑节省控制电缆，而且应考虑方便运行人员联系，电气主控制楼（室）的方位应有良好的朝向、通风和采光。

为方便运行维护，电气主控制楼（室）应毗邻配电装置，因此配电装置的位置决定电气主控制楼（室）位置，当电气主控制楼（室）与主厂房脱开布置时，为方便主控制楼（室）与主厂房的联系，应设开桥相连。

网络继电器室与电气主控制楼（室）情况是不一样的，一般是机组容量稍大，采用机炉电一体的集中控制方式时设置，这就决定了它不具备控制功能，运行人员来往较少，不必设天桥与主厂房相连。网络继电器室应与配电装置相毗邻，有利于节省控制电缆。

6MW 及以下超小型机组，厂区面积很小，汽机房和配电装置很近，甚至合并，不宜设置独立的电气主控制室楼，如条件允许，电气主控制室应与热工控制室合并布置。

12.4.3 电气主控制楼（网络继电器室）建成以后，再行扩建是比较困难的，原有屏柜无法移动，难以重新布置，同时会影响已建成机组和网络部分的正常运行，因此，一定按照规划容量建好，并适当留有余地，以免给继续扩建造成被动。主控制室屏间距离和通道宽度应满足运行维护和调试便利的要求，在布置上应为方便扩建创造条件。

12.5 直流系统及不间断电源系统

12.5.1 本条规定了应遵循的电力行业标准。

12.5.2 由于秸秆发电厂运行的较少，但厂用电的设置基本和小型火电厂相同。在火电厂中，全厂停电的概率并不大，但仍时有发生，为使机组安全停机，必须保证对重要的直流负荷的供电。多年的实践证明，蓄电池是比较可靠的直流电源，并有成熟的制造和运行经验。

12.5.3 依据本规范关于机组台数及容量的相关规定，一般情况下，秸秆发电厂宜设一组蓄电池。

12.5.4 考虑秸秆发电厂机组容量小、直流负荷简单等因素，控制和动力负荷以一个电压等级供电，有利于减少蓄电池组数、减少投资。

对正常运行、均衡充电和事故放电工况下的直流母线电压允许变化范围作了规定。

12.5.5 与电力系统连接的发电厂，在事故停电时间内，会很快处理恢复厂用电，故蓄电池的容量按事故停电 1h 的放电容量计算即可；当企业自备电厂不与电力系统连接时，在事故停电时间内，很难立即处理恢复厂用电，故蓄电池的容量按事故停电 2h 的放电容量计算。计算机系统事故处理时间，一般会在 0.5h 内完成，供 UPS 的直流负荷计算时间按 0.5h 计算即可。

12.5.6 对于晶闸管充电装置，原则上可配置一套备用充电装置，即：一组蓄电池配置两套充电装置，两组蓄电池可配置三套。高频开关充电装置，整流模块可以更换，且有冗余，原则上不设整台装置的备用。即：一组蓄电池配置一套充电装置，两组蓄电池配置两套充电装置。

12.5.7 当采用单母线或单母线分段接线方式时，每一段母线上接有一组蓄电池和相应的充电设备。当相同电压的两组蓄电池设有公用备用充电设备时，在接线上还应能将这套备用的充电设备切换到两组蓄电池的母线上。

12.5.8 当机组热工和电气以及网络控制系统采用计算机控制系统时，为保证数据的连续可靠，应设置在线式交流不间断电源。由于秸秆发电厂锅炉、汽轮机以及发电机不一定是一一对应的关系，计算机监控系统的设置有多种方式，按照计算机监控系统组数分别配置 UPS 有利于检修、运行与维护。

12.5.9 UPS 的无扰动切换时间应不大于交流供电的四分之一个周波，以避免计算机数据的丢失；计算机系统事故处理一般会在 0.5h 内完成，UPS 无外部交流电源时的最短供电时间按 0.5h 考虑。

12.5.10 本条对 UPS 的输入电源做出规定。UPS 交流主电源和旁路电源由不同厂用母线段引接，有利于提高对 UPS 交流供电的可靠性。

12.5.11 本条对 UPS 配电接线作出规定。冗余供电或互为备用的负载分别接到不同的母线段上，有利于提高对负载供电的可靠性。

12.7 过电压保护和接地

12.7.1～12.7.3 规定了秸秆发电厂过电压保护和接地系统设计应执行的相关标准。

12.7.4 目前国内秸秆发电厂投运时间都比较短，运行经验还不是很成熟，对秸秆露天堆场及仓库是否应装设直击雷保护不好下定论。但根据《建筑物防雷设计规范》的调查，易燃物大量集中的露天堆场设置独立避雷针后，雷害事故大大减少。因此，目前暂按设置直击雷保护考虑。

12.8 火灾自动报警系统

12.8.1 秸秆发电厂的主要燃料是秸秆，为可燃物，在贮存及输送过程中具有较高火灾危险性，在电厂燃料系统中的防火地位举足轻重，国内较多秸秆发电厂配套了火灾自动报警系统。基于秸秆的火灾危险性及国内秸秆发电厂的工程实例，规定秸秆发电厂宜设火灾自动报警系统，当电厂设有秸秆仓库时，火灾自动报警系统更为必要。

12.8.2 从消防的角度来看，秸秆仓库具有如下特点：秸秆进出作业频繁；粉尘较多；秸秆一旦发生火灾，发展迅速，表现为明火。考虑到这些特点，不宜采用感烟探测器，而宜采用火焰探测器或感温探测器，需要注意的是，后者可能受到空间高度的限制。江苏某电厂采用的大空间智能灭火系统，即配备了火焰监测系统，实为红外图像报警系统。

为了避免运送燃料的栈桥或转运站火灾蔓延进而保护电厂的重要建筑——主厂房，宜在栈桥与转运站、栈桥与主厂房连接处设置探测报警装置，实现与水幕系统的联动，探测器的型式可为缆式线型感温探测器或火焰探测器。封闭栈桥具有一定火灾危险性，宜设置火灾探测器。

12.8.3 秸秆发电厂多为一机一控或两机一控的集中控制室，24h有人值班，是全厂生产调度的中心。一旦电厂发生火灾，除了投入力量实施灭火，必然还要配合有一系列的生产运行方面的调度控制，二者合并设置，便于值班人员及时了解掌握火灾情况，采取合理有效措施指挥灭火、人员疏散，使火灾损失达到最小。将消防控制与生产控制合为一体，符合我国实际，也是国际上的普遍做法。

12.8.4 消防供水灭火过程中，管网的压力可能比较稳定地维持在工作压力状态，甚至更高。灭火过程中，管网压力升高到额定值不一定代表已经完全灭掉火灾，应该由现场人员根据实际情况判定。所以，消防水泵应该由人工停运。

13 仪表与控制

13.2 自动化水平及控制方式

13.2.1 自动化水平：

1 自动化水平即实时生产过程实现自动化所能达到的程度。其中包括参数检测、数据处理、自动控制、顺序控制、报警和联锁保护等系统的完善程度、自动化设备的质量，以及被控对象的可控性等。

自动化水平体现了需要人工干预的程度和过程安全、经济运行的效果。目前，随着计算机技术的飞速发展、工艺系统可控设备质量的不断提高，以及成熟、可靠的控制系统的普遍采用，单元机组在就地人员的巡回检查和少量操作的配合下，在集中控制室内实现机组启停、运行工况监视和调整、事故处理成为可能。

2 辅助车间的自动化水平应与机组自动化水平相协调。由于秸秆电厂辅助车间工艺系统比较简单，因此完全可以在集中控制室或辅助车间集中控制室内通过操作员站实现辅助车间工艺系统的启停、运行工况监视和调整、事故处理。

13.2.2 控制方式：

1 随着自动化技术的发展、电厂减员增效的要求，控制方式采用集中控制得到了广泛的应用。秸秆发电厂单机容量较小，工艺系统控制相对简单，“集中控制”更能降低工程造价、减人增效、方便运行管理。

2 分散控制系统（DCS）技术成熟，在秸秆电站已得到广泛采用。

3 随着控制技术水平的提高，供热电厂可不再单独设置热网控制室，其控制可在机组控制室内实现，仅在有特殊需要时才设单独的热网控制室。

4 随着控制技术水平的提高，秸秆电厂的空冷系统、循环水泵房、空压站、除灰除渣、机组取样和加药系统等辅助车间，由于工艺比较简单、车间相对集中，可在集控室内集中监控，以减少控制点，达到减人增效的目的。在秸秆电厂中上述车间纳入机组控制系统已有很多成熟的成功案例。

5 机组的发电机—变压器组、厂用电源系统的顺序控制纳入机组控制系统是非常成熟的控制方案。电力网络控制，可根据实际情况独立设置或纳入机组控制系统。

6 本款指出汽轮机控制系统的设计原则。

7 本款指出锅炉安全保护系统的设计原则。

8 机组控制系统发生全局性或重大故障时，为确保机组紧急安全停机，应设置的独立于控制系统的硬接线后备操作手段。

9 随自动化水平和控制系统可靠性的提高，没有必要在集中控制室内设置模拟量控制系统后备操作器、指示表、记录表。

10 根据秸秆电厂辅助车间特点，辅助车间系统宜采用集中控制方式，宜设置辅助车间集中控制网络。

11 目前，秸秆电厂辅助车间普遍采用可编程逻辑控制器（PLC）或分散控制系统（DCS），根据电厂的运行管理水平，实现全厂DCS一体化控制将会使电厂的自动化水平更上一层楼。

12 目前国内运行的秸秆电厂中，秸秆仓库普遍设有秸秆输送监控系统，或采用PLC，或采用就地控制。根据目前国内的管理水平，并没有考虑设有秸秆仓库管理系统，而国外的绝大部分秸秆电厂均考虑了秸秆仓库管理系统。随着电厂的运行管理水平的不断提高，将来可考虑增设秸秆仓库管理系统。

13.3 控制室和电子设备间

13.3.1 本条规定了控制室和电子设备间的布置原则。

13.3.2 对于秸秆电厂，集中控制室通常布置在汽机房运转层。

13.3.3 电子设备间的布置，因机组的布置方式不同，具有较大的灵活性和多样性。设计人员可根据工程情况确定。

13.3.4 为提高辅助车间自动化水平，使之与机组或主厂房自动化水平相协调，可适当合并控制点。

13.3.5 根据秸秆电厂秸秆输送系统的特点，可单独设置就地控制室。

13.3.6 本条规定了控制室和电子设备间环境设施的基本要求。

13.4 检测与仪表

13.4.1～13.4.3 明确了发电厂的检测内容、检测仪表的设置原则和选择原则。

13.4.4 根据秸秆锅炉的特点，宜设置下料口下料监视电视，主要监视是否有堵塞现象发生。关于是否设置炉膛火焰电视，应满足锅炉厂的要求。据了解，有些锅炉厂要求装设，而有些锅炉厂则不需要。

13.4.5 宜设置全厂工业电视系统，监视项目可适当简化。

13.4.6 应设置烟气连续监测系统，检测项目满足环保要求。

13.4.7 根据秸秆锅炉的特点，不宜设置炉管泄漏监测装置。

13.4.8 秸秆电厂通常不设置培训用仿真系统。

13.4.9 由于秸秆电厂机组容量较小，通常不设置厂级管理系统（MIS），但是如果项目建设单位有特殊要求时，可设置简易型厂级管理系统（MIS）。

13.5 模拟量控制

13.5.1 发电厂仪表与控制的主要模拟量控制项目，符合现行国家标准《小型火力发电厂设计规范》GB 50049 的有关规定，根据秸秆锅炉的特点，增设了炉排振动频率调节系统。

13.5.2 汽机自动调节项目，符合现行国家标准《小型火力发电厂设计规范》GB 50049 的有关规定。

13.5.3 根据秸秆电厂的运行特点，机组为单元制运行时，应设置机炉协调控制系统，并宜采用机跟炉调节方式。

13.5.4 机组采用母管制运行方式时，采用主蒸汽母管压力调节系统，是成熟的控制方案。

13.7 保　护

13.7.1 明确保护应符合的相关要求。

13.7.2 锅炉的保护项目符合现行国家标准《小型火力发电厂设计规范》GB 50049 的有关规定，根据秸秆锅炉的特点，增设了给料系统串火保护项目。

13.7.3～13.7.5 汽轮机保护项目、发电机保护项目、辅助系统的相关保护项目符合现行国家标准《小型火力发电厂设计规范》GB 50049的有关规定。

14 采暖通风与空气调节

14.1 燃料输送系统建筑

14.1.1 燃料输送系统在生产过程中会产生粉尘，经常要对燃料输送系统进行清扫，故规定燃料输送系统应选用不易积尘的散热器，如钢制柱形散热器等。

由于热空气密度低于冷空气密度，所以，在斜升栈桥内散热器宜布置在下部，以便于整个栈桥能均匀采暖换热。

燃料输送系统栈桥的围护结构保温性能不好，而且四面传热，热惰性很差。在寒冷地区，如果用热水做采暖热媒，一出故障就要放尽系统的水，否则很容易发生冰冻。因此北方寒冷地区采暖习惯采用蒸汽作为采暖热媒。当采用蒸汽采暖时，为节省工质，凝结水应回收利用。

14.1.2 考虑到燃料输送系统中设置机械除尘地点较多，对于北方严寒地区，机械排风和除尘系统抽风量过大，如不考虑热量补偿，会降低室内温度，故作本规定。

14.1.3 地下建筑通风换气的目的是为了排湿，改善空气品质。当考虑冬季送热风时，为保证采暖效果，减少热补偿，送风量按5次/h设计，排风量可减少到5次/h（可调整排风机运行台数）。严寒地区及寒冷地区通风方式可采用冬夏季两种通风量。

14.1.4 当秸秆仓库是封闭式建筑时，由于室内堆放大量的秸秆，室内空气应保持流通，否则容易引起自燃或者室内异味太重。秸秆仓库宜采用自然通风。当采用机械通风时，正常通风量可按6次/h换气次数进行计算，同时应考虑12次/h的事故通风系统。通风系统应与火灾自动报警系统联锁，发生火灾时，联动所有风机停止运行。若库内设置了可燃气体探测器，当可燃气体探测器输出报警信号后，工作人员必须在最短时间内开启全部风机，排除可燃气体，消除安全隐患。

14.1.5 转运站及破碎机下部导料槽是局部扬尘点，用机械抽风的方式使设备内造成微负压，粉尘就不易逸出。

14.1.6 秸秆破碎后易产生粉尘，特别是在皮带机运行中，由于高速波动又造成二次扬尘，故室内粉尘有超标的可能。为保证电厂安全文明生产，保护现场运行人员身体健康，锅炉房与破碎机室之间的建筑物宜对室内空气采取通风除尘措施。

14.1.7 除尘设备配套的控制箱应布置在除尘器附近，其控制接线应留有远方启动和停止接口，并能根据该指令自动完成整套除尘过程，以实现除尘器的远方集控或程控。除尘设备应能与工艺主设备联锁启停。在主设备启动前，应先启动除尘设备以防止主设备启动时粉尘飞扬。在主设备运行停止后，因粉尘飞扬并没有立即停止，除尘器还应再运行几分钟以达到除尘目的。为简化控制系统也允许除尘器和主设备同时启停，但在控制室应有运行信号显示。

14.1.8 在严寒及寒冷地区，除尘设备的布置要注意设备防冻结、结露影响正常运行，本规定要求布置在有采暖设施的房间。为确保室内空气能达到标准，避免对邻近建筑产生二次污染，宜将排尘风道引到室外。

燃料输送系统宜采用脉冲布袋除尘器，可通过对脉冲工作时间的调整来适应整个燃料输送系统除尘需要。

14.1.9 秸秆发电厂的主要燃料是秸秆，为可燃物，粉尘较多，在输送过程中具有较高火灾危险性。一旦发生火灾，热量大、发展迅速，且表现为明火。为了防止火灾（高温烟气）通过风道在不同区域传播，造成人员和财产损失，要求除尘风道及部件应采用不燃烧材料制作。

14.2 主要建筑及附属建筑

14.2.4 消防（生活）水泵房、排水泵房的电动机功率不是太大，而泵房的体积相对较大，因此一般采用自然通风即可满足要求。根据需要也可采用机械通风，通风量可按换气次数不小于6次/h计算。

14.2.5 污水处理站的操作间一般布置消毒设备，有氯气泄露和酸气挥发的可能，故应设置换气次数不少于6次/h的机械排风装置，室内空气不应再循环，通风系统设备应考虑防腐措施；污水处理站的各类泵房，由于室内异味及设备散热量不大，宜采用自然通风。

14.2.6 目前汽车衡采用电子或全数字式较多，具有自动和人工偏载调节等多项功能。汽车衡称体（称重部分）安装在室外，称重显示控制装置、电视监控装置等安装在室内。这些智能化数字称重显示仪表对室内环境温湿度有一定要求，加之工作时间长，为保证计量精度，宜设置空气调节装置。

14.2.7 厂外收贮站建筑的采暖比较复杂，即使某些位于集中采暖地区的发电厂，其厂外收贮站建筑也有采用火炉、火炕采暖的，而位于过渡地区的发电厂，情况更是千差万别。所以对厂外收贮站建筑作出统一规定是困难的，应根据工程的具体情况设计，但有一个原则必须遵循，即符合当地建设标准，而不能执行厂区内各建筑物的标准。

因厂外收贮站建筑和厂区相距较远（单程均超过5.0km），热损失大，共用一套供热系统不合理、不经济，故在集中采暖地区和过渡地区，宜采用以电能作为热源的局部集中或分散供热方式。当采暖面积较大时，热源设备采用电锅炉；当采暖面积较小时，直接采用电暖器采暖。

目前电采暖具有自动化程度高、无污染、接上电源即可工作的特点，且完全能做到无人值守，故本规范不推荐热源设备采用燃煤锅炉或燃秸秆锅炉。

14.2.8 厂外秸秆收贮站建筑包括：秸秆仓库、值班室、车库、检斤控制室、消防泵房等，设计时应优先考虑自然通风，当自然通风达不到卫生或生产工艺要求时，采用机械通风降温或空气调节方式。

14.2.9～14.2.11 系采用现行国家标准《小型火力发电厂设计规范》GB 50049的条文。

15 建筑和结构

15.1 一 般 规 定

15.1.1 随着我国经济的繁荣、社会的发展和人民生活水平及审美要求的不断提高，“安全、适用、经济、美观”已经成为现代建筑设计的基本原则。建筑设计应以人为本，正确处理建筑与人、工艺的相互关系，这些要求属无量化的目标，但作为设计的重要理念和原则，也应该得到足够重视。

15.1.2 本条规定了秸秆发电厂建筑设计的基本原则。

15.1.3 秸秆发电厂一般建在以农业为主的地区。所以，节约土地应是一重要的设计原则。

15.1.4 秸秆发电厂的建筑设计虽然应注重经济性，但是为了适应我国经济的飞速发展，满足可持续发展的需要，推广建筑领域的新技术、新工艺和新材料也是必要的。由于黏土制品建筑材料的原材料的取用破坏生态环境、造成水土流失，因此秸秆发电厂的建筑砌筑材料不应使用国家和地方政府禁用的黏土制品。

15.1.5 秸秆发电厂与火力发电厂的建筑在使用功能和建筑布置等方面具有一致性或相似性，而《火力发电厂建筑设计规程》对电厂建筑设计的各个方面分别作了详细的要求和规定，所以本规定要求秸秆发电厂各建筑物的建筑设计也应符合现行行业标准《火力发电厂建筑设计规程》DL/T 5094的相关规定。

15.1.6 我国是一个能源短缺型的国家，建筑节能已经成为我国的一项基本国策。

15.1.7 现行国家标准《建筑结构可靠度设计统一标准》GB 50068规定结构的设计使用年限有4个类别，

其中临时性结构为1类，易于替换的结构构件为2类，普通房屋和构筑物为3类，纪念性建筑和特别重要的建筑结构为4类，设计使用年限分别为5年、25年、50年和100年。秸秆发电厂的建（构）筑物，除临时性结构外均属于3类，设计使用年限规定为50年。

15.1.8 建筑结构设计时采用的安全等级是根据结构破坏可能产生的后果的严重性确定的。秸秆发电厂的建筑结构，除一般棚、库外，均属于现行国家标准《建筑结构可靠度设计统一标准》GB 50068中的一般房屋，其破坏产生的后果虽然严重，但不属于很严重，安全等级为二级。秸秆发电厂的机组容量很小，汽机房跨度不大，因此汽机房屋面的安全等级不需要提高。需要注意的是，从多次震害调查反映的情况看，屋架支座连接是一个薄弱部位。

15.1.9 本条规定是厂房结构必须满足的基本要求。结构构件必须满足承载力、稳定、变形和耐久性等要求，应进行以上内容的验算。对承受动力荷载的结构，是否需要进行动力计算，应符合现行国家标准《动力机器基础设计规范》GB 50040的有关规定或参考电力行业标准《火力发电厂土建结构设计技术规定》DL5022的有关规定。

15.1.10 本条是强制性条文，要求抗震设防区的所有新建的建筑工程均必须进行抗震设计，必须严格执行。

15.1.11 本条规定了地基基础设计的原则：

1 因地制宜确定基础形式及地基处理方式，是地基基础设计有别于上部结构设计的特点之一，应充分予以注意。

2 各类建筑物的地基基础计算均应满足承载力计算的要求。

3 是否进行地基变形及稳定验算，应根据建筑物地基基础设计等级等因素确定。

15.2 防火、防爆与安全疏散

15.2.1 根据现行国家标准《建筑设计防火规范》GB 50016的规定，秸秆和煤都应属于可燃固体，所以秸秆发电厂主厂房与火力发电厂主厂房生产的火灾危险性是相同的，而其辅助和附属的生产厂房的使用功能也与火力发电厂辅助和附属的生产厂房的使用功能基本相同，所以秸秆发电厂厂区内各建（构）筑物的火灾危险性分类和最低耐火等级是按现行国家标准《建筑设计防火规范》GB 50016和《火力发电厂与变电所设计防火规范》GB 50229确定的。

15.2.2 正是由于秸秆发电厂与火力发电厂的建筑在使用功能和建筑布置等方面具有一致性或相似性，因此，本条规定秸秆发电厂的防火设计应符合现行国家标准《火力发电厂与变电所设计防火规范》GB 50229和《建筑设计防火规范》GB 50016的相关规定。

15.2.3 本条规定了有爆炸危险的甲、乙类厂房的防爆设计要求。

15.2.4 本条为强制性条文，系参照现行国家标准《火力发电厂与变电所设计防火规范》GB 50229规定，必须严格执行。

15.2.5 由于天桥和栈桥都是悬空建设的，发生火灾时为了提高其结构的安全性，因此要求其结构构件均应采用不燃烧体材料。

15.2.6 根据本规范消防专业的设计规定，秸秆发电厂中的秸秆破碎站及转运站、运料栈桥等运料建筑一般不设置自动喷水灭火系统或水喷雾灭火系统，因此上述建筑的钢结构应采取防火保护措施；当运料栈桥为敞开或半敞开结构时，其发生火灾所产生的烟气及热量会大量散失，因此对栈桥的钢结构影响会较小，所以这种情况钢结构可不采取防火保护措施。

15.2.7 根据工艺布置和生产运行需要，秸秆仓库内的防火墙上通常要开设较大洞口，且有运料皮带通过，如该洞口采用防火门分隔则满足不了工艺布置和运行要求，因此根据已建发电厂实际运行情况，本条款规定了秸秆仓库内防火墙上开设的洞口可采用防火卷帘或防火水幕进行分隔。防火卷帘的耐火极限不应低于3.00h，且应有自动、手动和机械控制的功能；防火水幕为自动喷水系统，该系统喷水延续时间不应小于3.00h。

15.2.8 秸秆发电厂厂区外设置的秸秆收贮站一般属于秸秆发电厂设计范围之外，因此，本条规定了其建筑设计应遵守的规程、规范。

15.4 生活与卫生设施

15.4.1 本条规定了秸秆发电厂内设值班休息室、厕所间等生活与卫生设施的基本环境要求。

15.4.2 秸秆发电厂一般建在农村或城市的边缘地带，远离城市配套公共设施，因此应设厂区食堂、浴室、值班宿舍、医务室等生活建筑。

15.4.3 本条规定了秸秆发电厂生活与卫生设施设计应遵守的国家标准、规定。

15.5 建筑物与构筑物

15.5.1 秸秆发电厂主厂房一般均应首先考虑采用混凝土结构，除非在8度地震烈度区且场地类别高于Ⅱ类及8度以上地震烈度区，或由于其他特殊原因方可考虑采用钢结构。其他建筑物、构筑物宜采用混凝土结构或砌体结构，不宜采用钢结构，但个别建筑采用轻钢结构也是可行的。

15.5.2 扩建工程地基对原有建筑的影响往往容易被设计人员忽视，工程实践中因此产生的事故屡见不鲜。扩建工程基坑开挖、地下水位下降、地基附加应力、振动沉桩等均会对原有厂房结构或灵敏设备产生不同程度的影响，设计时应引起足够的重视。

15.5.3 我国抗震设防依据实行“双轨制”。对于秸秆发电厂这样的一般工程，抗震设防烈度可采用中国地震动参数区划图的基本烈度。对已编制抗震设防区划的城市，可按批准的抗震设防烈度或设计地震动参数进行设计，除非厂址位于地震动参数区划分界线附近或地震资料详细程度较差的边远地区，或复杂工程地质条件区域，方需做专门研究。

15.5.4 秸秆发电厂单机容量较小，无高大的建筑，也不属于地震时使用功能不能中断或需尽快恢复的建筑，无论从发电厂还是从热力厂的规定，都达不到乙类抗震建筑的标准，因此绝大多数建筑物、构筑物均属于丙类建筑。本条规定虽简单，但很明确，不需要增设附录（建筑物抗震措施设防烈度调整表）。

15.5.5 本条有关结构伸缩缝间距的规定，系参考国家现行标准《混凝土结构设计规范》GB 50003 和《火力发电厂土建技术规定》DL 5022 给出的。《火力发电厂土建技术规定》DL 5022 中的某些规定虽然超出国家标准，但已经过多年运行，证明是可行的。

15.5.6 本条根据秸秆发电厂汽机房的特点，考虑了经济及屋面防水等因素，提出了建议性的规定，工程设计中也可根据材料、地域特点采用其他的形式。

15.5.7 有关沉降观测点设置的详细规定见到的比较少。本条列举的主厂房、烟囱、汽轮发电机基础与锅炉基础等几项重要的建（构）筑物，一般情况下应设置沉降观测点。但沉降观测点的设置不仅与建（构）筑物的重要性有关，还与地基条件有关，如果是岩石等压缩量很小的地基，设置的必要性则不大；而对于场地和地基条件复杂的情况，即使是一般建筑，其地基基础设计等级仍可能属于甲级、乙级，应进行地基变形计算，设置沉降观测点也可能是必要的，条文规定留有一定的灵活性。

15.5.8 运料栈桥与锅炉之间一般不设置料仓，秸秆仓库的吊车作业是连续供应锅炉运行所需燃料的连续供应，因此，吊车年运行小时与机组相同，应属 A6、A7 工作级别吊车，这是秸秆发电厂区别于燃煤电厂的一个特点，应予以注意。汽机房和其他建筑的吊车一般为检修用吊车，属于 A1～A3 工作级别吊车。

15.5.9 多年的工程实践证明，对于常规火电机组，汽轮发电机采用框架式基础具有经验成熟、技术上稳妥、经济上造价低的优点。秸秆发电厂汽轮发电机基础与常规火力发电汽轮发电机基础并无本质上的区别。另外，秸秆发电厂的风机、泵等设备较小，采用块式基础完全可以满足要求，而且构造简单，大部分不需要动力计算。

15.5.10 秸秆发电厂的烟气虽然含有氯、硫等，但目前国内一般不采用湿法、半干法脱氯（硫）工艺，烟气为干烟气且温度高，腐蚀性等级属于弱腐蚀，采用单筒式烟囱即可，不需要考虑套筒式烟囱。内衬材料采用耐酸胶泥（或耐酸砂浆）砌筑耐火砖、耐酸砖或耐酸陶砖等均可，其他材料，如果可保证材料本身的耐酸性和内衬结构的密实性，也是可以考虑采用的。需要注意的是，当烟气采用湿法、半干法脱氯（硫）工艺时，烟气的湿度将大大增加，烟气中将含有大量的氯酸和硫酸，使烟气的腐蚀性大大增加，此时应重新评估烟气的腐蚀性并采取相应措施。

15.5.11 栈桥端部的滚动或滑动支座，主要是使栈桥在温度应力作用下能自由伸缩。这是目前较为习惯的做法，也可采用悬臂的方式。

15.5.12 秸秆发电厂的管道支架通常数量不多，规模不大，采用混凝土结构是合理的，如因故采用钢结构，用钢量也不会很大，只要业主方同意，也是可行的。

15.5.13 屋外变电构架及设备支架，宜根据当地材料和构件供应以及工程的实际情况，选用经济合理的结构形式，不宜做统一规定。目前，各地区习惯做法不尽相同，采用的构件有预制钢筋混凝土环形杆、薄壁离心钢管或钢管结构等多种形式，只要是符合因地制宜的原则，应该说都是可行的。构架横梁一般采用钢结构。

15.5.14 秸秆发电厂由于燃料的特点，主厂房没有燃煤电厂的煤仓间部分，其他部分的楼（地）面和屋面均布活荷载与小型火力发电厂基本没有区别，故楼（地）面和屋面均布活荷载参照现行国家标准《小型火力发电厂设计规范》GB 50049 执行。

17 环境保护

17.1 一般规定

17.1.1 近年来，国家针对环境保护及水土保持制定了一系列的法律、法规、政策和标准，部分省、自治区和直辖市也根据本地区的具体情况，相应颁发了地方性的法规和政策。发电厂的设计必须遵循保护环境的指导思想，贯彻国家环境保护的法律、法规及产业政策以及地方制定的有关规定。同时在初可研选址阶段及可研中，应考虑发电厂建设与区域规划，尤其是城市总体规划、城乡规划、土地利用规划、供热规划、热电联产规划及环境保护规划的符合性。

设计中所应执行的法律法规与现行国家标准《小型火力发电厂设计规范》GB 50049 一致，但对于秸秆发电厂尚应执行《关于加强生物质发电项目环境影响评价管理工作的通知》（环发〔2006〕82 号）及《关于进一步加强生物质发电项目环境影响评价管理工作的通知》（环发〔2008〕82 号）。

各省、自制区、直辖市地方政府对国家污染物排放标准中未作规定的项目，可以制定地方污染物排放标准；对国家污染物排放标准中已有的项目，也可根据本地环境质量要求，制定严于国家污染物排放标准的地方排放标准。

凡是在已有地方污染物排放标准的区域内建设的发电厂，应当执行地方污染物排放标准。

17.1.2 根据设计程序提出了各设计阶段的环境保护及水土保持的要求。

根据《中华人民共和国环境影响评价法》第二十四条，《开发建设项目水土保持技术规范》GB 50433，针对设计中采取的厂址位置、工艺方案、污染防治措施（防治措施布局）与批复的环境影响评价及水土保持方案发生重大变动，强调在上述情况下需重新报批环境影响评价及水土保持方案。

17.1.3 发电厂的环境保护设计及水土保持设计，均应以环境影响评价及批复、水土保持方案及批复为根据，从设计上对环境保护措施及水土保持设施进行逐一落实。

17.1.4 发电厂的设计应执行《中华人民共和国清洁生产促进法》，应满足清洁生产的原则。

17.2 污染防治

17.2.1 发电厂的锅炉应根据锅炉吨位，采用现行国家标准《火电厂大气污染物排放标准》GB 13223 或《锅炉大气污染物排放标准》GB 13271，对于秸秆燃烧的重要特征污染物 HCL，以及贮灰场的粉尘影响，应执行《大气污染物综合排放标准》GB 16297 中的相应的标准限值。

17.2.2 发电厂应根据秸秆燃烧后的灰渣特点，选取合理的除尘器，须保证烟尘的排放浓度满足相关的排放标准的要求，同时尚需考虑其落地浓度满足相应的质量标准限值要求。

17.2.3 NO_x 排放应满足相关的排放标准限值要求，同时尚需考虑其落地浓度满足相应的质量标准的限值要求。设计时应考虑与现行国家标准《火电厂大气污染物排放标准》GB 13223 修订标准的衔接。必要时应设置烟气脱硝设施。

17.2.4 对于 SO_2 的防治，需根据燃用的秸秆含硫条件，经计算满足国家、地方的排放标准，并满足区域的总量控制要求，可不设置脱硫设施，但应预留脱硫场地。

17.2.5 为避免不利气象条件下烟气下洗造成局部地面污染，烟囱高度应高于锅炉房或露天锅炉炉顶高度的 2 倍～2.5 倍。

17.2.6 秸秆发电厂的灰渣应首先考虑综合利用，可在厂内设置临时的灰渣存贮设施。若不能全部综合利用，应设置贮灰场，贮灰场的选址及设计应满足现行国家标准《一般工业固体废物贮存、处置场污染控制标准》GB 18599 的有关规定。

17.2.7 对于秸秆的收集、制备及储运系统，灰渣的收集系统均应采取有效的防治措施，以保证厂界或灰场场界颗粒物的浓度满足现行国家标准《大气污染物综合排放标准》GB 16297 的要求。

17.2.8 电厂的用水应执行国家的用水政策，对废水应充分考虑回收利用，若必须排放应在征得区域环保主管部门同意的前提下达标排放。

17.2.9 电厂的厂界噪声原则上应满足其噪声功能区划的要求，可研及初步设计中可根据环境影响评价的结论采取合理可行的方案进行治理或在厂界外设置一定范围的噪声控制区域，控制区域的范围应有地方规划部门的承诺；厂界周围声环境敏感目标应满足标准限值要求。

17.2.10 本条主要从控制设备噪声的角度提出要求。

17.2.11 本条中对排汽噪声的控制提出明确的治理要求。

17.2.12 为减少噪声的影响，应充分进行总平面布置的优化，噪声源应尽可能布置在厂区的中部。

17.2.13 电厂必须根据水土保持方案及其批复的要求，逐一设置相应的水土保持设施，并按方案中确定的水土流失防治目标对防治效果进行预测。

17.3 环境管理和监测

17.3.1～17.3.3 对环境管理及监测进行了要求。

发电厂可不设置环保管理机构，但应在生产管理部门有专职的环保管理人员，可根据工作的内容设置必要的监测仪器或直接委托地方环保监测部门进行监测。

中华人民共和国国家标准

无障碍设计规范

Codes for accessibility design

GB 50763—2012

主编部门：中华人民共和国住房和城乡建设部
批准部门：中华人民共和国住房和城乡建设部
施行日期：2 0 1 2 年 9 月 1 日

中华人民共和国住房和城乡建设部
公　　告

第 1354 号

关于发布国家标准《无障碍设计规范》的公告

现批准《无障碍设计规范》为国家标准，编号为 GB 50763－2012，自 2012 年 9 月 1 日起实施。其中，第 3.7.3（3、5）、4.4.5、6.2.4（5）、6.2.7（4）、8.1.4 条(款)为强制性条文，必须严格执行。原《城市道路和建筑物无障碍设计规范》JGJ 50－2001 同时废止。

本规范由我部标准定额研究所组织中国建筑工业出版社出版发行。

中华人民共和国住房和城乡建设部

2012 年 3 月 30 日

前　　言

本规范是根据住房和城乡建设部《关于印发〈2009 年工程建设标准规范制订、修订计划〉的通知》（建标［2009］88 号）的要求，由北京市建筑设计研究院会同有关单位编制完成。

本规范在编制过程中，编制组进行了广泛深入的调查研究，认真总结了我国不同地区近年来无障碍建设的实践经验，认真研究分析了无障碍建设的现状和发展，参考了有关国际标准和国外先进技术，并在广泛征求全国有关单位意见的基础上，通过反复讨论、修改和完善，最后经审查定稿。

本规范共分 9 章和 3 个附录，主要技术内容有：总则，术语，无障碍设施的设计要求，城市道路，城市广场，城市绿地，居住区、居住建筑，公共建筑及历史文物保护建筑无障碍建设与改造。

本规范中以黑体字标志的条文为强制性条文，必须严格执行。

本规范由住房和城乡建设部负责管理和对强制性条文的解释，由北京市建筑设计研究院负责具体技术内容的解释。

本规范在执行过程中，请各单位注意总结经验，积累资料，如发现需要修改和补充之处，请将有关意见和建议反馈给北京市建筑设计研究院（地址：北京市西城区南礼士路 62 号，邮政编码：100045），以便今后修订时参考。

本规范主编单位：北京市建筑设计研究院

本规范参编单位：北京市市政工程设计研究总院
上海市市政规划设计研究院
北京市园林古建设计研究院
中国建筑标准设计研究院
广州市城市规划勘测设计研究院
北京市残疾人联合会
中国老龄科学研究中心
重庆市市政设施管理局

本规范主要起草人员：焦　舰　孙　蕾　刘　杰　杨　旻　刘思达　聂大华　段铁铮　朱胜跃　赵　林　祝长康　汪原平　吕建强　褚　波　郭　景　易晓峰　廖远涛　王静奎　郭　平　杨　宏

本规范主要审查人员：周文麟　马国馨　顾　放　张东旺　吴秋风　刘秋君　殷　波　王奎宝　陈育军　张　薇　胡正芳　王可瀛

目　次

Contents

1 总 则

1.0.1 为建设城市的无障碍环境，提高人民的社会生活质量，确保有需求的人能够安全地、方便地使用各种设施，制定本规范。

1.0.2 本规范适用于全国城市新建、改建和扩建的城市道路、城市广场、城市绿地、居住区、居住建筑、公共建筑及历史文物保护建筑等。本规范未涉及的城市道路、城市广场、城市绿地、建筑类型或有无障碍需求的设计，宜按本规范中相似类型的要求执行。农村道路及公共服务设施宜按本规范执行。

1.0.3 铁路、航空、城市轨道交通以及水运交通相关设施的无障碍设计，除应符合本规范的要求外，尚应符合相关行业的有关无障碍设计的规定。

1.0.4 城市无障碍设计在执行本规范时尚应遵循国家的有关方针政策，符合城市的总体发展要求，应做到安全适用、技术先进、经济合理。

1.0.5 城市无障碍设计除应符合本规范外，尚应符合国家现行有关标准的规定。

2 术 语

2.0.1 缘石坡道 curb ramp

位于人行道口或人行横道两端，为了避免人行道路缘石带来的通行障碍，方便行人进入人行道的一种坡道。

2.0.2 盲道 tactile ground surface indicator

在人行道上或其他场所铺设的一种固定形态的地面砖，使视觉障碍者产生盲杖触觉及脚感，引导视觉障碍者向前行走和辨别方向以到达目的地的通道。

2.0.3 行进盲道 directional indicator

表面呈条状形，使视觉障碍者通过盲杖的触觉和脚感，指引视觉障碍者可直接向正前方继续行走的盲道。

2.0.4 提示盲道 warning indicator

表面呈圆点形，用在盲道的起点处、拐弯处、终点处和表示服务设施的位置以及提示视觉障碍者前方将有不安全或危险状态等，具有提醒注意作用的盲道。

2.0.5 无障碍出入口 accessible entrance

在坡度、宽度、高度上以及地面材质、扶手形式等方面方便行动障碍者通行的出入口。

2.0.6 平坡出入口 ramp entrance

地面坡度不大于1∶20且不设扶手的出入口。

2.0.7 轮椅回转空间 wheelchair turning space

为方便乘轮椅者旋转以改变方向而设置的空间。

2.0.8 轮椅坡道 wheelchair ramp

在坡度、宽度、高度、地面材质、扶手形式等方面方便乘轮椅者通行的坡道。

2.0.9 无障碍通道 accessible route

在坡度、宽度、高度、地面材质、扶手形式等方面方便行动障碍者通行的通道。

2.0.10 轮椅通道 wheelchair accessible path/lane

在检票口或结算口等处为方便乘轮椅者设置的通道。

2.0.11 无障碍楼梯 accessible stairway

在楼梯形式、宽度、踏步、地面材质、扶手形式等方面方便行动及视觉障碍者使用的楼梯。

2.0.12 无障碍电梯 wheelchair accessible elevator

适合行动障碍者和视觉障碍者进出和使用的电梯。

2.0.13 升降平台 wheelchair platform lift and stair lift

方便乘轮椅者进行垂直或斜向通行的设施。

2.0.14 安全抓杆 grab bar

在无障碍厕位、厕所、浴间内，方便行动障碍者安全移动和支撑的一种设施。

2.0.15 无障碍厕位 water closet compartment for wheelchair users

公共厕所内设置的带坐便器及安全抓杆且方便行动障碍者进出和使用的带隔间的厕位。

2.0.16 无障碍厕所 individual washroom for wheelchair users

出入口、室内空间及地面材质等方面方便行动障碍者使用且无障碍设施齐全的小型无性别厕所。

2.0.17 无障碍洗手盆 accessible wash basin

方便行动障碍者使用的带安全抓杆的洗手盆。

2.0.18 无障碍小便器 accessible urinal

方便行动障碍者使用的带安全抓杆的小便器。

2.0.19 无障碍盆浴间 accessible bathtub

无障碍设施齐全的盆浴间。

2.0.20 无障碍淋浴间 accessible shower stall

无障碍设施齐全的淋浴间。

2.0.21 浴间坐台 shower seat

洗浴时使用的固定坐台或活动坐板。

2.0.22 无障碍客房 accessible guest room

出入口、通道、通信、家具和卫生间等均设有无障碍设施，房间的空间尺度方便行动障碍者安全活动的客房。

2.0.23 无障碍住房 accessible housing

出入口、通道、通信、家具、厨房和卫生间等均设有无障碍设施，房间的空间尺度方便行动障碍者安全活动的住房。

2.0.24 轮椅席位 wheelchair accessible seat

在观众厅、报告厅、阅览室及教室等设有固定席位的场所内，供乘轮椅者使用的位置。

2.0.25 陪护席位 seats for accompanying persons

设置于轮椅席位附近，方便陪伴者照顾乘轮椅者使用的席位。

2.0.26 安全阻挡措施 edge protection

控制轮椅小轮和拐杖不会侧向滑出坡道、踏步以及平台边界的设施。

2.0.27 无障碍机动车停车位 accessible vehicle parking lot

方便行动障碍者使用的机动车停车位。

2.0.28 盲文地图 braille map

供视觉障碍者用手触摸的有立体感的位置图或平面图及盲文说明。

2.0.29 盲文站牌 bus-stop braille board

采用盲文标识，告知视觉障碍者公交候车站的站名、公交车线路和终点站名等的车站站牌。

2.0.30 盲文铭牌 braille signboard

安装在无障碍设施上或设施附近固定部位上，采用盲文标识以告知信息的铭牌。

2.0.31 过街音响提示装置 audible pedestrian signals for street crossing

通过语音提示系统引导视觉障碍者安全通行的音响装置。

2.0.32 语音提示站台 bus station with intelligent voice prompts

设有为视觉障碍者提供乘坐或换乘公共交通相关信息的语音提示系统的站台。

2.0.33 信息无障碍 information accessibility

通过相关技术的运用，确保人们在不同条件下都能够平等地、方便地获取和利用信息。

2.0.34 低位服务设施 low height service facilities

为方便行动障碍者使用而设置的高度适当的服务设施。

2.0.35 母婴室 mother and baby room

设有婴儿打理台、水池、座椅等设施，为母亲提供的给婴儿换尿布、喂奶或临时休息使用的房间。

2.0.36 安全警示线 safety warning line

用于界定和划分危险区域，向人们传递某种注意或警告的信息，以避免人身伤害的提示线。

3 无障碍设施的设计要求

3.1 缘石坡道

3.1.1 缘石坡道应符合下列规定：

1 缘石坡道的坡面应平整、防滑；

2 缘石坡道的坡口与车行道之间宜没有高差；当有高差时，高出车行道的地面不应大于10mm；

3 宜优先选用全宽式单面坡缘石坡道。

3.1.2 缘石坡道的坡度应符合下列规定：

1 全宽式单面坡缘石坡道的坡度不应大于1：20；

2 三面坡缘石坡道正面及侧面的坡度不应大于1：12；

3 其他形式的缘石坡道的坡度均不应大于1：12。

3.1.3 缘石坡道的宽度应符合下列规定：

1 全宽式单面坡缘石坡道的宽度应与人行道宽度相同；

2 三面坡缘石坡道的正面坡道宽度不应小于1.20m；

3 其他形式的缘石坡道的坡口宽度均不应小于1.50m。

3.2 盲道

3.2.1 盲道应符合下列规定：

1 盲道按其使用功能可分为行进盲道和提示盲道；

2 盲道的纹路应凸出路面4mm高；

3 盲道铺设应连续，应避开树木（穴）、电线杆、拉线等障碍物，其他设施不得占用盲道；

4 盲道的颜色宜与相邻的人行道铺面的颜色形成对比，并与周围景观相协调，宜采用中黄色；

5 盲道型材表面应防滑。

3.2.2 行进盲道应符合下列规定：

1 行进盲道应与人行道的走向一致；

2 行进盲道的宽度宜为250mm～500mm；

3 行进盲道宜在距围墙、花台、绿化带250mm～500mm处设置；

4 行进盲道宜在距树池边缘250mm～500mm处设置；如无树池，行进盲道与路缘石上沿在同一水平面时，距路缘石不应小于500mm，行进盲道比路缘石上沿低时，距路缘石不应小于250mm；盲道应避开非机动车停放的位置；

5 行进盲道的触感条规格应符合表3.2.2的规定。

表3.2.2 行进盲道的触感条规格

部 位	尺寸要求（mm）
面宽	25
底宽	35
高度	4
中心距	62～75

3.2.3 提示盲道应符合下列规定：

1 行进盲道在起点、终点、转弯处及其他有需要处应设提示盲道，当盲道的宽度不大于300mm时，提示盲道的宽度应大于行进盲道的宽度；

2 提示盲道的触感圆点规格应符合表3.2.3的规定。

表 3.2.3 提示盲道的触感圆点规格

部 位	尺寸要求（mm）
表面直径	25
底面直径	35
圆点高度	4
圆点中心距	50

3.3 无障碍出入口

3.3.1 无障碍出入口包括以下几种类别：

1 平坡出入口；

2 同时设置台阶和轮椅坡道的出入口；

3 同时设置台阶和升降平台的出入口。

3.3.2 无障碍出入口应符合下列规定：

1 出入口的地面应平整、防滑；

2 室外地面滤水箅子的孔洞宽度不应大于15mm；

3 同时设置台阶和升降平台的出入口宜只应用于受场地限制无法改造坡道的工程，并应符合本规范第3.7.3条的有关规定；

4 除平坡出入口外，在门完全开启的状态下，建筑物无障碍出入口的平台的净深度不应小于1.50m；

5 建筑物无障碍出入口的门厅、过厅如设置两道门，门扇同时开启时两道门的间距不应小于1.50m；

6 建筑物无障碍出入口的上方应设置雨棚。

3.3.3 无障碍出入口的轮椅坡道及平坡出入口的坡度应符合下列规定：

1 平坡出入口的地面坡度不应大于1∶20，当场地条件比较好时，不宜大于1∶30；

2 同时设置台阶和轮椅坡道的出入口，轮椅坡道的坡度应符合本规范第3.4节的有关规定。

3.4 轮 椅 坡 道

3.4.1 轮椅坡道宜设计成直线形、直角形或折返形。

3.4.2 轮椅坡道的净宽度不应小于1.00m，无障碍出入口的轮椅坡道净宽度不应小于1.20m。

3.4.3 轮椅坡道的高度超过300mm且坡度大于1∶20时，应在两侧设置扶手，坡道与休息平台的扶手应保持连贯，扶手应符合本规范第3.8节的相关规定。

3.4.4 轮椅坡道的最大高度和水平长度应符合表3.4.4的规定。

表 3.4.4 轮椅坡道的最大高度和水平长度

坡度	1∶20	1∶16	1∶12	1∶10	1∶8
最大高度（m）	1.20	0.90	0.75	0.60	0.30
水平长度（m）	24.00	14.40	9.00	6.00	2.40

注：其他坡度可用插入法进行计算。

3.4.5 轮椅坡道的坡面应平整、防滑、无反光。

3.4.6 轮椅坡道起点、终点和中间休息平台的水平长度不应小于1.50m。

3.4.7 轮椅坡道临空侧应设置安全阻挡措施。

3.4.8 轮椅坡道应设置无障碍标志，无障碍标志应符合本规范第3.16节的有关规定。

3.5 无障碍通道、门

3.5.1 无障碍通道的宽度应符合下列规定：

1 室内走道不应小于1.20m，人流较多或较集中的大型公共建筑的室内走道宽度不宜小于1.80m；

2 室外通道不宜小于1.50m；

3 检票口、结算口轮椅通道不应小于900mm。

3.5.2 无障碍通道应符合下列规定：

1 无障碍通道应连续，其地面应平整、防滑、反光小或无反光，并不宜设置厚地毯；

2 无障碍通道上有高差时，应设置轮椅坡道；

3 室外通道上的雨水箅子的孔洞宽度不应大于15mm；

4 固定在无障碍通道的墙、立柱上的物体或标牌距地面的高度不应小于2.00m；如小于2.00m时，探出部分的宽度不应大于100mm；如突出部分大于100mm，则其距地面的高度应小于600mm；

5 斜向的自动扶梯、楼梯等下部空间可以进入时，应设置安全挡牌。

3.5.3 门的无障碍设计应符合下列规定：

1 不应采用力度大的弹簧门并不宜采用弹簧门、玻璃门；当采用玻璃门时，应有醒目的提示标志；

2 自动门开启后通行净宽度不应小于1.00m；

3 平开门、推拉门、折叠门开启后的通行净宽度不应小于800mm，有条件时，不宜小于900mm；

4 在门扇内外应留有直径不小于1.50m的轮椅回转空间；

5 在单扇平开门、推拉门、折叠门的门把手一侧的墙面，应设宽度不小于400mm的墙面；

6 平开门、推拉门、折叠门的门扇应设距地900mm的把手，宜设视线观察玻璃，并宜在距地350mm范围内安装护门板；

7 门槛高度及门内外地面高差不应大于15mm，并以斜面过渡；

8 无障碍通道上的门扇应便于开关；

9 宜与周围墙面有一定的色彩反差，方便识别。

3.6 无障碍楼梯、台阶

3.6.1 无障碍楼梯应符合下列规定：

1 宜采用直线形楼梯；

2 公共建筑楼梯的踏步宽度不应小于280mm，踏步高度不应大于160mm；

3 不应采用无踢面和直角形突缘的踏步；

4 宜在两侧均做扶手；

5 如采用栏杆式楼梯，在栏杆下方宜设置安全阻挡措施；

6 踏面应平整防滑或在踏面前缘设防滑条；

7 距踏步起点和终点250mm～300mm宜设提示盲道；

8 踏面和踢面的颜色宜有区分和对比；

9 楼梯上行及下行的第一阶宜在颜色或材质上与平台有明显区别。

3.6.2 台阶的无障碍设计应符合下列规定：

1 公共建筑的室内外台阶踏步宽度不宜小于300mm，踏步高度不宜大于150mm，并不应小于100mm；

2 踏步应防滑；

3 三级及三级以上的台阶应在两侧设置扶手；

4 台阶上行及下行的第一阶宜在颜色或材质上与其他阶有明显区别。

3.7 无障碍电梯、升降平台

3.7.1 无障碍电梯的候梯厅应符合下列规定：

1 候梯厅深度不宜小于1.50m，公共建筑及设置病床梯的候梯厅深度不宜小于1.80m；

2 呼叫按钮高度为0.90m～1.10m；

3 电梯门洞的净宽度不宜小于900mm；

4 电梯出入口处宜设提示盲道；

5 候梯厅应设电梯运行显示装置和抵达音响。

3.7.2 无障碍电梯的轿厢应符合下列规定：

1 轿厢门开启的净宽度不应小于800mm；

2 在轿厢的侧壁上应设高0.90m～1.10m带盲文的选层按钮，盲文宜设置于按钮旁；

3 轿厢的三面壁上应设高850mm～900mm扶手，扶手应符合本规范第3.8节的相关规定；

4 轿厢内应设电梯运行显示装置和报层音响；

5 轿厢正面高900mm处至顶部应安装镜子或采用有镜面效果的材料；

6 轿厢的规格应依据建筑性质和使用要求的不同而选用。最小规格为深度不应小于1.40m，宽度不应小于1.10m；中型规格为深度不应小于1.60m，宽度不应小于1.40m；医疗建筑与老人建筑宜选用病床专用电梯；

7 电梯位置应设无障碍标志，无障碍标志应符合本规范第3.16节的有关规定。

3.7.3 升降平台应符合下列规定：

1 升降平台只适用于场地有限的改造工程；

2 垂直升降平台的深度不应小于1.20m，宽度不应小于900mm，应设扶手、挡板及呼叫控制按钮；

3 垂直升降平台的基坑应采用防止误入的安全防护措施；

4 斜向升降平台宽度不应小于900mm，深度不应小于1.00m，应设扶手和挡板；

5 垂直升降平台的传送装置应有可靠的安全防护装置。

3.8 扶　手

3.8.1 无障碍单层扶手的高度应为850mm～900mm，无障碍双层扶手的上层扶手高度应为850mm～900mm，下层扶手高度应为650mm～700mm。

3.8.2 扶手应保持连贯，靠墙面的扶手的起点和终点处应水平延伸不小于300mm的长度。

3.8.3 扶手末端应向内拐到墙面或向下延伸不小于100mm，栏杆式扶手应向下成弧形或延伸到地面上固定。

3.8.4 扶手内侧与墙面的距离不应小于40mm。

3.8.5 扶手应安装坚固，形状易于抓握。圆形扶手的直径应为35mm～50mm，矩形扶手的截面尺寸应为35mm～50mm。

3.8.6 扶手的材质宜选用防滑、热惰性指标好的材料。

3.9 公共厕所、无障碍厕所

3.9.1 公共厕所的无障碍设计应符合下列规定：

1 女厕所的无障碍设施包括至少1个无障碍厕位和1个无障碍洗手盆；男厕所的无障碍设施包括至少1个无障碍厕位、1个无障碍小便器和1个无障碍洗手盆；

2 厕所的入口和通道应方便乘轮椅者进入和进行回转，回转直径不小于1.50m；

3 门应方便开启，通行净宽度不应小于800mm；

4 地面应防滑、不积水；

5 无障碍厕位应设置无障碍标志，无障碍标志应符合本规范第3.16节的有关规定。

3.9.2 无障碍厕位应符合下列规定：

1 无障碍厕位应方便乘轮椅者到达和进出，尺寸宜做到2.00m×1.50m，不应小于1.80m×1.00m；

2 无障碍厕位的门宜向外开启，如向内开启，需在开启后厕位内留有直径不小于1.50m的轮椅回转空间，门的通行净宽不应小于800mm，平开门外侧应设高900mm的横扶把手，在关闭的门扇里侧设高900mm的关门拉手，并应采用门外可紧急开启的插销；

3 厕位内应设坐便器，厕位两侧距地面700mm处应设长度不小于700mm的水平安全抓杆，另一侧应设高1.40m的垂直安全抓杆。

3.9.3 无障碍厕所的无障碍设计应符合下列规定：

1 位置宜靠近公共厕所，应方便乘轮椅者进入和进行回转，回转直径不小于1.50m；

2　面积不应小于4.00m²；

3　当采用平开门，门扇宜向外开启，如向内开启，需在开启后留有直径不小于1.50m的轮椅回转空间，门的通行净宽度不应小于800mm，平开门应设高900mm的横扶把手，在门扇里侧应采用门外可紧急开启的门锁；

4　地面应防滑、不积水；

5　内部应设坐便器、洗手盆、多功能台、挂衣钩和呼叫按钮；

6　坐便器应符合本规范第3.9.2条的有关规定，洗手盆应符合本规范第3.9.4条的有关规定；

7　多功能台长度不宜小于700mm，宽度不宜小于400mm，高度宜为600mm；

8　安全抓杆的设计应符合本规范第3.9.4条的有关规定；

9　挂衣钩距地高度不应大于1.20m；

10　在坐便器旁的墙面上应设高400mm～500mm的救助呼叫按钮；

11　入口应设置无障碍标志，无障碍标志应符合本规范第3.16节的有关规定。

3.9.4　厕所里的其他无障碍设施应符合下列规定：

1　无障碍小便器下口距地面高度不应大于400mm，小便器两侧应在离墙面250mm处，设高度为1.20m的垂直安全抓杆，并在离墙面550mm处，设高度为900mm水平安全抓杆，与垂直安全抓杆连接；

2　无障碍洗手盆的水嘴中心距侧墙应大于550mm，其底部应留出宽750mm、高650mm、深450mm供乘轮椅者膝部和足尖部的移动空间，并在洗手盆上方安装镜子，出水龙头宜采用杠杆式水龙头或感应式自动出水方式；

3　安全抓杆应安装牢固，直径应为30mm～40mm，内侧距墙不应小于40mm；

4　取纸器应设在坐便器的侧前方，高度为400mm～500mm。

3.10　公　共　浴　室

3.10.1　公共浴室的无障碍设计应符合下列规定：

1　公共浴室的无障碍设施包括1个无障碍淋浴间或盆浴间以及1个无障碍洗手盆；

2　公共浴室的入口和室内空间应方便乘轮椅者进入和使用，浴室内部应能保证轮椅进行回转，回转直径不小于1.50m；

3　浴室地面应防滑、不积水；

4　浴间入口宜采用活动门帘，当采用平开门时，门扇应向外开启，设高900mm的横扶把手，在关闭的门扇里侧设高900mm的关门拉手，并应采用门外可紧急开启的插销；

5　应设置一个无障碍厕位。

3.10.2　无障碍淋浴间应符合下列规定：

1　无障碍淋浴间的短边宽度不应小于1.50m；

2　浴间坐台高度宜为450mm，深度不宜小于450mm；

3　淋浴间应设距地面高700mm的水平抓杆和高1.40m～1.60m的垂直抓杆；

4　淋浴间内的淋浴喷头的控制开关的高度距地面不应大于1.20m；

5　毛巾架的高度不应大于1.20m。

3.10.3　无障碍盆浴间应符合下列规定：

1　在浴盆一端设置方便进入和使用的坐台，其深度不应小于400mm；

2　浴盆内侧应设高600mm和900mm的两层水平抓杆，水平长度不小于800mm；洗浴坐台一侧的墙上设高900mm、水平长度不小于600mm的安全抓杆；

3　毛巾架的高度不应大于1.20m。

3.11　无障碍客房

3.11.1　无障碍客房应设在便于到达、进出和疏散的位置。

3.11.2　房间内应有空间能保证轮椅进行回转，回转直径不小于1.50m。

3.11.3　无障碍客房的门应符合本规范第3.5节的有关规定。

3.11.4　无障碍客房卫生间内应保证轮椅进行回转，回转直径不小于1.50m，卫生器具应设置安全抓杆，其地面、门、内部设施应符合本规范第3.9.3条、第3.10.2条及第3.10.3条的有关规定。

3.11.5　无障碍客房的其他规定：

1　床间距离不应小于1.20m；

2　家具和电器控制开关的位置和高度应方便乘轮椅者靠近和使用，床的使用高度为450mm；

3　客房及卫生间应设高400mm～500mm的救助呼叫按钮；

4　客房应设置为听力障碍者服务的闪光提示门铃。

3.12　无障碍住房及宿舍

3.12.1　户门及户内门开启后的净宽应符合本规范第3.5节的有关规定。

3.12.2　通往卧室、起居室（厅）、厨房、卫生间、储藏室及阳台的通道应为无障碍通道，并按照本规范第3.8节的要求在一侧或两侧设置扶手。

3.12.3　浴盆、淋浴、坐便器、洗手盆及安全抓杆等应符合本规范第3.9节、第3.10节的有关规定。

3.12.4　无障碍住房及宿舍的其他规定：

1　单人卧室面积不应小于7.00m²，双人卧室面积不应小于 10.50m²，兼起居室的卧室面积不应小于 16.00m²，起居室面积不应小于 14.00m²，厨房面积不应小于 6.00m²；

2 设坐便器、洗浴器（浴盆或淋浴）、洗面盆三件卫生洁具的卫生间面积不应小于 4.00m²；设坐便器、洗浴器二件卫生洁具的卫生间面积不应小于 3.00m²；设坐便器、洗面盆二件卫生洁具的卫生间面积不应小于 2.50m²；单设坐便器的卫生间面积不应小于 2.00m²；

3 供乘轮椅者使用的厨房，操作台下方净宽和高度都不应小于 650mm，深度不应小于 250mm；

4 居室和卫生间内应设求助呼叫按钮；

5 家具和电器控制开关的位置和高度应方便乘轮椅者靠近和使用；

6 供听力障碍者使用的住宅和公寓应安装闪光提示门铃。

3.13 轮椅席位

3.13.1 轮椅席位应设在便于到达疏散口及通道的附近，不得设在公共通道范围内。

3.13.2 观众厅内通往轮椅席位的通道宽度不应小于 1.20m。

3.13.3 轮椅席位的地面应平整、防滑，在边缘处宜安装栏杆或栏板。

3.13.4 每个轮椅席位的占地面积不应小于 1.10m ×0.80m。

3.13.5 在轮椅席位上观看演出和比赛的视线不应受到遮挡，但也不应遮挡他人的视线。

3.13.6 在轮椅席位旁或在邻近的观众席内宜设置 1∶1的陪护席位。

3.13.7 轮椅席位处地面上应设置无障碍标志，无障碍标志应符合本规范第 3.16 节的有关规定。

3.14 无障碍机动车停车位

3.14.1 应将通行方便、行走距离路线最短的停车位设为无障碍机动车停车位。

3.14.2 无障碍机动车停车位的地面应涂有停车线、轮椅通道线和无障碍标志。

3.14.3 无障碍机动车停车位一侧，应设宽度不小于 1.20m 的通道，供乘轮椅者从轮椅通道直接进入人行道和到达无障碍出入口。

3.14.4 无障碍机动车停车位的地面应涂有停车线、轮椅通道线和无障碍标志。

3.15 低位服务设施

3.15.1 设置低位服务设施的范围包括问询台、服务窗口、电话台、安检验证台、行李托运台、借阅台、各种业务台、饮水机等。

3.15.2 低位服务设施上表面距地面高度宜为 700mm～850mm，其下部宜至少留出宽 750mm，高 650mm，深 450mm 供乘轮椅者膝部和足尖部的移动空间。

3.15.3 低位服务设施前应有轮椅回转空间，回转直径不小于 1.50m。

3.15.4 挂式电话离地不应高于 900mm。

3.16 无障碍标识系统、信息无障碍

3.16.1 无障碍标志应符合下列规定：

1 无障碍标志包括下列几种：

1) 通用的无障碍标志应符合本规范附录 A 的规定；

2) 无障碍设施标志牌符合本规范附录 B 的规定；

3) 带指示方向的无障碍设施标志牌符合本规范附录 C 的规定。

2 无障碍标志应醒目，避免遮挡。

3 无障碍标志应纳入城市环境或建筑内部的引导标志系统，形成完整的系统，清楚地指明无障碍设施的走向及位置。

3.16.2 盲文标志应符合下列规定：

1 盲文标志可分成盲文地图、盲文铭牌、盲文站牌；

2 盲文标志的盲文必须采用国际通用的盲文表示方法。

3.16.3 信息无障碍应符合下列规定：

1 根据需求，因地制宜设置信息无障碍的设备和设施，使人们便捷地获取各类信息；

2 信息无障碍设备和设施位置和布局应合理。

4 城市道路

4.1 实施范围

4.1.1 城市道路无障碍设计的范围应包括：

1 城市各级道路；

2 城镇主要道路；

3 步行街；

4 旅游景点、城市景观带的周边道路。

4.1.2 城市道路、桥梁、隧道、立体交叉中人行系统均应进行无障碍设计，无障碍设施应沿行人通行路径布置。

4.1.3 人行系统中的无障碍设计主要包括人行道、人行横道、人行天桥及地道、公交车站。

4.2 人行道

4.2.1 人行道处缘石坡道设计应符合下列规定：

1 人行道在各种路口、各种出入口位置必须设置缘石坡道；

2 人行横道两端必须设置缘石坡道。

4.2.2 人行道处盲道设置应符合下列规定：

1 城市主要商业街、步行街的人行道应设置盲道；

2 视觉障碍者集中区域周边道路应设置盲道；

3 坡道的上下坡边缘处应设置提示盲道；

4 道路周边场所、建筑等出入口设置的盲道应与道路盲道相衔接。

4.2.3 人行道的轮椅坡道设置应符合下列规定：

1 人行道设置台阶处，应同时设置轮椅坡道；

2 轮椅坡道的设置应避免干扰行人通行及其他设施的使用。

4.2.4 人行道处服务设施设置应符合下列规定：

1 服务设施的设置应为残障人士提供方便；

2 宜为视觉障碍者提供触摸及音响一体化信息服务设施；

3 设置屏幕信息服务设施，宜为听觉障碍者提供屏幕手语及字幕信息服务；

4 低位服务设施的设置，应方便乘轮椅者使用；

5 设置休息座椅时，应设置轮椅停留空间。

4.3 人 行 横 道

4.3.1 人行横道范围内的无障碍设计应符合下列规定：

1 人行横道宽度应满足轮椅通行需求；

2 人行横道安全岛的形式应方便乘轮椅者使用；

3 城市中心区及视觉障碍者集中区域的人行横道，应配置过街音响提示装置。

4.4 人行天桥及地道

4.4.1 盲道的设置应符合下列规定：

1 设置于人行道中的行进盲道应与人行天桥及地道出入口处的提示盲道相连接；

2 人行天桥及地道出入口处应设置提示盲道；

3 距每段台阶与坡道的起点与终点 250mm～500mm 处应设提示盲道，其长度应与坡道、梯道相对应。

4.4.2 人行天桥及地道处坡道与无障碍电梯的选择应符合下列规定：

1 要求满足轮椅通行需求的人行天桥及地道处宜设置坡道，当设置坡道有困难时，应设置无障碍电梯；

2 坡道的净宽度不应小于 2.00m；

3 坡道的坡度不应大于 1∶12；

4 弧线形坡道的坡度，应以弧线内缘的坡度进行计算；

5 坡道的高度每升高 1.50m 时，应设深度不小于 2.00m 的中间平台；

6 坡道的坡面应平整、防滑。

4.4.3 扶手设置应符合下列规定：

1 人行天桥及地道在坡道的两侧应设扶手，扶手宜设上、下两层；

2 在栏杆下方宜设置安全阻挡措施；

3 扶手起点水平段宜安装盲文铭牌。

4.4.4 当人行天桥及地道无法满足轮椅通行需求时，宜考虑地面安全通行。

4.4.5 人行天桥桥下的三角区净空高度小于 2.00m 时，应安装防护设施，并应在防护设施外设置提示盲道。

4.5 公 交 车 站

4.5.1 公交车站处站台设计应符合下列规定：

1 站台有效通行宽度不应小于 1.50m；

2 在车道之间的分隔带设公交车站时应方便乘轮椅者使用。

4.5.2 盲道与盲文信息布置应符合下列规定：

1 站台距路缘石 250mm～500mm 处应设置提示盲道，其长度应与公交车站的长度相对应；

2 当人行道中设有盲道系统时，应与公交车站的盲道相连接；

3 宜设置盲文站牌或语音提示服务设施，盲文站牌的位置、高度、形式与内容应方便视觉障碍者的使用。

4.6 无障碍标识系统

4.6.1 无障碍设施位置不明显时，应设置相应的无障碍标识系统。

4.6.2 无障碍标志牌应沿行人通行路径布置，构成标识引导系统。

4.6.3 无障碍标志牌的布置应与其他交通标志牌相协调。

5 城 市 广 场

5.1 实 施 范 围

5.1.1 城市广场进行无障碍设计的范围应包括下列内容：

1 公共活动广场；

2 交通集散广场。

5.2 实施部位和设计要求

5.2.1 城市广场的公共停车场的停车数在 50 辆以下时应设置不少于 1 个无障碍机动车停车位，100 辆以下时应设置不少于 2 个无障碍机动车停车位，100 辆以上时应设置不少于总停车数 2%的无障碍机动车停车位。

5.2.2 城市广场的地面应平整、防滑、不积水。

5.2.3 城市广场盲道的设置应符合下列规定：

1 设有台阶或坡道时，距每段台阶与坡道的起点与终点250mm～500mm处应设提示盲道，其长度应与台阶、坡道相对应，宽度应为250mm～500mm；

2 人行道中有行进盲道时，应与提示盲道相连接。

5.2.4 城市广场的地面有高差时坡道与无障碍电梯的选择应符合下列规定：

1 设置台阶的同时应设置轮椅坡道；

2 当设置轮椅坡道有困难时，可设置无障碍电梯。

5.2.5 城市广场内的服务设施应同时设置低位服务设施。

5.2.6 男、女公共厕所均应满足本规范第8.13节的有关规定。

5.2.7 城市广场的无障碍设施的位置应设置无障碍标志，无障碍标志应符合本规范第3.16节的有关规定，带指示方向的无障碍设施标志牌应与无障碍设施标志牌形成引导系统，满足通行的连续性。

6 城市绿地

6.1 实施范围

6.1.1 城市绿地进行无障碍设计的范围应包括下列内容：

1 城市中的各类公园，包括综合公园、社区公园、专类公园、带状公园、街旁绿地等；

2 附属绿地中的开放式绿地；

3 对公众开放的其他绿地。

6.2 公园绿地

6.2.1 公园绿地停车场的总停车数在50辆以下时应设置不少于1个无障碍机动车停车位，100辆以下时应设置不少于2个无障碍机动车停车位，100辆以上时应设置不少于总停车数2%的无障碍机动车停车位。

6.2.2 售票处的无障碍设计应符合下列规定：

1 主要出入口的售票处应设置低位售票窗口；

2 低位售票窗口前地面有高差时，应设轮椅坡道以及不小于1.50m×1.50m的平台；

3 售票窗口前应设提示盲道，距售票处外墙应为250mm～500mm。

6.2.3 出入口的无障碍设计应符合下列规定：

1 主要出入口应设置为无障碍出入口，设有自动检票设备的出入口，也应设置专供乘轮椅者使用的检票口；

2 出入口检票口的无障碍通道宽度不应小于1.20m；

3 出入口设置车挡时，车挡间距不应小于900mm。

6.2.4 无障碍游览路线应符合下列规定：

1 无障碍游览主园路应结合公园绿地的主路设置，应能到达部分主要景区和景点，并宜形成环路，纵坡宜小于5%，山地公园绿地的无障碍游览主园路纵坡应小于8%；无障碍游览主园路不宜设置台阶、梯道，必须设置时应同时设置轮椅坡道；

2 无障碍游览支园路应能连接主要景点，并和无障碍游览主园路相连，形成环路；小路可到达景点局部，不能形成环路时，应便于折返，无障碍游览支园路和小路的纵坡应小于8%；坡度超过8%时，路面应作防滑处理，并不宜轮椅通行；

3 园路坡度大于8%时，宜每隔10.00m～20.00m在路旁设置休息平台；

4 紧邻湖岸的无障碍游览园路应设置护栏，高度不低于900mm；

5 在地形险要的地段应设置安全防护设施和安全警示线；

6 路面应平整、防滑、不松动，园路上的窨井盖板应与路面平齐，排水沟的滤水箅子孔的宽度不应大于15mm。

6.2.5 游憩区的无障碍设计应符合下列规定：

1 主要出入口或无障碍游览园路沿线应设置一定面积的无障碍游憩区；

2 无障碍游憩区应方便轮椅通行，有高差时应设置轮椅坡道，地面应平整、防滑、不松动；

3 无障碍游憩区的广场树池宜高出广场地面，与广场地面相平的树池应加箅子。

6.2.6 常规设施的无障碍设计应符合下列规定：

1 在主要出入口、主要景点和景区，无障碍游憩区内的游憩设施、服务设施、公共设施、管理设施应为无障碍设施；

2 游憩设施的无障碍设计应符合下列规定：

1）在没有特殊景观要求的前提下，应设为无障碍游憩设施；

2）单体建筑和组合建筑包括亭、廊、榭、花架等，若有台明和台阶时，台明不宜过高，入口应设置坡道，建筑室内应满足无障碍通行；

3）建筑院落的出入口以及院内广场、通道有高差时，应设置轮椅坡道；有三个以上出入口时，至少应设两个无障碍出入口，建筑院落的内廊或通道的宽度不应小于1.20m；

4）码头与无障碍园路和广场衔接处有高差时应设置轮椅坡道；

5）无障碍游览路线上的桥应为平桥或坡度在8%以下的小拱桥，宽度不应小于1.20m，桥面应防滑，两侧应设栏杆。桥面与园路、广场衔接有高差时应设轮椅坡道。

3 服务设施的无障碍设计应符合下列规定：

1）小卖店等的售货窗口应设置低位窗口；

2）茶座、咖啡厅、餐厅、摄影部等出入口应为无障碍出入口，应提供一定数量的轮椅席位；

3）服务台、业务台、咨询台、售货柜台等应设有低位服务设施。

4 公共设施的无障碍设计应符合下列规定：

1）公共厕所应满足本规范第8.13节的有关规定，大型园林建筑和主要游览区应设置无障碍厕所；

2）饮水器、洗手台、垃圾箱等小品的设置应方便乘轮椅者使用；

3）游客服务中心应符合本规范第8.8节的有关规定；

4）休息座椅旁应设置轮椅停留空间。

5 管理设施的无障碍设计应符合本规范第8.2节的有关规定。

6.2.7 标识与信息应符合下列规定：

1 主要出入口、无障碍通道、停车位、建筑出入口、公共厕所等无障碍设施的位置应设置无障碍标志，并应形成完整的无障碍标识系统，清楚地指明无障碍设施的走向及位置，无障碍标志应符合第3.16节的有关规定；

2 应设置系统的指路牌、定位导览图、景区景点和园中园说明牌；

3 出入口应设置无障碍设施位置图、无障碍游览图；

4 危险地段应设置必要的警示、提示标志及安全警示线。

6.2.8 不同类别的公园绿地的特殊要求：

1 大型植物园宜设置盲人植物区域或者植物角，并提供语音服务、盲文铭牌等供视觉障碍者使用的设施；

2 绿地内展览区、展示区、动物园的动物展示区应设置便于乘轮椅者参观的窗口或位置。

6.3 附属绿地

6.3.1 附属绿地中的开放式绿地应进行无障碍设计。

6.3.2 附属绿地中的无障碍设计应符合本规范第6.2节和第7.2节的有关规定。

6.4 其他绿地

6.4.1 其他绿地中的开放式绿地应进行无障碍设计。

6.4.2 其他绿地的无障碍设计应符合本规范第6.2节的有关规定。

7 居住区、居住建筑

7.1 道路

7.1.1 居住区道路进行无障碍设计的范围应包括居住区路、小区路、组团路、宅间小路的人行道。

7.1.2 居住区级道路无障碍设计应符合本规范第4章的有关规定。

7.2 居住绿地

7.2.1 居住绿地的无障碍设计应符合下列规定：

1 居住绿地内进行无障碍设计的范围及建筑物类型包括：出入口、游步道、休憩设施、儿童游乐场、休闲广场、健身运动场、公共厕所等；

2 基地地坪坡度不大于5%的居住区的居住绿地均应满足无障碍要求，地坪坡度大于5%的居住区，应至少设置1个满足无障碍要求的居住绿地；

3 满足无障碍要求的居住绿地，宜靠近设有无障碍住房和宿舍的居住建筑设置，并通过无障碍通道到达。

7.2.2 出入口应符合下列规定：

1 居住绿地的主要出入口应设置为无障碍出入口；有3个以上出入口时，无障碍出入口不应少于2个；

2 居住绿地内主要活动广场与相接的地面或路面高差小于300mm时，所有出入口均应为无障碍出入口；高差大于300mm时，当出入口少于3个，所有出入口均应为无障碍出入口，当出入口为3个或3个以上，应至少设置2个无障碍出入口；

3 组团绿地、开放式宅间绿地、儿童活动场、健身运动场出入口应设提示盲道。

7.2.3 游步道及休憩设施应符合下列规定：

1 居住绿地内的游步道应为无障碍通道，轮椅园路纵坡不应大于4%；轮椅专用道不应大于8%；

2 居住绿地内的游步道及园林建筑、园林小品如亭、廊、花架等休憩设施不宜设置高于450mm的台明或台阶；必须设置时，应同时设置轮椅坡道并在休憩设施入口处设提示盲道；

3 绿地及广场设置休息座椅时，应留有轮椅停留空间。

7.2.4 活动场地应符合下列规定：

1 林下铺装活动场地，以种植乔木为主，林下净空不得低于2.20m；

2 儿童活动场地周围不宜种植遮挡视线的树木，保持较好的可通视性，且不宜选用硬质叶片的丛生植物。

7.3 配套公共设施

7.3.1 居住区内的居委会、卫生站、健身房、物业管理、会所、社区中心、商业等为居民服务的建筑应设置无障碍出入口。设有电梯的建筑至少应设置1部无障碍电梯；未设有电梯的多层建筑，应至少设置1部无障碍楼梯。

7.3.2 供居民使用的公共厕所应满足本规范第8.13节的有关规定。

7.3.3 停车场和车库应符合下列规定：

1 居住区停车场和车库的总停车位应设置不少于0.5%的无障碍机动车停车位；若设有多个停车场和车库，宜每处设置不少于1个无障碍机动车停车位；

2 地面停车场的无障碍机动车停车位宜靠近停车场的出入口设置。有条件的居住区宜靠近住宅出入口设置无障碍机动车停车位；

3 车库的人行出入口应为无障碍出入口。设置在非首层的车库应设无障碍通道与无障碍电梯或无障碍楼梯连通，直达首层。

7.4 居住建筑

7.4.1 居住建筑进行无障碍设计的范围应包括住宅及公寓、宿舍建筑（职工宿舍、学生宿舍）等。

7.4.2 居住建筑的无障碍设计应符合下列规定：

1 设置电梯的居住建筑应至少设置1处无障碍出入口，通过无障碍通道直达电梯厅；未设置电梯的低层和多层居住建筑，当设置无障碍住房及宿舍时，应设置无障碍出入口；

2 设置电梯的居住建筑，每居住单元至少应设置1部能直达户门层的无障碍电梯。

7.4.3 居住建筑应按每100套住房设置不少于2套无障碍住房。

7.4.4 无障碍住房及宿舍宜建于底层。当无障碍住房及宿舍设在二层及以上且未设置电梯时，其公共楼梯应满足本规范第3.6节的有关规定。

7.4.5 宿舍建筑中，男女宿舍应分别设置无障碍宿舍，每100套宿舍各应设置不少于1套无障碍宿舍；当无障碍宿舍设置在二层以上且宿舍建筑设置电梯时，应设置不少于1部无障碍电梯，无障碍电梯应与无障碍宿舍以无障碍通道连接。

7.4.6 当无障碍宿舍内未设置厕所时，其所在楼层的公共厕所至少有1处应满足本规范3.9.1条的有关规定或设置无障碍厕所，并宜靠近无障碍宿舍设置。

8 公共建筑

8.1 一般规定

8.1.1 公共建筑基地的无障碍设计应符合下列规定：

1 建筑基地的车行道与人行通道地面有高差时，在人行通道的路口及人行横道的两端应设缘石坡道；

2 建筑基地的广场和人行通道的地面应平整、防滑、不积水；

3 建筑基地的主要人行通道当有高差或台阶时应设置轮椅坡道或无障碍电梯。

8.1.2 建筑基地内总停车数在100辆以下时应设置不少于1个无障碍机动车停车位，100辆以上时应设置不少于总停车数1%的无障碍机动车停车位。

8.1.3 公共建筑的主要出入口宜设置坡度小于1∶30的平坡出入口。

8.1.4 建筑内设有电梯时，至少应设置1部无障碍电梯。

8.1.5 当设有各种服务窗口、售票窗口、公共电话台、饮水器等时应设置低位服务设施。

8.1.6 主要出入口、建筑出入口、通道、停车位、厕所电梯等无障碍设施的位置，应设置无障碍标志，无障碍标志应符合本规范第3.16节的有关规定；建筑物出入口和楼梯前室宜设楼面示意图，在重要信息提示处宜设电子显示屏。

8.1.7 公共建筑的无障碍设施应成系统设计，并宜相互靠近。

8.2 办公、科研、司法建筑

8.2.1 办公、科研、司法建筑进行无障碍设计的范围包括：政府办公建筑、司法办公建筑、企事业办公建筑、各类科研建筑、社区办公及其他办公建筑等。

8.2.2 为公众办理业务与信访接待的办公建筑的无障碍设施应符合下列规定：

1 建筑的主要出入口应为无障碍出入口；

2 建筑出入口大厅、休息厅、贵宾休息室、疏散大厅等人员聚集场所有高差或台阶时应设轮椅坡道，宜提供休息座椅和可以放置轮椅的无障碍休息区；

3 公众通行的室内走道应为无障碍通道，走道长度大于60.00m时，宜设休息区，休息区应避开行走路线；

4 供公众使用的楼梯宜为无障碍楼梯；

5 供公众使用的男、女公共厕所均应满足本规范第3.9.1条的有关规定或在男、女公共厕所附近设置1个无障碍厕所，且建筑内至少应设置1个无障碍厕所，内部办公人员使用的男、女公共厕所至少应各有1个满足本规范第3.9.1条的有关规定或在男、女公共厕所附近设置1个无障碍厕所；

6 法庭、审判庭及为公众服务的会议及报告厅等的公众坐席座位数为300座及以下时应至少设置1个轮椅席位，300座以上时不应少于0.2%且不少于2个轮椅席位。

8.2.3 其他办公建筑的无障碍设施应符合下列规定：

1 建筑物至少应有1处为无障碍出入口，且宜位于主要出入口处；

2 男、女公共厕所至少各有1处应满足本规范第3.9.1条或第3.9.2条的有关规定；

3 多功能厅、报告厅等至少应设置1个轮椅坐席。

8.3 教育建筑

8.3.1 教育建筑进行无障碍设计的范围应包括托儿所、幼儿园建筑、中小学建筑、高等院校建筑、职业教育建筑、特殊教育建筑等。

8.3.2 教育建筑的无障碍设施应符合下列规定：

1 凡教师、学生和婴幼儿使用的建筑物主要出入口应为无障碍出入口，宜设置为平坡出入口；

2 主要教学用房应至少设置1部无障碍楼梯；

3 公共厕所至少有1处应满足本规范第3.9.1条的有关规定。

8.3.3 接收残疾生源的教育建筑的无障碍设施应符合下列规定：

1 主要教学用房每层至少有1处公共厕所应满足本规范第3.9.1条的有关规定；

2 合班教室、报告厅以及剧场等应设置不少于2个轮椅坐席，服务报告厅的公共厕所应满足本规范第3.9.1条的有关规定或设置无障碍厕所；

3 有固定座位的教室、阅览室、实验教室等教学用房，应在靠近出入口处预留轮椅回转空间。

8.3.4 视力、听力、言语、智力残障学校设计应符合现行行业标准《特殊教育学校建筑设计规范》JGJ 76的有关要求。

8.4 医疗康复建筑

8.4.1 医疗康复建筑进行无障碍设计的范围应包括综合医院、专科医院、疗养院、康复中心、急救中心和其他所有与医疗、康复有关的建筑物。

8.4.2 医疗康复建筑中，凡病人、康复人员使用的建筑的无障碍设施应符合下列规定：

1 室外通行的步行道应满足本规范第3.5节有关规定的要求；

2 院区室外的休息座椅旁，应留有轮椅停留空间；

3 主要出入口应为无障碍出入口，宜设置为平坡出入口；

4 室内通道应设置无障碍通道，净宽不应小于1.80m，并按照本规范第3.8节的要求设置扶手；

5 门应符合本规范第3.5节的要求；

6 同一建筑内应至少设置1部无障碍楼梯；

7 建筑内设有电梯时，每组电梯应至少设置1部无障碍电梯；

8 首层应至少设置1处无障碍厕所；各楼层至少有1处公共厕所应满足本规范第3.9.1条的有关规定或设置无障碍厕所；病房内的厕所应设置安全抓杆，并符合本规范第3.9.4条的有关规定；

9 儿童医院的门、急诊部和医技部，每层宜设置至少1处母婴室，并靠近公共厕所；

10 诊区、病区的护士站、公共电话台、查询处、饮水器、自助售货处、服务台等应设置低位服务设施；

11 无障碍设施应设符合我国国家标准的无障碍标志，在康复建筑的院区主要出入口处宜设置盲文地图或供视觉障碍者使用的语音导医系统和提示系统、供听力障碍者需要的手语服务及文字提示导医系统。

8.4.3 门、急诊部的无障碍设施还应符合下列规定：

1 挂号、收费、取药处应设置文字显示器以及语言广播装置和低位服务台或窗口；

2 候诊区应设轮椅停留空间。

8.4.4 医技部的无障碍设施应符合下列规定：

1 病人更衣室内应留有直径不小于1.50m的轮椅回转空间，部分更衣箱高度应小于1.40m；

2 等候区应留有轮椅停留空间，取报告处宜设文字显示器和语音提示装置。

8.4.5 住院部病人活动室墙面四周扶手的设置应满足本规范第3.8节的有关规定。

8.4.6 理疗用房应根据治疗要求设置扶手，并满足本规范第3.8节的有关规定。

8.4.7 办公、科研、餐厅、食堂、太平间用房的主要出入口应为无障碍出入口。

8.5 福利及特殊服务建筑

8.5.1 福利及特殊服务建筑进行无障碍设计的范围应包括福利院、敬（安、养）老院、老年护理院、老年住宅、残疾人综合服务设施、残疾人托养中心、残疾人体训中心及其他残疾人集中或使用频率较高的建筑等。

8.5.2 福利及特殊服务建筑的无障碍设施应符合下列规定：

1 室外通行的步行道应满足本规范第3.5节有关规定的要求；

2 室外院区的休息座椅旁应留有轮椅停留空间；

3 建筑物首层主要出入口应为无障碍出入口，宜设置为平坡出入口。主要出入口设置台阶时，台阶两侧宜设置扶手；

4 建筑出入口大厅、休息厅等人员聚集场所宜提供休息座椅和可以放置轮椅的无障碍休息区；

5 公共区域的室内通道应为无障碍通道，走道两侧墙面应设置扶手，并满足本规范3.8节的有关规定；室外的连通走道应选用平整、坚固、耐磨、不光滑的材料并宜设防风避雨设施；

6 楼梯应为无障碍楼梯；

7 电梯应为无障碍电梯；

8 居室户门净宽不应小于900mm；居室内走道

净宽不应小于1.20m；卧室、厨房、卫生间门净宽不应小于800mm；

9 居室内宜留有直径不小于1.5m的轮椅回转空间；

10 居室内的厕所应设置安全抓杆，并符合本规范第3.9.4条的有关规定；居室外的公共厕所应满足本规范第3.9.1条的有关规定或设置无障碍厕所；

11 公共浴室应满足本规范第3.10节的有关规定；居室内的淋浴间或盆浴间应设置安全抓杆，并符合本规范第3.10.2及3.10.3条的有关规定；

12 居室宜设置语音提示装置。

8.5.3 其他不同建筑类别应符合国家现行的有关建筑设计规范与标准的设计要求。

8.6 体育建筑

8.6.1 体育建筑进行无障碍设计的范围应包括作为体育比赛（训练）、体育教学、体育休闲的体育场馆和场地设施等。

8.6.2 体育建筑的无障碍设施应符合下列规定：

1 特级、甲级场馆基地内应设置不少于停车数量的2%，且不少于2个无障碍机动车停车位，乙级、丙级场馆基地内应设置不少于2个无障碍机动车停车位；

2 建筑物的观众、运动员及贵宾出入口应至少各设1处无障碍出入口，其他功能分区的出入口可根据需要设置无障碍出入口；

3 建筑的检票口及无障碍出入口到各种无障碍设施的室内走道应为无障碍通道，通道长度大于60.00m时宜设休息区，休息区应避开行走路线；

4 大厅、休息厅、贵宾休息室、疏散大厅等主要人员聚集场宜设放置轮椅的无障碍休息区；

5 供观众使用的楼梯应为无障碍楼梯；

6 特级、甲级场馆内各类观众看台区、主席台、贵宾区内如设置电梯应至少各设置1部无障碍电梯，乙级、丙级场馆内坐席区设有电梯时，至少应设置1部无障碍电梯，并应满足赛事和观众的需要；

7 特级、甲级场馆每处观众区和运动员区使用的男、女公共厕所均应满足本规范第3.9.1条的有关规定或在每处男、女公共厕所附近设置1个无障碍厕所，且场馆内至少应设置1个无障碍厕所，主席台休息区、贵宾休息区应至少各设置1个无障碍厕所；乙级、丙级场馆的观众区和运动员区各至少有1处男、女公共厕所应满足本规范第3.9.1条的有关规定或各在男、女公共厕所附近设置1个无障碍厕所；

8 运动员浴室均应满足本规范第3.10节的有关规定；

9 场馆内各类观众看台的坐席区都应设置轮椅席位，并在轮椅席位旁或邻近的坐席处，设置1：1的陪护席位，轮椅席位数不应少于观众席位总数的0.2%。

8.7 文化建筑

8.7.1 文化建筑进行无障碍设计的范围应包括文化馆、活动中心、图书馆、档案馆、纪念馆、纪念塔、纪念碑、宗教建筑、博物馆、展览馆、科技馆、艺术馆、美术馆、会展中心、剧场、音乐厅、电影院、会堂、演艺中心等。

8.7.2 文化类建筑的无障碍设施应符合下列规定：

1 建筑物至少应有1处为无障碍出入口，且宜位于主要出入口处；

2 建筑出入口大厅、休息厅（贵宾休息厅）、疏散大厅等主要人员聚集场所有高差或台阶时应设轮椅坡道，宜设置休息座椅和可以放置轮椅的无障碍休息区；

3 公众通行的室内走道及检票口应为无障碍通道，走道长度大于60.00m，宜设休息区，休息区应避开行走路线；

4 供公众使用的主要楼梯宜为无障碍楼梯；

5 供公众使用的男、女公共厕所每层至少有1处应满足本规范第3.9.1条的有关规定或在男、女公共厕所附近设置1个无障碍厕所；

6 公共餐厅应提供总用餐数2%的活动座椅，供乘轮椅者使用。

8.7.3 文化馆、少儿活动中心、图书馆、档案馆、纪念馆、纪念塔、纪念碑、宗教建筑、博物馆、展览馆、科技馆、艺术馆、美术馆、会展中心等建筑物的无障碍设施还应符合下列规定：

1 图书馆、文化馆等安有探测仪的出入口应便于乘轮椅者进入；

2 图书馆、文化馆等应设置低位目录检索台；

3 报告厅、视听室、陈列室、展览厅等设有观众席位时应至少设1个轮椅席位；

4 县、市级及以上图书馆应设盲人专用图书室（角），在无障碍入口、服务台、楼梯间和电梯间入口、盲人图书室前应设行进盲道和提示盲道；

5 宜提供语音导览机、助听器等信息服务。

8.7.4 剧场、音乐厅、电影院、会堂、演艺中心等建筑物的无障碍设施应符合下列规定：

1 观众厅内座位数为300座及以下时应至少设置1个轮椅席位，300座以上时不应少于0.2%且不少于2个轮椅席位；

2 演员活动区域至少有1处男、女公共厕所应满足本规范第3.9节的有关规定的要求，贵宾室宜设1个无障碍厕所。

8.8 商业服务建筑

8.8.1 商业服务建筑进行无障碍设计的范围包括各类百货店、购物中心、超市、专卖店、专业店、餐饮建筑、旅馆等商业建筑，银行、证券等金融服务建筑，邮局、电信局等邮电建筑，娱乐建筑等。

8.8.2 商业服务建筑的无障碍设计应符合下列规定：

1 建筑物至少应有1处为无障碍出入口，且宜位于主要出入口处；

2 公众通行的室内走道应为无障碍通道；

3 供公众使用的男、女公共厕所每层至少有1处应满足本规范第3.9.1条的有关规定或在男、女公共厕所附近设置1个无障碍厕所，大型商业建筑宜在男、女公共厕所满足本规范第3.9.1条的有关规定的同时且在附近设置1个无障碍厕所；

4 供公众使用的主要楼梯应为无障碍楼梯。

8.8.3 旅馆等商业服务建筑应设置无障碍客房，其数量应符合下列规定：

1 100间以下，应设1间～2间无障碍客房；

2 100间～400间，应设2间～4间无障碍客房；

3 400间以上，应至少设4间无障碍客房。

8.8.4 设有无障碍客房的旅馆建筑，宜配备方便导盲犬休息的设施。

8.9 汽车客运站

8.9.1 汽车客运站建筑进行无障碍设计的范围包括各类长途汽车站。

8.9.2 汽车客运站建筑的无障碍设计应符合下列规定：

1 站前广场人行通道的地面应平整、防滑、不积水，有高差时应做轮椅坡道；

2 建筑物至少应有1处为无障碍出入口，宜设置为平坡出入口，且宜位于主要出入口处；

3 门厅、售票厅、候车厅、检票口等旅客通行的室内走道应为无障碍通道；

4 供旅客使用的男、女公共厕所每层至少有1处应满足本规范第3.9.1条的有关规定或在男、女公共厕所附近设置1个无障碍厕所，且建筑内至少应设置1个无障碍厕所；

5 供公众使用的主要楼梯应为无障碍楼梯；

6 行包托运处（含小件寄存处）应设置低位窗口。

8.10 公共停车场（库）

8.10.1 公共停车场（库）应设置无障碍机动车停车位，其数量应符合下列规定：

1 Ⅰ类公共停车场（库）应设置不少于停车数量2%的无障碍机动车停车位；

2 Ⅱ类及Ⅲ类公共停车场（库）应设置不少于停车数量2%，且不少于2个无障碍机动车停车位；

3 Ⅳ类公共停车场（库）应设置不少于1个无障碍机动车停车位。

8.10.2 设有楼层公共停车库的无障碍机动车停车位宜设在与公共交通道路同层的位置，或通过无障碍设施衔接通往地面层。

8.11 汽车加油加气站

8.11.1 汽车加油加气站附属建筑的无障碍设计应符合下列规定：

1 建筑物至少应有1处为无障碍出入口，且宜位于主要出入口处；

2 男、女公共厕所宜满足本规范第8.13节的有关规定。

8.12 高速公路服务区建筑

8.12.1 高速公路服务区建筑内的服务建筑的无障碍设计应符合下列规定：

1 建筑物至少应有1处为无障碍出入口，且宜位于主要出入口处；

2 男、女公共厕所应满足本规范第8.13节的有关规定。

8.13 城市公共厕所

8.13.1 城市公共厕所进行无障碍设计的范围应包括独立式、附属式公共厕所。

8.13.2 城市公共厕所的无障碍设计应符合下列规定：

1 出入口应为无障碍出入口；

2 在两层公共厕所中，无障碍厕位应设在地面层；

3 女厕所的无障碍设施包括至少1个无障碍厕位和1个无障碍洗手盆；男厕所的无障碍设施包括至少1个无障碍厕位、1个无障碍小便器和1个无障碍洗手盆；并应满足本规范第3.9.1条的有关规定；

4 宜在公共厕所旁另设1处无障碍厕所；

5 厕所内的通道应方便乘轮椅者进出和回转，回转直径不小于1.50m；

6 门应方便开启，通行净宽度不应小于800mm；

7 地面应防滑、不积水。

9 历史文物保护建筑无障碍建设与改造

9.1 实施范围

9.1.1 历史文物保护建筑进行无障碍设计的范围应包括开放参观的历史名园、开放参观的古建博物馆、使用中的庙宇、开放参观的近现代重要史迹及纪念性建筑、开放的复建古建筑等。

9.2 无障碍游览路线

9.2.1 对外开放的文物保护单位应根据实际情况设

计无障碍游览路线，无障碍游览路线上的文物建筑宜尽量满足游客参观的需求。

9.3 出 入 口

9.3.1 无障碍游览路线上对游客开放参观的文物建筑对外的出入口至少应设1处无障碍出入口，其设置标准要以保护文物为前提，坡道、平台等可为可拆卸的活动设施。

9.3.2 展厅、陈列室、视听室等，至少应设1处无障碍出入口，其设置标准要以保护文物为前提，坡道、平台等可为可拆卸的活动设施。

9.3.3 开放的文物保护单位的对外接待用房的出入口宜为无障碍出入口。

9.4 院 落

9.4.1 无障碍游览路线上的游览通道的路面应平整、防滑，其纵坡不宜大于1∶50，有台阶处应同时设置轮椅坡道，坡道、平台等可为可拆卸的活动设施。

9.4.2 开放的文物保护单位内可不设置盲道，当特别需要时可设置，且应与周围环境相协调。

9.4.3 位于无障碍游览路线上的院落内的公共绿地及其通道、休息凉亭等设施的地面应平整、防滑，有台阶处宜同时设置坡道，坡道、平台等可为可拆卸的活动设施。

9.4.4 院落内的休息座椅旁宜设轮椅停留空间。

9.5 服务设施

9.5.1 供公众使用的男、女公共厕所至少应有1处满足本规范第8.13节的有关规定。

9.5.2 供公众使用的服务性用房的出入口至少应有1处为无障碍出入口，且宜位于主要出入口处。

9.5.3 售票处、服务台、公用电话、饮水器等应设置低位服务设施。

9.5.4 纪念品商店如有开放式柜台、收银台，应配备低位柜台。

9.5.5 设有演播电视等服务设施的，其观众区应至少设置1个轮椅席位。

9.5.6 建筑基地内设有停车场的，应设置不少于1个无障碍机动车停车位。

9.6 信息与标识

9.6.1 信息与标识的无障碍设计应符合下列规定：

1 主要出入口、无障碍通道、停车位、建筑出入口、厕所等无障碍设施的位置，应设置无障碍标志，无障碍标志应符合本规范第3.16节的有关规定；

2 重要的展览性陈设，宜设置盲文解说牌。

附录A 无障碍标志

表A 无障碍标志

黑色衬底无障碍标志	白色衬底无障碍标志

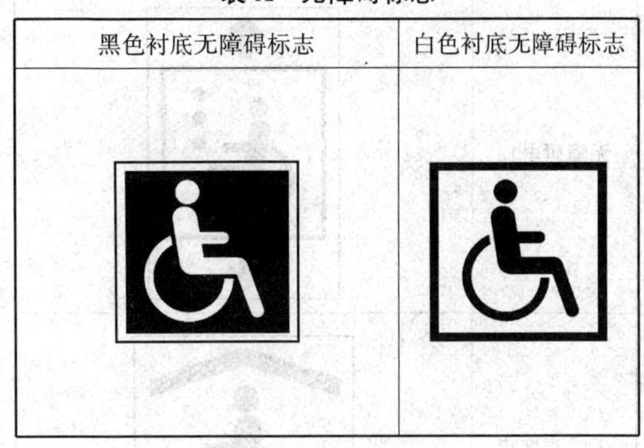

附录B 无障碍设施标志牌

表B 无障碍设施标志牌

用于指示的无障碍设施名称	标志牌的具体形式
低位电话	
无障碍机动车停车位	
轮椅坡道	
无障碍通道	

续表 B

用于指示的无障碍设施名称	标志牌的具体形式
无障碍电梯	
无障碍客房	
听觉障碍者使用的设施	
供导盲犬使用的设施	
视觉障碍者使用的设施	
肢体障碍者使用的设施	

续表 B

用于指示的无障碍设施名称	标志牌的具体形式
无障碍厕所	
—	—

附录 C 用于指示方向的无障碍设施标志牌

表 C 用于指示方向的无障碍设施标志牌

用于指示方向的无障碍设施标志牌的名称	用于指示方向的无障碍设施标志牌的具体形式
无障碍坡道指示标志	
人行横道指示标志	
人行地道指示标志	
人行天桥指示标志	

续表 B

用于指示方向的无障碍设施标志牌的名称	用于指示方向的无障碍设施标志牌的具体形式
无障碍厕所指示标志	
无障碍设施指示标志	
无障碍客房指示标志	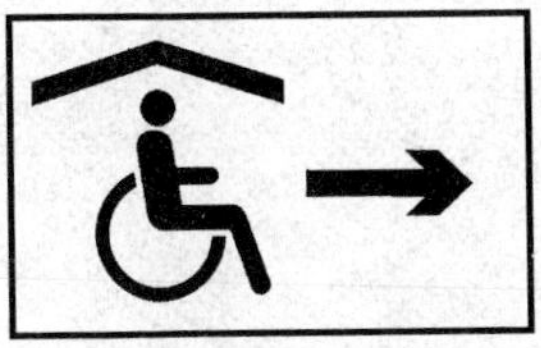
低位电话指示标志	

本规范用词说明

1 为便于在执行本规范条文时区别对待，对要求严格程度不同的用词说明如下：

1）表示很严格，非这样做不可的：
正面词采用“必须”，反面词采用“严禁”；

2）表示严格，在正常情况下均应这样做的：
正面词采用“应”，反面词采用“不应”或“不得”；

3）表示允许稍有选择，在条件许可时首先应这样做的：
正面词采用“宜”，反面词采用“不宜”；

4）表示有选择，在一定条件下可以这样做的，采用“可”。

2 条文中指明应按其他有关标准执行的写法为：“应符合……的规定”或“应按……执行”。

引用标准名录

1 《特殊教育学校建筑设计规范》JGJ 76

中华人民共和国国家标准

无障碍设计规范

GB 50763－2012

条 文 说 明

制 订 说 明

《无障碍设计规范》GB 50763－2012经住房和城乡建设部2012年3月30日以第1354号公告批准、发布。

为便于广大设计、施工、科研、学校等有关单位人员在使用本规范时能正确理解和执行条文规定，《无障碍设计规范》编制组按章、节、条顺序，编制了本规范的条文说明，对条文规定的目的、依据以及执行中需注意的有关事项进行了说明，还着重对强制性条文的强制性理由作了解释。但是，本条文说明不具备与规范正文同等的法律效力，仅供使用者作为理解和把握规范规定时的参考。

目　次

1 总　　则

1.0.1 本条规定了制定本规范的目的。

部分人群在肢体、感知和认知方面存在障碍，他们同样迫切需要参与社会生活，享受平等的权利。无障碍环境的建设，为行为障碍者以及所有需要使用无障碍设施的人们提供了必要的基本保障，同时也为全社会创造了一个方便的良好环境，是尊重人权的行为，是社会道德的体现，同时也是一个国家、一个城市的精神文明和物质文明的标志。

1.0.2 本条规定明确了本规范适用的范围和建筑类型。

因改建的城市道路、城市广场、城市绿地、居住区、居住建筑、公共建筑及历史文物保护建筑等工程条件较为复杂，故无障碍设计宜按照本规范执行。

《无障碍设计规范》虽然涉及面广，但也很难把各类建筑全部包括其中，只能对一般建筑类型的基本要求作出规定，因此，本规范未涉及的城市道路、城市广场、城市绿地、建筑类型或有无障碍需求的设计，宜执行本规范中类似的相关类型的要求。

农村道路及公共服务设施应根据实际情况，宜按本规范中城市道路及建筑物的无障碍设计要求，进行无障碍设计。

1.0.3 本条规定了专业性较强行业的无障碍设计。

铁路、航空、城市轨道交通以及水运交通等专业性较强行业的无障碍设计，均有相应行业颁发的无障碍设计标准。所以本条文规定其除应符合本规范外，还应符合相关行业的有关无障碍设计的规定，且应做到与本规范的合理衔接、相辅相成、协调统一。

1.0.4 本条规定了本规范的共性要求。

2 术　　语

2.0.11 本条所指的无障碍楼梯不适用于乘轮椅者。

2.0.27 本条所指的无障碍机动车停车位不包含残疾人助力车的停车位。

3 无障碍设施的设计要求

3.1 缘 石 坡 道

3.1.1 为了方便行动不便的人特别是乘轮椅者通过路口，人行道的路口需要设置缘石坡道，在缘石坡道的类型中，单面坡缘石坡道是一种通行最为便利的缘石坡道，丁字路口的缘石坡道同样适合布置单面坡的缘石坡道。实践表明，当缘石坡道顺着人行道路的方向布置时，采用全宽式单面坡缘石坡道（图 3-1）最为方便。其他类型的缘石坡道，如三面坡缘石坡道（图 3-2）等可根据具体情况有选择性地采用。

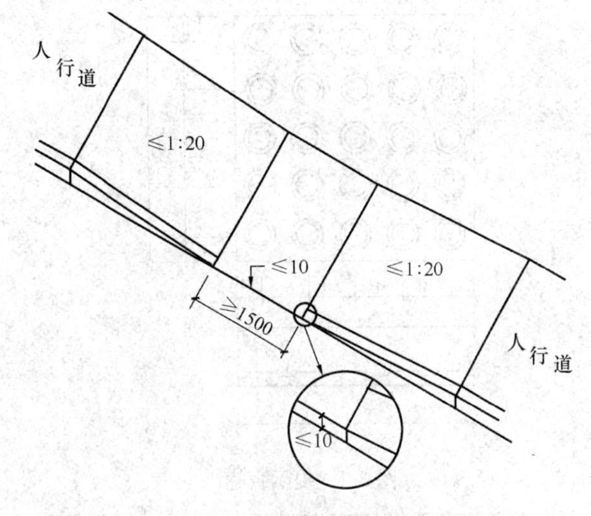

图 3-1　全宽式单面坡缘石坡道

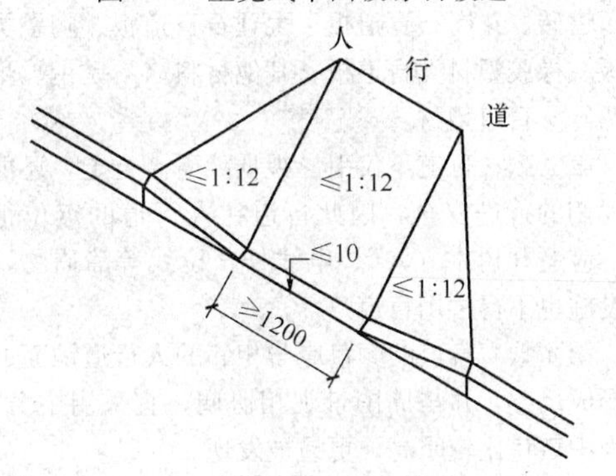

图 3-2　三面坡缘石坡道

3.2 盲　　道

3.2.1 第 1 款　盲道有两种类型，一种是行进盲道（图 3-3），行进盲道应能指引视觉障碍者安全行走和顺利到达无障碍设施的位置，呈条状；另一种是在行进盲道的起点、终点及拐弯处设置的提示盲道（图 3-4），提示盲道能告知视觉障碍者前方路线的空间环境将发生变化，呈圆点形。目前以 250mm×250mm 的

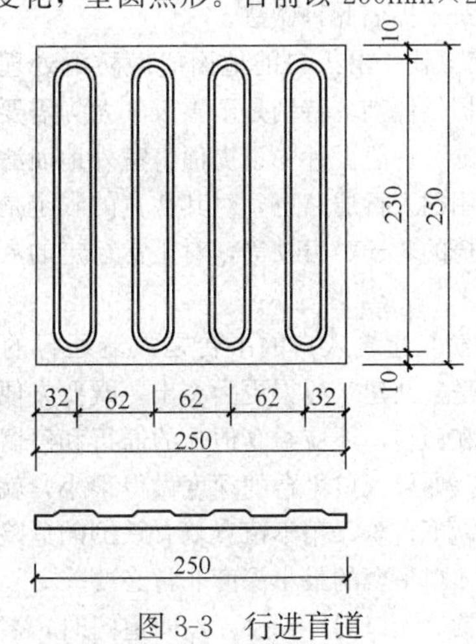

图 3-3　行进盲道

成品盲道构件居多。

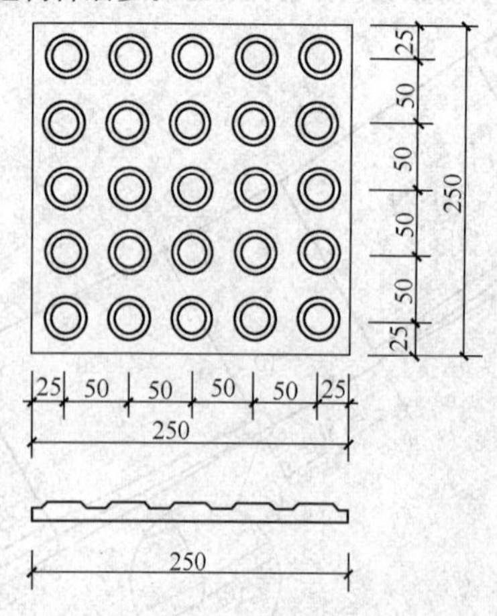

图 3-4　提示盲道

目前使用较多的盲道材料可分成5类：预制混凝土盲道砖、花岗石盲道板、大理石盲道板、陶瓷类盲道板、橡胶塑料类盲道板、其他材料（不锈钢、聚氯乙烯等）盲道型材。

第3款　盲道不仅引导视觉障碍者行走，还能保护他们的行进安全，因此盲道在人行道的定位很重要，应避开树木（穴）、电线杆、拉线等障碍物，其他设施也不得占用盲道。

第4款　盲道的颜色应与相邻的人行道铺面的颜色形成反差，并与周围景观相协调，宜采用中黄色，因为中黄色比较明亮，更易被发现。

3.3　无障碍出入口

3.3.1　第1款　平坡出入口，是人们在通行中最为便捷的无障碍出入口，该出入口不仅方便了各种行动不便的人群，同时也给其他人带来了便利，应该在工程中，特别是大型公共建筑中优先选用。

第3款　主要适用以下情况：在建筑出入口进行无障碍改造时，因为场地条件有限而无法修建坡道，可以采用占地面积小的升降平台取代轮椅坡道。一般的新建建筑不提倡此种做法。

3.3.2　第1款　出入口的地面应做防滑处理，为人们进出时提供便利，特别是雨雪天气尤为需要。

第2款　一般设计中不提倡将室外地面滤水箅子设置在常用的人行通路上，对其孔宽的限定是为了防止卡住轮椅的轮子、盲杖等，对正常行走的人也提供了便利。

第4款　建筑入口的平台是人流通行的集散地带，特别是公共建筑显得更为突出，既要方便乘轮椅者的通行和回转，还应给其他人的通行和停留带来便利和安全。如果入口平台的深度做得很小，就会造成推开门扇就下台阶，稍不留意就有跌倒的危险，因此限定建筑入口平台的最小深度非常必要。

第5款　入口门厅、过厅设两道门时，当乘轮椅者在期间通行时，避免在门扇同时开启后碰撞轮椅，因此对开启门扇后的最小间距作出限定。

3.3.3　调查表明，坡面越平缓，人们越容易自主地使用坡道。《民用建筑设计通则》GB 50352－2005规定基地步行道的纵坡不应小于0.2%，平坡入口的地面坡度还应满足此要求，并且需要结合室内外高差、建筑所在地的具体情况等综合选定适宜坡度。

3.4　轮椅坡道

3.4.1　坡道形式的设计，应根据周边情况综合考虑，为了避免乘轮椅者在坡面上重心产生倾斜而发生摔倒的危险，坡道不宜设计成圆形或弧形。

3.4.2　坡道宽度应首先满足疏散的要求，当坡道的宽度不小于1.00m时，能保证一辆轮椅通行；坡道宽度不小于1.20m时，能保证一辆轮椅和一个人侧身通行；坡道宽度不小于1.50m时，能保证一辆轮椅和一个人正面相对通行；坡道宽度不小于1.80m时，能保证两辆轮椅正面相对通行。

3.4.3　当轮椅坡道的高度在300mm及以内时，或者是坡度小于或等于1：20时，乘轮椅者及其他行动不便的人基本上可以不使用扶手；但当高度超过300mm且坡度大于1：20时，则行动上需要借助扶手才更为安全，因此这种情况坡道的两侧都需要设置扶手。

3.4.4　轮椅坡道的坡度可按照其提升的最大高度来选用，当坡道所提升的高度小于300mm时，可以选择相对较陡的坡度，但不得小于1：8。在坡道总提升的高度内也可以分段设置坡道，但中间应设置休息平台，每段坡道的提升高度和坡度的关系可按照表3.4.4执行。在有条件的情况下将坡道做到小于1：12的坡度，通行将更加安全和舒适。

3.4.5　本条要求坡道的坡面平整、防滑是为了轮椅的行驶顺畅，坡面上不宜加设防滑条或将坡面做成礓蹉形式，因为乘轮椅者行驶在这种坡面上会感到行驶不畅。

3.4.6　轮椅在进入坡道之前和行驶完坡道，进行一段水平行驶，能使乘轮椅者先将轮椅调整好，这样更加安全。轮椅中途要调转角度继续行驶时同样需要有一段水平行驶。

3.4.7　轮椅坡道的侧面临空时，为了防止拐杖头和轮椅前面的小轮滑出，应设置遮挡措施。遮挡措施可以是高度不小于50mm的安全挡台，也可以做与地面空隙不大于100mm的斜向栏杆等。

3.5　无障碍通道、门

3.5.2　第4款　探出的物体包括：标牌、电话、灭火器等潜在对视觉障碍者造成危害的物体，除非这些物体被设置在手杖可以感触的范围之内，如果这些物体距地面的高度不大于600mm，视觉障碍者就可以用手杖感触到这些物体。在设计时将探出物体放在凹进的空间里也可以避免伤害。探出的物体不能减少无障碍通道的净宽度。

3.5.3 建筑物中的门的无障碍设计包括其形式、规格、开启宽度的设计，需要考虑其使用方便与安全。乘轮椅者坐在轮椅上的净宽度为750mm，目前有些型号的电动轮椅的宽度有所增大，所以当有条件时宜将门的净宽度做到900mm。

为了使乘轮椅者靠近门扇将门打开，在门把手一侧的墙面应留有宽度不小于400mm的空间，使轮椅能够靠近门把手。

推拉门、平开门的把手应选用横握式把手或U形把手，如果选用圆形旋转把手，会给手部残疾者带来障碍。在门扇的下方安装护门板是为了防止轮椅搁脚板将门扇碰坏。

推荐使用通过按钮自动开闭的门，门及周边的空间尺寸要求也要满足本条规定。按钮高度为0.90m～1.10m。

3.6 无障碍楼梯、台阶

3.6.1 楼梯是楼层之间垂直交通用的建筑部件。

第1款 如采用弧形楼梯，会给行动不便的人带来恐惧感，使其劳累或发生摔倒事故，因此无障碍楼梯宜采用直线形的楼梯。

第3款 踏面的前缘如有突出部分，应设计成圆弧形，不应设计成直角形，以防将拐杖头绊落掉和对鞋面刮碰。

第5款 在栏杆下方设置安全阻挡措施是为了防止拐杖向侧面滑出造成摔伤。遮挡措施可以是高度不小于50mm的安全挡台，也可以做与地面空隙不大于100mm的斜向栏杆等。

第7款 距踏步起点和终点250mm～300mm设置提示盲道是为了提示视觉障碍者所在位置接近有高差变化处。

第8款 楼梯踏步的踏面和梯面的颜色宜有区分和对比，以引起使用者的警觉并利于弱视者辨别。

3.6.2 台阶是在室外或室内的地坪或楼层不同标高处设置的供人行走的建筑部件。

第3款 当台阶比较高时，在其两侧做扶手对于行动不便的人和视力障碍者都很有必要，可以减少他们在心理上的恐惧，并对其行动给予一定的帮助。

3.7 无障碍电梯、升降平台

3.7.1 第1款 电梯是包括乘轮椅者在内的各种人群使用最为频繁和方便的垂直交通设施，乘轮椅者在到达电梯厅后，要转换位置和等候，因此候梯厅的深度做到1.80m比较合适，住宅的候梯厅不应小于1.50m。

第4款 在电梯入口的地面设置提示盲道标志是为了可以告知视觉障碍者电梯的准确位置和等候地点。

第5款 电梯运行显示屏的规格不应小于50mm×50mm，以方便弱视者了解电梯运行情况。

3.7.2 本条是规定无障碍电梯在规格和设施配备上的要求。为了方便乘轮椅者进入电梯轿厢，轿厢门开启的净宽度不应小于800mm。如果使用1.40m×1.10m的小型梯，轮椅进入电梯后不能回转，只能是正面进入倒退而出，或倒退进入正面而出。使用1.60m×1.40m的中型梯，轮椅正面进入电梯后，可直接回转后正面驶出电梯。医疗建筑与老人建筑宜选用病床专用电梯，以满足担架床的进出。

3.8 扶　手

3.8.1 扶手是协助人们通行的重要辅助设施，可以保持身体平衡和协助使用者的行进，避免发生摔倒的危险。扶手安装的位置、高度、牢固性及选用的形式是否合适，将直接影响到使用效果。无障碍楼梯、台阶的扶手高度应自踏步前缘线量起，扶手的高度应同时满足其他规范的要求。

3.8.3 为了避免人们在使用扶手后产生突然感觉手臂滑下扶手的不安，当扶手为靠墙的扶手时，将扶手的末端加以处理，使其明显感觉利于身体稳定。同时也是为了利于行动不便者在刚开始上、下楼梯或坡道时的抓握。

3.8.4 当扶手安装在墙上时，扶手的内侧与墙之间要有一定的距离，便于手在抓握扶手时，有适当的空间，使用时会带来方便。

3.8.5 扶手要安装牢固，应能承受100kg以上的重量，否则会成为新的不安全因素。

3.9 公共厕所、无障碍厕所

3.9.1 此处的公共厕所指不设单独的无性别厕所，而是在男、女厕所内分设无障碍厕位的供公众使用的厕所。

3.9.2 无障碍厕位为厕所内的无障碍设施，本条规定了无障碍厕位的做法。

第1款 在公共厕所内，选择通行方便的适当位置，设置1个轮椅可进入使用的坐便器的专用厕位。专用厕位分大型和小型两种规格。在厕位门向外开时，大型厕位尺寸宜做到2.00m×1.50m，这样轮椅进入后可以调整角度和回转，轮椅可在坐便器侧面靠近后平移就位。小型厕位尺寸不应小于1.80m×1.00m，轮椅进入后不能调整角度和回转，只能从正面对着坐便器进行身体转移，最后倒退出厕位。因此，如果有条件时，宜选择2.00m×1.50m的大型厕位。

第2款 无障碍厕位的门宜向外开启，轮椅需要通行的区域通行净宽均不应小于800mm，当门向外开启时，门扇里侧应设高900mm的关门拉手，待轮椅进入后便于将门关上。

第3款　在坐便器的两侧安装安全抓杆（图3-5)，供乘轮椅者从轮椅上转移到坐便器上以及拄拐杖者在起立时使用。安装在墙壁上的水平抓杆长度为700mm，安装在另一侧的水平抓杆一般为T形，这种T形水平抓杆的长度为550mm～600mm，可做成固定式，也可做成悬臂式可转动的抓杆，转动的抓杆可做水平旋转90°和垂直旋转90°两种，在使用前将抓杆转到贴近墙面上，不占空间，待轮椅靠近坐便器后再将抓杆转过来，协助乘轮椅者从轮椅上转换到坐便器上。这种可旋转的水平抓杆的长度可做到600mm～700mm。

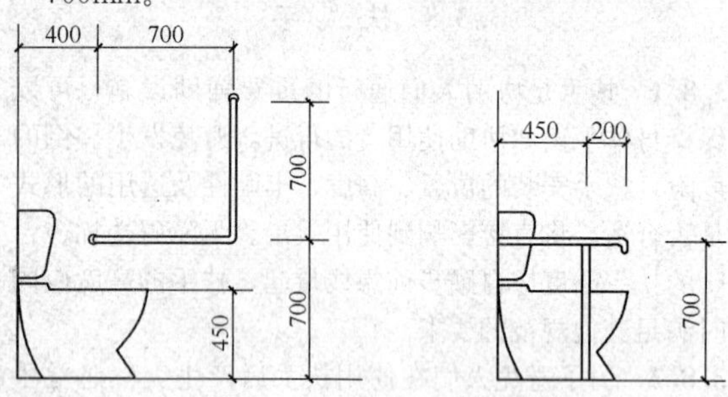

图3-5　坐式便器及安全抓杆

3.9.3　此处的无障碍厕所是无性别区分、男女均可使用的小型厕所。可以在家属的陪同下进入，它的方便性受到了各种人群的欢迎。尽量设在公共建筑中通行方便的地段，也可靠近公共厕所，并用醒目的无障碍标志给予区分。这种厕所的面积要大于无障碍专用厕位。

3.9.4　本条规定了厕所里的其他无障碍设施的做法。

第1款　低位小便器的两侧和上部设置安全抓杆，主要是供使用者将胸部靠住，使重心更为稳定。

第2款　无障碍洗手盆的安全抓杆可做成落地式和悬挑式两种，但要方便乘轮椅者靠近洗手盆的下部空间。水龙头的开关应方便开启，宜采用自动感应出水开关。

第3款　安全抓杆设在坐便器、低位小便器、洗手盆的周围，是肢体障碍者保持身体平衡和进行移动不可缺少的安全保护措施。其形式有很多种，一般有水平式、直立式、旋转式及吊环式等。安全抓杆要尽量少占地面空间，使轮椅靠近各种设施，以达到方便的使用效果。安全抓杆要安装牢固，应能承受100kg以上的重量。安装在墙上的安全抓杆内侧距墙面不小于40mm。

3.10　公共浴室

3.10.1　公共浴室无障碍设计的要求是出入口、通道、浴间及其设施均应该方便行动不便者通行和使用，公共浴室的浴间有淋浴和盆浴两种，无论是哪种，都应该保证有一个为无障碍浴间，另外无障碍洗手盆也是必备的无障碍设施。地面的做法要求防滑和不积水。浴间的入口最好采用活动的门帘，如采用平开门时，门扇应该向外开启，这样做一是可以节省浴间面积，二是在紧急情况时便于将门打开进行救援。

3.11　无障碍客房

3.11.1　无障碍客房应设在便于到达、疏散和进出的位置，比如设在客房区的底层以及靠近服务台、公共活动区和安全出口的位置，以方便使用者到达客房、参与各种活动及安全疏散。

3.11.2　客房内需要留有直径不小于1.50m的轮椅回转空间，可以将通道的宽度做到不小于1.50m，因为通道是客房使用者开门、关门及通行与活动的枢纽，在通道内存取衣物和从通道进入卫生间，也可以在客房床位的一侧留有直径不小于1.50m的轮椅回转空间，以方便乘轮椅者料理各种相关事务。

3.11.5　客房床面的高度、坐便器的高度、浴盆或淋浴座椅的高度，应与标准轮椅坐高一致，以方便乘轮椅者进行转移。在卫生间及客房的适当部位，需设救助呼叫按钮。

3.12　无障碍住房及宿舍

3.12.1、3.12.2　无障碍住房及宿舍户门及内门的设计要满足轮椅的通行要求。户内、外通道要满足无障碍的要求，达到方便、安全、便捷。在很多设计中，阳台的地坪与居室存在高差，或地面上安装有落地门框影响无障碍通行，可采取设置缓坡和改变阳台门安装方式来解决。

3.12.3　室内卫生间是极容易出现跌倒事故的地方，设计中要为使用者提供方便牢固的安全抓杆，并根据这些配置的要求调整洁具之间的距离。

3.12.4　根据无障碍使用人群的分类，在居住建筑的套内空间，有目的地设置相应的无障碍设施；若设计时还不能确认使用者的类型，则所有设施要按照规范一次设计到位。室内各使用空间的面积都略大于现行国家标准《住宅设计规范》GB 50096－1999中相应的最低面积标准，为轮椅通行和停留提供一定的空间。无障碍宿舍的设施和家具一般都是一次安装到位的，所有的要求需按照本规范详细执行。

3.13　轮椅席位

3.13.1　轮椅席位应设在出入方便的位置，如靠近疏散口及通道的位置，但不应影响其他观众席位，也不应妨碍公共通道的通行，其通行路线要便捷，要能够方便地到达休息厅和有无障碍设施的公共厕所。轮椅席位可以集中设置，也可以分地段设置，平时也可以用作安放活动座椅等使用。

3.13.3　影剧院、会堂等观众厅的地面有一定坡度，但轮椅席位的地面要平坦，否则轮椅倾斜放置会产生不安全感。为了防止乘轮椅者和其他观众座椅碰撞，在轮椅席位的周围宜设置栏杆或栏板，但也不应遮挡他人的视线。

3.13.4 轮椅席的深度为1.10m，与标准轮椅的长度基本一致，一个轮椅席位的宽度为800mm，是乘轮椅者的手臂推动轮椅时所需的最小宽度。

3.13.6 考虑到乘轮椅者大多有人陪伴出行，为方便陪伴的人在其附近。轮椅席位旁宜设置一定数量的陪护席位，陪护席位也可以设置在附近的观众席内。

3.14 无障碍机动车停车位

3.14.1 无论设置在地上或是地下的停车场地，应将通行方便、距离出入口路线最短的停车位安排为无障碍机动车停车位，如有可能宜将无障碍机动车停车位设置在出入口旁。

3.14.3 停车位的一侧或与相邻停车位之间应留有宽1.20m以上的轮椅通道，方便肢体障碍者上下车，相邻两个无障碍机动车停车位可共用一个轮椅通道。

3.15 低位服务设施

3.15.1～3.15.4 低位服务设施可以使乘轮椅人士或身材较矮的人士方便地接触和使用各种服务设施。除了要求它的上表面距地面有一定的高度以外，还要求它的下方有足够的空间，以便于轮椅接近。它的前方应留有轮椅能够回转的空间。

3.16 无障碍标识系统、信息无障碍

3.16.1 通用的无障碍标志是选用现行国家标准《标志用公共信息图形符号 第9部分：无障碍设施符号》GB/T 10001.9－2008中的无障碍设施标志。通用的无障碍标志和图形的大小与其观看的距离相匹配，规格为100mm×100mm～400mm×400mm。为了清晰醒目，规定了采用两种对比强烈的颜色，当标志牌为白色衬底时，边框和轮椅为黑色；标志牌为黑色衬底时，边框和轮椅为白色。轮椅的朝向应与指引通行的走向保持一致。

无障碍设施标志牌和带指示方向的无障碍设施标志牌也是无障碍标志的组成部分，设置的位置应该能够明确地指引人们找到所需要使用的无障碍设施。

3.16.2 盲文地图设在城市广场、城市绿地和公共建筑的出入口，方便视觉障碍者出行和游览；盲文铭牌主要用于无障碍电梯的低位横向按钮、人行天桥和人行地道的扶手、无障碍通道的扶手、无障碍楼梯的扶手等部位，帮助视觉障碍者辨别方向；盲文站牌设置在公共交通的站台上，引导视觉障碍者乘坐公共交通。

3.16.3 信息无障碍是指无论健全人还是行动障碍者，无论年轻人还是老年人，无论语言文化背景和教育背景如何，任何人在任何情况下都能平等、方便、无障碍地获取信息或使用通常的沟通手段利用信息。

在获取信息方面，视觉障碍者是最弱的群体，因此应给视觉障碍者提供更好的设备和设施来满足他们的日常生活需要。其中为视觉障碍者服务的设施包括盲道、盲文标识、语音提示导盲系统（听力补偿系统）、盲人图书室（角）等，为视觉障碍者服务的设备包括便携导盲定位系统、无障碍网站和终端设备、读屏软件、助视器、信息家居设备等。为视觉障碍者服务的设施应与背景形成鲜明的色彩对比。

盲道的设置位置具体见本规范的其他章节。盲文标识一般设置在视觉障碍者经常使用的建筑物的楼层示意图、楼梯、扶手、电梯按钮等部位。音响信号适用于城市交通系统。视觉障碍者图书室（角）是为视觉障碍者提供的专门获取信息的公共场所，应提供无障碍终端设备、读屏软件、助视器等设施。便携导盲定位系统是为视觉障碍者提供出行定位的好帮手，可以利用手机、盲杖等载体。为视觉障碍者服务的信息家居设备主要包括鸣响的水壶等生活设施。

为听觉障碍者服务的设施包括电子显示屏、同步传声助听设备、提示报警灯（音响频闪显示灯），为听觉障碍者服务的设备包括视频手语、助听设备、可视电话、信息家居设备等。

电子显示屏应设置在城市道路和建筑物明显的位置，便于人们在第一时间获取信息。同步传声助听设备是在建筑物中设置的一套音响加强传递系统，听觉障碍者持终端即可接听信息。提示报警灯（音响频闪显示灯）是为人员逃生时指示方向使用的，应设置在疏散路线上，同时应伴有语音提示。另外建议在有视频的地方加设视频手语解说，家居方面设置可视对讲门禁、提示报警灯等设备。

为全社会服务的设施应包括标识、标牌、楼层示意图、语音提示系统、电子显示屏、语言转换系统等。信息无障碍设施并非只适用于无障碍人士，实际它使我们社会上的每个人都在受益。信息无障碍的发展是全社会文明的标志，是社会进步的缩影。信息无障碍应使任何人在任何地点都能享受到信息的服务。如清晰的标识和标牌使一些初到陌生地方的人或语言障碍的外国人能准确找到目标。

标识和标牌安装的位置应统一，主要设置在人们行走时需要做出决定的地方，并且标识和标牌大小、图案应规范，避免安装在阴影区或者反光的地方，并且和周围的背景应有反差。楼层示意图应布置在建筑入口和电梯附近，宜同时附有盲文和语音提示设施。

4 城 市 道 路

4.1 实 施 范 围

4.1.1 城市道路进行无障碍设计的范围包括主干路、

次干路、支路等城市各级道路，郊区、区县、经济开发区等城镇主要道路，步行街等主要商业区道路，旅游景点、城市景观带等周边道路，以及其他有无障碍设施设计需求的各类道路，确保城市道路范围内无障碍设施布置完整，构建无障碍物质环境。

4.1.2、4.1.3 城市道路涉及人行系统的范围均应进行无障碍设计，不仅对无障碍设计范围给予规定，并进一步对城市道路应进行无障碍设计的位置提出要求，便于设计人员及建设部门进行操作。

4.2 人 行 道

4.2.1 第1款 人行道是城市道路的重要组成部分，人行道在路口及人行横道处与车行道如有高差，不仅造成乘轮椅者的通行困难，也会给人行道上行走的各类群体带来不便。因此，人行道在交叉路口、街坊路口、单位出入口、广场出入口、人行横道及桥梁、隧道、立体交叉范围等行人通行位置，通行线路存在立缘石高差的地方，均应设缘石坡道，以方便人们使用。

第2款 人行横道两端需设置缘石坡道，为肢体障碍者及全社会各类人士作出提示，方便人们使用。

4.2.2 第1、2款 盲道及其他信息设施的布置，要为盲人通行的连续性和安全性提供保证。因此在城市主要商业街、步行街的人行道及视觉障碍者集中区域（指视觉障碍者人数占该区域人数比例1.5%以上的区域，如盲人学校、盲人工厂、医院等）的人行道需设置盲道，协助盲人通过盲杖和脚感的触觉，方便安全地行走。

第3款 坡道的上下坡边缘处需设置提示盲道，为视觉障碍者及全社会各类人士作出提示，方便人们使用。

4.2.3 要满足轮椅在人行道范围通行无障碍，要求人行道中设有台阶的位置，同时应设有坡道，以方便各类人群的通行。坡道设置时应避免与行人通行产生矛盾，在设施布置时，尽量避免轮椅坡道通行方向与行人通行方向产生交叉，尽可能使两个通行流线相平行。

4.2.4 人行道范围内的服务设施是无障碍设施的重要部分，是保证残障人士平等参与社会活动的重要保障设施，服务设施宜针对视觉障碍者、听觉障碍者及肢体障碍者等不同类型的障碍者分别进行考虑，满足各类行动障碍者的服务需求。

4.3 人 行 横 道

4.3.1 第1款 人行横道设置时，人行横道的宽度要满足轮椅通行的需求。在医院、大剧院、老年人公寓等特殊区域，由于轮椅使用数量相对较多，人行横道的宽度还要考虑满足一定数量轮椅同时通行的需求，避免产生安全隐患。

第2款 人行横道中间的安全岛，会有高出车行道的情况，影响了乘轮椅者的通行，因此安全岛设置需要考虑与车行道同高或安全岛两侧设置缘石坡道，并从通行宽度方面给予要求，从而方便乘轮椅者通行。

第3款 音响设施需要为视觉障碍者的通行提供有效的帮助，在路段提供是否通行和还有多长的通行时间等信息，在路口还需增加通行方向的信息。通过为视觉障碍者提供相关的信息，保证他们过街的安全性。

4.4 人行天桥及地道

4.4.1 人行天桥及地道出入口处需设置提示盲道，针对行进规律的变化及时为视觉障碍者提供警示。同时当人行道中有行进盲道时，应将其与人行天桥及人行地道出入口处的提示盲道合理衔接，满足视觉障碍者的连续通行需求。

4.4.2 人行天桥及地道的设计，在场地条件允许的情况下，应尽可能设置坡道或无障碍电梯。当场地条件存在困难时，需要根据规划条件，在进行交通分析时，对行人服务对象的需求进行分析，从道路系统与整体环境要求的高度进行取舍判断。

人行天桥及地道处设置坡道，方便乘轮椅者及全社会各类人士的通行，当设坡道有困难时可设无障碍电梯，构成无障碍环境，完成无障碍通行。无障碍电梯需求量大或条件允许时，也可进行无障碍电梯设置，满足乘轮椅者及全社会各类人士的通行需求，提高乘轮椅者及全社会各类人士的通行质量。

人行天桥及地道处的坡道设置，是为了方便乘坐轮椅者能够靠自身力量安全通行。弧线形坡道布置，坡道两侧的长度不同，形成的坡度有差异，因此对坡道的设计提出相应的指标控制要求。

4.4.3 人行天桥和人行地道设扶手，是为了方便行动不便的人通行，未设扶手的人行天桥及地道，曾发生过老年人和行动障碍者摔伤事故，其原因并非

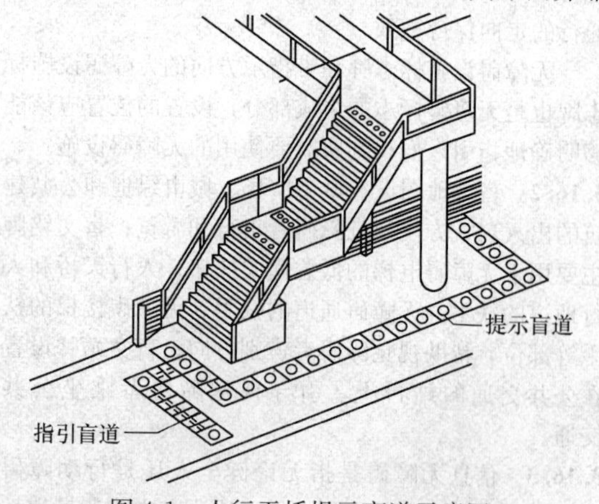

图4-1 人行天桥提示盲道示意图

技术、经济上的困难，而是未将扶手作为使用功能来重视。在无障碍设计中，扶手同样是重要设施之一。坡道扶手水平段外侧宜设置盲文铭牌，可使视觉障碍者了解自己所在位置及走向，方便其继续行走。

4.4.4 人行天桥及地道处无法满足弱势群体通行需求情况下，可考虑通过地面交通实现弱势群体安全通行的需求，体现无障碍设计的多样化及人性化。

4.4.5 人行天桥桥下的三角区，对于视觉障碍者来说是一个危险区域，容易发生碰撞，因此应在结构边缘设置提示盲道，避免安全隐患。

4.5 公交车站

4.5.1 公交车站处站台有效宽度应满足轮椅通行与停放的要求，并兼顾其他乘客的通行，当公交车站设在车道之间的分隔带上时，为了使行动不便的人穿越非机动车道，安全地到达分隔带上的公交候车站，应在穿行处设置缘石坡道，缘石坡道应与人行横道相对应。

4.5.2 在我国，视觉障碍者的出行，如上班、上学、购物、探亲、访友、办事等主要靠公共交通，因此解决他们出门找到车站和提供交通换乘十分重要，为了视觉障碍者能够方便到达公交候车站、换乘公交车辆，需要在候车站范围设置提示盲道和盲文站牌。

在公交候车站铺设提示盲道主要方便视觉障碍者了解候车站的位置，人行道中有行进盲道时，应与公共车站的提示盲道相连接。

为了给视觉障碍者提供更好的公交站牌信息，在城市主要道路和居住区的公交车站，应安装盲文站牌或有声服务设施，盲文站牌的设置，既要方便视觉障碍者的使用，又要保证安全，防止倒塌，且不易被人破坏。

4.6 无障碍标识系统

4.6.1～4.6.3 凡设有无障碍设施的道路人行系统中，为了能更好地为残障人士服务，并易于被残障人士所识别，应在无障碍设计地点显著位置上安装符合我国国家标准的无障碍标志牌，标志牌应反映一定区域范围内的无障碍设施分布情况，并提示现况位置。无障碍标识的布置，应根据指示、引导和确认的需求进行设计，沿通行路径布置，构成完整引导系统。

悬挂醒目的无障碍标志，一是使用者一目了然，二是告知无关人员不要随意占用。城市中的道路交通，应尽可能提供多种标志和信息源，以适合各种残障人士的不同要求。

无障碍设施标志牌可与其他交通设施标志牌协调布置，更好地为道路资源使用者服务。

5 城市广场

5.1 实施范围

5.1.1 城市广场的无障碍设计范围是根据《城市道路设计规范》CJJ 37 中城市广场篇的内容而定，并把它们分成公共活动广场和交通集散广场两大类。城市广场是人们休闲、娱乐的场所，为了使行动不便的人能与其他人一样平等地享有出行和休闲的权利，平等地参与社会活动，应对城市广场进行无障碍设计。

5.2 实施部位和设计要求

5.2.1 随着我国机动车保有量的增大，乘轮椅者乘坐及驾驶机动车出游的几率也随之增加。因此，在城市广场的公共停车场应设置一定数量的无障碍机动车停车位。无障碍机动车停车位的数量应当根据停车场地大小而定。

5.2.7 广场的无障碍设施处应设无障碍标志，带指示方向的无障碍设施标志牌应与无障碍设施标志牌形成引导系统，满足通行的连续性。

6 城市绿地

6.1 实施范围

6.1.1 在高速城市化的建设背景下，城市绿地与人们日常生活的关系日益紧密，是现代城市生活中人们亲近自然、放松身心、休闲健身使用频率最高的公共场所。随着其日常使用频率的加大，使用对象的增多，城市绿地的无障碍建设显得尤为突出，也成为创建舒适、宜居现代城市必要的基础设施条件之一。

依据现行行业标准《城市绿地分类标准》CJJ/T 85，城市绿地分为城市公园绿地、生产绿地、防护绿地、附属绿地、其他绿地（包括风景名胜区、郊野城市绿地、森林城市绿地、野生动植物园、自然保护区、城市绿化隔离带等）共五类。其中，城市公园绿地、附属绿地以及其他绿地中对公众开放的部分，其建设的宗旨是为人们提供方便、安全、舒适和优美的生活环境，满足各类人群参观、游览、休闲的需要。因此城市绿地的无障碍设施建设是非常重要的；城市绿地的无障碍设施建设应该针对上述范围实施。

6.2 公园绿地

6.2.1 本标准是基于综合性公园绿地设计编写的，其他类型的绿地设计可根据其性质和规模大小参照执行。

6.2.2 第3款 窗口前设提示盲道是为了帮助视觉障碍者确定窗口位置。

6.2.3 第1款 公园绿地主要出入口是游客游园的必经之路，应设置为无障碍出入口以便于行动不便者通行。因为行动障碍者、老人等行动不便的人行进速度较普通游客慢，在节假日或高峰时段，游客量急剧增大，游客混行可能引发交通受阻的情况，可设置无障碍专用绿色通道引导游客分流出入，可以避免相互间的干扰，有助于消除发生突发性事件时的安全隐患。

第2款 出入口无障碍专用通道宽度设置不应小于1.20m，以保证一辆轮椅和一个人侧身通过，条件允许的情况下，建议将无障碍专用通道宽度设置为1.80m，这样可以保证同时通行两辆轮椅。

第3款 出入口设置车挡可以有效减少机动车、人力三轮车对人行空间的干扰，但同时应确保游人及轮椅通过，实现出入口的无障碍通行。车挡设置最小间距是为了保证乘轮椅者通过，车挡前后需设置轮椅回转空间，供乘轮椅者调整方向。

6.2.4 中国园林大多为自然式山水园，公园也以山水园林居多，地形高差变化较大，山形水系丰富。因此实现所有道路、景点无障碍游览是很困难的，这就需要在规划设计阶段，根据城市绿地的场地条件以及城市园林规划部门意见来规划专门的游览路线，串联主要景区和景点，形成无障碍游览系统，以实现大部分景区的无障碍游览。无障碍游览路线的设置目的一方面是为了让乘轮椅者能够游览主要景区或景点，另一方面是为老年人、体弱者等行动不便的人群在游园时提供方便，提高游园的舒适度。无障碍游览路线包括无障碍主园路、无障碍支园路或无障碍小路。

第1款 无障碍游览主园路是无障碍游览路线的主要组成部分，它连接城市绿地的主要景区和景点，保证所有游人的通行。无障碍游览主园路人流量大，除场地条件受限的情况外，设计时应结合城市绿地的主园路设置，避免重复建设。无障碍游览主园路的设置应与无障碍出入口相连，一般应独立形成环路，避免游园时走回头路，在条件受限时，也可以通过无障碍游览支园路形成环路。根据《城市绿地设计规范》GB 50420-2007，"主路纵坡宜小于8%…… 山地城市绿地的园路纵坡应小于12%"。考虑到在城市绿地中轮椅长距离推行的情况，无障碍游览主园路的坡度定为5%，既能满足一部分乘轮椅者在无人帮助的条件下独立通行，也可以使病弱及老年人通行更舒适和安全。山地城市绿地在用地受限制，实施有困难的局部地段，无障碍游览主园路纵坡应小于8%。

第2款 无障碍游览支园路和小路是无障碍游览路线的重要组成部分，应能够引导游人到达城市绿地局部景点。无障碍游览支园路应能与无障碍游览主园路连接，形成环路；无障碍游览小路不能形成环路时，尽端应设置轮椅回转空间，便于轮椅掉头。通行轮椅的小路的宽度不小于1.20m。

第3款 当园路的坡度大于8%时，考虑到园林景观的需求，建议每隔10.00m～20.00m设置一处休息平台，以供行动不便的人短暂停留、休息。

第4款 乘轮椅者的视线水平高度一般为1.10m，为防止乘轮椅者沿湖观景时跌落水中，安全护栏不应低于900mm。

第5款 在地形险要路段设置安全警示线可以起到提示作用，提示游人尤其是视觉障碍者危险地段的位置，设置安全护栏可以防止发生跌落、倾覆、侧翻事故。

第6款 不平整和松动的地面会给轮椅的通行带来困难，积水地面和软硬相间的铺装给拄拐杖者的通行带来危险，因此无障碍游览园路的路面应平整、防滑、不松动。

6.2.5 无障碍休憩区是为方便行动不便的游客游园，为其在园内的活动或休憩提供专用的区域，体现以人为本的设计原则。在无障碍出入口附近或无障碍游览园路沿线设置无障碍游憩区可以使行动不便的游客便于抵达，并宜设置专用标识以区别普通活动区域。

第3款 广场树池高出广场地面，可以防止轮椅掉进树坑，如果树池与广场地面相平，加上与地面相平的箅子也可以防止轮椅的行进受到影响。

6.2.6 第2款 无障碍游憩设施主要是指为行动不便的人群提供必要的游憩、观赏、娱乐、休息、活动等内容的游憩设施，包括单体建筑、组合建筑、建筑院落、码头、桥、活动场等。

第2款2） 单体建筑和组合建筑均应符合无障碍设计的要求。入口有台明和台阶时，台明不宜过高，否则轮椅坡道会较长，甚至影响建筑的景观效果。室内地面有台阶时，应设置满足轮椅通行的坡道。

第2款3） 院落的出入口、院内广场、通道以及内廊之间应能形成连续的无障碍游线，有高差时，应设置轮椅坡道。为避免迂回，在有三个以上出入口时，应设两个以上无障碍出入口，并在不同方向。院落内廊宽度至少要满足一辆轮椅和一个行人能同时通行，因此宽度不宜小于1.20m。

第2款4） 码头只规定码头与无障碍园路和广场衔接处应满足无障碍设计的规定，连接码头与船台甲板以及甲板与渡船之间的专用设施或通道也应为无障碍的，但因为非本规范适用范围，条文并未列出。

第2款5） 无障碍游览路线上的园桥在无障碍园路、广场的衔接的地方、桥面的坡度、通行宽度以及桥面做法，应考虑到行动不便的人群的安全需要，桥面两侧应设栏杆。

第3款 服务设施包括小卖店、茶座、咖啡厅、餐厅、摄影部以及服务台、业务台、咨询台、售货柜台等，均应满足无障碍设计的要求。

第4款 公共设施包括公共厕所、饮水器、洗手台、垃圾箱、游客服务中心和休息座椅等，均应满足无障碍设计的要求。

第5款 管理设施主要是指各种面向游客的管理功能的建筑，如：管理处、派出所等，均应满足无障碍设计的要求。

6.2.7 公园绿地中应尽可能提供多种标志和信息源，以适合不同人群的不同需求。例如：以各种符号和标志帮助行动障碍者，引导其行动路线和到达目的地，使人们最大范围地感知其所处环境的空间状况，缩小各种潜在的、心理上的不安因素。

6.2.8 第1款 视觉障碍者可以通过触摸嗅闻和言传而领悟周围环境，感应周围的动物和植物，开阔思想和生活空间，增加生活情趣，感受大自然的赋予，因此大型植物园宜设置盲人植物区域或者植物角，使其游览更为方便和享受其中的乐趣。

第2款 各类公园的展示区、展览区也应充分考虑各种人群的不同需要，要使乘坐轮椅者便于靠近围栏或矮围墙，并留出一定数量便于乘坐轮椅者观看的窗口和位置。

7 居住区、居住建筑

7.1 道 路

7.1.1、7.1.2 居住区的道路与公共绿地的使用是否便捷，直接影响着居民的日常生活品质。2009年，我国老龄人口已超过1.67亿，且每年以近800万的速度增加，以居家为主的人口数量也随之增加。居住区的无障碍建设，满足了老年人、妇女儿童和残障人士出行和生活的无障碍需求，同时也反映了城市化发展以人为本的原则。本章中，道路和公共绿地的分类与《城市居住区规划设计规范》GB 50180一致。

7.2 居住绿地

7.2.1 居住绿地是居民日常使用频率最高的绿地类型，在城市绿地中占有较大比重，与城市生活密切相关。老年人、儿童及残障人士日常休憩活动的主要场所就是居住区内的居住绿地。因此在具备条件的地坪平缓的居住区，所有对居民开放使用的组团绿地、宅间绿地均应满足无障碍要求；对地形起伏大，高差变化复杂的山地城市居住区，很难保证每一块绿地都满足无障碍要求，但至少应有一个开放式组团绿地或宅间绿地应满足无障碍要求。

7.2.2 第1款 无障碍出入口的设置位置应方便居民使用，当条件允许时，所有出入口最好都符合无障碍的要求。

第2款 居住绿地内的活动广场是老年人、儿童日常活动交流的主要场所，活动广场与相接路面、地面不宜出现高差，因景观需要，设计下沉或抬起的活动广场时，高差不宜大于300mm，并应采用坡道处理高差，不宜设计台阶；当设计高差大于300mm时，至少必须设置一处轮椅坡道，以便轮椅使用者通行；设计台阶时，每级台阶高度不宜大于120mm，以便老年人及儿童使用。

第3款 当居住区的道路设有盲道时，道路盲道应延伸至绿地入口，以便于视觉障碍者前往开放式绿地时掌握绿地的方位和出入口。

7.2.3 第1款 居住绿地内的游步道，老年人、乘轮椅者及婴儿车的使用频率非常高，为便于上述人群的使用，不宜设置台阶。游步道纵坡坡度是依据建设部住宅产业促进中心编写的《居住区环境景观设计导则》(2006版)，并参考了日本的无障碍设计标准而制定的。当游步道因景观需要或场地条件限制，必须设置台阶时，应同时设置轮椅坡道，以保障轮椅通行。

第2款 居住绿地内的亭、廊、榭、花架等园林建筑，是居民、特别是老年人等行动不便者日常休憩交流的主要场所，因而上述休憩设施的地面不宜与周边场地出现高差，以便居民顺利通行进入。如因景观需要设置台明、台阶时，必须设置轮椅坡道。

第3款 在休息座椅旁要留有适合轮椅停留的空地，以便乘轮椅者安稳休息和交谈，避免轮椅停在绿地的通路上，影响他人行走。设置的数量不宜少于总数量的10%。

7.2.4 第1款 为保障安全，减少儿童攀爬机会，便于居民活动，林下活动广场应以高大荫浓的乔木为主，分枝点不应小于2.2m；对于北方地区，应以落叶乔木为主，且应有较大的冠幅，以保障活动广场夏季的遮阳和冬季的光照。

第2款 为便于对儿童的监护，儿童活动场周围应有较好的视线，所以在儿童活动场地进行种植设计时，注意保障视线的通透。在儿童活动场地周围种植灌木时，灌木要求选用萌发力强、直立生长的中高型树种，因为矮形灌木向外侧生长的枝条大都在儿童身高范围内，儿童在互相追赶、奔跑嬉戏时，易造成枝折人伤。一些丛生型植物，叶质坚硬，其叶形如剑，指向上方，这类植物如种植在儿童活动场周围，极易发生危险。

7.3 配套公共设施

7.3.1、7.3.2 居住区的配套公共建筑需考虑居民的无障碍出行和使用。重点是解决交通和如厕问题。特别是居家的行为障碍者经常光顾和停留的场所，如物业管理、居委会、活动站、商业等建筑，是居民近距离地解决生活需求、精神娱乐、人际交往的场所。无障碍设施的便利，能极大地提高居住区的生活品质。

7.3.3 随着社会经济的飞速发展，居民的机动车拥有量也在不断增加。停车场和车库的无障碍设计，在满足行为障碍者出行的基础上，也为居民日常的购物搬运提供便捷。

7.4 居住建筑

7.4.1 居住建筑无障碍设计的贯彻，反映了整体居民生活质量的提高。实施范围涵盖了住宅、公寓和宿舍等多户居住的建筑。商住楼的住宅部分执行本条规定。在独栋、双拼和联排别墅中作为首层单户进出的居住建筑，可根据需要选择使用。

7.4.2 第1款 居住建筑出入口的无障碍坡道，不仅能满足行为障碍者的使用，推婴儿车、搬运行李的正常人也能从中得到方便，使用率很高。入口平台、公共走道和设置无障碍电梯的候梯厅的深度，都要满足轮椅的通行要求。通廊式居住建筑因连通户门间的走廊很长，首层会设置多个出入口，在条件许可的情况下，尽可能多的设置无障碍出入口，以满足使用人群出行的方便，减少绕行路线。

第2款 在设有电梯的居住建筑中，单元式居住建筑至少设置一部无障碍电梯；通廊式居住建筑在解决无障碍通道的情况下，可以有选择地设置一部或多部无障碍电梯。

7.4.3 无障碍住房及宿舍的设置，可根据规划方案和居住需要集中设置，或分别设置于不同的建筑中。

7.4.4 低层（多层）住宅及公寓，因建设条件和资金的限制，很多建筑未设置电梯。在进行无障碍住房设计时，要尽量建于底层，减少无障碍竖向交通的建设量。另外要着重考虑的是，多层居住建筑首层无障碍坡道的设置，使其能真正达到无障碍入户的标准。已建多层居住建筑入口无障碍改造的工作，比高层居住建筑的改造要艰难，多因与原设计楼梯的设置发生矛盾，在新建建筑中要妥善考虑。

7.4.5 无障碍宿舍的设置，是满足行动不便人员参与学习和社会工作的需求。即使明确没有行为障碍者的学校和单位，也要设计至少不少于男女各1套无障碍宿舍，以备临时和短期需要，并可根据需要增加设置的套数。

8 公共建筑

8.1 一般规定

8.1.1 第1款 建筑基地内的人行道应保证无障碍通道形成环线，并到达每个无障碍出入口。在路口处及人行横道处均应设置缘石坡道，没有人行横道线的路口，优先采用全宽式单面坡缘石坡道。

8.1.2 建筑基地内总停车数是地上、地下停车数量的总合。在建筑基地内应布置一定数量的无障碍机动车停车位是为了满足各类人群无障碍停车的需求，同时也是为了更加合理地利用土地资源，在制定总停车的数量与无障碍机动车停车位的数量的比例时力求合理、科学。本规范制定的无障碍停车的数量是一个下限标准，各地方可以根据自己实际的情况进行适当地增加。当停车位的数量超过100辆时，每增加不足100辆时，仍然需要增加1个无障碍机动车停车位。

8.2 办公、科研、司法建筑

8.2.2 为公众办理业务与信访接待的办公建筑因其使用的人员复杂，因此应为来访和办理事务的各类人群提供周到完善的无障碍设施。

建筑的主要出入口最为明显和方便，应尽可能将建筑的主要出入口设计为无障碍出入口。主要人员聚集的场所设置休息座椅时，座椅的位置不能阻碍人行通道，在临近座位旁宜设置一个无障碍休息区，供使用轮椅或者童车、步行辅助器械的人使用。当无障碍通道过长时，行动不便的人需要休息，因此在走道超过60.00m处宜设置一个休息处，可以放置座椅和预留轮椅停留空间。法庭、审判庭等建筑内为公众服务的会议及报告厅还应设置轮椅坐席。凡是为公众使用的厕所，都应该满足本规范第3.9节的有关规定的要求，并尽可能设计独立的无障碍厕所，为行动不便的人在家人的照料下使用。

8.2.3 除第8.2.2条包括的办公建筑以外，其他办公建筑不论规模大小和级别高低，均应做无障碍设计。尽可能将建筑的主要出入口设计为无障碍出入口，如果条件有限，也可以将其他出入口设计为无障碍出入口，但其位置应明显，并有明确的指示标识。建筑内部也需做必要的无障碍设施。

8.3 教育建筑

8.3.2 第1款 教育建筑的无障碍设计是为了满足行动不便的学生、老师及外来访客和家长使用。因此，在这些人群使用的停车场、公共场地、绿地和建筑物的出入口部位，都要进行无障碍设计，以完成教育建筑及环境的无障碍化。

第2款 教育建筑室内竖向交通的无障碍化，便于行为障碍者到达不同的使用空间。主要教学用房如教室、实验室、报告厅及图书馆等是为所有教师和学生使用的公共设施，在教育建筑中的使用频率很高，其无障碍的通行很重要。

8.3.3 第1款 为节省行为障碍者的时间和体力，无障碍厕所或设有无障碍厕位的公共厕所应每层设置。

第2款 合班教室、报告厅轮椅席的设置，宜靠近无障碍通道和出入口，减少与多数人流的交叉。报告厅的使用会持续一定的时间，建筑设计中要考虑就近设置卫生间，并满足无障碍的设计要求。

第3款 有固定座位的教室、阅览室、实验教室等教学用房，室内预留的轮椅回转空间，可作为临时的轮椅停放空间。教室出入口的门宽均应满足无障碍设计中轮椅通行的要求。

8.4 医疗康复建筑

8.4.1 医院是为特殊人群服务的建筑，所需的无障碍设施应设计齐全、实施到位。无障碍设施的设置会大大提高人们就医的便捷性，缩短就医时间，改善就医环境，而且可以从心理上改善很多行为障碍者就医的畏难情绪。

8.4.2 第4款 建筑内的无障碍通道按照并行两辆轮椅的要求，宽度不小于1.8m；若有通行推床的要求按照现行行业标准《综合医院建筑设计规范》JGJ 49的有关规定设计。

第7款 无障碍电梯的设置是解决医疗建筑竖向交通无障碍化的关键，在新建建筑中一定要设计到位。改建建筑在更换电梯时，至少要改建1部为无障碍电梯。

第8款 无障碍厕所的设置，会更加方便亲属之间的互相照顾，在医疗建筑中有更多的使用人群，各层都宜设置。

第9款 母婴室的设置，被认为是城市文明的标准之一。在人流密集的交通枢纽如国际机场、火车站等场所已提供了这种设施。儿童医院是哺乳期妇女和婴儿较为集中的场所，设置母婴室可以减少一些在公众场合哺乳、换尿布等行为的尴尬，也可以避免母婴在公共环境中可能引起的感染，对母亲和孩子的健康都更为有利。

第10款 服务设施的低位设计是医疗建筑无障碍设计的细节体现，其带来的便利不仅方便就医者，也大大减少了医务人员的工作量。

8.4.3 很多大型医院已经装置了门、急诊部的文字显示器以及语言广播装置，这对于一般就诊者提供了很大的便捷，同时减少了行为障碍者的心理压力。候诊区在设置正常座椅的时候，要预留轮椅停留空间，避免轮椅停留在通道上的不安全感以及造成的交通拥堵。

8.4.4 医技部着重为诊疗过程中提供的无障碍设计，主要体现在低位服务台或窗口、更衣室的无障碍设计，以及文字显示器和语言广播装置的设置。

8.4.7 其他如办公、科研、餐厅、食堂、太平间等用房，因使用和操作主要是内部工作人员，所以要注重无障碍出入口的设置。

8.5 福利及特殊服务建筑

8.5.1 福利及特殊服务建筑是指收养孤残儿童、弃婴和无人照顾的未成年人的儿童福利院，及照顾身体健康、自理有困难或完全不能自理的孤残人员和老年人的特殊服务设施。

来自民政部社会福利和慈善事业促进司的最新统计显示，截至2009年，全国老年人口有1.67亿，占总人口的12.5%。我国老龄化进入快速发展阶段，老年人口将年均增加800万人～900万人。预计到2020年，我国老年人口将达到2.48亿，老龄化水平将达到17%。到2050年进入重度老龄化阶段，届时我国老年人口将达到4.37亿，约占总人口30%以上，也就是说，三四个人中就有1位老人。全国老龄工作委员会办公室预测，到2030年，中国将迎来人口老龄化高峰。不同层次的托老所和敬老院的缺口还很大。

随着政府和社会力量的关注，福利及特殊服务建筑的需求的加大，建设量也会增加。考虑到使用人群的特殊性，无障碍设计是很重要的部分，不仅仅是解决使用、提高舒适度和便于服务的问题，甚至还会关系到使用者的生命安全。

8.5.2 第3款 入口台阶高度和宽度的尺寸要充分考虑老年人和儿童行走的特点进行设计，适当增加踏步的宽度、降低踏步的高度，保证安全。台阶两侧设置扶手，使视力障碍、行动不便而未乘坐轮椅的使用者抓扶。出入口要优先选用平坡出入口。

第4款 大厅和休息厅等人员聚集场所，要考虑使用者的身体情况，长久站立会疲乏。预留轮椅的停放区域，并提供休息座椅，给予使用者人文关怀，还可以避免人流聚集时的人车交叉，提供安静而安全的等候环境。

第5款 无障碍通道两侧的扶手，根据使用者的身体情况安装单层或双层扶手。室外的连通走道要考虑老年人行走缓慢、步态不稳的特点，选用坚固、防滑的材料，在适当位置设置防风避雨的设施，提供停留、休息的区域。

第8、9款 居室内外门、走道的净宽要考虑轮椅和担架床通行的宽度。根据相关规范与标准，养老建筑和儿童福利院的生活用房的使用面积，宜大于10m²，短边净尺寸宜大于3m，在布置室内家具时，要预留轮椅的回转空间。

第10、11款 卫生间和浴室因特殊的使用功能和性质，极易发生摔倒等安全问题。根据无障碍要求设置相应的扶手抓杆等助力设施，可以减少危险的发生。在装修选材上，也要遵守平整、防滑的原则。

第12款 有条件的建筑在居室内宜设置显示装置和声音提示装置，对于听力、视力障碍和退化的使用者，可以提供极大的便利。

8.5.3 不同建筑类别的特殊设计要求，应符合《老年人建筑设计规范》JGJ 122、《老年人居住建筑设计标准》GB/T 50340及《儿童福利院建设标准》、《老年养护院建设标准》、《老年日间照料中心建设标准》等有关的建筑设计规范与设计标准。

8.6 体育建筑

8.6.1 本条规定了体育建筑实施无障碍设计的范围，

体育建筑作为社会活动的重要场所之一，各类人群应该得到平等参与的机会和权利。因此，体育场馆无障碍设施完善与否直接关系到残障运动员能否独立、公平、有尊严地参与体育比赛，同时也影响到行动不便的人能否平等地参与体育活动和观看体育比赛。因此，各类体育建筑都应该进行无障碍设计。

8.6.2 本条为体育建筑无障碍设计的基本要求。

特级及甲级体育建筑主要举办世界级及全国性的体育比赛，对无障碍设施提出了更高的要求，因此在无障碍机动车停车位、电梯及厕所等的要求上也更加严格。乙级及丙级体育建筑主要举办地方性、群众性的体育活动，也要满足最基本的无障碍设计要求。

根据比赛和训练的使用要求确定为不同的功能分区，每个功能分区有各自的出入口。要保证运动员、观众及贵宾的出入口各设一个无障碍出入口。其他功能分区，比如竞赛管理区、新闻媒体区、场馆运营区等宜根据需要设置无障碍出入口。

所有检票进入的观众出入口都应为无障碍通道，各类人群由无障碍出入口到使用无障碍设施的通道也应该是无障碍通道，当无障碍通道过长时，行动不便的人需要休息，因此在走道超过 60.00m 处宜设置一个休息处，可以放置座椅和预留轮椅停留空间。

主要人员聚集的场所设置休息座椅时，座椅的位置不能阻碍人行通道，在临近座位旁宜设置一个无障碍休息区，供使用轮椅或者童车、步行辅助器械的人使用。

无障碍的坐席可集中设置，也可以分区设置，其数量可以根据赛事的需要适当增加，为了提高利用率，可以将一部分活动坐席临时改为无障碍的坐席，但应该满足无障碍坐席的基本规定。在无障碍坐席的附近应该按照 1∶1 的比例设置陪护席位。

8.7 文化建筑

8.7.1 本条规定了文化类建筑实施无障碍设计的范围。宗教建筑泛指新建宗教建筑物，文物类的宗教建筑可参考执行。其他未注明的文化类的建筑类型可以参考本节内容进行设计。

8.7.2 本条为文化类建筑内无障碍设施的基本要求。

文化类建筑在主要的通行路线上应畅通，以满足各类人员的基本使用需求。

建筑物主要出入口无条件设置无障碍出入口时，也可以在其他出入口设置，但其位置应明显，并有明确的指示标识。

主要人员聚集的场所设置休息座椅时，座椅的位置不能阻碍人行通道，在临近座位旁宜设置一个无障碍休息区，供使用轮椅或者童车、步行辅助器械的人使用。除此以外，垂直交通、公共厕所、公共服务设施等均应满足无障碍的规定。

8.7.3 图书馆和文化馆内的图书室是人员使用率较高的建筑，而且人员复杂，因此在设计这类建筑时需对各类人群给予关注。安有探测仪的入口的宽度也应能满足乘轮椅人顺利通过。书柜及办公家具的高度应根据轮椅乘坐者的需要设置。县、市级及以上的图书馆应设置盲人图书室（角），给盲人提供同样享有各种信息的渠道。专门的盲人图书馆内可配有盲人可以使用的电脑、图书，盲文朗读室、盲文制作室等。

8.8 商业服务建筑

8.8.1 商业服务建筑范围广泛、类别繁多，是接待社会各类人群的营业场所，因此应进行无障碍设计以满足社会各类人群的需求。这样不仅创建了更舒适和安全的营业环境，同时还能吸引顾客为商家扩大盈利。

8.8.2 有楼层的商业服务建筑，当设置人、货两用电梯时，这种电梯也宜满足无障碍电梯的要求。

调查表明无障碍厕所非常方便行动障碍者使用，大型商业服务建筑，如果有条件可以优先考虑设置这种类型的无障碍公共厕所。

凡是有客房的商业服务建筑，应根据规模大小设置不同数量的无障碍客房，以满足行动不便的人外出办事、旅游居住的需要。平时无障碍客房同样可以为其他人服务，不影响经营效益。

银行、证券等营业网点，应按照相关要求设计和建设无障碍设施，其业务台面的要求要符合无障碍低位服务设施的有关规定。

邮电建筑指邮政建筑及电信建筑。邮政建筑是指办理邮政业务的公共建筑，包括邮件处理中心局、邮件转运站、邮政局、邮电局、邮电支局、邮电所、代办所等。电信建筑包括电信综合局、长途电话局、电报局、市内电话局等。以上均应按照相关要求设计和建设无障碍设施，其业务台面的要求，要符合无障碍低位服务设施的有关规定。

8.9 汽车客运站

8.9.1 汽车客运站建筑是与各类人群日常生活密切相关的交通类建筑，因此应进行无障碍设计以协助旅客通畅便捷地到达要去的地方，满足社会各类人群的需求。

8.9.2 站前广场是站房与城市道路连接的纽带，车站通过站前广场吸引和疏散旅客，因此站前广场当地面存在高差时，需要做轮椅坡道，以保证行动障碍者实现顺畅通行。

建筑物主要出入口旅客进出频繁，宜设置成平坡出入口，以方便各类人群。

站房的候车厅、售票厅、行包房等是旅客活动的主要场所，应能用无障碍通道联系，包括检票口也应满足乘轮椅者使用。

8.10 公共停车场（库）

8.10.1 本节涉及的公共停车场（库）是指独立建设的社会公共停车场（库），属于城市基础设施范畴。新修订的《机动车驾驶证申领和使用规定》，已于2010年4月1日起正式施行。通过此次修订，允许五类残障人士可以申领驾照，该规定实施后将有越来越多的残障人士可以自行驾驶汽车走出家门。除此之外，还有携带乘轮椅的老人、病人、残障人士驾车出行的情况。因此配套的停车设施是非常需要的，可以为这些人群的出行带来更多的方便。公共停车场（库）必须安排一定数量的无障碍机动车停车位以满足各方面的需求。但同时我国又是人口大国，城市的机动车保有量也越来越多，为了更加合理地利用土地资源，在制定总停车的数量与无障碍机动车停车位的数量的比例上要合理、科学。本规范制定的无障碍停车的数量是一个下限标准，各地方可以根据自己实际的情况进行适当地增加。

8.10.2 有楼层的公共停车库的无障碍机动车停车位宜设在与公共交通道路同层的位置，这样乘轮椅者可以方便地出入停车库。如果受条件限制不能全部设在地面层，应能通过无障碍设施通往地面层。

9 历史文物保护建筑无障碍建设与改造

9.1 实施范围

9.1.1 在以人为本的和谐社会，历史文物保护建筑的无障碍建设与改造是必要的；在科学技术日益发展的今天，历史文物保护建筑的无障碍建设与改造也是可行的。但由于文物保护建筑及其环境所具有的历史特殊性及不可再造性，在进行无障碍设施的建设与改造中存在很多困难，为保护文物不受到破坏必须遵循一些最基本的原则。

第一，文物保护建筑中建设与改造的无障碍设施，应为非永久性设施，遇有特殊情况时，可以将其移开或拆除；且无障碍设施与文物建筑应采取柔性接触或保护性接触，不可直接安装固定在原有建筑物上，也不可在原有建筑物上进行打孔、锚固、胶粘等辅助安装措施，不得对文物建筑本体造成任何损坏。

第二，文物保护建筑中建设与改造的无障碍设施，宜采用木材、有仿古做旧涂层的金属材料、防滑橡胶地面等，在色彩和质感上与原有建筑物相协调的材料；在设计及造型上，宜采用仿古风格；且无障碍设施的体量不宜过大，以免影响古建环境氛围。

第三，文物保护建筑基于历史的原因，受到其原有的、已建成因素的限制，在一些地形或环境复杂的区域无法设置无障碍设施，要全面进行无障碍设施的建设和改造，是十分困难的。因此，应结合无障碍游览线路的设置，优先进行通路及服务类设施的无障碍建设和改造，使行动不便的游客可以按照设定的无障碍路线到达各主要景点外围参观游览。在游览线路上的，有条件进行无障碍设施建设和改造的主要景点内部，也可以进行相应的改造，使游客可以最大限度地游览设定在游览线路上的景点。

第四，各地各类各级文物保护建筑，由于其客观条件各不相同，因此无法以统一的标准进行无障碍设施的建设和改造，需要根据实际情况进行相应的个性化设计。对于一些保护等级高或情况比较特殊的文物保护建筑，在对其进行无障碍设施的建设和改造时，还应在文物保护部门的主持下，请相关专家作出可行性论证并给予专业性的建议，以确保改造的成功和文物不受到破坏。

9.2 无障碍游览路线

9.2.1 文物保护单位中的无障碍游览通路，是为了方便行动不便的游客而设计的游览路线。由于现状条件的限制，通常只能在现有的游览通道中选择有条件的路段设置。

9.3 出入口

9.3.1 在无障碍游览路线上的对外开放的文物建筑应设置无障碍出入口，以方便各类人群参观。无障碍出入口的无障碍设施尺度不宜过大，使用的材料以及设施采用的形式都应与原有建筑相协调；无障碍设施的设置也不能对普通游客的正常出入以及紧急情况下的疏散造成妨碍。无障碍坡道及其扶手的材料可选用木制、铜制等材料，避免与原建筑环境产生较大反差。

9.3.2、9.3.3 展厅、陈列室、视听室以及各种接待用房是游人参观活动的场所，因此也应满足无障碍出入口的要求，当展厅、陈列室、视听室以及各种接待用房也是文物保护建筑时，应该满足第9.3.1条的有关规定。

9.4 院落

9.4.1 文物保护单位中的无障碍游览通道，必要时可利用一些古建特有的建筑空间作为过渡或连接，因此在通行宽度方面可根据情况适度放宽限制。比如古建的前廊，通常宽度不大，在利用前廊作为通路时，只要突出的柱顶石间的净宽度允许轮椅单独通过即可。

9.4.3 文物保护单位中的休息凉亭等设施，新建时应该是无障碍设施，因此有台阶时应同时设置轮椅坡道，本身也是文物的景观性游憩设施在没有特殊景观要求时，也宜为无障碍游憩设施。

9.5 服务设施

9.5.1 文物保护单位的服务设施应最大限度地满足各类游览参观的人群的需要，其中包括各种小卖店、茶座咖啡厅、餐厅等服务用房，厕所、电话、饮水器等公共设施，管理办公、广播室等管理设施，均应该进行无障碍设施的建设与改造。

9.6 信息与标识

9.6.1 对公众开放的文物保护单位，应提供多种标志和信息源，以适合人群的不同要求，如以各种符号和标志帮助引导行动障碍者确定其行动路线和到达目的地，为视觉障碍者提供盲文解说牌、语音导游器、触摸屏等设施，保障其进行参观游览。

中华人民共和国国家标准

电厂动力管道设计规范

Design code of power piping for power plant

GB 50764—2012

主编部门：中 国 电 力 企 业 联 合 会
批准部门：中华人民共和国住房和城乡建设部
实施日期：2 0 1 2 年 1 0 月 1 日

中华人民共和国住房和城乡建设部
公　　告

第 1396 号

关于发布国家标准《电厂动力管道设计规范》的公告

现批准《电厂动力管道设计规范》为国家标准，编号为GB 50764—2012，自 2012 年 10 月 1 日起实施。其中，第 8.2.5（6）、8.3.1（7）、8.4.1（5）条（款）为强制性条文，必须严格执行。

本规范由我部标准定额研究所组织中国计划出版社出版发行。

中华人民共和国住房和城乡建设部

二〇一二年五月二十八日

前　　言

本规范是根据原建设部《关于印发〈2006 年工程建设标准规范制订、修订计划（第二批）〉的通知》（建标〔2006〕136 号）的要求，由中国电力工程顾问集团东北电力设计院会同有关单位编制完成的。

本规范在编制过程中，总结和吸收了我国多年积累的成熟有效经验和科技成果，在广泛征求意见的基础上，最后经审查定稿。

本规范共分 14 章和 6 个附录，具体技术内容包括：总则，术语和符号，设计条件和设计基准，材料，管道组成件的选用，管道组成件的强度，管径选择及水力计算，管道布置，管道的应力分析计算，管道支吊架，管道的焊接，管道的检验和试验，保温、隔声、防腐和油漆，管道系统的超压保护。

本规范中以黑体字标志的条文为强制性条文，必须严格执行。

本规范由住房和城乡建设部负责管理和对强制性条文的解释，中国电力企业联合会负责日常管理，中国电力工程顾问集团东北电力设计院负责具体技术内容的解释。在执行过程中，请各单位结合工程或工作实践，认真总结经验，及时将意见和建议反馈中国电力工程顾问集团东北电力设计院（地址：吉林省长春市人民大街 4368 号，邮政编码：130021，传真：0431—85643157，电子信箱：gbdlgd@nepdi. net）。

本规范主编单位、参编单位、参加单位、主要起草人和主要审查人：

主 编 单 位： 中国电力工程顾问集团东北电力设计院

参 编 单 位： 西安热工研究院

参 加 单 位： 天津金鼎管道有限公司
渤海重工管道有限公司

主要起草人： 郭晓克　黄　涛　叶　菲
裴育峰　陈继红　姚宇飞
方　联　石志奎　刘树涛
李太江　曹剑峰　常爱国
朱　焱　王　钟　石　磊
于　畅　李佩举

主要审查人： 杨祖华　许玉新　林　磊
文启鼎　林其略　翁燕珠
王旭东　马欣强　刘　利
邓成刚　阎占良　孙即红
张乐川　王志斌　祝洪青
胡友情

目　次

Contents

1 总　　则

1.0.1　为在设计中贯彻国家技术经济政策，统一设计标准，提高设计质量，推动技术进步，做到充分利用资源，确保安全生产、环保节能和经济合理，制定本规范。

1.0.2　本规范适用于火力发电厂范围内输送蒸汽、水、气和易燃易爆、有毒及腐蚀性液体或气体等介质的管道设计。不适用于下列管道设计：

　　1　制造厂成套设计的设备或机器所属的管道；

　　2　锅炉烟风煤粉系统管道；

　　3　采暖通风与空气调节的管道及非圆形截面的管道；

　　4　地下或室内给排水及消防给水管道；

　　5　泡沫、二氧化碳及其他灭火系统的管道；

　　6　各种塔、建筑构架、贮罐、机械设备和基础用的管道；

　　7　核电站管道。

1.0.3　本规范设计压力均为表压。

1.0.4　电厂动力管道设计除应符合本规范外，尚应符合国家现行有关标准的规定。

2　术语和符号

2.1　术　　语

2.1.1　管道　piping

由管道组成件和管道支吊装置等组成，用以输送、分配、混合、分离、排放、计量或控制流体流动。

2.1.2　管道系统　piping system

按流体与设计条件划分的多根管道连接成的一组管道，简称管系。

2.1.3　管道组成件　piping components

用于连接或装配成管道的元件，包括管子、管件、法兰、垫片、紧固件、阀门、滤网及补偿器等。

2.1.4　管子　pipe or tube

用于输送流体的横截面为圆形的管道组成件。

2.1.5　管件　pipe fittings

管道组成件的一个类别，包括弯管或弯头、三通、接管座、异径管和封头等。

2.1.6　异径管　reducers

用于改变管道直径而不改变管道走向的管件。

2.1.7　弯头　elbows

具有较小的弯曲半径，用于改变管道走向的管件。

2.1.8　弯管　bends

具有较大的弯曲半径，用于改变管道走向的管件。

2.1.9　焊接弯头　miter elbows

采用管子或钢板焊制成型的弯头，具有与管子纵轴线不相垂直的斜接焊缝的管段拼接而成。

2.1.10　支管连接　branch connections

从主管引出支管的结构，包括整体加强的三通管件及不带加强的焊接结构的支管连接。

2.1.11　疏水收集器　liquid collecting pocket (drip leg)

在气体或蒸汽管道的低位点设置收集冷凝水的装置。

2.1.12　管道支吊架　pipe supports and hangers

用于承受管道荷载、约束管道位移和控制管道振动，并将荷载传递承载结构的各种组件或装置的总称，但不包括土建的结构。

2.1.13　固定支架　anchors

将管系在支吊点处完全约束而不产生任何线位移和角位移的刚性装置。

2.1.14　滑动支架　sliding supports

将管系支撑在滑动底板上，用以承受管道自重荷载并约束管系在支吊点处垂直位移的支架。

2.1.15　刚性吊架　rigid hangers

用以承受管道自重荷载并约束管系在支吊点处垂直位移的吊架。

2.1.16　导向装置　guides

用以引导管道沿预定方向位移而限制其他方向位移的装置。用于水平管道的导向装置也可承受管道的自重荷载。

2.1.17　限位装置　restraints

用以约束或部分限制管系在支吊点处某一个（或几个）方向位移的装置。它通常不承受管道的自重荷载。

2.1.18　恒力支吊架　constant supports and hangers

用以承受管道自重荷载，且其承载力不随支吊点处管道的垂直位移变化而变化，即荷载保持基本恒定的支吊架。

2.1.19　变力弹簧支吊架　variable spring supports and hangers

用以承受管道自重荷载，但其承载力随着支吊点处管道垂直位移的变化而变化的弹性支吊架。

2.1.20　减振装置　sway brace

用以控制管道低频高幅晃动或高频低幅振动，但对管系的热涨或冷缩有一定约束的装置。

2.1.21 阻尼装置 snubbers

用以承受管道地震荷载或冲击荷载，控制管系高速振动位移，同时允许管系自由地热胀冷缩装置。

2.1.22 应力增加系数 stress intensification factor

弯管、弯头、异经管和三通管件在弯矩的作用下，产生的最大弯曲应力与承受相同弯矩的直管产生的最大弯曲应力的比值。或弯管、弯头、异径管和三通管件的疲劳强度与在相同交变弯矩作用下直管的疲劳强度的比值。

2.1.23 冷紧 cold spring

在安装管道时预先施加于管道的弹性变形，以产生预期的初始位移和应力，达到降低初始热态应力和初始热态管端的作用力和力矩。

2.1.24 柔性 flexibility

表示管道通过自身变形吸收热胀、冷缩和其他位移变形的能力。

2.1.25 超临界参数机组 supercritical parameter units

主蒸汽压力为临界压力及以上，温度为600℃以下的机组。

2.1.26 超超临界参数机组 high efficiency supercritical parameter units

主蒸汽压力为临界压力及以上，温度为600℃及以上的机组。

2.2 符 号

a——质量流速比；

A——管道截面积；

A_1——截面1处管道截面积；

A_2——截面2处管道截面积；

A_b——补强范围内支管的补强面积；

A_h——补强范围内主管的补强面积；

A_i——断面i处的流通面积；

A_{i-1}——i－1断面处的流通面积；

A_p——受压面积；

A_r——主管开孔需要补强的面积；

A_σ——补强断面；

A_w——补强范围内角焊缝面积；

B——蒸汽可压缩性的修正系数；

b——管道始端与终端压力比；

c——动静压比；

C——腐蚀、磨损和机械强度要求的附加厚度；

C_1——管子壁厚负偏差的附加值；

C_2——钢板厚度负偏差附加值；

D_i——管子或管件内径；

D_{ib}——支管内径；

D_{ih}——主管内径；

D_m——异径管平均直径；

DN——管子或管件的公称尺寸；

D_o——管子或管件外径；

D_{ob}——支管外径；

D_{oh}——主管外径；

d——安全阀最小通流界面直径；

d_g——垫圈内径；

$\mathrm{d}H$——管道高度变化；

d_k——孔板的孔径；

d_m——离弯曲段L_a处的平均直径，或取用小端连接管的平均直径；

$\mathrm{d}p$——介质压力变化；

d_1——主管上经加工的支管开孔的纵向中心线的尺寸；

d_2——管道内径；

E_c——铸件质量系数；

E^{20}——钢材在20℃时的弹性模量；

E^t——钢材在设计温度下的弹性模量；

E_t——管子材料在设计温度下的弹性模量；

F——每个安全阀流通界面的最小断面积；

f——应力范围的减小系数；

F_k^*——临界流动时，节流孔板孔洞面积；

F_i——断面i处的反力；

F_{ix}——x向分力；

F_{iz}——z向分力；

F_k——亚临界流动时，节流孔板孔洞面积；

G——介质质量流量；

g——重力加速度；

G_i——断面i处的介质流量；

H——管道始端与终端的高程差；

H_1——垂直管段始端的标高；

H_2——垂直管段末端的标高；

h——安全阀阀杆升程；

h_1——介质始端焓；

h_2——压力为p时的饱和水；

h_f——沿程阻力损失；

h_i——封头短轴半径；

h_j——局部阻力损失；

h_n——在压力p_n下饱和水的焓；

h_w——管道内总阻力损失；

I——弯管、弯头壁厚修正系数；

i——应力增加系数；

K——系数；
K'——与封头结构有关的系数；
K''——系数；
K_{PN}——公称压力换算系数；
K_r——管件阻力系数；
k——绝热指数；
L——管道总展开长度；
L_b——支管有效补强范围；
L_{cb}——支管有效承载长度；
L_{ch}——主管有效承载长度之半；
L_e——阀门和管件的当量长度；
L_h——主管有效补强范围宽度之半；
L_w——焊缝高度；
$\sum L_d$——管道中的管件、阀门的当量长度之和；
M_a——由于自重和其他持续外载作用在管子横截面上的合成力矩；
M_b——安全阀或释放阀的反座推力、管道内流量和压力的瞬时变化及地震等产生的偶然荷载作用在管子横截面上的合成力矩；
M_c——按全补偿值和钢材在20℃时的弹性模数计算的，热胀引起的合成力矩；
M_j——合成力矩，其中j为注脚；
M_{xj}、M_{yj}、M_{zj}——计算节点分别沿x、y、z坐标平面的力矩；
m——管子产品技术条件中规定的壁厚允许负偏差；
$\dot{m}$——介质的质量流速；
$\dot{m}_{II}$——局部变换后管道始端的质量流速；
N_e——计算热胀应力范围σ_e时，用全温度变化ΔT_e的交变次数；
n——并联装设的安全阀数量；
P——跨中集中荷载；
P_t——在设计温度下的允许工作压力；
PN——公称压力；
p——设计压力；
p_0——始端滞止压力；
p_{0k}——孔板前的滞止压力；
p_1——始端压力；
p_2——终端压力；
p_{2k}——节流孔板后的压力；
p_I——局部变换前管道末端静压力；
p_{II}——局部变换后管道始端静压力；
p_a——当地大气压；
p_{at}——大气压力；
p_d——管内介质的动压力；
p_{d1}——管道始端动压力；
p_{d2}——管道终端动压力；
p_{dI}——局部变换前的末端压力；
p_{dII}——局部变换后的始端压力；
p_c——临界压力；
p_g——工作压力；
p_n——各区间段介质压力；
p_i——断面i处的介质压力；
p_{i-1}——i−1断面处的介质压力；
p'——末端空间压力；
p''——后段管子阻力和管子末端背压所形成的压头；
Q——介质容积流量；
Q_s——基准体积流量（在绝对压力101.3kPa，温度20℃状态下）；
q——管道单位长度自重；
q_b——比流量；
q_c——系数；
R——弯管、弯头弯曲半径；
R_e——计算端点对管道的热胀作用力（或力矩），按全补偿值和钢材在20℃时的弹性模量计算；
Re——雷诺数；
R_n——气体常数；
R_m^{20}——钢材在20℃时的抗拉强度最小值；
R_{eL}^t——钢材在设计温度下的下屈服强度最小值；
$R_{p0.2}^t$——钢材在设计温度下0.2%规定非比例延伸强度最小值；
R^t——管道运行初期在工作状态下对设备（或端点）的推力（或力矩）；
R^{20}——管道运行初期在冷状态下对设备（或端点）的推力（或力矩）；
R_I^{20}——管道应变自均衡后，在冷状态下对设备（或端点）的推力（或力矩）；
r_2——压力为p_c时的汽化潜热；
r'_{mb}——支管平均半径；
r_n——在压力p_n下饱和水的汽化潜热；
S——管子实测最小壁厚；
S_b——三通支管的实际壁厚（实测）或按采购技术条件所允许的最小壁厚；
S_{b3}——支管当量壁厚；
S_c——管子的计算壁厚；
S_h——三通主管的实际壁厚（实测）或按采购技术条件所允许的最小壁厚；
S_k——雪荷载标准值；
S_m——管子的最小壁厚；
S_{mb}——支管所需的最小壁厚；

S_{mh}——主管所需的最小壁厚；

S_t——椭球型封头取用壁厚；

S_{vi}——没有附加值的弯头内侧壁厚；

S_{vo}——没有附加值的弯头外侧壁厚；

s'——压力为 p_c 时饱和水的熵；

s''——压力为 p_c 时饱和蒸汽的熵；

s'_Δ——压力为 $p_c-\Delta p$ 时饱和水的熵；

s''_Δ——压力为 $p_c-\Delta p$ 时饱和蒸汽的熵；

T——厚度；

T_o——孔板前的滞止温度；

T_{pd}——压力作用下的计算厚度；

t——工作温度；

t_{amb}——计算安装温度；

W——管子截面抗弯矩；

w——蠕变条件下纵向焊缝钢管焊接强度降低系数；

x——蒸汽的干度；

x_n——任一点压力下的计算干度；

Y——修正系数；

α——三通角度；

α_c——临界压力比；

α_t——钢材从20℃至工作温度下的线膨胀系数；

α'——管道始端压力与末端压力空间压力比；

β——管道终端与始端介质比容比；

β_c——介质的临界比容与始端比容之比；

σ_D^t——钢材在设计温度下 10^5h 持久强度平均值；

σ_{eq}——内压折算应力；

σ_e——热胀应力范围；

$[\sigma]^s$——对应公称压力的基准应力，是指材料在指定某一温度下的许用应力；

$[\sigma]^t$——钢材在设计温度许用应力；

σ_{eq}——内压折算应力；

σ_l——管道在工作状态下，由持续荷载，即内压、自重和其他持续外载产生的轴向应力之和；

σ_{max}——水平直管最大弯曲应力；

δ_{max}——最大弯曲挠度；

θ——异径管半锥角；

θ_b——斜切角；

ω——管内介质流速；

ω_c——临界流速；

ω_i——断面i处的介质流速；

ω_{i-1}——i－1断面处的介质流速；

ω_m——管道平均流速；

ϕ'——与封头结构有关的系数；

ϕ——气流与管道轴线的偏转角；

γ——介质运动黏度；

γ_C——冷紧比；

η——许用应力的修正系数；

μ——介质动力黏度；

μ_1、μ_2——安全阀流量系数，应由试验确定或按制造厂资料取值；

μ_l——流量系数；

μ_r——管道顶面积雪分布系数，对矩形管道顶面应取 $\mu_r=1$，对圆形管道应取 $\mu_r=0.4$；

μ_z——摩擦系数；

ν——介质的比容；

ν_0——始端滞止比容；

ν_1——始端比容；

ν_2——终端比容；

ν_c——临界比容；

ν_n——任一点汽水混合物的比容；

ν''——压力为 p_c 时饱和蒸汽的比容；

ν'_n——在压力 p_n 下饱和水的比容；

ν''_n——在压力 p_n 下饱和蒸汽的比容；

ν_{II}——局部变换后管道始端的蒸汽比容；

ξ——局部阻力系数；

ξ_m——相应于孔板前介质流速的阻力系数；

ξ_t——管道总阻力系数；

ξ'_{II}——相应于大端的异径管的阻力系数；

$\sum\xi_l$——管道局部阻力系数总和；

$\sum\xi$——管道中各管件、阀门的局部阻力系数之和；

ε——管内壁等值粗糙度；

λ——管道摩擦系数；

λ_y——沿程阻力系数；

ρ——介质密度；

ρ_1——管道入口的介质密度；

ρ_2——管道出口的介质密度；

ρ_e——垂直管末端的介质密度；

ρ_m——垂直管段中沸水的平均密度；

ρ_n——各区间段介质密度；

ΔP_1——直管的摩擦压力损失；

ΔP_2——管道的局部阻力损失；

ΔP——管道总的压力损失；

Δp——管道终端压力 p_2（p_c）与"水和水蒸气热力学性质图标"中最接近压力级的差值；

Δp_{I-II}——局部变换前后的蒸汽阻力；

Δp_f——直管的摩擦压力损失；

Δp_k——局部的摩擦压力损失；

Δp_m——孔板的压降；

Δp_t——管道总的摩擦阻力损失；

X_a，Y_a，Z_a——计算管系的始端a的坐标值；

X_b，Y_b，Z_b——计算管系的末端b的坐标值；

ΔX，ΔY，ΔZ——计算管系沿坐标轴 X、Y、Z 的线位移全补偿值；

ΔX^{20}，ΔY^{20}，ΔZ^{20}——计算管系（或分支）沿坐标轴 X、Y、Z 的线位移冷补偿值；

ΔX_a，ΔY_a，ΔZ_a——计算管系的始端 a 沿坐标轴 X、Y、Z 的附加线位移；

ΔX_b，ΔY_b，ΔZ_b——计算管系的末端 b 沿坐标轴 X、Y、Z 的附加线位移；

ΔX_{ab}^{cs}、ΔY_{ab}^{cs}、ΔZ_{ab}^{cs}——计算管系（或分支）ab 沿坐标轴 X、Y、Z 的冷紧值；

ΔX_{ab}^{t}，ΔY_{ab}^{t}，ΔZ_{ab}^{t}——计算管系 ab 沿坐标轴 X、Y、Z 的热伸长量；

Δx——在等熵膨胀条件下蒸汽的干度变量；

Δv——在 Δp 范围内按等熵膨胀所得的比容增量。

3 设计条件和设计基准

3.1 设计条件

3.1.1 管道设计应根据压力、温度及管内介质特性等工艺条件，并结合环境、荷载等综合条件进行。

3.1.2 管道组成件的设计压力不应低于运行中可能出现的最高持续压力。

3.1.3 对于特殊条件的管道组成件，其设计压力应符合下列规定：

1 对于输送气化温度低的流体管道组成件，其设计压力不应小于阀被关闭或流体不流动时在最高环境温度下气化所能达到的最高压力。

2 离心泵出口的管道组成件，对于定速泵，其设计压力不应小于泵额定工作特性曲线最高点对应的压力与泵吸入口压力之和；对于调速泵，其设计压力不应小于泵额定转速特性曲线最高点对应的压力与泵吸入口压力之和。

3 减压装置后没有安全阀保护且流体可能被关断或堵塞的管道，管道组成件的设计压力不应低于减压装置前流体可能达到的最高压力。

4 装有安全阀的管道，管道组成件的设计压力不应小于安全阀的最低整定压力。

3.1.4 电厂常用管道组成件的设计压力应符合下列规定：

1 超临界及以下参数机组，主蒸汽管道设计压力应取用锅炉最大连续蒸发量时过热器出口的额定工作压力。

2 超超临界参数机组，主蒸汽管道设计压力应取用下列两项的较大值：

1）汽轮机主汽门进口处设计压力的105%。

2）汽轮机主汽门进口处设计压力加主蒸汽管道压降。

3 再热蒸汽管道设计压力应取用汽轮机调节汽门全开工况热平衡中高压缸排汽压力的1.15倍。

4 汽轮机抽汽管道设计压力应符合下列规定：

1）非调整抽汽管道，应取用汽轮机调节汽门全开工况下该抽汽压力的1.1倍，且不应小于0.1MPa。

2）调整抽汽管道，应取其最高工作压力。

3）背压式汽轮机排汽管道应取其最高工作压力，但不得小于0.1MPa。

5 与直流锅炉启动分离器连接的汽水管道设计压力应取用分离器各种运行工况中可能出现的最高工作压力。

6 高压给水管道设计压力应符合下列规定：

1）非调速给水泵出口管道，从前置泵到主给水泵或从主给水泵至锅炉省煤器进口区段，应分别取用前置泵或主给水泵特性曲线最高点对应的压力与该泵进水侧压力之和。

2）调速给水泵出口管道，从给水泵出口至第一个关断阀的管道，设计压力应取用泵在额定转速特性曲线最高点对应的压力与进水侧压力之和；从泵出口第一个关断阀至锅炉省煤器进口区段，应取用泵在额定转速及设计流量下泵提升压力的1.1倍与泵进水侧压力之和。

3）高压给水管道设计压力，应计入水泵进水温度对压力的修正。

7 低压给水管道设计压力应符合下列规定：

1）对于定压除氧系统，应取用除氧器额定压力与最高水位时水柱静压之和。

2）对于滑压除氧系统，应取用汽轮机调节汽门全开工况下除氧器加热抽汽压力的1.1倍与除氧器最高水位时水柱静压之和。

8 凝结水管道设计压力应符合下列规定：

1）凝结水泵进口侧管道，应取用泵吸入口中心线至汽轮机排汽缸接口平面处的水柱静压，且不应小于0.35MPa，此时凝汽器内按大气压力。

2）凝结水泵出口侧管道，应取用泵出口阀关断情况下泵的提升压力与进水侧压力之和，水侧压力取凝汽器热井最高水位与泵吸入口中心线的水柱静压力。

9 加热器疏水管道设计压力应取用汽轮机调节汽门全开工况下抽汽压力的1.1倍，且不应小于0.1MPa。当管道中疏水静压引起压力升高值大于抽汽压力的3%时，应计及静压的影响。

10 锅炉排污管道设计压力应符合下列规定：

1）锅炉排污阀前管道，对于定期排污管道，设计压力不应小于汽包上所有安全阀中的最低整定压力与汽包最高水位至管道最低点水柱静压之和；对于连续排污管道，设计压力不应小于汽包上所有安全阀的最低整定压力。

2）锅炉排污阀后管道，当排污阀后的管道装有阀门或堵板等可能引起管内介质压力升高时，其设计压力应按排污阀前管道设计压力的选取原则确定；当锅炉排污阀后的管道上未装有阀门或堵板等不会引起管内介质压力升高时，定期排污和连续排污管道的设计压力应按表3.1.4选取。

表3.1.4　锅炉排污阀后管道设计压力（MPa）

锅炉压力	1.750～4.150	4.151～6.200	6.201～10.300	≥10.301
管道设计压力	1.750	2.750	4.150	6.200

11　给水再循环管道设计压力应符合下列规定：

1）当采用单元制系统时，进除氧器的最后一道关断阀及其以前的管道，应取用相应的高压给水管道的设计压力，最后一道关断阀后的管道，对于定压除氧系统，应取用除氧器额定压力；对于滑压除氧系统，应取用汽轮机调节汽门全开工况下除氧器加热抽汽压力的1.1倍。

2）当采用母管制系统时，节流孔板及其以前的管道，应取用相应的高压给水管道的设计压力；节流孔板后的管道，当未装设阀门或介质出路上的阀门不可能关断时，应取用除氧器的额定压力。

12　安全阀后排汽管道设计压力应根据排汽管道的水力计算结果确定。

3.1.5　管道组成件的设计温度不应低于管内介质持续运行的最高工作温度。

3.1.6　对于特殊条件管道，管道组成件的设计温度应符合下列规定：

1　对于与锅炉、各类加热器等换热设备相连接管道的设计温度，应计入换热设备可能出现的温度偏差。

2　对于非金属材料衬里的管道，衬里材料设计温度应取流体的最高工作温度，外层金属的设计温度可通过传热计算或试验确定。

3.1.7　电厂常用管道、管道组成件的设计温度应符合下列规定：

1　主蒸汽管道设计温度应取用锅炉过热器出口蒸汽额定工作温度加上锅炉正常运行时允许的温度偏差值，当锅炉制造厂未提供温度偏差时，温度偏差值可取用5℃。

2　再热蒸汽管道设计温度应符合下列规定：

1）高温再热蒸汽管道应取用锅炉再热器出口蒸汽额定工作温度加上锅炉正常运行时允许的温度偏差，当锅炉制造厂未提供温度偏差时，温度偏差值可取用5℃。

2）低温再热蒸汽管道应取用汽轮机调节汽门全开工况下高压缸排汽参数，等熵求取在管道设计压力下的相应温度。

3　汽轮机抽汽管道设计温度应符合下列规定：

1）非调整抽汽管道应取用汽轮机调节汽门全开工况下抽汽参数，等熵求取管道设计压力下的相应温度。

2）调整抽汽管道应取用抽汽的最高工作温度。

3）背压式汽轮机排汽管道应取用排汽的最高工作温度。

4　减温装置后的蒸汽管道设计温度应取用减温装置出口蒸汽的最高工作温度。

5　与直流锅炉启动分离器连接的汽水管道设计温度应取用分离器各种运行工况中管内介质可能出现的最高工作温度。

6　高压给水管道设计温度应取用高压加热器后高压给水的最高工作温度。

7　低压给水管道设计温度应符合下列规定：

1）定压除氧器系统应取用除氧器额定压力对应的饱和温度。

2）滑压除氧器系统应取用汽轮机调节汽门全开工况下1.1倍除氧器加热抽汽压力对应的饱和温度。

8　凝结水管道设计温度应取用低压加热器后凝结水的最高工作温度。

9　加热器疏水管道设计温度应取用该加热器抽汽管道设计压力对应的饱和温度。

10　锅炉排污管道设计温度应符合下列规定：

1）锅炉定期排污或连续排污阀前管道的设计温度，应取用汽包上所有安全阀中的最低整定压力对应的饱和温度。

2）锅炉排污阀后管道，当排污阀后管道装有阀门或堵板等可能引起管内介质压力升高时，定期排污或连续排污管道的设计温度应按锅炉排污阀前管道的选取原则确定；当排污阀后未装设阀门或堵板等不会引起管内介质压力升高时，定期排污或连续排污管道的设计温度可按表3.1.7选取。

表3.1.7　锅炉排污阀后管道设计温度

锅炉压力（MPa）	1.750～4.150	4.151～6.200	6.201～10.300	≥10.301
管道设计温度（℃）	210	230	255	280

11 给水再循环管道设计温度应符合下列规定：

1）对于定压除氧系统，应取用除氧器额定压力对应的饱和温度。

2）对于滑压除氧系统，应取用汽轮机最大计算出力工况下1.1倍除氧器加热抽汽压力对应的饱和温度。

12 安全阀后排汽管道的设计温度，应根据排汽管道水力计算中相应数据选取。

3.2 设计基准

3.2.1 管道组成件的压力-温度等级除用设计压力和设计温度表示外，还可用公称压力表示。

3.2.2 管道组成件公称压力的选用应符合现行国家标准《管道元件PN（公称压力）的定义和选用》GB/T 1048的有关规定。

3.2.3 对于只标明公称压力的管件，除另有规定外，在设计温度下的许用压力应按下式进行计算：

$$P_t = K_{PN} \times PN \frac{[\sigma]^t}{[\sigma]^s} \tag{3.2.3}$$

式中：P_t——在设计温度下的允许工作压力（MPa）；

K_{PN}——公称压力换算系数，$K_{PN}=0.1$MPa；

PN——公称压力；

$[\sigma]^t$——在设计温度下材料的许用应力（MPa）；

$[\sigma]^s$——公称压力对应的基准应力，是指材料在指定某一温度下的许用应力（MPa）。

3.2.4 管子及管件用钢材的许用应力，应根据钢材的强度特性取下列三项中的最小值：

$$\frac{R_m^{20}}{3}, \frac{R_{el}^t}{1.5} \text{或} \frac{R_{p0.2}^t}{1.5}, \frac{\sigma_D^t}{1.5}$$

式中：R_m^{20}——钢材在20℃时的抗拉强度最小值（MPa）；

R_{el}^t——钢材在设计温度下的下屈服强度最小值（MPa）；

$R_{p0.2}^t$——钢材在设计温度下0.2%规定非比例延伸强度最小值（MPa）；

σ_D^t——钢材在设计温度下10^5h持久强度平均值（MPa）。

4 材 料

4.1 一般规定

4.1.1 管道材料选用应依据管道的设计压力、设计温度、工作介质类别等使用条件、经济性、材料的焊接及加工等性能综合确定，同时选用的材料应具有化学性能、物理性能、抗疲劳性能和组织等稳定性，并应符合本规范关于材料的其他规定。

4.1.2 用于管道的材料，其规格与性能应符合国家现行有关标准的规定。

4.1.3 使用本规范未列出的材料，应符合国家现行的相应材料标准，包括化学成分、物理和力学特性、制造工艺方法、热处理、检验等方面的规定。

4.2 金属材料的使用温度

4.2.1 材料使用温度，除应符合本规范附录A的规定外，还需依据工作介质对材料性能的影响等确定。

4.2.2 材料的使用温度应符合下列规定：

1 在使用温度范围内应保证材料的适用性和安全性。

2 在使用温度范围内，材料应具有对流体及外界环境影响的抵抗力。

4.3 金属材料的许用应力

4.3.1 金属材料的许用应力是指钢材许用拉应力，许用应力取值应符合本规范第3.2.4条的规定。

4.3.2 常用钢材的许用应力数据应按本规范附录A选取。

4.3.3 对于焊接钢管的管子及管件用材料采用本规范附录A的许用应力时，应另外按本规范第6.2.1条的要求计入许用应力修正系数和蠕变条件下焊接强度降低系数。

4.3.4 对于铸造管道，管子及管件用材料采用本规范附录A的许用应力时，应计入铸件质量系数，普通铸件质量系数应取0.8，当对铸件进行补充检测时，质量系数可提高至表4.3.4的数值，但在任何情况下，质量系数不应超过1.00。

表4.3.4 铸件增加检测后的质量系数

铸件检测方法	E_c
（1）表面机加工后检查	0.85
（2）磁粉或液渗检测	0.85
（3）超声波或射线检测	0.95
上述（1）＋（2）项检测	0.90
上述（1）＋（3）项或（2）＋（3）项检测	1.00

4.3.5 许用剪切应力应为本规范附录A许用应力的0.8倍；支承面的许用压应力应为许用应力的1.6倍。

4.4 金属材料的使用要求

4.4.1 材料选择应根据其使用性能、工艺性能和经济性综合确定。

4.4.2 材料的使用性能应根据部件的设计工作温度、受力状况、介质特性及工作的长期性和安全性确定。

4.4.3 材料的工艺性能应根据部件的几何形状、尺寸、制造工艺以及部件失效后的修复方法来确定。

4.4.4 材料选用应符合国家现行有关标准的规定。

材料制造单位必须保证材料质量，并提供产品合格证及质量证明书，其内容应包括材料牌号、化学成分、力学性能、热处理工艺及其必要的性能检验结果等资料。

4.4.5 高温蒸汽管道用材料应符合下列规定：

1 应具有足够高的蠕变极限、持久强度、持久塑性和抗氧化性能。蒸汽管道应以1×10^5h或2×10^5h的高温持久强度作为强度设计的主要依据，再用蠕变极限进行校核。对于低合金耐热钢，在整个运行期内累积的相对蠕变变形量不应超过1.5%；持久强度和蠕变极限的分散范围不应超过±20%；持久塑性的延伸率不应超出3%～5%。

2 在高温下长期运行过程中，材料的组织性能应稳定。

3 材料应有好的工艺性能，特别是焊接性能。

4 导热性能应好，热膨胀系数应低。

4.4.6 非高温蒸汽的其他介质管道用材料应符合下列规定：

1 应具有较高的室温和高温强度，这些管道通常以钢材的屈服极限和抗拉强度作为强度设计的依据。

2 对所输送流体应具有抗腐蚀能力。

3 应有好的韧性。

4 应具有较小的应变时效敏感性。

5 应具有好的工艺性能，特别是焊接性能。

5 管道组成件的选用

5.1 一 般 规 定

5.1.1 管道组成件应符合本规范承压设计规定，并应符合国家现行有关标准的规定。

5.1.2 管道组成件间的连接，除需经常拆卸的以外，宜采用焊接连接。

5.1.3 管道组成件的检验应符合本规范第12章的规定。

5.1.4 管道组成件用材料应符合本规范第4章的规定。

5.1.5 弯管、弯头、三通和异径管等管道附件的通流面积不应小于相连接管道通流面积的95%。

5.1.6 螺纹连接方式可用于设计压力小于或等于1.6MPa、设计温度小于或等于200℃的输送低压流体用的管道上。

5.2 管 子

5.2.1 管子直径选择应符合本规范第7.2节的规定。

5.2.2 管子强度应符合本规范第6.2.1条的规定。

5.2.3 存在汽水两相流的疏水和再循环管道，阀后管道宜采用CrMo合金钢材料，且壁厚宜加厚一级。

5.2.4 符合现行国家标准《输送流体用无缝钢管》GB/T 8163的无缝钢管，可用于设计压力小于或等于1.6MPa的管道；符合现行国家标准《低中压锅炉用无缝钢管》GB 3087的无缝钢管，可用于设计压力小于或等于5.3MPa的管道；符合现行国家标准《高压锅炉用无缝钢管》GB 5310的无缝钢管，可用于设计压力大于5.3MPa的管道。

5.2.5 中温高压或高温高压用直缝电熔焊钢管与管件可用于设计压力小于或等于10MPa，且设计温度不在蠕变范围之内的管道；低压流体用电熔焊钢管可用于设计压力小于或等于1.6MPa且设计温度小于或等于300℃的管道。

5.2.6 低压给水管道不宜采用焊接钢管。

5.3 弯管和弯头

5.3.1 弯管弯头的强度应符合本规范第6.3.1条的规定。

5.3.2 对于主蒸汽、再热蒸汽和高压给水等主要管道，宜采用较大弯曲半径的弯管，弯管弯曲半径宜为管子外径的3倍～5倍。

5.3.3 设计压力为6.3MPa及以上或设计温度为400℃及以上的管道，当采用弯头时，弯头宜带直段。

5.3.4 低温再热蒸汽管道采用电熔焊钢管时，其弯头宜采用同质量的电熔焊钢管进行热加工成型。

5.4 支 管 连 接

5.4.1 公称压力*PN*25及以下压力参数，在满足补强要求的前提下可采用直接连接，公称压力大于*PN*25的支管连接应采用成型三通连接。

5.4.2 三通不宜采用带加强环、加强板及加强筋等辅助加强型式。

5.4.3 主要管道的三通型式可按表5.4.3选用。

表5.4.3 主要管道三通型式

管道类型	超超临界参数	超临界参数	亚临界参数	亚临界以下参数
主蒸汽管道	锻制、挤压	锻制、挤压	锻制、挤压	挤压、焊接
高温再热蒸汽管道	锻制、挤压	锻制、挤压	锻制、挤压、焊接	挤压、焊接
低温再热蒸汽管道	焊接	焊接	焊接	焊接
高压给水管道	挤压、焊接	挤压、焊接	挤压、焊接	挤压、焊接

5.4.4 三通的强度应符合本规范第6.4节的补强规定，接管座、锻制三通和焊制三通强度计算宜采用面

积补偿法，热挤压三通强度计算宜采用压力面积法。

5.4.5 亚临界及以上参数机组的主蒸汽、再热蒸汽管道的合流或分流三通宜采用斜三通或“Y”形三通。

5.5 法 兰

5.5.1 法兰型式的选用应计及法兰的刚度对法兰接头密封性能的影响，并应符合下列规定：

1 法兰的适用压力和温度应符合现行国家标准《钢制管法兰 技术条件》GB/T 9124 中关于压力-温度等级的规定。

2 不同压力等级的法兰相连接时，较低等级的法兰应满足使用条件的要求。

5.5.2 管道法兰型式的选择除应符合现行国家标准《对焊钢制管法兰》GB/T 9115 的规定外，还应符合下列规定：

1 设计温度大于 300℃或公称压力大于或等于 *PN*40 的管道，应选用对焊法兰。设计温度在 300℃及以下且公称压力小于或等于 *PN*25 的管道，宜选用带颈平焊法兰。

2 管道系统中不应采用板式平焊法兰、承插焊法兰、松套法兰和螺纹法兰。

5.5.3 法兰连接面型式应采用凹凸面和突面，具体选用应符合下列规定：

1 对焊法兰宜采用凸凹面（MF）和突面（RF）型式。

2 平焊法兰应采用突面（RF）型式。

5.5.4 当需要选配特殊法兰时，除应核对法兰接口的尺寸外，还必须进行耐压强度计算，保证所选用的法兰厚度大于或等于连接管道公称压力下国家标准法兰的厚度。法兰及法兰连接计算应符合本规范第 6.6 节的规定。

5.6 垫 片

5.6.1 垫片的选用应根据流体性质、使用温度、压力以及法兰密封面等因素综合确定。垫片的密封荷载应与法兰的设计压力、设计温度、密封面型式、表面粗糙度、法兰强度和紧固件相适应。垫片的选用应符合现行国家标准《缠绕式垫片 技术条件》GB/T 4622.3 等相关标准的规定。

5.6.2 垫片的材料选用应符合本规范所列标准中规定的温度范围，并应采用介质或温度不会引起有害作用的材料制成。

5.6.3 垫片的选用应符合下列规定：

1 管道法兰垫片宜采用柔性石墨金属缠绕式。对公称压力小于或等于 *PN*10，设计温度小于 150℃的情况也可采用非金属垫片。缠绕式垫片内环材料应满足流体介质和管道设计温度的要求，外环材料应满足管道设计温度的要求。

2 对于突面法兰（RF），宜采用带定位环或带内环和定位环型，不应采用基本型或仅带内环型。

3 对凹凸面法兰（MF），应采用带内环型缠绕式垫片；用在突面（RF）型法兰上时宜带外定位环。

4 非金属垫片的外径可超过突面（RF）型法兰密封面的外径，制成“自对中”式的垫片。

5.6.4 用于不锈钢法兰的非金属垫片，其氯离子的含量不得超过 200mg/L。

5.7 紧 固 件

5.7.1 紧固件应包括六角头螺栓、等长双头螺柱、螺母和垫圈等，紧固件的选用应符合现行国家标准《管法兰连接用紧固件》GB/T 9125 等相关标准的规定。

5.7.2 法兰紧固件选用应符合下列规定：

1 紧固件应符合预紧及运行参数下垫片的密封要求。

2 高温条件下使用的紧固件应与法兰材料具有相近的热膨胀系数。

3 公称压力小于或等于 *PN*25，工作温度 t 小于或等于 250℃，配用非金属垫片的法兰连接处可采用现行国家标准《等长双头螺柱 B级》GB/T 901 或《六角头螺栓 细牙》GB/T 5785 规定的六角头螺栓，对应的螺母可采用现行国家标准《Ⅰ型六角螺母》GB/T 6170 或《Ⅰ型六角螺母 细牙》GB/T 6171 规定的Ⅰ型六角螺母。

4 公称压力小于或等于 *PN*40，工作温度 t 小于或等于 250℃的法兰连接处宜采用现行国家标准《等长双头螺柱 B级》GB/T 901 或《六角头螺栓 细牙》GB/T 5785 规定的双头螺柱，对应的螺母宜采用现行国家标准《Ⅰ型六角螺母》GB/T 6170 或《Ⅰ型六角螺母 细牙》GB/T 6171 规定的Ⅰ型六角螺母。

5 除上述第 3 款和第 4 款外，公称压力小于或等于 *PN*100，工作温度 t 小于或等于 500℃的法兰螺栓应采用现行国家标准《管法兰连接用紧固件》GB/T 9125 规定的专用双头螺柱，螺母应采用《管法兰连接用紧固件》GB/T 9125 规定的六角螺母。

6 配套使用的螺栓、螺母，其螺母的硬度应比螺栓的硬度低。

5.8 异 径 管

5.8.1 钢板焊制异径管宜用于公称压力小于或等于 *PN*25 的管道上。

5.8.2 钢管模压异径管可用于各种压力等级的管道上。

5.8.3 异径管的强度计算应符合本规范第 6.5 节的规定。

5.9 封 头

5.9.1 封头宜采用椭球形封头或球形封头，也可采用对焊平封头。

5.9.2 公称压力小于或等于 PN25 的管道可采用平焊封头、带加强筋焊接封头或锥形封头。

5.9.3 封头的强度计算应符合本规范第 6.7 节的规定。

5.10 阀门

5.10.1 阀门应根据系统的参数、通径、泄漏等级、启闭时间选择，满足系统关断、调节、控制连锁要求和布置设计的需要。阀门的型式、操作方式，应根据阀门的结构、制造特点和安装、运行、检修的要求来选择。

5.10.2 与高压除氧器和给水箱直接相连管道的阀门及给水泵进口阀门，应选用钢制阀门；用于油系统阀门应采用钢制阀门。

5.10.3 易燃或可燃气体的阀门应采用燃气专用阀门，不得采用输送普通流体的阀门代替。

5.10.4 有毒介质管道的阀门应采用严密型的钢制阀门，阀门本体的密封应有可靠的防泄漏的措施。

5.10.5 阀门的选择及布置应符合下列规定：

1 双闸板闸阀宜装于水平管道上，阀杆垂直向上；单闸板闸阀可装于任意位置的管道上。

2 当要求严密性较高时，宜选用截止阀，可装于任意位置的管道上。

3 当要求迅速关断或开启时，可选用球阀，可装于任意位置的管道上，但带传动机构的球阀应使阀杆垂直向上。

4 调节阀应根据使用目的、调节方式和调节范围选用；调节阀不宜作关断阀使用；选择调节阀时应有控制噪声、防止汽蚀的措施。

5 当调节阀的调节幅度较小且不需要经常调节时，在下列管道上可用截止阀或闸阀兼作关断和调节用：

1）设计压力小于或等于 1.6MPa 的水管道。

2）设计压力小于或等于 1.0MPa 的蒸汽管道。

6 止回阀的布置应符合下列规定：

1）立式升降止回阀应装在垂直管道上。

2）直通式升降止回阀应装在水平管道上。

3）水平瓣止回阀应装在水平管道上。

4）旋启式止回阀宜安装于水平管道上，当安装在垂直管道上时，管内介质流向应为由下向上。

5）底阀应装在水泵的垂直吸入管端。

7 疏水阀根据疏水系统的具体要求，可采用自动控制的疏水阀、双金属式疏水阀和浮球式疏水阀等。疏水阀应按疏水量、选用倍率和制造厂提供的不同压差下的最大连续排水量进行选择。单阀容量不足时，可两阀并联使用。疏水阀宜水平安装。

8 蝶阀宜用于全开、全关场合，也可作调节用。

9 安全阀的规格和数量，应根据排放介质的流量和参数，按本规范第 7 章的方法或制造厂资料进行选择；应根据系统功能和排放量的要求选用全启式或微启式安全阀。压力式除氧器上的安全阀应采用全启式安全阀。布置安全阀时，必须使阀杆垂直向上。

10 制造厂不带旁通阀时，具有下列情况之一的关断阀，宜装设旁通阀：

1）蒸汽管道启动暖管需要先开旁通阀预热时。

2）汽轮机自动主汽阀前的电动主闸阀。

3）对于截止阀，介质作用在阀座上的力超过 50kN 时。

4）公称压力小于或等于 PN10，工程尺寸大于或等于 DN600 手动闸阀。

5）公称压力等于 PN16，工程尺寸大于或等于 DN450 手动闸阀。

6）公称压力等于 PN25，工程尺寸大于或等于 DN350 手动闸阀。

7）公称压力等于 PN40，工程尺寸大于或等于 DN250 手动闸阀。

8）公称压力等于 PN63，工程尺寸大于或等于 DN200 手动闸阀。

9）公称压力等于 PN100，工程尺寸大于或等于 DN150 手 动闸阀。

10）公称压力大于或等于 PN200，工程尺寸大于或等于 DN100 手动闸阀。

11 关断阀的旁通阀公称尺寸，可按表 5.10.5 选用。

表 5.10.5 旁通阀公称尺寸选用表

关断阀公称尺寸 DN	100～250	300 及以上
旁通阀公称尺寸 DN	20～25	25～50

12 汽轮机电动主闸阀的旁通阀通径，应根据汽轮机启动或试验要求选用。

13 在下列情况下工作的阀门，需装设动力驱动装置：

1）工艺系统有控制连锁要求。

2）需要频繁启闭或远方操作。

3）阀门装设在手动操作难以实现的地方，或不得不在两个及以上的地方操作。

4）扭转力矩较大，或开关阀门时间较长。

14 电动或气动驱动方式的选用，应根据系统需要、安装地点、环境条件、热工控制和制造厂要求，以及驱动装置特点进行选择。对于驱动装置失去动力时阀门有“开”或“关”位置要求时，应采用气动驱动装置。

15 电动驱动装置用于有爆炸性气体或物料积聚及高温潮湿雨淋的场所时，应选用相应防护等级的电动驱动装置。采用气动驱动装置时应有可靠的供气系统及气源条件。

5.11 管道特殊件

5.11.1 波纹膨胀节应按其各种形式的性能合理选用。设计中应计及其使用寿命和反力；有冷拉时，应在设计文件中指明；布置上应计及环境温度降低时流体可能冷凝及结冰的影响；波纹膨胀节和金属软管不得用于受扭转的场合。

5.11.2 泵入口管道上应设置永久过滤器，仅在启动期间对转动设备进行安全防护时，可在其入口管道内设置临时过滤器，过滤器筛网的网目应根据工艺要求确定。

5.12 非金属衬里的管道组成件

5.12.1 用于防腐的非金属衬里管道组成件的端部连接结构，应采用金属法兰连接，应使衬里延伸覆盖整个法兰密封面上，且应牢固结合、平整。

5.12.2 所有组管道成件的基层金属部分的选用要求，应符合本规范第4章的规定。

6 管道组成件的强度

6.1 一般规定

6.1.1 本章所列的计算方法应是内压下的强度计算。

6.1.2 管道组成件的取用厚度不得小于直管最小壁厚。

6.2 管子的强度

6.2.1 当$\frac{D_o}{D_i}\leqslant 1.7$时，承受内压的直管最小壁厚计算应符合下列规定：

1 在设计压力和设计温度下所需的最小壁厚S_m应按下列公式计算：

按管子外径确定时：

$$S_m=\frac{pD_o}{2[\sigma]^t\eta+2Yp}+C \qquad (6.2.1\text{-}1)$$

按管子内径确定时：

$$S_m=\frac{pD_i+2[\sigma]^t\eta C+2YpC}{2[\sigma]^t\eta-2p(1-Y)} \qquad (6.2.1\text{-}2)$$

2 管子的设计压力不应超过公式6.2.1-3和公式6.2.1-4的规定：

按管子外径确定时：

$$p=\frac{2[\sigma]^t\eta(S_m-C)}{D_o-2Y(S_m-C)} \qquad (6.2.1\text{-}3)$$

按管子内径确定时：

$$p=\frac{2[\sigma]^t\eta(S_m-C)}{D_i-2Y(S_m-C)+2S_m} \qquad (6.2.1\text{-}4)$$

3 在蠕变温度下焊接钢管的直管最小壁厚应按下式计算：

$$S_m=\frac{pD_o}{2[\sigma]^t\eta w+2Yp}+C \qquad (6.2.1\text{-}5)$$

式中：S_m——管子最小壁厚（mm）；

D_o——管子外径（mm），取用包括管径正偏差的最大外径；

D_i——管子内径（mm），取用包括管径正偏差和加工过盈偏差的最大内径，加工过盈偏差取0.25mm；

Y——修正系数，Y值可按表6.2.1-1取用；

η——许用应力的修正系数，对于无缝钢管$\eta=1.0$；对于纵缝焊接钢管，按有关制造技术条件检验合格者，其η值可按表6.2.1-2取用；对于螺旋焊缝钢管，按现行国家标准《低压流体输送用焊接钢管》GB 3091制造和无损检验合格者，$\eta=0.9$；对于进口焊接钢管，其许用应力的修正系数按相应的管子产品技术条件中规定的数据选取；

w——蠕变条件下纵向焊缝钢管焊接强度降低系数，其值可按表6.2.1-3选取；

C——腐蚀、磨损和机械强度要求的附加厚度；对于存在汽水两相流介质管道及超超临界参数机组的主蒸汽管道和高温再热蒸汽管道，可取1.6mm～2mm；对于腐蚀性介质管道，根据介质的腐蚀特性确定；离心浇铸件$C=3.56$mm，静态浇铸件$C=4.57$mm。

表6.2.1-1 修正系数Y值

材料	温度（℃）					
	≤482	510	538	566	593	621
铁素体钢	0.4	0.5	0.7			
奥氏体钢	0.4				0.5	0.7

注：1 介于表列中间温度的Y值可用内插法计算。

2 当管子的$D_o/S_m<6$时，对于设计温度小于或等于480℃的铁素体和奥氏体钢，其Y值应按$Y=\frac{D_i}{D_i+D_o}$进行计算。

表6.2.1-2 纵缝焊接钢管许用应力修正系数

序号	接头形式		焊缝类型	检验	系数
1	电阻焊		直缝或螺旋缝	按产品标准检验	0.85
2	电熔焊	单面焊（无填充金属）	直缝或螺旋缝	按产品标准检验	0.85
				附加100%射线或超声检验	1.00

续表 6.2.1-2

序号	接头形式		焊缝类型	检验	系数
2	电熔焊	单面焊（有填充金属）	直缝或螺旋缝	按产品标准检验	0.80
				附加 100% 射线或超声检验	1.00
		双面焊（无填充金属）	直缝或螺旋缝	按产品标准检验	0.90
				附加 100% 射线或超声检验	1.00
		双面焊（有填充金属）	直缝或螺旋缝	按产品标准检验	0.90
				附加 100% 射线或超声检验	1.00

注 1 电阻焊纵缝钢管管子和管件不允许通过增加无损检验提高纵向焊缝系数。

2 射线检验和超声检验应符合本规范第 12 章或相应的材料标准要求。

表 6.2.1-3 蠕变条件下纵向焊缝钢管焊接强度降低系数

材料类型	热处理状态	温度（℃）										
		371	399	427	454	482	510	538	566	593	621	649
碳钢①	正火	1.00	0.95	0.91	NP	NP	NP	NP	NP	NP	NP	NP
	回火	1.00	0.95	0.91	NP	NP	NP	NP	NP	NP	NP	NP
CrMo 钢①②	—	—	—	1.00	0.95	0.91	0.86	0.82	0.77	0.73	0.68	0.64
蠕变强化铁素体钢①③	正火＋回火	—	—	—	—	—	1.00	0.95	0.91	0.86	0.82	0.77
	回火	—	—	—	—	1.00	0.73	0.68	0.64	0.59	0.55	0.50
奥氏体钢（包括 800H 与 800HT）	—	—	—	—	—	—	1.00	0.95	0.91	0.86	0.82	0.77
自熔焊奥氏体不锈钢	—	—	—	—	—	—	1.00	1.00	1.00	1.00	1.00	1.00

注：1 NP表示不允许。

2 蠕变范围的起始温度为附录 A 的许用应力表中粗线右边的温度。

3 非表中所列材料的纵向焊缝管子不应在蠕变范围内使用。应用此表时，蠕变范围的起始温度是强制性附录 A 的许用应力表中粗线右边的温度。

4 此表中的 CrMo 钢和蠕变强化铁素体钢焊缝金属碳含量不低于 0.05%，奥氏体钢的焊缝金属碳含量不低于 0.04%。

5 CrMo 钢和蠕变强化铁素体钢的纵向焊缝应经过 100%的射线或超声检测合格。其余材料如未 100%射线或超声检测，同时应按表 6.2.1-2 计算焊缝系数。

6 纵缝焊接 CrMo 钢管子和管件不得在蠕变范围内使用。

① 埋弧焊焊剂的碱度不小于1.0。

② CrMo 钢包括 0.5Cr0.5Mo、1Cr0.5Mo、1.25Cr0.5MoSi、2.25Cr1Mo、3Cr1Mo 以及 5Cr1Mo。焊缝必须经过正火、正火＋回火或者适当的回火热处理。

③ 蠕变强化铁素体钢包括 10Cr9Mo1VNbN、10Cr9MoW2VNbBN、10Cr11Mo-W2VNbCu1BN、11Cr9Mo1W1VNbBN、07Cr2MoW2VNbB、08Cr2Mo1VTiB 等。

6.2.2 管子的计算壁厚按下式进行计算：

$$S_c = S_m + C_1 \tag{6.2.2}$$

式中：S_c——管子的计算壁厚（mm）；

C_1——管子壁厚负偏差的附加值（mm）。

6.2.3 管子壁厚负偏差附加值应符合下列规定：

1 对于管子规格以外径×壁厚标识的钢管，可按下式确定。

$$C_1 = \frac{m}{100 - m} S_m \tag{6.2.3}$$

式中：m——管子产品技术条件中规定的壁厚允许负偏差，取百分数。

2 对于管子规格以最小内径乘以最小壁厚标识的钢管，壁厚负偏差值应等于零。

6.2.4 管子的取用壁厚，对于以外径乘以壁厚标识的管子，应根据管子的计算壁厚，按管子产品规格中公称壁厚系列选取；对于以最小内径乘以最小壁厚标识的管子，应根据管子的计算壁厚，遵照制造厂产品技术条件中有关规定，按管子壁厚系列选取。管子的取用壁厚应计入对口加工裕量，计入对口加工裕量的取用壁厚应符合下列规定：

1 对于以最小内径乘以最小壁厚标识的管子，取用壁厚不宜小于计算壁厚加 0.5 倍（0.25 加上内径正偏差值）。

2 对于以外径乘以壁厚标识的管子，宜取用壁厚大于或等于计算壁厚加 0.5 倍外径正偏差值。

6.2.5 管子的管径偏差应取用相应的管子产品技术条件规定值。对于管子规格以最小内径乘以最小壁厚标识的无缝钢管，管径负偏差为零。

6.3 弯管弯头的强度

6.3.1 弯管和弯头的最小壁厚计算应符合下列规定：

1 弯管、弯头加工完成后的最小壁厚 S_m 应按下列公式进行计算：

1） 按外径确定壁厚时：

$$S_m = \frac{pD_o}{2([\sigma]^t \eta / I + Yp)} + C \tag{6.3.1-1}$$

2） 按内径确定壁厚时：

$$S_m = \frac{pD_i + 2[\sigma]^t \eta C / I + 2YpC}{2([\sigma]^t \eta / I + pY - P)} \tag{6.3.1-2}$$

2 蠕变条件下，纵缝焊接弯管、弯头的最小壁厚应按下列公式进行计算：

$$S_m = \frac{pD_o}{2([\sigma]^t \eta w / I + Yp)} + C \tag{6.3.1-3}$$

$$内弧处：I = \frac{4(R/D_o) - 1}{4(R/D_o) - 2} \tag{6.3.1-4}$$

$$外弧处：I = \frac{4(R/D_o) + 1}{4(R/D_o) + 2} \tag{6.3.1-5}$$

式中：I——弯管、弯头壁厚修正系数，侧壁弯曲中性线 $I=1$；

R——弯管、弯头弯曲半径（mm）。

6.3.2 已成形的弯管和弯头任何一点的实测壁厚，不得小于弯管相应点的计算壁厚，且外侧壁厚不得小于相连管子允许的最小壁厚 S_m。

6.3.3 为补偿弯制过程中弯管外侧受拉的减薄量，感应加热弯制弯管用的管子壁厚可按表 6.3.3 推荐的壁厚。

表 6.3.3 感应加热弯管弯制前推荐的直管最小壁厚

弯 曲 半 径	弯管弯制前推荐的直管壁厚
6 倍管子外径	$1.06S_m$
5 倍管子外径	$1.08S_m$
4 倍管子外径	$1.10S_m$
3 倍管子外径	$1.14S_m$

注：1 介于上述弯曲半径间的弯头，允许用内插法计算。

2 S_m 为公式 6.2.1-1 和 6.2.1-2 中计算的直管最小壁厚。

6.3.4 弯管的弯曲半径宜为外径的 3 倍～5 倍，热压弯管的圆度不应大于 7%，冷弯弯管的圆度不应大于 8%；对于主蒸汽管道、再热蒸汽管道及设计压力大于 8MPa 的管道弯管圆度不应大于 5%。

6.4 支管连接的补强

6.4.1 支管连接的面积补强法按图 6.4.1 计算时，应符合下列规定：

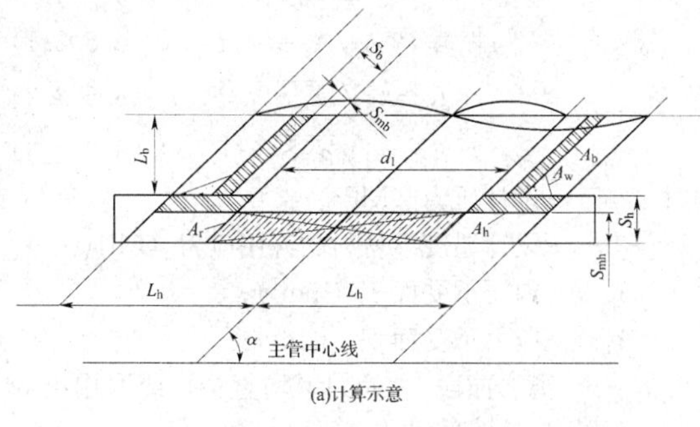

(a)计算示意

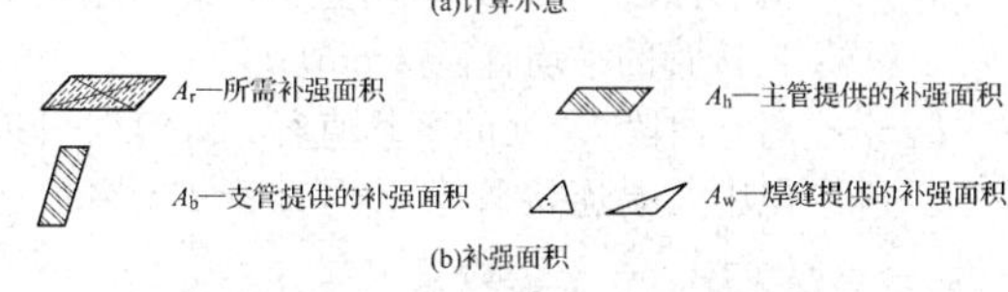

(b)补强面积

图 6.4.1 面积补强法计算图

1 面积补强法适用于支管轴线与主管轴线夹角为 45°～90°，承受持续内压荷载的补强计算，其补偿条件应按下式进行计算：

$$A_h + A_b + A_w \geqslant A_r \quad (6.4.1\text{-}1)$$

式中：A_r——主管开孔需要补强的面积（mm^2）；

A_h——补强范围内主管的补强面积（mm^2）；

A_b——补强范围内支管的补强面积（mm^2）；

A_w——补强范围内角焊缝面积（mm^2）。

2 主管开孔需补强的面积 A_r 应按下式进行计算：

$$A_r = S_{mh} d_1 \quad (6.4.1\text{-}2)$$

3 主、支管补强面积应按下列公式进行计算：

$$A_h = (2L_h - d_1)(S_h - S_{mh}) \quad (6.4.1\text{-}3)$$

$$A_b = \frac{2L_b(S_b - S_{mb})}{\sin\alpha} \quad (6.4.1\text{-}4)$$

式中：d_1——主管上经加工的支管开孔沿纵向中心线的尺寸（mm）；取［〔$D_{ob} - 2$（$S_b - C$)〕］/sinα；

L_h——主管有效补强范围宽度之半（mm）；L_h 取 d_1 或（$S_b - C$）+（$S_h - C$）+ $\frac{d_1}{2}$ 两者中的较大者，但任何情况下不大于 D_{oh}；

L_b——支管有效补强范围（mm）；L_h 取 2.5（$S_b - C$）或 2.5（$S_h - C$）两者中的较小值；

D_{oh}、D_{ob}——主、支管外径（mm）；

S_h、S_b——主、支管的实际壁厚（mm）；

S_{mh}、S_{mb}——主、支管的最小壁厚（mm）。

4 补强面积的某些部分可由与主管材料不同的材料组成，但如果补强材料的许用应力小于主管材料的许用应力，则由补强材料提供的补强面积应按材料许用应力之比折算予以相应折减，对于使用高于主管许用应力的材料，不应计及其增强作用。

5 对于焊接的支管连接，除焊接材料外，不宜采用其他辅助材料进行补强。

6 用公式 6.4.1-3 和 6.4.1-4 计算主、支管的补强面积时，不得超出主管的有效补强宽度和支管的有效补强高度。

6.4.2 主管上多开孔的补强应符合下列规定：

1 多个支管的开孔最好布置成使其有效补强范围不相互重叠，开孔应按本规范第 6.4.1 条的规定进行补强；当必须按图 6.4.2 紧密布置时，应符合本条第 2 款至第 4 款的规定。

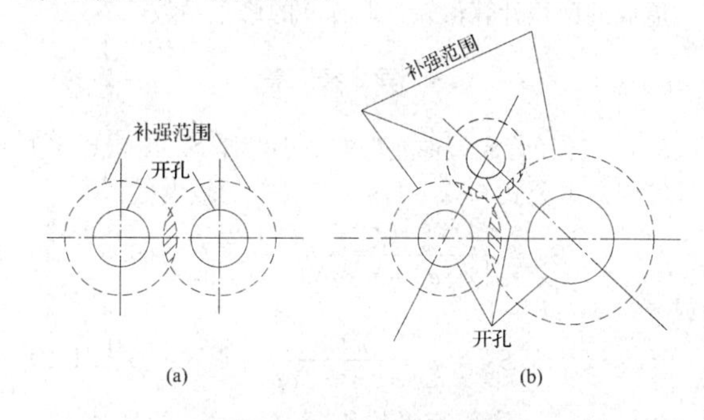

图 6.4.2 多个开孔的补强

2 开孔应按本规范第 6.4.1 条的规定进行组合补强，其补强面积应等于单个开孔所需补强面积的总和。

3 在计算补强面积时，任何重叠部分面积不得重复计入。

4 多个相邻开孔采用组合补强时，这些开孔中的任意两个开孔中心间最小距离不应小于 1.5 倍的平均直径，且在两孔间的补强面积不应小于这两个开孔所需补强总面积的50%。

6.4.3 支管连接的压力面积法应符合下列规定：

1 压力面积法宜用于支管轴线与主管轴线夹角为90°，承受持续内压荷载，且采用挤压型式的支管连接的补强，以A_p为受压面积，A_σ为承载面积。按图6.4.3计算，计算时应符合下列规定：

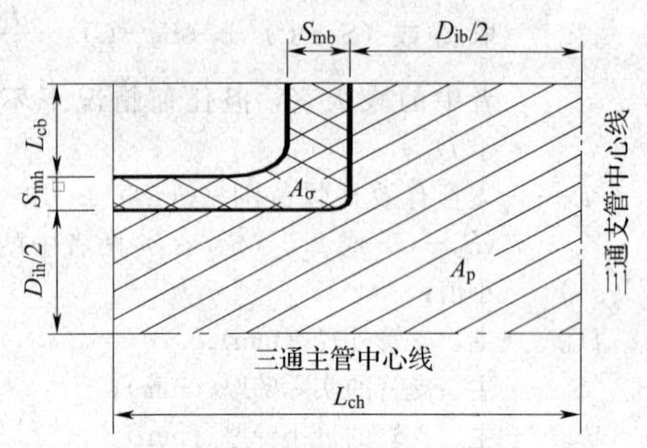

图6.4.3 压力面积法计算图

L_{cb}—支管有效承载长度；L_{ch}—主管有效承载长度之半

1) 强度条件应符合下式规定：

$$[\sigma]^t \geqslant p\left[\frac{A_p}{A_\sigma}+\frac{1}{2}\right] \qquad (6.4.3\text{-}1)$$

2) 有效承载长度应按下列公式进行计算：

对于主管：

$$L_{ch}=\sqrt{(D_{ih}+S_{mh})S_{mh}} \qquad (6.4.3\text{-}2)$$

对于支管：

$$L_{cb}=1.25\sqrt{(D_{ib}+S_{mb})S_{mb}} \qquad (6.4.3\text{-}3)$$

式中：D_{ih}——主管内径（mm）；

D_{ib}——支管内径（mm）；

S_{mh}——主管所需的最小壁厚（mm）；

S_{mb}——支管所需的最小壁厚（mm）。

2 在计算承载面积A_σ时，应计入通用的成型方式造成的面积计算误差，取0.9的修正系数。

6.5 异 径 管

6.5.1 异径管成型件允许的最小壁厚S_m按图6.5.1计算时应取公式6.5.1-1和6.5.1-2的较大值：

$$S_m=\frac{pD_m+2[\sigma]^t\eta C+2YpC}{[2[\sigma]^t\eta-2p(1-Y)]\cos\theta} \qquad (6.5.1\text{-}1)$$

或

$$S_m=\frac{pD_o}{2[\sigma]^t\eta+2Yp}+C \qquad (6.5.1\text{-}2)$$

式中：D_m——异径管平均直径（mm）；为距大端l处的圆锥端平均直径，计算中可取$D_m=D_o-S$，$l=\sqrt{D_mS}$或$l=\frac{L}{2}$，二者取小值；

θ——异径管半锥角（°），计算中取15°；

C——壁厚的附加值，可按本规范6.2.1条的规定选取。

6.5.2 异径管与管道连接处的强度应按下列原

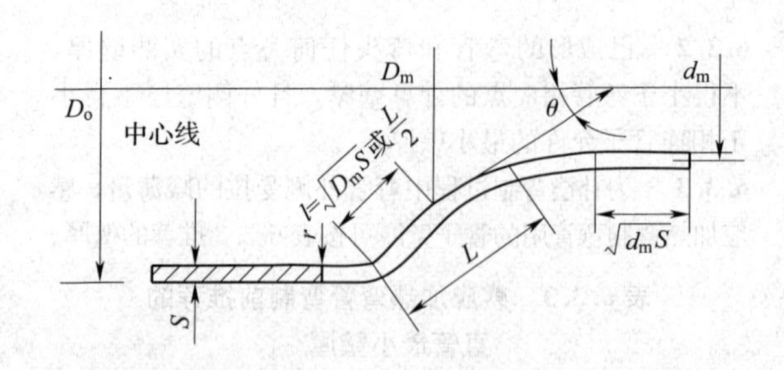

图6.5.1 异径管壁厚计算图

则核算：

1 当曲率半径r不小于$0.1D_o$，大端壁厚满足公式6.5.1-1和6.5.1-2时，大端强度不需核算。

2 小端强度应根据图6.5.2，按公式6.5.2-1～6.5.2-3进行强度核算。

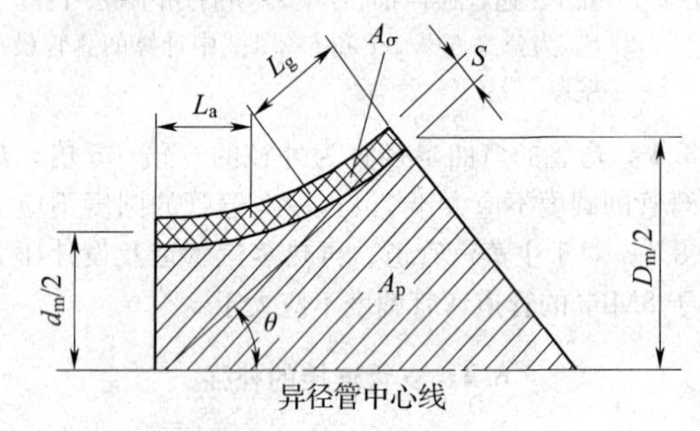

图6.5.2 异径管补强示意图

$$[\sigma]^t \geqslant P(A_p/A_\sigma+1/2) \qquad (6.5.2\text{-}1)$$

$$L_g=\sqrt{D'_mS} \qquad (6.5.2\text{-}2)$$

$$L_a=\sqrt{d_mS} \qquad (6.5.2\text{-}3)$$

式中：p——设计压力（MPa）；

$[\sigma]^t$——设计温度下材料的许用应力（MPa）；

A_p——内压承受面积（mm^2）；

A_σ——应力承受面积（mm^2）；

d_m——离弯曲段L_a处的平均直径，或取用小端连接管的平均直径（mm）；

D'_m——离弯曲段L_g处的平均直径，计算时可近似用大端连接管道平均直径D_m来代替（mm）。

6.5.3 异径管锥顶角不宜大于30°，外侧曲率半径不宜小于$0.1D_o$。

6.6 法兰及法兰附件

6.6.1 法兰强度应分别按运行工况及螺栓预紧力进行计算，并计及流体静压力及垫片的压紧力。

6.6.2 螺栓法兰连接计算应包括下列各项：

1 垫片材料，型式及尺寸。

2 螺栓材料，规格及数量。

3 法兰材料，密封面型式及结构尺寸。

4 进行应力校核，计算中所有尺寸均不包括腐蚀裕量。

6.6.3 在确定法兰结构及尺寸时，应符合现行国家标准有关的规定，并与所连接阀门及设备接口相一致。

6.6.4 法兰及法兰连接计算应按现行国家标准《钢制管法兰连接强度计算方法》GB/T 17186 或《钢制压力容器》GB 150 的有关规定计算。

6.6.5 法兰盲板所需的厚度应按下列公式进行计算。

$$T_{pd}=d_g\sqrt{\frac{3p}{16[\sigma]^t\eta}} \qquad (6.6.5\text{-}1)$$

$$S_m=t_{pd}+C \qquad (6.6.5\text{-}2)$$

式中：T_{pd}——压力作用下的计算厚度（mm）；

d_g——垫圈内径（mm）；

S_m——计入腐蚀余量的最小厚度（mm）。

6.7 封头及节流孔板

6.7.1 椭球型封头壁厚计算应符合下列规定：

1 最小壁厚 S_m 应按下列公式进行计算，取两者中的较大值。

$$S_m=\frac{K'pD_i}{2[\sigma]^t\eta-0.5p}+C \qquad (6.7.1\text{-}1)$$

或

$$S_m=\frac{K'(pD_i+2[\sigma]^t\eta C+2YpC)}{2[\sigma]^t\eta-2p(1-Y)} \qquad (6.7.1\text{-}2)$$

式中：D_i——封头内径（mm）；

K'——与$\frac{p}{[\sigma]^t}$比值有关的修正系数，当椭球形封头的椭圆形状系数 $D_o/2h_i=2$ 时，K'值可按图 6.7.1 查取，h_i 为椭圆短半径；

η——许用应力修正系数，封头无拼接时，$\eta=1.0$；有拼接时，η值按第 6.2.1 条取值；当设计温度在所用钢材的蠕变温度以上时，$\eta=0.7$；

$[\sigma]^t$——设计温度下材料许用应力（MPa）；

p——设计压力（MPa）；

C——腐蚀裕量附加厚度（mm）。

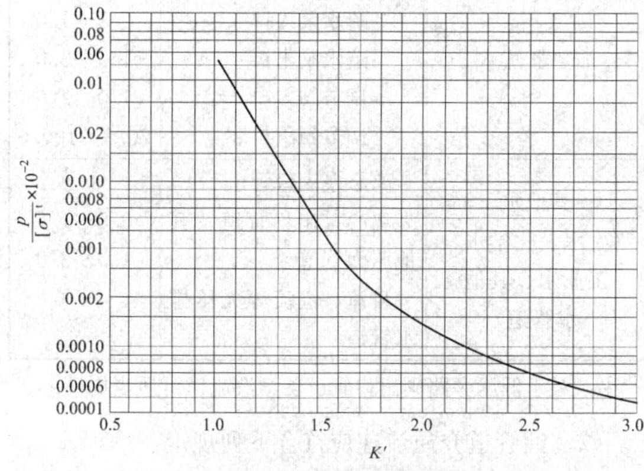

图 6.7.1 椭圆形状系数 $D_o/2h_i=2$ 时的椭球形封头 K'值

2 椭球型封头取用壁厚应按下式进行计算。

$$S_t=S_m+C_2 \qquad (6.7.1\text{-}3)$$

式中：S_t——椭球型封头取用壁厚（mm）；

C_2——钢板厚度负偏差附加值（mm），按照钢板产品技术条件中规定的板厚负偏差百分数确定。

6.7.2 平封头壁厚应按下式进行计算：

$$S_m=K'D_i\sqrt{\frac{p}{[\sigma]^t\phi'}} \qquad (6.7.2\text{-}1)$$

式中：D_i——封头内径（mm），取相连管道的最大内径；

K'、ϕ'——与封头结构有关的系数，可按表 6.7.2 选取；

$[\sigma]^t$——设计温度下材料许用应力（MPa）；

p——设计压力（MPa）。

表 6.7.2 封头结构形式系数

堵头形式	结构要求	K'	ϕ'		备注
			$l\geqslant2s_1$	$2s_1>l\geqslant s_1$	
s, l, s_1	$r\geqslant\frac{2}{s}s_1$ $2\geqslant s_1$	0.4	1.05	1.00	推荐优先采用的结构型式
s, s_1, D_1	—	0.6	0.85		用于 $PN\leqslant$ 25 和 $DN\leqslant$ 400 的管道
		0.4	1.05		只用于水压试验
s, s_1, D_1	—	0.6	0.85		用于 $PN<$ 25 和 $DN<$ 40 的管道
s_1, D_i, s	—	0.45	0.85		用于回转堵板，中间堵板和法兰式节流孔板

6.7.3 夹在两法兰之间的节流孔板，以及中间堵板、回转堵板的厚度计算，可按平封头的厚度计算公式计算，其 K'值取 0.45，焊接式节流孔板厚度可按平封头厚度计算公式，其 K'值取 0.6。

7 管径选择及水力计算

7.1 一 般 规 定

7.1.1 管径的选择应根据运行中可能出现的最大流量和允许的最大压力损失来计算。

7.1.2 管道的压力损失应根据已确定的管径和介质流量进行计算。

7.1.3 疏水阀后的疏水管道，应按汽水混合物状态计算，选用管径初压不宜大于疏水阀前蒸汽压力的40%。

7.1.4 管道压力损失计算时，应留有5%～10%的裕量。

7.2 管径的选择

7.2.1 管径的选择应根据流体的性质、流量、流速及管道允许的压力损失等因素确定。

7.2.2 汽水管道管径计算应符合下列规定：

1 主蒸汽管道、再热蒸汽管道和高压给水管道等重要管道管径，宜通过优化计算确定。

2 单相流体的管道，应根据推荐的介质流速按下列公式进行计算。

$$D_i = 594.7\sqrt{\frac{G\nu}{\omega}} \tag{7.2.2-1}$$

或

$$D_i = 18.81\sqrt{\frac{Q}{\omega}} \tag{7.2.2-2}$$

式中：D_i——管道内径（mm）；

G——介质质量流量（t/h）；

ν——介质比容（m^3/kg）；

ω——介质流速（m/s）；

Q——介质容积流量（m^3/h）。

3 对于汽水两相流体（如加热器疏水和锅炉排污等）的管道，应按本规范第7.4节两相流体管道的计算方法，求取管径或核算管道的通流能力。

7.2.3 油管道管径计算应符合下列规定：

1 短距离输油管道应按下列公式计算：

1）对单相流体的压力输送的燃油管道：

$$D_i = 18.81\sqrt{\frac{G}{\rho\omega}} \tag{7.2.3-1}$$

2）对单相流体的自流燃油管道：

$$D_i = 17.25\sqrt{\frac{\lambda_y QL}{H}} \tag{7.2.3-2}$$

式中：D_i——管道内径（mm）；

Q——体积流量（m^3/h）；

G——介质质量流量（t/h）；

ρ——介质密度（t/m^3）；

ω——介质流速（m/s）；

λ_y——沿程阻力系数；

L——管道总展开长度（m）；

H——管道始端与终端的高程差（m）。

2 压缩空气管道管径应按公式7.2.2-2计算，其中Q按公式7.2.3-3计算：

$$Q = \frac{Q_s(273+t)p_a}{(273+20)p_g} \tag{7.2.3-3}$$

式中：Q——工作状态下介质容积流量（m^3/h）；

Q_s——在绝对压力101.3kPa，温度20℃状态下的基准容积流量（m^3/h）；

p_g——工作压力（MPa）；

p_a——大气压力，取101.3kPa；

t——工作温度（℃）。

7.2.4 各类介质流速应符合下列规定：

1 汽水管道介质流速应按表7.2.4-1选取。

表 7.2.4-1 推荐的汽水管道介质流速

介质类别	管 道 名 称	推荐流速（m/s）
主蒸汽	主蒸汽管道	40.0～60.0
中间再热蒸汽	高温再热蒸汽	45.0～65.0
	低温再热蒸汽	30.0～45.0
其他蒸汽	抽汽或辅助蒸汽管道： 过热蒸汽 饱和蒸汽 湿蒸汽	 35.0～60.0 30.0～50.0 20.0～35.0
	至高、低压旁路阀和减压减温器的蒸汽管道	60.0～90.0
给水	高压给水管道	2.0～6.0
	中压给水管道	2.0～3.5
	低压给水管道	0.5～3.0
凝结水	凝结水泵入口管道	0.5～1.0
	凝结水泵出口管道	2.0～3.5
加热器疏水	加热器疏水管道： 疏水泵入口 疏水泵出口 调节阀入口 调节阀出口	 0.5～1.0 1.5～3.0 1.0～2.0 20.0～100.0
其他水（生水、化学水、工业水、其他水管道）	离心泵入口管道 离心泵出口管道及其他压力管道 自流、溢流等无压排水管道	0.5～1.5 1.5～3.0 <1.0

注：对于低压旁路阀出口管道，蒸汽流速可适当提高。

2 油管道介质流速应符合下列规定：

1）润滑油管道的介质流速应满足汽轮机和发电机的要求，可按表7.2.4-2选取。

表 7.2.4-2　推荐的汽轮机和发电机的润滑油管道介质流速

介质类别	管道名称	推荐流速(m/s)
润滑油	汽轮机和发电机的润滑油供油管道	1.5～2.0
润滑油	汽轮机和发电机的润滑油回油管道	0.5～1.5

2）锅炉的燃料油管道的介质流速应根据燃油黏度来确定，且最低流速不得小于0.5m/s，其推荐流速可按表7.2.4-3选取。

表 7.2.4-3　推荐的燃料油管道介质流速

恩氏黏度(°E)	运动黏度(mm^2/s)	泵入口管流速(m/s)		泵出口管流速(m/s)	
		范围	推荐值	范围	推荐值
1～2	1.0～11.5	0.5～2.0	1.5	1.0～3.0	2.5
2～4	11.5～27.7	0.5～1.8	1.3	0.8～2.5	2.0
4～10	27.7～72.5	0.5～1.5	1.2	0.5～2.0	1.5
10～20	72.5～145.9	0.5～1.2	1.1	0.5～1.5	1.2
20～60	145.9～438.5	0.5～1.0	1.0	0.5～1.2	1.1
60～120	438.5～877.0	0.5～0.8	0.8	0.5～1.0	1.0

3　压缩空气管道的介质流速应根据工作压力、管道允许压力降和工作场所确定，其推荐流速可按表7.2.4-4选取。

表 7.2.4-4　推荐的压缩空气管道的介质流速

介质工作场所	管道名称	推荐流速(m/s)
主厂房、车间	热工控制用压缩空气管道	10～15
	检修用压缩空气管道	8～15
厂区	热工控制用压缩空气管道	10～12
	检修用压缩空气管道	8～10

7.3　单相流体管道系统压力损失

7.3.1　管道系统的压力损失应根据给定的管道布置、管径、介质流量及参数进行计算。

7.3.2　管道系统的压力损失应包括直管的沿程阻力损失和管道组成件的局部阻力损失。对于液体管道的压力损失，应计及终端和始端的高度差引起的压力损失，并应符合下列规定：

1　在两条阻力不同而管径相同的并联管道中，介质流量的分配应按下列公式进行计算。

$$\frac{G_1}{G_2}=\sqrt{\frac{\xi_{t2}}{\xi_{t1}}} \qquad (7.3.2\text{-}1)$$

式中：ξ_{t1}、ξ_{t2}——1、2管道的总阻力系数。

2　对于图7.3.2-1的并联管道，已知总流量q_v，求各分管道中的流量可采取下列方法进行计算：

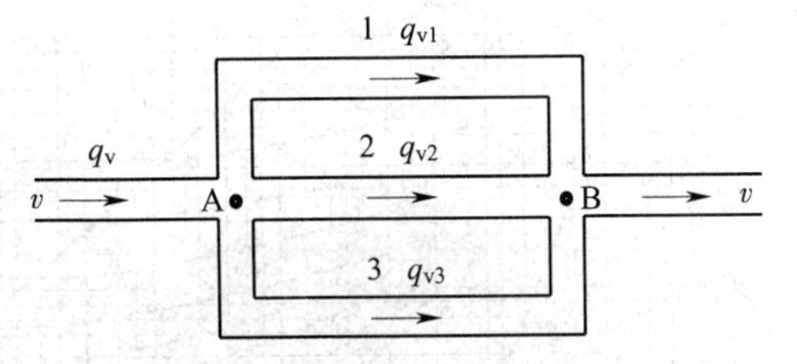

图 7.3.2-1　并联管道

1）根据管径、长度和管道粗糙度假设通过管路1的流量q'_{v1}。

2）由q'_{v1}求出管路1的损失h'_{w1}。

3）由h'_{w1}求通过管路2及管路3的流量q'_{v2}和q'_{v3}。

4）假设总量流量q_v按q'_{v1}、q'_{v2}与q'_{v3}的比例分配给各分管道，则各分管道的计算流量应按下列公式计算：

$$q_{v1}=\frac{q'_{v1}}{\sum q'_v}q_v \qquad (7.3.2\text{-}2)$$

$$q_{v2}=\frac{q'_{v2}}{\sum q'_v}q_v \qquad (7.3.2\text{-}3)$$

$$q_{v3}=\frac{q'_{v3}}{\sum q'_v}q_v \qquad (7.3.2\text{-}4)$$

5）用计算流量q_{v1}、q_{v2}、q_{v3}求取h_{f1}、h_{f2}、h_{f3}以核对流量分配的正确性。计算结果应使各分管道的损失差别在允许的误差范围内。

3　对于图7.3.2-2先并联后串联管道的总阻力系数，应按以下公式计算，三通的局部阻力系数按附录C计算：

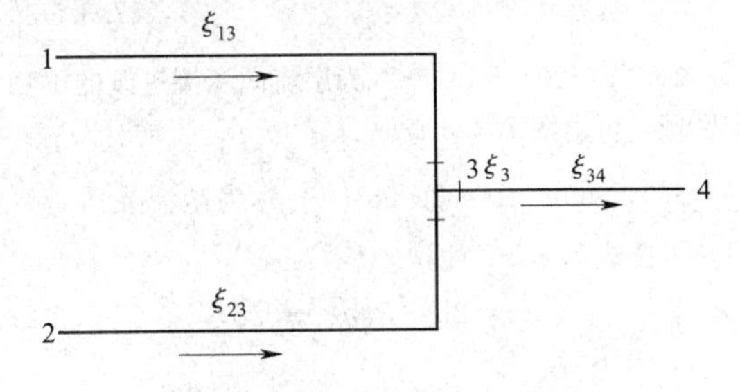

图 7.3.2-2　并联后串联的管道

$$\xi_t=\frac{\xi_{13}\cdot\xi_{23}}{\xi_{13}+\xi_{23}}+\xi_3+\xi_{34} \qquad (7.3.2\text{-}5)$$

式中：ξ_{13}——1～3段管道总阻力系数；

ξ_{23}——2～3段管道总阻力系数；

ξ_3——3点处的阻力系数；

ξ_{34}——3～4段管道总阻力系数。

4　先串联后并联的管道总阻力系数应按公式7.3.2-5计算，三通的局部阻力的阻力系数按附录C计算。

5　当管径不同时，应采用公式7.3.2-6折算到计算管径D_{i1}下的阻力系数后才可使用公式7.3.2-1和7.3.2-5计算：

$$\xi_{t1}=\xi_{t2}\left(\frac{D_{i1}}{D_{i2}}\right)^4\times\left(\frac{G_2}{G_1}\right)^2 \qquad (7.3.2\text{-}6)$$

7.3.3　管子摩擦系数λ可按雷诺数及管壁相对粗糙度$\frac{\varepsilon}{D_i}$可由图7.3.3查取，也可按下列方法计算：

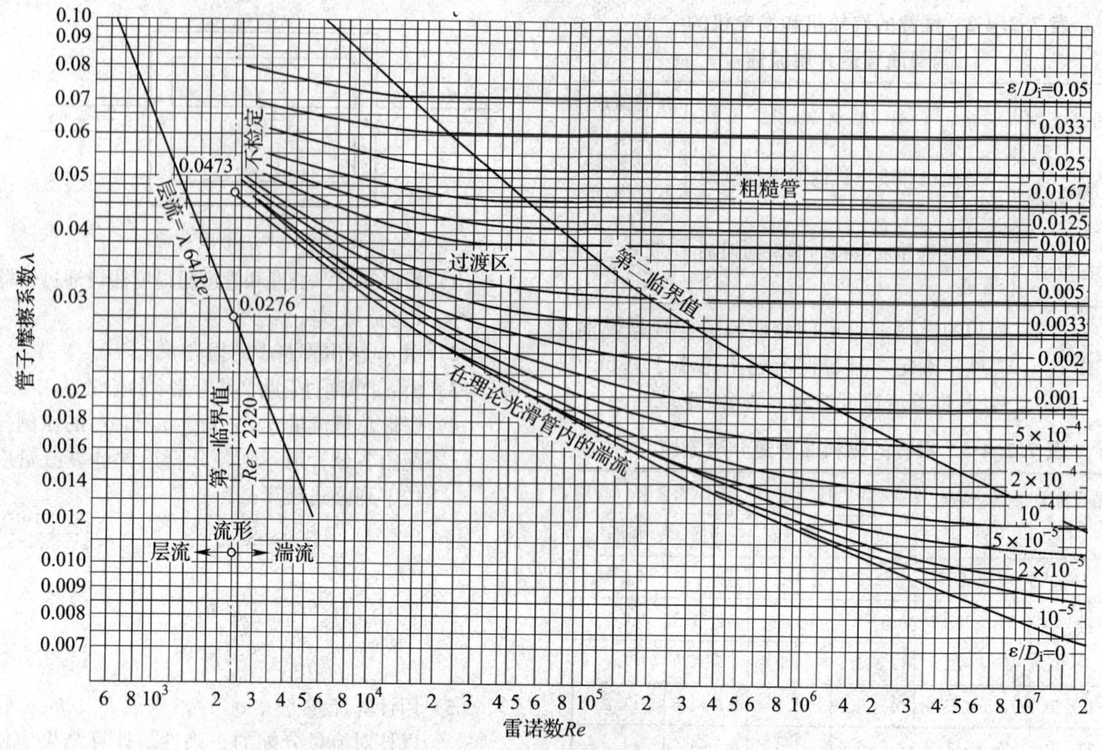

图 7.3.3 管子摩擦系数

1 当 $Re<2320$ 为层流区时，可按式 7.3.3-1 计算。

$$\lambda=\frac{64}{Re} \qquad (7.3.3\text{-}1)$$

2 当 $2320<Re<4000$ 为层流向紊流过渡的不稳定区域，可由图 7.3.3 查取。

3 当 $400<Re<26.98\left(\frac{d_2}{\varepsilon}\right)^{\frac{8}{7}}$ 为紊流光滑管区时，可按式 7.3.3-2 计算。

$$\frac{1}{\sqrt{\lambda}}=2\lg\left(Re\sqrt{\lambda}-0.8\right) \qquad (7.3.3\text{-}2)$$

4 当 $26.98\left(\frac{d_2}{\varepsilon}\right)^{\frac{8}{7}}<Re<4160\left(\frac{d_2}{2\varepsilon}\right)^{0.85}$ 为紊流粗糙管过渡区时，可按式（7.3.3-3）计算：

$$\lambda=1.42\left[\lg\left(1.273\frac{q_v}{\nu\varepsilon}\right)\right]^{-2} \qquad (7.3.3\text{-}3)$$

式中：d_2——管道直径；

ε——管内壁等值粗糙度；

q_v——体积流量（m^3/h）；

ν——介质比容（m^3/kg）。

5 当 $4160\left(\frac{d_2}{2\varepsilon}\right)<Re$ 为紊流粗糙管平方阻力区时，可按式 7.3.3-4 计算：

$$\lambda=\frac{1}{\left(2\lg\frac{d_2}{2\varepsilon}+1.74\right)^2} \qquad (7.3.3\text{-}4)$$

7.3.4 雷诺数应按下列公式计算，水和水蒸气黏度值应按本规范附录 C 的规定选取：

$$Re=\frac{\omega D_i}{\gamma}=\frac{\omega D_i}{\mu\nu} \qquad (7.3.4)$$

式中：Re——雷诺数；

ω——管内介质流速（m/s）；

D_i——管子内经（m）；

γ——介质运动黏度（m^2/s）；

μ——介质动力黏度（Pa·s）；

ν——介质的比容（m^3/kg）。

7.3.5 管壁相对粗糙度等于管子等值粗糙度 ε 与管子内径 D_i 之比。在管内介质处于层流状态时，各种管子的等值粗糙度应按本规范附录 C 的规定选取。

7.3.6 管道总阻力系数应按以下公式计算：

$$\xi_t=\frac{\lambda}{D_i}L+\sum\xi_l \qquad (7.3.6)$$

式中：ξ_t——管道总阻力系数；

λ——管道摩擦系数；

L——管道总展开长度（包括附件长度）（m）；

$\sum\xi_l$——管道局部阻力系数总和。

7.3.7 管内介质的流速和质量流速分别按下列公式计算：

$$\omega=0.3537\frac{G\nu}{D_i^2} \qquad (7.3.7\text{-}1)$$

$$\dot{m}=0.3537\frac{G}{D_i^2} \qquad (7.3.7\text{-}2)$$

式中：$\dot{m}$——管内介质的质量流速［kg/（m^2·s）］。

7.3.8 管内介质的动压力应按下列公式计算：

$$p_d=\frac{1}{2}\frac{\omega^2}{\nu} \qquad (7.3.8\text{-}1)$$

或

$$p_d=\frac{1}{2}\dot{m}^2\nu \qquad (7.3.8\text{-}2)$$

式中：p_d——管内介质的动压力（Pa）。

7.3.9 整个管道的能量损失将分段计算出的能量损失叠加，应按以下公式计算：

$$h_w=\sum h_f+\sum h_j \quad (7.3.9)$$

式中：h_f——沿程阻力损失（m）；

h_j——局部阻力损失（m）；

h_w——管道内总阻力损失（m）。

7.3.10 液体管道的压力损失应按以下公式计算：

1 直管的摩擦阻力损失应按以下公式计算：

$$\Delta p_f=\frac{\lambda\rho\omega^2}{2g}\cdot\frac{L}{D_i} \quad (7.3.10\text{-}1)$$

式中：Δp_f——直管的摩擦压力损失（MPa）；

g——重力加速度（m/s^2）；

ω——平均流速（m/s）；

ρ——流体密度（kg/m^3）。

2 局部摩擦阻力损失可采用当量长度法或阻力系数法计算，并应按下列公式计算：

1）当量长度法应按以下公式计算：

$$\Delta p_k=\frac{\lambda\rho\omega^2}{2}\cdot\frac{L_e}{D_i} \quad (7.3.10\text{-}2)$$

2）阻力系数法应按以下公式计算：

$$\Delta p_k=\frac{\rho\omega^2}{2}\cdot K_r \quad (7.3.10\text{-}3)$$

式中：Δp_k——局部的摩擦压力损失（Pa）；

L_e——阀门和管件的当量长度（m）；

K_r——管件阻力系数。

3 液体管道总的压力损失应按下列规定进行计算：

1）液体管道的终端和始端不存在高度差时，总的摩擦阻力损失应为直管的摩擦阻力损失和局部摩擦阻力损失之和，应按以下公式计算：

$$\Delta p_t=\Delta p_f+\Delta p_k \quad (7.3.10\text{-}4)$$

式中：Δp_t——管道总的摩擦阻力损失（Pa）。

2）如果液体管道的终端和始端存在高度差，则液体管道的压力损失应按下列公式计算：

$$\Delta p=\Delta p_t+\frac{g}{\nu}(H_2-H_1) \quad (7.3.10\text{-}5)$$

$$\Delta p=\xi_t p_d+\frac{g}{\nu}(H_2-H_1) \quad (7.3.10\text{-}6)$$

7.3.11 管道终端与始端介质比容比不大于1.6或压降不大于初压40%的蒸汽管道压力损失按下列规定计算：

1 管道的压力损失应按下列公式计算：

$$\Delta p=\xi_t\frac{\omega^2}{2\nu} \quad (7.3.11\text{-}1)$$

式中：ξ_t——管道总的阻力系数，包括沿程阻力系数和局部阻力系数之和；

ω——介质流速（m/s）；

ν——介质的比容（m^3/kg）；当 $\Delta p\leqslant 0.1p_1$ 时，可取已知的管道始端或终端比容；当 $0.1p_1<\Delta p\leqslant 0.4p_1$ 时，应取管道始端和终端比容的平均值。

2 蒸汽管道终端或始端压力及压降应按下列公式计算：

$$p_2=p_1\sqrt{1-2\frac{p_{d1}}{p_1}\xi_t\left(1+2.5\frac{p_{d1}}{p_1}\right)} \quad (7.3.11\text{-}2)$$

$$p_1=p_2\sqrt{1+2\frac{p_{d2}}{p_2}\xi_t\left(1+\frac{p_{d2}}{p_2}\right)} \quad (7.3.11\text{-}3)$$

$$\Delta p=p_1-p_2 \quad (7.3.11\text{-}4)$$

式中：p_{d1}——管道始端动压力，以始端介质参数按式（7.3.8-1）或式（7.3.8-2）计算（Pa）；

p_{d2}——管道终端动压力，以始端介质参数按式（7.3.8-1）或式（7.3.8-2）计算（Pa）。

3 蒸汽管道终端或始端比容应按下列公式计算：

$$\beta=b-\frac{k-1}{k}b(b^2-1)\frac{p_{d1}}{p_1} \quad (7.3.11\text{-}5)$$

或

$$\beta=b-\frac{k-1}{k}\left(b-\frac{1}{b}\right)\frac{p_{d2}}{p_2} \quad (7.3.11\text{-}6)$$

式中：β——管道终端与始端介质比容比，$\beta=\frac{\nu_2}{\nu_1}$；

b——管道始端与终端压力比，$b=\frac{p_1}{p_2}$；

k——绝热指数，按第7.3.12条规定取值。

7.3.12 蒸汽管道终端和始端的介质比容比大于1.6或压降大于初压40%的蒸汽管道，压力损失应按下列规定计算：

1 蒸汽管道压力损失应按以下公式计算：

$$\Delta p=\left[\xi_t+\frac{k+1}{k}\ln\beta+\frac{k-1}{2k}\left(\beta-\frac{1}{\beta}\right)\right]\frac{\beta}{1+\beta}\dot{m}^2\nu_1 \quad (7.3.12\text{-}1)$$

式中：k——绝热指数，对于过热蒸汽 k 取1.3，对于饱和温度为225℃的干饱和蒸汽 k 可取1.135，对于饱和温度为310℃的干饱和蒸汽 k 可取1.08，其他温度下饱和蒸汽的 k 值可按图7.3.12-1查取。

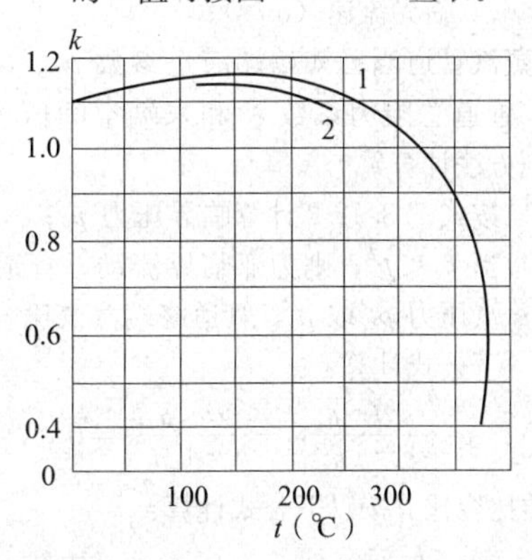

图7.3.12-1 饱和蒸汽的绝热指数

1—干度 $x=1$；2—干度 $x=0.9$

2 计算时首先应按临界压力或临界比容比判别管道内蒸汽的流动特性是亚临界流动还是临界流动，临界压力应按以下公式计算：

$$p_c=\frac{\dot{m}}{k}\sqrt{\frac{2kp_0\nu_0}{k+1}} \quad (7.3.12\text{-}2)$$

式中：p_c——临界压力（Pa）；

p_0——始端滞止压力（Pa）；

ν_0——始端滞止比容（m^3/kg）。

3 滞止参数 p_0、ν_0 根据管道始端介质流速，在焓熵图中求取，也可按下列公式计算，当计算锅炉安全阀排汽管道时，始端滞止参数可取安全阀入口处参数。

$$p_0\nu_0=\left(p_1+\frac{k-1}{k}\times\frac{\dot{m}^2\nu_1}{2}\right)\nu_1 \quad (7.3.12\text{-}3)$$

4 临界比容比应按下列公式计算：

$$\beta_c^2=\frac{2k}{k+1}\xi_t+1+2\ln\beta_c \quad (7.3.12\text{-}4)$$

式中：β_c——介质的临界比容与始端比容之比，$\beta_c=\frac{\nu_c}{\nu_1}$，也可按图 7.3.12-2 查取。

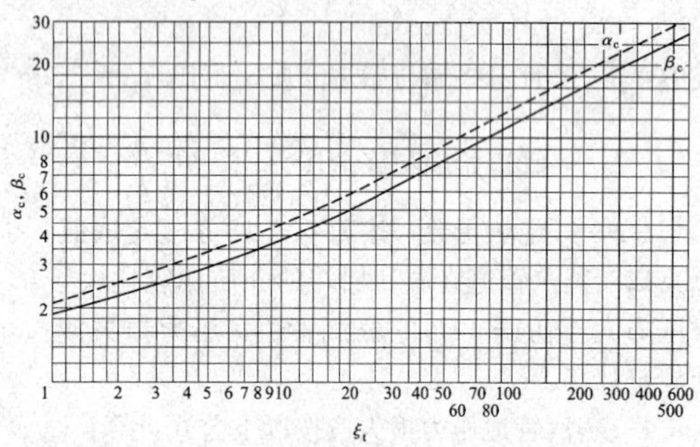

图 7.3.12-2 临界压力比 α_c 和临界比容比 β_c 与总阻力系数 ξ_t 的关系曲线

5 蒸汽临界流速应按下列公式计算：

$$\omega_c=\sqrt{\frac{2kp_0\nu_0}{k+1}} \quad (7.3.12\text{-}5)$$

或

$$\omega_c=\sqrt{2kp_c\nu_c} \quad (7.3.12\text{-}6)$$

式中：ω_c——临界流速（m/s）。

6 蒸汽管道当已知始端滞止参数 p_0、ν_0、质量流速 $\dot{m}$、管道总阻力系数 ξ_t 和末端空间压力 p' 时，应按下列方法计算：

1）按式 7.3.12-2 计算临界压力 p_c；

2）当 $p_c<p'$，则为亚临界流动，管道终端蒸汽压力 p_2 取 p'，管道终端蒸汽比容应按以下公式计算：

$$\nu_2^2+\frac{2k}{k-1}\frac{p_2}{\dot{m}^2}\nu_2-\frac{2k}{k-1}\frac{p_0\nu_0}{\dot{m}^2}=0 \quad (7.3.12\text{-}7)$$

介质比容比 β 按以下公式计算：

$$\left(\frac{p_2}{2p_{d2}}+\frac{k-1}{2k}\right)(\beta^2-1)=\xi_t+\frac{k+1}{k}\ln\beta \quad (7.3.12\text{-}8)$$

式中：p_{d2}——管道终端动压力。

管道始端参数按下列公式计算：

$$\nu_1=\frac{\nu_2}{\beta} \quad (7.3.12\text{-}9)$$

$$p_1=\beta\cdot p_2+\frac{k-1}{k}\left(\beta-\frac{1}{\beta}\right)p_{d2} \quad (7.3.12\text{-}10)$$

3）如 $p_c\geqslant p'$，则为临界流动，管道终端蒸汽压力 p_2 取 p_c，管道终端蒸汽比容按下列公式计算：

$$\nu_2=\frac{2}{k+1}\frac{p_0\nu_0}{p_2} \quad (7.3.12\text{-}11)$$

介质临界比容比 β_c 按公式 7.3.12-4 计算或由图 7.3.12-2 查取。

介质临界压力比 α_c 按公式 7.3.12-12 计算或由图 7.3.12-2 查取。

$$\alpha_c=\frac{k+1}{2}\beta_c-\frac{k-1}{2\beta_c} \quad (7.3.12\text{-}12)$$

管道始端参数按下列公式计算：

$$\nu_1=\frac{\nu_2}{\beta_c} \quad (7.3.12\text{-}13)$$

$$p_1=\alpha_c p_c \quad (7.3.12\text{-}14)$$

式中：α_c——临界压力比，$\alpha_c=\frac{p_1}{p_c}$，可按公式 7.3.12-12 计算或由图 7.3.12-2 查取；

β_c——介质临界比容比，按公式 7.3.12-4 计算或由图 7.3.12-2 查取。

7 当已知始端参数 p_1、ν_1、质量流速 $\dot{m}$、管道总阻力系数 ξ_t 时，终端参数 p_2、ν_2 应按下列方法计算：

1）按公式 7.3.12-15 计算管道终端与始端介质比容比 β。

$$\left(\frac{p_1}{2p_{d1}}+\frac{k-1}{2k}\right)\left(1-\frac{1}{\beta^2}\right)=\xi_t+\frac{k+1}{k}\ln\beta \quad (7.3.12\text{-}15)$$

式中：p_{d1}——管道始端动压力。

2）按公式 7.3.12-4 计算 β_c 值。

3）如 $\beta<\beta_c$，则为亚临界流动，管道的终端参数按下列公式计算：

$$\nu_2=\beta\nu_1 \quad (7.3.12\text{-}16)$$

$$p_2=\frac{p_1}{\beta}-\frac{k-1}{k}\left(\beta-\frac{1}{\beta}\right)p_{d1} \quad (7.3.12\text{-}17)$$

4）当 $\beta=\beta_c$，则为临界流动，按公式 7.3.12-18 计算临界压力比 α_c，按下列公式计算管道终端参数。

$$p_2=\frac{p_1}{\alpha_c} \quad (7.3.12\text{-}18)$$

$$\nu_2=\beta_c\nu_1 \quad (7.3.12\text{-}19)$$

5）如 $\beta>\beta_c$，表示给定的条件不成立，即在给定的始端参数和总阻力系数达不到给定的质量流速值。

8 蒸汽管道当已知始端参数 p_1、ν_1、管道总阻力系数 ξ_t 和末端空间压力 p'时，质量流速 $\dot{m}$ 应按下列方法计算：

1）计算比值 $\alpha'=\dfrac{p_1}{p'}$；

2）按公式 7.3.12-12 计算出的 α_c；

3）当 $\alpha'<\alpha_c$，则为亚临界流动（$p_2=p'$），管内介质质量流速应按下列公式计算：

$$\dot{m}=\sqrt{\frac{(p_1-p_2)(1+\beta)}{\left[\xi_t+\frac{k+1}{k}\ln\beta+\frac{k-1}{2k}\left(\beta-\frac{1}{\beta}\right)\right]\beta\nu_1}} \tag{7.3.12-20}$$

式中：β——末端与始端介质比容比，可按式 7.3.12-21 或 7.3.12-22 进行近似计算，近似的 β 值可按式 7.3.12-22 求出近似的质量流速 m，再按式 7.3.12-8 求出管道终端介质比容 ν_2，按 $\beta=\nu_2/\nu_1$ 计算出较准确的 β 值后，代入式 7.3.12-22 修正 $\dot{m}$ 值。

$$\beta=\alpha'\left[1-\frac{k-1}{k+1}\left(\frac{\alpha'}{\alpha_c}\right)^2\right] \tag{7.3.12-21}$$

或

$$\beta=\alpha'\left[1-\frac{4(k-1)}{(k+1)^3}\left(\frac{\alpha'}{\beta_c}\right)^2\right] \tag{7.3.12-22}$$

式中：α'——管道始端压力与末端压力空间压力比。

4）当 $\alpha'\geqslant\alpha_c$，则为临界流动，管内介质质量流速按下式计算。

$$\dot{m}=\frac{p_1}{\left(\frac{k+1}{2k}\beta_c-\frac{k-1}{2k}\frac{1}{\beta_c}\right)\sqrt{\frac{2kp_0\nu_0}{(k+1)\ g\times10^4}}} \tag{7.3.12-23}$$

9 对于终端为亚临界流动的蒸汽管道，可按图 7.3.12-3 采用虚拟法计算，即设想将管道按等截面延长，其后必能找到一点“3”，该点在流量不变的条件下为临界状态。

1）图 7.3.12-3 中“3”点处参数 p_3、ν_3 按公式 7.3.12-2 和公式 7.3.12-11 计算；

2）图 7.3.12-3 中 1 段～3 段的阻力系数 ξ_{13} 按公式 7.3.12-24 计算：

$$\xi_{13}=\frac{k+1}{2k}\left[\left(\frac{\nu_3}{\nu_1}\right)^2-2\ln\frac{\nu_3}{\nu_1}-1\right] \tag{7.3.12-24}$$

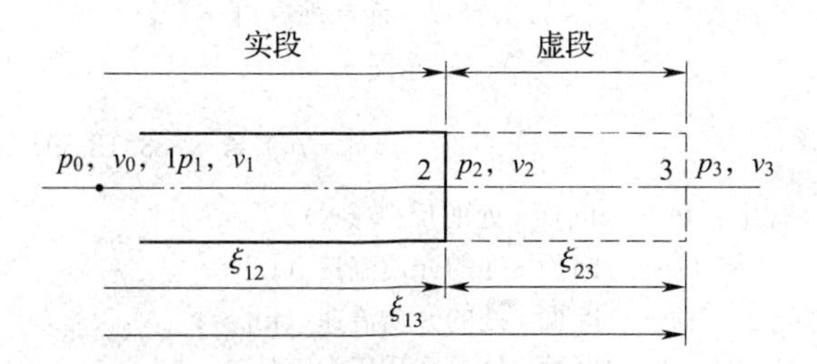

图 7.3.12-3 亚临界流动管道虚拟计算图

3）图 7.3.12-3 中 2 段～3 段的阻力系数 ξ_{23} 按公式 7.3.12-25 或 7.3.12-26 计算：

$$\xi_{23}=\frac{k+1}{2k}\left[\left(\frac{\nu_3}{\nu_2}\right)^2-2\ln\frac{\nu_3}{\nu_2}-1\right] \tag{7.3.12-25}$$

或

$$\xi_{23}=\xi_{13}-\xi_{12} \tag{7.3.12-26}$$

4）计算出以上的参数后，根据不同的已知条件采用本条第 2～5 款中的方法，可求出“2”点或“1”点处的介质参数。

10 上述各式仅适用于介质质量流速 $\dot{m}$ 不变的情况下，当质量流速不同时，可按不同的质量流速分段顺序计算，每个局部变换后管道的始端压力应计入局部变换处（异径管或三通）动压力的改变。

1）当 $a=\dfrac{\dot{m}_{\text{II}}}{\dot{m}_{\text{I}}}<1$，$c=\dfrac{p_{d\text{I}}}{p_d}<0.05$ 时，或 $a>1$，$c<0.03$ 时，蒸汽管道局部变换后的始端压力按下式计算：

$$p_{d\text{II}}=\frac{a^2p_{d\text{I}}\,p_{\text{I}}}{(p_{\text{I}}+p_{d\text{I}})-p_{d\text{II}}} \tag{7.3.12-27}$$

局部变换后管道始端静压力按下式计算：

$$p_{\text{II}}=p_{\text{I}}+p_{d\text{I}}-p_{d\text{II}}-\Delta p_{\text{I}-\text{II}} \tag{7.3.12-28}$$

式中：p_{II}——局部变换后管道始端的蒸汽压力（Pa）；

p_{I}——局部变换前管道末端的蒸汽压力（Pa）；

$p_{d\text{I}}$——局部变换前管道末端的蒸汽动压力（Pa）；

$p_{d\text{II}}$——局部变换后管道始端的蒸汽动压力（Pa）；

$\Delta p_{\text{I}-\text{II}}$——局部变换前后的蒸汽阻力（Pa）。

局部变换后始端蒸汽比容按下式计算：

$$\nu_{\text{II}}=2\frac{p_{d\text{II}}}{\dot{m}_{\text{II}}^2} \tag{7.3.12-29}$$

式中：ν_{II}——局部变换后管道始端的蒸汽比容（m^3/kg）；

$\dot{m}_{\text{II}}$——局部变换后管道始端的质量流速［kg/(cm^2·s)］。

2）当 $a<1$，$c\geqslant0.05$ 或 $a>1$，$c\geqslant0.03$ 时，可按式 7.3.12-30 计算局部变换后管道始端与局部变换前管道始端的介质比容比，或由图 7.3.12-4 查取 β 值。

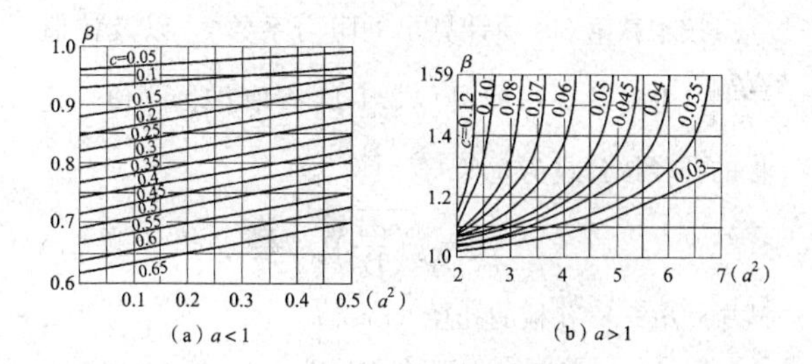

图 7.3.12-4 比容比（β）与质量流速比（a^2）和动静压比（c）的关系曲线

$$a^2c\beta^2+\frac{k}{k+1}(\beta^{1-k}-1)=c \quad (7.3.12\text{-}30)$$

β值求出后局部变换后管道始端参数按下列公式计算：

$$\nu_{\mathrm{II}}=\beta\cdot\nu_{\mathrm{I}} \quad (7.3.12\text{-}31)$$

$$p_{\mathrm{II}}=p_{\mathrm{I}}\beta^{-k} \quad (7.3.12\text{-}32)$$

$$p_{\mathrm{dII}}=a^2\beta\cdot p_{\mathrm{dI}} \quad (7.3.12\text{-}33)$$

11 蒸汽在通过异径管向大直径管道流动时，也有达到临界流速的可能。异径管变换后始端的全压应大于或等于后段管子阻力和管子末端背压所形成的压头加上相应于大端的异径管的阻力所形成的压头之和。

$$p_{\mathrm{II}}+p_{\mathrm{dII}}\geqslant p_{\mathrm{dII}}\xi'_{\mathrm{II}}+p'' \quad (7.3.12\text{-}34)$$

式中：p''——后段管子阻力和管子末端背压所形成的压头（Pa）；

ξ'_{II}——相应于大端的异径管的阻力系数，$\xi'_{\mathrm{II}}=\frac{1}{2}\xi_{\mathrm{II}}\left(\frac{D_{\mathrm{i}}}{d_{\mathrm{i}}}\right)^4$，其中，$\xi_{\mathrm{II}}$可由附录C查取；$d_{\mathrm{i}}$为异径管的小端内径。

12 蒸汽管道上的孔板，可根据图7.3.12-5按下列方法计算：

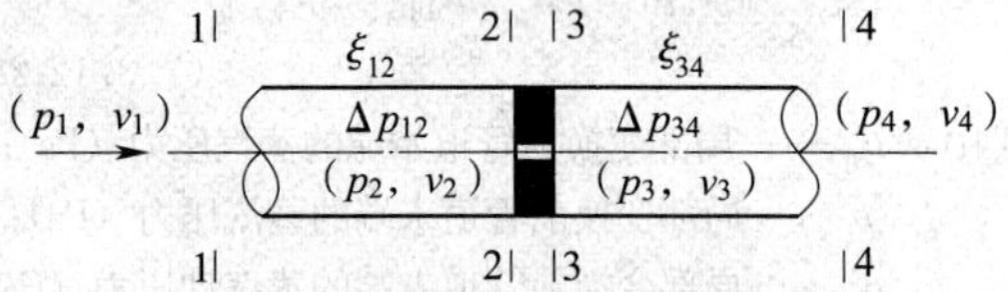

图7.3.12-5　介质经孔洞的流动

1） 首先由给定的$\dot{m}$、p_1、ν_1、ξ_{12}按本规范第7.3.11条或第7.3.12条的规定，确定孔板前的蒸汽参数p_2、ν_2，以及按给定的$\dot{m}$、p_4、ν_4、ξ_{34}确定孔板后的蒸汽参数p_3、ν_3。

2） 孔板的压降按下式计算：

$$\Delta p_{\mathrm{m}}=p_2-p_3 \quad (7.3.12\text{-}35)$$

式中：Δp_{m}——孔板的压降（Pa）。

3） 孔板的阻力系数ξ_{m}按下式计算：

$$\xi_{\mathrm{m}}=\frac{\Delta p_{\mathrm{m}}}{p_{\mathrm{d2}}} \quad (7.3.12\text{-}36)$$

式中：ξ_{m}——相应于孔板前介质流速的阻力系数。

4） 蒸汽管道上孔板孔径按下列规定计算：

按本款第3）项计算出的阻力系数ξ_{m}以及比值$\frac{\Delta p_{\mathrm{m}}}{p_1}$，由附录C中的图C.3.1-11查取$\left(\frac{d_0}{D_{\mathrm{i}}}\right)^2$值，孔板的孔径按公式7.3.12-37计算。

$$d_{\mathrm{k}}=\sqrt{\left(\frac{d_0}{D_{\mathrm{i}}}\right)^2} \quad (7.3.12\text{-}37)$$

式中：d_{k}——孔板的孔径（mm）；

D_{i}——蒸汽管子内径（mm）。

也可使用上述方法确定调节阀的喉部面积和阻力系数。

13 对于开式排放的排汽管道，必须避免在疏水盘处发生蒸汽反喷，排汽管不反喷应根据图7.3.12-6按下列公式计算：

$$\frac{G}{3.6}(\omega_1-\omega_2)>(p_2-p_{\mathrm{at}})A_2-(p_1-p_{\mathrm{at}})A_1 \quad (7.3.12\text{-}38)$$

式中：G——介质质量流量（t/h）；

p_{at}——大气压力（Pa）；

A——管道截面积（m^2）；

A_1——截面1处管道截面积（m^2）；

A_2——截面2处管道截面积（m^2）。

ω_1——1点处介质流速（m/s）；

ω_2——2点处介质流速（m/s）。

1） 与管子端面垂直的排气口或管段进出口断面处的排汽反力，应根据图7.3.12-7按下式计算：

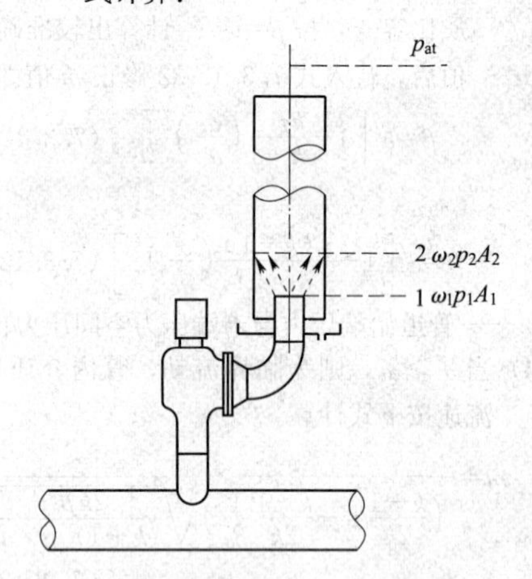

图7.3.12-6　开式排汽管道

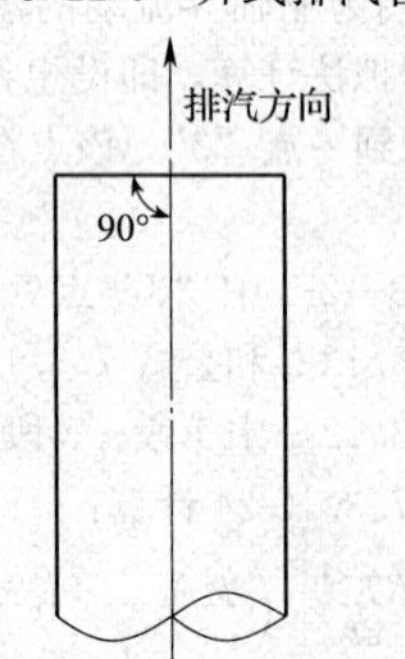

图7.3.12-7　垂直排汽口示意图

$$F_{\mathrm{i}}=\frac{1}{3.6}G_{\mathrm{i}}\omega_{\mathrm{i}}+(p_{\mathrm{i}}-p_{\mathrm{a}})A_{\mathrm{i}} \quad (7.3.12\text{-}39)$$

式中：F_{i}——断面i处的反力（N）；

G_{i}——断面i处的介质流量（t/h）；

ω_{i}——断面i处的介质流速（m/s）；

p_{i}——断面i处的介质压力（Pa）；

p_{a}——当地大气压（Pa）；

A_i——断面 i 处的流通面积（m^2）。

2）排汽口为斜切口，斜切部分入口为亚临界流动时，其排汽反力应根据图 7.3.12-8 按公式 7.3.12-39 计算，若为临界流动时，应按下列公式计算：

$$F_{iz}=-\frac{1}{3.6}G_i\omega_i\cos\phi \quad (7.3.12\text{-}40)$$

$$F_{ix}=\frac{1}{3.6}G_i\omega_i\sin\phi \quad (7.3.12\text{-}41)$$

$$G_i\omega_i=G_i\omega_{i-1}+3.6\ (P_{i-1}-P_a)\ A_{i-1} \quad (7.3.12\text{-}42)$$

式中：F_{iz}——z 向分力（N）；

F_{ix}——x 向分力（N）；

ϕ——汽流与管道轴线的偏转角，可按表 7.3.12-1 选取；其中 $G_i\omega_i$ 可按式 7.3.12-42 计算；

ω_{i-1}——i－1 断面处的介质流速（m/s）；

p_{i-1}——i－1 断面处的介质压力（Pa）；

A_{i-1}——i－1 断面处的流通面积（m^2）。

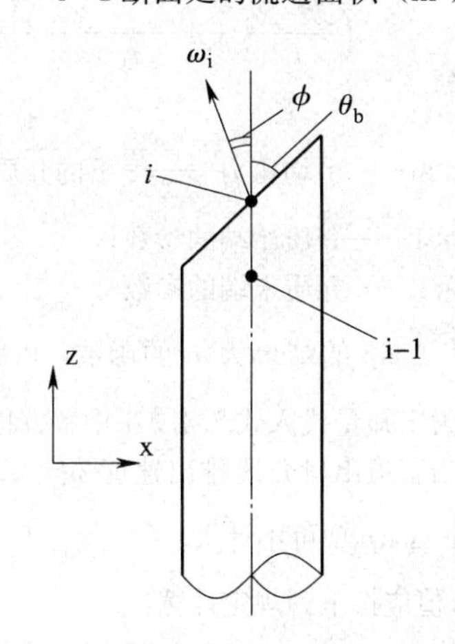

图 7.3.12-8　斜切排汽口示意图

表 7.3.12-1　汽流偏转角与斜切角关系表

斜切角 θ_b	30°	45°	60°
汽流偏转角 ϕ	30°	16°	7°

3）T 型、Y 型排气口的排汽反力，可根据图 7.3.12-9 按下列方法计算：

T_a 型排汽口：

$$F_{iz}=\frac{1}{3.6}G_{i-1}\omega_i\sin\phi \quad (7.3.12\text{-}43)$$

T_b 型排汽口：

$$F_{iz}=\frac{1}{3.6}G_{i-1}\omega_i\cos\phi \quad (7.3.12\text{-}44)$$

Y 型排汽口：

$$F_{iz}=-\frac{1}{3.6}G_{i-1}\omega\cos\ (\phi+\theta) \quad (7.3.12\text{-}45)$$

公式 7.3.12-43～7.3.12-45 中的 $G_{i-1}\omega_i$ 可按式 7.3.12-46 计算。

$$G_{i-1}\omega_i=G_{i-1}\omega_{i-1}+3.6\ (p_{i-1}-2p_a)\ A_{i-1} \quad (7.3.12\text{-}46)$$

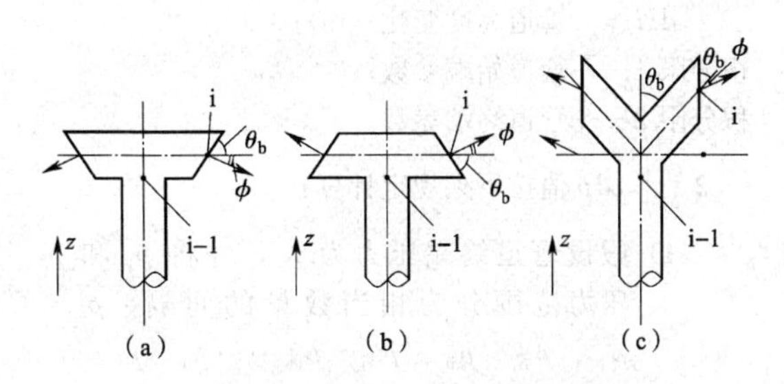

图 7.3.12-9　T 型、Y 型排汽口

7.3.13　压缩空气管道的压力损失应符合下列规定：

1　压缩空气管道的压力损失仅包括直管的摩擦阻力损失和局部摩擦阻力损失，终端和始端的高度差引起的压力损失为零。

2　直管的摩擦阻力损失应按下列公式计算：

$$\Delta P_1=10^{-6}\frac{\lambda\rho\cdot\omega^2}{2}\cdot\frac{L}{D_i} \quad (7.3.13\text{-}1)$$

式中：ΔP_1——直管的摩擦压力损失（MPa）；

L——管道总展开长度（m）；

g——重力加速度（m/s^2）；

D_i——管子内径（m）；

ω——工作状态下的介质流速（m/s）；

ρ——介质密度（kg/m^3）；

λ——管道摩擦系数。

3　局部阻力损失应按下列公式计算：

$$\Delta P_2=10^{-6}\frac{\lambda\rho\cdot\omega^2}{2}\cdot\frac{\sum L_d}{D_i} \quad (7.3.13\text{-}2)$$

或

$$\Delta P_2=10^{-6}\frac{\rho\cdot\omega^2}{2}\cdot\sum\xi \quad (7.3.13\text{-}3)$$

式中：$\sum\xi$——管道中各管件、阀门的局部阻力系数之和；

$\sum L_d$——管道中的管件、阀门的当量长度之和。

4　压缩空气管道总的压力损失应按下列公式计算：

$$\Delta P=\Delta P_1+\Delta P_2 \quad (7.3.13\text{-}4)$$

7.4　两相流体管道系统压力损失

7.4.1　本节适用于介质为饱和水和压力损失较大的高压饱和蒸汽两相流体的管道，主要用于确定管道的通流能力。

7.4.2　管道的通流能力应按下式计算：

$$G=2.827\dot{m}D_i^2 \quad (7.4.2)$$

7.4.3　两相流介质质量流速应按下列规定计算：

1　质量流速应按下式计算：

$$\dot{m}=\sqrt{\frac{2}{\xi_t+4.6\lg\beta}\left(\int_2^1\rho dp+\int_2^1\Delta\rho dp+g\int_2^1\rho^2 dH\right)} \quad (7.4.3\text{-}1)$$

式中：ρ——介质密度（kg/m^3）；

β——管道终端与始端介质比容比；

dp——介质压力变化（Pa）；

dH——管道高度变化（m）；

积分限 1——管道始端参数；

积分限 2——管道终端参数。

2 $\int_2^1 \rho dp$ 值按下列规定计算：

1） 假设管道终端压力为 p_2，并将 p_1 和 p_2 压力范围分为相当数量的间隔：$p_2-p_{Ⅰ}$、$p_{Ⅰ}-p_{Ⅱ}$、$p_{Ⅱ}-p_{Ⅲ}$……p_n-p_1。

2） 任一点压力（$p_{Ⅱ}$）下的计算干度应按以下公式计算：

$$x_n=\frac{h_1-h_n}{r_n} \tag{7.4.3-2}$$

式中：h_1——介质始端焓（kJ/kg）；

h_n、r_n——在压力 p_n 下饱和水的焓和汽化潜热（kJ/kg）。

3） 任一点汽水混合物的比容按公式 7.4.3-3 计算。

$$\nu_n=x_n(\nu_n''-\nu_n')+\nu_n' \tag{7.4.3-3}$$

式中：ν_n''、ν_n'——在压力 p_n 下饱和蒸汽和饱和水的比容（m^3/kg）。

4） $\int_2^1 \rho dp$ 值按公式 7.4.3-4 计算。

$$\int_2^1 \rho dp=\sum_2^1(p_n-p_{n+1})\left(\frac{\rho_n+\rho_{n+1}}{2}\right) \tag{7.4.3-4}$$

式中：ρ_n——各区间段介质密度（kg/m^3）；

p_n——各区间段介质压力（Pa）。

3 $\int_2^1 \rho^2 dH$ 应按下列规定计算：

1） 按公式 7.4.3-5 近似计算。

$$\int_2^1 \rho^2 dH=\rho_m^2(H_1-H_2) \tag{7.4.3-5}$$

式中：H_1、H_2——垂直管段始、末端的标高（m）；

ρ_m——垂直管段中沸水的平均密度（m^3/kg），取值分别如下：

当 $p_1 \geqslant 10.0$MPa 时，$\rho_m=0.85\rho_1$；

当 $p_1=4.5$MPa 时，$\rho_m=0.9\rho_1$；

当 $p_1 \leqslant 1.0$MPa 时，$\rho_m=\rho_1$；

当 p_1 介于上述压力之间时，可采用内插法求 ρ_m。

2） 较精确计算。

首先按第 7.4.4 条规定近似求出 $\dot{m}_c$，令 $\dot{m}=\dot{m}_c$，再按式 7.4.3-6 计算垂直管末端的介质密度 ρ_e 值。

$$\frac{\dot{m}^2}{2}\left(\xi_t+4.6\lg\frac{\rho_1}{\rho_2}\right)=\int_2^1 \rho dp+g\int_2^1 \rho^2 dH \tag{7.4.3-6}$$

式中：ρ_1——管道入口的介质密度（kg/m^3）；

ρ_2——管道出口的介质密度（kg/m^3）。

假设垂直管段末端压力的变化范围，计算出各压力下所对应的饱和水密度 ρ，作辅助曲线 $A=\int_e^1 \rho dp$，$B=A+g\int_e^1 \rho^2 dH$，$C=\frac{\dot{m}^2}{2}(\xi_t+4.6\lg\beta)$。B 和 C 线交点下的压力即为垂直末端压力 p_m，如 p_m 在假定的压力范围内，用内插法求出管段末端介质密度 ρ_m 值，代入下式计算。

$$\int_e^1 \rho^2 dH=\frac{H_1-H_2}{2}(\rho_1^2+\rho_e^2) \tag{7.4.3-7}$$

3） 当计算饱和蒸汽管道时，$\int_e^1 \rho^2 dH$ 项可不计入。

4 $\int_2^1 \Delta\rho dp$ 值应按下列规定计算：

1） $\int_2^1 \Delta\rho dp$ 可按式 7.4.3-8 计算。

$$\int_2^1 \Delta\rho dp=0.2\times10^{-6}(p_1-p_2)\times\left(\frac{\nu_2''-\nu_2'}{r_2}+4\frac{\nu_m''-\nu_m'}{r_m}+\frac{\nu_1''-\nu_1'}{r_1}\right)\dot{m}^2 \tag{7.4.3-8}$$

式中：脚标 m——平均压力 $\frac{p_1+p_2}{2}$ 下的介质参数；

脚标 1——介质始端的参数；

脚标 2——介质末端的参数。

2） $\int_2^1 \Delta\rho dp$ 的结果为 $\dot{m}$ 的函数，可将 $\dot{m}$ 值作为未知量代入式 7.4.3-1 中解方程求 $\dot{m}$ 值。

3） 当管道出口介质排出速度 $\omega_2<120$m/s 时，$\int_2^1 \Delta\rho dp$ 项可不计入。

5 $\lg\beta$ 值应按下列规定计算：

1） 假定 p_2 值，按式 7.4.3-9 计算末端比容 ν_2：

$$\nu_2=x_2(\nu_2''-\nu_2')+\nu_2' \tag{7.4.3-9}$$

式中：x_2——介质末端干度。

2） $\lg\beta$ 值按式 7.4.3-10 计算：

$$\lg\beta=\lg\frac{\nu_2}{\nu_1} \tag{7.4.3-10}$$

7.4.4 管内介质的临界质量流速应按下列规定计算：

1 按式 7.4.4-1 近似计算：

$$\dot{m}=q_c\frac{p_2}{g}\times10^{-4} \tag{7.4.4-1}$$

式中：q_c——系数，可按图 7.4.4 查取；

p_2——管子终端压力（Pa）。

2 按下列规定进行较精确计算：

1） 可按公式 7.4.4-2 计算质量流速：

$$\dot{m}_c=\sqrt{\left(-\frac{\Delta p}{\Delta\nu}\right)_s} \tag{7.4.4-2}$$

式中：Δp——管道终端压力 p_2（p_c）与"水和水蒸气热力学性质图标"中最接近压力级的差值（其值约为 p_2 的 2%～5%）（Pa）；

$\Delta\nu$——在 Δp 范围内按等熵膨胀所得的比容增量（m^3/kg）；

脚标 s——等熵。

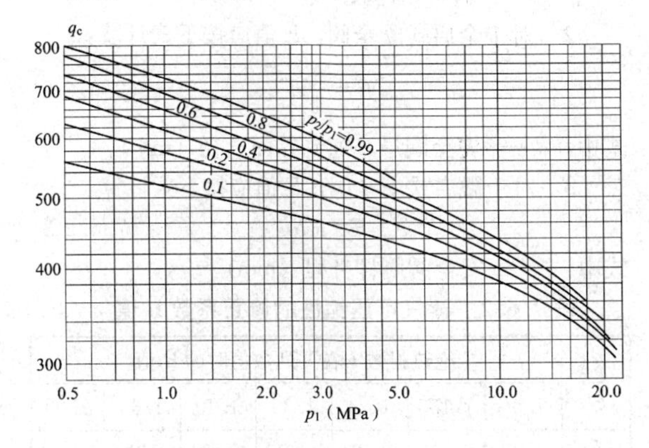

图 7.4.4　饱和水的系数 q_c 值与 p_1 及 p_2/p_1 的关系曲线

2）公式 7.4.4-2 中 $\Delta\nu$ 值可按下列规定计算：

首先按公式 7.4.4-3 计算压力为 p_c 时介质的干度 x：

$$\left(\frac{\dot{m}}{44.732}\right)^2(\nu''-\nu')^2x^2+\left[r_2+2\left(\frac{\dot{m}}{44.732}\right)^2(\nu''-\nu')\nu'\right]x-(h_1-h_2)=0 \quad (7.4.4\text{-}3)$$

式中：$\dot{m}$——质量流速［$kg/(m^2 \cdot s)$］，计算时可先按近似计算法估取；

h_1——始端焓值（kJ/kg）；

h_2——压力为 p 时的饱和水（kJ/kg）；

r_2——压力为 p_c 时的汽化潜热（kJ/kg）。

然后按公式 7.4.4-4 计算蒸汽的干度变量 Δx。

$$\Delta x=\frac{(s''-s')x+s'-s'_\Delta}{s''_\Delta-s'_\Delta}-x \quad (7.4.4\text{-}4)$$

式中：x——压力为 p_c 时蒸汽的干度，按式 7.4.4-3 求值；

s''_Δ、s'_Δ——压力为 $p_c-\Delta p$ 时饱和蒸汽和饱和水的熵［$kJ/(kg \cdot K)$］；

s''、s'——压力为 p_c 时饱和蒸汽和饱和水的熵［$kJ/(kg \cdot K)$］。

比容增量 $\Delta\nu$ 按式 7.4.4-5 计算。

$$\Delta\nu=(\nu''_\Delta-\nu'')x+(\nu''_\Delta-\nu'_\Delta)\Delta x-(1-x)(\nu'-\nu'_\Delta) \quad (7.4.4\text{-}5)$$

式中：ν''、ν'——压力为 p_c 时饱和蒸汽和饱和水的比容（m^3/kg）；

ν''_Δ、ν'_Δ——压力为 $p_c-\Delta p$ 时饱和蒸汽和饱和水的比容（m^3/kg）；

Δx——在等熵膨胀条件下蒸汽的干度变量，按公式 7.4.4-4 求值。

7.4.5　在假定 p_2 值后，按公式 7.4.3-1 和按公式 7.4.4-1 或按公式 7.4.4-2 计算求出的 $\dot{m}$ 和 $\dot{m}_c$ 值应该相等（或相差很小），当没达到此条件，表明 p_2 值假定的不合理，重新假定 p_c 值进行上述计算，直至求出的 $\dot{m}$ 和 $\dot{m}_c$ 值相等（或相差很小）时为止。对于第一次计算结果，如果 $\dot{m}_c<\dot{m}$，表明 p_2 值假定得偏小，如 $\dot{m}_c>\dot{m}$，表明 p_2 值假定得偏大。

7.5　节流孔板孔径计算

7.5.1　水管道上的节流孔板孔径应按以下公式计算：

$$d_k=\sqrt{\frac{421.6G}{\sqrt{\rho\Delta p}}} \quad (7.5.1)$$

式中：d_k——节流孔板的孔径（mm）；

G——通过孔板的流量（t/h）；

ρ——水的密度（kg/m^3）；

Δp——孔板前后压差（MPa）。

7.5.2　蒸汽管道上的节流孔板应按下列规定计算：

1　节流孔板后的压力 p_{2k}，与孔板前的滞止压力 p_{0k} 之比 $\varepsilon_2=\frac{p_{2k}}{p_{0k}}$，当 ε_2 达到 $\varepsilon_c=\left(\frac{2}{k+1}\right)^{\frac{k}{k-1}}$ 时，蒸汽为临界流动。对于过热蒸汽绝热指数 $k=1.3$，$\varepsilon_c=0.546$；对于欠饱和蒸汽绝热指数 $k=1.135$，$\varepsilon_c=0.577$。

2　当蒸汽为临界流动时，节流孔板空洞面积 F_k^* 应按以下公式计算：

$$F_k^*=\frac{G\sqrt{T_0}}{0.367K''\mu_1 p_0\sqrt{\frac{g}{R_n}}} \quad (7.5.2\text{-}1)$$

式中：F_k^*——临界流动时，节流孔板孔洞面积（mm^2）；

G——通过孔板的流量（t/h）；

p_0——孔板前的滞止压力（MPa）；

T_0——孔板前的滞止温度（K）；

g——重力加速度，取为 9.81（m/s^2）；

R_n——气体常数，对于水蒸气取 47；

K''——系数，可按绝热指数 k 值计算，也可由表 7.5.2-1 查取；

μ_1——流量系数，应根据孔形和压差试验确定，可近似按带锐边孔洞由表 7.5.2-2 查取。

表 7.5.2-1　系数 K'' 值

k	1.70	1.50	1.40	1.35	1.30	1.20	1.15	1.135	1.10
K''	0.731	0.701	0.685	0.676	0.667	0.649	0.639	0.636	0.628

表 7.5.2-2　流量系数 μ 值

p_{2k}/p_{0k}	0.676	0.641	0.606	0.559	0.529	0.037
μ	0.680	0.700	0.710	0.730	0.740	0.850

3　当蒸汽为亚临界流动时，即 $p_{2k}/p_{0k}>\varepsilon_c$ 时，孔洞面积 F_k 应按以下公式计算：

$$F_k=\frac{F_k^*}{q_b} \quad (7.5.2\text{-}2)$$

式中：F_k^*——临界流动条件下所需的孔洞面积

(mm²)；但在计算中 μ 值应按实际 $\frac{p_{2k}}{p_{0k}}$ 值由表 7.5.2-2 查取；

q_b——比流量，$q_b=\frac{1}{1-\varepsilon_c}\sqrt{(1-\varepsilon_2)(1-2\varepsilon_c+\varepsilon_2)}$

4 当孔为圆孔时，F_k 或 F_k^* 应按下式计算：

$$F=\frac{\pi}{4}d_k^2 \quad (7.5.2\text{-}3)$$

式中：d_k——节流孔板的孔径（mm）；

F——蒸汽临界流动时的 F_k^* 或亚临界流动的 F_k。

7.6 安全阀的选择计算

7.6.1 装设在锅炉汽包、过热器、再热器等处的安全阀，在缺乏制造厂资料时，或者对于设计压力大于1MPa的蒸汽管道或容器上的安全阀，可按公式7.6.1-1和7.6.1-2计算其流通能力或在给定通流量下确定安全阀个数。

1 排放汽源为过热蒸汽时，安全阀的通流量应按下式计算：

$$G=0.0024\mu_1 nF\sqrt{\frac{p_0}{\nu_0}} \quad (7.6.1\text{-}1)$$

2 排放汽源为饱和蒸汽，安全阀的通流量应按下式计算：

$$G=0.002288\mu_1 nF\sqrt{\frac{p_0}{\nu_0}} \quad (7.6.1\text{-}2)$$

式中：G——介质质量流量，这里指安全阀的通流量（t/h）；

p_0——始端滞止压力，这里指蒸汽在安全阀前的滞止绝对压力（MPa）；

ν_0——始端滞止比容，这里指蒸汽在安全阀前的滞止比容（m³/kg）；

n——并联装设的安全阀数量（个）；

μ_1——安全阀流量系数，应由试验确定或按制造厂资料取值；可取 $\mu_1=0.9$；

F——每个安全阀流通界面的最小断面积，其值应根据制造厂资料按公式 7.6.2-2 或 7.6.2-3 确定。

7.6.2 排放压力为1MPa及以下的蒸汽管道或压力容器，应按下列规定计算安全阀的通流能力或在给定通流量下确定安全阀个数：

1 安全阀的通流能力或在给定通流量下安全阀数量应按下式计算：

$$G=0.00508\mu_2 BnF\sqrt{\frac{p_0-p_2}{\nu_0}} \quad (7.6.2\text{-}1)$$

式中：p_2——蒸汽在安全阀后的绝对压力（MPa）；确定 p_2 时，应计入阀后管道及附件的阻力；

μ_2——安全阀流量系数，应由试验确定或按制造厂资料取值；可取 $\mu_2=0.6$；

B——蒸汽可压缩性的修正系数，与绝热指数 k，压力比 p_2/p_0，阻力等因数有关。对于水，取 $B=1$；对于蒸汽，可按表 7.6.2 查取。

2 对于全启式安全阀，F 值应按下式计算：

$$F=\frac{\pi}{4}d^2 \quad (7.6.2\text{-}2)$$

式中：d——安全阀最小通流界面直径（mm）。

3 对于微启式安全阀，F 值应按下式计算：

$$F=\pi dh \quad (7.6.2\text{-}3)$$

式中：h——安全阀阀杆升程（mm）。

表 7.6.2 蒸气可压缩性的修正系数 *B* 值

$\frac{p_2}{p_1}$	绝热指数 k 在下列数值时的 B 值						
	1.00	1.135	1.24	1.30	1.40	1.66	2.00
0	0.429	0.449	0.464	0.472	0.484	0.513	0.544
0.04	0.438	0.459	0.474	0.482	0.494	0.524	0.556
0.08	0.447	0.469	0.484	0.492	0.505	0.535	0.568
0.12	0.457	0.479	0.495	0.503	0.516	0.547	0.580
0.16	0.468	0.490	0.506	0.515	0.528	0.559	0.594
0.20	0.479	0.502	0.519	0.527	0.541	0.573	0.609
0.24	0.492	0.515	0.546	0.541	0.555	0.588	0.624
0.28	0.505	0.529	0.552	0.556	0.570	0.604	0.641
0.32	0.520	0.545	0.563	0.572	0.587	0.622	0.660
0.36	0.536	0.562	0.580	0.590	0.605	0.641	0.680
0.40	0.553	0.580	0.598	0.609	0.625	0.662	0.702
0.44	0.573	0.600	0.620	0.630	0.647	0.685	0.727
0.48	0.594	0.622	0.643	0.654	0.671	0.711	0.753
0.50	0.606	0.635	0.656	0.567	0.685	0.725	0.765
0.52	0.619	0.648	0.669	0.681	0.699	0.739	0.777
0.54	0.632	0.662	0.684	0.698	0.714	0.752	0.789
0.56	0.646	0.677	0.699	0.711	0.729	0.765	0.800
0.58	0.662	0.693	0.715	0.726	0.743	0.778	0.811
0.60	0.678	0.710	0.730	0.741	0.757	0.790	0.822
0.62	0.695	0.726	0.745	0.756	0.771	0.802	0.833
0.64	0.712	0.742	0.760	0.770	0.785	0.814	0.743
0.66	0.729	0.758	0.775	0.784	0.798	0.826	0.853
0.68	0.748	0.773	0.790	0.798	0.811	0.838	0.863
0.72	0.780	0.803	0.818	0.826	0.837	0.860	0.883
0.76	0.812	0.833	0.846	0.852	0.862	0.882	0.901
0.80	0.845	0.862	0.873	0.878	0.886	0.903	0.919
0.84	0.877	0.891	0.899	0.904	0.910	0.924	0.936
0.88	0.908	0.919	0.925	0.929	0.933	0.944	0.953
0.92	0.939	0.946	0.951	0.953	0.956	0.963	0.969
0.96	0.970	0.973	0.976	0.977	0.978	0.982	0.985
1.00	1.000	1.000	1.000	1.000	1.000	1.000	1.000

8 管道布置

8.1 一般规定

8.1.1 管道的布置应满足工艺流程、安全生产、经济运行和环境保护的要求。

8.1.2 管道的布置应满足总体布置、安装、运行及维修的要求。

8.1.3 管道布置应合理规划，做到整齐有序，可能条件下的美观。

8.1.4 厂房内管道的布置应结合设备布置及建筑结构情况进行，充分利用建筑结构设置管道的支吊装置。

8.1.5 厂房外管道应结合道路、消防和环境等条件合理布置。

8.1.6 小管径与大管径或与刚度较大的管子连接，小管径管子应具有足够的柔性。

8.2 汽水管道

8.2.1 汽水管道布置应符合下列规定：

1 汽水管道宜架空或地上布置，如确有必要可埋地布置或敷设在管沟内，当需要埋地布置时应符合本规范第8.2.8条的有关规定。

2 汽水管道的布置应使管系任何一点的应力值在允许的范围内；应充分利用管系的自补偿能力，在满足管系应力要求的条件下尽量减少补偿管段；应防止出现由于刚度较大或应力较低部分的弹性转移而产生局部区域的应变集中。

3 汽水管道阀门、流量测量装置、蠕变测量截面等的布置应便于操作、维护和检测。

8.2.2 管道布置的净空高度及间距应符合下列规定：

1 当管道横跨人行通道上空时，管子外表面或保温表面与通道地面（或楼面）之间的净空距离，不应小于2000mm。当通道需要运送设备时，其净空距离必须满足设备运送的要求。

2 当图8.2.2中管道横跨扶梯上空时，管子外表面或保温表面至管道正下方踏步的距离 H 不应小于2200mm，至扶梯倾斜面的垂直距离 h，应根据扶梯倾斜角 θ 的不同，分别不应小于表8.2.2所列数值：

表8.2.2 管子或管子保温层表面至扶梯倾斜面的垂直距离表

θ	45°	50°	55°	60°	65°
h（mm）	1800	1700	1600	1500	1400

3 当管道在直爬梯的前方横越时，管子外表面或保温表面与直爬梯垂直面之间净空距离，不应小于750mm。

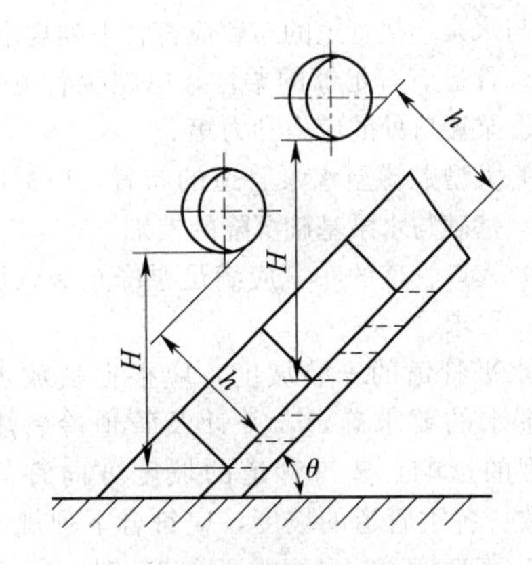

图8.2.2 管道横跨扶梯时的净空要求

4 布置在地面、楼面或平台上的管道与地面之间的净空距离，应符合下列规定：

1）不保温的管道，管子外壁与地面的净空距离，不应小于350mm。

2）保温的管道，保温表面与地面的净空距离，除特殊要求外不应小于300mm。

3）管子靠地面侧没有焊接要求时，上述净空距离可适当减小。

5 管道与墙、梁、柱及设备之间的净空距离，宜符合下列规定：

1）不保温的管道：管子外壁与墙之间的净空距离不宜小于200mm。

2）保温的管道：保温表面与墙之间的净空距离不宜小于150mm。

3）管道与梁、柱、设备之间的局部距离，可按管道与墙之间的净空距离减少50mm。

6 对于平行布置的管道，两根管道之间的净空距离，应符合下列规定：

1）不保温的管道，两管外壁之间的净空距离，不应小于200mm。

2）保温的管道，两管保温表面之间的净空距离，不应小于150mm。

7 当管道有冷热位移时，第4款～第6款规定的各项间距，在计入管道位移后不应小于50mm。

8 多层管廊的层间距离应满足管道安装要求。

8.2.3 管道具体布置要求应符合下列规定：

1 介质的主流不宜在三通内变换方向。

2 当主蒸汽管道、再热蒸汽管道或背压机组的排汽管道为偶数时，宜采用对称式布置。

3 对于两相流管道，当介质流动方向由下向上时，宜先水平后垂直布置；当介质流动方向由上向下时，宜先垂直后水平布置。

4 当蒸汽管道或其他热管道布置在油管道的阀门、法兰或其他可能漏油部位的附近时，应将其布置于油管道上方。当必须布置在油管道下方时，油管道与热管道之间，应采取可靠的隔离措施。

5 与水泵连接管道的布置应符合下列规定：

1）管道应有足够的柔性，以减少管道作用在泵接口处的应力和力矩。

2）大型贮罐至水泵管道的布置，应适应贮罐基础与水泵基础沉降的差别。

3）入口管道的布置应满足泵净正吸入压头的要求。

6 水平管道的安装坡度，应根据疏放水和防止汽机进水的要求确定，并计及管道冷、热态位移对坡度的影响，蒸汽管道的坡度方向宜与汽流方向一致。各类管道的坡度，应符合下列规定：

1）蒸汽管道：温度小于430℃时，$i \geqslant 0.002$；温度大于或等于430℃时，$i \geqslant 0.004$；

2）水管道：$i \geqslant 0.002$；

3）疏水、排污管道：$i \geqslant 0.003$。

4）低压给水管道：$i \geqslant 0.15$。

5）各类母管：$i = 0.001 \sim 0.002$。

6）自流管道的坡度，应按公式8.2.3计算：

$$i \geqslant 1000 \frac{\lambda}{D_i} \cdot \frac{\omega_m^2}{2g} \quad (8.2.3)$$

式中：λ——管道摩擦系数；

D_i——管子内径（mm）；

ω_m——管道平均流速（m/s）。

7）主蒸汽管道、再热蒸汽管道、抽汽管道、汽轮机汽封蒸汽管道和汽轮机本体疏水管道的疏水坡度方向及坡度应符合本规范8.2.5条第6款的规定。

7 以下区域的管道布置不应妨碍设备的维护及检修：

1）需要进行设备维护的区域。

2）设备检修起吊需要的区域，包括整个起吊高度及需要移动的空间。

3）设备内部组件的抽出及设备法兰拆卸需要的区域。

4）设备吊装孔区域。

8 在水平管道交叉较多的地区，宜按管道的走向划定纵横走向的标高范围，将管道分层布置。

9 管道的布置，应保证支吊架的生根结构、拉杆、弹簧等与管子保温层不相碰撞。

10 沿墙布置的管道，不应妨碍门窗的启闭。

11 管道穿过安全隔离墙时应加套管。在套管内的管段不得有焊缝，管子与套管间的间隙应用阻燃的软质材料封堵严密。

8.2.4 管道组成件布置应符合下列规定：

1 两个成型管件相连接时，宜装设一段直管，其长度可按下列规定选用：

1）对于公称尺寸小于DN150的管道，大于或等于150mm；

2）对于公称尺寸小于或等于DN500且大于或等于DN150的管道，大于或等于200mm；

3）对于公称尺寸大于DN500的管道，大于或等于500mm；

4）当直管段内有支吊架或疏水管接头时，还应根据需要适当加长。

2 在三通附近装设异径管时，对于汇流三通，异径管应布置在汇流前的管道上；对于分流三通，异径管应布置在分流后的管道上。

3 水泵入口水平管道上的偏心异径管，当泵入口管道由下向上水平接入泵时，应采用偏心向下布置；当泵入口管道由上向下水平接入泵时，应采用偏心向上布置。

4 主蒸汽和再热蒸汽管道上的水压试验阀或其他隔离装置应靠近过热器出口和再热器进、出口侧布置。

5 在介质温度为450℃以上的主蒸汽和高温再热蒸汽管道上，应在适当位置设置三向位移指示器。

6 阀门的布置应符合以下规定：

1）便于操作、维护和检修。

2）应按照阀门的结构、工作原理、介质流向及制造厂的要求确定阀门及阀杆的安装方式。

3）重型阀门和规格较大的焊接式阀门，宜布置在水平管道上，门杆宜垂直向上；当必须装设在垂直管道上时应取得阀门制造厂的认可。

4）法兰连接的阀门或铸铁阀门，应布置在管系弯矩较小处。

5）水平布置的阀门，除有特殊要求外，阀杆不宜朝下。

6）存在两相流动的管系，调节阀或疏水阀的位置宜接近接受介质的容器。如果条件许可，调节阀或疏水阀应直接与接受介质的容器连接。

7）阀门宜布置在管系的热位移较小位置。

8）抽汽管道的动力止回阀及电动隔断阀宜靠近汽轮机抽汽口布置，止回阀的布置位置应取得汽轮机制造厂的认可。

7 阀门手轮的布置应符合以下规定：

1）布置在垂直管段上直接操作的阀门，操作手轮中心距地面（或楼面、平台）的高度，宜为1300mm。

2）对于图8.2.4平台外侧直接操作的阀门，呈水平布置的操作手轮中心或呈垂直布置手轮平面离开平台的距离Δ，不宜大于300mm。

3）任何直接操作的阀门手轮边缘，其周围至少应保持有150mm的净空距离。

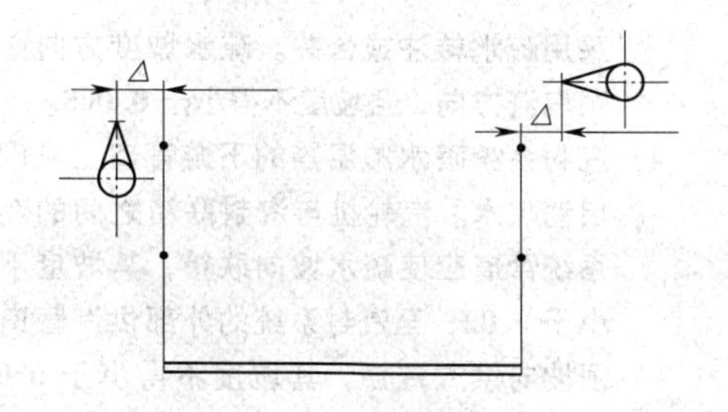

图 8.2.4　阀门手轮与平台距离

4）当阀门不能在地面或楼面进行操作时，应装设阀门传动装置或操作平台。传动装置的操作手轮座，应布置在不妨碍通行的地方，并且万向接头的偏转角不应超过 30°，连杆长度不应超过 4m。

8　流量测量装置前后应有一定长度的直管段。流量测量装置前后允许的最小直管段长度内，不宜装设疏水管或其他接管座。直管段长度可按表 8.2.4 查取，但必须满足流量测量元件制造厂的要求。

表 8.2.4　流量测量装置前后侧的最小直管段长度

d/D_i	流量测量装置前侧局部阻力件形式和最小直管段长度 L_1						流量测量装置后最小直管段长度 L_2（左面所有的局部阻力件形式）
	一个 90°弯头或只有一个支管流动的三通	在同一平面内有多个 90°弯头	空间弯头（在不同平面内有多个 90°弯头）	异径管（大变小，$2D_i \rightarrow D_i$ 长度大于 $3D_i$；小变大 $\frac{1}{2}D_i \rightarrow D_i$，长度大于或等于 $1\frac{1}{2}D_i$）	全开截止阀	全开闸阀	
1	2	3	4	5	6	7	8
0.20	10（6）	14（7）	34（17）	16（8）	18（9）	12（6）	4（2）
0.25	10（6）	14（7）	34（17）	16（8）	18（9）	12（6）	4（2）
0.30	10（6）	14（7）	34（17）	16（8）	18（9）	12（6）	5（2.5）
0.35	10（6）	14（7）	36（18）	16（8）	18（9）	12（6）	5（2.5）
0.40	14（7）	18（9）	36（18）	16（8）	20（10）	12（6）	6（3）
0.45	14（7）	18（9）	38（19）	18（9）	20（10）	12（6）	6（3）
0.50	14（7）	20（10）	40（20）	20（10）	22（11）	12（6）	6（3）
0.55	16（8）	22（11）	44（22）	20（10）	24（12）	14（7）	6（3）
0.60	18（9）	26（13）	48（24）	22（11）	26（13）	14（7）	7（3.5）
0.65	22（11）	32（16）	54（27）	24（12）	28（14）	16（8）	7（3.5）
0.70	28（14）	36（18）	62（31）	26（13）	32（16）	20（10）	7（3.5）
0.75	36（18）	42（21）	70（35）	28（14）	36（18）	24（12）	8（4）
0.80	46（23）	50（25）	80（40）	30（15）	44（22）	30（15）	8（4）

注：1　本表所列数字为管子内径 D_i 的倍数。

2　本表括号外的数字为“附加极限相对误差为零”的数值；括号内的数字为“附加极限相对误差为±0.5%”的数值。

3　表中 d 为喷嘴或孔板孔径；D_i 为管子内径。

9　汽轮机旁路阀宜靠近汽轮机布置，旁路阀前后连接管道的布置应符合制造厂的要求，旁路阀的阀杆宜垂直向上，喷水调节阀应靠近旁路阀的喷水入口。

10　蒸汽管道按疏水坡度方向管径由大变小时，应采用偏心异径管，且异径管的布置应偏心向上。

8.2.5　管道疏水、放水和放气点的设置应符合下列规定：

1　蒸汽管道下列地点应设置经常疏水：

1）经常处于热备用状态的设备进汽管段的低位点。

2）蒸汽不经常流通的管道死端，而且是管道的低位点时。

3）饱和蒸汽管道和蒸汽伴热管道的适当地点。

2　蒸汽管道下列地点应设置启动疏水：

1）按暖管方向分段暖管的管段末端；

2）为了控制管壁升温速度，在主管上端可装设疏汽点；

3）在装设经常疏水装置处，同时应装设启动疏水和放水装置；

4）所有可能积水而又需要及时疏出的低位点；

5）管道上无低位点，但管道展开长度超过100m处。

3　管道的放水装置，应设在管道可能积水的低位点处，蒸汽管道的放水装置应与疏水装置联合装设。

4　水管道可能积存空气的最高位点应装设放气装置。

5　需进行水压试验的蒸汽管道，其可能积存空气的最高位点应装设放气装置。

6　对可能造成汽轮机进水的管道疏水设计必须符合下列规定：

1）从锅炉过热器出口至汽轮机主汽门之间的主蒸汽管道，每个低位点都必须设置自动疏水；在靠近汽轮机主汽门前的每段支管上，必须设置自动疏水；疏水管道内径不得小于19mm，疏水应单独接至疏水扩容器或凝汽器，不得采用疏水转注或合并。主蒸汽管道的疏水坡度方向必须顺汽流方向，且坡度不得小于0.005。

2）每根低温再热蒸汽管道的低位点必须设置带水位测点的疏水收集器；如果低温再热蒸汽管道至给水加热器的进汽管道有低位点时，该低位点必须设置带水位测点的疏水收集器，低温再热蒸汽管道疏水管内径不得小于38mm；从再热器出口至汽轮机中压主汽门之间的高温再热蒸汽管道，每个低位点都必须设置自动疏水。疏水应单独接至疏水扩容器或凝汽器，不得采用疏水转注或合并。再热蒸汽管道的疏水坡度方向必须顺汽流方向，且坡度不得小于0.005。

3）汽轮机抽汽管道最靠近汽轮机的动力止回阀或电动关断阀前应设自动疏水，管道上所有低位点应设置自动疏水。抽汽管道疏水应单独接至疏水扩容器或凝汽器，不得采用疏水转注或合并。疏水坡度方向必须顺汽流方向，且坡度不得小于0.005。

4）汽封系统喷水减温器的下游管道上应设置自动疏水。汽轮机与汽封联箱之间的汽封系统管道应使疏水坡向联箱，其坡度不得小于0.02；至汽封系统的外部供汽管道必须坡向供汽汽源，其坡度不得小于0.02，至轴封加热器的轴封漏气管道必须坡向轴封加热器，其坡度不得小于0.02。

7　管道的疏水、放水装置的设计，应符合下列规定：

1）公称压力大于或等于 *PN*40 的管道放水和放气，应串联装设两个截止阀。

2）蒸汽管道的启动疏水阀门，其中一个应为动力驱动阀。

3）经常疏水的疏水装置，对于公称压力大于或等于 *PN*63 的管道，宜装设节流装置或疏水阀，节流装置后的第一个阀门，应采用节流阀；对于公称压力小于或等于 *PN*40 的管道，宜采用疏水阀；当管道内蒸汽压力较低，适合用U型水封装置时，可用U型水封装置代替疏水阀。

4）疏水收集器应由直径大于或等于 *DN*150 的管子制作，长度应满足安装水位传感器的要求。

5）管道放水应经漏斗接至放水母管或相应排水点。疏水、放水装置的组合形式可按图8.2.5-1～图8.2.5-8选取。

8　设计中应结合具体情况，减少疏水装置的数量，合理简化疏水系统。可按图8.2.5-9～图8.2.5-12选取。

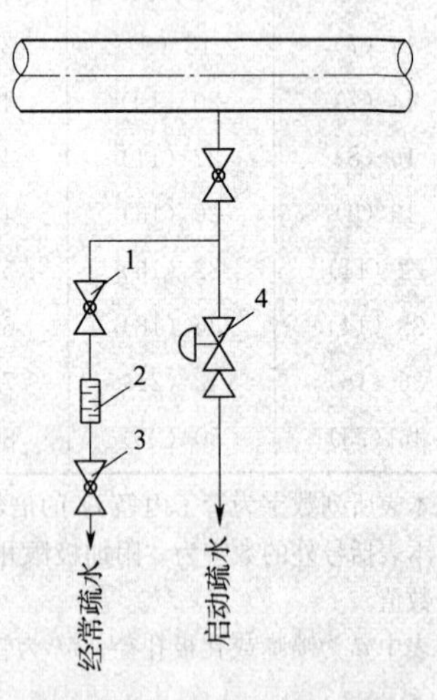

图8.2.5-1　*PN*≥63管道的疏水、放水装置

1—截止阀；2—节流装置；
3—节流阀；4—气动疏水阀

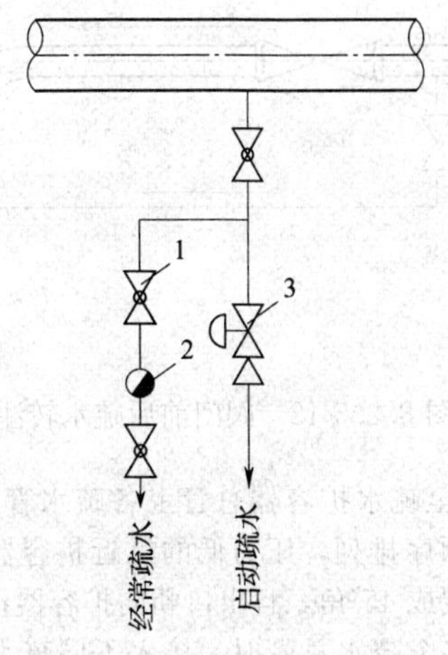

图 8.2.5-2　*PN*40 管道的疏水、放水装置

1—截止阀；2—疏水器；3—气动疏水阀

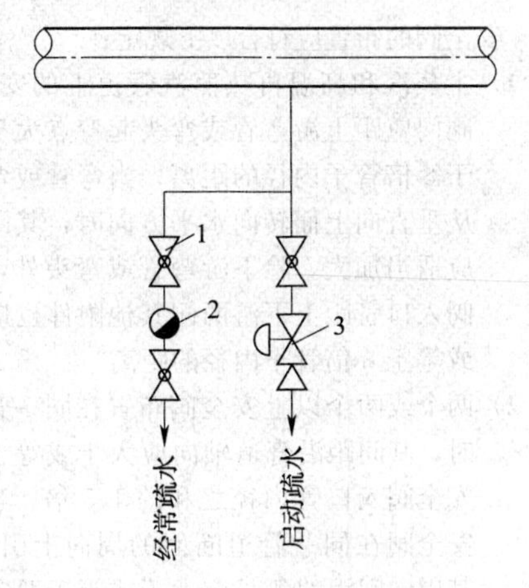

图 8.2.5-3　*PN*≤25 管道的疏水、放水装置

1—截止阀；2—疏水器；3—气动疏水阀

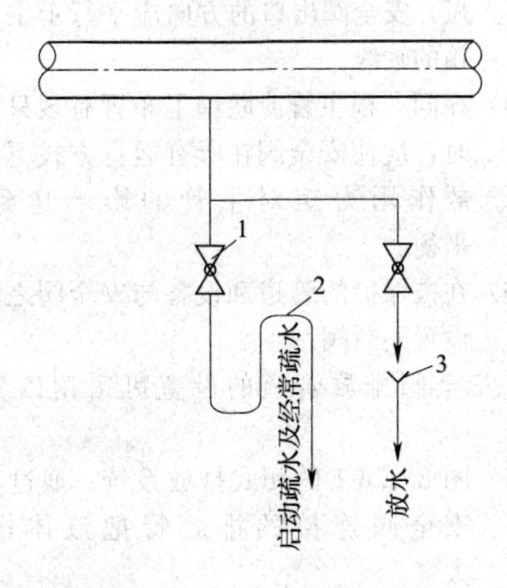

图 8.2.5-4　压力很低的 U 型管疏水、放水装置

1—截止阀；2—水封；3—漏斗

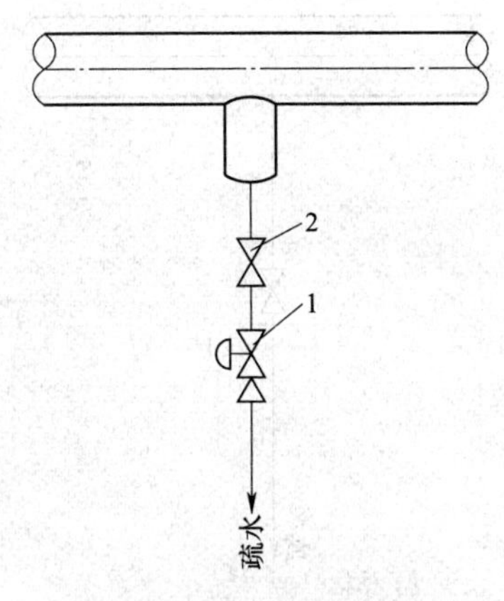

图 8.2.5-5　带疏水收集器的疏水

1—气动疏水阀；2—截止阀

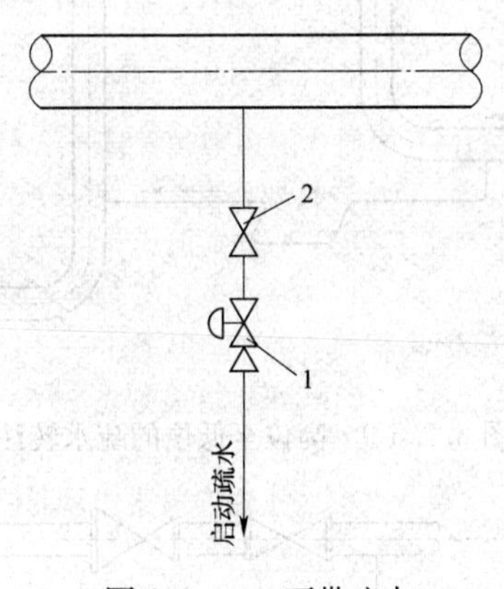

图 8.2.5-6　不带疏水收集器的疏水

1—气动疏水阀；2—截止阀

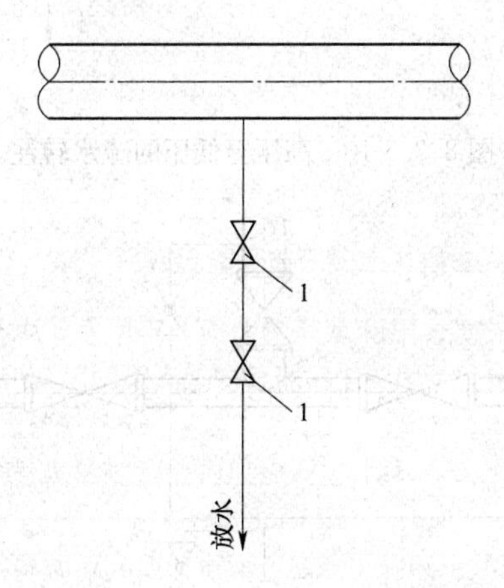

图 8.2.5-7　*PN*≥40 管道的放水和放气

1—截止阀

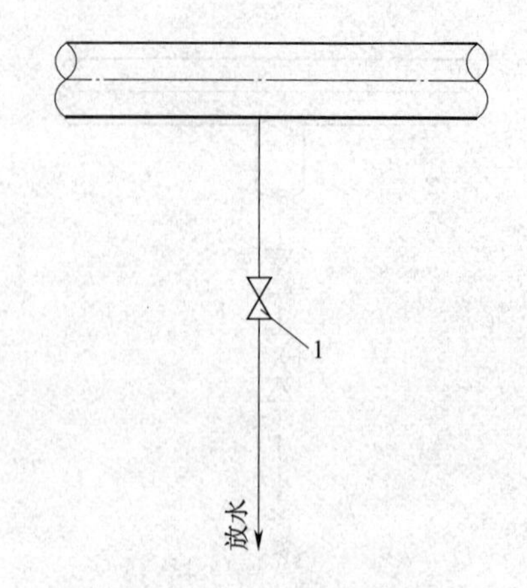

图 8.2.5-8　$PN<40$ 管道的放水和放气

1—截止阀

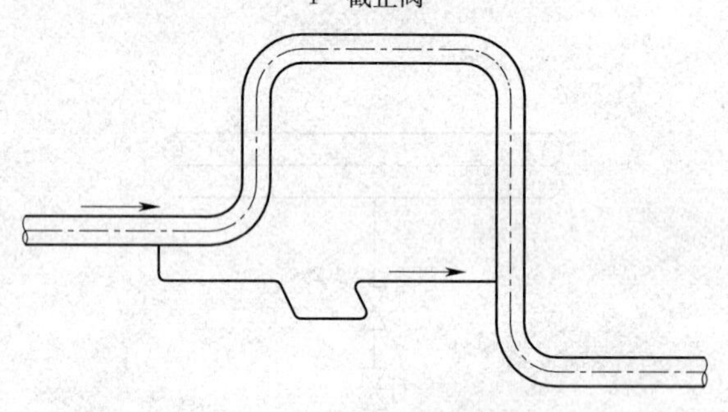

图 8.2.5-9　高位至低位的疏水转注

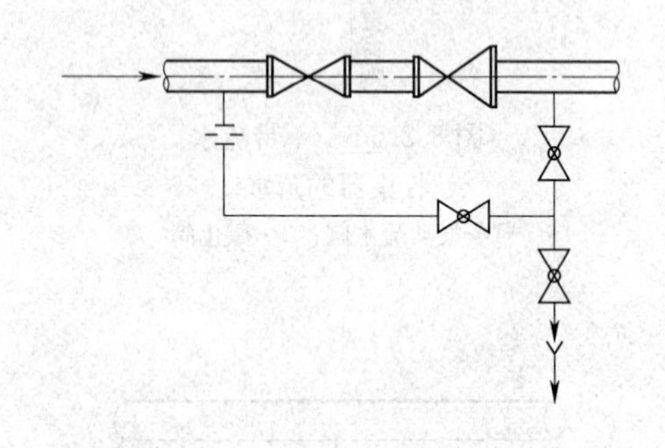

图 8.2.5-10　高压至低压的疏水转注

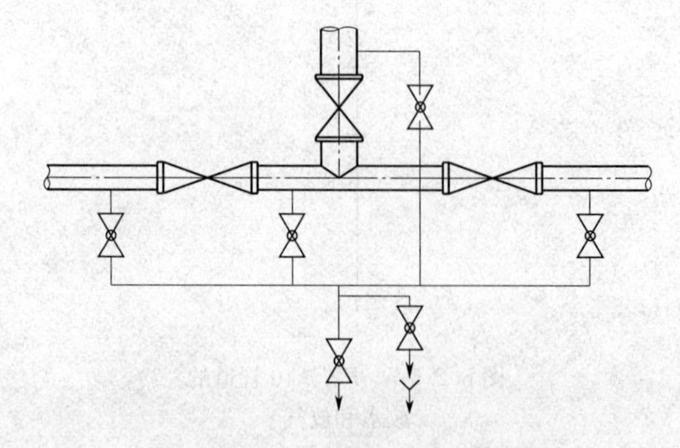

图 8.2.5-11　疏水集中处的疏水合并

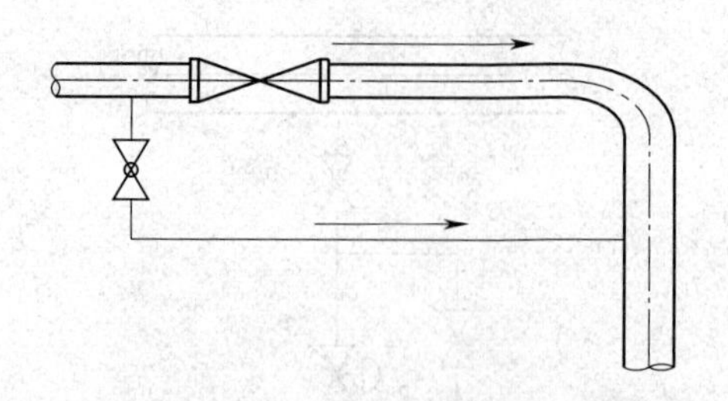

图 8.2.5-12　阀门前后疏水转注

9　接至疏水扩容器总管上各疏水管道的布置，应按压力顺序排列，压力低的靠近扩容器侧，并应与总管轴线成45°角，且出口朝向扩容器；当疏水扩容器上有多个疏水总管时，接入不同疏水总管的疏水按压力由高到低的顺序由下到上依次接入疏水总管。

8.2.6　安全阀及排放管道的布置应符合下列规定：

1　安全阀的布置应符合以下规定：

1) 主蒸汽和高温再热蒸汽管道上的安全阀，阀门应距上游弯管或弯头起弯点大于或等于8倍管子内径的距离；当弯管或弯头是从垂直向上而转向水平方向时，其距离还应适当加大。除下游弯管或弯头外，安全阀入口管距上下游两侧其他附件也应大于或等于8倍管子内径的距离。

2) 两个或两个以上安全阀布置在同一管道上时，其间距沿管道轴向应大于或等于相邻安全阀入口管内径之和的1.5倍。当两个安全阀在同一管道断面的周向上引出时，其周向间距的弧长应大于或等于两安全阀入口内径之和。

3) 当排汽管为开式排放，且安全阀阀管上无支架时，安全阀布置应尽可能使入口管缩短，安全阀出口的方向应平行于主管或联箱的轴线。

4) 在同一根主管或联箱上布置有多只安全阀时，应使安全阀在所有运行方式下，其排放作用力矩对主管的影响达到相互平衡。

5) 在被保护的管道和设备与安全阀之间不应设置隔断阀。

2　安全阀排放管道的设置可采用以下两种方式：

1) 图8.2.6-1的闭式排放系统。通过直接与安全阀连接的排放管把流体排放到大气。

2) 图8.2.6-2的开式排放系统。流体排放到不与安全阀相接的排空管，之后排放到大气。

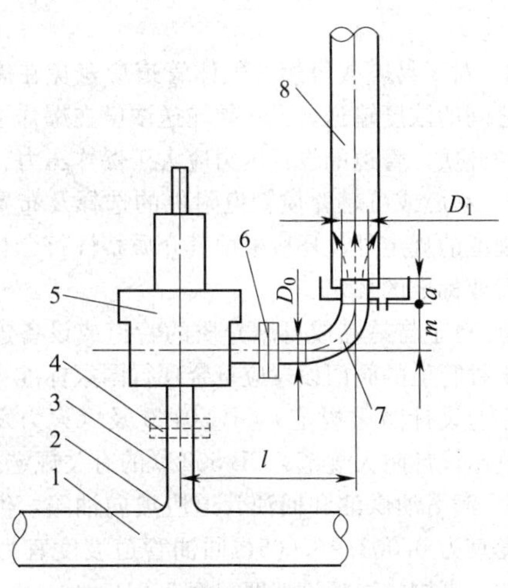

图 8.2.6-1　开式排放安全门装置

1—主管；2—分支接头；3—入口管；4—进口法兰；5—安全阀；6—出口法兰；7—安全阀出口弯头；8—排汽管

3　排放管的设置及布置应符合以下规定：

1）排放管应短而直，减少管线方向的变换次数。不宜采用小弯曲半径的弯头。

2）闭式排放的安全阀排放管的布置不应影响安全阀的排放能力；开式排放的安全阀排放管的布置必须避免在疏水盘处发生蒸汽反喷。如果不能满足这些要求应修改排放管的布置或规格。

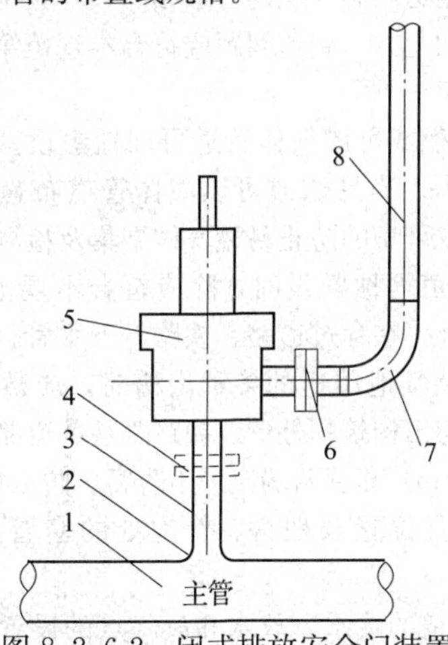

图 8.2.6-2　闭式排放安全门装置

（1～8 同图 8.2.6-1）

3）除水管道安全阀外，安全阀的排放管宜引至厂房外，排出口不应对着其他管道、设备、建筑物以及可能有人到达的场所。排出口应高于屋面或平台 2200mm。

4）每个安全阀宜使用单独排放管。若多个安全阀使用一个排放管，则排放管截面积不应小于所有阀的阀出口截面总和，且应符合本款第 2）项的规定。

5）安全阀的排放管应合理设置支吊架装置以承受其排放反力及其他荷载。

6）安全阀出口与第一只出口弯头之间无支架时，两者之间宜直接连接，如有直管段时应尽可能短。若安全阀的接管承受弯矩，必要时需核算安全阀接口处强度。

7）当采用图 8.2.6-1 的开式系统，且阀门和阀管上无支架时，角式安全阀出口弯头的出口端 a 段应留有一段大于或等于一倍管道内径的直段。

8）蒸汽安全阀排放管的低点宜设置疏放水管道，管道上不设置阀门。

8.2.7　地沟内管道布置应符合下列规定：

1　厂房内的汽水管道除特殊情况外不宜布置在地沟内。

2　如果汽水管道布置在地沟内应符合下列规定：

1）管道的布置应方便检修及更换管道组成件。

2）宜采用单层布置。当采用多层布置时，可将管径小、压力高、有阀门或法兰连接的管道布置在上面。

3　地沟内布置的管道，按图 8.2.7，各种净空应符合下列规定：

1）不保温的管道，管子外壁至沟壁的净空距离 Δ_1＝100mm～150mm；管子外壁至沟底的净空距离 Δ_2 不应小于 200mm；相邻两管外壁之间的净空距离，垂直方向 Δ_3 不应小于 150mm，水平方向 Δ_4 不应小于 100mm。

2）保温的管道，在计入冷、热位移条件下，除保证上述净空距离外，且保温后的净空距离不应小于 50mm。

3）多层布置时，上层管道应有一个大于或等于 400mm 的水平间距 Δ_5。

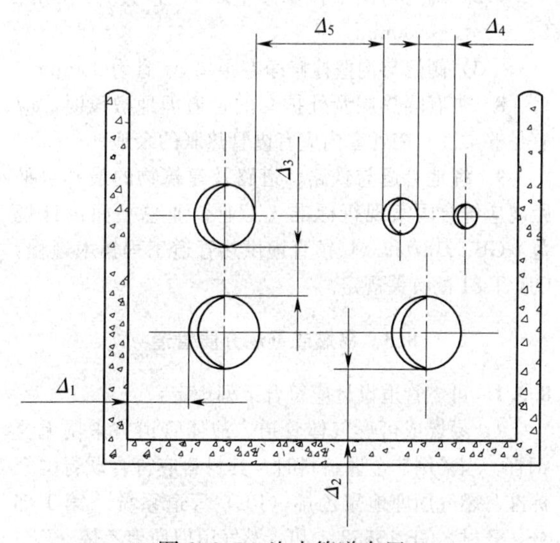

图 8.2.7　沟内管道布置

8.2.8 埋地管道布置应符合下列规定：

1 温度小于或等于150℃、压力小于或等于2.35MPa的水管道或无压排水管道在必要时可埋地布置。

2 埋地管道应采取防腐处理。

3 埋地管道不应穿越设备基础。

4 穿越检修通道的埋地管道，根据上部可能发生的荷载确定埋深，顶部至路面的高度不宜小于700mm，必要时应加防护套管。

5 大直径薄壁管道深埋时，应满足在土壤压力下的稳定性及刚度要求。

6 厂房外埋地管道应结合冻土层深度、地下水位和管子自身刚度综合确定；管道埋深应在冰冻线以下，当无法实现时，应有可靠的防冻保护措施。

7 埋地布置管道的阀门或法兰处应设检修井，按图8.2.8，检修井的布置尺寸应符合下列规定：

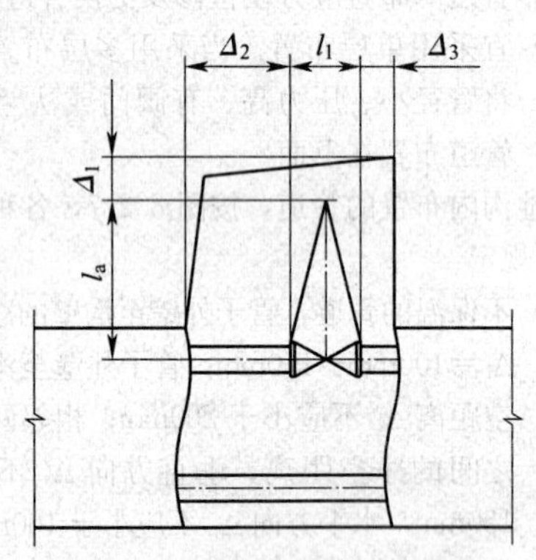

图8.2.8 检修井内阀门布置尺寸
l_1—阀门长度；l_a—阀门中心线至开启后门杆（或手轮顶端）的长度

1）开启后阀杆净空距离 Δ_1 不宜小于100mm。

2）阀门与沟壁检修净空距离 Δ_2 宜为400mm～500mm。

3）阀门与沟壁检修净空距离 Δ_3 宜为200mm。

8 带有隔热层及外护套的管道埋地敷设时，应有足够柔性，在外套内应有内管热胀的余地。

9 埋地管道与铁路、道路及建筑物的最小水平距离应符合国家现行标准《工业企业总平面设计规范》GB 50187和《城镇直埋供热管道工程技术规程》CJJ/T 81的有关规定。

8.3 易燃或可燃介质管道

8.3.1 可燃管道设计应符合下列规定：

1 易燃或可燃气体管道、液体管道宜采用无缝钢管。当采用非金属材料时，其材料应符合现行国家标准《燃气用埋地聚乙烯（PE）管道系统 第1部分：管材》GB 15558.1和《燃气用埋地聚乙烯（PE）管道系统 第2部分：管件》GB 15558.2的有关规定。

2 对于易燃或可燃的气体管道应避免在爆炸上下限之间的浓度输送，当必须输送浓度在爆炸上下限之间的介质，管道的设计压力应大于爆炸压力。

3 易燃或可燃介质管道附件的选择及布置除符合本规范的规定外，还应根据其介质特性符合相关国家和行业标准的规定。

4 对于与易燃或可燃介质的管道或设备连接的公用工程管道的阀门设置应符合现行国家标准《石油化工企业设计防火规范》GB 50160及《火力发电厂与变电站设计防火规范》GB 50229的有关规定。

5 润滑油供油和回油管道应坡向油箱，供油管道坡度宜为0.003～0.005，回油管道坡度宜为0.02～0.03。事故放油管道坡度宜为0.01。

6 事故放油管道及管件的材料、型式以及布置等应符合现行行业标准《火力发电厂油气管道设计规程》DL/T 5204的有关规定。

7 管道的补偿严禁采用填料函式补偿器。

8 为防止静电累积，易燃或可燃介质管道应设计完善的静电接地系统。

9 氢气管道的管道组成件材料、型式以及布置等应符合现行国家标准《氢气站设计规范》GB 50177的规定。

8.3.2 管道的布置应符合下列规定：

1 管道宜架空敷设，管道宜布置在管架的上层，且不宜与输送高温介质的管道相邻，并应位于腐蚀性介质管道的上方。管道间距应符合本规范第8.2.2条的有关规定。

2 易燃或可燃气体管道可埋地敷设，但不宜布置在管沟内。当易燃或可燃液体管道布置在管沟内时，应采取可靠的防止易燃气体聚集及检测措施。

3 管道埋地敷设时，除应符合本规范第8.2.8条的规定外，在穿过道路、铁路、下水管、管沟、地沟、隧道及其他用途的各种沟槽时，应敷设在套管内。套管伸出构筑物外壁、铁路路基、道路路肩长度不应小于1m。套管两端应采用防腐、防水材料密封。在穿越重要位置及地沟、管沟处的套管应安装检漏管。

8.3.3 管道的疏水、放水和放气点的设置应符合下列规定：

1 易燃或可燃介质管道的疏水、放水及放气系统应采取可靠的措施防止泄漏。疏水系统的每一个疏水管道上应设置1只止回阀。在严寒地区还应采取防冻措施。

2 埋地管道的疏水收集器应布置在冻土层以下，其放水管道应有可靠的防冻措施。

8.3.4 管道的安全排放系统应符合下列规定：

1 管道应设置安全排放系统，排放口不得设置在室内。管道排气放散管及安全阀排放管宜单独设置，也可接至同压力等级的放散竖管排向大气，排放系统的设计参数应按照输送介质的有关规范计算后确定。

2 易燃气体管道的排放管宜竖直布置，管口应装设阻火器，不宜在排放口设置弯管或弯头。

3 在寒冷地区的排放管道应有防冻、防堵塞的措施。

4 排放管道出口不应直对其他管道、设备、建筑物以及可能有人到达的场所。排出口高于屋面或平台的高度应符合相关标准规定。

8.3.5 管道应设置清扫系统、检修置换系统。

8.3.6 严寒地区的易燃或可燃液体管道应根据介质特性设置管道伴热系统。伴热系统宜采用电伴热或热水伴热。

8.4 有毒气体或液体管道

8.4.1 管道的设计应符合下列规定：

1 管道材料应采用无缝钢管，管道组成件的壁厚选择应按照本规范第6章的要求选取，腐蚀裕量应取上限值。

2 管道的连接应采用焊接或焊接带颈法兰连接。当必须采用螺纹连接时，应根据介质特性及运行条件采用可靠的密封材料及密封措施。

3 管道的支管连接应采用成型件。

4 在工艺管道上引出的仪表管道，应在靠近工艺管道处设置一只便于操作的隔离阀门。

5 管道的补偿严禁采用填料函式补偿器。

8.4.2 管道的布置应符合下列规定：

1 管道宜架空敷设，且宜布置在管架的上层，对有腐蚀性的有毒介质管道应布置在管架的下层。管道不应埋地敷设。

2 管道的应力分析计算应符合本规范第9章的规定，不得采用简化计算，管系的设计应尽量减少冲击和振动荷载。

8.4.3 管道系统的疏水、放水和放气点的设置应符合本规范第8.2节的有关规定，所有的排放介质应进行妥善的回收并接入无害化处理系统。

8.4.4 有毒介质在装置区内严禁设置对空排放管道。气体的安全排放管道应接入火炬排放系统，在厂外管架部分的安全排放管道宜接入火炬系统，如果排放量少且通过环评批准后可以对空排放，排放口应设置在空旷无人地带，排放口应高出管架最高处至少3m。液体的安全排放管道应有可靠的回收措施。

8.4.5 管道应设置置换系统。

8.5 腐蚀性介质管道

8.5.1 管道材料必须根据其介质特性选用。当采用非金属材料时，其材料应符合现行国家标准的有关规定。

8.5.2 腐蚀性介质管道应采用严密型阀门，阀门本体的密封应有可靠的防泄漏措施。

8.5.3 管道宜布置在所有管道的下层。

8.5.4 管道系统疏水、放水和放气点及安全排放管道的设置应符合本规范第8.2.5条的有关规定。所有的排放介质应进行妥善的回收并接入无害化处理系统。

8.5.5 管道不宜布置在经常有人通行处的上方，必须架空敷设时，法兰、接头处应采取防护措施。

8.6 其他气体管道

8.6.1 输送压缩空气、氮气、氧气、二氧化碳管道的管道组成件材料、型式及布置等应符合现行行业标准《火力发电厂油气管道设计规程》DL/T 5204的有关规定。

8.6.2 压缩空气管道顺气流方向时，管道坡度不应小于0.003，逆气流方向时，管道坡度不应小于0.005。

8.7 厂区管道的布置

8.7.1 管道敷设方式应根据厂区规划布局以及介质的特性进行选择。厂区管道可采用架空、地沟或埋地敷设。

8.7.2 汽水管道宜采用架空敷设，也可采用地沟或埋地敷设。

8.7.3 有伴热的管道不应直接埋地。

8.7.4 共沟敷设管道的要求应符合现行国家标准《工业企业总平面设计规范》GB 50187的有关规定。

8.7.5 地沟敷设的管道设有补偿器、阀门及其他需维修的管道附件时，应将其布置在符合安全要求的井室中，井内应有宽度大于或等于0.5m的维修空间。

8.7.6 在道路、铁路上方的管道不应安装阀门、法兰、螺纹接头及带有填料的补偿器等可能泄露的管道附件。

8.7.7 管道与管道及电缆间的最小水平间距应符合现行国家标准《工业企业总平面设计规范》GB 50187的有关规定。

8.7.8 厂区管道的布置应符合本规范第8.1节～第8.6节的有关规定。

9 管道的应力分析计算

9.1 一般规定

9.1.1 管道系统应力分析计算的内容应包括计算管道在内压、自重和其他外部荷载作用下所产生的一次应力和在热胀、冷缩及端点附加位移等荷载所产生的二次应力，还应包括计算管道对设备和固定装置的作用力及力矩。

9.1.2 管道对所连接设备的作用力和力矩应在制造厂设备安全承受的范围内。管道对压力容器管口上的作用力和力矩应作为校核容器强度的依据条件。

9.1.3 根据需要及工程约定，应力分析计算时应计入以下偶然荷载的作用：

1 室外露天布置的管道应计入风荷载的作用；在有雪和冰冻的地区应计入雪荷载和冰荷载的作用。

2 除有特殊要求外地震烈度大于8度的地区应计入地震荷载的作用，但可不计入地震荷载与风荷载同时出现的工况。

3 其他可能发生的偶然荷载的作用。

9.1.4 进行管道系统的应力分析计算时，假定整个管道系统为弹性体。

9.1.5 适当的冷紧可减少管道运行初期的热态应力和管道对端点的热态推力，并可减少管道系统的局部过应变，与冷紧和验算的应力范围无关。

9.2 管道应力分析计算的范围及方法

9.2.1 管道应力分析计算的范围应符合下列规定：

1 主蒸汽管道、低温再热蒸汽管道、高温再热蒸汽管道及汽轮机旁路系统管道、给水管道、汽轮机各级抽汽管道以及辅助蒸汽管道等必须进行应力分析计算。

2 进行应力分析计算的管道公称尺寸范围应按设计温度、管道布置以及机组容量大小等具体情况确定。

9.2.2 管道应力分析计算的方法可采用：

1 用经过实际工程验证的并经过鉴定的计算软件进行应力分析计算。

2 对于低参数及简单的管道，可采用近似分析方法，包括表格法、图解法、经验公式法等进行简化分析计算。

9.3 管道应力分析计算的基本要求

9.3.1 在进行管道应力分析时宜按以下原则划分管道系统：

1 以设备连接点或固定点之间连接的各管段（包括分支管段）构成一个独立的计算管系，每一计算管系中应包括其所有管件和各种约束。

2 如果分支管段的刚度与主管的刚度相差较大时才可将分支管段划为另一计算管道系统，但应计入主管在分界点处附加给分支管段的准确线位移和角位移。

9.3.2 管道应力分析应符合下列规定：

1 在进行作用力和力矩计算时，应采用右旋直角坐标系作为基本坐标系。基本坐标系的原点可任意选择，并宜按计算机程序确定，Z轴宜为向上的垂直轴，X轴宜为沿主厂房纵向的水平轴，Y轴宜为沿主厂房横向的水平轴。

2 管道与设备相连接时，应计入管道端点处的附加位移，包括线位移和角位移。

3 进行分析和计算的管件，应按本规范附录D计入柔性系数和应力增加系数。

4 应计入各种类型支吊装置的作用。

5 管道运行中可能出现多种工况时，应按各工况的条件分别分析计算。

6 分析计算中的任何假设与简化，不应对分析计算结果的作用力、应力等产生不利或不安全的影响。

7 支吊架生根在有位移的设备或管道上时，分析计算时应计入其附加矢量热位移。

9.4 管道应力验算

9.4.1 管道在内压作用下的应力验算应符合下列规定：

1 管道在工作状态下，由内压产生的折算应力不得大于钢材在设计温度下的许用应力应按下式计算：

$$\sigma_{eq}=\frac{p\left[0.5D_o-Y\ (S-C)\right]}{\eta\ (S-C)}\leqslant[\sigma]^t \tag{9.4.1}$$

式中：σ_{eq}——内压折算应力（MPa）；

p——设计压力（MPa）；

D_o——管子外径（mm）；

S——管子实测最小壁厚（mm）；

Y——温度对计算管子壁厚公式的修正系数，按第6.2节规定确定；

η——许用应力的修正系数，按第6.2节规定确定；

C——腐蚀、磨损和机械强度的附加厚度（mm）；

$[\sigma]^t$——钢材在设计温度下的许用应力（MPa）。

2 当管道在运行中有压力和/或温度波动，且超过设计压力和/或设计温度时，计算压力产生环向应力不应超过相应温度下许用应力的下列百分比值：

1）15%，任何一次不超过8h，全年不超过800h。

2）20%，任何一次不超过1h，全年不超过80h。

9.4.2 管道在工作状态下，由内压、自重和其他持续外载产生的轴向应力之和，必须符合下式的规定：

$$\sigma_l=\frac{pD_i^2}{D_o^2-D_i^2}+0.75\frac{iM_a}{W}\leqslant1.0\,[\sigma]^t \tag{9.4.2}$$

式中：p——设计压力（MPa）；

D_o——管子外径（mm）；

D_i——管子内径（mm）；

M_a——由于自重和其他持续外载作用在管子横截面上的合成力矩（N·mm）；

W——管子截面抗弯矩（mm³）；

$[\sigma]^t$——钢材在设计温度下的许用应力（MPa）；

i——应力增加系数，按附录D选取，0.75i不得小于1；

σ_l——管道在工作状态下，由持续荷载，即内压、自重和其他持续外载产生的轴向应力之和（MPa）。

9.4.3 管道在工作状态下由内压、自重、其他持续外载和地震等偶然荷载的作用下，所产生的应力之和应符合下式的规定：

$$\frac{pD_i^2}{D_0^2-D_i^2}+0.75\frac{iM_a}{W}+0.75\frac{iM_b}{W}\leqslant K[\sigma]^t \tag{9.4.3}$$

式中：K——系数，当任何一次偶然荷载作用时间不大于8h，全年不超过800h时，$K=1.15$；当任何一次偶然荷载作用时间不大于1h，全年不超过80h时，$K=1.20$；

M_b——安全阀或释放阀的反作用力、管道内流量和压力的瞬时变化及地震等产生的偶然荷载作用在管子横截面上的合成力矩（N·mm）；当地震设防烈度为8度及以上时，应计入地震对管道的影响。在验算时，M_b中的地震力矩只取用变化范围的一半。地震引起管道端点位移，如果已在式9.4.4-1中计及，则在式9.4.3中不再计入。

9.4.4 管道系统热胀应力范围应符合以下规定：

1 当钢材的许用应力值按本规范确定时，管道系统热胀应力范围必须符合下式的规定：

$$\sigma_e=\frac{iM_c}{W}\leqslant f\left[1.2[\sigma]^{20}+0.2[\sigma]^t+([\sigma]^t-\sigma_l)\right] \tag{9.4.4-1}$$

式中：$[\sigma]^{20}$——钢材在20℃时的许用应力（MPa）；

M_c——按全补偿值和钢材在20℃时的弹性模数计算的，热胀引起的合成力矩（N·mm）；

W——管子截面抗弯矩（mm³）；

σ_e——热胀应力范围（MPa）；

f——应力范围的减小系数。

2 预期电厂在运行年限内，系数f与管道全温度周期性的交变次数N有关，可按以下规定选取：

1） 当$N\leqslant 2500$时，$f=1$。

2） 当$N>2500$时，$f=4.78N^{-0.2}$。

3） 如果温度变化的幅度有变动，可按下式计算当量全温度交变次数。

$$N=N_e+r_1^5N_1+r_2^5N_2+\cdots+r_n^5N_n \tag{9.4.4-2}$$

式中：N_e——计算热胀应力范围σ_e时，用全温度变化ΔT_e的交变次数。

N_1，N_2，…，N_n——分别为温度变化较小ΔT_1，ΔT_2，…，ΔT_n的交变次数；

r_1，r_2，…，r_n——分别为比值$\Delta T_1/\Delta T_e$，$\Delta T_2/\Delta T_e$，…，$\Delta T_n/\Delta T_e$；交变次数N与应力范围减小系数f应符合表9.4.4的规定；

表9.4.4 交变次数N与应力范围减小系数f

交变次数	应力范围减小系数
$N\leqslant 2500$	$f=1.0$
$N=4000$	$f=0.9$
$N=7500$	$f=0.8$
$N=15000$	$f=0.7$

4） 如果公式9.4.3中M_b未计入地震引起的端点位移，公式9.4.4-1的M_c应计入地震引起的端点位移的力矩。

9.4.5 管道系统的当量合成力矩、管子及管件的截面抗弯矩计算应符合以下规定：

1 用公式9.4.2、9.4.3、9.4.4-1验算直管元件、弯管和弯头时，合成力矩M_j应按以下公式计算：

$$M_j=\sqrt{M_{xj}^2+M_{yj}^2+M_{zj}^2} \tag{9.4.5-1}$$

式中：M_j——合成力矩（N·mm），其中注脚j相当于式9.4.2、9.4.3、9.4.4-1中的注脚a、b和c；

M_{xj}、M_{yj}、M_{zj}——计算节点分别沿x、y、z坐标平面的力矩。

2 直管、弯管、弯头的截面抗弯矩，应按以下公式计算。

$$W=\frac{\pi}{32D_o}(D_o^4-D_i^4) \tag{9.4.5-2}$$

式中：W——截面抗弯矩（mm³）；

D_o——管子外径（mm）；

D_i——管子内径（mm）。

3 按图 9.4.5 验算等径三通时，应按公式 9.4.5-1 分别计算各分支管的合成力矩，按三通的交叉点取值，管子截面抗弯矩按公式 9.4.5-2 和连接管子尺寸计算。

4 验算不等径三通时，应按下列规定分别计算主管两侧和支管的合成力矩：

1）三通支管的合成力矩应按以下公式计算：

$$M_a\ (M_b \text{ 或 } M_c) = \sqrt{M_{x3}^2 + M_{y3}^2 + M_{z3}^2} \quad (9.4.5\text{-}3)$$

式中：M_a、M_b、M_c——合成力矩（N·mm）。

2）三通支管的当量截面抗弯矩应按以下公式计算：

$$W = \pi\ (r_{mb})^2 S_{b3} \quad (9.4.5\text{-}4)$$

式中：W——截面抗弯矩（mm^3）；

r_{mb}——支管平均半径（mm）；

S_{b3}——支管当量壁厚（mm）；公式 9.4.4-1 中取用主管公称壁厚 S_{nh} 和 i 倍支管公称壁厚 iS_{nb} 二者中的较小值。公式 9.4.2、9.4.3 中取用主管公称壁厚 S_{nh} 和 $0.75iS_{nb}$ 二者中的较小值，其中 $0.75i$ 大于或等于 1.0。

3）主管的合成力矩应按下列公式计算：

$$M_a\ (M_b \text{ 或 } M_c) = \sqrt{M_{x1}^2 + M_{y1}^2 + M_{z1}^2} \quad (9.4.5\text{-}5)$$

$$M_a\ (M_b \text{ 或 } M_c) = \sqrt{M_{x2}^2 + M_{y2}^2 + M_{z2}^2} \quad (9.4.5\text{-}6)$$

式中：M_a、M_b、M_c——合成力矩（N·mm）。

4）主管的截面抗弯矩图应根据 9.4.5 按公式 9.4.5-2 计算，各合成力矩应按三通的交叉点取值。

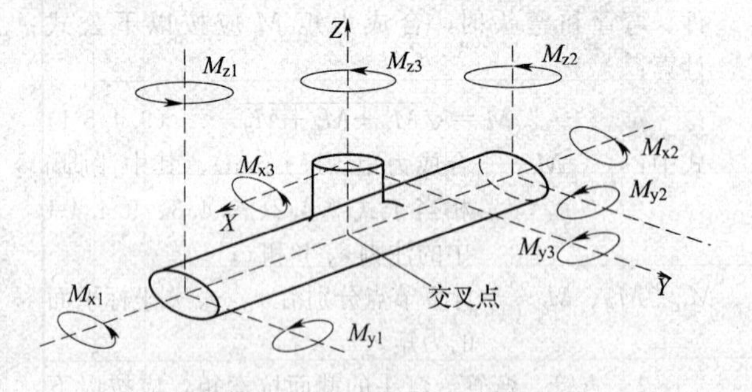

图 9.4.5 三通力矩验算

5 支管接管座的合成力矩应按式 9.4.5-7 计算：

$$M_a\ (M_b \text{ 或 } M_c) = \sqrt{M_{x3}^2 + M_{y3}^2 + M_{z3}^2} \quad (9.4.5\text{-}7)$$

式中：M_a、M_b、M_c——合成力矩（N·mm）。

6 接管座的截面抗弯矩应按式 9.4.5-8 计算：

$$W = \pi\ (r'_{mb})^2 S_b \quad (9.4.5\text{-}8)$$

式中：W——截面抗弯矩（mm^3）；

r'_{mb}——支管平均半径（mm）；

S_b——三通支管的实际壁厚（实测）或按采购技术条件所允许的最小壁厚（mm）。

9.5 管系补偿值计算及冷紧

9.5.1 管系的全补偿值计算应符合以下规定：

1 当端点无附加角位移时，计算管系或分支的线位移全补偿值可按下列公式计算：

$$\Delta X = \Delta X_b - \Delta X_a - \Delta X_{ab}^t \quad (9.5.1\text{-}1)$$

$$\Delta Y = \Delta Y_b - \Delta Y_a - \Delta Y_{ab}^t \quad (9.5.1\text{-}2)$$

$$\Delta Z = \Delta Z_b - \Delta Z_a - \Delta Z_{ab}^t \quad (9.5.1\text{-}3)$$

$$\Delta Xt_{ab} = \alpha_t\ (X_b - X_a)\ (t - t_{amb}) \quad (9.5.1\text{-}4)$$

$$\Delta Yt_{ab} = \alpha_t\ (Y_b - Y_a)\ (t - t_{amb}) \quad (9.5.1\text{-}5)$$

$$\Delta Zt_{ab} = \alpha_t\ (Z_b - Z_a)\ (t - t_{amb}) \quad (9.5.1\text{-}6)$$

式中：ΔX，ΔY，ΔZ——计算管系沿坐标轴 X、Y、Z 的线位移全补偿值（mm）；

ΔX_a，ΔY_a，ΔZ_a——计算管系的始端 a 沿坐标轴 X、Y、Z 的附加线位移（mm）；

ΔX_b，ΔY_b，ΔZ_b——计算管系的末端 b 沿坐标轴 X、Y、Z 的附加线位移（mm）；

ΔX_{ab}^t，ΔY_{ab}^t，ΔZ_{ab}^t——计算管系 ab 沿坐标轴 X、Y、Z 的热伸长量（mm）；

α_t——钢材从 20℃至工作温度下的线膨胀系数（10^{-6}/℃），常用钢材的线膨胀系数列于附录 A；

X_a，Y_a，Z_a——计算管系的始端 a 的坐标值（mm）；

X_b，Y_b，Z_b——计算管系的末端 b 的坐标值（mm）；

t——工作温度（℃）；

t_{amb}——计算安装温度（℃）；可取用 20℃。

2 当管道沿坐标轴 X、Y、Z 方向采用不同冷紧比时，沿坐标轴 X、Y、Z 的线位移冷补偿值应按下列公式计算：

$$\Delta X^{20} = \Delta X_{ab}^{cs} \quad (9.5.1\text{-}7)$$

$$\Delta Y^{20} = \Delta Y_{ab}^{cs} \quad (9.5.1\text{-}8)$$

$$\Delta Z^{20} = \Delta Z_{ab}^{cs} \quad (9.5.1\text{-}9)$$

式中：ΔX^{20}，ΔY^{20}，ΔZ^{20}——计算管系或分支沿坐标轴 X、Y、Z 的线位移冷补偿值（mm）；

ΔX_{ab}^{cs}、ΔY_{ab}^{cs}、ΔZ_{ab}^{cs}——计算管系或分支 ab 沿坐标轴 X、Y、Z 的冷紧值（mm）。

9.5.2 管系的冷紧宜符合下列规定：

1 设计温度在 430℃及以上的管道宜进行冷紧，冷紧比不宜小于 0.7。

2 当需要减小管道在工作状态下对设备的推力和力矩时，可进行冷紧。冷紧有效系数，对工作状态取 2/3，对冷状态取 1。

9.6 管道对设备或端点的作用力

9.6.1 管道对设备或端点的推力和力矩可按下列规定计算：

1 按热胀、端点附加位移、有效冷紧、自重和其他持续外载及支吊架反力作用的条件，计算管道运行初期工作状态下的力和力矩。

2 按冷紧、自重和其他持续外载及支吊架反力作用的条件，计算管道运行初期冷状态下的力和力矩。

3 按应变自均衡的目标，自重和其他持续外载及支吊架反力作用的条件，计算管道应变自均衡后在冷状态下的力和力矩。

4 按高温松弛后的自拉、自重和其他持续外载及支吊架反力作用的条件，计算工作温度大于或等于 430℃的管道，高温松弛后冷状态下的力和力矩。

9.6.2 根据工程实际需要计算出的工作状态和冷状态下推力和力矩的最大值，应能满足设备安全承受的要求。当数根管道同设备相连时，管道在工作状态和冷状态下推力和力矩的最大值，应按设备和各连接管道可能出现的运行工况分别计算和进行组合。

9.6.3 当管道无冷紧或各方向采用相同的冷紧比时，在不计及持续外载的条件下，管道对设备或端点的推力或力矩，可按公式 9.6.3-1～9.6.3-3 计算。

在工作状态下：

$$R^{t}=-\left(1-\frac{2}{3}\gamma_{c}\right)\frac{E^{t}}{E^{20}}R_{e} \qquad (9.6.3\text{-}1)$$

在冷状态下：

$$R^{20}=\gamma_{c}R_{e} \qquad (9.6.3\text{-}2)$$

或

$$R_{l}^{20}=\left(1-\frac{[\sigma]^{t}}{\sigma_{e}}\cdot\frac{E^{20}}{E^{t}}\right)R_{e} \qquad (9.6.3\text{-}3)$$

式中：R^{t}——管道运行初期在工作状态下对设备或端点的推力或力矩（N）或（N·mm）；

R^{20}——管道运行初期在冷状态下对设备或端点的推力或力矩（N）或（N·mm）；

R_{l}^{20}——管道应变自均衡后，在冷状态下对设备或端点的推力或力矩（N）或（N·mm）；

R_{e}——计算端点对管道的热胀作用力或力矩（N）或（N·mm）；按全补偿值和钢材在 20℃时的弹性模量计算；

γ_{c}——冷紧比；

$[\sigma]^{t}$——钢材在设计温度下的许用应力（MPa）；

σ_{e}——热胀应力范围（MPa）；

E^{t}——钢材在设计温度下的弹性模量（kN/mm²）；

E^{20}——钢材在 20℃时的弹性模量（kN/mm²）。

当 $\frac{[\sigma]^{t}}{\sigma_{e}}\cdot\frac{E^{20}}{E^{t}}<1$ 时，冷状态下管道对设备的推力或力矩应取公式 9.6.3-2 和 9.6.3-3 计算结果的较大值；当 $\frac{[\sigma]^{t}}{\sigma_{e}}\cdot\frac{E^{20}}{E^{t}}\geqslant1$ 时，应取 R^{20} 作为管道在冷状态下对设备或端点的推力或力矩。

9.6.4 当管道沿坐标轴 X、Y、Z 方向采用不同的冷紧比时，在不计及持续外载的条件下，管道对设备或端点的推力或力矩可按下列方法计算：

1 按冷补偿值和钢材在 20℃时的弹性模量计算的冷紧作用力或力矩，若取其相同的数值、相反的方向，即为管道运行初期在冷状态下对设备或端点的推力或力矩。然后再同公式 9.6.3-3 计算出的管道应变自均衡后在冷状态下对设备或端点的推力或力矩相比较，取大者作为管道在冷状态下对设备或端点的推力或力矩。

2 管道在工作状态下对设备或端点的推力或力矩应按公式 9.6.4-1 计算。

$$R^{t}=-\left(R_{e}-\frac{2}{3}R^{20}\right)\frac{E^{t}}{E^{20}} \qquad (9.6.4\text{-}1)$$

10 管道支吊架

10.1 一 般 规 定

10.1.1 管道支吊架的设置和选型应根据管道系统设计对支吊架的功能要求和管道系统的总体布置综合分析确定。

10.1.2 支吊架间距应使管道荷载合理分布，满足管道强度、刚度和防止振动等要求。

10.1.3 支吊架必须支承在可靠的构筑物上，应便于施工，且不影响设备检修及其他管道的安装和扩建。

10.1.4 支吊架零部件应有足够的强度和刚度，结构简单，应采用典型的支吊架标准产品，否则需对其强度和刚度进行计算。支吊架零部件应按其结构最不利的组合荷载进行选择和设计。

10.1.5 对于吊点处有水平位移的吊架，吊杆配件的选择应使吊杆能自由摆动而不妨碍管道水平位移。

10.1.6 室外管道吊架的拉杆，在穿过保温层处应采取防雨措施。

10.1.7 不锈钢管道不应直接与碳钢管部焊接或接触，宜在不锈钢管道与管部之间设不锈钢垫板或非金属材料隔垫。

10.2 支吊架间距

10.2.1 水平管道支吊架间距，应满足强度条件和刚度条件的要求。

10.2.2 水平直管支吊架间距应符合下列规定：

1 按强度条件确定的支吊架间距应按以下公式计算：

$$L=\frac{\sqrt{P^2+8qW\sigma_{max}}-P}{q} \quad (10.2.2\text{-}1)$$

式中：σ_{max}——水平直管最大弯曲应力（MPa），σ_{max} ≤16.00MPa；

q——管道单位长度自重（N/m）；

L——支吊架间距（m）；

P——跨中集中荷载（N）；

W——管子截面抗弯矩（cm^3）。

2 按刚度条件确定的支吊架间距应按以下公式计算：

$$\delta_{max}=\frac{L^3}{E_t I}\left(\frac{5}{384}qL+\frac{1}{48}P\right)\times10^5 \quad (10.2.2\text{-}2)$$

式中：δ_{max}——最大弯曲挠度（mm），钢管道的弯曲挠度不宜大于2.5mm；

E_t——管子材料在设计温度下的弹性模量（MPa）；

I——管子截面惯性矩（cm^4）。

10.2.3 水平直管支吊架的允许间距应符合下列规定：

1 水平直管支吊架的允许间距，应按强度刚度条件确定的间距最小值取值。

2 在水平管道方向改变处，两支吊点间的管子展开长度不应超过水平直管支吊架允许间距的3/4，其中一个支吊点宜靠近弯管或弯头的起弯点。

10.2.4 垂直管道支吊架的间距可大于水平直管支吊架的允许间距，但管壁应力在最不利荷载作用下不应超过允许值。为防止管道侧向振动，垂直管道宜设置适当数量的管道侧向约束装置。

10.3 支吊架荷载

10.3.1 管道支吊架设计应计入下列荷载：

1 管道组成件及保温层的重力。

2 支吊架的重力。

3 管道输送介质的重力。

4 对于蒸汽管道，应根据具体情况计入水压试验或管道清洗时的介质重力。

5 管道中柔性管件由于内压力产生的作用力。

6 支吊架约束管道位移所产生的约束反力和力矩。

7 管道位移时在活动支吊架上引起的摩擦力，摩擦系数 μ 可按表10.3.1取值。

表10.3.1 不同摩擦形式的摩擦系数

序号	摩擦形式	摩擦系数 μ
1	钢与钢滑动摩擦	$\mu_z=0.3$
2	钢与聚四氟乙烯板	$\mu_z=0.2$
3	聚四氟乙烯之间	$\mu_z=0.1$
4	不锈钢（镜面）薄板之间	$\mu_z\leqslant0.1$
5	不锈钢（镜面）与聚四氟乙烯板间	$\mu_z=0.05\sim0.07$
6	吊架	$\mu_z=0.1$
7	钢表面的滚动摩擦	$\mu_z=0.1$

8 室外管道受到的雪荷载。

9 室外管道受到的风荷载。

10 正常运行时，由于种种原因引起的管道振动力。

11 管内流体动量瞬时突变引起的瞬态作用力。

12 流体排放产生的反力。

13 地震引起的荷载，但不计入地震荷载与风荷载同时出现的工况。

10.3.2 支吊架结构荷载确定应符合下列规定：

1 支吊架应按照使用过程中的各种工况分别计算，并组合同时作用于支吊架上的所有荷载，取其中对支吊架结构最不利的组合，并计及支吊架自身和临近活动支吊架上摩擦力的作用作为结构荷载。

2 支吊架结构荷载计算应根据具体情况计及下述工况：

1）运行初期冷态工况。

2）运行初期热态工况。

3）管道应变自均衡后的冷态工况。

4）管道应变自均衡后的热态工况。

5）水压试验或管路清洗工况。

6）各种暂态工况。

3 自重荷载应乘以荷载修正系数，荷载修正系数可取1.4。此时，修正后的荷载已包括支吊架零部件自重。

4 在荷载效应组合时，当永久荷载对结构有利时，永久荷载可取计算值；当永久荷载对结构不利时，永久荷载应取计算值的1.2倍。

5　动力荷载应根据荷载的动力特性采用有关瞬态计算确定，并乘以相应的动荷载系数，安全阀排汽管道排汽反力的动载系数可取1.1～1.2，其他动载系数可取1.2。

6　当计及荷载长期效应组合时，雪荷载：对东北地区可取0.2倍计算值，对新疆北部地区可取0.15倍计算值，对其他地区可不计及。

7　风荷载和地震荷载可按本规范附录E的规定选取。

8　作用于露天管道上的雪荷载应按现行国家标准《建筑结构荷载规范》GB 50009 有关规定采用，雪荷载的标准值应按下列公式计算：

$$S_k=\mu_r S_o \tag{10.3.2}$$

式中：S_k——雪荷载标准值（kN/m²）；

μ_r——管道顶面积雪分布系数，对圆形管道取 $\mu_r=0.4$；

S_o——基本雪压（kN/m²）；基本雪压应由当地气象部门提供，但不应小于现行国家标准《建筑结构荷载规范》GB 50009 全国基本雪压分布图所规定的数值。

10.4　支吊架型式选择

10.4.1　弹性支吊架的选择应符合下列规定：

1　弹簧支吊架的选择应符合下列规定：

1）弹簧支吊架应选用整定式弹簧支吊架。

2）由管道垂直位移引起变力弹簧支吊架荷载的荷载变化系数应按以下公式计算，且不应大于25%。

$$荷载变化系数=\frac{〔管道垂直位移(mm)\times弹簧刚度(N/mm)〕}{工作荷载(N)}\times100\% \tag{10.4.1}$$

3）并联弹簧应有相同的刚度。

2　选用恒力支吊架时，其公称位移量应在计算位移量的基础上留有20%裕量，且裕量最小为20mm。计算位移量应计及由于水平位移引起垂直位移的变化。

10.4.2　刚性支吊架的选择应符合下列规定：

1　刚性支吊架包括刚性吊架、滑动支架和固定支架。

2　支吊架装置选型时，应优先采用合适的刚性支吊架。

3　在需要控制管道振动、限制管道各方向位移或管道较长时，宜在适当位置设置固定支架；固定支架的水平力应计入其他支架的摩擦力、承受管道的热胀冷缩作用力和弹性支吊架的转移荷载对水平力的影响。

4　采用柔性补偿装置的管道，应设置固定支架和导向装置。

5　滑动支架应允许管道水平方向自由位移，滚动支架应允许水平管道沿轴线方向自由位移，只承受垂直方向的各种荷载。

10.4.3　限位支吊架的选择应符合下列规定：

1　限位支吊架应选用限位支架和导向支架。

2　限位支架和导向支架在预定约束方向上的冷态间隙应计及管道径向热膨胀量，不宜超过2mm。

10.4.4　减振装置的选择应符合下列规定：

1　减振装置应选用弹簧减振装置和液压阻尼装置。

2　弹簧减振装置的选择应符合下列规定：

1）弹簧减振装置用以限制管道振动或晃动位移。根据具体情况需控制管道不同方向的振动时，可装设几个不同方位的弹簧减振装置。

2）弹簧减振装的最大工作行程，应在减振器防振力调节量与管道位移引起减振装置轴向位移量之和的基础上留20%的裕量，且裕量最小为15mm。如果无法确定减振装置防振力调节量时，弹簧减振装置的最大工作行程应在管道位移引起减振轴向位移量的基础上留40%裕量，且裕量最小为25mm。

3　阻尼装置的选择应符合下列规定：

1）根据需要，阻尼装置可选用抗振动阻尼装置和承受瞬态力阻尼装置。

2）对于控制管道轴向振动的阻尼装置，当沿管道轴向平行安装两台阻尼器装置时，单台阻尼装置的荷载应按该点工作荷载的70%进行选用。

3）阻尼装置的行程应大于管道热位移引起的阻尼装置轴向位移量，且单侧应至少留有10mm的裕量。

10.5　支吊架的材料选择

10.5.1　与管道直接接触的支吊架零部件，其材料应按管道设计温度选用。与管道直接焊接的零部件，其材料应与管道材料相同或相容。

10.5.2　材料的使用温度应符合现行国家标准《管道支吊架　第1部分：技术规范》GB/T 17116.1中规定的材料使用上限温度。

10.5.3　用于承受拉伸荷载的支吊架零部件应采用有冲击功值的材料。若采用没有冲击功值的钢材，应按现行国家标准进行低温冲击试验。

10.5.4　使用温度等于或低于－20℃时，支吊架材料必须进行相应温度等级的低温冲击试验。

10.5.5　支吊架零部件不得采用沸腾钢或铸铁材料。

10.6 支吊架结构设计及强度计算

10.6.1 支吊架零部件的强度应按结构荷载设计。

10.6.2 支吊架零部件材料许用应力的选取应符合下列规定：

1 支吊架零部件材料的许用拉伸应力按本规范附录A选取。

2 各种类型的许用应力应在许用拉伸应力的基础上乘以表10.6.2中规定的系数。

表10.6.2 应力许用值系数表

应力类型		系数
拉伸	总面积	1.0
	销孔净面积	0.9
弯曲		1.0
剪切		0.8
接触		1.5
压缩		≤1.0

3 许用压缩应力应根据结构稳定性和压杆纵弯曲而降低。

4 铸件的许用应力应在材料许用应力的基础上乘以0.8的质量系数。

10.6.3 管部结构应符合下列规定：

1 管部结构应能承受功能所要求的力和力矩，保证管部与管道之间在预定约束方向不发生相对位移。管部结构的设计应控制管壁应力，防止管道局部塑性变形。

2 管部结构尺寸应和管道外径相匹配，且应保证其与支吊架其他连接部件相连接的部位裸露在管道保温层外。

3 用于垂直管道的管部结构或限制管道轴向位移的双臂管部结构，其设计应计及由于管道和（或）支吊架的位移引起偏心受载，因而在管部的任一悬臂上应能承受该支吊架的全部荷载。

10.6.4 支吊架的连接件应符合下列规定：

1 螺纹拉杆的最大承载力可根据其许用应力和螺纹根部截面计算，吊杆的最小直径为10mm，且限于公称尺寸不大于*DN*50的管子上使用，对于公称尺寸不小于*DN*65的管子，吊杆直径不得小于12mm。

2 任何状态下吊杆与垂线之间夹角不超过下列规定值：

1）刚性吊架吊杆与垂线之间夹角不超过3°。

2）弹性吊架吊杆与垂线之间夹角不超过4°。

3）如果不能满足上述规定，应采取措施，如偏装或加装滚动装置等。

3 吊杆应有足够的螺纹长度，并配有调节垂直高度的部件，以满足必要的安装调节量；螺纹连接处应设置锁紧螺母。

4 垂直管道双拉杆刚性吊架的连接件应按单侧承受全部结构荷载选择。

11 管道的焊接

11.1 焊接材料

11.1.1 设计文件中应标明管道和管道附件母材、焊接材料、焊缝系数、焊缝及焊接接头形式，对焊接方法、焊前预热、焊后热处理及焊接检验等均应提出明确要求。对设计选用的新材料，设计文件应提供该材料的焊接性资料。常用焊接材料的选用应符合本规范附录F的规定。

11.1.2 焊接材料的选用及对焊接用气体、焊接设备、焊接人员的要求应符合现行行业标准《火力发电厂焊接技术规程》DL/T 869的有关规定。

11.2 焊接接头设计

11.2.1 管道应采用全焊透结构，焊接接头位置应避开应力集中区，且便于施焊及焊后热处理。焊接接头的设置应符合现行行业标准《火力发电厂焊接技术规程》DL/T 869的有关规定。

11.2.2 焊接接头形式和焊缝的坡口尺寸应按照能保证焊接质量、填充金属量少、减小焊接应力和变形、改善劳动条件、便于操作、适应无损探伤要求等原则选用。

11.2.3 管道的焊接结构应符合本规范附录F的规定。

12 管道的检验和试验

12.1 一般规定

12.1.1 用于输送蒸汽、水、油、气、有毒和腐蚀性等介质管道的施工及验收，除应符合本规范规定外，还应符合国家现行有关标准的规定。

12.1.2 管道组成件的制造和检验应符合国家现行有关标准的规定。

12.2 检验

12.2.1 除有特殊要求外，管道无损检测应按本规范附录B的规定执行。

12.2.2 管道焊接质量的检验应符合现行行业标准《火力发电厂焊接技术规程》DL/T 869的有关规定。

12.3 试　验

12.3.1 各类管道安装完毕后，应按照设计规定对管道系统进行严密性试验，以检查管道系统及各连接部位的质量。

12.3.2 管道系统的严密性试验宜采用水压试验，其水质应洁净。充水应保证能将系统内空气排尽。试验压力应按设计图纸的规定，其试验压力不应小于设计压力的1.5倍。

12.3.3 大口径蒸汽管道的严密性试验可按本规范附录B的规定采用100%无损检测。

12.3.4 对于气体管道，当整体试水压条件不具备时，可采用安装前的分段液压强度试验及安装后进行100%无损检测合格，可替代水压试验，但应进行气密性试验。

13 保温、隔声、防腐和油漆

13.1 保　温

13.1.1 管道保温设计应符合现行行业标准《火力发电厂保温油漆设计规程》DL/T 5072的有关规定。

13.1.2 直埋供热管道的保温结构由保温层与保护壳组成，保温结构必须有足够的强度并与钢管粘成一体。保温结构设计应符合现行行业标准《火力发电厂保温油漆设计规程》DL/T 5072、《城镇供热管网设计规范》CJJ 34和《城镇直埋供热管道工程技术规程》CJJ/T 81的有关规定。

13.2 隔声和消声

13.2.1 管道防噪声设计应符合现行国家标准《工业企业噪声控制设计规范》GBJ 87的有关规定。

13.2.2 噪声超标时应采取隔声措施降低噪声，噪声值必须符合现行国家标准《工业企业厂界环境噪声排放标准》GB 12348的有关规定。

13.2.3 与金属管道相接触的隔声材料成分应满足金属使用要求。

13.3 防腐和油漆

13.3.1 管道防腐设计应符合现行行业标准《火力发电厂保温油漆设计规程》DL/T 5072的有关规定。

13.3.2 管道油漆设计应符合现行行业标准《火力发电厂保温油漆设计规程》DL/T 5072的有关规定。

14 管道系统的超压保护

14.1 超 压 保 护

14.1.1 管道系统中的超压保护设计要求除应按本章的规定执行外，还应符合国家现行有关安全规程的规定。

14.1.2 在运行中可能超压的管道系统均应设置超压保护装置。

14.1.3 符合下列情况之一者，应装设超压保护装置：

1 设计压力小于外部压力源的压力，出口可能被关断或堵塞的设备和管道系统。

2 减压装置出口设计压力小于进口压力，排放出口可能被关断或堵塞的设备和管道系统。

3 因两端切断阀关闭，受外界影响而产生热膨胀或汽化的管道系统。

4 背压式汽轮机的排汽管道。

14.1.4 安全阀的开启压力除工艺有特殊要求外，应为正常最大工作压力的1.1倍，最低为1.05倍。

14.1.5 安全阀入口管道的压力损失宜小于开启压力的3%，安全阀出口管道压力损失不宜超过开启压力的10%。

14.1.6 安全阀的入口管道和出口管道上不宜设置切断阀。

14.2 超压保护装置

14.2.1 超压保护装置宜采用安全阀。

14.2.2 安全阀的选用应符合以下规定：

1 安全阀应按泄放介质选用，并计及背压的影响。

2 安全阀的选用应符合现行国家标准《安全阀　一般要求》GB 12241、《压力释放装置　性能试验规范》GB 12242和《弹簧直接载荷式安全阀》GB 12243的规定。

3 安全阀不应采用静重式或重力杠杆式的安全阀。

14.2.3 爆破片装置的选用应符合现行国家标准《爆破片和爆破片装置》GB 567的有关规定。

14.2.4 安全阀出口排放管道的设计应符合下列规定：

1 排放管道及其支承应有足够的强度承受排放反力。当直接向大气排放时，不应对着其他管道或设备进行排放，且不应对着平台或人员可能到达的场所进行排放。

2 宜采用单独排放管道，但如果两个或更多个排放装置组合在一起，排放管的设计应具有足够的流通截面，排放管截面积不应小于由此处排放的阀门出口的总截面，且排放管道应尽最短而直，其布置应避免在阀门处产生过大的应力。

3 排放管道的设计应易于疏水。

4 当装设消音器时，消音器应有足够的通流面积，防止其产生的背压影响安全阀的正常运行和排放。

附录A 常

表 A.0.1 钢管

产品型式	标准号	牌号或级别	室温拉伸强度（MPa）									
			R_m	R_{el}或$R_{p0.2}$	20	200	250	260	270	280	290	300
无缝钢管	GB 5310	20G	410～550	245	137	135	125	123	120	118	115	113
		15MoG	450～600	270	150	150	137	133	130	126	123	120
		12CrMoG	410～560	205	137	121	117	116	115	115	114	113
		15CrMoG	440～640	295	147	135	146	146	146	145	144	143
		12Cr2MoG	450～600	280	150	124	124	124	124	124	124	124
		12Cr1MoVG	470～640	255	157	157	156	155	154	153	152	151
		15Ni1MnMoNbCu	620～780	440	207	207	207	207	207	207	207	207
		10Cr9Mo1VNbN<75mm	585～830	415	168	167	166	165	165	164	164	164
		10Cr9Mo1VNbN≥75mm	585～830	415	168	167	166	165	165	164	164	164
		07Cr19Ni10	≥515	205	137		90	89	88	87.8	86.8	86.0
		07Cr18Ni11Nb	≥520	205	137		105	104	103	102	101	100
	GB 3087	10	335～475	195（205）	111		104	101	98	96	93	91
		20	410～550	225（245）	137		125	123	120	118	115	113
	GB 8163	Q345	490～665	315	156		149	146	143	140	137	135
		10	335～475	195（205）	111		104	101	98	96	93	91
		20	410～550	225（245）	137		125	123	120	118	115	113
焊接钢管	GB/T 3091	Q235B	≥370	225（235）	123		113	111	108	105	103	101
		Q345	≥470	325（345）	157		149	146	143	140	137	135

材料许用应力表

在下列温度（℃）下的许用应力（MPa）																
310	320	330	340	350	360	370	380	390	400	410	420	430	440	450	460	470
111	109	106	102	100	97	95	92	89	87	83	78	72	63	55	—	—
118	117	115	114	113	111	110	109	108	107	106	105	104	103	103	102	101
112	112	111	111	110	109	108	108	107	106	105	104	102	101	100	98	97
141	140	138	136	135	132	132	131	129	128	127	126	125	124	123	122	120
124	124	124	124	124	124	124	123	123	123	123	122	122	121	116	110	103
149	148	146	144	143	141	140	138	137	135	133	132	131	130	128	126	125
207	207	207	207	207	—	—	—	—	—	—	—	—	—	—	—	—
163	163	162	161	161	159	157	156	154	153	150	148	145	143	141	138	135
163	163	162	161	161	159	157	156	154	153	150	148	145	143	141	138	135
85.2	84.4	83.6	82.8	82.0	81.4	80.9	80.4	79.8	79.3	78.6	78.0	77.3	76.6	76.0	75.4	74.9
99.3	98.6	98.0	97.3	96.6	96.1	95.6	95.0	94.5	94.0	93.7	93.4	93.2	92.9	92.6	92.4	92.1
89	87	85	83	80	78	76	75	73	70	68	66	61	55	49	—	—
111	109	106	102	100	97	95	92	89	87	83	78	72	63	55	—	—
132	131	130	130	129	127	124	122	—	—	—	—	—	—	—	—	—
89	87	85	83	80	78	76	75	73	70	68	66	61	55	49	—	—
111	109	106	102	100	97	95	92	89	87	83	78	72	63	55	—	—
97	93	90	88	85	—	—	—	—	—	—	—	—	—	—	—	—
132	131	130	130	129	127	124	122	—	—	—	—	—	—	—	—	—

续表

产品型式	标准号	牌号或级别	室温拉伸强度（MPa）								
			R_m	R_{el}或$R_{p0.2}$	480	490	500	510	520	530	540
无缝钢管	GB 5310	20G	410～550	245	—	—	—	—	—	—	—
		15MoG	450～600	270	95	78	62	49	39	—	—
		12CrMoG	410～560	205	96	86	75	63	55	47	—
		15CrMoG	440～640	295	119	112	96	82	69	59	49
		12Cr2MoG	450～600	280	95	88	81	74	68	61	54
		12Cr1MoVG	470～640	255	124	121	118	99	88	79	72
		15Ni1MnMoNbCu	620～780	440	—	—	—	—	—	—	—
		10Cr9Mo1VNbN<75mm	585～830	415	132	129	126	122	118	115	111
		10Cr9Mo1VNbN≥75mm	585～830	415	132	129	126	122	119	115	109
		07Cr19Ni10	≥515	205	74.4	73.8	73.3	72.6	72.0	71.3	70.6
		07Cr18Ni11Nb	≥520	205	91.8	91.6	91.3	90.5	89.7	88.9	88.1
	GB 3087	10	335～475	195（205）	—	—	—	—	—	—	—
		20	410～550	225（245）	—	—	—	—	—	—	—
	GB 8163	Q345	490～665	315	—	—	—	—	—	—	—
		10	335～475	195（205）	—	—	—	—	—	—	—
		20	410～550	225（245）	—	—	—	—	—	—	—
焊接钢管	GB/T 3091	Q235B	≥370	225（235）	—	—	—	—	—	—	—
		Q345	≥470	325（345）	—	—	—	—	—	—	—

注：1　相邻金属温度数值之间的许用应力可用算数内插法确定，并舍弃小数点后

2　粗线右方的许用应力值由蠕变性能决定。

3　焊接钢管的许用应力未考虑焊缝质量系数。

A. 0. 1

在下列温度（℃）下的许用应力（MPa）													
550	560	570	580	590	600	610	620	630	640	650	660	推荐使用范围	牌号或级别
—	—	—	—	—	—	—	—	—	—	—		⩽425℃	20G
—	—	—	—	—	—	—	—	—	—	—		⩽470℃	15MoG
—	—	—	—	—	—	—	—	—	—	—		⩽510℃	12CrMoG
—	—	—	—	—	—	—	—	—	—	—		⩽510℃	15CrMoG
48	42	37	—	—	—	—	—	—	—	—		⩽565℃	12Cr2MoG
65	58	52	46	—	—	—	—	—	—	—		⩽555℃	12Cr1MoVG
—	—	—	—	—	—	—	—	—	—	—		⩽350℃	15Ni1MnMoNbCu
107	99.6	92.2	83.8	74.4	65.0	57.2	49.4	42.0	35.5	28.9		⩽600℃	10Cr9Mo1VNbN<75mm
103	94.0	85.0	76.8	69.2	61.6	55.2	48.8	42.3	35.6	28.9		⩽600℃	10Cr9Mo1VNbN⩾75mm
70.0	69.2	68.4	67.6	66.8	64.0	58.6	54.0	49.3	45.3	42.0	38.0	⩽650℃	07Cr19Ni10
87.3	85.0	82.8	80.5	78.2	76.0	73.7	71.4	66.7	60.6	54.6	49.3	⩽650℃	07Cr18Ni11Nb
—	—	—	—	—	—	—	—	—	—	—	—	⩽425℃(1)	10
—	—	—	—	—	—	—	—	—	—	—	—	⩽425℃(1)	20
—	—	—	—	—	—	—	—	—	—	—	—	⩽350℃(1)	Q345
—	—	—	—	—	—	—	—	—	—	—	—	⩽425℃(1)	10
—	—	—	—	—	—	—	—	—	—	—	—	⩽425℃(1)	20
—	—	—	—	—	—	—	—	—	—	—	—	⩽300℃	Q235
—	—	—	—	—	—	—	—	—	—	—	—	⩽300℃	Q345

的数字。

表 A.0.2 钢板

标准号	牌号或级别		室温拉伸强度（MPa）						
			R_m	R_{el}或$R_{p0.2}$	20	250	260	270	280
GB 713	Q245R	3＜t≤16	400～520	245	133	111	109	107	105
		16＜t≤36	400～520	235	133	111	109	107	105
		36＜t≤60	400～520	225	133	107	105	103	101
	Q345R	t≤16	510～640	345	170	156	154	151	148
		t≤36	500～630	325	166	156	154	151	148
		36＜t≤60	490～620	315	163	146	144	141	138
		60＜t≤100	490～620	305	163	136	134	131	128
	15CrMoR	6＜t≤60	450～590	295	150	150	148	146	144
		60＜t≤100	450～590	275	150	140	138	136	134
	12Cr1MoVR	6＜t≤60	440～590	245	146	126	124	122	121
		60＜t≤100	430～580	235	143	126	124	122	121
GB 3274	Q235		370～500	235	125	113	111	108	105
	Q345		490～665	315	156	149	146	143	140

在下列温度（℃）下的许用应力（MPa）													推荐使用范围
290	300	310	320	330	340	350	360	370	380	390	400	410	
103	102	100	98	96	94	92	91	90	88	87	86	84	≤425℃
103	102	100	98	96	94	92	91	90	88	87	86	84	
99	98	96	94	92	90	88	87	86	84	83	82	81	
146	143	141	139	137	135	133	132	130	129	128	126	—	
146	143	141	139	137	135	133	132	130	129	128	126	—	
136	133	131	129	127	125	123	122	120	119	118	116	—	≤425℃
126	123	122	120	119	118	116	115	114	112	111	110	—	
142	140	138	137	136	134	133	131	130	128	127	126	124	≤510℃
132	130	129	128	126	125	124	122	121	120	118	117	116	
119	117	116	114	113	112	111	110	108	107	106	104	103	≤555℃
119	117	116	114	113	112	111	110	108	107	106	104	103	
103	101	97	93	90	88	85	—	—	—	—	—	—	≤425℃
137	135	132	131	130	130	129	127	124	122	—	—	—	≤425℃

标准号	牌号或级别		室温拉伸强度（MPa）						
			R_m	R_{eL}或$R_{p0.2}$	420	430	440	450	460
GB 713	Q245R	3＜t≤16	400～520	245	81	72	63	55	—
		16＜t≤36	400～520	235	81	72	63	55	—
		36＜t≤60	400～520	225	80	72	63	55	—
	Q345R	t≤16	510～640	345	—	—	—	—	—
		t≤36	500～630	325	—	—	—	—	—
		36＜t≤60	490～620	315	—	—	—	—	—
		60＜t≤100	490～620	305	—	—	—	—	—
	15CrMoR	6＜t≤60	450～590	295	123	122	120	119	118
		60＜t≤100	450～590	275	114	113	112	111	110
	12Cr1MoVR	6＜t≤60	440～590	245	102	101	100	100	98
		60＜t≤100	430～580	235	102	101	100	100	98
GB 3274	Q235		370～500	235	—	—	—	—	—
	Q345		490～665	315	—	—	—	—	—

A. 0. 2

在下列温度（℃）下的许用应力（MPa）												推荐使用范围
470	480	490	500	510	520	530	540	550	560	570	580	
—	—	—	—	—	—	—	—	—	—	—	—	≤425℃
—	—	—	—	—	—	—	—	—	—	—	—	
—	—	—	—	—	—	—	—	—	—	—	—	
—	—	—	—	—	—	—	—	—	—	—	—	
—	—	—	—	—	—	—	—	—	—	—	—	
—	—	—	—	—	—	—	—	—	—	—	—	≤425℃
—	—	—	—	—	—	—	—	—	—	—	—	
118	117	112	96	82	69	59	49	41	—	—	—	≤510℃
110	109	108	96	82	69	59	49	41	—	—	—	
97	96	95	94	93	88	79	72	65	58	—	—	≤555℃
97	96	95	94	93	88	79	72	65	58	—	—	
—	—	—	—	—	—	—	—	—	—	—	—	≤425℃
—	—	—	—	—	—	—	—	—	—	—	—	≤425℃

表 A.0.3 常用国产钢材

钢号		10	20、20G	15CrMo	12Cr1MoV	12Cr2MoWVTiB	12Cr2MoG
标准号		GB 3087	GB 3087 GB 5310	GB 5310	GB 5310	GB 5310	GB 5310
工作温度（℃）	20	198	198	206	208	213	218
	100	191	183	199	205	208	213
	200	181	175	190	201	204	206
	250	176	171	187	197	201	—
	260	175	170	186	196	200	—
	280	173	168	183	194	199	—
	300	171	166	181	192	198	199
	320	168	165	179	190	196	—
	340	166	163	177	188	194	—
	350	164	162	176	187	192	—
	360	163	161	175	186	190	—
	380	160	159	173	183	188	—
	400	157	158	172	181	186	191
	410	156	155	171	180	185	—
	420	155	153	170	178	184	—
	430	155	151	169	177	184	—
	440	154	148	168	175	183	—

的弹性模量数据表（GPa）

15Ni1MnMoNbCu	10Cr9Mo1VNbN	10Cr9MoW2VNbBN	11Cr9Mo1W1VNbBN	Q235	Q345
GB 5310	GB 5310	GB 5310	GB 5310	GB 700	GB/T 8163
211	218	217	208	206	206
210（50℃）	213	214	203	200	200
206（100℃）	210	207	196	192	189
203（150℃）	207	—	—	188	185
200（200℃）	—	—	192	187	184
196（250℃）	—	—	—	186	183
192	199	200	189	184	181
—	—	—	—	—	179
—	—	—	—	—	177
188	195	196	185	—	176
—	—	—	—	—	175
—	—	—	—	—	173
184	190	192	181	—	171
—	—	—	—	—	—
—	—	—	—	—	—
—	—	—	—	—	—
—	—	—	—	—	—

续表

钢号		10	20、20G	15CrMo	12Cr1MoV	12Cr2MoWVTiB	12Cr2MoG
标准号		GB 3087	GB 3087 GB 5310	GB 5310	GB 5310	GB 5310	GB 5310
工作温度(℃)	450	153	146	167	174	183	—
	460	—	144	166	172	182	—
	470	—	141	165	170	182	—
	480	—	129	164	168	181	—
	490	—	—	164	166	180	—
	500	—	—	163	165	179	181
	510	—	—	162	163	—	—
	520	—	—	161	162	—	—
	530	—	—	160	160	—	—
	540	—	—	159	158	—	—
	550	—	—	—	157	—	—
	560	—	—	—	153	—	—
	570	—	—	—	153	—	—
	580	—	—	—	152	—	170
	590	—	—	—	—	—	—
	600	—	—	—	—	—	—
	650	—	—	—	—	—	—

注：表中引用的国家标准具体书名见本规范引用标准名录。

A. 0. 3

15Ni1MnMoNbCu	10Cr9Mo1VNbN	10Cr9MoW2VNbBN	11Cr9Mo1W1VNbBN	Q235	Q345
GB 5310	GB 5310	GB 5310	GB 5310	GB 700	GB/T 8163
179	186	187	176	—	—
—	—	—	—	—	—
—	—	—	—	—	—
—	—	—	—	—	—
—	—	—	—	—	—
—	181	182	171	—	—
—	—	—	—	—	—
—	—	—	—	—	—
—	—	—	—	—	—
—	—	—	—	—	—
—	175	176	166	—	—
—	—	—	—	—	—
—	—	—	—	—	—
—	—	—	—	—	—
—	—	—	—	—	—
—	168	170	160	—	—
—	162	164	154	—	—

表 A.0.4 常用钢材类型的弹性模量近似数据表（GPa）

钢种		工作温度（℃）					
		21	93	149	204	260	316
碳钢	含碳量≤0.30%	203	199	195	191	188	184
	含碳量>0.30%	202	197	194	190	187	183
铬钢	1/2Cr 至 2Cr	204	200	196	192	190	185
	2.25Cr 至 3Cr	211	205	203	199	195	191
	5Cr 至 9Cr	213	207	204	200	197	193

钢种		工作温度（℃）				
		371	427	482	538	593
碳钢	含碳量≤0.30%	176	167	154	141	124
	含碳量>0.30%	174	165	154	139	123
铬钢	1/2Cr 至 2Cr	181	176	171	165	159
	2.25Cr 至 3Cr	187	181	177	170	163
	5Cr 至 9Cr	188	180	170	157	141

表 A.0.5 常用国产钢材的平均热膨胀系数表
（从 20℃至下列温度）（10^{-6}/℃）

钢号		10	20、20G	15CrMo	12Cr1MoV	12Cr2MoWVTiB	12Cr2MoG	15Ni1MnMoNbCu	10Cr9Mo1VNbN	10Cr9MoW2VNbBN	11Cr9Mo1W1VNbBN	Q235	Q345
标准号		GB 3087	GB 3087 GB 5310	GB 5310	GB 5310	GB 5310	GB 5310	GB 5310	GB 5310	GB 5310	GB 5310	GB/T 3091	GB/T 8163
工作温度（℃）	20	—	—	—	—	—	—	—	—	—	—	—	—
	50	—	—	—	—	—	—	11.8	10.6	10.6	10.5	—	—
	100	11.9	11.16	11.9	13.6	11	12	12.2	10.9	10.7	10.7	12.2	8.31
	150	—	—	—	—	—	—	12.5	11.1	10.9	10.9	—	—
	200	12.6	12.12	12.6	13.7	11.9	13	12.9	11.3	11.1	11.1	13	10.99
	250	12.7	12.45	12.9	13.85	12.4	—	13.2	11.5	11.2	11.3	13.23	11.6

续表 A.0.5

钢号		10	20、20G	15CrMo	12Cr1MoV	12Cr2MoWVTiB	12Cr2MoG	15Ni1MnMoNbCu	10Cr9Mo1VNbN	10Cr9MoW2VNbBN	11Cr9Mo1W1VNbBN	Q235	Q345
标准号		GB 3087	GB 3087 GB 5310	GB 5310	GB 5310	GB 5310	GB 5310	GB 5310	GB 5310	GB 5310	GB 5310	GB/T 3091	GB/T 8163
工作温度(℃)	260	12.72	12.52	12.96	13.88	12.5	—	—	—	—	—	13.27	11.78
	280	12.76	12.65	13.08	13.94	12.7	—	—	—	—	—	13.36	12.05
	300	12.8	12.78	13.2	14	12.9	13	13.4	11.7	11.5	11.5	13.45	12.31
	320	12.84	12.99	13.3	14.04	12.96	—	—	—	—	—	—	12.49
	340	12.88	13.2	13.4	14.08	13.02	—	—	—	—	—	—	12.68
	350	12.9	13.31	13.45	14.1	13.05	—	13.7	11.8	—	—	—	12.77
	360	12.92	13.41	13.5	14.12	13.08	—	—	—	—	—	—	12.86
	380	12.96	13.62	13.6	14.16	13.14	—	—	—	—	—	—	13.04
	400	13	13.83	13.7	14.2	13.2	14	14.0	12	11.7	11.7	—	13.22
	410	13.1	13.84	13.73	14.23	13.23	—	—	—	—	—	—	—
	420	13.2	13.85	13.76	14.26	13.26	—	—	—	—	—	—	—
	430	13.3	13.86	13.79	14.29	13.29	—	—	—	—	—	—	—
	440	13.4	13.87	13.82	14.32	13.32	—	—	—	—	—	—	—
	450	13.5	13.88	13.85	14.35	13.35	—	14.1	12.1	11.9	11.9	—	—
	460	—	13.89	13.88	14.38	13.38	—	—	—	—	—	—	—

续表 A.0.5

钢号	10	20、20G	15CrMo	12Cr1MoV	12Cr2MoWVTiB	12Cr2MoG	15Ni1MnMoNbCu	10Cr9Mo1VNbN	10Cr9MoW2VNbBN	11Cr9Mo1W1VNbBN	Q235	Q345
标准号	GB 3087	GB 3087 GB 5310	GB 5310	GB 5310	GB 5310	GB 5310	GB 5310	GB 5310	GB 5310	GB 5310	GB/T 3091	GB/T 8163
工作温度(℃) 470	—	13.9	13.91	14.41	13.41	—	—	—	—	—	—	—
480	—	13.91	13.94	14.44	13.44	—	—	—	—	—	—	—
490	—	—	13.97	14.47	13.47	—	—	—	—	—	—	—
500	—	—	14	14.5	13.5	14	—	12.3	12.0	12.1	—	—
510	—	—	14.03	14.52	—	—	—	—	—	—	—	—
520	—	—	14.06	14.54	—	—	—	—	—	—	—	—
530	—	—	14.09	14.56	—	—	—	—	—	—	—	—
540	—	—	14.12	14.58	—	—	—	—	—	—	—	—
550	—	—	—	14.6	—	—	—	12.4	12.3	13.7	—	—
560	—	—	—	14.62	—	—	—	—	—	—	—	—
570	—	—	—	14.64	—	—	—	—	—	—	—	—
580	—	—	—	14.68	—	—	—	—	—	—	—	—
590	—	—	—	—	—	—	—	—	—	—	—	—
600	—	—	—	—	—	—	—	12.6	12.5	13.9	—	—
650	—	—	—	—	—	—	—	12.7	12.6	14.0	—	—

注：表中引用的国家标准具体书名见本规范引用标准名录。

表 A.0.6 常用钢材类型的平均热膨胀系数近似数据表

钢种	工作温度(从 20℃起至下列温度)(10^{-6}/℃)																
	−200	−100	−50	20	50	75	100	125	150	175	200	225	250	275	300	325	350
第1类碳钢和低合金钢	−2.2	−1.3	−0.8	0	0.4	0.7	1.0	1.3	1.6	1.9	2.3	2.6	3.0	3.4	3.7	4.1	4.5
第2类碳钢和低合金钢	−2.4	−1.4	−0.8	0	0.4	0.7	1.0	1.4	1.7	2.1	2.5	2.8	3.2	3.6	3.9	4.3	4.7
5Cr-1Mo	−2.2	−1.3	−0.8	0	0.4	0.7	1.0	1.3	1.6	1.9	2.3	2.6	2.9	3.3	3.6	3.9	4.3
9Cr-1Mo	−2.0	−1.2	−0.7	0	0.3	0.6	0.9	1.1	1.4	1.7	2.0	2.3	2.6	3.0	3.3	3.6	3.9

钢种	工作温度(从 20℃起至下列温度)(10^{-6}/℃)																
	375	400	425	450	475	500	525	550	575	600	625	650	675	700	725	750	775
第1类碳钢和低合金钢	4.1	4.5	4.9	5.2	5.6	6.1	6.5	6.9	7.3	7.7	8.1	8.6	9.0	9.4	9.8	—	—
第2类碳钢和低合金钢	5.1	5.5	5.9	6.3	6.7	7.1	7.5	7.9	8.3	8.7	9.1	9.5	9.9	10.3	—	—	—
5Cr-1Mo	4.6	5.0	5.3	5.7	6.1	6.4	6.8	7.2	7.5	7.9	8.3	8.7	9.1	9.4	—	—	—
9Cr-1Mo	4.2	4.6	4.9	5.2	5.6	5.9	6.3	6.6	7.0	7.3	7.7	8.1	8.4	8.8	—	—	—

注:1 这些数据仅作为资料提供,并不意味着材料适用于所有的温度范围。

2 第1类合金(按公称化学成分):

碳钢(C,C-Si,C-Mn,and C-Mn-Si)

C-1/2Mo	1/2Ni-1/2Mo-V
1/2Cr-1/5Mo-V	1/2Ni-1/2Cr-1/4Mo-V
1/2Cr-1/4Mo-Si	1/2Cr-1/2Mo
1/2Cr-1/2Ni-1/4Mo	3/4Cr-1/2Ni-Cu
3/4Cr-3/4Ni-Cu-Al	1Cr-1/5Mo
1Cr-1/5Mo-Si	1Cr-1/2Mo
1Cr-1/2Mo-V	11/4Cr-1/2Mo
11/4Cr-1/2Mo-Si	13/4Cr-1/2Mo-Cu
2Cr-1/2Mo	21/4Cr-1Mo
3Cr-1Mo	

3 第1类合金(按公称化学成分):

Mn-V

Mn-1/4Mo

Mn-1/2Mo

Mn-1/2Mo-1/4Ni

Mn-1/2Mo-1/2Ni

Mn-1/2Mo-3/4Ni

表 A.0.7 符合美国机械工程师协会标准《Power piping》

标准号	材料	σ_b^{20}（MPa）	σ_s^{20}（MPa）		
				−29～37	93
SA 106	B	413	241	117.8	117.8
	C	482	275	137.8	137.8
SA 335	P11	413	206	117.8	117.8
	P12	413	220	117.8	115.7
	P22	413	206	117.8	117.8
	P91 $T \leqslant 76$mm	585	413	167.4	167.4
	P91 $T > 76$mm	585	413	167.4	167.4
SA 672	B70CL32	482	261	137.8	137.8
SA 691	1CrCL32	427	275	128.1	125.4
	1-1/4CrCL32	516	310	147.4	147.4
	2-1/4CrCL32	516	310	147.4	147.4
SA 213注	TP304H	516	206	137.8	115.0
				137.8	137.8
	TP316L	482	172	115.0	97.1
				115.0	115.0
	TP316H	516	206	137.8	119.1
				137.8	137.8
	TP347H	516	206	137.8	126.7
				137.8	137.8
SA 387	11　1类	413	241	117.8	117.8
	11　2类	516	310	147.4	147.4
	12　1类	379	227	108.1	106.1
	12　2类	448	275	128.1	125.3
	22　1类	413	206	117.8	117.8
	22　2类	516	310	147.4	147.4
	91　$T < 76$mm	585	413	167.4	167.4
	91　$T \geqslant 76$mm			167.4	167.4
SA 182	F22CL1	413	206	117.8	117.8
	F22CL3	516	310	147.4	147.4
	F91	585	413	167.4	167.4

在下列温度(℃)下的许用应力(MPa)

149	204	260	315	343	371	399
117.8	117.8	117.8	117.8	117.8	107.4	89.5
137.8	137.8	137.8	137.8	136.4	126.0	101.9
117.8	115.7	111.6	108.1	106.1	104.0	101.9
113.6	113.6	113.6	112.3	110.2	108.8	106.8
114.3	114.3	114.3	114.3	114.3	114.3	114.3
167.4	166.7	166.0	163.2	161.2	157.7	152.9
167.4	166.7	166.0	163.2	161.2	157.7	152.9
137.8	137.8	137.8	133.6	129.5	124.7	101.9
123.3	123.3	123.3	123.3	123.3	123.3	123.3
147.4	147.4	147.8	147.4	147.4	147.4	147.4
144.0	141.9	141.2	140.5	139.1	137.8	135.7
103.3	95.0	88.8	84.7	82.6	80.6	79.2
130.2	126.0	120.5	114.3	111.6	108.8	106.8
87.5	80.6	75.1	71.6	70.2	68.9	67.5
110.2	107.4	101.9	96.4	95.0	93.0	90.9
107.4	98.5	91.6	86.8	84.7	83.3	81.9
137.8	132.9	124.0	117.1	114.3	112.3	110.9
117.8	110.2	103.3	98.5	96.4	95.0	94.3
129.5	122.6	117.8	116.4	115.7	115.7	115.7
117.8	117.8	117.8	117.8	117.8	117.8	117.8
147.4	147.4	147.4	147.4	147.4	147.4	147.4
104.0	104.4	104.4	104.4	104.0	104.0	104.4
123.3	123.3	123.3	123.3	123.3	123.3	123.3
114.3	114.3	114.3	114.3	114.3	114.3	114.3
144.0	141.9	141.2	140.5	139.1	137.8	135.7
167.4	166.7	166.0	163.2	161.2	157.7	152.9
167.4	166.7	166.0	163.2	161.2	157.7	152.9
114.3	114.3	114.3	114.3	114.3	114.3	114.3
144	141.9	141.2	140.5	139.1	137.8	135.7
167.4	166.7	166.0	163.2	161.2	157.7	152.9

续表

标准号	材料	σ_b^{20} (MPa)	σ_s^{20} (MPa)	427	454
SA 106	B	413	241	74.4	—
	C	482	275	82.6	—
SA 335	P11	413	206	99.2	96.4
	P12	413	220	105.4	102.6
	P22	413	206	114.3	114.3
	P91$T\leqslant$76mm	585	413	146.7	139.8
	P91$T>$76mm	585	413	146.7	139.8
SA 672	B70CL32	482	261	82.6	—
SA 691	1CrCL32	427	275	123.3	123.3
	1-1/4CrCL32	516	310	147.4	139.1
	2-1/4CrCL32	516	310	132.9	128.8
SA 213注	TP304H	516	206	77.1	75.7
				104.7	102.6
	TP316L	482	172	66.1	64.7
				89.5	87.5
	TP316H	516	206	81.3	79.9
				109.5	108.1
	TP347H	516	206	93.7	93.0
				115.7	115.7
SA 387	11 1类	413	241	115.7	113.0
	11 2类	516	310	147.4	139.1
	12 1类	379	227	104.0	104.0
	12 2类	448	275	123.3	123.3
	22 1类	413	206	114.3	114.3
	22 2类	516	310	132.9	128.8
	91 $T<$76mm	585	413	146.7	139.8
	91 $T\geqslant$76mm			146.7	139.8
SA 182	F22CL1	413	206	114.3	114.3
	F22CL3	516	310	132.9	128.8
	F91	585	413	146.7	139.8

注:对于每种材料均给出两种许用应力,对于较大的许用应力值允许用于许可有较大变形的场合,这些许用应力值大于相应应该用于法兰垫片或其他有微小变形会导致泄漏或功能不正常的部件上。

A.0.7

在下列温度(℃)下的许用应力(MPa)						
482	510	538	566	593	621	649
—	—	—	—	—	—	—
—	—	—	—	—	—	—
93.7	64.0	43.4	28.9	19.2	—	—
99.9	77.8	49.6	31.0	19.2	—	—
93.7	74.4	55.1	39.2	26.1	—	—
131.6	122.6	112.3	96.4	70.9	48.2	29.6
131.6	122.6	112.3	88.8	66.1	48.2	29.6
—	—	—	—	—	—	—
119.8	77.8	49.6	31.0	19.2	—	—
94.3	64.0	43.4	28.9	19.2	—	—
108.8	78.5	53.7	35.1	22.0	—	—
74.4	73.0	71.6	69.5	67.5	53.0	42.0
100.5	98.5	96.4	85.4	67.5	53.0	42.0
63.3	61.3	60.6	55.1	54.4	44.7	44.1
85.4	82.6	81.9	74.4	70.2	60.6	44.1
79.2	78.5	77.8	77.1	76.4	67.5	50.9
107.4	106.1	105.4	104.0	85.4	67.5	50.9
92.3	92.3	92.3	92.3	91.6	72.3	54.4
115.0	114.3	113.0	111.6	97.1	72.3	54.4
94.3	64.0	43.4	28.9	19.2	—	—
94.3	64.0	43.4	28.9	19.2	—	—
101.2	77.8	49.6	31.0	19.2	—	—
119.8	77.8	49.6	31.0	19.2	—	—
93.7	74.4	55.1	39.2	26.1	—	—
108.8	78.5	53.7	35.1	22.0	—	—
131.6	122.6	112.3	96.4	70.9	48.2	29.6
131.6	122.6	112.3	88.8	66.1	48.2	29.6
93.7	74.4	55.1	39.2	26.1	—	—
108.8	78.5	53.7	35.1	22.0	—	—
131.6	122.6	112.3	96.4	70.9	48.2	29.6

温度下屈服强度值的67%，但不大于屈服强度值的90%，采用这些应力值可能会产生永久应变引起的尺寸变化，这些应力值不

表 A.0.8　符合欧盟标准《Seamless steel tubes for pressure and alloy steel tubes with specified elevated temperature properties》

钢号	壁厚 S (mm)	$Rp_{0.2}$ (MPa)	R_m (MPa)	在下列温度(℃)下										
				20	250	300	350	400	410	420	430	440	450	460
	T≤16	235		120	120	120	120							
P235GH	16<T≤40	225	360～500	120	120	120	120	94.0	85.3	76.0	66.6	58.6	51.3	44.0
	40<T≤60	215		120	120	120	120							
	T≤16	265		136	123	111	101	94.0						
P265GH	16<T≤40	255	410～570	136	118	106	97.8	92.9	85.3	76.0	66.6	58.6	51.3	44.0
	40<T≤60	245		136	114	103	94	89.3						
	T≤40	290				132	125	120	119	118	117	116	116	115
13CrMo4-5	40<T≤60	280	440～590	146	146	128	121	116	115	114	113	112	112	111
	60<T≤80	270				123	116	111	111	110	109	108	108	107
	T≤40	280			154	151	146	143	141	139	137	135	133	131
10CrMo9-10	40<T≤60	270	480～630	160	149	146	138	138	136	134	132	130	128	126
	60<T≤80	260			143	143	136	132	131	129	127	125	123	122
14MoV6-3	T≤40	320	460～610	153	153	150	144	139	138	137	136	136	135	134
	40<T≤60	310		153	146	145	139	134	134	133	132	131	131	130
15NiCuMoNb5-6-14	T≤80	440	610～780	203	203	203	203	203	203	203	203	203	203	202
X10CrMoVNb9-1	T≤100	450	630～830	210	210	210	210	210	210	210	210	210	210	210
X10CrWMoVNb9-2	T≤100	440	620～850	206	206	206	206	206	206	206	206	206	206	206
X11CrMoWVNb9-1-1	T≤100	450	620～850	206	206	206	206	206	206	206	206	206	206	206

purposes-technical delivery conditions-part2：Non alloy

EN10216－2：2004—07 标准材料的许用应力表

的许用应力值(MPa)

470	480	490	500	510	520	530	540	550	560	570	580	590	600	610	620	630	640	650
37.3	31.3	26.0	21.3	—	—	—	—	—	—	—	—	—	—	—	—	—	—	—
37.3	31.3	26.0	21.3	—	—	—	—	—	—	—	—	—	—	—	—	—	—	—
115	115	113	96.6	80.6	66.6	53.3	43.3	35.3	29.3	25.3	20.6	17.3	13.3	—	—	—	—	—
111	111	110																
107	107	106																
129	118	106	94.0	82.6	70	63.3	54.0	46.6	40.6	35.3	30.6	26.6	23.3	—	—	—	—	—
125																		
120																		
134	134	133	118	103	90.0	78.0	68.0	58.0	50.0	43.3	38.6	32.0	27.3	—	—	—	—	—
130	129	129																
—	—	—	—	—	—	—	—	—	—	—	—	—	—	—	—	—	—	—
208	196	184	172	159	146	134	122	110	100	89.3	80	70.6	62.6	55.3	48.6	43.3	37.3	32.6
206	206	193	180	158	156	145	134	124	114	104	94.6	84.6	75.3	66.6	58.0	50	43.3	37.3
206	200	188	178	167	146	136	125	115	104	94.6	84.0	74.0	65.3	56.6	43.3	37.3	—	—

附录B　管道的无损检验

B.0.1　管道组成件制造的无损检验应按其相关标准要求执行。

B.0.2　现场管道施工中对于环焊缝、斜接弯管或弯头焊缝及嵌入式支管的对接焊缝应按表 B.0.2 的要求进行无损检测。工程设计另有不同检测的要求时，应按工程设计文件的规定执行。

表 B.0.2　管道施工中的无损检测

无损检测比例	需要检测的管道
100%	外径大于 159mm 或壁厚大于 20mm，工作压力大于 9.81MPa 的锅炉本体范围内的管道
	外径大于 159mm，工作温度高于 450℃的蒸汽管道
50%	工作压力大于 8MPa 的汽、水、油、气管道
	工作温度高于 300℃且不高于 450℃的蒸汽管道
5%	工作温度高于 150℃且不高于 300℃的蒸汽管道
	工作压力大于 1.6MPa 到 8MPa 的汽、水、油气管道
1%	工作压力为 0.1MPa 到 1.6MPa 的汽、水、油、气管道
不做无损检测	除上述规定外的其他管道

B.0.3　无损检测方法的选择应符合下列规定：

1　厚度不大于 20mm 的汽、水管道采用超声波检验时，还应进行射线检验，其检验数量为超声波检验数量的 20%。

2　厚度大于 20mm，且小于 70mm 的管道，射线检验或超声波检验可任选其中一种。

3　厚度不小于 70mm 的管子在焊到 20mm 左右时做 100%的射线检验，焊接完成后做 100%的超声波检验。

4　经射线检验对不能确认的面积型缺陷，应采用超声波检验方法进行确认。

5　需进行无损检验的角焊缝可采用磁粉检验或渗透检验。或按工程设计文件的规定进行检验。

B.0.4　对同一焊接接头同时采用射线和超声波两种方法进行检验时，均应合格。

B.0.5　除非合同和设计文件另有规定，焊接接头无损检验的工艺质量、焊接接头质量分级应根据部件类型特征，分别按国家现行标准《钢制承压管道对接焊接接头射线检验技术规范》DL/T 821、《管道焊接接头超声波检验技术规程》DL/T 820、《金属熔化焊焊接接头射线照相》GB/T 3323、《钢焊缝手工超声波探伤方法和探伤结果分级》GB 11345、《承压设备无损检测》JB/T 4730 的有关规定执行。

B.0.6　对于局部无损检验的管道，无损检验结果若有不合格时，应对该焊工当日的同一批焊接接头中按不合格焊口数加倍检验，加倍检验中仍有不合格时，则应进行 100%的检验。

B.0.7　对修复后的焊接接头，应采用原无损检验方法进行 100%的无损检验。

附录C　水　力　计　算

C.0.1　水和水蒸气的黏度应按表 C.0.1 选取。

表 C.0.1　水和水蒸气的黏度

t (℃)	P (1×10^{5}Pa)																		
	1	10	25	50	100	150	200	250	300	350	400	450	500	550	600	650	700	750	800
0	1750	1750	1750	1750	1750	1740	1740	1740	1740	1730	1730	1730	1720	1720	1720	1720	1710	1710	1710
10	1300	1300	1300	1300	1300	1300	1300	1290	1290	1290	1290	1290	1280	1280	1280	1280	1280	1280	1280
20	1000	1000	1000	1000	1000	1000	999	990	998	997	997	996	996	995	994	994	993	992	992
30	797	797	797	797	797	797	797	797	797	797	797	797	796	796	796	796	796	796	796
40	651	651	652	652	652	652	653	653	653	653	654	654	654	654	655	655	655	655	655
50	544	544	544	545	545	546	546	547	547	548	548	549	549	550	550	551	551	552	552
60	463	463	463	464	464	465	466	467	467	468	469	469	470	471	471	472	473	473	474
70	400	401	401	401	402	403	404	404	405	406	407	408	408	409	410	411	412	412	413
80	351	351	351	352	353	354	355	355	356	357	358	359	360	361	362	362	363	364	364

续表 C.0.1

t (℃)	P (1×10^{5}Pa)																		
	1	10	25	50	100	150	200	250	300	350	400	450	500	550	600	650	700	750	800
90	311	311	312	312	313	314	315	316	317	318	319	320	321	322	323	324	325	326	326
100	12.11	279	280	281	282	283	284	285	286	286	287	288	289	290	291	292	293	294	295
110	12.52	252	253	253	254	255	256	257	258	259	260	262	263	264	265	266	267	268	269
120	12.92	230	230	231	232	233	234	235	236	237	238	239	241	242	243	244	245	246	247
130	13.33	211	212	212	213	214	215	216	218	219	220	221	222	223	224	225	226	227	228
140	13.74	195	195	196	197	198	199	200	201	203	204	205	206	207	208	209	210	211	213
150	14.15	181	182	182	183	184	185	187	188	189	190	191	192	193	194	196	197	198	199
160	14.55	169	169	170	171	172	173	175	176	177	178	179	180	181	183	184	185	186	187
170	14.96	159	159	160	161	162	163	164	165	166	168	169	170	171	172	173	174	176	177
180	15.37	14.96	150	150	151	153	154	155	156	157	158	159	161	162	163	164	165	166	168
190	15.77	15.40	141	142	143	144	145	147	148	149	150	151	153	154	155	156	157	158	160
200	16.18	15.58	134	135	136	137	138	139	141	142	143	144	145	146	148	149	150	151	152
210	16.59	16.29	127	128	129	130	132	133	134	135	136	138	139	140	141	142	143	145	146
220	16.99	16.74	122	122	123	124	126	127	128	129	130	132	133	134	135	136	138	139	140
230	17.40	17.18	16.79	117	118	119	120	122	123	124	125	126	128	129	130	131	132	134	134
240	17.81	17.61	17.28	112	113	114	115	117	118	119	120	121	123	124	125	126	128	129	130
250	18.22	18.05	17.77	107	109	110	111	112	113	115	116	117	118	119	121	122	123	124	126
260	18.62	18.49	18.26	103	104	106	107	108	109	111	112	113	114	115	117	118	119	120	122
270	19.03	18.92	18.74	18.38	101	102	103	104	105	107	108	109	110	112	113	114	115	117	118
280	19.44	19.35	19.22	18.95	97.0	98.2	99.4	101	102	103	104	106	107	108	109	111	112	113	114
290	19.84	19.78	19.69	19.51	93.6	94.9	96.1	97.4	98.6	99.9	101	102	104	105	106	107	109	110	111
300	20.25	20.22	20.16	20.06	90.5	91.7	93.0	94.3	95.5	96.8	98.1	99.3	101	102	103	104	106	107	108
310	20.7	20.7	20.6	20.6	86.6	88.3	89.4	91.1	92.4	93.8	94.9	96.1	97.5	98.4	99.7	101	102	103	105
320	21.1	21.1	21.1	21.1	21.6	84.5	85.9	87.7	89.2	90.6	92.0	92.9	94.3	95.5	96.6	97.8	99.0	100	102
330	21.4	21.5	21.6	21.7	22.4	80.4	82.1	84.1	85.8	87.5	88.8	90.0	91.1	92.4	93.5	94.8	95.0	97.2	98.3
340	21.9	21.9	22.0	22.2	23.0	76.0	78.2	80.2	82.1	84.0	85.5	86.9	88.0	89.2	90.5	91.8	93.1	94.3	95.5
350	22.3	22.3	22.4	22.7	23.6	25.4	73.0	75.9	78.5	80.2	82.1	83.6	84.8	86.2	87.5	88.9	90.2	91.4	92.6
360	22.7	22.8	22.9	23.2	24.1	25.7	66.8	70.6	73.7	76.3	78.3	80.3	81.5	83.2	84.7	86.2	87.4	88.7	90.0
370	23.1	23.2	23.4	23.7	24.6	26.0	29.6	64.3	68.5	72.0	74.2	76.7	78.3	80.2	81.9	83.3	84.9	86.2	87.5
380	23.5	23.6	23.8	24.2	25.0	26.3	28.8	53.7	63.2	67.5	70.6	73.0	75.1	77.3	79.1	80.9	82.3	83.7	84.9
390	23.9	24.0	24.2	24.6	25.4	26.6	28.6	34.9	56.1	63.0	67.0	69.9	72.3	74.3	76.3	78.2	79.7	81.2	82.6
400	24.3	24.4	24.6	25.0	25.8	26.9	28.6	32.1	45.7	57.3	62.8	66.5	69.3	71.7	73.7	75.5	77.3	79.0	80.3
410	24.7	24.8	25.0	25.34	26.1	27.2	28.7	31.3	38.1	50.4	58.1	62.8	66.2	68.9	71.1	73.1	74.9	76.4	77.9
420	25.1	25.3	25.4	25.7	26.5	27.5	28.8	31.0	35.2	44.1	52.8	58.7	62.8	65.9	68.5	70.7	72.6	74.3	75.9
430	25.5	25.7	25.8	26.1	26.9	27.8	29.1	30.9	32.2	39.4	47.8	54.4	59.2	62.8	65.7	68.2	70.3	72.1	73.8
440	26.0	26.1	26.2	26.5	27.2	28.1	29.3	30.9	32.0	37.4	43.9	50.3	55.5	59.6	62.9	65.6	67.9	69.9	71.8
450	26.4	26.5	26.6	26.9	27.6	28.5	29.6	31.0	32.0	36.3	41.2	46.9	52.1	56.4	60.0	63.0	65.5	67.7	69.7
460	26.8	26.9	27.0	27.3	28.0	28.8	29.8	31.2	32.0	35.6	39.4	44.2	49.1	53.5	57.5	60.4	63.1	65.5	67.6
470	27.2	27.3	27.4	27.7	28.4	29.2	30.1	31.4	32.1	35.2	38.3	42.3	46.6	50.8	54.6	57.9	60.8	63.3	65.4

续表 C.0.1

t (℃)	P (1×10⁵Pa)																		
	1	10	25	50	100	150	200	250	300	350	400	450	500	550	600	650	700	750	800
480	27.6	27.7	27.8	28.1	28.8	29.5	30.5	31.6	32.3	35.0	37.6	40.9	44.4	48.6	52.2	55.6	58.5	61.1	63.4
490	28.0	28.1	28.2	28.5	29.2	29.9	30.8	31.9	32.5	34.9	37.1	39.9	43.3	46.8	50.2	53.4	56.4	59.1	61.5
500	28.4	28.5	28.7	28.9	29.5	30.3	31.1	32.1	32.7	34.9	36.9	39.3	42.2	45.3	48.5	51.6	54.5	57.2	59.6
510	28.8	28.9	29.1	29.3	29.9	30.6	31.4	32.4	33.0	35.0	36.7	38.9	41.4	44.2	47.1	50.0	52.8	55.5	57.9
520	29.2	29.3	29.5	29.7	30.3	31.0	31.8	32.7	33.2	35.1	36.7	38.6	40.8	43.3	46.0	48.7	51.4	53.9	56.3
530	29.6	29.7	29.9	30.1	30.7	31.4	32.1	33.0	33.5	35.3	36.7	38.4	40.4	42.7	45.1	47.6	50.1	52.5	54.9
540	30.0	30.1	30.3	30.5	31.1	31.7	32.5	33.3	33.8	35.4	36.8	38.4	40.2	42.2	44.4	46.7	49.1	51.4	53.6
550	30.4	30.5	30.7	30.9	31.5	32.1	32.8	33.6	34.1	35.7	36.9	38.3	40.0	41.9	43.9	46.0	48.2	50.4	52.5
560	30.8	30.9	31.1	31.3	31.9	32.5	33.2	34.0	34.4	35.9	37.1	38.4	39.9	41.5	43.5	45.5	47.5	49.6	51.6
570	31.2	31.3	31.5	31.7	32.3	32.9	33.5	34.3	34.7	36.1	37.2	38.5	39.9	41.5	43.2	45.0	46.0	48.9	50.8
580	31.7	31.7	31.9	32.1	32.6	33.2	33.9	34.6	35.0	36.4	37.4	38.6	39.9	41.4	43.0	44.7	46.5	48.3	50.1
590	32.1	32.1	32.3	32.5	33.0	33.6	34.2	35.0	35.3	36.7	37.6	38.8	40.0	41.3	42.8	44.4	46.1	47.8	49.6
600	32.5	32.6	32.7	32.9	33.4	34.0	34.6	35.3	35.7	36.9	37.9	38.9	40.1	41.4	42.8	44.2	45.8	47.4	49.1
610	32.9	33.0	33.1	33.3	33.8	34.4	35.0	35.7	36.0	37.2	38.1	39.1	40.2	41.4	42.7	44.1	45.6	47.1	48.7
620	33.3	33.4	33.5	33.7	34.2	34.8	35.4	36.0	36.4	37.5	38.4	39.4	40.4	41.5	42.8	44.1	45.4	46.9	48.4
630	33.7	33.8	33.9	34.1	34.6	35.1	35.7	36.4	36.7	37.8	38.7	39.6	40.6	41.7	42.8	44.0	45.4	46.7	48.1
640	34.1	34.2	34.3	34.5	35.0	35.5	36.1	36.7	37.0	38.1	38.9	39.8	40.8	41.8	42.9	44.1	45.3	46.6	48.0
650	34.5	34.6	34.7	34.9	35.4	35.9	36.5	37.1	37.4	38.5	39.2	40.1	41.0	42.0	43.0	44.1	45.3	46.5	47.8
660	34.9	35.0	35.1	35.3	35.8	36.3	36.8	37.4	37.8	38.8	39.5	40.4	41.2	42.2	43.2	44.2	45.4	46.5	47.7
670	35.3	35.4	35.5	35.7	36.2	36.7	37.2	37.8	38.1	39.1	39.8	40.6	41.5	42.4	43.3	44.3	45.4	46.5	47.7
680	35.7	35.8	35.9	36.1	36.6	37.1	37.6	38.2	38.5	39.4	40.2	40.9	41.7	42.6	43.5	44.5	45.6	46.6	47.7
690	35.1	36.2	36.6	36.5	37.0	37.5	38.0	38.5	38.8	39.8	40.5	41.2	42.0	42.8	43.7	44.7	45.6	46.7	47.7
700	36.5	36.6	36.7	36.9	37.4	37.9	38.4	38.9	39.2	40.1	40.8	41.5	42.3	43.1	43.9	44.8	45.8	46.8	47.8

C.0.2 各种管子的等值粗糙度应按表 C.0.2 选取。

表 C.0.2 各种管子的等值粗糙度

管 子 类 型	等值粗糙度 ε (mm)
冷拔钢管（新的、洁净的）	0.0015
普通钢管或熟铁管	0.0457
涂沥青铸铁管	0.1220
镀锌铸铁管	0.1524
普通铸铁管	0.2591
混凝土管	0.3050～3.0500
铆接钢管	0.9150～9.1500

C.0.3 各种管道附件的局部阻力系数可按下列规定选取：

1 弯管和弯头的局部阻力系数可按表 C.0.3-1 选取。

表 C.0.3-1 弯管和弯头的局部阻力系数表

弯管弯头型式	DN	$\frac{R}{DN}$	不同弯曲角度弯管（弯头）的局部阻力系数				
			90°	60°	45°	30°	22.5°
弯管	—	>3.0	0.20	0.15	0.12	0.09	0.07
热压弯头	—	1.5	0.25	0.20	0.16	—	—
锻造弯头	—	1.0	0.60	—	—	—	—
焊接弯头	100	1.5	0.55	0.43	0.28	0.25	0.16
	125	1.5	0.48	0.37	0.24	0.22	0.14
	150	1.5	0.41	0.32	0.21	0.19	0.12
	200	1.5	0.35	0.27	0.18	0.16	0.10
	250～450	1.5	0.30	0.24	0.16	0.14	0.09
	500～1400	1.0	0.40	0.31	0.19	0.18	0.11

2 三通的局部阻力系数可按下列规定选取：

1）侧向汇流三通的阻力系数根据图 C.0.3-1 可按表 C.0.3-2 选取，也可按下列公式计算：

$$\xi_b = A\left[1+\left(\frac{q}{a}\right)^2+2\,(1-q)^2\right] \quad (C.0.3\text{-}1)$$

$$\xi_n = q(1.55-q) \quad (C.0.3\text{-}2)$$

式中：ξ_b——为 b—c 截面间的阻力系数；

A——系数，可按表 C.0.3-3 取值；

ξ_n——为 n—c 截面间阻力系数；

a——侧向流通内径 D_{bi} 与主流通流内径 D_{ci} 比的平方，$a=\left(\frac{D_{bi}}{D_{ci}}\right)^2$；

q——分流流量 G_b 的主流流量 G_c 之比，$q=\frac{G_b}{G_c}$。

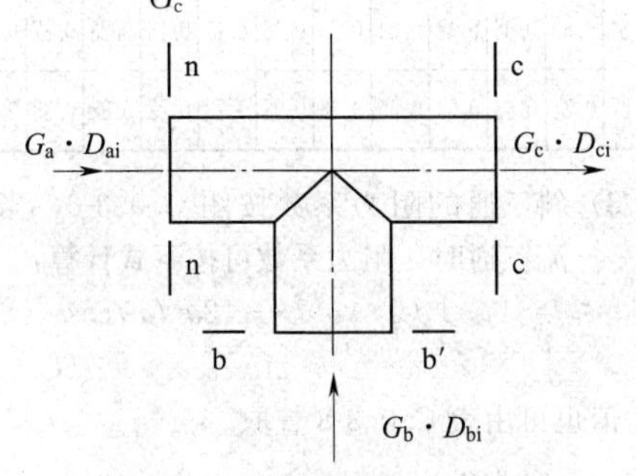

图 C.0.3-1　侧向汇流三通

表 C.0.3-2　侧向汇流三通的阻力系数

q	当数值为 a 时的 ξ_b							ξ_n
	0.20	0.30	0.40	0.50	0.60	0.80	1.00	
0.2	0.70	0.10	0	−0.10	−0.10	−0.10	−0.20	0.27
0.3	2.30	0.70	0.40	0.30	0.20	0.10	0.07	0.38
0.4	4.30	1.50	1.00	0.70	0.50	0.40	0.26	0.46
0.5	6.70	2.40	1.50	1.10	0.80	0.60	0.46	0.53
0.6	9.70	3.50	2.20	1.50	1.20	0.80	0.62	0.57
0.7	13.00	4.70	2.90	2.00	1.50	1.00	0.78	0.59
0.8	17.00	5.90	3.70	2.50	1.90	1.20	0.94	0.60
0.9	21.20	7.30	4.60	3.10	2.20	1.50	1.08	0.59
1.0	26.00	8.90	5.40	3.60	2.70	1.70	1.20	0.55

表 C.0.3-3　系数 *A*

a	0～0.2	0.3～0.4	0.6	0.8	1.0
A	1.00	0.80	0.70	0.65	0.60

2）对向汇流三通的阻力系数根据图 C.0.3-2 可按下式计算：

$$\xi_b = 1+\frac{1}{a^2}+\frac{3}{a^2}(q^2-q) \quad (C.0.3\text{-}3)$$

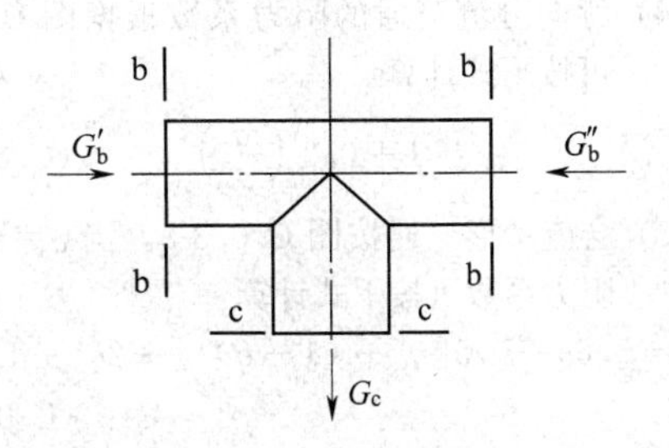

图 C.0.3-2　对向汇流三通

当 $a=1$ 时，ξ_b 可由表 C.0.3-4 查取。

表 C.0.3-4　对向回流三通的阻力系数

q	0.5	0.6	0.7	0.8	0.9	1.0
ξ_b	1.25	1.28	1.37	1.52	1.73	2.00

3）侧向分流三通的阻力系数根据图 C.0.3-3 可按表 C.0.3-5 选取，也可按下列公式计算：

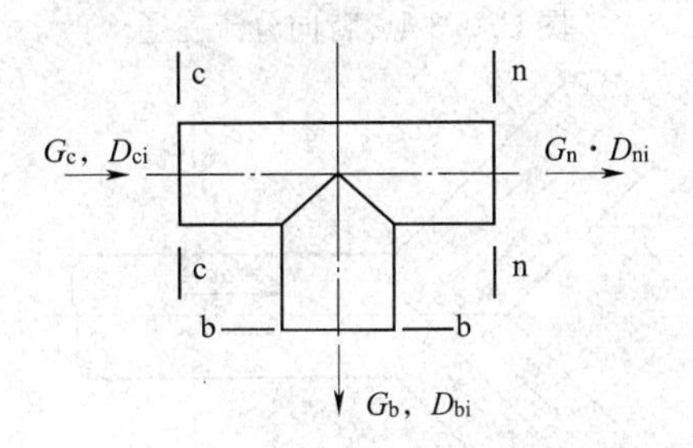

图 C.0.3-3　侧向分流三通

$$\xi_b = A'\left[1+\left(\frac{q}{a}\right)^2\right] \quad (C.0.3\text{-}4)$$

$$\xi_n = 0.4q^2 \quad (C.0.3\text{-}5)$$

式中：A'——系数，当 $\frac{q}{a}\leqslant 0.8$ 时，$A'=1$；当 $\frac{q}{a}>0.8$ 时，$A'=0.9$。

表 C.0.3-5　侧向分流三通的阻力系数

q	ξ_b 在 a 为下值时的数值							ξ_n
	0.20	0.30	0.40	0.50	0.60	0.80	1.00	
0.2	1.80	1.40	1.30	1.20	1.10	1.05	1.04	0.02
0.3	2.90	1.80	1.60	1.40	1.20	1.14	1.09	0.04
0.4	4.50	2.50	1.80	1.60	1.40	1.25	1.16	0.06
0.5	6.50	3.40	2.30	1.80	1.50	1.40	1.25	0.10
0.6	9.00	4.50	2.90	2.20	1.80	1.60	1.36	0.14
0.7	—	5.80	3.70	2.70	2.10	1.60	1.49	0.20
0.8	—	7.30	4.50	3.20	2.50	1.80	1.64	0.26
0.9	—	9.00	5.50	3.80	2.90	2.00	1.62	0.32
1.00	—	—	6.50	4.50	3.40	2.30	1.80	0.40

4）背向分流三通的阻力系数根据图 C.0.3-4 可按下式计算：

$$\xi_b = 1 + 0.3\left(\frac{q}{a}\right)^2 \qquad (C.0.3\text{-}6)$$

5）会流叉形三通按图 C.0.3-5，当 $\alpha = 45°$时，阻力系数可按下式计算：

$$\xi_b = 5.6q + 0.5[q^4 + (1-q)^4] - 2q^2 - 1.8 \qquad (C.0.3\text{-}7)$$

6）会流叉形三通按图 C.0.3-5，α 为不同角度时的阻力系数可由表 C.0.3-6 查取。

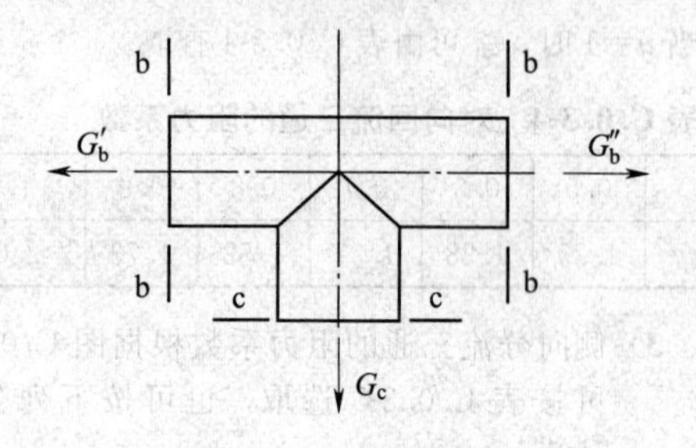

图 C.0.3-4　背向分流三通

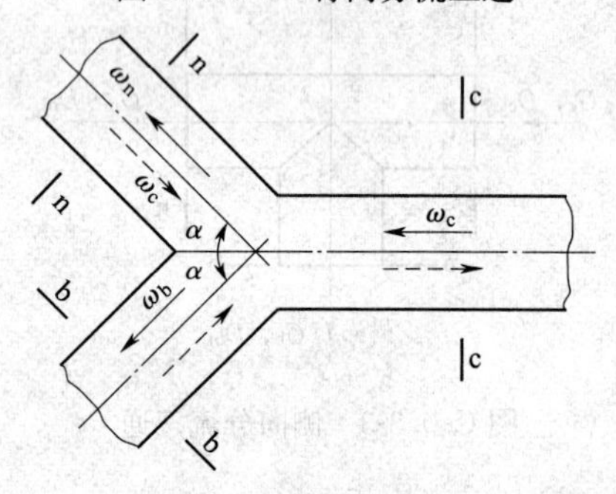

图 C.0.3-5　合流或分流式叉形三通

表 C.0.3-6　合流叉形三通的阻力系数 ξ_b 值

α (°)	q										
	0	0.10	0.20	0.30	0.40	0.50	0.60	0.70	0.80	0.90	1.00
15	2.56	1.89	1.30	0.77	0.30	0.10	0.41	0.67	0.85	0.97	1.04
30	2.05	1.51	1.00	0.53	0.10	0.28	0.69	0.91	1.09	1.37	1.55
45	1.30	0.93	0.55	0.16	0.20	0.56	0.92	1.26	1.61	1.95	2.30

7）分流叉形三通阻力系数 ξ_b 可按表 C.0.3-7 选取，也可按下式计算：

$$\xi_b = 1 + \left(\frac{\omega_b}{\omega_c}\right)^2 - 2\frac{\omega_b}{\omega_c}\cos\alpha - \xi'_b\left(\frac{\omega_b}{\omega_c}\right)^2 \qquad (C.0.3\text{-}8)$$

式中：ω_b——截面 b 处介质流速（m/s）；

ω_c——截面 c 处介质流速（m/s）；

ξ'_b——系数，当 $\alpha = 15°$时，$\xi'_b = 0.04$；当 $\alpha = 30°$时，$\xi'_b = 0.16$；当 $\alpha = 45°$时，$\xi'_b = 0.36$。

表 C.0.3-7　分流叉形三通阻力系数 K_b 值

α (°)	ω_b/ω_c												
	0.10	0.20	0.30	0.40	0.50	0.60	0.80	1.00	1.20	1.40	1.60	1.80	2.00
15	0.81	0.65	0.51	0.38	0.28	0.19	0.06	0.03	0.06	0.13	0.35	0.63	0.98
30	0.84	0.69	0.56	0.44	0.34	0.26	0.16	0.11	0.13	0.23	0.37	0.60	0.89
45	0.87	0.74	0.63	0.54	0.45	0.38	0.28	0.23	0.22	0.28	0.38	0.53	0.73

8）斜三通的阻力系数按图 C.0.3-6，当为汇流三通时，阻力系数可按下式计算：

$$\xi_n = 1 - 1(1-q)^2 - (2q^2/a)\cos\alpha \qquad (C.0.3\text{-}9)$$

ξ_n 值也可由表 C.0.3-8 查取。

$$\xi_b = 1 + \left(\frac{q}{a}\right)^2 - 2(1-q)^2 - \left(\frac{2a^2}{a}\right)\cos\alpha \qquad (C.0.3\text{-}10)$$

ξ_b 值也可由表 C.0.3-9 查取。

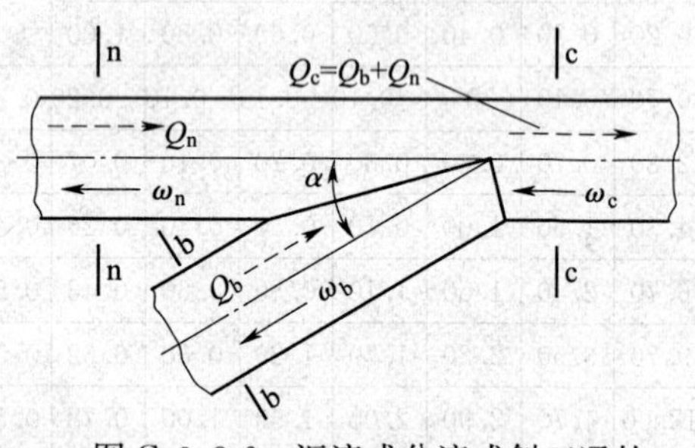

图 C.0.3-6　汇流或分流式斜三通的直通管或侧向支管

表 C.0.3-8　汇流式斜三通的直通管的阻力系数 ξ_n 值

q	当 a 为下列数值时 ξ_n 值						
	0.1	0.2	0.3	0.4	0.6	0.8	1.0
α=30°							
0	0	0	0	0	0	0	0
0.1	0.02	0.11	0.13	0.15	0.16	0.17	0.17
0.2	0.33	0.01	0.13	0.19	0.24	0.27	0.29
0.3	1.10	0.25	0.01	0.10	0.22	0.30	0.35

续表 C.0.3-8

q	当 α 为下列数值时 ξ_n 值						
	0.1	0.2	0.3	0.4	0.6	0.8	1.0
α=30°							
0.4	2.15	0.75	0.30	0.05	0.17	0.26	0.36
0.5	3.60	1.43	0.70	0.36	0.00	0.21	0.32
0.6	5.40	2.35	1.25	0.70	0.20	0.06	0.25
0.7	7.60	3.40	1.95	1.20	0.50	0.15	0.10
0.8	10.10	4.61	2.74	1.82	0.90	0.43	0.15
0.9	13.00	6.02	3.70	2.55	1.40	0.80	0.45
1.0	16.30	7.70	4.75	3.35	1.19	1.17	0.75
α=45°							
0	0	0	0	0	0	0	0
0.1	0.50	0.12	0.14	0.16	0.17	0.17	0.17
0.2	0.20	0.17	0.22	0.27	0.27	0.29	0.31
0.3	0.76	0.13	0.08	0.20	0.28	0.32	0.40
0.4	1.65	0.50	0.12	0.80	0.26	0.36	0.41
0.5	2.77	1.00	0.49	0.13	0.15	0.30	0.40
0.6	4.30	1.70	0.87	0.45	0.40	0.20	0.33
0.7	6.05	2.60	1.40	0.85	0.25	0.08	0.25
0.8	8.10	3.56	2.10	1.30	0.55	0.17	0.06
0.9	10.00	4.75	2.80	1.90	0.88	0.40	0.18
1.0	13.20	6.10	3.70	2.55	1.35	0.77	0.42
α=60°							
0	0	0	0	0	0	0	0
0.1	0.09	0.14	0.16	0.17	0.17	0.18	0.18
0.2	0.00	0.16	0.23	0.26	0.29	0.31	0.32
0.3	0.40	0.06	0.22	0.30	0.32	0.41	0.42
0.4	1.00	0.16	0.11	0.24	0.37	0.44	0.48
0.5	1.75	0.50	0.08	0.13	0.33	0.44	0.50
0.6	2.80	0.95	0.35	0.10	0.25	0.40	0.48
0.7	4.00	1.55	0.70	0.30	0.08	0.28	0.42
0.8	5.44	2.24	1.17	0.64	0.11	0.16	0.32
0.9	7.20	3.08	1.70	1.02	0.38	0.08	0.18
1.0	9.00	4.00	2.30	1.50	0.68	0.28	0.00

表 C.0.3-9 汇流式斜三通侧向支管的阻力系数 ξ_b 值

q	当 a 为下列数值时 ξ_b 值						
	0.1	0.2	0.3	0.4	0.6	0.8	1.0
$\alpha=30°$							
0	1.00	1.00	1.00	1.00	1.00	1.00	1.00
0.1	0.21	0.46	0.57	0.60	0.62	0.63	0.63
0.2	3.10	0.37	0.06	0.20	0.28	0.30	0.35
0.3	7.60	1.50	0.50	0.20	0.005	0.08	0.10
0.4	13.50	2.95	1.15	0.59	0.26	0.18	0.16
0.5	21.20	4.58	1.78	0.97	0.44	0.35	0.27
0.6	30.40	6.42	2.60	1.37	0.64	0.46	0.31
0.7	41.30	8.50	3.40	1.77	0.76	0.50	0.40
0.8	53.80	11.50	4.22	2.14	0.85	0.53	0.45
0.9	58.00	14.20	5.30	2.58	0.89	0.52	0.40
1.0	83.70	17.30	6.33	2.92	0.89	0.39	0.27
$\alpha=45°$							
0	1.00	1.00	1.00	1.00	1.00	1.00	1.00
0.1	0.24	0.45	0.56	0.59	0.61	0.62	0.62
0.2	3.15	0.54	0.02	0.17	0.26	0.28	0.29
0.3	8.00	1.64	0.60	0.60	0.08	0.00	0.03
0.4	14.00	3.15	1.30	0.72	0.35	0.25	0.21
0.5	21.90	5.00	2.10	1.18	0.60	0.45	0.40
0.6	31.60	6.90	2.97	1.65	0.85	0.60	0.53
0.7	42.90	9.20	3.90	2.15	1.02	0.70	0.60
0.8	55.90	12.40	4.90	2.66	1.20	0.79	0.66
0.9	70.60	15.40	6.20	3.20	1.30	0.80	0.64
1.0	86.90	18.90	7.40	3.71	1.42	0.80	0.59
$\alpha=60°$							
0	1.00	1.00	1.00	1.00	1.00	1.00	1.00
0.1	0.26	0.42	0.54	0.58	0.61	0.62	0.62
0.2	3.35	0.55	0.03	0.13	0.23	0.26	0.26
0.3	8.20	1.85	0.75	0.40	0.10	0.00	0.01
0.4	14.70	3.50	1.55	0.92	0.45	0.35	0.28
0.5	23.00	5.50	2.40	1.44	0.78	0.58	0.50
0.6	33.10	7.90	3.50	2.05	1.08	0.80	0.68
0.7	44.90	10.00	4.60	2.70	1.40	0.98	0.84
0.8	58.50	13.70	5.80	3.32	1.64	1.12	0.92
0.9	73.00	17.20	7.65	4.05	1.92	1.20	0.99
1.0	91.00	21.00	9.70	4.70	2.11	1.35	1.00

9）斜三通的阻力系数按图 C.0.3-6 所示的，当为分流三通时，阻力系数可按下式计算：

$$\xi_n = 0.4\left(1-\frac{\omega_n}{\omega_c}\right)^2 \qquad (C.0.3\text{-}11)$$

ξ_n 值也可由表 C.0.3-10 查取。

$$\xi_b = A'\left[1+\left(\frac{q}{a}\right)^2-\left(\frac{2q}{a}\right)\cos\alpha\right] \qquad (C.0.3\text{-}12)$$

式中：A'——系数，当$\frac{q}{a}\leqslant 0.8$时，$A'=1$；当$\frac{q}{a}>0.8$时，$A'=0.9$。

ξ_b 值也可由表 C.0.3-11 查取。

表 C.0.3-10　分流式斜三通的直通管阻力系数 ξ_n（$\alpha=15°\sim90°$）

α	ω_n/ω_c								
	0	0.1	0.2	0.3	0.4	0.5	0.6	0.8	1.0
0～1.0	0.40	0.32	0.26	0.20	0.15	0.10	0.06	0.02	0.00

表 C.0.3-11　分流式斜插三通的侧向支管阻力系数 ξ_b

ω_b/ω_c	角度 α		
	30°	45°	60°
0	1.00	1.00	1.00
0.1	0.94	0.97	0.98
0.2	0.70	0.75	0.84
0.4	0.46	0.60	0.76
0.6	0.31	0.50	0.65
0.8	0.25	0.51	0.80
1.0	0.27	0.58	1.00
1.2	0.36	0.74	1.23
1.4	0.70	0.98	1.54
1.6	0.80	1.30	1.98
2.0	1.52	2.16	3.00
2.6	3.23	4.10	5.15
3.0	7.40	7.80	8.10
4.0	14.20	14.80	15.00
5.0	23.50	23.80	24.00
6.0	34.50	35.00	35.00
8.0	62.70	63.00	63.00
10.0	98.30	98.60	99.00

3　异径管的局部阻力系数可按下列规定选取：

1）异径管阻力系数按图 C.0.3-7 可按表 C.0.3-12 确定，表中的 ϕ 为半锥角。

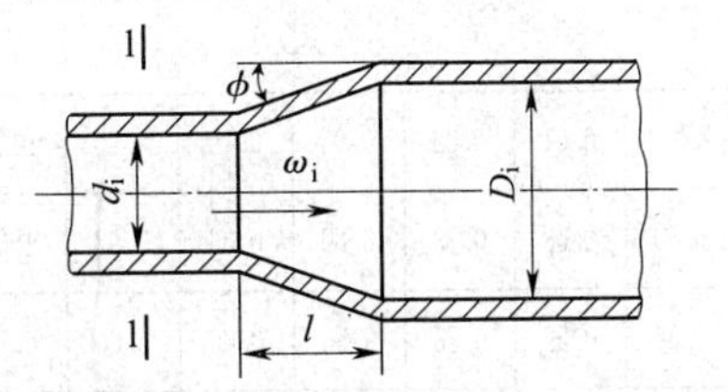

图 C.0.3-7　直径变小或变大的异径管

表 C.0.3-12　异径管阻力系数

$\left(\frac{d_1}{D_2}\right)^2$	直径由大变小		直径由小变大	
	$\phi=12°$	$\phi=15°$	$\phi=12°$	$\phi=15°$
0.80	0.050	0.040	0.030	0.040
0.75	0.057	0.045	0.035	0.045
0.70	0.065	0.050	0.040	0.050
0.65	0.072	0.055	0.045	0.055
0.60	0.080	0.060	0.050	0.070
0.55	0.087	0.065	0.060	0.080
0.50	0.095	0.070	0.070	0.090

2）突然变径的阻力系数按图 C.0.3-8，当为突然缩小时，可按下式计算：

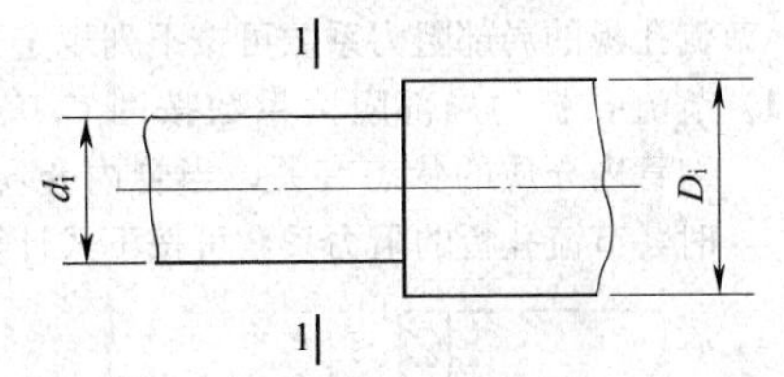

图 C.0.3-8　突然变径

$$\xi = 0.5(1-a) \qquad (C.0.3\text{-}13)$$

3）突然变径的阻力系数按图 C.0.3-8，当为突然扩大时，可按下式计算：

$$\xi = (1-a)^2 \qquad (C.0.3\text{-}14)$$

4　管道入口与出口的局部阻力系数可按下列规定选取：

1）嵌进壁内的管子入口局部阻力系数按图 C.0.3-9，ξ 值可按表 C.0.3-13 选取。

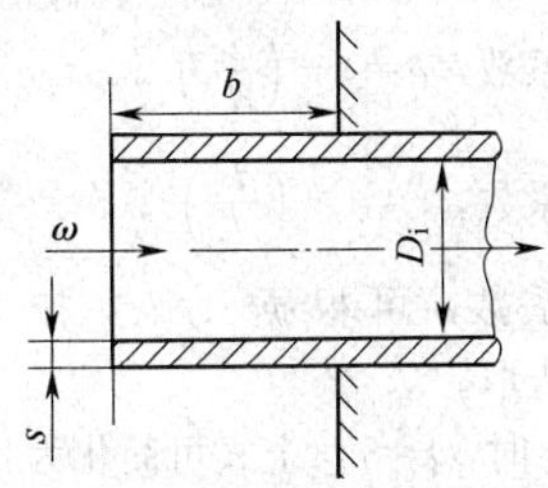

图 C.0.3-9　嵌进壁内的管子入口

表 C. 0. 3-13　管子嵌进壁内时入口的局部阻力系数 ξ 值

s/D_4	b/D_i							
	0	0.01	0.02	0.05	0.10	0.20	0.50	∞
0	0.50	0.68	0.73	0.80	0.86	0.92	1.00	1.00
0.02	0.50	0.52	0.53	0.55	0.60	0.66	0.72	0.72
0.03	0.50	0.51	0.52	0.52	0.54	0.57	0.61	0.61
0.04	0.50	0.51	0.51	0.51	0.51	0.52	0.54	0.54
∞	0.50	0.50	0.50	0.50	0.50	0.50	0.50	0.50

2）其他型式管子入口或出口的局部阻力系数可按表 C. 0. 3-14 选取。

表 C. 0. 3-14　管道入口或出口的局部阻力系数 ξ 值

带锐角的入口	带圆角的入口	从管内自由流出
ω $\xi=0.5$	ω $\xi=0.05\sim0.25$	ω $\xi=0.05\sim0.25$

5　节流孔板的局部阻力系数可按下列规定选取：

1）节流孔板的局部阻力系数按图 C. 0. 3-10，与管内介质的状态有关，当管内介质为水时，节流孔板的阻力系数可按下式计算：

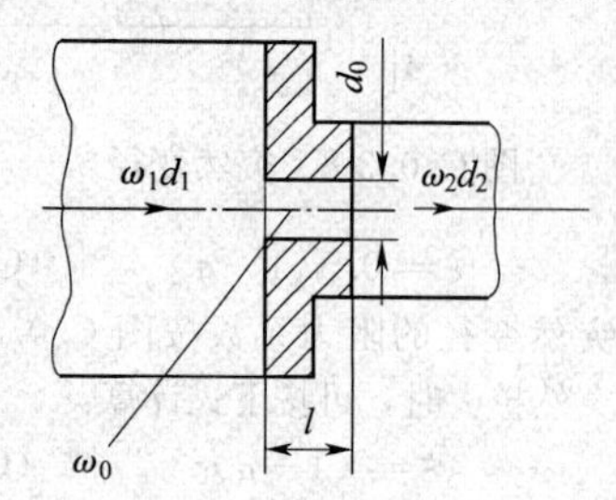

图 C. 0. 3-10　节流孔板

$$\xi_0 = 0.5a + \tau\sqrt{ac} + c^2 \quad \text{(C. 0. 3-15)}$$

式中：ξ_0——相应于管径 d_0 的阻力系数；

a——系数，$a=1-\left(\frac{d_0}{d_1}\right)^2$；

c——系数，$c=1-\left(\frac{d_0}{d_2}\right)^2$；

τ——系数，可根据 $1/d_0$，按表 C. 0. 3-15 查取。

当 $d_1=d_2$ 时，$a=c$，上式可简化为：

$$\xi_0 = 0.5a + \tau\sqrt{a} + a^2 \quad \text{(C. 0. 3-16)}$$

表 C. 0. 3-15　系数 τ 值表

$1/d_c$	0.10	0.15	0.20	0.25	0.30	0.40	0.60	0.80	1.00	1.20	1.60	2.00	2.40
τ	1.30	1.25	1.22	1.20	1.18	1.10	0.84	0.42	0.24	0.16	0.07	0.02	0

2）当管内介质为蒸汽时，$k=1.3$，节流孔板的阻力系数 ξ 可按图 C. 0. 3-11 查取，图中阻力系数是相应于孔板前内径和蒸汽参数；图中的线族为相应于各孔板处压降 Δp_m 与孔板之前压力 p_1 之比为 0.4、0.3、0.2、0.1 和 0。该曲线只有当直管长度在节流孔板之前不小于 $5D_i$ 及孔板之后不小于 $10D_i$ 时才有效。

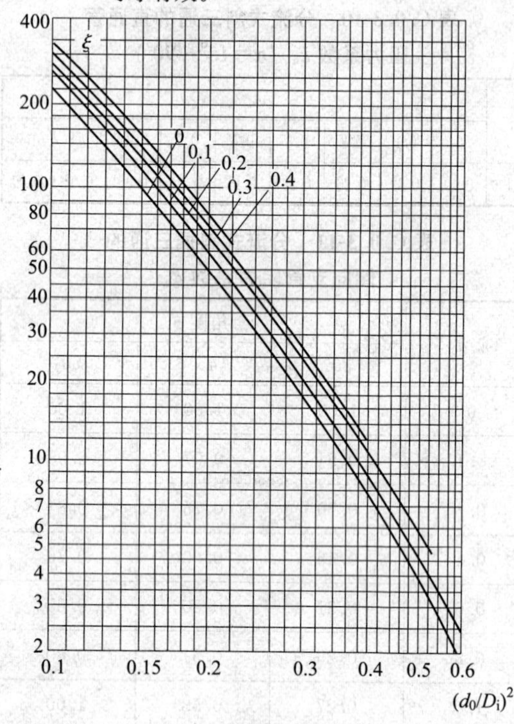

图 C. 0. 3-11　孔板流体动力阻力系数的曲线

6　阀门的局部阻力系数可按下列规定选取：

1）闸阀的局部阻力系数 ξ 可按表 C. 0. 3-16 确定。

2）截止阀的局部阻力系数 ξ 可按表 C. 0. 3-17 确定。

3）调节阀的局部阻力系数 ξ 可按表 C. 0. 3-18 确定。

表 C. 0. 3-16　闸阀的局部阻力系数

序号	公称尺寸 DN	公称压力 PN 或工作参数（MPa/℃）	ε	备注
1	100	14.0/170 18.5/215；23.0/230 25.5/565 38.0/280 10.0/540	0.6 1.07 0.2 0.6 1.07	—

续表 C.0.3-16

序号	公称尺寸 DN	公称压力 PN 或工作参数（MPa/℃）	ε	备注
2	125	10.0/540	0.2	—
3	150	10.0/540 18.5/215；23.0/230 24.0/570 25.5/565 38.0/280	0.7 0.7 0.3 0.48 1.5	—
4	175	10.0/540 18.5/215；23.0/230 14.0/570	0.48 0.42 0.24	—
5	200	25.5/565 38.0/280 14.0/570	0.4 0.46 0.38	—
6	225	20.0/510 10.0/540 18.5/215；23.0/230	0.28 0.9 0.75	—
7	250	10.0/540 14.0/570；23/230 18.5/215 4.0/570 38/280 29/510	0.5 0.24 1.85 0.46 0.9 1.16	—
8	300	23/230 38/280 14.0/570	2.8 2.5 0.65	—
9	400	4.0/570	0.3	—
10	450 500	4.0/570 4.0/570 4.4/340	0.3 0.3 0.3	—
11	600	4.4/340 4.0/570	0.25 0.25	—
12	100 175 225 250	*PN*=40.0	0.6 0.66 0.4 0.75	—
13	100 175 225 250 300	*PN*=25.0	0.9 1.1 0.6 1.4 2.3	—
14	150 200 250 300 400 450 550	*PN*=100	0.36 1.2 0.54 1.22 1.6 1.05 0.83	—
15	150 200 250 300 350	*PN*=100	0.47 1.63 0.55 1.63 1.6	—

表 C.0.3-17 截止阀的局部阻力系数

序号	公称尺寸 DN	公称压力 PN 或工作参数（MPa/℃）	ε	备注
1	20	25.5/565 18.5/215 23.0/230 38.0/280 *PN*=6.4～100	7.8	—
2	40～80	3.5/225 3.2/300	5.5～7.0 5.5～7.0	—
3	40～200	38.5/225 2.3/425	5.5～6.0 5.5～6.0	—
4	80～100	15.5/225 1.0/425	1.35～2.5 1.35～2.5	—
5	100	0.3/50	1.22	—
6	50 100 150	*PN*=100	5.5 5.2 5.0	—
7	15～40	*PN*=63	4.8～7.2	—
8	25～50 70～200	*PN*=16	4.5～5.0 5.2	—

表 C.0.3-18 调节阀的局部阻力系数

序号	公称尺寸 DN	公称压力 PN 或工作参数（MPa/℃）	ε	备注
1	20	18.4/250	71.4	—
2	50	18.4/250	18.1	—
3	50	23.0/230	41.6	—
4	50	14.0/555	58.4	—
5	100	18.4/250	57.6	—
6	100	23.0/230	101.5	—
7	100	36.0/280	104.7	—
8	100	14.0/555	106.0	—
9	150	10.0/540	79.2	—
10	150	36.0/280	104.0	—
11	175	18.4/250	310.0	—
12	175	14.0/555	84.5	—
13	200	36.0/280	173.4	—
14	225	23.0/230	200.0	—

续表 C.0.3-18

序号	公称尺寸 DN	公称压力 PN 或工作参数（MPa/℃）	ε	备注
15	250	23.0/230	390.0	—
16	250	36.0/280	154.0	—
17	100	PN=63	57.0	—
18	150	PN=63	36.8	—
19	200	PN=63	72.0	—
20	250	PN=63	46.8	—
21	300	PN=63	66.6	—
22	80	PN=100	72.5	—
23	100	PN=100	53.5	—
24	150	PN=100	35.1	—
25	200	PN=100	66.5	—
26	250	PN=63	44.5	—

4）其他阀门的局部阻力系数可按表 C.0.3-19 确定。

表 C.0.3-19　其他阀门的局部阻力系数

名　称	公称尺寸 DN	公称压力 PN（MPa）	ε
鞋型闸阀	50	63	0.7
平型闸阀	50～400	10	0.2～0.25
法兰式关闭截止阀	15～40	63	4.8～7.2
	25～50	16	4.5～5.0
	70～200	16	5.2
带内衬直流关闭截止阀	25～200	6	2.0～2.5
直流关闭截止阀	80～100	16	1.35～2.5
衬胶隔膜关闭截止阀	25～100	6	1.5～2.0
止回阀	50～600	10～16	0.8～9.4
多瓣止回阀	800～100	10	1.8～1.9
升降式止回阀	100	10～16	5.4

7　补偿器的局部阻力系数可按表 C.0.3-20 确定。

表 C.0.3-20　补偿器的局部阻力系数

名　称	ε
填料式补偿器	0.2
多波纹的波纹式补偿器（无套管）	0.2
多波纹的波纹式补偿器（有套管）	0.1

附录 D　柔性系数和应力增加系数

D.1　柔 性 系 数

D.1.1　光滑弯管的柔性系数可按下列公式计算：

$$k=\frac{1.65}{h} \qquad (D.1.1-1)$$

$$h=\frac{S_n R}{r^2} \qquad (0.02\leqslant h\leqslant 1.65) \qquad (D.1.1-2)$$

式中：k——柔性系数，当 $h>1.65$ 时，$k=1$；

h——尺寸系数，见附表 D.2.3；

S_n——连接管的公称壁厚（mm）；

R——弯管或弯头的弯曲半径（mm）；

r——连接管的平均半径（mm）。

D.1.2　焊接弯管的柔性系数，根据 Markl 的试验，焊接弯管柔性系数可按下式计算：

$$k=\frac{1.52}{h^{5/6}} \qquad (D.1.2)$$

D.1.3　三通、接管座、大小头的柔性系数与连接管的柔性相同，其柔性系数取用 $k=1$。

D.2　应力增加系数

D.2.1　弯制弯管、弯头、焊接弯管和三通管件应力增加系数应按下式计算：

$$i=\frac{0.9}{h^{2/3}} \qquad (D.2.1)$$

D.2.2　对于接管座应用下式计算 i 值：

$$i=1.5\left(\frac{r_{mh}}{S_{nh}}\right)^{2/3}\left(\frac{r'_{mb}}{r_{mh}}\right)^{1/2}\left(\frac{S_{nb}}{S_{nh}}\right)\left(\frac{r'_{mb}}{r_p}\right) \qquad (D.2.2)$$

式中：r_{mh}——主管平均半径（mm）；

S_{nh}——主管公称壁厚（mm）；

r'_{mb}——支管平均半径（mm）；

S_{nb}——支管公称壁厚（mm）；

r_p——接管座加强段的外半径（mm）；

i——应力增加系数。

D.2.3　各种管件的柔性系数和应力增加系数可按表 D.2.3 选取。

表 D.2.3　柔性系数和应力增加系数

名称	尺寸系数 h	柔性系数 k	应力增加系数 i	简　图
弯制弯管和弯头	$\frac{S_n R}{r^2}$	$\frac{1.65}{h}$	$\frac{0.9}{h^{2/3}}$	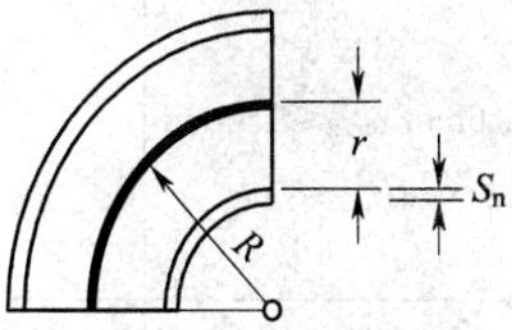
窄间距焊接弯管 $b<r(1+\tan\theta)B\geqslant 6S_n$ $\theta\leqslant 22.5°$ $R=\frac{b\cot\theta}{2}$	$\frac{bS_n\cot\theta}{2r^2}$	$\frac{1.52}{h^{5/6}}$	$\frac{0.9}{h^{2/3}}$	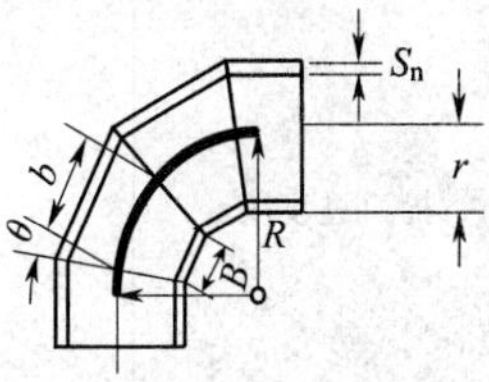
宽间距焊接弯管 $b\geqslant r(1+\tan\theta)$ $\theta\leqslant 22.5°$ $R=r(1+\cot\theta)/2$	$\frac{S_n(1+\cot\theta)}{2r}$	$\frac{1.52}{h^{5/6}}$	$\frac{0.9}{h^{2/3}}$	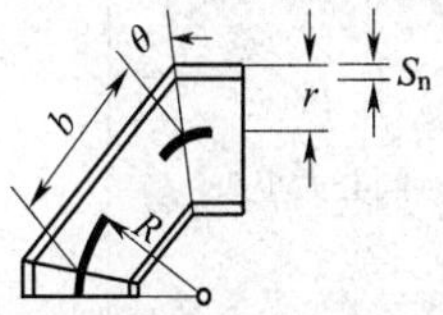
无辅助加强三通	$\frac{S_n}{r}$	1	$\frac{0.9}{h^{2/3}}$	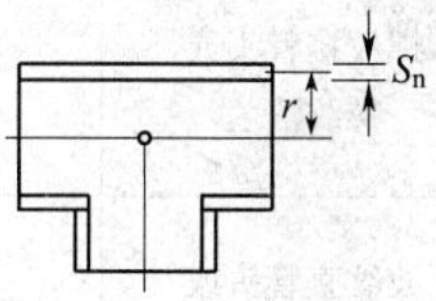
支管焊接管件 （整体补强型）	$\frac{3.3S_n}{r}$	1	$\frac{0.9}{h^{2/3}}$	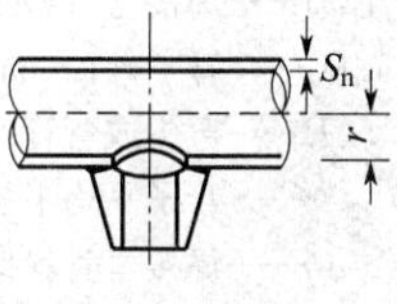
挤压三通	$\frac{S_n}{r}$	1	$\frac{0.9}{h^{2/3}}$	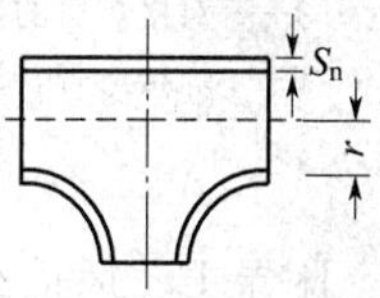
对接焊 $S\geqslant 6$mm，$\delta_{max}\leqslant 1.6$mm， $\delta_{avg}/S\leqslant 0.13$	—	1	1.0	—
对接焊 $S\geqslant 6$mm，$\delta_{max}\leqslant 3.2$mm， δ_{avg}/S=任何值	—	1	$0.9+2.7(\delta_{avg}/S)$ 最小 1.0， 最大 1.9	

续表 D.2.3

名称	尺寸系数 h	柔性系数 k	应力增加系数 i	简图
对接焊 $S\geqslant 6mm, \delta_{max}\leqslant 1.6mm, \delta_{avg}/S\leqslant 0.13$	—	1	—	
角焊	—	1	2.1 或 1.3	—
扩口过渡段	—	1	$1.3+0.036\frac{D_0}{S_n}+3.6\frac{\delta}{S_n}$ 最大 1.9	
同心大小头	—	1	$0.5+0.01\alpha\left(\frac{D_2}{S_2}\right)^{1/2}$ 最大 2.0	
螺纹接管头或螺纹法兰	—	1	2.3	—
波纹直管头或带波纹弯管	—	5	2.5	—

注：B——焊接弯管斜接过渡段内侧的长度(mm)；
D_0——管子外径(mm)；
R——弯头或弯管的弯曲半径(mm)；
r——管子平均半径(与三通相连接的管子)(mm)；
b——焊接弯管斜接段在中心线的长度(mm)；
S_n——管子公称壁厚(与三通相连接的管子)(mm)；
α——异径接头锥角(°)；
δ——对接焊口的错边(δ_{avg}为平均值)(mm)；
θ——焊接弯管斜接轴线夹角的半角(°)。

附录 E 风荷载和地震荷载的计算

E.1 风 荷 载

E.1.1 作用于管道上的风荷载为均布荷载，对于不等直径的管道，应按直径分段进行均布荷载的计算。垂直于露天管道表面上的风荷载标准值，应按以下公式计算，即：

$$w_k = \beta_z \mu_s \mu_z w_0 \tag{E.1.1}$$

式中：w_k——风荷载标准值（kN/m²）；
β_z——高度 z 处的风振系数；
μ_z——风荷载高度变化系数，按 E.1.3 的规定确定；
μ_s——风荷载体型系数，按 E.1.4 的规定确定；
w_0——基本风荷载（kN/m²）；按 E.1.2 的规定确定。

E.1.2 基本风荷载为当地空旷平坦地面上离地 10m 高处，统计所得的 50 年一遇 10min 内的平均最大风速 v_0，按公式 E.1.2 确定的风荷载值。工程中的基本风荷载可按表 E.1.2 或现行国家标准《建筑结构荷载规范》GB 50009 中给出的风荷载采用，但不得小于0.3kN/m²。

$$w_0 = v_0^2/1600 \tag{E.1.2}$$

表 E.1.2　全国主要城市的基本风荷载数据 w_0（kN/m^2）

城市名	风荷载	城市名	风荷载	城市名	风荷载	城市名	风荷载
北京市	0.45	本溪市	0.45	宁波市	0.50	新乡市	0.40
天津市	0.50	抚顺市	0.45	衢州市	0.35	洛阳市	0.40
塘沽区	0.55	营口市	0.60	温州市	0.60	许昌市	0.40
上海市	0.55	丹东市	0.55	合肥市	0.35	开封市	0.45
重庆市	0.40	大连市	0.65	宿州市	0.40	武汉市	0.35
石家庄市	0.35	长春市	0.65	蚌埠市	0.35	宜昌市	0.30
邢台市	0.30	四平市	0.55	安庆市	0.40	黄石市	0.35
张家口市	0.55	吉林市	0.50	南昌市	0.45	长沙市	0.35
承德市	0.40	通化市	0.50	赣州市	0.30	岳阳市	0.40
秦皇岛市	0.45	哈尔滨市	0.55	景德镇市	0.35	邵阳市	0.30
唐山市	0.40	齐齐哈尔市	0.45	福州市	0.70	衡阳市	0.40
保定市	0.40	绥化市	0.55	厦门市	0.80	广州市	0.50
沧州市	0.40	安达市	0.55	西安市	0.35	深圳市	0.75
太原市	0.40	牡丹江市	0.50	榆林市	0.40	汕头市	0.80
大同市	0.55	济南市	0.45	宝鸡市	0.35	湛江市	0.80
阳泉市	0.55	德州市	0.45	兰州市	0.30	南宁市	0.35
临汾市	0.40	烟台市	0.55	张掖市	0.50	桂林市	0.30
长治市	0.50	威海市	0.65	酒泉市	0.55	柳州市	0.30
呼和浩特市	0.55	淄博市	0.40	武威市	0.55	梧州市	0.30
满洲里市	0.65	青岛市	0.60	天水市	0.35	北海市	0.75
海拉尔市	0.65	兖州市	0.40	银川市	0.65	海口市	0.75
乌兰浩特市	0.55	南京市	0.40	中卫市	0.45	三亚市	0.85
包头市	0.55	徐州市	0.35	西宁市	0.35	成都市	0.30
集宁市	0.60	镇江市	0.40	格尔木市	0.40	宜宾市	0.30
通辽市	0.55	无锡市	0.45	乌鲁木齐市	0.60	西昌市	0.30
赤峰市	0.55	泰州市	0.40	克拉玛依市	0.90	内江市	0.40
沈阳市	0.55	连云港市	0.55	库尔勒市	0.45	泸州市	0.30
阜新市	0.60	常州市	0.40	喀什市	0.55	贵阳市	0.30
锦州市	0.60	杭州市	0.45	哈密市	0.60	遵义市	0.30
鞍山市	0.50	金华市	0.35	郑州市	0.45	昆明市	0.30

E.1.3 对于平坦或稍有起伏的地形，风荷载高度变化系数 μ_z 应根据地面粗糙度类别按表 E.1.3-1 或现行国家标准《建筑结构荷载规范》GB 50009 中给出的风荷载高度变化系数确定。

表 E.1.3-1 风荷载高度变化系数 μ_z

离地面或海平面高度（m）	地面粗糙度类别			
	A	B	C	D
5	1.17	1.00	0.74	0.62
10	1.38	1.00	0.74	0.62
15	1.52	1.14	0.74	0.62
20	1.63	1.25	0.84	0.62
30	1.80	1.42	1.00	0.62
40	1.92	1.56	1.13	0.73
50	2.03	1.67	1.25	0.84
60	2.12	1.77	1.35	0.93
70	2.20	1.86	1.45	1.02
80	2.27	1.95	1.54	1.11
90	2.34	2.02	1.62	1.19
100	2.40	2.09	1.70	1.27
150	2.64	2.38	2.03	1.61
200	2.83	2.61	2.30	1.92

1 地面粗糙度可分为 A、B、C、D 四类：

1） A 类指近海海面和海岛、海岸、湖岸及沙漠地区；

2） B 类指田野、乡村、丛林、丘陵以及房屋比较稀疏的乡村和城市郊区；

3） C 类指有密集建筑群的城市市区；

4） D 类指有密集建筑群且房屋较高的城市市区。

2 由于地形差别的影响，风荷载高度变化系数还应乘以系数 η 进行修正，即：

$$\mu_{zo} = \eta\mu_z \tag{E.1.3}$$

η 按下述规定采用：

1） 山间盆地、谷地等闭塞地形：$\eta = 0.75 \sim 0.85$；

2） 与大风方向一致的谷口、山口：$\eta = 1.20 \sim 1.50$；

3） 当远离海面或在海岛上时，按表 E.1.3-2 确定修正系数。

表 E.1.3-2 远海海面和海岛的修正系数

距海岸距离（km）	η
＜40	1.0
40～60	1.0～1.1
60～100	1.1～1.2

E.1.4 风荷载体型系数 μ_s 为风作用在管道表面上所引起的实际压力（或吸力）与来流风速度压的比值，可按表 E.1.4 选取。

表 E.1.4 风荷载体型系数 μ_s

序号	简 图	μ_s							
1	μ_s；d；单管	$\mu_z w_0 D^2 \geqslant 0.015$ 时，$\mu_s = +1.2$； $\mu_z w_0 D^2 \leqslant 0.002$ 时，$\mu_s = +0.7$ 中间值按插值法计算；D 为管道外径							
2	μ_s；d；S；上下双管	s/D	≤0.25	0.5	0.75	1.0	1.5	2.0	≥3.0
		μ_s	+1.4	+1.05	+0.88	+0.82	+0.76	+0.73	+0.7

续表 E.1.4

序号	简图	μ_s								
3	μ_s → d S d 前后双管	s/D	≤0.5	1.0	1.5	3.0	4.0	6.0	8.0	≥10.0
		μ_s	+0.79	+1	+1.1	+1.15	+1.26	+1.30	+1.33	+1.40
		μ_s值为前后两管之和，其中前管为+0.7								
4	μ_s → 前后密排多管	μ_s=+1.65 μ_s为各管之总和，其中前管为+0.7								

注：1 图表中符号→表示风向，+表示向管道中心，−表示向管道外部；

2 序号 2，3 中，当两根管径不等时，取 $D=(D_1+D_2)/2$，查表求 μ_s 值；

3 序号 4 中，当管径不等时，按 $D=\sum D_i/m$ 查表求 μ_s 值（$\sum D_i$ 为各管径总和，m 为管道根数）。

E.2 地震荷载

E.2.1 管道设计中，通常不计入地震荷载，除非当地法令规定或厂址位于震级高的地区，或在合同中已有明确规定，才需要进行管道的地震验算。

E.2.2 抗震设计的基本要求应符合下列规定：

1 管道的设计分析应能反映出设计范围内预期地震发生时，随建筑结构的地震响应，管道内产生的最大应力和力矩，但不需要包括对地震所引起建筑结构间相互作用的分析。设计中抗震设防烈度可采用中国地震动参数区划图的地震基本烈度，对已编制抗震设防区划的地区，可按批准的抗震设防烈度或设计地震动参数进行计算。

2 地震时地面的水平和垂直运动时同时存在，但认为水平地震力对管道的破坏起决定性作用，水平地震力的方向应取为使管道中应力水平最大的方向。对于地震烈度为 8、9 度的大跨度管道及 9 度时的高层管道，应计算竖向地震作用，竖向设计加速度峰值可采用水平向设计加速度峰值的 2/3。

3 抗震设计的计算模型应计入管道内液体以及附属部件等的质量，当附属部件的重心与管道中心线的距离大于管道直径 1.5 倍时应计入偏心的影响。

E.2.3 地震荷载的计算方法应符合下列规定：

1 管道地震荷载可采用静力法计算地震的动力学影响，当需要进行比较详细的分析时，可采用反应谱法或时程分析法。

2 静力法忽略了地震中管道支承结构各部分响应的不同频率和阻尼，在地震运动的振动方向上使用单一的静力加速度值计算管道的受力和位移。静力加速度按下式计算：

$$a_{eq}=k_f\cdot S_a \qquad (E.2.3)$$

式中：k_f——频率修正系数，将管道近似为单自由系统处理时，$k_f=1$；当管道为多自由度系统时，$k_f=1.5$；

S_a——为地震时计算楼层高度上质点运动的最大加速度，当没有地震时各楼层质点运动最大加速度资料时，取为地震时地面的最大水平加速度。地震时地面的最大水平加速度与重力加速度的比值称为地震系数 k_a，按表 E.2.3 确定：

表 E.2.3 地震系数 k_a 与地震烈度 I 的关系

烈度 I	6	7	8	9
地震系数 k_a	0.064	0.128	0.255	0.51

3 通过振型分解的方法，由单质点体系的反应谱曲线得到质点在各震型下的地震荷载，再按均方根法对其进行组合，可以计算出管道的地震响应最大值。从工程应用的角度，地震反应不超过 10%的管道高阶振型影响可略去不计，仅需计入自振频率较低的前 2 个～3 个振型。在求得管道上的分布惯性力后，应对管道和管道原件进行强度校核。

4 对于罕遇地震，不能采用弹性加速度反应谱法设计，采用管道进入弹塑性阶段后的非线性时程分析方法。时程分析法首先选定地面运动加速度曲线，通过数值积分求解基本动力方程，计算出每一时间分段处管道的位移、速度和加速度，从而描述出强震作用下，管道在弹性和非弹性阶段的地震响应。

附录 F 焊接结构及焊接材料

F.0.1 常用焊接接头形式及尺寸应符合表 F.0.1 的规定。

表 F.0.1　常用焊接接头基本形式及尺寸

序号	接口类型	坡口形式	图　　形	焊接方法	焊件厚度 δ（mm）	接头结构尺寸					适用范围
						α	β	b（mm）	p（mm）	R（mm）	
1	对接	Ⅰ型		D_S Q_S R_b M_Z	<3 <3 8～16 8～16	—	—	1～2 1～2 0～1 0～1	—	—	容器和钢结构
2	对接	V形		D_S Q_S R_b M_Z	≤6 ≤16 16～20 16～20	30°～35°	—	不限制	0.5～2 1～2 7 7	—	各类承压管子，压力容器和中、薄件承重结构
3	对接	U形		D_S W_S	≤60	10°～15°	—	2～5	0.5～2	5	中、厚壁汽水管道
4	对接	双V形 水平管		D_S W_S	>16	30°～40°	8°～12°	2～5	1～2	5	中、厚壁汽水管道
5	对接	双V形 垂直管		D_S W_S	>16	α_1＝35°～40° α_2＝20°～25°	β_1＝15°～20° β_2＝5°～10°	1～4	1～2	5	中、厚壁汽水管道
6	对接	综合形		D_S W_S	>60	20°～25°	5°	2～5	2	5	厚壁汽水管道
7	对接	X形		D_S M_Z	>16 >20	30°～35°	—	2～3 0～1	2～4 7	—	双面焊接的大型容器和结构

续表 F.0.1

序号	接口类型	坡口形式	图形	焊接方法	焊件厚度 δ（mm）	接头结构尺寸					适用范围
						α	β	b（mm）	p（mm）	R（mm）	
8	对接	封头	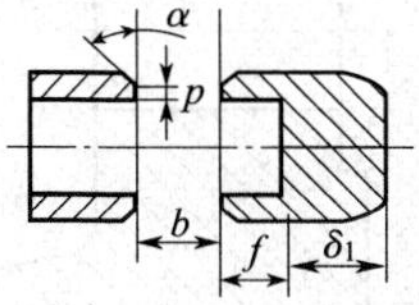	D_S W_S	管径不限	同厚壁管坡口加工要求					汽水管道或联箱封头
9	对接	封头	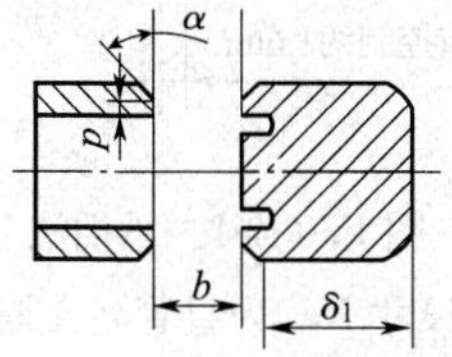	D_S W_S	直径 $\phi \geqslant 23$	同厚壁管坡口加工要求					汽水管道或联箱封头
10	T型接	管座	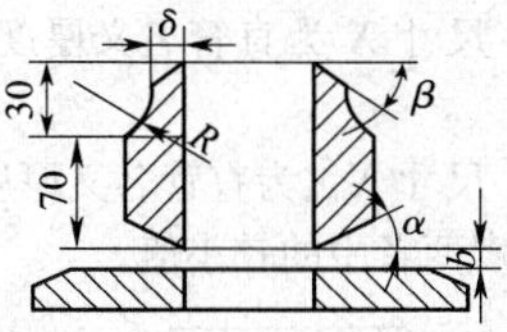	D_S W_S	管径 $\phi \leqslant 76$	50°～60°	30°～35°	2～3	1～2	按壁厚差取	汽水、仪表取样等接管座
11	T型接	管座	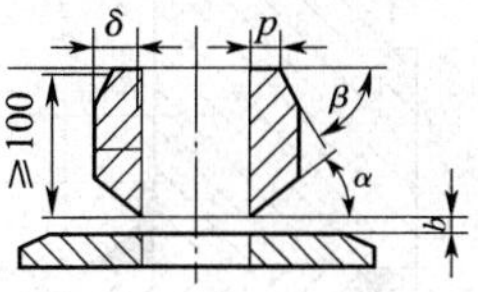	D_S W_S	管径 76～133	50°～60°	30°～35°	2～3	1～2	—	汽水管道或容器的接管座或接头
12	T型接	单V形	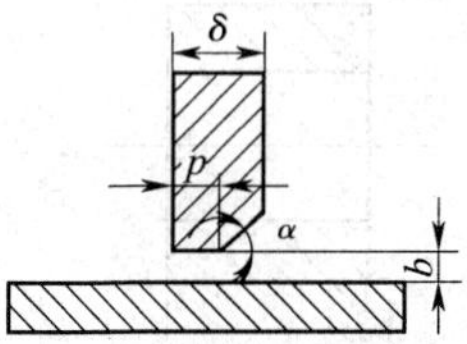	D_S M_Z	≤20	50°～60°	—	1～2	1～2	—	要求焊透的结构
13	T型接	K形	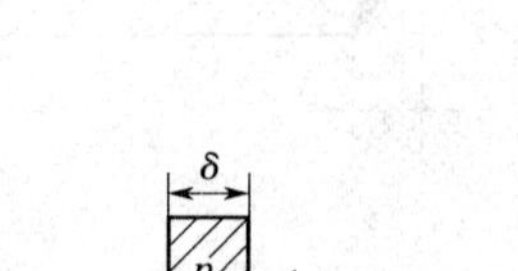	D_S M_Z	＞20	50°～60°	—	1～2	1～2	—	要求焊透的结构

F.0.2 不同厚度管道对口时的处理方法应符合图F.0.2的规定。

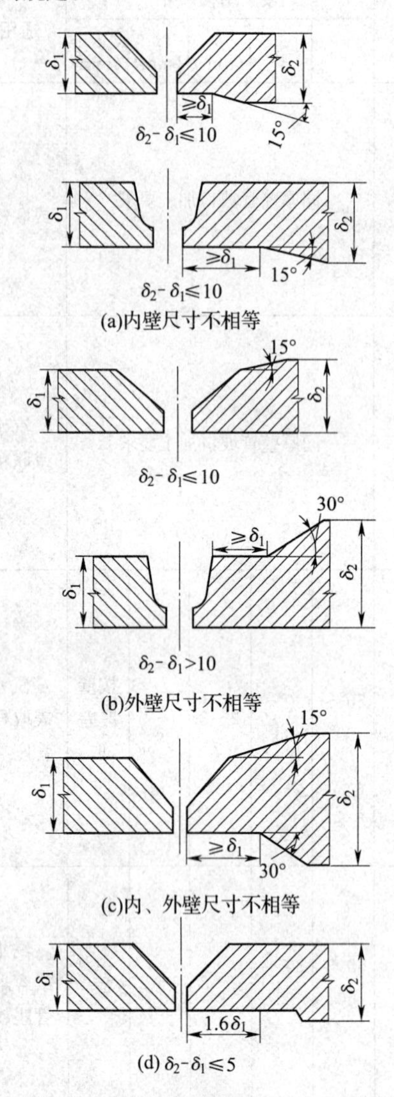

图F.0.2 不同厚度对口时的处理方法

F.0.3 承插焊管件与管子的焊接应符合图F.0.3的规定。

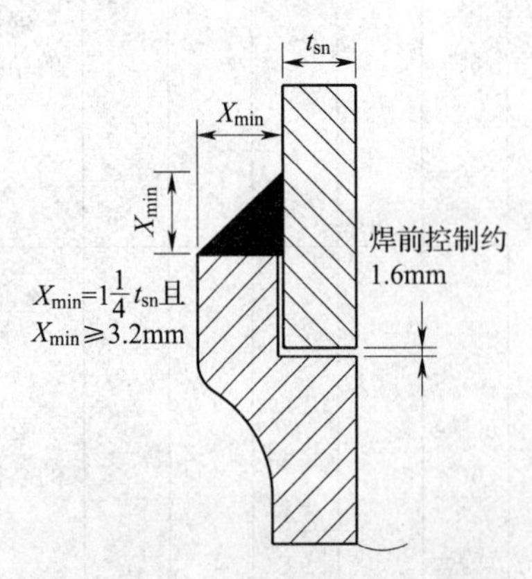

图F.0.3 承插焊管件连接要求

F.0.4 承插焊法兰与管子的连接应符合下列规定：

1 承插焊法兰的焊缝应符合图F.0.4-1的规定。

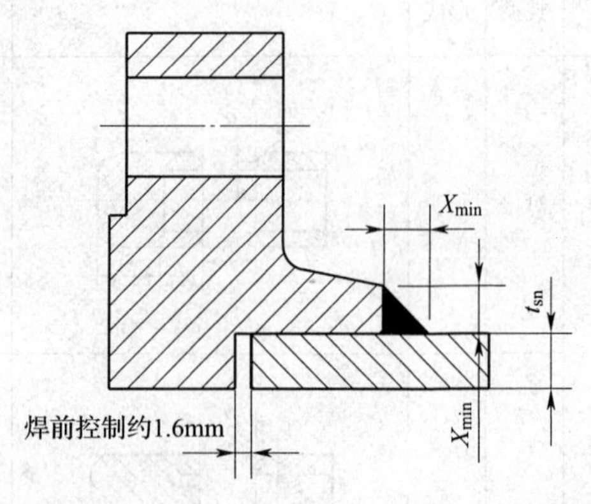

图F.0.4-1 承插法兰的连接要求

2 尺寸X_{min}为直管名义厚度t_{sn}的1.4倍或法兰颈部厚度两者中的较小值。

3 平焊（滑套）法兰与管子的内外侧焊接应符合图F.0.4-2的规定。

4 尺寸X为直管名义厚度t_{sn}或6.4mm中的较小值。

5 尺寸X_{min}为直管名义厚度t_{sn}的1.4倍或法兰颈部厚度两者中的较小值。

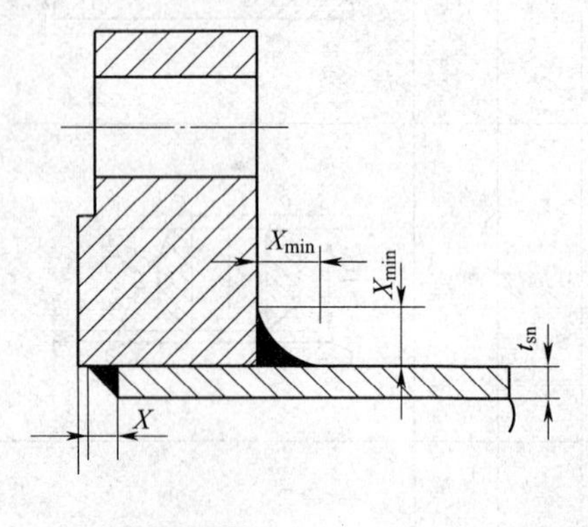

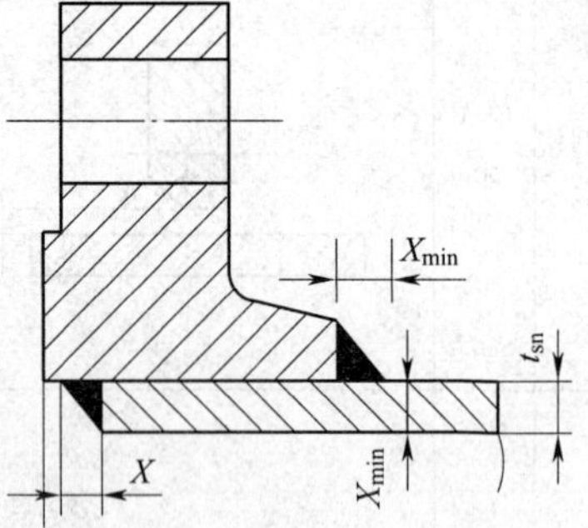

图F.0.4-2 平焊（滑套）法兰内侧和外侧焊缝

F.0.5 常用焊接材料应符合表F.0.5-1～表F.0.5-3的规定。

表 F.0.5-1　常用国产钢材所适用的焊条和焊丝型号

钢材		电焊条			焊丝	
种类	代号（类型）	原牌号	国标型号	相对应的国外型号	原牌号	国标或相对应的国外型号
碳素钢	（C≤0.3%）	J421 J420G J422 J423 J424 J426 J427	E4313 E4300 E4303 E4301 E4320 E4316 E4315	AWS E6013/ JIS D4313 — JIS D4303 4301 AWS E6020 AWS E6016 AWS E6015	焊 08 锰高	H08MnA
普通低合金钢	16MnV、16Mng 15MnR、15Mng （适用中、厚板） 15CrMo（1Cr-1/2Mo）	J506 J507 J557 R307	E5016 E5015 E5515-G E5515-B_2	AWS E7016/ JIS D5016 AWS E7015 AWS E8015G AWS E8015-B2 JIS DT2315	焊 08 锰高	H08MnA H08CrMoA H13CrMo
耐热钢	12Cr1MoV （1Cr-1/2Mo-V）	R317 R337	E5515-B2-V E5515-B2-VNb	—	—	H08CrMoV
	12Cr2MoWVTiB （2Cr-1/2Mo-VW）	R347 R417	E5515-B3-VW E5515-B3-VNb-7	—	焊 08 铬 2 钼高	H08Cr2MoVNb
耐热钢	12Cr3MoVSiTiB（钢Ⅱ11） （3Cr-1Mo-VTi）	R417	E5515-B3-VNb-7	—	焊 08 铬 2 钼高	H08Cr2MoVNb H05Cr2Mo1TiRe
	12MoVWBSiRe （无铬 8 号）	R347 R417	E5515-B3-VW E5515-B3-VNb-7	—	焊 08 铬 2 钼 1 焊 08 铬 2 钼钡铌	H08Cr2Mo1 H08Cr2MoVNb H08CrMoV
	15Cr1Mo1V	R327 R337	E5515-B2-VW E5515-B2-VNb	—	—	H08CrMoV
	12Cr2MoG	R407	E6015-B3	AWS E9015-B3	—	ER62-B3
	15Ni1MnMoNbCu	R107	—	AWS E9018G	—	GB ER62-G AWS ER90S-G
	10Cr9Mo1VNbN	R717	E6015-G	AWS E9015-B9	—	AWS ER90S-B9 GB ER62-B9
	10Cr9MoW2VNbN （SA335 P92）	R727	E6015-G	—	—	AWS ER90S-B9（mod.） EN WZCrMoWVNb9 0.5 2
	11Cr9Mo1W1VNbBN （SA335 P911）	—	—	AWS E9015-G EN EZCrMoWV Nb 911 B 42 H5	—	AWS ER90S-B9（mod.） EN WZCrMoWVNb911
	10Cr11MoW2VNbCu1BN （SA335 P122）	—	—	—	—	—
不锈钢	0Cr18Ni11Ti 1Cr18Ni9Ti 1Cr9Ni9 1Cr19Ni11Nb	A132 A137	E347-16 E347-15	AWS E347-16 AWS E347-15	焊 1 铬 19 镍 9 钛 焊 1 铬 19 镍 10 铌	H1Cr19Ni1Ti H1Cr19Ni10Nb

表 F.0.5-2 符合欧盟标准《Seamless steel tubes for pressure purpose-technical delivery conditions-part2: Non alloy and alloy steel tubes with specified elevated temperature properties》EN 10216－2：2004－07 标准材料所适用的焊条和焊丝型号

钢材			电焊条			焊丝	
种类	代号	材质类型	原牌号	国标型号	相对应的国外型号	牌号	国标型号或相对应的国外型号
碳素钢	P280GH	0.25	J426 J422	E4316 E4303	AWS E6016 JIS D4303	焊 08 锰高	H08MnA
耐热钢	16Mo3	0.3Mo	—	E5015-A1	AWS E7015-A1 JIS DT1215	焊 08 铬钼	H08CrMo
	13CrMo4-5	1Cr-1/2Mo	R307	E5515-B2	AWS E8015-B2 JIS DT2315	焊 13 铬钼	H13CrMoj
	10CrMo9-10	2 1/4Cr-1Mo	R407	E6015-B3	AWS E9015-B3	—	H08Cr2MoVNb
	14MoV63	1/2Cr-1/2Mo-V	R317	E5515-B2-V	—	—	H08CrMoV
	X20CrMoV121	12Cr-1Mo-V	R817	E2-11MoVNiW-15	—	—	H16Cr10MoNiV
	15NiCuMoNb 5-6-4	1Mn-1Ni-0.5Cu	R107	—	AWS E9018G	—	GB ER62-G AWS ER90S-G
	7CrWVMoNb9-6（ASTM A335 P23）	2 1/4Cr-1 1/2WMo	—	—	EN：E ZCr2 WV B 42 H5 AWS：E9015-G	—	ER90s-G
	X11CrMo9-1（A335 P9）	9Cr-1Mo	R707	—	AWS E8018-B8	—	AWS ER80S-B8
	X10Cr MoVNb9-1	9Cr-1Mo	R717	E6015-G	AWS E9015-B9 EN E CrMo91 B 42 H5	—	AWS ER90S-B9 GB ER62-B9
	X10CrW MoVNb9-2	9Cr-0.5 Mo-1.8W	R727	E6015-G	AWS E9015-G（E9015-B9 mod.） EN E MoWVNb9 0，52 B 42 H5	—	AWS ER90S-B9（mod.） EN W ZCrMo WVNb90.52
	X11CrMo WVNb9-1-1	9Cr-1Mo-1W	—	—	AWS E9015-G（E9015-B9 mod.）	—	AWS ER90S-B9（mod.）EN W ZCrMoWVNb911
	X20Cr MoV121	12Cr-1Mo-V	R817	E11MoVNiW-15	—	—	H16Cr10MoNiV AWS ER505（mod.）EN W CrMoWV12Si

表 F.0.5-3 符合美国机械工程师协会标准《Power piping》ASME B31.1－2010 标准材料所适用的焊条和焊丝型号

种类	代号	材质类型	原牌号	国标型号	相对应的国外型号	原牌号	国标型号或相对应的国外型号
碳钢	SA106Gr. A(管) SA106Gr. B(管) SA106Gr. C(管) A515 Gr. 60(板) A515 Gr. 65(板) A515 Gr. 70(板)	C	J507 J427	E5015 E4315	AWS E7018	焊 08 锰高	H08MnA
碳钼钢	SA335-P1、SA369-EP1(管)	1/2Mo	R107	E5015-A1	AWS E7015-A1 JIS DT1215	焊 08 铬钼	H08CrMo
	A204 Gr. A 板	—	R107	E5015-A1	AWS 7015-A1 JIS DT1215	焊 08 铬钼	H08CrMo
耐热钢	SA335-P12	1Cr-1/2Mo	R307	E5515-B2	AWS E8015-B2 JIS DT2315	焊 13 铬钼	H13CrMo
	SA335-P11	1 1/4Cr-1/2Mo	R307	E5515-B2	AWS E8015-B2 JIS DT2315	焊 13 铬钼	H13CrMo
	SA335-P22	2 1/4Cr-1Mo	R407	E6015-B3	AWS E9015-B3	—	H08Cr2MoVNb
	SA335-P5 管子	5Cr-1/2Mo	R507	E5MoV-15	AWS E8015-B6	—	ER55-B6
	SA335-P9	9Cr-1Mo	R707	E9MoV-15	—	—	ER55-B8
	A387-Gr. 12	1Cr-1/2Mo	R307	—	—	—	—
	A387-Gr. 11 板	1 1/4Cr-1/2Mo	R307	—	—	—	—
	A387-Gr. 22	2 1/4Cr-1Mo	R407	—	—	—	—
	A387-Gr. 5	5Cr-1/2Mo	R507	—	—	—	—
	A387-Gr. 9	9Cr-1Mo	R707	—	AWS E8018-B8	—	—
	SA335 P23	2 1/4Cr-1 1/2WMo	—	—	EN W/G2CrWV2	—	ER90s-G

续表 F.0.5-3

种类	代号	材质类型	原牌号	国标型号	相对应的国外型号	原牌号	国标型号或相对应的国外型号
耐热钢	SA335-P91	9Cr-1MoVNbN	R717	E6015-G	AWS E9015-B9		AWS ER90S-B9 GB ER62-B9
	SA335-P92	9Cr-0.5Mo-1.8W	R727	E6015-G	AWS E9015-G(E9015-B9 mod.)	—	AWS ER90S-B9(mod.) EN WZCrMoWV Nb90.52
	A335 P911	9Cr-1Mo-1W	—	—	AWS E9015-G (E9015-B9 mod.) EN E CrMoWV Nb911B42	—	AWS ER90S-B9(mod.) EN WZCrMoWVNb911
	SA335P122	12Cr-0.5Mo-2W-1.5Cu	—	—	—	—	—
不锈钢	SA312 TP304L SA409 TP304L SA312 TP321 SA409 TP321	18Cr-8Ni-0.035O 18Cr-8Ni-Ti	A132 A137	E347-16 E347-15	AWS E347-16 AWS E347-15	焊1铬19镍9钛 焊1铬19镍10铌	H1Cr19Ni1Ti H1Cr19Ni10Nb

本规范用词说明

1 为便于在执行本规范条文时区别对待，对要求严格程度不同的用词说明如下：

1）表示很严格，非这样做不可的：
正面词采用“必须”，反面词采用“严禁”；

2）表示严格，在正常情况下均应这样做的；
正面词采用“应”，反面词采用“不应”或“不得”；

3）表示允许稍有选择，在条件许可时首先应这样做的：
正面词采用“宜”，反面词采用“不宜”；

4）表示有选择，在一定条件下可以这样做的，采用“可”。

2 条文中指明应按其他有关标准执行的写法为：“应符合……的规定”或“应按……执行”。

引用标准名录

《爆破片和爆破片装置》GB 567
《碳素钢结构》GB 700
《等长双头螺柱　B级》GB/T 901
《管道元件 PN（公称压力）的定义和选用》GB/T 1048
《低中压锅炉用无缝钢管》GB 3087
《低压流体输送用焊接钢管》GB/T 3091
《金属熔化焊焊接接头射线照相》GB/T 3323
《缠绕式垫片　技术条件》GB/T 4622.3
《高压锅炉用无缝钢管》GB 5310
《六角头螺栓　细牙》GB/T 5785
《Ⅰ型六角螺母》GB/T 6170
《Ⅰ型六角螺母　细牙》GB/T 6171
《输送流体用无缝钢管》GB/T 8163
《对焊钢制管法兰》GB/T 9115
《钢制管法兰　技术条件》GB/T 9124
《管法兰连接用紧固件》GB/T 9125
《钢焊缝手工超声波探伤方法和探伤结果分级》GB 11345
《安全阀　一般要求》GB 12241
《压力释放装置　性能试验规范》GB 12242
《弹簧直接载荷式安全阀》GB 12243
《工业企业厂界环境噪声排放标准》GB 12348
《燃气用埋地聚乙烯（PE）管道系统　第1部分：管材》GB 15558.1
《燃气用埋地聚乙烯（PE）管道系统　第2部分：管件》GB 15558.2
《管道支吊架　第1部分：技术规范》GB/T 17116.1
《钢制管法兰连接强度计算方法》GB/T 17186
《建筑结构荷载规范》GB 50009
《石油化工企业设计防火规范》GB 50160

《氢气站设计规范》GB 50177
《工业企业总平面设计规范》GB 50187
《火力发电厂与变电站设计防火规范》GB 50229
《工业企业噪声控制设计规范》GBJ 87
《管道焊接接头超声波检验技术规程》DL/T 820
《钢制承压管道对接焊接接头射线检验技术规范》DL/T 821
《火力发电厂焊接技术规程》DL/T 869
《火力发电厂保温油漆设计规程》DL/T 5072
《火力发电厂油气管道设计规程》DL/T 5204
《城镇供热管网设计规范》CJJ 34
《城镇直埋供热管道工程技术规程》CJJ/T 81
《承压设备无损检测》JB/T 4730

中华人民共和国国家标准

电厂动力管道设计规范

GB 50764—2012

条 文 说 明

制 定 说 明

《电厂动力管道设计规范》GB 50764—2012，经住房和城乡建设部2012年5月以第1396号公告批准发布。

本规范制定过程中，编制组进行了广泛深入的调查研究，总结多年来的设计经验和研究成果，结合我国的国情，对火力发电厂动力管道的设计作出规定。

本规范的编制遵循主要的原则如下：

1. 对火力发电厂动力管道的材料、强度、布置和检验等方面提出设计的基本要求；

2. 设计应遵循安全第一的原则，并采取成熟可靠的技术；

3. 注重与国内现行相关标准的协调，本规范中涉及的内容与国家现行标准有重复的部分，采取引用的方法；

4. 注意了解吸收国外关于动力管道的先进设计标准的内容。

本规范属新制定标准，编写组人员对一些技术问题进行了专题研究，形成6个专题报告，其目录如下：

1. 材料许用应力专题；

2. 国内无缝钢管及焊接钢管的生产加工能力及状况专题；

3. 火电厂高温管道材料的应用专题；

4. 局部阻力系数的选用研究专题；

5. 四大管道介质流速选择专题；

6. 易燃或可燃介质管道专题。

为便于广大设计、施工、科研、学校等单位有关人员在使用本标准时能正确理解和执行条文规定，本编制组按章、节、条顺序编制了标准的条文说明，对条文规定的目的、依据以及执行中需注意的有关事项进行了说明和解释。本条文说明不具备与标准正文同等的法律效力，仅供使用者作为理解和把握规定的参考。

目　次

1 总　　则

1.0.2 本条在规定适用范围中强调了“火力发电厂”的概念，目的是区别于核电站及其他新能源发电厂。

除规定本规范适用的范围外，还规定了不适用的范围，使适用范围界限更明确，增强了可操作性。

3 设计条件和设计基准

3.1 设计条件

3.1.4 本条文与现行行业标准《火力发电厂汽水管道应力计算技术规程》DL/T 5366—2006 相比，由于适用范围增加了可燃、易爆及有毒流体介质管道和气体介质管道，所以设计压力选取增加了总体原则性规定。

关于主蒸汽管道设计压力，在《火力发电厂汽水管道应力计算技术规程》DL/T 5366—2006 的基础上，参照美国机械工程师协会标准《Power piping》ASME B31.1—2010 的规定进行了局部调整。

按国际电工委员会标准《International standard：steam turbines part 1：specifications》IEC 45-1，汽轮机主汽门进口处的设计压力等于汽轮机主汽门前额定进汽压力的 105%。

调速泵出口高压给水管道设计压力取值，“泵额定转速特性曲线”指泵选型工况对应的曲线。

3.1.7 本条与现行行业标准《火力发电厂汽水管道应力计算技术规程》DL/T 5366—2006 第 5.2 节内容一致。

对于第 6 款，高压给水管道的设计温度取高压加热器后高压给水的最高工作温度，主要是因为在此温度段管子和管件壁厚差别不大，为减少管子和管件的品种和规格，故作此规定。但作应力分析计算时，建议按不同温度分段计算，否则端点推力会有较大差别。

3.2 设计基准

3.2.2 现行国家标准《管道元件 PN（公称压力）的定义和选用》GB/T 1048—2005 中规定，公称压力为无量纲量，公称压力系列数值以压力单位 bar 为基础定义，本规范中所有涉及公称压力（PN）的表示方法均按《管道元件 PN（公称压力）的定义和选用》GB/T 1048—2005 的规定进行调整。

3.2.4 本条与现行行业标准《火力发电厂汽水管道应力计算技术规程》DL/T 5366—2006 第 4 章的编写原则一致，除钢材在设计温度下 10^5h 持久强度平均值（σ_D^t）外，其余三项强度指标及其符号按现行国家标准《金属材料室温拉伸试验方法》GB/T 4338—2006 进行修改。在《金属材料室温拉伸试验方法》GB/T 4338—2006 中，强度指标的单位改为N/mm^2，但鉴于现行国家标准《高压锅炉用无缝钢管》GB 5310—2008 采用了新符号而单位仍然沿用 MPa，所以本规范强度指标的单位仍然沿用 MPa。

4 材　　料

4.1 一般规定

4.1.1 管道材料的选用除依据管道的设计压力、设计温度、工作介质类别、经济性、材料的加工等性能外，还应考虑化学性能稳定性、物理性能稳定性、组织稳定性和抗疲劳性能，并符合本规范关于材料的相关规定。

4.1.2 用于管道的材料，有可能会用到国外材料，这些材料应是通用性国际标准认可的材料。

4.2 金属材料的使用温度

4.2.1 材料的使用温度，还应考虑管道安装环境、工作介质对材料的腐蚀影响，腐蚀数据可在相关的材料手册中查阅，本规范所列数据未计及腐蚀因素。

4.2.2 对碳钢使用温度不应超过 425℃，超过 425℃长期使用有石墨化倾向。

4.4 金属材料的使用要求

4.4.4 采用的国外钢材应是国外动力管道用钢标准所列的钢号或者化学成分、力学性能、焊接性能与国内允许用于动力管道的钢材相类似、列入钢材标准的钢号。

对首次使用的国外钢材为保证质量，按照惯例要求进行焊接工艺评定和成型工艺试验，满足技术要求后才能使用。

对于国内钢材生产厂生产国外钢号，要求按该钢号国外标准的规定进行生产和验收；采用研制的新钢号分为试制动力管道和批量生产阶段，对应的要求钢材制造厂事先对新材料的试验工作进行技术评定和产品鉴定。

常用的汽水管道用钢包括碳钢、低合金耐热钢和 9-12Cr%耐热钢 3 类。虽然管道用钢在设计上多采用 ASME 的钢号，但本规范为国家标准，钢号采用现行国家标准《高压锅炉用无缝钢管》GB 5310 的对应钢号；类似钢材牌号见表 1。

表 1　类似钢号对照表

钢号与技术条件	类似钢号
20G GB 5310—2008	CT20（ГОСТ） A-1、B（ASME/ASTM） 1020（SAME，AISI） XC18（NF）、N2024（ČSN） PH26（ISO） P235GH（EN） STB410/STP 410（JIS）

续表 1

钢号与技术条件	类 似 钢 号
10 GB 3087—2008	CT10(ГОСТ)、S10(JIS) 1010(SAME,AISI) P195GH(EN)
20 GB 3087—2008	CT20(ГОСТ)、S20C(JIS) A-1、B(ASME/ASTM) 1020(SAME,AISI) P235GH(EN) XC18(NF)、N2024(ČSN) STB410/STP 410(JIS)
Q235A Q235B GB 3091—2008	1015(SAME,AISI) Gr. D(ASME/ASTM) SS 400(JIS) Fe 360 B/Fe 360 C(EN) P235GH(EN)
Q345 GB/T 8163—1999	12MnV 16Mn 16MnRE
15MoG(15Mo3、16Mo) GB 5310—2008	16M(ЧМТУ) STBA12/STPA12(JIS) T1/P1(ASME、ASTM) 16Mo3(EN) 16Mo3(ISO) 15020(ČSN)
12CrMoG GB 5310—2008	12MX(ГОСТ) T2/P2(ASME、ASTM) STBA20/STPA20(JIS)
15CrMoG GB 5310—2008	15XM(ЧМТУ) 13CrMo4-5 (ISO) 13CrMo4-4、13CrMo4-5(EN) T12/P12(ASME、ASTM) STBA22/STPA22(JIS) 15121(ČSN)
12CrMoV GB/T 3077—2008	12XMФ(ГОСТ4543) 15123. 9(ČSN) 15128(ČSN)
12Cr1MoVG GB 5310—2008	12XIMФ(ГОСТ) 15225(ČSN)
15Cr1Mo1V (15X1M1Ф)	P24 A405-61T(ASTM)
12Cr2MoG GB 5310—2008	10CrMo9-10(EN) 10CrMo9-10(ISO) STBA24/STPA24(JIS) T22/P22(ASME、ASTM) HT8(SANDVIK)

续表 1

钢号与技术条件	类 似 钢 号
15Ni1MnMoNbCu	15NiCuMoNb5-6-4(EN) 9NiMnMoNb5-4-4(ISO) P36(ASME、ASTM)
X20CrMoV121 (F12)	HT9(SANDVIK) 1X12B2MФ(ГОСТ) 2X12MФBP(ГОСТ) X20CrMoV11-1(EN)
10Cr9Mo1VNb GB 5310—2008	T91/P91(ASME、ASTM) X10CrMoVNb9-1(EN) X10CrMoVNb9-1(ISO) TUZ10CDVNb09. 01(NFA-49213) STPA26(JIS)
10Cr9MoW2VNbBN GB 5310—2008	T92/P92(ASME、ASTM) X10CrWMoVNb9-2(EN10216-2:2002＋A2:2007) STPA29(JIS)
11Cr9Mo1W1VNbBN GB 5310—2008	P911(ASME、ASTM) E911(EN)

4.4.5 高温蒸汽管道用钢主要考虑蠕变极限、持久强度、持久塑性和抗氧化性能等，常采用 1×10^5 h，也有用 2×10^5 h 或 3×10^5 h 的高温持久强度作为强度设计依据；在长期高温运行过程中材料会发生碳化物的析出、聚集、长大，产生组织老化和性能劣化，要求材料的组织、性能稳定性要好。对其他管道，在相对较低温度下工作，通常以钢材的屈服极限和抗拉强度作为强度设计的依据，要求对所输送流体具有较高的抗腐蚀能力。管道是由钢管和管件焊接而成，并需要在现场人工施焊，相对于制造厂，车间的工作环境、工艺条件较差，更要求焊接工艺性要好。

5 管道组成件的选用

5.1 一 般 规 定

5.1.5 现行行业标准《电站钢制对焊管件》DL 695 中规定：弯管弯头、三通、异径管等管道附件的通流面积应不小于相连接管道通流面积的 90%，实际应用中发现，当管径或壁厚偏差较大时，管子与管件连接处的局部地位点的疏水靠管道的疏水坡度无法解决，因此将 90%的限制提高到 95%，根据管件制造企业的调研结果，95%的限制，大部分管件制造企业均可做到。

5.2 管 子

5.2.3 电厂实际运行发现，由于存在两相流，采用普通碳钢的给水回热加热器疏水和再循环管道的阀后管道，磨损严重，所以增加阀后管道采用CrMo合金钢的规定；另外，美国萨金伦迪公司设计的该类管道采用CrMo合金钢。

5.3 弯管和弯头

5.3.4 目前，大型再热火电机组的低温再热蒸汽管道材料多采用符合ASME标准的SA 672B70CL32焊接钢管，由于口径较大，弯头热压成型比较困难，国内大多管件制造厂采用板材焊接成型，不易保证安全，基于此种情况，作本条规定。

5.4 支管连接

5.4.2 鉴于目前大部分带加强环、加强板及加强筋等辅助加强型式的三通，多数由施工单位在现场加工，难以保证质量，所以不建议采用该类加强型式的三通。

5.4.3 本条根据现行行业标准《火力发电厂汽水管道设计技术规定》DL/T 5054—1996修改，对高压给水管道取消锻制型式三通。

5.4.4 本条根据现行行业标准《火力发电厂汽水管道设计技术规定》DL/T 5054—1996附录C修改。

5.10 阀　　门

5.10.2 虽然低压给水管道参数较低，但其工作条件较差，铸铁阀门承受扭矩的能力较差，设计人员往往容易忽略而选用铸铁阀门，所以规定“与高压除氧器和给水箱直接相连管道的阀门及给水泵进口阀门，应选用钢制阀门”。

5.10.5 本条第14款，对于电动阀门，当失去动力时，做不到“开”或“关”，所以规定：对于驱动装置失去动力时阀门有“开”或“关”位置要求时，应采用气动驱动装置。

6 管道组成件的强度

6.2 管子的强度

6.2.1 本条规定根据现行行业标准《火力发电厂汽水管道应力计算规程》DL/T 5366—2006修改，按美国机械工程师协会标准《Power piping》ASME B31.1的规定增加了蠕变温度下焊接钢管的直管最小壁厚计算公式。

由于所列公式是根据管壁内压平均应力导出的，考虑内压周向应力是平均分布的，而管壁内周向应力的分布，实际是不均匀的，内壁大、外壁小，在外径（或内径）一定时，壁厚越大，内外壁应力值差别也越大。因此，内壁内周向应力比平均周向应力要高。有时按平均应力是满足了，而内壁实际应力却超过了屈服极限，产生材料屈服，甚至管壁上出现大面积屈服，这对管子的运行不利。通过计算比较，如果以管壁内压平均折算应力（应力为平均值）选择管子壁厚时，当许用应力采用以屈服极限为基准的安全系数为1.5时，在$B=D_o/D_i$值等于1.6时，管子内壁才有可能屈服，内壁内压实际折算应力超过屈服极限的2%时，但管壁大部分仍处于弹性状态。在现在的电力建设中，超临界和超超临界参数机组，主蒸汽、再热蒸汽管道的选材一般选用强度高的A335P91、A335P92来降低管道厚度，这样管道的$\frac{D_o}{D_i}$值都在1.6以下。因此规定最小壁厚计算公式的适用范围为$\frac{D_o}{D_i}$不大于1.7。

管道的腐蚀和磨损。对于一般的蒸汽管道和水管道，可不计及腐蚀和磨损的影响；对于加热器疏水阀后管道、给水再循环阀后管道和排污阀后管道等具有两相流的管道，都应计及附加厚度，腐蚀和磨损裕度可取用2mm。对于超超临界机组的主蒸汽管道和高温再热蒸汽管道，从近几年投运的机组运行状况看，存在氧化腐蚀的现象，所以应适当计及裕量。

计及机械强度的要求。补偿因需要机械连接而在管子加工螺纹或焊接打的坡口等所损失的壁厚；在个别情况下，由于支撑及其他原因引起的附加荷载使管道可能发生凹塌、翘曲或过量的挠度时，也需要局部增加直管的壁厚。

6.3 弯管弯头的强度

弯管实测壁厚限定不得小于弯管的计算壁厚，含义是弯管上任何一点的壁厚都不得小于弯管在该点的计算壁厚。虽然不可能每一点都去核算，但弯管是由直管弯制而成的，为了补偿弯曲面最外侧的减薄量，选用的直管壁厚就应有一定的裕度，对于外侧而言，靠这个裕度来补偿各处的减薄量，对内侧而言，靠这个裕度来补偿应力的增加。弯管最外侧减薄量最大，最内侧应力增加最大，只要这两处的裕度没有用完，弯管运行中的安全性就能保证，只要制造工艺合理能控制住最外侧和最内侧的壁厚，满足该处计算壁厚的要求即可。

由于弯制过程中，弯管外侧受拉伸变形后壁厚要减薄，减薄量的大小与弯管的弯曲半径R和弯制工艺水平有关。因此，用作弯制弯管的直管段的壁厚，必须大于相连直管允许的最小壁厚，且有一定的裕度以补偿弯制过程中的减薄量，即留得裕度应大于弯制工艺可能产生的最大减薄量。

对于允许负偏差比较大的管子，当其具有最大负偏差时的管子壁厚即相当于相连直管的最小壁厚。因此，具有正偏差的管子，其壁厚本身就较相连直管的最小壁厚多个裕度，其值最小也等于最大负偏差值，这个裕度也可以利用来补偿弯管外侧的减薄量。

上述两种方法都是能补偿弯管外侧受拉的减薄量，是保证弯管满足最小壁厚的可靠手段，对于以最小内径 X 最小壁厚标识的管子，因其壁厚无负偏差，且允许正偏差也不大，应采用直管订货壁厚加大的方法，对于以外径 X 壁厚标识的管子，负偏差都很大，宜采用挑选正公差管子的方法。

椭圆度也是表示弯管质量好坏的特征之一，椭圆度大了，弯管受压作用产生的椭圆应力，影响弯管的强度。

由于外侧厚度公式是在直管壁厚公式基础上乘以一个小于1的修正系数，因此弯管、弯头外侧壁厚要比相应直管小，但前面已规定不得小于直管壁厚，因此外弧最小壁厚更偏于安全。值得注意的是，现行行业标准《火力发电厂汽水管道设计技术规定》DL/T 5054 中并未直接给出按直管内径确定的弯管（弯头）壁厚公式，同时，弯管（弯头）壁厚公式是以薄壁管（$D_0/D_i \leqslant 1.7$）为基础推导出来的，对于厚壁管是有一定误差的。

6.4 支管连接的补强

本节规定了几种支管连接的计算方法，其中面积补偿法适用锻制三通，接管座；压力面积法适用于热压三通，面积补偿法的计算是参照美国机械工程师协会标准《Power piping》ASME B31.1 的规定确定的。

6.5 异 径 管

本节给出了异径管壁厚的计算方法，参照现行行业标准《火力发电厂汽水管道设计技术规定》DL/T 5054 附录 C.2 中的相关规定。

6.6 法兰及法兰附件

选用符合国家标准的法兰时，设计人员应该注意现有法兰的不同尺寸以及这些法兰在使用上的限制，即各种材料的压力和温度限制。

6.7 封头及节流孔板

本节给出封头的计算方法，参照现行行业标准《火力发电厂汽水管道设计技术规定》DL/T 5054 附录 C.5 中的相关规定。

7 管径选择及水力计算

7.2 管径的选择

7.2.1～7.2.4 管道介质流速推荐的是一个范围，但靠近上限和靠近下限对管径的影响也是很大的。因此，具体选用时还应考虑管径大小、介质参数高低、输送距离长短的影响。直径较小、介质参数低或输送距离远的管道应采用较低的流速值。

汽轮机润滑油管道的介质流速应首先满足汽轮机的要求，供油流速为 1.5m/s～2.0m/s，回油流速为 0.5m/s～1.5m/s。回油流速不宜过大，是为了避免油箱中的油飞溅导致油品劣化。

确定燃油管道流速时，不仅要计算流动阻力，更要考虑流速过快从而摩擦剧烈，容易产生静电，因此应规定燃油流速的上限值。燃油管道介质阻力不仅与流速有关，还与管道长短有关。对于管路短的，流速可取大些。

压缩空气管道介质流速选取应根据工作压力确定，压力高的流速取上限值。

对于主蒸汽、再热蒸汽管道和高压给水管道，由于管壁厚度、材质优劣、管径大小等因素对工程的建设费用影响较大。建议通过技术经济比较确定此类管径大小。

如燃油泵房与锅炉房距离较远，燃油管道的管径选择可在考虑经济性条件下进行优化设计。对于燃油电厂或管径较大的燃油管道，推荐进行其优化设计。

7.3 单相流体管道系统压力损失

7.3.1 并联管道的损失等于各分管的损失，并联管道的总流量等于各分管道流量的总和。在已知管道尺寸和粗糙度以及流体性质的条件下，并联管道也有两类计算问题：①已知 A 点和 B 点的静水头线高度，求总流量 q_v；②已知总流量 q_v，求各分管道中的流量及能量损失。事实上，并联管道的第一类计算问题就相当于简单管道的第二类计算问题，因为知道了 A 点和 B 点间的能量损失，可按照简单管道的第二类计算问题去推求各分管到内的流量，各分管道流量的总和便是总流量 q_v。对于并联管道的第二类计算问题，由于只知道总流量，管道的损失和各分管道的流量都是不知道的，因而它的计算比较复杂，可按照条文推荐方法计算。

8 管 道 布 置

8.2 汽 水 管 道

8.2.3 本条规定了管道具体的布置要求。

3 存在汽水两相流动的管系，采用此种布置方式，目的是使水平管道内介质利用一定高度的水柱静压，减轻两相流动的影响。曾对某工程的锅炉紧急放水管道进行如此改线，结果降低了管道的振动，运行良好。

汽机本体范围内管道的疏水坡度，是根据美国机械工程师协会标准《火电用汽轮机防止进水损伤的规定》ASME TDP－1－2006 确定的。除氧器下水管道的坡度为 0.15，是防止给水泵或前直泵产生汽蚀，数值取自国外资料。

8.2.4 本条规定了管道组成件的布置要求。

根据现行行业标准《火力发电厂焊接技术规程》DT/T 869—2004 中第 4.1.3 条，管道对接焊口，其中心距离管道弯曲起点大于或等于管道外径，且大于或等于 100mm（定型管件除外），距支吊架边缘大于或等于 50mm。同管道两个对接焊口间距离不宜小于 150mm，当管道公称尺寸大于 *DN*500，同管道两个对接焊口间距离不得小于 500mm。

对于主蒸汽、再热热段管道材料主要为 10CrMo910、A335P22 的钢管，可选取三组蠕变测量截面来代替蠕胀监察段；对于主蒸汽、再热热段管道材料主要为 A335P91、A335P92 的钢管，可选取蠕胀监察段。

存在两相流动的管系，以控制阀为分界点。控制阀前为单向介质，控制阀后才出现两相流动。控制阀的位置宜接近接受介质的容器，这样既缩短了控制阀和接受介质容器之间的距离，减少厚壁合金钢管材的使用量，同时也削弱了由于汽水两相流动引起的振动和噪声等影响。如果条件许可，控制阀最好直接与接受介质的容器连接，如图 1，但这种接法，在容器内接入管附件应有防止汽水流冲蚀的挡板，以免容器内的设备遭受损坏。如果控制阀不能直接与接受介质的容器连接，则控制阀后按流向所遇到的第一个弯头应改用图 2 所示的三通连接方式。控制阀直通的一端加设堵板。用以吸收能量较大的汽水两相流混合物的冲击。

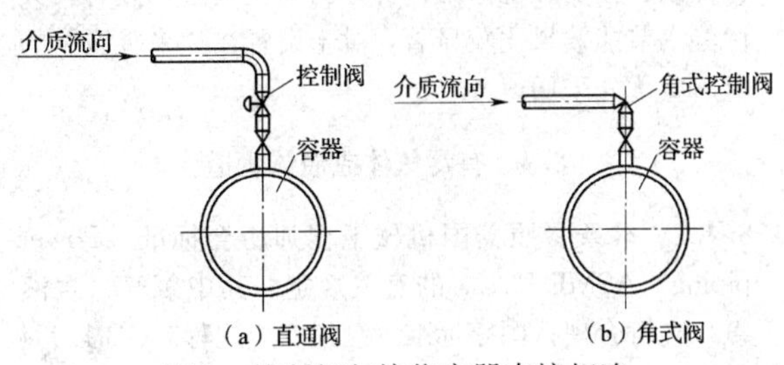

图 1　控制阀与接收容器直接相连

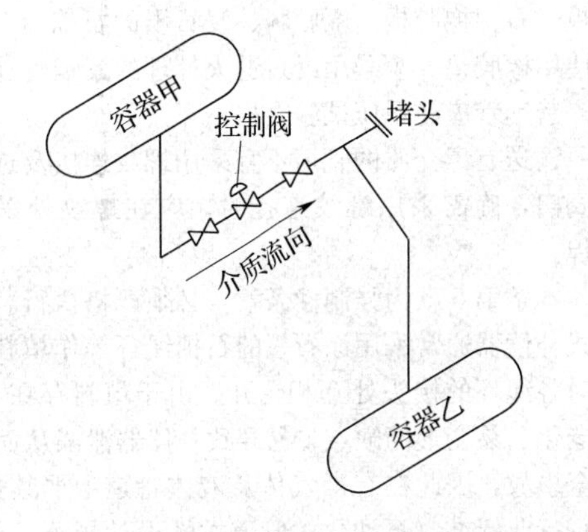

图 2　控制阀与接收容器不直接相连

流量测量装置前后应有一定长度直管段，装置前不小于管内径 20 倍，装置后不小于 6 倍。本条文强调按表 8.2.4 查取，但喷嘴或孔板孔径通常未知，该表使用不便，因此 20 倍和 6 倍的条件仍然保留，但最终目的是满足流量测量元件的测量精度要求。

目前，我国引进的或国产的大容量机组都配有汽轮机旁路系统。根据旁路阀的布置特点及要求，本条文仅规定了旁路阀布置的共性部分。对于各厂家旁路阀的具体要求，设计中应满足制造厂的要求。

我国大机组所配备的旁路阀，都具有协助主蒸汽暖管和减少氧化物粒子的侵入的功能，所以高压旁路布置应靠近汽轮机，并从主蒸汽管道的低位点接出更有利。这样，过热器和再热器管中的剥离物，在锅炉启动时对于备有旁路系统的机组，有足够的汽流通过旁路系统直接进入凝汽器，使这些粒子不进入汽轮机，同时，加速主蒸汽暖管。

对于偏心异径管，偏心向上布置是指异径管的平直面在下面，偏心向下布置是指异径管的平直面在上面。

8.2.5 本条规定了疏水、放水和放气点的设置。

主要是参照美国机械工程师协会标准《火电用汽轮机防止进水损伤的规定》ASME TDP－1－2006 的有关条文制定的。

蒸汽管道启动时产生疏水量是与管道长度成正比的，管道超过一定长度而没有低位点时，如果不设疏水点，管道内的疏水与蒸汽一起流动会引起水击，成为管系的不安全因素，现行行业标准《火力发电厂汽水管道设计技术规定》DL/T 5054—1996 中规定：水平管道上每隔 100m～150m 时应设疏水点。此规定范围较大，不好操作。本规范中规定：蒸汽管道无低位点，但展开长度超过 100m 时应设疏水点。特别是大容量机组的主蒸汽管道和高温再热蒸汽管道，由于锅炉很高，管道长度很可能超过 100m。

本条第 6 款为强制性条款，必须严格执行。该条款根据美国机械工程师协会标准《火电用汽轮机防止进水损伤的规定》ASME TDP－1－2006 有关条文制定。主要是与汽轮机相连接的系统疏水设计，绝大多数的汽轮机损伤事故，如汽轮机轴弯曲和叶片断裂等恶性事故，均是由于这些系统疏水设计不当而引起水进入汽轮机造成的。

放水母管是指回收管道，以利节约用水，特别是对水资源比较贫乏地区的电厂，水回收再利用，十分重要。在工程设计中 $PN \geqslant 40$ 的疏水选用国产阀多串联装设两个阀门。主要是考虑压力等级提高后，阀门在操作过程中受介质的冲刷比较严重，多次操作后产生磨损，造成关闭不严，串联装设两个阀门，可通过调整两个阀门的开关顺序，保证其中一个阀门始终在没有介质流通的情况下开关，不会受到介质的冲刷磨损，保证关闭的严密性。

8.2.6 本条规定了安全阀及排放管道的布置。

摘录于美国机械工程师协会标准《Power piping》ASME B31.1 附录Ⅱ 5.0-5.3 中的部分内容。

对于安全阀排汽管的布置，当排汽管采用开式系统，如果阀门和阀管上无支架时，为减少反作用力矩而定向布置的角式排放弯头，在弯头出口端部必须至少留有一段大于或等于1倍管径的直段，以保证在所希望的角度上产生反作用力，且使排放管接口与排放弯头出口段中心线相一致，排放管与联箱（或主管）中心线成垂直。

安全阀出口与第一只出口弯头之间无支架时，两者之间的直管段应尽可能短，以减少反作用力矩的影响。

8.3 易燃或可燃介质管道

8.3.1 本规范所指的易燃或可燃介质管道是指输送易燃或可燃气体、易燃或可燃液体的管道，通常包括天然气管道、氢气管道、乙炔管道、润滑油管道、燃料油管道等，不包括输送易燃或可燃固体或混合物的管道。

易燃或可燃介质可以分为易燃或可燃气体、易燃或可燃液体及易燃或可燃固体，其火灾危险性按照现行国家标准《建筑设计防火规范》GB 50016 及《石油化工企业设计防火规范》GB 50160 的有关规定。

氢气的管道附件的选择还应符合现行国家标准《氢气站设计规范》GB 50177 的有关规定。输油、输气管道及附件的选择还应符合现行国家标准《输油管道工程设计规范》GB 50253 及《输气管道工程设计规范》GB 50251 的有关规定。但是现行国家标准《城镇燃气设计规范》GB 50028 中规定，对于高、中压A燃气管道应采用钢管，中压B及低压管道宜采用钢管及机械接口的铸铁管，且中低压地下燃气管道可采用聚乙烯管材。因此可燃、易燃气体管道仅推荐采用无缝钢管，埋地敷设时也可采用非金属材料。

消防的要求包括管道布置的要求、阀门附件的选择、设置等方面的要求，各种物料的管道设计应符合相关的国家标准，并应符合现行国家标准《建筑设计防火规范》GB 50016 及《石油化工企业设计防火规范》GB 50160 的有关规定。特别需注意的是各规范中对易燃或可燃介质管道并行及相连接的有关管道的布置及阀门附件设置的特殊规定。如《石油化工企业设计防火规范》GB 50160 对进入油罐区的公用管道的切断阀的设置应按照易燃或可燃介质管道同样设置的规定等。

管道系统应有完备的防静电系统，尤其应注意阀门、法兰及各种附件处的防静电设计。防静电设计可参照现行行业标准《石油化工静电接地设计规范》SH 3097 设计，还应符合现行国家标准《石油与石油设施雷电安全规范》GB 15599 及《液体石油产品静电安全规程》GB 13348。氢气管道的接地应符合现行国家标准《氢气站设计规范》GB 50177 的有关规定等。

本条第7款为强制性条款，必须严格执行。填料函式补偿器通常采用涂石墨的石棉绳环等作填料，装填时各绳环的接头处互相错开。由于填料存在易干，容易老化、变形的缺点，易导致补偿器泄漏造成安全事故，因此在可燃易爆气体及液体管道上严禁使用。现行行业标准《石油化工管道柔性设计规范》SH/T 3041—2002 也有同样的规定。

8.3.2 易燃或可燃介质管道宜架空敷设，也可以直埋敷设，可燃液体的管道也可以敷设在管沟内，但应有防止气体聚集的有效措施。对于可燃气体不宜敷设在管沟内，如只能敷设在管沟内，管沟必须用细沙等不可燃的物质填实。

8.3.4 对于易燃或可燃介质管道安全排放管道的排放口的设置在有关规范中的规定不尽相同，所以对排放口的具体高度未作规定。

8.3.6 电厂中需要伴热的管道，主要为仪表管线、燃油管线及化学管线。管道是否需要伴热、伴热方式的选用原则参见现行行业标准《石油化工管道伴管和夹套管设计规范》SH/T 3040。由于电厂中需要伴热的管道输送介质温度较低，如电厂燃油现采用轻柴油，输送温度在20℃左右，且不应大于45℃，如果采用蒸汽伴热，容易导致输送温度过高，碳化变质。电伴热对于管道的输送温度的控制容易实现。电伴热在美国及欧洲现已经得到广泛应用。国内的多家电厂伴热系统采用电伴热且运行良好，对于需要控制伴热温度范围的介质宜优先采用电伴热系统。热水伴热在国内的石化行业得到广泛应用，其伴热系统无论在运行控制、投资、检修维护等方面均比蒸汽伴热有较大优势，节能效果比较显著，对于设置在“采暖区”的电厂应优先采用。

8.4 有毒气体或液体管道

8.4.1 本条参照美国机械工程师协会标准《Power piping》ASME B31.3 的有关规定。其中氯气（含液氯）应符合现行国家标准《氯气安全规程》GB 11984 的有关规定。氯化设备和管道处的连接垫料应选用石棉板、石棉橡胶板、氟胶料、浸石墨的石棉绳等，严禁使用橡胶垫。应采用经过退火处理的紫铜管连接钢瓶。紫钢管应经耐压试验合格。

输送有毒介质的管道不宜采用螺纹连接及选用丝扣阀门，确需采用螺纹连接时，应在螺纹处采用密封焊。

本条第5款为强制性条款，必须严格执行。填料函式补偿器通常采用涂石墨的石棉绳环等作填料，装填时各绳环的接头处互相错开。由于填料存在易干、易老化、易变形的缺点，易导致补偿器泄漏从而造成安全事故，因此在有毒气体及液体管道上严禁使用。现行行业标准《石油化工管道柔性设计规范》SH/T 3041—2002 也有同样的规定。

8.4.2 输送有毒介质的管道不宜埋地敷设，确需埋地敷设时，除阀门外均应采用焊接连接，对阀门应设置阀门井以便检查和维护。

8.4.5 对有毒气体的置换，大多采用蒸汽、氮气等惰性气体作为置换介质，也可采用注水排气法。置换后，若需要进入其内部工作还必须再用新鲜空气置换惰性气体，以防发生缺氧窒息。

8.5 腐蚀性介质管道

本节主要参照美国机械工程师协会标准《Power piping》ASME B31.3 的有关规定。

9 管道的应力分析计算

9.4 管道应力验算

9.4.1 在管道的内压折算应力计算公式中补充对于焊接钢管的许用应力修正系数 η。

如果管子壁厚已按第 6.2 节的规定选用，则可不进行内压折算应力的验算。

环向应力的计算公式：

$$\sigma=\sigma_{eq}+\frac{P}{2}=\frac{P\left[D_0-(2Y-\eta)(S-C)\right]}{2\eta(S-C)} \quad (1)$$

9.4.2 本条规定与现行行业标准《火力发电厂汽水管道应力计算技术规定》DL/T 5366—2006 第 8.2 条一致。

9.4.3 本条规定与现行行业标准《火力发电厂汽水管道应力计算技术规定》DL/T 5366—2006 第 8.3 条一致。

管道安全阀或释放阀反座推力，或管道内流量和压力的瞬态力、风荷载和地震等偶然荷载所产生的应力，都属于一次应力，但它们的作用时间很短，参照美国机械工程师协会标准《Power piping》ASME B31.1 的规定，验算应力时可以适当提高许用应力，即当作用的时间少于运行时间的 10%时，$K=1.15$；当作用的时间少于运行时间的 1%时，$K=1.2$。

9.4.4 本条规定与现行行业标准《火力发电厂汽水管道应力计算技术规定》DL/T 5366—2006 第 8.4 条一致。

9.4.5 本条规定与现行行业标准《火力发电厂汽水管道应力计算技术规定》DL/T 5366—2006 第 8.5 条一致。

9.5 管系补偿值计算及冷紧

9.5.1 本条第 1 款规定与《火力发电厂汽水管道应力计算技术规定》DL/T 5366—2006 第 7.0.3 条一致。

本条第 2 款规定与《火力发电厂汽水管道应力计算技术规定》DL/T 5366—2006 第 7.0.5 条一致。

9.5.2 钢材的蠕变条件温度是一个温度范围，难以确定一个起始的具体温度值，但可认为无论是碳钢还是低合金钢，在 430℃及以上时，蠕变的作用已比较显著，因此本规范中规定工作温度在 430℃及以上的高温管道宜进行冷紧，冷紧比不宜小于 0.7，但这并不意味着所有的高温管道都应进行冷紧。如果管系计算热伸长值不大，或管系的布置相当柔软，计算应力范围低于工作温度下的持久强度值，热态初次启动不会造成塑性屈服，则没有必要进行冷紧。

引用冷紧有效系数，主要是计算冷紧施工的误差。为了使计算偏于安全，对工作状态的冷紧有效系数取 2/3，但对冷状态还是取 1。

9.6 管道对设备或端点的作用力

9.6.1 本条规定与现行行业标准《火力发电厂汽水管道应力计算技术规定》DL/T 5366—2006 第 9.0.1 条一致。管道对设备（或端点）的推力和力矩的合成，可采用代数和。

1 本款为运行初期，管道松弛前初始状态可能出现推力和力矩的最大值。偶然荷载引起的推力和力矩，如安全阀或释放阀的排放，管道内流量和压力的瞬时变化所产生的荷载则属于非周期性的荷载，通常不必满足设备的许用值，但可在计算管道对设备（或端点）的推力和力矩表中加以注明。为了保守地估算工作状态下管道对设备的推力和力矩，在工作状态下仅 2/3 的冷紧值起作用。

2 本款为冷状态下初始安装冷紧时可能出现的最大值。

4 本款为管道松弛后，自拉产生的冷缩力和力矩，可与本条第 2 款规定的计算值进行比较，取用二者的较大值。

9.6.2 本条规定与现行行业标准《火力发电厂汽水管道应力计算技术规定》DL/T 5366—2006 第 9.0.2 条一致。

管道除了自重的偏差会影响到设备推力（力矩）计算的准确性之外，恒力弹簧吊架荷载偏差率和弹簧支吊架荷载变化率都会影响到推力（力矩）计算的准确性。恒力弹簧吊架要求加载和卸载的荷载偏差控制在±2%～±6%。建议弹簧支吊架在冷、热态的荷载变化率按美国机械工程师协会标准《Power piping》ASME B31.1 规定≤25%。

9.6.3 本条规定与现行行业标准《火力发电厂汽水管道应力计算技术规定》DL/T 5366—2006 第 9.0.3 条一致。

9.6.4 本条规定与现行行业标准《火力发电厂汽水管道应力计算技术规定》DL/T 5366—2006 第 9.0.4 条一致。

当管道各方向采用不同冷紧比时，就不能采用公式 9.6.3-1～9.6.3-3进行计算。在这种情况下，管系必须采用综合方法进行分析。

10 管道支吊架

本章主要参照现行国家标准《管道支吊架》GB/T 17116的部分规定编写。

11 管道的焊接

11.1 焊接材料

11.1.1 本条所要求的资料是施工单位编制焊接工艺评定报告和焊接工艺试验的基本依据，对焊接工艺、预热、热处理等技术要求，设计文件可只作原则性规定，具体内容由施工单位通过焊接工艺试验确定。

12 管道的检验和试验

12.1 一般规定

12.1.1 管道的施工检验包括管道的工厂化配管检验及现场安装检验。

12.1.2 管子、管件、管道附件和阀门的制造检验应符合各自具体的产品制造标准要求。

12.2 检 验

12.2.1 流体类别、设计压力、设计温度参数、是否剧烈循环等是确定检验方法及检验比例的重要依据，总结归类列出有利于制造及安装过程中对检验方法及比例的选择。

12.2.2 对管道的检验主要是针对焊缝，根据管道的相关参数及使用环境对其检验比例及检验方法进行了规定，检验方法及比例的确定主要参照现行行业标准《火力发电厂焊接技术规程》DL/T 869及《电站配管》DL/T 850的相关规定。

12.3 试 验

12.3.1 整个管系安装完成后进行气密试验是十分重要的，但在具体工程实践中也有用无损检测代替水压试验的。

12.3.2 试验压力的确定主要参照现行行业标准《火力发电厂汽水管道设计技术规定》DL/T 5054标准的规定。

12.3.4 本条是参照现行行业标准《火力发电厂汽水管道设计技术规定》DL/T 5054作的规定。

附录A 常用材料性能

国产常用钢材和附表中所列的欧洲标准钢材的许用应力应按本规范第3.2.4条确定。美国标准钢材的许用应力使用美国机械工程师协会标准《Power piping》ASME B31.1的数据。

附录C 水力计算

C.0.2 表C.0.2为美国推荐的管子的等值粗糙度。另外，前苏联和德国推荐的等值粗糙度与美国推荐的等值粗糙度有所不同，见表2、表3。

表2 前苏联推荐的管子等值粗糙度

管子类型	等值粗糙度ε（mm）
不锈钢无缝钢管和不锈钢焊接钢管（无垫环焊接）	0.10
无缝钢管	0.20
焊接钢管	0.20
高腐蚀运行条件下的钢管（排汽管、溢放管）	0.55～0.65

表3 德国推荐的管子等值粗糙度

管材	加工方式	管子状态、管壁特性	等值粗糙度ε（mm）
钢	无缝轧制	新、常见典型轧制表皮	0.02～0.06
		未酸洗	0.02～0.06
		已酸洗	0.03～0.04
		细管	<0.01
	焊接管有涂层	新、典型轧制表皮	0.04～0.10
		新、普通镀锌	0.10～0.16
		涂沥青	0.05
		敷水泥	0.18

续表 3

管材	加 工 方 式	管子状态、管壁特性	等值粗糙度 ε（mm）
钢	旧钢管（参考值）	有均匀腐蚀坑	0.15
		中度锈蚀至轻微起锈皮	0.20～0.50
		中度起锈皮	1.50
		严重起锈皮	2.00～4.00
		长期使用后经过清理后涂沥青，沥青局部脱落	0.15～0.20
		有锈点	0.10
	介质影响（使用一段时间后产生腐蚀坑所致）	水管、平均值	0.40～1.20
		起锈皮，有腐蚀坑	1.50～3.00
		蒸汽管，平均值	0.20～0.40
		压缩空气管，平均值	0.20～0.40
		焦炉煤气和城市煤气管道，有奈沉积物和起锈皮	1.00～3.00
		天然气管道，平均值	0.10～0.20
		高炉煤气管道	0.80～1.20
铸铁		新，典型铸铁表面，未涂沥青	0.10～0.15
		涂沥青	0.50～1.00
		旧，生锈	1.50～3.00
		轻微至严重起锈皮严重锈蚀	4.50
		使用多年后经过清理	0.50～1.50
		使用中的自来水管	1.50
		城市下水道	1.50～3.00
板材	镀锌	风道和风机管道，光滑	0.07～1.20
有色金属	铜，黄铜，青铜，铝等（或金属镀层）	新，拉拔或压延，工程光滑	0.001～0.002
		旧	＜0.003
混凝土		新，普通，涂有光滑漆	0.30～0.80
		普通，中度粗糙	1.00～2.00
		普通，粗糙	2.00～3.00
		钢筋混凝土，经过真抹光	0.10～0.15
		离心浇注混凝土，未抹灰	0.20～0.80
		离心浇注混凝土，抹光	0.10～0.15
		旧，抹光，在水内使用多年	0.20～0.30
		无接头管段（平均值）	0.20
		有接头管段（平均值）	2.00
石棉水泥压力管段		新，管径 0.05m	0.016
		0.100m	0.015
		0.150m	0.013
		0.200m	0.010
		0.300m	0.003
		旧	ε值较小

续表 3

管材	加 工 方 式	管子状态、管壁特性	等值粗糙度 ε（mm）
玻璃		新	0.001～0.002
		旧	<0.003
塑料		新	<0.002
		旧	<0.003
橡胶		新，压力橡胶管，工程光滑	0.0016
黏土		新，煅烧的下水管用土砖毛坯砌成	0.70～0.90
砖砌管及槽道		普通砖缝	1.30～3.00

C.0.3 该条中给出的局部阻力系数选取方法为前苏联推荐的方法，国际上其他国家推荐的方法有所不同。

美国推荐的各种管道附件的阻力系数确定方法如下：

1 管道附件的阻力系数可根据当量长度按以下公式计算：

$$\xi = L_d \lambda \tag{2}$$

式中：L_d——管件的当量长度；

λ——与管件连接管道的摩擦系数。

2 各种弯头或弯管的阻力系数可按表 4 确定。

表 4 各种弯头或弯管的阻力系数

名称	图 形	阻力系数 ε			
90°弯管、弯头或焊接弯头		r/d	ε	r/d	ε
		1	20λ	8	24λ
		1.5	14λ	10	30λ
		2	12λ	12	34λ
非 90°弯头的阻力系数 ξ_b 按 $\xi_b=(n-1)(1.25\pi\lambda\frac{r}{d}+0.5\varepsilon)+\varepsilon$ 计算，n 为 90°；弯头数 ξ 为一个 90°弯头的阻力系数		3	12λ	14	38λ
		4	14λ	16	42λ
		6	17λ	20	50λ
折管弯头		弯管角度 α	ε	弯管角度 α	ε
		0°	2λ	60°	25λ
		15°	4λ	75°	40λ
		30°	8λ	90°	60λ
		45°	15λ	—	—
回转弯头		50λ			

续表 4

名称	图　　形	阻力系数 ε
90°标准弯头		30λ
45°标准弯头		16λ

3　标准三通的阻力系数可按以下规定取值：

1）流经主管的阻力系数，$\xi=20\lambda$；

2）流经支管的阻力系数，$\xi=60\lambda$。

4　异径管的阻力系数可按下列规定计算，见图 3。

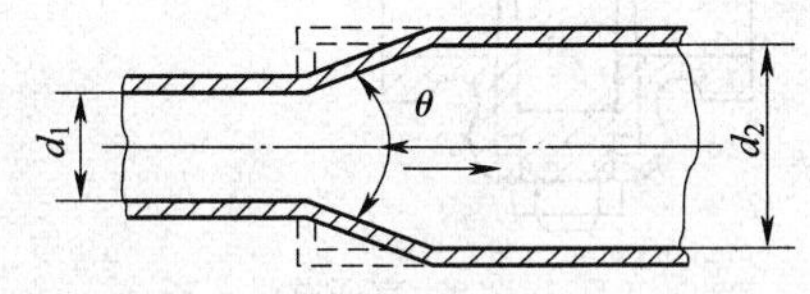

图 3　异径管阻力系数计算图

1）对于突然或逐渐收缩管，当 $\theta\leqslant45°$ 时，阻力系数可按下式计算：

$$\xi_2=\frac{0.8\sin\frac{\theta}{2}(1-\beta^2)}{\beta^4}\tag{3}$$

当 $45°<\theta\leqslant180°$ 时

$$\xi_2=\frac{0.5(1-\beta^2)\sqrt{\sin\frac{\theta}{2}}}{\beta^4}\tag{4}$$

2）对于突然或逐渐扩大管，当 $\theta\leqslant45°$ 时，阻力系数可按下式计算：

$$\xi_2=\frac{2.6\sin\frac{\theta}{2}(1-\beta^2)^2}{\beta^4}\tag{5}$$

当 $45°<\theta\leqslant180°$ 时

$$\xi_2=\frac{(1-\beta^2)^2}{\beta^4}\tag{6}$$

式中：ξ_2——相应于大管径的阻力系数；

β——较小直径与较大直径比，$\beta=\frac{d_1}{d_2}$。

3）如求相应于小管径的阻力系数 ξ_1，按下式折算：

$$\xi_1=\xi_2\beta^4\tag{7}$$

5　管道入口与出口的阻力系数可按表 5 确定。

6　阀门的局部阻力系数按下列规定确定：

1）阀门的局部阻力系数可按表 6 确定。

表 5　各种管道入口与出口的阻力系数

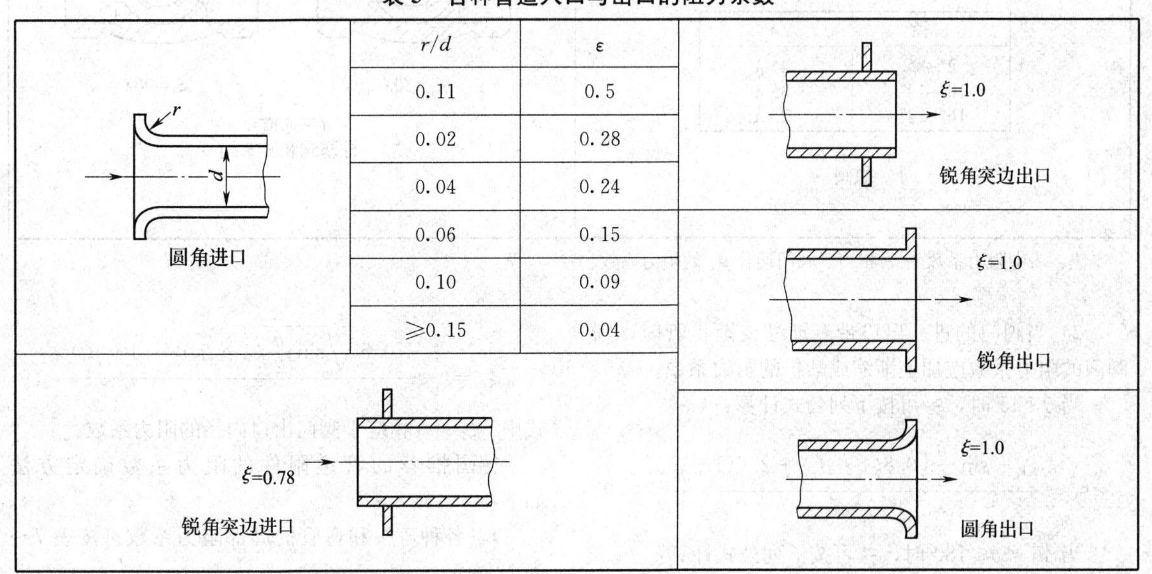

r/d	ε
0.11	0.5
0.02	0.28
0.04	0.24
0.06	0.15
0.10	0.09
≥0.15	0.04

表6　阀门的阻力系数

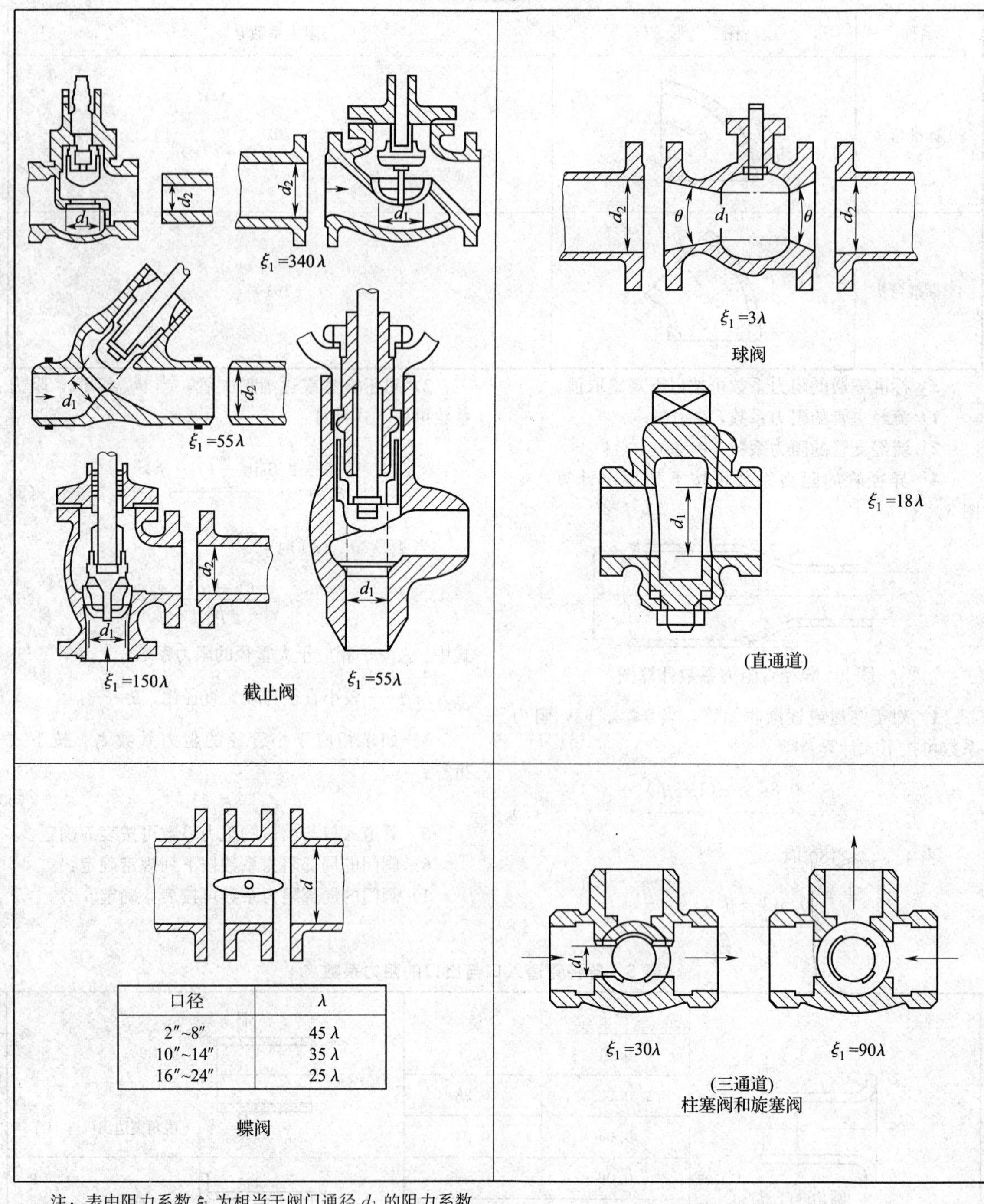

口径	λ
2″~8″	45 λ
10″~14″	35 λ
16″~24″	25 λ

蝶阀

注：表中阻力系数 ξ_1 为相当于阀门通径 d_1 的阻力系数。

2）当阀门的进、出口带有渐缩或渐扩管时，则阀门的阻力系数应加上渐缩或渐扩的阻力系数。

当 $\theta \leqslant 45°$ 时，ξ_2 可按下列公式计算：

$$\xi_2=\frac{\xi_1+\sin\frac{\theta}{2}\left[0.8(1-\beta^2)+2.6(1-\beta^2)^2\right]}{\beta^4} \tag{8}$$

当 $45° < \theta \leqslant 180°$ 时，ξ_2 可按下列公式计算：

$$\xi_2=\frac{\xi_1+0.5\sqrt{\sin\frac{\theta}{2}}(1-\beta^2)+(1-\beta^2)^2}{\beta^4} \tag{9}$$

式中：ξ_2——相应于阀门出口内径的阻力系数。

德国推荐的管道附件的阻力系数确定方法如下：

1　各种弯头和弯管的局部阻力系数可按表7～表12确定。

表 7 弯头和弯管的局部阻力系数 ξ

弯管		弯曲角度 α	11.25°	22.5°	30°	45°	60°	90°
	光滑	$R/d=1$	0.03	0.045	0.05	0.14	0.19	0.21
		2	0.03	0.045	0.05	0.09	0.12	0.14
		4	0.03	0.045	0.05	0.08	0.10	0.11
		6	0.03	0.045	0.045	0.075	0.09	0.09
		10	0.03	0.045	0.045	0.07	0.07	0.11
	粗糙	$R/d=1$	0.07	0.13	0.22	0.30	0.38	0.51
		2	0.06	0.11	0.13	0.18	0.26	0.30
		4	0.05	0.09	0.10	0.17	0.21	0.23
		6	0.05	0.09	0.09	0.15	0.18	0.18
		10	0.05	0.08	0.08	0.13	0.15	0.20

表 8 焊接式扇形弯头的局部阻力系数 ξ

弯曲角度 α	15°	22.5°	30°	45°	60°	90°
环焊缝数目	1	1	2	2	3	3
$a/d=1.5$	0.06	0.07	0.10	0.13	0.19	0.24
2	0.06	0.08	0.10	0.15	0.20	0.26
4	0.07	0.09	0.11	0.16	0.22	0.28
6	0.07	0.09	0.11	0.17	0.23	0.29

表 9 肘形管（圆截面）的局部阻力系数 ξ

弯曲角度 α	15°	22.5°	30°	45°	60°	90°
光滑	0.04	0.07	0.11	0.24	0.47	1.13
粗糙	0.06	0.11	0.17	0.32	0.68	1.27

表 10 多阶弯头的局部阻力系数

a/d	1	1.5	2	3	4
光滑	0.16	0.14	0.15	0.15	0.17
粗糙	0.31	0.28	0.26	0.25	0.24
光滑	0.17	0.16	0.15	0.15	0.16
粗糙	0.32	0.29	0.27	0.25	0.25

l/d	0.8	1.5	2	3	4	5	6
光滑	0.45	0.28	0.30	0.35	0.38	0.38	0.40
粗糙	0.47	0.38	0.40	0.43	0.44	0.44	0.45
光滑	0.19	0.18	0.16	0.17	0.19	0.19	0.20
粗糙	0.40	0.32	0.32	0.35	0.36	0.36	0.36

表 11　90°铸铁弯头的局部阻力系数 ξ

公径直径	50	100	200	300	400	600
ξ	1.3	1.5	1.8	2.1	2.2	2.2

表 12　组合式（90°弯曲二次 ξ_{90}）为 90°弯头的局部阻力系数 ξ

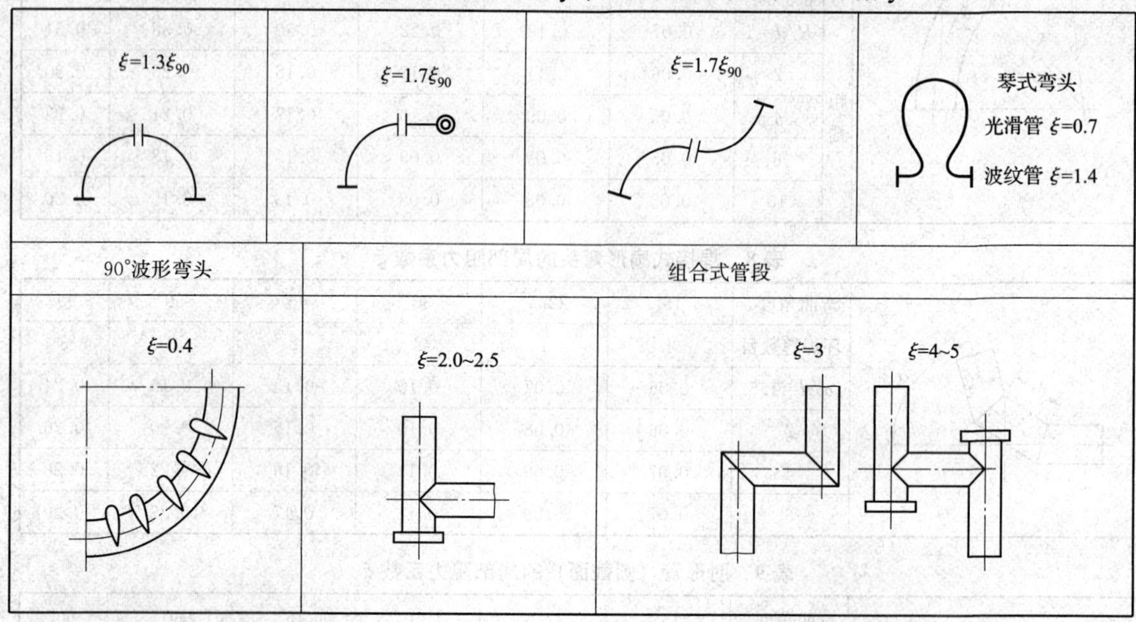

2　各种三通的局部阻力系数可按表 13、图 4　　确定。

表 13　三通的局部阻力系数

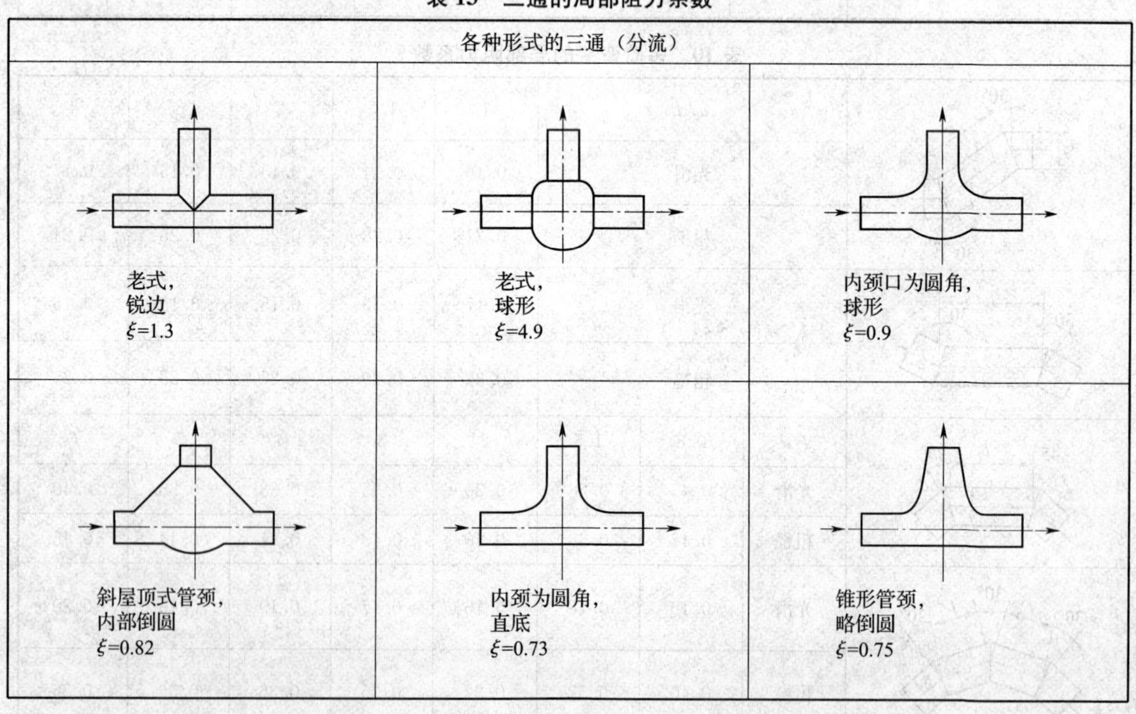

续表 13

<table>
<tr><td colspan="8">直线形裤衩管（ξ 值相对于进口速度）</td></tr>
<tr><td rowspan="2"></td><td>σ</td><td>15°</td><td>22.5°</td><td>30°</td><td>45°</td><td>60°</td><td>90°</td></tr>
<tr><td>ξ</td><td>0.15</td><td>0.23</td><td>0.30</td><td>0.7</td><td>1.0</td><td>1.4</td></tr>
<tr><td colspan="8">弯曲形裤衩管（ξ 值相对于进口速度）</td></tr>
<tr><td rowspan="2"></td><td>R/d</td><td>0.5</td><td>0.75</td><td>1</td><td>1.5</td><td colspan="2">2</td></tr>
<tr><td>ξ</td><td>1.1</td><td>0.6</td><td>0.4</td><td>0.25</td><td colspan="2">0.2</td></tr>
</table>

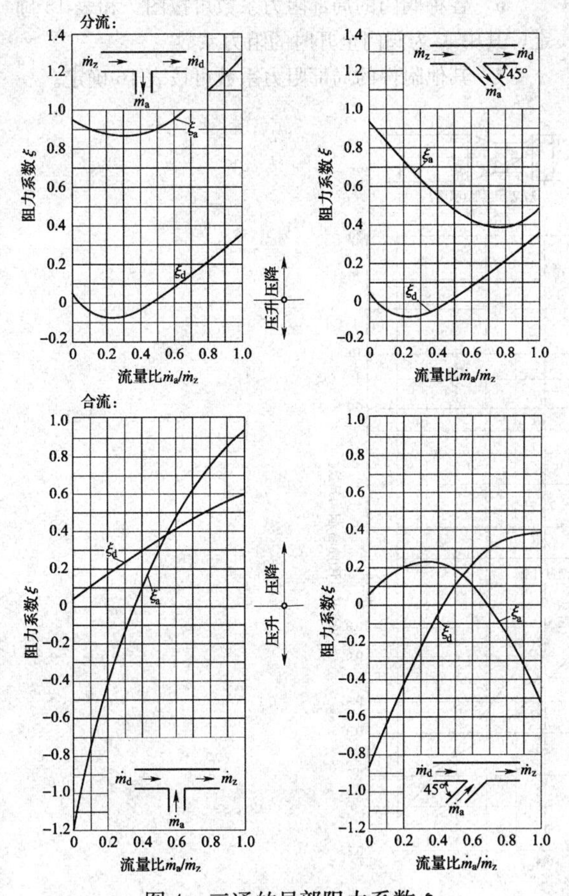

图 4　三通的局部阻力系数 ξ

3　异径管的局部阻力系数可按图 5 确定。

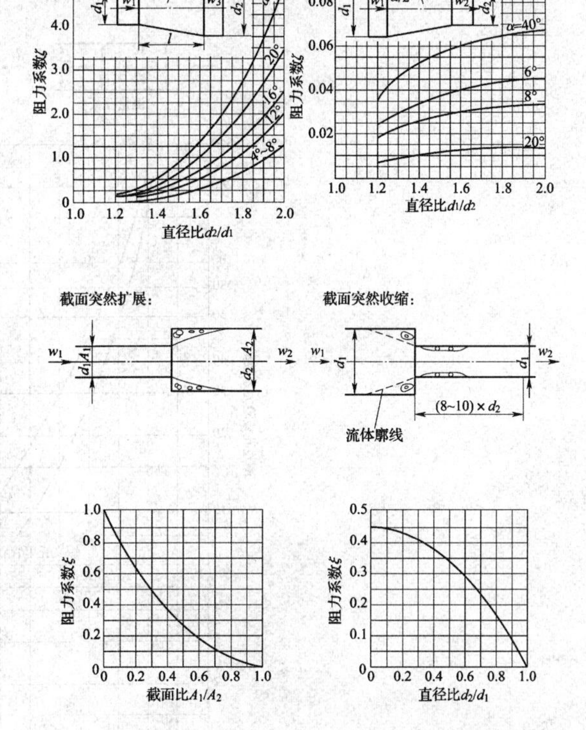

图 5　异径管的局部阻力系数 ξ

4　各种管子入口的局部阻力系数可按表 14 确定。

表 14　管子入口的局部阻力系数

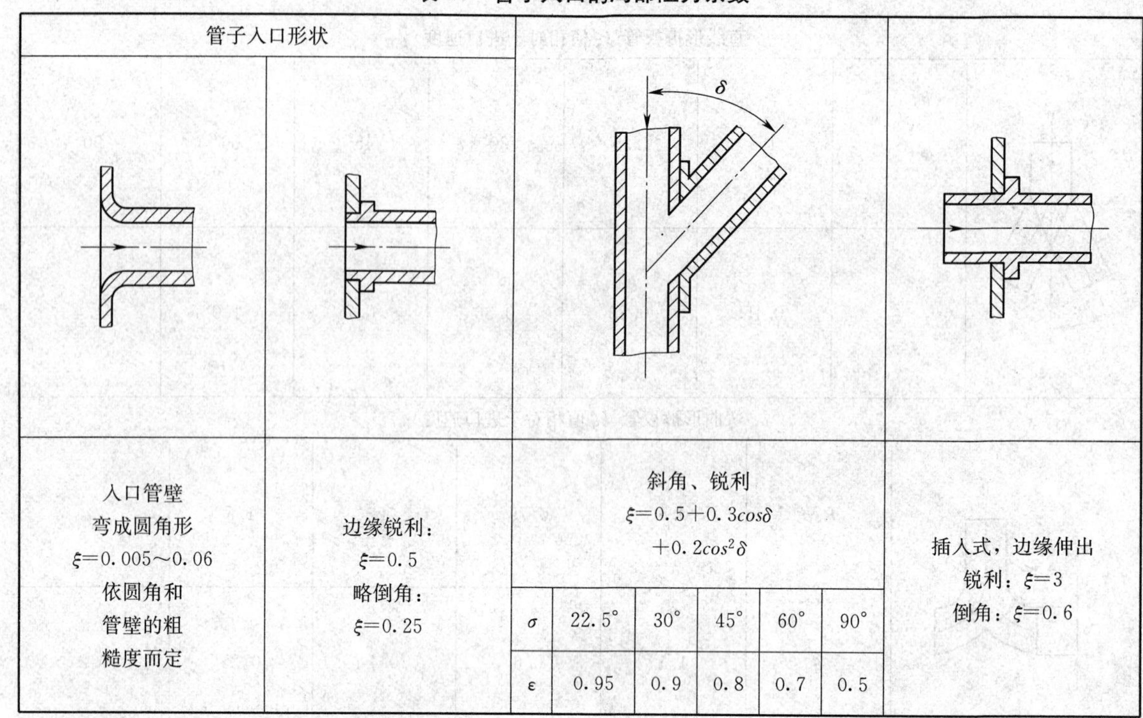

管子入口形状			
入口管壁 弯成圆角形 $\xi=0.005\sim0.06$ 依圆角和 管壁的粗 糙度而定	边缘锐利： $\xi=0.5$ 略倒角： $\xi=0.25$	斜角、锐利 $\xi=0.5+0.3cos\delta$ $+0.2cos^2\delta$ σ：22.5°、30°、45°、60°、90° ε：0.95、0.9、0.8、0.7、0.5	插入式，边缘伸出 锐利：$\xi=3$ 倒角：$\xi=0.6$

σ	22.5°	30°	45°	60°	90°
ε	0.95	0.9	0.8	0.7	0.5

5　测量孔板和短文丘里管的局部阻力系数 ξ 可按图 6 选取，图中的 m 为孔径比：

$$m=\frac{d_B^2}{d_1^2} \tag{10}$$

6　各种阀门的局部阻力系数可按图 7 和表 15 确定，其中 ξ_i 为阀门全开时的阻力系数。

7　其他附件的局部阻力系数可按表 16 确定。

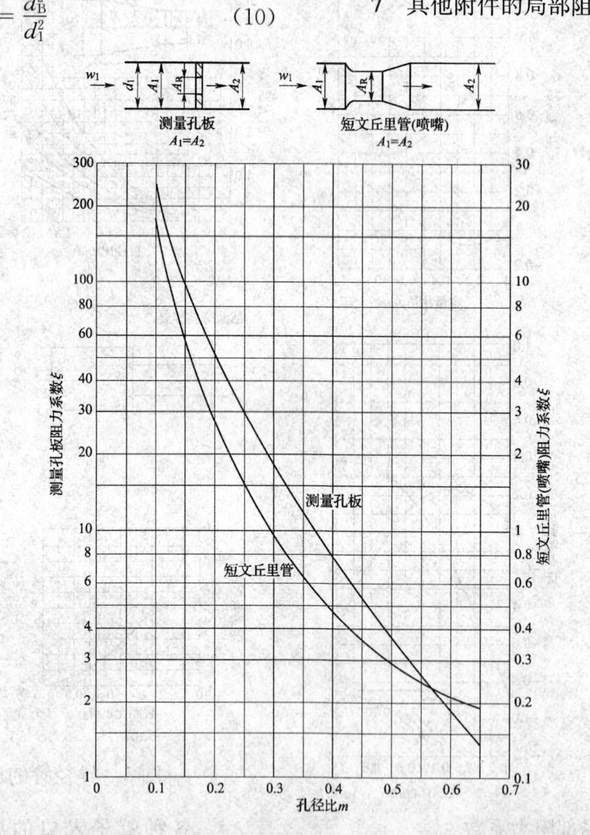

图 6　测量孔板和短文丘里管的局部阻力系数 ξ

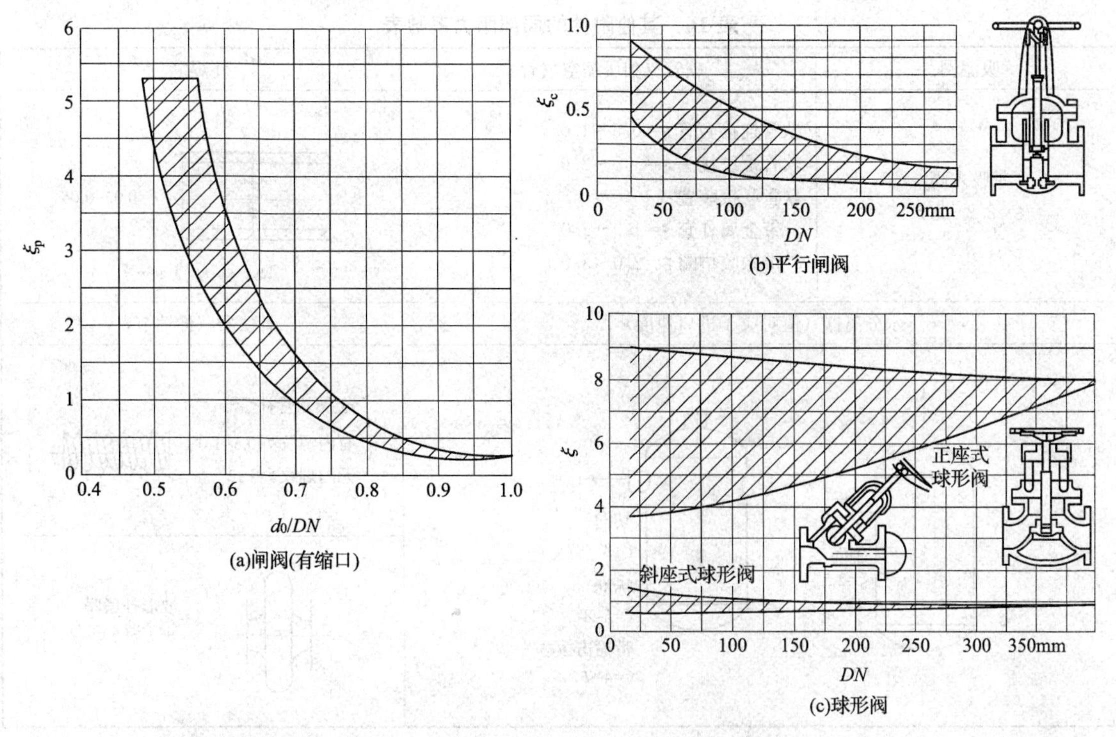

图 7　各种阀门的局部阻力系数 ξ

表 15　公称尺寸 *DN*100 的不同形状阀门的阻力系数

DIN 阀 $\xi_v=4\sim9$	改良阀 $\xi_v=3.4$	赖依（Rhei）阀 $\xi_v=2.7$	科斯瓦 （Kosws）阀 $\xi_v=2.5$	自由通流 斜座阀 $\xi_v=0.6$

角阀

公称尺寸	50	100	200	300	400
ξ_v	3.3	4.1	5.3	6.2	6.6

止回盖板阀

公称尺寸	50	100	150	200	500
ξ_v	1.4	1.2	1.0	1.0	1.0

止回阀

公称尺寸	50	100	125	150	200
ξ_v	5.5	4.6	4.8	4.8	4.8

表 16　其他附件的局部阻力系数表

吸滤网	软管（如压缩空气管）	环焊缝
带吸入阀 $\xi=2.2\sim2.5$	软管连接套管 $\xi=0.5\sim1.0$ 软管螺纹接头 $\xi=1.5\sim2.0$ 软管联接装置： 带金属外套 $\xi=1.9\sim2.0$ 带橡胶垫圈 $\xi=2.0\sim3.0$	$\xi=0.02\sim0.05$
水分离器（值对应于进口速度）		补偿器（伸缩节）
入口 轴向 $\xi=2.5$	切向 $\xi=3$ 标准 $\xi=5\sim8$ 带撞击板 $\xi=4\sim7$	金属软管补偿器： 有内螺纹 $\xi=0.5\sim1.0$ 无内螺纹 $\xi=1\sim2$ 波形补偿器 每个波 $\xi=0.2$

中华人民共和国国家标准

炭素厂工艺设计规范

Design code for carbon plant

GB 50765—2012

主编部门：中国有色金属工业协会
批准部门：中华人民共和国住房和城乡建设部
施行日期：2012年12月1日

中华人民共和国住房和城乡建设部
公　告

第1406号

关于发布国家标准《炭素厂工艺设计规范》的公告

现批准《炭素厂工艺设计规范》为国家标准，编号为GB 50765—2012，自2012年12月1日起实施。其中，第6.2.3、6.3.4、6.7.5、6.9.2条为强制性条文，必须严格执行。

本规范由我部标准定额研究所组织中国计划出版社出版发行。

中华人民共和国住房和城乡建设部

二〇一二年五月二十八日

前　言

本规范是根据原建设部《关于印发〈2006年工程建设标准规范制订、修订计划（第二批）〉的通知》（建标〔2006〕136号）的要求，由贵阳铝镁设计研究院有限公司会同有关单位编制完成的。

本规范在编制过程中，编制组经广泛调查研究，认真总结实践经验，参考国内外相关的标准，并在广泛征求意见的基础上，最后经审查定稿。

本规范共分6章，主要技术内容包括：总则，术语，原材料、辅助材料与燃料，生产工序与技术要求，主要设备选择，车间设计等。

本规范中以黑体字标志的条文为强制性条文，必须严格执行。

本规范由住房和城乡建设部负责管理和对强制性条文的解释，由中国有色金属工业工程建设标准规范管理处负责日常管理，由贵阳铝镁设计研究院有限公司负责具体技术内容的解释。执行过程中如有意见和建议，请寄送贵阳铝镁设计研究院有限公司（地址：贵州省贵阳市金阳新区金朱路2号，邮政编码：550081），以供今后修订时参考。

本规范主编单位、参编单位、主要起草人和主要审查人：

主编单位：贵阳铝镁设计研究院有限公司

参编单位：沈阳铝镁设计研究院有限公司
中国铝业公司贵州分公司
宁夏青铜峡铝业股份有限公司

主要起草人：谢斌兰　龚石开　谢志群
孙　舫　张林德　蓝　涛
崔银河

主要审查人：孙　毅　范跃进　王　斌
郑建华　陶　霖　刘凤琴
包崇爱　路增进

目　次

Contents

1 总 则

1.0.1 为统一炭素厂工艺设计的技术要求，推动技术进步，提高设计质量和效率，制定本规范。

1.0.2 本规范适用于新建、改建和扩建的大、中型冶金及化工炭素厂工艺的设计。

1.0.3 炭素厂工艺设计应积极采用先进的新工艺、技术、设备和材料。新工艺的采用，应有主管部门批准的半工业性试验或工业性试验的鉴定书。

1.0.4 炭素厂工艺设计应做到资源的综合利用，生产中不合格的料和余热应回收、利用。

1.0.5 炭素厂主要设备的选择及专用炉窑的设计，在满足工艺需要的条件下，应符合高效、节能、可靠、耐用及维修方便等要求，并应采用标准、定型设备和材料。

1.0.6 炭素厂应设厂、车间、工序三级计量装置。

1.0.7 炭素厂工艺设计应符合有关安全、职业健康、环保与防火等要求，并应采取相应的防护措施。

1.0.8 炭素厂工艺设计除应符合本规范外，尚应符合国家现行有关标准的规定。

2 术 语

2.0.1 粗碎 primary crushing

指炭素材料生产中主要原材料生石油焦或无煤烟等破碎到符合各种煅烧所需粒度要求的工艺过程。也包括生产中返回流程的大块生制品、焙烧品或石墨化品破碎到适合于通用输送设备输送的粒度的工艺过程。

2.0.2 煅烧 calcining

指各种炭质原料在高温下进行热处理，排出其中的水分和挥发分，并相应地提高原料的物理化学性能的工艺过程。

2.0.3 中碎 middle crushing

指经过煅烧后的石油焦或无烟煤以及返回流程的各种物料等经过第二次或第三次破碎，达到干料配方所需的粒度的工艺过程。

2.0.4 细碎 grinding

指主要原材料煅烧后石油焦或无烟煤等经过磨粉达到配料所需的粒度的工艺过程。

2.0.5 筛分 screening

指生产过程中将煅烧后的石油焦、无烟煤等以及返回流程的各种物料分级，达到配料或生产过程中下道工序所需的各种粒度的工艺过程。

2.0.6 沥青熔化 pitch melting

指作为粘结剂或浸渍剂用的固体煤沥青通过间接加热方式转化为液体沥青的工艺过程。

2.0.7 混捏 mixing

指规定比例的各种粒级的炭质干物料和定量的粘结剂在一定的温度下混合、捏和成可塑性糊料的工艺过程。

2.0.8 成型 forming

指炭素糊料在模具内通过外部压力及交变振动力作用下产生塑性变形，最终成为具有一定外形尺寸及较高密实度的生制品的工艺过程。

2.0.9 焙烧 baking

指生制品在填充料保护下进行高温热处理，使沥青炭化并与骨料及粉料形成有机结合、达到所需物理化学性能的工艺过程。

2.0.10 浸渍 impregnating

指在一定温度下通过先抽真空、再加压，迫使液态浸渍剂浸入炭制品孔隙中，使其密度提高的工艺过程。

2.0.11 再焙烧 rebaking

指对浸渍后的焙烧品进行再次焙烧，使浸入焙烧品孔隙中的浸渍剂炭化的工艺过程。

2.0.12 石墨化 graphitizing

指焙烧或再焙烧后的半成品在石墨化炉中通过电加热达到2500℃以上高温，使碳网格微晶尺寸增大、晶格层间距缩小，晶格常数接近天然石墨，从而获得制品所需的物理化学性能的工艺过程。

2.0.13 机械加工 machining

指将经过焙烧或石墨化后的半成品按成品要求的形状和尺寸进行机械加工，制成符合要求的炭素制品的工艺过程。

3 原材料、辅助材料与燃料

3.1 原 材 料

3.1.1 生产石墨制品类用石油焦，应符合现行行业标准《延迟石油焦（生焦）》SH 0527 中一级品和合格品中 1A 或 1B 焦质量指标，其中硫分不应大于0.5%。

3.1.2 生产高功率和超高功率石墨电极用针状焦，应符合针状焦技术标准的质量指标。

3.1.3 生产预焙阳极用石油焦，应符合现行行业标准《延迟石油焦（生焦）》SH 0527 中合格品 1B、2A、2B 焦质量指标；直接采用煅烧石油焦作原料时，应符合现行行业标准《炭阳极用煅烧石油焦》YS/T 625 的质量指标。

3.1.4 生产石墨化阴极用石油焦，其质量不应低于现行行业标准《延迟石油焦（生焦）》SH 0527 中 1A 焦质量指标。

3.1.5 沥青焦应符合现行行业标准《沥青焦》YB/T 5299 中电极冶炼用焦质量指标。

3.1.6 冶金焦炭应符合现行国家标准《冶金焦炭》GB/T 1996 中一级焦质量指标，粒度应大于 25mm。

3.1.7 炭制品类用无烟煤，灰分应小于8%，硫分应小于2%。

3.1.8 炭糊类用无烟煤，灰分应小于10%，硫分应小于2%。

3.1.9 改质沥青应符合现行行业标准《改质沥青》YB/T 5194中一级改质沥青质量指标。

3.1.10 中温沥青应符合现行国家标准《煤沥青》GB/T 2290中1号煤沥青质量指标。

3.1.11 浸渍沥青由生产厂提出质量要求，其中的喹啉不溶物含量不宜大于0.5%。

3.1.12 生产自焙炭块、炭电极及密闭糊用微晶石墨，应符合现行国家标准《微晶石墨》GB/T 3519中WT80－75的质量要求。

3.1.13 生产电极糊用无定形石墨，应符合现行国家标准《微晶石墨》GB/T 3519中WT75－75的质量要求。

3.2 辅助材料

3.2.1 用作焙烧填充料、石墨化填充料的冶金焦炭，应符合现行国家标准《冶金焦炭》GB/T 1996中三级的质量指标，粒度宜为25mm～40mm。

3.2.2 用作预焙阳极焙烧填充料的石油焦，应符合现行行业标准《炭阳极用煅后石油焦》YS/T 625中DHJ－2焦质量指标。

3.2.3 用作辅助材料的石英砂，二氧化硅含量不应小于95%，粒度宜为（0～5）mm。

3.3 燃料

3.3.1 煅烧、焙烧等工业炉窑用燃料，宜选用发生炉煤气、燃料油、城市煤气或天然气。

3.3.2 炭素厂采用的燃气的低位热值应符合：发生炉煤气不应低于6.69MJ/Nm^3，城市煤气不应低于12.56MJ/Nm^3，天然气不应低于32.66MJ/Nm^{3}的规定。

3.3.3 炭素厂采用的燃料油应符合现行行业标准《燃料油》SH/T0356中5号或6号质量标准，低位热值不应低于40.19MJ/kg。

4 生产工序与技术要求

4.1 生产工序

4.1.1 炭糊类制品生产工序应有粗碎、煅烧、中碎、筛分、细碎、配料、沥青熔化、混捏和成型等。有条件采购液体沥青时，可不设沥青熔化。

4.1.2 炭制品类生产工序，除应符合本规范第4.1.1条规定外，应增设焙烧及填充料加工、机械加工、成品检验及包装等工序。

4.1.3 自焙炭块的生产工序，除应符合本规范第4.1.1条规定外，应增设机械加工、成品检验、预组装及包装工序。

4.1.4 高炉炭块的生产工序，除应符合本规范第4.1.2条规定外，在成品检验和包装工序间应增设炭块预组装工序。

4.1.5 石墨制品类的生产工序，除应符合本规范第4.1.1条规定外，应增设填充料加工、焙烧、浸渍、再次焙烧、石墨化及保温料加工、机械加工、成品检验及包装等工序。其中高功率及超高功率石墨电极可采用多次浸渍及多次再焙烧。石墨化阴极可不设浸渍及再次焙烧。抗氧化涂层石墨电极应在机械加工后增设涂层工序。抗氧化浸渍石墨电极应在机械加工后增设抗氧化浸渍工序。

4.2 主要设计参数

4.2.1 粗碎工序主要技术参数应符合下列规定：

1 石油焦、沥青焦及无烟煤粗碎后的粒度不应大于70mm，其中用于电煅烧炉的无烟煤粗碎后的粒度不应大于35mm；冶金焦炭粗碎后的粒度不应大于20mm；返回流程中的半成品废品粗碎后的粒度不应大于200mm。

2 石油焦粗碎应采用先筛分后粗碎工艺流程。

3 粗碎及贮运系统的物料实收率不应低于99%。

4.2.2 煅烧工序主要技术参数应符合下列规定：

1 煅烧炉窑的煅烧温度和实收率应符合表4.2.2-1的规定。

表4.2.2-1 煅烧温度和实收率

项目		罐式炉	回转窑	电煅烧炉
煅烧温度（℃）		1250～1350	1200～1350 ≥1450 （针状焦）	炉中心≥2000 炉周边≥1400
实收率（%）	石油焦	≥80	≥74	—
	无烟煤	≥84	—	≥85

2 沥青焦、冶金焦炭烘干后水分含量不应大于0.5%。

3 煅后料质量指标应符合表4.2.2-2的规定。

表4.2.2-2 煅后料质量指标

煅后料	生产产品	真密度（g/cm^3）	粉末电阻率（μΩ·m）	水分（%）
石油焦	石墨化电极	≥2.08	≤550	≤0.3
	铝用预焙阳极	应符合现行行业标准《炭阳极用煅烧石油焦》YS/T 625的规定		
无烟煤	普通炭块	≥1.74	≤1250	≤0.3
	电极糊	≥1.74	≤1350	≤0.3
	优质炭块、密闭糊	≥1.80	≤650	≤0.3

4.2.3 中碎、配料工序主要技术参数应符合下列规定：

1 中碎、配料系统物料实收率不应低于99%。

2 根据不同的制品种类，粉料粒度小于0.074mm的数量应控制在55%～85%。

3 根据不同的混捏设备，生碎粒度应控制在（0～30）mm。

4 每批糊料加入生碎的数量，间断混捏不应大于30%，连续混捏不应大于5%。

5 预焙阳极配料中残极配入量，不应大于干料量的30%。

4.2.4 沥青熔化工序主要技术参数应符合下列规定：

1 改质沥青熔化后的水分含量应小于0.5%，温度不应低于180℃。

2 中温沥青熔化后的水分含量应小于0.5%，温度不应低于130℃。

3 固体沥青的进料粒度应小于6mm。

4 沥青熔化的物料实收率不应低于92%。

4.2.5 混捏工序主要技术参数应符合下列规定：

1 物料实收率不应低于99%。

2 间断混捏锅的预热、混捏时间和糊料温度，应符合表4.2.5的规定。

表4.2.5 间断混捏锅的预热、混捏时间和糊料温度

制品种类	预热混捏时间（min）		加沥青后混捏时间（min）	总混捏时间（min）	出糊温度（℃）
	带干料加热装置	无干料加热装置			
少灰制品	10～15	20～25	45～50	≥60	125～165
多灰制品	10～15	20～25	45～50	≥60	125～165
炭糊类（加生碎）	10～15	20～25	35～40	≥50	120～150
炭糊类（不加生碎）	10～15	20～25	30～35	≥45	120～150

3 预焙阳极生产的连续混捏系统的干料预热、混捏、糊料冷却的温度应符合下列规定：

1）干料预热温度：（170～190）℃。

2）糊料混捏温度：（170～190）℃。

3）糊料冷却温度：（140～170）℃。

4）液体沥青温度：约180℃。

4.2.6 糊类制品成型工序的物料实收率不应低于99%。

4.2.7 进入挤压成型机的糊料温度不应低于100℃。挤压成型生制品合格品率按重量计不应低于84%。生制品体积密度不应小于1.70g/cm³。预压压强、预压时间和型嘴温度应符合表4.2.7的规定。

表4.2.7 挤压成型预压压强、预压时间和型嘴温度

压机吨位（MN）	预压压强（MPa）	预压时间（min）	型嘴温度（℃）
≥30	18	≥3.0	100～160
<30	15	≥1.5	100～160

4.2.8 振动成型用糊料温度宜为（140～165）℃。阳极振动成型生制品合格品率按重量计不应低于98%，其他制品不应低于92%。振动成型的生阳极体积密度不应低于1.62g/cm³、生阴极及电极体积密度不应低于1.70g/cm³。

4.2.9 焙烧工序主要技术参数应符合下列规定：

1 焙烧炉温度控制要求等应符合表4.2.9的规定。

表4.2.9 焙烧工序主要技术参数

炉型	适宜阶段	适宜制品	最高烟气温度（℃）	升温曲线（h）	预热加热阶段炉室数	炉内温差（℃）
带盖式环式炉	一次焙烧	石墨电极、阴极	1250～1300	280～420	（8～9）个	150
		高炉炭块	1300～1350			
敞开式环式炉	一次焙烧	预焙阳极	1150～1200	150～200	（5～6）个	70
车底式炉	一次焙烧	石墨电极	850	360～460	—	20
	再次焙烧			48～70		
隧道窑	再次焙烧	石墨电极	680	80～100	22车	18

注：对有特殊要求需要更高温度进行焙烧的炭素制品，按照工艺要求的最高温度确定。

2 焙烧炉的合格品率应符合下列规定：

1）一次焙烧品合格品率以件数计，石墨电极不应低于97%，预焙阳极不应低于98%，阴极及高炉炭块等不应低于97%。

2）再次焙烧品合格品率以件数计，不应低于99.5%。

4.2.10 浸渍工序主要技术参数应符合下列规定：

1 浸渍剂宜采用喹啉不溶物含量低的专用浸渍沥青。

2 浸渍应采用增压泵直接加压，加压压强不应低于1.2MPa。

3 浸渍罐加热温度应为（150～180）℃，真空度不应低于94kPa，抽真空时间不应少于45min。

4 预热温度、预热时间、加压时间及增重率，应符合表4.2.10的规定。

表 4.2.10 浸渍预热温度、预热时间、加压时间及增重率

制品规格（mm）	预热温度（℃）	预热时间（h）	加压时间（h）	增重率（%）
≤Φ150	260～300	≥3.0	≥2.0	≥13
Φ200～Φ450		≥4.0	≥2.5	≥12
Φ500～Φ600		≥7.0	≥3.0	≥11
Φ700		≥10.0	≥3.5	≥11

4.2.11 石墨化工序主要技术参数应符合下列规定：

1 石墨化工序宜采用内热串接石墨化炉。

2 内热串接石墨化炉串接柱的电流密度不应低于30A/cm²，艾奇逊石墨化炉炉芯电流密度不应低于3.0A/cm²；石墨化炉炉芯温度石墨化阴极不应低于2500℃，高功率石墨电极及超高功率石墨电极不应低于3000℃。

3 石墨化合格品率按件数计，不应低于95%。

4.2.12 石墨电极机械加工实收率按重量计，不应低于82%；阴极炭块机械加工实收率按重量计，不应低于70%。

4.3 炉窑能耗

4.3.1 煅烧炉窑能耗应符合下列规定：

1 采用回转窑及罐式炉煅烧石油焦时，正常生产应无外加燃料，应设置余热回收利用装置。

2 无烟煤电煅烧工序能耗应低于900kW·h/t煅后煤。

4.3.2 采用回转窑煅烧石油焦时，窑长应大于45m，应充分利用原料中的挥发分燃烧的热量，原料中的炭质烧损应低于8%；采用罐式炉煅烧石油焦时，其火道层数不应少于8层，应充分利用原料中的挥发分燃烧热量，原料中的炭质烧损应低于5%。

4.3.3 带盖式环式焙烧炉焙烧石墨电极、阴极炭块、高炉炭块时，以焙烧品计，能耗不应高于6.7GJ/t；敞开式焙烧炉焙烧预焙阳极时，以焙烧品计，能耗不应高于2.7GJ/t；车底式焙烧炉焙烧石墨电极时，以焙烧品计，能耗不应高于6.7GJ/t，焙烧烟气应设置余热回收利用装置；隧道窑用作石墨电极的再次焙烧时，以焙烧品计，能耗不应高于2.9GJ/t。

4.3.4 高功率及超高功率石墨电极石墨化工序Φ600mm及以上制品，以装炉品计，电耗不应高于4300kW·h/t；Φ600mm以下制品，以装炉品计，电耗不应高于4100kW·h/t。石墨化阴极，以装炉品计，电耗不应高于3500kW·h/t。

4.3.5 新建及改、扩建的预焙阳极厂能耗应符合现行国家标准《铝电解用预焙阳极单位产品能源消耗限额》GB 25325的有关规定，其他炭素制品能耗应符合现行国家标准《炭素单位产品能源消耗限额》GB 21370的有关规定。

4.4 污染物排放、职业健康及安全

4.4.1 新建及改、扩建炭素厂污染物排放、职业健康及安全应符合下列要求：

1 炭素厂的环境保护设计应按现行行业标准《有色金属工业环境保护设计技术规范》YS 5017执行。

2 铝用炭素厂的水污染物及大气污染物排放设计应按现行国家标准《铝工业污染物排放标准》GB 25465执行；其他炭素厂的水污染物及大气污染物排放设计应分别按现行国家标准《污水综合排放标准》GB 8978、《大气污染物综合排放标准》GB 16297及《工业炉窑大气污染物排放标准》GB 9078执行；炭素厂的采暖锅炉大气污染物排放设计应按现行国家标准《锅炉大气污染物排放标准》GB 13271执行。

3 炭素厂的噪声设计应按现行国家标准《工业企业厂界噪声标准》GB 12348中Ⅱ类标准执行。

4 炭素厂的职业健康及安全设计应按现行国家标准《炭素生产安全卫生规程》GB 15600执行。

5 对国家污染物排放、职业健康及安全标准中未作规定而地方标准有要求的项目，以及地方制定了严于国家标准的项目，应执行地方标准。

4.5 计 量

4.5.1 厂外运输采用铁路专用线的炭素厂，应设轨道衡；采用汽车的炭素厂，应设汽车衡。

4.5.2 车间应对中间物料、半成品、水、电、压缩空气、蒸汽、燃气（油）等进行计量。

5 主要设备选择

5.1 粗 碎

5.1.1 粗碎设备应选用大辊径、窄辊面、中型齿板的双齿辊破碎机。破碎石油焦时，宜在破碎前用振动筛进行预筛分。大块返回料宜选用液压破碎机。

5.1.2 粗碎设备的年工作日数不应少于300d。日工作时数可根据煅烧要求确定。

5.2 煅 烧

5.2.1 罐式煅烧炉选择计算应符合下列规定：

1 挥发分低于12%的生石油焦和无烟煤，宜选用带碎料机构罐式煅烧炉。

2 物料在罐内的停留时间不应少于24h，排料温度应低于150℃，每罐排料量应为（90～110）kg/h。

3 罐式煅烧炉日工作时数应为24h，年工作日

不应少于345d。

5.2.2 回转窑选择计算应符合下列规定：

1 煅烧量大、挥发分含量大于13%的生石油焦，宜选用回转窑。

2 物料在窑内的停留时间不应少于1h，冷却机排料温度不应高于120℃。

3 回转窑日工作时数应为24h，年工作日不应少于290d。

5.2.3 电煅烧炉选择计算应符合下列规定：

1 煅烧用于生产优质炭块和优质密闭糊的无烟煤，应选用直流电煅烧炉。

2 当调压变压器最大输出电流为15kA时，每台电煅烧炉的生产能力应为17t/d。

3 电煅烧炉日工作时数应为24h，年工作日数不应少于300d。

5.3 中　碎

5.3.1 石油焦的中碎设备应选用大辊径、窄辊面结构的双光辊破碎机或具有调速性能的反击式破碎机。

5.3.2 生碎、焙烧碎的中碎设备宜选用具有调速性能的反击式破碎机。

5.3.3 中碎设备的年工作日数不应少于300d，日工作班次应与配料、混捏设备相一致。

5.4 细　碎

5.4.1 粉料产能为2t/h左右的生产系统，宜选用悬辊式磨粉机；粉料产能大于4t/h的生产系统，宜选用风扫式球磨机或立式磨粉机。

5.4.2 细碎后粉料的输送宜采用开式或闭式风力输送系统。

5.4.3 细碎设备的年工作日数不应少于300d，日工作班次应与中碎、筛分设备相一致。

5.5 筛　分

5.5.1 筛分设备宜选用水平式振动筛或概率振动筛。

5.5.2 筛分设备的年工作日数和工作班次，应与中碎设备相一致。

5.6 沥青熔化

5.6.1 沥青熔化设备选择计算应符合下列规定：

1 熔化设备应选用快速熔化装置。

2 加热介质应采用导热油，其温度不应低于250℃。

3 熔化设备应设置连续计量、连续加料装置；熔化后的沥青应设置（3～5）d生产用量的贮槽。

5.6.2 沥青熔化年工作日数不应少于300d，日工作班次应与配料、混捏设备相一致。

5.7 配　料

5.7.1 间断混捏锅的生产系统宜选用漏斗式电子秤。

5.7.2 连续混捏机的生产系统应选用连续自动配料秤。

5.7.3 配料用的干料、沥青等计量误差应为±0.5%，生碎计量误差应为±1.0%。计量装置应具有显示、记录、累计功能。

5.7.4 配料设备的年工作日数及日工作班次，应与混捏、成型设备相一致。

5.8 混　捏

5.8.1 生产石墨电极、炭块以及产品品种较多时，应选用导热油加热的间断混捏锅。混捏锅的规格、数量应与压型设备和生产规模相适应，并留有备用。

5.8.2 预焙阳极生产，应选用连续混捏机及相应规格的连续导热油加热预热设备，宜配套相应产能的糊料冷却机。

5.8.3 混捏设备的年工作日数不应少于300d，日工作班次宜采用3班连续生产。

5.9 成　型

5.9.1 生产石墨电极宜选用带旋转料缸及抽真空的卧式挤压机，配套的凉料机的规格和数量应与挤压机相匹配。高炉炭块、阴极炭块等宜选用带抽真空的振动成型机。

5.9.2 生产预焙阳极，宜选用带在线测高、编码打印及抽真空等装置的振动成型机。

5.9.3 石墨电极等挤压制品，宜喷淋后在水池中冷却；预焙阳极宜选用悬挂式输送设备，在水池中冷却，并应设炭碗除水装置。

5.9.4 成型设备的年工作日数不应少于300d，日工作班次宜采用3班连续生产，并应与混捏设备相一致。

5.10 焙烧及再焙烧

5.10.1 焙烧各类石墨电极、高炉炭块、阴极炭块等生坯，宜选用带盖式焙烧炉，并应符合下列规定：

1 每个火焰系统炉室数不宜多于17个，宜采用长料箱，每个炉室料箱数不应少于4个。

2 最高温度运转炉室的负压宜控制在（5～10）Pa。

3 最后一个炉室的烟气出口温度不应高于140℃。

5.10.2 焙烧预焙阳极生坯，宜选用敞开式环式焙烧炉，并应符合下列规定：

1 每个火焰系统炉室数不宜多于18个，每个炉室的料箱数不应少于6个，每个料箱的装炉块数不应少于18块。

2 生阳极应采用侧立装。

3 最高温均温加热炉室的火道负压宜控制在（10～20）Pa。

4 最后一个焙烧炉室与排烟架连接处烟气温度应控制在(250～400)℃。

5.10.3 超高功率石墨电极一次焙烧宜采用车底式焙烧炉。

5.10.4 高功率及超高功率石墨电极等的再次焙烧宜采用隧道窑，并应符合下列规定：

1 应考虑浸渍剂挥发分在系统内的充分燃烧。

2 制品宜采用机械化装出炉作业。

5.10.5 焙烧炉烟气净化设备选择应符合下列规定：

1 采用电收尘器处理带盖焙烧炉烟气中的沥青焦油时，烟气温度应控制在（80～85）℃，净化效率不应低于98.5%，设备处理能力可按标准状态烟气量（1400～2400）m^3/（m^2·h）计算。

2 敞开式焙烧炉的含氟烟气净化装置可选用湿式净化和干式净化两种形式，或采用电收尘与干法净化组合的方式。

3 采用焚烧法净化焙烧炉烟气中的沥青焦油时，烟气温度应控制在850℃以上。

5.10.6 环式焙烧炉应采用全年连续生产。车底式焙烧炉及隧道窑的年工作日数不应少于345d，日工作时数应为24h。

5.11 浸 渍

5.11.1 浸渍加压系统应采用加压泵利用浸渍剂直接加压。

5.11.2 高功率及超高功率石墨电极、大规格石墨制品及接头焙烧品，宜选用机械化程度高的半连续式高真空、高压浸渍系统。

5.11.3 浸渍设备的年工作日数不应少于300d，日工作班次应采用3班连续生产。

5.12 石 墨 化

5.12.1 石墨化宜采用内热串接直流石墨化炉，串接柱总长不应短于38m。

5.12.2 石墨化炉整流变压器容量、电压等级、最大电流等各项参数，应根据产品品种、规格和生产能力确定。

5.12.3 石墨化炉的供电可采用整流台车的方式。

5.12.4 内热串接石墨化炉的串接柱的压紧压强应达到（0.4～0.8）MPa。

5.12.5 石墨化炉的年工作日数不应少于330d，日工作班次应采用3班连续生产。

5.13 机 械 加 工

5.13.1 石墨电极机械加工设备选择计算应符合下列规定：

1 加工机床应按石墨电极的直径和长度选择。接头加工应配备相应规格的锯床和端面磨床。

2 大规格电极、加工能力在10000t/a以上的生产系统，宜选用组合式本体自动加工机床和接头联合加工机床，并具有对每件制品的重量、电阻率、弹性模量等参数进行测量及显示记录的功能。

5.13.2 炭块加工应采用满足加工件精度要求的专用铣床或铣磨床、锯床，大截面炭块的切割应配备带锯机。

5.13.3 机械加工设备的年工作日数不应少于300d，日工作班次应根据产能确定。

6 车 间 设 计

6.1 一 般 规 定

6.1.1 生产车间应顺流程布置，散热量大的车间在需要并跨配置时，不宜超过2跨。

6.1.2 生产车间应根据生产特点，分别满足工业卫生、隔热和通风等要求。

6.1.3 生产车间的防火，应符合现行国家标准《建筑设计防火规范》GB 50016的有关规定。

6.1.4 生产车间的变压器室、仪表控制室、工具室、值班室等，应在厂房的适当位置布置。

6.1.5 各种原材料、中间物料、半成品及成品的合理贮存时间，宜符合表6.1.5的规定。

表6.1.5 各种炭素物料的贮量（d）

贮存地点		物料名称	物料贮量
原材料库		生石油焦、冶金焦、无烟煤	(30～45)生产用量
沥青库		改质沥青	(45～60)生产用量
		中温沥青	(120～180)生产用量
熔化沥青贮槽		熔融沥青	(3～6)生产用量
煅前贮仓	罐式炉	生石油焦、无烟煤	≥1设备处理量
	电煅烧炉	生无烟煤	≥1设备处理量
	回转窑	生石油焦、生无烟煤	≥1设备处理量
煅后贮仓	罐式炉	煅烧石油焦、煅烧无烟煤	≥7生产用量
	电煅烧炉	煅烧无烟煤	≥7生产用量
	回转窑	煅烧石油焦、煅烧无烟煤	≥20生产用量
配料料仓		粒料、粉料	(4/24～8/24)生产用量

续表 6.1.5

贮存地点	物料名称	物料贮量
焙烧填充料仓	焦粒	≥4 生产用量
生制品堆场	生电极、生炭块、生阳极	(12～15) 生产用量
焙烧品堆场	焙烧电极、焙烧炭块、焙烧阳极	≥20 生产用量
石墨化填充料仓	电阻料、保温料	(5～6) 生产用量
石墨化辅助材料堆场	冶金焦粒、冶金焦粉、石英砂	≥10 生产用量
石墨化半成品堆场	电极、石墨阳极、石墨化阴极	(7～10) 生产用量
成品库	电极、炭块、石墨阳极	(10～15) 生产用量
糊类库	糊类制品	≥10 平均日产量

6.2 原材料库

6.2.1 石油焦、无烟煤及冶金焦炭库设计应符合下列规定：

1 石油焦、无烟煤及冶金焦炭库应为单层厂房，包括贮库和粗碎两部分。

2 库内应设抓斗桥式起重机。

3 采用火车进库的厂房，跨度不应小于 24m。

4 地坑式原材料库，应按品种、产地分别贮存。

5 原材料库应防雨和防风沙。

6 预焙阳极用石油焦库宜设置均料设施。

6.2.2 沥青库设计应符合下列规定：

1 改质沥青库应设抓斗桥式起重机，地坑深度不宜超过 2m。

2 中温沥青库应设压缩空气气源和起重设备。

6.2.3 在厂房内生石油焦、无烟煤的堆存高度应小于 6m，沥青的堆存高度应小于 4m。

6.3 煅　　烧

6.3.1 罐式炉煅烧车间设计应符合下列规定：

1 罐式炉煅烧车间应为单层厂房，采用屋面自然通风。

2 罐式炉顶应设煅前料贮仓和机械化上料系统。

3 罐式炉下部冷却水套用冷却水，应设独立的循环水系统。

4 厂房内应设起吊装置。

6.3.2 回转窑煅烧车间设计应符合下列规定：

1 回转窑和冷却筒根据现场条件可配置成“Z”字形或“一”字形。

2 煅前料仓和饲料室应配置在窑尾，仪表控制室应配置在窑头，窑体宜露天配置。

3 冷却机用间接冷却水，应设独立的循环水系统。

6.3.3 电煅烧车间设计应符合下列规定：

1 电煅烧炉厂房应采用屋面自然通风；炉用变压器室和供电控制系统应就近设置。

2 上料系统应设中间给料仓，并应设置连续计量、连续加料装置。

3 炉顶应配备吊挂导电电极夹具和检修用起重装置。

4 电煅烧炉冷却水应采用软化水，并应设独立的循环系统。

5 高温煅烧料和低温煅烧料应分别输送，分仓贮存。

6.3.4 回转窑应设事故电源或事故驱动装置；电煅烧炉冷却水循环系统应设事故电源；煅烧烟气管道及主要设备应设置防爆孔。

6.4 配　　料

6.4.1 中碎、筛分系统设计应符合下列规定：

1 石油焦和返回料宜配置成两个平行的生产系统；破碎机与振动筛应按闭路配置。

2 振动筛配置在高楼层时，应满足各种粒料靠重力进入各自的配料仓；多品种生产线宜设有备用仓。

3 振动筛应设置减震设施。

6.4.2 细碎系统设计应符合下列规定：

1 磨粉机应与中碎筛分设备配置在同一厂房内，磨粉机应有隔声设施。

2 磨粉机给料仓宜分别设置粒料仓和收尘粉料仓。

3 磨粉机应设置磨损件的检修吊运设施，当采用球磨机时，还应设钢球堆放场地及钢球的吊运设施。

4 磨机进出口、旋风除尘器及布袋收尘器进出口应设负压测定装置，磨机出口应设测温点。

5 主循环风机进口宜设流量检测装置。

6.4.3 配料系统设计应符合下列规定：

1 配料系统应与中碎筛分及细碎系统配置在同一厂房内。

2 采用电子式漏斗秤自动配料时，各配料仓按“方阵”形式配置；配料所在楼层宜与混捏平台连通。

3 采用连续自动配料的生产系统，各配料仓与配料秤对应配置。

4 配料仓应设料位指示和空、满仓报警信号。

5 配料秤与楼板之间应有防振设施。

6.4.4 配料车间应采用可编程序自动控制系统集中控制；控制室应有防振、隔振措施，并应设空调系统。

6.4.5 配料车间应设直通顶层的载货电梯或电动葫芦与检修吊装孔。

6.4.6 配料车间应设置筛分分析室。

6.5 沥青熔化

6.5.1 沥青熔化车间设计应符合下列规定：

1 熔化车间应为多层厂房，靠近配料车间和热媒锅炉房配置，并应设检修用单轨起重机。

2 沥青熔化槽、溢流槽、加热器和沥青贮槽等应采用隔热材料保温，沥青输送管道应采用夹套式导热油加热方式。

6.6 混捏及成型

6.6.1 间断混捏设计应符合下列规定：

1 间断混捏厂房应设屋面自然通风设施。

2 凉料机应配置在混捏锅或挤压机旁。

3 厂房内应设相应吨位的起重机。

6.6.2 连续混捏设计应符合下列规定：

1 连续混捏包括物料预热、混捏和糊料冷却三部分应配置在配料厂房内，按预热、混捏、冷却的顺序沿楼层自上而下依次布置。

2 混捏机上部应设相应吨位的检修吊具。

3 预热、混捏系统的设备应采用导热油加热；各设备进出口总管上应设置流量调节阀和温度、压力等测量仪表。

6.6.3 挤压成型设计应符合下列规定：

1 挤压成型厂房应为单层厂房，跨度宜为（21～27）m，应采用屋面自然通风。

2 厂房内应设更换压机大型部件所需的吊钩桥式起重机。

3 厂房内应设堆放压型嘴的专用场地，地坪荷载不应小于20t/m²。

4 电极冷却水槽可沿压型厂房内一侧配置，也可按直接进入焙烧厂房内配置。

5 厂房一侧可设置副跨，配置配电室、生活室、值班室和冷却循环水处理系统等。

6.6.4 振动成型设计应符合下列规定：

1 振动成型厂房宜为单层厂房，跨度（18～24）m，设（5～10）t吊钩桥式起重机，采用屋面自然通风。

2 成型厂房应紧贴混捏厂房配置。

3 预焙阳极振动成型与生炭块库间应设输送机。

6.7 焙烧及再焙烧

6.7.1 带盖式焙烧炉车间设计应符合下列规定：

1 焙烧车间应为单层厂房，跨度宜为（24～27）m，应采用屋面自然通风。

2 焙烧炉配置在地下水位高的地区，应采用地上式或半地下式；在地下水位低的地区可采用地下式配置。

3 厂房内应设满足起吊炉盖用吊钩桥式起重机。

4 厂房内宜设吸料天车。

5 生制品堆放场地、焙烧品清理及堆放场地应分别在厂房两端配置。焙烧品清理及堆放场地应为耐热地坪。

6 填充料加工部宜配置在厂房的一侧。

7 焙烧炉烟气净化宜配置在焙烧厂房的外侧。

6.7.2 敞开式焙烧炉车间设计应符合下列规定：

1 焙烧车间应为单层厂房，跨度宜为（30～39）m；应采用屋面自然通风。

2 厂房内应设焙烧多功能天车、炭块编组及清理机组。

3 生阳极和焙烧阳极炭块库与焙烧厂房宜平行配置。

4 炭块库内应设炭块堆垛天车，天车轨顶标高应满足炭块横向堆高最少8层的要求。

5 填充料用煅后石油焦由上游工序供给，可不另设填充料加工部。

6 烟气净化装置和排烟机室应配置在厂房外侧。

6.7.3 车底式焙烧炉车间设计应符合下列规定：

1 车底式焙烧炉应露天布置。

2 待焙烧制品与焙烧后制品的装卸站应布置在单层厂房内，厂房跨度应为（18～24）m，应设起重量不低于3t的起重机。

3 在车底炉与装卸站之间应设车底转运装置。

4 烟气净化装置及烟气余热利用装置，宜布置在车底炉系列侧面中部。

6.7.4 隧道窑焙烧车间设计应符合下列规定：

1 隧道窑应布置在单层厂房内，跨度为（18～24）m，应采用屋面自然通风。

2 浸渍品与焙烧品的装卸线应布置在相邻的连跨间单层厂房内，厂房内应设起重量不低于3t的起重机，应采用屋面自然通风。

3 隧道窑与装卸站之间应设转运装置。

4 应设置停电防火保护设施。

6.7.5 焙烧烟气净化系统的管道及主要设备应设置防爆孔。净化系统入口管道上应设置蒸汽或水灭火设施。

6.8 浸渍

6.8.1 浸渍车间应为单层厂房，应采用屋面自然通风，宜紧接焙烧品清理部布置。

6.8.2 采用单开门浸渍罐时，浸渍罐宜居中配置；水处理系统宜靠近厂房配置。

6.8.3 采用“热进热出”及“热进冷出”半连续浸渍系统时，电极预热炉、浸渍罐、电极冷却室宜居中配置，电极预热框与浸渍框宜分成两个独立的循环系统或设置电极框喷丸清理系统；采用“冷进冷出”半连续浸渍生产线时，应设置电极框喷丸清理系统。浸渍剂制备、真空系统及水处理系统宜靠近厂房配置。

6.9 石 墨 化

6.9.1 石墨化车间设计应符合下列规定：

1 石墨化车间应为单层厂房；应考虑炉面辐射热对屋架的影响。

2 厂房内应设起重量为5t的吊钩桥式起重机及吸料天车。

3 石墨化厂房应设焙烧电极和石墨化电极堆放场地；石墨化电极堆放场地应为耐热地坪。

4 石墨化炉中心宜对应于厂房两柱间中心配置。

5 炉头导电电极应采用循环水冷却。

6 炉用整流变压器室、供配电室应配置在厂房一侧。

6.9.2 石墨化车间厂房应采用屋面自然通风，厂房两侧进气窗最低处不应高于操作面600mm，在作业区应设置局部强制通风装置。控制室内应设置一氧化碳（CO）检测报警装置。

6.9.3 石墨化填充加工部设计应符合下列规定：

1 填充料加工部应为多层厂房，紧靠石墨化厂房配置。

2 填充料贮库应设抓斗桥式起重机。

6.10 机械加工及成品库

6.10.1 机械加工与成品库应采用单层厂房；应配备起重量为5t吊钩桥式起重机，其中成品库应设包装作业区，需要预组装的制品，应在成品库内设置预组装平台。机械加工与成品库可合并建设。

6.10.2 机械加工部设计应符合下列规定：

1 采用普通车床加工时，电极加工线和接头加工线应沿厂房两侧分列配置；每两台机床间应配备吊运装置，在加工线的一侧应设平行架。

2 采用专用组合加工机床时，电极加工和接头加工可配置在厂房的两端。

3 高炉炭块加工预组装平台应紧接成品库配置，平台精度应符合炭块现行标准，并应设专用起重机或专用吊具。

本规范用词说明

1 为便于在执行本规范条文时区别对待，对要求严格程度不同的用词说明如下：

1）表示很严格，非这样做不可的：
正面词采用“必须”，反面词采用“严禁”；

2）表示严格，在正常情况下均应这样做的：
正面词采用“应”，反面词采用“不应”或“不得”；

3）表示允许稍有选择，在条件许可时首先应这样做的：
正面词采用“宜”，反面词采用“不宜”；

4）表示有选择，在一定条件下可以这样做的，采用“可”。

2 条文中指明应按其他有关标准执行的写法为：“应符合……的规定”或“应按……执行”。

引用标准名录

《建筑设计防火规范》GB 50016
《冶金焦炭》GB/T 1996
《煤沥青》GB/T 2290
《微晶石墨》GB/T 3519
《污水综合排放标准》GB 8978
《工业炉窑大气污染物排放标准》GB 9078
《锅炉大气污染物排放标准》GB 13271
《大气污染物综合排放标准》GB 16297
《工业企业厂界环境噪声排放标准》GB 12348
《铝工业污染物排放标准》GB 25465
《炭素生产安全卫生规程》GB 15600
《炭素单位产品能源消耗限额》GB 21370
《铝电解用预焙阳极单位产品能源消耗限额》GB 25325
《有色金属工业环境保护设计技术规范》YS 5017
《沥青焦》YB/T 5299
《改质沥青》YB/T 5194
《炭阳极用煅烧石油焦》YS/T 625
《燃料油》SH/T 0356
《延迟石油焦（生焦）》SH 0527

中华人民共和国国家标准

炭素厂工艺设计规范

GB 50765—2012

条 文 说 明

制 定 说 明

《炭素厂工艺设计规范》GB 50765—2012，经住房和城乡建设部2012年5月28日以第1406号公告批准发布。

为便于广大设计、施工、科研、学校等有关单位人员在使用本规范时能正确理解和执行条文规定，《炭素厂工艺设计规范》编制组按章、节、条顺序编制了本标准的条文说明，对条文规定的目的、依据以及执行中需注意的有关事项进行了说明。但是，本条文说明不具备与标准正文同等的法律效力，仅供使用者作为理解和把握标准规定的参考。

目　次

1 总 则

1.0.1 我国炭素材料工业是新中国成立后才发展起来的新型原材料工业，经过60年的建设，到2010年已在全国范围内相继建立起独立的大、中型炭素企业100多家。2010年石墨电极总产量已达近61.4万吨，其中高功率与超高功率石墨电极产能达44.4万吨，产品除满足国内需要外，约17万吨出口量。铝用炭素制品随着铝工业的发展也得到快速发展，2010年铝用预焙阳极产量约930万吨，除满足国内需求外，约有100万吨出口量；阴极炭块约35万吨，出口约10万吨。目前，虽然炭素制品产量上升较快，但建厂规模不统一，装备水平存在较大差异，企业发展也不平衡。随着冶金、化工等工业的发展，对炭素制品的质量要求越来越高。为适应炭素工业的快速发展，特制定本规范，供从事炭素制品生产、研究、设计等部门的广大工程技术人员使用。

1.0.2 炭素材料包括的范围及其分类执行现行国家标准《炭素材料分类》GB/T 1426，共分为四类，即：

1 石墨制品类：包括石墨电极、特制石墨电极、高功率石墨电极、抗氧化涂层石墨电极、石墨块和石墨阳极等。其中的高功率石墨电极又细分为高功率及超高功率2个品质。石墨化阴极、浸渍石墨电极等按分类方法属于此类。

2 炭制品类：包括铝电解用阴极炭块、高炉炭块、自焙炭块、炭电极、炭阳极和炭电阻棒等。微孔炭砖按分类方法属于炭制品类。

3 炭糊类：包括电极糊、密闭糊、粗缝糊和细缝糊等。

4 特种石墨制品类：包括核石墨、细结构石墨和高纯石墨等。

冶金及化工炭素主要包括前三类，新建、改建和扩建上述前三类制品的炭素厂均适用本规范。

1.0.4 炭素材料的主要成分为碳，生产的主要原料如石油焦、煤沥青等，主要辅助材料冶金焦等都是能源材料，生产过程中除外加燃料的消耗外，本身的消耗也是一种能源消耗，如每吨石墨电极的基本能耗折合标准煤为（5100～6100）kg。因此，降低原材料消耗，回收和利用生产中不合格料、余热等，都是节能的有效手段。

1.0.5 专用炉窑系指罐式煅烧炉、电煅烧炉、回转窑、环式焙烧炉、车底式焙烧炉、隧道窑和石墨化炉等。上述炉窑所耗能量约占石墨制品总能耗的70%以上，因此设计或选用高效、节能的专业炉窑，对炭素制品生产的节能具有重要的意义。采用标准及定型的设备具有技术成熟可靠、制造成本低、运行费用低等特点，利于降低生产成本。

1.0.6 降低原材料、能源消耗，改善生产管理是提高企业经济效益的重要环节。对厂、车间以及工序分三级进行计量是获得经济核算原始数据的重要手段。

2 术 语

本节术语对炭素材料生产主要工序的工艺过程作了统一定义。

3 原材料、辅助材料与燃料

3.1 原 材 料

3.1.1 石墨制品用石油焦中硫含量的规定，按照现行行业标准《延迟石油焦（生焦）》SH 0527共分2个级别，即一级品和合格品，其中合格品又分为1A、1B、2A、2B、3A、3B共6种。根据石墨制品的生产要求，一级品和合格品1A质量指标中，挥发分和灰分的含量都在生产允许范围之内，而1B类焦的硫分含量高达0.8%，超过了生产允许的范围。根据生产实践，使用高硫分含量的石油焦，制品在石墨化过程中由于气胀（或晶胀）将出现裂纹或断裂废品。

3.1.2 关于针状焦技术标准，由于我国目前针状焦生产量较小，质量也不稳定，因此相应的标准也尚在制定中。我国2010年生产以针状焦为原料的超高功率石墨电极达193kt，但均由各厂自己控制质量指标。表1为典型的针状焦质量指标，供参考。正式的针状焦技术标准发布后则以正式的标准要求为准。

表1 针状焦技术指标

项目		石油系	煤系
灰分（%）		≤0.20	≤0.20
硫分（%）		≤0.50	≤0.39
水分（%）		≤0.50	≤0.09
挥发分（%）		≤0.30	≤0.30
真密度（g/cm^3）		≥2.12	≥2.12
振实密度（g/cm^3）		≥0.88	≥0.88
热膨胀系数（10^{-6}/℃）		≤1.30	≤1.40
粒度（%）	（+5mm）	≥35	≥35
	（−1mm）	≤25	≤25

3.1.3 预焙阳极用石油焦，由于产量的迅速增加，低硫石油焦供应不足，因此允许使用硫含量相对较高的合格品中的2A及2B焦。由于生石油焦集中煅烧在投资、污染物治理、余热利用及煅烧焦的产品质量稳定方面具有一定的规模优势，在国外普遍采用，国内也逐步开始使用煅烧焦直接进厂方式，预焙阳极厂使用煅烧焦应符合煅烧石油焦的标准。

3.1.4 生产石墨化阴极用石油焦，因为要进行石墨化，为防止制品在石墨化过程中开裂，不宜选用硫含量较高的1A级以下焦。

3.1.6 冶金焦炭作为炭素生产的原材料选用时，主要应控制其灰分和硫分的含量。灰分影响制品的电阻率，硫分将使制品产生裂纹或断裂。冶金焦炭的国家标准就是按该两项成分含量进行分类的，从冶金焦炭生产的实际情况和经济的合理性考虑，生产炭制品的原材料应选用一级冶金焦炭。因为炭素制品灰分要求低，而冶金焦末中灰分含量较高，故宜用焦末含量较低的粒度大于25mm的焦。

3.1.7、3.1.8 由于目前国家对用作炭素原料的无烟煤的质量指标尚无统一标准，这两条对无烟煤灰分、硫分所作的规定，是根据国内炭素厂长期生产实践制定的。

3.1.9、3.1.10 从提高产品质量、环境保护和改善煤沥青生产的劳动条件考虑，改质沥青优于中温沥青。采用改质沥青作粘结剂，是提高炭素制品质量的有效措施。铝用预焙阳极绝大部分厂采用改质沥青作粘结剂，不再选用中温沥青。但由于我国石墨电极生产中沿用中温沥青作粘结剂，由中温沥青改用改质沥青需要成型工艺作大量的实验工作，改质沥青较少采用，故仍保留中温沥青作为原料。有些炭素厂已经开始使用改质沥青作为粘结剂，这是国内石墨电极厂的发展方向。

3.1.11 浸渍沥青目前尚无国家或行业标准，但国内根据石墨电极生产要求在逐步按浸渍工艺要求的品质供应低QI或无QI专用沥青，故提出专项要求。

3.1.12、3.1.13 按照现行国家标准《微晶石墨》GB/T 3519标准技术要求，微晶石墨的粒度分为75μm及45μm两种，固定碳含量为75%～99%，并根据固定碳含量及粒度对产品分级。根据生产经验，固定碳含量80%以上粒度为75μm的无定形石墨粒WT80-75适用于生产自焙炭块、炭电极、密闭糊等；固定碳含量75%以上粒度为75μm的无定形石墨粒WT75-75适用于生产电极糊。

3.2 辅助材料

3.2.1 填充料是炭素制品生产过程中作为焙烧炉和石墨化炉内制品间充填和覆盖使用的一种辅助材料，起到固定制品、隔绝空气及保温的作用，按使用的部位和所起的作用分别称为填充料、保温料、电阻料等，即：

1 焙烧填充料。用在焙烧炉内生制品之间和四周，起到填充和固定制品，隔绝空气防止制品在焙烧过程中变形和被氧化的作用。

2 石墨化填充料。石墨化填充料包括保温料及电阻料。保温料用于石墨化炉炉芯底部、外侧和顶部的覆盖料，起到隔绝空气和保温作用；电阻料用于石墨化炉内焙烧品间和四周，不仅起到填充、固定制品、隔绝空气的作用，还在通电过程中作为导电体利用自身的电阻发热来加热制品。电阻料仅用于艾奇逊石墨化炉，串接石墨化炉不再使用电阻料。

根据生产实践，从降低生产成本考虑，可采用质量较差的三级冶金焦炭作为上述两种用途的辅助材料。

3.2.2 作为预焙阳极焙烧炉的填充料，不但起固定生制品、隔绝空气、防止氧化的作用，而且还要求该材料具有与制品相接近的低灰分的特性。因为表面粘附的填充料将随预焙阳极一起带入铝电解槽内，因此选用低灰分的石油焦作预焙阳极的焙烧填充料，是基于生产管理和铝锭质量诸因素确定的。本条规定要求选用现行行业标准《炭阳极用煅烧石油焦》YS/T 625中的DHJ2是从降低生产成本考虑的。

3.2.3 在以前的生产工艺中，焙烧及石墨化填充料均使用石英砂，由于操作环境要求不断改善的需要，大部分厂已不再使用。但由于石英砂导热性能好，在操作环境能够保证的条件下，作为电极生产时焙烧炉的填充料可使传热速度快，制品间温差小，在机械化程度高的车底式焙烧炉一次焙烧时使用有其优越性，故本条仍保留对石英砂的规定。

3.3 燃　　料

3.3.1 煅烧、焙烧等工业炉窑中的回转窑、敞开式焙烧炉用燃料，以高热值的天然气和燃料油为佳。

3.3.3 由于我国石油资源自给不足，每年需要大量外购原油，因此尽量利用等级较低的油作为炉窑燃料用油。

4 生产工序与技术要求

4.1 生 产 工 序

4.1.1～4.1.4 规定中工序中的成品检验是指成品在生产车间所进行的外观、尺寸及其他物理性能的检测，不包括在化验室所进行的成品化学分析和较复杂的物理性能检验。炭糊类制品的成品为块状或散状，按其用途和运输方式制成不同的规格，无严格的外观和尺寸要求，故不设成品检验和包装工序。采用液体沥青代替固体沥青进厂，可减少由于二次熔化而带来的沥青损失，减少运输过程中机械杂质的混入，对稳定产品质量、降低生产成本具有一定的优势，是我国炭素行业努力的方向，应加强行业间合作，稳定液体沥青供应渠道及质量。

4.1.5 高功率及超高功率石墨电极由于原材料针状焦主要依靠进口，价格昂贵。为降低生产成本，国内各石墨电极生产厂通常采用国内针状焦与国外针状焦混合使用。为弥补原料质量差所带来对产品质量的负面影响，国内生产厂通常采用增加浸渍及再次焙烧的次数，但从能源资源节约的角度应尽量缩短流程。

4.2 主要设计参数

4.2.1 本条关于粗碎工序原材料破碎粒度的规定，是就下列煅烧设备的热处理要求制定的，如罐式煅烧炉和电煅烧炉，都是竖式炉，从上部加料，下部排料，半连续生产，炉内物料透气性是维护炉子正常操作的重要条件之一，因此对进炉物料有一定的粒度要求。而粒度过大，则又烧不透，产生“生烧”不合格料。根据长期生产实践，确定用罐式炉煅烧石油焦、无烟煤时，粒度不大于70mm；电煅烧炉煅烧无烟煤时，粒度不大于35mm。回转窑虽不存在对物料透气性的要求，但物料在窑内停留时间短，因此进窑物料粒度也不应大于70mm。

4.2.2 原料煅烧是物料在煅烧炉内的高温处理中，排出挥发分、水分并收缩，达到提高密度和导电性能的目的。由于生产铝用阳极对煅后石油焦质量要求低于石墨电极，煅烧温度又是以最低的生产成本达到煅后料质量指标为目标确定的，因此，铝用阳极的石油焦煅烧温度可控制在1250℃左右，而石墨电极的石油焦煅烧温度应达到1350℃。生产高功率、超高功率石墨电极的针状焦煅烧温度应大于1450℃。电煅烧炉用于优质炭块和优质密闭糊用无烟煤的煅烧，要求部分炭质石墨化，因此规定电煅烧炉的炉中心温度应高于2000℃。

1 本款中有关实收率是根据以下情况规定的。在煅烧过程中，物料的损失包括两部分，其一是化学损失，系指原材料所含挥发分、水分等；其二是氧化损失，又称炭质烧损，随煅烧设备和操作水平而异。以延迟石油焦（生焦）国家行业标准1A为例，生石油焦含挥发分12%，水分3%，在煅烧过程中挥发燃烧或蒸发，此部分即为化学损失，共15%。根据生产实践和操作水平，煅烧设备的炭质烧损可控制在罐式炉为5%左右，回转窑为8%左右，因此，石油焦的实收率分别为罐式炉80%，回转窑在扣除往沉灰室约3%的粉尘后实收率为74%。对煅烧原料中挥发分、水分与上述值不同时，实收率应在保证相同的炭质烧损的前提下进行调整。

2 本款对冶金焦炭、沥青焦只规定烘干后的水分要求，这是因为冶金焦炭、沥青焦均系高温处理后的产品，不需要煅烧，只需烘干其水分后即可用于生产。

3 本款中煅后料真密度的规定是保证炭素制品质量的重要指标，该值由炭素制品的品种确定，并受煅烧温度高低的影响。以石油焦为例，石墨电极要求煅后料的真密度在2.08g/cm^{3}以上，而生产高功率石墨电极和超高功率石墨电极则要求分别达到（2.08～2.10）g/cm^{3}和2.12g/cm^{3}以上，针状焦煅后料的真密度要求大于2.13g/cm^3，由于针状焦一般以煅后焦形式供应，因此本规范未对针状焦要求达到的煅后料指标作出规定。

4.2.3

2 本款关于配料中粉料是根据以下情况规定的。在制备由多种不同粒级的炭素物料组成的炭素制品的配料中，粉料起到下述两种作用：一是充填粒子间的空隙，提高制品的密度；二是吸附粘结剂，在焙烧过程中与粘结剂的焦结炭形成网络，起到提高制品机械性能的作用。研究表明，起上述两种作用的是粉料粒度小于0.074mm的微粉，且根据不同的炭素制品，有不同的细度要求。如粉料中粒度小于0.074mm的微粉，炭糊类制品要求控制在55%～75%；石墨制品要求控制在75%～80%。

3 本款关于生碎破碎粒度是根据以下情况规定的。生碎是混捏工序产生的不合格糊料及成型工序产生的不合格坯料的总称，电极及阴极制品约为工序总量的15%～20%，预焙阳极约为工序总量的3%，在生产中都可返回配料系统回收利用。因其粒度组成、粘结剂含量与生产配料一致，因此可直接返回到混捏工序中与新配好的料混合在一起组成一批新的糊料。生碎粒度与混捏设备有较大关系。间断混捏锅在加入生碎后，可根据需要调整加热熔化时间，因此，生碎粒度可稍大，一般控制在小于30mm即可。而连续混捏机生产连续性强，物料在混捏机内停留时间有限，加入大颗粒生碎将熔化不透，影响糊料质量，因此，采用连续混捏机时，加入生碎的粒度不应大于15mm。

4.2.4 沥青熔化是采用液体沥青配料工艺的一道工序，目的是利用间接加热的方式使固体沥青熔化，除去沥青中的水分，并加热到混捏工序所要求的温度。该温度是根据沥青的种类和长期实践总结出来的。中温沥青软化点一般为（75～90）℃（环球法），改质沥青软化点一般为（105～120）℃（环球法）。根据生产要求，沥青的使用温度应高于其软化点（60～80）℃，因此，规定中温沥青不低于130℃，改质沥青不低于180℃。一般沥青水分含量波动在3%～5%，经熔化后除去，生产过程中仅有少量机械损耗和杂质排除，因此，沥青熔化实收率不应低于92%。

4.2.5

2 本款表4.2.5中关于间断混捏锅预热、混捏时间是根据以下情况规定的。预热是将干混合料加热到与加入的熔融沥青相接近的温度，避免因冷热物料相接触时，热沥青在冷料表面凝固渗透不到焦炭内的空隙中，形成不均质糊料而影响制品质量，在实际操作中根据不同的设备型式，预热混捏过程不能单一的用时间来控制，而以物料预热和混捏终了时糊料的温度为依据控制混捏操作。

3 本款关于连续生产的预焙阳极生产线混捏系

统相关参数的规定，因为其中冷却后的糊料温度最高可到170℃是针对目前采用抽真空振动成型工艺，最高的成型温度可比不抽真空高（10～20）℃，且采用高温成型可提高生阳极的密度，减少沥青的配入量。

4.2.7 大中型炭素厂石墨电极挤压成型多采用30MN及以上吨位、旋转料室、抽真空电极挤压机，该类设备生产出的生电极体积密度都能达到（1.70～1.72）g/cm^3，本条规定为1.70g/cm^3。目前一些中型厂的压机吨位多在30MN以下，一般没有抽真空装置，这类压机生产的生电极体积密度要达到1.70g/cm^3的指标，尚有一定困难。

4.2.8 虽然石墨电极的成型主要采用挤压成型，但在我国一些中小厂也采用振动成型的工艺。目前阴极炭块生产也较多地采用振动成型工艺，因此提出了振动成型生产石墨电极及阴极炭块时的密度要求。用振动成型法生产生阳极时通过工艺改进，目前各厂基本上能够达到体积密度1.62g/cm^3以上。

4.2.9 一次焙烧及再次焙烧的产品质量评价指标以实收率计不能具体反映焙烧炉作业本身的优劣，以件数的合格品率计可以较好地反映炉子的综合水平。提出炉子内部的温差要求有利于降低炉子的最高火焰温度，以及在最高温度下的维持时间，利于能源节约。

4.2.10 浸渍是将焙烧过的电极经表面清理后将其浸泡在软化点较低的浸渍沥青中加压，让沥青浸入到电极内部充填其孔隙，达到提高电极的密度、抗压强度和耐电流冲击等性能。对石墨电极，以往生产是只浸渍电极接头。随着生产的发展和炼钢电炉向大型化、强化操作发展，需用高功率石墨电极、超高功率石墨电极，它不但要求电极具有较高的抗折强度，耐电流负荷的能力也由普通功率石墨电极的（13～18）A/cm^2提高到25A/cm^2以上。为满足这些要求，除从改进生产配方和工艺，采用优质材料等入手外，将电极全部浸渍，并提高浸渍压强，是一项十分有效的技术措施。衡量浸渍效果的指标是增重率。提高浸渍品增重率的诸措施中，以提高浸渍压强效果最明显。实践证明，浸渍增重率随浸渍压强增高而增高，从综合经济效益等方面考虑，高压浸渍压强规定在（1.2～1.5）MPa，增重率达到15%以上，此指标与德国、日本同行相比较是接近的。增重率系指焙烧品在浸渍后的增重量与浸渍前的重量的比值，表4.2.10所列的增重率，是因大截面焙烧品在浸渍时，沥青渗入内部较难而量较少所致。表中增重率均系一次浸渍的数据。

4.2.11 石墨化是将焙烧后的电极经2500℃以上的高温处理，使不定型碳逐步转变成结晶石墨的过程。石墨化炉是石墨化热处理工序的主要设备。石墨化炉属电阻型电炉，目前并行使用的炉型有主要利用电阻料的电阻及主要利用制品本身电阻在大电流作用下产生的焦耳热来加热两种形式，分别称为艾奇逊炉及内热串接炉。大直流艾奇逊炉由于难于达到高功率及超高功率所需的最高温度约3000℃的要求，目前新建的用于石墨电极及石墨化阴极生产的石墨化炉均采用内热串接石墨化炉。由于内热串接石墨化炉其原理为利用制品本身的电阻产生热，只要制品本身的电阻率相差不大，就不存在艾奇逊炉内制品内外温差大而限制升温速度的问题，因此其送电过程可以大大缩短，电耗也较大直流艾奇逊炉低，是新建厂应该采用的炉型。对于产量小、制品规格小、品种多的生产厂如石墨阳极等的生产仍保留使用直流艾奇逊炉的可能。

石墨化过程中，随着炉温升高，炉芯电阻将随着碳一石墨转化程度的加深而逐渐降低，炉芯的热量与电流的平方成正比。衡量炉芯电流大小的指标是炉芯电流密度。碳被石墨化的程度取决于炉芯温度，一般要求在（2500～3000）℃的高温下，石墨结晶逐趋完善。目前我国大型石墨化炉炉芯最终电流密度控制在约30A/cm^2，此时炉芯温度可达到3000℃以上。

4.2.12 影响石墨电极机械加工工序的实收率有下列三种情况：①为保证石墨电极的几何尺寸，需将生产过程中预留的加工余量切削除去；为满足使用性能要求，需在每根电极的两端加工连接用螺纹孔。这两部分加工切削量为正常损失，根据我国目前的生产水平，损失率为9%～11%。②加工和搬运过程中造成的断裂和加工超差的不合格品。③电极内部缺陷如内层孔洞、裂纹等加工后暴露出来造成的不合格品。根据以上分析，第一种损失为不可避免因素，第二种损失是人为因素，第三种损失受电极生产的各个工序的影响。阴极炭块机械加工成品率70%，是指加工阴极钢棒槽后的实收率，随着阴极制品规格的加大尤其是厚度的增加，正常生产的加工切屑量减少，实收率应相应提高。

4.3 炉窑能耗

4.3.1

1 本款规定煅烧石油焦不外加燃料，是由于在煅烧加热过程中石油焦所含挥发分随着温度的升高不断挥发逸出，在温度达到（700～750）℃时挥发分排出量达到最大值，到1100℃时基本挥发完毕，挥发分的热值高达50.16MJ/kg，先进的煅烧设备都设计有利用挥发分作为二次能源燃烧的装置，可不外加燃料维持炉子的正常生产。通过对罐式炉的热平衡分析以及生产实践，当生石油焦挥发分含量在9%以上时，将炉内逸出的挥发分引入火道内燃烧，当炉子启动投入正常运行后，即可切断外供燃料，由挥发分燃烧的热量维持炉子的正常生产，目前我国大多数八层火道罐式炉可做到无外加燃料煅烧。回转窑利用安装在窑体上的二次风和三次风装置鼓入新鲜空气供挥发分在窑内燃烧，再通过采用隔热性能好的浇注料作内衬，可实现无外加燃料煅烧。回转窑及罐式炉煅烧的烟气温度达到约1000℃，为节约能源，要求回收烟气中的余热。

4.3.2 煅烧过程中炭质材料的烧损也是一种能源损失，根据实际的操作水平，分别规定了回转窑及罐式煅烧炉煅烧石油焦时炭质烧损的要求。回转窑要求长度大于45m，是使设备大型化、单位产品的散热损失减少及余热回收利用率提高。

4.3.3 敞开式焙烧炉焙烧预焙阳极能耗的规定，是根据近10年阳极焙烧技术的发展，如装炉方式、装炉量、火道墙结构、火道墙材料的改进，在使用先进的燃烧控制系统的前提下，生阳极中沥青所含挥发分在火道内充分燃烧，每吨焙烧阳极的外加燃料消耗大大降低，与世界先进水平接近。车底式焙烧炉的烟气通过焚烧方式净化后的温度较高，其余热应加以回收利用。

4.3.4 由于国家对能耗高的小型及普通功率电炉限期淘汰，加上国内目前普通功率石墨电极产能过剩，因此新建厂不应再考虑普通功率石墨电极，因此对能耗只规定高功率及超高功率石墨电极。石墨化阴极由于石墨化热处理的温度可以较低，规定较低的工艺电耗。

4.4 污染物排放、职业健康及安全

4.4.1 炭素厂生产过程中产生的大气污染物有颗粒物、二氧化硫、氟化物、沥青烟、苯并（a）芘（BaP）等；产生的噪声为机械设备如磨粉机、振动成型机、高压风机等；由于设备冷却水及生制品冷却水均可循环使用，只需补充自然蒸发部分的水量，生产过程中不排放污水。现行国家标准《铝工业污染物排放标准》GB 25465中对铝用炭素厂生产过程中产生的大气污染物及污水排放有相应的规定，因此铝用炭素执行此标准。现行国家标准《大气污染物综合排放标准》GB 16297、《工业炉窑大气污染物排放标准》GB 9078、《污水综合排放标准》GB 8978及《工业企业厂界噪声标准》GB 12348已全部覆盖了其他炭素厂大气污染物、污水、噪声等的控制要求。对于需要设置蒸汽采暖要求的北方建设工厂，使用现行国家标准《锅炉大气污染物排放标准》GB 13271控制锅炉的大气污染物排放。

4.5 计　　量

4.5.2 本条规定是为了质量跟踪以及分析质量事故提供原始数据。

5 主要设备选择

5.1 粗　　碎

5.1.1 炭素生产用原材料如石油焦、无烟煤等，都是密度小的中硬性物料，经长期生产实践证明，采用大辊径、窄辊面、中型齿板的双齿辊式破碎机，既可满足粗碎后产品粒度要求，又可减少物料的过粉碎。石油焦是石油化工行业的副产品，供应部门对石油焦不按块度分级供应，因此炭素厂进厂的石油焦块度波动较大，加之石油焦中粉料多，为减轻破碎设备负荷和防止物料过粉碎，规定石油焦粗碎前应预筛分。成品尺寸的返回料如成型生制品、焙烧品、石墨化品等，要破碎到适应散状物料输送的尺寸及减少破碎级数，采用破碎比大、噪声低、扬尘小的液压破碎机是理想的设备。

5.2 煅　　烧

5.2.1 按火道内烟气流动方向和罐体内物料运动方向分为逆流式罐式炉和顺流式罐式炉两种类型，国内各炭素厂对这两种炉型都在使用，各有其优缺点。逆流式罐式炉的高温带在下部，高温烟气自下而上迂回运动，与物料在煅烧罐内从上而下相对逆流运行，物料越往下运动煅烧温度越高，有利于提高产量及质量，燃料烧嘴布置在下部的第8层，挥发分可以引入1层火道或5层以上火道中的任意一层火道内。顺流式罐式炉与逆流式相反，高温烟气与物料都是从上到下流动。如果调节得当，可以停用燃料，全部利用挥发分燃烧的热量即可维持所需的燃烧温度，达到节能目的。

采用罐式炉煅烧石油焦时，对石油焦挥发分含量规定应低于12%是因为石油焦挥发分含量过高时，物料将在罐内结焦，影响操作和排料，根据多年生产经验确定临界含量为12%。当原料挥发分超过12%时，为保证罐式炉的正常生产操作，应采用回配部分煅后焦的办法，将进炉石油焦的挥发分调整到10%～12%的范围，回配后炉子的实际产能将降低15%～20%，能耗及炭质烧损也将相应增加。

5.2.2

1 本款规定，当煅烧产量大、需煅烧的生石油焦挥发分含量高时，宜选用回转窑。石油焦挥发分含量一般不应超过15%，否则物料将在窑的进料端产生结圈，影响窑的正常运行。此外，大量挥发分在窑内排出后，需部分进入沉降室和余热锅炉内燃烧，使烟气温度大幅度升高，引起锅炉出汽压力波动，造成窑和余热锅炉的不正常操作。

2 本款对冷却机煅后焦排料温度规定不应高于120℃，是煅后料连续输送设备能够长期耐受的温度，而采用适当高的排料温度可以减少冷却机的冷却量及减少煅后焦的含水量。

5.3 中　　碎

5.3.1 石油焦中碎设备选用窄辊面、大辊径的双光辊破碎机其优点是破碎粒度均匀，过粉碎少，能保证

中碎粒度和粒级，满足配料要求。辊面窄，可使下料分布均匀，辊皮磨损也较均匀，辊子中部不会很快形成凹面，辊皮寿命长。辊径大，可使产能提高。

5.3.2 生碎与焙烧碎，由于其物料性质的差别，破碎时要求的打击力量不同，根据国内外经验，采用调速的方法调节破碎机的打击力，能保证破碎粒度和粒级要求，并能防止过粉碎现象。

5.4 细　碎

5.4.1 炭素生产配料中粉料的特点是粒度小，用量大，一般要求粉料中小于0.074mm的量为55%～85%，水分含量低于0.3%。根据长期生产实践，适用于炭素材料细碎的设备有悬辊式磨粉机、风扫式球磨机和立式磨粉机。

5.5 筛　分

5.5.1 概率振动筛具有单位筛分面积产能大，筛分效率高，适合于预焙阳极生产中要求产量大的场合。

5.6 沥青熔化

5.6.1 由于间断熔化的老式沥青熔化槽占地面积大，劳动条件差，因此要求无论是软化点较高的改质沥青或软化点稍低的中温沥青，均要求使用产能大、效率高、操作环境好的快速熔化装置，并采用导热油为加热介质。熔化后沥青设置贮槽的目的，一是沉降沥青中外来的杂质，二是在沥青熔化装置或导热油系统遇有故障而停车时，仍能连续供给沥青，保证混捏系统正常生产。根据国内外生产实践经验，贮存（3～5）d日用量即可满足上述目的。

5.7 配　料

5.7.1、5.7.2 配料设备的选择与下道工序混捏设备的型式有关。采用间断混捏时，以往通常采用的电动配料车已不适应生产发展的要求，因此要求采用技术先进的漏斗式电子秤。采用连续混捏要求使用与之配套连续配料秤。

5.7.3 干料及沥青的配合比准确是确保糊料质量的前提，要求他们的比例控制在严格的范围内，因此要求配料的误差控制在±0.5%，而生碎料为已按比例配好的干料与沥青的混合物，误差稍大不会对糊料质量产生大的影响。

5.8 混　捏

5.8.1 混捏锅规格选择以一批糊料满足挤压机一次挤压所需的糊料量为宜。过多或过少，既影响产品质量又不利于生产。因此，选择混捏锅时必须与采用的挤压机相适应。一般采用30MN及以上挤压机时，配用3000L或3500L以上混捏锅；采用25MN挤压机时，配用2000L混捏锅为宜。

5.8.2 预焙阳极生产具有产量大、品种单一的特点，采用生产能力大、混捏效率高的连续混捏设备有利于阳极质量的稳定，且操作环境好，因此要求采用连续混捏工艺。

5.9 成　型

5.9.2 振动成型机适用于生产截面大、长度短的制品。目前，国内外铝厂生产预焙阳极多采用振动成型机。通过使用抽真空、在线测高及密度控制、上部加压、气囊式弹簧等新技术，使成型机的产量及质量得到大幅度提高，设置编码打印便于对产品质量的追踪。

5.10 焙烧及再焙烧

5.10.1 我国炭素厂采用的带盖式环式焙烧炉有无火井和有火井两种型式，各有其特点。无火井环式焙烧炉，在炉室尺寸相同的条件下，其装炉量大，产量高；有火井环式焙烧炉，燃料燃烧条件好，炉室上下温差可比无火井焙烧炉减小（15～20）℃。减小炉室上下温差是保证焙烧品均质的关键措施之一，当焙烧石墨电极时，过高的温差将造成炉室局部因温度低而产生“生烧”影响焙烧品质量。

本条第3款关于最后一个炉室的烟气出口温度的规定，是为满足电收尘器工作条件，提高收尘效率和提高焙烧炉热效率而制定的。

5.10.2 敞开式焙烧炉的特点之一是生阳极中的沥青挥发分排出后能立即在火道内燃烧，既可达到节能的目的，又可降低烟气中的焦油浓度，有利于烟气净化处理设备的正常运行。生产实践表明，挥发分在火道内燃烧的程度取决于排烟温度，因此对敞开式焙烧炉最后一个焙烧炉室的排烟温度作出规定。

5.10.3 车底式焙烧炉是应用在炭素行业石墨电极生产的一种新炉型，其特点是单台炉完成从预热、加热、冷却的全过程，适合多品种、多规格炭素制品生产的情形。由于炉内温差小，一次焙烧及再次焙烧的最高温度均只需控制到约850℃，产品质量均匀。

5.10.4 由于目前大中型石墨电极厂都在向高档次的高功率及超高功率石墨电极转产，其采用的工艺流程中都有电极本体的浸渍及再次焙烧，再次焙烧量较以前产量大大增加，因此规定采用具有节能、易操作的专用再次焙烧炉。

5.10.5

1　本款规定主要是针对带盖式焙烧炉烟气而制定的。焙烧炉烟气中沥青浓度有时高达3000mg/m³，必须有严格的净化设施，其净化效率应在98.5%以上，才能达到国家允许的排放标准。

2　本款规定是针对我国铝用阳极焙烧烟气治理所采用的净化设备而制定的。采用氢氧化钠溶液洗涤的所谓湿式净化法，以氢氧化钠溶液净化氟化氢，再以电收尘器净化除去沥青焦油。采用干式净化法，采用砂状氧化铝作吸附剂，通过文丘里管反应或通过沸腾床吸附，除去烟气中的氟化氢和沥青焦油。采用前置电收尘与干法净化组合的方式，可以使焦油的净化主要由电收尘完成，而氟化物的净化由干法净化完成，使返回电解生产的氧化铝焦油含量尽量减少。

3 本款是针对采用焚烧法净化沥青烟气时，要求达到一定的烟气温度，以将烟气中的有机挥发物氧化分解。

5.11 浸渍

5.11.1 浸渍工艺过程的加压方式经历了压缩空气、氮气加压等方式，由于工艺要求、成本、环境污染等原因，逐步被更为先进的利用沥青泵直接加压方式取代。

5.11.2 浸渍的目的是增加炭素制品的密度，提高强度和导电率。浸渍剂浸入制品内部的深度与浸渍压强关系密切，因此高功率及超高功率石墨电极，大规格石墨制品必须采用高压浸渍才能达到上述目的。由于高功率及超高功率石墨电极生产时电极本体要求浸渍，其生产能力要求增加很大，采用以往的间断式作业的系统很难满足要求且工作环境恶劣，因此推荐使用机械化程度高的半连续式系统，目前使用的系统有“热进冷出”、“热进热出”、“冷进冷出”等多种形式，可以根据产能、规格等要求选用。

5.12 石墨化

5.12.1 生产高功率与超高功率石墨电极及石墨化阴极，采用内热串接石墨化炉，具有升温速度快、制品内部温度分布均匀及单位产品电耗低的特点，因此推荐新建厂尽量不再采用艾奇逊的炉型。规定串接柱总长是为了取得合理的整流变压的电压，利于提高整流效率。

5.12.2 由于目前国内串接石墨化炉的炉用变压器均根据自己的产品品种、规格等来确定，石墨化炉的长度、型式等也没有统一，如Π型、单柱型。各厂的石墨化工艺条件也与自身的前一工序相关，不对变压器参数、炉子参数作统一的规定。

5.12.3 对于Π型炉内跨接或外跨接的石墨化炉，用整流变压台车供电，可使变压、整流设备集中于移动式台车上，通过中压直接变压整流到炉子所需电压、电流要求，可减少中间母线联接环节，减少中间环节的电能消耗。

5.13 机械加工

5.13.1 本条第1款规定加工机床应按石墨电极的直径和长度选择，是指采用普通车床加工石墨电极。

5.13.2 大截面炭块切割应配备带锯机，是根据炭块加工，尤其是高炉炭块加工形状复杂，加工几何尺寸要求严格而制定的，带锯机能满足上述要求，是较理想的加工设备。

6 车间设计

6.1 一般规定

6.1.1 本条规定是根据炭素材料生产的特点而制定的。炭素工艺流程复杂、生产周期长、工序多，物料的贮存、堆放及原材料、辅助材料、半成品、成品等都要占用场地。此外，沥青、半成品的堆放高度还受到一定的限制，如处理不当，不仅造成土地、建设投资的浪费，还将造成厂区内物料往返运输、道路不畅等先天缺陷，污染环境。由于各生产工序的工艺性强，必须按流程的顺序衔接，不能倒置。

所谓散热量大的车间，系指有关标准规定车间散热量为23W/m³以上的车间。炭素厂一台24罐煅烧炉车间的散热量约为115W/m³；一台32室环式焙烧炉车间的散热量约为57W/m³；串接石墨化炉车间的散热量约为120W/m³，均超过上述规定值。因此，炭素厂的煅烧车间、焙烧车间、石墨化车间均属热车间。从采光、自然通风、改善操作环境等考虑，热车间不宜多跨并列配置。

6.1.3 生产炭素材料用原材料、辅助材料、半成品、成品等，都是“碳”的制品，均系可燃物。生石油焦、燃料煤中还含有10%以上的挥发分，堆积过高和时间太长，都会发生自燃现象。因此，各车间都有防火要求。

6.1.4 按照我国目前企业管理体制，生产、调度管理和行政管理，一般都以车间为单元，因此在设计上，都以车间配备满足生产所需的辅助设施，如变压器室、工具室、值班室等。此外，还需按要求配备适当的生活辅助设施和满足能容纳白班全车间人数的会议室或活动室。

6.1.5 本条表6.1.5中各种物料贮量的规定是依据下列原则制定的：

1 原材料贮量，以运输方式、供应点远近而确定。

2 中温沥青贮量，如炭素厂附近有焦化厂，可采用由焦化厂供应液体沥青进厂方案，贮量可缩短到15d左右的生产用量。

3 各工序中间贮仓贮量，是按其前后生产设备检修时不影响生产的最低贮量确定的。

4 各工序堆场、仓库的贮量，是由其上下工序衔接所需的周转量确定的。

6.2 原材料库

6.2.1 按国家铁路标准轨距和火车进入厂房的有关安全要求，专用线要占用6m左右宽的位置，厂房跨度太小，则相对的减少了有效利用面积，因此，本条第3款规定厂房跨度不小于24m。本条第6款针对目前预焙阳极的单条生产线产能不断扩大，单一石油焦供应商不能满足要求，原料来源较多，不同来源焦质量差异大，为提高阳极质量，采用在石油焦库设置均料设施，可有效控制及稳定阳极质量。

6.2.2 中温沥青软化点为（75～90）℃（环球法），在夏季表面软化结块，按铁路部门规定，每年的4月～9月份不允许装车运输，因此，炭素厂必须要贮备（4～6）个月生产用量的沥青。贮存的沥青，不论是在地坑内或地面上，都将结成块，使用风镐才能挖取，因此要求中温沥青库配备压缩空气气源，另外工作场所应具备良好的通风。

6.2.3 本条规定厂房内生石油焦及沥青的堆存高度，是防止生石油焦及沥青因堆存过高和时间太长后发生自燃。本条为强制性条文，必须严格执行。

6.3 煅 烧

6.3.4 本条为强制性条文，必须严格执行。本条关于回转窑设事故电源或事故驱动装置的规定，是因为在回转窑运行中，突然供电中断，窑在热状态下停止转动，将造成窑体变形而损坏。有备用电源，可即刻启动事故电机，使窑处于低速转动状态，窑内积存的热料逐渐排出，窑体也逐渐冷却，直至停窑。在没有事故电源时，事故驱动装置也可以立即启动，达到上述目的。

本条关于电煅烧炉冷却水循环系统要求设事故电源的要求是因为炉中心区温度高达2000℃左右，炉壁内侧虽然设计有隔热保护层和炉衬，但炉壁温度仍然很高，靠循环冷却水冷却，供水一旦中断，炉壁将很快损坏，因此应设事故电源，以保证供水，确保安全。

本条关于煅烧烟气管道及主要设备应设置防爆孔是根据煅烧的烟气中通常含有一定数量的可燃挥发分，在一定的浓度条件下会爆炸，为保护操作人员及设备，要求在管道及主要设备上有防爆孔。

6.4 配 料

6.4.1 返回料处理系统，是为了充分利用炭素厂生产过程中各工序的不合格料及制成品使用后的残余部分而设置的，以节约能源，降低成本为目的。如混捏、成型的不合格糊料、生坯，焙烧不合格半成品，石墨化及机加不合格制品及切屑等，电解铝厂使用过的残阳极，都可返回经处理后再利用。

6.4.2 球磨机运行时，噪声超过85dB（A），需在磨粉机上或相应的建筑设施上采取隔声措施，降低机器噪声，保护操作人员的身体健康，减少对厂区环境的噪声污染。

6.4.3 生产石墨制品的炭素厂，一般生产规模较小，国内多采用间断混捏设备，配料系统采用电子式漏斗秤自动配料。为减少秤的数量，采用多种粒度的物料共用一台秤称量，例如以“方阵”形式配置，紧凑合理。

根据《铝行业准入条件》，铝用炭阳极必须采用连续混捏技术，配料系统应采用连续自动配料秤。

6.4.4 减少配料中的人工误差，提高配料的准确性，是保证成品质量的先决条件，采用自动控制是有效的措施。

6.4.6 配料车间设置筛分分析室，是作为筛分物料纯度和混合料粒度组成的控制分析之用的，用以检查筛网破损情况和判断配比准确性。

6.6 混捏及成型

6.6.2 连续混捏机混捏轴较长，搅刀磨损较快，需经常修复，维修作业一般都在原地进行，只需将轴吊出机壳，即可就地修复，因此连续混捏机上部应设置吊具。

6.6.3 挤压成型机大型部件系指不能解体的、需要整体吊运的部件。以35MN卧式电极挤压机为例，成型型嘴与安装在缸体上的基模（又称过渡段）为一整体吊运件，更换型嘴时，必须在专设的更换装置上将型嘴与基模脱开，然后换上所需的另一规格的型嘴，一个型嘴的重量10t左右，但加上基模则重达38t，故该成型部起重机的吨位应以起吊38t重物为基准选配起重机。

6.7 焙烧及再焙烧

6.7.1 焙烧电极及炭块出炉温度在200℃左右，有时更高。因此，出炉焙烧品清理和堆放处的地坪应按耐热地坪设计。

6.7.2 随着预焙阳极产能的不断扩大，多厂房多台焙烧炉配置的情形较多，采用炭块库与焙烧车间平行布置，使与焙烧车间之间联系输送线布置于炭块库中部，使炭块库的利用率提高。

6.7.3 为提高炉子的使用率，通过转运装置将装炉与出炉集中在另设的装卸站完成。通过将车底炉处于挥发分排出阶段所排出的烟气导入焚烧炉焚烧，将焙烧烟气中的焦油及苯并（a）芘（BaP）分解，是最为彻底的烟气治理方式。焚烧后的烟气可设置余热利用装置回收余热。

6.7.4 为改善装出炉操作条件及作业环境，用于再次焙烧的隧道窑应设置于室内，并采用机械装出炉。

6.7.5 本条为强制性条文，必须严格执行。焙烧过程中由于沥青加热所排出的挥发分根据不同的炉型在焙烧炉系统内燃烧的百分比率不同，炉子使用的年限不同，操作条件波动等，使焙烧烟气中的可燃挥发物的量在一定的范围内波动，有时甚至达到爆炸极限浓度，因此要求净化系统管道及主要设备设置防爆孔。

随着使用时间增加，在焙烧炉及净化系统烟道的底部会沉积部分焦油，在一定条件下会着火，因此要求净化系统入口设置灭火装置，以保证人员及设备的安全。

6.8 浸　渍

6.8.3 “热进热出”及“热进冷出”系统将电极预热框与浸渍框分成两个独立的循环系统，是从环保的角度提出的。电极预热框与浸渍框都是循环使用的，当浸渍框用作预热框使用时，框体上粘附的沥青将在预热炉内挥发，大量的沥青烟随预热炉烟气排走，严重污染环境，造成公害；“冷进冷出”系统因粘附浸渍剂的浸渍框要暴露在预热气体中，同样会导致沥青烟的大量挥发，因此要求设置浸渍框的喷丸清理系统。

6.9 石　墨　化

6.9.1 石墨电极出炉时温度较高，有时电极还有发红的现象，温度高达400℃，因此，出炉电极清理、堆放场地，应按耐热地坪设计。

6.9.2 本条为强制性条文，必须严格执行。石墨化过程中会在操作环境中产生CO，CO的积聚会使操作人员的生命安全受到威胁，因此要求石墨化厂房采取措施加强通风。其中规定厂房两侧进气窗最低处不应高于操作面600mm是为了使操作人员站立时呼吸范围应具有有效的通风换气，防止可能的CO积聚危害人身安全。在作业区设置局部强制通风装置是为了作业时确保CO浓度低于限值。因为石墨化控制室通常与石墨化主厂房相邻，CO很容易通过各种途径进入控制室，为确保作业人员安全，要求控制室设置CO检测报警装置。

6.10 机械加工及成品库

6.10.2 高炉炭块，尤其是大型高炉炉衬用炭块，几何尺寸要求十分严格，各个表面、各棱角不允许有缺角少棱现象。因此，不能用一般的吊具进行吊运，常用的型式有带真空吸头的起重机，或用强拉力尼龙带配普通起重机吊运等。

中华人民共和国国家标准

水电水利工程压力钢管制作安装及验收规范

Code for manufacture installation and acceptance of steel penstocks in hydroelectric and hydraulic engineering

GB 50766—2012

主编部门：中 国 电 力 企 业 联 合 会
批准部门：中华人民共和国住房和城乡建设部
实行日期：2 0 1 2 年 1 2 月 1 日

中华人民共和国住房和城乡建设部
公　　告

第1397号

关于发布国家标准《水电水利工程压力钢管制作安装及验收规范》的公告

现批准《水电水利工程压力钢管制作安装及验收规范》为国家标准，编号为GB 50766—2012，自2012年12月1日起实施。其中，第4.1.3、4.1.4条为强制性条文，必须严格执行。

本规范由我部标准定额研究所组织中国计划出版社出版发行。

中华人民共和国住房和城乡建设部

二〇一二年五月二十八日

前　言

本规范是根据住房和城乡建设部《关于印发〈2009年工程建设标准规范制订、修订计划〉的通知》(建标［2009］88号)的要求，由中国水利水电第七工程局有限公司会同有关单位编制完成的。

本规范在编制过程中，编制组经过了广泛调查研究工作，总结了国内外近年来大、中型工程施工的实践经验，考虑了新材料、新工艺和新技术的应用情况，加强了与现行国家标准和行业标准的协调，并在广泛征求意见的基础上，最后经审查定稿。

本规范共分10章和8个附录，主要内容包括：总则，基本规定，制作，安装，焊接，焊后消应处理，防腐蚀，水压试验，包装、运输和验收等。

本规范中以黑体字标志的条文为强制性条文，必须严格执行。

本规范由住房和城乡建设部负责管理和对强制性条文的解释，由中国电力企业联合会负责日常管理，由中国水利水电第七工程局有限公司负责具体技术内容的解释。在执行过程中，请各单位结合工程实践，认真总结经验，并将意见和建议寄交中国水利水电第七工程局有限公司（地址：四川省彭山县迎宾路94号，邮政编码：620860，E-mail：wantianming666@qq. com)。

本规范主编单位、参编单位、主要起草人和主要审查人：

主编单位：中国水利水电第七工程局有限公司

参编单位：华电郑州机械设计研究院有限公司
中国水电顾问集团水电水利规划设计总院
电力工业金属结构设备质量检测中心

主要起草人：万天明　赵显忠　王富林
赵云德　徐绍波　龚建新
马耀芳　刘雪芳　雷清华
粟皓维　罗　陈

主要审查人：黄张豪　吴小宁　李红春
许松林　汪　毅　许义群
程　惠　张凤德　赵进平
刘项民　张曼曼　王志国
陈美娟　陈　霞　李伟忠
伍鹤皋　张为明　李丽丽
朱建文　常满祥　康学军
王生瓒　曾　辉　许景祥
赖德元　方旭光　刘　诚
裘学军　张伟平　丁小英
田国良

目　次

Contents

1 总 则

1.0.1 为了在水电水利工程压力钢管制作、安装中贯彻执行国家的技术经济政策，坚持因地制宜，就地取材的原则，合理选择制作、安装和焊接等施工方案，做到技术先进、经济合理、安全适用、确保质量，制定本规范。

1.0.2 本规范适用于水电水利工程压力钢管、冲沙孔钢衬和泄水孔（洞）钢衬的制作、安装及验收。

1.0.3 水电水利工程压力钢管制作、安装及验收，除应符合本规范外，尚应符合国家现行有关标准的规定。

2 基本规定

2.0.1 压力钢管的制作、安装及验收应具备下列基本资料：

1 设计图样。

2 技术文件。

3 主要钢材、焊接材料、防腐材料等的质量证明书。

4 有关水工建筑物的布置图。

2.0.2 压力钢管使用的钢板应符合设计文件规定。钢板的性能和表面质量应符合本规范附录A及现行有关标准和设计文件中的有关规定，并应具有出厂质量证明书。当需复验，钢板性能试验取样位置及试样制备应符合现行国家标准《钢及钢产品 力学性能试验取样位置及试样制备》GB/T 2975和《锅炉和压力容器用钢板》GB 713的规定或《承压设备用不锈钢钢板及钢带》GB/T 24511的规定。

2.0.3 压力钢管用钢板，当需用脉冲反射法超声检测（UT）时，应符合现行行业标准《承压设备无损检测 第3部分：超声检测》JB/T 4730.3的有关规定。低碳钢和低合金钢应符合Ⅲ级。高强钢应符合Ⅱ级。厚度方向受力的月牙肋或梁等所用的低碳钢、低合金钢和高强钢钢板均应符合Ⅰ级。高强钢和板厚大于60mm的低碳钢和低合金钢钢厂应逐张进行超声波检测。

注：高强钢即标准屈服强度下限值 R_{eL}（或 $R_{p0.2}$）$\geqslant 450N/mm^2$，且抗拉强度下限值 $R_m \geqslant 570N/mm^2$ 的低碳低合金钢。

2.0.4 岔管的月牙肋或梁的钢板应按现行国家标准《厚度方向性能钢板》GB/T 5313的有关规定进行厚度方向拉力试验。

2.0.5 钢板存放应避免雨淋、锈蚀，钢板叠放与支撑垫条间隔设置应避免产生变形。

2.0.6 钢板的技术要求应符合现行国家标准《热轧钢板和钢带的尺寸、外形、重量及允许偏差》GB/T 709、《锅炉和压力容器用钢板》GB 713、《低合金高强度结构钢》GB/T 1591、《高强度结构用调质钢板》GB/T 16270、《压力容器用调质高强度钢板》GB 19189、《热轧钢板表面质量的一般要求》GB/T 14977、《承压设备用不锈钢钢板及钢带》GB/T 24511和《不锈钢和耐热钢 牌号及化学成分》GB/T 20878的有关规定。钢板厚度允许偏差和钢板不平度允许偏差应符合表2.0.6-1和表2.0.6-2的规定。

表2.0.6-1 钢板厚度允许偏差（mm）

<table>
<tr><th rowspan="2">公称厚度</th><th colspan="8">下列公称宽度的厚度允许偏差</th></tr>
<tr><th colspan="2">≤1500</th><th colspan="2">>1500～2500</th><th colspan="2">>2500～4000</th><th colspan="2">>4000～4800</th></tr>
<tr><td>3.00～5.00</td><td rowspan="12">−0.30</td><td>+0.60</td><td rowspan="12">−0.30</td><td>+0.80</td><td rowspan="12">−0.30</td><td>+1.00</td><td colspan="2">—</td></tr>
<tr><td>>5.00～8.00</td><td>+0.70</td><td>+0.90</td><td>+1.20</td><td colspan="2">—</td></tr>
<tr><td>>5.00～15.00</td><td>+0.80</td><td>+1.00</td><td>+1.30</td><td rowspan="10">−0.30</td><td>+1.50</td></tr>
<tr><td>>15.00～25.00</td><td>+1.00</td><td>+1.20</td><td>+1.50</td><td>+1.90</td></tr>
<tr><td>>25.00～40.00</td><td>+1.10</td><td>+1.30</td><td>+1.70</td><td>+2.10</td></tr>
<tr><td>>40.00～60.00</td><td>+1.30</td><td>+1.50</td><td>+1.90</td><td>+2.30</td></tr>
<tr><td>>60.00～100</td><td>+1.50</td><td>+1.80</td><td>+2.30</td><td>+2.70</td></tr>
<tr><td>>100～150</td><td>+2.10</td><td>+2.50</td><td>+2.90</td><td>+3.30</td></tr>
<tr><td>>150～200</td><td>+2.50</td><td>+2.90</td><td>+3.30</td><td>+3.50</td></tr>
<tr><td>>200～250</td><td>+2.90</td><td>+3.30</td><td>+3.70</td><td>+4.10</td></tr>
<tr><td>>250～300</td><td>+3.30</td><td>+3.70</td><td>+4.10</td><td>+4.50</td></tr>
<tr><td>>300～400</td><td>+3.70</td><td>+4.10</td><td>+4.50</td><td>+4.90</td></tr>
</table>

注：表中厚度允许偏差是偏差类别为B类偏差钢板。

表 2.0.6-2 钢板不平度允许偏差（mm）

公称厚度	钢类 L				钢类 H			
	下列公称宽度钢板的不平度，不大于							
	≤3000		>3000		≤3000		>3000	
	测量长度							
	1000	2000	1000	2000	1000	2000	1000	2000
3～5	9	14	15	24	12	17	19	29
>5～8	8	12	14	21	11	15	18	26
>8～15	7	11	11	17	10	14	16	22
>15～25	7	10	10	15	10	13	14	19
>25～40	6	9	9	13	9	12	12	17
>40～400	5	8	8	11	8	11	11	15

2.0.7 焊接材料应具有出厂质量证明书，其化学成分、力学性能、扩散氢含量等技术参数，应满足下列要求：

1 焊条应符合现行国家标准《不锈钢焊条》GB/T 983、《碳钢焊条》GB/T 5117 和《低合金钢焊条》GB/T 5118 的有关规定。

2 焊丝应符合现行国家标准《埋弧焊用碳钢焊丝和焊剂》GB/T 5293、《气体保护电弧焊用碳钢、低合金钢焊丝》GB/T 8110、《碳钢药芯焊丝》GB/T 10045、《埋弧焊用低合金钢焊丝和焊剂》GB/T 12470、《熔化焊用钢丝》GB/T 14957、《气体保护焊用钢丝》GB/T 14958、《低合金钢药芯焊丝》GB/T 17493、《不锈钢药芯焊丝》GB/T 17853、《埋弧焊用不锈钢焊丝和焊剂》GB/T 17854 和应符合现行行业标准《焊接用不锈钢丝》YB/T 5092 的有关规定。

3 焊剂应符合现行国家标准《埋弧焊用碳钢焊丝和焊剂》GB/T 5293、《埋弧焊用低合金钢焊丝和焊剂》GB/T 12470 和《埋弧焊用不锈钢焊丝和焊剂》GB/T 17854 的有关规定。

2.0.8 碳弧气刨用碳棒应符合现行行业标准《炭弧气刨炭棒》JB/T 8154 的有关规定。

2.0.9 焊接、切割用气体应满足下列要求：

1 氩气应符合现行国家标准《氩》GB/T 4842 中的质量要求，纯度 Ar 不应小于 99.9%。

2 二氧化碳气体应符合现行国家标准《工业液体二氧化碳》GB/T 6052 中的质量要求，纯度 CO_2 不应小于 99.5%。

3 氧气应符合现行国家标准《工业氧》GB/T 3863 中的质量要求，纯度 O_2 不应小于 99.5%。

4 氩-二氧化碳混合气体（MAG）焊接，应符合现行行业标准《焊接用混合气体 氩-二氧化碳》HG/T 3728 中的质量要求。

5 乙炔气体应符合现行国家标准《溶解乙炔》GB 6819 中的质量要求，纯度 C_2H_2 不应小于 98%。

6 燃气丙烯应符合现行行业标准《焊接切割用燃气丙烯》HG/T 3661.1 中的质量要求，纯度 C_3H_6 不应小于 95.0%。

7 燃气丙烷应符合现行行业标准《焊接切割用燃气丙烷》HG/T 3661.2 中的质量要求，纯度 C_3H_8 不应小于 95.0%。

2.0.10 计量器具应按规定进行检定校准，并在有效期限内使用。

2.0.11 钢管制作、安装及验收所用的测量器具，测量精度应满足下列要求：

1 钢卷尺的精度不低于Ⅱ级。

2 超声波测厚仪的精度为 0.1mm 及以上。

3 经纬仪的精度为 DJ2 级及以上。

4 水准仪的精度为 DS3 级及以上。

5 测温仪的精度为±5℃及以上。

6 涂镀层测厚仪的精度为±（3%H+1）μm 及以上。

7 温湿度仪的测量精度为温度 0.5℃、湿度 2%RH 及以上。

8 焊接用气体流量计的精度为±2%及以上。

2.0.12 用于测量高程、里程和安装轴线的基准点及安装用的控制点，均应明显、牢固和便于使用，应由测量部门在现场向安装单位和质量检测部门交清，并提供坐标点简图。

3 制 作

3.1 直管、弯管和渐变管的制作

3.1.1 钢板画线和下料应满足下列要求：

1 钢板画线的允许偏差应符合表 3.1.1-1 的规定；钢板下料的允许偏差应符合表 3.1.1-2 的规定。

表 3.1.1-1　钢板画线的允许偏差（mm）

序号	项　目	允许偏差
1	宽度和长度	±1
2	对角线相对差	2
3	对应边相对差	1
4	矢高（曲线部分）	±0.5

表 3.1.1-2　钢板下料的允许偏差（mm）

序号	项　目	允许偏差
1	宽度和长度	±3
2	对角线相对差	5
3	对应边相对差	3
4	矢高（曲线部分）	±2

2　管节纵缝不应设置在管节横断面的水平轴线和铅垂轴线上，与上述轴线圆心夹角应大于10°，且相应弧线距离应大于300mm及10倍管壁厚度。

3　相邻管节的纵缝距离应大于板厚的5倍且不应小于300mm。

4　在同一管节上，相邻纵缝间距不应小于500mm。

5　环缝间距，直管不宜小于500mm，弯管、渐变管等不宜小于下列各项之大值：

1） 10倍管壁厚度。

2） 300mm。

3） $3.5\sqrt{r\delta}$，r为钢管内半径，δ为钢管壁厚。

3.1.2　钢板画线后应用钢印、油漆和冲眼标识，分别标识出炉批号、钢管分段、分节、分块的编号、水流方向、水平和垂直中心线、灌浆孔位置、坡口角度以及切割线等符号。所有标识和信息应具有可追溯性。

3.1.3　高强钢钢板，不得用锯或凿子、钢印作标识。但在下列情况，深度不大于0.5mm的冲眼标识允许使用：

1　在卷板内弧面，用于校核画线准确性的冲眼。

2　卷板后的外弧面。

3.1.4　钢板和焊接坡口的切割应用自动、半自动切割或刨边机、铣边机加工。淬硬倾向大的高强钢焊接坡口宜采用刨边机、铣边机加工，当采用热切割方法时应将割口表面淬硬层、过热组织等用砂轮磨掉。

3.1.5　切割质量和尺寸偏差应符合现行行业标准《热切割 气割质量和尺寸偏差》JB/T 10045.3、《热切割 等离子弧切割质量和尺寸偏差》JB/T 10045.4或《火焰切割面质量技术要求》JB 3092的有关规定。

3.1.6　切割面的熔渣、毛刺应用砂轮磨去。切割时造成的坡口沟槽深度不应大于0.5mm；当在0.5mm～2mm时，应进行砂轮打磨；当大于2mm时应按要求进行焊补后磨平。当有可疑处应按现行行业标准《承压设备无损检测 第4部分：磁粉检测》JB/T 4730.4或《承压设备无损检测 第5部分：渗透检测》JB/T 4730.5规定进行磁粉检测（MT）或渗透检测（PT）表面无损检测。

3.1.7　焊接坡口尺寸允许偏差应符合现行国家标准《气焊、焊条电弧焊、气体保护焊和高能束焊的推荐坡口》GB/T 985.1、《埋弧焊的推荐坡口》GB/T 985.2或设计图样的规定。不对称X形坡口的大坡口和V形坡口均宜开设在平焊（即向上）位置侧。除铅锤竖井段外，环缝采用与X水平轴为界（宜有100mm左右的变角过渡段）的翻转焊接坡口，始终使大坡口侧向上。铅锤竖井段环缝宜开设K形坡口。

3.1.8　钢板卷板应满足下列要求：

1　卷板方向应和钢板的压延方向一致。

2　卷板前或卷制过程中，应将钢板表面已剥离的氧化皮和其他杂物清除干净。

3　卷板后，将瓦片以自由状态立于平台上，用样板检测弧度，其间隙应符合表3.1.8-1的规定。

表 3.1.8-1　样板与瓦片的允许间隙

序号	钢管内径 D（m）	样板弦长（m）	样板与瓦片的允许间隙（mm）
1	$D \leqslant 2$	$0.5D$（且不应小于500mm）	1.5
2	$2 < D \leqslant 5$	1.0	2.0
3	$5 < D \leqslant 8$	1.5	2.5
4	$D > 8$	2.0	3.0

4　当钢管内径和壁厚关系符合表3.1.8-2的规定时，瓦片允许冷卷，否则应热卷或冷卷后进行热处理。

表 3.1.8-2　瓦片允许冷卷的最小径厚比

序号	屈服强度（N/mm²）	钢管内径 D 与壁厚 δ 关系
1	$R_{eL}(R_{p0.2}) \leqslant 350$	$D \geqslant 33\delta$
2	$350 < R_{eL}(R_{p0.2}) \leqslant 450$	$D \geqslant 40\delta$
3	$450 < R_{eL}(R_{p0.2}) \leqslant 540$	$D \geqslant 48\delta$
4	$540 < R_{eL}(R_{p0.2}) \leqslant 800$	$D \geqslant 57\delta$
5	$R_{eL}(R_{p0.2}) > 800$	由试验确定

注：R_{eL}（$R_{p0.2}$）——所卷钢板实际的屈服强度。正常情况下，为钢板质保书上提供的屈服强度值。

5　卷板时，不得用金属锤直接锤击钢板。

6　高强调质钢和高强TMCP钢，不宜进行火焰矫形。当采用火焰矫正弧度时，加热矫形温度不应大于钢板回火温度或控轧终止温度。

7　拼焊后，不宜再在卷板机上卷制或矫形。

3.1.9　钢管对圆应在平台上进行，其管口平面度要求应符合表3.1.9的规定。

表3.1.9　钢管管口平面度

序号	钢管内径 D（m）	允许偏差（mm）
1	$D \leqslant 5$	2
2	$D > 5$	3

3.1.10　钢管对圆后，其周长差应符合表3.1.10的规定，纵缝处的管口轴向错边量不大于2mm。

表3.1.10　钢管周长差（mm）

序号	项　目	板厚 δ	允许偏差
1	实测周长与设计周长差	任意板厚	$\pm 3D/1000$，且绝对值不应大于24
2	相邻管节周长差	$\delta < 10$	6
3		$\delta \geqslant 10$	10

3.1.11　钢管纵缝、环缝对口径向错边量的允许偏差应符合表3.1.11的规定。

表3.1.11　钢管纵缝、环缝对口径向错边量的允许偏差（mm）

序号	焊缝类别	板厚 δ	允许偏差
1	纵缝	任意板厚	$10\%\delta$，且不应大于2
2	环缝	$\delta \leqslant 30$	$15\%\delta$，且不应大于3
3		$30 < \delta \leqslant 60$	$10\%\delta$
4		$\delta > 60$	$\leqslant 6$
5	不锈钢复合钢板焊缝	任意板厚	$10\%\delta$，且不应大于1.5

3.1.12　纵缝焊接后，用样板检测纵缝处弧度，其间隙应符合表3.1.12的规定。

表3.1.12　钢管纵缝处弧度的允许间隙

序号	钢管内径 D（m）	样板弦长（mm）	样板与纵缝的允许间隙（mm）
1	$D \leqslant 5$	500	4
2	$5 < D \leqslant 8$	$D/10$	4
3	$D > 8$	1200	6

3.1.13　纵缝焊接完后，应测量两端管口的实际外周长，并在相应管口边缘部位作出实际外周长的数字标识。

3.1.14　钢管横截面的形状允许偏差应符合下列规定：

1　圆形截面的钢管，圆度不应大于 $3D/1000$，且不应大于30mm，每端管口至少测两对直径。

2　椭圆形截面的钢管，长轴 a 和短轴 b 的长度允许偏差为 $\pm 3a$（或 $3b$）/1000，且绝对值不应大于6mm。

3　矩形截面的钢管，长边 A 和短边 B 的长度允许偏差为 $\pm 3A$（或 $3B$）/1000，且绝对值不应大于6mm，每对边至少测三对，对角线差不应大于6mm。

4　正多边形截面的钢管，外接圆直径 D 允许偏差为±6mm，最大直径和最小直径之差不应大于 $3D/1000$，且不应大于8mm。

5　非圆形截面的钢管局部平面度每米范围内不应大于4mm。

3.1.15　单节钢管长度允许偏差为±5mm。

3.1.16　钢管安装的环缝，当采用带垫板的V形坡口时，垫板处的钢管周长、圆度和纵缝焊后弧度等的允许偏差应符合下列规定：

1　钢管对圆后，其周长差应符合表3.1.16的规定。

表3.1.16　垫板处钢管周长差（mm）

序号	项　目	板厚 δ	允许偏差
1	实测周长与设计周长差	任意板厚	$\pm 3D/1000$，且绝对值不应大于12
2	相邻管节周长差	$\delta < 10$	6
3		$\delta \geqslant 10$	8

2　钢管安装加劲环时，同端管口最大和最小直径之差，不应大于4mm，每端管口至少应测4对直径。

3　纵缝焊后，用本规范第3.1.12条规定的样板检测纵缝弧度，其间隙不应大于2mm。

3.1.17　弯管、渐变管以及高强钢钢管不宜采用带垫板焊接接头。

3.1.18　加劲环、支承环、止推环和阻水环应符合下列规定：

1　与钢管环缝距离不宜小于3倍管壁厚度，且不应小于100mm。

2　环板拼接焊缝应与钢管纵缝错开200mm以上。

3　内圈弧度应用样板检测，其间隙应符合本规范表3.1.8-1中的规定。

4　环板与钢管外壁的局部间隙，不宜大于3mm。

3.1.19　加劲环、支承环和止推环组装的垂直度允许偏差应符合表3.1.19的规定。

表 3.1.19 钢管的加劲环、支承环和止推环组装的允许偏差（mm）

序号	项　目	支承环的允许偏差	加劲环或止推环的允许偏差	简　图
1	加劲环、支承环或止推环与管壁的垂直度	$a \leqslant 0.01H$，且≤3	$a \leqslant 0.02H$，且≤5	
2	加劲环、支承环或止推环所组成的平面与管轴线的垂直度	$b \leqslant 2D/1000$，且≤6	$b \leqslant 4D/1000$，且≤12	
3	相邻两环板的间距允许偏差	±10	±30	

3.1.20 加劲环、支承环及止推环和钢管纵缝交叉处，应在内弧侧开半径为25mm～80mm的避缝孔。

3.1.21 加劲环、支承环及止推环上的避缝孔、串通孔与管壁连接处的焊缝端头应封闭焊接。

3.1.22 灌浆孔宜在卷板后制孔。当高强钢钢管设有灌浆孔时，宜采用钻孔的方式制孔。

3.1.23 灌浆孔螺纹应设置空心螺纹护套，不得使螺纹锈蚀、腻死、滑丝等损伤；空心螺纹护套的空心内径应使后续工序的固结灌浆钻的钻头能通过，无卡阻现象发生。灌浆作业结束后在戴灌浆孔堵头时才能拆出空心螺纹护套。

3.1.24 多边形、方变圆等异形钢管，宜在制作场内进行整体或相邻管节预装配。

3.2 岔管制作

3.2.1 岔管的画线、切割、卷板的要求应符合本规范第3.1节中的有关规定。

3.2.2 球形岔管的球壳板尺寸应符合下列规定：

1 球壳板曲率的允许偏差应符合表3.2.2-1的规定。

表 3.2.2-1 球壳板曲率的允许偏差

序号	球壳板弦长 L（m）	样板弦长（m）	样板与球壳板的允许间隙（mm）
1	$L \leqslant 1.5$	1	3
2	$1.5 < L \leqslant 2$	1.5	
3	$L > 2$	2	

2 球壳板几何尺寸允许偏差应符合表3.2.2-2的规定。

表 3.2.2-2 球壳板几何尺寸允许偏差（mm）

序号	项　目	任何部位样板与球壳板的允许间隙
1	长度方向和宽度方向弦长	±2.5
2	对角线相对差	4

3.2.3 岔管不宜采用带垫板的焊接接头。

3.2.4 肋梁系岔管和无梁岔管宜在制作场内进行整体预组装或组焊，预组装或组焊后岔管的各项尺寸应符合表3.2.4的规定。

表 3.2.4　肋梁系岔管和无梁岔管的组装或组焊后的允许偏差（mm）

序号	项目名称	尺寸和板厚 δ	允许偏差	简　图
1	管长 L_1、L_2	—	±10	—
2	主、支管的管口圆度（D 为内径）	—	$3D/1000$，且≤20	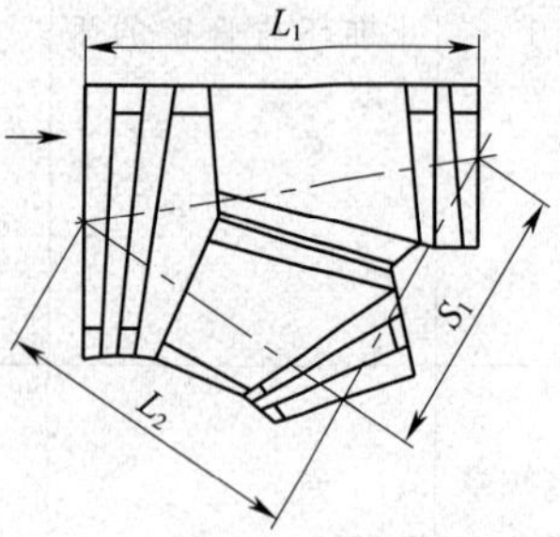
3	主、支管口实测周长与设计周长差	—	$\pm 3D/1000$，且允许偏差为±20，相邻管节周长差≤10	
4	支管中心距离 S_1	—	±10	
5	主、支管中心高差（D 为大管内径）	$D \leqslant 2$m	±4	
		$2 < D \leqslant 5$m	±6	
		$D > 5$m	±8	
6	主、支管管口垂直度	$D \leqslant 5$m	2	
		$D > 5$m	3	
7	主、支管管口平面度	$D \leqslant 5$m	2	—
		$D > 5$m	3	—
8	纵缝对口错边量	任意厚度	$10\%\delta$ 且≤2	—
9	环缝对口错边量	$\delta \leqslant 30$	$15\%\delta$ 且≤3	—
		$30 < \delta \leqslant 60$	$10\%\delta$	—
		$\delta > 60$	≤6	—

3.2.5　月牙肋或梁的分段弦长方向应与钢板的压延方向一致。月牙肋或梁当需拼装对接时，拼装对接焊缝应避开其最大横截面位置 8°～10°圆心角值，且不应小于 800mm 弧长，其余位置拼接段不应小于 500mm 弧长。当不满足本条前述规定时，可将其三段等分，且每段不应小于 500mm。

3.2.6　球形岔管预组装或组焊后球岔各项尺寸的允许偏差除应符合本规范表 3.2.4 的有关规定外，还应符合表 3.2.6 的规定。

表 3.2.6　球形岔管组装或组焊后的允许偏差

序号	项目	直径 D（m）	允许偏差	简　图
1	主、支管口至球岔中心距离 L	—	+10mm −5mm	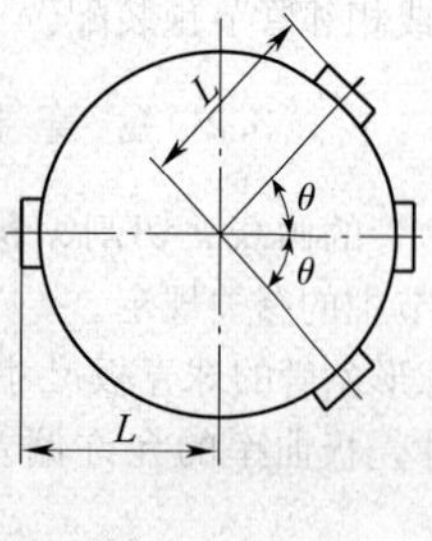
2	分岔角度	—	±30′	

续表 3.2.6

序号	项目	直径 D (m)	允许偏差	简 图
3	球壳圆度	$D\leqslant2$ $2<D\leqslant5$ $D>5$	$8D/1000$mm $6D/1000$mm $5D/1000$mm	
4	球岔顶、底至球岔中心距离 H	$D\leqslant2$ $2<D\leqslant5$ $D>5$	$\pm4D/1000$mm $\pm3D/1000$mm $\pm2.5D/1000$mm	

3.2.7 岔管预组装后，应做好标识，应具有可追溯性。

3.3 伸缩节制作

3.3.1 伸缩节的画线、切割、卷板的要求应符合本规范第 3.1 节中的有关规定。

3.3.2 伸缩节的内、外套管和止水压环焊接后的弧度，应用本规范表 3.1.8-1 规定的样板检测，其间隙在纵缝处不应大于 2mm。其他部位不应大于 1mm。检测套管上、中、下三个断面。

3.3.3 伸缩节内、外套管和止水压环的直径允许偏差为 $\pm D/1000$，且绝对值不应大于 2.5mm。伸缩节内、外套管的周长允许偏差为 $\pm3D/1000$，且绝对值不应大于 8mm。

3.3.4 伸缩节的内、外套管间的最大和最小间隙与平均间隙之差不应大于平均间隙的 10%。

3.3.5 波纹管伸缩节的制作应符合设计图样或现行国家标准《不锈钢波形膨胀节》GB/T 12522、《金属波纹管膨胀节通用技术条件》GB/T 12777 和《压力容器波形膨胀节》GB/T 16749 的有关规定。

3.3.6 波纹管伸缩节应进行 1.5 倍工作压力的水压试验或 1.1 倍工作压力的气密性试验。水头不大于 25m 时，可只做焊接接头煤油渗透试验。

3.3.7 伸缩节在装配、包装、运输等过程中，应妥善保护，防止损坏，且不得有焊渣等异物进入伸缩节的滑动副、波纹管处。

4 安 装

4.1 一 般 规 定

4.1.1 钢管安装前，应将钢管中心、高程和里程等控制点测放到附近的永久或半永久构筑物或牢固的岩石上，并作出明显标识。

4.1.2 凑合节现场安装时的余量宜采用半自动切割机切割。

4.1.3 钢管在安装过程中必须采取可靠措施，支撑的强度、刚度和稳定性必须经过设计计算，不得出现倾覆和垮塌。

4.1.4 钢管制作安装用高空操作平台应符合下列规定：

1 操作平台、钢丝绳及锁定装置等必须经设计计算确定。

2 必须有安全保护装置。

3 钢丝绳严禁经过尖锐部位。

4 电焊机等电气装置必须电气绝缘和可靠接地，严禁用操作平台作为接地电路。

5 必须采取可靠的防火和防坠落措施。

4.1.5 钢管壁上不宜焊接临时支撑或脚踏板等构件。

4.2 埋 管 安 装

4.2.1 埋管安装中心的允许偏差应符合表 4.2.1 的规定。

表 4.2.1 钢管安装中心的允许偏差

序号	钢管内径 D (m)	始装节管口中心的允许偏差 (mm)	与蜗壳、伸缩节、蝴蝶阀、球阀、岔管连接的管节及弯管起点的管口中心允许偏差 (mm)	其他部位管节的管口中心允许偏差 (mm)
1	$D\leqslant2$	±5	±6	±15
2	$2<D\leqslant5$		±10	±20
3	$5<D\leqslant8$		±12	±25
4	$D>8$		±12	±30

4.2.2 始装节的里程允许偏差为±5mm，弯管起点的里程允许偏差为±10mm。始装节两端管口垂直度为3mm。

4.2.3 钢管横截面的形状允许偏差应符合下列规定：

1 圆形截面的钢管，圆度的偏差不应大于5D/1000，且不应大于40mm，每端管口至少测两对直径。

2 椭圆形截面的钢管，长轴a和短轴b的长度允许偏差为±5a（或5b）/1000，且绝对值不应大于8mm。

3 矩形截面的钢管，长边A和短边B的长度允许偏差为±5A（或5B）/1000，且绝对值不应大于8mm，每对边至少测三组数据，对角线差不应大于6mm。

4 正多边形截面的钢管，外接圆直径D的允许偏差为±8mm，最大直径和最小直径之差不应大于3D/1000，且不应大于10mm。

5 非圆形截面的钢管局部平面度每米范围内不应大于6mm。

4.2.4 拆除钢管上的工卡具、吊耳、内支撑和其他临时构件时，不得使用锤击法，应用碳弧气刨或热切割在离管壁3mm以上切除，切除后钢管上残留的痕迹和焊疤应磨平，并检测确认无裂纹。对高强钢应按现行行业标准《承压设备无损检测 第4部分：磁粉检测》JB/T 4730.4和《承压设备无损检测 第5部分：渗透检测》JB/T 4730.5规定进行磁粉检测（MT）或渗透检测（PT）表面无损检测。如发现裂纹应按本规范第5.5节规定进行处理。对后续工序无妨碍的临时构件和埋管外壁的一些临时构件，可不拆除。

4.2.5 钢管内、外壁的局部凹坑深度不应大于板厚的10%，且不应大于2mm时，可用砂轮打磨，平滑过渡，否则应按本规范第5.5.6条规定进行焊补。

4.2.6 灌浆孔堵头采用熔化焊封堵时，灌浆孔堵头的坡口深度宜为7mm～8mm。对于有裂纹倾向的母材和潮湿环境，焊接时应进行预热和后热。高强钢不宜开设灌浆孔，宜采用预埋管法或拔管法进行回填灌浆和接触灌浆。

4.2.7 灌浆孔堵焊时应止水后再进行焊接。焊接接头外观检测合格后，应按现行行业标准《承压设备无损检测 第4部分：磁粉检测》JB/T 4730.4和《承压设备无损检测 第5部分：渗透检测》JB/T 4730.5规定进行磁粉检测（MT）或渗透检测（PT）表面无损检测，合格等级为Ⅲ级。灌浆孔堵头抽查比例，低碳钢和低合金钢不应少于10%、高强钢不应少于25%；当发现裂纹时，应进行100%检测。

4.2.8 钢管安装后，应与支墩和锚栓等焊接牢固。弹性垫层管的支撑不得与其管壁焊接。弹性垫层管段两端应设阻水环，并在其下游端应设排水装置。

4.2.9 钢管宜采用活动内支撑。当采用固定支撑时，内、外支撑应通过与钢管材质相同或相容的连接板或杆件过渡焊接。

4.3 明管安装

4.3.1 鞍式支座的顶面弧度，用本规范表3.1.8-1规定的样板检测，其间隙不应大于2mm。

4.3.2 滚轮式、摇摆式和滑动式支座支墩垫板的纵向倾斜度和横向倾斜度均不应大于2mm，其高程、纵向中心和横向中心的允许偏差均为±5mm，与钢管设计轴线的平行度不应大于2/1000。

4.3.3 滚轮式、摇摆式和滑动式支座安装后，应灵活动作，无任何卡阻现象，各接触面应接触良好，局部间隙不应大于0.5mm。

4.3.4 明管安装中心允许偏差应符合本规范表4.2.1的规定，明管安装后，管口圆度或形状允许偏差应符合本规范第4.2.3条规定。

4.3.5 钢管的内支撑、工卡具、吊耳等的清除检测以及钢管内、外壁表面凹坑的处理、焊补应符合本规范第4.2节的有关规定。

4.3.6 伸缩节安装时，其伸缩量的调整应考虑环境温度的影响。受环境温度影响钢管伸缩量的计算应符合本规范第B.0.1条的规定。

4.3.7 波纹管伸缩节焊接时不得将地线接于波纹管的管节上。

4.3.8 在焊接两镇墩之间的最后一道合拢焊缝时，应拆除伸缩节的临时紧固件。

5 焊　　接

5.1 一般规定

5.1.1 从事一、二类焊缝焊接的焊工应考试合格，并持有相应行业签发的焊工合格证。

5.1.2 焊工焊接的钢材种类、焊接方法和焊接位置等，均应与焊工本人考试所取得的合格项目相符。

5.1.3 无损检测人员应持有相应行业签发的与其工作相适应的技术资格证书。焊接接头质量评定和检测报告审核应由2级或2级以上的无损检测人员进行。

5.1.4 焊缝应按其受力性质、工况和重要性分为三类：

1 一类焊缝包括：

1）钢管管壁纵缝，坝内弹性垫层管的环缝，厂房内明管环缝，预留环缝，凑合节合拢环缝。

2）岔管管壁纵缝、环缝，岔管加强构件的对接焊缝，加强构件与管壁相接处的组合焊缝。

3）伸缩节内外套管、压圈环的纵缝，外套管与端板、压圈环与端板的连接焊缝。

4）闷头焊缝及闷头与管壁的连接焊缝。

5）支承环对接焊缝。

6）人孔颈管的对接焊缝，人孔颈管与颈口法兰盘和管壁的连接焊缝。

2 二类焊缝包括：

1）不属于一类焊缝的钢管管壁环缝。

2）加劲环、阻水环、止推环对接焊缝。

3）泄水孔/洞钢衬和冲沙孔钢衬的纵向、横向或环向焊缝。

3 三类焊缝：不属于一、二类焊缝的其他焊缝。

5.1.5 在压力钢管制作与安装前，应进行焊接工艺评定，并编制焊接工艺规程。

5.1.6 标准抗拉强度下限值大于 540N/mm² 的钢材，宜做生产性焊接试验。

5.1.7 焊条、焊丝、焊剂、保护气体等应与所施焊的钢种相匹配。低碳钢、低合金钢和高强钢焊材的选用应符合本规范表 C.0.1 的规定。不锈钢复合钢板焊材的选用应符合本规范表 C.0.2 和表 C.0.3 的规定。

5.1.8 低碳钢、低合金钢和高强钢同种钢材焊接，焊缝金属的力学性能应与母材相当，且焊缝金属的抗拉强度不宜大于母材标准抗拉强度上限值加 30N/mm²；不锈钢焊缝抗拉强度不宜低于母材的标准抗拉强度下限值的 70%，化学成分应与母材相当。

5.1.9 不锈钢复合钢板焊接，焊接材料的选用应符合下列规定：

1 基层焊缝金属应保证焊接接头的力学性能，其抗拉强度不宜大于母材标准规定的抗拉强度上限值加 30N/mm²。

2 覆层焊缝金属应保证耐蚀性能，其主要合金元素含量不应低于母材标准的下限值。

3 覆层焊缝与基层焊缝之间，应选用铬镍含量较高的焊接材料焊接过渡层。

4 不锈钢复合钢板焊接的其他技术要求应符合现行国家标准《不锈钢复合钢板焊接技术条件》GB/T 13148 的有关规定。

5.1.10 低碳钢、低合金钢和高强钢等类型的异种钢焊接，焊接材料应按强度低的一侧钢板进行选择，焊接工艺应按强度高的一侧钢板进行选择。低碳钢、低合金钢、高强钢与不锈钢焊接时，应采用不锈钢焊接材料。

5.2 焊接工艺要求

5.2.1 在下述环境条件下，焊接部位应有可靠的防护屏障和保温措施：

1 气体保护焊风速大于 2m/s，其他焊接方法风速大于 8m/s。

2 相对湿度大于 90%时。

3 雨雪环境。

4 低碳钢环境温度－20℃以下，低合金结构钢环境温度－10℃以下，高强钢及不锈钢环境温度 0℃以下。

5.2.2 焊接材料应按下列要求进行烘焙和保管：

1 焊条、焊丝、焊剂应放置于通风、干燥和室温不低于 5℃的专设库房内。设专人保管、烘焙和发放。并应及时做好实测温度和焊材发放记录。烘焙温度和时间应按焊接材料说明书的规定进行。

2 烘焙后的焊条、焊剂应保存在 100℃～150℃的恒温箱内，焊条药皮应无脱落和明显的裂纹。

3 现场使用的焊条应装入 80℃～150℃的保温筒内，焊条在保温筒内的时间大于 4h 后，应重新烘焙，重复烘焙次数不宜大于二次。

4 当焊剂中有杂物混入时，应进行清理或全部更换。

5 焊丝在使用前应清除铁锈和油污。

6 药芯、金属粉芯焊丝启封后，宜及时用完。在送丝机上未用完的焊丝应采用防潮保护措施。当两天以上不用的焊丝时应密封包装回库储存或移存于干燥环境中。久置未用的药芯、金属粉芯焊丝使用前应剪去其端部 200mm～300mm。

7 其他要求应符合现行行业标准《焊接材料质量管理规程》JB/T 3223 的有关规定。

5.2.3 工卡具、内支撑、外支撑、吊耳等临时构件与钢管焊接时应符合下列规定：

1 材质应与管壁材质相同或相容。

2 预热温度应比钢管焊缝预热温度提高 20℃～30℃，钢管焊缝不需要预热的情况除外。

3 与母材的连接焊缝应距离正式焊缝 30mm 以上。

4 引弧和熄弧点均应在工卡具等临时构件上。

5.2.4 定位焊缝焊接应符合下列规定：

1 一、二类焊缝的定位焊缝焊接工艺和对焊工要求与正式焊缝相同。

2 需要预热焊接的钢板定位焊时，应对定位焊缝周围宽 150mm 范围内进行预热，预热温度应比正式焊缝预热温度提高 20℃～30℃。

3 定位焊缝应在后焊一侧的坡口内，距焊缝端部 30mm 以上，长度应在 50mm 以上。但对标准屈服强度（$R_{p0.2}$）大于或等于 650N/mm² 或标准抗拉强度（R_m）大于或等于 800N/mm² 的高强钢，至少焊两层，其长度应在 80mm 以上。定位焊缝间距宜为 100mm～400mm。厚度不宜大于正式焊缝厚度的 1/2，最厚不宜大于 8mm。

4 正式焊接时，定位焊缝不得保留在低碳钢和低合金钢的一类焊缝内以及高强钢的一、二类焊缝内。

5.2.5 施焊前，应将坡口及其两侧 10mm～20mm 范围内的铁锈、熔渣、油垢、水迹等清除干净。并应检测装配尺寸和坡口尺寸，定位焊缝上的裂纹、气孔和夹渣等缺欠均应清除。

5.2.6 焊缝预热温度应由焊接性试验确定，或按表 5.2.6 推荐的预热温度进行。

表 5.2.6 焊缝预热温度

<table>
<tr><th>序号</th><th>板厚
（mm）</th><th>Q235、Q295、
Q245R、L245、
L290（℃）</th><th>Q345、Q345R、
16MnDR、
15MnNiDR、
L320、L360（℃）</th><th>Q390、
Q370R、Q420、
15MnNiNbDR、
L415、18MnMoNbR、
13MnNiMoR（℃）</th><th>07MnCrMoVR、
07MnNiCrMoVDR、
Q460、L450、
L485、L555
（℃）</th><th>不锈钢
及不锈钢
复合钢板
（℃）</th></tr>
<tr><td>1</td><td>≤25</td><td>—</td><td>—</td><td>—</td><td rowspan="3">80～120</td><td>—</td></tr>
<tr><td>2</td><td>>25～30</td><td>—</td><td>—</td><td>60～80*</td><td rowspan="2">50～80</td></tr>
<tr><td>3</td><td>>30～38</td><td>—</td><td>60～80*</td><td>80～100</td></tr>
<tr><td>4</td><td>>38</td><td>80～120</td><td>80～120</td><td>80～150</td><td>80～150</td><td>80～150</td></tr>
</table>

注：1 环境气温低于 5℃应采用较高的预热温度。

2 对不需预热的焊缝，当环境相对湿度大于 90%或环境气温：低碳钢和低合金钢低于－5℃、非奥氏体型不锈钢低于 0℃时，预热到 20℃以上时才能施焊。

* 当拘束度低、坡口无水渍、环境湿度小且焊接中未发现裂纹时，可不预热。

5.2.7 加热装置的选择应符合下列规定：

1 满足工艺要求。

2 加热过程对被加热工件无有害影响。

3 能够均匀加热。

4 能够有效的控制温度。

5.2.8 预热区的宽度应为焊缝中心线两侧各 3 倍板厚且不应小于 100mm。应在距离焊缝中心各 50mm 处对称测量温度，而当板厚大于 70mm 时，应在距离焊缝中心各 70mm 处对称测量温度。每条焊缝测量点间距不应大于 2m，且不应少于 3 对。

5.2.9 焊接层间温度不应低于预热温度，低碳钢和低合金钢不应大于 230℃，不锈钢及高强钢不应大于 200℃。测量温度位置同本规范第 5.2.8 条。而对低碳钢或标准抗拉强度的平均值不大于 590N/mm² 的低合金钢的封闭焊缝焊接时，亦可除打底焊和盖面焊外的中间层配合风铲锤击，锤头应磨成 *R*2.5mm～*R*4mm 圆形。

5.2.10 焊接时，应在坡口内引弧、熄弧，熄弧时应将弧坑填满。多层焊的层间接头应错开。焊条电弧焊、半自动气体保护焊和自保护药芯焊丝焊等的焊道接头应错开 25mm 以上，埋弧焊、熔化极自动气体保护焊和自保护药芯焊丝自动焊应错开 100mm 以上。被焊件焊缝端头的引弧和熄弧处，应设与被焊件材质相同或相容的助焊板。

5.2.11 施焊时同一条焊缝的多名焊工宜保持速度一致。

5.2.12 高强钢和冷裂纹敏感性较大的低合金钢，可按下列规定采取后热措施：

1 高强钢和厚度大于 38mm 的低合金钢宜做后热。

2 后热温度：低合金钢为 250℃～350℃，高强钢为 150℃～200℃，保温时间不少于 1h。不锈钢为 200℃～250℃，保温时间不少于 4h。后热应在焊后立即进行，焊后立即进行消除应力热处理者可不后热。测量温度位置应符合本规范第 5.2.8 条的规定。

5.2.13 双面焊缝单侧焊接后应进行背面清根，当用碳弧气刨清根时，应磨除渗碳层和刨槽表面缺欠。需要预热焊接的焊缝，碳弧气刨清根前应预热。

5.2.14 带垫板的 V 形坡口组装间隙应控制在 6mm～15mm。不对称的 X 形坡口或 Y 形坡口组装间隙宜控制在 0～3mm，当局部间隙在 6mm～20mm 时，允许在坡口两侧或一侧做堆焊处理，但应符合下列规定：

1 不得在焊缝内留下填塞的金属材料。

2 堆焊后应用砂轮修整。

3 堆焊部位的焊缝，应进行表面无损检测。

5.2.15 坡口间隙大于本规范第 5.2.14 条中的局部间隙规定时，应经专门研究后再进行堆焊修整。

5.2.16 加劲环、止推环、阻水环和支承环等与钢管管壁的组合焊缝，除设计规定外，管壁侧的焊脚为 1/4 环板厚度，且不应大于 9mm，环板侧焊脚盖过坡口宽度1mm～5mm。肋或梁与钢管构成组合焊缝，当管壁开设焊缝坡口时，焊缝在肋或梁侧的焊脚为1/4环板厚度，且不应大于9mm，在管壁侧焊脚盖过坡口宽度2mm～5mm。

5.2.17 补强板或进人孔等无法进行内部无损检测的重要焊缝，应按一类焊缝焊接工艺施焊。

5.2.18 焊接的其他技术要求应符合现行行业标准《电站钢结构焊接通用技术条件》DL/T 678的有关规定。

5.3 焊接工艺评定

5.3.1 焊接工艺评定力学性能试验的试件、样坯的制备，试样尺寸、试验方法和合格标准应符合本规范附录D的规定。预焊接工艺规程和焊接工艺评定格式应符合本规范附录E的规定。焊接工艺评定力学性能试验和化学成分分析报告应由具有相应资质的机构出具。

5.3.2 焊接工艺评定因素应按重要程度分为重要因素、补加因素和次要因素。

1 重要因素规定为影响焊接接头的抗拉强度和弯曲性能，不锈钢还应包括耐蚀性能的焊接工艺因素。

2 补加因素规定为影响焊接接头冲击吸收能量的焊接工艺因素，当规定进行冲击试验时，需要增加补加因素。

3 次要因素规定为对焊接接头力学性能和不锈钢的耐蚀性能无明显影响的焊接工艺因素。

5.3.3 钢材分类、分组应符合表5.3.3中的规定。

表5.3.3 钢材分类、分组

钢种	类别号	组别号	钢号示例	执行相应标准
低碳钢	Ⅰ	Ⅰ-1	Q235、Q245R、L245	《碳素结构钢》GB/T 700、《优质碳素结构钢热轧厚钢板和钢带》GB/T 711、《碳素结构钢和低合金结构钢热轧厚钢板及钢带》GB/T 3274
		Ⅰ-2	Q255	
		Ⅰ-3	Q275	
低合金钢	Ⅱ	Ⅱ-1	Q295、Q345、Q345R、X46、L290、L320、L360、16MnDR、15MnNiDR	《压力容器》GB 150、《锅炉和压力容器用钢板》GB 713、《石油天然气工业 管线输送系统用钢管》GB/T 9711、《低合金高强度结构钢》GB/T 1591、《碳素结构钢和低合金结构钢热轧厚钢板及钢带》GB/T 3274、《低温压力容器用低合金钢钢板》GB 3531
		Ⅱ-2	Q370R、Q390、X52、15MnNiNbDR	
高强钢	Ⅲ	Ⅲ-1	Q420、X60、X65、L415	《压力容器》GB 150、《石油天然气工业 管线输送系统用钢管》GB/T 9711、《高强度结构用调质钢板》GB/T 16270
		Ⅲ-2	Q460、L450、HQ60、X70、18MnMoNbR、14MnMoV	
		Ⅲ-3	07MnNiCrMoVDR、WDB620、ADB610D、WDL610E、WSD610E、SG610CFD、B610CFHQL2、B610CFHQL4、07MnCrMoVR、CF62、B610CF、B610E、L485、WDL610D、WSD610C、WSD610D	《压力容器》GB 150、《压力容器用调质高强度钢板》GB 19189
		Ⅲ-4	Q500、Q550、X80、SG690CFD、L555	《压力容器》GB 150、《石油天然气工业 管线输送系统用钢管》GB/T 9711、《高强度结构用调质钢板》GB/T 16270、《压力容器用调质高强度钢板》GB 19189
		Ⅲ-5	Q620、HQ70、HQ70R、14MnMoVN	
		Ⅲ-6	Q690、HQ80C、DB685R、CF80、B780CF、SG780CFD、WSD790C、WSD790D、WSD790E、14MnMoNbB、14CrMnMoVB、12Ni3CrMoV、10Ni5CrMoV、X100、X120	
		Ⅲ-7	Q960、SG960CFD、B960CF、WSD1000C、WSD1000D、WSD1000E	—

续表 5.3.3

钢种	类别号	组别号	钢号示例	执行相应标准
不锈钢	Ⅳ	Ⅳ-1	06Cr13（S41008）、06Cr13A1（S11348）、12Cr13（S41010）、20Cr13（S42020）、04Cr13Ni5Mo(S41595)	《压力容器》GB 150、《不锈钢冷轧钢板和钢带》GB/T 3280、《不锈钢热轧钢板和钢带》GB/T 4237、《不锈钢和耐热钢 牌号及化学成分》GB/T 20878、《承压设备用不锈钢钢板及钢带》GB/T 24511
		Ⅳ-2	06Cr19Ni10(S30408)、022Cr19Ni10（S30403)、06Cr17Ni12Mo2Ti(S31608)、022Cr17Ni12Mo2(S31603)、022Cr22Ni5Mo3N(S22253)	
		Ⅳ-3	10Cr17(S11710)、10Cr17Mo(S11790)	
不锈钢复合钢板	Ⅴ	Ⅴ-1	06Cr13Al＋Q235（Q245R)、06Cr13Al＋Q345（Q345R)	《压力容器》GB 150、《不锈钢热轧钢板和钢带》GB/T 4237、《不锈钢复合钢板和钢带》GB/T 8165、《不锈钢和耐热钢 牌号及化学成分》GB/T 20878、《压力容器用爆炸不锈钢复合钢板 第1部分：不锈钢—钢复合板》NB/T 4702
		Ⅴ-2	06Cr19Ni10＋Q235（Q245R)、06Cr19Ni10＋Q345（Q345R)、022Cr19Ni10＋Q235（Q245R)、022Cr19Ni10＋Q345（Q345R)	
		Ⅴ-3	022Cr17Ni12Mo2＋Q345（Q345R)、06Cr17Ni12Mo2Ti＋Q345（Q345R)、022Cr22Ni5Mo3N＋Q345（Q345R)、022Cr22Ni5Mo3N＋Q390（Q370R)	

5.3.4 符合下列情况之一者，可不再作焊接工艺评定：

1 已评定合格的焊接工艺，能提供有效证明文件者。

2 按本规范第5.3.3条钢材分类，在同类别号中，当重要因素、补加因素不变时，高组别号的钢材评定适用于低组别号的钢材。

3 同组别号钢材的焊接工艺评定可互相代替。

5.3.5 不同类别号的钢材组成的焊接接头，即使两者分别进行过焊接工艺评定，仍应进行焊接工艺评定。但类别号Ⅲ内的组别号Ⅲ-4及以下低组别号、类别号Ⅱ和类别号Ⅰ相互间组成的焊接接头，当母材高类别号或高组别号经焊接工艺评定合格时，可不再做焊接工艺评定，反之，不可以。

5.3.6 异种钢焊接工艺评定试件焊缝及两侧热影响区均应进行冲击试验，焊接工艺评定项目和数量应符合本规范第5.3.18条的规定。

5.3.7 焊接工艺评定中所采用的焊接位置，宜用平焊位置，有冲击吸收能量要求的，应采用立向上焊位置。

5.3.8 改变焊接方法，应重做焊接工艺评定。

5.3.9 已进行过焊接工艺评定，但改变下列重要因素之一者，应重新进行焊接工艺评定。

1 钢材类别改变，或厚度大于本规范表5.3.17中规定的适用范围。

2 焊条牌号中前两位数字、焊丝牌号、焊剂牌号改变。

3 预热温度比评定合格温度值降低50℃以上时。

4 改变保护气体种类，混合保护气体比例，取消保护气体以及用混合气体代替单一气体时。

5 改变熔化极气体保护焊过渡模式从喷射弧、熔滴弧或脉冲弧变为短路弧或反之。

5.3.10 要求做冲击试验的试件，当与做过的某个焊接工艺评定的重要因素相同时，只是增加或改变下列一个或几个补加因素，可按增加或改变的补加因素，补充一个焊接工艺评定的试件，此试件仅做冲击试验：

1 改变焊后消除应力热处理温度范围和保温时间。

2 最高层间温度比所评定的层间温度高50℃以上。

3 改变电流的种类或极性。

4 焊接热输入或单位长度焊道的熔敷金属体积超出已焊接工艺评定的范围。

5 埋弧焊或熔化极气体保护焊由单丝焊改为多丝焊或反之。

6 用非低氢型药皮焊条代替低氢型药皮焊条。

7 用酸性药芯焊丝代替碱性药芯焊丝。

8 埋弧焊、熔化极气体保护焊由多道焊改为单道焊。

9 从评定合格的位置改为立向上焊。

5.3.11 当与已做的焊接工艺评定中的重要因素和补加因素都相同时，仅改变下述次要因素时，只需修改焊接工艺规程，不必重新进行焊接工艺评定：

1 坡口形式。

2 坡口根部间隙。

3 取消或增加单面焊时的焊缝钢垫板。

4 增加或取消非金属或非熔化的金属焊接衬垫。

5 焊条及焊丝直径。

6 除向上立焊外的所有焊接位置。

7 需做清根处理的根部焊道向上立焊或向下立焊。

8 施焊结束后至焊后热处理前，改变后热温度范围和保温时间。

9 电流值或电压值。

10 摆动焊或不摆动焊。

11 焊前清理和层间清理方法。

12 清根方法。

13 改变焊条、焊丝摆动幅度、频率和两端停留的时间。

14 导电嘴至工件的距离。

15 手工操作、半自动操作或自动操作。

16 有无锤击焊缝。

5.3.12 后热不应为焊接工艺评定因素，但应在焊接工艺规程里注明。

5.3.13 对接焊缝焊接工艺评定应采用对接焊缝试件。角焊缝焊接工艺评定应采用角焊缝试件或对接焊缝试件。组合焊缝焊接工艺评定应采用对接焊缝试件，当组合焊缝要求焊透时，应增加组合焊缝试件。

5.3.14 对接焊缝试件或角焊缝试件，经评定合格的工艺用于焊接角焊缝时，焊件厚度的有效范围不限。

5.3.15 当同一条焊缝使用两种或两种以上焊接方法或重要因素、补加因素不同的焊接工艺时，可按每种焊接方法和焊接工艺分别进行评定。亦可使用两种或两种以上焊接方法或焊接工艺进行组合评定。

5.3.16 不锈钢复合钢板的焊接工艺评定应符合本规范附录F有关规定。

5.3.17 经评定合格的对接接头试件的焊接工艺适用于焊件的母材厚度和焊缝金属厚度的有效范围应符合表5.3.17的规定。

5.3.18 板材对接接头试件力学性能评定项目和试样数量应符合表5.3.18的规定。

表5.3.17 焊接工艺适用于焊件的母材厚度和焊缝金属厚度的有效范围

<table>
<tr><th rowspan="2">序号</th><th rowspan="2" colspan="2">适用范围</th><th rowspan="2">试件母材厚度δ及试件焊缝金属厚度t①
(mm)</th><th colspan="2">适用于焊件母材厚度范围
(mm)</th><th colspan="2">适用于焊件焊缝金属厚度范围
(mm)</th></tr>
<tr><th>最小值</th><th>最大值</th><th>最小值</th><th>最大值</th></tr>
<tr><td>1</td><td rowspan="5">母材强度等级</td><td rowspan="2">标准抗拉强度下限值>540N/mm²</td><td>1.5≤δ(t)<8</td><td>1.5</td><td>2δ，且不应大于12</td><td>不限</td><td>2t，且不应大于12</td></tr>
<tr><td>2</td><td>δ(t)≥8</td><td>0.75δ</td><td>1.5δ</td><td>不限</td><td>1.5t</td></tr>
<tr><td>3</td><td rowspan="3">标准抗拉强度下限值≤540N/mm²</td><td>1.5≤δ(t)≤10</td><td>1.5</td><td>2δ</td><td>不限</td><td>2t</td></tr>
<tr><td>4</td><td>10<δ<38</td><td>5</td><td>2δ</td><td>不限</td><td>2t</td></tr>
<tr><td>5</td><td>δ≥38</td><td>5</td><td>200②</td><td>不限</td><td>2t(t<20)
200②(t≥20)</td></tr>
</table>

注：① t指一种焊接方法（或焊接工艺）在试件上所熔的焊缝金属厚度。

② 限于焊条电弧焊、钨极氩弧焊、等离子焊、埋弧焊、熔化极气体保护焊的多道焊。

表5.3.18 板材对接接头试件力学性能评定项目和试样数量

接头型式	试件厚δ(mm)	拉伸与弯曲试验				冲击试验	
		拉伸	面弯	背弯	侧弯	焊缝区	热影响区
对接	δ<20	2	2	2	—	3	3
	δ≥20	2	—	—	4	3	3

注：1 当试件焊缝两侧的母材之间或焊缝金属和母材之间的弯曲性能有明显差别时，宜改用纵向弯曲试验代替横向弯曲试验，纵向弯曲只取面弯及背弯试样各2个。

2 要求做冲击吸收能量试验时，试样数量为热影响区和焊缝上各取3个，异种钢接头每侧热影响区分别取3个，焊缝取3个。采用组合焊接方法（工艺）时冲击试样中应包括每种方法（工艺）的焊缝金属和热影响区。

表 5.3.20 同种钢焊接接头允许的最大硬度值 HV_{100N}

<table>
<tr><th rowspan="2">序号</th><th rowspan="2" colspan="2">钢　种</th><th colspan="2">单道焊对接接头和角接头</th><th colspan="2">多道焊对接接头和角接头</th></tr>
<tr><th>不热处理</th><th>热处理</th><th>不热处理</th><th>热处理</th></tr>
<tr><td>1</td><td colspan="2">最小屈服强度 R_{eL}（$R_{p0.2}$）≤360N/mm² 和分析化学成分不大于：C≤0.24%、Si≤0.6%、Mn≤1.7%、S≤0.045%、任何其他单个元素不大于 0.3%，所有其他元素的总和不大于 0.8%</td><td rowspan="2">380</td><td rowspan="2">320</td><td rowspan="2">350</td><td rowspan="2">320</td></tr>
<tr><td>2</td><td colspan="2">最小屈服强度 R_{eL}（$R_{p0.2}$）＞360N/mm² 的正火钢或控轧细晶粒钢</td></tr>
<tr><td>3</td><td colspan="2">不锈钢除外的调质钢和沉淀强化钢［最小屈服强度 R_{eL}（$R_{p0.2}$）＞885N/mm² 的钢需要特殊协议］</td><td>450</td><td>需专门协议</td><td>420</td><td>需专门协议</td></tr>
<tr><td>4</td><td colspan="2">Cr≤0.75%、Mo≤0.6%、V≤0.3%的钢</td><td rowspan="2">需专门协议</td><td rowspan="2">320</td><td rowspan="2">需专门协议</td><td rowspan="2">320</td></tr>
<tr><td>5</td><td colspan="2">Cr≤10%、Mo≤1.26%的钢</td></tr>
<tr><td>6</td><td colspan="2">Cr≤12.2%、Mo≤1.2%、V≤0.5%的 Cr-Mo-V 钢</td><td>需专门协议</td><td>350</td><td>需专门协议</td><td>350</td></tr>
<tr><td>7</td><td rowspan="2">Ni≤10%的镍合金钢</td><td>Ni≤4%</td><td rowspan="2">需专门协议</td><td>300</td><td>320</td><td>300</td></tr>
<tr><td>8</td><td>Ni＞4%</td><td>需专门协议</td><td>400</td><td>需专门协议</td></tr>
<tr><td>9</td><td colspan="2">10.5%≤Cr≤30%的铁素体和马氏体钢</td><td colspan="4">需专门协议</td></tr>
</table>

注：抗拉强度 R_m≤432N/mm² 的铁素体钢、奥氏体钢可不做硬度评定试验。

5.3.19 组合焊缝及角焊缝的试件应符合本规范附录 D 的规定。

5.3.20 当需要进行硬度试验时，同种钢焊接接头的硬度，应大于母材最低维氏硬度的 70%，不应大于母材维氏硬度值 HV_{100N} 加 100，且不应大于表 5.3.20 中的规定。异种钢焊接接头硬度值应大于硬度较低母材侧之值的 70%，且不应大于两侧母材硬度平均值的 130%。

5.3.21 焊接工艺评定后，应编写焊接工艺评定报告并做出综合评定，并应在此基础上编制焊接工艺规程。

5.4 焊接接头检测

5.4.1 所有焊接接头均应进行外观检测，外观质量应符合表 5.4.1 的规定。

表 5.4.1 焊接接头外观检测（mm）

<table>
<tr><th rowspan="3">序号</th><th rowspan="3" colspan="2">项目</th><th colspan="3">焊缝类别</th></tr>
<tr><th>一</th><th>二</th><th>三</th></tr>
<tr><th colspan="3">允许缺欠尺寸</th></tr>
<tr><td>1</td><td colspan="2">裂纹</td><td colspan="3">不允许</td></tr>
<tr><td>2</td><td colspan="2">表面夹渣</td><td colspan="2">不允许</td><td>深度不应大于 0.1δ，长度不应大于 0.3δ，且不应大于 10</td></tr>
<tr><td>3</td><td colspan="2">咬边</td><td colspan="2">深度不大于 0.5</td><td>深度不应大于 1</td></tr>
<tr><td>4</td><td colspan="2">未焊满</td><td colspan="2">不允许</td><td>不应大于 0.2+0.02δ 且不应大于 1，每 100 焊缝内缺欠总长不应大于 25</td></tr>
<tr><td>5</td><td colspan="2">表面气孔</td><td colspan="2">不允许</td><td>直径小于 1.5 的气孔每米范围内允许有 5 个，间距不应小于 20</td></tr>
<tr><td>6</td><td colspan="2">焊瘤</td><td colspan="2">不允许</td><td>—</td></tr>
<tr><td>7</td><td colspan="2">飞溅</td><td colspan="2">不允许</td><td>—</td></tr>
<tr><td rowspan="2">8</td><td rowspan="2">焊缝余高 Δh</td><td>手工焊</td><td colspan="2">$\delta \leqslant 25$　$\Delta h = 0 \sim 2.5$
$25 < \delta \leqslant 50$　$\Delta h = 0 \sim 3$
$\delta > 50$　$\Delta h = 0 \sim 4$</td><td>—</td></tr>
<tr><td>自动焊</td><td colspan="2">0～4</td><td>—</td></tr>
</table>

续表 5.4.1

序号	项目		焊缝类别		
			一	二	三
			允许缺欠尺寸		
9	对接接头焊缝宽度	手工焊	盖过每边坡口宽度 1～2.5，且平缓过渡		
		自动焊	盖过每边坡口宽度 2～7，且平缓过渡		
10	角焊缝焊脚 K		$K\leqslant 12$ 时，K^{+2}_{-1}；$K>12$ 时，K^{+3}_{-1}		

注：1 δ 是钢板厚度代号。

2 手工焊是指焊条电弧焊、CO_2 半自动气保焊、自保护药芯半自动焊以及手工 TIG 焊等。而自动焊是指埋弧自动焊、MAG 自动焊、MIG 自动焊和自保护药芯自动等。

5.4.2 焊接接头内部质量检测选用超声波检测或射线检测（RT）；焊接接头表面质量检测选用磁粉检测（MT）或渗透检测（PT），铁磁性材料应优选磁粉检测（MT）。当其中一种无损检测方法检测有疑问时，应采用另一种无损检测方法复查。超声检测包括脉冲反射法超声检测（UT）、相控阵超声检测（PA-UT）和衍射时差法超声检测（TOFD）。

5.4.3 T 形接头或空间狭窄处可采用相控阵超声检测（PA-UT）。

5.4.4 焊接接头内部无损检测长度占焊缝全长的百分比不应少于表 5.4.4 中的规定。

表 5.4.4 无损检测长度占焊缝全长百分数

序号	钢种	脉冲反射法超声检测（UT）或相控阵超声检测（PA-UT）（%）		衍射时差法超声检测（TOFD）或射线检测（RT）（%）	
		一类焊缝	二类焊缝	一类焊缝	二类焊缝
1	低碳钢和低合金钢	100	50	25	10
2	高强钢 不锈钢 不锈钢复合钢板	100	100	40	20

注：1 抽检时，应选择 T 字对接焊缝等易产生焊接缺欠的部位进行，每条焊缝抽检部位不少于 2 处，相邻抽检部位的间距不小于 300mm。

2 衍射时差法超声检测（TOFD）或射线检测（RT）抽检长度不应小于 150mm，应选择脉冲反射法检测（UT）或相控阵超声检测（PA-UT）发现缺欠较多的部位或需进一步判定缺欠性质的部位。

3 焊接接头用脉冲反射法检测（UT）或相控阵超声检测(PA-UT)有疑问时，可用衍射时差法超声检测（TOFD）或射线检测（RT）进行复验。

5.4.5 对有延迟裂纹倾向的钢材或焊缝，无损检测应在焊接完成 24h 以后进行。抗拉强度（R_m）大于或等于 800N/mm^2 的高强钢，无损检测应在焊接完成 48h 后进行。

5.4.6 无损检测应符合下列规定：

1 射线检测（RT）应按现行国家标准《金属溶化焊焊接接头射线照相》GB/T 3323 的有关规定执行，检测技术等级为 B 级，一类焊缝不低于Ⅱ级为合格，二类焊缝不低于Ⅲ级为合格。

2 脉冲反射法超声检测（UT）和相控阵超声检测（PA-UT）应按现行国家标准《钢焊缝手工超声波探伤方法和探伤结果分级》GB/T 11345 的有关规定执行，检测技术等级为 B 级，一类焊缝Ⅰ级为合格，二类焊缝不低于Ⅱ级为合格。

3 衍射时差法超声检测（TOFD）应按现行行业标准《水电水利工程金属结构及设备焊接接头衍射时差法超声检测》DL/T 330 的有关规定执行，或应按现行行业标准《承压设备无损检测 第 10 部分：衍射时差法超声检测》JB/T 4730.10 的有关规定执行，一类焊缝和二类焊缝均不低于Ⅱ级为合格。

4 磁粉检测（MT）应按现行行业标准《承压设备无损检测 第 4 部分：磁粉检测》JB/T 4730.4 有关规定执行或渗透检测（PT）应按现行行业标准《承压设备无损检测 第 5 部分：渗透检测》JB/T 4730.5的有关规定执行，一类焊缝Ⅱ级为合格，二类焊缝Ⅲ级为合格。

5 同一焊接接头部位或同一焊接缺欠，使用两种及以上的无损检测方法进行检测时，应按各自标准分别评定合格。

5.4.7 焊接接头局部无损检测当发现有不允许缺欠时，应在缺欠的延伸方向或在可疑部位做补充无损检测，补充检测的长度不小于 250mm。当经补充无损检测仍发现有不允许缺欠时，则应对该焊工在该条焊接接头上所施焊的焊接部位或整条焊接接头进行 100%无损检测。

5.4.8 焊接接头缺欠返工后应按原无损检测工艺进行复检，复检范围应向返工部位两端各延长至少 50mm。

5.5 缺欠处理

5.5.1 焊接接头发现有裂纹等危险性缺欠时，应进行分析，找出原因，制订措施后，再进行处理。焊接缺欠分类划分应符合《金属熔化焊接头缺欠分类及说明》GB/T 6417.1的有关规定。

5.5.2 焊接接头超标缺欠应用碳弧气刨或砂轮清除，用碳弧气刨时应用砂轮磨除渗碳层。当缺欠为裂纹时，则磁粉检测（MT）应按现行行业标准《承压设备无损检测 第4部分：磁粉检测》JB/T 4730.4或渗透检测（PT）应按现行行业标准《承压设备无损检测 第5部分：渗透检测》JB/T 4730.5的有关规定进行检测。

5.5.3 焊补预热温度应比正式焊缝预热温度高出20℃～30℃。焊补后按本规范第5.2.12条的规定进行后热。

5.5.4 低碳钢、低合金钢和不锈钢除盖面焊层外，其余焊层可采用逐层逐道锤击锻打来防止焊补产生的焊接裂纹和降低焊接收缩应力。高强钢焊接不得锤击锻打，应采取预热和后热或其他措施来防止焊接裂纹等缺欠。不锈钢焊接时宜采用多层多道焊接，不得横向摆动焊接。

5.5.5 返工后的焊接接头，应采用超声波检测或射线检测（RT）进行复查。同一部位的返工次数，低碳钢、低合金钢和不锈钢不宜超过2次，高强钢不宜超过1次。

5.5.6 不锈钢、高强钢钢板表面不得有电弧擦伤和硬物击痕。当有擦伤或击痕时应采用砂轮打磨将其清除。当打磨后的深度大于2mm时则应进行焊补，高强钢应进行预热焊补，焊补后立即后热缓冷。

5.5.7 管壁表面凹坑深度大于板厚的10%或大于2mm的，应用碳弧气刨或砂轮修磨成便于焊接的凹槽，再行焊补。焊补后应用砂轮将焊补处磨平。对高强钢还用磁粉检测（MT）应按现行行业标准《承压设备无损检测 第4部分：磁粉检测》JB/T 4730.4或渗透检测（PT）应按现行行业标准《承压设备无损检测 第5部分：渗透检测》JB/T 4730.5的规定进行检测。

6 焊后消应处理

6.0.1 钢管和岔管焊后消应处理应按图样或设计技术文件规定执行。

6.0.2 高强钢不宜做焊后热处理消应。

6.0.3 低碳钢、低合金钢焊后消应热处理温度应按图样规定执行。图样对焊后消应热处理温度未作规定时，则可根据钢材特性、焊接性试验成果在580℃～650℃区间选取热处理温度。对于有回火脆性的钢材，热处理应避开脆性温度区。

6.0.4 低碳钢、低合金钢的钢管或岔管在炉内做整体消应热处理时，工件入炉或出炉时，炉内温度应低于300℃，其加热速度、恒温时间及冷却速度应按下列要求控制：

1 加热速度：升温至300℃后，加热速度不应大于$220\times\frac{25}{\delta}$℃/h，且不应大于220℃/h。

2 恒温时间：每毫米壁厚需2min～4min，且不应少于30min，保温时各部温差不应大于50℃。

3 冷却速度：恒温后的冷却速度不应大于$275\times\frac{25}{\delta}$℃/h，且不应大于275℃/h。300℃以下可自然冷却。

注：δ为焊接接头的最大厚度，单位为mm。

6.0.5 低碳钢、低合金钢的钢管或岔管做整体消应热处理确有困难时，允许采用局部消应热处理。加热宽度应为焊缝中心两侧各6倍以上最大板厚的区域。加温、保温、降温速度和时间与整体消应热处理相同，内外壁温度应均匀，在加热带以外部位应采取保温措施。

6.0.6 消应热处理后，应提供消应热处理曲线。局部消应热处理后至少应提供一次消应效果和硬度测试数据，焊接接头硬度要求应符合本规范第5.3.20条的规定。

6.0.7 采用爆炸消应处理时，施工前应针对材质和结构型式，通过爆炸消应工艺试验确定合理的消应参数，焊接接头的力学性能及消应效果应满足设计或相关要求。

6.0.8 采用振动时效工艺时，施工前应选取合理的振动时效工艺参数，焊接接头的力学性能及消应效果应满足设计或相关要求。

7 防腐蚀

7.1 表面预处理

7.1.1 钢管表面预处理前应将铁锈、油污、积水、遗漏的焊渣和飞溅等附着污物清除干净。

7.1.2 表面预处理采用局部喷射或抛射除锈，所用的磨料应清洁、干燥，用金属磨料、氧化铝、石榴石、铜矿渣、碳化硅和金刚砂等磨料，金属磨料粒度范围宜为0.5mm～1.5mm，人造矿物磨料和天然矿物磨料应根据表面粗糙度等级技术要求选择，粒度范围宜为0.5mm～3.0mm。潮湿环境中不得使用钢质磨料。

7.1.3 局部喷射用的压缩空气应经过滤除去油和水。

7.1.4 钢管内壁经局部喷射或抛射除锈后，表面清洁度应符合现行国家标准《涂覆涂料前钢材表面处理 表面清洁度的目视评定 第2部分：已涂覆过的钢材表面局部清除原有涂层后的处理等级》GB/T 8923.2标准中规定的PSa2.5级。除锈后，厚浆型重防腐涂料及金属热喷涂表面粗糙度数值应达到 R_Z 60μm～R_Z 100μm，其他应达到R_Z40μm～R_Z70μm。表面粗糙度用触针式的轮廓仪检测或比较样板目视评定。

7.1.5 钢管外壁经局部喷射或抛射除锈后，采用水泥浆或涂料防腐蚀时，应达到表 7.1.5 中所规定的除锈后表面清洁度。

表 7.1.5 钢管外壁表面预处理质量要求

序号	部位	涂装配套	表面清洁度	表面粗糙度 R_Z (μm)
1	明管外壁	喷涂涂料	PSa2.5	40～70
2	埋管外壁	改性水泥胶浆或苛性钠水泥浆	PSa2	—

7.1.6 钢管除锈后，应用干燥的压缩空气或用吸尘器清除灰尘，涂装前当发现钢板表面污染或返锈时，应重新处理到原除锈等级。

7.1.7 当空气相对湿度大于 85%，环境温度低于5℃和钢板表面温度低于大气露点以上 3℃时，不得进行除锈。大气露点换算表应符合本规范附录 B 的规定。

7.1.8 钢管防腐的其他技术要求应符合现行行业标准《水电水利工程金属结构设备防腐蚀技术规程》DL/T 5358 的有关规定。

7.2 涂料涂装

7.2.1 防腐蚀涂料涂层配套系统宜选由底漆、中间漆和面漆组成。底漆应具备良好的附着力和防锈性能，中间漆应具有屏蔽性能且与底漆、面漆结合性能良好，面漆应具有耐磨性能、耐候性能或耐水性能。

7.2.2 涂层配套系统的选择应根据所处环境按下列要求选用：

1 防腐蚀涂料各层配套性能，可按本规范表 G.0.1 的规定选用。

2 埋管外壁涂层通常为改性水泥胶浆或苛性钠水泥浆，明管外壁处于空气环境下时应选用耐候性能良好的涂层配套系统，可按本规范表 G.0.2 的规定选用。

3 钢管内壁应选用耐磨性能和耐水性能良好的涂层配套系统，可按本规范表 G.0.3 的规定选用。

4 输水工程钢管道内壁涂层除应具备耐磨性能和耐水性能外，还应符合卫生标准要求。其涂层配套系统，可按本规范表 G.0.4 的规定选用。

7.2.3 经除锈后的钢材表面宜在 4h 内涂装，晴天和正常大气条件下，最长不应大于 12h。

7.2.4 使用的涂料应符合图样规定，涂装层数、每层厚度、每层涂装间隔时间、涂料调配方法和涂装注意事项，应按设计文件或有关规定进行。

7.2.5 钢管管节应在安装环缝两侧各 200mm 范围内和灌浆孔及排水孔周边 100mm 范围内，涂装车间底漆，如无机富锌底漆。安装焊接完成后，按规定进行表面预处理，并进行涂装。

7.2.6 当空气中相对湿度大于 85%，钢板表面温度低于大气露点以上 3℃或高于 60℃以及环境温度低于10℃时，均不得进行涂装。大气露点换算表按本规范附录 B 的规定。

7.3 涂料涂层质量检测

7.3.1 每层涂装前应对上一层涂层外观进行检测，当发现漏涂、流挂、皱皮等缺欠应及时处理。涂装后应用湿膜测厚仪测量湿膜厚度。

7.3.2 涂装后应进行外观检测。涂层表面应光滑、颜色均匀一致，无皱皮、起泡、流挂、针孔、裂纹、漏涂等缺欠。水泥浆涂层厚度应基本一致，粘着牢固，不起粉。

7.3.3 涂层内部质量应符合下列规定：

1 涂层厚度用涂镀层测厚仪检测。在 0.01m^2 的基准面上测量 3 次，每次测量的位置应相距 25mm～75mm，取 3 次测量值的算术平均值为该基准面的一个测点厚度测量值。对于涂装前表面粗糙度大于 R_Z 100μm 的涂层进行测量时，应取 5 次测量值的算术平均值为测点厚度值。

2 单节钢管内表面积大于或等于 10m^2 时，每 10m^2 表面不应少于 3 个测点；单节钢管内表面积小于 10m^2时，每 2m^2 表面不应少于 1 个测点。在单节钢管的两端和中间的圆周上每隔 1.5m 测一点。涂层厚度应满足 85%的测点厚度达到设计要求，达不到厚度的测点，其最小厚度值不应低于设计厚度的 85%。

3 不含导电元素涂料的涂层用针孔检测仪，侧重于安装环缝两侧的涂层检测。应符合表 7.3.3-1 规定的电压值检测针孔，发现针孔，用砂纸、弹性砂轮片打磨处理后补涂。

表 7.3.3-1 涂层厚度与检测电压关系

涂层厚度 (μm)	100	150	200	250	300	350	400	500	600	800	1000
电压 (kV)	≥1.0	≥1.2	≥1.5	≥1.7	≥2.0	≥2.2	≥2.4	≥2.9	≥3.3	≥4.0	≥4.7

4 涂层厚度不足或有针孔，返工固化后，应复查。

5 采用划格法进行附着力检测时：

1）当涂层厚度大于 120μm 时，在涂层上用硬质刀具划两条夹角为 60°的切割相交线进行抽查，切割相交线应划透涂层至基材，用胶带粘牢划口部分，然后沿垂直方向快速撕起胶带，涂层无剥落为合格。

2）当涂层厚度小于或等于 120μm 时，可用专用刀具在涂层表面以 3mm～5mm 等距离划出相互垂直的两簇平行线，构成若干方格，应符合表 7.3.3-2 规定检测涂层附着力等级，0 级～2 级为合格涂层。

表 7.3.3-2 涂层划格法附着力检测

级别	检测结果
0	切割的边缘完全是平滑的，没有一个方格脱落
1	在切割交叉处涂层有少许薄片分离，划格区受影响明显不大于 5%
2	涂层沿切割边缘或切口交叉处脱落明显大于 5%，但受影响明显不大于 15%
3	涂层沿切割边缘，部分和全部以大碎片脱落或在格子的不同部位上部分和全部剥落，明显大于 15%，但划格区受影响明显不应大于 35%
4	涂层沿切割边缘大碎片剥落或者一些方格部分或全部出现脱落，明显大于 35%，但划格区受影响明显不大于 65%
5	甚至按第 4 类也识别不出其剥落程度

6 采用拉开法（亦称拉拔法）进行附着力定量检测时，附着力指标可按表 7.3.3-3 或由供需双方商定。拉开法可选用拉脱式涂层附着力测试仪，检测方法按仪器说明书的规定进行。

表 7.3.3-3 涂层拉开法附着力检测（N/mm²）

涂料类型	附着力
环氧类、聚氨酯类、氟碳涂料	≥5.0
氯化橡胶类、丙烯酸树脂、乙烯树脂类、无机富锌类、环氧沥青、醇酸树脂类	≥3.0
酚醛树脂、油性涂料	≥1.5

7 采用划格法或拉开法进行涂层附着力检测时，任选一种方法均可。

7.4 金属喷涂

7.4.1 金属喷涂用的金属丝应符合下列规定：

1 锌丝应符合现行国家标准《锌锭》GB/T 470 中的 Zn-1 的质量要求，且 Zn≥99.99%。

2 铝丝应符合现行国家标准《变形铝及铝合金化学成分》GB 3190 中的 L2 质量要求，且 Al≥99.5%。

3 锌铝合金丝的含铝量应为 13%～35%，其余为锌。

4 铝镁合金丝的含镁量应为 4.8%～5.5%，其余为铝。

5 金属丝应光洁、无锈、无油、无折痕，直径为 ϕ3.0mm。

7.4.2 喷涂宜采用电弧喷涂，电弧喷涂无法实施的部位可采用火焰喷涂。

7.4.3 金属喷涂可根据不同喷涂材料结合工作环境按下述厚度施工：

1 喷锌层或喷铝层厚度宜为 120μm～150μm。

2 锌铝合金层、铝镁合金层、稀土铝合金层宜取 100μm～120μm。

7.4.4 钢材表面预处理后，宜在 2h 内喷涂，在晴天和正常大气条件下最长不应大于 8h。

7.4.5 当空气相对湿度大于 85%，钢板表面温度低于大气露点以上 3℃以及环境温度低于 5℃时，均不得进行喷涂。大气露点换算表应符合本规范附录 B 的规定。

7.4.6 喷涂应均匀，分多次喷涂，每次喷涂层厚 25μm～60μm 为宜，相邻两次喷涂的喷束应垂直交叉。

7.4.7 金属喷涂层经检测合格后，应及时用有机涂料进行封闭。涂装前将金属喷涂层表面灰尘清理干净，涂装宜在金属喷涂层尚有一定温度时进行。

7.5 金属涂层质量检测

7.5.1 金属喷涂层应进行外观检测。涂层表面应均匀，无杂物、起皮、鼓泡、孔洞、凹凸不平、附着不牢固的金属熔融粗颗粒、掉块、底材裸露的斑点及裂纹等现象。当喷涂时发现涂层外观有明显缺欠应停止喷涂，遇有少量夹杂可用刀具剔刮，当缺欠面积较大时，应铲除重喷。

7.5.2 金属涂层的厚度检测和结合性能检测方法应符合本规范附录 H 的规定。

7.6 牺牲阳极阴极保护系统施工

7.6.1 牺牲阳极阴极保护应与涂料保护联合作用。

7.6.2 牺牲阳极阴极保护的钢管应与水中其他金属结构电绝缘。

7.6.3 牺牲阳极阴极保护系统施工前应符合下列规定：

1 测量钢管的自然电位。

2 确认现场环境条件与设计文件一致。

3　确认保护系统使用的仪器和材料与设计文件一致。

7.6.4　牺牲阳极的布置和安装应符合下列规定：

1　牺牲阳极的工作表面不应粘有油漆和油污。

2　牺牲阳极的布置和安装方式不应影响钢管的正常运行，并应能满足钢管各处的保护电位均应符合设计的要求。

3　牺牲阳极与钢管的连接位置应除去涂层并露出金属基底，其面积宜为0.01m²左右。

4　牺牲阳极应通过钢芯与钢管短路连接，宜优先采用焊接方法，亦可采用电缆连接或机械连接。

5　牺牲阳极应避免安装在钢管的高应力和高疲劳荷载区域。

6　采用焊接方法安装牺牲阳极时，焊接接头应无毛刺、锐边、虚焊。

7　牺牲阳极安装后应将安装区域表面处理干净，并按技术要求重新涂装，补涂时不得污染牺牲阳极表面。

8　其他技术要求应符合现行行业标准《水电水利工程金属结构设备防腐蚀技术规程》DL/T 5358的有关规定。

7.7　牺牲阳极阴极保护系统质量检测

7.7.1　牺牲阳极阴极保护系统施工结束后，施工单位应提交牺牲阳极安装竣工图，应核查阳极的实际安装数量、位置分布和连接是否符合规定。

7.7.2　保护系统安装完成交付使用前，应测量钢管的保护电位，确认钢管各处的保护电位应符合设计规定。

7.7.3　牺牲阳极正常使用后，应定期对保护系统的设备和部件进行检测和维护，确保在使用年限内有效运行。

7.7.4　使用单位应至少每半年测量一次并记录钢管的保护电位，当测量结果不满足要求时，应及时查明原因，采取措施。

8　水压试验

8.0.1　钢管、岔管水压试验和试验压力值应按图样或设计技术文件规定执行。

8.0.2　钢管、岔管水压试验前，应制订安全措施和安全预案。

8.0.3　试验用闷头应通过设计计算确定。

8.0.4　试压时水温应在5℃以上。

8.0.5　呼吸管的一端应安装在钢管、岔管内试验状态下的最高位置。

8.0.6　当高程差大于100m的钢管段做水压试验时，宜在钢管段上端顶部设置真空破坏阀。

8.0.7　水压试验应在钢管、岔管制作或安装完成及质量检测合格后进行。充水前，应对工卡具、临时支撑件、支托、起重设备等解除拘束处理，且应对结构上的焊疤、划痕等缺欠进行修补打磨处理。

8.0.8　钢管、岔管水压试压时，应分级加载，每级均应做检测。加载至额定工作压力，保持30min以上，检测压力表指针保持稳定，无指针颤动现象等异常情况，才允许继续加压。加压速度以不大于0.3MPa/min为宜，当压力大于10MPa以上时，加压速度不大于0.2MPa/min为宜。升至最大试验压力，保持30min以上，此时压力表指示的压力应无变动。然后下降至工作压力，保持30min以上。整个试验过程中应无渗水、混凝土裂缝、镇墩异常变位和其他异常情况。

8.0.9　钢管、岔管水压试验完成后，通过增压系统的溢流控制阀以不大于0.5MPa/min的速度分级卸至钢管内水的自重压力，再打开钢管段上端的呼吸管阀门后，进行排水作业。

8.0.10　试验系统在试验过程中出现问题需要处理时，应通过增压系统的溢流控制阀将系统压力卸至自重压力后再根据具体情况进行。

8.0.11　需要焊接、热切割、碳弧气刨、热矫形等作业时，应先将管内水排空。

9　包装、运输

9.0.1　钢管瓦片应成节配套运输，并绑扎牢固，应防止倾倒和变形。支承环、加劲环、阻水环、止推环和连接板等附件应配套绑扎成捆运输，并用油漆标明名称、配套编号。

9.0.2　瓦片在运输过程中宜加临时支撑或框架，叠放瓦片时宜在片间填塞软垫。支撑不得直接焊于瓦片上，应通过工卡具和螺栓等连接件加以固定。

9.0.3　运输成型的管节时，视其刚度情况，可在管节内加设临时支撑，宜管外加设鞍形支架座或加垫木条。

9.0.4　钢索捆扎吊运管节或瓦片时，应在钢索与管节或瓦片相触部位加设软垫。在吊装、运输中应避免损坏涂层。

10　验　收

10.1　过程验收

10.1.1　制作过程和安装过程应有《工序质量传递卡》。

10.1.2　制作过程应按本规范第2章、第3章、第5章～第9章的相关规定进行过程验收。

10.1.3　制作后或安装前应对钢管、伸缩节和岔管的各项尺寸进行复验，并应符合本规范和设计要求。

10.1.4 安装过程应按本规范第4章～第8章的相关规定进行过程验收。

10.1.5 钢管安装后应与支墩和锚栓等焊接牢固，不得在混凝土浇筑时发生钢管移位。

10.1.6 钢管制作安装用高空操作平台投入使用前应进行过程验收。

10.1.7 安装后的扫尾工作，当临时支撑的清除、管壁凹坑焊补、焊疤打磨、灌浆孔封堵等应符合本规范的规定。

10.1.8 充水试验前应将管道内的焊条头、电线电缆头、石块和泥沙等杂物清除干净。环境条件许可时，宜用流动水冲洗管道。

10.1.9 管道充水试验应根据水头分级充水，每级水头差宜不大于50m，每级稳压时间不应小于15min。

10.1.10 充水试验或（和）水压试验，应无渗水和其他异常现象。

10.2 完工验收

10.2.1 钢管安装结束后，应进行完工验收。

10.2.2 完工验收应由建设、监理、施工和设计等参建单位组成的现场验收小组进行。

10.2.3 完工验收应依据设计图样、技术文件、材料质量证明书、焊接工艺评定试验或试验证明、焊接和探伤人员的资格证明、制作安装符合本规范的检测记录等进行。

10.2.4 制作完工验收时，应提供下列资料：

1 压力钢管制作图样。

2 主要材料出厂质量证明书。

3 设计修改通知单。

4 制作时最终检测和试验的检测记录。

5 焊接接头无损检测报告。

6 防腐检测资料。

7 重大缺欠处理记录和有关会议纪要。

8 其他相关的技术文件。

10.2.5 安装完工验收时，应提供下列资料：

1 压力钢管工程竣工图样。

2 主要材料出厂质量证明书。

3 设计修改通知单。

4 安装时最终检测和试验的检测记录。

5 焊接接头无损检测报告。

6 防腐检测资料。

7 重大缺欠处理记录和有关会议纪要。

8 其他相关的技术文件。

10.2.6 当钢管的制作安装为同一单位完成时，可只提供本规范第10.2.5条规定的资料。

10.2.7 钢管工程结算计量，当采用计算法计量时按下列公式计算：

$$G=t\cdot B\cdot L\cdot \rho+g \quad (10.2.7)$$

式中：G——钢管工程结算计量（t）；

t——钢板实际厚度，为钢板公称厚度和表10.2.7中的厚度附加值相加（m）；

B——管节公称长度（m）；

L——管节公称中径展开弧长（m）；

ρ——钢板密度（t/m^3），低碳钢、低合金钢及高强钢取7.85t/m^3，不锈钢和耐热钢的钢板密度应符合《不锈钢和耐热钢 牌号及化学成分》GB/T 20878中的规定；

g——焊缝计算重量（t），焊缝重量通常为母材重量的1.5%～3%。

注：1 公称厚度、公称长度、公称中径等通常为设计图样标定。

2 公式（10.2.7）不含加劲环、止推环和阻水环等钢管附件重量。

表10.2.7 钢板厚度附加值（mm）

厚度	宽度			
	≤1500	>1500～2500	>2500～4000	>4000～4800
	计算重量的厚度附加值			
3.00～5.00	0.15	0.25	0.35	—
>5.00～8.00	0.20	0.30	0.45	—
>5.00～15.00	0.25	0.35	0.50	0.60
>15.00～25.00	0.35	0.45	0.60	0.80
>25.00～40.00	0.40	0.50	0.70	0.90
>40.00～60.00	0.50	0.60	0.80	1.00
>60.00～100	0.60	0.75	1.00	1.20
>100～150	0.90	1.10	1.30	1.50
>150～200	1.10	1.30	1.50	1.60
>200～250	1.30	1.50	1.70	1.90
>250～300	1.50	1.70	1.90	2.10
>300～400	1.70	1.90	2.10	2.30

注：表中是B类偏差钢板的厚度附加值，为本规范表2.0.6-1中允许偏差的上偏差与下偏差之和的平均值。当为C类偏差钢板时，则按现行国家标准《热轧钢板和钢带的尺寸、外形、重量及允许偏差》GB/T 709规定的允许偏差的上偏差与下偏差之和的平均值即为C类偏差钢板的厚度附加值。

10.2.8 制作与安装的质量合格标准应符合设计图样和本规范的规定。

10.2.9 参建各方应按本规范第10.2.6条规定提供资料后，签署验收文件完成验收。

附录 A　钢板性能标准和表面质量标准

A.1　钢板性能

A.1.1　低碳钢和低合金钢的性能应符合表 A.1.1-1～表 A.1.1-4 的规定。

A.1.2　压力容器用低碳钢和低合金钢厚钢板的化学成分和力学性能应符合表 A.1.2-1、表 A.1.2-2 的规定。

A.1.3　抗拉强度（R_m）大于或等于 610N/mm² 级高强钢钢板性能应符合下列规定：

1　钢板的化学成分应符合表 A.1.3-1 和表 A.1.3-2 的规定。

2　钢板可根据需方要求，逐张进行力学性能和冷弯性能试验，其结果应符合表 A.1.3-3 和表 A.1.3-4 的规定。

3　钢板的其他技术要求应符合现行国家标准《热轧钢板和钢带的尺寸、外形、重量及允许偏差》GB/T 709、《锅炉和压力容器用钢板》GB 713、《高强度结构用调质钢板》GB/T 16270 和《压力容器用调质高强度钢板》GB 19189 的有关规定执行。

A.1.4　不锈钢和不锈钢复合钢板性能应符合表 A.1.4-1～表 A.1.4-6 的规定。

表 A.1.1-1　低碳钢的化学成分

牌号	等级	化学成分（%）					脱氧方法
		C	Mn	Si	S	P	
				不大于			
Q235	A	0.14～0.22	0.30～0.65	0.30	0.050	0.045	F、Z
	B	0.12～0.20	0.30～0.70		0.045	0.045	F、Z
	C	≤0.18	0.35～0.80		0.040	0.040	Z
	D	≤0.17	0.35～0.80		0.035	0.035	TZ

注：1　牌号表示方法：钢的牌号由代表屈服强度的字母、屈服强度数值、质量等级的符号和脱氧方法的符号等四个部分按顺序组成，如 Q235A. F。

2　符号：Q—钢材屈服强度的"屈"字汉语拼音的首位字母。A、B、C、D 分别为质量等级的符号。F—沸腾钢。Z—镇静钢。TZ—特殊镇静钢。

3　在牌号组成表示方法中，"Z"与"TZ"代号予以省略。

表 A.1.1-2　低碳钢的力学性能

牌号	等级	拉伸试验									冲击试验		冷弯试验 $B=2a$，180°			
		屈服强度 R_{eL}（N/mm²）				抗拉强度 R_m（N/mm²）	伸长率 A（%）				温度（℃）	V 形冲击吸收能量 KV_2（J）	试样方向	钢板厚度（mm）		
		钢板厚度（mm）					钢板厚度（mm）							>4～60	>60～100	>100～200
		≤16	>16～40	>40～60	>60～100		≤16	>16～40	>40～60	>60～100						
		不小于					不小于					不小于		弯心直径 d		
Q235	A B C D	235	225	215	205	375～460	26	25	24	23	— 20 0 −20	27	纵	a	$2a$	$2.5a$
													横	$1.5a$	$2.5a$	$3a$

注：1　冷弯试验中 B 为宽度，a 为板厚。

2　进行拉伸和弯曲试验等，钢板应取横向试样。

3　夏比冲击吸收能量值按一组三个试样单值的算术平均值计算。允许其中一个试样单值低于规定值，但不得低于规定值的 70%。

4　钢材一般以热轧状态交货，根据需方要求，经双方协议，也可用控轧控冷（TMCP）、正火状态或调质态交货（A 级钢除外）。

5　其他技术要求应符合现行国家标准《碳素结构钢》GB/T 700 的有关规定。

表 A.1.1-3　低合金钢的化学成分

<table>
<tr><th rowspan="3">序号</th><th rowspan="3">牌号</th><th colspan="7">化学成分（%）</th></tr>
<tr><th rowspan="2">C</th><th rowspan="2">Mn</th><th rowspan="2">Si</th><th rowspan="2">V</th><th rowspan="2">Ti</th><th>S</th><th>P</th></tr>
<tr><th colspan="2">不大于</th></tr>
<tr><td>1</td><td>Q295B</td><td>≤0.16</td><td>0.80～1.50</td><td>≤0.55</td><td>0.02～0.15</td><td>0.02～0.20</td><td>0.045</td><td>0.045</td></tr>
<tr><td>2</td><td>Q345B
Q345C
Q345D
Q345E</td><td>0.12～0.20</td><td>1.00～1.60</td><td>0.20～0.55</td><td>0.02～0.15</td><td>0.02～0.20</td><td>0.045</td><td>0.045</td></tr>
<tr><td>3</td><td>Q390B
Q390C
Q390D
Q390E</td><td>≤0.20</td><td>1.00～1.60</td><td>≤0.55</td><td>0.02～0.20</td><td>0.02～0.20</td><td>0.045</td><td>0.045</td></tr>
<tr><td>4</td><td>Q420B
Q420C
Q420D
Q420E</td><td>≤0.20</td><td>1.00～1.70</td><td>≤0.55</td><td>0.02～0.20</td><td>0.02～0.20</td><td>0.045</td><td>0.045</td></tr>
<tr><td>5</td><td>Q460C
Q460D
Q460E</td><td>≤0.20</td><td>1.00～1.70</td><td>≤0.55</td><td>0.02～0.20</td><td>0.02～0.20</td><td>0.035</td><td>0.035</td></tr>
</table>

表 A.1.1-4　低合金钢的力学性能

<table>
<tr><th rowspan="3">序号</th><th rowspan="3">牌号</th><th rowspan="3">钢材板厚或直径（mm）</th><th rowspan="3">抗拉强度 R_m（N/mm²）</th><th rowspan="2">屈服强度 R_{eL}（$R_{p0.2}$）（N/mm²）</th><th rowspan="2">伸长率 A（%）</th><th rowspan="3">180°弯曲试验；d 为弯心直径，a 为试样厚度</th><th colspan="2">冲击试验</th></tr>
<tr><th rowspan="2">温度（℃）</th><th>V形冲击吸收能量 KV_2（J）</th></tr>
<tr><th colspan="2">不小于</th><th>不小于</th></tr>
<tr><td rowspan="5">1</td><td>Q295B</td><td>≤16</td><td>390～570</td><td>295</td><td>23</td><td>$d=2a$</td><td>20</td><td>34</td></tr>
<tr><td></td><td>>16～25</td><td>390～570</td><td>275</td><td>23</td><td>$d=3a$</td><td></td><td></td></tr>
<tr><td></td><td>>25～36</td><td>390～570</td><td>275</td><td>23</td><td>$d=3a$</td><td></td><td></td></tr>
<tr><td></td><td>>36～50</td><td>390～570</td><td>255</td><td>23</td><td>$d=3a$</td><td></td><td></td></tr>
<tr><td></td><td>>50～100</td><td>390～570</td><td>235</td><td>23</td><td>$d=3a$</td><td></td><td></td></tr>
<tr><td rowspan="5">2</td><td>Q345B</td><td>≤16</td><td>510～660</td><td>345</td><td>22</td><td>$d=2a$</td><td>20</td><td>34</td></tr>
<tr><td>Q345C</td><td>>16～25</td><td>490～640</td><td>325</td><td>21</td><td>$d=3a$</td><td>0</td><td>34</td></tr>
<tr><td>Q345D</td><td>>25～36</td><td>470～620</td><td>315</td><td>21</td><td>$d=3a$</td><td>−20</td><td>34</td></tr>
<tr><td>Q345E</td><td>>36～50</td><td>470～620</td><td>295</td><td>21</td><td>$d=3a$</td><td>−40</td><td>27</td></tr>
<tr><td></td><td>>50～100</td><td>470～620</td><td>275</td><td>20</td><td>$d=3a$</td><td></td><td></td></tr>
<tr><td rowspan="5">3</td><td>Q390B</td><td>≤16</td><td>490～650</td><td>390</td><td>20</td><td>$d=2a$</td><td>20</td><td>34</td></tr>
<tr><td>Q390C</td><td>>16～25</td><td>490～650</td><td>370</td><td>20</td><td>$d=3a$</td><td>0</td><td>34</td></tr>
<tr><td>Q390D</td><td>>25～36</td><td>490～650</td><td>370</td><td>20</td><td>$d=3a$</td><td>−20</td><td>34</td></tr>
<tr><td>Q390E</td><td>>36～50</td><td>490～650</td><td>350</td><td>20</td><td>$d=3a$</td><td>−40</td><td>27</td></tr>
<tr><td></td><td>>50～100</td><td>490～650</td><td>330</td><td>20</td><td>$d=3a$</td><td></td><td></td></tr>
<tr><td rowspan="5">4</td><td>Q420B</td><td>≤16</td><td>520～680</td><td>420</td><td>19</td><td>$d=2a$</td><td>20</td><td>34</td></tr>
<tr><td>Q420C</td><td>>16～25</td><td>520～680</td><td>400</td><td>19</td><td>$d=3a$</td><td>0</td><td>34</td></tr>
<tr><td>Q420D</td><td>>25～36</td><td>520～680</td><td>400</td><td>19</td><td>$d=3a$</td><td>−20</td><td>34</td></tr>
<tr><td>Q420E</td><td>>36～50</td><td>520～680</td><td>380</td><td>19</td><td>$d=3a$</td><td>−40</td><td>27</td></tr>
<tr><td></td><td>>50～100</td><td>520～680</td><td>360</td><td>19</td><td>$d=3a$</td><td></td><td></td></tr>
</table>

续表 A.1.1-4

序号	牌号	钢材板厚或直径（mm）	抗拉强度 R_m（N/mm²）	屈服强度 R_{eL}（$R_{p0.2}$）（N/mm²）	伸长率 A（%）	180°弯曲试验；d 为弯心直径，a 为试样厚度	冲击试验	
							温度（℃）	V形冲击吸收能量 KV_2（J）
				不小于				不小于
5	Q460C	≤16	550～720	460	17	$d=2a$	0	34
	Q460D	＞16～25	550～720	440	17	$d=3a$	－20	34
	Q460E	＞25～36	550～720	440	17	$d=3a$	－40	27
		＞36～50	550～720	420	17	$d=3a$		
		＞50～100	550～720	400	17	$d=3a$		

注：1　根据需方要求，并在合同中注明，钢材应进行20℃夏比冲击试验，冲击吸收能量应符合表的规定。

2　根据需方要求，并经双方协议，钢材可进行0℃、－20℃、－40℃夏比冲击试验，横向试样冲击吸收能量应符合表中规定。当进行－20℃或－40℃冲击试验时钢中硫、磷含量各不大于0.035%，并应为细晶粒钢。

3　夏比冲击试验，按一组三个试样算术平均值计算。允许其中一个试样单值低于规定值，但不得低于规定值的70%。

4　进行拉伸和冷弯试验时，钢板应取横向试样。

5　钢材一般以热轧状态交货。根据需方要求，经供需双方协议，也可按控轧控冷（TMCP）、正火、正火＋回火或调质状态交货。

6　其他技术要求应符合现行国家标准《低合金高强度结构钢》GB/T 1591 的有关规定。

表 A.1.2-1　压力容器用低碳钢和低合金钢的化学成分

序号	牌号	化学成分（%）									
		C	Si	Mn	Cr	Ni	Mo	Nb	其他	P	S
										≤	
1	Q245R	≤0.20	≤0.35	0.50～1.00	—	—	—	—	Alt≥0.020	0.025	0.035
2	Q345R	≤0.20	≤0.55	1.20～1.60	—	—	—	—	Alt≥0.020	0.025	0.015
3	Q370R	≤0.18	≤0.55	1.20～1.60	—	—	—	0.015～0.050	—	0.025	0.015
4	18MnMoNbR	≤0.22	0.15～0.50	1.20～1.60	—	—	0.45～0.65	0.025～0.050	—	0.020	0.015
5	13MnNiMoR	≤0.15	0.15～0.50	1.20～1.60	0.20～0.40	0.60～1.00	0.20～0.40	0.005～0.020	—	0.020	0.010
6	15CrMoR	0.12～0.18	0.15～0.40	0.40～0.70	0.80～1.20	—	0.45～0.60	—	—	0.025	0.010
7	14Cr1MoR	0.05～0.17	0.50～0.80	0.40～0.65	1.15～1.50	—	0.45～0.65	—	—	0.020	0.010
8	12Cr2Mo1R	0.05～0.15	≤0.50	0.30～0.60	2.00～2.50	—	0.90～1.10	—	—	0.020	0.010
9	12Cr1MoVR	0.08～0.15	0.15～0.40	0.40～0.70	0.90～1.20	—	0.25～0.35	—	V0.15～0.30	0.025	0.010

注：1　如果钢中加入Nb、Ti、V等微量元素，Al含量的下限不适用。

2　经供需双方协议，并在合同中注明C含量下限可不作要求。

3　厚度大于60mm的钢板，Mn含量上限可至1.20%。

4　其他技术要求应符合现行国家标准《锅炉和压力容器用钢板》GB 713 的有关规定。

表 A.1.2-2 压力容器用低碳钢和低合金钢的力学性能

序号	牌号	交货状态	钢材板厚或直径（mm）	抗拉强度 R_m（N/mm²）	屈服强度 R_{eL}（$R_{p0.2}$）（N/mm²）	伸长率 A（%）	温度（℃）	V形冲击吸收能量 KV_2（横向）（J）	冷弯试验 $B=2a$ 180°
					不小于	不小于		不小于	
1	Q245R	热轧、控轧或正火	3～16	400～520	245	25	0	31	$d=1.5a$
			＞16～36		235				
			＞36～60		225				
			＞60～100	390～510	205	24			$d=2a$
			＞100～150	380～500	185				
2	Q345R		3～16	510～640	345	21	0	34	$d=2a$
			＞16～36	500～630	325				$d=3a$
			＞36～60	490～620	315				
			＞60～100	490～620	305	20			
			＞100～150	480～610	285				
			＞150～200	470～600	265				
3	Q370R	正火	10～16	530～630	370	20	−20	34	$d=2a$
			＞16～36		360				$d=3a$
			＞36～60	520～620	340				
4	18MnMoNbR	正火加回火	30～60	570～720	400	17	0	41	$d=3a$
			＞60～100		390				
5	13MnNiMoNbR	正火加回火	30～100	570～720	390	18	0	41	$d=3a$
			＞100～150		380				
6	15CrMoR		6～60	450～590	295	19	20	31	$d=3a$
			＞60～100		275				
			＞100～150	440～580	255				
7	14Cr1MoR		6～100	520～680	310	19	20	34	$d=3a$
			＞100～150	510～670	300				
8	12Cr2Mo1R		6～100	520～680	310	19	20	34	$d=3a$
9	12Cr1MoVR		6～60	440～590	245	19	20	34	$d=3a$
			＞60～100	430～580	235				

注：1 根据需方要求，经供需双方协议，Q245R、Q345R 和 13MnNiMoNbR 可进行−20℃的 V 形冲击试验，其冲击吸收能量不小于表中规定。

2 常温夏比 V 形冲击吸收能量，按三个试样的算术平均值计算，允许其中一个试样比规定值低。但不得低于规定值的 70%。

3 钢板尺寸应符合现行国家标准《热轧钢板和钢带的尺寸、外形、重量及允许偏差》GB/T 709 的有关规定。

4 根据需方要求，钢板可进行超声波检测。超声波检测方法和保证级别由供需双方协商，并在合同中注明。

5 根据需方要求，厚度大于 16mm 的钢板可逐张检测。

表 A.1.3-1 抗拉强度(R_m)大于或等于 610N/mm² 级容器用高强钢化学成分

序号	牌号	化学成分(%)									
		C	Si	Mn	P	S	Cr	Ni	Mo	V	其他
1	B610CF ADB610D SG610CFD WDB620 CF62 WDL610D WDL610D2 WSD610C WSD610D 07MnCrMoVR	≤0.09	0.15～0.40	1.00～1.60	≤0.025	≤0.010	≤0.30	≤0.40	≤0.30	0.02～0.08	B≤0.003
2	B610CFHQL2 B610CFHQL4 SG610CFE1 SG610CFE2 WDL610E WSD610E 07MnCrNiMoVDR	≤0.09	0.15～0.40	1.00～1.60	≤0.025	≤0.010	≤0.30	≤0.50	≤0.30	0.02～0.08	B≤0.003
3	CF80 B780CF SG780CFD WSD790C WSD790D WSD790E	≤0.15	0.15～0.40	1.20～1.60	≤0.020	≤0.015	≤0.80	0.40～1.40	≤0.55	0.02～0.08	B≤0.003
4	SG960CFD B960CF WSD1000C WSD1000D WSD1000E	≤0.20	0.15～0.40	1.20～1.60	≤0.020	≤0.015	≤1.00	0.40～1.60	≤0.60	0.02～0.08	

注:1 使用温度低于−20℃的钢板,含 Ni 量下限为 0.20%。

2 冷裂敏感指数 P_{cm}=C+Si/30+Mn/20+Cr/20+Ni/60+Mo/15+V/10+5B(%)。

3 其他技术要求应符合现行国家标准《压力容器用调质高强度钢板》GB 19189 的有关规定。

表 A.1.3-2 抗拉强度(R_m)大于或等于 610N/mm² 级容器用高强钢力学性能

序号	牌号	交货状态	取样方向及部位	拉伸试验			冲击试验			冷弯试验 180°
				R_m (N/mm²)	R_{eL} ($R_{p0.2}$) (N/mm²)	A (%)	试验温度 (℃)	V 形冲击吸收能量 KV_2(J) 平均值	单个值	
1	B610CF ADB610D SG610CFD WDB620 CF62 WDL610D WDL610D2 WSD610C WSD610D 07MnCrMoVR	TMCP+回火或调质	横向,1/4 厚度处	610～730	≥490	≥17	0	≥47	—	$d=3a$
							10	≥47		
							−20	≥47		

续表 A.1.3-2

序号	牌号	交货状态	取样方向及部位	拉伸试验			冲击试验			冷弯试验 180°
				R_m (N/mm²)	R_{eL} ($R_{p0.2}$) (N/mm²)	A (%)	试验温度 (℃)	V形冲击吸收能量 KV_2(J) 平均值	单个值	
2	B610CFHQL2 B610CFHQL4 SG610CFE1 SG610CFE2 WDL610E WSD610E 07MnNiCrMoVDR	TMCP+回火或调质	横向，1/4厚度处	610～730	≥490	≥17	−20 −40	≥47 ≥47	—	$d=3a$
3	CF80 B780CF SG780CFD WSD790C WSD790D			785～930	≥685	≥15	0 −20 −40	≥31 ≥33 ≥33	—	$d=3a$
4	SG960CFD B960CF WSD1000C WSD1000D WSD1000E			930～1130	≥790	≥12	—	—	—	—

表 A.1.3-3 部分焊接容器用高强钢化学成分

序号	牌号	化学成分(%)									
		C	Si	Mn	P	S	Cr	Ni	Mo	V	其他
1	14MnMoVN	0.14	0.30	1.41	0.012	0.025	—	—	0.47	0.13	N0.015
2	14MnMoNbB	0.12～0.18	0.15～0.35	1.30～1.80	≤0.030	≤0.030	—	—	0.45～0.70	—	Nb～0.04 B～0.001
3	15MnMoVNRE	≤0.18	≤0.60	≤1.70	≤0.035	≤0.030	—	—	0.35～0.60	0.03～0.08	RE0.10～0.20
4	HQ60	0.09～0.16	0.20～0.60	0.90～1.50	≤0.030	≤0.025	≤0.30	0.30～0.60	0.08～0.20	0.03～0.08	—
5	HQ70	0.09～0.16	0.15～0.40	0.60～1.20	≤0.030	≤0.030	0.30～0.60	0.30～1.00	0.20～0.40	V+Nb ≤0.10	B0.0005～0.0030
6	HQ80C	0.10～0.16	0.15～0.35	0.60～1.20	≤0.025	≤0.015	0.60～1.20	Cu0.15～0.50	0.20～0.40	0.03～0.08	B0.0005～0.0050
7	HQ100	0.10～0.18	0.15～0.35	0.80～1.40	≤0.030	≤0.030	0.40～0.80	0.70～1.50	0.30～0.60	0.03～0.08	—
8	HQ130	0.18	0.29	1.21	0.025	0.006	0.61	0.03	0.28	—	B0.0012
9	12Ni3CrMoV	0.105	0.27	0.45	0.010	0.005	1.04	2.78	0.21	0.08	—
10	10Ni5CrMoV	0.10	0.20	0.50	0.010	0.005	0.50	4.50	0.50	0.07	—

注：1 使用温度低于−20℃的钢板，含 Ni 量下限为 0.20%。

2 冷裂敏感指数 P_{cm}=C+Si/30+Mn/20+Cr/20+Ni/60+Mo/15+V/10+5B(%)。

表 A.1.3-4　部分焊接容器用高强钢力学性能

序号	牌号	交货状态	拉伸试验			冲击试验	
			R_m (N/mm²)	$R_{eL}(R_{p0.2})$ (N/mm²)	A (%)	试验温度 (℃)	V形冲击吸收能量 KV_2(J)
1	14MnMoVN	控轧(TMCP)＋回火或调质	≥690	≥590	≥15	－40	≥27
2	14MnMoNbB		≥755	≥686	≥14	－40	≥31
3	15MnMoVNRE		—	≥666	—	－40	≥27
4	HQ60		≥590	≥450	≥16	－10	≥47
						－40	≥29
5	HQ70		≥680	≥590	≥17	－10	≥39
						－40	≥29
6	HQ80C		≥785	≥685	≥16	－10	≥47
						－40	≥29
7	HQ100		≥950	≥880	≥10	－25	≥27
8	HQ130		1370	1313	10	20	≥64
9	12Ni3CrMoV		745～870	688～799	≥17	－25	≥41
						－84	≥16
10	10Ni5CrMoV		925～945	825～840	≥21	－20	195～240

注：1　HQ60、HQ70、HQ80C 的热处理条件是：920℃淬火＋680℃回火。

2　HQ100、HQ130 的热处理条件分别是：920℃淬火＋620℃回火（回火索氏体）、920℃淬火＋250℃回火（回火板条马氏体）。

3　高强度高韧性钢 12Ni3CrMoV 的热处理制度可任选：910℃正火、910℃正火＋660℃回火、910℃水淬＋660℃回火、910℃水淬＋690℃回火。

4　在弯芯直径 $D=3a$（a 为钢板厚度）时，均要求冷弯 180°后试样完好。

表 A.1.4-1　不锈钢的化学成分

牌号	化学成分（%）							
	C	Si	Mn	P	S	Ni	Cr	其他元素
06Cr19Ni10（S30408）	≤0.08	≤0.75	≤2.00	≤0.045	≤0.030	8.00～10.50	18.00～20.00	N≤0.10
022Cr19Ni10（S30403）	≤0.03	≤0.75	≤2.00	≤0.045	≤0.030	8.00～12.00	18.00～20.00	N≤0.10
06Cr17Ni12Mo2（S31608）	≤0.08	≤0.75	≤2.00	≤0.045	≤0.030	10.00～14.00	16.00～18.00	Mo 2.00～3.00；N≤0.10
022Cr17Ni12Mo2（S31603）	≤0.03	≤0.75	≤2.00	≤0.045	≤0.030	10.00～14.00	16.00～18.00	Mo 2.00～3.00；N≥0.10
022Cr22Ni5Mo3N（S22253）	≤0.03	≤1.00	≤2.00	≤0.030	≤0.020	4.50～6.50	21.00～23.00	Mo 2.50～3.50；N 0.08～0.20
06Cr13Al（S11348）	≤0.08	≤1.00	≤1.00	≤0.040	≤0.030	≤0.60	11.50～14.50	Al 0.10～0.30
06Cr13（S41008）	≤0.08	≤1.00	≤1.00	≤0.040	≤0.030	≤0.60	11.50～13.50	—
12Cr13（S41010）	≤0.15	≤1.00	≤1.00	≤0.040	≤0.030	≤0.60	11.50～13.50	—
20Cr13（S42020）	0.16～0.25	≤1.00	≤1.00	≤0.040	≤0.030	≤0.60	12.00～14.00	—
04Cr13Ni5Mo（S41595）	≤0.05	≤0.60	0.50～1.00	≤0.030	≤0.030	3.50～5.50	11.50～14.00	Mo 0.50～1.00

表 A.1.4-2 不锈钢的力学性能

牌　号	热处理状态	厚度（mm）	拉力试验			硬度试验		
			屈服强度 $R_{p0.2}$ （N/mm²）	拉力强度 R_m （N/mm²）	伸长率 A（%）	HBW	HRB 或 HRC	HV
06Cr19Ni10（S30408）	经固熔处理	1.5～80	≥205	≥515	≥40	≤201	HRB≤92	≤210
022Cr19Ni10（S30403）			≥170	≥485	≥40	≤201	HRB≤92	≤210
06Cr17Ni12Mo2（S31608）			≥205	≥515	≥40	≤217	HRB≤95	≤220
022Cr17Ni12Mo2（S31603）			≥170	≥485	≥40	≤217	HRB≤95	≤220
022Cr22Ni5Mo3N（S22253）			≥450	≥680	≥25	≤293	HRC≤31	≤260
06Cr13Al（S11348）	经退火处理	1.5～25	≥170	≥415	≥20	≤179	HRB≤88	≤200
06Cr13（S41008）		—	≥205	≥415	≥20	≤183	HRB≤89	≤200
12Cr13（S41010）		—	≥205	≥450	≥20	≤217	HRB≤96	≤210
20Cr13（S42020）		—	≥225	≥520	≥18	≤223	HRB≤97	≤234
04Cr13Ni5Mo（S41595）		—	≥620	≥795	≥15	≤302	HRC≤32	—

表 A.1.4-3 不锈钢复合钢板覆层、基层材料标准

覆层材料		基层材料	
执行相应标准	《不锈钢冷轧钢板和钢带》GB/T 3280、《不锈钢热轧钢板和钢带》GB/T 4237、《不锈钢和耐热钢 牌号及化学成分》GB/T 20878、《承压设备用不锈钢钢板及钢带》GB/T 24511	执行相应标准	《碳素结构钢》GB/T 700、《热轧钢板和钢带的尺寸、外形、重量及允许偏差》GB/T 709、《锅炉和压力容器用钢板》GB 713、《低合金高强度结构钢》GB/T 1591、《碳素结构钢和低合金结构钢热轧厚钢板及钢带》GB/T 3274、《低温压力容器用低合金钢钢板》GB 3531
典型钢号	06Cr19Ni10（S30408） 022Cr19Ni10（S30403） 06Cr17Ni12Mo2（S31608） 022Cr17Ni12Mo2（S31603） 022Cr22Ni5Mo3N（S22253） 06Cr13A1（S11348） 06Cr13（S41008） 04Cr13Ni5Mo（S41595）*	典型钢号	Q235B（Q235C、Q235D） Q345B（Q345C、Q345D） Q390B（Q390C、Q390D） Q245R Q345R Q370R 14Cr1MoR 12Cr2Mo1R 15CrMoR 16MnDR 15MnNiDR

注：* 不得用于水中氯离子含量大于 25mg/L 的水质。

表 A.1.4-4　不锈钢复合钢板面积结合率

界面结合级别	类别	结合率（%）	未复合状态
Ⅰ级	BⅠ BRⅠ RⅠ	100	不允许有未结合区存在
Ⅱ级	BⅡ BRⅡ RⅡ	≥99	单个未结合区长度不大于 50mm，面积不大于 2000mm²
Ⅲ级	BⅢ BRⅢ RⅢ	≥95	单个未结合区长度不大于 75mm，面积不大于 4500mm²

注：1　不锈钢复合钢板的结合率达不到表中规定，允许对复合缺欠的覆层进行熔焊修补，这种修补应满足以下注 2 要求。

2　按未结合面积与总面积的比率，以及单个未结合面积的大小和个数将复合钢板分为Ⅰ级、Ⅱ级和Ⅲ级，Ⅰ级复合钢板适用于不允许有未结合区存在的、加工时要求严格的结构件，Ⅱ级复合钢板适用于可允许有少量未结合区存在的结构件。Ⅲ级复合钢板适用于覆层材料只作为抗腐蚀层来使用的一般结构件。

3　代号 B 为爆炸法、R 为轧制法、BR 为爆炸和轧制。

4　其他应符合现行国家标准《不锈钢复合钢板和钢带》GB/T 8165 的有关规定。

表 A.1.4-5　不锈钢复合钢板力学性能

性能 级别	界面抗剪切强度 J_b（N/mm²）	屈服强度 R_{eL} （N/mm²）	抗拉强度 R_m （N/mm²）	伸长率 A （%）	冲击吸收能量 KV_2（J）
Ⅰ级 Ⅱ级	≥210	不应小于基层钢板标准值	不应小于基层钢板标准下限值，且不应大于上限值加 35N/mm	不应小于基层钢板标准值	应符合基层钢板的规定
Ⅲ级	≥200				

注：1　不锈钢复合钢板的屈服强度下限值亦可按下列公式计算：

$$R_{eL}=\frac{t_1R_{eL1}+t_2R_{eL2}}{t_1+t_2} \tag{A.1.4-1}$$

式中：R_{eL1}——覆层钢板的屈服强度下限值（N/mm²）；

R_{eL2}——基层钢板的屈服强度下限值（N/mm²）；

t_1——覆层钢板的厚度（mm）；

t_2——基层钢板的厚度（mm）。

2　不锈钢复合钢板的抗拉强度下限值亦可按下列公式计算：

$$R_m=\frac{t_1R_{m1}+t_2R_{m2}}{t_1+t_2} \tag{A.1.4-2}$$

式中：R_{m1}——覆层钢板的抗拉强度下限值（N/mm²）；

R_{m2}——基层钢板的抗拉强度下限（N/mm²）；

t_1——覆层钢板的厚度（mm）；

t_2——基层钢板的厚度（mm）。

3　当覆层伸长率标准值小于基层标准值、复合钢板伸长率小于基层，但不小于覆层标准值时，允许剖去覆层仅对基层进行拉伸试验，其伸长率不应小于基层标准值。

4　不锈钢复合钢板的覆层不做冲击吸收能量试验。

表 A.1.4-6　不锈钢复合钢板弯曲性能

厚度 （mm）	试样宽度 （mm）	弯曲角度 （°）	弯芯直径 d		试验结果	
			内弯	外弯	内弯	外弯
≤25	$b=2a$	180	a<20mm 时，$d=2a$； a≥20mm 时，$d=3a$		在弯曲部分的外侧不得产生裂纹。复合界面不允许分层	
>25	$b=2a$	180	加工基层厚度至 25mm 时，弯芯直径按基层钢板标准确定			

注：a 为复合钢板厚度。

A.2 钢板表面质量

A.2.1 钢板表面质量应符合下列规定：

1 钢板表面不得有气泡、结疤、拉裂、裂纹、折叠、夹杂和压入的氧化铁皮。钢板不得有分层。

2 钢板表面允许有不妨碍检测表面缺欠的薄层氧化铁皮、铁锈，由于压入氧化铁皮脱落所引起的不显著的粗糙、划痕，轧辊造成的网纹及其他局部缺欠，但凹凸度不得大于钢板厚度公差之半，且保证不应大于允许的最小厚度。

3 钢板表面的缺欠不允许焊补和堵塞，应用凿子或砂轮清理。清理处应平缓无棱角，清理深度不得大于钢板厚度负偏差的范围，并保证不应大于钢板允许的最小厚度。

4 切边钢板的边缘不得有锯齿形凹凸，但允许有深度不大于2mm、长度不大于25mm的个别发纹。不切边钢板，因轧制而产生的边缘裂口及其他缺欠，其横向深度不得大于钢板宽度偏差之半，并且不得使钢板局部宽度小于公称宽度。

5 钢板表面质量其他规定应符合现行国家标准《热轧钢板表面质量的一般要求》GB/T 14977的有关规定。

附录B 线膨胀量计算和大气露点换算表

B.0.1 受环境温度影响的钢管伸缩量按下式计算：

$$\Delta L=\alpha\cdot\Delta t\cdot L_0 \tag{B.0.1}$$

式中：ΔL——受环境温度影响的钢管伸缩量；

α——钢管线膨胀系数，取1.2×10^{-5} [1/(m·℃)]；

Δt——钢管环境温差（℃），安装时的气温减去所处环境的多年平均水温；

L_0——多年平均水温下的钢管长度（m），可以用设计图样长度近似代替。

B.0.2 钢管管壁温度按下式计算：

$$T=4+\frac{27}{19}t \tag{B.0.2}$$

式中：T——钢管放空时受日光照射时的管壁温度（℃）；

t——空气温度，简称气温（℃）。

B.0.3 相对湿度按下式计算：

$$RH=\frac{M_a}{M_g}\times100\% \tag{B.0.3}$$

式中：RH——相对湿度；

M_a——空气中水的含量（%）；

M_g——该空气可含水的最大容量（%）。

注：1 湿度就是指空气中湿气的含量，物理定义：空气湿度是用来表示空气中的水汽含量多少或空气潮湿程度的物理量。

2 相对湿度是指实际空气的湿度与在同一温度下达到饱和状况时的湿度之比值（%）。

B.0.4 在不同空气温度t和相对湿度RH下的露点t_d可按下式计算：

$$t_d=234.175\times\frac{(234.175+t)(\ln0.01+\ln RH)+17.08085t}{234.175\times17.08085-(234.175+t)(\ln0.01+\ln RH)} \tag{B.0.4}$$

B.0.5 大气露点换算表应符合表B.0.5的规定。

表B.0.5 大气露点换算表

相对湿度 RH（%）	大气温度（℃）									
	0	5	10	15	20	25	30	35	40	45
	大气露点（℃）									
95	−0.7	4.3	9.2	14.2	19.2	24.1	29.1	34.1	39.0	44.0
90	−1.4	3.5	8.4	13.4	18.3	23.2	28.2	33.1	38.0	43.0
85	−2.2	2.7	7.6	12.5	17.4	22.3	27.2	32.1	37.0	41.9
80	−3.0	1.9	6.7	11.6	16.4	21.3	26.2	31.0	35.9	40.7
75	−3.9	1.0	5.8	10.6	15.4	20.3	25.1	29.9	34.7	39.5
70	−4.8	0.0	4.8	9.6	14.4	19.1	23.9	28.7	33.5	38.2
65	−5.8	−1.0	3.7	8.5	13.2	18.0	22.7	27.4	32.1	36.9
60	−6.8	−2.1	2.6	7.3	12.0	16.7	21.4	26.1	30.7	35.4
55	−7.9	−3.3	1.4	6.1	10.7	15.3	20.0	24.6	29.2	33.8
50	−9.1	−4.5	0.1	4.7	9.3	13.9	18.4	23.0	27.6	32.1
45	−10.5	−5.9	−1.3	3.2	7.7	12.3	16.8	21.3	25.8	30.3
40	−11.9	−7.4	−2.9	1.5	6.0	10.5	14.9	19.4	23.8	28.2
35	−13.6	−9.1	−4.7	−0.3	4.1	8.5	12.9	17.2	21.6	25.9

附录C　钢管焊接材料选用

C.0.1　钢管焊接材料的选用应符合表C.0.1-1、表C.0.1-2的规定。

表C.0.1-1　钢管焊接材料的选用方法之一

序号	钢种	牌号	焊条电弧焊			埋弧焊		
			焊条牌号示例	符合GB型号	相当于AWS型号	焊丝/焊剂组合牌号示例	符合GB型号	相当于AWS型号
1	低碳钢	Q235	CHE422R	E4303		CHW-S1/CHF431	F4A2-H08A	F6A0-EL12
		Q245R	J422			CHW-S1/CHF301		
			CHE426R	E4316	E6016			
			TL-46					
			J426		E6015			
			CHE427R	E4315				
			TL-427					
			J427					
2	低合金钢	Q295	CHE506R	E5016	E7016	CHW-S1/CHF431	F4A2-H08A	F6A0-EL12
		Q345	CHE507R	E5015	E7015	CHW-S4/CHF431	F4A4-H08MnA	F6A0-EL12
		Q345R	J507			CHW-S2/CHF103	F5A2-H08MnA	F6A4-EM12
		X42	TL-507			CHW-S2/CHF302		F7A0-EM12
		X46	CHE507RH	E5015-G	E7015-G	CHW-S3/CHF101	F5A2-H10Mn2	F7A2-EM12K
		L360	CHE507NiLHR			TSW-12KM×TF-565		F7A4-EM12K
		16MnDR				CHW-S12/CHF101		F7A0-EN12K
		15MnNiDR	TL-507Ni			CHW-S12/CHF301		F7A0-EM13K
			J507RH					F7A0-EH14
			J507R					
		Q370R	CHE506R	E5016	E7016	CHW-S3/CHF101	F5A2-H10Mn2	F7A0-EH14
		Q390	CHE507R	E5015	E7015	TSW-50G×TF-565		
		X52	CHE507RH	E5015-G	E7015-G	CHW-S3/CHF331	F5A2-H10Mn2G	
		X60	CHE556H	E5516-G	E8016-G	CHW-S4/CHF303		
		X65	J556RH			CHW-S9/CHF101		F8A4-EG-G
		15MnNiNbDR	CHE557R	E5515-G	E8015-G	CHW-S9/CHF105	F55P2-H08MnMoA	F7A2-EH14
		Q420	J557				F5A2-H10MnSi	F7A0-EM13K
			TL-65Z				CHW-S9焊丝：H08MnMoA	F55P2-EA4-A4
			CHE507GX	E5015	E7015			F55A3-EA4-A2
			CHE555GX	E5510-G	E8010-P1	CHW-SG/CHF101GX		CHW-S9焊丝：Ea2
			CHE557GX	E5515-G	E8015-G			

续表 C.0.1-1

序号	钢种	牌号	焊条电弧焊			埋弧焊		
			焊条牌号示例	符合GB型号	相当于AWS型号	焊丝/焊剂组合牌号示例	符合GB型号	相当于AWS型号
3	高强钢	B610CF ADB610D SG610CFD WDB620 CF62 WDL610D WDL610D2 WSD610C WSD610D 07MnCrMoVR B610CFHQL2 B610CFHQL4 SG610CFE1 SG610CFE2 WDL610E WSD610E 07MnNiCrMoVDR Q460 Q500 Q550 HQ60 X70 X80 18MnMoNbR 14MnMoV	CHE62CFLHR J607RH CHE607RH CHE607NiR TL－80 J606RH	E6015－G E6016－G	E9015－G E9016－G	CHW－S7/CHF101 CHW－S9/CHF101 CHW－S9/CHF105 TSW－60G×TF－600 TSW－60G×TF－585	F62P2－H08Mn2MoA F55P2－H08Mn2MoA F55A3－H08Mn2MoA	F62P2－EA3－A3 F55P2－EA4－A4 F55A3－EA4－A2
		B800CF SG800CFD Q620 HQ70 HQ70R 14MnMoVN Q690 HQ80C DB685R CF80 WSD790C	CHE557MoV CHE707 J707 CHE707Ni CHE757 CHE757Ni J757Ni CHE758 TL－118M CHE80C CHE807 CHE807RH J807	E6015－G E7015－D2 E7015－G E7515－G E7518－G E7518－M E7515－G E8015－G	E9.15－G E10015－D2 E10015－G E11015－G E11018－G E11018－M	CHW－S7/CHF113 CHW－S7/CHF115 CHW－S10/CHF102 CHW－S10/CHF104 CHW－S10/CHF105 CHW－S10/CHF102 CHW－S10/CHF104 CHW－S10/CHF105	F62P4－H08Mn2MoA F69P2－H08Mn2MoA CHW－S10焊丝：H10Mn2NiMoA CHW－S10焊丝：H10Mn2NiMoA	F62P4－EA3－A3 F69P2－EA3－A3 CHW－S10焊丝：Ef3 CHW－S10焊丝：Ef3

续表 C. 0. 1-1

序号	钢种	牌号	焊条电弧焊			埋弧焊		
			焊条牌号示例	符合 GB 型号	相当于 AWS 型号	焊丝/焊剂组合牌号示例	符合 GB 型号	相当于 AWS 型号
3	高强钢	WSD790D						
		WSD790E						
		14MnMoNbB						
		14CrMnMoVB						
		12Ni3CrMoV						
		10Ni5CrMoV						
		X100						
		X120						
		SG960CFD	CHE857	E8515-G	E12015-G			
		B960CF	CHE857Cr	E9015-G				
		WSD1000C	CHE857CrNi	E10015-G				
		WSD1000D	J857	E8518-G	E12018-G			
		WSD1000E	J857Cr					
		HQ100	J907Cr					
		HQ130	J107					
		30CrMo	J107Cr					
		35CrMo	CHE858					
4	不锈钢	06Cr19Ni10	CHS102R	E308-16	E308-16			
		022Cr19Ni10	CHS107R	E308-15	E308-15			
		06Cr17Ni12Mo2	CHS132R	E347-16	E347-16			
		022Cr17Ni12Mo2	CHS137R	E347-15	E347-15			
		022Cr22Ni5Mo3N	CHS002R	E308L-16	E308L-16			
			CHS202R	E316-16	E316-16			
			CHS207R	E316-15	E316-15			
			CHS212R	E318-16	E318-16			
			CHS307	E309-15	E309-15			
			CHS312	E309Mo-16	E309Mo-16			
			CHS2209	E2209-16	E2209-16	焊剂 CHF260 和 CHF601 均符合国标 F308-H0Cr21Ni10、CHW—2209 不锈钢焊丝		
			CHS232	E318V-16				
			CHS237	E318V-15				
		06Cr13A1	CHK202	E410-16	E410-16			
		06Cr13	CHK207	E410-15	E410-15			
		12Cr13	CHS107	E308-15	E308-15			
		20Cr13	CHS207	E316-15	E316-15			
		04Cr13Ni5Mo	CHS312	E309Mo-16	E309Mo-16			
		10Cr17	CHK307	E430-15	E430-15			
		10Cr17Mo	CHS107	E308-15	E308-15			
			CHS207	E316-15	E316-15			

表 C.0.1-2 钢管焊接材料

序号	钢种	牌号	MAG/MIG 焊			CO_2 气体	
						药芯(金属粉芯)	
			焊丝牌号示例	符合 GB 型号	相当于 AWS 型号	焊丝牌号示例	符合 GB 型号
1	低碳钢	Q235 Q245R	CHW-50C2	ER50-2	ER70S-2	TWE-611	E431T-G
			CHW-50C3	ER50-3	ER70S-3	CHT711	E501T-1
			TM-54	ER50-4	ER70S-4	TWE-711	E500T-5
			JQ.MG50-4	ER50-6	ER70S-6	JQ. Y501-1	E501T-1L
			CHW-50C6	ER50-G	ER70S-G	JQ. Y507-1	E551T-Ni1
			TM-56			JQ. YJ507Ni-1	
2	低合金钢	Q295	JQ.MG50-6			TWE-711Ni	
		Q345	CHW-50C8			JQ. YJ501Ni-1	
		Q345R	TM-58				
		X42	JQ.MG50-Ti				
		X46					
		L360					
		16MnDR					
		15MnNiDR					
		Q370R					
		Q390					
		X52					
		X60					
		X65					
		15MnNiNbDR					
		Q420					
3	高强钢	B610CF	CHW-65A	ER55-G	ER80S-G	JQ. Y601-1	E551T1-Ni1
		ADB610D	CHW-60C			JQ. YJ601Ni-1	E81T-K1
		SG610CFD	CHW-65C			TWE-911Ni2	E91T1-NI2
		WDB620	TM-60				
		CF62	JQMG55-B				

的选用方法之二

保护焊				自保护药芯(金属粉芯)焊丝		
焊丝	实心焊丝					
相当于AWS型号	焊丝牌号示例	符合GB型号	相当于AWS型号	焊丝牌号示例	符合GB型号	相当于AWS型号
E61T-G	CHW-50C2	ER50-2	ER70S-2	JC-28(仅用于加劲环焊接)	E501T-8	E71T-8
E71T-1	CHW-50C6	ER50-6	ER70S-6		E500T-7	E70T-7
E70T-5	TM-56	ER50-G	ER70S-G		E501T8-K6	E71T-K6
E71T-1J	JQ.MG50-6	ER55-G	ER80S-G	TWE-707-0	E501T8-Ni1	E71T8-Ni1
E71T-Ni1	CHW-50C8			JC-29		
	TM-58			JC-29X		
	JQ.MG50-Ti			JC-29Ni1		
	CHW-65C					
	JQ.MG55-B					
E81T1-Ni1				JC-29Ni1	E501T8-Ni1E	E71T8-Ni1
E81T-K1				JC-29Ni2	501T8-Ni2	E71T8-Ni2
E91T1-NI2						

续表

序号	钢种	牌号	MAG/MIG焊			CO_2 气体	
						药芯(金属粉芯)	
			焊丝牌号示例	符合GB型号	相当于AWS型号	焊丝牌号示例	符合GB型号
3	高强钢	WDL610D WDL610D2 WSD610C WSD610D 07MnCrMoVR B610CFHQL2 B610CFHQL4 SG610CFE1 SG610CFE2 WDL610F WSD610E 07MnNiCrMoVDR Q460 Q500 Q550 HQ60 X70 X80 18MnMoNbR 14MnMoV					
		Q620 HQ70 HQ70R 14MnMoVN Q690 HQ80C DB685R CF80 B780CF	CHW-70C	ER69-G	ER100S-G	JQ.Y707Ni-1	

C. 0. 1-2

保护焊				自保护药芯(金属粉芯)焊丝		
焊丝	实心焊丝					
相当于 AWS 型号	焊丝牌号示例	符合 GB 型号	相当于 AWS 型号	焊丝牌号示例	符合 GB 型号	相当于 AWS 型号
E90T－5						

续表

序号	钢种	牌号	MAG/MIG 焊			CO_2 气体	
			焊丝牌号示例	符合 GB 型号	相当于 AWS 型号	药芯(金属粉芯)	
						焊丝牌号示例	符合 GB 型号
3	高强钢	SG780CFD					
		WSD790C					
		WSD790D					
		WSD790E					
		14MnMoNbB					
		14CrMnMoVB					
		12Ni3CrMoV					
		10Ni5CrMoV					
		X100					
		X120					
4	不锈钢	06Cr19Ni10	CHM-308	H06Cr21Ni10	ER308	TFW-308L	E308LT1-1
		022Cr19Ni10	CHM-308	H022Cr21Ni10	ER308L	TFW-309L	E309LT1-1
		06Cr17Ni12Mo2	CHM-309	H06Cr24Ni13	ER309	TFW-309MoL	E309LMoT1-1
		022Cr17Ni12Mo2	CHM-309L	H06Cr19Ni12Mo2	ER309L	TFW-316L	E316LT1-1
		022Cr22Ni5Mo3N	CHM-316	H022Cr19Ni12Mo2	ER316	TFW-317L	E-317LT1-1
			ERM-316L	H022Cr20Ni14Mo3	ER316L	TFW-347L	E-347LT1-1
			CHM-317	H06Cr20Ni10Nb	ER317		
			CHM-347		ER347		
			MIG-2209		ER2209		
		06Cr13A1					
		06Cr13					
		12Cr13	CHM-410	H12Cr13	ER410		
		20Cr13					
		04Cr13Ni5Mo					
		10Cr17	MIG-430		ER430		
		10Cr17Mo					

注:马氏体型不锈钢、铁素体型不锈钢,焊接时受加热条件所限,不能预热焊接或不能进行焊接后热处理时,亦可选用奥氏体

C. 0. 1-2

保护焊 焊丝	实心焊丝			自保护药芯(金属粉芯)焊丝		
相当于AWS型号	焊丝牌号示例	符合GB型号	相当于AWS型号	焊丝牌号示例	符合GB型号	相当于AWS型号
E308LT1－1 E309LT1－1 E309LMoT1－1 E316LT1－1 E－317LT1－1 E－347LT1－1						

型不锈钢焊接材料焊接。

C.0.2 不锈钢复合钢板焊条电弧焊时焊条的选用应符合表C.0.2的规定。

C.0.3 不锈钢复复合钢板焊条电弧焊和埋弧焊时焊接材料的选用应符合表C.0.3的规定。

表C.0.2 不锈钢复合钢板焊条电弧焊时焊条的选用

复合钢的组合示例	基层	过渡区	覆层
Q235(Q245R)+06Cr13Al	E4303 E4315	E309-16 E309-15	E410-16 E410-15
Q345(Q345R)+06Cr13Al Q390(Q370R)+06Cr13Al	E5015 E5515-G		
Q235(Q245R) +06Cr19Ni10 Q235(Q245R)+022Cr19Ni10	E4303 E4315		E347-15 E347-16
Q345(Q345R)+06Cr19Ni10 Q345(Q345R)+022Cr19Ni10 Q390(Q370R)+022Cr19Ni10	E5015 E5515-G		
Q235(Q245R)+06Cr17Ni12Mo2 Q235(Q245R)+022Cr17Ni12Mo2	E4315	E309Mo-16	E318-16
Q345(Q345R)+06Cr17Ni12Mo2 Q345(Q345R)+022Cr17Ni12Mo2	E5015 E5515-G		
Q345(Q345R)+022Cr22Ni5Mo3N Q390(Q370R)+022Cr22Ni5Mo3N	E5015 E5515-G	E2209-16	E2209-16

表C.0.3 不锈钢复合钢板焊条电弧焊和埋弧焊时焊接材料的选用

母材示例		焊条电弧焊		埋弧焊	
		牌号示例	符合GB型号	焊丝/焊剂组合牌号	符合GB型号
基层	Q235 Q245R	CHE422R、CHE426R、 CHE427R J422、J426、J427 TL-46、TL-427	E4303,E4315	CHW-S1/CHF431 CHW-S1/CHF301	F4A2-H08A
	Q295 Q345 Q345R Q370R Q390 16MnDR 15MnNiDR 15MnNiNbDR	CHE506R、CHE507R、 CHE507RH、 CHE507NiLHR J507、J507RH、J507R TL-507、TL-507Ni CHE556H、CHE557R J556RH、J557 TL-65Z	E5015 E5515-G	CHW-S1/CHF431 CHW-S1/CHF301 CHW-S2/CHF103 CHW-S2/CHF301 TSW-12KM×TF-565 CHW-S12/CHF101 CHW-S12/CHF301	F4A2-H08A F4A4 -H08MnA F5A2 -H08MnA
过渡层		CHS302、CHS307、 CHS312、CHS2209 A302、A307、A312	E309-1 E309-15 E309Mo-16 E2209-16	H00Cr29Ni12TiAl/CHF601 H00Cr29Ni12TiAl/CHF260	F308 -H0Cr21Ni10

续表 C.0.3

母材示例		焊条电弧焊		埋弧焊	
		牌号示例	符合GB型号	焊丝/焊剂组合牌号	符合GB型号
覆层	06Cr19Ni10 022Cr19Ni10	CHS102、CHS107 A102、A107 CHS132、CHS137 A132、A137 CHS202、CHS207 A202、A207	E308-16 E308-15 E347-16 E347-15 E316-16 E316-15	H0Cr19Ni9Ti/(CHF601或CHF260) H00Cr21Ni10(CHF601或CHF260) H00Cr29Ni12TiAl/(CHF601或CHF260)	F308 -H0Cr21Ni10
	06Cr13Al 06Cr13 12Cr13	CHK202 CHK207 CHK232	E410-16 E410-15 E410NiMo-16		
	06Cr17Ni12Mo2 022Cr17Ni12Mo2	CHS202、CHS207 A202、A207 CHS212 A212	E316-16 E316-15 E318-16	H0Cr18Ni12Mo2Ti/(CHF601或CHF260) H0Cr18Ni12Mo3Ti/(CHF601或CHF260) H00Cr21Ni10/(CHF601或CHF260) H00Cr29Ni12TiAl(CHF601或CHF260)	F308 -H0Cr21Ni10
	022Cr22Ni5Mo3N	CHS2209	E2209-16	CHW-2209/CHF601	—

附录D 焊接工艺评定力学性能试验

D.1 对接接头试件制备

D.1.1 板状对接接头试件尺寸应满足切取所需试件，试样切取部位应符合图D.1.1的规定。

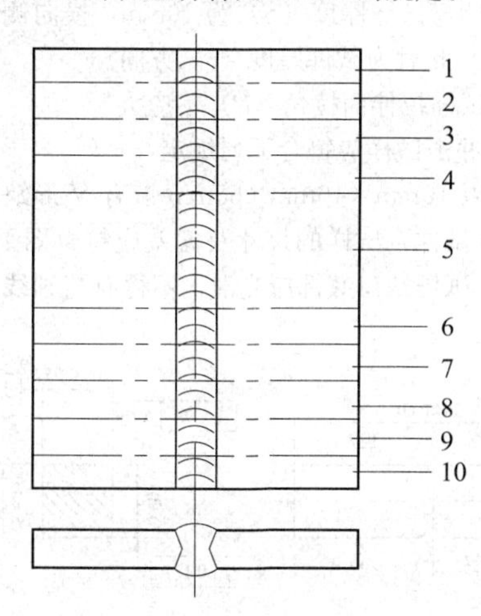

图D.1.1 试验切取部位

1—舍弃试样；2—背弯或侧弯试样；3—拉伸试样；
4—面弯或侧弯试样；5—备用试样；6—背弯或侧弯试样；
7—拉伸试样；8—面弯或侧弯试样；
9—冲击试样；10—试件两端丢弃长度：手工焊每端30mm，
自动焊每端50mm（指未焊助焊板的试件）

D.1.2 试件焊完后应做外观检测、超声波检测或射线检测（RT），合格后再做力学性能试验。

D.1.3 焊接接头外观检测应符合本规范表5.4.1的有关规定。

D.1.4 试件的射线检测（RT）应符合现行国家标准《金属溶化焊焊接接头射线照相》GB/T 3323的有关规定、射线照相的质量不应低于B级，焊接接头质量不低于Ⅱ级。试件的超声波检测应符合国家现行标准《钢焊缝手工超声波探伤方法和探伤结果分级》GB/T 11345的有关规定，检测等级为B级，焊接接头质量不低于Ⅰ级。

D.1.5 硬度试样和试验应符合下列规定：

1 硬度检测应符合图D.1.5的规定位置进行检测。

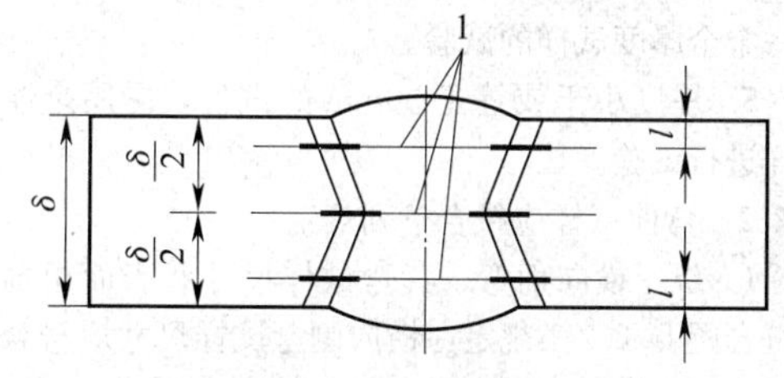

图D.1.5 硬度检测位置

1—测定线

—细实线处两相邻压痕中心距：1.0mm；

━粗实线处两相邻压痕中心距：0.5mm

2 其他技术要求和有关试验方法，应符合现行国家标准《金属材料 布氏硬度试验 第1部分：试验方法》GB/T 231.1、《焊接接头硬度试验方法》GB/T 2654和《金属材料 维氏硬度试验 第1部分：试验方法》GB/T 4340.1的有关规定。

3 焊接接头的硬度应符合本规范第 5.3.20 条的规定。

D.2 对接接头力学性能试样的形状和尺寸

D.2.1 拉伸试样应符合下列规定：

1 对接接头的试样可选用带肩板状试样。

2 带肩板状试样应符合图 D.2.1 的规定。

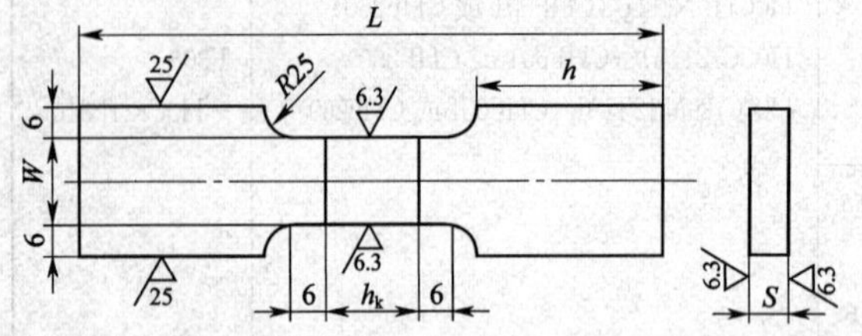

图 D.2.1 对接接头带肩板状试样图

L—取 250mm 或者按需要长度；S—试样厚度（mm）；

W—试样受拉伸平行侧面宽度，大于或等于 25mm；

h_k—大于焊缝最大宽度（mm）；试样原始标距

$L_0=5.65\sqrt{W\times S}$（mm），

试样平行长度 $L\geqslant L_0+\frac{W}{2}$（mm）；

h—夹持部分长度，根据试验机夹具而定（mm）

3 试样应采用机械加工或磨削方法制备，要注意防止表面的加工硬化或材料过热。在受试长度范围内，表面不应有横向刀痕或划痕。

4 试样的焊缝余高应以机械方法去除，使之与母材齐平，试样厚度（S）应等于或接近试件母材厚度（δ）。当试件厚度大于 30mm 时，则可从焊接接头不同厚度区取若干试样以取代接头全厚度的单个试样，但每个试样的厚度不应小于 30mm，且所取试样应覆盖接头的整个厚度，并应符合现行国家标准《焊接接头拉伸试验方法》GB/T 2651 的有关规定。在这种情况下，应当标明试样在焊接试件厚度中的位置。采用钼丝切割等精密加工方法时，允许将试样在厚度方向均匀分层取样，等分后的两片或多片试样试验代替一个全厚度试样的试验。

5 厚度小于或等于 30mm 的试件，采用全厚度试样进行试验。

D.2.2 弯曲试样应符合下列规定：

1 纵、横向面弯、背弯试样尺寸和表面粗糙度应符合图 D.2.2-1 规定，横向侧弯试样尺寸应符合图 D.2.2-2 规定。

2 纵、横向面弯、背弯试样长度应按下式计算：

$$L=D+2.5S+100 \quad \text{(D.2.2-1)}$$

式中：D——弯心直径（mm）；

S——试样厚度（mm）。

横向侧弯试样长度应按下式计算：

$$L=D+105 \quad \text{(D.2.2-2)}$$

式中：L 值应不小于 150mm。

3 纵、横向面弯、背弯试样宽度（B）为

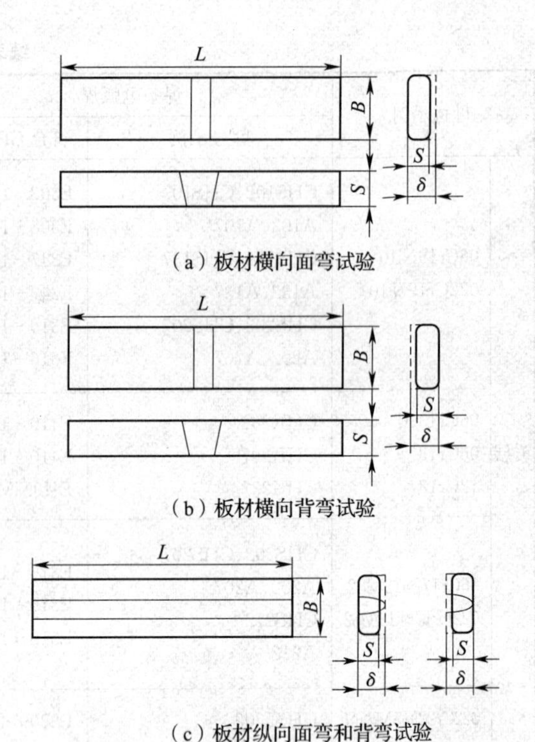

（a）板材横向面弯试验

（b）板材横向背弯试验

（c）板材纵向面弯和背弯试验

图 D.2.2-1 板材纵、横向面弯及背弯试样

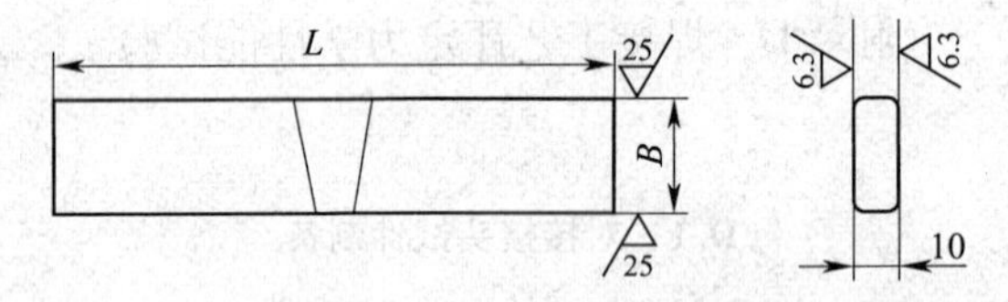

图 D.2.2-2 板材横向侧弯试样

38mm，侧弯试样厚度（S）为 10mm，横向侧弯试样宽度（B）此时为试件厚度（δ）方向。

4 试样拉伸面棱角（R）不应大于 2。

D.2.3 冲击试样应符合下列规定：

1 以 10mm×10mm×55mm 带有 V 形缺口的试样为标准试样，试样的尺寸及偏差应符合图 D.2.3-1 的规定，试样缺口底部应光滑，不得有与轴线平行的明显划痕。

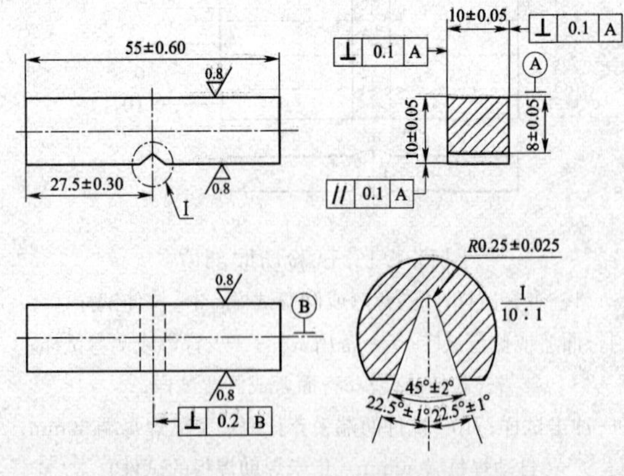

图 D.2.3-1 V 形缺口冲击试样

注：图中其余表面粗糙度 R_a12.5μm。

2 试样应采用机械加工或磨削方法制备，应防止加工表面的应变硬化或材料过热。

3 试样缺口按试验要求可分别在焊缝及热影响区，试样的缺口轴线应当垂直焊缝表面、取样位置应符合图 D. 2. 3-2 所示。

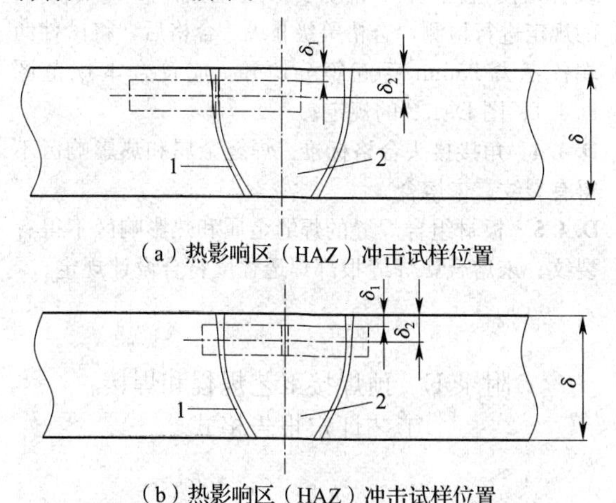

（a）热影响区（HAZ）冲击试样位置

（b）热影响区（HAZ）冲击试样位置

图 D. 2. 3-2 焊接接头冲击试样位置

当 $\delta \leqslant 40$mm 时，$\delta_1 = 1$mm～2mm；当 $\delta > 40$mm 时，$\delta_2 = \delta/4$。双面焊时，δ_2 从后焊面的钢材表面测量。

1—热影响区；2—焊缝区

4 试样缺口处当发现有肉眼可见的气孔、夹渣等缺欠时，则不能用该试样进行试验。

D. 3 力学性能试验方法和合格标准

D. 3. 1 拉伸试验应符合下列规定：

1 试验所涉及的试验仪器、试样尺寸检测、试验条件和性能检测等均应符合现行国家标准《金属材料 拉伸试验 第 1 部分：室温试验方法》GB/T 228. 1、《焊接接头拉伸试验方法》GB/T 2651、《焊缝及熔敷金属拉伸试验方法》GB/T 2652 的有关规定。

2 试样母材为同种钢号时，每个试样的抗拉强度和伸长率均不应小于母材钢号标准规定值的下限。

3 试样母材为两种钢号时，每个试样的抗拉强度和伸长率均不应小于两种钢号标准规定值下限的较低值。

D. 3. 2 弯曲试验应符合下列规定：

1 试验所涉及的试验仪器、试样尺寸检测、试验条件和性能检测等均应符合现行国家标准《金属材料弯曲试验方法》GB/T 232、《焊接接头弯曲试验方法》GB/T 2653 的有关规定。

2 试样的焊缝中心应对准弯心轴线。侧弯试验时，当试样表面存在缺欠时，则以缺欠较严重一侧作为拉伸面。

3 弯曲试样按表 D. 3. 2 规定的角度进行弯曲，其拉伸面上沿任何方向不得有单条长度大于 3mm 的裂纹或缺欠，试样的棱角开裂一般不计，但由夹渣或其他焊接缺欠引起的棱角开裂长度应计入。

表 D. 3. 2 弯曲试验尺寸的规定

母材类别	试件厚度 S（mm）	弯心直径 D（mm）	支座距离（mm）	弯曲角度（°）
伸长率标准规定的下限值 $A \geqslant 20\%$ 的母材	10	40	63	180
	$S<10$	$4S$	$6S+3$	
伸长率标准规定的下限值 $A<20\%$ 的母材	10	$\frac{1000-5A}{A}$	$D+2S+1.5$	
	$S<10$	$\frac{S(200-A)}{2A}$		

注：1 衬垫焊焊接接头弯曲角度应按双面焊的规定。

2 异种钢焊接接头弯曲角度按低塑性一侧钢种的规定。

D. 3. 3 冲击试验应符合下列规定：

1 试验机、试验要求应符合现行国家标准《金属材料 夏比摆锤冲击试验方法》GB/T 229、《焊接接头冲击试验方法》GB/T 2650 有关规定。

2 冲击试验温度和冲击吸收能量合格值应符合图样或相关技术文件规定。每个区 3 个试样为一组的冲击吸收能量平均值不应小于母材钢号标准规定值的下限，且至多允许有一个试样的冲击吸收能量小于标准规定值下限，但不得小于标准规定值下限的 70%。常温冲击吸收能量不得小于 27J。

D. 4 角焊缝试件

D. 4. 1 角焊缝试件尺寸及试样应符合图 D. 4. 1 及表 D. 4. 1 的规定。

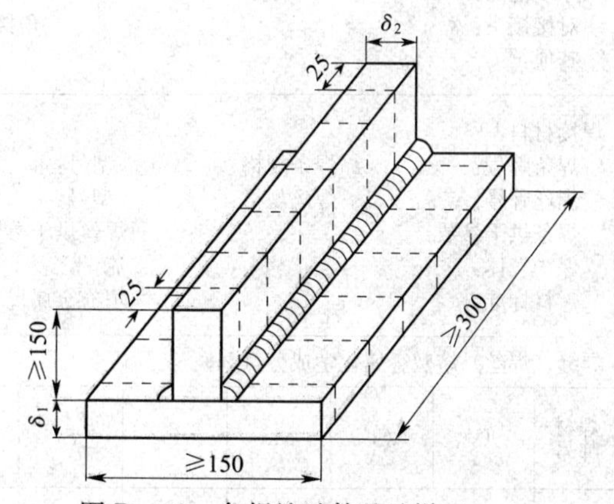

图 D. 4. 1 角焊缝试件及试样（mm）

表 D.4.1　角焊缝试件厚度组成（mm）

翼板厚度 δ_1	腹板厚度 δ_2
≤3	≤δ_1
>3	≤δ_1，但不小于 3

D.4.2　板材组合焊缝试件尺寸及试样应符合图 D.4.2 及表 D.4.2 的规定。

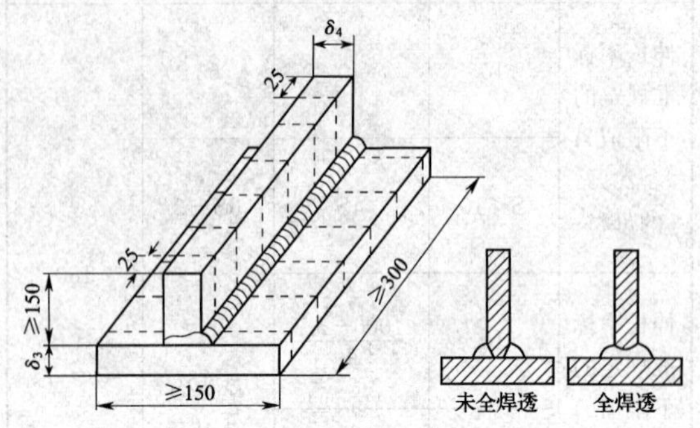

图 D.4.2　板件组合焊缝试件及试样（mm）

表 D.4.2　板材组合焊缝试件厚度组成（mm）

翼板厚度 δ_3	腹板厚度 δ_4	适用于焊件母材厚度的有效范围
<20	≤δ_3	翼板和腹板厚度均小于 20
≥20	≤δ_3，且≥20	翼板和腹板厚度中任一或全部不小于 20

D.4.3　角焊缝及板材组合焊缝的评定试件焊完后，需经外观检测和磁粉检测（MT）应按现行行业标准《承压设备无损检测　第 4 部分：磁粉检测》JB/T 4730.4 或渗透检测（PT）应按现行行业标准《承压设备无损检测　第 5 部分：渗透检测》JB/T 4730.5 的规定进行检测，合格等级Ⅱ级。合格后，将试件两端各弃去 25mm 后五等分切开，应符合本规范图 D.4.1、图 D.4.2 的规定。

D.4.4　角接接头合格标准：焊缝金属和热影响区不得有裂纹、未熔合。

D.4.5　板材组合焊缝的焊缝金属和热影响区不得有裂纹、未熔合，焊缝根部焊透程度符合设计规定。

附录 E　预焊接工艺规程和焊接工艺评定报告格式

E.0.1　预焊接工艺规程（PWPS）格式应符合表 E.0.1 的规定。

E.0.2　焊接工艺评定报告（PQR）格式应符合表 E.0.2 的规定。

表 E.0.1　预焊接工艺规程格式

<table>
<tr><td colspan="12">单位名称：
焊接工艺指导书编号：　　　　焊接工艺评定报告编号：
焊接方法：　　　　日期：</td></tr>
<tr><td colspan="12">焊接接头：　　　　简图（接头形式、坡口形式与尺寸、焊层、焊道布置及顺序）：
坡口形式：
衬垫（材料及规格）：
其他：</td></tr>
<tr><td colspan="12">母材：
类别号：　组别号：　与类别号：　组别号：　相焊及
标准号：　钢　号：　与标准号：　钢　号：　相焊
厚度范围：
对接接头：　　　　角接接头：
其他：</td></tr>
<tr><td colspan="12">焊接材料：
焊条牌号：　焊条规格：　型号：　钨极型号规格：
焊丝牌号：　焊丝规格：　型号：　焊剂牌号：
焊条烘干参数：　　焊丝烘干参数：
保护气体：　　流量：　　其他：
焊材标准：　　填充金属尺寸：</td></tr>
<tr><td colspan="12">焊缝（焊丝）熔敷金属化学成分（%）</td></tr>
<tr><td>焊材牌号</td><td>C</td><td>Si</td><td>Mn</td><td>P</td><td>S</td><td>Cr</td><td>Ni</td><td>Mo</td><td>V</td><td>Ti</td><td>Nb</td><td>…</td></tr>
<tr><td></td><td></td><td></td><td></td><td></td><td></td><td></td><td></td><td></td><td></td><td></td><td></td><td></td></tr>
</table>

续表 E.0.1

焊接位置：

对接接头位置：　　　　　　焊接方向：

角接接头位置：

预热、层间温度：

预热温度（允许最低值）：　　（℃）　保持预热时间：　　（min）

层间温度（允许最高值）：　　（℃）　加热方式：

焊后消除应力热处理：

温度范围：　　（℃）　保温时间：　　（min）

电特性：

电流种类：　　　　　　极性：

焊接电流范围：　　（A）　电弧电压：　　（V）

焊接工艺参数要求（按所焊位置和厚度分别列出电流和电压范围，记录下表）：

焊接层次	焊接方法	焊条（丝）		焊接电流		电弧电压（V）	焊接速度（mm/min）	保护气体		焊接热输入（kJ/mm）
		牌号	直径	极性	电流（A）			种类	流量（L/min）	

对焊接接头的基本要求：

1. 外观检测：　　检测评定标准

2. 无损检测：　　检测方式　　　　检测评定标准

3. 力学性能：

抗拉强度 R_m（N/mm^2）	屈服强度 R_{eL}（$R_{p0.2}$）（N/mm^2）	弯曲角度（°）	冲击试验		
			缺口类型	缺口位置	试验温度（℃）

其他检测：

编制		日期		审核		日期		批准		日期	

表 E.0.2 焊接工艺评定报告格式

<table>
<tr><td colspan="12">单位名称：
焊接工艺指导书编号：　　　　　　焊接工艺评定报告编号：
焊接方法：　　　　　　机械化程度（手工、半自动、自动）：</td></tr>
<tr><td colspan="12">焊接接头简图（坡口形式、焊接层次及顺序）：</td></tr>
<tr><td colspan="12">母材：
材料标准：　　　　　　钢号：
类、组别号：　　　　　　与类、组别号：　　　　相焊</td></tr>
<tr><td colspan="12">填充金属：
焊材标准：　　　　　　焊材牌号：
焊材规格：　　　　　　焊缝金属厚度：</td></tr>
<tr><td colspan="12">焊接位置：
对接接头位置：　　　　　　方向：（向上向下）
角接接头位置：　　　　　　方向：（向上向下）</td></tr>
<tr><td colspan="12">预热、层间温度：
预热温度：　　　　（℃）　层间温度：　　　　（℃）</td></tr>
<tr><td colspan="12">后热或焊后消除应力热处理：
温度范围：　　　　（℃）　保温时间：　　　　（min）</td></tr>
<tr><td colspan="12">保护气体：
种类和比例：　　　　　　流量：　　　　（L/ min）</td></tr>
<tr><td colspan="12">电特性：
电流种类：　　　　　　极性：
焊接电流：　　　　（A）　电弧电压：　　　　（V）
其他：</td></tr>
<tr><td colspan="12">技术措施：
焊接速度：　　　　（mm/min）　多道焊或单道焊（每面）：
多丝焊或双丝焊：　　　　　　其他：</td></tr>
<tr><td colspan="12">焊接工艺参数：</td></tr>
<tr><td rowspan="2">焊接
层次</td><td rowspan="2">焊接
方法</td><td colspan="2">焊条（丝）</td><td colspan="2">焊接电流</td><td rowspan="2">电弧
电压
（V）</td><td rowspan="2" colspan="2">焊接速度
（mm/min）</td><td colspan="2">保护气体</td><td rowspan="2">焊接
热输入
（kJ/mm）</td></tr>
<tr><td>牌号</td><td>直径</td><td>极性</td><td>电流
（A）</td><td>种类</td><td>流量
（L/min）</td></tr>
<tr><td></td><td></td><td></td><td></td><td></td><td></td><td></td><td colspan="2"></td><td></td><td></td><td></td></tr>
</table>

续表 E.0.2

操作技术：			
外观检测结论：			
试样编号	外观发现缺欠情况		评定结果
检测单位		检测报告编号	

无损检测结论：

试样编号	无损检测方法	焊接缺欠	评定等级	评定结果	金相宏观检测	接头硬度	
						母材	焊缝
检测单位				检测报告编号			

拉伸试验：　　　　试验报告编号：

试样编号	试样宽度（mm）	试样厚度（mm）	横截面积（mm^2）	断裂负荷（kN）	抗拉强度（N/mm^2）	断裂部位和特征

弯曲试验：　　　　试验报告编号：

试样编号	试样类型	试样厚度（mm）	弯心直径（mm）	弯曲角度（°）	试验结果

冲击试验：　　　　试验报告编号：

试样编号	试样尺寸	缺口类型	缺口位置	试验温度（℃）	冲击吸收能量 KV_2（J）	备注

硬度试验结果（HV）：　　　　试验报告编号：

焊缝	热影响区	母材

金相检测结果：　　　　试验报告编号：

宏观	微观	其他检测

其他检测项目结论：

结论：本评定按　　　规定焊接试件，检测试样、检测性能，确认试验记录正确。
评定结果：（合格、不合格）

焊工姓名				焊工代号				施焊日期			
编制		日期		审核		日期		批准		日期	

第三方检测：

附录F　不锈钢复合钢板焊接工艺评定

F.1　一 般 规 定

F.1.1　本工艺评定规定适用于轧制法、爆炸轧制法、爆炸法和堆焊法生产的不锈钢制品。

F.1.2　不锈钢复合钢板的焊接工艺评定除应符合本规定外，尚应符合本规范第5.3节焊接工艺评定条件中有关规定。

F.2　焊接工艺评定规则

F.2.1　试件应以不锈钢复合钢板制备。

F.2.2　经评定合格的焊接工艺适用于焊件厚度有效范围，应按试件的覆层和基层厚度分别计算。

F.2.3　经评定合格的焊接工艺适用于焊件覆层焊缝金属厚度有效范围的最小值，为试件覆层焊缝金属厚度。

F.2.4　试样进行拉伸和弯曲试验时，不锈钢复合钢板焊接接头，包括基层、过渡焊缝和覆层都应得到检测，冲击试验只检测基层部分的焊接接头。

1　拉伸试样应包括覆层和基层的全厚度。

2　当过渡焊缝和覆层焊缝焊接工艺评定重要因素不同时应取4个侧弯试样。当过渡焊缝和覆层焊缝焊接工艺评定重要因素相同时尽量取侧弯试样，也可以取2个背弯试样和2个面弯试样。背弯试验时基层焊缝金属受拉伸。弯曲试验尺寸应符合表F.2.4的规定。

表F.2.4　弯曲试验尺寸

弯曲试样类别	试样厚度 S（mm）	弯心直径（mm）	支座面距离（mm）	弯曲角度（°）
侧弯试样	10	40	63	180
面弯、背弯试样	S	$4S$	$6S+3$	

3　只在基层焊缝区及热影响区做冲击试验。

F.2.5　力学性能试验的合格指标应符合下列规定：

1　拉伸试验：每个试样的抗拉强度 R_m 应符合本规范表A.1.4-5复合钢板力学性能表脚注中公式(A.1.4-2)的计算结果。

2　弯曲试验：试样弯曲到规定的角度后，拉伸面上任何方向不得有长度大于3mm的任一裂纹或缺欠，试样的棱角开裂不计。对轧制法、爆炸轧制法、爆炸法生产的不锈钢复合钢板侧弯试样复合界面未结合缺欠的分层、裂纹，允许重新取样试验。

3　冲击试验：每个区3个试样为一组的常温冲击吸收能量平均值应符合图样或相关技术文件规定，且不应小于27J，允许有1个试样的冲击吸收能量低于规定值，但不应低于规定值的70%。

附录G　涂料配套性能及涂层厚度

G.0.1　涂层涂料配套性能，可按表G.0.1选用。

G.0.2　明管外壁处于空气环境下的涂层配套系统，可按表G.0.2选用。

表G.0.1　涂料配套性能

涂于下层的涂料	涂于上层的涂料												
	磷化底漆	无机富锌	环氧富锌	环氧云铁	油性防锈	醇酸树脂	酚醛树脂	氯化橡胶	乙烯树脂	环氧树脂	环氧沥青	聚氨酯	氟碳
磷化底漆	×	×	×	△	○	○	○	○	○	△	△	△	×
无机富锌	○	○	○	○	×	×	×	○	○	○	○	○	×
环氧富锌	○	×	○	○	△	△	△	○	○	○	○	○	○
环氧云铁	×	×	×	○	△	△	△	○	○	○	○	○	○
油性防锈	×	×	×	×	○	○	○	×	×	×	×	×	×
醇酸树脂	×	×	×	×	○	○	○	×	×	×	×	×	×
酚醛树脂	×	×	×	×	○	○	○	×	×	×	×	×	×
氯化橡胶	×	×	×	×	×	○	○	○	×	×	×	×	×
乙烯树脂	×	×	×	×	×	×	×	×	○	×	×	×	×
环氧树脂	×	×	×	△	×	△	△	△	○	○	△	○	○
环氧沥青	×	×	×	×	×	×	×	△	△	△	○	△	×
聚氨酯	×	×	×	×	×	×	×	×	×	×	×	○	×
氟碳	×	×	×	×	×	×	×	×	×	×	×	×	○

注：○—可以；△—要根据条件而定（注意涂覆间隔时间）；×—不可以。

表 G.0.2 明管外壁处于空气环境下的涂层

设计年限(a)	序号	涂层配套系统	涂 料 种 类	涂层推荐厚度(μm)
<5	1	底层	醇酸树脂底漆	70
		面层	醇酸树脂面漆	80
	2	底层	环氧树脂底漆	60
		面层	丙烯酸树脂面漆或乙烯树脂面漆	80
5～10	3	底层	环氧富锌底漆或无机富锌底漆	60
		中间层	环氧云铁中间漆	80
		面层	氯化橡胶面漆	70
>10	4	底层	环氧富锌底漆或无机富锌底漆	60
		中间层	环氧云铁中间漆	80
		面层	丙烯酸脂肪族聚氨酯面漆	80
	5	底层	环氧富锌底漆或无机富锌底漆	60
		中间层	环氧云铁中间漆	80
		面层	氟碳面漆	60

G.0.3 钢管内壁涂层配套系统，可按表 G.0.3 选用。

G.0.4 输水工程钢管道内壁涂层配套系统，可按表 G.0.4 选用。

表 G.0.3 钢管内壁选用的涂层

设计年限(a)	序号	涂层配套系统	涂 料 种 类	涂层推荐厚度(μm)
10～15	1	底层	厚浆型环氧沥青防锈底漆	125
		面层	厚浆型环氧沥青面漆	125
15～20	2	底层	超厚浆型环氧沥青防锈底漆	250
		面层	超厚浆型环氧沥青面漆	250
	3	底层	厚浆型环氧沥青防锈底漆	125
		面层	厚浆型环氧沥青玻璃鳞片涂料（或不锈钢鳞片）	400
>20	4	底层	超厚浆型无溶剂耐磨环氧	400
		面层	超厚浆型无溶剂耐磨环氧	400

表 G.0.4 输水工程钢管道内壁涂层

设计年限(a)	序号	涂层配套系统	涂 料 种 类	涂层推荐厚度(μm)
10～20	1	底层	环氧富锌底漆或水性无机富锌底漆	60
		中间层	环氧云铁中间漆	80
		面层	环氧面漆	120
	2	底层	环氧防锈底漆	80
		面层	厚浆型无溶剂环氧树脂涂料	400
>20	3	底层	超厚浆型无溶剂耐磨环氧	400
		面层	超厚浆型无溶剂耐磨环氧	400
	4	单层	水泥砂浆	8000～18000

注：表中所有涂料应具有卫生部门颁发的卫生许可证。

附录H　金属涂层厚度和结合性能的检测

H.1　金属涂层厚度检测

H.1.1　金属涂层厚度检测方法应符合下列规定：

1　当有效表面的面积在 $1m^2$ 以上时，用涂镀层测厚仪，在一个面积为 $0.01m^2$ 的基准面上测量10点涂层厚度，取实测10个值的算术平均值。测点分布应符合图H.1.1-1的规定。当有效面积在 $1m^2$ 以下时，在一个面积为 $100mm^2$ 的基准面上测量3点、4点、5点涂层厚度，取实测点数值的算术平均值，测点分布见图H.1.1-2。

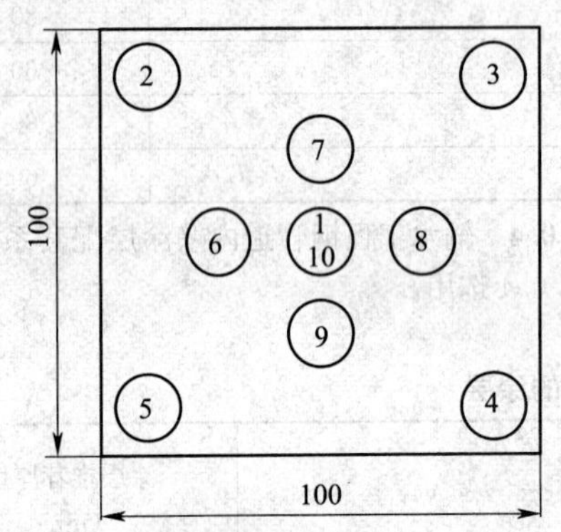

图H.1.1-1　十点法测点位置图

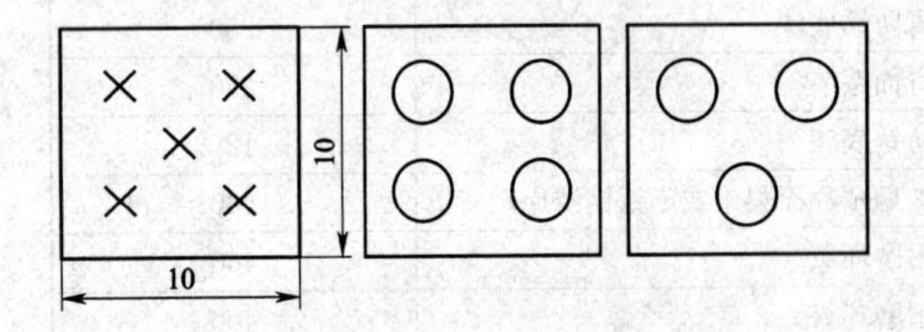

图H.1.1-2　三点、四点、五点测点布置图

2　根据钢管管径大小和管节长度不同，每节钢管表面可布置3个～12个基准面。

3　实测的涂层厚度小于设计值的80%时，应予补喷涂。

4　其他规定应符合现行国家标准《金属和其他无机覆盖层热喷涂锌、铝及其合金》GB/T 9793的有关规定。

H.2　金属涂层结合性能检测

H.2.1　金属涂层结合性能检测方法经符合下列规定：

1　用图H.2.1-1所示硬质刃口刀具，将涂层切割成方形格子，格子尺寸应符合表H.2.1的规定。

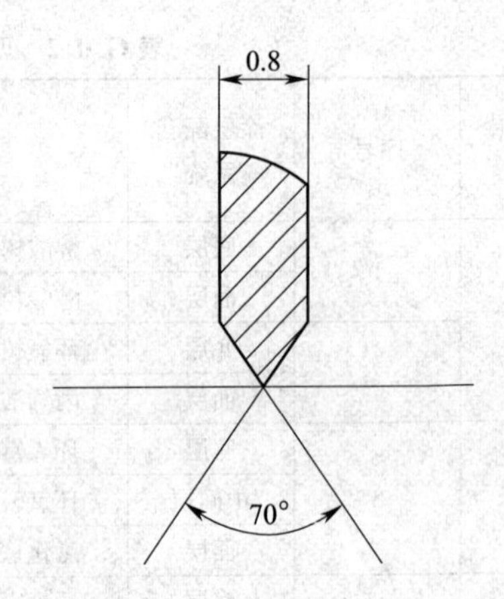

图H.2.1-1　切割刃口的形状

表H.2.1　涂层切格尺寸表

检测的涂层厚度（mm）	切格区的近似面积（mm×mm）	切痕间的距离（mm）
＜200	15×15	3
＞200	25×25	5

2　切割时刀具的刃口与涂层表面约保持90°，应符合图H.2.1-2的规定。切割后，涂层至基表体表面应完全切断。

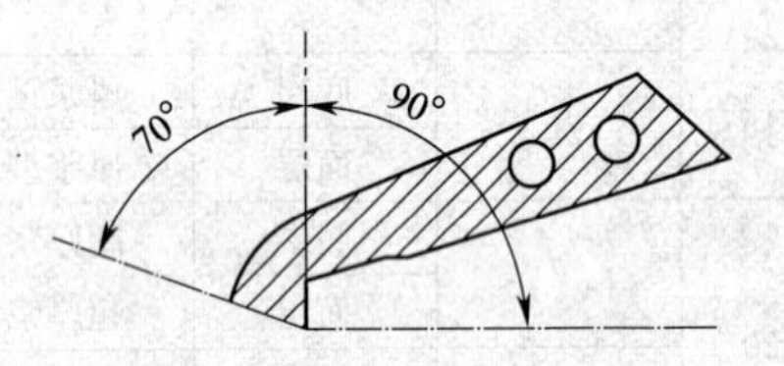

图H.2.1-2　刀具切割角度

3　在格子状涂层表面贴上粘胶带，用500g负荷的辊子或用手指压紧，然后按图H.2.1-3所示的规定方法，以手持粘胶带的一端，按与涂层表面垂直的方向，以迅速而又突然的方式将粘胶带拉开，检测涂层是否被胶带粘起而剥离。

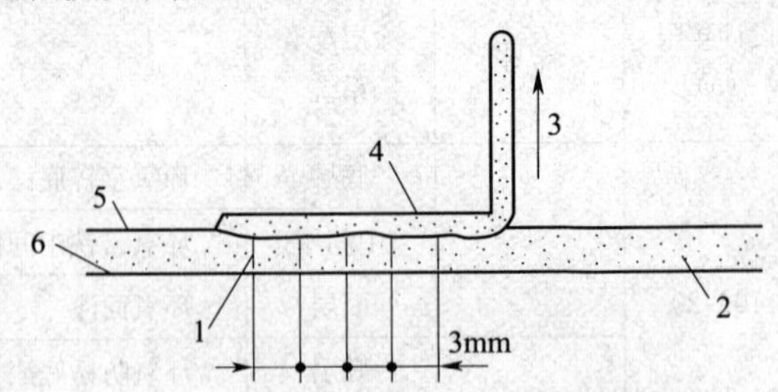

图H.2.1-3　粘胶带拉开方式

1—将图层切断成格状尺寸；2—涂层；
3—将粘胶带的一端从垂直方向拉开；
4—涂层切断后用手指压紧粘胶带；
5—涂层表面；6—基体表面

4 涂层的任何部位都未与基体金属剥离为合格，如果胶带上有破断的涂层黏附，但破断部分发生在涂层间，而不是涂层与基体的界面上，基体未裸露，亦认为合格。

本规范用词说明

1 为便于在执行本规范条文时区别对待，对要求严格程度不同的用词说明如下：

1）表示很严格，非这样做不可的：
正面词采用“必须”，反面词采用“严禁”；

2）表示严格，在正常情况下均应这样做的：
正面词采用“应”，反面词采用“不应”或“不得”；

3）表示允许稍有选择，在条件许可时首先应这样做的：
正面词采用“宜”，反面词采用“不宜”；

4）表示有选择，在一定条件下可以这样做的，采用“可”。

2 条文中指明应按其他有关标准执行的写法为：“应符合……的规定”或“应按……执行”。

引用标准名录

《压力容器》GB 150

《金属材料 拉伸试验 第1部分：室温试验方法》GB/T 228.1

《金属材料 夏比摆锤冲击试验方法》GB/T 229

《金属材料 布氏硬度试验 第1部分：试验方法》GB/T 231.1

《金属材料 弯曲试验方法》GB/T 232

《锌锭》GB/T 470

《碳素结构钢》GB/T 700

《热轧钢板和钢带的尺寸、外形、重量及允许偏差》GB/T 709

《优质碳素结构钢热轧厚钢板和钢带》GB/T 711

《锅炉和压力容器用钢板》GB 713

《不锈钢焊条》GB/T 983

《气焊、焊条电弧焊、气体保护焊和高能束焊的推荐坡口》GB/T 985.1

《埋弧焊的推荐坡口》GB/T 985.2

《低合金高强度结构钢》GB/T 1591

《焊接接头冲击试验方法》GB/T 2650

《焊接接头拉伸试验方法》GB/T 2651

《焊缝及熔敷金属拉伸试验方法》GB/T 2652

《焊接接头弯曲试验方法》GB/T 2653

《焊接接头硬度试验方法》GB/T 2654

《钢及钢产品 力学性能试验取样位置及试样制备》GB/T 2975

《变形铝及铝合金化学成分》GB 3190

《碳素结构钢和低合金结构钢热轧厚钢板及钢带》GB/T 3274

《不锈钢冷轧钢板和钢带》GB/T 3280

《金属熔化焊焊接接头射线照相》GB/T 3323

《低温压力容器用低合金钢钢板》GB 3531

《工业氧》GB/T 3863

《不锈钢热轧钢板和钢带》GB/T 4237

《金属材料 维氏硬度试验 第1部分：试验方法》GB/T 4340.1

《氩》GB/T 4842

《碳钢焊条》GB/T 5117

《低合金钢焊条》GB/T 5118

《埋弧焊用碳钢焊丝和焊剂》GB/T 5293

《厚度方向性能钢板》GB/T 5313

《工业液体二氧化碳》GB/T 6052

《金属熔化焊接头缺欠分类及说明》GB/T 6417.1

《溶解乙炔》GB 6819

《气体保护电弧焊用碳钢、低合金钢焊丝》GB/T 8110

《不锈钢复合钢板和钢带》GB/T 8165

《涂覆涂料前钢材表面处理 表面清洁度的目视评定 第2部分：已涂覆过的钢材表面局部清除原有涂层后的处理等级》GB/T 8923.2

《石油天然气工业 管线输送系统用钢管》GB/T 9711

《金属和其他无机覆盖层热喷涂锌，铝及其合金》GB/T 9793

《碳钢药芯焊丝》GB/T 10045

《钢焊缝手工超声波探伤方法和探伤结果分级》GB/T 11345

《埋弧焊用低合金钢焊丝和焊剂》GB/T 12470

《不锈钢波形膨胀节》GB/T 12522

《金属波纹管膨胀节通用技术条件》GB/T 12777

《不锈钢复合钢板焊接技术条件》GB/T 13148

《熔化焊用钢丝》GB/T 14957

《热轧钢板表面质量的一般要求》GB/T 14977

《高强度结构用调质钢板》GB/T 16270

《压力容器波形膨胀节》GB/T 16749

《低合金钢药芯焊丝》GB/T 17493

《不锈钢药芯焊丝》GB/T 17853

《埋弧焊用不锈钢焊丝和焊剂》GB/T 17854

《压力容器用调质高强度钢板》GB 19189

《不锈钢和耐热钢 牌号及化学成分》GB/T 20878

《承压设备用不锈钢钢板及钢带》GB/T 24511

《水电水利工程金属结构及设备焊接接头衍射时差法超声检测》DL/T 330

《电站钢结构焊接通用技术条件》DL/T 678

《水电水利工程金属结构设备防腐蚀技术规程》

DL/T 5358

《焊接切割用燃气丙烯》HG/T 3661.1

《焊接切割用燃气丙烷》HG/T 3661.2

《焊接用混合气体 氩—二氧化碳》HG/T 3728

《火焰切割面质量技术要求》JB 3092

《焊接材料质量管理规程》JB/T 3223

《承压设备无损检测 第3部分：超声检测》JB/T 4730.3

《承压设备无损检测 第4部分：磁粉检测》JB/T 4730.4

《承压设备无损检测 第5部分：渗透检测》JB/T 4730.5

《承压设备无损检测 第10部分：衍射时差法超声检测》JB/T 4730.10

《炭弧气刨炭棒》JB/T 8154

《热切割 气割质量和尺寸偏差》JB/T 10045.3

《热切割 等离子弧切割质量和尺寸偏差》JB/T 10045.4

《压力容器用爆炸焊接复合板 第1部分：不锈钢—钢复合板》NB/T 47002.1

《焊接用不锈钢丝》YB/T 5092

中华人民共和国国家标准

水电水利工程压力钢管制作安装及验收规范

条文说明

制 定 说 明

《水电水利工程压力钢管制作安装及验收规范》GB 50766—2012，经住房和城乡建设部2012年5月28日以第1397号公告发布。

本规范制定过程中，编制组对我国火炸药行业进行了广泛的调查研究，认真总结了实践经验，参考了国内相关法规和技术标准，通过实测取得了重要的技术数据。

为便于广大设计、施工、科研、院校等单位有关人员在使用本规范时能正确理解和执行条文规定，《水电水利工程压力钢管制作安装及验收规范》编制组按章、节、条顺序编制了本规范的条文说明，对条文规定的目的、依据以及执行中需注意的有关事项进行了说明，还着重对强制性条文的强制性理由作了解释。但是，本条文不具备与标准正文同等的法律效力，仅供使用者作为理解和把握规范规定的参考。

目　次

1 总 则

1.0.1 本条明确了制定本规范的目的。

为了做好水电水利工程压力钢管制作、安装及验收工作，客观如实地反映现阶段压力钢管的制作、安装特点，为工程施工提供可靠的质量检测与验收依据，特制定本规范。

在水电水利工程压力钢管制作、安装及验收施工领域，截至目前还没有一本国家标准作为统一的工作依据，这与我国规模庞大的水电水利事业是极不相称的。尤其是，近年来我国大型、超大型水电站不断增多，水工金属结构趋于大型化。同时，水电站的引水压力钢管的直径和水电金属结构埋件尺寸亦趋于大型化（向家坝钢管直径达 14.4m），水头建得越来越高（四川省凉山州苏巴姑水电站水头达到 1200m），管壁厚度也变得越来越厚（在建的白鹤滩水电站钢管和蜗壳采用材质 800MPa 级高强钢，其最大管壁厚度 100mm），岔管月牙肋为材质 610MPa 级高强钢的厚度已达 150mm（如我国融资援建的马来西亚姆若水电站岔管月牙肋），常用的一些钢牌号国家也进行了更新，新的钢材、焊材及其牌号也在不断涌现，出现了 $800N/mm^2$ 和 $1000N/mm^2$ 的高强钢，还出现了许多新的焊接方法、新的无损检测方法（如 TOFD 探伤与相共阵探伤）和新型防腐材料（如厚浆型环氧玻璃鳞片漆）等。为了使水电水利工程压力钢管的制作、安装及验收工作有更加可靠统一的指导和依据，特编制本规范。

1.0.2 目前在水电水利工程施工中，冲沙孔钢衬和泄水孔（洞）钢衬迄今还没有统一的国家规范可依据。虽然水电水利工程压力钢管与冲沙孔钢衬和泄水孔（洞）钢衬的流体动力学条件等设计原理不同——压力钢管是抗内压力和（或）外压力要求；冲沙孔钢衬和泄水孔（洞）钢衬主要是抗高速水流的泥沙冲刷、耐磨性和耐蚀性要求，但是它们在制作、安装等的施工要求上是类似的。因为之前在不同水电站中要求是千差万别——有的工程不要求无损检测而有的却把其纵、环缝都定为一类焊缝来处理。基于以上原因，为了保证质量、节省成本的原则，予以统一规范。为此，把冲沙孔钢衬和泄水孔（洞）钢衬等也纳入本规范适用范围。

2 基 本 规 定

2.0.1 条文中第 2 款，当是发包单位提供钢板等原材料时，则由发包单位提供材料证明书。当是承建单位购置钢板等原材料时，则由承建单位提供材料证明书。

2.0.3 厚度方向受力的肋或梁所用钢板做脉冲反射法检测（UT），检测时合格标准应符合Ⅰ级，对这个级别要求目前我国大多数钢厂都是很容易达到Ⅰ级标准的。当要求偏低时，一旦施工中肋或梁产生层状撕裂或开裂，不仅影响施工进度，还会使其施工成本增高；电站运行中一旦出现层状撕裂或开裂，将会导致机组停机才能进行岔管的处理，给电站造成停止发电的重大损失。

由于受到冶炼技术和轧钢机轧制能力的影响，为此，为了防止材料质量波动，高强钢尤其是厚钢板应进行逐张超声波检测。

为了与国际接轨，且根据《金属材料 拉伸试验 第1部分：室温试验方法》GB/T 228.1，屈服强度符号 σ_s、$\sigma_{0.2}$ 分别改为 R_{eL}、$R_{p0.2}$，抗拉强度符号 σ_b 改为 R_m，伸长率 δ_5 改为 A，δ_{10} 改为 $A_{11.3}$，断面收缩率 ψ 改为 Z 等。屈服点、屈服应力、屈服极限、非比例延伸强度等规定统称为屈服强度。

这次编写将应力和强度单位“MPa”改为“N/mm^2”。这是由于近几年来大多数国外标准都已经将“MPa”改为“N/mm^2”。而“MPa”多作为流体的压力单位。

2.0.4 由于月牙肋岔管的月牙肋板、三梁（或四梁）岔管的梁等在其厚度方向要承受拉应力，同时作为这些构件所用的钢板厚度较大，要求具有抗层状撕裂性能的能力，为了防止焊接和运行中出现层状撕裂或开裂，因此，用于这些部位的钢板应做厚度方向的拉力性能试验。做厚度方向的拉力试验也是间接检验钢中的硫磷等有害杂质含量、成分偏析情况和钢板轧制后金相组织的致密程度。

2.0.5 由于水电施工大多在深山峡谷，钢管加工厂现场条件较为简陋，此条对钢板的保管、存放等注意事项给予强调。

2.0.6 本规范表 2.0.6-1 中规定的允许偏差是 B 类偏差钢板，也是水电工程常用的这类偏差钢板。当采购时，不允许钢板有负偏差即下偏差为零，可以选用 C 类偏差钢板，这样钢板就得按《热轧钢板和钢带的尺寸、外形、重量及允许偏差》GB/T 709 中的相关条款规定进行采购和工程计算计量。

2.0.7 近年来焊接材料国产化取得了较大的发展。除部分气体保护药芯（金属粉芯）焊丝、自保护药芯焊丝尚需从国外进口外，其余焊接材料都逐步形成了产品系列。随着焊接材料产品系列的建立，与其相应的焊接材料标准有的已经取消，或者将类似标准进行了合并。为此，本条对各种焊接材料应遵循的相关标准给予列出。

2.0.9 由于气体保护焊在水工金属结构领域应用越来越广泛，并且大多数钢管的焊接坡口制备是靠气体切割来完成的，所以本条作出了焊接或切割气体的纯度应符合的标准规定，防止焊接或切割时导致不必要的质量问题发生。

2.0.11 为了提高水电站压力钢管建设的测量效率和精度，本条推荐了部分常用的测量仪器，并对精度作了规定。

规定钢卷尺为Ⅱ级精度，这是由于实际施工时，钢卷尺要进行检定校准，计量单位要出示计量修正值表，其使用时应配合修正表进行测量修正，能满足钢管实际测量的需要。

超声波测厚仪可对任何超声波良导体材料厚度进行测量，即用于测量硬质材料的厚度，如：钢铁、不锈钢、铝、铜等金属材料，以及塑料、橡胶、陶瓷、玻璃等非金属；由于材料边缘可能存在卷边、倒角或圆角等缺欠，当用直尺或游标卡尺测量材料厚度有疑问时，可以采用超声波测厚仪进行厚度测量。

正文中未规定列出全站仪、天顶仪、天底仪等的精度。全站仪可测角度和距离，天顶仪往上测垂直度、天底仪往下测垂直度等，因为这三种仪器精度都非常高，所以，在钢管安装中主要是用来放基准控制点，天顶仪和天底仪很适合狭小的空间。

3 制　　作

3.1 直管、弯管和渐变管的制作

3.1.1 本条对钢板画线和下料作出了规定。

2 因为在钢管的这些部位往往要安装进人孔等附件，这款规定是防止焊缝交叉、密集布置，从而影响钢管的强韧性。而安装在水平或倾斜位置的钢管的这些部位又往往是所受应力的最大区域。当是埋管时，则其水平段在铅垂轴线方向的顶部即12点位置附近和底部即6点位置附近可能要开设灌浆孔进行接触灌浆，势必出现十字焊缝或焊缝距离相邻位置太近，从而影响钢管质量。而在这些部位当接触灌浆质量不好时，混凝土与钢管外管壁接触间隙过大使其局部管壁分担受力升高，当在这些部位再设置钢管纵缝时，可能会导致钢管壁开裂的几率增大。而钢管管轴线处于铅垂方向时，同时在其横断面X轴线和Y轴线上没有设置附件时，此条不受限制。

5 本款规定环缝最小间距，是为了避免焊缝及管壁转折影响叠加，主要针对弯管及岔管内侧。在《水电站压力钢管设计规范》DL/T 5141—2001第11.1.3条里对环缝最小间距提出三个限制规定：其一，“10倍板厚”是根据焊接应力分布范围提出的。其二，“300mm”是施工焊接要求，当经与论证后可适当减短。其三，“$3.5\sqrt{r\delta}$”的要求是引用2001年出版的美国机械工程师协会标准ASME《锅炉及压力容器规范》Ⅷ第二分篇。近年来我国水电站管径和壁厚均有所增大，难以满足上述全部要求，尤其是第5款中的第3）项要求，所以，一些工程不得已而突破其限制，如鲁布革水电站按其第3）项要求计算为910mm，实际采用522mm。十三陵抽水蓄能电站其要求为1100mm，实际采用522mm。为此，编写本规范规定第5款时为“不宜小于下列各项之大值”，而不是规定为“不应”。

3.1.3 冲眼太浅，防腐后不易看到，过深将可能导致冲眼处微裂纹等缺欠的发生。根据水工金属结构的一、二类焊缝的咬边深度不大于0.5mm，本条对冲眼深度给予不大于0.5mm的量化规定。

1 冲眼打在卷板的内弧面，是因为内弧面在卷板时通常不受到拉伸变形，不易出现卷板裂纹。

2 “卷板后的外弧面”，是因为这时卷板时拉伸变形已经发生过了，再打冲眼通常不会再受到拉伸变形导致冲眼出现裂纹的影响。

3.1.4 尤其是钢板表面即焊缝盖面两侧熔合线上的淬硬层应用砂轮磨除，因为盖面时往往焊接电流、焊接热输入较小，使淬硬层不易退火和重熔掉。有些钢板还得进行预热切割，预热切割是防止切割时，割口及其附近出现裂纹，尤其是含碳和合金元素高的高强钢一定要注意这一因素。

3.1.5 由于水电水利施工的特殊性，钢管在工地现场，焊接坡口制备大多是采用热切割成型，所以对切割质量要求应比较高，此条对热切割的质量要求应遵循的标准给予列出。

3.1.6 为了实际施工操作查依据简便，钢管钢材切割时，对割口表面质量的处理方法给予了规定。

3.1.8 本条对钢板卷板制作要求作出了规定。

2 本款规定是为了防止在实际生产中因忽略此款，导致卷板时剥落的氧化皮等硬物划伤瓦片，使其出现“麻坑”，同时防止损伤卷板机轧辊表面降低轧辊使用寿命，甚至是轧辊疲劳断裂的直接原因。

3 表3.1.8-1中按照圆度精度等级原理，结合实际施工方法统计得出的数据偏差，给予规定的，实践证明能满足施工质量要求。

4 小直径厚壁钢管的径厚比往往接近或小于本规范表3.1.8-2中的规定值，当卷板时钢板塑性应变量大，卷制后使瓦片或管节时效脆性增加。加之各个炼钢厂的冶炼技术水平和设备能力参差不齐，炼钢时清除气体元素等不到位，这样的钢板在大的塑性应变条件下卷制成型，往往在常温条件下就出现显著的应变时效脆性现象。卷制或滚压后的这类瓦片放置一定时间后，冲击吸收能量值明显下降。据有关资料显示规定，低碳钢和低合金钢的应变时效敏感系数C分别不大于50%、40%（按《钢的应变时效敏感性试验方法》GB 4160标准做钢的应变时效敏感性）。为此，由应变时效敏感系数知，小直径厚壁钢管，采用的钢板最低冲击吸收能量值不应小于《锅炉和压力容器用钢板》GB 713、《低合金高强度结构钢》GB/T 1591、《高强度结构用调质钢板》GB/T 16270和《压力容器用调质高强度钢板》GB 19189等标准规定材质的最低冲击吸收能量值的2倍，是符合常用钢板卷板后韧性下降也不会低于标准规定值。大量工程事故案例和实验数据显示钢材冲击吸收能量在大于20J部位就止住裂纹的扩展了。亦可采用热卷或冷卷后做热处理（严格讲是去应力热处理）来消除冷加工导致的钢板塑性、韧性降低，热处理还可降低残余应力。

热卷或冷卷后做去应力热处理是很费工的，一般应设法避免。由于高强钢、不锈钢钢板金相组织比较复杂，对温度比较敏感，加热操作不当会导致金相组织的恶化，而不锈钢复合钢板由于基层和覆层的热膨胀系数不一样，加热时可能会导致基层和覆层剥离分层。所以对此类钢种宜采用冷卷方式卷板。

5 主要是防止在钢板上出现锤击伤痕。当要锤击时可采用隔一块垫板的方式进行锤击。垫板可焊接一根半柔性的钢筋，作为把手——防止锤击垫板时，垫板跳动或随机移动。

6 对高强钢，当火焰加热矫形温度大于其材质的回火温度或控轧的终止温度时，由铁碳相图和CCT曲线知道，将会导致材料金相组织的转变从而使其性能恶化。

7 “拼焊后，不宜再在卷板机上卷制或矫形”的工艺流程。因为焊接接头与母材比较，往往晶粒度均匀性差、残余应力高和应力集中、强度硬度高而不均匀、塑性韧性差、厚度有余高或不匀、焊趾咬边等。当这样时，拼焊后再卷板滚圆会使焊接接头及其附近有劣化力学性能的倾向，产生新的缺欠甚至出现裂纹。当有必要时，可进行“对比试验”——拼焊后原封不动的焊接接头和拼焊后卷板的焊接接头做力学性能对比。

3.1.10 与第3.1.9条结合比较，既规定了管口平面度又规定了瓦片的轴向错边量。其主要是由于近年来大直径的钢管很多，一个管节是由若干瓦片构成，而测平面度往往是拉十字线测量，看两线的交点的吻合度来测管口平面度，这样虽然管口平面度保证了，不一定能保证瓦片间的轴向错边量。为此，对相邻瓦片组对的错边量作了规定。当管口错边量过大时，将会导致焊接坡口钝边错位和对装间隙不易保证，影响装配和焊接质量。

3.1.11 因为不锈钢复合钢板不锈钢覆层比较薄，一般覆层厚度都在4mm左右，所以在本规范表3.1.11序号5中规定不锈钢复合钢板的对口错边量不应大于1.5mm。目前施工资源装备容易达到这一规定，同时又不影响运行使用性能。

3.1.13 根据两管节管口的周长差来进行装配对口压缝。防止管口周长差导致的环缝错边，在这里提出以引起施工人员注意。

3.1.14 根据钢管的使用情况、热切割下料的尺寸偏差以及焊接和热矫形导致的收缩量等因素综合考虑来确定圆形和异形钢管形状允许偏差。

3.1.17 对非直管段的钢管，当采用焊缝垫板接头时往往垫板与管壁贴合不严实，所以不应采用焊缝垫板接头。另外，由于带有垫板的焊接接头根焊时，焊接拘束度大，而高强钢的屈强比大多大于$R_{eL}/R_m>0.75$，这说明塑性较差，焊接时在根焊与垫板结合处易产生龟裂。加之垫板往往是用5mm～8mm厚度的扁钢来制作，而扁钢与高强钢的化学成分差异很大，焊接时势必会引起扁钢对钢管内的含碳量和合金元素含量改变、杂质元素增加，往往会稀释管壁内的合金元素，从而导致高强钢钢管的力学性能下降。同时超声波检测时在其结合界面处位于盲区，对裂纹等焊接缺欠不易检测出来，诸如此类原因不应采用垫板焊接接头。

3.1.18 当该两种类型的焊缝相距近了时，易导致焊接缺欠发生的几率。一旦一条焊缝出现开裂很快传递给另一条焊缝，止裂性差，从而酿成更大质量事故发生的可能性。

3.1.19 组对焊接时，垂直度超差，将会使这些环类附件受力不好，并会产生应力集中，甚至受力后开裂。

3.1.20 在装配环类附件（除止水环）时，当遇到管壁纵缝处应开半径为25mm～80mm的避缝孔，避缝孔形状可以是半圆孔，也可以是方圆孔。主要是避免出现焊缝十字接头，因为焊缝十字接头处不利的焊接应力场分布将会出现三向拉应力，且在交汇点上容易出现焊接缺欠，从而使焊接接头的力学性能下降。串通孔在环类附件上的分布、尺寸、形状、数量等宜由设计单位确定。

3.1.21 避缝孔、串通孔等端头当不封闭焊时，会在端部拐角处引起锈蚀、应力集中甚至裂纹的产生。

3.1.22 灌浆孔应根据其管径、管节长（钢板宽）、壁厚、钢种、数量和设备等因素确定开孔的时机——卷板前或卷板后和开孔方法，但应尽量在卷板后制孔。这是因为从实际施工情况来看，灌浆孔通常都大于ϕ50mm，卷制后当上摇臂钻将无法进行时（当开孔直径不大时，可选用磁力钻钻孔）。而高强钢宜用钻孔的方式开孔，因为高强钢受热后冷却时容易出现淬硬组织和裂纹，由于孔径比较小，这些缺欠通常使用角向磨光机无法打磨，而用直磨机打磨比较费工费事。高强钢的缺口裂纹敏感性比较高，当采用熔化焊焊接工艺封堵灌浆孔时，措施不当很容易在灌浆孔上产生裂纹等焊接缺欠，这点应当引起注意。因此建议，高强钢不宜设置灌浆孔，宜采用预埋“专用可重复灌浆管”或拔管的方式进行灌浆比较合适。当采用在管壁上开设灌浆孔的方式进行灌浆时，一旦灌浆孔开裂导致水的渗漏，势必引起电站停机，停止发电才能进行灌浆孔的质量处理，这样会给电站运行发电导致不必要的经济损失和不良的社会影响。

3.1.23 灌浆孔之所以要设置空心螺纹护套的目的是

在涂装时防止涂料腻死螺纹丝扣，存放时防止螺纹锈蚀，在进行固结灌浆钻孔和灌浆作业时防止螺纹被损坏。灌浆作业结束后在戴灌浆孔堵头时才能拆出空心螺纹护套，拆除空心螺纹套前可在其上焊接临时圆钢或钢筋把手，易于拆除。

高强钢，宜采用预埋管——“预埋管法或拔管法”造孔灌浆，不宜采用在管壁上开设灌浆孔的方式灌浆。如可用接触回填灌浆管（即FUKO管），外径38mm，内径22mm，长度100m/箱，即采用预埋管法进行接触灌浆和回填灌浆。预埋管法或拔管法尤其适用于围岩破碎情况较少的，或可不用钢管灌浆孔作为“戴盖固结灌浆”的情况。

当采用粘接法或缠胶带法封堵（主要是针对高强钢而言），欧美国家使用这种方式已有20余年的历史。日本不得在R_m（$R_{0.2}$）≥780N/mm^{2}级钢上开设灌浆孔，而欧美国家则允许，这可能是钢种不同的原因。

3.1.24 多边形、方变圆等异形钢管，结构形状和尺寸都比较复杂，对装配质量要求较高。而钢管制作场内施工设备等加工手段比较好，所以应在制作场内进行预装配，以便发现问题及时给予处理。

3.2 岔管制作

3.2.4 肋梁系岔管和无梁岔管的施工，要考虑到施工运输、吊装、地质地貌、运输线路、运输桥涵等条件，才能采用是在制作场整体组焊，或在制作场预组装后解体成运输单元体或瓦片，再运输进入岔管安装位置进行安装。在本规范表3.2.4序号2和序号3中的允许偏差，考虑到岔管通常都是在制作场施工条件比较好的情况下制作，几何尺寸比较容易保证，为了防止岔管安装时对装难度加大，为此，将岔管相对于直管而言，允许偏差带进行了缩窄处理。

3.2.5 月牙肋或梁的分段弦长方向应与钢板的压延方向一致，主要是防止钢板的各向异性，下料时其弦长顺钢板的压延方向一致，这样受力性能会更加得以可靠保证。之所以要求避开月牙肋或梁系最大横截面8°～10°圆心角值而进行焊缝对装拼接，是由于在其最大横截面处受力最大。而焊接接头又是其性能的薄弱部位，所以应该避开最大受力处。

3.3 伸缩节制作

3.3.6 波纹管伸缩节在安装前应做水压试验或气密试验，防止在安装后充水时，导致伸缩节渗漏水，处理起来麻烦。工作压力的倍数值是按照机械、液压行业对常用流体的水压试验或气密性试验的压力值规定而引用的。当水头H≤25m时，可只做焊接接头煤油渗透试验。煤油试验检测是在焊缝和热影响区涂刷较稠的石灰水溶液，晾干发白后，在再焊缝的另一面涂上煤油，约5min后检测石灰白粉上有无黑色斑纹——说明焊接接头是否有贯穿型焊接缺欠，当发现有焊接缺欠时应给予焊补。其目的是防止伸缩节充水时渗水。

3.3.7 此条规定主要是防止伸缩节滑动副和波纹管本体遭到损坏。

4 安　装

4.1 一般规定

4.1.1 本条指明将钢管中心线和中心高程、里程（桩号）的测量点标识在附近的构筑物或牢固的岩石上，再以此为基准对钢管安装进行调节找正。测量点之所以标识在“牢固物”上是为了防止标识脱落或遭到破坏。

4.1.2 主要是为了保证凑合节焊接坡口的装配质量，规定了凑合节余量切割的优先选择方法。当采用手工切割时，当切割操作人员要求较高，当切割操作人员水平不高时，将会使焊接坡口成形不好，增大焊接缺欠和焊接应力升高的发生几率，影响焊接接头的质量。

4.1.3 当不经设计计算支撑的强度、刚度和稳定性来确定支撑大小、间距和受力点等时，只单凭经验设置支撑、不该节省的支撑和支撑受力点位置不对等，这些均可能会导致钢管段的突然滑动或扭动、倾覆或垮塌，甚至导致正在施工的人员伤亡事故发生。本条为强制性条文，必须严格执行。

4.1.4 本条对钢管制作安装所用高空操作平台作出了规定。

1 操作平台当不经过设计计算确定时，只凭经验搭设或制作，要不就是耗费大量制作材料，要不就是强度、刚度安全裕度不足，这些都会存在安全隐患。

2 安全保护装置的操作平台当设在钢管道的斜坡段时，其上应设置操作平台防坠落挡块装置、锁定钢丝绳等。在操作平台上的施工人员，要戴好安全帽、系好安全带、有的部位要设置安全网等。

3 钢丝绳在经过尖锐部位时，应设置平滑过渡装置：半圆管皮、木板条等，不然，钢丝绳安全系数再怎么高，也有被尖锐部位切断或磨断的情况发生，从而导致操作平台坠落，危及人身安全。

4 采取这些绝缘或接地措施，就是防止操作平台上的人员触电或引起钢丝绳电弧打火断丝的可能。

5 因为操作平台上，不仅有电焊机或焊材烘干箱等，同时其上可能有氧气瓶、燃气瓶等易燃易爆器材，一旦气瓶爆炸或其引起燃烧，操作平台上的人员将会无路可逃。所以其上要配置灭火器，易燃易爆物资要防止电焊、电器火花，可用阻燃布等加以隔离保护，防止火花引燃爆炸等。防高空坠落物击打施工人员，所以在其上部应设置安全阻挡装置。当围岩周围有渗漏水、雨水时，还应设置防水防雨装置，防止焊接时出现焊接接头缺欠、受热部件淬火断裂等。

4.1.5 当在钢管壁上随意焊接临时支撑或脚踏板等临时构件时，而不注意临时构件与钢管壁材质的相同性或相容性，在焊接时，而又不采用与管壁材质相同性或相容性的焊接材料，进行堆焊过渡层处理或采用焊接节点板的方式，或该预热焊而不进行预热焊时，势必使钢管壁焊接部位产生局部残余应力、破坏钢管壁的化学成分，甚至产生裂纹等焊接缺欠。

在此值得一提的是，在山区、高纬度、高寒地带和沙漠等气温比较极端恶劣的地区，以及日温差大的地区，明管应采取隔热保温措施。因为钢管壁温度小于0℃时，会使管内水存在有结冰的倾向，水头低、管内水流速度慢，尤其是冬季停机检修时的明管更有可能发生结冰现象。再则，当沿钢管壁圆周温差过大时，可能会引起太阳光照射、大气温度影响导致的管道弯曲，尤其是明管放空由水介质变为空气介质时，此时因空管道热容量大大减少，这种弯曲移位现象更加明显。从而使支座发生侧向移位、支墩和镇墩混凝土开裂，甚至引起伸缩节被破坏、钢管爆裂的可能。

4.2 埋管安装

4.2.4 对后续工序无妨碍的临时构件，可以不拆除，目的是减少损伤母材的几率。采用“热切割”这一术语是因为现在不仅用碳弧气刨或“燃气乙炔”切割，也在用“燃气丙烷”、“燃气丙烯”以及“等离子切割焰”等方法切割钢材。

4.2.6 进行灌浆孔堵头的焊接坡口深度以7mm～8mm深为宜，灌浆孔封堵焊系封闭连接焊缝，不必焊透，当擅自加大坡口深度时，焊接时收缩应力增大易产生裂纹。而有些人员不很了解其功能，总试图加深其焊接坡口。深度之所以为7mm～8mm，系考虑用直径为ϕ3.2mm～ϕ4mm的焊条焊2层～3层，不得单层焊。由于灌浆孔焊缝是封闭焊缝，焊接时拘束度比较大，加之，当采用塑性比较差的钢作堵头和采用高匹配的焊接接头时，将会导致灌浆孔出现裂纹的几率增大。

对于有裂纹倾向的灌浆孔堵头焊接接头，应在焊前采用火焰预热，焊后用火焰立即进行“紧急后热”。加热温度可用便携式红外测温仪随时监测。实践证明，采用这种施焊方法效果很好。

高强钢灌浆孔堵头当采用熔化焊封堵时势必要进行预热和后热，以减少焊接裂纹的出现。由于灌浆孔尺寸很小，不便贴合可控制加热温度的远红外电加热片，而是采用人工控制温度的火焰加热法，从而导致各个部位加热冷却不均匀，因冷却收缩不均匀，将会导致焊接接头开裂。

由于灌浆孔尺寸很小即拘束度很大，采用封堵熔化焊时往往导致焊接残余应力很高，甚至产生焊接接头和灌浆孔堵头开裂，而漏水。高强钢的合金元素多，成分复杂，金相组织为低碳板条马氏体或粒状下贝氏体等组织，缺口裂纹敏感性比较高，由于其强度较高，相应的塑性、韧性相对较低，当采用熔化焊焊接工艺封堵灌浆孔堵头时，很容易在灌浆孔上产生裂纹等焊接缺欠。

灌浆孔内不易清除的浮锈、泥浆、油漆、油污以及有时围岩渗水或灌浆凝固水渗出，都将会对焊接接接头内的扩散氢含量增加。从而为产生氢致裂纹埋下隐患。堵头也许今天不开裂，一周不开裂，也许一年后就开裂，即产生了延迟裂纹——这就是为什么有些水电站运行时没有发现内水外渗，而运行几个月或一两年之后才出现了钢管漏水现象发生之原因所在，“千里之堤，溃于蚁穴”甚至导致山体滑坡冲毁电站的严重事故发生。由于其结构特征所决定无法进行脉冲反射法检测（UT）或射线检测（RT）内部检测，只能做表面渗透检测（PT）或近表面磁粉检测（MT）。堵头的焊接残余应力通常也是无法进行检测的。

灌浆孔堵头上不应开设Ⅰ型槽，这样往往导致旋拧操作不便，也不易涂料防腐蚀处理，旋拧结束后焊接人员常常用焊接方法想把Ⅰ型槽“焊补”上，由于槽口不大，焊接中在焊补槽口的同时把整个堵头端部全部熔敷填充焊上，由于该部位孔径尺寸较小势必增加焊接应力，甚至导致该处裂纹或延迟裂纹的产生，运行中灌浆孔堵头渗水质量事故的发生可能性增大。比较正确的方式是，在灌浆孔堵头上焊接临时圆钢把手，灌浆孔堵头拧紧后，用碳弧气刨或氧-燃气火焰割除，再用砂轮打磨光滑平整。

而灌浆孔堵头采用密封胶粘接法、O形橡胶密封圈法或缠聚四氟乙烯胶带法并结合奥氏体型不锈钢板厚3mm～4mm圆片焊接封堵时，应进行充分论证和试验。

4.2.7 当灌浆孔渗水时，应采取止水措施，如补充继续灌浆进行止水，当灌浆孔有少量渗水时，可采用厚度为1mm～4mm锌皮圆平垫或厚度为2mm～4mm铅皮圆平垫进行灌浆孔堵头密封止水，直至无渗漏水为止，燃气-氧火焰烘干焊缝坡口后才能进行焊接。否则，进行“带水焊接”势必会在焊接接头内产生气孔和裂纹，甚至导致整个焊接堵头开裂。而其焊接接头受结构形式决定又不能进行内部无损检测，这样会给将来电站运行埋下事故隐患。

从灌浆孔的直径和结构形状来看，不适宜于进行脉冲反射法检测（UT）。在采用磁粉检测（MT）或渗透检测（PT），按现行行业标准《承压设备无损检测 第4部分：磁粉检测》JB/T 4730.4或《承压设备无损检测 第5部分：渗透检测》JB/T 4730.5有关规定进行表面无损检测时，对铁磁体材料优先选用磁粉检测（MT）表面无损检测，因为它不仅可以检测表面露头缺欠，还可检测非露头的近表面缺欠。

随着钢管直径的增加，钢管本身的刚度将会减少，而弹性和柔性会增加。在钢管和回填混凝土的接触间隙尺寸相同情况下，大直径钢管柔性要好些，围岩承担的受力程度高些。而接触灌浆间隙厚度大小，目前没有可测量的方法，当有必要量度时，只能通过开一定尺寸的孔来进行解剖测量，属于破坏性试验。据相关资料介绍，可以采用“中子探伤”方法进行接触间隙大小的测量，不过目前在我国水电站钢管中还未使用。

4.2.8 弹性垫层管支撑不得与其管壁焊接，这是因为其要受到径向剪切应力的作用。支撑点固焊接时，很容易在该处产生微裂纹等焊接缺欠，从而在径向剪切应力作用下从该处引起开裂的可能。

4.2.9 本条规定主要是防止高强钢、不锈钢等焊接裂纹的产生。当采用预热点固焊方法费工费事时，因此采用活动内支撑比较符合实际施工情况。而采用“过渡连接板法”，其材质应和钢管连接部位的材质相同或相容，所谓“相容”是指金相组织类型相同，而化学成分差别不大的钢种。例如，Q235 和 Q345 均为珠光体类型的钢种，两者可以直接焊接。否则，采用化学成分差别较大、硫磷含量不同的材质作连接板将会改变钢管钢材的化学成分等，这会影响钢管的力学性能、耐蚀性能。由于过渡连接板既属于工艺用件，也和结构用件沾边，因此，往往在选材和订货时被遗漏，可用的边角余料也有限。为此，以引起大家注意。在用与钢管壁不同材质做焊接支撑时亦可在焊接部位堆焊一层与钢管壁材质相同的焊接材料，堆焊层达到 4mm～6mm 厚度后再进行焊接支撑。

4.3 明管安装

4.3.2 在测量安装偏差时，应在常态环境气温下进行测量。当钢管存在有阳光不均匀照射时，宜进行遮蔽后才能测量。减小气温、阳光产生的测量偏差。

4.3.4 对于很长的明管，在安装后，如果气温变化比较大，钢管可能会发生较大的轴向和（或）径向的位移，这点应引起注意。

4.3.6 当安装不考虑环境温度（或管壁温度）以及管床沉陷趋势对伸缩量的影响时，势必导致（波纹管或套筒式）伸缩节“伸”或“缩”的位移量的不足，而渗水甚至使伸缩节遭到滑脱、挤压等破坏。

4.3.7 当将焊接地线接在波纹管上时，很容易使波纹管受电弧击伤，损坏滑动面及其内部金相组织。

4.3.8 拆除伸缩节运输临时紧固件的目的，是在焊接合拢焊缝时引起的变形能使伸缩节自由收缩，从而减小焊接应力，防止焊接裂纹的产生。

5 焊　　接

5.1 一 般 规 定

5.1.1 从事一、二类焊缝焊接的焊工应持有相应行业部门颁发的资格证书。相应行业部门主要是指通过现行行业标准《焊工技术考核规程》DL/T 679、《水工金属结构焊工考试规则》SL35 或《特种设备焊接操作人员考核细则》TSG Z6002 等考规考试并颁证的相关国家部门，或获得 ASME、劳埃德船级社等焊接考规国际认可的权威性部门。焊工、焊接操作工相应取得这些部门签发的焊工合格证和焊接操作工合格证。

第一次参加接触的高强钢、新类型钢种以及不锈钢复合钢板焊接的焊工，要进行专门的培训与考试。高强钢金相组织通常都含有低碳贝氏体、低碳马氏体和低碳索氏体等组织，而不锈钢有耐蚀性能要求，不锈钢复合钢板还有过渡层焊接性要求等。因此，这类钢种有焊接热输入的限制，水电行业传统的单道多层横向大摆动运条的焊接手法显然已经不能适应。为此要结合焊接热输入量的限制采用多道多层，运条时焊条横向摆幅不大于焊芯直径的 5 倍即可，且要进行专门的培训与考试，合格后，再从事高强钢、不锈钢以及不锈钢复合钢板等的焊接工作。

碳弧气刨不是一个简单的工种，什么工种的人员都可以干的。实际碳弧气刨也是一项挺复杂的工作，特别对于高强钢、不锈钢以及不锈钢复合钢板碳弧气刨清根更是一项十分严肃的工作，一旦碳弧气刨操作不良造成严重渗碳或凹凸不平，将直接影响焊接接头的性能质量，所以碳弧气刨工也是要通过培训考试，这一点国外也有规定，他们强调的也是由熟练的焊工担任。

5.1.3 为了明确无损检测人员的认证资格，便于可操作性，说明要通过我国电力、水利行业、质量技术监督部门及无损检测学会等的无损检测人员资格认证或 ASME、EN、BS 等国际标准认可的资格认证，才能从事钢管焊接接头的无损检测工作。

5.1.4 对钢管焊缝分类的划分规定，是按受力状态和重要性等进行的，同时也考虑了和其他相关标准的协调性。其中所说的“预留环缝”是指钢管环缝外侧设置有套环或围带的焊缝，是为了防止焊接时异常移位，加固后如浇筑混凝土后于管内才焊接的环缝。本条将冲沙孔道钢衬和泄水孔（洞）钢衬的纵缝、环缝给予规定，是因为在以往不同电站中要求是千差万别的，有的工程不要求无损检测，而有的却把其纵、环缝都定为一类焊缝来处理，然而从工况和受力情况来看，其主要是抗泥沙冲刷、耐磨性和耐蚀性要求，为此可归为二类焊缝是可行的。

5.1.6 对标准抗拉强度下限值大于 540N/mm² 的钢材，推荐进行生产性焊接试板试验。这主要是验证具体的实际施焊条件，如高湿度、严寒低温等环境条件对焊接接头性能质量的影响。这是因为一般焊接工艺评定都是在试验室条件下进行的，产品焊接试板生产性试验是对经评定合格的焊接工艺的实践检验。

5.1.7 随着焊接技术的发展，对钢管焊接不断涌现出新的焊接方法。除了传统的焊条电弧焊和单丝埋弧焊外，还不断产生了多丝埋弧焊、各种气体保护焊、自保护药芯焊和 STT（表面张力过渡）焊接技术等。由于我国焊材厂家很多，焊材品种也纷繁复杂，除部分焊材型号国家有统一规定外，焊材牌号编写却未有统一规定，当一一列出太多时，也是没有必要的，为了说明问题，仅列出了几个厂家的焊材牌号。当采用其他厂家的焊材时可按此原则选取，应符合附录 C 的规定。

焊接材料选用的一般原则：

1 等强匹配的原则。即所选用焊材，熔敷金属的抗拉强度相等或相近于被焊母材金属的抗拉强度，此法主要适用于对低碳钢和低合金钢焊材的选用，是其最常用最基本的原则。理论上认为：焊缝强度不宜过高于母材的强度，否则往往由于焊缝抗裂性差或应力集中等原因而使焊接接头质量下降。

2 等韧性匹配的原则。即所选用焊材熔敷金属的韧性相等或相近于被焊母材金属的韧性，此法主要适用于对高强钢焊材的选用。这样，当母材结构刚性大，受力复杂时，不至于因接头的塑性或韧性不足而引起接头受力破坏。在焊接高强钢时，从实际使用情况来看，这种结构的破坏往往不是强度不够，而是韧性不足，导致产生裂纹或脆断。

3 等成分匹配的原则。即所选用焊材熔敷金属的化学成分符合或接近被焊母材。此法主要适用对不锈钢、耐候钢、耐热钢焊材的选用，这样就能保证焊缝金属具有同母材一样的抗腐蚀性，热强性等性能以及与母材有良好的熔合与匹配。

需要注意，由于药芯（金属粉芯）焊的熔深比较浅，所以在我国“西气东输”天然气管道的焊接中，就曾采用 STT 打底焊再用自保护药芯焊其余焊道焊层的方法，以发挥这两种焊接方法的各自特点。

5.1.8 对低碳钢、低合金钢和高强钢，当焊缝的强度过低时，在承受外载荷时变形会集中在焊缝处，因此在达不到设计所要求的力学性能时，就会在焊缝上导致首先破坏。但是焊缝强度过高，由于焊接接头的非均质性、残余应力等作用，将会增大产生裂纹的几率。而不锈钢焊接所选焊接材料不和母材化学成分相当，将会导致焊接接头的耐蚀性能降低。

5.1.9 为了防止基层对覆层 Cr、Ni 合金元素的稀释作用，避免焊缝金属产生马氏体组织，提高抗裂性能。为此在其过渡层上应选用含 Cr、Ni 合金元素高的焊接材料，如不锈钢焊条在焊奥氏体型不锈钢与含碳钢间的过渡层时应选 25－13 型奥氏体加 δ 铁素体双相不锈钢焊接材料类型。而覆层与介质接触部分的表层，为了提高耐蚀性，应选与覆层化学成分相当的焊接材料。

5.1.10 除不锈钢类钢种外的异种钢焊接选材应按强度低侧的母材选焊接材料，焊接工艺按强度高的一侧母材选用，这样焊接接头强度分布才可以平缓过渡。而非不锈钢钢板和不锈钢焊接时应采用不锈钢焊接材料，为此可以减少对焊接接头的铬、镍合金元素的稀释作用、防止在焊接接头中熔合线附近产生马氏体脆性层，从而防止焊接接头裂纹等焊接缺欠的产生几率。

5.2 焊接工艺要求

5.2.1 气体保护焊在水电、水利施工中得到了普遍应用，气体保护焊的风速不得大于 2m/s，否则应做防风设施。当风速过大时，焊接时将会把保护气体卷走，使焊接熔池失去保护作用，而出现焊接气孔、合金元素被氧化烧损等焊缝缺欠。

5.2.2 焊接材料烘焙、保温和密封的目的主要是去除焊接材料里的水分或防止吸潮，避免使焊接接头产生氢气孔和产生延迟裂纹。焊剂中当混有杂物时将会导致焊接接头出现焊接缺欠等影响焊接性能。

6 众所周知，药芯、金属粉芯内的粉末比表面积很大，当工作结束后不对其密封很容易吸潮，采用这些措施，主要是防止焊缝中含氢量增加，减少延迟裂缝发生的几率。

5.2.3 本条对临时构件与钢管焊接要求作出了规定。

1 当材质不相同或相容，或不做堆焊过渡处理时，必然会影响钢管壁的化学成分，改变钢管壁的力学性能和耐蚀性能。

2 当不预热焊接的钢管纵缝、环缝时，则点固焊临时构件时也不需要预热焊接。例如，中等厚度及以下的低碳钢 Q235 或低合金钢 Q345R 等钢管纵缝、环缝焊接时可不预热。

3 临时构件距离钢管的纵缝、环缝 30mm 以上，主要是便于焊接钢管的纵缝、环缝，拆除临时构件时避免损伤钢管的纵缝、环缝并防止应力集中和防止产生焊接缺欠。

4 引弧和熄弧点均应在工卡具等临时构件上，主要是避免在钢管母材上引弧或熄弧，防止对钢管壁产生自激淬火、出现微裂纹等缺欠。

5.2.4 在第 3 款中“对屈服强度 $R_{p0.2}\geqslant 650\text{N/mm}^2$ 或抗拉强度 $R_m\geqslant 800\text{N/mm}^2$ 的高强钢，至少焊两层，其长度应在 80mm 以上”，其根据是日本钢闸门压力钢管技术规范，实际上也是按此实施的。不仅定位焊缝，当表面或内部缺欠焊补时，只要一引弧，焊缝长度就得 80mm 以上，且至少焊两层。鲁布格水电站岔管制作时正值高温高湿季节，为“连续定位焊缝”。定位焊缝的长度和间隔的选取还要考虑吊装时的安全性。某水电站在钢管制作时，就发生了待焊的钢管从几米高的埋弧焊作业台上“一分为二”的坠落事故。

在第4款中规定，根据不同钢种裂纹敏感性的大小和焊缝的重要程度对定位焊缝是否清除给予了规定，保证焊缝质量。

5.2.5 铁锈、熔渣、油垢、油漆、水渍等当不清除时，将会导致焊缝出现气孔等焊接缺欠，并使焊缝含氢量增加，出现延迟裂纹的几率加大，焊缝力学性能劣化。低碳钢、低合金钢的一类焊缝，高强钢的一、二类焊缝的定位焊缝在正式焊接前应清除干净，其余类别焊缝的定位焊缝在正式焊接时，应检查定位焊不得有裂纹、气孔、夹渣，否则应清除，不然将会在焊缝内留下焊接缺欠，待正式焊接完后再用无损检测，势必给挖补处理造成较大麻烦，费工费时。

5.2.6 预热的主要目的是防止焊接时出现裂纹和保证焊接接头的力学性能。常用钢号可由本规范推荐表5.2.6确定，新钢号可根据钢材的化学成分、焊缝扩散氢含量、厚度、焊接接头的拘束程度、焊接方法和焊接环境等相应公式估算预热温度，综合这些因素考虑是否需要预热。预热温度最终可通过《对接接头刚性拘束焊接裂纹试验方法》GB/T 13817规定的焊接试验确定。随着板厚的增加拘束度增大预热温度也要相应增加。

5.2.7 本条强调了预热工具的选用要求，是根据现行行业标准《碳钢、低合金钢焊接构件焊后热处理方法》JB/T 6046引入的。

5.2.8 当板厚大于70mm时，预热测量点距离焊缝由50mm变为70mm，其实是提高了预热温度，因为板厚增加，其热容量增加了，目的为了防止出现焊接裂纹。

5.2.9 焊接时，保持层间温度范围的目的是改善焊接接头的金相组织、焊接内应力，防止出现焊接裂纹。

5.2.10 本条规定只能在焊接坡口或焊道内引弧、熄弧。当在其外的母材上引弧、熄弧时，将会导致母材淬火产生局部拘束应力、母材的金相组织遭到破坏和出现裂纹等缺欠。焊接引弧、熄弧时宜设置被焊件部位材质相同或相近的助焊板，其目的就是防止改变母材化学成分和出现焊接缺欠，提高焊接接头的焊接质量。

5.2.11 主要是防止焊接不同步时，导致钢管失圆、偏斜和歪扭移位。

5.2.12 强调在高强钢和冷裂纹敏感性较大的低合金钢，且不立即焊后消除应力热处理的才做后热。对同一种钢而言消氢是钢板厚度、温度和时间的函数。随着加热温度的提高，消氢作用过程中扩散氢在钢中的扩散速度才会越来越快，消氢作用才显著。真正的消氢热处理温度在铁碳相图靠近A1线下面附近，比焊接后热的温度高很多，后热主要不是为了消氢还有别的作用，可以减缓焊接接头冷却速度，在拘束度大的焊接接头，通过后热可以降低焊接收缩应力，从而防止焊接热应力裂纹的产生。所以在编写本条时将行业习惯用语“后热消氢”中的“消氢”二字去掉，而称为“后热”或“后热处理”。

5.2.13 此条规定焊缝采用碳弧气刨清根后一定要磨除渗碳层。否则，残留的渗碳层将会在随后的焊接中，在焊接接头的熔合线上可能会形成脆硬的高碳马氏体组织，甚至导致焊接接头熔合线开裂。

5.2.14 带垫板的V形焊缝坡口、不对称X形焊缝坡口和Y形焊缝坡口的对装间隙是引用现行国家标准《气焊、焊条电弧焊、气体保护焊和高能束焊的推荐坡口》GB/T 985.1和《埋弧焊的推荐坡口》GB/T 985.2的规定，此类坡口是钢管焊缝的常用坡口型式，此次规范列出是为了便于施工。其他类型的焊缝坡口可查阅GB/T 985.1和GB/T 985.2的规定。设计图样有规定的优先采用设计图样规定。坡口间隙随着母材板厚的增加而增大，而坡口角度变小，从而便于施焊同时也使填充金属和熔化比在一个合理的范围内，防止焊缝缺欠的产生和焊接内应力过大。焊接坡口垫板宜采用横截面尺寸5mm×（60～80）mm（热轧扁钢）。预留焊缝的垫板宜采用横截面尺寸（8～16）mm×（150～200）mm。垫板厚度过薄容易被焊漏，过厚与钢管装配不易贴合密实。垫板厚度大小还应考虑钢管的曲率，钢管曲率小、直径大，则垫板厚度可选得厚一些，反之，垫板厚度选薄一些。

美国焊接学会标准《钢结构焊接规范》AWS D1.1/D1.1M：2010第5.22.4.3纠正条是这样规定的“焊缝组装坡口根部间隙大于允许宽度但不大于较薄板厚的2倍或3/4 in（20mm）（取两者中的小值），可在部件焊接连接之前用焊接的方法予以纠正，达到合适的尺寸”。我们认为本条对这一坡口间隙范围的规定在钢管安装中是可以接受的，特别是水电站大型压力钢管凑合节的焊接是比较符合实际施工的。

5.2.15 当焊缝坡口间隙大于本规范第5.2.14条的规定时，可以选取贴工艺垫板或塞入填塞块的方式进行焊接。因为贴工艺垫板或塞入填塞块的焊缝往往焊接坡口间隙较大，在其背缝贴工艺垫板或在焊缝内塞入填塞块是为了便于焊接。但工艺垫板或填塞块的焊缝注意与管壁材质的相同性或相容性。焊接正面焊缝后，再清除工艺垫板或填塞块时应将其对焊缝的熔合污染区域同时清除，保证焊缝的力学性能不受影响。这类焊缝的表面往往较宽，为了便于超声波检测，应将焊缝表面打磨平整，甚至应清除掉焊缝余高。

5.2.16 此条焊脚的规定是引用了美国焊接学会AWS标准。

5.2.17 因为这类焊缝往往是在钢管上开孔焊接，其平面展开往往是椭圆形焊缝，由于该类焊缝位置的特征采用超声波检测很难甚至无法实施。

5.3 焊接工艺评定

本节参考了现行国家标准《焊接工艺规程及评定的一般原则》GB/T 19866 和现行行业标准《钢制压力容器焊接工艺评定》JB/T 4708对于编制焊接工艺的指导要求。本规范的焊接工艺评定过程与国内外其他行业的焊接工艺评定过程是一致的。目的都是为了验证施焊单位已拟订的焊接工艺指导书，其代号为PWPS的正确性及评定施焊单位所作的焊接接头的使用性能是否符合设计要求，并使焊接工艺评定全过程更加完整，也更加易于操作。焊接工艺规程的通用代号为WPS。

焊接工艺评定是产生焊接工艺规程过程的一个程序性文件。它的主要作用在于验证所拟订的焊接工艺指导书的正确性和合理性，焊接工艺规程是为焊工和焊接操作工提供指导的焊接文件之一。

焊接工艺评定中的钢材和焊接材料应符合相应的国家标准及行业标准，这样才能代表钢管焊接接头的真实性，并强调焊接工艺评定应在施焊单位内进行，不能请其他施焊单位代做或引用其他施焊单位的焊接工艺评定结果，以保证本施焊单位真实地验证焊接工艺的可靠性。

焊接工艺评定是由施焊单位的熟练焊工按照拟订的焊接工艺指导书的规定焊接工艺试件，然后对工艺试件进行外观、无损检测、力学性能和金相等项检测，同时将焊接时的实际工艺参数和各项检测结果记录在焊接工艺评定报告上，焊接工艺评定报告的通用代号为PQR。施焊单位的技术负责人应对该报告进行审批。

为了保证焊接接头和母材的力学性能和其他性能相匹配——低碳钢、低合金钢要求遵循等强度原则，高强钢根据不同的使用条件、力学性能要求遵循等强度原则，同时考虑等韧性、等塑性原则。不锈钢和不锈钢复合钢板的覆层要求遵循等强度原则，同时考虑等耐腐蚀性原则。为此，在施焊前应由施焊单位编制拟订完整的焊接工艺指导书。为了保证焊接工艺规程的正确性，施焊单位应根据焊接性试验资料，按照本规范规定的焊接工艺评定规则对钢管的重要焊缝进行焊接工艺评定。

施焊单位不得将焊接工艺评定的关键工作——例如，拟订焊接工艺指导书、试板焊接与无损检测等工作委托其他单位完成。但因本施焊单位设备不够，可将试件加工、力学性能试验或其他试验委托有资质的单位完成。拟订焊接工艺指导书，要以钢板的焊接性试验为依据。焊接性试验的主要内容：

1 基础试验（母材理化试验）。

2 主要焊接性试验（包括裂纹敏感性、焊缝塑性及缺口韧性）。

3 焊接接头试验（包括无损检测和力学性能试验，不锈钢的耐腐蚀试验）。

焊接性试验是焊接技术基础，除了自身的技术积累之外，也可由科研单位或供货钢厂提供有效的钢板焊接性资料。

5.3.1 按本规范附录D检测焊接工艺评定“试验方法和合格标准”而提出报告。焊接工艺指导书，亦称预焊接工艺评定和焊接工艺评定报告的格式应符合本规范的附录E的规定，这个格式是多年以来针对水工金属结构生产实践不断修正完善的。

5.3.2 为了简化施焊单位分析施工条件变化而对焊接接头影响程度——将焊接的工艺因素划分为重要因素、补加因素及次要因素。现在影响焊接接头质量的条件日益增多，以往钢管建造主要是焊条电弧焊和单丝埋弧自动焊方法，但随着焊接技术的迅速发展，目前在管道建造时出现了多丝埋弧焊、气体保护焊和自保护药芯焊等。为了指导施焊单位更好地掌握哪些工艺因素变化将会影响焊接接头质量，这次规范编写将焊接的三类因素的影响分别给予列出。这些因素是参考了现行行业标准《钢制压力容器焊接工艺评定》JB/T 4708 中“各种焊接方法的焊接工艺评定因素”来划分的。

5.3.3 随着我国高水头、大直径或小直径厚壁的压力钢管的不断出现，高强钢的应用日益广泛，过去高强钢主要是靠国外进口钢材，现在国产高强钢不断涌现，因此在本规范表 5.3.3 中列出了一些钢号示例。同时也是为了与现行国家标准《压力容器》GB 150、《焊接工艺规程及评定的一般原则》GB/T 19866 和现行行业标准《钢制压力容器焊接工艺评定》JB/T 4708 规范相协调，互通使用。

5.3.5 因为类别号Ⅲ内的组别号Ⅲ-4 及其以下低组别号、类别号Ⅱ低合金钢和类别号Ⅰ低碳钢，都属于低碳、低裂纹敏感指数的焊接钢材，只是钢材的比强度比后者高而已。多年的实践证明，材质为低碳钢、低合金钢的灌浆孔堵头或加劲环等与钢管材质为本规范表 5.3.3 类别号Ⅲ内的组别号Ⅲ-4 及其以下低组别号的高强钢焊接，没发现焊接质量问题，本条这样规定是符合实际施工需要的，减少不必要的成本和时间浪费。根据熔焊原理，前者的焊接工艺评定可以代替后者，但后者不能代替前者。

5.3.6 因为异种钢焊接接头两侧母材和焊缝本身的金相组织、亚结构组织和性能均存在一定差异。冲击试验主要是检验异种钢焊接相应部位的韧性。

5.3.7 对焊接工艺评定时焊接位置的选取。埋弧焊只能在水平位置焊接和滚动焊接，所以只能在平焊位置选取焊接试样。其余能进行全位置焊接的焊接方法，应选取立向上焊的焊接试样，因为该位置与其他所有焊接位置比较，是焊接热输入最大、冲击吸收能量低的焊接位置。

5.3.9 本条对重新进行焊接工艺评定的条件作出了规定。

2 因为焊条牌号尾数代表焊条的药皮类型，尾数的变化主要是影响焊接接头的冲击吸收能量。

5 现在钢管焊接施工不断出现新的焊接方法，而熔化极气体保护焊接过程中，不同的焊丝熔滴过渡形式将直接影响焊缝结晶组织的力学性能，所以焊丝熔滴过渡类型是影响焊缝质量的重要因素。

5.3.10 本条对试件做冲击试验作出规定。

4 除增加"焊接热输入"外，再规定了单位长度焊道熔敷金属体积，便于更加直观的评定焊接热输入的增加，这说明了焊接工艺评定具有一定的局限性，它仅仅是一种对拟订焊接工艺的验证，因此焊接工艺评定采用的焊接热输入或确定的单位长度焊道熔敷金属体积都应严格控制在焊接工艺规程或有关技术文件规定的焊接热输入范围以内。

9 结合本规范第5.3.11第6款，焊接位置变更对大多数焊接工作者存有疑义，由于焊接工艺评定都在平焊位置进行，其他位置除向上立焊由于熔池受重力影响会降低焊接速度，而焊接电流又比仰焊位大，因此向上立焊位置的焊接热输入是所有焊接位置中最大的，所以有冲击吸收能量要求的焊接接头应在向上立焊位置（埋弧焊为平焊位）施焊作焊接工艺评定。至于其他位置的变化以及取消单面焊的钢垫板只能由焊工的焊接技能来给予保证。

5.3.11 本条主要说明在什么焊接条件下属于次要因素。以往的一些规程、规范和标准对影响焊接接头力学性能的重要因素和补加因素都已比较熟悉，对钢管的建造质量起到了很好的作用。然而实际焊接施工中影响焊接质量的因素很多，有些因素介于两种因素的边缘，导致施焊单位焊接人员较难判断。为此在编写本规范时将焊接时属于次要因素的焊接条件也在此条中详细列出，以便于执行。

焊接坡口型式对各种焊接方法都为次要因素，它的变更对焊接接头力学性能和弯曲性能以及耐腐蚀性无明显影响。焊条、焊丝直径的变化可由焊接热输入控制，所以也不会影响焊接接头的性能。

9 在电特性变更中，单独的变更电流值或电压值只是次要因素，当将电流与电压结合后再考虑焊接速度就是焊接热输入，这样成了补加因素。

11、12 这两款都属于施焊前的准备工作，对焊接接头的影响较小，所以也属于次要因素。

15 都是在同一种已经评定的焊接方法下改变施焊操作方式，与焊接工艺评定与否无关。

明确了焊接条件变更属于次要因素的范畴时，仅仅是为了说明不需要重复作焊接工艺评定，而不是说不需要作焊接工艺评定，但需要重新编制或修改已进行过的焊接工艺评定的焊接工艺规程，见本规范第5.3.14条中规定，在重要因素、补加因素没有改变时对接焊缝试件评定合格的焊接工艺用于角焊缝，即可理解为对接焊缝试件的焊接工艺评定报告需重新编制角焊缝的焊接工艺规程，也可理解为角焊缝试件的焊接工艺已经由对接焊缝试件评定过了不需要重复进行焊接工艺评定，但不能理解为不需要焊接工艺评定。这点应引起广大施焊人员对焊接工艺评定的重视。

5.3.12 随着炼钢技术和焊接材料生产技术的不断发展，材料性能的提高，焊材扩散氢含量的降低，采用后热方法来对焊接接头消氢已不是主要手段，国外一些标准甚至不强调。后热现在主要是用来对淬硬倾向大的部分高强钢、拘束度大的焊接接头减缓其冷却速度，降低焊接热应力，防止焊接接头出现热应力裂纹，因此不属于焊接工艺评定范畴。

5.3.15 本条说明当采用两种或两种以上的组合焊接方法或重要因素、补加因素不同的焊接工艺时，可以分别评定或组合评定。组合评定合格后可以采用其中一种或几种焊接方法或焊接工艺，但应保持每种焊接方法或焊接工艺所评定的试件厚度和熔敷金属的厚度都在已评定合格的各自有效范围内。

5.3.16 鉴于有些水质泥沙含量比较大或水质污染严重，有的冲沙孔道钢衬和泄水孔（洞）钢衬内的流速甚至高达50m/s，且水流紊乱，对此要求抗冲刷、抗腐蚀的部位就凸现出来了，采用不锈钢的部件越来越多，为了降低成本，采用不锈钢复合钢板的也在不断涌现。因此在本规范内也给予规定。

5.3.17 随着我国大直径、高水头的压力钢管不断增加，钢管制作材料强度越来越高。因此按美国机械工程师协会标准ASME《锅炉及压力容器规范》中"焊接及钎焊评定表"QW-45"坡口焊缝拉伸试验和横向弯曲试验"及我国现行行业标准《承压设备焊接工艺评定》NB/T 47014的规定将低碳钢、低合金钢与高强钢分开处理。经焊接工艺评定后的试件对母材及焊件熔敷金属有更大的适应范围。

5.3.20 对焊接接头焊缝及热影响区硬度值的规定，是为了更加便于做焊接工艺评定——也就是说硬度测试作为辅助测试合格后，再去做力学性能试验，可以节省试验成本。此条引用了《钢电弧焊焊接工艺评定》BS EN288-3硬度值规定。维氏硬度值 HV_{100N} ≥450时说明有淬硬组织产生，易产生冷裂纹；而维氏硬度小于母材70%的部位，往往发生在焊接接头的热影响区（代号为HAZ），即说明HAZ出现了软化现象，尤其是高强钢和本质粗晶粒钢焊接热输入偏大时这种软化区出现的几率较大，这主要是焊接热输入偏大之原因或主要是母材本身化学成分有问题不适合这种焊接热输入或焊接方法。当焊缝熔敷金属为不锈钢奥氏体型组织，在焊态下的硬度都比较低，最大不会超过 HV_{100N} 300，且焊缝的塑性、韧性均较好，所以不必做硬度检测。

5.4 焊接接头检测

5.4.1 本条文表5.4.1说明如下：

1 为了在表中便于表述，现将“埋弧焊”称为“自动焊”。因为目前埋弧焊也有手工埋弧焊，而自动焊是指：埋弧自动焊、MAG自动焊和MIG自动焊等自动焊接方法。

2 咬边：一类焊缝的咬边为≤0.5mm，咬边长度的不作限制规定。这是因为美国机械工程协会标准及国内压力容器安全监察规程也是这么规定的。咬边对构件的影响主要表现在脆性破坏和疲劳破坏，所以有的规范规定，当重要受力焊缝的咬边与主应力方向垂直时，咬边深度不得大于0.25mm，更严格的标准（如航空航天标准）就不允许咬边，如存在咬边，应修成平滑过渡。既然允许咬边存在，长度的限制也就意义不大了。所以本规范编写时，也突破了国内水电水利系统多年来的传统规定。实际上原来的规定主要是沿用国家标准《钢结构工程施工质量验收规范》GB 50205的规定。

3 焊缝余高尺寸的规定，是通过不同的板厚和不同的焊接方法经过大量的实践统计在保证焊接接头质量性能的条件下得出的。

4 对接焊缝宽度手工焊一般不会超出坡口太多，大多数情况是1mm～2.5mm范围。

5 角焊缝焊脚K，它是根据等强度设计产生的，所以应当有负偏差。

5.4.2 衍射时差法超声检测（TOFD）检测的由来：

衍射时差法超声检测（TOFD）是衍射波时差法超声检测技术的英文Time-of-Flight-Diffraction Technique缩写。

衍射时差法超声检测（TOFD）是在1977年由Silk根据超声波衍射现象提出来，意大利AEA sonovatiion公司在衍射时差法超声检测（TOFD）应用方面已经有20多年历史，此技术首先是应用于核工业设备在役检测，目前在核电、建筑、化工、石化、水电、长输管道等工业的厚壁容器和管道方面多有应用，衍射时差法超声检测（TOFD）技术的成本是脉冲反射法检测（UT）技术的1/10。

衍射时差法超声检测（TOFD）的技术特点及原理：

衍射时差法超声检测（TOFD）技术作为一种较新的超声波检测技术，不同于以往的超声脉冲反射法和声波穿透法等技术，它利用固体中声速最快的纵波在缺欠端角和端点产生的衍射来进行检测。在焊缝两侧，将一对频率、尺寸和角度相同的纵波斜探头相向对称放置，一个作为发射探头，另一个作为接受探头。发射探头发射的纵波从侧面入射被检焊缝断面。部分波束沿近表面传播被接受探头接受，部分波束经底面反射后被接受探头接受，通过各个声波信号之间到达的时间差并形成特殊的衍射时差法超声检测（TOFD）图像，显示缺欠位置、高度、形状等信息。特点是成像直观、检测速度快，能全程记录检测过程并可实现数据回放。在无缺欠部位，接收探头会接收到沿试件表面传播的侧向波和底面反射波。而有缺欠存在时，在上述两波之间，接收探头会接收到缺欠上端部和下端部的衍射波。

衍射时差法超声检测（TOFD）技术作为超声检测是可行的，其可靠性和精度要高于常规的脉冲反射法检测（UT）技术。相比常规的脉冲反射法检测（UT）技术，现时的衍射时差法超声检测（TOFD）技术有几个最明显的不同，一是很高的定量精度，绝对偏差为±1mm，而裂纹监测的偏差为±0.3mm。二是对缺欠的方向和角度不敏感。三是对缺欠的定量不是基于信号的波幅，而是基于缺欠尖端衍射信号的声程和时间。

衍射时差法超声检测（TOFD）检测的优缺点：

衍射时差法超声检测（TOFD）可以应用于壁厚达到350mm以上厚壁容器的检测。衍射时差法超声检测（TOFD）技术缺欠检出能力强、缺欠定位精度高、节省施工工期、安全，检测数据可以用数字型式永久保存。衍射时差法超声检测（TOFD）检测具有如下优点：

1 与常规的脉冲反射法检测（UT）技术相比，衍射时差法超声检测（TOFD）在缺欠检测方面，与缺欠的方向无关。检测数据可以进行自动的数字记录并作永久保存，可以为企业以后的检测提供准确的资料。

2 同射线相比，衍射时差法超声检测（TOFD）可以检测出与检测表面不相垂直的缺欠和裂纹。

3 可以精确确定缺欠的高度。

4 在安全上同射线相比，无辐射、无环境污染，不需要一个安全的、独立的操作空间，不需要现场周围其他单位停工和人员撤离，因此，可以在不中断施工条件的情况下进行检测，可以有效地保证工程进度，节约施工工期。

5 可以在线得到检测结果，并且可以将结果用数字信号型式永久保存在光盘中，以便于以后在役检测进行对比分析。

6 可以在线应用相关的工程评定标准对缺欠进行评定，仅将按标准评定的缺欠进行挖补修复，避免了无用的破坏焊缝整体性的修补现象。

7 因为检测速度快，对于板厚超过25mm的钢板，成本比射线检测（RT）少得多。

8 可以在200℃以上的表面进行检测（已经有在400℃检测的实例）。

9 衍射时差法超声检测（TOFD）检测系统易于搬运，可以在方便的任何地方进行检测。

10 由于可以在不间断施工条件和运行状况下进行检测，由此可以节约大量的时间和修复成本。

11 检测率高于常规的脉冲反射法检测（UT）和射线检测（RT）。

衍射时差法超声检测（TOFD）的缺点：

1 焊缝的两边应有能够安放用于衍射时差法超声检测（TOFD）的发射和接收探头（扫描架）的位置。

2 在检测表面下，存在一个检测不到的盲区。根据各公司的技术条件，此盲区在 2mm～10mm 不等〔表面露头缺欠衍射时差法超声检测（TOFD）是可以检测到的——近表面未露头缺欠可以用磁粉表面无损检测弥补〕。

3 检测人员应经过专门的训练，并积累相应的经验。

衍射时差法超声检测（TOFD）检测的优越性：

因为射线方法需要拍片，不仅提高了经济成本，延长了检测周期，而且增加了环境污染物排放，更重要的是，射线方法具有电离辐射危险，可造成对人体和环境危害。射线检测（RT）的检测厚度受设备能力限制，对缺欠检出率有方向性限制。就焊缝缺欠测高方法而言，衍射时差法超声检测（TOFD）是当前超声波检测领域的前沿技术之一，较传统的方法测试精确得多。衍射时差法超声检测（TOFD）方法具有无污染、速度快、灵敏度高、定位精确高、重复性好等优点。

与传统的常规检测相比，衍射时差法超声检测（TOFD）具有以下的优势：

1 检测速度快，检测周期短，现场检测时只需沿焊缝进行一次简单的线性扫查而无需来回移动即可完成全焊缝的检测。

2 能正确的缺欠定性，精确任何朝向的缺欠定量。

3 缺欠定位准确，检测灵敏度高。

4 检测结果直观，在扫查的同时可对焊缝进行分析、评判。可实现实时显示，实现检测结果的永久性保存。

5 可检测射线无法穿透的壁厚。对管道和蜗壳的纵环焊缝、球罐、储罐等对接焊缝的检测，效率高、效果好。

6 作业强度小，环保，对环境无污染。

衍射时差法超声检测（TOFD）无损检测技术，在我国正在步向成熟和广泛应用，近几年已经在我国引水压力钢管、蜗壳等板厚比较大的无损检测上得以使用。从一定程度而言可代替射线检测，也弥补了射线的诸多不足。采用衍射时差法超声检测（TOFD）无损检查技术减小了人为误判、漏判缺欠的影响。

5.4.3 相控阵超声（PA-UT）检测技术较常规超声波检测具有高速、高效、适合复杂结构件以及能实时成像等优点。相控阵技术具有的优势：声束角度、聚焦范围和焦点尺寸的软件控制，仅用一个小型电子控制的多晶片探头即可实现多角度扫查。对几何形状复杂的构件检测具有更大的灵活性。

当T形接头等采用常规的脉冲反射法检测（UT）不便甚至无法扫查的狭窄空间位置时，可采用相控阵超声检测（PA-UT）来进行检测。因其具有不移动探头就可以电子控制的自动变角度扫查功能。

自动超声波相控阵检测就是采用相控阵技术中的扇形扫描与衍射时差法超声检测（TOFD）组合技术。能同时将扇形扫查结果和衍射时差法超声检测（TOFD）结果显示在一个视图上。该组合技术优于单独采用衍射时差法超声检测（TOFD）技术或相控阵技术。该组合技术不仅能检测焊接接头，还能解决横向缺欠、母材检测及耦合的问题。该组合方式用于检测壁厚为 6mm～200mm 的环缝和纵缝，主要用于检测锅炉、压力容器及管道等的环缝和纵缝。

5.4.4 表 5.4.4 中注 3，衍射时差法超声检测（TOFD）检测技术比其他常规无损检测对缺欠的灵敏度高，所以应配合脉冲反射法检测（UT）或相控阵超声检测（PA-UT）进行检测。

5.4.5 这主要是针对有延迟裂纹倾向的钢材或焊缝而言的。因为导致延迟裂纹的三要素是：淬硬组织、拘束应力和扩散氢，而氢在母材或焊缝的组织中向其缺欠扩散聚集是需要一定时间的，从而导致裂纹的产生。所以"对有延迟裂纹倾向的钢材或焊缝"作出本条规定。

5.5 缺欠处理

5.5.2 焊接接头缺欠的清除可直接用砂轮磨除或碳弧气刨刨除，再用砂轮磨除掉熔渣和渗碳层。刨槽内没清除干净而残留的渗碳层将会在随后的焊接中，在焊接接头内形成脆硬的高碳马氏体组织，甚至再次出现裂纹。

5.5.3 焊补时往往其周围的拘束度较大，属于封闭焊缝，因此预热温度比正常施焊的预热温度高。焊补时比正常施焊存在有较大的焊接应力甚至焊补不当再次出现焊接裂纹等缺欠。预热和后热的目的就是为了降低焊接残余应力和防止再次出现焊接裂纹。

5.5.4 低碳钢、低合金钢和不锈钢等塑性较好的钢种，焊补时采用锤击法主要是降低焊接冷却产生的收缩应力，防止裂纹的产生。而高强钢塑性比较低，并且当屈服强度达到一定数值（一般大于 $550N/mm^2$）时，就不会产生屈服现象了。当用锤击锻打焊缝时，通过屈服塑性变形来使焊缝延展，降低焊缝收缩应力效果不是很明显，反而很容易导致焊缝本身及其两侧母材热影响区内产生微裂纹，而随后焊接又不易全部重熔掉这些微裂纹而残留下来，从而使焊接接头质量下降；当在焊缝红热状态下锤击锻打焊缝，又会干扰施焊焊接，在实际施工中受施工条件限制，往往又做不到。

不锈钢导热性比较差，当采用横向摆动焊接时，焊接速度较慢，这样在 $T_{8/5}$ 高温停留时间较长，从而使焊接接头晶粒长大的倾向增大，晶粒变粗，塑性韧性降低。

5.5.5 对于低碳钢、低合金钢和不锈钢，返工次数限制为2次，2次以上的返工要制定可靠的措施。甚至要提出用熟练的、技能较高的焊工来进行。对于高强度调质钢和高强度控轧钢，因为涉及焊缝过热区组织的反复加热会造成晶粒组织粗大或产生不良组织如粗大的岛状马氏体，降低焊接接头的韧性和强度，至于影响有多大？会不会出现过热区的反复过热？虽然国内尚无成熟的试验结果。但是日本专家对压力钢管制作有此要求，日本水闸钢管协会1993年修编的《日本焊接技术标准》第6节第5款也提到"同一部位焊缝返工原则上仅限1次，当大于1次时，找出原因后采取适当措施"。所以本规范对高强钢也提出了1次返工的限制。

返工焊补通常是在拘束度较大的条件下进行焊接，所以易于产生焊接裂纹，此外，多次返工会增大焊接残余应力，使该处遭受热疲劳，从而导致该处的力学性能、耐蚀性能等下降。而做冲击试验时，在取试样时，试样应力已经被释放，所以做冲击试验是反映不出焊接残余应力影响的，金相检测也检测不出残余应力。据调查，在我国以往所发生的压力容器重大质量事故中，究其原因，有相当一部分与多次返工焊补使局部残余拘束应力增大有关。故本条提出，是为了引起广大焊接人员加以关注。

5.5.6 不锈钢不得有电弧或硬物击痕。前者会导致不锈钢金相组织改变，后者会引起冷加工硬化，两者都会使击伤处的腐蚀电位降低，使该处腐蚀加速，耐蚀性能降低。高强钢不得有电弧擦伤和硬物击痕，因为高强钢的屈强比较高、塑性比较低、合金元素多，所以电弧擦伤使钢材激冷易产生残余拘束应力和微裂纹等缺欠，硬物击痕会使该处冷加工硬化，导致该处塑性降低和裂纹的发生。一旦出现了这两类击痕，需要将其用砂轮清除。

6 焊后消应处理

6.0.1 因为不仅有传统的焊后热处理消应方法，而且近年来在压力钢管上引入了对焊缝进行爆炸消应、振动时效消应等消除或降低焊接接头残余应力的施工方法。这些消除焊接残余应力的方法，统称为焊后消应处理。

6.0.2 高强钢当做焊后热处理消应时，温度控制不好，很容易超过钢的调质回火温度或控轧终了温度，改变其金相组织，从而恶化其性能。

6.0.3 焊后热处理可以松弛焊接残余应力、软化淬硬组织、改善组织、减少焊缝扩散氢的含量、提高耐蚀性，尤其是提高一些钢种的冲击吸收能量、改善力学性能和蠕变性能，在加工后稳定几何尺寸和减小对接焊缝的焊接残余应力效果比较显著。但是对结构复杂的构件，例如，某些类型的岔管，在做焊后热处理消应时由于构件各处厚薄不一，存在热处理常见的两个效应——体积效应和形状效应，将会导致构件各个部位的加热速度和冷却速度不一致，加之措施不当从而未达到消应的预想目的，反而在新的部位出现应力增大现象。对有些钢种在焊后消应热处理后，还会产生焊后热处理裂纹，即再热裂纹。加之水工金属结构体积庞大，对其做焊后消应热处理是很难保证消应效果的，甚至适得其反。

6.0.6 焊后消应热处理的硬度检测规定主要是防止焊后消应热处理时，由于冷却速度增大引起焊接接头产生淬硬组织使硬度升高。必要时，消应热处理后，用超声波检测或射线检测（RT）焊接接头是否产生了再热裂纹。

6.0.7 爆炸消除焊接残余应力是近年来发展的新技术，用适当的炸药以适当的方式在焊接接头上引爆，利用爆炸冲击波的能量使残余应力峰值处发生应力叠加，从而使该处发生屈服塑性变形，以达到消除和降低焊接残余应力的目的。

6.0.8 振动时效消应的实质，是基于谐波共振原理，采用合适的激振设备刚性的固定在被振工件适当位置，通过激振力和频率的调整，迫使工件在一定周期外力作用下与共振频率范围内产生振动，在工件的低频亚共振点，稳定地亚共振约15min～30min，使共振峰出现变化，内部发生微观塑性变形，从而造成残余应力的歪曲，晶格被渐渐地恢复平衡状态，晶粒内部的位错逐渐滑移并重新缠绕钉扎，使得残余应力得以消除和均化。

振动时效消应的噪声比较大。对振动时效消应的操作人员要求很高，要有丰富的工艺理论和娴熟的操作技术，这样才能保证数据的科学性和真实性。对屈强比（R_{eL}/R_m）大于0.8的钢种做振动时效消应处理时应慎重。

振动时效消应，在四川省甘孜藏族自治州九龙县沙坪水电站的材质为610N/mm^{2}级高强钢斜Y形岔管（2个）、偏桥水电站的材质为Q345R斜Y形岔管（2个），四川省阿坝藏族羌族自治州毛尔盖水电站的材质为610N/mm^{2}级高强钢斜Y形岔管（2个）实施过。据资料介绍，在新疆维吾尔自治区恰甫其海水电站的材质为610N/mm^{2}级高强钢斜Y形岔管（3个）、浙江汤浦水库的材质为Q235A卜形岔管上使用过。

但不论采用何种消应方法，均应在实施前会同相关单位进行消应工艺评定，确定实施方案后再进行，以达到较好的消应效果。

7 防 腐 蚀

7.1 表面预处理

7.1.1 焊渣、飞溅的存在是个别的，应在上一道工序中处理，所以本条称为“遗漏的焊渣和飞溅”。

7.1.2 表面粗糙度的大小取决于磨料的粒度、形状、材质和喷射速度等因素。其中磨料的粒度对粗糙度影响较大。为使最大粗糙度不大于120μm，喷砂用金属磨料的平均粒度应为0.5mm～1.5mm（即17目～51目），人造矿物磨料和天然矿物磨料的平均粒度应为0.5mm～3.0mm（即8目～51目）。在环境气候湿度大的地区，慎用金属磨料，因为环境中的水分会使金属磨料锈蚀而板结，使金属磨料除锈功能失效。

7.1.4 可用表面清洁度标准照片目视对照评定。其文字描述应符合表1的规定。

表1 钢材表面清洁度

除锈方法	表面清洁度	表面清洁度的要求内容
局部喷射除锈	PSa2	彻底的局部喷射清理。 牢固附着的涂层应完好无损。表面的其他部分，在不放大的情况下观察时，应无可见的油、脂和污物，无疏松涂层，几乎没有氧化皮、铁锈和外来杂质。任何残留污染物应牢固附着。参见标准表面清洁度照片CSa2和D Sa2。选择哪一个，取决于腐蚀凹坑的程度
	PSa2.5	非常彻底的局部喷射清理。 牢固附着的涂层应完好无损。表面的其他部分，在不放大的情况下观察时，应无可见的油、脂和污物，无疏松涂层、氧化皮、铁锈和外来杂质。任何污染物的残留痕迹应仅呈现为点状或条状的轻微污斑。参见标准表面清洁度照片CSa2.5和DSa2.5。选择哪一个，取决于腐蚀凹坑的程度
	PSa3	局部喷射清理到目视清洁钢材。 牢固附着的涂层应完好无损。表面的其他部分，在不放大的情况下观察时，应无可见的油、脂和污物，无疏松涂层、氧化皮、铁锈和外来杂质。应具有均匀的金属光泽。参见标准表面清洁度照片CSa3和DSa3。选择哪一个，取决于腐蚀凹坑的程度

本规范第7.1.4条和第7.1.5条，不包括表面清洁度PSa1，因为这个等级的表面不适合于涂覆涂料。

R_Z为微观不平度十点高度——即量取在取样（R_Z＞10.0μm～50.0μm时，$L=2.5$mm；$R_Z>50$μm～320μm时，$L=8$mm）长度内5个最大的轮廓峰峰高的平均值和5个最大的轮廓谷深的平均值之和。随着对钢管防腐要求的不断提高，在许多电站对钢管出现了采用厚浆型重防腐涂料或金属热喷涂。这样结合表面粗糙度定义R_Z，对一般性防腐——例如明管的外表面或附件的防护采用R_Z40μm～R_Z70μm。对要求重要的、防腐寿命要求高的表面和钢管内表面宜做厚浆型重防腐涂料或金属热喷涂，表面粗糙度要求应达到R_Z60μm～R_Z100μm。这样对不同涂料给予区别对待进行表面粗糙度处理。

喷砂除锈钢材表面要形成一定的粗糙度，这样可以提高涂层的附着力。一般最大粗糙度不希望大于120μm，如果表面粗糙度太大，不仅要消耗过多的油漆，而且还有可能在涂层下面截留住气泡，或者发生没有被涂层覆盖住的波峰。表面清洁度可以用其标准照片进行目视评定。表面粗糙度可以用触针式的轮廓仪或标准比较样板目视评定。

7.1.5 对埋管外表面传统习惯采用涂刷苛性钠水泥浆（3%～5%苛性钠），但苛性钠水泥浆保持时间不长。近年来涌现出了不少种类的改性水泥胶浆，其性能比传统的苛性钠水泥浆结合性能更高，保持时间长。然而考虑到水电施工的具体特性，这两种类型的涂料将会并用一定时期，今后可根据设计规定和合同要求进行选用。

7.1.6 当钢板表面水渍、油污、返锈和粉尘等不清除干净时将会影响涂料的附着力。

7.1.7 大气露点（或霜点）温度是指空气在水汽含量和气压都不改变的条件下，冷却到饱和时的温度。形象地说，就是空气中的水蒸气变为露珠时候的温度叫露点温度。露点温度本是个温度值，可为什么用它来表示湿度呢？这是因为当空气中水汽已达到饱和时，气温与露点温度相同；当水汽未达到饱和时，气温一定高于露点温度。所以露点与气温的差值可以表示空气中的水汽距离饱和的程度。

温、湿度露点温度测试仪有很多种类型，其中冷镜式露点仪不仅适用于低湿度环境，也适合中、高湿度环境。比较其他露点测量仪，它是最准确、最可靠、最基本的测量方法。但其价格比较昂贵，需要有经验的人操作及保养。

冷镜式露点仪的测量原理：使一个镜面处在样品湿空气中降温，直到镜面上隐现露滴（或冰晶）的瞬间，测出镜面平均温度，即为露（霜）点温度。它测湿精度高，但需光洁度很高的镜面，精度很高的温控系统，以及灵敏度很高的露滴（冰晶）的光学探测系统。使用时必须使吸入样本空气的管道保持清洁，否则管道内的杂质将吸收或放出水分造成测量误差。

7.2 涂 料 涂 装

7.2.2 本条对涂层配套系统的选择要求作出了规定。

4 输水工程钢管道通常为水利灌溉或人畜饮用水管道，所以涂料应具有环保和卫生安全许可的要求。

7.2.3 由于水电、水利施工大多靠近河畔或深山峡谷之中，对钢材表面预处理好的表面，放置时间长了受潮率会增大。钢材表面预处理之后与喷涂时间间隔越短越好，预处理和喷涂作用场地的环境气候湿度低、钢材表面温度在5℃～60℃间比较适宜，超出这个表面温度范围不得进行喷涂。考虑到水电、水利施工的特殊性，预处理后与开始喷涂的间隔时间不得超过12h。

7.2.5 安装焊缝不立即施焊时，应按本规范规定在其附近表面立即涂装一道车间底漆，如无机富锌底漆，以防在储存、装配和涂装过程中钢板生锈，并为安装补涂保护好钢板的表面。预留100mm～200mm不涂装，主要是防止焊接时在焊道内“卷入”涂料，使焊缝内产生气孔等焊接缺欠，同时防止焊接时产生的热量烧毁涂层。

7.3 涂料涂层质量检测

7.3.1 为了保证各层涂膜厚度，同一物性的涂料，每一涂层可采用不同的颜色，这样可以直观的监测到每层涂膜厚度是否喷涂到要求的厚度。当上一层对下一层的颜色未覆盖时说明该区域被漏涂。

7.3.3 本条对涂层内部质量作出了规定。

1 过去检测涂层厚度常用“磁性测厚仪”。因为目前出现了很多类型的测厚仪都可以检测涂层，不过检测被涂材料是铁磁性材料时仍可用磁性测厚仪。所以称为涂镀层测厚仪或漆膜测厚仪比较适应现在的测量方法。

3 不含导电元素涂料是指不含铁、锌、铝等金属导电元素以及游离碳元素、碳纤维的涂料。不含导电元素涂料的涂层采用针孔检测仪时，“侧重在安装环缝两侧的涂层检测”，因为从以往的施工经验来看，钢管运行一段时间后，往往在安装环缝及其临近表面先发生锈蚀。

5 由于重防腐技术在钢管中的推广应用，规定了涂层厚度的界限为120μm，而以此为界按不同的涂层厚度差异分别采用不同的划格法方式进行检测更能准确的检测涂层的附着力情况。

7.4 金 属 喷 涂

7.4.1 目前金属热喷涂技术的不断发展，除了传统的锌或铝作为喷涂金属材料外，近年来又出现了混合金属丝喷涂。但从防腐寿命试验来看，喷锌的耐腐蚀寿命要长于铝、锌铝合金等。这是因为锌不仅有机械隔离防腐，还具有阴极保护的作用，而铝只有机械隔离防腐作用，几乎无阴极保护性能。但铝层比锌层的硬度高，具有一定的耐磨性能。

7.4.2 电弧喷涂同火焰喷涂相比，由于采用了电能代替气体燃烧，大大提高了工作效率和工作安全性，特别是电弧喷涂机械化设备的出现，电弧喷涂技术已完全可以满足钢管制作安装工期的需要，且电弧温度远高于火焰，涂层结合力也远大于火焰喷涂，因此涂层质量也完全可以满足长效防腐的需要。

7.4.4 表面预处理除锈后，当不及时进行喷涂时，将会在钢材吸附水分和尘埃。随着时间的延长，钢材表面吸附的水分和尘埃会越来越多，将会影响涂料的附着力。

7.4.6 采取适当厚度多层喷涂，可以提高附着力。逐层相互垂直交叉喷涂，可以使涂层内的微观空隙率减少，提高涂层的封闭程度。

7.4.7 由于金属涂料存在有一定的空隙，当不及时用有机涂料进行封闭时，将会使空隙不断吸收水汽，甚至翻出黄锈。金属涂层尚有一定余温进行有机涂料的喷涂，可以提高有机涂料的渗透浸润性，提高涂层的封闭功能。

7.5 金属涂层质量检测

7.5.1 当这些缺欠不按本规定进行处理时，将会使涂层的防腐寿命降低。

7.6 牺牲阳极阴极保护系统施工

7.6.1 阴极保护技术包括外加电流和牺牲阳极两种方法，其原理是通过外加电流或牺牲阳极的溶解使被保护的金属（阴极）电位降到腐蚀电位以下，从而避免被保护金属发生腐蚀。

外加电流阴极保护受到的干扰因素多，运行维护管理较为复杂，其应用受到很大限制；牺牲阳极保护在海水、淡海水和电阻率低于6000Ω·mm的淡水环境中都可以应用，施工和维护也较为容易。本规范只推荐牺牲阳极阴极保护方法。牺牲阳极阴极保护的阳极块通常有镁基、铝基和锌基三种合金阳极。锌阳极适合于低温环境及海水、淡海水和海泥环境，因为锌阳极的驱动电位随温度的升高而降低，并在54℃时可能会发生极性逆转。铝阳极适合于海水、淡海水及油污环境，因为铝阳极发电量大、电流效率高等特点，即使发生液位改变或其表面被污染也会自动脱落而不会影响电流的输出。镁阳极适合于淡水和淡海水环境，因为镁阳极在电阻率低于1000Ω·mm的水中时镁阳极块消耗非常快。

牺牲阳极和涂料保护配合应用时可降低所需的保护电流，延长牺牲阳极的使用寿命。牺牲阳极安装时要注意保护涂层质量的完好，另外要避免保护电位过负，防止局部出现过保护而破坏涂层。

牺牲阳极阴极保护系统较为适合于钢管的埋管中的回填管段，当为明管时，应采用引出线的方法形成电流回路。

7.6.4 第7款要求不得污染牺牲阳极表面，如果粘有油漆和油污时，则阳极溶解速度降低，无法提供足够的保护电流，保护电流也就无法满足要求。

7.7 牺牲阳极阴极保护系统质量检测

7.7.2 采用牺牲阳极阴极保护时形成的电流回路是很重要的，当不能保证和其他金属结构电绝缘时，则保护电位达不到设计要求，保护效率就较低。无法电绝缘时应考虑其他金属结构设备对牺牲阳极阴极保护系统的影响，应避免保护系统对邻近结构物的干扰。

8 水压试验

8.0.1 水压试验分为工作压力试验、超压试验两种。水压试验的主要目的是为了检验钢管、钢岔管的设计、制作及安装等的强度，以及制作安装的严密性。同时对塑性好、有屈服现象的低碳钢和低合金钢即含有铁素体类型的钢可消除一定的焊接残余应力。水压试验不仅是检查焊缝、进人孔、伸缩节及其各类阀门是否渗漏水，检查混凝土有无裂纹、镇墩有无异常变位等，而且也是验证勘测、设计、施工等是否符合安全质量要求。水压试验过程中应做好安全防范工作，避免发生突发事故，造成人员伤亡和财产的重大损失。

8.0.2 水压试验安全措施和安全预案，是一个涉及技术和安全很重要的一个程序环节。至于由哪个单位来制订（业主制订或设计单位制订或施工单位制订），这个在条文中未作规定，因为这属于管理范畴，而不属于技术范畴。当由施工单位制订时，则应由业主主持，会同设计、监理对其进行审核后，才能进行实施。

8.0.3 当钢管管口直径大、压力载荷大时，应采用椭球形闷头或碟形闷头。因为椭球形闷头或碟形闷头是一种比较能适应各种直径及较大工作压力的闷头。它与平板闷头、圆锥形闷头比较用料节省。过去由于制作椭圆形闷头或碟形闷头是采用模压或锻打的办法加工，受设备的限制，制作困难。近年来采用旋压法、爆炸法成形，使得椭圆形闷头或碟形闷头的加工在某些意义上来说，比平板闷头、圆锥形闷头的加工更为方便和经济了。

当制作大型椭球形闷头和碟形闷头受设备条件限制时，可采用圆锥形闷头。圆锥形闷头大头端应设置加劲环，以抵抗锥形管体产生的分压拉应力，防止钢管压瘪。小头端部可为平盖闷头，亦可为椭球形闷头。闷头材质宜选择低碳钢和低合金钢制作，这样制作工艺较为简便。因为椭球形和碟形闷头在制作时要进行热加工，而高强钢材质的闷头在热加工时将会导致金相组织的改变，从而改变其力学性能。而采用热处理方法来恢复高强钢的原状态的力学性能，很为繁琐麻烦，且受到设备等的条件限制。当椭球形闷头或碟形闷头受到外协工期不可控时，可自制平盖闷头。只是后者比前者需要的钢板量要大一些。

由于小直径的钢管或岔管做水压试验比较容易，打压闷头也便于制作，所需投资也不是很大，所以便于实施。然而随着钢管直径的增大做水压试验变得越加困难。而大直径的钢管往往是资质比较高的设计和施工单位设计和制作安装，技术力量强，施工和检验设备齐全，选材慎重，施工严谨，经验丰富，钢管质量得到保证。大直径的钢管要做水压试验不仅技术上存在一定难度，同时耗资比较大，工期较长，当确实有一定困难时，应经各方论证后确定是否可以免做水压试验。

8.0.4 不锈钢或不锈钢复合钢板制作的钢管、岔管等，当采用自来水（含氯）做水压试验时，水压试验后又无法立即清除干净水渍时，应控制水中氯离子含量不得大于25mg/L，这主要是氯离子Cl^-与铬Cr容易发生反应，导致某些不锈钢产生贫铬区而出现晶界腐蚀和点蚀。尤其是采用氯化处理的自来水进行水压试验时，对这点尤为注意。

8.0.5 呼吸管又叫排（补）气管。由于结构和场地原因，使得呼吸管不便安装在钢管或岔管顶部位置时，可在便于安装、观察位置穿过钢管或岔管壁，再焊接一根小钢管在钢管或岔管内部将呼吸管口引到最高顶部位置进行排气和补气。

当压力表的精度等级偏低、压力表量程过大时，将会导致读数不准。当压力表和百分表使用前不进行检定校准时，读数可能就不是真实数据。

8.0.6 在水压试验钢管段上端顶部设置真空破坏阀的目的，是防止误操作或下端突然漏水时，钢管段上端顶部的呼吸管未打开或来不及打开而使钢管上段没有即时得到空气补充而形成真空汽化导致蒸汽爆炸，从而酿成质量安全事故的发生。

8.0.8 水压试验应在钢管、岔管制作或安装完成，并按规定进行几何尺寸及焊接接头质量检验合格后进行。水压试验管内充水前，应对工卡具、临时支撑件、支托、起重设备等可能改变结构本身拘束边界条件的设施，进行解除拘束处理，且应对结构上的焊疤、划痕等缺欠进行修补打磨，并进行全面检查。充水速度不宜过快，高水头的管道宜采用分级充水的方式进行，以便及时发现钢管因充水而产生的质量问题。充水速度过快可能会使旁通管出口流速过高而使管内防腐涂层遭受破坏，充水速度过快也可能会使呼吸管排气时卷出水来，产生空气排净的假象。当充水操作不当、管内空气尚未排尽时，在随后的加压中将会导致压力表指针的颤动、读数不准，打压结束后打开排气阀排水时，将会排出的不是水，而排出的是发出尖啸的压缩空气导致管道的振动甚至发生安全事故。同时，充水结束后，打压之前应对钢管重要部位进行一次有无渗漏水检测。

水压试验时外加压力的加压速度以不大于

0.3MPa/min为宜，而在10MPa压力以上，加压速度以不大于0.2MPa/min为宜。如果加压速度过快，将使钢管的某些变形会在某一定压力的过程中出现突变，使钢管引起冲击或振动，也使压力不能平稳。当压力高的时候，如果升压速度快，产生的动压比较大，容易对钢管及其附属设备产生危害，降低寿命，所以应避免压力波动。但是，加压速度太慢，会因钢管的某些细小的渗漏而使压力加不上去。管内容积大时，加压速度太慢，还会使水压试验工期不必要的延长。

8.0.9 本条主要规定了打压结束后怎样放空管内水。当不将钢管道上端的呼吸管上的呼吸阀打开补气时，而直接就排水，这样将会造成管内真空导致管道失稳，甚至发生真空汽化爆裂的危险。

8.0.11 管内水排空、水汽干燥后才能进行焊接、热切割等作业，以免焊接时产生焊缝气孔等焊接缺欠。

9 包装、运输

9.0.1 本条主要规定了瓦片及其附件包装应配套绑扎牢固。随着我国水电水利的国际工程不断增加，运输路途比较遥远，为此对钢管的包装要求应做到包装配套牢固且精美。当不配套包装时，可能会使运输到安装现场后，不便于查找而影响安装的顺利进行。

9.0.2 本条规定主要是在防止运输过程防止瓦片的损坏，影响瓦片质量。

9.0.3 本条主要是对钢管成型的管节在运输吊装过程中，防止管节变形、倾覆以及其他质量安全事故等的发生。

9.0.4 本条主要是对管节或瓦片采用钢索捆扎固定或吊运时防止出现质量和安全事故的发生。

10 验　　收

10.1 过 程 验 收

10.1.1 制作过程和安装过程应有《工序质量传递卡》，主要是控制上道工序的质量不合格不能传到下道工序，使制作安装质量可控。具有《工序质量传递卡》使质量问题具有可追溯性。

10.1.2 制作时主要是对钢板的表面质量、质量保证文件等进行验收，焊接材料质量参数指标、质量保证文件等进行验收，钢板下料、钢管组圆、伸缩节制作、异型管和岔管预组装或预组焊、焊接、焊接消应、防腐除锈和涂料涂装、水压试验以及瓦片或管节到工地包装情况等进行检测验收。

10.1.3 制作后或安装前应对钢管、伸缩节和岔管的各项尺寸进行复验，主要是保证后续的安装不出质量问题和事故。

10.1.4 安装时主要是对钢管首装节安装、凑合节安装、弯管或岔管安装、支座安装、伸缩节安装、焊接、灌浆孔封堵、除锈涂装、管道充水试验和（或）水压试验等进行检测验收。

10.1.5 当钢管与支墩和锚栓等焊接不牢固时，在混凝土浇筑时可能会使钢管移位。移位后，返工费工费时，影响钢管的安装质量。

10.1.6 钢管制作安装用高空操作平台，直接关系到平台上的操作人员的生命安全。因此在投入使用前应进行安全技术验收。

10.2 完 工 验 收

10.2.3 “焊接工艺评定试验或试验证明”中的“试验证明”是指当在本工程未做焊接工艺评定试验时，在此之前的其他工程做了相同焊接工艺评定试验的档案材料应予以提供证明。

10.2.6 由于钢管制作、安装根据不同工程，有时是一家施工单位完成，有时制作为一家、安装却是另一家。如制作安装为一家就按本规范第10.2.5条提供完工验收资料。当制作和安装分别为两家单位进行时，则分别按本规范第10.2.4条、第10.2.5条各自提供完工验收资料。

10.2.7 钢管完工验收时，通常用计算法对钢管工程计量。不同电站的计量方式差异较大，为此，为了更好地反映钢管的实际重量，在计算厚度时，除了考虑钢板公称厚度外还应考虑钢板厚度偏差，即钢板厚度附加值对重量的影响，以及钢板公称宽度和实际宽度的差异。钢板实际宽度往往都是正偏差，但钢板实际宽度偏差：当进行逐张测量和计算计量很繁琐时，在实际施工中往往计算焊缝填充量来代替钢板偏差产生的重量增加。焊缝重量还包括焊缝坡口间隙、焊缝余高、焊接坡口两侧的过渡焊宽度。计算焊缝填充量时通常按焊接坡口几何尺寸来计算，亦可用焊缝重量占钢管母材重量的百分比来计算。通常焊缝重量所占钢管母材重量为1.5%～3%。这样计算是符合钢管实际工程量的。

中华人民共和国国家标准

白蚁防治工程基本术语标准

Standard for basic terminology of termite control project

GB/T 50768—2012

主编部门：中华人民共和国住房和城乡建设部
批准部门：中华人民共和国住房和城乡建设部
施行日期：2 0 1 2 年 1 0 月 1 日

中华人民共和国住房和城乡建设部
公　　告

第1390号

关于发布国家标准《白蚁防治工程基本术语标准》的公告

现批准《白蚁防治工程基本术语标准》为国家标准，编号为GB/T 50768－2012，自2012年10月1日起实施。

本标准由我部标准定额研究所组织中国建筑工业出版社出版发行。

中华人民共和国住房和城乡建设部

2012年5月28日

前　　言

本标准是根据住房和城乡建设部《关于印发〈2011年工程建设标准规范制订、修订计划〉的通知》（建标[2011]17号）的要求，由全国白蚁防治中心和贵州建工集团有限公司会同有关单位共同编制完成。

本标准在编制过程中，编制组经广泛调查研究，认真总结实践经验，参考有关国际标准和国外先进标准，并在广泛征求意见的基础上，最后经审查定稿。

本标准共分7章和2个附录。主要技术内容是：总则；基础术语；白蚁名称；防治技术；药剂、材料与设备；工程管理；工程相关生物生态学术语等。

本标准由住房和城乡建设部负责管理，由全国白蚁防治中心负责具体技术内容的解释。执行过程中如有意见和建议，请寄送全国白蚁防治中心（地址：浙江省杭州市莫干山路695号，邮编：310011），以便今后修订时参考。

本标准主编单位：全国白蚁防治中心
贵州建工集团有限公司

本标准参编单位：马鞍山市白蚁防治研究所
成都市白蚁防治研究所
浙江大学城市昆虫学研究中心
安徽省白蚁防治协会
长沙市白蚁防治站
广州市白蚁防治所
杭州市白蚁防治研究所
南宁市房产管理局白蚁防治所
南昌市白蚁防治研究所
青岛市白蚁防治研究所
武汉市白蚁防治研究所
新余市白蚁防治所

本标准主要起草人员：石　勇　阮冠华　程冬保　宋晓钢　莫建初　徐　鹏　陈世华
（以下按姓氏笔画排序）
韦　戈　刘自力　李万红　杨　帆　张忠泉　张放明　陈丹琦　林文凯　南晓清　姚力群　徐　冬　徐静芳　黄静玲　程　锐　简艳军　廖　蓉

本标准主要审查人员：黄复生　雷朝亮　丘启胜　陈文龙　罗庆怀　谭速进　肖维良　许家强　刘文军　李小荣

目　次

Contents

1 总　　则

1.0.1 为统一和规范白蚁防治工程基本术语及其定义，实现专业术语标准化，以利于开展国内外技术交流，促进我国白蚁防治事业的发展，制定本标准。

1.0.2 本标准适用于白蚁防治工程的规划、设计、施工、管理。

1.0.3 采用白蚁防治工程基本术语及其定义，除应符合本标准外，尚应符合国家现行有关标准的规定。

2 基础术语

2.0.1 白蚁　termite

等翅目昆虫的统称，其有翅成虫中胸和后胸各具一对膜质翅，前后翅大小基本相等、脉序相似，触角念珠状，咀嚼式口器，不完全变态，无蛹期，营群体生活，属社会性昆虫。

2.0.2 白蚁区系　termite fauna

某一地区白蚁种类的组成、历史渊源和分布规律的情况。

2.0.3 白蚁危害地区　termite damaging district

白蚁造成一定程度的危害并通过有关行政主管部门论证的相关行政区域。

2.0.4 白蚁危害区　termite damaging area

白蚁分布区内已对人类活动或资源构成危害的区域。

2.0.5 蚁情调查　investigation on termite damage

对特定区域范围内的白蚁种类、分布及危害情况进行调查研究的活动。

2.0.6 蚁情监测　monitoring on termite damage

对特定区域范围内的白蚁种类，尤其是对白蚁危害种类的分布、发生及危害动态进行监测的活动。

2.0.7 白蚁防治　termite control

采取一定的措施阻止白蚁进入活动、取食木材及其他纤维材料，减少白蚁对人类生命财产安全造成损失的活动。

2.0.8 白蚁综合治理　integrated termite management

在白蚁防治工作中，根据白蚁的生物生态学特性，充分发挥自然因素的控制作用，因地制宜地协调应用多种措施，最大程度地减少化学药物的使用，有效控制白蚁危害，以获得最佳经济、社会和生态效益。

2.0.9 区域白蚁治理　area-wide termite management

综合应用各种措施有效控制某一特定区域内白蚁危害。

2.0.10 白蚁预防　termite prevention

在保护对象发生白蚁危害前预先采取措施的活动。

2.0.11 白蚁灭治　termite elimination

在发生白蚁危害后采取杀灭白蚁的活动。

3 白蚁名称

3.0.1 低等白蚁　lower termite

澳白蚁科、草白蚁科、原白蚁科、木白蚁科、鼻白蚁科和齿白蚁科白蚁。

3.0.2 高等白蚁　higher termite

白蚁科白蚁。

3.0.3 干木白蚁　drywood termite

只栖居于干燥木材中的白蚁。

3.0.4 土栖白蚁　soil-nesting termite

只在土壤中营巢的白蚁。

3.0.5 木栖白蚁　wood-nesting termite

只在木材中营巢的白蚁。

3.0.6 土木两栖白蚁　soil/wood-nesting termite

既能在木材中营巢，又能在土壤中营巢的白蚁。

3.0.7 培菌白蚁　fungus-growing termite

在白蚁巢内营造菌圃、培养真菌供巢内白蚁群体食用的白蚁。

3.0.8 堆砂白蚁　*Cryptotermes* spp.

木白蚁科堆砂白蚁属白蚁。

3.0.9 乳白蚁　*Coptotermes* spp.

鼻白蚁科乳白蚁属白蚁。

3.0.10 散白蚁　*Reticulitermes* spp.

鼻白蚁科散白蚁属白蚁。

3.0.11 土白蚁　*Odontotermes* spp.

白蚁科土白蚁属白蚁。

3.0.12 大白蚁　*Macrotermes* spp.

白蚁科大白蚁属白蚁。

3.0.13 房屋白蚁　termite as pest of building

危害房屋的白蚁。

3.0.14 堤坝白蚁　termite as pest of dam

危害堤坝的白蚁。

3.0.15 林木白蚁　termite as pest of tree

危害森林和树木的白蚁。

4 防治技术

4.1 物理防治

4.1.1 物理防治　physical control

利用光、高温、冷冻、高压、物理材料、人工手段等物理方法来防治白蚁的技术。

4.1.2 物理屏障　physical barrier

利用砂粒、金属网(套)、PVC护板等材料作为阻止白蚁进入保护对象危害的屏障。

4.1.3 高温灭蚁法 heat treatment

利用45℃及以上高温杀死白蚁的方法。

4.1.4 冷冻处理 freezing treatment

利用液态氮迅速降低温度杀死白蚁的方法。

4.1.5 微波处理 microwave treatment

利用微波产生的热量杀死白蚁的方法。

4.1.6 电击处理 electrocution

利用高电压杀死白蚁的方法。

4.1.7 诱捕 trapping

利用光、食物、信息素等引诱或捕杀白蚁的方法。

4.1.8 挖巢 nest-digging

采用人工方式挖除或摘取白蚁巢。

4.2 化学防治

4.2.1 化学防治 chemical control

利用化学药剂控制白蚁危害的方法。

4.2.2 药物屏障 chemical barrier

通过对保护对象进行白蚁防治药剂处理后所形成的防止白蚁侵入的屏障。

4.2.3 水平屏障 horizontal barrier

为防止白蚁从垂直方向侵入建筑物，通过使用白蚁防治药剂处理建筑物地面和周边水平方向的土壤而形成的药物土壤屏障。

4.2.4 垂直屏障 vertical barrier

为防止白蚁从水平方向侵入建筑物，通过使用白蚁防治药剂处理建筑物基础两侧和建筑物周边垂直方向的土壤而形成的药物土壤屏障。

4.2.5 喷洒法 sprinkling method

利用器械产生的压力使白蚁防治药液以水流状的形式喷射或洒落到处理部位的方法。

4.2.6 喷雾法 spraying method

利用器械产生的压力使白蚁防治药液以雾滴状的形式降落或飘散到处理部位的方法。

4.2.7 涂刷法 brushing method

将白蚁防治药液直接涂刷于木构件或其他需处理物件表面的方法。

4.2.8 喷涂法 spraying and painting method

利用喷枪等喷射工具将白蚁防治药液喷或涂于处理对象表面的方法。

4.2.9 浸渍法 immersion method

将木构件或其他需处理物件放入白蚁防治药液中浸泡一定时间，使其吸附药物达到防治白蚁效果的一种药物处理方法。

4.2.10 注射法 injection method

利用器械产生压力将白蚁防治药液注入被处理对象内部的方法。

4.2.11 倒喷法 reverse spraying method

利用器械产生较强的压力，通过专用的反喷头将白蚁防治药液喷涂于被处理对象内部表面的方法。

4.2.12 杆状注射法 injection with hollow pole

使用前端及周边有开孔的杆状注射器，通过加压方法将白蚁防治药液注入一定深度的土壤中，设置药物土壤屏障的处理方法。

4.2.13 熏蒸法 fumigation

在封闭的空间内，利用气化的白蚁防治药剂对木构件或其他物件进行熏蒸处理的方法。

4.2.14 药物灌浆法 grouting with termiticide

将混有白蚁防治药剂的泥浆灌注入蚁巢、空腔及蚁道等内的方法。

4.2.15 诱杀法 trapping and killing method

以白蚁喜食、不含白蚁防治药剂的食物作为饵料将白蚁诱集后进行药物处理，或利用饵剂直接杀灭白蚁的方法。

4.2.16 喷粉法 dusting method

将白蚁灭治粉剂，采用直接喷施的方式，让部分白蚁个体沾染上药粉，达到杀灭或控制白蚁群体目的的方法。

4.2.17 药泥处理法 treatment with chemical mud

用含白蚁防治药剂的泥浆处理苗木根系的方法。

4.2.18 栽植坑施药法 planting pit treatment with termiticide

苗木栽种前用白蚁防治药剂对栽植坑进行喷洒处理的方法。

4.2.19 营养袋(钵)施药法 nutritional bag treatment with termiticide

用白蚁防治药剂对营养袋(钵)苗木根部周围土壤进行处理的方法。

4.2.20 管网系统技术 reticulate system technology

在房屋建筑基础底板和室外散水坡下层铺设具有进药口和出药口的网状管道系统，通过管道将白蚁防治药液喷洒或渗透到土壤中形成药物屏障的技术。

4.2.21 泡沫技术 foam technology

在白蚁防治药剂中加入发泡剂等成分，利用泡沫作为携带体将白蚁防治药剂散发至处理部位的方法。

4.2.22 TTR技术 trap-treat-release technology

通过在白蚁活动区域安装白蚁诱集装置诱集白蚁，再将诱集到的白蚁带回实验室进行体表药物处理，最后将经药物处理过的白蚁释放回原诱集点，达到杀灭或控制白蚁种群目的的技术。

4.2.23 监测控制技术 monitor-controlling technology

在白蚁活动的区域范围内，设置监测装置对白蚁活动进行监测，在监测装置中发现一定数量的白蚁后，通过喷粉、投放饵剂等处理，有效控制白蚁种群的白蚁防治技术。

4.3 生 物 防 治

4.3.1 生物防治 biological control

利用寄生物、捕食者或者病原性微生物等控制白蚁种群的方法。

4.3.2 白蚁天敌 natural enemy of termite

自然界中白蚁的捕食者、寄生者和病原性微生物的统称。

5 药剂、材料与设备

5.1 药 剂

5.1.1 白蚁防治药剂 termiticide

在白蚁防治工程中使用的专用药剂。

5.1.2 白蚁预防药剂 prevention termiticide

为避免保护对象遭受白蚁危害，采取预先处理时所使用的药剂。

5.1.3 白蚁灭治药剂 elimination termiticide

对危害保护对象的白蚁进行处理时所使用的药剂。

5.1.4 药剂传递 chemical transmission

白蚁个体接触到药剂后，通过身体接触、交哺行为、清洁行为和食尸行为将药剂传递给其他个体的传递方式。

5.1.5 饵剂 bait

由杀虫剂、饵料等组成，对白蚁具有“引诱—喂食—杀灭”三位一体效果的白蚁防治药剂。

5.1.6 粉剂 dust

由原药和填充料按照一定的比例混合加工而成的粉状白蚁防治药剂。

5.1.7 持效期 effective period

白蚁防治药剂施用到处理部位后，药剂能够有效控制白蚁危害所持续的时间。

5.2 材 料

5.2.1 饵料 attractive lignocellulose material

不含杀灭白蚁有效成分，且对白蚁具有较好的引诱力和适口性的纤维质材料。

5.2.2 白蚁信息素 termite pheromone

白蚁腺体分泌的、能引起同种其他个体产生特定行为反应的信息化学物质。

5.2.3 监测控制系统 monitor-controlling system

可通过“监测—白蚁灭杀—监测”的循环过程，实现保护对象免受白蚁危害的一整套白蚁防治专用装置的总称，由监测装置、检测装置、白蚁灭杀药剂及辅助工具等组成。

5.2.4 监测装置 monitor device

装有饵料用于监测白蚁活动的装置。

5.2.5 引诱桩 attractive pole

埋置在土壤中引诱白蚁取食的木桩。

5.2.6 诱集箱 attractive box

放置于白蚁活动区域内装有诱集白蚁饵料的箱式装置。

5.2.7 诱集堆 attractive pile

放置于白蚁活动区域内诱集白蚁取食的饵料堆。

5.2.8 诱集坑 attractive pit

人工挖设的盛放饵料诱集白蚁的土坑。

5.2.9 诱杀包 packaged bait

诱集和灭杀白蚁的包状饵剂。

5.2.10 诱杀条 stick bait

诱集和灭杀白蚁的条状饵剂。

5.2.11 诱杀膏 paste bait

诱集和灭杀白蚁的膏状饵剂。

5.2.12 诱杀块 piece bait

诱集和灭杀白蚁的块状饵剂。

5.3 设 备

5.3.1 检测装置 detection device

监测控制系统中，用于检查监测装置安装位置及监测装置中是否有白蚁存在的仪器设备。

5.3.2 白蚁探测仪 termite detection instrument

探测白蚁或白蚁巢是否存在及存在位置的仪器。

5.3.3 喷粉器 duster

用压力将白蚁防治粉剂均匀喷出的器械 。

5.3.4 喷洒器 sprayer

用压力将药液以较小颗粒喷洒出的器械。

5.3.5 诱捕灯 trapping light

在白蚁分飞季节，利用昆虫的趋光性诱捕白蚁有翅成虫的装置。

5.3.6 白蚁防治工程车 professional vehicle for termite control

用于新建房屋白蚁预防或灭治处理的智能化专用车辆。

5.3.7 打孔器 hole puncher

用于对白蚁防治处理对象由表及里造孔的器械。

5.3.8 灌浆机 grouting machine

将含白蚁防治药剂的泥浆灌注入被处理对象内部的器械，主要用于堤坝白蚁的防治处理。

6 工 程 管 理

6.0.1 白蚁防治工程质量 quality of termite control project

在白蚁防治工程的实施过程中和完成后，满足有关法规、标准规定和白蚁防治工程合同约定要求的程度。

6.0.2 白蚁防治工程质量保证体系 quality assurance system of termite control project

为保证白蚁防治工程质量所建立的指挥和控制组织的管理体系。

6.0.3 白蚁防治效果 effect of termite control

采取白蚁防治措施后，白蚁危害被控制的程度。

6.0.4 白蚁防治效果评价 effect evaluation of termite control

根据一定的标准对白蚁危害控制程度进行评价的行为。

6.0.5 白蚁防治工程验收标准 acceptance standard of termite control project

白蚁防治工程实施单位根据有关法规、标准规定或白蚁防治工程合同约定，对白蚁防治工程阶段性工作和整体工程完成情况进行验收的具体指标。

6.0.6 复查期 reexamination period

根据有关法规、标准规定或白蚁防治工程合同约定，白蚁防治工程实施单位在工程竣工验收后应进行白蚁防治后期效果检查的时期。

6.0.7 复查回访 revisit and inspection

在白蚁防治工程复查期内，白蚁防治工程实施单位检查白蚁防治后期效果的行为。

6.0.8 包治期 free treatment period

根据有关法规、标准规定或白蚁防治工程合同约定，白蚁防治工程实施单位在竣工验收后应对保护对象出现白蚁危害及时进行免费灭治处理的时期。

6.0.9 白蚁防治工程施工方案 work plan of termite control project

在白蚁防治工程施工前，白蚁防治工程实施单位根据现场勘察情况制定的具体施工步骤和计划。

6.0.10 白蚁防治工程档案管理 file management of termite control project

对在白蚁防治工程实施过程中形成的具有保存价值的文字、图纸、图表、声像等各种形式的历史记录进行归档管理并提供服务的系列管理活动。

6.0.11 白蚁防治隐蔽工程验收 hidden project acceptance of termite control

在白蚁防治工程施工过程中，对将被下一工序所封闭的分部、分项工程进行验收的活动。

7 工程相关生物生态学术语

7.1 白 蚁 巢 群

7.1.1 蚁巢 nest

白蚁群体集中生活的巢体。

7.1.2 蚁路 gallery

白蚁个体进行巢外和巢间活动的往返通道。

7.1.3 蚁道 tunnel

修建于地下或木材中等隐蔽之处的蚁路。

7.1.4 泥线 mud tube

修建于木材、树木外表或地面等暴露之处呈条状的蚁路。

7.1.5 泥被 mud shelter

修建于木材、树木外表或地面等暴露之处呈被片状的蚁路或白蚁活动场所。

7.1.6 王室 royal cell

位于白蚁巢内中心位置，专供蚁王、蚁后居住的场所。

7.1.7 候飞室 waiting chamber

分飞孔下方呈扁平状的腔室，供有翅成虫分飞前停留的场所。

7.1.8 白蚁群体 termite colony

生活在同一巢内的所有白蚁个体的统称。

7.1.9 分飞 swarming

成熟白蚁群体内的有翅成虫在适宜条件下飞离原群体的现象。

7.1.10 分飞期 flight period

在自然条件下，白蚁成熟群体在一年中第一次分飞开始至最后一次分飞结束之间的时间。

7.1.11 分飞时间 flight time

在自然条件下，白蚁成熟群体有翅成虫在一天中分飞的时刻。

7.1.12 幼年群体 young colony

尚未产生有翅成虫的白蚁群体。

7.1.13 成熟群体 mature colony

能产生有翅成虫的白蚁群体。

7.1.14 补充生殖蚁群体 neotenic reproductive colony

由补充生殖蚁控制的白蚁群体。

7.1.15 白蚁共生物 termite symbiont

与白蚁形成互利关系的其他生物。

7.2 白蚁巢位指示物

7.2.1 蚁巢伞 *Termitomyces* spp.

在大白蚁亚科白蚁巢内共生的真菌，属伞菌纲 Agaricomycetes、伞菌亚纲 Agaricomycetidae、伞菌目 Agaricales、离褶伞科 Lyophyllaceae，子实体小型至大型。

7.2.2 炭角菌 *Xylaria* spp.

在大白蚁亚科白蚁死亡蚁巢上生长的、子实体为棒状或枝状的真菌，属粪壳菌纲 Sordariomycetes、炭角菌亚纲 Xylariomycetidae、炭角菌目 Xylariales、炭角菌科 Xylariaceae。

7.2.3 分飞孔 flight hole

在白蚁的分飞期，有翅成虫飞离原群体由工蚁修筑的孔状结构。

7.2.4 通气孔 ventilation hole

位于白蚁巢的外表，用于与外界环境通风透气的孔状结构。

7.2.5 排泄物 feces

工蚁筑巢时从巢内推出的、经白蚁加工后的物质。

7.2.6 蚁垅 mound

白蚁所筑的隆突于地表的土垅状蚁巢。

7.3 白蚁品级

7.3.1 品级 caste

白蚁属多形态昆虫，同一群体内的个体有不同形态构造和不同分工，形态相似、职能相同的个体属于同一品级。

7.3.2 蚁王 king

配对成虫中的雄性个体。

7.3.3 蚁后 queen

配对成虫中的雌性个体。

7.3.4 蚁卵 egg

由蚁后产下的卵，粒状，是白蚁个体发育的第一个阶段。

7.3.5 幼蚁 larva

由卵孵化出的低龄的个体，不具翅芽或头部无特化的外部特征。

7.3.6 工蚁 worker

由幼蚁发育而来，外部形态保持原始状态的一类成熟个体。

7.3.7 兵蚁 soldier

白蚁群体内头部高度特化，具有典型防御性特征的一类成熟个体。

7.3.8 若蚁 nymph

白蚁群体发展到一定阶段，由幼蚁发育而来，具有外生翅芽的一类未成熟个体。

7.3.9 有翅成虫 alate

成熟的白蚁群体内，由若蚁完成最后一次蜕皮发育成胸部着生两对完整长翅的一类成熟个体。

7.3.10 脱翅成虫 dealate

有翅成虫脱落四翅后，留有翅鳞的虫体。

7.3.11 白蚁生活史 termite life history

白蚁在一定阶段的生长发育史。

7.4 白蚁行为

7.4.1 交哺行为 trophallaxis behavior

白蚁群体内工蚁(拟工蚁或若蚁)将已消化或半消化的食物液体从口吐出或从肠管末端排出，喂给群体内其他白蚁个体的行为。

7.4.2 舐吮行为 grooming behavior

白蚁群体内的工蚁对其他白蚁个体的整理行为。

7.4.3 扩散行为 spread behavior

白蚁群体通过分飞、蔓延、人为携带等扩展其生存区域的行为。

7.4.4 防卫行为 defence behavior

白蚁群体为抵御入侵者的侵袭而实施的各类防御性行为的统称。

7.4.5 趋光性 phototaxis

白蚁的有翅成虫在分飞过程中，具有飞向光源的习性。

附录A 汉语术语索引

X

Y

Z

附录B　英文术语索引

A

B

C

D

E

F

V

W

X

Y

中华人民共和国国家标准

白蚁防治工程基本术语标准

GB/T 50768—2012

条 文 说 明

制 订 说 明

《白蚁防治工程基本术语标准》GB/T 50768—2012，经住房和城乡建设部2012年5月28日以第1390号公告批准、发布。

为便于广大设计、施工、科研、学校等单位有关人员在使用本标准时能够正确理解和执行条文规定，《白蚁防治工程基本术语标准》编制组按章、节、条顺序编制了本标准的条文说明，对条文规定的目的、依据以及执行中需注意的有关事项进行了说明。但是，本条文说明不具备与标准正文同等的法律效力，仅供使用者作为理解和把握标准规定的参考。

目　次

1 总　则

1.0.1 “白蚁防治工程基本术语”是指在白蚁防治行业中比较常见，与白蚁防治工程联系相对比较紧密的行业专用术语。

我国对白蚁防治相关名词和术语的研究起步较晚，对部分名词的定义和释义欠规范，有时甚至较为混乱。对白蚁防治相关名词和术语进行规范化和标准化必将对白蚁防治事业的可持续发展产生积极的作用。

本标准筛选了数百个常见的白蚁防治有关名词，选择了134个与白蚁防治工程密切相关的专用术语。对于与白蚁防治工程关系不大的术语，目前暂不予选用，待以后的修编过程中进一步调整和完善。

本标准术语采用中、英文对照的方式，并同时采用汉语术语和英文术语索引。

2 基 础 术 语

2.0.1 白蚁民间俗称为白蚂蚁、大水蚁、飞蚂蚁、涨水蚁、棚虫，古代称为蝼蚁、螱、蟗等，是世界性的重要经济害虫，危害具有严重性、隐蔽性和传播性等特点，对我国房屋建筑、水库堤坝、山林果园、城市绿化、通信设备等造成的危害十分严重，几乎涉及国民经济的各个领域。我国目前主要的白蚁危害种类有以下10种：

1　铲头堆砂白蚁　*Cryptotermes declivis* Tsai *et* Chen

木白蚁科堆砂白蚁属 *Cryptotermes*。

兵蚁头部的前半部和上颚均为黑色，后部为暗赤色。背面观头短而厚，近似方形。头前端额部呈斜坡面，坡面与上颚所形成交角大于90°，坡面凹凸不平；坡面的两侧及上方的边缘额高隆起，中央凹下，形似铲形，故有铲头白蚁之称。前胸背板与头部等宽或略宽于头，前缘有宽阔凹口，后缘中央弧形，中央稍凹入。兵蚁头长至颚端1.81mm～2.00mm，头宽1.22mm～1.40mm，前胸背板长0.70mm～0.80mm，前胸背板宽1.20mm～1.38mm。

有翅成虫头赤褐色，翅黄褐色，无囟，前翅鳞大，覆于后翅鳞之上。

木栖白蚁，完全生活在木材中，与土壤完全没有联系。群体中没有工蚁，其职能全由若蚁代替。这种白蚁不在外表筑蚁路，只在木材中蛀成不规则的隧道。它没有结构复杂的蚁巢，蛀蚀通道即为巢。其排出的粪便干燥且呈颗粒状，并不断地从被蛀物的表面小孔推出，落在下方物体表面上，集成砂堆状，故称堆砂白蚁。这种白蚁性喜干燥，蛀食硬木，主要危害坚硬家具、门窗、踢脚板及坚硬树木如荔枝、龙眼等。

主要分布于浙江、云南、四川、贵州、广西、广东、福建、海南和澳门等省(自治区、特别行政区)。

2　截头堆砂白蚁　*Cryptotermes domesticus* (Haviland)

木白蚁科堆砂白蚁属 *Cryptotermes*。

兵蚁全长为5.50mm～6.50mm，头长连上颚1.83mm～2.04mm，头宽1.28mm～1.41mm，前胸背板长0.72mm～0.84mm，前胸背板宽1.22mm～1.36mm。

截头堆砂白蚁形态极似铲头堆砂白蚁，其主要区别：兵蚁头前额坡面与上颚形成交角，几呈垂直的截面，故有截头堆砂白蚁之称。

木栖白蚁，生活习性与危害与铲头堆砂白蚁类似。

主要分布于云南、广西、广东、海南和台湾等省(自治区)。

3　台湾乳白蚁　*Coptotermes formosanus* Shiraki

鼻白蚁科乳白蚁属 *Coptotermes*。

兵蚁头部成卵圆形，最宽处在头的中部；头及触角浅黄色，头具明显的囟(额孔)。囟近于圆形，大而显著，位于头部的前额中央，有一个微突起的短管，朝向前方，遇敌时即由此分泌出乳状液体。上颚黑褐色，腹部乳白色。兵蚁上颚呈镰刀形，前部弯向中心，左上颚基部有一深凹刻，其前有4个小突起。兵蚁头长至上颚基1.43mm～1.68mm，头最宽1.07mm～1.25mm，前胸背板长0.38mm～0.50mm，前胸背板宽0.80mm～0.94mm。

有翅成虫长13mm～15mm，体呈黄褐色，翅呈淡黄色。

土木两栖白蚁。巢有主、副之分，多数为椭圆形。在室内或野外筑巢，巢居在地上或地下。成熟巢较大，常筑于食料丰富、水源充足的地方，如地下、受害物内部、树干、树根下。蚁路黄褐色扁圆形，路身宽为5mm～16mm。木材被蛀食后，外表似完好，内部多呈沟状。它危害建筑物、树木、农林植物、塑料、储藏物资、埋地电缆等。

分布北界大致在淮河以南，在安徽(合肥、巢湖、芜湖)、江苏(建湖)一线。

4　黄胸散白蚁　*Reticulitermes flaviceps* (Oshima)

鼻白蚁科散白蚁属 *Reticulitermes*。

兵蚁头壳黄褐色，被毛较稀；头壳呈长方形，两侧近平行，向后稍扩，侧面观额部隆起；上颚紫褐色。兵蚁头长至上颚基1.71mm～2.02mm，头最宽1.10mm～1.16mm，前胸背板长0.43mm～0.50mm，前胸背板宽0.82mm～0.89mm。

有翅成虫的头壳为栗褐色，前胸背板为灰黄色，足腿节深黄褐色，胫节黄褐色。

土木两栖白蚁，不筑大型蚁巢，群体较小，比较分散。蚁巢结构简单，无主、副巢之分，无定型王室，蚁后数量多。适应性强，易于产生补充型生殖蚁。危害房屋、桥梁、树木、电缆、图书档案等含纤维的制品，它的危害性与台湾乳白蚁相等。在房屋建筑内主要危害木门、木窗、地板、墙裙、木踢脚板。

主要分布于台湾、福建、浙江、江苏、江西、湖南、广东、海南和四川等省。

5 黑胸散白蚁 *Reticulitermes chinensis* Snyder

鼻白蚁科散白蚁属 *Reticulitermes*。

兵蚁头壳黄褐色，被毛较稀；头壳呈长方形，两侧平行，后侧角略圆，后缘近平直。前胸背板梯形，前后缘近平直，前缘中央浅凹入。兵蚁头长至上颚基1.83mm～1.90mm，头最宽1.08mm～1.22mm，前胸背板长0.50mm～0.55mm，前胸背板宽0.82mm～0.95mm。兵蚁外形与黄胸散白蚁相似，其主要区别：兵蚁额平，不隆起。

有翅成虫体长8mm～10mm，头壳、前胸背板为黑色，腹部黑色较淡，触角和翅呈黑褐色。

土木两栖白蚁，生物习性及危害状况与黄胸散白蚁类似。蚁后数量多，适应性强，易于产生补充型生殖蚁。主要危害建筑物低层尤其是底层木地板、木门框、枕木、楼梯脚等，也可危害树木，但很少危害高层木结构。蚁路短而细，直径4mm～8mm，呈暗褐色，路身弯曲，断面呈圆形，多见于被害物表面及墙上。被蛀食木材内有不规则的坑道。巢群小而分散，无明显蚁巢，蚁巢无一定形状。可筑地下巢，也可在地上木构件内筑小而分散的巢。

主要分布于四川、甘肃、河北、山西、陕西、山东、河南、安徽、江苏、湖北、湖南、浙江、云南、江西、福建、广西和北京等省(市、自治区)。

6 栖北散白蚁 *Reticulitermes speratus* (Kolbe)

鼻白蚁科散白蚁属 *Reticulitermes*。

兵蚁头黄褐色，上颚紫褐色。头壳长方形，被毛甚稀。有翅成虫头壳深栗褐色，前胸背板灰黄色，后颏、上唇、后唇基和足腿节栗褐色，胫节灰黄色，翅为淡褐色半透明。兵蚁头长至上颚基1.65mm～1.90mm，头最宽1.10mm～1.26mm，前胸背板长0.49mm～0.58mm，前胸背板宽0.80mm～0.93mm。

土木两栖白蚁。群体小而分散，蚁巢结构简单，无主、副巢之分，无定型王室，蚁后数量多。适应性强，易于产生补充型生殖蚁。主要危害建筑物木构件，其危害高度可达楼房的5、6层；此外还危害家具、衣物、地下电缆和园林树木。它是辽东半岛至河北一带的主要危害蚁种之一。

主要分布于辽宁(丹东、大连)、山东、河北、北京和天津等省(市)。

7 黑翅土白蚁 *Odontotermes formosanus* Shiraki

白蚁科土白蚁属 *Odontotermes*。

兵蚁头部为卵圆形，长大于宽，最宽处在头的中后段。头部深黄褐色，上唇舌状，上颚呈镰刀状，左上颚端较弯，内缘中段前具一明显小齿。兵蚁全长为5.44mm～6.03mm，头长至颚端2.41mm～2.66mm，头宽1.27mm～1.44mm，前胸背板长0.48mm～0.59mm，前胸背板宽0.90mm～1.00mm。

有翅成虫体长27mm～29mm，体呈褐色，翅也为褐色。

蚁路可分为蚁线、蚁被、支蚁道、主蚁道。支蚁道呈扁圆形，宽为1.5cm～2cm，地下较大主蚁道有时宽达6cm～7cm，呈拱形。筑在树表面或地面的蚁路有时宽达10cm以上，此时常称为蚁被。

土栖白蚁，筑巢于地下1m～2m，甚至更深。主巢腔直径可达1m以上。成熟的主巢附近有许多副巢。菌圃上也可长出鸡㙡菌。主要危害堤坝，严重时可引起管涌，甚至引起决堤垮坝。它还危害农林植物，也可危害林地附近建筑物的接地部位的木构件。

约在北纬35°以南均有其分布足迹，主要分布于河南、安徽、陕西、山西、甘肃、江苏、浙江、湖北、湖南、贵州、四川、重庆、江西、福建、广东、广西、云南、台湾、海南、香港、澳门等省(市、自治区和特别行政区)。

8 海南土白蚁 *Odontotermes hainanensis* (Light)

白蚁科土白蚁属 *Odontotermes*。

兵蚁头深黄色，腹部淡黄或灰白色而微具红色。头毛被稀疏，腹部毛被较密。兵蚁头长至颚端1.80mm～2.07mm，头宽0.95mm～1.17mm，前胸背板长0.43mm～0.51mm，前胸背板宽0.68mm～0.91mm。

有翅成虫的头、胸、腹背板为黑褐色，头和腹部腹面为棕黄色，上唇后半部淡橙色，前半部橙红色；单眼远离复眼，单复眼之间的距离显著大于单眼自身的长度；翅较短。

工蚁有大、小两型。大工蚁头深黄色，近方形，触角17节；小工蚁头色淡黄，头部不成方形，触角15节～16节。

土栖白蚁，地下蚁巢由许多菌圃和菌圃腔组成。生活习性与黑翅土白蚁相似。危害橡胶树、荔枝、油桐、桉树、台湾相思树等。它常在堤坝内筑巢，危害堤坝。

主要分布于我国广东、海南、广西、云南和澳门等省(自治区、特别行政区)。

9 黄翅大白蚁 *Macrotermes barneyi* Light

白蚁科大白蚁属 *Macrotermes*。

兵蚁分大、小两型。大兵蚁头部为长方形，大兵蚁全长为10.50mm～11.00mm，头长连上颚5.00mm～5.44mm，头宽2.61mm～3.11mm，前胸背板长1.00mm～1.05mm，前胸背板宽2.44mm～2.61mm；

小兵蚁头部为卵形，小兵蚁全长为6.80mm～7.00mm，头长连上颚3.11mm～3.22mm，头宽1.50mm～1.55mm，前胸背板长0.66mm～0.70mm，前胸背板宽1.09mm～1.11mm。

工蚁也分大小二型。有翅成虫体长28mm～30mm，体为黄棕色，翅呈浅黄色。

土栖白蚁，常在地下1m深左右处筑巢，巢体较大，且具副巢，但副巢数量往往不如黑翅土白蚁。菌圃上也可长出鸡枞菌。黄翅大白蚁所筑的蚁路与黑翅土白蚁类似，但蚁道表面泥土显得粗糙些，常可见到小土粒结构。其危害范围与黑翅土白蚁类似，但危害程度不及黑翅土白蚁，它很少入室破坏木结构。

主要分布于我国南方诸省(自治区)和香港、澳门特别行政区。

10 土垅大白蚁 *Macrotermes annandalei* (Silvestri)

白蚁科大白蚁属*Macrotermes*。

兵蚁分为大、小两型。大兵蚁头背及腹面皆暗红棕色，胸及腹棕褐色，上唇基部与头同色，其余部分黑色。头部毛极稀少，腹部毛较多。大兵蚁全长为13.00mm～14.00mm，头长连上颚6.50mm～7.00mm，头宽3.72mm～4.27mm，前胸背板长1.28mm～1.33mm，前胸背板宽1.88mm～2.05mm。小兵蚁体形显著小于大兵蚁，体色相似。小兵蚁全长为8.00mm～9.00mm，头长连上颚4.22mm～4.44mm，头宽2.11mm～2.33mm，前胸背板长为0.91mm左右，前胸背板宽1.57mm～1.63mm。大、小兵蚁的触角均为17节，足均很长。

有翅成虫头及胸暗红棕色，足棕黄色，翅黄色，后唇基暗赤黄色；头宽卵形，复眼长圆形，单眼椭圆形；头顶平，囟呈极小的颗粒状突起，位于头顶中点；触角19节；前胸背板前缘略凹向后方，后缘狭窄，中央向前方凹入，前中部位具淡色"十"字形。

土栖白蚁，生活于土中，蚁巢一部分在地面以下，一部分隆起于地面以上，如坟墓状，高度可达1m以上，底部直径可达2m以上。危害树木及经济作物的根和芽，也曾发现在堤坝上营巢，造成堤坝渗漏。

主要分布于我国广西和云南等省(自治区)。

2.0.2 据黄复生等在《中国动物志昆虫纲第十七卷等翅目》(2000年)一书中记载我国的白蚁种类有476种，分属于4科44属，其中乳白蚁、散白蚁、土白蚁是我国有代表性的危害优势类群。

我国除新疆、内蒙古、宁夏、青海、吉林和黑龙江等省(自治区)至今未发现白蚁外，其余各省、市、自治区都有白蚁分布，其种类和密度都有一个从南到北递减的趋势。分布的最北点为辽宁省丹东市、大连市，最南端为海南省的西沙、南沙、中沙群岛；东自台湾、西达西藏。

2.0.3 根据我国《城市房屋白蚁防治管理规定》(建设部第130号令)明确规定，白蚁危害地区的认定工作由省、自治区人民政府建设行政主管部门、直辖市人民政府房地产行政主管部门负责。

2.0.5 蚁情调查的范围可以是较大的行政区域，比如一个省或一个市，也可以是一个特殊的生境，比如公园、文物古建筑、水库堤坝等。调查的内容主要为特定区域范围内白蚁的种类、分布及危害情况。蚁情调查时，应注重调查范围选择的科学性、数据统计记录的准确性和详尽性，同时还要注重白蚁标本、影像及实物资料的收集和整理。

2.0.6 蚁情监测强调对某一特定区域范围内起危害作用的白蚁种类的虫情进行连续长期的动态监测，其目的主要在于掌握白蚁危害的历史、现状及预测未来，为进一步采取白蚁防治措施提供科学依据。

2.0.7 白蚁预防和白蚁灭治是白蚁防治的两个不可分割的组成部分，只有将两者有机结合起来，才能最有效地控制白蚁危害。根据保护对象的不同，白蚁防治常可分为房屋白蚁防治、房屋装饰装修白蚁防治、堤坝白蚁防治、林木白蚁防治、农作物白蚁防治、苗圃白蚁防治、绿地白蚁防治、古建筑白蚁防治和电缆白蚁防治等。根据作用原理和应用技术的不同，白蚁防治又可分为化学防治、物理防治、生物防治等。

2.0.8 白蚁综合治理的概念来源于有害生物综合治理(Integrated Pest Management，IPM)，随着全国白蚁防治工作的快速发展，人们对其理解的不断深入、接受程度的不断提高和环境保护意识的不断增强，逐渐成为全面指导我国白蚁防治工作发展的理念。在我国开展白蚁防治示范项目以来，白蚁综合治理的理念以前所未有的冲击力影响着社会各界。

目前白蚁综合治理的主要技术措施有：防蚁设计、施工场地的清理、周边环境防蚁规划、白蚁危害调查与预测、生物防治、物理防治、化学防治、监测控制等。白蚁综合治理不是所有防治技术的综合，而是综合考虑各种因素以后，因地制宜地选择其中一种或几种防治技术来控制白蚁危害。

2.0.9 区域白蚁治理针对的是某个特定区域内的白蚁危害，如一个较大面积的绿地、公园或者是古建筑群等。实施区域白蚁治理前，应首先对整个区域进行蚁情调查，选择有针对性的白蚁防治技术并综合应用，以达到控制整个区域内白蚁危害的目的。

2.0.10 指导我国白蚁防治工作的方针是"预防为主、防治结合、综合治理"，而控制白蚁危害的关键在于白蚁预防。

2.0.11 被保护对象发生白蚁危害且达到一定程度后，就必须实施白蚁灭治处理，才能有效控制白蚁危害，防止产生更大程度的损失。

3 白蚁名称

3.0.3 主要是指木白蚁科中的堆砂白蚁属、木白蚁属、楹白蚁属等属的白蚁，一般筑巢于干燥木材之中。

3.0.4 土白蚁属、大白蚁属等类群属于土栖白蚁，它们只能在土中营巢，不能脱离土壤而生存。黑翅土白蚁、海南土白蚁、黄翅大白蚁、土垅大白蚁等重要危害种类都是土栖白蚁。

3.0.5 与土壤毫无联系，可以完全脱离土壤而生存的白蚁。主要是木白蚁科和原白蚁科的白蚁。

3.0.6 可以在干木、活的树木或埋在土中的木材内筑巢，也可以在土中筑巢的白蚁。与土壤有联系，蚁路、吸水线、蚁巢内的防水层等大多用泥土建造成。

3.0.7 培菌白蚁都属于大白蚁亚科 Macrotermitinae，大白蚁亚科也称为菌圃白蚁亚科，都是能营造菌圃的白蚁。大白蚁亚科一类的蚁巢具有菌圃，能培育真菌，可为白蚁提供氮源、消化酶、蛋白质以及维生素等。

3.0.8 木白蚁科一些白蚁只在木材中蛀不规则的隧道，蛀食之处就是巢居所在，其排除的粪便为干燥的颗粒，并不断地从被蛀物的表面小孔处推出，落下集成砂堆状，故此得名。它们蛀食硬木，性喜干燥，我国南方群众又称之为干木白蚁或干虫。主要分布在南方的海南、云南、广西、广东、福建和台湾等省(自治区)。

3.0.9 这类白蚁的兵蚁头部前额中央具有大而显著的囟(额孔)，有一个微突起的短管，朝向前方，遇敌时即由此分泌出乳状颚腺液体，故称乳白蚁。乳白蚁曾称为“家白蚁”，中国动物志等翅目编写小组 1995 年在宁波讨论会上，决定 *Coptotermes* 学名的中文名统一称为“乳白蚁属”，不再使用“家白蚁属”。

3.0.10 这类白蚁不筑大型蚁巢，蚁巢结构简单，无主、副巢之分，无定型王室，群体较小，比较分散，故称为散白蚁。散白蚁适应性强，易于产生补充型生殖蚁。

3.0.11 白蚁科大白蚁亚科土白蚁属白蚁，其兵蚁左上颚具有 1 枚大的尖齿，其属名拉丁语意为“齿白蚁属”。我国白蚁学者观察到此属白蚁在土中筑巢，巢内有菌圃，故称此属白蚁为土白蚁。黑翅土白蚁、海南土白蚁、云南土白蚁都是此属代表性种类，对堤坝、农林植物造成严重危害。

3.0.12 大白蚁兵蚁有大、小两个体型，或大、中、小三型，上颚弯曲如镰刀状，无大的尖齿。广泛分布于我国南方诸省的黄翅大白蚁是此属代表种类，其危害性与黑翅土白蚁类似。

3.0.13 对房屋造成较严重危害的白蚁有乳白蚁属、散白蚁属和堆砂白蚁属等类群。主要代表种类有台湾乳白蚁、黄胸散白蚁、黑胸散白蚁、栖北散白蚁、铲头堆砂白蚁、截头堆砂白蚁。

3.0.14 对堤坝造成严重危害的白蚁有土白蚁属、大白蚁属等类群，主要代表种类有黑翅土白蚁、海南土白蚁、黄翅大白蚁。

3.0.15 对林木造成危害的白蚁有土白蚁属、大白蚁属、乳白蚁属、散白蚁属、扭白蚁属 *Capritermes*、象白蚁属 *Nasutitermes*、锯白蚁属 *Microcerotermes*、堆砂白蚁属、新白蚁属 *Neotermes*、树白蚁属 *Glyptotermes* 等，但以前三属的类群所造成的破坏最严重，代表种类有黑翅土白蚁、黄翅大白蚁、台湾乳白蚁、土垅大白蚁。

4 防治技术

4.1 物理防治

4.1.1 物理防治包括物理预防和物理灭治两个方面。物理预防是指利用砂粒、金属和塑料材料等构筑物理屏障来阻止白蚁侵入的方法。物理灭治是指利用光、高温、低温、电流、人工挖巢等手段来灭杀白蚁的方法。

4.1.2 物理屏障防治白蚁的宗旨是利用物理材料将白蚁与食物隔开，使建筑物免遭白蚁危害，而不是将接近建筑物的白蚁驱赶或杀死。物理屏障防治白蚁有效期长，对环境无污染，是最为环保的白蚁防治方法。目前，应用较为成功的有砂粒屏障法、不锈钢网法、金属和塑料挡板、防水薄膜等。

砂粒屏障法是用砂粒阻止白蚁的侵入，从而起到防治白蚁的作用。砂粒大小是该法成功的关键。砂粒太大时，砂粒之间的空隙会成为白蚁爬行的通道；砂粒太小时，白蚁会将砂粒搬走。大量研究表明，大多白蚁种类的白蚁搬不动直径大于 1mm 的砂粒，直径为 3mm 的砂粒间的空隙则足以让白蚁爬行通过。所以，构筑砂粒屏障的砂粒，其直径应在 1mm～3mm 之间。

不锈钢网法是利用不锈钢网来预防白蚁对建筑物的危害。由于白蚁只能从直径为 1mm 以上的孔隙中穿过，因此用于白蚁预防的不锈钢网的网孔直径应小于 1mm，通常为 0.5mm。

金属和塑料挡板也是物理屏障法的主要材料。将金属和塑料挡板铺在墙基、柱墩、树桩等部位，将建筑物上部与地基隔开，也可起到预防白蚁侵入的作用。有时挡板还具有白蚁探测装置的功能，当白蚁到达挡板处时，不得不改变入侵路线，从隐蔽处通向明处，便于人们及时发现。金属和塑料挡板还可隔离土壤中的湿气，相应地减少木结构吸引白蚁的机会。

防水薄膜，如用于外墙基防水的橡胶沥青薄膜和其他含沥青的薄膜，都具有一定的抗白蚁穿透的能力，应用合理时，可起到阻止白蚁侵入的屏障作用。

4.1.3 一种根据昆虫在 45℃及以上高温环境中易失水死亡的原理来防治白蚁的方法。具体操作时，先用尼龙布罩住整座建筑物，移开建筑物内不耐热的物品，用水流对塑料自来水管进行保护；然后用鼓风机将 45℃～50℃的热空气吹入建筑物内，持续处理 35min～60min，即可 100％杀死建筑物内的白蚁。

4.1.4 一种根据昆虫在超低温环境中细胞易冰冻失活而死亡的原理来防治白蚁的方法。具体操作时，利用液态氮迅速将白蚁危害区域的温度降到－29℃，持续作用30min，即可冻死处理区域的所有白蚁。

4.1.5 将多个微波发生器对着有白蚁的墙面，利用遥控开关控制微波发生器，由微波产生的热量来杀死白蚁。微波处理法一次可以处理0.3m～1.2m长的范围，处理时间一般为10min～30min。

4.1.6 利用电枪处理有白蚁的木材，电枪释放低电流、高电压、高频率电流，将木材内的白蚁杀死，一次可处理1.0m～1.3m长的木材，处理时间一般为2min～30min。

4.1.8 一些白蚁如乳白蚁、土白蚁、大白蚁等会建造大型的巢穴供自己居住。采用人工方法，挖除白蚁的巢穴就可达到消灭整巢白蚁的目的。这一方法对土白蚁和大白蚁特别有效。

4.2 化学防治

4.2.2 分水平屏障和垂直屏障两种。根据保护对象的不同，药物屏障的建立也会有不同的形式。对房屋建筑，主要是针对房屋建筑基础周围土壤、室外散水、室内地坪、墙体、门窗洞、管线孔口等部位进行药物处理以形成屏障。对木质材料，主要是对其表面进行药物处理，以形成具一定厚度的药物屏障。对园林绿化树木，主要是对根部周围土壤进行化学药物处理以形成药物屏障。

4.2.7 涂刷时为保证药物均匀分布，对同一部位应重复涂刷2次～3次。

4.2.8 喷涂多用于木构件及木材表面处理，喷涂时，用喷枪或喷雾器等器械将药液喷涂于需处理对象的表面。

4.2.9 根据浸渍压力的不同，浸渍法常可分为常压浸渍法和加压浸渍法。根据浸渍时温度的不同，浸渍法可分为常温浸渍法和热冷槽浸渍法。

4.2.10 根据器械产生的压力的不同，可分为高压注射法和低压注射法。

4.2.13 熏蒸法主要用于堆砂白蚁的灭治，目前常用的药物有磷化铝、硫酰氟、溴甲烷等。熏蒸剂应在密闭、无人的条件下使用，操作人员必须经过专门的技术培训获得相关的资质证书后才能上岗。具体操作时，工作人员应戴好防毒面具，施工场所及附近应有专人管理。

4.2.14 在利用药物灌浆法进行堤坝白蚁防治时，灌浆材料应采用土粒微细，流动性、稳定性好的黄泥和高效低毒、对环境污染小的药物。通过连续、均匀的药物灌浆可在堤坝内部建立有效的药土屏障，一方面可封堵、充填堤坝内的蚁巢、蚁路及其他洞穴，提高堤坝的抗渗透能力；另一方面，可杀灭堤坝内原有的白蚁，并能有效地防止从周边环境侵入的白蚁贯穿堤身，保证堤坝安全。

4.2.15 诱杀法常可分为两种方式。第一种是以白蚁喜食的不含杀灭白蚁有效成分的食物作为饵料将白蚁诱集后再进行药物处理，后期的药物处理包括喷粉、喷洒液体药剂、投放饵剂、物理灭杀等；第二种是直接将饵剂投放在白蚁活动处，让白蚁自由取食后杀灭或控制白蚁种群。根据饵剂投放方式的不同，常可分为挤入法、塞饵法、挂饵法和埋饵法。

挤入法指先轻挑开蚁道、分飞孔或危害物表层，再将膏状饵剂挤入的方法。挑开的面不宜过大，挤入的饵剂不能把蚁路堵满，挤入饵剂后，应尽量恢复原状。

塞饵法指先轻挑开蚁道、分飞孔或危害物表层，将块状、条状饵剂塞入然后封闭的方法。塞入的饵剂体积不宜过大，否则会导致白蚁拒食。

挂饵法指将包状饵剂固定挂贴在白蚁危害物的外层。挂贴好的诱杀包要添加覆盖物，确保不露风、不露光。覆盖物最好是湿的，以易于白蚁取食。

埋饵法指将饵剂埋入白蚁地下蚁道处的方法，埋放不宜过深，以不超过20cm为宜。

无论采用以上哪种投饵方法，都要尽量保持白蚁原来的生态环境，尽量不影响白蚁的正常活动，以便于白蚁取食。

4.2.16 将白蚁灭治粉剂喷到白蚁体表或白蚁经常活动的地方，当部分白蚁个体沾染粉剂后，利用白蚁交哺、舔吮等行为和粉剂的缓慢作用机理，最终使整个白蚁巢群中毒死亡。根据喷粉点的不同，常可分为泥被泥线内施药、分飞孔内施药、蚁道内施药、蚁巢内施药和活动危害点施药等方法。喷粉时应遵循"见蚁施药，多点少施"的原则，即尽量将药施到活体白蚁身上，且不影响白蚁的正常活动。

4.2.17 苗木根系易受到土白蚁和大白蚁的危害，为了减少白蚁对苗木的侵袭，提高苗木的存活率，可采用药泥处理法对苗木根系进行预防性处理。具体操作为：将一定量的药液混入一定比例的泥土和水的混合物中，充分混匀形成药泥后，再将苗木根部浸入泥浆中，使所有根系均匀沾上药泥。

4.2.18 对较大苗木常采用的白蚁预防处理方法。具体操作为：将配制好的药液喷洒入栽填坑中，具体用药量根据移栽苗木的大小而定。

4.2.19 采用这种方法防治白蚁时，应考虑药物对苗木的药害问题。建议在大规模药物处理前，先对少量苗木进行处理试验，测定对苗木的药害程度。

4.2.20 采用管网系统技术既可以在房屋建筑基础完成后通过管道灌药处理建立土壤药物屏障，也可在房屋建筑修建完成后对土壤屏障层补充施药加强防蚁效果。该技术的优点在于可以多次补充给药，以保证药物屏障有效性，还可以避免药物对施工人员身体的损伤和减少对环境的污染。

4.2.21 在药物中加入发泡成分，其优点在于利用空气创造均匀的、小直径气泡，将药物均匀地扩散到预定区域，因此利用泡沫技术更容易将药物扩散至液状药液不容易到达的部位。

4.2.22 诱捕(trap)—处理(treat)—释放(release)技术的英文简称，TTR技术由加拿大多伦多大学Myles教授发明。该技术主要分为三个步骤：首先利用卷纸板诱集大量白蚁，再将诱集到白蚁的卷纸板带回实验室，把白蚁分离出来，然后将胃毒性白蚁药剂涂抹到白蚁背部，给白蚁套上一个"可舔的外套"(groomable coating)，最后再将处理过的白蚁释放回原诱集处的方法。TTR技术同样是利用白蚁交哺和相互清洁等行为，让药物在群体内迅速传递，从而导致群体中毒死亡。

4.2.23 监测控制技术分为监测和控制两个部分。监测既包括前期安装诱集装置诱集白蚁，又包括后期进行药物处理后，再对白蚁进行监测，即检测白蚁是否被消灭控制。只要监测到一定数量的白蚁，就应进行喷粉或投放饵剂处理，直至监测装置内不再发现白蚁为止。由于监测控制技术在不断地对白蚁进行监测和药物处理，因此可在较长时间内控制一个区域内的白蚁危害。同时，由于只有在监测装置内发现一定数量的白蚁后，才进行药物处理，因此大量减少了化学药物的使用，目前在白蚁防治行业正逐步推广应用。

4.3 生物防治

4.3.1 白蚁的生物防治涉及寄生物、捕食者和病原性微生物三个方面。目前，研究和应用的白蚁寄生物主要是寄生性螨类，捕食者主要是蜈蚣、蚂蚁、鸟类、蛙类、穿山甲、蜥蜴等食蚁动物，病原性微生物主要是病毒、细菌、真菌和线虫。生物防治的优点是对环境安全，缺点是见效较慢。

白蚁寄生物防治是指利用寄生性螨类等白蚁寄生物对白蚁卵、幼虫、成虫进行寄生，从而导致白蚁数量减少的防治方法。

5 药剂、材料与设备

5.1 药剂

5.1.1 我国的白蚁防治药剂应用有一个历史的发展过程，古代就有相关文献资料记载用石灰、青矾(硫酸亚铁)等防治白蚁的方法。在20世纪30年代前，白蚁防治药剂主要是三氧化二砷、砷酸钠、氟硅酸钠和焦硼酸钠等无机杀虫剂。在20世纪30年代后期到二战末期，有机氯类杀虫剂的成功开发，开创了有机合成杀虫剂的新纪元。这类杀虫剂中的一些品种，如艾氏剂、狄氏剂、氯丹、七氯和灭蚁灵等在白蚁防治上应用，是白蚁防治药剂应用的重大变革，有机氯类杀虫剂因生产成本低廉、防治效果好、有效期长等特点迅速在白蚁防治药剂市场占主导地位，在以后的40年中，有机氯类杀白蚁剂一直是白蚁防治药剂的主要品种。随着有机氯类杀虫剂的大量使用，它的负面影响也日渐暴露，如稳定性强、在环境中不易被降解、可远距离迁移、生物累积性和"三致"(致癌、致畸、致突变)等，对环境污染严重。随着《关于持久性有机污染物的斯德哥尔摩公约》的履行，有机氯类杀虫剂被禁止用于白蚁防治。随后，有机磷(如毒死蜱、辛硫磷等)、拟除虫菊酯类(氰戊菊酯、联苯菊酯、氯菊酯等)白蚁防治药剂逐渐成为主导产品。另外，近十年来杂环类新型杀虫剂(如吡虫啉、氟虫腈等)和昆虫生长调节剂也占有了一定的白蚁防治药剂市场份额。

白蚁防治药剂的研究、使用和农药的研究、开发密切相关，但它与普通的农用杀虫剂有很大区别。首先，对原药的要求不同，用于配制白蚁防治药剂的原药要求比配制普通农药的原药纯度更高、杂质更少、毒性更低等；其次，对残效期要求不同，普通农药对残效期要求较短以减少对环境和非靶标生物的影响，而白蚁防治药剂则要求残效期越长越好以利于取得较长的白蚁防治持效期；再次，对剂型的要求不同，普通农药只要求达到经济、高效、使用方便及安全等目标，而白蚁防治药剂还要求在剂型上满足"长效、缓释和低毒"等要求。

白蚁防治药剂属卫生杀虫剂，根据《中华人民共和国农药管理条例》的有关规定，必须具有农药登记证(防治对象包括白蚁)、农药生产许可证或农药生产批准文件、产品质量技术标准，即"三证"。

5.1.2 一般要求药剂与土壤或木材结合度高，不易流失，持效期长。

5.1.5 为使用方便，通常将饵剂制成诱杀包、诱杀条、诱杀块、诱杀膏等。饵剂对白蚁一是要有良好的胃毒作用；二是无驱避作用。

5.1.6 白蚁防治粉剂一般分两大类，一类用于白蚁预防，要求有较长的持效期；另一类用于白蚁灭治，要求药剂缓效、无明显驱避作用、能通过白蚁自身传播控制白蚁种群。

5.2 材料

5.2.1 饵料又称饵木、饵片、基饵等。为增强诱集效果，常添加有引诱剂、取食刺激剂或标记信息素等。饵料可制成条状、片状、颗粒状或纸片状等。

5.2.2 白蚁信息素主要分为踪迹信息素(trail pheromone)、聚集信息素(aggregation pheromone)、警戒信息素(alarm pheromone)和性信息素(sex pheromone)。白蚁的踪迹信息素主要有金合欢醇、新西松烯、十二烯醇等；白蚁的警戒信息素主要是单萜、倍半萜和二萜等挥发性化合物；白蚁的性信息素主要有金合欢醇、新西松烯、十二烯醇等。有的化合物既可当性信息素，又可当踪迹信息素，只是其发挥作用时的浓度不同而已。

5.2.4 监测装置具有特定的大小和形状，根据使用的部位一般可分为地上型和地下型两种。

5.2.5 引诱桩常为白蚁喜食的木料，如松木材料。引诱桩大小、埋置位置和深度根据具体情况而定。

5.2.6 诱集箱一般由长 40cm～60cm、高和宽为 30cm～50cm 木箱制成，也可以用同等大小的纸箱制作。箱内放入白蚁喜食的松木或甘蔗渣等饵料，放置时可洒些洗米水、稀糖水等增加对白蚁的引诱效果。

5.2.7 诱集堆可以用松木、甘蔗渣或其他白蚁喜欢取食的材料堆成，诱集堆大小根据实际情况而定，常堆放于白蚁活动处地面。

5.2.8 诱集坑一般大小为长、宽、深各 30cm～40cm，坑内放置白蚁喜食的松木、甘蔗渣等饵料，最后用塑料薄膜等防水材料覆盖，防止积水。

5.2.9 可以用纸质包装，也可以用塑料包装；根据白蚁种类及危害情况，诱杀包可制成各种大小和形状，既可挂贴于白蚁活动处，也可埋设入土壤中。

5.2.11 使用时可使用注射器等器械将其注射或挤入白蚁活动处，如蚁道、分飞孔、白蚁巢或白蚁危害的孔道等。

5.3 设　备

5.3.1 不同的监测控制系统检测装置配置各异，有的较简单主要靠人工检查，有的运用电子信息管理系统进行智能化检测。具有智能化检测功能的检测装置一般包括用于检测监测装置安装位置的特定仪器、用于数据收集和处理的电脑处理系统及连接线等组件。

5.3.2 自 20 世纪 80 年代以来，随着电子技术的快速发展，一些仪器设备和技术逐渐被开发用于探测白蚁，如利用白蚁活动时产生二氧化碳和甲烷等特征气体制成的气味探测仪来探测白蚁，利用材料内部有缺陷时会产生声发射现象的声发射技术探测白蚁，利用土壤内白蚁巢穴与周围土壤电阻率的不同制成的电阻检测仪来探测白蚁巢，利用正在爬行的白蚁产生的微波多普勒效应的微波雷达技术探测白蚁，利用白蚁活动时会产生与周围环境不同温度的原理的红外热成像技术探测白蚁等。

6 工 程 管 理

6.0.6 建设部第 130 号令明确规定新建房屋白蚁预防的包治期不得低于 15 年，为确保白蚁防治效果，在包治期内应根据各地的实际情况合理确定复查的次数及间隔的时间。

对于房屋装饰装修、堤坝、园林等白蚁预防和灭治工程而言，复查期主要是双方约定的时期。

6.0.7 复查回访时，复查回访人员应做好复查回访记录，双方签字，各执一份存档保存。复查回访时，如发现白蚁危害，应分析白蚁危害产生的原因并做详细记录。

6.0.10 白蚁防治工程档案管理是规范行业内部工作、确保工程质量和便于后期档案查询的重要工作内容。白蚁防治工程档案管理涉及对白蚁防治工程各个流程的档案管理，包括签订合同、勘察记录、施工方案、施工记录、验收记录和复查回访的所有档案，档案存储形式包括纸质资料、电子文档、相片及其他影像资料等。为加强档案的规范化管理，白蚁防治单位应设置专门的档案管理人员和档案室。

7 工程相关生物生态学术语

7.1 白 蚁 巢 群

7.1.1 白蚁是营巢居生活的昆虫，蚁巢在白蚁生活中发挥极其重要的作用，在自然环境中脱离蚁巢的白蚁个体是很难长期生存的。白蚁群体的活动范围可以扩展到巢外相当远的距离，但最终总得向蚁巢集中，各种白蚁均有或简或繁的蚁巢。

有时一群白蚁不止建造一个蚁巢，而是在相邻地点分散地建造几个蚁巢，各巢之间有蚁路相通，蚁王、蚁后所居住的巢称为主巢，其余称为副巢。大白蚁和土白蚁的巢本身就是由许多分离的腔室组成，集中在一处的腔室只相当于一个蚁巢，但这类白蚁有时也可在分开的地点建筑多组腔室，分别构成主巢腔或副巢腔。

7.1.2 蚁巢与外界的通道谓之蚁路，一般离蚁巢近的蚁路比较大、数量较少，离蚁巢越远者越细、分支也越多，最小的蚁路只能容纳 1 只～2 只白蚁同时通过。蚁路有时也可扩建改造，转变为巢腔的其他结构。

7.1.4 蚁路成线条状的称为泥线，又称蚁线，多见于土栖白蚁和土木两栖白蚁。

7.1.5 蚁路成片状的称为泥被，又称蚁被，多见于土栖白蚁。

7.1.6 许多种白蚁巢比较复杂，结构分化明显，由几个不同的部分组成，在靠近蚁巢中央部分有一个扁形厚壁的坚硬土腔，专供蚁王、蚁后居住，称之为“王室”或“王宫”。王室壁上有少量的小圆孔与外相通，工蚁和兵蚁可自由出入，蚁王、蚁后只在非常情况下由工蚁另辟门径迁移外出，通常一直生活于王室内。

7.1.8 白蚁营群居生活，即群体生活，虽然不同类群所包括的个体数量有多有少，即使是同一巢群随着群体的发育过程、盛衰状况、季节变化、营养以及其他生活条件的变动，群体的大小也有很大变化，但是不论白蚁巢群的大小如何、所包括的数量多少，所有个体总是集群成一个整体存在于自然界中。

7.1.9 正常而成熟巢群，每年在适宜条件下常有有翅成虫飞离蚁巢的现象。这种现象称为分飞，又称群飞、移殖飞翔、分群等，白蚁群体通过分飞不断产生下一代的群体，实现种群的延续。

在分飞时，一个群体内的有翅成虫可能一次全部飞出，但也可能由于某种原因(一部分个体发育未完全或外界环境突转不利等)不能全部飞出，保留一部分个体等候下一次再飞。因此，同一种类白蚁即使在同一地区，一年也可能发生若干次分飞。

7.1.10 成熟白蚁群体每年分飞的日期谓之分飞期，不同种类白蚁的分飞期不同，同一种类白蚁在不同地区不同海拔其分飞期亦有所差异。一般来说，南方(纬度低)地区较早些，往北逐渐延迟。据研究报导，我国中部的白蚁种类，大多在3月～6月间分飞。

7.1.11 成熟白蚁群体每次分飞的时间谓之分飞时间，不同种类白蚁的分飞时间不同，有些种类在白天，有些种类在黄昏，也有些种类在夜间。

7.1.12 建群后，尚未出现分飞的群体称为幼年群体，亦称新建群体。

7.1.13 幼年群体经过发育的各个时期，当第一次出现有翅成虫分飞时，标志该巢群已进入成熟阶段，称为成熟群体。不同白蚁种类所经历的时间有很大差别。据报道，台湾乳白蚁约8年，黑胸散白蚁约9年～10年，黑翅土白蚁约12年～14年，黄翅大白蚁和海南土白蚁约6年内。

7.2 白蚁巢位指示物

7.2.1 蚁巢伞 *Termitomyces* 是大白蚁亚科蚁巢菌圃上的共生真菌，可以伸出地表形成伞菌，故称为蚁巢伞，可作为活巢位置的指示物。蚁巢伞菌俗称鸡㙡菌，是著名食用菌。其味鲜美、营养丰富，且有一定药理作用。主要分布于长江以南广大地区。

7.2.2 炭角菌又名鹿角菌、炭棒菌、地炭菌，当蚁巢被废弃时，蚁巢生态环境发生变化，蚁巢伞生长受到抑制，炭角菌就成为菌圃上的优势真菌，并可伸出地表形成棒状菌体，因此它可作为死亡蚁巢的指示物。其子实体一般为棒状或枝状，高度不超过10cm。目前已发现白蚁巢炭角菌有数十种之多，这些菌类至今未在白蚁巢以外的其他基质中发现。炭角菌含有很多重要活性物质，在药用、保健方面有重要经济价值，黑柄炭角菌 *Xylaria nigripes* (Kl.) Sacc 的菌核为名贵中药乌灵参。研究还发现黑柄炭角菌的多糖具有抑制肿瘤细胞增殖和免疫调节等作用。

7.2.3 工蚁在主巢附近为有翅成虫分飞修筑的孔穴称为分飞孔，又称羽分孔、羽分孔突、分群孔和移殖孔。不同的白蚁种类其形状、大小和数量以及分布的方式等均有较大的区别，如黑胸散白蚁专门修筑在木构件上的分飞孔多呈长条形，有的分飞孔是利用木材裂缝、砖灰缝等缝隙作简单的修补完善而成，形状就极不规则；分飞孔的数量极不固定，有几个到十几个不等。黄胸散白蚁的分飞孔较小，呈圆形或椭圆形，孔口周围常有薄而淡的泥圈，分飞孔的数量较多。栖北散白蚁分飞孔有长条形、圆形等。台湾乳白蚁的分飞孔呈断断续续的条状外形，数量从几个到几十个，甚至上百个不等。黑翅土白蚁的分飞孔突筑于地面，分飞孔突形状多样，有圆锥形或呈横条形不等；分飞孔突的数量不等，少则十几个，多者可达一百个以上，呈群分布，每巢可以有一群或数群。海南土白蚁一个巢群的分飞孔数目较少，形状呈扁圆形。黄翅大白蚁在蚁巢附近的上方土表构筑的分飞孔，主要有凹形分飞孔、分飞孔突、分飞孔堆三种形式。

7.2.4 蚁巢与外界通气的小孔称为通气孔，这种结构只存在于部分白蚁种类，其形状及分布的部位因种类不同差异较大。如台湾乳白蚁的通气孔分布于主巢外部，呈针点状。

7.2.5 白蚁的排泄物俗称"白蚁泥"，为褐色或棕色的疏松泥块。排泄物通常堆积在蚁巢外围，有些直接靠近蚁巢，有些离蚁巢稍远些。排泄物数量多少在一定程度上反映了蚁巢的大小。有一些隐蔽的蚁巢，如混凝土结构下的地下巢，排泄物就不一定显示出来。

7.2.6 某些白蚁的蚁巢可伸出地表，形成各种隆起构造称为蚁垅，又称蚁丘、蚁塔、蚁塚等。这类蚁巢一部分位于地表下，一部分可隆突于地表之上形成土垅。

7.3 白蚁品级

7.3.1 白蚁是营群体生活多形态的社会性昆虫，内部有严密的组织和严格的分工。在同一群体内形态不同、分工不同的不同个体，被称为不同品级。

7.3.2 根据来源和形态的不同，一般又分为原始蚁王、翅芽补充蚁王和无翅补充蚁王三种类型。

7.3.3 根据来源和形态的不同，一般又分为原始蚁后、翅芽补充蚁后和无翅补充蚁后三种类型。

7.3.4 由蚁后产下的蚁卵，其孵化期大约为一个月左右，在工蚁呵护下发育生长，离开巢群的蚁卵很难孵化。

7.3.5 自卵孵化出的幼蚁，体态柔软、白色，在最初几个龄期(特别是第1、2龄)内，外形没有明显的分化。幼蚁的龄期随着白蚁种类的不同而有所差异，如台湾乳白蚁到4龄才出现工蚁和前兵蚁，黑胸散白蚁自卵孵化后经两次蜕皮就可发育为3龄工蚁，黑翅土白蚁由幼蚁发育为工蚁和兵蚁都只经过3个龄期。同样，同一种白蚁幼蚁的龄期也可随着环境的变异而有所不同。一般幼蚁不能独立取食。

7.3.6 工蚁没有双翅、没有复眼，是幼态持续原始型的一个品级，也是群体中数量最多的一个品级，担负着筑巢、取食、清扫、筑路、喂食及搬运蚁卵、照顾幼蚁等各项维持群体生存的任务。工蚁形态接近幼蚁，但体形大于幼蚁，且身体各部分的比例与幼蚁也有差异。

这一品级并不是所有白蚁种类的群体都有，木白蚁科和原白蚁科均属缺工蚁的类群，但在澳白蚁科、草白蚁科、齿白蚁科、白蚁科和鼻白蚁科的大部分种类均有工蚁品级。大多数种类的工蚁只有一型，在形态上每个个体基本一致，但也有不少的种类，同一群体的工蚁其体形大小有很大差别，具有两型或三型，如土垅大白蚁和黄翅大白蚁的同一群体内都有大工蚁和小工蚁之分，其差异明显而稳定。

7.3.7 兵蚁是突变型的一个品级，担负群体的保卫职能。这个品级在整个巢群中的数量虽远不及工蚁，但要比生殖型的个体多。绝大部分种类的白蚁都有兵蚁这一品级，但也有一些种类缺兵蚁，如尖白蚁亚科(Apicotermitinae)的种类。

兵蚁按上颚发育程度和头的形状又可分为两类：一类是上颚兵，上颚极其发达，头壳不向前伸突，左右两上颚的内缘有不同的齿突，有的扭曲成各种形状，形成极其不对称的"歪嘴"，如近扭白蚁属 *Pericapritermes* 兵蚁。另一类是象鼻兵，上颚退化，头壳极度向前伸突延长，形成长象鼻状。也有个别类群的兵蚁介于两者之间，既有发达的象鼻，又有发达的上颚，如戟白蚁属 *Armitermes* 兵蚁。

7.3.8 白蚁群体中带有翅芽未成熟的个体称为若蚁。在正常情况下，发育成有翅成虫。在比较原始的木白蚁科和原白蚁科中，由于缺少工蚁品级，由若蚁进行取食。

7.3.10 有翅成虫一般经分飞落地，四翅立即脱落，也有经过迅速振翅或以与其他物体摩擦的方式使四翅脱落。但尚留翅基，称为翅鳞。这类成虫称为脱翅成虫。

自然条件下，除少量脱翅成虫成功配对进一步建立新群体外，大部分脱翅成虫由于天敌等原因在较短的时间内死亡。

7.3.11 白蚁生活史通常是指白蚁在一个世代中的发育史(白蚁代生活史)，即白蚁有翅成虫从分飞配对繁殖建立新群体，到群体成熟产生新一代有翅成虫的发育史。

7.4 白蚁行为

7.4.1 白蚁群体中某些成员将自身的营养物通过接触交合，传递给其他成员的行为称为交哺行为。在尚未产生工蚁的新建群体，幼蚁由原始蚁王、蚁后从口中吐出营养物质喂养。产生工蚁后，幼蚁、兵蚁及蚁王、蚁后的营养均由工蚁进行交哺。

7.4.2 白蚁群体内互相接触、相互清洁和传递信息的现象统称为舐吮行为。也包括工蚁对蚁后的腹部舐吮，一次舐吮不仅时间很长，而且舐吮的动作也非常细致，通常反复进行数遍。

7.4.3 白蚁的扩散途径主要有三种：一是分飞传播。白蚁群体通过有翅成虫分飞，不断产生下一代的群体，这是主要的扩散途径。但距离不远，而且是逐次渐进，往往要受高山、大河、湖泊等因素的阻限，为此地理分布上是连续的。二是蔓延侵入。白蚁以蚁巢为中心，筑路向四面八方蔓延，活动取食半径达数十米乃至上百米，或者通过营建副巢、蚁巢转移等迁巢活动，或者进行群体分离活动建立补充生殖蚁群体进行蔓延，进而产生有翅成虫分飞，此传播特点与分飞传播相似。三是人为传播。白蚁易随货物、运输工具、包装材料等被人为引入，传播到别的地方(地区、国家)，在环境适宜的条件下定居下来，繁殖后代。传播距离较远，往往在地理分布上出现间断现象。

7.4.4 白蚁防卫表现在许多方面，主要有：

1 蚁巢防卫。白蚁通过修筑蚁巢使得整个群体在比较安全的条件下生活、繁殖。

2 机械防卫。主要包括叮、咬和厮打等，这些机械防卫普遍存在于各个类群中。每当群体受到侵犯时，兵蚁和工蚁立即赶到出事地点，与入侵的外敌格斗，甚至十分激烈。木白蚁科的堆砂白蚁属兵蚁头部短粗宽圆，形如消火栓，当它们得到报警的信息后，立即分散，并用头封堵洞口，以抵御外敌的入侵。

3 化学防卫。这是最常见的白蚁防卫，有三个主要方法：(1)抹(daubing mode)，兵蚁将油性有毒物质涂抹在入侵者被咬破的体表上，毒杀入侵者；(2)刷(brushing mode)，某些鼻白蚁科种类兵蚁的上唇扩大，成短硬的刷，将分泌的有毒物质撒在入侵者的体表上，分泌物一旦进入敌对者的体表，亲电子基团立即造成内部的化学损害；(3)喷(glue-squirting mode)，象白蚁亚科兵蚁可在入侵者身上喷刷有刺激性的黏液，以此防卫。

中华人民共和国国家标准

节水灌溉工程验收规范

Code for acceptance of water-saving irrigation engineering

GB/T 50769—2012

主编部门：中 华 人 民 共 和 国 水 利 部
批准部门：中华人民共和国住房和城乡建设部
施行日期：2 0 1 2 年 1 0 月 1 日

中华人民共和国住房和城乡建设部
公　　告

第1391号

关于发布国家标准《节水灌溉工程验收规范》的公告

现批准《节水灌溉工程验收规范》为国家标准，编号为GB/T 50769—2012，自2012年10月1日起实施。

本规范由我部标准定额研究所组织中国计划出版社出版发行。

中华人民共和国住房和城乡建设部

二〇一二年五月二十八日

前　　言

本规范是根据住房和城乡建设部《关于印发〈2010年工程建设标准规范制订、修订计划〉的通知》（建标〔2010〕43号）的要求，由中国灌溉排水发展中心会同有关单位共同编制完成的。

本规范共分7章和9个附录。主要内容包括：总则、术语、基本规定、建设单位验收、竣工验收、工程移交与遗留问题处理、项目验收等。

本规范由住房和城乡建设部负责管理，由水利部负责具体日常管理，由中国灌溉排水发展中心负责具体技术内容的解释。本规范在执行过程中，请各单位结合不同类型节水灌溉工程验收工作，认真总结经验，积累资料，并将有关意见和建议反馈给中国灌溉排水发展中心（地址：北京市西城区广安门南街60号，邮政编码：100054），以供今后修订时参考。

本规范主编单位、参编单位、主要起草人和主要审查人：

主 编 单 位： 中国灌溉排水发展中心

参 编 单 位： 中国水利水电科学研究院
水利部综合事业局
西北农林科技大学
扬州大学
内蒙古自治区水利科学研究院
山西省水利厅

主要起草人： 赵竞成　王晓玲　杜秀文　何武全　金兆森　程满金　郭慧滨　龚时宏　王留运　刘群昌　孔　东　殷春霞　张金凯

主要审查人： 冯广志　沈秀英　吴涤非　李光永　黄介生　郭宗信　刘长余

目　次

Contents

1 总　　则

1.0.1 为加强节水灌溉工程建设管理，统一节水灌溉工程的验收内容和要求，规范验收程序和方法，保证工程质量，充分发挥工程效益，制定本规范。

1.0.2 本规范适用于新建、扩建、改建的节水灌溉工程的验收。

1.0.3 节水灌溉工程验收应分为建设单位验收和竣工验收阶段进行，需要时还可进行项目验收。对有环境保护、水土保持要求的节水灌溉工程项目，必要时应进行环境保护、水土保持等专项验收。

1.0.4 节水灌溉工程的验收，除应符合本规范的规定外，尚应符合国家现行有关标准的规定。

2 术　　语

2.0.1 节水灌溉工程　water-saving irrigation project

以减少灌溉输配水系统和田间灌溉过程水损耗而采取的工程措施，包括渠道防渗、低压管道输水、喷灌、微灌、雨水集蓄利用等工程以及与其相联系的水源工程、地面灌溉的田间工程等。

2.0.2 建设单位验收　construction unit acceptance

建设单位或其委托的监理单位在节水灌溉工程建设过程中组织开展的节水灌溉工程验收，主要包括分部工程验收、单位工程验收或完工验收，是竣工验收的基础。

2.0.3 单元工程　separated item project

在分部工程中由几个工序（或工种）施工完成的最小综合体，是日常质量考核的基本单元。

2.0.4 分部工程　separated part project

在一个建筑物内能组合发挥一种功能的建筑安装工程，是组成单位工程的部分。

2.0.5 单位工程　unit project

具有独立发挥作用或独立施工的建筑物及设施。

2.0.6 分部工程验收　acceptance of separated part project

建设单位或其委托的监理单位在节水灌溉工程建设过程中组织开展的对分部工程的验收。

2.0.7 单位工程验收　acceptance of unit project

建设单位或其委托的监理单位在节水灌溉工程建设过程中组织开展的对单位工程的验收。

2.0.8 完工验收　completed acceptance

建设单位对节水灌溉工程按施工合同约定的建设内容组织开展的工程验收。

2.0.9 竣工验收　final acceptance

在工程建设项目完成并在运行一个灌溉期或经冻融期考验后的一年内，由竣工验收主持单位组织的工程验收。

2.0.10 项目验收　project acceptance

根据相关项目管理办法要求，对项目建设情况进行全面评价，由项目验收主持单位组织的验收。

3 基 本 规 定

3.0.1 验收依据应为批复的设计文件及相应的设计变更文件、施工合同、监理签发的施工图纸和说明，以及设备技术说明书等。

3.0.2 建设单位验收应由建设单位组织成立的验收工作组负责；竣工验收和项目验收应由验收主持单位组织成立的验收委员会负责。验收委员会（验收工作组）应由有关单位代表和专家组成。

3.0.3 验收的成果性文件应为验收鉴定书，验收委员会（验收工作组）成员应在验收鉴定书上签字。对验收结论持有异议时，应将保留意见在验收鉴定书上明确记载并签字。

3.0.4 验收组织应符合下列规定：

1　建设单位验收时，应由建设单位或其委托的监理单位主持。

2　竣工验收时，中央投资或中央部分投资项目，应由省级主管部门或其委托的县级及以上主管部门主持；地方投资项目，应由地方主管部门主持。

3　项目验收时，中央投资或中央部分投资项目，宜由省级主管部门主持；地方投资项目，应由地方主管部门主持。

3.0.5 验收过程中的不同意见，应由验收委员会（验收工作组）协商处理；主任委员（组长）对争议问题应有裁决权；1/2以上委员（组员）不同意裁决意见时，应报请验收主持单位决定。

3.0.6 验收结论应经2/3以上验收委员会（验收工作组）成员同意。

3.0.7 当工程具备验收条件时，应及时组织验收，验收工作应相互衔接。未经验收或验收不合格的工程，不应交付使用或继续进行后续工程施工。

3.0.8 验收应在工程质量检验与评定的基础上进行。大、中型节水灌溉工程项目划分及工程质量评定，应按现行行业标准《水利水电工程施工质量检验与评定规程》SL 176的有关规定执行。现行行业标准《水利水电工程施工质量检验与评定规程》SL 176未涉及的工程和小型节水灌溉工程项目划分，应根据有利于保证工程施工质量以及施工质量管理的原则，结合工程建设内容、工程类型、施工方案及施工合同要求，按本规范附录A的规定，由建设单位组织监理、设计及施工等单位进行；工程外观质量评定应按本规范附录B的规定执行。

3.0.9 验收资料应分为提供的资料和需备查的资料，

验收资料清单应符合本规范附录C和附录D的规定，验收资料规格除图纸外，宜为国际标准A4。有关单位应保证其提交资料的真实性并承担相应责任，文件正本应加盖单位印章且不应采用复印件。

3.0.10 验收所需费用应列入工程概算。

4 建设单位验收

4.1 一 般 规 定

4.1.1 建设单位验收，大、中型节水灌溉工程应分为分部工程验收和单位工程验收，小型节水灌溉工程可按施工合同直接进行完工验收。

4.1.2 建设单位验收的质量结论应由建设单位报质量监督机构核备或核定。

4.2 分部工程验收

4.2.1 分部工程验收应由验收工作组负责。验收工作组长应由建设单位或其委托的监理单位代表担任，勘测、设计、监理、施工、主要材料设备供应等单位的代表应参加，运行管理单位可根据具体情况参加。

4.2.2 验收工作组成员应具有相应的专业知识和执业资格，大、中型节水灌溉工程的分部工程验收工作组成员应具有中级及以上专业技术职称。

4.2.3 分部工程验收应具备下列条件：

1 所有单元工程已完成；

2 已完成单元工程施工质量经评定全部合格，有关质量缺陷已处理完毕或有监理机构的处理意见；

3 已具备合同约定的其他条件。

4.2.4 分部工程具备验收条件时，施工单位应向建设单位提交验收申请报告，其内容应包括申请验收范围、验收条件检查结果和建议验收时间等。建设单位应在收到验收申请报告之日起10个工作日内作出验收决定。

4.2.5 分部工程验收应包括下列主要内容：

1 检查工程是否达到设计标准或合同约定标准的要求；

2 确认分部工程的工程量；

3 评定分部工程的质量等级；

4 对验收中发现的问题提出处理意见。

4.2.6 分部工程验收应按下列程序进行：

1 听取施工单位工程建设和单元工程质量评定的汇报；

2 现场检查工程完成情况和工程质量；

3 检查单元工程质量评定及相关资料；

4 讨论并通过分部工程验收鉴定书。

4.2.7 建设单位应在分部工程验收通过后，将验收质量结论和相关资料报质量监督机构核备，质量监督机构应及时反馈核备意见。当对验收质量结论有异议时，建设单位应组织参加验收单位进一步研究，并应将研究意见报质量监督机构。当双方对质量结论仍有分歧意见时，应报上一级质量监督机构协商解决。

4.2.8 分部工程验收遗留问题处理情况应有相关责任单位代表签字的书面记录，并应随分部工程验收鉴定书及相关资料一并归档。

4.2.9 验收工作组成员应在分部工程验收鉴定书上签字，并应由建设单位分送各验收参加单位。分部工程验收鉴定书的格式应符合本规范附录E的规定。

4.3 单位工程验收

4.3.1 单位工程验收应由验收工作组负责。验收工作组长应由建设单位或其委托的监理单位代表担任，勘测、设计、监理、施工、主要材料设备供应、运行管理等单位的代表应参加。

4.3.2 验收工作组成员资格要求应符合本规范第4.2.2条的规定。

4.3.3 单位工程验收应具备下列条件：

1 所有分部工程已完成并验收合格；

2 分部工程验收遗留问题均已处理完毕并通过验收；

3 具有独立运行条件且运行时不影响其他工程正常施工的单位工程，经试运行达到设计及合同约定的要求；

4 已具备合同约定的其他条件。

4.3.4 单位工程完工并具备验收条件时，施工单位应向建设单位提交验收申请报告，其内容应包括申请验收范围、验收条件检查结果和建议验收时间等。建设单位应在收到验收申请报告之日起10个工作日内作出验收决定。

4.3.5 单位工程验收应包括下列主要内容：

1 检查工程是否按照批准的设计内容和合同要求完成；

2 检查分部工程验收遗留问题处理情况及相关记录；

3 评定工程施工质量等级，对工程缺陷提出处理要求；

4 确认单位工程的工程量；

5 对验收中发现的问题提出处理意见。

4.3.6 单位工程验收应按下列程序进行：

1 听取施工单位工程建设有关情况的汇报；

2 现场检查工程完成情况和工程质量，以及具有独立运行条件的单位工程试运行情况；

3 检查分部工程验收有关文件及相关资料；

4 讨论并通过单位工程验收鉴定书。

4.3.7 建设单位应在单位工程验收通过后，将验收质量结论和相关资料报质量监督机构核定，质量监督机构应及时反馈核定意见。当对验收质量结论有异议时，建设单位应组织参加验收单位进一步研究，并应将研究意见报质量监督机构。当双方对质量结论仍有分歧意见时，应报上一级质量监督机构协商解决。

4.3.8 单位工程验收遗留问题处理情况应有相关责任单位代表签字的书面记录，并随单位工程验收鉴定书及相关资料一并归档。

4.3.9 验收工作组成员应在单位工程验收鉴定书上签字，并应由建设单位分送各验收参加单位。单位工程验收鉴定书的格式应符合本规范附录F的规定。

4.4 完 工 验 收

4.4.1 小型节水灌溉工程按施工合同约定的建设内容完成后，应进行完工验收。

4.4.2 验收组织及工作组构成应按本规范第4.3.1条的规定执行。验收工作组成员资格要求应符合本规范第4.2.2条的规定。

4.4.3 完工验收应具备下列条件：

1 所有工程内容已完成；

2 工程施工质量经评定全部合格，有关质量缺陷已处理完毕或有监理机构的处理意见；

3 经试运行达到设计及合同约定的要求；

4 已具备合同约定的其他条件。

4.4.4 小型节水灌溉工程具备完工验收条件时，施工单位应向建设单位提交验收申请报告，其内容应包括申请验收范围、验收条件检查结果和建议验收时间等。建设单位应在收到验收申请报告之日起10个工作日内作出验收决定。

4.4.5 完工验收应包括下列主要内容：

1 检查工程是否达到设计标准或合同约定标准的要求；

2 确认工程量；

3 评定工程的质量等级；

4 对验收中发现的问题提出处理意见。

4.4.6 完工验收应按下列程序进行：

1 听取施工单位工程建设和工程质量评定的汇报；

2 现场检查工程完成情况和工程质量；

3 检查工程质量评定及相关资料；

4 讨论并通过完工验收鉴定书。

4.4.7 建设单位应在完工验收通过后，将验收质量结论和相关资料报质量监督机构核定，质量监督机构应及时反馈核定意见。当对验收质量结论有异议时，建设单位应组织参加验收单位进一步研究，并应将研究意见报质量监督机构。当双方对质量结论仍有分歧意见时，应报上一级质量监督机构协商解决。

4.4.8 完工验收遗留问题处理情况应有相关责任单位代表签字的书面记录，并应随完工验收鉴定书及相关资料一并归档。

4.4.9 验收工作组成员应在完工验收鉴定书上签字，并应由建设单位分送各验收参加单位。完工验收鉴定书的格式应符合本规范附录G的规定。

5 竣 工 验 收

5.1 一 般 规 定

5.1.1 竣工验收应在工程建设项目完成的一年内并经一个灌溉期（有冻胀破坏的地区同时包含一个冻融期）的运行考验后进行。不能按期进行竣工验收时，可经竣工验收主持单位同意适当延期，但最长不应超过6个月。

5.1.2 竣工验收应具备下列条件：

1 工程符合设计要求，并通过建设单位验收；

2 工程重大设计变更已经原审批机关批准；

3 工程能正常运行；

4 建设单位验收所发现的问题已基本处理完毕；

5 已通过竣工决算审计，审计意见中提出的问题已整改并已提交了整改报告；

6 运行管理单位已明确，管理制度已经建立，操作人员已经过必要培训；

7 质量和安全监督工作报告已提交，工程质量达到合格标准；

8 竣工验收准备工作已全部完成。

5.1.3 工程具备验收条件时，建设单位应提出竣工验收申请报告，其内容要求应符合本规范附录H的规定。工程未能按期进行竣工验收时，建设单位应向竣工验收主持单位提出延期竣工验收申请报告，其内容应包括延期竣工验收的主要原因及计划延长的时间等。

5.2 竣工验收准备

5.2.1 竣工验收准备应由建设单位组织完成，并应包括下列内容：

1 准备并检查竣工验收资料；

2 核实工程数量；

3 测定工程技术性能指标与参数；

4 进行竣工决算审计；

5 组织自查。

5.2.2 工程数量应根据批复的设计文件及竣工图进行核实，并应现场抽查实际完成工程数量与竣工图的一致性。

5.2.3 建设单位应根据建设内容，按现行国家标准《节水灌溉工程技术规范》GB/T 50363、《渠道防渗工程技术规范》GB/T 50600、《农田低压管道输水灌溉工程技术规范》GB/T 20203、《喷灌工程技术规范》GB/T 50085和《微灌工程技术规范》GB/T 50485的有关规定，测定有代表性的节水灌溉技术指标。

5.2.4 竣工决算审计，应依据项目管理办法，委托相应审计部门审计。

5.2.5　竣工验收自查应按现行行业标准《水利水电建设工程验收规程》SL 223的有关规定执行。

5.3　竣工验收

5.3.1　竣工验收应由竣工验收委员会负责。竣工验收委员会应由竣工验收主持单位、项目主管部门、有关地方人民政府和部门、质量监督机构、运行管理单位的代表及有关专家组成。

5.3.2　建设、勘测、设计、监理、施工、主要材料设备供应和运行管理等单位，应派代表参加竣工验收，并应作为被验收单位代表在竣工验收鉴定书上签字。

5.3.3　竣工验收应包括下列主要内容和程序：

1　现场检查工程建设情况；

2　查阅有关资料，观看工程建设的声像资料；

3　听取建设单位的工作报告；

4　听取验收委员会确定的其他报告；

5　讨论并通过竣工验收鉴定书；

6　验收委员会成员和被验收单位代表在竣工验收鉴定书上签字。

5.3.4　现场检查应核实建设内容，并应按现行行业标准《水利水电工程施工质量检验与评定规程》SL 176和本规范附录B的有关规定，抽查工程外观质量，同时应按竣工图抽查工程数量，提出相应的结论意见。

5.3.5　单位工程验收或完工验收质量全部达到合格以上等级，且工程外观质量得分率达到70%以上时，竣工验收的质量结论意见应为合格。

5.3.6　竣工验收鉴定书格式应符合本规范附录J的规定。竣工验收鉴定书数量应按验收委员会组成单位、被验收单位各1份，以及归档需要的份数确定。鉴定书自通过之日起30个工作日内，应由竣工验收主持单位发送有关单位。

6　工程移交与遗留问题处理

6.1　工程移交

6.1.1　建设单位与施工单位应在施工合同约定的时间内完成工程及其档案资料的交接。交接过程应有完整的文字记录且有双方交接负责人签字。

6.1.2　办理交接手续的同时，施工单位应向建设单位递交工程质量保修书，保修书的内容应符合施工合同约定的要求。

6.1.3　建设单位应在竣工验收鉴定书送达之日起的60个工作日内将工程移交给运行管理单位，并应完成移交手续。

6.1.4　工程移交应包括工程实体、其他固定资产、设计文件和施工资料等，应按有关批复文件进行逐项清点，并应有完整的文字记录和双方法定代表人签字。

6.2　遗留问题处理

6.2.1　工程竣工验收后，验收遗留问题和尾工的处理应由建设单位负责。建设单位应按竣工验收鉴定书、合同约定等要求，督促有关责任单位完成处理工作。建设单位已撤销时，应由组建或批准组建建设单位的单位或其指定的单位完成。

6.2.2　验收遗留问题和尾工的处理完成后，有关责任单位应组织验收，并应形成验收成果性文件。建设单位应参加验收并负责将验收成果性文件报竣工验收主持单位。

7　项目验收

7.1　一般规定

7.1.1　项目验收应具备下列条件：

1　全部工程已通过竣工验收，竣工验收遗留问题已基本处理完毕；

2　工程已移交运行管理单位，移交手续齐全；

3　工程已投入正式运行并开始发挥效益。

7.1.2　项目具备验收条件时，项目主管部门应按项目管理的有关规定组织项目验收，验收应包括下列主要内容：

1　评价建设内容完成情况；

2　评价工程建设是否符合批复的设计文件要求；

3　评价工程质量；

4　评价工程投资完成情况及资金管理使用情况；

5　评价工程运行、管理维护情况；

6　评价项目实施效益；

7　评价项目管理情况是否符合有关规定。

7.2　项目验收准备

7.2.1　项目验收准备应由建设单位或建设单位主管部门组织完成。

7.2.2　建设单位主管部门应按项目批复文件和项目管理办法检查工程建设完成情况、资金落实与使用情况，以及验收资料的完整性。

7.2.3　建设单位主管部门应检查审计意见中提出的问题是否已整改完成。

7.2.4　建设单位应进行项目节水、增产、增效指标，以及生态环境、社会等效益的调查、统计及测算工作，并应提出效益分析报告。

7.2.5　建设单位应按项目管理办法的要求准备项目工作总结报告及其他报告。

7.3 项目验收

7.3.1 建设单位或建设单位主管部门、运行管理单位、效益指标调查测试单位，以及项目受益区用水户等，应派代表参加项目验收，并应根据项目验收的需要，设计、监理、施工等单位派代表参加项目验收。

7.3.2 项目验收应包括下列主要内容和程序：

1 现场检查工程建设情况，听取运行管理单位和用水户意见；

2 查阅有关资料，观看工程建设声像资料；

3 听取项目工作总结报告；

4 听取项目效益分析报告；

5 听取验收委员会确定的其他报告；

6 讨论并通过项目验收意见、评定验收结果；

7 验收委员会委员在项目验收意见书上签字。

7.3.3 项目验收结论应采用综合评价方法，并应根据综合评分结果确定。

附录A 小型节水灌溉工程项目划分表

表A 小型节水灌溉工程项目划分

工程类别	单位工程	分部工程	备注
渠道防渗工程（流量小于 $1m^3/s$）	按招标标段或渠道条数划分	渠道基槽的填筑与开挖	含渠道基槽施工放线、填筑与开挖、特殊渠基处理、断面修整等，视工程量可按渠道长度划分为数个分部工程
		渠道衬砌	视工程量可按渠道长度划分为数个分部工程
		渠系建筑物	以同类数座建筑物为一个分部工程
		平整土地	含沟畦改造，视工程量可按改造面积划分数个分部工程
水源工程	机井	井	含新打机井、旧井修复及井房建设，视工程量可按机井数量划分数个分部工程
		机电设备安装	含井泵配套、机电配套设备安装，视工程量可按机井数量划分数个分部工程
	小型泵站	土建工程	以每座泵站前池、进水池、地基、出水池、基础处理、泵房为一个分部工程
		机电设备安装	以每座泵房机组安装为一个分部工程
	塘坝	坝体	以每座坝体为一个分部工程
		放水设施	含溢洪道，以每座放水设施为一个分部工程
喷灌、微灌及低压管道灌溉工程	首部工程	首部工程安装	含过滤、施肥、控制调节、计量等，以每座首部工程为一个分部工程
	管道工程	管槽开挖	视工程量可按管槽长度划分为数个分部工程
		管道安装	含管道及附属设施安装，镇墩、支墩、阀井、给水栓、出水口、设备安装及试水试压等，视工程量可按管道长度划分为数个分部工程
		管沟回填	视工程量可按管沟长度划分为数个分部工程
	田间灌水设施	灌水设施或灌水器安装	含喷灌移动管道、喷头、喷灌机、微喷头、滴灌管及滴灌带等，视工程量可划分为数个分部工程
雨水集蓄利用工程	集蓄工程	集流工程	含集流面、汇流沟、输水渠、沉沙池等，视工程量可按集流工程数量划分为数个分部工程
		蓄水工程	含水窖、水窑、水池等，视工程量可按蓄水工程数量划分为数个分部工程
	灌溉工程	灌溉工程	视工程量可划分为数个分部工程

附录B 小型节水灌溉工程外观质量评定办法

B.1 一 般 规 定

B.1.1 小型节水灌溉工程外观质量评定，可按工程类型分为渠道防渗工程、管道输水工程、喷灌工程、微灌工程和雨水集蓄利用工程。渠道防渗工程应按现行行业标准《水利水电工程施工质量检验与评定规程》SL 176的有关规定执行。

B.1.2 本附录中的外观质量评定表列出的某些项目，如实际工程无该项内容，应在相应检查、检测栏内用斜线“/”表示。工程有本附录中未列出的项目时，应根据工程情况和有关技术标准进行补充，其质量标准及标准分别应由建设单位组织监理、设计、施工等单位研究确定后报工程质量监督机构核备。

B.1.3 工程外观质量由工程外观质量评定组负责，并应符合下列规定：

1 外观质量评定表应由外观质量评定组根据现场检查、检测结果填写。

2 各项目外观质量评定等级应分为四级，各级标准得分应按表B.1.3确定。

表B.1.3 外观质量等级与标准得分

评定等级	检测项目测点合格率（%）	各项评定得分
一级	100	该项标准分
二级	90.0～99.9	该项标准分×90%
三级	70.0～89.9	该项标准分×70%
四级	＜70.0	0

3 各项测点数不应少于10点。

B.2 管道输水工程外观质量评定方法

B.2.1 管道输水工程外观质量评定表应符合表B.2.1的规定。

B.2.2 管道输水工程外观质量评定标准应按表B.2.2确定。

表B.2.1 管道输水工程外观质量评定

<table>
<tr><td colspan="2">单位工程名称</td><td></td><td colspan="4">施工单位</td><td></td></tr>
<tr><td colspan="2">主要工程量</td><td></td><td colspan="4">评定日期</td><td>年 月 日</td></tr>
<tr><td rowspan="2">项次</td><td rowspan="2">项目</td><td rowspan="2">标准分（分）</td><td colspan="4">评定得分（分）</td><td rowspan="2">备注</td></tr>
<tr><td>一级
100%</td><td>二级
90%</td><td>三级
70%</td><td>四级
0</td></tr>
<tr><td>1</td><td>提水（加压）设备</td><td>25</td><td></td><td></td><td></td><td></td><td></td></tr>
<tr><td>2</td><td>连接管道</td><td>10</td><td></td><td></td><td></td><td></td><td></td></tr>
<tr><td>3</td><td>地埋管道回填</td><td>15</td><td></td><td></td><td></td><td></td><td></td></tr>
<tr><td>4</td><td>附属装置</td><td>15</td><td></td><td></td><td></td><td></td><td></td></tr>
<tr><td>5</td><td>附属建筑物</td><td>15</td><td></td><td></td><td></td><td></td><td></td></tr>
<tr><td>6</td><td>给水栓（出水口）</td><td>20</td><td></td><td></td><td></td><td></td><td></td></tr>
<tr><td></td><td>⋮</td><td></td><td></td><td></td><td></td><td></td><td></td></tr>
<tr><td colspan="3">合 计</td><td colspan="5">应得 分，实得 分，得分率 %</td></tr>
<tr><td colspan="2" rowspan="6">外观质量
评定组成员</td><td>单 位</td><td colspan="3">单位名称</td><td>职称</td><td>签名</td></tr>
<tr><td>建设单位</td><td colspan="3"></td><td></td><td></td></tr>
<tr><td>监 理</td><td colspan="3"></td><td></td><td></td></tr>
<tr><td>设 计</td><td colspan="3"></td><td></td><td></td></tr>
<tr><td>施 工</td><td colspan="3"></td><td></td><td></td></tr>
<tr><td>运行管理</td><td colspan="3"></td><td></td><td></td></tr>
<tr><td colspan="3">工程质量
监督机构</td><td colspan="5">核定意见：

核定人： （签名）加盖公章
年 月 日</td></tr>
</table>

表 B. 2. 2　管道输水工程外观质量评定标准

项次	项目	检查、检测内容		质量标准
1	提水（加压）设备	现场检查		一级：安装位置符合设计要求，平稳整齐，设备无损坏和锈蚀，表面清洁； 二级：安装位置符合设计要求，基本平稳整齐，设备无损坏和锈蚀，表面基本清洁； 三级：安装位置基本符合设计要求，基本平稳整齐，设备无损坏和锈蚀，表面基本清洁； 四级：达不到三级标准者
2	连接管道	现场检查		一级：管道连接平顺，安装牢固，金属管道与管件防腐层均匀完整，焊缝表面成型均匀致密，表面清洁； 二级：管道连接基本平顺，安装牢固，金属管道与管件防腐层均匀完整，焊缝表面成型均匀致密，表面基本清洁； 三级：管道连接基本平顺，安装牢固，金属管道与管件防腐层基本均匀完整，焊缝表面成型基本均匀致密，表面基本清洁； 四级：达不到三级标准者
3	地埋管道回填	现场检查		一级：回填密实均匀，表面平整； 二级：回填密实均匀，表面基本平整； 三级：回填基本密实均匀，表面基本平整； 四级：达不到三级标准者
4	附属装置	控制装置（闸阀）	现场检查	一级：安装牢固可靠，防腐层均匀完整，表面清洁； 二级：安装牢固可靠，防腐层均匀完整，表面基本清洁； 三级：安装牢固可靠，防腐层基本均匀完整，表面基本清洁； 四级：达不到三级标准者
		量测装置（水表）	现场检查	水表的上游和下游要安装必要的直管段，上游直管段的长度不小于 10D，下游直管段不小于 5D，（D 为水表的公称口径）；水表上、下游直管段要同轴安装，字面朝向有利于观察方向，箭头方向与水流方向相同；拆装和抄表方便。 一级：安装位置符合设计要求，牢固可靠，防腐层均匀完整，表面清洁； 二级：安装位置符合设计要求，牢固可靠，防腐层基本均匀完整，表面基本清洁； 三级：安装位置基本符合设计要求，牢固可靠，防腐层基本均匀完整，表面基本清洁； 四级：达不到三级标准者
		安全保护装置（进气阀、排气阀、安全阀）	现场检查	一级：位置符合设计要求，安全阀铅垂安装；防腐层均匀完整，表面清洁； 二级：位置符合设计要求，安全阀铅垂安装；防腐层基本均匀完整，表面基本清洁； 三级：位置符合设计要求，安全阀基本铅垂安装；防腐层基本均匀完整，表面基本清洁； 四级：达不到三级标准者

续表 B.2.2

项次	项目	检查、检测内容		质量标准
5	附属建筑物	阀门井（泄水井）	现场检查	井底距承口或法兰盘的下缘不得小于300mm；井壁与承口或法兰盘（与管道垂直方向）外缘的距离，当管径小于或等于400mm时，不应小于250mm；当管径为400mm～500mm时，不应小于300mm；当管径大于或等于500mm时，不应小于350mm。 一级：砌筑位置、尺寸符合设计要求，表面平整；砌体灰浆饱满，灰缝平整；井圈、井盖完整无损，安装平稳； 二级：砌筑位置、尺寸符合设计要求，表面基本平整；砌体灰浆饱满，灰缝平整；井圈、井盖完整无损，安装平稳； 三级：砌筑位置、尺寸符合设计要求，表面基本平整；砌体灰浆基本饱满，灰缝基本平整；井圈、井盖完整无损，安装平稳； 四级：达不到三级标准者
		镇（支）墩	现场检查	符合设计及相关规范要求
		交叉建筑物	现场检查	符合设计及相关规范要求
6	给水栓（出水口）	现场检查		一级：安装位置、间距符合设计要求，连接平顺，防腐层均匀完整，保护设施牢固可靠； 二级：安装位置、间距符合设计要求，连接基本平顺，防腐层均匀完整，保护设施基本牢固可靠； 三级：安装位置、间距基本符合设计要求，连接基本平顺，防腐层基本均匀完整，保护设施基本牢固可靠； 四级：达不到三级标准者

B.3 喷灌工程外观质量评定方法

B.3.1 喷灌工程外观质量评定应按表B.3.1确定。

B.3.2 喷灌工程外观质量评定标准应按表B.3.2确定。

表 B.3.1 喷灌工程外观质量评定

单位工程名称			施工单位			
主要工程量			评定日期			年 月 日
项次	项目	标准分（分）	评定得分（分）				备注
			一级 100%	二级 90%	三级 70%	四级 0	
1	提水（加压）设备	25					
2	水泵连接管道	5					
3	地埋管道回填	15					
4	附属装置	15					
5	附属建筑物	10					
6	喷头及支架	15					
7	喷灌机	15					
	⋮						
合计		应得 分，实得 分，得分率 %					
外观质量评定组成员	单位	单位名称		职称		签名	
	建设单位						
	监理						
	设计						
	施工						
	运行管理						
工程质量监督机构	核定意见： 核定人： （签名）加盖公章 年 月 日						

表 B.3.2　喷灌工程外观质量评定标准

项次	项目	检查、检测内容		质 量 标 准
1	提水（加压）设备	现场检查		一级：安装位置符合设计要求，平稳整齐，设备无损坏和锈蚀，表面清洁； 二级：安装位置符合设计要求，基本平稳整齐，设备无损坏和锈蚀，表面基本清洁； 三级：安装位置基本符合设计要求，基本平稳整齐，设备无损坏和锈蚀，表面基本清洁； 四级：达不到三级标准者
2	水泵连接管道	现场检查		一级：管道连接平顺，安装牢固，金属管道与管件防腐层均匀完整，焊缝表面成型均匀致密，表面清洁； 二级：管道连接基本平顺，安装牢固，金属管道与管件防腐层均匀完整，焊缝表面成型均匀致密，表面基本清洁； 三级：管道连接基本平顺，安装牢固，金属管道与管件防腐层基本均匀完整，焊缝表面成型基本均匀致密，表面基本清洁； 四级：达不到三级标准者
3	地埋管道回填	现场检查		一级：回填密实均匀，表面平整； 二级：回填密实均匀，表面基本平整； 三级：回填基本密实均匀，表面基本平整； 四级：达不到三级标准者
4	附属装置	控制装置（闸阀）	现场检查	一级：安装牢固可靠，防腐层均匀完整，表面清洁； 二级：安装牢固可靠，防腐层均匀完整，表面基本清洁； 三级：安装牢固可靠，防腐层基本均匀完整，表面基本清洁； 四级：达不到三级标准者
		量测装置（水表）	现场检查	水表的上游和下游要安装必要的直管段，上游直管段的长度不小于 10D，下游直管段不小于 5D，（D 为水表的公称口径）；水表上、下游直管段要同轴安装，字面朝向有利于观察方向，箭头方向与水流方向相同；拆装和抄表方便。 一级：安装位置符合设计要求，牢固可靠，防腐层均匀完整，表面清洁； 二级：安装位置符合设计要求，牢固可靠，防腐层基本均匀完整，表面基本清洁； 三级：安装位置基本符合设计要求，牢固可靠，防腐层基本均匀完整，表面基本清洁； 四级：达不到三级标准者
		安全保护装置（进气阀、排气阀、安全阀）	现场检查	一级：位置符合设计要求，安全阀铅垂安装；防腐层均匀完整，表面清洁； 二级：位置符合设计要求，安全阀铅垂安装；防腐层基本均匀完整，表面基本清洁； 三级：位置符合设计要求，安全阀基本铅垂安装；防腐层基本均匀完整，表面基本清洁； 四级：达不到三级标准者

续表 B. 3. 2

<table>
<tr><th>项次</th><th>项目</th><th colspan="2">检查、检测内容</th><th>质 量 标 准</th></tr>
<tr><td>5</td><td>附属建筑物</td><td>阀门井
（泄水井）</td><td>现场
检查</td><td>井底距承口或法兰盘的下缘不得小于 300mm；井壁与承口或法兰盘（与管道垂直方向）外缘的距离，当管径小于或等于 400mm 时，不应小于 250mm；当管径在 400mm～500mm 时，不应小于 300mm；当管径大于或等于 500mm 时，不应小于 350mm。
一级：砌筑位置、尺寸符合设计要求，表面平整；砌体灰浆饱满，灰缝平整；井圈、井盖完整无损，安装平稳；
二级：砌筑位置、尺寸符合设计要求，表面基本平整；砌体灰浆饱满，灰缝平整；井圈、井盖完整无损，安装平稳；
三级：砌筑位置、尺寸符合设计要求，表面基本平整；砌体灰浆基本饱满，灰缝基本平整；井圈、井盖完整无损，安装平稳；
四级：达不到三级标准者</td></tr>
<tr><td>6</td><td>喷头、竖管
及支架</td><td colspan="2">现场检查</td><td>喷头间距允许偏差 1m。
一级：安装位置、间距符合设计要求，连接牢固可靠，竖管铅直，支架稳固；
二级：安装位置、间距符合设计要求，连接牢固可靠，竖管基本铅直，支架基本稳固；
三级：安装位置、间距基本符合设计要求，连接牢固可靠，竖管基本铅直，支架基本稳固；
四级：达不到三级标准者</td></tr>
<tr><td>7</td><td>喷灌机</td><td colspan="2">现场检查</td><td>符合相关规范要求</td></tr>
</table>

B. 4 微灌工程外观质量评定方法

B. 4. 1 微灌工程外观质量评定应按表 B. 4. 1 确定。

B. 4. 2 微灌工程外观质量评定标准应按表 B. 4. 2 确定。

表 B. 4. 1 微灌工程外观质量评定

<table>
<tr><td colspan="2">单位工程名称</td><td></td><td colspan="4">施工单位</td><td></td></tr>
<tr><td colspan="2">主要工程量</td><td></td><td colspan="4">评定日期</td><td>年　月　日</td></tr>
<tr><td rowspan="2">项次</td><td rowspan="2">项目</td><td rowspan="2">标准分
（分）</td><td colspan="4">评定得分（分）</td><td rowspan="2">备注</td></tr>
<tr><td>一级
100%</td><td>二级
90%</td><td>三级
70%</td><td>四级
0</td></tr>
<tr><td>1</td><td>首部枢纽
（含提水加压设备）</td><td>25</td><td></td><td></td><td></td><td></td><td></td></tr>
<tr><td>2</td><td>地埋管道回填</td><td>15</td><td></td><td></td><td></td><td></td><td></td></tr>
<tr><td>3</td><td>地面管道</td><td>15</td><td></td><td></td><td></td><td></td><td></td></tr>
<tr><td>4</td><td>附属装置</td><td>15</td><td></td><td></td><td></td><td></td><td></td></tr>
<tr><td>5</td><td>阀门井</td><td>10</td><td></td><td></td><td></td><td></td><td></td></tr>
<tr><td>6</td><td>灌水器</td><td>20</td><td></td><td></td><td></td><td></td><td></td></tr>
<tr><td></td><td>⋮</td><td></td><td></td><td></td><td></td><td></td><td></td></tr>
<tr><td colspan="3">合　计</td><td colspan="5">应得　　分，实得　　分，得分率　　%</td></tr>
<tr><td colspan="2" rowspan="6">外观
质量
评定组
成员</td><td>单　位</td><td colspan="2">单位名称</td><td colspan="2">职称</td><td>签名</td></tr>
<tr><td>建设单位</td><td colspan="2"></td><td colspan="2"></td><td></td></tr>
<tr><td>监　理</td><td colspan="2"></td><td colspan="2"></td><td></td></tr>
<tr><td>设　计</td><td colspan="2"></td><td colspan="2"></td><td></td></tr>
<tr><td>施　工</td><td colspan="2"></td><td colspan="2"></td><td></td></tr>
<tr><td>运行管理</td><td colspan="2"></td><td colspan="2"></td><td></td></tr>
<tr><td colspan="2">工程质量
监督机构</td><td colspan="6">核定意见：

核定人：　　（签名）加盖公章
年　月　日</td></tr>
</table>

表 B.4.2　微灌工程外观质量评定标准

<table>
<tr><th>项次</th><th>项目</th><th colspan="2">检查、检测内容</th><th>质量标准</th></tr>
<tr><td>1</td><td>首部枢纽
（含提水
加压设备）</td><td colspan="2">现场检查</td><td>一级：安装位置、尺寸符合设计要求，设备排列整齐，连接管道顺直，油漆防腐层均匀完整，表面清洁；
二级：安装位置、尺寸符合设计要求，设备排列基本整齐，连接管道顺直，油漆防腐层均匀完整，表面清洁；
三级：安装位置、尺寸符合设计要求，设备排列基本整齐，连接管道基本顺直，油漆防腐层基本均匀完整，表面基本清洁；
四级：达不到三级标准者</td></tr>
<tr><td>2</td><td>地埋
管道回填</td><td colspan="2">现场检查</td><td>一级：回填密实均匀，表面平整，无沉陷；
二级：回填密实均匀，表面基本平整，局部沉陷；
三级：回填基本密实均匀，表面基本平整，多处沉陷；
四级：达不到三级标准者</td></tr>
<tr><td>3</td><td>地面管道</td><td colspan="2">现场检查</td><td>一级：安装位置准确，连接平顺、牢固；
二级：安装位置准确，连接基本平顺、牢固，PE管局部扭曲；
三级：安装位置准确，连接基本平顺、牢固，PE管多处扭曲；
四级：达不到三级标准者</td></tr>
<tr><td rowspan="3">4</td><td rowspan="3">附属装置</td><td>控制装置
（闸阀）</td><td>现场
检查</td><td>一级：安装牢固可靠，防腐层均匀完整，表面清洁；
二级：安装牢固可靠，防腐层均匀完整，表面基本清洁；
三级：安装牢固可靠，防腐层基本均匀完整，表面基本清洁；
四级：达不到三级标准者</td></tr>
<tr><td>量测装置
（水表）</td><td>现场
检查</td><td>水表的上游和下游要安装必要的直管段，上游直管段的长度不小于 $10D$，下游直管段不小于 $5D$，（D 为水表的公称口径）；水表上、下游直管段要同轴安装，字面朝向有利于观察方向，箭头方向与水流方向相同；拆装和抄表方便。
一级：安装位置符合设计要求，牢固可靠，防腐层均匀完整，表面清洁；
二级：安装位置符合设计要求，牢固可靠，防腐层基本均匀完整，表面基本清洁；
三级：安装位置基本符合设计要求，牢固可靠，防腐层基本均匀完整，表面基本清洁；
四级：达不到三级标准者</td></tr>
<tr><td>安全保护装置
（进气阀、
排气阀、
安全阀）</td><td>现场
检查</td><td>一级：位置符合设计要求，安全阀铅垂安装；防腐层均匀完整，表面清洁；
二级：位置符合设计要求，安全阀铅垂安装；防腐层基本均匀完整，表面基本清洁；
三级：位置符合设计要求，安全阀基本铅垂安装；防腐层基本均匀完整，表面基本清洁；
四级：达不到三级标准者</td></tr>
</table>

续表 B.4.2

项次	项目	检查、检测内容	质量标准
5	阀门井 （泄水井）	现场检查	井底距承口或法兰盘的下缘不得小于300mm；井壁与承口或法兰盘（与管道垂直方向）外缘的距离，当管径小于或等于400mm时，不应小于250mm；当管径为400mm～500mm时，不应小于300mm；当管径大于或等于500mm时，不应小于350mm。 一级：砌筑位置、尺寸符合设计要求，表面平整；砌体灰浆饱满，灰缝平整；井圈、井盖完整无损，安装平稳； 二级：砌筑位置、尺寸符合设计要求，表面基本平整；砌体灰浆饱满，灰缝平整；井圈、井盖完整无损，安装平稳； 三级：砌筑位置、尺寸符合设计要求，表面基本平整；砌体灰浆基本饱满，灰缝基本平整；井圈、井盖完整无损，安装平稳； 四级：达不到三级标准者
6	灌水器	现场检查	一级：安装位置、间距符合设计要求，毛管、滴灌管（带）铺设顺直，连接牢固可靠； 二级：安装位置、间距符合设计要求，毛管、滴灌管（带）铺设基本顺直，连接牢固可靠； 三级：安装位置、间距基本符合设计要求，毛管、滴灌管（带）铺设基本顺直，连接牢固可靠； 四级：达不到三级标准者

B.5 雨水集蓄利用工程外观质量评定方法

B.5.1 雨水集蓄利用工程外观质量评定应按表B.5.1确定。

B.5.2 雨水集蓄利用工程外观质量评定标准应按表B.5.2确定。

表 B.5.1 雨水集蓄利用工程外观质量评定

单位工程名称			施工单位				
主要工程量			评定日期				年 月 日
项次	项目	标准分	评定得分（分）				备注
			一级 100%	二级 90%	三级 70%	四级 0	
1	人工硬化集流面	25					
2	蓄水工程外部尺寸	10					
3	蓄水工程表面平整度	15					
4	蓄水工程表面	15					
5	沉沙池表面	5					
6	提水设备	5					
7	灌溉工程	25					
	⋮						
合计		应得　　分，实得　　分，得分率　　%					
外观质量评定组成员	单位	单位名称		职称		签名	
	建设单位						
	监理						
	设计						
	施工						
	运行管理						
工程质量监督机构	核定意见： 核定人：（签名）加盖公章 年 月 日						

表 B.5.2　雨水集蓄利用工程外观质量评定标准

<table>
<tr><th>项次</th><th>项目</th><th colspan="2">检查、检测内容</th><th>质量标准</th></tr>
<tr><td rowspan="2">1</td><td rowspan="2">人工硬化集流面</td><td>混凝土面</td><td>现场检查</td><td>一级：混凝土表明无裂缝、蜂窝、麻面等缺陷；
二级：缺陷面积之和不大于3%总面积；
三级：缺陷面积之和为总面积3%～5%；
四级：达不到三级标准者</td></tr>
<tr><td>塑膜</td><td>现场检查</td><td>一级：膜面无破损等缺陷；
二级：缺陷面积之和不大于3%总面积；
三级：缺陷面积之和为总面积3%～5%；
四级：达不到三级标准者</td></tr>
<tr><td rowspan="6">2</td><td rowspan="6">蓄水工程外部尺寸</td><td rowspan="3">圆形水窖</td><td>窖口直径</td><td>允许偏差为±10mm</td></tr>
<tr><td>窖体深度</td><td>允许偏差为±30mm</td></tr>
<tr><td>窖体直径</td><td>允许偏差为±30mm</td></tr>
<tr><td rowspan="3">方（矩）形水窖</td><td>窖长</td><td>允许偏差为±30mm</td></tr>
<tr><td>窖宽</td><td>允许偏差为±30mm</td></tr>
<tr><td>窖高</td><td>允许偏差为±30mm</td></tr>
<tr><td rowspan="2">3</td><td rowspan="2">蓄水工程表面平整度</td><td colspan="2">混凝土面、砂浆抹面</td><td>用2m直尺检测，不大于10mm/2m</td></tr>
<tr><td colspan="2">浆砌石、砖砌</td><td>用2m直尺检测，不大于20mm/2m</td></tr>
<tr><td rowspan="2">4</td><td rowspan="2">蓄水工程表面</td><td colspan="2">现浇混凝土</td><td>一级：表面平整光洁，无质量缺陷；
二级：表面平整，局部存在裂缝、蜂窝麻面等质量缺陷，面积之和不大于3%总面积，且已处理合格；
三级：表面平整，局部存在裂缝、蜂窝麻面等质量缺陷，缺陷面积之和为总面积3%～5%，且已处理合格；
四级：达不到三级标准者</td></tr>
<tr><td colspan="2">浆砌石</td><td>一级：石料外形尺寸一致，勾缝平顺美观，大面平整，露头均匀，排列整齐；
二级：石料外形尺寸基本一致，勾缝平顺，大面平整，露头较均匀；
三级：石料外形尺寸基本一致，勾缝平顺，大面基本平整，露头基本均匀；
四级：达不到三级标准者</td></tr>
<tr><td>5</td><td>沉沙池表面</td><td>混凝土护面</td><td>现场检查</td><td>一级：表面光滑平整，无质量缺陷；
二级：表面平整，局部蜂窝、麻面、错台及裂缝等质量缺陷，面积之和不大于3%总面积，且已处理合格；
三级：表面平整，局部蜂窝、麻面、错台及裂缝等质量缺陷，缺陷面积之和为总面积3%～5%，且已处理合格；
四级：达不到三级标准者</td></tr>
<tr><td>6</td><td>提水设备</td><td colspan="2">电潜泵、手压泵</td><td>一级：位置安装合理，泵体连接牢固，运行正常；
二级：位置安装合理，泵体连接牢固，运行较正常；
三级：位置安装合理，泵体连接牢固，运行基本正常；
四级：达不到三级标准者</td></tr>
</table>

续表 B.5.2

项次	项目	检查、检测内容	质量标准
7	灌溉工程	首部枢纽	一级：配套设备齐全，布置合理，固定连接牢固，表面清洁； 一级：配套设备齐全，布置较合理，固定连接牢固，表面清洁； 三级：配套设备齐全，布置基本合理，固定连接牢固，表面清洁； 四级：达不到三级标准者
		管道铺设	一级：管道铺设顺直，管件连接牢固，灌水器布置合理； 二级：管道铺设顺直，管件连接牢固，灌水器布置较合理； 三级：管道铺设基本顺直，管件连接牢固，灌水器布置基本合理； 四级：达不到三级标准者

附录C　工程验收应提供的资料清单

表C　工程验收应提供的资料清单

序号	资料名称	建设单位验收			竣工验收	项目验收	资料提供单位
		大、中型工程		小型工程			
		分部工程验收	单位工程验收	完工验收			
1	工程建设管理工作报告				√	√	建设单位
2	工程建设监理工作报告		√	√	√	√	监理单位
3	工程设计工作报告		√	√	√	√	设计单位
4	工程施工管理工作报告		√	√	√	√	施工单位
5	工程质量评定报告				√	√	质量监督机构
6	运行管理工作报告				*	√	运行管理单位
7	效益分析报告				*	√	建设单位
8	工程建设大事记		√	√	√	√	建设单位
9	拟验收工程清单、未完成工程清单、未完成工程的建设安排及完成时间		√	√	√	√	建设单位
10	主管部门历次监督、检查及整改等的书面意见	√	√	√	√	√	建设单位

注：符号“√”表示“应提供”，符号“*”表示“宜提供”或“根据需要提供”。

附录D 工程验收备查资料清单

表D 工程验收备查资料清单

序号	资料名称	建设单位验收			竣工验收	项目验收	资料提供单位
		大、中型工程		小型工程			
		分部工程验收	单位工程验收	完工验收			
1	前期工作文件及批复文件		√	√	√	√	建设单位
2	主管部门批复文件		√	√	√	√	建设单位
3	招投标文件	√	√	√	√	√	建设单位
4	合同文件	√	√	√	√	√	建设单位
5	工程项目划分资料	√	√	√	√	√	建设单位
6	单元工程质量评定资料	√	√	√	√	√	施工单位
7	分部工程质量评定资料		√		√	√	建设单位
8	单位工程质量评定资料		√		√	√	建设单位
9	工程外观质量评定资料		√	√	√	√	建设单位
10	工程质量管理有关文件	√	√	√	√	√	参建单位
11	工程施工质量检验文件	√	√	√	√	√	施工单位
12	工程监理资料	√	√	*	√	√	监理单位
13	施工图设计文件		√	√	√	√	设计单位
14	工程设计变更资料	√	√	√	√	√	设计单位
15	工程竣工图纸		√	√	√	√	施工单位
16	重要会议记录	√	√	√	√	√	建设单位
17	试压或试运行报告				√	√	参建单位
18	质量缺陷备案表	√	√	√	√	√	监理单位
19	质量事故资料	√	√	√	√	√	建设单位
20	竣工决算及审计资料				√	√	建设单位
21	工程建设中使用的技术标准	√	√	√	√	√	参建单位
22	其他档案资料	根据需要由有关单位提供					

注：符号“√”表示“应提供”，符号“*”表示“宜提供”或“根据需要提供”。

附录E 分部工程验收鉴定书格式

表E 分部工程验收鉴定书

编号：

×××节水灌溉工程项目

×××分部工程验收

鉴 定 书

单位工程名称：

分部工程名称：

施工单位：

×××分部工程验收工作组

年 月 日

概况（包括验收依据、组织机构、验收过程）

一、开工完工日期

二、工程内容

三、施工过程及完成的主要工程量

四、质量事故及缺陷处理情况

五、拟验工程质量评定（包括单元工程、主要单元工程个数、合格率和优良率，施工单位自评结果，监理单位复核意见，分部工程质量等级评定意见）

六、验收遗留问题及处理意见

七、验收结论

八、保留意见（保留意见人签字）

九、分部工程验收组成员签字表

十、附件：验收遗留问题处理记录

附录F　单位工程验收鉴定书格式

表F　单位工程验收鉴定书

编号：

×××节水灌溉工程项目
×××单位工程验收
鉴　定　书

×××单位工程验收工作组
年　月　日

建设单位：

设计单位：

施工单位：

监理单位：

质量监督单位：

运行管理单位：

验收主持单位：

验收时间：　　　　年　　月　　日

验收地点：

概况（包括验收依据、组织机构、验收过程）

一、单位工程概况

（一）单位工程名称及位置

（二）单位工程主要建设内容

（三）单位工程建设过程（包括开工、完工时间，施工中采取的主要措施）

二、验收范围

三、单位工程完成情况和完成的主要工程量

四、单位工程质量评定

（一）分部工程质量评定

（二）工程外观质量评定

（三）工程质量检测情况

（四）单位工程质量等级评定意见

五、单位工程验收遗留问题及处理意见

六、意见和建议

七、结论

八、保留意见（应有本人签字）

九、单位工程验收组成员签字表

附录G　完工验收鉴定书格式

表G　完工验收鉴定书

编号：

×××节水灌溉工程项目

×××完工验收

鉴　定　书

×××完工验收工作组

年　月　日

建设单位：

设计单位：

施工单位：

监理单位：

质量监督单位：

运行管理单位：

验收主持单位：

验收时间：　　　　年　　月　　日

验收地点：

概况（包括验收依据、组织机构、验收过程）

一、工程概况

（一）工程名称及位置

（二）工程主要建设内容

（三）工程建设过程（包括开工、完工时间，施工中采取的主要措施）

二、验收范围

三、工程完成情况和完成的主要工程量

四、工程质量评定

（一）工程质量评定

（二）工程外观质量评定

（三）工程质量检测情况

（四）工程质量等级评定意见

五、完工验收遗留问题及处理意见

六、意见和建议

七、结论

八、保留意见（应有本人签字）

九、完工验收组成员签字表

附录H 竣工验收申请报告内容要求

表H 竣工验收申请报告

一、工程基本情况 二、竣工验收条件的检查结果 三、尾工情况及安排意见 四、验收准备工作情况 五、建议验收时间、地点和参加单位 六、附件：竣工验收工作报告 前言 1. 工程概况 (1) 工程名称及位置 (2) 工程主要建设内容 (3) 工程建设过程 2. 工程项目完成情况 (1) 完成工程量与批复工程量比较 (2) 工程验收情况 (3) 工程投资完成与审计情况 (4) 工程项目运行情况 3. 工程项目质量评定 4. 建设单位自验遗留问题处理情况 5. 尾工情况及安排意见 6. 存在问题及处理意见 7. 结论

附录J 竣工验收鉴定书格式

表J 竣工验收鉴定书

×××节水灌溉工程竣工验收 **鉴 定 书** ××××××节水灌溉工程竣工验收委员会 年 月 日

前言（包括验收依据、组织单位、验收过程等）

一、工程设计与完成情况

（一）工程名称及位置

（二）工程主要任务与作用

（三）工程设计主要内容

1. 工程立项、设计批复文件

2. 设计标准、规模及主要技术经济指标

3. 建设内容与建设工期

4. 工程投资及投资来源

（四）工程建设有关单位

（五）工程施工过程

1. 工程开工、完工时间

2. 重大设计变更

（六）工程完成情况和完成的工程量

二、建设单位验收情况

三、历次验收提出主要问题的处理情况

四、工程质量

（一）工程质量监督

（二）工程项目划分

（三）工程质量评定

五、概算执行情况

（一）投资计划下达及资金到位情况

（二）投资完成情况

（三）预计未完工工程投资及预留情况

（四）竣工财务决算报告编制

（五）审计

六、工程尾工安排

七、工程运行管理情况

（一）管理机构、人员和经费情况

（二）工程移交

八、工程初期运行及效益

（一）初期运行管理

（二）初期运行效益

（三）初期运行监测资料分析

九、意见与建议

十、结论

十一、保留意见（应有本人签字）

十二、验收委员会成员和被验收单位代表签字表

本规范用词说明

1 为便于在执行本规范条文时区别对待，对要求严格程度不同的用词说明如下：

1） 表示很严格，非这样做不可的：
正面词采用“必须”，反面词采用“严禁”；

2） 表示严格，在正常情况下均应这样做的：
正面词采用“应”，反面词采用“不应”或“不得”；

3） 表示允许稍有选择，在条件许可时首先应这样做的：
正面词采用“宜”，反面词采用“不宜”；

4） 表示有选择，在一定条件下可以这样做的，采用“可”。

2 条文中指明应按其他有关标准执行的写法为：“应符合……的规定”或“应按……执行”。

引用标准名录

《喷灌工程技术规范》GB/T 50085

《节水灌溉工程技术规范》GB/T 50363

《微灌工程技术规范》GB/T 50485

《渠道防渗工程技术规范》GB/T 50600

《农田低压管道输水灌溉工程技术规范》GB/T 20203

《水利水电工程施工质量检验与评定规程》SL 176

《水利水电建设工程验收规程》SL 223

中华人民共和国国家标准

节水灌溉工程验收规范

GB/T 50769—2012

条　文　说　明

制 定 说 明

《节水灌溉工程验收规范》GB/T 50769—2012，经住房和城乡建设部 2012 年 5 月 28 日以第 1391 号公告批准发布。

为了便于广大设计、施工、科研、学校、管理等单位有关人员在使用本规范时能正确理解和执行条文规定，编制组按章、节、条顺序编制了本规范的条文说明，对条文规定的目的、依据以及执行中需注意的有关事项进行了说明。但是，本条文说明不具备与规范正文同等的法律效力，仅供使用者作为理解和把握规范规定的参考。

目　次

1 总 则

1.0.1 本规范是节水灌溉工程建设标准体系的重要组成部分。本条说明编制节水灌溉工程验收规范的宗旨是为了统一节水灌溉工程的验收内容、方法和程序。

1.0.2 本条明确规定了本规范的适用范围。节水灌溉工程包括渠道防渗、低压管道输水灌溉、喷灌、微灌、雨水集蓄利用工程以及相关田间工程等。

1.0.3 节水灌溉工程验收包括建设单位验收、竣工验收和项目验收。节水灌溉工程均应进行建设单位验收和竣工验收。由于节水灌溉工程涉及多部门，对项目管理的要求不尽相同，项目验收可根据相关项目管理办法的规定，决定是否进行。

3 基本规定

3.0.3 本条规定了验收工作的主持单位，主要是为了明确验收责任，保证验收工作质量。

3.0.5 为了保证验收工作的顺利进行，本条规定了验收过程中出现分歧时的处理办法。

3.0.7 本条规定未经验收或验收不合格的工程不应交付使用或继续进行后续工程施工，可避免工程隐患，防止重大事故发生和不必要的财产损失。

3.0.8 本条规定节水灌溉工程项目划分及工程质量评定应依照现行行业标准《水利水电工程质量检验与评定规程》SL 176 的规定执行，并补充了小型节水灌溉工程项目划分及工程外观质量评定标准。

3.0.9 提供资料指验收时需要分发给所有验收委员会委员或验收工作组成员的资料；备查资料指按一定数量准备，放置在验收会场，供委员（成员）查看的资料。

4 建设单位验收

4.1 一 般 规 定

4.1.1 小型节水灌溉工程指流量小于 $1m^3/s$ 的渠道防渗工程和灌溉面积（连片）不大于 $667hm^2$ 的喷灌、微灌和低压管道输水灌溉工程等。

4.2 分部工程验收

4.2.1 本条规定了分部工程验收工作组的组成，并规定参建单位应参加验收，明确工程参建单位的责任。

4.2.2 分部工程验收是专业技术性的验收，因此，本条规定了对参加分部工程验收工作组成员具体技术职称或执业资格的要求。

4.2.3 本条规定了分部工程验收应具备的条件。只有同时具备了所规定的条件，才能进行分部工程验收。

4.2.4 分部工程完成后，施工单位应对照第 4.2.3 条中的要求进行自检，具备验收条件时，向建设单位提出验收申请。

4.2.9 分部工程验收鉴定书是分部工程验收的成果性文件，应由建设单位分送各参加单位。

4.3 单位工程验收

4.3.3 本条规定了单位工程验收应具备的条件。只有同时具备了所规定的条件，才能进行单位工程验收。

4.3.4 单位工程完成后，施工单位应对照第 4.3.3 条中的要求自检，具备条件时，向建设单位提出验收申请。

4.4 完 工 验 收

4.4.3 完工验收是针对小型节水灌溉工程规模小、投资少的特点，为简化验收程序而设定的，但是对工程质量标准的要求不能降低。因此，本条文要求完工验收应同时具备条文规定的条件，才能进行验收。

5 竣 工 验 收

5.1 一 般 规 定

5.1.1 要真实反映节水灌溉工程的建设质量，节水灌溉工程需要经过一定运行时间的考验，所以作出了竣工验收时间的规定。

5.1.2 本条规定了竣工验收应具备的条件。只有同时具备了所规定的条件，才能进行竣工验收。

5.1.3 建设单位验收通过后，并经过了一定时期的运行，建设单位应对照第 5.1.2 条中的要求自检，具备竣工验收条件时，向竣工验收主持单位提出验收申请。如果工程不能按期进行竣工验收，将影响投资效益的发挥，因此，本条规定应说明延期竣工验收的原因。

5.2 竣工验收准备

5.2.2 现场抽查的内容和数量根据竣工验收主持单位要求决定。

5.2.3 本条规定应测定有代表性的节水灌溉技术指标，主要包括渠道水利用系数、喷灌均匀系数、微灌均匀度等，建设单位应按现行国家标准《节水灌溉工程技术规范》GB/T 50363、《喷灌工程技术规范》GB/T 50085、《微灌工程技术规范》GB/T 50485 等规定执行。

5.3 竣 工 验 收

5.3.5 竣工验收中有关工程质量的结论性意见，是在工程质量监督报告有关质量评价的基础上，结合竣工验收工程质量检查情况确定的，最终结论是工程质量是否合格。

6 工程移交与遗留问题处理

6.1 工 程 移 交

6.1.2 本条明确了工程办理交接手续的同时，施工单位应向建设单位递交工程质量保修书及其内容要求。

6.2 遗留问题处理

6.2.1 如果工程竣工验收后，建设单位已撤销的，本条明确了验收遗留问题和尾工处理的单位。

7 项 目 验 收

7.1 一 般 规 定

7.1.1、7.1.2 由于节水灌溉工程涉及多部门，对项目管理的要求不尽相同，所以项目验收的有关工作按相关项目管理办法的规定执行。

7.2 项目验收准备

7.2.1 为便于项目验收工作，本条规定项目验收准备工作由项目建设单位或项目建设单位的主管部门进行。

7.3 项 目 验 收

7.3.3 本条只对评价方法作了规定，对于评价指标及权重，按相关管理办法的规定执行。

中华人民共和国国家标准

有色金属采矿设计规范

Code for design of nonferrous metal mining

GB 50771—2012

主编部门：中 国 有 色 金 属 工 业 协 会
批准部门：中华人民共和国住房和城乡建设部
施行日期：2 0 1 2 年 1 2 月 1 日

中华人民共和国住房和城乡建设部
公　　告

第1409号

关于发布国家标准《有色金属采矿设计规范》的公告

现批准《有色金属采矿设计规范》为国家标准，编号为GB 50771—2012，自2012年12月1日起实施。其中，第3.0.6、5.2.4、5.2.5、7.4.15、9.3.1（2、3）、9.3.3（4）、9.3.9（3）、9.4.8（4、5）、10.3.1、11.2.1（2、3）、11.2.2、11.2.7（3）、13.6.5、14.1.3（6）、18.1.1、18.2.3（1）条（款）为强制性条文，必须严格执行。

本规范由我部标准定额研究所组织中国计划出版社出版发行。

中华人民共和国住房和城乡建设部

二〇一二年五月二十八日

前　　言

本规范是根据原建设部《关于印发〈2006年工程建设标准规范制订、修订计划（第二批）〉的通知》（建标〔2006〕136号）的要求，由长沙有色冶金设计研究院有限公司会同有关单位共同编制完成的。

本规范在编制过程中，规范编制组进行了广泛的调查分析，总结了我国有色金属矿山采矿的设计和生产经验，与相关标准进行了协调，并借鉴了国家现行有关标准，广泛征求了设计、科研、生产等单位的意见，经多次讨论、反复修改，最后经审查定稿。

本规范共分19章，主要内容有总则、术语和符号、基本规定、矿床地质、水文地质、岩石力学、露天开采、砂矿开采、地下开采、露天与地下联合开采、矿井通风、充填、竖井提升、斜井（坡）提升、坑内运输、压气设施、破碎站、排水与排泥、索道运输。

本规范中以黑体字标志的条文为强制性条文，必须严格执行。

本规范由住房和城乡建设部负责管理和对强制性条文的解释，中国有色金属工业协会负责日常管理，长沙有色冶金设计研究院有限公司负责具体技术内容的解释。本规范在执行过程中，请各单位结合工程实践，认真总结经验，如发现需要修改或补充之处，请将意见和建议寄至长沙有色冶金设计研究院有限公司《有色金属采矿设计规范》管理组（地址：湖南省长沙市解放中路199号；邮政编码：410011；传真：0731-82228112），以便今后修订时参考。

本规范主编单位、参编单位、主要起草人和主要审查人：

主编单位：长沙有色冶金设计研究院有限公司

参编单位：中国恩菲工程技术有限公司
昆明有色冶金设计研究院股份公司
兰州有色冶金设计研究院有限公司
中金岭南有色金属股份有限公司凡口铅锌矿
广西华锡集团股份有限公司
金诚信矿业管理有限公司

主要起草人：刘放来　廖江南　刘福春
祝瑞勤　陈建双　刘育明
尹卫荣　杨建中　张木毅
苏家红　李红辉　戴紫孔
畅文生　吴秀琼　唐　建
陈子辉　徐进平　龚清田
朱建国　韩晓明　杨　震
苗明义　淡永富　陶平凯
肖力波　许毓海　杨光毅
顾秀华　邸新宁　王红敏
李悦良　苏莘文　黄炳贻
谢　鹰

主要审查人：贺　健　谢　良　郭　然
李振林　蒋　义　梁海根
徐志强　李发本

目　次

Contents

1 总 则

1.0.1 为贯彻执行国家发展有色金属工业的各项法律、法规和方针政策，推广应用有色金属矿山行之有效的先进技术和经验，推动科技进步，提高有色金属采矿设计质量，合理开采有色金属矿山资源，制定本规范。

1.0.2 本规范适用于新建、改建、扩建的有色金属矿山预可行性研究、可行性研究和矿山工程建设的采矿设计。

1.0.3 有色金属采矿设计除应符合本规范外，尚应符合国家现行有关标准的规定。

2 术语和符号

2.1 术 语

2.1.1 露天开采 open-pit mining

在敞露的地表采场进行有用矿物的采剥作业。

2.1.2 露天开采境界 open-pit limit

由露天采场的底面和边帮限定的可采空间的边界。

2.1.3 剥采比 stripping ratio

露天开采境界内剥离物的体积或质量与采出矿石的体积或质量之比。

2.1.4 挖掘船开采 dredger mining

用安装设置采选联合机组设施的船只，从事水下砂矿开采的作业。

2.1.5 地下开采 underground mining

从地表向地下掘进一系列井巷工程通达矿体，建立完整的提升、运输、通风、排水、供电、供气、供水等生产系统及其辅助生产系统，并进行有用矿物的采矿工作的总称。

2.1.6 矿床开拓 deposit development

从地表掘进一系列井巷工程通达矿体，以形成提升、运输、通风、排水、供水、供电等完整系统。

2.1.7 空场采矿法 open stoping

在回采过程中，主要依靠采场围岩自身的稳固性或少量矿柱等支撑能力，维护采空区稳定的一类采矿方法。

2.1.8 充填采矿法 filling method

随着回采工作面推进到一定距离后，用充填材料充填采空区，以控制采场地压的一类采矿方法。

2.1.9 崩落采矿法 caving mining

随着回采工作的进行，强制或自然崩落矿体上部覆盖岩石和顶、底盘围岩充填采空区，以控制采场地压和处理采空区的一类采矿方法。

2.1.10 “三下”采矿 mining under surface water-body, building or railway

指在地表水体、建（构）筑物或铁路下开采矿床的工作。

2.1.11 竖井提升 shaft hoisting

竖井中采用钢丝绳牵引提升容器进行升降运输的方式。

2.1.12 斜井（坡）提升 inclined shaft (ramp) hoisting

在倾斜巷道或露天斜坡中采用钢丝绳牵引提升容器进行运输的方式。

2.1.13 提升钢丝绳 hoisting rope

用来悬挂提升容器沿井筒作上、下直线运动的钢丝绳。

2.1.14 首绳 head rope

摩擦提升中悬吊提升容器的钢丝绳，亦称主绳。

2.1.15 尾绳 tail rope

摩擦提升中悬挂在两提升容器底部作平衡用的钢丝绳。

2.2 符 号

2.2.1 应力、节理

σ_V——垂直应力；

σ_H——水平应力；

J_n——节理组数系数；

J_r——节理粗糙度系数；

J_a——节理蚀变或蜕变影响系数；

J_w——节理水折减系数；

SRF——应力折减系数。

2.2.2 生产能力

A——矿山生产能力；

A_P——露天采场生产能力；

Q_P——单台挖掘机平均生产能力；

V_b——钻机台班效率；

Q_T——水枪冲采土岩的生产能力；

Q——砂矿土岩生产能力；

Q_d——挖掘船生产能力；

Q_r——日充填能力。

2.2.3 长度、距离、高度、射程

L_P——单个采矿台阶可布置的采矿工作线长度；

L_o——单台挖掘机占用的工作线长度；

L_{min}——水枪距工作面最小距离；

L——水枪射程；

H——台阶高度、提升高度；

L_g——过卷距离。

3 基本规定

3.0.1 有色金属矿山预可行性研究及可行性研究，

应根据矿山资源条件和外部建设条件、资源配置及市场需求、可能采取的开采技术及装备条件、资金筹措及投资效果等，全面分析研究矿山建设的必要性、可行性、合理性。

3.0.2 矿产资源开采应首先开发矿石质量高、易采选、外部建设条件和经济效益好的矿床。在矿床总体开采方案的指导下，在技术条件允许和保护资源的前提下，宜先期开采基建工程量小、投产快和品位较高的地段。

3.0.3 露天开采和地下开采方式的选择，应根据技术、经济、资源开发利用、生态环境保护、地质灾害防治、水土保持、土地复垦等影响因素经综合比较后确定。有条件的矿山宜采用露天开采方式。

3.0.4 矿产资源开采应采取合理的开采顺序、开采方法，采矿回采率、贫化率应符合国家和相关行业准入条件等的规定。在开采主要矿产的同时，对具有工业价值的共生和伴生矿产应统一规划、综合开采、综合利用、防止浪费；对暂时不能综合开采或必须同时采出而暂时还不能综合利用的矿产，应采取有效的保护措施。

3.0.5 有色金属采矿设计应贯彻执行矿山生态环境保护与污染防治技术政策。露天开采矿山宜推广剥离——排土——造地——复垦的一体化技术；地下开采矿山宜推广应用充填采矿工艺技术，利用尾砂、废石充填采空区，推广减轻地表沉陷的开采技术；水力开采的矿山宜推广水重复利用率高的开采技术；有条件的矿山宜研究推广溶浸采矿工艺技术，发展集采、选、冶于一体，直接从矿床中获取金属的工艺技术。

3.0.6 有色金属地下矿山必须有监测监控、井下人员定位、紧急避险、压风自救、供水施救和通信联络系统等安全防护技术装备。

3.0.7 有色金属矿山设计应符合下列规定：

1 应持续采用行之有效的采矿新工艺、新技术、新设备、新材料。

2 应广泛吸收各学科的高新技术，开拓更先进的、非传统的采矿技术，不断提高矿山信息化、数字化、智能化水平。

3 应不断降低原材料、能源消耗。

4 应采取防止资源损失和生态破坏的措施。

5 应体现建设资源节约型和环境友好型有色矿山企业的设计理念，促进有色金属矿业可持续发展。

3.0.8 可行性研究报告应依据经评审、备案的详查或勘探地质报告编制。初步设计应依据经评审、备案的勘探地质报告编制；水文地质条件简单的小型矿山和改建、扩建矿山，初步设计可依据经评审、备案的详查地质报告编制。可行性研究和初步设计应对勘查方法、勘查工作质量、勘查程度、资源可靠程度、开采和加工技术条件等进行评价。

3.0.9 因工业指标变更、矿业权变动、资源储量发生重大变化，以及工程建设项目压覆等矿区，设计应依据经评审、备案的资源储量核实报告。

3.0.10 设计利用资源储量和设计可采储量，应按下列规定估算：

1 依据资源储量主要类型为探明、控制的经济基础储量和内蕴经济资源量，推断的内蕴经济资源量可部分使用。

2 推断的内蕴经济资源量可信度系数应根据矿床赋存特征和勘探工程控制程度选取，可取0.5～0.8。

3 设计损失量应包括露天开采设计不能回收的挂帮矿量，地下开采设计的工业场地、井筒及永久建筑物、构筑物等需留设的永久性保护矿柱的矿量，以及因法律、社会、环境保护等因素影响不得开采的矿量。

4 设计利用资源储量可按下式估算：

设计利用资源储量＝∑（经济基础储量＋探明、控制的内蕴经济资源量＋推断的内蕴经济资源量×可信度系数）－设计损失量　(3.0.10-1)

5 设计可采储量可按下式估算：

设计可采储量＝设计利用资源储量－采矿损失量　(3.0.10-2)

3.0.11 水文地质条件复杂的矿山，应根据现行国家标准《矿区水文地质工程地质勘探规范》GB 12719和矿山防治水要求，进行水文地质勘探和研究程度评价。当水文地质勘探和研究程度严重不足，影响防治水方案确定时，设计应提出补充勘探要求。

3.0.12 可行性研究和初步设计应有岩石力学专篇。大型露天矿山和边坡工程地质条件复杂的中、小型露天矿山设计，宜依据经评审的边坡工程地质勘查报告和边坡稳定性评价报告；技术条件复杂的大、中型地下矿山设计，宜依据岩石力学专题研究报告。可行性研究阶段尚未开展岩石力学研究的矿山，设计应提出岩石力学研究的内容和建议。

3.0.13 有自燃发火可能的地下矿山，矿山防灭火设计应依据经评审通过的矿岩自燃发火研究报告。

3.0.14 矿山的生产建设规模应根据矿床开采技术条件、矿床的勘探程度和资源储量、外部建设条件、工艺技术和装备水平、市场需求、资金筹措等因素，经计算论证和技术经济综合比较后确定；生产规模较大的矿山应研究分期建设的可行性和经济合理性。有色金属矿山生产建设规模分类，宜符合表3.0.14的规定。

3.0.15 新建矿山的设计合理服务年限宜符合表3.0.15的规定。改建、扩建矿山的设计合理服务年限不宜低于相同开采方式新建矿山设计合理服务年限的50%。

表 3.0.14 有色金属矿山生产建设规模分类

矿种类别	矿山生产建设规模级别			
	计量单位	大型	中型	小型
铜、铅、锌、钨、锡、锑、钼、镍矿山	矿石万 t/年	≥100	100～30	<30
钴、镁、铋、汞矿山	矿石万 t/年	≥100	100～30	<30
稀土、稀有金属矿山	矿石万 t/年	≥100	100～30	<30
铝土矿山	矿石万 t/年	≥100	100～30	<30
金（岩金）矿山	矿石万 t/年	≥15	15～6	<6
金（砂金船采）矿山	矿石万 m^3/年	≥210	210～60	<60
金（砂金机采）矿山	矿石万 m^3/年	≥80	80～20	<20
银矿山	矿石万 t/年	≥30	30～20	<20
其他贵金属矿山	矿石万 t/年	≥10	10～5	<5

表 3.0.15 新建矿山的设计合理服务年限（年）

矿山类别	大型	中型	小型
露天矿山	>20	>15	>8
地下矿山	>25	>15	>8

3.0.16 有色金属矿山的建设工期不宜超过表3.0.16的规定。

表 3.0.16 建设工期（月）

矿山类别	大型	中型	小型
露天矿山	24～36	18～24	12～18
地下矿山	36～48	24～36	18～24

3.0.17 有色金属采矿设计涉及的安全、环境保护、水土保持、职业病防护等设施，应与主体工程同时设计、同时施工、同时投入生产和使用。

3.0.18 有色金属矿山从投产起至达到设计生产规模的时间，大、中型矿山不宜大于3年；小型矿山不宜大于1年。

3.0.19 有色金属矿山投产时的年产量与设计年产量的比例，宜符合表3.0.19的规定。

表 3.0.19 投产时的年产量与设计年产量的比例（%）

矿山类别	大型	中型	小型
露天矿山	>40	>50	80～100
地下矿山	>30	>40	50～80

注：小型矿山生产建设规模小时取大值，生产建设规模大时取小值。

3.0.20 矿山生产贮备矿量保有期宜符合表3.0.20的规定。

表 3.0.20 生产贮备矿量保有期

贮备矿量级别	露天开采矿山	地下开采矿山
开拓矿量	1年～2年	3年～5年
采准矿量	—	6个～12个月
备采矿量	2个～5个月	3个～6个月

3.0.21 矿山工作制度宜采用连续工作制。矿山年工作天数宜为300d或330d，每天宜为3班，每班宜为8h。特殊气候地区需季节性工作或有特殊要求的露天矿、有严重影响人体健康的粉尘、气体、放射性物质的地下矿山，应按国家有关规定和实际情况确定工作制度。

3.0.22 有色金属矿山采矿工程设计应符合现行国家标准《金属非金属矿山安全规程》GB 16423和《爆破安全规程》GB 6722的有关规定。

4 矿床地质

4.1 工业指标制定

4.1.1 矿床工业指标的制定，应有顾客的委托书和地质勘查单位提供的工业指标建议书及相关资料。

4.1.2 静态工业指标应按边界品位、最低工业品位、矿床平均品位、最小可采厚度、夹石剔除厚度的指标体系制定。必要时，可增加剥采比、米百分值、含矿率、伴生有用组分含量、有害组分允许含量、品级划分标准、氧化率、铝硅比等针对性指标项；对有多种有用组分共生的矿床，可制定综合工业指标。

4.1.3 圈定矿体时，边界品位应用于单个样品；最低工业品位宜用于单工程或样品段，也可用于小块段；最小可采厚度和夹石剔除厚度应为工程中矿体的真厚度。

4.1.4 矿床工业指标的制定，应以整个矿床的资源储量进行试算。条件不具备时，应选择具有代表性的、勘探程度较高的主矿体和资源储量集中地段试算，试算范围的储量占矿床总储量的比例不宜低于60%。

4.2 选矿试样采取设计

4.2.1 实验室扩大连续试验、半工业试验和工业试验的选矿试样采取应进行专项设计。采样设计应根据详查或勘探地质报告、初步确定的矿山建设方案及选矿试样要求进行编制。

4.2.2 选矿试验应采取整个矿床的代表性试样。条件不具备时，应采取前期生产不少于5年的代表性试样。

4.2.3 试样的主要和伴生有用组分含量、矿物组成、矿石结构构造、矿物嵌布粒径特征、氧化程度、细泥含量等，应与生产入选矿石基本一致。

4.2.4 当矿床中有两种或两种以上类型、品级的矿石，且可能分采时，应分别采样进行试验。

4.2.5 采样设计内容应包括矿样的种类、数量、采样点布置、采样方法、采样施工、样品制备、配样和矿样包装等。

4.3 资源储量估算

4.3.1 设计应对地质资源储量进行检验估算，估算方法宜采用地质统计学法。资源储量估算结果应与评审、备案的资源储量进行对比，其允许相对误差应符合下列规定：

1 矿石量允许相对误差3%～5%，铝土矿矿石量允许相对误差不大于7%。

2 主要有用组分的品位允许相对误差3%～5%，金属量允许相对误差不大于5%。

3 估算方法相同时，应取下限；估算方法不同时，应取上限；超过本条第1款和第2款的规定时，应分析说明理由。

4.3.2 阶段或台阶、露天境界内和境界外的保有和设计利用资源储量，应按确定的开采范围、阶段或台阶标高进行估算。

4.3.3 阶段或台阶伴生有用组分资源储量估算应符合下列规定：

1 当伴生有用组分主要以独立矿物存在，且有系统的基本分析资料时，应按与主要组分相同的方法，计算阶段或台阶的平均品位和金属量。当仅有组合分析资料时，可按矿体平均品位计算，相应得出阶段或台阶的金属量，但伴生有用组分含量在不同矿石类型中有明显差别时，应根据阶段或台阶不同类型的矿石量加权，计算平均品位。

2 伴生有用组分主要以类质同象赋存在主要组分的矿物中，且仅有单矿物分析或组合分析结果时，可不计算阶段或台阶的品位和金属量。

4.3.4 采用几何图形法估算阶段或台阶资源储量宜采用分配法。估算的各阶段或台阶资源储量总和与相同范围内保有资源储量允许的相对误差应符合表4.3.4的规定。

表4.3.4 阶段或台阶资源储量估算允许相对误差（%）

计算方法	矿石量	品位
分配法	≤1	≤5
其他方法	≤5	≤5

注：品位指主要组分。

4.3.5 分配法估算阶段或台阶资源储量应以地质报告划分的块段为基本单元进行矿石量分配。阶段或台阶内各块段的矿石平均品位宜根据所切取的样品段重新组合计算。各阶段或台阶的矿石平均品位应采用矿石量加权求取。

4.3.6 在技术条件允许和充分利用资源的前提下，可在先期开采地段通过详细技术经济分析确定合理指标，分别圈定富矿和贫矿，估算阶段或台阶相应的资源储量。

4.4 基建和生产勘探

4.4.1 下列情况应进行基建勘探：

1 探明的基础储量保有量不能满足先期开采要求。

2 矿床地质条件复杂，采用较密的工程间距仍未获得探明的基础储量。

3 位于主矿体上、下盘，对先期开采有重要影响的小矿体，工程控制和研究程度不足。

4 先期开采地段不同类型、品级矿石的空间分布和数量未能详细查明。

5 采空区或断层规模较大，其分布范围及特征尚未详细圈定和评价。

4.4.2 基建勘探范围宜符合下列规定：

1 露天矿山，宜超前基建开拓深度两个台阶。

2 地下矿山，不宜小于基建采准矿块数的1.5倍。

4.4.3 露天开采矿山，勘探手段宜采用地面岩芯钻探或槽、井探，并宜辅以平台沟槽取样。生产勘探应辅以采矿爆破孔取样。钻探工程布置宜采用方格网法。

4.4.4 地下开采矿山，缓倾斜单一矿层宜采用坑探手段；下列情况应采用坑探与坑内钻探相结合的探矿手段：

1 矿体形态复杂、产状变化大，宜以坑内钻探代替穿脉进行加密控制。

2 主矿体上、下盘存在平行小矿体，其规模、形态、空间位置不明，宜以坑内钻探指导掘进。

3 老窿情况不明，对开采有较大影响，应预先予以探明。

4.4.5 基建和生产勘探工程间距，应根据矿床勘探类型、地质勘查阶段采用的工程间距及其控制效果，结合基建采场布置具体确定，宜在控制的工程间距基础上加密1倍～2倍。

4.4.6 地下开采坑探工程的布置应与开拓、采准工程相结合。

4.4.7 生产探矿工程量计算应取1.1～1.3的地质变化影响系数。边部加密控制及探寻盲矿体的探矿工程量应另行计算，宜按正常探矿工程量的20%～30%估算。

4.4.8 开采取样工作量应根据矿块尺寸、采准切割工程布置等计算。

5 水文地质

5.1 涌水量计算

5.1.1 地下开采矿山应计算最低开拓阶段及以上排水阶段的涌水量。涌水量计算应包括正常涌水量和最大涌水量。矿体采动后导水裂隙带波及地面时，还应计算错动区降雨径流渗入量。

5.1.2 矿井正常涌水量计算，地下水位应取矿区范围内所有揭露含水层的钻孔静止水位平均值；矿井最大涌水量计算，地下水位应取矿区范围内地下水长期观测资料中的最高值，裸露型岩溶发育矿区或岩溶塌陷严重矿区，还应计入降雨和地表水对矿井充水的影响量。

5.1.3 矿井涌水量计算宜根据矿区水文地质条件，选择两种以上计算方法对比后确定。水文地质边界条件复杂、矿井涌水量较大的矿区，宜选择矿区地下水位降深较大，影响半径扩展较广的抽、放水试验资料，并应用经验公式法进行计算。改建、扩建矿山矿井涌水量计算宜采用水文地质比拟法。

5.1.4 错动区正常降雨径流渗入量计算，其正常降雨量应按雨季实际降雨日的日平均降雨量选取。当无雨季降雨量及降雨天数时，年降雨量大于或等于1000mm地区，正常降雨径流渗入量应取设计频率24h暴雨渗入量的10%；年降雨量小于1000mm地区，宜取5%～8%。

计算开采错动区暴雨渗入量时，其渗入率可采用本矿山或相似条件矿山的实测资料，无实测资料时，可根据采动后地面破坏情况和覆岩特征，按表5.1.4选用。

表 5.1.4 暴雨渗入率

错动区地表、矿体顶板岩（土）层破坏程度及特征		矿体上部覆岩（土）特征		最大日暴雨渗入率
冒落带未扩展到地表，仅导水裂隙带扩展到地表		无塑性隔水土层	脆性岩石	0.20～0.15
			塑性岩石	0.15～0.10
		有塑性隔水土层，厚度（m）	5～10	0.10～0.05
			11～20	≤0.05
冒落带扩展到地表	矿体顶部覆岩不重复塌陷	无塑性隔水土层	脆性岩石	0.35～0.30
			塑性岩石	0.30～0.20
		有塑性隔水土层，厚度（m）	5～10	0.20～0.15
			11～20	0.15～0.10
			21～30	0.10～0.05
			31～50	≤0.05
	矿体顶部覆岩重复塌陷	无塑性隔水土层	脆性岩石	0.40～0.30
			塑性岩石	0.30～0.25
	矿体顶部覆岩重复塌陷	有塑性隔水土层，厚度（m）	5～10	0.25～0.20
			11～20	0.20～0.15
			21～30	0.15～0.10
			31～50	0.10～0.05

注：1 塑性岩石指页岩、泥灰岩、泥质砂岩、凝灰岩、千枚岩等；脆性岩石指石灰岩、白云岩、大理岩、花岗岩、片麻岩、闪长岩等；塑性隔水土层指第四系黏土、亚黏土和严重风化成土状物的基岩；

2 对表中暴雨渗入率波动值，当深厚比大时取最小值，深厚比小、导水裂隙或冒落带波及地表时取大值。

5.1.5 错动区的降雨径流渗入量和露天坑的暴雨径流量计算，设计暴雨频率标准取值应按下列规定选取：

1 大型矿山可取5%。

2 中型矿山可取10%。

3 小型矿山可取20%。

4 塌陷特别严重、雨量大的地区，应适当提高暴雨频率标准取值。

5.1.6 露天开采矿山涌水量应包括地下水涌水量和露天坑大气降雨径流量，且应计算正常涌水量和最大涌水量。

5.1.7 露天坑正常降雨径流量应根据历年雨季实际降雨日的日平均降雨量计算；露天坑暴雨径流量计算，宜计算不大于24h短历时和与露天坑允许淹没时间相对应的24h～168h长历时的暴雨径流量。暴雨地表径流系数应采用当地实测资料，当条件不具备时，宜按表5.1.7选用。

表 5.1.7 暴雨地表径流系数

岩土类别		暴雨径流系数
重黏土、页岩		0.9
砂页岩、凝灰岩、玄武岩、花岗岩、轻黏土		0.8～0.9
腐殖土、砂岩、石灰岩、黄土、亚黏土		0.6～0.8
亚砂土、大孔性黄土		0.6～0.7
粉砂		0.2～0.5
细砂、中砂		0～0.4
粗砂、砾石		0～0.2
露天坑内废石堆场	以土壤为主	0.2～0.4
	以岩石为主	0～0.2

注：1 对正常降雨径流量，应将表中数值减去0.1～0.2；
2 当岩石有少量裂隙时，表中数值应减少0.1～0.2，中等裂隙时减0.2，裂隙发育时减0.3～0.4；
3 当腐殖土、黏性土壤中含砂时，表中数值应减0.1～0.2。

5.2 地面和井下防水

5.2.1 存在地表径流危害的矿山，应在露天境界、采矿错动区、岩溶集中塌陷区之外设置截水沟或修筑防洪堤。

5.2.2 下列情况应进行河流改道：

1 河流流经矿体上方的地下开采矿山，采用保护顶板的采矿方法或留设矿柱仍不能保证安全或经济上不合理。

2 河流穿越设计的露天境界。

3 河床地处岩溶塌陷区，对河床作渗漏处理仍不能保证矿山开采安全。

5.2.3 水文地质条件复杂的矿山，当采用矿床疏干、排水、防渗帷幕等措施技术经济不合理时，应留设防水矿柱。留设的防水矿柱应具有隔水性，其规格应经计算确定。

5.2.4 存在突水危害的地下矿山，必须采用超前探水或其他防水措施。

5.2.5 水文地质条件复杂的矿山，应在关键巷道内设置防水门。同一矿区的水文条件复杂程度明显不同时，在通往强含水带、积水区和有大量突然涌水危险区域的巷道，以及专用的截水、放水巷道内也应设置防水门。防水门应设置在岩石稳固的地点。

5.2.6 防水门水压计算应符合下列规定：

1 地下开采矿山设计水压应大于所防含水层的静止水位至防水门设置阶段标高差的水柱压力。

2 使用井巷排水方式的露天开采矿山，设计水压应大于防水门设置标高至设计频率暴雨时露天坑最高允许淹没标高的水柱压力值。

5.3 矿床疏干

5.3.1 下列情况宜采取预先疏干措施：

1 矿体或直接顶、底板为富水性较强、水头较高的含水层，在采掘过程中可能出现突然涌水，不能保证矿井正常掘进和生产安全。

2 矿体间接顶板存在含水丰富、水头高的含水层，采动后可能导通含水层。

3 矿体间接底板存在含水丰富、水头高的含水层，采掘过程中可能引起底鼓和突水。

4 矿体直接顶板或位于开采错动范围内的间接顶板为流砂层，采掘过程中可能出现涌水、涌砂。

5 地下水影响露天边坡岩土物理力学性质改变，稳定性降低，边坡可能发生严重崩塌或滑坡，不能保证正常生产。

5.3.2 矿床疏干应有效降低地下水位，地下水位的降落曲线应低于相应时期被保护地段采掘工作面标高。

5.3.3 矿床疏干方案应根据矿区水文地质条件，选择两个或两个以上可行的方案，并经技术经济比较后确定。

5.3.4 符合下列条件之一时，宜采用地面深井疏干：

1 含水性较强、岩溶裂隙发育的岩溶含水层，裂隙特别发育的裂隙含水层及第四系砂砾含水层，渗透性好，有良好的补给条件。

2 无有效隔水层或弱含水层可供地下疏干开拓利用的地下矿山。

3 开采深度不大的露天矿山。

4 矿层及其顶、底板均为含水丰富、渗透性强的含水层。

5.3.5 地面深井疏干系统的位置宜布置在地下开采错动范围或露天开采最终境界以外20m～50m，矿体分布范围广时可分期布置。深井系统移设的距离应满足相应时期对疏干的要求。

5.3.6 深井孔位宜选择在含水性相对较强、含水层厚度较大、隔水底板低洼部位。对非均质的岩溶或裂隙含水层，每个深井宜布置2个～4个井位选择孔。

5.3.7 深井系统水泵备用及检修台数宜为工作台数的25%～30%；当正常工作台数小于10台时，备用和检修台数宜为工作台数的50%。

5.3.8 下列情况宜采用地下疏干：

1 可用平窿自流排水疏干的矿山。

2 需疏干的含水层渗透性较差、含水性很不均一或疏干深度较大。

3 露天开采矿山，上部存在渗透性良好的砂砾含水层，且有地表水强烈补给。

5.3.9 地下疏干的矿山应超前于一个生产阶段。疏干巷道的布置应与开拓、采准巷道相结合。采用一段疏干方式时，疏干阶段的标高不应低于强含水带的下部界限。

5.3.10 专用的疏干巷道应布置在岩石比较稳固的隔水或弱含水层中。下列情况可布置在强含水层中：

1 矿体及其顶、底板无隔水或弱含水层。

2 矿体及其顶底板隔水或弱含水层工程地质条件差。

3　需加强疏干强度。

4　可用平窿自流疏干。

5.3.11　存在突水危害的矿山应设计地下水位观测孔，观测孔开孔直径应大于91mm，终孔直径不得小于75mm。水文地质条件复杂，采用预先疏干或防渗帷幕的矿山，应设计系统的地下水观测网，观测网布置应符合下列规定：

1　观测网应由2条以上剖面组成，每条剖面上的观测孔不应少于3个。

2　重点观测区应为采掘范围，最远的观测孔不宜超过预计的疏干漏斗边缘。

3　应能控制对矿坑充水有影响的含水层和地表水体附近地下水的动态变化。

4　岩溶塌陷矿区，应兼顾重要工业及民用建筑物、构筑物地下水动态变化的观测。

5　采用防渗帷幕的矿山，应在帷幕内、外布置观测孔。

5.4　防渗帷幕

5.4.1　矿区水文地质条件复杂，符合下列条件之一时，宜采用防渗帷幕：

1　采用疏干措施难以保证有效降低地下水位。

2　矿区附近存在重要的建筑物、构筑物和城镇等大型居民集中点，采用疏干措施不能保证安全。

3　覆盖型岩溶塌陷矿区，含水层厚度大、分布广，渗透性、含水性强，采用疏干措施形成的降落漏斗半径大，塌陷范围广。

4　大量排水影响附近城镇供水和地下水资源保护要求。

5.4.2　采用防渗帷幕宜具备下列水文地质基础条件：

1　地下水进入矿坑的通道比较狭窄。

2　进水通道两端和底部均有可靠和连续分布的隔水层或相对隔水层。

3　含水层必须具备良好的灌注条件，受灌注的含水层全段埋深较浅。

5.4.3　帷幕轴线位置确定应符合下列规定：

1　应布置在地下开采错动界线或露天开采最终境界外不小于20m的地段。

2　应垂直地下水进水方向。

3　宜布置在受灌层底板埋藏浅、过水断面窄、边界条件可靠的部位。

5.4.4　防渗帷幕轴线位置应进行水文地质、工程地质勘查，并应选择有代表性的地段进行帷幕注浆试验。

6　岩石力学

6.1　岩体质量分类和地应力计算

6.1.1　岩体质量宜按*Q*系统、*RMR*值、*MRMR*值和*BQ*进行定量分类；当不具备*Q*系统、*RMR*值、*MRMR*值分类条件时，可采用岩石饱和单轴抗压强度（R_c）或*RQD*值进行初步分类。岩体质量按岩石饱和单轴抗压强度（R_c）分类时，宜符合表6.1.1-1的规定；按*RQD*值分类时，宜符合表6.1.1-2的规定。

表6.1.1-1　按岩石饱和单轴抗压强度（R_c）划分岩体质量

R_c（MPa）	＞60	60～30	30～15	15～5	＜5
坚硬程度	坚硬岩	较坚硬岩	较软岩	软岩	极软岩

表6.1.1-2　按*RQD*值划分岩体质量

RQD（%）	岩体质量分级	裂隙发育情况
90～100	极好	巨大块状
75～90	好	轻微裂隙状
50～75	中等	中等裂隙状
25～50	差	强烈裂隙状
小于25	极差	剪切破碎

6.1.2　*Q*系统分类法，岩体质量应根据*Q*值计算结果按表6.1.2-1确定。指标*Q*值应按下式计算：

表6.1.2-1　岩体质量按*Q*系统分级

评分值（*Q*值）	＞100	50～100	10～50	5～10	1～5	0.1～1	＜0.1
岩体级别	Ⅰ	Ⅱ	Ⅲ	Ⅳ	Ⅴ	Ⅵ	Ⅶ
岩体质量描述	非常好的岩体	很好岩体	好岩体	一般	差	很差	非常差的岩体

$$Q=\frac{RQD}{J_n}\times\frac{J_r}{J_a}\times\frac{J_w}{SRF} \quad (6.1.2)$$

式中：Q——岩体质量分类指标；

RQD——岩石质量指标；

J_n——节理组数系数，宜按表6.1.2-2选取；

J_r——节理粗糙度系数，宜按表6.1.2-3选取；

J_a——节理蚀变或蜕变影响系数；蚀变愈严重，值愈大；节理面紧密结合，夹有坚硬不软化的充填物时，取0.75；节理中夹有膨胀性黏土时，取8～12；

J_w——节理水折减系数；节理渗水量愈大，水压愈高，值愈小；干燥或微量渗水，水压小于0.1MPa时，取1.0；渗水量特别大或水压特别高，持续无明显衰减时，取0.1～0.05；

SRF——应力折减系数；围岩初始应力愈高，值愈大；脆性坚硬的岩石有严重岩爆现象时，取10～20；坚硬岩石有单一剪切带时，取2.5。

表 6.1.2-2 节理组数系数（J_n值）

序号	节理发育情况	节理组数
1	完整岩体，没有或极少节理	0.5～1.0
2	1组节理	2
3	1组～2组节理	3
4	2组节理	4
5	2组～3组节理	6
6	3组节理	9
7	3组～4组节理	12
8	4组～5组节理	15
9	压碎岩石，似土类岩石	20

表 6.1.2-3 节理粗糙度系数（J_r值）

序号	节理面粗糙度描述	不连续面	起伏度	平面
1	粗糙	4.0	3.0	1.5
2	平滑	3.0	2.0	1.0
3	光滑	2.0	1.5	0.5

6.1.3 *RMR*值分类法，工程岩体分级因素指标的分项评分值宜按表6.1.3-1选取，岩体质量应根据总评分值计算结果按表6.1.3-2确定。

表 6.1.3-1 工程岩体分级因素指标的分项评分值

序号	分类参数	取值范围				
1	单轴抗压强度（MPa）	＞200	100～200	50～100	25～50	＜25
	评分值	15	12	7	4	2
2	岩石质量指标 *RQD*（%）	90～100	75～90	50～75	25～50	＜25
	评分值	20	17	13	8	3
3	节理间距（m）	＞3	1～3	0.3～1	0.05～0.3	＜0.05
	评分值	30	25	20	10	5
4	节理条件	节理面很粗糙，节理不连续，节理宽度为0，节理面岩石坚硬	节理面稍粗糙，宽度小于1mm，节理面岩石坚硬	节理面稍粗糙，宽度小于1mm，节理面岩石软弱	节理面光滑或含厚度小于5mm的软弱夹层，节理开口宽度1mm～5mm，节理连续	含厚度大于5mm的软弱夹层，开口宽度大于5mm，节理连续
	评分值	25	20	12	6	0
5	地下水	完全干燥	有潮气	潮湿	滴水	有水流
	评分值	10	8	7	4	0

表 6.1.3-2 岩体质量按*RMR*总评分值分类

总评分值（*RMR*值）	100～81	80～61	60～41	40～21	＜20
岩体级别	Ⅰ	Ⅱ	Ⅲ	Ⅳ	Ⅴ
岩体质量描述	非常好的岩体	好岩体	一般岩体	差岩体	非常差岩体

6.1.4 *MRMR*分类法，岩体质量*RMR*值调整系数应按表6.1.4选取，*MRMR*评分值宜按下式计算：

MRMR＝*RMR*×岩体风化程度系数×节理方位系数×原岩应力及次生应力调整系数×爆破影响调整系数 （6.1.4）

表 6.1.4 岩体质量*RMR*值调整系数

参数	调整系数（%）
岩体风化程度	30～100
节理方位	63～100
原岩应力及次生应力	60～120
爆破影响	80～100

6.1.5 在缺乏现场实测数据时，地应力可按下列公式估算：

$$\sigma_V = 0.0098\gamma h \quad (6.1.5\text{-}1)$$

$$\sigma_H = \lambda\sigma_V \quad (6.1.5\text{-}2)$$

式中：h——埋藏深度（m）；

γ——岩体密度（t/m^3）；

λ——侧压系数；

σ_V——垂直应力（MPa）；

σ_H——水平应力（MPa）。

6.2 露天边坡角的选取及边坡稳定性监测

6.2.1 大型露天矿山和工程地质条件复杂的中、小型露天矿山，应根据工程地质勘查报告和边坡稳定性评价报告判断可能的潜在滑面和边坡的滑落模式，确定稳定系数 K 与最终边坡角 α 之间的关系。必要时，应根据岩层的岩性、赋存条件、地质构造、边坡外形轮廓，对不同深度、不同部位边坡进行稳定性验算。

6.2.2 露天边坡稳定系数 K 可按表 6.2.2 选取。

表 6.2.2 边坡稳定系数 K

边坡类型	服务年限（年）	稳定系数 K
边坡上有重要建筑物、构筑物	>20	>1.4
非工作帮边坡	<10	1.1～1.2
	10～20	1.2～1.3
	>20	1.3～1.4
工作帮边坡	临时	1.0～1.2

6.2.3 最终边坡角的选取应符合下列规定：

1 在确定边坡破坏模式的基础上，可采用图解分析法、极限平衡法、数值计算法进行综合评价；各区段条件不一致时，应分区段分析。

2 有水压的边坡，必要时应进行有水压变化的边坡稳定性敏感度分析。

3 弱层强度随不同含水率变化明显的边坡，应进行强度随含水率变化的边坡稳定性敏感度分析。

4 形状复杂的边坡，应对其轮廓形状进行计算分析。

5 地震烈度为六度及以上地区，应研究分析地震对边坡稳定性的影响。

6 工程地质勘查深度不够且没有边坡稳定性评价报告的大型露天矿山和工程地质条件复杂的中、小型露天矿山，宜通过边坡稳定性专题研究，确定合理边坡角后优化设计。

6.2.4 边坡工程地质条件简单、高度小于 100m，且暴露时间小于 15 年的中、小型露天矿山，可采用类比法确定最终边坡角。

6.2.5 露天矿山边坡应采取监测措施。大型露天矿山和边坡工程地质条件复杂的中型露天矿山，应结合矿区大地测量基本控制网，设置监控站跟踪观测。

6.2.6 露天边坡监测宜包括地表大地变形监测、地表裂缝位移监测、地面倾斜监测、边坡裂缝多点位移监测、边坡深部位移监测、地下水监测、孔隙水压力监测、边坡地应力监测、爆破震动量测和岩体破裂监测等内容。露天边坡稳定性监测主要内容和方法可按表 6.2.6 选用。

表 6.2.6 露天边坡稳定性监测的主要内容和方法

监测内容		主要监测仪器
位移监测	光学仪器监测	全站仪、经纬仪、水准仪等
	钻孔伸长计监测	并联式伸长计、单联式伸长计等
	倾斜监测	垂直钻孔倾斜仪、水平钻孔倾斜仪、水平杆式倾斜仪、倾斜盘、溢流式水管倾斜仪等
	裂缝监测	单向测缝计、三向测缝计、测距仪等
	收敛计监测	带式收敛计、丝式收敛计等
	脆性材料的位移监测	砂浆条带、玻璃、石膏等
	卫星定位系统监测	GPS 等
爆破振动量测岩体破裂监测	爆破振动量测	测震仪等
	微震监测	微震监测系统
	声发射监测	声发射仪
水的监测	降雨监测	雨强、雨量监测仪等
	地表水监测	—
	地下水监测	钻孔水位和水压监测等

6.3 井下工程稳定性评价

6.3.1 井巷工程设计应根据岩体完整性、岩石的物理力学性质、地下水、地应力分布规律等因素进行稳定性评价。

6.3.2 井巷工程稳定性评价宜采用工程地质分析与数值分析相结合的方法。在工程稳定性评价基础资料不充分的条件下，可依据表 6.3.2 判断工程岩体的稳定性。

表 6.3.2 地下工程岩体自稳能力

岩体基本质量级别	自 稳 能 力
Ⅰ	跨度≤20m，可长期稳定，偶有掉块，无塌方
Ⅱ	跨度 10m～20m，可基本稳定，局部可发生掉块或小塌方跨度小于 10m，可长期稳定，偶有掉块
Ⅲ	跨度 10m～20m，可稳定数日至 1 个月，可发生小至中塌方 跨度 5m～10m，可稳定数月，可发生局部块体位移及小至中塌方 跨度小于 5m，可基本稳定
Ⅳ	跨度大于 5m，无自稳能力，数日至数月内可发生松动变形、小塌方，进而发展为中至大塌方。埋深小时，以拱部松动破坏为主，埋深大时，有明显塑性流动变形和挤压破坏；跨度小于或等于 5m，可稳定数日至 1 个月
Ⅴ	无自稳能力

注：1 塌方高度小于 3m 或塌方体积小于 $30m^3$，为小塌方；

2 塌方高度 3m～6m 或塌方体积 $30m^3$～$100m^3$，为中塌方；

3 塌方高度大于 6m 或塌方体积大于 $100m^3$，为大塌方。

6.3.3 采场、采空区稳定性的评价方法应采用工程类比法和数值分析法。在工程稳定性评价基础资料不充分的条件下，宜依据表 6.3.2 判断采场、采空区岩体的稳定性。采场的稳定性评价应包括下列内容：

1 确定采场稳定性影响因素。

2 采矿对区域稳定性的影响。

3 采场结构参数的优化。

4 开采顺序优化。

5 开采对地表的扰动范围。

6.3.4 采场矿石的可崩性应根据矿体几何形状、结构面几何参数、结构面特征、矿岩物理力学性质、原岩应力状态、采场结构参数、地下水条件、诱导方式等因素进行评价。评价方法宜采用 *MRMR* 经验图表法和数值分析法。

6.3.5 在陡坡山体下采矿，应对可能诱发的滚石、滑坡等地质灾害进行评价，并应提出相应的防治方案或不能开采的理由。

7 露 天 开 采

7.1 露天开采境界

7.1.1 最终边坡要素的确定应符合下列规定：

1 台阶高度的确定应符合表 7.1.1-1 的规定。

表 7.1.1-1 台阶高度

矿岩性质	采掘作业方式		台阶高度（m）
松软的岩土	机械铲装	不爆破	不大于机械的最大挖掘高度
坚硬稳固的矿岩		爆破	不大于机械的最大挖掘高度的 1.5 倍
砂状的矿岩	人工开采		不大于 1.8
松软的矿岩			不大于 3.0
坚硬稳固的矿岩			不大于 6.0

注：挖掘机或装载机铲装时，爆堆高度不应大于机械最大挖掘高度的 1.5 倍。

2 台阶坡面角宜按表 7.1.1-2 的规定选取。

表 7.1.1-2 台阶坡面角

普氏系数 f	14～8	7～3	2～1
台阶坡面角（°）	75～70	65～60	60～45

注：表中取值可根据节理、裂隙和层理等发育条件及逆边坡方向或顺边坡方向进行调整。

3 安全平台宽度不应小于 3m；最终台阶并段时，可不设安全平台。

4 每隔 2 个～3 个安全平台应设一个清扫平台。人工清扫时，清扫平台宽度不应小于 6m；机械清扫时，清扫平台宽度应按设备要求确定，但不应小于 8m。

5 露天矿最终边坡采用多台阶并段时，并段数不应大于 3 个。

7.1.2 经济合理剥采比的确定方法应符合下列规定：

1 经济合理剥采比宜采用盈利比较法计算。

2 当矿石价值不高，地下开采有盈利时，可采用成本比较法计算。

3 只适宜露天开采的矿床，可采用价格法计算经济剥采比。

7.1.3 露天开采境界的圈定应符合下列规定：

1 境界剥采比不应大于经济合理剥采比。

2 贵重金属和稀有金属矿床可采用平均剥采比不大于经济合理剥采比圈定。

3 沿走向厚度变化大、地形复杂的不规则矿床，应采用境界剥采比不大于经济合理剥采比圈定，并应用平均剥采比不大于经济合理剥采比进行校核。

4 按境界剥采比不大于经济合理剥采比圈定露天开采境界后，境界外资源储量少、难以用地下开采方式回收时，宜采用境界剥采比不大于价格法计算的经济剥采比扩大露天开采境界。

5 矿层厚度大、剥采比小的矿床，可根据矿床控制程度和服务年限圈定。

6 露天开采境界底平面的长度和宽度应满足铲装设备和运输设备的要求。

7 基建剥离量和初期生产剥采比大的矿床，应进行露天和地下开采方式综合技术经济比较。

7.1.4 大、中型露天矿山应建立矿床数字化模型，并应采用专用矿业软件圈定露天开采境界。

7.1.5 采用分期开采应符合下列规定：

1 露天开采境界范围大、服务年限长或境界内矿床埋藏较深、上部剥离量较大时，宜采用分期开采。

2 第一期境界应选择在开采条件好，且矿石品位高、剥采比及基建剥离量小的区域；服务年限宜大于还贷年限。

3 扩帮过渡期间不应使矿山减产、亏损或出现剥离高峰。

4 分期开采的临时边帮不应采用台阶并段。

7.2 露天矿山生产能力

7.2.1 露天矿山生产能力可按下列公式估算：

$$T=0.2\sqrt[4]{Q} \qquad (7.2.1\text{-}1)$$

$$A=Q/T \qquad (7.2.1\text{-}2)$$

式中：T——矿山合理服务年限（年）；

A——矿山生产能力（t/年）；

Q——开采境界内设计可采储量（t）。

7.2.2 露天矿山生产能力的验算应符合下列规定：

1 应按同时工作的采矿台阶上可能布置的挖掘机台数和单台挖掘机生产能力验算。

2 应按年下降速度进行验算。

3 改建、扩建或大型露天矿山应验算运输线路咽喉地段的通过能力。

7.2.3 露天矿山生产能力应按同时工作的采矿台阶上可能布置的挖掘机台数和单台挖掘机生产能力验算。露天采场生产能力验算应符合下列公式的规定：

$$A_P=NmQ_P \qquad (7.2.3\text{-}1)$$

$$N=L_P/L_o \qquad (7.2.3\text{-}2)$$

式中：A_P——露天采场生产能力（t/年）；

N——单个采矿台阶可布置的挖掘机台数；

L_P——单个采矿台阶可布置的采矿工作线长度（m）；

L_o——单台挖掘机占用的工作线长度（m）；

Q_P——单台挖掘机平均生产能力（t/年）；

m——同时采矿的台阶数。

7.2.4 单斗挖掘机每立方米斗容年生产能力宜按表7.2.4的规定选取。

表 7.2.4 单斗挖掘机每立方米斗容年生产能力［10^4m^3/（m^3·年）］

运输方式	岩石类别		
	坚硬岩石	中硬岩石	表土或不需爆破的岩石
汽车运输	15～18	18～21	21～24
铁路运输	12～15	15～18	18～21

注：机械传动单斗挖掘机（电铲）宜取低值，液压挖掘机宜取高值。

7.2.5 按年下降速度验证露天采场生产能力时，年下降速度宜符合表7.2.5的规定。采用陡帮开采、分期开采或投产初期台阶矿量少、下降速度快的矿山，可按新水平准备时间确定下降速度。

表 7.2.5 年下降速度（m/年）

运输方式	类别	下降速度
汽车运输	山坡露天矿	24～36
	凹陷露天矿	18～30
铁路运输	山坡露天矿	12～15
	凹陷露天矿	8～12

注：采剥工艺简单、开拓工程量较小或采用横向开采、短沟开拓时，可取大值。

7.3 基建与采剥进度计划

7.3.1 露天开采应遵循自上而下的开采顺序，应分台阶开采，并应坚持“采剥并举，剥离先行”的原则。

7.3.2 基建与采剥进度计划编制应符合下列原则：

1 应减少基建剥离量、缩短基建时间。

2 达产时间和投产规模应分别符合本规范第3.0.18条和第3.0.19条的规定。

3 应减少前期生产剥采比。

4 全期生产剥采比均衡有困难时，可分期均衡，分期均衡期应大于5年，每期生产剥采比的变化幅度不宜过大。

5 开拓与备采矿量保有期应符合本规范第3.0.13条的规定。

6 编制采剥进度计划应以采掘设备能力为计算单元。

7 采剥进度计划应至少编制至投产后第5年末，分期开采的矿山应编制扩帮过渡期采剥进度计划。

7.3.3 均衡生产剥采比应符合下列规定：

1 当采用缓帮开采不能均衡生产剥采比时，应采用陡帮开采，陡帮工作帮坡角应在18°～35°范围内调整。

2 开采范围大、生产年限长的矿山，当采用单一陡帮开采难以均衡生产剥采比时，宜采用分期开采或分期开采和陡帮开采相结合的方法。

3 分区开采的矿山宜通过剥采比高低搭配以均衡剥采比；矿体走向很长的纵向开采的矿山，宜采用沿走向分区段不均衡推进以均衡剥采比。

7.3.4 陡帮开采扩帮时，每隔60m～90m高度应布置一个宽度不小于20m的接滚石平台。

7.3.5 露天开采矿山，损失率和贫化率应符合下列规定：

1 矿体赋存条件简单的矿床，损失率和贫化率不应超过5%；矿体赋存条件复杂的矿床，损失率和贫化率不应超过8%。

2 矿体分枝复合严重，贫化率和损失率宜经计算确定，当计算值大于10%时，应采取低台阶采矿等措施。

7.4 开拓运输

7.4.1 下列情况之一，宜采用单一公路开拓汽车运输方案：

1 矿体赋存条件和地形条件复杂。

2 矿石品种多，需分采分运。

3 矿岩运距小于3000m。

7.4.2 下列情况之一，可采用准轨铁路开拓运输方案：

1 露天坑坑底长轴方向大于1000m，边坡较规整，年采剥总量大于20000kt。

2 排土场运距大于5000m，比高或采深小于200m，采场至排土场、选厂之间适宜铁路布线。

3 采场总出入沟口地形开阔，能布置铁路编组站。

7.4.3 高差大、地形复杂、溜井穿过的岩层工程地质条件较好的山坡露天矿，可采用公路-平硐溜井开拓。

7.4.4 采用公路-平硐溜井联合开拓运输方案时，宜将溜井布置在采矿场内；但当采场内存在空区或采场内矿岩条件不适宜布置溜井时，可将溜井布置在采场的出入沟口附近。当矿石需破碎时，破碎机宜设在溜井口。当在采场内溜井口设置半移动式破碎站时，破碎机搬迁一次的服务年限宜大于5年，且应有两套溜井设施互换。

7.4.5 矿岩年运量大于3000kt、汽车运距大于3000m时，宜采用移动式破碎站-带式输送机开拓运输方案或公路-半移动式或固定式破碎站-带式输送机联合开拓运输方案。

7.4.6 采用公路-破碎机-带式输送机联合开拓运输方案，带式输送机的输送能力应与破碎站、给料机等供料设备能力相适应。采场内固定式带式输送机宜布置在非工作帮上，条件不允许时可布置在斜井中，条件具备时宜使用大倾角带式输送机。带式输送机设计应符合本规范第15.3节的有关规定。

7.4.7 深凹露天矿的总出入口位置应按排土场和工业场地的相对位置、标高、地形等条件确定，必要时应进行技术经济比较；大型深凹露天矿宜设两个出入口。

7.4.8 露天矿山道路的等级宜符合表7.4.8的规定。

表7.4.8 道路等级

道路等级	单线行车密度（辆/h）	行车速度（km/h）	适用条件
一	>85	40	生产干线
二	85～25	30	生产干线、支线
三	<25	20	生产干线、支线和联络线

7.4.9 露天矿山道路，当设计速度大于15km/h、采用的圆曲线半径小于表7.4.9-1的规定时，应按现行国家标准《厂矿道路设计规范》GBJ 22的有关规定在圆曲线上设置超高；当圆曲线半径等于或小于200m时，应按现行国家标准《厂矿道路设计规范》GBJ 22的有关规定在圆曲线内侧加宽路面；露天矿山道路的最小圆曲线半径应符合表7.4.9-2的规定。

表7.4.9-1 不设超高的最小圆曲线半径（m）

矿山道路等级	一	二	三
不设超高的最小圆曲线半径	45	25	15

表7.4.9-2 最小圆曲线半径（m）

矿山道路等级	一	二	三
最小圆曲线半径	45	25	15

注：铰接式汽车专用道路最小圆曲线半径可按10m设计。

7.4.10 露天矿运输道路的最大纵坡坡度不宜超过表7.4.10的规定。

表7.4.10 最大纵坡坡度（%）

道路等级	一	二	三
最大纵坡坡度	8	9	10

注：1 铰接式汽车专用道路的最大纵坡坡度不宜超过15%；
2 深凹露天矿最底部一个阶段的最大纵坡坡度可增加1%；
3 重车下坡地段，最大纵坡坡度应减少1%。

7.4.11 露天矿山道路纵坡限制坡长应符合表7.4.11-1的规定，当纵坡坡长超过表7.4.11-1的规定时，应在不大于表7.4.11-1规定的长度处设置坡度不大于3%的缓和坡段，缓和坡段最小长度不应小于表7.4.11-2的规定。

表 7.4.11-1 露天矿山道路纵坡限制坡长（m）

纵坡坡度（%）	道路等级		
	一	二	三
4～5	700	—	—
5～6	500	600	—
6～7	300	400	500
7～8	200	250 或 300	350 或 400
8～9	—	150 或 170	200 或 250
9～10	—	—	100 或 150

注：当受地形条件限制或需要适应开采台阶标高时，限制坡长可取大值。

表 7.4.11-2 缓和坡段长度（m）

道路等级	一	二	三
缓和坡段最小长度	80	60	40

7.4.12 露天矿山道路路面宽度宜符合表 7.4.12-1 的规定，露天矿山道路路肩宽度应符合表 7.4.12-2 的规定。

表 7.4.12-1 露天矿山道路路面宽度

卡车类别		一	二	三	四	五	六	七	八	九	十
计算车宽（m）		2.3	2.5	3.0	3.5	4.0	5.0	5.5	6	7	7.5
双车道路面宽度（m）	一级	7.0	9.0	11.0	12.0	14.5	18.0	20	24.0	28.0	30.0
	二级	6.5	8.5	10.5	11.5	13.5	16.0	18.0	22.0	26.5	28.5
	三级	6.0	8.0	10.0	11.0	12.5	14.0	16.0	20.0	25.0	27.0
单车道路面宽度（m）	一、二级	4.0	5.0	6.5	7.0	8.0	9.0	10.0	12.5	15.0	16.0
	三级	3.5	4.5	6.0	6.5	7.5	8.5	9.5	12.0	14.0	15.0

注：当实际车宽与计算车宽差值大于 15cm 时，应按内插法以 0.5m 为加宽量单位调整路面的设计宽度。

表 7.4.12-2 露天矿山道路路肩宽度

车宽类别		一、二	三	四、五	六、七	八	九、十
路肩宽度（m）	挖方地段	0.50	0.75	0.75	1.00	1.00	1.50
	填方地段	1.00	1.50	2.00	2.50	3.00	5.00

7.4.13 采场内运输平台的宽度，应为露天矿山道路路面和路肩宽度之和。

7.4.14 道路路面材料的选择应符合下列规定：

1 生产干线和永久性联络线道路应选择泥结碎石路面。

2 采掘、排土工作面的生产支线和临时性联络线道路，路面材料宜就地取材。

7.4.15 露天矿山道路，在急弯、陡坡、危险地段必须设置安全警示标志；山坡填方的弯道、坡度较大的填方地段，以及高堤路基和高边坡路段的外侧必须设置安全防护堤，安全防护堤的高度不应低于车轮直径的 0.4 倍。

7.4.16 在行车密度较大的地段，应对车流密度进行校验。车辆间隔应按制动距离加 10m～20m 安全间隔计算。

7.5 穿孔、爆破工艺

7.5.1 穿孔钻机选型应根据岩层硬度、台阶高度及爆破孔径等因素确定。中硬岩层及硬岩层应选用牙轮钻机、高风压潜孔钻机、顶锤式钻机，软岩层宜选用回转钻机、普通潜孔钻机。

7.5.2 钻孔直径选择宜符合下列规定：

1 大型露天矿宜采用 250mm～380mm。

2 中型露天矿宜采用 150mm～250mm。

3 小型露天矿宜采用 80mm～150mm。

7.5.3 牙轮钻机的钻进速度、台班效率可按下列公式计算，钻机的台班效率及台年效率也可按表 7.5.3 选取：

$$V = 3.75 \frac{Pn}{9.8 \times 10^3 Df} \quad (7.5.3\text{-}1)$$

$$V_b = 0.6 V T_b \eta \quad (7.5.3\text{-}2)$$

式中：V——牙轮钻机的机械钻进速度（cm/min）；

P——轴压（N）；

n——钻头转速（r/min）；

D——钻头直径（cm）；

f——普氏系数；

V_b——钻机台班效率（m）；

T_b——钻机台班工作时间（h）；

η——工作时间利用系数，宜取 0.3～0.5。

表 7.5.3　牙轮钻机的台班效率及台年效率

普氏系数 f	ϕ150～200 牙轮钻机		ϕ250～310 牙轮钻机	
	台班效率（m）	台年效率（m）	台班效率（m）	台年效率（m）
4～8	70～90	60000～80000	80～100	70000～90000
8～12	50～70	45000～60000	60～80	50000～70000
12～16	30～50	25000～45000	40～60	30000～50000

7.5.4　潜孔钻机的钻进速度和钻机台班效率可按下列公式计算，潜孔钻机的台班效率及台年效率也可按表 7.5.4-1 选取：

$$V=\frac{4En_zK}{\pi D^2a} \tag{7.5.4-1}$$

$$V_b=0.6VT_b\eta \tag{7.5.4-2}$$

式中：V——潜孔钻机钻进速度（cm/min）；

E——冲击功（J）；

n_z——冲击频率（Hz）；

D——钻孔直径（cm）；

a——矿岩凿碎比功（J/cm³），可按表 7.5.4-2 选取；

K——冲击能利用系数；

π——圆周率；

V_b——钻机台班效率（m）；

T_b——钻机台班工作时间（h）；

η——工作时间利用系数，宜取 0.3～0.5。

表 7.5.4-1　潜孔钻机的台班效率和台年效率

普氏系数 f	低风压潜孔钻机 0.5MPa～0.7MPa		中风压潜孔钻机 1.05MPa～1.5MPa		高风压潜孔钻机 1.7MPa～2.5MPa	
	台班效率（m）	台年效率（m）	台班效率（m）	台年效率（m）	台班效率（m）	台年效率（m）
4～8	35～40	25000～35000	70～80	45000～60000	—	—
8～12	30～35	20000～25000	60～75	40000～50000	80～100	60000～80000
12～16	25～30	15000～20000	45～60	30000～40000	65～80	40000～60000

表 7.5.4-2　矿岩凿碎比功值

普氏系数 f	硬度级别	软硬程度	凿碎比功值（×9.8J/cm²）
<3	Ⅰ	极软	<20
3～6	Ⅱ	软	20～30
6～8	Ⅲ	中等	30～40
8～10	Ⅳ	中硬	40～50
10～15	Ⅴ	硬	50～60
15～20	Ⅵ	很硬	60～70
15～20	Ⅶ	极硬	>70

7.5.5　钻孔废孔率设计参考值可按表 7.5.5 选取。

表 7.5.5　钻孔废孔率设计参考值

钻孔直径（mm）	废孔率（%）
150	7
200	6
250	5
310	4

7.5.6　钻孔超深宜按钻孔直径的 8 倍～12 倍选取。

7.5.7　深孔爆破参数的选取应符合下列规定：

1　深孔爆破宜采用多排孔、大孔距、小抵抗线微差爆破。

2　垂直深孔底盘最小抵抗线可按台阶高度 0.6 倍～0.9 倍确定。

3　单位炸药消耗量可按表 7.5.7 选取。

表 7.5.7　单位炸药消耗量

普氏系数 f		<8	8～12	12～16
单位炸药消耗量（kg/m³）	岩石	<0.45	0.45～0.5	0.5～0.55
	矿石	0.45～0.5	0.5～0.55	0.55～0.6

4　炮孔填塞长度宜按炮孔直径的 16 倍～32 倍计算。

7.5.8　深孔爆破炸药类型，无水钻孔宜采用多孔粒状铵油炸药；有水钻孔应采用乳化炸药。

7.5.9　爆破装药、运输应采用炸药混装车，充填工作应采用炮孔填塞机。

7.6　装载工艺

7.6.1　装载工艺的选择宜符合下列规定：

1　有色金属露天矿山宜采用单斗挖掘机装载工

艺；松散物料宜选用标准型铲斗，坚硬物料宜选用岩石型铲斗，底板不平整时，宜选用反铲单斗挖掘机。

2 挖掘量大、松散或固结不致密土岩的铲装可选用索斗挖掘机装载工艺。

3 砂矿和松软表土、风化岩的铲装可选用轮斗铲装载工艺。

4 运距短、较松散的物料装运可采用装载机装载工艺。

5 物料松散、装载作业面平缓开阔、运距为800m～2000m的物料装运可采用铲运机装载工艺。

7.6.2 单排孔爆破采用汽车运输时，最小工作平台宽度应符合表7.6.2-1的规定；采用铁路运输时，最小工作平台宽度应符合表7.6.2-2的规定。

表7.6.2-1 汽车运输最小工作平台宽度（m）

普氏系数 f	台阶高度			
	8m	10m	12m	15m
＞12	30～32	32～36	36～41	42～48
6～12	27～29	29～31	32～35	38～41
＜6	25～27	27～29	30～32	35～38

注：当采用多排孔微差爆破时，表中数值需增加多排孔所相应增加的爆破带宽度。

表7.6.2-2 铁路运输最小工作平台宽度（m）

普氏系数 f	台阶高度					
	10m		12m		15m	
	准轨	窄轨	准轨	窄轨	准轨	窄轨
＞12	39～41	37～39	44～46	42～44	54～56	52～54
6～12	34～36	32～34	39～41	37～39	46～48	44～46
＜6	29～31	27～29	34～36	32～34	38～40	36～38

注：当采用多排孔微差爆破时，表中数值需增加多排孔所相应增加的爆破带宽度。

7.6.3 单斗挖掘机最小工作线长度可按表7.6.3选取。

表7.6.3 单斗挖掘机最小工作线长度

铲斗容积（m³）	铁路运输（m）	汽车运输（m）	
		单排孔爆破	多排孔挤压爆破
1～2	200～300	150	100
4	450	200	150
≥8	≥500	≥300	≥200

7.6.4 两台以上挖掘机在同一平台上作业，汽车运输时，挖掘机的间距不应小于其最大挖掘半径的3倍，且不应小于50m；机车运输时，挖掘机的间距不应小于两列列车的长度。

7.6.5 上、下台阶同时作业的挖掘机应沿台阶走向错开一定的距离；在上部台阶边缘安全带进行辅助作业的挖掘机，应超前下部台阶正常作业的挖掘机最大挖掘半径3倍的距离，且不应小于50m。

7.7 设备选择

7.7.1 露天矿山的装备宜符合表7.7.1的规定。

表7.7.1 露天矿山的装备

设备名称	装备水平		
	大型	中型	小型
穿孔设备	1. φ250～380牙轮钻 2. φ200～250潜孔钻	1. φ150～200牙轮钻 2. φ120～200潜孔钻 3. 顶锤式钻机	1. ≤φ150潜孔钻 2. 顶锤式钻机 3. 手持式凿岩机
装载设备	斗容≥4m³挖掘机	1. 斗容2m³～4m³挖掘机 2. 3m³～5m³前装机	1. 斗容1m³～2m³挖掘机 2. ≤3m³前装机
运输设备	1. ≥50t汽车 2. 100t～150t电机车、60t～100t矿车 3. 汽车（机车）-破碎机-胶带	1. 10t～50t以下汽车 2. 14t～20t电机车、5m³～6m³矿车	1. ≤20t以下汽车 2. ≤14t电机车、0.55m³～3.5m³矿车
排土设备	1. 推土机配合汽车 2. 破碎机-胶带-排土机 3. 铁路-挖掘机	1. 推土机配合汽车 2. 铁路-推土机	1. 推土机配合汽车 2. 铁路-推土机
辅助设备	1. ≥320×0.745kW履带式推土机 2. ≥5m³前装机	（150～320）×0.745kW履带式推土机	150×0.745kW以下履带式推土机

7.7.2 主要设备选择计算应符合下列规定：

1 设备的数量应按计算年的矿岩量进行计算，基建期的设备数量不应大于生产期的设备数量。

2 计算运输设备数量时，运输量的不均衡系数宜按下列规定选取：

1） 公路运输1.05～1.15；

2） 准轨铁路运输1.10～1.15；

3） 窄轨铁路运输1.15～1.20。

3 穿孔、铲装、运输设备的能力应配套，并应配备相应的辅助设备。

7.7.3 自卸汽车选型应与挖掘机选型相匹配，自卸汽车载重量与挖掘机铲斗装载量的比例宜为3：1～6：1。自卸汽车的载重利用系数不宜小于0.90；当载重利用系数小于0.90时，应加大自卸汽车的车斗容积。

7.7.4 主要设备的备用应符合下列规定：

1 露天矿的牙轮钻、潜孔钻和挖掘机可不设备用，但不应少于2台。

2 运矿汽车出车率宜为65%～85%。

3 准轨铁路运输设备的备用系数宜为15%～20%。

4 窄轨铁路运输设备的备用系数宜为20%～25%。

7.8 排土场

7.8.1 排土场的设计应符合现行国家标准《有色金属矿山排土场设计规范》GB 50421的有关规定。

7.8.2 排土作业不应给深部开采或邻近矿山造成水害和其他潜在安全隐患。分区分段开采的露天矿山应合理安排开采顺序，有条件时，应选择内部排土方式。内部排土场不应影响矿山正常开采和边坡稳定，排土场坡脚与开采作业点之间应有一定的安全距离。必要时应设置滚石或泥石流拦挡设施。

7.8.3 在剥离物排弃程序中应符合下列规定：

1 技术经济条件下暂不能利用的低品位矿石、建筑材料应单独堆存。

2 剥离的耕植土应分运、分堆。

3 含有酸性、酚类以及微量放射性物质的剥离物，应采取特殊的排弃、处理措施。

7.9 硐室爆破

7.9.1 下列情况之一，宜采用硐室爆破：

1 基建剥离部位难以修建公路的孤立山头或陡峭地形的剥离。

2 使用硐室爆破可加快工程建设速度或节省投资时。

7.9.2 露天矿山最终边坡不宜采用硐室爆破，高边坡地段不应采用硐室爆破。

7.9.3 爆破类型的选择宜符合下列规定：

1 当爆区及周围地形较平缓或比高小于30m，没有条件将岩石抛至最终境界外，或爆区附近建筑物、构筑物需要保护时，宜采用松动爆破。

2 当爆区周围地形扩散条件好，且部分岩石可直接抛至最终境界外或基建剥离范围外，爆区地形比高大于40m，为降低地形高度，达到一次铲装目的时，宜采用加强松动爆破。

3 当采场靠近排土场，地形有利于把大量岩石直接抛至排土场，且在经济上有利时，宜采用抛掷爆破。

7.9.4 爆破作用指数n值宜按下列规定选取：

1 松动爆破宜取0.4～0.7。

2 加强松动爆破宜取0.75～1.0。

3 抛掷爆破宜取1.0～1.4。

7.9.5 药室布置应符合下列规定：

1 应依据地形及爆区周围条件，确保炸药能量充分利用，爆堆分布合理。

2 导硐工程量应小，施工应安全、方便。

3 所留岩坎高度小于7m时，可不布置辅助药室。

7.9.6 标准抛掷爆破炸药单位消耗量K值选取宜按类似矿山硐室爆破资料和爆区内同类岩石中的试验值，综合研究确定。

7.9.7 药室间距系数m值的确定宜符合下列规定：

1 同层松动爆破、加强松动爆破、抛掷爆破，主药室之间宜取1.0～1.2，主、辅药室之间宜取1.0～1.4。

2 上、下层松动爆破和加强松动爆破宜取1.2～1.6，上、下层抛掷爆破宜取1.4～1.8。

7.10 露天采场复垦

7.10.1 设计应根据不同情况为复垦创造有利条件。有条件的露天采场应推广“剥离—排土—造地—复垦”一体化技术。

7.10.2 露天采场土地复垦应符合下列规定：

1 应符合土地利用总体规划及土地复垦规划。

2 应根据自然条件和土地类型选择复垦地的用途，因地制宜、综合治理。条件允许时，应复垦为耕地或农用地。

3 复垦后地形地貌宜与自然环境和景观相协调。

4 应充分利用剥离废石作为土地复垦充填物。

7.10.3 终了露天采场的永久性坡面应进行稳定化处理。

7.10.4 露天采场采空区宜复垦为农、林、牧业用地；当凹陷露天采场存在稳定的补给水源，且无裂缝、无塌陷、没有较好的排泄条件时，也可复垦为渔业或蓄水用地。

7.10.5 当复垦为农用地时，复垦工程应符合下列规定：

1 覆土厚度应有不小于0.5m的自然沉实土壤，耕层厚度不应小于0.2m。

2 复垦后场地应平整。用作水田时，地面坡度不宜超过2°～3°；用作旱地时，地面坡度不宜超过5°。

3 在每台地之间修筑排水沟时，排水沟坡度不应小于0.5%。

4 台地之间的边坡应采取护坡、边坡植被等保护措施。

5 台地之间应设联系道路。

7.10.6 复垦为林业用地时，复垦工程应符合下列规定：

1　覆土厚度大于0.3m；土源奇缺采取坑栽时，坑内应放客土或人工土。

2　地面坡度不应超过25°。坡度15°～20°可用于果园和及其他经济林，坡度大于20°可栽种一般林木。

3　应按地形修成台田、反坡梯田等。

4　应有满足场地要求的排水设施，边坡应采取保水、保肥措施。

7.10.7　复垦为牧业用地时，复垦工程应符合下列规定：

1　覆土厚度应大于0.2m。

2　地面坡度不应超过30°。

3　场地大的复垦区应有作业通道。

4　应根据饮水半径合理布置饮水点。

7.10.8　复垦为渔业、蓄水用地时，复垦工程应符合下列规定：

1　应有适宜的水源补给。

2　应有良好的排水条件。

3　作为渔业用途时，塘或池的面积宜为$0.3hm^2$～$0.7hm^2$，深度宜为2.5m～3m。

8　砂矿开采

8.1　水力开采

8.1.1　下列情况，宜采用水力开采：

1　地下水位高，采场疏干困难，不适用机械开采又难于采用挖掘船开采。

2　含大块砾石少、岩性松软，适用水枪冲采。

3　矿区水源充足，供水扬程较小，供电条件好。

4　采场顶、底板地形简单，底板渗漏水现象不严重。

5　附近有足够容量的水力排土场，并能实现循环用水，基本达到零排放。

6　非人口密集区或非农业丰产区。

7　无冰冻或冰冻期短的地区。

8.1.2　水力开采矿山粗选厂的服务范围应以原矿一段砂泵扬程所及的运距划定。一个采区可设置多个粗选厂，但每个粗选厂的服务年限不宜小于3年。

8.1.3　矿浆能自流至选厂的水力冲采矿山，宜采用堑沟开拓；需加压输送至选厂的砂矿，宜采用基坑开拓；地势高、周边境界封闭的凹陷露天砂矿，具备平硐自流运输条件时，可采用溜浆管溜井-平硐开拓。

8.1.4　采用水力掘沟、明槽运矿时，其堑沟宽度不应小于台阶高度的1.5倍，明沟槽应设置盖板或采取其他安全防护措施。

8.1.5　水力输送的临界流速、水力坡度可按有关经验公式计算确定；所含物料体重大、粒径较大或高浓度矿浆在长距离输送时，应通过试验确定。

8.1.6　水力开采，冲采方法的选取应符合下列规定：

1　矿体厚度大、土岩致密、黏性大、矿浆易于流运的砂矿床，应采用逆向冲采法。

2　矿体厚度小于5m、土岩松散、胶结性差、含砾石较多、难以流运的砂矿床，可采用顺向冲采法。

3　开采洗选排弃的尾矿中的泥油层，或倾角30°以上且底板较平滑的山坡砂矿，应采用顺向冲采法。

4　矿体厚度大、土岩致密、黏性大、含砾石较多、难以流运的砂矿床，应采用逆-顺向冲采法。

8.1.7　水力开采致密砂矿并进行底部掏槽的台阶高度不应超过10m，超过10m时，应进行分段逆向冲采。

8.1.8　单台水枪冲采工作面宽度不宜大于水枪有效射程的2倍；两台水枪在同一工作面作业且对向冲采时，相互间距离不应小于水枪有效射程的2.5倍；并列冲采时，相互间距不应小于有效射程的1.5倍；上、下阶段同时作业时，上部台阶工作面应超前下部台阶30m以上。

8.1.9　水枪射程可按下式计算：

$$L=1.8KH_0\sin2\alpha \qquad (8.1.9)$$

式中：L——水枪射程（m）；

K——空气阻力系数，宜取0.9～0.95；

H_0——水枪喷嘴出口断面的工作压头（10^4Pa）；

α——水枪仰角（°）。

8.1.10　水枪喷嘴至工作台阶坡底线的最小距离应根据土岩崩落时能保证人员和设备的安全确定，逆向冲采松散的砂质黏土岩，不应小于台阶高度的0.8倍；冲采黏土质的致密岩土，不应小于台阶高度的1.2倍。远距离操纵的近冲水枪与台阶坡底线的最小距离可按下式计算：

$$L_{min}=KH \qquad (8.1.10)$$

式中：L_{min}——水枪距工作面最小距离（m）；

H——台阶高度（m）；

K——安全系数，致密黄土与黏土宜取1.2，泥质土宜取1.0，砂质黏土宜取0.6～0.8，砂质土宜取0.4～0.6。

8.1.11　水枪冲采土岩的生产能力可按下式计算：

$$Q_T=K_1K_2K_3Q_0/q \qquad (8.1.11)$$

式中：Q_T——水枪冲采土岩的生产能力（m^3/h）；

Q_0——水枪射水量（m^3/h）；

K_1——冲采方法影响系数，逆向冲采时，宜取1.0；顺向冲采时，水枪位于下平盘，宜取1.1；水枪位于平盘，宜取0.87；

K_2——矿床底板特征影响系数，可按表8.1.11-1选取；

K_3——台阶高度影响系数，可按表8.1.11-2选取；

q——土岩单位耗水量（m^3/m^3），可按表8.1.11-3选取。

表 8.1.11-1　矿床底板特征影响系数

K_d	1	1.1	1.2	1.3	1.4	1.5	1.6	1.7	1.8	1.9	2.0
K_2	1	0.9	0.85	0.77	0.71	0.67	0.63	0.58	0.55	0.52	0.50

注：K_d为水枪清理残矿引起耗水量增加系数，采用试验方法确定。

表 8.1.11-2　台阶高度影响系数

台阶高度（m）	<6	6～10	11～15	>15
K_3	0.80	0.95	1.00	1.10

表 8.1.11-3　土岩单位耗水量

土岩类别	台阶高度（m）								
	3～5			5～15			>15		
	土岩单位耗水量（m^3/m^3）	射流工作压头（MPa）	工作面允许最小坡度（%）	单位耗水量（m^3/m^3）	射流工作压头（MPa）	工作面允许最小坡度（%）	土岩单位耗水量（m^3/m^3）	射流工作压头（MPa）	工作面允许最小坡度（%）
预松散非粘结土、细粒砂	5.0	0.294	2.5	4.5	0.392	3.5	3.5	0.490	4.5
粉状土 轻砂土 松散黄土	6.0	0.294 0.294 0.392	2.5 1.5 2.0	5.4	0.392 0.392 0.490	3.5 2.5 3.0	4.0	0.490 0.490 0.588	4.5 3.0 4.4
中粒砂 重砂土 轻质黏土 致密黄土	7.0	0.294 0.392 0.490 0.588	3.0 1.5 1.5 2.0	6.3	0.392 0.490 0.588 0.686	4.0 2.5 2.5 3.0	5.0	0.490 0.588 0.686 0.784	5.0 3.0 3.0 4.0
大粒砂 重砂土 中及重黏土 瘦黏土	9.0	0.490 0.490 0.686 0.686	4.0 1.4 1.5 1.5	8.1	0.588 0.588 0.784 0.784	5.0 2.5 2.5 2.5	7.0	0.686 0.686 0.882 0.882	7.0 3.0 3.0 3.0
砂质砾石土 半油性黏土	12.0	0.392 0.784	5.0 2.0	10.8	0.490 0.980	6.0 3.0	9.0	0.588 1.180	7.0 4.0
砂质砾石 半油性黏土	14.0	0.392 0.980	5.0 2.5	12.6	0.588 1.180	6.0 3.5	10.0	0.686 1.370	7.0 4.5

8.1.12　水枪工作台数可按下列公式计算：

$$N=Q/Q_1 \qquad (8.1.12\text{-}1)$$

$$Q_1=Q_T Tt\eta \qquad (8.1.12\text{-}2)$$

式中：N——水枪工作台数（台）；

Q——砂矿土岩生产能力（m^3/年）；

Q_1——按土岩生产能力计算的所需水量（m^3/年）；

Q_T——水枪冲采土岩的生产能力（m^3/h）；

T——年工作天数（d）；

t——日工作小时数（h）；

η——工作时间利用系数，宜取0.65～0.75。

8.1.13　水枪、砂泵的备用系数宜为100%～200%，水泵的备用系数宜为20%～50%。

8.2　挖掘船开采

8.2.1　下列情况之一，宜采用挖掘船开采：

1　地下潜水位较高，大部分矿体位于地下水位以下，矿区涌水量较大，有足够的水源保证挖掘船漂浮及选矿用水。

2　砂矿土岩中含微泥粒级量小于15%。

3　矿床资源储量大，矿体底板平整、坡度平缓，喀斯特溶洞不发育；或地下水沿河谷方向水力坡度小，水下矿体形态变化不大。

4 开采拥有永冻层的砂矿床时，永冻层厚度小于15m。

8.2.2 挖掘船开采砂矿床宜采用上行开采；当补给水的流量小和采用筑坝开拓时，宜采用下行开采；当矿体上、下游端均封闭或未封闭，一个矿区内两艘以上挖掘船同时开采时，应采用混合式开采。

8.2.3 挖掘船开采宜采用基坑开拓；当砂矿层的水下埋深小于根据挖掘船吃水条件所规定的最小水下埋深时，可采用筑坝开拓或联合开拓。

8.2.4 挖掘船开采，基坑开拓应符合下列规定：

1 基坑位置应选择在覆盖层薄、储量级别和品位高、供水条件好、不被洪水淹没的地段。

2 采、选船基坑开挖水深应大于船的吃水深度加0.8m以上。

3 主基坑平面尺寸应满足挖掘船在采池里自由调动的要求。

8.2.5 挖掘船出基坑应符合下列规定：

1 出基坑终端的宽度不应小于挖掘船的最小采幅宽度。

2 出基坑加深角应以不触尾为原则计算，也可按经验选取5°～14°。

3 出基坑终端宜达到矿体底板。

4 采用通道出基坑时，通道宽度不应小于挖掘船的最小采幅宽度。

8.2.6 采池内水与外部水系形成通路时，水位差不应大于0.5m；当采池水位低于安全水位时，应筑坝提高水位，不宜采用超挖底板加深水位。

8.2.7 地表建筑物、构筑物到采池边的距离不应小于30m；设备到采池边的距离不应小于5m；人员到采池边的距离不应小于2m；挖掘船船体离采场边缘应有不小于20m的安全距离；开采工作面水上边坡高度大于3m时，边坡角不应大于矿岩自然安息角。

8.2.8 挖掘船船型应根据矿物性质、矿体赋存条件和开采技术条件选择，宜采用链斗式挖掘船；开采细粒松散、非贵重金属矿床可选用绞吸式挖掘船。

8.2.9 挖掘船生产能力宜根据矿体储量规模、宽度，以及挖掘船类型和服务年限确定。链斗式挖掘船生产能力可按下式计算：

$$Q_d = 1440W \times V \times K \times \eta / K_p \quad (8.2.9)$$

式中：Q_d——挖掘船生产能力（m^3/d）；

W——斗容（m^3）；

V——卸斗速度（斗/min）；

K——平均满斗系数；

H——时间利用系数，宜取0.65～0.75；

K_p——土岩平均松散系数。

8.2.10 链斗式挖掘船卸斗速度、平均满斗系数、土岩平均松散系数可按表8.2.10选取。

表8.2.10 卸斗速度、平均满斗系数、土岩平均松散系数

参数	砂砾层	表土层	基层
土岩平均松散系数	1.25	1.20	1.50
平均满斗系数	0.70	0.90	0.20
卸斗速度	29	32	15

8.2.11 挖掘船排尾方式应根据船的类型、型号和开采方式确定，且应符合下列规定：

1 尾砂堆积范围和高度应保证砂堆稳定和挖掘船、人员作业安全，堆存空间应保证作业连续。

2 应减少压矿及二次倒堆。

3 应有利于复垦和生态恢复。

8.3 机械开采

8.3.1 下列情况之一，宜采用机械开采：

1 干旱少雨、供水不足或供水扬程大。

2 矿岩坚实或松软土岩中砾石含量多、块度大。

3 土岩承压力大，适于采运设备作业。

4 因环境保护要求，不宜水力开采的地区。

8.3.2 机械开采矿山宜按采区设置粗选厂。粗选厂的位置应结合原矿运输设备的合理运距确定，其服务年限不宜小于5年。

8.3.3 砂矿露天机械开采设计应符合本规范第7章的有关规定。

9 地下开采

9.1 矿山生产能力

9.1.1 地下矿山生产能力的确定应符合下列规定：

1 阶段生产能力应根据阶段上同时回采的矿块数和矿块生产能力计算。

2 矿山设计生产能力宜以一个开采阶段保证，在条件许可时，可适当增加回采阶段，但上、下相邻阶段的对应采场不得同时回采；采用一步骤连续回采的矿山，应以一个阶段回采计算矿山生产能力；划分矿房、矿柱两步骤回采的矿山，应以一个阶段采矿房、一个阶段采矿柱为基础进行计算，当矿柱矿量比例小于20%时，可不计其生产能力。

3 计算的生产能力应按合理服务年限、年下降速度、新阶段准备时间分别进行验证；开采技术条件复杂的大中型矿山，宜编制采掘进度计划表最终验证。

4 矿山生产能力应根据计算的生产能力，并结合矿床勘探类型、勘探程度、开采技术条件和采矿工艺复杂程度、市场需求、资金筹措等因素，经多方案综合比较后确定。

9.1.2 地下矿山生产能力可按下式计算：

$$A=\frac{NqKEt}{1-Z} \quad (9.1.2)$$

式中：A——地下矿山生产能力（t/年）；

N——同时回采的可布矿块数；

K——矿块利用系数，宜按表9.1.2选取；

q——矿块生产能力（t/d），可通过计算或按表9.1.3选取；

E——地质影响系数，宜取0.7～1.0；

Z——副产矿石率（%）；

t——年工作天数（d）。

表9.1.2 矿块利用系数

采矿方法	矿块利用系数
分段空场法	0.3～0.6
房柱法、全面法	0.3～0.7
上向水平分层充填法	0.3～0.5
薄矿脉浅孔留矿法	0.25～0.5
有底柱分段崩落法、阶段崩落法、壁式崩落法、分层崩落法	0.25～0.35
点柱充填法	0.5～0.8
无底柱分段崩落法、下向充填法	≤0.8

注：当矿体产状规整、矿岩稳固、矿块矿量大、采准切割量小、阶段可布矿块数少或矿体分散，矿块间通风、运输干扰少，以及单阶段回采时，应取大值。

9.1.3 矿块生产能力应根据采场构成要素、凿岩方式、装备水平等，结合回采作业循环计算，也可按表9.1.3选取。

表9.1.3 矿块生产能力（t/d）

采矿方法	矿体厚度（m）			
	<0.8	0.8～5	5～15	≥15
全面法	—	80～120	—	—
房柱法	—	100～150	150～250	—
分段空场法	—	—	200～350	300～500
阶段空场法	—	—	300～600	600～900
浅孔留矿法	—	80～120	100～150	—
上向分层充填法	—	60～100	100～200	200～400
下向充填法	—	30～60	60～100	100～200
削壁充填法	40～60	—	—	—
大直径深孔落矿嗣后充填法	—	—	200～400	400～600

续表9.1.3

采矿方法	矿体厚度（m）			
	<0.8	0.8～5	5～15	≥15
壁式崩落法	—	100～150	—	—
分层崩落法	—	—	60～100	80～120
有底柱分段崩落法	—	—	150～200	200～300
无底柱分段崩落法	—	—	150～300	300～500
阶段强制崩落法	—	—	—	400～600

注：当机械化程度较高、矿体厚度较厚时，取大值；当机械化程度较低、矿体厚度较薄时，取小值。

9.1.4 矿山生产能力宜按下列规定验证：

1 宜按合理服务年限验证。矿山服务年限可按下式计算，计算的服务年限宜符合本规范表3.0.15的规定：

$$T=\frac{Q}{A(1-\beta)} \quad (9.1.4\text{-}1)$$

式中：T——合理服务年限（年）；

Q——设计可采储量（t）；

β——矿石贫化率（%）。

2 宜按年下降速度验证。年下降速度可按下式计算，计算的年下降速度宜与开采技术条件和装备水平类似的生产矿山进行分析比较：

$$V=\frac{A(1-\beta)}{S\gamma\alpha E} \quad (9.1.4\text{-}2)$$

式中：V——回采工作年下降速度（m/年）；

S——矿体开采面积（m^2）；

γ——矿石密度（t/m^3）；

α——采矿回收率（%）。

3 宜按新阶段准备时间验证。新阶段准备时间可按下式计算。新阶段开拓、采切工程完成时间应小于计算的新阶段准备时间：

$$T_z=\frac{Q_zE}{K(1-\beta)A_z} \quad (9.1.4\text{-}3)$$

式中：T_z——新阶段准备时间（年）；

Q_z——回采阶段可采储量（t）；

A_z——回采阶段生产能力（t/年）；

K——超前系数，宜取1.2～1.5。工程地质和水文地质条件复杂的矿山取大值，简单的矿山取小值。

9.2 开采岩移范围和地面建筑物、构筑物保护

9.2.1 岩石移动角的确定应符合下列规定：

1 大型矿山岩石移动角，宜采用数值分析法和类比法综合研究确定。

2 中小型矿山岩石移动角，可在分析岩性构造特征的基础上，根据类似矿山的实际资料类比选取。

3 改建、扩建矿山，应根据已获得的岩移观测资料和矿床地质条件有无变化等情况，对原设计岩石移动角进行修正。

9.2.2 岩石移动范围的圈定应符合下列规定：

1 岩石移动范围应以开采矿体最深部位圈定，对深部尚未探清的矿体应从能作为远景开采的部位圈定。

2 开采深度大、服务年限长，采用分期开采的矿山，可分期圈定岩石移动范围。

3 矿体邻近岩层中有与移动角同向的小倾角弱面，且其影响范围超越按完整岩层划定的范围时，应以该弱面的影响范围修正。

4 圈定的岩石移动范围和留设的保安矿柱应分别标在总平面图、开拓系统平面图、剖面图和阶段平面图上。

9.2.3 地表主要建筑物、构筑物应布置在岩石移动范围保护带外，因特殊原因需布置在岩石移动范围保护带内时，应留设保安矿柱。

9.2.4 地表建筑物、构筑物的保护等级和保护带宽度应符合下列规定：

1 地表建筑物、构筑物的保护等级划分应符合表 9.2.4-1 的规定。

2 地表建筑物、构筑物的保护带宽度不应小于表 9.2.4-2 的规定。

表 9.2.4-1 地表建筑物、构筑物的保护等级划分

保护等级	主要建筑物和构筑物
Ⅰ	国务院明令保护的文物、纪念性建筑；一等火车站，发电厂主厂房，在同一跨度内有 2 台重型桥式吊车的大型厂房，平炉，水泥厂回转窑，大型选矿厂主厂房等特别重要或特别敏感的、采动后可能导致发生重大生产、伤亡事故的建筑物、构筑物；铸铁瓦斯管道干线，高速公路，机场跑道，高层住宅，竖（斜）井、主平硐，提升机房，主通风机房，空气压缩机房等
Ⅱ	高炉、焦化炉，220kV 及以上超高压输电线路杆塔，矿区总变电所，立交桥，高频通讯干线电缆；钢筋混凝土框架结构的工业厂房，设有桥式起重机的工业厂房，铁路矿仓、总机修厂等较重要的大型工业建筑物和构筑物；办公楼、医院、剧院、学校、百货大楼，二等火车站，长度大于 20m 的二层楼房和三层以上住宅楼；输水管干线和铸铁瓦斯管道支线；架空索道，电视塔及其转播塔，一级公路等
Ⅲ	无吊车设备的砖木结构工业厂房，三、四等火车站，砖木、砖混结构平房或变形缝区段小于 20m 的两层楼房，村庄砖瓦民房；高压输电线路杆塔，钢瓦斯管道等
Ⅳ	农村木结构承重房屋，简易仓库等

表 9.2.4-2 地表建筑物、构筑物的保护带宽度

保护等级	保护带宽度（m）
Ⅰ	20
Ⅱ	15
Ⅲ	10
Ⅳ	5

注：从建筑物、构筑物外缘算起。

9.2.5 “三下”采矿设计应符合下列规定：

1 建筑物、构筑物下采矿，建筑物、构筑物位移与变形的允许值应符合表 9.2.5 的规定；不符合表 9.2.5 的规定时，应采取有效的安全措施。

表 9.2.5 建筑物、构筑物位移与变形的允许值

建筑物、构筑物保护等级	倾斜 i（mm/m）	曲率 k（10^{-3}/m）	水平变形 ε（mm/m）
Ⅰ	±3	±0.2	±2
Ⅱ	±6	±0.4	±4
Ⅲ	±10	±0.6	±6
Ⅳ	±10	±0.6	±6

2 水体下采矿，宜采取充填采矿或留设防水矿岩柱等安全措施，并应进行试采；开采形成的导水裂隙带不应连通上部水体或不破坏水体隔水层。

9.3 矿床开拓

9.3.1 开拓井巷位置及井口工业场地布置应符合下列规定：

1 竖井、斜井、平硐位置，宜选择在资源储量较集中、矿岩运输功小、岩层稳固的地段，宜避开含水层、断层、岩溶发育地层或流砂层，并应布置工程地质检查孔，斜井和平硐的工程地质检查孔应沿纵向布置。

2 竖井、斜井、平硐、斜坡道等井口的标高应高于当地历史最高洪水位 1m 以上。

3 每个矿井应至少有两个独立的直达地面的安全出口，安全出口的间距不应小于 30m；大型矿井，矿床地质条件复杂，且走向长度一翼超过 1000m 时，应在矿体端部增设安全出口。

4 进风井宜位于当地常年主导风向的上风侧，进入矿井的空气不应受到有害物质的污染；回风井宜设在当地常年主导风向的下风侧，排出的污风不应对矿区环境造成危害；放射性矿山出风井与入风井的间距应大于 300m。

5 井口工业场地应具有稳定的工程地质条件，应避开法定保护的文物古迹、风景区、内涝低洼区和采空区，且不应受地面滚石、滑坡、山洪暴发和雪崩的危害，井口工业场地标高应高于当地历史最高洪水位。

6 井口工业场地布置应合理紧凑、节约用地、不占或少占农田和耕地，对有可能扩大生产规模的企业应适当留有发展余地。

7 位于地震烈度6度及以上地区的矿山，主要井筒的地表出口及工业场地内主要建筑物、构筑物应进行抗震设计。

9.3.2 平硐开拓应符合下列规定：

1 当矿体或相当一部分矿体赋存在当地侵蚀基准面以上时，宜采用平硐开拓。

2 采用平硐集中运输时，宜采用溜井下放矿石；当生产规模小、溜井设施等工程量大、矿石有粘结性或岩层不适宜设置溜井时，可采用竖井、斜井下放或无轨自行设备直接运出地表。

3 当双轨运输主平硐较长，岩层不稳固，且无其他条件制约时，宜采用单轨双平硐开拓。

4 确定主平硐断面时，应满足通过坑内设备材料最大件及有关安全间隙的要求。

9.3.3 斜井开拓应符合下列规定：

1 埋藏深度小于300m的缓倾斜或倾斜中厚以上矿体，宜采用下盘斜井开拓；矿体走向较长，埋藏深度小于200m的急倾斜矿体，可采用侧翼斜井开拓；形态规整、倾角变化较小的缓倾斜薄矿体，宜采用脉内斜井开拓。

2 下盘斜井井筒顶板与矿体的垂直距离应大于15m，脉内斜井井筒两侧保安矿柱的宽度不应小于8m。

3 串车斜井不宜中途变坡和采用双向甩车道，当需要设置双向甩车道时，甩车道岔口间距应大于8m。

4 斜井下部车场应设置躲避硐室。

5 行人的运输斜井应设人行道。人行道有效宽度不应小于1.0m，有效净高不应小于1.9m；斜井坡度为10°～15°时应设人行踏步；15°～35°时应设踏步及扶手；大于35°时应设梯子；有轨运输的斜井，车道与人行道之间应设隔离设施。

6 斜井有轨运输设备之间，以及运输设备与支护之间的间隙不应小于0.3m；带式输送机与其他设备突出部分之间的间隙不应小于0.4m。

9.3.4 斜坡道开拓应符合下列规定：

1 开拓深度小于300m的中小型矿山可采用斜坡道开拓，且斜坡道应位于岩石移动范围外；条件许可时，宜采用折返式布置。

2 斜坡道的坡度，用于运输矿石时不宜大于12%，用于运输设备、材料时不宜大于15%；弯道坡度应适当降低。

3 斜坡道长度每隔300m～400m，应设坡度不大于3%、长度不小于20m并能满足错车要求的缓坡段。

4 大型无轨设备通行的斜坡道干线转弯半径不宜小于20m，阶段斜坡道转弯半径不宜小于15m；中小型无轨设备通行的斜坡道转弯半径不宜小于10m；曲线段外侧应抬高，变坡点连接曲线可采用平滑竖曲线。

5 斜坡道应设人行道或躲避硐室；人行道宽度不得小于1.2m，人行道的有效净高不应小于1.9m；躲避硐室的间距，在曲线段不应超过15m，在直线段不应超过30m。躲避硐室的高度不应小于1.9m，深度和宽度均不应小于1.0m。

6 无轨运输设备之间，以及无轨运输设备与支护之间的间隙不应小于0.6m。

7 斜坡道路面宜采用混凝土、沥青或级配合理的碎石路面。

9.3.5 竖井开拓应符合下列规定：

1 矿体赋存在当地侵蚀基准面以下，井深大于300m的急倾斜矿体或倾角小于20°的缓倾斜矿体，宜采用竖井开拓。

2 当主井为箕斗井，并与选厂邻近时，应将箕斗卸载设施与选厂原矿仓相连。

3 井深大于600m、服务年限长的大型矿山，主提升竖井可分期开凿，一次开凿深度的服务年限宜大于12年。

4 装有两部在动力上互不依赖的罐笼设备，且提升机均为双回路供电的竖井可作为安全出口，不设梯子间；其他竖井作为安全出口时，应设装备完好的梯子间。

9.3.6 矿床开拓方案的选择应符合下列规定：

1 开拓方案应根据矿床赋存特点、工程地质及水文地质、矿床勘探程度、矿石储量等，结合地表地形条件、场区内外部运输系统、工业场区布置、生产建设规模等因素，对技术上可行的开拓方案进行一般性分析，并应遴选出2个～3个方案进行详细的技术经济比较后确定。

2 矿体埋藏深或矿区面积大，服务年限长的大型矿山，可采用分期开拓或分区开拓。

3 根据矿床赋存条件、地形特征、勘探程度等因素，结合采矿工业场地的布置要求，采用单一开拓方式在技术、经济上不合理时，可采用联合开拓方式。

9.3.7 阶段高度应根据矿体赋存条件、矿体厚度、矿岩稳固程度、采掘运设备、生产规模、采矿方法等因素，经综合分析比较确定，也可按下列规定选取：

1 缓倾斜矿体，阶段高度可取20m～35m。

2 急倾斜矿体，阶段高度可取40m～60m。

3 开采技术条件好、采掘运装备水平高，采用无底柱崩落法、大直径深孔采矿法和分层充填法的矿山，阶段高度可取80m～150m。

9.3.8 水平运输巷道设计应符合下列规定：

1 运输巷道宜布置在稳固的岩层中，宜避开应力集中区和含水层、断层或受断层破坏的岩层、岩溶发育的地层和流砂层中。

2 运输巷道宜布置在矿体下盘，当下盘工程地质条件差，或其他原因不能布置在下盘时，可布置在上盘。

3 运输巷道应设人行道；人行道有效净高不应小于1.9m，人力运输巷道的人行道有效宽度不应小于0.7m；机车运输巷道的人行道有效宽度不应小于0.8m；调车场及人员乘车场，两侧人行道的有效宽度均不应小于1.0m；井底车场矿车摘挂钩处应设2条人行道，每条净宽不应小于1.0m；带式输送机运输巷道的人行道有效宽度不应小于1.0m；无轨运输巷道的人行道有效宽度不应小于1.2m。

4 有轨运输巷道运输设备之间，以及运输设备与支护之间的间隙不应小于0.3m；带式输送机与其他设备突出部分之间的间隙不应小于0.4m；无轨运输巷道运输设备之间，以及无轨运输设备与支护之间的间隙不应小于0.6m。

5 有自燃发火可能性的矿井，主要运输巷道应布置在岩层或者不易自燃发火的矿层内，并应采取预防性灌浆或其他有效的预防自燃发火的措施。

9.3.9 主溜井设计应符合下列规定：

1 主溜井通过的岩层工程地质、水文地质条件复杂或年通过量1000kt以上的矿山，主溜井数量不宜少于2条。

2 主溜井宜采用垂直式，单段垂高不宜大于200m，分支斜溜道的倾角应大于60°；溜井直径不应小于矿石最大块度的5倍，但不得小于3m。

3 主溜井装矿硐室应设置专用安全通道。

4 主溜井应设置专用的通风防尘设施，其污风应引入回风道。

5 含泥量多、粘结性大或含硫高、易氧化自燃的矿石，不宜采用主溜井。

9.4 空场采矿法

9.4.1 空场采矿法应符合下列规定：

1 矿石围岩稳固、采场在一定时间内允许有较大的暴露面积的矿床宜采用空场采矿法；当矿岩稳固性稍差时，设计宜从采场结构参数、顶板维护、凿岩工艺等方面采取相应措施。

2 当矿床开采技术条件允许时，宜采用机械化、智能化程度高的大直径深孔空场采矿法或中深孔分段空场采矿法。

3 采用全面采矿法和房柱采矿法的矿山，应根据顶板稳定情况留出合适的矿柱；矿柱需要回收时，应采取安全措施。

4 采用空场采矿法的矿山应有采场地压监测、预报的设施及设备，并应采取充填、隔离或强制崩落围岩的措施。

5 空场采矿法的矿石回采率，厚矿体不应小于85%，中厚矿体不应小于80%，薄矿体不应小于75%。

9.4.2 全面采矿法应符合下列规定：

1 全面采矿法宜用于厚度小于5m矿岩中等稳固以上、产状较稳定的水平和缓倾斜矿体回采；当厚度大于3m时，宜分层开采，条件具备时，宜采用液压凿岩台车全厚一次推进。

2 采场内应留不规则矿柱，圆形矿柱直径不应小于3m，方形矿柱不应小于2m×2m；有条件时矿柱应布置在夹石带和贫矿段内；开采矿石价值高的矿体，可采用人工矿柱替代预留矿柱，人工矿柱的大小和强度应能保证顶板的安全。

3 矿体厚度小于最小可采厚度时，切割巷道的顶板不应超过设计采幅的顶板。

9.4.3 留矿全面采矿法应符合下列规定：

1 留矿全面采矿法宜用于矿石不粘结、不自燃，且厚度小于8m、倾角为30°～50°的矿体。

2 当矿体倾角小于矿石自然安息角、厚度较薄且底板比较平整时，可采用伪倾斜工作面或扇形工作面推进，电耙应设在天井联络道内。

3 矿体倾角大于矿石自然安息角，矿体厚薄不均或底板起伏多变时，应采用水平工作面推进；电耙可设在天井联络道内。

4 矿体厚度小于3m时，应采用逆倾斜全厚一次推进；当矿体厚度大于3m时，宜采用分层推进或上分层超前推进。

9.4.4 房柱采矿法应符合下列规定：

1 浅孔房柱采矿法宜用于厚度小于8m的缓倾斜矿体；当矿体厚度大于3m时，宜分层回采。

2 矿体厚度为8m～10m时，宜采用预控顶和中深孔进行回采。

3 当矿体顶、底板较规整、厚度大于3m，且条件允许时，可采用液压凿岩台车。

4 盘区内同时回采的采场数不应超过3个，采场的推进方向应与盘区推进方向一致，各工作面间的超前距离应为10m～15m。

9.4.5 浅孔留矿采矿法应符合下列规定：

1 浅孔留矿采矿法宜用于矿石不粘结、不自燃、遇水不膨胀的急倾斜薄矿脉及中厚矿体。

2 回采工作面宜采用梯段布置，当采用上向孔落矿时，梯段工作面长度宜为10m～15m；水平孔落矿时，梯段长度宜为2m～4m。

3 当相邻急倾斜平行薄矿脉间距大于4m、夹层稳定，且矿脉形态和地质构造简单时，可实行分采。

4 急倾斜相邻平行薄矿脉分采，当夹层稳定时，可依次开采或同时开采。同时开采应实行强化开采，上盘采场应超前下盘采场两个分层高度，放矿时，上盘采场应超前或同时下降。当夹层局部稳定性较差时，下盘采场宜超前上盘采场两个分层高度，放矿时，上盘采场宜超前或同时下降。

9.4.6 极薄矿脉留矿采矿法应符合下列规定：

1 极薄矿脉留矿采矿法宜用于矿脉平均厚度小于0.8m的急倾斜矿脉，采幅应控制在0.9m～1.1m。

2 当矿脉不连续和沿走向、倾向延展不大，矿石价值高而矿岩较稳固时，可不留间柱和采用人工底柱；当矿脉走向长度超过200m时，应每隔100m～120m留1个间柱，并应制定采空区的处理措施。

3 当矿脉沿走向出现分支交叉矿脉时，应在分支口或交叉口留矿柱，并应设共用天井或共用漏斗，主脉与分支脉应同时上采。

4 在竖向剖面上交替出现平行脉，两脉间距小于1.5m时，可由原采场以60°倾角逐步过渡到平行脉；当间距为1.5m～3.0m时，应在采矿工作面向平行脉开掘60°斜漏斗，并应做好二次切割后继续上采；当间距大于3.0m时，宜另开盲阶段单独回采。

9.4.7 爆力运矿采矿法应符合下列规定：

1 爆力运矿采矿法宜用于矿岩界线清楚、产状较稳定、底板平整、倾角大于35°的中厚倾斜矿体。

2 阶段运输平巷应布置在脉外，距矿体底板不应小于6m。

3 矿房可采用阶段回采和分段回采；采用分段回采时，应先采上分段，后采下分段。

4 每次崩矿前，采场内应只在漏斗中留缓冲矿石垫层。

9.4.8 分段空场采矿法应符合下列规定：

1 分段空场采矿法宜用于急倾斜中厚矿体和倾斜或缓倾斜厚大矿体；当矿体厚度大于50m时，宜留矿房间纵向矿柱。

2 矿岩稳固的急倾斜矿体应采用分段凿岩、阶段出矿；稳固性稍差或倾斜的矿体，宜采用分段凿岩、分段出矿。

3 分段高度应根据凿岩设备的凿岩深度、矿体倾角等因素综合确定。

4 同一矿体的上下相邻阶段和同一阶段相邻平行矿体的矿房和矿柱布置，其规格应相同，上下和前后应相互对应；

5 除作为回采、运输、充填和通风的巷道外，不得在采场顶柱内开掘其他巷道。

9.4.9 阶段空场采矿法应符合下列规定：

1 阶段空场采矿法宜用于矿体形态规整、厚度大于10m的急倾斜矿体和任何倾角的极厚矿体。

2 阶段空场采矿法宜采用大直径深孔落矿；采场出矿应使用铲运机或其他出矿能力较大的设备，采用平底结构时，应使用遥控铲运机或其他机械设备清底。

3 采用水平深孔落矿时，切割和拉底的空间应为崩落分层矿石量的30%～40%；采用垂直深孔侧向崩矿时，切割立槽宜布置在矿房内矿体最厚处，切割立槽宽度应为崩落分条厚度的20%；采用大直径下向深孔球状药包崩矿时，其补偿空间容积应大于35%。

4 采场沿走向布置、垂直分条崩矿时，矿房回采宜由一侧向切割槽崩矿；采场垂直走向布置时，应由上盘向下盘推进崩矿。

9.5 充填采矿法

9.5.1 充填采矿法应符合下列规定：

1 充填采矿法宜用于矿石价值高、地表需要保护、矿体形态复杂、矿岩稳固性较差等条件的矿床。

2 在充填采矿法设计中，宜增大分层高度；有条件时，应采用空场采矿法嗣后充填。

3 阶段回采顺序宜为自上而下回采；当采用上向充填法时，可采用自下而上的阶段回采顺序；当矿体垂深大，可上、下分区同时回采。

4 采用充填采矿法开采缓倾斜相邻矿脉，应先采下盘矿脉、后采上盘矿脉，下盘采场应充填接顶。

5 矿柱回采应与矿房回采同时设计。矿房已胶结充填的间柱，宜采用分层充填或嗣后充填采矿法回收，顶底柱宜用分层或进路充填法回收。

6 充填采矿法的矿石回采率，中厚及厚矿体不应小于90%；薄矿体不应小于85%；深井极厚大矿体可适当降低。

9.5.2 上向水平分层充填采矿法应符合下列规定：

1 上向水平分层充填采矿法宜用于矿岩中等以上稳固的矿体；当矿岩不稳固时，宜采用上向进路式充填采矿法。

2 点柱式充填法宜用于矿岩中等以上稳固、矿石价值中等以下的倾斜厚矿体。

3 点柱式充填法的壁柱宽度宜为4m～6m，点柱直径宜为4m～5m，采场内点柱总面积不宜超过采场总面积的10%。

4 上向充填法应采用一房一柱的两步骤回采顺序，矿山地压大、矿岩不够稳固的厚大矿体宜采用一房二柱、一房三柱，特厚矿体可采用一房多柱的多步骤回采布置；狭长的单独矿体可全走向一步骤回采。

5 采场控顶高度不宜大于4.5m，当采场有撬毛台车或服务台车可保证作业安全时，控顶高度可增至6m～8m。

6 采用人工间柱上向分层充填法采矿时，相邻采场应超前一定距离。

7 当采场跨度和采空高度较大，或局部地段矿岩不稳固时，应采取加固采场顶板的措施。

8 上向充填采矿法胶结充填体设计强度应满足矿柱回采时自立高度的要求，并应能承受爆破震动的影响。

9 回收底柱的采场，应在底柱上构筑厚度不小于0.4m、强度不小于15MPa的钢筋混凝土或厚度大于5m、强度大于5MPa、底板上铺设钢筋网的砂浆胶结料隔离层；回收间柱的采场宜用空场法嗣后胶结充填先采间柱；干式充填法可在矿房邻间柱一侧构筑混凝土隔墙。

10 采用干式或尾砂充填时，宜在每分层充填面上铺设厚度不小于0.15m、强度不低于15MPa的混凝土垫层；采用低强度胶结充填时，每分层充填面上宜铺设厚度不小于0.3m、强度不低于3MPa的胶结充填体。

11 布置在脉内的采场顺路溜井不宜少于2个，直径应大于矿石最大块度的3倍，且不得小于1.5m。

9.5.3 下向分层充填采矿法应符合下列规定：

1 下向充填采矿法宜用于矿岩极不稳固、矿石价值较高，用上向进路充填法难以开采的矿体。

2 回采进路的规格宽宜为3m～5m，高宜为2m～5m。

3 当回采进路采用倾斜布置时，倾斜分层的倾角宜大于胶结充填料的自流坡面角，自流坡面角宜取6°～8°。

4 分层假顶应充填完整坚实，充填体单轴抗压强度不应小于3MPa。

9.5.4 削壁充填采矿法应符合下列规定：

1 削壁充填采矿法宜用于形态较稳定、矿石和围岩界线清楚、价值较高的极薄矿脉。

2 削壁充填采矿法回采矿石和崩落围岩的顺序应根据矿岩稳固性确定。当围岩稳固性较好时，宜先采矿石、后崩落围岩，当围岩稳固性较差时，宜先崩落围岩、后采矿石。

3 开采急倾斜矿体时，采场崩矿前应铺设垫板或垫层。

4 开采缓倾斜矿脉时，采场应用大块废石砌筑挡墙接顶，挡墙至工作面的距离不应大于2.5m。

9.5.5 嗣后充填采矿法应符合下列规定：

1 嗣后充填采矿法可用于采用分段采矿法、分段空场采矿法、阶段空场采矿法回采后，地表需要保护或间柱需要回收的矿床。

2 嗣后充填应采用高效率的充填方式；当矿柱需要回收时，充填体应具有足够的强度和自立高度。

3 当充填体需要为相邻矿块提供出矿通道或底柱需要回收时，充填体底部应采用高灰砂比胶结充填，充填体强度应大于5MPa。

4 当矿柱不需要回收作为永久损失时，采空区宜采用非胶结充填。

5 采场充填前，在采场内应事先布置泄水管道，下部通道口应构筑稳固的滤水墙。

9.6 崩落采矿法

9.6.1 崩落采矿法应符合下列规定：

1 崩落采矿法宜用于地表允许崩落，矿体上部无水体和流砂，矿石和覆盖岩层无自燃性和结块性，矿石价值不高，中厚以上、矿岩中等稳固以下的矿床。

2 采用崩落法采矿时，在高山陡坡地区，应有防止或避免塌方、滚石和泥石流危害的措施；对地表覆土层厚、雨量充沛地区，应有防止大量覆土混入矿石和泥水涌入采区的措施。

3 开采使用期间的阶段运输平巷和盘区部分采准工程，均应布置在相应开采阶段的岩石移动范围以外10m。

4 矿体开采的水平推进方向应严格按控制地压有利的顺序安排，并应保持与矿井主进风流相反的方向。

5 开采极厚矿体且产量较大时，阶段间可设置提升人员、设备材料两用的电梯井。

6 用崩落法回采矿柱时，间柱、顶柱和底柱宜采用微差爆破一次崩矿，在覆盖岩石下放矿；当矿岩稳定时，可先采间柱，在空场条件下放矿后，再采顶柱、底柱。

7 崩落采矿法的矿石回采率，中厚及厚矿体不应小于75%，薄矿体不应小于80%。

9.6.2 壁式崩落采矿法应符合下列规定：

1 顶板岩石不稳固，厚度0.8m～4m、倾角小于30°、形态规则的矿体宜采用壁式崩落采矿法。

2 开采多层矿体或产状变化大的单层矿体时，运输平巷宜布置在底盘脉外；产状较规则的单层矿，且生产规模小、单阶段回采时，运输平巷可布置在脉内；多层矿体分层回采时，应待上层顶板岩石崩落并稳定后，再回采下部矿层。

3 当矿体和底盘岩石不够稳固时，阶段运输平巷应布置在底盘脉外，并应避开采空区压力拱基。

4 相邻两个阶段同时回采时，上阶段回采工作面应超前下阶段工作面一个工作面斜长的距离，且不应小于20m。

5 长壁崩落法采用阶梯式回采工作面时，下阶梯应超前上阶梯1倍～2倍排距。

6 当矿体倾角为25°～30°时，宜采用伪倾斜回采工作面。

7 控顶距、放顶距宜由采矿方法试验确定，也可根据支柱间距确定，控顶距宜为2排～3排的支柱间距；放顶距宜为1排～5排支柱间距。

8 在密集支柱中，每隔3m～5m应有一个宽度不小于0.8m的安全出口，密集支柱受压过大时，应及时采取加固措施；撤柱后不能自行冒落的顶板，应在密集支柱外0.5m处，向放顶区重新凿岩爆破，强制崩落；机械撤柱及人工撤柱，应自下而上、由远而近进行；矿体倾角小于10°时，撤柱顺序可不限。

9 矿体直接顶板崩落岩层的厚度小于矿体厚度

的6倍～8倍时，应采取有效的控制地压和顶板管理措施；放顶后，应及时封闭落顶区。

10 壁式崩落采矿法应推广采用液压支柱。

9.6.3 分层崩落采矿法应符合下列规定：

1 分层崩落采矿法宜用于矿石价值较高、中等稳固以下，上盘岩石不稳固的倾斜、缓倾斜中厚以上或急倾斜矿体。

2 采场分层进路宽度不应超过3m，分层高度不应超过3.5m。

3 采场上、下相邻的分层平巷或横巷应错开布置，岩壁厚度不应小于2.5m，采场上、下分层进路应相对应。

4 邻接矿块同时回采时，回采分层高差不宜超过两个分层高度；在水平方向上，上、下分层同时回采时，上分层超前相邻下分层的距离不应小于15m。

5 回采应从矿块一侧向天井方向推进；当采掘接近天井时，分层沿脉或穿脉应在分层内与另一天井相通；采区采完后，应在天井口铺设加强假顶。

6 开采第一分层时应在底板上铺设假顶，假顶之上的缓冲层不应小于4m，并应逐步形成20m以上的缓冲层。

7 崩落假顶时，不得用砍伐法撤出支柱，人员不应在相邻的进路内停留；开采第一分层时，不得撤出支柱；顶板不能及时自然崩落的缓倾斜矿体应进行强制放顶；假顶降落受阻时，不应继续开采分层；顶板降落产生空洞时，不应在相邻进路或下部分层巷道内作业。

9.6.4 有底柱分段崩落采矿法应符合下列规定：

1 有底柱分段崩落采矿法宜用于夹石较少，不需分采，形态不太复杂、厚度大于5m的急倾斜中厚矿体或任何倾角的厚大矿体。

2 急倾斜、倾斜厚矿体分段高度宜为20m～30m；倾斜中厚矿体沿走向脉外布置电耙道时，分段高度宜为10m。

3 有底柱分段崩落法宜采用垂直分条、小补偿空间挤压爆破；挤压爆破的补偿空间系数应按不同落矿方式选取或通过试验确定，补偿空间系数宜为15%～20%。

4 缓倾斜矿体采用竖分条崩矿时，矿块中矿体最凸起部位应设有切割槽；急倾斜、倾斜中厚矿体，矿块沿走向布置时，矿块中矿体最厚部位应设切割槽。

5 上、下分段同时出矿时，上分段超前的水平距离不应小于分段高度的1.5倍。

6 开采厚大矿体且盘区产量大时，应布置专用的进风和回风巷道。

7 采场顶板不能自行冒落时，应及时强制崩落，也可用充填料予以充填。

9.6.5 无底柱分段崩落采矿法应符合下列规定：

1 无底柱分段崩落采矿法宜用于矿石和下盘围岩稳固或中等稳固，上盘围岩不稳固或中等稳固，矿石价值不高的急倾斜厚矿体或缓倾斜极厚矿体。

2 厚度大于50m的极厚矿体，可在矿体中央增开分段平巷，也可沿走向划分采区，在采区内划分矿块。

3 回采主要技术参数宜通过采矿方法试验确定。未取得试验研究参数时，分段高度可取10m～15m，进路间距可取10m～20m，崩矿步距不应大于3m，扇形炮孔边孔倾角可取60°～70°。

4 回采工作面的上方应有大于分段高度的覆盖岩层；上盘不能自行冒落或冒落的岩石量达不到所规定的厚度时，应及时进行强制放顶，并应使覆盖岩层厚度达到分段高度的2倍左右。

5 当矿石不够稳固时，应采取防止炮孔变形、堵塞和进路端部顶板眉线破坏的有效措施。

6 同一分段的各相邻进路回采工作面应形成阶梯状。

7 上、下两个分段同时回采时，上分段应超前于下分段，超前距离应使上分段位于下分段回采工作面的错动范围之外，且不应小于20m。

8 分段回采完毕，应及时封闭本分段的溜井口。

9.6.6 阶段强制崩落采矿法应符合下列规定：

1 阶段强制崩落采矿法宜用于岩石中等稳固或稳固，矿体产状、形态变化不大的急倾斜厚矿体或任何倾角的极厚矿体。

2 两个阶段同时回采时，上阶段应超前回采，超前距离不得小于一个采场长度；开采极厚矿体时，平面相邻采场应呈阶梯式推进。

3 强制崩落顶板或暂留矿石作为垫层，垫层厚度不得小于20m。

4 采用挤压爆破的补偿空间系数应为15%～20%，小补偿空间的补偿系数应为20%～25%，自由空间爆破的补偿系数应大于25%。

9.6.7 自然崩落采矿法应符合下列规定：

1 自然崩落采矿法宜用于矿石节理裂隙发育或中等发育，含夹石少，矿体形态规整的厚大矿体。

2 矿山应开展必要的岩石力学工作，评价矿岩的可崩性；设计应根据矿岩性质、崩落高度和预测的崩落块度等因素综合确定放矿点间距和其他底部结构参数。

3 底部结构应采用高强度混凝土支护或其他有效支护方式，眉线处宜设横向挡梁。

4 应根据整个采区的构造分布、岩石性质、品位分布等因素综合确定初始拉底位置和拉底方向，初始拉底位置宜布置在可崩性好的部位。

5 处理卡斗时，严禁人员进入堵拱下部处理；二次破碎大块时，除特殊情况外，严禁使用裸露药包爆破。

6 应编制放矿计划，严格进行控制放矿；崩落面与崩落下的松散物料面之间的空间高度宜为5m～7m；雨季出矿应采取相应的安全措施。

9.7 凿岩爆破

9.7.1 凿岩设备的选择应根据矿岩物理力学性质、生产规模、采矿方法、凿岩设备的技术性能等因素综合确定。

9.7.2 凿岩设备的配置应符合下列规定：

1 炮孔深度小于4m宜采用浅孔凿岩设备，炮孔深度4m～20m宜采用中深孔凿岩设备，炮孔深度大于20m宜采用深孔凿岩设备。

2 采用浅孔和中深孔凿岩的采场应按生产采场数单独配备，采用深孔凿岩的采场应按阶段水平或采区配备。

3 掘进凿岩设备的配置应按正常生产时期井巷掘进量及掘进速度计算掘进工作面，配备凿岩设备。

9.7.3 有条件时宜采用大直径深孔凿岩，孔径宜为110mm～200mm，钻孔偏斜率应控制在1%以下。

9.7.4 爆破器材的选择应符合下列规定：

1 井下爆破不应使用火雷管、导火索和铵梯炸药。

2 炮孔有水时应选择抗水性好的爆破器材。

3 高温爆破作业应选择耐热爆破器材。

9.7.5 大直径深孔爆破应符合下列规定：

1 矿岩稳定条件允许时，宜采用柱状药包爆破。

2 当采用球状药包水平分层爆破时，应进行爆破漏斗试验；爆破宜采用高威力低感度炸药，分层爆破高度宜为3m～4m，多层爆破宜为8m～12m，最上一层高度宜为7m～10m。

3 高硫矿床应有防止硫化矿尘爆炸的有效措施。

9.7.6 采场出矿最大块度，浅孔爆破时应小于350mm；中深孔和深孔爆破时应小于700mm。

9.8 回采出矿

9.8.1 无轨设备出矿应符合下列规定：

1 当采用堑沟底部结构布置时，集矿堑沟、出矿巷道宜平行布置，集矿堑沟的斜面倾角不应小于45°；装矿进路与出矿巷道的连接方式宜采用斜交，其交角不应小于45°；装矿进路间距宜为10m～15m；装矿进路的长度不应小于设备长度与矿堆占用长度之和。

2 当采用平底结构布置时，采场内三角矿堆的回收应采用遥控铲运机。

3 柴油铲运机单程运距不宜大于200m，电动铲运机不宜大于150m。

4 采用无轨装运设备出矿时，应在溜井口设置安全车挡，车挡高度应为设备轮胎高度的2/5～1/2。

9.8.2 电耙出矿应符合下列规定：

1 电耙宜用于采场生产能力中等、矿石块度500mm以下的采场出矿。

2 电耙出矿水平耙运距离不宜大于40m，下坡耙运距离不宜大于60m。

3 倾斜、伪倾斜电耙绞车硐室应水平布置，绞车操作端宜布置与阶段运输平巷相通的人行通风天井。

4 绞车前部应有防断绳回甩的防护设施，溜井边与绞车靠近溜井最突出部位的距离不应小于2.0m，电耙道与矿石溜井连接处应设宽度不小于0.8m的人行道，电耙硐室底板与溜井入矿口高差不应小于0.5m。

5 采用电耙道出矿时，电耙道应有独立的进、回风道；电耙的耙运方向应与风流方向相反；电耙道间的联络道应设在入风侧，并应布置在电耙绞车硐室的侧翼或后方。

9.8.3 振动放矿机出矿应符合下列规定：

1 振动放矿机宜用于采用漏斗和堑沟底部结构的采场及溜井出矿。

2 振动放矿机埋设参数和振动台面的几何参数应根据矿石的物理力学性质、矿石自然安息角、矿石粘结性、最大块度、溜井放矿量和矿石运输设备等因素计算确定。

3 振动放矿机台面倾角宜为10°～20°，矿石流动性好时宜取小值，矿石流动性不好时宜取大值。

4 振动放矿机下料口与矿车顶面的高度不应低于200mm。

9.9 基建与采掘进度计划

9.9.1 基建进度计划的编制应符合下列规定：

1 应加快关键井巷的掘进，必要时可增设措施井巷。

2 同时开动的凿岩机台班数应保持基本平衡。

3 应包含施工准备时间和设备安装调试时间。

4 需疏干的矿山应安排疏干时间。

5 采用新采矿方法或工艺复杂的方法时，应安排试验或试采时间。

9.9.2 井巷成巷速度指标可按表9.9.2选取。

表9.9.2 井巷成巷速度指标

井巷名称	井巷成巷速度（m/月）	备注
竖井	60～80	—
斜井	70～100	—
斜坡道	60～80	—
天井、溜井	60～90	采用天井钻机掘进时可取120m/月
平巷	100～150	—
硐室	600m³/月～900m³/月	—

注：当工程地质条件复杂或井巷断面大或支护率高时取小值，地质条件简单或断面小或支护率低时取大值。

9.9.3 矿山投产时，备用矿块数应为回采矿块的10%～20%，但不得少于1个。

9.9.4 采掘进度计划的编制应符合下列规定：

1 初期生产地段应按阶段、矿块、采矿方法等排产列表至达产3年以上；资料条件不具备时，可采用阶段或块段矿量排产。

2 应合理安排阶段、矿体、矿房与矿柱之间的回采顺序，应实行贫富兼采。

3 在不违反合理回采顺序的条件下，宜先回采富矿。

9.10 设备选择

9.10.1 地下矿山的装备水平宜符合表9.10.1的规定。

表9.10.1 地下矿山装备水平

设备名称	采矿规模		
	大型	中型	小型
凿岩设备	单机或双机采矿台车 双机掘进台车 ≥φ165潜孔钻机 ≥φ1500天井钻机	浅孔和中深孔凿岩机 单机或双机采矿台车 单机或双机掘进台车 爬罐或吊罐 ≤φ1500天井钻机	浅孔和中深孔凿岩机 单机采矿台车 单机掘进台车 爬罐或吊罐
装运设备	≥$4m^3$铲运机 ≥55kW电耙 ≥$4m^3$矿车 ≥14t电机车 带式输送机 振动放矿机	$2m^3$～$4m^3$铲运机 ≤55kW电耙 $2m^3$～$4m^3$矿车 ≥7t电机车 带式输送机 振动放矿机	≤$2m^3$铲运机 ≤30kW电耙 ≤$2m^3$矿车 ≤7t电机车 振动放矿机

9.10.2 主要采矿设备的备用率宜符合下列规定：

1 浅孔凿岩机宜为100%，中深孔凿岩机宜为50%，潜孔钻机宜为20%～30%。

2 电耙宜为25%，振动放矿机的电动机宜为10%～20%。

3 局部扇风机宜为20%～30%。

4 备用数不足1台时，宜取1台。

10 露天与地下联合开采

10.1 露天与地下同时开采

10.1.1 露天与地下同时开采时，应符合下列规定：

1 受地下开采影响地段的露天边坡角，应根据影响程度适当减小。

2 在地下开采的岩体移动范围内，不应同时进行露天开采，当需露天与地下同时开采时，应采取有效的技术措施。

3 露天与地下各采区间的回采顺序应在设计中规定。

10.1.2 露天与地下同时开采的回采顺序应符合下列规定：

1 地下开采宜从矿体端部向露天边坡方向后退式回采。

2 当坑内采用胶结充填回采时，地下开采可从露天坑底往下回采。

10.1.3 露天与地下同时开采，地下采矿方法选择应符合下列规定：

1 倾斜或急倾斜矿体，矿岩稳固时，宜采用空场嗣后充填法回采，也可采用空场法回采矿房暂时保留矿柱；矿岩中等稳固时，宜采用上向水平分层充填法或分段充填法回采；矿岩均不稳固时，宜采用下向胶结充填法回采。

2 缓倾斜且延深长的矿体，可采用房柱法或充填法回采。

10.1.4 露天与地下在同一垂直面作业时，两工作面垂直间距应通过岩石力学计算确定，但不应小于50m。

10.1.5 有条件时，露天与地下同时开采的矿石运输或转运系统宜统筹布置。

10.1.6 当地下开采采用平硐开拓时，露天矿坑内涌水可通过钻孔或天井下放到平硐排出地表。当无法通过平硐自流排出时，宜由露天坑内排出，需通过地下开采的井下泵房排水时，应进行技术经济比较。

10.2 露天转地下开采

10.2.1 露天转地下开采过渡期，回采方案确定应符合下列规定：

1 走向长度大或分区开采的露天矿，在转入地下开采时，应采取分区、分期的过渡方案。

2 应根据所选用的采矿方法确定境界安全顶柱或岩石垫层的厚度。

3 排水方案设计时，应分析研究原露天坑的截排水能力及其对坑内排水的影响。

4 应保持矿山能够正常持续生产，且矿石供给总量基本平衡。

5 地下采矿方法选择，应分析研究露天边坡稳定性和产生泥石流对地下开采的影响。

6 应合理安排开采顺序，露天和地下的开采部位宜在水平面错开。

10.2.2 露天转地下开采过渡期，在露天保护地段下部，当条件允许时，地下开采可采用自然崩落法，但不应采用无底柱分段崩落法、有底柱分段崩落法等崩落法。采用自然崩落法开采时，应采用高阶段回采，同时应通过计算确定露天坑底和崩落顶板之间境界安全顶柱的规格，在崩落范围顶线临近境界安全顶柱时，露天开采应结束或停止。

10.2.3 露天结束后转地下开采，境界安全顶柱的留设应符合下列规定：

1 采用空场法回采时，露天坑底应留设境界安全顶柱，安全顶柱的厚度应通过岩石力学计算确定，但不应小于10m。

2 采用充填法回采时，可在露天坑底铺设钢筋混凝土假底作为地下开采的假顶。当采用进路式回采且进路宽度不大于4m时，钢筋混凝土假顶厚度不应小于1m；当采用空场嗣后充填采矿法时，钢筋混凝土假顶厚度应按采场跨度参数通过岩石力学计算确定。

10.2.4 露天矿边帮残留矿体回采应符合下列规定：

1 在露天开采后期，应尽早强化开采露天境界外的边帮残留矿体。有条件时，应在露天开采设计时统筹规划回采边帮矿体的采矿方法和开拓运输系统。

2 露天开采还在进行并采用崩落法回采边帮残留矿体时，地下开采沿走向的回采顺序应采用向边坡后退式回采，当地下开采影响到边坡安全时，应停止作业。

3 采用充填法回收边帮残留矿体时，应保证采场顶板至露天边坡面之间的矿柱厚度。

4 采用房柱法回采平缓露天矿的边帮矿体时，应根据地质条件、废石堆放位置和矿层至地表的距离确定境界安全矿柱规格。

10.2.5 露天转地下开采矿山，地下开拓方案的选择应符合下列规定：

1 地下开采可采储量和规模小、服务年限较短、露天采场边坡稳定时，开拓系统宜布置在露天坑内。

2 地下开采可采储量大、服务时间长、露天采场边坡稳定性较差时，开拓系统应布置在露天境界外。

3 地下开采可采储量和规模大、露天采场边坡稳定时，主、副提升井宜布置在露天境界外，斜坡道或风井等辅助井巷可布置在露天坑内。

10.2.6 下列情况之一，露天矿运输宜利用地下开采开拓运输系统：

1 露天开采的服务年限短，以地下开采为主的矿山。

2 露天开采境界深度大、过渡期长，过渡期露天开采运距远的矿山。

3 地形高差较大、平窿溜井开拓的矿山。

10.3 地下转露天开采

10.3.1 地下开采转为露天开采时，应将全部地下巷道、采空区和矿柱的位置绘制在矿山平、剖面对照图上。地下巷道和采空区的处理方法应在设计中确定，大型采空区的处理方法应做专题研究。重要矿山工程不应布置在地下开采的移动范围内。

10.3.2 当矿房已用充填法回采，且采用露天开采回采矿柱时，应确定合适的穿孔、爆破、铲装工艺，并应采取必要的安全预防措施。

10.3.3 地下转露天过渡期内，应分析研究露天开采对地下开采防、排水的影响。

11 矿井通风

11.1 通风系统

11.1.1 矿井通风系统设计应符合下列规定：

1 应将足够的新鲜空气有效地送到井下工作场所。

2 通风系统应简单，矿井风网结构应合理，风流应稳定、易于管理。

3 矿井通风系统的有效风量率不应低于60%。

4 发生事故时，风流应易于控制，人员应便于撤出。

5 应有符合规定的井下环境及安全监测监控系统。

11.1.2 下列情况宜采用分区通风系统：

1 矿体走向长、产量大、漏风大的矿山。

2 天然形成几个区段的浅埋矿体，专用的通风井巷工程量小的矿山。

3 矿岩有自燃发火危险的矿山。

4 通风线路长或网络复杂的含铀矿山。

11.1.3 分区通风系统的分区范围应与矿山回采区段相一致，并应以各区之间联系最少的部位为分界线。

11.1.4 下列情况宜采用集中通风系统：

1 矿体埋藏较深、走向较短、分布较集中的矿山。

2 矿体比较分散、走向较长、各矿段便于分别开掘回风井的矿山。

11.1.5 采用多机在不同井筒并联运转的集中通风系统应符合下列规定：

1 某台主扇运转时，其他主扇应启动自如，各主扇负担区域风流应稳定；某台主扇停运时，其通风污风不得倒流入其他主扇通风区中。

2 多井通风时，各井筒之间的作业面不得形成风流停滞区。

3 各主扇通风区阻力宜相等。

11.1.6 下列情况宜采用多级机站压抽式通风系统：

1 不能利用贯穿风流通风的进路式采矿方法的矿山，或同时作业阶段较少的矿山。

2 通风阻力大，漏风点多或生产作业范围在平面上分布广的矿山。

3 现有井巷可作为专用进风巷，进风线路与运输线路干扰不大的矿山。

11.1.7 采用多级机站通风系统应符合下列规定：

1 级站宜少，用风段宜为1级，进、回风段不宜超过2级。

2　每分支的前、后机站风机能力和台数应匹配一致；同一机站的风机应为同一规格、型号；机站风机台数宜为1台～3台。

3　风机特性曲线宜为单调下降，应无明显马鞍形。

4　进路式工作面应设管道通风。

5　多级机站通风系统应采用集中控制。

11.1.8　下列情况下，风井宜采用对角式布置：

1　矿体走向较长，采用中央式开拓的矿山。

2　矿体走向较短，采用侧翼开拓的矿山。

3　矿体分布范围大，规模大的矿山。

11.1.9　下列情况下，风井宜采用中央式布置：

1　矿体走向不长或矿体两翼未探清。

2　矿体埋藏较深，用中央式开拓的小型矿山。

3　采用侧翼开拓，矿体另一翼不便设立风井的矿山。

11.1.10　下列情况宜采用压入式通风：

1　矿井回风网与地表沟通多，难以密闭维护时。

2　回采区有大量通地表的井巷或崩落区覆盖岩较薄、透气性强的矿山。

3　矿岩裂隙发育的含铀矿山。

4　海拔3000m以上的低气压地区矿山。

11.1.11　下列情况宜采用抽出式通风：

1　矿井回风网与地表沟通少，易于维护密闭时。

2　矿体埋藏较深，空区易密闭或崩落覆盖层厚，透气性弱的矿山。

3　矿石和围岩有自燃发火危险的矿山。

11.1.12　下列情况宜采用混合式通风：

1　需风网与地面沟通多，漏风量大而进、回风网易于密闭的矿山。

2　崩落区漏风易引起自燃发火的矿山。

3　通风线路长、阻力大，采用分区通风和多井并联通风技术上不可能或不经济的矿山。

11.1.13　下列情况宜将主扇安装在坑内：

1　地形限制，地表有滚石、滑坡，可能危及主扇。

2　采用压入式通风，井口密闭困难。

3　矿井进风网或回风网漏风大，且难以密闭。

11.1.14　当主扇设在坑内时，应确保机房供给新鲜风流，并应有防止爆破危害及火灾烟气侵入的设施，且应能实现反风。

11.1.15　下列情况宜采用局部通风：

1　不能利用矿井总风压通风或风量不足的地方。

2　需要调节风量或克服某些分支阻力的地方。

3　不能利用贯穿风流通风的硐室和掘进工作面、进路式回采工作面。

11.2　风量计算与分配

11.2.1　矿井总风量应等于矿井需风量乘以矿井需风量备用系数K，K值可取1.20～1.45。矿井需风量应按下列规定分别计算，并应取其中最大值：

1　回采工作面、备用工作面、掘进工作面和独立通风硐室所需风量的总和应按下式计算：

$$Q=\sum Q_h+\sum Q_j+\sum Q_d+\sum Q_t \tag{11.2.1}$$

式中：Q——矿井需风量（m^3/s）；

$\sum Q_h$——回采工作面所需风量（m^3/s）；

$\sum Q_j$——备用工作面所需风量（m^3/s）；

$\sum Q_d$——掘进工作面所需风量（m^3/s）；

$\sum Q_t$——独立通风硐室所需风量（m^3/s）。

2　按井下同时工作的最多人数计算时，矿井需风量不应少于每人4m³/min。

3　有柴油设备运行的矿井需风量，应按同时作业机台数每千瓦供风量4m³/min计算。

11.2.2　回采工作面的需风量应按排尘风速所需风量计算，排尘风速应符合下列规定：

1　硐室型采场最低风速不应小于0.15m/s。

2　巷道型采场不应小于0.25m/s。

3　电耙道和二次破碎巷道不应小于0.5m/s。

4　无轨装载设备作业的工作面不应小于0.4m/s。

11.2.3　备用工作面所需风量计算应符合下列规定：

1　难以密闭的备用工作面应与回采工作面需风量相同。

2　可临时密闭的备用工作面，应按回采工作面需风量的1/2计算。

11.2.4　掘进工作面所需风量计算应符合下列规定：

1　按排尘风速计算时，掘进巷道的风速不应小于0.25m/s。

2　掘进工作面所需风量可按表11.2.4选取。

表11.2.4　掘进工作面所需风量

序号	掘进断面（m^2）	掘进工作面所需风量（m^3/s）
1	＜5.0	1.0～1.5
2	5.0～9.0	1.5～2.5
3	＞9.0	＞2.5

注：选用时，巷道平均风速应大于0.25m/s。

11.2.5　独立通风硐室所需风量计算应符合下列规定：

1　井下炸药库、破碎硐室、主溜井卸矿硐室、箕斗装载硐室等作业地点应分别计算所需风量。

2　机电设备散热量大的硐室，应按机电设备运转的发热量计算。

3　充电硐室应按回风流中氢气浓度小于0.5%计算。

11.2.6　海拔高度大于1000m的矿井总进风量应以海拔高度系数校正。

11.2.7 矿井风量分配应符合下列规定：

1 矿井通风系统为多井口进风时，各进风风路的风量应按风量自然分配的规律进行计算，求出各进风风路自然分配的风量。

2 矿山多阶段作业时，应充分利用各阶段进、回风井巷断面的通风能力，在各阶段的进、回风段巷道之间应设置共同的并联和角联的风量调配井巷，并应扩大自然分风范围。

3 所有需风点和有风流通过的井巷，平均最高风速不应超过表11.2.7的规定。

表11.2.7 井巷断面平均最高风速规定

序号	井巷名称	最高风速(m/s)
1	专用风井，专用总进、回风道	15
2	专用物料提升井	12
3	风桥	10
4	提升人员和物料的井筒，阶段的主要进、回风道，修理中的井筒，主要斜坡道	8
5	运输巷道，采区进风道	6
6	采场	4

11.2.8 矿井通风阻力宜采用通风网络计算程序计算，并应符合下列规定：

1 矿井通风阻力应按通风最困难、最容易时期分别计算；

2 矿山服务年限长、风量大，中、后期阻力相差很大时，是否需要分期选择主扇，应通过技术经济比较确定。

11.3 通风构筑物

11.3.1 通风构筑物宜设在回风段，在进风量较大的主要阶段巷道内不应设置风窗，在高风压区不应设置自动风门。

11.3.2 风门的设计应符合下列规定：

1 需设风门的主要运输巷道应设两道风门，两道风门的间距，有轨运输时应大于1列列车的长度，无轨运输时应大于运行设备最大长度的2倍。

2 手动风门应与风流方向成80°～85°的夹角，并应逆风开启。

3 风门安装应严密，主要风门的墙垛应采用砖、石或混凝土砌筑。

11.3.3 风桥的设计应符合下列规定：

1 通风系统中进风道与回风道交叉地段应设置风桥。

2 风量大于$20m^3/s$时，应设绕道式风桥；风量为$10m^3/s$～$20m^3/s$时，可用砖、石、混凝土砌筑；风量小于$10m^3/s$时，可用铁风筒。

3 风桥与巷道的连接处应设计成弧形。

4 永久风桥不应采用木质结构。

11.3.4 空气幕的设计应符合下列规定：

1 需要调节风量或截断风流的井下运输巷道，可在巷道内安设空气幕。

2 空气幕应安装在巷道较平直、断面规整处。

3 空气幕的供风器出风口应迎向巷道风流方向，空气幕射流轴线应与巷道轴线形成所需的夹角。

4 空气幕形成的有效压力可根据调节风量所需的阻力设计和选取。

11.3.5 采场进风天井顶部宜设井盖门。回风天井顶部宜设调节风窗，下部宜设井门。

11.3.6 井下各主要进、回风巷道内宜设测风站，测风站的设计应符合下列规定：

1 测风站应设在直线巷道内，站内不得有任何障碍物，巷道周壁应平整光滑。

2 测风站长度应大于4m，断面应大于$4m^2$。

3 站前、站后的直线段巷道长度应大于10m。

11.4 坑内环境与气象

11.4.1 井下空气质量应符合下列规定：

1 进风井巷和采掘工作面的风源含尘量不应超过$0.5mg/m^3$。

2 井下采掘工作面进风流中按体积计算的空气成分，氧气不应低于20%，二氧化碳不应高于0.5%。

3 井下作业地点空气中的有害物质应符合现行国家有关工作场所有害因素职业接触限值的规定。

4 伴生有放射性元素的矿山，井下空气中氡及其子体的浓度应符合国家现行有关规定。

11.4.2 矿山应采取下列防尘措施：

1 不得在罐笼进风井井口附近堆放砂石等产尘材料。下放水泥、砂石等材料应采取防尘措施。

2 主要入风风路中不宜设置矿石溜井。

3 坑内溜破系统应设单独的通风除尘装置。

4 入风流含尘量超标矿井应采取净化措施。

5 回采、掘进工作面应采取湿式凿岩、喷雾洒水、水封爆破、洗壁、通风排尘和个体防护等综合措施。

6 应配置粉尘、废气测量分析仪表。

11.4.3 进风井巷和井下采掘工作面的空气温度应符合下列规定：

1 进风井巷冬季的空气温度应高于2℃；低于2℃时，应有暖风措施。

2 采掘作业地点的气象条件应符合表11.4.3的规定，不符合表11.4.3的规定时，应采取降温或其他防护措施。

表 11.4.3 采掘作业地点的气象条件

干球温度（℃）	相对湿度（%）	风速（m/s）	备注
≤28	不规定	0.5～1.0	上限
≤26	不规定	0.3～0.5	舒适
≤18	不规定	≤0.3	增加工作服保暖量

11.4.4 矿井防冻应符合下列规定：

1 严寒地区，所有提升井和作为安全出口的风井应有防止井口及井筒结冰的保温措施。

2 不应采用明火直接加热进入矿井的空气。

3 除有放射性的矿山外，宜利用已有废旧坑道或采空区的岩温预热送入井下的冷空气。

4 大中型矿山宜采用空气加热器预热。

5 无集中热源的小型矿山，矿井防冻可采用热风炉预热，热风炉的位置应使进入井筒的空气不被污染，并应符合防火要求。

11.4.5 矿井降温应符合下列规定：

1 采用非人工制冷降温时，应根据矿井的具体条件，综合采取利用天然冷源、增加供风量或提高作业人员集中处的局部风速、有利于降温的通风方式、回避井下热源、隔绝或减少热源向进风流散热、疏放或封堵热水、个体防护等措施。

2 采用人工制冷降温时，应根据矿井地质条件、开拓系统、巷道布置、矿井通风系统、制冷降温范围、采深、冷负荷、矿井涌水量及水质和水温、回风风量和温度、采掘机械化程度、热源及条件类似矿井的经验，进行技术经济论证后，选用井下移动式空调或压缩空气制冷等局部降温措施、地面集中空调系统、地面与井下联合空调系统等降温方式。

3 有放射性的矿山，不应利用已有废旧坑道或采空区降温。

11.5 主通风装置与设施

11.5.1 主通风机选择应符合下列规定：

1 主通风机的风量不应小于矿井总风量乘以主通风机风硐装置的漏风系数；主通风机的风压不应小于矿井最大阻力损失加上主通风机风硐装置的阻力损失与风机出口动压损失，还应计算自然风压的影响。

2 主通风机工况点的效率，按全压计算不应低于70%，按静压计算不应低于60%。轴流式风机的工况点应位于风机特性曲线最高点的右方，其最大风压不应超过最高点的90%。

3 主通风机应能在较大范围内高效工作，宜满足不同开采时期的风量和负压要求，并应留有一定余量；轴流式通风机在最大设计风量和负压时，叶轮运转角度应小于设备允许范围5°，离心式通风机的选择设计转速不应大于设备允许最高转速的90%。

4 轴流式主通风机应校验电动机的正常启动容量和反风容量。

5 排送高硫或有腐蚀性气体的风机，应采取防腐蚀措施或选用耐腐蚀风机。

6 高原地区风机特性曲线应按高原大气条件进行换算。

7 在同一井筒，宜选择单台风机工作。必要时，可采用双机并联运转，双机并联运转应选择同规格型号的风机，并应作稳定性校核。

11.5.2 主通风机通风装置漏风系数宜取1.10～1.15；风井内安装有提升装置时应取1.20。主通风机通风装置的阻力损失宜取150Pa～200Pa，装有消声器时，其阻力应另外计算。

11.5.3 主通风机电动机的选择应符合下列规定：

1 通风机的电动机应选用交流异步电动机或可调速的电动机，电动机功率较大时，可选用同步电动机。轴流式风机选用电动机时，应满足反转反风的需要。

2 电动机的功率应满足风机运转期间所需的最大功率。轴流式风机的电动机功率备用系数宜取1.1～1.2，并应校核电动机的启动能力；离心式风机宜取1.2～1.3。

3 每台主通风机应具有相同型号和规格的备用电动机，并应设置能迅速调换电动机的设施。

11.5.4 主通风机的反风应符合下列规定：

1 主通风机应有使矿井风流在10min内反向的措施。

2 采用轴流式通风机时，宜采用可调叶片方式反风或反转反风，反风量不应小于正常运转时风量的60%。

3 采用离心式通风机时，应采用反风道反风；反风风门的起重量大于1t时，应采用电动、手摇两用风门绞车。

4 采用多级机站通风系统的矿山，主通风系统的每台通风机均应满足反风要求。

11.5.5 主通风机房布置应符合下列规定：

1 机房面积应满足设备正常运转和维护检修的要求，并应留有存放备用电动机的地方。机房大门应满足设备搬运的需要或预留安装孔。

2 机房内应根据安装检修需要设置起重梁或起重机，机房高度应满足检修安装设备起吊的要求。

3 机房内应设隔声值班室；地面主扇风机房及出风口噪声控制值应符合现行国家标准《工业企业噪声控制设计规范》GBJ 87和有关工业企业设计卫生标准的规定。

4 在同一通风井后期需换装通风机时，应预留通风机房位置和风道接口。

11.5.6 风道布置应符合下列规定：

1 风道内风速宜取10m/s～12m/s，最大不应超过 15m/s，压入式通风的进风百叶窗风速宜取 4m/s～5m/s。

2 需测量风压的风道，应有一段大于风道直径或高度 6 倍的直线段。

3 扩散器出口应布置在通风机房的主导风向下风侧。

4 进、出风道上均应设有密封性能良好的检查门。

5 在进、出风道上设置消声装置时，风道断面应适当增大。

6 离心式风机进口或出口风道上，应设置启动闸门。

11.5.7 主通风机房应设有风量、风压、电流、电压和轴承温度等监测仪表。

12 充 填

12.1 充 填 材 料

12.1.1 充填骨料应采用有一定强度、不泥化、无毒无害的物料。有条件时应利用矿山尾砂和掘进、剥离废石作充填骨料。

12.1.2 当采用管道水力输送时，充填骨料的选择应符合下列规定：

1 采用分级尾砂作充填骨料时，尾砂的分级界限宜为 0.037mm，渗透速度不宜小于 80mm/h；当采用高浓度充填分级尾砂量不足时，分级界限可适当降低；当采用膏体胶结充填时，宜采用全粒级尾砂。

2 用于胶结充填的含硫尾砂，尾砂中硫的含量不宜超过 8%。

3 采用棒磨砂作充填骨料时，棒磨砂的最大粒径不宜大于 3mm。

12.1.3 干式充填材料可利用井下掘进废石，其块度应符合下列规定：

1 采用重力充填时，最大块度不宜大于 300mm；

2 采用抛掷机充填时，最大块度不宜大于 80mm；

3 采用风力输送时，最大块度应小于管径的 1/4，并不宜大于 25mm。

12.1.4 充填用胶凝材料宜采用低标号散装水泥，可采用粉煤灰、磨细的冶炼炉渣、石灰、石膏等活性材料代替部分水泥。

12.1.5 充填用水的 pH 值不得小于 5。

12.2 充填能力计算

12.2.1 充填工作制度宜为每天 2 班，每班有效工作时间宜为 6h。

12.2.2 日平均充填量应按下式计算：

$$Q_d = ZK_1K_2\frac{A_d}{\gamma_k} \tag{12.2.2}$$

式中：Q_d——日平均充填量（m^3/d）；

A_d——矿山充填法日产量（t/d）；

γ_k——矿石密度（t/m^3）；

Z——采充比（m^3/m^3），宜取 0.8～1.0；

K_1——充填体沉缩率，宜取 1.05～1.20；

K_2——流失系数，宜取 1.02～1.05。

12.2.3 年平均充填量应按下式计算：

$$Q_a = TQ_d \tag{12.2.3}$$

式中：Q_a——年平均充填量（m^3/年）；

Q_d——日平均充填量（m^3/d）；

T——矿山年工作天数（d/年）。

12.2.4 充填系统日充填能力应按下式计算：

$$Q_r = KQ_d \tag{12.2.4}$$

式中：Q_r——日充填能力（m^3/d）；

K——充填作业不均衡系数，宜取 1.2～1.5，连续充填时取小值，分层充填或掘进废石作充填料占比重显著时，取大值。

12.3 充填料制备站

12.3.1 地面充填料制备站位置选择宜符合下列规定：

1 宜靠近充填负荷中心。

2 宜采用地面集中布置。

3 宜满足自流和满管输送的要求。

12.3.2 胶结充填站宜采用砂仓、胶结料仓、搅拌输送系统的组合方式，制备站内应设通风除尘和排污设施。

12.3.3 立式砂仓和卧式砂仓的设计应符合下列规定：

1 立式砂仓或卧式砂仓不宜少于 2 个，砂仓总有效放砂容积不宜小于日平均充填量的 2 倍或分层充填一次最大充填量。

2 立式砂仓的圆柱体高度应大于直径的 2 倍，进砂管应在砂仓中心给料，砂仓底部的放砂管坡度应经计算确定。

3 湿式卧式砂仓应有溢流水和滤水设施，砂仓底应有 6%～7% 的自流坡度。干式卧式砂仓上方应设顶盖防雨。

4 水力尾砂充填用于嗣后充填采空区，且尾砂量有富余时，采矿场地可不设贮砂仓。

12.3.4 水泥仓的设计应符合下列规定：

1 计算给料机能力时，水泥松散密度宜取 $1t/m^3$，计算水泥仓容量时，宜取 $1.3t/m^3$，计算仓底仓壁荷载时，宜取 $1.6t/m^3$。

2 水泥仓容积应能储存 3 倍～7 倍日平均充填水泥用量。

3 水泥仓的仓容高度与直径或宽度之比宜为

1.5～2.5，仓容大时宜取大值。

4 用压气输送水泥的钢管直径不应小于75mm。当采用集中压缩空气输送时，在水泥输送管路前应设储气罐和油水分离装置。

5 水泥仓所有孔口应密闭，仓顶应有收尘设施。

12.3.5 用于制备胶结砂浆的搅拌桶，有效容积应满足2min～3min输送流量。

12.3.6 充填制备站水池设计应符合下列规定：

1 当设独立供应充填用水专用水池时，水池容量不应小于日平均充填需水量的2倍或最大一次充填需水量。

2 充填制备站只需设管路冲洗专用水池时，水池容量不应小于冲洗管路0.5h的用水量。

3 冲洗管路水压不应小于0.15MPa。

12.3.7 地面制备站计量、检测装置应符合下列规定：

1 立式砂仓、水泥仓和搅拌桶应设置料位计或液位计，并应设报警信号。

2 物料的配比、砂浆流量、砂浆浓度宜采用显示、计量和控制装置。

3 制备站内应设井下堵管报警信号和联系充填点的通信和声光信号系统。

12.4 充填料输送

12.4.1 充填料的管道输送参数宜经试验研究确定。无试验数据时，可按类似矿山资料选取。

12.4.2 分级界限为3mm骨料的胶结充填砂浆的重量浓度为65%～75%时，充填倍线不宜大于5；尾砂胶结充填砂浆的重量浓度为65%～75%时，充填倍线不宜大于8。

12.4.3 充填管道类型选择应符合下列规定：

1 主充填管垂直段宜采用耐磨性能好的锰钢管或耐磨复合管。

2 主充填管水平段宜采用无缝钢管或耐磨复合管。

3 充填工作面的充填管宜采用钢编复合管或钢塑复合管。

12.4.4 充填钻孔的设计应符合下列规定：

1 充填料制备站的出料口至充填钻孔上口的坡降宜满足砂浆自流水力坡度的要求。

2 主充填管的垂直段可采用充填钻孔，充填钻孔偏斜度应小于1%。

3 充填钻孔内应设充填套管，管壁与孔壁之间的间隙宜为50mm，宜压注高标号纯水泥浆填充；充填套管宜采用焊接或螺纹管连接，螺纹管长度宜为150mm～300mm。

4 充填钻孔穿过的岩石破碎地段应设护壁套管。

12.4.5 充填管道的敷设应符合下列规定：

1 主充填管不应设在提升井内，服务年限长的大型矿山可设专用充填井。

2 主充填管垂直段上口与水平主充填管连接处宜设伸缩管，主充填管垂直段下口与水平主充填管连接处及反向敷设的水平主充填管最低处应设排砂阀。

3 充填管道连接件的强度不应低于所连接管材的强度。

12.4.6 深井开采的矿山，高差大、输送距离长的主充填管路宜在适当位置设置充填卸压站，充填卸压站内应有二次搅拌设备。

12.4.7 膏体充填料配料的最大粒径与输送管径之比不宜大于1∶5；$-20\mu m$的超细粒级含量不宜小于15%，稳定性要求较高时，$-20\mu m$的超细粒级含量不宜小于25%；可能在管道中停留时间较长的膏体，其分层度不宜大于2.0cm；膏体的动力黏性系数不宜过大。

12.4.8 采用块石或碎石胶结充填，充填骨料运输量小可用矿车，运量大宜用带式输送机运输，充填骨料与胶结砂浆宜采用跌落式混合器混料。

13 竖井提升

13.1 提升设备选择与配置

13.1.1 竖井提升方式选择宜符合下列规定：

1 矿石提升量小于700t/d，井深小于300m时，宜采用一套罐笼提升；矿石提升量大于1000t/d，井深超过300m时，宜选用箕斗提升矿石，罐笼提升人员、材料等；矿石提升量为700t/d～1000t/d时，应根据具体技术经济条件合理确定。

2 当矿石含泥水较多、矿石黏性较大不宜采用高溜井放矿时，宜采用罐笼提升。

3 废石提升量大于500t/d，井深超过300m时，宜采用箕斗提升。

4 多阶段同时作业时，宜采用单容器带平衡锤提升。

13.1.2 提升机类型选择应符合下列规定：

1 提升高度小于300m时，宜采用单绳缠绕式提升机，单绳提升宜采用双钩提升方式。

2 提升高度大于300m时，宜采用多绳摩擦式提升机提升。

3 提升高度大于1400m时，可采用布雷尔式提升机。

13.1.3 垂直深度超过50m的竖井用作人员出入口时，应设置罐笼或电梯升降人员。

13.1.4 竖井内提升容器之间、提升容器与井壁或罐道梁之间的最小间隙应符合表13.1.4的规定。

表 13.1.4 竖井内提升容器之间、提升容器与井壁或罐道梁之间的最小间隙（mm）

罐道和井梁布置		容器与容器之间	容器与井壁之间	容器与罐道梁之间	容器与井梁之间	备注
罐道布置在容器一侧		200	150	40	150	罐道与导向槽之间为 20mm
罐道布置在容器两侧	木罐道	—	200	50	200	有卸载滑轮的容器，滑轮和罐道梁间隙增加 25mm
	钢罐道	—	150	40	150	
罐道布置在容器正门	木罐道	200	200	50	200	—
	钢罐道	200	150	40	150	
钢丝绳罐道		450	350	—	350	—

注：1 罐道钢丝绳的直径不应小于 28mm；

2 钢丝绳罐道设防撞绳时，容器之间最小间隙为 200mm；

3 防撞钢丝绳的直径不应小于 40mm；

4 罐道或防撞绳用的钢丝绳，安全系数不应小于 6。

13.1.5 提升容器的导向槽或导向器与罐道之间的间隙应符合下列规定：

1 木罐道，每侧不应超过 10mm。

2 钢丝绳罐道，导向器内径应大于罐道绳直径 2mm～5mm。

3 型钢罐道不采用滚轮罐耳时，滑动导向槽每侧间隙不应超过 5mm。

4 型钢罐道采用滚轮罐耳时，滑动导向槽每侧间隙应保持 10mm～15mm。

13.1.6 当采用箕斗提升时，井口、井底矿仓容积不宜小于 2h 提升量。

13.1.7 提升机房应设置起重设施。起重量应按电动机或提升机主轴装置等最大件重量设计。提升机安装在井塔上时，起重机的起吊高度应能起吊井口地面与提升机层的设备。

13.2 主要提升参数的选取和计算

13.2.1 提升速度和提升加、减速度应符合下列规定：

1 用罐笼升降人员时，最高速度不应超过下式计算所得值，且最大不应超过 12m/s。

$$V = 0.5\sqrt{H} \qquad (13.2.1\text{-}1)$$

2 升降物料时，提升容器的最高速度不应超过下式计算所得值。

$$V = 0.6\sqrt{H} \qquad (13.2.1\text{-}2)$$

式中：V——最高速度（m/s）；

H——提升高度（m）。

3 用罐笼升降人员时，加速度和减速度不应超过 $0.75m/s^2$。

4 用箕斗升降物料时，加速度和减速度不应超过 $1.0m/s^2$。

13.2.2 提升时间和提升次数的选取应符合下列规定：

1 提升时间应按表 13.2.2 选取。

表 13.2.2 提升时间（h/d）

箕斗提升		罐笼提升		箕斗、罐笼混合提升					
				有保护隔离设施			无保护隔离设施		
				箕斗		罐笼	箕斗（含罐笼提人）		罐笼
一种物料	两种物料	主提升	兼作主、副提升	一种物料	两种物料		一种物料	两种物料	
19.5	18	18	16.5	19.5	18	16.5	18	16.5	16.5

2 提升井下最大班人员的时间不应超过 45min。

3 计算罐笼升降人员次数时，最大班生产人员数应按每班井下生产人员数的 1.5 倍计算；每班提升技术人员等其他人员数应按井下生产人员数的 20% 计算，且每班提升次数不得少于 5 次。

4 每班提升设备不应少于 2 次。

5 其他非固定任务的提升次数，每班不应少于 4 次。

6 每班提升材料的次数应根据计算确定。

13.2.3 矿石和废石的提升不均衡系数，箕斗提升宜取 1.15，罐笼提升宜取 1.2。

13.2.4 提升休止时间应符合下列规定：

1 箕斗装载休止时间应符合表13.2.4-1的规定。

表 13.2.4-1 箕斗装载休止时间

箕斗容积（m³）	<3.1		3.1～5	5～8	>8
漏斗类型	计量	不计量	计量	计量	计量
休止时间（s）	8	18	10	15	应按有关设备部件环节联动时间计算确定

2 罐笼进、出车休止时间应符合表13.2.4-2的规定。

表 13.2.4-2 罐笼进、出车休止时间（s）

罐笼	推车方式					
层数（层）	每层装车数（辆）	人工推车		推车机		
		矿车容积（m³）				
		≤0.75		≤0.75	1.2～1.6	2～2.5
		休止时间（s）				
		单面	双面	双面	双面	双面
单	1	30	15	15	18	20
双	1	65	35	35	40	45

注：每层装车数为2辆，采用推车机推车时，休止时间增加5s～10s。

3 罐笼升降人员休止时间应符合表13.2.4-3的规定。

表 13.2.4-3 罐笼升降人员休止时间（s）

罐 笼	单面车场无人行绕道	双面车场
单层	$(n+10)\times1.5$	$n+10$
双层	$(n+25)\times1.5$	$n+25$
双层（同时进人）	$(n+15)\times1.5$	$n+15$

注：n为一次乘罐人数。

13.3 提升容器与平衡锤

13.3.1 翻转式箕斗宜用于单绳缠绕式提升系统。

13.3.2 竖井提升容器采用翻转式箕斗时，矿石最大块度不应超过500mm；采用底卸式箕斗时，矿石最大块度不应超过350mm。

13.3.3 箕斗净断面短边尺寸不应小于矿石最大块度的3倍。

13.3.4 竖井罐笼的规格应根据提升人员数量、矿车型号、下放设备最大部件尺寸确定，并应符合下列规定：

1 提升人员时，应按允许乘载人数计算，每人所占底板面积不得小于0.2m²。

2 提升矿车时，矿车与罐体两侧的最小安全间隙，固定车箱不得小于50mm，翻转车箱不得小于75mm；矿车与罐体两端的最小安全间隙不得小于100mm。

13.3.5 竖井罐笼宜选用单层罐笼。当提升量较大、井筒较深时，可选用双层或多层罐笼。

13.3.6 竖井罐笼的设计、制造和使用应符合现行国家标准《罐笼安全技术要求》GB 16542的有关规定。

13.3.7 罐笼及平衡锤连接装置的安全系数不应小于13，箕斗及平衡锤连接装置的安全系数不应小于10。

13.3.8 平衡锤质量应符合下列规定：

1 专门提升人员的罐笼，平衡锤质量应等于罐笼质量加规定乘罐人员总质量的1/2。

2 提升人员为主的罐笼，平衡锤质量应等于罐笼质量加乘罐人员总质量；提升物料为主的罐笼，平衡锤质量应等于罐笼与矿车的质量再加矿车有效装载质量的1/2。

3 提升物料的箕斗，平衡锤质量应等于箕斗质量加箕斗有效装载质量的1/2。

13.4 提升钢丝绳及钢丝绳罐道

13.4.1 提升钢丝绳的选择应符合下列规定：

1 提升钢丝绳的选择应符合现行国家标准《重要用途钢丝绳》GB 8918的有关规定，其抗拉强度不得小于1570MPa。

2 多绳摩擦式提升采用扭转钢丝绳作首绳时，应按左右捻相间的顺序悬挂，悬挂前，钢丝绳应除油。

3 在井筒淋水大或腐蚀性严重的矿井，提升钢丝绳除油后应涂增摩脂。

4 多绳摩擦式提升和采用刚性罐道单绳提升的提升钢丝绳，应选用线接触钢丝绳、三角股钢丝绳、多层股钢丝绳；采用钢丝绳罐道的单绳提升应采用阻旋转提升钢丝绳。

5 提升钢丝绳悬挂时的安全系数不应小于表13.4.1的规定。

表 13.4.1 提升钢丝绳安全系数

提升类型	使 用 场 合		安全系数
单绳缠绕式提升	专用于升降人员的		9
	升降人员和物料时	升降人员时	9
		升降物料时	7.5
	专用于升降物料时		6.5
多绳摩擦式提升	专用于升降人员时		8
	升降人员和物料时	升降人员时	8
		升降物料时	7.5
	专用于升降物料时		7

13.4.2 平衡尾绳选择应符合下列规定：

1 平衡尾绳选择应符合现行国家标准《重要用途钢丝绳》GB 8918 的有关规定。

2 平衡尾绳宜采用不扭转镀锌圆股钢丝绳或扁钢丝绳，当采用圆股钢丝绳作尾绳时，提升容器和平衡锤底部应设尾绳旋转装置。

3 摩擦式提升的平衡尾绳应至少装设 2 根，并应减少与首绳的差重。

13.4.3 多绳摩擦提升的平衡尾绳下端与井底粉矿顶面之间的距离不应小于 5m。井筒内最低装矿点的下面，井底过卷距离以下应设隔离装置，并应设防止尾绳扭结的保护装置。

13.4.4 钢丝绳罐道的选择与计算应符合下列规定：

1 钢丝绳罐道应选用密封钢丝绳，并应符合现行行业标准《密封钢丝绳》YB/T 5295 的有关规定。

2 罐道钢丝绳的直径不应小于 28mm，抗拉强度不应小于 1180MPa，安全系数不应小于 6；罐道钢丝绳应有 20m～30m 备用长度，每根罐道绳的最小刚性系数不应小于 500N/m，各罐道绳张紧力应相差 5%～10%，内侧张紧力应大，外侧张紧力应小。

3 钢丝绳罐道应设重锤或液压拉紧装置，拉紧重锤底部的净悬空高度不应小于 1.5m，穿过粉矿仓底的罐道钢丝绳应用隔离套筒予以保护。

13.5 竖井提升装置

13.5.1 提升装置的卷筒、天轮、主导轮、导向轮的最小直径与钢丝绳直径之比，与钢丝绳中最粗钢丝的最大直径之比，不应小于表 13.5.1 的规定；天轮的轮缘应高于绳槽内的钢丝绳，高出部分应大于钢丝绳直径的 1.5 倍，带衬垫的天轮，衬垫应紧密固定。

表 13.5.1 卷筒、天轮、主导轮、导向轮最小直径与钢丝绳、钢丝最大直径比值

类型	使用场合	项目		钢丝绳直径的倍数	钢丝绳中最粗钢丝直径的倍数
摩擦轮式提升系统	塔式	主导轮	有导向轮	100	1200
			无导向轮	80	1200
		导向轮		100	1200
	落地式	主导轮		100	1200
		天轮		100	1200
缠绕式提升系统	地表安装	卷筒		80	1200
		天轮		80	1200
	地下安装或凿井绞车	卷筒		60	900
		天轮		60	900
专用于悬吊设备或运输物料的绞车		卷筒		20	300
		导向轮		20	300

13.5.2 条件适宜的竖井应采用多绳摩擦式提升机，并应符合下列规定：

1 多绳摩擦式提升机选择塔式或落地式，应根据矿山所在地的气候、地震烈度、地基承载力、建设工期等因素经技术经济比较后确定。

2 井塔主机房高于井口标高超过 30m 时，应装设电梯。

13.5.3 竖井单绳缠绕式提升机，卷筒上钢丝绳缠绕应符合下列规定：

1 竖井中升降人员或升降人员和物料时，宜缠绕单层；专用于升降物料时，可缠绕两层。

2 盲竖井中专用于升降物料时，可缠绕三层。

3 缠绕两层或多层钢丝绳的卷筒，卷筒边缘应高出最外一层钢丝绳，其高差不应小于钢丝绳直径的 2.5 倍；卷筒上应装设带螺旋槽的衬垫，卷筒两端应设有过渡绳块。

13.5.4 单绳缠绕式提升机，天轮至卷筒上的钢丝绳偏角不应超过 1°30′；钢丝绳从卷筒至天轮的弦长不宜超过 60m，超过时宜设托绳装置。

13.5.5 多绳摩擦式提升机防滑安全校验应符合下列规定：

1 提升机安全制动和工作制动时所产生的力矩，与实际提升最大静荷载产生的旋转力矩之比 K 不应小于 3；质量模数较小的绞车，上提重载安全制动的减速度超过本条第 2 款所规定的限值时，可将安全制动装置的 K 值适当降低，但不应小于 2；计算制动力矩时，闸轮和闸瓦摩擦系数应根据实测确定，宜采用 0.30～0.35；常用闸和保险闸的力矩应分别计算。

2 摩擦式提升机保险闸所确定的安全制动力矩应能满足不同负载在各种运行方式下产生紧急制动减速时，主导轮两侧张力比值小于钢丝绳滑动极限；安全制动时的减速度，满载下放时不应小于 1.5m/s²，满载提升时不应大于 5m/s²。摩擦式提升防滑安全校验应按下式计算：

$$\frac{S_{max}}{S_{min}} \leqslant e^{\mu\alpha} \tag{13.5.5}$$

式中：S_{max}——摩擦轮一侧的最大拉力（N）；

S_{min}——摩擦轮另一侧的最小拉力（N）；

e——自然对数的底；

μ——衬垫摩擦系数；

α——钢丝绳在摩擦轮上的围包角（rad）。

3 有条件时宜采用恒减速安全制动装置。

4 多绳摩擦式提升系统进行防滑校验时，其差重应计入重载侧，防滑设计应计入导向轮或天轮的惯性力，并应不计井筒阻力。静防滑安全系数应大于 1.75，动防滑安全系数应大于 1.25，重载侧与空载侧的静张力比应小于 1.5。

5 摩擦式提升机衬垫的耐压力应取 2MPa。钢丝绳与衬垫的摩擦系数应大于 0.2，有条件时宜采用摩擦系数为0.25的摩擦衬垫。

6 多绳摩擦式提升系统，两提升容器的中心距小于主导轮直径时，应装设导向轮。主导轮上钢丝绳的围包角不应大于200°。

13.5.6 提升机的驱动功率应按提升过程的等效力计算，并应按最大力进行校核。双筒提升机还应按单独提升平衡锤或空容器进行过载能力校核。提升机电机过载不应超过允许过载的85%。

13.5.7 竖井提升系统的过卷高度和过卷保护装置应符合下列规定：

1 当提升速度小于3m/s时，过卷高度不应小于4m；当提升速度为3m/s～6m/s时，过卷高度不应小于6m；当提升速度为6m/s～10m/s时，过卷高度不应小于最高提升速度下运行1s的提升高度；当提升速度大于10m/s时，过卷高度不应小于10m。

2 提升井架或井塔内应设置楔形罐道，楔形罐道端部应设过卷挡梁。

3 多绳摩擦提升时，井底楔形罐道的安装位置应保证下行容器提前上提容器接触楔形罐道，提前距离不应小于1m。

4 单绳缠绕式提升时，井底过卷扬段内应设简易缓冲式防过卷装置，有条件时可设楔形罐道。

5 楔形罐道的楔形部分的斜度应为1%，其长度应包括较宽部分直线段，不应小于过卷高度的2/3。

6 井上楔形罐道的顶部和井底楔形罐道的底部应设封头挡梁。

13.5.8 布置在提升机房内的操作室应采取隔声措施。

13.6 井口与井底车场

13.6.1 井口与井底车场形式应根据运输量、提升运输方式等因素确定。运输量大时宜采用环形车场或折返式车场，运输量小时宜采用折返式车场或尽头式车场，专门提升人员时可采用尽头式车场。车场最低处应有排除积水的措施。

13.6.2 罐笼提升车场内存车线长度宜符合下列规定：

1 作主提升时进车侧不宜小于2列车长，出车侧不宜小于1.5列车长。

2 作副提升时进车侧不宜小于1.5列车长，出车侧不宜小于1列车长。

13.6.3 竖井与各阶段的连接处应设置高度不小于1.5m的栅栏或金属网，罐笼进出口处应设安全门、阻车器，阻车器阻爪高度不应低于矿车车轮中心线。

13.6.4 罐笼提升系统的各阶段马头门宜设置摇台，且摇台应与提升机闭锁。罐笼出车侧的摇台安装高度不应高于进车侧摇台的高度。

13.6.5 采用钢丝绳罐道的罐笼提升系统，中间各阶段应设置稳罐装置。

13.6.6 从井底车场轨面至井底固定托罐梁面的垂高不应小于过卷高度，在此范围内不应有积水。

13.7 箕斗装载与粉矿回收

13.7.1 箕斗装载应采用计重或计容的计量装置。

13.7.2 箕斗提升时的粉矿撒落量，翻转式箕斗可按提升物料的1%～2%计；底卸式箕斗可按提升物料的0.3%～0.6%计，提升能力超过10000t/d时，可按0.1%计算。竖井井底应设置清理井底粉矿及泥浆的专用斜井、联络道或其他形式的清理设施。

14 斜井（坡）提升

14.1 提升设备选择与配置

14.1.1 斜井提升方式的选取应符合下列规定：

1 倾角小于30°的斜井，可采用串车提升；倾角大于30°的斜井，应采用箕斗或台车提升。

2 矿石提升量小于500t/d、斜长小于500m时，宜采用串车提升；矿石提升量大于800t/d、斜长超过500m时，宜采用箕斗提升；矿石提升量为500t/d～800t/d时，应根据具体技术经济条件确定合理的提升方式。

3 台车宜用于材料、设备等辅助提升。

14.1.2 斜井（坡）提升机应采用单绳缠绕式提升机。

14.1.3 斜井井筒配置应符合下列规定：

1 供人员上、下的斜井，垂直深度超过50m时，应设专用人车运送人员；斜井用矿车组提升时，不应人货混合串车提升。

2 副斜井或串车提升的主斜井中不宜设两套提升设备。

3 倾角大于10°的斜井，应设置轨道防滑装置，轨枕下面的道碴厚度不应小于50mm。

4 箕斗提升斜井，当提升量和斜井长度大时，宜采用带平衡锤的双钩提升或双箕斗提升。

5 斜井卷扬道上应设托辊，托辊间距宜取8m～10m，托辊直径不应小于钢丝绳直径的8倍；甩车道和错车道处应设置立辊。

6 串车提升斜井应设置常闭式防跑车装置，斜井上部和中间车场应设置阻车器或挡车栏。

14.1.4 箕斗装卸载矿仓的有效容积应为1h～2h箕斗提升量，装载矿仓有效容积不应小于2列列车的装载量，并应满足井下、地面生产和运输系统的要求；露天斜坡箕斗装载矿仓也可采用等容矿仓或通过式漏斗装载。

14.1.5 提升机房应设置起重设施；起重量应按电动机或提升机主轴装置等最大部件重量设计。

14.2 主要提升参数的选取与计算

14.2.1 斜井或斜坡提升速度和提升加、减速度应符合下列规定：

1 运输人员或用矿车运输物料，斜井长度不大于300m时，提升速度不应大于3.5m/s；斜井长度大于300m时，提升速度不应大于5m/s。

2 箕斗提升物料，斜井长度不大于300m时，提升速度不应大于5m/s；斜井长度大于300m时，提升速度不应大于7m/s。

3 斜井或斜坡运输人员、串车或台车提升的加、减速度不应大于0.5m/s²，箕斗提升的加、减速度不应大于0.75m/s²。

4 车辆在甩车道上运行的速度不应大于1.5m/s。

5 在坡度较小的斜井或斜坡提升中，提升加、减速度应满足自然加、减速度的要求。对线路坡度变化大的斜井或斜坡提升，当坡度小于10°时，应验算提升过程中钢丝绳是否会松弛。

14.2.2 斜井或斜坡提升时间应按表14.2.2选取；提升次数可按本规范第13.2.2条选取，最大班升降人员时间不应超过60min。

表 14.2.2 提升时间（h/d）

主提升		混合提升
串车提升	箕斗提升	
18	19.5	16.5

14.2.3 提升休止时间应符合下列规定：

1 双箕斗提升，采用计量矿仓向箕斗装矿时，箕斗装载休止时间应符合表14.2.3-1的规定；采用通过式漏斗时，装矿休止时间应根据不同车辆的卸矿时间确定。

表 14.2.3-1 箕斗装载休止时间

箕斗容积（m³）	<3.5	4～5	6～8	10～15	>18
休止时间（s）	8～10	12	15	20	>25

2 单箕斗提升，箕斗的装矿和卸矿休止时间应分别计算。装矿时间可按双箕斗的休止时间选取，卸矿时间宜取10s。

3 矿车组提升，矿车的摘、挂钩时间宜取30s～45s；材料车的摘、挂钩时间宜取60s～90s。采用甩车道方式时，矿车组通过道岔后，变化运行方向所需的时间可取5s。

4 台车提升，在台车提升中置换矿车的休止时间应符合表14.2.3-2的规定；选用双层台车时，休止时间宜按表14.2.3-2中休止时间乘以2，再另加一次对位时间5s；置换材料车的休止时间，单面车场宜取80s，双面车场宜取40s。

表 14.2.3-2 台车提升休止时间

矿车容积（m³）	休止时间（s）	
	人力推车	
	单面车场	双面车场
≤0.75	40	25～30
1.2	—	30

5 乘车人员从人车两侧上下车时，人员上下车时间宜取25s～30s，从一侧上下车时宜取50s～60s。

6 运送爆破器材的休止时间宜取120s。

14.2.4 采用串车提升，倾角小于25°时，矿车装满系数应取0.85；倾角为25°～30°时，矿车装满系数应取0.8；确定串车组成的矿车数时，除应校核车场和提升设备的能力外，还应校核矿车连接装置的强度。

14.2.5 矿井开拓只设一套提升装置时，提升不均衡系数宜取1.25，设两套或两套以上提升装置时，箕斗提升宜取1.15，串车提升宜取1.2。

14.3 提升容器与提升钢丝绳

14.3.1 串车提升用的矿车容积宜为0.5m³～1.2m³，最大不宜超过2m³；每次提升矿车数宜与电机车牵引矿车数成倍数关系，每次提升矿车数不宜超过5辆。

14.3.2 箕斗提升容器的大小应按其提升量和矿石块度确定。箕斗卸载净断面短边尺寸不应小于矿石最大块度的3倍。

14.3.3 人车连接装置的安全系数不应小于13，升降物料的连接装置和其他有关部分的安全系数不应小于10，矿车的连接钩、环和连接杆的安全系数不应小于6。

14.3.4 当采用箕斗、平衡锤双钩提升时，平衡锤质量应按本规范第13.3.8条的规定选取。

14.3.5 提升钢丝绳选择应符合下列规定：

1 提升钢丝绳选择应符合现行国家标准《重要用途钢丝绳》GB 8918的有关规定，其抗拉强度不得小于1570MPa。

2 斜井或斜坡提升钢丝绳宜选用线接触钢丝绳、圆股钢丝绳或三角股钢丝绳。斜井采用箕斗提升或台车提升时，宜选用同向捻钢丝绳；采用串车提升时，宜选用外层钢丝较粗的交互捻钢丝绳。

3 提升钢丝绳应按最大静张力计算安全系数，且安全系数应符合本规范表13.4.1的规定。

14.4 斜井提升装置

14.4.1 提升装置的卷筒、天轮、游轮、导向轮、托辊的最小直径与钢丝绳直径之比，与钢丝绳最粗钢丝直径之比，不应小于表14.4.1的规定。

表 14.4.1 卷筒、天轮、游轮、导向轮、托辊最小直径与钢丝绳、最粗钢丝直径比值

<table>
<tr><th>类型</th><th>使用场合</th><th colspan="3">项　目</th><th>钢丝绳直径的倍数</th><th>钢丝绳中最粗钢丝直径的倍数</th></tr>
<tr><td rowspan="8">缠绕式提升系统</td><td rowspan="2">地表安装</td><td colspan="3">卷筒</td><td>80</td><td>1200</td></tr>
<tr><td colspan="3">天轮</td><td>80</td><td>1200</td></tr>
<tr><td rowspan="2">地下安装</td><td colspan="3">卷筒</td><td>60</td><td>900</td></tr>
<tr><td colspan="3">天轮</td><td>60</td><td>900</td></tr>
<tr><td rowspan="4">地上、地下安装</td><td rowspan="3">游轮、导向轮</td><td rowspan="3">包角</td><td>35°～60°</td><td>60</td><td>—</td></tr>
<tr><td>15°～35°</td><td>40</td><td>—</td></tr>
<tr><td>10°～15°</td><td>20</td><td>—</td></tr>
<tr><td colspan="3">托辊</td><td>8</td><td>—</td></tr>
</table>

14.4.2 斜井提升装置的卷筒缠绕钢丝绳的层数，斜井中升降人员或升降人员和物料时，可缠绕2层，升降物料时，可缠绕3层。缠绕两层或多层钢丝绳的卷筒，卷筒边缘应高出最外一层钢丝绳，其高差不应小于钢丝绳直径的2.5倍，卷筒上应装设带螺旋槽的衬垫，卷筒两端应设置过渡绳块。

14.4.3 提升机房距斜井口的距离应根据不同提升方式分别满足爬行、卸载、换车和摘、挂钩的需要。

14.4.4 斜井提升设备安全制动应符合下列规定：

1 过卷扬距离不应小于安全制动时制动闸空行程和施闸时间内提升容器所运行距离之和的1.5倍，过卷距离可按下式计算：

$$L_g = C_g\left(\frac{0.5\sum MR_j}{[M_Z]+M_j}v^2 + vt_k\right) \quad (14.4.4\text{-}1)$$

式中：L_g——过卷距离（m）；

v——最大提升速度（m/s）；

t_k——安全制动系统执行动作所需的空动时间，宜取0.5s；

C_g——备用系数，宜取1.5；

$\sum M$——提升系统变位质量（kg）；

R_j——提升机卷筒半径（m）；

$[M_Z]$——制动力矩整定值（Nm）；

M_j——紧急制动时提升系统的静阻力矩（Nm）。

2 提升机制动减速度，斜井倾角大于30°，满载下放时不应小于1.5m/s²，满载提升时不应大于5m/s²；斜井倾角不大于30°，满载下放时不应小于0.75m/s²，满载提升时不应大于按下式计算的自然减速度：

$$A_0 = g(\sin\theta + f\cos\theta) \quad (14.4.4\text{-}2)$$

式中：g——重力加速度（m/s²）；

θ——井巷倾角（°）；

f——绳端荷载的运动阻力系数，宜取0.010～0.015。

14.5 斜井与车场连接

14.5.1 单钩串车提升的地面车场应根据地形和地面运输系统综合确定，条件适合时，宜用甩车道。底部车场宜采用平车场，条件受限制时，可用甩车道。

14.5.2 主提升及升降人员的主、副提升的斜井或斜坡线路上，使用的道岔不宜小于5号。不升降人员的副提升的斜井或斜坡线路可选用4号道岔。

14.5.3 一次提升的矿车数量较多或矿车容积较大时，应采用电机车或推车机推车和调车。矿车摘钩后，宜采用自溜方式溜至停车线。

14.5.4 下部车场的摘钩处应设双侧人行道。

14.5.5 斜井或斜坡与车场连接的竖曲线半径应大于通过车辆轴距的15倍，并应满足长材料和电机车的通过要求。

14.5.6 串车提升的中间阶段宜用甩车道与斜井或斜坡相连，提升量不大，且倾角大于20°时，可采用吊桥连接方式。井筒不再延伸的生产阶段宜采用平车场形式。

14.6 斜井或斜坡箕斗装载与粉矿回收

14.6.1 箕斗装载宜采用计重或计容的计量装置；未设计量装置时，宜采用振动放矿机装载。

14.6.2 斜井井底应设置排水排泥设施，装矿点应设置粉矿回收设施。

15 坑 内 运 输

15.1 机 车 运 输

15.1.1 坑内机车运输宜采用架线式电机车。生产规模小、运距短的小型矿山，可采用蓄电池机车；有爆炸性气体的回风巷道，不应使用架线式电机车；高硫、有自燃发火危险和存在瓦斯危害的矿井，应使用防爆型蓄电池电机车。

15.1.2 采用电机车运输的矿井，由井底车场或平硐口到作业地点所经平巷长度超过1500m时，应设专用人车运送人员。专用人车及运行应符合下列规定：

1 人车的备用数量应按工作人车数的10%计算，但不得少于1辆。

2 专用人车应有金属顶棚，从顶棚到车厢和车架应做好电气连接。

3 人车行驶速度不应超过3m/s。

4 人员上下车的地点应设置照明和发车声光信号；有两个以上的开往地点时，应设列车去向灯光指示牌；架线式电机车的滑触线应设分段开关。

5 调车场应设区间闭锁装置。

15.1.3 矿山阶段运输量与电机车粘着质量、矿车容积、轨距、轨型的关系宜符合表15.1.3的规定。

表15.1.3 阶段运输量与电机车粘着质量、矿车容积、轨距、轨型的关系

阶段运输量（kt/年）	电机车粘着质量（t）	矿车容积（m^3）	轨距（mm）	轨型（kg/m）
<80	1.5～3	0.5、0.7	600	9、12
80～150	1.5～7	0.7、1.2	600	12、15
150～300	3～7	0.7、2	600	15、22
300～600	6～10	1.2、2	600	22、30
600～1000	10、14	2、4	600、762	22、30
1000～2000	10、14双机	4、6	762、900	30、38
>2000	14、20双机	6、10	762、900	38、43

15.1.4 运输不均匀系数宜取1.2～1.25。出矿量变化较大的运输阶段宜取1.3。

15.1.5 班工作时间可按表15.1.5选取。

表15.1.5 班工作时间（h）

项　目	主平硐	转运阶段	生产阶段
只运货物	6.5	6.5	6.0
运货物人员	6.5	6.0	5.5

15.1.6 电机车的计算和校核应符合下列规定：

1 电机车牵引能力应按机车启动条件计算，并应按发热和制动条件进行校核。

2 采用空气制动的电机车在高原地区使用时，制动力应修正。

3 电机车运输列车的制动距离，运送人员时不得超过20m，运输物料时不得超过40m；14t以上机车或双机牵引时，不得超过80m。

4 电机车的备用台数宜按工作机车台数的20%～25%选取，但不应少于1台，双机牵引时不应少于2台。

15.1.7 地面窄轨铁路宜采用直流250V、550V或750V；井下窄轨铁路宜采用直流250V或550V；当运输距离长、运量大，在安全措施可靠时，无爆炸危险环境大型矿山可采用直流750V。

15.1.8 架线式电机车运输，从轨面算起的滑触线悬挂高度应符合下列规定：

1 主要运输巷道，线路电压低于500V时不应低于1.8m，线路电压高于500V时不应低于2.0m。

2 井下调车场、架线式电机车道与人行道交叉点，线路电压低于500V时不应低于2.0m，线路电压高于500V时不应低于2.2m。

3 井底车场和至运送人员车站，不应低于2.2m。

15.1.9 架线式电机车滑触线的架设应符合下列规定：

1 滑触线悬挂点的间距，在直线段内不应超过5m，在曲线段内不应超过3m。

2 滑触线线夹两侧的横拉线应用瓷瓶绝缘，线夹与瓷瓶的距离不应超过0.2m，线夹与巷道顶板或支架横梁间的距离不应小于0.2m。

3 滑触线与管线外缘的距离不应小于0.2m。

4 滑触线与金属管线交叉处应采用绝缘物隔开。

15.1.10 采用蓄电池式电机车时，应设置专用的蓄电池充电室，每台机车所配备的蓄电池组不应少于2套。蓄电池充电室内应采用矿用防爆型电气设备。

15.1.11 矿车形式的选择应符合下列规定：

1 全矿宜选用1种～2种车型。

2 废石运输宜选用翻斗式矿车。阶段的矿石最大运输量小于300t/d的矿山，可与废石运输采用同一车型；条件适合时，宜采用侧卸式或固定式矿车。当矿车容积超过$4m^3$时，宜采用固定式矿车或底侧卸式矿车。

3 矿石中含粉矿、泥、水量大的矿山和贵金属矿山，宜采用固定式矿车；粘结性大的矿石，当采用固定式矿车时，应采取矿车清底措施。

15.1.12 矿车的备用辆数宜为使用矿车数量的20%～30%，双机牵引采用底侧卸式矿车时，不宜少于1列列车；材料车、平板车的数量可分别取矿车总数的10%和3%，平板车数量不应超过10辆。材料车计算的数量太少时，可根据实际需要确定。

15.1.13 侧卸式、底侧卸式和底卸式矿车卸矿有方向性要求时，应与运输线路相适应。

15.1.14 运输量较大的阶段宜采用振动放矿机装矿，运输量较小的阶段可采用移动装载设备或重力放矿设备装矿。含泥、水量大的矿石，溜井放矿时，宜采用带有振动底板装置的组合式闸门。

15.1.15 有轨运输的矿山，坑内应设置电机车与矿车修理硐室。

15.1.16 运输线路的通过能力应按运行图表计算，

并应有30%的储备能力；当同一线路上同时工作的列车数量多于3列时，宜采用双线或环行运输，并应设置可靠的信号集中闭锁装置，采用信集闭系统的运输线路应采用电动道岔。

15.1.17 井下运输线路宜按重车下坡3‰～5‰的坡度设计，并宜与水沟的排水方向一致。

15.1.18 运输线路的曲线半径，当列车运行速度大于3.5m/s时，不应小于车辆轴距的15倍；运行速度大于1.5m/s时，不应小于车辆轴距的10倍；运行速度小于1.5m/s、弯道转角小于90°时，不应小于车辆轴距的7倍；弯道转角大于90°时，不应小于车辆轴距的10倍；带转向架的梭车、底卸式矿车等大型车辆，不应小于车辆技术文件的要求。

15.1.19 曲线段轨道加宽和外轨超高应符合运输技术条件的要求。直线段轨道的轨距误差不应超过+5mm和－2mm，平面误差不应大于5mm，钢轨接头间隙不宜大于5mm。

15.2 无轨运输

15.2.1 无轨运输设备的选型应根据矿体赋存条件、运输任务和运输线路布置，以及装卸条件、运输设备的技术性能、运输成本等因素综合比较确定。

15.2.2 井下无轨运输采用的内燃设备，应使用低污染的柴油发动机，每台设备应有废气净化装置，净化后的废气中有害物质的浓度应符合国家现行有关工业企业设计卫生标准和工作场所有害因素职业接触限值的规定；同时每台设备应配备灭火装置。

15.2.3 符合下列条件之一时，宜选用柴油铲运机：

1 运距小于300m。

2 用于采场出矿，优于其他装运方式。

3 用于点多分散或标高不一的平底装矿。

4 在平巷或斜坡道掘进中配合其他设备，能加快掘进速度。

15.2.4 电动铲运机宜用于转弯少的采场出矿；小型铲运机用于运距宜小于100m，大型铲运机用于运距宜小于250m。

15.2.5 选用矿用自卸汽车运输时，应符合下列规定：

1 采用铰接式卡车时，运距不宜大于4000m。

2 可用作边远或深部临时出矿。

3 与其他运输方式相比应能简化运输环节。

4 条件许可时，应选用同型号汽车。

15.2.6 采用无轨运输的矿山，坑内宜设完善的设备保养和维修设施；地面宜设相应的故障修理和部件修复的机修设施。

15.2.7 铲运机作业参数宜按下列规定选取：

1 装载、卸载、掉头时间宜取2min～3min，定点装载宜取小值，不定点装载宜取大值。

2 运行速度，未铺设路面宜取6km/h，碎石路面宜取8km/h，混凝土路面宜取12km/h。

3 铲斗装满系数宜取0.8。

4 每班纯运行时间宜按3h～5h选取，供矿和卸矿条件好的宜取大值。

5 年工作班数宜为500班～600班。

15.2.8 矿用自卸汽车作业参数宜按下列规定选取：

1 装载、卸载、调车及等歇时间宜取3min～8min，振动放矿机装矿、调车条件好时宜取小值，铲运机或装载机装矿、调车较差时宜取大值。

2 路面坡度为10%时，重车上坡运行速度宜取8km/h～10km/h，空车下坡运行速度宜取10km/h～12km/h；水平路面运行速度宜取16km/h～20km/h。

3 装满系数宜取0.9。

4 三班作业，每班纯运行时间宜按4.5h～6h选取。

5 工作时间利用系数，一班工作时宜取0.9，二班工作时宜取0.85，三班工作时宜取0.8。

6 运输不均衡系数宜取1.05～1.15。

7 备用系数宜取0.7～0.8。

15.3 带式输送机运输

15.3.1 带式输送机不应用于运送过长的材料和设备。采用带式输送机运输矿石、废石和其他物料时，应符合现行国家标准《金属非金属矿山安全规程》GB 16423、《带式输送机安全规范》GB 14784、《带式输送机工程设计规范》GB 50431的有关规定。

15.3.2 带式输送机运输物料的最大坡度应根据输送物料的性质、作业环境条件、胶带类型、带速及控制方式等因素综合确定，且应符合下列规定：

1 向上运输物料时不应大于15°。

2 向下运输物料时不应大于12°。

3 输送的物料流动性较大时，应减少带式输送机倾角。

4 向上运输物料、要求坡度更大时，应采用大倾角带式输送机。

15.3.3 带式输送机带宽应根据单位时间输送量、物料特性、线路条件、带速综合确定，并应符合下列规定：

1 带式输送机运输物料的最大块度不应大于350mm。

2 带式输送机的宽度不应小于物料最大块度的2倍加200mm，并应大于堆料宽度200mm。

15.3.4 带式输送机的带速应根据工作条件、物料特性、运输量和运距等确定，带速的选择宜符合下列规定：

1 长距离、大运量带式输送机应选用较高的带速。

2 水平或向上运输的带式输送机可选用较高的带速，向下运输宜选用较低的带速。

3 磨损性大、粒径大、易粉碎和易起尘的物料宜选用较低的带速。

4 采用卸料车卸载时，带速不宜超过2.5m/s，采用犁式卸料器卸料时，带速不宜超过2m/s。

5 输送成件物品时，带速不应超过1.25m/s。

6 用于手选抛废的带式输送机带速宜为0.3m/s。

15.3.5 带式输送机的功率计算应符合现行国家标准《连续搬运设备 带承载托辊的带式输送机 运行功率和张力的计算》GB/T 17119的有关规定。

15.3.6 输送带应根据输送机长度、输送能力、输送带张力、物料性质、受料条件、工作环境等因素进行确定，并应符合下列规定：

1 大运量、高带速、长距离输送机宜采用钢丝绳芯输送带。

2 工作环境温度低于－25℃时，应选用耐寒输送带。

3 输送带覆盖层应根据输送物料松散密度、粒径、磨耗性、受料高度等因素确定。输送硬质岩时，宜采用“H”级；输送软质岩时，宜采用“L”级。

4 橡胶输送带接头宜采用硫化法胶接，并应符合现行国家标准《输送设备安装工程施工及验收规范》GB 50270的有关规定。

15.3.7 带式输送机启动和制动时，加、减速度宜按下列规定选取：

1 水平输送时，宜取$0.1m/s^2 \sim 0.3m/s^2$，运距长时宜取小值，运距短时宜取大值。

2 向上输送时，宜取$0.1m/s^2 \sim 0.3m/s^2$，倾角大时宜取小值，倾角小时宜取大值。

3 向下输送时，加速度宜取$0.1m/s^2 \sim 0.2m/s^2$，减速度宜取$0.1m/s^2 \sim 0.3m/s^2$。

15.3.8 带式输送机宜采用单滚筒驱动，功率大需要采用双滚筒驱动时，应按等驱动功率单元法分配功率，分配比宜取2∶1。

15.3.9 钢绳芯带式输送机的驱动滚筒直径不应小于钢丝绳直径的150倍，不应小于钢丝直径的1000倍，且最小直径不得小于400mm。滚筒与胶带表面的比压力不应超过1MPa。

15.3.10 带式输送机的胶带安全系数应根据胶带类型、工作条件、接头特性，以及带式输送机启动、制动性能等因素确定，其安全系数应按下列规定选取：

1 按静荷载计算，静荷载安全系数不应小于8；当钢绳芯带式输送机采取可控软启动、制动等措施时，静荷载安全系数不应小于5。

2 按启动和制动时的动荷载计算，动荷载安全系数不应小于3。

15.3.11 带式输送机拉紧装置的布置和拉紧方式宜符合下列规定：

1 带式输送机拉紧装置的布置应根据拉紧力、拉紧行程、拉紧装置对输送带张力的响应速度综合确定，宜布置在输送带张力最小或靠近传动滚筒的松边。

2 带式输送机拉紧装置宜采用电动绞车和液压自动拉紧装置，短距离带式输送机可采用重力拉紧方式或螺旋拉紧方式。

15.3.12 带式输送机布置应符合下列规定：

1 带式输送机的地面线路应根据地形条件、工艺布置，减少中间转载环节、合理分段；井下线路宜采用直线布置。

2 带式输送机最高点与顶板的距离不应小于0.6m；带式输送机与其他设备突出部分、支护之间的间隙不应小于0.4m；带式输送机运输巷道应设人行道，其有效净高不应小于1.9m，有效宽度不应小于1.0m，人行道坡度大于10°时，应设踏步。

3 在倾斜道中采用带式输送机运输，输送机的一侧应平行敷设一条检修道，需利用检修道作辅助提升时，辅助提升速度不应超过1.5m/s。

4 装、卸料点应设与带式输送机联锁的空仓、满仓等保护装置和声、光信号。

5 带式输送机应设防胶带撕裂、断带、跑偏等保护装置，并有可靠的制动、胶带清扫，以及防止过速、过载、打滑、大块冲击等保护装置；线路上应设信号、电气联锁和停车装置；上行的带式输送机应设防逆转装置。

6 带式输送机装、卸载站应设置安装、维修设备和除尘设施。

16 压气设施

16.1 站址选择

16.1.1 地面压缩空气站宜采用集中布置，站址选择应符合下列规定：

1 宜靠近用气负荷中心，供电、供水条件应良好，运输应方便，并应有扩建的可能性。

2 应避免靠近散发爆炸性、腐蚀性和有毒气体，以及粉尘等有害物的场所，并应位于场所全年风向最小频率的下风侧。

3 压缩空气站与有噪声、振动防护要求场所的间距应符合国家现行有关工业企业设计卫生标准的规定，并应符合现行国家标准《工业企业总平面设计规范》GB 50187等的有关规定。

16.1.2 井下压缩空气站的布置应符合下列规定：

1 井下压缩空气站应布置在主要运输巷道附近新鲜风流通过处。

2 井下压缩空气站的固定式空气压缩机和储气罐应分设在2个硐室内。

16.1.3 压缩空气站的噪声控制应符合下列规定：

1 空气压缩机应有吸气消音装置。

2 压缩空气站内的噪声值不宜超过 85dB（A），站内应设隔音值班室。

16.2 设备选择与计算

16.2.1 矿山压缩空气站设备选择应符合下列规定：

1 用气点较集中、压气输送距离较短的矿山应选用固定式空气压缩机。

2 露天矿山和用气点分散、压气输送距离远和采掘设备主要使用液压设备的地下矿山宜选用移动式空气压缩机。

3 井下不得使用柴油空气压缩机。

16.2.2 全矿最大供气量计算应符合下列规定：

1 应根据矿山达到设计生产能力同时工作的风动工具用气量计算，并应满足采掘作业地点在灾变期间压风自救的供气要求。

2 管网漏气系数宜取 1.10～1.20。

3 气动工具磨损系数宜取 1.10～1.15。

4 海拔高度修正系数，当海拔高度为 0 时宜取 1.0，每增高 100m 系数宜增加 1.3%。

16.2.3 空气压缩机的型号和台数应根据全矿最大供气量、用气负荷分布确定，并应符合下列规定：

1 空气压缩机的型号不宜超过 2 种。

2 地面压缩空气站内，活塞空气压缩机或螺杆空气压缩机的台数宜为 3 台～6 台，离心空气压缩机的台数宜为 2 台～5 台。

3 井下固定式压缩空气站内，每台空气压缩机的能力不宜大于 $20m^3/min$。

4 压缩空气站内备用量应大于计算供气量的 20%，移动式空气压缩机备用量应大于计算供气量的 30%，且不应少于 1 台；当分散设置的压缩空气站之间有管道连接时，可统一设置备用空气压缩机。

16.2.4 压缩空气站宜设检修用起重设施，其起重能力应按空气压缩机组的最重部件确定。

16.3 站房布置

16.3.1 压缩空气站设备布置应符合下列规定：

1 站房内空气压缩机宜单排布置，通道宽度应满足生产操作和维护检修的需要。

2 离心空气压缩机的吸气过滤装置宜独立布置，压缩机与吸气过滤装置之间应设可调节进气量的装置。严寒地区，油浸式吸气过滤器布置在室外或单独房间内时，应采取防冻防寒措施。

3 离心空气压缩机应设置高位油箱和其他能够保证可靠供油的设施。

4 空气压缩机组的联轴器和皮带传动部分应装设安全防护设施。

5 空气压缩机吸气管长度不宜超过 10m。

16.3.2 压缩空气站厂房的布置宜符合下列规定：

1 压缩空气站的朝向宜使空气压缩机之间有良好的自然通风，并宜避免西晒。

2 装有活塞空气压缩机、离心空气压缩机、单机额定排气量不小于 $20m^3/min$ 螺杆空气压缩机的压缩空气站，宜为独立建筑物；压缩空气站与其他建筑物毗连或设在其内时，宜用墙隔开，空气压缩机宜靠外墙布置。设在多层建筑内的空气压缩机宜布置在底层。

3 空气压缩机的基础应根据环境要求采取隔振或减振措施，并应与建筑物分开。

4 压缩空气站内，当需设置专门检修场地时，其检修面积不宜大于一台最大空气压缩机组占地和运行所需的面积。

5 机器间通向室外的门应保证安全疏散、便于设备出入和操作管理。

6 夏热冬冷和夏热冬暖地区，机器间跨度大于 9m 时，宜设天窗。

7 隔声值班室或控制室应设观察窗，其窗台标高不宜高于 0.8m。

16.4 储气罐

16.4.1 压缩空气储气罐应布置在室外，并宜位于机器间的背面。立式储气罐与机器间外墙的净距不应小于 1m，并不宜影响采光和通风。

16.4.2 活塞空气压缩机、离心空气压缩机的排气口与储气罐之间应设置后冷却器，各空气压缩机应设置独立的后冷却器和储气罐。

16.4.3 活塞空气压缩机与储气罐之间应装设止回阀。在压缩机与止回阀之间应设置放空管，放空管应设置消声器。活塞空气压缩机与储气罐之间不应装设切断阀。当需装设时，在压缩机与切断阀之间应装设安全阀。

离心空气压缩机的排气管上应装设止回阀和切断阀。压缩机与止回阀之间应设置放空管。放空管上应装设防喘振调节阀和消声器。

16.4.4 储气罐上应装设安全阀。储气罐与供气总管之间应装设切断阀。

16.5 空气压缩机冷却用水

16.5.1 空气压缩机所需的冷却水量应按产品样本中规定的指标计算。地面压缩空气站的冷却水应循环使用，循环水系统宜采用单泵冷却系统；所需新水补给量宜取冷却水量的 5%～10%。

16.5.2 空气压缩机入口处冷却水压力应符合下列规定：

1 活塞空气压缩机不得大于 0.40MPa，并不宜小于 0.10MPa。

2 螺杆空气压缩机不得大于 0.40MPa，并不宜小于 0.15MPa。

3 离心空气压缩机不得大于 0.50MPa，并不宜小于 0.15MPa。

16.5.3 空气压缩机冷却水水质应符合下列规定：

1 空气压缩机及其冷却器的冷却水的水质标准应符合现行国家标准《工业循环冷却水处理设计规范》GB 50050 的有关规定。

2 空气压缩机及其冷却器的冷却水，当采用直流系统供水时，应根据冷却水的碳酸盐硬度控制排水温度，当排水温度超过表 16.5.3 的规定值时，应对冷却水进行软化处理。

表 16.5.3 碳酸盐硬度与排水温度关系

碳酸盐硬度（以 CaO 计，mg/L）	≤140	168	196	280
排水温度（℃）	45	40	35	30

16.5.4 冷却水进水温度不宜超过 35℃，出水温度不宜超过 45℃，进、出水温度差宜为 5℃～10℃，最多不宜超过 15℃。

16.5.5 空气压缩机循环冷却水管程流速不宜小于 0.9m/s。

16.6 压缩空气管网

16.6.1 矿山地面压缩空气管道布置应根据气象、水文、地质、地形等条件和施工、运行、维修方便等综合因素确定，并应符合下列规定：

1 夏热冬冷地区、夏热冬暖地区和温和地区的压缩空气管道宜采用架空敷设。

2 寒冷地区和严寒地区的压缩空气管道架空敷设时，应采取防冻措施。

3 严寒地区的矿山压缩空气管道宜与热力管道共沟或埋地敷设。

4 矿山敷设的压缩空气管道与其他管线及建筑物、构筑物之间的最小水平间距应符合现行国家标准《工业企业总平面设计规范》GB 50187 的有关规定。

16.6.2 埋地压缩空气管道穿越铁路、道路时，应符合下列规定：

1 管顶至铁路轨底的净距不应小于 1.2m，管顶至道路路面结构底层的垂直净距不应小于 0.5m。

2 当不能满足本条第 1 款要求时，应加防护套管或管沟，其两端应伸出铁路路肩或路堤坡脚以外，且不得小于 1.0m；当铁路路基或路边有排水沟时，其套管应伸出排水沟沟边 1.0m。

16.6.3 压缩空气管道设计应符合下列规定：

1 压缩空气管道主管管径应按矿山服务年限内最大供气量和最远采区供气距离确定；采区管道管径可按矿山达到设计生产能力时确定，采区内供气应按最远距离计算。

2 设计压缩空气管道时，应保证工作点的压力大于风动工具的额定压力 0.1MPa，当小于 0.1MPa 时，应采取增压措施。

3 压缩空气管道应采用钢管。管道间连接宜采用焊接，设备、阀门与管道连接应采用法兰或螺纹连接。

4 井下各作业地点及避灾硐室（场所）处应设置供气阀门。

5 在井口、阶段马头门管道的最低部位处应设置油水分离器。

6 地面非直埋管路，当直线长度超过 100m 时，应装设曲管式伸缩器。在竖井井筒中，每隔 100m～150m 宜装设中间直管座。

17 破 碎 站

17.1 露天破碎站

17.1.1 露天破碎站形式应根据矿山开采规模、采矿工艺、开拓方式、运输距离等因素确定。

17.1.2 破碎机类型应根据物料的物理机械性质、粒级组成、最大入料粒径、排料粒径和矿山生产能力等因素确定。

17.1.3 破碎站位置选择应符合下列规定：

1 破碎站位置宜选择在矿岩运输中心。

2 固定式破碎站宜设在露天境界外附近，有条件时，可设在露天境界内台阶上；并应位于工业场地和居民区的最小频率风向的上风侧。

3 半移动式破碎机站址，施工时不应干扰生产的正常进行。

4 固定式破碎站的服务年限不宜小于 10 年，半移动式破碎站移动一次的服务年限不宜小于 5 年。

17.1.4 固定式破碎站宜采用钢筋混凝土结构，半移动式破碎站应采用钢结构。移动式破碎站宜采用自行式履带机构。

17.1.5 破碎站布置应符合下列规定：

1 破碎站应配备大块处理设备；破碎机采用给矿设备给料时，卸载口宜设置格筛。

2 有条件的大型矿山破碎站，自卸汽车应采用对侧双向卸载；卸车平台应设自卸汽车卸料的安全限位车挡和指示信号等安全装置；挡车设施的高度不应小于该卸矿点各种运输车辆最大轮胎直径的 2/5。

3 破碎站应设置受料仓，受料仓的有效容积不应小于自卸汽车有效容积的 2 倍；当破碎站下部排料采用带式输送机运输时，破碎机下部应设置缓冲仓，缓冲仓容积不应小于自卸汽车有效容积的 2 倍。

4 破碎站应有安装、检修设备的通道和作业场地。

17.1.6 固定式破碎站宜配置桥式起重机，半移动式破碎机站宜配备回转式单臂起重机或汽车起重机。起重机的起重量应按设备最大不可拆卸件质量确定。

17.1.7 破碎站卸载口应采用喷雾降尘，破碎机的排矿口应采取通风除尘措施。

17.2 井下破碎站

17.2.1 当采用箕斗提升或带式输送机运输，矿石块度不能满足提升运输要求时，应设置破碎站。

17.2.2 年产量小于2000kt时，宜选用颚式破碎机；大于4000kt时，应选用旋回破碎机；年产量为2000kt～4000kt时，应经技术经济比较后确定。

17.2.3 井下破碎站位置应选择在靠近提升井筒的稳固岩层中。破碎站的布置应符合下列规定：

1 井下破碎站应设置两个安全出口。一个出口可作为大件运输通道，大件运输通道应与大件提升井相连，另一个出口可作为人行通风联络通道。

2 采用卡车直接卸矿方式时，破碎机上部矿仓容积应大于2车矿石量；破碎站位于溜井底部采用给料机给料时，破碎机上部溜井矿仓容积应大于1h破碎量。当采用箕斗提升时，破碎机下部矿仓容积不应小于2h提升量；当采用带式输送机直接运出地表时，破碎机下部可只设缓冲矿仓，其容积不应小于0.5h运输量。

3 颚式破碎机应采用给矿设备给矿，旋回破碎机可采用给矿设备给矿或卡车直接卸矿；采用板式给矿机给矿时，其链板宽度不应小于矿石最大块度的2倍加200mm，并应与溜井口宽度相适应。

4 破碎站应设置起重机，起重机的起重量应按不可拆卸设备最大件质量确定。

5 破碎站应设置检修场地，检修场地面积应满足备件存放和大修时拆卸部件堆放、操作的需要，破碎机检修面积可按表17.2.3选取。

表17.2.3 破碎机检修面积

破碎机		检修面积（m²）
型式	规格（mm）	
颚式	600×900	50
	900×1200	60
	1200×1500	100
	1500×2100	130
旋回	ϕ900	150
	ϕ1200	170

17.2.4 颚式破碎机破碎硐室应按端部给矿形式配置。

17.2.5 井下破碎站应设置单独的通风除尘系统，污风应直接引入回风道，排出的污风不得混入井下新鲜风流；产生粉尘的给、排矿口应采取除尘措施，除尘净化设备应布置在回风道一侧。

18 排水与排泥

18.1 露天矿排水

18.1.1 露天矿山应设置专用的防洪、排洪设施。汇水面积大的山坡露天矿山，应在露天开采境界外或露天边坡上设置截水沟。

18.1.2 露天矿山排水方式的选择应符合下列规定：

1 有条件的露天矿山应采用自流排水方式。

2 汇水面积小、涌水量不大的矿山，宜采用露天坑底集中排水。

3 涌水量大、下降速度快、采场作业面积小或需井巷疏干的露天矿山，可采用井巷排水。

4 汇水面积、涌水量、开采深度大的深凹露天矿山，宜采用露天坑内分段接力排水或井巷分段接力排水。

5 当采用单一排水方式经济上不合理时，应采用联合排水。

18.1.3 露天采场排水设计应采用当地气象台的降水资料，并应符合下列规定：

1 计算正常降雨量应为10年或以上的多年雨季月平均降雨量。

2 采场排水计算的暴雨频率，大型露天矿宜取5%，中型露天矿宜取10%，小型露天矿宜取20%。

3 采场的径流量应采用长历时暴雨量。

4 截水沟的径流量应采用短历时暴雨量。

18.1.4 露天采场截水沟设计应符合下列规定：

1 露天采场境界外截水沟距露天最终境界线的最小距离不应小于30m。

2 露天采场境界外截水沟出口与河沟汇流处的交角应小于60°，截水沟出口底部标高应在常水位标高以上。

3 露天采场内截水沟设计应避免因渗漏引起边帮滑坡，纵坡段不宜过多，坡度差不宜过大。

4 石质水沟断面宜采用矩形，土质水沟断面宜采用梯形；当流速过大时，土质水沟可采用砂浆片石或砂浆卵石加固，加固厚度不应小于200mm。

5 截水沟弯段半径不应小于设计水位的水面宽度的5倍。

6 截水沟坡度不应小于3‰，截水沟流水充满度不宜超过75%。

7 截水沟坡度较陡地段应设置跌水或陡坡消能设施，跌水和陡坡不得设在沟的转弯处。

18.1.5 遇设计确定的暴雨频率时，允许淹没高度不得超过一个台阶；坑底允许淹没时间，露天排水方式应小于7d，井巷排水方式应小于5d。

18.1.6 排水系统设计应符合下列规定：

1 大型露天矿确定排水能力时，应进行贮排平衡计算。

2 正常工作的水泵能力，应能在20h内排出露天坑内24h正常降雨径流量与地下涌水量之和。

3 暴雨量较小的地区，在同一台阶上应选用同一规格的水泵；当暴雨径流量为正常排水量的3倍及以上时，可选用2种不同规格的水泵。

4 备用和检修水泵的能力不应小于正常工作水泵能力的50%；所有水泵全部开动，应能在设计预定淹没深度下，在允许的时间内排除坑内暴雨时的涌水量。

5 移动泵站水泵的扬程不宜超过100m。

6 露天排水泵站水池容积不应小于正常工作水泵0.5h的排水量。

18.1.7 排水管的选择应符合下列规定：

1 排水管不得少于2条，当一条检修时，另一条应能满足正常排水的要求；全部排水管投入工作时，应能满足排出暴雨时最大排水量的要求。

2 正常排水时，管径应按经济流速选择；暴雨排水时，管径应按流速不大于3.5m/s确定。

18.1.8 排水管的敷设应符合下列规定：

1 采场内永久性固定排水管路的敷设应沿非工作帮敷设，采场外宜充分利用地形自流排水。

2 当管路埋设时，非冰冻地区管顶埋深不应小于0.5m，管路穿越铁路、道路时，应符合本规范第16.6.2条的规定；冰冻地区宜埋设在冰冻线以下，采用相应防冻措施后，可埋设在冰冻线以上。

3 管路坡度大于15°时，管道下面应设挡墩支承。

4 当排水管路很长，且沿地形起伏敷设时，管路最高点应设排气阀，最低点应设泄水阀。

18.2 井 下 排 水

18.2.1 井下排水方式的选择应符合下列规定：

1 矿井较浅、开采阶段数不多的矿山宜采用一段排水。

2 矿井较深、开采阶段数多、上部阶段涌水量大、下部涌水量小的矿山宜采用分段排水。

3 矿井较深、涌水量较大、服务年限较长的矿山，排水方式应进行综合技术经济比较确定。

18.2.2 井下排水正常涌水量的计算应包括井下生产废水。

18.2.3 井下排水设备的选择应符合下列规定：

1 井下主要排水设备应至少由同类型的3台泵组成。工作水泵应能在20h内排出一昼夜的正常涌水量；除检修泵外，其他水泵应能在20h内排出一昼夜的最大涌水量。

2 水文地质条件复杂、有突水危险的矿山，可根据情况增设抗灾水泵或在主排水泵房内预留安装水泵的位置。

3 确定水泵扬程时，应计入水管断面淤积后的阻力损失。较混浊的水，应按计算管路损失的1.7倍选取；清水可按计算管路损失选取。

4 排水泵宜采用无底阀排水，其吸上真空度不应小于5m，并应按水泵安装地点的大气压力和温度进行验算。

5 主排水泵应选择先进节能的排水设备。

6 pH值小于5的酸性水，可采取防酸措施或采用耐酸泵。

7 主排水泵房内的闸阀宜选用电动闸阀。

18.2.4 井下水泵房的布置应符合下列规定：

1 主要水泵房应设在井筒附近，井下主变电所宜靠近主要水泵房布置。

2 井底主要泵房的通道不应少于2个，其中一个应通往井底车场，通道断面应能满足泵房内最大设备的搬运，出口处应装设防水门；另一个应采用斜巷与井筒连通，斜巷上口应高出泵房地面7m以上；泵房地面标高除潜没式泵房外，应高出其入口处巷道底板标高0.5m。

3 水泵宜顺轴向单列布置；水泵台数超过6台、泵房围岩条件较好时，可采用双排布置。

4 水泵机组之间的净距离宜为1.5m～2m；基础边缘距墙壁的净距离，吸水井侧宜为0.8m～1m，另一侧宜为1.5m～2m，大型水泵机组之间的净距离可根据设备要求进行调整。

5 泵房地面应向吸水井或水窝有3‰的排水坡度。

6 泵房高度应满足安装和检修时起吊设备的要求。

18.2.5 主要水泵房水仓设计应符合下列规定：

1 水仓应由2个独立的巷道系统组成。

2 一般矿井主要水仓总容积应能容纳6h～8h的正常涌水量。涌水量较大的矿井，每个水仓的容积应能容纳2h～4h的井下正常涌水量。

3 水仓进水口应有箅子。

4 水仓顶板标高不应高于水仓入口处水沟底板标高，水仓高度不应小于2m。

18.2.6 当水泵电动机容量大于100kW时，主要水泵房应设置起重梁或起重机，并应敷设轨道与井底车场连通，起重设备应能满足水泵、阀门和排水管路安装和检修要求。

18.2.7 井下主排水管的选择应符合下列规定：

1 井筒内应有工作和备用的排水管。工作水管的能力应能配合工作水泵在20h内排出矿井24h的正常涌水量，工作和备用水管的总能力应能配合工作和备用水泵在20h内排出矿井24h的最大涌水量。

2 排水管宜选用无缝钢管。管径宜按水流速度1.2m/s～2.2m/s选择，最大不应超过3m/s。管壁厚度应根据压力大小选择；竖井井筒中的排水管路较长时，宜分段选择管壁厚度。

3 排水水质 pH 值小于 5 时，排水管道应采取防酸措施。

18.2.8 井下主排水管的敷设应符合下列规定：

1 泵房内排水管道最低点至泵房地面净空高度不应小于 1.9m，并应在管道最低点设放水阀。

2 管子斜道与竖井相联的拐弯处，排水管应设弯管支承座。竖井中的排水管每隔 150m～200m 应装设直管支承座，竖井管道间内应留有检修及更换管子的空间。

3 管道沿斜井敷设，宜架设在人行道一侧：管径小于 200mm 时，可固定于巷道壁上；管径大于 200mm 时，宜安装在巷道底板专用的管墩上。

4 经技术经济比较合理时，可通过钻孔下排水管路排水。

18.2.9 有提升设备的竖井及斜井井筒井底水窝排水应符合下列规定：

1 应设 2 台水泵，其中应 1 台工作、1 台备用。

2 水泵能力应在 20h 内排出水窝 24h 积水量。

3 井底水窝排水泵宜选用潜污泵，并应采用自动控制。

18.3 井下排泥

18.3.1 采用充填法开采或地下水泥沙含量大的矿山，在水仓前应设专用的沉淀池或采区沉淀池。水仓和专用沉淀池的排泥工作宜采用机械清泥。

18.3.2 水仓内压气排泥罐正常工作气压宜为 0.55MPa～0.63MPa，最低不应小于 0.4MPa。

18.3.3 采用高压水排泥的水泵扬程计算，泥浆水密度可取 1150kg/m³～1300kg/m³，密闭泥仓压力损失可取 0.1MPa～0.15MPa。

19 索道运输

19.1 适用条件和主要设计参数

19.1.1 下列情况，宜采用索道运输矿石或废石：

1 需跨越山谷、河流等天然障碍，且不宜构筑桥梁、涵洞。

2 地形、地貌保护有特殊要求的矿山。

3 气候条件恶劣，其他地面运输方式不能适用。

19.1.2 索道形式选择宜符合下列规定：

1 运量不大于 150t/h 时，宜采用单线循环索道；大于 150t/h 时，宜采用双线循环索道。

2 需跨越山谷、河流等天然障碍的大跨度索道宜采用双线循环索道。

19.1.3 工作制度和运输不均衡系数的选取宜符合下列规定：

1 年工作日，非连续工作制不宜小于 290d，连续工作制不宜大于 330d。

2 每日工作小时数，一班作业宜取 7.5h，两班作业宜取 14h，三班作业宜取 19.5h。

3 运输不均衡系数，一班作业宜取 1.1，两班作业宜取 1.15，三班作业宜取 1.2。

4 当索道设有转角站或中间站时，每日工作小时数宜适当减少。

19.1.4 索道的最高运行速度不宜超过表 19.1.4 的规定。

表 19.1.4 索道的最高运行速度

索道形式	最高运行速度（m/s）
单线循环式索道	4.5
双线循环式索道	5.0

19.1.5 索道索距宜符合表 19.1.5 的规定。

表 19.1.5 索道索距

<table>
<tr><th>索道形式</th><th>矿斗容积（m³）</th><th>索距（m）</th></tr>
<tr><td rowspan="4">单线循环式索道</td><td>0.20～0.25</td><td>2.5</td></tr>
<tr><td>0.32～0.80</td><td>3.0</td></tr>
<tr><td>1.00～1.25</td><td>3.5</td></tr>
<tr><td colspan="2">当驱动轮直径大于 3.5m 时，索距应等于驱动轮直径</td></tr>
<tr><td rowspan="3">双线循环式索道</td><td>0.50～1.00</td><td>3.0</td></tr>
<tr><td>1.25～1.60</td><td>3.5</td></tr>
<tr><td>2.00～2.50</td><td>4.0</td></tr>
</table>

19.1.6 索道净空尺寸应符合下列规定：

1 索道跨越或穿越有关设施、区域时的最小垂直净空尺寸应符合本规范表 19.1.6-1 的规定。

表 19.1.6-1 最小垂直净空尺寸

<table>
<tr><th>跨越或穿越类别</th><th>跨越或穿越说明</th><th>净空尺寸（m）</th></tr>
<tr><td>铁路</td><td>保护设施底部距轨面</td><td rowspan="5">应符合国家有关标准规范的要求</td></tr>
<tr><td>公路</td><td>索道或保护设施底部距路面</td></tr>
<tr><td rowspan="2">架空电力线路</td><td>索道穿越时电线距索道顶部</td></tr>
<tr><td>索道跨越时保护设施底部距电力线</td></tr>
<tr><td>航道</td><td>索道或保护网底部距桅杆顶</td></tr>
<tr><td>建筑物、构筑物</td><td>索道或保护设施底部距屋顶</td><td>2.0</td></tr>
<tr><td>禁伐林木</td><td>索道底部距林木最高点</td><td>2.0</td></tr>
<tr><td>非机耕地</td><td>索道底部距耕地表面</td><td>3.0</td></tr>
<tr><td>滑雪道</td><td>索道底部距雪道表面</td><td>3.5</td></tr>
</table>

续表 19.1.6-1

跨越或穿越类别	跨越或穿越说明	净空尺寸(m)
机耕地	索道底部距耕地表面	4.5
街道、广场	索道或保护设施底部距地面	5.0
人烟稀少区	索道底部距地面或雪面	3.0
无人通行区	索道底部距地面或雪面	2.0

注：1 索道底部指矿斗或空牵引索在跨间的最低静态位置再加上动态附加值（承载索挠度的5%或运载索挠度的25%），以最低位置为准。

2 索道顶部指线路上没有矿斗，承载索或运载索最大拉力增大10%时在跨间的最高静态位置。

3 索道跨越航道时的净空尺寸，应以50年一遇的最高洪水位为准。

2 矿斗与内、外侧障碍物之间的最小水平净空尺寸应符合表19.1.6-2的规定。

表 19.1.6-2 最小水平净空尺寸

障碍物名称	矿斗或钢丝绳摆动情况	净空尺寸(m)
无导向装置的支架	矿斗横向内摆0.20rad	0.5
有导向装置的支架	矿斗横向内摆0.14rad	0.5
与索道平行的交通运输道路	承载索或运载索或牵引索最大静挠度的20%横向外摆	1.5
与索道平行的架空电力线路	承载索或运载索或牵引索最大静挠度的20%横向外摆	不小于电杆的高度
建筑物、岩石	双线索道矿斗横向外摆0.20rad，再加上跨距大于300m时的0.2%增加值	3.0
	运载索最大静挠度的10%横向外摆加上固定式抱索器矿斗横向外摆0.20rad	1.5
	运载索最大静挠度的10%横向外摆加上脱挂式抱索器矿斗横向外摆0.35rad	1.0
林间通道	双线索道矿斗横向外摆0.20rad，再加上跨距大于300m时的0.2%增加值	1.5
	运载索最大静挠度的10%横向外摆加上固定式抱索器矿斗横向外摆0.20rad	1.0
	运载索最大静挠度的10%横向外摆加上活动式抱索器矿斗横向外摆0.35rad	0.5

注：跨距大于300m时的0.2%增加值，指当跨距大于300m时，跨距每增大100m，矿斗纵向中心线向外侧移动0.2m。

19.1.7 计算风压应符合下列规定：

1 索道运行时宜为200Pa，索道停运时宜为800Pa；

2 最大风速大于36m/s的地区，应取当地最大风压值。

19.1.8 索道钢丝绳的选择应符合下列规定：

1 承载索应选用密封钢丝绳，其公称抗拉强度不宜小于1370MPa，承载索的抗拉安全系数不得小于3.0。

2 牵引索应选用线接触或面接触同向捻带绳芯的股捻钢丝绳，公称抗拉强度不宜小于1670MPa，牵引索的抗拉安全系数不得小于4.5。

3 运载索应选用线接触或面接触同向捻带绳芯的股捻钢丝绳，公称抗拉强度不宜小于1670MPa，运载索表层钢丝的直径不得小于1.5mm，运载索的抗拉安全系数不得小于4.5。

4 拉紧索宜选用挠性好和耐挤压的股捻钢丝绳，其公称抗拉强度不宜小于1670MPa，拉紧索的抗拉安全系数不得小于5.0。

19.1.9 保护设施的设置应符合下列规定：

1 保护范围较长和矿斗坠落高度较大时，应采用保护网；保护范围较短和矿斗坠落高度较小时，应采用保护桥；索道线路横向坡度较大、矿斗或物料滚落后会造成事故时，应采用拦网。

2 应按矿斗冲击的条件校验保护网底面与跨越设施之间的净空尺寸。

3 保护设施顶面与运动矿斗底面之间的净空尺寸不得小于矿斗的最大横向尺寸。

4 保护网的宽度不得小于索距加3m；当矿斗坠落高度不大于3m时，保护桥的宽度不得小于索距加2.5m；当索道跨距超过250m，其下保护设施宽度应按承载索和矿斗均受200Pa工作风压作用发生偏斜的条件校验。

19.2 索道线路的选择与设计

19.2.1 索道线路选择应符合下列规定：

1 索道线路的水平投影应为一直线，当受条件限制需设置转角站时，索道线路应经多方案比较合理确定。

2 循环式索道线路应避开多次起伏的地形和高差很大的凸起地段以及难以跨越的凹陷地段。

3 索道线路应避开滑坡、雪崩、沼泽、泥石流、溶洞等不良工程地质区域或采矿崩落影响区域；当受条件限制不能避开时，站房和支架应采取可靠的工程措施。

4 索道线路不宜跨越工厂区和居民区，亦不宜多次跨越铁路、公路、航道和架空电力线路，当索道需要跨越时应设保护设施。

5 应减小索道线路与主导风向的夹角。

6 线路侧形应力求平滑，不应有过多过大的起伏。

19.2.2 单线循环式索道线路的设计应符合下列规定：

1 站前第一跨的跨距宜为5m～10m。

2 平坦地段或坡度均匀的倾斜地段，运载索在各支架上的荷载宜相等。

3 凸起地段支架的高度不得小于4m，跨距不宜小于15m。

4 凹陷地段支架的高度应按最不利荷载条件校验，运载索在托索轮上的靠贴系数不得小于1.3。

5 建在大风地段的支架宜设防脱索装置。

19.2.3 双线循环式索道线路的设计应符合下列规定：

1 站前第一跨的跨距宜小于车距，并宜小于60m。当承载索仰角进站时，空索倾角应大于轨道倾角，当承载索俯角进站时，空索倾角应小于轨道倾角，但空索倾角与轨道倾角之差均不宜大于0.05rad；当承载索满载时，其倾角不得大于0.15rad。

2 在凸起侧形地段内，承载索在每个支架上的弦折角，采用下部牵引式矿斗的索道宜为0.03rad～0.04rad，采用水平牵引式矿斗的索道宜为0.05rad～0.06rad。

3 承载索在每个支架上的最大折角宜为0.10rad～0.15rad，大跨距两端支架的最大折角不宜超过0.30rad。

4 凸起地段支架的高度不得小于5m，跨距不宜小于20m；在总折角较大并受到地形限制时，可采用带有大曲率半径垂直滚轮组的连环架代替支架群。

5 凹陷地段支架高度应满足在相邻两跨没有矿斗，承载索拉力增大30%时，承载索不应脱离鞍座。

19.3 索道的站址选择与站房设计

19.3.1 索道站址选择应符合下列规定：

1 地形宜平坦，不应占或少占农田。

2 应有良好的工程地质条件。

3 应设在供电、供水、交通和施工条件较好的位置。

4 应使钢丝绳的进、出站角满足矿斗脱、挂可靠和减少冲击的设计要求。

19.3.2 索道站房设计应符合下列规定：

1 站内离地高度小于2.5m的运动部件应设防护设施，机械设备与墙壁之间的距离不得小于0.5m，设计通道宽度不得小于1m；站口滚轮组和安装高度超过2m的站内辅助设备，应设置带栏杆的操作平台或检修栈道。

2 装载站和卸载站料仓的有效容积应根据索道长度、运输能力、工作制度、检修和处理故障的时间以及相关车间或运输工具的生产要求确定。

3 矿斗在站内的净空尺寸应符合下列规定：

1）矿斗的横向摆动值，在避风站内的直线段轨道上宜为0.08rad，在曲线段轨道上宜为0.16rad；在非避风站内未设双导向板的直线段和曲线段轨道上均宜为0.16rad。

2）矿斗的纵向摆动值宜为0.14rad。

3）在计入矿斗的纵横向摆动后，矿斗在翻转或打开时的最小净空距站房地坪不应小于0.2m；有行人通行时，距墙不应小于0.8m；无行人通行时，距墙不应小于0.6m，距突出物不应小于0.3m。

4 在有通行条件的单层站房的站口应设防止行人或车辆横穿线路的隔离设施；高架站房的站口应在距离站房地面不超过1.0m的范围内设防止人员或物体坠落的保护设施。其他人员可接近的站房边缘，高差大于1.0m的悬空或陡坡处也应设防护设施。

5 索道站内应有检修设备和更换钢丝绳的必要设施。装卸作业所产生的粉尘不符合环保要求时，应采取有效的除尘措施。

19.3.3 矿斗的装载应符合下列规定：

1 宜采用内侧装载方式。

2 在装载位置应设防止矿斗摆动的导向板或稳车器。

3 装载口附近应设备用矿斗的轨道。

19.3.4 矿斗的卸载与复位应符合下列规定：

1 宜在储料仓顶部设格筛；当卸载区段很长并采用机械推车时，可不设格筛，但应在储料仓两侧或中间设置带栏杆的操作通道。

2 运输松散物料的翻转式矿斗在运动中卸载时，卸载口长度宜按下式计算：

$$L \geqslant 3v + l \qquad (19.3.4)$$

式中：L——卸载口长度（m）；

v——矿斗在卸载口的运行速度（m/s）；

l——矿斗长度（m）。

3 卸载站内应设复位装置。

19.3.5 单线循环式索道站房设计除应符合本规范第19.3.2条的规定外，还应符合下列规定：

1 单线循环式索道挂结段、脱开段的设计应采取确保矿斗与运载索准确挂结、顺利脱开的措施。

2 采用弹簧式抱索器的单线循环式索道的站口应设置监控装置。

3 单线循环式索道矿斗轨道宜采用轧制的双头钢轨，每个设有主轨的中间站应设停放数辆矿斗的副轨，索道两个端站的主轨和副轨的总长应能停放索道的全部矿斗。

4 单线循环式索道的矿斗在站内的运行阻力应分别按矿斗通过直线段、曲线段及有关设施所产生的阻力计算确定。

5 单线循环式索道的转角站配置宜采用对称于

转角平分线的配置方式；外侧轨道的反向弯曲段应共用一个曲线段，并宜采用较大的平面曲率半径，内侧轨道宜共用大半径曲线段；进、出站口之间宜设限制矿斗横向摆动的连续导向装置；矿斗在转角站内的速度应与索道运行速度相适应，不得采用人工推车；空、重车侧的出口应各设可以停放三辆以上矿斗的副轨。

19.3.6 双线循环式索道的站房设计除应符合本规范第19.3.2条的规定外，还应符合下列规定：

1 采用下部牵引式矿斗的索道，当承载索的俯角为0.05rad～0.10rad时，可采用无垂直滚轮组，但在站口应设置托索轮；当承载索的仰角或俯角小于0.05rad时，应设凹形垂直滚轮组；当承载索的俯角大于0.10rad时，应设凸形垂直滚轮组。

2 采用水平牵引式矿斗索道，承载索俯角出站时，站口可不设垂直滚轮组，但应设置托索轮；承载索仰角出站时，应根据牵引索的向上合力确定凹形滚轮组参数。

3 双线循环式索道的挂结器与脱开器应保证挂结器与脱开器前后的牵引索稳定运行；抱索器与牵引索挂结时，矿斗的速度应与牵引索的速度一致。

4 双线循环式索道矿斗的自溜速度，在等速段不宜大于2.0m/s；在直线段上不宜小于0.8m/s，在曲线段上不宜小于1.0m/s；矿斗自溜至挂结点的速度应与牵引索的速度一致；矿斗进入推车机时的自溜速度宜大于推车机运行速度的30%～40%。

5 双线循环式索道矿斗在站内的运行阻力应分别按矿斗通过直线段、曲线段及有关设施所产生的阻力计算确定。

6 矿斗容积较大或站房较长时，应设推车设备；运输粘结性矿石的索道，装卸料仓宜设便于装卸的相关设备；装载位置宜设阻车、计量、推车等设备；发车位置应设保证斗距或发车间隔时间的发车设备；复位处宜设推车设备。

19.4 索道设备的选型与设计

19.4.1 矿斗的选择应符合下列规定：

1 应根据矿石特性选用翻转式矿斗或底卸式矿斗；当运输粘结性矿石时，宜选用底卸式矿斗。

2 矿斗容积的利用系数宜采用0.9～1.0；当运输粘结性矿石时，宜采用0.8～0.9。

3 矿斗装料宽度与运输矿石最大块度之比，当采用回转式装料机时，不得小于8；当采用重力装载闸门和其他非振动装载设备时，不得小于4；当采用振动式装载设备时，其比值可适当减小。

4 单线循环式索道矿斗的选择，当运行速度大于2.5m/s，且爬坡角大于30°时，宜选用弹簧式抱索器矿斗；当运行速度小于或等于2.5m/s，且爬坡角为20°～30°时，可选用四连杆重力式抱索器矿斗；当线路比较平坦，且爬坡角小于或等于20°时，宜选用鞍式抱索器矿斗；固定式抱索器矿斗的最大爬坡角不得大于45°。

5 双线循环式索道矿斗的选择，宜选用下部牵引式矿斗，凸起地形、线路长度不超过2000m，且不需要转角时，宜选用水平牵引式矿斗；一般情况下，应选用重力式抱索器矿斗，当承载能力大于3200kg和运行速度大于3.6m/s时，应选用弹簧式抱索器矿斗。

19.4.2 驱动装置的选择与设计应符合下列规定：

1 应选用摩擦式驱动装置，摩擦式驱动装置的抗滑安全系数，正常运行时不得小于1.5；在最不利荷载情况下启动或制动时不得小于1.25，并应按下式校核：

$$\frac{t_{\min}(e^{\mu\alpha}-1)}{t_{\max}-t_{\min}} \geqslant 1.25 \qquad (19.4.2)$$

式中：$t_{\min}$——最不利荷载情况下，启动、制动时驱动轮出侧或入侧牵引索的最小拉力（N）；

$t_{\max}$——最不利荷载情况下，启动、制动时驱动轮入侧或出侧牵引索的最大拉力（N）；

μ——牵引索与驱动轮衬垫之间的摩擦系数；采用中等硬度聚氯乙烯或高硬度丁腈橡胶衬垫时，宜取0.20；采用其他衬垫时以厂家提供的数值为准；

α——牵引索在驱动轮上的包角（rad）。

2 启动时会自然反转的索道，驱动装置宜设防止反转的装置；

3 单线循环式索道宜选用卧式驱动装置；在多传动区段索道中，宜采用一台卧式驱动装置同时传动两个区段。

4 双线循环式索道，高架式站房宜采用立式驱动装置，单层站房宜采用卧式驱动装置。

19.4.3 驱动装置电动机的选择应符合下列规定：

1 宜选用交流电动机，侧形复杂、运行速度高或负力较大的索道宜选用直流电动机。

2 按正常荷载情况计算电动机功率时，应计入功率备用系数，动力型索道宜取1.15，制动型索道宜取1.30，并应按最不利荷载情况下启动或制动时的功率与所选电动机额定功率的比值，不大于电动机过载系数0.9倍的条件校验。

19.4.4 驱动装置制动器应符合下列规定：

1 制动器应具有逐级加载和平稳停车的制动性能；制动型索道和停车后会倒转的动力型索道，应设工作制动器和安全制动器；当运行速度超过额定值的15%时，工作制动器和安全制动器应能自动相继投入工作，并宜使减速度控制在$0.5m/s^2$～$1.0m/s^2$的范围内。

2 断电后能自然停车且停车后不会倒转的索道，可只设工作制动器。

19.4.5 钢丝绳的拉紧或锚固以及拉紧装置的选择与设计应符合下列规定：

1 钢丝绳的拉紧宜采用重锤拉紧方式，拉紧装置应有足够的拉紧行程，并宜在极限位置设置限位开关。

2 拉紧重锤宜采用重锤箱。重锤架或重锤井应便于检查和维护，重锤箱应设刚性导轨；重锤井应设排水设施。

3 运载索和牵引索的拉紧应设调节重锤位置的装置。当牵引索重锤移动速度较快时，应设阻尼装置。

4 承载索宜采用夹块、夹楔或圆筒锚固方式。

19.4.6 单线循环式索道托、压索轮组的选择与设计应符合下列规定：

1 无衬托索轮的直径不宜小于运载索直径的15倍，并应为300mm、400mm、500mm或600mm。

2 设有软质耐磨衬垫的托、压索轮组，托索轮直径不宜小于运载索直径的10倍，压索轮直径不宜小于运载索直径的8倍。

19.4.7 双线循环式索道鞍座的选择与设计应符合下列规定：

1 承载索的鞍座应采用铸钢或焊接结构，绳槽宜设带润滑装置的尼龙或青铜衬垫；承载索在鞍座上的比压应进行计算，计算出的比压不得大于衬垫材料的允许值。

2 承载索在支架上的最大折角不大于16°时，应选用摇摆鞍座；大于16°时，可选用固定鞍座。

本规范用词说明

1 为便于在执行本规范条文时区别对待，对要求严格程度不同的用词说明如下：

1）表示很严格，非这样做不可的：
正面词采用“必须”，反面词采用“严禁”；

2）表示严格，在正常情况下均应这样做的：
正面词采用“应”，反面词采用“不应”或“不得”；

3）表示允许稍有选择，在条件许可时首先应这样做的：
正面词采用“宜”，反面词采用“不宜”；

4）表示有选择，在一定条件下可以这样做的，采用“可”。

2 条文中指明应按其他有关标准执行的写法为：“应符合……的规定”或“应按……执行”。

引用标准名录

《厂矿道路设计规范》GBJ 22
《工业循环冷却水处理设计规范》GB 50050
《工业企业噪声控制设计规范》GBJ 87
《工业企业总平面设计规范》GB 50187
《输送设备安装工程施工及验收规范》GB 50270
《有色金属矿山排土场设计规范》GB 50421
《带式输送机工程设计规范》GB 50431
《爆破安全规程》GB 6722
《重要用途钢丝绳》GB 8918
《矿区水文地质工程地质勘探规范》GB 12719
《带式输送机安全规范》GB 14784
《金属非金属矿山安全规程》GB 16423
《罐笼安全技术要求》GB 16542
《连续搬运设备　带承载托辊的带式输送机　运行功率和张力的计算》GB/T 17119
《密封钢丝绳》YB/T 5295

中华人民共和国国家标准

有色金属采矿设计规范

GB 50771—2012

条 文 说 明

制 定 说 明

《有色金属采矿设计规范》GB 50771—2012，经住房和城乡建设部2012年5月28日以第1409号公告批准发布。

为便于广大设计、施工、科研、学校等单位有关人员在使用本规范时能正确理解和执行条文规定，《有色金属采矿设计规范》编制组按章、节、条顺序编制了本规范的条文说明，对条文规定的目的、依据以及执行中需要注意的事项进行了说明，对强制性条文的强制理由作了详尽的解释。但是，本条文说明不具备与规范正文同等的法律效力，仅供使用者作为理解和把握规范规定的参考。

目　次

3 基本规定

3.0.3 露天开采较之地下开采有其突出的优点，主要是作业较安全，技术管理较方便，机械化程度和劳动生产率高，技术难度小和贫化损失少。因而露天矿通常能按时建成，达产、稳产、达到甚至超过预期效果。经综合考虑技术、经济、资源开发利用、生态环境保护、地质灾害防治、水土保持、土地复垦等影响因素后，有条件的矿山宜优先采用露天开采。

3.0.4 本条是引用《中华人民共和国矿产资源法》第四章矿产资源的开采中的相关规定并结合部分行业准入条件制定的。矿产资源不能再生，设计应加强矿产综合回收，坚持合理的开采顺序，有效利用和保护资源。在同一开采区段内，实行贫富兼采，大小兼采，降低贫化损失；对暂不能利用的资源应切实保护；有色金属矿床因其生成条件的优越性，一般除主金属外，多共生或伴生有用金属矿物或非金属矿物，在矿山设计开采主金属的同时，应综合回收共生、伴生有用组分。

3.0.5 本条是根据国家环境保护总局、国土资源部、卫生部2005年9月7日发布的《矿山生态环境保护与污染防治技术政策》（环发〔2005〕109号）制定的。

3.0.6 《国务院关于进一步加强企业安全生产工作的通知》（国发〔2010〕23号）规定："强制推行先进适用的技术装备。煤矿、非煤矿山要制定和实施生产技术装备标准，安装监测监控系统、井下人员定位系统、紧急避险系统、压风自救系统、供水施救系统和通信联络系统等技术装备，并于3年之内完成。逾期未安装的，依法暂扣安全生产许可证、生产许可证。"因此本条规定为强制性条文。

3.0.8 地质勘探资料是编制矿山可行性研究报告和矿山设计的基础资料及基本依据。本条是参照国家基本建设程序和现行国家标准《固体矿产地质勘查规范总则》GB/T 13908、《固体矿产资源/储量分类》GB/T 17766，并结合有色金属矿山的特点制定的。

矿区水文地质条件简单、中等、复杂的划分标准是依据现行国家标准《矿区水文地质工程地质勘探规范》GB 12719—91第4.1.3条。

水文地质条件简单矿区，一般都不采用矿床疏干。达到详查研究程度，基本查明了矿区水文地质条件，可作为设计依据。

水文地质条件中等和复杂矿区，详查阶段的水文地质工作的广度和深度有限，重要的水文地质参数和结论以及制定的防治水方案可能依据不足，因此水文地质条件中等和复杂的矿区，设计应以勘探报告为依据。

3.0.9 根据《关于印发〈固体矿产资源储量核实报告编写规定〉的通知》（国土资发〔2007〕26号）：凡因矿业权设置、变更、（出）转让或矿山企业分立、合并、改制等需对资源储量进行分割、合并或因改变矿产工业用途或矿床工业指标以及工程建设项目压覆等，致使矿区资源储量发生变化，需重新估算查明的资源储量或结算保有的（剩余、残留、压覆的）资源储量，应进行矿产资源储量核实，编制矿产资源储量核实报告。

3.0.10 根据现行国家标准《固体矿产地质勘查规范总则》GB/T 13908、《固体矿产资源/储量分类》GB/T 17766，本条规定矿山设计利用的资源储量必须是经济的。当评审、备案的资源储量为探明的（331）、控制的（332）和推断的（333）内蕴经济资源量时，应通过矿产资源储量可行性评价确定其经济意义后使用。推断的（333）资源量，在确定其经济意义之后，可部分使用，可信度系数（设计利用系数）来源于中国矿业权评估师协会《矿业权评估指南》。设计损失量计算时，推断的（333）资源量应同时考虑可信度系数。

3.0.12 岩石力学研究是矿山开采研究中最重要的组成部分，其成果直接影响开采移动范围的圈定和采矿方法选择以及露天矿边坡参数的确定，因此在设计中应依据有关岩石力学研究资料。

3.0.14 为进一步搞好矿产资源的开发管理，设立科学合理的矿山企业生产建设规模标准，促进企业实行与资源储量规模相适应的开采规模，按照《矿产资源开采登记管理办法》的有关规定，国土资源部于2004年9月30日以国土资发〔2004〕208号文发布了《关于调整部分矿种矿山生产建设规模标准的通知》，下发了《矿山生产建设规模分类一览表》。本条是根据《矿山生产建设规模分类一览表》制定的。

规模较大的矿山，对本行业和国家的经济发展有较大影响。但规模较大的矿山投资高，部分矿山开采建设条件复杂，确定其规模时应作全面技术经济比较，同时还应研究分期建设的合理性，以尽可能降低投资风险。

3.0.17 本条是根据《中华人民共和国矿山安全法》、《中华人民共和国环境保护法》、《中华人民共和国水土保持法》、《中华人民共和国职业病防治法》等法律、法规的有关规定制定的。

4 矿床地质

4.1 工业指标制定

4.1.1 矿床工业指标是圈定矿体、估算资源储量的依据，只有制定出合理的工业指标，才能正确地指导地质勘查工作、评价矿床工业价值和进行矿山建设设计工作。矿床工业指标应在详查或勘探阶段制定。

4.1.2、4.1.3 根据我国目前矿产资源技术经济评价体系现状，本条仍采用静态工业指标体系。其基本内容包括边界品位、最低工业品位、最小开采厚度和夹石剔除厚度。采用地质统计学方法估算矿产资源储量时，只用边界品位和矿床平均品位。

1 边界品位，是圈定矿体时区分矿石和废石的单个样品元素质量分数的最低要求。在使用中均以单个样品来衡量，即圈定的矿体中，除去可不剔除的非矿夹石外，每个样品的品位都必须大于或等于规定的边界品位，边界品位应高于选矿后尾矿中的含量。

2 最低工业品位，是圈定矿体时单工程（或样品段）应达到的平均品位，有时可指小块段的平均品位。规定单工程（或样品段）最低工业品位的目的，是为了保证矿床或块段平均品位能达到工业开发所要求的品位。

3 矿床平均品位，是指矿床应达到的、能使矿床开发有效益的品位标准。一般情况下，该指标不作为工业指标的内容。

4 最小可采厚度，是指当矿石质量达到要求时，在当前技术经济条件下，可以开采利用的单层矿体的最小厚度要求。一般情况下，由开采方式和方法所确定，以真厚度计算，用"米"表示。

5 夹石剔除厚度，是指矿体或矿层内的非矿夹层、矿体（层）内的岩层或达不到边界品位的矿化夹层（夹石）的最大允许厚度。厚度大于该指标的，作为夹石予以剔除；反之，则圈入矿体，参与储量计算。

6 米百分值，也称米百分率、米克吨值。是指最小可采厚度与最低工业品位的乘积值，是对工业利用价值较高的矿产所提出的一项综合指标，仅用于圈定厚度小于最小可采厚度而品位大于最低工业品位的矿体。当矿体厚度与矿石品位的乘积大于或等于该指标时，便可将其圈入矿体，参与储量计算。

7 伴生有用组分含量，是指在矿床中与主要有用组分相伴生、不具备单独开采价值，在对主要有用组分进行采、选、冶加工过程中可以同时回收，并具有单独的产品或产值的组分含量的最低要求。

8 伴生有益组分含量，是指在矿石中有利于主要有用组分进行选、冶加工，或在主要组分进行加工时能提高其产品质量的组分的含量。

9 有害组分允许含量，是指对矿石在采、选、冶加工过程中起不良影响，甚至影响产品质量的组分所规定的最大允许含量，也是衡量矿石质量和利用性能的重要标准之一。

10 矿石品级，是指对某一自然类型或工业类型的矿石或矿物，根据其有用和有害组分的含量、物理技术性能的差异，以及不同的用途或要求等所划分的等级。该指标对综合利用资源，降低成本和能源消耗，提高产品质量极为重要。

11 某些矿床有两种或两种以上有用组分，其中任一种都达不到各自单独的工业品位要求，但在选、冶过程中增加某些措施后，这些组分即可予以回收，且在经济上合理，则可按几种组分的综合经济价值制定综合工业指标。

4.1.4 为使制定的指标符合矿床的实际，指标试算地段应具有代表性。本条中规定试算范围的储量占矿床总储量的比例不低于60%，是在总结有色金属矿山工业指标制定经验的基础上提出的，能基本保证试算地段的代表性。

4.2 选矿试样采取设计

4.2.1 选矿试验样品的采取直接影响选矿工艺流程及相关技术经济指标的确定，所采取的矿样应能基本反映未来矿山生产实际，试样采取应综合考虑矿石特征、矿山建设方案等因素，因此，选矿试样的采取应进行专项设计。

4.2.2～4.2.4 试样的代表性是选矿试验矿样采取的核心问题，此三条中规定了试样采取的基本原则和采取方式，从采样点的空间分布（范围和数量）、试样的矿石化学性质、矿物成分、结构构造、矿石类型和品级等方面保证了试样的代表性。

4.3 资源储量估算

4.3.1 资源储量直接影响矿山采、选（冶）方案和生产规模以及有关技术经济指标等相关内容的确定，因此设计应对估算方法及其结果的正确性进行检验。

应用地质统计学方法估算资源储量时，所用的软件必须经国务院地质矿产主管部门组织专家鉴定、验收并认可后，方可使用。

当资源储量估算结果的误差超出允许范围时，应找出产生误差的原因，并进行处理。如系估算方法选择不当所致，应返工重算。如系面积测定、品位分段组合和估算方法不同等原因产生的系统误差在10%～15%以内时，应采用平差的办法消除；大于10%～15%时，需重新检查估算方法及参数确定本身的合理性，直至返工重算。如为个别块段和局部的计算错误，则应改正。如经反复验证，确系地质报告资源储量估算的错漏，则应加以特别说明。

4.3.4 估算阶段（台阶）资源储量的准确性，对开采设计和矿山经济效益计算是否符合实际有着重要影响，因此应控制在一定的误差范围内。本条对不同阶段（台阶）资源储量估算方法的允许误差作了规定。当超过允许误差时，应分析原因并进行处理。

4.3.5 采用分配法进行阶段（台阶）资源储量估算时，为了客观反映矿床的矿化富集规律，本条对被分配到各阶段（台阶）矿石的主要组分平均品位计算方法作出了具体规定。

4.3.6 合理选择首采矿段和优先开采富矿，以提高开采经济效益和缩短还贷年限，无疑具有重大实际意义。在对矿床地质条件和开采技术条件进行详尽的分析，存在先采富矿，同时能有效保护贫矿的可能性时，应通过详细技术经济分析，划分矿石品级指标，分别圈定富矿和贫矿，估算阶段（台阶）储量，为确定矿山合理开采方案提供依据。

4.4 基建和生产勘探

4.4.1 基建勘探是对先期开采地段勘探程度不足的矿床，在基建过程中对基建开拓范围内矿体进行的探矿工作。其目的是提高基建开拓范围内矿床的地质研究程度和勘查控制程度，满足矿山建成投产所需的基础储量，为实施基建采掘进度计划、保证矿山投产后生产即能正常持续地进行，为采准矿块布置提供准确的地质资料。由于矿床勘探程度和开采设计的具体特点，并非所有的矿山都要进行基建探矿，本条中具体规定了需要进行基建探矿的条件。基建勘探的主要任务，是在基建范围内解决以下问题：

1 地质勘查阶段虽已探获探明的基础储量，但数量不足或未分布在先期开采地段，而应补充探获需要探明的基础储量。

2 地质勘查阶段虽然探获了符合要求的探明的基础储量，但因矿山设计方案改变，致使其不能为基建采准所利用，应在重新确定的先期开采地段内探获探明的基础储量。

3 由于地质条件复杂，地质勘查阶段采用较密的勘查工程间距，仍未探获探明的基础储量，而应探获一定数量的探明的基础储量。

4 位于基建开拓范围内主矿体上、下盘的小矿体，地质勘查阶段一般只探求控制的与推断的资源储量，须进行基建勘探使其升至探明的基础储量。

5 存在不同矿石类型或矿石品级的矿床，需要进行分采、分选或分级利用时，地质勘查阶段未查明其空间分布，为满足投产需要，基建期间需在基建开拓范围内进一步研究和探明矿石类型和品级。

6 在地质勘查阶段，对先期开采地段的控制程度遗留某些局部问题的矿床，如采空区、断层破碎带分布不明等，须进行基建勘探予以查明。

由于矿床地质勘查程度达不到地质勘查规范要求，或经基建工程揭露后，矿体规模、形态、产状、资源储量发生重大变化，致使基建开拓、采准工程无法施工而必须补做的地质勘查工作，都属于补充地质勘探范畴，不是基建勘探的任务。

4.4.2 基建勘探重点是基建采准地段，同时应结合矿体赋存及其变化特征，将设计探获探明的基础储量范围适度超前于基建采准矿块布置范围，并在基建勘探工作量中留有余地。

4.4.3 露天开采矿山的基建探矿，根据矿体出露情况和埋藏条件，一般情况下以地表浅钻为主要探矿手段。槽、井探主要用于矿体厚度不大、产状平缓、矿体出露地表或埋藏浅的矿床。当基建剥离出上部阶段后，可采用平台沟槽取样，线距一般为10m～20m，以准确固定矿体边界。

4.4.5 基建（生产）勘探工程间距一般应在原勘查工程间距的基础上，成倍数地系统加密，达到探明的基础储量。加密程度视矿体复杂程度而定。

4.4.7 年生产勘探工程量一般按探矿比、年开采矿块数、年开采量、年开采面积等方法计算，所计算的探矿工程量均为每年正常条件下的工程量，考虑到矿床地质因素变化的影响，为保证每年生产勘探矿量满足生产要求，生产勘探工程量计算中应留有10%～30%余地。

考虑到“探边”、“摸底”及探寻盲矿体生产勘探的不确定性，设计过程中应根据矿山具体情况确定，一般按年正常探矿工程量的20%～30%估算。

4.4.8 鉴于生产勘探主要是为采场单体设计提供地质资料依据，为了圈定和落实采准、备采矿量，对起到探矿作用的地采的采准切割工程、露采的平台，以及炮孔岩粉等应根据需要与可能进行系统的加密取样工作。

5 水文地质

5.1 涌水量计算

5.1.1 地下开采的矿山，阶段正常涌水量一般指非降雨集中季节涌向阶段的经常性涌水量；最大涌水量则为降雨集中时，涌向阶段的设计降雨频率的最大涌水量。当矿体采动后导水裂隙带不波及地面时，各阶段的涌水量可不计算崩落区降雨渗入量，否则必须计算该渗入量。当计算降雨渗入量时，正常涌水量为地下水正常涌水量与正常降雨径流渗入量之和，最大涌水量为地下水最大涌水量与设计频率暴雨径流渗入量之和。

5.1.2 在裸露型岩溶矿区和岩溶塌陷严重矿区，矿坑雨季实际最大涌水量很难预测，其与地面拦、截、堵、排防水措施是否到位、落实关系密切。改建、扩建矿山预测最大涌水量时，应在分析研究矿山历年雨季和非雨季涌水量动态变化等资料的基础上，统计分析降雨和地表水对矿坑充水的影响量。对新建矿山，最大涌水量应在一般方法计算的基础上，参照类似矿山资料增加降雨和地表水对矿坑充水的影响量。当矿体采动后导水裂隙带不波及地面时，地下水最大涌水量可按正常涌水量的1.3倍～1.8倍计算。

5.1.3 水文地质边界条件复杂矿区，用地下水动力学公式计算涌水量时，很难确定计算公式和计算参数，计算结果也不甚可靠，而矿区地下水位降深较大的抽（放）水试验资料中，矿坑涌水量与水位降深的函数关系真实地反映了矿区复杂边界条件的影响，因此用经验公式法比较简单、可靠。

改建、扩建矿山涌水量实际资料丰富，能清楚地反映季节变化，矿坑涌水量与水位降低和采掘面积的关系可通过实际资料分析确定，故水文地质比拟法比其他计算法更合适。对附近有水文地质条件类似已建矿井的新建矿山也可采用水文地质比拟法。

5.1.6 露天坑内涌水量明显受降雨影响，故应计算正常涌水量和最大涌水量。其正常涌水量为地下水正常涌水量与正常降雨径流量之和，最大涌水量为地下水最大涌水量与设计确定的暴雨频率暴雨径流量之和。露天坑内地下水正常涌水量和最大涌水量计算方法与地下开采的矿山相同。

5.2 地面和井下防水

5.2.4 本条所指的“存在突水危害”主要有：

1 巷道接近或穿越导水的或充水状况不明的构造带，如断裂带、接触带、破碎带。

2 巷道接近或穿越具有突水危险的强含水层。

3 巷道或其他采掘工作面接近预测积水的老窿和老采空区。

4 巷道或其他采掘工作面接近已知的流砂层、地下暗河、规模较大的岩溶、裂隙。

5 地表水（如湖、河、海、水库……）与地下水具有密切联系，当巷道或其他采掘工作面接近地表水体分布范围。

矿山突水直接危害井下安全，为预防施工和生产过程中出现突水危害造成重大安全事故，本条规定为强制性条文。

5.2.5 本条是根据现行国家标准《金属非金属矿山安全规程》GB 16423的有关规定制定的。设置防水闸门是实施积极救援、减少水患造成损失的重要措施。本条为强制性条文。

5.3 矿床疏干

5.3.2 矿床疏干应有效地降低地下水位，是为了形成稳定的疏干降落漏斗。“稳定”并非指地下水动力学中“稳定流”的概念，而是指疏干区要求的水位降低保证值，在疏干工作期限内不被降雨或地表水因素影响所破坏。如不容许疏干区在降雨或河床塌陷后，由于地下水位急剧上升而严重影响采掘工作的正常进行。

5.3.4 本条第1款，深井疏干适用的基本条件是要求被疏干的含水层渗透性好。本款所说“渗透性好”是指潜水层的渗透系数大于2.5m/d，承压含水层的渗透系数大于0.5m/d，该值是大致的适合值，疏干方案设计时，不应将此值绝对化。

本条第2款，矿山井巷开拓无隔水或弱含水层可供利用，在地下水位降低以前，无法顺利下掘井筒、开掘平巷并建立井下排水系统，只能采用地表深井疏干（或地表深井疏干和地下疏干相结合的联合疏干）方法。

5.3.6 非均质的岩溶或裂隙含水层确定深井孔位不太容易，如果定位不妥，可能使井孔报废或服务期限太短而达不到预期的疏干效果。深井钻孔口径大、施工难度和投资大，为避免损失，因此本条提出了每个深井布置2个～4个井位选择孔的要求。

5.3.8 本条第2款所述渗透性较差是相对于深井疏干对含水层的要求而言，而并非渗透性好的含水层就不宜采用地下疏干，这说明地下疏干对含水层渗透性的适应范围要宽一些。

5.3.9 本条规定的地下疏干“采用一段疏干方式时，疏干阶段的标高要求不应低于强含水带的下部界限”，是为了保证疏干阶段施工丛状放水孔时能有较高的钻孔出水率，使含水层顺利疏干。标高太低，放水孔施工的仰角有限，可能达不到预期的疏干效果。

5.3.11 水文地质条件复杂，采用矿床疏干或防渗帷幕的矿山，要求设计系统的地下水观测网的主要原因是：矿山在基建开拓和生产过程中，随着疏干进展，地下水位逐步降低，应随时掌握采掘保护区内地下水位的动态变化，因此只有成网布置、定期观测，才能作出不同时期地下水等水位线图，及时发现水位降低不足部位，以便采取措施，保证采掘工作安全。一些矿井突水事故频繁，重要原因之一就在于没有建立地下水观测网或观测网不健全。

5.4 防渗帷幕

5.4.1 矿山地下水防治对岩溶含水层而言，采用单一的疏干模式，出现了越来越多难以克服的问题。如在我国南方，有的矿山因疏干塌陷，造成了范围广泛的地质灾害和农田破坏，对矿区附近工业和民用建筑物、构筑物的安全构成威胁，有的还波及居民集中的城镇。当矿山附近存在地表水体，由于塌陷，还会反过来破坏疏干效果危及矿井安全。在我国北方，受中奥陶统岩溶含水层威胁的矿山，疏干时涌水量极大，降落漏斗深而广，危及附近工业和民用甚至整座城市供水，对地下水资源保护极其不利，同时矿井疏干排水又将带来矿山的高能耗。

为解决由于矿床疏干引起的上述一系列问题，我国将防渗帷幕技术应用于矿山治水，已历时四十余年，据不完全统计，已完成防渗帷幕15条，取得了成效。

防渗帷幕虽具有很多优点，但技术复杂、工程量大、投资高、施工期限长，帷幕效果影响因素多，因此考虑采用防渗帷幕时，宜持谨慎态度。

5.4.2 本条第1款提出的“地下水进入矿坑的通道比较狭窄”，是指采用防渗帷幕具备的有利条件，并非限制条件。如河北中关铁矿并不具备“地下水进入矿坑的通道比较狭窄”的条件，为了保护区域地下水资源，不使矿床疏干影响邢台市供水和节能要求，也确定采用了防渗帷幕方案。

本条第3款之所以要求“受灌注的含水层全段埋深较浅”，是考虑到当钻探施工时，由于钻孔太深，偏斜难以控制，最终不能形成连续的隔水帷幕。目前，按我国的钻探偏斜控制技术水平，其深度一般不宜大于400m。

5.4.4 本条所讲的防渗帷幕，是指矿山大型防渗帷幕。由于帷幕轴线一般都位于矿体分布范围一定距离之外，该地段地质、水文地质勘探和研究程度都较低，为保证帷幕设计建立在可靠基础资料之上，在初步设计前，在帷幕预定位置上应进行工程地质勘查。其主要任务是：通过钻探手段进一步控制隔水或弱透水地层在帷幕轴线附近的空间分布，以便较精确地界定帷幕两端和底部位置；通过钻孔简易水文地质观测和其他测试手段，进一步查明帷幕轴线地段受注层岩性、厚度、岩溶裂隙发育程度、充填程度、充填物质成分及其他水文地质特征。

由于帷幕注浆技术比较复杂，影响因素较多，应进行帷幕注浆试验。试验的主要目的是为了进一步修改和确定注浆工艺、注浆参数、注浆钻探和注浆材料消耗量等提供依据。

6 岩石力学

6.1 岩体质量分类和地应力计算

6.1.5 在缺乏实测资料时，侧压系数（λ）可参考相近区域地应力分布规律确定。

6.2 露天边坡角的选取及边坡稳定性监测

6.2.1 露天边坡滑动模式有楔形滑动、平面滑动，圆弧滑动、倾倒等。对于某一具体的边坡，其滑动模式可能是单一的，也可能是多样的，因此设计应作K与α关系曲线，验算稳定系数或边坡角。由于实际边坡形状较复杂，应对不同轮廓形状的边坡进行稳定验算。

6.2.2 露天开采边坡稳定系数K值是参照国内外金属非金属露天矿山常用的经验数据确定的。系数的变化范围，应根据地质资料与岩土物理力学数据的可靠程度选取。

6.2.3 最终边坡角的选取直接影响基建工程量和生产剥采比的大小，对评价露天矿山的经济合理性有着密切的关系，应遵循安全可靠、经济合理的原则。最终边坡角确定的方法很多，一般采用国际上通用的极限平衡法计算。极限平衡法是指江布·毕肖普、费先科·萨尔玛等计算方法。

6.2.4 本条中“类比法”是指参照边坡岩体的性质、地质构造、边坡高度与其他边坡稳定条件相类似的生产矿山，选取最终边坡角及其他边坡要素。

6.2.5 边坡的监测是确保矿山生产安全，进行预测预报和掌握岩土体失稳机理最重要的手段之一。由于露天边坡本身具有复杂性及限于目前边坡稳定研究水平，边坡监测是边坡稳定性分析和安全预警中不可缺少的。边坡工程监测的作用在于：

1 为边坡设计提供必要的岩土工程和水文地质等技术资料。

2 边坡监测可获得更充分的地质资料和边坡发展的动态，从而圈定边坡的不稳定区段。

3 通过边坡监测，确定不稳定边坡的滑落模式，确定不稳定边坡的滑移方向和速度，掌握边坡发展变化规律，为采取必要的防护措施提供重要的依据。

4 通过对边坡加固工程的监测，评价治理措施的质量和效果。

5 为边坡的稳定性分析和安全预警提供重要依据。

随着高新技术的发展，边坡稳定性监测系统应具有数字化、自动化和网络功能。根据国内外露天矿山的经验，大型露天矿山和边坡工程地质条件复杂的中型露天矿山，有必要设置监控站，对边坡工程的变化情况进行动态跟踪观测。

6.3 井下工程稳定性评价

6.3.1 本条岩体完整性是指岩体中各种节理、片理、断层等结构面的发育程度，主要考虑结构面的组数、密度和规模，结构面的产状、组合形态及与硐壁的关系，结构面的强度，结构面分布规律和特征。

6.3.2 工程地质分析方法主要是依据工程地质勘查成果，与工程地质条件、工程特点、施工方法类似的工程对比，对其稳定性进行评价。数值分析方法常用有限单元法、边界单元法、离散元法、有限差分法等。

本条表6.3.2中岩体的基本质量级别按现行国家标准《工程岩体分级标准》GB 50218确定，见表1。岩体基本质量指标（BQ），应根据分级因素的定量指标R_c的兆帕数值和岩体完整性系数K_v按下式计算：

$$BQ = 90 + 3R_c + 250K_v \tag{1}$$

表1 岩体基本质量分级

基本质量级别	岩体基本质量的定性特征	岩体基本质量指标（BQ）
Ⅰ	坚硬岩，岩体完整	＞550
Ⅱ	坚硬岩，岩体较完整； 较坚硬岩，岩体完整	550～451

续表 1

基本质量级别	岩体基本质量的定性特征	岩体基本质量指标（BQ）
Ⅲ	坚硬岩，岩体较破碎； 较坚硬岩或软硬岩互层，岩体较完整； 较软岩，岩体完整	450～351
Ⅳ	坚硬岩，岩体破碎； 较坚硬岩，岩体较破碎～破碎； 较软岩或软硬岩互层，且以软岩为主，岩体较完整～较破碎； 软岩，岩体完整～较完整	350～251
Ⅴ	较软岩，岩体破碎； 软岩，岩体较破碎～破碎； 全部极软岩及全部极破碎岩	≤250

使用式（1）时，应遵守下列限制条件：

当 $R_c > 90K_v + 30$ 时，应以 $R_c = 90K_v + 30$ 和 K_v 代入计算BQ值；

当 $K_v > 0.04R_c + 0.4$ 时，应以 $K_v = 0.04R_c + 0.4$ 和 R_c 代入计算 BQ 值。

岩体完整程度的定量指标应采用岩体完整性指数（K_v）。K_v应采用实测值。当无条件取得实测值时，也可用岩体体积节理数（J_v），按表 2 确定对应的 K_v值。

表 2　J_v与 K_v对照

J_v（条/m^3）	<3	3～10	10～20	20～35	>35
K_v	>0.75	0.75～0.55	0.55～0.35	0.35～0.15	<0.15

岩体完整性指数（K_v）与定性划分的岩体完整程度的对应关系，可按表 3 确定。

表 3　K_v与定性划分的岩体完整程度的对应关系

K_v	>0.75	0.75～0.55	0.55～0.35	0.35～0.15	<0.15
完整程度	完整	较完整	较破碎	破碎	极破碎

6.3.4　矿石可崩性的经验图表评价方法有南非 Laubscher 经验图表法和 Mathews 稳定性（可崩性）图表法。一般情况下，采用自然崩落法开采的矿山应进行矿岩可崩性的系列专题研究。

7　露　天　开　采

7.1　露天开采境界

7.1.1　本条第 1 款按现行国家标准《金属非金属矿山安全规程》GB 16423 的规定制定。

本条第 5 款露天开采最终边坡并段台阶数不应超过 3 个，是因为并段后台阶过高，坡面上的松石、浮石不易清理；坡面滚石的滚落距离大，影响下部工作平台的作业安全；台阶过高将增加局部滑坡的可能性，台阶坡面的加固与维护也较困难。

7.1.2　经济合理剥采比是指露天和地下开采相比较，在经济上允许的最大剥采比。它是衡量露天开采经济效果的主要指标。经济合理剥采比确定的方法有盈利比较法、成本比较法。

盈利比较法是以相同资源储量分别采用露天和地下开采获得的总盈利相等为计算基础。盈利比较法综合考虑了露天和地下两种开采方式的投资，采选成本及指标，产品数量、质量等技术经济因素方面的差别，因此经济合理剥采比一般应采用盈利比较法确定。

成本比较法包括原矿成本比较法和精矿成本比较法。原矿成本比较法是以露天开采和地下开采单位矿石的成本相等为计算基础，此方法的优点是需要的基础数据少，计算简单，缺点是没有考虑露天和地下开采在矿石损失和废石混入等方面的差别；精矿成本比较法是以露天开采获得每吨精矿的总成本和地下开采获得每吨精矿的总成本相等为计算基础，此方法的优点是考虑了两种开采方式因废石混入率不同，采出矿石质量的差别对企业经济效益的影响，缺点是未考虑两种开采方式因矿石回收率不同而影响到矿产资源利用的差别。

以价格法确定的剥采比为经济剥采比。经济剥采比是保证露天矿山正常生产期间不亏损或不超过允许的成本，对有经济价值的表外矿和其他有益组分，在计算中应考虑其综合利用价值。

7.1.3　本条第 4 款境界外资源储量不多，用地下开采这部分矿石经济效果较差时，可采用价格法确定境界，其目的是保证露天开采在不亏本的情况下，最大限度地回收矿产资源。

本条第 7 款是指境界剥采比、平均剥采比均小于经济合理剥采比，但露天矿基建工程量很大、建设时间长、生产初期经济效益差，因此应进行综合技术经济比较。

7.1.4　国内外目前已普遍采用计算机软件优化露天矿开采境界。应用最广泛的优化方法是浮动图锥法与图论法。

7.1.5　分期开采的目的是为了提高矿山前期的经济效益，但对矿山后期的经济效益有较大影响。为了避免扩帮过渡期出现亏损，一期境界的临时边坡角不宜留得过陡。

7.2　露天矿山生产能力

7.2.1　露天矿山生产能力估算方法较多，本条式

(7.2.1-1) 和式 (7.2.1-2) 是国内外估算露天矿山生产能力通常采用的泰勒(H. K. Taylor)公式。

设计中也可参照《美国采矿工程手册》(第二版)中推荐的经验公式估算露天矿山生产能力：

$$A_d = 4.88Q^{0.75}/D \quad (2)$$

式中：A_d——矿山日生产能力 (st/d)；st 为短吨，除以 1.10231 换算为吨 (t)；

Q——开采境界内可采储量 (st)；

D——年工作天数 (d)。

7.2.2 露天矿山生产能力取决于技术装备水平、工作面数量。合理选择和采购先进的技术装备是确定矿山设计生产能力的重要因素，同时生产的工作面数量应能保证正常接替关系。

本条第 3 款是指在设计中一般不对运输线路通过能力进行验算。但是改建、扩建或大型露天矿山应对线路咽喉的通过能力进行验算。

7.2.3 可同时采矿的台阶数目 m 主要取决于矿体厚度、矿体倾角、工作帮坡角和工作面推进方向。而工作帮坡角大小取决于工作平台宽度。

7.2.4 挖掘机的生产能力与其作业条件关系密切，如矿岩性质、块度、爆破影响、等车、日常维修、故障处理等因素，引起铲斗装满系数、物料松散系数和设备装载作业时间利用率等参数的变化，尤其是挖掘机作业时间利用率对生产能力影响很大，故应结合作业条件计算。本条参照生产矿山统计的实际资料和设计经验，规定了不同岩性单斗挖掘机每立方米斗容年生产能力指标。对于寒冷或高寒地区可根据具体条件适当降低。

坚硬岩石是指普氏系数 (f) 大于 12，中硬岩石是指普氏系数 (f) 为 6～12。

7.2.5 本条表 7.2.5 中的年下降速度，是统计的我国冶金矿山平均年下降速度。实际上，年下降速度与设备装备水平、生产管理水平关系非常密切，国外有的大型矿山个别年份年下降速度达到 70m～80m。随着矿山数字化技术的发展和设备的大型化，年下降速度将可以大大提高。

对于采用陡帮开采、分期开采或投产初期台阶矿量少、下降速度快的矿山，应通过编制采剥进度计划确定新水平准备时间。

7.3 基建与采剥进度计划

7.3.2 本条第 4 款，年采剥总量是决定采矿设备数量、职工人数以及辅助生产的基本因素。因此，采取一切可能的措施均衡生产剥采比是编制采剥进度计划应遵循的基本原则。争取全期均衡剥采比是最理想的，难以做到时，一般可分两期均衡。只有大型或服务年限长与均衡剥采比特殊困难的矿山才可考虑多期均衡。

分期均衡期限规定在 5 年以上，是考虑采矿设备的使用寿命与设备的更新周期均在 5 年以上。该规定有利于设备的有效利用与适时更新。

7.3.3 陡帮开采一般用于剥岩区的开采。陡帮开采有两种形式：组合台阶开采和倾斜条带式开采。用组合台阶推进的陡帮工艺是通过滞后剥离均衡生产剥采比的一种更有效的方法，这种工艺对设备的高效性能、生产的组织管理水平有较高的要求，一般只有剥采比大、急倾斜多台阶和技术力量强的大型矿山在剥离高峰期间才采用，以便更大幅度地降低剥离高峰，均衡生产剥采比。

7.3.4 本条是依据现行国家标准《金属非金属矿山安全规程》GB 16423的相关规定制定的。

7.4 开 拓 运 输

7.4.1 本条第 3 款所规定的“矿岩运距小于 3000m”，是根据国内外露天矿山的实际情况总结制定的。当矿岩运距大于 3000m，采用单一公路开拓汽车运输方案时，应经技术经济比较确定。

7.4.5 近年来，国内外大型露天矿山大多采用公路-半移动式或固定式破碎站-带式输送机联合开拓运输方案，甚至已采用铁路开拓运输的矿山也改为这样的开拓运输方式。如智利的 ESCONDID A、COLLAHUASI 等大型铜矿均采用了公路-半移动式或固定式破碎站-带式输送机联合开拓运输方式。

7.4.8 本条是参考现行国家标准《厂矿道路设计规范》GBJ 22 制定。道路等级的采用，要有一定的灵活性，除考虑交通量指标外，还应从实际出发，根据道路性质及服务年限、车型、开采条件、地形条件等因素综合考虑是否提高或降低道路等级。例如，按交通量可采用二级露天矿山道路，若交通量接近上限，且道路服务年限较长，矿山开采条件及地形条件较好，剥离量及道路工程量增加不多的前提下，可将道路等级提高到一级；反之，可降低道路等级。

公路开拓线路分为生产干线、生产支线和联络线。生产干线：采场各开采工作面通往选矿厂或卸矿点、废石的共同道路；生产支线：采场各开采工作面或废石场各排土水平与生产干线连接的道路，以及由一个台阶直接到卸矿点或排土场的道路；联络线：露天矿生产所用自卸汽车的其他道路。

7.4.9 本条是参考现行国家标准《厂矿道路设计规范》GBJ 22 制定的。计算最小圆曲线半径的横向力系数 μ 值，是参照现行行业标准《公路工程技术标准》JTG B01 并结合矿山自卸汽车运输行车速度低、基本上是货运等特点而确定的，一般情况下，采用最大 μ 值为 0.22。在条件允许时，露天矿山道路的圆曲线宜采用较大半径以提高道路使用质量。

7.4.10 本条参考国内外露天矿山生产实际而制定。最大纵坡是为了使卡车按一定速度在该坡道上行驶的设计控制值，是一般情况下的极限值。在满足开采工艺和工程量增加不大的情况下，最大纵坡应尽量少用或不连续使用。

重车下坡运行时，纵坡过大将带来安全隐患，为此规定重车下坡地段，最大纵坡相应减少1%。

7.4.11 缓和坡段对下坡车辆起减速安全的作用，对上坡起加速的作用。根据理论分析，缓和坡段的坡度不应大于3%。表7.4.11-2所列的缓和坡段最小长度是指地形条件困难路段，并考虑到露天矿山道路特点予以适当降低确定的。一般情况下，缓和坡段长度应大于表列数值。

7.4.12 为确保露天矿道路的质量，减少汽车的燃油和轮胎消耗及零部件的损伤，提高汽车运行速度和生产效率以及运输经济效益，大型露天矿山普遍采用了机械化养路。因汽车及养路机械的宽度规格较多，本条所确定的大型汽车路面、路肩宽度，是根据国内外不同汽车类型及与之相匹配的养路设备作业宽度制定的，比现行国家标准《厂矿道路设计规范》GBJ 22规定的路面宽度有所加大。

7.4.14 经验证明，矿山运输用道路路面应选择泥结碎石路面。使用沥青或混凝土路面，不仅造价昂贵而且效果不好，一是当车辆撒料时，遇水后容易使轮胎打滑发生事故，二是路面破损后不易修复；特别是在坡道上更不应使用。

7.4.15 在急弯、陡坡、危险地段设置警示标志，目的是提醒车辆驾驶员注意行车安全。为了确保行车安全，防止车辆冲出路面而发生坠车事故，在急弯、陡坡、高路堤（填土高度4m以上），视距不足和地形险峻的路段，应根据具体情况设置安全设施，常用的安全设施有：墙式护栏、路肩防护堆等，并设有必要的交通警示标志。

为保证露天矿山运输行车安全，根据现行国家标准《金属非金属矿山安全规程》GB 16423的有关规定，本条规定为强制性条文。

7.4.16 有色金属矿山一般不需要验算车流密度，但在行车密度大的咽喉路段，应对车流密度进行校验。校验时，应考虑足够的安全距离，因此本条规定车辆间隔应按制动距离加10m～20m安全间隔计算。

7.5 穿孔、爆破工艺

7.5.3 影响穿孔效率的因素很多。矿岩的可钻性、设备的性能、生产管理水平、维护维修能力均对穿孔效率有较大的影响。按本规范式（7.5.3-1）、式（7.5.3-2）计算的效率可能与实际效率有较大的差距，因此设计时应结合类似矿山的实际效率，同时考虑设备性能、维修能力和技术进步等因素确定。

近年来，国产设备的性能和国内矿山的管理水平都有很大提高，本规范表7.5.3中的数据是在统计部分国产钻机近几年实际生产指标的基础上确定的。如德兴铜矿，系数f为4～8，采用国产ϕ250牙轮钻机，近几年的年平均穿孔效率为60000m～80000m；洛钼集团三道庄钼矿，系数f为16～18，采用国产ϕ250牙轮钻机，近几年的年平均穿孔效率为25000m～30000m。随着矿山管理数字化水平和国产设备性能的进一步提高，穿孔效率将会相应提升。

7.5.6 为克服台阶底盘的阻力，钻孔钻进深度必须超过台阶底盘。钻孔超深值（h）应根据矿岩的物理力学性质，参照孔径（D）或底盘抵抗线（W_p）的大小来选取，一般情形下可按下列公式计算：

$$h=(8\sim12)D \tag{3}$$

或

$$h=(0.15\sim0.35)W_p \tag{4}$$

7.5.7 露天矿深孔爆破孔网参数的确定应进行试验和技术经济论证。应推广采用大孔距、小抵抗线的爆破方法，在保持每一炮孔爆破负担面积不变的前提下，减少排间距、增大孔间距。炮孔爆破参数可参考表4选取。

表4 炮孔爆破参数

孔径 (mm)	矿岩类别	硬度系数 (f)	台阶高度 (m)	爆破面积 (m^2)	每米炮孔爆破量 (m^3/m)
80	矿石	6～12	10	7.0～8.0	6.5
	岩石	6～12	10	8.0～9.0	7.8
150	矿石	6～12	12	16.0～18.0	15.4
	岩石	6～12	12	18.0～20.0	17.1
200	矿石	6～12	12	30.0～33.0	27.3
	岩石	6～12	12	36.0～39.0	34.8
250	矿石	6～12	12	45.0～49.0	40.6
	岩石	6～12	12	49.0～56.0	46.3
310	矿石	6～12	15	60.0～68.0	56.7
	岩石	6～12	15	68.0～76.0	63.8

7.5.8 露天矿山炸药消耗量较多，炸药费用在生产成本中所占比重较大，而我国目前生产的炸药品种很多，应根据爆破对象和条件合理选择炸药品种。当钻孔中积水较多时，应选用防水炸药。

7.5.9 当今国内外大中型露天矿山为提高装药和充填效率，减轻体力劳动，大多采用了混装车和炮孔填塞机。

7.6 装载工艺

7.6.1 影响装载工艺选择的物料性质主要为物料硬度、松散系数、裂隙发育程度等。

1 标准型铲斗用于装载硬度较小、松散密度小的物料，其铲斗容积按挖掘设备配置。岩石型铲斗用于装载硬度较大、松散密度大的物料，其铲斗容积与同型号的挖掘机所配的标准型铲斗比容积较小，铲斗口装有铲齿。

4 装载机运距一般不超过100m。

5　铲运机装载工艺一般需要推土机配合作业，由推土机犁松动作业面或积堆后，再用铲运机装载。

7.6.2　最小工作平台宽度由爆堆宽度、运输设备规格、动力配线占有宽度及采剥作业的安全宽度所组成。$f>12$ 时，爆堆宽度 $B=(2.0\sim2.5)H$；$f=6\sim12$ 时，$B=(1.8\sim2.0)H$；$f<6$ 时，$B=(1.6\sim1.8)H$，H 为台阶高度。

7.6.3　工作线长度内一般分为穿孔、爆破、铲装三段，每分段内爆破后的矿岩量应满足挖掘机正常作业5个～10个昼夜的铲装量；如不能保证挖掘机的最小工作线长度，就会使道路的移设（有轨）与清理（公路）频繁，挖掘机的走车与等装车等非作业时间增加，降低了设备的利用率与效力，难以保证采矿工作正常连续的生产。

7.6.4　现行国家标准《金属非金属矿山安全规程》GB 16423—2006 规定：两台以上的挖掘机在同一平台上作业时，挖掘机的间距：汽车运输时，不应小于其最大挖掘半径的3倍，且不应小于50m；机车运输时，不应小于两列列车的长度。

国外大、中型矿山，一般每一个工作平台上只配置1台～2台挖掘机，只有当需要加强某一水平的开采强度时，才会增至2台～3台挖掘机。

由于工作平台工作线路长度的限制，所以对于两台或者两台以上的挖掘机在同一个平台上工作时，要在它们之间保持一定的安全工作距离。两台挖掘机的距离过近，其作业会相互影响，或造成运输车辆调车作业困难，甚至发生撞车事故。

7.6.5　现行国家标准《金属非金属矿山安全规程》GB 16423—2006 规定：上、下台阶同时作业的挖掘机，应沿台阶走向错开一定的距离；在上部台阶边缘安全带进行辅助作业的挖掘机，应超前下部台阶正常作业的挖掘机最大挖掘半径3倍的距离，且不小于50m。

上、下两台阶之间的工作平台宽度，会随着铲装作业的进行而发生变化，为了确保上部台阶捣装挖掘机的安全，避免翻车，或为了确保下部台阶挖掘机的安全，避免发生掩埋设备事故，上部捣装挖掘机要超前下部正常作业的挖掘机一定距离，根据矿山实际经验，其超前距离不得小于挖掘机最大挖掘半径的3倍。

7.7　设备选择

7.7.1　本条表7.7.1是根据目前露天矿山的装备水平，结合有色金属矿山的规模和生产剥采比变化较大等特点制定的。

7.7.3　为充分发挥挖掘机和自卸汽车的能力，提高其作业效率和综合效益，根据国内外露天矿经验，卡车的载重量与挖掘机的勺斗的装载量之比一般为3∶1～6∶1，个别为2∶1～8∶1。当运距较近，物料密度较大，或采用机械传动单斗挖掘机（电铲）时，宜取小值；当运距较远，物料密度较小，或采用液压挖掘机时，宜取大值。

由于矿岩的松散密度相差较大，开采松散密度小的矿岩时，设计中应对自卸汽车的车斗容积进行核算。

7.7.4　露天矿的穿孔、装载设备数量系根据扣除了设备的大、中、小修理和保养时间后的生产能力计算的，故不设备用。

本规范对运矿汽车出车率进行了调整，因近年来，无论是国产矿用汽车，还是进口矿用汽车，设备性能均有大幅提高，特别是进口矿用汽车在使用的前期（2年左右的时间），出车率一般可达90%以上。

7.8　排土场

7.8.2　露天开采一般需要剥离大量的腐殖表土、风化岩土、坚硬岩石、混合岩土，以及要回收和不回收的表外矿、贫矿等。堆放剥离物的排土场一般占全矿用地面积的39%～55%，为露天采场的2倍～3倍。如果排土场的位置选择和堆排方式不合理，如为了节省运输费用，直接将剥离物堆放在露天开采境界附近，在这种情况下，则随着采场向下延伸和排土场堆置高度的增加，一方面，排土场自身有发生滑坡或滚石的可能性；另一方面，排土场可能会给边坡施加一定的荷载，威胁边坡的稳定性，还可能会改变原有地貌的径流形式，形成汇水条件，在雨季形成山洪或泥石流。所有这些都会给露天矿深部开采带来隐患。同样，如果排土场靠近邻近矿山，也会给其安全生产带来威胁。

内部排土场是指设在露天开采境界内的排土场，其特点是不需另外征用土地，岩土运输距离短。内部排土场一般多用于开采水平或缓倾斜矿床，多矿体矿山合理安排开采顺序时，可实现部分内部排弃。内部排土场可少占地，缩短运距，降低成本，故应优先选择。合理安排开采顺序是指应选择易采矿体先行强化开采，腾出采空区用作内部排土场。

7.8.3　本条体现了建设资源节约型、环境友好型有色金属矿山的设计理念。对暂不能利用的低品位矿物、建筑材料，规定了单独堆存，单独堆存时，应考虑二次回收时的外运条件；为了今后复垦的需要，规定了剥离的耕植土应当分运、分堆。

7.9　硐室爆破

7.9.1　当基建剥离孤立山包或陡峭地带，比高大（40m以上）、地形复杂、山坡陡、修路困难，且工程量大，采用台阶式开采中深孔爆破时，初期工作面窄小，设备数量受限制，使基建时间加长，而采用硐室爆破可克服和改善上述条件，加快基建剥离，缩短基建时间。此外，当爆破的剥离物有条件抛至露天境界外和基建标高以下时，可减少和推迟剥离物的铲装，从而达到节省基建投资。

7.9.2 本条是根据国内几个露天矿（如白银厂三爆区、新桥等）在靠近边坡采用大爆破时，由于地震波的影响，造成了边坡岩石不稳定，给后期生产带来较大的隐患而制定的。

7.9.7 根据近年来国内露天矿山大爆破设计和实践，上、下层药室间距系数 m 值比《有色金属采矿设计规范（试行）》YSJ 019—92 提高 10%～20%，爆破后效果好，底板均拉平，本条第 2 款上、下层药室间距系数 m 值均作了适当提高。

7.10 露天采场复垦

7.10.5 本条第 1 款参照《土地复垦技术标准》（试行），覆土厚度为自然沉实土壤 0.5m 以上，耕层厚度不小于 0.2m。这一覆土厚度指标是根据我国复垦现状并综合考虑植被，特别是农作物正常生长、防止污染土源和复土经济指标等综合制定的。表层应尽量利用原耕作土层，做到上虚下实，便于耕作，利于作物生长。根据我国中铝广西分公司一、二期矿山近几年复垦实际经验，该矿累计复垦采空区已达数千亩，种植了玉米、甘蔗、各种蔬菜等，采用上述复垦厚度，农作物生长好。

本条第 2 款对坡度条件的限制，是为防止水土流失，做到蓄水保肥。中铝广西分公司采空区复垦为农用地时，根据复垦后的总地形坡度，分别修整为平整地、平缓坡地、缓坡地。其中，平整地每隔 25m～50m 宽度修成台地，平缓坡地、缓坡地每隔 15m～25m 宽度修成台地，以确保每块台地的地面坡度小于 5°。

7.10.6 客土是指从其他取土源取用的土，人工土是指物理或化学方法合成的土。

8 砂 矿 开 采

8.1 水 力 开 采

8.1.1 本条第 1 款，疏干困难指地下水位高、涌水量大、难于疏干或疏干工程量大，该类矿床采用机械开采时，常因陷车与粘斗，生产效率低。

第 4 款，采场顶、底板地形简单是指按一定采运条件划分的采场或采区顶、底板地形的走向、倾向与倾角变化不大。

8.1.5 影响水力输送的临界流速、水力坡度的主要因素有固体物料的平均粒径、矿浆浓度、泥粒级含量、管道或沟槽的结构和内壁的粗糙程度。水力冲采中所形成的矿浆都是非均质体，其流动机理非常复杂，目前主要通过试验或采用经验公式计算确定。

8.1.6 逆向冲采时，射流几乎垂直于土岩面，冲采冲击力大，能量利用较充分，特别是掏槽时能利用土岩体的重力崩落，故冲采效率高。但其缺点是水枪不能靠近工作面，使射流的压力降低，且不能利用射流力量将大块岩石和粗粒物冲离工作面，故在一般情况下都采用逆向法。顺向冲采的特点是射流冲采方向与矿浆流动方向一致，在冲采过程中可顺便利用射流推赶矿浆流动和将大块石头等粗粒物冲离工作面。但其缺点是射流斜交冲采，冲击力减小，推赶矿浆和大石的能耗大等，故一般仅在土岩较松软，含砾石、卵石较多的砂矿或山坡薄层矿使用。开采尾矿中的泥油层及开采矿层倾角在 30°以上的山坡砂矿，严禁逆向冲采，因冲采后的矿岩易产生滑动，严重危及人身安全。

8.1.7 水力开采的台阶高度对冲采效率、冲采成本、开采安全影响很大，台阶高度大、掏槽所占比重相对下降，更有利于利用重力崩塌土岩以及减少设备管道移设安装费用，但台阶增大，水枪距工作面的最小安全距离增加，水枪的射程增大，射流的工作压头增高，降低了射流压力利用率，导致冲采效率低下。因此台阶高度应结合土岩性质、崩落特征、供水条件等通过比较确定。本条所规定的台阶高度上限值是根据我国部分水力开采矿山的安全生产实际经验确定。

8.1.8 实际有效射程仅为最大射程的 20%～30%。根据水枪射程计算公式，确定水枪最大射程 $L=1.71H_0$。当一个台阶同时有两台水枪作业时，为避免冲采作业相互影响，防止发生水枪伤人事故，对向冲采的两水枪之间的距离按水枪的有效射程考虑，不小于水枪有效射程的 2.5 倍。

上、下两个台阶同时开采时，为了防止下部台阶的冲采危及上部台阶作业的安全，上部台阶作业面要超前下部台阶作业面一定距离。具体数值应根据土岩性质、台阶高度、冲采与运输方式、设备能力等因素确定。本条规定的最小值 30m 是根据平桂矿务局和云锡公司的现场开采经验确定的。超前距离也不宜太大，否则会延长采矿准备时间，增加生产基建投入。

8.1.13 由于水采工作面开采条件多变，设备移动频繁，需要有 100%的备用工作面，故水枪、砂泵应有相应的备用。

8.2 挖掘船开采

8.2.1 本条适用于挖掘船开采的技术条件为：经剥离后挖掘船总挖掘深一般不超过 60m；矿体最小厚度一般不小于 2m；矿体宽度不小于 30m～40m，对窄矿体需根据品位而定；底板坡度一般不超过 20‰～25‰，如果用筑坝或转开拓时，需验证；开采拥有永冻层的砂矿床，永冻层厚度不超过 15m。

不适用于挖掘船开采的技术条件为：坑洼或隆起较发育的底板；喀斯特溶洞很发育的区域；过去地下形成的采空区面积大于 2600m^2，并存在坑木、钢材、其他材料以及地下构筑物等障碍物。

8.2.2 采用上行开采，可防止工作面被细泥尾砂污染，可以利用尾矿筑坝以提高水位，有利于尾矿场的布置等，可以提高挖掘船的生产能力；如果矿区内有废弃的矿坑和空洞时，上行开采可避免采池突然漏水而发生拖船事故；因此，挖掘船开采砂矿床，一般采用上行开采。

混合式开采：包括船分别设在矿体两端向储量中心开采的向心开采法；与向心开采法基本相似，但开采中留单幅或多幅矿段为返航时开采的向心返航开采法；多艘船位于矿量中心处相互背离开采的相背开采法；与相背法相似，但开采中留单幅或多幅矿段为返航时开采的相背返航开采法；以及把矿体分为若干小井田开采的分段法等。

8.2.3 基坑开拓，基坑位置可设在矿体内，也可设在矿体附近，前者出基坑不需要挖掘通道。该种开拓方式常用于河漫滩式冲积砂矿床、潜水位深度小于2m的矿床，基坑开拓施工便利、供水容易、投资省，为此挖掘船开采的砂矿床通常采用基坑开拓。

8.2.4 本条第2款基坑挖掘的水深必须满足采、选船安全水位的要求，如果水深不足，会造成船底与基坑底板之间的间隙过小，甚至直接接触而引发事故。

8.2.7 本条规定地表建筑物、构筑物到采池边的距离，是为了保证地表建筑物、构筑物的安全。采池边缘与建筑物、构筑物之间至少保留30m的防护带(类似保安矿柱)。

本条规定设备到采池边的距离，是指剥离、转运、供水、供电等设备到采池边缘的距离不小于5m，是为了防止因采池边帮垮塌而造成事故。

本条规定挖掘船船体离采场边缘应有不小于20m的安全距离，是考虑如果挖掘船船体离采场边缘太近，一旦发生大面积滑坡，易发生埋船伤人事故，或涌浪翻船伤人事故。安全距离的确定要考虑岩层稳定性、水面以上的边坡高度和坡度、最大挖掘深度、最大挖掘半径以及采池水位等因素。这里规定的是安全距离的下限值。

本条规定开采工作面水上边坡高度大于3m，边坡角不应大于矿岩自然安息角，是因为水面以上的矿体边坡高度达到一定值时，如果边坡倾角过大（大于自然安息角），开采过程中可能会发生边坡塌落掩埋采、选船的事故；或滑坡体落入水中形成冲击水浪，造成采、选船倾翻或沉船事故。

8.2.8 目前国内外使用最多的是链斗式挖掘船，其主要原因是：链斗式挖掘船具有较大的挖掘能力，可以挖掘各类土层和部分软岩石。只要土岩中含有的石块小于挖斗容积，对生产的影响就较小，但当石块大于挖斗容积时，将影响挖掘工作；用挖斗挖掘和提升，能开采各种矿物的砂矿床，不致造成重矿物或金属的损失；与其他类型的挖掘船比较，生产费用最低，能耗小；生产可靠性高，受气候条件影响小。

9 地 下 开 采

9.1 矿山生产能力

9.1.1 矿山生产规模确定是矿山设计非常重要的一环，设计计算的生产能力是技术上可能的最大生产能力，矿山的生产能力受矿床勘探类型、勘探程度、开采技术条件和采矿工艺复杂程度、市场需求、资金筹措等因素影响，因此矿山生产建设规模应经多方案技术经济比较后确定。

9.1.2 规划或预可行性研究阶段，地下矿山生产能力可按下式估算：

$$A=4.88Q^{0.75} \tag{5}$$

式中：A——矿山生产能力（st/年）；

Q——设计开采范围内可采储量（st）。

矿块利用系数是考虑了矿岩的开采技术条件、采矿方法和相关作业的难易程度以及技术管理因素在内的综合系数，是指可同时回采的矿块数与可布矿块数之比。

房柱法的利用系数0.7是指以盘区为单位计算的，普通浅孔留矿法是指厚度为1m～2m以上的薄至中厚矿体，由于无底柱分段崩落法和下向分层胶结充填法要求阶段尽量同步下降、采场机械化程度较高以及矿块都由若干条进路组成，相对独立性较强，因而矿块利用系数较大。

矿体产状规整、矿岩稳固，不致因矿体开采技术条件影响而使采场中途停采，故同时回采矿块可以多。矿块矿量大，采准切割量少，需同时采准占用的矿块数少，则同时回采的矿块数相对多。阶段上矿块总数少，则矿块间干扰制约少，矿块利用系数可以取大值。矿体分散，矿块间通风、运输干扰少，同时回采矿块数量可多；单阶段回采，不受下阶段的干扰，矿块利用系数可取大值。

9.1.3 本条表9.1.3内矿块生产能力的数据在原规范基础上作了较大幅度的提高，主要是根据近年来国内矿山装备水平的提高及用工制度的改变，结合矿体厚度和国内实际生产指标综合考虑确定的，由于影响矿块生产能力的因素多，使用时应根据采场构成要素、凿岩方式、装备水平等，结合回采作业循环计算，再予以取值。

9.1.4 本条第2款，年下降速度也可按开采范围内矿体分布的垂高与由本规范式（9.1.2）计算得出的生产能力对应的服务年限之比计算。

9.2 开采岩移范围和地面建筑物、构筑物保护

9.2.2 本条第2款分期圈定岩石移动范围的目的，是考虑当分期开采矿山前、后期间隔时间长，将为前期服务的建筑物、构筑物布置在后期岩石移动范围外

经济上不合理时，可考虑将其布置在后期岩石移动范围内。

9.3 矿床开拓

9.3.1 本条对开拓井巷位置及井口工业场地布置进行了规定。

1 强调了竖井、斜井、平硐施工图设计前应有工程地质检查孔，是为了确保开拓井巷的施工顺利，避免造成投资损失。一般情况下，竖井可在井筒范围内布置一个检查钻孔；水文地质条件复杂或采用冻结法施工的井筒，检查钻孔不宜布置在井筒范围内，钻孔的位置和数量应依据具体条件而定，钻孔与井筒中心之间的距离不得超过25m；两条竖井相距不大于50m时，可在两井筒中间打工程钻孔；在任何情况下，检查钻孔不应布置在井底车场巷道的上方；当地质条件复杂时，检查孔的数目和布置应根据具体条件确定。

斜井、平硐检查钻孔应沿斜井轴线方向布置，其数量不应少于三个，井口、井筒中部、井底均应有检查钻孔；距离不大于50m的两条平行斜井，钻孔应布置在两斜井中间的平行线上；当只有一条斜井时，钻孔应布置在距斜井中心线10m～25m范围内的平行线上。

2 本款为强制性条款。竖井、斜井、平硐等井口和工业场地地面标高，在矿山设计时应充分论证，在矿山建设时应严格按照设计要求进行施工，确保其真正满足防水要求。特别是对于地势低平的矿区，井口标高对矿山防水是至关重要的。对于山区，井位的选择应避开洪水通道。特别是当洪水通道比较狭窄时，矿山工程建设可能会使天然水流条件出现很大变化，此时应根据当地历史最高洪水位和设计的洪峰流量，针对改变后的洪水通道的水流条件，分析今后相应的洪水位，并据此确定合适的井口标高。

3 本款为强制性条款。每个矿井应至少有两个独立的直达地面的安全出口，是为了确保在井下发生重大事故时，井下作业人员能安全撤出。"独立的直达地面的"是指两个出口与井下作业场所构成回路，彼此不需要借助对方与地面和井下作业场所相通。装有两部在动力上互不依赖的罐笼设备，且提升机均为双回路供电的竖井，可作为安全出口而不必设梯子间。罐笼井、箕斗井和风井的梯子间及平硐、斜井、斜坡道等都可以作为矿井安全出口。

规定两个安全出口的距离，主要是考虑如果两个安全出口太近，若其中一个出口发生火灾、塌陷等事故，往往会危及另一出口的安全。大型矿井，矿床地质条件复杂，走向长度一翼超过1000m时，为了防止运输巷道发生火灾及大面积坍塌而使端部的人员不能撤出，应在端部增设安全出口，同时也可保证通风质量。

4 距进风井的井口一定距离的范围内，不得有诸如锅炉、烧结用的煤气发生炉和冶炼炉等产生有毒有害气体或粉尘的炉窑，也不得有废石场、废渣场、煤场、精矿粉堆场等，以及制硫酸用的或其他化工装置，以免污染进入矿井的空气。设计时，要对矿井的进风、排风系统作统筹安排，污风不得串联，并且污风不得污染矿区环境。一般应将排风井口布置在距工业场地较远的下风侧，否则要采取适当的除尘措施。

5 本款进一步强调井口和工业场地的选择必须安全可靠。应有稳定的工程地质条件，不受可预计的自然和地质灾害的威胁，并应避开法律规定的文物古迹和风景区。

9.3.2 本条第3款，双轨运输平硐的跨度大，当通过的岩层不稳定时，其掘进和支护条件较差，支护要求高；掘进两条并行单轨巷道，施工的通风条件和支护要求大为改善，对施工质量和速度亦为有利，工程造价不相上下，故制定本款规定。"无其他条件制约"，主要是指有的矿山在平硐建成后，必须通过不能拆卸的大件（如罐笼、破碎机等设备器材），则仍应采用双轨巷道。

9.3.3 本条对斜井开拓进行了规定。

1 埋藏深度小于300m的缓倾斜或倾斜中厚以上矿体和埋藏深度小于200m的急倾斜矿体，在提升量和垂直提升深度相同的情况下，斜井的设备投资及建安费用与竖井相比，通常斜井占有优势或不相上下，如斜井用于缓倾斜矿体，其井筒和石门的开凿工程量将比竖井省，因而适用于斜井开拓；急倾斜矿体采用侧翼开拓，斜井石门工程量亦可减少，故也可采用斜井开拓。

2 脉外底盘沿倾向斜井顶板与矿体的垂直距离应大于15m，主要是考虑下列因素：一是为了便于斜井与车场巷道衔接，斜井甩车道平曲线半径一般为15m左右；二是斜井上部留设15m以上的岩柱，可不留斜井矿柱；三是为矿体底板的起伏变化留有余地。

4 本款为强制性条款。斜井下部的车场设置躲避硐室，是为了防止上部车场误操作时，或者提升钢丝绳断绳时发生跑车事故，对下部车场工作人员的生命安全造成威胁。一旦发生这样的事故，下部车场的人员可以到硐室内躲避。

5 运输斜井是井下运输的大动脉，车辆运行频繁，为了保证运输过程中行人的安全，斜井的一侧应设专门的人行道，使人员和车辆各行其道、互不干扰。

人行道的有效宽度和有效净高的规定是根据我国人体尺寸统计标准，并考虑穿棉衣、戴安全帽的情况而确定的。运输斜井在施工和设备选型时，应严格按照设计要求进行，做到巷道修帮规整，保证施工质量，且不得随意改换矿车型号，以确保人行道的尺寸。

行人在斜井中行走时易发生因滑倒、摔倒甚至滚落致伤的事故，且随着斜井坡度的增加，人员行走越来越困难，发生事故的可能性越来越大，因此，根据斜井的坡度情况应分别设置踏步、扶手和梯子，以方便人员行走，保证行人安全。

6 本款是关于斜井中，运输设备之间以及运输设备与支护之间最小间隙的规定。

最小间隙即安全间隙，是指巷道内运行的最大断面设备的最突出部位与巷道或巷道内的固定设施之间的最小距离。存在围岩变形的矿山，安全间隙宜适当加大。

对设备之间及设备与支护之间的间隙作出规定，是确保运输设备的安全运行，防止设备在运行过程中刮蹭巷道（或其支护体）和巷道内的管缆等设施或两辆（列）设备之间发生刮蹭。

9.3.4 本条对斜坡道开拓进行了规定。

1 本款为斜坡道开拓的适用条件。“开拓深度小于300m”，是综合国内外使用无轨斜坡道开拓的矿山，其开拓深度大都小于300m而确定的。

2 斜坡道的坡度需要根据所采用的运输设备的爬坡能力、斜坡道的用途、运输量、路面质量等因素综合确定。根据国外矿山实践生产经验，柴油卡车运输矿石、废石，斜坡道坡度以12%以下为宜，电动卡车（如瑞典基律纳铁矿35t、50t电动卡车）斜坡道坡度以15%以下为宜；运输人员、材料的辅助斜坡道坡度以17%以下为宜。国内采用无轨斜坡道开拓的矿山，用于运输矿石的斜坡道坡度一般在10%左右，用于运输设备、材料的辅助斜坡道坡度一般在15%左右，考虑到技术进步，用于运输矿石的斜坡道坡度在原有基础上提高了2%。由于弯道视距较短，且受离心力的影响，斜坡道弯道的坡度应适当降低，以保证行车安全。

3 斜坡道长度每隔300m～400m，设坡度不大于3%、长度不小于20m的缓坡段，是为了避免运输车辆在坡道上行驶，会加速车辆制动系统的磨损，可能导致制动系统失灵，出现飞车等重大事故；另一方面是为了便于错车，保证在缓坡段安全会车。缓坡段设置间隔要根据斜坡道的坡度和运输繁忙程度确定，如果斜坡道的坡度较陡，运输较繁忙，则两缓坡段的间隔距离取小值，反之则取大值。

4 根据国内外的生产实践，大型无轨设备通行的斜坡道转弯半径一般均大于20m，大型无轨设备通行的阶段间斜坡道或盘区斜坡道的转弯半径一般均大于15m；采用中小型设备通行的斜坡道转弯半径一般均大于10m；曲线段外侧抬高，是为了方便车辆的运行；在变坡点部位，采用平滑竖曲线作为变坡点连接曲线，是为了减少车辆的颠簸。

5 斜坡道在不设人行道时就应设躲避硐室，以保证在无轨设备通行时行人的安全，行人可就近在躲避硐室躲避。躲避硐室的高度应满足一般人的高度。

6 最小间隙即安全间隙，是指巷道内运行的最大断面设备的最突出部位与巷道或巷道内的固定设施之间的最小距离。存在围岩变形的矿山，安全间隙宜适当加大。

9.3.5 本条对竖井开拓进行了规定。

1 通常开拓深度小于300m的小型矿山，由于斜井的提升能力可满足产量要求，斜井施工较容易，井架等建筑物、构筑物较简单，采用斜井开拓较为合理。但对开拓深度大于300m的大中型矿山，竖井提升可靠性大、经营费低，一般采用竖井开拓。

2 有条件时，提升矿石的箕斗井应尽量靠近选矿厂，使箕斗卸载设施与选矿厂原矿仓相连，可以使矿石直接卸入原矿仓内，省去矿石地面转运的环节和设施。

3 对于井深大于600m、服务年限长的大型矿山，为了减少基建投资、缩短基建时间，竖井可采用分期开凿。竖井一次开凿深度的生产服务年限不宜小于12年，主要是考虑竖井延深是一项复杂费时、影响生产的工程，因此竖井一次掘进深度的服务年限不宜过短。

9.3.6 本条对矿床开拓方案的选择进行了规定。

1 开拓方案的选择，通常采用初选及详细技术经济论证两个步骤。在全面了解分析设计基础资料和对矿床开拓有关的问题进行深入调查研究的基础上，充分考虑矿床开拓系统的影响因素，提出在技术上可行的若干方案，在方案初选中，既不要遗漏技术上可行的方案，又不必将有明显缺陷的方案列入比较。对各个方案拟订出开拓运输系统、通风系统，确定主要开拓巷道类型、位置和断面尺寸，绘出开拓方案草图，从其中选出3个～5个可能列入分析比较的开拓方案。

对初选出的开拓方案，进行技术、经济、建设时间等方面的初步分析比较，剔除无突出优点和难于实现的开拓方案，从中选出2个～3个在技术经济上难于区分的开拓方案，进行详细的技术经济计算，综合分析评价，从中选出最优的开拓方案。

2 对于矿区面积大或矿体走向很长，可以分成若干个地段进行开采，每个地段可构成一个开采区，每个开采区可形成独立的开拓系统的矿床，可采用分区开拓。

9.3.8 本条对水平运输巷道设计进行了规定。

3 水平运输巷道设人行道是为了保证运输过程中行人的安全，使人员和车辆各行其道、互不干扰。

人行道的有效宽度和有效净高的规定是根据我国人体尺寸统计标准，并考虑穿棉衣、戴安全帽的情况及车辆运行特性而确定的。运输巷道在施工和设备选型时，应严格按照设计要求进行，做到巷道修帮规整，保证施工质量，且不得随意改换矿车型号，以确保人行道的尺寸。

4 本款是关于水平运输巷道中，运输设备之间以及运输设备与支护之间最小间隙的规定。

对设备之间及设备与支护之间的间隙作出规定，是确保运输设备的安全运行，防止设备在运行过程中刮蹭巷道（或其支护体）和巷道内的管缆等设施或两辆（列）设备之间发生刮蹭。

9.3.9 本条对主溜井设计进行了规定。

1 主溜井是矿山生产的咽喉工程，放矿时矿石对井壁磨损和冲击大，易造成溜井井壁的破坏，且溜井一旦发生堵塞，处理时间较长，为了保证矿山生产的稳定，本款规定主溜井通过的岩层工程地质、水文地质条件复杂或年通过量1000kt以上的矿山，主溜井数量不宜少于两条。

2 主溜井如采用斜溜井，底板易磨成坑洼不平，易造成堵矿和溜井破损，其次是斜溜井施工难度大，因此主溜井应优先采用垂直式。溜井垂高越大，矿石对井壁的冲击破坏性越大，且溜井一旦发生堵塞，处理困难，根据国内外矿山的实际使用经验，主溜井高度一般在200m左右，且该高度已可满足3个～4个阶段的集矿需要，同时考虑到施工方便，因此本款规定主溜井单段垂高不宜大于200m。

3 本款为强制性条款。主溜井装矿硐室应设安全通道，是根据矿山实际生产中溜井跑矿安全事故教训中总结出来的经验。有安全通道后，操作人员在溜井跑矿时可及时安全撤退，避免伤亡。

5 含泥多、粘结性大的矿石不宜采用主溜井放矿，因为粘结性大的矿石用溜井放矿，矿石易结块堵塞，经常放不出矿，矿石含水，易跑矿，造成安全事故，故不宜用溜井放矿。

9.4 空场采矿法

9.4.1 本条第4款，采用空场采矿法的矿山，支撑顶板的矿柱一般不予回收。对于空区体积不大，离主要生产区较远，空区下部不再进行回采作业的采空区，一般采用砌筑一定厚度的隔墙进行封闭处理。隔离采空区必须是上覆岩层允许崩落，否则不能采用。

上覆岩层或地表允许崩落的大型采空区一般采用崩落法处理。崩落围岩处理采空区的目的是使围岩中的应变能得到释放，减小应力集中程度。用崩落岩石充填采空区，在生产区域上部形成岩石保护垫层，以防上部围岩突然大量冒落时，冲击气浪和机械冲击对采准巷道、采掘设备和人员造成危害。

上覆岩层或地表不允许崩落的大型采空区一般采用充填法处理采空区，是在矿房回采之后，用废石、尾砂等充填，若回采矿柱，则采用胶结充填，可有效控制采场地压，减缓岩层移动和地表下沉，为回采矿柱创造安全条件，提高矿石的回采率。

9.4.2 本条对全面采矿法进行了规定。

1 全面法开采工作面一般采用沿走向或逆倾斜推进，打平行矿体倾角的炮孔和靠矿体顶板部分打小倾角的上向炮孔，在矿体厚度小于3m时，可使用普通凿岩设备。当超过3m以上时，普通凿岩设备难以适应，凿岩及顶板松石处理困难，所以矿体厚度大于3m以上时，一般均采用分层或阶梯回采，分层回采通常采用正台阶分层开采。当矿岩稳固时，可采用倒台阶分层开采，上、下分层超前距离宜为3.0m～4.5m。

2 采场内所留矿柱尺寸的大小，主要是考虑矿柱所承载的负荷大小、保持矿柱稳定性的长细比以及生产施工时的超挖、爆破对矿柱的损坏，根据生产实践经验，一般需留3m直径的矿柱，方形矿柱不宜小于2m×2m。

3 矿体厚度小于最小可采厚度时，即小于采场回采空间最低垂直高度1.8m时，为满足回采空间垂直高度不低于1.8m和维护顶板的完整性不受破坏，一般采用破底板的方法来保证回采空间的最低垂直高度。若切割巷道高度超过采幅，则必须破坏顶板岩石才能保证切割巷道的高度，故规定切割巷道高度不应超过设计采幅的顶板。

9.4.3 本条对留矿全面采矿法进行了规定。

1 通常小于30°的矿体可用全面法，大于50°的可用留矿法，留矿全面法是既留矿又耙矿，兼有留矿法和全面法的特点，故其适用倾角界于两种方法之间。当矿体厚度大于8m时，用浅孔留矿其回采周期较长，工人在较大的暴露面下长期工作，安全性差，平场工作量大，不如用中深孔崩矿的方法安全。

2～4 矿体倾角与工作面推进方式的关系，主要是考虑采场耙矿和凿岩作业的安全性。当矿体倾角小于矿石自然安息角时，耙矿时矿石在斜面上滚落速度可以控制，作业安全。当矿体倾角超过矿石自然安息角，采用倾斜工作面耙矿，其作业安全性将受到威胁，故不应采用倾斜工作面和扇形工作面推进，而应采用水平工作面推进。

9.4.4 本条对房柱采矿法进行了规定。

1 房柱采矿法可分为整层回采和分层回采；国内在采用气腿式凿岩机和电耙出矿的条件下，整层回采的高度限制在3m～4m以内；浅孔分层回采，一般采用顶层超前，并用锚杆或锚网支护顶板，工人在较安全的顶板下作业，也有采用底层超前，在矿堆上进行上层凿岩的矿山，除非矿岩十分稳固，否则不宜采用，分层回采一般采用两层回采，故浅孔房柱采矿法适用于开采矿体厚度小于8m的缓倾斜矿体。

2 矿体厚度为8m～10m时，应采用预控顶的方法进行回采，根据国内矿山生产经验，当矿体厚度超过8m时，工人在作业时很难清楚地观察到顶板的变化情况，故安全得不到保证。因此，矿体厚度超过

8m时，一般采用预切顶，事先维护处理好顶板后，再进行回采。

3 随着采矿设备的进步，为提高采场生产能力和劳动生产率，目前房柱采矿法采用全无轨配套设备采矿的矿山逐步增多，国外采用凿岩台车、撬毛台车、锚杆台车、LHD和自卸汽车的条件下，房柱采矿法的采场生产能力可达1000t/d，因此在条件允许的矿山，宜采用液压凿岩台车及配套设备采矿。

4 盘区内同时回采采场数目的多少，主要决定于通风条件和各回采工作面的超前距离。根据通风要求，在一个盘区内两个采场同时回采时，为简单的并联风网，风量分配容易，风流稳定。三个采场同时回采，则构成简单的角联风网，位于中间的采场，风量小，风流稳定性差，一般可用局扇来调节风量和稳定风流。而四个以上采场同时回采时，则构成复杂的角联风网，位于回风侧的采场，风量很小，甚至无风，风流稳定性极差，所以从通风角度来要求，一般应尽量避免四个以上采场同时进行回采。另外，根据各采场回采工作面超前距离应为10m～15m的要求，一般只能满足布置3个采场同时回采的超前距离。若同时回采采场超过3个，则不能保证各采场工作面的超前距离，各采场作业会相互干扰，影响生产和安全，因此本款规定一个盘区内同时回采的采场不应超过3个。

9.4.5 本条对浅孔留矿采矿法进行了规定。

2 回采工作面采用梯段布置的主要目的是增加爆破工作面和作业面，即在放矿影响区域外的采场一端进行平场、凿岩等作业，在另一端进行放矿作业。梯段工作面长度决定于落矿方式。上向炮孔落矿的梯段长度，决定于同时作业的凿岩机一个班能完成多少炮孔，梯段长度一般为10m～15m；水平炮孔落矿梯段长度2m～4m，是由凿岩机的凿岩深度决定的。

3 本款规定根据国内钨矿生产实践经验确定。在相邻矿脉夹层厚度大于3m时，严格控制采幅，采用小直径炮孔，控制炮孔的倾角方向和深度，以及一次爆破的炮孔数及装药量，一般不会破坏夹层的稳定性，但为安全起见，避免回采操作过程中因某些方面的疏忽而破坏夹层。故规定夹层厚度超过4m时，可实行分采。

4 本款是关于下盘采场宜超前上盘采场的问题。急倾斜相邻平行薄矿脉同时上采时，保持采场间岩石夹层的稳定是保证安全上采的关键。当夹层两侧采场用留矿法上采时，对夹层稳定性的最大威胁是两侧采场的爆破冲击振动。当夹层局部稳定性较差时，则爆破对夹层的稳定性威胁就较大。当夹层在同一处受上、下盘两侧采场爆破的扰动，尤其是当滞后采场第二次爆破扰动时，该局部夹层就可能出现失稳垮落，夹层的重力作用偏向下盘，如果二次爆破扰动发生在下盘滞后采场，垮落的夹层必然滑向下盘采场，因此，应使下盘采场超前，使第二次爆破扰动发生在上盘滞后采场。

9.4.6 本条对极薄矿脉留矿采矿法进行了规定。

1 根据国内极薄矿脉留矿采矿法的生产实践，最小的作业空间宽度为0.9m，小于此宽度，回采作业不方便，故规定最小采幅为0.9m，实际生产中，往往会有一些炮孔偏斜和爆破控制不严等因素，故允许采幅宽度有一定的波动范围，在正常情况下，一般不会超过1.1m。

4 两脉间距小于1.5m时，不能直接转折到平行脉或以小于55°的角度从原采场逐步过渡到平行脉，因堵塞会使矿石放不下来，故过渡到平行脉的角度应大于55°，最好应不小于60°。当矿脉间距大于1.5m，小于3.0m时，为减少废石采掘量，一般不采用从原采场逐步过渡到平行脉的方法，而是从原采场的工作面开掘倾角60°左右的漏斗与平行脉连通后，重新做切割向上回采。当间距大于3.0m时，若仍采用开掘斜漏斗与平行脉连通的方法，则不仅斜漏斗掘进量大，且几乎全部在围岩中掘进，在技术经济上不合理。另外，斜漏斗长度较大，有可能产生堵塞，影响放矿，故当矿脉间距大于3.0m时，宜另开盲阶段单独回采，在技术经济上都是合理的。

9.4.7 本条第3款，爆力运矿借助炸药爆破时的能量，定向把矿石抛离矿体一段距离，并借助动能和位能使崩落矿石由高处向下滑行、滚动至每分段下部的集矿巷道或漏斗。如先采下分段形成采空区后，再采上分段，爆破时则会有部分矿石滚入下部分段的空区内而损失掉，故分段回采，应先采上分段，后采下分段。

9.4.8 本条对分段空场采矿法进行了规定。

1 分段空场采矿法一般用于矿岩稳固的矿体，当矿岩稳固，顶板允许暴露面积为500m^2；当矿岩很稳固，顶板允许暴露面积为800m^2。为控制矿房顶板暴露面积，保证生产安全，对于厚度大于50m的矿体，采用分段空场采矿法开采，在矿房间宜留纵向矿柱。

3 分段高度主要决定于所采用的凿岩设备性能，中深孔和深孔凿岩设备的打眼深度超过一定的深度后，其凿岩效率急剧降低，故规定应根据凿岩设备的凿岩深度、矿体倾角等因素综合确定。

4 本款为强制性条款。本款规定的目的是使矿柱与顶、底板围岩形成稳定的板框形结构，保证矿柱切实起到支撑作用，避免上分段的间柱立在下分段矿房的顶柱之上，压垮顶柱，同时这种布置方式也有利于矿柱的回收。

5 本款为强制性条款。为了保证顶柱的稳定性，除作为回采、运输、充填和通风的巷道外，不得在采场顶柱内开掘其他巷道。

9.4.9 本条对阶段空场采矿法进行了规定。

3　水平深孔落矿所需的补偿空间较垂直分条深孔落矿大，其理由是水平落矿有矿石自身重力的作用，爆破后的块度一般比垂直崩矿的块度大，尤其当矿石具有水平节理时更甚，需要充分的补偿空间，使矿石能充分破碎松散。另外，水平矿石垫层的可压缩性比垂直分条爆堆小，因此应加大补偿空间。

4　采场垂直走向布置时，应由上盘向下盘推进，其优点是工作人员可以在底盘一侧作业，作业场所属岩石移动区下盘一侧，安全性较好，且矿山开拓采准巷道一般都设于下盘，联系出入都较方便，其次是可提前回采出矿，无论是水平崩矿或垂直崩矿，都可按正常顺序，先采上盘下部的三角矿体，因此应自上盘向下盘推进。

9.5　充填采矿法

9.5.1　充填采矿法随回采工作面的推进，采空区用充填料充填，充填的作用除用来防止由采矿引起的岩层大幅度移动、地表沉陷外，在充分回收矿产资源特别是高品位矿石、保护生态和环境以及矿业可持续发展方面日益显示出其重要的作用，对深井开采和极复杂矿床开采也具有重要的意义，随着国家对环境和生态保护的日益重视，充填采矿法的比重呈不断增长的趋势。

1　充填采矿法主要适用于下列矿床：矿体的上、下盘围岩不稳固或者矿石、围岩都很破碎的矿床；矿体形态很不规则，厚度、倾角变化大，分枝复合现象严重，含夹石多的矿床；地表有河流、湖泊、农田、铁路和建筑物、构筑物等需保护的矿床；开采有内因火灾或有放射性危害的矿床；若贫矿在上部，富矿在下部，需优先开采富矿的矿床；矿石品位高的富矿，稀有、贵重金属矿床；矿体垂深很大，需在垂直方向上分数区段同时开采的矿床；因某种原因，需由下而上回采推进的矿床。

3　采用上向充填法时，阶段回采顺序通常采用自下而上回采，主要目的是为了加大阶段高度，减少顶、底柱的比例，提高矿石回采率，有利于采用掘进废石充填采空区，减少废石出窿量。

4　本款规定的开采顺序主要是考虑下盘矿脉采场顶板的稳定。如先采上盘采场，充填后再采下盘采场，下盘采场是在顶板已受扰动的条件下，再加上充填料的重载，其顶板稳定条件较差，维护时也较困难，特别是当顶板岩层不够稳固时，对安全作业更不利。因此，缓倾斜相邻矿脉应先采下盘矿脉。

9.5.2　本条对上向水平分层充填采矿法进行了规定。

1　上向充填法适用矿岩中等以上稳固条件，是实践总结出来的经验，因为该采矿方法的作业工人是在顶板矿岩暴露面下完成各项作业的，如矿岩不稳固，则往往出现顶板冒落、伤人停产等事故。

当矿石不稳固，采场顶板允许暴露面积小，采用上向进路充填可减少顶板的跨度，提高回采作业的安全性。

2、3　点柱充填宜用于矿石价值中等以下，矿体厚度大，可单步骤回采的倾斜以下矿体，点柱的直径应根据矿山具体经验，结合岩石力学试算和矿石回采率的要求等确定，点柱总面积一般不超过采场总面积的10%。

4　房与柱的配合布置方式主要是从地压管理的角度出发，根据国内外生产矿山的实践经验中总结出来的。

5　采场控顶高度不宜大于4.5m，是指操作人员站在采场，用撬棍处理顶板松石和观察检查维护顶板的最大高度，当超过这一高度时，检查、维护将很困难。采场配有撬毛台车或服务台车时，控顶高度可达6m～8m。

8　上向胶结充填体强度的要求是从实践中总结出来的。采用胶结充填法的目的主要是充填采空区、最大限度地减少周围岩体的变形位移和保护资源、减少空区周边矿体开采时的损失。充填体的强度需要满足相邻矿体开采时，充填体能保持自稳，经受爆破震动波和冲击波的影响。

10　上向水平分层充填采矿法矿山普遍采用充填面上铺垫层，目的是为了减少采场出矿的贫化与损失。

11　脉内顺路溜井宜设置两个，因只有一个溜井，当矿石崩下将溜井口盖没后，井口周围的矿石无法出矿，尤其是采用前端装载的铲运机和装运机时，更是无法卸矿。除非以溜井为界分区崩矿，但加大了采场管理难度。

9.5.3　本条第2款，回采进路的规格应根据矿体厚度和所选用的设备确定，一般情况下，用电耙出矿时，回采进路的规格宽宜为3m～4m，高为2m～4m；铲运机出矿时，宽宜为4m～5m，高为3m～5m。

9.5.4　本条第3款，开采急倾斜矿体时，采场崩矿前铺设垫板是为了减少矿石损失、贫化。垫板可采用木板、铁板、胶带、水泥砂浆或混凝土。

9.5.5　本条对嗣后充填采矿法进行了规定。

1　嗣后充填采矿法是采用空场法回采后对采空区进行嗣后充填处理，实际上就是空场采矿法与充填采矿法的联合开采。空场法回采后留有较大的采空区，存在冒落的隐患，对采空区进行嗣后充填，利用充填体对矿岩的支撑作用可最大限度地保证矿山生产安全，同时有利于回收矿柱和减少贫化损失。采用嗣后充填将废石、尾砂回填至采空区中，可减少矿山开采产生的废石、尾砂对地面环境的影响，是今后地下采矿的发展趋势。

2　嗣后充填一次充填量大，为了缩短采空区的暴露时间，因此规定嗣后充填应采用高效率的充填方式。充填体应具有足够的强度和自立高度，是为了相邻采场回采过程中不因充填体的塌落造成损失贫化，保证回采过程的安全。

4 根据空场采矿法回采工艺的不同，嗣后充填可分为胶结充填和非胶结充填，一般情况下，应尽量采用非胶结充填，以降低充填作业成本。当矿柱需要回收时，采用非胶结充填，矿房充填体会垮落，因此规定当矿柱不需要回收作为永久损失时，采空区宜采用非胶结充填。

9.6 崩落采矿法

9.6.1 本条对崩落采矿法进行了规定。

1 采用崩落法，要求矿体上部无水体、流砂，矿石无自燃性和结块性，主要是从安全角度提出的。当矿体上部有水体或流砂，则大量流水将灌入井下，恶化井下作业环境；流砂则会随水涌入井下造成安全事故。国内外矿山都曾发生过地表尾砂或表土经塌落区突然涌入井下作业区的重大事故。当矿石和覆盖岩层有自燃性，因崩落法的井下工作面与地表塌落区是相通的，井下空气可以通过塌落区孔隙向矿岩供氧，从而助长了自燃。矿石有结块性，则矿石不能形成放矿椭球体，覆盖岩也不能顺利崩落，恶化了放矿和崩落顶板的条件。

2 崩落法会造成地表土岩移动塌落，在陡坡山体地形下采矿时，应有防止塌方、滑坡、滚石等措施。对地表覆土层厚且雨量充沛的地区，因崩落土层和雨水汇成泥浆涌入井下，会造成重大安全事故。

3 阶段运输平巷除用作本阶段开采使用外，还用于下阶段开采期间内作回风和安全出口等使用；用作回风和安全出口的天井、平巷等盘区开采的采准工程，在其开采使用期间内不能因开采而破坏，因此本款规定上述井巷工程应按开采岩石移动角圈定岩石移动界线及Ⅲ级建筑物、构筑物保护等级设计布置。

9.6.2 本条对壁式崩落采矿法进行了规定。

2 当开采多层矿体时，上层矿的回采应超前于下层矿，待上层矿采空区地压稳定后，才能回采下一层矿。

3 布置在脉外的阶段运输平巷，一般位于底柱靠近空区部位的正下方，而该处正是采场采空后形成的压力拱基处，地压较大。当矿石和底盘岩石不够稳固时，阶段运输巷道设在此处往往会发生片帮、冒落、支护压塌等地压现象，因此，应使阶段运输平巷避开底柱的压力拱正下方部位。

4 相邻两个阶段同时回采时，上阶段的回采应超前下阶段，其超前距离主要是根据地压管理和通风要求来确定的，若超前距离小，则有可能产生上阶段顶板未充分冒落，顶板压力未释放出来时，即回采下阶段，会增加下阶段回采的难度；上阶段超前距过小，下阶段回采工作面污风可能与上阶段进风串联，恶化回采工作面的作业环境。根据生产实践经验，上阶段回采工作面超前一个工作面斜长的距离，且不小于20m时，上阶段顶板可充分冒落。

7 随着壁式工作面的推进，顶板暴露面积逐渐增大，顶板压力也随之增大，如不及时处理，可能出现支柱被压坏，甚至引起采空区全部冒落，被迫停产。因此应根据矿岩稳固性、支柱类型等试验确定悬顶、控顶、放顶距离。控顶距一般为2排～3排的支柱距离；放顶距变化范围较大，为1排～5排的支柱间距。

8 放顶前，要确保人员有安全出口，在放顶区与控顶区之间架设密集支架，密集支架每隔3m～5m要有一个安全出口，以备顶板压力过大压坏支架时人员逃离冒顶区。

一般情况下，放顶区撤柱后，顶板会自然冒落。如不能及时自然冒落，则应预先在切顶密集支柱外0.5m处，逆推进方向打一排倾角约60°的炮孔，强制崩落顶板。

一般顶板的稳定性跟暴露面积和时间有关。离工作面越远，其地压越大。对倾斜方向，下部压力比上部大，因此放顶撤柱工作的顺序，应沿倾斜方向自下而上，沿走向自远而近（对工作面）。倾角小于10°的矿体，倾斜方向压力分布基本平衡，其撤柱顺序可不限，但要由远而近进行。如果顶板条件很坏、地压很大或其他原因，不能回收支柱或不能全部回收时，应将支柱崩倒。

9 根据国内外生产经验，当直接顶板厚度等于或超过矿体厚度6倍～8倍时，才能较好地实现崩落法的顶板管理。否则地压显著增大，顶板管理复杂，其原因是直接顶板厚度小于矿体厚度6倍～8倍时，崩落的直接顶板岩石经压实沉降后，不能密实充填空区，可能使老顶脱层，产生悬空现象，老顶的压力拱的拱基位于工作面上，使工作面地压显著增大，造成顶板管理困难。为防止此种情况产生，需要采取一些相应控制地压和顶板管理的措施，如将老顶崩落等措施。

9.6.3 本条对分层崩落采矿法进行了规定。

2 采用分层崩落法回采，作业人员要在人工假顶的保护下进行作业。人工假顶主要用木材，因此假顶下面的作业场所不可能很大，否则将会破坏人工假顶。分层高度和宽度主要根据地压大小和采场支护方法确定。当地压很大时，进路宽度可取2m～2.5m，分层高度取3m左右；当条件较好，采用3m宽的回采巷道时，分层高度可采用3.5m。

3 采场上、下相邻的分层平巷或横巷如重叠布置，则上分层坑道和下分层坑道相互连通，形成一个堑沟，在安全上是不允许的，所以上、下分层坑道应错开布置，错开布置的岩壁厚度应考虑掘进下层坑道不破坏上层坑道的稳定。根据生产实践经验，岩壁厚度小于2.5m时，一般不能保证上分层坑道的稳定，故规定岩壁厚度不得小于2.5m。

采场上、下进路如不在一个垂直面上，则上分层进路铺设的假顶地梁不能正好落在下分层进路上，下分层进路支护假顶很困难，严重的会发生穿顶现象，因此规定上、下分层进路应对应。

4 当在几个分层上同时进行回采时，为了避免破坏假顶的连续性，邻接矿块的回采分层高差不宜超过两个分层高度。在水平方向上，上分层回采工作超前下分层的距离，根据假顶及覆盖岩层正常下降的要求确定，一般不得小于15m。

5 本款规定回采应从矿块一侧向天井方向推进，是为了避免形成通风不良的独头工作面。

6 为防止覆岩崩落对分层假顶的冲击破坏和第二分层放顶时产生空顶现象，根据生产实践经验，当第一分层的岩石垫层厚度小于分层高度的1倍～2倍时，则开采第二分层放顶时可能会产生空顶，故规定第一分层上部应形成厚度不小于4m的岩石垫层。若上覆岩石不能随回采逐步崩落时，则必须强制崩落覆岩，形成20m以上缓冲垫层厚度，当覆岩产生悬顶突然崩落时，如有20m以上缓冲垫层，则完全可以消除崩落岩石冲击破坏对回采工作面的安全危害。

7 放顶时，不得用砍伐撤出支柱，一般用炸药毁掉立柱，使上分层的垫板及其上面的假顶落下，假顶上面的崩落岩石也随之下移，充填采空区。木立柱有时可撤出一部分，金属立柱则用撤柱绞车拉出。

在崩落假顶及顶板降落产生空洞时，假顶上岩石下降也会影响到相邻进路假顶的稳定性，此时不应在相邻进路内作业，要等待顶板稳定后，或空洞处理完毕后，才能进入相邻进路作业。

9.6.4 本条第3款，采用垂直分条中深孔小补偿空间挤压落矿，是有底柱分段崩落法广泛使用的方案，它与水平深孔落矿方案比较，具有施工方便，工程量小，维护容易，改善爆破和落矿质量，大块率少的优点，从而提高了生产能力。采用小补偿空间挤压爆破，其补偿空间是在矿体中开凿切割槽形成的，常用的补偿空间系数为15%～20%，过大，会增加采准工程量，而且还可能降低挤压爆破效果，过小，容易出现过挤，甚至出现悬拱。

9.6.5 本条对无底柱分段崩落法进行了规定。

3 随着凿岩、出矿设备的不断改进，无底柱分段崩落法矿块结构参数（分段高度、进路间距、巷道宽度等尺寸）增大，减少了掘进工程量，大大降低了掘采比和采矿成本，根据国内外生产实践经验，一般情况下，分段高度为10m～15m，进路间距为10m～20m。根据端部放矿理论分析，放出体不是一个完整的椭球体，而是一个不完整的前倾扁椭球体或半个旋转的椭球体，正面放出体厚度是短半轴的半径。按照分段高度10m～12m计算，在一般放矿条件下，短半轴为4m～6m，除去放出体的正面损失部分，实际放出体的厚度为2m～3m，因此规定崩矿步距不应大于3m。

扇形炮孔边角的大小是根据挤压爆破条件下的两侧矿石最小流动角来确定的。据生产矿山实际观测资料，流动性较好的矿石，侧面夹角为60°左右，流动性较差的矿石，一般均在70°左右，故扇形炮孔的边孔角应为60°～70°，矿石流动性好的取小值，反之取大值。

4 为了形成崩落法正常回采条件和防止围岩大量崩落造成安全事故，需要在崩落矿石上覆以岩石层。岩石层厚度要满足两点要求，一是放矿后岩石能够埋没分段矿石，否则形不成挤压爆破条件，崩下的矿石将有一部分落在岩石层之上，造成重大矿石损失贫化；二是一旦大量围岩突然冒落时，能起到缓冲作用，以保证安全。根据这两点要求，一般覆盖岩层的厚度约等于两个分段的高度。

5 无底柱分段崩落法的损失率与贫化率在正常放矿条件下，一般均达到15%～25%。如矿石不够稳固，则会产生炮孔变形、堵塞和进路端部眉线破坏，使放矿条件变坏，损失率、贫化率大幅度增加，一般高达35%～40%。因此，在矿石不够稳固的条件下采用本采矿方法时，应采取行之有效的防止炮孔变形、堵塞和保护进路端部顶板眉线不破坏的措施，才能保证本采矿方法的损失率、贫化率不超过正常值。

6 根据试验和生产实践经验表明，在同一分段的各相邻进路回采呈阶梯状推进时，地压对进路的破坏远远小于同一分段各相邻进路呈一字形推进的。因此，为减少地压对进路坑道的破坏，回采工作线应呈阶梯状推进。

7 为了提高无底柱分段崩落法的开采强度，往往是多分段同时回采。分段之间的回采顺序是自上而下，上分段的回采必定超前下分段。超前距离的大小应保证下分段回采出矿时，矿岩移动范围不影响上分段的回采工作。根据矿山生产经验，该距离不应小于20m，同时要求上面覆盖岩层落实后再回采下分段。

8 无底柱分段崩落法布置在矿体内的溜井，当回采工作后退到溜井附近，本分段不再使用此溜井时，应将溜井口封闭，以防止上部崩落下来的覆盖岩石冲入溜井。

在条件允许的情况下，溜井应尽量布置在脉外，以减少封井工作。但当脉外溜井位于崩落带内时，开采下部分段也要注意溜井的封闭。

9.6.6 本条第2款，采用阶段强制崩落法的矿山，是自上而下随采随崩落上部矿岩的方法，两个阶段同时回采时，如果下阶段先回采，上阶段对应采场就不可能生产了，因此上阶段应超前回采；上阶段超前下阶段距离有利于使废石和矿石的放矿接触面保持一定倾角，减少贫化、损失，根据国内外生产实践，其超前距离不得小于一个采场长度。

9.6.7 本条对自然崩落采矿法进行了规定。

2 自然崩落法是借助矿岩自然应力为主要荷载进行矿体崩落的采矿方法，即在矿块底部进行拉底，形成足够大的空间，并在周围开掘相应的割帮工程，使矿块产生应力集中，当此应力超过矿岩体的抗拉、抗剪强度时，矿岩体逐渐破裂而开始崩落。因此，采用本采矿方法应掌握矿岩体的构造、节理、强度、特征以及崩落的条件，提出矿岩的可崩性和崩落机理的评价报告，供设计作依据。

6 自然崩落法是技术难度大、管理水平要求高的采矿方法。做好放矿计划，严格进行控制放矿，保持矿体下面5m～7m的自由空间高度，是为了既能为矿石自然崩落留有足够的空间，又能防止出现大面积矿岩冒落，产生的空气冲击波伤害人员和破坏设施。

由于崩落法开采形成崩落塌陷区，周围的地表径流水容易汇集到塌陷区涌入坑内，矿石和废石中含有粉矿（岩）和泥，在雨水的作用下容易形成泥石流。泥石流从放矿口涌入巷道，在人员和设备撤离不及时时，容易造成人员伤亡和设备损坏。相应的安全措施有：应尽量通过在地表设截水沟等措施使地表径流水不进入塌陷区；出矿应保持畅通，结拱时要及时处理，不产生泥水突然涌出的条件；在下暴雨时，应加强监测管理，必要时将人员及时撤离现场。

9.7 凿岩爆破

9.7.5 本条对大直径深孔爆破进行了规定。

1 矿岩稳定条件允许时，宜采用柱状药包爆破，是因为侧向柱状药包崩矿效率高、成本低、工艺较简单，但爆破的冲击波对矿壁或充填体损害较大，因此要求矿岩稳定性较好。

2 采用大直径深孔球状药包崩矿时，水平分层高度为3m～4m，是根据国内外矿山经验确定的。最后一层高度为7m～10m，主要是根据矿岩的稳固程度和凿岩硐室的大小确定；当矿岩稳固或凿岩硐室面积小时，最后一层高度7m左右，即一次爆破二个分层的高度；当矿岩稳固性稍差或凿岩硐室面积大时，最后一层分层高度一般为10m左右，即一次爆破三个分层的高度。

3 高硫矿床采用大直径深孔爆破时，由于大量矿石留在采场内，通风散热条件恶劣，加上同时爆破炸药量大，粉矿多，热量高，对高硫矿床有发热自爆危险，因此应有防硫化矿尘爆炸措施。

9.8 回采出矿

9.8.1 本条对无轨设备出矿进行了规定。

1 装矿进路间距过小，不能保证装矿进路底部结构的稳定性，间距过大，装矿进路间难以铲运出的三角矿堆损失过大；为了保证装矿进路底部结构的稳定性，进路之间矿岩柱宜大于6 m，加上装矿进路的宽度，装矿进路间距一般为10m～15m。

规定装矿进路的长度不应小于设备长度与矿堆占用长度之和，是为了保证铲运机在直线上装矿，以提高铲装效率，减少机械磨损。

2 采场内三角矿堆的铲装作业是在采空区进行，采场上盘和顶板存在掉块、冒落的安全隐患，因此应禁止人员进入。

4 本款规定是为了防止无轨装运设备掉入溜井中。

9.8.2 本条对电耙出矿进行了规定。

4 规定在绞车前部应有防断绳回甩的防护设施，是因为电耙在耙运工作中，有时会发生断绳事故。当钢丝绳（特别是重载首绳）承受绞车的强大拉力时，钢丝绳容易突然破断，且钢丝绳在突然破断的瞬间，断绳头在绞车牵引力作用下，随卷筒的转动惯性回弹倒甩，如果此时电耙绞车操作工的正前方没有保护措施，会被回甩的钢丝绳击伤。一般可在电耙绞车前方设置钢质或木质横杆护栏、挡板或钢丝网加以防护，但不得影响电耙绞车操作工的视线和操作。

5 采用电耙道出矿时，电耙道内粉尘浓度高，有时还需要对大块矿石进行二次爆破，电耙道设置独立的进、回风道，是为了迅速排除炮烟、粉尘和其他有害气体；电耙的耙运方向应与风流方向相反，电耙道间的联络道应设在入风侧，并应在电耙绞车的侧翼或后方，是为了保证电耙操作人员位于入风侧。

9.9 基建与采掘进度计划

9.9.1 本条对基建进度的编制进行了规定。

1 为了缩短基建时间，对影响基建进度的关键井巷，主要是井筒和主平硐等应充分利用已有条件，提高掘进速度。如利用已有勘探井巷，对井筒进行反掘或改变施工方法或增加措施巷道等。

2 力求同时开动凿岩机台班数基本保持平衡，在保证关键工程按时完成的前提下，尽量保持施工力量的安排和动力供应的基本均衡，避免造成不必要的积压和浪费。

9.9.2 井巷成巷速度影响因素很多，主要影响因素有工程地质条件复杂、支护形式、装备水平、施工技术管理水平和工人的技术素质等，井巷实际成巷速度差别很大，本条是根据目前国内实际平均成巷指标制定的。

9.9.3 本条主要强调除满足备采矿量外，还应满足备用矿块数量要求，备采矿块的备用系数一般取10%～20%，当矿体规模小，产状形态多变时取大值。

9.10 设备选择

9.10.1 地下矿山装备水平表是参照国内外地下矿山目前的装备水平制定的。近十多年，采掘设备发展步伐日益加速，国外发展的主要方向是大型化、实现远程遥控和自动化，使矿山生产更高效、更安全、更有利于进行信息化改造，使矿山企业获得更好的经济效益。国内矿山的采掘装备水平也朝着无轨化、智能化的方向推进，新设计的矿山，出矿基本都采用了无轨设备，凿岩视采矿方法的不同，或者采用液压凿岩台车，或者采用高风压潜孔钻机。当资金条件和技术条件具备时，应优先选用先进的采掘设备。

10 露天与地下联合开采

10.1 露天与地下同时开采

10.1.1 本条对露天与地下同时开采进行了规定。

1 本款参考以下实例：美国贝尔克里铜矿主要用地下开采方式开采富矿，用掘进的废石和贫矿充填。以后扩大露天开采境界，由150m增加到300m开采深度，将地下开采影响较大地段的露天矿边坡角由45°改为38°。

前苏联柴良诺夫斯基多金属矿，在1951年决定用露天与地下同时开采，其开采深度为305m～343m，在基岩中的露天边坡角取40°～41°，而与地下巷道投影接触处的边坡角取33°～35°。另在夫兰克露天采矿场，从边坡底部的一帮进行地下采煤，开采7个月后露天边坡发生了滑落。同时也观察到，滑坡地点往往是在地下有大量采空区的地方。

铜山铜矿在铜山采区，露天采场北部边坡下同时用地下开采5号矿体，在露天采场结束后不久，由于地下采空区冒落，导致露天边坡产生大量滑落。

从以上实例可以看出，受地下开采影响地段上的露天边坡角，应适当降低，降低多少，应在设计中详细论证。

2 在确定露天和地下开采范围时，应避免在地下采空区移动范围内（包括移动线外10m～20m保护带）进行露天开采，否则会因地下开采引起上部岩石移动，降低露天采矿的生产效率，严重影响露天边坡的稳定和经济指标，增加人员和设备的危险性。这里可采取的技术措施包括：

1） 地下开采选择合理的采矿方法和回采顺序。除缓倾斜矿体允许在留设境界顶柱后用房柱（充填）法进行回采外，倾斜和急倾斜的矿体只能用充填法（最好胶结充填）进行回采。矿岩均稳固时，采用空场法（留矿法）嗣后充填；矿岩中等稳固时，可采用分段充填法或上向水平分层充填法；矿岩均不稳固时，采用下向充填采矿法。如果不采用胶结充填而用废石或尾砂充填，就要保留大量矿柱，等到露天开采结束后才能回采。

2） 避免形成地压集中。地压集中会影响露天与地下的生产安全，露天开采保持与地下开采有一定的超前安全距离（80m～100m）。露天坑底与地下采场之间留有必要的境界顶柱和矿房间矿柱。

3） 加强监测。建立必要的岩体移动观察队伍，掌握一定的岩移观测手段，随时掌握地下采空区上覆岩层的移动规律，确保露天边坡和生产作业的安全。

3 露天与地下同时开采时，必将增加双方的不安全因素。一方面是地下开采将不可避免地会造成露天采场的岩石移动，从而影响露天边坡的稳定，或给穿孔爆破、电铲作业及道路和铁路运输造成困难，另一方面是露天大爆破也会影响地下巷道和采场顶板的稳定性，导致顶板冒落和泥石流灌入，从而危及人员和设备安全，甚至会因泥浆灌入而导致地下采区停产。因此，应合理选择地下开采的采矿方法和回采顺序。在露天采场下部进行地下开采作业与在建筑物下开采的情况类似，只要采取适当的采矿方法（如采用不回采矿柱采矿法，或只回采矿房的密实水砂充填采矿法，或水砂充填矿房、胶结充填矿柱的联合采矿法），并合理安排露天与地下各采区间的回采顺序（如地下开采回采露天矿边坡下的残留矿体时，采取沿走向由矿体两端向边坡后退方式进行，使边坡附近的塌落漏斗逐渐发展，最终形成条带状的宽崩落区，以保护露天矿下部台阶不受塌落岩石的威胁），控制露天爆破一次起爆药量，将对露天边坡的稳定起很大作用。我国铜山铜矿和原苏联吉申斯基多金属矿等均有这方面的例子。

10.1.2 本条对露天与地下同时开采的回采顺序进行了规定。

1 本款规定是为了减少露天与地下开采的相互干扰。

2 本款规定是为了提高矿石回收率、减少顶柱回采的不便。地下采用胶结充填回采，可先期开采露天坑底下部的矿段，形成的充填顶板作为露天坑底，充填应做好接顶工作，避免形成较大空洞。

10.1.4 当露天与地下在同一垂直面（即上、下区域基本对应）同时作业时，露天和地下的爆破震动等必然使上、下相互影响，从安全角度上应通过岩石力学计算来确定上、下作业面垂直间距，但最小不应小于50m。

10.1.5 在有条件且经济合理时，应尽可能将露采采出的矿石通过溜井下放到井下，通过地下运输系统运至选矿厂，如平硐开拓运输方案、集中胶带运输方案等。这样有利于降低露采（特别是深部）的矿石运输成本，节省投资。

10.2 露天转地下开采

10.2.1 本条第2、3、5、6款是根据现行国家标准《金属非金属矿山安全规程》GB 16423的有关规定制定的。

2 当采用两步骤回采的空场采矿方法时，应留境界安全顶柱。境界顶柱的厚度主要取决于矿岩的稳固性和爆破技术（包括露天与地下）。在国内，对矿岩稳固的矿山，其厚度一般在10m左右，有的也取回采矿房跨度的一半。前苏联有关专家认为当矿岩的普氏系数（f）介于5～12之间时，境界顶柱的厚度应等于或大于矿房的跨度，实际矿房的顶柱厚度为10m～30m。境界顶柱的稳定性会随着采空区时间的增长和采空区面积的扩大而减弱，在一定的矿山压力条件下，将由于应力集中而破坏。所以缩短采空区存在的时间，减少采空区的尺寸是增强境界顶柱稳定性的有效措施。

当采用单步骤的崩落采矿法时，应在回采前进行放顶，形成一定厚度的岩石垫层以保护采场。露天开采转地下开采，当上部矿体面积大，废石来源充足、运距短时，可采用废石作覆盖层；无废石回填时，采用大规模爆破崩落两盘边坡围岩形成覆盖层。若过渡阶段初期采用两步骤回采留顶柱方案而以后改用崩落法开采时，要注意在初期矿房回采的拉底水平以上留6m～8m厚度的矿石缓冲层，爆破露天境界顶柱和其他矿柱的同时，用深孔和硐室爆破围岩，随着第一阶段回采的推进，覆盖岩层也跟着扩展，当第一阶段回采放矿结束后，覆盖层也随之形成了。覆盖层的厚度一般为15m～20m，覆盖岩石的块度应大于崩落矿石的块度，以防止泥砂岩块混入。

3 露天坑形成后，境界内的径流水一般较大，如果让其涌入井下，则井下要有较大的排水能力（平硐开采除外），否则容易造成淹井。因此露天坑的水应尽量在地表排出。但是露天开采转地下开采，除采用胶结充填法以及留有较厚的境界顶柱外，由于露天坑的存在，在回采初期就可能形成塌陷区，给坑内开采的防、排水带来影响。设计中，应对此问题进行仔细研究，采取必要的措施。

10.2.2 崩落法开采一般会引起上部塌陷，从而破坏地表，因此原则上不采用。自然崩落法是从开采阶段的底部拉底后，矿体顶板受自重及节理裂隙的影响向上逐步崩落，直至地表或上一个开采阶段的底部，是一个渐进的过程，崩落速度根据矿岩的性质等不同而不同，一般在0.1m/d～0.65m/d左右。目前国际上自然崩落法最高的开采段高达400m以上，因此在高自然崩落法情况下（一般是大型矿山），露天开采和地下开采同时开采一段时间是有可能的。

10.2.3 本条对境界安全顶柱的留设进行了规定。

1 采用空场法开采，露天坑底应留设境界安全顶柱，保证采场顶板的稳定，其安全顶柱的厚度受矿体的赋存条件（如矿体的厚度、走向长度、倾角等）、矿岩稳固程度、采场顶板暴露面积等因素的影响，因此需要通过岩石力学计算确定，但不应小于10m。

2 当采用进路式回采且进路宽度不大于4m时，由于进路跨度小，因此确定假顶厚度不应小于1m，但应注意保证有足够的强度。

10.2.4 本条对露天矿边帮残留矿体回采进行了规定。

1 因为露天境界外边帮残留矿体一般不规则且分散，开采难度较大，因此应早做安排，统筹考虑，有利于充分回收这一部分资源。

2 规定了地下开采沿走向的回采顺序应采用向边坡后退式回采，是为了保护露天矿下部台阶不受塌落岩石的威胁。

3 应保证采场顶板至露天边坡面之间的矿柱厚度，是为了防止矿柱过薄时顶板自行崩落。

10.2.5 本条第1款，采用露天采场内布置开拓系统可以节省基建投资，加快地下开采建设进度，获得更好的经济效益，特别是在露天采场很深且仅残留少量矿体时。

10.2.6 本条第2款是指露天开采转地下开采时，露天开采境界已较深，露天运输距离较远，运输成本高，若过渡期较长时，过渡期露天采出矿石应考虑利用地下开拓运输系统的可能性。

10.3 地下转露天开采

10.3.1 地下转露天开采，往往是因为初期采用地下开采富矿，或因地下开采贫化损失大或存在内因火灾等情况而转为露天开采。

地下开采转为露天开采的矿山，主要应解决好露天矿的生产和安全问题。如测定地下采空区的位置，掌握地下开采时的岩石移动范围和应力重新分布情况。

地下井巷以及采空区对露天采场的安全影响极大，地下开采改为露天开采时，应将全部巷道、采空区和矿柱的位置绘制于矿山平、剖面图上，以便于露天采场安全地组织生产。对地下巷道和采空区的处理方法有充填法和爆破处理方法。处理方法的选择应根据矿山的具体条件在设计中确定，大型采空区的处理方法应进行专题的研究和论证，并要严格组织实施。

先采用地下开采（特别是用崩落法开采）的矿山，在其上部转为露天开采并利用地下井巷运输矿石时，新掘井巷应避免布置在已采区的岩石移动范围内。如原苏联某矿采用平硐溜井开拓，因溜井布置在地下开采的移动范围内，常使溜井井壁塌落而堵塞。

地下开采形成的巷道、采空区直接影响露天边坡、道路的稳定和生产安全，本条规定列为强制性条文。

10.3.2 充填矿房的充填体可能是胶结充填体或非胶结充填体（如炉渣、碎石、河砂或尾砂等），开采时应充分考虑物料的特殊性，既要防止爆破时充填物飞扬伤人和铲运等设备陷入松散物料中，也要尽量减少矿柱回采的贫化损失，因此设计中应确定合适的穿孔、爆破、铲装工艺，并采取必要的安全预防措施。

11 矿井通风

11.1 通风系统

11.1.1 本条对矿井通风系统设计进行了规定。

1 本款规定是为了保证井下空气质量，创造良好的劳动条件。

2 通风系统简单、矿井风网结构合理是指进、回风线路短、通风阻力小、内外部漏风少，通风构筑物和风流调节设施、辅扇、局扇少，便于风量分配，实现风流稳定及易于管理。

11.1.2 分区通风系统是指一个矿井划分成几个各自独立进、回风线路的通风系统，且各系统严密隔离，或虽不隔离，但二者风流不相互串通。其主要优点是矿井风网简单，阻力小，风压低，漏风少，通风总电能消耗小，但要增加进、回风井巷数量和维护工作量。

1 在矿体走向长度大、产量大、漏风大的矿井，因矿井阻力大，有效风量率低，电能消耗多，经营费高，增加专用进、回风井巷可能变为次要问题，在一般条件下可用分区通风。

2 当矿体埋藏浅，天然形成几个区，专用井巷工程量小时，因分区通风的优点突出而采用分区通风。

3 对自燃发火危险的矿井，因分区通风可降低矿井风压、减少向采空区和火区漏风，各分区在通风上互不联系，某区发生火灾不会影响另一区作业等，因此应采用分区通风系统。

4 对于含铀、钍金属矿井，要求通风线路短，风网简单，减少氡气在矿井的停留时间，增加换气次数，减少氡子体在坑内积累，而分区通风可以满足上述要求，因此通风线路长，通风网复杂的含铀金属矿井应采用分区通风。

11.1.3 为保证各分区之间隔离可靠，不使各区之间风流互相干扰或污风、火灾烟气相互串通，故分区通风的范围需与矿山回采区段相一致。为了便于严密隔离分区间的联系，应以各回采区段之间联系最少的部位作为分区通风的界线。

11.1.4 本条对采用集中通风系统的情况进行了规定。

1 对于矿体埋藏较深、走向较短、分布较集中的矿山，一般采用矿体一端设置罐笼井或串车、台车斜井等进风，另一端风井回风的集中通风系统。

2 对于矿体比较分散、走向较长、各矿段便于分别开设回风井的矿井，一般采用位于矿体走向中央的副井进风，设在各矿体端部的风井回风；或者采用端部的进风井进风、中央风井回风的两翼对角式集中通风系统。前者为多井多机并联抽出式通风，后者为多井多机并联压入式通风，因有3个以上通风井，适用于矿体走向较长或开采范围大的矿井。

11.1.5 本条对采用多机在不同井筒并联运转的集中通风系统进行了规定。

1 一台主扇运转时，另一台主扇启动自如是矿山生产的基本要求，必须满足。某台主扇停运时，其通风区污风若窜入另一台主扇通风区内，会严重影响该区的生产。为此设计应分析是否有这种可能性，若有可能则须在主扇风道或矿井总回风道中设立防止污风倒流的设施，各主扇通风区的风量是按照矿石产量确定的，在一定时期内是不变的。但其阻力是变化的，每台主扇的工况是变化的。不能因某台主扇通风区阻力变化、主扇工况变化使另一台主扇通风区风量产生较大的变化而不能满足生产要求。因此为保证各台主扇通风区风流（风量）基本稳定，各台主扇共网段阻力应尽可能的小。

2 回采区要求一定的风量，而风流停滞区的采区风量极小，不能满足生产要求，因此对抽出式通风的多井进风，应分析各进风井之间的风向及风量是否稳定。若不能按设计方向流动或形成停滞区，应改变进风井位置或采取其他补救措施。

3 多井并联通风各分支的阻力相等时，所需电动机功率和电耗最小，运行最经济，国内外矿山通风已普遍采用。

11.1.6 本条对采用多级机站压抽式通风系统的情况进行了规定。

1 不能利用贯穿风流通风的进路式采场，通风困难，多级机站系统可较好地用风管将风流送入工作面，因此该类矿山可优先考虑多级机站通风系统。同时回采阶段数多的矿井采用此通风系统则风网复杂、分支级机站数量多，污风窜通机会多，很难管理维护，因此适用于作业阶段少的矿山。

2 多级机站压抽式通风系统需要采用专用进风巷维护一条完整风路，一般适用于矿井通风阻力大，漏风点多或阶段水平上生产作业范围分散，采用传统通风系统效果不好的矿山。

11.1.7 本条对多级机站通风系统进行了规定。

1 考虑到多级机站系统，风机愈多管理愈复杂，机站愈多，机站局部阻力愈大，系统的节能效果愈低，故要控制机站数。

2 机站的风机台数应满足机站承担通风的风量和风量要求变化时调节的需要。风机台数愈多管理愈复杂，风机扩散器、进风口局部损失大，安装也较困难。根据国内外使用经验，机站风机台数不宜超过3台。为调节需风量，机站风机台数不能少于2台。

4 进路式采矿方法主要作业地点为进路工作面，新鲜风应用风筒送至工作面端头，若新鲜风只送至进路联络道，则进路工作面无风，因此应设管道通风。

5 多级机站通风系统风机多，每个机站风机的风量应适应生产作业地点变化，为了有效控制通风系统各风机的运行参数，并使整个通风系统在必要时能及时实现反风，应建立集中控制系统。

11.1.8 对角式风井布置应用比较广泛，其特点是新鲜风由进风井进入矿井冲洗工作面后，污风径直流向回风井排出，风路短，阻力小，整个生产期间通风阻力较稳定，各分支风量自然分配较均匀，漏风少，进、回风井相距较远，污风、噪声对工业场地影响较小，应优先考虑采用。当矿体走向较长，中央开拓时，采用由中央竖井进风，两端风井回风的两翼对角式。当矿体走向较短，采用端部开拓时，由端部竖井进风，另一端风井回风的单翼对角式。矿体分布范围广，矿井规模大时，可在每个矿段设回风井，构成多翼式风井布置。

11.1.9 中央式风井布置的特点是新鲜风流由进风井冲洗工作面后，污风折返至进风井附近的回风井排出，其风路较长，阻力大，整个生产时风压变化大，进、回风井靠近，污风、噪声污染工业场地，不宜采用对角式通风布置时采用。如已探明矿体走向不长或两翼矿体未探明，矿体埋藏较深、中央开拓和风量小的矿井，采用端部开拓矿体、另一翼不便设立风井的矿山。

11.1.10 本条对采用压入式通风的情况进行了规定。

1 压入式通风的特点是全矿井呈正压状态，当回风段漏风时，对降低矿井通风总阻力有利，对供风则无妨，宜采用压入式。

2 对回采区有大量通地表的井巷，或崩落区覆盖层较薄、透气性强的矿山，如采用抽出式通风时，往往不能有效控制漏风，而宜采用压入式通风。

3 对矿岩裂隙发育的含铀矿山，用压入式通风可使全矿井处于正压状态，减少氡子体的析出，保护风源质量，宜采用压入式通风。

11.1.11 抽出式通风是矿山通风的主要方式，其特点是全矿井呈负压状态，回风段负压高、漏风大，密闭工作量大，可利用多井进风降低进风段矿井阻力，风流在回风段调节，不妨碍运输、人行，易于管理。对于回风网与地表沟通少、易于密闭维护的矿山和矿体埋藏较深、空区易密闭或崩落覆盖层厚、透气性弱、不易漏风等优点突出的矿井，应优先采用抽出式通风。有自燃发火危险的矿井，抽出式通风可防止火灾蔓延或主扇停风时，不引起采空区有害有毒气体突出。

11.1.12 混合式通风的特点是进、回风井都安装主扇，一台抽出污风，一台压入新风，矿井进风段呈正压状态，回风段呈负压状态，且两者相对压力较高，需风段相对压力较低，在正负压交界处相对压力为零，可克服较大的通风阻力，选用风压合适的风机，可通过调整正负压交界零压点的位置，控制漏风地段与地面间的漏风。

对于需风段为主要漏风点的矿井采用混合式通风，需风段相对压力低，可降低漏风，提高有效风量。混合式通风可减少采空区漏风对自然发火的影响。矿井通风线路长，通风阻力大时，采用混合式通风可克服较大通风阻力。

11.1.13 主扇（不包括多级机站压抽式通风）设在坑内的特点是：当设于需风段之前对回采工作面作压入式通风时，由于矿井进风段处于负压状态，可利用多井进风降低矿井阻力，不需要维护进风风路，进风井亦可不需要井口密闭；当主扇设在需风段后对回采工作面作抽出式通风时，由于矿井回风段处于正压状态，可利用多井回风降低矿井阻力，回风段的漏风亦可减少矿井阻力，不需要维护回风风路。此条件下，主扇宜设在坑内。当井口主扇距工作面太远、矿井风压高、沿途漏风大时，可以将主扇设在坑内靠近工作面，以解决沿途漏风问题。

11.1.14 主扇设在坑内，为保证机房人员安全和正常工作条件，对机房和安全通道要有可靠的供给新鲜风流的措施使主扇的进风道与回风道严密隔绝，防止污风窜入进风道及机房等。为防止爆破对机房的危害，主扇位置应选择在爆破冲击和地震波影响以外的安全地带。

11.2 风量计算与分配

11.2.1 矿井需风量备用系数是考虑到漏风、风量不能完全按需分配和调整不及时等因素，给予一定的备用风量。K 值可根据矿井开采范围的大小、所用的采矿方法、设计通风系统中风机的布局等具体条件进行选取。

1 根据金属矿井生产的特点，全矿所需风量应为回采工作面、备用工作面、掘进工作面和独立通风硐室所需最大风量之和。

2 本款为强制性条款。按井下同时工作的最多人数计算矿井风量，是为了保证井下作业人员有足够的新鲜空气呼吸，世界大多数国家规定井下供风量每人 $4m^3/min$。

3 本款为强制性条款。因柴油设备运行所产生的尾气中含有大量的一氧化碳、二氧化氮、甲醛、丙烯醛等有毒、有害物质，如果不充分稀释，并及时排出井外，将会导致井下作业人员中毒甚至死亡。规定有柴油设备运行的矿井需风量，应按同时作业机台数每千瓦供风量 $4m^3/min$ 计算，主要是为了保证矿井有足够的风量稀释、排出井下柴油设备运行所产生的废气。

11.2.2 本条为强制性条文。回采工作面的需风量应按排尘风速所需风量计算，是由于对人体危害较大的微细粉尘的沉降速度非常小，如 $1\mu m$ 的尘粒从人的呼吸高度降落到地面，需要 6h 以上更小的粉尘在空气中悬浮的时间也更长，并且在生产条件下，各产尘地点的空气都不是静止的，因为有风流流动，由于紊流脉动速度的作用，微细粉尘将能长时间悬浮于空气中并随风扩散。所以单靠自然沉降，粉尘浓度的下降是非常缓慢的，再加上不断有新的粉尘产生和扩散，使粉尘不断积累而浓度越来越高。同时，对人危害性大的微细粉尘在空气中悬浮的时间越久，浓度越高，人接触吸入的机会也就越多，危害程度也随之增大。为控制矿尘对人体的危害，需要及时把作业场所产生的悬浮于空气中的微细粉尘排出矿井，而能使对人体最有危害的微细粉尘（5μm以下）保持悬浮状态并随风流运动的最低排尘风速，一般是由实验方法确定的。根据试验观测资料，当巷道中风速达到0.15m/s时，5μm以下的矿尘能悬浮并与空气均匀混合而随风流运动。排尘风速增大时，粒径稍大的尘粒也能悬浮并被排走，同时也增强了稀释作用，在产尘量一定的条件下，矿尘浓度将随之降低。在产尘量高，粉尘比重大，通风条件比较困难的作业地点，如电耙道和二次破碎巷道，应适当增大排尘风速。

11.2.6 海拔高度1000m，空气温度为15℃～20℃时，空气密度约为1.07～1.08，与标准条件下的空气密度相差10%左右，此差值基本能满足矿井通风设计要求，因此高海拔矿井的起点高度定为1000m，超过此值时，应用海拔高度系数校正。

11.2.7 本条第3款，是关于井巷断面平均最高风速的规定，为强制性条款。

风速是指空气的流动速度，它以空气在单位时间内流经的距离表示（m/s）。空气在井下流动，要受到井巷周壁的约束和阻挡，井巷中的风流并不沿着整个巷道断面等速前进，巷道中心风速最大，离中心向巷道周边逐渐减小，在巷道周边处风速最小。在风量计算及规程中所指的风速是断面上的风速平均值，也称平均风速。一般情况下，断面平均风速与最大风速之比为0.9。

虽然增大排尘风速有利于矿井排尘，但风速过大时，会导致已沉降在巷道底板、周壁以及矿岩堆等处的矿尘被再次吹扬起来，严重污染矿井空气；风速过大还会导致井下人员身体不适，严重的还会影响到工人的正常作业，而且还会大大增加矿井通风阻力，因此要对井巷断面平均最高风速加以限制。

11.3 通风构筑物

11.3.2 在通风系统中，既需要遮断风流，又需要行人或通车的地方，就要建立风门。在只行人不通车或者车辆稀少的巷道内，可安设普通风门，其特点是门扇与门框成斜面接触，结构严密，漏风少。在车辆通过比较频繁的巷道内应设置自动风门。

手动风门逆风开启，与风流方向保持一定的夹角，以保证风门借自重和风流的压力关闭。

11.3.3 绕道式风桥开凿在岩石里，最坚固耐用，漏风量小，能通过较大的风量，服务年限长，可在风量较大的主要风路中使用。混凝土风桥比较坚固，当通过风量不超过20m³/s时，可以采用。铁筒风桥主要用于次要风路中，通过的风量不大于10m³/s的铁筒，可制成圆形或矩形，铁板厚度不小于5mm。由于木制风桥的强度较低，在井下潮湿的环境下易腐蚀，一般只作临时风桥用。风桥与巷道的连接处设计成弧形，可减少通风阻力。

11.4 坑内环境与气象

11.4.5 本条对矿井降温进行了规定。

1 非人工制冷降温的主要措施，设计时应根据矿井的具体条件，采用其中一种或几种措施的综合。

天然冷源包括冷水、雪、冰等。

增加供风量的方式有：提高通风设备的能力、降低通风阻力等措施。

提高局部风速可采用压力或水力引射器、涡流器、小型通风机等措施。

有利于降温的通风形式有分区通风、均压通风、机电设备硐室独立通风等措施。

回避井下热源、隔绝或减少热源向进风流散热的主要措施有：将主要进风巷道布置在导热系数、氧化散热系数均小的岩层中，并避开局部地热异常和热水涌出的高温带；机电设备散发的热量用专用地沟排放、采用水冷电机；将压风管等产生热量的管线隔热或沿回风巷道布置；条件允许时，将机电设备布置在回风巷道中；采用隔热型支护材料等。

有热水的矿井采取超前疏放或封堵热水是治理矿井热害的有效措施之一。

在热害严重的区段，短时作业人员可采用冷却服等个体防护措施。

2 本款规定了采用人工制冷降温方式应考虑的主要内容。设计应根据矿井的具体条件，计算采掘工作面和机电设备硐室的最小冷负荷和矿井降温系统的年运行时间等，再结合其他有关条件进行技术经济比较后确定矿井降温方式。

11.5 主通风装置与设施

11.5.1 本条第3款，对通风设备选型而言，工作面的开采位置不断变化，风量负压变化较大，工况也随之变化。矿井通风机属于常年不间断运行的安全设备，节能很关键，设计应尽量选择技术先进的高效风机，并留有一定余量。

11.5.2 通风装置进风道上设有风道闸门、检修门等设施，存在漏风情况；通风装置和消声器在通风过程中都会产生阻力损失。为保证风井的有效回风量及负压，应在通风装置选型时考虑这些因素，确保通风装置能满足设计要求。

11.5.3 本条对主通风电动机的选择进行了规定。

1 风机系半负荷启动，转子转动惯量较大，一般选用启动力矩较大的交流异步电机，容量大时亦可选择同步机。对轴流风机应考虑反转反风的要求。

2 电动机功率有一定的富裕，主要是保证风机能正常启动。

3 在通风系统的风阻过大或过小时，风机的电机都有可能烧坏。为了不使因电机烧坏而出现不能通风的情况，因此需配备相同型号和规格的电动机作为备用。

11.5.4 本条对主通风机的反风进行了规定。

2、3 轴流式风机采用可调叶片方式反风或电机反转反风，实现反风量要求并不困难，同时符合矿井通风有效风量率不低于60%的要求。采用离心式通风机的通风系统反风需要用反风道系统来实现，反风量和正常通风量相同。所以只规定轴流式风机的反风量。

4 采用多级机站通风系统的矿山，主通风系统的每一台通风机都应满足反风要求，以保证整个系统可以反风，是为了适应井下消防和人员安全的需要。参照国外使用多级机站规程，本款对多机站的反风予以规定。

11.5.6 为了减少风道阻力损失，风道应尽量减少拐弯，风速亦不宜过大。新设计的矿山，应创造测量风压的条件，进风道应有一定长度的直线段，以便获得一个较平稳的速度场。此外，排风道出口应布置在主导风向的下风侧，以免井下废气污染机房和进风口。出风道上如采用阻性消声装置，按其阻塞比不能大于0.5来设计风道断面，以避免产生二次噪声。

离心风机所配的电动机的功率，是指在特定的工作情况下，加上机械损失与应有储备容量的功率，并非进、出口全开时所需功率。因此，在风机进出口不加阻力的情况下运转，电机有被烧坏的危险。为安全起见，应在风机进口或出口加装闸门，在启动电机时将其关闭，以减少启动电流，防止风机烧坏。当风机达到一定转速后，将闸门慢慢开启，达到规定工作状况为止，并注意电机电流是否超过额定值。

11.5.7 本条规定是为了加强主通风机的检查和监测，能有利于及时发现主通风机出现的问题，避免主通风机带病运转，造成风机及其电机损毁，导致通风系统无法运行。

12 充　　填

12.1 充填材料

12.1.1 充填骨料的要求是对胶结充填用的骨料而言。骨料必须有一定强度，为不含黏土，遇水不软化的岩石或砂粒。要求无毒无害物料是指不含放射性矿物或氰化物、含硫过高或释放腐蚀性气体的物料，减少其有害物质下井后，对工人健康造成不良影响和对胶结充填体产生解体的作用。没有工业回收价值的物料是指近一段时期内无法进行工业回收或低于国家现行规定的有用元素含量以下的尾砂或废渣。常用的充填骨料有尾砂、河砂、江砂、风砂、戈壁集料和掘进、剥离废石等。

12.1.2 本条对充填骨料的选择进行了规定。

1 本款规定分级界限和渗透速度的目的是为了减少充填体细泥的渗出量，提高充填体的凝固速度和早期强度，充填24h后，可满足分层充填采矿法采场设备作业的要求。尾砂用作胶结充填细骨料尤其是高浓度胶结充填时，分级界限可适当降低，如国内凡口铅锌矿采用高浓度分级尾砂分层充填，尾砂分级界限为0.019mm。当采用膏体胶结充填时，宜采用全粒级尾砂，是因为可泵送膏体中必须有一定的细颗粒含量。

2 尾砂含硫量高时，尾砂堆放时间过长易结块，不利于储存和输送，而且尾砂中的硫会与水泥发生化学反应，生成膨胀性硫酸盐晶体，会造成充填体后期强度大幅度降低，甚至使充填体崩解，丧失承载能力。如凡口铅锌矿的试验表明：含硫量为1%的尾砂与含硫量为9%的尾砂，前者强度为后者的三倍。当采用含硫量高达12.35%的尾砂与普通硅酸盐水泥以1∶2～1∶10等七种配比，其90d龄期的强度为28d龄期的1.4倍～1.78倍，但90d之后试块即自行崩解。新桥硫铁矿采用含硫量为8.5%的尾砂试验表明：水泥、选铁厂全尾砂胶结体在1∶6质量配比条件下，7d的抗压强度即达1.55MPa，但60d龄期的强度显著下降，仅为0.35MPa。

12.2 充填能力计算

12.2.2 由于充填料在制备、储存、输送过程中，充填料会由于各种原因造成部分损失，而且在充填采场滤水过程中，有部分充填料会随充填滤水一道流失，所以充填量应考虑流失系数。根据生产经验，流失系数一般为1.02～1.05，干式充填、膏体胶结充填或高浓度胶结充填取小值，水力充填或低浓度尾砂胶结充填取大值。

12.2.4 充填法矿山采场作业制约因素多，充填作业难以保证每天每班均衡生产，根据国内充填法矿山生产经验，规定了充填作业不均衡系数取1.2～1.5。

12.3 充填料制备站

12.3.1 本条对地面充填料制备站位置选择进行了规定。

1 充填制备站设于充填负荷中心，是为了降低充填倍线，达到自流输送的目的。

2 地面充填制备站分为分散布置和集中布置，集中布置便于管理，可降低投资和生产经营费，在条件许可的情况下，应优先采用集中布置。

3 充填料浆满管输送，可减少管道磨损，防止管道堵塞。

12.3.2 本条规定的组合方式机械化、自动化程度高，为国内外充填法矿山广泛采用。物料的配比及砂浆浓度采用计量和控制装置的目的是为了保证充填砂浆的质量及充填体强度。

12.3.3 本条对立式砂仓和卧式砂仓的设计进行了规定。

1 立式砂仓或卧式砂仓不宜少于2个，一个工作，一个进砂储存。砂仓总有效放砂容积不宜小于日平均充填量的2倍或分层充填一次最大充填量，是考虑到分层充填作业不宜断续生产，否则将影响采场生产能力。以两者最大值确定砂仓容积。

2 砂仓底部放砂管坡度与砂仓压头大小、放砂管径及其附件、砂浆浓度等有关。坡度太小，造成放砂量不足，坡度太大，造成控制阀的过度磨损，因此要求应计算确定。

4 嗣后充填，当砂量富余时可不设贮砂仓。贮砂仓是为了贮砂和提高充填浓度，增大小时充填量。嗣后充填采空区，时间要求不严，尾砂量有富余，不设贮砂池，可节省投资，减少生产环节。至于充填料输送浓度较低，造成井下排水量增加，对于一般深度的矿井，增加的排水费用比建贮砂仓和增加一个生产环节的费用要小。

12.3.4 本条对水泥仓的设计进行了规定。

1 水泥松散密度取$1t/m^3$～$1.6t/m^3$：计算给料机能力时，按松散状态取$1t/m^3$；计算仓壁荷载时，按压实状态取$1.6t/m^3$；计算仓容时按正常状态取$1.3t/m^3$。目的是为了使设计符合实际。

2 水泥仓容积应能储存3倍～7倍日平均充填水泥用量，充填量大时取小值，充填量小时取大值。

12.3.5 搅拌桶兼有搅拌和缓冲平衡充填管道流量变化的作用，根据生产实践，一般2min～3min即可满足搅拌均匀和输送要求。

12.3.6 本条第2款充填作业是采矿的主要生产环节，不得在充填过程中停水，否则将造成生产事故，因此应建有专用水池。供水水压要求不小于0.15MPa，指输送充填料和冲洗充填管用水水压，不是立式料仓内造浆所需水压。

12.4 充填料输送

12.4.2 本条规定是根据充填法生产矿山统计数据制定的。充填砂浆重量浓度低于60%，充填倍线大于8也是可行的，但经济上不合理，充填体强度难以保证。

12.4.4 本条对充填钻孔的设计进行了规定。

1 本款规定是为了保证充填料有足够的流速，不易发生堵塞。

2 主充填管垂直段用钻孔替代，是指当没有或不宜利用管道井、回风井和措施井作主充填管道井的矿山，掘进专用充填井投资较高，采用充填钻孔时，可缩短管路长度，节省投资。垂直段采用充填钻孔是因倾斜的钻孔管壁易磨损，降低了钻孔的使用寿命。充填钻孔垂直度的好坏直接关系到钻孔的使用年限，因此应控制充填钻孔偏斜度。

3 本款规定充填钻孔内应设充填套管是指适用于一般情况，对于岩层坚硬稳固、孔壁成形条件良好，且使用时间短，深度不大的局部充填，钻孔内可不设充填套管。

12.4.5 本条第1款主充填管不应放在提升井内，是因充填管的检修、漏浆会影响提升作业。充填服务年限长的大型矿山，设专用充填井可能较为合理。

12.4.6 深井开采设置充填减压站，其目的是深井矿山的垂直高度大，料浆过高的压力不利于充填系统的使用寿命，因此必须对输送系统进行减压，同时在充填减压站内设置二次搅拌设备，还可解决长距离输送造成充填料的离析而影响充填体的强度。

12.4.8 采用块石或碎石胶结充填，用跌落式混合器混料，是指浆料和充填骨料在混合器中经过斜挡板跌落混合后，起到了搅拌的作用，可提高充填体强度。

13 竖井提升

13.1 提升设备选择与配置

13.1.1 本条对竖井提升方式选择进行了规定。

1 考虑到罐笼提升主要是装罐、卸罐占用时间过长，提升效率低，只有在矿井产量不大或特殊原因时，才用罐笼作为主要提升设备。根据多年设计和生产实践经验，当矿石提升量小于700t/d，井深小于300m，能用一套罐笼完成矿山全部提升任务时，宜采用罐笼提升；矿石提升量大于1000t/d时，相应的人员、材料及辅助提升量增大，宜采用箕斗提升矿石。矿石提升量在700t/d～1000t/d等情况，包括矿石提升量在700t/d～1000t/d，提升能力1000t/d以上、井深300m以下以及矿石提升量小于700t/d、井深大于300m。

2 因箕斗提升需设置溜矿井，当矿石含泥水较多、矿石黏性较大时，溜矿井易堵塞、跑矿，故宜采用罐笼提升。

3 当废石提升量超过500t/d时，必然是一个大中型矿山，其他辅助提升量大，用一套罐笼很难完成包括废石在内的全部辅助提升任务，所以废石宜采用箕斗提升；是另设一套提升装置或与矿石共用一套提升装置，应通过技术经济比较确定。

4 同时作业超过两个阶段的竖井，若采用双罐笼提升，需经常调水平，操作复杂。生产矿山常将双罐笼作为单罐笼提升，效率低，提升能力减少，失去双罐笼提升作用。所以宜采用单罐笼带平衡锤的提升方式。

13.1.2 本条第1款根据以往设计经验，单绳缠绕式提升机比多绳摩擦式提升机生产管理简单，机房、井架建设快，因此，井深小于300m的矿井，只要小于ϕ3.0m的单绳缠绕式提升机能满足提升钢绳缠绕层数的规定和完成生产要求，宜采用单绳缠绕式。

13.1.5 本条是对提升容器导向槽或导向器与罐道之间间隙的规定。由于提升容器的导向槽或导向器与罐道之间的间隙越小，提升容器运行就越平稳，受到的冲击就越小，对保障提升安全越有利。但随着时间的推移，罐道会被磨损，且由于提升容器在井筒的不同部位运行的速度不完全相同，因而罐道的不同部位所受到的磨损程度也不完全相同。其结果造成提升容器的导向槽或导向器与罐道之间的间隙沿罐道时大时小，罐道又不能更换太频繁，所以只能对提升容器的导向槽或导向器与罐道之间的最大间隙作出规定。

13.1.6 箕斗提升的矿仓应有足够容积以协调提升、运输和井下破碎等环节的正常工作。但容积大，基建投资也大。根据矿山生产实践经验总结，矿仓容积宜为2h～4h箕斗提升量。

13.1.7 提升机房一般采用电动起重设施。当提升电动机的传动方式采用直连式或内装式时，起重量应按主轴和电机转子（或定子）的总重量进行设计。

13.2 主要提升参数的选取和计算

13.2.1 本条对提升速度和提升加、减速度进行了规定。

1 本款规定了竖井罐笼升降人员的最大提升速度。主要是因为采用罐笼提升人员时，提升速度越高，提升容器摆动的可能性越大，给人造成的不舒服感觉越大，甚至在罐笼满员时，可能会因乘罐人员站立不稳，相互挤压碰撞，造成坠井事故。

2 本款公式中给出的提升速度计算公式只是一个参考数值，该数值是从经济的角度考虑的合理提升速度限制值。

3 本款规定了竖井罐笼升降人员的最大加（减）速度。罐笼提升人员时，其速度需要从零逐步加速到设计速度。在加速过程中，乘罐人员除了承受重力以外，还要承受加速力，如果加速力过大，乘罐人会感觉很不舒服。限制提升加速度值，就是为了使乘罐人员在加速过程中能够承受加速力，不会感觉到明显的不舒服。

13.2.2 本条对提升时间和提升次数的选取进行了规定。

1 本款中所指的混合井是指一个井筒内设有箕斗、罐笼两套独立的提升系统；提升作业时间是指规定的计算提升作业时间，而不是实际作业时间。当采用混合井提升时，按现行国家标准《金属非金属矿山安全规程》GB 16423—2006规定的“无隔离设施的混合井，在升降人员的时间内，箕斗提升系统应中止运行”，无隔离设施的混合井箕斗（含罐笼提人）提升时间是指箕斗提物时间与罐笼提人时间之和，罐笼提升时间包括提人和提物时间。

2 本款规定是从生产要求提出的，升降人员时间太长，影响井下生产工人的纯作业时间。

3 本款规定是因为上井、下井人员不能同时到达候罐地点而引起了提升次数的增加。

13.3 提升容器与平衡锤

13.3.1 翻转式箕斗卸载时在曲轨上箕斗失重严重，使提升机上的钢绳张力差增大，可能造成提升钢绳在摩擦式绳筒上产生滑动现象。一般情况下翻转式箕斗适用于单绳缠绕式提升系统，底卸式箕斗既可用于多绳摩擦式提升系统，也可用于单绳缠绕式提升系统。

13.3.2 翻转式箕斗的装载口同时也是卸载口，为了避免矿石对斗箱冲击过大，最大矿石块度不应超过500mm；底卸式箕斗的装载口在上边，卸载口在下边，卸载口比装载口小，斗箱较高，为了保证顺利卸载，避免堵矿和减少冲击，矿石块度应控制在350mm以下，否则应在井下设置破碎系统。

13.3.3 箕斗净断面短边尺寸不宜小于矿石最大块度的3倍是为了确保矿石能顺利卸出。

13.3.4 本条规定的罐笼下放设备最大部件尺寸应与罐笼规格相适应，尽可能考虑罐笼内装载最大设备，特殊情况下可考虑在罐笼底部吊装。

13.3.5 当采用单层罐笼难以满足提升要求时，为减少井筒断面，提高一次提升的有效载重可采用双层或多层罐笼。

13.4 提升钢丝绳及钢丝绳罐道

13.4.1 本条对提升钢丝绳的选择进行了规定。

1 本款规定是由于我国目前采用的钢丝绳标准有现行国家标准《一般用途钢丝绳》GB/T 20118、《重要用途钢丝绳》GB 8918，竖井提升用钢丝绳属于重要用途钢丝绳，应符合现行国家标准《重要用途钢丝绳》GB 8918有关规定。

2 本款是遵照现行国家标准《金属非金属矿山安全规程》GB 16423的有关规定制定的。多绳摩擦提升机采用扭转钢丝绳作为首绳，应按照左右捻相间的顺序悬挂，使首绳的扭转力矩尽量自行平衡。钢丝绳在生产过程中，为了保证钢丝绳不生锈，都要在钢丝绳芯和钢丝绳的外面涂油保护。除非用户有特殊要求，钢丝绳都是带油出厂的。如果钢丝绳悬挂以前不进行除油工作，将会使钢丝绳与提升机主导轮的摩擦衬垫之间有一层油膜，从而大大降低摩擦衬垫与主导轮之间的摩擦系数，使提升系统无法正常工作。故悬挂前，钢丝绳应先除油。

3 本款是考虑到对于淋帮水大、腐蚀性特别严重的矿山，如果钢丝绳外表面和钢丝缝隙之间没有油膜保护，会使钢丝绳很快腐蚀，强度降低，影响提升系统运行的安全性，情况严重时会发生断绳事故，目前主要采用涂增摩脂或镀锌钢丝绳解决此类问题。增摩脂是一种特殊的润滑油，钢丝绳涂上这种润滑油后，一方面能够保护钢丝绳免受腐蚀，另一方面对钢丝绳与摩擦衬垫之间的摩擦系数降低不多，能够保持在正常工作允许的范围内，既保证钢丝绳不生锈，又能够正常工作。

4 本款规定是参照现行国家标准《重要用途钢丝绳》GB 8918中“钢丝绳主要用途推荐表”制定的。

13.4.2 本条对平衡尾绳选择进行了规定。

2 由于圆股钢丝绳是机械编捻，在轴向拉力的作用下会产生旋转，为了消除由此引起的旋转力，防止平衡绳绞结，因此平衡绳悬挂装置需装设旋转装置。

3 本款规定的平衡尾绳不得少于2根，是参照国内外矿山使用多绳摩擦提升系统的经验，采用一根尾绳安全性差，尾绳根数太多，管理复杂。

13.4.3 采用多绳摩擦提升，粉矿仓设在尾绳之下，目的是保证尾绳的正常工作，保证尾绳工作过程中处于自由状态。如果尾绳环设在粉矿仓之下，则尾绳必须穿过粉矿仓，无法保证尾绳的运转。粉矿仓顶面离尾绳最低位置的距离不小于5m，是为了保证当提升系统重载，钢丝绳最低位置下降的情况下，提升机的尾绳仍然不会拖到粉矿仓物料上。井筒内的装矿点下面设尾绳隔离装置，目的也是为了保证提升机运行过程中尾绳不会扭结在一起，从而保证提升机系统的安全运行。

13.4.4 本条对钢丝绳罐道的选择与计算进行了规定。

1 本款规定是因为密封式钢丝绳表面平滑，无绳沟，耐磨，延伸率小，抗腐蚀能力强，提升容器沿其运行时，平稳性好，因此应选用密封钢丝绳作罐道钢丝绳。

2 罐道绳的最小刚性系数代表每米绳长所能承受的垂直罐道绳方向的拉力大小。刚性系数越大，罐道绳在承受同样大的垂直罐道绳方向的拉力时，所产生的横向位移越小。因此，为保证提升容器运行的平稳性，防止提升容器沿罐道绳运行时产生过大的横向摆动，每根罐道绳的最小刚性系数不应小于500N/m，且各罐道绳张紧力应相差5%～10%。

内侧张紧力大，外侧张紧力小，是对双提升容器的井筒罐道绳而言的。内侧是指两提升容器相邻的一侧。内侧张紧力大，则其横向位移小，这样可以保证在两提升容器相遇时，二者之间有足够的间隙，不致发生碰撞。

罐道钢丝绳应有备用长度，是指钢丝绳在安装时应留有一定的富余量。备用的目的是为钢丝绳的窜动和检查提供条件。

3 本款规定的拉紧重锤底部的净悬空高度不应小于1.5m，是为了保证在钢丝绳荷载发生变化时，重锤不会淹没到水中或由于井底粉矿顶面过高造成重锤被粉矿托住。

13.5 竖井提升装置

13.5.1 本条是根据现行国家标准《金属非金属矿山安全规程》GB 16423—2006 中第 6.3.5.1 款、第 6.3.5.2 款的规定制定的。

13.5.2 本条第1款多绳摩擦式提升机主要用于提升量大或井筒较深的竖井。塔式提升机设备布置集中、生产维护使用方便、占地面积少，适用范围较广，我国已有成熟的设计和使用经验。根据近年来的设计经验，落地式多绳提升机适用于地震烈度在7度以上、地基承载力低的地区，井架建设周期短，井筒装备和提升机安装工程可同时施工，有利于矿山早投产。采用落地式还是采用塔式布置，应根据井口工业场地布置条件，经技术经济比较后确定。

13.5.3 本条对卷筒上钢丝绳缠绕进行了规定。

1 竖井中升降人员和物料的，宜缠绕单层，主要是考虑到钢丝绳在卷筒上换层缠绕时，会引起钢丝绳的突然抖动，使钢丝绳的张力突然加大，乘罐人员会有速度突变的感觉，会产生心理负担和精神刺激。

3 本款是指单绳缠绕式提升机采用多层缠绕时，在卷筒上设置过渡绳块，可以消除钢丝绳换层时出现的抖动现象。

13.5.4 本条规定的天轮到提升机卷筒的钢丝绳最大偏角不应超过1°30′，目的是保护钢丝绳和天轮，钢丝绳在提升系统运行过程中始终与天轮的轮缘两侧处于滑动摩擦状态，如果钢丝绳的偏角过大，就会造成钢丝绳与天轮轮缘之间的摩擦加剧，使天轮和钢丝绳迅速损坏，降低天轮和钢丝绳的使用寿命。对钢丝绳弦长的限制，是为了避免弦长过大，导致卷扬过程中上行钢丝绳与下行钢丝绳发生扭结。

13.5.5 本条对多绳摩擦式提升机防滑安全校验进行了规定。

1 本款是对紧急制动和工作制动力矩的规定。提升机制动时，制动器与制动盘之间的摩擦力产生的制动力矩与提升系统能够停车时所实际需要的最小力矩之比，是制动系统的安全系数。该数值越大，提升系统的制动安全系数越高。质量模数较小的绞车，是指提升系统的变位质量与提升机自身的变位质量的比值较小，即提升重物的变位质量相对比较小。实际生产中，这种情况经常出现在浅井罐笼提升系统中。在这种系统中，罐笼重量＋人员重量＋提升钢丝绳重量＋平衡钢丝绳重量与提升机自身的变位质量相比比较小。在满载提升重物需要安全制动时，由于提升荷载自身惯性力比较小，实际减速度就可能超过减速度限值。为了保证减速度值符合安全规程的要求，需要调整制动系统的液压油压力，使一次制动时，制动系统的制动力产生的提升系统减速度不超过规定限值。这时二次制动油缸动作以后，总的制动力矩就可能小于3倍的提升系统静力矩。因此规定安全系数可以小于3，但不能小于2。

2 对提升设备安全制动减速度的规定：限制满载下放时安全制动的最低减速度，是为了使提升系统在紧急情况下能够尽快制动住；限制满载提升时的最大减速度，是为了防止制动时提升侧的钢丝绳的张力过大，使多绳提升系统提升钢丝绳和主轴装置之间打滑，或使单绳系统提升机卷筒荷载过大，造成提升机事故。

3 根据国内外较多矿井摩擦式提升系统的防滑验算，除极少数单容器带平衡锤提升系统，仅需一级制动装置可满足提升防滑安全外，多数需采用二级制动装置才能解决摩擦提升防滑要求。恒减速制动系统是基于恒减速设计，不论提升系统的变位质量如何变化，当紧急安全制动时，系统的减速度不会超过钢绳打滑的极限值，提高了摩擦提升机制动的安全可靠性，国内大型有色矿山如凡口铅锌矿、金川二矿区等矿山早在20世纪90年代初就已采用恒减速制动装置，效果良好，因此本规范推荐“有条件时宜采用恒减速安全制动装置。”

4 摩擦提升应尽量选择平衡提升系统，是基于防滑基本原理，即首、尾绳平衡提升系统对防滑最有利；但在实用中难以办到，多为不平衡提升系统，首、尾绳差重愈大即不平衡度较大，对防滑的危害性也加大。本款规定将其不平衡差重计入重载侧，不但考虑了提升运行时对防滑的影响不利因素，有利于安全，也简化了设计。对提升防滑校验来说，设置导向轮（或天轮）的提升系统，也是影响防滑的不利因素之一，设计应考虑导向轮的惯性影响。塔式单侧带导向轮的提升系统，由于每次提升方向的变化，空、重载位置居于不同侧，对防滑是有影响的。设计计算防滑忽略了井筒阻力的影响，相对而言是对防滑安全有利的，起到部分安全储备作用。

5 本款规定的“钢丝绳与衬垫的摩擦系数应大于0.2，有条件时宜采用摩擦系数为0.25的摩擦衬垫”是考虑到摩擦式提升机衬垫材料的摩擦系数影响防滑安全，是关键性技术问题。例如，如果是相同钢丝绳围包角180°的提升系统，摩擦系数0.2的衬垫比摩擦系数0.25的衬垫防滑极限值，理论上降低了17%，其提升系统的防滑重量要相对增加38%。我国矿山原采用衬垫摩擦系数为0.2的提升机，经数十年运行实践证明存在如下问题：

1）对已运行的老式摩擦式提升机有相当数量因采用摩擦系数0.2的衬垫，难以满足国家现行防滑安全标准的有关规定要求；已有部分矿井主井提升发生滑动事故，造成提升系统严重损坏，影响矿井生产；副井提升造成人员损伤。而且机械部件损坏率高，运行效率低，生产成本高。有的矿井为了确保安全，甚至不得不减少提升量。

2）对新设计的提升系统，由于系统防滑质量大，可能引起提升设备升级，如果是深井，其钢丝绳供货也存在问题。

6 在多绳摩擦提升系统中，一般来说，两个提升容器之间的距离要小于提升机主导轮的直径。这是为了减小井筒直径，降低基本建设投资。这时应安装导向轮，使钢丝绳的中心距与提升容器的中心距一致。对于钢丝绳的使用来说，钢丝绳的弯曲越少，对钢丝绳的寿命越有好处。对于提升机主轴装置来说，钢丝绳围包角超过180°以后，围包角越大，提升机主轴装置荷载情况越不利。对导向轮而言，也是围包角越大，水平荷载越大。因此，从各方面来说，都应该将围包角限制在一定范围内。而根据实践经验，当围包角限制在200°以内时，提升系统的配置不会出现任何问题，完全可以实现，也不会因此造成投资的增加。

13.5.7 本条对竖井提升系统的过卷高度和过卷保护装置进行了规定。

1 提升机在提升过程中，应按照设定的停车位置停车。但在控制系统出现故障、失灵或操作人员出现误操作的情况下，提升机可能会继续运行。为了控制提升系统停车，避免发生事故，除了在控制系统中设置过卷控制以外，还要设置机械过卷保护装置。由于提升系统的提升速度不同，提升系统过卷时的冲击力也是不一样的。在确定提升系统过卷高度时，考虑到提升速度的因素，对于不同的提升速度区间设置不同的过卷高度。多年的实践证明，本条规定的过卷高度是有效的、合理的。

2～6 在提升系统的过卷高度内，设置楔形罐道和过卷挡梁，目的是当提升容器过卷时，由楔形罐道来吸收提升容器的动能，使得这部分动能尽可能少地传递到井架或者井塔上，同时阻止提升容器进一步向上冲击。井上楔形罐道的顶部和井底楔形罐道的底部设封头挡梁，可以阻止提升容器的进一步上升，实现过卷容器的最终停车。

多绳摩擦提升时，下行容器比上行容器提前接触楔形罐道，可以使提升系统的下行容器一侧失去负荷，钢丝绳的拉力减小，上行容器一侧的拉力不变。钢丝绳拉力的比值增大，超过钢丝绳打滑的钢丝绳张力比极限，钢丝绳打滑。这时上升侧钢丝绳不能把提升机卷筒的驱动力传递到上行容器上，使得上行容器在失去动力情况下实现迅速停车。而上行容器再继续运行1m后，受到楔形罐道的阻挡，不能继续运行，最终停车。

对于单绳提升，井底也应设置防止过卷装置，以防提升容器直接落到井底，造成人员伤亡或者设备事故。有条件时，设置楔形罐道是一种比较好的防止过卷方式。但单绳提升系统设置防止过卷用的楔形罐道时，应注意提升容器最好同时接触楔形罐道，以防止一个卷筒上的荷载突然减小，另一个增大，使得卷筒轴的扭矩急剧增加，造成断轴事故和其他事故。

规定楔形段长度的目的主要是保证楔形段能够有效保证提升系统减速的距离，尽量避免容器冲击防撞梁，较宽部分直线段也能够起到这个作用。

13.6 井口与井底车场

13.6.3 竖井与各阶段的连接处是人员进入各阶段作业的进出口，人员、车辆一旦坠入，极有可能导致重大伤亡和生产事故，因此要求在竖井与各阶段的连接处设置高度不小于1.5m的栅栏或金属网。井口和井下各阶段车场进出车侧线路上应安装阻车器，是为了防止发生矿车坠井事故。

13.6.4 采用多绳摩擦提升机时，托台承接罐笼时，可能造成钢丝绳打滑，一般不使用，在缠绕式提升系统井口和井底有少量使用，中间阶段装设托台更少，新设计不推荐使用。

13.6.5 本条为强制性条文。钢丝绳是柔性体，作为罐道使用时，当罐笼停在阶段马头门时，会有人员上下或材料装卸，而人员上下或材料装卸将导致罐笼发生比较大的摆动。如果此时没有稳罐装置，则罐笼的摆动会给上、下罐笼的人员带来坠井的危险，或者造成材料或矿车溜出罐笼而坠井。因此，为了保证人员和设备的安全，保证生产正常进行，采用钢丝绳罐道的罐笼提升系统，中间各阶段应设稳罐装置，以减小罐笼的摆动量，将罐笼摆动量控制在允许的范围内。

13.6.6 从井底车场轨面到井底固定托罐梁（过卷挡梁）的垂直高度应大于或者等于过卷（放）高度，是为了保证提升容器的正常工作，不会因为过卷挡梁的位置过高，使提升容器在过卷（放）过程中，以较大的速度与过卷挡梁相撞，产生强烈的冲击和震动，致使提升系统损坏，甚至造成重大人身伤亡事故。在托罐梁面处不应有积水，是为了保证托罐梁不会因泡在水里而腐蚀，降低强度；另一方面，当发生事故时，容器不会进入水中，造成容器内的人员溺水。

13.7 箕斗装载与粉矿回收

13.7.1 计重、计量装置能保证箕斗装载量误差最小，有利于提升系统实现自动控制，减少提升量超载造成的事故。

13.7.2 井底粉矿和泥浆如果不能及时清理，时间长了，就会将井底堵死。不但造成井底产生泥石流的风险，而且粉矿聚集过多，粉矿顶面过高，会造成多绳提升机尾绳被粉矿托住，提升机不能正常运行的情况。所以在井底应设粉矿和泥浆的清理设施，保证生产的正常进行和人员以及提升系统的安全。

14 斜井（坡）提升

14.1 提升设备选择与配置

14.1.1 串车提升时，斜井（坡）倾角超过30°，矿车的装满系数降低，且提升过程中车箱内的矿石有可能撒落，影响安全运行。因此当斜井倾角超过30°时，应采用箕斗或台车提升。

14.1.3 本条对斜井井筒配置进行了规定。

3 本款规定是由于有轨运输道由道碴、轨枕和固定在轨枕上的钢轨组成。斜井中的有轨运输道与平巷中的有轨运输道不同，其钢轨及在钢轨上运行车辆的重量除了产生对轨枕的压力以外，还产生沿斜井方向的下滑力，下滑力会传给轨枕和石碴。当钢轨及在钢轨上运行的车辆对轨枕的压力产生的摩擦力小于下滑力时，钢轨及轨枕会向下滑动，造成整个轨道系统不能正常工作，导致运行车辆掉道翻车的事故。为了防止此类事故发生，在施工安装轨道时，设置轨道防滑装置可以有效地固定钢轨，保证斜井提升系统的正常工作。

4 提升量大，采用单箕斗提升，提升机直径和配套电机的功率均大，不节能；斜井长度大，是指井筒具备布置平衡锤或双箕斗的条件；但应注意采用箕斗提升、需多点装矿时，宜采用单箕斗提升。

5 本款规定是为了避免钢丝绳与地面和枕木发生摩擦，减少运行阻力和对钢丝绳的磨损。甩车道和错车道处应设置立辊的目的主要是使钢丝绳沿预定线路通过道岔和弯道。

6 本款为强制性条款。在提升矿车的斜井中，矿车采用串车提升方式，由于矿车每次提升到上部车场或下放到下部车场，需要摘钩，然后再挂上新的矿车。这种频繁的摘、挂钩容易出现挂钩不够牢靠的现象，因而产生矿车跑车的几率相对高一些。设置常闭式防跑车装置的目的是一旦出现跑车现象，防跑车装置可以捕捉住矿车，以免矿车一直飞车到斜井底，撞坏斜井内的设施，对斜井内的人员造成伤害。防跑车装置可根据斜井长度安设一套或多套。第一套安装于距井口变坡点25m处。

在上部和中间车场设置阻车器或挡车栏，可以防止矿车自溜到斜井内造成跑车事故。

14.1.4 本条等容矿仓是指矿仓与箕斗容积相等，并与运输车辆容积相等或为整倍数。

14.2 主要提升参数的选取与计算

14.2.1 本条对斜井或斜坡提升速度和提升加、减速度进行了规定。

1～4 对斜井提升的速度作出规定，目的是为了防止矿车或箕斗在运行过程中发生掉道或翻车事故。对矿车组提升的运行速度限制得低一些，是因为矿车比箕斗的轨距小，在同样的提升速度下，更容易发生掉道或翻车事故。对于不同的提升高度，给出不同的提升速度限制值，是在保证设备安全运行的前提下，适当考虑斜井提升的工作效率。对提升人员的加、减速度的规定比竖井提升要低，一方面对降低提升系统的功率有利，另一方面也可以提高人员在斜井中乘坐人车的安全性和舒适程度。

需要说明的是，根据现行国家标准《金属非金属矿山安全规程》GB 16423，箕斗提升速度不应大于7m/s，但根据煤矿多年的使用经验，当斜井铺设固定道床并采用不小于38kg/m的钢轨时，提升速度可提高至9m/s。

5 验算提升加、减速度，主要是对坡度小或倾角变化大的斜井（坡）而言，若提升系统的加、减速度超过容器下滑、停车时的自然加、减速度，则会产生松绳和断绳的事故。

14.2.2 斜井（坡）串车提升相当竖井罐笼提升，所以提升时间相同。箕斗与机车或汽车联合运输时，一般装载站矿仓容积较小，或采用通过式漏斗直接装载。箕斗提升受运输环节牵制，因而纯提升时间短些。

14.2.3 本条第1款规定“采用通过式漏斗，装矿休止时间应根据不同车辆的卸矿时间确定”说明如下：向箕斗装一车矿石的休止时间即为汽车或矿车的卸矿时间，一般取40s～60s；向箕斗装两车矿石的休止时间即为两辆车分别向箕斗卸矿的时间另加调车时间，调车时间与调车方式有关，对于矿车移位时间可取5s～8s，当汽车只有一个卸车位置时，调车时间取60s。

14.3 提升容器与提升钢丝绳

14.3.1 本条规定“每次提升矿车数宜与电机车牵引矿车数成倍数关系”，主要是为了在上、下部车场内调车方便以及运行安全。规定的“每次提升矿车数不宜超过5辆”是考虑到车场布置尺寸不宜过大和矿车运行的稳定性。

14.3.5 本条第2款规定的斜井串车提升钢丝绳推荐选择用外层钢丝较粗的交互捻钢丝绳，主要是考虑不松捻、耐磨和抗弯曲疲劳性能好。箕斗或台车提升不需摘、挂钩，宜采用同向捻钢丝绳，主要是考虑同向捻钢丝绳性能柔软、表面光滑、接触面积大、抗弯曲疲劳性能好，使用寿命长，断丝时便于检查。

14.4 斜井提升装置

14.4.4 本条对斜井提升设备安全制动进行了规定。

1 安全制动时制动闸的空行程时间一般为0.5s。施闸时间则决定于安全制动时的制动力矩和安全制动减速度。过卷距离应为提升容器在上述两时间内所运行距离之和的1.5倍。

2 限制满载下放时安全制动的最低减速度是为了使提升系统在紧急情况下，能够尽快制动住。限制满载提升时的最大减速度，是为了防止制动时提升侧的钢丝绳的张力过大，使单绳系统提升机卷筒荷载过大，造成提升机事故。

对满载提升时的减速度数值要求是考虑到在制动时，如果制动减速度过大，提升物会在惯性力的作用下继续前进，设计的提升速度无法实现。提升钢丝绳会产生松弛现象，落在斜井井筒内，造成提升容器失去控制。所以在设计和调试斜井提升系统时，一定要验算安全制动时的减速度是否能够实现。

14.5 斜井与车场连接

14.5.2 斜井（坡）线路上的道岔，辙岔角越小越安全，维修工作量也少，因此对于提升矿石、废石和升降人员的斜井（坡）线路，不宜小于5号道岔。提升材料等辅助斜井（坡）线路，因提升量不大，提升速度较小，可以选用4号道岔。

14.5.5 竖曲线半径应大于通过车辆轴距的15倍，并应保证长材料及电机车顺利通过，防止矿车前轮被吊起而引起矿车掉道事故。

14.5.6 串车提升的甩车道应通过水平曲线和竖曲线与斜井相连。斜井倾角太小，车场与井筒间的岩柱不易施工和维护，吊桥长度大，故中间阶段采用吊桥连接时倾角应大于20°。

15 坑内运输

15.1 机车运输

15.1.1 架线式电机车的集电弓，在机车运行过程中经常和架线之间产生火花。如果回风巷道中遇到有爆炸性气体存在，所产生的火花便成为了点火源，导致爆炸性气体燃烧和爆炸，因此，不得使用架线式电机车。

硫化矿易氧化产生二氧化硫，本身在一定的条件下就可自燃发火，如果遇到外界点火源，引发火灾的可能性将更大。因此，高硫、有自燃发火危险和存在瓦斯危害的矿井，应使用防爆型蓄电池电机车，以免因集电弓与架线之间打火引发火灾。

15.1.2 由于运输线路越长，人员行走与电机车运输交叉时间也越长，发生电机车伤人事故的几率就越大，同时，作业人员行走的体力消耗也越大。因此，为保证作业人员的安全，减轻作业人员的体力劳动强度，特规定由井底车场或平硐口到作业地点所经平巷长度超过1500m时，应设专用人车运送人员。

2 本款规定专用人车应有金属顶棚，是为了防止乘车人员在车辆运行过程中意外受到物体打击。车棚应采用厚度不小于2mm的钢板，或具有同等强度的其他材料制作；沿车棚纵向每隔不超过600mm，应用厚度不小于8mm的钢材配筋加强；车棚与车架的连接应牢固可靠。专用人车的车棚、车厢和车架之间应做好电气连接，确保通过钢轨接地，以免在发生电气漏电或者其他电气故障时，危及乘车人员的安全。

3 本款规定人车行驶的速度不能太高，因为井下的轨道条件一般不是太好，行车速度过高易发生脱轨而造成人身伤害事故。同时，由于井下的行车视距较小，行车速度过高时，遇到突然情况司机来不及处理，也易造成事故。

4 本款规定人员上下车的地点要有良好的照明，是为了防止因光线不好，作业人员看不清车场的情况而发生刮碰、摔跤或被车辆撞击等意外。同时，要有发车声光信号，以提醒乘车人员坐好，抓好扶手，防止人车突然启动而碰撞致伤。人员上下车时，应切断人车滑触线的电源，以防止因意外漏电而人车接地又出现故障导致乘车人员发生触电事故。

5 本款规定调车场应设区间闭锁装置，是为了防止人员上下车时，其他车辆进入乘车线，撞击人车，引发事故。

15.1.3 表15.1.3中，阶段运输量为300kt/年～600kt/年矿车容积选1.2m³或2m³，轨距取600mm比较合理。若选用4m³矿车，其轨距为762mm，则所有辅助车辆都得采用762mm轨距，自重增大，道岔、轨枕等也加大。且4m³矿车车厢宽度大，巷道开凿工作量增加，基建投资大，所以阶段运输量为600kt/年的矿山，采用2m³矿车在技术经济上是合理的。

15.1.6 本条对电动车的计算和校核进行了规定。

1 电机车牵引能力按启动条件计算，一般可以满足牵引电动机的发热及列车制动距离条件的要求。但如重列车长距离上坡或大坡度下坡，则电动机温升过高或制动距离过长，故应按电动机发热与制动距离条件进行校核。

2 在高原地区由于大气压力低，空气密度小，使机车空气制动装置制动力大大降低，因此在按重列车下坡制动条件计算列车牵引质量时，应修正机车制动力。

15.1.7 窄轨铁路所列的三个电压等级，目前普遍采用550V和250V。大型矿山，由于运量大、运距长，直流550V电压难以满足要求，当接触导线最大弛度时距轨面高度、直流杂散电流对金属管道和设备的腐蚀等安全措施可靠时，可采用直流750V。

15.1.8 本条第3款规定的"至运送人员车站"，是指从井底车场至运送人员的起点站，主要是考虑到在井底车场布置运送人员车站时，副井下放人员、材料与人车上下人员相互影响，为减少相互影响，运送人员车站一般布置在井底车场附近。

15.1.9 本条对架线式电机车滑触线的架设进行了规定。

1 本款规定滑触线悬挂点的最大间距，目的是为了保证滑触线基本平直，确保电机车集电弓与滑触线平稳接触，以提高运输效率。同时，防止滑触线过度下垂，导致架线高度过低，对人员的安全构成威胁。

2～4 规定滑触线和附近的导电体之间要保持良好的绝缘及一定的间距，是为了避免在矿井中形成杂散电流，影响爆破器材库和爆破作业的安全，避免作业人员发生触电事故。

15.1.11 固定式矿车优点是车皮系数小，结构简单，坚固耐用，不漏矿，但其卸车设备复杂，卸矿站工程量大，矿石易结底；底侧卸式矿车优点是卸载连续、速度快，卸车效率高，卸载时矿石不砸曲轨，卸载平稳，前冲击力小，车场简单，卸矿站能双向进出车，但车皮系数较大，故当阶段运输量较大，矿车容积超过4m³时，宜优先采用固定式矿车或底侧卸式矿车。当矿车容积小于或等于4m³时，为节约巷道开凿量，宜采用宽度较小的侧卸式矿车或固定式矿车。

15.1.12 矿车按全矿备用。因矿车调度比较灵活，故矿车备用可按全矿使用矿车数计算。矿车是比较容易损坏的设备，生产须不断补充更新。因此，备用只考虑保证一段时间生产的需要，以减少基建投资。一般矿车备用辆数能与备用机车数配套多一点就够了，因此通常取工作矿车数的20%～30%。

15.1.14 振动放矿机是一种安全、高效、连续、可控性好并有利于防止溜井矿石结拱的放矿设备，因此在运输量较大的矿山宜采用振动放矿机装矿；对于含泥、水量大的矿石，溜井放矿时，单一形式的放矿设备难以控制其矿流或堵塞，因此宜采用带有振动底板装置的组合式闸门。

15.1.15 本条规定是因为有轨运输的矿山，电机车及矿车维修比较频繁，上下井不方便，为了不影响正常的提升运输，因此应在坑内设置电机车与矿车修理硐室。

15.1.16 运输线路通过能力按运行图表计算是最理想的情况。考虑到各种影响因素和意外情况以及管理上的原因，应有30%的储备能力，方能保证运输任务的完成。

15.1.17 平巷水沟自流坡度一般不小于3‰，线路等阻坡度通常为3‰～4‰，故线路坡度宜按3‰～5‰设计。

15.1.18 本条规定是为了确保列车的正常运行，减少设备之间的磨损和设备维修工作量，提高工作效率。车辆的轴距和轨距是固定的，当矿车或列车通过轨道的曲线段运行时，轨道的曲线段轨距如果换算成直线轨距（或者有效轨距）实际上是减小了。虽然在工程实践中加宽了曲线段的轨距，但增加量是有限的。如果轨距过度加宽，会造成车辆脱轨事故；如果过小又会卡住矿车或者电机车的车轮，使矿车运行阻力增大，并出现啃轨现象，使车辆迅速损坏。条件允许时，应尽可能把曲线半径提高，以防止车辆掉道事故，减少车辆和轨道之间的磨损，提高运输效率和经济效益。尤其是新建矿山，普遍采用大型高效的运输设备，适当加大矿山运输轨道的转弯半径，对矿山生产管理和提高经济效益具有重大意义。

15.1.19 轨道的技术要求中，对轨距误差的要求，是为了保证列车在运行过程中向两侧摆动的距离不要过大，以减少车辆对轨道的冲击和磨损。对轨道平面的误差要求是为了减小列车运行过程中车辆的晃动，提高列车运行的稳定性。对钢轨接头间隙的规定是为了减少列车运行过程中的震动减少磨损和提高车辆使用寿命，使司机在工作过程中不致承受太大的震动和冲击，保护司机的身体健康。上述规定还可以防止翻车和脱轨，提高运输效率和经济效益。

15.2 无轨运输

15.2.2 井下使用的内燃设备，其排放的尾气中含有一氧化碳、氮氧化物、碳氢化合物、硫的氧化物和碳烟等有毒有害物质，如果井下作业场所通风条件不好，会导致尾气积聚，有害物质的浓度超标，严重危害作业人员的健康。因此，本条规定了井下使用的内燃设备应使用低污染的柴油发动机，每台设备应有废气净化装置，净化后的废气中有害物质的浓度应符合现行国家标准《工业企业设计卫生标准》GBZ 1、《工作场所有害因素职业接触限值》GBZ 2 的有关规定。

无轨设备上配备灭火器是为了满足消防的要求，当车辆失火时，可以及时灭火，避免造成更大损失。

15.2.3 本条明确了柴油铲运机运矿的适用范围。

1 铲运机的经济合理运距，根据我国使用的实践经验，应小于 300m 为宜。

2 本款是指铲运机用于采矿场内出矿，由于它在短运距内装载能力大，一般能缩短采场生产周期，提高采场出矿能力。

3 本款是指用于阶段或分段运输、点多分散或标高不一的平底装矿，量不大而运距近，可充分发挥铲运机的机动灵活的优势。

4 在无轨掘进作业中用铲运机出渣，配合其他无轨设备可提高掘进速度。

15.2.5 本条对选用矿用自卸汽车运输进行了规定。

1 运距小于 4km 是参照露天矿使用汽车运输情况确定的。

2 本款是为了体现汽车运矿的优势，满足深部延深短期提前出矿的需要。

3 用汽车自地下装矿后直接运至地面，该运输方式的优点是生产环节少，建设投产快，可边开采边延深，充分发挥无轨设备的优越性。

4 本款是为了便于汽车维修、减少备品备件的种类和数量。

15.2.6 本条规定的“地面宜设相应的故障修理和部件修复的机修设施”，是为了保证设备正常运行，提高设备出勤率而制定的。有条件的无轨运输矿山，可依托社会承担。

15.2.7 本条对铲运机作业参数的选取进行了规定。

1 铲运机装载、卸载、掉头时间是按铲运机装载时间 30s～80s，卸载时间 20s，掉头时间 2×20s，其他影响时间 30s～40s 相加计算而得，定点装载时取小值，不定点装载时取大值。

2 铲运机运行速度主要取决于坑内路面质量。

4 每班纯运行时间 3h～5h，主要取决于有无足够的矿量待装，有无足够容量的溜井备卸以及设备状况是否良好。通常情况下，采场装矿宜取小值，多点作业或矿源充足时可取大值。

5 铲运机年工作班数 500 班～600 班，是考虑到每台设备要有必要的保养和计划检修时间，才能确保铲运机处于良好的工作状态。

15.2.8 本条对矿用自卸汽车作业参数的选取进行了规定。

1 装载、卸载、调车及等歇时间包括装载定位、装载、卸载定位、卸载、装卸载调车及等歇时间。

2 指通常情况下，运矿斜坡道坡度为 10%，重车上坡、空车下坡是指在斜坡道上的运行速度。重车上坡的速度应综合考虑所选车辆的性能曲线、路面质量、行车环境等因素确定，重车上坡速度一般取 8km/h～10km/h。规定重车下坡行驶速度 10km/h～12km/h，是为了保证安全行驶，要求使用低档速度，以便控制车速，减少使用工作制动器，防止工作制动器因过度使用而发热甚至失效。水平运行速度是指在铺有良好的路面材料的专用水平运矿巷道内的速度。

15.3 带式输送机运输

15.3.2 矿山运送原矿用的带式输送机向上或向下输送物料时，当带式输送机的倾角达到一定程度时，胶带上的物料在胶带运动过程中就会产生向下滚落现象；因此对带式输送机倾角予以限制。

带式输送机的输送能力随其坡度的提高而减小，因而在条件许可时，应尽量选用较小倾角，对于带速超过 2.5m/s 的输送机，为保证机尾不撒料，输送机的最大坡度应较规定值减小 2°～4°，速度越高，倾角越小。

15.3.3 规定输送带的最小宽度不小于物料最大尺寸的 2 倍加 200mm，是为了确保带式输送机上料时，或者带式输送机运行过程中，物料始终位于胶带内，不会撒到胶带外面，也不会导致胶带跑偏。根据国外经验，对于输送动堆积角为20°、无粉矿的块矿时，输送物料的粒径不应大于带宽的1/5；输送物料为10%的块矿、90%的粉矿时，粒径不应大于带宽的1/3。

15.3.6 本条对输送带的确定进行了规定。

1 对于大运量、长距离输送机，一般输送带张力较大，宜采用有较大张力和较小伸长率的钢丝绳芯输送带。

2 输送机工作环境温度低于－25℃时，为保证低温作业时输送带能正常工作，提出了对输送带工作温度的要求。

3 根据输送物料种类多和性能差异大的特点，在设计中应提出输送带覆盖层厚度和性能参数要求。根据现行国家标准《普通用途钢丝绳芯输送带》GB/T 9770和《输送带 具有橡胶或塑料覆盖层的普通用途织物芯输送带》GB/T 7984对覆盖层的等级划分规定，规定了应根据被输送物料的性质选择输送带覆盖层。硬质岩对输送带冲击大而且易撕裂输送带，“H”级覆盖层有较好的耐磨性和耐冲击性能，并应选用较厚的上覆盖层。输送软质岩时，可选用“L”级覆盖层。

15.3.7 加、减速度的选取应保证设备运行平稳，不产生喘振和撒料现象，输送带与被输送物料、输送带与驱动滚筒之间不发生滑动现象，以及电动机启动制动力矩不超过额定值，所以加、减速度应选择适当。

15.3.8 采用单滚筒驱动时，驱动装置简单，占地面积小，易于控制。采用双滚筒驱动的优点是能够传递较大的功率，并能降低输送带的张力。当功率配比$n=2:1$时，降低胶带张力效果较好。

15.3.9 驱动滚筒直径与钢绳直径的倍数过小，钢绳易产生疲劳破坏，降低胶带使用寿命。

15.3.10 本条第1款，现行国家标准《金属非金属矿山安全规程》GB 16423—2006第5.3.4.4款规定：“钢绳芯带式输送机的静载荷安全系数应不小于5”，第6.3.1.16款规定：“……钢绳芯带式输送机的静载荷安全系数应不小于5～8”。

现行国家标准《带式输送机工程设计规范》GB 50431—2008第7.4.1条第3款规定：“钢丝绳芯输送带安全系数，可取7～9；当带式输送机采取可控软启、制动措施时，可取5～7”。

根据以上两个规范的有关规定，经分析研究国内外钢绳芯胶带使用情况，本条第1款规定“按静荷载计算，静荷载安全系数不应小于8；当钢绳芯带式输送机采取可控软启动、制动等措施时，静荷载安全系数不应小于5”。

15.3.11 本条对带式输送机拉紧装置的布置和拉紧方式进行了规定。

1 带式输送机的启动和运转必须使输送带具有一定的拉紧力，拉紧装置是保证带式输送机正常运转必不可少的重要设备。拉紧装置的布置应考虑以下主要因素：

1）尽量布置在输送带张力最小处或靠近传动滚筒的松边。

2）确定拉紧力的大小必须考虑正常运转和满载或空载启动、制动等各种情况。

3）拉紧行程必须考虑输送带的弹性伸长、永久伸长和输送带的接头余量，输送带的伸长特性、启动和制动过程是否可控等因素。

4）拉紧装置对输送带张力的响应速度。

2 带式输送机拉紧装置一般采用电动绞车和液压自动拉紧装置，是因为自动拉紧装置和固定拉紧装置最大的不同点在于自动拉紧装置具有响应功能，即开车前停机后以及运行中可以使滚筒车架有位移，拉紧力可以变化，也可以保持恒定。

固定式拉紧装置有重力拉紧、螺旋拉紧、绞车固定拉紧等。重力拉紧装置始终使输送带拉紧力保持恒定，在启动和制动时会产生上下振动，但惯性力也会很快消失。由于重力拉紧装置的拉紧力是恒定的，拉紧力要按带式输送机启动、制动以及正常运转时的最大张紧力进行设定。螺旋拉紧装置拉紧行程短，只适用于短距离带式输送机。绞车固定拉紧装置有手动和电动两种，手动绞车一般适用于中等长度的带式输送机，电动绞车一般适用于长距离带式输送机。

15.3.12 本条第2款带式输送机与其他设备突出部分、支护之间的间隙包括带式输送机最突出部分与提升容器的间距，规定的“带式输送机与其他设备突出部分、支护之间的间隙不应小于0.4m”，是依据现行国家标准《金属非金属矿山安全规程》GB 16423—2006第6.1.1.10款：“带式输送机与其他设备突出部分之间的间隙，应不小于0.4m”，第6.3.1.16款：“带式输送机最突出部分与提升容器的间距应不小于300mm”，两者之间取大值而制定的。

16 压 气 设 施

16.1 站 址 选 择

16.1.1 本条对站址选择进行了规定。

1 站址靠近用气负荷中心，可节省管道，减少压力损失，减少耗电，保证供气压力；压缩空气站是全矿用水、用电负荷较大者之一，要考虑供电、供水的合理性。

2 空气压缩机是直接从大气吸气，为了减少机器的磨损、腐蚀，防止发生爆炸事故，确保空气压缩机吸入气体的质量，故要求压缩空气站与散发爆炸性、腐蚀性、有毒气体和粉尘等场所有一定距离。但由于其散发量难以作定量规定，且有害物对空气压缩机的影响与其浓度等关系缺乏科学数据，因此，未对两者之间的距离作具体规定，而只规定避免靠近这些场所。在大气中，传播有害物质起主导作用的是风。因为我国许多地区冬季盛行偏北风，夏季盛行偏南风，两者风向相反，如把压缩空气站放在有害源的某个风频稍大的上风侧，随着季节变更，盛行风向相反，上风侧就变成了下风侧，站房就不可避免地受到有害物的影响。因为全年风向最小频率的下风侧是一年中风吹来的次数最少的，因此将站房放在最小风频的下风侧，站房受到有害物的影响为最少。

3 空气压缩机运转时发出较大的噪声，活塞空气压缩机为80dB（A）～110dB（A），螺杆空气压缩机为65dB（A）～85dB（A），离心空气压缩机为80dB（A）～130dB（A），压缩空气站址应根据各种场所的噪声允许标准、压缩空气站的噪声级、传播途中的隔声障（建筑物、构筑物和林带等）等条件综合考虑，其防护间距应符合现行国家标准规范的有关规定。

各类场所的噪声允许标准应符合现行国家标准《声环境质量标准》GB 3096、《工业企业噪声控制设计规范》GB 50187等的有关规定，压缩空气站噪声级可参照类似压缩空气站的噪声级实测数据或经计算确定。

活塞空气压缩机在运转中的振动较大，螺杆和离心空气压缩机的振动要小一些，空气压缩机在运转中的振动影响本站和防振要求较高的邻近建筑物、构筑物等。因此，应根据空气压缩机的类型、设备的允许振动要求，以及地质、地形等条件综合考虑，其防振间距应符合现行国家标准《工业企业总平面设计规范》GB 50187的有关规定。

16.2 设备选择与计算

16.2.3 本条对空气压缩机的型号和台数进行了规定。

1 本款规定空气压缩机的型号不宜超过两种，是从方便维护管理、减少备品备件品种和检修等方面考虑的。

2 地面压缩空气站内，活塞空气压缩机或螺杆空气压缩机的台数以3台～6台为宜，如站内只安装1台～2台机组时，对确保供气、适应负荷变化以及备用容量等方面都较为不利，故下限推荐为3台。但空气压缩机台数过多，维护管理不便，建筑面积也增加。因此，当供气量大时，应采用大型机组。考虑到站房扩建的可能，新建站房初次装设机组上限推荐为6台。离心空气压缩机组的台数以2台～5台为宜。据对国内离心空气压缩机站的调研，多数站为2台～5台，既能确保供气，也能适应负荷变化，维修管理较为方便。

3 本款规定主要考虑小于20m^3/min的空气压缩机外型尺寸小，设备运输至井下方便。

4 本款规定备用台数不少于1台，是根据国内矿山安装空气压缩机不大于5台的站房，其中1台作为备用，大多数情况下均能满足生产和机组轮换检修的需要。

16.2.4 一般情况下，单台排气量为20m^3/min及以上，且总安装容量不小于60m^3/min的压缩空气站宜设桥式起重设备；小于以上容量的压缩空气站可设单轨起重设施。

16.3 站房布置

16.3.1 本条对压缩空气站设备布置进行了规定。

1 站房内空气压缩机单排布置，可以把吸气管和排气管分配在空气压缩机两侧，供电、供水线路布置也比较方便，起重设备跨度也可减小，通风散热条件好。

2 离心空气压缩机的吸气过滤装置宜独立布置，其独立布置方式既不影响通风采光，又便于安装检修，目前已普遍采用。

3 设置高位油箱或其他能够保证可靠供油设施的目的，是为了保证在事故断电情况下，离心空气压缩机组能得到充分的润滑油，以免烧坏轴承，引发事故。

4 空气压缩机组的联轴器和皮带传动部分装设安全防护设施，是为了避免机组高速转动部分外露，防止事故。

5 尽量缩短吸气管长度，主要是为了减少吸入空气的压力降。

16.3.2 本条对压缩空气站厂房的布置进行了规定。

1 压缩空气站的朝向对站内通风降温有很大影响。站内由于机组大量散热，夏季机器间内气温很高，一般在40℃左右，有的站内温度竟高达45℃以上。充分利用自然通风是效果显著又最经济易行的降温措施。本款强调站房的朝向，以利于夏季有自然通风。

2 压缩空气站宜为独立建筑物，有利于降低噪声和振动对周边建筑物、构筑物及环境的影响。近年来，由于螺杆空气压缩机制造技术的进步，其噪声比活塞空气压缩机、离心空气压缩机要低，结构紧凑、基础简单、减振效果好、自动化程度高，因此，得到了广泛的采用，也为装有这种机型的站房与其他建筑物毗连或设在其内提供了有利条件。参照国内螺杆空气压缩机站的使用情况，排气量不大于20m^3/min螺杆空气压缩机的压缩空气站可与其他建筑物毗连或设在其内。

考虑空气压缩机吸气、通风和散热的要求，以及噪声和振动等对建筑物、设备和环境的影响，故规定当“与其他建筑物毗连或设在其内时，宜用墙隔开，空气压缩机宜靠外墙布置。设在多层建筑内的空气压缩机宜布置在底层”。

3 空气压缩机在运转中有一定的振动，特别是活塞空气压缩机振动较大，影响站房和周边防振要求较高的建筑物、构筑物等设施，本条规定“空气压缩机的基础应根据环境要求采取隔振或减振措施，并应与建筑物分开”。

16.4 储 气 罐

16.4.1 本条规定是因为储气罐具有燃爆可能性，不少厂、矿都曾发生过爆炸事故。储气罐布置在室外，主要是从安全角度考虑，其次也可减少站内的散热量并节约站房的建筑面积，储气罐若能布置在背面，可减少日晒，也可减少其爆炸的外因。

储气罐与墙之间净距的确定原则是不影响通风和采光，其下限净距1m是基于储气罐与墙基础不应相互干扰且按安装、检修需要最小距离而确定的。

16.4.2 从压缩空气站的事故来看，除超压、水击或机械事故外，凡燃烧爆炸无不与油有关，油是燃烧爆炸的内因；排气温度过高，空气中含粉尘、静电感应等是外因。装设后冷却器既能清除部分油水，又能降低压缩空气的温度，对减少油垢和油在高温下形成积炭都有好处。鉴于近几年来的一些事故，为了保证安全，本条规定活塞空气压缩机和离心空气压缩机都应装设后冷却器。

据对150多个压缩空气站的调查，机组与供气总管之间绝大多数采用单独的排气系统，即各机组之间不共用后冷却器和储气罐。普遍反映这种系统简单、管理方便、不会误操作。有个别站空气压缩机合用或轮用储气罐或后冷却器，从而使管道系统复杂化，带来误操作及管道振动等不良后果。

16.4.3 为了使空气压缩机能在无背压情况下启动，以减小电动机的启动电流，在空气压缩机与储气罐或排气母管之间应装设止回阀。

在无背压情况下，空气压缩机可以采用不同方式做到卸载启动。在启动方式中，以打开放空管的方式操作最简便，且空载负荷最小，在空气压缩机达到额定转速对机组加载时，此方法最平缓有效，因此在空气压缩机与止回阀之间应设放空管。

活塞空气压缩机与储气罐之间装切断阀易发生误操作事故，因而不应装设此阀门。如果要装设切断阀，则在空气压缩机与切断阀门之间应装安全阀，以保证安全运行。

离心空气压缩机因自身设计要求，其转子轴承只允许一个方向旋转，且轴承的润滑油进口有方向要求，即只允许一个方向进油。因此规定离心空气压缩机与储气罐之间应装止回阀和切断阀，以防止空气倒流。

离心空气压缩机放空管上设调节阀的作用是：在空气压缩机运转过程中，当用气量发生变化，流量逐渐减少，将接近机组设定的最小流量值时，或压缩机与储气罐之间的切断阀门因误操作而未开启时，放空管上的调节阀门将自行开启，将压缩空气排向大气，避免该处管内压力升高，超出设计允许值，并确保空气压缩机在喘振流量以上运行，防止发生喘振现象。

16.4.4 储气罐上装设安全阀，是为了当储气罐内压力超过额定值时泄压，防止爆炸。储气罐与供气总管之间装设切断阀，是为了当机组停用检修时切断与总管系统的联系。

16.5 空气压缩机冷却用水

16.5.2 空气压缩机冷却水入口处的压力上限，对于活塞空气压缩机，根据现行国家标准《一般用固定的往复活塞空气压缩机》GB/T 13279的规定，供水压力不得大于0.4MPa。

螺杆空气压缩机冷却水的供水压力，根据现行国家标准《一般用于螺杆空气压缩机技术条件》GB/T 13278的规定及工厂压缩空气站机组实际运行情况，其供水压力均不大于0.4MPa。

离心空气压缩机冷却水的供水压力，按现行行业标准《石油、化学和气体工业用轴流、离心压缩机及膨胀机—压缩机》JB/T 6443的规定及对几个离心压缩机站实际运行情况的调查了解，均不大于0.5MPa，一般为0.4MPa。

至于空气压缩机冷却水的供水压力下限，应以保证机组所需冷却水能畅流来确定，除克服水路系统的阻力外，还应有一定的裕量。根据调查了解，活塞空气压缩机、螺杆空气压缩机及离心空气压缩机冷却水供水压力下限为0.10MPa～0.15MPa。

冷却水给、排水温差小于10℃时，所需水量增大，流速增高，水路系统阻力也相应增大，因此，下限水压应适当加大。同样，采用单泵循环系统时，除克服机组阻力外，还应考虑水提升到冷却塔的扬程，下限供水压力也应加大。

16.5.3 本条对空气压缩机冷却水水质进行了规定。

1 鉴于现行国家标准《工业循环冷却水处理设计规范》GB 50050对循环冷却水水质标准已有详细规定，且根据调查测定和收集到的资料，符合该标准有关参数的水质均适用于压缩空气站，故水质标准按该规范规定执行。

2 根据国内矿山空气压缩机实际运行情况，当碳酸盐硬度与排水温度关系超过本规范表16.4.3时，为防止结垢，限制冷却水的碳酸盐硬度，水质硬度较高的地区应进行软化处理。

16.6 压缩空气管网

16.6.1 地面管道的布置有架空、管沟和埋地三种方式，各有其特点和使用条件。架空管道，安装维修方便，便于改造，夏热冬暖地区、温和地区、夏热冬冷地区和寒冷地区的大多数矿山广泛采用该布置方式。管沟布置如能与热力管道同沟，是经济合理的。直接埋地布置在寒冷地区及总平面布置不希望有架空管线的矿山采用较多。寒冷地区和严寒地区的饱和压缩空气管道架空布置时，冻结的可能性比较大，尤其是严寒地区需采取严格的防冻措施。

16.6.2 管道埋深是根据载重车辆驶过时传到管顶上的压力不会损坏管道来确定的。加防护套管是为了减少管道承压和便于检修。

16.6.3 本条对压缩空气管道设计进行了规定。

2 输送管道设计应力求使工作点的压力大于风动工具的额定压力0.1MPa，以保证风动工具的正常工作，当难以保证或经济上不合理时，应采用增压措施。

3 管道采用焊接连接已有多年成熟经验，焊接比法兰连接具有省料、施工快和密封性好等优点，但井下管道太长，焊接有困难，安装检修也不方便，可根据安装检修条件决定焊接管段的长度。

5 安装油水分离器是为了把油水分离出来，不让它随压缩空气进入气动工具，以提高气动工具的工作效率。

17 破碎站

17.1 露天破碎站

17.1.1 露天破碎站的形式有固定式破碎站、半移动式破碎站、移动式破碎站。移动式破碎站受结构限制，单台设备最大能力为1000t/h左右，在露天坑具备布置多台移动式破碎机的条件下，10000kt/年以下的矿山可考虑采用。

17.1.3 本条第4款确定半移动式破碎站的移动步距，首先是考虑尽量缩短汽车运距，同时还要考虑拆迁、安设和调试所需要的时间及工程量，根据国内外使用经验，半移动式破碎站移动一次的服务年限一般不小于5年。

17.1.5 本条对破碎站布置进行了规定。

1 当采用给矿设备给料时，物料需通过放矿口放矿，放矿口和破碎机受料口尺寸限制了通过物料的最大块度，大块易造成放矿口堵塞，处理困难，因此在原矿运输设备卸载口宜设置格筛，防止大块进入料仓。

3 下部缓冲仓容积不应小于自卸汽车有效容积的2倍，是考虑当下部排料皮带机出现故障停机，上部受料仓满仓时，此时下部缓冲仓应能全部消耗掉上部受料仓的矿石。

17.2 井下破碎站

17.2.1 设置井下破碎站的条件是矿石块度不能满足箕斗提升或带式输送机运输的要求，且无法用控制采场凿岩爆破参数降低崩矿块度；采用二次破碎，破碎量大，难以满足生产要求时，才采用井下集中破碎站。

17.2.2 本条对井下破碎设备选型进行了规定。对年产量小于2000kt的矿山，颚式破碎机比旋回破碎机经济。随着技术进步，颚式破碎机的年破碎能力可达4000kt，年产量超过4000kt时，颚式破碎机难以满足生产要求，因此大于4000kt的矿山，应选用旋回破碎机。

17.2.3 本条对破碎站的布置进行了规定。

1 本款规定了两个出口，大件运输通道一般与副井相连，作为破碎硐室进风道及安全出口，人行通风联络道一般与专用回风井相连，作为回风道及安全出口。

2 本款规定了破碎机上部和下部矿仓容积，上部矿仓容积主要是考虑到阶段运输的不连续性而规定的；下部矿仓容积主要考虑减少提升运输设备、破碎机出现事故时的相互影响和生产的不均衡性。条件允许时，应尽量加大上、下部矿仓的容积。

3 破碎机工作时，为保证均匀给矿，一般选用振动给矿机和重型板式给矿机。振动给矿机结构简单，重量轻，能耗省，安装、操作、维修方便，有条件时应优先采用。但若矿石含泥水多或矿石黏性较大时，宜选用重型板式给矿机。

18 排水与排泥

18.1 露天矿排水

18.1.1 本条为强制性条文。露天矿山，如果未设置防洪、排洪设施，则洪水直接冲刷边坡，极有可能导致滑坡事故发生。深凹露天矿，由于自然泄水条件较差，遇到连续多天的暴雨，可能会淹没露天坑，影响生产的正常进行。因此，要求露天矿山，尤其是深凹露天矿山应设置专用的防洪、排洪设施。

18.1.2 本条第1款，山坡露天采场封闭圈以上，应在露天边坡平台上布置截水沟，将水导出采场；当深凹露天采场附近有低于封闭圈一定高度的合适地形，且经济上合理时，应采用井巷自流排水。

18.1.3 本条对露天采场排水设计进行了规定。

1 多年雨季月平均降雨量取当地历年雨季降雨量的算术平均值。当地有10年以上的降雨资料时，其计算精度基本可以满足设计要求。

2 本款采用的暴雨频率标准，是根据国内露天矿多年设计标准及实践经验确定的。

3、4 短历时暴雨量系指历时小于24h的暴雨量。长历时暴雨量常用1d、3d、7d、15d暴雨量。

18.1.4 本条第7款“截水沟坡度较陡地段”，露天采场境界外是指截水沟地形坡度较大、对下游建筑物或其他地面设施有不利影响的地段；露天采场内是指水沟引水至下一台阶的地段。跌水消能是在陡坡下部设置消能水池，陡坡消能是在水沟陡坡段和陡坡底部用人工加糙的消能方式。

18.1.6 本条对排水系统设计进行了规定。

5 水泵的扬程与水泵级数有关，扬程越大，级数越多，设备越重，不易搬移。但露天坑内移动式水泵是开采水平的不断下移而增加扬程的，若所选水泵扬程太小，则更换频繁。为了延长水泵的服务年限，便于搬运，一般移动泵站的水泵扬程不宜超过100m。

6 露天排水泵站的水池容积规定为不小于0.5h的水泵排水量，是根据水泵的最大启动频率考虑的，水池容积过小时，会因设备启动频繁而缩短设备寿命。

18.1.8 本条第2款，冰冻地区管道宜埋设在冰冻线以下，如果埋在冰冻线以上时，宜采用石棉或其他保温材料把管道包起来防冻。

18.2 井下排水

18.2.1 采用一段排水时，上阶段的水流至下阶段排出，会增加能耗，但开拓工程量小，系统和管理简单，因此，一段排水通常用于矿井较浅、开采阶段数不多的矿山；若上部水平涌水量很大，下部水平涌水量相对较小，为降低能耗，宜采用分段排水，主排水泵房应设在涌水量最大的阶段。

18.2.2 井下排水正常涌水量的计算应在水文地质提交的正常涌水量的基础上，加上井下生产废水。

18.2.3 本条对井下排水设备的选择进行了规定。

1 井下排水设施是地下矿山生产的重要安全措施之一。不论涌水量（含生产废水）大小，井下主要排水设备应有工作、备用和检修水泵。当井下涌水量小时，工作、备用和检修水泵至少各1台；当井下涌水量大、水泵数量较多时，可多台工作，多台备用，1台检修。应保证工作水泵能在20h内排出一昼夜的正常涌水量，工作泵和备用泵同时工作能在20h内排出一昼夜的最大涌水量的安全要求。

坑内涌水是矿山安全生产的主要危险源之一，必须确保井下排水设备的可靠性及排水能力，本款规定为强制性条款。

3 排水高度为水仓与吸水井连接处底板至排水管出口中心的高差。

4 经调查，有的矿井由于水泵吸上真空度低，造成水仓底部积水总是排不干净，降低了水仓的有效利用容积，本款规定水泵的吸上真空度不应小于5m。无底阀和射流引水方式使用经验成熟，有利水泵顺利启动和节能，设计应积极推广采用。水泵样本上标注的吸上真空度是按标准大气压和20℃温度下给出的，因水泵安装地点的具体条件不同，吸上真空度需进行具体换算。

6 当矿井水的pH值小于5时，对水泵和管道腐蚀严重。可在矿井水未进入水泵及管道前进行中和处理，但要增加一套酸性水的处理设施，生产管理较复杂；也可采用耐酸泵，排水管道也要采用防酸措施，因此酸性水的排水方案应通过技术经济比较确定。

7 主排水泵房内的闸阀宜选用电动闸阀，可减轻劳动强度，便于远距离控制和操作。

18.2.4 本条对井下水泵房的布置进行了规定。

1 主水泵房中的设备用电负荷所占比重较大，井下主变电所宜靠近主水泵房布置。

2 通往井底车场出口处设防水门是为了当井下出现特大涌水时，保护泵房内的设备，使排水设施可以正常工作。另一个出口用斜巷与井筒梯子间相连，作为人员逃生的通道。泵房地面标高比其入口处巷道底板标高高0.5m，是为了防止巷道内的流水进入水泵房。

潜没式水泵房的特点是，泵房处于井底水仓和大巷的下方，水泵利用水仓自然水头进水。潜没式水泵房设计的防水措施应包括：

1）泵房与车场连接的斜巷上口底板应高于连接处车场底板0.5m或采取其他阻水措施，能防止车场积水流入泵房；泵房与车场或大巷相通的所有通道均应设防水密闭门。

2）泵房内应有连通分水阀门操作巷的通道，是为了防止井下突然涌水，在关闭通道密闭门的情况下，可以控制分水阀。

3）泵房中应设有安全水仓或水窝，并应配备两台水泵（一台工作，一台备用），是为了当水仓、水泵、管道漏水时，排除积水，积水可排到吸水井内。

4）密闭墙上预留出水管，并加闸阀，是用于突然涌水时紧急情况下增加排水设备。

5）潜没式泵房内设水窝和排污泵，是考虑泵房内的排水管破裂时的事故排水。

3 水泵沿泵房单列布置，可以减少硐室跨度，吸水管和排水管分布在水泵两侧，配置简单，维护检修方便。

18.2.5 本条对主要水泵房水仓设计进行了规定。

1 本款规定水仓应由两个独立的巷道系统组成；水仓起贮水和沉淀作用，应定期轮流清理；当一条水仓清理时，另一条应能正常工作。当岩层条件好、施工方便时，水仓可设计成一条巷道，中间用钢筋混凝土墙隔开，分成两个独立的水仓。

2 规定水仓容积的目的是为了保证水泵正常运行，便于日常排水工作的安排和管理。涌水量较大矿山规定了较小的容水小时数，以尽量减少开拓工程量，这里应理解为所需要的下限值。

18.2.8 本条第1款，在泵房内总排水管最低处安放水管和放水闸阀，主要是为了管道检修时能将管内的水排放到水仓。

18.2.9 本条第3款，井底水窝排水泵宜选用潜污泵，是因为井底水窝通常环境恶劣，人员上下不便，而潜污泵安装、检修方便，且无需在井底设置壁龛。采用自动控制可实现远距离控制水泵工作。

18.3 井下排泥

18.3.1 充填法开采的矿山，充填物料中的细颗粒物质往往从采场滤水构筑物的孔隙中随充填废水流出，污染巷道，磨损排水设备。除应加强采区管理，改善滤水设施，减少充填废水内的泥沙含量外，对流出的泥沙和细颗粒物质应采取相应沉淀及清理设施以改善环境和水泵的工作条件。

水仓和专用沉淀池中的沉泥量多，需经常轮换清理，才能保证水仓和沉淀池的有效容积。清理水仓和沉淀池的劳动强度大，工作条件恶劣，宜采用机械化清理。常用的有铲运机、油隔离泥浆泵、喷射泵、潜污泵、压气罐等，可根据具体条件选用。

18.3.2 水仓内压气排泥罐的工作气压与管路长度、排泥高度、泥浆密度、罐体结构等因素有关。一般正常工作气压为0.55MPa～0.63MPa，最低气压不小于0.4MPa。

18.3.3 高压水排泥是利用水泵的高压水将密闭泥仓内的泥浆冲挤、稀释后，通过排水管道一起排到地表。由于排水管中的泥浆水密度增加，所需水泵扬程也应加大，泥浆水的密度与浓度有关，一般重量浓度小于30%，相应的密度为1150kg/m^3～1300kg/m^3。

19 索道运输

19.1 适用条件和主要设计参数

19.1.1 本条对宜采用索道运输矿石或废石的情况进行了规定。

2 主要是考虑对环境保护有特殊要求的矿山，采用索道运输能减少对地形地貌及植被的破坏。

3 本款是指雨、雪、雾影响时间长，采用其他地面运输方式不能正常工作。

19.1.6 执行净空尺寸条文时，应注意下列3点：

1 净空尺寸是指索道的最大轮廓线与障碍物表面之间的距离，即安全距离。

2 从安全角度出发，当校验索道上方障碍物的最小垂直净空尺寸时，以索道顶部的最高静态位置为准；当校验索道下方障碍物的最小垂直净空尺寸时，索道底部的最低静态位置加上动态附加值，以最低位置为准。

3 矿斗与内、外障碍物之间的最小水平净空尺寸，是指已经考虑了矿斗或钢丝绳摆动之后的净空尺寸。

19.1.8 本条对索道钢丝绳的选择进行了规定。

1 密封钢丝绳具有平滑的圆柱形表面，密封性和抗蚀性好，表层丝断裂后不易翘起，承载索应选用密封钢丝绳。规定公称抗拉强度不宜低于1370MPa，是为了减轻承载索的单位长度重量，使承载索的费用相应降低，减小承载索的挠度，以改善矿斗的运行条件。

2 根据国内外矿用索道牵引索使用的经验，线接触钢丝绳的工作寿命比点接触钢丝绳高出1倍左右，而面接触钢丝绳的寿命又比线接触钢丝绳高1倍以上（四川攀枝花市洗煤厂索道经验），为了提高矿用索道牵引索的工作寿命，应采用线接触或面接触钢丝绳。交互捻钢丝绳在绳轮上的弯曲次数，要比同向捻钢丝绳低得多。国内索道曾用过交互捻钢丝绳作牵引索，使用寿命仅数个月，因此，牵引索不得采用交互捻，而应采用同向捻钢丝绳。

前苏联试验表明，在荷载相同条件下，当钢丝绳抗拉强度增大到1746MPa时，钢丝绳的耐久限（即钢丝绳到破坏时在滑轮上的弯曲次数）增大，而当抗拉强度继续增大时，钢丝绳的耐久限稍微下降。为了保证索引索具有适当的工作寿命，在正常条件下，最好选用抗拉强度不小于1670MPa的钢丝绳。

3 影响单线矿用索道运载索工作寿命的主要因素之一是表层丝磨损。甘肃武山水泥厂索道使用直径34.5mm的钢丝绳作为运载索，其表层丝直径为3.8mm，每条钢丝绳的实际运矿量达100万t。该索道运载索工作寿命长的原因，除了侧形条件和接头质量好以外，丝径较粗是更为主要的因素，但表层丝的直径不宜过粗，否则容易引起疲劳断丝，因此规定表层丝的直径不得小于1.5mm。

4 由于双线循环式矿用索道上的牵引索拉紧小车移动频繁，牵引索的拉紧索经常绕导向轮来回弯曲，所以要求采用挠性好和耐挤压的钢丝绳，并且采用较大的轮绳比。

19.1.9 本条对保护设施的设置进行了规定。

1 保护设施形式的选择取决于技术经济比较。当保护范围较长、矿斗坠落高度较大时，采用保护网较为便宜。保护网可以利用索道支架或者专用支架贴近索道悬曲线架设，使矿斗坠落高度控制在合理值以内。在沿其长度方向上的保护范围基本不受限制。而保护桥则适用于保护范围较小、矿斗坠落高度较小的场合。当索道线路在公路或铁路边坡的上方通过时，坠落的矿斗仍有可能从陡坡滚落到公路或铁路上，危及运输和人身安全。云锡索道就曾发生过坠落的矿斗滚到公路上伤人的事故。因此，应根据实地情况设置栏网。

2 保护网为柔性构件，当受矿斗冲击作用时，垂度明显增大。例如，某单跨$L=90$m，单位面积重

力 $q_1=100N/m^2$的保护网，在受重力 2kN，有效荷载 14kN，最大坠落高度为 8m 的矿斗冲击作用下，计算垂度增值达 2.26m，所以应按受矿斗冲击条件校验保护网与跨越设施之间的净空尺寸。

3 考虑到矿斗掉落到保护设施上时，一般不会呈竖立状态，故运行中的矿斗底面与保护设施顶面之间的净空，按不小于矿斗最大横向尺寸进行校验，较符合实际情况。特别是对于保护桥来说，应在保证矿斗自由通过的前提下，尽可能减小矿斗的下落高度。

4 当索道跨度大于 250m 时，承载索受工作风荷载引起的水平挠度明显增加，因此应按承载索和矿斗均受 200Pa 工作风压作用发生偏斜的条件校验。

19.2 索道线路的选择与设计

19.2.1 本条对索道线路选择进行了规定。

1 本款规定了各种类型索道线路选择的一些基本原则，目的是为了保证索道运行的安全可靠性。

2 双线循环式矿用索道的使用经验表明，凸起侧形处的承载索工作寿命要比凹陷侧形处的承载索工作寿命降低很多，因此在条件许可时，采取开挖边坡、明槽或涵洞等措施，也可缓和侧形的凸起程度。

6 索道线路侧形的平滑程度是为了提高承载索或运载索的工作寿命和矿斗运行的平稳性，因此线路侧形不应有过多、过大的起伏。

19.2.2 本条对单线循环式索道线路的设计进行了规定。

1 跨距太小直接影响抱索器的挂结与脱开质量，故规定站前第一跨的跨距为 5m～10m。

2 在平坦地段或者坡度均匀的倾斜地段上配置支架时，一般重车侧采用四轮托索轮组，空车侧采用二轮式托索轮组，为了使各支架上每个托索轮的径向荷载接近相等，各支架上的荷载应力求相等。

3 支架的最小高度应按照在支架处已掉落一个矿斗，运行中的矿斗以翻转状态通过时不受阻碍来确定。单线索道矿斗呈翻转状态时，高度方向的最大外形尺寸不大于 3m，矿斗高度为 0.8m，故支架最小高度不得小于 4m。在凸起区段上，跨距受地形限制，设计时最小跨距一般取 15m，不能满足时，可选用六轮或八轮托索轮组。

4 最不利的荷载条件是由于线路缺斗造成的，这时所考察支架的相邻跨无矿斗，而运载索的拉力达到最大值。

由于影响运载索从凹陷区段上脱索的因素较多，而国内有些单线索道的脱索事故又较频繁，因此从保证安全运行的观点出发，单线索道运载索的靠贴系数值应大于双线索道承载索的靠贴系数值。必要时，可参照单线客运索道的方法校验最小靠贴力。

5 位于台风或横向风力较大地区的索道，即使靠贴系数达到 1.3 亦不能保证运载索不脱索。遇到这种情况时，为了保证安全，宜设置防脱索装置。

19.2.3 本条对双线循环式索道线路的设计进行了规定。

1 为了减小站前第一跨牵引索的波动，从而保证矿斗和牵引索可靠挂结或平稳脱开，建议站前第一跨的跨距小于斗距并不大于 60m。控制空承载索在站口端的倾角与站口段轨道的倾角，是为了缓和矿斗特别是重车进站时的冲击和降低噪声。根据索道系列产品设计中偏斜鞍座在立面上的允许斜度，重车驶近站口时，承载索的倾角不得大于 0.15rad。

2、3 为了使矿斗顺利通过支架，特别是大跨距两端和凸起地段的支架，应将矿斗的附加压力限制在一定范围内。一方面，应控制承载索在支架上的弦折角；另一方面，应控制承载索受载后在支架上的最大折角。水平牵引式矿斗不受牵引索附加压力的作用，承载索在支架上的弦折角和最大折角可放大一些。

4 规定凸起地段的支架高度不小于 5m，是考虑到即使有一个矿斗掉落也不会影响其余矿斗通过，防止事故扩大。凸起地段的支架采取不小于 20m 跨距配置的主要目的在于，当矿斗通过凸起地段的支架时，特别是在缺斗情况下，减小牵引索在抱索器上形成的折角，控制牵引索对矿斗抱索器的压力。所谓总折角较大并受地形限制的凸起地段，是指按每个支架允许的弦折角计算所需的支架总数 $n=\varepsilon/\delta$（n 为所需支架总数，ε 为凸起地段的总折角，δ 为每个支架允许的弦折角），大于按 20m 等跨距所能配置的支架数。在此情况下，用带有凸形滚轮组的连环架代替支架群，可使牵引索的附加压力转移到凸形滚轮组上，减轻对承载索的压力。

19.3 索道的站址选择与站房设计

19.3.2 本条第 2 款，装载料仓容积的确定与运输能力、工作班制、索道长度以及装载站所处地形条件等有关。一般不宜小于 1 个班的运量，当线路长或与衔接车间作业班次不同时，容量宜为 1 个～2 个班的运量。对于大运量索道，至少应考虑处理索道偶然事故和一般检修时间（2h～4h）所需的缓冲容量。卸载仓的有效容积一般取决于与索道衔接的生产车间的工艺要求，以及衔接的外部运输设备的工作特点。索道卸载站与矿山选矿厂衔接时，有效容积一般不超过索道 3h～4h 的运输量。

19.3.3 本条第 1 款，当采用内侧装载时，矿斗吊架远离装载口一侧，可使装载口伸入矿斗放料，装载不偏心，并且不易撒漏，应尽量采取内侧装载方式。

19.3.4 本条第 1 款，为了保证操作人员安全作业和防止矿斗坠入卸料仓，卸载口原则上都应设置格筛。但当矿斗采用机械推车、卸载区很长时，可不设格筛，是因为机械推车时速度很慢，一般为 0.3m/s～0.4m/s，矿斗不太可能发生掉道而坠入料仓的事故。

在料仓上方设置带栏杆的通道，既可满足操作需要，又可防止操作人员坠入料仓。

19.3.5 本条对单线循环式索道站房设计进行了规定。

1 挂结不良是掉斗率高的主要原因之一，在设计索道挂结段、脱开段时，有必要采取稳定运载索、保证挂结段轨道及其支承或吊挂系统有足够的刚度、平面布置可调、立面变坡处采用曲线平缓过渡、采用双导向板限制其左右摆动等措施，确保矿斗与运载索有较好的挂结质量，脱开顺利，达到降低掉斗率的目的。

2 挂结段设置抱索状态监控装置，可以消除因抱索不良引起的掉斗事故，因此应设脱索状态监控装置。

5 单线循环式索道转角站采用对称配置，对设计、制造和安装均带来很大便利。转角站是矿斗通过站，为了保证矿斗在站内脱开、运行、挂结等过程连续平稳，只能采取以1.6m/s～2.0m/s的速度自溜运行，不能采用人工推车。自溜运行方式与从站口一端到另一端的连续导向板结合，可保证矿斗顺利通过转角站。转角站内的副轨用于停放发生故障的矿斗。

19.3.6 本条对双线循环式索道的站房设计进行了规定。

1 在承载索以0.05rad～0.10rad俯角出站的条件下，采用无垂直滚轮组，可以借助调整站口进、出桁架不同的高度来补偿矿斗沿站内部分轨道自溜损失的高差，也使轨道和牵引索进、出站侧的坡度适应挂结器和脱开器几何尺寸的要求。

3 抱索器与牵引索挂结时，二者具有相同速度，不仅能提高挂结质量，而且可减小牵引索和抱索器钳口的磨损。

4 考虑到矿斗在站内的运行安全，等速段的自溜速度不宜大于2.0m/s。由于每个矿斗的运行阻力系数不尽相同，加之运行阻力系数又随季节波动，为了保证矿斗顺利地自溜运行，规定了矿斗在直线段和曲线段上最小自溜速度和矿斗进入推车机前的自溜速度。

19.4 索道设备的选型与设计

19.4.1 本条对矿斗的选择进行了规定。

1 翻转式矿斗结构简单且卸料方便，在索道中广泛应用，但是运输粘结性矿石时，矿斗因粘结造成卸料不干净，影响索道的运输能力。目前无可靠的清理方法，多数索道采用人工敲打方法清理矿斗，不仅劳动强度大，而且使矿斗严重变形，诱发事故，因此宜采用底卸式矿斗。

3 为了保证矿斗装卸顺利，防止堵矿、撒矿，应使矿斗装料宽度与矿石最大块度符合一定比例关系。回转式装料机对装载均匀性要求高，因此该比值较一般固定装料设备高一倍。振动给矿可以改善矿石的流动性能，对块度较大的矿石适应性较强，根据矿山振动放矿经验，并结合索道装载特点，比值可适当减小。

4 弹簧式抱索器广泛应用在国内外的单线循环式客运索道上，它能保证客车在爬坡角达45°的条件下安全运行。国内外使用经验证明，弹簧式抱索器用于索道，不仅技术上先进，而且安全可靠，有条件的矿山可推广使用。

目前，尽管四连杆重力式抱索器仍是国内单线索道使用最多的抱索器形式，由于其抱索力由矿斗重力产生，运行中若振动过大产生失重现象，容易发生掉斗，使用该抱索器的单线索道掉斗率普遍高达1/1000以上，因此规定它仅在速度不大于2.5m/s和爬坡角为20°～30°的条件下使用。

鞍式抱索器是国外单线索道使用最广泛的抱索器形式，它与运载索挂结时，依靠前、后两个钳口上的凸齿嵌入钢丝绳的绳沟内，因而爬坡角受到限制。鞍式抱索器的最大爬坡角一般不大于20°。国内系列产品中鞍式抱索器的允许爬坡角为24°。但据现场观测，当矿斗驶近钢丝绳爬坡角为22°的支架时，抱索器有滑动现象，在爬坡角小于20°的支架处可安全运行。由于鞍式抱索器结构简单、造价低、维修方便，自重较四连杆重力式抱索器轻，矿斗有效载重量较大，因此线路侧形平坦、爬坡角小于20°的单线索道，选用鞍式抱索器比较合适。

5 下部牵引式矿斗的牵引索位于承载索的下方，水平牵引式矿斗的牵引索位于承载索的侧边，两种牵引形式对各种线路侧形适应程度不同。下部牵引式索道的地形适应能力较强，是国内外双线索道工程中的常用形式。

与采用下部牵引式矿斗的索道相比，采用水平牵引式矿斗的索道，在运行过程中牵引索的挠度和承载索基本一致，波动较小。承载索不受牵引索折角所引起的附加压力作用，承载索的工作寿命较长，矿斗运行平稳，因此，水平牵引式索道特别适用于凸起地形。但是，采用水平牵引式矿斗的索道要求牵引索和承载索在全线上保持近似一致的挠度，索道传动区段愈长、线路起伏变化愈大，挠度变化愈不易控制。因此，牵引索拉得过紧或过松，都可能引起矿斗倾斜，甚至造成事故。同时，由于水平牵引式矿斗的抱索器是从上方抱住牵引索，一旦发生掉斗事故，牵引索难以从抱索器中脱出，常常引起“一串矿斗”同时掉落。此外，水平牵引式矿斗不能自动转角。综上所述，采用水平牵引式矿斗的索道只适用于凸起地形，线路长度较短（我国现有的几条采用水平牵引式矿斗的索道长度均没有超过2km），并且不需要转角的场合。

目前，广泛使用的重力式抱索器可适应运输能力为300t/h（矿斗承载能力为2000kg）或稍大的索道工程。当矿斗承载能力达 3200kg 和运行速度超过 3.6m/s 时，重力式抱索器就难以保证矿斗与牵引索可靠地挂结和脱开，因此，应选用弹簧式抱索器。

19.4.2 本条对驱动装置的选择与设计进行了规定。

1 牵引索与驱动轮衬垫之间的摩擦力不足，可能导致牵引索在驱动轮上打滑，严重时索道将无法正常运行，因此应根据索道最不利荷载情况下启动或制动时进行抗滑验算。

3 因卧式驱动装置结构简单、站房高度小，具有减少钢丝绳弯曲次数、提高钢丝绳的工作寿命及减小牵引阻力等优点，单线循环式索道推荐选用卧式驱动装置。

选择卧式单轮双槽驱动装置同时传动两个区段，与两个区段单独设驱动装置相比，可减少一套驱动装置和相应的辅助设施，配置紧凑；在相同负荷情况下，改善了驱动装置的运转状况；不需采用特殊装置就可使索道的两个传动段达到同步的目的。

4 双线循环式索道，当采用高架站房时，立式驱动装置可设在站房下面的地基上，利用站房下部空间作为机房；当采用单层站房时，卧式驱动装置可直接设在站房内，简化牵引索的导绕系统并改善牵引索的工作条件。

19.4.3 本条对驱动装置电动机的选择进行了规定。

1 动力型或负力较小的制动型索道，交流绕线型电动机能满足索道运转的要求。侧形复杂、运行速度和负力都较大的索道，交流电动机在一般控制技术条件下，难以满足安全运转的要求，因此宜选用直流电动机。

2 制动型索道的电动机功率应留有较大余量，备用系数取 1.3，有利于安全、可靠运转。

19.4.4 本条第 1 款，考虑到索道变位质量大、运输线路起伏以及承载和牵引钢丝绳的弹性，采用具有逐级加载性能的制动器，才能保证索道系统平稳停车。

根据索道安全运行的要求，国内外索道工程设计都规定：制动型索道和停车后会倒转的索道应设两套制动器，其中安全制动器应安装在驱动轮的轮缘上。

制动型索道在严重过载或其他故障情况下，可能产生严重超速（即飞车）现象，为了避免酿成危及人身或厂房安全的重大事故，应采取紧急制动，此时工作制动器和安全制动器应能自动地相继投入工作，但是如果制动减速度太大，会使牵引系统剧烈跳动，引起大面积掉斗事故，所以应按减速度为 $0.5m/s^2$ ～ $1.0m/s^2$ 的要求进行制动控制。

中华人民共和国国家标准

木结构工程施工规范

Code for construction of timber structures

GB/T 50772—2012

主编部门：中华人民共和国住房和城乡建设部
批准部门：中华人民共和国住房和城乡建设部
施行日期：2 0 1 2 年 1 2 月 1 日

中华人民共和国住房和城乡建设部
公　　告

第1399号

关于发布国家标准《木结构工程施工规范》的公告

现批准《木结构工程施工规范》为国家标准，编号为GB/T 50772－2012，自2012年12月1日起实施。

本规范由我部标准定额研究所组织中国建筑工业出版社出版发行。

中华人民共和国住房和城乡建设部

2012年5月28日

前　言

本规范是根据原建设部《关于印发〈2006年工程建设标准规范制订、修订计划（第一批）〉的通知》（建标［2006］77号）的要求，由哈尔滨工业大学和黑龙江省建设集团有限公司会同有关单位共同编制完成的。

本规范在编制过程中，编制组经过广泛的调查研究，总结吸收了国内外木结构工程的施工经验，并在广泛征求意见的基础上，结合我国的具体情况进行了编制，最后经审查定稿。

本规范共分11章，主要内容包括：总则、术语、基本规定、木结构工程施工用材、木结构构件制作、构件连接与节点施工、木结构安装、轻型木结构制作与安装、木结构工程防火施工、木结构工程防护施工和木结构工程施工安全。

本规范由住房和城乡建设部负责管理，由哈尔滨工业大学负责具体技术内容的解释。在执行本规范过程中，请各单位结合工程实践，提出意见和建议，并寄送哈尔滨工业大学《木结构工程施工规范》编制组［地址：哈尔滨市南岗区黄河路73号哈尔滨工业大学（二校区）2453信箱，邮编：150090，传真：0451-86283098，电子邮件：e.c.zhu@hit.edu.cn］，以供今后修订时参考。

本规范主编单位：哈尔滨工业大学
黑龙江省建设集团有限公司

本规范参编单位：中国建筑西南设计研究院有限公司
四川省建筑科学研究院
同济大学
重庆大学
中国林业科学研究院
公安部天津消防研究所

本规范参加单位：加拿大木业协会
德胜（苏州）洋楼有限公司
苏州皇家整体住宅系统股份有限公司
上海现代建筑设计（集团）有限公司
山东龙腾实业有限公司
长春市新阳光防腐木业有限公司

本规范主要起草人员：祝恩淳　潘景龙　樊承谋　张　厚　倪　春　王永维　杨学兵　何敏娟　程少安　聂圣哲　倪　竣　邱培芳　张盛东　周淑容　陈松来　蒋明亮　姜铁华　张华君　张成龙　周和俭　高承勇

本规范主要审查人员：刘伟庆　龙卫国　张新培　申世杰　刘　雁　任海清　杨　军　王　力　王公山　丁延生　姚华军

目　次

Contents

1 总　　则

1.0.1　为使木结构工程施工技术先进，确保工程质量与施工安全，制定本规范。

1.0.2　本规范适用于木结构的制作安装、木结构的防护，以及木结构的防火施工。

1.0.3　木结构工程的施工，除应符合本规范外，尚应符合国家现行有关标准的规定。

2 术　　语

2.0.1　原木　log

伐倒并除去树皮、树枝和树梢的树干。

2.0.2　方木　rough sawn timber

直角锯切、截面为矩形或方形的木材。

2.0.3　规格材　dimension lumber

由原木锯解成截面宽度和高度在一定范围内，尺寸系列化的锯材，并经干燥、刨光、定级和标识后的一种木产品。

2.0.4　目测应力分等规格材　visually stress-graded dimension lumber

根据肉眼可见的各种缺陷的严重程度，按规定的标准划分材质等级和强度等级的规格材，简称目测分等规格材。

2.0.5　机械应力分等规格材　machine stress-rated dimension lumber

采用机械应力测定设备对规格材进行非破坏性试验，按测得的弹性模量或其他物理力学指标并按规定的标准划分材质等级和强度等级的规格材，简称机械分等规格材。

2.0.6　层板　lamination

用于制作层板胶合木的木板。按其层板评级分等方法，分为普通层板、目测分等和机械（弹性模量）分等层板。

2.0.7　层板胶合木　glued-laminated timber

以木板层叠胶合而成的木材产品，简称胶合木，也称结构用集成材。按层板种类，分为普通层板胶合木、目测分等和机械分等层板胶合木。

2.0.8　木基结构板材　wood-based structural panel

将原木旋切成单板或将木材切削成木片经胶合热压制成的承重板材，包括结构胶合板和定向木片板，可用于轻型木结构的墙面、楼面和屋面的覆面板。

2.0.9　结构复合木材　structural composite lumber (SCL)

将原木旋切成单板或切削成木片，施胶加压而成的一类木基结构用材，包括旋切板胶合木、平行木片胶合木、层叠木片胶合木及定向木片胶合木等。

2.0.10　工字形木搁栅　wood I-joist

用锯材或结构复合木材作翼缘、定向木片板或结构胶合板作腹板制作的工字形截面受弯构件。

2.0.11　标识　stamp

表明材料、构配件等的产地、生产企业、质量等级、规格、执行标准和认证机构等内容的标记图案。

2.0.12　放样　lofting

根据设计文件要求和相应的标准、规范规定绘制足尺结构构件大样图的过程。

2.0.13　起拱　camber

为减小桁架或梁等受弯构件的视觉挠度，制作时使构件向上拱起。

2.0.14　钉连接　nailed connection

利用圆钉抗弯、抗剪和钉孔孔壁承压传递构件间作用力的一种销连接形式。

2.0.15　齿连接　step joint

在木构件上开凿齿槽并与另一木构件抵承，利用其承压和抗剪能力传递构件间作用力的一种连接形式。

2.0.16　螺栓连接　bolted connection

利用螺栓的抗弯、抗剪能力和螺栓孔孔壁承压传递构件间作用力的一种销连接形式。

2.0.17　齿板　truss plate

用镀锌钢板冲压成多齿的连接件，能传递构件间的拉力和剪力，主要用于由规格材制作的木桁架节点的连接。

2.0.18　指接　finger joint

木材接长的一种连接形式，将两块木板端头用铣刀切削成相互啮合的指形序列，涂胶加压成为长板。

2.0.19　檩条　purlin

支承在桁架上弦上的屋面承重构件。

2.0.20　轻型木结构　light wood frame construction

主要由规格材和木基结构板，并通过钉连接制作的剪力墙与横隔（楼、屋盖）所构成的木结构，多用于1层～3层房屋。

2.0.21　搁栅　joist

一种较小截面尺寸的受弯木构件（包括工字形木搁栅），用于楼盖或顶棚，分别称为楼盖搁栅或顶棚搁栅。

2.0.22　椽条　rafter

屋盖体系中支承屋面板的受弯构件。

2.0.23　墙骨　stud

轻型木结构墙体中的竖向构件，是主要的受压构件，并保证覆面板平面外的稳定和整体性。

2.0.24　覆面板　structural sheathing

轻型木结构中钉合在墙体木构架单侧或双侧及楼盖搁栅或椽条顶面的木基结构板材，又分别称为墙面板、楼面板和屋面板。

2.0.25　木结构的防护　protection of wood structures

为保证木结构在规定的设计使用年限内安全、可靠地满足使用功能要求，采取防腐、防虫蛀、防火和防潮通风等措施予以保护。

2.0.26 防腐剂 preservative

能毒杀木腐菌、昆虫、凿船虫以及其他侵害木材生物的化学药剂。

2.0.27 载药量 retention

木构件经防腐剂加压处理后，能长期保持在木材内部的防腐剂量，按每立方米的千克数计算。

2.0.28 透入度 penetration

木构件经防护剂加压处理后，防腐剂透入木构件的深度或占边材的百分率。

2.0.29 进场验收 on-site acceptance

对进入施工现场的材料、构配件和设备等按相关的标准要求进行检验，以对产品质量合格与否做出认定。

2.0.30 见证检验 evidential testing

在监理单位或建设单位监督下，由施工单位有关人员现场取样，送至具备相应资质的检测机构所进行的检验。

2.0.31 交接检验 handover inspection

施工下一工序的承担方与上一工序完成方经双方检查其已完成工序的施工质量的认定活动。

3 基本规定

3.0.1 木结构工程施工单位应具有建筑工程施工资质，主要专业工种应有操作上岗证。

3.0.2 木结构工程施工分部工程应划分为木结构制作安装和木结构防护（防腐、防火）分项工程。当两个分项工程由两个或两个以上有相应资质的企业进行施工时，应以木结构制作与安装施工企业为主承包企业，并应负责分部工程的施工安排和质量管理。

3.0.3 木结构工程应按设计文件（含施工图、设计变更文字说明等）施工，并应达到现行国家标准《木结构工程施工质量验收规范》GB 50206各项质量标准的规定。设计文件应由有资质的设计单位出具和通过当地施工图审查部门审查。

3.0.4 木结构工程施工前，应由建设单位组织监理、施工和设计单位进行设计文件会审和设计单位作技术交底，结果应记录在案。施工单位应制定完整的施工方案，并应经建设或监理单位审核确认后再进行施工。

3.0.5 木结构工程施工所用材料、构配件的等级应符合设计文件的规定；可使用力学性能、防火、防护性能达到或超过设计文件规定等级的相应材料、构配件替代。作等强（效）换算处理时，应经设计单位复核并签发相应的技术文件认可；不得采用性能低于设计文件规定的材料、构配件替代。

3.0.6 进入施工现场的材料、构配件，应按现行国家标准《木结构工程施工质量验收规范》GB 50206的有关规定做进场验收和见证检验，并应在检验合格后再在工程中应用。施工过程中各种工序交接时尚应进行交接检验，并应由监理单位签发可否继续施工的文件。

3.0.7 木结构工程外观质量应分为A、B、C三级，并应达到下列要求：

1 结构外露、外观要求高、需油漆但显露木纹，应为A级。施工时木构件表面应用砂纸打磨，表面空隙应用木料和不收缩材料封填。

2 结构外露、外观要求不高并需油漆，应为B级。施工时木材表面应刨光，可允许有偶尔的漏刨和细小的缺漏（空隙、缺损），但不应有松软节子和空洞。

3 外观无特殊要求、允许有目测等级规定的缺陷、孔洞，表面无需加工处理，应为C级。

3.0.8 木结构工程中木材的防护方案应按表3.0.8的规定选择。除允许采用表面涂刷工艺进行防护（包含防火）处理外，其他防护处理均应在木构件制作完成后和安装前进行。已作防护处理的木构件不宜再行锯解、刨削等加工。确需作局部加工处理而导致局部未被浸渍药剂的外露木材，应作妥善修补。

表3.0.8 木结构的使用环境

使用分类	使用条件	应用环境	常用构件
C1	户内，且不接触土壤	在室内干燥环境中使用，能避免气候和水分的影响	木梁、木柱等
C2	户内，且不接触土壤	在室内环境中使用，有时受潮湿和水分的影响，但能避免气候的影响	木梁、木柱等
C3	户外，但不接触土壤	在室外环境中使用，暴露在各种气候中，包括淋湿，但不长期浸泡在水中	木梁等
C4A	户外，且接触土壤或浸在淡水中	在室外环境中使用，暴露在各种气候中，且与地面接触或长期浸泡在淡水中	木柱等

3.0.9 进口木材、木产品、构配件以及金属连接件等，应有产地国的产品质量合格证书和产品标识，并应符合合同技术条款的规定。

4 木结构工程施工用材

4.1 原木、方木与板材

4.1.1 进场木材的树种、规格和强度等级应符合设计文件的规定。

4.1.2 木料锯割应符合下列规定：

1 当构件直接采用原木制作时，应将原木剥去树皮，并应砍平木节。原木沿长度应呈平缓锥体，其斜率不应超过0.9%，每1m长度内直径改变不应大于9mm。

2 当构件用方木或板材制作时，应按设计文件规定的尺寸将原木进行锯割，锯割时截面尺寸应按表4.1.2的规定预留干缩量。落叶松、木麻黄等收缩量较大的原木，预留干缩量尚应大于表4.1.2规定的30%。

表 4.1.2 方木、板材加工预留干缩量（mm）

方木、板材厚度	预留干缩量
15～25	1
40～60	2
70～90	3
100～120	4
130～140	5
150～160	6
170～180	7
190～200	8

3 东北落叶松、云南松等易开裂树种，锯制成方木时宜采用“破心下料”的方法［图4.1.2（a）］；原木直径较小时，可采用“按侧边破心下料”的方法［图4.1.2（b）］，并应按图4.1.2（c）所示的方法拼接成截面较大的方木。

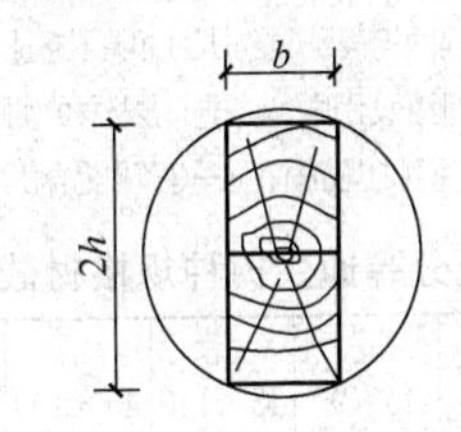

(a) 破心下料

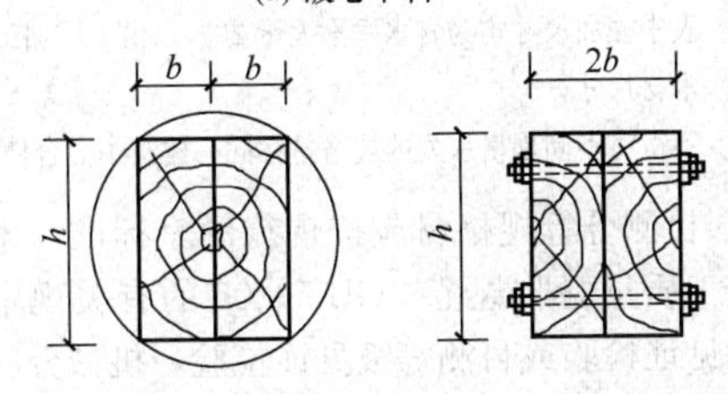

(b) 按侧边破心下料　(c) 截面拼接方法

图4.1.2 破心下料示意

4.1.3 木材的干燥可选择自然干燥（气干）或窑干，并应符合下列规定：

1 采用气干法时，应将木材放置在遮阳避雨通风的敞篷内，木料应采用立架或平行或井字积木法进行自然干燥，干燥时间应根据木料截面尺寸、树种及施工季节确定，含水率应符合本规范第4.1.5条的规定。

2 采用窑干法时，应由有资质的木材干燥企业实施完成。

4.1.4 原木、方木与板材应分别按表4.1.4-1～表4.1.4-3的规定划定每根木料的等级；不得采用普通商品材的等级标准替代。

表 4.1.4-1 原木材质等级标准

项次	缺陷名称		木材等级		
			Ⅰa	Ⅱa	Ⅲa
1	腐朽		不允许	不允许	不允许
2	木节	在构件任何150mm长度上沿周长所有木节尺寸的总和，与所测部位原木周长的比值	≤1/4	≤1/3	≤2/5
		每个木节的最大尺寸与所测部位原木周长的比值	≤1/10（连接部位为≤1/12）	≤1/6	≤1/6
3	扭纹	斜率不大于	≤8	≤12	≤15
4	裂缝	在连接的受剪面上	不允许	不允许	不允许
		在连接部位的受剪面附近，其裂缝深度（有对面裂缝时，两者之和）与原木直径的比值	≤1/4	≤1/3	不限
5	髓心		应避开受剪面	不限	不限

注：1 Ⅰa、Ⅱa等材不允许有死节，Ⅲa等材允许有死节（不包括发展中的腐朽节），直径不应大于原木直径的1/5，且每2m内不得多于1个。

2 Ⅰa等材不允许有虫眼，Ⅱa、Ⅲa等材允许有表层的虫眼。

3 木节尺寸按垂直于构件长度方向测量。直径小于10mm的木节不计。

表 4.1.4-2 方木材质等级标准

项次	缺陷名称		木材等级		
			Ⅰa	Ⅱa	Ⅲa
1	腐朽		不允许	不允许	不允许
2	木节	在构件任一面任何150mm长度上所有木节尺寸的总和与所在面宽的比值	≤1/3（普通部位）；≤1/4（连接部位）	≤2/5	≤1/2
3	斜纹	斜率（%）	≤5	≤8	≤12

续表 4.1.4-2

项次	缺陷名称		木材等级		
			Ⅰa	Ⅱa	Ⅲa
4	裂缝	在连接的受剪面上	不允许	不允许	不允许
		在连接部位的受剪面附近，其裂缝深度（有对面裂缝时，用两者之和）与材宽的比值	≤1/4	≤1/3	不限
5	髓心		应避开受剪面	不限	不限

注：1 Ⅰa等材不允许有死节，Ⅱa、Ⅲa等材允许有死节（不包括发展中的腐朽节），对于Ⅱa等材直径不应大于20mm，且每延米中不得多于1个，对于Ⅲa等材直径不应大于50mm，每延米中不得多于2个。

2 Ⅰa等材不允许有虫眼，Ⅱa、Ⅲa等材允许有表层的虫眼。

3 木节尺寸按垂直于构件长度方向测量。木节表现为条状时，在条状的一面不量（图4.1.4）；直径小于10mm的木节不计。

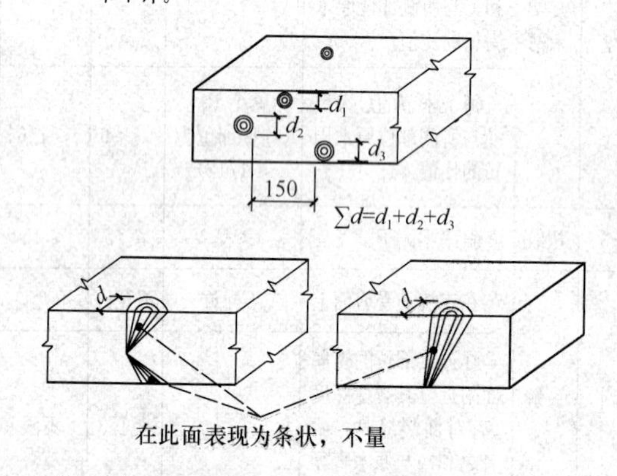

图 4.1.4 木节量法

表 4.1.4-3 板材材质等级标准

项次	缺陷名称		木材等级		
			Ⅰa	Ⅱa	Ⅲa
1	腐朽		不允许	不允许	不允许
2	木节	在构件任一面任何150mm长度上所有木节尺寸的总和与所在面宽的比值	≤1/4（普通部位）；≤1/5（连接部位）	≤1/3	≤2/5
3	斜纹	斜率（%）	≤5	≤8	≤12
4	裂缝	连接部位的受剪面及其附近	不允许	不允许	不允许
5	髓心		不允许	不允许	不允许

注：Ⅰa等材不允许有死节，Ⅱa、Ⅲa等材允许有死节（不包括发展中的腐朽节），对于Ⅱa等材直径不应大于20mm，且每延米中不得多于1个，对于Ⅲa等材直径不应大于50mm，每延米中不得多于2个。

4.1.5 制作构件时，原木、方木全截面平均含水率不应大于25%，板材不应大于20%，用作拉杆的连接板，其含水率不应大于18%。

4.1.6 干燥好的木材，应放置在避雨、遮阳且通风良好的场所内，板材应采用纵向平行堆垛法存放，并应采取压重等防止板材翘曲的措施。

4.1.7 从市场直接购置的方木、板材应有树种证明文件，并应按本规范第4.1.4条的要求分等验收。

4.1.8 工程中使用的木材，应按现行国家标准《木结构工程施工质量验收规范》GB 50206的有关规定做木材强度见证检验，强度等级应符合设计文件的规定。

4.2 规格材

4.2.1 进场规格材的树种、等级和规格应符合设计文件的规定。

4.2.2 规格材的截面尺寸应符合表4.2.2-1和表4.2.2-2的规定。截面尺寸误差不应超过±1.5mm。

表 4.2.2-1 规格材标准截面尺寸（mm）

截面尺寸宽×高	40×40	40×65	40×90	40×115	40×140	40×185	40×235	40×285
截面尺寸宽×高	—	65×65	65×90	65×115	65×140	65×185	65×235	65×285
截面尺寸宽×高	—	—	90×90	90×115	90×140	90×185	90×235	90×285

注：1 表中截面尺寸均为含水率不大于20%、由工厂加工的干燥木材尺寸；

2 进口规格材截面尺寸与表列规格材尺寸相差不超过2mm时，可视为相同规格的规格材，但在设计时，应按进口规格材的实际截面尺寸进行计算；

3 不得将不同规格系列的规格材在同一建筑中混合使用。

表 4.2.2-2 机械分等速生树种规格材截面尺寸（mm）

截面尺寸宽×高	45×75	45×90	45×140	45×190	45×240	45×290

注：1 表中截面尺寸均为含水率不大于20%、由工厂加工的干燥木材尺寸；

2 不得将不同规格系列的规格材在同一建筑中混合使用。

4.2.3 目测分等规格材应按现行国家标准《木结构工程施工质量验收规范》GB 50206的有关规定做抗弯强度见证检验或目测等级见证检验，机械分等规格材应做抗弯强度见证检验，并应在见证检验合格后再使用。目测分等规格材的材质等级应符合表4.2.3-1～表4.2.3-3的规定。

表 4.2.3-1 目测分等[1]规格材等级材质标准

项次	缺陷名称[2]		材质等级								
			Ⅰc			Ⅱc			Ⅲc		
1	振裂和干裂		允许个别长度不超过600mm，不贯通，如贯通，参见劈裂要求						贯通：长度不超过600mm 不贯通：900mm长或不超过1/4构件长 干裂无限制；贯通干裂参见劈裂要求		
2	漏刨		构件的10%轻度漏刨[3]						轻度漏刨不超过构件的5%，包含长达600mm的散布漏刨[5]，或重度漏刨[4]		
3	劈裂		$b/6$						$1.5b$		
4	斜纹	斜率（%）	≤8			≤10			≤12		
5	钝棱[6]		$h/4$和$b/4$，全长或与其相当，如果在1/4长度内，钝棱不超过$h/2$或$b/3$						$h/3$和$b/3$，全长或与其相当，如果在1/4长度内，钝棱不超过$2h/3$或$b/2$		
6	针孔虫眼		每25mm的节孔允许48个针孔虫眼，以最差材面为准								
7	大虫眼		每25mm的节孔允许12个6mm的大虫眼，以最差材面为准								
8	腐朽—材心[17]		不允许						当h>40mm时不允许，否则$h/3$或$b/3$		
9	腐朽—白腐[18]		不允许						1/3体积		
10	腐朽—蜂窝腐[19]		不允许						$b/6$坚实[13]		
11	腐朽—局部片状腐[20]		不允许						$b/6$[13],[14]		
12	腐朽—不健全材		不允许						最大尺寸$b/12$和50mm长，或等效的多个小尺寸[13]		
13	扭曲、横弯和顺弯[7]		1/2中度						轻度		
14	木节和节孔[16]（mm）		健全节、卷入节和均布节[8]		非健全节，松节和节孔[9]	健全节、卷入节和均布节		非健全节，松节和节孔[10]	任何木节		节孔[11]
			材边	材心		材边	材心		材边	材心	
	截面高度（mm）	40	10	10	10	13	13	13	16	16	16
		65	13	13	13	19	19	19	22	22	22
		90	19	22	19	25	38	25	32	51	32
		115	25	38	22	32	48	29	41	60	35
		140	29	48	25	38	57	32	48	73	38
		185	38	57	32	51	70	38	64	89	51
		235	48	67	32	64	93	38	83	108	64
		285	57	76	32	76	95	38	95	121	76

续表 4.2.3-1

项次	缺陷名称[2]	材质等级	
		Ⅳ$_c$	Ⅴ$_c$
1	振裂和干裂	贯通—1/3 构件长 不贯通—全长 3 面振裂—1/6 构件长 干裂无限制 贯通干裂参见劈裂要求	不贯通—全长 贯通和三面振裂 1/3 构件长
2	漏刨	散布漏刨伴有不超过构件 10% 的重度漏刨[4]	任何面的散布漏刨中，宽面含不超过 10% 的重度漏刨[4]
3	劈裂	$L/6$	$2b$
4	斜纹 斜率（%）	≤25	≤25
5	钝棱[6]	$h/2$ 或 $b/2$，全长或与其相当，如果在 1/4 长度内，钝棱不超过 $7h/8$ 或 $3b/4$	$h/3$ 或 $b/3$，全长或与其相当，如果在 1/4 长度内，钝棱不超过 $h/2$ 或 $3b/4$
6	针孔虫眼	每 25mm 的节孔允许 48 个针孔虫眼，以最差材面为准	
7	大虫眼	每 25mm 的节孔允许 12 个 6mm 的大虫眼，以最差材面为准	
8	腐朽—材心[17]	1/3 截面[13]	1/3 截面[15]
9	腐朽—白腐[18]	无限制	无限制
10	腐朽—蜂窝腐[19]	100%坚实	100%坚实
11	腐朽—局部片状腐[20]	1/3 截面	1/3 截面
12	腐朽—不健全材	1/3 截面，深入部分 1/6 长度[15]	1/3 截面，深入部分 1/6 长度[15]
13	扭曲，横弯和顺弯[7]	中度	1/2 中度

项次	木节和节孔[16]（mm）	Ⅳ$_c$ 任何木节		Ⅳ$_c$ 节孔[12]	Ⅴ$_c$ 任何木节		Ⅴ$_c$ 节孔
	截面高度（mm）	材边	材心				
14	40	19	19	19	19	19	19
	65	32	32	32	32	32	32
	90	44	64	44	44	64	38
	115	57	76	48	57	76	44
	140	70	95	51	70	95	51
	185	89	114	64	89	114	64
	235	114	140	76	114	140	76
	285	140	165	89	140	165	89

项次	缺陷名称[2]	材质等级	
		Ⅵ$_c$	Ⅶ$_c$
1	振裂和干裂	表层—不长于 600mm 贯通干裂同劈裂	贯通：600mm 长 不贯通：900mm 长或不超过 1/4 构件长
2	漏刨	构件的 10%轻度漏刨[3]	轻度漏刨不超过构件的 5%，包含长达 600mm 的散布漏刨[5]或重度漏刨[4]

续表 4.2.3-1

项次	缺陷名称[2]		材质等级			
			Ⅵ$_c$		Ⅶ$_c$	
3	劈裂		b		$1.5b$	
4	斜纹	斜率（%）	≤17		≤25	
5	钝棱[6]		$h/4$ 或 $b/4$，全长或与其相当，如果在 1/4 长度内钝棱不超过 $h/2$ 或 $b/3$		$h/3$ 或 $b/3$，全长或与其相当，如果在 1/4 长度内钝棱不超过 $2h/3$ 或 $b/2$，$\leqslant L/4$	
6	针孔虫眼		每 25mm 的节孔允许 48 个针孔虫眼，以最差材面为准			
7	大虫眼		每 25mm 的节孔允许 12 个 6mm 的大虫眼，以最差材面为准			
8	腐朽—材心[17]		不允许		$h/3$ 或 $b/3$	
9	腐朽—白腐[18]		不允许		1/3 体积	
10	腐朽—蜂窝腐[19]		不允许		$b/6$	
11	腐朽—局部片状腐[20]		不允许		$b/6$[14]	
12	腐朽—不健全材		不允许		最大尺寸 $b/12$ 和 50mm 长，或等效的小尺寸[13]	
13	扭曲，横弯和顺弯[7]		1/2 中度		轻度	
14	木节和节孔[16]（mm）		健全节、卷入节和均布节[8]	非健全节、松节和节孔[10]	任何木节	节孔[11]
	截面高度（mm）	40	—	—	—	—
		65	19	16	25	19
		90	32	19	38	25
		115	38	25	51	32
		140	—	—	—	—
		185	—	—	—	—
		235	—	—	—	—
		285	—	—	—	—

注：1 目测分等应包括构件所有材面以及两端。表中，b 为构件宽度，h 为构件厚度，L 为构件长度。

2 除本注解已说明，缺陷定义详见国家标准《锯材缺陷》GB/T 4823。

3 指深度不超过 1.6mm 的一组漏刨、漏刨之间的表面刨光。

4 重度漏刨为宽面上深度为 3.2mm、长度为全长的漏刨。

5 部分或全部漏刨，或全部糙面。

6 离材端全部或部分占据材面的钝棱，当表面要求满足允许漏刨规定，窄面上破坏要求满足允许节孔的规定（长度不超过同一等级最大节孔直径的 2 倍），钝棱的长度可为 300mm，每根构件允许出现一次。含有该缺陷的构件不得超过总数的 5%。

7 顺纹允许值是横弯的 2 倍。

8 卷入节是指被树脂或树皮包围不与周围木材连生的木节，均布节是指在构件任何 150mm 长度上所有木节尺寸的总和必须小于最大木节尺寸的 2 倍。

9 每 1.2m 有一个或数个小节孔，小节孔直径之和与单个节孔直径相等。

10 每 0.9m 有一个或数个小节孔，小节孔直径之和与单个节孔直径相等。

11 每 0.6m 有一个或数个小节孔，小节孔直径之和与单个节孔直径相等。

12 每 0.3m 有一个或数个小节孔，小节孔直径之和与单个节孔直径相等。

13 仅允许厚度为 40mm。

14 构件窄面均有局部片状腐朽时，长度限制为节孔尺寸的 2 倍。

15 钉入边不得破坏。

16 节孔可全部或部分贯通构件。除非特别说明，节孔的测量方法与节子相同。

17 材心腐朽指某些树种沿髓心发展的局部腐朽，用目测鉴定。心材腐朽存在于活树中，在被砍伐的木材中不会发展。

18 白腐指木材中白色或棕色的小壁孔或斑点，由白腐菌引起。白腐存在于活树中，在使用时不会发展。

19 蜂窝腐与白腐相似但囊孔更大。含蜂窝腐的构件较未含蜂窝腐的构件不易腐朽。

20 局部片状腐朽为柏树中槽状或壁孔状的区域。所有引起局部片状腐的木腐菌在树砍伐后不再生长。

表 4.2.3-2　规格材的允许扭曲值（mm）

长度（m）	扭曲程度	宽度(mm)					
		40	65 和 90	115 和 140	185	235	285
1.2	极轻	1.6	3.2	5	6	8	10
	轻度	3	6	10	13	16	19
	中度	5	10	13	19	22	29
	重度	6	13	19	25	32	38
1.8	极轻	2.4	5	8	10	11	14
	轻度	5	10	13	19	22	29
	中度	7	13	19	29	35	41
	重度	10	19	29	38	48	57
2.4	极轻	3.2	5	10	13	16	19
	轻度	6	6	19	25	32	38
	中度	10	19	29	38	48	57
	重度	13	25	38	51	64	76
3.0	极轻	4	8	11	16	19	24
	轻度	8	16	22	32	38	48
	中度	13	22	35	48	60	70
	重度	16	32	48	64	79	95
3.7	极轻	5	10	14	19	24	29
	轻度	10	19	29	38	48	57
	中度	14	29	41	57	70	86
	重度	19	38	57	76	95	114
4.3	极轻	6	11	16	22	27	33
	轻度	11	12	32	44	54	67
	中度	16	32	48	67	83	68
	重度	22	44	67	89	111	133
4.9	极轻	6	13	19	25	32	38
	轻度	13	25	38	51	64	76
	中度	19	38	57	76	95	114
	重度	25	51	76	102	127	152
5.5	极轻	8	14	21	29	37	43
	轻度	14	29	41	57	70	86
	中度	22	41	64	86	108	127
	重度	29	57	86	108	143	171
≥6.1	极轻	8	16	24	32	40	48
	轻度	16	32	48	64	79	95
	中度	25	48	70	95	117	143
	重度	32	64	95	127	159	191

表 4.2.3-3　规格材的允许横弯值（mm）

长度（m）	扭曲程度	宽度（mm）						
		40	65	90	115 和 140	185	235	285
1.2 和 1.8	极轻	3.2	3.2	3.2	3.2	1.6	1.6	1.6
	轻度	6	6	6	5	3.2	1.6	1.6
	中度	10	10	10	6	5	3.2	3.2
	重度	13	13	13	10	6	5	5
2.4	极轻	6	6	5	3.2	3.2	1.6	1.6
	轻度	10	10	10	8	6	5	3.2
	中度	13	13	13	10	10	6	5
	重度	19	19	19	16	13	10	6
3.0	极轻	10	8	6	5	5	3.2	3.2
	轻度	19	16	13	11	10	6	5
	中度	35	25	19	16	13	11	10
	重度	44	32	29	25	22	19	16
3.7	极轻	13	10	10	8	6	5	5
	轻度	25	19	17	16	13	11	10
	中度	38	29	25	25	21	19	14
	重度	51	38	35	32	29	25	21
4.3	极轻	16	13	11	10	8	6	5
	轻度	32	25	22	19	16	13	10
	中度	51	38	32	29	25	22	19
	重度	70	51	44	38	32	29	25
4.9	极轻	19	16	13	11	10	8	6
	轻度	41	32	25	22	19	16	13
	中度	64	48	38	35	29	25	22
	重度	83	64	51	44	38	32	29
5.5	极轻	25	19	16	13	11	10	8
	轻度	51	35	29	25	22	19	16
	中度	76	52	41	38	32	29	25
	重度	102	70	57	51	44	38	32
6.1	极轻	29	22	19	16	13	11	10
	轻度	57	38	35	32	25	22	19
	中度	86	57	52	48	38	32	29
	重度	114	76	70	64	51	44	38
6.7	极轻	32	25	22	19	16	13	11
	轻度	64	44	41	38	32	25	22
	中度	95	67	62	57	48	38	32
	重度	127	89	83	76	64	51	44
7.3	极轻	38	29	25	22	19	16	13
	轻度	76	51	30	44	38	32	25
	中度	114	76	48	67	57	48	41
	重度	152	102	95	89	76	64	57

4.2.4　进场规格材的含水率不应大于 20%，并应按现行国家标准《木结构工程施工质量验收规范》GB 50206 的有关规定检验。规格材的存储应符合本规范第 4.1.6 条的规定。

4.2.5　截面尺寸方向经剖解的规格材作承重构件使用时，应重新定级。

4.3　层板胶合木

4.3.1　层板胶合木应由有资质的专业加工厂制作。

4.3.2　进场层板胶合木的类别、组坯方式、强度等级、截面尺寸和适用环境，应符合设计文件的规定，并应有产品质量合格证书和产品标识。

4.3.3　进场层板胶合木或胶合木构件应有符合现行国家标准《木结构试验方法标准》GB/T 50329 规定的胶缝完整性检验和层板指接强度检验合格报告。用作受弯构件的层板胶合木应作荷载效应标准组合作用下的抗弯性能见证检验，并应符合现行国家标准《木结构工程施工质量验收规范》GB 50206 的有关规定。

4.3.4　直线形层板胶合木构件的层板厚度不宜大于 45mm，弧形层板胶合木构件的层板厚度不应大于截面最小曲率半径的 1/125。

4.3.5 层板胶合木的构造和外观应符合下列要求：

1 各层板的木纹方向与构件长度方向应一致。层板在长度方向应采用指接，宽度方向可为平接。受拉构件和受弯构件受拉区截面高度的1/10范围内的同一层板的指接头间距，不应小于1.5m，相邻上、下层板的指接头间距不应小于层板厚的10倍，同一截面上的指接头数量不应多于叠合层板总数的1/4；相邻层间的平接头应错开布置（图4.3.5-1），错开距离不应小于40mm。层板宽度较大时可在层板底部开槽。

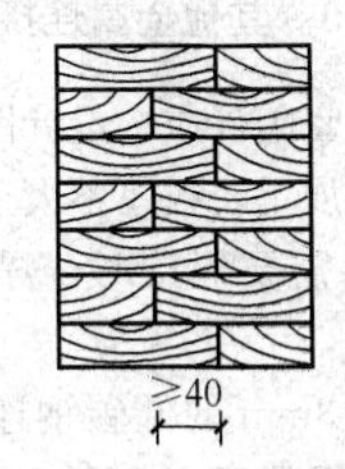

图4.3.5-1　平接头布置示意

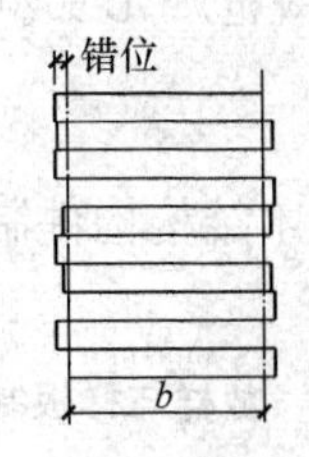

图4.3.5-2　外观C级层板错位示意

2 胶缝厚度应均匀，厚度应为0.1mm～0.3mm，可允许局部有厚度超过0.3mm的胶层，但长度不应超过300mm，且最厚处不应超过1.0mm。胶缝局部未粘结长度不应超过150mm，承受剪力较大的区段未粘结长度不应超过75mm，未粘结区段不应贯通整个构件截面宽度，相邻未粘结区段间的净距不应小于600mm。

3 胶合木构件截面宽度允许偏差不超过±2mm；高度允许偏差不超过±0.4mm乘以叠合的层板数；长度不应超过样板尺寸的±3%，并不应超过±6.0mm。外观要求为C级的构件，截面高、宽和板间错位（图4.3.5-2）不应超过表4.3.5的规定。

4 各层板髓心应在同一侧［图4.3.5-3（a）］，但当构件处于可能导致木材含水率超过20%的气候条件下或室外不能遮雨的情况下，除底层板髓心应向下外，其余各层板髓心均应向上［图4.3.5-3（b）］。

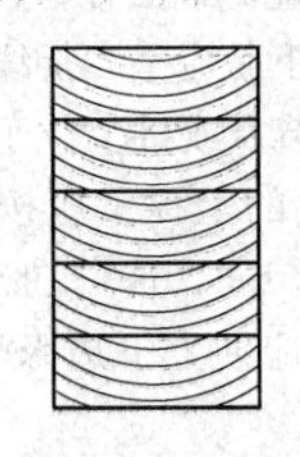

(a) 一般条件下

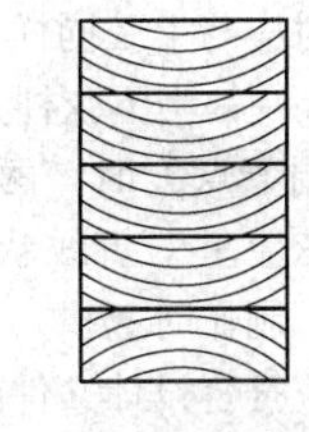

(b) 其他条件下

图4.3.5-3　叠合的层板髓心布置

5 胶合木构件的实际尺寸与产品公称尺寸的绝对偏差不应超过±5mm，且相对偏差不应超过3%。

表4.3.5　胶合木结构外观C级时的构件截面允许偏差（mm）

截面高度或宽度（mm）	截面高度或宽度的允许偏差	错位的最大值
(h 或 b)<100	±2	4
100≤(h 或 b)<300	±3	5
300≤(h 或 b)	±6	6

4.3.6 进场层板胶合木的平均含水率不应大于15%。

4.3.7 已作防护处理的层板胶合木，应有防止搬运过程中发生磕碰而损坏其保护层的包装。

4.3.8 层板胶合木的存储应符合本规范第4.1.6条的规定。

4.4 木基结构板材

4.4.1 轻型木结构的墙体、楼盖和屋盖的覆面板，应采用结构胶合板或定向木片板等木基结构板材，不得用普通的商品胶合板或刨花板替代。

4.4.2 进场结构胶合板与定向木片板应有产品质量合格证书和产品标识，品种、规格和等级应符合设计文件的规定，并应有下列检验合格保证文件：

1 楼面板应有干态及湿态重新干燥条件下的集中静载、冲击荷载与均布荷载作用下的力学性能检验报告，并应符合现行国家标准《木结构工程施工质量验收规范》GB 50206的有关规定。

2 屋面板应有干态及湿态条件下的集中静载、冲击荷载及干态条件下的均布荷载作用力学性能的检验报告，并应符合现行国家标准《木结构工程施工质量验收规范》GB 50206的有关规定。

4.4.3 结构胶合板进场验收时尚应检查其表层单板的质量，其缺陷不应超过现行国家标准《木结构覆板用胶合板》GB/T 22349有关表层单板的规定。

4.4.4 进场结构胶合板与定向木片板应做静曲强度见证检验，并应符合现行国家标准《木结构工程施工质量验收规范》GB 50206的有关规定后再在工程中使用。

4.4.5 结构胶合板和定向木片板应放置在通风良好的场所，应平卧叠放，顶部应均匀压重。

4.5 结构复合木材及工字形木搁栅

4.5.1 进场结构复合木材和工字形木搁栅的规格应符合设计文件的规定，并应有产品质量合格证书和产品标识。

4.5.2 进场结构复合木材应有符合设计文件规定的侧立或平置抗弯强度检验合格证书。工字形木搁栅尚应做荷载效应标准组合下的结构性能见证检验，并应符合现行国家标准《木结构工程施工质量验收规范》GB 50206的有关规定。

4.5.3 使用结构复合木材作构件时，不宜在其原有厚度方向作切割、刨削等加工。

4.5.4 工字形木搁栅应垂直放置，腹板应垂直于地面，堆放时两层搁栅间应沿长度方向每隔2.4m设置一根（2×4）in.规格材作垫条。工字形木搁栅需平置时，腹板应平行于地面，不得在其上放置重物。

4.5.5 进场的结构复合木材及其预制构件应存放在遮阳、避雨，且通风良好的有顶场所内，并应按产品说明书的规定堆放。

4.6 木结构用钢材

4.6.1 进场木结构用钢材的品种、规格应符合设计文件的规定，并应具有相应的抗拉强度、伸长率、屈服点，以及碳、硫、磷等化学成分的合格证明。承受动荷载或工作温度低于−30℃的结构，不应采用沸腾钢，且应有相应屈服强度钢材D等级冲击韧性指标的合格保证；直径大于20mm且用于钢木桁架下弦的圆钢，尚应有冷弯合格的保证。

4.6.2 进场木结构用钢材应做见证检验，性能应符合现行国家标准《碳素结构钢》GB/T 700的有关规定。

4.7 螺　　栓

4.7.1 螺栓及螺帽的材质等级和规格应符合设计文件的规定，并应具有符合现行国家标准《六角头螺栓》GB/T 5782和《六角头螺栓　C级》GB/T 5780的有关规定的合格保证。

4.7.2 圆钢拉杆端部螺纹应按现行国家标准《普通螺纹　基本牙型》GB/T 192的有关规定加工，不应采用板牙等工具手工制作。

4.8 剪　　板

4.8.1 剪板应采用热轧钢冲压或可锻铸铁制作，其种类、规格和形状应符合表4.8.1的规定。

表4.8.1 剪板的种类、规格和形状

材料	热轧钢冲压剪板	可锻铸铁（玛钢）
形状		
规格	67mm、102mm	67mm、102mm

4.8.2 进场剪板连接件（剪板和紧固件）应配套使用，其规格应符合设计文件的规定。

4.9 圆　　钉

4.9.1 进场圆钉的规格（直径、长度）应符合设计文件的规定，并应符合现行行业标准《一般用途圆钢钉》YB/T 5002的有关规定。

4.9.2 承重钉连接用圆钉应做抗弯强度见证检验，并应在符合设计规定后再使用。

4.10 其他金属连接件

4.10.1 连接件与紧固件应按设计图要求的材质和规格由专门生产企业加工，板厚不大于3mm的连接件，宜采用冲压成形；需要焊接时，焊缝质量不应低于三级。

4.10.2 板厚小于3mm的低碳钢连接件均应有镀锌防锈层，其镀锌层重量不应小于275g/m²。

4.10.3 连接件与紧固件应按现行国家标准《木结构工程施工质量验收规范》GB 50206的有关规定做进场验收。

5 木结构构件制作

5.1 放样与样板制作

5.1.1 木桁架等组合构件制作前应放样。放样应在平整的工作台面上进行，应以1∶1的足尺比例将构件按设计图标注尺寸绘制在台面上，对称构件可仅绘制其一半。工作台应设置在避雨、遮阳的场所内。

5.1.2 除方木、胶合木桁架下弦杆以净截面几何中心线外，其余杆件及原木桁架下弦等各杆均应以毛截面几何中心线与设计图标注中心线一致[图5.1.2(a)、图5.1.2(b)]；当桁架上弦杆需要作偏心处理时，上弦杆毛截面几何中心线与设计图标注中心线的距离应为设计偏心距[图5.1.2(c)]，偏心距e_1不宜大于上弦截面高度的1/6。

5.1.3 除设计文件规定外，桁架应作$l/200$的起拱（l为跨度），应将上弦脊节点上提$l/200$，其他上弦节点中心应落在脊节点和端节点的连线上，且节间水平投影应保持不变；应在保持桁架高度不变的条件下，决定桁架下弦的各节点位置，下弦有中央节点并设接头时应与上弦同样处理，下弦应呈二折线状[图5.1.3(a)]；当下弦杆无中央节点或接头位于中央节点的两侧节点上时，两侧节点的上提量应按比例确定，下弦应呈三折线状[图5.1.3(b)]。胶合木梁应在工厂制作时起拱，起拱后应使上下边缘呈弧形，起拱量应符合设计文件的规定。

5.1.4 胶合木弧形构件、刚架、拱及需起拱的胶合木梁等构件放样时，其各部位的曲率或起拱量应按设

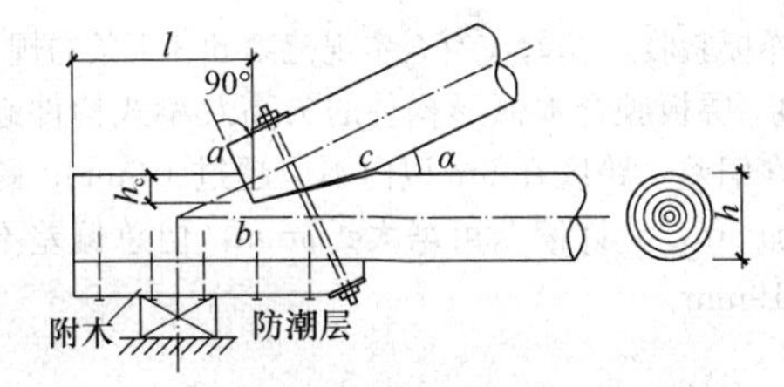

(a) 原木桁架

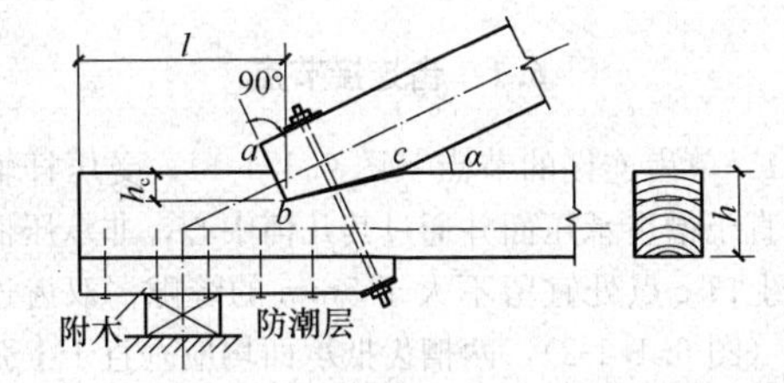

(b) 方木、胶合木桁架

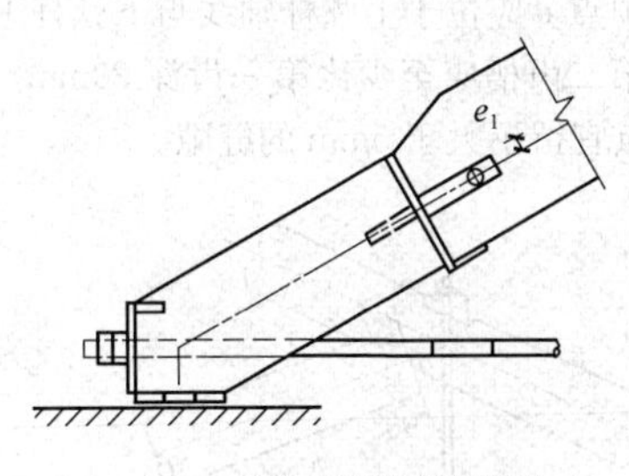

(c) 上弦设偏心情况

图 5.1.2 构件截面中心线与设计中心线关系

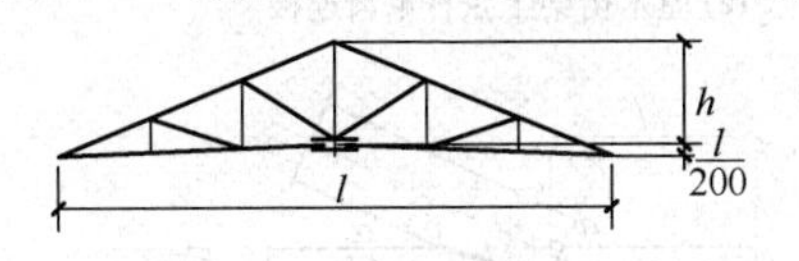

(a) 下弦中央节点设接头情况

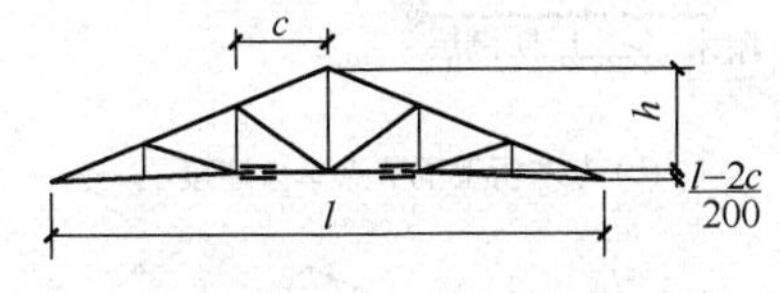

(b) 下弦中央节点两侧设接头情况

图 5.1.3 桁架放样起拱示意

计文件的规定确定，但胶合木生产时模具各部位的曲率可由胶合木加工企业自行确定。

5.1.5 放样时除应绘出节点处各杆的槽齿等细部外，尚应绘出构件接头位置与细节，并均应符合本规范第6章的有关规定。除设计文件规定外，原木、方木桁架上弦杆一侧接头不应多于1个。三角形豪式桁架，上弦接头不宜设在脊节点两侧或端节间，应设在其他中间节间的节点附近［图 5.1.5 (a)］；梯形豪式桁架，上弦接头宜设在第一节间的第二节点处［图 5.1.5 (b)］。方木、原木结构桁架下弦受拉接头不宜多于2个，并应位于下弦节点处。胶合木结构桁架上、下弦不宜设接头。原木三角形豪式桁架的上弦杆，除设计图个别标注外，梢径端应朝向中央节点。

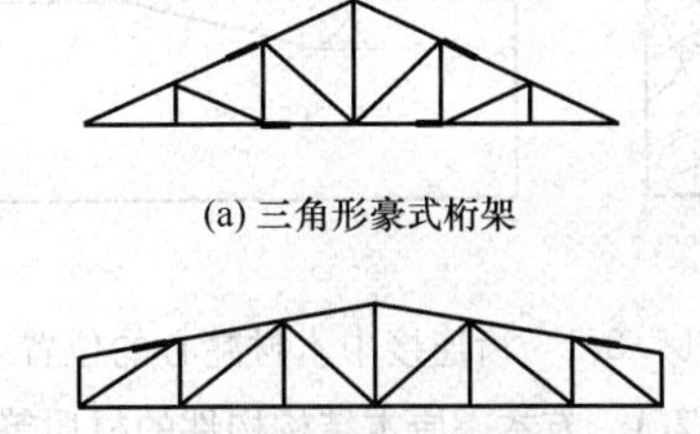
(a) 三角形豪式桁架

(b) 梯形豪式桁架

图 5.1.5 桁架构件接头位置

5.1.6 桁架足尺大样的尺寸应用经计量认证合格的量具度量，大样尺寸与设计尺寸间的偏差不应超过表 5.1.6 的规定。

表 5.1.6 大样尺寸允许偏差

桁架跨度（m）	跨度偏差（mm）	高度偏差（mm）	节点间距偏差（mm）
≤15	±5	±2	±2
>15	±7	±3	±2

5.1.7 构件样板应用木纹平直不易变形，且含水率不大于10%的板材或胶合板制作。样板与大样尺寸间的偏差不得大于±1mm，使用过程中应防止受潮和破损。

5.1.8 放样和样板应在交接检验合格后再在构件加工时使用。

5.2 选 材

5.2.1 方木、原木结构应按表 5.2.1 的规定选择原木、方木和板材的目测材质等级。木材含水率应符合本规范第 4.1.5 条的规定，因条件限制使用湿材时，应经设计单位同意。

配料时尚应符合下列规定：

1 受拉构件螺栓连接区段木材及连接板应符合表 4.1.4-1～表 4.1.4-3 中Ⅰa 等材关于连接部位的规定。

2 受弯或压弯构件中木材的节子、虫孔、斜纹等天然缺陷应处于受压或压应力较大一侧；其初始弯曲应处于构件受载变形的反方向。

3 木构件连接区段内的木材不应有腐朽、开裂和斜纹等较严重缺陷。齿连接处木材的髓心不应处于齿连接受剪面的一侧（图 5.2.1）。

4 采用东北落叶松、云南松等易开裂树种的木材制作桁架下弦，应采用“破心下料”或“按侧边破心下料”的木材［图 4.1.2 (a)、图 4.1.2 (b)］，按侧边破心下料后对拼的木材［图 4.1.2 (b)］宜选自同一根木料。

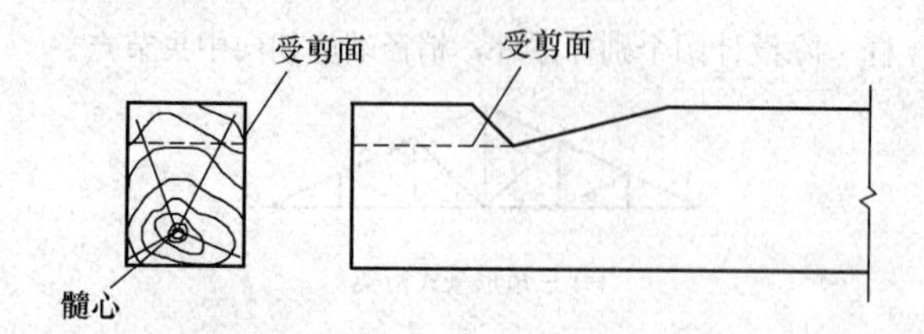

图 5.2.1　齿连接中木材髓心的位置

表 5.2.1　方木、原木结构构件的材质等级

主要用途	材质等级
受拉或拉弯构件	Ⅰa
受弯或压弯构件	Ⅱa
受压或次要的受弯构件	Ⅲa

5.2.2　层板胶合木构件所用层板胶合木的类别、强度等级、截面尺寸及使用环境，应按设计文件的规定选用；不得用相同强度等级的异等非对称组坯胶合木替代同等或异等对称组坯胶合木。凡截面作过剖解的层板胶合木，不应用作承重构件。异等非对称组坯胶合木受拉层板的位置应符合设计文件的规定。

5.2.3　防腐处理的木材（含层板胶合木）应按设计文件规定的木结构使用环境选用。

5.3　构件制作

5.3.1　方木、原木结构构件应按已制作的样板和选定的木材加工，并应符合下列规定：

1　方木桁架、柱、梁等构件截面宽度和高度与设计文件的标注尺寸相比，不应小于 3mm 以上；方木檩条、椽条及屋面板等板材不应小于 2mm 以上；原木构件的平均梢径不应小于 5mm 以上，梢径端应位于受力较小的一端。

2　板材构件的倒角高度不应大于板宽的 2%。

3　方木截面的翘曲不应大于构件宽度的 1.5%，其平面上的扭曲，每 1m 长度内不应大于 2mm。

4　受压及压弯构件的单向纵向弯曲，方木不应大于构件全长的 1/500，原木不应大于全长的 1/200。

5　构件的长度与样板相比偏差不应超过±2mm。

6　构件与构件间的连接处加工应符合本规范第 6 章的有关规定。

7　构件外观应符合本规范第 3.0.7 条的规定。

5.3.2　层板胶合木构件应选择符合设计文件规定的类别、组坯方式、强度等级、截面尺寸和使用环境的层板胶合木加工制作。胶合木应仅作长度方向的切割及两端面和必要的槽口加工。加工完成的构件，保存时端部与切口处均应采取密封措施。

5.3.3　单、双坡梁、弧形构件或桁架、拱等组合构件需用层板胶合木制作或胶合木梁式构件需起拱时，应按样板和设计文件规定的层板胶合木类别、强度等级和使用条件，委托有胶合木生产资质的专业加工厂以构件形式加工，其层板胶合木的质量应按本规范第 4.3.3 条～第 4.3.5 条的规定验收，层板胶合木的尺寸应按样板验收，偏差应符合本规范第 5.3.1 条的规定。

5.3.4　层板胶合木弧形构件的矢高及梁式构件起拱的允许偏差，跨度在 6m 以内不应超过±6mm；跨度每增加 6m，允许偏差可增大±3mm，但总偏差不应超过 19mm。

6　构件连接与节点施工

6.1　齿连接节点

6.1.1　单齿连接的节点（图 6.1.1-1），受压杆轴线应垂直于槽齿承压面并通过其几何中心，非承压面交接缝上口 c 点处宜留不大于 5mm 的缝隙；双齿连接节点（图 6.1.1-2），两槽齿抵承面均应垂直于上弦轴线，第一齿顶点 a 应位于上、下弦杆的上边缘交点处，第二齿顶点 c 应位于上弦杆轴线与下弦杆上边缘的交点处。第二齿槽应至少比第一齿深 20mm，非承压面上口 e 点宜留不大于 5mm 的缝隙。

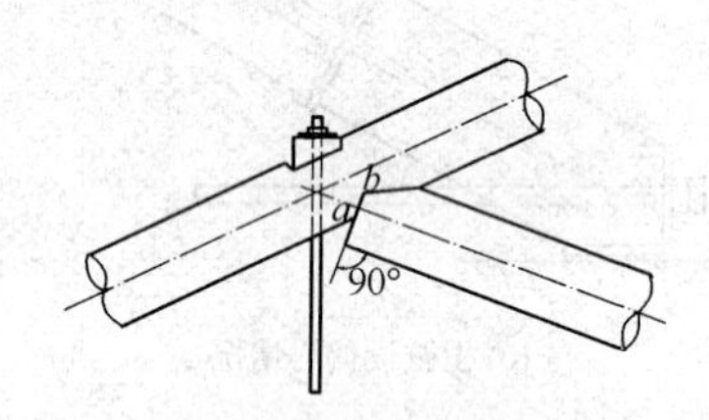

(a) 原木桁架上弦杆单齿连接

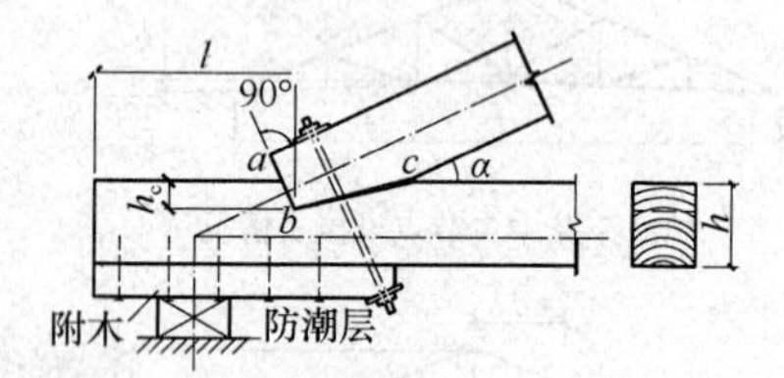

(b) 方木桁架端节点单齿连接

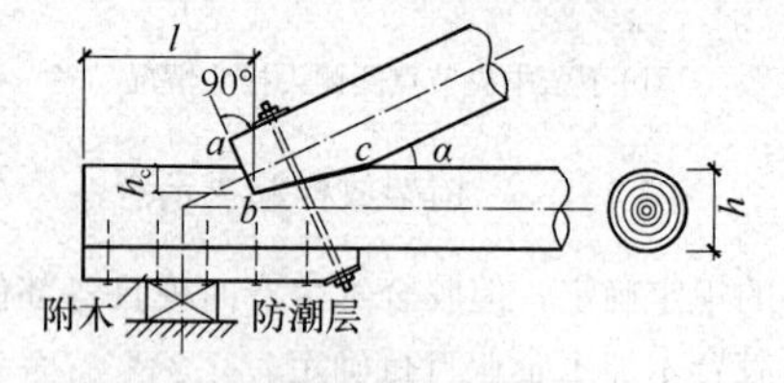

(c) 原木桁架端节点单齿连接

图 6.1.1-1　单齿连接节点

6.1.2　齿连接齿槽深度应符合设计文件的规定，偏差不应超过±2.0mm，受剪面木材不应有裂缝或斜纹；下弦杆为胶合木时，各受剪面上不应有未粘结胶缝。桁架支座节点处的受剪面长度不应小于设计长度 10mm 以上；受剪面宽度，原木不应小于设计宽度 4mm 以上，方木与胶合木不应小于 3mm 以上。承压面应紧密，局部缝隙宽度不应大于 1mm。

6.1.3　桁架支座端节点的齿连接，每齿均应设一枚

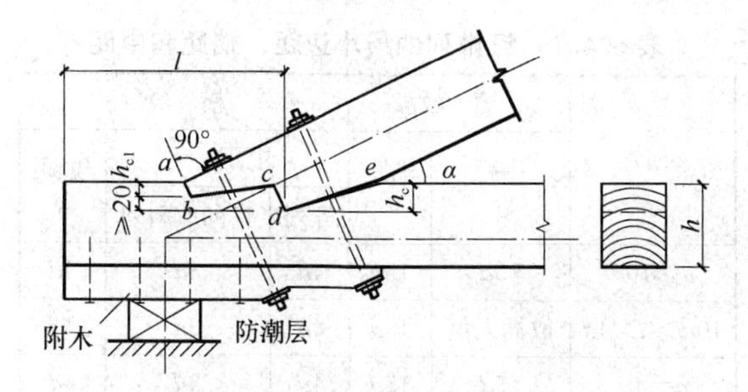

图 6.1.1-2　双齿连接节点

保险螺栓，保险螺栓应垂直于上弦杆轴线（图 6.1.1-1、图 6.1.1-2），且宜位于非承压面的中心，施钻时应在节点组合后一次成孔。腹杆与上、下弦杆的齿连接处，应在截面两侧用扒钉扣牢。在 8 度和 9 度地震烈度区，应用保险螺栓替代扒钉。

6.2　螺栓连接及节点

6.2.1　螺栓的材质、规格及在构件上的布置应符合设计文件的规定，并应符合下列要求：

1　当螺栓承受的剪力方向与木纹方向一致时，其最小边距、端距与间距（图 6.2.1-1）不应小于表 6.2.1 的规定。构件端部呈斜角时，端距应按图 6.2.1-2 中的 C 量取；当螺栓承受剪力的方向垂直于木纹方向时，螺栓的横纹最小边距在受力边不应小于螺栓直径的 4.5 倍，非受力边不应小于螺栓直径的 2.5 倍（图 6.2.1-3）；采用钢板作连接板时，钢板上的端距不应小于螺栓直径的 2 倍，边距不应小于螺栓直径的 1.5 倍。螺栓孔附近木材不应有干裂、斜纹、松节等缺陷。

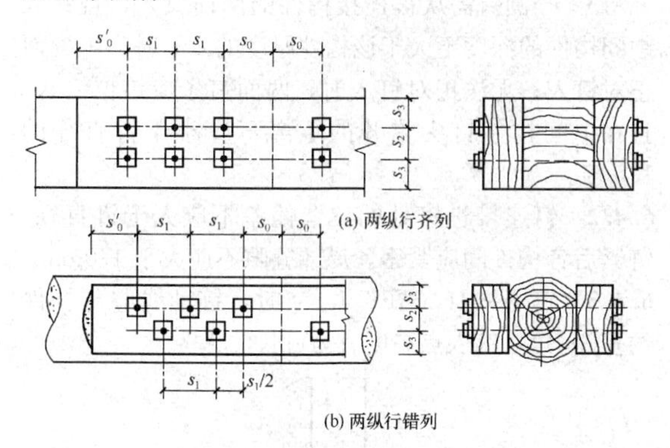

图 6.2.1-1　螺栓的排列

表 6.2.1　螺栓排列的最小边距、端距与间距

构造特点	顺纹			横纹	
	端距		中距	边距	中距
	s_0	s_0'	s_1	s_3	s_2
两纵行齐列	$7d$		$7d$	$3d$	$3.5d$
两纵行错列			$10d$		$2.5d$

注：1　d 为螺栓直径。

2　湿材 s_0 应增加 30mm。

2　采用单排螺栓连接时，各螺栓中心应与构件的轴线一致；当连接上设两排和两排以上螺栓时，其合力作用点应位于构件的轴线上；采用钢板作连接板时，钢板应分条设置（图 6.2.1-4）。

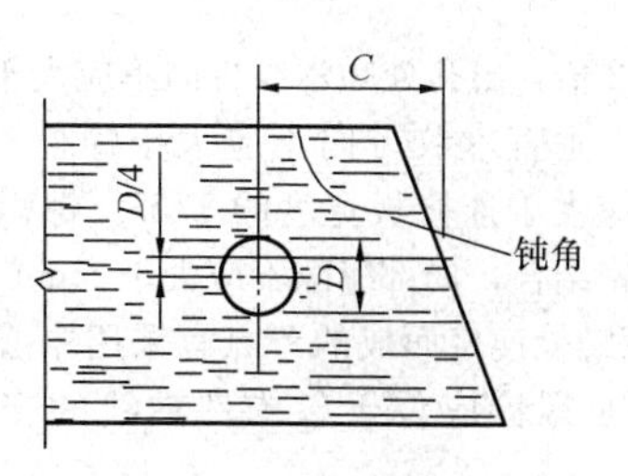

图 6.2.1-2　构件端部斜角时的端距

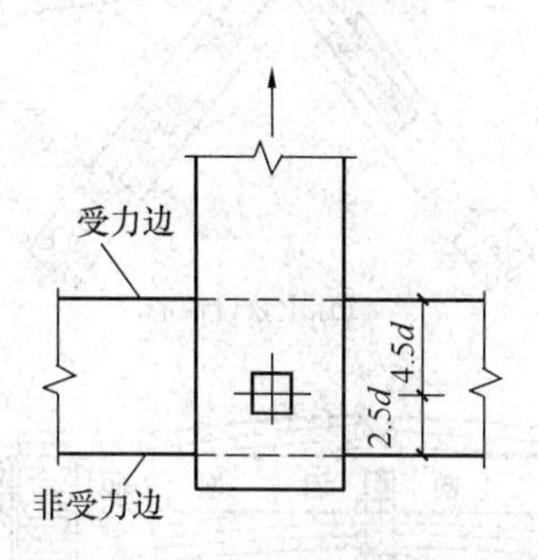

图 6.2.1-3　横纹螺栓排列的边距

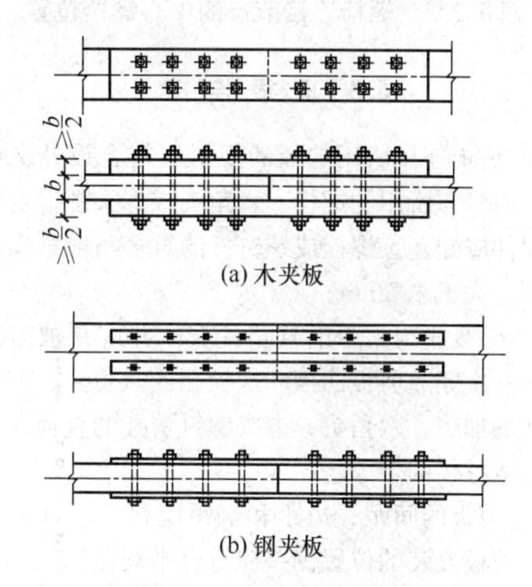

图 6.2.1-4　螺栓的布置

3　施工现场制作时应将连接件与被连接件一起定位并临时固定，并应根据放样的螺栓孔位置用电钻一次钻通；采用钢连接板时，应用钢钻头一次成孔。除特殊要求外，钻孔时钻杆应垂直于构件表面，螺栓孔孔径可大于螺杆直径，但不应超过 1mm。

4　除设计文件规定外，螺栓垫板的厚度不应小于螺栓直径的 0.3 倍，方形垫板边长或圆垫板直径不应小于螺栓直径的 3.5 倍，拧紧螺帽后螺杆外露长度不应小于螺栓直径的 0.8 倍，螺纹保留在木夹板内的长度不应大于螺栓直径的 1.0 倍。

5　螺栓中心位置在进孔处的偏差不应大于螺栓

直径的0.2倍，出孔处顺木纹方向不应大于螺栓直径的1.0倍，垂直木纹方向不应大于螺栓直径的0.5倍，且不应大于连接板宽度的1/25。螺帽拧紧后各构件应紧密结合，局部缝隙不应大于1mm。

6.2.2 用螺栓连接而成的节点宜采用中心螺栓连接方法，中心螺栓应位于各构件轴线的交点上（图6.2.2）。

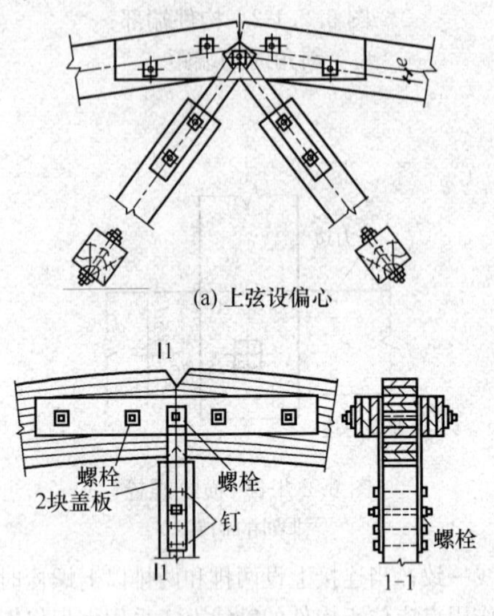

图6.2.2 螺栓连接节点的中心螺栓位置

6.3 剪板连接

6.3.1 剪板连接所用剪板的规格应符合设计文件的规定，剪板与所用的螺栓、六角头或方头螺钉及垫圈等紧固件应配套。螺栓或螺钉杆的直径与剪板螺栓孔之差不应大于1.5mm。

6.3.2 钻具应与剪板的规格配套，并应在被连接木构件上一次完成剪板凹槽和螺栓孔或六角头、方头螺钉引孔的加工。六角头、方头螺钉引孔的直径在有螺纹段可取杆径的70%。

6.3.3 剪板的间距、边距和端距应符合设计文件的规定。剪板安装的位置偏差应符合本规范第6.2.1条第5款的规定。

6.3.4 剪板连接的紧固件（螺栓、六角头或方头螺钉）应定期复拧紧，并应直至木材达到建设地区平衡含水率为止。拧紧的程度应以不致木材局部开裂为限。

6.4 钉 连 接

6.4.1 钉连接所用圆钉的规格、数量和在连接处的排列（图6.4.1）应符合设计文件的规定，并应符合下列规定：

1 钉排列的最小边距、端距和中距不应小于表6.4.1的规定。

表6.4.1 钉排列的最小边距、端距和中距

a	顺纹		横纹		
	中距 s_1	端距 s_0	中距 s_2		边距 s_3
			齐列	错列或斜列	
$a \geqslant 10d$	$15d$	$15d$	$4d$	$3d$	$4d$
$10d > a > 4d$	取插入值	$15d$	$4d$	$3d$	$4d$
$a = 4d$	$25d$	$15d$	$4d$	$3d$	$4d$

注：1 表中d为钉直径；a为构件被钉穿的厚度。

2 当使用的木材为软质阔叶材时，其顺纹中距和端距尚应增大25%。

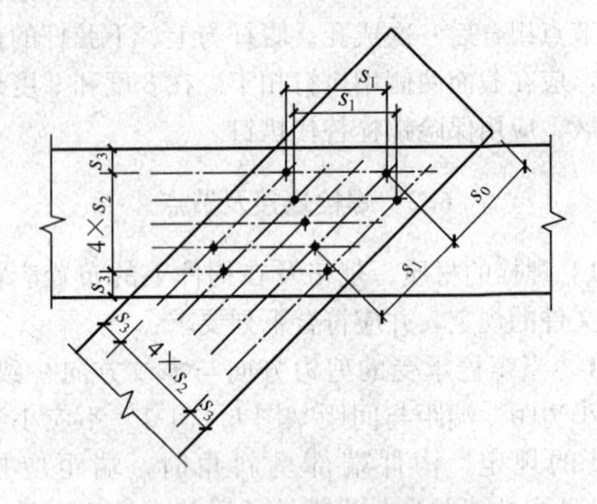

图6.4.1 钉连接的斜列布置

2 除特殊要求外，钉应垂直构件表面钉入，并应打入至钉帽与被连接构件表面齐平；当构件木材为易开裂的落叶松、云南松等树种时，均应预钻孔，孔径可取钉直径的0.8倍～0.9倍，孔深不应小于钉入深度的0.6倍。

3 当圆钉需从被连接构件的两面钉入，且钉入中间构件的深度不大于该构件厚度的2/3时，可两面正对钉入；无法正对钉入时，两面钉子应错位钉入，且在中间构件钉尖错开的距离不应小于钉直径的1.5倍。

6.4.2 钉连接进钉处的位置偏差不应大于钉直径，钉紧后各构件间应紧密，局部缝隙不应大于1.0mm。

6.4.3 钉子斜钉（图6.4.3）时，钉轴线应与杆件约呈30°角，钉入点高度宜为钉长的1/3。

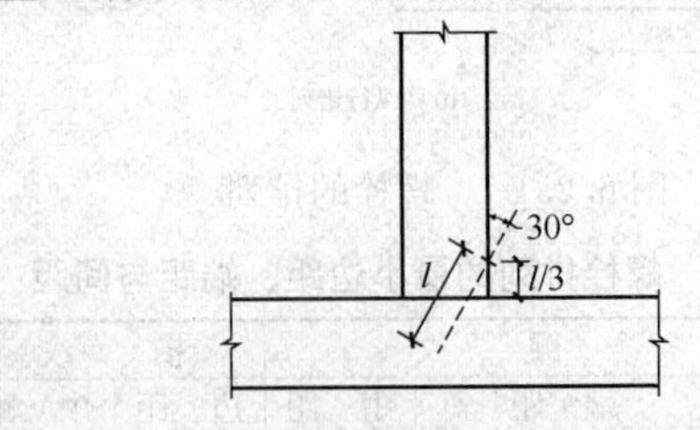

图6.4.3 斜钉的形式

6.5 金属节点及连接件连接

6.5.1 非标准金属节点及连接件应按设计文件规定的材质、规格和经放样后的几何尺寸加工制作，并应符合下列规定：

1 需机械加工的金属节点及连接件或其中的零部件，应委托有资质的机械加工企业制作。铆焊件可现场制作，但不应使用毛料，几何尺寸与样板尺寸的偏差不应超过±1.0mm。

2 金属节点连接件上的各种焊缝长度和焊脚尺寸及焊缝等级应符合设计文件的规定，并应符合下列规定：

1）钢板间直角焊缝的焊脚尺寸（h_f）不应小于 $1.5\sqrt{t}$（较厚板厚度），并不应大于较薄板厚度的1.2倍；板边缘角焊缝的焊脚尺寸不应大于板厚减 1mm～2mm；板厚为6mm以下时，不应大于6mm。直角角焊缝的施焊长度不应小于 $8h_f+10$mm，也不应小于50mm；角焊缝的焊脚尺寸 h_f 应按图6.5.1-1的最小尺寸检查。

2）圆钢与钢板间焊缝的焊脚尺寸 h_f 不应小于钢筋直径的0.29倍或3mm，也不应大于钢板厚度的1.2倍；施焊长度不应小于30mm，焊缝截面应符合图6.5.1-2的规定。

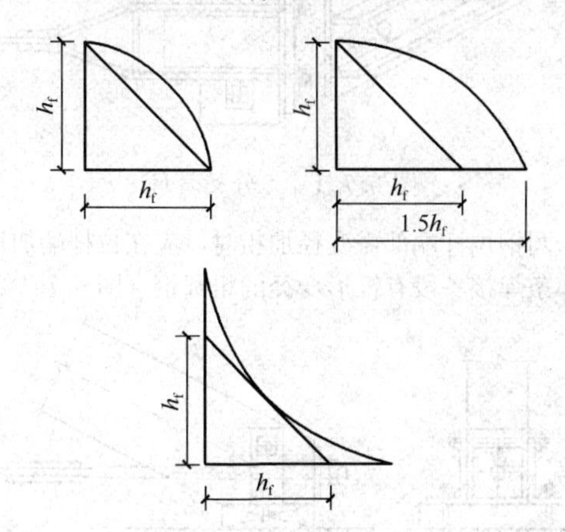

图6.5.1-1 直角角焊缝的焊脚尺寸规定

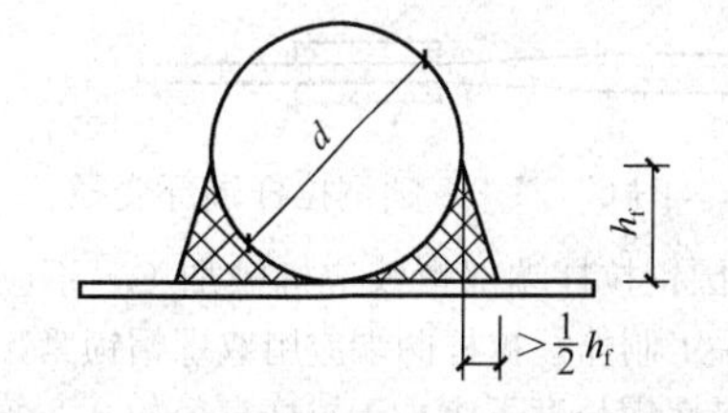

图6.5.1-2 圆钢与钢板间的焊缝截面

3）圆钢与绑条间的搭接焊缝宜饱满（与两圆钢公切线平齐），焊缝表面距公切线的距离 a 不应大于较小圆钢直径的0.1倍（图6.5.1-3）。焊缝长度不应小于30mm。

3 金属节点和连接件表面应有防锈涂层，用钢板厚度不足3mm制成的连接件表面应作镀锌处理，镀锌层厚度不应小于 $275g/m^2$。

6.5.2 金属节点与构件的连接类型和方法应符合设计文件的规定，受压抵承面间应严密，局部间隙不应大于1.0mm。除设计文件规定外，各构件轴线应相交汇于金属节点的合力作用点（图6.5.2）。

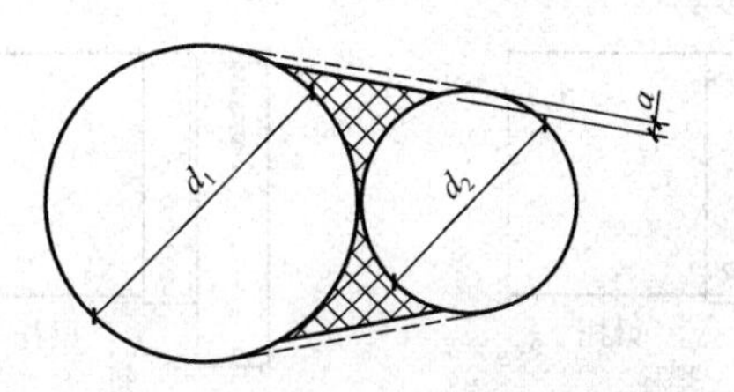

图6.5.1-3 圆钢与圆钢间的焊缝截面

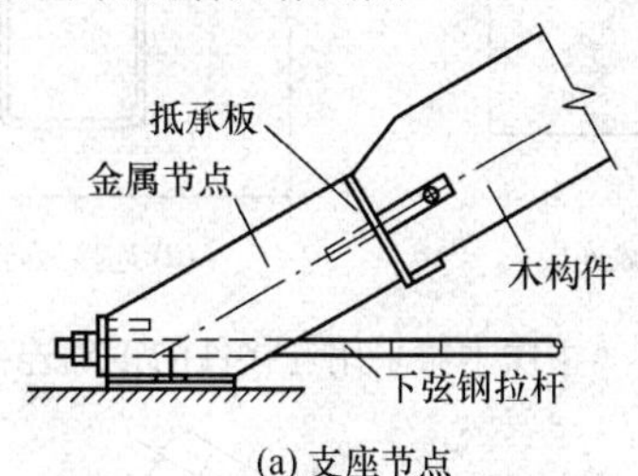

(a) 支座节点

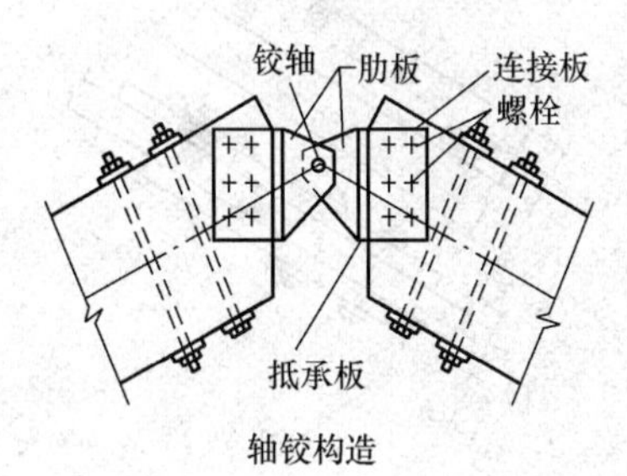

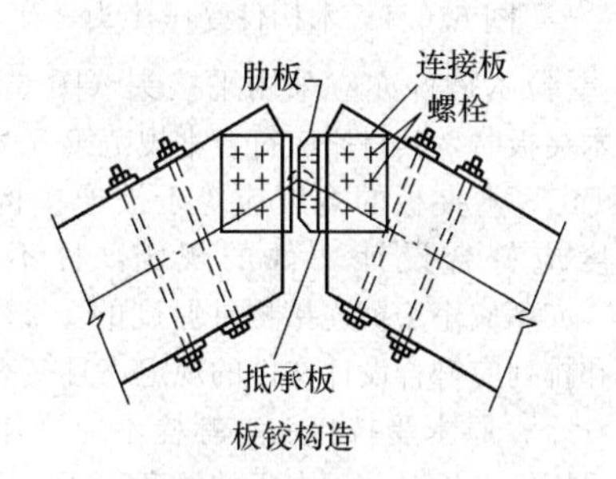

(b) 三铰拱中央节点

图6.5.2 金属节点与构件轴线关系

6.5.3 选择金属连接件在构件上的固定位置和方法时，应防止连接件限制木构件因湿胀干缩和受力变形引起木材横纹受拉而被撕裂。主次木梁采用梁托等连接件时，应正确连接（图6.5.3）。

6.6 木构件接头

6.6.1 受压木构件应采用平接头（图6.6.1），不应采用斜接头。两木构件对顶的抵承面应刨平顶紧，两侧木夹板应用系紧螺栓固定，木夹板厚度不应小于被连接构件厚度的1/2，长度不应小于构件宽度的5倍，系紧螺栓的直径不应小于12mm，接头每侧螺栓不应少于2个。

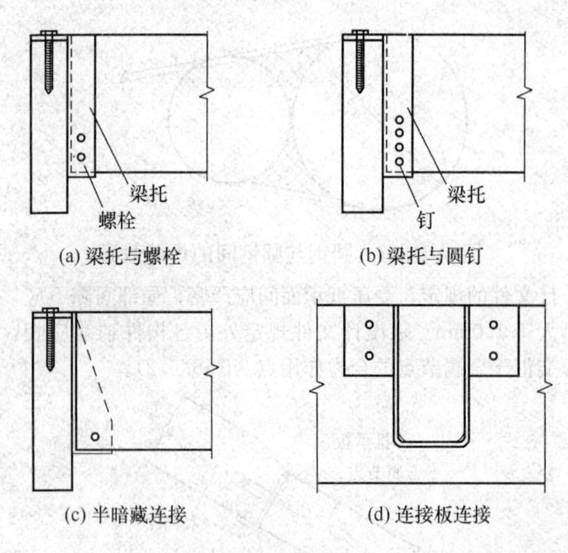

图 6.5.3　主次木梁采用连接件的正确连接方法

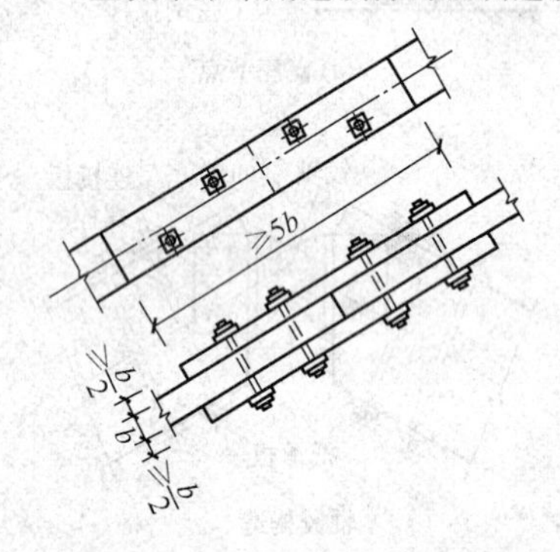

图 6.6.1　木构件受压接头

6.6.2　受拉木构件亦应采用平接头（图 6.2.1-4）。当采用木夹板时，其材质应符合本规范第 5.2.1 条第 1 款的规定，木夹板的宽度应等于被连接构件的宽度，厚度应符合设计文件的规定，且不应小于 100mm，亦不应小于被连接构件厚度的 1/2。受力螺栓数量和排列应符合设计文件的规定，且接头每侧不宜少于 6 个；原木受拉接头，螺栓不应采用单行排列。当采用钢夹板时，钢夹板的厚度和宽度应符合设计文件的规定，且厚度不宜小于 6mm。钢夹板的形式、螺栓排列等尚应符合本规范第 6.2.1 条第 2 款的规定。

6.6.3　方木、原木结构受弯构件的接头应设置在连续构件的反弯点附近，可采用斜接头形式（图 6.6.3），夹板及系紧螺栓应符合本规范第 6.6.1 条的规定，竖向系紧螺栓的直径不应小于 12mm。

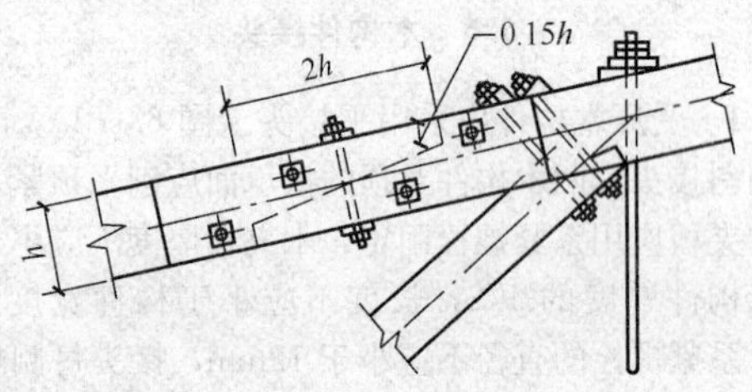

图 6.6.3　受弯构件反弯点处的斜接头

6.7　圆钢拉杆

6.7.1　圆钢的材质与直径应符合设计文件的规定。圆钢接头应采用双面绑条焊，不应采用搭接焊。每根绑条的直径不应小于圆钢拉杆直径的 0.75 倍，长度不应小于拉杆直径的 8 倍，并应对称布置于拉杆接头。焊缝应符合本规范第 6.5.1 条第 2 款的规定，焊缝质量不应低于三级，使用环境在 −30℃以下时，焊缝质量不应低于二级。

钢木（胶合木）桁架单圆钢拉杆端节点处需分两叉时，可采用图 6.7.1-1 所示的套环形式，套环内弯折处应焊横挡，外弯折处上、下侧应焊小钢板。套环、横挡直径应等同于圆钢拉杆，套环与圆钢间焊缝应按双面绑条焊处理。

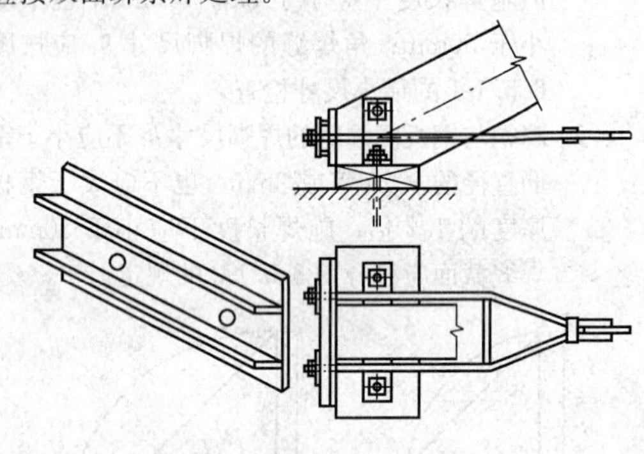

图 6.7.1-1　分叉套环

圆钢拉杆端部需变径加粗时，应在拉杆端加用双面绑条焊接一段有锥形变径的粗圆钢（图 6.7.1-2）。

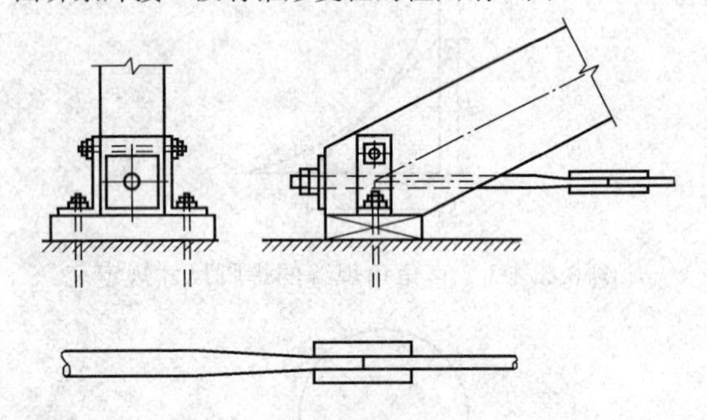

图 6.7.1-2　圆钢拉杆端部变径

6.7.2　圆钢拉杆端部螺纹应机械加工，不应用板牙等工具手工制作。拉杆两端应用双螺帽锁紧，锁紧后螺杆外露螺帽长度不应小于拉杆直径的 0.8 倍，拉杆螺帽垫板的尺寸、厚度应符合设计文件的规定，并应符合本规范第 6.2.1 条第 4 款的规定。

6.7.3　钢木（胶合木）桁架下弦拉杆自由长度超过直径的 250 倍时，应设置直径不小于 10mm 的圆钢吊杆，吊杆与圆钢拉杆宜采用机械连接。

6.7.4　木（胶合木）桁架采用型钢拉杆时，型钢材质和规格、节点构造及连接形式，均应符合设计文件的规定。

度的1/4。

桁架整体水平运输时，宜竖向放置，支承点应设在桁架两端节点支座处，下弦杆的其他位置不得有支承物；应根据桁架的跨度大小设置若干对斜撑，但至少在上弦中央节点处的两侧应设置斜撑，并应与车厢牢固连接。数榀桁架并排竖向放置运输时，还应在上弦节点处用绳索将各桁架彼此系牢。当需采用悬挂式运输时，悬挂点应设在上弦节点处，并应按本规范第7.1.3条的规定，验算桁架各杆件和节点的安全性。

7.2.2 木构件应存放在通风良好的仓库或避雨、通风良好的有顶场所内，应分层分隔堆放，各层垫条厚度应相同，上、下各层垫条应在同一垂线上。

桁架宜竖向站立放置，临时支承点应设在下弦端节点处，并应在上弦节点处设斜支撑防止侧倾。

7.3 木结构吊装

7.3.1 除木柱因需站立，吊装时可仅设一个吊点外，其余构件吊装吊点均不宜少于2个，吊索与水平线夹角不宜小于60°，捆绑吊点处应设垫板。

7.3.2 构件、节点、接头及吊具自身的安全性，应根据吊点位置、吊索夹角和被吊构件的自重等进行验算，木构件的工作应力不应超过木材设计强度的1.2倍。安全性不足时均应做临时加固。

桁架吊装时，除应进行安全性验算外，尚应针对不同形式的桁架作下列相应的临时加固：

1 不论何种形式的桁架，两吊点间均应设横杆（图7.3.2）。

2 钢木桁架或跨度超过15m、下弦杆截面宽度小于150mm或下弦杆接头超过2个的全木桁架，应在靠近下弦处设横杆［图7.3.2（a）］，且对于芬克式钢木桁架，横杆应连续布置［图7.3.2（b）］。

3 梯形、平行弦或下弦杆低于两支座连线的折

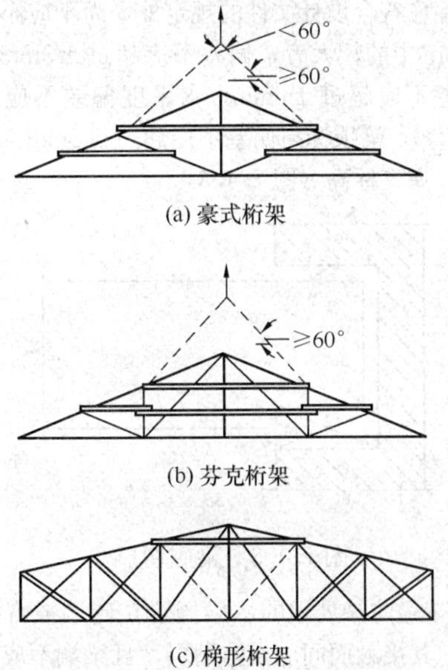

图7.3.2 吊装时桁架临时加固示意

线形桁架，两点吊装时，应加设反向的临时斜杆［图7.3.2（c）］。

7.4 木梁、柱安装

7.4.1 木柱应支承在混凝土柱墩或基础上，柱墩顶标高不应低于室外地面标高0.3m，虫害地区不应低于0.45m。木柱与柱墩接触面间应设防潮层，防潮层可选用耐久性满足设计使用年限的防水卷材。柱与柱墩间应用螺栓固定（图7.4.1），连接件应可靠地锚固在柱墩中，连接件上的螺栓孔宜开成竖向的椭圆孔。未经防护处理的木柱不应直接接触或埋入土中。

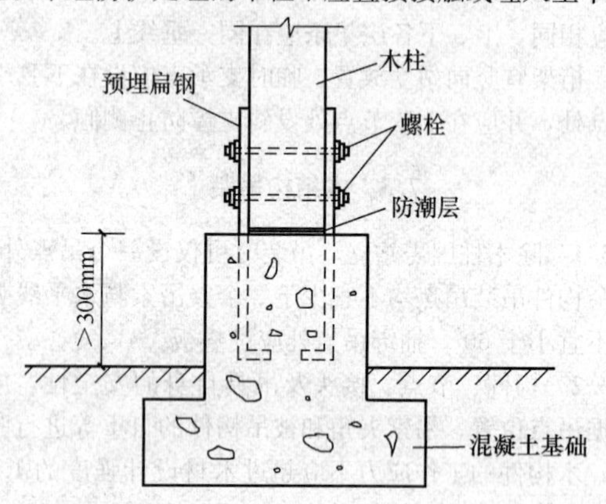

图7.4.1 柱的固定示意

7.4.2 木柱安装前应在柱侧面和柱墩顶面上标出中心线，安装时应按中心线对中，柱位偏差不应超过±20mm。安装第一根柱时应至少在两个方向设临时斜撑，后安装的柱纵向应用连梁或柱间支撑与首根柱相连，横向应至少在一侧面设斜撑。柱在两个方向的垂直度偏差不应超过柱高的1/200，且柱顶位置偏差不应大于15mm。

7.4.3 木梁安装位置应符合设计文件的规定，其支承长度除应符合设计文件的规定外，尚不应小于梁宽和120mm中的较大者，偏差不应超过±3mm；梁的间距偏差不应超过±6mm，水平度偏差不应大于跨度的1/200，梁顶标高偏差不应超过±5mm，不应在梁底切口调整标高（图7.4.3）。

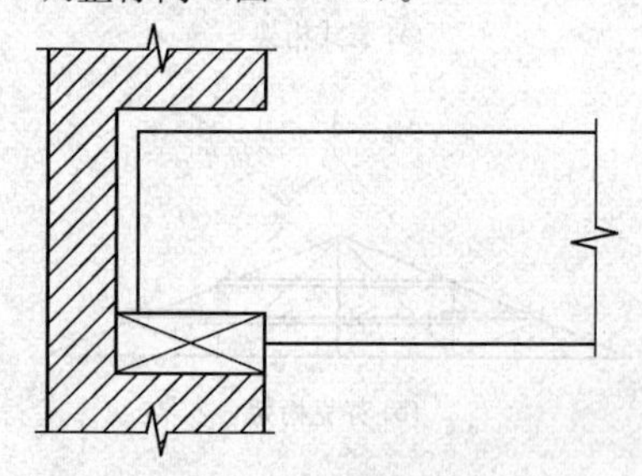

图7.4.3 梁底切口

7.4.4 未经防护处理的木梁搁置在砖墙或混凝土构件上时，其接触面间应设防潮层，且梁端不应埋入墙身或混凝土中，四周应留有宽度不小于30mm的间隙，并应与大气相通（图7.4.4）。

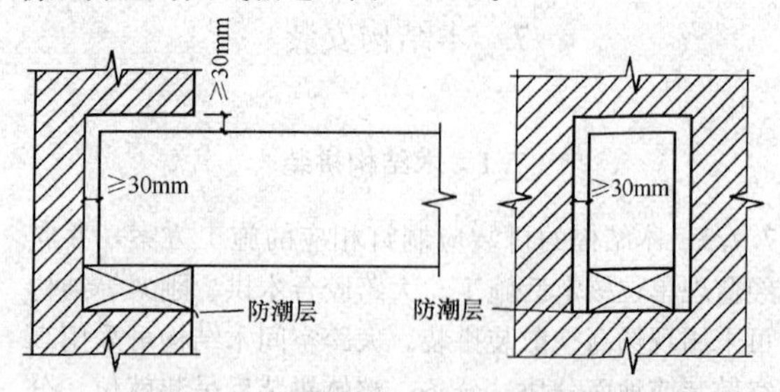

图7.4.4 木梁伸入墙体时留间隙

7.4.5 木梁支座处的抗侧倾、抗侧移定位板的孔，宜开成椭圆形（图7.4.5）。

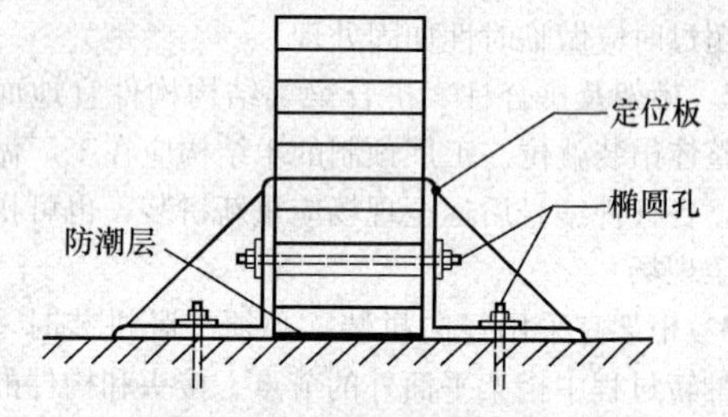

图7.4.5 支座处的定位板

7.4.6 当异等组坯的层板胶合木用作梁或偏心受压构件时，应按设计文件规定的截面布置方式安装，不得调换构件的受力方向。

7.5 楼盖安装

7.5.1 首层木楼盖搁栅应支承在距室外地面0.6m以上的墙或基础上，楼盖底部应至少留有0.45m的空间，其空间应有良好的通风条件。搁栅的位置、间距及支承长度应符合设计文件的规定，其防潮、通风等处理应符合本规范第7.4.4条的规定，安装间距偏差不应超过±20mm，水平度不应超过搁栅跨度的1/200。

7.5.2 其他楼层楼盖主梁和搁栅的安装位置应符合设计文件的规定。当主梁和搁栅支承在砖墙或混凝土构件上时，应符合本规范第7.4.4条的规定；当搁栅与主梁规定用金属连接件连接时，应符合本规范第6.5.3条的规定。

7.5.3 木楼板应采用符合设计文件规定的厚度的企口板，长度方向的接头应位于搁栅上，相邻板接头应错开至少一个搁栅间距，板在每根搁栅处应用长度为60mm的圆钉从板边斜向钉牢在搁栅上。

7.6 屋盖安装

7.6.1 桁架安装前应先按设计文件规定的位置标出支座中心线。桁架支承在砖墙或混凝土构件上时应设经防护处理的垫木，并应按本规范第7.4.4条的规定设防潮层和通风构造措施。在抗震设防区还应用直径不小于20mm的螺栓与砖墙或混凝土构件锚固。桁架支承在木柱上时，柱顶应设暗榫嵌入桁架下弦，应用U形扁钢锚固并设斜撑与桁架上弦第二节点牵牢（图7.6.1）。

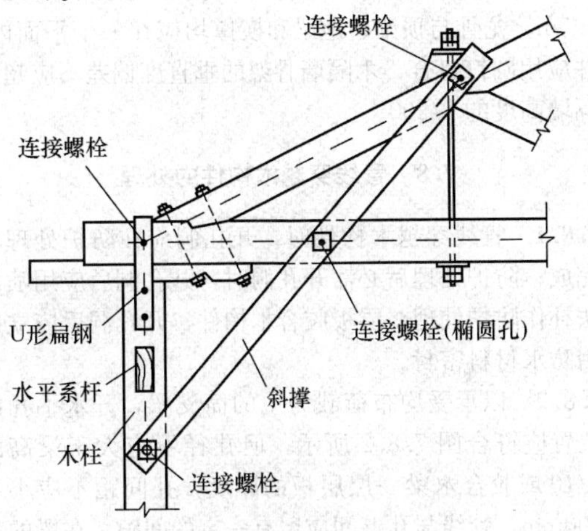

图 7.6.1　桁架支承在木柱上

7.6.2　第一榀桁架就位后应在桁架上弦各节点处两侧设临时斜撑，当山墙有足够的平面外刚度时，也可用檩条与山墙可靠地拉结。后续安装的桁架应至少在脊节点及其两侧各一节点处架设檩条或设置临时剪刀撑与已安装的桁架连接，应能保证桁架的侧向稳定性。

7.6.3　屋盖的桁架上弦横向水平支撑、垂直支撑与桁架的水平系杆，以及柱间支撑，应按设计文件规定的布置方案安装。除梯形桁架端部的垂直支撑外，其他桁架的横向支撑和垂直支撑均应固定在桁架上、下弦节点处，并应用螺栓固定，固定点距桁架节点中心距离不宜大于400mm。剪刀撑在两杆相交处的间隙应用等厚度的木垫块填充并用螺栓一并固定。设防烈度8度和8度以上地区，所用螺栓直径不得小于14mm。

7.6.4　檩条的布置和固定方法应符合设计文件的规定，安装时宜先安装桁架节点处的檩条，弓曲的檩条应弓背朝向屋脊放置。檩条在山墙支座处的通风、防潮处理，应按本规范第7.4.4条的规定施工。在原木桁架上，原木檩条应设檩托，并应用直径不小于12mm的螺栓固定［图7.6.4（a)］；方木檩条竖放在方木或胶合木桁架上时，应设找平垫块［图7.6.4(b)］。斜放檩条时，可用斜搭接头［图7.6.4（c)］或用卡板［图7.6.4（d)］，采用钉连接时，钉长不应小于被固定构件的厚度（高度）的2倍。轻型屋面中的檩条或檩条兼作屋盖支撑系统杆件时，檩条在桁架上均应用直径不小于12mm螺栓固定［图7.6.4(e)］；在山墙及内横墙处檩条应由埋件固定［图7.6.4(f)］或用直径不小于10mm的螺栓固定；在设防烈度8度及以上地区，檩条应斜放，节点处檩条应固定在山墙及内横墙的卧梁埋件上［图7.6.4（g)］，支承长度不应小于120mm，双脊檩应相互拉结。

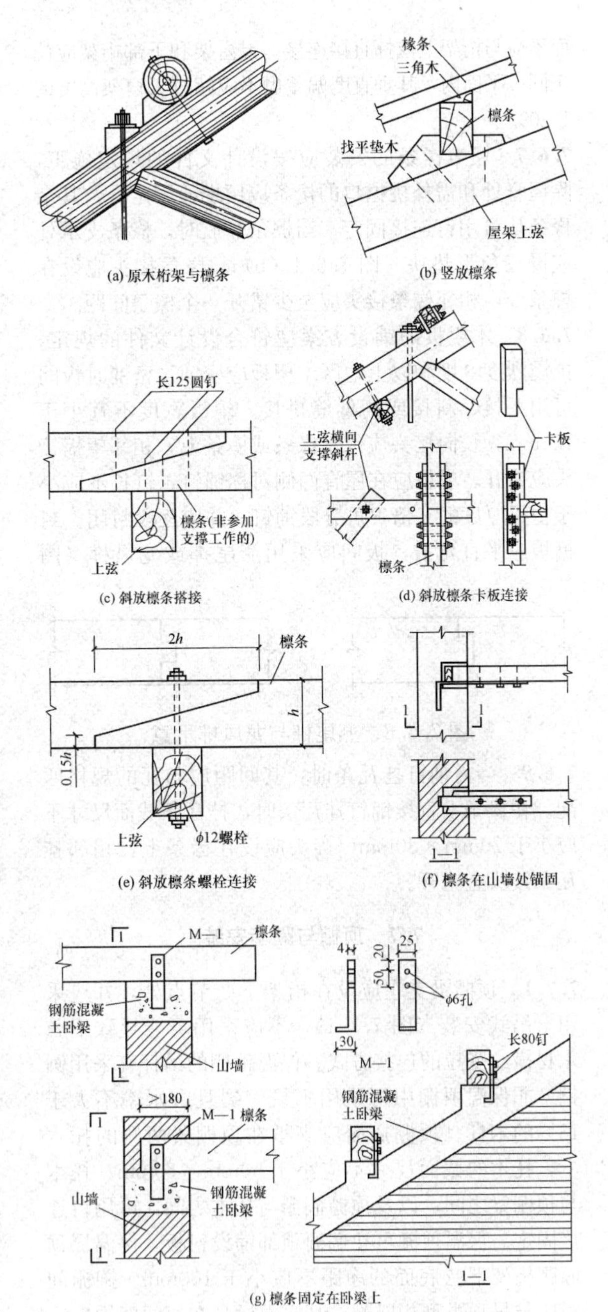

图 7.6.4　檩条固定方法示意

7.6.5　通过桁架就位、节点处檩条和各种支撑安装的调整，使桁架的安装偏差不应超过下列规定：

1　支座两中心线距离与桁架跨度的允许偏差为±10mm（跨度≤15m）和±15mm（跨度>15m）。

2　垂直度允许偏差为桁架高度的1/200。

3　间距允许偏差为±6mm。

4　支座标高允许偏差为±10mm。

7.6.6　天窗架的安装应在桁架稳定性有充分保证的前提下进行。其与桁架上弦节点的连接方法和支撑布置应按设计文件的规定施工。天窗架柱下端的两侧木夹板应在桁架上弦杆底设木垫块后，用螺栓彼此相连，而不应与桁架上弦杆直接连接。天窗架和下部桁架应位于同一平面内，其垂直度偏差也不应超过天窗架高度的1/200。

7.6.7 屋盖椽条的安装应按设计文件的规定施工，除屋脊处和需外挑檐口的椽条应用螺栓固定外，其余椽条均可用钉连接固定。当檩条竖放时，椽条支承处应设三角形垫块［图7.6.4（b）］。椽条接头应设在檩条处，相邻椽条接头应至少错开一个檩条间距。

7.6.8 木望板的铺设方案应符合设计文件的规定，抗震烈度8度和以上地区木望板应密铺。密铺时板间可用平接、斜接或高低缝拼接。望板宽度不宜小于150mm，长向接头应位于椽条或檩条上，相邻望板接头应错开。望板应在屋脊两侧对称铺钉，钉长不应小于望板厚度的2倍，可分段铺钉，并应逐段封闭。封檐板应平直光洁，板间应采用燕尾榫或龙凤榫（图7.6.8）。

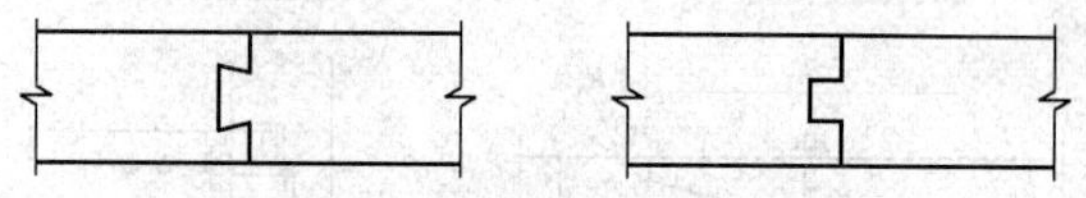

图7.6.8 燕尾榫与龙凤榫示意

7.6.9 当需铺钉挂瓦条时，其间距应与瓦的规格匹配。在椽条上直接铺钉挂瓦条时，挂瓦条截面尺寸不应小于20mm×30mm，接头应设在椽条上，相邻挂瓦条接头宜错开。

7.7 顶棚与隔墙安装

7.7.1 顶棚梁支座应设在桁架下弦节点处，并应采用上吊式安装（图7.7.1），不应采用可能导致下弦木材横纹受拉的连接方式。保温顶棚的吊杆宜采用圆钢，非保温顶棚中可采用不易劈裂且含水率不大于15%的木杆。顶棚搁栅应支承在顶棚梁两侧的托木上，托木的截面尺寸不应小于50mm×50mm。托木与顶棚梁之间，以及顶棚搁栅与托木之间，可用钉连接固定。保温顶棚可在搁栅顶部铺设衬板，保温层顶面距桁架下弦底面的净距不应小于100mm。搁栅间距应与吊顶类型相匹配，其底面标高在房间四周应一致，偏差不应超过±5mm，房间中部应起拱，中央起拱高度不应小于房间短边长度的1/200，且不宜大于1/100。

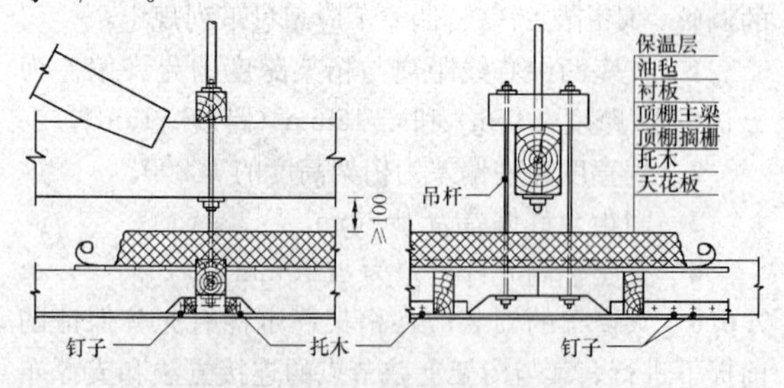

图7.7.1 保温顶棚构造示意

7.7.2 木隔墙的顶梁、地梁和两端龙骨应用钉连接或通过预埋件牢固地与主体结构构件相连。龙骨间距不宜大于500mm，截面不宜小于40mm×65mm。龙骨间应设同截面尺寸的横撑，横撑间距不应大于1.5m。龙骨与顶梁、地梁和横撑均应在一个平面内，并应用圆钉钉合，木隔墙骨架的垂直度偏差不应超过隔墙高度的1/200。

7.8 管线穿越木构件的处理

7.8.1 管线穿越木构件时，开孔洞应在防护处理前完成；防护处理后必需开孔洞时，开孔洞后应用喷涂法补作防护处理。层板胶合木构件，开孔洞后应立即用防水材料密封。

7.8.2 以承受均布荷载为主的简支梁，开水平孔的位置应符合图7.8.2所示，但孔径不应大于梁高的1/10或胶合木梁一层层板的厚度，孔间距不应小于600mm。管线与孔壁间应留有一定的间隙。在梁的其他区域开孔或孔间距小于600mm时，应由设计单位验算同意后再施工。

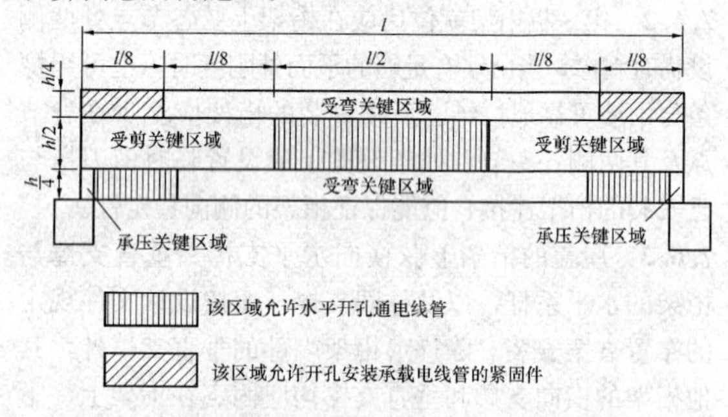

图7.8.2 承受均布荷载的简支梁允许开孔区域

7.8.3 以承受均布荷载为主的简支梁可在距梁支座1/8跨度范围内钻直径不大于25mm贯通梁截面高度的竖向小孔，但孔边距不应小于孔径的3倍。

7.8.4 除设计文件规定外，在梁的跨中部位或受拉杆件上不应开水平孔悬吊重物，可在图7.8.2所示的区域内开水平孔悬吊轻质物体。

8 轻型木结构制作与安装

8.1 基础与地梁板

8.1.1 轻型木结构的墙体应支承在混凝土基础或砌体基础顶面的混凝土圈梁上，混凝土基础或圈梁顶面应原浆抹平，倾斜度不应大于2‰。基础圈梁顶面标高应高于室外地面标高0.2m以上，在虫害区应高于0.45m以上，并应保证室内外高差不小于0.3m。无地下室时，首层楼盖也应架空，楼盖底与楼盖下的地面间应留有净空高度不小于150mm的空间。在架空空间高度内的内外墙基础上应设通风洞口，通风口总面积不宜小于楼盖面积的1/150，且不宜设在同一基础墙上，通风口外侧应设百叶窗。

8.1.2 地梁板应采用经加压防腐处理的规格材，其截面尺寸应与墙骨相同。地梁板与混凝土基础或圈梁应采用预埋螺栓、化学锚栓或植筋锚固，螺栓直径不应小于12mm，间距不应大于2.0m，埋深不应小于300mm，螺母下应设直径不小于50mm的垫圈。在每根地梁板两端和每片剪力墙端部，均应有螺栓锚固，端距不应大于300mm，钻孔孔径可大于螺杆直径1mm～2mm。地梁板与基础顶的接触面间应设防潮层，防潮层可选用厚度不小于0.2mm的聚乙烯薄膜，存在的缝隙应用密封材料填满。

8.2 墙体制作与安装

8.2.1 承重墙（剪力墙）所用规格材、覆面板的品种、强度等级及规格，应符合设计文件的规定。墙体木构架的墙骨、底梁板和顶梁板等规格材的宽度应一致。承重墙墙骨规格材的材质等级不应低于Vc级。墙骨规格材可采用指接，但不应采用连接板接长。

8.2.2 除设计文件规定外，墙骨间距不应大于610mm，且其整数倍应与所用墙面板标准规格的长、宽尺寸一致，并应使墙面板的接缝位于墙骨厚度的中线位置。承重墙转角和外墙与内承重墙相交处的墙骨不应少于2根规格材（图8.2.2-1）；楼盖梁支座处墙骨规格材的数量应符合设计文件的规定；门窗洞口宽度大于墙骨间距时，洞口两边墙骨应至少用2根规格材，靠洞边的1根可用作门窗过梁的支座（图8.2.2-2）。

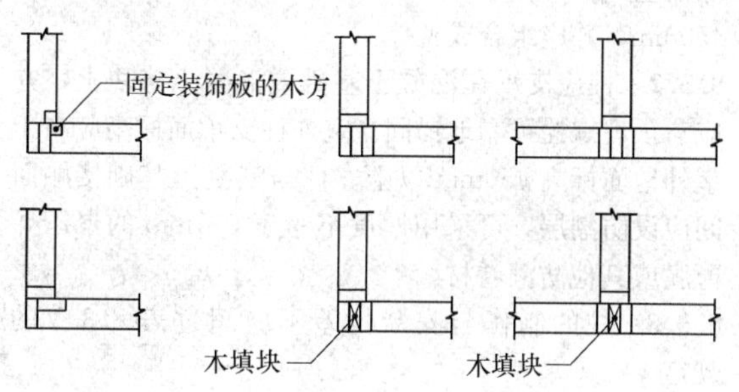

图8.2.2-1 承重墙转角和相交处墙骨布置

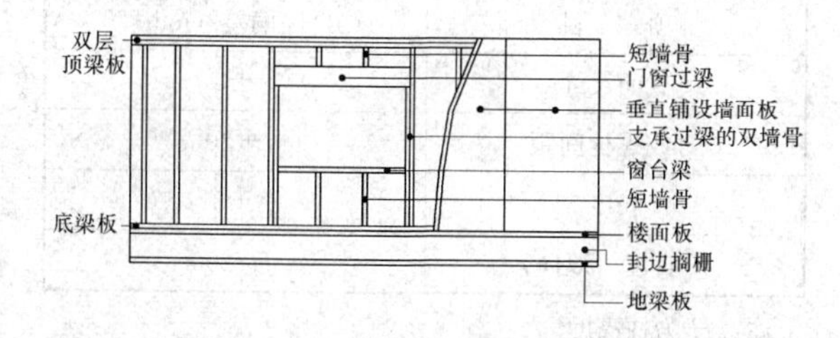

图8.2.2-2 首层承重墙木构架示意

8.2.3 底梁板可用1根规格材，长度方向可用平接头对接，其接头不应位于墙骨底端。承重墙顶梁板应用2根规格材平叠，每根规格材长度方向可用平接头对接，下层接头应位于墙骨中心，上、下层规格材接头应错开至少一个墙骨间距。顶梁板在外墙转角和内外墙交接处应彼此交叉搭接，并应用钉钉牢。当承重墙顶梁板需采用1根规格材时，对接接头处应用镀锌薄钢片和钉彼此相连。承重墙门窗洞口过梁（门楣）的材质等级、品种及截面尺寸，应符合设计文件的规定。当过梁标高较高，需切断顶梁板时，过梁两端与顶梁板相接处应用厚度不小于3mm的镀锌钢板用钉连接彼此相连。非承重墙顶梁板，可采用1根规格材，其长度方向的接头也应位于墙骨顶端中心上。

8.2.4 墙体门窗洞口的实际净尺寸应根据设计文件规定的门窗规格确定。窗洞口的净尺寸宜大于窗框外缘尺寸每边20mm～25mm；门洞口的净尺寸，其宽度和高度宜分别大于门框外缘尺寸76mm和80mm。

8.2.5 墙体木构架宜分段水平制作或工厂预制，顶梁板应用2枚长度为80mm的钉子垂直地将其钉牢在每根墙骨的顶端，两层顶梁板间应用长度为80mm的钉子按不大于600mm的间距彼此钉牢，应用2枚长度为80mm的钉子从底梁板底垂直钉牢在每根墙骨底端。木构架采用原位垂直制作时，应先将底梁板用长度为80mm、间距不大于400mm的圆钉，通过楼面板钉牢在该层楼盖搁栅或封边（头）搁栅上，应用4枚长度为60mm的钉子，从墙骨两侧对称斜向与底梁板钉牢，斜钉要求应符合本规范第6.4.3条的规定。洞口边缘处由数根规格材构成墙骨时，规格材间应用长度为80mm的钉子按不大于750mm的间距相互钉牢。

8.2.6 墙体木构架应按设计文件规定的墙体位置垂直地安装在相应楼层的楼面板上，并应按设计文件的规定，安装上、下楼层墙骨间或墙骨与屋盖椽条间的抗风连接件。除设计文件规定外，木构架的底梁板挑出下层墙面的距离不应大于底梁板宽度的1/3；应采用长度为80mm的钉子按不大于400mm的间距将底梁板通过楼面板与该层楼盖搁栅或封边（头）搁栅钉牢。墙体转角处及内外墙交接处的多根规格材墙骨，应用长度为80mm的钉子按不大于750mm的间距彼此钉牢。在安装过程中或已安装在楼盖上但尚未铺钉墙面板的木构架，均应设置能防止木构架平面内变形或整体倾倒的必要的临时支撑（图8.2.6）。

8.2.7 墙面板的种类和厚度应符合设计文件的规定，采用木基结构板，且墙骨间距分别为400mm和600mm时，墙面板厚度应分别不小于9mm和11mm；采用石膏板，墙面板厚度应分别不小于9mm和12mm。

8.2.8 铺钉墙面板时，宜先铺钉墙体一侧的，外墙应先铺钉室外侧的墙面板。另一侧墙面板应在墙体安装、锚固、楼盖安装、管线铺设、保温隔音材料填充等工序完成后进行铺钉。

8.2.9 墙面板应整张铺钉，并应自底（地）梁板底边缘一直铺钉至顶梁板顶边缘。仅在墙边部和洞口

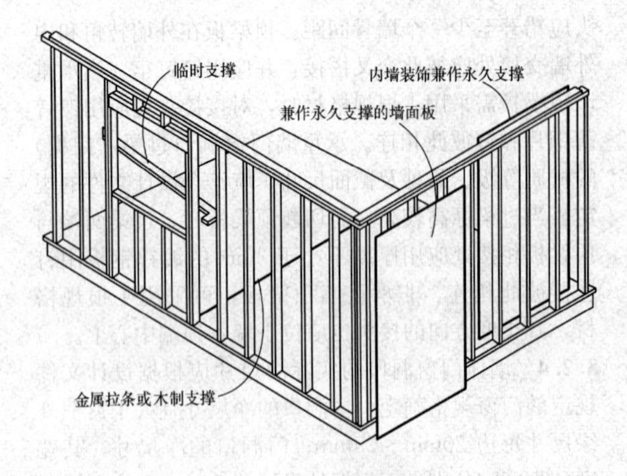

图 8.2.6 墙体支撑

处，可使用宽度不小于 300mm 的窄板，但不应多于两片。使用宽度小于 300mm 的板条，水平接缝应位于增设的横挡上。墙面板长向垂直于墙骨铺钉时，竖向接头应位于墙骨中心线上，且两板间应留 3mm 间隙，上、下两板的竖向接头应错位布置。墙面板长向平行于墙骨铺钉时，两板间接缝也应位于墙骨中心线上，并应留 3mm 间隙。墙体两面对应位置的墙面板接缝应错开，并应避免接缝位于同一墙骨上，仅当墙骨规格材截面宽度不小于 65mm 时，墙体两面墙板接缝可位于同一墙骨上，但两面的钉位应错开。

8.2.10 墙面板边缘凡与墙骨或底（地）梁板、顶梁板钉合时，钉间距不应大于 150mm，并应根据所用规格材截面厚度决定是否需要约 30°斜钉；板中部与墙骨间的钉合，钉间距不应大于 300mm。钉的规格应符合表 8.2.10 的规定。

表 8.2.10 墙面板、楼面板钉连接的要求

板厚（mm）	连接件的最小长度(mm)			钉的最大间距（mm）
	普通圆钉或麻花钉	螺纹圆钉或木螺钉	骑马钉（U字钉）	
$t \leqslant 10$	50	45	40	沿板边缘支座 150，沿板跨中支座 300
$10 < t \leqslant 20$	50	45	50	
$t > 20$	60	50	不允许	

注：木螺钉的直径不得小于 3.2mm；骑马钉的直径或厚度不得小于 1.6mm。

8.2.11 采用圆钢螺栓对墙体抗倾覆锚固时，每片墙肢的两端应各设一根圆钢，其直径不应小于 12mm。圆钢应直至房屋顶层墙体顶梁板并可靠锚固，圆钢中部应设正反扣螺纹，并应通过套筒拧紧。

8.2.12 墙体的制作与安装偏差不应超过表 8.2.12 的规定。

表 8.2.12 墙体制作与安装允许偏差

项次	项目		允许偏差（mm）	检查方法
1	墙骨	墙骨间距	±40	钢尺量
2		墙体垂直度	±1/200	直角尺和钢板尺量
3		墙体水平度	±1/150	水平尺量
4		墙体角度偏差	±1/270	直角尺和钢板尺量
5		墙骨长度	±3	钢尺量
6		单根墙骨出平面偏差	±3	钢尺量
7	顶梁板、底梁板	顶梁板、底梁板的平直度	±1/150	水平尺量
8		顶梁板作为弦杆传递荷载时的搭接长度	±12	钢尺量
9	墙面板	规定的钉间距	+30	钢尺量
10		钉头嵌入墙面板表面的最大深度	+3	卡尺量
11		木框架上墙面板之间的最大缝隙	+3	卡尺量

8.3 柱制作与安装

8.3.1 柱所用木材的树种、等级和截面尺寸应符合设计文件的规定。规格材组合柱应用双排圆钉或螺栓紧固，厚度为 40mm 的规格材，钉长不应小于 76mm，顺纹间距不应大于 300mm，并应逐层钉合；螺栓直径不应小于 10mm，顺纹间距不应大于 450mm，并应组合成整体。

8.3.2 柱应支承在混凝土基础或混凝土垫块上，并应与预埋螺栓可靠地锚固。室外柱支承面标高应高于室外地面标高 450mm 以上。柱与混凝土基础接触面间应设防潮层，可采用厚度不小于 0.2mm 的聚乙烯薄膜或其他防潮卷材。

8.3.3 柱的制作与安装偏差不应超过表 8.3.3 的规定。

表 8.3.3 轻型木结构木柱制作与安装允许偏差

项目	允许偏差（mm）
截面尺寸	±3
钉或螺栓间距	+30
长度	±3
垂直度（双向）	$H/200$

注：H 为柱高度。

8.4 楼盖制作与安装

8.4.1 楼盖梁及各种搁栅、横撑或剪刀撑的布置，以及所用规格材的截面尺寸和材质等级，应符合设计文件的规定。

8.4.2 当用数根侧立规格材制作拼合梁时，应符合下列规定：

1 单跨梁各规格材不得有除指接以外的接头。多跨梁的中间跨每根规格材在同一跨度内应最多有一个接头，其距中间支座边缘的距离应（图 8.4.2）按下列公式计算。边跨支座端不得设接头。接头可用对接的平接头，两相临规格材的接头不应设在同一截面处：

$$l'_1 = \frac{l_1}{4} \pm 150\text{mm} \qquad (8.4.2\text{-}1)$$

$$l'_2 = \frac{l_2}{4} \pm 150\text{mm} \qquad (8.4.2\text{-}2)$$

2 可用钉或螺栓将各规格材连接成整体。当规格材厚为 40mm 并采用钉连接时，钉的长度不应小于 90mm，且应双排布置。钉的横纹中距和边距不应小于钉直径的 4 倍，顺纹中距不应大于 450mm，端距应为 100mm～150mm，钉入方式应符合图 8.4.2 所示；采用螺栓连接时，螺栓直径不应小于 12mm，可单排布置在梁高的中心线位置。螺栓的顺纹中距不应大于 1.2m，端距应为 150mm～600mm。

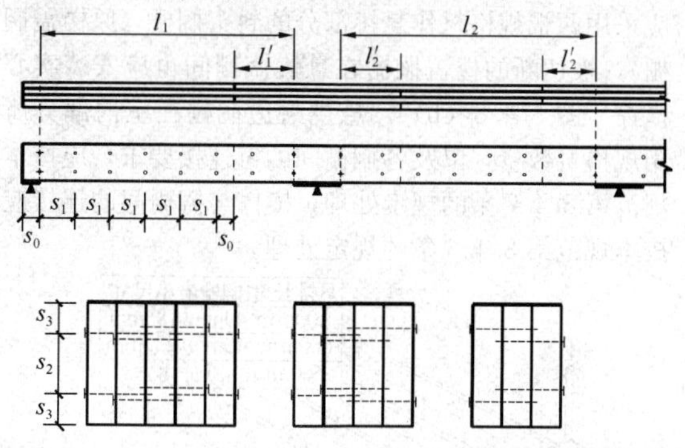

图 8.4.2 规格材拼合梁

3 规格材拼合梁应支承在木柱或墙体中的墙骨上，其支承长度不得小于 90mm。

8.4.3 除设计文件规定外，搁栅间距不应大于 610mm。搁栅间距的整数倍应与楼面板标准规格的长、宽尺寸一致，并应使楼面板的接缝位于搁栅厚度的中心位置。施工放样时，应在支承搁栅的承重墙的顶梁板或梁上标记出搁栅中心线的位置。

8.4.4 搁栅支承在地梁板或顶梁板上时，其支承长度不应小于 40mm；支承在外墙顶梁板上时，搁栅顶端应距地梁板或顶梁板外边缘为一个封头搁栅的厚度。搁栅应用两枚长度为 80mm 的钉子斜向钉在地梁板或顶梁板上（图 6.4.3）。当首层楼盖的搁栅或木梁必须支承在混凝土构件或砖墙上时，支承处的木材应防腐处理，支承面间应设防潮层，搁栅或木梁两侧及端头与混凝土或砖墙间应留有不小于 20mm 的间隙，且应与大气相通。

当搁栅支承在规格材拼合梁顶时，每根搁栅应用两枚长度为 80mm 的圆钉，斜向钉牢（图 6.4.3）在拼合梁上。两根搭接的搁栅尚应用 4 枚长度为 80mm 的圆钉两侧相互对称地钉牢［图 8.4.4（a）］。当搁栅支承在规格材拼合梁的侧面时，应支承在拼合梁侧面的托木或金属连接件上［图 8.4.4（b）、图 8.4.4（c）］。托木应在支承每根搁栅处用 2 枚长度为 80mm 的圆钉钉牢在拼合梁侧面。当托木截面不小于 40mm×65mm 时，每根搁栅应用 2 枚长度为 80mm 的圆钉斜向钉入拼合梁；托木截面为 40mm×40mm 时，应至少用 4 枚长度为 80mm 的圆钉斜向钉入拼合梁。金属连接件与拼合梁和搁栅的连接应符合该连接件的使用说明规定。

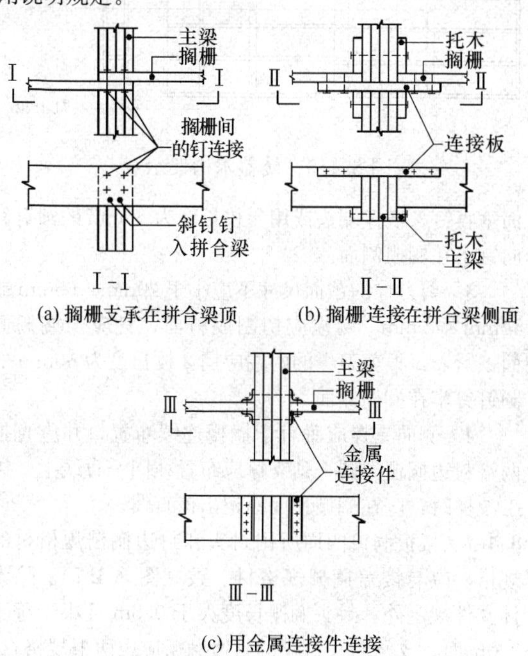

图 8.4.4 搁栅支承在拼合梁上

8.4.5 楼盖的封头搁栅和封边搁栅（图 8.4.5），应设在地梁板或各楼层墙体的顶梁板上，应用间距不大于 150mm、长为 60mm 的圆钉，两侧交错斜向钉牢在地梁板或顶梁板上；封头搁栅尚应贴紧楼盖搁栅顶端，并应用 3 枚长度为 80mm 圆钉平直地与其钉牢。

8.4.6 搁栅间应设置能防止平面外扭曲的木底撑和剪刀撑作侧向支撑，木底撑和剪刀撑宜设在同一平面内（图 8.4.5）。当搁栅底直接铺钉木基结构板或石膏板时，可不设置木底撑。当要求楼盖平面内抗剪刚度较大时，搁栅间的剪刀撑可改用规格材制作的实心横撑（图 8.4.5）。木底撑、剪刀撑和横撑等侧向支撑的间距，以及距搁栅支座的距离，均不应大于 2.1m。侧向支撑安装时应符合下列规定：

1 木底撑截面尺寸不应小于 20mm×65mm，且应通长设置，接头应位于搁栅厚度的中心线处，与每根搁栅相交处应用 2 枚长度为 60mm 的圆钉钉牢。

2 横撑应由厚度不小于 40mm、高度与搁栅一致的规格材制成，应用 2 枚长为 80mm 圆钉从搁栅侧

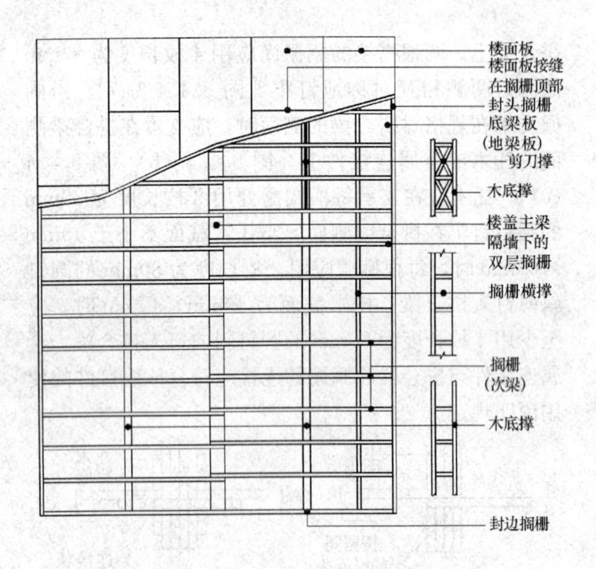

图 8.4.5　楼盖木构架示意

面垂直钉入横撑端头或用 4 枚长度为 60mm 的圆钉斜向钉牢在搁栅侧面。

3　剪刀撑的截面尺寸不应小于 20mm×65mm 或 40mm×40mm，两端应切割成斜面，且应与搁栅侧面抵紧，每根剪刀撑的两端应用 2 枚长度为 60mm 的圆钉钉牢在搁栅侧面。

4　侧向支撑应垂直于搁栅连续布置，并应直抵两端封边搁栅。同一列支撑应布置在同一直线上。施工放样时，应在搁栅顶面标记出该直线。

8.4.7　楼板洞口四周所用封头和封边搁栅规格材的规格，应与楼盖搁栅规格材一致（图 8.4.7）。除设计文件规定外，封头搁栅长度大于 0.8m 且小于等于 2.0m 时，支承封头搁栅的封边搁栅应用两根规格材；当封头搁栅长度大于 1.2m 且小于等于 3.2m 时，封头搁栅也应用两根规格材制作。更大的洞口则应满足设计文件的规定。施工时应按设计文件洞口位置和尺寸，先固定里侧封边搁栅，再安装外侧封头搁栅和各断尾搁栅，最后钉合里侧封头搁栅和外侧封边搁栅。开洞口处封头搁栅与封边搁栅间的钉连接要求应符合表 8.4.7 的规定。

表 8.4.7　开洞口周边搁栅的钉连接构造要求

连接构件名称	钉连接要求
开洞口处每根封头搁栅端和封边搁栅的连接（垂直钉连接）	5 枚 80mm 长钉或 3 枚 100mm 长钉
被切断搁栅和洞口封头搁栅（垂直钉连接）	5 枚 80mm 长钉或 3 枚 100mm 长钉
洞口周边双层封边梁和双层封头搁栅	80mm 长钉中心距 300mm

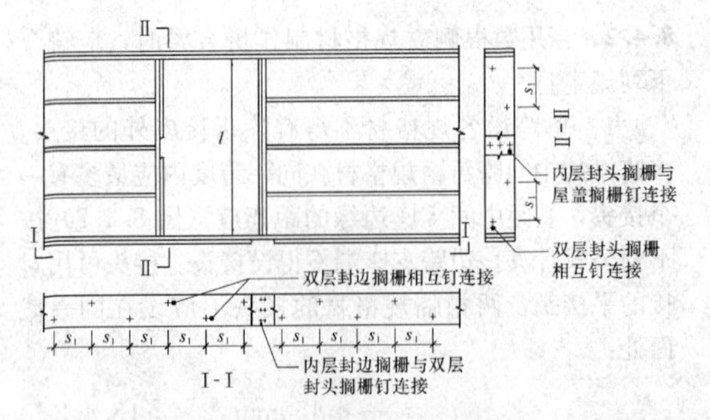

图 8.4.7　楼板开洞构造示意

8.4.8　楼盖局部需挑出承重墙时搁栅应按图 8.4.8 安装。当悬挑端仅承受本层楼盖或屋盖荷载，悬挑搁栅的截面为 40mm×185mm 和 40mm×235mm 时，外挑长度分别不得超过 400mm 或 600mm。当外挑长度超过 600mm 或尚需承受上层楼、屋盖荷载时，应由设计文件规定。沿楼盖搁栅方向的悬挑，在悬挑范围内被切断的原封头搁栅应改为实心横撑［图 8.4.8(a)］；垂直于楼盖搁栅方向的悬挑，悬挑搁栅在室内部分的长度不得小于外挑长度的 6 倍，悬挑搁栅末端应采用两根规格材作悬挑部分的封头搁栅（原楼盖搁栅），被切断的楼盖搁栅在悬挑搁栅间也应安装实心横撑［图 8.4.8（b)］。悬挑封边搁栅在室内部分所用规格材数量，以及各搁栅间的钉连接要求，应按本规范第 8.4.7 条的规定处理；横撑与搁栅间的连接应按本规范第 8.4.6 条的规定处理。

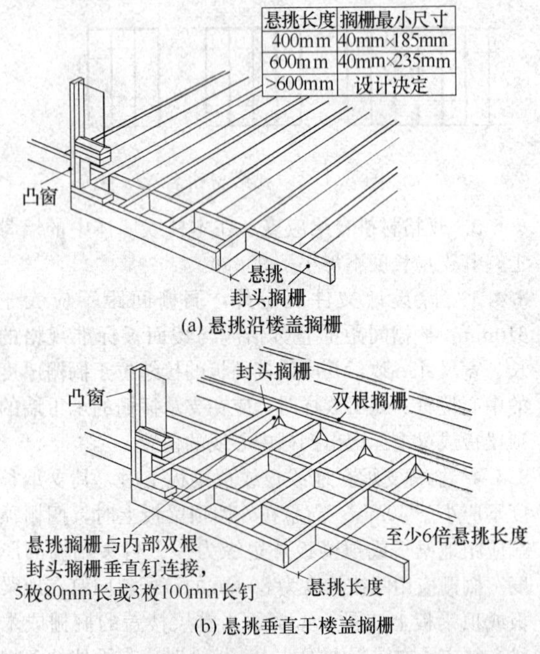

图 8.4.8　悬挑搁栅布置

8.4.9　当楼盖需支承平行于搁栅的非承重墙时，墙体下应设置搁栅或使墙体落在两根搁栅间的实心横撑上，横撑的截面尺寸不应小于 40mm×90mm，间距不应大于 1.2m，钉连接应符合本规范第 8.4.6 条的规定。当非承重墙垂直于搁栅布置，且距搁栅支座不大于0.9m时，搁栅可不做特殊处理。

8.4.10 采用工字形木搁栅时，应按下列要求施工：

1 应按设计文件的规定布置和安装工字形木搁栅封头、封边搁栅，以及搁栅和梁的各类支撑。

2 工字形木搁栅作梁使用时支承长度不应小于90mm，作搁栅使用时支承长度不应小于45mm。每侧下翼缘宜用两枚长60mm的钉子与顶梁板钉牢，钉位距搁栅端头不应小于38mm。

3 应按设计文件或产品说明书规定，在集中力作用点（含支座）处安装加劲肋。加劲肋应对称布置在搁栅腹板的两侧，一端应顶紧在直接承受集中力作用的搁栅翼缘底面，另一端与翼缘宜留30mm～50mm的间隙，应用结构胶将加劲肋粘贴在搁栅腹板和翼缘上。

4 工字形木搁栅搬运和放置时不应处于平置状态，腹板应平行于地面。必须平置放置时，其上不得有重物。

5 对高宽比较大的工字形木搁栅，在安装就位后但尚未安装平面外或搁栅间支撑前，上翼缘应及时设置横向临时支撑，可采用木条（38mm×38mm）和钉连接（两枚60mm长钉子）逐根拉结，并应连接到相对不动的构件上。

6 未铺钉楼面板前，不得在搁栅上堆放重物。搁栅间未设支撑前，人员不得在其上走动。

8.4.11 楼面板所用木基结构板的种类和规格应符合设计文件的规定。设计文件未作规定时，其厚度不应小于表8.4.11的规定。

表8.4.11 木基结构板材楼面板的厚度

搁栅最大间距（mm）	木基结构板材(结构胶合板或OSB)的最小厚度(mm)	
	$Q_k \leqslant 2.5kN/m^2$	$2.5kN/m^2 < Q_k < 5.0kN/m^2$
400	15	15
500	15	18
600	18	22

8.4.12 楼面板应覆盖至封头或封边搁栅的外边缘，宜整张（1.22m×2.44m）钉合。设计文件未作规定时，楼面板的长度方向应垂直于楼盖搁栅，板带长度方向的接缝应位于搁栅轴线上，相邻板间应留3mm缝隙；板带间宽度方向的接缝应错开布置（图8.4.12），除企口板外，板带间接缝下的搁栅间应根据设计文件的规定，决定是否设置横撑及横撑截面的大小。铺钉楼面板时，搁栅上宜涂刷弹性胶粘剂（液体钉）。楼面板的排列及钉合要求还应分别符合本规范第8.2.9条和第8.2.10条的规定。铺钉楼面板时，可从楼盖一角开始，板面排列应整齐划一。

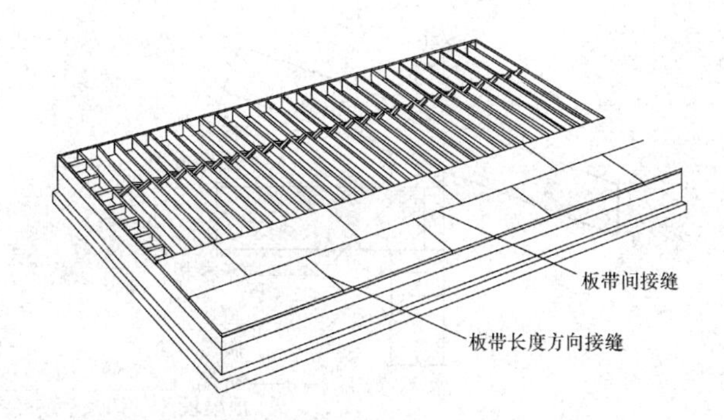

图8.4.12 楼面板安装示意

8.4.13 楼盖制作与安装偏差不应大于表8.4.13的规定。

表8.4.13 楼盖制作与安装允许偏差

项 目	允许偏差(mm)	备 注
搁栅间距	±40	—
楼盖整体水平度	1/250	以房间短边计
楼盖局部平整度	1/150	以每米长度计
搁栅截面高度	±3	—
搁栅支承长度	−6	—
楼面板钉间距	+30	—
钉头嵌入楼面板深度	+3	—
板缝隙	±1.5	—
任意三根搁栅顶面间的高差	±1.0	—

8.5 椽条-顶棚搁栅型屋盖制作与安装

8.5.1 椽条与顶棚搁栅的布置，所用规格材的材质等级和截面尺寸应符合设计文件的规定。椽条或顶棚搁栅的间距最大不应超过610mm，且其整数倍应与所用屋面板或顶棚覆面板标准规格的长、宽尺寸一致。

8.5.2 坡度小于1∶3的屋面，椽条在外墙檐口处可支承在承椽板上［图8.5.2-1 (a)］，亦可支承在墙体的顶梁板上［图8.5.2-1 (b)］。椽条应在支承处锯出三角槽口，支承长度不应小于40mm，并应用3枚长度为80mm圆钉斜向（图6.4.3）钉牢在承椽板或顶梁板上。承椽板所用规格材的截面尺寸应等同于墙体顶梁板，并应在每根顶棚搁栅处各用1枚长度为80mm的圆钉分别钉牢在顶棚搁栅和封头搁栅上。椽条在屋脊处应支承在屋脊梁上［图8.5.2-2 (a)］，椽条端部应切割成斜面，并应用4枚长度为60mm的圆钉斜向钉牢在屋脊梁上或用3枚长度为80mm的钉子从屋脊梁背面钉入椽条端部。屋脊梁截面尺寸不宜小于40mm×140mm，且截面高度应至少大于椽条一个尺寸等级。屋脊梁均应设间距不大于1.2m的竖向支承杆，杆截面尺寸不应小于40mm×90mm。竖向支

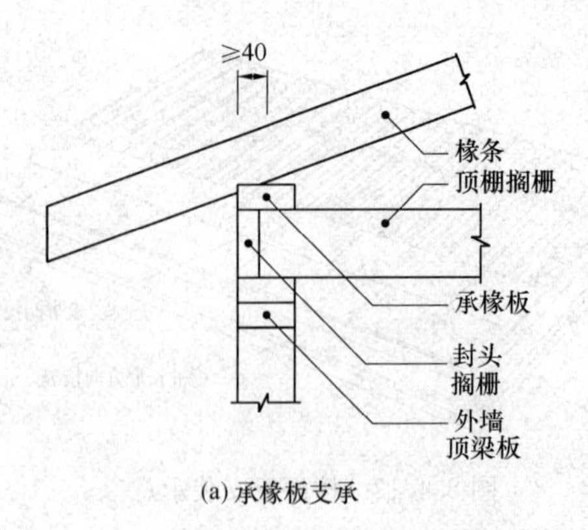

(a) 承椽板支承

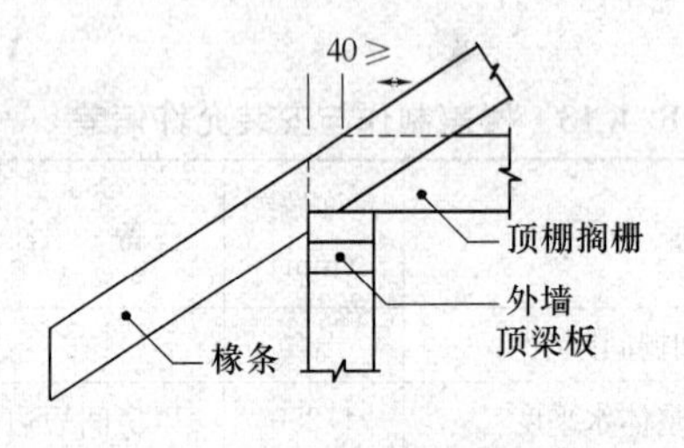

(b) 顶梁板支承

图 8.5.2-1　椽条支承在承椽板或顶梁板上

承杆下端应通过顶棚搁栅顶面支承在承重墙或梁上，其上、下端均应用 2 枚长度 80mm 的圆钉分别与屋脊梁和搁栅相互钉牢。顶棚搁栅可用 2 枚长度为 80mm 的钉子与顶梁板斜向钉牢（图 6.4.3）。当椽条与顶棚搁栅相邻时，应用 3 枚长度为 80mm 的圆钉相互钉牢。

当椽条跨度较大时，除椽条中间支座（屋脊梁）外，两侧可设矮墙［图 8.5.2-2（b）］或对称斜撑［图 8.5.2-2（c）］。矮墙的构造应符合本规范第 8.3

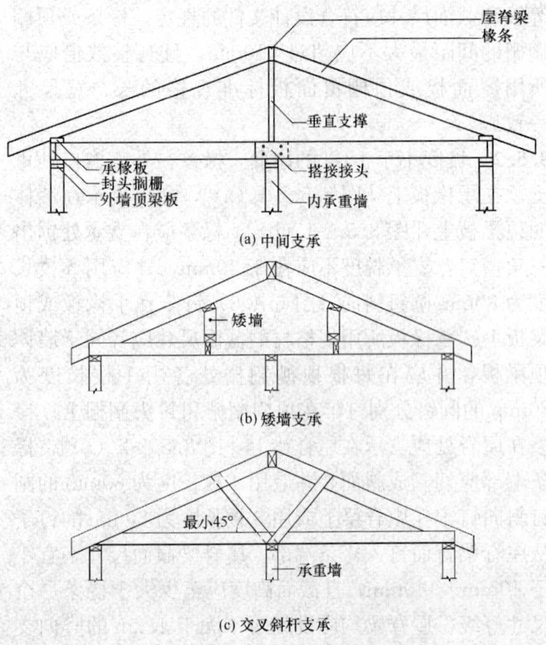

图 8.5.2-2　椽条中间支承形式

节的规定，但可仅单面铺钉覆面板或仅在部分墙骨间设斜撑。矮墙应支承在顶棚搁栅上，搁栅间应设横撑。矮墙墙骨、底、顶梁板的截面尺寸不应小于 40mm×90mm。对称斜撑的倾角不应小于 45°，截面尺寸不应小于 40mm×90mm，上端应用 3 枚长度为 80mm 的圆钉与椽条侧面钉牢，下端应用 2 枚长度为 80mm 的圆钉斜钉在内墙顶梁板上。

8.5.3　坡度等于和大于 1∶3 的屋面（图 8.5.3），椽条在檐口处应直接支承在外墙的顶梁板上［图 8.5.2-1（b）］，三角槽口支承长度不应小于 40mm，并应用 2 枚长度为 80mm 的圆钉斜向与顶梁板钉合。椽条应贴紧顶棚搁栅，并应用圆钉可靠地连接，用钉规格与数量应符合设计文件的规定。设计文件无明确规定时，不应少于表 8.5.3 的规定。在屋脊处，椽条支承在屋脊板上，其端部应切成斜面，应用 4 枚长度为 60mm 或 3 枚长为 80mm 的圆钉相互钉牢，屋脊板两侧的椽条可错开，但错开距离不应大于椽条厚度。屋脊板厚度不应小于 40mm，高度应大于椽条规格材至少一个尺寸等级。跨度不大的屋盖，可不设屋脊板，两侧椽条应对称地对顶，但应设连接板，每侧应用 4 枚长度为 60mm 的圆钉与椽条钉牢。当椽条的跨度较大时，椽条的中部位置可设椽条连杆（图 8.5.3），连杆的截面尺寸不应小于 40mm×90mm，两端的钉连接应符合设计文件的规定，每端应至少用 3 枚长度为 80mm 的圆钉与椽条钉牢。当椽条连杆的长度超过 2.4m 时，各椽条连杆间应设系杆，截面尺寸不应小于 40mm×90mm，应用两枚长度为 80mm 的圆钉与连杆钉牢。

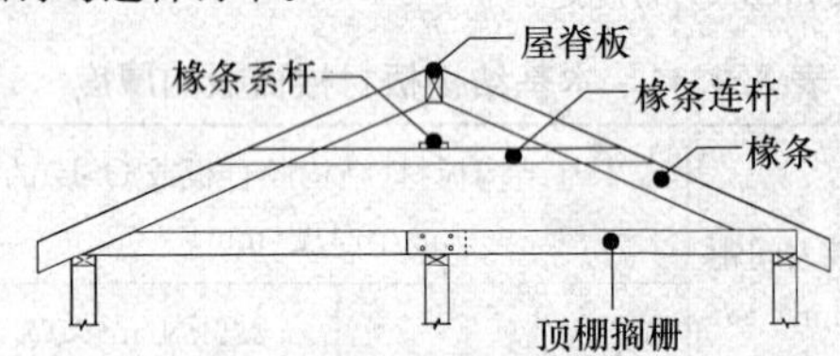

图 8.5.3　坡度等于和大于 1∶3 的屋面

表 8.5.3　坡度等于和大于 1∶3 屋盖椽条与顶棚搁栅间钉连接要求

屋面坡度	椽条间距（mm）	钉长不小于 80mm 的最少钉数											
		椽条与每根顶棚搁栅连接						椽条每隔 1.2m 与顶棚搁栅连接					
		房屋宽度达到 8m			房屋宽度达到 9.8m			房屋宽度达到 8m			房屋宽度达到 9.8m		
		屋面雪荷(kPa)			屋面雪荷(kPa)			屋面雪荷(kPa)			屋面雪荷(kPa)		
		≤1.0	1.5	≥2.0	≤1.0	1.5	≥2.0	≤1.0	1.5	≥2.0	≤1.0	1.5	≥2.0
1∶3	400	4	5	6	5	7	8	11	—	—	—	—	—
	600	6	8	9	8	—	—	11	—	—	—	—	—
1∶2.4	400	4	4	5	5	6	7	7	10	—	9	—	—
	600	5	7	8	7	9	11	7	10	—	—	—	—

续表 8.5.3

屋面坡度	椽条间距(mm)	钉长不小于80mm的最少钉数											
		椽条与每根顶棚搁栅连接						椽条每隔1.2m与顶棚搁栅连接					
		房屋宽度达到8m			房屋宽度达到9.8m			房屋宽度达到8m			房屋宽度达到9.8m		
		屋面雪荷(kPa)			屋面雪荷(kPa)			屋面雪荷(kPa)			屋面雪荷(kPa)		
		≤1.0	1.5	≥2.0	≤1.0	1.5	≥2.0	≤1.0	1.5	≥2.0	≤1.0	1.5	≥2.0
1∶2	400	4	4	4	4	4	5	6	8	9	8	—	—
	600	4	5	6	5	7	8	6	8	9	8	—	—
1∶1.71	400	4	4	4	4	4	4	5	7	8	7	9	11
	600	4	4	5	5	6	7	5	7	8	7	9	11
1∶1.33	400	4	4	4	4	4	4	4	5	6	5	6	7
	600	4	4	4	4	4	5	4	5	6	5	6	7
1∶1	400	4	4	4	4	4	4	4	4	4	4	4	5
	600	4	4	4	4	4	4	4	4	4	4	4	5

8.5.4 顶棚搁栅与墙体顶梁板的固定方法应与楼盖搁栅相同。屋顶设阁楼时，顶棚搁栅间应按楼盖搁栅的要求设置木底撑、剪刀撑或横撑等侧向支撑。坡度等于和大于1∶3的屋顶，顶棚搁栅应连续，可用搭接接头拼接，但接头应支承在中间墙体上。搭接接头钉连接的用钉量应在表8.5.3规定的基础上增加1枚。檐口处椽条间宜设横撑，横撑的截面应与椽条相同，其外侧应与顶梁板或承椽板平齐，应用2枚长度为60mm的钉子斜向与顶梁板或承椽板钉牢，两端应各用同规格钉子斜向与椽条钉牢。

8.5.5 山墙处应用两根相同尺寸的规格材作椽条，彼此应用长度为80mm、间距不大于600mm圆钉钉合。椽条下山墙墙骨的顶端宜切割成与椽条相吻合的坡角切口、与椽条抵合，并应用2枚长度为80mm的圆钉钉牢[图8.5.5(a)]。

当檐口需外挑出山墙时，椽条布置应符合图8.5.5(b)所示。两根规格材构成的椽条应安装在距离山墙为檐口外挑长度2倍的位置。悬挑椽条应支承在山墙顶梁板上，并应用2枚长度为80mm的钉子斜向钉合，另一端与封头椽条用2枚长度为80mm的钉子钉合。悬挑椽条与封头椽条的截面尺寸应与其他椽条截面尺寸一致。

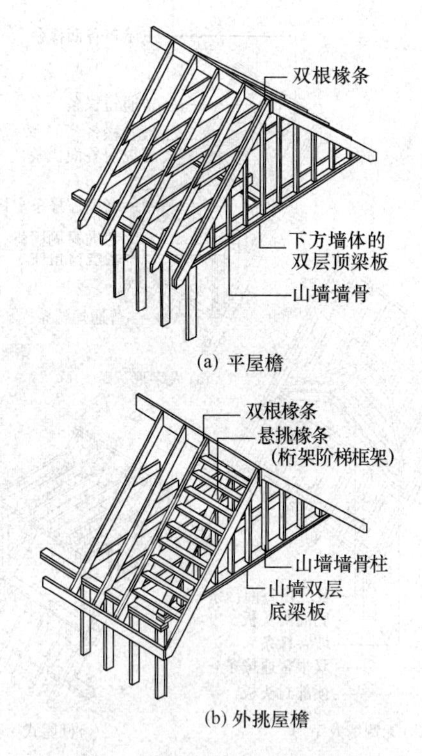

图 8.5.5 山墙处椽条的布置

8.5.6 复杂屋盖中的戗椽与谷椽所用规格材截面高度应高于一般椽条截面至少50mm（图8.5.6），与其相连的脊面椽条和坡面椽条端头应切割成双向斜坡，并应用2枚长度为80mm的圆钉斜向钉牢。

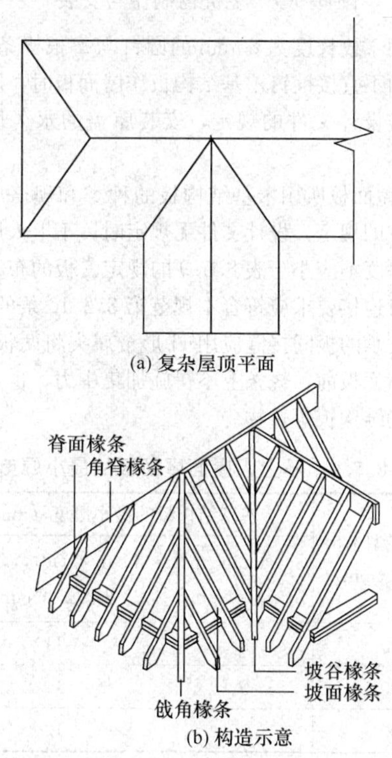

图 8.5.6 复杂屋盖示意

8.5.7 老虎窗应在主体屋面板铺钉完成后安装。支承老虎窗墙骨的封边椽条和封头椽条应用两根规格材制作（图8.5.7），并应用长度为80mm的圆钉按600mm的间距彼此钉合。封边椽条与封头椽条以及封头椽条与断尾椽条的钉连接，应符合本规范第8.4.7条的规定。老虎窗的坡谷椽条与其支承构件间钉连接应与一般椽条的钉连接要求一致。

8.5.8 屋面椽条安装完毕后，应及时铺钉屋面板，屋面板铺钉不及时时，应设临时支撑。临时支撑可采用交叉斜杆形式，并应设在椽条的底部。每根斜杆应

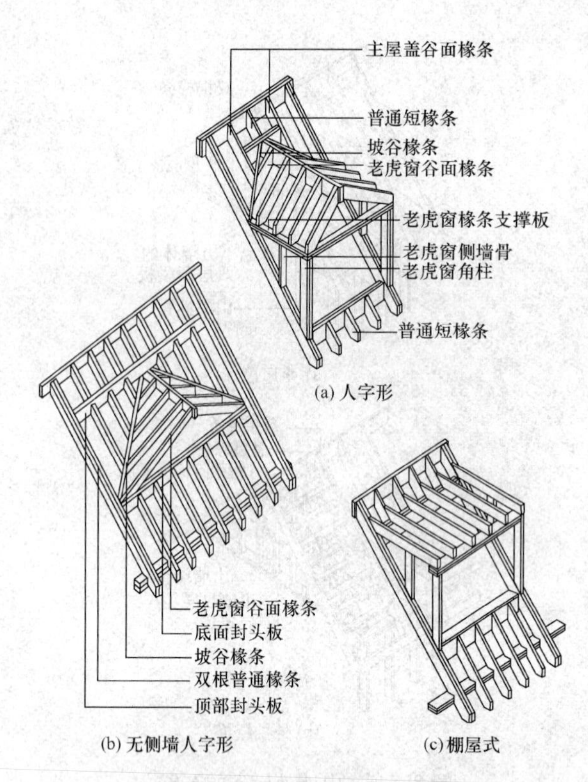

图 8.5.7 老虎窗制作与安装

至少各用 1 枚长度为 80mm 的圆钉与每根椽条钉牢。椽条顶面不直接铺钉木基结构板作屋面板时，屋盖系统均应按设计文件的规定，安装屋盖的永久性支撑系统。

8.5.9 屋面板所用木基结构板的种类和规格应符合设计文件的规定，设计文件无规定时，不上人屋面屋面板的厚度不应小于表 8.5.9 的规定。板的布置和与椽条的钉连接要求应符合本规范第 8.2.10 条的规定，板下无支承的板间接缝应用 H 形金属夹将两板嵌牢。未铺钉屋面板前，椽条上不得施加集中力，也不得堆放成捆的结构板等重物。

表 8.5.9 不上人屋面屋面板的最小厚度

椽条或轻型木桁架间距（mm）	木基结构板的最小厚度（mm）	
	$G_k \leqslant 0.3\text{N/m}^2$ $S_k \leqslant 2.0\text{N/m}^2$	$0.3\text{N/m}^2 < G_k \leqslant 1.3\text{N/m}^2$ $S_k \leqslant 2.0\text{N/m}^2$
400	9	11
500	9	11
600	12	12

8.5.10 屋盖宜按下列程序和要求进行安装：

1 顶棚搁栅的安装和固定，宜按楼盖施工方法进行。

2 顶棚搁栅顶面宜临时铺钉木基结构板作安装屋盖其他构件的操作平台。

3 宜将屋盖的控制点或线（屋脊梁、屋脊板及其与戗角椽条的交点、竖向支承杆和支承矮墙的位置等）的平面位置标记在操作平台的木基结构板上。

4 宜按设计文件规定的标高和各控制点（线）安装竖向支承杆、屋脊梁、矮墙和屋脊板。屋脊板可用一定数量的椽条支顶架设。对于四坡屋顶，可同时架设戗角椽条、坡谷椽条等。椽条长度宜按设计文件规定并结合其端部各面需要切割的倾角和屋脊梁、板的厚度等因素作适当调整。

5 宜对称于屋脊梁、屋脊板、戗角椽条、坡谷椽条安装普通椽条和坡面椽条，同时宜制作老虎窗洞口。

6 宜安装山墙椽条、封头椽条。

7 宜铺钉屋面板。

8 宜安装老虎窗结构构件，并宜铺钉老虎窗侧墙板和屋面板。

8.5.11 轻型木结构屋盖制作安装的偏差，不应超过表 8.5.11 的规定。

表 8.5.11 轻型木结构屋盖安装允许偏差

项次	项 目		允许偏差（mm）	检查方法
1	椽条、搁栅	顶棚搁栅间距	±40	钢尺量
2		搁栅截面高度	±3	钢尺量
3		任三根椽条间顶面高差	±1	钢尺量
4	屋面板	钉间距	+30	钢尺量
5		钉头嵌入楼/屋面板表面的最大距离	+3	钢尺量
6		屋面板局部平整度（双向）	6/1m	水平尺

8.6 齿板桁架型屋盖制作与安装

8.6.1 齿板桁架应由专业加工厂加工制作，并应有产品质量合格证书和产品标识。桁架应作下列进场验收：

1 桁架所用规格材应与设计文件规定的树种、材质等级和规格一致。

2 齿板应与设计文件规定的规格、类型和尺寸一致。

3 桁架的几何尺寸偏差不应超过表 8.6.1 的规定。

表 8.6.1 齿板桁架制作允许误差

	相同桁架间尺寸差	与设计尺寸间的误差
桁架长度	13mm	19mm
桁架高度	6mm	13mm

注：1 桁架长度指不包括悬挑或外伸部分的桁架总长，用于限定制作误差。

2 桁架高度指不包括悬挑或外伸等上、下弦杆突出部分的全榀桁架最高部位处的高度，为上弦顶面到下弦底面的总高度，用于限定制作误差。

4　齿板的安装位置偏差不应超过图 8.6.1-1 所示的规定。

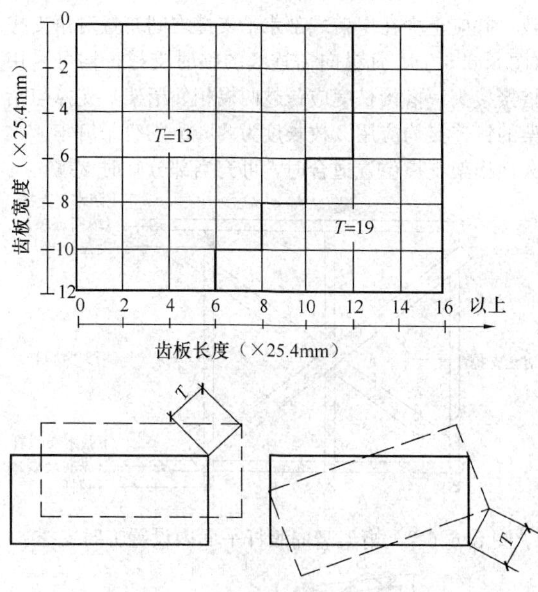

图 8.6.1-1　齿板位置偏差允许值

5　齿板连接的缺陷面积，当连接处的构件宽度大于 50mm 时，不得超过齿板与该构件接触面积的 20%；当构件宽度小于 50mm 时，不得超过 10%。缺陷面积应为齿板与构件接触面范围内的木材表面缺陷面积与板齿倒伏面积之和。

6　齿板连接处木构件的缝隙不应超过图 8.6.1-2 所示的规定。除设计文件规定外，宽度超过允许值的缝隙，均应用宽度不小于 19mm、厚度与缝隙宽度相当的金属片填实，并应用螺纹钉固定在被填塞的构件上。

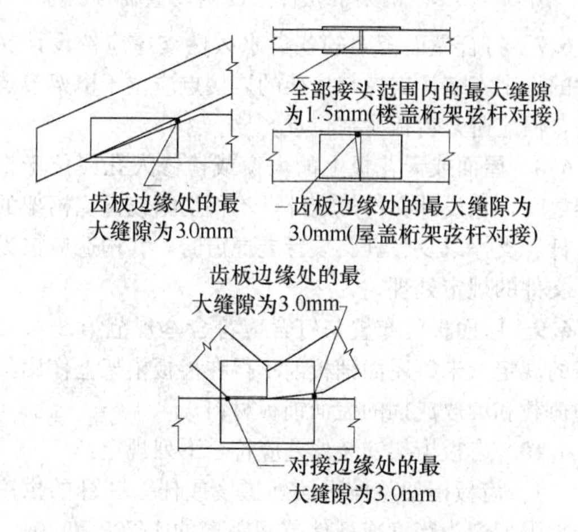

图 8.6.1-2　齿板桁架木构件间允许缝隙限值

8.6.2　齿板桁架运输时应防止因平面外弯曲而损坏，宜数榀同规格桁架紧靠直立捆绑在一起，支承点应设在原支座处，并应设临时斜撑。

8.6.3　齿板桁架吊装时，宜作临时加固。除跨度在 6m 以下的桁架可中央单点起吊外，其他跨度桁架均应两点起吊。跨度超过 9m 的桁架宜设分配梁，索夹角 θ 不应大于 60°（图 8.6.3）。桁架两端可系导向绳。

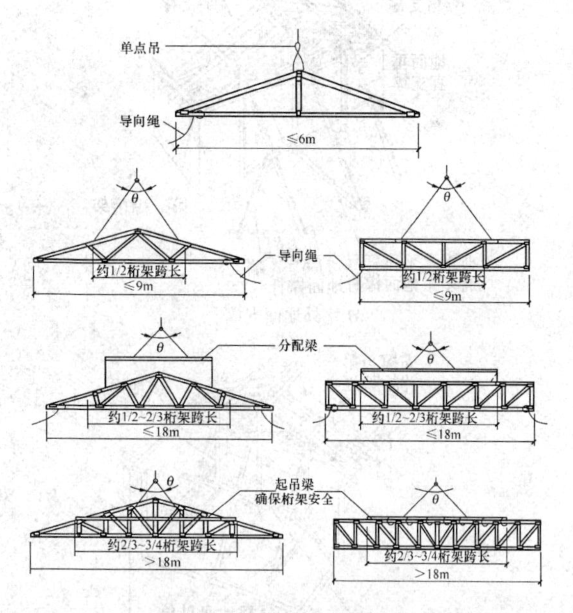

图 8.6.3　齿板桁架起吊示意

8.6.4　齿板桁架的间距和支承在墙体顶梁板上的位置应符合设计文件的规定。当采用木基结构板作屋面板时，桁架间距尚应使其整数倍与屋面板标准规格的长、宽尺寸一致。桁架支座处应用 3 枚长度为 80mm 的钉子斜向（图 6.4.3）钉牢在顶梁板上。各桁架支座处桁架间宜设实心横撑（图 8.6.4），横撑截面尺寸应等同桁架下弦杆，并应分别用两枚长度为 80mm 的钉子与下弦侧面和顶梁板垂直或斜向钉牢。

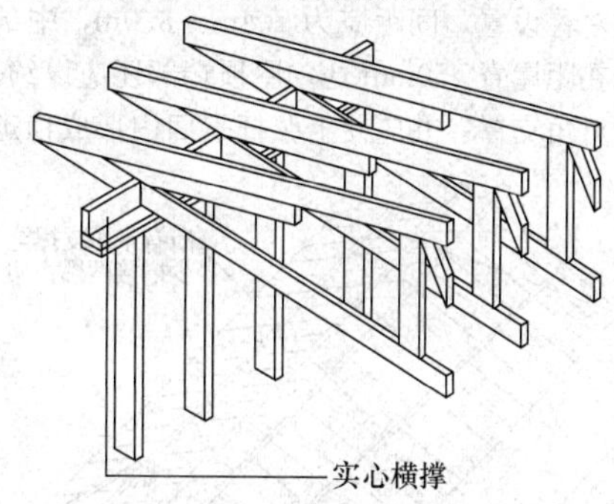

图 8.6.4　桁架间支座处横撑的设置

8.6.5　桁架可逐榀吊装就位，或多榀桁架按间距要求在地面用永久性或临时支撑组合成数榀后一起吊装。吊装就位的桁架，应设临时支撑保证其安全和垂直度。当采用逐榀吊装时，第一榀桁架的临时支撑应有足够的能力防止后续桁架倾覆，支撑杆件的截面不应小于 40mm×90mm，支撑的间距应为 2.4m～3.0m，位置应与被支撑桁架的上弦杆的水平支撑点一致，应用 2 枚长度为 80mm 的钉子与其他支撑杆件钉牢，支撑的另一端应可靠地锚固在地面［图 8.6.5

(a)] 或内侧楼板上 [图 8.6.5 (b)]。

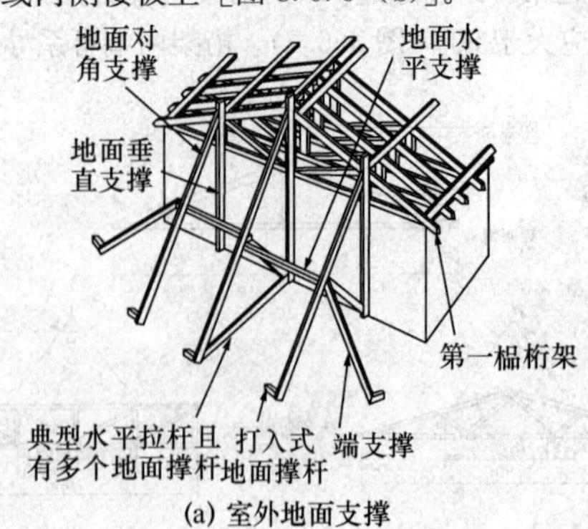

(a) 室外地面支撑

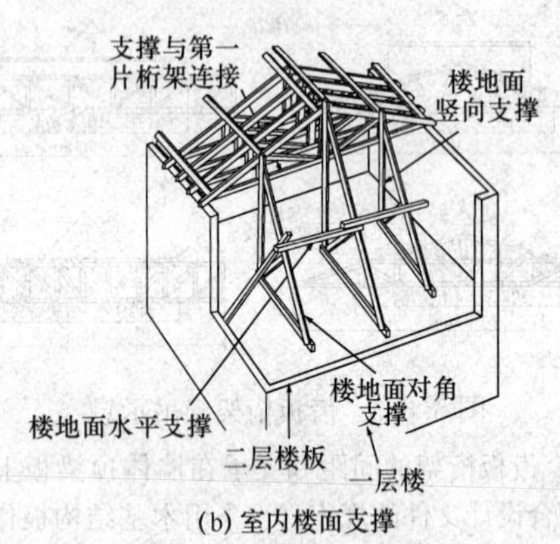

(b) 室内楼面支撑

图 8.6.5 屋面桁架的临时支撑

8.6.6 桁架的垂直度调整应与桁架间的临时支撑设置同时进行。桁架间临时支撑应设在上弦杆或屋面板平面、下弦杆或天花板平面，以及桁架竖向腹杆所在的平面内。其中，上弦杆平面内支撑沿纵向应连续，宜两坡对称设置，间距应为 2.4m～3.0m，中部一根宜设置在距屋脊 150mm 处，屋顶端部还应设约呈 45°夹角的对角支撑，并应使上弦杆平面内形成稳定的三

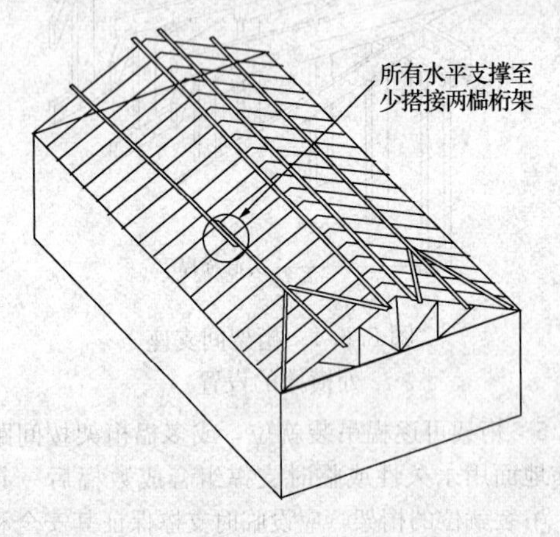

图 8.6.6-1 桁架上弦杆平面内设置临时支撑

角形支撑布局（图 8.6.6-1）。桁架竖向腹杆平面内的支撑应为桁架上、下弦杆之间的对角支撑（图 8.6.6-2），间距应为 2.4m～3.0m 布置一对，并应至少在屋盖两端布置。下弦杆平面内应设置通长的纵向连续水平系杆，系杆可设在下弦杆的上顶面并用钉连接固定。下弦杆平面内还应设 45°交角的对角支撑（图 8.6.6-3），位置应与竖向腹杆平面内的对角支撑一致，并应至少在屋盖端部水平支撑之间布置对角支撑（图 8.6.6-3）。凡纵向需连续的临时支撑，均可采用搭接接头，搭接长度应跨越两榀相邻桁架，支撑与桁架的钉连接均应用 2 枚长度为 80mm 的钉子钉牢。永久性桁架支撑位置适合时，可充当部分临时支撑。

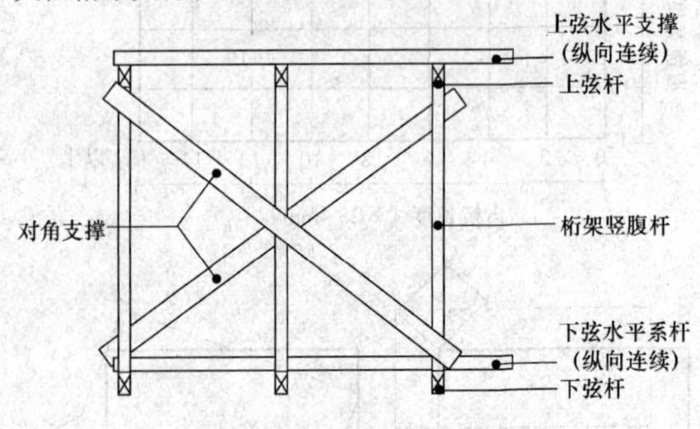

图 8.6.6-2 桁架竖向腹杆平面内设置临时支撑

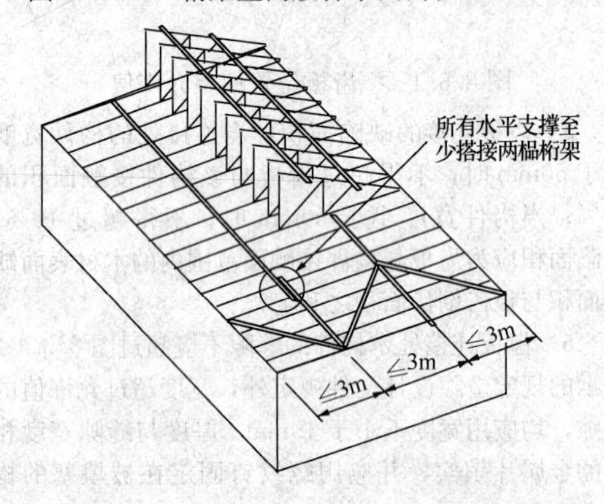

图 8.6.6-3 桁架下弦杆平面内设置临时支撑

8.6.7 钉合屋面桁架的各类永久性支撑应按设计文件的规定安装，支撑与桁架的连接点应位于桁架节点处，但应避开齿板所在位置。

8.6.8 屋面或天花板上的天窗或检修人孔应位于桁架之间，除设计文件规定外，不得切断或拆除桁架的弦杆、支撑以及腹杆。设置老虎窗时，其构造应按设计文件的规定处理。

8.6.9 屋面板的布置与钉合应符合本规范第 8.4.12 条的规定。未钉屋面铺板前不得在齿板桁架上作用集中荷载和堆放成捆的屋面铺板材料。

8.6.10 齿板桁架安装偏差应符合下列规定：

1 齿板桁架整体平面外拱度或任一弦杆的拱度最大限值应为跨度或杆件节间距离的 1/200 和 50mm 中的较小者。

2 全跨度范围内任一点处的桁架上弦杆顶与相应下弦杆底的垂直偏差限值应为上弦顶和下弦底相应点间距离的 1/50 和 50mm 中的较小者。

3 齿板桁架垂直度偏差不应超过桁架高度的 1/200，间距偏差不应超过 6mm。

8.6.11 屋面板应按本规范第8.5.9条的规定铺钉，安装偏差不应超过本规范第8.5.11条的规定。

8.7 管线穿越

8.7.1 管线在轻型木结构的墙体、楼盖与顶棚中穿越，应符合下列规定：

1 承重墙墙骨开孔后的剩余截面高度不应小于原高度的2/3（图8.7.1-1），非承重墙剩余高度不应小于40mm，顶梁板和底梁板剩余宽度不应小于50mm。

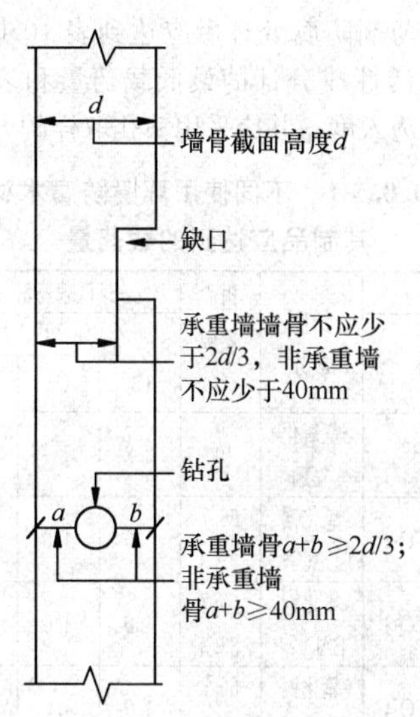

图8.7.1-1 墙骨开孔限制

2 楼盖搁栅、顶棚搁栅和椽条等木构件不应在底边或受拉边缘切口。可在其腹部开直径或边长不大于1/4截面高度的洞孔，但距上、下边缘的剩余高度均不应小于50mm（图8.7.1-2）。楼盖搁栅和不承受拉力的顶棚搁栅支座端上部可开槽口，但槽深不应大于搁栅截面高度的1/3，槽口的末端距支座边的距离不应大于搁栅截面高度的1/2，可在距支座1/3跨度范围内的搁栅顶部开深度不大于搁栅高度的1/6的缺口。

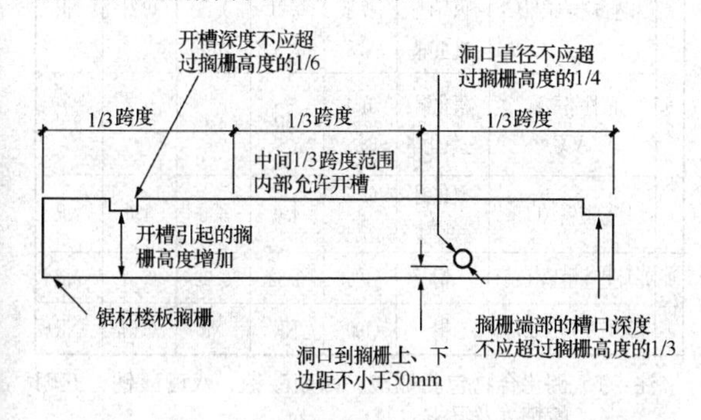

图8.7.1-2 搁栅开槽口和洞口示意

3 管线穿过木构件孔洞时，管壁与孔洞四壁间应余留不小于1mm的缝隙。水管不宜置于外墙体中。

4 工字形木搁栅开孔或开槽口应根据产品说明书进行。

8.7.2 凡结构承重构件的安装遇建筑设备影响时，应由设计单位出具变更设计，不得擅自处理。

9 木结构工程防火施工

9.0.1 木结构防火工程应按设计文件规定的木构件燃烧性能、耐火极限指标和防火构造要求施工，且应符合现行国家标准《建筑设计防火规范》GB 50016和《木结构设计规范》GB 50005的有关规定。防火处理所用的防火材料或阻燃剂不应危及人畜安全，并不应污染环境。

9.0.2 防火材料或阻燃剂应按说明书验收，包装、运输应符合药剂说明书规定，应储存在封闭的仓库内，并应与其他材料隔离。

9.0.3 木构件采用加压浸渍阻燃处理时，应由专业加工企业施工，进场时应有经阻燃处理的相应的标识。验收时应检查构件燃烧性能是否满足设计文件规定的证明文件。

9.0.4 木构件防火涂层施工，可在木结构工程安装完成后进行。防火涂层应符合设计文件的规定，木材含水率不应大于15%，构件表面应清洁，应无油性物质污染，木构件表面喷涂层应均匀，不应有遗漏，其干厚度应符合设计文件的规定。

9.0.5 防火墙设置和构造应按设计文件的规定施工，砖砌防火墙厚度和烟道、烟囱壁厚度不应小于240mm，金属烟囱应外包厚度不小于70mm的矿棉保护层或耐火极限不低于1.00h的防火板覆盖。烟囱与木构件间的净距不应小于120mm，且应有良好的通风条件。烟囱出楼屋面时，其间隙应用不燃材料封闭。砌体砌筑时砂浆应饱满，清水墙应仔细勾缝。

9.0.6 墙体、楼、屋盖空腔内填充的保温、隔热、吸声等材料的防火性能，不应低于难燃性B_1级。

9.0.7 墙体和顶棚采用石膏板（防火或普通石膏板）作覆面板并兼作防火材料时，紧固件（钉子或木螺栓）贯入木构件的深度不应小于表9.0.7的规定。

表9.0.7 兼做防火材料石膏板紧固件贯入木构件的深度（mm）

耐火极限	墙体		顶棚	
	钉	木螺丝	钉	木螺丝
0.75h	20	20	30	30
1.00h	20	20	45	45
1.50h	20	20	60	60

9.0.8 楼盖、楼梯、顶棚以及墙体内最小边长超过25mm的空腔，其贯通的竖向高度超过3m，或贯通

的水平长度超过 20m 时，均应设置防火隔断。天花板、屋顶空间，以及未占用的阁楼空间所形成的隐蔽空间面积超过 300m²，或长边长度超过 20m 时，均应设置防火隔断，并应分隔成面积不超过 300m² 且长边长度不超过 20m 的隐蔽空间。

9.0.9 隐蔽空间内相关部位的防火隔断应采用下列材料：

1 厚度不小于 40mm 的规格材。

2 厚度不小于 20mm 且由钉交错钉合的双层木板。

3 厚度不小于 12mm 的石膏板、结构胶合板或定向木片板。

4 厚度不小于 0.4mm 的薄钢板。

5 厚度不小于 6mm 的无机增强水泥板。

9.0.10 电源线敷设的施工应符合下列规定：

1 敷设在墙体或楼盖中的电源线应用穿金属管线或检验合格的阻燃型塑料管。

2 电源线明敷时，可用金属线槽或穿金属管线。

3 矿物绝缘电缆可采用支架或沿墙明敷。

9.0.11 埋设或穿越木构件的各类管道敷设的施工应符合下列规定：

1 管道外壁温度达到 120℃ 及以上时，管道和管道的包覆材料及施工时的胶粘剂等，均应采用检验合格的不燃材料。

2 管道外壁温度在 120℃ 以下时，管道和管道的包覆材料等应采用检验合格的难燃性不低于 B_1 的材料。

9.0.12 隔墙、隔板、楼板上的孔洞缝隙及管道、电缆穿越处需封堵时，应根据其所在位置构件的面积按要求选择相应的防火封堵材料，并应填塞密实。

9.0.13 木结构房屋室内装饰、电器设备的安装等工程，应符合现行国家标准《建筑内部装修设计防火规范》GB 50222 的有关规定。

10 木结构工程防护施工

10.0.1 木结构防护工程应按设计文件规定的防护（防腐、防虫害）要求，并按本规范第 3.0.8 条规定的不同使用环境和工程所在地的虫害等实际情况，根据下列要求选用化学防腐剂及防腐处理木材：

1 防护用药剂不应危及人畜安全和污染环境。

2 需油漆的木构件宜采用水溶性防护剂或以挥发性的碳氢化合物为溶剂的油溶性防护剂。

3 在建筑物预定的使用期限内，木材防腐和防虫性能应稳定持久。

4 防腐剂不应与金属连接件起化学反应。木材经处理后，不应增加其吸湿性。

10.0.2 防腐剂应按说明书验收，包装、运输应符合药剂说明书的规定，应储存在封闭的仓库内，并应与其他材料隔离。

10.0.3 木材防护处理应采用加压浸渍法施工。药物不易浸入的木材，可采用刻痕处理。C1 类环境条件下，也可采用冷热槽浸渍法或常温浸渍法。木材浸渍法防护处理应由有资质的专门企业完成。

10.0.4 木构件应在防护处理前完成制作、预拼装等工序。防腐剂处理完成后的木构件不得不作必要的再加工时，切割面、孔眼及运输吊装过程中的表皮损伤处等，可用喷洒法或涂刷法修补防护层。

10.0.5 不同使用环境下的原木、方木和规格材构件，经化学药剂防腐处理后应达到表 10.0.5-1 规定的以防腐剂活性成分计的最低载药量和表 10.0.5-2 规定的药剂透入度，并应采用钻孔取样的方法测定。

表 10.0.5-1 不同使用环境防腐木材及其制品应达到的载药量

防腐剂 类别	防腐剂 名称		活性成分	组成比例（%）	最低载药量（kg/m³）使用环境 C1	C2	C3	C4A
水溶性	硼化合物[1]		三氧化二硼	100	2.8	2.8[2]	NR[3]	NR
水溶性	季铵铜（ACQ）	ACQ-2	氧化铜 DDAC[4]	66.7 33.3	4.0	4.0	4.0	6.4
水溶性	季铵铜（ACQ）	ACQ-3	氧化铜 BAC[5]	66.7 33.3	4.0	4.0	4.0	6.4
水溶性	季铵铜（ACQ）	ACQ-4	氧化铜 DDAC	66.7 33.3	4.0	4.0	4.0	6.4
水溶性	铜唑（CuAz）	CuAz-1	铜 硼酸 戊唑醇	49 49 2	3.3	3.3	3.3	6.5
水溶性	铜唑（CuAz）	CuAz-2	铜 戊唑醇	96.1 3.9	1.7	1.7	1.7	3.3
水溶性	铜唑（CuAz）	CuAz-3	铜 丙环唑	96.1 3.9	1.7	1.7	1.7	3.3
水溶性	铜唑（CuAz）	CuAz-4	铜 戊唑醇 丙环唑	96.1 1.95 1.95	1.0	1.0	1.0	2.4
水溶性	唑醇啉（PTI）		戊唑醇 丙环唑 吡虫啉	47.6 47.6 4.8	0.21	0.21	0.21	NR
水溶性	酸性铬酸铜（ACC）		氧化铜 三氧化铬	31.8 68.2	NR	4.0	4.0	8.0
水溶性	柠檬酸铜（CC）		氧化铜 柠檬酸	62.3 37.7	4.0	4.0	4.0	NR
油溶性	8-羟基喹啉铜(Cu8)		铜	100	0.32	0.32	0.32	NR
油溶性	环烷酸铜(CuN)		铜	100	NR	NR	0.64	NR

注：1 硼化合物包括硼酸、四硼酸钠、八硼酸钠、五硼酸钠等及其混合物；
2 有白蚁危害时 C2 环境下硼化合物应为 4.5kg/m³；
3 NR 为不建议使用；
4 DDAC 为二癸基二甲基氯化铵；
5 BAC 为十二烷基苄基二甲基氯化铵。

表 10.0.5-2　防护剂透入度检测规定

木材特征	透入深度或边材透入率		钻孔采样数量（个）	试样合格率（%）
	$t<125$mm	$t\geq125$mm		
易吸收不需要刻痕	63mm 或 85%（C1、C2）、90%（C3、C4A）	63mm 或 85%（C1、C2）、90%（C3、C4A）	20	80
需要刻痕	10mm 或 85%（C1、C2）、90%（C3、C4A）	13mm 或 85%（C1、C2）、90%（C3、C4A）	20	80

注：t 为需处理木材的厚度；是否刻痕根据木材的可处理性、天然耐久性及设计要求确定。

10.0.6　胶合木结构宜在化学药剂处理前胶合，并宜采用油溶性防护剂以防吸水变形。必要时也可先处理后胶合。经化学防腐处理后在不同使用环境下胶合木构件的药剂最低保持量及其透入度，应分别不小于表 10.0.6-1 和表 10.0.6-2 的规定。检测方法应符合本规范第 10.0.5 条的规定。

表 10.0.6-1　胶合木防护药剂最低载药量与检测深度

药剂			胶合前处理					胶合后处理				
类别	名称		最低载药量（kg/m³）使用环境				检测深度（mm）	最低载药量（kg/m³）使用环境				检测深度（mm）
			C1	C2	C3	C4A		C1	C2	C3	C4A	
水溶性	硼化合物		2.8	2.8[1]	NR	NR	13～25	NR	NR	NR	NR	—
	季铵铜（ACQ）	ACQ-2	4.0	4.0	4.0	6.4	13～25	NR	NR	NR	NR	—
		ACQ-3	4.0	4.0	4.0	6.4	13～25	NR	NR	NR	NR	—
		ACQ-4	4.0	4.0	4.0	6.4	13～25	NR	NR	NR	NR	—
	铜唑（CuAz）	CuAz-1	3.3	3.3	3.3	6.5	13～25	NR	NR	NR	NR	—
		CuAz-2	1.7	1.7	1.7	3.3	13～25	NR	NR	NR	NR	—
		CuAz-3	1.7	1.7	1.7	3.3	13～25	NR	NR	NR	NR	—
		CuAz-4	1.0	1.0	1.0	2.4	13～25	NR	NR	NR	NR	—
	唑醇啉（PTI）		0.21	0.21	0.21	NR	13～25	NR	NR	NR	NR	—
	酸性铬酸铜（ACC）		NR	4.0	4.0	8.0	13～25	NR	NR	NR	NR	—
	柠檬酸铜（CC）		4.0	4.0	4.0	NR	13～25	NR	NR	NR	NR	—
油溶性	8-羟基喹啉铜（Cu8）		0.32	0.32	0.32	NR	13～25	0.32	0.32	0.32	NR	0～15
	环烷酸铜（CuN）		NR	NR	0.64	NR	13～25	0.64	0.64	0.64	NR	0～15

注：1　有白蚁危害时应为 4.5kg/m³。

表 10.0.6-2　胶合前处理的木构件防护药剂透入深度或边材透入率

木材特征	使用环境		钻孔采样的数量（个）
	C1、C2 或 C3	C4A	
易吸收不需要刻痕	75mm 或 90%	75mm 或 90%	20
需要刻痕	25mm	32mm	20

10.0.7　经化学防腐处理后的结构胶合板和结构复合木材，其防护剂的最低保持量及其透入度不应低于表 10.0.7 的规定。

表 10.0.7　结构胶合板、结构复合木材中防护剂的最低载药量与检测深度（mm）

药剂			结构胶合板					结构复合木材				
类别	名称		最低载药量（kg/m³）使用环境				检测深度（mm）	最低载药量（kg/m³）使用环境				检测深度（mm）
			C1	C2	C3	C4A		C1	C2	C3	C4A	
水溶性	硼化合物		2.8	2.8[1]	NR	NR	0～10	NR	NR	NR	NR	—
	季铵铜（ACQ）	ACQ-2	4.0	4.0	4.0	6.4	0～10	NR	NR	NR	NR	—
		ACQ-3	4.0	4.0	4.0	6.4	0～10	NR	NR	NR	NR	—
		ACQ-4	4.0	4.0	4.0	6.4	0～10	NR	NR	NR	NR	—
	铜唑（CuAz）	CuAz-1	3.3	3.3	3.3	6.5	0～10	NR	NR	NR	NR	—
		CuAz-2	1.7	1.7	1.7	3.3	0～10	NR	NR	NR	NR	—
		CuAz-3	1.7	1.7	1.7	3.3	0～10	NR	NR	NR	NR	—
		CuAz-4	1.0	1.0	1.0	2.4	0～10	NR	NR	NR	NR	—
	唑醇啉（PTI）		0.21	0.21	0.21	NR	0～10	NR	NR	NR	NR	—
	酸性铬酸铜（ACC）		NR	4.0	4.0	8.0	0～10	NR	NR	NR	NR	—
	柠檬酸铜（CC）		4.0	4.0	4.0	NR	0～10	NR	NR	NR	NR	—
油溶性	8-羟基喹啉铜（Cu8）		0.32	0.32	0.32	NR	0～10	0.32	0.32	0.32	NR	0～10
	环烷酸铜（CuN）		0.64	0.64	0.64	NR	0～10	0.64	0.64	0.64	0.96	0～10

注：1　有白蚁危害时应为 4.5kg/m³。

10.0.8　木结构防腐的构造措施应按设计文件的规定进行施工，并应符合下列规定：

1　首层木楼盖应设架空层，支承于基础或墙体上，方木、原木结构楼盖底面距室内地面不应小于 400mm，轻型木结构不应小于 150mm。楼盖的架空空间应设通风口，通风口总面积不应小于楼盖面积的 1/150。

2　木屋盖下设吊顶顶棚形成闷顶时，屋盖系统应设老虎窗或山墙百叶窗，也可设檐口疏钉板条（图 10.0.8-1）。

3　木梁、桁架等支承在混凝土或砌体等构件上时，构件的支承部位不应被封闭，在混凝土或构件周围及端面应至少留宽度为 30mm 的缝隙（图 7.4.4），并应与大气相通。支座处宜设防腐垫木，应至少有防潮层。

4　木柱应支承在柱墩上，柱墩顶面距室内、外地面的高度分别不应小于 300mm，且在接触面间应有卷材防潮层。当柱脚采用金属连接件连接并有雨水侵蚀时，金属连接件不应存水。

5　屋盖系统的内排水天沟应避开桁架端节点设

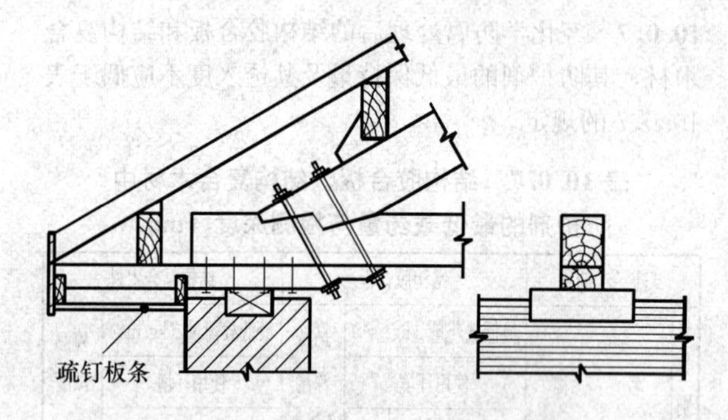

图 10.0.8-1　木屋盖的通风防潮

置［图 10.0.8-2（a）］或架空设置［图 10.0.8-2（b）］，并应避免天沟渗漏雨水而浸泡桁架端节点。

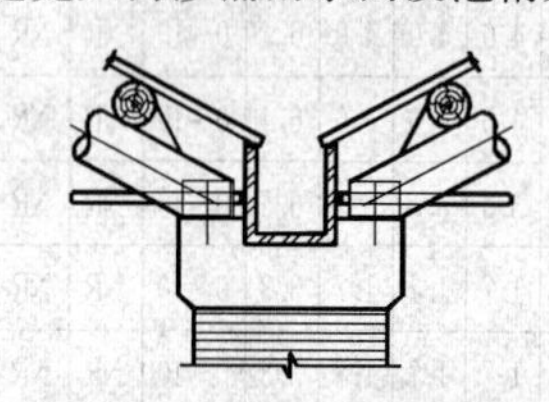

(a) 天沟与桁架支座节点构造-1

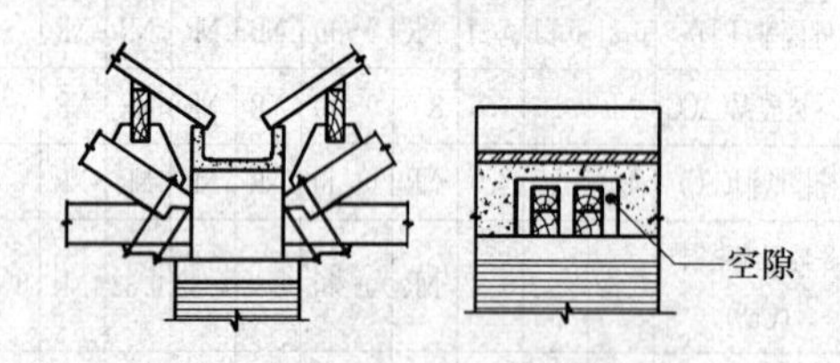

(b) 天沟与桁架支座节点构造-2

图 10.0.8-2　内排水屋盖桁架支座节点构造示意

10.0.9　轻型木结构外墙的防水和保护，应符合下列规定：

1　外墙木基结构板外表应铺设防水透气膜（呼吸纸），透气膜应连续铺设，膜间搭接长度不应小于100mm，并应用胶粘剂粘结，防水透气膜正、反面的布置应正确。透气膜可用盖帽钉或通过经防腐处理的木条钉在墙骨上。

2　外墙里侧应设防水膜。防水膜可用厚度不小于0.15mm的聚乙烯塑料膜。防水膜也应连续铺设，并应与外墙里侧覆面板（木基结构板或石膏板）一起钉牢在墙骨上，防水膜应夹在墙骨与覆面板间。

3　防水透气膜外应设外墙防护板，防护板类别及与外墙木构架的连接方法应符合设计文件的规定，防护板和防水透气膜间应留有不小于25mm的间隙，并应保持空气流通。

10.0.10　木结构中外露钢构件及未作镀锌处理的金属连接件，均应按设计文件规定的涂料作防护处理。钢材除锈等级不应低于St3，涂层应均匀，其干厚度应符合设计文件的规定。

11　木结构工程施工安全

11.0.1　木结构施工现场应按现行国家标准《建设工程施工现场消防安全技术规范》GB 50720的有关规定配置灭火器和消防器材，并应设专人负责现场消防安全。

11.0.2　木结构工程施工机具应选用国家定型产品，并应具有安全和合格证书。使用过程中可能涉及人身安全的施工机具，均应经当地安全生产行政主管部门的审批后再使用。

11.0.3　固定式电锯、电刨、起重机械等应有安全防护装置和操作规程，并应经专门培训合格，且持有上岗证的人员操作。

11.0.4　施工现场堆放木材、木构件及其他木制品应远离火源，存放地点应在火源的上风向。可燃、易燃和有害药剂的运输、存储和使用应制定安全操作规程，并应按安全操作规程规定的程序操作。

11.0.5　木结构工程施工现场严禁明火操作，当必须现场施焊等操作时，应做好相应的保护并由专人负责，施焊完毕后30min内现场应有人员看管。

11.0.6　木结构施工现场的供配电、吊装、高空作业等涉及生产安全的环节，均应制定安全操作规程，并应按安全操作规程规定的程序操作。

本规范用词说明

1　为便于在执行本规范条文时区别对待，对要求严格程度不同的用词说明如下：

1）表示很严格，非这样做不可的用词：
正面词采用“必须”，反面词采用“严禁”；

2）表示严格，在正常情况下均应这样做的用词：
正面词采用“应”，反面词采用“不应”或“不得”；

3）表示允许稍有选择，在条件许可时首先这样做的用词：
正面词采用“宜”，反面词采用“不宜”；

4）表示有选择，在一定条件下可这样做的用词，采用“可”。

2　条文中指明应按其他有关标准执行的写法为：“应符合……规定”或“应按……执行”。

引用标准名录

1　《木结构设计规范》GB 50005

2　《建筑设计防火规范》GB 50016

3　《木结构工程施工质量验收规范》GB 50206

4　《建筑内部装修设计防火规范》GB 50222

5 《木结构试验方法标准》GB/T 50329

6 《建设工程施工现场消防安全技术规范》GB 50720

7 《普通螺纹 基本牙型》GB/T 192

8 《碳素结构钢》GB/T 700

9 《锯材缺陷》GB/T 4823

10 《六角头螺栓 C级》GB/T 5780

11 《六角头螺栓》GB/T 5782

12 《木结构覆板用胶合板》GB/T 22349

13 《一般用途圆钢钉》YB/T 5002

中华人民共和国国家标准

木结构工程施工规范

GB/T 50772—2012

条 文 说 明

制 订 说 明

《木结构工程施工规范》GB/T 50772－2012，经住房和城乡建设部2012年5月28日以第1399号公告批准、发布。

本规范以我国木结构工程的施工实践为基础，并借鉴和吸收了国际先进技术和经验而制订。规范制订的原则是合理区分木结构产品生产与木结构构件制作与安装，突出构件制作安装；采用先进可行施工技术，使施工质量达到现行国家标准《木结构工程施工质量验收规范》GB 50206的要求，并保持与相关的现行国家规范、标准的一致性。

本规范制订过程中，编制组进行了大量调查研究，侧重解决了以下问题：(1) 原国家标准《木结构工程施工及验收规范》GBJ 206－83等设计与施工规范，是基于将木材作为一种原材料而进行现场制作构件的施工方法的经验制订的，而现代木结构的设计与施工，是基于工业化标准化生产的木产品。(2) 我国原有木结构以主要采用方木、原木的屋盖体系为主，而现代木结构广泛采用层板胶合木、结构复合木材、木基结构板材等木产品，结构形式呈多样化，对施工技术水平要求更高。(3) 轻型木结构在我国获得大量应用，但原有《木结构工程施工及验收规范》GBJ 206－83并不包含对应的结构体系。(4) 随材料科学和木结构防护技术的发展，原有木结构防护施工技术需更新。规范编制组针对这些问题对规范进行了认真制订，并与《木结构工程施工质量验收规范》GB 50206、《木结构设计规范》GB 50005等相关国家标准进行了协调，形成本规范。

为便于广大设计、施工、科研、教学等单位有关人员在使用本规范时能正确理解和执行条文规定，《木结构工程施工规范》编制组按章、节、条顺序编制了本规范的条文说明。对条文规定的目的、依据以及执行中需注意的有关事项进行了说明。但是，本条文说明不具备与规范正文同等的法律效力，仅供使用者作为理解和把握规范规定的参考。

目　次

1 总　　则

1.0.1 制定本规范的目的是采用先进的木结构施工方法，使工程质量达到《木结构工程施工质量验收规范》GB 50206 的要求。

1.0.2 本规范的适用范围为新建木结构工程施工的两个分项工程，即木结构工程的制作安装与木结构工程的防火防护。木结构包括分别由原木、方木和胶合木制作的木结构和主要由规格材和木基结构板材制作的轻型木结构。

1.0.3 明确相关规范的配套使用，其中主要的配套规范为《木结构工程施工质量验收规范》GB 50206 和《木结构设计规范》GB 50005。

2 术　　语

本规范共给出 31 个木结构工程施工的主要术语。其中一部分是从建筑结构施工、检验的角度赋予其涵义，而相当部分参照国际上木结构常用的术语而编写。英文术语所指为内容一致，并不一定是两者单词的直译，但尽可能与国际木结构术语保持一致。

3 基 本 规 定

3.0.1 规定木结构工程施工单位应具有资质，针对目前建筑安装工程施工企业的实际情况，强调应有木结构工程施工技术队伍，才能承担木结构工程施工任务。主要工种是指木材定级员、放样、木工和焊接等工种。

3.0.2 木结构工程的防护分项工程可以分包，但其管理、施工质量仍应由木结构工程制作、安装施工单位负责。

3.0.3 本条强调施工应贯彻“照图施工”的原则，设计文件主要是施工图和相关的文字说明。木结构设计文件的出具和审查过程应与钢结构、混凝土结构和砌体结构相同。

3.0.4 施工前的图纸会审、技术交底应解决施工图中尚未表示清晰的一些细节及实际施工的困难，并作出相应的变更，其记录应作为施工内业资料的一部分。

3.0.5 工程施工中时遇材料替换的情况，本条规定材料的代换原则。用等强换算方法使用高等级材料替代低等级材料，有时并不安全，也可能影响使用功能和耐久性，故需设计单位复核同意。

3.0.6 进场验收、见证检验主要是控制木结构工程所用材料、构配件的质量；交接检验主要是控制制作和安装质量。它们是木结构工程施工质量控制的基本环节，是木结构分部工程验收的主要依据。

3.0.7 木材所显露出的纹理，具有自然美，成为雅致的装饰面。本规范将木结构外观参照胶合木结构分为 A、B、C 级，A 级相当于室内装饰要求，B 级相当于室外装饰要求，而 C 级相当于木结构不外露的要求。

3.0.8 木结构使用环境的分类，依据是林业行业标准《防腐木材的使用分类和要求》LY/T 1636－2005，主要为选择正确的木结构防护方法。

3.0.9 从国际市场进口木材和木产品，是发展我国木结构的重要途径。本条所指木材和木产品包括方木、原木、规格材、胶合木、木基结构板材、结构复合木材、工字形木搁栅、齿板桁架以及各类金属连接件等产品。国外大部分木产品和金属连接件，是工业化生产的产品，都有产品标识。产品标识标志产品的生产厂家、树种、强度等级和认证机构名称等。对于产地国具有产品标识的木产品，既要求具有产品质量合格证书，也要求有相应的产品标识。对于产地国本来就没有产品标识的木产品，可只要求产品质量合格证书。

另外，在美欧等国家和地区，木产品的标识是经过严格的质量认证的，等同于产品质量合格证书。这些产品标识一旦经由我国相关认证机构确认，在我国也等同于产品质量合格证书。但我国目前尚没有具有资质的认证机构。

4 木结构工程施工用材

4.1 原木、方木与板材

4.1.1 方木、原木结构设计中，木材的树种决定了木材的强度等级。《木结构设计规范》GB 50005－2003 给出了它们的对应关系，如表 1、表 2 所示。已列入我国设计规范的进口树种木材的“识别要点”，详见现行国家标准《木结构设计规范》GB 50005。

表 1　针叶树种木材适用的强度等级

强度等级	组别	适用树种
TC17	A	柏木　长叶松　湿地松　粗皮落叶松
	B	东北落叶松　欧洲赤松　欧洲落叶松
TC15	A	铁杉　油杉　太平洋海岸黄柏　花旗松—落叶松　西部铁杉　南方松
	B	鱼鳞云杉　西南云杉　南亚松
TC13	A	油松　新疆落叶松　云南松　马尾松　扭叶松　北美落叶松　海岸松
	B	红皮云杉　丽江云杉　樟子松　红松　西加云杉　俄罗斯红松　欧洲云杉　北美山地云杉　北美短叶松

续表1

强度等级	组别	适用树种
TC11	A	西北云杉　新疆云杉　北美黄松　云杉—松—冷杉　铁—冷杉　东部铁杉　杉木
	B	冷杉　速生杉木　速生马尾松　新西兰辐射松

表2　阔叶树种木材适用的强度等级

强度等级	适用树种
TB20	青冈　椆木　门格里斯木　卡普木　沉水稍克隆　绿心木　紫心木　孪叶豆　塔特布木
TB17	栎木　达荷玛木　萨佩莱木　苦油树　毛罗藤黄
TB15	锥栗（栲木）　桦木　黄梅兰蒂　梅萨瓦木　水曲柳　红劳罗木
TB13	深红梅兰蒂　浅红梅兰蒂　白梅兰蒂　巴西红厚壳木
TB11	大叶椴　小叶椴

4.1.2　新伐下的树称湿材，其含水率在纤维饱和点（约30%）以上。自纤维饱和点至大气平衡含水率，木材的体积将随含水率的降低而缩小。木材的纵向干缩率很小，一般约为0.1%，弦向约为6%～12%，径向约为3%～6%。因此，为满足设计要求的构件截面尺寸，湿材下料需要一定的干缩预留量。

图1　方木、原木的干裂

由于木材的弦向干缩率较径向约大1倍，干燥过程中圆木或方木的中心和周边部位含水率不一致，中心部位水分不易蒸发而含水率高，含髓心的木料，因髓心阻碍外层木材的收缩，易发生开裂，如图1所示，特别是对于东北落叶松、云南松等收缩量较大的木材更为严重。"破心下料"使髓心在外，易干燥，缓解了约束因素，木材干缩变形较自由，能显著缓解干裂现象的发生。但"破心下料"要求木材的直径较大，"按侧边破心下料"可有一定的改进。但这些下料方法不能取得完整方木，只能拼合。

4.1.3　自然干燥周期与树种、木材截面尺寸和当地季节有关，表3给出了北京地区一些树种从含水率为60%降至15%在不同季节需要的时间，供参考。由表可见，采用自然干燥，通常是无法满足现代工程进度要求的。人工干燥需用设备较多，工艺复杂，故应委托专业木材加工厂进行。

表3　木材自然干燥周期（d）

树种	干燥开始季节	板厚20mm～40mm			板厚50mm～60mm		
		最长	最短	平均	最长	最短	平均
红松	晚冬(3月)～初春(4月)	68	41	52	102	90	96
	初夏(6月)	29	9	19	45	38	42
	初秋(8月)	50	36	43	106	64	85
	晚秋(9月)～初冬(11月)	86	22	54	176	168	172
水曲柳	晚冬(3月)～初春(4月)	69	48	59	192	84	138
	初夏(6月)	62	15	39	121	111	116
	初秋(8月)	72	39	56	157	130	144
	晚秋(9月)～初冬(11月)	143	77	110	175	87	131
桦木	晚冬(3月)～初春(4月)	60	45	53	175	85	130
	初夏(6月)	25	20	23	155	65	110
	初秋(8月)	85	46	66	179	120	150
	晚秋(9月)～初冬(11月)	97	95	96	195	161	178

4.1.4　木材的目测分级是根据肉眼可见木材缺陷的严重程度来评定每根木料的等级。对于原木、方木的各项强度设计值，现行木结构设计规范并未考虑这些缺陷的程度不同所带来的影响。事实上，木材缺陷对各力学性能的影响不尽相同，例如，木材缺陷对受拉构件承载力的影响显然要比受压、受剪构件等大。因此，将每块木材做目测分级将有利于构件制作时的选材配料。

4.1.5　木结构采用较干的木材制作，在相当程度上可减小因干缩导致的松弛变形和裂缝的危害，对保证工程质量具有重要作用。较大截面尺寸的木料，其表层和中心部位的含水率在干燥过程中有较大差别。原西南建筑科学研究院对30余根截面为120mm×160mm的云南松的实测结果表明，木材表层含水率为16.2%～19.6%时，其全截面平均含水率为24.7%～27.3%。本条规定的含水率是指全截面平均含水率。

4.1.6　木材是吸湿性材料，具有湿胀干缩的物理性能。本条措施保证木材不过多吸收水分，减小湿胀干缩变形。

4.1.7　现行国家标准《木结构设计规范》GB 50005按方木、原木的树种规定其强度等级，因此首先要明确木材的树种。我国木结构用方木、原木的材质等级评定标准与市场商品材的等级评定标准不同，因此从市场购买的方木、原木进场时应由工程技术人员按要求重新分等验收。

4.1.8　现行国家标准《建筑工程施工质量验收统一标准》GB 50300规定，涉及结构安全的材料应按规定进行见证检验。因此进场方木、原木应做强度见证检验，这也是因为正确识别树种并非容易。检验方法应按现行国家标准《木结构工程施工质量验收规范》GB 50206 执行。

4.2 规格材

4.2.1 规格材的强度等物理力学性能指标与其树种、等级和规格有关，因此，进场规格材的等级、规格和树种应与设计文件相符。规格材是一种工业化生产的木产品，不管是国产还是进口的，都应有产品质量合格证书和产品标识，其数种、等级、生产厂家和分级机构可以通过产品标识体现出来。

4.2.2 现行国家标准《木结构设计规范》GB 50005 规定了国产规格材的尺寸系列，采用我国惯用的公制单位(mm 或 m)。我国规定的目测分级规格材的截面尺寸与北美地区不同，主要是由于习惯使用的计量单位不同而产生的，北美地区惯用英制单位。但实际上将北美规格材的公称尺寸用公制、英制间的关系换算后仍有差别。例如规格材公称截面为(2×4)英寸，对应的公制尺寸应为 50.8mm×101.6mm，但实际尺寸为 38mm×89mm。因此(2×4)英寸为习惯用语，或是未经干燥、刨平时的规格材的名义尺寸，规格材公称尺寸与实际截面尺寸的关系，公称截面边长在 6 英寸及以下时，实际尺寸比公称尺寸小 0.5 英寸，边长在 8 英寸及以上时，实际尺寸比公称尺寸小 0.75 英寸。如截面规格为 2×8 英寸的规格材，其实际截面尺寸为(2－0.5)×(8－0.75)英寸＝38mm×184mm。木结构设计规范规定截面尺寸(高、宽)差别在±2mm 以内，可视为同规格的规格材，但不同尺寸系列的规格材不能混用。

4.2.3 北美地区规格材强度设计值的取值，是以足尺试验结果为依据的，并给出了不同树种、不同规格的各目测等级的强度设计值。我国对规格材的研究甚少，尚未给出适合我国树种的各级规格材的强度设计值。因此表 4.2.3-1～表 4.2.3-3 仅为对规格材目测分等时对应等级衡量木材缺陷的标准。规格材抗弯强度见证检验或目测等级见证检验的抽样方法、试验方法及评定标准见现行国家标准《木结构工程施工质量验收规范》GB 50206。

关于规格材的名称术语，我国的原木、方木也采用目测分等，但不区分强度指标。作为木产品，木材目测或机械分等后，是区分强度指标的。因此作为合格产品，规格材应分别称为目测应力分等规格材(visually stress-graded lumber)或机械应力分等规格材(machine stress-rated lumber)。目测分等规格材或机械分等规格材，是按其分等方式的一种简称。

北美地区与我国目测分等规格材的材质等级对应关系应符合表 4 的规定。部分国家和地区与我国机械分等规格材的强度等级对应关系应符合表 5 的规定。

表 4 北美地区与我国目测分等规格材的材质等级对应关系

中国规范规格材等级	北美规格材等级
I_c	Select structural
II_c	No. 1
III_c	No. 2
IV_c	No. 3
V_c	Stud
VI_c	Construction
VII_c	Standard

表 5 部分国家和地区与我国机械分等规格材的强度等级对应关系

中国	M10	M14	M18	M22	M26	M30	M35	M40
北美	—	1200f－1.2E	1450f－1.3E	1650f－1.5E	1800f－1.6E	2100f－1.8E	2400f－2.0E	2850f－2.3E
新西兰	MSG6	MSG8	MSG10	—	MSG12	—	MSG15	—
欧洲（盟）	—	C14	C18	C22	C27	C30	C35	C40

4.2.5 规格材截面剖解后，缺陷所占截面的比例等条件发生改变，其强度也就发生改变，因此原则上不能再作为承重构件使用。如果能重新定级，可以按重新定级的等级使用，但应注意，新等级规格材的截面尺寸必须符合规格材的尺寸系列，方能重新定级。

4.3 层板胶合木

4.3.1 在我国，胶合木一度曾在施工现场制作，这种做法显然不能保证产品质量。现代胶合木对层板及制作工艺都有严格要求，并要求成套的设备，只适宜在工厂制作。本条强调胶合木应由有资质的专业生产厂家制作，旨在保证产品质量。

4.3.2 现行国家标准《胶合木结构技术规范》GB/T 50708 将制作胶合木的层板划分为普通层板、目测分等层板和机械弹性模量分等层板，因而有普通层板胶合木、目测分等层板胶合木和机械弹性模量分等层板胶合木类别之分。按组坯方式不同，后两者又分为同等组合胶合木、对称异等组合和非对称异等组合胶合木。胶合木构件的工作性能与胶合木的类别、组坯方式、强度等级、截面尺寸及设计规定的工作环境直接相关，因此本条规定以上各项应与设计文件相符。本条按《木结构工程施工质量验收规范》GB 50206 的规定，要求进场胶合木或胶合木构件应有产品质量合格证书和产品标识，产品标识应包括生产厂家、胶合木的种类和强度等级等信息。

4.3.3 胶合木构件可在生产厂家直接加工完成，也可以将胶合木作为一种木产品进场，在现场加工成胶合木构件。但不管以哪种方式进场，都应按《木结构工程施工质量验收规范》GB 50206 的规定，要求有胶缝完整性检验和层板指接强度检验合格报告。胶缝完整性要求和层板指接强度要求是胶合木生产过程中控制质量的必要手段，是进场胶合木生产厂家须提供的质量证明文件。当缺乏证明文件时，应在进场验收时由有资质的检测机构完成，并出具报告，并应满足国家标准《结构用集成材》GB/T 26899的相关规定。

现行国家标准《木结构工程施工质量验收规范》GB 50206规定对进场胶合木进行荷载效应标准组合作用下的抗弯性能检验，是对胶合木产品质量合格的验证。要求在检验荷载作用下胶缝不开裂，原有漏胶胶缝不发展，最大挠度不超过规定的限值。检验合格的试验梁可继续作为构件使用，不致浪费。

4.3.4 现行国家标准《木结构设计规范》GB 50005和《胶合木结构技术规范》GB/T 50708都规定直线形层板胶合木构件的层板不大于45mm。弧形构件在制作时需将层板在弧形模子上加压预弯，待胶固结后，撤去压力，达到所需弧度。在这一制作过程中，在层板中会产生残余应力，影响构件的强度。层板越厚和曲率越大，残余应力越大，故需限制弧形构件层板的厚度。《木结构设计规范》GB 50005－2003规定胶合木弧形构件层板的厚度不大于$R/300$，但美国木结构设计规范NDS－2005规定，软木类层板的厚度不大于$R/125$，硬木及南方松层板厚度不大于$R/100$。本条取为$R/125$，并与国家标准《结构用集成材》GB/T 26899的规定一致。

4.3.5 层板胶合木作为产品进场，只能作必要的外观检查，无法对层板质量再行检验。本条规定了外观检查的内容。

4.3.6 制作胶合木构件时，层板的含水率不应大于15%，否则将影响胶合质量，且同一构件中各层板间的含水率差别不应超过5%，以避免层板间过大的收缩变形差而产生过大的内应力（湿度应力），甚至出现裂缝等损伤。

4.3.7 本条规定主要为避免胶合木防护层局部损坏而影响防护效果。通常的做法是胶合木构件出厂时用塑料薄膜包覆，既防磕碰损坏，也防止胶合木受潮或干裂。

4.4 木基结构板材

4.4.1、4.4.2 木基结构板材包括结构胶合板和定向木片板，在轻型木结构中除需承受平面外的弯矩作用，重要的是使木构架能承受平面内的剪力，并具有足够的刚度，构成木构架的抗侧力体系，因此应有可靠的结构性能保证。结构胶合板和定向木片板尽管在外观上与装修和家具制作用胶合板、刨花板有相似之处，但两类板材在制作材料的要求和制作工艺上有很大不同，因此其结构性能有很大不同。例如，结构胶合板单板厚度1.5mm≤t≤5.5mm，层数较少；定向木片板则是长度不小于30mm的木片，且面层木片需沿板的长度定向铺设。木基结构板材均需用耐水胶压制而成。另一个重要区别在于，针对在结构中使用的部位（墙体、楼盖、屋盖），木基结构板材需经受不同环境条件下的荷载检验，即干、湿态荷载检验。干态是指木基结构板材未被水浸入过，并在20℃±3℃和65%±5%的相对湿度条件下至少养护2周，达到平衡含水率；湿态是指在板表面连续3天用水喷淋的状态（但又不是浸泡）；湿态重新干燥是指连续3天水喷淋后又被重新干燥至干态状态。

进场批次具有两方面含义。批次是指板材生产厂标识的批次，因此，对于每次进场量较少又多次进场，但又是同生产厂的同批次板材的情况，检验报告可用于全部进场板材；对于一次进场量大的情况，可能会使用不同批次的板材，则应有各相应批次的检验报告。

4.4.3、4.4.4 结构胶合板进场验收时只需检查上、下表面两层单板的缺陷。对于进场时已有第4.4.2条规定的检验合格证书，仅需作板的静曲强度和静曲弹性模量见证检验。取样及检验方法和评定标准见《木结构工程施工质量验收规范》GB 50206。

4.4.5 有过大翘曲变形的板不允许在工程中使用，因此在存放中应采取措施防止产生翘曲变形。

4.5 结构复合木材及工字形木搁栅

4.5.1～4.5.5 结构复合木材是一类重组木材。用数层厚度为2.5mm～6.4mm的单板施胶连续辊轴热压而成的称为旋切板胶合木（LVL，也称单板层集材）；将木材旋切成厚度为2.5mm～6.4mm，长度不小于150倍厚度的木片施胶加压而成的称为平行木片胶合木（PSL）和层叠木片胶合木（LSL），均呈厚板状。使用时可沿木材纤维方向锯割成所需截面宽度的木构件，但在板厚方向不宜再加工。结构复合木材的一重要用途是将其制作成预制构件。例如用LVL作翼缘，OSB作腹板，经开槽胶合后制作工字形木搁栅。

目前国内尚无结构复合木材及其预制构件的产品和相关的技术标准，主要依赖进口。因此，进场验收时应认真检查产地国的产品质量合格证书和产品标识。对于结构复合木材应作平置、侧立抗弯强度见证检验以及工字形木搁栅作荷载效应标准组合下的变形见证检验，其抽样、检验方法及评定标准见《木结构工程施工质量验收规范》GB 50206。由于工字形木搁栅等受弯构件检验时，仅加载至正常使用荷载，不会对合格构件造成损伤，因此检验合格后，试样仍可作工程用材。进口的工字形木搁栅，一般同时具备产品质量合格证书和产品标识，国产的工字形木搁栅，现阶段不一定具有产品标识，但要求有产品质量合格证书。

4.5.3 结构复合木材是按规定的截面尺寸生产的木产品，如果沿厚度方向切割，会破坏产品的内部构造，影响其力学性能。

4.6 木结构用钢材

4.6.1 木结构用钢材宜选择Q235或以上屈服强度等级的钢材，不能因为用于木结构就放松对钢材质量的要求。对于承受动荷载或在−30℃以下工作的木结构，不应采用沸腾钢，冲击韧性应符合Q235或以上屈服强度等级钢材D等级的标准。

4.6.2 钢材见证检验抽样方法及试验方法均应符合《木结构工程施工质量验收规范》GB 50206的规定。

4.7 螺 栓

4.7.2 圆钢拉杆端部的螺纹在荷载作用下需有抗拉的能力，采用板牙等工具加工的螺纹往往不规范，螺纹深浅不一致造成过大的应力集中，而影响其承载性能。因此强调应采用车床等设备机械加工，以保证螺纹质量。

4.8 剪 板

4.8.1 剪板连接属于键连接形式，在现行国家标准《木结构设计规范》GB 50005中并未采用，目前也尚未见国产产品，但《胶合木结构技术规范》GB/T 50708采用了剪板连接。该种连接件在北美属于规格化的标准产品，有直径为67mm和102mm两种规格。分别采用美国热轧碳素钢SAE1010和铸钢32520级（ASTM A47标准）。

4.8.2 剪板连接的承载力取决于其规格和木材的树种，《胶合木结构技术规范》GB/T 50708规定了剪板连接的承载力，应用时应注意国产树种与剪板产地国树种的差异。

4.9 圆 钉

4.9.2 圆钉抗弯强度见证检验的抽样方法、试验方法和评定标准见现行国家标准《木结构工程施工质量验收规范》GB 50206。

4.10 其他金属连接件

4.10.1 轻型木结构中常用的金属连接件钢板往往较薄，为了增加钢板平面外的刚度，在钢板的一些部位需压出加劲肋。现场制作存在实际困难，又需作防腐处理，因此规定由专业加工厂冲压成形加工。

5 木结构构件制作

5.1 放样与样板制作

5.1.1 放样和制作样板是一种传统的木结构构件制作工艺。尽管现代计算机绘图技术能精确地绘出各构件的细部尺寸，但除非采用数控木工机床方法制作构件，否则将其复制到各个构件上时仍存在丈量等方面的误差。尤其是批量加工制作时工作量大，不易保证尺寸统一，因此，本规范要求木结构施工时应首先放样和制作样板。

5.1.2 明确构件截面中心与设计图标注的中心线的关系，使实物能符合设计时的计算简图和确定结构的外貌尺寸。如三角形豪式原木桁架以两端节点上、下弦杆的毛截面几何中心线交点间的距离为计算跨度，方木桁架则以上弦杆毛截面和下弦杆净截面几何中心线交点间的距离为计算跨度。

5.1.3 方木、原木结构和胶合木结构桁架的制作均应按跨度的1/200起拱，以减少视觉上的下垂感。本条规定了脊节点的提高量为起拱高度，在保持桁架高度不变的情况下，钢木桁架下弦提高量取决于下弦节点的位置，木桁架取决于下弦杆接头的位置。桁架高度是指上弦中央节点至两支座连线间的距离。

5.1.4 胶合木构件往往设计成弧形，制作时先按要求的曲率形成弧形模架，再将层板施胶加压，胶固化后即成弧形构件。由于在制作过程中会在层板中产生残余应力，影响胶合木的强度，且胶合木弧形构件在使曲率减小的弯矩作用下产生横纹拉应力，因此应严格控制弧形构件的曲率。考虑制作中卸去压力后构件的曲率会产生回弹（回弹量与树种、层板厚度等因素有关），模架的曲率一般比拟制作的构件的曲率大一些，两者有如下经验关系可供参考：

$$\rho_0=\rho\left(1-\frac{1}{n}\right) \tag{1}$$

式中，ρ_0为模架拱面的曲率半径；ρ为弧形构件下表面的设计曲率半径；n为层板层数。

胶合木直梁跨度不大时一般不做起拱处理，必须起拱时，其制作工艺与弧形构件相同。

5.1.5 桁架上弦杆不仅有轴向压力，当有节间荷载时尚有弯矩作用，接头应设在轴力和弯矩较小的位置。对于三角形豪式桁架，上弦杆接头不应设在脊节点两侧或端节点间，而应设在其他节间的靠近节点的反弯点处，而梯形豪式桁架上弦端节间往往无轴向压力作用，可视为简支梁，节点附近仅有不大的弯矩作用。为便于起拱，桁架下弦接头放在节点处。

5.1.6 放样使用的量具需经计量认证，满足测量精度（±1mm）的方可使用。长度计量通常采用钢尺和钢板尺，不得使用皮尺。

5.1.7、5.1.8 样板是制作构件的模具，使用过程中应保持不变形和必要的精度，交接验收合格方能使用。

5.2 选 材

5.2.1 现行国家标准《木结构设计规范》GB 50005对方木、原木结构木材强度取值的规定，仅取决于树种，未考虑允许的缺陷对强度的影响。实际上不同的受力方式对这些缺陷的敏感程度是不同的，表5.2.1

和相应的本条内容正是考虑了缺陷对不同受力构件的影响程度。影响较大的，选用好的材料，即缺陷少的木材，影响小的，可选用缺陷多一点的木材。

5.2.2 层板胶合木的类别含普通层板胶合木、目测分等层板胶合木和机械弹性模量分等层板胶合木，后两类又分为同等组合胶合木、对称异等组合和非对称异等组合胶合木。应严格按设计文件规定的类别、强度等级、截面尺寸和使用环境定制或购买。由于组坯不同，胶合木的力学性能就不同，因此强度等级相同但组坯不同的胶合木不得相互替换。截面锯解后的胶合木，其各强度指标已不能保证，因此不能再作为结构材使用。

5.3 构件制作

5.3.1 方木、原木结构构件的制作允许偏差来自于现行国家标准《木结构设计规范》GB 50005和《木结构工程施工质量验收规范》GB 50206的规定。

5.3.2 层板胶合木作为一种木产品用以制作各类胶合木构件。构件制作一般直接在胶合木生产厂家完成，也可以在现场制作，但所用胶合木的类别（普通层板、目测分等层板或机械弹性模量分等层板）、强度等级、截面尺寸和适用环境都必须符合设计文件的要求。本条规定制作构件时胶合木只应进行长度方向切割及槽口、螺栓孔等加工，目的在于禁止将较大截面的胶合木锯解成较小截面的构件。因为这样处理会影响胶合木的强度，特别是异等组坯的情况，更是如此。

5.3.4 弧形胶合木构件的曲率制作允许偏差和梁的起拱允许偏差，目前尚无统一规定，本条参照ANSI A190.1给出了胶合木梁允许偏差。

6 构件连接与节点施工

6.1 齿连接节点

6.1.1～6.1.3 齿连接主要通过构件间的承压面传递压力，又称抵承结合，为此施工时注意传递压力的承压面应紧密相抵，而非承压面的接触可留有一定的缝隙。如图6.1.1-1所示的bc非承压面，若过于严密，可引起桁架下弦杆因局部横纹承压而受损。

保险螺栓的作用是一旦下弦杆顺纹受剪面出问题，不致使桁架迅速塌落，而可及时抢修。因此，保险螺栓尽管在正常使用过程中几乎不受荷载作用，但为保安全是必须安装的，且其直径应满足设计文件的规定。

6.2 螺栓连接及节点

6.2.1 采用双排螺栓的钢夹板做连接件往往会妨碍木构件的干缩变形，导致木材横纹受拉开裂而丧失抗剪承载力，因此需将钢夹板分割成两条，每条设一排螺栓，但两排螺栓的合力作用点仍应与构件轴线一致。

螺栓连接中力的传递依赖于孔壁的挤压，因此连接件与被连接件上的螺栓孔应同心，否则不仅安装螺栓困难，更不利的是增加了连接滑移量，甚至发生各个击破现象而不能达到设计承载力要求。我国工程实践曾发现，有的屋架投入使用后下弦接头的滑移量最大达到30mm，原因是下弦和木夹板分别钻孔，装配时孔位不一致，就重新扩孔以装入螺栓，屋架受力后必然产生很大滑移。采用本条规定的一次成孔方法，可有效解决螺栓不同心问题，缺点是当连接件为钢夹板时，所用长钻杆的麻花钻，需特殊加工。

螺栓连接中，螺栓杆不承受轴向力作用，仅在连接破坏时，承受不大的拉力作用，因此垫板尺寸仅需满足构造要求，无需验算木材横纹局压承载力。

6.2.2 中心螺栓连接节点，实际上是一种销连接节点，可防止构件相对转动时导致木材横纹受拉劈裂，如图2所示。

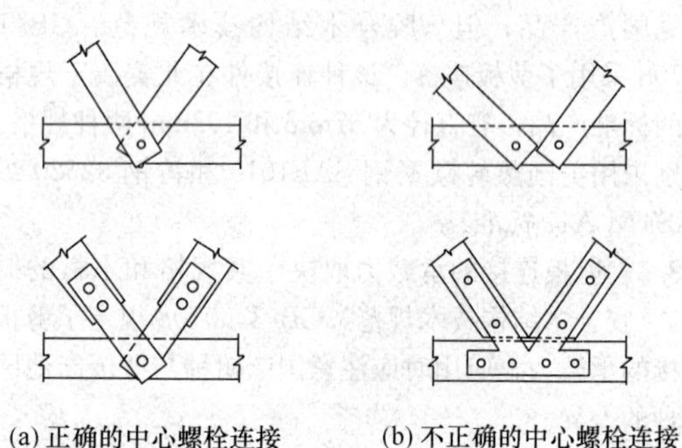

图2 不同的连接方式

6.3 剪板连接

6.3.1～6.3.4 剪板连接的工作方式类似螺栓，但木材的承压面在剪板周边与木材的接触面处，紧固件（螺栓或方头螺钉）主要受剪。连接施工时，剪板凹槽和螺栓孔需用专用钻具（图3）一次成形，保证剪板和紧固件同心。紧固件直径和剪板需配套，

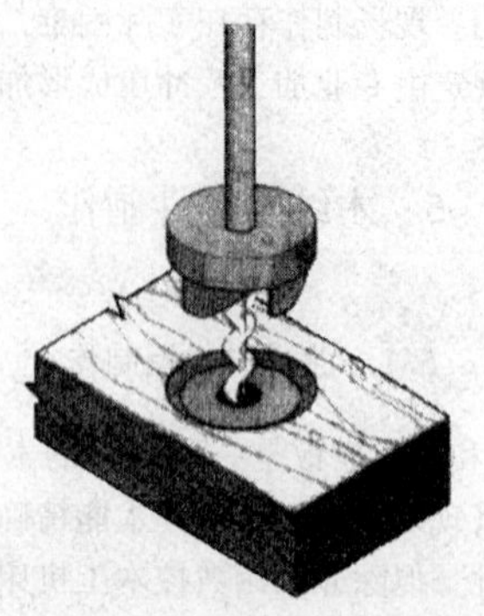

图3 剪板钻具

否则连接滑移量大，承载力降低。考虑到制作安装过程中木材含水率变化引起紧固件松动，故应复拧紧。

6.4 钉 连 接

6.4.1、6.4.2 钉连接中钉子的直径与长度应符合设计文件的规定，施工中不允许使用与设计文件规定的同直径不同长度或同长度不同直径的钉子替代，这是因为钉连接的承载力与钉的直径和长度有关。

硬质阔叶材和落叶松等树种木材，钉钉子时易发生木材劈裂或钉子弯曲，故需设引孔，即预钻孔径为0.8倍～0.9倍钉子直径的孔，施工时亦需将连接件与被连接件临时固定在一起，一并预留孔。

6.5 金属节点及连接件连接

6.5.1 重型木结构或大跨空间木结构采用传统的齿连接、螺栓连接节点往往承载力不足或无法实现计算简图要求，如理想的铰接或一个节点上相交构件过多而存在构造上的困难，因此采用金属节点，木构件与金属节点相连，从而构成平面的或空间的木结构。金属连接件很好地替代了木主梁与木次梁，以及木主梁在支座处的传统连接方法，特别是在胶合木结构中获得了广泛应用。本条文规定了金属节点和连接件的制作要求，其中一些焊缝尺寸的规定是对构造焊缝的要求，受力焊缝的尺寸应满足设计文件的规定。

6.5.2 木构件与金属节点的连接仍应满足齿连接（抵承结合）或螺栓连接的要求。

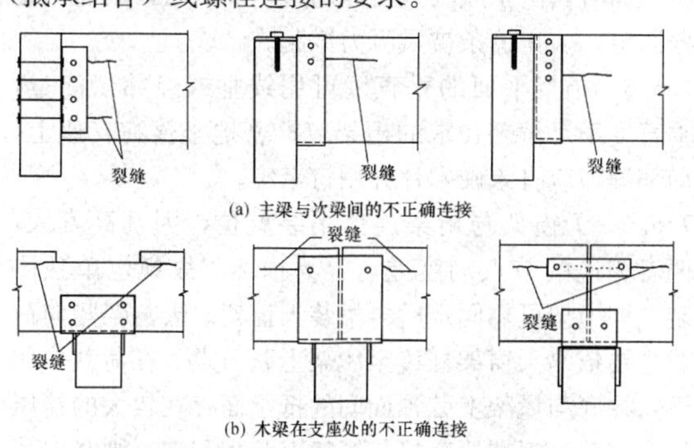

图4 木构件与金属连接件不正确的连接

6.5.3 如木构件与金属连接件的固定方法不正确，常常因限制了木材的干缩变形或荷载作用下的变形而造成木材横纹受拉，导致木材撕裂。如图4所示主梁与次梁和木梁在支座处因不正确的连接造成木构件开裂，这些连接方法是不可取的。

6.6 木构件接头

6.6.1 木构件受压接头利用两对顶的抵承面传递压力，理论上夹板与螺栓不受力，仅为构造要求。斜接头两侧的抵承面不能有效地传递压力，故不能采用。规定木夹板的厚度和长度，主要为使构件或组合构件（如桁架）在吊装和使用过程中具有足够的平面外强度和刚度。

6.6.2 受拉接头中螺栓与夹板都是受力部件，应满足设计文件的规定。原木受拉接头若采用单排螺栓连接，则原木受剪面与木材中心重合，是不允许的。

6.6.3 受弯构件接头并不可能做到与原木构件等强（承载力与刚度），因此受弯构件接头只能设在反弯点附近，基本不受荷载作用。

6.7 圆 钢 拉 杆

6.7.1 圆钢拉杆搭接接头的焊缝易撕裂，故不应采用。

6.7.2 拉杆螺帽下的垫板尺寸取决于木材的局部承压强度，垫板厚度取决于其抗弯要求，皆由设计计算决定，故应符合设计文件的规定。

6.7.3 钢下弦拉杆自由长度过大，会发生下垂，故设吊杆避免下垂。

7 木结构安装

7.1 木结构拼装

7.1.1 大跨和空间木结构的拼装，应制定相应的拼、吊装施工方案。支座存在水平推力的结构，特别是大跨空间木结构，宜采用高空散装法，但需要较大工程量搭接脚手架。地面分块、分条或整体拼装后再吊装就位时，应进行结构构件与节点的安全性验算。需考虑拼装时的支承情况和吊装时的吊点位置两种情况验算。木材设计强度取值与使用年限有关，拼、吊装时结构所受荷载作用时段短，故取最大工作应力不超过1.2倍的木材设计强度。

7.1.2～7.1.4 桁架采用竖向拼装可避免上弦杆接头各节点在桁架翻转过程中损坏。桁架翻转瞬间支座一般不离地，因此在两吊点情况下对于三角形桁架，翻转时上弦杆可视为平面外的两个单跨悬臂梁。对于梯形或平行弦桁架，计算简图可视为双悬臂梁。钢木桁架下弦杆占桁架自重的比例要比木桁架小，故验算时木桁架的荷载比例略比钢木桁架大。

7.2 运输与储存

7.2.1 桁架等平面构件水平运输时不宜平卧叠放在车辆上，以免在装卸和运输过程中因颠簸使平面外受弯而损坏。实腹梁和空腹梁等构件在运输中悬臂长度不能过长，以免负弯矩过大而受损。

7.2.2 大型或超长构件无法存放在仓库或敞棚内时，也应采取防雨淋措施，如用五彩布、塑料布等遮盖。

7.3 木结构吊装

7.3.1、7.3.2 桁架吊装时的安全性验算应以吊点处为支座，作用有绳索产生的竖向和水平支反力。桁架自重及附着在桁架上的临时加固构件的全部荷载简化为上弦节点荷载，或上弦杆自重简化为上弦节点荷载，下弦杆及腹杆简化为下弦节点荷载，其他临时加固构件按实际情况简化为上、下弦节点荷载，两种计算简图，并考虑系统的动力系数。特别需注意桁架发生拉压杆变化的情况，齿连接不能受拉，钢拉杆不能受压，发生这类情况时必须采取临时加固措施，如增设反向的斜腹杆等解决。

绳索的水平夹角小，可以降低起吊高度，但过小的水平夹角会明显增大桁架平面内的水平作用力而导致平面外失稳。因此规定了绳索的水平夹角不小于60°。规定两吊点间用水平杆加固桁架，目的在于缓解这一水平作用的危害。考虑到吊装时下弦杆截面宽度较小的大跨桁架，特别是钢木桁架下弦不能受压，设置连续的水平杆临时加固桁架，防止下弦失稳。

7.4 木梁、柱安装

7.4.1～7.4.5 木腐菌的孢子和菌丝侵蚀到含水率大于20%且空气容积含量为5%～15%时，就会大量繁殖而导致木材腐朽。因此规定柱底距室外地坪的高度并设防潮层和不与土壤接触，一方面是缓解土壤中的木腐菌直接侵蚀，另一方面使柱根部木材能处于干燥状态，不利于木腐菌的繁殖。另据调查，木构件距地面0.45m以后，可大大减缓白蚁的侵蚀。木梁端部支承在砌体或混凝土构件上，要求木梁支座四周设通风槽，目的是使木材能有干燥的环境条件。

7.4.6 异等组坯的层板胶合木梁或偏心受压构件，其正反两个方向的力学性能并不对称，安装时应特别注意受拉区的位置与设计文件相符，避免工程事故。

7.5 楼盖安装

7.5.1～7.5.3 首层楼盖底与室内地坪间至少应留有0.45m净空，且应在四周基础（勒脚）上开设通风洞，使有良好的通风条件，保证楼盖木构件处于干燥状态。

7.6 屋盖安装

7.6.1 大量的现场调查表明，木桁架的腐朽主要发生在支座桁架节点，其原因一是屋面檐口部位漏雨，二是支座节点被砌死在墙体中，不通风，木材含水率高，为木腐菌提供了繁殖的有利条件。因此桁架支座处的防腐处理十分重要。

抗震区木柱与桁架上弦第二节点间设斜撑可增强房屋的侧向刚度，侧向水平荷载在斜撑中产生的轴力应直接传递至屋架上弦节点，斜撑与下弦杆相交处（图7.6.1）的螺栓只起夹紧作用，不应传递轴力，故在斜撑上开椭圆孔。

7.6.2 砌体房屋木屋盖采用硬山搁檩，第一榀桁架可靠近山墙就位，当山墙有足够刚度时，可用檩条作支撑，保持稳定，否则应设斜撑作临时支撑。此时应注意斜撑根部的可靠连接，以免偶然作用下斜撑脱落而导致桁架倾倒。

7.6.3 屋盖支撑体系是保证屋盖系统整体性和空间刚度的重要条件，必须按设计文件安装。一个屋盖系统根据其纵向刚度不同，至少在1个～2个开间内设置由桁架间垂直支撑、上弦间的横向支撑、下弦系杆及梯形或平行弦桁架端竖杆间的垂直支撑构成的空间稳定体系，其他桁架则通过檩条和下弦水平系杆与其相连而构成屋盖的空间结构体系，特别是使屋盖系统在纵向具有足够的刚度，以抵抗风荷载等水平作用力。垂直支撑连接如图5所示。

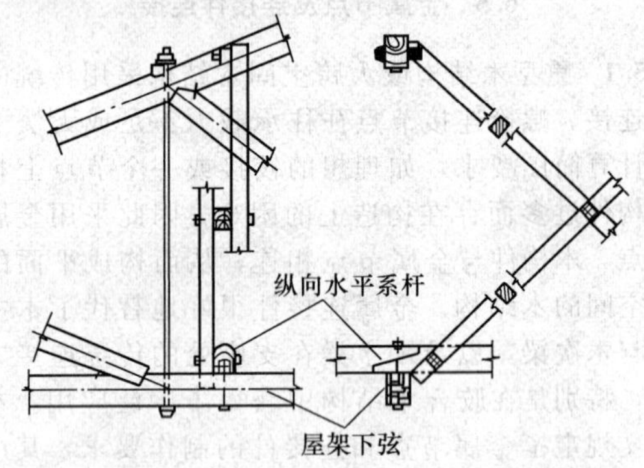

图5 屋盖桁架垂直水平支撑的连接

7.6.4 本条规定主要针对简支檩条的安装，采用轻型屋面时，由于风吸力可能超过屋面自重，故需用螺栓固定，防止檩条被风吸力掀起。

7.6.5 桁架平面的垂直度可用线垂或经纬仪测量，垂直度满足偏差要求的桁架应严密地坐落在支座上，局部缝隙应打入硬木片并用钉牵牢。

7.6.6 天窗架与桁架连体吊装就位，因其高度大，两者相连的节点刚度差，容易损坏，故规定单独吊装，即桁架可靠固定后再吊装天窗架。天窗架竖向荷载主要依靠天窗架柱传至屋架上弦节点。在荷载作用下，柱底与屋架上弦顶面间的抵承面存在较大的挤压变形，若夹板螺栓直接与桁架上弦相固定，则竖向荷载可能通过螺栓受弯、剪传至桁架上弦杆，导致木材横纹受拉而遭到损坏，故规定螺栓在上弦杆下面穿过，仅将两夹板彼此夹紧。

7.6.7～7.6.9 瓦屋面在挂瓦条上直接钉挂瓦条，缺点是无法铺设防水卷材，密铺木望板有利于提高屋面结构刚度与整体性。铁皮屋面一般均应设木望板。

7.7 顶棚与隔墙安装

7.7.1 顶棚梁应上吊在桁架下弦节点处，以避免下弦成为拉弯杆件。上吊式是为避免桁架下弦木材横纹受拉而撕裂。桁架下弦底表面距顶棚保温层顶至少应留有100mm的间隙，防止下弦埋入保温层，因不通风，受潮腐朽。

7.7.2 顶、地梁和两端龙骨应用直径不小于10mm、间距不大于1.2m的膨胀螺栓固定。

7.8 管线穿越木构件的处理

7.8.1 浸渍法防护处理，药剂只能渗入木材表面下一定深度，不可能全截面均达到一定的药剂量，因此要求开孔应在防护处理前完成，防止损及防护性能。必须在防护处理后开孔的，则应用喷涂法在孔壁周围重作防护处理。

7.8.2 在木梁上切口或开水平孔均减少梁的有效面积并引起应力集中，因此需对其位置和数量加以必要的限制。图7.8.2中的竖线和斜线区的弯曲应力和剪应力在均布荷载作用下，均小于设计应力的50%，是允许开设水平孔的位置，这些孔洞主要是供管网穿越，并非用作悬吊重物。

7.8.3 梁截面上竖向钻洞（孔）同样会减少梁的有效截面并引起应力集中。据分析，竖向孔对承载力的影响约为截面因开孔造成截面损失率的1.5倍，如若梁宽为140mm，孔径为25mm，截面损失率为1/5～1/6，而承载力损失约为1/4。对于均布荷载作用下的简支梁，在距支座1/8跨度范围内，其弯曲应力不会超过设计应力的50%，只要这个梁区段抗剪承载力有一定富余，钻竖向小孔是可以的。

7.8.4 木构件上钻孔悬吊重物等可能引起木材横纹受拉，原则上一律不允许，本规范图7.8.2所示的区域因工作应力低，允许开孔的目的虽是为了管网穿越，但悬吊轻质物体尚可允许，其界限由设计单位验算决定。

8 轻型木结构制作与安装

8.1 基础与地梁板

8.1.1 见本规范第7.5.1～第7.5.3条条文说明。

8.1.2 除采用预埋的方式，按我国轻型木结构的施工经验，可采用化学锚栓，应选用抗拔承载力不低于$\phi 12$的螺栓承载力的化学锚栓。当采用植筋时，钢筋直径不应小于12mm，植筋深度不小于钢筋直径的15倍，且应满足《混凝土结构后锚固技术规程》JGJ 145-2004的要求。

8.2 墙体制作与安装

8.2.1 轻型木结构实际上是由剪力墙和横隔组成的板式结构（盒子房），剪力墙是重要的基本构件，其承载力取决于规格材、覆面板的规格尺寸、品种、间距以及钉连接的性能。因此施工时规格材、覆面板应符合设计文件的规定。要求墙骨、底梁板和顶梁板等规格材的宽度一致，主要是为使墙骨木构架的表面平齐，便于铺钉覆面板。国产与进口规格材的尺寸系列略有不同（4.2.2条），截面尺寸差别不超过2mm的规格材，受力性能无明显差别，故可视为同规格的规格材使用。但不同尺寸系列的规格材不能混用，原因之一是混用会给铺钉覆面板造成困难。墙骨规格材不低于Vc等规定，来自于《木结构设计规范》GB 50005，施工时应予遵守。

8.2.2 覆面板的标准尺寸为2440mm×1220mm，除非经专门设计，墙骨的间距一般有406mm（16in）和610mm（24in）两种，便于两者钉合，使接缝位于墙骨中心。墙骨所用规格材的截面宽度不小于40mm（38mm），主要是考虑钉合墙面板时钉连接的边、端距要求。在接缝处使用截面宽度为38mm的规格材作墙骨，钉的边距稍差，因此钉往往需要斜向钉合。考虑可能的湿胀变形，覆面板在墙骨上的接缝处应留不小于3mm的缝隙。

8.2.3 规定了顶梁板和底梁板的基本构造和制作要求。承重墙的顶梁板还兼作楼盖横隔的边缘构件（受拉弦杆），故需两根叠放。非承重墙可采用1根规格材作顶梁板，但墙骨应相应加长，以便与承重墙等高。

8.2.4 门窗洞口的尺寸应大于所容纳的门框、窗框的外缘尺寸，以便于安装。安装后的间隙宜用聚氨酯发泡剂堵塞，以保持房屋的气密性。

8.2.5、8.2.6 规定墙体木构架最基本的构造、钉合和安装要求。

8.2.7 木基结构板与墙体木构架共同形成剪力墙，其中木基结构板主要承受面内剪力，因此本条规定其厚度和种类符合设计文件的要求，并对其最小厚度作出了规定。所谓的400mm、600mm墙骨间距，实际上是16英寸、24英寸的近似值，实际尺寸是406mm、610mm，是与木基结构板材的标准幅面尺寸1220mm、2440mm匹配的。有关现行国家标准已采用了400mm、600mm的表述方法，本规范的本条也如此表述，以免混乱。但按400mm、600mm实际上是无法布置墙骨的，这一点施工时应予注意。

8.2.8～8.2.10 规定剪力墙覆面板的钉合顺序和钉合方法。作为剪力墙使用的外墙体，其抗侧刚度主要取决于墙面板的接缝多寡和接缝位置，接缝少，刚度大。接缝又应落在墙骨上。轻型木结构住宅层高一般规定为2.4m，因此对于基本尺寸为1.2m×2.4m的覆面板，不论垂直或平行于墙骨铺钉都是恰到好处的。铺钉时需特别注意墙体洞口上、下方墙面板设计图标明的接缝位置。当要求竖向接缝位于洞口上、下方中部的墙骨上时，剪力墙具有连续性，施工时不应将接缝改设在洞口两边的墙骨上。

8.2.11 采用圆钢螺栓整体锚固墙体时，圆钢螺栓下端应与基础锚固，可利用地梁板的锚固螺栓。为此应将地梁板锚固螺栓适当增长螺杆丝扣，通过正反扣套筒螺母与圆钢螺栓相连。

8.2.12 墙体制作与安装偏差的丈量工具，对于几何尺寸可用钢尺测量，垂直度、水平偏差等可用工程质量检测器测量。

8.3 柱制作与安装

8.3.1、8.3.2 柱是重要承重构件，所用木材的树种、等级或截面尺寸等应符合设计文件的规定。该两条还规定了保证柱子达到预期承载性能的制作要求和构造措施。

8.3.3 同8.2.12条条文说明。

8.4 楼盖制作与安装

8.4.1 楼盖梁和各种搁栅是楼盖结构中的主要承重构件，需满足承载力和变形要求。因此所用规格材的树种、等级、规格（截面尺寸）和布置等均需满足设计文件的规定。

8.4.2 用数根规格材制作的楼盖梁，当截面上存在规格材对接接头时，该截面的抗弯承载力有较大的削弱，而只在连续梁的反弯点处弯矩为零，因此规格材对接接头只允许设在本条规定的范围内。规格材之间的连接规定是为从构造上保证梁的承载性能达到预期效果。

8.4.4 搁栅支承在楼盖梁上，应使搁栅上的荷载能可靠地传至梁上。但另一方面，搁栅应有防止楼盖梁整体失稳的作用，因此图8.4.4（a）中，搁栅与梁间需要用圆钉钉牢，图8.4.4（b）中需要用连接板拉结两侧搁栅。

8.4.5～8.4.8 从构造要求出发，规定了楼盖搁栅布置，楼盖开洞口和楼盖局部悬挑及连接的要求。施工中应特别注意悬挑的长度和悬挑端所受的荷载，在第8.4.8条的规定范围外，搁栅最小尺寸和钉连接要求均应遵守设计文件的规定。

8.4.9 因由多根搁栅支承，非承重墙可以垂直于搁栅方向布置，但距搁栅支座的距离不应超过1.2m，否则应按设计文件的规定处理。当非承重墙平行于搁栅布置时，墙体可能只坐落在楼面板上，因此规定非承重墙下方需设间距不大于1.2m的横撑，由两根搁栅来承担墙体。

8.4.10 工字形木搁栅的腹板较薄，有时腹板上还开有洞口。当翼缘上有较大集中力作用时（如支座处），可能造成腹板失稳。因此，应根据设计文件或工字形木搁栅的使用说明规定，确定是否在集中力作用位置设加劲肋。

8.4.11、8.4.12 规定了楼面板的最小宽度和铺钉规则。板与搁栅间涂刷弹性胶粘剂（液体钉）的目的是减少木材干缩后人员走动时楼板可能发出的噪声。第8.4.11条中搁栅的间距400mm、500mm和600mm是英制单位16英寸、20英寸和24英寸的近似值，施工时应按实际尺寸406mm、508mm和610mm执行。

8.4.13 楼盖制作安装偏差可以用钢尺丈量和工程质量检测器检测。

8.5 椽条-顶棚搁栅型屋盖制作与安装

8.5.1 椽条与顶棚搁栅均为屋盖的主要受力构件，所用规格材的树种、等级及截面尺寸应由设计文件规定。

8.5.2 坡度小于1∶3的屋顶，一般视椽条为斜梁，是受弯构件。椽条在檐口处可直接支承在顶梁板上，也可支承在承椽板上。这主要是因为椽条和顶棚搁栅在此处可以彼此不相钉合，两者的支座可以不在一个高度上。另一方面，在屋脊处椽条需支承在能承受竖向荷载的屋脊梁上，且屋脊梁应有支座。

当房屋跨度较大时，椽条往往需要较大截面尺寸的规格材，可采用本条图8.5.2-2（b）、图8.5.2-2（c）所示的增设中间支座的方法，以减少椽条的计算跨度。交叉斜杆支承方案中斜杆的倾角不应小于45°，否则应在两交叉杆顶部设水平拉杆，以增强斜杆对椽条的支承作用。

8.5.3 坡度等于和大于1∶3的屋顶，椽条与顶棚搁栅应视为三铰拱体系。椽条在檐口处只能直接支承在顶梁板上，且紧靠在顶棚搁栅处，两者相互钉合，使搁栅能拉牢椽条，起拱拉杆作用。因此施工中应重视椽条与顶棚搁栅间的钉连接质量。在屋脊处，两侧椽条通过屋脊板相互对顶，屋脊板理论上不受荷载作用，无需竖向支座。对采用三铰拱桁架形式的屋盖，尽管能节省材料，但半跨活荷载作用对该结构十分不利，必须严格按设计图的规定施工，不得马虎。图中椽条连杆是为了减小椽条的计算跨度，跨度较小时亦可不设。

8.5.4 顶棚搁栅的安装钉合要求与楼盖搁栅一致，但对坡度大于1∶3的屋盖，因顶棚搁栅承受拉力，故要求支承在内承重墙或梁上的搁栅搭接的钉连接用钉量要多一些、强一些。

8.5.5～8.5.7 规定了椽条在山墙、戗角、坡谷及老虎窗等位置的构造、安装和钉合要求。

8.5.8、8.5.9 规定了屋面板的铺钉要求。在屋面板铺钉完成前，椽条平面外尚无支撑，承载能力有限，因此规定施工时不得在其上施加集中力和堆放重物。其中椽条的间距400mm、500mm和600mm也是英制单位16英寸、20英寸和24英寸的近似值，施工时应按实际尺寸406mm、508mm和610mm执行。

8.5.10 为了保证此类屋盖的安装质量，规定了其施工程序和操作要点。其中临时铺钉木基结构板，可以不满铺，可根据屋盖各控制点位置和操作要求铺钉。

8.5.11 轻型木结构屋盖的制作安装偏差可用钢尺

测量。

8.6 齿板桁架型屋盖制作与安装

8.6.1 由于齿板桁架制作时需专门的将齿板压入桁架节点的设备，施工现场制作无法保证质量。因此规定齿板桁架由专业加工厂生产。齿板桁架进场时，除检查其产品质量合格证书和产品标识外，还应按本条规定的内容作进场检验。进口的齿板桁架，一般同时具备产品质量合格证书和产品标识，国产的齿板桁架，现阶段不一定具有产品标识，但要求有产品质量合格证书。

8.6.2、8.6.3 齿板桁架平面外刚度差，连接节点较脆弱。搬运和吊装需特别小心，确保其不受损害。安装就位后需做好临时支撑，防止倾倒。

8.6.4 规定了齿板桁架屋盖一般构造要求，桁架除用规定的圆钉在支座处与墙体顶梁板钉牢外，还应按设计要求用镀锌金属连接件作可靠的锚固，防止屋盖在风荷载作用下掀起破损。

8.6.5、8.6.6 齿板桁架弦杆的截面宽度一般仅为38mm，各节点用齿板连接，其平面外的刚度较差。桁架支座处的支承面窄，站立时稳定性差，因此吊装就位后临时支撑的设置十分重要。条文规定临时支撑应在上、下弦和腹杆三个平面设置，并应设置可靠的斜向支撑，防止施工阶段整体倾倒。

8.6.7 齿板桁架屋盖的支撑系统是保证屋盖整体性的重要构件，需按设计文件的规定施工，不得缺省。

8.6.8 齿板桁架各杆件尺寸都经受力计算确定，切断或移除其杆件会危及结构安全。不允许因安装天窗或设检修口而改变桁架的构件布置。

8.6.9 同8.5.9条条文说明。

8.6.10 齿板桁架的安装偏差可用钢尺量取和工程质量检测器检测。

8.6.11 屋面板铺设钉合规定，同8.5.9条条文说明。

8.7 管 线 穿 越

8.7.1 轻型木结构墙体、楼盖中的夹层空间为室内管线的敷设提供了方便，但构件上开槽口或开孔均减少其有效面积并引起应力集中，因此需对开孔的位置和大小加以必要的限制。本条规定了墙骨、搁栅等各类木构件允许开洞的尺寸和位置。

8.7.2 承重构件涉及结构安全，施工人员不得自行改变结构方案。本条规定受设备等影响必须调整结构方案时，需由设计单位作必要的设计变更，确保安全。

9 木结构工程防火施工

9.0.1 木结构工程的防火措施除遵守必要的外部环境（如防火间距）条件外，应从两方面着手。一是达到规定的木结构构件的燃烧性能耐火极限规定，二是防火的构造措施。本章即从这两方面的施工要求，做了必要的规定。

9.0.2 规定了防火材料、阻燃剂进场验收、运输、保管和存储的要求。

9.0.3、9.0.4 规定了已完成防火处理的木构件进场验收的要求。规定了木构件阻燃处理的基本要求。表面涂刷防火涂料，不能改变木构件的可燃烧性。需要作改善木构件燃烧性能的防火措施，均应采用加压浸渍法施工，而一般的施工现场没有这样的施工条件和设备，故应由专业消防企业来完成。

9.0.5～9.0.12 规定了防火构造措施所用材料和施工的基本要求。

9.0.13 木结构房屋火灾的引发，往往由其他工种施工的防火缺失所致，故房屋装修也应满足相应的防火规范要求。

10 木结构工程防护施工

10.0.1 木结构工程的防护包括防腐和防虫害两个方面，这两个方面的工作由工程所在地的环境条件和虫害情况决定，需单独处理或同时处理。对防护用药剂的基本要求是能起到防护作用又不能危及人畜安全和污染环境。

10.0.2 规定了防护药剂的进场验收、运输、保管和存储的要求。

10.0.3 规定了各种防护处理工艺的适用场合。喷洒法和涂刷法只能使药物附着在木构件表面，易剥落破损，不能持久，只能作为局部修补。常温浸渍法药物只能深入木材表层，保持量小，只能用在C1类条件下，其他环境条件均应采用加压或冷热槽浸渍法处理。除喷洒法、涂刷法外的其他防护处理，受工艺和设备条件的限制，木材防护处理应由专业加工企业完成。

10.0.4 规定了木材防护处理与构件加工制作的先后顺序。防护处理后的构件不宜再行加工，以保持防护效果，使构件满足耐久性要求。

10.0.5～10.0.7 规定了各种适用于木材防腐的药剂和相应的保持量和透入度以及进场验收要求。主要内容为防护剂的透入度及保持量。

10.0.8 除了防护处理，防腐、防潮的构造措施非常重要。本条规定了这些构造要求，主要体现了我国木结构工程的施工经验，要点是保持良好通风，避免雨水渗漏，勿使木构件与混凝土或土壤直接接触。

10.0.9 轻型木结构外墙通常是承重的剪力墙，其保护是保证结构耐久性的措施，本条内容正是基于这一点提出。

11 木结构工程施工安全

11.0.2、11.0.3 木材加工机具易对操作人员造成伤害，故对机具的安全性必须重视，本条规定所用机具应为国家定型产品，具有安全合格证书。强调大型木工机具的操作人员应有上岗证。

11.0.1、11.0.4～11.0.6 木结构工程施工现场失火时有发生，因此规定了木结构工程施工现场必要的防火措施和消防设备。

中华人民共和国国家标准

蓄滞洪区设计规范

Code for design of flood detention and retarding basin

GB 50773—2012

主编部门：中 华 人 民 共 和 国 水 利 部
批准部门：中华人民共和国住房和城乡建设部
施行日期：2 0 1 2 年 1 0 月 1 日

中华人民共和国住房和城乡建设部
公　　告

第 1393 号

关于发布国家标准《蓄滞洪区设计规范》的公告

现批准《蓄滞洪区设计规范》为国家标准，编号为GB 50773－2012，自 2012 年 10 月 1 日起实施。其中，第 3.2.10 条为强制性条文，必须严格执行。

本规范由我部标准定额研究所组织中国计划出版社出版发行。

中华人民共和国住房和城乡建设部
二〇一二年五月二十八日

前　　言

本规范是根据原建设部《关于印发〈2007 年工程建设标准规范制订、修订计划（第一批）〉的通知》（建标〔2007〕125 号）的要求，由水利部水利水电规划设计总院和湖南省水利水电勘测设计研究总院会同有关单位共同编制完成的。

本规范在编制过程中，编制组认真总结实践经验，广泛调查研究，并广泛征求了全国有关单位的意见。本规范对蓄滞洪区建设标准和蓄滞洪工程的规划设计等方面作了规定。

本规范共分 8 章，主要内容包括：总则、术语、蓄滞洪区建设标准、基本资料、蓄滞洪区工程布局、蓄滞洪区防洪工程设计、蓄滞洪区安全设施设计和蓄滞洪区工程管理设计。

本规范中以黑体字标志的条文为强制性条文，必须严格执行。

本规范由住房和城乡建设部负责管理和对强制性条文的解释，由水利部负责日常管理，由水利部水利水电规划设计总院负责具体技术内容的解释。本规范在执行过程中，请各单位注意总结经验，积累资料，随时将有关意见和建议反馈给水利部水利水电规划设计总院（地址：北京市西城区六铺炕北小街 2—1 号，邮政编码：100011，电子邮件：jsbz@giwp.org.cn），以供今后修订时参考。

本规范主编单位、参编单位、主要起草人和主要审查人：

主 编 单 位： 水利部水利水电规划设计总院
湖南省水利水电勘测设计研究总院

参 编 单 位： 安徽省水利水电勘测设计院

主要起草人： 董必胜　徐迎春　洪　建　黎前查　曾定波　黄云仙　陈　平　黎昔春　胡秋发　郑　洪　徐　贵　吴生平　刘　毅　夏广义　程志远　陈锡炎　卢　翔　周新章　胡恺诗　廖小红　刘晓群　刘福田

主要审查人： 梅锦山　王　翔　富曾慈　刘洪岫　曾肇京　陈清濂　何孝俅　胡训润　谭培伦　侯传河　李小燕　程晓陶　邱绵如　郑永良　王洪彬　胡一三　张金顺　金问荣　文　康　卢承志　雷兴顺　朱　峰　沈福新　郭　辉

目　次

Contents

1 总 则

1.0.1 为规范蓄滞洪区设计，指导蓄滞洪区建设，保障蓄滞洪区正常运用，制定本规范。

1.0.2 本规范适用于流域综合规划和防洪规划确定的蓄滞洪区的设计。

1.0.3 蓄滞洪区的防洪与蓄滞洪安全建设，应确保蓄滞洪运用时居民生命安全，启用应及时有序，并应有利于区内经济社会发展。

1.0.4 蓄滞洪区防洪与蓄滞洪安全建设，应服从所在江河流域的综合规划、防洪规划。蓄滞洪区防洪工程和安全设施建设，应根据蓄滞洪区类别和区内风险等级合理安排。

1.0.5 开展蓄滞洪区防洪与蓄滞洪安全建设的同时，应重视相关的通信预警系统及其他防洪非工程措施建设。

1.0.6 蓄滞洪区工程设计，应因地制宜，并应积极采用新技术、新工艺、新材料。

1.0.7 蓄滞洪区的设计，除应符合本规范外，尚应符合国家现行有关标准的规定。

2 术 语

2.0.1 蓄滞洪区 detention and retarding basin

指包括分洪口在内的河堤背水面以外临时贮存洪水或分泄洪峰的低洼地区及湖泊等。

2.0.2 安全建设 refuge construction for detention basin

为保障蓄滞洪区内防洪安全而采取的就地避洪、人口外迁、临时转移等避洪措施的总称，包括安全区、安全台、安全楼、转移设施的建设等。

2.0.3 安全区 refuge area

在蓄滞洪区周围，利用蓄滞洪区围堤的一部分修建的小圩区，蓄滞洪水时不受淹，区内建设房屋和基础设施用来安置居民，并具有生产、生活条件，也称围村埝或保庄圩。

2.0.4 安全台 refuge platform

建筑在蓄滞洪区或圩区沿堤地带（或高地）高于设计洪水位的土台，供蓄滞洪区内居民定居或分蓄洪运用时临时避洪的场所。也称顺堤台、庄台或村台。

2.0.5 安全楼 refuge building

为分洪时临时避洪，在蓄滞洪区兴建楼层高于设计蓄洪水位的多层框架楼房，也称为避水楼。

2.0.6 安全层 refuge floor

安全楼房屋中位于蓄滞洪设计水位以上、在蓄滞洪期间作为人员避洪和重要物品堆放场所的楼层或屋盖。可为单层或多层。

2.0.7 分洪口 flood diversion outfall

蓄滞洪区围堤上人工设置的便于超额洪水按蓄滞洪要求有计划分泄进入蓄滞洪区的叩门，包括分洪闸、溢流堰、临时扒口。

2.0.8 退洪口 flood fall outlet

蓄滞洪区围堤上人工设置的便于蓄滞洪运用后洪水退出蓄滞洪区的口门。

2.0.9 裹头 side protection at flood diversion outlet

对采用扒口分洪的分洪口门，为防止分蓄洪运用时分洪口门两侧遭受洪水冲刷破坏不断扩展而对两侧土体采取的裹护措施。

2.0.10 撤离转移设施 evacuation and transferring facilities

为便于蓄滞洪区内受洪水威胁的居民和财产在分蓄洪运用前能够迅速转移，而在蓄滞洪区内兴建的具有一定等级标准的公路、桥梁、码头等设施的统称。

2.0.11 永久安置 permanent relocation

蓄滞洪区内居民从地势较低处搬迁到防洪安全的自然高地、安全区、安全台等场所定居的安置方式。

2.0.12 临时安置 temporary relocation

蓄滞洪区内居民在分蓄洪运用期间临时转移到自然高地、安全区、安全台等安全场所，退洪后又返回原居住地的安置方式。

3 蓄滞洪区建设标准

3.1 蓄滞洪区风险等级

3.1.1 蓄滞洪区设计，应根据蓄滞洪区的地形地貌和蓄滞洪水的淹没情况进行风险评价，并应划分风险等级；蓄滞洪面积较大、地形复杂时，应进行风险分区，并应绘制风险图。

3.1.2 蓄滞洪区的风险度可根据启用标准、淹没水深和淹没历时，按下式分析计算：

$$R=10\times\Phi\times H/N \tag{3.1.2}$$

式中：R——风险度；

H——蓄滞洪区内不同风险分区蓄滞洪淹没平均水深（m）；

N——运用标准（重现期，a）；

Φ——淹没历时修正系数，取1.0～1.3。

3.1.3 蓄滞洪区的风险等级，可根据蓄滞洪区不同的风险度，按表3.1.3划分，并应结合实际情况综合分析确定。

表3.1.3 蓄滞洪区的风险等级

风险度 R	风险等级
$R\geq1.5$	重度风险
$0.5\leq R<1.5$	中度风险
$R<0.5$	轻度风险

3.2 建筑物级别与设计标准

3.2.1 蓄滞洪区堤防工程的级别和设计洪水标准，应根据蓄滞洪区类别、堤防在防洪体系中的地位和各堤段的具体情况，按批准的流域防洪规划的要求分析确定。

3.2.2 安全区围堤工程的级别和设计洪水标准，应根据其防洪标准分析确定，且不应低于所在蓄滞洪区围堤的级别和设计洪水标准。

3.2.3 蓄滞洪区的分洪、退洪控制工程，以及涵闸、泵站等穿堤建筑物级别和设计洪水标准，应按所在堤防工程的级别与建筑物规模相应级别两者的高值确定。

3.2.4 蓄滞洪区堤防和安全区围堤的设计水位，应根据确定的设计洪水标准，结合各堤段防洪和蓄滞洪的具体情况分析确定。

3.2.5 蓄滞洪区围堤安全加高应按现行国家标准《堤防工程设计规范》GB 50286 的有关规定执行；安全区围堤安全加高不宜低于相应蓄滞洪区围堤安全加高。

3.2.6 设置在蓄滞洪区围堤内的安全台，设计水位应按蓄滞洪区设计蓄滞洪水位分析确定；设置在蓄滞洪区围堤临江河、湖泊一侧的安全台，设计水位应按所在堤段堤防设计洪水位确定。

3.2.7 安全楼设计水位应根据所在蓄滞洪区的设计蓄滞洪水位确定。

3.2.8 蓄滞洪区安全台台顶安全加高取值可采用0.5m～1.0m，台顶超高应按现行国家标准《堤防工程设计规范》GB 50286 的有关规定执行，且不宜小于1.5m。

3.2.9 蓄滞洪区堤防的抗滑稳定安全系数，应按现行国家标准《堤防工程设计规范》GB 50286 的有关规定执行。

3.2.10 蓄滞洪区安全台台坡的抗滑稳定安全系数，不应小于表 3.2.10 的规定。

表 3.2.10 安全台台坡的抗滑稳定安全系数

安全系数	正常运用条件	1.15
	非常运用条件	1.05

3.2.11 蓄滞洪区内部水系堤防的防洪标准，可根据其防洪保护对象的重要性，按现行国家标准《防洪标准》GB 50201 的有关规定执行。

3.2.12 蓄滞洪区农田排涝标准，应按现行国家标准《灌溉与排水工程设计规范》GB 50288 的有关规定执行。安全区的排涝标准，应根据安全区所在地的具体情况分析确定，宜适当高于蓄滞洪区农田排涝标准。

3.3 蓄滞洪区安全建设标准

3.3.1 安全区的面积宜按安全区永久安置人口人均占用面积 100m²～150m² 的标准分析确定。有特殊要求或出于安全区堤线合理利用有利地形，安全区永久安置人口人均占用面积需突破 150m² 的标准时，应经分析论证后确定，且安全区相应减少蓄滞洪容积不宜超过5%。

3.3.2 安全台台顶面积宜按其永久安置人口人均占用面积50m²～100m²的标准分析确定。仅用于居民临时避洪的安全台，台顶面积可按 5m²/人～10m²/人标准分析确定。

3.3.3 安全楼应按安置人口人均拥有安全层面积 5m²～10m² 的标准确定；有条件时，安全楼人均安全层面积可适当增加。

3.3.4 转移设施的建设标准应满足规划转移的居民和重要财产能够在蓄滞洪水前有序撤离到安全地带的要求；路网密度可根据实际交通量和撤离强度分析确实。

4 基本资料

4.1 一般规定

4.1.1 蓄滞洪区设计中，应根据设计要求对蓄滞洪区的自然和社会经济等基本情况进行认真调查研究。

4.1.2 对收集的各类资料应进行分析整理和可信度评价。

4.2 气象水文

4.2.1 蓄滞洪区设计中，应收集蓄滞洪区和邻近地区的降水、风向、风速、气温、蒸发和冰情等气象资料。

4.2.2 蓄滞洪区设计中，应收集蓄滞洪区所在流域江河水系和湖泊、洼地的分布，水文测站的布设和观测情况，以及流域洪水特性。

4.2.3 蓄滞洪区设计中，应收集蓄滞洪区所在河段和主要水文控制站的洪水、水位、流量、流速、泥沙等水文资料。

4.3 地形地质

4.3.1 蓄滞洪区设计所需的地形资料，应根据不同设计阶段和工程项目的需要，按表 4.3.1 确定。

表 4.3.1 蓄滞洪区设计地形资料

工程项目	设计阶段	图别	比例尺	备注
蓄滞洪区总体布置	各阶段	地形图	1∶10000～1∶50000	—
蓄滞洪区堤防	符合现行国家标准《堤防工程设计规范》GB 50286 的有关规定			—
分洪口、退洪口控制工程	项目建议书、可行性研究	地形图	1∶1000～1∶2000	—
	初步设计	地形图	1∶200～1∶500	—

续表 4.3.1

工程项目	设计阶段	图别	比例尺	备注
堤线、安全台	项目建议书、可行性研究	地形图	1∶2000～1∶5000	—
	初步设计	地形图	1∶1000～1∶2000	—
转移道路	项目建议书、可行性研究	地形图	1∶10000	—
		横断面图	可根据实际需要确定	断面间距200m～500m，地形变化较大的地段适当加密
		纵断面图		—
	初步设计	地形图	1∶2000～1∶10000	新修的道路宜施测1∶2000，现有道路改扩建可采用1∶10000
		横断面图	可根据实际需要确定	断面间距100m～200m，地形变化较大的地段适当加密
		纵断面图		—

4.3.2 蓄滞洪区堤防、分洪闸、退洪闸、排涝泵站等建筑物设计所需的工程地质资料，应按现行国家标准《水利水电工程地质勘察规范》GB 50487的有关规定执行；安全台设计所需的地质资料，可参照国家现行标准《堤防工程设计规范》GB 50286和《堤防工程地质勘察规程》SL 188的有关规定执行。

4.3.3 结合现有堤防修建安全区或安全台时，应收集现有堤防的历史和现状资料。

4.4 蓄滞洪区基本情况

4.4.1 蓄滞洪区设计应收集下列社会经济基础资料：

1 蓄滞洪区内的行政区划、土地面积、人口及其分布情况、耕地、国内生产总值、工业产值、农业产值、固定资产总值及财产分布情况、当地居民的生产生活方式等。

2 蓄滞洪区现有的水利工程、电力、交通、通信等基础设施和主要企事业单位的规模及其分布等资料。

3 蓄滞洪区建设的历史，历年运用情况及历史洪灾损失情况等，以及现有防洪工程、安全设施以及工程管理方面的资料。

4.4.2 蓄滞洪区设计应收集下列生态环境资料：

1 蓄滞洪区生态环境状况及存在问题。

2 蓄滞洪区河湖水体水质状况、污染物排放状况和水功能区划情况等。

3 蓄滞洪区重要水生生物的种类和分布情况等资料。

4 蓄滞洪区植被、水土流失等情况。

5 蓄滞洪区河岸、湖岸景观、湖泊湿地状况和保护要求等资料。

4.4.3 蓄滞洪区设计应收集下列规划资料：

1 蓄滞洪区所在地区经济社会发展规划、土地利用规划、村镇建设发展规划和交通发展规划等资料。

2 蓄滞洪区所在地流域或区域防洪治涝规划等资料。

3 蓄滞洪区生态环境保护规划、水利血防规划等资料。

5 蓄滞洪区工程布局

5.1 一 般 规 定

5.1.1 蓄滞洪区设计，应根据所在流域防洪总体规划以及蓄滞洪区的类别和风险等级，对蓄滞洪区防洪工程和蓄滞洪安全建设设施合理布局。

5.1.2 蓄滞洪区的防洪工程和安全建设，应充分利用现有的工程设施和安全设施。

5.1.3 蓄滞洪区内重要的基础设施，应根据其相应的防洪标准确定其防洪自保措施，并应保障蓄滞洪水时可安全正常运行。

5.1.4 蓄滞洪区工程布局应与所处地理位置生态环境保护要求相适应。

5.2 防 洪 工 程

5.2.1 蓄滞洪区堤防、分区隔堤、分洪控制工程、退洪控制工程的布置，应根据蓄滞洪区防洪和蓄滞洪运用的要求，结合地形、地质条件等因素，经综合分析比选，合理确定。

5.2.2 蓄滞洪区堤防工程应利用现有堤防；确需调整堤线时，应充分论证。

5.2.3 面积较大的蓄滞洪区，可根据分区运用需要修建隔堤。隔堤的堤线应根据蓄滞洪区地形地质条件等，结合行政区划综合分析，合理布设；隔堤级别不宜高于所在蓄滞洪区围堤。

5.2.4 分洪口、退洪口位置，应根据地形、地质、水流条件等综合分析选定；分洪口、退洪口宜选在江河、湖泊的凹岸地势较低、地质条件较好、进（出）流水流平顺的位置。口门轴线与河道洪水主流方向交角不宜超过30°。

5.2.5 当地形和运行条件允许时，分洪口门、退洪口门可结合共用。

5.2.6 分洪控制工程的型式，应根据蓄滞洪区的类别、启用概率、分洪流量大小等因素合理确定；可采用分洪闸、修建裹头临时爆破和简易溢流堰等型式，并应符合下列规定：

1 启用概率高于 10a 一遇的蓄滞洪区，宜采用建分洪闸的分洪控制型式。启用概率低于 10a 一遇的蓄滞洪区，且地位十分重要，经分析论证确有必要时，也可采用建分洪闸的型式。

2 启用概率低于 10a 一遇的一般蓄滞洪区或蓄滞洪保留区，可采取结合修建裹头临时爆破的分洪控制型式。

3 蓄滞洪区分洪流量和蓄滞洪量较小时，可采用简易溢流堰的分洪控制型式。

5.3 排涝工程

5.3.1 蓄滞洪区排涝工程规划应符合现行国家标准《灌溉与排水工程设计规范》GB 50288 的有关规定，并应与分洪、退洪控制工程相协调。

5.3.2 蓄滞洪区中安全区的排涝工程应与蓄滞洪区排涝系统统一规划、相互协调，并应结合使用。

5.3.3 安全区的排涝系统应满足蓄滞洪期间单独运行的要求。

5.3.4 安全区的排涝工程应根据安全区地形地貌、城镇（或村镇）发展规划，结合现有排涝体系进行合理布局。

5.4 安全建设

5.4.1 蓄滞洪区安全建设，应根据防洪、蓄滞洪区建设等有关规划，分析确定蓄滞洪区内需就地避洪、临时转移和外迁安置的人口数量和分布。

5.4.2 蓄滞洪区的安全建设，应在蓄滞洪区类别和风险评价的基础上，结合区内地形、地质条件以及居民的意愿，采取居民外迁、就地避洪、临时转移等模式合理安排，并应符合下列规定：

1 重度风险区，宜采取居民外迁或就地避洪等方式进行永久安置。

2 中度风险区，宜采取就地避洪与临时转移相结合的方式进行安置。

3 轻度风险区，宜采用撤离转移、临时安置为主的方式进行安置。

5.4.3 蓄滞洪区内安全区，宜结合围堤、隔堤，设置在地势较高、人口相对集中的集镇或村庄，并应有利于对外交通、供电、供水和居民外出从事生产活动；安全区内安置的居民点与主要生产场所的距离不宜超过 3km～5km。安全区应避开分洪口门和洪水行进的主流区域。

5.4.4 安全台宜建在地势较高、地质条件较好、土源丰富的地带；有条件时应结合堤防工程、河道疏浚工程修建。安全台应避开分洪口门、急流、崩岸和深水区。安全台的布置应有利于对外交通、供电、供水以及台上居民生产生活。安全台上安置的居民点与主要生产场所的距离不宜超过 3km～5km。

5.4.5 距离防洪安全地区较远、居住分散、不宜建设安全区和安全台的区域，可采取建设安全楼的方式避洪。

5.4.6 安全楼宜建在地势较高、地质条件较好的地带。安全楼应避开分洪口、退洪口以及洪水行进的主流区。

5.4.7 转移道路应根据居民点分布情况、转移人数、转移时间、转移方向、现有道路情况，按本规范第 3.3.4 条的规定合理布设；必要时，应布设相应的转移桥梁、码头等设施。

6 蓄滞洪区防洪工程设计

6.1 蓄滞洪区围堤和穿堤建筑物设计

6.1.1 蓄滞洪区围堤设计，除应符合现行国家标准《堤防工程设计规范》GB 50286 的有关规定外，还应满足蓄滞洪区的特殊技术要求，并应符合下列规定：

1 蓄滞洪区围堤堤顶高程应根据围堤外河设计水位和蓄滞洪设计水位两者之高值加堤顶超高分析计算确定。

2 蓄滞洪区围堤临河（湖）侧边坡及堤基稳定，应分析蓄滞洪运用时区内处于设计蓄滞洪水位、外河处于低水位的不利挡水工况。

6.1.2 运用概率较高的蓄滞洪区，必要时围堤内坡可根据防冲刷的要求采取相应的护坡措施。

6.1.3 蓄滞洪区涵闸等穿堤建筑物，除应符合现行国家标准《堤防工程设计规范》GB 50286 的有关规定外，还应符合下列规定：

1 应分析区内水位高于外河水位时可能出现的最不利工况情况下闸身和闸基的稳定。

2 必要时，应满足双向挡水的要求。

6.1.4 各类压力管道、热力管道和天然气管道需要穿过堤防时，应在设计蓄滞洪水位和设计洪水位以上穿过，并应避开分洪口和退洪口。

6.2 分洪控制工程设计

6.2.1 蓄滞洪区分洪口门的设计分洪流量应按所在江河防洪总体要求，根据设计洪水、河段控制水位或安全泄量计算确定。

6.2.2 在湖泊、河网地区，当设计洪水过程难以计算或未明确安全泄量时，可采用规划蓄滞洪量除以蓄满历时，确定蓄滞洪区分洪口设计分洪流量。

6.2.3 分洪控制工程的规模及孔口尺寸，应满足确定的设计分洪流量和蓄满历时的要求，并应综合各种可能影响分洪量的因素分析确定。

6.2.4 分洪闸闸底、闸顶高程及孔口尺寸，应根据设计分洪流量，闸上下游水位，闸址地形、地质及分洪区地形等条件，通过水力计算和技术经济比较确定。

6.2.5 对于有在规定时间内满足蓄洪量要求的蓄滞洪区，应进行过闸流量过程演算以及蓄满历时验算，并应分析确定分洪闸孔口尺寸。

6.2.6 分洪闸闸上水位计算，应分析上游有无分叉河道，主泓是否顺直以及是否受其他河流、湖泊水位涨落影响等情况。

6.2.7 分洪闸闸下水位可通过水量调蓄计算分析确定。下游有引洪道的分洪闸，闸下水位可按推求水面线的方法分析确定。

6.2.8 水流流态复杂的大型分洪闸，应进行水工模型试验，验证进出口水流流态、流速分布、分洪流量、消能效果以及口门上下游的冲淤情况等。

6.2.9 分洪闸设计应符合国家现行标准《水闸设计规范》SL 265 的有关规定，并应符合分洪建筑物的特殊要求，同时应符合下列规定：

1 分洪闸上游进水部分宜布置成喇叭口形与闸室同宽相接。两侧进水条件基本一致时，可采用对称布置；当进水方向与河道中心线夹角较大时，可采用非对称布置。两侧应设导墙或护坡，导墙高度应低于闸室高度，并不应影响闸的过流能力；进水口两侧地势较高时，可采用护坡型式。

2 闸室结构可根据分洪和运行要求，选用开敞式、胸墙式或双层式等结构型式，宜采用开敞式。当地基条件较好时，闸室底板宜采用分离式，地质条件较差或为软弱地基时，闸室底板宜采用整体式，且底板宜适当加厚。对于多孔闸，沿垂直水流方向应做分缝处理，岩基上的分缝长度不宜超过 20m，土基上的分缝不宜超过 35m。

3 闸顶高程应根据挡水和分洪比较确定。挡水时闸顶高程不应低于设计分洪水位加波浪计算高度与安全超高值之和，且不应低于相邻挡水建筑物的挡水标准；分洪时，闸顶高程不应低于设计洪水位（或校核洪水位）与安全超高值之和。分洪闸安全超高下限值应符合表 6.2.9 的规定。闸顶高程的确定，还应分析所在河流河道演变所引起的水位变化因素。必要时，可适当升高或降低闸顶高程。

表 6.2.9 分洪闸安全超高下限值

运行情况		分洪闸级别			
		1	2	3	4
挡水时	设计分洪水位（或最高挡水位）	0.8	0.7	0.5	0.4
泄水时	设计洪水位	1.5	1.0	0.7	0.5
	校核洪水位	1.0	0.7	0.5	0.4

4 闸门的结构型式和控制设备的选择，应满足分洪调度的要求。外河（湖）水位变化较大，且枯水位位于闸底板以下时，可不设检修门。

5 有交通要求的分洪闸，闸顶公路桥桥面宽及荷载设计标准应与与之相连的堤防堤顶公路标准相适应。

6 多泥沙河流上分洪控制工程设计，应分析外河（湖）泥沙淤积对分洪口泄水能力的影响。

6.2.10 采用修建裹头临时爆破扒口的分洪控制工程，应符合下列规定：

1 分洪扒口口门形状宜呈喇叭形，口门下游扩散角宜小于上游扩散角。

2 应对扒口两侧大堤进行裹护，口门两侧裹护范围应根据水流对两侧大堤的冲刷影响分析确定。

3 分洪口流速较小时，宜采用抛石裹护；流速较大时，宜采用浆砌石或高喷灌浆裹护。

4 采用抛石裹护结构型式时，抛石单块重量、粒径应根据流速计算分析确定。

5 采用浆砌石裹头结构型式时，浆砌石厚度应大于 500mm，砂浆强度不应低于 M7.5。

6 采用高喷灌浆裹护结构型式时，高喷体宜贯穿整个大堤横断面，上部高程应位于分洪水位以上 0.5m，下部高程应深入堤基计算冲刷深度 1m 以下，且宜以一定倾角偏向两侧。

6.3 退洪控制工程设计

6.3.1 退洪控制工程孔口尺寸应根据设计蓄滞洪水位及蓄滞洪运用后区内恢复生产对排水时间的要求，选择符合设计标准的退洪口下游典型年水位过程进行排水演算，并应结合地形地质条件及其他综合利用需要，综合比较合理确定。

6.3.2 具有反向进洪功能的退洪闸，上下游两侧均应满足消能防冲的要求。

6.3.3 多沙河流上退洪控制工程设计，应分析退洪口上、下游泥沙淤积对退洪口泄水能力的影响。

6.4 排涝泵站设计

6.4.1 蓄滞洪区内排涝泵站设计应符合现行国家标准《泵站设计规范》GB 50265 的有关规定，并应结合蓄滞洪区的特点合理布置，保证主要建筑物和设备在蓄滞洪期间的防洪安全。

6.4.2 蓄滞洪区已建泵站应根据蓄滞洪区蓄滞洪水位和启用概率，结合泵站的具体情况，经分析比较，选用合适的保护方式，可采取修建月堤、设备抬升、临时转移等保护措施。

6.4.3 站址高程相对较高、地质条件较好的骨干泵站，宜采用月堤方式保护，并应符合下列要求：

1 月堤宜布置在泵站进水池以外，应根据地形、地质条件、泵站主要建筑物布局，经分析比较合理确定月堤堤线。

2 月堤跨越泵站进水渠时，宜建涵闸等控制工程，平时保持排水渠系畅通，蓄滞洪区启用时封闭。

3 月堤宜与泵站进水渠垂直相交。

6.4.4 如由于地形、地质条件所限，修建月堤比较困难时，可采取将电动机临时抬升、变压器整体抬高的保护方案；抬升高度宜超过设计蓄滞洪水位 1.5m 以上，并应配置设施设备，设施设备的配备应符合下列要求：

1 配置的起吊设备的容量应满足起吊单台电动机重量的要求；泵房相关的构件应满足相应的承重要求。

2 应配置有存放机电设备的搁置设施。

6.4.5 单机容量不大、易于拆装转运、附近有安全存放地点的排涝泵站，可采用主要机电设备临时转移的方式保护。

6.4.6 承蓄多沙河流洪水的蓄滞洪区泵站，其进水建筑物设计应分析蓄滞洪后泥沙淤积对泵站运行的影响。

7 蓄滞洪区安全设施设计

7.1 安全区设计

7.1.1 安全区的设计和建设应确保防洪安全；蓄滞洪后应能保障居民的基本生活条件。

7.1.2 安全区的围堤利用现有堤防时，应对存在隐患堤段进行加固处理。

7.1.3 安全区围堤堤顶宽度，应根据堤防稳定、管理、交通及居民生活等方面的要求分析确定；安全区围堤堤顶有交通要求时，堤顶宽度不宜小于 6m，并应根据条件进行硬化。

7.1.4 安全区围堤迎水侧应根据风浪大小、水流情况，结合堤身土质，选择合适的护坡型式；安全区围堤背水坡宜采用草皮护坡。

7.1.5 安全区围堤两侧应根据居民交通需要，结合现有道路情况合理布设人行坡道和车道。人行坡道的间距不宜大于 1000m，宽度不宜小于 2m，台阶高度可采用 16cm～18cm；车道坡度不应陡于 1∶10，宽度可采用 6m～8m。

7.1.6 必要时，安全区围堤堤顶可结合防浪墙修建防鼠墙，防鼠墙的墙面应光滑，高度不应小于 0.8m。

7.1.7 安全区围堤跨越沟渠、道路时，应通过研究，合理调整现有沟渠、道路，或布置必要的交叉建筑物。

7.1.8 安全区围堤与交通道路交叉时，交通道路可采用上堤坡道；也可修建交通闸口，蓄滞洪时应临时封堵。交叉建筑物型式应根据具体情况分析比较确定。

7.1.9 安全区应新建必要的泵站。安全区的排涝流量应根据当地的暴雨特性、汇流条件，按确定的排涝标准分析计算确定，并应根据情况计入生活污水量和围堤渗入水量。

7.1.10 安全区应结合城镇（村镇）发展要求，规划建设居民生产生活必需的交通、供水、电力、通信等基础设施，并应符合下列要求：

1 供水应符合安全区内供水对象相应的饮用水标准对水质、水量的有关规定；供水设施及规模应满足蓄滞洪时应急供水要求。

2 应建设必要的对外交通。

3 供电、通信系统的建设，应能满足在蓄滞洪期间区内居民用电和通信的基本需求，必要时应设置备用电源。

7.2 安全台设计

7.2.1 安全台的设计和建设应确保防洪安全，并应满足蓄滞洪运用期间台上居民的基本生活条件，同时应便于台上居民非蓄滞洪运用时正常生活。

7.2.2 安全台建设应遵循因地制宜、就地取材、少占耕地的原则，台身及台面布置应根据地形地质条件、拟安置居民住房和基础设施的布局要求、居民生活习惯等因素分析确定。

7.2.3 筑台土料选用黏性土时，压实度不应小于 0.9；筑台土料选用无黏性土时，相对密度不应小于 0.6。

7.2.4 筑台土料为无黏性土时，宜采用黏性土对安全台进行盖顶、包边，盖顶厚度和包边的宽度可分别取为 0.5m 和 1.0m。

7.2.5 设在蓄滞洪区围堤内的安全台，台顶高程应按设计蓄滞洪水位加台顶超高确定；设在蓄滞洪区围堤外临江河、湖泊一侧的安全台，台顶高程应按所在堤段堤防设计洪水位加台顶超高确定。新建安全台应预留沉降超高。

7.2.6 安全台台坡应根据安全台台基地质条件、筑台土质、风浪情况等，按运用条件，经稳定计算综合分析确定。

7.2.7 安全台台身高度超过 6m 时，宜设置戗台，其宽度不宜小于 2m。

7.2.8 安全台临水侧应根据风浪大小、水流情况，结合安全台台身土质，选择合适的护坡型式。位于重度风险区内的安全台，宜采用砌石、混凝土护坡或抗冲刷能力强的生态护坡；其他风险区安全台可采用水泥土、草皮等护坡型式。安全台护坡范围宜从台脚护至台顶或与包边相接。

7.2.9 安全台台顶、台坡、台脚处应合理布设排水沟。沿台顶、台脚周边应设水平向排水沟；沿台坡坡面可每隔 100m～200m 设 1 条竖向排水沟。竖向排水沟应与水平向排水沟连通，排水沟宜采用混凝土或砌石结构衬砌。

7.2.10 安全台台基应满足渗流控制和稳定等有关规定。

7.2.11 有抗震要求的安全台，应按国家现行标准《水工建筑物抗震设计规范》SL 203 的有关规定执行。

7.2.12 安全台建设应结合新农村建设要求，安排必要的交通、供水、排水、供电、通信、卫生等基础设施。

7.2.13 安全台应设置上台坡道和踏步。上台坡道应与蓄滞洪区内现有道路连接，坡度不宜陡于1∶10，路面可采用混凝土或沥青混凝土结构。台坡踏步宜根据安全台的长度每200m～500m设置1处。

7.2.14 安全台供水应符合供水对象相应的饮用水标准对水质、水量的有关规定；供电设施的建设应符合国家现行标准《农村电力网规划设计导则》DL/T 5118 的有关规定。

7.3 安全楼设计

7.3.1 安全楼设计除应符合现行国家标准《蓄滞洪区建筑工程技术规范》GB 50181 的有关规定外，并应符合本规范第7.3.2条～第7.3.6条的有关规定。

7.3.2 安全楼近水面安全层底面高程应按设计水位加安全超高确定。安全超高应按下式计算，且不应小于1.0m：

$$Y=d_s+h_m+0.5 \tag{7.3.2}$$

式中：Y——安全超高（m）；

d_s——风增减水高度（m）；当其值小于零时，取为零；

h_m——波峰在静水面以上的高度（m）。

7.3.3 安全楼荷载应分析洪水荷载与其他荷载的最不利组合。

7.3.4 安全楼设计水位以下的建筑层应采用耐水材料；设计蓄滞洪水位以下部分的布局应有利于洪水的进退。

7.3.5 安全楼应在略高于近水面安全层室外设置可供系扣船缆的栓柱。

7.3.6 安全楼应留有便于在蓄洪期间与外界接触的台面和通至近水面安全层的室外安全楼梯，楼顶应采用居民容易到达的平顶结构。

7.4 撤离转移设施设计

7.4.1 撤离转移设施设计应满足蓄滞洪运用前居民安全、及时有序撤离的要求。

7.4.2 撤离转移道路的规模和路线布设，应根据蓄滞洪区内村庄分布情况、人口安置总体规划方案、撤离转移人数和撤离转移方向、洪水传播时间等因素分析确定。

7.4.3 撤离转移干道的断面、路基应符合国家现行标准《公路工程技术标准》JTG B01 的有关规定；路面宜采用混凝土或沥青混凝土等耐淹路面。

7.4.4 撤离转移道路跨越河、沟时，应修建必要的桥、涵。

7.4.5 需要通过水上撤离转移时，应规划建设必要的渡口；渡船可利用现有船只或临时调用。

8 蓄滞洪区工程管理设计

8.1 一般规定

8.1.1 蓄滞洪区工程管理设计应根据蓄滞洪区类别及蓄滞洪工程建设内容，合理确定蓄滞洪区工程管理体制、管理机构和人员编制，并应根据工程管理的需要制订相应的管理措施和管理制度。

8.1.2 蓄滞洪工程应结合现有管理资源设立专门的管理机构。

8.1.3 管理机构的设置应明确管理机构及隶属关系、管理内容、人员编制、管理费用。

8.1.4 蓄滞洪区应根据工程规模和运用要求，配建相应的管理设施；并应与主体工程同步建设。

8.2 管理范围和设施设备

8.2.1 蓄滞洪区各类建筑物工程的管理范围和保护范围，应根据蓄滞洪区的具体情况确定，并应符合下列规定：

1 堤防工程的管理范围和保护范围，可按国家现行标准《堤防工程管理设计规范》SL 171 的有关规定，并结合各地实际情况分析确定。堤防护堤地范围对其他用地面积影响较大时，宜从紧控制。

2 安全台、避水台的管理范围不宜超高台脚排水沟外5m，保护范围可取为管理范围以外50m～100m。

3 进退洪闸等建筑物的管理范围和保护范围，可按国家现行标准《水闸工程管理设计规范》SL 170 的有关规定执行。

4 转移道路的管理范围和保护范围可按同等级别公路的有关规定确定。

8.2.2 蓄滞洪区防洪工程和安全设施，可按国家现行标准《堤防工程管理设计规范》SL 171 和《水闸工程管理设计规范》SL 170 的有关规定，配备必要的观测设施、设备。

8.2.3 蓄滞洪区工程管理单位应根据定编人数及管理任务配备必要的设施设备和交通工具。

8.2.4 安全区应根据防汛抢险的需要，留有储备土料、砂石料等防汛抢险物料的堆放场所。

8.2.5 蓄滞洪区防洪工程和安全设施应设置必要的碑、牌。每个乡镇及基层管理单位均应设置宣传牌，撤离转移路口应设置导向牌，安全台、分洪口、退洪口等应设置标志牌以及其他警示标牌、桩号标牌等。

8.3 通信预警系统

8.3.1 蓄滞洪区应设置能够迅速将分洪指令传达到蓄滞洪区内有关单位、各家各户的通信预警系统。

8.3.2 蓄滞洪区通信预警系统应充分利用各地已有的防汛指挥系统。

8.3.3 蓄滞洪区宜利用当地公共通信网络，建设县、乡（镇）、村三级，覆盖蓄滞洪区工程管理、防汛重点单位，以及社会相关部门的通信预警系统。

8.3.4 蓄滞洪区通信预警系统可由预警反馈通信系统、计算机网络系统和警报信息发布系统构成。

8.3.5 通信预警系统的设备应技术先进、性能稳定、运行可靠、维护方便，并应与当地通信网络的技术手段相协调。

8.4 应急救生

8.4.1 蓄滞洪区应配置救生衣（圈）、抢险救生舟、中小型船只等救生器材，并应统一存放管理。

8.4.2 蓄滞洪区救生器材的配备标准，可按国家现行标准《防汛物资储备定额编制规程》SL 298 的有关规定执行。

8.5 疫情控制

8.5.1 蓄滞洪区设计时，应根据当地传染病历史和可能发生的传染病疫情，配合卫生部门制定传染病疫情控制预案，并应提出相应的预防措施、应急方案等对策措施。

8.5.2 血吸虫病疫区和毗邻疫区的蓄滞洪区防洪工程和安全建设设计，应符合水利血防工程设施设计的有关规定。

本规范用词说明

1 为便于在执行本规范条文时区别对待，对要求严格程度不同的用词说明如下：

1） 表示很严格，非这样做不可的：
正面词采用“必须”，反面词采用“严禁”；

2） 表示严格，在正常情况下均应这样做的：
正面词采用“应”，反面词采用“不应”或“不得”；

3） 表示允许稍有选择，在条件许可时首先应这样做的：
正面词采用“宜”，反面词采用“不宜”；

4） 表示有选择，在一定条件下可以这样做的，采用“可”。

2 条文中指明应按其他有关标准执行的写法为：“应符合……的规定”或“应按……执行”。

引用标准名录

《蓄滞洪区建筑工程技术规范》GB 50181
《防洪标准》GB 50201
《泵站设计规范》GB 50265
《堤防工程设计规范》GB 50286
《灌溉与排水工程设计规范》GB 50288
《水利水电工程地质勘察规范》GB 50487
《水闸工程管理设计规范》SL 170
《堤防工程管理设计规范》SL 171
《堤防工程地质勘察规程》SL 188
《水利水电工程测量规范》SL 197
《水工建筑物抗震设计规范》SL 203
《防汛物资储备定额编制规程》SL 298
《公路工程技术标准》JTG B01
《农村电力网规划设计导则》DL/T 5118

中华人民共和国国家标准

蓄滞洪区设计规范

GB 50773—2012

条 文 说 明

制 定 说 明

为规范蓄滞洪区设计，指导蓄滞洪区建设，确保蓄滞洪区及时安全有效运行，制定蓄滞洪区设计技术标准十分必要。根据国家建设部关于印发《2007年工程建设标准规范制订、修订计划（第一批）》的通知（建标〔2007〕125号），遵照《工程建设国家标准管理办法》和《工程建设行业标准管理办法》的有关规定，由水利部水利水电规划设计总院和湖南省水利水电勘测设计研究总院会同有关单位共同编制本规范。

本规范经历大纲编制、大纲审查、咨询意见稿、征求意见稿、初审稿、送审稿、报批稿等阶段，最后经水利部和住房和城乡建设部专家审定。编制过程中，编制组在长江流域、淮河流域、海河流域、黄河流域等部分蓄滞洪区进行了调研，咨询有关专家，收集相关设计、管理资料，广泛征求蓄滞洪区管理、设计、科研单位意见，并充分吸收和采纳历次咨询、审查意见。

本规范的编制主要遵循以下原则：一是以人为本原则，保障蓄滞洪区经济社会持续稳定发展；二是安全性原则，确保工程安全可靠，蓄滞洪区人民生命财产安全；三是协调性原则，保证蓄滞洪运用及时有效，非蓄滞洪运用时区内居民生产生活正常；四是生态性原则，促进蓄滞洪区生态和谐，环境友好。同时，明确了蓄滞洪区设计的主要内容和技术要求。

由于我国蓄滞洪区建设还处于不断摸索的阶段，很多方面还需要通过一段时间建设实践和经验积累，才能形成更好更成熟的规定，因此在本规范的应用过程中，尚需认真总结，以供修订时参考。

为便于工程技术人员在使用本规范时能正确把握和执行条文规定，编制组按规范章、节、条顺序编制了本规范的条文说明，对条文规定的目的、依据以及在执行中应注意的有关事项进行了说明。本条文说明不具备与规范正文同等的法律效力，仅供使用者作为理解和把握标准规定的参考。

目　次

1 总　　则

1.0.1 蓄滞洪区的建设和管理关系到蓄滞洪区的正常运用和流域防洪标准的提高，关系到广大蓄滞洪区居民生命财产安全和经济发展。党中央、国务院历来高度重视蓄滞洪区工作。1988年国务院批转了水利部《关于蓄滞洪区安全与建设指导纲要》，该《纲要》试行以来，在部分重点蓄滞洪区内建设了一批安全楼、安全区、转移路、预警预报等设施，推动了全国蓄滞洪区安全建设与管理工作。但是，随着经济社会发展和人口增加，许多蓄滞洪区被不断开发利用，调蓄洪水的能力大大降低，蓄滞洪区的建设与管理滞后，区内防洪安全设施、进退洪设施严重不足，居民的生命财产安全无保障，致使蓄滞洪区启用决策十分困难；蓄滞洪区已成为防洪体系中极为薄弱的环节。上述问题如果得不到有效解决，一旦发生流域性特大洪水，将难以有效运用蓄滞洪区，流域防洪能力将大大降低，蓄滞洪区一旦运用，将可能造成严重损失，甚至可能影响社会稳定。为指导蓄滞洪区的建设，确保蓄滞洪区内居民生命安全，保证蓄滞洪区及时安全有效运用，有必要根据目前的经济发展水平和技术手段，制订适宜的标准，用以指导和规范蓄滞洪区的设计。

1.0.2 我国《蓄滞洪区运用补偿暂行办法》附录所列的大江大河防洪规划安排建设的蓄滞洪区共有97处，最新完成的我国大江大河防洪规划调整后的蓄滞洪区共计93处，这些蓄滞洪区主要分布于长江、黄河、淮河、海河、松花江和珠江流域，涉及北京、天津、河北、江苏、安徽、江西、山东、河南、湖北、湖南、吉林、黑龙江和广东等13个省（直辖市），总面积$3.39\times10^4km^2$。其中，长江流域的荆江分洪区，黄河流域的北金堤滞洪区，淮河流域的蒙洼、城西湖、洪泽湖周边滞洪圩区，海河流域的永定河泛区、小清河分洪区和东淀、文安洼、贾口洼、团洼、恩县洼等12处蓄滞洪区由国务院或国家防汛抗旱指挥部调度，其余的由流域防汛抗旱指挥部或所在省防汛抗旱指挥部调度。

蓄滞洪区建设包括防洪工程建设、蓄滞洪安全建设；防洪工程建设包括蓄滞洪区围堤、分区运用隔堤、分洪、退洪控制工程、排涝泵站等工程；安全建设包括为蓄滞洪运用提供安全避洪和救生的多种措施，包括安全区、安全台、安全楼、转移道路等。本规范针对蓄滞洪区这一特殊的防洪措施，一方面提出了防洪安全建设人口总体安置和各类安全建设措施总体规划和布置方面的要求；另一方面对蓄滞洪区各类工程主要设计内容提出了有关规定。

1.0.3 作为防洪体系重要组成部分的蓄滞洪区，既是蓄滞洪水的场所，又是当地居民生存的基地。蓄滞洪区经济社会发展规划和建设，应考虑到蓄滞洪区平时是区内居民生活、生产的基地，蓄滞洪水时是洪水贮存场所的特殊地位。在制定蓄滞洪区经济社会发展规划和进行蓄滞洪区建设的过程中，要针对蓄滞洪区的特殊性，从流域、区域经济社会协调发展的高度，研究与之相适应的蓄滞洪区建设与经济发展模式，合理确定经济结构和产业结构，积极发展农牧业、林业、水产业等，因地制宜地发展第二、三产业，鼓励当地群众外出务工。限制蓄滞洪区内高风险区的经济开发活动，鼓励企业向低风险区转移或向外搬迁。同时，要加强对蓄滞洪区的土地管理，土地利用、开发和各项建设必须符合防洪的要求，保证蓄滞洪容积，实现土地的合理利用，减少洪灾损失。蓄滞洪区所在地人民政府要制定人口规划，加强区内人口管理，实行严格的人口政策，严禁区外人口迁入，鼓励区内常住人口外迁，控制区内人口增长。

我国的蓄滞洪区作为在大洪水时分蓄洪水的临时场所，同时还容纳着将近1600万人的生产生活，现实条件下不可能将蓄滞洪区所有人员进行转移安置。十六大以来，党中央、国务院就解决“三农”问题、统筹城乡发展、构建社会主义和谐社会等作出了一系列重大战略决策，对蓄滞洪区建设提出了更高的要求。按照中央水利工作方针，防洪工作必须坚持以人为本，坚持科学发展观，在蓄滞洪区工程规划设计中，要本着以人为本和构建和谐社会的思想进行工程布局和安排蓄滞洪区建设内容，在解决防洪问题的同时，使蓄滞洪区人民生产生活条件不断得到改善，真正做到洪水分得进，区内人民能够安居乐业。

1.0.4 蓄滞洪区是防御洪水的重要工程。在流域防洪规划中，为实现防洪总体目标，作为防洪体系中的蓄滞洪区，承担了分蓄河道超额洪水的重要任务。蓄滞洪区的建设，应根据流域防洪总体规划，确定蓄滞洪区工程总体布局以及蓄滞洪区安全建设的模式，确保蓄滞洪区按计划运用，做到有计划分蓄洪，将损失降低到最小。因此，蓄滞洪区的设计，必须认真领会流域防洪规划总体思想，切实服从流域防洪总体要求。

蓄滞洪区堤防、分、退洪口控制工程等防洪工程达不到规划的建设标准，一旦发生达到防洪规划启用标准的洪水时，将难以保证蓄滞洪区居民正常的生活生产秩序和按规划要求适时适量有序分蓄洪水；区内安全建设达不到规划标准时，难以保证按规划标准蓄滞洪水时区内居民财产安全，分蓄洪调度难以实施。总之，蓄滞洪区防洪工程、区内安全建设措施如不能按所在江河流域防洪规划实施到位，蓄滞洪区将难以实施有序调度，流域防洪体系整体效益难以发挥，防洪规划确定的目标也难以实现。

目前，我国蓄滞洪区涉及的范围大、防洪工程和安全建设底子薄，建设任务十分艰巨，长江、黄河、淮河、海河等几大流域蓄滞洪区建设的路子还在不断探索之中。而这些蓄滞洪区的洪水特性、运用标准、当地的经济社会情况等各不相同，也就决定了蓄滞洪区的建设模式不能千篇一律、一蹴而就；应根据蓄滞洪区在防洪体系中的重要程度、所处的地理位置、调度权限、启用概率、淹没特性等因素，合理安排各项工程的建设，在不断的实践中总结和提高蓄滞洪区的建设水平。

1.0.5 在进行蓄滞洪区工程建设的同时，应重视蓄滞洪区非工程措施建设，建设相关的通信预警系统，构建保障实施蓄滞洪水的非工程体系；通信预警系统和其他非工程措施对蓄滞洪区及时有序启用十分重要，对传递分洪调度命令，组织转移撤离，保证需要时按要求蓄滞洪水，使洪灾损失降低到最小，将起到十分关键的作用。

1.0.7 蓄滞洪区建设涉及国民经济多个领域和专业，包括水利水电、交通、城镇建设、供水供电、地质、环保等，而且很多建设内容如堤防、水闸、泵站等都有专门的技术标准。因此，本条规定在进行蓄滞洪区设计的过程中，不但要满足本规范的有关规定，还应符合国家现行的有关技术标准。

3 蓄滞洪区建设标准

3.1 蓄滞洪区风险等级

3.1.1 通过对蓄滞洪区的风险评价，可预知蓄滞洪区进洪后淹没情况，对指导蓄滞洪区安全建设、保障防洪安全非常重要。有条件的地方，可以模拟计算区内洪水行进路线、淹没范围、水深、流速，洪水到达和持续时间等，以作为蓄滞洪区安全建设和运用总体规划的依据，合理有效地使用蓄滞洪区，使群众安全得到保障，生产生活和经济活动适应防洪要求，并有利于区内工农业合理布局和经济持续发展。通过预知风险，合理确定安全建设工程总体布局和产业发展布局，把蓄滞洪水运用时洪水淹没损失减到最小。

3.1.2、3.1.3 国内外尚无关于划分不同风险区的统一标准，《全国蓄滞洪区建设与管理规划》对蓄滞洪区洪水风险评价的因子和评价方法进行了专题研究，给出了可操作的相对合理的风险分区的划分方法。本规范参照这一研究成果，对蓄滞洪区风险度的分析计算方法以及风险等级和风险分区等做出了规定。

该方法主要考虑蓄滞洪区的运用标准、蓄滞洪淹没水深两个风险因子，同时综合考虑了淹没历时的长短对风险的影响。根据93处蓄滞洪区的洪水风险分析与测算，综合确定了蓄滞洪区洪水风险评判标准为：风险度 $R \geqslant 1.5$ 为重度风险，$0.5 \leqslant R < 1.5$ 为中度风险，$R < 0.5$ 为轻度风险。

不考虑淹没历时长短影响时的基本风险度变化矩阵表参见表1。

表1 基本风险度变化矩阵

淹没平均水深 H (m) / 运用标准 N (a)	0.5	1	1.5	2	2.5	3	3.5	4	4.5	5
10	0.50	1.00	1.50	2.00	2.50	3.00	3.50	4.00	4.50	5.00
20	0.25	0.50	0.75	1.00	1.25	1.50	1.75	2.00	2.25	2.50
30	0.17	0.33	0.50	0.67	0.83	1.00	1.17	1.33	1.50	1.67
40	0.12	0.25	0.38	0.50	0.63	0.75	0.88	1.00	1.13	1.25
50	0.10	0.20	0.30	0.40	0.50	0.60	0.70	0.80	0.90	1.00
100	0.05	0.10	0.15	0.20	0.25	0.30	0.35	0.40	0.45	0.50

当蓄滞洪区较大，需根据地形地貌划分为不同的风险分区进行风险评价时，相应的风险度计算所采用的淹没平均水深为该风险分区的蓄滞洪淹没平均水深。

由于淹没历时也是应当考虑的风险因子，淹没历时越长，风险越大，反之越小；因此，在进行风险度计算时还应考虑淹没历时的修正系数。参考《全国蓄滞洪区建设与管理规划》关于蓄滞洪区洪水风险评价的专题研究成果，Φ 值取值范围在1.0～1.3较为合适。淹没历时越长，Φ 值越大；淹没历时大于2个月时，Φ 值取上限1.3；淹没历时在1旬以内时，Φ 值取下限1.0；淹没历时在1旬～2个月之间时，Φ 值在1.0～1.3之间取值。

3.2 建筑物级别与设计标准

3.2.1 蓄滞洪区堤防工程是一类特殊的堤防工程，是江河防洪工程体系的重要组成部分。它既有自身的保护对象，要保证一般情况下蓄滞洪区内居民的生命财产安全和正常的生产生活，同时又要保障蓄滞洪区在必要的时候按照流域防洪总体要求按计划分蓄超额洪量，牺牲局部、确保流域重要防洪对象的安全。蓄滞洪区的防洪标准不能像其他防洪对象，直接根据防护区内的人口、耕地等因素确定防洪标准。现行国家标准《防洪标准》GB 50201中规定蓄滞洪区的防洪标准应根据批准的江河流域规划的要求分析确定，现行国家标准《堤防工程设计规范》GB 50286规定蓄滞洪区堤防工程防洪标准“应根据批准的流域防洪规划或区域防洪规划的要求专门确定”。上述规定虽然没有统一的定量指标，但根据各批准的流域防洪规划以及主管部门相应的审查意见，一般都明确提出了蓄滞洪区围堤相应的建设标准。比如根据水利部1994年对洞庭湖二期治理工程的批复意见，洞庭湖区蓄洪垸临洪大堤按新中国成立后发生最高水位确定。据了解，黄河、淮河、海河等几大流域防洪规划或相应的审查意见中也都明确了主要控制站的分蓄洪控制水位，为蓄滞洪区堤防的建设标准提供了相关依据。在具体设计工作中，蓄滞洪区所在流域如有已审批的防洪规划，其堤防建设标准应直接采用防洪规划确定的标准，否则应根据流域防洪总体要求，结合蓄滞洪区分洪运用标准、蓄滞洪区堤防防护对象的防洪标准等分析确定。

3.2.2 本规范提出安全区围堤工程级别和设计洪水标准不应低于所在蓄滞洪区围堤的级别和设计洪水标准主要是基于以下几点考虑：

1 蓄滞洪区内设立的安全区，从设立的目的来讲是要保证在蓄滞洪运用时安全区处于防洪安全状态，所以其防洪标准和围堤工程级别不宜低于蓄滞洪区堤防。

2 安全区的人口财产十分集中，万一失事，可能造成重大人员伤亡，产生灾难性后果，社会影响巨大；安全区必须具有不低于蓄滞洪区的安全等级。

3 从长远看，安全区必将成为蓄滞洪区范围内政治、经济和文化中心；安全区具有较高的防洪标准有利于蓄滞洪区经济社会全面发展，有利于当地居民安居乐业，无后顾之忧。

3.2.4 当蓄滞洪区围堤和安全区围堤临河、湖时，按相应堤段的防洪标准相应水位计算各堤段的设计水位；一般情况下，流域防洪规划确定了主要控制站设计水位，可以此为依据推求各堤段设计水位。

对处于蓄滞洪区以内的非临河（湖）堤段，只有当蓄滞洪运用时才发生挡水工况，所以这部分堤防的设计水位需要根据防洪标准，结合蓄滞洪运用的情况具体分析，按设计蓄滞洪水位确定。设计蓄滞洪水位一般在防洪规划中已经确定，在设计阶段，为比较准确地确定各建筑物的设计水位，需要根据防洪规划确定的总分洪量、蓄滞洪区的高程—容积曲线等资料进行复核。

3.2.5 在堤防工程设计中，由于水文观测资料的局限性、河流冲淤变化、主流位置改变、堤顶磨损和风雨侵蚀等影响，需要有一定的安全加高。安全加高不包括施工预留的沉降加高、波浪爬高以及壅水高。本规范中，堤防工程的安全加高值参照现行国家标准《堤防工程设计规范》GB 50286 的有关规定确定；考虑到安全区的特殊地位和其重要性，安全区围堤工程安全加高不宜低于相应蓄滞洪区围堤的安全加高。

有时在流域规划或主管部门批复意见中直接规定了设计堤顶的超高值，如水利部在对洞庭湖二期治理批复中，确定设计水位按 1949～1991 年当地实测最高水位作为设计水位，堤顶超高湖堤为 1.5m，河堤为 1.0m，此时应按照规划审批意见设计。

3.2.6 布置在蓄滞洪区内的安全台台顶高程受区内蓄滞洪水位控制，其设计水位应根据该蓄滞洪区内的设计蓄滞洪水位分析计算确定。有些流域安全台根据地形条件结合蓄滞洪区围堤布置在堤防外侧，此类安全台台顶高程的确定受外河洪水位控制，其设计水位应根据外河水位分析确定，一般取安全台所在堤段堤防设计洪水位作为安全台设计水位。

3.2.7 安全楼设计水位是确定安全楼安全层底面设计高程的基本依据。设计水位应根据所在蓄滞洪区的设计蓄洪水位确定。若蓄滞洪区具有上吞下吐任务，应按水面比降进行内插计算求得设计水位。

3.2.8 在安全台工程设计中，由于水文资料的局限性，河湖冲淤变化，加上台顶磨损和风雨侵蚀，在设计台顶高程时需要有一定的安全加高值。安全加高值不包括施工预留沉降值和波浪爬高及壅水高度。

根据现行国家标准《防洪标准》GB 50201 以及安全台可能安置的人口规模，安全台工程等级一般在Ⅳ等以下，参照国家现行标准《堤防工程设计规范》GB 50286 和《土石坝设计规范》SL 274，在Ⅳ等以下的土堤、土坝安全加高一般取 0.5m～0.6m 即可，考虑到有些安全台与堤防工程结合在一起建设，为方便工程的建设和运用，本条台顶安全加高取值给出 0.5m～1.0m 的规范，设计中可根据实际情况取值。

3.2.9 蓄滞洪区土堤的稳定安全系数与一般堤防相比没有特殊的要求，采用现行国家标准《堤防工程设计规范》GB 50286 的推荐值。

3.2.10 安全台边坡抗滑稳定的原理与堤防类似，根据调研的情况，以往已建的安全台一般参考堤防抗滑稳定安全系数确定台坡，实际运行能够满足稳定、安全的要求。本规范中安全台台坡抗滑稳定安全系数参照不小于Ⅳ级堤防工程抗滑稳定安全系数取值。本条表 3.2.10 中提出的安全系数适用于瑞典圆弧法。

安全台正常运用条件即为设计条件，非常运用条件是指地震、施工期运用。

本条是强制性条文，必须严格执行。

3.2.11 有些蓄滞洪区范围大，在非蓄滞洪运用期间内部水系可能发生洪水，对蓄滞洪区内的一些防洪保护对象，如厂矿、集镇、建筑物等造成洪灾损失，此时应根据这些防护对象的重要性，结合现行国家标准《防洪标准》GB 50201 的有关规定分析选定这些防护对象的防洪标准，并应根据内部水系的有关资料，分析计算相应的设计洪水。

3.2.12 目前，我国很多蓄滞洪区是重要的粮食产区，为保证蓄滞洪区正常的农业生产，需保证蓄滞洪区具有一定的治涝标准。

现行国家标准《灌溉与排水工程设计规范》GB 50288 中，对一般排水区排涝标准作了规定，蓄滞洪区的排涝标准可以参照执行。根据调查，与当地现行的农田排涝有关设计资料比较，长江、黄河、海河、淮河等流域的蓄滞洪区，农田排涝旱作物区执行 3a～10a 一遇 1d～3d 暴雨从作物受淹起 1d～3d 排至田面无水，水稻区执行 3a～10a 一遇 3d 暴雨从作物受淹起

3d排至作物耐淹水深的标准基本适宜。由于各地区现有排水工程基础条件不同，雨情、水情和灾情不同，而且各地农业发展水平以及对排涝的要求也不尽相同。因此，各地在确定排涝标准和排除时间时应因地制宜，经综合分析比较后确定。

一般来讲，安全区将规划发展为城镇或集镇，而目前关于城镇的排涝标准在水利行业没有统一的规定，各地采用的标准也难以统一，可结合当地的汇流情况和暴雨特性分析。据调查了解，湖南、广东等省部分中小城镇城市防洪治涝设计中一般采用10a一遇24h暴雨24h排干的标准。

3.3 蓄滞洪区安全建设标准

3.3.1 安全区是蓄滞洪区安全建设的主要措施之一，安全区一般选择位于蓄滞洪区经济较为发达、人口相对集中、地势较高、对外交通方便的村镇；根据调查分析，目前已经建设成功或规划建设的安全区，大部分本身就是依托村镇、小城镇修建或即将发展为小城镇。如海河流域白洋淀的安新县安全区，本身就是依托现有4km² 县城利用围堤围成20km² 的安全区；长江流域围堤湖蓄洪区的北拐安全区建成后即将发展为集镇。考虑安全区将来村镇发展的需要，其长远发展所需的建设用地包括居住建筑用地、公共建筑用地、生产建筑用地、仓储用地、对外交通用地、道路广场用地、公用工程设施用地和绿化用地8大类。因此，本规范在确定安全区建设标准时，结合安全区建设的实际需要，参考现行国家标准《村镇规划标准》GB 50188，提出了安全区人均占地标准按100m²/人～150m²/人控制。《村镇规划标准》GB 50188规定村镇规划用地标准为50m²/人～150m²/人，考虑到与一般地区相比，蓄滞洪区土地相对宽松，所以本规范取该标准中比较高的标准作为规定范围。建设用地偏紧、对分蓄洪容积影响大的地区取小值，反之可取大值。在安全区建设方案的拟订过程中，应结合地形条件、投资等因素，进行综合比较，合理确定。

少数蓄滞洪区如果根据经济社会发展用地要求，或考虑安全区堤防合理利用现状有利地形条件，适当增加挽围面积投资可能更节省，工程更加经济合理，挽围面积需要突破这个指标的，应经过充分论证后确定。安全区挽围面积过大，将对蓄滞洪区分蓄洪量产生影响，进而影响到流域防洪规划的标准。通常安全区挽围面积以不超过蓄滞洪区蓄洪容积的5%为宜。

3.3.2 安全台需要通过抬填地面高程使其高出蓄滞洪水位，用于村民建房永久安置或蓄滞洪时临时居住安置。由于建设安全台所需土料较多，投资大，安全台台顶面积一般受到限制。通过对已经建设的安全台进行调查，过去部分已建的安全台按照30m²/人的标准建设，有的甚至更低；结果导致定居在安全台上的居民生活环境十分拥挤，人畜混居，条件十分恶劣，没有发展和建设的余地。通过对长江、黄河、淮河等流域的调查，普遍反映安全台台顶面积按照30m²/人的标准太低；本规范结合考虑新农村建设的需要，参考现行国家标准《村镇规划标准》GB 50188规定的用地标准，提出安全台建设按50m²/人～100m²/人控制，保证安全台有一定公共建筑用地的面积和必要的发展空间。

用于临时避洪的安全台，不需考虑居民住房建筑用地和公共建筑用地等面积，因此台顶面积标准比永久安置人员的安全台可大大减小，参照部分地区经验，采取5m²/人～10m²/人控制即可。

3.3.3 安全楼的安全层面积大小主要考虑存放村民的粮食、衣被等主要财产和蓄滞洪水时村民暂时避洪之用，综合考虑这些因素，安全楼安全层面积可按5m²/人～10m²/人的标准进行控制；经济条件允许的地方，可结合考虑当地财力和居民自身投资建房的意愿，适当扩大安全楼的面积。

安全楼的建设应尽可能平汛结合。可以根据各地实际需要和安置人口数量，将安全楼建设成可以兼作学校、礼堂、俱乐部等公共场所的建筑，平时发挥相应的功能，蓄滞洪运用时根据蓄滞洪预案安置区内居民；也可以通过适当的政策和措施，如国家按本规范确定的标准补助，居民自筹部分资金将安全楼建设成为适合居民日常生活的住宅型式，平常可供居民居住，蓄滞洪水期间安排居民临时避洪，但此时应当保留有必须的避洪空间，并承诺蓄滞洪时服从统一安排。

3.3.4 撤离强度指某路段单位时间内撤离转移的人数。公路工程设计中，一般采用预测年第30位小时交通量作为公路设计小时交通量，据此确定公路等级；同时，畜力车、人力车、自行车等非机动车辆在设计交通量换算中按路侧干扰因素计，三、四级公路上行使的拖拉机每辆折算为4辆小客车；在转移道路的设计中，应根据规划转移的人数和当地可能的交通条件，验算规划用以撤离转移的公路是否满足在蓄滞洪水前人员和财产有序撤离的要求。为保证蓄滞洪区内居民在分蓄洪水命令下达后迅速转移到安全地带，必须保证有足够的路网密度；同时，蓄滞洪区撤离转移道路应合理布局，充分利用，避免重复建设。目前蓄滞洪区路网建设密度的标准没有一个可以参考的依据，各主要流域都修建了一定数量的撤离转移道路，但主要是作为应急工程所建，没有形成系统完整的转移路网体系。蓄滞洪区的路网密度与需要转移的人口、蓄滞洪区的面积大小等主要因素有关；根据对海河、淮河、长江等流域10多个具有代表性的蓄滞洪区的安全建设规划中规划转移道路的统计分析，得到蓄滞洪区转移路网密度与蓄滞洪区面积、人口的关系(参见表2)，供设计参考。各地可结合当地的实际情况在分析转移撤离强度的基础上具体确定。

表2　蓄滞洪区转移道路密度

蓄滞洪区土地面积（km^2）	蓄滞洪区人口密度（人/km^2）	路网密度（km/km^2）
≤300	＞500	0.5～0.7
	≤500	0.4～0.6
＞300	＞500	0.3～0.5
	≤500	0.2～0.4

4　基本资料

4.2　气象水文

4.2.1　蓄滞洪区防洪安全建设是一项综合措施，蓄滞洪区设计涉及的工程内容较多，包括堤防、安全台、安全楼、分退洪闸口、撤离转移道路、排涝泵站等。本条所列资料应根据蓄滞洪区工程项目设计的具体情况，有针对性地进行收集。比如，对堤防工程，风向、风速等资料要满足风浪爬高和护坡计算的要求；多雨地区需要提供施工期降雨天数及降雨强度资料；北方严寒地区，需要提供冰情及施工期气温资料。

4.2.2、4.2.3　蓄滞洪区以及与之相关的周边地区的流域水系情况、江湖关系、河湖演变趋势、河势或湖泊的冲淤变化情况等资料是蓄滞洪区工程包括蓄滞洪区堤防、进退洪口门以及蓄滞洪区各类安全建设内容如安全区、安全台、安全楼等工程总体布局的重要依据；在这些建筑物的总体布置和设计方案分析比较中，要收集足够和可靠的资料，才能保证工程方案的可靠性和合理性、经济性。

确定蓄滞洪区各类建筑物的设计参数，如蓄滞洪区堤防工程沿程设计水面线，分洪口、退洪口等建筑物设计水位、主要尺寸等重要参数，需要收集蓄滞洪区所在河段和控制站洪水流量和洪量、水位一流量关系以及流速、泥沙等水文资料。

4.3　地形地质

4.3.1　本条是参照国家现行标准《水利水电工程测量规范》SL 197的规定，结合蓄滞洪区工程设计的有关需要所作的规定。

蓄滞洪区涉及范围一般较大。与其他类型的水利建设项目不同，蓄滞洪区相关的工程建设内容很多，而且比较分散，所以工程总体布置的地形图要求的比例可采用1∶10000～1∶50000的小比例尺；对蓄滞洪区内的单一工程，结合工程设计的阶段要求和工程布置的特点分别给出了要求。堤防工程各设计阶段的测量资料的要求应根据现行国家标准《堤防工程设计规范》GB 50286的规定进行测量工作。分洪口、退洪口等控制工程在可研阶段主要为选址、方案比较、测算工程量等提供依据，地形图比例尺要求施测1∶1000～1∶2000；初步设计阶段为满足工程详细布置和工程量计算，要求采用1∶200～1∶500的比例尺。安全台工程涉及范围比较大，工程设计内容相对简单，测量主要是为测算工程量、统计挖压占地、拆迁以及施工场地布置提供根据。根据工程实施经验，初步设计阶段采用1∶1000～1∶2000能够满足控制精度要求。转移撤离道路呈线状分布，可行性研究选线阶段主要以断面测量为主，横断面的布置为满足测算工程量的需要，断面间距应根据地形变化进行控制，使所布置的断面具有代表性；初步设计阶段为满足线路布置要求，宜根据实际情况采用相关比例尺的地形图，为提高工程量计算的精度，横断面要求进一步加密。

4.3.2　蓄滞洪区各类工程包括堤防、分洪闸、退洪闸、泵站、道路、桥梁等，这些建筑物设计所需的地质勘察资料的有关规定在相关的规范中都有明确要求。蓄滞洪区工程设计中，应根据工程建设任务和建设内容，结合有关的规范进行地质勘察工作，并达到相应的工作深度。安全台设计有关内容和要求的地质资料与堤防工程类似，包括各阶段对安全台的台基地质情况、安全台填土的力学指标、台身设计的有关地质参数等要求，都可以参照国家现行标准《堤防工程地质勘察规程》SL 188的有关规定进行相应的地质工作，提出安全台设计所需的地质资料。

4.3.3　本条是针对有些地区利用部分现有蓄滞洪区的围堤建设安全区或结合现有蓄滞洪区围堤建设安全台所作的规定，此时为确保安全区堤防或安全台本身的安全，应对现有堤防工程的险工险情堤段以及历史上曾经出现过的险情进行调查，包括堤身的抗滑稳定、迎流当冲情况、堤身堤基的渗流稳定问题、堤基的沉陷问题等。

4.4　蓄滞洪区基本情况

4.4.1　蓄滞洪区社会经济基本资料以及蓄滞洪区内基础设施的现状情况，是确定蓄滞洪区工程总体布局以及蓄滞洪区安全建设模式和人口安置总体方案的重要依据，也是确定蓄滞洪区堤防工程级别的有关依据。在资料收集过程中，不但要整理蓄滞洪区有关社会经济资料，还要分析人口、财产、重要设施等要素的分布情况，供设计参考。

现有防洪工程和安全设施包括：堤防布置以及分洪口、退洪口位置，结构型式，堤顶高度、宽度、边坡、总堤长，堤防与周边防洪工程的联系；现有的安全区、安全台的面积，安置人口数量，存在问题等；工程管理方面的资料包括蓄滞洪区目前的管理机构、管理设施、存在的问题等。

4.4.2 蓄滞洪区建设，一方面要满足防洪安全方面的要求，另一方面要考虑蓄滞洪区平常为居民从事生产、生活活动的场所。了解蓄滞洪区的生态环境状况，便于在蓄滞洪区工程建设过程中，尽量减少对当地生态环境的影响，并使得蓄滞洪区工程能够与周边的生态环境状况协调，保证蓄滞洪区居民有一个安全、和谐、生态良好的场所。

4.4.3 蓄滞洪区经济社会发展规划、土地利用规划、村镇建设规划、交通发展规划等基础规划是蓄滞洪区安全建设和合理安排人员避洪的重要依据；蓄滞洪区所在流域防洪治涝规划是确定蓄滞洪区建设任务的重要基础，应根据防洪规划的有关要求，分析确定蓄滞洪区防洪工程和安全建设工程总体布局。这些规划资料对确定蓄滞洪区的分退洪口门、安全区、安全台、撤离转移设施布局以及蓄滞洪区人员避洪安置措施，蓄滞洪区内供水、供电等基础设施划划等十分重要。

5 蓄滞洪区工程布局

5.1 一般规定

5.1.1 流域蓄滞洪区是流域防洪工程体系的重要组成部分，蓄滞洪区防洪工程和安全设施应满足所在流域防洪总体规划和蓄滞洪安全的要求。一方面要使蓄滞洪区能够按调度命令适时启用，调度灵活，按量蓄滞洪水；另一方面要确保区内居民生命安全，使财产损失降低到最小程度。

流域防洪规划中，一般对蓄滞洪区蓄滞洪量、蓄滞洪时机、进洪流量等主要特征指标都提出了明确的要求，在进行蓄滞洪区设计时，为了达到流域防洪规划所确定的防洪标准和目标，要求蓄滞洪区的分、退洪口门的规模和位置选择、蓄滞洪区安全设施（包括安全区、安全台的面积和位置）等总体布局，必须满足流域防洪总体布局的要求，否则将影响整个流域防洪规划实施的效果。

蓄滞洪区是为确保江河防洪标准内主要防护对象的安全而设置的，有的在特大洪水下才启用，运用概率很小，有的运用概率很大；各个蓄滞洪区在防洪体系中的地位、防洪作用和调度运用等情况也差别很大，在建设模式上也应有所区别。应根据蓄滞洪区的类别、运用概率和蓄滞洪区洪水蓄泄的要求合理设置分洪、退洪控制工程；根据蓄滞洪区风险分布情况，分别采取人口外迁、区内调整迁入安全区域以及其他各类安全避洪设施，减少与规避洪水风险。对不同运用标准的蓄滞洪区采用不同的安全建设模式，既能够减轻蓄滞洪区建设的难度，使工程项目尽快得到实施，使蓄滞洪区能够按流域规划的要求蓄滞洪水，达到流域规划确定的防洪标准，又可以尽量提高资金的使用效率，以最小的投入取得最好的效果。

5.1.3 蓄滞洪区一般处于各流域中下游平原地区，有些蓄滞洪区内已经建有交通干线、重要企业、厂矿、水利等重要基础设施，这些设施所属部门应采取相应措施对其予以保护，保证蓄滞洪水时不对关系国计民生的设施产生影响。

5.2 防洪工程

5.2.1 蓄滞洪区堤防、分区隔堤、分洪控制工程、退洪控制工程等防洪工程在满足防洪安全和蓄滞洪任务的前提下，有多种可能的布置方案。应根据地形、地质条件和建设目标，拟定多个方案，从工程投资、防洪安全和蓄滞洪效果、退洪时间、施工条件、对蓄滞洪区的影响等各个方面进行比较，同时，还应兼顾各建筑物彼此之间的相互关系，比如分洪口与退洪口以及河势之间的关系，分洪口与安全设施之间的关系，通过综合分析，合理确定工程布置方案。

5.2.2 我国绝大部分蓄滞洪区堤防现状格局通常是在多年河湖演变和人类活动的基础上形成的。在进行蓄滞洪区的设计时，一般不宜对现有堤线进行调整。但有些地方由于要满足河湖整治或基础设施建设的要求，需要对已建的蓄滞洪区围堤进行调整。这种情况下，必须通过充分的论证，确定新的围堤堤线，新的堤线应保证河道的行洪要求。

5.2.3 有些蓄滞洪区面积较大，为针对不同量级的洪水灵活调度，可结合行政区划考虑兴建分区隔堤，以利于蓄滞洪区的分区运用。隔堤的建设标准，应根据蓄滞洪分区运用的条件以及分区的经济社会基本情况等因素分析论证确定，但级别宜不高于所在蓄滞洪区围堤。

5.2.4 分洪口应布置在利于进洪的位置，并需综合考虑工程区的地形、地质和水流条件等因素。利用有利的地形，比如垭口或选择地势低洼处布置，有利于减少工程开挖量。地质条件对于口门选择非常重要，分洪口选址应优先考虑在具有良好的天然地基的位置，最好是选择完好的岩石地基。但分洪建筑物往往建于湖区、平原区，地质条件多数为淤泥质黏土、粉砂土，承载力、抗剪强度较低，抗冲刷能力较差，砂性地基透水性较大。对这类不良地基，需采取工程措施进行处理。退洪口门的位置同样需要综合考虑工程区的地形、地质和水流等条件。退洪口应布置于地势低洼处，相对于分洪口有一定的水面比降，以利洪水较快顺畅地排出，尽量减少滞留于分洪区无法自流排出的水量。另外，还需考虑退洪时尽量减小水流对周围地形的冲刷和淤积，有利于退洪后场地的恢复。

为满足分洪口分洪流量要求，改善进口水流条件，其轴线与河道洪水主流方向交角不宜超过30°。分洪口进口处水流状况与引水角有关，角度较大时，容易造成进口水流流速不均匀，形成水位横向比降和横向环流，造成口门附近的局部淤积，并且使一侧边孔过流量减少较多。对退洪口，也需要控制口门轴线与河道洪水主流方向夹角，根据经验，夹角不宜超过30°，否则不利于洪水顺畅排出，大大影响退洪流量。

5.2.5 在设置分洪口与退洪口时，为节约工程投资，可考虑二者结合布置，但是由于受地形条件和运行要求等因素的影响，往往难以兼顾。当口门为自由退洪时，可考虑分洪口与退洪口结合布置，分洪时以闸门控制，退洪时水位随外河水位降落而自由消落。此时，口门的结构与分洪口门基本一样，但外侧引水渠底需进行护砌保护，或将护坦底板下游齿槽做加深处理。二者结合时，由于底板高程相对较高，往往退洪效果不佳，不能将分洪区内滞蓄水量全部排出，这样需通过另外的自流排水方式或采用排涝泵站抽排滞水。

5.2.6 重要的蓄滞洪区和分洪运用标准低的蓄滞洪区，分洪口建闸控制，分洪可靠性高，而且可以避免经常扒口及汛后堵口复堤的工作。如淮河流域的老王坡、老汪湖等，分洪运用概率为3a～5a一遇，都是采用建闸分洪的方式，实践证明具有调度运用灵活的优点。

对于蓄滞洪量和分洪流量比较小的分蓄洪区，可以采用溢流堰的口门形式，当河道洪水位达到分洪水位时，自然漫溢。如海河流域的永定河泛洪区，主槽两侧分别布置多个以小埝分割的分洪区，各小区的面积都较小，采用溢流堰的形式，洪水位达到分洪水位自行漫溢，可保证分洪目标的实现。

对分洪运用标准较高、蓄滞洪概率不很高、地位不十分重要的蓄滞洪区，可采用临时预留分洪口门位置、需要启用时爆破并对分洪口门采取裹头保护的形式。分洪流量较大时可采用多个分洪口门，以适应不同量级洪水的分洪要求。对分洪口采取裹头措施，对分洪口门两端的堤防受分洪时高速水流冲刷引起的破坏起到保护作用，造成的危害相对较小，分洪后堵口复堤的工程相对较小。

5.3 排涝工程

5.3.1 我国现有的蓄滞洪区绝大部分属于农业生产场所，有些还是国家重要的粮、棉、油产区，所以蓄滞洪区的排涝工程建设应与一般耕地排涝工程的建设同等对待，按照国家现行有关标准进行规划设计。同时，蓄滞洪区的排涝工程，考虑到蓄滞洪和退洪时的有关要求，在布置上可根据需要采取相应的措施。比如，与分洪口相连接的排水沟渠应考虑分洪时水流的畅通，并需对分洪时可能造成的冲刷影响采取相应的防护措施。与退洪口相连接的排水沟渠应着重考虑退洪时垸内积水的顺利排出。

5.3.2 安全区治涝标准相对较高，在蓄滞洪运用时，安全区相对于蓄滞洪区来讲是一个独立的区域，其治涝工程首先应满足安全区较高治涝标准的需要。但在平时，安全区又是蓄滞洪区的一部分，其治涝规划应纳入蓄滞洪区治涝统一规划，方能达到科学性、经济性和合理性的要求。

5.3.3 蓄滞洪区蓄滞洪运用期间，安全区外将被洪水淹没，此时安全区的排水系统与蓄滞洪区排水系统相对独立，应采取有效措施防止外水倒灌。蓄滞洪运用期间应有一定的抽排能力，应对此时可能遭遇的内涝问题。

5.3.4 安全区的排涝工程结合安全区的地形地貌以及安全区城镇（或村镇）发展规划合理布局，一方面是指尽可能利用有利地形自排，另一方面是指当安全区作为城镇（或村镇）建设时，可结合区内道路布置必要的排水沟、管道，有条件时做到雨污分流，使涝水汇集到低洼处集中排出，并尽可能利用现有排水体系。

5.4 安全建设

5.4.1 我国幅员辽阔，各流域洪水特性、地形条件迥然不同，各地的经济发展水平也相差很大；蓄滞洪运用时各蓄滞洪区的洪水淹没特性、风险程度相差很大；蓄滞洪区安全建设要根据规划水平年预测的人口总数统筹考虑，总体安排，落实蓄滞洪区内蓄滞洪运用时所有受淹人口的具体安置措施，保障蓄滞洪区正常启用。

5.4.2 对于重度风险区，运用标准一般较低，蓄滞洪运用的机会较多，人口宜集中永久安置在安全区、安全台（庄台）或永久迁至非淹没地带，有利于保证蓄滞洪区内居民正常的生活生产秩序，保障社会稳定和蓄滞洪区经济社会可持续发展，同时减小分洪难度，保证蓄滞洪区正常调度运用。具体采用就地新建安全区、安全台等设施还是永久外迁的安置方式，视当地的具体地形、地质条件和淹没水深、淹没历时等因素，综合分析比较确定。一般来讲，蓄滞洪水深较小，不影响行洪的区域，宜就地新建安全区、安全台等设施永久安置；蓄滞洪水深较大时，居民宜外迁，有条件时推行移民建镇（村），退田还湖。

对蓄滞洪运用标准高、淹没水深小的轻度风险区，蓄滞洪运用的机会很小，区内居民受到淹没损失相对也小，采用以临时撤离转移为主的措施能够保证居民的生命财产不受到损失，同时大大减少建设资金，方便蓄滞洪区内居民的生产生活。

至于具体安置措施，要根据各地的实际情况，因地制宜地确定方案。

5.4.3 安全区一般将逐步成为蓄滞洪区范围内经济、文化中心，安全区布置在蓄滞洪区现有人口、财产相对集中，社会经济发展水平相对较高的区域（城镇、乡政府所在地、物资集制交易场所等），有利于维持和促进蓄滞洪区内现有的社会经济发展，充分利用中心区域的区位优势和已经建成的基础设施资源。安全区作为蓄滞洪区居民安居乐业的永久安置场所，应具备基本的基础设施；安全区布置要为区内与外界联系的交通、通信以及供电、供水等基础设施建设创造条件。

根据调查，居民定居点距离日常生产场所的距离超过5km时，将给日常的生产生活带来诸多不便，居民一般不乐于接受，甚至有些已经安置的居民为图方便，又有返迁到原来生活地点的倾向，所以本规范规定在人口安置规划中，居民定居点距离日常生产场所的距离不宜超过5km。

分洪口附近区域在分洪运用过程中，洪水流速很大，对周边建筑物以及地基冲刷十分严重，安全区布置在分洪口附近必然受到很大影响。所以，一般安全区应选择在远离分洪口和洪水行进的主流区。

5.4.4 安全台填筑所需的土料较多，如果没有丰富的土源，筑台难度和投资很大，难以实施；安全台结合现有围堤或隔堤布置，可以减少部分工程量并可加固现有堤防。安全台宜避开不良地质基础，特别是淤泥质软基地段，减少地基处理难度。有些地方将安全台结合蓄滞洪区围堤布置在围堤外侧。为确保安全，要求布置在围堤外侧的安全台应避开急流、崩岸和深水区，防止遭水流淘刷崩塌。安全台应距分洪口一定距离，并避开流速大的区域，避免蓄滞洪水时高速水流冲刷。

同安全区一样，永久安置居民的安全台应有供水、供电、通信、交通等基础设施，便于安全台上居民的生产生活。

安全台上安置的居民距离日常生产耕作场所超过5km，不利于居民往返生产，居民难以接受，不利于台上居民的安居乐业。

5.4.5 蓄滞洪区蓄滞洪运用时，安全楼上的居民生活极不方便，存在一定隐患。一般来讲，安全楼上避洪的居民均存在二次转移的问题。长江、淮河等蓄滞洪淹没历时相对较长的流域一般不主张采用安全楼的措施安置。安全楼主要是考虑蓄滞洪淹没历时较短、远离防洪安全区域、居民不能及时撤离转移的地区，当启用蓄滞洪区分蓄洪水时，依靠安全楼临时避洪。

5.4.6 进洪口或退洪口以及洪水行进的主流区流速一般比较大，房屋遭受水流冲击的威胁，这些区域不适合修建安全楼。

5.4.7 采取临时转移安置方式时，应根据分洪控制断面到居民区的洪水传播时间以及分洪控制断面的洪水预报时间，扣除撤离转移和组织的时间，分析群众用于撤离的有效时间。在分析洪水传播时间、转移运输条件、转移里程的基础上，分析撤离转移时间能否满足区内居民安全撤离转移的要求。在此前提下，确定转移路网和设施的总体布局，确保蓄滞洪时居民和财产能及时有序地根据规划的撤离方向转移到指定的安置点。

撤离转移道路的路线、长度应根据规划撤离转移的居民的分布情况和自然高地、安全区、安全台和安全楼等规划安置点的布局确定。蓄滞洪区撤离转移道路保持与区内的安全地带以及与外界交通干道连通，既保证分蓄洪水时区内居民撤离转移的需要，同时可保证区内各居民定居点之间以及区内与外界日常交通运输的需要。在规划设计中，可结合区内现有的交通格局进行改造或续建加固，使区内路网不但能够满足日常交通要求，还要达到撤离转移道路的要求。

6 蓄滞洪区防洪工程设计

6.1 蓄滞洪区围堤和穿堤建筑物设计

6.1.1 堤防作为在我国广泛存在的一项工程，在设计、施工方面部有比较成熟的经验。现行国家标准《堤防工程设计规范》GB 50286对堤防工程设计涉及的堤线布置、堤距确定、各类堤基处理措施、堤身设计、堤防的稳定计算、堤防与各类建筑物交叉处理等方面都提出了成熟的技术要求和技术方法。蓄滞洪区的各类堤防本身就属于堤防工程一类，在进行蓄滞洪区各类堤防工程设计时，完全可以按照现行国家标准《堤防工程设计规范》GB 50286进行。本规范仅仅考虑到蓄滞洪区堤防的运用特点，对不同于一般堤防的特殊运行条件和要求，提出相关的技术规定。

1 有些蓄滞洪区在蓄滞洪运用时，区内蓄滞洪设计水位比外河设计水位高，如洞庭湖水系的西官垸，围堤设计控制断面外河设计水位38.8m，设计蓄滞洪水位39.1m；大通湖东蓄滞洪区围堤控制站设计水位33.47m，而蓄滞洪设计水位为33.68m；淮河流域的部分蓄滞洪区等也有类似情况；此时，设计堤顶高程要根据区内的水位加安全超高分析计算确定，才能满足安全运用的要求。

2 当蓄滞洪区蓄滞洪区运用后，将发生双向挡水的工况；有些蓄滞洪区外河设计水位低于区内蓄滞洪设计水位，或者外河水位比区内水位降落快，使区内水位高于外河水位，出现与非蓄滞洪运用期间相反的工况，此时应根据蓄滞洪区的具体水情，分析区内水位高于外河（湖）水位时，可能出现的最不利情况对外坡以及堤基造成的不利影响，并在设计中采取相应的措施，保证堤防工程安全。

6.1.2 蓄滞洪区内坡一般采用草皮护坡而很少采用浆砌石或混凝土之类的硬护坡，蓄滞洪区蓄滞洪运用时，区内流速较大或风浪较大时，将对围堤内坡造成一定的冲刷破坏，运用概率高的蓄滞洪区，如果不对内坡采取一定的保护措施，长期运行将对堤防造成一定的破坏，长此以往必将形成安全隐患。所以，本规范规定根据各蓄滞洪区蓄滞洪运用的实际情况，采取适当的护坡措施。

6.1.3 在非蓄滞洪期间，蓄滞洪区涵闸的运用工况与其他堤防上的涵闸没区别，设计要求根据现行国家标准《堤防工程设计规范》GB 50286 的有关规定执行；蓄滞洪区的涵闸与其他涵闸的差别在于当蓄滞洪区分蓄洪运用时，蓄滞洪区范围处于一定的淹没水深，有可能出现区内水位高于外河水位的情况，而且区内水位的降落速度有可能比外河水位降落速度慢，此时当涵闸没有开启时，涵闸的挡水工况与一般涵闸正常挡水工况将不一致，闸内水位高于外水位。在蓄滞洪区涵闸的设计中，应结合实际情况进行具体分析，如果有可能出现这种工况，则应在闸身、闸基的稳定以及闸门本身的结构要求方面予以考虑。

6.2 分洪控制工程设计

6.2.1 设计最大分洪流量是确定分洪闸（分洪口门）规模的重要依据。计算时应按照流域防洪总体规划确定的防洪标准、分洪口下游河段的控制安全泄量，选择符合防洪标准的典型年洪水过程进行洪水演算至分洪口控制断面，再以河段控制安全泄量切平头的方法求得。若典型年洪水过程不符合防洪标准的要求，应根据分蓄洪历时按照峰量控制同倍比缩放求得防洪设计洪水过程。为安全计，在选择典型年洪水时应对几个大水年洪水进行分析比较，以最不利的原则确定典型年洪水。洪水演算方法可参见有关水利计算手册或专业书籍。

6.2.2 在湖泊、河网地区，设计洪水过程和安全泄量一般难以计算确定，按本规范第 6.2.1 条的方法难以计算设计最大分洪流量。考虑到湖泊、洼地相对于蓄滞洪区来说其容积要大得多，不会因一时的分蓄洪而对其水位流量乃至湖泊水量有大的影响，因此，设计中为简化处理，可以规划要求的该蓄滞洪区的蓄滞洪量除以蓄满历时，得到设计最大分洪流量。

6.2.3 可能影响分洪量的因素较多，主要包括：

1 分洪闸上游如有分叉河道，分洪后因水位降低，分叉河道泄量减少对分洪量的影响。

2 分洪进入蓄滞洪区的水量，如在蓄滞洪区下游流入本河道而引起下游河道水位抬高的影响。

3 闸址以下河段的水位、泄量受汇入较大的河流、湖泊或潮汐顶托的影响。

4 近期可能实施的河道整治工程，如裁弯、疏浚等对分洪量的影响。

5 闸上、下游泥沙冲淤对分洪量的影响。

6 闸下水位的变动对过水能力的影响。

7 有无引水、通航等综合利用要求。

6.2.4 闸底高程主要根据闸址处外滩高程、分洪区地形并考虑单宽流量、闸门高度等因素选定。闸顶高程主要根据闸上游最高洪水位加安全超高确定。闸顶高程不得低于原有堤防的堤顶高程。另外，在确定闸顶高程时还应考虑闸所在河道的防洪标准有可能提高或在一定的淤积水平年后洪水位抬高等不利因素。

在通过技术经济比较之前，闸底、闸顶高程及孔口尺寸可先采用下列计算公式初步拟定：

1 闸顶高程：

$$P=Z+D \tag{1}$$

式中：P——闸顶高程（m）；

Z——闸上游最高洪水位（m）；

D——闸顶安全超高（m）。

2 闸底高程：

$$W=Z-H_0 \tag{2}$$

$$H_0=\left(\frac{q}{M}\right)^{2/3} \tag{3}$$

式中：W——闸底高程（m）；

M——综合流量系数；

q——单宽流量［$(m^3/s)/m$］。

3 闸孔宽度：

$$B=\frac{Q}{q} \tag{4}$$

式中：B——闸孔净宽（m）；

Q——最大分洪流量（m^3/s）。

6.2.5 分洪闸过闸流量是与蓄滞洪历时有关的一个流量过程线，应根据闸槛型式、闸的布置以及上下游水位衔接要求、泄流状态等因素计算确定。

过闸水流流态可分为两种，一种是泄流时自由水面不受任何阻挡，呈堰流状态；另一种是泄流时水面受到闸门（局部开启）或胸墙的阻挡，呈孔流状态。在水闸的整个运用过程中，这两种流态均有可能出现，例如当闸门位于某一开度时，可能出现两种流态的互相转换，即由堰流状态转变为孔流状态，或由孔流状态转变为堰流状态。当过闸水流的流量不受下游水位的影响时，呈自由堰流状态，反之，则呈淹没堰流状态。过闸流量可参照表 3 所列的方法计算。

表 3 中过闸流量计算公式的几个系数值说明：

1 堰流流量系数 m 值。无坎高的平底顶堰，其进口局部能量损失几乎接近于零，其堰流流量系数最大值为 0.385。

2 堰流侧收缩系数 ε 值。

单孔闸：

$$\varepsilon=1-0.171\left(1-\frac{b_0}{b_s}\right)\sqrt[4]{\frac{b_0}{b_s}} \tag{5}$$

多孔闸，闸墩墩头为圆弧形：

$$\varepsilon=\frac{\varepsilon_z(N-1)+\varepsilon_b}{N} \tag{6}$$

$$\varepsilon_z=1-0.171\left(1-\frac{b_0}{b_0+d_z}\right)\sqrt[4]{\frac{b_0}{b_0+d_z}} \tag{7}$$

$$\varepsilon_b=1-0.171\left[1-\frac{b_0}{b_0+\frac{d_z}{2}+b_b}\right]\sqrt[4]{\frac{b_0}{b_0+d_z+b_b}} \tag{8}$$

表3 流态判别及过闸流量计算公式

<table>
<tr><th rowspan="2">堰(闸)型</th><th rowspan="2" colspan="3">流态判别方法</th><th colspan="2">过闸流量计算公式</th></tr>
<tr><th>自由流</th><th>淹没流</th></tr>
<tr><td>宽顶堰 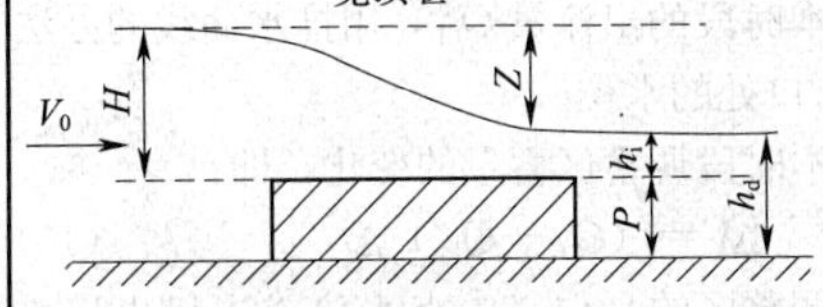
V_0 H Z h_i P h_d</td><td>第一判别法(南京水科所法):
$K_z\geqslant1$ 为自由流;
$K_z<1$ 为淹没流。
$K_z=\frac{Z}{Z_k}$
$Z_k=(1-LC_0)^{2/3}H$
$C_0=m\sqrt{2g}$
式中:
Z—上下游水位差;
Z_k—临界状态下的水位差;
H—堰上水头;
m—堰的流量系数。
对于单孔堰取
$L=0.514$;
对于多孔堰用
$L=f\left(\frac{\sum b}{B_上}\right)$计算</td><td>第二判别法
$h_i<KH_0$ 为自由流;$h_i>KH_0$ 为淹没流。
(K 一般取 0.75～0.85,对于 K 值的详细计算与确定,见 N—N 阿格罗斯金等著的《水力学》)。
$H_0=H+\frac{aV_0^2}{2g}$</td><td>第三判别法淹没流必须是下游水深大于临界水深,即:$h_d>h_k$</td><td>$Q=\varepsilon mb\sqrt{2g}H_0^{1.5}$
式中:
H_0—计入行近流速的堰上水头;
ε—侧收缩系数;
m—流量系数;
b—出流宽度;
$H_0=H+\frac{aV_0^2}{2g}$
V_0—行近流速</td><td>$Q=\sigma\varepsilon mb\sqrt{2g}H_0^{1.5}$
或
$Q=\varepsilon\varphi bh\sqrt{2g(H_0-\beta e)}$
式中:
σ—淹没系数;
h—槛上水深;
φ—流速系数;
β—垂直收缩系数;
e—闸门开启高度。</td></tr>
<tr><td>低实用堰 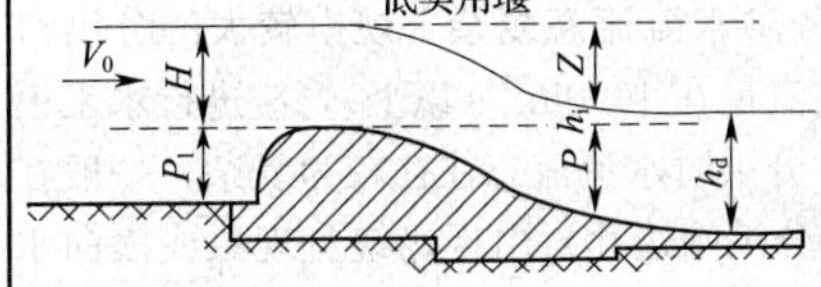
V_0 H Z P_1 P h_i h_d</td><td>第一判别法:
$h_d>P$ 为淹没流;
$h_d<P$ 为自由流,
或根据 Z/P_1 的数值大小确定</td><td colspan="2">第二判别法同宽顶堰
第三判别法</td><td>$Q=\varepsilon mb\sqrt{2g}H_0^{1.5}$</td><td>$Q=\sigma\varepsilon mb\sqrt{2g}H_0^{1.5}$</td></tr>
<tr><td>V_0 H_z Z_0 Z e h_c h_z h</td><td colspan="3">孔流条件:
$\frac{e}{H_z}\leqslant0.65$ 为闸孔出流;
$\frac{e}{H_z}>0.65$ 为堰流
(式中,e 为闸门开启高度;
H_z 为闸前水头)</td><td>$Q=\varepsilon'\varphi be\times\sqrt{2g(H_{z0}-\varepsilon' e)}$
$H_{z0}=H_z+\frac{aV_0^2}{2g}$
式中:
ε'—垂直收缩系数;
e—闸孔高度。</td><td>$Q=\varepsilon'\varphi be\times\sqrt{2gZ_0}$
式中:Z_0—闸前、后的水位之差(H_z-h_z),再计入行近流速</td></tr>
</table>

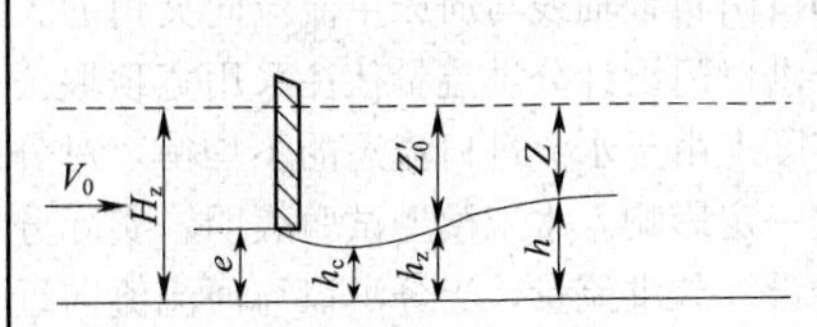

式中:b_0——闸孔总净宽(m);

b_s——上游河道一半水深处的宽度(m);

N——闸孔数;

ε_z——中间孔侧收缩系数,可按公式(7)计算求得或由表4查得,表中 b_s 为 b_0+d_z;

ε_b——边闸孔侧收缩系数,可按公式(8)计算求得或由表4查得,表中 b_s 为 $b_0+\frac{d_z}{2}+b_b$;

d_z——中间墩厚度(m);

b_b——边闸墩顺水流向边缘线至上游河道水边线之间的距离(m)。

表4 堰流侧收缩系数 ε 值

b_0/b_s	≤0.2	0.3	0.4	0.5	0.6	0.7	0.8	0.9	1.0
ε	0.909	0.911	0.918	0.928	0.940	0.953	0.968	0.983	1.000

由于上游翼墙和闸墩(包括边闸墩和中闸墩)对过闸水流的影响,使闸室进出口水流发生横向收缩,增加了局部能量损失,从而影响泄水能力,这种影响综合反映为堰流侧收缩系数值的大小。而影响堰流侧收缩系数值的因素很多,如闸孔孔径、堰型、墩

（墙）型、堰高和作用水头等。根据有关试验研究资料，本规范采用了简化的别列津斯基公式计算无坎高的平底闸堰流侧收缩系数值，即公式（5）。但必须指出，该公式仅适用于一般常用的圆头型闸墩和圆弧形翼墙情况。现将该公式表格化（见表4），供设计查用。对于多孔闸的堰流侧收缩系数，可取中闸孔和边闸孔侧收缩系数的平均值，见公式（6）～公式（8）。

3 堰流淹没系数σ值按式（9）计算，或查表5。

$$\sigma=2.31\frac{h_s}{H_0}\left(1+\frac{h_s}{H_0}\right)^{0.4} \tag{9}$$

式中：h_s——由堰顶算起的下游水深（m）；

H_0——计入行近流速水头的堰上水深（m）。

表5 宽顶堰σ值

h_s/H_0	≤0.72	0.75	0.78	0.80	0.82	0.84	0.86	0.88	0.90	0.91
σ	1.00	0.99	0.98	0.97	0.95	0.93	0.90	0.87	0.83	0.80
h_s/H_0	0.92	0.93	0.94	0.95	0.96	0.97	0.98	0.99	0.995	0.998
σ	0.77	0.74	0.70	0.66	0.61	0.55	0.47	0.36	0.28	0.19

堰流的淹没系数取值主要与淹没度的高低有关。本规范在给出了计算平底闸堰流淹没系数值的经验公式，即公式（9）的同时，还给出了淹没系数值表，该表是公式（9）的表格化（见表5）可供设计查用。公式（9）是在南京水利科学研究所最新研究成果提供的经验公式（见毛昶熙等编著的《闸坝工程水力学与设计管理》一书，中国水利电力出版社，1995年2月第一版）的基础上，对其拟合系数稍作修改而成的。

6.2.6 若分洪闸干流上游有分叉河道，应考虑分洪后水位降低的影响；对于闸前有滩地，或者河流主泓不很顺直的宽阔河道，还应考虑闸前水位并不等于大河平均水位的情况。

当分洪闸以下河段的河口受其他河流、湖泊水位涨落影响时，闸址附近的外江（湖）水位应按下列步骤计算确定：

1 根据设计洪水典型年或设计洪水标准，拟定分洪时段河口水位或水位过程线。

2 根据分洪闸址下游河道的安全泄量和所拟定的水位作为边界条件，由河口向上游推算水面线，一般以闸址中点的河道水位作为分洪闸的闸上水位。若分洪闸较长，需精确计算时，应根据流量变化，推算分洪闸两端点的外江水位，再取平均值作为闸上水位。如闸址至河口间还有支流汇入或分流河道，计算各河段水面线时应考虑流量的变化。

6.2.7 分洪闸下游一般均有尾渠（分洪道或蓄洪区），闸下游水位经常受尾渠及尾渠终点水位（如分洪道出口水位或蓄洪区水位等）的控制，因此，要确定闸下水位应先确定尾渠终点（分洪道出口或蓄洪区）水位。实际工作中应分以下几种情况分别计算。

1 封闭的蓄滞洪区：

1）根据分洪流量过程线及蓄滞洪区的水位－蓄量关系曲线进行调蓄演算，求出蓄滞洪区的水位过程线。

2）根据各时段蓄滞洪区的水位及相应的分洪流量用推水面线的方法，推求闸下的水位过程线。

2 分洪道：

1）确定分洪道出口处的水位过程线。

2）根据已确定的水位及相应的分洪流量用推水面线的方法，推求闸下的水位过程线。

3 边分、边蓄、边排：

1）确定排水河道出口处的水位过程线。

2）假定本时段的出流量$Q_{出}$，用推水面线的办法倒推调蓄区出口处的水位。

3）计算本时段调蓄区蓄量的变化，即：

$$\Delta V=(Q_{入}-Q_{出})\Delta t \tag{10}$$

4）根据调蓄区的水位（中点水位或入口出口水位平均值）蓄量关系曲线及3）中计算的蓄量，求出调蓄入口处的水位。

5）用调蓄区的泄流能力曲线［即入口水位、出口水位与$Q_{出}$的关系曲线），按2）、3）水位校验$Q_{出}$与2］假定是否吻合。

6）根据已校验吻合的调蓄区入口水位及该时段的分洪流量（$Q_{入}$），用推水面线的方法倒推闸下水位。

6.2.8 对于分洪水流流态复杂、规模较大的分洪口门（最大分洪流量在1000m³/s以上），应进行水工模型试验验证。分洪时水流流态往往较为复杂，一般在进口（特别是分洪闸边孔）出现局绕流现象或横向水面坡降，流速分布不均匀，口门两侧的冲刷情况不一样，甚至在口门一侧上游附近出现一定程度的淤积现象。这主要和口门布置轴线与河床主流流向夹角的大小有关系。分洪口门设计分洪流量往往采用宽顶堰公式求得，而实际上由于水流进口流态的不均衡，对分洪流量会产生一定影响。水工模型试验表明，实际分洪量往往少于设计分洪流量，当分洪口与河流流向近乎垂直时，实际分洪流量较设计值小10%左右。消能效果的试验主要是验证消力池的深度和长度是否合适，以及对下游区域的冲刷情况，并且对消能工尺寸进行优化。

6.2.9 按建筑物功能划分；分洪闸是水闸的一种形式，其设计的一般要求应符合国家现行标准《水闸设计规范》SL 265的有关规定，本条着重说明作为蓄滞洪区分洪闸设计的结构特点、要求等。本规范未涉及的有关内容可参看国家现行标准《水闸设计规范》SL 265。分洪闸主体建筑物主要包括上游连接段（引水渠、连接挡墙等）、闸室、下游消能工、下游连接段（引水渠、连接挡墙等）。

1 为改善分洪闸上游进水条件，进水部分两侧挡墙或边坡宜设置成喇叭口形，平面布置可采用圆弧＋直线形式，挡墙与外河、与闸室之间宜采用扭曲面相接。两侧挡墙顶高程应尽可能降低，过高通常会减少闸的过流量（特别是靠近挡墙的边孔）。如果挡墙外侧地形（如防洪堤外坡）较高时，可考虑将外侧地形局部开挖降低至某一合适的高程，并且采用护坡形式。以护坡取代挡墙，一般有利于增加进水过流断面，且工程投资较省。上游连接段挡墙或护坡可采用对称布置和非对称布置，当进水与河道夹角很小或分洪闸为临湖分洪闸，这时连接段两侧进水条件基本一致，可采用对称布置；当进水与河道夹角较大时，连接段两侧进水条件有不平衡性，可采用非对称布置，靠上游侧挡墙或护坡扩散角宜加大。

2 闸室结构型式有多种，通常采用开敞式和胸墙式。开敞式闸室过水断面面积相对较大，有利于发挥分洪闸的泄流能力，一般闸底槛高程较高、挡水高度较小时采用这种形式。胸墙式闸室为孔口出流，闸门高度相对较小，但不利于充分发挥分洪闸的泄流能力，并且外河飘浮物也不能排入蓄洪区内，一般闸底槛高程较低、挡水高度较大时采用这种形式。对于分洪闸而言，往往内外水位差不大，而开闸分洪时要求在短时间内达到较大的单宽流量，所以分洪闸闸室结构型式宜采用开敞式。

闸室底板当地基条件较好、承载能力较大时（如岩石基础），闸室结构适宜在底板上沿水流方向设置沉降、伸缩缝；当地基条件较差、承载能力较小，或容易产生不均匀沉降时（如土基），闸室结构适宜在闸墩中间沿水流方向设置沉降、伸缩缝。考虑基础约束和不均匀沉降的影响，根据工程实践经验岩基上的分缝长度一般不宜超过20m，土基上的分缝不宜超过35m。对于闸室底板由桩基承载时，基础约束仍较大，土基上的分缝宜适当减小，一般采用两孔一缝或三孔一缝。

3 分洪闸闸顶安全超高参照国家现行标准《水闸设计规范》SL 265 的有关规定取值，但挡水工况时，设计分洪水位或最高挡水位条件下安全超高取值较之该规范中相应工况（正常蓄水位、最高挡水位）有所加大，这是考虑到分洪闸运行实际情况而进行的修正。根据目前已经建成的分洪闸的实际调度情况，部分分洪闸在出现设计分洪水位时，为全流域防洪总体需要，并没有立即开闸分洪。因此，本规范中，将设计分洪水位工况时的安全超高在一般水闸相应超高的基础上有所提高，更有利于分蓄洪决策中的风险调度。

4 闸门的结构型式和控制设备的选择应有利于分洪调度，并能保证闸门分洪运用过程中各种工况情况下的自身安全、管理维修，并且造价适宜，控制设备的选择应经技术经济比较确定。控制设备通常有卷扬机启闭机和液压启闭机两种方式。采用液压启闭机可节省闸墩上部排架，使闸礅上部结构变得简单，但设备管理维修较为复杂、费用较高；而采用卷扬机启闭机，闸墩上部结构较为复杂，管理维修相对简单，可靠性相对较好。由于分洪闸的使用频率很低，闸门不经常启用，不利于发现液压启闭设备存在的问题，而一旦分洪则必须确保控制设备能正常运行。根据已建分洪闸的运行管理经验，曾出现过需要开启闸门时液压启闭设备不能马上正常运行的情况。两者在技术上都不存在问题，但在选择启闭方式时应充分考虑其可靠性性。

分洪闸通常为多孔水闸，闸门调度不宜采用人工控制，而应采用自动控制方式，以确保闸门开启严格按分洪调度方案进行。

检修门采用平板门或叠梁式闸门。当外河（湖）水位变化较大，且枯水位位于闸底板高程以下时，为节约投资可不设检修门，工作闸门的检修可考虑在枯水位时进行。

5 为满足闸顶交通要求，在闸顶一侧设公路桥，在另一侧设人行桥。公路桥等级应与连接分洪闸的公路等级相同；人行桥仅为检修便桥，满足闸门及启闭设备检修即可，人行桥宽度一般在 1.5m 左右。

6.2.10 有些蓄滞洪区的分洪控制工程采用修建裹头临时爆破扒口的形式，临时爆破的分洪扒口设于防洪堤的某一堤段，防洪堤一般为土堤，其抗冲流速非常有限。口门形成时，水流流速加大，水流对两侧堤身和底部有强烈的冲淘作用；扒口形成时，必须对两侧及底部进行保护，否则会引起大堤两侧的不断垮塌和在底部形成深冲坑。因此，有必要对分洪扒口采取相应的裹护措施。

1 扒（炸）口分洪口门形状上、下游需形成扩散，上游扩散程度与分洪水面宽度有关系。根据洞庭湖区实践经验，对于临湖或河流水面宽度较大、流速相对较小时，进口扩散角可取 7°～30°；对于临河分洪或河道水面较窄时，为保证口门的分洪量，进口扩散角应适当加大，可取 30°～60°，下游段出口扩散角宜取水流有效扩散角 7°～12°。

2 为安全起见，分洪口口门两侧裹护范围应大于水流冲刷影响的范围。

3 根据类似的工程经验，分洪口流速小于 4m/s 时，可采用抛石对口门两侧进行保护；口门流速大于 4m/s 时，抛石一般难以满足口门的抗冲稳定，宜采用浆砌石或高喷灌浆裹护。

4 抛石粒径、单块抛石重量应经过计算分析确定，一般单块粒径不小于 300mm，单块重量不小于 30kg。

6 采用高喷灌浆裹护结构形式，对水流的防冲淘效果较好。高喷灌浆在大堤两侧形成连续墙体，对大堤两侧边坡进行封闭，平面上高喷墙体成喇叭口形。高喷墙体应贯穿整个大堤横断面，高喷下部应伸入堤基以下一定深度，一般先确定口门底部的冲刷深度，高喷体则应伸入底部冲刷线以下。

6.3 退洪控制工程设计

6.3.1 蓄滞洪区在蓄滞洪运用后，为了汛后恢复和发展农业生产以及满足其他综合利用的有关要求，区内洪水应适时排出。为此，应根据已确定的设计蓄洪水位以及农业和其他综合利用对排水时间的要求，选择符合蓄滞洪区排水设计标准的退洪口下游典型年水位过程进行排水演算，分析确定退洪口尺寸是否满足排水时间要求。为安全计，宜选择三个以上典型年水位过程进行分析比较，取其中最不利的情况作为设计依据。

退洪控制工程孔口尺寸主要根据退洪口的排水任务确定，同时，应结合地形、地质条件和其他综合利用要求，在满足排水时间要求的前提下，拟定几组不同的比选方案，经综合分析比较，合理确定底坎高程和孔口宽度。

6.3.2 兼有反向进洪功能的退洪闸，根据其运用要求，进出口两侧都具有消能防冲要求，所以进出口均应采取消能的措施。但是在退洪过程中，往往内、外水位同步降落，这样内外水头差较小，流速较小，水流对河床的冲刷作用比较轻微，对于这种情况，可在口门外侧设置一定长度的浆砌石或混凝土护坦，即可消除水流的冲刷作用。

6.4 排涝泵站设计

6.4.1 一般的排涝泵站主泵房、辅机房、变配电设施、对外交通道路等建筑物处于堤内，受到堤防保护。蓄滞洪区的排涝泵站平时与一般泵站类似，但在蓄滞洪运用时，遭受蓄滞洪水位淹没，建筑物的结构安全和防洪安全都受到影响。现行国家标准《泵站设计规范》GB 50265 中对泵房设计的抗滑、抗浮稳定分析的荷载组合已经有详细的规定，但同时说明了“必要时还应考虑其他可能的不利组合”。当蓄滞洪区分蓄洪运用时，区内水位将可能达到设计蓄滞洪水位，静水压力、扬压力、波浪压力等与非蓄洪运用工况都有所不同，应根据泵站的级别分析论证相应的防洪标准，在此基础上进行结构设计，保证蓄滞洪运用时泵房的结构稳定。主泵房电机层、辅助设备、变配电设施、对外交通道路等建筑物也应根据相应的防洪标准和安全超高确定相应高程，保证防洪安全。

电机及电器设备安装层的安全超高，是指在设计或校核运用条件下，计算波浪、壅浪顶高程以上距离泵房机电层底板之间的高度。蓄滞洪区泵站需要考虑蓄滞洪区蓄滞洪运用时泵站的防洪安全问题，所以设计中应考虑使泵房机电层底板高程处于蓄滞洪设计水位一定高度以上。蓄滞洪区泵站电机层的安全超高可参照现行国家标准《泵站设计规范》GB 50265 中规定的泵房挡水部位顶部安全超高执行。

6.4.2 蓄滞洪区已建排涝泵站，既承担非运用期的排涝任务，也可在分蓄洪运用后担任排除蓄滞余洪的任务。如果不加以保护，蓄滞洪时部分设施将被淹没毁坏，不能够在蓄滞洪水后迅速投入运用。为了减轻淹没损失，有利蓄滞洪后恢复生产，可选择保护措施简单、工程投资省、排水作用大、淹没后可能造成严重损失的已建骨干泵站（包括进水与出水设施）予以保护。

通过调查、收集和总结国内相关的规划设计成果和已经实施工程的经验，比较经济可行、合理有效的方式有三种：①修建围堤保护；②蓄滞洪运用时，在洪水到来之前临时抬升电机等非耐淹设备；③分蓄洪运用前临时转移非耐淹电机设备。

6.4.3 对重点和一般蓄滞洪区内地势较高、地质条件较好，或可结合利用附近的隔堤、渍堤、渠堤以及废堤的骨干排水泵站，宜采用月围方式保护。

1 月堤的范围，宜将排水泵站的主副厂房、检修、配电站、值班室、变压器、进水池和进水闸挽围在内，职工生活区视情况而定。堤线应结合地形、地质、可利用堤防、进站公路等条件，经技术经济比较确定。

2 月堤跨越进水渠道，宜采用穿堤涵闸，涵闸的设计流量应与泵站的设计排水流量相应，保证平常正常排水任务；蓄滞洪运用时涵闸关闭，保证月堤保护范围内泵站有关设施的安全。涵闸在布置上尽可能保证水流畅通，不能影响泵站的进水条件。涵闸设计应符合现行国家标准《堤防工程设计规范》GB 50286 的有关规定。

6.4.4 对位于地势低洼、地形较复杂、地质条件差、无其他堤防可作围堤利用、新修堤防难度大，同时附近又没有安全转移场所，或转运道路不畅通的已建泵站，可选择抬升电机的保护方式。

1 电机抬升保护措施是指在接到蓄滞洪运用指令信息后，临时将电机和非耐淹的主要设备拆卸下来，并利用起吊设备将它们提吊到设计蓄滞洪水位一定安全高度以上搁置，退洪后吊装复原。因此，需在厂房内配备相应的起吊装置，包括电动和手动吊葫芦、轨道、行车等。起吊设备容量必须满足起吊单台电机重量要求，厂房也需适当加固，相关构件应满足承重要求。

2 一般可配置专用金属支架作为电机抬升临时搁置设施。支架顶高应高于设计蓄滞洪水位 1.5m，保证电机设备在分蓄洪运用时处于设计蓄洪水位以上的安全高度；支架的承重荷载取为设计抬升电机设备总重量的 1.2 倍，满足必要的承重能力并留有一定安全余度；支架顶部为平台，底部安装滚动或滑动装置，使拆卸后的机电设备能够方便移动。

6.4.5 对单机容量较小的排水泵站（一般适应于单

机容量不大于155kW），并具备较好的转移道路时，可考虑采取临时转移保护的方案。采用临时转移的方式保护时应分析机电设备拆装和运输时间能否满足要求。电机与主要电器拆装转运至安全地带的行动必须在分蓄洪水到来之前完成；设计中应分析发布蓄洪预警预报的时间和洪水传播时间是否大于机电设备拆装和运输到计划存放的安全地点所需要的时间。

6.4.6 对于承蓄水流含沙量大于5kg/m³的蓄滞洪区，当一次性蓄滞洪时间较长，不能及时排浑时，可能造成泵站进水流道及建筑物的淤积危害，影响泵站正常运行。因此，需考虑适当的排沙、清淤设施设备。对于多沙与少沙水源的界定，可采用科学出版社出版的《中小型水库设计与管理中的泥沙问题》提出的“多年平均含沙量在5kg/m³以上为多沙水源”的标准判断。

7 蓄滞洪区安全设施设计

7.1 安全区设计

7.1.2 安全区堤线设计时，应尽可能减少新修围堤，充分利用有利地形和现有防洪堤、隔堤、内湖渍堤、排水渠堤、废堤以及交通干道路基等，经加固、扩建与新建围堤共同形成闭合圈；利用老堤时应消除存在的隐患，确保堤身、堤基安全。

7.1.3 现行国家标准《堤防工程设计规范》GB 50286按堤防工程的级别规定了各等级堤防的堤顶宽度要求。安全区人口相对集中，很多堤段堤顶具有经常性的交通要求，为方便安全区的居民生活和防汛、管理的需要，本规范提出安全区堤防堤顶宽度宜按不小于6m设计。

7.1.4 考虑到安全区围堤非临河（湖）堤段多数时候的运行工况是处于非临水状态，而且是区内居民视野经常接触的场所，其护坡既要考虑到蓄滞洪运用期间防风浪的需要，又要结合考虑大部分时间处于非蓄洪运用时生态环境的要求，其岸坡的防护尽可能采用既能够防浪防冲又能结合生态建设需要的新型护坡材料防护，如目前逐步得到推广的格宾网、雷诺护垫等。

7.1.5 为方便安全区内居民的生产生活，需设置一定数量的上下安全区堤坡的设施。参照类似工程的经验，一般每隔500m～1000m设置一处，一般设置在居民集中居住的地方。安全区集中安置的居民大部分在非蓄洪期间需要进入蓄滞洪区从事生产活动，活动半径一般为0～5km，为便于出入安全区来回车辆的交通，宜考虑沿堤结合现有道路情况布设必要的车道。

7.1.6 有些地区，当蓄滞洪区分洪运用时，由于大面积的淹没，使平时生活在广大蓄滞洪区内的鼠、蛇之类的动物失去栖身之所，会集中寻求到安全区内安身。这将危及安全区内人畜的正常生产生活甚至生命财产安全，为防止这种情况发生，安全区围堤可结合防浪要求修建防鼠墙，一般要求不小于0.8m高，且表面光滑。

7.1.7 根据以往规划设计中遇到的实际情况，进行安全区围堤规划时，往往将骨干排水泵站挽围在安全区内予以保护，其围堤需跨排水干渠；有些安全区围堤还需与交通干道交叉；为保持现有灌排渠系畅通和交通功能，可通过对原有排水渠道或交通道路进行适当调整；如不便于调整，则应布置涵闸、坡道等不同形式的交叉建筑物。

当已有的排水系统难以调整改道，布置的排水涵闸应与原有排水渠道的排水能力相适应，维持原有的排水功能，平时保持排水畅通，蓄滞洪运用时能够及时关闭或封堵，外水不能进入安全区，退洪后可尽快恢复原有排水功能。

7.1.8 安全区围堤与主要交通干道交叉建筑物的结构形式，应根据堤身形式、高度和地形、地质条件，经技术经济比较后合理选定。采用上堤坡道的形式有利于防洪安全，在蓄滞洪运用时没有后顾之忧，但由于有比较长的上下坡道，对平常的交通状况不利；临时堵塞交通闸口的形式便于平常交通的畅通，但蓄滞洪运用时，临时封堵旱闸比较紧张，安全可靠性不如前者，而且存在接触渗漏的隐患，设计中应根据具体情况认真研究。一般堤防不太高的时候，采用上堤坡道比较有利。

7.1.9 有些安全区内规模较大，区内生产生活产生的废污水量对安全区的排涝有一定影响。因此，在进行安全区排涝设计时，排涝模数中不但包括排除雨水，还有必要视情况考虑生产生活污水量。如果蓄滞洪运用期间安全区外围渗入安全区的水量较大，必要时也需要在安全区排涝设计中予以考虑。

7.1.10 安全区一般将成其为蓄滞洪区中人口财产相对集中的城镇或村镇，所以需要按相应标准建设区内居民生产、生活所需的交通、供水、供电、通信等基础设施，可参照现行国家标准《村镇规划标准》GB 50188进行规划设计。

1 有些安全区的供水可能受到蓄滞洪运用的影响，蓄滞洪区启用以后，如安全区原有供水系统受到严重影响不能正常供水的，应有应急供水设施。安全区供水对象为村镇时，供水水质、水量均应符合国家现行标准《村镇供水工程技术规范》SL 310的有关规定；供水对象为城镇时，应符合城镇供水有关标准中关于水质、水量的规定；人饮困难地区应符合《农村饮用水安全卫生评价指标体系》的有关规定。应急供水系统可考虑打深井、采用应急的水净化处理设施等措施。

2 由于新建安全区内人口密度大，财产集中，同时往往是蓄滞洪运用期防洪调度和救灾的前沿指挥基地。因此，需确保在蓄滞洪运用期间安全区的安全和对外联系，安全区内需要有交通道路与安全区外的交通干道相连接。

3 在安全区设计中，应结合地方供电、通信系统，提出安全区居民供电、通信等基础设施的建设要求；安全区的供电和通信等设施不但要满足平常区内居民生活生产的需要，而且要能够满足蓄滞洪区启用后区内居民基本的用电和通信需求。安全区供电设施建设可参照《农村电力网规划设计导则》DL/T 5118的有关规定。

7.2 安全台设计

7.2.1 永久安置居民的安全台在设计和建设中，一方面要考虑安全台建筑物本身的结构稳定和防洪安全，另一方面还要考虑蓄滞洪运用期间安全台上安置的居民的基本生活条件和非蓄滞洪运用时日常生产生活的便利，设计中应坚持以人为本理念。

7.2.2 我国各大江河蓄滞洪区情况各异，各地建设安全台的条件，包括地形地质条件、筑台料源、施工方法等差异很大，安全台工程应优先考虑就地取材，且少占耕地，尽量采用运距近的材料，以降低工程造价。

安全台的台面应根据台址地形地质条件，本着安全、经济的原则，满足拟安置人员面积标准，结合各类设施安排的需要，合理布局。

7.2.3 黏性土筑台设计压实度定义为：

$$P_{ds}=\frac{\rho_{ds}}{\rho_{d\cdot max}} \tag{11}$$

式中：P_{ds}——设计压实度；

ρ_{ds}——设计压实干密度（kN/m^3）；

$\rho_{ds\cdot max}$——标准击实试验最大干密度（kN/m^3）。

标准击实试验按现行国家标准《土工实验方法标准》GB/T 50123中规定的轻型击实试验方法进行。

无黏性土填筑设计压实相对密实度定义为：

$$D_{r\cdot ds}=\frac{e_{max}-e_{ds}}{e_{max}-e_{min}} \tag{12}$$

式中：$D_{r\cdot ds}$——设计压实相对密度；

e_{ds}——设计压实孔隙比；

e_{max}、e_{min}——试验最大、最小孔隙比。

本规范参照现行国家标准《堤防工程设计规范》GB 50286对筑台土料的压实标准提出了质量要求。该规范的堤防工程压实标准为：黏性土填筑1级、2级和3级以下堤防压实度分别不应低于0.94、0.92和0.9；无黏性土土堤填筑标准1级和高度超过6m的2级堤防相对密度不应低于0.65；3级堤防不应低于0.6。根据各地建设安全台的施工条件和经验，考虑安全台运用的条件，本规范提出安全台填筑标准参照3级堤防的标准，及黏性土填筑时压实度不应低于0.9，无黏性土填筑时相对密度不应低于0.6。

有河湖洲滩或河流边滩可以作为填筑土料场利用时，可从洲滩取土；当采用挖泥船吹填方式填筑施工时，由于砂性土比黏性土固结排水速度快，易密实，一般优先选用砂性土。

7.2.4 根据黄河、淮河等流域安全台建设的经验，筑台土料为无黏性土时，由于雨洪冲刷，安全台台顶周边容易被侵蚀损坏。为防止洪水冲刷和防风固沙，宜采取用黏性土对安全台进行盖顶、包边措施，对安全台台顶周边进行保护。

7.2.5 安全台台顶高程根据安全台设计水位和台顶超高分析确定。台顶超高为设计波浪爬高、设计风壅增水高度和安全加高之和，可按现行国家标准《堤防工程设计规范》GB 50286中土堤堤顶超高计算公式计算确定。安全台安全加高按本规范第3.2.8条的规定取值。

以上计算的超高不含台身及台基土体固结、沉降引起的台顶达不到设计高程而应预留的超高。安全台竣工后还会发生固结、沉降，为保持设计高程，需预留沉降超高。沉降超高包括台身沉降和台基沉降。

设计中应进行安全台沉降分析，估算在土体自重及其他外荷作用下，台身和台基的最终沉降量，考虑到安全台与土堤在基础、高度、填筑材料和施工方法等方面均相似，因此，可按现行标准《堤防工程设计规范》GB 50286中有关土堤沉降计算的规定计算。台顶竣工后的预留沉降超高，应根据沉降计算、施工期观测和工程类比等综合分析确定。

7.2.6 安全台抗滑稳定计算应根据安全台的类型、级别、地形及地质条件、台身高度和填筑材料等因素选择有代表性断面进行。安全台边坡抗滑稳定分析计算的原理与堤防工程相似。

与蓄滞洪区围堤结合布置的安全台抗滑稳定计算应包括以下内容：

1 正常情况稳定计算应包括下列内容：

1） 围堤外侧为设计洪水位，围堤内侧为设计蓄洪水位时的内侧台坡；

2） 围堤外侧为设计洪水位，围堤内侧为低水位或无水时的内侧台坡；

3） 围堤外侧水位骤降时的外侧台坡；

4） 围堤内侧水位骤降时的内侧台坡。

2 非常情况稳定计算应包括下列内容：

1） 施工期的内、外侧台坡；

2） 围堤外侧多年平均水位遭遇地震的内外侧台坡。

布置在蓄滞洪区围堤内，未结合围堤布置的安全台抗滑稳定计算应包括以下内容：

1 正常情况稳定计算应包括下列内容：

1） 四面为设计蓄洪水位时的台坡稳定；

2） 四面无水时的台坡稳定；

3）水位骤降时的台坡稳定。

2 非常情况稳定计算应包括下列内容：

1）施工期的台坡稳定；

2）四面无水遭遇地震时的台坡稳定。

安全台抗滑稳定计算可采用瑞典圆弧滑动法。可按现行国家标准《堤防工程设计规范》GB 50286 中有关土堤抗滑稳定计算的规定和计算公式计算。其抗滑稳定的安全系数不应小于本规范第 3.2.10 条规定的数值。

安全台台坡需满足施工、管理和稳定的要求。根据我国蓄滞洪区现有安全台建设资料，台坡一般为 1∶2.5～1∶3.0。

7.2.7 考虑管理和稳定的需要，台身高度较高的安全台通常在台顶 2m～3m 以下设置戗台，其宽度一般不小于 2m，便于防汛抢险时临时交通需要，并有利于台上居民的日常生活。

7.2.8 重度风险区范围内的安全台，其分蓄洪使用概率相对较高，风浪冲刷作用大，台坡一般采用砌石、混凝土护坡或抗冲刷能力强的生态材料等标准较高、防风防冲能力强的硬护坡型式。对临时避洪台和分蓄洪使用概率低的安全台，一般可采用水泥土、草皮等造价较低的护坡型式。

护坡范围的大小直接关系到安全台的稳定问题。淮河流域 20 世纪 80 年代修建庄台时，为节省投资，只考虑对庄台的迎流面护坡，护坡范围从地面以上 2m 至设计洪水位以上 0.5m（俗称勒腰带）。蓄滞洪区分蓄洪后边坡冲刷严重，部分坡脚被淘空，造成台坡滑坡，威胁居住在台上的人民群众生命财产安全。为安全起见，本规范提出对安全台护坡范围由台脚护至台顶，台顶有包边的护至与包边相接。

7.2.9 台面排水系统是为安全排泄降雨径流而设置的。因降雨可能造成台身严重冲刷的安全台，要考虑设置台面排水设施。其布置和尺寸应根据降雨资料和台上居民生活污水排放量分析计算，也可按安全台管理经验确定；排水沟布置时要注意和台脚排水系统的连接。

7.2.10 安全台台基处理包括渗透变形和软土地基两方面的问题。当台基含有难以避开的软土层或透水层时，应进行加固处理。浅埋薄层软土宜予以挖除；当台基软土层较厚，挖除不经济时，可采用铺垫透水材料，如砂砾、碎石、土工织物加速排水，也可采用设排水砂井或塑料排水带等加速固结的方法进行处理。

土的渗透变形类型的判定应按现行国家标准《水利水电工程地质勘察规范》GB 50487 的有关规定执行。

蓄滞洪区安全台的渗流分析应根据蓄滞洪区蓄滞洪运用和非蓄滞洪运用等工况下可能形成的渗流条件和渗流状态进行分析计算。

结合蓄滞洪区围堤布置的安全台，不管是布置在围堤内侧还是外侧，在蓄洪和不蓄洪情况下，安全台沿围堤内侧或外侧均存在水头差，台基内能形成渗流，故需进行台基渗流计算和渗透稳定分析。而布置在蓄滞洪区围堤内，未结合围堤布置的安全台（庄台或临时避水台），在蓄洪情况下，因四面水位相同，无水头差，台基内不能形成渗流，也不存在渗透稳定问题，故本规范只提出对结合蓄滞洪区围堤布置的安全台进行渗流及渗透稳定计算，通过渗流分析确定渗流场内的水头、压力、坡降、渗流量等水力要素，据此选择经济合理的防渗、排水加固方案。设计中要注意将安全台和堤防作为一个整体予以考虑。

安全台渗流计算的目的、原理与土坝以及堤防工程相类似，但运用条件及工况不同。应根据安全台的运用条件，正确选择各种工况下的水位组合。安全台渗流计算应包括以下内容：

1 计算台身浸润线及台坡出逸点的位置、出逸段与相应该侧台基表面的出逸比降。

2 应分别计算安全台临水侧和背水侧水位降落时，相应该侧台身内的自由水位。

蓄滞洪区蓄滞洪运用时，外河水位为设计洪水位、区内水位为设计蓄洪水位的情况，以及蓄滞洪区非蓄洪情况下，外河水位为设计水位、区内无水（或低水位）两种条件下，背水侧台坡稳定都处于设计标准范围内的不利工况，应根据相应的水位对台坡的渗流进行分析计算。

水位降落情况通常是堤坝工程边坡稳定的最不利工况，在进行安全台设计时，应根据各地的洪水特性和退水特点，合理确定水位降落幅度，进行安全台两侧台坡渗流稳定分析。因此，安全台渗流计算应包括以下水位组合情况：

1 临水侧为设计洪水位，背水侧为设计蓄洪水位。

2 临水侧为设计洪水位，背水侧为低水位或无水。

3 洪水降落时对临水侧或背水侧台坡稳定最不利的情况。

进行渗流计算时，对比较复杂的地基可作适当简化：

1 对于渗透系数相差 5 倍以内的相邻薄土层可视为一层，采用加权平均的渗透系数作为计算依据。

2 双层结构地基，如下卧土层较厚，且其渗透系数小于上覆土层渗透系数的 1/100 时，可将下卧土层视为相对不透水层。

安全台渗透稳定应进行以下判断和计算：

1 土的渗透变形类型。

2 台身和台基土体的渗透稳定。

3 渗流出逸段的渗透稳定。

安全台台坡及台基表面出逸段的渗流比降应小于允许比降，当出逸比降大于允许比降时，应设置反滤层等保护措施。

7.2.11 对于必须处理的可液化土层，当挖除有困难或不经济时，可采取人工加密的措施处理。对于浅层的可液化土层，可采用表面振动加密等措施处理；对于深层的可液化土层，可采用振冲、强夯、设置砂石桩加强台基排水等方法处理。通过在安全台台脚增加反压平台的方式，也可以增强安全台在地震工况的稳定性。安全台工程台基础一般面积范围较大，当采用人工加密的处理措施投资过大时，应比较在周边增加反压平台增加安全台稳定性措施的经济性和安全性，但必须根据地震工况下的有关土体的力学参数进行稳定分析，验算台身台基的稳定安全。

7.2.12 蓄滞洪区永久安置居民的安全台，作为台上居民生产生活的基地，在非蓄洪期间从事生产活动和对外联系，分蓄洪时还要接纳区内临时转移安置人口，因此其建设应按新农村发展的要求，建设满足安置人口生产生活所必需的交通、供水、排水、供电、通信、卫生等基础设施。

7.2.13 为方便安全台上居民的生产生活，必须设置一定数量的上下安全台台坡的设施。参照类似工程的经验，上台坡道和踏步间隔的距离不宜太大。考虑到上台坡道作为上下安全台的交通道路，要保证满足台上居民日常交通要求以及分蓄洪运用时区内临时安置上台人口的交通要求，因此其位置应尽量与蓄滞洪区内现有公路或规划道路相连接。

上下台坡的踏步是为了满足台上居民日常生产生活上下台坡的需要，为方便群众，一般每处间隔不宜超过500m，宽度1m～2m，踏步高度宜采用160mm～180mm。

7.2.14 永久安置居民的安全台是居民日常生活的场所，台上人口密度大，供水水质、水量均应符合国家现行标准《村镇供水工程技术规范》SL 310的有关规定；饮用水困难地区应符合水利部、卫生部联合发布的《农村饮用水安全卫生评价指标体系》的有关规定。安全台供电设施建设应参照国家现行标准《农村电力网规划设计条例》DL/T 5118的有关规定，提出相关的建设要求。

7.3 安全楼设计

7.3.2 安全楼安全层底面设计高程应根据蓄滞洪区在蓄滞洪运用条件下的设计水位加一定的安全超高确定，确定安全超高应考虑波峰在静水面以上的高度、风增减水高度等因素，并预留一定的安全余度。考虑必要的安全超高是保证安全楼不受水淹和安全楼结构不受破坏的一个重要的安全措施。目前尚无一个比较成熟的安全楼安全层底面安全超高的取值方法。本规范参照类似工程确定安全超高的方法，并考虑现行国家标准《水利水电工程等级划分及洪水标准》SL 252的有关要求，提出在安全楼安全层底面高程设计中，安全超高的计算在考虑风浪要素的基础上增加0.5m的安全余度；同时，为保证必要的安全感，参照部分地区的经验，取安全超高值不小于1.0m。

本条公式（7.3.2）中波浪要素可参照现行国家标准《蓄滞洪区建筑工程技术规范》GB 50181—93的有关方法进行计算。

7.3.3 安全楼荷载应考虑洪水荷载与其他荷载的最不利组合，包括两层涵义：

1 对实际有可能作用在安全楼上的各种荷载，应按最不利情况的荷载组合。

2 对安全楼不同结构构件的计算和整体计算，应按各自的最不利荷载情况分别进行组合。

与位于非蓄滞洪区的建筑物相比，位于蓄滞洪区的安全楼所承受的荷载还应包括蓄滞洪过程中洪水进入、停留和退出三个阶段可能产生的波浪力、风压力、静水压力、浮托力及救生船只等产生的挤靠力、撞击力等荷载。安全楼作为蓄滞洪区的保命工程，为确保其安全，应考虑洪水荷载和其他可能产生的各种荷载的组合，并按最不利情况的荷载组合进行结构设计计算。

现行国家标准《建筑结构荷载规范》GB 50009对建筑结构设计的荷载组合有明确规定，现行国家标准《蓄滞洪区建筑工程技术规范》GB 50181—93也提出了蓄滞洪区的建筑结构荷载组合的原则。安全楼荷载组合应符合上述规范的有关规定。

7.3.4 安全楼设计水位以下的建筑层在蓄滞洪过程中，淹没在水中的时间一般较长。一般建筑材料在水中浸泡时间过长，可能使材料的强度等性能有所降低。采用耐水材料对结构的安全有利，能提高结构的可靠度，确保安全楼安置人员的安全。

设计蓄滞洪水位以下部分可以采用架空结构，或使围墙利于拆卸或推倒，以减少蓄滞洪运用时作用在安全楼上的风浪压力和洪水推力。

7.3.5 蓄滞洪区分蓄洪运用的淹没历时一般较长，安全楼作为蓄滞洪临时安置人口的场所，其所安置的人口往往需要二次转移。为方便蓄滞洪时利用船只给安全楼上安置人员输送救生物资和进行二次转移，需要在安全楼室外门窗附近设置可供系扣船缆的栓柱，便于船只停靠。

7.3.6 为便于安全楼所安置的人口的转移，安全楼近水面安全层应设置与外界接触的台面和通至近水面安全层的室外安全楼梯，以便蓄洪期间人员从安全楼通过船只顺利撤离。

7.4 撤离转移设施设计

7.4.1、7.4.2 撤离转移方式应根据蓄滞洪区具体情况、当地现有交通条件分析确定，可设置撤离转移道路，也可由水上转移。撤离转移设施包括转移道路、桥梁、渡船、码头等。

撤离转移道路的路线和公路等级，应结合所在地区的综合运输体系、路网规划研究确定。应根据预测的撤离转移人数和可用的撤离时间，分析当地规划路网能否满足及时安全转移的要求，不能满足的应在当地规划的交通路网的基础上进行适当的改、扩建。

根据公路的功能和适用的交通量，我国现行的公路分为高速公路、一级公路、二级公路、三级公路、四级公路等五个等级。撤离转移道路为连通蓄滞洪区内安全地带的公路，而安全地带包括蓄滞洪区周边的自然高地、安全区、安全台等。应根据撤离转移总体安置方案确定的需要撤离转移的人数，分析撤离转移道路是否能够及时有序地将有关人员撤离转移到指定的安全地带。撤离转移道路应沟通安全区、安全台或自然高地等集中安置人口的场所与居民分布点之间的联系。撤离转移道路的等级和相应的路面宽度应满足紧急撤离转移车流量较大时的会车要求。

7.4.3 撤离转移道路设计包括道路纵断面设计、路基设计、路面设计等。

1 道路纵断面设计：道路设计高程根据地形条件，按撤离转移道路等级设计标准控制，设计高程变化处合理设置变坡点，用竖曲线平缓过渡。对利用现有道路改造的撤离转移道路，路基高程基本上按原道路高程控制，局部低洼地段适当加高填平。

2 路基设计：根据选定的撤离转移道路等级标准合理确定路基宽度、行车道宽度、两边路肩宽度及路基边坡，以满足行车安全与方便居民生产生活要求。路基边坡一般采用草皮护坡。路基排水结合两侧灌排渠道布置边沟、排水沟等设施，以不破坏原有水系及农田水利系统，确保转移道路路基路面排水顺畅为原则进行设置，并与沿线桥涵形成转移道路自身的排水系统，以保证路基以及其边坡的稳定。

3 路面设计：为了防止分蓄洪水后路面软化、毁坏，同时改善日常交通条件，防止雨天泥泞和晴天扬尘，蓄滞洪区撤带转移干道宜采用混凝土或沥青混凝土硬化路面，车流量小的支道可采用沙石路面。路面设计依据国家现行标准《公路工程技术标准》JTG B01、《公路水泥混凝土路面设计规范》JTG D40、《公路沥青路面设计规范》JTG D50 等，并充分考虑沿线气候、水文条件，遵循因地制宜，就地取材，方便施工，利于养护，经济合理的原则，结合环境治理要求进行设计。设计中应合理确定混凝土或沥青面层厚度、沙砾稳定层厚度以及路面横向坡比等。

7.4.4、7.4.5 撤退转移道路需要跨越蓄滞洪区内渠道或河道时，需设置跨渠（河）桥梁。跨渠桥梁设计应根据渠道宽度、车辆载重量、建材等情况，合理选择桥梁结构形式、跨径，并满足国家现行标准《公路桥涵设计通用规范》JTG D60 等专用技术规范的要求。跨河桥梁应结合地区交通网络发展规划合理设置，避免与交通部门的有关规划相矛盾或重复；有些难以建桥，而有可利用渡口的地方，也可以根据具体情况利用渡口转移，但要认真分析撤离转移的可行性和效果。

8 蓄滞洪区工程管理设计

8.1 一 般 规 定

8.1.1～8.1.3 蓄滞洪区的管理工作是一个复杂的系统工程，本规范主要是针对蓄滞洪区工程管理提出有关规定。

蓄滞洪区工程可实行以部门为主的部门化、专业化管理。在整合现有管理资源的基础上，蓄滞洪区所在地方水行政管理部门要结合当地水行政管理体制改革，成立专门的蓄滞洪区管理机构，主要负责蓄滞洪区防洪管理和履行监督指导职能以及防洪工程与安全设施的维护管理。在蓄滞洪区启用时，根据当地政府或防汛指挥部门的指挥决策，实施分蓄洪工作。平常负责蓄滞洪区防洪工程以及安全建设设施的日常维护。专业管理机构可根据所属的行政区划建立管理局—管理分局—管理所的多级管理体制。各地区要根据各个蓄滞洪区的重要程度、管理工作量的大小等因素确定蓄滞洪区专业管理机构的具体职能。对于重要、运用概率较高的蓄滞洪区，蓄滞洪设施和防汛管理任务较重，应建立蓄滞洪区专业管理机构。专业管理机构可在单个面积较大、人口较多的重要蓄滞洪区设立，也可在蓄滞洪区比较多的地区集中设置。

管理机构人员编制应以精简高效为原则，尽量控制非生产人员数量，可参照《水利工程管理单位定岗标准》确定。

8.2 管理范围和设施设备

8.2.1 蓄滞洪区的防洪工程和避洪设施主要包括堤防工程、安全台工程、水闸工程和道路工程。一般的水利工程和道路工程的管理和保护范围，水利部门和交通部门已在相应的规范中做出了具体要求。如国家现行标准《堤防工程管理设计规范》SL 171、《水闸工程管理设计规范》SL 170 对堤防、水闸工程的管理和保护范围都有明确规定。国家现行标准《堤防工程管理设计规范》SL 171 中规定堤防工程的管理范围包括堤身，穿堤建筑物，护岸控导工程，综合经营生产基地，管理单位生产、生活建筑以及护堤地范围；1 级堤防护堤地宽为 30m～100m，2、3 级堤防为 20m～60m。如果根据这个标准确定蓄滞洪区一些堤防的管理范围，可能对其他用地造成比较大的影响，比如，一些安全区沿着蓄滞洪区围堤呈狭长形状分布，如果按照以上标准的高值确定护堤地范围，将会对安全区的面积造成较大影响。因此，本条提出堤防护堤地范围对其他用地面积影响较大时，宜从紧控制的要求。

安全台、避水台等安全建设工程与堤防工程的管理要求类似，本规范参照国家现行标准《堤防工程管理设计规范》SL 171中对堤防管理和保护范围的规定的下限值，提出了安全台、避水台管理范围和保护范围。

蓄滞洪区撤离转移道路的管理范围，可以参照《公路法》对公路两侧红线控制范围的有关规定划定；《公路法》规定公路两侧的红线控制范围如下：国道、省道、县道和乡道路堑边坡以外的建筑红线控制范围分别为20m、15m、10m、5m等。

8.2.2 蓄滞洪区防洪工程和安全设施主要观测项目应包括水位观测、堤防和安全台的渗流（浸润线、渗流量）观测及表面观测（裂缝、滑坡、塌陷、表面侵蚀等）。与堤防工程结合布置的安全台的观测项目与堤防工程的观测项目类似，台身沉降、位移观测和渗流观测等观测项目应与堤防工程的观测统一考虑，同时建设和同时实施观测。独立的安全台主要是进行沉降和边坡变形的观测。

观测仪器设备应根据蓄滞洪区管理单位的设置，参考国家现行标准《堤防工程管理设计规范》SL 171、《水闸工程管理设计规范》SL 170的有关要求，结合堤防工程、水闸工程的管理需要合理配置，包括控制测量仪器设备、地形测量仪器设备、水下测量仪器设备、水文测量仪器设备等。

8.2.3 蓄滞洪区工程管理单位的办公设施设备，一般包括必需的生产办公设施、生活设施以及生产生活附属设施，如办公用房、图书室、接待室、公共食堂、生产维修车间、设备材料仓库以及计算机、复印机、电话、传真机等；交通工具包括必要的防汛指挥车、工具车（载重车、越野车）等。这些设施设备的配置应根据蓄滞洪区管理机构的设置统一配备，资源共享，做到既满足管理要求，又经济实用。配备的标准应根据工程管理的需要以及定编人员数量，参照现行的有关标准和配备原则，并结合当地实际分析确定。交通工具应根据管理机构设置情况以及交通任务进行配备，有水上交通任务的，可考虑配备机动船只。

8.2.5 根据管理碑、牌的功能不同，可以分为宣传牌、警示牌和导向牌。宣传牌主要位于集镇、村部等人群相对集中、流动人口较多的地方，宣传内容包括国家政策、法律法规等；警示牌重在对安全建设工程管理的警示，以防止人为破坏，包括安全建设工程的管理范围、安全设施的应用条件等；导向牌主要为分蓄洪时人员转移方向、分村组安置地点等，一般各村、组和主要转移路口均应设置。对于以临时转移安置为主要形式的蓄滞洪区，本条内容尤为重要。

8.3 通信预警系统

8.3.1 建立通信预警系统，是蓄滞洪区一项重要的非工程措施。通信及预警系统的建立将为转移蓄滞洪区的居民与重要财产赢得时间，也为蓄滞洪区运用、决策提供重要技术支撑。在蓄滞洪区设计中应将通信预警系统作为重要的设计内容，确保通信预警系统能迅速将分洪指令传达到蓄滞洪区有关单位和各家各户。

8.3.2、8.3.3 通信预警系统的建设，应因地制宜，可采取卫星、微波、超短波、一点多址、移动通信等多种通信手段，做到及时、可靠、实用、先进。

目前，防汛指挥系统包括县防汛指挥部与地市、省防汛指挥部、国家防汛总指挥部之间，县以上各专业部门内部，以及各级专业部门与各级防汛指挥部之间、各级专业部门之间已建设相应的通信网络。蓄滞洪区预警通信系统应充分利用这一现有资源，在此基础上进行必要的完善。将蓄滞洪区通信预警系统纳入防汛指挥系统，可使蓄滞洪区所在地有关市、县与省防汛指挥部门、流域防汛指挥机构和国家防总之间直接实现通信联络。

8.3.4 预警反馈通信系统，应按照“公网专网结合，汛期互为并用”的原则，在充分利用现有公共通信资源基础上，建设完善以市、县基地台为中转中心的通信网络，使各蓄滞洪区基地台与上级防汛指挥部门保持顺畅的中转联系。各基地台向整个蓄滞洪区内乡镇所在地辐射，改善各级防汛部门与蓄滞洪区管理部门之间的通信条件，保证信息和政令畅通，及时发布洪水警报，收集和反馈信息。预警反馈信息系统的规划建设要在现有通信预警系统的基础上，逐步完善无线接入系统，建设中心基站，配备基地台、固定台、手持台、车载移动终端机等无线通信相关设备及配套设施，配备部分应急通信设备。

计算机网络系统要以国家防汛指挥系统为依托，逐步形成蓄滞洪区与国家、流域机构，省、市、县等各级防汛指挥机构之间的信息高速通道，扩充信息种类，实现各级防汛指挥部门和蓄滞洪区相关管理部门之间信息共享。可在现有系统基础之上补充完善计算机网络系统，进行防汛调度专用网建设，配备网络服务器和终端设备。

警报信息发布系统以广播、电视等公众媒体，计算机网络为主要载体，辅以汽笛、警报等其他方式，发布蓄滞洪警报信息，及时把防汛指挥部下发的蓄滞洪调度命令传达给蓄滞洪区范围内的各乡镇管理站、各村镇居民。警报信息发布系统建设的主要内容是配备报警终端、警报接收器等。

8.4 应 急 救 生

8.4.1 蓄滞洪区蓄滞洪运用时，群众避洪撤离转移是一项十分复杂而又紧急的工作，为防止意外，保证正常蓄滞洪区调度时无人员伤亡，应根据蓄滞洪区人口总体安置情况、蓄滞洪区的运用概率以及未能及时撤离转移人口数量配置必要的分洪救生器材。分洪救生器材应统一配置，集中管理。

8.4.2 国家现行标准《防汛物资储备定额编制规程》SL 298 对蓄滞洪区救生设备的配备标准计算方法如下：

1 根据蓄滞洪区运用预案需要紧急撤离转移的人数，确定每万人储备单项品种数量（$S_{蓄}$）按公式（13）计算：

$$S_{蓄}=\eta_{蓄}\times M_{蓄} \tag{13}$$

式中：$\eta_{蓄}$——工程现状调整系数；

$M_{蓄}$ ——单项品种基数，从表 6 中查取。

2 工程现状综合调整系数应根据蓄滞洪区地面的漫淹历时、平均蓄洪深度、面积大小和居民自救能力等因素分析确定，具体按公式（14）计算：

$$\eta_{蓄}=\eta_{蓄1}\times\eta_{蓄2}\times\eta_{蓄3}\times\eta_{蓄4} \tag{14}$$

式中 $\eta_{蓄1}$、$\eta_{蓄2}$、$\eta_{蓄3}$、$\eta_{蓄4}$ 从表 7 中查取。

表 6 蓄滞洪区救生器材储备单项品种基数

类 别	救生衣（件/万人）	救生舟（只/万人）	中小型船只（艘/万人）
蓄洪量≥$10\times10^8m^3$ 或运用标准≤5a	1000	50	0～6
蓄洪量 $5\times10^8m^3$～$10\times10^8m^3$ 或运用标准 5a～10a	500	30	0～4
蓄洪量 $2\times10^8m^3$～$5\times10^8m^3$ 或运用标准 10a～20a	200	10	0～3
蓄洪量≤$2\times10^8m^3$ 或运用标准≥20a	100	20	0～2

表 7 蓄滞洪区工程现状调整

工程状况	淹没历时 $\eta_{蓄1}$（h）			平均蓄洪深度 $\eta_{蓄2}$（m）			面积大小 $\eta_{蓄3}$（km^2）			自救能力 $\eta_{蓄4}$		
	≥12	6～12	≤6	≥5	3～5	≤3	≥100	50～100	≤50	强	中	弱
调整系数	0.8	1.0	1.2	1.5	1.0	0.5	1.2	1.0	0.8	0.8	1.0	1.2

表 7 中的淹没历时是指蓄滞洪区被洪水淹没所需要的时间，自救能力根据蓄滞洪区居民自我救生条件、自有交通工具和救生器材等情况确定。

8.5 疫 情 控 制

8.5.1 蓄滞洪区在蓄滞洪运用时，一方面区内茅厕、阴沟等一些地方存在的大量细菌会随水流扩散传播，另一方面蓄滞洪运用时也会将大量的细菌等传染源带入蓄滞洪区内，加上居民转移地人口大量集中、聚集等原因，极易发生传染病急剧流行，危及人民群众生命安全。因此，在蓄滞洪区设计时，应结合当地传染病历史，对可能发生的传染病疫情提出相应的预防措施和应急方案，制定传染病疫情控制预案。

8.5.2 若蓄滞洪区位于血吸虫病疫区，在蓄滞洪运用时，极易造成钉螺扩散，甚至发生急性血吸虫病暴发流行。因此，为控制蓄滞洪运用时造成血吸虫病疫情扩散，防止急性血吸虫病暴发流行，应制定血吸虫病疫情控制预案。在相应的工程设计时，应结合考虑相应的防螺、灭螺措施，如堤防采用硬化护坡防螺，涵闸进出口设沉螺池、拦螺网等，具体设计可参照《水利血防技术导则》se/z 318 的有关规定。

中华人民共和国国家标准

±800kV及以下换流站干式平波电抗器施工及验收规范

Code for construction and acceptance of dry-type smoothing reactors in converter stations at ±800kV and below

GB 50774—2012

主编部门：中 国 电 力 企 业 联 合 会

批准部门：中华人民共和国住房和城乡建设部

施行日期：2 0 1 2 年 1 2 月 1 日

中华人民共和国住房和城乡建设部
公　　告

第1402号

关于发布国家标准《±800kV及以下换流站干式平波电抗器施工及验收规范》的公告

现批准《±800kV及以下换流站干式平波电抗器施工及验收规范》为国家标准，编号为GB 50774—2012，自2012年12月1日起实施。其中，第5.3.2、5.5.3、5.6.1条为强制性条文，必须严格执行。

本规范由我部标准定额研究所组织中国计划出版社出版发行。

中华人民共和国住房和城乡建设部
二〇一二年五月二十八日

前　　言

本规范是根据住房和城乡建设部《关于印发〈2010年工程建设标准规范制订、修订计划〉的通知》（建标〔2010〕43号）的要求，由国家电网公司直流建设分公司会同有关单位共同编制完成的。

本规范在编制过程中，编制组广泛调查研究，认真总结实践经验，参考有关国际标准和国外先进标准，经广泛征求意见，多次讨论修改，最后经审查定稿。

本规范共分6章，主要技术内容包括：总则、术语、装卸与运输、安装前的检查与保管、安装与调整、工程交接验收。

本规范中以黑体字标志的条文为强制性条文，必须严格执行。

本规范由住房和城乡建设部负责管理和对强制性条文的解释，由中国电力企业联合会负责日常管理，由国家电网公司直流建设分公司负责具体技术内容的解释。在执行过程中请各单位结合工程实践，认真总结经验，注意积累资料，随时将意见或建议寄送国家电网公司直流建设分公司（地址：北京市宣武区南横东街8号都城大厦706室，邮政编码：100052），以便今后修订时参考。

本规范主编单位、参编单位、参加单位、主要起草人和主要审查人：

主编单位： 国家电网公司直流建设分公司

参编单位： 中国南方电网超高压输电公司
上海送变电工程公司
湖南省送变电建设公司

参加单位： 北京电力设备总厂

主要起草人： 种芝艺　白光亚　赵国鑫
张　雷　胡　蓉　张雪波
张　毅　姚　斌　徐　畅
曹　科

主要审查人： 梁言桥　丁一工　吴玉坤
袁太平　孙树波　聂三元
赵静月　刘　宁　蓝元良
张　敏　刘志文　罗廷胤
陈　谦　张　峙　王露钢

目　次

Contents

1 总　　则

1.0.1 为保证换流站干式平波电抗器安装工程的施工质量，促进施工技术的进步，确保设备安全运行，制定本规范。

1.0.2 本规范适用于±800kV及以下换流站干式平波电抗器的施工及验收。

1.0.3 干式平波电抗器的施工及验收，除应符合本规范外，尚应符合国家现行有关标准的规定。

2 术　　语

2.0.1 干式平波电抗器　dry-type smoothing reactors

在直流系统中，用以减少谐波电流和暂态过电流的电抗器。采用自然空气冷却，无铁芯、无磁屏蔽。

2.0.2 电抗器主体　reactor body

指电抗器本体、降噪装置和外延导体组装后的总和。

2.0.3 电抗器本体　reactor winding

指电抗器主线圈。

2.0.4 外延导体、接长件　reactor epitaxial conductor and extension metal components

指电抗器本体上下两端金属汇流排因装设降噪装置而需接长的导体、构件。

2.0.5 电抗器基座　reactor brackets

指支柱绝缘子顶部平台与电抗器主体支座组成的总和。

2.0.6 绝缘支架　insulation support

指支柱绝缘子和电抗器基座组成的总和。

2.0.7 降噪装置　noise enclosure

指安装在电抗器本体上方、中部、下方以及内部，降低噪声和防止雨淋的装置。

3 装卸与运输

3.0.1 电抗器本体在运输过程中，应符合下列要求：

1 运输应在包装完好的情况下进行。

2 产品应固定在合适的运输机具上。

3 产品不应遭受损伤和变形。

3.0.2 电抗器本体装卸过程中，应符合下列要求：

1 装卸过程中应避免冲撞和震动。

2 应使用专用的吊装工具。

3 应使用产品上的专用吊环或吊孔。

4 应使用产品上的所有起吊点。

5 起吊时各吊索之间的角度应符合产品的技术规定。

4 安装前的检查与保管

4.1 基础与支架

4.1.1 混凝土基础及支架应达到允许安装的强度和刚度。

4.1.2 混凝土基础的预埋件施工应符合现行国家标准《混凝土结构工程施工质量验收规范》GB 50204的有关规定，预埋件露出混凝土部分宜采用热镀锌防腐处理。

4.1.3 钢管支架应先进行基础轴线复测和基础杯底标高找平，基础杯底标高允许偏差、柱轴线对行列的定位轴线的偏移量，应符合设计的规定。支架安装后的标高允许偏差、垂直度、轴线允许偏差、间距允许偏差，应符合设计的规定。

4.1.4 当用槽钢作为过渡连接件时，待电抗器安放、螺栓连接好后，应将槽钢与地脚平铁焊接牢固。

4.1.5 预埋地脚平铁、槽钢、接地线等金属件不得形成闭合回路。基础及支架施工时应按设计要求做好磁性材料的隔磁措施。

4.2 本体及附件的检查与保管

4.2.1 采用的设备及附件均应符合现行国家标准《高压直流输电用干式空心平波电抗器》GB/T 25092的有关规定，并应有合格证。设备应有铭牌。本体及附件到达现场后，应及时做下列验收检查：

1 包装及密封应良好。

2 应开箱检查清点，规格型号应符合要求，附件、备件应齐全。

3 产品的技术文件应齐全。

4.2.2 电抗器本体外观检查，应符合下列要求：

1 包装应完整，在运输过程中应无碰撞损坏现象。

2 电抗器线圈外观绝缘应无损伤，顶部与底部的金属汇流排及接线端子应无变形、损伤。

3 玻璃丝绑带和出线端，应无断裂、开裂。

4 表面涂层应无损坏。

4.2.3 连接螺栓及位于磁场较强区域的绝缘子法兰应采用非磁性材料。接线端子使用的紧固件应符合现行国家标准《变压器、高压电器和套管的接线端子》GB 5273的有关规定。

4.2.4 绝缘子应包装完整，伞裙、法兰应无损伤和裂纹，胶合处填料应完整，结合应牢固，伞裙与法兰的结合面应涂有防水密封胶。

4.2.5 本体及附件的保管应符合下列要求：

1 电抗器本体卸货前应核实堆放平台的承载能力。

2 堆放平台不应有积水。

3　电抗器本体及降噪装置应采取防雨、防腐蚀措施。

4　本体及附件在安装前的保管，其保管期限应符合产品技术文件的规定，产品技术文件无规定时不应超过一年。当需要长期保管时，应通知设备制造厂并征求其意见。

5　安装与调整

5.1　绝缘支架安装与调整

5.1.1　支柱绝缘子的安装应符合下列要求：

1　布置和安装应按设计和产品的技术规定执行；支柱绝缘子叠装时，中心线应一致，固定应牢固，紧固件应齐全。

2　垂直支撑的绝缘子垂直度应符合现行国家标准《标称电压高于1000V系统用户内和户外支柱绝缘子　第1部分：瓷或玻璃绝缘子的试验》GB/T 8287.1和《标称电压高于1000V系统用户内和户外支柱绝缘子　第2部分：尺寸与特性》GB/T 8287.2的有关规定；斜支撑的绝缘子角度及角度偏差应符合产品的技术规定。

3　各节绝缘子间应连接牢固；安装时可用产品自配的不锈钢垫片校正其水平或垂直偏差，每处垫片不宜超过3片。单柱绝缘子垂直偏差不应超过总高度的1/1000，最大不应超过5mm。

5.1.2　电抗器基座的安装应符合下列要求：

1　基座结构不应形成闭合金属回路。

2　基座的水平调整应使用产品自配的垫片。

3　装配时应使用产品自配的紧固件。

5.2　主体的安装及调整

5.2.1　电抗器外延导体及接长件安装应符合下列要求：

1　外延导体的安装应符合现行国家标准《电气装置安装工程　母线装置施工及验收规范》GB 50149中有关硬母线安装的规定。

2　汇流排与接长件的连接面应做清洁处理，并应涂抹导电膏。

5.2.2　电抗器降噪装置安装应符合下列要求：

1　应与电抗器连接紧固，所有紧固螺栓端头应涂螺纹锁固剂。

2　导磁材料组成的框架不应形成闭合磁路，等电位连接应可靠。

3　降噪装置外表面应光滑无毛刺，并应确保整体的圆度以均匀电场。

4　降噪装置安装完成后应具有良好的防雨性能。

5　均压环（罩）和屏蔽环（罩）应无划痕和毛刺，应有滴水孔；均压环（罩）和屏蔽环（罩）安装应正确、牢固，电气连接应可靠。

6　每层均压环应在同一水平面内，偏差不超过2mm，各节均压环间距应均匀；层间偏差不超过5mm。

5.3　主体的吊装要求

5.3.1　电抗器主体吊装前应符合下列要求：

1　电抗器主体各部件应均已安装完毕。

2　器身上应无施工遗留物。

3　风道内应无杂物。

5.3.2　吊具必须使用产品专用起吊工具。

5.3.3　吊装要求应符合本规范第3.0.2条的规定。

5.4　引线连接要求

5.4.1　连接螺栓应采用非磁性金属材料制成的螺栓。

5.4.2　设备接线端子与母线的连接，应符合现行国家标准《电气装置安装工程　母线装置施工及验收规范》GB 50149的有关规定。

5.5　接地要求

5.5.1　每只支柱绝缘子底座均应接地。

5.5.2　设备接地引下线施工应符合现行国家标准《电气装置安装工程　接地装置施工及验收规范》GB 50169的有关规定。

5.5.3　支柱绝缘子的接地线不应形成闭合环路。

5.6　其他规定

5.6.1　在距离电抗器本体中心两倍电抗器本体直径的范围内不得形成磁闭合回路。

5.6.2　磁性材料的部件应可靠固定。

6　工程交接验收

6.0.1　在工程验收时，应按下列要求进行检查：

1　电抗器本体、绝缘子等部件应无损伤，表面应无污秽。

2　本体外部绝缘涂层、其他部位油漆应完好。

3　本体风道应清洁无杂物。

4　出线端子应连接良好、不受额外应力。

5　屏蔽环（罩）应安装良好，并应等分均匀。

6　螺栓应按要求紧固。

7　支柱绝缘子应接地良好。

8　交接试验应合格。

9　在电抗器直径的两倍范围内不应存在金属闭合回路。

10　应清除电抗器区域内与运行无关的物品。

6.0.2　设备投入运行前，建筑工程应符合下列要求：

1　保护性网门、围栏等应齐全。

2　室外配电装置场地应平整。

3 受电后无法进行或影响运行安全的工作施工应完毕。

6.0.3 在验收时，应提交下列资料和文件：

1 变更设计的证明文件。

2 制造厂提供的产品说明书、试验记录、合格证件及安装图纸等技术文件。

3 质量验评记录。

4 交接试验记录。

5 备品、备件及专用工具清单。

本规范用词说明

1 为便于在执行本规范条文时区别对待，对要求严格程度不同的用词说明如下：

1）表示很严格，非这样做不可的：
正面词采用“必须”，反面词采用“严禁”；

2）表示严格，在正常情况下均应这样做的：
正面词采用“应”，反面词采用“不应”或“不得”；

3）表示允许稍有选择，在条件许可时应首先这样做的：
正面词采用“宜”，反面词采用“不宜”；

4）表示有选择，在一定条件下可以这样做的，采用“可”。

2 条文中指明应按其他有关标准执行的写法为：“应符合……的规定”或“应按……执行”。

引用标准名录

《电气装置安装工程　母线装置施工及验收规范》GB 50149

《电气装置安装工程　接地装置施工及验收规范》GB 50169

《混凝土结构工程施工质量验收规范》GB 50204

《变压器、高压电器和套管的接线端子》GB 5273

《标称电压高于1000V系统用户内和户外支柱绝缘子　第1部分：瓷或玻璃绝缘子的试验》GB/T 8287.1

《标称电压高于1000V系统用户内和户外支柱绝缘子　第2部分：尺寸与特性》GB/T 8287.2

《高压直流输电用干式空心平波电抗器》GB/T 25092

中华人民共和国国家标准

±800kV及以下换流站干式平波电抗器施工及验收规范

GB 50774—2012

条 文 说 明

制 定 说 明

《±800kV及以下换流站干式平波电抗器施工及验收规范》GB 50774—2012，经住房和城乡建设部2012年5月28日以第1402号公告批准发布。

本标准制定过程中，编制组进行了深入的调查研究，总结了我国±800kV及以下换流站干式平波电抗器的安装经验，广泛征求国内设备制造厂、施工单位专业技术人员的意见，同时参考了国外先进技术标准，最后经审查定稿。

为便于广大设计、施工、科研、学校等单位有关人员在使用本标准时能正确理解和执行条文规定，规范编制组按章、节、条顺序编制了本标准的条文说明，对条文规定的目的、依据以及执行中需注意的有关事项进行了说明，还着重对强制性条文的强制性理由做了解释。但是，本条文说明不具备与标准正文同等的法律效力，仅供使用者作为理解和把握标准规定的参考。

目　次

1 总　　则

1.0.1 近几年来，干式平波电抗器在我国±800kV特高压直流输电工程中得到广泛应用，在安装和运行方面积累了一定的经验，国产的大容量干式平波电抗器产品也已日趋成熟，为保证换流站干式平波电抗器施工安装质量，特制定本规范。

1.0.2 本规范的适用范围含±800kV及以下换流站干式平波电抗器的施工及验收，因为各电压等级干式平波电抗器安装的主要流程和关键节点基本一致。

1.0.3 本规范仅对设备安装的技术要求进行规定，对重要的施工工序，如电抗器的吊装等，都应根据施工现场的具体情况，事先制定切实可行的安全技术措施，确保人身及设备安全。

2 术　　语

特高压直流输电干式空心平波电抗器与交流电抗器有一些结构上的不同，本规范特对部分名词作出定义和解释。

本规范共有7条术语，均系本规范有关章节所引用的，以上术语是从本规范的角度赋予其含义的，但含义不一定是术语的定义。本规范给出了相应的推荐性英文术语，该术语不一定是国际上的标准术语，仅供参考。

3 装卸与运输

3.0.1、3.0.2 对平波电抗器的现场装卸和运输进行了原则上的规定，没有要求具体的方法，但无论使用何种方法，均要确保不损坏箱体表面以及箱内部件。

对于电抗器本体卸车、转运至安装平台等过程中使用的吊具，规定了应使用为产品配备的专用起吊工具。各吊点应全部使用，同时要调节好平衡，使各吊点受力均匀，以避免起吊过程中受力不均而造成设备变形和损伤。

4 安装前的检查与保管

4.1 基础与支架

4.1.1 由于平波电抗器体积小、质量重，且有严格的防雨、防潮要求，不宜长时间放置于安装平台上。故本规范着重提出了对基础与支架的验收，以便电抗器到现场后能马上进行安装工作。

4.1.2 根据现有铁构件制造及防腐处理的工艺水平，采用热镀锌作防腐处理已经是成熟工艺。故规定户外用铁构件在条件允许的情况下首先考虑使用热镀锌制品。

4.1.3 国家现行有关建筑工程施工及验收规范中的一些规定不完全适合电气设备安装的要求，如建筑工程的误差以厘米计，而电气设备安装误差以毫米计。这些电气设备的特殊要求应在电气设计图中标出。

4.1.4 当用槽钢作为过渡连接时，为保证施工质量，先调整好设备的水平度、垂直度以及中心尺寸，工作完成后应立即将槽钢焊接牢固，保证设备的安全。

4.2 本体及附件的检查与保管

4.2.1 凡未经有关单位鉴定合格的设备或不符合国家现行标准（包括国家标准或地方标准）的原材料、半成品、成品和设备，均不得使用和安装。严禁使用低劣和伪造的不合格产品。

事先做好检验工作，为顺利施工提供条件。首先应检查包装及密封应良好，对有防潮要求的包装应及时检查，发现问题，采取措施，以防受潮。

现行国家标准《电力变压器》GB 1094.1～1094.5规定，制造厂应为每台设备（包括标准组件）附有全套的安装使用说明书、产品合格证书、出厂试验记录、产品外型尺寸图、运输尺寸图、产品拆卸件一览表、装箱单、铭牌或铭牌标志图及备件一览表等技术文件。

4.2.2 由于电抗器吊装前，在线圈外部、顶部及底部需安装降噪装置，电抗器吊装完成即意味着降噪装置组装已经安装完成，将无法对电抗器外观进行检查。

4.2.3、4.2.4 规定了对电抗器一些附件的检查要求。这些要求和交流大容量干式电抗器要求相同。

4.2.5 针对平波电抗器的特殊性，对其堆放场地和防护措施提出要求。

5 安装与调整

5.1 绝缘支架安装与调整

5.1.1 规定了支柱绝缘子的安装要求。由于平波电抗器采用多柱绝缘子，为使支柱绝缘子受力均匀，安装时应注意设备的重心处于所有支柱绝缘子的几何中心处，即中心线保持一致。

单柱支柱绝缘子高度较低，绝缘子垂直偏差不超过总高度的1/1000能够满足绝缘子的垂直度要求；对于800kV的绝缘子，垂直偏差若仍按总高度的1/1000计算，垂直度偏差太大，所以规定最大不应超过5mm。

5.1.2 规定了电抗器基座安装的要求。

5.2 主体的安装及调整

5.2.1 对本条的规定说明如下：

1　电抗器外延导体安装参照硬母线安装规范中对接触面的处理和螺栓紧固的要求进行，防止因接触不良造成发热。

2　吊臂接长件主要是固定电抗器本体的降噪装置，保证吊臂接长件与电抗器本体汇流排接触良好是防止产生悬浮电位引起放电。

5.2.2　对本条的规定说明如下：

1　由于电抗器运行中产生震动，紧固螺栓应涂锁固剂以防止螺栓松动。

2　电抗器降噪装置安装要注意使用的导磁材料组件在安装时不能形成闭合磁路，同时要确保金属组件与电抗器等电位连接，防止产生放电现象。

3　外部降噪隔音件组装时与电抗器的同心度应能保证电场均匀；各金属部件的等电位连接可靠，防止引起悬浮电位产生放电现象。同时还应避免因等位线的错误连接而形成闭合回路，而导致在磁场中感应涡流而发热。

4　雨水进入吸声棉内，将严重破坏中部声腔的绝缘性能，造成电抗器两端子之间的绝缘故障，现场组装时，有防水要求的组件必须做好防水密封处理。

5　均压环安装接触良好，防止引起悬浮电位产生放电现象。

6　本款规定是为保证外部电场的均匀。

5.3　主体的吊装要求

5.3.1　器身上、风道内检查完成后，才能进行吊装工作。

5.3.2　起吊时必须使用为其配备的专用起吊工具，吊点为线圈上部的金属端架吊孔，并调整各吊绳长度，以保证各吊点均衡受力。绝对不允许使用其他结构的起吊工具，否则将严重威胁到人身和设备安全。本条是强制性条文，必须严格执行。

5.5　接地要求

5.5.3　因涡流会引起接地线发热，情况严重将造成电气设备损坏，进而引起电网事故。故将此条文列为强制性条文，必须严格执行。

5.6　其他规定

5.6.1　因涡流会引起周围铁构件发热，情况严重将造成设备损坏，进而引起电网事故。故将此条文列为强制性条文，必须严格执行。

5.6.2　为防短路时电动力的影响而作此规定。

6　工程交接验收

6.0.1　本条规定了工程竣工后，在交接时应检查的项目和要求。其中对电抗器主体外观的验收，需在降噪装置安装前先进行检查验收。

6.0.3　施工单位在工程竣工进行交接时，应按本条规定内容提交资料和文件。这是新设备的原始档案资料和运行及检修的重要技术依据。

中华人民共和国国家标准

±800kV及以下换流站换流阀施工及验收规范

Code for construction and acceptance of converter valve in converter station at ±800kV and below

GB/T 50775—2012

主编部门：中 国 电 力 企 业 联 合 会
批准部门：中华人民共和国住房和城乡建设部
施行日期：2 0 1 2 年 1 2 月 1 日

中华人民共和国住房和城乡建设部
公　　告

第 1404 号

关于发布国家标准《±800kV 及以下换流站换流阀施工及验收规范》的公告

现批准《±800kV 及以下换流站换流阀施工及验收规范》为国家标准，编号为GB/T 50775—2012，自 2012 年 12 月 1 日起实施。

本规范由我部标准定额研究所组织中国计划出版社出版发行。

中华人民共和国住房和城乡建设部
二〇一二年五月二十八日

前　　言

本规范是根据住房和城乡建设部《关于印发〈2010 年工程建设标准规范制订、修订计划〉的通知》（建标〔2010〕43 号）的要求，由国家电网公司直流建设分公司会同有关单位共同编制完成的。

本规范在编制过程中，编制组广泛调查研究，认真总结实践经验，参考有关国际标准和国外先进标准，经广泛征求意见，多次讨论修改，最后经审查定稿。

本规范共分 8 章，主要技术内容包括：总则，术语，设备的运输、装卸与保管，安装前对阀厅的要求，换流阀本体安装，阀避雷器安装，阀冷却系统安装，工程交接验收。

本规范由住房和城乡建设部负责管理和解释，由中国电力企业联合会负责日常管理，由国家电网公司直流建设分公司负责具体技术内容的解释。在执行过程中请各单位结合工程实践，认真总结经验，注意积累资料，随时将意见或建议寄送国家电网公司直流建设分公司（地址：北京市宣武区南横东街 8 号都城大厦 706 室，邮政编码：100052），以便今后修订时参考。

本规范主编单位、参编单位、参加单位、主要起草人和主要审查人：

主 编 单 位： 国家电网公司直流建设分公司

参 编 单 位： 中国南方电网超高压输电公司
湖南省送变电建设公司
上海送变电工程公司

参 加 单 位： 西安西电电力整流器有限责任公司
许继集团有限公司
中国电力科学研究院

主要起草人： 袁清云　种芝艺　黄　杰
李　勇　赵国鑫　胡　蓉
徐　畅　曹　科　张雪波
张　雷

主要审查人： 梁言桥　丁一工　吴玉坤
袁太平　孙树波　聂三元
赵静月　刘　宁　蓝元良
张　敏　刘志文　罗廷胤
陈　谦　张　峙　高亚平

目　次

Contents

1 总　　则

1.0.1 为保证换流站换流阀及相关设备（阀避雷器、阀冷却系统等）的施工质量，促进换流站工程施工技术水平的提高，确保设备安全运行，制定本规范。

1.0.2 本规范适用于±800kV及以下换流站换流阀的施工及验收。

1.0.3 换流站换流阀的施工及验收，除应符合本规范外，尚应符合国家现行有关标准的规定。

2 术　　语

2.0.1 晶体闸流管　thyristor

由阳极、阴极和控制极构成，一种可控整流的半导体器件，简称晶闸管。

2.0.2 换流阀　converter valve

直流输电系统中为实现换流所用的三相桥式换流器中作为基本单元设备的桥臂，又称为单阀。

2.0.3 阀电抗器　valve reactor

与阀串联的电抗器。

2.0.4 阀组件　valve module

构成阀的最小单元，由若干晶闸管及其触发、保护、均压元件和阀电抗器等组成，其电气性能与阀的电气性能相同，但其阻断能力为阀的若干分之一。

2.0.5 阀架　valve support

安装阀组件，机械支撑阀的带电部分并将其对地电气绝缘。

2.0.6 多重阀单元（阀塔）　multiple valve unit

由同一相的多个阀叠装而成的整体结构。

2.0.7 阀避雷器　valve arrester

跨接在阀两端或跨接在阀及与阀串联的器件两端的避雷器。

2.0.8 阀基电子柜　valve base electronics

提供地电位控制设备与阀电子电路或阀装置之间接口的电子设备。简称VBE，又称阀控制单元。

2.0.9 阀冷却系统　valve cooling system

对阀体上各元器件进行冷却的成套装置。分为内冷却系统和外冷却系统。

2.0.10 阀厅　valve hall

安装换流阀的建筑物。

2.0.11 离子交换树脂　ion exchange resins

具有离子交换功能的高分子材料。在溶液中它能将本身的离子与溶液中的同号离子进行交换。按交换基团性质的不同，离子交换树脂分为阳离子交换树脂和阴离子交换树脂。

2.0.12 离子交换器　ion exchange equipment

使用离子交换树脂进行离子交换处理，除去水中离子态杂质的水处理装置。

2.0.13 去离子水　deionized water

除去盐类及部分除去硅酸和二氧化碳等的纯水，又称深度脱盐水。

2.0.14 电导率　conductivity

指通过离子运动运载电流的能力。水溶液的电导率与溶解杂质量浓度成正比，电导率随温度的升高而升高。

2.0.15 过滤器　filter

采用过滤的方法除去水中悬浮物的水处理装置。

2.0.16 超滤装置　ultrafiltration equipment

将若干超滤膜组件并联组合在一起，并配备相应的水泵、自动阀门、检测仪表、支撑框架和连接管路等附件，能够独立进行正常过滤、反冲洗、化学清洗等工作的水处理装置。

2.0.17 反渗透装置　reverse osmosis equipment

将反渗透膜组件用管道按照一定排列方式组合、连接，构成组合式水处理单元，并配备保安过滤器、阻垢剂加药装置、高压泵、自动阀门、检测仪表、支撑框架和连接管路等附件，能够独立进行正常反渗透、化学清洗等工作的水处理装置。

2.0.18 树脂再生　resins rebirth

利用再生剂对使用过的离子交换树脂进行洗涤，使其恢复到初始状态的过程。

2.0.19 反冲洗　reverse wash

过滤的逆过程。通过反冲洗操作可清除过滤器中的截留物，恢复过滤性能。

3 设备的运输、装卸与保管

3.1 设备的运输、装卸

3.1.1 设备和器材在运输和装卸过程中不得倒置、倾翻、碰撞和受到剧烈的振动，换流阀各元件及所有电子元器件应有防潮措施。制造厂有特殊规定时，应按产品的技术规定装运。

3.1.2 运输工具和起重设备应按产品的运输、装卸要求选择。

3.2 设备的保管

3.2.1 除厂家规定可户外存放的设备和器材外，其他设备和器材应按原包装置于干燥清洁的室内保管，室内温度和空气相对湿度应符合产品的技术规定。

3.2.2 当保管期超过产品的技术规定时，应按产品技术要求进行处理。

3.2.3 备品备件长期存放时应符合产品的技术规定。

3.2.4 换流阀安装前，元器件的内包装不应拆解。

3.2.5 开箱场地的环境条件应符合产品的技术规定。

3.2.6 开箱后未及时安装的设备存放环境应符合产品的技术规定。

4 安装前对阀厅的要求

4.0.1 阀厅应满足换流阀组的安装要求，悬吊换流阀组的桁架梁应按厂家安装手册要求进行连接和检测；换流阀组安装结束应对桁架梁连接接点进行复查，并应符合厂家安装手册的检测要求。

4.0.2 阀厅钢结构各部分的屏蔽接地应满足设计和产品的相关技术要求。

4.0.3 阀塔悬挂结构安装前应检查悬吊孔已加工完成且间距正确，阀塔悬挂结构安装应调整完成，并应可靠接地。

4.0.4 换流阀组安装之前所有辅助设施主体部分应安装完善。

4.0.5 阀厅应全封闭，套管伸入阀厅入口处应封闭良好；换流阀组安装之前应对阀厅进行全面清洁。

4.0.6 换流阀组安装期间环境应符合下列要求：

1 阀厅内应清洁，洁净度应符合产品的技术规定。

2 阀厅内空调暖通系统和照明系统应正常投运，阀厅内温度、湿度、照明应满足产品安装技术条件要求。

3 阀厅内应保持微正压。

4 进入阀厅内的人员及机械设备防护措施，应满足阀厅内洁净度要求。

5 换流阀本体安装

5.0.1 换流阀安装前，应进行下列检查：

1 元器件的内包装应无破损。

2 安装所需元件、附件及专用工器具应齐全，无损伤、变形及锈蚀。施工前对阀组件吊装用的电动葫芦、升降平台应进行试车及操作培训。

3 各连接件、附件及装置性材料的材质、规格、数量及安装编号，应符合产品的技术规定。

4 电子元件及电路板应完整，并应无锈蚀、松动及脱落。

5 光纤的外护层应完好，无破损；光纤端头应清洁，无杂物，临时端套应齐全；导通试验应合格。

6 均压环及屏蔽罩表面应光滑，色泽均匀一致，无凹陷、裂纹、毛刺及变形。

7 瓷件及绝缘件表面应光滑，无裂纹及破损；胶合处填料应完整，结合应牢固。

8 阀组件的紧固螺栓应齐全，无松动。

9 冷却水管的临时封堵件应齐全。

5.0.2 换流阀安装应按制造厂的装配图、产品编号等产品技术资料进行，并应符合产品的技术规定。

5.0.3 悬吊绝缘子的挂环、挂板及锁紧销之间应互相匹配；连接金具的防松螺母应紧固，闭口销应分开。

5.0.4 均压环及屏蔽罩的搬运、安装应防止磕碰、挤压而造成均压环及屏蔽罩表面凹陷、变形并产生裂纹，并应符合产品的技术规定。

5.0.5 安装过程中检查阀架的水平度和上下阀组件的间距应符合产品的技术规定。

5.0.6 导体和电器接线端子的接触表面应平整、清洁、无氧化膜，并应涂以满足产品技术要求的电力复合脂；镀银部分不得挫磨；载流部分表面应无凹陷及毛刺；连接螺栓受力应均匀并符合力矩要求，不应使导体和电器接线端子受到额外应力。

5.0.7 阀电抗器组件的等电位连接应符合产品的技术规定。

5.0.8 漏水检测装置的安装应符合产品的技术规定。

5.0.9 阀体冷却水管的安装应符合下列要求：

1 安装前应检查管道内壁及相关连接件清洁、无异物。

2 安装过程应防止撞击、挤压和扭曲而造成水管变形、损坏。

3 管道连接应严密，无渗漏；已用过的密封垫（圈）不得重复使用。

4 等电位电极的安装及连线应符合产品的技术规定。

5 水管应固定牢靠。

6 连接螺栓应按厂家技术要求进行力矩紧固，并应做好标记。

5.0.10 光纤施工应符合下列要求：

1 光纤槽盒切割、安装应在光纤敷设前进行，切割后的锐边应处理；槽盒应固定牢靠，其转弯半径应满足光纤敷设的技术要求。

2 光纤接入设备前，临时端套不得拆卸；光纤端头的清洁应符合产品的技术规定。

3 光纤端头应按传输触发脉冲和回报指示脉冲两种型式用不同标识区别；光纤与晶闸管的编号应一一对应；光纤接入设备的位置及敷设路径应符合产品的技术规定。

4 光纤敷设前核对光纤的规格、长度和数量应符合产品的技术规定，外观应完好、无损伤。

5 光纤敷设沿线应按产品的技术规定进行包扎保护和绑扎固定，绑扎力度应适中，槽盒出口应采用阻燃材料封堵。

6 阻燃材料在光纤槽盒内应固定牢靠，且距离光纤槽盒的固定螺栓及金属连接件不应小于40mm。

7 光纤敷设及固定后的弯曲半径应符合产品的技术规定，不得弯折和过度拉伸光纤，并应检测合格。

6 阀避雷器安装

6.0.1 各连接处的金属接触表面应清洁，无氧化膜及油漆，并应涂以均匀薄层电力复合脂。

6.0.2 避雷器组装时，各节位置应符合产品出厂标志的编号；避雷器的排气通道应通畅，并不得喷及其他电气设备。

6.0.3 均压环安装应水平，与伞裙间隙应均匀一致。

6.0.4 动作计数器与阀避雷器的连接应符合产品的技术规定。

6.0.5 连接螺栓应按厂家技术要求进行力矩紧固，并应做好标记。

6.0.6 设备接地应可靠。

7 阀冷却系统安装

7.1 阀冷却设备及管道安装

7.1.1 泵的安装应符合下列要求：

1 电动机与泵直接连接或通过联轴器连接时，均应以泵的轴线为基准找正。

2 泵的纵向、横向安装水平误差应符合产品的技术规定。

3 相互连接的法兰端面应平行，不应借法兰螺栓强行连接。

4 电动机的引出线端子压接应良好，编号应齐全，裸露带电部分的电气间隙应符合国家现行有关产品标准的规定。

5 各润滑部位加注润滑剂的规格和数量应符合产品的技术规定。

6 泵应在有介质情况下进行试运转，试运转的介质或代用介质均应符合产品的技术规定。

7.1.2 离子交换器的安装应符合产品的技术规定，并应符合下列要求：

1 离子交换树脂在装填前检查其理化性能报告，应符合阀冷设备厂家技术要求。

2 离子交换器装料前检查内部的防腐层，应完好。

3 装填离子交换树脂前应对离子交换树脂逐桶检查，并应核对牌号。装填过程中应防止标签、绳头、杂物落入树脂内。树脂装填高度应符合产品的技术规定。

7.1.3 过滤器的安装应符合产品的技术规定。填料及承托层材质的理化性能、级配、粒度、不均匀系数，应检查其出厂资料，满足阀冷设备厂家技术要求。

7.1.4 除氧装置的安装应符合产品的技术规定，除氧使用的氮气纯度检验应合格。

7.1.5 超滤装置的安装应符合产品的技术规定，并应符合下列要求：

1 膜组件安装前应进行外观检查，膜组件不应有破损、粘污、老化、变色、封头开裂等现象，外壳表面应光滑均匀。

2 膜组件安装前应按产品的技术规定对装置进行水压试验，进水水质应符合现行国家标准《生活饮用水卫生标准》GB 5749 的有关规定。水压试验合格后，应进行水冲洗，并应确认无机械杂质残留在装置中。

3 管道安装不应有额外应力。

7.1.6 反渗透装置的安装应符合产品的技术规定，并应符合下列要求：

1 膜元件装入膜壳前应进行外观检查，有缺陷的膜元件不得使用。膜元件的长度和直径应与制造厂的生产标准相符。所有密封圈应完整，弹性应好，应无扭曲和永久性变形。两端的淡水管内壁和内端面应光滑，无突出物。

2 膜元件装入膜壳前应按产品的技术规定对装置进行水压试验，进水水质应符合现行国家标准《生活饮用水卫生标准》GB 5749 的有关规定。水压试验合格后，应进行水冲洗，并应确认无机械杂质残留在装置中。

3 装膜时，应将膜元件逐支推入膜壳内进行串接，每支元件均应承插到位。

4 多单元反渗透装置，膜组件框架基础的几何尺寸、膜组件在框架上的几何尺寸误差应满足产品安装要求。

5 高压泵至膜组件间的法兰垫片应采用聚四氟乙烯等耐腐蚀性强的材料。

6 保安过滤器至膜组件的管道内壁应保持清洁，必要时应采用化学清洗。

7 管道安装不应有额外应力。

7.1.7 软化装置的安装应符合下列要求：

1 离子交换器的安装应符合本规范第 7.1.2 条的规定。

2 树脂再生装置的安装应符合产品的技术规定。

7.1.8 砂过滤器和加药装置的安装应符合产品的技术规定。

7.1.9 冷却塔的安装应符合下列要求：

1 冷却塔安装应水平，单台冷却塔安装水平度和垂直度允许偏差均为 2‰。同一冷却系统的多台冷却塔安装时，各台冷却塔的高度应一致，高差不应大于 30mm。

2 风机的各组隔振器承受荷载的压缩量应均匀，高度误差应小于 2mm。

3 调整风机皮带的张力应符合产品的技术规定。风机安装完毕，检查风机的转向和转速，应正常。

4 冷却塔、冷却水池应清扫干净，塔体、冷却水池内应无杂物、垃圾和积尘，喷淋管道应无堵塞。

7.1.10 风冷式阀外冷设备安装应符合下列要求：

1 散热器安装的水平度偏差不应大于散热器外形尺寸宽度的 1/1000。

2 散热器管束出口、进口法兰中心线与总基准中心线的许可偏离公差为±3mm。

3 风机安装完成后，叶片角度应满足要求，允许公差为−0.5°；叶轮的旋转面应和主轴垂直，叶尖高度之差不得大于8mm。

4 所有螺栓紧固力矩应按制造厂要求进行，并应做好标记。

7.1.11 冷却管道的安装应符合下列要求：

1 管道应在工厂预制、现场组装；管道之间应采用法兰连接，不得现场焊接。

2 管道安装前不得拆卸两端的临时封盖，不得用手触摸冷却管道内壁；管道内部及管端污染时，应按产品的技术规定清洗洁净。

3 法兰连接应与管道同心，法兰间应保持平行，其偏差不得大于法兰外径的1.5‰，且不得大于2mm；严禁利用法兰螺栓强行连接。

4 管道法兰密封面应无损伤；密封圈安装应正确，连接应严密、无渗漏；密封胶的使用应符合产品的技术规定。

5 管道安装时，应及时进行支、吊架的固定和调整工作。支、吊架位置应正确，安装应平整、牢固。安装后，各支、吊架受力应均匀，无明显变形，且应与管道接触紧密。支、吊架间距应符合设计要求。

6 穿墙及过楼板的管道，应加套管进行保护，套管应符合设计规定；当设计无要求时，穿墙套管长度不应小于墙厚，穿楼板套管宜高出楼面或地面50mm。管道与套管的空隙应按设计要求填塞；当设计无明确要求时，应用阻燃软质材料填塞。

7 安装在户外场所的仪表应有防雨防潮措施。

8 管道安装后，管道、阀门不得承受外加重力负荷。

9 管道法兰间应采用跨接线连接；管道接地应可靠。

10 管道应按规定对介质流向进行标识。

7.1.12 温度、压力、流量、液位、含氧量、电导率等检测仪表的安装，应符合产品的技术规定；检测仪表的检验报告应齐全、有效。

7.1.13 仪表线路的安装，应符合现行国家标准《自动化仪表工程施工及验收规范》GB 50093的有关规定。

7.1.14 电磁阀安装前应进行检查，铁芯应无卡涩现象，线圈与阀体间的绝缘电阻应合格。

7.1.15 阀门电动装置应进行下列检查：

1 电气元件应齐全、完好，内部接线正确。

2 行程开关、转矩开关及其传动机构动作应灵活、可靠。

3 绝缘电阻应合格。

7.1.16 注入内冷却系统的原水应为去离子水，去离子水的电导率应符合产品的技术规定。在现场制水时，应使用水质符合现行国家标准《生活饮用水卫生标准》GB 5749规定的自来水，且经外配的离子交换器处理合格后再注入内冷却系统，不得使用内冷却系统的离子交换器处理自来水。原水采用混合液时，混合液的配比应符合设计规定。注入原水前，检查所有管道法兰的连接螺栓，应紧固，并应做好标识。

7.2 阀冷却系统检查试验

7.2.1 内冷却设备、管道和阀体冷却水管安装完毕，外观检查合格后，应对内冷却管路进行整体密封试验。密封试验注入管路系统的去离子水或混合液的电导率，应符合本规范第7.1.16条的规定；管路系统内应注满水或混合液，在排气后不应含气泡。试验压力及持续时间应符合产品的技术规定，检查管路系统应无渗漏。

7.2.2 外冷却设备、管道安装完毕，外观检查合格后，应对外冷却管路进行密封试验。密封试验注入管路系统的自来水水质，应符合现行国家标准《生活饮用水卫生标准》GB 5749的有关规定；管路系统内应注满水，在排气后不应含气泡。试验压力及持续时间应符合产品的技术规定，检查管路系统应无渗漏。

8 工程交接验收

8.0.1 验收时，应进行下列检查：

1 换流阀及阀冷却系统应安装牢靠，外表应清洁、完整。

2 电气连接应可靠，且接触应良好。

3 阀冷却系统的转动机械运转应正常，无卡阻现象；温度、压力、流量、液位、含氧量、电导率等检测仪表的指示应正常；电气及水工设备应操作灵活；自动控制保护装置应工作正常。

4 设备接地线连接应符合设计要求和产品的技术规定；接地应良好，且标识应清晰。

5 设备支架及接地引线应无锈蚀和损伤。

6 内冷却循环水的电导率、含氧量、pH值应符合产品的技术规定。

7 外冷却循环水的硬度、pH值应符合产品的技术规定。

8 阀冷却系统运行产生的工业污水对外排放时，应符合现行国家标准《污水综合排放标准》GB 8978及地方污水综合排放标准的规定。

9 交接试验应合格。

8.0.2 验收时，应提交下列资料：

1 施工图和工程变更文件。

2 制造厂提供的产品说明书、安装图纸、装箱单、试验记录及产品合格证件等技术文件。

3 安装技术记录。

4 质量验收评定记录。

5 交接试验报告。

6 阀冷却系统试运行记录。

7 备品备件、专用工具及测试仪器清单。

本规范用词说明

1 为便于在执行本规范条文时区别对待，对要求严格程度不同的用词说明如下：

1）表示很严格，非这样做不可的：
正面词采用“必须”，反面词采用“严禁”；

2）表示严格，在正常情况下均应这样做的：
正面词采用“应”，反面词采用“不应”或“不得”；

3）表示允许稍有选择，在条件许可时首先应这样做的：
正面词采用“宜”，反面词采用“不宜”；

4）表示有选择，在一定条件下可以这样做的，采用“可”。

2 条文中指明应按其他有关标准执行的写法为：“应符合……的规定”或“应按……执行”。

引用标准名录

《自动化仪表工程施工及验收规范》GB 50093

《生活饮用水卫生标准》GB 5749

《污水综合排放标准》GB 8978

中华人民共和国国家标准

±800kV 及以下换流站换流阀施工及验收规范

GB/T 50775—2012

条 文 说 明

制 定 说 明

《±800kV及以下换流站换流阀施工及验收规范》GB/T 50775—2012，经住房和城乡建设部2012年5月28日以第1404号公告批准发布。

本标准制定过程中，编制组进行了深入的调查研究，总结了我国±800kV及以下换流站换流阀的安装经验，广泛征求国内设备制造厂、施工单位专业技术人员的意见，同时参考了国外先进技术标准，最后经审查定稿。

为便于广大设计、施工、科研、学校等单位有关人员在使用本标准时能正确理解和执行条文规定，规范编制组按章、节、条顺序编制了本规范的条文说明，对条文规定的目的、依据以及执行中需注意的有关事项进行了说明。但是，本条文说明不具备与标准正文同等的法律效力，仅供使用者作为理解和把握标准规定的参考。

目　次

1 总 则

1.0.1 ±800kV直流输电工程是目前世界上电压等级最高直流输电工程，以前没有适用于±800kV及以下换流站工程换流阀施工验收和质量检验及评定的国家标准。为此特制定本标准。

1.0.2 本规范适用于±800kV及以下换流站换流阀的施工及验收，因为各电压等级换流阀安装的主要流程和关键节点基本一致。

1.0.3 本条规定了本规范与其他标准规范的关系。

3 设备的运输、装卸与保管

3.1 设备的运输、装卸

3.1.1 现场转运换流阀各组件时，应平稳运输，减轻震动，避免包装箱内的元器件损坏。若厂家在运输设备过程中，装有三维冲击记录仪时，收货前施工单位应检查记录仪的冲击记录是否超过厂家规定的限值范围。若记录仪记录超过厂家规定限值，施工单位应及时通知厂家处理。

3.1.2 根据制造厂的要求和以往换流站工程的实践经验，为了满足换流阀现场安装的需要，针对不同的安装程序采用不同的运输方式。如：采取分层吊装程序安装换流阀时，制造厂提供专用的运输及吊装小车，运输、吊装安全、稳妥、可靠；采取散件组装程序安装换流阀时，则普遍使用人力型叉车运输。

3.2 设备的保管

3.2.1 若将均压环及屏蔽罩置于露天、潮湿的环境中存放，会导致其表面氧化，光洁度变差，不能很好地起到均匀电场、防止放电的作用。

3.2.2 设备和器材在安装前的存放期限，应为一年及以下。超过一年的，应按产品的技术规定进行抽样试验。

3.2.5 开箱场地的环境条件应符合制造厂的具体要求。某厂家明确规定：开箱场地应避免设备和器材受潮、污染、强日光照射及其他伤害；装有干燥剂的内包装不宜在空气相对湿度超过60%的场地中拆解；若在空气相对湿度60%～85%的场地中拆解内包装，换流阀在带电前，应在空气相对湿度低于60%的环境中静置不少于100h。

4 安装前对阀厅的要求

4.0.1 换流阀组安装结束，施工单位应依据厂家安装手册，检查桁架梁连接接点、桁架梁是否符合要求。

4.0.4 换流阀对安装环境的洁净、温度及空气相对湿度有较高的要求。换流阀在安装期间遭到污染或受潮，其绝缘性能将会明显下降，影响设备安全、可靠运行。为了保证换流阀的安装质量，避免阀厅内的电气装置安装工程与建筑工程之间交叉作业，做到安全文明施工，本条对换流阀安装前阀厅应具备的必要条件作了规定。照明系统、空调暖通系统应经过验收，功能完善，可以投入使用。换流阀设备开始安装后，阀厅内要求不再有打孔、焊接、扬尘等工作。

4.0.5 为了保证阀厅良好的封闭性，一是门窗安装到位，封闭良好；二是墙体上的预留孔洞和沟道口应做好临时封闭。换流阀安装工作最好是安排在换流变压器套管及直流穿墙套管伸入阀厅，且套管预留孔洞永久性封闭之后进行。但在实际施工中，可能存在换流变压器等设备不能按时到货或工期安排紧等原因，只能对套管（换流变压器套管及直流穿墙套管）预留孔洞做好临时封闭，换流阀具备安装条件先开工。在套管预留孔洞打开期间，应对已安装到位的阀组件做好包扎、密封等防尘措施。电气施工单位接收阀厅时应进行阀厅洁净度检查，宜检查阀厅顶部钢梁、侧墙钢结构、巡视道、门窗、地面、暖通风管内等部位是否洁净。

4.0.6 对本条规定说明如下：

3 通过投入通风及空调系统，来保证阀厅内的微正压力、温度及空气相对湿度符合设计要求和产品的技术规定。有厂家要求阀厅保持：微正压力为5Pa～50Pa，环境温度为10℃～55℃，空气相对湿度不超过60%，以保证阀体不受潮，表面不结露。

4 在换流阀开始安装后，对于阀厅内使用的施工机械应严格控制，使用柴油、汽油等有排烟的施工机械不宜在阀厅内使用。

5 换流阀本体安装

5.0.1 对本条规定说明如下：

1 为了防止换流阀在运输、保管期间受潮、污染，出厂前制造厂对换流阀进行了双层包装，即木制的外包装箱和塑料膜密封的内包装。设备到达现场应及时检查外包装完好情况，当外包装破损时，应打开外包装检查内包装的密封情况。换流阀安装前，应确认内包装是否完好。厂家对内包装破损的通常做法是：检查封装的元器件，若无任何损伤，则更换或修复塑胶膜，放入新的干燥剂，再重新包装并密封。

2 制造厂为现场提供了阀组件吊装用的专用吊具及安装机械，包括电动葫芦、阀组件专用吊具、吊装小车、升降平台等。这些吊具及安装机械是为了保证设备吊装安全和安装质量而专门为阀组件设计制作的。施工前应请厂家技术人员对专用吊具及安装机械的操作使用进行专门培训及试车，以保证安装过程中不因工机具原因发生安全、质量事故。

施工单位自备工机具也应进行检查、试车和培训。

5.0.2 安装前施工单位应按照厂家资料，结合施工现场实际情况，编制详细技术方案并进行施工人员全员交底。

换流阀现场安装程序的差异与阀塔结构的不同设计有关，如：散件组装程序，即：阀架组装—阀组件安装—冷却水管连接—光纤敷设—导体连接；分层吊装程序，即：层间阀组件吊装—层间冷却水管连接—光纤敷设—层间导体连接。

5.0.6 换流阀制造厂对不同材质和不同强度的连接螺栓、不同材料的搭接面均有不同的紧固力矩要求，具体要求见产品的技术规定。

5.0.7 阀电抗器组件等电位连接起到固定电位的作用。换流阀在过电压状态下，阀电抗器组件的带电部位与不带电部位之间将形成较大电位差而可能发生闪络，通过等电位连接则能较好地解决这个问题。

5.0.8 产品安装使用说明书对漏水检测装置的安装位置、方向、倾斜度及固定等均作了相应的规定。

5.0.9 对本条规定说明如下：

4 制造厂对阀塔上不同部位的冷却水管根据需要设置了等电位电极，目的是尽可能减小因电压差而在水冷却回路设备表面形成电解电流。

内冷却循环水因电导率的存在，在高电压作用下，会在水冷却回路设备表面形成电解电流，容易引起设备腐蚀，影响换流阀的安全、可靠运行。电解电流 I 与水冷却回路进、出口的电压差 ΔU 和水回路电阻 R 有关，可用公式 $I=\Delta U/R$ 表示。要控制电解电流，可通过采用带均压电极的并联冷却回路来降低 ΔU，增加管道长度、减小管径、降低电导率来提高水回路电阻 R 来实现。

5.0.10 对本条规定说明如下：

5 制造厂在光纤槽盒内铺设有阻燃材料，起到防火和保护光纤的作用；为防止光纤在槽盒内移动，应将光纤绑扎固定好。

6 某换流站运行期间，在阀塔槽盒内敷设的光纤，出现了外护层高温碳化、龟裂及脱落的问题，光纤损坏部位均位于槽盒的固定螺栓及金属连接件附近，且阻燃包覆盖在固定螺栓及金属连接件上，阻燃包也因高温灼烧而损坏；凡阻燃包未与固定螺栓及金属连接件接触的部位，光纤及阻燃包均完好。经分析认定：固定螺栓及金属连接件因与阀塔的金属框架相连而处于高电位状态，当阻燃包与固定螺栓及金属连接件接触时，产生间歇性的放电，造成阻燃包及光纤受损。这次故障处理就是将阻燃材料与槽盒的固定螺栓及金属连接件之间保持不小于40mm的距离。本条文根据这次故障处理的经验，规定不应小于40mm。

7 不同种类的光纤，转弯半径的要求不同，本规范不作具体规定，具体要求见产品的技术规定。光纤因脆性易折断，光纤过度拉伸会产生抗张应力，缩短光纤使用寿命，产品的技术规定禁止弯折和过度拉伸光纤。

6 阀避雷器安装

6.0.2 避雷器一般为多节组装避雷器，在现场组装时位置应严格按厂家标志的编号，切不可随意组装。

6.0.4 不同厂家的动作计数器与避雷器连接位置、要求不完全相同，应按产品的技术规定进行连接。

7 阀冷却系统安装

7.1 阀冷却设备及管道安装

7.1.2 对本条规定说明如下：

1 离子交换树脂的理化性能检验项目包括交换容量、含水量、耐磨率、密度、颗粒度等指标。

7.1.6 对本条的规定说明如下：

5 除盐设备能否安全可靠地运行，做好防腐蚀工作是关键的一环。聚四氟乙烯耐腐蚀性强，强酸（如硫酸、盐酸、硝酸、王水等）、强碱、强氧化剂（如重铬酸钾、高锰酸钾等）均对它不起作用。聚四氟乙烯不溶于任何溶剂中，其化学稳定性超过了玻璃、陶瓷、不锈钢，甚至金、铂，有“塑料王”之称。

7.1.11 对本条的规定说明如下：

2 为保证现场安装质量，制造厂在厂内已将冷却管道内壁清洗干净，并采用临时封盖将管道两端密封。为避免冷却管道内壁被污染，只有当管道安装时才能拆卸两端的临时封盖，并不得用手触摸内冷却管道内壁。内冷却管道内壁污染时，应采用去离子水、丙酮和无绒的清洁布进行清洗。外冷却管道应采用水质符合现行国家标准《生活饮用水卫生标准》GB 5749的自来水冲洗干净。

7.1.16 内冷却系统的离子交换器用于对内冷却循环水进行去离子处理，是内冷却系统中重要的水处理装置。若该离子交换器受到污染，制水性能将会下降。自来水的水质较内冷却循环水要差很多，为了保证该离子交换器的正常使用功能，不得使用它直接对自来水进行去离子处理。

中华人民共和国国家标准

±800kV 及以下换流站换流变压器施工及验收规范

Code for construction and acceptance of converter transformer in converter station at ±800kV and below

GB 50776—2012

主编部门：中 国 电 力 企 业 联 合 会
批准部门：中华人民共和国住房和城乡建设部
施行日期：2 0 1 2 年 1 2 月 1 日

中华人民共和国住房和城乡建设部
公　　告

第1401号

关于发布国家标准《±800kV及以下换流站换流变压器施工及验收规范》的公告

现批准《±800kV及以下换流站换流变压器施工及验收规范》为国家标准，编号为GB 50776—2012，自2012年12月1日起实施。其中，第6.0.4、12.0.1（5、7、10、13）条（款）为强制性条文，必须严格执行。

本规范由我部标准定额研究所组织中国计划出版社出版发行。

中华人民共和国住房和城乡建设部

二〇一二年五月二十八日

前　　言

本规范是根据住房和城乡建设部《关于印发〈2010年工程建设标准规范制订、修订计划〉的通知》（建标〔2010〕43号）的要求，由国家电网公司直流建设分公司会同有关单位共同编制完成的。

本规范在编制过程中，编制组广泛调查研究，认真总结实践经验，参考有关国际标准和国外先进标准，经广泛征求意见，多次讨论修改，最后经审查定稿。

本规范共分12章，主要技术内容包括：总则、术语、基本规定、装卸与运输、安装前的检查与保管、排氮和内部检查、本体及附件安装、本体抽真空、真空注油、热油循环、整体密封检查和静置、工程交接验收。

本规范中以黑体字标志的条文为强制性条文，必须严格执行。

本规范由住房和城乡建设部负责管理和对强制性条文的解释，由中国电力企业联合会负责日常管理，由国家电网公司直流建设分公司负责具体技术内容的解释。在执行本规范过程中请各单位结合工程实践，认真总结经验，注意积累资料，随时将意见或建议寄送国家电网公司直流建设分公司（地址：北京市西城区南横东街8号都城大厦706室，邮政编码：100052），以便今后修订时参考。

本规范主编单位、参编单位、参加单位、主要起草人和主要审查人：

主编单位：国家电网公司直流建设分公司

参编单位：中国南方电网超高压输电公司
黑龙江省送变电工程公司
吉林省送变电工程公司

参加单位：特变电工股份有限公司
西安西电变压器有限责任公司
保定天威保变电气股份有限公司

主要起草人：种芝艺　白光亚　王茂忠
赵国鑫　张　峙　王露钢
胡　蓉　张雪波　王宝忠

主要审查人：梁言桥　丁一工　吴玉坤
袁太平　孙树波　聂三元
赵静月　刘　宁　蓝元良
张　敏　刘志文　罗廷胤
陈　谦　张　雷　高亚平

目　次

Contents

1 总　　则

1.0.1 为保证换流站换流变压器安装工程的施工质量，促进安装施工水平的进步，确保设备安全运行，制定本规范。

1.0.2 本规范适用于±800kV及以下换流站换流变压器的施工及验收。

1.0.3 换流变压器的施工及验收，除应符合本规范外，尚应符合国家现行有关标准的规定。

2 术　　语

2.0.1 换流站　converter station

用于将交流电能通过阀组件转换为直流电能（整流）或将直流电能通过阀组件转换为交流电能（逆变）的变电工程实体。

2.0.2 换流变压器　converter transformer

用于连接交流电网和换流阀，进行能量交换的设备。

2.0.3 全真空注油　total vacuum oil filling

换流变压器油箱及充油附件同时进行抽真空和真空注油的方式。

3 基本规定

3.0.1 换流变压器本体和附件，绝缘油的运输、装卸、保管，换流变压器的安装、调试，均应符合本规范和产品的技术规定。

3.0.2 施工中应采取控制施工现场的各种粉尘、废气、废油、废弃物、振动、噪声等对周围环境造成污染和危害的措施。

3.0.3 换流变压器本体、附件和绝缘油均应符合国家现行有关标准和订货技术条件的要求。

3.0.4 换流变压器安装前，换流变压器区域应具备下列条件：

1 建（构）筑物已施工、验收完成；

2 换流变压器基础、广场和运输轨道已达到允许安装的强度；

3 预留孔及预埋件符合设计要求，预埋件牢固。

4 装卸与运输

4.0.1 换流变压器在装卸和运输的过程中不应有严重的冲撞和振动，三维冲击允许值水平和垂直冲击加速度不应大于3g或符合产品技术规定。在改变运输方式时应记录时间并签证。

4.0.2 换流变压器吊装、顶推、顶升、牵引时应使用产品设计指定位置。起吊换流变压器时应使吊绳同时受力，吊绳与铅垂线间夹角不应大于30°。

4.0.3 利用千斤顶顶升过程中，应沿长轴方向前后交替进行起落，不应四点同时起落，两点起升与下降应操作协调，各点受力应均匀，并应及时垫好垫块，应采取防止千斤顶失压和打滑的措施。

4.0.4 运输、吊装、顶升过程中器身倾斜角度应满足产品的技术规定，无规定时不宜超过15°。

4.0.5 换流变压器在公路运输时的车速应符合产品的技术规定，路面有坡度及转弯时，应采取防滑、防溜措施。

4.0.6 换流变压器在换流站内牵引前应对换流变压器移运轨道系统进行验收，轨距误差应符合设计及产品技术规定。移运小车在换流变压器运输轨道上空载运行时，应平滑无卡阻。换流变压器牵引过程中小车速度应符合产品技术规定，无规定时不应大于2m/min。牵引过程中两侧牵引点宜增加拉力仪器进行实时监测其卡阻情况。

4.0.7 换流变压器在站内牵引、就位、本体固定时均应符合产品技术规定，并应与防火墙、阀厅内设备位置按设计要求做好配合。

4.0.8 充干燥空气（或氮气）运输的换流变压器应设置压力监视和气体补偿装置，气体压力应保持为0.01 MPa～0.03MPa，露点应低于－40℃。

5 安装前的检查与保管

5.0.1 在换流变压器交接过程中，检查冲击记录仪在换流变压器运输和装卸中所受冲击应符合产品技术规定，无规定时纵向、横向、垂直三个方向均不应大于3g，油箱内干燥空气或氮气压力不应低于0.01 MPa。

5.0.2 设备到达现场后应及时进行检查，并应符合下列规定：

1 包装及密封状况应良好；

2 产品规格与设计应一致；

3 油箱及所有附件应齐全，应无锈蚀及机械损伤，密封应良好；

4 油箱箱盖、罩法兰及封板的连接螺栓应齐全，应紧固良好，应无渗漏；浸入油中运输的附件应无渗油、漏油现象；

5 充油套管的油位应正常，应无渗油，瓷体应无损伤；充气套管的压力值应符合产品技术规定；

6 充气运输的换流变压器，油箱内应为正压，其压力应为0.01 MPa～0.03 MPa；

7 装有冲击记录仪的设备，记录值应符合产品技术规定；

8 铁芯接地引出线对油箱绝缘情况应符合产品技术规定；

9 附件、备品备件及专用工具等应与供货合同一致；

10 产品的技术文件应齐全。

5.0.3 设备到达现场的保管应符合下列规定：

1 冷却器、连通管应密封；

2 表计、风扇、潜油泵、气体继电器、测温装置以及绝缘材料等，应放置于干燥的室内；

3 本体、冷却装置等，其底部应垫高、垫平，不得水淹；

4 浸油运输的附件应保持浸油状态保管，其油箱应密封；

5 套管式电流互感器应按标志方向存放，不得倒置。

5.0.4 绝缘油的验收与保管应符合下列规定：

1 绝缘油应储藏在密封清洁的专用油罐或容器内；

2 每批到达现场的绝缘油均应有试验报告，并应取样进行简化分析，必要时应进行全分析；

3 大罐油应每罐取样，小桶油的绝缘油取样数量应符合表5.0.4的规定；

表5.0.4 绝缘油取样数量

每批油的桶数	取样桶数	每批油的桶数	取样桶数
1	1	51～100	7
2～5	2	101～200	10
6～20	3	201～400	15
21～50	4	401及以上	20

4 取样试验应按现行国家标准《电力用油（变压器油、汽轮机油）取样方法》GB/T 7597的有关规定执行。电气强度试验结果不小于35kV/2.5mm、含水量不大于20mg/L、tanδ不大于0.5%（90℃时）；

5 不同标号、不同牌号的绝缘油，应分别储存，并应有明显牌号标志；不同牌号的绝缘油或同牌号的新油与运行过的油混合使用前，应做混油试验，试验结果应符合现行国家标准《电气装置安装工程电气设备交接试验标准》GB 50150的有关规定；

6 抽油时应目测，用油罐车运输的绝缘油，油的上部和底部不应有异样，用小桶运输的绝缘油，应对每桶进行目测，并应辨别其气味、颜色，检查小桶上的标识应正确、一致。

5.0.5 换流变压器运至现场后，应尽快进行安装工作。当3个月内不能安装时，应在1个月内进行下列工作：

1 安装储油柜及吸湿器，注以合格的绝缘油至储油柜规定的油位；

2 检查油箱的密封情况；

3 至少1个月测量换流变压器内油的绝缘强度应符合规定；

4 当充气运输的换流变压器本体不能及时注油时，应充气保管，充入气体的露点应低于－40℃，器身内压力应保持在0.01 MPa～0.03MPa，每天进行检查，做好记录；

5 附件在保管期间，应经常检查。充油保管的附件应检查有无渗漏，油位是否正常，外表有无锈蚀，并每6个月检查一次油的绝缘强度；充气保管的附件应检查气体压力，至少一周检查一次，并做好记录。

5.0.6 换流变压器本体残油宜抽样做电气强度和微水试验，电气强度应符合产品技术规定或不低于40kV，微水不应大于20mg/L。

5.0.7 换流变压器安装前，器身本体、储油罐、滤油机等应进行可靠接地。

6 排氮和内部检查

6.0.1 采用注油排氮时应符合下列规定：

1 绝缘油应经过净化处理，注入换流变压器内的绝缘油应符合表6.0.1的规定；

表6.0.1 注入换流变压器的油质标准

试验项目	换流站电压等级	标准值	备注
电气强度	±800kV	≥70 kV	平板电极间隙
	±500kV	≥60 kV	
含水量	±800kV	≤8mg/L	—
	±500kV	≤10mg/L	
介质损耗因数 tanδ（90℃）	—	≤0.5%	—
颗粒度	±800kV	≤1500/100mL（5μm～100μm颗粒）	无100μm以上颗粒
	±500kV	≤2000/100mL（5μm～100μm颗粒）	

2 注油排氮前宜将油箱内的残油排尽；

3 绝缘油应经脱气净油设备从换流变压器下部阀门注入油箱内，氮气应经顶部排出；油应注至油箱顶部将氮气排尽；

4 芯检前排油时，应从上部注入露点低于－40℃的干燥空气平衡本体内部压力。

6.0.2 采用抽真空进行排氮时，排氮口应设置在空气流通处。破坏真空时应避免潮湿空气进入本体，应采用露点低于－40℃的干燥空气解除真空。

6.0.3 充干燥空气运输的本体，解除压力后可直接进入油箱检查，检查过程中应持续充入露点低于－40℃的干燥空气。

6.0.4 当油箱内含氧量未达到18%及以上时，人员不得进入油箱内。

6.0.5 换流变压器到场后，产品技术文件有规定时，可不进行器身检查。当设备在运输过程中有严重冲击或振动，三维冲击加速度大于规定值，或对冲撞记录持有怀疑时，应由厂家技术人员进行器身内部检查。

6.0.6 器身检查时，应符合下列规定：

1 凡雨、雪、风（4级以上）和相对湿度80%以上的天气不得进行内部检查；

2 在内部检查过程中，应向本体内持续补充露点低于－40℃的干燥空气，补充干燥空气速率应符合产品技术文件规定，并应保证本体内空气压力值为微正压；

3 进入油箱内部的检查人员不宜超过3人，检查人员应明确检查的内容、要求和注意事项；

4 本体从打开密封盖板开始计算，持续暴露在空气中的时间应符合产品技术规定，当无规定时，宜符合下列规定：

1）当空气相对湿度小于80%且大于65%时，器身暴露在空气中的时间不得超过8h；

2）当空气相对湿度小于65%时，器身暴露在空气中的时间不得超过10h；

3）当换流变压器内部相对湿度小于20%时，器身暴露在空气中的时间不得超过16h。

5 调压切换装置吊出检查或安装调整时，调压切换装置暴露在空气中的时间应符合表6.0.6的规定；

表6.0.6 调压切换装置露空时间

环境温度	0℃以上	0℃以上	0℃以上	0℃以下
空气相对湿度	65%以下	65%～75%	75%～85%	不控制
持续时间不大于	24h	16h	10h	8h

6 器身检查时，场地周围应清洁，应有防尘措施。

6.0.7 器身检查项目应符合下列规定：

1 运输支撑和器身各部位应无移动现象，运输用的临时防护装置及临时支撑件应予以拆除，应经过清点后做好记录；

2 所有螺栓应紧固，并应有防松措施；绝缘螺栓应无损坏，防松绑扎应完好；

3 铁芯检查应符合下列规定：

1）铁芯应无变形，铁轭与夹件间的绝缘垫应良好；

2）铁芯应无多点接地；

3）铁芯外引接地的换流变压器，拆开接地线后铁芯对地绝缘应良好；

4）铁芯拉板及铁轭拉带应紧固，绝缘良好。

4 绕组检查应符合下列规定：

1）绕组绝缘层应完整，无缺损、变位现象；

2）各绕组应排列整齐，间隙均匀，油路无堵塞。

5 绝缘围屏绑扎应牢固；

6 引出线绝缘包扎应牢固，应无破损、拧弯现象；引出线应固定牢靠，应无移位变形；引出线的裸露部分应无毛刺或尖角，其焊接应良好；引出线与套管的连接应牢靠，接线应正确；

7 绝缘屏障应完好，且固定应牢固，应无松动现象；

8 检查强迫油循环管路与下轭绝缘接口部位的密封应完好；

9 检查各部位应无油泥、水滴和金属屑末等杂物。

7 本体及附件安装

7.0.1 换流变压器本体及附件安装应符合下列规定：

1 需打开密封盖板的换流变压器本体、升高座和套管等附件安装或其他作业时，应使用干燥空气发生器持续向本体内注入干燥空气，并应符合本规范第6.0.6条第2款的规定；

2 套管的安装和内部引线的连接工作在一天内不能完成时，应封好各盖板后抽真空至133Pa以下，注入露点低于－40℃的干燥空气至0.01MPa～0.03MPa，并应保持此压力；

3 连接螺栓应使用力矩扳手紧固，螺栓受力应均匀，其紧固力矩值应符合产品的技术规定。

7.0.2 密封处理应符合下列规定：

1 所有法兰连接处应更换新的耐油密封垫（圈）密封；密封垫（圈）应无扭曲、变形、裂纹和毛刺，密封垫（圈）应与法兰面的尺寸相配合；

2 法兰连接面应平整、清洁；密封垫圈应擦拭干净，安装位置应准确；其搭接处的厚度应与其原厚度相同，橡胶密封垫圈的压缩量不宜超过其厚度的1/3。

7.0.3 升高座的安装应符合下列规定：

1 升高座安装前，其电流互感器试验应合格。电流互感器的变比、极性、排列应符合设计要求，出线端子对外壳绝缘应良好，其接线螺栓和固定件的垫块应紧固，端子板应密封良好，应无渗油现象；

2 安装升高座时，放气塞位置应在升高座最高处；

3 电流互感器和升高座的中心应一致；

4 绝缘筒应安装牢固；

5 阀侧升高座安装过程中应先调整好角度后再进行与器身的连接；

6 阀侧出线装置安装应符合产品技术规定。

7.0.4 套管的安装应符合下列规定：

1 套管安装前应进行下列检查：

1）套管表面应无裂缝、伤痕；

2）套管、法兰颈部及均压球内壁应擦试清洁；

3）充油套管无渗油现象，油位指示正常；充气套管气体压力正常；

4）套管应经试验合格。

2 套管起吊时，起吊部位、器具应符合产品的技术规定；

3 套管吊起后，应使套管与升高座角度一致后再进行连接工作，套管顶部结构的密封垫应安装正确，密封应良好，引线连接应可靠，螺栓应达到紧固力矩值，套管端部导电杆插入尺寸应符合产品技术规定；

4 充气套管应检测气体微水和泄露率符合要求；充注气体过程中应检查各压力接点动作正确；安装后应检查套管油气分离室设置的释放阀无渗油或漏气现象，套管末屏应接地良好；

5 充油套管的油标宜面向外侧，套管末屏应接地良好。

7.0.5 调压切换装置的安装应符合下列规定：

1 传动机构中的操作机构、电动机、传动齿轮和连杆应固定牢靠，连接位置应正确，且操作应灵活，应无卡阻现象；传动机构的摩擦部分应涂以适合当地气候条件的润滑脂；

2 切换装置的触头及其连接线应完整无损，且应接触良好，其限流电阻应完好，应无断裂现象；

3 切换装置的工作顺序应符合产品出厂要求；切换装置在极限位置时，其机械联锁与极限开关的电气联锁动作应正确；

4 位置指示器应动作正常，指示应正确；

5 切换开关油室内应清洁，且应密封良好；注入油室中的绝缘油，其绝缘强度应符合产品的技术规定；

6 在线滤油装置应符合产品技术规定，管道及滤网应清洗干净，并应试运正常。

7.0.6 冷却装置的安装应符合下列规定：

1 在安装前应按产品技术规定的压力值用气压或油压进行密封试验，无规定时，应充入合格的干燥空气（或氮气）压力至0.03MPa持续30min无渗漏；

2 外接管路在安装前应将残油排尽，宜根据其密封情况采用合格的绝缘油冲洗干净；

3 吊装时宜采用四点起吊后调整安装角度，不应直接两点起吊将其潜油泵等部位作为起重支点；

4 风扇电动机及叶片应安装牢固，并应转动灵活，应无卡阻；试转时应无振动、过热；叶片应无扭曲变形或与风筒碰擦等情况，转向应正确；电动机的电源配线应采用具有耐油性能的绝缘导线；

5 管路中的阀门应操作灵活，开闭位置应正确；阀门及法兰连接处应密封良好；

6 潜油泵转向应正确，转动时应无异常噪声、振动或过热现象；其密封应良好，应无渗油或进气现象；

7 油流速继电器应经检查合格，且密封应良好，动作应可靠。

7.0.7 储油柜的安装应符合下列规定：

1 安装前应将其中的残油放净；

2 胶囊式储油柜中的胶囊或隔膜式储油柜中的隔膜应完整无破损，胶囊在缓慢充气胀开后检查应无漏气现象；

3 胶囊沿长度方向应与储油柜的长轴保持平行，不应扭偏；胶囊口的密封应良好，呼吸应通畅；

4 油位指示装置动作应灵活，指示应与储油柜的真实油位相符，不得出现假油位；指示装置的信号接点位置应正确，绝缘应良好。

7.0.8 气体继电器的安装应符合下列规定：

1 气体继电器运输用的固定件应解除，应按要求整定并校验合格；

2 气体继电器应水平安装，顶盖上标志的箭头应符合产品技术规定，与连通管的连接应密封良好；

3 集气盒内应充满绝缘油，且密封应良好；

4 气体继电器应有防雨罩，并应满足防水、防潮功能；

5 电缆引线在接入气体继电器处应有滴水弯，进线孔处应封堵严密；

6 两侧油管路的倾斜角度应符合产品技术规定。

7.0.9 导气管应清洁干净，其连接处应密封良好。

7.0.10 压力释放装置的安装方向应符合产品技术规定；阀盖和升高座内部应清洁、密封良好；电接点应动作准确，绝缘应良好。

7.0.11 吸湿器与储油柜间的连接管的密封应良好，管道应通畅，吸湿剂颜色应正常，油封油位应在油面线处或符合产品的技术要求。

7.0.12 测温装置的安装应符合下列规定：

1 测温装置安装前应进行校验，信号接点应根据相关规定进行整定并动作正确，导通应良好；

2 顶盖上的温度计座内应注以合格变压器油，密封应良好，应无渗油现象；闲置的温度计座应密封，不得进水；

3 膨胀式信号温度计的细金属软管不得有压扁或急剧扭曲，其弯曲半径不得小于50mm。

7.0.13 靠近箱壁的绝缘导线，排列应整齐，应有保护措施；接线盒应密封良好。

7.0.14 控制箱的安装应符合现行国家标准《电气装置安装工程盘、柜及二次回路结线施工及验收规范》GB 50171的有关规定。

7.0.15 附件安装完成后，设备各接地点及油路联管应可靠接地。

8 本体抽真空

8.0.1 注油前换流变压器应进行真空干燥处理。

8.0.2 抽真空前应将在真空下不能承受机械强度的附件与油箱隔离，对允许抽真空的部件应同时抽真空。

8.0.3 真空泄漏率的检查应符合产品技术规定。当真空度达到规定值后，持续抽真空时间应符合产品技术规定且不应少于48h。

8.0.4 真空残压应符合产品技术规定，无规定时，不应大于133 Pa。

8.0.5 抽真空时，应监视并记录油箱弹性变形，其最大值不得超过壁厚的2倍。

9 真空注油

9.0.1 换流变压器应采用真空注油，注入换流变压器内的绝缘油应符合本规范表6.0.1的规定。

9.0.2 真空注油工作不宜在雨天或雾天进行。

9.0.3 注油全过程应保持真空，注入油的油温宜高于器身温度。注油时宜从下部油阀注入，注油速度不宜大于100L/min。

9.0.4 换流变压器宜采用全真空注油。注油过程中应通过补油口继续抽真空，应持续注油至产品技术文件规定位置。

10 热油循环

10.0.1 换流变压器真空注油后应进行热油循环，并应符合下列规定：

1 热油循环前，应对循环系统管路注入合格的绝缘油冲洗并进行密封检查；

2 应轮流开启冷却器组同时进行热油循环；

3 热油循环过程中，滤油机出口绝缘油温度应符合产品技术规定或控制在（65±5）℃范围内；当环境温度全天平均低于5℃时，应对油箱及金属管路采取保温措施。

10.0.2 热油循环时间应同时符合下列规定：

1 滤油机出口油温达到规定温度后，热油循环时间应符合产品技术规定且不应少于72h；

2 热油循环要求通过滤油机的油量不应少于换流变压器总油量的3倍；

3 经过热油循环处理的绝缘油，应符合本规范表6.0.1的规定，并应符合下列规定：

1）含气量不大于1%；

2）油中溶解气体组分含量色谱分析符合现行国家标准《变压器油中溶解气体分析和判断导则》GB/T 7252的有关规定。

10.0.3 加注补充油时，应通过储油柜上专用的注油阀，并应经净油机注入，注油时应排放本体及附件内的空气。

11 整体密封检查和静置

11.0.1 换流变压器应进行整体密封性试验，宜通过储油柜呼吸器接口充入露点低于−40℃的干燥空气或氮气进行整体密封试验，充气压力应符合产品技术规定，无规定时应为0.03MPa，持续24h应无渗漏。

11.0.2 静置时间应符合产品技术规定且不应少于72h。静置期间应从换流变压器的套管顶部、升高座顶部、储油柜顶部、冷却装置顶部、联管、压力释放装置等有关部位进行多次排气。

12 工程交接验收

12.0.1 换流变压器在移交试运行前应进行全面检查，检查项目应符合下列规定：

1 本体、冷却装置及所有附件应无缺陷和渗漏；

2 本体固定装置应牢固；

3 油漆应完好，相色标志应正确；

4 换流变压器器身上应无遗留杂物；

5 事故排油设施应完好，消防设施应齐全；

6 储油柜、冷却装置等油系统的所有阀门位置应核对正确；

7 铁芯和夹件的接地引出套管、套管的接地小套管及电压抽取装置不使用时，其抽出端子均应接地；备用电流互感器二次端子应短路接地；套管顶部结构的接触及密封应良好；

8 接地引线不应使接地小套管承受超出其规定的应力；

9 储油柜和充油套管的油位应正常；

10 调压切换装置分接头应符合运行要求，远程操作应动作可靠，且指示位置应正确；

11 测温装置指示应正确，整定值应符合要求；

12 冷却装置试运行应正常，联动应正确，油流继电器动作及指示应正确；

13 换流变压器的全部电气试验应合格；保护装置整定值应符合规定；操作及联动试验应正确；

14 在线滤油装置油流方向应正确，工作应正常。

12.0.2 换流变压器的全部电气试验均应符合现行国家标准《电气装置安装工程电气设备交接试验标准》GB 50150的有关规定。

12.0.3 交接验收应提供下列资料：

1 施工图和工程变更文件；

2 制造厂提供的产品说明书、安装图纸、装箱单、试验报告、产品合格证件等技术文件；

3 安装技术记录、器身检查记录、干燥记录和试验报告；

4 备品备件移交清单。

本规范用词说明

1 为便于在执行本规范条文时区别对待，对要求严格程度不同的用词说明如下：

1）表示很严格，非这样做不可的：
正面词采用“必须”，反面词采用“严禁”；

2）表示严格，在正常情况下均应这样做的：
正面词采用“应”，反面词采用“不应”或“不得”；

3）表示允许稍有选择，在条件许可时应首先这样做的：
正面词采用“宜”，反面词采用“不宜”；

4）表示有选择，在一定条件下可以这样做的，采用“可”。

2 条文中指明应按其他有关标准执行的写法为：“应符合……的规定”或“应按………执行”。

引用标准名录

《电气装置安装工程电气设备交接试验标准》GB 50150

《电气装置安装工程盘、柜及二次回路结线施工及验收规范》GB 50171

《变压器油中溶解气体分析和判断导则》GB/T 7252

《电力用油（变压器油、汽轮机油）取样方法》GB/T 7597

中华人民共和国国家标准

±800kV及以下换流站换流变压器施工及验收规范

GB 50776—2012

条　文　说　明

制定说明

《±800kV及以下换流站换流变压器施工及验收规范》GB 50776—2012，经住房和城乡建设部2012年5月28日以第1401号公告批准发布。

本规范制定过程中，编制组进行了深入的调查研究，总结了我国±500kV换流站换流变压器的安装经验，并重点研究了近年±660kV、±800kV换流站换流变压器安装的特点，广泛征求国内设备制造厂、施工单位专业技术人员的意见，同时参考了国外先进技术标准，最后经审查定稿。

为便于广大设计、施工、科研、学校等单位有关人员在使用本标准时能正确理解和执行条文规定，《±800kV及以下换流站换流变压器施工及验收规范》编制组按章、节、条顺序编制了本规范的条文说明，对条文规定的目的、依据以及执行中需注意的有关事项进行了说明，还着重对强制性条文的强制性理由作了解释。但是，本条文说明不具备与规范正文同等的法律效力，仅供使用者作为理解和把握规范制定的参考。

目　　次

发现压力降低时及时补充。

1 总　　则

1.0.2 本规范的适用范围含±800kV 及以下换流站换流变压器的施工及验收，因为各电压等级换流变压器安装的主要流程和关键节点基本一致，另本规范在各相关章节中列出了其有关参数的具体区别。

4 装卸与运输

4.0.1 目前，国内外厂家普遍认同冲撞加速度 $3g$ 这一标准，因此，沿用现行国家标准《电气装置安装工程电力变压器、油浸电抗器、互感器施工及验收规范》GB 50148 的要求，"三维冲击允许值水平和垂直冲击加速度不大于 $3g$"。不考虑其合成分量值。考虑到厂家对产品的规定，提出"或符合产品技术规定"。当换流变压器采用不同方式运输（船运、铁路、公路）时，会产生不同的运输合同方，为明确责任，也便于对后期数据进行有效的分析，本条提出改变运输方式时应对时间进行签证，以便与冲撞记录进行核对。

4.0.2 当吊绳与铅垂线间夹角大于 30°时应采用吊梁起吊方式解决。

4.0.3 考虑到换流变压器顶升和降落过程中的安全性，为保证其稳定性，要求不得四点同时顶升、降落。

4.0.5 由于各地情况不同，如路面、车辆等，各制造厂对产品的运输速度都有规定，故强调"当制造厂有规定时应符合厂规"。如制造厂无明确规定时，在高等级路面上不得超过 20km/h，一级路面上不得超过 15km/h，二级路面上不得超过 10km/h，其余路面上和换流站内不得超过 5km/h。

4.0.6 试验证明，换流变压器牵引速度对其卡阻后产生的振动影响很大，目前普遍采用的速度均不大于 2m/min，由于动荷载和轨道广场具体情况不同，为保证牵引安全并兼顾其效率，规定"无规定时不应大于 2m/min"；针对目前普遍采用移运小车的形式，牵引过程中小车轮子与钢轨经常出现卡阻，如强行牵引将产生强烈振动或牵引系统故障，为保证及时发现并处理，所以本条建议"牵引过程中两侧牵引点宜增加拉力仪器进行实时监测其卡阻情况"。

4.0.8 油箱内必须保持一定的正压，内部气体保持压力 0.01 MPa～0.03MPa 与环境温度是相对应的关系，通常规定在－10℃时，压力达到 0.01MPa，在环境温度低于－10℃时能基本满足内部压力大于 0MPa 要求，在环境温度较高时内部气体压力也不宜超过 0.03MPa。由于器身不装配露点检测仪，充气运输的换流变压器在运输过程中补充的气体应为厂家提供的合格气体，所以强调运输过程中备有气体补偿装置，发现压力降低时及时补充。

5 安装前的检查与保管

5.0.4 绝缘油管理是换流变压器安装工作的重要内容之一，故对本条的规定说明如下：

1 绝缘油到达现场，都应存放在密封清洁的专用油罐或容器内，不应使用储放过其他油类或不清洁的容器，以免影响绝缘油的性能。

2 绝缘油到达现场时，若在设备制造厂已做过全分析，并有试验记录，只需取样进行简化分析；否则，必须取样进行全分析。

6 绝缘油到达现场后，应进行目测验收，以免混入非绝缘油。

5.0.6 此条为器身出厂受潮还是安装中受潮的判据之一。当充气运输的换流变压器内油面低于放油嘴时，无法从放油嘴取油，现场经常在排氮或芯检前通过人孔直接取油，由于取油方式不当容易造成污染，如检验结果超过标准时，其结果只能作为参考依据，还需通过其他方式进行验证。所以规定"换流变压器本体残油宜抽样做电气强度和微水试验"。

6 排氮和内部检查

6.0.1 对本条的规定说明如下：

1 由于换流变压器电压等级较多，工程中每个换流站的绝缘油质量标准也是统一的，所以此表中绝缘油质量标准按换流站电压等级进行区分。±500kV 及以下换流站的换流变压器按±500kV电压等级标准执行，±800kV 及以下、±500kV 以上换流站的换流变压器按±800kV 等级标准执行。

2 换流变压器的排油口高于油箱底面时造成打开人孔前无法排净残油，且现在生产的换流变压器在厂内试验用油与运行所用的油均是同牌号的油，如制造厂家有规定且绝缘油合格，可以不排残油，所以规定"注油排氮前，宜将油箱内的残油排尽"，未作硬性规定。

6.0.4 本条为确保工作人员的安全和健康而列为强制性条文，必须严格执行。

6.0.5 一般制造厂均将换流变压器油箱大盖焊死，在现场安装一般都不需吊罩或吊芯检查。对于安装施工现场进行器身检查，制造厂普遍认为在换流变压器正常运输条件下，现场安装一般不需要进行器身内部检查，故在换流变压器无异常情况时不要求进行器身检查。只有当运输途中冲击记录仪超过规定数值，对冲撞记录持怀疑态度，而厂家又不能作出合理解释时，现场各方协商一致后，由制造厂派技术人员从人孔处进入油箱进行内部检查，否则，应要求厂家出具现场不需进行器身内部检查的书面承诺。

6.0.6 对本条的规定说明如下：

4 露空时间强调了符合产品厂家规定，主要是因为施工现场普遍采用干燥空气注入，在芯检和安装时油箱内部有干燥空气能够形成微正压，故各制造厂对此指标都有不同程度的放宽。

6.0.7 本条中由于围屏遮蔽而不能检查的项目，可不检查。

7 本体及附件安装

7.0.1 对本条的规定说明如下：

2 真空度应同时满足产品技术规定和133Pa以下的要求。

3 如产品无规定，紧固力矩应符合现行国家标准《电气装置安装工程母线装置施工及验收规范》GBJ 149的规定。

7.0.4 对本条的规定说明如下：

充气套管压力现场检验有困难时，可通过套管试验检验其是否渗漏、受潮损坏。

7.0.6 对本条的规定说明如下：

冷却装置在运输中容易发生损坏，某工程曾发生过由于冷却装置损坏，抽真空过程中由于突降大雨将雨水抽进器身造成绝缘受潮事件。故本条强调“在安装前应按产品技术规定的压力值用气压或油压进行密封试验”。但当冷却装置采用充气密封运输并有表计监测或充油运输无渗油现象时可不进行密封试验。

8 本体抽真空

8.0.3 无产品技术文件规定时，持续抽真空时间不得低于48h。

9 真空注油

9.0.2 真空注油工作应尽量避开雨天、雾天等湿度大的天气，但考虑其工作时间较长，期间下雨无法停止工作，所以提出“真空注油工作不宜在雨天或雾天进行”。

9.0.4 施工现场普遍采用全真空注油方式。当产品不能进行全真空注油时，可采取油面距油箱顶达到产品规定且不小于200mm时停止注油，继续抽真空2h以上，用干燥气体解除真空，再通过补油口进行补油。

10 热油循环

10.0.1 冷却器内的绝缘油同样需要进行热油循环，几组冷却器同时开启将对油温有很大影响，应轮换开启，经验表明4h更换一组为宜。

11 整体密封检查和静置

11.0.1 采用气压检查是目前普遍应用的方式，如产品无规定且现场无条件时，也可采用油柱加压试验方式，由压力值计算油柱高度。

12 工程交接验收

12.0.1 对本条的规定说明如下：

本条第5、7、10、13款是换流变压器投入前重点检查的项目，为了防止出现设备事故，威胁系统安全，有效保护换流变压器等设备安全，故作为强制性条款，必须严格执行。

中华人民共和国国家标准

±800kV及以下换流站构支架施工及验收规范

Code for construction and acceptance of frame works in converter station at ±800kV and below

GB 50777—2012

主编部门：中国电力企业联合会
批准部门：中华人民共和国住房和城乡建设部
施行日期：2012年12月1日

中华人民共和国住房和城乡建设部
公　告

第1403号

关于发布国家标准《±800kV及以下换流站构支架施工及验收规范》的公告

现批准《±800kV及以下换流站构支架施工及验收规范》为国家标准，编号为GB 50777—2012，自2012年12月1日起实施。其中，第7.1.6、7.1.7条为强制性条文，必须严格执行。

本规范由我部标准定额研究所组织中国计划出版社出版发行。

中华人民共和国住房和城乡建设部
二〇一二年五月二十八日

前　言

本规范是根据住房和城乡建设部《关于印发〈2010年工程建设标准规范制订、修订计划〉的通知》（建标〔2010〕43号）的要求，由国家电网公司直流建设分公司会同有关单位共同编制完成的。

本规范在编制过程中，编制组广泛调查研究，认真总结实践经验，参考有关国际标准和国外先进标准，经广泛征求意见，多次讨论修改，最后经审查定稿。

本规范共分8章，主要技术内容包括：总则、术语、施工准备、运输与保管、地面组装、吊装前验收、吊装、交接验收。

本规范中以黑体字标志的条文为强制性条文，必须严格执行。

本规范由住房和城乡建设部负责管理和对强制性条文的解释，由中国电力企业联合会负责日常管理，由国家电网公司直流建设分公司负责具体技术内容的解释。在执行过程中请各单位结合工程实践，认真总结经验，注意积累资料，随时将意见或建议寄送国家电网公司直流建设分公司（地址：北京市西城区南横东街8号都城大厦706室，邮政编码：100052），以便今后修订时参考。

本规范主编单位、参编单位、主要起草人和主要审查人：

主 编 单 位： 国家电网公司直流建设分公司

参 编 单 位： 中国南方电网超高压输电公司
江苏省送变电公司
湖南省送变电建设公司

主要起草人： 袁清云　种芝艺　黄　杰
张　诚　杨洪瑞　赵国鑫
胡　蓉　项玉华　高亚平
张　毅　张雪波　徐　畅
曹　科

主要审查人： 梁言桥　丁一工　吴玉坤
袁太平　孙树波　聂三元
赵静月　刘　宁　蓝元良
张　敏　刘志文　罗廷胤
陈　谦　张　峙　王露钢

目　次

Contents

1 总　　则

1.0.1 为保证±800kV及以下换流站构支架的施工质量，规范施工过程的质量控制要求和验收条件，促进构支架施工技术的进步，制定本规范。

1.0.2 本规范适用于±800kV及以下换流站新建、改建和扩建构支架的施工及验收。

1.0.3 ±800kV及以下换流站构支架的施工及验收，除应符合本规范外，尚应符合国家现行有关标准的规定。

2 术　　语

2.0.1 构支架工程　frame works

变电工程中，为满足电气设备安装需要的构架、支架、梁、柱等构筑物所进行的规划、设计、制造、施工、竣工的各项技术工作和完成的工程实体。

2.0.2 构件　element

由零件或由零件和部件组成的构支架基本单元，如梁、柱、支撑、紧固件等。

2.0.3 高强度螺栓连接副　set of high strength bolt

高强度螺栓和与之配套的螺母、垫圈的总称。

2.0.4 预拼装　test assembling

为检验构件是否满足安装质量要求而进行的拼装。

2.0.5 整体吊装　unity hoist

构件在地面整体组装后，进行吊装的施工方法。

3 施 工 准 备

3.0.1 构支架施工应按已批准的设计文件进行。

3.0.2 构支架施工所采用的新技术、新材料、新工艺应经过试验和论证。

3.0.3 构支架施工质量检验应使用经计量检定合格并在使用有效期内的计量器具。

3.0.4 构支架施工前，应制定施工方案及安全技术措施，并应经批准后再实施。编制时应符合下列规定：

1 施工方法应满足构架结构特点和现场总体施工部署要求；

2 钢结构的安装工艺应确保结构的稳定性；

3 起重机的选择应根据单件起重量的最大值、起吊高度的最大值、起吊工作半径、起重机性能参数确定；

4 构架柱、梁的吊点选择应进行强度和稳定性验算，并应采取防止产生过大的弯扭变形的措施；

5 在选择与布置起吊运输机具、交通道路及施工组合场地时，构件平面布局应便于吊车行走和吊装，并应符合安全文明施工要求。

4 运输与保管

4.1 运　　输

4.1.1 构支架运输时应符合下列规定：

1 构件宜根据钢结构的安装顺序，分单元成套供应，并应运至指定吊装位置；

2 运输构件时，应根据构件的长度、重量选用车辆；构件在运输车辆上的支点、两端伸出的长度、防护措施及绑扎方法，均应保证构件不产生变形、不损伤涂层。

4.1.2 构件进场质量应符合下列规定：

1 构件应无弯曲变形、焊缝开裂、磨损、漏镀、锌层脱落、锌瘤等缺陷；

2 构件的型号、规格、数量、尺寸应符合设计要求。

4.2 保　　管

4.2.1 构件的保管应符合下列规定：

1 构件进场前应合理规划存放场地，存放场地应平整坚实，应无积水，并应具有排水措施；

2 搬运应采取相应保护措施，所用工器具不得对构件镀锌层造成碰伤和磨损；

3 构件应按种类、型号、安装顺序分区存放；

4 构件底层垫枕应有足够的支撑面，并应防止支点下沉；

5 构件叠放时，各层构件的支点应在同一垂直线上，应防止构件压坏和变形，叠放层数不得超过3层。

5 地 面 组 装

5.0.1 构支架地面组装应符合下列规定：

1 地面组装前应对高强螺栓连接副按要求进行批次检验，并应符合现行国家标准《紧固件机械性能　螺栓、螺钉和螺柱》GB/T 3098.1和《紧固件机械性能　螺母　粗牙螺纹》GB/T 3098.2的有关规定；

2 构支架地面组装前应仔细检查构件编号及基础编号，并应根据吊装总平面布置图进行排杆；

3 构件的支垫处应夯实，每段杆应根据构件长度和重量设置支点；

4 排杆后应对变形的构件进行校正；应检查法兰盘的平整度并处理影响法兰接触的附着物。

5.0.2 组装前应仔细检查各构件的位置正确，连接质量应符合现行国家标准《钢结构工程施工质量验收规范》GB 50205的有关规定。

5.0.3 钢柱组装时应先主材后腹杆，法兰螺栓应由下向上、由里向外穿，法兰螺栓穿向应一致。法兰应垂直于钢管中心线，接触面应相互平行。

5.0.4 钢梁组装应符合下列规定：

1 应遵循先下弦后上弦、先主材后腹杆的组装程序；

2 钢梁应按设计的预拱量进行起拱；

3 螺栓穿向应一致，水平面应由下向上、垂直面由里向外穿。

5.0.5 法兰螺栓紧固应按圆周分布角度对称拧紧；节点螺栓应按从中心到边缘的顺序对称拧紧。

5.0.6 组装后，应检查结构尺寸和螺栓规格，对高强螺栓应按技术要求逐个检查。

5.0.7 钢爬梯、地线柱等构件应按构架透视图位置正确安装于构架杆体上，并应注意位置朝向。

5.0.8 设备支架可先地面组装，地面组装应先主材后腹材，螺栓穿向应由里向外，组装后应对支架几何尺寸进行检查，并应符合要求后再紧固螺栓。

5.0.9 采用焊接连接时，应符合设计要求及现行行业标准《建筑钢结构焊接规程》JGJ 81 的有关规定。

5.0.10 焊缝质量应达到设计要求。

6 吊装前验收

6.0.1 构支架吊装前，应对构支架基础工程进行工序交接验收。交接验收应符合下列规定：

1 基础混凝土强度应达到设计要求；

2 基础周围应回填夯实完毕，杯口基础应清理干净；

3 基础的轴线标志和标高基准点应准确、齐全；

4 构支架基础工程交接验收的项目及允许偏差应符合表 6.0.1 的规定。

表 6.0.1 构支架基础工程交接验收的项目及允许偏差

项目		允许偏差（mm）
地脚螺栓	标高偏差	±3.0
	同一柱脚相邻螺栓中心偏移	≤2.0
	同组柱脚中心偏移	≤5.0
	螺栓露出长度偏差	0～10
	基础轴线误差	≤5.0
杯口基础	底面标高偏差	−5.0～0
	杯口深度偏差	≤5.0
	杯口垂直度偏差	≤H/1000 且≤10.0
	基础轴线误差	≤5.0

注：H 为杯口深度。

6.0.2 构支架地面组装结束，应在施工单位自检合格的基础上报项目监理机构组织吊装前验收。

6.0.3 构支架地面组装的允许偏差应符合表 6.0.3 的规定。

表 6.0.3 构支架地面组装的允许偏差

构件类型	项目		允许偏差（mm）
构架柱	弯曲矢高偏差		≤H/1500 且≤10.0
	根开偏差		≤10.0
	长度偏差		±5.0
	柱顶板平整度偏差		≤3.0
支架	弯曲矢高偏差		≤H/1200 且≤10.0
	长度偏差		±5.0
梁	断面尺寸偏差		±3.0
	安装螺孔中心距偏差		−10.0～5.0
	侧向弯曲矢高		≤L/1000 且≤20.0
	预拱值偏差	设计要求起拱	±L/1000
		设计未要求起拱	0～L/2000
	钢梁挂线板相间距离偏差		≤8.0

注：H 为构支架柱高度，L 为构架梁长度。

6.0.4 设计要求顶紧的节点，接触面应有 75%以上的面积紧贴，并应用 0.3mm 塞尺塞入，面积应小于 25%，边缘间隙不应大于 0.8mm。

6.0.5 连接螺栓的紧固扭矩应符合设计规定，设计无规定时应符合表 6.0.5 的规定。

表 6.0.5 螺栓紧固扭矩标准

螺栓规格	扭矩值（N·m）		
	4.8 级	6.8 级	8.8 级
M16	80	120	160
M20	150	230	310
M24	250	380	500

7 吊装

7.1 构支架吊装

7.1.1 构支架吊装应在晴朗且无六级以上大风、无雷雨、无雪、无浓雾的天气下进行。

7.1.2 吊点位置和数量应根据构件的结构、重量及长度等选择确定。

7.1.3 吊装时应采取保护措施，不得对构件镀锌层造成碰伤和磨损。

7.1.4 起吊过程中应随时注意观察构架柱各杆件的变形情况，发现异常时应停止吊装，并应及时处理。

7.1.5 构支架组立后，应在纵横轴线上校正中心及垂直度，临时固定应牢固可靠。

7.1.6 构架柱组立后，必须立即做好临时接地。

7.1.7 构支架组立后，必须立即打牢构架柱的临时拉线，拉线大小应根据吊物的重量选定。

7.1.8 地锚宜采用水平埋设，其埋入深度应根据地锚的受力大小和土质确定。

7.1.9 两基构架吊装应固定完好后再吊装横梁，其连接螺栓的安装方向应统一，拧紧后宜露出2扣～3扣，螺栓扭矩标准值应符合设计规定。

7.1.10 构架的整体校正应在纵横轴线上同时进行校正，校正时宜从中间轴线向两边校正。

7.1.11 待构架整体校正结束后再进行混凝土灌浆。

7.1.12 基础灌浆强度达到设计混凝土强度75%，且钢梁及节点上所有紧固件都复紧后方可拆除临时拉线。

7.2 构支架吊装组立质量要求

7.2.1 构支架吊装组立质量要求应符合表7.2.1的规定。

表7.2.1 构支架吊装组立质量要求

构件类型	项 目		允许偏差（mm）
构架柱	整体垂直度		≤H/1000且≤25.0
	中心线对基础轴线偏移		±5.0
	柱杆弯曲矢高偏差		≤H/1200且≤20.0
支架	整体垂直度		≤H/1000且≤10.0
	中心线对基础轴线偏移		±10.0
	支架顶标高偏差		±5.0
	弯曲矢高偏差		≤H/1200且≤10.0
梁	预拱值偏差	设计要求起拱	±L/1000
		设计未要求起拱	0～L/2000

注：H为构支架柱高度，L为构架梁长度。

7.2.2 设计要求顶紧的节点，接触面应有75%以上的面积紧贴。

8 交 接 验 收

8.0.1 在工程验收时，应进行下列检查：

1 构支架表面应清洁，应无焊疤、油污、锈蚀、凹凸等，涂装层色泽应均匀；

2 接地应牢固可靠，并应符合现行国家标准《电气装置安装工程接地装置施工及验收规范》GB 50169的有关规定；

3 构支架的质量要求应符合本规范7.2.1条的规定。

8.0.2 在验收时，应提交下列资料和文件：

1 工程验收的施工质量记录；

2 竣工图；

3 设计变更通知单及工程联系单；

4 构支架出厂质量合格证明文件和试组装记录；

5 安装记录；

6 混凝土灌浆的试块强度报告；

7 其他有关文件和记录。

本规范用词说明

1 为便于在执行本规范条文时区别对待，对要求严格程度不同的用词说明如下：

1）表示很严格，非这样做不可的：
正面词采用“必须”，反面词采用“严禁”；

2）表示严格，在正常情况下均应这样做的：
正面词采用“应”，反面词采用“不应”或“不得”；

3）表示允许稍有选择，在条件许可时首先应这样做的：
正面词采用“宜”，反面词采用“不宜”；

4）表示有选择，在一定条件下可以这样做的，采用“可”。

2 条文中指明应按其他有关标准执行的写法为：“应符合……的规定”或“应按……执行”。

引用标准名录

《电气装置安装工程接地装置施工及验收规范》GB 50169

《钢结构工程施工质量验收规范》GB 50205

《紧固件机械性能 螺栓、螺钉和螺柱》GB/T 3098.1

《紧固件机械性能 螺母 粗牙螺纹》GB/T 3098.2

《建筑钢结构焊接规程》JGJ 81

中华人民共和国国家标准

±800kV 及以下换流站构支架施工及验收规范

GB 50777—2012

条 文 说 明

制定说明

《±800kV及以下换流站构支架施工及验收规范》GB 50777—2012，经住房和城乡建设部2012年5月28日以第403号公告批准发布。

本规范制定过程中，编制组进行了深入的调查研究，总结了我国±800kV及以下换流站构支架的安装经验，广泛征求国内构支架生产厂家、施工单位专业技术人员的意见，同时参考了国外先进技术标准，最后经审查定稿。

为便于广大设计、施工、科研、学校等单位有关人员在使用本标准时能正确理解和执行条文规定，《±800kV及以下换流站构支架施工及验收规范》编制组按章、节、条顺序编制了本标准的条文说明，对条文规定的目的、依据以及执行中需注意的有关事项进行了说明，还着重对强制性条文的强制性理由作了解释。但是，本条文说明不具备与规范正文同等的法律效力，仅供使用者作为理解和把握标准规定的参考。

目　次

1 总 则

1.0.1 换流站在此之前没有专门的构支架施工及验收规范，±800kV换流站构支架与±800kV以下电压等级换流站构支架形式基本相似，本规范条文编写综合考虑了各等级换流站构支架形式，所以明确本规范适用于±800kV及以下换流站构支架的施工与质量验收。

3 施 工 准 备

3.0.3 使用的计量器具必须是根据计量法规规定的、定期计量检验意义上的合格，且保证在检定有效期内使用。

3.0.4 本条对构支架施工方案及安全技术措施的内容作了规定。因为换流站构架为大型构件，组装后尺寸大、重量大，吊装是比较复杂的作业，所以对吊装作业场地、吊装部署、起重机的选择作了规定。

4 运输与保管

4.1 运 输

4.1.1 由于构支架构件较多，为了便于现场安装，建议构件宜根据钢结构的安装顺序，分单元成套供应；由于构件较长，形状复杂，镀层易受损，所以对运输车辆、防护措施及绑扎方法作出规定。

5 地 面 组 装

5.0.7 钢爬梯安装方向关系到检修人员与带电部分的安全距离，地线柱端部有地线挂线板，不得装错。

5.0.9 焊条、焊丝、焊剂、电渣焊熔嘴等在使用前，应按其产品说明书或焊接工艺文件的规定进行烘焙和存放。焊工必须经考试合格并取得合格证书。持证焊工必须在其考试合格项目及其认可范围内施焊。施工单位对其首次采用的钢材、焊接材料、焊接方法、焊后热处理等，应进行焊接工艺评定，并应根据评定报告确定焊接工艺。

5.0.10 焊缝不允许有任何裂纹、未熔合、未焊透、表面气孔或存有焊渣等现象。钢管对接焊缝应符合全焊透的二级焊缝质量等级，其余焊缝应符合三级焊缝质量等级。二级焊缝质量等级的检验应采用超声波探伤进行内部缺陷的探伤，超声波探伤不能对缺陷作出判断时，应采用射线探伤，其内部缺陷分级及探伤方法应符合现行国家标准《钢焊缝手工超声波探伤方法和探伤结果分级》GB 11345或《钢熔化焊对接接头射线照相和质量分级》GB 3323的规定。焊缝质量等级的检验方法和数量应符合现行国家标准《钢结构工程施工质量验收规范》GB 50205的相关规定。

6 吊装前验收

6.0.3 预拱是构架梁的一项重要指标，应重点检查。

6.0.5 构支架连接螺栓的紧固扭矩要求是构支架组装连接的防松措施之一，所以验收时应进行连接螺栓的扭紧力矩检查。螺栓紧固与否，直接影响构件的受力性能，若紧固扭矩小，则造成螺栓不紧固；若紧固扭矩太大，则可能破坏构件的镀锌层，甚至破坏螺栓本身，因此应合理确定螺栓的紧固扭矩。

7 吊 装

7.1 构支架吊装

7.1.1 为保证安全和质量，提出构支架吊装时的环境要求。遇有六级及以上大风、雷雨、浓雾等恶劣天气，应停止吊装作业。

7.1.6 由于构架柱组立后较高，夏季易受雷击，为安全起见，应立即做好接地，考虑到构支架吊装时地网可能还未完成，故规定应立即做好临时接地。本条列为强制性条文，必须严格执行。

7.1.7 为保证安全，构支架组立后应立即打牢临时拉线，同时要求基础灌浆达到规定强度且所有紧固件都复紧才可拆除临时拉线。本条列为强制性条文，必须严格执行。

7.2 构支架吊装组立质量要求

7.2.1 针对构架柱、构架梁、支架在吊装组立过程中的各种关键尺寸控制提出具体要求。

7.2.2 顶紧面紧贴与否直接影响节点荷载的传递，是非常重要的。

8 交 接 验 收

8.0.1 本条规定在工程验收时应检查的主要内容。

在构支架安装过程中，由于构支架堆放和施工现场都是露天，风吹雨淋，构件表面极易粘结泥沙、油污等脏物，不仅影响美观，而且时间长还会侵蚀涂层造成结构锈蚀。构件的焊疤影响美观且易积存灰尘和粘结泥沙。因此，本条提出要求。

构支架接地的要求在现行国家标准《电气装置安装工程接地装置施工及验收规范》GB 50169中有具体规定。

8.0.2 本条规定在验收时应提交的资料和文件，其中第4款构支架出厂质量合格证明和试组装记录应为构支架的生产厂家提供，主要包括：钢材及其他辅助材料（焊条、油漆、螺栓）的质量证明书或复验报告；焊缝无损检验报告及喷锌、镀锌涂层检验报告；焊接工艺评定报告；主要构件验收记录；几何尺寸检测数据及预拼装记录；产品出厂合格证（含镀锌合格证）等。

中华人民共和国国家标准

露天煤矿岩土工程勘察规范

Code for investigation of geotechnical engineering of open pit coal mine

GB 50778—2012

主编部门：中 国 煤 炭 建 设 协 会
批准部门：中华人民共和国住房和城乡建设部
施行日期：2 0 1 2 年 1 2 月 1 日

中华人民共和国住房和城乡建设部
公　　告

第1407号

关于发布国家标准《露天煤矿岩土工程勘察规范》的公告

现批准《露天煤矿岩土工程勘察规范》为国家标准，编号为GB 50778—2012，自2012年12月1日起实施。其中，第1.0.3、10.3.1条为强制性条文，必须严格执行。

本规范由我部标准定额研究所组织中国计划出版社出版发行。

中华人民共和国住房和城乡建设部

二〇一二年五月二十八日

前　　言

本规范是根据原建设部《关于印发〈2006年工程建设标准规范制订、修订计划（第二批）〉的通知》（建标〔2006〕136号）的要求，由中煤国际工程集团沈阳设计研究院会同有关单位共同编制完成的。

本规范在编制过程中，编制组广泛搜集资料，认真总结了我国露天煤矿岩土工程勘察方面的经验，参考了国内外有关标准规范的内容，并在广泛征求意见的基础上，经反复讨论、修改，最后经审查定稿。

本规范共分12章和5个附录。主要内容包括：总则，术语和符号，基本规定，边坡岩土工程勘察，排土场岩土工程勘察，采掘场岩土工程勘察，工程地质测绘与调查，勘探与取样，岩土水试验与原位测试，现场监测，边坡稳定性评价，岩土工程评价和勘察成果等。

本规范中以黑体字标志的条文为强制性条文，必须严格执行。

本规范由住房和城乡建设部负责管理和对强制性条文的解释，由中煤国际工程集团沈阳设计研究院负责具体技术内容的解释。本规范在执行过程中，请各单位结合工程实践，认真总结经验，并将意见和有关资料寄交中煤国际工程集团沈阳设计研究院国家标准《露天煤矿岩土工程勘察规范》管理组（地址：辽宁省沈阳市沈河区先农坛路12号，邮政编码：110015，传真：024－24810245），以供今后修订时参考。

本规范主编单位、参编单位、主要起草人和主要审查人：

主 编 单 位：中煤国际工程集团沈阳设计研究院

参 编 单 位：中煤国际工程集团武汉设计研究院
中国煤炭科工集团沈阳研究院
中国矿业大学

主要起草人：韩洪德　张　楠　高世华　申　力　王　勇　刘树杰　徐扬清　徐贵娃　高巨明　舒继森　甄学武

主要审查人：王步云　范士凯　刘　毅　刘志军　毕孔耜　张国欢　杨茂生　林杜军　曹国献

目　次

Contents

1 总　则

1.0.1 为在露天煤矿岩土工程勘察中执行国家的技术经济政策，做到技术先进、经济合理、安全适用、确保质量，制定本规范。

1.0.2 本规范适用于新建、改建和扩建露天煤矿边坡和内、外排土场，以及采掘场内的岩土工程勘察。

1.0.3 露天煤矿工程建设在设计和施工前，必须按基本建设程序进行岩土工程勘察。

1.0.4 露天煤矿岩土工程勘察应按阶段并遵循一定的程序进行，应结合露天煤矿设计任务的要求，并根据露天煤矿的具体特点，因地制宜，选择运用适宜的勘察手段，提供符合露天煤矿设计与施工要求的勘察成果。在勘察工作中应积极采用新技术、新方法和岩土工程新理论。

1.0.5 露天煤矿岩土工程勘察，除应符合本规范外，尚应符合国家现行有关标准的规定。

2 术语和符号

2.1 术　语

2.1.1 露天煤矿　open-pit mine

从事露天开采的煤矿企业。

2.1.2 露天开采　open-pit mining

直接从地表揭露出矿物并将其采出的作业。

2.1.3 露天采场　open-pit workings

进行露天开采的场所。

2.1.4 首采区　initial area

露天矿预先划分的若干个区段中首先开采的区段。

2.1.5 剥离物　opencast

露天采场内的表土、岩层和不进行回收的矿物。

2.1.6 边帮　pit slope

露天采场内由台阶平盘和台阶坡面组成的总体。

2.1.7 工作帮　working slope

由正在开采的台阶组成的边帮。

2.1.8 非工作帮　non-working slope

由已结束开采的台阶部分组成的边帮。

2.1.9 边帮（坡）角　slope angle

边帮坡面与水平面的夹角。

2.1.10 端帮　end slope

位于露天采场端部的边帮。

2.1.11 排土场　dumping site

堆放剥离物的场所。

2.1.12 排土　dumping

向排土场排卸剥离物的作业。

2.2 符　号

RQD——岩石质量指标；

F——地震力；

k——地震系数；

m——滑体的质量；

a——地震加速度；

g——重力加速度。

3 基本规定

3.0.1 露天煤矿岩土工程勘察应依据勘察类别、勘察规模及复杂程度等划分阶段，并应提供不同勘察阶段的勘察成果。

3.0.2 露天煤矿岩土工程勘察阶段的划分应与建设阶段相适应，可分为下列阶段：

1 可行性研究阶段岩土工程勘察；

2 初步设计阶段岩土工程勘察；

3 施工图设计阶段岩土工程勘察；

4 开采阶段岩土工程勘察。

3.0.3 露天煤矿岩土工程勘察的工作内容、工作方法和工作量，应根据下列因素综合确定：

1 勘察类别；

2 勘察阶段；

3 勘察区工程地质条件的研究程度与复杂程度；

4 勘察规模；

5 工程设计的要求。

3.0.4 勘察区工程地质条件研究程度可按表 3.0.4 划分。

表 3.0.4 场地研究程度分类

类别	详细研究过场地	初步研究过场地	未专门研究过场地
划分条件	1. 前人所做研究较多，可利用资料较多； 2. 对边坡进行过详细勘察；对边坡（排土场或采掘场）进行过专门岩土工程勘察，勘察工作内容较全；	1. 前人所做研究较少，可利用资料较少； 2. 对边坡进行过初步勘察；对边坡（排土场或采掘场）虽进行过专门岩土工程勘察，但勘察工作内容不全；	1. 可利用资料极少；
划分条件	3. 场区基岩出露条件好； 4. 具有深部勘察、试验资料，且勘察成果准确可靠	3. 场区基岩出露条件较好； 4. 缺少深部勘察、试验资料，且勘察成果可靠度较低	2. 仅在资源勘探阶段做过少量工程地质工作，未对边坡（排土场或采掘场）进行过专门岩土工程勘察

3.0.5 勘察区工程地质条件复杂程度可按表3.0.5划分。

表3.0.5 工程地质条件复杂程度分类

类别	复杂场地	中等复杂场地	简单场地
划分条件	1. 对抗震危险的地段； 2. 不良地质作用强烈发育； 3. 地质环境已经或可能受到强烈破坏； 4. 地形地貌复杂； 5. 地质构造复杂，岩土种类多，性质变化大； 6. 坚硬岩层与软岩互层，软弱结构层（面）发育； 7. 地下水丰富，对工程影响大； 8. 具有小窑空巷与采空区	1. 对抗震不利的地段； 2. 不良地质作用一般发育； 3. 地质环境已经或可能受到一般破坏； 4. 地形地貌较复杂； 5. 地质构造较复杂，岩土种类较多，性质变化较大； 6. 坚硬岩层与软岩互层，有软弱结构层（面）； 7. 含水性中等，对工程具有一定影响	1. 对抗震有利的地段； 2. 不良地质作用不发育； 3. 地质环境基本未受破坏； 4. 地形地貌简单； 5. 地质构造简单，岩土种类单一，性质变化不大； 6. 坚硬岩层为主，岩性变化不大，岩层产状稳定，软弱结构层（面）不发育； 7. 含水性差，对工程影响不大

3.0.6 对抗震有利、不利和危险地段的划分应按现行国家标准《建筑抗震设计规范》GB 50011的有关规定执行。

3.0.7 边坡类型划分应符合下列规定：

1 按最终边坡高度划分时，宜符合下列规定：

1） 高度大于300m为高边坡；

2） 高度为100m～300m为中高边坡；

3） 高度小于100m为低边坡。

2 按各边帮上部境界长度划分时，宜符合下列规定：

1） 长度大于3000m为长边坡；

2） 长度为1000m～3000m为中长边坡；

3） 长度小于1000m为短边坡。

4 边坡岩土工程勘察

4.1 一般规定

4.1.1 边坡岩土工程勘察工作应紧密结合露天开拓方案并围绕露天矿各边帮进行。重点应查明非工作帮、工作帮、端帮可能引起滑落的地质因素，主要应查明露天开采的最下一个煤层或潜在滑动面以下50m（垂直厚度）范围内软弱层（面）、结构层（面）、构造层（面）的层位、层数、厚度、岩性、分布范围，以及物理力学性质等；并应在设计部门正式划定露天矿境界和首采区位置后，再进行专门的边坡工程岩土工程勘察工作。

4.1.2 边坡工程岩土工程勘察，应包括下列内容：

1 查明露天煤矿边坡的工程地质、水文地质条件；

2 对影响边坡稳定性的诸因素进行分析并评价其影响程度；

3 提出边坡稳定性计算参数；

4 确定边坡角和可能的失稳模式；

5 对边坡提出合理的治理措施与监测方案。

4.1.3 边坡工程岩土工程勘察工作布置应符合本规范附录A第A.1节的规定。

4.1.4 当需采取岩土试样时，土层采样间距宜为2m～5m，基岩可根据需要选取。但每个不同区段的主要层位试样数量，土样不得少于6件，岩样不得少于9件。

4.2 可行性研究阶段边坡岩土工程勘察

4.2.1 可行性研究阶段边坡岩土工程勘察，应为矿山开发的可行性研究和方案设计提供工程地质资料，并应满足初步确定采掘场境界几何形状的要求。

4.2.2 可行性研究阶段边坡岩土工程勘察工作应以搜集、分析和研究已有资料为主。搜集和研究的资料应包括下列内容：

1 区域地质资料；

2 矿区资源勘探报告及有关的工程地质、水文地质资料；

3 与采掘场工程地质、水文地质条件相似的自然边坡和人工边坡等资料。

4.2.3 在工程地质条件复杂的勘察场区，所搜集到的资料不能满足其要求时，可对勘察区适当进行外业勘察工作；外业勘察工作应以工程地质测绘与调查为主，必要时可进行勘探与试验工作。

4.3 初步设计阶段边坡岩土工程勘察

4.3.1 初步设计阶段边坡岩土工程勘察，应为初步确定采掘场各边帮坡角、地表境界和边坡管理工作提供工程地质资料。

4.3.2 初步设计阶段边坡岩土工程勘察，应符合下列规定：

1 应初步查明勘察区地层、岩性分布、产状及其物理力学性质，并应初步查明土层空间分布、成因、时代及物理力学性质；

2 应初步查明勘察区基岩的构造特征，并应确定断层、褶皱、节理、裂隙等的分布、组合特点等；

3 应初步查明勘察区基岩软弱面及软弱夹层的赋存条件、分布、产状、厚度及其物理力学性质；

4 应初步查明勘察区的水文地质条件；

5 应初步查明勘察区不良地质作用及采空区的分布、成因、发展趋势和对边坡稳定性的影响；

6 对抗震设防烈度大于或等于7度的勘察区，应搜集区域地震资料，并应分析其对边坡稳定性的影响；

7 对勘察区应进行工程地质分区，应初步确定各分区边坡破坏模式，并应进行边坡稳定计算，同时应推荐各边帮（坡）角的范围值；

8 应对边坡的监测工作提出建议。

4.3.3 初步设计阶段边坡岩土工程勘察，应包括下列工作内容：

1 收集和研究与勘察区有关区域的、矿区的工程地质、水文地质资料；

2 工程地质测绘、调查工作；

3 工程地质勘探；

4 岩、土物理力学性质的室内试验和原位测试；

5 水文地质试验和地下水长期观测工作。

4.4 施工图设计阶段边坡岩土工程勘察

4.4.1 施工图设计阶段边坡岩土工程勘察，应满足施工图设计所需的工程地质资料、各边帮（坡）角的确定、维护管理及治理监测的要求。

4.4.2 施工图设计阶段边坡岩土工程勘察，应符合下列规定：

1 应查明勘察区地层、岩性、产状；

2 应查明岩、土层空间分布、成因、时代，地下水埋藏特点和土岩接合面特点，并应查明勘察区断层、褶皱、节理、裂隙等构造类型分布、组合及其工程地质特征；

3 应查明勘察区软弱结构层（面）及分布、厚度及其工程地质特征；

4 应查明勘察区水文地质条件；

5 应确定岩、土物理力学性质，并应重点研究可能滑动面的抗剪强度；

6 应查明勘察区不良地质作用的分布、成因、发展趋势和对边坡稳定性的影响；

7 对位于高应力区的高边坡，宜进行岩石原位地应力的测量与分析；

8 在地震基本烈度大于或等于7度的勘察区，应搜集和分析区域地震资料；

9 对勘察区应进行工程地质分区，并应按分区进行稳定性计算，同时应提供各分区边坡角；

10 对稳定程度较低的边坡，应提出治理措施和对水压、位移监测的建议。

4.4.3 施工图设计阶段边坡岩土工程勘察，应在充分利用已有工程地质资料基础上进行下列工作：

1 工程地质测绘；

2 工程地质勘探；

3 水文地质试验和地下水长期观测；

4 采取岩土试样，进行室内物理力学性质试验。对可能成为滑动面的软弱结构层（面）及其相应的岩、土体应进行原位抗剪强度试验。

4.5 开采阶段边坡岩土工程勘察

4.5.1 开采阶段的边坡岩土工程勘察，应充分利用剥离露头对以前勘察成果进行验证、校正、补充完善，并应对边坡岩土体稳定类型进一步划分，对各边帮岩土体的稳定性应进行评价。开采阶段岩土工程勘察应满足修改边坡设计或边坡治理所需工程地质资料的要求。

4.5.2 开采阶段边坡岩土工程勘察工作，应充分利用岩体已被揭露的有利条件和已有的工程地质资料，进行仔细地分析研究，并应根据工程的具体情况，具有针对性地布置工程地质测绘、勘探和试验工作。

4.5.3 开采阶段边坡岩土工程勘察，应包括下列内容：

1 利用已形成的边帮和采掘所揭露的岩体，进行有针对性的工程地质测绘和调查；对各类结构面进行测量、统计和组合类型划分；

2 对边坡改（扩）建地段或稳定条件较差的边坡需确定滑动面时，应进行适量的工程地质钻探、井探和槽探；

3 利用边帮对崩塌等各种失稳现象进行详细的调查，分析失稳原因和类型及破坏模式，并对不稳定边坡进行位移监测和采取治理措施；

4 进行物探工作，确定岩体风化程度及因采掘爆破致使岩体松动的范围；

5 利用地下水监测资料和适当进行水文地质试验工作，核定水文地质特征，以便确定或修改疏、降水设计；

6 利用边帮采取岩土试样，进行室内物理力学性质试验；利用台阶进行原位抗剪强度试验，确定控制性不利结构面的力学参数。

5 排土场岩土工程勘察

5.1 一 般 规 定

5.1.1 露天煤矿排土场岩土工程勘察，应满足排土场设计所需工程地质资料的要求。

5.1.2 露天煤矿排土场场地，可按工程地质条件分为简单、中等复杂和复杂场地。

5.1.3 露天煤矿排土场按位置不同可分为内排土场与外排土场；外排土场按基底构成可分为软弱基底排土场与硬基底排土场。

5.1.4 露天煤矿排土场岩土工程勘察，应对下列影响露天煤矿排土场稳定性因素的内容进行评价：

1 地形、地貌、基底岩土埋藏特征；

2 水文地质条件；

3 采掘工艺；

4 排弃物料及基底岩、土物理力学性质；

5 排土场场地条件的变化对环境的影响。

5.2 排土场岩土工程勘察

5.2.1 露天煤矿排土场岩土工程勘察，应包括下列内容：

1 查明内外排土场基底地层岩性及其分布、成因、产状、物理力学性质；

2 查明基底软弱结构层（面）的分布、厚度及其特性；

3 查明水文地质条件；

4 查明排土场勘察范围内的不良地质作用及采空区的分布、发育，以及对排土场基底稳定的影响；

5 分析排土场边坡和基底的稳定性。

5.2.2 对于露天煤矿内排土场与硬基底排土场，应重点查明排土场基底岩层层面的倾斜方向、倾角大小、节理发育密度、节理连续情况，以及沿节理面破坏的可能；并应分析排弃物沿基底面滑动的可能性。

5.2.3 对于软弱基底排土场，应重点研究地基土的极限承载力，并应重点分析排土场基底土层承载力与排土高度的密切关系，同时应预测由基底承载力不足而引起沿基底内部土层滑动的可能性及滑动类型。

5.2.4 露天煤矿排土场岩土工程勘察，应包括工程地质测绘、工程地质勘探、工程地质测试，并应符合下列规定：

1 工程地质测绘，其比例尺宜为1：1000～1：2000，测绘范围应为排土场场地及其周边外延2倍～3倍排土高度范围地段；

2 工程地质勘探应包括钻探、坑（井）探、槽探和物探；

3 工程地质测试应包括岩土的室内试验和原位测试。

5.2.5 工程地质钻探工作量布置应根据排土场地大小和场地工程地质条件的复杂程度确定，并应符合下列规定：

1 勘探线、勘探点间距可按表5.2.5确定；

表5.2.5 勘探线、勘探点间距

场地复杂程度	勘探线距（m）	勘探点距（m）
简单	400～600	200～400
中等复杂	200～400	100～200
复杂	100～200	<100

2 勘探点布置范围宜超出排土场设计边界1倍～1.5倍排土高度。勘探点布置时，应根据场地条件分区段疏密布置，勘探剖面线应垂直于排土场边界线布置，每条剖面不得少于3个钻孔；

3 对于软弱基底排土场，勘探点布置重点应为排土场周边，范围应包括排土场顶界向内1倍排土高度至排土场底界向外1倍～1.5倍排土要求高度；

4 钻孔深度应控制在坚硬土层或基岩下5m～10m。

5.2.6 岩土试样的采取，土层采样间距宜为2m～5m，基岩可根据需要选取。每个不同区段的主要层位试样数量，土样不得少于6件，岩样不得少于9件。

6 采掘场岩土工程勘察

6.1 一般规定

6.1.1 采掘场岩土工程勘察，应对剥离物强度、剥离物与煤的切割阻力，以及各台阶基底承载力进行试验、测定与评价。

6.1.2 剥离物强度、剥离物与煤的切割阻力，以及各台阶基底承载力的试验、测定与评价方法，应根据开采设备选型确定。

6.2 剥离物强度

6.2.1 剥离物强度勘察，应查明岩（矿）石强度的空间分布规律。

6.2.2 岩（矿）层对比应运用地质方法、物探测井配合岩石物理力学试验进行，并应查明剖面上岩（矿）层层序、岩性、厚度、结构；岩（矿）石强度变化，岩石强度分类应符合表6.2.2的规定；岩（矿）石裂隙发育程度、规模、密度、产状、充填胶结情况，应建立完整的地质柱状及其对比剖面，并应查明硬岩的层位、岩性、厚度、分布及其在剥离物中所占的比例。

表6.2.2 岩石强度分类

岩石强度	第一类 松散软岩类	第二类 中硬岩类	第三类 硬岩类
岩石抗压强度（MPa）	<6	6～15	>15

6.2.3 剥离物强度勘察，应符合下列规定：

1 重点应为首采区，同时应对全区作适当控制；

2 勘探线应沿岩石强度变化的主导方向布置，其线距应根据岩石强度均匀程度、勘探面积大小确定；

3 剥离物强度勘察工作布置应符合本规范附录A第A.2节的规定。

6.3 剥离物与煤的切割阻力

6.3.1 露天煤矿开采工艺应按剥离物与煤的切割阻力确定。

6.3.2 剥离物与煤的切割阻力试验与测定方法，应符合现行行业标准《煤和岩石切割阻力的测定方法》MT/T 796 的有关规定。

6.4 基底承载力

6.4.1 露天煤矿开采中，挖掘机械和运输机械对地比压应按基底承载力确定。

6.4.2 基底承载力的确定方法，应符合现行国家标准《建筑地基基础设计规范》GB 50007 的有关规定。

7 工程地质测绘与调查

7.1 一般规定

7.1.1 工程地质测绘与调查，宜在可行性研究阶段或初步勘察阶段进行。其任务应为调查研究勘察区的地形、地貌、地层岩性、构造、水文地质条件、各种不良地质作用；划分工程地质单元体、进行工程地质分区；研究不良地质作用对场地的影响；分析场地工程地质条件和问题；对场地的稳定性和适宜性作出初步评价；为边坡、排土场、采掘场等的设计、所要采取的防治措施和进一步勘探、试验和专门性的勘察工作提供依据，并应符合下列规定：

1 对岩石出露或地貌、地质条件较复杂的场地应进行工程地质测绘；对地质条件简单的场地，可偏重采用地质调查；

2 在可行性研究阶段搜集资料时，宜包括航空相片、卫星相片的解译结果；

3 在详勘和开采阶段应主要对某些专门地质问题作补充性的测绘与调查。

7.1.2 工程地质测绘与调查的范围，应包括勘察区及其以外有关的地段，测绘的比例尺和精度应符合下列规定：

1 可行性研究阶段应为 1∶5000～1∶50000；

2 初勘阶段应为 1∶2000～1∶10000；

3 详勘阶段应为 1∶1000～1∶2000；

4 开采阶段应为 1∶500～1∶1000；

5 当工程地质条件复杂或解决某一特殊地质问题时，比例尺可适当放大。

7.2 工作方法

7.2.1 工程地质测绘与调查应包括搜集、分析、利用场区已有资料与进行实地踏勘、调查、测绘工作。实地测绘可根据实际情况采用下列方法：

1 测线测绘法。适用于控制全场区的测绘。测线应按垂直于岩层走向线或主要构造线布置，并宜与矿区原有的勘探线结合。测线间距宜为 100m～300m，应根据场区地质复杂程度确定。对于复杂的场区，测线间距可小于 100m。测点间距应根据地质条件的复杂程度确定，测点应为工程地质上有关键意义的点；

2 界线追踪法。应沿重要的地质界线和结构面进行追踪，应布置观测点；

3 露头标绘法。岩石出露不好、露头所占面积较小时，应进行露头的全面标绘；

4 路线穿越法。应垂直穿越地貌单元、边帮走向布点测绘。

7.2.2 地质点布置应符合下列要求：

1 每个地质单元体均应有观测点，观测点应布置在地质构造线、不同地层接触线、岩性分界线、标准层、天然及人工剖面、地下水的天然和人工露头、岩溶洞穴、地貌变化处，以及不良地质作用分布区；

2 观测点的密度应根据场区的地形地貌、地质条件、成图比例尺等确定，观测点应具有代表性，在图上的距离应控制在 20mm～50mm；

3 观测点应充分利用天然和人工露头，当露头不佳时，可根据具体情况布置少量的勘探工作，并应选取少量试样进行试验。条件适宜时，可配合进行物探工作。

7.3 工作内容

7.3.1 地形地貌调查应包括下列内容：

1 划分勘察区所处的地貌单元；

2 调查各地貌单元的成因类型、地层时代、岩性组合及地下水特点；

3 调查微地貌形态、特征，查明其与岩性、构造、不良地质作用及第四系堆积物的关系；

4 调查地形的形态及其变化情况。

7.3.2 地层岩性的调查应包括下列内容：

1 综合分层并确定填图单元；

2 确定勘察区各地质单元内地层岩性、厚度、产状、结构、时代和成因，进行工程地质岩组划分，确定岩组分布界线、岩组间的接触关系、岩石的风化程度；

3 确定软弱夹层的岩性、产状、厚度、胶结和充填物情况及其特征。

7.3.3 地质构造的调查应包括下列内容：

1 测定岩层产状，判定褶皱类型及其特征；

2 确定断层的位置、类型、产状、规模和断层带宽度、充填物质及胶结程度；

3 测量节理、裂隙的产状，观察记录节理裂隙面的形态特征、宽度、充填物及其性质；应选择代表性地段进行节理裂隙统计，统计结果用裂隙极点图及裂隙等密度图表示，并确定优势发展方向；

4 确定岩体结构类型，分析地质构造对边坡稳定性的影响。

7.3.4 地表水及地下水应调查下列内容：

1 调查勘察区及附近河流水文观测资料，分析勘察区遭受淹没的可能性；

2 了解勘察区的汇水面积、地表径流系数，估计地表水对勘察区的充水影响；

3 调查含水层的岩性特征、埋藏深度、分布情况、含水性及渗透性；

4 调查地下水类型、埋藏深度、变化幅度、补给及排泄条件、化学成分及其与地表水的联系；

5 调查泉的出露位置、类型、流量及其动态变化；

6 分析水文地质条件与地形、岩性、构造之间的联系。

7.3.5 自然边坡和人工边坡应调查下列内容：

1 调查勘察区及其附近地质条件相似的自然边坡，分析稳定坡角与边坡高度、地层岩性、水文地质条件的关系；

2 调查人工边坡的类型、坡面岩性的类型、坡面岩体破碎情况、节理裂隙的统计、有无危岩及潜在滑体、已滑边坡类型及其形成机制、稳定边坡与不稳定边坡所形成的台阶坡面角等。

7.3.6 不良地质作用应调查下列内容：

1 对滑坡地段应重点测绘与调查。调查滑动前的地质条件；调查测定滑坡体边界、滑动面位置及其他滑坡要素；确定滑动的外因，推断滑坡的发展趋势；

2 勘察区内存在采空区时，应搜集采矿历史资料，调查采空区的空间分布、规模、形成时间、充填情况、坍塌状况、岩性和岩体结构、地面变形等；进行地表调查测绘，查明地表移动范围和破坏现状；分析采空区对边坡稳定性的影响；

3 对勘察区及其周围的崩塌、岩堆、泥石流等不良地质作用，应调查其形成条件、规模、性质、分布范围及预测其发展趋势。

7.3.7 当勘察区抗震设防烈度大于或等于7度时，应调查当地由地震造成的地质现象、宏观震害和烈度异常区（带）的范围。

7.4 工程地质图的编制

7.4.1 在工程地质测绘与调查的基础上，应根据勘察区工程地质条件进行分区，初步判定各分区边坡的稳定程度、发展趋势和可能破坏模式。

7.4.2 工程地质图的比例尺不应大于工程地质测绘与调查的比例尺，精度不应小于工程地质测绘与调查的精度，宜在矿区地形地质图和矿山采剥计划图的工作底图上进行。

7.4.3 工程地质图的种类可按本规范第12.3.2条执行，可将下列内容反映在本规范第12.3.2条各种图件中：

1 地貌单元及第四纪不同时代土层的分布，并对土体稳定性进行划分；

2 地质构造要素、地层岩性分布、工程地质岩组、岩体结构类型及稳定性分类；

3 岩、土物理力学试验与分析成果；

4 不良地质作用；

5 采空区分布及地表移动和变形范围；

6 第四纪土体及基岩的水文地质特征；

7 边坡类型及其稳定类别。

8 勘探与取样

8.1 一般规定

8.1.1 当需查明岩土的性质和分布，采取岩土试样或进行原位测试时，可采取钻探、井探、槽探、硐探和地球物理勘探等。勘探方法的选取应符合勘察目的及岩土的特性。

8.1.2 布置勘探工作量时，应评价勘探对工程及自然环境的影响。钻孔、探井、探槽及探硐完工宜妥善回填。进行边坡岩土工程勘察时，其钻孔应根据其是否与露天坑或邻井有水力联系、是否影响露天坑或邻井的安全、是否危及边坡稳定等确定是否对钻孔进行密封。

8.2 钻探与取芯技术要求

8.2.1 钻探方法可根据地层类别及勘察要求按表8.2.1选择。

表8.2.1 钻探方法

钻探方法		钻进地层					勘察要求	
		黏性土	粉土	砂土	碎石土	岩石	直观鉴别、采取不扰动试样	直观鉴别、采取扰动试样
回转	螺旋钻探	++	+	+	×	×	++	++
	无岩芯钻探	++	++	++	+	++	×	×
	岩芯钻探	++	++	++	+	++	++	++
冲击	冲击钻探	×	+	++	++	×	×	×
	锤击钻探	++	++	++	+	×	++	++
振动钻探		++	++	++	+	×	+	++
冲洗钻探		+	++	++	×	×	×	×

注：++表示适用，+表示部分适用，×表示不适用。

8.2.2 钻孔口径及钻具规格应符合现行行业标准《建筑工程地质勘探与取样技术规程》JGJ/T 87的有关规定，成孔口径应满足取样、测试、监测以及钻进工艺的要求。测试孔终孔孔径宜为108mm～200mm，取原状岩、土样钻孔终孔孔径不宜小于89mm。

8.2.3 钻探与取芯应符合下列规定：

1 钻进深度、岩土分层深度的量测误差范围应为±0.05m；

2 对鉴别地层天然湿度的钻孔，在地下水位以上的土层应进行干钻。当必须加水或使用循环液时，应采用双层岩芯管钻进；

3 所有钻孔应全部取芯，按不同岩性分层采取岩、土样，特别是软弱夹层的试样。取芯率对于土层和软弱夹层不应低于90%，对完整和较完整岩体不应低于80%，对破碎岩石不应低于65%；达不到要求时应采取补救措施，并应测定RQD值。当需确定岩石质量指标RQD时，应采用75mm口径（N型）双层岩芯管，且宜采用金刚石钻头。对需重点查明的部位应采用双层岩芯管连续取芯；

4 定向钻进的钻孔应分段进行孔斜测量。倾角及方位的量测精度应分别为±0.1°、±0.3°。定向取芯确定构造带和岩层的产状时，岩芯采取率不应低于90%，定向成功率应大于95%。

8.2.4 钻孔的记录和编录应符合下列要求：

1 野外记录应由经过专业训练的人员承担。记录应真实及时，按钻进回次逐段填写，严禁事后追记；

2 钻探现场描述可采用肉眼鉴别、手触方法，有条件或勘察工作有明确要求时，可采用标准化、定量化的方法；

3 岩芯应按规定的内容进行详细描述和编录，并按顺序摆放在岩芯箱中，用正交摄影法进行彩色拍照。芯样可根据工程要求保存一定期限或长期保存，亦可拍摄岩、土芯彩照纳入勘察成果资料；

4 钻探过程中遇到地下水时，应准确测量、记录地下水位；

5 岩石的分类与鉴定标准应符合本规范附录B的规定。

8.3 井探、槽探、硐探

8.3.1 当钻探方法难以准确查明地下情况时，可采用井探、槽探进行勘探。在大中型边坡勘察中，当需详细调查深部岩层性质及其构造特征时，可采用竖井或平硐。

8.3.2 探井的深度不宜超过地下水位。竖井和平硐的深度、长度、断面应按工程要求确定。

8.3.3 对井探、槽探、硐探除应文字描述记录外，尚应以剖面图、展开图等反应井、槽、硐壁及底部的岩性、地层分界、构造特征、取样及原位试验位置，并应辅以代表性部位的彩色照片。

8.4 地球物理勘探

8.4.1 地球物理勘探应与工程地质测绘和钻探配合使用。岩土工程勘察中可在下列情况采用地球物理勘探：

1 作为钻探的先行手段，了解隐蔽的地质界线、界面或异常点；

2 作为钻探的辅助手段，在钻孔之间增加地球物理勘探点，为钻探成果的内插、外推提供依据；

3 探测采空区及空巷范围；

4 对边坡勘探钻孔，进行地球物理测井；

5 作为原位测试手段，测定岩土体的波速、动弹性模量等。

8.4.2 选择地球物理勘探方法，应根据工程任务要求、地质条件和岩土物理特性等因素确定，可选用电法、地震波法、声波探测、物理测井法等。

8.5 岩土水取样

8.5.1 土试样质量可根据试验目的按表8.5.1划分。

表8.5.1 土试样质量等级划分

级别	扰动程度	试验内容
Ⅰ	不扰动	土类定名、含水率、密度、强度试验、固结试验
Ⅱ	轻微扰动	土类定名、含水率、密度
Ⅲ	显著扰动	土类定名、含水率
Ⅳ	完全扰动	土类定名

注：1 不扰动指原位应力状态虽已改变，但土的结构、密度、含水率变化很小，能满足室内试验各项要求。

2 如确无条件采取Ⅰ级土试样，在工程技术要求允许的情况下可以Ⅱ级土试样代用，但宜先对土试样受扰动程度做抽样鉴定，判定用于试验的适宜性，并结合地区经验使用试验成果。

8.5.2 取样工具或方法应按土层类别、技术要求的不同选择。

8.5.3 取样器的技术规格应符合现行行业标准《建筑工程地质勘探与取样技术规程》JGJ/T 87的有关规定。

8.5.4 在钻孔中采取Ⅰ、Ⅱ级土试样时，应符合下列要求：

1 在软土、砂土中宜采用泥浆护壁。使用套管时，应保持管内水位等于或稍高于地下水位，取样位置应低于套管底孔径3倍以上的距离；

2 采用冲洗、冲击、振动等方式钻进时，应在预计取样位置1m以上改用回转钻进；

3 下放取样器前应仔细清孔，孔底残留浮土厚度不应大于取样器废土段长度（活塞取土器除外）；

4 采取土试样宜用快速静力连续压入法，也可采用重锤少击方法，但应有导向装置；

5 取样的具体操作方法应按现行行业标准《建筑工程地质勘探与取样技术规程》JGJ/T 87的有关规定执行。

8.5.5 Ⅰ、Ⅱ、Ⅲ级土试样应妥善密封，并应避免暴晒或冰冻。在运输中应避免振动，保存时间不宜超过3周。对易于振动液化和水分离析的土试样宜就近进行试验。

8.5.6 岩石试样可利用钻探岩芯制作或在探井、探槽、竖井、平硐中刻取，采取的毛样尺寸应满足试块加工的要求。在特殊情况下，试样形状、尺寸和方向应由岩体力学试验设计确定。

8.5.7 湿陷性黄土的取样应按现行国家标准《湿陷性黄土地区建筑规范》GB 50025 的有关规定执行；其他湿陷性土应按现行国家标准《岩土工程勘察规范》GB 50021 的有关规定执行。

8.5.8 钻探过程中遇到地下水时，应采取水试样。

9 岩土水试验与原位测试

9.1 一般规定

9.1.1 岩土水的室内试验与原位测试项目和试验测试方法，其具体操作和试验仪器设备应符合现行国家标准《土工试验方法标准》GB/T 50123、《工程岩体试验方法标准》GB/T 50266 和《岩土工程勘察规范》GB 50021 的有关规定。

9.1.2 岩土工程评价时所选用的参数值，应由室内试验、原位测试或原型观测反分析成果相互比较，经修正后确定。

9.1.3 试验测试项目和试验测试方法，应根据工程要求、岩土条件、地区经验和试验测试方法的适用性等因素综合确定。试验测试条件宜与现场工况相适应；并应注意岩土的非均质性、非等向性和不连续性，以及由此产生的岩土体与岩土试样在工程性状的差别。

9.1.4 试验测试制备试样前，应对岩土的重要性状作肉眼鉴定和简要描述。

9.1.5 对特种试验与原位测试项目，应制订专门的试验与测试方案。

9.1.6 室内试验与原位测试的仪器设备应定期进行检验和标定。

9.2 土工试验与测试

9.2.1 土工试验项目应符合下列规定：

1 物理性质试验应包括下列内容：

1）黏性土：密度、比重等；

2）粉土：颗粒分析、密度、比重等；

3）砂类土：颗粒分析、密度、相对密度、含水率等；

4）碎石类土：颗粒分析，必要时可进行现场大体积密度试验；含黏性土较多时，宜测定黏性土的含水率等。

2 水理性质试验应包括下列内容：

1）黏性土、粉土：含水率、液限、塑限等；

2）特殊性土应根据特殊性土的性质测定其特殊性指标；对于湿陷性黄土，除进行饱和状态与天然状态下的强度试验外，尚应做增湿条件下强度变化。

3 力学性质试验应测定土的压缩系数、压缩模量、黏聚力、内摩擦角、软黏土的残余抗剪强度等。

9.2.2 土层的原位测试应根据实际工程需要与工程地质条件选择适宜的测试方法。

9.3 岩石试验与测试

9.3.1 岩石试验项目应符合下列规定：

1 物理性质试验应包括含水率、颗粒密度、块体密度等。

2 水理性质试验应包括吸水性试验、软化系数等。

3 完整岩石力学性质试验应包括单轴和三轴抗压强度、抗拉强度、抗剪断强度、弹性模量、泊松比、纵波速度、横波速度等。

4 断层破碎岩、不连续面、软弱结构层（面）及强风化泥岩等力学性质试验，应包括下列内容：

1）残余抗剪强度；

2）蠕变试验。

5 对软质岩石，应进行下列试验：

1）抗水性试验；

2）对具有膨胀性的岩石，应进行崩解性、膨胀量及膨胀力试验；

3）对抗水性弱或经常处于湿润状态下的岩石，应进行不同含水率条件下的力学试验。

9.3.2 岩层的原位测试应根据实际工程需要与岩层的岩性、风化程度，以及其他因素选择适宜的测试方法。

9.4 排弃物料试验与测试

9.4.1 排弃物料由岩块、碎石类土、砂类土、粉土、黏性土等一种或数种材料组成。

9.4.2 对排弃物料应进行筛分，确定其岩土比例，必要时应对所含砂类土、粉土、黏性土进行颗粒分析；应测定排弃物料的体密度、比重、含水率，必要时应进行现场大体积密度试验。

9.4.3 排弃物料以黏性土、粉土为主时，应重点测定其密度、液限、塑限、含水率等。

9.4.4 排弃物料的力学试验应主要测定其压缩系数、压缩模量与抗剪强度指标。

9.4.5 不同配比与不同含水条件下的排弃物料，应分别进行室内试验与现场原位模拟测试。

9.5 水的试验与测试

9.5.1 水的试验与测试工作应主要包括地下水水质分析与水文地质参数的试验与测试。

9.5.2 地下水水质分析宜进行水质简易分析。

9.5.3 水文地质参数的试验与测试应包括下列内容：

1 室内试验主要用于测试渗透系数；

2 结合水文钻探工作，测定地下水的水位、流向及流速；

3 根据工程实际的水文地质条件，选取抽水试验、压水试验或注水（渗水）试验，以计算渗透系数、影响半径等水文地质参数。

9.5.4 当需要对水和土的腐蚀性进行评价时，应按现行国家标准《岩土工程勘察规范》GB 50021 的有关规定执行。

10 现场监测

10.1 一般规定

10.1.1 露天煤矿的现场监测应包括地下水压监测与位移监测。

10.1.2 现场监测的记录、数据和图件，应保持真实完整，并应按工程要求及时进行整理分析。

10.1.3 现场监测资料，应及时向有关方面报送。当检测数据接近危及边坡稳定的临近值或变形速率有加快趋势时，应加密监测，并应及时报告。

10.1.4 现场监测应分阶段提交成果报告。报告中应附有相关曲线和图纸，并应进行分析评价，同时应提出相应的建议与措施。

10.2 地下水压监测

10.2.1 地下水压监测应包括下列工作内容：

1 测定岩土体内部地下水压力及其变化值，结合边坡渗流场的分析，用于确定边坡稳定性分析和地下水控制所需的地下水；

2 通过地下水压监测数据评估地下水控制效果。

10.2.2 地下水压监测应建立水压计网络进行监测。测线布置应在采掘场周围选择有代表性的剖面。水压监测孔数量及布置方法应包括下列内容：

1 地下水对边坡稳定性的相对重要性；

2 地质条件的复杂性；

3 勘察阶段；

4 露天采掘场规模及滑坡规模；

5 含水层的数量等；

6 应贯彻一孔多用的原则。

10.2.3 采用地下水控制措施的边坡，应在工程实施时设置水压计。

10.2.4 水压计的选择，应符合下列规定：

1 小于或等于 50m 的浅孔，宜用竖管式水压计；

2 当孔深大于 50m 或边坡活动已进入Ⅱ级监测时，宜采用电器式水压计；

3 必要时，可采用遥测式水压计。

10.2.5 地下水监测技术应符合下列规定：

1 钻孔应清水钻进，并应确定准确的含水层及滑面位置；

2 水压计应满足测试深度和精度的要求。安装过程中应进行监视；

3 水压测量频率应定期进行。水压计正常运行后宜每月一次，当季节变化或数据变化较大时，应加密观测频率。

10.2.6 观测资料应及时整理分析，并应绘制地下水压、降水量的历时曲线，同时应结合勘探资料分析监测成果，并应提交监测报告。

10.3 位移监测

10.3.1 在开采阶段，应结合大地测量基本控制网，设置全球定位系统（GPS）监控站，对采掘场、排土场的边坡进行位移监测。

10.3.2 位移监测应包括地表位移监测和地下位移监测。

地表位移监测应分为大地测量技术和位移计监测技术。

地下位移监测应分为水平位移监测、垂直位移监测、大地位移监测。水平监测位移应采用钻孔倾斜仪、应变式传感器、伸长计等；垂直位移监测采用沉降仪、卧式水平孔倾斜仪等；大地位移监测应采用固设式倾斜仪、位移计等。地下位移监测应主要用于确定滑面位置、滑坡规模、变形特征等。

位移监测程序应分为Ⅰ、Ⅱ、Ⅲ三级。当监测进入Ⅱ级监测后期时，可采用遥测装置。

10.3.3 在露天煤矿地表最终境界线以外 200m 范围以内，应建立地表位移和地下位移的永久观测线。其监测线、孔布置数量，应根据露天煤矿的走向长度、边坡区段的重要性和可能实现的情况确定。但观测线不应少于 3 条，每条观测线上不应少于 3 个观测点。每个监测分区不应少于 5 个孔。孔深应达到预想滑面下5m～10m，孔径应为 108mm～200mm。

10.3.4 位移监测周期与监测深度应根据地表位移和地下位移的具体情况确定，并应符合下列规定：

1 地表位移监测周期应根据监测程序等综合确定。Ⅰ级监测期应每年两次，Ⅱ级监测期应每月一次或与其他观测同步进行。采掘与整治过程前后均应观测。当位移变化加速时应增加观测次数，但每年观测不得少于 4 次。每年应提交监测分析报告；

2 当野外地质调查或地表位移监测发现局部地段有不稳定迹象时，则应进行地下位移监测。监测周期可根据位移速度和季节变化确定；

3 地下位移的监测深度，应在预计滑动层（面）以下 10m～20m。对观测数据及岩体稳定状况，应及时进行整理和分析。

10.3.5 测量观测网应在矿山开采初期开始建立。

对采掘场边坡进行观测，当觇标距离小于 400m 时，应采用三等三角网和三等水准网进行控制；当觇标距离大于 400m 时，应采用角边测量法。

监测工作可用光电测距仪和水准仪进行，应定期观测和进行数据整理。

当边坡处于Ⅱ级监测程序时，在关键地区应增加观测站，并应增加观测次数。

10.3.6 在到界边坡上，应建立永久观测点。其间距应为 200m～400m；观测线上的观测点间距应为 30m～50m，监测周期应根据地表位移和地下位移的情况确定。在降雨期间或当位移速度加快时，应增加观测次数，并应及时提交监测报告。

10.3.7 对出现地表和地下位移或地质构造复杂、稳定性较差的重要边坡，应建立地表和地下位移的监测系统。地表和地下观测线的数量，应根据地表和地下位移区的走向长度确定，但不应少于 2 条，每条线上不应少于 3 个观测点。

当边坡出现裂缝或地鼓等迹象时，应采用位移计、伸长计来测量滑体位移，必要时可采用遥测装置。

10.3.8 监测资料应定期、及时整理，并应提供有关图表。图表应包括位移矢量图、钻孔位移曲线图、位移与时间曲线图等。

11 边坡稳定性评价

11.1 一 般 规 定

11.1.1 采掘场边坡稳定性评价，应根据不同勘察阶段提出的勘察成果进行，其评价精度应与勘察阶段相适应，在充分利用勘察成果的基础上提出相应的评价结论和防治措施建议。

11.1.2 采掘场边坡稳定性评价应按工程地质分区分别进行，对所划分的各边帮分段作出整体稳定性评价和局部稳定性评价，并应对各段边坡坡率、各级坡高及减载平台宽度等提出建议参考值。

11.1.3 边坡稳定性评价，应对已存在的不良地质作用的现状稳定性和对采场边坡稳定性的影响作出评价。

11.1.4 在采场边坡体内或坡底以下存在采空区时，应对采空区对边坡稳定性的影响进行专门研究。

11.1.5 在进行采掘场边坡稳定性评价时，应分别对覆盖土体和岩体边坡的稳定性作出评价。

11.2 边坡稳定性分析

11.2.1 在进行土体和岩体边坡稳定性分析时，应根据所判定的破坏类型和破坏模式进行分析计算。边坡稳定性分析的计算方法与计算公式应符合本规范附录 C 的规定。

11.2.2 边坡稳定性计算方法，可按下列规定确定：

1 均质土体或较大规模碎裂结构岩体边坡可采用圆弧滑动法计算；但当土体或岩体中存在对边坡稳定性不利的软弱结构面时，宜采用以软弱结构面为滑动面进行计算；

2 对较厚的层状土体边坡，宜对含水量较大的软弱层面或土岩结合面采用平面滑动或折线滑动法进行计算；

3 对可能产生平面滑动的岩（土）体边坡，宜采用平面滑动法进行计算；

4 对可能产生折线滑动面的岩（土）体边坡，宜采用折线滑动法进行计算；

5 对结构复杂的岩体边坡，可采用赤平投影对优势结构面进行分析计算，也可采用实体比例投影法进行计算；

6 对可能产生倾倒的岩体，宜进行倾倒稳定性分析；

7 对边坡破坏机制复杂的岩体边坡，宜结合数值分析法进行分析。

11.3 边坡稳定性评价

11.3.1 边坡稳定系数，可按表 11.3.1 采用。

表 11.3.1 边坡稳定系数

边坡类型	服务年限 (a)	稳定系数
边坡上部有特别重要的建筑物或边坡滑落会造成生命财产重大损失的	>20	>1.50
采掘场最终边坡	>20	1.30～1.50
非工作帮边坡	<10 10～20 >20	1.10～1.20 1.20～1.30 1.30～1.50
工作帮边坡	临时	1.05～1.20
外排土场边坡	>20	1.20～1.50
内排土场边坡	<10 ≥10	1.20 1.30

11.3.2 对地震基本烈度大于或等于 7 度的矿区进行边坡稳定性分析时，应评价地震力对边坡稳定的影响。滑体承受的地震力 F 应按下式计算：

$$F = mk \qquad (11.3.2)$$

式中：m——滑体的质量（kg）；

k——地震系数，$k=a/g$；

a——地震加速度（m/s^2）；

g——重力加速度（m/s^2）。

11.3.3 当边坡坡面有动水流存在时，应评价其对边坡稳定性的影响，并提出相应的处理措施。

当采取地下水控制措施后，在边坡体内仍有残余水存在时，应分析评价静水压力对边坡稳定的影响，对其影响程度不能进行定量分析时可作敏感性分析。

11.3.4 在边坡体内或边坡的下部有采空区分布时，则应注意研究和估计对边坡变形和稳定性的影响，并提出处理建议。

11.4 排土场边坡稳定性评价

11.4.1 排土场的边坡稳定，除排土场本身的稳定性之外，尚应对排土场基底的极限承载能力、基底变形范围、最大排弃高度进行评价，并提出保持边坡稳定性的安全措施。

11.4.2 评价排土场边坡稳定性时，应根据不同排弃物料组成和基底的岩土性质选择合理的计算参数。

11.4.3 评价排土场边坡稳定性时，应按排弃物料及基底的岩土性质，确定适宜的边坡破坏模式。可按本规范附录D选取适宜的破坏模式。

11.4.4 排土场的边坡稳定性分析，应以极限平衡法为主，并应以稳定系数表示其稳定程度，稳定系数可按表11.3.1采用。

11.4.5 当有地表水、地下水、地震、爆破等外在因素影响排土场边坡时，应评价其对边坡稳定性的影响。

12 岩土工程评价和勘察成果

12.1 一 般 规 定

12.1.1 露天煤矿岩土工程勘察，应按不同勘察阶段要求分别提出相应的勘察成果。

12.1.2 岩土工程分析与评价应在工程地质测绘、勘探、测试和搜集已有资料的基础上，结合露天煤矿的工程特点和具体要求进行。

12.1.3 在评价勘察区的工程地质条件时，应根据岩性、构造、水文地质条件等进行工程地质分区和边坡分区，凡工程地质条件、边坡形状、坡面角等基本相同的地段可划为同一区段，并可选用一典型的工程地质剖面及计算参数参与分析。

12.1.4 工程地质勘察的全部原始记录、测试数据及搜集的有关资料，均应校对和检验后再作为勘察成果的素材使用。重要的岩、土物理力学性质试验数据还应附测试的原始资料。

12.2 岩土参数的分析与选取

12.2.1 岩土参数应根据工程特点和地质条件选用，并应按下列内容评价其可靠性和适用性：

1 取样方法和其他因素对试验结果的影响；

2 采用的试验方法和取值标准；

3 不同测试方法所得结果的分析比较；

4 测试结果的离散程度；

5 测试方法与计算模型的配套性。

12.2.2 在分析试验与测试的原始数据时，应注意试验测试仪器设备、试验测试条件、试验测试方法等对试验测试结果的影响，结合地层实际条件，剔除异常数据后进行统计分析。

12.2.3 岩土的物理力学指标，应按场地的工程地质单元体和层位采用数理统计方法分别进行统计与分析。

12.2.4 岩土参数的统计与选取应按本规范附录E的规定执行。当采用概率法评价边坡稳定性时，应绘制随机变量直方图，并应确定其概率密度函数。

12.3 岩土工程勘察报告

12.3.1 岩土工程勘察报告书应包括下列内容：

1 勘察目的、任务要求和依据的技术标准。

2 勘察工作概况。

3 区域和矿区的气象、水文、地形、地貌、地层、岩性、构造、地震等自然和地质概况。

4 采掘场工程地质条件，应包括下列内容：

1）各岩组的工程性质、赋存条件、构造特征及影响边坡稳定的软弱结构层（面）的产状、性质和分布规律；

2）水文地质条件；

3）自然边坡和人工边坡的稳定状况；

4）可能影响边坡稳定的不良地质作用和其他因素。

5 阐明工程地质分区的原则和依据，各分区边坡的破坏模式，岩体及软弱结构层（面）的物理力学性质。

6 阐明边坡稳定性计算的基本条件，所采用的计算参数，边坡稳定分析结果及其评价。

7 内、外排土场的工程地质条件，应重点阐述排土场基底的岩土层结构特征、赋存条件、物理力学性质及其极限承载力。

8 按采掘进度计划，确定排弃物料的不同岩性比例及其物理力学性质的计算参数。

9 对需进行抗震设防的边坡应根据区划提供设防烈度或地震动参数。

10 根据排土场基底与排弃物料的物理力学性质，论述排土场最终边坡角与最大排弃高度之间的关系。

11 根据排土场边坡稳定分析成果与结论，评价排土场最大可能排弃高度。

12 提出维护采掘场与排土场边坡稳定的建议和所应采取的监测措施。

12.3.2 岩土工程勘察报告，应包括下列图表：

1 露天煤矿交通位置图；

2 矿区地质地形图；

3　工程地质勘察实际材料图；

4　工程地质综合平面图（包括工程地质分区、边坡分区等）；

5　人工边坡、自然边坡、滑坡及地下采空区的调查资料及图件；

6　工程地质剖面图；

7　边坡稳定分析剖面图；

8　钻孔柱状图；

9　槽探、井探展开素描图；

10　节理、裂隙等结构面调查统计图表；

11　水文地质平面图；

12　水文地质断面图；

13　主要含水层等水位（水压）线图；

14　主要含水层地板等高线图；

15　岩、土物理力学性质试验资料及其图表；

16　其他有关的图表及资料。

附录A　露天煤矿边坡与剥离物的分类及勘察工作布置

A.1　露天煤矿边坡的分类及勘察工作布置

A.1.1　露天煤矿边坡按构成边坡岩层的岩性、物理力学性质和结构面的发育程度，可按下列规定分类：

1　第一类松散岩石类，可按下列分型：

1）岩性比较单一，不含水或者虽含水但易于疏干，为一型；

2）岩性组合比较复杂，各岩层的渗透性能差别较大，含水层不易疏干，泥岩遇水极易软化变形，为二型。

2　第二类半坚硬岩石类，可按下列分型：

1）岩性比较单一，构造简单，岩层不含水，或者含水但易于疏干，软弱夹层不甚发育，为一型；

2）岩性组合比较复杂，含多个软弱夹层，各类结构面发育，岩层含水，水压较高，为二型。

3　第三类坚硬岩石类，可按下列分型：

1）岩层倾角平缓，各类结构面不发育，地下水位深，含水不丰富，软弱夹层（面）较少，为一型；

2）岩层倾角较陡，各类结构面发育，含水层含水丰富，水压高，软弱夹层（面）发育，为二型。

A.1.2　露天煤矿边坡的勘察工程布置应根据边坡的不同类型确定，并应符合下列规定。

1　第一类松散岩石类及第二类半坚硬岩石类边坡地区，可垂直非工作帮走向布置勘察剖面，其中一型地区可布置1条～2条剖面，二型地区可布置2条～3条剖面，每条剖面上可布置2个～3个钻孔；垂直于端帮可布置1条～2条剖面，每条剖面上可布置2个～3个钻孔。边坡勘察钻孔深度，应超过最下一个可采煤层底板或潜在滑动面以下50m，并应有适量钻孔布置在地表边坡线以外；

2　第三类坚硬岩石类边坡地区，非工作帮可布置1条勘察剖面，或沿非工作帮布置3个钻孔，端帮应布置2个～3个钻孔。

A.2　露天煤矿剥离物的分类及勘察工作布置

A.2.1　露天煤矿剥离物按岩层的岩性和物理力学性质，可按下列分类：

1　岩层的抗压强度均小于6MPa，可采用连续开采工艺，应为第一类松散岩层及软岩类。

2　岩层的抗压强度为6MPa～15MPa，应为第二类中硬岩类，可按下列分型：

1）剥离物强度比较均一，岩层（岩组）对比比较容易，岩石强度在平面上变化较小，或者具有明显的规律，为一型；

2）剥离物强度不均一，岩层（岩组）对比比较困难，岩石强度在平面上变化较大，且硬岩含量较高，为二型。

3　岩层的抗压强度均大于15MPa，不能采用连续开采工艺，应为第三类硬岩类。

A.2.2　露天煤矿剥离物的勘察应按构成剥离物的岩层类别布置勘察工程量，并应符合下列规定：

1　勘察线应沿岩石强度变化的主导方向布置，勘察线距应根据岩石强度的均匀程度确定；

2　在先期开采地段内，第一类地区可选择少量地质、水文地质钻孔取芯，进行采样试验，必要时应组成工程地质剖面；

3　二类一型地区线距应为800m～1200m，二类二型地区线距应为400m～800m；

4　三类地区线距应为2000m～3000m。

附录B　岩石分类和鉴定

B.0.1　岩石坚硬程度等级可按表B.0.1定性划分。

表B.0.1　岩石坚硬程度等级的定性分类

坚硬程度等级		定性鉴定	代表性岩石
硬质岩	坚硬岩	锤击声清脆，有回弹，震手，难击碎，基本无吸水反应	未风化～微风化的花岗岩、闪长岩、硅质石灰岩、辉绿岩、玄武岩、安山岩、片麻岩、石英岩、石英砂岩、硅质砾岩等
	较硬岩	锤击声较清脆，有轻微回弹，稍震手，较难击碎，有轻微吸水反应	1. 微风化的坚硬岩； 2. 未风化～微风化的大理岩、板岩、石灰岩、白灰岩、白云岩、钙质砂岩等

续表 B.0.1

坚硬程度等级		定性鉴定	代表性岩石
软质岩	较软岩	锤击声不清脆，无回弹，较易击碎，浸水后用指甲可刻出印痕	1. 中等风化～强风化的坚硬岩或较硬岩； 2. 未风化～微风化的凝灰岩、千枚岩、泥灰岩、砂质泥岩等
	软岩	锤击声哑，无回弹，有凹痕，易击碎，浸水后手可掰开	1. 强风化的坚硬岩石或较硬岩； 2. 中等风化～强风化的较软岩； 3. 未风化～微风化的页岩、泥岩、泥质砂岩等
极软岩		锤击声哑，无回弹，有较深凹痕，手可捏碎，浸水后可捏成团	1. 全风化的各种岩石； 2. 各种半成岩

B.0.2 岩体完整程度等级按表 B.0.2 定性划分。

表 B.0.2 岩体完整程度等级的定性分类

完整程度	结构面发育程度		主要结构面的结合程度	主要结构面类型	相应结构类型
	组数	平均间距（m）			
完整	1～2	>1.0	结合好或结合一般	裂隙、层面	整体状或巨厚层状结构
较完整	1～2	>1.0	结合差	裂隙、层面	块状或厚层状结构
	2～3	1.0～0.4	结合好或结合一般		块状结构
较破碎	2～3	1.0～0.4	结合差	裂隙、层面、小断层	裂隙块状或中厚层状结构
	≥3	0.4～0.2	结合好		镶嵌破碎结构
			结合一般		中、薄层状结构
破碎	≥3	0.4～0.2	结合差	各种类型结合面	裂隙块状结构
		≤0.2	结合一般或结合差		破碎状结构
极破碎	无序	—	结合很差	—	散体状结构

注：平均间距指主要结构面（1～2）组间距的平均值。

B.0.3 岩体可根据结构类型按表 B.0.3 划分。

表 B.0.3 岩体按结构类型划分

结构类型	岩体地质类型	结构体形状	结构面发育情况	岩土工程特征	可能发生的岩土工程问题
整体状结构	巨块状岩浆岩和变质岩，巨厚层沉积岩	巨块状	以层面和原生、构造节理为主，多呈闭合型，间距大于 1.5m，宜为1组～2组，无危险结构	岩体稳定，可视为均质弹性各向同性体	局部滑动面或坍塌，深埋洞室的岩爆

续表 B.0.3

结构类型	岩体地质类型	结构体形状	结构面发育情况	岩土工程特征	可能发生的岩土工程问题
块状结构	厚层状沉积岩，块状岩浆岩和变质岩	块状、柱状	有少量贯穿性节理裂隙，结构面间距 0.7m～1.5m；宜为2组～3组，有少量分离体	结构面互相牵制，岩体基本稳定，接近弹性各向同性体	局部滑动面或坍塌，深埋洞室的岩爆
层状结构	多韵律薄层、中厚层状沉积岩，副变质岩	层状、板状	有层理、片理、节理，常有层间错动	变形和强度受层面控制，可视为各向异性弹塑性体，稳定性较差	可沿结构面滑塌，软岩可产生塑性变形
破碎状结构	构造影响严重的破碎岩层	破块状	断层、节理、片理、层理发育，结构面间距 0.25m～0.50m，宜为3组以上，有许多分离体	整体强度很低，并受软弱结构面控制，呈弹塑性体，稳定性很差	易发生规模较大的岩体失稳，地下水加剧失稳
散体状结构	断层破碎带，强风化及全风化带	碎屑状	构造和风化裂隙密集，结构面错综复杂，多充填黏性土，形成无序小块和碎屑	完整性遭极大破坏，稳定性极差，接近松散体介质	

B.0.4 岩石风化程度可按表 B.0.4 划分。

表 B.0.4 岩石风化程度分类

风化程度	野外特征	风化程度参数指标	
		波速比 K_v	风化系数 K_f
未风化	岩质新鲜，偶见风化痕迹	0.9～1.0	0.9～1.0
微风化	结构基本未变，仅节理面有渲染或略有变色，有少量风化裂隙	0.8～0.9	0.8～0.9
中等风化	结构部分破坏，沿节理面有次生矿物，风化裂隙发育，岩体被切割成岩块；用镐难挖，用岩芯钻进	0.6～0.8	0.4～0.8
强风化	结构大部分破坏，矿物成分显著变化，风化裂隙很发育，岩体破碎，可用镐挖，干钻不易钻进	0.4～0.6	<0.4

续表 B.0.4

风化程度	野外特征	风化程度参数指标	
		波速比 K_v	风化系数 K_f
全风化	结构基本破坏，但尚可辨认，有残余结构强度，可用镐挖，可以无水钻进	0.2～0.4	—
残积土	组织结构全部破坏，已风化成土状，锹镐易挖掘，可以无水钻进，具可塑性	<0.2	—

注：1 波速比 K_v 为风化岩石与新鲜岩石压缩波速度之比。
2 风化系数 K_f 为风化岩石与新鲜岩石饱和单轴抗压强度之比。
3 岩石风化程度，除按表列野外特征和定量指标划分外，也可根据当地经验划分。
4 花岗岩类岩石，可采用标准贯入试验击数划分，$N \geqslant 50$ 为强风化；$50 > N \geqslant 30$ 为全风化；$N < 30$ 为残积土。
5 泥岩和半成岩，可不进行风化程度划分。

附录 C 边坡稳定性分析的计算方法与计算公式

C.0.1 当采用圆弧滑动法时，边坡稳定性系数可按下列公式计算：

$$K_s = \frac{\sum R_i}{\sum T_i} \quad (C.0.1\text{-}1)$$

$$T_i = (G_i + G_{bi})\sin\theta_i + P_{wi}\cos(\alpha_i - \theta_i) \quad (C.0.1\text{-}2)$$

$$R_i = N_i \tan\phi_i + c_i l_i \quad (C.0.1\text{-}3)$$

$$N_i = (G_i + G_{bi})\cos\theta_i + P_{wi}\sin(\alpha_i - \theta_i) \quad (C.0.1\text{-}4)$$

式中：K_s——边坡稳定性系数；

c_i——第 i 计算条块滑动面上岩土体的黏结强度标准值（kPa）；

ϕ_i——第 i 计算条块滑动面上岩土体的内摩擦角标准值（°）；

l_i——第 i 计算条块滑动面长度（m）；

θ_i、α_i——第 i 计算条块底面倾角和地下水位面倾角（°）；

G_i——第 i 计算条块单位宽度岩土体自重（kN/m）；

G_{bi}——第 i 计算条块滑体地表建筑物的单位宽度自重（kN/m）；

P_{wi}——第 i 计算条块单位宽度的动水压力（kN/m）；

N_i——第 i 计算条块滑体在滑动面法线上的反力（kN/m）；

T_i——第 i 计算条块滑体在滑动面切线上的反力（kN/m）；

R_i——第 i 计算条块滑动面上的抗滑力（kN/m）。

C.0.2 当采用平面滑动法时，边坡稳定性系数可按下式计算：

$$K_s = \frac{\gamma V \cos\theta \tan\phi + Ac}{\gamma V \sin\theta} \quad (C.0.2)$$

式中：γ——岩土体的重度（kN/m³）；

c——结构面的黏聚力（kPa）；

ϕ——结构面的内摩擦角（°）；

A——结构面的面积（m²）；

V——岩体的体积（m³）；

θ——结构面的倾角（°）。

C.0.3 当采用折线滑动法时，边坡稳定性系数可按下列方法计算：

$$K_s = \frac{\sum R_i \psi_i \psi_{i+1} \cdots \psi_{n-1} + R_n}{\sum T_i \psi_i \psi_{i+1} \cdots \psi_{n-1} + T_n}$$

$$(i = 1, 2, 3, \cdots, n-1) \quad (C.0.3\text{-}1)$$

$$\psi_i = \cos(\theta_i - \theta_{i+1}) - \sin(\theta_i - \theta_{i+1})\tan\phi_i \quad (C.0.3\text{-}2)$$

式中：ψ_i——第 i 计算条块剩余下滑推力向第 $i+1$ 计算条块的传递系数。

对存在多个滑动面的边坡，应分别对各种可能的滑动面组合进行稳定性计算分析，并应取最小稳定性系数作为边坡稳定性系数。对多级滑动面的边坡，应分别对各级滑动面进行稳定性计算分析。

C.0.4 当采用锲形体法（图 C.0.4）时，滑动方向沿 CO 时，边坡稳定性系数可按下列方法计算：

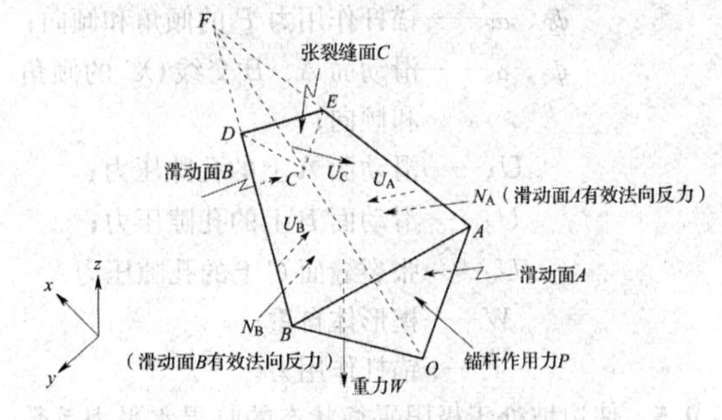

图 C.0.4 锲形体法计算

$$K = \frac{c'_A A_A + c'_B A_B + (qW + rU_C + sP - U_A)\tan\phi'_A + (xW + yU_C + zP - U_B)\tan\phi'_B}{m_{WS} W + m_{CS} U_C + m_{RS} P} \quad (C.0.4\text{-}1)$$

$$q = (m_{AB} m_{WB} - m_{WA}) / (1 - m_{AB}^2) \quad (C.0.4\text{-}2)$$

$$r = (m_{AB} m_{CB} - m_{CA}) / (1 - m_{AB}^2) \quad (C.0.4\text{-}3)$$

$$s = (m_{AB} m_{PB} - m_{PA}) / (1 - m_{AB}^2) \quad (C.0.4\text{-}4)$$

$$x=(m_{AB}m_{WA}-m_{WB})/(1-m_{AB}^2) \quad (C.0.4\text{-}5)$$

$$y=(m_{AB}m_{CA}-m_{CB})/(1-m_{AB}^2) \quad (C.0.4\text{-}6)$$

$$z=(m_{AB}m_{PA}-m_{PB})/(1-m_{AB}^2) \quad (C.0.4\text{-}7)$$

$$m_{AB}=\sin\psi_A\sin\psi_B\cos(\alpha_A-\alpha_B)+\cos\psi_A\cos\psi_B \quad (C.0.4\text{-}8)$$

$$m_{WA}=-\cos\psi_A \quad (C.0.4\text{-}9)$$

$$m_{WB}=-\cos\psi_B \quad (C.0.4\text{-}10)$$

$$m_{CA}=\sin\psi_A\sin\psi_C\cos(\alpha_A-\alpha_C)+\cos\psi_A\cos\psi_C \quad (C.0.4\text{-}11)$$

$$m_{CB}=\sin\psi_B\sin\psi_C\cos(\alpha_B-\alpha_C)+\cos\psi_B\cos\psi_C \quad (C.0.4\text{-}12)$$

$$m_{PA}=\cos\psi_P\sin\psi_A\cos(\alpha_P-\alpha_A)-\sin\psi_P\cos\psi_A \quad (C.0.4\text{-}13)$$

$$m_{PB}=\cos\psi_P\sin\psi_B\cos(\alpha_P-\alpha_B)-\sin\psi_P\cos\psi_B \quad (C.0.4\text{-}14)$$

$$m_{WS}=\sin\psi_S \quad (C.0.4\text{-}15)$$

$$m_{CS}=\cos\psi_S\sin\psi_C\cos(\alpha_S-\alpha_C)-\sin\psi_S\cos\psi_C \quad (C.0.4\text{-}16)$$

$$m_{RS}=\cos\psi_S\cos\psi_P\cos(\alpha_S-\alpha_P)+\sin\psi_P\cos\psi_S \quad (C.0.4\text{-}17)$$

式中：A_A、c'_A、ϕ'_A——滑动面 A 的面积、有效凝聚力和内摩擦角；

A_B、c'_B、ϕ'_B——滑动面 B 的面积、有效凝聚力和内摩擦角；

ψ_A、α_A——滑动面 A 的倾角和倾向；

ψ_B、α_B——滑动面 B 的倾角和倾向；

ψ_C、α_C——张裂缝面 C 的倾角和倾向；

ψ_P、α_P——锚杆作用力 P 的倾角和倾向；

ψ_S、α_S——滑动面 A、B 交线 OC 的倾角和倾向；

U_A——滑动面 A 上的孔隙压力；

U_B——滑动面 B 上的孔隙压力；

U_C——张裂缝面 C 上的孔隙压力；

W——楔形体自重；

P——锚杆作用力。

C.0.5 使边坡处于极限平衡状态的临界水平力系数 K_c，可按下列公式计算（图 C.0.5-1、图 C.0.5-2）：

$$K_c=\frac{a_n+a_{n-1}e_n+a_{n-2}e_ne_{n-1}+\cdots+a_1e_ne_{n-1}\cdots e_3e_2+E_1e_ne_{n-1}\cdots e_1-E_{n+1}}{p_n+p_{n-1}e_n+p_{n-2}e_ne_{n-1}+\cdots+p_1e_ne_{n-1}\cdots e_3e_2} \quad (C.0.5\text{-}1)$$

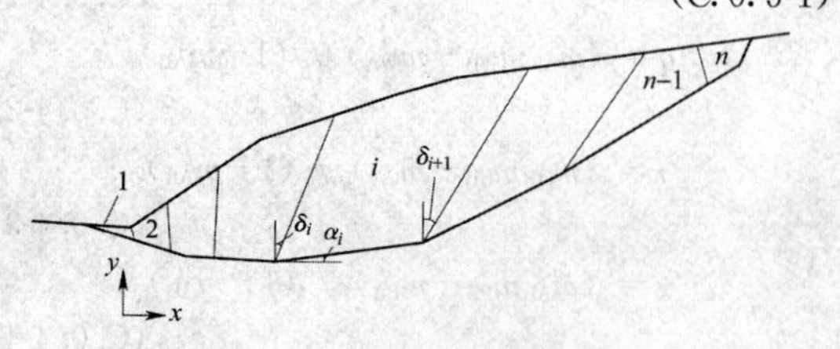

图 C.0.5-1 Sarma 法滑动面示意

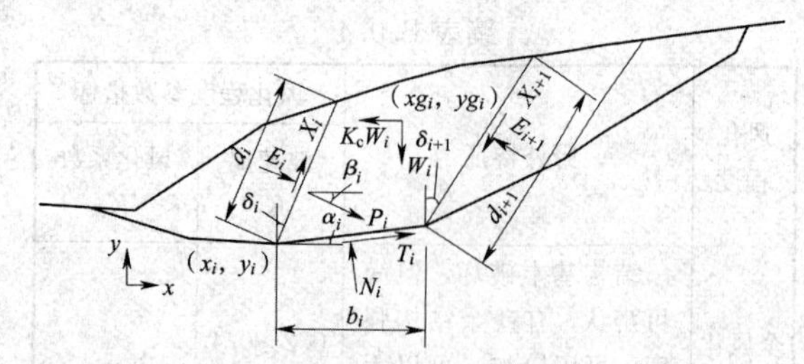

图 C.0.5-2 Sarma 法计算

$$a_i=\frac{R_i\cos\tilde{\phi}'_{bi}+W_i\sin(\tilde{\phi}'_{bi}-\alpha_i)+S_{i+1}\sin(\tilde{\phi}'_{bi}-\alpha_i-\delta_{i+1})-S_i\sin(\tilde{\phi}'_{bi}-\alpha_i-\delta_i)}{\cos(\tilde{\phi}'_{bi}-\alpha_i+\tilde{\phi}'_{si+1}-\delta_{i+1})\sec\tilde{\phi}'_{si+1}} \quad (C.0.5\text{-}2)$$

$$p_i=\frac{W_i\cos(\tilde{\phi}'_{bi}-\alpha_i)}{\cos(\tilde{\phi}'_{bi}-\alpha_i+\tilde{\phi}'_{si+1}-\delta_{i+1})\sec\tilde{\phi}'_{si+1}} \quad (C.0.5\text{-}3)$$

$$e_i=\frac{\cos(\tilde{\phi}'_{bi}-\alpha_i+\tilde{\phi}'_{si}-\delta_i)\sec\tilde{\phi}'_{si}}{\cos(\tilde{\phi}'_{bi}-\alpha_i+\tilde{\phi}'_{si+1}-\delta_{i+1})\sec\tilde{\phi}'_{si+1}} \quad (C.0.5\text{-}4)$$

$$R_i=\tilde{c}_{bi}b_i\sec\alpha_i+P_i\cos(\alpha_i+\beta_i)+[P_i\sin(\alpha_i+\beta_i)-U_{bi}]\tan\tilde{\phi}'_{bi} \quad (C.0.5\text{-}5)$$

$$S_i=\tilde{c}'_{si}d_i-U_{si}\tan\tilde{\phi}'_{si} \quad (C.0.5\text{-}6)$$

$$S_{i+1}=\tilde{c}'_{si+1}d_{i+1}-U_{si+1}\tan\tilde{\phi}'_{si+1} \quad (C.0.5\text{-}7)$$

$$\tan\tilde{\phi}'_{bi}=\tan\phi'_{bi}/K \quad (C.0.5\text{-}8)$$

$$\tilde{c}_{bi}=c'_{bi}/K \quad (C.0.5\text{-}9)$$

$$\tan\tilde{\phi}'_{si}=\tan\phi'_{si}/K \quad (C.0.5\text{-}10)$$

$$\tilde{c}'_{si}=c'_{si}/K \quad (C.0.5\text{-}11)$$

$$\tan\tilde{\phi}'_{si+1}=\tan\phi'_{si+1}/K \quad (C.0.5\text{-}12)$$

$$\tilde{c}'_{si+1}=c'_{si+1}/K \quad (C.0.5\text{-}13)$$

式中：c'_{bi}、ϕ'_{bi}——第 i 条块底面上的有效凝聚力和内摩擦角；

c'_{si}、ϕ'_{si}——第 i 条块第 i 侧面上的有效凝聚力和内摩擦角；

c'_{si+1}、ϕ'_{si+1}——第 i 条块第 $i+1$ 侧面上的有效凝聚力和内摩擦角；

W_i——第 i 条块的重量；

U_{si}、U_{si+1}——第 i 条块第 i 侧面和第 $i+1$ 侧面上的孔隙压力；

U_{bi}——第 i 条块底面上的孔隙压力；

P_i——作用于第 i 条块上的加固力；

E_i、X_i——第 i 条块侧面上的法向力及剪力；

N_i、T_i——第 i 条块底面上的法向力及剪力；

δ_i、δ_{i+1}——第 i 条块第 i 侧面和第 $i+1$ 侧面的倾角，以铅垂线为起始线，顺时针为正，逆时针为负；

α_i——第 i 条块底面与水平面的夹角；

β_i——第 i 条块上加固力与水平面的夹角；

b_i——第 i 条块底面水平投影长度；

d_i、d_{i+1}——分别为第 i 条块第 i 侧面和第 $i+1$ 侧面的长度；

K_c——地震（水平方向）临界加速度系数；

K——安全系数，使 K_c 为零的相应值，可通过迭代求解。

附录D 排土场稳定性分析模式图

表D 排土场稳定性分析模式

基底条件 \ 物料条件		黏聚力 $c=0$	黏聚力 $c\neq0$
坚硬基底	水平	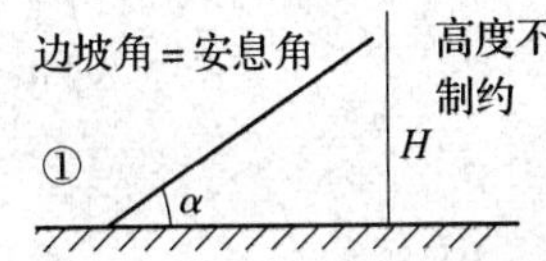 ① 边坡角＝安息角；高度不受制约；H；α	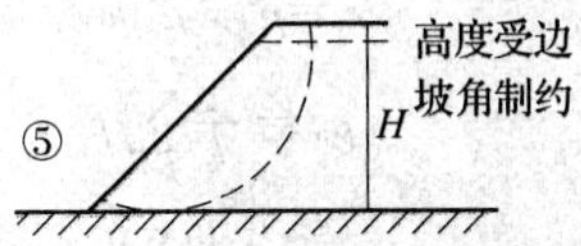 ⑤ 高度受边坡角制约；H
	倾斜	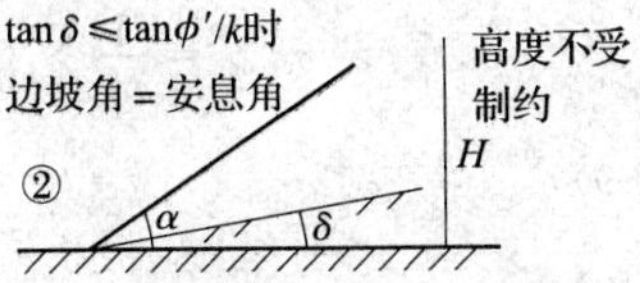 ② $\tan\delta\leqslant\tan\phi'/k$时；边坡角＝安息角；高度不受制约；$H$；$\alpha$；$\delta$	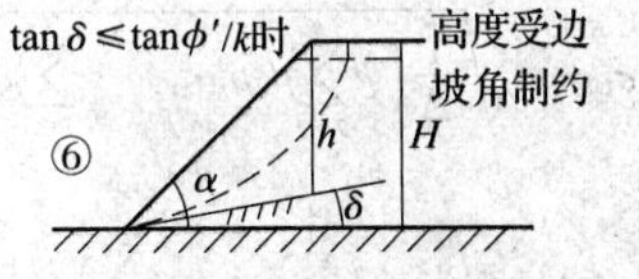 ⑥ $\tan\delta\leqslant\tan\phi'/k$时；高度受边坡角制约；$h$；$H$；$\alpha$；$\delta$
软弱基底	水平	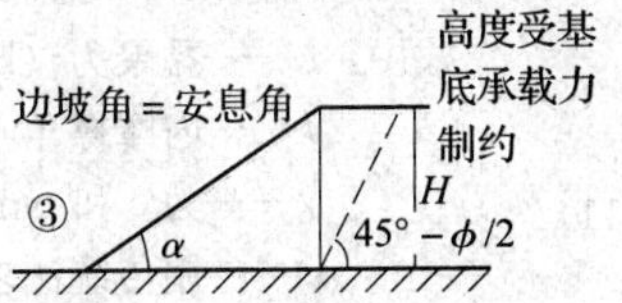 ③ 边坡角＝安息角；高度受基底承载力制约；H；α；$45°-\phi/2$	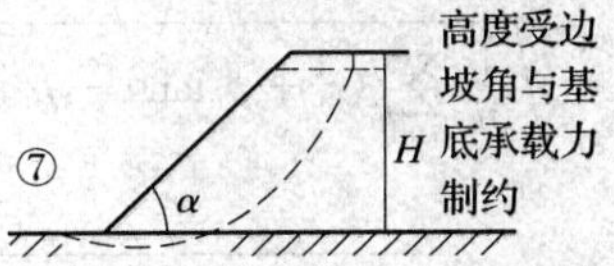 ⑦ 高度受边坡角与基底承载力制约；H；α
	倾斜	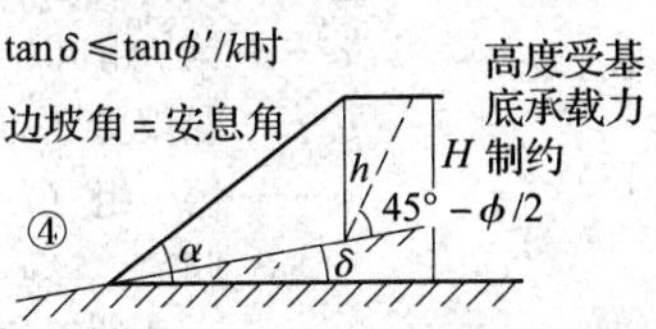 ④ $\tan\delta\leqslant\tan\phi'/k$时；边坡角＝安息角；高度受基底承载力制约；$h$；$H$；$\alpha$；$\delta$；$45°-\phi/2$	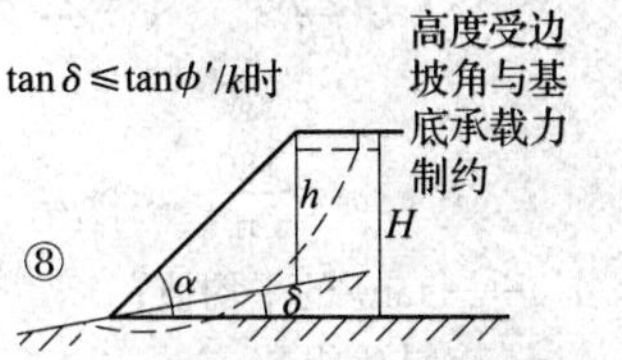 ⑧ $\tan\delta\leqslant\tan\phi'/k$时；高度受边坡角与基底承载力制约；$h$；$H$；$\alpha$；$\delta$

附录E 岩土基本变量参数的统计与确定方法

E.1 一 般 规 定

E.1.1 岩土基本变量应包括物理性质指标和力学指标。

E.1.2 基本变量的概率分布，应根据样本数据和估计的样本特征参数进行不同分布的拟合优度检验，并应得出合适的分布。除固结系数外，其余物理力学指标可选择为正态分布。黏聚力和内摩擦角应考虑互相关。

E.2 岩土基本变量统计参数的确定方法

E.2.1 除土的抗剪强度指标 c、ϕ 外，其余基本变量 x 的统计参数可根据其样本数据（x_1，x_2，…x_n），按下列公式计算：

$$\mu_x=\frac{1}{n}\sum_{i=1}^{n}x_i \quad (E.2.1\text{-}1)$$

$$\sigma_x=\left[\frac{1}{n-1}\sum_{i=1}^{n}(x_i-\mu_x)^2\right]^{\frac{1}{2}} \quad (E.2.1\text{-}2)$$

$$\delta_x=\frac{\sigma_x}{\mu_x} \quad (E.2.1\text{-}3)$$

式中：μ_x——平均值；

n——样本试验件数；

x_i——第 i 个样本数据（$i=1\sim n$）；

σ_x——标准差；

δ_x——变异系数。

E.2.2 土的抗剪强度指标统计参数可按下列方法确定：

1 简化相关法：

$$\mu_{\tan\phi}=\frac{1}{n}\sum_{i=1}^{n}\tan\phi_i \quad (E.2.2\text{-}1)$$

$$\mu_{\phi}=\arctan(\mu_{\tan\phi}) \quad (E.2.2\text{-}2)$$

$$\tan\phi_i=\frac{\sum_{j=1}^{k}(p_j-\mu_p)\tau_{ij}}{\sum_{j=1}^{k}(p_j-\mu_p)^2} \quad (E.2.2\text{-}3)$$

$$\phi_i=\arctan\frac{\sum_{j=1}^{k}(p_j-\mu_p)\tau_{ij}}{\sum_{j=1}^{k}(p_j-\mu_p)^2} \quad (E.2.2\text{-}4)$$

$$\mu_c=\frac{1}{n}\sum_{i=1}^{n}c_i \quad (E.2.2\text{-}5)$$

$$c_i=\mu_{\tau i}-\mu_p\tan\phi_i \quad (E.2.2\text{-}6)$$

$$\mu_p=\frac{1}{k}\sum_{j=1}^{k}p_j \quad (E.2.2\text{-}7)$$

$$\mu_{\tau i}=\frac{1}{k}\sum_{j=1}^{k}\tau_{ij} \quad (E.2.2\text{-}8)$$

$$\sigma_{\tan\phi}=\sqrt{\frac{1}{\Delta}\left[k\sum_{j=1}^{k}(p_j^2\sigma_{\tau j}^2)-\sum_{j=1}^{k}p_j^2\sum_{j=1}^{k}\sigma_{\tau j}^2\right]} \quad (E.2.2\text{-}9)$$

$$\Delta=k\sum_{j=1}^{k}p_j^4-(\sum_{j=1}^{k}p_j^2)^2 \quad (E.2.2\text{-}10)$$

$$\sigma_{\tau j}=\sqrt{\frac{1}{n}\sum_{i=1}^{n}(c_i+p_j\tan\phi_i-\mu_c-p_j\mu_{\tan\phi})^2} \quad (E.2.2\text{-}11)$$

$$\sigma_c=\sqrt{\frac{1}{k}\sum_{j=1}^{k}\sigma_{\tau j}^2-\frac{1}{k}(\sum_{j=1}^{k}p_j^2)\sigma_{\tan\phi}^2} \quad (E.2.2\text{-}12)$$

$$\sigma_{\phi}=\frac{180}{\pi}\sigma_{\tan\phi}\cos\mu_{\phi} \quad (E.2.2\text{-}13)$$

式中：$\mu_{\tan\phi}$——$\tan\phi$的平均值；

n——试验组数；

ϕ_i——第i组（$i=1\sim n$）试验的内摩擦角ϕ的回归值（°）；

$\tan\phi_i$——ϕ_i的正切函数；

μ_{ϕ}——内摩擦角ϕ的平均值（°）；

k——每一组试验的垂直压力级数（$j=1\sim k$）；

p_j——试验第j级垂直压力（$j=1\sim k$）（kPa）；

μ_p——第i组（$i=1\sim n$）试验的各级垂直压力p_j（$j=1\sim k$）的平均值（kPa）；

τ_{ij}——第i组试验（$i=1\sim n$）第j级压力（$j=1\sim k$）下的剪切强度（kPa）；

μ_c——黏聚力的平均值（kPa）；

c_i——第i组（$i=1\sim n$）试验的黏聚力的回归值（kPa）；

$\mu_{\tau i}$——第i组试验（$i=1\sim n$）各级压力（$j=1\sim k$）下抗剪强度τ_{ij}的平均值（kPa）；

$\sigma_{\tan\phi}$——$\tan\phi_i$的标准差；

$\sigma_{\tau j}$——对应于第j级垂直压力下的$1\sim n$组抗剪强度试验值的标准差（kPa）；

σ_c——黏聚力c的标准差（kPa）；

σ_{ϕ}——内摩擦角ϕ的标准差（°）。

2 正交变换法：

$$c=c'+p_s\tan\phi \quad (E.2.2\text{-}14)$$

$$p_s=\gamma\frac{\sigma_c}{\sigma_{\tan\phi}} \quad (E.2.2\text{-}15)$$

$$c'=c-p_s\tan\phi \quad (E.2.2\text{-}16)$$

$$\sigma_c=\sqrt{\frac{1}{n}\sum_{i=1}^{n}(c_i-\mu_c)^2} \quad (E.2.2\text{-}17)$$

$$\sigma_{\tan\phi}=\sqrt{\frac{1}{n}\sum_{i=1}^{n}(\tan\phi_i-\mu_{\tan\phi})^2} \quad (E.2.2\text{-}18)$$

$$\gamma=\frac{\sigma_{c\cdot\tan\phi}}{\sigma_c\sigma_{\tan\phi}} \quad (E.2.2\text{-}19)$$

$$\sigma_{c\cdot\tan\phi}=\frac{1}{n}\sum_{i=1}^{n}(c_i-\mu_c)(\tan\phi_i-\mu_{\tan\phi}) \quad (E.2.2\text{-}20)$$

$$\mu_c'=\mu_c-p_s\mu_{\tan\phi} \quad (E.2.2\text{-}21)$$

$$\sigma_c'=\sigma_c\sqrt{1-\gamma^2} \quad (E.2.2\text{-}22)$$

式中：c——黏聚力（kPa）；

ϕ——内摩擦角（°）；

γ——为c和$\tan\phi$的相关系数；

σ_c——用传统法求得的c的标准值；

$\sigma_{\tan\phi}$——用传统法求得的$\tan\phi$的标准值；

c_i——第i组（$i=1\sim n$）试验的黏聚力回归值；

μ_c——黏聚力c的平均值（kPa）；

ϕ_i——第i组（$i=1\sim n$）试验的内摩擦角回归值；

$\mu_{\tan\phi}$——$\tan\phi$的平均值；

$\sigma_{c\cdot\tan\phi}$——为c和$\tan\phi$的协方差。

3 计算边坡稳定时，c和ϕ的标准值c_k和ϕ_k：

$$c_k=\mu_c \quad (E.2.2\text{-}23)$$

$$\phi_k=\mu_{\phi} \quad (E.2.2\text{-}24)$$

式中：c_k——黏聚力c的标准值（kPa）；

μ_c——黏聚力c的均值（kPa）；

ϕ_k——内摩擦角ϕ的标准值（°）；

μ_{ϕ}——内摩擦角ϕ的均值（°）。

本规范用词说明

1 为便于在执行本规范条文时区别对待，对要求严格程度不同的用词说明如下：

1）表示很严格，非这样做不可的：

正面词采用“必须”，反面词采用“严禁”；

2）表示严格，在正常情况下均应这样做的：

正面词采用“应”，反面词采用“不应”或

“不得”；

3）表示允许稍有选择，在条件许可时首先应这样做的：

正面词采用“宜”，反面词采用“不宜”；

4）表示有选择，在一定条件下可以这样做的，采用“可”。

2 条文中指明应按其他有关标准执行的写法为：“应符合……的规定”或“应按……执行”。

引用标准名录

《建筑地基基础设计规范》GB 50007

《建筑抗震设计规范》GB 50011

《岩土工程勘察规范》GB 50021

《湿陷性黄土地区建筑规范》GB 50025

《土工试验方法标准》GB/T 50123

《工程岩体试验方法标准》GB/T 50266

《建筑工程地质勘探与取样技术规程》JGJ/T 87

《煤和岩石切割阻力的测定方法》MT/T 796

中华人民共和国国家标准

露天煤矿岩土工程勘察规范

GB 50778—2012

条 文 说 明

制 定 说 明

《露天煤矿岩土工程勘察规范》GB 50778—2012，经住房和城乡建设部 2012 年 5 月 28 日以第 1407 号公告批准发布。

本规范制定过程中，编制组进行了广泛深入的调查研究，总结了我国露天煤矿岩土工程勘察方面的经验，同时参考了国外先进技术标准。

为了便于从事露天煤矿勘察、设计、建设和生产管理等有关人员在使用本规范时能正确理解和执行条文规定，《露天煤矿岩土工程勘察规范》编制组按章、节、条顺序编制了本规范的条文说明，对条文规定的目的、依据以及执行中需注意的有关事项进行了说明。但是本条文说明不具备与标准正文同等的法律效力，仅供使用者参考。

目　次

1 总 则

1.0.1 煤炭是我国的主要能源，煤炭工业是国民经济的基础工业。煤炭工业必须坚持改革、开放、搞活，以提高经济效益为中心，做到持续、稳定、健康地发展。根据《煤炭工业技术政策》确定的目标："优先开发露天煤矿，首先集中力量以尽可能快的速度把资源条件好的露天矿建设起来。"20世纪80年代以来，我国相继在中西部开发了霍林河、元宝山、伊敏河、平朔安太堡与安家岭、准格尔黑岱沟与哈尔乌素、神华北电胜利一号、大唐胜利东二号等特大型露天煤矿。在建设过程中，遇到了许多过去未曾遇到的岩土工程问题，为使露天煤矿岩土工程勘察工作能够更好地执行国家的技术经济政策，做到技术先进、经济合理、安全适用、确保质量，有规可循，制定本规范。

1.0.2 本条指出了规范的适用范围。由于露天煤矿不同于金属露天矿，主要由沉积岩为主的煤系地层构成，而金属矿则主要由火成岩构成，因此露天煤矿在边坡等方面有着独特的特点。

1 具有边坡高，走向长，揭露岩层多，地质条件复杂等特点；组成边坡的岩层主要是沉积岩，层理明显，软弱结构层（面）多，岩石强度低，边坡破坏的形式主要是滑坡，滑面主要沿层面、软弱结构层（面）；边坡岩体较破碎，而且一般不加维护；边坡经常受爆破和运输设备等振动的影响；

2 排土场边坡是由排弃物堆积而成，具有随排土工程的推进而经常变化等特点。因此随着露天煤矿开采规模的不断扩大，延深速度不断加快，边坡稳定程度对露天煤矿的生产起着重要的作用。露天煤矿边坡勘察，我国过去没有规范可以遵循，依靠资源勘探阶段的部分工程地质资料，往往满足不了设计要求，从而造成边坡和排土场失稳，会严重影响露天煤矿的正常生产，为此制定本规范以指导不同阶段的露天煤矿边坡、排土场、采掘场等岩土工程勘察工作。

1.0.3 先勘察、后设计、再施工，是工程建设必须遵守的程序，是国家一再强调的十分重要的基本政策。但是，近年来仍有一些工程，不进行岩土工程勘察就进行设计施工，造成工程安全事故或安全隐患。为此，本条规定为强制性条文，必须严格执行。

1.0.4 露天煤矿岩土工程勘察任务，主要是通过岩土工程勘察，提供采掘场各帮边坡角和边坡维护管理措施，并对所提供的资料负责。以本规范为勘察作业的大纲，在具体工作中应积极采用新的测试技术、新方法和岩土工程新理论。

1.0.5 本条明确露天煤矿其他地面建筑设施的岩土工程勘察除符合本规范要求外，还应执行国家有关现行标准、规范。例如，现行国家标准《岩土工程勘察规范》GB 50021、《建筑地基基础设计规范》GB 50007、《湿陷性黄土地区建筑规范》GB 50025等。

2 术语和符号

2.1 术 语

本节术语2.1.1、2.1.4条参考了现行国家标准《煤矿科技术语 第四部分：露天开采》GB/T 15663.4—2008的定义。2.1.2、2.1.3、2.1.5～2.1.12条引自《煤矿科技术语 第四部分：露天开采》GB/T 15663.4—2008。

3 基本规定

3.0.1 露天煤矿岩土工程勘察时，应考虑勘察类别、勘察规模、场地的复杂程度等因素；分阶段进行工作，并提供不同阶段的勘察成果。

设计单位或生产单位所提出的《露天煤矿边坡（排土场或采掘场）岩土工程勘察任务书》，是露天煤矿岩土工程勘察工作的依据。主要内容应包括工程名称、勘察阶段、采掘场或排土场范围、采掘工艺、主要技术参数、技术要求等，并附有带地形等高线的采掘场或排土场平面位置图。

勘察纲要是勘察负责人在收集已有资料、了解采掘工艺和设计意图、明确任务和要求的前提下编制而成。纲要中应明确地规定工作方法、工作内容、工作量以及应提勘察成果等。勘察纲要是勘察工作的指南。

3.0.2 露天煤矿岩土工程勘察阶段的划分，原则上应与建设阶段相一致，但由于某些客观因素，造成勘察阶段缺失是难以避免的。当已有工程地质资料充分，并考虑经济合理时，可行性研究阶段和初步设计阶段岩土工程勘察（初勘）阶段不做或少做野外地质工作是允许的；初勘阶段和施工图阶段岩土工程勘察（详勘）根据工程具体情况合并为一次勘察也是可行的。开采阶段岩土工程勘察（施工勘察）可根据工程实际情况而定。

3.0.3 本条规定是露天煤矿岩土工程勘察工作方法、工作内容、工作量布置的主要依据和需要考虑的因素。

1 勘察类别包括边坡勘察、排土场勘察、采掘场勘察。

3.0.4 工程地质条件研究程度的划分，主要依据对边坡（排土场或采掘场）所做的工程地质工作确定。研究程度将直接影响到勘察工作内容和工作量，这已体现在本规范各有关条文中。表3.0.4中各条件不需要同时满足，可根据表中要求综合判定，具备其中某一条件即可。

3.0.5 场区工程地质条件复杂程度的划分基本与国家及各行业规范划分一致，本规范主要强调与露天煤矿特点有关的诸因素。表3.0.5中各条件不需要同时满足，只要具备其中某一条件即可。

3.0.7 边坡类型划分，是根据我国露天煤矿的边坡规模的实际，按高度和长度各分为三类，主要为布置工作量时参考，其界限无严格的科学依据，主要是结合目前我国露天煤矿边坡的实际特点提出的。

4 边坡岩土工程勘察

4.1 一般规定

4.1.1 露天煤矿边坡岩土工程勘察是边坡稳定性评价的重要基础工作。露天煤矿采掘场最终边坡角的大小和稳定程度对露天煤矿的剥离量、生产和安全影响极大，是影响露天开采经济效益的重要因素之一。可靠的工程地质参数是确定经济合理的边坡角的基础。

本条主要是强调边坡工程岩土工程勘察工作的重要性；强调边坡岩土工程勘察工作的重点区域与重点部位等。

4.1.2 本条明确了边坡工程岩土工程勘察工作的主要工作内容。

4.2 可行性研究阶段边坡岩土工程勘察

4.2.1 地表境界线是指采掘场边坡与地表面的交线，采掘场是地表境界线以内的场地。应根据边坡角确定采掘场地表境界线。

4.2.2 可行性研究阶段主要是通过收集、分析区域和矿区工程地质、水文地质资料，提出采掘场最终边坡角。

这一阶段的勘察工作，主要是以收集资料为主。该阶段，资源勘探工作往往仍在进行中，应根据所收集到资料内容和边坡设计的需要，要求资源勘探部门适当增加一些与边坡工程岩土工程勘察工作有关的内容。

4.2.3 可行性研究阶段一般不做野外地质工作，只有当工程地质条件复杂、所收集到的资料不能满足设计要求时，可适当进行地质调查工作和少量的勘探与试验工作。

4.3 初步设计阶段边坡岩土工程勘察

4.3.1 初步设计阶段边坡岩土工程勘察应满足初步设计要求，初步确定可推荐的边坡角的范围值。

4.3.2 初步设计阶段边坡岩土工程勘察应初步掌握勘察区工程地质、水文地质条件。重点是查清影响边坡稳定性诸因素及岩土、物理力学性质；初步进行工程地质分区、确定各分区边坡破坏模式、进行稳性分析与计算。

勘察（场）区是指比采掘场境界线稍大范围，即影响边坡稳定的范围。

4.3.3 初步设计阶段地质工作仍以收集资料为主，尽量少做野外地质勘察工作。

4.4 施工图设计阶段边坡岩土工程勘察

4.4.1 本条提出施工图设计阶段边坡工程岩土工程勘察工作的任务。

4.4.2 施工图设计阶段主要应查清影响边坡稳定性的工程地质、水文地质因素，尤其是对边坡稳定有制约作用的软弱结构层（面）的分布、厚度、产状及主要物理力学性质、结构规律等。

露天煤矿边坡滑坡的特点是沿层面滑落为主。本规范编制组曾经对平庄、阜新、抚顺等10大露天煤矿的146次滑坡进行过调查、分析。具体情况如下：

按滑动地点分：非工作帮95次，占65.07%；工作帮46次，占31.51%；端帮5次，占3.42%。

按滑面产状分：顺层（包括：岩层层面、结构层面、软弱夹层面等）143次，占97.95%；切层3次，占2.05%。

软弱结构层（面）是指一些软弱夹层、弱层与结构面，软弱夹层、弱层如泥岩、黏土岩、炭质页岩、薄层煤等。结构面如层面、节理、断层等。

工程地质分区原则有以下3点：

1 每个工程地质分区应具有同一的工程地质特点（地层岩性、岩组划分、构造特性、岩体结构特征、水文地质条件等）；

2 每个工程地质分区，具有同一边坡破坏模式；

3 每个工程地质分区对设计和施工都有不同的要求。

4.4.3 在工程地质测绘的基础上，对勘察区进行工程地质分区，查清各分区工程地质、水文地质条件，着重进行岩、土体及软弱结构层（面）的室内和原位试验，特别是抗剪强度试验。

4.5 开采阶段边坡岩土工程勘察

4.5.1 开采阶段的岩土工程勘察是最有利、最主要阶段。该阶段拉沟开采实施后，对原有勘探报告的地层进行了实际揭露，形成了边坡露头，此时，可以充分利用采掘揭露的边坡做进一步的地质测绘调查与描述，并可选择适当的部位进行原位测试，对原有勘察成果进行进一步的验证、校验与补充完善。

在开采阶段的初期，往往会发生一些小型滑坡，更应该对实际发生的滑坡进行专门的勘察研究，反演滑坡的实际参数，作为重要的地区经验加以积累，并用于后期的滑坡设计与治理之中。

4.5.2 开采阶段边坡岩土工程勘察应根据《露天煤矿地质规程》（试行）（[83]煤生字1589号）要求进行，根据工程的复杂程度进行适量的勘察工作，重点地段则应加密工程量。

4.5.3 开采阶段边坡岩土工程勘察应充分利用岩层

已被揭露的有利条件，进行有针对性的原位直剪试验，取得准确的工程地质参数，对边坡稳定性作出预报和采取治理加固措施。

5 排土场岩土工程勘察

5.1 一 般 规 定

5.1.1 露天煤矿排土场是存放排弃露天采掘场内剥离物的场地，包括排弃物本身及其基底两部分。排弃物可能是土、岩石或土岩混合物料，基底可为土层或岩层。排土场按其位置不同可分为内排土场和外排土场，内排土场位于采掘场境界内的采空区，外排土场位于采掘场境界之外。按排土场基底倾斜与否可分为倾斜基底排土场、水平或近水平基底排土场。排土场受采掘工艺所制约，无选择的余地，所以一般只需进行一次性勘察即可。

5.1.2 简单场地：地形较平坦，地貌单一；地层结构简单，岩石和土的性质均一且压缩性不大；基底倾向与排弃物边坡倾向相反；地下水埋藏较深，无不良地质作用。

中等复杂场地：地形起伏较大，地貌单元较多，地层种类较多且岩石和土的性质变化较大；基底有软弱夹层倾角较大；地下水埋藏较浅；不良地质作用较发育。

复杂场地：地形起伏大，地貌单元多，地层种类多且岩石和土的性质变化大；基底有软弱夹层倾角大且基底倾向与排弃物边坡倾向一致；地下水埋藏浅；不良地质作用发育。

5.1.3 露天煤矿排土场按照所处位置分为内部排土场与外部排土场。根据现行国家标准《露天煤矿工程设计规范》GB 50197—2005 规定，“排土场应首先选择内部排土场，当选择外部排土场时，应遵循下列原则：1. 宜位于无可采煤层及其他可采矿产资源的区域；2. 当必须压煤或位于露天开采境界内时，应经技术经济比较确定；3. 应与露天煤矿地面设施统一规划；4. 应根据地形条件合理确定场地标高，缩短运输距离；5. 不占或少占耕地、经济山林、草地和村庄；6. 排土场基底稳定；7. 应符合环境保护要求。”

5.1.4 采掘工艺主要指不同岩种剥离台阶的开采程序与排土程序、排弃物料的块度、排土方法、排土带宽度与排土工作线的推进速度、排土台阶与排土场的高度等。

5.2 排土场岩土工程勘察

5.2.1 排土场岩土工程勘察主要是查清影响排土场稳定性的各种因素，以便确定合理的边坡角与高度，为排土场的防治提供依据。

5.2.2 由于露天煤矿内排土场位于露天坑内，是当露天矿开采达到一定时间，具备内排条件时才可以在内部进行排土，内排土场的基底必定是岩石，其承载力足以满足排土场的需求。制约排土场稳定的因素主要是排弃物本身与基底岩层层面的分布形态，当基底层面平缓时，对排土场稳定影响极小，若是基底岩层倾角较陡，且与排土场坡面一致时，对排土场稳定影响较大。

对于硬基底（外）排土场，基底坚硬，与内排土场性质接近。

5.2.3 露天煤矿软弱基底排土场，其基底的岩土强度较低。①当软弱基底较厚时，则基底中可产生完整的圆弧形滑动面；②如基底中软弱层较薄，则滑动面的底部可能沿坚硬层表面；③如果坚硬基底中有软弱夹层，则滑动面可能沿此层。

5.2.4 原位测试主要是指为确定基底的极限承载力、变形模量和软弱岩层的抗剪强度而进行载荷试验、大面积剪切试验等。

5.2.5 本条根据经验给出了勘探点的布置间距，但具体应结合场地实际情况，有重点地控制，如靠近工业场地、村庄及其他设施部分，勘探点则应加密。

对于软弱基底排土场，则应把重点放在滑动可能性最大的四周，其范围是排土场顶部向内 1 倍排土高度至排土场底部向外 1 倍～1.5 倍排土高度。

5.2.6 试样数量根据数理统计与概率分析，当试样数量少于 6 件时，其统计特征不明显。因此必须保证每层岩、土参加统计的数量不少于 6 件。现行国家标准《岩土工程勘察规范》GB 50021 也是这样规定的。

6 采掘场岩土工程勘察

6.1 一 般 规 定

6.1.1 本条指出了采掘场岩土工程勘察工作的主要任务。

6.1.2 剥离物强度、剥离物与煤的切割阻力及各台阶基底承载力是露天煤矿工艺设计的必备参数，主要是为开采设备选型的确定提供基础数据。

6.2 剥离物强度

6.2.1～6.2.3 这几条规定引自现行国家标准《矿区水文地质工程地质勘探规范》GB 12719。对适宜建设特大型露天开采的煤炭矿床，应着重查明岩（矿）石强度的空间分布规律，为能否采用轮斗挖掘机、露天采矿机、拖拉铲运机等设备开采选型提供岩（矿）石的力学强度基础资料。

6.3 剥离物与煤的切割阻力

6.3.1、6.3.2 轮斗连续开采工艺是现代化大型露天煤矿先进开采工艺之一。物料的硬度是决定能否采用连续开采工艺的基本条件之一，也可能影响轮斗连续开采工艺的经济性。因此精确测定物料强度与切割阻力，对于露天煤矿的设计与开采是至关重要的。

6.4 基底承载力

6.4.1 在露天煤矿开采过程中，特别是剥离表土时，基底承载力往往会制约挖掘机械和运输机械的工作效率。因此有必要查清剥离物基底承载力，当基底承载力偏低时，以便采取适当措施。

6.4.2 确定基底承载力的方法有多种，可采用多种综合手段，包括室内试验与原位测试，原位测试则应根据土层选择合适的方法，主要包括载荷试验、旁压试验、标准贯入试验、动力触探试验、微型贯入试验等。

7 工程地质测绘与调查

7.1 一 般 规 定

7.1.1 工程地质测绘与调查，在可行性研究阶段，以收集有关资料和必要的工程地质踏勘调查为主。初勘阶段开始应对勘察场区进行详细的工程地质测绘与调查。详勘阶段在初勘阶段测绘与调查基础上进行适当的补测，当初勘阶段未进行详细工程地质测绘时，则详勘阶段应进行详细的工程地质测绘与调查，开采阶段应充分利用采矿所揭露形成台阶的条件，针对具体工程问题，进行大比例尺或扩大比例尺的工程地质测绘与调查，以检查、修改和补充已有成果资料。

7.1.2 工程地质测绘与调查的范围，原则上应以查清勘察场区中按本规范第 7.1.1 条所列内容为准，一般从最终开采境界外延1/3～1/2 最终边坡高度的范围。工程地质测绘与调查所用地形图比例尺，应与工程地质勘察阶段相适应。各种地质界线的绘图精度应与测绘比例尺一致。

7.2 工 作 方 法

7.2.1 本条主要是给出工程地质测绘与调查的工作方法，其方法主要是考虑勘察区工程地质水文地质条件的复杂程度和测绘比例尺精度要求。

1 对测线布置和测线间距的要求。对测线间的地质界线用内插法编连。对边坡稳定有重要影响的地质界线，应在两侧线间补插观察点。

2 主要对断层、岩脉、软弱结构层（面）、剪切破碎带等进行追踪调查。长度大于 30m 的构造形迹均应标绘在工程地质图上。

3 在第四系覆盖区，应将所有的露头（含岩层、结构层面）全部标绘在工程地质图上。

7.2.2 观测点应布置在条文所列地点，其数量不作明文规定，但在图上的距离要有基本要求，应根据不同的比例尺要求进行相应的计算。对于复杂场地，根据需要可加密观测点。

7.3 工 作 内 容

7.3.1～7.3.6 分别给出了地形地貌、地层岩性、地质构造、地表水及地下水、自然边坡和人工边坡与不良地质作用的测绘与调查内容。

7.3.2 岩石是岩体结构的基本成分，它的物理力学性质及水理性质决定着结构体的特性。为便于综合进行工程地质分区，需在研究岩石的工程地质性质及岩石组合的基础上划分工程地质岩组。工程地质岩组由工程地质性质相似的岩层或岩石组成，具有相似的物质组成、相同的岩体结构类型的地质单元体。对岩石风化程度的研究，除用肉眼鉴定外，宜使用定性分类试验方法，如点荷载试验、回弹仪试验、浸水效应试验等进行研究分类，风化程度可分为强风化、中等风化和弱风化。软弱夹层是指存在于岩体中的、其强度相对于上下岩层较低的薄夹层，如薄层泥岩、页岩、断层和节理面等。

7.3.3 节理裂隙的调查中，对出露长度大于 20m 的节理需单独标绘，因为根据加拿大矿物和能源技术中心编制，由冶金工业出版社 1984 年出版的《边坡工程手册》（上册）较大不连续面（延伸长度大于 20m）特征（如位置、方位、起伏度、充填物和裂隙面强度、张闭性等）对总体边坡的稳定性有较大的影响。

根据统计学观点，同一母体的样品达 50 个即构成大子样，其统计参数即能代表母体参数。所以每个观察点节理统计条数不少于 50 条。所谓优势发育方向是指不连续面中较发育的方向。

岩体结构类型划分为四种类型：

1 块状结构类型。坚硬块状岩体，不存在较大结构面或是厚层状岩体，软弱层（面）间距较大，边坡稳定性一般较好。按岩层倾向与坡向关系划分为亚类。

2 层状结构类型。由坚硬层状岩体组成，有软硬相间的特点，结构面发育，边坡稳定性受控于层面的性质及层面与边坡的相对位置。按岩层倾向与坡向的关系划分为亚类。

3 碎裂结构类型。层状或块状岩体组成，结构面发育，岩体较为破碎，边坡稳定比较差，按岩层倾向与坡向关系划分为亚类。

4 散体结构类型。构造破碎带中的或经风化分解形成的碎块或泥质物质等，可按泥质物质的含量多少划分为亚类。

7.3.4 水是边坡稳定性的极为有害的外在因素，表现在软化岩石，降低岩石强度，产生静水压力与动水压力等，因此查清水的特征，对评价边坡稳定和边坡管理是至关重要的因素。

7.3.7 对于勘察区处于抗震设防烈度大于或等于7°的边坡进行稳定性分析时，应将地震力作为一种外力因素考虑。勘察区的抗震设防烈度应按照现行国家标准《中国地震动参数区划图》GB 18306确定，再换算出地震地面运动加速度，计算出地震力；对于高边坡，宜进行地震危险性的概率分析，以提高此参数值准确性。

7.4 工程地质图的编制

7.4.1 在工程地质测绘与调查的基础上，对露天煤矿边坡进行工程地质分区时，由于目的、用途不同，分为单项指标和多指标综合性分区。单项指标分区是以单项工程地质因素（如岩性、构造、水文地质条件等）作为主要因素进行工程地质分区，作为研究的背景图或专题图；多指标综合性分区是综合考虑勘察区各项工程地质因素进行分区，初步判定各分区各类边坡的稳定程度、发展趋势等。

8 勘探与取样

8.1 一 般 规 定

8.1.1 为达到理想的技术经济效果，宜将多种勘探手段配合使用，如钻探加地球物理勘探等。

8.1.2 勘探孔、井如不妥善回填，可能造成对自然环境的破坏，这种破坏往往在短期内或局部范围内不易察觉，但能引起严重后果。因此，一般情况下孔、井均应回填，且应分段回填击实。特别是边坡勘察孔、井，其钻孔往往会引起与其他水力的联系，从而危及边坡的安全与稳定。所以，更应该注重对孔、井的回填工作。

8.2 钻探与取芯技术要求

8.2.1 沃斯列夫（Hvorslev）提出的选择钻探方法应考虑的原则是：

1 钻进地层的特点及不同方法的有效性；

2 能保证以一定的精度鉴别地层，了解地下水的情况；

3 尽量避免或减轻对取样段的扰动影响。

表8.2.1就是按照这些原则编制的。现在国外的一些规范、标准中，都有关于不同钻探方法或工具的条款。我国在现行国家标准《岩土工程勘察规范》GB 50021中首次提出了钻探方法的条款。本规范就是借鉴该标准编写的。根据有关规定，今后在岩土工程勘察工作中，制订勘察工作纲要时，不仅要规定孔位、孔深，而且要规定钻探方法。承担钻探的单位一般均应按任务书指定的方法钻进，提交成果中也应包括钻进方法的说明。

8.2.2 取芯是钻探工作的重要目的，为此必须采用合理的钻进方法、符合规定的取样设备，才能保质保量满足试验要求。对边坡稳定起决定作用的软弱结构层，必须查清和采取试样，否则将采取补救措施。本条对钻孔口径提出了明确的要求，以满足测试和取样要求为前提。

8.2.3 本条对钻探与取芯提出了具体要求。

3 由于露天煤矿岩土工程勘察，针对的工程主要是边坡，因此对钻探取芯要求严格，特提出此要求。

4 岩芯采取率90%时以上才能构成岩芯首尾相接的条件，满足岩芯定向的要求。定向成功率达95%以上，才可以保证正确定向。

8.2.4 岩芯的编录内容应包括：

1 岩石名称、矿物成分、结构、构造、硬度、蚀变状态、风化程度等；

2 岩石的破碎状况、岩石质量指标RQD、裂隙密度（条/m）；

3 不连续面的类型、粗糙状况，充填情况；

4 点荷载试验成果等；

5 定向岩芯段不连续面的类型、粗糙度、间距、充填状况、岩石硬度、构造角和方位角等。

为长期保存岩芯资料，应将全部岩芯拍成彩色照片归档。

8.3 井探、槽探、硐探

8.3.1～8.3.3 井探、槽探、硐探是配合工程地质测绘与调查所进行的浅部勘探工程。由于经济可行在适宜条件下可多加利用。

8.4 地球物理勘探

8.4.1 为提高地球物理勘探成果的解释精度和地质效果，宜采用多种方法进行对比，并结合工程地质条件综合分析；提出物探成果和相应地质解释。地球物理勘探成果判释时应考虑多解性，区分有用信息与干扰信号。需要时应采用多种方法探测，进行综合判释，并应有已知物探参数或一定数量的钻孔验证。必要时应对地球物理勘探成果进行验证。

地球物理勘探是一种辅助的综合勘探方法，要配合工程地质测绘和钻探使用。主要用来测定覆盖层厚度，物理性质有显著差异的岩层界面，断层破碎带的位置和宽度，岩石破碎和风化状况，岩体物理性质，边坡岩体破坏范围等。

4 对于露天煤矿岩土工程勘察中的边坡勘探钻孔，进行地球物理测井非常必要。可进一步探讨地球物理测井曲线中各参数与组成边坡的岩石物理力学性质参数中某个指标的相关性，以做到相对定性或定量地确定边坡岩体的强度指标。

5 岩土体的密度、强度等均与岩土体的波速、动弹性模量有着线形关系。因此，用地球物理勘探作为原位测试手段，测定岩土体的波速、动弹性模量等，可以作为确定岩土体的密度、强度的手段之一。

实践证明，地球物理勘探与其他方法密切配合，互为补充与验证，综合分析评价，可以取得较好的技术效果。因此地球物理勘探在工程地质勘察中深受人们的重视。特别对工程地质条件复杂的场区，更是不可缺少的勘察手段。

8.4.2 本条概括提出了地球物理勘探方法和其选用依据，关于各种方法的应用范围、仪器设备、操作方法、技术要求及成果整理等，可参考有关规程规范。

8.5 岩土水取样

8.5.4 对边坡土体部分采取Ⅰ、Ⅱ级土试样，其取土器规格、类型应按国家有关规范规定采用，为保证取土质量，原则上宜以静压取土为主。

8.5.7 湿陷性土是一种特殊土，主要包括湿陷性黄土与湿陷性碎石土和砂土。湿陷性黄土按现行国家标准《湿陷性黄土地区建筑规范》GB 50025 执行；湿陷性碎石土和砂土则按现行国家标准《岩土工程勘察规范》GB 50021 有关规定执行。

9 岩土水试验与原位测试

9.1 一 般 规 定

9.1.2 本条强调了用于岩土工程评价的参数，要经过室内试验、原位测试成果或原型观测反分析成果相互比较、验证后综合确定。

9.1.3 应考虑多种因素综合选择试验与测试项目与方法。其试验与测试条件要尽可能与工程实际相适应。

9.2 土工试验与测试

9.2.1 土工试验应根据土的类别，进行相应指标的试验，充分反映土体的工程特征。

9.2.2 土层的抗剪强度指标是露天煤矿边坡勘察中最为重要的指标之一。原位测试项目也主要是围绕获得抗剪强度指标来选择适宜的方法。可根据不同土层条件进行选择：

1 对于软土：可选择静力触探试验、十字板剪切试验与扁铲侧胀试验等；

2 对于一般黏性土：可根据实际情况选择现场直接剪切试验、静力触探试验、波速测试、标准贯入试验、旁压试验与扁铲侧胀试验等；

3 对于粉土：可根据实际情况选择现场直接剪切试验、静力触探试验、波速测试、标准贯入试验、旁压试验与扁铲侧胀试验等；

4 对于砂土：可根据实际情况选择现场直接剪切试验、静力触探试验、波速测试、标准贯入试验、旁压试验与扁铲侧胀试验等；

5 对于碎石类土：可根据实际情况选择现场直接剪切试验、动力触探试验、波速测试与旁压试验等。

9.3 岩石试验与测试

9.3.1 岩石试验项目应根据岩石的性质、状态等选择合理的试验方法。

4 断层破碎岩、不连续面、软弱结构层（面）、强风化泥岩的残余抗剪强度，应通过试样在直剪仪上重复剪或在环剪仪上环剪测定。

5 对抗水性弱或经常处于湿润状态下的岩石，进行力学性质试验时，由于不同岩样含水率的不同，因此应将岩样的含水率适当地控制在 3 个～4 个档次，进行力学性质试验。

9.3.2 岩层的原位测试应根据工程特点的需要与岩层的岩性、风化程度等条件进行选择：

1 对于全风化岩层：可根据实际情况选择现场直接剪切试验、波速测试、标准贯入试验与旁压试验等；

2 对于强风化岩层：可根据实际情况选择现场直接剪切试验、波速测试、标准贯入试验、动力触探试验与旁压试验等；

3 对于中等风化～微风化岩层：可根据实际情况选择现场直接剪切试验、岩体原位应力测试、波速测试与点载荷试验等。

原位试验往往更接近实际，试验资料相对更加精确。但原位剪切试验由于受试验设备、地点和经济所限，一般不提倡进行。当工程确实需要时，应选择理想地点，并要求同一岩层参加统计的试验数据不应少于 3 个。

对于原位试验试体的准备通常用钢丝锯或锯片机切槽，对于软质岩石，可用风镐直接切割出试体。如在巷道中试验，可在靠近试验附近的巷道部分采用光面爆破技术。

9.4 排弃物料试验与测试

9.4.1～9.4.5 排弃物料的试验资料准确与否，关键是试验样品的选取、制作，应根据排土工艺、排弃物料的岩性、颗粒组成等因素综合模拟确定。

9.5 水的试验与测试

9.5.1 本条规定了水的试验与测试工作的主要内容。

9.5.2 地下水水质分析因目的不同，可分为简易分析、全分析、特殊分析和专门分析。对于露天煤矿的岩土工程勘察，结合煤田地质勘察工作内容，一般选取水质简易分析即可满足工程需要。

水质简易分析项目见现行国家标准《供水水文地质勘察规范》GB 50027 第 3.2.7 条。

9.5.3 地下水对边坡的稳定性影响非常大，因此，选取合适的地下水试验与测试方法确定水文地质参数是非常必要的。

具体的试验与测试方法、参数选取按现行国家标准《岩土工程勘察规范》GB 50021 有关规定执行。

9.5.4 当边坡工程需要采取治理措施时，会涉及钢筋混凝土结构工程，需要对水和土对钢结构和混凝土结构的腐蚀性进行专门评价，其评价方法应按照现行国家标准《岩土工程勘察规范》GB 50021 有关规定执行。

10 现场监测

10.1 一般规定

10.1.1 露天煤矿的现场监测工作是一项长期持续的工作。主要是针对边坡、排土场等进行的，露天煤矿的边坡、排土场形成于整个的采矿生产过程之中；因此，针对边坡、排土场进行的监测工作是与采矿工程同步进行的也是长期持续的。

露天煤矿的现场监测工作主要包括地下水压监测与位移监测。

10.1.2 现场监测的记录、数据和图件，应保持真实完整，并应按工程要求及时进行整理分析。

10.1.3 现场监测资料，应及时向有关方面报送。当检测数据接近危及工程临近值时，必须加密监测，并及时报告。

10.1.4 由于监测工作是长期持续的，因此，监测报告应分阶段提交。正常情况下应分阶段提交月报、季报与年报；当发生特殊情况时，应不定期的及时提交报告。报告中应附有相关曲线和图纸，并进行分析评价，提出相应的建议与措施。

10.2 地下水压监测

10.2.1 水压监测资料为边坡地下水控制提供依据，用于边坡稳定性评价和指导地下水控制工程的实施，评价其控制稳定性效果。

10.2.2 建立水压计网络，根据地下水在岩土体中流动所遵循的路线即流线与等势线所形成的流网，以获得岩层内部水压的分布。

10.2.3 在地下水控制工程实施之前设置水压计有利于评价其效果。

10.2.4 水压计种类繁多，如竖管式、气动式、液动式、电气式、遥测式等。选择适宜的水压计最重要的因素是整个装置的时间滞后性，同时也需考虑其坚固性和长期可靠性。竖管式、压阻传感型电器式水压计对露天煤矿较为适宜。

Ⅱ级监测程序说明见本规范条文说明第10.3.2条。

时间滞后是指当水压变化后，系统内的压力达到新的平衡所需的时间，取决于地层的渗透系数和压力变化而产生的体积变化。

10.2.5 在钻孔内进行水压监测必须满足的技术要求：清水钻进，层面及滑面位置清楚，根据条件选择适宜的封孔方法，保证地下水层严格封闭，确保监测成功。

10.2.6 本条对水压监测资料的整理提出具体要求。

10.3 位移监测

10.3.1 由于地质条件及岩土工程性质的复杂多变，仅凭以往各阶段的勘察工作是很难完全清楚了解它们的；而边坡的变形测量则是判定边坡体是否稳定的最直接的评价指标。所以，进行位移监测是十分必要的。这样可以及时掌握边坡的动态，以确保人员及设备安全，为煤矿的连续安全生产创造条件。因此，本条作为强制性条文必须严格执行。

10.3.2 地下位移监测有水平、垂直、大地位移之分。

水平位移监测的最理想设备是移动式加速度计倾斜仪，目前国内外均有产品，采用在钢轨或无缝钢管上贴电阻应变片的方法，即应变式传感器对于浅层滑坡的边坡地下位移监测较为理想，而且还能用于防治工程的监测。

垂直位移监测是以非接触式检层的沉降仪较为理想。宜钻孔使用，采用倾斜仪和沉降仪对钻孔地层进行全方位的位移监测，但当滑体位移较大时（指沿弱层平移），上述仪器不能移动，测试将中断。

大地位移测量可以采用钻孔伸长计、固设式倾斜仪等来进行，是Ⅱ级监测后期的主要监测方法。边坡监测程序可分为三级。

Ⅰ级监测，是指从采矿初期至发现不稳边坡之前所进行的监测工作。采用光学测量仪器进行定期的地表位移监测是其主要工作内容。地下水是影响边坡稳定性的重要因素时，必须进行水压监测。

Ⅱ级监测，是在Ⅰ级监测或用其他勘察手段圈定出不稳定边坡分区之后进行的监测工作。监测的重点放在不稳边坡分区，通常采用监测地表及地下位移的多种测试技术，以确定不稳边坡的滑面位置、活动范围、变形形态，掌握边坡动态。如有边坡防治工程，必须进行水压、荷载等项监测。

Ⅲ级监测，是指在一些开采年限很久，并已形成高陡边坡的矿山，当存在的不稳边坡对生产已构成威胁时，或者是设计选取了最优边坡角需进行强化开采时，为连续生产提供条件所进行的监测工作。此时，一般需采用全天候的遥测方式（有线或无线式），必须将一切物理量转换成电信号。监测内容主要是位移。如有防治工程则需进行荷载监测及水压监测等。监测资料结合滑坡模式进行边坡稳定性评价或作出滑坡预报。

10.3.3 地表位移监测，通常是采用光学测量仪器利用测量网和觇标探测边坡位移。当边坡出现不稳迹象时，方可在不稳边坡分区进行精细的地表位移监测和地下位移监测。

钻孔孔径根据封孔方式难易程度、监测设备的直径以及工程的实际需要来确定，在 ϕ108mm～ϕ200mm 间选取。

10.3.4 本条对位移的监测周期与监测深度作出了明确规定。

10.3.5 大地测量技术能对全矿边坡进行监测。最常用的方法是经纬仪和光电测距仪等光学测量仪器，测量工作必须由测量专业人员进行。

三等测量测试精度可满足稳定性评价要求，仪器精度不能小于要求。当边坡处于Ⅱ级监测时，在不稳定边坡分区必须建立观测网，并加密观测。

10.3.6 一般来说，到界边坡是露天煤矿的非工作帮或端帮，边坡的工作时间较长，因此，到界边坡的稳定性至关重要。所以，对于到界的边坡，要求设立永久观测点。该条对永久观测点的设立提出了具体的技术要求。

10.3.7 位移计等监测技术是在不稳定边坡确定之后，或边坡出现张裂缝或地鼓等迹象时才采用。采用位移计等监测技术观测滑体位移，一般是在Ⅱ级监测程序进行。必要时采用遥测方式是指当工作人员较难进入滑坡地段，或者因测试工作量太大，或者是在Ⅲ级监测程序需要连续监测的场所或时期。

10.3.8 对于稳定性极差的边坡，需要及时整理地表与地下位移资料及关键点位移时间曲线，位移时间曲线一般分为加速、匀速、减速三个阶段，根据加速曲线变陡的趋势可预测边坡破坏的发生时间。

11 边坡稳定性评价

11.1 一 般 规 定

11.1.1 采掘场的边坡稳定性评价所依据的基础资料是针对不同勘察阶段所提出的勘察成果进行的，由于不同勘察阶段的工作内容和深度不同，因此对边坡稳定的评价深度亦不同，各阶段的评价深度应根据本规范的有关规定执行。

11.1.2 露天采掘场占地面积较大，工程地质条件差别也会较大；各边帮的功能不同，各边帮在设计时也存在差异。因此，在进行采掘场边坡稳定性分析时，应综合考虑工程地质条件、边帮特点等分区进行评价，并对下一阶段边帮设计提出合理化建议。

边坡工程地质分区，应根据露天煤矿边坡倾向、岩体赋存、岩性构造等工程地质条件综合因素进行划分。

露天煤矿边坡一般包括一个工作帮、一个非工作帮、两个端帮，由于每个帮的坡面倾向不同，从而造成边坡工程地质条件的变化，如果沿岩层走向发现岩性和赋存等条件有变异时，还应根据地质条件另行划分代表性区段。

11.1.3、11.1.4 影响露天煤矿边坡稳定性的因素甚多，且极为复杂，目前只能将这些因素统分为岩体本身所固有的和外部环境条件造成的两种，即直接因素和间接因素。

直接因素是由边坡岩体的内在条件所决定的因素，如岩体的矿物成分、断层、节理、裂隙等。

间接因素是指边坡岩体强度受外部环境条件的影响而变化的因素，如水、震动、人类工程活动、风化等，这些因素可由人工控制改变其环境条件。

特别是应对已经存在的不良地质作用（包括滑坡、崩塌及岩堆、泥石流、地裂缝、采空区等）对边坡稳定性的影响进行专门论证与评价。

11.1.5 由于采掘场边坡分为土体边坡与岩体边坡，特别是当覆盖土体较厚时，应分别对覆盖土体边坡和岩体边坡部分进行稳定性评价。

土体边坡体构成相对均匀，一般按圆弧法进行分析评价。

露天煤矿的岩体边坡据统计，绝大多数的滑坡均为顺层滑坡，滑动层面（带）多为岩层层面、结构层面（节理、裂隙、断层面）等，在进行岩体边坡稳定性分析时，应充分考虑结构层面的影响。

11.2 边坡稳定性分析

11.2.1 常见的边坡滑动破坏模式有平面、回弧、折面、非圆曲面、楔形等五种形式，各种形式的主要特征分别为：

1 平面破坏：

1）滑面走向与边坡走向平行或近于平行；

2）滑面出露在坡面上，滑面倾角 β 小于边坡角 α；

3）滑体两侧有裂面，侧向阻力甚小、产生滑坡的原因多为在边坡体内存在着与边坡倾斜面一致的弱层、弱面或其他地质结构面。

当弱层或结构面在边坡底部出露则极易产生局部滑坡。

2 圆弧形破坏：

1）滑动面呈近似固定半径的圆弧状；

2）滑面顶部产生垂直张裂隙；

3）张裂隙的走向与滑体的滑落方向垂直，圆弧形滑动面主要发生在土体或产状为水平及与边坡面相反倾向的均质及类均质岩体中，此种滑坡多为切层旋转滑坡。

3 非圆曲面破坏：

1）整个滑动面并非由一个固定半径控制的非均

一曲面；

2）整个滑动面由曲直相间所构成。

4 折面破坏：折形滑面是由两个或两个以上平面构成的整体滑动面。

5 楔形破坏：

1）常以三维四面楔体形式出现；

2）楔体滑动时具有左右两个地质结构面；

3）楔体滑落常在局部边坡地段发生。

6 倾倒变形破坏：

1）岩体倾角很陡且呈柱状节理；

2）变形破坏是以多米诺骨牌倾倒形式出现；

3）变形破坏规模一般都不大，且不以滑动形式出现。

11.2.2 用于边坡稳定计算的各种极限平衡计算公式，均系根据某种破坏模式推导而来，在考虑力的因素时也有所差异，因此各种方法均有其特定的适用条件，如毕肖普法适用于圆弧滑动面，简布法适用于非圆曲面，萨尔玛法适用于折线形滑面等。

由于实践中所出现的滑面不可能与上述理想滑面完全相同，因此在确定预想滑面之后，应选择与之相关建立的两种计算公式同时计算，以便选择和确定适宜的稳定系数。

边坡稳定性设计是以稳定系数来表征其稳定程度的，因此不论以何种方式进行分析，均应以稳定系数作为评价指标。

11.3 边坡稳定性评价

11.3.1 表 11.3.1 按现行国家标准《煤炭工业露天矿设计规范》GB 50197 表 6.0.8 进行局部调整，主要是将临时工作边帮的稳定系数 1.00～1.20 调整为 1.05～1.20。对于工作边帮的稳定系数，设计规范将最小稳定系数设置为 1.00，处于极限平衡的临界状态，缺少一定的安全储备；因此，在制定本规范时将工作边帮的最小稳定系数设定为 1.05。

在使用该表选取边坡稳定系数时，应考虑边坡的时空效应，即边坡施工速度快、服务年限短，可选取小值；反之，边坡施工速度慢、服务年限长，则选取大值。

11.3.2 地震烈度为 7 度时能在山区偶尔形成小的滑坡，一些房屋可以造成轻微的破坏，因此对地震烈度大于或等于 7 度的矿区进行边坡稳定性评价时，应评价地震对边坡稳定性的影响。

11.3.3 在露天采掘场内通常不允许在边坡上有动水流存在，当有动水流存在时，应及时采取相应的疏干措施加以解决。

当边坡体内有静水压力存在时，必须考虑静水压力对边坡稳定性的影响，当缺少静水压力资料时应采用不同水压状态下对边坡稳定的敏感性分析。

11.3.4 露天采掘场边坡体内或下部有采空区分布时，在露天采掘以后破坏了原来的应力平衡状态，从而引起岩层移动和变形，对此应根据采空区的分布范围、影响距离来估计和评价它对露天采掘场边坡的影响，并提出改善边坡稳定性的建议措施。

11.4 排土场边坡稳定性评价

11.4.1 影响排土场边坡稳定性的重要因素，除排弃物料自身的强度以外，还有排土场基底的承载能力。尤其是软基底变形产生的影响，因此在评价排土场边坡稳定性时，不仅评价边坡角的大小，还应对最大排弃高度，基底能否产生变形或产生变形后的影响距离进行评价。

11.4.2 排土场的稳定性与排弃高度主要是受排土场基底的软弱程度与排弃物料的组成成分控制的。排土场基底分为坚硬基底与软弱基底，特别是软弱基底排土场，排土场基底的地基承载力是控制排土场稳定与排土高度的制约性因素；排弃物料是由不同岩土剥离量的比例确定的。一定时期内的各种岩土比例可按采掘计划确定，因此在确定其物理力学性质计算参数时应进行不同比例岩土的物理力学性质试验，以取得排弃物料的物理力学性质计算参数。

11.4.3 排土场边坡破坏模式图是根据国内外的理论与实践资料绘制的，不仅考虑排弃物料的力学强度，同时还考虑了排土场基底工程地质条件对边坡稳定性的影响，由于其他影响因素较为复杂，在图中未加考虑，为此仅供在确定排土场滑坡破坏模式时参考。参见附录 D。

11.4.4 目前国际上通用并广泛被设计部门采用的均为极限平衡计算方法，并且以稳定系数表示边坡的稳定程度，稳定系数的选取范围是根据国内外有关资料与国内各矿山多年的生产实践综合确定的，一般以 1.20～1.50 为宜。

11.4.5 水对边坡稳定性的危害较大，如大量地表水渗入到排土场土体中会对排土场的稳定性产生严重的影响，如在排土场基底有承压水存在时，应注意基底产生变形后有无突水的危险，因此防止地表水与地下水对边坡稳定产生不利的影响，必须采取有效的防治水措施，以改善边坡稳定条件。

12 岩土工程评价和勘察成果

12.1 一般规定

12.1.1 露天煤矿边坡岩土工程勘察工作应遵循一定的程序进行，研究的问题应针对影响边坡稳定的工程地质条件由浅入深，由粗到细，分阶段逐步开展工作。各勘察阶段所要求的内容和深度，应根据不同设计阶段的具体要求按本规范的有关规定执行。

12.1.3 工程地质分区是以岩性、构造、水文地质条件等主要因素为依据进行划分的，在同一工程地质分区内，这些主要因素应基本相同或一致，各分区的边坡可用单一的剖面和相同的计算参数来表示。

12.1.4 重要的岩土物理力学试验数据，主要是指参与边坡稳定性分析与计算的抗剪强度，由于试验方法、条件和操作人员水平等因素，对确定内摩擦角和黏聚力有直接影响，因此原始剪切试验数据对正确选择合理的计算参数有重要参考价值，原始试验数据也应作为原始资料附在勘察报告中。

12.2 岩土参数的分析与选取

12.2.2 由于试验与测试仪器设备、条件、方法的差异以及地层不均匀性的影响，往往会出现一些异常数据，要对这些数据进行仔细分析，对于无代表性或过于离散、显著不合理的数据，要加以删除。

无代表性指标主要是指：

1 根据地区经验或钻孔与探井取样对比，利用容重、孔隙比、湿陷系数等指标判定土样在取样过程中已严重扰动；

2 土样密封失效或存放期过长（一般不宜超过3周），使土样中水分已散失或由于钻探工艺不当造成含水率增大；

3 有充分理由证明土样确已扰动；

4 由于测试仪器失灵、操作失误，造成数据失真；

5 从少量薄夹层或透镜体中获取的不属于同一土性的试验数据。

但当指标出现异常而又不能查明其原因时，应重新研究工程地质单元体划分的合理性，谨防软弱夹层的漏划。

12.2.3 划分工程地质单元体应在地质单元体（地质分层）基础上进行，并满足下列条件：

1 处于同一构造部位或地貌单元，并属相同的地质年代及成因类型；

2 具有基本相同的矿物及粒度组成、结构构造、物理力学性质和工程特性；

3 指标虽离散，但无明显的空间变化规律；

4 影响岩、土工程特性的因素基本相近。

12.2.4 岩土物理力学指标的统计与选取执行本规范附录E。附录E的重点是抗剪强度黏聚力 c、内摩擦角 ϕ 值应考虑互相关。当采用概率方法评价边坡稳定性，则需要对大量试验数据进行分析。绘制直方图的目的，是便于根据数据的分布形态确定分析和选取计算数据的方法。

12.3 岩土工程勘察报告

12.3.1 本条规定了岩土工程勘察报告包括的内容。

1 岩土工程勘察报告的内容与编制形式，应视解决的工程问题和勘察区域的工程地质条件而异。不同工程在同一勘察阶段，由于工程地质条件不同，其工作内容与任务要求也不尽相同；同时也要选择适宜的工程标准规范作为工作依据。因此在勘察报告中，必须阐明勘察目的、任务要求与依据的标准。

2 在叙述勘察工作完成的概况时，应对勘察工作的有关方面加以详细描述，主要包括：工作区域的交通、地理位置、工作量布置与实际完成情况、工作质量、试验与测试方法、工作时间与参加人员情况等。

4 在阐述采掘场的工程地质、水文地质条件及影响边坡稳定性因素时，必须根据勘察区域的工程地质条件、水文地质条件及不同勘察阶段所要求的内容有针对性的加以说明。特别是各岩组的工程性质、赋存条件、构造特征及影响边坡稳定的软弱结构层（面）的产状、性质和分布规律以及可能影响边坡稳定的不良地质作用和其他因素等。

7 内、外排土场的工程地质条件，主要指排土场基底的工程地质条件；特别是软基底排土场，岩土层的结构特征、赋存条件、物理力学性质及其极限承载力是影响排土场边坡稳定性的重要因素，因此要求在报告中应重点加以阐述。

8 露天煤矿排土场的排弃物料一般均为岩土混排，不同比例的岩土性质又决定了不同的物理力学计算参数，这种参数可按采掘计划确定出不同的岩土比例，并取不同比例的岩土样按不同的含水率制作重塑样，进行物理力学性质试验取得。

10 坚硬基底排土场的边坡高度与边坡角度间呈 $H=f(\alpha)$ 函数关系；但软弱基底排土场边坡高度 H 既受到边坡角度的影响，又会受基底承载力的制约。因此，合理的边坡高度与角度，需要根据具体的场地条件进行综合分析，才能得出正确的结论性意见。

12 维护采掘场与排土场边坡稳定性的建议，应针对影响边坡稳定的各种因素，尤其是间接因素提出改善边坡稳定性的建议与改善边坡稳定性的措施，以及所应采取的监测手段等。

12.3.2 岩土工程勘察报告应包括条文中所规定的图表，但不局限于这些要求，可以根据实际情况加以调整，特别是当存在特殊类型的问题，应补充专门研究报告。

条文中图表的要求主要是结合露天煤矿的特点，按《露天煤矿地质规程》（试行）（[83] 煤生字 1589 号）提出的要求。

中华人民共和国国家标准

石油化工控制室抗爆设计规范

Code for design of blast resistant control building in petrochemical industry

GB 50779—2012

主编部门：中 国 石 油 化 工 集 团 公 司
批准部门：中华人民共和国住房和城乡建设部
施行日期：2 0 1 2 年 1 2 月 1 日

中华人民共和国住房和城乡建设部
公　　告

第1408号

关于发布国家标准《石油化工控制室抗爆设计规范》的公告

现批准《石油化工控制室抗爆设计规范》为国家标准，编号为GB 50779—2012，自2012年12月1日起实施。其中，第5.5.1条为强制性条文，必须严格执行。

本规范由我部标准定额研究所组织中国计划出版社出版发行。

中华人民共和国住房和城乡建设部

二〇一二年五月二十八日

前　　言

本规范是根据原建设部《关于印发〈2007年工程建设标准制订、修订计划（第二批）〉的通知》（建标〔2007〕126号）的要求，由中国石化集团洛阳石油化工工程公司会同有关单位共同编制完成的。

本规范在编制过程中，编制组经广泛调查研究，认真总结实践经验，参考有关国际标准和国外先进标准，并广泛征求意见，最后经审查定稿。

本规范共分6章和2个附录。主要技术内容包括：总则、术语和符号、基本规定、建筑设计、结构设计、通风与空调设计等。

本规范中以黑体字标志的条文为强制性条文，必须严格执行。

本规范由住房和城乡建设部负责管理和对强制性条文的解释，由中国石化集团公司负责日常管理，由中国石化集团洛阳石油化工工程公司负责具体技术内容的解释。执行过程中如有意见和建议，请寄送给中国石化集团洛阳石油化工工程公司（地址：河南省洛阳市中州西路27号；邮政编码：471003），以供今后修订时参考。

本规范主编单位、参编单位、主要起草人员和主要审查人：

主 编 单 位：中国石化集团洛阳石油化工工程公司

参 编 单 位：中国石化工程建设公司
中国石化集团宁波工程有限公司
中国石化集团上海工程有限公司
中国人民解放军总参工程兵科研三所
上海森林钢门有限公司
上海爵格工业工程有限公司

主要起草人：刘　武　路以宁　张　俊　万朝梅　王松生　黄左坚　张克峰　朱小明　王耀东　何国富　伍　俊　范有声　韦建树

主要审查人：冯　迪　章　健　崔忠涛　李立昌　周家祥　嵇转平　田大齐　徐建棠　孙成龙　刘昆明　顾继红　杨一心　暴长玮　朱　晔　任　意　汪宁扬　权　敏　刘德文

目　次

Contents

1 总 则

1.0.1 为了在石油化工控制室的抗爆设计中，贯彻执行国家有关方针政策，统一技术要求，做到安全可靠、技术先进、经济合理，制定本规范。

1.0.2 本规范适用于新建有抗爆要求的石油化工控制室的建筑、结构、通风与空调专业的抗爆设计。

1.0.3 石油化工控制室的抗爆设计，除应符合本规范外，尚应符合国家现行有关标准的规定。

2 术语和符号

2.1 术 语

2.1.1 抗爆防护门 blast resistant door

能抵抗来自建筑物外部爆炸冲击波的特种建筑用门。

2.1.2 人员通道抗爆门 blast resistant access door

能满足人员正常进、出建筑物所需要的抗爆防护门。

2.1.3 设备通道抗爆门 blast resistant equipment door

用于满足大型设备进出建筑物要求的抗爆防护门。

2.1.4 抗爆防护窗 blast resistant window

能抵抗来自建筑物外部爆炸冲击波的特种建筑用外窗。

2.1.5 隔离前室 air lock

设在人员通道上防止室外有害气体进入室内、保持室内正气压的内置式前室。

2.1.6 抗爆阀 blast resistant valve

安装在抗爆建筑物的洞口上，能抵抗来自建筑物外部爆炸冲击波的特种风阀。

2.1.7 空气冲击波 shock wave

爆炸在空气中形成的具有空气参数强间断面的纵波。简称冲击波。

2.1.8 冲击波超压 positive pressure of shock wave

呈法向作用于冲击波包围物体的各个表面的在冲击波压缩区内超过周围大气压的压力值。

2.1.9 动压 dynamic pressure

冲击波在空气中传播时，由于冲击波内的气体分子有很大的运动速度，因而产生的类似风压一样具有明确的方向性的作用。

2.1.10 停滞压力 stagnation pressure

前墙爆炸荷载作用曲线中，正超压加动压作用曲线延长线同纵坐标的交点处的压力值。

2.1.11 延性比 ductility ratio

结构构件弹塑性变位与弹性极限变位的比值。

2.2 符 号

2.2.1 材料性能

E_{cd}——混凝土动弹性模量；

E_s——钢筋弹性模量；

f_{dc}——混凝土的动力强度设计值；

f_{du}——钢筋的动力强度极限值；

f_{dy}——钢筋的动力强度设计值；

f_u——钢筋强度极限值；

f_{yk}——钢筋强度标准值；

f'_{ck}——混凝土抗压强度标准值；

f_y——钢筋屈服强度。

2.2.2 作用、作用效应及承载力

C——结构或结构构件达到正常使用要求的规定限值；

F_t——作用在构件上的力（时间的函数）；

P——构件冲击荷载；

P_a——作用在侧墙及屋面上的有效冲击波超压；

P_{atm}——环境标准大气压；

P_b——作用在后墙上的有效冲击波超压；

P_r——峰值反射压力；

P_s——停滞压力；

P_{so}——爆炸冲击波峰值入射超压；

q_o——峰值动压；

Q_d——与冲击波压力和作用时间等效的静力荷载；

R_u——结构构件在给定截面及配筋时提供的极限抗力；

S_{GK}——按永久荷载标准值 G_k 计算的荷载效应值；

S_{QiK}——按可变荷载标准值 Q_{ik} 计算的荷载效应值；

S_{BK}——爆炸荷载效应值；

γ_G——永久荷载分项系数；

γ_{Qi}——可变荷载分项系数；

γ_B——爆炸荷载分项系数。

2.2.3 几何参数

A_s——构件配筋面积；

b——构件截面宽度；

d——构件截面有效高度；

D——冲击波前进方向建筑物宽度；

I_a——构件截面平均惯性矩；

I_{cr}——混凝土开裂截面惯性矩；

I_g——混凝土构件对形心轴的毛截面惯性矩，忽略钢筋影响；

K——构件刚度；

L——平行于冲击波方向建筑物尺寸；

L_1——冲击波前进方向结构构件的长度；

S——停滞压力点至建筑物边缘的最小距离；

X_m——结构构件弹塑性变位；

X_y——结构构件弹性极限变位；

Y——质点位移。

2.2.4 计算系数及其他

a——质点运动加速度；

C_e——等效峰值压力系数；

I_w——正压冲量；

K_L——荷载或刚度传递系数；

K_{Lm}——传递系数；

K_m——质量传递系数；

C_d——拖曳力系数；

γ_{dif}——材料的动力荷载提高系数；

L_w——冲击波波长；

L_0——构件跨度；

M_e——等效质量；

m——构件质量；

γ_{sif}——材料的强度提高系数；

T_d——等效为三角形荷载的冲击荷载作用时间；

T_N——质点振动周期；

t_a——冲击波到达后墙时间；

t_c——反射压持续时间；

t_d——正压作用时间；

t_e——前墙正压等效作用时间；

t_r——侧墙及屋面有效冲击波超压升压时间；

t_{rb}——后墙上有效冲击波超压升压时间；

U——波速；

ρ——非预应力受拉钢筋的配筋率；

ρ'——非预应力受压钢筋的配筋率；

μ——结构构件的延性比；

$[\mu]$——结构构件的允许延性比；

θ——结构构件的弹塑性转角；

$[\theta]$——结构构件的弹塑性转角允许值；

Δ——跨中变形；

Ψ_{ci}——可变荷载 Q_i 的组合值系数；

α——能量吸收系数；

τ——持续时间系数。

3 基本规定

3.0.1 抗爆控制室平面布置应符合现行国家标准《石油化工企业设计防火规范》GB 50160 的有关规定，且应布置在非爆炸危险区域内，并可根据安全分析（评估）报告的结果进行调整，同时应符合下列要求：

1 抗爆控制室宜布置在工艺装置的一侧，四周不应同时布置甲、乙类装置，且布置控制室的场地不应低于相邻装置区的地坪。

2 抗爆控制室应独立设置，不得与非抗爆建筑物合并建造。

3 抗爆控制室应至少在两个方向设置人员的安全出口，且不得直接面向甲、乙类工艺装置。

3.0.2 按本规范进行设计的控制室，当遭受一次爆炸荷载作用，可能局部损坏时，经一般修理应能继续使用。

3.0.3 抗爆控制室建筑平面宜为矩形，层数宜为一层。

3.0.4 抗爆控制室宜采用现浇钢筋混凝土结构。

4 建筑设计

4.1 一般规定

4.1.1 抗爆控制室的建筑屋面不得采用装配式架空隔热构造，女儿墙高度应在满足屋面防水构造要求的情况下取最小值，并宜采用钢筋混凝土结构。

4.1.2 建筑物外墙不应设置雨篷、挑檐等附属结构。

4.1.3 建筑物不得设置变形缝。

4.1.4 面向甲、乙类工艺装置的外墙应采用抗爆实体墙。需在该墙体上开洞时，应经过抗爆验算。

4.1.5 在人员通道外门的室内侧，应设置隔离前室。

4.1.6 活动地板下地面以上的外墙上不得开设电缆进线洞口。基础墙体洞口应采取封堵措施，并应满足抗爆要求。

4.1.7 操作室内、外地面高差不应小于 600mm，其中活动地板下地面与室外地面的高差不应小于 300mm。空气调节设备机房室内、外高差不应小于 300mm。

4.2 建筑门窗

4.2.1 抗爆防护门应符合下列要求：

1 控制室外门、隔离前室内门应选用抗爆防护门，其耐火完整性不应小于 1.0h。

2 人员通道抗爆门的构造及性能应符合下列规定：

1）洞口尺寸不宜大于 1500mm（宽）× 2400mm（高）。

2）计算荷载与所在建筑墙面计算冲击波超压相同，隔离前室内门计算冲击波超压为外门计算冲击波超压的 50%；在计算荷载的作用下，该门应处于弹性状态，并可正常开启。

3）门扇应向外开启，并应设置自动闭门器，配置逃生门锁及抗爆门镜；门框与门扇之间应密封。

4）隔离前室内、外门应具备不同时开启联锁功能。

3 用于满足大型设备进出建筑物的设备通道抗爆门的构造及性能，应符合下列规定：

1）门洞口的大小应满足设备进出的要求；

2）计算荷载与所在建筑墙面计算冲击波超压相同，在计算荷载的作用下，该门可处于弹塑性状态；

3）门扇应向外开启，且不应镶嵌玻璃窗；

4）配置抗爆门锁。

4.2.2 窗应符合下列要求：

1 外窗应选用固定抗爆防护窗，计算荷载与所在建筑墙面计算冲击波超压应相同。

2 内窗及室内疏散通道两侧的玻璃隔墙应采用金属框架，并应配置夹膜玻璃或钢化玻璃。

4.3 建筑构造

4.3.1 墙体保温宜采用外墙外保温构造，保温材料燃烧性能等级应为国家标准《建筑材料及制品燃烧性能分级》GB 8624—2006 规定的 A2 级，其外层装饰面应选用整体构造形式。

4.3.2 室内装修材料的燃烧性能等级不得低于国家标准《建筑材料及制品燃烧性能分级》GB 8624—2006 规定的 C 级。

4.3.3 吊顶构造应符合下列要求：

1 周边与建筑外墙之间应设置变形缝，宽度不应小于 50mm。

2 钢制主龙骨材料厚度不应小于 1.0mm，布置间距不应大于 1.2m，表面应镀锌。

3 面板应选择轻质材料，不得选用水泥及玻璃制品装饰板材。

4 自重大于 1kg 的灯具应采用钢筋吊杆直接固定在混凝土屋面板上，吊杆直径不宜小于 6mm。

5 结构设计

5.1 一般规定

5.1.1 抗爆控制室结构在爆炸荷载作用下，其动力分析可近似采用单自由度体系动力分析的方法或等效静荷载分析方法。

5.1.2 抗爆控制室结构在爆炸荷载作用下，应验算结构的承载力及变形，对结构构件裂缝可不进行验算。

5.2 材料

5.2.1 混凝土的强度等级不应低于 C30。

5.2.2 钢筋宜采用延性、韧性和焊接性较好的钢筋，纵向受力钢筋宜选用符合抗震性能指标的 HRB 400 级热轧钢筋，也可选用符合抗震性能指标的 HRB 335 级热轧钢筋；箍筋宜选用符合抗震性能指标的 HRB 335、HRB 400 级热轧钢筋，并应符合下列要求：

1 钢筋的抗拉强度实测值与屈服强度实测值的比值不应小于 1.25。

2 钢筋的屈服强度实测值与强度标准值的比值不应大于 1.3。

3 钢筋在最大拉力下的总伸长率实测值不应小于 9%。

5.2.3 抗爆结构构件的钢筋强度等级以及配筋面积，应通过计算确定，不得任意提高钢筋强度等级和加大配筋面积。

5.3 爆炸的冲击波参数

5.3.1 控制室抗爆设计采用的峰值入射超压及相应的正压作用时间，应根据石油化工装置性质以及平面布置等因素进行安全分析综合评估确定；当未进行评估时，也可按下列规定确定，并应在设计文件中说明：

1 冲击波峰值入射超压最大值可取 21kPa，正压作用时间可为 100ms；也可冲击波峰值入射超压最大值取 69kPa，正压作用时间取 20ms。

2 爆炸冲击波形取时间为零至正压作用时间，峰值入射超压从最大到零的三角形分布。

5.3.2 冲击波各参数可按下列公式确定：

1 波速可按下式计算：

$$U=345(1+0.0083P_{so})^{0.5} \quad (5.3.2\text{-}1)$$

式中：U——波速（m/s）；

P_{so}——爆炸冲击波峰值入射超压（kPa）。

2 峰值动压可按下式计算：

$$q_o=2.5P_{so}^2/(7P_{atm}+P_{so})\approx0.0032P_{so}^2 \quad (5.3.2\text{-}2)$$

式中：q_o——峰值动压（kPa）；

P_{atm}——环境标准大气压（kPa）。

3 冲击波的波长可按下式计算：

$$L_w=U\cdot t_d \quad (5.3.2\text{-}3)$$

式中：L_w——冲击波波长（m）；

t_d——正压作用时间（s）。

5.4 作用在建筑物上的爆炸荷载

5.4.1 作用在封闭矩形建筑物前墙、侧墙、屋面，以及后墙上的爆炸荷载，宜按图 5.4.1 进行简化计算。

5.4.2 作用在前墙上的爆炸荷载可按下列公式计算：

1 峰值反射压力可按下式计算：

$$P_r=(2+0.0073P_{so})\cdot P_{so} \quad (5.4.2\text{-}1)$$

式中：P_r——峰值反射压力（kPa）。

2 停滞压力可按下式计算：

$$P_s=P_{so}+C_d\cdot q_o \quad (5.4.2\text{-}2)$$

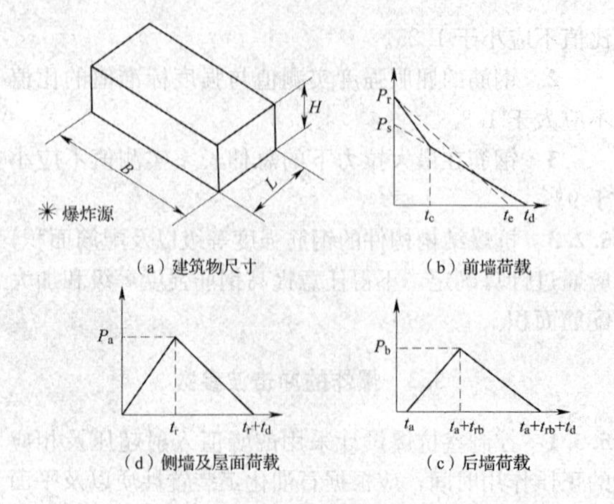

图 5.4.1　封闭矩形建筑物上的爆炸荷载
B—垂直于冲击波方向建筑物尺寸；H—建筑物高度；
L—平行于冲击波方向建筑物尺寸

式中：P_s——停滞压力（kPa）；

C_d——拖曳力系数，取决于障碍物表面的形状及朝向。对于封闭矩形建筑物，前墙取+1.0，侧墙及屋面、后墙取−0.4。

3　前墙正压等效作用时间可按下列公式计算：

$$t_c=3S/U<t_d \quad (5.4.2\text{-}3)$$

$$t_e=2I_w/P_r=(t_d-t_c)\cdot P_s/P_r+t_c \quad (5.4.2\text{-}4)$$

$$I_w=0.5\cdot(P_r-P_s)\cdot t_c+0.5\cdot P_s\cdot t_d \quad (5.4.2\text{-}5)$$

式中：I_w——正压冲量；

S——停滞压力点至建筑物边缘的最小距离，取 H 或 $B/2$ 中的较小值（m）；

t_e——前墙正压等效作用时间（s）；

t_c——反射压持续时间（s）。

5.4.3　作用在侧墙上以及平屋顶建筑物（屋面坡度小于10°）屋面上的有效冲击波超压及其升压时间，可按下列公式计算：

$$P_a=C_e\cdot P_{so}+C_d\cdot q_o \quad (5.4.3\text{-}1)$$

$$t_r=L_1/U \quad (5.4.3\text{-}2)$$

式中：P_a——作用在侧墙及屋面上的有效冲击波超压（kPa）；

C_e——等效峰值压力系数，按 L_w/L_1 值查图 5.4.3；

t_r——侧墙及屋面有效冲击波超压升压时间（s）；

L_1——冲击波前进方向结构构件的长度。侧墙计算时，取单位墙宽；屋面计算时，可根据荷载作用方向及需分析的构件，分别取屋面板的跨度或单位板宽、屋面梁的跨度等；后墙计算时，取建筑物高度 H（m）。

5.4.4　作用在后墙上的有效冲击波超压及其作用时间，可按下列公式计算：

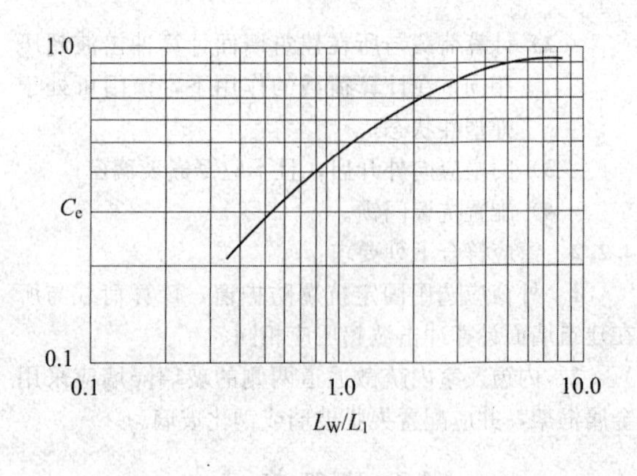

图 5.4.3　等效峰值压力系数的确定

$$P_b=C_e\cdot P_{so}+C_d\cdot q_o \quad (5.4.4\text{-}1)$$

$$t_a=D/U \quad (5.4.4\text{-}2)$$

$$t_{rb}=S/U \quad (5.4.4\text{-}3)$$

式中：P_b——作用在后墙上的有效冲击波超压（kPa）；

t_a——冲击波到达后墙时间（s）；

D——冲击波前进方向建筑物宽度（m）；

t_{rb}——后墙上有效冲击波超压升压时间（s）。

5.4.5　当采用单自由度体系等效静荷载分析方法时，构件等效静荷载的计算应符合本规范附录 A 的规定。

5.5　荷载效应组合

5.5.1　无爆炸荷载参与时，对于承载力极限状态以及正常使用极限状态，结构构件的荷载效应组合应按国家现行有关荷载组合标准的规定进行计算。有爆炸荷载参与时，风、雪荷载、地震作用不应参与组合。

5.5.2　在有爆炸荷载参与时，对于承载力极限状态，结构构件各种荷载效应组合应按下式计算：

$$R\geqslant\gamma_G S_{GK}+\gamma_B S_{BK}+\sum_{i=1}^{n}\gamma_{Qi}\Psi_{ci}S_{Qik} \quad (5.5.2)$$

式中：R——结构构件抗力的设计值；

γ_G——永久荷载分项系数，取1.0；

γ_B——爆炸荷载分项系数，取1.0；

γ_{Qi}——可变荷载分项系数，取1.0；

S_{GK}——按永久荷载标准值 G_k 计算的荷载效应；

S_{BK}——爆炸荷载效应；

S_{QiK}——按可变荷载标准值 Q_{ik} 计算的荷载效应；

Ψ_{ci}——可变荷载 Q_i 的组合值系数，按现行国家标准《建筑抗震设计规范》GB 50011 的有关规定采用，可不计及屋面活荷载。

5.5.3　在有爆炸荷载参与时，对于正常使用极限状态，结构构件各种荷载效应组合应按下式计算：

$$C\geqslant S_{GK}+S_{BK} \quad (5.5.3)$$

式中：C——结构或结构构件达到正常使用要求的规定限值。

5.6 结构动力计算

5.6.1 结构的动力分析宜对整体结构按时程分析法进行。条件不具备时，对于矩形建筑物，构件可按作用的爆炸荷载进行动力分析。当按等效静荷载法进行结构动力分析时，对屋面板、外墙等结构构件，宜分别按单独的等效单自由度体系进行动力分析。

5.6.2 钢筋混凝土结构构件，宜按弹塑性工作阶段设计。对于受弯构件，其抗剪承载力应高于抗弯承载力20%。

5.6.3 在爆炸荷载作用下，结构构件的延性比可按下列公式确定：

$$\mu=\frac{X_m}{X_y} \tag{5.6.3-1}$$

$$\mu\leqslant[\mu] \tag{5.6.3-2}$$

式中：μ——结构构件的延性比；

X_m——结构构件弹塑性变位（mm）；

X_y——结构构件弹性极限变位（mm）；

$[\mu]$——结构构件的允许延性比，按表5.6.3采用。

表 5.6.3 结构构件的允许延性比

受力状态	受弯	大偏心受压	小偏心受压	中心受压
[μ]	3.0	2.0	1.5	1.2

5.6.4 在爆炸荷载作用下，结构构件的弹塑性转角可按下列公式确定：

$$\theta=\arctan\left(\frac{2\Delta}{L_0}\right)\cdot\frac{180}{\pi} \tag{5.6.4-1}$$

$$\theta\leqslant[\theta] \tag{5.6.4-2}$$

式中：θ——结构构件的弹塑性转角（见图5.6.4）；

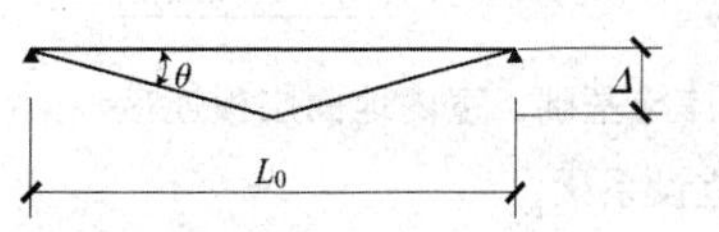

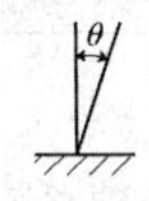

（a）梁、板、柱、墙（受弯）　（b）墙（主要承受剪力）

图5.6.4 构件弹塑性转角示意

Δ——跨中变形（mm）；

L_0——构件跨度（mm）；

$[\theta]$——结构构件的弹塑性转角允许值，按表5.6.4采用。

表 5.6.4 钢筋混凝土结构构件的弹塑性转角允许值

结构构件	支座转角允许值 [θ]
板	4°
梁、墙（受弯）	2°
柱	2°
墙（与爆炸荷载方向平行，主要承受剪力）	1.5°

5.6.5 采用单自由度体系进行构件的动力分析时，其等效质量的运动方程可按下列公式表达：

$$K_{Lm}=\frac{K_m}{K_L} \tag{5.6.5-1}$$

$$K_{Lm}\cdot m\cdot a+k\cdot y=F_t \tag{5.6.5-2}$$

式中：K_{Lm}——传递系数；

K_m——质量传递系数，计算方法按本规范附录B采用；

K_L——荷载或刚度传递系数，计算方法按本规范附录B采用；

m——构件质量（kg）；

a——质点运动加速度（m/s²）；

k——构件刚度，计算方法按本规范附录A采用；

y——质点位移（m）；

F_t——作用在构件上的力（时间的函数）（N）。

5.6.6 采用单自由度体系进行构件的弹塑性动力分析时，其等效质量和振动周期可按下列公式计算：

$$M_e=K_m\cdot m \tag{5.6.6-1}$$

$$T_N=2\pi\cdot\sqrt{\frac{M_e}{K_L\cdot k}} \tag{5.6.6-2}$$

式中：M_e——等效质量（kg）；

T_N——质点振动周期（s）。

5.6.7 构件截面平均惯性矩应按下列公式计算：

$$I_a=0.5\cdot(I_g+I_{cr}) \tag{5.6.7-1}$$

$$I_{cr}=\frac{bc^3}{3}+nA_s(d-c)^2 \tag{5.6.7-2}$$

$$c=\frac{-nA_S+\sqrt{nA_S\ (nA_S+2bd)}}{b} \tag{5.6.7-3}$$

$$n=\frac{E_s}{E_{cd}} \tag{5.6.7-4}$$

式中：I_a——构件截面平均惯性矩（mm⁴）；

I_g——混凝土构件对形心轴的毛截面惯性矩，不计钢筋影响（mm⁴）；

I_{cr}——混凝土开裂截面惯性矩（mm⁴）；

b——构件截面宽度（mm）；

d——构件截面有效高度（mm）；

A_S——构件配筋面积（mm²）；

E_S——钢筋弹性模量（N/mm²）；

E_{cd}——混凝土动弹性模量，可取静荷载作用时的1.2倍（N/mm²）。

5.7 构 件 设 计

5.7.1 构件的承载力可按现行国家标准《混凝土结构设计规范》GB 50010的有关规定进行计算，其中材料强度设计值应用材料的动力强度代替。

5.7.2 材料的动力强度应按下列公式计算：

$$f_{du}=\gamma_{sif}\cdot\gamma_{dif}\cdot f_u \tag{5.7.2-1}$$

$$f_{dy}=\gamma_{sif}\cdot\gamma_{dif}\cdot f_{yk} \tag{5.7.2-2}$$

$$f_{dc}=\gamma_{sif}\cdot\gamma_{dif}\cdot f'_{ck} \tag{5.7.2-3}$$

式中：f_{du}——钢筋的动力强度极限值（N/mm^2）；

γ_{sif}——材料的强度提高系数，按表 5.7.2 取值；

γ_{dif}——材料的动力荷载提高系数，按表 5.7.2 取值；

f_{dy}——钢筋的动力强度设计值（N/mm^2）；

f_{dc}——混凝土的动力强度设计值，（N/mm^2）；

f_u——钢筋强度极限值（N/mm^2）；

f_{yk}——钢筋强度标准值（N/mm^2）；

f'_{ck}——混凝土抗压强度标准值（N/mm^2）。

表 5.7.2　材料的动力荷载提高系数及强度提高系数

提高系数		钢筋		混凝土
		f_{dy}/f_{yk}	f_{du}/f_u	f_{dc}/f'_{ck}
γ_{sif}		1.10		1.00
γ_{dif}	受弯	1.17	1.05	1.19
	受压	1.10	1.00	1.12
	受剪	1.10	1.00	1.10
	粘结	1.17	1.05	1.00

5.7.3　在爆炸荷载作用下，钢材的弹性模量及钢材和混凝土材料的泊松比，可不计入动荷载的影响。

5.7.4　对不直接承受或者传递爆炸荷载的结构构件，可不计入结构振动引起的动力作用。

5.8　结构构造

5.8.1　剪力墙两端和抗爆门门框墙应设暗柱加强，且应符合现行国家标准《建筑抗震设计规范》GB 50011 有关边缘构件的规定。

5.8.2　屋面板及外墙应双面配筋，单面竖向和横向分布钢筋最小配筋率均不应小于 0.25%，并不应大于 1.5%。屋面板的最小厚度不应小于 125mm，墙体的最小厚度不应小于 250mm。

5.8.3　剪力墙及框架构造应符合现行国家标准《建筑抗震设计规范》GB 50011 的有关规定。

5.8.4　钢筋宜采用搭接接头。

5.8.5　当地坪作为外墙的支座时，宜设刚性地坪。刚性地坪的最小厚度不应小于 150mm，并应双面配筋。

5.9　基础设计

5.9.1　在无爆炸荷载参与时，基础设计可按国家现行有关基础设计标准的规定要求进行计算。

5.9.2　在有爆炸荷载参与时，基础设计应进行地基承载力验算、基础抗倾覆及抗滑移验算。

5.9.3　设计时，应采用外墙爆炸荷载、屋顶爆炸荷载、恒荷载、活荷载同时组合的动力反应最大值。

5.9.4　当采用天然地基时，基础设计应符合下列要求：

1　进行地基土承载力验算时，爆炸荷载作用情况下地基土的允许承载力可取其特征值的 2 倍。

2　验算基础抗倾覆时，基础抗不平衡侧向动力荷载的倾覆安全系数应取 1.2，不计入活荷载的影响。

3　抗滑移验算时，抗滑移安全系数应取 1.05。当计入基础的被动土压力增加抗滑能力时，基础的被动土压力应取不平衡荷载的 1.5 倍，不平衡荷载应取总动水平荷载减去摩擦阻力。

5.9.5　当采用桩基础时，基础设计应符合下列要求：

1　桩基础在爆炸荷载作用下的允许垂直承载力，可取其垂直承载力极限值。

2　桩基础在爆炸荷载作用下的水平允许承载力，可取其水平极限承载力。计入基础的被动土压力与桩共同抵抗爆炸水平力时，桩基的最终水平承载力及作用在基础墙及基础上的被动抗力组合后，不应小于所有所需水平抗力的 1.5 倍。

5.9.6　基础埋深不宜小于 1.5m。设计时可计入刚性地坪对基础的嵌固作用（图 5.9.6）。

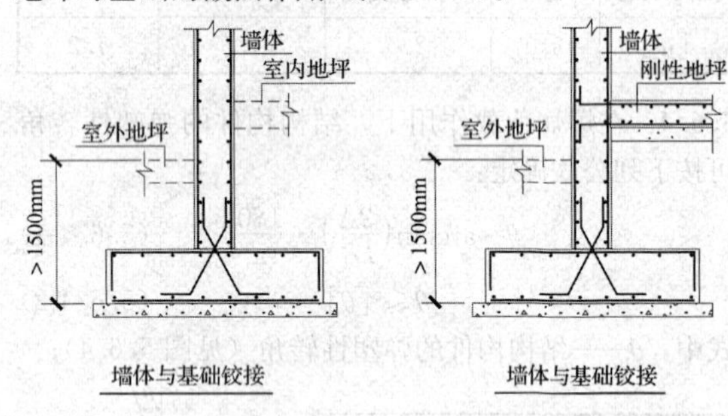

图 5.9.6　墙体与基础、室内地面层板连接

5.9.7　独立基础宜设系梁。

6　通风与空调设计

6.1　一般规定

6.1.1　抗爆控制室的重要房间、一般房间的空调系统宜分开设置。

6.1.2　重要房间的通风空调系统的供电可靠性应与生产装置一致。

6.1.3　通风空调设备宜与建筑物的火灾报警系统联锁，火灾发生时应自动关闭防火阀及空调系统的电源。

6.1.4　新风及回风应过滤，并应设化学过滤器。新风过滤器宜采用 C3 级粗效过滤器和 Z2 级中效过滤器，回风应采用 C3 级粗效过滤器。

6.1.5　运行空调机与备用空调机之间，宜设置故障自动切换、定时自动切换。

6.1.6 重要房间的空调设备的启停及故障报警信号应引至集散控制系统（DCS）。

6.1.7 抗爆控制室的排烟系统设计，应符合下列规定：

1 对于总层数为一层，两个相邻疏散外门的间距大于或等于40m的内走道，应设置机械排烟系统。

2 对于总层数为二层的抗爆控制室，且两个相邻疏散外门的间距大于或等于40m的一层内走道，应设置机械排烟系统；二层走道最远点距最近疏散外门的距离大于20m时，二层内走道应设置机械排烟系统。

3 吊顶与地板之间的高度大于4m的操作室，宜设置火灾后的排风系统。排风量可根据具体情况按换气次数不小于2次/h确定。

6.2 室内空气计算参数

6.2.1 一般房间的室内空气计算参数应符合现行国家标准《采暖通风与空气调节设计规范》GB 50019的有关规定。

6.2.2 重要房间的室内空气计算参数应符合表6.2.2的规定。

表6.2.2 重要房间的室内空气计算参数

房间	夏季		冬季		噪声不宜大于[dB（A）]	噪声不得大于[dB（A）]
	温度（℃）	相对湿度（%）	温度（℃）	相对湿度（%）		
操作室	26±2	50±10	20±2	50±10	55	65
机柜室	26±2	50±10	20±2	50±10	65	75
工程师室	26±2	50±10	20±2	50±10	55	65
电信室	26±2	50±10	20±2	50±10	55	65
不间断电源室（UPS）	26±2	50±10	20±2	50±10	65	75

注：1 重要房间的含尘浓度应小于0.2mg/m^3；

2 重要房间的H_2S的浓度应小于0.015mg/m^3；SO_2的浓度应小于0.15mg/m^3；

3 重要房间的温度变化率应小于5℃/h；相对湿度变化率应小于6%/h。

6.3 空调系统

6.3.1 重要房间的空调系统应采用全空气空调系统。

6.3.2 空调机应选用自带冷源的风冷式单元空调机，空调机应安装在空调机房内。当建筑物面积较小，没有条件设置空调机房时，空调机可直接设在空调房间内，但应采取防止加湿水、冷凝水泄漏的措施。

6.3.3 重要房间空调系统的空调机应设置一台备用，空调机总的制冷量应留有15%～20%的余量。

6.3.4 当夏季空调冷源采用冷水机组时，应设置一台备用机组。

6.3.5 当空调冷源为厂区供给的冷冻水时，空调机应采用双冷源型。

6.4 新风系统与排风系统

6.4.1 空调系统的新风量，应取下列两项中的最大值：

1 按工作人员计算，每人50m^3/h。

2 总送风量的10%。

6.4.2 新风的引入口及排风系统的排出口，均应加装与建筑围护结构同等抗爆等级的抗爆阀。

6.4.3 抗爆阀应确保在建筑物外发生爆炸时自动关闭，当外部空气压力恢复正常时自动复位。

6.4.4 抗爆阀宜直接安装在建筑围护结构上。

6.4.5 当生产装置设有可燃、有毒气体探测报警系统时，新风引入口应设置相应的可燃、有毒气体探测报警器，且进风管上应设置密闭性能良好的电动密闭阀，在可燃、有毒气体探测器报警的同时，应关闭密闭阀及新风机。

6.5 空调机房

6.5.1 空调机房应设在抗爆建筑物内，且宜靠近空气处理机组的服务区域。

6.5.2 空调机的室外机宜安装在地面上。

附录A 常用结构的等效静荷载

A.0.1 在冲击荷载作用方向上构件的动承载力，可按动力反应的等效静力计算方法进行计算。

A.0.2 三角形荷载作用下结构的等效荷载标准值，可按下列公式计算：

$$Q_d=\frac{P}{\frac{\sqrt{\alpha}}{\pi\tau}+\frac{\alpha\tau}{2\mu(\tau+0.637)}} \quad \text{(A.0.2-1)}$$

$$\alpha=2\mu-1 \quad \text{(A.0.2-2)}$$

$$\tau=T_d/T_N \quad \text{(A.0.2-3)}$$

式中：Q_d——与冲击波压力和作用时间等效的静力荷载（kPa）；

P——构件冲击荷载（kPa）；

α——能量吸收系数；

τ——持续时间系数；

T_d——等效为三角形荷载的冲击荷载作用时间（ms）。

三角形荷载作用下结构的等效荷载标准值也可按图A.0.2查取。

A.0.3 对于三角形脉冲荷载，结构的极限等效荷载标准值可按图 A.0.3 查取。

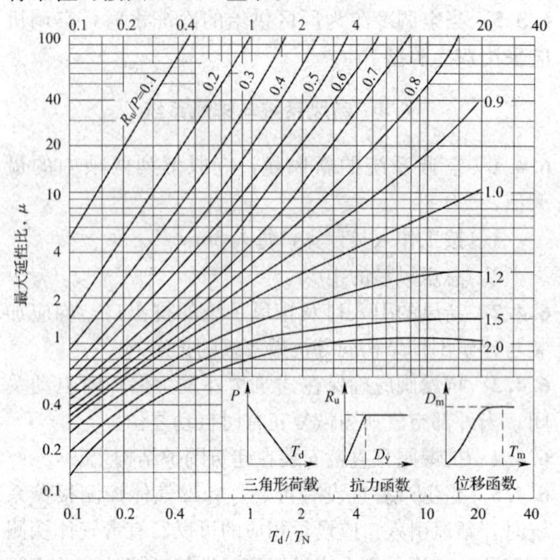

图 A.0.2 三角形荷载下的极限抗力-延性比关系

D_y—屈服位移；D_m—最大位移；T_m—最大位移对应的作用时间；R_u—结构构件在给定截面及配筋时提供的极限抗力（kN）

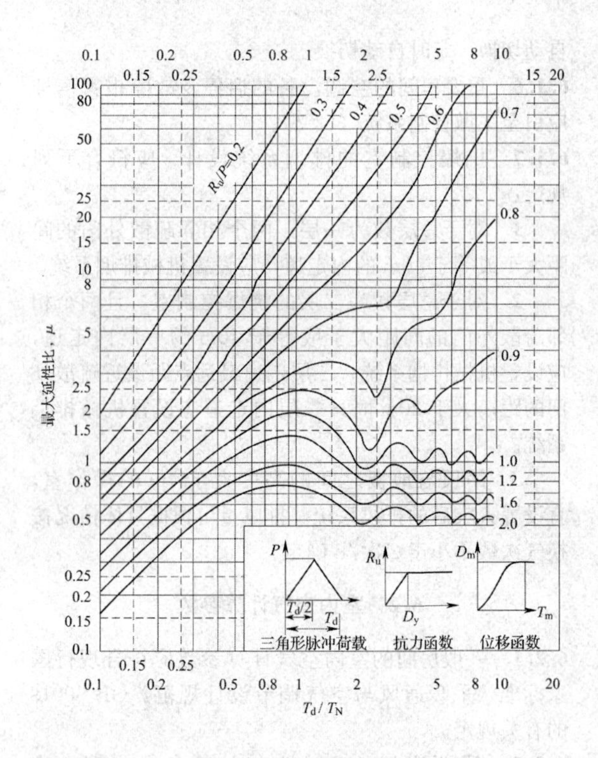

图 A.0.3 三角形脉冲荷载下的极限抗力-延性比关系

附录 B 各种支座条件、荷载形式下单自由度构件的动力计算参数

B.0.1 在各种支座条件、荷载形式下单自由度构件 的动力计算参数可按表 B.0.1-1～表 B.0.1-3 选取。

表 B.0.1-1 两 端 简 支

荷载图	应变范围	荷载传递系数 K_L	质量传递系数 K_m	均布质量传递系数 K_m	弯曲抗力 R_b	刚度 k	动力反应 V
$F=P\times L$，L	弹性	0.64	—	0.50	$8M_{pc}/L$	$384EI_a/5L^3$	$0.39R+0.11F$
	塑性	0.50	—	0.33	$8M_{pc}/L$	0	$0.38R_u+0.12F$
F，$L/2$，$L/2$	弹性	1.00	1.00	0.49	$4M_{pc}/L$	$48EI_a/L^3$	$0.78R-0.28F$
	塑性	1.00	1.00	0.33	$4M_{pc}/L$	0	$0.75R_u-0.25F$
$F/2$，$F/2$，$L/3$，$L/3$，$L/3$	弹性	0.87	0.76	0.52	$6M_{pc}/L$	$56.4EI_a/L^3$	$0.525R-0.025F$
	塑性	1.00	1.00	0.56	$6M_{pc}/L$	0	$0.52R_u-0.02F$

注：1 集中质量平均分布在每个集中荷载作用处；
2 M_{pc}为跨中极限抗弯承载力；
3 对两端简支情况的弹塑性分析，可取弹性、塑性状态的平均值。

表 B.0.1-2　一端简支一端固定

荷载图	应变范围	荷载传递系数 K_L	质量传递系数 K_m	均布质量传递系数 K_m	弯曲抗力 R_b	刚度 k	动力反应 V
$F=P\times L$，L	弹性	0.58	—	0.45	$8M_{pc}/L$	$185EI_a/L^3$	$V_1=0.26R+0.12F$ $V_2=0.43R+0.19F$
	弹塑性	0.64	—	0.5	$4(M_{ps}+2M_{pc})/L$	$384EI_a/5L^3$	$0.39R+0.11F+M_{ps}/L$
	塑性	0.50	—	0.33	$4(M_{ps}+2M_{pc})/L$	0	$0.38R_u+0.12F+M_{ps}/L$
F，$L/2$，$L/2$	弹性	1.00	1.00	0.43	$16M_{pc}/3L$	$107EI_a/L^3$	$V_1=0.25R+0.07F$ $V_2=0.54R+0.14F$
	弹塑性	1.00	1.00	0.49	$2(M_{ps}+2M_{pc})/L$	$48EI_a/5L^3$	$0.78R-0.28F\pm M_{ps}/L$
	塑性	1.00	1.00	0.33	$2(M_{ps}+2M_{pc})/L$	0	$0.75R_u-0.25F\pm M_{ps}/L$
$F/2$，$F/2$，$L/3$，$L/3$，$L/3$	弹性	0.81	0.67	0.45	$6M_{pc}/L$	$132EI_a/L^3$	$V_1=0.17R+0.17F$ $V_2=0.33R+0.33F$
	弹塑性	0.87	0.76	0.52	$2(M_{ps}+3M_{pc})/L$	$56EI_a/L^3$	$0.525R-0.025F\pm M_{ps}/L$
	塑性	1.00	1.00	0.56	$2(M_{ps}+3M_{pc})/L$	0	$0.52R_u-0.02F\pm M_{ps}/L$

注：1　集中质量平均分布在每个集中荷载作用处；

2　M_{pc}为跨中极限抗弯承载力，M_{ps}为支座极限抗弯承载力。

表 B.0.1-3　两　端　固　定

荷载图	应变范围	荷载传递系数 K_L	质量传递系数 K_m	均布质量传递系数 K_m	弯曲抗力 R_b	刚度 k	动力反应 V
$F=P\times L$，L	弹性	0.53	—	0.41	$12M_{ps}/L$	$384EI_a/L^3$	$0.36R+0.14F$
	弹塑性	0.64	—	0.50	$8(M_{ps}+M_{pc})/L$	$384EI_a/5L^3$	$0.39R+0.11F$
	塑性	0.50	—	0.33	$8(M_{ps}+M_{pc})/L$	0	$0.38R_u+0.12F$

续表 B.0.1-3

荷载图	应变范围	荷载传递系数 K_L	质量传递系数 K_m	均布质量传递系数 K_m	弯曲抗力 R_b	刚度 k	动力反应 V
两端固定梁，跨中集中荷载 F，$L/2$，$L/2$	弹性	1.00	1.00	0.37	$4(M_{ps}+M_{pc})/L$	$192EI_a/L^3$	$0.71R-0.21F$
	塑性	1.00	1.00	0.33	$4(M_{ps}+M_{pc})/L$	0	$0.75R_u-0.25F$
两端固定梁，三分点荷载 $F/2$，$F/2$，$L/3$，$L/3$，$L/3$	弹性	0.87	0.76	0.52	$6(M_{ps}+M_{pc})/L$	$56.4EI_a/L^3$	$0.53R-0.03F$
	塑性	1.00	1.00	0.56	$6(M_{ps}+M_{pc})/L$	0	$0.52R_u-0.02F$

注：1 集中质量平均分布在每个集中荷载作用处；

2 M_{pc}为跨中极限抗弯承载力，M_{ps}为支座极限抗弯承载力。

本规范用词说明

1 为便于在执行本规范条文时区别对待，对要求严格程度不同的用词说明如下：

1) 表示很严格，非这样做不可的：
正面词采用“必须”，反面词采用“严禁”；

2) 表示严格，在正常情况下均应这样做的：
正面词采用“应”，反面词采用“不应”或“不得”；

3) 表示允许稍有选择，在条件许可时首先应这样做的：
正面词采用“宜”，反面词采用“不宜”；

4) 表示有选择，在一定条件下可以这样做的，采用“可”。

2 条文中指明应按其他有关标准执行的写法为：“应符合……的规定”或“应按……执行”。

引用标准名录

《混凝土结构设计规范》GB 50010
《建筑抗震设计规范》GB 50011
《建筑设计防火规范》GB 50016
《采暖通风与空气调节设计规范》GB 50019
《石油化工企业设计防火规范》GB 50160
《建筑材料及制品燃烧性能分级》GB 8624

中华人民共和国国家标准

石油化工控制室抗爆设计规范

GB 50779—2012

条 文 说 明

制 定 说 明

《石油化工控制室抗爆设计规范》GB 50779—2012，经住房和城乡建设部2012年5月28日以第1408号公告批准发布。

本规范制定过程中，编制组进行了长期的调查研究，总结了我国工程建设石油化工行业的实践经验，同时参考了美国土木工程协会（ASCE）、美国混凝土协会（ACI）等国外先进技术法规、技术标准的相关内容，结合我国混凝土结构设计相关规范要求最终成稿。

为方便广大设计、施工、科研、学校等单位有关人员在使用本规范时正确理解和执行条文规定，《石油化工控制室抗爆设计规范》编制组按章、节、条顺序编制了本规范的条文说明，对条文规定的目的、依据以及执行中需注意的有关事项进行了说明。但是，本条文说明不具备与规范正文同等的法律效力，仅供使用者作为理解和把握规范规定的参考。

目　次

3 基本规定

3.0.1 确定抗爆控制室平面布置、建筑物抗爆炸冲击波的大小都应经过安全分析后确定。在国外，关于平面布置的标准有：《Management of Hazards Associated with Location of Process Plant Permanent Buildings》API RP752；美国化学工程师协会化学工艺安全中心（CCPS）的《Guidelines for Evaluating Process Plant Buildings for External Explosions，Fires and Toxics》。在国内，现行国家标准《石油化工企业设计防火规范》GB 50160 规定了防火方面的布置要求，对抗爆方面还没有专门的规定。

1 工艺装置火灾危险性分类详见现行国家标准《石油化工企业设计防火规范》GB 50160。场地高于相邻装置可防止可燃气体在控制室周围聚集。

2 为了避免在装置爆炸状态下，非抗爆建筑物可能产生的碎块阻塞控制室内人员疏散的通道，抗爆控制室的顶部不得布置非抗爆结构的房间；与抗爆控制室比邻的非抗爆建筑物，布置时应尽可能加大与抗爆建筑物之间的间距。

3 控制室安全出口数量不少于两个，是现行国家标准《建筑设计防火规范》GB 50016 的要求；考虑到在装置发生爆炸时建筑安全出口有可能被爆炸所产生的碎片阻塞，影响人员的疏散，为了提高人员疏散的可靠性，要求在建筑物不同的方向设置疏散口。如迫于场地条件的限制，当人员出入口必须面向有爆炸危险性的生产装置时，则必须采取可靠的防护措施，如在抗爆门的外侧设置有顶抗爆墙等。

3.0.2 本规范的设计水准，允许在爆炸事故后，结构处于非弹性状态而不至于倒塌。本条依据现行国家标准《建筑结构可靠度设计统一标准》GB 50068—2001 第 3.0.6 条的规定："对偶然状况，建筑结构可采用下列原则之一按照承载能力极限状态进行设计：

1 按照作用效应的偶然组合进行设计或采取防护措施，使主要承重结构不致因出现设计规定的偶然事件而丧失承载能力。

2 允许主要承重结构因出现设计规定的偶然事件而局部破坏，但其剩余部分具有在一段时间内不发生连续倒塌的可靠度。"

另外，在美国土木工程协会（ASCE）*Design of Blast Resistant Buildings in Petrochemical Facilities* 中，将动力荷载作用下的结构构件的容许变形分为高、中、低三种情况，本规范为中等变形状态，即建筑物在遭受爆炸荷载作用后发生一定程度的损坏，但修复后仍可继续使用。

3.0.3 矩形平面在冲击波荷载作用下传力路径明确，同时有大量冲击波实验数据。建筑层数的限制除考虑了工程计算的复杂程度之外，更主要的是考虑到在满足基本安全要求的前提下工程成本的问题。

3.0.4 一般情况下，建筑物屋顶采用现浇钢筋混凝土板，将水平爆炸荷载传递至剪力墙，剪力墙将爆炸荷载传递至基础。

4 建筑设计

4.1 一般规定

4.1.1 抗爆控制室的建筑屋面应符合现行国家标准《屋面工程技术规范》GB 50345—2004 表 3.0.1 对建筑屋面防水等级和防水要求的规定。为了减少爆炸时可能产生的次生灾害，建筑物外表面不应附着密度较大的装配式建筑构件，故规定屋面上不得采用装配式架空隔热构造。女儿墙属于悬臂构造，应根据爆炸力的特性对其进行专门的验算，以确保在爆炸力作用下不至于破坏或产生碎块，飞溅伤人。

4.1.2 本条主要是为了防止和减轻装置爆炸后可能产生的次生破坏而规定的。

4.1.3 变形缝的设置将可能使建筑物整体抗爆的体系中存在一个安全缺陷或隐患；同时，在建筑物采取了外保温的构造措施后，有利于减少温差对建筑结构产生的应力。

4.1.4 以目前工艺装置的控制（设备）水平，操作人员已经完全不需要通过观察窗去了解和判断工艺装置的运行状况；同时，操作室内营造的人工室内环境（空气调节、人工照明等），能够符合和满足操作人员健康、安全及生产的要求。因此，石油化工控制室的建筑外墙窗已经失去基本的功能需求。另外，在抗爆墙上设置的窗必须能够抵抗相应的爆炸荷载，工程代价也较高。如果产品的品质有某些缺失或由于日常使用、维护不当而可能产生的缺陷，均将成为安全的隐患。因此，规定面向甲、乙类工艺装置的外墙应采用抗爆实体墙。

4.1.5 设置隔离前室主要是为了有效地保持室内的正压（防爆措施）环境；同时，当外门在爆炸荷载的作用下损坏时，成为第二道防护体系。

4.1.6 主要是为了防止装置爆炸产生的超压通过电缆槽盒及建筑外墙上的开洞进入室内。

4.1.7 本条中的室内、外高差指的是室内地坪使用面（含活动地板面）至室外计算地坪之间的距离；空调设备间室内外高差的规定，是基于非爆炸危险区内的条件作出的。

4.2 建筑门窗

4.2.1 本条是对抗爆防护门所作的规定。对各款说明如下：

1 如果由于装置内可燃物质因爆炸而抛洒到门外侧的场地上形成火场，则该门已经失去疏散功能，只要求在一定时间内阻隔火焰及烟气进入室内即可。

2 人员通道抗爆门。

1）在抗爆建筑物上，门是最薄弱的建筑构造，故其数量和尺寸均应严格控制，应以能够满足最基本的功能要求为设计原则。

2）逃生门锁在具有锁闭门扇功能的同时，还应满足在任何情况下人员均可方便地从室内侧向室外疏散的要求。

3）事故状态下，建筑物内人员向外疏散前首先需要了解门外侧的状况，以判断是否适宜疏散。门扇上如需要镶嵌玻璃，应通过计算或实验进行验证，以确保门体整体强度及刚度符合抗爆的要求；门扇上的玻璃在满足强度要求的同时，还必须满足防火阻隔及向外观察的要求。

3 设备通道抗爆门。

4）抗爆门锁应满足在爆炸状态下的强度要求，室外侧用钥匙开启，室内侧可用手较容易地开启。

4.3 建筑构造

4.3.1 抗爆建筑物较为封闭，在设备系统未能正常运转时，室内通风换气困难。岩棉或超细玻璃棉易散发粉尘，不利于施工人员的健康；湿作业保温构造则因通风不畅而干燥周期较长，且其中所含添加剂中的部分化学成分也会影响施工人员的健康。另外，墙体外保温构造在受到爆炸超压的冲击时还具有一定的吸能作用，有利于保护抗爆墙，故墙体宜采用外保温构造。

4.3.3 吊顶构造：

1 在发生爆炸时混凝土结构体系可能产生较大的变形，为了减少吊顶由于受到水平力的冲击而使得面板脱落伤人，需要增加变形缝。

2 增加吊顶龙骨体系的刚度后，可以减轻事故的损失。

3 面板选用轻质材料，可使事故状态时即使面板脱落也不会对人员造成严重伤害。

4 保证事故状态下灯具不脱落，避免对人员造成伤害。

5 结构设计

5.1 一般规定

5.1.1 国外炼油厂抗爆建筑物设计的方法有一个演变的过程：从最初的等效静荷载法及传统的静力分析方法（Bradford and Culbertson），到建立在等效 TNT 爆炸荷载（Forbes 1982）基础上，考虑结构构件动力特性及延性的简化动力分析方法，再到根据蒸汽云爆炸模型来区分爆炸荷载的特点，采用非线性多自由度的动力计算模型对建筑物进行动力分析。当采用单层钢筋混凝土剪力墙结构时，构件呈现单自由度动力特征，因此本规范系采用单自由度的动力计算模型。

在特定的简化冲击波（比如前墙）荷载作用下，按照结构构件的振型曲线与相应静荷载作用下的挠曲线接近的原则，得到等效静荷载；用结构静力分析来代替动力分析，会大大简化构件的设计计算。本规范在附录 A 中提供了构件等效静荷载的计算方法。

5.1.2 本条是针对爆炸荷载特点，以及控制室在遭受爆炸荷载后的使用要求提出的。在爆炸动荷载作用下，结构构件的工作状态，用允许延性比来表示，虽然不能直接反映结构构件的强度、挠度及裂缝等情况，但能直接表明结构构件所处的极限状态，故在结构计算中不必再进行结构裂缝的验算。

5.2 材 料

5.2.2 此条与现行国家标准《建筑抗震设计规范》GB 50011 相一致，以保证结构某部位出现塑性铰以后具有足够的转动能力和耗能能力。

另外，美国混凝土协会 *Code Requirements for Nuclear Safety Related Concrete Structures*（ACI 349）中对具有抗爆性能材料有如下要求：混凝土受压强度 f'_c 最低取 3000psi；钢筋的屈服强度最大值取 60000psi，同时对钢筋的力学性能要求：

1 试验得到的实际屈服强度不得超过给定屈服强度 18000psi（再次实测不得超过此值 3000psi）。

2 实际极限抗拉强度与实际抗拉屈服强度之比不应小于 1.25。

5.3 爆炸的冲击波参数

5.3.1 在国外，一般由专业咨询公司结合石油化工装置性质、平面布置（主要是泄漏点布置）、风向等因素，运用安全模拟分析软件，模拟计算建筑物所处位置的爆炸冲击波参数。或者，根据相应的标准或技术规定确定爆炸冲击波基本参数。

本条给出的两种冲击波参数，参考了美国制造化学家协会 *Siting and Construction of New Control Houses for Chemical Manufacturing Plants*（SG-22）的相关规定。该指南定义抗爆建筑物要足以抵抗外部装置爆炸所产生的冲击波超压为 69kPa，作用时间为 20ms。这大概相当于一个球体在自由空气中爆炸[1US ton TNT 在距中心距离 30.5m（100ft）处]所产生的冲击波超压。对于冲击波超压为 20kPa（2.9psi）、持续时间为 100ms 的冲击波，它近似相当于直径 60m、高 4m 包含 6%乙烷的气体爆炸，距中心距离 75m 处产生的冲击波超压。

一般情况下，控制室抗爆只考虑蒸汽云爆炸，对于压力设备爆炸、液体爆炸等的影响一般不予考虑。

爆炸波波形的简化图形如图1、图2。设计计算时只考虑正压区而忽略负压区，为了简化同时忽略升压段，从而简化成三角形的波形。

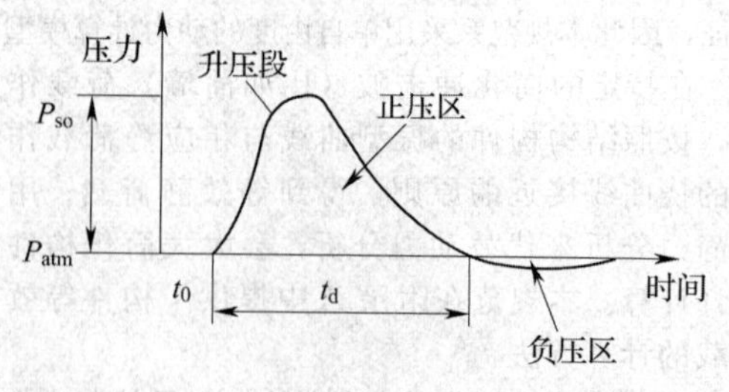

图1 自然波形

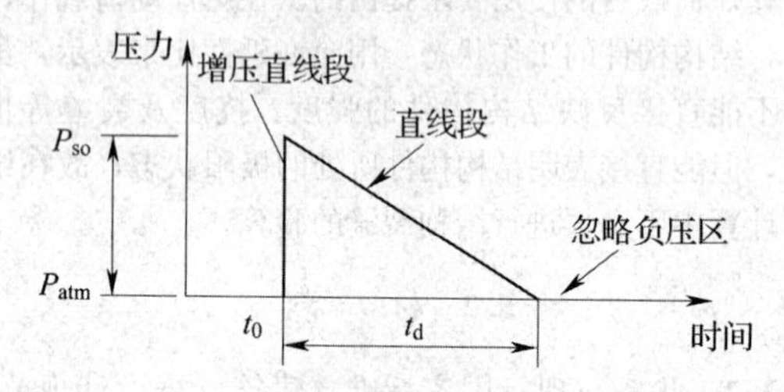

图2 设计波形

t_0—冲击波到达时间

5.4 作用在建筑物上的爆炸荷载

5.4.1～5.4.3 图5.4.1源自美国土木工程师协会 *Design of Blast Resistant Buildings in Petrochemical Facilities*。

图5.4.3源自美国军事规范 *Structures to Resist the Effect of Accidental Explosions* TM5-1300。

根据美国土木工程师协会 *Design of Structures to Resist Nuclear Weapons Effects*（ASCE No.42），前墙荷载如图3。

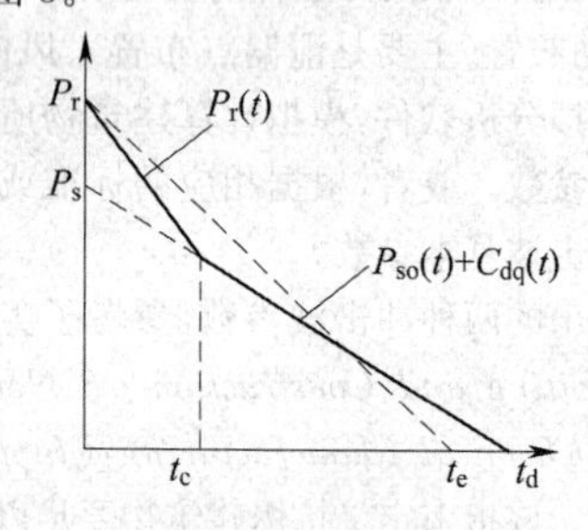

图3 设计波形

从图中可以看出，在 t_c 以前，前墙反射压作用，从 t_c 到 t_d，前墙正超压和动压共同作用。公式中 t_c 为反射压持续时间。

5.5 荷载效应组合

5.5.1 对于没有爆炸荷载参与的结构构件的承载力极限状态以及正常使用极限状态，其荷载效应组合按照现行国家标准《建筑结构荷载规范》GB 50009的强制性条文执行。

爆炸荷载本身属于偶然荷载作用，它本身发生的概率极小，作用的时间很短，但量值很大，起控制作用，依据现行国家标准《建筑结构荷载规范》GB 50009，不再考虑其与风、雪、地震荷载的组合作用。

5.6 结构动力计算

5.6.2 为了满足抗爆结构的塑性变形能力，设计时应保证构件首先出现受弯裂缝和钢筋屈服，防止过早地发生斜裂缝破坏，即为抗剪留出稍大的安全储备。

5.6.3 本条参考了现行国家标准《人民防空地下室设计规范》GB 50038中有关钢筋混凝土构件容许延性比的相关规定。该规范一般按表1取值。

表1 钢筋混凝土构件的设计延性比

功能要求	构件受力状态			
	受弯	大偏压	小偏压	中心受压
无明显残余变形	1.5	1.5	1.3～1.5	1.1～1.3
一般防水防毒要求	3	1.5～3	1.3～1.5	1.1～1.3
无密闭及变形控制要求	3～5	1.5～3	1.3～1.5	1.1～1.3

5.6.4 本条中表5.6.4的数据源自美国土木工程师协会 *Design of Blast Resistant Buildings in Petrochemical Facilities*。

美国混凝土协会 *Code Requirements for Nuclear Safety Related Concrete Structures*（ACI 349）中对容许延性比以及塑性转角的规定如下：

延性比 μ 是构件最大允许位移 X_m 与有效屈服点位移 X_y 的比值，见图4。为了得到有效屈服位移，构件截面惯性矩应取 $0.5(I_g+I_{cr})$。构件之最大变形不应降低构件的使用功能，同时不能削弱相关系统及部件的安全性。对于梁（次梁）、墙、板等受弯构件，容许延性比可取 $0.05/(\rho-\rho')$ 且不超过10，但为在冲击荷载时保证结构整体性其延性比不应大于3.0。

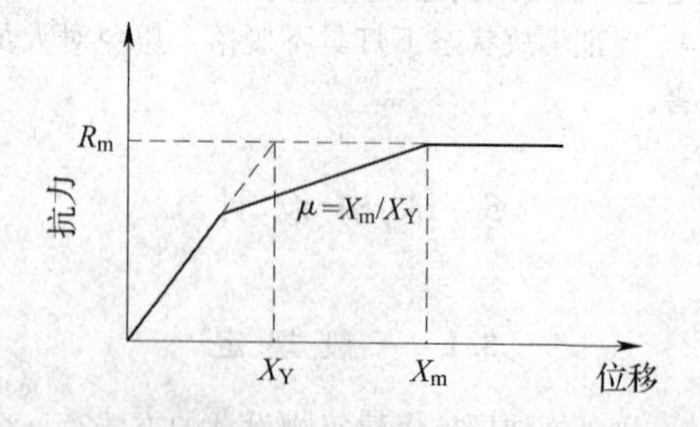

图4 理想的位移-抗力-延性关系

当受弯控制时，构件任意塑性铰的转动承载能力 r_θ（弧度）可取 $0.0065(d/c)$，但不应超过 0.07rad（d 为构件截面有效高度，即从极限受压纤维到受拉钢筋中心的距离；c为受压区最大应力纤维至截面中和轴的距离）。按照上述公式进行构件塑性铰的转动能力计算，从实验结果到计算结果，其平均值为1.47，标准差为0.49。上式计算而得的屈服转角在0.025弧度～0.075弧度（1.4°～4.3°）之间变化。因为没有足够的实验数据说明梁的转动能力超过0.07弧度（4°）时的变化情况，因此尽管按照上式可以算得较大的屈服转角，但仍将0.07弧度作为最高限制。

从钢筋混凝土构件的工作过程来看，在荷载的作用下，随着构件挠曲，全部钢筋屈服；钢筋在达到屈服阶段内，当挠度发展到相当于2°支座转角时，受压混凝土被压碎。

5.6.7 确定混凝土构件的挠度无论在弹性或是在塑性范围内都是十分复杂的。这是因为，由于裂缝的开展，构件横截面的有效惯性矩沿构件是连续的；还因为混凝土的弹性模量随应力增长而变化，使问题变得更加复杂。因此变形计算中使用平均惯性矩。通常的做法是先假定构件的配筋A_s，核算构件的延性比、转角是否满足要求。

5.7 构件设计

5.7.2 在实践中，不同等级材料的平均屈服强度高于规范中给定的材料强度值，抗爆设计中采用系数γ_{sif}以考虑这种情况，该系数与材料的应变速率无关。

当考虑材料特性与应变速率变化的影响时，采用γ_{dif}的系数。γ_{dif}随应变速率的增大而增大；钢筋混凝土应变速率随配筋率的变化而变化。表5.7.2给出的γ_{dif}基于如下应变速率而定：0.0001in/in/ms（受弯）；0.00002/in/in/ms（受压）。

现行国家标准《人民防空地下室设计规范》GB 50038，根据构件受拉、受压、受弯、受剪和受扭等不同受力状态，规定了在爆炸动荷载作用下，材料的动力强度设计值可取静荷载作用下的材料强度设计值乘以材料强度综合调整系数，具体数值如表2所示。

表2 材料强度综合调整系数

材料种类		综合调整系数
热轧钢筋（钢材）	HPB235级（Q235钢）	1.5
	HRB335级（Q345钢）	1.35
	HRB400级（Q390钢）	1.20(1.25)
	RRB400级（Q420钢）	1.2
混凝土	C55及以下	1.5
	C55～C80	1.4

该系数除了考虑普通工业与民用建筑规范中材料分项系数，还考虑了材料快速加荷作用下动力强度的提高系数，并是在对防空地下室结构构件进行了可靠度分析后结合诸项因素综合确定的，且已经考虑了混凝土龄期效应的影响。

5.8 结构构造

5.8.1 除了剪力墙两端设置暗柱加强以外，抗爆门上的爆炸荷载也要通过门框墙承担，门框墙应加强，以保证爆炸后不影响门的正常使用。

5.8.2 屋面板及外墙单面配筋率按有效截面面积计算。配筋率限值参考了现行国家标准《建筑抗震设计规范》GB 50011的相关规定。

根据美国混凝土协会*Code Requirements for Nuclear Safety Related Concrete Structures*（ACI 349）：当钢筋的屈服强度为240N/mm^{2}时，钢筋混凝土墙体及板截面上主筋的配筋率应不小于1%；当钢筋的屈服强度为410N/mm^{2}时，钢筋混凝土墙体及板截面上主筋的配筋率应不小于0.6%；根据钢筋的屈服强度，钢筋混凝土截面受力钢筋的最小配筋率应满足240/f_y（f_y的单位psi）的要求。在另一个方向，分布筋截面积之和应不小于受力钢筋截面积之和的20%，且两根钢筋的间距不大于150mm。当墙体和屋面板截面厚度为250mm～400mm时，配筋较为便利。

5.8.4 焊接时产生的热量也会引起钢筋性能的变化，导致强度降低。焊接区冷却后的收缩又可能导致钢筋的内应力，甚至引起断裂。

5.9 基础设计

5.9.3 动力反应的最大值可以理解为不考虑时间效应的静荷载作用下的结构总抗力，在任何情况下基础的承载力都不能小于所支承的结构构件极限承载力。

5.9.4 现行国家标准《建筑抗震设计规范》GB 50011中地基抗震承载力调整系数根据岩土的性状取为1.0～1.5。

5.9.5 当水平荷载很大时，也可考虑使用斜桩。

6 通风与空调设计

6.1 一般规定

6.1.1 操作室、机柜间、工程师室、UPS室、电信室等为重要房间；交接班室、资料室、办公室、会议室等房间为一般房间。重要房间对空气温度、湿度、洁净度以及空气品质要求较高；一般房间对空气的上述要求较低，属于舒适性空调。将空调系统分开设置，有利于节省投资。

6.1.2 控制室是全厂的"神经中枢"，应保证在任何情况下都能正常运行。对于抗爆控制室来说更是如此。

6.1.3 引自现行国家标准《采暖通风与空气调节设计规范》GB 50019。

6.1.4 现行行业标准《石油化工控制室和自动分析室设计规范》SH 3006给出的DCS控制室的含尘浓度标准为粒径小于10μm的灰尘的含尘浓度小于0.2mg/

m^3。现行国家标准《环境空气质量标准》GB 3095 中三级大气质量标准规定粒径小于 10μm 的灰尘的可吸入颗粒物的浓度值为 0.25mg/m^3。按此计算，采用 C3 级粗效过滤器完全可以满足要求。考虑到新风机组配有化学吸附器，为了保护吸附器，化学吸附器前的过滤器采用 Z2 级中效过滤器比较合理。为了保护中效过滤器，宜前置粗效过滤器。

6.1.5 控制室一般不设专门的人员负责空调设备的运行管理，设置故障自动切换可增加空调系统运行的可靠性。设置定时自动切换是为了均衡所有空调机的运行时间，延长空调机的使用寿命。

6.1.6 重要房间的空调设备要求不间断运行，空调设备的报警信号引至 DCS 可及时发现问题，及时处理，确保空调系统的正常运行。

6.1.7 抗爆控制室建筑比较特殊，既不属于可燃物较多的生产厂房，又不属于人员较多的公共建筑。现行行业标准《石油化工生产建筑设计规范》SH 3017 将控制室、电子计算机房的火灾危险性等级划分为丁类。因此，除了内走道可能需要设置机械排烟外，各个房间均不需设置机械排烟。但由于控制室是石油化工厂的控制中心，发生火灾后必须尽快灭火，并彻底排除火灾后的烟气和毒气，让工作人员尽快进入室内处理事故，以便尽早恢复生产，所以有必要设置火灾后的排烟系统。火灾发生后，开启新风系统，将烟气通过房门压至内走廊，利用内走廊的排烟风机排烟。但是由于操作大厅一般层高较高，房门与顶棚之间的间距达 2m 以上，采用上述方法很难将烟气排除干净。有必要在操作大厅设置机械排风。

6.2 室内空气计算参数

6.2.2 机柜室、UPS 室一般自身带有风扇，故噪声较大，且上述房间无人值班，故噪声标准适当放宽。

6.3 空 调 系 统

6.3.1 重要房间的空调系统要求恒温恒湿，所以应采用全空气空调系统。一般房间的空调系统虽然为舒适性空调，但由于房间无外窗，空气无法通过外窗缝隙对流；如果采用风机盘管、VRV 等系统，由于循环风量较小，房间的通风死角多。采用全空气系统，在新风量不变的情况下，可明显提高舒适度，因此一般房间也应尽可能采用全空气系统。

6.3.2 自带冷源的空调机减少了中间环节，可靠性高。石油化工厂的循环水温度高、含油，不利于空调机冷凝器的换热，故推荐采用风冷式。本条的后半部分主要是要求尽可能确保电气设备的安全。可在摆放空调机的架空地板下设挡水围堰，并设置地漏，必要时还应设置漏水报警装置。

6.3.3 这是由机柜室、控制室等重要房间的重要性决定的。空调系统必须保证在任何情况下都能正常运行。留有 15%～20%余量的目的，是考虑到以后部分非重要房间变为重要房间的可能性。

6.3.4、6.3.5 确保重要房间空调系统的可靠性。

6.4 新风系统与排风系统

6.4.1 抗爆控制室无外窗，空气无法通过外窗缝隙对流，全靠新风保证新鲜空气量，所以按人均计算的新风量取值应大些。

6.4.2 抗爆阀的抗爆力应与结构设计中该墙面的爆炸荷载取值一致。

6.4.3 抗爆阀的种类可根据风量、阻力、投资等各种因素综合确定。

6.4.4 抗爆阀直接安装在建筑围护结构上可减少土建工程量。

抗爆阀的安装方式大致有三种：

第一种：设置专门的进、排风小室；

第二种：将抗爆阀安装在外墙上；

第三种：将抗爆阀安装在屋顶上。

6.4.5 设置可燃、有毒气体探测报警系统，可及时发现险情，为避险赢得时间。设置密闭阀以及联锁关闭新风机，是为了防止可燃、有毒气体进入建筑物内。

6.5 空 调 机 房

6.5.1 本条的目的是减少风管长度，降低投资和能耗。

6.5.2 空调机的室外机安装在地面上有利于安全，可避免外界爆炸将室外机破坏并使之坠落至地面，造成危险。

中华人民共和国国家标准

电子工厂化学品系统工程技术规范

Technical code for Chemical System of Electronic Factory

GB 50781—2012

主编部门：中华人民共和国工业和信息化部
批准部门：中华人民共和国住房和城乡建设部
施行日期：2 0 1 2 年 1 2 月 1 日

中华人民共和国住房和城乡建设部
公　　告

第1434号

关于发布国家标准《电子工厂化学品系统工程技术规范》的公告

现批准《电子工厂化学品系统工程技术规范》为国家标准，编号为GB 50781—2012，自2012年12月1日起实施。其中，第3.2.8（1、2、3、4）、6.1.2、6.1.5、6.4.2（7）条（款）为强制性条文，必须严格执行。

本规范由我部标准定额研究所组织中国计划出版社出版发行。

中华人民共和国住房和城乡建设部

2012年6月28日

前　言

本规范是根据原建设部《关于印发〈2007年工程建设标准规范制定、修订计划〉的通知（第二批）》建标〔2007〕126号文的要求，由信息产业电子第十一设计研究院科技工程股份有限公司会同有关单位共同编制完成。

本规范在编制过程中，根据我国集成电路工厂、平板显示器件工厂和太阳能电池工厂的设计、建造和运行的实际情况，同时考虑工厂目前的现状，对国外工程公司也进行了调查研究，广泛征求了全国有关单位与个人意见，并反复修改，最后经审查定稿。

本规范共分7章，主要内容有：总则，术语、缩略语，化学品供应系统，化学品回收系统，化学品监控及安全系统，相关专业设计，工程施工及验收。

本规范中以黑体字标志的条文为强制性条文，必须严格执行。

本规范由住房和城乡建设部负责管理和对强制性条文的解释，工业和信息化部负责日常管理，信息产业电子第十一设计研究院科技工程股份有限公司负责具体技术内容的解释。在执行过程中有意见和建议请寄至信息产业电子第十一设计研究院科技工程股份有限公司《电子工厂化学品系统工程技术规范》管理组（地址：四川成都市双林路251号，邮编：610021，传真：028-84333172），以便今后修订时参考。

本规范主编单位、参编单位、主要起草人和主要审查人：

主 编 单 位：信息产业电子第十一设计研究院科技工程股份有限公司
信息产业部电子工程标准定额站

参 编 单 位：中国电子系统工程第二建设有限公司
上海华虹NEC电子有限公司
成都爱德工程有限公司
上海正帆科技有限公司
冠礼控制科技（上海）有限公司
液化空气上海有限公司
上海兄弟微电子技术有限公司
上海至纯洁净系统科技有限公司

主要起草人：李　骥　崔永祥　刘序中　王开源　李东升　王鹏亮　张志辉　杨春蓉　朱海英　张家红　简建至　杜宝强　宋　燕　周礼誉　陈盛云　吴建华　巨　龙

主要审查人：陈霖新　薛长立　路世昌　周向荣　刘俊超　冯卫中　顾爱军　陈奕弢　毛煜林　张　悦

目　次

Contents

1 总 则

1.0.1 为使电子工厂化学品供应系统、化学品回收系统及其配套装置的工程设计、施工及验收，贯彻国家工程建设的政策方针，确保工程安全可靠、节约能源、保护环境、技术先进、经济适用，制定本规范。

1.0.2 本规范适用于电子产业中的集成电路、平板显示器件和太阳能电池等电子工厂生产工艺中的化学品供应系统、化学品回收系统的新建、改建、扩建工程的设计、施工及验收。

1.0.3 本规范不适用于电子工厂中的化学品库房、设备清洗、废水处理、纯水制备、废气处理等生产辅助和公用设施系统的化学品系统工程的设计、施工及验收。

1.0.4 电子工厂化学品系统工程的设计、施工及验收，除应符合本规范外，尚应符合国家现行有关标准的规定。

2 术语、缩略语

2.1 术 语

2.1.1 化学品系统 chemical system

电子工厂中酸碱化学品、溶剂化学品、研磨液化学品系统的统称。

2.1.2 化学品供应系统 chemical supply system

电子工厂中酸碱化学品、溶剂化学品、研磨液化学品供应系统管道与设备的统称。

2.1.3 化学品回收系统 chemical reclaiming system

电子工厂中酸碱化学品、溶剂化学品、研磨液化学品回收系统管道与设备的统称。

2.1.4 化学品槽车 chemical lorry

电子工厂中用于运送大用量化学品的专业车辆。

2.1.5 化学品桶槽 chemical container

电子工厂中用于储存化学品的小容积容器，放置在化学品储存、分配间的化学品单元内部。

2.1.6 化学品储罐 chemical storage tank

电子工厂中用于储存化学品的大容积容器，固定布置在化学品储存、分配间内。

2.1.7 阀门箱 valve manifold box (VMB)

指化学品通过供应管道可同时供应两台或以上的生产设备的阀门操作箱。

2.1.8 分支阀箱 tee box (TB)

化学品供应系统中供应两个或以上的阀门箱的管道分配箱。

2.1.9 扩充阀箱 future tee box (FTB)

化学品供应系统中用于系统扩充的设置于系统末端的阀箱。

2.1.10 取样阀箱 sampling box (SB)

指化学品管道上用于化学品取样的阀门箱体。

2.1.11 泄漏探测器 leakage detector

用于探测化学品单元、化学品储罐及化学品阀门箱等设备发生化学品泄漏并给出信号的装置。

2.1.12 化学品监控系统 chemical monitor and control system

用来对化学品供应系统，化学品回收系统实现监控、显示、报警、数据收集等功能的远程监控系统。

2.1.13 化学品稀释单元 chemical dilution unit

电子工厂的化学品系统中用纯水稀释高浓度化学品设备的统称。

2.1.14 化学品混合单元 chemical mixing unit

电子工厂的化学品系统中作为混合两种或以上化学品设备的统称。

2.1.15 化学品补充单元 chemical charge unit

槽车的化学品系统备用供应设备。

2.1.16 化学品供应单元 chemical transfer unit

向电子工厂工艺系统供应化学品的设备。

2.1.17 化学品单元 chemical unit

化学品供应系统中化学品补充单元、化学品稀释单元、化学品混合单元、化学品供应单元等柜体的统称。

2.1.18 化学品储存、分配间 chemical storage distribution room

电子工业生产厂房或独立建（构）筑物内用于布置化学品储存、分配设备与系统的房间的统称。

2.1.19 液位探测器 level sensor

用于探测化学品储罐、化学品单元内桶槽的液位的测量元件。

2.1.20 火焰探测器 ultraviolet rays & infra-red rays (UV/IR)

可燃溶剂化学品发生泄漏起火时，探测所产生红外线或是紫外线的辐射热感应装置。

2.2 缩 略 语

2.2.1 PVC polyvinyl chloride 聚氯乙烯

2.2.2 C-PVC clean polyvinyl chloride 透明聚氯乙烯

2.2.3 PFA perfluoro-alkoxy 四氟乙烯共聚物

2.2.4 PP polypropylene 聚丙烯

2.2.5 PTFE polytetrafluoroethylene 聚四氟乙烯

2.2.6 CPVC chlorinated polyvinyl chloride 氯化聚氯乙烯

2.2.7 UPVC unplasticized polyvinyl chloride 硬质聚氯乙烯

2.2.8 PE polyethylene 聚乙烯

2.2.9 PVDF polyvinylidenefluoride 聚偏氟乙烯

3 化学品供应系统

3.1 一 般 规 定

3.1.1 生产厂房内化学品的储存、分配间，应根据生产工艺和化学品的品质、数量、物理化学特性等确定。

3.1.2 化学品应按物化特性分类储存，不相容的化学品应布置在不同的房间内，房间之间应采用实体墙分隔。

3.1.3 危险性化学品储存在单独的储存间或储存分配间时，与相邻房间隔墙的耐火极限不应小于 2.0h，并应布置在生产厂房一层靠外墙的房间内。

3.1.4 生产厂房内的化学品储存、分配间的设计应符合下列规定：

1 应设计储存桶槽或储罐，储存桶槽或储罐的容量应为该化学品 7d 的消耗量；

2 应设计日用桶槽，日用桶槽的容量应为该化学品 24.0h 的消耗量；

3 当单一或多种化学品的储存数量达到现行国家标准《危险化学品重大危险源辨识》GB 18218 规定的数量时，应设置单独用于化学品的储存与分配的建（构）筑物。

3.2 化学品供应设备

3.2.1 化学品供应单元的设计应符合下列规定：

1 供应单元的设备、管路应设置于箱柜内，箱柜顶部宜装设高效空气过滤器，并应与单元门有自动联动功能，还应设排气连接口并与相应的排气处理系统连接；

2 供应单元应设有确认化学品种类等信息的条形码读码机，单元柜体应设有危险性标识；

3 供应单元应设有清洗和吹扫槽车快速接头的纯水枪和氮气枪，有机溶剂化学品补充单元不应设纯水枪；

4 不同化学品应设置不同型号、不同规格的快速接头；

5 可燃溶剂化学品供应单元应设防静电接地，补充化学品时，静电接地线应与化学品桶或槽车连接；

6 供应单元箱柜门应设安全连锁装置，当非正常打开时，应即时报警；

7 当采用泵输送时，宜采用二组并联设计，当采用氮气输送时，两个压力桶应交替使用；

8 供应单元的桶槽应设计氮气密封；

9 供应单元的出口应设有自动和手动阀，自动阀的信号应连接监控系统，并应根据工艺设备的需求而开关，同时应设有联动的紧急按钮装置；

10 供应单元应设置紧急停止按钮和显示系统状态的三色指示灯，紧急按钮启动时，应发出声光报警信号；供应单元的桶槽应设置液位探测计和高低液位报警装置，同时宜设置可目视的液位计。

3.2.2 化学品供应单元应设紧急停止按钮，当系统流量过大或不符合工艺要求时，系统应自动停机，并应在启动时发出警报声及红光闪烁。

3.2.3 槽车的化学品系统可设计化学桶槽的补充单元作为备用系统，并应符合下列规定：

1 化学品桶槽应置于化学品箱柜内，200.0L 化学品桶槽应有滚筒输送台；

2 补充单元的其他设计应符合本规范第 3.2.1 条的有关规定。

3.2.4 化学品单元应为柜体内的气动组件设计压缩空气管道系统。

3.2.5 化学品稀释单元的设计应符合下列规定：

1 稀释单元采用泵循环时，循环泵的设计宜二组并联，其中一组应为备用；

2 稀释单元应按化学品的特性、浓度计精度要求选用测量原理不同的浓度计；

3 稀释单元可根据用量及精度要求选择连续式和批次式系统；

4 补充单元的其他设计应符合本规范第 3.2.1 条的有关规定。

3.2.6 可燃溶剂化学品单元应设有热感应及火焰探测器，探测器信号应与消防系统连接。

3.2.7 化学品储罐的设计应符合下列规定：

1 化学品储罐应采用氮气密封；

2 化学品储罐应根据体积大小设置检修口，并宜设检修用不锈钢爬梯等；

3 当采用氮气输送时，化学品储罐应设爆破膜、安全阀等泄压装置；

4 化学品储罐应设置液位探测计，并应设有高高、高、低、低低液位报警，同时应设计可目视的液位计；

5 化学品储罐外部明显处应表明储罐的编号、化学品名称，字体高度不应小于 40cm；

6 化学品储罐应预留必要的管路出入口，并应设排放口及排放阀。

3.2.8 化学品的储存、分配间的液体储罐，应设置溢出保护设施，并应符合下列规定：

1 可燃溶剂储罐区应设置防火堤，防火堤容积应大于堤内最大储罐的单罐容积；

2 酸碱类化学品、腐蚀性化学品液体储罐区应设置防护堤，防护堤容积应大于堤内最大储罐的单罐容积；

3 氧化性、腐蚀性化学品液体与可燃溶剂储罐之间、相互接触会引起化学反应的可燃溶剂储罐之间

应设置隔堤，隔堤容积应大于隔堤内最大储罐单罐容积的10%；

4 防火堤及隔堤应能存受所容纳液体的静压，且不应渗漏；卧式储罐防火堤的高度不应低于500mm，并应在防火堤适当位置设置人员进出的踏步；

5 防火堤、防护堤、隔堤四周应设置泄漏收集沟，沟内应设置泄漏收集坑，不同性质的化学品泄漏收集沟不应连通。

3.2.9 化学品储存、分配间四周应设置泄漏废液收集沟，沟内应设置废液收集坑，不同性质的化学品泄漏废液收集沟不应连通。

3.2.10 阀门箱的设置应符合下列规定：

1 阀门箱内支管数量应按工艺要求确定，宜预留扩充接头，每一支管应设有切断阀、排液阀；

2 阀门箱底部应设泄漏或维修用的排液阀；

3 阀门箱应设置排气口，并连接至相应的排气处理系统；

4 阀门箱盖宜采用弹簧扣环设计，其承受压力应大于0.01MPa。

3.3 化学品供应管道系统

3.3.1 化学品供应管道系统布置应满足生产操作、安装及维修的要求，管道应采用架空敷设。

3.3.2 化学品供应管道设计流向应从下往上，化学品配送系统与使用设备为同一高度，且管路最高点存在死角时，应配备除气泡装置。

3.3.3 酸碱类、研磨液、腐蚀性溶剂化学品应设计双套管，双套管的设计应符合下列规定：

1 内管不应有焊接头；

2 三通、异径管、转接头等焊接部位应设置在箱体内；

3 非焊接接头应设置在箱体内。

3.3.4 研磨液化学品管道应缩短化学品供应设备到使用点的距离，并宜减少弯头数量。

3.3.5 非腐蚀性溶剂类化学品宜采用不锈钢管道材质，管道连接应采用氩弧焊自动焊接，非焊接连接点的部位应置于箱体内。

3.3.6 管道穿过墙壁或楼板时，应敷设在套管内，套管内的管段不应有焊缝。管道与套管间应采用不燃材料填塞。

3.3.7 管道与阀门、设备连接时，应采用与阀门、设备所配置相同的连接方式。

3.4 设备与管道材质

3.4.1 化学品供应系统与介质接触的储罐、桶槽、管道、管道附件应采用不与化学品产生反应、并不向化学品介质渗透微量物质的材质，系统材质的选用应符合表3.4.1的规定。

表 3.4.1 化学品供应系统的材质选用

化学品类别	酸碱化学品	腐蚀性溶剂化学品	非腐蚀溶剂化学品
化学品装置	—	—	—
化学品单元外壳	PP或PVC	PP或PVC	不锈钢
阀门箱和三通箱外壳	PP或PVC	PP或PVC	不锈钢
化学品储罐	内衬PFA或PTFE的SUS304储罐/内衬PFA或PTFE的碳钢储罐/内衬PFA或PTFE的FRP储罐	内衬PFA或PTFE的碳钢储罐/内衬PFA或PTFE的SUS304	SUS316L-EP
化学品桶槽	内衬PFA或PTFE的PE桶槽/内衬PFA或PTFE的SUS304桶槽	内衬PFA或PTFE的SUS304桶槽/内衬PFA或PTFE的碳钢桶槽	316L-EP
管路	PFA+透明PVC双套管	PFA+SUS304双套管	SUS316LEP管
阀门	PFA（外壳）/PTFE（膜片）	SUS316EP（外壳）/PTFE（膜片）	SUS316EP（外壳）/PTFE（膜片）
接头	PFA/PTFE/PVDF	SUS316	SUS316

3.4.2 酸碱类、腐蚀性溶剂类化学品管路中的阀门密封，应采用PFA或PTFE材质，溶剂化学品管路中的阀门密封材料应采用不与输送介质发生反应的材质。

3.4.3 酸碱类化学品的主供应管道应采用内管PFA、外管C-PVC的双套管，隔膜阀应采用PFA材质。非腐蚀性溶剂化学品的主供应管道应采用SUS316LEP管，腐蚀性溶剂化学品的主供应管路应采用内管PFA、外管SUS304的双套管，隔膜阀应采用SUS316L。

3.5 管道标识

3.5.1 化学品管道标识形状应为长方形，底色应为白色，上面应用不同颜色箭头表示化学品种类与流向，箭头中央应采用黑色宋体字写明其中文名称以及分子式。

3.5.2 酸碱类化学品宜采用白底黄色箭头，研磨液类化学品宜采用白底黄色箭头，溶剂类化学品宜采用白底红色箭头。

3.5.3 化学品供应管道的管道标识应符合下列规定：

1 管径等于或小于 *DN*25 的管道应每2m～4m设计一个标识；

2 管径大于 *DN*25 的管道应每4m～6m设计一个标识；

3 两个设备间的管道宜设计一个标识；

4 组装箱、转弯及离墙30cm处应设计标识；

5 管道的标识应设于管道外侧的位置。

3.5.4 管道标识还应符合现行国家标准《工业管道的基本识别色、识别符合和安全标识》GB 7231的有关规定。

4 化学品回收系统

4.1 一 般 规 定

4.1.1 化学品回收系统应根据排放物的性质确定，不得将发生化学反应的两种或多种物质合并为一个系统进行回收。

4.1.2 化学品回收宜采用集中处理系统，通过收集桶或槽车送至专业工厂回收处理。

4.1.3 化学品回收系统的设备与管道材质宜符合本规范第3.4节的规定。

4.1.4 化学品回收系统的管道标识应符合本规范第3.5节的规定。

4.2 化学品回收设备

4.2.1 生产厂房内化学品回收桶槽的设置应符合下列规定：

1 回收桶槽应设置备用桶槽并设置自动切换系统，并应根据液位指示能自动切换；

2 回收桶槽应设液位计，并应有高液位指示、报警功能；

3 回收桶槽周围应设有备用的空桶、推车、地磅等。

4.2.2 化学品废液集中回收储罐的设置应符合下列规定：

1 溶剂化学品回收系统应与酸碱化学品回收系统分区域放置；

2 回收化学品桶罐宜储存7d的废液量；

3 废液通过泵外运时，回收系统在室外应有与外运槽车相连的快速接头，可燃溶剂回收系统应设计防静电装置。

4.2.3 化学品回收系统的设备应置于防护堤内，防护堤的容积应大于堤内最大储罐的单罐容积，防护堤内应设置泄漏废液收集沟，沟内应设置废液收集池，不同性质的化学品回收设备应布置在不同的防护堤内。

4.2.4 化学品回收设备的其他设计应符合本规范第3.2节的有关规定。

4.3 化学品回收管道

4.3.1 化学品回收系统管道布置应满足生产操作、安装及维修的要求，管道宜采用架空敷设。

4.3.2 化学品回收系统管道流向应从上到下，并应为重力流。排放设备与化学品回收系统之间无法实现重力流排放时，应增加中间储槽，并应采用泵送方式将中间储槽的化学品输送至最终收集槽。

4.3.3 化学品回收管道的其他设计应符合本规范第3.3节的有关规定。

5 化学品监控及安全系统

5.1 一 般 规 定

5.1.1 电子工厂的化学品系统应设置化学品监控及安全系统。

5.1.2 电子工厂的化学品系统有关设备、设施和场所环境应设置化学品泄漏探测器。

5.1.3 电子工厂的化学品泄漏探测器的报警信号应与安全系统进行联锁。

5.2 监控与安全设备

5.2.1 化学品监控系统应设可编逻辑控制器及两台或以上计算机作为数据监控与采集系统的操作接口，并应配备打印机。

5.2.2 数据监控系统计算机应设于化学品控制室内，并应配置数据储存设备。

5.2.3 数据监控系统设备应具有下列功能：

1 化学品系统运行状态图，应包含压力、液位高度、阀门开关及泵的状态；

2 泄漏检测及设备位置图；

3 化学品使用量的记录；

4 化学品的pH值、比重、浓度等；

5 酸、碱及溶剂化学品排风监视；

6 供应系统出口阀与VMB各支管出口阀每日开关次数与时间；

7 记录状态改变的系统警报，事件的时间、日期、位置；

8 信息输出打印。

5.3 监控与安全系统

5.3.1 化学品监控系统的设置应符合下列要求：

1 应配置化学品的连续检测、指示、报警、分析的功能；

2 宜为独立的系统，并应与工厂设备管理控制系统和消防报警控制系统相连；

3 应设在主厂房独立房间或全厂动力控制中心，在消防控制室和应急处理中心宜设化学品报警显示。

5.3.2 化学品系统的探测装置应符合下列要求：

1 储存、输送、使用化学品的下列区域或场所应设置化学品液体或气体泄漏探测器，并应在发生泄漏时发出声光报警：

1）使用化学品的工艺设备；

2）化学品供应单元、化学品补充单元、化学品稀释单元设备箱柜；

3）化学品供应系统的阀门箱；

4）化学品储罐的防火堤、隔堤。

2 储存、输送、使用化学品的下列区域或场所应设置溶剂化学品气体探测器，并应在发生泄漏时发出声光报警：

1）供应溶剂化学品的设备箱柜、排风口及其房间；

2）使用溶剂化学品的工艺设备、排风口及其房间；

3）供应溶剂化学品的阀门箱、排风口及其房间。

3 化学品监控系统报警设定值应符合下列规定：

1）易燃易爆溶剂气体一级报警设定值应小于或等于可燃性化学品爆炸浓度下限值的25%，二级报警设定值应小于或等于可燃性化学品爆炸浓度下限值的50%；

2）酸碱化学品一级报警设定值应小于或等于空气中有害物质最高允许浓度值的50%，二级报警设定值应小于或等于空气中有害物质最高允许浓度值的100%。

4 生产厂房应设置化学品连续不间断供应的监控系统，并应符合下列要求：

1）各化学品连续不间断供应系统应具有现场控制盘，能将控制模块连至设备流程上，至少包含系统状态、设备的紧急停止运转、化学品供应系统报警（包含桶槽已空）等信息；

2）监控系统图面应能监视桶槽与储罐的液位高度。

5.3.3 使用化学品系统的生产厂房应设置安全监控系统，并应符合下列要求：

1 应设置闭路电视监控摄像机与门禁系统；

2 应设置安全管理显示屏；

3 使用场所内及相关建筑主入口、内通道等处应设置灯光闪烁报警装置，灯光颜色应与其他灯光报警装置的灯光颜色相区别。

5.3.4 生产厂房应设化学品泄漏报警的控制系统，并应符合下列要求：

1 化学品泄漏探测器确认化学品泄漏时，应启动相应的事故排风装置，并应关闭相关部位的切断阀，同时应能接受反馈信号；

2 化学品泄漏探测器确认化学品泄漏时，应自动启动泄漏现场的声光报警装置；

3 化学品泄漏探测器确认化学品泄漏时，应将信号传至安全显示屏；

4 当地震探测装置报警时，化学品监控系统应能启动现场的声光报警装置。

6 相关专业设计

6.1 建筑结构

6.1.1 布置于生产厂房内的甲、乙类化学品间的耐火等级不应低于二级，结构构件的耐火极限应符合现行国家标准《建筑设计防火规范》GB 50016的有关规定。

6.1.2 易燃易爆溶剂化学品间应设置泄压设施，其设计应符合现行国家标准《建筑设计防火规范》GB 50016的有关规定。

6.1.3 易燃易爆溶剂化学品间的设计应符合下列规定：

1 安全出口不应少于两个，且应布置在不同方向，门应向疏散方向开启；

2 相邻两个安全出口最近边缘之间的水平距离不应小于5.0m，其中一个应直通室外，通向疏散走道的门应满足防火及防爆要求；

3 房间面积小于或等于100m^2、且同一时间的生产人数不超过5人时，可设置一个直接通往室外的出口；

4 溶剂房间的门窗应采用撞击时不产生火花的材料制作；

5 溶剂房间应采用不发生火花的地面。

6.1.4 易燃易爆溶剂化学品和氧化性化学品储存、分配间与其他房间之间，应采用3.0h实体防火墙和耐火极限不低于1.5h的不燃烧体楼板与其他部分隔开，实体防火墙上不得开设门窗洞口；当设置双门斗相通时，门应错位布置，应采用甲级防火门。

6.1.5 化学品监控及安全系统集中控制室应设置在独立的房间内；当与易燃易爆溶剂化学品储存、分配间、回收间等相邻时，控制室的设计应符合现行国家标准《爆炸和火灾危险环境电力装置设计规范》GB 50058的有关规定。

6.1.6 化学品储存、分配间的高度应满足设备与管道布置的要求，且不宜低于4.5m。

6.1.7 化学品储存、分配间的地面、门窗、墙面宜采取防腐蚀的设计措施。

6.1.8 化学品间内的装修材料应符合现行国家标准《建筑内部装修设计防火规范》GB 50222的有关规定。

6.1.9 生产厂房及独立的化学品储存、分配间外的化学品供应槽车灌充区域四周应设置地沟，槽车停放地面及四周的地沟内应进行防腐蚀设计。

6.2 电气与仪表控制

6.2.1 配电与照明应符合下列规定：

1 化学品间的电力负荷等级应符合下列规定：

1）化学品间电力设备的负荷等级应与主厂房的最高负荷等级相同；

2）化学品检测与控制系统为一级负荷，并应配置UPS不间断电源。

2 易燃易爆溶剂化学品间的爆炸性气体环境内的电气设施应按2区设防，并应符合现行国家标准

《爆炸和火灾危险环境电力装置设计规范》GB 50058的有关规定。

3 化学品间的照明灯具宜安装在操作与维修通道处，不宜安装在设备正上方，并应设置备用照明。

4 化学品间的电气设备应进行防腐蚀设计。

6.2.2 防雷与接地设计应符合下列规定：

1 排放易燃易爆溶剂化学品气体的排风管的管口应处于接闪器的保护范围内，并应符合现行国家标准《建筑物防雷设计规范》GB 50057的有关规定；

2 架空敷设的易燃易爆溶剂化学品管道，在进出建筑物处应与防雷电感应的接地装置相连；距建筑物100m内的化学品管道，宜每隔25m接地一次，其接地电阻不应大于20Ω；

3 易燃易爆溶剂化学品、氧化性化学品设备与管道应采取防静电接地措施，应在进出建筑物处、不同分区的环境边界、管道分岔处及直管段每隔50m～80m处防静电接地一次；

4 设备或管道的接地端子与地线系统之间，可采用螺栓紧固连接；对有震动、位移的设备和管道，连接处应加挠性连接线过渡；

5 化学品系统的电气设备工作接地、保护接地、雷电保护接地，以及防静电接地等不同用途接地采用联合接地方式时，接地装置的接地电阻值应按其中的最小值确定；

6 防静电接地为单独接地时每组接地电阻不应大于100Ω。

6.3 给水排水及消防

6.3.1 给水排水设计应符合下列规定：

1 穿过化学品储存、分配间的水管道，应按水温和所在房间的湿度与温度要求采取隔热防结露措施；

2 化学品系统排出的废水应排入废水处理站处理达标后排放；

3 腐蚀性化学品间应设置紧急淋浴器和洗眼器。

6.3.2 消防设计应符合下列规定：

1 化学品储存、分配间室内外消火栓的设计应符合现行国家标准《建筑设计防火规范》GB 50016的有关规定；

2 化学品储存、分配间应配置灭火器，配置应符合现行国家标准《建筑灭火器配置规范》GB 50140的有关规定；

3 易燃易爆溶剂化学品储存、分配间应设置固定式灭火系统，其喷淋强度不应小于8.0L/(min·m^2)，保护面积不应小于160m^2，并应符合现行国家标准《自动喷水灭火系统设计规范》GB 50084的有关规定；

4 化学品储存、分配间存储的化学品与水可发生剧烈反应时，该化学品储存、分配间不得采用水消防系统。

6.4 通风与空气调节

6.4.1 通风设计应符合下列规定：

1 化学品间应设置连续的机械通风或自然通风系统，风量应满足化学品桶槽的排风量要求，并应满足房间最小通风换气次数不低于每小时6次的要求。

2 化学品桶槽和阀门箱应设置机械排风装置。

3 凡属下列情况之一时，化学品间应分别设置排风系统：

1）两种或两种以上的化学品挥发气体混合后能引起燃烧或爆炸时；

2）化学品挥发气体混合后发生化学反应，形成更大危害性或腐蚀性的混合物、化合物时；

3）混合后形成粉尘。

4 化学品间应设置事故通风，事故通风量宜根据事故泄漏量计算确定，且房间换气次数不应小于每小时12次，并应在化学品房间外设置事故通风紧急按钮。

5 化学品间的排风管道应采用不燃材料制作。

6 化学品桶槽、阀门箱的排风口与主排风管道连接的支管应采用刚性风管，不得使用柔性风管或软管。

7 化学品间排风，应根据排风的危害性和浓度设置处理装置。

8 化学品间通风系统应设置备用机组，化学品间通风系统电源应设置应急电源。

9 易燃易爆溶剂化学品和氧化性化学品的排风管应设置防静电接地装置。

10 化学品间排风系统不得与火灾报警系统联动控制，火灾发生时，严禁关闭排风系统。

6.4.2 空调设计应符合下列规定：

1 化学品间宜设置空调系统，室内温度、湿度设计参数应满足化学品桶槽的要求。无具体要求时，室内温度宜为23℃±3℃，相对湿度宜为30%～70%；

2 空调风管不应穿越化学品间之间的分隔墙；必须穿越时，应安装防火阀；

3 空调系统宜设置备用空调机组，也可采取保证在空调机组维护或故障时能满足化学品间的通风需求的措施；

4 空调系统宜设置应急电源；

5 化学品间空调风管应采用不燃材料制作，保温应采用不燃或难燃材料；

6 空调风管应设置防静电接地装置；

7 易燃易爆溶剂化学品间不得采用循环空气空调系统。

7 工程施工及验收

7.1 一般规定

7.1.1 设备及材料进场检验应提供产品合格证和质量保证书，检验应有记录。工程合同已约束其他的相关质量、安全的要求时，提供方也应在设备或材料进场时提供相关的文件。

7.1.2 进口设备及材料进场验收应提供海关的商检证明、原产地证明、产品质量证书和产品合格证，还应提供安装、使用、维护和试验要求的技术手册。

7.1.3 设备及材料质量有争议时，应送有资质的试验室进行抽样检测，并应在检测报告确认符合本规范和相关技术规定后再在工程中使用。

7.1.4 设备材料进场验收、管道清洗，安装安全阀、流量计、过滤器及压力试验、纯度测试、焊接试件鉴定时，建设单位代表或监理工程师应在现场。

7.1.5 易燃易爆溶剂化学品供应室内安装的设备、管道、电气工程，应符合现行国家标准《工业自动化仪表工程施工及验收规范》GB 50093 有关电气防爆和接地的规定，且静电接地的材料或零件在安装前不得涂漆。

7.1.6 安装和试验用各类计量器具应检定合格并在有效使用期内。

7.2 设备、材料进场验收

7.2.1 化学品输送用设备、材料应采用双层包装，外部木箱和内部真空包装均应完好；桶槽或容器各接管应采用盲板法兰密封，且充入的氮气应保持 2kPa 的压力，有特殊要求的除外。

7.2.2 设备应按到货及搬入顺序安排存放位置。

7.2.3 化学品输送用设备、材料检验合格后应放置在通风、干净的仓库内。

7.2.4 塑料管材应按不同规格放置在不同的货架上，并应采取防止管材弯曲变形的措施，不得靠近日晒、高温及产尘的场所。

7.2.5 阀门、组装箱、阀箱及三通箱等易碎材料应单独设置存放区。

7.2.6 电气材料存放时不得损坏外包装，电缆、光纤等材料不得损坏外部保护层。

7.2.7 化学品单元柜体进场验收应符合下列要求：

1 柜体的材质应符合本规范第 3.4.1 条的规定；

2 柜体的设置应符合施工图或设备采购文件的要求；

3 柜体应附带出厂检验报告和产品合格证；

4 柜体应附带化学品种类、容量、补充日期条形码的读码机。

7.2.8 化学桶槽和储罐进场验收应符合下列要求：

1 桶槽和储罐的材质应符合本规范第 3.4.1 条的规定；

2 储罐应有检修盖、通气管、防虫网及检修用不锈钢爬梯及护笼；

3 桶槽和储罐外部明显处应有黑底白字标示标明桶槽编号及内含药品的名称；

4 桶槽和储罐应附带出厂检验报告和产品合格证；

5 桶槽和储罐应附带铁件的结构计算书；

6 桶槽或储罐为压力容器时，应附带压力容器制造资质、质量检验合格证明。

7.3 设备安装

7.3.1 设备搬运前，应对搬运的路面和道路两端进行详细勘查，并应拟定运输方案，同时应提出安全措施和搬运措施。

7.3.2 搬运设备应使用专用运输车，对于搬运大型设备，应对可能的路基下沉、路面松软采取措施。

7.3.3 大型设备在搬运过程中道路的坡度不得大于15°。道路上方有输电线路，通过时应保证安全距离。

7.3.4 设备搬运过程中应对搬运场地做好安全维护，无关人员不得进入。

7.3.5 设备卸货前应清点数量并检查外包装的好坏，不得损坏设备。

7.3.6 设备安装前，应确认其位置并画线标记。

7.3.7 设备安装后，应对横向、纵向和高度进行测量，横向和纵向中心线允许偏差为 5mm～10mm，高度允许偏差为±10mm。横向、纵向、高度的偏差可在设备下方垫不锈钢垫片调整。

7.3.8 基础上固定设备时均应采用不锈钢螺栓。酸碱系统应在不锈钢螺栓上外套 PVC 材质的衬套，并应在安装完毕后打密封胶。

7.3.9 安装三通箱、阀门箱、连接箱应单独设置支吊架，箱上的螺帽应与 C-PVC 外套管连接，并应用螺帽锁紧。阀门箱的接管不得过分弯曲变形。

7.3.10 设备在安装过程中，其外部包装不得拆除。

7.4 化学品供应管道安装

7.4.1 施工公司应按批准的工程设计文件和施工技术标准进行施工，施工公司对已批准的设计提出变更时，应由原设计单位发出变更通知单，设计变更单应由原设计单位直接下发给建设单位，施工单位应负责实施更改，监理单位应监督实施。

7.4.2 配管工程使用的主要材料、配件、设备等应检验合格，规格、型号及性能应符合设计要求。

7.4.3 法兰、焊缝和各种连接件的设置应便于检修，不得紧贴墙壁楼板或管架。

7.5 双层管道的施工安装

7.5.1 双层管道的安装应先进行外套管安装，外套管安装应符合下列规定：

1 外套管间距、支架间距应符合表 7.5.1-1 的规定。

表 7.5.1-1 外套管间距及支架间距

外套管规格 *DN*（mm）	40	50	65～80	100 及以上
支架间距（m）	1.4	1.5	1.7	2
内外层间距（mm）	150	150	200	200
管端间距（mm）	>20	>20	>20	>20

2 支架安装应牢固，直管段的每 20m 及转弯处应设置固定支架。

3 管道切割应使用专用切割器，切割之前应将已开启的吸尘器吸尘口靠近切割处后再进行切割，切割完毕后应迅速将切割时产生的碎屑清除干净。

4 管材切割后应立即对切割断面的管壁内外壁进行修边处理，修边时修边部位应朝下，修边完成后，应用塑料胶带将管道两端封住。

5 弯头宜采用成品弯头，当采用烘箱现场摵制时，摵管作业应在通风的环境下进行。

6 外套管的最小弯曲半径应符合表 7.5.1-2 的规定。

表 7.5.1-2 外套管的最小弯曲半径

管径（mm）	15	20	25	40	50
弯曲最小半径（mm）	200	250	300	350	450

7 管道摵弯时不得产生不规则变形，变形量不得大于管外径的 10%，试样应提交监理工程师，并应在合格后再进行作业。

8 弯头及直管应采用直二通粘接，有特殊要求时，粘接部分还应填丝焊接，焊条应采用 PVC 焊条。

9 外套管在支架上固定时，应先用厚度大于 2.0mm 橡胶皮或衬垫缠绕固定处。

10 管道连接应采用承插粘接法，胶水应采用速干型透明胶水，粘接面还应少出现气泡；在粘接前应做粘接试样，并应在合格后再进行粘接作业，粘接压紧时间不应低于 30s。

11 管道上应每两个弯头为一组，每组第二个弯头应暂不做粘接连接，并应待穿管作业完成后再进行粘接。

7.5.2 外套管施工完成后应进行压力试验，试验介质可用瓶装氮气，试验压力应为 0.10MPa，保压时间为 2.0h，以压力不下降为合格。

7.5.3 内管安装应在外套管试压合格后进行。内管径宜为（1/4～1）英寸，并应采用 100m 长的卷材。管道接口应设置在三通箱、阀门箱或设备连接箱内。

7.5.4 PFA 内管穿设安装应符合下列规定：

1 PFA 管道应采用一根整管贯穿，中间不得设接头；

2 施工场所环境温度应为 10℃～35℃，冬季或气温较低时穿管，穿管前应先将管道放在温度大于 20℃的场所内 2d 后再进行施工；

3 施工人员应多人配合进行施工，施工时应佩戴洁净手套；

4 内管穿管前应采用干净的切管器将管口前端切出 150mm～200mm 的斜面，并应在管内塞入可有效防止灰尘进入管内的物体及拉管绳，同时应在管材外部缠上塑料胶带后进行拉管施工；

5 拉管绳应结实、不产尘、受力变形小，拉管施工时工作人员应互相联系，宜在外套管的另一端用吸尘器的负压将拉管绳引出；

6 送管员应在确认 PFA 管道无折损后再进行送管，拉管员应配合实施拉管作业，并应以送管为主动力，送管员在送管时，应采用纯水湿润的洁净布擦拭管道；

7 外套管连接处影响送管前进时，送管员可轻拍外套管或从前部尚未粘接的接头处将外套管拉出后继续进行，当内管穿出外套管 600mm 后应停止送管；

8 当内管穿出后，应从外套管管口处保留 200mm，并应将多余部分割去，进行管道与相关设备接口的连接；

9 内管连接可采用加热扩管方式及 PTFE 管接头植入的入珠式施工方式，并应符合下列规定：

1）PFA 管应在专用加热器上加热后，再用扩管器进行扩管，作业时所有施工人员都应戴洁净手套；

2）需扩管的管长应等于量取长度加 3.0 mm。

7.6 酸碱类化学品管道内管焊接安装

7.6.1 PFA 管的管径大于 *DN*25 应采用焊接连接，并应符合下列规定：

1 支吊架制作安装应符合本规范第 7.5.1 条第 1 款的要求；

2 焊接应采用专用的 PFA 焊接机，焊接温度应为 500℃；

3 PFA 管的焊接应在洁净加工间内进行，室内应有高效过滤器的进风设施，且顶部应有排气扇，室内温度应为 10℃～15℃；

4 焊接完毕后，管口均应用管帽或者塑料胶带进行密封。

7.6.2 操作人员应遵守下列规定：

1 进入洁净加工间的人员应穿洁净服，并应佩戴洁净手套，同时应穿洁净鞋；

2 PFA 焊机操作者应经过培训，并应经考试合格后再进行操作。

7.7 溶剂化学品管道安装

7.7.1 不锈钢管道应采用自动轨道氩弧焊，氩气纯度应为99.999%。

7.7.2 操作人员在作业过程中应戴洁净手套，裸手不得接触管道内壁。

7.7.3 材料保管、清洗、预制应在洁净室进行。

7.7.4 管外径小于或等于12.7mm的管道切割应使用不锈钢管切管器，切割后应用平口机处理管口，然后用专用倒角器将管口内外毛刺处理圆滑，管切口端面应垂直、无毛刺、无变形。

7.7.5 平口机加工余量应为壁厚的10%～20%，且加工时应采用纯度为99.999%的高纯氮气吹扫。加工后端管口应向下，另一端应用高纯氮气快速吹扫，严禁将刚切割完毕的管道口向上。

7.7.6 管外径大于12.7mm的管道宜使用不锈钢管切管机，切割时严禁使用润滑油。切口端面应垂直、无毛刺、不变形，并应满足不加丝自动焊要求。

7.7.7 管道吹扫完毕，应用不产尘的洁净布沾上丙酮或酒精将切口处清洗干净后迅速用洁净管帽或洁净纸胶带将管道口密封，发现有破损应及时处理。

7.7.8 管道焊接应符合下列规定：

1 施工人员在工程开工前应将该工程所用各种规格的管道焊接式样、焊接合格确认单提交建设单位项目技术负责人签字认可，并应保留已通过测试的样品；

2 焊接合格确认单中应记录焊接设备规格型号、焊接参数、焊接时间、焊接人员、检验员；

3 焊接试验应在每天正式焊接前、每次更换焊头和钨棒后、焊机连续焊接超过4h后进行，并应经检验员检查合格并填写焊接合格确认单后再正式施焊；

4 焊缝合格标准为管内焊缝突起高度不应大于管道壁厚的10%，管外焊缝宽度应为3.0mm，管内焊缝宽度应为2.0mm，焊缝应无下陷、未焊透、不同轴、咬边缺陷等情况，内外表面应无氧化膜、无烧伤；

5 应用不锈钢丝刷趁热除去管外焊缝两边的暗色膜至光亮；

6 焊接时管内应充纯度为99.999%的氩气，且在施工过程中不应中断供气，管外径为6.0mm～114.0mm的流量应分别为5 L/min～15L/min，未焊接时的流量应为焊接时流量的1/4；

7 管道焊接应正确选择焊接参数，焊接参数应包括钨棒电极规格及加工尺寸，以及焊接电流、焊接速度、回转延缓时间等数据；

8 焊机应使用专用配电箱，电源电压不稳定时应使用自动稳压装置供电，焊机本体应可靠接地；

9 焊接过程中应做焊接记录，焊口应统一编号，并应标明作业时间、焊接作业人、焊接主要参数等，同时应与单线图的焊口编号一致。

7.7.9 不锈钢管道安装应符合下列要求：

1 预制管段封口应完好，管内应无污染；

2 法兰连接垫片材质应符合设计要求，且垫片应洁净无油、无污物；

3 管道安装应按管道图顺气流方向依次进行，且应充氩气保护；

4 不锈钢管不得与碳钢支架、管卡接触，应采用塑料垫隔离或采用同材质支架、管卡。

7.7.10 充氩气保护应持续不间断至管道系统安装结束。

7.8 废液管道施工

7.8.1 废液管道CPVC、UPVC的施工应与一般PVC管道相同。

7.8.2 管道连接应符合国家现行标准《给水排水管道工程施工及验收规范》GB 50268、《建筑排水硬聚氯乙烯管道工程技术规程》CJJ/T 29、《建筑给水排水及采暖工程施工质量验收规范》GB 50242的有关规定。

7.9 管道设备标识

7.9.1 标识粘贴应在设备及管道油漆、清洁与绝缘完成后进行，并应逐点检查每个系统连接的正确性，阀门应有与图纸相同的编号，并应有显示开关的状态显示牌。不同的化学品应用不同的颜色标记，且应标明化学品的名称及流向。

7.9.2 标识牌材质应耐久、安全、易辨识。

7.10 管路与系统检测

7.10.1 管路与系统检测的内容应根据电子生产工艺要求确定，并应按合同规定在工程完工后进行。

7.10.2 化学品系统工程的检测项目应包括强度试验、严密性试验、泄漏性试验、洁净度测试、电气性能测试，以及合同要求的测试。

7.10.3 管路强度试验、严密性试验及泄漏性试验应符合表7.10.3的规定。

表7.10.3 管路强度试验、严密性试验及泄漏性试验

测试内容	强度试验		严密性测试		泄漏性试验	
	介质	设计压力	介质	设计压力	介质	设计压力
酸/碱	N_2	1.5P	N_2	1.15P	—	—
易燃易爆溶剂	N_2	1.5P	N_2	1.15P	N_2	1.0P
研磨液	N_2	1.5P	N_2	1.15P	—	—
外管	—	—	N_2	0.10MPa	—	—

注：1 表中P为设计压力。
2 用氮气做强度试验时，应制定安全措施。
3 强度试验保压时间为0.5h，以无压降、无泄漏为合格。
4 严密性试验保压24.0h，以压力变化在2%以内、无泄漏为合格。
5 易燃易爆溶剂的泄漏性试验保压时间为24.0h，泄漏率以平均每小时小于0.5%为合格。
6 用肥皂水对管道、法兰、焊缝、阀门的连接处进行泄漏试验，以不发生气泡为合格。

7.10.4 管道试验合格后应采用纯水进行系统冲洗，冲洗应沿化学品流动的方向进行冲洗，应从阀门箱出口排放到临时储药桶，纯水冲洗后，还应采用氮气对系统进行吹扫。冲洗、吹扫标准应符合工艺设备的要求。

7.10.5 管道洁净度测试应符合下列要求：

1 管道洁净度测试应在对管道系统进行冲洗、吹扫后进行；

2 颗粒测试应通过取样阀取样测试，单位容积内的颗粒数应符合工艺系统的要求，无特殊要求时，0.1μm 颗粒应小于 5 粒/mL。

7.10.6 电气设备的绝缘应符合现行国家标准《建筑电气工程施工质量验收规范》GB 50303 的有关规定。

7.10.7 易燃易爆溶剂化学品管道防静电接地电阻值检测不得大于 100Ω。

7.11 改建工程的施工

7.11.1 化学品供应系统改建施工时应符合下列规定：

1 生产区与安装区之间应采取临时隔离措施；

2 作业时应采取安全隔离措施，并应设置危险警示标识；

3 洁净度为 5 级和更高的洁净室（区）人员密度不应大于 0.1 人/m^2，低于 5 级的洁净室（区）人员密度不宜大于 0.25 人/m^2。

7.11.2 从在用管道至新设备安装管道时，管道系统应关闭相关阀门，并应排尽阀后管内所有介质。

7.11.3 改建工程施工前应对输送易燃、助燃、毒性或者腐蚀性介质的系统进行置换、中和、消毒、清洗，并应达到施工要求。

7.11.4 符合施工安全要求的管道，应采用相同材质的盲板从被关闭的阀门处隔断所有化学品的来源，同时应设置明显的隔离标识，严禁用关闭阀门代替盲板隔断，隔断所装设的盲板应保持到改建工程重新投入使用前。

7.11.5 施工单位在进行改建工程施工前应编制施工方案，方案应包含关键部位、危险过程的监控、应急预案、紧急联系电话和专门负责人，以及向施工人员说明潜在的危险，并应进行技术交底。

7.11.6 进行焊接等明火产烟作业时，应取得建设单位签发的动火许可证。

7.12 工 程 验 收

7.12.1 电子工厂化学品系统工程的竣工验收，应符合现行国家标准《建筑工程施工质量验收统一标准》GB 50300 的有关规定，并应符合下列要求：

1 竣工验收应在施工单位自检合格的基础上进行，并应按检验批、分项、分部工程的程序进行验收，同时应做好验收记录；

2 建设单位接到安装工程施工单位提交的《工程竣工验收报告》后，应组织施工、监理等单位进行工程竣工验收，竣工验收应根据本规范及施工技术文件要求进行，合格后应办理竣工验收手续；

3 电子工厂化学品系统工程验收时，应检查分项工程质量验收记录和分部工程质量验收记录，记录及签字应正确、齐全；

4 电子工厂化学品系统工程的验收应按一个独立的分部工程进行；

5 检验批可根据施工及质量控制和专业验收需要按施工段划分。

7.12.2 工程质量验收程序和组织应符合下列要求：

1 检验批的质量验收记录应由施工项目专业质量检查员填写，监理工程师或建设单位项目专业技术负责人应组织项目专业质量检查员等进行验收；

2 分项工程质量应由监理工程师或建设单位项目专业技术负责人组织项目专业技术负责人、项目专业质量检查员进行验收；

3 分部工程在提请验收前应由施工单位组织进行相关的数据检测，并应形成测试报告；应由总监理工程师或建设单位项目负责人组织施工单位项目负责人和技术、质量负责人及建设单位相关人员进行验收；

4 分部工程验收后应完善经各方签字的书面记录；

5 分部工程验收数据应合并到单位工程竣工数据中。

7.12.3 电子工厂化学品系统工程竣工验收提供的资料应包括下列内容：

1 安装工程施工单位提交的《工程竣工验收报告》；

2 设备和主要材料合格证、质量保证书、进场检验报告及使用说明书；

3 检验批质量记录、分项工程质量记录及分部工程质量验收记录；

4 焊接记录；

5 压力试验记录；

6 管道冲洗、吹扫记录；

7 洁净度测试记录；

8 电气设备的绝缘测量记录；

9 防静电接地电阻值检测记录；

10 系统试运转记录；

11 竣工图及设计变更文件；

12 工程质量事故处理记录。

7.12.4 电子工厂化学品系统工程质量工程竣工验收应符合下列要求：

1 经返工后的检验批应重新进行验收；

2 经建设或监理单位检测达到设计要求或满足安全和使用性能时，应予验收；

3 经返工后的分项工程仍能满足安全和使用性能要求时，可按技术处理方案进行验收；

4 经返工后仍不能满足安全使用和性能要求的分项工程不得验收。

本规范用词说明

1 为便于在执行本规范条文时区别对待，对要求严格程度不同的用词说明如下：

1） 表示很严格，非这样做不可的：
正面用词采用"必须"，反面用词采用"严禁"；

2） 表示严格，在正常情况下均应这样做的：
正面用词采用"应"，反面用词采用"不应"或"不得"；

3） 表示允许稍有选择，在条件许可时首先应这样做的：
正面用词采用"宜"，反面用词采用"不宜"；

4） 表示有选择，在一定条件下可以这样做的，采用"可"。

2 条文中指明应按其他有关标准执行的写法为："应符合……的规定"或"应按……执行"。

引用标准名录

《建筑设计防火规范》GB 50016

《建筑物防雷设计规范》GB 50057

《爆炸和火灾危险环境电力装置设计规范》GB 50058

《自动喷水灭火系统设计规范》GB 50084

《工业自动化仪表工程施工及验收规范》GB 50093

《建筑灭火器配置规范》GB 50140

《建筑内部装修设计防火规范》GB 50222

《建筑给水排水及采暖工程施工质量验收规范》GB 50242

《给水排水管道工程施工及验收规范》GB 50268

《建筑工程施工质量验收统一标准》GB 50300

《建筑电气工程施工质量验收规范》GB 50303

《工业管道的基本设别色、识别符号和安全标识》GB 7231

《危险化学品重大危险源辨识》GB 18218

《建筑排水硬聚氯乙烯管道工程技术规程》CJJ/T 29

《石油化工企业可燃气体和有毒气体检测报警设计规范》SH 3063

《石油化工静电接地设计规范》SH 3097

中华人民共和国国家标准

电子工厂化学品系统工程技术规范

GB 50781—2012

条 文 说 明

制 定 说 明

《电子工厂化学品系统工程技术规范》GB 50781—2012，经住房和城乡建设部2012年6月28日以第1434号公告批准发布。

本规范紧密结合当前我国电子信息产品制造领域高科技工程中化学品系统工程技术需求，认真总结国内电子工厂化学品系统工程设计、安装施工和实际运行的经验，切实体现了我国电子工厂化学品系统工程建设中新技术、新工艺、新设备和新材料的应用成果和先进经验，特别是参考和借鉴了国内已建成的集成电路芯片、新型显示器件和新型元器件产业建设工程中的先进技术和运行经验，做到了既符合国情又与国际先进技术水平接轨。

本规范编制经过了准备、征求意见、送审和报批四个阶段。编制工作主要遵循了以下原则：

1. 遵循先进性、科学性、协调性和可操作性等原则。

2. 严格执行中华人民共和国住房和城乡建设部标准定额司发布的《工程建设标准编写规定》（建标〔2008〕182号）。

3. 将直接涉及人民生命财产安全、人体健康、环境保护、能源资源节约和其他公共利益等条文列为必须严格执行的强制性条文。

本规范于2011年12月在上海召开了规范审查会。审查会专家一致认为“规范”对我国电子信息产业化学品系统工程项目的设计、安装工程施工和验收有较好的指导作用，达到国际先进水平。审查会后，编制组根据审查意见对规范进行了认真地修改、补充和完善，并于2012年2月22日形成了最终的《电子工厂化学品系统工程技术规范》报批稿报住房和城乡建设部。

为便于广大设计、施工、科研、学校等单位有关人员在使用中正确理解和执行条文规定，本规范编写组按章、节、条、款、项的顺序编制了本标准的条文说明，对条文规定的目的、依据以及执行中需要注意的有关事项进行了说明。但是，本条文说明不具备与规范正文同等的法律效力，仅供使用者作为理解和把握规范规定的参考。

目　次

1 总 则

1.0.1 本条是本规范的宗旨，由于电子工厂使用的大部分化学品具有易燃、易爆、毒性、腐蚀性、氧化性的特点，所以，电子工厂中化学品供应系统的设计、建造对于确保财产安全、生命安全都十分重要。随着国内电子工厂特别是半导体器件、集成电路、光电器件类电子工厂如大规模和超大规模集成电路工厂、TFT－LCD平板显示器工厂、PDP平板显示器工厂、太阳能电池工厂、电子材料工厂等的日益增多，化学品系统的应用越来越广，因此化学品系统的设计与施工必须采取相应的防火、防爆的安全措施，正确贯彻实施国家各种法律法规。

1.0.2、1.0.3 本规范适用范围是从外购化学品进入工厂内的化学品储存、分配间的设备开始，到工艺设备之间的化学品配置输送管线、设备及相关专业的工程设计与施工，不含化学品的生产系统。化学品系统是电子类工厂的关键工艺支持系统，系统设计直接关系到产品的质量与工厂的效益，在安全、可靠的前提下，系统的设计必须具有先进性和经济性。

1.0.4 鉴于特种化学品系统具有易燃易爆、毒性大、腐蚀性强的特点，结合国家倡导的绿色环保、以人为本理念，化学品系统的设计和施工应符合国家相关政策要求。与本规范有关的现行国家标准、规范主要有：《危险货物分类和品名编号》GB 6944、《危险货物品名表》GB 12268、《常用危险化学品分类及标志》GB 13690、《工业金属管道设计规范》GB 50316、《建筑设计防火规范》GB 50016、《爆炸和火灾危险环境电力装置设计规范》GB 50058。

3 化学品供应系统

3.1 一 般 规 定

3.1.1 电子工业生产厂房根据电子产品的品种及其生产工艺的不同，使用的化学品是不同的，其中以集成电路芯片制造过程、TFT-LCD生产过程所需化学品品种多，有的纯度要求严格，有的用量很大，由于各类化学品性质不同，因此常用化学品应分区、分类储存，并不得与禁忌物质混合储存。

3.1.2 现行国家标准《石油化工企业设计防火规范》GB 50160—2008第6.6.1条规定：化学品应按其化学物理特性分类储存，当物料性质不允许相互接触时，应采用实体墙隔开，并各设出入口。

3.1.3 美国消防协会发布的NFPA 318《洁净室防护标准》第5.1.1条规定：危险化学品的储存与分配间应以耐火极限1.0h的构造物与洁净室分开。危险性化学品布置在生产厂房一层靠外墙的规定主要是考虑到化学品的运输方便，其次是一旦发生生产事故，员工能够较为迅速地离开现场，进入空旷地带。

3.1.4 美国消防协会发布的NFPA 318《洁净室防护标准》第5.1.3条规定“洁净室中应把危险化学品控制在使用和维护需要的限值。危险化学品的数量应限制在机具中需要的量和每日（24h）需要的供应量”。但是考虑国内电子工厂的实际情况，条文没有严格限制生产厂房内化学品的储存数量，而是将储存分为日用槽桶和储存槽桶，规定储存槽桶可以储存7天的消耗量，但是也规定当储存数量到达现行国家标准《危险化学品重大危险源辨识》GB 18218规定的数量时，应设置单独的建（构）筑物用于化学品的储存与分配。

3.2 化学品供应设备

3.2.1 制定本条规定的依据和参考资料如下：

1 电子工厂所用化学品基本都具有酸碱腐蚀、易燃易爆、有毒等特性，制定“将补充单元的设备、管路应设置于箱柜内，箱柜顶部宜装设高效过滤器”等规定是出于对生产与职业生命安全的考虑，将危险性的设备与化学品通过封闭的箱体与生产场所分开；在美国消防协会颁布的NFPA 318《洁净室防护标准》5.1.5.1中规定：危险化学品应存贮在密闭的贮柜或工作站内；

2 操作人员可以通过化学品种类等信息的条形码读码机了解系统信息，正确与安全地操作系统；

3 设置清洗和吹扫槽车快速接头的纯水枪和氮气枪是为了保证化学品系统的洁净，由于有机溶剂会与水发生化学反应，规定有机溶剂化学品补充单元不设纯水枪；

4 规定不同化学品采用不同型号和不同尺寸的快速接头是为了防止接头误用，造成生产与安全事故；

5 可燃溶剂化学品供应单元设置防静电接地是为了消除设备与管道产生的静电，杜绝安全隐患；单元接地线与桶槽或槽车连接也是为了导除其设备产生的静电；

6 美国消防协会发布的NFPA 318《洁净室防护标准》5.1.5.3中规定：贮柜应该用不低于18号的钢材制造，门应该是自闭式的，并设有栓锁装置；

7 化学品泵送设备或氮气输送设备设计备用装置是为了满足系统在故障情况下连续运行，保证主系统的正常运作；

8 化学品桶槽用氮气密封是为了防止化学品与空气接触，污染系统；

9 供应单元的出口设自动和手动阀是控制开关的需要，自动阀与监控系统连接是为了能实现自动控制。

3.2.2 化学品供应单元设备设计过流量计和紧急停

止按钮是为了在系统流量过大或不符合工艺要求时，系统能够自动停机。

3.2.3 制定本条规定的依据和参考资料如下：

1 滚筒输送台用于运送200L化学品桶槽；

2 补充单元为封闭柜体，补充单元柜体与供应单元柜体有许多相似之处，所以规定补充单元的其他设计应符合本节3.2.1条的相关规定。

3.2.4 压缩空气是化学品单元柜体气动元件的动力源。

3.2.5 制定本条规定的依据和参考资料如下：

1 化学品系统是电子工厂的重要支持系统，为保证系统不间断运行，循环泵的设计应二组并联，一台备用；

2 电子工厂常用浓度计有超声波浓度计、电导式浓度计、滴定式浓度计；

3 连续式是采用流量计并搭配静态搅拌器系统，批次式是采用高精度泵称并搭配循环系统；

4 稀释单元为封闭柜体，补充单元柜体与供应单元柜体有许多相似之处，所以规定补充单元的其他设计应符合本节3.2.1条的相关规定。

3.2.6 可燃溶剂化学品供应单元设计热感应与火焰探测器是为了快速发现可燃溶剂化学品的泄漏及火灾隐患，及时启动二氧化碳消防灭火系统。

3.2.7 制定本条规定的依据和参考资料如下：

1 化学品储罐用氮气密封是为了防止化学品与空气接触，污染系统；

2 检修口与不锈钢爬梯用于储罐检修；

3 为防止化学品储罐在非正常情况下压力过高、破坏设备，规定氮气输送时，化学品储罐应设爆破膜、安全阀等泄压装置；

6 为满足电子工厂在工艺系统技改时对化学品的要求以及在储罐或系统维修时放空储罐，规定储罐应预留必要的管路出入口，并应设排放口及排放阀。

3.2.8 制定本条规定的依据和参考资料如下：

1 根据对电子工厂生产厂房内设有危险化学品储存、分配间的调查，化学品储罐一般位于生产厂房底层，在各类化学品液体储罐之间设计防护堤，防护堤是用于储罐泄漏或检修用围堰，防止化学品外溢；美国消防协会发布的NFPA 318《洁净室防护标准》第5.1.2条规定："危险化学品的存贮和分配间应该有通向批准位置的排放系统，或是设计储罐围堰用于储存危险化学品溢出和20min的消防用水"；现行国家标准《建筑设计防火规范》GB 50016—2006第4.2.5条规定："甲、乙、丙类液体的地上式储罐或储罐组，其四周应设置不燃烧体防火堤，防火堤的有效容量不小于其中最大储罐的容量"，综合国内多电子工厂化学品系统的实际情况，条文规定防火堤容积应大于堤内最大储罐容积；

2 为防止非燃烧的危害酸碱性、腐蚀性化学品泄漏造成的事故，规定酸碱类化学品、腐蚀性化学品液体储罐应设置防护堤，参考第1款编制的理由，规定非燃烧性化学品防护堤容积应大于堤内最大储罐容积；

3 现行国家标准《石油化工企业设计防火规范》GB 50160—2008第6.2.12条第2款和第6.2.16条第3款、第4款对可燃液体的地上储罐隔堤的设置条件作了明确的规定，参考上述条款，规定氧化性、腐蚀性化学品液体储罐与可燃溶剂化学品储罐之间，相互接触引起化学反应的可燃溶剂化学品储罐之间，应设置隔堤，隔堤容积应大于隔堤内最大储罐容积的10%；

4 现行国家标准《石油化工企业设计防火规范》GB 50160—2008第6.2.17条第1款和第2款规定："防火堤及隔堤应能承受所容纳液体的静压，且不应渗漏；卧式储罐防火堤的高度不应低于500mm"，参考上述条款内容，制定了本条款。以上4款为强制性条文，必经严格执行。

3.2.9 为将化学品储存、分配间内化学品泄漏的影响减小，同时能够有效回收泄漏的化学品，规定化学品储存、分配间四周应设置泄漏废液收集沟，沟内应设置废液收集池。

3.2.10 制定本条规定的依据和参考资料如下：

1 为满足电子工厂在工艺系统技改时对化学品的要求，规定阀门箱内支管数量按工艺要求确定，宜预留扩充的管接头；每一支管应设有手动阀、自动阀及排液阀，这些阀门的配置是操作所必须的；

3 阀门箱的排气口连接排气处理系统，是一种生命安全及环保措施；

4 阀门箱是需要经常打开的设备，弹簧扣环容易打开，可以满足该项操作功能，从安全角度考虑规定阀箱承受大于0.01MPa的压力。

3.3 化学品供应管道系统

3.3.1 电子工厂的化学品属于危险性物质，管道架空敷设有利于管道的运行管理，可及时发现问题并便于维修。

3.3.2 化学品供应管道设计流向一般应从下往上，这主要是为了消除系统中的气泡，利于介质的流动。

3.3.3 为防止管路中的下述部位发生泄漏，规定酸碱类、研磨液、腐蚀性溶剂化学品双套管的内管应无焊接点，任何存在转接头、三通、大小头、焊接等连接点的部位都应安装在箱体内。

3.3.4 由于研磨液化学品的黏度较大，输送较为困难，规定研磨液化学品管道应尽量缩短化学品供应设备到使用点的距离，并尽量减少弯头数量。

3.3.5 非腐蚀性溶剂类化学品通常具有易燃易爆性质，同时考虑电子工艺对化学品纯度的要求，规定该类化学品采用不锈钢管道。

3.3.7 条文中关于管道与阀门、设备连接时，应采用阀门、设备相同的连结方式是指阀门、设备配置的如法兰、双卡套、扩口、入珠、焊接等连接方式。

3.4 设备与管道材质

3.4.1 根据常识，化学桶槽、储罐、管道、管道附件的本体或内壁应采用不与化学品起反应的材料，本节中的推荐材料为目前电子工业化学品供应系统较为常用的材料，随着材料技术的不断进步及相关人员技术水平的不断提高，新的材料一定会不断出现，因此，本节中推荐的材料仅供设计、安装及业主参考。

3.4.2 化学品供应管道上的阀门密封材料的选择所遵守的基本法则就是与输送的介质不发生化学反应，而PFA或PTFE材质是目前较为广泛使用的密封材料，条文中予以推荐采用。

3.4.3 化学品管道材料的选择所遵守的基本法则就是储存与输送的介质不应该与其发生化学反应，在美国消防协会颁布的NFPA 318《洁净室防护标准》第5.2.6条的例外说明："易燃液体的加压输送系统容许用非金属管道输送，但是必须置于熔点高于1093℃（2000℉）的金属制造的外壳内"。

3.5 管道标识

3.5.1～3.5.4 化学品管道标识主要依据现行国家标准《化学品安全标签编写规定》GB 15258、《常用危险化学品的分类和标识》GB 13690及《工业管道的基本识别色、识别符号和安全标识》GB 7231的有关规定，结合电子工厂的实际情况作出了具体管道标示要求。

4 化学品回收系统

4.1 一般规定

4.1.1 本条强调剧烈化学反应的物质不能混合排放，主要是考虑到一些高浓度的酸碱混合后不仅会产生一些结晶体，长时间后会堵塞管道，而且还会伴随产生大量的热，对化学品管道系统的安全带来隐患。因此对本条文作强制性要求。

4.1.2 化学品采用集中输送与集中处理有利于工厂管理，工作效率也比分散收集和处理高，因此作了本条规定。

4.2 化学品回收设备

4.2.1 制定本条规定的依据和参考资料如下：

1 考虑系统的容积富余且在维修时不影响系统的正常运行，规定收集桶应为一用一备，并根据液位指示自动切换；

2 考虑生产运行及安全保护，规定回收桶槽应设液位计；

3 回收桶槽周围设备用的空桶是为了用空桶更换满桶，手推车用于运输收集桶。

4.2.2 制定本条规定的依据和参考资料如下：

1 考虑生产与安全需要，规定溶剂化学品回收系统应与酸碱化学品回收系统分区域放置；

2 考虑电子工厂运行的实际情况，回收化学品桶槽应能储存一周的废液量；

3 回收系统在室外有与外运槽车相连的快速接头是为了便于快速连接，可燃溶剂回收系统设计防静电装置是为了导除静电，减少危险因素。

4.2.3 根据对电子工厂生产厂房内设有危险化学品储存、分配间的调查，化学品储罐一般位于生产厂房底层，在各类化学品液体储罐之间设计防护堤，防护堤是用于储罐泄漏或检修用围堰，防止化学品外溢；美国消防协会发布的NFPA 318《洁净室防护标准》第5.1.2条规定："危险化学品的存贮和分配间应该有通向批准位置的排放系统，或是设计储罐围堰用于储存危险化学品溢出和20min的消防用水"。

4.3 化学品回收管道

4.3.1 电子工厂的化学品属于危险性物质，管道架空敷设有利于管道的运行管理，可及时发现问题并便于维修。

4.3.2 化学品回收系统流向有两种方式，一是从上到下，为重力流；二是化学品回收不能满足重力流条件时，采用泵送方式回收化学品。

5 化学品监控及安全系统

5.1 一般规定

5.1.1 根据我国电子工厂化学品系统的运行经验与实际情况，电子工厂的化学品系统应设化学品监控及安全系统。

5.1.2 电子工厂用化学品基本上都属于危险性物质，在化学品设备及其环境设置化学品泄漏探测器是安全生产的必要保证。

5.1.3 当化学品发生泄漏时，泄漏探测器的报警信号连接至安全系统，可以提示操作人员或系统自动完成处理程序，告知员工采取保护个人、防止事故扩大的正常措施。

5.2 监控与安全设备

5.2.1 根据我国电子工厂化学品系统的运行经验与实际情况，电子工厂化学品系统往往设计一台主可编逻辑控制器及两台或以上工业级个人计算机作为数据监控与采集系统的操作接口，并配备打印机。

5.2.2 从设备与人员安全角度出发，数据监控与采集系统计算机应设于化学品控制室内。

5.3 监控与安全系统

5.3.1 制定本条规定的依据和参考资料如下：

1 根据电子工厂的运行经验，化学品监控系统一般配置化学品的连续检测、指示、报警、分析的功能，并应能记录、存储和打印；

2 我国电子工厂尤其是芯片生产工厂、TFT-LCD液晶显示器生产工厂等生产过程均需要应用多种化学品，据了解这类工厂多数设有化学品监控系统，化学品监控系统在有条件的工厂均应独立设置，并与工厂设备管理控制系统和消防报警控制系统通过数据总线相连；

3 为便于集中管理，规定化学品监控系统设置在主厂房独立房间或全厂动力控制中心，消防控制室和应急处理中心设化学品报警显示单元是为了工厂了解化学品系统的应急工况，在危机情况下能够统一协调，处理危机。

5.3.2 本条是对电子工厂中设置化学品探测器位置的区域或场所的规定。

1 化学品使用的工艺设备、化学品供应设备箱柜、桶槽和阀门箱、化学品的双层管线、化学品储罐的防火堤、隔堤等是化学品容易发生泄漏及易积聚处，因此，条文规定在这些位置应设置化学品泄漏探测器，并在发生泄漏时发出声光报警；

2 溶剂化学品使用的工艺设备、应急排风口及其房间，溶剂化学品供应设备箱柜、应急排风口及其房间，有机化学品桶槽、阀门箱、应急排风口及其房间，溶剂化学品双层管线内，是化学品容易发生泄漏、易积聚处，因此，条文规定在这些位置应设置有机化学品气体探测器，并在发生泄漏时发出声光报警；

3 根据《石油化工企业可燃气体和有毒气体检测报警设计规范》SH 3063—1999 第 5.3.2 条规定：可燃气体一级报警设定值小于或等于 25%LEL；可燃气体二级报警设定值小于或等于 50%LEL；有毒气体报警设定值小于或等于 1TLV。一级报警后，即使化学品浓度发生变化，报警仍应持续，只有经人工确认并采取相应的措施后才能停止报警；

4 为了随时掌握化学品系统的运行与储存状况，本条要求监控系统连续工作。

5.3.3 制定本条规定的依据和参考资料如下：

1 根据工程实际情况，规定了设置闭路电视监控摄像机与门禁系统；

2 工程实际情况中，安全管理显示屏一般安装在洁净室入口服务台处，其显示内容为阻止人员接近危险区域以及采取切断阀门等措施；以 TCP/IP 网络联机方式连接至洁净室入口服务台处的服务器；在洁净室入口服务台处及值班室的工作站，可键入日常信息，在安全显示屏上显示；为此作了本款规定；

3 因为危险化学品一旦发生泄漏等安全事故，将对电子类工厂的生产与人员生命安全带来重大威胁，为此，本条规定在这些化学品的储存、分配、使用场所内及相关建筑主入口、内通道等设置明显的灯光闪烁报警装置，提醒人员注意，采取防范措施。

5.3.4 本条是关于化学品报警的联动控制的规定。

1 本条规定在确认化学品泄漏后，为确保生产车间和化学品系统的安全、作业人员安全撤离，应采取各项联动控制，启动显示、记录功能，一旦化学品泄漏后，切断阀、排风装置与化学品探测器联动，自动启动相应的事故排风装置、关闭切断阀，切断化学品来源；

2 为了保护人员的生命安全，规定当化学品探测系统确认化学品泄漏时，应启动泄漏现场的声光报警装置，提醒作业人员采取应急措施和迅速离开事故现场；

3 为保障生命安全，在化学品探测系统确认化学品泄漏时，本条规定安防系统应关闭有关部位的电动防火门、防火卷帘门，自动释放门禁门，可联动闭路电视监控（CCTV）系统，启动相应区域的摄像机，并自动录像；

4 为了保护人员的生命安全、并考虑工厂生产不会因为地震仪的误动作造成不必要的恐慌而影响生产，规定只有当其中任两组同时检测到里氏 5 级以上地震并报警时，才应启动现场的声光报警装置，并将警报讯号传送至工厂设备管理控制系统，立即执行联锁控制功能。国外电子工厂地震探测装置运用较普遍，一般设置三组地震探测装置（设置位置根据地震仪特性及现场环境因素确定）。

6 相关专业设计

6.1 建筑构造

6.1.1 根据国家现行标准《建筑设计防火规范》GB 50016 的有关规定，本条规定甲、乙类化学品间的耐火等级不应低于二级。

6.1.2 易燃易爆溶剂化学品间应采取非燃烧体轻质屋盖、轻质墙体作为泄压设施，易于泄压的门、窗也可作为泄压设施，并应符合现行国家标准《建筑设计防火规范》GB 50016 的有关规定。易燃易爆溶剂间发生事故将直接危害工作人员的生命安全并造成财产损失，因此，本条为强制性条文，必须严格执行。

6.1.3 本条规定了易燃易爆溶剂化学品间安全出口的设置数量。安全出口对保证人和物资的安全疏散极为重要。化学品房间至少应有两个安全出口，可提高火灾时人员安全疏散的可靠性。但对化学品房间面积较小时仍要求两个出口有一定的困难，为此规定了化学品房间设置一个安全出口时应具备的条件。对有爆炸危险性的房间因火势蔓延快、对人员安全影响大，因而在面积控制上要求严格些。

6.1.4 本条编制根据现行国家标准《建筑设计防火规范》GB 50016—2006 第 3.3.9 条“厂房内设置甲、乙类中间仓库时，其储量不宜超过 1 昼夜的需要量，中间仓库应靠外墙布置并应采用防火墙和耐火极限不低于 1.5h 的不燃烧体楼板与其他部分隔开”的规定制定，易燃易爆溶剂化学品和氧化性化学品一旦发生火灾，其燃烧时间较长，因此，规定该房间与其他房间之间的隔墙为实体防火墙，既可以满足防爆要求，也可以满足防火要求，若当设置双门斗相通时，应采用甲级防火门窗，门窗的耐火极限不低于 1.2h。

6.1.5 考虑电子工厂用化学品的易燃、易爆、腐蚀性、氧化性的特点，从控制系统的安全考虑规定化学品集中控制室应设置在独立的房间内；当控制室与易燃易爆溶剂储存、分配间、回收间等有爆炸危险的房间相邻时，控制室内的电气系统有可能处于爆炸性气体环境危险区域内，为此，本条控制室的设计应符合现行国家标准《爆炸和火灾危险环境电力装置设计规范》GB 50058 的相关规定。本条为强制性条文，必须严格执行。

6.1.6 从化学品设备的安装角度考虑，本条规定了化学品房间的高度，布置在生产厂房内的化学品间高度一般与生产厂房一致。

6.1.7 由于化学品具有腐蚀性，因此规定化学品间的地面、门窗、墙面应考虑防腐蚀的措施。

6.1.8 根据化学品的火灾危险性类别，房间内各部位装修材料的燃烧性能等级应符合现行国家标准《建筑内部装修设计防火规范》GB 50222 的有关规定。

6.2 电气与仪表控制

6.2.1 本条是关于配电与照明的规定。

1 化学品间的各类设备，在停电中断供气后，会造成工厂产品成批报废，经济损失重大，所以除试验性少量生产或小批量生产的实验室或试验生产线外，规定化学品间的负荷等级与主厂房相同；化学品检测与控制系统允许中断供电的时间为毫秒级，除需要两个电源供电外，必须配有不间断电源 UPS；

2 根据化学品的危险性质规定易燃易爆溶剂化学品间的爆炸性化学品环境内的电力装置应为 2 区设防；

3 电子工厂多为三班制运行，中断照明会影响生产，因此，本条规定灯具不宜安装在设备正上方，化学品间应设置备用照明；

4 电厂工厂的化学品液体或挥发出的气体都具有腐蚀性，因此，规定化学品间的电气设备应进行防腐蚀设计。

6.2.2 本条是关于防雷与接地的规定。

1 据了解，目前电子工厂的化学品间的易燃易爆溶剂化学品排气一般是经过洗涤塔处理后再排放，但是从安全的角度考虑，易燃易爆溶剂化学品突出屋面的风管还是应该考虑防雷设计；

3 为防止易燃易爆溶剂化学品、氧化性化学品管道因为产生静电而发生安全事故，本条规定了自燃性、可燃性、氧化性化学品设备与管道应设置防静电接地的要求；

4 采用螺栓连接是为了便于设备与管道的拆卸检修；采用挠性连接线是为了避免震动、位移影响接地可靠性；

5 考虑到我国相当多的电子工厂在工程实际中大多采用联合接地的方式，特规定接地装置的接地电阻值应按其中的最小值确定；

6 该电阻值是参照现行国家行业标准《石油化工静电接地设计规范》SH 3097—2000 第 3.3.1 条的规定制定的，该条文的叙述为：“专设的静电接地体的对地电阻值不应大于 100Ω”。

6.3 给水排水及消防

6.3.1 本条是关于给水排水设计的规定。

1 电子工厂的化学品储存、分配间的温度与湿度，虽然从理论上要求不十分严格，但是也有一定要求，制定本条的目的是就是要确保穿过化学品储存、分配间的给水排水管道不因为结露而影响化学品间或储存间的正常运行；

2 化学品间正常情况下没有废水排出，但是当化学品系统采用湿式尾气处理装置或氨气等有毒化学品泄漏并且消防时，这些水不能直接排至市政管网，否则会造成污染，应该把这些水排至废水处理站，处理合格后排放；

3 为保护工作人员的生命安全，腐蚀性化学品的化学品间应设置紧急淋浴器和洗眼器。

6.3.2 本条是关于消防设计的规定。

1、2 这两款是根据化学品间的特点，规定化学品间应设置消火栓和灭火器，要求采用按现行国家标准《建筑设计防火规范》GB 50016 和《建筑灭火器配置规范》GB 50140 的有关规定；

3 易燃易爆溶剂化学品储存、分配间设置的自动喷水系统可以在火灾发生时对房间内的设施进行消防及冷却，避免由于化学品泄漏或爆炸产生更大的损失。根据现行国家标准《建筑设计防火规范》GB 50016—2006 第 8.5.1 条规定：占地面积大于 1500m² 或总建筑面积大于 3000m² 的单层、多层制鞋、制衣、玩具及电子等厂房宜采用自动喷水灭火系统，同时，美国消防协会发布的 NFPA 318《洁净室防护标准》第 2.1.1 条规定“在有洁净室和洁净区的整个设施内都应设湿式自动喷淋保护”，第 2.1.2.1 款规定“洁净室或洁净区用的自动喷淋器应该按照 NFPA 13

《自动喷淋系统安装标准》进行安装，设计面积在3000ft^2（278.8m^2）的达到0.20gpm/ft^2［8.15L/(min·m^2)］”，以此为参照并结合我国电子工厂的实际情况，规定了喷水强度和保护面积。如果所设计项目有国外保险商参与，或是化学品公司对消防提出特殊的要求，项目应按照较为严格的规定执行；

4 化学品中有很多种类与水接触会发生化学反应产生有毒有害物质，存储这些化学品的化学品间不应采用水消防系统，可采用气体灭火、干粉灭火器等消防形式，具体采用的消防方法需要与化学品公司确认化学品性质后决定。

6.4 通风与空气调节

6.4.1 本条是关于通风设计的规定。

1 化学品间用于储存和分配自燃性、可燃性、毒性、腐蚀性、氧化性化学品，存在管道或阀门泄漏和积聚的潜在危险性，因此，化学品间应设置连续的机械通风，防止自燃性、可燃性、毒性、腐蚀性、氧化性化学品在化学品间积聚。通常，自燃性、可燃性、毒性、腐蚀性化学品储存在化学品柜内，化学品柜应设置局部通风，房间通风量应不小于化学品柜的通风要求，为了保证房间通风良好，确定了化学品间的最小通风换气次数每小时6次。

2 化学品柜和阀门箱内安装了化学品分配阀门和管道，阀门和管道接口较多，有产生泄漏的可能性。因此，化学品柜和阀门箱应设置机械排风进行强制通风，防止自燃性、可燃性、毒性、腐蚀性、氧化性化学品在柜和阀门箱内积聚而引发事故。

3 化学品的排风系统划分原则：

1）防止不同种类和性质的化学品混合后引起燃烧或爆炸事故；

2）避免形成毒性更大的混合物或化合物，对人体造成危害或设备和管道腐蚀；

3）防止在风管中积聚粉尘，从而增加风管阻力或造成风管堵塞，影响通风系统的正常运行。

4 事故通风量应根据发生事故时泄放的化学品量和危害程度通过计算确定。根据国家标准《工业企业设计卫生标准》GBZ1中的规定，事故通风换气次数的下限定为每小时12次，在化学品间外设置紧急按钮以便求援人员启动事故排风系统。

5 许多化学品为自燃性、可燃性、氧化性化学品，所以规定排风管道应采用不燃管道，目的是为了防止在发生火灾时火焰沿风管扩散和蔓延。

6 排风管道为负压，采用柔性风管或软管，风管的有效通风面积减小，将会影响到通风效果，同时，柔性风管或软管对火灾的耐受性较差，很容易造成排风管烧坏和变形。因此，可燃性化学品柜和阀门箱的排风与主排风管道连接的支管采用刚性风管。

7 为避免化学品间排风对周围环境和人身安全造成危害，应根据排风中化学品的性质和浓度等因素确定设置处理装置进行处理，如洗涤塔、吸附塔等。

8 为保证化学品间排风系统的连续可靠运行，应设置备用排风机。备用排风机也可以兼做事故排风机。化学品间通风系统电源应设置应急电源，目的是保证排风系统的稳定运行可靠。

9 为防止因空气摩擦产生静电积聚而引起燃烧和爆炸事故，规定可燃性化学品和氧化性化学品的排风管应设置防静电接地装置，导除排风管静电。

10 为保证化学品间排风系统连续可靠运行，防止化学品积聚，从而降低火灾危险性和对救援人员的危害，规定化学品间排风系统不得与火灾报警系统联动。关闭化学品间排风系统将可能造成更大的危害，因此严禁关闭排风系统。

6.4.2 本条是关于空气调节设计的规定。

1 化学品间设置空调系统的目的是为化学品柜及其控制系统提供一个适宜的工作环境。

2 为避免相邻化学品间发生火灾时蔓延，或因一个化学品间发生火灾而导致多个化学品间的通风关闭，造成更大的危害，规定空调风管不应穿越化学品间之间的分隔墙。

3 为保证化学品间的环境状态稳定，建议空调系统设置备用空调机组。当受到条件限制时，采用适当措施保证在空调机组维护或发生故障时化学品房间能取得足够的补风，也是保证安全的有效措施之一。

4 化学品间空调系统电源设置应急电源，目的是保证化学品间的通风平衡和稳定。

5 为防止火焰蔓延和扩散，空调风管采用不燃材料制作，保温材料应采用不燃或难燃材料。

6 为防止因空气摩擦产生静电积聚从而引起燃烧和爆炸事故，规定空调风管应设置防静电接地装置，导除排风管道的静电。

7 易燃易爆溶剂化学品间的火灾危险性属甲、乙类，循环空调系统易形成可燃性化学品积聚而引起爆炸事故，因此条文规定该类化学品间不得采用循环空调系统。本条款为强制性条文，必须严格执行。

7 工程施工及验收

7.1 一般规定

7.1.1 设备及材料进场检验的产品合格证和质量保证书是业主、监理、施工单位控制质量的重要手段。

7.1.4 设备材料进场验收、管道清洗，安装安全阀、流量计、过滤器及压力试验、纯度测试、焊接试件鉴定事项，这些都是质量控制的关键点，所以建设单位的技术人员或监理工程师应到场。

7.1.5 易燃易爆溶剂的蒸发气体在空气中达到一定

浓度时可能会发生爆炸，因此规定静电接地的材料或零件在安装前不得涂漆，以便使导线接触面接触良好，提高导电性能。

7.1.6 保证检测结果的正确性，才能保证系统的安全性，保证工艺参数的正确性，所以计量器具都应检定合格并在有效期内使用。

7.2 设备、材料进场验收

7.2.1 氮气密封是为了保护设备在制造完毕到投入使用期间不被污染，特别是对于内部表面有抛光等特殊要求的设备。

7.2.2 化学品设备的生产周期有很大的差异，储罐和配送柜等供货周期不同，所以要考虑生产周期的因素来订货，设备到货后按照搬入的顺序进行存放，大的桶槽或容器应考虑优先搬运，尽可能减少二次搬运，也就减小了设备的安全风险。

7.2.3 化学品配送用设备内部包含很多控制元器件，很多控制元器件受高温、雨淋影响可能出现不能动作的现象，且酸碱设备的外壳一般为聚丙烯材质，故不能在室外放置。

7.2.4 PVC管材在日晒的情况下会产生变色（黄色→棕色→褐色），高温条件下容易变形，产尘的场所会影响管材的透明度和洁净度。

7.2.5 PVC制作的组装箱、阀箱及三通箱，在搬运过程中极易破碎，也可能被重物压碎，单独设置存放区以便保护材料不致损坏。

7.2.6 微细的光纤封装在塑料护套中，使其能够弯曲而不至于断裂。不得损坏外保护层，避免光纤断裂，同时也要减少光纤的弯曲和挤压以便减少光纤传输的衰减。

造成光纤衰减的主要因素有：本征，弯曲，挤压。本征：是光纤的固有损耗；弯曲：光纤弯曲时部分光纤内的光会因散射而损失掉，造成的损耗；挤压：光纤受到挤压时产生微小的弯曲而造成的损耗。

7.3 设 备 安 装

7.3.6、7.3.7 按照设备的平面布置图来安装设备，安装前在化学品间标记出位置，因为储罐一般比较笨重，需要一次性搬运到位，然后局部微调。合理利用化学品的空间进行搬运。

7.3.10 设备安装过程中，设备厂商或者其他施工单位都可能接触到设备，设备的外部包装可以保护其在安装过程中免受损伤。

7.4 化学品供应管道安装

7.4.1 施工公司在施工过程中对设计文件提出修改意见，原设计单位在征得业主同意后，应提供变更通知单，经业主、监理、施工方确认后可以用于化学品供应管道系统的施工。

7.4.2 进口设备的接口标准和国标不一致，有美标、日标、德标等不同的管道标准，管道外径和壁厚等有差异，不同标准的管道不能互换，配管前必须严格按照设计要求选用材料。

7.4.3 化学品管道和阀门的设置应考虑安全隐患。管道设置尽可能的不影响或少影响其他专业，以免出现衍生安全事故，紧急关断阀的设置是为了在管道发生泄露的时候能够迅速关断化学品供给，避免造成更大的安全事故。

7.5 双层管道的施工安装

7.5.1 外套管安装应符合下列规定：

1 管道固定支吊架是用来承受管道因热胀冷缩而产生的推力，支吊架和基础必须坚固。固定支吊架间距应符合表7.5.1-1的规定。

2 PVC管道膨胀具有较大的膨胀性，管段因膨胀产生的推力不得超过固定支吊架所能承受的允许推力值。

3 管道切割时使用吸尘器是必要的，若不使用吸尘器，切割产生的碎屑会进入管道内吸附于管道内表面，一方面会对C-PVC管的透明度产生影响，另一方面若碎屑吸附在粘接部位，可能影响粘接的效果。

4 断面加工也是要保证碎屑不要进入管道，保证加工时管道呈一定的角度，以便更好地进行粘接作业，加工完成后的封口也是避免碎屑、灰尘等进入管道内表面。

5 成品弯头多用在内管也是成品的情况下，成品弯头先套在内管之外，或者把成品弯头剖开进行连接安装，剖开部位用热风枪焊接复原；

PVC的软化温度是105℃，所有的塑料都是高分子结构，属于非晶体，大于这个温度，PVC就能软化便于弯曲。100℃以上开始分解出氯化氢，故在进行摵管作业时要在通风的加工间内进行；由于加热不均或者弯管不到位而需要重新加热，但加热冷却不能超过三次，以免破坏管道的强度和产生不规则变形。

6 为保证PFA管可以在C-PVC管道中顺利通过，减少药液流动时的局部阻力，必须限制弯曲的最小半径。

表7.5.1-2列出的最小弯曲半径是现场施工的基准，若现场位置有限，弯曲的最小半径与此表有冲突时，可先做外套管弯曲试样，并做内管通过实验，若通过无阻碍，方可局部微调。

7 套管弯曲之后若出现不规则变形及明显的椭圆变形将影响穿内管。

8 在粘接作业完成后，增加PVC焊条填丝焊接，目的是增加粘接部位的强度。

9 使用橡胶皮对外管进行保护，避免固定卡安装太紧使管道受损。

10 管道粘接所用的胶水必须是速干型的，胶水要涂抹均匀，粘接的压紧时间必须保证，以免出现管道粘接处变形、管道移位等现象。压紧时间为日本积水、美国 IPS 胶水推荐的粘接压紧时间。

11 为了便于穿管，两组弯头中一个暂不粘接，在拉管遇到障碍时可以在未粘接处打开，便于配合送管员送管，待内管全部通过后，再粘接连接处。

7.5.2 外套管的主要功能是可清楚地目测出 PFA 是否出现化学品药液渗漏等情形，因此需特别注意保持管材的洁净度及接缝处粘接不出现渗漏。使用时管道为无压管，编制组调研一个大型工程，其外套管试验压力分别为 0.12MPa、0.10MPa、0.05MPa，因此本规范规定外套管的试验压力为 0.10MPa。

7.5.3 常用的 PFA 管是 100m 一卷的，根据现场情况可以统计出需要购买的连接箱的数量，因为 PFA 价格昂贵，合理的使用材料，避免不必要的浪费，才能更好地降低材料成本。

7.5.4 内管穿设安装应遵守下列规定：

1 PFA 管极易产生静电，拆除包装最好在洁净室进行，规定事先在地板处铺设透明塑料布可以保护地面和管材，是为防止灰尘颗粒进入管道内，为了同样目的，还规定管道始终处于封堵状态。

2 管材在低温情况下会变脆，若直接施工，可能会导致管道变形、甚至断裂，故需要在室温条件下施工。

3 为了避免污染管道，切管器必须清洁，为了顺利拉管，在管道前端切出斜面，用拉管绳捆扎牢固，减小拉管过程中的摩擦。

4 管材在材料进场的时候已经检查了外观，但在送管过程中，还应当确认管道有无折损，因为在搬运、整理过程中都有可能使管道受损，需在拉管前再次确认。

5 送管过程中遇到障碍时需要停止送管，不能强行送管，造成管道的折损。减少拉管以避免 PFA 管道在拉扯过程中发生管材变形或者因主绳被拉断导致施工不能进行的情形。

6 PFA 管道容易产生静电，极易粘附空气中细小的灰尘，管线整理人员在送管的同时，应使用纯水湿润洁净布，来擦拭管道以防止产生静电。

7、8 拉管完成后需要切除前端 400mm 的管段，因为拉管过程中前端受力变形且切割斜面部分也应当切除。切割管线前需要保证预留大约 200mm 长度的管道，为扩管连接作业预留。

9 PFA 管在加热扩管冷却后会有 3mm 缩短现象，因此管线长度测量时必须加 3mm 的余量，以防止管线长度不够造成材料的浪费。

7.6 酸碱类化学品管道内管焊接安装

7.6.1 焊接 PFA 管一般用于化学品间内，用于供给单元和存储罐之间的管道连接，有单管和双套管之分，若采用单管输送，则按照本条第 1 款～第 6 款实施。

7.7 溶剂化学品管道安装

7.7.1 电子工厂用于化学品的管道无论从工艺及材料的要求，不锈钢管道连接应使用自动轨道氩弧焊。

7.7.2、7.7.3 为了保证输送化学品的纯度，管道必须保证洁净，在切割、焊接过程中都需要保证洁净度。

7.7.4 预制过程的切割和端面处理，会有铁屑等杂质产生，焊接区域需要与之区分隔离。

7.7.5 切割过程中会产生细小的铁屑，管口向下且用高纯氮气吹扫，吹出细小铁屑，以免铁屑粘附在管壁上，影响管道的洁净度。

7.7.6 切割时避免管道切割端面粘附油污，因为灰尘颗粒很容易吸附在油污中，且很难事后处理管道内的油污，在电子行业、半导体、净化行业中，由于管道内的灰尘颗粒的数量超标，会严重影响产品的成品率。施工过程中必须杜绝油污和颗粒。

7.7.9 不锈钢管道安装应符合下列要求：

4 当不锈钢的表面的钝化膜被机械或者其他原因破坏后，不锈钢和碳钢接触后会在接触面形成电化学腐蚀从而生锈，降低了管道的寿命，必须采用同种材质或用塑料垫材隔离。

7.7.10 充氩保护是为了使管道内为正压，避免空气进入管道内，将空气中的水分、氧分、颗粒带入管道内污染管道，故在管道系统安装过程中应保持不间断充氩气保护。

7.8 废液管道施工

7.8.1、7.8.2 管道连接应按国家现行标准《给水排水管道工程施工及验收规范》GB 50268、《建筑排水硬聚氯乙烯管道工程技术规程》CJJT 29、《建筑给水排水及采暖工程施工质量验收规范》GB 50242 的有关规定执行。

7.9 管道设备标识

7.9.1 标识粘贴应在设备及管道油漆、清洁与绝缘完成后进行。并应逐点检查每个系统连接的正确性，阀门应有与图纸相同的编号，并有显示开关的状态显示牌。不同的药液用不同的颜色标记，且应标明化学品药液的名称及流向。

7.9.2 标识粘贴前应当确保管道全部正确安装，相关的测试也已经完毕，管道必须清洁，便于粘贴，绝缘测试必须完成，以免出现安全问题。

7.10 管路与系统检测

7.10.1 管路与系统测试应在工程完工后进行。

7.10.2 根据化学品系统检测的一般原则和我国工厂的实际状况，规定化学品系统工程的检测项目一般有强度试验、严密性试验、泄漏性试验、洁净度测试、电气性能测试以及合同要求的测试。

7.10.7 易燃易爆溶剂化学管道要设计静电接地，因此，应测试管道的接地电阻值。

7.11 改建工程的施工

7.11.2 在安装新管道的时候，应尽可能减小对原系统的影响，尽量不要影响生产，关闭相关的阀门，尽可能的不要关闭整个系统，管内介质排放至相应的回收系统，不可回收的介质要经过中和、燃烧、洗涤等处理，以便安全地排放。

7.11.3 改建工程的系统中残留的易燃、助燃、毒性或者腐蚀性介质会影响施工安全及人员健康，必须在施工前清理干净，并通过分析达到规范允许的数据后方可施工。

7.11.4 改建过程中的置换、中和、消毒、清洗必须彻底，反复多次进行，并取样分析或者在线分析，应当达到有关规定、标准并提供分析测试报告，若反复多次清洗后仍达不到要求，需要考虑更换管道。

7.11.6 从安全的角度规定，为防止意外，化学品系统在进行焊接等产烟明火作业时，必须取得建设单位签发的动火许可证及动用消防设施许可证。

7.12 工 程 验 收

7.12.1 电子工厂化学品系统工程是个独立的组成部分，验收时也应当按照独立的分部工程进行。

中华人民共和国国家标准

有色金属选矿厂工艺设计规范

Code for technological design of non-ferrous concentrator

GB 50782—2012

主编部门：中 国 有 色 金 属 工 业 协 会
批准部门：中华人民共和国住房和城乡建设部
施行日期：2 0 1 3 年 1 月 1 日

中华人民共和国住房和城乡建设部
公　告

第1460号

住房城乡建设部关于发布国家标准《有色金属选矿厂工艺设计规范》的公告

现批准《有色金属选矿厂工艺设计规范》为国家标准，编号为GB 50782—2012，自2013年1月1日起实施。其中，第4.8.12、6.3.10、6.4.5、7.5.1条为强制性条文，必须严格执行。

本规范由我部标准定额研究所组织中国计划出版社出版发行。

中华人民共和国住房和城乡建设部

2012年8月13日

前　言

本规范是根据原建设部《关于印发〈2007年工程建设标准规范制订、修订计划（第二批）〉的通知》（建标〔2007〕126号）的要求，由中国恩菲工程技术有限公司和中国有色金属工业工程建设标准规范管理处会同有关单位共同编制完成的。

本规范在编制过程中，编制组进行了广泛、深入的调查研究，认真总结了国内选矿厂的设计成果，吸取了近代国内外选矿厂的设计及建设经验，在全国范围内多次征求了有关单位及业内专家的意见，最后经审查定稿。

本规范共分7章，主要内容包括：总则、术语、选矿试验与矿样采取、工艺流程、主要设备选择与计算、厂房布置与设备配置、辅助生产设施等。

本规范中以黑体字标志的条文为强制性条文，必须严格执行。

本规范由住房和城乡建设部负责管理和对强制性条文的解释，由中国有色金属工业工程建设标准规范管理处负责日常管理，由中国恩菲工程技术有限公司负责具体内容的解释。在执行过程中，请各单位结合工程实践，认真总结经验，如发现需要修改或补充之处，请将意见和建议寄至中国恩菲工程技术有限公司（地址：北京市复兴路12号，邮政编码：100038），以供今后修订时参考。

本规范主编单位：中国恩菲工程技术有限公司
中国有色金属工业工程建设标准规范管理处

本规范参编单位：长沙有色冶金设计研究院有限公司
长春黄金设计院柳州华锡有色设计研究院有限责任公司

本规范主要起草人员：邓朝安　李恒石　马士强　刘　俊　刘学杰　黄光洪　陈典助　王忠敏　夏菊芳　邬清平　吴伯增　杨奕旗　唐广群　张艳华

本规范主要审查人员：陈登文　杨文章　何发钰　孙体昌　张忠汉　杨松荣　王海瑞　张洪建　李九洲

目　次

Contents

1 总　　则

1.0.1 为统一有色金属选矿厂工艺设计技术要求，提高设计质量及创新水平，推动技术进步，制订本规范。

1.0.2 本规范适用于新建、改建和扩建的有色金属选矿厂工程的工艺设计。

1.0.3 有色金属选矿厂厂址应经多方案论证后择优确定，不得布置在矿体上、采矿陷落区和爆破危险范围内，以及有断层、溶洞、滑坡和泥石流等不良工程地质的地段。

1.0.4 有色金属选矿厂厂房布置及车间设备配置，应根据工艺流程特点和技术发展要求，充分利用地形，合理确定。对有扩建可能的选矿厂，应适当留有发展余地，但不得随意扩大占地和提前征用。

1.0.5 有色金属选矿厂工艺设计中应对共、伴生有用矿物进行综合回收，对水、尾矿资源进行综合利用。

1.0.6 有色金属选矿厂排出的尾矿、污水及产生的粉尘、有害气体、噪声和放射性物质等应妥善处理，并应符合国家现行有关环境保护标准的规定。

1.0.7 有色金属选矿厂工艺设计，除应符合本规范的规定外，尚应符合国家现行有关标准的规定。

2 术　　语

2.1.1 有色金属　non-ferrous metal

除铁、锰、铬及其合金以外金属的统称，也称非铁金属。

2.1.2 贵金属　precious metal

具有比一般金属优异的化学稳定性，且较贵重的金属。

2.1.3 矿石　ore

在现有技术经济条件下，能从其中提取有用元素、化合物或矿物的天然矿物聚集体。

2.1.4 矿物　mineral

地壳中由于自然的物理、化学或生物作用，所形成的自然单质和自然化合物。

2.1.5 原矿　run-of-mine；crude ore

采出后未经任何加工处理的矿石。

2.1.6 精矿　concentrate

矿石经选别作业，目的矿物被富集的产品，包括粗选精矿、扫选精矿、精选精矿、混合精矿等。

2.1.7 尾矿　tailings

矿石经选别作业，选出目的矿物后的剩余产物或废弃产物。

2.1.8 选矿　mineral processing；beneficiation；ore dressing

用物理、化学、物理化学或生物等方法，将原矿中有用矿物与脉石、有害物质或将多种有用矿物分离并富集的工艺过程。

2.1.9 选别作业　separation operation

用选矿方法对有用矿物与脉石或有害物质进行分离过程的统称，包括粗选、扫选、精选等。

2.1.10 品位　grade

矿石或选矿产品中，金属或有用成分含量的质量百分率或单位含量。

2.1.11 回收率　recovery

在选矿流程中，各产物的金属或有用成分的质量占原矿中该金属或有用成分质量的百分率。

2.1.12 矿样　sample

供试验、测试、分析和研究用的具有代表性的矿石样品。

2.1.13 试验室小型流程试验　laboratory test

用试验室小型非连续或局部连续试验设备进行的选矿试验。

2.1.14 试验室扩大连续试验　extended continuous laboratory test

在试验室小型流程试验的基础上，用试验室连续试验设备进行的选矿试验。

2.1.15 选矿厂　concentrator

对原矿或其他物料进行加工选别，将有用矿物和脉石分离，得到精矿产品的工厂。

2.1.16 破碎　crushing

利用外力使块状固体物料粒度减小的过程。

2.1.17 破碎产品粒度　particle size of crushed product

被破碎后物料颗粒的大小。

2.1.18 筛分　screening

利用筛分设备对散状物料按颗粒大小分成不同粒级的作业。

2.1.19 预选　pre-concentration

在较粗的粒度条件下，通过重选、重介质选矿、磁选或拣选等方法预先分离出脉石或围岩的过程。

2.1.20 洗矿　ore washing

利用机械擦洗和水力冲洗作用除去矿石中黏土质及细粒物料的过程。

2.1.21 磨矿　grinding

利用介质在磨矿机中的冲击和磨剥作用减小物料粒度的过程。

2.1.22 磨矿细度　mesh-of-grind

矿石被磨细的程度。通常以小于某指定粒度的矿粒的质量百分率表示。

2.1.23 分级　classification

将物料按沉降速度或粒度不同分为两种或多种粒级的过程。

2.1.24 重选　gravity concentration

利用矿物密度的差异和矿物颗粒在介质（主要是

水）中运动速度的不同，进行分选的过程。

2.1.25 浮选 flotation

根据矿物颗粒表面物理化学性质的不同，利用矿物自身具有的或经药剂处理后获得的润湿性差异，进行分选的过程。

2.1.26 磁选 magnetic separation

利用被分选物料的磁性差异，在磁选机磁场中使矿物分离的一种选矿方法。

2.1.27 浸出 leaching

用浸出剂有选择地溶解矿物中的有用成分，使之与脉石分离的工艺过程。

2.1.28 堆浸 heap leaching

将浸出剂喷淋或滴淋在低品位的矿石堆上，浸出其中有用成分的方法。

2.1.29 氰化法 cyanide leaching process

以氰化物溶液从矿石中提取金、银的方法。

2.1.30 炭浆法 carbon-in-pulp process

金矿石氰化浸出后，加活性炭从矿浆中吸附金的方法。

2.1.31 吸附 adsorption

固体、液体、气体分子的原子或离子依附在固体或液体表面上的现象。可分为化学、定向和物理吸附。

2.1.32 逆流洗涤 countercurrent washing

在洗涤液与矿浆逆向流动中，有用成分溶液与固体分离的方法。

2.1.33 解吸 desorption

已吸附的物质从吸附剂中释放的过程，是吸附的逆过程。

2.1.34 浓缩 thickening

借助矿粒重力、离心力或磁力作用，提高矿浆浓度的过程。

2.1.35 过滤 filtration

借助多孔隙的过滤介质，将矿浆进行固液分离的脱水过程。

2.1.36 干燥 drying

利用热能或其他能量蒸发除去物料中附着的水分的过程。

3 选矿试验与矿样采取

3.1 选矿试验

3.1.1 选矿试验类别可划分为可选性试验、试验室小型流程试验、试验室扩大连续试验、半工业试验和工业试验。选矿试验类别及主要适用范围，应符合表3.1.1的规定。

3.1.2 新建的选矿厂应进行矿石的相应类别选矿试验（含工艺矿物学研究）。试验报告应经专家审查通过。

表3.1.1 选矿试验类别及主要适用范围

试验类别	主要适用范围
可选性试验	矿床评价或初步可行性研究
试验室小型流程试验	易选及较易选矿石选矿厂的可行性研究、初步（基本）设计
试验室扩大连续试验	难选矿石选矿厂的可行性研究、初步（基本）设计
半工业试验	极难选矿石选矿厂的可行性研究、初步（基本）设计
工业试验	采用无生产实践经验的新技术选矿厂的初步（基本）设计

3.1.3 新建的选矿厂应进行矿石磨矿功指数测定或相对可磨度测定试验。

3.1.4 对大、中型选矿厂宜做自磨/半自磨和高压辊磨工艺及设备选型试验。

3.1.5 对矿石中细泥含量多、水分大，且难以松散及需要泥砂分选的矿石，应做洗矿试验及泥砂分选试验。

3.1.6 矿石中含脉石或开采过程中混入围岩量多，并有可能在入磨前分选时，应做预选试验。

3.1.7 采用浮选工艺流程时，应做回水试验。选矿产品应根据需要做沉降和过滤试验。

3.1.8 选矿最终产品应进行密度、粒度组成和多元素分析等测定。

3.1.9 新建的选矿厂应进行尾矿毒性浸出试验。工艺流程排放物中有害组分超标时，应进行治理或防护试验。

3.2 矿样采取

3.2.1 选矿试验所采取的矿样应具有代表性。

3.2.2 矿样采取应根据矿体赋存条件、采矿方法、矿石特性和试验要求等进行采样设计。

3.2.3 矿样重量应根据试验类别和矿石性质确定。当需要进行选矿单项技术试验时，矿样重量应根据试验方法、试验设备类型及规格确定。

3.2.4 矿样宜采取设计开采范围内的坑道样或岩芯样。当条件不具备时，应在初期开采地段采取代表达产后5年内出矿性质的矿样，并应采取后期开采的深部岩芯验证样。

3.2.5 对氧化带、次生带、原生带矿石和开采的前后期矿石性质有较大差异时，应分别采取矿样。当不能分采时，应按实际出矿比例配成混合样。

3.2.6 采取的矿样中，应含有相应的顶底板围岩及矿体夹层样，其数量应满足采样和试验时的配矿要求。

3.2.7 从尾矿和废渣中回收有用矿物时，除样品的品位应有代表性外，其粒度分布、氧化程度和物质组成均应具有代表性。

4 工艺流程

4.1 一般规定

4.1.1 选矿工艺流程设计，应以审查通过的工艺矿物学研究及选矿试验报告为依据，并结合类似生产实践经验确定。

4.1.2 选矿碎磨流程应贯彻简洁、节能、减排的原则，并应根据矿石的碎磨特性、当今碎磨技术及选矿厂的规模，经多方案综合比较，择优确定。

4.1.3 在确定选矿方法和选别工艺流程时，对共、伴生有用矿物应进行综合回收，对暂时无法回收或回收效益差的矿物也应妥善处置。

4.1.4 选矿产品方案及精矿品位、回收率指标，应根据技术、资源利用水平及经济效益，经选、冶方案比较，确定合理的产品方案及数量、质量指标。

4.1.5 精矿脱水流程设计，应根据产品特性、冶炼和运输对产品含水率要求及当今脱水技术的发展趋势，经多方案综合比较，合理确定精矿脱水的段数及含水率。

4.1.6 尾矿处置工艺的设计，应充分利用回水。

4.2 破碎筛分

4.2.1 破碎筛分流程的确定，应以强化筛分、多筛少破为原则。

4.2.2 破碎筛分流程及最终产品粒度应符合下列规定：

1 破碎最终产品作为自磨或半自磨机给矿时，应设置一段粗碎开路流程，粗碎产品粒度不宜大于300mm（$p_{80}\leqslant150$mm）。

2 破碎最终产品作为棒磨机给矿时，大型选矿厂宜采用三段开路破碎筛分流程，中、小型选矿厂宜采用两段开路或两段一闭路破碎筛分流程，最终破碎产品粒度不宜大于20mm（$p_{80}<15$mm）。

3 破碎最终产品作为球磨机给矿时，大型选矿厂应采用三段一闭路破碎筛分流程，中、小型选矿厂宜采用两段一闭路破碎筛分流程，最终破碎产品粒度不宜大于12mm（$p_{80}\leqslant9$mm）。

4 当细碎作业采用高压辊磨机时，中碎宜与筛分机构成闭路，细碎应根据高压辊磨工艺试验结果确定闭路方式，最终破碎产品粒度不宜大于9mm（$p_{80}\leqslant6$mm）。

4.2.3 中碎机给矿中细粒级含量多、含水率高时，中碎前宜采用重型筛进行强化筛分，并应产出部分最终破碎产品。

4.2.4 破碎系统中采用强化筛分措施无效时，可增加洗矿工序，并应进行充分论证。对于设计时尚难确定洗矿的矿石，应留有设置洗矿工序的可能性。

4.3 预 选

4.3.1 当原矿中含脉石或开采过程中混入围岩量多，且色泽、密度、磁性、导电性差异较大时，应通过试验及技术经济比较确定是否进行预选。

4.3.2 手选、光拣选及重介质分选前，应设置洗矿和筛分作业。跳汰分选前，是否设置洗矿和筛分作业，应通过试验及技术经济比较确定。对于3mm～50mm粒级矿石，宜采用机械预选流程。

4.3.3 重介质和跳汰分选出的尾矿品位，应低于或相当于主流程的尾矿品位。

4.3.4 重介质分选粒度应根据试验或类似企业生产实际确定。采用重介质旋流器分选时，入选的粒度宜为3mm～15mm，最大粒度不宜大于20mm。采用跳汰分选时，入选的粒度宜为3mm～20mm。

4.3.5 采用重介质选矿流程时，应采取保持矿石性质稳定的措施，必要时可设置配矿设施。

4.4 磨矿分级

4.4.1 磨矿分级流程应符合下列规定：

1 磨矿产品粒度为0.5mm～3mm时，大型选矿厂应首选半自磨流程或高压辊磨机与湿筛构成闭路的磨矿分级流程；中、小型选矿厂宜采用一段棒磨流程。

2 磨矿产品中小于0.074mm粒级含量不大于70%时，应采用一段闭路磨矿分级流程。

3 小于0.074mm粒级含量大于70%时，宜采用两段闭路磨矿分级流程。

4 中、小型选矿厂磨矿产品中小于0.074mm粒级含量不大于80%时，可采用一段闭路磨矿分级流程。

4.4.2 有用矿物嵌布粒度粗、细不均和易过粉碎的矿石，宜采用棒磨或阶段磨矿流程。

4.4.3 矿石中含泥、水或黏土及可塑性泥团较多，且难以采用常规碎磨及洗矿方法处理时，应采用自磨或半自磨流程。

4.4.4 有色金属矿石浮选粗精矿或中矿的再磨，应采用一段闭路再磨流程；钼粗精矿的再磨，可采用一段、两段或多段再磨流程。

4.4.5 金矿石及有色金属矿伴生金、银矿物粒度较粗时，宜在磨矿分级回路中增加高效重选作业。

4.5 浮 选

4.5.1 浮选工艺流程设计，应根据矿石性质及精矿质量要求，在保证共、伴生有用矿物充分回收的基础上，通过选矿试验确定，必要时应进行技术经济论证。

4.5.2 细粒均匀嵌布的硫化矿，宜选用一段浮选流程。粗、细粒不均匀嵌布的硫化矿，宜选用多段浮选流程。

4.5.3 多金属富硫化矿，宜选用直接优先浮选流程。

4.5.4 多金属贫硫化矿，宜采用混合或部分混合浮选流程，粗精矿宜采用再磨再选流程。

4.5.5 多金属硫化矿中，部分矿物的可浮性存在差异时，宜采用等可浮流程。

4.5.6 矿石可浮性差别较大的多金属硫化矿，矿物嵌布粒度较细、比较难选或氧化率较高时，可采用分支浮选或等可浮与分支浮选的联合流程。

4.5.7 矿石中含有嵌布粒度不均匀、在磨矿中易产生过磨的重矿物，可在磨矿回路中采用闪速浮选工艺。

4.5.8 精矿品位要求高、有用矿物嵌布粒度较细时，应采用精矿多段磨选流程或部分快速优先浮选流程。

4.5.9 原矿品位高、可浮性好的矿石，在符合精矿质量要求条件下，宜采用粗选产出最终精矿及1次～2次扫选的流程。原矿品位低、精矿质量要求高的矿石，应采用多次精选的流程。

4.5.10 中矿返回地点应由试验确定，设计中可根据精矿质量要求及中矿性质等因素进行调整。

4.5.11 含有大量浮选药剂、矿泥及大量难选矿物的中矿，宜采用单独处理流程。

4.5.12 浮选前应设调浆作业，调浆浓度和调浆时间应由试验确定或按类似生产实践确定。

4.6 重　　选

4.6.1 重选工艺流程设计，应根据有用矿物解离特性，贯彻“早收多收，早丢多丢”的原则。入选粒度应根据选矿试验确定，必要时应进行技术经济论证。

4.6.2 处理冲积砂矿的重选厂，宜采用分散粗选、集中精选的选别流程。原矿中有价金属含量较低的砾石和矿泥，应采用预选和洗矿作业预先排出。

4.6.3 处理砂金矿，宜采用重选方法进行粗选，精选宜采用单一重选流程或联合精选流程。

4.6.4 有用矿物粒度呈粗细不均匀嵌布的矿石，根据金属含量多少和有用矿物单体解离的情况，宜采用分级分选后再阶段磨选的流程。大、中型选矿厂，当原矿预选后品位和性质相差悬殊时，应采用按贫富和可选性分系统磨选的流程。

4.6.5 有用矿物呈细粒嵌布的矿石，应采用阶段磨选、矿泥集中选别的流程。

4.6.6 阶段磨选的各段选别作业，均应获取精矿或粗精矿，并应丢弃部分尾矿。

4.6.7 闭路磨矿作业，宜在磨矿回路中设置选别作业。当分级粒度大于0.10mm时，宜采用筛分机闭路。

4.6.8 重选作业的给矿，应强化隔渣、分级、脱泥等作业，并应实行泥、砂分选。当给矿中硫化物含量足以干扰分选时，应采取脱硫措施。

4.6.9 重选厂的中间产品，应按物料性质分别集中磨选。富中矿宜采用多选少磨、先选后磨流程；贫中矿宜采用先磨后选流程。性质复杂、难以分离的中矿，应通过试验进行技术经济论证，并应选用适宜的工艺流程处理。

4.6.10 矿泥分选前，应进行分级、脱泥，并应实行窄级别入选。当矿泥中含废弃细泥多时，宜采用先脱泥后分级选别的流程。

4.6.11 重选流程设计应采用厂前回水和就地回水工艺提高水重复利用率，并应减少新水的使用。

4.7 磁　　选

4.7.1 磁选工艺流程设计，应根据入选矿石中共、伴生磁性矿物的比磁化系数、品位及矿物解离特性，通过选矿试验确定，必要时应进行技术经济论证。

4.7.2 在强磁选作业前，应设置隔粗和脱除强磁性矿物的作业。

4.7.3 部分硫化矿石中常共、伴生有强磁性铁矿物，应进行综合回收。当磁性矿物主要为磁铁矿时，可采用单一磁选流程；当磁黄铁矿含量较高时，可采用磁浮联合流程。

4.7.4 钛、锆海滨砂矿和硫化镍矿石，宜用湿式弱磁、强磁联合流程，从钛、锆海滨砂矿重选粗精矿中分离出磁铁矿和钛铁矿，从硫化镍矿石浮选的尾矿中综合回收含镍磁黄铁矿和铬铁矿。

4.7.5 高冰镍的磁选、浮选分离工艺，宜用弱磁选从第二段磨矿分级返砂中分离出镍铁合金产品。

4.7.6 钨、锡粗精矿分离，海滨砂矿精选等过程，宜采用干式强磁选流程。

4.8 氰　　化

4.8.1 氧化金矿石中，金以细粒均匀嵌布时，宜选用氰化浸出工艺。氰化浸出矿浆应为碱性，pH值宜为11～12。

4.8.2 氧化金矿石中，金的粒径不均匀，并含有一定量的粗粒金时，宜选用重选、氰化联合工艺。

4.8.3 硫化金矿石中，金未被硫化物包裹时，可采用氰化浸出工艺。

4.8.4 硫化金矿石中，当矿物成分复杂、金与硫化物共生关系密切或含有单体金的硫化物时，可采用浮选金精矿氰化浸出工艺；当金与硫化物共生关系不密切时，可采用浮选、尾矿氰化联合工艺。

4.8.5 氰化厂改建、扩建工程及工业场地较小，大量配置浸出设备有困难时，可采用富氧浸出工艺。新建选矿厂，特别是高原缺氧地区，也可采用富氧浸出工艺，但应通过试验及技术经济比较后确定。

4.8.6 矿粒沉降速度快、含金溶液与固相分离效果好时，宜选用逆流洗涤锌粉置换工艺，贵液进入置换作业前应进行净化除杂及脱氧处理。

4.8.7 矿石风化严重、含泥量大、矿粒沉降速度慢、固液分离困难，且矿石中银金比小于10∶1的矿石，宜选用炭浆法提金工艺。

4.8.8 有机物和黏土矿物含量高、贱金属含量低的矿石，宜选用树脂矿浆法提金工艺。

4.8.9 具有较好可浸性、渗透性的低品位金矿石，宜采用堆浸工艺。对于粉矿量大、渗透性较差的低品位金矿石，宜采用制粒堆浸工艺。

4.8.10 对难处理含金物料，宜从焙烧、热压、微生物等氧化工艺技术中，择优确定预处理工艺。

4.8.11 预处理工艺采用焙烧方法时，应配有烟尘回收设施。氰化提金厂应设污水（氰渣）处理设施。

4.8.12 选金工艺严禁采用混汞法。

4.9 脱　水

4.9.1 精矿脱水流程设计应根据精矿质量标准、运输对产品含水率的要求等，采用浓缩、过滤两段脱水流程或浓缩、过滤、干燥三段脱水流程。

4.9.2 重选和磁选产出的粗粒精矿，可采用沉淀池、脱水仓、螺旋分级机、脱水筛或过滤机等进行一段脱水。

4.9.3 浮选和磁选产出的细粒精矿，宜采用浓缩、过滤两段脱水流程，个别产品要求含水率小于8%时，可采用浓缩、过滤、干燥三段脱水流程，也可采用过滤、干燥两段脱水新流程。

4.9.4 尾矿处置工艺应根据尾矿特性、排量及用途，尾矿所在区域的供水条件、气候状况、选矿厂与尾矿库的距离、高差和地形地质等条件，经技术经济综合比较后确定。

4.9.5 严重缺水、干旱、大蒸发量地区，尾矿宜采用深锥高效浓缩机一段脱水流程或浓缩、过滤两段脱水流程。

4.9.6 当利用粗粒尾矿作为采矿井下充填料时，宜先经水力旋流器分级。稠而粗的尾矿可输送到井下充填；稀而细的尾矿经厂前浓缩后应送到尾矿库储存，并应分别回水。

5 主要设备选择与计算

5.1 一 般 规 定

5.1.1 选矿厂主要设备的型式与规格，应与矿石性质、工艺要求、选厂规模及系统设置相适应，并应符合先进、成熟、大型、高效、节能、低耗及备品、备件来源可靠的要求，不得选用淘汰产品。

5.1.2 选矿厂主要设备规格的确定及台数计算，宜符合下列规定：

1 破碎及筛分作业矿量波动系数宜为1.1～1.2。

2 磨矿及分级作业矿量波动系数宜为1.1～1.2。

3 浮选粗、扫选及氰化作业矿量波动系数宜为1.1～1.2。

4 重选粗、扫选作业矿量波动系数宜为1.1～1.2。

5 浮选粗精矿再磨及精选作业矿量波动系数宜为1.2～1.3。

6 重选粗精矿再磨及精选作业矿量波动系数宜为1.2～1.4。

7 精矿脱水作业矿量波动系数宜为1.1～1.3。

8 尾矿浓缩作业矿量波动系数宜为1.1～1.2。

5.1.3 选矿厂主要设备的作业率和作业时间，应符合表5.1.3的规定。

表5.1.3 主要设备作业率和作业时间

设备名称	年日历时数(h)	年满负荷工作时数(h)	年作业率(%)	日工作班数(班)	班工作时数(h)	日工作时数(h)
破碎及筛分	8760	5940～6930	67.8～79.1	3	6～7	18～21
磨矿、选别及氰化	8760	7920～8060	90.4～92	3	8	24
精、尾矿脱水	8760	精、尾矿浓缩及精矿干燥时，7920～8060	90.4～92	3	8	24
		陶瓷过滤或压滤时，6930～7425	79.1～84.8		7～7.5	21～22.5

5.1.4 选矿厂主要设备的处理量，应根据有关样本及手册规定的主要定额及参数、计算方法进行设计计算，并应结合类似企业实际生产能力综合确定。

5.1.5 破碎筛分、磨矿选别及精矿脱水三部分中各自的设备负荷率应基本一致，同一作业的设备类型、规格应相同。

5.1.6 选矿厂的破碎、磨矿、选别和浓缩等主要生产设备不应整机备用。

5.2 破 碎 筛 分

5.2.1 破碎能力大于10kt/d的粗碎作业宜选用旋回破碎机，破碎能力小于10kt/d的粗碎作业宜选用颚式破碎机。

5.2.2 给料口宽度大于1200mm的大型旋回破碎机，宜按双侧受矿配置；大块矿多时，可在受料仓顶部设置大块碎石机。

5.2.3 破碎难碎性矿石和中等可碎性矿石的大、中型选矿厂，中碎设备宜选用圆锥破碎机，细碎设备宜选用圆锥破碎机或高压辊磨机。

5.2.4 破碎中等可碎性矿石和易碎性矿石的中、小型选矿厂，中、细碎设备可选用圆锥破碎机、反击式破碎机、锤式破碎机和辊式破碎机等。

5.2.5 小型选矿厂破碎产品粒度要求较细，含泥、水少时，宜选用旋盘式破碎机、大破碎比的深腔颚式破碎机或细碎型颚式破碎机。

5.2.6 自磨机及半自磨机排出的顽石硬度较大，宜选用破碎力大的圆锥破碎机或高压辊磨机。

5.2.7 中碎前预先筛分作业应选用大振幅的重型振动筛。细碎闭路筛分作业宜选用圆振动筛或香蕉形振动筛。

5.2.8 脱水、脱介作业宜选用直线振动筛。

5.2.9 中、细碎及顽石破碎作业前应设置金属探测器与除铁装置。

5.3 预 选

5.3.1 给入预选作业的矿石粒级为5mm～100mm时，应选用鼓式重介质分选机；预选粒级为5mm～50mm时，应选用锥形重介质分选机；预选粒级为3mm～20mm时，应选用重介质旋流器或跳汰机。

5.3.2 重介质分选机和跳汰机的生产能力，应根据类似选矿厂生产实践的单位生产能力确定。

5.3.3 预选过程中使用的加重剂，应根据其性质采用相应设备进行回收。磁铁矿和硅铁矿加重剂应选用磁选机回收；方铅矿和黄铁矿加重剂，应选用浮选机回收。

5.3.4 碎矿作业中需采用手选废石和富矿块时，使用的带式输送速度应小于0.25m/s。

5.4 磨矿分级

5.4.1 中、小型粗磨球磨机宜选用格子型，细磨球磨机宜选用溢流型。大型球磨机宜选用溢流型。

5.4.2 磨矿作业的分级设备，应与磨矿机型式相适应。格子型球磨机宜配以螺旋分级机，分离粒度小于0.15mm时，宜采用沉没式，也可采用分级机与水力旋流器联合分级；分离粒度大于或等于0.15mm时，宜采用高堰式。溢流型球磨机宜配以水力旋流器。

5.4.3 大型自磨机、半自磨机宜与筛子、水力旋流器构成闭路。规格较小的自磨机、半自磨机，宜通过自返装置返回粗粒级，并宜与螺旋分级机构成闭路。

5.4.4 磨矿回路采用水力旋流器构成闭路时，磨矿机排料端应设置隔粗设施。水力旋流器给矿砂泵应配有变速装置。

5.5 浮 选

5.5.1 大型及特大型选矿厂的粗、扫选作业，宜选用充气机械搅拌式浮选机。对于易选或要求充气量不大的矿石，亦可选用机械搅拌自吸式浮选机。中、小型选矿厂宜选用配有吸浆槽的充气机械搅拌式浮选机，亦可选用机械搅拌自吸式浮选机。

5.5.2 浮选厂的粗、扫选作业的浮选机总槽数，不宜少于6槽。

5.5.3 设计的粗、扫选浮选时间可按试验室试验数据的1.5倍～2.0倍选取，精选浮选时间可按试验室试验数据的2.0倍～3.0倍选取。

5.5.4 大、中型选矿厂，矿物嵌布粒度较细时，宜选用浮选柱与浮选机联合进行选别。粗选和精选宜选用浮选柱，扫选和精扫选宜选用浮选机。

5.5.5 搅拌槽结构应与选用目的相适应，药剂搅拌槽应耐腐蚀；高浓度矿浆搅拌槽应防止矿砂沉槽；提升搅拌槽的提升高度不宜大于1.2m。

5.5.6 选矿厂生产中，药剂可添加在磨矿机、浮选前泵池或分配器内。

5.6 重 选

5.6.1 重选设备应根据物料性质、矿浆浓度、处理矿量、操作与维护等因素选择，应选用高效、节能的设备。

5.6.2 0.074mm～20mm粗粒物料的分选，宜采用跳汰机。

5.6.3 0.074mm～2mm物料的分选，中、小型选矿厂可采用螺旋选矿机、螺旋溜槽、摇床、跳汰机，大、中型选矿厂可采用圆锥选矿机或螺旋溜槽。

5.6.4 0.037mm～0.074mm物料的分选，可采用螺旋溜槽粗选，并宜采用摇床精选。

5.6.5 0.01mm～0.037mm矿泥宜选用离心选矿机粗选，并宜采用皮带溜槽和微细泥摇床精选。

5.6.6 钨、锡粗精矿中粗粒硫化矿物的分离，宜选用枱浮摇床或圆槽浮选机。

5.7 磁 选

5.7.1 磁选设备可分为弱磁场磁选机、中磁场磁选机和强磁场磁选机，也可按作业方式分为湿式和干式。弱磁场磁选机应用于强磁性矿物选别，中磁场磁选机应用于中磁性矿物选别，强磁场磁选机应用于弱磁性矿物选别。

5.7.2 磁力脱水槽可用于阶段磨矿和阶段选别磁选前的脱泥作业，亦可用于强磁性精矿过滤前的浓缩作业。

5.7.3 湿式筒式磁选机按槽体结构可分为顺流式、逆流式和半逆流式。顺流式宜用于0mm～6mm矿石选别，逆流式宜用于0mm～1.5mm矿石选别，半逆流式宜用于0mm～0.5mm矿石选别。湿式筒式磁选机可用于选别作业，亦可代替磁力脱水槽用于过滤前的浓缩作业。

5.7.4 干式弱磁场磁选机可分为磁滑轮和干式筒式磁选机。磁滑轮宜用于块状矿石选别；干式筒式磁选机宜用于破碎后或干式磨矿后细粒物料的选别。

5.7.5 湿式强磁场磁选机，宜选用湿式立环脉动高梯度磁选机。

5.7.6 干式盘式强磁场磁选机、辊式强磁场磁选机，宜用于稀有金属矿物的精选。

5.7.7 感应辊式强磁场磁选机可分为湿式和干式，可用于选别粗粒锰矿、铬铁矿，亦可选别其他弱磁性矿物。

5.7.8 磁选设备的处理能力宜按实际生产指标选取，亦可按有关经验公式计算。

5.8 氰 化

5.8.1 设计的浸、吸时间可按试验室试验数据的1.5倍～2.0倍选取，浸出设备宜取高值，吸附设备宜取低值。

5.8.2 氰化厂浸、吸设备宜采用双叶轮中空轴进气机械搅拌浸、吸槽。吸附槽炭分离筛宜采用圆筒筛或桥式筛，提炭可采用空气提升器或提炭泵。

5.8.3 浸出作业总槽数，不宜少于4槽，吸附段数不宜少于5段。

5.8.4 洗涤作业宜选用多层浓缩机。浸渣（尾矿）采用干堆时，最后一次洗涤宜选用压滤设备。

5.8.5 贵液净化宜选用板式过滤机、真空过滤槽和管式过滤器。脱氧塔单位截面积通过溶液量应按试验确定，无试验资料时可按 $400m^3/(m^2 \cdot d)$～$900m^3/(m^2 \cdot d)$ 选取，脱氧塔高度不宜小于3m。

5.8.6 解吸、电积作业宜选用高温高压解吸、电积装置。解吸柱高度与直径比宜为6∶1，容积宜为床体积的1.5倍～2倍，解吸液流速不宜大于3.4mm/s。

5.9 脱 水

5.9.1 浓缩机规格应根据产品沉降试验结果并结合类似矿石选矿厂的生产定额确定。浓缩机型式应根据使用条件选择，处理量较小时，宜选用中心传动式；处理量较大时，宜选用周边传动式，寒冷地区应选用周边齿条传动式；处理量大、场地狭小时，宜选用不加絮凝剂的高效化浓缩机或加絮凝剂的高效浓缩机。

5.9.2 精矿过滤宜选用节能型陶瓷真空过滤机；精矿含水率为8%～12%，且其可滤性较差时，宜选用自动压滤机。

5.9.3 精矿粒度粗、密度大时，应选用内滤式圆筒型真空过滤机；精矿粒度小于0.2mm时，宜选用陶瓷真空过滤机、圆盘型真空过滤机、外滤式或折带式圆筒型真空过滤机；精矿粒度小于30μm时，宜选用压滤机。

5.9.4 钨、钼等精矿的干燥，宜采用间接加热干燥设备。

5.9.5 尾矿浓缩机的选型应根据尾矿特性、厂区供水及气候条件确定。当尾矿粒度较细、厂区严重缺水且蒸发量较大时，宜选用深锥型高效浓缩机，并应实行尾矿膏体堆存。

6 厂房布置与设备配置

6.1 一 般 规 定

6.1.1 选矿厂生产线的联接、厂房总体布置及车间设备配置，应贯彻安全、紧凑、简捷、顺畅及自流的设计原则，并应避免生产线交叉，人流、物流线路相互干扰。

6.1.2 选矿厂的主要和辅助生产厂房以及厂部办公室，宜布置在出入厂区主干道的两侧。

6.1.3 选矿厂各厂房的平面位置与地坪标高，应根据生产工艺流程特点和技术发展要求，并结合厂区地形、地貌及工程地质条件合理确定。厂房及建筑物的间距应满足防火、安全要求，并应符合通风、日照、绿化、防震、防噪声等要求。

6.1.4 选矿厂的主要生产厂房应布置在以挖方为主的地段，厂内地坪标高应高于厂外地面0.15m～0.3m。

6.1.5 当粗碎作业远离主厂房，且作业制度与下道工序不同时，应设置中间矿堆（仓）；选矿厂的试验室、化验室与破碎、磨矿及具有较大振动设备的厂房之间，应保持不小于50m的距离；选矿厂的技术检查站宜布置在主厂房内。选矿厂的冲洗、除尘、药剂等污水应设置相应的处理及综合利用设施。

6.1.6 车间内的设备配置应按工艺路线进行，并应降低矿石提升高度，同时应实现或基本实现主矿浆自流；同一作业的多台同型号、同规格的设备或机组，应配置在厂房内同一平台。

6.1.7 厂房大门及吊装孔尺寸，应大于设备最大部件外形尺寸或运输车辆在装载条件下的外形尺寸400mm～500mm。特大型设备可不设专用大门，但应预留安装孔洞，设备安装后应按设计要求封闭。利用率较低的吊装孔，应设置活动盖板或栏杆。

6.1.8 各层平台之间净空高度不应小于2.2m；个别地段，在不妨碍检修、操作的情况下，净空高度可适当减小；操作平台应设置栏杆；各层操作平台应具备良好的冲洗条件，冲洗污水应通过导流系统排入地沟中流入厂内排污系统或回收系统。

6.1.9 厂房内地表排污沟宽度不应小于300mm，沟顶应设防护格栅。地面坡度不应小于地沟坡度。地沟坡度应符合下列要求：

1 破碎及磨浮厂房应为3%～5%。

2 重选厂房应为4%～6%。

3 磁选厂房应为3%～5%。

6.1.10 厂房内主要操作通道宽度不应小于1.5m，一般设备维护通道宽度不应小于1.0m。带式输送机通廊宽度，应按现行国家标准《带式输送机工程设计规范》GB 50431 的有关规定执行。

6.1.11 厂房内倾斜通道应符合下列要求：

1 通道倾斜角度为6°～12°时，应设防滑条。

2 通道倾斜角度大于12°时应设踏步。

3 楼梯倾斜角度宜为45°，经常有人通行及携带重物的楼梯倾斜角度应小于40°。

6.1.12 寒冷地区的破碎筛分及精矿脱水厂房的采暖温度不宜低于10℃；带式输送机通廊及单独设置的精矿仓的采暖温度不宜低于5℃；磨浮厂房的采暖温度不宜低于15℃。非采暖地区建厂的破碎筛分和磨矿选别厂房，应研究其工艺设备露天设置的可行性。

6.1.13 厂房布置与设备配置应符合相关专业建筑物和设备的布、配置要求。

6.2 破碎筛分

6.2.1 破碎筛分的主要工艺设备，除特大型选矿厂外，应采用单系列配置。

6.2.2 大、中型选矿厂的破碎、筛分，宜分别单独设置厂房。

6.2.3 大、中型选矿厂的洗矿及重介质选别作业，宜单独设置厂房。

6.2.4 带式输送机通廊宜采用封闭式结构。在气象条件较好地区的带式输送机通廊，可采用活动防护罩式结构。通廊的地下部分应采取通风、防水和排水措施；地下与地上交接处，应设平台及通行门。

6.2.5 露天矿堆及石灰仓库应设在厂区最大风频的下风向，并应与主要生产厂房保持一定距离；在条件不具备时，应采取防止粉尘扩散措施。

6.2.6 中、细碎机和筛分机前应根据设备要求设置缓冲或分配矿仓。

6.3 磨矿选别

6.3.1 在磨矿选别厂房的设备配置中，磨矿矿仓、磨矿分级和选别的布置，应按工艺流程及地形特点综合确定。磨矿设备宜配置在单层厂房中，选别设备可配置在单层或多层厂房内；磨矿选别设备配置宜按单系统或单系统双列设计。

6.3.2 磨矿作业前应设置磨矿矿仓或矿堆，其有效储存量应符合本规范第7.1.4条的规定。磨矿机给矿带式输送机长度和角度应满足计量装置安装要求。

6.3.3 磨矿设备宜采用纵向配置。球磨机太长时，也可根据厂房布置要求，采用横向配置；多段磨矿的磨矿机，可配置在同一跨间内，也可配置在两个跨间内。

6.3.4 大型磨矿机与水力旋流器构成闭路时，水力旋流器给矿用砂泵宜采用单台配置，并应整机备用。

6.3.5 磨矿跨间内配有两台起重机时，宜采用共用轨道布置方式。钢球仓应设置在检修场地附近，并应方便起重机装吊。

6.3.6 选矿厂的磨矿产品宜采用先集中再分配到选别系列的配置方式。

6.3.7 选矿厂内输送矿浆砂泵应按工艺流程要求及地形特点，适当集中配置。

6.3.8 选矿厂内矿浆自流槽及管道坡度，应按物料粒度、密度和浓度确定。尾矿自流最小坡度，浮选厂内不应小于1.5%，重选厂内不应小于3%。对矿量多、运距长的厂外浆体输送，应进行坡度试验或结合类似企业实际数据确定。

6.3.9 选别设备应按工艺流程和地形特点，结合生产系统划分及物料自流的需要，合理确定配置方案。浮选设备宜采用横向配置，浮选机行列配置应整齐，应方便操作及维修，并应合理确定给药位置及给药方式；重选设备宜采用单层阶梯式配置，大型及流程复杂的重选厂宜采用单层与多层结合的配置方式。

6.3.10 产生有害气体的厂房，应设置通风设施。产生剧毒、强腐蚀性气体作业处，必须设置强化通风换气装置。

6.3.11 厂房中的生产调度室、计算机控制室、电话间、交接班室等，应采取相应的隔声、防火、防尘、防潮、防腐、空调等安全、卫生措施。

6.3.12 厂内、外的储油设施应符合防火、防爆、防盗等要求。

6.4 氰化浸出

6.4.1 氰化厂房应布置在厂区最大风频的下风向，氰化车间应保持良好的通风条件。

6.4.2 氰化设备宜采用集中配置，浸出、吸附设备宜按阶梯式单系统双列配置，并应留有设备检修提轴空间。

6.4.3 浓缩、浸出、吸附和洗涤设备可采用露天或局部露天配置。

6.4.4 锌粉置换系统、解吸电积系统宜采用多层重叠配置。金泥提取及电积槽应采取封闭和防盗措施。

6.4.5 氰化药剂室必须单独隔离且全封闭，并应配备通风设备，同时应符合现行国家标准《选矿安全规程》GB 18152 的有关规定。

6.4.6 炼金室（湿法、火法）应采取全封闭独立布置，应靠近金泥提取或电积作业间，并应设置监控系统、消防设施、保卫室，同时应符合消防、安全要求。

6.4.7 浸出、吸附车间应设事故池或事故槽，洗涤、置换及解吸、电积车间应设沉淀池，容积应满足事故处理需要。车间地面应进行防渗处理。

6.5 精矿脱水

6.5.1 浓缩机的位置宜紧靠主厂房精矿排出口，并应以露天配置为主。严寒地区的中、小规格浓缩机，不宜布置在室外时，可与过滤机一起配置在厂房内，并宜与主厂房连为一体。

6.5.2 过滤机宜设在精矿仓一侧的平台上，精矿量较大、过滤机台数较多时，可单独设置，并应靠近精矿仓。过滤机前应设置调节阀或缓冲槽；对两段脱水流程，滤饼宜直接或通过带式输送机卸入精矿仓；对三段脱水流程，干燥机前宜设缓冲料仓，滤饼宜通过带式输送机或螺旋输送机给入干燥机。

6.5.3 精矿量较小的选矿厂，浓缩、过滤设备宜采用浓缩机排矿自流配置；过滤与真空、压风设备宜配置在同一地坪上。

6.5.4 过滤与干燥设备不宜采用重叠式配置。

6.5.5 干燥厂房应根据燃料性质、干燥方式，按防火要求进行设计，必要时，应在干燥设施上部开设天窗。

6.5.6 大型脱水厂房应设置具有机械化回收设备的沉淀池；中、小型脱水厂房可集中回收，然后返回精矿浓缩机。

6.5.7 大、中型选矿厂，干燥机数量较多并以煤为燃料时，应采用机械化上煤、排渣配置，并应设置通风、防尘和收尘设施。

6.5.8 精矿仓与精矿包装场地应与装车方式综合确定，宜减少二次运输。含水率低且松散的物料，可采用高架式装车仓；含水率大于8%且较黏的物料，宜采用抓斗仓；含水率小于4%的干精矿，应采用装袋或装桶后外运。

7 辅助生产设施

7.1 储 矿 设 施

7.1.1 原矿仓矿石储存时间，应符合表7.1.1的规定。旋回破碎机的受矿仓容积应大于原矿运输车2车容量。

表7.1.1 原矿仓矿石储存时间

生 产 规 模	储 存 时 间 (h)
大型	0.5～2
中型	1～4
小型	2～8

注：1 原矿仓矿石有效储存量为表中储存时间乘以破碎机实际小时处理矿量。
2 原矿运输距离短或箕斗提升后直接卸入粗矿仓时，储存时间可取下限值。

7.1.2 中间矿仓或矿堆是否设置，应根据工程具体条件，通过论证确定。设置中间矿仓或矿堆时，其储存时间应符合表7.1.2的规定。

表7.1.2 中间矿仓或矿堆矿石储存时间

生 产 条 件	储存时间(d)
处理一种矿石或生产规模较大	0.5～1
处理两种及以上矿石或距采场较远或地区气候条件较差	1～2

7.1.3 缓冲及分配矿仓矿石有效储存量，应符合下列规定：

1 挤满给矿的旋回破碎机下部缓冲矿仓储矿量，应大于原矿运输车2车矿量。

2 中碎前缓冲及分配矿仓储矿量，应为破碎机10min～15min实际处理量。

3 细碎前、细碎与筛分机组前、筛分前缓冲及分配矿仓储矿量，应为设备8min～40min实际处理量。

7.1.4 磨矿矿仓或矿堆矿石有效储存量应为选矿厂24h处理量。选矿厂规模小、维修条件差时，可适当增加；规模大且设有中间矿仓时，可适当减少，但不得小于16h。

7.1.5 精矿仓储存时间应根据精矿量、运输条件等因素确定。选矿厂位于冶炼厂附近时，精矿仓应与冶炼厂的原料仓合并。

7.1.6 受冲击、磨损的矿仓壁应衬以耐磨材料。

7.1.7 块矿的仓壁倾角不宜小于45°，粉矿多或含泥多的黏性矿石仓壁倾角不应小于60°，必要时应配备防堵设施。精矿仓壁倾角不宜小于70°。

7.2 给矿与物料输送

7.2.1 给矿粒度大于300mm时，大、中型选矿厂宜采用重型板式给矿机，给矿口宽度应为最大粒度的2倍～2.5倍，宜水平布置，必须上倾布置时，倾角应小于12°，头、尾部应有检修设施。

7.2.2 矿石粒度小于300mm时，宜采用振动给矿机、板式给矿机、重型带式给矿机和槽式给矿机。板式给矿机给矿口宽度应为最大粒度的2倍～2.5倍；重型带式给矿机给矿口宽度应为最大粒度的4倍～5倍，带速宜为0.2m/s～0.4m/s可调。

7.2.3 粒度小于30mm，且流动性较好的矿石，可采用振动给矿机、摆式给矿机和电动给料器。矿石较黏、流动性差的矿石，宜采用圆盘给矿机，矿仓口直径应为圆盘直径的3/5，需调节矿量时，应设置调速装置。

7.2.4 中细碎及磨矿机给矿宜采用带式给矿机。带式给矿机不宜承受过大的矿柱压力，给矿机的给矿口宜采用梯形矿口。物料粒度小时，宜于料仓排口设平板闸门。

7.2.5 破碎系统带式输送机计算，其矿量应按上游作业设备的最大生产能力确定。

7.2.6 高强度、大功率带式输送机应采用液力偶合器、变频调速等慢速启动装置。

7.2.7 普通带式输送机的带速应为1.25m/s～

3.15m/s；输送易扬尘粉矿时，带速宜为0.8m/s～1.6m/s。长距离带式输送机的带速应为1.6m/s～4m/s。采用卸料车时带速应不大于2.5m/s。装有称量装置的输送机，其带速应按称量装置要求确定。

7.2.8 普通带式输送机倾角应符合下列规定：

1 细碎后闭路筛上产品不应大于16°。

2 粗磨螺旋分级机返砂不应大于10°。

3 粒度350mm～0mm物料不应大于14°。

4 粒度120mm～0mm物料不应大于18°。

5 粒度20mm～0mm物料不应大于19°。

6 自磨、半自磨顽石不应大于12°。

7 过滤产品不应大于20°。

8 下行运输不应大于12°。

7.2.9 水力旋流器与磨机构成闭路时，给矿渣浆泵应选用流量适应范围大、扬程变化小的渣浆泵，并应配有变速装置。计算渣浆泵能力及选择装机功率时，矿浆量应按流程量乘以1.2～1.4的波动系数。

7.2.10 计算浮选回路中泡沫输送泵的能力时，矿浆量的波动系数应为2～3.5。计算泡沫多的中矿或精矿泵的能力及选择装机功率时，矿浆量波动系数应为2.5～4.5。

7.3 检修设施

7.3.1 检修起重机的吨位应满足起吊最重零部件或难以拆卸的装配件的要求，不应按设备整机安装需要设置起重机吨位。

7.3.2 起重机选型应符合下列规定：

1 起重吨位大于10t时，应选用桥式起重机。

2 电动桥式起重机宜选用带操作室型。

7.3.3 厂房长且设备种类及数量多时，可在同一跨间、同一吊车轨道上布置2台相同或不同吨位的起重机。

7.3.4 大、中型选矿厂应在检修场地附近设小型设备维修站。

7.3.5 破碎、磨矿检修场地的有效长度，宜符合表7.3.5的规定。国外设备应按相应规格执行。

表7.3.5 破碎、磨矿检修场地的有效长度

破碎磨矿设备			场地有效长度（m）
名称	规格（mm）	台数	
颚式破碎机	400×600～900×1200	1～2	6
	1200×1500～1500×2100	1～2	12
旋回破碎机	ϕ500～ϕ700	1～2	6～12
	ϕ900～ϕ1400	1～2	12～18
圆锥破碎机	ϕ900～ϕ1750	1～2	6～12
	ϕ1750～ϕ2200	3～5	12～18
磨矿机	ϕ1500～ϕ5000	2～4	12～18
	ϕ5500及以上	2～4	18～24
自磨机	ϕ4000～ϕ7500	2～4	12～18
	ϕ8000及以上	2～4	18～24

7.3.6 当大型磨矿机配有专用更换衬板的机械手时，应在厂房内留出机械手工作场地和停放场地。磨矿机更换衬板时，衬板的搬运宜采用叉车及起重机。

7.4 药剂储存与制备

7.4.1 选矿厂药剂库与药剂制备室宜合并设置，并应设置在运输方便的位置。药剂数量较多时，厂房内应配备起重设施。

7.4.2 选矿厂药剂制备方法、制备浓度应与药剂种类及药剂用量相适应。

7.4.3 选矿厂药剂制备室的位置，应按药剂制备后自流至添加室确定。当无法自流时，应按药剂种类不同分别选用专用泵输送，不得一泵多用。

7.4.4 药剂储量应按30d～90d用量计算。对必须设二级药剂库的选矿厂，二级药剂库的储量可按15d～30d计算。

7.4.5 选矿厂石灰总库应单独建设，库址应设在厂区最大风频的下风向。总库库容宜按30d生产用量确定。采用碎磨工艺的石灰乳制备，其石灰仓容积应大于24h生产用量。

7.4.6 药剂库面积应根据药剂堆存方式、包装形式及运输方法确定。药剂堆存方式应按药剂包装方式确定，采用铁桶包装时，可堆2层～3层；采用麻袋或编织袋包装时，可多层堆放，堆放高度不宜超过2m。

7.4.7 不同品种的药剂应分别堆放，堆放场所应与药剂性质相适应。

7.4.8 剧毒、强酸、强碱、可燃药剂储存、制备的防火和安全措施，应符合现行国家标准《选矿安全规程》GB 18152和《有色金属工程设计防火规范》GB 50630的有关规定。

7.5 药剂添加

7.5.1 氰化物等危险药剂必须单独设置药剂添加室，并应符合本规范第6.4.5条的规定。

7.5.2 选矿厂的药剂添加室宜集中配置，并应设有视野开阔的观察窗。药剂种类、数量较多的大、中型选矿厂，药剂添加室中宜增设操作人员工作室。

7.5.3 药剂添加室应采取防腐措施。对产生较大气味的黄药、硫化钠等储药槽及给药机处，应设置独立的机械排风系统。

7.5.4 药剂添加室排出的污水不得随意排放，对含剧毒、强酸、强碱药剂的污水应进行单独处理。

7.5.5 药剂管道不宜与电缆、动力线、自动控制管线共架铺设。各种药剂管道应涂以不同颜色，剧毒药剂的管道应有醒目标志。

7.5.6 药剂管道的走向与标高，应保证起重设备正常起吊与运行，不得影响生产操作。

7.5.7 石灰乳极易沉淀，储槽内应增设搅拌装置，槽底应安装排渣活门。

7.5.8 石灰乳用量较大时，宜采用压力循环管添加，循环管中石灰乳流速不宜小于3m/s。

7.5.9 浮选厂药剂添加宜采用程控给药机或药剂定量泵。

7.6 磨矿介质储存与添加

7.6.1 磨矿跨间或磨矿附跨内应设磨矿介质（钢球、钢棒）储存仓，仓内壁应衬枕木，不同规格的磨矿介质应分仓存放。磨矿介质储量应按30d～90d用量计算。

7.6.2 磨矿跨间检修场地内宜设废球仓，其位置应方便废球外运。

7.6.3 磨矿介质宜采用机械添加。

7.7 过程检测与自动控制

7.7.1 选矿厂过程检测与自动控制应根据选矿厂规模、选矿工艺流程复杂程度确定。大、中型选矿厂应有较高的自动控制水平，小型选矿厂可采用局部自动控制方式。

7.7.2 选矿厂的破碎筛分系统开、停车的顺序，应采用自动联锁控制。

7.7.3 大、中型选矿厂磨矿回路宜采用自动控制系统。

7.7.4 自动化水平较高的大、中型选矿厂应设集中控制室，并应对主工艺系统进行操作、监视、控制、报警和管理。关键部位可采用电视监视系统。

7.7.5 选矿厂取样点的设置应符合工艺流程特点及生产检测需要。取样方法应机械化、自动化。

7.7.6 选矿厂的原矿、破碎产品、磨矿机给矿和最终精矿，应设置计量装置。

7.7.7 设置计量装置的带式输送机应与计量装置的技术要求相适应。

7.7.8 各种检测与计量仪表应符合安装要求。

7.8 选矿试验室

7.8.1 选矿厂应设置试验室，并应满足指导选矿厂日常生产、进行工艺条件和工艺流程的优化、执行选矿厂的技术和质量监督职能等要求。

7.8.2 试验室的规模和装备应与选矿厂规模、矿石性质、选矿方法和工艺流程的复杂程度相适应。

7.8.3 试验室建筑面积宜为$100m^2$～$310m^2$，定员宜为2人～6人，可不设专职管理人员。

7.8.4 试验室应具有碎矿、磨矿、选矿、粒度分析和样品加工功能。

7.8.5 试验室应建在距离主厂房较近的地方，并应与具有较大振动设备的厂房保持距离。

7.8.6 试验室破碎间应设置除尘设施，样品加工间及浮选室应设置通风设施。

7.9 选矿化验室

7.9.1 选矿厂应设置化验室，并应满足生产探矿、采场、选矿厂和三废排放各种样品采集及分析检验需要。

7.9.2 化验室类型可分为一般化验室和综合化验室，并应与分析元素种类相适应。

7.9.3 化验室规模可分为中型化验室和小型化验室，并应与分析元素数量相适应。化验室化验工人数应按分析方法和所分析元素的数量确定。

7.9.4 化验室应根据元素分析种类设置各种分析间、标准液滴定间、电炉间、天平间、蒸酸间、蒸馏水制取间、贵金属分析配样间、贵金属熔融分析间及办公室等。

7.9.5 化验室建筑面积应根据其类型的不同和规模的大小确定，宜为$200m^2$～$400m^2$。

7.9.6 化验室应根据其类型和规模配备相应的化验设备及仪器。

7.9.7 化验室应靠近选矿厂布置，并应注意天平间防震。

7.9.8 化验室的用水应达到生活用水的水质标准。

7.9.9 化验室应通风良好，对产生有害气体的场所应局部强制性通风。化验室产生的粉尘、有害气体和废水等，应经净化处理达标后排放。

本规范用词说明

1 为便于在执行本规范条文时区别对待，对要求严格程度不同的用词说明如下：

1）表示很严格，非这样做不可的：
正面词采用“必须”，反面词采用“严禁”；

2）表示严格，在正常情况下均应这样做的：
正面词采用“应”，反面词采用“不应”或“不得”；

3）表示允许稍有选择，在条件许可时首先应这样做的：
正面词采用“宜”，反面词采用“不宜”；

4）表示有选择，在一定条件下可以这样做的，采用“可”。

2 条文中指明应按其他有关标准执行的写法为：“应符合……的规定”或“应按……执行”。

引用标准名录

《带式输送机工程设计规范》GB 50431
《有色金属工程设计防火规范》GB 50630
《选矿安全规程》GB 18152

中华人民共和国国家标准

有色金属选矿厂工艺设计规范

GB 50782—2012

条 文 说 明

制 订 说 明

《有色金属选矿厂工艺设计规范》GB 50782—2012，经住房和城乡建设部2012年8月13日以第1460号公告批准发布。

本规范是在《有色金属选矿厂工艺设计规范》YSJ 014—92的基础上制订的。

本规范制订过程中，编制组进行了广泛深入的调查研究，总结了国内选矿厂的设计成果，吸取了近代国内外选矿厂设计及建设经验，在全国范围内，多次征求了有关单位及业内专家的意见，对一些重要问题进行了专题研究和反复讨论，最后召开了专家审查会议，共同审查定稿。

为便于广大设计、施工、科研、学校等单位有关人员在使用本规范时能正确理解和执行条文规定，《有色金属选矿厂工艺设计规范》编制组按章、节、条顺序编制了本规范的条文说明，对条文规定的目的、依据以及执行中需要注意的有关事项进行了说明，还着重对强制性条文的强制性理由做了解释。但是，本条文说明不具备与规范正文同等的法律效力，仅供使用者作为理解和把握规范规定的参考。

目　次

1 总　　则

1.0.1　制订本规范的主导思想是在总结经验的基础上，将行之有效、先进的选矿工艺，高效、节能的选矿设备，新颖、紧凑、合理的布、配置，先进、实用的过程检测与自动控制设计，通过规范条文方式给予肯定，从而实现统一技术要求、提高选矿厂工艺设计水平、推动技术进步的目的。由于设计中涉及的问题很多，某些问题一时难以取得统一认识，因此，对有争议的内容，均暂未列入条文，待今后条件成熟时再予考虑。

1.0.2　本条规定本规范的使用范围。本规范主要针对新建选矿厂工程。改建、扩建的选矿厂工程，可能存在现有选矿厂总平面布置、厂房内设备配置、选矿工艺等各种因素的制约，但设计时仍应遵守执行。

根据我国现有行业划分习惯，本规范适用于有色金属矿山和黄金矿山的选矿厂工艺设计。

1.0.3　本条属总图专业设计范围，但与选矿关系甚大，一旦忽略，造成的后果是严重的，过去国内外选矿厂设计均出现过类似问题。

1.0.4　如何合理确定厂区面积是选矿厂工艺设计中十分重要的问题，应尽量减少占地面积。以往有的设计忽略了企业的发展，根据多年生产实践，多数选矿厂都存在改建、扩建问题。因此，设计中应适当留有发展余地。

1.0.5　我国《清洁生产促进法》、《“十二五”资源综合利用指导意见》和《大宗固体废物综合利用实施方案》（发改环资〔2011〕2919号）等有关法规对共、伴生资源综合回收和尾矿综合利用提出了具体要求，选矿厂工艺设计中应遵守执行。

1.0.6　选矿厂产生的污染物主要有固体废物、废水、废气和噪声等，其治理应符合我国相关的环境保护法规和标准，如《中华人民共和国环境保护法》、《中华人民共和国固体废物污染环境防治法》、《中华人民共和国水污染防治法》、《大气污染物综合排放标准》GB 16297等。

2 术　　语

2.1.1、2.1.2　金属种类繁多，通常把金属分为黑色金属和有色金属两大类。除铁、锰、铬外的金属都称为有色金属，包括重有色金属、轻金属、贵金属、稀有金属、半金属等。

重有色金属：密度较大的金属，如铜、镍、铅、锌、锡、锑、钴、汞、镉、铋等。

轻金属：密度较小的金属，如铝、镁、钾、钠、钙、锶、钡等。

贵金属：价格比一般常用金属昂贵，地壳丰度低，提纯困难，如金、银及铂族金属。

稀有金属：通常指在自然界中含量较少或分布稀散的金属，包括稀有轻金属，如锂、铷、铯等；稀有难熔金属，如钛、锆、钼、钨等；稀有分散金属，如镓、铟、锗、铊等；稀土金属，如钪、钇、镧系金属；放射性金属，如镭、钫、钋及锕系金属中的铀、钍等。

半金属：性质介于金属和非金属之间，如硅、硒、碲、砷、硼等。

2.1.11　回收率可分为理论回收率和实际回收率。

理论回收率是用化验分析得到的原矿、精矿、尾矿品位，计算出的回收率。以单金属为例，其理论回收率按下式计算：

$$\varepsilon=\frac{\beta(\alpha-\vartheta)}{\alpha(\beta-\vartheta)}\times100\% \quad (1)$$

式中：ε——回收率（%）；

α——原矿品位（%）；

β——精矿品位（%）；

ϑ——尾矿品位（%）。

实际回收率是用精矿和原矿的实物量计算的回收率。以单金属为例，其实际回收率按下列公式计算：

$$\varepsilon=\frac{\gamma_2\beta}{\alpha} \quad (2)$$

$$\varepsilon=\frac{Q_2\beta}{Q_1\alpha}\times100\% \quad (3)$$

式中：ε——回收率（%）；

β——精矿品位（%）；

α——原矿品位（%）；

γ_2——精矿产率（%）；

Q_1——原矿量（t）；

Q_2——实测精矿量（t）。

2.1.15　选矿厂一般由以下三部分组成：

矿石分选前的准备作业部分。包括破碎、筛分、磨矿和分级等工序。其目的是使有用矿物与脉石和各有用矿物之间达到单体解离，为分选创造必要条件。

分选作业部分。借助浮选、磁选、重选、电选和其他选矿方法，将有用矿物同脉石分离，并获得最终精矿。

产品处理部分。包括浓缩、过滤、干燥、储存运输等工序。

3 选矿试验与矿样采取

3.1 选矿试验

3.1.1　可行性研究是对拟建项目进行投资决策的重要依据，设计选矿工艺流程、产品方案及工艺指标，对项目投资估算和经济效益有重要的影响；初步设计（国外一般称基本设计）对可行性研究确定的选矿工艺流程、产品方案及工艺指标一般不应变动。因此，条文规定的选矿试验类别要求主要取决于矿石的可选性难易程度，是多年来有色金属选矿厂设计经验的总结，主要针对新建项目。对改建、扩建项目，应充分分析现有选矿厂选矿工艺流程、生产指标的合理性，对存在的问题进行必要的补充选矿试验。

选矿厂采用的新技术包括新设备、新工艺、新药剂和新材料等，在选矿厂设计采用前最好进行工业试验。

3.1.2 选矿试验资料是选矿工艺设计的重要依据，不仅对选矿设计的工艺流程、设备选型、产品方案和技术经济指标等的合理确定有着直接影响，而且也是选矿厂投产后能否顺利达到设计指标和获得经济效益的基础。因此，规定新建的选矿厂进行矿石的相应类别选矿试验是非常必要的。

提供设计的试验报告，必须具有足够的权威性。未经审查的试验报告，往往问题较多，因此，试验报告应由项目主管部门或项目建设单位组织专家审查通过。

3.1.3、3.1.4 选矿厂应用最广泛的碎磨工艺有常规碎磨工艺、自磨/半自磨工艺两大类，高压辊磨机是近年来使用的高效节能超细碎设备，在我国金属矿山已有成功应用实例。碎磨工艺流程的确定是选矿厂设计中需要重点研究的内容之一，它不仅直接影响流程畅通和选别效果，而且还影响基建投资、钢材、电能消耗和生产成本，可行性研究中应根据碎磨工艺方案的技术经济比较结果来确定。碎磨工艺流程确定及主要设备选型计算时，需以必要的相关试验为依据。新建选矿厂应进行矿石磨矿功指数测定或相对可磨度测定试验，大、中型选矿厂宜做自磨/半自磨及高压辊磨工艺及设备选型试验的规定，是保证碎磨工艺技术方案选择合理、结果可靠的需要。

3.1.5 洗矿试验的具体界限较难划分，一般原矿中含黏土及细泥量，地质部门难以提供准确数字，实际上也很难测出。《选矿设计手册》（冶金工业出版社，1988年版）中提出含黏土及细泥量6%、含水率5%的数据仅为确定是否洗矿的概略数据，此外还应视矿石物质组成而定。对于矿石含泥虽较多，但较易松散时，不必采取洗矿流程，可采取强化筛分流程处理。

3.1.6 矿石中脉石与围岩量多少是确定是否预选的条件之一，但这一数量界限尚难以划分。如有的钨、锡等重选厂，其废石混入量高达60%左右，而其他金属矿则少些，故条文中只作了定性的规定。另外，是否进行预选还需考虑矿石入磨前是否易于分选。

3.1.7 浮选工艺流程中，在药剂种类多及用量较大时，回水中药剂含量较多，对选矿指标有一定影响，故应做回水试验，以确定回水对选矿指标影响大小及回水处理工艺。

3.1.8 选矿厂最终产品系指精矿、尾矿，个别选矿厂也可以产出中矿。测定密度、浓度、粒度和有害药剂含量目的是为浆体输送及环保要求提供数据。

3.1.9 工艺流程排放物指排出的尾矿、精矿浓缩机溢流水、地表污水、有毒气体和矿石中放射性元素等。

3.2 矿样采取

3.2.1 矿样代表性，一般指矿样在矿石种类、矿石性质、矿石品位、顶底板围岩及夹石等方面应与送往选矿厂选别的矿石相一致。另外，由于试验目的不同，还应符合其他特定要求，如洗矿试验应注意矿泥性质及含量的代表性，自磨试验应注意矿块的代表性。

3.2.2 采样前如不进行采样设计，就难以确保矿样代表性。过去某些有色金属选矿厂生产达不到设计指标，不少是由于选矿试验的矿石代表性不够造成的。

3.2.3 矿样重量与诸多因素有关，实际难以确定其准确的重量，一般均由试验单位确定，故条文中未作规定。

3.2.4 一般情况下，矿样应采取全矿床或开采范围内的矿样，但生产实践中往往不具备上述条件，多数矿山实际只能采取5年左右的矿样。条文中所指的5年不含试车、试生产阶段所需时间。

3.2.5～3.2.7 这三条所提出的内容为采样中容易忽视的问题，为确保矿样代表性，特提醒注意。

4 工艺流程

4.1 一般规定

4.1.1 本条提出的要求为多年来设计经验的总结，设计中应贯彻执行，具体执行时应参照本章其他各节规定。

4.1.2 碎磨工艺流程的确定是选矿厂工艺设计中一项重要内容，碎磨作业基建投资大、生产成本高，其能耗占全厂能耗的50%～70%。因此，应根据矿石的碎磨特性及选矿厂的建设规模，通过多方案技术经济综合比较，积极选用先进高效、节能减排的碎磨工艺技术。

选矿厂的规模通常用选矿厂处理的原矿数量来表示。选矿厂规模通常与矿山规模相同。根据我国资源情况和矿石类型，国土资源部于2004年9月30日发布了《关于调整部分矿种矿山生产建设规模标准的通知》（国土资发〔2004〕208号）。据此通知，有色金属及黄金选矿厂的规模划分见表1。

表1 选矿厂规模的划分

矿石种类	选矿厂规模				备 注
	计量单位/年	大型	中型	小型	
有色金属	矿石万吨	≥100	100～30	<30	包括铜、铅、锌、钨、锡、锑、钼、镍和稀有金属等
金（岩金）	矿石万吨	≥15	15～6	<6	—
银	矿石万吨	≥30	30～20	<20	—

4.1.3 在确定选矿方法及选别工艺流程时，必须依据矿石的特性，共、伴生有用矿物的赋存特点，进行充分的综合回收利用试验研究工作，通过综合研究和论证，确定合理的综合回收利用工艺流程，提高矿产资源利用率。对于因目前工艺技术条件、经济效益等因素所限而暂不能经济回收利用的共、伴生矿物，要提出切实可行的保护措施。

4.1.4 综合考虑技术、资源利用水平及经济效益，合理确定选矿产品方案及工艺指标，这是选矿厂工艺设计中必须遵循的重要原则。必要时，还应与冶炼统筹考虑，以选、冶总体效益最大化为目标，确定选矿产品方案及工艺指标。

4.1.5 湿法选矿得到的精矿产品应根据其矿浆的浓度、密度及黏度，固态物料的粒度、沉降速度及过滤性能等产品特性，并结合用户和运输对产品含水率要求，参照类似产品生产实践资料，正确拟定精矿产品脱水工艺方案。

粗、中粒精矿的脱水常采用自然脱水法或机械脱水法，其设备简单，脱水效率较高，能将大部分重力水脱除，脱水后精矿含水率一般为5%～10%。细粒精矿脱水一般采用浓缩和过滤两步作业，浓缩可脱除大部分重力水，过滤可除去剩余的重力水及大部分毛细水，滤饼水分一般为8%～15%。在寒冷地区，当精矿运输距离远或对精矿含水率有特殊要求时，一般应进行干燥，以防冻结并节省运费。

4.1.6 原国家标准《污水综合排放标准》GB 8978—1996规定，有色金属系统选矿水重复利用率不得低于75%。国家环境保护总局、国土资源部、卫生部于2005年9月7日发布的《矿山生态环境保护与污染防治技术政策》（环发〔2005〕109号）中规定，有色金属选矿厂的选矿水循环利用率在2015年要达到78%以上。近年来，我国还发布了不同金属企业选矿用水标准，如《铜、镍、钴工业污染物排放标准》GB 25467—2010中规定，新建企业每吨原矿选矿排水量限值为1m³，而环境容量较小、生态环境脆弱等地区限值为0.8m³。选矿厂设计中，应重视尾矿回水方式的选择，对湿式收尘水、厂区地面冲洗水、设备冲洗水等进行充分回收利用，实现有色金属选矿工业清洁生产。

4.2 破碎筛分

4.2.1 国内外选矿厂的破碎筛分系统和磨矿分级回路能耗分别约占全厂能耗的9%和55%，破碎筛分能耗只占磨矿分级的1/6左右。由于磨碎与破碎物料的效率比约为1：10，因此，采用高效破碎设备并强化筛分的闭路破碎筛分流程，尽可能减小入磨给矿粒度，是降低选矿厂能耗的重要措施。在破碎筛分系统中，除破碎设备性能外，筛分设备的种类、数量及筛分作业如何设置是影响碎矿产品粒度、减少闭路破碎循环矿量、提高破碎筛分系统处理能力、降低磨矿能源及钢材消耗的重要因素。生产实践表明，强化筛分作业、提高筛分效率，贯彻多筛少破的原则，可以确保多碎少磨节能工艺效果的实现。

4.2.2 根据国内外采场的出矿粒度及选矿厂矿石入磨粒度要求，以及目前常用的破碎机种类及性能，本条给出了各种破碎筛分流程的选择经验，供设计参考。

高压辊磨机给矿粒度一般不大于60mm，因此细碎作业采用高压辊磨机时，中碎宜与筛分机构成闭路。细碎回路构成应根据高压辊磨工艺试验结果来确定，当高压辊磨机两边排料粒度明显粗于中间部位时，可以将边料再返回破碎机。如果高压辊磨机给矿粒度较粗，且排料粒度分布沿辊轴向无明显差别，细碎应与筛分机构成闭路，并根据物料性质确定是否需在筛分前设打散设施。

4.2.3 中碎前设置筛分作业的必要性主要基于两点：一是中碎给矿中最终产品粒级含量，采用中碎前预先筛分可增加破碎流程处理量，细粒级含量大于15%时通常应考虑采用该流程；当矿石含泥多、水分大时，物料容易堵塞破碎腔，预先筛出这部分物料有利于增加破碎机排矿能力。

4.2.4 洗矿流程耗资较大，操作管理复杂，故在确定选用之前必须充分论证。

4.3 预选

4.3.1 预选方法较多，但有些方法仍存在一定问题，如重介质及光电选矿均要求具备一定条件。重介质选矿和跳汰选矿主要是分选指标和成本问题，光电选矿主要是分选精度问题，手选主要是分选效率问题。设计时除进行必要试验外，还应进行全面的技术经济比较来确定最终方案，避免盲目性。

4.3.2 15mm～50mm粒级物料的手选效率较低，劳动强度较大，在分选精度要求不高时，可采取机械预选代替人工手选。由于预选设备分选精度不高，有时尚需人工复选，故本条文中未强调机械预选的必须性。

4.3.3 由于重介质和跳汰选别作业受操作影响较大，一般难以保证排出尾矿品位低于主流程的尾矿品位，故条文只要求二者比较接近，选别方案即可成立。

4.3.4 重介质和跳汰分选粒度与矿石的物质组成、矿物嵌布特性有关，应经试验确定。一般静态重介质分选设备允许的分选粒度较大，最大粒度可达100mm左右，但动态分选设备一般较小，控制在3mm～15mm时，效率较高，更主要的是可减少砂泵、管道、旋流器排砂口的磨损；跳汰作为预选的分选最大粒度可达30mm左右，一般为20mm～0mm。如华锡集团铜坑锡矿92号矿体粗粒预选抛废的分选粒度为20mm～3mm，抛废率可达30%，锡精矿回收率达到90%。

4.3.5 重介质选矿分选效果与矿石中矿物嵌布粒度、有价矿物及废石密度有关。如矿石性质波动较大，要求的分选密度随之变化，生产操作上难以控制，分选效果将受影响。因此，可设置配矿设施。

4.4 磨矿分级

4.4.1 磨矿段数选择主要取决于磨矿产品粒度的大小。当磨矿产品粒度为0.5mm～3mm时，采用自磨或半自磨机、高压辊磨机、棒磨机，并配备振动筛、螺旋分级机进行控制分级，均可以满足要求。为提高磨矿效率，减少磨矿中出现过粉碎现象，提高选矿回收率，一般在磨矿产品中要求小于0.074mm粒级含量大于70%时，以采用两段或多段磨矿流程为宜。但某些小型选矿厂为简化生产流程，在分级作业上采取必要的措施（如增加控制分级作业等），也可采用一段磨矿流程。

4.4.3 生产实践表明，原矿中含泥、水或黏土及可塑性泥团较多时，采用常规的破碎磨矿工艺，破碎流程很难畅通；增加洗矿作业将使流程复杂，不利于生产管理，基建投资及生产成本也将增加。因此，对这类矿石应采用自磨或半自磨工艺。

4.4.4 有色金属矿石采用浮选工艺时，通常在较粗的磨矿细度条件下进行粗、扫选得到粗精矿或部分中矿，其尾矿作为最终尾矿排除。粗精矿或中矿常含有用矿物与脉石矿物的连生体，需经再磨及进一步浮选分离，才能得到质量合格的精矿产品。根据国内外处理这类矿石的实践经验，粗精矿或中矿的再磨采用一段闭路再磨分级流程就可以获得理想的工艺指标。

钼矿石原矿品位很低，一般在0.1%左右，一级品钼精矿含钼不小于47%，特级品钼精矿含钼不小于51%。粗、扫选得到的钼粗精矿通常需经过一段、两段或多段再磨，5次～8次浮选机精选或3次～5次浮选柱精选，才能得到合格的精矿产品。

4.4.5 金矿石及有色金属矿伴生的金、银矿物的含量及嵌布粒度特性变化较大，当金、银矿物粒度较粗时，必须十分注意及早回收粗粒金、银矿物，以提高其回收率。以前通常在磨机排矿端设置混汞板或在磨矿分级回路插入闪速浮选机进行粗粒金、银矿物的回收，近年来，尼尔森离心选矿机、跳汰机等高效重选设备具有运行成本低、无污染的特点，在粗粒金、银矿物的回收中取得了很好的效果。

4.5 浮　选

4.5.2～4.5.5 条文中提出的几种浮选流程的应用范围，为一般性的原则规定，设计时，应根据试验报告，参照上述原则及生产实践确定。

4.5.6 分支浮选的主要优点是可提高选矿指标，节省选矿药剂消耗，能适应矿石性质的变化，这种浮选流程主要用于老选矿厂的挖潜改造方面，新建企业尚不多见。

4.5.7 采用闪速浮选的优点为：

第一，减少矿物过粉碎，提高选矿回收率。磨矿回路中水力旋流器除对矿石进行分级外，实际也起到一定的预选作用，因为生产中旋流器的分离粒度与矿石密度有很大关系。如自然金密度为16g/cm³～19g/cm³，试验证明其分离界限为20μm，而硅酸盐密度为2.6g/cm³，其分离界限为300μm。基于这一原理，旋流器底流中含有比新给矿石品位高得多的有用矿物，这些矿物停留在循环负荷中，直至磨至足以进入旋流器溢流时才能排出，但此时已形成过粉碎，浮选中往往难以回收。

第二，减少浮选所要求的容积及浮选机数量。在浮选过程中除闪速浮选选出一部分矿量外，进入浮选作业的矿量也相应减少，同时由于事先选出一部分粗颗粒后，相应地使传统流程中的给矿粒度分布也变窄，从而要求的浮选时间也相应减少，这样总的浮选时间也随之减少，浮选机数量也相应减少。

第三，降低精矿含水量。由于闪速浮选机选出的精矿粒度较粗，使最终总精矿粒度组成发生了变化，粗粒级物料较细粒级物料易于过滤，因而水分可相应降低，一般可降1%～2%。

4.5.8～4.5.11 条文中提出的流程结构均为多年来生产实践经验的总结。

4.5.12 矿浆浓度是浮选过程中重要的工艺参数，它影响浮选回收率、精矿质量和药剂耗量等技术经济指标，因此浮选前应选择合理的调浆浓度；调浆时间的选定是以药剂与矿浆充分混匀为原则。一般应参照试验报告选取搅拌浓度和时间。

4.6 重　选

4.6.1 重选厂处理的矿石往往密度大且性脆，有用矿物容易在磨矿过程产生过粉碎，重选流程贯彻"早收多收，早丢多丢"的原则，有利于提高选矿回收率，降低选矿成本。

4.6.2 冲积砂矿的特点是有用矿物种类多，矿物单体解离好，原矿品位低，精矿产率小，选厂常需要随采场迁移，故只宜分散建立粗选厂，集中建立精选厂。粗选厂宜选用大处理能力的设备进行简易粗选富集，如圆锥选矿机、扇形溜槽、螺旋选矿机、跳汰机、螺旋溜槽等，产出粗精矿后再集中到精选厂用完善的选矿工艺流程分选。

冲积砂矿含有大量砾石和矿泥，通过洗矿作业脱除砾石和矿泥，可以提高入选矿石品位和防止矿泥对重选作业的干扰，并节省选别设备，节约基建投资，降低生产费用，提高选矿技术指标和经济效益。

4.6.3 与冲积砂矿类似，砂金矿一般分散建粗选厂获得金的粗精矿，然后进一步精选富集得到最终金精矿。精选流程有单一重选流程和联合精选流程。联合精选流程有重选—磁选—电选重砂分离流程和重选—磁选分离流程等。

4.6.4 有用矿物呈粗细不均匀嵌布的矿石，在破碎产品或粗磨产品中便有不少的单体有用矿物出现，而要使有用矿物完全解离又需细磨。采用分级分选后再阶段磨选的流程是为了及时回收单体解离的有用矿物，防止金属矿物过粉碎。

4.6.5 有用矿物呈细粒嵌布的矿石，一般需细磨，但有用矿物的单体解离度是随着粒级变小而逐渐增大的，一次磨到最终细度，必然导致有用矿物泥化，损失回收率，故应采用阶段磨选、矿泥集中处理的工艺流程。

4.6.6 磨矿段数和每段磨矿产品细度的确定，是以有用矿物和脉石矿物的嵌布特性为依据的。每段磨矿产品中都有一定数量的单体有用矿物和脉石矿物，经过选别可以分为精矿或粗精矿以及尾矿。广西大厂车河选矿厂，锡石回收采用三段磨选流程，第一段粒度0.074mm～2mm，锡回收率50%，丢尾35%，第二段粒度0.074mm～0.3mm，锡回收率10%，丢尾20%，第三段粒度0.037mm～0.1mm，锡回收率8%，丢尾20%。

4.6.7 磨矿机用螺旋分级机或水力旋流器闭路时，单体解离的细粒重矿物容易沉入返砂而被循环再磨，造成过粉碎。筛分是按物料的几何尺寸分级，可以防止细粒重矿物循环过磨，有利于提高选矿回收率。

在磨矿回路中设置选别作业，如用跳汰机、螺旋溜槽、摇床等设备，及时回收磨矿产品中新生的单体矿物，也是防止有用矿物过粉碎的有效措施。

4.6.8 采场供给的原矿常常会带有草渣和木渣等杂物，矿浆输送过程中也会混入一些过粗的物料，这些物质很容易堵塞水力旋流器沉砂口、水力分级箱排矿口、离心选矿机给矿嘴和皮带溜槽给矿管，使生产过程受阻，造成金属流失，故应强化隔渣措施。

钨、锡重选流程中，硫化矿物含量超过一定量时，重选设备不能正常分选矿物。如锡选厂的摇床给矿中含硫品位大于5%时，因受硫化矿物干扰，摇床一般很难获得合格精矿。故当给矿中含硫品位高时，应在重选前设置脱硫作业；当给矿中含硫品位不太高时，也可先接取粗精矿，然后粗精矿再集中脱硫。

4.6.9 重选生产过程中，次精矿、富中矿、贫中矿等中间产品的矿量较大，其矿物组成和特性相差悬殊，可选性有难有易，采用分磨分选流程可“对症下药”，提高选矿技术指标。

对于性质复杂、难以分离的重选中矿，当再继续采用重选也不能取得满意效果时，只有寻求其他选矿方法或走选冶联合工艺的途径，如将重选流程中产出的难选锡中矿（含锡品位1.5%～2.5%左右）送冶炼厂，采用氯化挥发工艺处理，可以显著地提高锡金属的选冶综合回收率。

4.6.10 矿泥重选设备种类较多，但各有一定的运用条件。刻槽矿泥摇床或螺旋溜槽适宜分选0.037mm～0.074mm粒级的矿泥，超细泥摇床可分选0.019mm～0.037mm粒级的矿泥，离心选矿机和皮带溜槽适宜分选0.01mm～0.037mm粒级的矿泥，射流离心选矿机的选别粒度下限达到了0.005mm。因此，矿泥应按粒级范围选用相应的设备。

当前，国内外矿泥重选回收的粒级下限为0.005mm左右。因此，脱除矿泥中小于0.005mm粒级的矿泥，可以减少矿泥重选设备数量，减少厂房面积，节省建设费用，提高选厂经济效益。当泥砂选别系统给矿中含可废弃的矿泥量大于40%时，宜采用先脱泥后分级选别的流程，反之，宜采用先分级后脱泥选别的流程。

4.6.11 重选设备普遍存在水耗大的特点，流程中应尽可能考虑高效的浓缩脱水设施，增加厂前回水，减少新鲜补充水的使用。如广西大厂车河选矿厂前重细泥采用方形倾斜板浓缩箱—两台串联浓缩机的多段浓缩流程，并在浓缩机中添加大分子量絮凝剂，浓缩机溢流直接作为生产用水，厂前回水率达60%。广西大厂长坡选矿厂前重丢弃的跳汰尾矿经过螺旋分级机脱水，跳汰精矿经方形倾斜板浓缩箱脱水，前重溢流水集中采用高效斜板浓缩机，并添加絮凝剂，高效浓缩机溢流水直接在流程中使用，回水率达50%。

4.7 磁　　选

4.7.1 磁选通常用于选别铁矿石或在选别有色金属矿石时分离磁性矿物。根据各种矿物的比磁化系数的差异，可以用不同磁场强度的磁选机进行选别。一般分为三类：

（1）强磁性矿物，比磁化系数大于3000×10^{-6} cm^3/g，如磁铁矿、磁黄铁矿等，用弱磁场磁选机即可使其与脉石矿物有效分离。

（2）中磁性矿物，比磁化系数为（500～3000）$\times10^{-6}cm^3/g$，如半假象赤铁矿及某些钛铁矿、铬铁矿等，可用中磁场磁选机进行分选。

（3）弱磁性矿物，比磁化系数为（15～500）$\times$ $10^{-6}cm^3/g$，如赤铁矿、褐铁矿、黑钨矿、独居石等，可用强磁场磁选机进行分选，也可将弱磁性矿物经磁化焙烧变成强磁性矿物，用弱磁场磁选机回收。

比磁化系数小于$15\times10^{-6}cm^3/g$的矿物为非磁性矿物，如锡石、绿柱石、闪锌矿、辉钼矿、方铅矿、石英、长石等。

4.7.2 强磁场磁选机的分选间隙一般都很小，木屑、导爆索、粗颗粒等杂物易堵塞分选间隙，强磁性矿物容易被吸附在强磁场磁选机的介质上造成堵塞，因此在强磁选作业之前应设置隔粗和脱除强磁性矿物的作业。

4.7.3 在很多矽卡岩型铜矿、斑岩型铜钼矿中含有数量不等的磁铁矿，对浮选后的尾矿采用磁选工艺进行选别可以得到合格的铁精矿，生产成本很低，有利于提高资源综合利用水平。如金堆城斑岩型钼矿，原矿中磁铁矿的铁含量约1%，采用粗选、粗精矿再磨精选的单一弱磁选流程，可经济合理地从浮选尾矿中综合回收磁铁矿。

由于磁黄铁矿属强磁性矿物，在磁选过程中很容易混入磁铁矿精矿中，可采用磁浮联合流程，以保证得到的铁精矿含硫合格。如冬瓜山铜矿采用先铜硫浮选后铁磁选产出的铁粗精矿，经再磨磁精选和浮选脱硫后获得了合格的铁精矿。

4.7.4～4.7.6 条文中提出的流程结构，均为多年来生产实践的总结，是确定设计流程时除试验报告外的重要依据，国内均有类似的生产实例。

钛锆海滨砂矿重选所产粗精矿，一般都含有比磁化系数不同的磁性矿物，通常首先采用弱磁选选出强磁性的磁铁矿；然后采用中磁选选出大部分磁性较强又比较易选的钛铁矿；强磁选用于部分磁性较弱的钛铁矿及独居石与非磁性矿物锆英石、白钛矿等的分离。

金川公司在浮选法分离高冰镍中的铜、镍过程中，由于富含钴及铂族元素的镍铁合金大部分集中在第二段磨矿分级返砂中，利用其磁性较强的特性，采用单一弱磁选作业从返砂中有效地选出镍铁合金产品，显著地提高了钴与铂族元素的综合回收率。

锡石常与黑钨矿共生，而且两者密度相近，在重选过程中常一起进入钨粗精矿中，由于黑钨矿是弱磁性矿物，而锡石一般为非磁性矿物，在强磁场内可使两者分离。

4.8 氰　化

4.8.1 保持氰化浸出矿浆的碱性，可减少氰化物的化学损失，但碱度过高不利于金的溶解。另外，温度也影响氰化物耗量和金的溶解速度，条文未作具体规定，一般在室温条件下就可以。

4.8.2 粗粒金溶解缓慢，往往在设定的时间内金的浸出不完全而损失于氰化尾渣中。增加重选作业，目的是回收大粒金。金的粒度划分为：巨粒金大于0.295mm；粗粒金 0.074mm～0.295mm；中粒金0.037mm～0.074mm；细粒金0.01mm～0.037mm；微细粒金小于0.01mm。

4.8.3 由于硫化物未对金矿物形成包裹，氰化浸出液能充分溶解金。因此，不包裹金的硫化物的存在不影响金的浸出效果，可以得到较高的浸出率。

4.8.4 浮选金精矿氰化，首先通过浮选作业使金矿物有效富集，大量抛尾，减少氰化作业处理量，节约生产成本及建设工程造价。浮选尾矿氰化，适用于金与硫化物共生关系不密切，可浮性差异较大，能够通过浮选作业优先回收部分有用硫化矿物，尾矿氰化浸出又不影响金回收的矿石。

4.8.5 矿浆中氧的浓度是决定金溶解速度的重要因素之一。提高氧在溶液中的浓度及扩散速度会强化金的浸出，减少浸出设备数量，但要增加制氧设备。采用富氧浸出应通过试验及方案综合比较后确定。

4.8.6 固液分离得到高品位的贵液是采用锌粉（锌丝）置换工艺的首要条件。在生产实践中采用"两浸两洗"，二次贵液返回磨矿作业，浸前浓缩可减少贵液量，提高贵液品位。锌丝置换工艺会使金泥中含大量锌金属，冶炼除锌会对环境造成影响。提锌丝时劳动强度较大，大、中型氰化厂不宜采用。锌粉置换应进行净化除杂，脱除溶解氧可防止金、银反向溶解及锌粉氧化。

4.8.7 炭浆法提金工艺可以取消固液分离，节省工程造价。如果矿石中银金比大于10：1，炭吸附银量过高会引起用炭量大，不利于金的吸附。用炭量大还会造成细炭量大而引起金的损失。对含有"劫金"矿物的矿石，炭浸法流程优于炭浆法流程。但炭浸法流程所需底炭量相对较大，存在载金炭量的潜在损失，大量金积在炭浸槽中，对资金周转不利。

4.8.8 有机物和黏土矿物含量高的矿石易使活性炭污染。树脂吸附的选择性比活性炭差，但以其吸附能力强、吸附容量大的特性，较适用于从有机物和黏土矿物含量高、贱金属含量低的矿石中提取金，也有利于银的综合回收。

4.8.9 堆浸法提金工艺主要环节是筑堆浸出和从浸出液中回收金。堆浸物料所含金能在碱性氰化液中溶解及渗流，通过不渗漏的堆底垫集中贵液，堆高要适应喷淋强度的要求。堆浸法具有投资省、成本低的优点，处理低品位矿石能取得较好的投资效益。

4.8.10 难处理矿石是指采用常规加工方法不能有效回收金的矿石。"难处理"只是一个相对的概念，随着科学技术的发展在不断改变。目前，难处理矿石主要包括：脉石包裹型，矿石中的金粒微细，很难通过细磨使金单体解离；硫化物包裹型，金被包裹在黄铁矿、砷黄铁矿等硫化物中；碳质物型，这类矿石在氰化浸出时金会被矿石中的碳质物从溶液中"劫取"；耗氰耗氧型，矿石中存在砷、硫、铜、锑等杂质阻碍及影响金的浸出。通过预处理，可以使包裹金矿物的硫化物氧化，形成多孔状物料，除去砷、锑、有机碳等物质，改变其理化性能，从而使矿石易浸。

4.8.11 矿石焙烧产生的烟尘对大气污染严重，氰化厂产生的含氰废水、废渣都会造成环境问题，应进行处理。常用的污水处理方法有碱性氯化法、酸化法等。

4.8.12 本条为强制性条文。混汞法提金是一种简单而又古老的方法。它是基于金粒容易被汞选择性润

湿，继而汞向金粒内部扩散形成金汞齐（含汞合金）而与脉石分离，经加热蒸馏去汞得到金的合金。混汞法提金过程中，汞对环境的污染包括汞以蒸气的形式进入大气及随尾矿进入环境。汞在常温下具有挥发性，汞蒸气可以通过呼吸道侵入人体；当环境中汞含量高时，还能通过生物链作用而产生富集，进而危及人体健康。汞对人体的危害主要是影响中枢神经系统、消化系统及肾脏，此外对呼吸系统、皮肤、血液及眼睛也有一定的影响。由于汞毒性强，对操作人员和生态环境危害严重，因此严禁采用混汞法提金。

4.9 脱 水

4.9.1～4.9.3 条文中提出的精矿脱水流程结构，均源于国内外选矿厂长期生产实践的总结。例如：重选与磁选作业产出的精矿密度较大，浓度也较高，又无药剂的影响，一般比较容易脱水。国内的磁选铁精矿，经一段过滤后，精矿含水率在8%左右；多数重选厂的粗粒精矿和磁选厂的精矿，采用一段脱水流程（过滤）即可满足要求。但重选厂的细粒精矿则多采用两段或三段脱水流程。

浮选和磁选产出的细粒精矿，采用浓缩、过滤两段脱水流程，通常都能满足冶炼和运输对精矿产品含水率的要求，仅对过滤设备选型有所不同，如细粒铜精矿需经远洋船运给用户时，应选用压滤机控制精矿含水率在9%左右，以确保远洋运输精矿船舶的安全。对于含水率要求小于4%、实行包装运输的精矿产品，鉴于目前的过滤设备难以满足，特别是可滤性较差的物料，如钼精矿，通常都采用浓缩、过滤、干燥三段脱水流程，以保证市场对其含水率小于4%的严格要求和产品包装销售的需要。目前，个别精矿产品虽然要求含水率小于4%，当精矿产率较小时，也可采用过滤、干燥两段脱水新流程，如斑岩型铜矿副产品钼精矿的脱水，国内外的设计与生产都已开始尝试这一脱水短流程。

4.9.4～4.9.6 条文中提出的尾矿处置及回水工艺，是综合国内外生产实践经验及技术发展趋势提出的，其中以厂前高效浓缩机回水为主与尾矿库回水为辅的两段回水方案，是目前国内外在少雨、干旱、供水困难地区建厂普遍实行的经济有效的尾矿回水工艺流程。

在严重缺水、干旱、大蒸发量地区建厂，尾矿库回水率很低，采用深锥高效浓缩机一段脱水流程或浓缩、过滤两段脱水流程可大大减少新水用量。

当为选矿厂供矿的坑内采场需要粗粒尾矿作为采空区充填料，而且尾砂已无可综合回收的有价元素时，尾矿宜用水力旋流器分级，底流泵送到砂仓进一步脱水后与其他充填料混配输送到井下充填，而旋流器溢流用厂前高效浓缩机与尾矿库两段回水工艺过程处理，经赞比亚谦比希选矿厂等的生产实践证明，是比较成功的尾矿处置工艺。

5 主要设备选择与计算

5.1 一 般 规 定

5.1.1 条文中提出的要求为长期设计经验的总结，设计中应贯彻执行，具体执行时应按本章其他各节规定。

为推动全社会节约能源，提高能源利用效率，保护和改善环境，我国已制定了节约能源法，并对落后的耗能过高的用能产品、设备和生产工艺实行淘汰制度。因此，规定选矿主要设备选择不得选用淘汰产品，是选矿厂建成投产后实现生产高效、节能、低耗的重要保证措施。

5.1.2 选矿厂主要及辅助生产设备的规格及台数计算，必须考虑适当的矿量波动系数。通常有色金属矿原矿性质波动较大、工艺流程复杂，粗精矿产率及精矿产率较小，且随原矿品位的波动变化较大。条文中提供的矿量波动系数是根据多年来许多选矿厂的生产实践经验确定的，实际选取时还应根据项目具体情况进行分析。当原矿性质比较稳定、采用常规碎磨工艺、工艺流程比较简单时，取下限值；反之，取上限值；个别特殊情况甚至可以取更大值，如原矿品位波动很大时，粗精矿后续作业的矿量波动会相应很大。

5.1.3 设备作业率系指年工作时间与日历时间之比。设备作业率与选矿厂供矿、供电、供水、设备型号与质量、设备检修及管理水平等因素有关。

本规范规定的选矿厂主要设备作业率和作业时间都列出高、低两个限值，其中高值比《有色金属选矿厂工艺设计规范》YSJ 014—92有所提高，随着我国供矿、电力及生产材料供应、设备质量、生产操作及管理水平的提高，经过一段时间的努力，使磨矿及选别作业率达到92%的国际先进水平是可能的。

5.1.4 设备制造厂提供的设备能力准确度较差，按《选矿设计手册》（冶金工业出版社，1988年版）推荐的计算方法计算的设备能力比较接近生产实际，是总结生产实际后提出的经验公式，可作为设备计算时的主要依据。国外引进设备应按制造厂提供的计算公式或生产能力进行设备台数的计算。

5.1.5 生产系统中前后工序设备负荷率，在理想状态下应均为100%，即最大限度地发挥设备潜力。但实际生产中由于给矿粒度、产品粒度要求等诸多因素，设备负荷率难以达到100%的要求。在无贮矿仓情况下，相邻工序设备负荷率只能大致接近。

5.1.6 以往设计中曾以设备质量差、操作水平低为由增加备用的主要生产设备，致使投资增大，经济效益恶化。其实，实际设计所确定的设备数量中已包括了设备作业率及矿量波动的因素。为提高设备作业率，对某些维修工作量较大的设备，可备用必要的备品、备件，如圆锥破碎机的锥体、偏心套，磨矿机小齿轮等。采用自磨/半自磨工艺配有顽石破碎作业时，由于破碎机作业率较低，应考虑因破碎机检修不能投入生产时顽石直接返回自磨机或半自磨机的措施。

5.2 破碎筛分

5.2.1 粗碎设备选型主要是依据设备在设定排矿口的瞬时最大处理矿量、允许最大给矿块度以及下游设备对其产品粒度特性的要求综合确定的。目前，大型旋回破碎机瞬时处理量可达6000t/h左右，而大型颚式破碎机的瞬时处理量，国产新机型仅约450t/h，外国C型颚式破碎机的产能更大，当排矿口为160mm时，可达到600t/h左右。因此，破碎能力不小于10kt/d的粗碎作业宜选用旋回破碎机，而破碎能力小于10kt/d的粗碎作业，宜根据设计规模及下游作业对粗碎产品粒度特性等要求，选用颚式破碎机或旋回破碎机。

5.2.2 给料口宽度大于1200mm的旋回破碎机处理能力较大，其瞬时处理量最大可达6000t/h左右，如单侧给矿则不能发挥设备的生产能力，同时对锥体的磨损也很不利。

大型旋回破碎机允许较大的给矿块度，但大块矿较多时，对破碎机的生产能力影响较大。由于原矿中的大块率难以准确测出，实际上难以确定大块矿石含量增加到多少时，应设置大块矿石碎石机。设计时应根据矿石性质和类似企业情况确定。

5.2.3～5.2.6 条文提出的各种破碎作业设备选型是有色金属选矿厂多年生产实践经验的总结。圆锥破碎机分为弹簧圆锥破碎机和液压圆锥破碎机，液压圆锥破碎机包括多缸液压圆锥破碎机和单缸液压圆锥破碎机。近年来新建选矿厂使用最广泛的中、细碎设备多缸和单缸液压圆锥破碎机，具有设备处理量大、自动化程度高、过铁和排矿口调整方便等优点。

高压辊磨机是金属矿山选矿厂逐渐应用的一种新型粉碎机，它采用挤满给料和封闭空间内的料团粉碎原理，物料在高压作用下颗粒产生位移、压实、出现微裂纹和粉碎等，产品中细粒级含量远大于一般的圆锥破碎机，使物料可磨性得到改善。选用高压辊磨机作细碎，应进行高压辊磨工艺和设备选型试验，当物料含泥、水较高时，其排矿的筛分作业之前有可能需要增加打散装置。

反击式破碎机、锤式破碎机和辊式破碎机在有色金属选矿厂使用较少。反击式破碎机或锤式破碎机适用于破碎中等可碎性矿石，特别是易碎性矿石，例如石灰石、黄铁矿、石棉、焦炭、煤等。其优点是体积小、构造简单、破碎比大、电能消耗小、处理量大、产品粒度均匀，而且具有选择性破碎作用。其缺点是板锤和反击板容易磨损，需要经常更换；噪声大。

旋盘破碎机是利用矿石层间破碎原理，破碎效率较高，产品粒度较小，一般P_{80}可达8mm，是一种超细碎型破碎机。但该类型破碎机不适宜于含泥、水多的矿石，这是由于矿石层间破碎后产品难以自由排出，设计选用时应特别注意。

深腔颚式破碎机主要特点是低能耗、破碎比大、产品粒度均匀，生产实践证明，该机是操作简单、生产安全的破碎设备。

半自磨机排出的顽石量占给矿量的20%左右，最大粒度约70mm，硬度较大，泥、水较少，对其实行开路细碎后返回半自磨机处理，既可稳定半自磨机的磨矿效果，又可节能降耗。因此，大型自磨或半自磨厂多采用多缸液压圆锥破碎机或高压辊磨机开路破碎顽石。

5.2.7、5.2.8 破碎系统筛分设备的选型往往是设计成败的关键。在过去曾采用的固定筛、滚轴筛、惯性筛、共振筛、圆振动筛、自定中心振动筛、直线振动筛、香蕉筛中，以圆振动筛、自定中心振动筛、直线振动筛及香蕉筛较好。这四种筛分机的主要特点是振幅较大，效率较高，维护较为简单。

5.2.9 破碎系统的除铁装置是保证破碎机作业率及最终产品粒度的有效措施，不少选矿厂往往由于无可靠的除铁装置，不愿调小破碎机排口，致使产品粒度难以保证。目前除铁设备性能尚不能完全满足生产要求，如对混入矿石中的电耙齿、电铲齿等合金件不能有效取出。因此，还应增设金属探测器，尽可能提高除铁装置可靠程度，确保中、细碎设备的安全运转。

5.3 预选

5.3.1 重介质预选矿石的粒度划分，是结合我国生产实践，并参照国内外有关资料确定的。跳汰机作为预选设备国内生产实例不多，华锡集团铜坑锡矿采用跳汰机预选的矿石粒度为3mm～20mm。

5.3.2 重介质分选机的生产能力在无类似选矿厂生产实践资料情况下，可按表2选取。

跳汰机的生产能力按试验和类似选矿厂生产实践选取。华锡集团铜坑锡矿采用德国洪堡公司BAT-AC 4520风力脉动式跳汰机，预选的矿石粒度为3mm～20mm，生产能力为36.7t/(m²·h)～38.9t/(m²·h)。

表2 重介质分选机液面的单位生产能力

矿石性质	给矿粒度(mm)	单位生产能力[t/(m²·h)]	
		按给矿	按轻产品
有色和稀有金属矿石中等可选	5～40	13～20	9～12
有色和稀有金属矿石难选	5～40	5～10	4～7

续表 2

矿石性质	给矿粒度(mm)	单位生产能力[t/(m²·h)]	
		按给矿	按轻产品
萤石	3～20	2～3	4～5
金刚石	1.6～20	2～9	6～8

5.3.4 在碎矿作业中，采用人工手选废石或富矿块时，考虑人的视觉辨别矿石与废石光泽的能力、手拣矿石速度与生产安全，一般带式输送机的速度以慢为好，即要求其速度小于 0.25m/s。

5.4 磨矿分级

5.4.1 球磨机排矿方式与磨矿产品质量有一定关系。格子型球磨机内矿浆液面比溢流型低，磨机内矿浆从格子板下部即可排出，然后被提升到排矿轴颈外排，从而减少了矿石在磨机内的停留时间，矿石不易产生过磨现象。溢流型球磨机，矿石在磨机内的停留时间较长，容易产生过粉碎现象，比较适于细磨。大型选矿厂第一段粗磨往往采用溢流型球磨机，主要原因是溢流型磨矿机结构简单，操作维修方便，便于与水力旋流器闭路。

5.4.2 磨矿作业中可以采用不同分级设备构成闭路，目前常用的有螺旋分级机及水力旋流器两种。螺旋分级机优点是运转可靠，易于控制，有一定负荷缓冲能力，可处理粗的返砂。但其分级原理为重力分级，分级粒度要求较细时受到限制。水力旋流器靠离心力进行分级，可加速细颗粒的分级，并可增大循环负荷量。另外，由于旋流作用快，当作业循环中发生变化时磨矿回路可迅速恢复平衡，颗粒在返回过程中停留时间较短，可减少矿物被氧化的时间，对下一步需进行浮选的硫化矿物有益。因此，水力旋流器广泛用于细粒分级作业中。

中、小型选矿厂采用一段闭路磨矿，可采用螺旋分级机与水力旋流器联合分级方案，一般用于需得到较细产品时的分级。

5.4.3 大型自磨机及半自磨机回路，因大型自磨机及半自磨机的处理能力较大，且最大粒度可达 70mm 左右，无法采用螺旋分级机或直接给入水力旋流器进行分级，通常其排矿先经振动筛筛分，筛上粗粒级产品直接返回或经顽石破碎后返回自磨机或半自磨机(顽石破碎后也有给入后续球磨作业的)，筛下产品给入后续的球磨—水力旋流器回路。采用单段半自磨工艺时，水力旋流器沉砂返回半自磨机，溢流进入后续作业。

在采用的自磨机及半自磨机规格不大时，采用自返装置返回粗粒级可简化配置，采用螺旋分级机闭路也是可行的，实际生产中有许多成功应用实践。

5.4.4 磨矿机排矿中除矿浆外还带出部分小钢球及碎球等金属杂物，特别在粗磨时尤为严重。这些杂物一旦进入砂泵和旋流器，不但影响旋流器的正常工作，还给泵、管路及旋流器壳体造成严重磨损。为此，设计时应设置行之有效的隔粗设施，如圆筒筛、隔粗网等。大型磨矿机组矿量波动较大，为适应这种波动变化，应采用变速砂泵。一般采用变频调速装置，调节砂泵速度。

5.5 浮 选

5.5.1 充气机械搅拌式浮选机主要优点是充气量大[可达 1.4m³/(m²·min)]，气量可根据物料特性进行调整，可使浮选机经常处于良好的工作状态。机械搅拌自吸式浮选机自吸气量小，一般为 1.0m³/(m²·min)，而且随生产时间延长，充气量逐渐变小。可根据项目具体情况和方案技术经济比较酌情选用。

中、小型选矿厂宜选用配有吸浆槽的充气机械搅拌式浮选机组，如 XCFⅡ/KYFⅡ型充气机械搅拌式浮选机组，其中 XCFⅡ是具有吸浆能力的充气机械搅拌式浮选机，可实现水平配置，不需设泡沫泵返回矿浆；亦可选用机械搅拌自吸式浮选机。

5.5.2 粗、扫选回路浮选机槽数太少时，存在损失回收率的可能性，实际生产中很少有粗、扫选槽数少于 6 槽的，因此条文提出粗、扫选回路浮选机槽数不宜少于 6 槽。

5.5.3 试验室试验时，矿浆混合、操作条件等都优于工业生产，设计时选用的浮选时间应大于试验室试验时间。在没有工业试验数据时，设计浮选时间与试验室浮选时间放大倍数可按条文给出的经验数据选取。

5.5.4 浮选柱是一种新型高效、具有柱型槽体结构的无机械搅拌充气式浮选设备，采用矿粒与微细气泡逆流平稳接触的流动方式，提供了大量捕收矿粒的机会。柱内泡沫层厚度大，可调节，加上逆流冲洗水的清洗作用，因而选矿富集比大，可以显著提高精矿品位。我国浮选柱的生产实践证明，浮选柱具有结构简单、高效节能、选别微细粒矿物(−0.074mm 粒级含量≥70%)选别指标明显优于常规浮选机，特别是对嵌布粒度细、需要再磨的矿物，采用浮选柱选别不仅可以简化流程，而且在最终精矿质量和回收率方面都有所提升。尤其是以浮选柱作精选、浮选机作精扫选的精选流程，是国内外公认的提高精选数和质量指标的最佳工艺设备组合。

柿竹园多金属矿选矿厂、金堆城钼矿和洛钼集团多座钼选厂的生产实践证明，浮选柱除用于精选作业外，还可用于粗选作业。

5.5.5 搅拌槽的结构应与不同用途相适应，不得以矿浆搅拌槽代替药剂搅拌槽，也不得以普通矿浆搅拌槽代替高浓度搅拌槽，因为三者功率与结构差别较大，应按设备类型选择。如同样ϕ3500mm×3500mm搅拌槽，用于药剂时为17kW～22kW，用于矿浆时则为17kW～30kW。

5.6 重　选

5.6.1 设备在重选中占着极其重要的地位，它决定着流程的结构。在操作管理相同的条件下，低效率的设备只能构成低指标的流程，高效率的设备则可以构成高指标的流程。当然，由于设备使用不合理，或是操作管理不好，高效率的设备也可能构成低指标的流程。由此可见，高指标的合理的工艺流程，一是要有高效率的设备；二是要正确使用设备（包括物料粒度、浓度、处理量等），把各种设备配置在最合适的作业中，使其各得其所，各尽其能；三是要操作管理得当。

重选设备是根据有用矿物与脉石矿物的密度差来达到分选目的的设备。除两种矿物的密度差以外，矿粒的粒径大小、形状和介质性质均对分选效率有影响。所以，物料性质应与设备类型相适应。同时，不同的重选设备所获得的产品质量也不同，故还应根据对产品质量的要求来选择相应的设备。而且，不同的重选设备有不同的处理能力，选择设备要考虑粒度、浓度、处理量，最终达到合理的技术经济指标。

关于设备定额，根据理论公式计算，往往与生产实际差距很大，为了符合生产需要，根据类似企业历年的生产实际资料，取平均先进定额较为合适。如无类似企业的生产实际资料，只能按工业试验资料或扩大试验资料，考虑一定的波动系数来选取定额，进行设备选择和计算。

5.6.2 跳汰机是重力选矿设备的主要设备之一，适宜于0.074mm～20mm粗粒物料的选别。它的种类很多，目前在国内各钨锡选矿厂中使用的都属于隔膜式跳汰机，主要有（1200～2000）mm×3600mm双列四室梯形跳汰机、（750～1000）mm×3500mm单列三室梯形跳汰机、广东一型跳汰机、1000mm×1000mm下动型圆锥隔膜跳汰机、300mm×400mm旁动隔膜跳汰机和JT5下动型双室锯齿波跳汰机等六种型式。

上述六种跳汰机，除旁动隔膜跳汰机在粗选和精选作业中使用外，其他几种跳汰机多用于粗选作业。

除上述几种跳汰机外，还有圆形跳汰机、动筛跳汰机。圆形跳汰机（仿锯齿波跳汰机）耗水量少，仅为其他类型跳汰机的1/3用水量，这是其突出优点，因而特别适合缺水地区需要。动筛跳汰机是大吉山钨矿试制的设备，已在工业生产中运行多年，其突出优点是节省用水，每吨矿石仅需1.5m^3～2m^{3}水，其选矿指标与一般跳汰机相接近。广西大厂长坡选矿厂多年使用JT5下动型双室锯齿波跳汰机，除省水外，细粒有用金属回收效果好，可处理0.074mm～8mm粒级的物料。

5.6.3 圆锥选矿机是一种高效率粗选设备，适宜于0.074mm～2mm物料的粗、扫选作业，但给矿浓度必须大于50%，处理矿量50t/h以上，且须用浓度计和流量计严格控制，否则对生产指标影响较大。

当前，圆锥选矿机在国外除在砂矿得到广泛应用外，还成功用于分选金、锡、铁、钨、铀、铅、铬等矿物。到目前为止，世界上已有700台以上在使用。20世纪80年代初期，我国广西大厂车河选矿厂用圆锥选矿机选别0.074mm～1.5mm粒级锡石-硫化矿，给矿品位0.4%（Sn），富集比2倍～4倍，锡回收率80%左右，使原有选矿厂的生产能力提高一倍。当系统生产能力小于2000t/d时，由于给矿量小，圆锥选矿机效率将会降低。

5.6.4 螺旋溜槽的特点是结构简单，容易制造，工作可靠，维护简单，占地面积小，单位处理能力高。

5.6.5 离心选矿机是一种矿泥重选设备，与其他处理同样原料的重选设备相比，离心选矿机具有结构简单、单位面积处理量大、回收粒度下限低等一系列优点，因而得到广泛应用。

皮带溜槽是20世纪60年代初期研制成功的一种矿泥重选设备。它具有结构简单、运转可靠、工作稳定、操作方便、易于维护、选别效率高和富集比大等特点，但处理矿量较小，因而在我国钨、锡选矿厂中广泛地用于10μm～70μm矿泥的精选。

5.6.6 枱浮摇床是在摇床上同时实施重选和浮选两种分选方法的设备，能产出多种产品，分选效率高，指标稳定，适应性强，广泛用于分离0.1mm～5mm粒级的单体钨、锡多金属硫化矿物，脱硫后即得钨、锡精矿，并综合回收有用金属矿物。

5.7 磁　选

5.7.1 按设备产生磁场不同，磁选机可分为弱磁场磁选机、中磁场磁选机和强磁场磁选机。矿物的磁性是确定磁选机类型的决定因素，回收强磁性矿物（如磁铁矿）用弱磁场磁选机；回收弱磁性矿物（如赤铁矿、假象赤铁矿、镜铁矿、菱铁矿、褐铁矿和鲕状赤铁矿等）用强磁场磁选机；而回收强、弱之间的磁性矿物如磁黄铁矿，一般选用中磁场磁选机。

磁选按作业方式有湿式（物料以矿浆状态进行的磁选）和干式（物料以干粉状态进行的磁选）之分。干式磁选由于选别指标较差、能耗较高以及粉尘污染等原因，一般只用于钨、锡粗精矿分离、海滨砂矿精选等。因此，磁选车间大多采用湿式磁选机。

5.7.2 磁力脱水槽是利用磁性和非磁性物料在装有磁化装置的倒圆锥形槽内，在上升水流作用下，依靠重力和磁力进行分离、脱泥和脱水的设备，广泛应用于磁选和精矿过滤前的脱泥和脱水作业。

5.7.3、5.7.4 湿式筒式磁选机是当浆态物料从装有磁化装置的旋转圆筒上端均匀给入，利用矿物颗粒间的磁性差异，在磁力及重力、离心力、摩擦力的联合作用下，分离磁性和非磁性矿物的设备，是有色金属矿石综合回收强磁性矿物应用最多的磁选机。条文中提出的不同槽体结构——湿式筒式弱磁场磁选机及干式弱磁场磁选机的适用作业，均为多年来设计及生产实践经验的总结，是设计确定磁选机类型的重要依据，具体执行时宜参照类似生产实例进行选择。

5.7.5 高梯度磁选机是湿式强磁场磁选机的一种，它的开发成功及广泛应用使弱磁性矿物得以更有效地回收。高梯度磁选机较一般磁选机的磁场梯度大，可提高10倍～100倍，通常可达1.0×10^6mT，为磁性颗粒提供了强大的磁力来克服流体的阻力和重力，使微细粒得到有效回收。因此，高梯度磁选机主要用于微细粒嵌布的弱磁性矿物，分离粒度较细，其中以湿式立环脉动高梯度磁选机应用比较广泛，其处理能力大、分选效果好，并对入选物料中强磁性矿物、杂质含量、浓度要求不严。

5.7.6～5.7.8 条文中对盘式、辊式及感应辊式强磁选机的应用范围，以及磁选设备产能的确定作了一般性的原则规定，设计时应根据试验报告，按条文中的原则规定及生产实践资料确定设备类型。

5.8 氰 化

5.8.1 试验室试验时，设备搅拌效果及试验条件控制均优于生产操作条件。结合氰化厂的生产实际，浸、吸时间采用试验数据的1.5倍～2.0倍较为合适。吸附槽取低值，防止搅拌时间过长而增加粉炭量，避免造成细炭损失产生金属流失。

5.8.2 双叶轮中空轴进气机械搅拌浸、吸设备在国内已系列化生产，目前产品最大规格为ϕ12m×13m。采用炭浆法工艺时，为防止炭的磨损应合理确定叶轮线速度，控制搅拌强度。中空轴进气能使空气更好地分散到矿浆中，保证供氧量，提高浸出效果。采用空气提升器提炭时，要保证作业的充气压力。

5.8.3 在浸出作业中，为了防止出现矿浆短路影响浸出效果，浸出槽数不少于4槽，是长期设计及生产实践经验的总结。

5.8.4 采用多层浓缩机可减少占地面积，降低能耗，洗涤过程尚可继续浸出，延长浸出时间。浸渣（尾矿）采用干式堆存，最后一次洗涤作业宜采用压滤设备，既可作为洗涤又可进行干堆过滤。

5.8.5 贵液净化过程中，贵液可靠脱氧产生的负压直接吸入净化设备。生产实践表明，脱氧塔单位面积通过溶液量为（400～900）$m^3/(m^2\cdot d)$时，脱氧效果较好。

5.8.6 高温高压解吸、电积装置的解吸温度为150℃，压力为0.45MPa～0.55MPa，解吸液成分中可不含氰化物，以实现无氰解吸。

5.9 脱 水

5.9.1 条文中提出选用周边传动式浓缩机的主要目的是防止由于冬季冰雪的影响，使传动轨道产生滑动现象。

精矿量较大（如每天在200t以上）或者场地窄小（或放在室内）时，采用高效浓缩机可减少占地面积、节省投资。如张家口金矿采用一台ϕ5000mm高效浓缩机可处理500t/d细磨产品，其浓缩效率比普通浓缩机提高10倍左右。在选用高效浓缩机时，应进行必要的沉降速度试验（包括絮凝剂筛选及用量试验）及浓缩机溢流水返回使用时对浮选的影响试验。

5.9.2 近年来，国产陶瓷真空过滤机、陶瓷板性能得到了很大提升，已广泛应用于铜、硫、铅、锌等精矿的过滤。陶瓷真空过滤机的主要优点是生产能力大、自动化程度高、节能效果显著，滤饼水分较圆筒过滤机低，处理各种浮选精矿滤饼含水率一般为8%～14%。因此，在设计选用精矿过滤设备时，由于陶瓷真空过滤机节能效果显著，而且其过滤效率较高，宜优先选用。

采用自动压滤机过滤精矿，其含水率可达到8%～12%，是国内外铜、镍、钼等精矿过滤要求产品含水率较低时的首选设备。

5.9.3 通常情况下，物理性质较好、密度较大的物料，宜选用内滤式圆筒型真空过滤机，如铜选厂综合回收的磁铁精矿、浮选产出的磷灰石精矿等。一般精矿粒度小于0.2mm，可以选用陶瓷真空过滤机、圆筒型或圆盘型真空过滤机，如铜、铅、锌、钼、镍、硫精矿等。精矿粒度小于30μm，宜选用压滤机。

5.9.4 按目前我国有色金属精矿质量标准要求，多数精矿产品含水率要求为10%左右，因此一般不需干燥。但钨、钼等精矿则分别要求含水率不得大于5%、4%，通常需干燥后才能保证精矿水分要求。浮选钼精矿由于浮选时带有煤油类药剂，若采用直接加热干燥，易造成煤油达到燃点着火而“放炮”，故宜采用蒸气螺旋间接加热干燥机，既防止“放炮”，又使精矿免遭污染，如其在金堆城钼矿的应用。近年来，一些新的干燥工艺和设备用于钼精矿干燥生产实践，如德兴铜矿采用闪蒸干燥机，用间接换热热风炉所得到的洁净热空气去干燥钼精矿，避免了增加干燥后钼精矿的含杂量。当精矿量很少时，有些选矿厂采用电热箱、干燥炕等简易设备。

5.9.5 尾矿回水浓缩机除按5.9.1条的要求进行选型外，在尾矿粒度微细、难于沉降，或厂区严重缺水且蒸发量较大时，宜选用深锥型高效浓缩机将尾矿浆浓缩到70%左右实行膏体堆存，其突出的优点是：尾矿回水率高达85%以上，尾矿库占地面积小并可分期征地，对环境影响小，但该机价格昂贵且需要添加较多的絮凝剂进行浓缩，生产成本较高，而且其大用量的絮凝剂还可能影响选矿过程。设计中可通过对不同尾矿处置工艺方案进行技术经济比较，确定最适宜的尾矿浓缩机型式。

6 厂房布置与设备配置

6.1 一般规定

6.1.1～6.1.3 各条提出的要求为几十年来设计经验的总结，设计中应认真贯彻执行，具体执行时应参照本章其他各节规定。

6.1.4 选矿厂的破碎筛分厂房、主厂房及精矿脱水厂房通常都安装大型及振动设备，尤其是主厂房设备多、重量大、振动力强、地面排水量大、排水系统复杂，如厂房设于填方场地上，不但增加了土建工程量，而且加大了基础处理的复杂性，易给生产留下隐患。厂内地坪高于厂外地面标高有利于防水和排水。

6.1.5 大型选矿厂的粗碎站一般靠近采区，以缩短原矿运输距离，其作业制度与采矿相同，而与选矿厂主要生产车间不同。为平衡采矿供矿，并使中细碎或半自磨作业能均衡地满负荷运转，粗碎后宜设中间矿仓或粗矿堆。选矿厂的试验室、化验室中的精密仪器的精度与周围是否存在振源关系极大，设计时应与碎磨等产生震动的厂房保持一定的距离，一般不小于50m；选矿厂的技术检查站主要对选别过程进行检查，宜布置在主厂房的偏跨内，也可与试验室、化验室合并建设。

为提高选矿厂水重复利用率、金属回收率并友好环境，对选矿厂的生产污水应加强管理和处理。如车间除尘水，为回收其中有用矿物及水资源，宜设专用浓缩机处理或直接用作磨矿补给水；精矿浓缩机溢流、过滤机滤液及地面冲洗水，宜充分收集于沉淀池中或泵至回水池集中返回主厂房作生产工艺用水；设备冷却水应设自循环冷却利用系统，以减少新水补给量，提高选矿辅助用水循环利用率。对环境有害的废水（包括有毒或含重金属离子的废水），不得直接向外排放，要经尾矿库自然净化，如尚不符合排放标准，还要做净化处理。

6.1.6 选矿厂主要生产车间内设备配置有多层、单层、混合式三种，其中：

(1) 多层。占地面积小，但厂房建筑复杂，机组间落差大，多用于平地建厂及物料自流坡度要求大、流程中返回产物较少的工艺过程，如破碎筛分车间、重选车间等。

(2) 单层。占地面积大，管理分散，但厂房结构简单，便于安装大型及振动设备，多用于山坡建厂及物料输送坡度小、返回作业多、返回量大的选矿厂。

(3) 混合式。既有单层，又有多层，多用于重选与其他选矿方法联合的选矿车间。

厂房内的设备配置应符合下列要求：

(1) 充分满足工艺流程的要求，并考虑改革流程和扩大规模的可能性。

(2) 同类型设备尽量集中，必要时可分段集中。

(3) 设备间的距离需满足生产操作和维修的要求，确保生产安全、流程畅通。

(4) 合理确定平台标高，满足管道自流坡度要求。

(5) 合理确定设备安装、运输通道及排污设施。

(6) 充分考虑土建柱网模数，并按要求留有适当的检修场地。

(7) 同一跨间内有两台桥式起重机时，宜采用同一标高共同轨道。

6.1.7 厂房大门尺寸偏小影响设备正常安装的问题，是设计中比较易于忽视的问题，应给予足够的重视。

利用率不高的吊装孔应盖以活动盖板，其主要优点是增加厂房内部操作面积，防止从吊装孔下落物件的危险，并有助于厂房保温。

6.1.8 平台间净高不小于2.2m是按人员正常通行考虑的。厂房设计应符合工业企业设计的有关安全规定，检修平台应能承受拆下的旧零部件与待装新零部件的重量；操作平台四周应设防护栏杆；各种设备外露的传动部分应设安全罩。选矿厂废水应采取综合治理措施，返回生产中循环使用，厂内各层操作平台应具备冲洗条件，并使冲洗污水流入排污系统。

6.1.9 排污沟宽度主要考虑沟中沉积物清理方便，宽度小于300mm时，无法进行人工清理，但也不宜过宽，宽度太大将影响污水流速及排污系统的畅通。沟顶设防护格栅，便于通行，并保证人身安全。

地沟坡度应根据厂房大小及长短决定，厂房长度大无法保证所需坡度时，可采取分段集中、分别扬送的方式处理。

6.1.10 厂房内主要通道指操作、管理、维修等多种人员及搬运小型零、部件经常通过的通道，如各厂房中检修场地与主要操作平台之间相联系的通道（包括梯子或踏步）。

操作通道可兼作维修通道时，可不必专设维修通道，但维修通道不能代替操作通道。

6.1.11 厂房内倾斜通道一般指带式输送机通廊、分级机操作台等倾斜人行通道。本条第1款规定倾斜角度6°～12°时，应设防滑条。对于倾斜角度小于6°的通道视具体情况而定，在含泥、水多，人员又经常通行处，可考虑增加防滑措施。

6.1.12 带式输送机采暖温度是按湿法收尘及冲洗地面不结冻的要求考虑的。在特别寒冷地区或中间驱动的驱动站的采暖温度可适当提高，不宜低于10℃。为保持通廊及厂房内的采暖温度，厂房配置上应减少直接通向厂外的孔洞，防止热量散失。

目前，国内外在非采暖地区露天设置破碎筛分、磨矿及选别设施的选矿厂越来越多。按设备检修方式分，主要有三种露天设置形式：一是用地上行走的汽车吊进行检修，厂房既无盖无墙，也无柱和吊车梁，但设备两侧需修筑汽车吊行走的道路；二是用空中行走的桥吊进行检修，厂房无盖无墙，但有柱和吊车梁；三是前两种检修方式的结合，如磨矿采用空中行走的桥吊检修，选别采用地上行走的汽车吊进行检修。

6.2 破 碎 筛 分

6.2.1 大型破碎筛分厂的设备配置为双系列时，带式输送机及转运站较多，生产管理极为不便。如某钼矿规模为15kt/d，破碎筛分为双系列配置，带式输送机多达24条，转运站也增加到5座。故采用单系列配置较好。

6.2.2 多年来实践证明，大、中型选矿厂破碎筛分设备重叠配置于同一厂房内的主要缺点是：生产中噪声较大，危害人体健康；厂房内粉尘大，操作条件差；细碎与筛分设备呈机组配置时，生产中灵活性小，筛分设备发生故障时，破碎机将被迫停产。破碎与筛分设备分别配置时，虽然配置上比较复杂，但其最大优点是可增加生产中的灵活性。

6.2.3 洗矿作业耗水量较多，操作条件较差，易于污染环境。重介质选别作业属湿式作业，矿石与介质一般均采用各种类型泵输送，厂内污水系统较复杂。鉴于上述特点，以单建厂房为宜。

6.2.4 带式输送机通廊的结构，虽然仍以封闭式为主，但随着带式输送机性能的改进及防护罩材料和结构的完善、设备保护及过程控制水平的提高，目前在不同气象条件下都有采用敞开式通廊的，只在输送机主梁上设活动防护罩防雨防尘。如尹格庄金矿、山达克铜金选矿厂等。

6.2.5 露天矿堆及石灰堆场是选矿厂的两大污染源。两者均应设在厂区最大风频的下风向。露天矿堆的结构形式宜采用一点给矿的圆锥形矿堆，以强化给矿点的喷水降尘功能，抑制粉尘扩散，并与主要生产厂房保持一定的距离。石灰是易飞扬的物料，不宜贮存于露天堆场，应单独建库（仓）贮存，石灰的装卸作业是选矿厂的污染源之一，应加强防尘措施。

6.2.6 多缸液压圆锥破碎机、单缸液压圆锥破碎机及高压辊磨机均要求挤满给矿，设缓冲矿仓可以控制破碎机料位，有利于破碎设备能力及破碎效率的发挥。设备数量为两台及两台以上的中、细碎和筛分作业前，均应设缓冲分配矿仓，其容积应满足矿量波动的要求。

6.3 磨 矿 选 别

6.3.1 主厂房的布置及磨矿选别设备的配置应充分利用自然地形，合理布局矿仓、磨矿、选别三大设施，科学地配置设备，保证获得直截方便的生产作业线，尽量避免交叉和迂回，缩短各种物料的输送距离，同时将能耗较大的磨矿分级设备集中配置，负荷中心靠近变、配电站并宜按单层配置，以适应磨矿回路设备大而重、振动力强、物料返回量大的需要。常见的磨矿分级与浮选的组合是一个磨矿系列对一个浮选系列，也可以是一个磨矿系列与两个或多个浮选系列的组合，或两个以上的磨矿系列与一个浮选系列相组合，宜视具体条件而定。

6.3.2 磨矿矿仓的作用是解决破碎与磨矿生产系统的工作制度差别及设备事故引起的不均衡问题。由于破碎系统作业率较低，设置必要的磨矿矿仓可有效地保证磨矿及后续作业的连续稳定。对于规模小、设备条件差的选矿厂可适当增加磨矿矿仓储矿时间；当设计中采用较大容量的中间矿堆时，储存时间可适当减少。

6.3.3 磨矿跨间按磨机中心线与磨矿矿仓横向中心线垂直或平行可分为纵向配置（垂直配置）和横向配置（平行配置）。磨矿跨间配置形式取决于主厂房场地的范围及地形、磨矿段数、磨矿与分级产品输送以及选矿跨配置情况等因素。利用山坡建厂的主厂房，采用一段磨矿时，一般为纵向配置，采用两段（或多段）磨矿时，一般为双列（或多列）横向配置，以利于矿浆自流，各段磨机可分别置于各自跨间内（多用于山坡建厂的条件），也可将两段磨机置于同一跨间内（多用于平地建厂条件）。设备检修场地一般设于磨矿跨一端，其面积取决于该跨内磨机的规格和台数。

6.3.4 根据大型选矿厂的生产实践，大型磨矿机与水力旋流器构成闭路时，水力旋流器给矿一般用泵扬送，水力旋流器给矿泵采用单台配置方案是成功的经验。其主要优点是便于生产操作及维护检修。水力旋流器底流至磨机应满足矿浆自流的要求，水力旋流器溢流至选矿作业一般采用自流方式。

6.3.5 磨矿跨间内两台起重机在上下两层轨道上配置，国内外选矿厂均有实例。这种配置主要缺点是：土建投资较大，空间利用率较低；增加了起重高度，一般要高出2.5m～3m；采光处理比较复杂。基于上述原因，条文规定宜采用同一轨道布置，国内外也多采用这种方式，但在厂房长度上应增加停存一台起重机的距离。

6.3.6 磨矿分级产品采用先集中后分配方式配置的主要优点是：各浮选系统的原矿性质保持相同，便于给药的自动调节与控制；节省大量给药点，生产指标稳定，操作管理方便。国外大型选矿厂多采用这种方式。

6.3.7 主厂房内砂泵适当集中配置的主要优点是方便操作和设备维修；其缺点是管线较长，扬程较大，宜视具体条件而定。

6.3.8 浆体物料自流坡度是选矿工艺流程能否畅通的基本保证。条文中的最小坡度为根据实际经验提出的限定数据，设计中应予注意，以免造成不应有的损失。如某浮选厂厂内尾矿自流槽，原设计坡度为1%，生产试车时，经常因此段自流槽坡度不足而被迫停产。当坡度改为1.25%后，自流槽才实现自流。

6.3.9 浮选机中心线多数与磨矿矿仓横向中心线平行（横向）配置，也可成垂直（纵向）配置。配置设计中要充分利用自然地形，使主矿流自流输送，减少砂泵，并考虑生产中可能改变浮选回路的灵活性。同型号同规格的浮选机配置在一起，每组浮选机的总长度（包括调浆搅拌槽）基本相同。药剂添加室与浮选机配置相对密切，常集中设于浮选区的上部，使药剂自流至给药点；多系列或特大型选矿厂也可分区给药。重选厂主要特点是选别流程长、选别设备效率较低，为节省砂泵数量、稳定操作条件、减少厂房占地面积，一般多采用单层与多层阶梯式为主的配置。

6.3.10 本条为强制性条文。磨选厂房有害气体一般指各种药剂散发的异味气体，是选矿厂尤其是多金属选矿厂的一害，除开设天窗及增加排气扇外，应在气体产生时及时排除。

选别车间有可能产生剧毒、强腐蚀性气体，如金矿氰化浸出车间、采用氰化物作为抑制剂等可能产生氰化氢气体，选矿厂采用硫酸和硫化钠作调整剂时有可能产生硫化氢气体。氰化氢气体直接致害浓度为56mg/m³，属于极度危害的化学介质，可瞬间致人死亡。硫化氢气体直接致害浓度为430mg/m³，属于高度危害的化学介质，人接触高浓度硫化氢气体后将出现头痛、头晕、步态蹒跚、意识模糊等症状，以及发生突然昏迷，严重时可发生呼吸困难甚至呼吸、心跳停止。因此，条文规定产生剧毒、强腐蚀性气体作业处，设计中必须设置强化通风换气装置。

6.3.11、6.3.12 条文中提出的安全要求，为几十年来设计经验的总结，设计中应贯彻执行，以保证生产安全和职工身体健康。

6.4 氰化浸出

6.4.1 氰化物在矿浆中根据pH值不同，或多或少地被水解，形成氰化氢（HCN）而挥发在空气中，引起车间空气不同程度的污染。因此，氰化车间应强化通风，保持空气质量。

6.4.2 氰化设备主要指浸出、洗涤、净化、脱氧、置换设备及吸附、提炭、解吸、电积设备，宜采用集中配置，使设备之间连接紧凑，充分利用空间，减少占地面积。浸、吸设备按阶梯配置便于物料自流，减少压力扬送。

6.4.3 在气温、降雨等气候条件适宜地区，采用露天、半露天配置，便于浸出、洗涤等设备检修及节省建筑工程造价。

6.4.4 置换压滤机产出的金泥、电积槽提出的载金钢棉含金量较高，通过冶炼可产出成品金，为防止作业损失，应采取有效措施。

6.4.5 本条为强制性条文。氰化物是氰化浸出厂主要的药剂之一，制备浓度一般为10%。氰化物属于极度危害的化学介质，人若口服0.1g氰化钠，瞬间就能死亡，对动物致死的剂量更小。氰化物可经人体皮肤、眼睛或胃肠道迅速吸收，氰离子迅速与氧化型细胞色素氧化酶的三价铁结合，形成氰化高铁型细胞色素氧化酶，从而抑制细胞色素氧化酶的活性，使组织不能利用氧，因此发生“细胞内窒息”，可迅即致人死亡。氰化物在水溶液中可以水解，生成氰化氢气体，水解的程度与溶液pH值有关。当pH值高于12时，几乎所有氰化物都以CN^-形式存在，在氰化溶液中都需要加保护碱以避免产生氰化氢气体。氰化氢气体直接致害浓度为56mg/m³，属于极度危害的化学介质，可瞬间致人死亡。因此，氰化药剂室（包括药剂储存、制备、添加等）必须全封闭并配备通风设备，单独隔离，并符合危险化学品管理条例等有关安全设施和设备，以保证氰化物的安全使用和管理。

6.4.6 炼金室距离置换压滤机或电积槽设置处越近越好，否则会造成冶炼物料运输途中的损失。炼金室直接生产成品金，应进行监控，加强保安工作，防止被盗。

6.4.7 矿浆进入氰化系统后，通过浸出作业，金逐步溶解于液相中，如果出现矿浆及洗水流失，会造成金的损失，氰化间的物料应全部回收于物料系统之中。

6.5 精矿脱水

6.5.1 浓缩机布置以露天为主，其位置应与主厂房精矿排出口的位置相适应，一般靠近主厂房，力争自流，并适当考虑发展余地。采用两段脱水流程时，要充分考虑浓缩机底流和过滤机溢流的互返关系。设计时要尽可能利用重力自流（或底流自流到过滤机，或过滤机溢流自流到浓缩机）。

严寒地区，当设于室外的中、小规格浓缩机冬季结冰较厚，并严重影响浓缩效果及浓缩机正常工作时，可考虑布置于室内。大型浓缩机占地面积较大，应尽量避免采用室内布置。

6.5.2 过滤机一般设在精矿仓一侧的平台上，以便滤饼直接卸入精矿仓内。过滤机的辅助设施通常设在其平台下部。对精矿量大的选矿厂，过滤机台数较多，其厂房可单独设置，并应靠近精矿仓。

6.5.3 精矿量较小的选矿厂，如采用砂泵输送浓缩机排料时，因矿量小，难以选择相应规格的砂泵，生产中难以控制，故以自流配置方式为宜。

6.5.4 过滤机配置在干燥机受料处顶部，主要缺点是楼上过滤机操作环境极为恶劣，故不宜采用这种重叠式配置。

6.5.5 选矿厂干燥厂房在操作违章情况下存在发生火灾的隐患。如某选矿厂，在干燥钼精矿时，由于生产中干燥机入口温度没有控制在要求之下，引燃干燥机内钼精矿，造成着火放炮事故。

以煤为燃料的干燥厂房中，干燥机的燃烧室烟气相当大，如无天窗排放，给生产操作造成的困难是很大的。

6.5.6 精矿脱水厂房污水中均含有一定数量的高品位精矿，对浓缩机溢流、过滤机滤液及脱水车间地面冲洗水，应充分收集于具有完善机械化回收设备的沉淀池或返回精矿浓缩机，以提高选矿厂的金属回收率及水重复利用率。

6.5.7 干燥机用原煤作燃料时，应考虑相应的供煤机械化设施，如原煤堆场（库）、煤斗、给煤机及排渣设施。干燥厂房中应设置良好的通风、收尘系统，以改善操作环境并减少精矿损失。

6.5.8 精矿仓的布置应便于装车设备（抓斗或铲斗）操作。当过滤机的滤饼含水少且松散时，可用带式输送机直接运到高架式精矿仓装车，对含水率大于8%而又较黏的精矿，则以抓斗仓为宜。干燥后的精矿仓或包装产品的堆存场地需结合装车方式及运输要求综合考虑，以减少二次运输。

7 辅助生产设施

7.1 储 矿 设 施

7.1.1 大型选矿厂原矿仓容积不宜过大，主要原因是大型选矿厂的原矿块度较大，过大的矿仓投资较大，生产操作上也比较复杂，但储存时间也不能太短。条文中提出不能低于0.5h，主要根据是按最大型颚式破碎机能力考虑的，有色金属选矿厂常用的2100mm×1500mm大型颚式破碎机能力约为500t/h～700t/h，按0.5h计算矿仓有效储存量约为250t～350t，根据这一数据推算，矿仓排矿采用铁板给矿机时，矿仓净高约10m左右，这已经是较高的矿仓了，故下限值定为0.5h。旋回破碎机不受此限。

7.1.2 中间矿仓矿石储存时间国内外情况略有差别。一般地，规模大时，储存时间少些，反之则大些。根据国内有色矿山当前情况，采用0.5d～2d比较合适，因一般有色金属选矿厂的粉矿仓较大，有一定的缓冲能力。

7.1.3 缓冲和分配矿仓合理的矿石有效储存量，首先是满足设备连续稳定给矿、矿石分配的要求，其次还应考虑矿仓工程造价。许多选矿厂生产实践证明，条文提出的储存量是合理的。

7.1.4 磨矿矿仓或矿堆矿石有效储存量的取值，主要考虑破碎设备及带式输送机的检修因素，同时还需考虑选矿厂规模及是否设有中间矿仓等因素。一般处理粉矿仓给矿用带式输送机事故，16h已足够了。因此，有效储存量的下限值设为16h。

7.1.5 精矿仓储存时间与精矿量、外部运输条件、选矿厂与冶炼厂位置等因素有关，设计时应充分考虑。采用铁路运输时，储存时间宜为3d～5d（企业专用线运输宜为2d～3d）；采用汽车运输时，储存时间宜为5d～20d；采用海运船舶运输时，储存时间宜为15d～30d；采用内河船舶运输时，储存时间宜为7d～14d。采用多种运输方式联合运输时，可按主要运输方式或按不同方式的运输量分别计算储存时间。

7.1.6 粗碎前矿石块度较大，一般为350mm～1000mm，矿仓内应衬耐磨材料，如钢轨、锰钢板等。为节省内衬钢材，可采用槽形死角矿仓，减少矿仓维护工作量。但由于采用死角型式将相应增加矿石流动时产生的内摩擦力，因此，在确定矿仓高度时应考虑增加的流动阻力，使矿仓保持足够的高度。

7.1.7 矿仓仓壁倾角根据矿石粒度、泥含量及含水量等条件确定，倾角过小易引起物料排料困难，严重时堵塞矿仓。对于黏性较大的物料或粉矿较多的物料，有时即使仓壁倾角较大，也会发生物料堵塞现象，这时需要配备防堵设施。选矿厂目前应用较多的防堵设施主要是仓壁振动器和空气炮。

安装振动器部位的矿仓仓壁应具有一定的弹性，使局部仓壁成为一个具有一定质量和自然弯曲频率的振荡系统。为此，矿仓安装振动部位应为钢板结构。振动器开动1min后，若物料尚不能产生流动，即应停止工作，否则反而会将物料振实。出现此现象，说明振动器选型及安装位置不合理，应加以调整或更换。

空气炮是以突然喷出强烈压力气流进行破拱的空气喷射装置。主要特点是能量大、冲击力强，结构简单、安装方便。空气炮一般安装在物料滞留区及矿仓的死角部分，为增加助流效果，矿仓内应安装多个空气炮。空气炮可人工手动控制，也可按顺序进行自动控制。

7.2 给矿与物料输送

7.2.1 粒度300mm以上矿块采用的板式给矿机配置以水平布置为好。其主要优点是操作管理方便，易于更换链板，排矿比较顺利。

7.2.2 给矿粒度小于300mm时，国内有色金属选矿厂越来越多采用振动给矿机代替板式给矿机。其优点是重量轻、投资省、维修方便、维修工作量小等，而且最大给矿粒度可达到500mm。

7.2.3 小于30mm的矿石，可根据含水、含泥、物料流动性选用不同型式的给矿机。常用的几种给矿机中，以摆式给矿机与振动给矿机较为经济，圆盘给矿机次之，在选用时应加以综合考虑。

7.2.4 中细碎及磨矿机给矿用的带式给矿机一般较短，不宜承受很大的矿柱压力，矿柱压力大时胶带磨损增大，不利于生产操作，设计时应采用倾斜漏斗抵消矿柱压力。给矿机给矿口采用梯形料口有利于顺利给矿。

7.2.5 计算破碎系统带式输送机时，其矿量不应只按流程量计算，而应按上游作业设备的最大生产能力考虑。这样才能充分发挥系统生产能力。

7.2.8 带式输送机倾角除与物料性质（最大粒度、粒级组成等）有关外，还与带速有关，带速增快，倾角应减小，以保证不出现掉矿现象，设计选取时应特别注意。

下行运输带式输送机倾角较大时，正常运行时电动机可能处于被拖动状态，即发电状态下连续运行。在这种情况下，驱动系统的设计不仅要能有效控制胶带机的运行，还需要能把位势能转换为电能向电网反馈。另外，下行运输带式输送机驱动系统还应保证输送机的启制动过程平稳、可控，避免物料飞溅出去，造成设备损坏和人身伤害。

7.2.9 磨矿回路中的砂泵，其给矿量受磨机排矿量直接影响，但磨机排矿量与返砂量大小及矿石密度、硬度有关，这些参数在生产中都有一定的变化，球磨机变化小些，自磨机变化就比较大。根据生产实践，一般在20%～40%范围内波动，设计选用时砂泵能力需与之相适应。为此，砂泵一般均设有变速装置。

7.2.10 浮选回路中，若泡沫泵规格设计选用不合理、泵池设计不合理，会发生跑槽现象，造成金属流失，主要原因是未能认真考虑原矿品位的增高、精矿泡沫对矿浆体积的增值、泡沫槽冲洗水的增加等因素。

泡沫泵池容量宜适当增加，不宜小于3min泵扬量。对于含有泡沫多的泵池，池内应设消泡设施，泵池形状应有利于阻止气泡进入泵体，避免产生“喘气”现象。

7.3 检修设施

7.3.3 当在同一跨间、同一吊车轨道上布置2台相同或不同吨位起重机时，不能采用两台起重机合吊起重零部件，原因是安全难以保证，操作上也比较复杂。

7.3.4 根据多数大型选矿厂实际经验，破碎、磨浮厂房的检修工作量较大，在检修场地附近设置维修站，对提高破磨设备作业率有一定作用。

7.3.5 检修场地的大小与检修量、检修方法有关。近年来，由于选矿设备日趋大型化，新设计的选矿厂磨矿设备数量极少采用4台以上，故表7.3.5中磨矿设备数量最多仅列出4台。对于特大型选矿厂，当设备数量多于表7.3.5中所列数量时，设计可根据实际情况确定检修场地大小。

目前选矿厂较少采用螺旋分级机作为分级设备，故本规范规定的检修场地大小与目前很多选矿厂相比较小，也小于《选矿厂设计手册》（冶金工业出版社，1988年版）规定的检修场地，但作为检修场地是可以满足要求的，与国外选矿厂比较还是留有余地的。设计时必须把检修与备品、备件分开处理。

过滤厂房一般不设专门的检修场地，只有在设备数量较多、检修工作量大时，才考虑1跨～2跨检修场地。

7.3.6 大型选矿厂自磨机、半自磨机和球磨机均采用机械手装卸衬板，在磨矿机附近还应考虑机械手的工作场地和停放场地，以及搬运衬板的叉车的通行道。

7.4 药剂储存与制备

7.4.1 选矿厂药剂库与药剂制备室合并建设，优点是可节省中间运输环节，可共用起重设备，操作管理上比较方便；缺点是制备中药剂异味大，对储存作业有一定影响。条文中药剂数量较多的含义，可按人工搬运劳动量较大来理解，也可按一般大、中型浮选厂用量考虑。

7.4.2 药剂制备是浮选厂生产的重要环节，设计中应根据药剂种类及药剂用量来确定制备方法及制备浓度，以方便给药、储存及计量为原则。制备浓度一般为5%～20%，对药剂用量小的可采用低浓度制备，用药量大的则采用高浓度制备。

选矿厂常用的黄药、硫酸锌、硫酸铜及氰化物等易溶于水，可直接按量倒入搅拌槽中加入适量的水配成需要的浓度即可；石灰则需根据来料情况（粉状、块状）、石灰用量，可采用直接添加、搅拌槽消化和磨矿分级三种制备方式；对于凝固点高的药剂，如油酸、脂肪酸等，必须加温溶解，同时在给药机、输送管道及搅拌槽等处设置加温和保温措施；不需溶解的药剂，如煤油、2#油等，可直接给入药剂储存槽。

7.4.3 选矿厂药剂浓度较小，采用自流输送比较有利，国内许多选矿厂大部分采用这种方式，使用效果较好。设计时尽量创造条件，选择好制备室的标高及位置。

7.4.4 药剂储量应按供应点远近、交通运输条件、用量多少确定。按我国运输条件，在药剂生产厂比较少的情况下，储量不宜少于一个月，否则将对生产造成影响。

7.4.5 选矿用的石灰装卸作业是选矿厂的污染源之一，一般均单独建库、建仓储存。储存量按石灰数量、供料地区运输条件而定。总储量按选矿药剂标准执行，宜为30d生产用量。

7.4.6 药剂堆存方式有机械堆存和人工堆存两种，大、中型选矿厂多采用机械堆存方式，堆存机械化不但可提高劳动生产率，还可节省药剂堆存面积。堆存面积除包括药剂存放面积外，尚应包括搬运通道及相应辅助设施所需的面积。

7.4.7 由于选矿药剂种类比较多，各种药剂性质不同，因此药剂库中各种药剂应按其性质（剧毒、易爆、易燃、易潮、怕光等）分类储存，液体与固体应分开储存，并采取相应的措施。如煤油、松油类需防火，黄药、黑药需防晒，酸、碱类需防腐，碳酸钠、漂白粉、硫酸铜等需防潮。

7.4.8 剧毒、强酸、强碱药剂，除解决通风、防火、防晒、防腐、防潮等问题，还必须设置单独的储存、制备间及必要的保安工作，防止被盗。煤油、松油类属可燃药剂，必须满足安全防火要求。

7.5 药 剂 添 加

7.5.1 本条为强制性条文。对氰化钠等剧毒药剂必须单独设药剂添加室，一是保证剧毒药品不流失；二是按本规范第6.4.5条的规定必须配备通风设备，以保证生产操作人员的人身安全。

7.5.2 选矿厂药剂添加室集中配置的主要优点是便于生产管理及给药设备的维护，国内浮选厂多采用这种配置方式。药剂添加室设置观察窗的主要目的是为有利药剂工与操作工之间的联系，特别是对于药剂添加室与给药点很近、实行人工调节药量的选矿厂，必要性更大。室内交接班室应保持良好的通风、卫生条件，为操作工创造良好的操作条件。

7.5.3 黄药及硫化钠等气味大，对人的呼吸系统有强烈刺激，设计时必须重视这一问题。目前常用的减少气味扩散和及时通风换气等措施有一定效果，即在某些设备上或周围设排气罩及抽风系统，将产生的有害气体及时排出。

7.5.4 药剂制备和药剂添加室冲洗水中一般均含有害或有毒成分，直接外排极易造成河流污染，发生人、畜中毒事故，有色金属选矿厂曾有此类教训，须引以为戒。

7.5.5 电缆、动力线、自动控制管线均有防腐要求，如与药剂管道共架敷设，必将给药剂管道维修造成很大困难，维修人员安全难以保证，腐蚀性药剂对电缆、动力线也具有很大威胁。因配置需要，二者必须交叉布置时，交叉处应采取局部保护措施。

7.5.6 药剂添加管道一般分为压入式和自流式。压入式对设备检修影响很小，自流式对起吊设备的零部件有一定影响，设计中应妥善处理。

7.5.7 易于沉淀的药剂，在储存时间较长时，其储药槽内应设搅拌器。但这种搅拌器与搅拌槽中的搅拌器作用不完全相同，不是使液固两相得到混合均匀，而是使混合制备好的药剂溶液不再产生沉淀，为此，可选用低转速的搅拌器。

储药槽的排渣活门不能太小，应采用大的快速开闭阀，既可防止堵塞排口，又可迅速排出槽内残渣及液体。

7.5.8 石灰乳在管道内极易产生结垢和沉积，采用自流管道输送时，由于流速低（一般为1.5m/s～2.0m/s），经常产生堵塞管道、管壁结垢现象，致使生产受到很大影响。为此，目前大部分选矿厂已改为压力循环管添加。

7.5.9 程控给药机及药剂定量泵为有色金属选矿厂使用较多的给药设备。其优点是给药准确、调节方便、耗电少，易于实现给药自动化。当给药点数量多，采用程控给药机比较经济，设计选用时可根据具体情况确定给药机类型。

7.7 过程检测与自动控制

7.7.1 选矿厂的自动化装备水平，应考虑选矿厂生产规模大小、流程复杂程度、大型设备与机组自动化要求、人工操作难易程度等因素，结合使用的仪表可靠程度和具体工作条件来决定。一般来说，生产规模大、采用大型设备、生产系统少的选矿厂，采用自动化控制较为有利，对于稳定生产、稳定和提高选别指标以及节省药剂等方面确有益处，可降低生产成本，所以经济上是合算的。对于中、小型选矿厂的设备机组、作业环节等，可采取局部自动控制。许多黄金选矿厂仅采用一些简易自动控制即有成效，其经验已为小选矿厂设计提供了依据。

7.7.2 对于选矿厂的破碎筛分系统设备开、停车顺序，采用联锁控制，以达到缩短开停车时间、事故自动停车的目的，保证设备运转率。有些地方黄金选矿厂和小型选矿厂，一般都采用了联锁控制，大、中型选矿厂更是如此。

7.7.3 大、中型选矿厂的磨矿系统可采用恒定给矿方法控制磨矿作业，即由电子称与给矿机联锁保持给矿量恒定。大型球磨机在条件具备时，可采用磨矿回路自动调节方法控制磨矿作业，即从给矿机—电子称—磨矿机—分级设备到产品浓细度的回路进行自动控制。德兴铜矿大型球磨机已采用，其他选矿厂也在积极应用。

7.7.4 大型选矿厂自动化水平较高时，应当设集中控制室进行操作，但在参与集中控制的生产设备附近，也应设置可进行人工控制的仪表盘，供必要时进行局部控制。在关键部位设置电视监控系统，便于操作人员即时了解设备运转情况。当采用载流分析时，应经过技术经济比较论证，确定载流分析所使用的设备与仪表的整套装置，落实厂家及其设备应用可靠性。

7.7.5 取样点设置应以满足计算金属平衡为原则，适当照顾生产检查需要，以免过多增加取样点。

7.7.6 本条强调计量是选矿厂生产中重要组成部分，是计算金属平衡的重要手段，设计中不得忽视。

7.7.7 各种计量秤在用于带式输送机时都有具体要求，如带长、带速、安装方式等。违反这些规定和要求，必将影响计量秤的精度。在选择计量秤规格时，应按照设备最大能力或系统的最大能力决定秤量能力，切勿按平均小时生产能力来选择。

7.8 选矿试验室

7.8.1 试验室的主要任务是根据生产过程中矿石性质的变化提供合理的操作条件、改进选矿工艺和解决生产中存在的问题，进行新技术、新工艺、新药剂及综合回收等试验研究工作，并对选矿厂的药剂制度、磨矿粒度和选矿指标进行监督和控制。

7.8.2 常用选矿方法一般只配备小型试验室设备，一般不设扩大连选装置。

7.8.3 根据对国内有关选矿厂的调查，各类型试验室参考建筑面积见表3。

表3 试验室建筑面积（m^2）

试验室类型	试验室规模	
	中型	小型
浮选试验室	200	100
浮磁联合选试验室	230	120
重浮联合选试验室	280	170
重磁浮联合选试验室	310	190

7.8.5 选矿试验室、化验室和技术检查站有分开建设的，也有建在一起的。试验室距离主厂房近便于管理、工作方便。试验室和化验室建在一起，化验室中精密仪器的精度与周围是否存在振源关系极大，因此应与碎磨等产生振动的厂房保持一定的距离，一般不小于50m。

7.9 选矿化验室

7.9.1 化验室分析样品有两类：一类是有计划的经常性任务，如选矿日常生产矿样（含原矿、精矿、尾矿及中间产品）、选矿快速分析样、地质样、采矿样、外销精矿样和水质样等；另一类是不定期的，如选矿流程考察样、选矿试验样和复检样等。

7.9.2 一般化验室具有一般有色金属元素分析功能。而综合化验室在一般化验室的功能基础上，还具有金银等贵金属分析（如试金分析）功能。

7.9.3 化验室规模大小取决于每天分析的样品和元素数量多少。需要的化验工人数取决于分析方法和所分析元素的数量。采用的分析方法不同，需要的分析仪器和人数也不一样。

7.9.5 化验室的建筑面积应按最大班分析任务所需建筑面积来考虑，中型化验室建筑面积应按最大班人数平均每人25m^2～35m^2确定；小型化验室建筑面积应按最大班人数平均每人35m^2～45m^2确定。

中华人民共和国国家标准

复合地基技术规范

Technical code for composite foundation

GB/T 50783—2012

主编部门：浙 江 省 住 房 和 城 乡 建 设 厅
批准部门：中华人民共和国住房和城乡建设部
施行日期：2 0 1 2 年 1 2 月 1 日

中华人民共和国住房和城乡建设部
公　　告

第1486号

住房城乡建设部关于发布国家标准《复合地基技术规范》的公告

现批准《复合地基技术规范》为国家标准，编号为GB/T 50783-2012，自2012年12月1日起实施。

本规范由我部标准定额研究所组织中国计划出版社出版发行。

中华人民共和国住房和城乡建设部
2012年10月11日

前　　言

本规范是根据住房和城乡建设部《关于印发〈2009年工程建设标准规范制订、修订计划〉的通知》(建标〔2009〕88号)的要求，由浙江大学和浙江中南建设集团有限公司会同有关单位共同编制完成的。

本规范在编制过程中，编制组经广泛调查研究，认真总结实践经验，参考有关国内外先进标准，并在广泛征求意见的基础上，最后经审查定稿。

本规范共分17章和1个附录。主要技术内容是：总则、术语和符号、基本规定、复合地基勘察要点、复合地基计算、深层搅拌桩复合地基、高压旋喷桩复合地基、灰土挤密桩复合地基、夯实水泥土桩复合地基、石灰桩复合地基、挤密砂石桩复合地基、置换砂石桩复合地基、强夯置换墩复合地基、刚性桩复合地基、长-短桩复合地基、桩网复合地基、复合地基监测与检测要点等。

本规范由住房和城乡建设部负责管理，由浙江大学负责具体技术内容的解释。执行过程中如有意见或建议，请寄送浙江大学《复合地基技术规范》管理组(地址：杭州余杭塘路388号浙江大学紫金港校区安中大楼B416室，邮政编码：310058)，以供今后修订时参考。

本规范主编单位：浙江大学
浙江中南建设集团有限公司

本规范参编单位：同济大学
天津大学
长安大学
太原理工大学
湖南大学
福建省建筑科学研究院
中国铁道科学研究院深圳研究设计院
浙江省建筑设计研究院
中国水电顾问集团华东勘察设计研究院
广厦建设集团有限责任公司
中国铁建港航局集团有限公司
甘肃土木工程科学研究院
吉林省建筑设计院有限责任公司
湖北省建筑科学研究设计院
中国兵器工业北方勘察设计研究院
武汉谦诚建设集团有限公司
浙江省东阳第三建筑工程有限公司
现代建筑设计集团上海申元岩土工程有限公司
河北省建筑科学研究院

本规范主要起草人员：龚晓南　水伟厚　王长科
王占雷　白纯真　叶观宝
刘国楠　刘吉福　刘世明
刘兴旺　刘志宏　陈昌富

陈振建　陈　磊　李　斌
张雪婵　林炎飞　郑　刚
周　建　郭泽猛　施祖元
袁内镇　章建松　葛忻声
童林明　谢永利　滕文川

本规范主要审查人员：张苏民　张　雁　钱力航
刘松玉　汪　稔　张建民
陆　新　陆耀忠　周质炎
高玉峰　倪士坎　徐一骐

目　次

Contents

1 总　　则

1.0.1 为在复合地基设计、施工和质量检验中贯彻国家的技术经济政策，做到保证质量、保护环境、节约能源、安全适用、经济合理和技术先进，制定本规范。

1.0.2 本规范适用于复合地基的设计、施工及质量检验。

1.0.3 复合地基的设计、施工及质量检验，应综合分析场地工程地质和水文地质条件、上部结构和基础形式、荷载特征、施工工艺、检验方法和环境条件等影响因素，注重概念设计，遵循因地制宜、就地取材、保护环境和节约资源的原则。

1.0.4 复合地基的设计、施工及质量检验，除应符合本规范外，尚应符合国家现行有关标准的规定。

2 术语和符号

2.1 术　　语

2.1.1 复合地基　composite foundation

天然地基在地基处理过程中，部分土体得到增强，或被置换，或在天然地基中设置加筋体，由天然地基土体和增强体两部分组成共同承担荷载的人工地基。

2.1.2 桩体复合地基　pile composite foundation

以桩作为地基中的竖向增强体并与地基土共同承担荷载的人工地基，又称竖向增强体复合地基。根据桩体材料特性的不同，可分为散体材料桩复合地基、柔性桩复合地基和刚性桩复合地基。

2.1.3 散体材料桩复合地基　granular column composite foundation

以砂桩、砂石桩和碎石桩等散体材料桩作为竖向增强体的复合地基。

2.1.4 柔性桩复合地基　flexible pile composite foundation

以柔性桩作为竖向增强体的复合地基。如水泥土桩、灰土桩和石灰桩等。

2.1.5 刚性桩复合地基　rigid pile composite foundation

以摩擦型刚性桩作为竖向增强体的复合地基。如钢筋混凝土桩、素混凝土桩、预应力管桩、大直径薄壁筒桩、水泥粉煤灰碎石桩（CFG 桩）、二灰混凝土桩和钢管桩等。

2.1.6 深层搅拌桩复合地基　deep mixing column composite foundation

以深层搅拌桩作为竖向增强体的复合地基。

2.1.7 高压旋喷桩复合地基　jet grouting column composite foundation

以高压旋喷桩作为竖向增强体的复合地基。

2.1.8 夯实水泥土桩复合地基　compacted cement-soil column composite foundation

将水泥和素土按一定比例拌和均匀，夯填到桩孔内形成具有一定强度的夯实水泥土桩，由夯实水泥土桩和被挤密的桩间土形成的复合地基。

2.1.9 灰土挤密桩复合地基　compacted lime-soil column composite foundation

由填夯形成的灰土桩和被挤密的桩间土形成的复合地基。

2.1.10 石灰桩复合地基　lime column composite foundation

以生石灰为主要黏结材料形成的石灰桩作为竖向增强体的复合地基。

2.1.11 挤密砂石桩复合地基　compacted stone column composite foundation

采用振冲法或振动沉管法等工法在地基中设置砂石桩，在成桩过程中桩间土被挤密或振密。由砂石桩和被挤密的桩间土形成的复合地基。

2.1.12 置换砂石桩复合地基　replaced stone column composite foundation

采用振冲法或振动沉管法等工法在饱和黏性土地基中设置砂石桩，在成桩过程中只有置换作用，桩间土未被挤密或振密。由砂石桩和桩间土形成的复合地基。

2.1.13 强夯置换墩复合地基　dynamic-replaced stone column composite foundation

将重锤提到高处使其自由下落形成夯坑，并不断向夯坑回填碎石等坚硬粗粒料，在地基中形成密实置换墩体。由墩体和墩间土形成的复合地基。

2.1.14 混凝土桩复合地基　concrete pile composite foundation

以摩擦型混凝土桩作为竖向增强体的复合地基。

2.1.15 钢筋混凝土桩复合地基　reinforced-concrete pile composite foundation

以摩擦型钢筋混凝土桩作为竖向增强体的复合地基。

2.1.16 长-短桩复合地基　long and short pile composite foundation

以长桩和短桩共同作为竖向增强体的复合地基。

2.1.17 桩网复合地基　pile-reinforced earth composite foundation

在刚性桩复合地基上铺设加筋垫层形成的人工地基。

2.1.18 复合地基置换率　replacement ratio of composite foundation

复合地基中桩体的横截面积与该桩体所承担的复合地基面积的比值。

2.1.19 荷载分担比 load distribution ratio

复合地基中桩体承担的荷载与桩间土承担的荷载的比值。

2.1.20 桩土应力比 stress ratio of pile to soil

复合地基中桩体上的平均竖向应力和桩间土上的平均竖向应力的比值。

2.2 符 号

2.2.1 几何参数：

a——桩帽边长；

A——单桩承担的地基处理面积；

A_p——单桩（墩）截面积；

D——基础埋置深度；

d——桩（墩）体直径；

d_e——单根桩分担的地基处理面积的等效圆直径；

h——复合地基加固区的深度；

h_1——垫层厚度；

h_2——垫层之上最小设计填土厚度；

l——桩长；

l_i——第 i 层土的厚度；

m——复合地基置换率；

S——桩间距；

u_p——桩（墩）的截面周长。

2.2.2 作用和作用效应：

E——强夯置换法的单击夯击能；

p_{cz}——软弱下卧层顶面处地基土的自重压力值；

p_k——相应于荷载效应标准组合时，作用在复合地基上的平均压力值；

p_{kmax}——相应于荷载效应标准组合时，作用在基础底面边缘处复合地基上的最大压力值；

p_z——荷载效应标准组合时，软弱下卧层顶面处的附加压力值；

Δp_i——第 i 层土的平均附加应力增量；

Q——刚性桩桩顶附加荷载；

Q_n^g——桩侧负摩阻力引起的下拉荷载标准值；

s——复合地基沉降量；

s_1——复合地基加固区复合土层压缩变形量；

s_2——加固区下卧土层压缩变形量；

T_t——荷载效应标准组合时最危险滑动面上的总剪切力；

T_s——最危险滑动面上的总抗剪切力。

2.2.3 抗力和材料性能：

c_u——饱和黏性土不排水抗剪强度；

D_{r1}——地基挤密后要求砂土达到的相对密实度；

E_p——桩体压缩模量；

E_s——桩间土压缩模量；

$\overline{E}_s$——地基变形计算深度范围内土的压缩模量当量值；

E_{sp}——复合地基压缩模量；

e_0——地基处理前土体的孔隙比；

e_1——地基挤密后要求达到的孔隙比；

e_{max}——砂土的最大孔隙比；

e_{min}——砂土的最小孔隙比；

f_a——复合地基经深度修正后的承载力特征值；

f_{az}——软弱下卧层顶面处经深度修正后的地基承载力特征值；

f_{cu}——桩体抗压强度平均值；

f_{sk}——桩间土地基承载力特征值；

f_{spk}——复合地基承载力特征值；

I_p——塑性指数；

q_p——桩（墩）端土地基承载力特征值；

q_{si}——第 i 层土的桩（墩）侧摩阻力特征值；

R_a——单桩竖向抗压承载力特征值；

T——加筋体抗拉强度设计值；

σ_{ru}——桩周土所能提供的最大侧限力；

φ——填土的摩擦角，黏性土取综合摩擦角；

γ_{cm}——桩帽之上填土的平均重度；

γ_d——土的干重度；

γ_{dmax}——击实试验确定的最大干重度；

γ_m——基础底面以上土的加权平均重度；

γ_s——桩间土体重度；

γ_{sp}——加固土层重度。

2.2.4 计算系数：

A_i——第 i 层土附加应力系数沿土层厚度的积分值；

K——安全系数；

K_p——被动土压力系数；

k_p——复合地基中桩体实际竖向抗压承载力的修正系数；

k_s——复合地基中桩间土地基实际承载力的修正系数；

n——桩土应力比；

λ_p——桩体竖向抗压承载力发挥系数；

λ_s——桩间土地基承载力发挥系数；

α——桩端土地基承载力折减系数；

β_p——桩体竖向抗压承载力修正系数；

β_s——桩间土地基承载力修正系数；

ψ_p——刚性桩桩体压缩经验系数；

ψ_s——沉降计算经验系数；

ψ_{s1}——复合地基加固区复合土层压缩变形量计算经验系数；

ψ_{s2}——复合地基加固区下卧土层压缩变形量计算经验系数；

ξ——挤密砂石桩桩间距修正系数；

η——桩体强度折减系数；

λ_c——挤密桩孔底填料压实系数。

3 基本规定

3.0.1 复合地基设计前，应具备岩土工程勘察、上部结构及基础设计和场地环境等有关资料。

3.0.2 复合地基设计应根据上部结构对地基处理的要求、工程地质和水文地质条件、工期、地区经验和环境保护要求等，提出技术上可行的方案，经过技术经济比较，选用合理的复合地基形式。

3.0.3 复合地基设计应进行承载力和沉降计算，其中用于填土路堤和柔性面层堆场等工程的复合地基除应进行承载力和沉降计算外，尚应进行稳定分析；对位于坡地、岸边的复合地基均应进行稳定分析。

3.0.4 在复合地基设计中，应根据各类复合地基的荷载传递特性，保证复合地基中桩体和桩间土在荷载作用下能够共同承担荷载。

3.0.5 复合地基中由桩周土和桩端土提供的单桩竖向承载力和桩身承载力，均应符合设计要求。

3.0.6 复合地基应按上部结构、基础和地基共同作用的原理进行设计。

3.0.7 复合地基设计应符合下列规定：

1 宜根据建筑物的结构类型、荷载大小及使用要求，结合工程地质和水文地质条件、基础形式、施工条件、工期要求及环境条件进行综合分析，并进行技术经济比较，选用一种或几种可行的复合地基方案。

2 对大型和重要工程，应对已选用的复合地基方案，在有代表性的场地上进行相应的现场试验或试验性施工，并应检验设计参数和处理效果，通过分析比较选择和优化设计方案。

3 在施工过程中应进行监测，当监测结果未达到设计要求时，应及时查明原因，并应修改设计或采用其他必要措施。

3.0.8 对工后沉降控制较严的复合地基应按沉降控制的原则进行设计。

3.0.9 复合地基上宜设置垫层。垫层设置范围、厚度和垫层材料，应根据复合地基的形式、桩土相对刚度和工程地质条件等因素确定。

3.0.10 复合地基应保证安全施工，施工中应重视环境效应，并应遵循信息化施工原则。

3.0.11 复合地基勘察和设计中应评价及处理场地中水、土等对所用钢材、混凝土和土工合成材料等的腐蚀性。

4 复合地基勘察要点

4.0.1 对根据初步勘察或附近场地地质资料和地基处理经验初步确定采用复合地基处理方案的场地，进一步勘察前应搜集附近场地的地质资料及地基处理经验，并应结合工程特点和设计要求，明确勘察任务和重点。

4.0.2 控制性勘探孔的深度应满足复合地基沉降计算的要求；需验算地基稳定性时，勘探孔布置和勘察孔深度应满足稳定性验算的需要。

4.0.3 拟采用复合地基的场地，其岩土工程勘察应包括下列内容：

1 查明场地地形、地貌和周边环境，并评价地基处理对附近建（构）筑物、管线等的影响。

2 查明勘探深度内土的种类、成因类型、沉积时代及土层空间分布。

3 查明大粒径块石、地下洞穴、植物残体、管线、障碍物等可能影响复合地基中增强体施工的因素，对地基处理工程有影响的多层含水层应分层测定其水位，软弱黏性土层宜根据地区土质，查明其灵敏度。

4 应查明拟采用的复合地基中增强体的侧摩阻力、端阻力及土的压缩曲线和压缩模量，对柔性桩（墩）应查明未经修正的桩端土地基承载力。对软黏土地基应查明土体的固结系数。

5 对需要进行稳定分析的复合地基应查明黏性土层土体的抗剪强度指标以及土体不排水抗剪强度。

6 复合地基中增强体施工对加固区土体挤密或扰动程度较高时，宜测定增强体施工后加固区土体的压缩性指标和抗剪强度指标。

7 路堤、堤坝、堆场工程的复合地基应查明填料或堆料的种类、重度、直接快剪强度指标等。

8 应根据拟采用复合地基中增强体类型按表4.0.3的要求查明地质参数。

表4.0.3 不同增强体类型需查明的参数

序号	增强体类型	需查明的参数
1	深层搅拌桩	含水量，pH值，有机质含量，地下水和土的腐蚀性，黏性土的塑性指数和超固结度
2	高压旋喷桩	pH值，有机质含量，地下水和土的腐蚀性，黏性土的超固结度
3	灰土挤密桩	地下水位，含水量，饱和度，干密度，最大干密度，最优含水量，湿陷性黄土的湿陷性类别、（自重）湿陷系数、湿陷起始压力及场地湿陷性评价，其他湿陷性土的湿陷程度、地基的湿陷等级
4	夯实水泥土桩	地下水位，含水量，pH值，有机质含量，地下水和土的腐蚀性，用于湿陷性地基时参考灰土挤密桩
5	石灰桩	地下水位，含水量，塑性指数
6	挤密砂石桩	砂土、粉土的黏粒含量，液化评价，天然孔隙比，最大孔隙比，最小孔隙比，标准贯入击数

续表 4.0.3

序号	增强体类型	需查明的参数
7	置换砂石桩	软黏土的含水量，不排水抗剪强度，灵敏度
8	强夯置换墩	软黏土的含水量，不排水抗剪强度，灵敏度，标准贯入或动力触探击数，液化评价
9	刚性桩	地下水和土的腐蚀性，不排水抗剪强度，软黏土的超固结度，灌注桩尚应测定软黏土的含水量

5 复合地基计算

5.1 荷载计算

5.1.1 复合地基设计时，所采用的荷载效应最不利组合与相应的抗力限值应符合下列规定：

1 按复合地基承载力确定复合地基承受荷载作用面积及埋深，传至复合地基面上的荷载效应应按正常使用极限状态下荷载效应的标准组合，相应的抗力应采用复合地基承载力特征值。

2 计算复合地基变形时，传至复合地基面上的荷载效应应按正常使用极限状态下荷载效应的准永久组合，不应计入风荷载和地震作用，相应的限值应为复合地基变形允许值。

3 复合地基稳定分析中，传至复合地基面上的荷载效应应按正常使用极限状态下荷载效应的标准组合，相应的抗力应用复合地基中增强体和地基土体抗剪强度标准值进行计算。

5.1.2 正常使用极限状态下，荷载效应组合的设计值应按下列规定采用：

1 对于标准组合，荷载效应组合的设计值（S_{k1}）应按下式计算：

$$S_{k1}=S_{Gk}+S_{Q1k}+\sum_{i=2}^{n}\psi_{ci}S_{Qik} \quad (5.1.2\text{-}1)$$

式中：S_{Gk}——按永久荷载标准值计算的荷载效应值；

S_{Q1k}——按起控制性作用的可变荷载标准值计算的荷载效应值；

S_{Qik}——按其他可变荷载标准值计算的荷载效应值；

ψ_{ci}——其他可变荷载的标准组合值系数，按现行国家标准《建筑结构荷载规范》GB 50009的有关规定取值。

2 对于准永久组合，荷载效应组合的设计值（S_{k2}）应按下式计算：

$$S_{k2}=S_{Gk}+\sum_{i=1}^{n}\psi_{qi}S_{Qik} \quad (5.1.2\text{-}2)$$

式中：S_{Qik}——按可变荷载标准值计算的荷载效应值；

ψ_{qi}——可变荷载的准永久组合值系数，按现行相关荷载规范取值。

5.1.3 作用在复合地基上的压力应符合下列规定：

1 轴心荷载作用时：

$$p_k\leqslant f_a \quad (5.1.3\text{-}1)$$

式中：p_k——相应于荷载效应标准组合时，作用在复合地基上的平均压力值（kPa）；

f_a——复合地基经深度修正后的承载力特征值（kPa）。

2 偏心荷载作用时，作用在复合地基上的压力除应符合公式5.1.3-1的要求外，尚应符合下式要求：

$$p_{kmax}\leqslant 1.2f_a \quad (5.1.3\text{-}2)$$

式中：p_{kmax}——相应于荷载效应标准组合时，作用在基础底面边缘处复合地基上的最大压力值（kPa）。

5.2 承载力计算

5.2.1 复合地基承载力特征值应通过复合地基竖向抗压载荷试验或综合桩体竖向抗压载荷试验和桩间土地基竖向抗压载荷试验，并结合工程实践经验综合确定。初步设计时，复合地基承载力特征值也可按下列公式估算：

$$f_{spk}=k_p\lambda_p mR_a/A_p+k_s\lambda_s(1-m)f_{sk} \quad (5.2.1\text{-}1)$$

$$f_{spk}=\beta_p mR_a/A_p+\beta_s(1-m)f_{sk} \quad (5.2.1\text{-}2)$$

$$\beta_p=k_p\lambda_p \quad (5.2.1\text{-}3)$$

$$\beta_s=k_s\lambda_s \quad (5.2.1\text{-}4)$$

$$m=d^2/d_e^2 \quad (5.2.1\text{-}5)$$

式中：A_p——单桩截面积（m^2）；

R_a——单桩竖向抗压承载力特征值（kN）；

f_{sk}——桩间土地基承载力特征值（kPa）；

m——复合地基置换率；

d——桩体直径（m）；

d_e——单根桩分担的地基处理面积的等效圆直径（m）；

k_p——复合地基中桩体实际竖向抗压承载力的修正系数，与施工工艺、复合地基置换率、桩间土的工程性质、桩体类型等因素有关，宜按地区经验取值；

k_s——复合地基中桩间土地基实际承载力的修正系数，与桩间土的工程性质、施工工艺、桩体类型等因素有关，宜按地区经验取值；

λ_p——桩体竖向抗压承载力发挥系数，反映复合地基破坏时桩体竖向抗压承载力发挥度，宜按地区经验取值；

λ_s——桩间土地基承载力发挥系数，反映复合地基破坏时桩间地基承载力发挥度，宜按桩间土的工程性质、地区经验取值；

β_p——桩体竖向抗压承载力修正系数，宜综合复合地基中桩体实际竖向抗压承载力和复合地基破坏时桩体的竖向抗压承载力发挥度，结合工程经验取值；

β_s——桩间土地基承载力修正系数，宜综合复合地基中桩间土地基实际承载力和复合地基破坏时桩间土地基承载力发挥度，结合工程经验取值。

5.2.2 复合地基竖向增强体采用柔性桩和刚性桩时，柔性桩和刚性桩的竖向抗压承载力特征值应通过单桩竖向抗压载荷试验确定。初步设计时，由桩周土和桩端土的抗力可能提供的单桩竖向抗压承载力特征值应按公式（5.2.2-1）计算；由桩体材料强度可能提供的单桩竖向抗压承载力特征值应按公式（5.2.2-2）计算：

$$R_a = u_p \sum_{i=1}^{n} q_{si} l_i + \alpha q_p A_p \tag{5.2.2-1}$$

$$R_a = \eta f_{cu} A_p \tag{5.2.2-2}$$

式中：R_a——单桩竖向抗压承载力特征值（kN）；

A_p——单桩截面积（m^2）；

u_p——桩的截面周长（m）；

n——桩长范围内所划分的土层数；

q_{si}——第 i 层土的桩侧摩阻力特征值（kPa）；

l_i——桩长范围内第 i 层土的厚度（m）；

q_p——桩端土地基承载力特征值（kPa）；

α——桩端土地基承载力折减系数；

f_{cu}——桩体抗压强度平均值（kPa）；

η——桩体强度折减系数。

5.2.3 复合地基竖向增强体采用散体材料桩时，散体材料桩竖向抗压承载力特征值应通过单桩竖向抗压载荷试验确定。初步设计时，散体材料桩竖向抗压承载力特征值可按下式估算：

$$R_a = \sigma_{ru} K_p A_p \tag{5.2.3}$$

式中：R_a——单桩竖向抗压承载力特征值（kN）；

A_p——单桩截面积（m^2）；

σ_{ru}——桩周土所能提供的最大侧限力（kPa）；

K_p——被动土压力系数。

5.2.4 复合地基处理范围以下存在软弱下卧层时，下卧层承载力应按下式验算：

$$p_z + p_{cz} \leqslant f_{az} \tag{5.2.4}$$

式中：p_z——荷载效应标准组合时，软弱下卧层顶面处的附加压力值（kPa）；

p_{cz}——软弱下卧层顶面处地基土的自重压力值（kPa）；

f_{az}——软弱下卧层顶面处经深度修正后的地基承载力特征值（kPa）。

5.2.5 当采用长-短桩复合地基时，复合地基承载力特征值可按下式计算：

$$f_{spk} = \beta_{p1} m_1 R_{a1} / A_{p1} + \beta_{p2} m_2 R_{a2} / A_{p2} + \beta_s (1 - m_1 - m_2) f_{sk} \tag{5.2.5}$$

式中：A_{p1}——长桩的单桩截面积（m^2）；

A_{p2}——短桩的单桩截面积（m^2）；

R_{a1}——长桩单桩竖向抗压承载力特征值（kN）；

R_{a2}——短桩单桩竖向抗压承载力特征值（kN）；

f_{sk}——桩间土地基承载力特征值（kPa）；

m_1——长桩的面积置换率；

m_2——短桩的面积置换率；

β_{p1}——长桩竖向抗压承载力修正系数，宜综合复合地基中长桩实际竖向抗压承载力和复合地基破坏时长桩竖向抗压承载力发挥度，结合工程经验取值；

β_{p2}——短桩竖向抗压承载力修正系数，宜综合复合地基中短桩实际竖向抗压承载力和复合地基破坏时短桩竖向抗压承载力发挥度，结合工程经验取值；

β_s——桩间土地基承载力修正系数，宜综合复合地基中桩间土地基实际承载力和复合地基破坏时桩间土地基承载力发挥度，结合工程经验取值。

5.2.6 复合地基承载力的基础宽度承载力修正系数应取0；基础埋深的承载力修正系数应取1.0。修正后的复合地基承载力特征值（f_a）应按下式计算：

$$f_a = f_{spk} + \gamma_m (D - 0.5) \tag{5.2.6}$$

式中：f_{spk}——复合地基承载力特征值（kPa）；

γ_m——基础底面以上土的加权平均重度（kN/m^3），地下水位以下取浮重度；

D——基础埋置深度（m），在填方整平地区，可自填土地面标高算起，但填土在上部结构施工完成后进行时，应从天然地面标高算起。

5.3 沉降计算

5.3.1 复合地基的沉降由垫层压缩变形量、加固区复合土层压缩变形量（s_1）和加固区下卧土层压缩变形量（s_2）组成。当垫层压缩变形量小，且在施工期已基本完成时，可忽略不计。复合地基沉降可按下式计算：

$$s = s_1 + s_2 \tag{5.3.1}$$

式中：s_1——复合地基加固区复合土层压缩变形量（mm）；

s_2——加固区下卧土层压缩变形量（mm）。

5.3.2 复合地基加固区复合土层压缩变形量（s_1）宜根据复合地基类型分别按下列公式计算：

1 散体材料桩复合地基和柔性桩复合地基，可按下列公式计算：

$$s_1 = \psi_{s1} \sum_{i=1}^{n} \frac{\Delta p_i}{E_{spi}} l_i \quad (5.3.2\text{-}1)$$

$$E_{spi} = mE_{pi} + (1-m)E_{si} \quad (5.3.2\text{-}2)$$

式中：Δp_i——第 i 层土的平均附加应力增量（kPa）；

l_i——第 i 层土的厚度（mm）；

m——复合地基置换率；

ψ_{s1}——复合地基加固区复合土层压缩变形量计算经验系数，根据复合地基类型、地区实测资料及经验确定；

E_{spi}——第 i 层复合土体的压缩模量（kPa）；

E_{pi}——第 i 层桩体压缩模量（kPa）；

E_{si}——第 i 层桩间土压缩模量（kPa），宜按当地经验取值，如无经验，可取天然地基压缩模量。

2 刚性桩复合地基可按下式计算：

$$s_1 = \psi_p \frac{Ql}{E_p A_p} \quad (5.3.2\text{-}3)$$

式中：Q——刚性桩桩顶附加荷载（kN）；

l——刚性桩桩长（mm）；

E_p——桩体压缩模量（kPa）；

A_p——单桩截面积（m^2）；

ψ_p——刚性桩桩体压缩经验系数，宜综合考虑刚性桩长细比、桩端刺入量，根据地区实测资料及经验确定。

5.3.3 复合地基加固区下卧土层压缩变形量（s_2），可按下式计算：

$$s_2 = \psi_{s2} \sum_{i=1}^{n} \frac{\Delta p_i}{E_{si}} l_i \quad (5.3.3)$$

式中：Δp_i——第 i 层土的平均附加应力增量（kPa）；

l_i——第 i 层土的厚度（mm）；

E_{si}——基础底面下第 i 层土的压缩模量（kPa）；

ψ_{s2}——复合地基加固区下卧土层压缩变形量计算经验系数，根据复合地基类型地区实测资料及经验确定。

5.3.4 作用在复合地基加固区下卧层顶部的附加压力宜根据复合地基类型采用不同方法。对散体材料桩复合地基宜采用压力扩散法计算，对刚性桩复合地基宜采用等效实体法计算，对柔性桩复合地基，可根据桩土模量比大小分别采用等效实体法或压力扩散法计算。

5.3.5 当采用长-短桩复合地基时，复合地基的沉降应由垫层压缩量、加固区复合土层压缩变形量（s_1）和加固区下卧土层压缩变形量（s_2）组成。加固区复合土层压缩变形量（s_1）应由短桩范围内复合土层压缩变形量（s_{11}）和短桩以下只有长桩部分复合土层压缩变形量（s_{12}）组成。垫层压缩量小，且在施工期已基本完成时，可忽略不计。长-短桩复合地基的沉降宜按下式计算：

$$s = s_{11} + s_{12} + s_2 \quad (5.3.5)$$

5.3.6 长-短复合地基中短桩范围内复合土层压缩变形量（s_{11}）和短桩以下只有长桩部分复合土层压缩变形量（s_{12}）可按本规范公式（5.3.2-1）计算，加固区下卧土层压缩变形量（s_2）可按本规范公式（5.3.3）计算。短桩范围内第 i 层复合土体的压缩模量（E_{spi}），可按下式计算：

$$E_{spi} = m_1 E_{p1i} + m_2 E_{p2i} + (1 - m_1 - m_2) E_{si} \quad (5.3.6)$$

式中：E_{p1i}——第 i 层长桩桩体压缩模量（kPa）；

E_{p2i}——第 i 层短桩桩体压缩模量（kPa）；

m_1——长桩的面积置换率；

m_2——短桩的面积置换率；

E_{si}——第 i 层桩间土压缩模量（kPa），宜按当地经验取值，无经验时，可取天然地基压缩模量。

5.4 稳 定 分 析

5.4.1 在复合地基稳定分析中，所采用的稳定分析方法、计算参数、计算参数的测定方法和稳定安全系数取值应相互匹配。

5.4.2 复合地基稳定分析可采用圆弧滑动总应力法进行分析。稳定安全系数应按下式计算：

$$K = \frac{T_s}{T_t} \quad (5.4.2)$$

式中：T_t——荷载效应标准组合时最危险滑动面上的总剪切力（kN）；

T_s——最危险滑动面上的总抗剪切力（kN）；

K——安全系数。

5.4.3 复合地基竖向增强体应深入设计要求安全度对应的危险滑动面下至少 2m。

5.4.4 复合地基稳定分析方法宜根据复合地基类型合理选用。

6 深层搅拌桩复合地基

6.1 一 般 规 定

6.1.1 深层搅拌桩可采用喷浆搅拌法或喷粉搅拌法施工。深层搅拌桩复合地基可用于处理正常固结的淤泥与淤泥质土、素填土、软塑～可塑黏性土、松散～中密粉细砂、稍密～中密粉土、松散～稍密中粗砂及黄土等地基。当地基土的天然含水量小于30%或黄土含水量小于25%时，不宜采用喷粉搅拌法。

含大孤石或障碍物较多且不易清除的杂填土、硬塑及坚硬的黏性土、密实的砂土，以及地下水呈流动状态的土层，不宜采用深层搅拌桩复合地基。

6.1.2 深层搅拌桩复合地基用于处理泥炭土、有机质含量较高的土、塑性指数（I_p）大于 25 的黏土、地下水的pH值小于4和地下水具有腐蚀性，以及无工程经验的地区时，应通过现场试验确定其适用性。

6.1.3 深层搅拌桩可与堆载预压法及刚性桩联合应用。

6.1.4 确定处理方案前应搜集拟处理区域内详尽的岩土工程资料。

6.1.5 设计前应进行拟处理土的室内配比试验，应针对现场拟处理土层的性质，选择固化剂和外掺剂类型及其掺量。固化剂为水泥的水泥土强度宜取90d龄期试块的立方体抗压强度平均值。

6.2 设　计

6.2.1 固化剂宜选用强度等级为42.5级及以上的水泥或其他类型的固化剂。固化剂掺入比应根据设计要求的固化土强度经室内配比试验确定。喷浆搅拌法的水泥浆水灰比应根据施工时的可喷性和不同的施工机械合理选用。外掺剂可根据设计要求和土质条件选用具有早强、缓凝、减水以及节省水泥等作用的材料，且应避免污染环境。

6.2.2 深层搅拌桩的长度应根据上部结构对承载力和变形的要求确定，并宜穿透软弱土层到达承载力相对较高的土层。为提高抗滑稳定性而设置的搅拌桩，其桩长应深入加固后最危险滑弧以下至少2m。

设计桩长应根据施工机械的能力确定，喷浆搅拌法的加固深度不宜大于20m；喷粉搅拌法的加固深度不宜大于15m。搅拌桩的桩径不应小于500mm。

6.2.3 深层搅拌桩复合地基承载力特征值应通过复合地基竖向抗压载荷试验或根据综合桩体竖向抗压载荷试验和桩间土地基竖向抗压载荷试验测定。初步设计时也可按本规范公式5.2.1-2估算，其中β_p宜按当地经验取值，无经验时可取0.85～1.00，设置垫层时应取低值；β_s宜按当地经验取值，当桩端土未经修正的承载力特征值大于桩周土地基承载力特征值的平均值时，可取0.10～0.40，差值大时应取低值；当桩端土未经修正的承载力特征值小于或等于桩周土地基承载力特征值的平均值时，可取0.50～0.95，差值大时或填土路堤和柔性面层堆场及设置垫层时应取高值；处理后桩间土地基承载力特征值（f_{sk}），可取天然地基承载力特征值。

6.2.4 单桩竖向抗压承载力特征值应通过现场竖向抗压载荷试验确定。初步设计时也可按本规范公式（5.2.2-1）和公式（5.2.2-2）进行估算，并应取其中较小值，其中f_{cu}应为90d龄期的水泥土立方体试块抗压强度平均值；喷粉深层搅拌法η可取0.20～0.30，喷浆深层搅拌法η可取0.25～0.33。

6.2.5 采用深层搅拌桩复合地基宜在基础和复合地基之间设置垫层。垫层厚度可取150mm～300mm。垫层材料可选用中砂、粗砂、级配砂石等，最大粒径不宜大于20mm。填土路堤和柔性面层堆场下垫层中宜设置一层或多层水平加筋体。

6.2.6 深层搅拌桩复合地基中的桩长超过10m时，可采用变掺量设计。

6.2.7 深层搅拌桩的平面布置可根据上部结构特点及对地基承载力和变形的要求，采用正方形、等边三角形等布桩形式。桩可只在基础平面范围内布置，独立基础下的桩数不宜少于3根。

6.2.8 当深层搅拌桩处理深度以下存在软弱下卧层时，应按本规范第5.2.4条的有关规定进行下卧层承载力验算。

6.2.9 深层搅拌桩复合地基沉降应按本规范第5.3.1条～第5.3.4条的有关规定进行计算。计算采用的附加应力应从基础底面起算。复合土层的压缩模量可按本规范公式（5.3.2-2）计算，其中E_p可取桩体水泥土强度的100倍～200倍，桩较短或桩体强度较低者可取低值，桩较长或桩体强度较高者可取高值。

6.3 施　工

6.3.1 深层搅拌桩施工现场应预先平整，应清除地上和地下的障碍物。遇有明浜、池塘及洼地时，应抽水和清淤，应回填黏性土料并应压实，不得回填杂填土或生活垃圾。

6.3.2 深层搅拌桩施工前应根据设计进行工艺性试桩，数量不得少于2根。当桩周为成层土时，对于软弱土层宜增加搅拌次数或增加水泥掺量。

6.3.3 深层搅拌桩的喷浆（粉）量和搅拌深度应采用经国家计量部门认证的监测仪器进行自动记录。

6.3.4 搅拌头翼片的枚数、宽度与搅拌轴的垂直夹角，搅拌头的回转数，搅拌头的提升速度应相互匹配。加固深度范围内土体任何一点均应搅拌20次以上。搅拌头的直径应定期复核检查，其磨耗量不得大于10mm。

6.3.5 成桩应采用重复搅拌工艺，全桩长上下应至少重复搅拌一次。

6.3.6 深层搅拌桩施工时，停浆（灰）面应高于桩顶设计标高300mm～500mm。在开挖基础时，应将搅拌桩顶端施工质量较差的桩段用人工挖除。

6.3.7 施工中应保持搅拌桩机底盘水平和导向架竖直，搅拌桩垂直度的允许偏差为1%；桩位的允许偏差为50mm；成桩直径和桩长不得小于设计值。

6.3.8 深层搅拌桩施工应根据喷浆搅拌法和喷粉搅拌法施工设备的不同，按下列步骤进行：

1 深层搅拌机械就位、调平。

2 预搅下沉至设计加固深度。

3 边喷浆（粉）、边搅拌提升直至预定的停浆（灰）面。

4 重复搅拌下沉至设计加固深度。

5 根据设计要求，喷浆（粉）或仅搅拌提升直至预定的停浆（灰）面。

6 关闭搅拌机械。

Ⅰ 喷浆搅拌法

6.3.9 施工前应确定灰浆泵输浆量、灰浆经输浆管到达搅拌机喷浆口的时间和起吊设备提升速度等施工参数，宜用流量泵控制输浆速度，注浆泵出口压力应保持在 0.4MPa～0.6MPa，并应使搅拌提升速度与输浆速度同步，同时应根据设计要求通过工艺性成桩试验确定施工工艺。

6.3.10 所使用的水泥应过筛，制备好的浆液不得离析，泵送应连续。拌制水泥浆液的罐数、水泥和外掺剂用量以及泵送浆液的时间等，应有专人记录。

6.3.11 搅拌机喷浆提升的速度和次数应符合施工工艺的要求，并应有专人记录。

6.3.12 当水泥浆液到达出浆口后，应喷浆搅拌 30s，应在水泥浆与桩端土充分搅拌后，再开始提升搅拌头。

Ⅱ 喷粉搅拌法

6.3.13 喷粉施工前应仔细检查搅拌机械、供粉泵、送气（粉）管路、接头和阀门的密封性、可靠性。送气（粉）管路的长度不宜大于 60m。

6.3.14 搅拌头每旋转一周，其提升高度不得超过 16mm。

6.3.15 成桩过程中因故停止喷粉，应将搅拌头下沉至停灰面以下 1m 处，并应待恢复喷粉时再喷粉搅拌提升。

6.3.16 需在地基土天然含水量小于 30%土层中喷粉成桩时，应采用地面注水搅拌工艺。

6.4 质量检验

6.4.1 深层搅拌桩施工过程中应随时检查施工记录和计量记录，并应对照规定的施工工艺对每根桩进行质量评定，应对固化剂用量、桩长、搅拌头转数、提升速度、复搅次数、复搅深度以及停浆处理方法等进行重点检查。

6.4.2 深层搅拌桩的施工质量检验数量应符合设计要求，并应符合下列规定：

1 成桩 7d 后，应采用浅部开挖桩头，深度宜超过停浆（灰）面下 0.5m，应目测检查搅拌的均匀性，并应量测成桩直径。

2 成桩 28d 后，应用双管单动取样器钻取芯样做抗压强度检验和桩体标准贯入检验。

3 成桩 28d 后，可按本规范附录 A 的有关规定进行单桩竖向抗压载荷试验。

6.4.3 深层搅拌桩复合地基工程验收时，应按本规范附录 A 的有关规定进行复合地基竖向抗压载荷试验。载荷试验应在桩体强度满足试验荷载条件，并宜在成桩 28d 后进行。检验数量应符合设计要求。

6.4.4 基槽开挖后，应检验桩位、桩数与桩顶质量，不符合设计要求时，应采取有效补强措施。

7 高压旋喷桩复合地基

7.1 一般规定

7.1.1 高压旋喷桩复合地基适用于处理软塑～可塑的黏性土、粉土、砂土、黄土、素填土和碎石土等地基。当土中含有较多大直径块石、大量植物根茎或有机质含量较高时，不宜采用。

7.1.2 高压旋喷桩复合地基用于既有建筑地基加固时，应搜集既有建筑的历史和现状资料、邻近建筑物和地下埋设物等资料。设计时应采取避免桩体水泥土未固化时强度降低对既有建筑物的不良影响的措施。

7.1.3 高压旋喷桩可采用单管法、双管法和三管法施工。

7.1.4 高压旋喷桩复合地基方案确定后，应结合工程情况进行现场试验、试验性施工或根据工程经验确定施工参数及工艺。

7.2 设计

7.2.1 高压旋喷形成的加固体强度和范围，应通过现场试验确定。当无现场试验资料时，亦可按相似土质条件的工程经验确定。

7.2.2 旋喷桩主要用于承受竖向荷载时，其平面布置可根据上部结构和基础特点确定。独立基础下的桩数不宜少于 3 根。

7.2.3 高压旋喷桩复合地基承载力特征值应通过现场复合地基竖向抗压载荷试验确定。初步设计时也可按本规范公式（5.2.1-2）估算，其中 β_p 可取 1.0，β_s 可根据试验或类似土质条件工程经验确定，当无试验资料或经验时，β_s 可取 0.1～0.5，承载力较低时应取低值。

7.2.4 高压旋喷桩单桩竖向抗压承载力特征值应通过现场载荷试验确定。初步设计时也可按本规范公式（5.2.2-1）和公式（5.2.2-2）进行估算，并应取其中较小值，其中 f_{cu} 应为 28d 龄期的水泥土立方体试块抗压强度平均值；η 可取 0.33。

7.2.5 采用高压旋喷桩复合地基宜在基础和复合地基之间设置垫层。垫层厚度可取 100mm～300mm，其材料可选用中砂、粗砂、级配砂石等，最大粒径不宜大于 20mm。填土路堤和柔性面层堆场下垫层中宜设置一层或多层水平加筋体。

7.2.6 当高压旋喷桩复合地基处理深度以下存在软弱下卧层时，应按本规范第 5.2.4 条的有关规定进行下卧层承载力验算。

7.2.7 高压旋喷桩复合地基沉降应按本规范第

5.3.1条～第5.3.4条的有关规定进行计算。计算采用的附加应力应从基础底面起算。

7.3 施 工

7.3.1 施工前应根据现场环境和地下埋设物位置等情况，复核设计孔位。

7.3.2 高压旋喷桩复合地基的注浆材料应采用水泥，可根据需要加入适量的外加剂和掺和料。

7.3.3 高压旋喷水泥土桩施工应按下列步骤进行：

1 高压旋喷机械就位、调平。

2 贯入喷射管至设计加固深度。

3 喷射注浆，边喷射、边提升，根据设计要求，喷射提升直至预定的停喷面。

4 拔管及冲洗，移位或关闭施工机械。

7.3.4 对需要局部扩大加固范围或提高强度的部位，可采取复喷措施。处理既有建筑物地基时，应采取速凝浆液、跳孔喷射等措施。

7.4 质量检验

7.4.1 高压旋喷桩施工过程中应随时检查施工记录和计量记录，并应对照规定的施工工艺对每根桩进行质量评定。

7.4.2 高压旋喷桩复合地基检测与检验可根据工程要求和当地经验采用开挖检查、取芯、标准贯入、载荷试验等方法进行检验，并应结合工程测试及观测资料综合评价加固效果。

7.4.3 检验点布置应符合下列规定：

1 有代表性的桩位。

2 施工中出现异常情况的部位。

3 地基情况复杂，可能对高压喷射注浆质量产生影响的部位。

7.4.4 高压旋喷桩复合地基工程验收时，应按本规范附录A的有关规定进行复合地基竖向抗压载荷试验。载荷试验应在桩体强度满足试验荷载条件，并宜在成桩28d后进行。检验数量应符合设计要求。

8 灰土挤密桩复合地基

8.1 一 般 规 定

8.1.1 灰土挤密桩复合地基适用于填土、粉土、粉质黏土、湿陷性黄土和非湿陷性黄土、黏土以及其他可进行挤密处理的地基。

8.1.2 采用灰土挤密桩处理地基时，应使地基土的含水量达到或接近最优含水量。地基土的含水量小于12%时，应先对地基土进行增湿，再进行施工。当地基土的含水量大于22%或含有不可穿越的砂砾夹层时，不宜采用。

8.1.3 对于缺乏灰土挤密法地基处理经验的地区，应在地基处理前，选择有代表性的场地进行现场试验，并应根据试验结果确定设计参数和施工工艺，再进行施工。

8.1.4 成孔挤密施工，可采用沉管、冲击、爆扩等方法。当采用预钻孔夯扩挤密时，应加强施工控制，并应确保夯扩直径达到设计要求。

8.1.5 孔内填料宜采用素土或灰土，也可采用水泥土等强度较高的填料。对非湿陷性地基，也可采用建筑垃圾、砂砾等作为填料。

8.2 设 计

8.2.1 挤密桩孔宜按正三角形布置，孔距可取桩径的2.0倍～2.5倍，也可按下式计算：

$$S=0.95\sqrt{\frac{\overline{D}_{e}\gamma_{dmax}}{\overline{D}_{e}\gamma_{dmax}-\gamma_{dm}}}d \tag{8.2.1}$$

式中：S——灰土挤密桩桩间距（m）；

d——灰土挤密桩体直径（m），宜为0.35m～0.45m；

γ_{dm}——地基挤密前各层土的平均干重度（kN/m³）；

γ_{dmax}——击实试验确定的最大干重度（kN/m³）；

$\overline{D}_{e}$——成孔后，3个孔之间土的平均挤密系数。

8.2.2 灰土挤密桩桩间土最小挤密系数（D_{emin}）应满足承载力及变形的要求，对湿陷性土还应满足消除湿陷性的要求。桩间土最小挤密系数（D_{emin}）宜根据当地的建筑经验确定，无建筑经验时，可根据地基处理的设计技术要求，经试验确定，也可按下式计算：

$$D_{emin}=\frac{\gamma_{d0}}{\gamma_{dmax}} \tag{8.2.2}$$

式中：D_{emin}——桩间土最小挤密系数；

γ_{d0}——挤密填孔后，3个孔形心点部位的干重度（kN/m³）。

8.2.3 桩孔间距较大且超过3倍的桩孔直径时，设计不宜计入桩间土的挤密影响，宜按置换率设计，或进行单桩复合地基试验确定。

8.2.4 挤密孔的深度应大于压缩层厚度，且不应小于4m。建筑工程基础外的处理宽度应大于或等于处理深度的1/2；填土路基和柔性面层堆场荷载作用面外的处理宽度应大于或等于处理深度的1/3。

8.2.5 当挤密处理深度不超过12m时，不宜采用预钻孔，挤密孔的直径宜为0.35m～0.45m。当挤密孔深度超过12m时，宜在下部采用预钻孔，成孔直径宜为0.30m以下；也可全部采用预钻孔，孔径不宜大于0.40m，应在填料回填过程中进行孔内强夯挤密，挤密后填料孔直径应达到0.60m以上。

8.2.6 灰土挤密桩复合地基承载力应通过复合地基竖向抗压载荷试验确定。初步设计时，复合地基承载力特征值也可按本规范公式（5.2.1-1）或公式

(5.2.1-2) 估算。

8.2.7 灰土挤密桩复合地基处理范围以下存在软弱下卧层时，应按本规范第 5.2.4 条的有关规定进行下卧层承载力验算。

8.2.8 灰土挤密桩复合地基沉降，应按本规范第 5.3.1 条～第 5.3.4 条的有关规定进行计算。

8.2.9 灰土的配合比宜采用 3∶7 或 2∶8（体积比），含水量应控制在最优含量±2%以内，石灰应为熟石灰。

8.2.10 当地基承载力特征值以及变形不满足要求时，应在灰土桩中加入强度较高的材料，不宜用缩小桩孔间距的方法提高承载力。在非湿陷性地区当承载力要求较小，挤密桩孔间距较大时，则不宜计入桩间土的挤密作用。

8.3 施　　工

8.3.1 灰土挤密桩施工应间隔分批进行，桩孔完成后应及时夯填。进行地基局部处理时，应由外向里施工。

8.3.2 挤密桩孔底在填料前应夯实，填料时宜分层回填夯实，其压实系数（λ_c）不应小于 0.97。

8.3.3 填料用素土时，宜采用纯净黄土，也可选用黏土、粉质黏土等，土中不得含有有机质，不宜采用塑性指数大于 17 的黏土，不得使用耕土或杂填土，冬季施工时严禁使用冻土。

8.3.4 灰土挤密桩施工应预留 0.5m～0.7m 的松动层，冬季在零度以下施工时，宜增大预留松动层厚度。

8.3.5 夯填施工前，应进行不少于 3 根桩的夯填试验，并应确定合理的填料数量及夯击能量。

8.3.6 灰土挤密桩复合地基施工完成后，应挖除上部扰动层，基底下应设置厚度不小于 0.5m 的灰土或土垫层，湿陷性土不宜采用透水材料作垫层。

8.3.7 桩孔中心点位置的允许偏差为桩距设计值的 5%，桩孔垂直度允许偏差为 1.5%。

8.4 质 量 检 验

8.4.1 灰土挤密桩施工过程中应随时检查施工记录和计量记录，并应对照规定的施工工艺对每根桩进行质量评定。

8.4.2 施工人员应及时抽样检查孔内填料的夯实质量，检查数量应由设计单位根据工程情况提出具体要求。对重要工程尚应分层取样测定挤密土及孔内填料的湿陷性及压缩性。

8.4.3 灰土挤密桩复合地基工程验收时，应按本规范附录 A 的有关规定进行复合地基竖向抗压载荷试验。检验数量应符合设计要求。

8.4.4 在湿陷性土地区，对特别重要的项目尚应进行现场浸水载荷试验。

9 夯实水泥土桩复合地基

9.1 一 般 规 定

9.1.1 夯实水泥土桩复合地基适用于处理深度不超过 10m，在地下水位以上为黏性土、粉土、粉细砂、素填土、杂填土等适合成桩并能挤密的地基。

9.1.2 夯实水泥土桩可采用沉管、冲击等挤土成孔法施工，也可采用洛阳铲、螺旋钻等非挤土成孔法施工。

9.1.3 夯实水泥土桩复合地基设计前，可根据工程经验，选择水泥品种、强度等级和水泥土配合比，并可初步确定夯实水泥土材料的抗压强度设计值。缺乏经验时，应预先进行配合比试验。

9.2 设　　计

9.2.1 夯实水泥土桩复合地基的处理深度应根据工程特点、设计要求和地质条件综合确定。初步设计时，处理深度应满足地基主要受力层天然地基承载力计算的需要。

9.2.2 确定夯实水泥土桩桩端持力层时，除应符合地基处理设计计算要求外，尚应符合下列规定：

1　桩端持力层厚度不宜小于 1.0m。

2　应无明显软弱下卧层。

3　桩端全断面进入持力层的深度，对碎石土、砂土不宜小于桩径的 0.5 倍，对粉土、黏性土不宜小于桩径的 2 倍。

4　当进入持力层的深度无法满足要求时，桩端阻力特征值设计取值应折减。

9.2.3 夯实水泥土桩的平面布置，宜综合考虑基础形状、尺寸和上部结构荷载传递特点，并应均匀布置。

夯实水泥土桩可布置在基础底面范围内，当地层较软弱、均匀性较差或工程有特殊要求时，可在基础外设置护桩。

9.2.4 夯实水泥土桩桩径宜根据施工工具和施工方法确定，宜取 300mm～600mm，桩中心距不宜大于桩径的 5 倍。

9.2.5 夯实水泥土桩的桩顶宜铺设厚度为 100mm～300mm 的垫层，垫层材料宜选用最大粒径不大于 20mm 的中砂、粗砂、石屑、级配砂石等。

9.2.6 夯实水泥土桩复合地基承载力特征值应通过复合地基竖向抗压载荷试验确定，初步设计时，也可按本规范公式（5.2.1-2）估算。其中 β_p 可取 1.00，β_s 采用非挤土成孔时可取 0.80～1.00，β_s 采用挤土成孔时可取 0.95～1.10。

9.2.7 夯实水泥土桩单桩竖向抗压承载力特征值应通过单桩竖向抗压载荷试验确定，初步设计时也可按本规范公式（5.2.2-1）和公式（5.2.2-2）进行估算，并应取其中较小值。

9.2.8 夯实水泥土桩复合地基的沉降应按本规范第5.3.1条～第5.3.4条的有关规定进行计算。沉降计算经验系数应根据地区沉降观测资料及经验确定，无地区经验时可采用现行国家标准《建筑地基基础设计规范》GB 50007规定的数值。其中E_{spi}宜按当地经验取值，也可按本规范公式（5.3.2-2）估算。

9.2.9 夯实水泥土材料的配合比应根据工程要求、土料性质、施工工艺及采用的水泥品种、强度等级，由配合比试验确定，水泥与土的体积比宜取1∶5～1∶8。

9.3 施 工

9.3.1 施工前应根据设计要求，进行工艺性试桩，数量不得少于2根。

9.3.2 水泥应符合设计要求的种类及规格。

9.3.3 土料宜采用黏性土、粉土、粉细砂或渣土，土料中的有机物质含量不得超过5%，不得含有冻土或膨胀土，使用前应过孔径为10mm～20mm的筛。

9.3.4 水泥土混合料配合比应符合设计要求，含水量与最优含水量的允许偏差为±2%，并应采取搅拌均匀的措施。

当用机械搅拌时，搅拌时间不应少于1min，当用人工搅拌时，拌和次数不应少于3遍。混合料拌和后应在2h内用于成桩。

9.3.5 成桩宜采用桩体夯实机，宜选用梨形或锤底为盘形的夯锤，锤体直径与桩孔直径之比宜取0.7～0.8，锤体质量应大于120kg，夯锤每次提升高度，不应低于700mm。

9.3.6 夯实水泥土桩施工步骤应为成孔—分层夯实—封顶—夯实。成孔完成后，向孔内填料前孔底应夯实。填料频率与落锤频率应协调一致，并应均匀填料，严禁突击填料。每回填料厚度应根据夯锤质量经现场夯填试验确定，桩体的压实系数（λ_c）不应小于0.93。

9.3.7 桩位允许偏差，对满堂布桩为桩径的0.4倍，条基布桩为桩径的0.25倍；桩孔垂直度允许偏差为1.5%；桩径的允许偏差为±20mm；桩孔深度不应小于设计深度。

9.3.8 施工时桩顶应高出桩顶设计标高100mm～200mm，垫层施工前应将高于设计标高的桩头凿除，桩顶面应水平、完整。

9.3.9 成孔及成桩质量监测应设专人负责，并应做好成孔、成桩记录，发现问题应及时进行处理。

9.3.10 桩顶垫层材料不得含有植物残体、垃圾等杂物，铺设厚度应均匀，铺平后应振实或夯实，夯填度不应大于0.9。

9.4 质 量 检 验

9.4.1 夯实水泥土桩施工过程中应随时检查施工记录和计量记录，并应对照规定的施工工艺对每根桩进行质量评定。

9.4.2 桩体夯实质量的检查，应在成桩过程中随时随机抽取，检验数量应由设计单位根据工程情况提出具体要求。

密实度的检测可在夯实水泥土桩桩体内取样测定干密度或以轻型圆锥动力触探击数（N_{10}）判断桩体夯实质量。

9.4.3 夯实水泥土桩复合地基工程验收时，复合地基承载力检验应采用单桩复合地基竖向抗压载荷试验。对重要或大型工程，尚应进行多桩复合地基竖向抗压载荷试验。

9.4.4 复合地基竖向抗压载荷试验应符合本规范附录A的有关规定。

10 石灰桩复合地基

10.1 一 般 规 定

10.1.1 石灰桩复合地基适用于处理饱和黏性土、淤泥、淤泥质土、素填土和杂填土等土层；用于地下水位以上的土层时，应根据土层天然含水量增加掺和料的含水量并减少生石灰用量，也可采取土层浸水等措施。

10.1.2 对重要工程或缺少经验的地区，施工前应进行桩体材料配比、成桩工艺及复合地基竖向抗压载荷试验。桩体材料配合比试验应在现场地基土中进行。

10.1.3 竖向承载的石灰桩复合地基承载力特征值取值不宜大于160kPa，当土质较好并采取措施保证桩体强度时，经试验后可适当提高。

10.1.4 石灰桩复合地基与基础间可不设垫层，当地基需要排水通道时，基础下可设置厚度为200mm～300mm的垫层，填土路基及柔性面层堆场下垫层宜加厚。垫层宜采用中粗砂、级配砂石等。垫层内可设置土工格栅或土工布。

10.1.5 深厚软弱土中进行浅层处理的石灰桩复合地基沉降及下卧层承载力计算，可计入加固层的减载效应，当采用粉煤灰、炉渣掺和料时，石灰桩体的饱和重度可取13kN/m³。加固土层重度可按下式计算：

$$\gamma_{sp}=13m+(1-m)\gamma_s \tag{10.1.5}$$

式中：γ_{sp}——加固土层重度（kN/m³）；

γ_s——桩间土体重度（kN/m³）；

m——复合地基置换率。

10.2 设 计

10.2.1 石灰桩的固化剂应采用生石灰，掺和料宜采用粉煤灰、火山灰、炉渣等工业废料。生石灰与掺和料的配合比宜根据地质情况确定，生石灰与掺和料的体积比可选用1∶1或1∶2，对于淤泥、淤泥质土等软土宜增加生石灰用量，桩顶附近生石灰用量不宜过大。当掺石膏和水泥时，掺和量应为生石灰用量的3%～10%。

10.2.2 石灰桩成桩时，宜用土封口，封口高度不宜小于500mm，封口材料应夯实，封口标高应略高于原地面。石灰桩桩顶施工标高应高出设计桩顶标高100mm以上。

10.2.3 石灰桩成孔直径应根据设计要求及所选用的成孔方法确定，宜为300mm～400mm；可按等边三角形或矩形布桩；桩中心距可取成孔直径的2倍～3倍。石灰桩可仅布置在基础底面下，当基底土的承载力特征值小于70kPa时，宜在基础以外布置1排～2排围扩桩。

10.2.4 采用人工洛阳铲成孔时，桩长不宜大于6m；采用机械成孔管外投料时，桩长不宜大于8m；螺旋钻、机动洛阳铲成孔及管内投料时，可适当增加桩长。

10.2.5 石灰桩桩端宜选在承载力较高的土层中。在深厚的软弱地基中，当石灰桩桩端未落在承载力较高的土层中时，应减少上部结构重心相对于基础形心的偏心，并应加强上部结构及基础的刚度。

10.2.6 石灰桩的深度应根据岩土工程勘察资料及上部结构设计要求确定。下卧层承载力及地基的变形，应按现行国家标准《建筑地基基础设计规范》GB 50007的有关规定验算。

10.2.7 石灰桩复合地基承载力特征值应通过复合地基竖向抗压载荷试验或综合桩体竖向抗压载荷试验和桩间土地基竖向抗压载荷试验，并结合工程实践经验综合确定，试验数量不应少于3点。初步设计时，复合地基承载力特征值也可按本规范公式（5.2.1-2）估算，其中β_p和β_s均应取1.0；处理后桩间土地基承载力特征值可取天然地基承载力特征值的1.05倍～1.20倍，土体软弱时应取高值；计算桩截面面积时直径应乘以1.0～1.2的经验系数，土体软弱时应取高值；单桩竖向抗压承载力特征值取桩体抗压比例界限对应的荷载值，应由单桩竖向抗压载荷试验确定，初步设计时可取350kPa～500kPa，土体软弱时应取低值。

10.2.8 处理后地基沉降应按现行国家标准《建筑地基基础设计规范》GB 50007的有关规定进行计算。沉降计算经验系数（ψ_s）可按地区沉降观测资料及经验确定。

石灰桩复合土层的压缩模量宜通过桩体及桩间土压缩试验确定，初步设计时可按本规范公式（5.3.2-2）计算。桩间土压缩模量可取天然地基压缩模量的1.1倍～1.3倍，土软弱时应取高值。

10.3 施 工

10.3.1 石灰应选用新鲜生石灰块，有效氧化钙含量不宜低于70%，粒径不应大于70mm，消石灰含粉量不宜大于15%。

10.3.2 掺和料应保持适当的含水量，使用粉煤灰或炉渣时含水量宜控制在30%。无经验时宜进行成桩工艺试验，宜通过试验确定密实度的施工控制指标。

10.3.3 石灰桩施工可采用洛阳铲或机械成孔。机械成孔可分为沉管和螺旋钻成孔。成桩时可采用人工夯实、机械夯实、沉管反插、螺旋反压等工艺。填料时应分段压（夯）实，人工夯实时每段填料厚度不应大于400mm。管外投料或人工成孔填料时应采取降低地下水渗入孔内的速度的措施，成孔后填料前应排除孔底积水。

10.3.4 施工顺序宜由外围或两侧向中间进行。在软土中宜间隔成桩。

10.3.5 施工前应做好场地排水设施。

10.3.6 进入场地的生石灰应采取防水、防雨、防风、防火措施，宜随用随进。

10.3.7 施工应建立完善的施工质量和施工安全管理制度，并应根据不同的施工工艺制定相应的技术保证措施，应及时做好施工记录，并应监督成桩质量，同时应进行施工阶段的质量检验等。

10.3.8 石灰桩施工时应采取防止冲孔伤人的措施。

10.3.9 桩位允许偏差为桩径的0.5倍。

10.4 质 量 检 验

10.4.1 石灰桩施工过程中应随时检查施工记录和计量记录，并应对照规定的施工工艺对每根桩进行质量评定。

10.4.2 石灰桩复合地基检测与检验可根据工程要求和当地经验采用开挖检查、静力触探或标准贯入、竖向抗压载荷试验等方法进行检验，并应结合工程测试及观测资料综合评价加固效果。施工检测宜在施工后7d～10d进行。

10.4.3 采用静力触探或标准贯入试验检测时，检测部位应为桩中心及桩间土，应每两点为一组。检测组数应符合设计要求。

10.4.4 石灰桩复合地基工程验收时，应按本规范附录A的有关规定进行复合地基竖向抗压载荷试验。载荷试验应在桩体强度满足试验荷载条件，且在成桩28d后进行。检验数量应符合设计要求。

11 挤密砂石桩复合地基

11.1 一 般 规 定

11.1.1 挤密砂石桩复合地基适用于处理松散的砂土、粉土、粉质黏土等土层，以及人工填土、粉煤灰等可挤密土层。

11.1.2 挤密砂石桩宜根据场地和工程条件选用沉

管、振冲、锤击夯扩等方法施工。

11.1.3 挤密砂石桩复合地基勘察应提供场地土的天然孔隙比、最大孔隙比、最小孔隙比、标准贯入击数，以及砂石桩填料的来源和性质等资料，并应根据荷载要求和地区经验推荐地基土被挤密后要求达到的相对密实度。

11.2 设 计

11.2.1 挤密砂石桩复合地基处理范围应根据建筑物的重要性和场地条件确定，应大于荷载作用面范围，扩大的范围宜为基础外缘1排～3排桩距。对可液化地基，在基础外缘扩大的宽度不应小于可液化土层厚度的1/2。

11.2.2 挤密砂石桩宜采用等边三角形或正方形布置。挤密砂石桩直径应根据地基土质情况、成桩方式和成桩设备等因素确定，宜采用300mm～1200mm。

11.2.3 挤密砂石桩的间距应根据场地情况、上部结构荷载形式和大小通过现场试验确定，并应符合下列规定：

1 采用振冲法成孔的挤密砂石桩，桩间距宜结合所采用的振冲器功率大小确定，30kW的振冲器布桩间距可采用1.3m～2.0m；55kW的振冲器布桩间距可采用1.4m～2.5m；75kW的振冲器布桩间距可采用1.5m～3.0m。上部荷载大时，宜采用较小的间距，上部荷载小时，宜采用较大的间距。

2 采用振动沉管法成桩时，对粉土和砂土地基，桩间距不宜大于砂石桩直径的4.5倍。初步设计时，挤密砂石桩的间距也可根据挤密后要求达到的孔隙比按下列公式估算：

等边三角形布置：

$$S = 0.95\xi d\sqrt{\frac{1+e_0}{e_0-e_1}} \qquad (11.2.3\text{-}1)$$

正方形布置：

$$S = 0.89\xi d\sqrt{\frac{1+e_0}{e_0-e_1}} \qquad (11.2.3\text{-}2)$$

$$e_1 = e_{max} - D_{r1}(e_{max} - e_{min}) \qquad (11.2.3\text{-}3)$$

式中：S——桩间距（m）；

d——桩体直径（m）；

ξ——挤密砂石桩桩间距修正系数，当计入振动下沉密实作用时，可取1.1～1.2，不计入振动下沉密实作用时，可取1.0；

e_0——地基处理前土体的孔隙比，可按原状土样试验确定，也可根据动力或静力触探等试验确定；

e_1——地基挤密后要求达到的孔隙比；

D_{r1}——地基挤密后要求砂土达到的相对密实度；

e_{max}——砂土的最大孔隙比；

e_{min}——砂土的最小孔隙比。

11.2.4 挤密砂石桩桩长可根据工程要求和场地地质条件通过计算确定，并应符合下列规定：

1 松散或软弱地基土层厚度不大时，砂石桩宜穿透该土层。

2 松散或软弱地基土层厚度较大时，对按稳定性控制的工程，挤密砂石桩长度应大于设计要求安全度相对应的最危险滑动面以下2.0m；对按变形控制的工程，挤密砂石桩桩长应能满足处理后地基变形量不超过建（构）筑物的地基变形允许值，并应满足软弱下卧层承载力的要求。

3 对可液化的地基，砂石桩桩长应按现行国家标准《建筑抗震设计规范》GB 50011的有关规定执行。

4 桩长不宜小于4m。

11.2.5 挤密砂石桩桩孔内的填料量应通过现场试验确定，估算时可按设计桩孔体积乘以1.2～1.4的增大系数。施工中地面有下沉或隆起现象时，填料量应根据现场具体情况进行增减。

11.2.6 挤密砂石桩复合地基承载力特征值，应通过现场复合地基竖向抗压载荷试验确定。初步设计时可按本规范公式（5.2.1-2）估算，其中β_p和β_s宜按当地经验取值。挤密砂石桩复合地基承载力特征值，也可根据单桩和处理后桩间土地基承载力特征值按下式估算：

$$f_{spk} = mf_{pk} + (1-m)f_{sk} \qquad (11.2.6)$$

式中：f_{spk}——挤密砂石桩复合地基承载力特征值（kPa）；

f_{pk}——桩体竖向抗压承载力特征值（kPa），由单桩竖向抗压载荷试验确定；

f_{sk}——桩间土地基承载力特征值（kPa），由桩间土地基竖向抗压载荷试验确定；

m——复合地基置换率。

11.2.7 挤密砂石桩复合地基沉降可按本规范第5.3.1条～第5.3.4条的有关规定进行计算。建筑工程尚应符合现行国家标准《建筑地基基础设计规范》GB 50007的有关规定。其中复合地基压缩模量也可按下式计算：

$$E_{spi} = [1 + m(n-1)]E_{si} \qquad (11.2.7)$$

式中：E_{spi}——第i层复合土体的压缩模量（MPa）；

E_{si}——第i层桩间土压缩模量（MPa），宜按当地经验取值，无经验时，可取天然地基压缩模量；

n——桩土应力比，宜按现场实测资料确定，无实测资料时，可取2～3，桩间土强度低取大值，桩间土强度高取小值。

11.2.8 桩体材料宜选用碎石、卵石、角砾、圆砾、粗砂、中砂或石屑等硬质材料，不宜选用风化易碎的石料，含泥量不得大于5%。对振冲法成桩，填料粒径宜按振冲器功率确定：30kW振冲器宜为20mm～

80mm；55kW 振冲器宜为 30mm～100mm；75kW 振冲器宜为 40mm～150mm。当采用沉管法成桩时，最大粒径不宜大于 50mm。

11.2.9 砂石桩顶部宜铺设一层厚度为 300mm～500mm 的碎石垫层。

11.3 施 工

11.3.1 挤密砂石桩施工机械和型号应根据所选用施工方法、地基土性质和处理深度等因素确定。

11.3.2 施工前应进行成桩工艺和成桩挤密试验。当成桩质量不能满足设计要求时，应调整设计与施工的有关参数，并应重新进行试验和设计。

11.3.3 振冲施工可根据设计荷载大小、原状土强度、设计桩长等条件选用不同功率的振冲器，升降振冲器的机械可用起重机、自行车架式施工平车或其他合适的设备，施工设备应配有电流、电压和留振时间自动信号仪表。

11.3.4 施工现场应设置泥水排放系统，或组织运浆车辆将泥浆运至预先安排的存放地点，并宜设置沉淀池重复使用上部清水；在施工期间可同时采取降水措施。

11.3.5 密实电流、填料量和留振时间施工参数应根据现场地质条件和施工要求确定，并应在施工时随时监测。

11.3.6 振动沉管成桩法施工应根据沉管和挤密情况控制填砂石量、提升幅度与速度、挤密次数与时间、电机的工作电流等。选用的桩尖结构应保证顺利出料和有效挤压桩孔内砂石料；当采用活瓣桩靴时，对砂石和粉土地基宜选用尖锥型；一次性桩尖可采用混凝土锥型桩尖。

11.3.7 挤密砂石桩施工应控制成桩速度，必要时应采取防挤土措施。

11.3.8 挤密砂石桩施工后，应将基底标高下的松散层挖除或夯压密实，应随后铺设并压实碎石垫层。

11.4 质 量 检 验

11.4.1 挤密砂石桩施工过程中应随时检查施工记录和计量记录，并应对照规定的施工工艺对每根桩进行质量评定。施工过程中应检查成孔深度、砂石用量、留振时间和密实电流强度等；对沉管法还应检查套管往复挤压振冲次数与时间、套管升降幅度与速度、每次填砂石量等项记录。

11.4.2 对桩体可采用动力触探试验检测，对桩间土可采用标准贯入、静力触探、动力触探或其他原位测试等方法进行检测。桩间土质量的检测位置应在等边三角形或正方形的中心。检验数量应由设计单位根据工程情况提出具体要求。

11.4.3 挤密砂石桩复合地基工程验收时，应按本规范附录 A 的有关规定进行复合地基竖向抗压载荷试验。检验数量应由设计单位根据工程情况提出具体要求。

11.4.4 挤密砂石桩复合地基工程验收时间，对砂土和杂填土地基，宜在施工 7d 后进行，对粉土地基，宜在施工 14d 后进行。

12 置换砂石桩复合地基

12.1 一 般 规 定

12.1.1 置换砂石桩复合地基适用于处理饱和黏性土地基和饱和黄土地基，可按施工方法分为振动水冲（振冲）置换碎石桩复合地基和沉管置换砂石桩复合地基。

12.1.2 采用振动水冲法设置砂（碎）石桩时，土体不排水抗剪强度不宜小于 20kPa，且灵敏度不宜大于 4。施工前应通过现场试验确定其适宜性。

12.1.3 置换砂石桩复合地基上应铺设排水碎石垫层。

12.2 设 计

12.2.1 设计前应掌握待加固土层的分布、抗剪强度、上部结构对地基变形的要求，以及当地填料性质和来源、施工机具性能等资料。

12.2.2 砂石桩的布置方式可采用等边三角形、正方形或矩形布置。

12.2.3 砂石桩的加固范围应通过稳定分析确定。对建筑基础宜在基底范围外加 1 排～3 排围扩桩。

12.2.4 砂石桩桩长宜穿透软弱土层，最小桩长不宜小于 4.0m。

12.2.5 振冲法施工的砂（碎）石桩设计直径宜根据振冲器的功率、土层性质通过成桩试验确定，也可根据经验选用。采用沉管法施工时，成桩直径应根据沉管直径确定。

砂石桩复合地基的面积置换率 m 可采用 0.15～0.30，布桩间距可根据桩的直径和面积置换率进行计算。

12.2.6 置换砂石桩复合地基承载力特征值应通过复合地基竖向抗压载荷试验确定。初步设计时，也可按本规范公式（5.2.1-2）估算，其中 β_p 和 β_s 均应取 1.0。

12.2.7 当桩体材料的内摩擦角在 38°左右时，置换砂石桩单桩竖向抗压承载力特征值可按下式计算：

$$R_a / A_p = 20.8 c_u / K \qquad (12.2.7)$$

式中：R_a——单桩竖向抗压承载力特征值；

A_p——单桩截面积；

c_u——饱和黏性土不排水抗剪强度；

K——安全系数。

12.2.8 置换砂石桩复合地基沉降可按本规范第

5.3.1条～第5.3.4条的规定进行计算，并应符合现行国家标准《建筑地基基础设计规范》GB 50007的有关规定，其中复合地基压缩模量可按本规范公式(5.3.2-2)计算。

12.2.9 桩体材料可用碎石、卵石、砾石、中粗砂等硬质材料。

12.2.10 置换砂石桩复合地基上应设置厚度为300mm～500mm的排水砂石（碎石）垫层。

12.3 施 工

12.3.1 置换砂石桩可采用振冲、振动沉管、锤击沉管或静压沉管法施工。施工单位应采取避免施工过程对周边环境的不利影响的措施。

12.3.2 施工前应进行成桩工艺试验。当成桩质量不能满足设计要求时，应调整施工参数，并应重新进行试验。

12.3.3 振冲施工可根据设计桩径大小、原状土强度、设计桩长等条件选用不同功率的振冲器。升降振冲器的机械可用起重机、自行井架式施工平车或其他合适的设备。施工过程应有电流、电压、填料量及留振时间的记录。

12.3.4 振冲施工现场应设置泥水排放系统，并组织运浆车辆将泥浆运至预先安排的存放地点，并宜设置沉淀池重复使用上部清水。

12.3.5 沉管法施工应根据设计桩径选择桩管直径，按沉管和形成密实桩体的需要控制填砂石量、提升速度、复打挤密次数和时间、电机的工作电流等，应选用出料顺利和有效挤压桩孔内砂石料的桩尖结构。当采用活瓣桩靴时，宜选用尖锥型，一次性桩尖可采用混凝土锥型桩尖。在饱和软土中沉管法施工宜采用跳打方式施工。

12.3.6 砂石桩施工后，应将场地表面约1.0m的松散桩体挖除或夯压密实，应随后铺设并压实碎石垫层。

12.4 质量检验

12.4.1 振冲法施工过程中应检查成孔深度、砂石用量、留振时间和密实电流强度等；对沉管法应检查套管往复挤压振冲次数与时间、套管升降幅度与速度、每次填砂石量等项记录。

12.4.2 置换砂石桩复合地基的桩体可采用动力触探试验进行施工质量检验；对桩间土可采用十字板剪切、静力触探或其他原位测试方法等进行施工质量检验。桩间土质量的检测位置应在桩位等边三角形或正方形的中心。检验数量应由设计单位根据工程情况提出具体要求。

12.4.3 置换砂石桩合地基工程验收时，应按本规范附录A的有关规定进行复合地基竖向抗压载荷试验。载荷试验检验数量应符合设计要求。

12.4.4 复合地基竖向抗压载荷试验应待地基中超静孔隙水压力消散后进行。

13 强夯置换墩复合地基

13.1 一般规定

13.1.1 强夯置换墩复合地基适用于加固高饱和度粉土、软塑～流塑的黏性土、有软弱下卧层的填土等地基。

13.1.2 强夯置换应经现场试验确定其适用性和加固效果。

13.1.3 当强夯置换墩施工对周围环境的噪声、振动影响超过有关规定时，不宜选用强夯置换墩复合地基方案。需采用时应采取隔震、降噪措施。

13.2 设 计

13.2.1 强夯置换墩试验方案应根据工程设计要求和地质条件，先初步确定强夯置换参数，进行现场试夯，然后根据试夯场地监测和检测结果及其与夯前测试数据对比，检验置换墩长度和加固效果，再确定方案可行性和工程施工采用的强夯置换工艺、参数。

13.2.2 强夯置换墩复合地基的设计应包括下列内容：

1 强夯置换深度。

2 强夯置换处理的范围。

3 墩体材料的选择与计量。

4 夯击能、夯锤参数、落距。

5 夯点的夯击击数、收锤标准、两遍夯击之间的时间间隔。

6 夯点平面布置形式。

7 强夯置换墩复合地基的变形和承载力要求。

8 周边环境保护措施。

9 现场监测和质量控制措施。

10 施工垫层。

11 检测方法、参数、数量等要求。

13.2.3 强夯置换处理范围应大于建筑物基础范围，每边超出基础外缘的宽度宜为基底下设计处理深度的1/3～1/2，且不宜小于3m。当要求消除地基液化时，在基础外缘扩大宽度不应小于基底下可液化土层厚度的1/2，且不宜小于5m。对独立柱基，可采用柱下单点夯。

13.2.4 夯坑填料可采用块石、碎石、矿渣、工业废渣、建筑垃圾等坚硬粗颗粒材料，粒径大于300mm的颗粒含量不宜超过全重的30%。

13.2.5 强夯置换有效加固深度为墩长和墩底压密土厚度之和，应根据现场试验或当地经验确定。在缺少试验资料或经验时，强夯置换深度应符合表13.2.5

的规定。

表 13.2.5　强夯置换深度

夯击能（kN·m）	置换深度（m）	夯击能（kN·m）	置换深度（m）
3000	3～4	12000	8～9
6000	5～6	15000	9～10
8000	6～7	18000	10～11

13.2.6　夯点的夯击击数应通过现场试夯确定，试夯应符合下列要求：

1　墩长应达到设计墩长。

2　在起锤可行条件下，应多夯击少喂料，起锤困难时每次喂料宜为夯坑深度的1/3～1/2。

3　累计夯沉量不应小于设计墩长的1.5倍～2.0倍。

4　强夯置换墩收锤条件应符合表13.2.6的规定。

表 13.2.6　强夯置换墩收锤条件

单击夯击能 E（kN·m）	最后两击平均夯沉量（mm）
$E<4000$	50
$4000\leqslant E<6000$	100
$6000\leqslant E<8000$	150
$8000\leqslant E<12000$	200
$12000\leqslant E<15000$	250
$E\geqslant 15000$	300

13.2.7　夯击击数应根据地基土的性质确定，可采用点夯1遍～2遍。对于渗透性较差的细颗粒土，夯击击数可适当增加，应最后再以低能量满夯1遍～2遍，满夯可采用轻锤或低落距锤多次夯击，锤印应搭接1/3。

13.2.8　两遍夯击之间应有一定的时间间隔，间隔时间应取决于土中超静孔隙水压力的消散时间及挤密效果。当缺少实测资料时，可根据地基土的渗透性确定，对于渗透性较差的黏性土地基，间隔时间不应少于2周～4周，对于渗透性好的地基可连续夯击。

13.2.9　夯点间距应根据荷载特点、墩体长度、墩体直径及基础形式等选定。墩体的计算直径可取夯锤直径的1.1倍～1.4倍。

13.2.10　起夯面标高、夯坑回填方式和夯后标高应根据基础埋深和试夯时所测得的夯沉量确定。

13.2.11　墩顶应铺设一层厚度不小于300mm的压实垫层，垫层材料的粒径不宜大于100mm。

13.2.12　确定软黏性土和墩间土硬层厚度小于2m的饱和粉土地基中强夯置换墩复合地基承载力特征值时，其竖向抗压承载力应通过现场单墩竖向抗压载荷试验确定。饱和粉土地基经强夯置换后墩间土能形成2m以上厚度硬层时，其竖向抗压承载力应通过单墩复合地基竖向抗压载荷试验确定。

13.2.13　强夯置换墩复合地基沉降可按本规范第5.3.1条～第5.3.4条的有关规定进行计算，并应符合现行国家标准《建筑地基基础设计规范》GB 50007的有关规定。夯后有效加固深度范围内土层的变形应采用单墩载荷试验或单墩复合地基载荷试验确定的变形模量计算。

13.2.14　强夯置换墩未穿透软弱土层时，应按本规范公式（5.2.4）验算软弱下卧层承载力。

13.3　施　　工

13.3.1　夯锤应根据土质情况、置换深度、加固要求和施工设备确定。夯锤质量可取10t～60t。夯锤宜采用圆柱形，锤底面积宜按土层的性质确定，锤底静接地压力值可取80kPa～300kPa。锤底面宜对称设置若干个与其顶面贯通的排气孔或侧面设置排气凹槽，孔径或槽径可取250mm～400mm。

13.3.2　施工机械宜采用带有自动脱钩装置的履带式起重机或其他专用设备。采用履带式起重机时，可在臂杆端部设置辅助门架，或采取其他防止落锤时机械倾覆的安全措施。

13.3.3　夯坑内或场地积水宜及时排除。当场地地下水位较高，夯坑底积水影响施工时，应采取降低地下水位的措施。

13.3.4　强夯置换墩施工应按下列步骤进行：

1　应清理平整施工场地，当地表土松软机械无法行走时，宜铺设一定厚度的碎石或矿渣垫层。

2　应确定夯点位置，并应测量场地高程。

3　起重机应就位，夯锤应置于夯点位置。

4　应测量夯前锤顶高程或夯点周围地面高程。

5　应将夯锤起吊至预定高度，并应开启脱钩装置，应待夯锤脱钩自由下落后，放下吊钩，并应测量锤顶高程。在夯击过程中，当夯坑底面出现过大倾斜时，应向坑内较低处抛填填料，整平夯坑，当夯点周围软土挤出影响施工时，应随时清理并在夯点周围铺垫填料，继续施工。

6　应按“由内而外，先中间后四周”和“单向前进”的原则完成全部夯点的施工，当周边有需要保护的建构筑物时，应由邻近建筑物开始夯击并逐渐向远处移动，当隆起过大时宜隔行跳打，收锤困难时宜分次夯击。

7　应推平场地，并应用低能量满夯，同时应将场地表层松土夯实，并应测量夯后场地高程。

8　应铺设垫层，并应分层碾压密实。

13.3.5　施工过程中应有专人负责下列监测工作：

1　夯前检查夯锤的重量和落距，确保单击夯击能符合设计要求。

2　夯前对夯点放线进行复核，夯完后检查夯坑位置，发现存在偏差或漏夯时，应及时纠正或补夯。

3 按设计要求检查每个夯点的夯击击数、每击的夯沉量和填料量。

4 施工前应查明周边地面及地下建（构）筑物的位置及标高等基本资料，当强夯置换施工所产生的振动对邻近建（构）筑物或设备会产生有害影响时，应进行振动监测，必要时应采取挖隔振沟等隔振或防振措施。

13.3.6 施工过程中的各项参数及相关情况应详细记录。

13.4 质量检验

13.4.1 强夯置换墩施工过程中应随时检查施工记录和填料计量记录，并应对照规定的施工工艺对每个墩进行质量评定。不符合设计要求时应补夯或采取其他有效措施。

13.4.2 强夯置换施工中和结束后宜采用开挖检查、钻探、动力触探等方法，检验墩体直径和墩长。

13.4.3 强夯置换墩复合地基工程验收时，承载力检验除应采用单墩或单墩复合地基竖向抗压载荷试验外，尚应采用动力触探、多道瞬态面波法等检测地层承载力与密度随深度的变化。单墩竖向抗压载荷试验和单墩复合地基竖向抗压载荷试验应符合本规范附录A的有关规定，对缓变型 p-s 曲线承载力特征值应按相对变形值 $s/b=0.010$ 确定。

13.4.4 强夯置换墩复合地基的承载力检验，应在施工结束并间隔一定时间后进行，对粉土不宜少于21d，黏性土不宜少于28d。检验数量应由设计单位根据场地复杂程度和建筑物的重要性提出具体要求，检测点应在墩间和墩体均有布置。

14 刚性桩复合地基

14.1 一般规定

14.1.1 刚性桩复合地基适用于处理黏性土、粉土、砂土、素填土和黄土等土层。对淤泥、淤泥质土地基应按地区经验或现场试验确定其适用性。

14.1.2 刚性桩复合地基中的桩体可采用钢筋混凝土桩、素混凝土桩、预应力管桩、大直径薄壁筒桩、水泥粉煤灰碎石桩（CFG桩）、二灰混凝土桩和钢管桩等刚性桩。钢筋混凝土桩和素混凝土桩应包括现浇、预制，实体、空心，以及异形桩等。

14.1.3 刚性桩复合地基中的刚性桩应采用摩擦型桩。

14.2 设 计

14.2.1 刚性桩可只在基础范围内布置。桩的中心与基础边缘的距离不宜小于桩径的1倍；桩的边缘与基础边缘的距离，条形基础不宜小于75mm；其他基础形式不宜小于150mm。用于填土路堤和柔性面层堆场中时，布桩范围尚应考虑稳定性要求。

14.2.2 选择桩长时宜使桩端穿过压缩性较高的土层，进入压缩性相对较低的土层。

14.2.3 桩距应根据基础形式、复合地基承载力、土性、施工工艺、周边环境条件等确定。

14.2.4 刚性桩复合地基与基础之间应设置垫层，厚度宜取100mm～300mm，桩竖向抗压承载力高、桩径或桩距大时应取高值。垫层材料宜用中砂、粗砂、级配良好的砂石或碎石、灰土等，最大砂石粒径不宜大于30mm。

14.2.5 复合地基承载力特征值应通过复合地基竖向抗压载荷试验或综合单桩竖向抗压载荷试验和桩间土地基竖向抗压载荷试验确定。初步设计时也可按本规范公式（5.2.1-2）估算，其中 β_p 和 β_s，宜结合具体工程按地区经验进行取值，无地区经验时，β_p 可取1.00，β_s 可取0.65～0.90。

14.2.6 单桩竖向抗压承载力特征值（R_a）应通过现场载荷试验确定。初步设计时，可按本规范公式（5.2.2-1）估算由桩周土和桩端土的抗力可能提供的单桩竖向抗压承载力特征值，并应按本规范公式（5.2.2-2）验算桩身承载力。其中 α 可取1.00，f_{cu} 应为桩体材料试块抗压强度平均值，η 可取0.33～0.36，灌注桩或长桩时应用低值，预制桩应取高值。

14.2.7 基础埋深较大时，尚应计及复合地基承载力经深度修正后导致桩顶增加的荷载，可根据地区桩土分担比经验值，计算单桩实际分担的荷载，可按本规范第14.2.6条的规定验算桩体强度。

14.2.8 刚性桩复合地基沉降宜按本规范第5.3.1条～第5.3.4条的有关规定进行计算。

沉降计算经验系数应根据当地沉降观测资料及经验确定，无经验时，宜符合表14.2.8规定的数值。

表 14.2.8 沉降计算经验系数（ψ_s）

$\overline{E}_s$（MPa）	2.5	4.0	7.0	15.0	20.0
ψ_s	1.1	1.0	0.7	0.4	0.2

注：$\overline{E}_s$ 为地基变形计算深度范围内土的压缩模量当量值。

14.2.9 地基变形计算深度范围内土的压缩模量当量值，应按下式计算：

$$\overline{E}_s=\frac{\sum_{i=1}^{n}A_i}{\sum_{i=1}^{n}\frac{A_i}{\overline{E}_{si}}} \tag{14.2.9}$$

式中：A_i——第 i 层土附加应力系数沿土层厚度的积分值；

$\overline{E}_{si}$——基础底面下第 i 层土的计算压缩模量

(MPa)，桩长范围内的复合土层按复合土层的压缩模量取值。

14.3 施　　工

14.3.1 刚性桩复合地基中刚性桩的施工，可根据现场条件及工程特点选用振动沉管灌注成桩、长螺旋钻与管内泵压混合料灌注成桩、泥浆护壁钻孔灌注成桩、锤击与静压预制成桩。当软土较厚且布桩较密，或周边环境有严格要求时，不宜选用振动沉管灌注成桩法。

14.3.2 各种成桩工艺除应符合现行行业标准《建筑桩基技术规范》JGJ 94的有关规定外，尚应符合下列规定：

1 施工前应按设计要求在室内进行配合比试验，施工时应按配合比配置混合料。

2 沉管灌注成桩施工拔管速度应匀速，宜控制在1.5m/min～2m/min，遇淤泥或淤泥质土时，拔管速度应取低值。

3 桩顶超灌高度不应小于0.5m。

4 成桩过程中，应抽样做混合料试块，每台机械一天应做一组（3块）试块，进行标准养护，并应测定其立方体抗压强度。

14.3.3 挖土和截桩时应注意对桩体及桩间土的保护，不得造成桩体开裂、桩间土扰动等。

14.3.4 垫层铺设宜采用静力压实法，当基础底面下桩间土的含水量较小时，也可采用动力夯实法，夯实后的垫层厚度与虚铺厚度的比值不得大于0.9。

14.3.5 施工桩体垂直度允许偏差为1%；对满堂布桩基础，桩位允许偏差为桩径的0.40倍；对条形基础，桩位允许偏差为桩径的0.25倍；对单排布桩桩位允许偏差应符合现行国家标准《建筑地基基础工程施工质量验收规范》GB 50202的有关规定。

14.3.6 当周边环境对变形有严格要求时，成桩过程应采取减少对周边环境的影响的措施。

14.4 质 量 检 验

14.4.1 刚性桩施工过程中应随时检查施工记录，并应对照规定的施工工艺对每根桩进行质量评定。检查内容应为混合料坍落度、桩数、桩位偏差、垫层厚度、夯填度和桩体试块抗压强度。

14.4.2 桩体完整性应采用低应变动力测试检测，检验数量应由设计单位根据工程情况提出具体要求。

14.4.3 刚性桩复合地基工程验收时，承载力检验应符合下列规定：

1 应按本规范附录A的有关规定进行复合地基竖向抗压载荷试验。

2 有经验时，应分别进行单桩竖向抗压载荷试验和桩间土地基竖向抗压载荷试验，并可按本规范公式（5.2.1-2）计算复合地基承载力。

3 检验数量应符合设计要求。

14.4.4 素混凝土桩复合地基、水泥粉煤灰碎石桩复合地基、二灰混凝土桩复合地基竖向抗压载荷试验和单桩竖向抗压载荷试验，应在桩体强度满足加载要求，且施工结束28d后进行。

15 长-短桩复合地基

15.1 一 般 规 定

15.1.1 长-短桩复合地基适用于深厚淤泥、淤泥质土、黏性土、粉土、砂土、湿陷性黄土、可液化土等土层。

15.1.2 长-短桩复合地基的竖向增强体应由长桩和短桩组成，其中长桩宜采用刚性桩；短桩宜采用柔性桩或散体材料桩。

15.1.3 长-短桩复合地基中长桩宜支承在较好的土层上，短桩宜穿过浅层最软弱土层。

15.2 设　　计

15.2.1 长-短桩复合地基的单桩竖向抗压承载力特征值应按现场单桩竖向抗压载荷试验确定，初步设计时可根据采用桩型按本规范的有关规定计算。

15.2.2 长-短桩复合地基承载力特征值可按本规范第5.2.5条的有关规定确定。

15.2.3 当短桩桩端位于软弱土层时，应按本规范公式（5.2.4）验算短桩桩端的复合地基承载力。

15.2.4 短桩桩端的复合地基承载力特征值可按本规范公式(5.2.1-1)或公式（5.2.1-2）估算，其中m应为长桩的置换率。

15.2.5 长-短桩复合地基沉降可按本规范第5.3.5条的有关规定进行计算。

15.2.6 长-短桩复合地基与基础间应设置垫层。垫层厚度可根据桩底持力层、桩间土性质、场地载荷情况综合确定，宜为100mm～300mm。垫层材料宜采用最大粒径不大于20mm的中砂、粗砂、级配良好的砂石等。

15.2.7 长-短桩复合地基中桩的中心距应根据土质条件、复合地基承载力及沉降要求，以及施工工艺等综合确定，宜取桩径的3倍～6倍；当长桩或短桩采用刚性桩，且采用挤土工艺成桩时，桩的最小中心距尚应符合本规范第14.2.3条的有关规定。短桩宜在各长桩中间及周边均匀布置。

15.3 施　　工

15.3.1 长、短桩的施工顺序应根据所采用桩型的施工工艺、加固机理、挤土效应等确定。

15.3.2 长-短桩复合地基桩的施工应符合本规范有关同桩型桩施工的规定。

15.3.3 桩施工垂直度允许偏差为1%。桩位允许偏差应符合现行国家标准《建筑地基基础工程施工质量验收规范》GB 50202的有关规定。

15.3.4 垫层材料应通过级配试验进行试配。垫层厚度、铺设范围和夯填度应符合设计要求。

15.3.5 垫层施工不得在浸水条件下进行，当地下水位较高影响施工时，应采取降低地下水位的措施。

15.3.6 铺设垫层前应保证预留约200mm的土层，并应待铺设垫层时再人工开挖到设计标高。垫层底面应在同一标高上，深度不同时，应挖成阶梯或斜坡搭接，并也按先深后浅的顺序施工，搭接处应夯实。垫层竣工验收合格后，应及时进行基础施工与回填。

15.4 质量检验

15.4.1 长-短桩复合地基中长桩和短桩施工过程中应随时检查施工记录，并也对照规定的施工工艺对每根桩进行质量评定。

15.4.2 长-短桩复合地基中单桩质量检验应按本规范同桩型单桩质量检验有关规定进行。

15.4.3 长-短桩复合地基工程验收时，承载力检验应符合下列规定：

1 应按本规范附录A的有关规定进行复合地基竖向抗压载荷试验。

2 有经验时，应分别进行长桩竖向抗压载荷试验、短桩竖向抗压载荷试验和桩间土地基竖向抗压载荷试验，并可按本规范公式（5.2.5）计算复合地基承载力。

3 检验数量应符合设计要求。

16 桩网复合地基

16.1 一般规定

16.1.1 桩网复合地基适用于处理黏性土、粉土、砂土、淤泥、淤泥质土地基，也可用于处理新近填土、湿陷性土和欠固结淤泥等地基。

16.1.2 桩网复合地基应由刚性桩、桩帽、加筋层和垫层构成，可用于填土路堤、柔性面层堆场和机场跑道等构筑物的地基加固与处理。

16.1.3 设计前应通过勘察查明土层的分布和基本性质、各土层桩侧摩阻力和桩端阻力，以及判断土层的固结状态和湿陷性等特性。

16.1.4 桩的竖向抗压承载力应通过试桩绘制 p-s 曲线确定，并应作为设计的依据。

16.1.5 桩型可采用预制桩、就地灌注素混凝土桩、套管灌注桩等，应根据施工可行性、经济性等因素综合比较确定桩型。

16.1.6 桩网复合地基的桩间距、桩帽尺寸、加筋层的性能、垫层及填土层厚度，应根据地质条件、设计荷载和试桩结果综合分析确定。

16.2 设计

16.2.1 桩径宜取200mm～500mm，加固土层厚、软土性质差时宜取较大值。

16.2.2 桩网复合地基宜按正方形布桩，桩间距应根据设计荷载、单桩竖向抗压承载力计算确定，方案设计时可取桩径或边长的5倍～8倍。

16.2.3 单桩竖向抗压承载力应通过试桩确定，在方案设计和初步设计阶段，单桩的竖向抗压承载力特征值应按现行行业标准《建筑桩基技术规范》JGJ 94的有关规定计算。

16.2.4 当桩需要穿过松散填土层、欠固结软土层、自重湿陷性土层时，设计计算应计及负摩阻力的影响；单桩竖向抗压承载力特征值、桩体强度验算应符合下列规定：

1 对于摩擦型桩，可取中性点以上侧阻力为零，可按下式验算桩的抗压承载力特征值：

$$R_a \geqslant A p_k \tag{16.2.4-1}$$

式中：R_a——单桩竖向抗压承载力特征值（kN），只记中性点以下部分侧阻值及端阻值；

p_k——相应于荷载效应标准组合时，作用在地基上的平均压力值（kPa）；

A——单桩承担的地基处理面积（m^2）。

2 对于端承型桩，应计及负摩擦引起基桩的下拉荷载 Q_n^g，并可按下式验算桩的竖向抗压承载力特征值：

$$R_a \geqslant A p_k + Q_n^g \tag{16.2.4-2}$$

式中：Q_n^g——桩侧负摩阻力引起的下拉荷载标准值（kN），按现行行业标准《建筑桩基技术规范》JGJ 94的有关规定计算。

3 桩身强度应符合本规范公式（5.2.2-2）的要求，其中 f_{cu} 应为桩体材料试块抗压强度平均值，η 可取0.33～0.36，灌注桩或长桩时应用低值，预制桩应取高值。

16.2.5 桩网复合地基承载力特征值应通过复合地基竖向抗压载荷试验或综合桩体竖向抗压载荷试验和桩间土地基竖向抗压载荷试验，并应结合工程实践经验综合确定。当处理松散填土层、欠固结软土层、自重湿陷性土等有明显工后沉降的地基时，应根据单桩竖向抗压载荷试验结果，计及负摩阻力影响，确定复合地基承载力特征值。

16.2.6 当采用本规范公式（5.2.1-2）确定复合地基承载力特征值时，其中 β_p 可取1.0；当加固桩属于端承型桩时，β_s 可取0.1～0.4，当加固桩属于摩擦型桩时，β_s 可取0.5～0.9，当处理对象为松散填土层、欠固结软土层、自重湿陷性土等有明显工后沉降的地基时，β_s 可取0。

16.2.7 正方形布桩时，可采用正方形桩帽，桩帽上边缘应设 20mm 宽的 45°倒角。

16.2.8 采用钢筋混凝土桩帽时，其强度等级不应低于 C25，桩帽的尺寸和强度应符合下列规定：

1 桩帽面积与单桩处理面积之比宜取 15%～25%。

2 桩帽以上填土高度，应根据垫层厚度、土拱计算高度确定。

3 在荷载基本组合条件下，桩帽的截面承载力应满足抗弯和抗冲剪强度要求。

4 钢筋净保护层厚度宜取 50mm。

16.2.9 采用正方形布桩和正方形桩帽时，桩帽之间的土拱高度可按下式计算：

$$h = 0.707(S - a)/\tan\varphi \qquad (16.2.9)$$

式中：h——土拱高度（m）；

S——桩间距（m）；

a——桩帽边长（m）；

φ——填土的摩擦角，黏性土取综合摩擦角（°）。

16.2.10 桩帽以上的最小填土设计高度应按下式计算：

$$h_2 = 1.2(h - h_1) \qquad (16.2.10)$$

式中：h_2——垫层之上最小填土设计高度（m）；

h_1——垫层厚度（m）。

16.2.11 加筋层设置在桩帽顶部，加筋的经纬方向宜分别平行于布桩的纵横方向，应选用双向抗拉同强、低蠕变性、耐老化型的土工格栅类材料。

16.2.12 当桩与地基土共同作用形成复合地基时，桩帽上部加筋体性能应按边坡稳定需要确定。当处理松散填土层、欠固结软土层、自重湿陷性土等有明显工后沉降的地基时，加筋体的性能应符合下列规定：

1 加筋体的抗拉强度设计值（T）可按下式计算：

$$T \geqslant \frac{1.35\gamma_{cm}h(S^2 - a^2)\sqrt{(S-a)^2 + 4\Delta^2}}{32\Delta a} \qquad (16.2.12\text{-}1)$$

式中：T——加筋体抗拉强度设计值（kN/m）；

γ_{cm}——桩帽之上填土的平均重度（kN/m³）；

Δ——加筋体的下垂高度（m），可取桩间距的 1/10，最大不宜超过 0.2m。

2 加筋体的强度和对应的应变率应与允许下垂高度值相匹配，宜选取加筋体设计抗拉强度对应应变率为 4%～6%，蠕变应变率应小于 2%。

3 当需要铺设双层加筋体时，两层加筋应选同种材料，铺设竖向间距宜取 0.1m～0.2m，两层加筋体之间应铺设垫层同种材料，两层加筋体的抗拉强度宜按下式计算：

$$T = T_1 + 0.6T_2 \qquad (16.2.12\text{-}2)$$

式中：T——加筋体抗拉强度设计值（kN/m）；

T_1——桩帽之上第一层加筋体的抗拉强度设计值（kN/m）；

T_2——第二层加筋体的抗拉强度设计值（kN/m）。

16.2.13 垫层应铺设在加筋体之上，应选用碎石、卵石、砾石，最小粒径应大于加筋体的孔径，最大粒径应小于 50mm；垫层厚度（h_1）宜取 200mm～300mm。

16.2.14 垫层之上的填土材料可选用碎石、无黏性土、砂质土等，不得采用塑性指数大于 17 的黏性土、垃圾土、混有有机质或淤泥的土类。

16.2.15 桩网复合地基沉降（s）应由加固区复合土层压缩变形量（s_1）、加固区下卧土层压缩变形量（s_2），以及桩帽以上垫层和土层的压缩量变形量（s_3）组成，宜按下式计算：

$$s = s_1 + s_2 + s_3 \qquad (16.2.15)$$

16.2.16 各沉降分量可按下列规定取值：

1 加固区复合土层压缩变形量（s_1），可按本规范公式（5.3.2-1）计算，当采用刚性桩时可忽略不计。

2 加固区下卧土层压缩变形量（s_2），可按本规范公式（5.3.3）计算，需计及桩侧负摩阻力时，桩底土层沉降计算荷载应计入下拉荷载 Q_n^g。

3 桩土共同作用形成复合地基时，桩帽以上垫层和填土层的变形应在施工期完成，在计算工后沉降时可忽略不计。

4 处理松散填土层、欠固结软土层、自重湿陷性土等有明显工后沉降的地基时，桩帽以上的垫层和土层的压缩变形量（s_3），可按下式计算：

$$s_3 = \frac{\Delta(S-a)(S+2a)}{2S^2} \qquad (16.2.16)$$

16.3 施　　工

16.3.1 预制桩可选用打入法或静压法沉桩，灌注桩可选用沉管灌注、长螺旋钻孔灌注、长螺旋压浆灌注、钻孔灌注等施工方法。

16.3.2 持力层位置和设计桩长应根据地质资料和试桩结果确定，灌注桩施工应根据揭示的地层和工艺试桩结果综合判断控制施工桩长。饱和黏土地层预制桩沉桩施工时，应以设计桩长控制为主，工艺试桩确定的收锤标准或压桩力控制为辅的方法控制施工桩长。

16.3.3 饱和软土地层挤土桩施工应选择合适的施工顺序，并应减少挤土效应，应加强对相邻已施工桩及施工场地周围环境的监测。

16.3.4 加筋层的施工应符合下列要求：

1 材料的运输、储存和铺设应避免阳光曝晒。

2 应选用较大幅宽的加筋体，两幅拼接时接头强度不应小于原有强度的 70%；接头宜布置在桩帽上，重叠宽度不得小于 300mm。

3 铺设时地面应平整，不得有尖锐物体。

4 加筋体铺设应平整，应用编织袋装砂（土）压住。

5 加筋体的经纬方向与布桩的纵横方向应相同。

16.3.5 桩帽宜现浇，预制时，应采取对中措施。桩帽之间应采用砂土、石屑等回填。

16.3.6 加筋体之上铺设的垫层应选用强度较高的碎石、卵砾石填料，不得混有泥土和石屑，碎石最小粒径应大于加筋体孔径，应铺设平整。铺设厚度小于300mm时，可不作碾压，300mm以上时应分层静压压实。

16.3.7 垫层以上的填土，应分层压实，压实度应达到设计要求。

16.4 质量检验

16.4.1 桩网复合地基中桩、桩帽和加筋网的施工过程中，应随时检查施工记录，并应对照规定的施工工艺逐项进行质量评定。

16.4.2 桩的质量检验，应符合下列规定：

1 就地灌注桩应在成桩28d后进行质量检验，预制桩宜在施工7d后检验。

2 应挖出所有桩头检验桩数，并应随机选取5%的桩检验桩位、桩距和桩径。

3 应随机选取总桩数的10%进行低应变试验，并应检验桩体完整性和桩长。

4 应随机选取总桩数的0.2%，且每个单体工程不应少于3根桩进行静载试验。

5 对灌注桩的质量存疑时，应进行抽芯检验，并应检查完整性、桩长和混凝土的强度。

16.4.3 桩的质量标准应符合下列规定：

1 桩位和桩距的允许偏差为50mm，桩径允许偏差为±5%。

2 低应变检测Ⅱ类或好于Ⅱ类桩应超过被检验数的70%。

3 桩长的允许偏差为±200mm。

4 静载试验单桩竖向抗压承载力极限值不应小于设计单桩竖向抗压承载力特征值的2倍。

5 抽芯试验的抗压强度不应小于设计混凝土强度的70%。

16.4.4 加筋体的检测与检验应包括下列内容：

1 各向抗拉强度，以及与抗拉强度设计值对应的材料应变率。

2 材料的单位面积重量、幅宽、厚度、孔径尺寸等。

3 抗老化性能。

4 对于不了解性能的新材料，应测试在拉力等于70%设计抗拉强度条件下的蠕变性能。

17 复合地基监测与检测要点

17.1 一般规定

17.1.1 复合地基设计内容应包括监测和检测要求。

17.1.2 施工单位应综合复合地基监测和检测情况评价地基处理效果，指导施工，调整设计。

17.2 监 测

17.2.1 采用复合地基的工程应进行监测，并应监测至监测指标达到稳定标准。

17.2.2 监测设计人员应根据工程情况、监测目的、监测要求等制定监测实施方案，选择合理的监测仪器、仪器安装方法，采取妥当的仪器保护措施，遵循合理的监控流程。

17.2.3 监测设计人员应根据工程具体情况设计监测断面或监测点、监测项目、监测手段、监测数量、监测周期和监测频率等。

17.2.4 监测人员应根据施工进度采取合适的监测频率，并应根据施工、指标变化和环境变化等情况，动态调整监控频率。

17.2.5 复合地基应进行沉降监测，重要工程、试验工程、新型复合地基等宜监测桩土荷载分担情况。填土路堤和柔性面层堆场等工程的复合地基除应监测地表沉降，稳定性差的工程还应监测侧向位移，沉降缓慢时宜监测孔隙水压力，可监测分层沉降。

17.2.6 采用复合地基处理的坡地、岸边应监测侧向位移，宜监测地表沉降。

17.2.7 对周围环境可能产生挤压等不利影响的工程，应监测地表沉降、侧向位移，软黏土土层宜监测孔隙水压力。对周围环境振动显著时，应进行振动监测。

17.2.8 监测时应记录施工、周边环境变化等情况。监测结果应及时反馈给设计、施工。

17.3 检 测

17.3.1 复合地基检测内容应根据工程特点确定，宜包括复合地基承载力、变形参数、增强体质量、桩间土和下卧土层变化等。复合地基检测内容和要求应由设计单位根据工程具体情况确定，并应符合下列规定：

1 复合地基检测应注重竖向增强体质量检验。

2 具有挤密效果的复合地基，应检测桩间土挤密效果。

17.3.2 设计人员应调查和收集被检测工程的岩土工程勘察资料、地基基础设计及施工资料，了解施工工艺和施工中出现的异常情况等。

17.3.3 施工人员应根据检测目的、工程特点和调查结果，选择检测方法，制订检测方案，宜采用不少于两种检测方法进行综合质量检验，并应符合先简后繁、先粗后细、先面后点的原则。

17.3.4 抽检比例、质量评定等均应以检验批为基准，同一检验批的复合地基地质条件应相近，设计参数和施工工艺应相同，应根据工程特点确定抽检比例，但每个检验批的检验数量不得小于3个。

17.3.5 复合地基检测应在竖向增强体及其周围土体物理力学指标基本稳定后进行，地基处理施工完毕至检测的间隔时间可根据工程特点确定。

17.3.6 复合地基检测抽检位置的确定应符合下列规定：

1 施工出现异常情况的部位。

2 设计认为重要的部位。

3 局部岩土特性复杂可能影响施工质量的部位。

4 当采用两种或两种以上检测方法时，应根据前一种方法的检测结果确定后一种方法的检测位置。

5 同一检验批的抽检位置宜均匀分布。

17.3.7 当检测结果不满足设计要求时，应查找原因，必要时应采用原检测方法或准确度更高的检测方法扩大抽检，扩大抽检的数量宜按不满足设计要求的检测点数加倍扩大抽检。

附录A 竖向抗压载荷试验要点

A.0.1 本试验要点适用于单桩（墩）竖向抗压载荷试验、单桩（墩）复合地基竖向抗压载荷试验和多桩（墩）复合地基竖向抗压载荷试验。

A.0.2 进行竖向抗压载荷试验前，应采用合适的检测方法对复合地基桩（墩）施工质量进行检验，必要时应对桩（墩）间土进行检验，应根据检验结果确定竖向抗压载荷试验点。

A.0.3 单桩（墩）竖向抗压载荷试验承压板面积应等于受检桩（墩）截面积，复合地基平板载荷试验的承压板面积应等于受检桩（墩）所承担的处理面积，桩（墩）的中心或多桩（墩）的形心应与承压板形心保持一致，且形状宜与受检桩（墩）布桩形式匹配。承压板可采用钢板或混凝土板，其结构和刚度应保证最大荷载下承压板不翘曲和不开裂。

A.0.4 试坑底宽不应小于承压板宽度或直径的3倍，基准梁及加荷平台支点（或锚桩）宜设在试坑以外，且与承压板边的净距不应小于承压板宽度或直径，并不应小于2m。竖向桩（墩）顶面标高应与设计标高相适应，应采取避免地基土扰动和含水量变化的措施。在地下水位以下进行试验时，应事先将水位降至试验标高以下，安装设备，并应待水位恢复后再进行加荷试验。

A.0.5 找平桩（墩）的中粗砂厚度不宜大于20mm。复合地基平板载荷试验应在承压板下设50mm～150mm的中粗砂垫层。有条件时，复合地基平板载荷试验垫层厚度、材料宜与设计相同，垫层应在整个试坑内铺设并夯压至设计夯实度。

A.0.6 当采用1台以上千斤顶加载时，千斤顶规格、型号应相同，合力应与承压板中心在同一铅垂线上，且应并联同步工作。加载时最大工作压力不应大于油泵、压力表及油管额定工作压力的80%。荷载量测宜采用荷载传感器直接测定，传感器的测量误差为±1%，应采用自动稳压装置，每级荷载在维持过程中变化幅度应小于该级荷载增量的10%，应在承压板两个方向对称安装4个位移量测仪表。

A.0.7 最大试验荷载宜按预估的极限承载力且不小于设计承载力特征值的2.67倍确定。加载分级不应少于8级。正式试验前宜按最大试验荷载的5%～10%预压，垫层较厚时宜增大预压荷载，并应卸载调零后再正式试验。加载反力应为最大试验荷载的1.20倍，采用压重平台反力装置时应在试验前一次均匀堆载完毕。

A.0.8 每级加载后，应按间隔10、10、10、15、15min，以后每级30min测读一次沉降，当连续2h的沉降速率不大于0.1mm/h时，可加下一级荷载。

处理软黏土地基的柔性桩多桩复合地基竖向抗压载荷试验、散体材料桩（墩）复合地基竖向抗压载荷试验时，可根据经验适当放大相对稳定标准。

A.0.9 单桩（墩）竖向抗压载荷试验出现下列情况之一时，可终止试验：

1 在某级荷载下，s-lg$t$曲线尾部明显向下曲折。

2 在某级荷载下的沉降量大于前级沉降量的2倍，并经24h沉降速率未能达到相对稳定标准。

3 在某级荷载下的沉降量大于前级沉降量的5倍，且总沉降量不小于40mm。

4 相对沉降大于或等于0.10，且不小于100mm。

5 总加载量已经达到预定的最大试验荷载。

6 为设计提供依据的试验桩，应加载至破坏。

A.0.10 复合地基竖向抗压载荷试验出现以下情况之一时，可终止试验：

1 承压板周围隆起或产生破坏性裂缝。

2 在某级荷载下的沉降量大于前级沉降量的2倍，并经24h沉降速率未能达到相对稳定标准。

3 在某荷载下的沉降量大于前级沉降量的5倍，p-s曲线出现陡降段，且总沉降量不小于承压板边长（直径）的4%。

4 相对沉降大于或等于0.10。

5 总加载量已经达到预定的最大试验荷载。

A.0.11 卸载级数可为加载级数的1/2，应等量进行，每卸一级，应间隔30min，读记回弹量，待卸完全部荷载后应间隔3h读记总回弹量。

A.0.12 单桩（墩）竖向抗压极限承载力可按下列方法综合确定：

1 可取第A.0.9条第1款～第3款对应荷载前级荷载。

2 p-s曲线为缓变型时，可采用总沉降或相对沉降确定，总沉降或相对沉降应根据桩（墩）类型、地区或行业经验、工程特点等确定，总沉降可取

40mm～60mm，直径大于 800mm 时相对沉降可取 0.05～0.07，长细比大于 80 的柔性桩、散体材料桩宜取大值。

A.0.13 单桩（墩）竖向抗压承载力特征值，可按下列方法综合确定：

1 刚性桩单桩（墩）*p-s* 曲线比例界限荷载不大于极限荷载的 1/2 时，刚性桩竖向抗压承载力特征值可取比例界限荷载。

2 刚性桩单桩（墩）*p-s* 曲线比例界限荷载大于极限荷载的 1/2 时，刚性桩竖向抗压承载力特征值可取极限荷载除以安全系数 2。

A.0.14 复合地基极限荷载可取本规范第 A.0.10 条第 1 款～第 3 款对应荷载前级荷载。单点承载力特征值可按下列方法综合确定：

1 极限荷载应除以 2～3 的安全系数，安全系数取值应根据行业或地区经验、工程特点确定。

2 *p-s* 曲线为缓变型时，可采用相对沉降确定，按照相对沉降确定的承载力特征值不应大于最大试验荷载的 1/2。相对沉降值应根据桩（墩）类型、地区或行业经验、工程特点等确定，并应符合下列规定：

1) 散体材料桩（墩）可取 0.010～0.020，桩间土压缩性高时取大值；

2) 石灰桩可取 0.010～0.015；

3) 灰土挤密桩可取 0.008；

4) 深层搅拌桩、旋喷桩可取 0.005～0.010，桩间土为淤泥时取小值；

5) 夯实水泥土桩可取 0.008～0.01；

6) 刚性桩可取 0.008～0.01。

A.0.15 一个检验批参加统计的试验点不应少于 3 点，承载力极差不超过平均值的 30%时，可取其平均值作为承载力特征值。

当极差超过平均值的 30%时，应分析原因，并结合工程具体情况综合确定，必要时可增加试验点数量。

本规范用词说明

1 为便于在执行本规范条文时区别对待，对要求严格程度不同的用词说明如下：

1) 表示很严格，非这样做不可的：
正面词采用“必须”，反面词采用“严禁”；

2) 表示严格，在正常情况下均应这样做的：
正面词采用“应”，反面词采用“不应”或“不得”；

3) 表示允许稍有选择，在条件许可时首先应这样做的：
正面词采用“宜”，反面词采用“不宜”；

4) 表示有选择，在一定条件下可以这样做的，采用“可”。

2 条文中指明应按其他有关标准执行的写法为：“应符合……的规定”或“应按……执行”。

引用标准名录

《建筑地基基础设计规范》GB 50007
《建筑结构荷载规范》GB 50009
《建筑抗震设计规范》GB 50011
《建筑地基基础施工质量验收规范》GB 50202
《建筑桩基技术规范》JGJ 94

中华人民共和国国家标准

复合地基技术规范

GB/T 50783—2012

条 文 说 明

9.2 设 计

9.2.3 夯实水泥土桩是一种具有一定压缩性的柔性桩，在正常置换率的情况下，荷载大部分由桩承担，通过侧摩阻力和端阻力传至深层土中。在桩和土共同承担荷载的过程中，土的高压力区增大，从而提高了地基承载力，减少地基沉降变形，所以在基础边线内布桩，就能满足上部建筑物荷载对复合地基的要求。一般桩边到基础边线的距离宜为100mm～300mm。如果新建场地与即有建筑物相邻，或新建建筑物的基础埋深大于原有建筑物基础深度，或新建建筑物中高低建筑物规模差异大且基础埋深差别大时，可在基础外适量布设抗滑桩或护桩。

9.2.4 夯实水泥土桩桩径一般为300mm～600mm，多数为350mm～400mm；面积置换率一般为5%～15%。

9.2.5 夯实水泥土桩的强度一般为3MPa～6MPa，也可根据当地经验取值，其变形模量远大于土的变形模量，设置垫层主要是为了调整基底压力分布，使桩间土地基承载力得以充分发挥。当设计桩体承担较多的荷载时，垫层厚度取小值，反之，取大值。垫层材料不宜选用粒径大于20mm的粗粒散体材料。

9.2.6 夯实水泥土桩和桩周土在外荷载作用下构成复合地基，载荷试验是确定复合地基承载力和变形参数最可靠的方法。同一场地处理面积较大时或缺少经验时，应先进行复合地基竖向抗压载荷试验，按试验取得的参数进行设计，使设计合理并且经济。

9.2.7 夯实水泥土桩工艺由于规定先夯实孔底，成桩过程中分层夯实，其中 q_p 的取值常沿用灌注桩干作业条件下给定的桩端阻力参数，可根据地区经验确定，也可选用岩土工程勘察报告提供的参数。

本规范公式（5.2.2-2）中 f_{cu} 为与桩体水泥土配比相同的室内加固土试块（边长为70.7mm的立方体）在标准养护条件下28d龄期的立方体抗压强度平均值。水泥土为脆性材料，而且其均匀性不如混凝土，加之施工工艺的不同，所以在验算桩体承载力时，应对水泥土标准强度值进行不同程度的折减，作为水泥土强度的设计值，桩体强度折减系数（η）可取0.33。

9.2.8 夯实水泥土桩复合地基的沉降由复合土层压缩变形量和加固区下卧土层压缩变形量两部分组成。由于缺少系统的现场沉降监测资料，基本思路仍采用分层总和法，按现行国家标准《建筑地基基础设计规范》GB 50007的有关规定执行。复合土层压缩模量的计算，采用载荷试验沉降曲线类比法。

9.2.9 夯实水泥土桩施工工艺、材料配合比决定着桩体的均匀度和密实度，这是决定桩体强度的主要因素。

9.3 施 工

9.3.1 对重要工程、规模较大工程、岩土工程地质条件复杂的场地以及缺乏经验场地，在正式施工前应选择有代表性场地进行工艺性试验施工，并进行必要的测试，检验设计参数、处理效果和施工工艺的合理性和适用性。

9.3.2 水泥是水泥土桩的主要材料，其强度及安定性是影响桩体的主要因素。因此应对水泥按规定进行复检，复检合格后方可使用。

9.3.4 夯实水泥土桩混合料在配制时，如土料含水量过大，需风干或另掺加其他含水量较小的土料或换土。含水量过小应适量加水，拌和好的混合料含水量与最优含水量允许偏差为±2%。在现场可按“一攥成团，一捏即散”的原则对混合料的含水量进行鉴别。配制时间超过2h的混合料严禁使用。

9.3.6 夯实水泥土桩复合地基的质量好坏关键在于桩体是否密实、均匀，由于夯实水泥土桩夯实机械的夯锤质量及起落高度一定，夯击能为常数，桩体质量保证率较高。而人工夯实，受人的体能影响，夯锤质量小，起落高度不一致，桩体质量的保证率较低。本规范中夯实水泥土桩适用于夯实机成桩的设计与施工，一般情况下不宜采用人工夯实方法。为减轻劳动强度，夯实水泥土桩水泥土配合料也应尽量采用机械搅拌。

夯实水泥土桩的强度，一部分为水泥胶结体的强度，另一部分为夯实后密实度增加而提高的强度，桩体的夯实系数小于0.93时，桩体强度明显降低。

夯实水泥土桩一般桩长较短，端阻力较大。因此，孔底应夯实，夯实击数不应少于3击。若孔底含水量较高，可先填入少量碎石或干拌混凝土，再夯实。

夯实填料时，每击填料量不应过多，否则影响桩体的密实性及均匀性。严禁超厚和突击填料，一般每击填料控制送料厚度为50mm～80mm。

9.3.8 控制成桩桩顶标高，首先是为保证桩顶质量；其次防止在桩体达到设计高度后，不能及时停止送料，造成浪费和环境污染。

9.3.10 垫层铺设宜分层进行，每层铺设应均匀，如铺设的散体材料含水量低，可适当加水，以保证密实质量。

9.4 质 量 检 验

9.4.2 根据夯实水泥土桩成桩和桩体硬化特点，桩体夯实质量的检查应在成桩后2h内进行，随时随机抽取。抽检数量根据工程情况确定，一般可取总桩数的2%，且不少于6根。检验方法可采用取土测定法检测桩体材料的干密度，也可采用轻型圆锥动力触探试验检测桩体材料的 N_{10} 击数，相关试验要符合下列规定：

1 采用环刀取样测定其干密度，质量标准可按设计压实系数（λ_c）评定，压实系数一般为0.93，也可按表5规定的数值。

表5 不同配比下桩体最小干密度（g/cm^3）

土料种类 \ 水泥与土的体积比	1∶5	1∶6	1∶7	1∶8
粉细砂	1.72	1.71	1.71	1.67
粉　土	1.69	1.69	1.69	1.69
粉质黏土	1.58	1.58	1.58	1.57

2 采用轻型圆锥动力触探试验检测桩体夯实质量时，宜先进行现场试验，以确定具体要求，试验方法应按现行国家标准《岩土工程勘察规范》GB 50021有关规定，成桩2h内轻型圆锥动力触探击数（N_{10}）不应小于40击。

9.4.3 本条强调工程竣工验收检验，应该采用单桩复合地基或多桩复合地基竖向抗压载荷试验。

9.4.4 夯实水泥土桩复合地基竖向抗压载荷试验数量根据工程情况确定，一般可取总桩数的0.5%～1%，且每个单体工程不少于3点。

夯实水泥土桩复合地基静载试验 p-s 曲线多为抛物线状，根据 p-s 曲线确定复合地基承载力特征值的原则是：

当 p-s 曲线上极限荷载能确定，其值大于对应比例界限荷载值的2倍时，复合地基承载力特征值可取比例界限；当 p-s 曲线上极限荷载能确定，而其值小于对应的比例界限荷载值的2倍时，复合地基承载力特征值可取极限荷载的1/2；当比例界限、极限荷载都不能确定时，夯实水泥土桩按相对变形值 s/b ＝0.006～0.010（b 为载荷板宽度或直径）所对应的荷载确定复合地基承载力特征值，桩端土层为砂卵石等硬质土层时 s/b 取小值，桩端土层为可塑等软质土层时 s/b 取大值，但复合地基承载力特征值不应大于最大加载值的一半。

10 石灰桩复合地基

10.1 一般规定

10.1.1 石灰桩是以生石灰为主要固化剂与粉煤灰或火山灰、炉渣、矿渣、黏性土等掺和料按一定的比例均匀混合后，在桩孔中经机械或人工分层振压或夯实所形成的密实桩体。为提高桩体强度，还可掺加石膏、水泥等外加剂。

石灰桩的主要作用机理是通过生石灰的吸水膨胀挤密桩周土，继而经过离子交换和胶凝反应使桩间土强度提高。同时桩体生石灰与活性掺和料经过水化、胶凝反应，使桩体具有0.3MPa～1.0MPa的抗压强度。

石灰桩属可压缩的低黏结强度桩，能与桩间土共同作用形成复合地基。

由于生石灰的吸水膨胀作用，特别适用于新填土和淤泥的加固，生石灰吸水后还可使淤泥产生自重固结。形成一定强度后的石灰桩与经加固的桩间土结合为一体，使桩间土欠固结状态得到改善。

石灰桩与灰土桩不同，可用于地下水位以下的土层，用于地下水位以上的土层时，如土中含水量过低，则生石灰水化反应不充分，桩体强度较低，甚至不能硬化。此时采取减少生石灰用量或增加掺和料含水量的办法，经实践证明是有效的。

石灰桩复合地基不适用于处理饱和粉土、砂类土、硬塑及坚硬的黏性土，含大孤石或障碍物较多且不易清除的杂填土等土层。

10.1.2 石灰桩可就地取材，各地生石灰、掺和料及土质均有差异，在无经验的地区应进行材料配比试验。由于生石灰膨胀作用，其强度与侧限有关，因此配比试验宜在现场地基土中进行。

10.1.3 石灰桩桩体强度与土的强度有密切关系。土强度高时，对桩的约束力大，生石灰膨胀时可增加桩体密度，提高桩体强度；反之当土的强度较低时，桩体强度也相应降低。石灰桩在软土中的桩体强度多在0.3MPa～1.0MPa之间，强度较低，其复合地基承载力不超过160kPa，多在120kPa～160kPa之间。如土的强度较高，复合地基承载力可提高。同时应当注意，在强度高的土中，如生石灰用量过大，则会破坏土的结构，综合加固效果不好。

10.1.4 石灰桩属可压缩性桩，一般情况下桩顶可不设垫层。石灰桩根据不同的掺和料有不同的渗透系数，数值为 10^{-3} cm/s～10^{-5} cm/s，可作为竖向排水通道。

10.1.5 石灰桩的掺和料为轻质的粉煤灰或炉渣，生石灰块的重度约为 $10kN/m^3$，石灰桩体饱和后重度为 $13kN/m^3$。以轻质的石灰桩置换土，复合土层的自重减轻，特别是石灰桩复合地基的置换率较大时，减载效应明显。复合土层自重减轻即是减少了桩底下卧层软土的附加应力，以附加应力的减少值反推上部荷载减少的对应值是一个可观的数值。这种减载效应对减少软土变形作用很大。同时考虑石灰的膨胀对桩底土的预压作用，石灰桩底下卧层的变形较常规计算小，经过湖北、广东地区四十余个工程沉降实测结果的对比（人工洛阳铲成孔、桩长6m以内，条形基础简化为筏基计算），变形较常规计算有明显减小。由于各地情况不同，统计数量有限，应以当地经验为主。

10.2 设　　计

10.2.1 块状生石灰经测试其孔隙率为35%～39%，掺和料的掺入数量理论上至少应能充满生石灰块的孔隙，以降低造价，减少由于生石灰膨胀作用产生的内耗。

生石灰与粉煤灰、炉渣、火山灰等活性材料可以发生水化反应，生成不溶于水的水化物，同时使用工业废料也符合国家环保政策。

在淤泥中增加生石灰用量有利于淤泥的固结，桩顶附近减少生石灰用量可减少生石灰膨胀引起的地面隆起，同时桩体强度较高。当生石灰用量超过总体积的30%时，桩体强度下降，但对软土的加固效果较好，经过工程实践及试验总结，生石灰与掺和料的体积比为1∶1或1∶2较合理，土质软弱时采用1∶1。

桩体材料加入少量的石膏或水泥可以提高桩体强度，当地下水渗透较严重或为提高桩顶强度时，可适量加入。

10.2.2 由于石灰桩的膨胀作用，桩顶上覆压力不够时，易引起桩顶土隆起，增加沉降，因此其封口高度不宜小于500mm，以保证一定的上覆压力。为了防止地面水早期渗入桩顶，导致桩体强度降低，其封口标高应略高于原地面。

10.2.3 试验表明，石灰桩宜采用细而密的布桩方式，这样可以充分发挥生石灰的膨胀挤密效应，但桩径过小则施工速度受影响。目前人工成孔的桩径以300mm为宜，机械成孔以350mm左右为宜。

过去的习惯是将基础以外也布置数排石灰桩，如此则造价剧增，试验表明在一般的软土中，围扩桩对提高复合地基承载力的作用不大。在承载力很低的淤泥或淤泥质土中，基础外围增加1排～2排围扩桩有利于对淤泥的加固，可以提高地基的整体稳定性，同时围扩桩可将土中大孔隙挤密，起止水作用，可提高内排桩的施工质量。

10.2.4 洛阳铲成孔桩长不宜超过6m，指的是人工成孔，如用机动洛阳铲可适当加长。机械成孔管外投料时，如桩长过长，则不能保证成桩直径，特别在易缩孔的软土中，桩长只能控制在6m以内，不缩孔时，桩长可控制在8m以内。

10.2.5 大量工程实践证明，复合土层沉降仅为桩长的0.5%～0.8%，沉降主要来自于桩底下卧层，因此宜将桩端置于承载力较高的土层中。

正如本规范第10.1.5条说明中所述，石灰桩具有减载和预压作用，因此在深厚的软土中刚度好的建筑物有可能使用"悬浮桩"。无地区经验时，应进行大压板载荷试验，确定加固深度。

10.2.7 试验研究证明，当石灰桩复合地基荷载达到其承载力特征值时，具有下列特征：

1 沿桩长范围内各点桩和土的相对位移很小（2mm以内），桩土变形协调。

2 土的接触压力接近桩间土地基承载力特征值，即桩间土发挥度系数为1.0。

3 桩顶接触压力达到桩体比例界限，桩顶出现塑性变形。

4 桩土应力比趋于稳定，其值为2.5～5.0。

5 桩土的接触压力可采用平均压力进行计算。

基于以上特征，可按常规的面积比方法计算复合地基承载力。在置换率计算中，桩径除考虑膨胀作用外，尚应考虑桩周20mm左右厚的硬壳层，故计算桩径取成孔直径的1.1倍～1.2倍。

桩间土地基承载力与置换率、生石灰掺量以及成孔方式等因素有关。

试验检测表明生石灰对桩周厚0.3倍桩径左右的环状土体显示了明显的加固效果，强度提高系数达1.4～1.6，圆环以外的土体加固效果不明显。因此，桩间土地基承载力可按下式计算：

$$f_{sk}=\left[\frac{(k-1)d^2}{A_e(1-m)}+1\right]f_{ak} \tag{8}$$

式中：f_{ak}——天然地基承载力特征值；

k——桩边土强度提高系数，软土取1.4～1.6；

A_e——一根桩分担的地基处理面积；

m——复合地基置换率；

d——桩径。

按上式计算得到的桩间土地基承载力特征值约为天然地基承载力特征值的1.05倍～1.20倍。

10.2.8 如前所述石灰桩桩体强度与桩间土强度有对应关系，桩体压缩模量也随桩间土模量的不同而变化，此大彼大，此小彼小，鉴于这种对应性质，复合地基桩土应力比的变化范围缩小。经大量测试，桩土应力比的范围为2.0～5.0，大多为3.0～4.0，桩间土压缩模量的提高系数可取1.1～1.3，土软弱时取高值。

石灰桩桩体压缩模量可用环刀取样，作室内压缩试验求得。

10.3 施　　工

10.3.1 生石灰块的膨胀率大于生石灰粉，同时生石灰粉易污染环境。为了使生石灰与掺和料反应充分，应将块状生石灰粉碎，其粒径30mm～50mm为佳，最大不宜超过70mm。

10.3.2 掺和料含水量过少则不易夯实，过大时在地下水位以下易引起冲孔（放炮）。

石灰桩体密实度是质量控制的重要指标，由于周围土的侧向约束力不同，配合比也不同，桩体密实度的定量控制指标难以确定，桩体密实度的控制宜根据施工工艺的不同凭经验控制。无经验的地区应进行成桩工艺试验。成桩7d～10d后用轻型圆锥动力触探击数（N_{10}）进行对比检测，选择适合的工艺。

10.3.3 管外投料或人工成孔时，孔内往往存水，此时应采用小型软轴水泵或潜水泵排干孔内水，方能向孔内投料。

在向孔内投料的过程中如孔内渗水严重，则影响夯实（压实）桩的质量，此时应采取降水或增打围扩桩隔水的措施。

石灰桩施工中的冲孔（放炮）现象应引起重视。其主要原因在于孔内进水或存水使生石灰与水迅速反应，其温度高达200℃～300℃，空气遇热膨胀，不易夯实，桩体孔隙大，孔隙内空气在高温下迅速膨胀，将上部夯实的桩料冲出孔口。此时应采取减少掺和料含水量，排干孔内积水或降水，加强夯实等措施，确保安全。

10.4 质量检验

10.4.2 石灰桩加固软土的机理分为物理加固和化学加固两个作用，物理加固作用（吸水、膨胀）的完成时间较短，一般情况下7d以内均可完成。此时桩体的直径和密度已定型，在夯实力和生石灰膨胀力作用下，7d～10d桩体已具有一定的强度。而石灰桩的化学作用则速度缓慢，桩体强度的增长可延续3年甚至5年。考虑到施工的需要，目前将一个月龄期的强度视为桩体设计强度，7d～10d龄期的强度约为设计强度的60%左右。

龄期7d～10d时，石灰桩体内部仍维持较高的温度（30℃～50℃），采用静力触探检测时应考虑温度对探头精度的影响。

桩体质量的施工检测可采用静力触探或标准贯入试验。检测部位应为桩中心及桩间土，每两点为一组。检测组数可取总桩数的1%。

10.4.3、10.4.4 大量的检测结果证明，石灰桩复合地基在整个受力阶段，都是受变形控制的，其$p-s$曲线呈缓变型。石灰桩复合地基中的桩土具有良好的协同工作特征，土的变形控制着复合地基的变形。所以石灰桩复合地基的允许变形应与天然地基的标准相近。

在取得载荷试验与静力触探检测对比经验的条件下，也可采用静力触探估算复合地基承载力。关于桩体强度的确定，可取$0.1p_s$为桩体比例界限，这是桩体取样在试验机上作抗压试验求得比例极限与原位静力触探p_s值对比的结果。但仅适用于掺和料为粉煤灰、炉渣的情况。

地下水位以下的桩底存在动水压力，夯实效果也不如桩的中上部，因此底部桩体强度较低。桩的顶部由于上覆压力有限，桩体强度也有所降低。因此石灰桩的桩体强度沿桩长变化，中部最高，顶部及底部较差。试验证明当底部桩体具有一定强度时，由于化学反应的结果，其后期强度可以提高，但当7d～10d比贯入阻力很小（$p_s<1\text{MPa}$）时，其后期强度的提高有限。

石灰桩复合地基工程验收时，复合地基竖向抗压载荷试验数量可按地基处理面积每1000m²左右布置一个点，且每一单体工程不应少于3点。

11 挤密砂石桩复合地基

11.1 一般规定

11.1.1、11.1.2 碎石桩、砂桩和砂石混合料桩总称为砂石桩，是指采用振动、沉管或水冲等方式在地基中成孔后，再将碎石、砂或砂石混合料挤压入已成的孔中，形成大直径的砂石体所构成的密实桩体。视加固地基土体在成桩过程中的可压密性，可分为挤密砂石桩和置换砂石桩两大类。挤密砂石桩在成桩过程中地基土体被挤密，形成的砂石桩和被挤密的桩间土使复合地基承载力得到很大提高，压缩模量也得到很大提高。置换砂石桩复合地基承载力提高幅度不大，且工后沉降较大。挤密砂石桩成桩过程中除逐层振密外，近年发展了多种采用锤击夯扩碎石桩的施工方法。填料除碎石、砂石和砂以外，还有采用矿渣和其他工业废料。在采用工业废料作为填料时，除重视其力学性质外，尚应分析对环境可能产生的影响。挤密砂石桩法主要靠成桩过程中桩周围土的密度增大，从而使地基的承载能力提高，压缩性降低，因此，挤密砂石桩复合地基适用于一切可压密的需加固地基，如松散的砂土地基、粉土地基、可液化地基，非饱和的素填土地基、黄土地基、填土地基等。

国内外的工程实践经验也证明，不管是采用振冲法，还是沉管法，挤密砂石桩法处理砂土及填土地基效果都比较显著，并均已得到广泛应用。国内外（国外主要是日本）一般认为当处理黏粒（小于0.074mm的细颗粒）含量小于10%的砂土、粉土地基时，挤密效应显著，而我国浙江绍兴等地的工程实践表明，黏粒含量小于10%并不是一个严格的界限，在黏粒含量接近20%时，地基挤密效果仍较显著。因此，在采用挤密砂石桩法处理黏粒含量较高的砂性土地基时，应通过现场试验确定其适用性。砂石桩处理可液化地基的有效性已为国内不少实际地震和试验研究成果所证实。

11.1.3 采用挤密砂石桩法处理软土地基除应按本规范第4章要求进行岩土工程勘察外，针对挤密砂石桩复合地基的特点，本条还提出了应该补充的一些设计和施工所需资料。砂石桩填料用量大，并有一定的技术规格要求，故应预先勘察确定取料场及储量、材料的性能、运距等。

11.2 设计

11.2.1 考虑到基底压力会向基础范围外的地基中扩

散，而且外围的1排～3排桩挤密效果较差，因此本条规定挤密砂石桩处理范围要超出基础外缘1排～3排桩距。原地基越松散则应加宽越多。重要的建筑以及荷载较大的情况应加宽多些。

挤密砂石桩法用于处理液化地基，应确保建筑物的安全使用。基础外需处理宽度目前尚无统一的标准，但总体认为，在基础外布桩对建筑物是有利的。按美国经验，基础外需处理宽度取处理深度，但根据日本和我国有关单位的模型试验认为应取处理深度的2/3。另外，由于基础压力的影响，使地基土的有效压力增加，抗液化能力增强，故这一宽度可适当降低。同时根据日本挤密砂石桩处理的地基经过地震考验的结果，发现需处理的宽度也比处理深度的2/3小，据此规定每边放宽不宜小于处理深度的1/2。

11.2.2 挤密砂石桩的设计内容包括桩位布置、桩距、处理范围、灌砂石量及需处理地基的承载力、沉降或稳定验算。

挤密砂石桩的平面布置可采用等边三角形或正方形。砂性土地基主要靠砂石桩的挤密提高桩周土的密度，所以采用等边三角形更有利，可使地基挤密较为均匀。

挤密砂石桩直径的大小取决于施工方法、设备、桩管的大小和地基土的条件。采用振冲法施工的挤密砂石桩直径宜为800mm～1200mm，与振冲器的功率和地基土条件有关，一般振冲器功率大、地基土松散时，成桩直径大；采用沉管法施工的砂石桩直径与桩管的大小和地基土条件有关，目前使用的桩管直径一般为300mm～800mm，但也有小于200mm或大于800mm的。小直径桩管挤密质量较均匀但施工效率低，大直径桩管需要较大的机械能力，工效高。采用过大的桩径，一根桩要承担的挤密面积大，通过一个孔要填入的砂料多，不易使桩周土挤密均匀。沉管法施工时，设计成桩直径与套管直径比不宜大于1.5，主要考虑振动挤压时较大的扩径会对地基土产生较大扰动，不利于保证成桩质量。另外，成桩时间长、效率低给施工也会带来困难。

11.2.3 挤密砂石桩处理松砂地基的效果受地层、土质、施工机械、施工方法、填料的性质和数量、桩的排列和间距等多种因素的影响，较为复杂。国内外虽然已有不少实践，也进行过一些试验研究，积累了一些资料和经验，但是有关设计参数如桩距、灌砂石量以及施工质量的控制等仍需通过施工前的现场试验才能确定。

对采用振冲法成孔的砂石桩，桩间距宜根据上部结构荷载和场地情况通过现场试验，并结合所采用的振冲器功率大小确定。

对采用沉管法施工的砂石桩，桩距一般可控制在3.0倍～4.5倍桩径之内。合理的桩径取决于具体的机械能力和地层土质条件。当合理的桩距和桩的排列布置确定后，一根桩所承担的处理范围即可确定。土层通过减小土的孔隙，把原土层的密度提高到要求的密度，孔隙要减小的数量可通过计算得出。这样可以设想只要灌入的砂石料能把需要减小的孔隙都充填起来，那么土层的密度也就能够达到预期的数值。据此，如果假定地层挤密是均匀的，同时挤密前后土的固体颗粒体积不变，即可推导出本条所列的桩距计算公式。

对粉土和砂土地基，本条公式的推导是假设地面标高施工后和施工前没有变化。实际上，很多工程都采用振动沉管法施工，施工时对地基有振密和挤密双重作用，而且地面下沉，施工后地面平均下沉量可达100mm～300mm，甚至达到500mm。因此，当采用振动沉管法施工砂石桩时，桩距可适当增大，修正系数建议取1.10～1.20。

地基挤密要求达到的密实度是从满足建筑地基的承载力、变形或防止液化的需要而定的，原地基土的密实度可通过钻探取样试验，也可通过标准贯入、静力触探等原位测试结果与有关指标的相关关系确定。各相关关系可通过试验求得，也可参考当地或其他可靠的资料。

这种计算桩距的方法，除了假定条件不完全符合实际外，砂石桩的实际直径也较难确定。因而有的资料把砂石桩体积改为灌砂石量，即只控制砂石量，不必注意桩的直径如何。其实两者基本上是一样的。

桩间距与要求的复合地基承载力及桩和原地基土的承载力有关。如按要求的承载力算出的置换率过高、桩距过小，不易施工时，则应考虑增大桩径和桩距。在满足上述要求条件下，桩距宜适当大些，可避免施工时对原地基土过大扰动，影响处理效果。

11.2.4 挤密砂石桩的长度，应根据地基的稳定和沉降验算确定，为保证稳定，挤密砂石桩长度应超过设计要求安全度相对应的最危险滑动面以下2.0m；当软土层厚度不大时，桩长宜超过整个松散或软弱土层。标准贯入和静力触探沿深度的变化曲线也是确定桩长的重要资料。

对可液化的砂层，为保证处理效果，桩长宜穿透可液化层，如可液化层过深，则应按现行国家标准《建筑抗震设计规范》GB 50011有关规定确定。

另外，砂石桩单桩竖向抗压载荷试验表明，砂石桩桩体在受荷过程中，在桩顶以下4倍桩径范围内将发生侧向膨胀，因此设计深度应大于主要受荷深度，且不宜小于4倍桩径。鉴于采用振冲法施工挤密砂石桩平均直径约1000mm，因此规定挤密砂石桩桩长不宜小于4m。

建筑物地基差异沉降若过大，则会使建筑物受到损坏。为了减少其差异沉降，可分区采用不同桩长进行加固，用以调整差异沉降。

11.2.5 挤密砂石桩桩孔内的填料量应通过现场试验

确定。考虑到挤密砂石桩沿深度不会完全均匀，同时可能侧向鼓胀，另外，填料在施工中还会有所损失等，因而实际设计灌砂石量要比计算砂石量大一些。根据地层及施工条件的不同增加量约为计算量的20%～40%。

11.2.6 挤密砂石桩复合地基中桩间土经振密、挤密后，其承载力提高较大，因此本规范公式（11.2.6）中桩间土地基承载力应采用处理后桩间土地基承载力特征值，并且宜通过现场载荷试验或根据当地经验确定。

11.2.7 挤密砂石桩复合地基沉降可按本规范第5.3.1条～第5.3.4条的有关规定进行计算，其中复合地基压缩模量可按本规范公式（5.3.2-2）计算，但考虑到砂石桩桩体压缩模量的影响因素较多且难以确定，所以本条建议采用本规范公式（11.2.7）计算挤密砂石桩复合地基压缩模量。

11.2.8 关于砂石桩用料的要求，对于砂土地基，只要比原土层砂质好同时易于施工即可，应注意就地取材。按照各有关资料的要求最好用级配较好的中、粗砂，当然也可用砂砾及碎石，但不宜选用风化易碎的石料。

对振冲法成桩，填料粒径与振冲器功率有关，功率大，填料的最大粒径也可适当增大。

对沉管法成桩，填料中最大粒径取决于桩管直径和桩尖的构造，以能顺利出料为宜，本条规定最大不应超过50mm。

考虑有利于排水，同时保证具有较高的强度，规定砂石桩用料中小于0.005mm的颗粒含量（即含泥量）不能超过5%。

11.2.9 砂石桩顶部采用碎石垫层一方面起水平排水的作用，有利于施工后土层加快固结，更大的作用是可以起到明显的应力扩散作用，降低基底层砂石桩分担的荷载，减少砂石桩侧向变形，从而提高复合地基承载力，减少地基变形。如局部基础下有较薄的软土，应考虑加大垫层厚度。

11.3 施 工

11.3.1 挤密砂石桩施工机械，应根据其施工能力与处理深度相匹配的原则选用。目前国内主要的砂石桩施工机械类型有：

1 振冲法施工采用的振冲器，常用功率为30、55kW和75kW三种类型。选用时，应考虑设计荷载的大小、工期、工地电源容量及地基土天然强度的高低等因素。

2 沉管法施工机械主要有振动式砂石桩机和锤击式砂石桩机两类。除专用机械外，也可利用一般的打桩机改装。

采用垂直上下振动的机械施工的方法称为振动沉管成桩法，振动沉管成桩法的处理深度可达25m，若采取适当措施，最大还可以加深到约40m；用锤击式机械施工成桩的方法称为锤击沉管成桩法，锤击沉管成桩法的处理深度可达10m。砂石桩机通常包括桩机架、桩管及桩尖、提升装置、挤密装置（振动锤或冲击锤）、上料设备及检测装置等部分。为了使砂石桩机配有高压空气或水的喷射装置，同时配有自动记录桩管贯入深度、提升量、压入量、管内砂石位置及变化（灌砂石及排砂石量），以及电机电流变化等检测装置。国外有的设备还装有自动控制装置，根据地层阻力的变化自动控制灌砂石量并保证均匀挤密，全面达到设计标准。

11.3.2 地基处理效果常因施工机具、施工工艺与参数，以及所处理地层的不同而不同，工程中常遇到设计与实际不符或者处理质量不能达到设计要求的情况，因此本条规定施工前应进行现场成桩试验，以检验设计方案和设计参数，确定施工工艺和技术参数（包括填砂石量、提升速度、挤压时间等）。现场成桩试验桩数：正三角形布桩，至少7根（中间1根，周围6根）；正方形布桩，至少9根（按三排三列布9根桩）。

11.3.3 采用振冲法施工时，30kW功率的振冲器每台机组约需电源容量75kW，成桩直径约800mm，桩长不宜超过8m；75kW功率的振冲器每台机组约需电源容量100kW，成桩直径可达900mm～1200mm，桩长不宜超过20m。在邻近既有建筑物场地施工时，为减小振动对建筑物的影响，宜用功率较小的振冲器。

为保证施工质量，电压、密实电流、留振时间要符合要求，因此，施工设备应配备相应的自动信号仪表，以便及时掌握数据。

11.3.4 振冲施工有泥水从孔内排出。为防止泥水漫流地表污染环境，或者排入地下排水系统而淤积堵塞管路，施工时应设置沉淀池，用泥浆泵将排出的泥水集中抽入池内，宜重复使用上部清水。沉淀后的泥浆可用运浆车辆运至预先安排的存放地点。

11.3.5 振冲施工可按下列步骤进行：

1 清理施工场地，布置桩位。

2 施工机具就位，使振冲器对准桩位。

3 启动供水泵和振冲器，水压可用200kPa～600kPa，水量可用200L/min～400L/min，将振冲器缓慢沉入土中，造孔速度宜为0.5m/min～2.0m/min，直至达到设计深度，记录振冲器经各深度的水压、电流和留振时间。

4 造孔后边提升振冲器投料边冲水直至孔口，再放至孔底，重复两三次扩大孔径并使孔内泥浆变稀，开始填料制桩。

5 大功率振冲器投料可不提出孔口，小功率振冲器下料困难时，可将振冲器沉入填料中进行振密制桩，当电流达到规定的密实电流值和规定的留振时间后，将振冲器提升300mm～500mm。

6　重复以上步骤，自下而上逐段制作桩体直至孔口，记录各段深度的填料量、最终电流值和留振时间，并均应符合设计规定。

7　关闭振冲器和水泵。

振冲法施工中，密实电流、填料量和留振时间是重要的施工质量控制参数，因此，施工过程中应注意：

1　控制加料振密过程中的密实电流。密实电流是指振冲器固定在某深度上振动一定时间（称为留振时间）后的稳定电流，注意不要把振冲器刚接触填料的瞬间电流值作为密实电流。为达到所要求的挤密效果，每段桩体振捣挤密终止条件是要求其密实电流值超过某规定值：30kW 振冲器为 45A～55A；55kW 振冲器为 75A～85A；75kW 振冲器为 80A～95A。

2　控制好填料量。施工中加填料要遵循“少量多次”的原则，既要勤加料，每批又不宜加得太多。而且注意制作最深处桩体的填料量可占整根桩填料量的 1/4～1/3。这是因为初始阶段加的料有一部分从孔口向孔底下落过程中粘在孔壁上，只有少量落在孔底；另外，振冲过程中的压力水有可能造成孔底超深，使孔底填料数量超过正常用量。

3　保证有一段留振时间。即振冲器不升也不降，保持继续振动和水冲，使振冲器把桩孔扩大或把周围填料挤密。留振时间一般可较短；当回填砂石料慢、地基软弱时，留振时间较长。

11.3.6　振动沉管法施工，成桩应按下列步骤进行：

1　移动桩机及导向架，把桩管及桩尖对准桩位。

2　启动振动锤，把桩管下到预定的深度。

3　向桩管内投入规定数量的砂石料（根据经验，为提高施工效率，装砂石也可在桩管下到便于装料的位置时进行）。

4　把桩管提升一定的高度（下砂石顺利时提升高度不超过 1m～2m），提升时桩尖自动打开，桩管内的砂石料流入孔内。

5　降落桩管，利用振动及桩尖的挤压作用使砂石密实。

6　重复 4、5 两工序，桩管上下运动，砂石料不断补充，砂石桩不断升高。

7　桩管提至地面，砂石桩完成。

施工中，电机工作电流的变化反映挤密程度及效率。电流达到一定不变值，继续挤压将不会产生挤密效果。然而施工中不可能及时进行效果检测，因此按成桩过程的各项参数对施工进行控制是重要环节，应予以重视，有关记录是质量检验的重要资料。

11.3.7　挤密砂石桩施工时，应间隔进行（跳打），并宜由外侧向中间推进；在邻近既有建（构）筑物施工时，为了减少对邻近既有建（构）筑物的振动影响，应背离建（构）筑物方向进行。

砂石桩施工完毕，当设计或施工投砂量不足时地面会下沉，当投料过多时地面会隆起，同时表层 0.5m～1.0m 常呈松散状态。如遇到地面隆起过高也说明填砂石量不适当。实际观测资料证明，砂石在达到密实状态后进一步承受挤压又会变松，从而降低处理效果。遇到这种情况应注意适当减少填砂石量。

施工场地土层可能不均匀，土质多变，处理效果不能直接看到，也不能立即测出。为保证施工质量，在土层变化的条件下施工质量也能达到标准，应在施工中进行详细的观测和记录。

11.3.8　砂石桩桩顶部施工时，由于上覆压力较小，因而对桩体的约束力较小，桩顶形成一个松散层，加载前应加以处理（挖除或碾压）才能减少沉降量，有效地发挥复合地基作用。

11.4　质量检验

11.4.1　对振冲法，应详细记录成桩过程中振冲器在各深度时的水压、电流和留振时间，以及填料量，这些是施工控制的重要手段；而对沉管法，填料量是施工控制的重要依据，再结合抽检便可以较好地作出质量评价。

11.4.2　挤密砂石桩处理地基最终是要满足承载力、变形和抗液化的要求，标准贯入、静力触探以及动力触探可直接提供检测资料，所以本条规定可用这些测试方法检测砂石桩及其周围土的挤密效果。

应在桩位布置的等边三角形或正方形中心进行砂石桩处理效果检测，因为该处挤密效果较差。只要该处挤密达到要求，其他位置就一定会满足要求。此外，由该处检测的结果还可判明桩间距是否合理。

检测数量可取不少于桩孔总数的 2%。

如处理可液化地层时，可用标准贯入击数来衡量砂性土的抗液化性，使砂石桩处理后的地基实测标准贯入击数大于临界贯入击数。这种液化判别方法只考虑了桩间土的抗液化能力，未考虑砂石桩的作用，因而在设计上是偏于安全的。

11.4.3　复合地基竖向抗压载荷试验数量可取总桩数的 0.5%，且每个单体建筑不应少于 3 点。

11.4.4　由于在制桩过程中原状土的结构受到不同程度的扰动，强度会有所降低，饱和土地基在桩的周围一定范围内，土中孔隙水压力上升。待休置一段时间后，超孔隙水压力会消散，强度会逐渐恢复，恢复期的长短视土的性质而定。原则上，应待超静孔隙水压力消散后进行检验。根据实际工程经验规定对粉土地基为 14d，对砂土地基和杂填土地基可适当减少。对非饱和土地基不存在此问题，在桩施工后 3d～5d 即可进行。

12　置换砂石桩复合地基

12.1　一般规定

12.1.1　当加固地基土体在成桩过程中不可压密时，

如在饱和黏性土地基中设置砂石桩，形成的复合地基承载力的提高主要来自砂石桩的置换作用。

采用振冲法施工时填料一般为碎石、卵石。采用沉管法施工时填料一般为碎石、卵石、中粗砂或砂石混合料，也可采用对环境无污染的坚硬矿渣和其他工业废料。置换砂石桩法适用于处理饱和黏土和饱和黄土地基。

采用置换砂石桩复合地基加固软黏土地基，国内外有较多的工程实例，有成功的经验，也有失败的教训。由于软黏土含水量高、透水性差，形成砂石桩时很难发挥挤密效果，其主要作用是通过置换与软黏土构成复合地基，同时形成排水通道利于软土的排水固结。由于碎石桩的单桩竖向抗压承载力大小主要取决于桩周土的侧限力，而软土抗剪强度低，因此碎石桩单桩竖向抗压承载力小。采用砂石桩处理软土地基承载力提高幅度相对较小。虽然通过提高置换率可以提高复合地基承载力，但成本较高。另外在工作荷载作用下，地基土产生排水固结，砂石桩复合地基工后沉降较大，这点往往得不到重视而酿成工程事故。置换砂石桩法用于处理软土地基应慎重。用置换砂石桩处理饱和软黏土地基，最好先预压。

12.1.2 一般认为置换砂石桩法用振冲法处理软土地基，被加固的主要土层十字板强度不宜小于 20kPa，被加固的主要土层强度较低时，易造成串孔，成桩困难，但近年来在珠江三角洲地区采用振冲法施工大粒径碎石桩处理十字板强度小于 10kPa 的软土取得成功，所用碎石粒径达 200mm。也有采用袋装（土工布制成）砂石桩和竹笼砂石桩形成置换砂石桩复合地基。

12.1.3 采用置换砂石桩复合地基加固软黏土地基时，砂石桩是良好的排水通道。为了加快地基土体排水固结，应铺设排水碎石垫层，与砂石桩形成良好的排水系统。地基土体排水固结，地基承载力提高，但产生较大沉降。置换砂石桩复合地基如不经过预压，工后沉降较大，对工后沉降要求严格的工程慎用。

12.2 设　　计

12.2.1 采用置换砂石桩法处理软土地基除应按本规范第 4 章要求进行岩土工程勘察外，设计和施工还需要掌握地基的不排水抗剪强度。上部结构对地基的变形要求是考核置换砂石桩能否满足要求的重要指标。

施工机械关系到设计参数的选择、工期和施工可行性，设计前应加以考虑。

所需的填料性质也关系到设计参数的选择，并且要有足够的来源。填料的价格涉及工程造价和地基处理方案的比选，因此事先应进行了解。

12.2.2 本条规定了置换砂石桩的平面布置方式。对于大面积加固，一般采用等边三角形布置，这种布置形式在同样的面积置换率下桩的间距最大，施工处理后地基刚度也比较均匀，当采用振冲法施工，可以最大限度避免窜孔；对于单独基础或条形基础等小面积加固，一般采用正方形或矩形布置，这种布置比较方便在小面积基础下均匀布置砂石桩。

12.2.3 对于小面积加固，基础附加应力扩散影响范围有限，并且由于砂石桩的应力集中作用应力扩散范围较均质地基更小。因此，单独基础砂石桩不必超出基础范围，条形基础砂石桩可布置在基础范围内或适当超出基础范围。对于加固面积较大的筏板式、十字交叉基础，基础附加应力扩散影响范围较大，而柔性基础往往有侧向稳定要求，故需在基础范围外加 1 排～3 排围扩桩。

12.2.4 为了控制置换砂石桩复合地基的变形，一般情况下桩应穿透软弱土层到达相对硬层。当软弱土层很厚，桩穿过整个软弱土层所需桩长过大，施工效率很低，且造价过高无法实现，这时桩长应按地基变形计算来控制。存在地基稳定问题时，桩长应满足稳定分析要求。

关于最小桩长，根据室内外试验结果，散体材料桩在承受竖向荷载时从桩顶向下约 4.0 倍桩径范围内产生侧向膨胀。振冲砂石桩用于置换加固，桩径一般为 0.8m，沉管砂石桩则多为 0.4m～0.6m。另外，若所需桩长很短说明要加固的软土层很薄，这时采用垫层法等其他浅层处理方法可能更有效。故规定最小桩长不宜小于 4.0m。

12.2.5 采用振冲法施工时砂石桩的成桩直径与振冲器的功率有关。通常认为当振冲器功率为 30kW 时，砂石桩的成桩直径为 800mm 左右，55kW 时为 1000mm 左右，75kW 时为 1500mm 左右。

面积置换率与复合地基的强度和变形控制直接相关，面积置换率太小，加固效果不明显。如天然地基承载力特征值为 50kPa 的软土，面积置换率 0.15 的砂石桩复合地基承载力为 70kPa 左右。但面积置换率过高会给施工带来很大困难，采用振冲法施工容易窜孔，采用沉管法施工挤土效应很大，当面积置换率大于 0.25 施工已感到困难，因此，推荐面积置换率取 0.15～0.30。

12.2.6 复合地基承载力特征值原则上应通过复合地基竖向抗压载荷试验确定。有工程经验的场地或初步设计时可按本规范推荐的方法进行设计。已有的实测数据表明，无论是采用振冲法还是沉管法施工，桩间饱和软土在制桩刚结束时由于施工扰动其强度有不同程度降低，但经过一段时间强度会恢复甚至有所提高，因此按本规范公式（5.2.1-2）估算，β_p 和 β_s 均应取 1.0。

12.2.7 置换砂石桩单桩竖向抗压承载力主要取决于桩周土的侧限力，估算方法不少，当桩体材料的内摩擦角在 38°左右时，单桩竖向抗压承载力特征值可按本规范公式（12.2.7）计算。也可采用圆孔扩张理论或其他方法计算桩周土的侧限力，然后得到单桩竖向抗压承载力。

12.2.9 置换砂石桩填料总体要求是采用级配较好的碎石、卵石、中粗砂或砂砾，以及它们的混合料，采用振冲法施工时一般用碎石、卵石作为填料。无论哪种施工方法都不宜选用风化易碎的石料。当有材质坚硬的矿渣也可作为填料使用。关于填料粒径：振冲法成桩 30kW 振冲器 20mm～80mm，55kW 振冲器 30mm～100mm，75kW 振冲器 40mm～150mm；沉管法成桩，最大粒径不宜大于 50mm。填料含泥量不宜超过 5%。

振冲法施工填料最大粒径与振冲器功率有关，振冲器功率大，填料的最大粒径也可适当增大。对同一功率的振冲器，被加固土体的强度越低所用填料的粒径可越大。

沉管法施工填料级配和最大粒径对桩体的密实有明显的影响，建议填料最大粒径不应超过 50mm。

12.2.10 置换砂石桩复合地基设置碎石垫层一方面起水平排水作用，有利于施工后加快土层固结，更大的作用在于碎石垫层可以起到明显的应力扩散作用，降低基底处砂石桩分担的荷载，并使该处桩周土合理承担附加应力增加其对桩体的约束，减少砂石桩侧向变形，从而提高复合地基承载力，减少地基变形。

12.3 施 工

12.3.1 置换砂石桩施工机械，应根据其施工能力与处理深度相匹配的原则选用。目前国内主要的砂石桩施工机械类型有：

1 振冲法施工采用的振冲器，常用功率为 30、55kW 和 75kW 三种类型。选用时，应考虑设计荷载的大小、工期、工地电源容量及地基土天然强度的高低等因素。

2 沉管法施工机械主要有振动式砂石桩机和锤击式砂石桩机。除专用机械外，也可利用一般的打桩机改装。

采用垂直上下振动施工的方法称为振动沉管成桩法，振动沉管成桩法的处理深度可达 25m，若采取适当措施，最大处理深度可达约 40m；用锤击式机械施工成桩的方法称为锤击沉管成桩法，锤击沉管处理深度可达 20m。

选用成桩施工机械还要考虑不同机械施工过程对周边环境的不利影响，如采用振冲机械施工需评价振动和泥浆排放的影响。

12.3.2 地基处理效果常因施工机具、施工工艺与参数，以及所处理地层的不同而不同，工程中常遇到设计与实际不符或者处理质量不能达到设计要求的情况，因此本条规定施工前应进行现场成桩试验，以检验设计方案和设计参数，确定施工工艺和技术参数（包括填砂石量、提升速度、挤压时间等）。现场成桩试验桩数：正三角形布桩，至少 7 根（中间 1 根，周围 6 根）；正方形布桩，至少 9 根（按三排三列布 9 根桩）。

12.3.3 采用振冲法施工时，30kW 功率的振冲器每台机组约需电源容量 75kW，桩长不宜超过 8m；75kW 功率的振冲器每台机组约需电源容量 100kW，桩长不宜超过 20m。一定功率的振冲器，施工桩长过大施工效率将明显降低，例如 30kW 振冲器制作 9m 长的桩，7m～9m 这段桩的制作时间占总制桩时间的 39%。在邻近既有建筑物场地施工时，为减小振动对建筑物的影响，宜用功率较小的振冲器。

振冲法施工中，密实电流、填料量和留振时间是重要的施工质量控制参数，因此，施工过程中应注意：

1 控制加料振密过程中的密实电流。密实电流是指振冲器固定在某深度上振动一定时间（称为留振时间）后的稳定电流，注意不要将把振冲器刚接触填料的瞬间电流值作为密实电流。为达到所要求的挤密效果，每段桩体振捣挤密终止条件是要求其密实电流值超过某规定值：30kW 振冲器为 45A～55A；55kW 振冲器为 75A～85A；75kW 振冲器为 80A～95A。

2 控制好填料量。施工中加填料要遵循“少量多次”的原则，既要勤加料，每批又不宜加得太多。注意制作最深处桩体的填料量可占整根桩填料量的 1/4～1/3。这是因为初始阶段加的料有一部分从孔口向孔底下落过程中粘在孔壁上，只有少量落在孔底；另外，振冲过程中的压力水有可能造成孔底超深，使孔底填料数量超过正常用量。

3 保证有一段留振时间，即振冲器不升也不降，保持继续振动和水冲，使振冲器把桩孔扩大或把周围填料挤密。留振时间可较短，回填砂石料慢、地基软弱时，留振时间较长。

12.3.4 振冲施工有泥水从孔内排出。为防止泥水漫流地表污染环境，或者排入地下排水系统而淤积堵塞管路，施工时应设置沉淀池，用泥浆泵将排出的泥水集中抽入池内，宜重复使用上部清水。沉淀后的泥浆可用运浆车辆运至预先安排的存放地点。

12.3.5 沉管法施工，应按下列步骤进行：

1 移动桩机及导向架，把桩管及桩尖对准桩位。

2 启动振动锤或桩锤，把桩管下到预定的深度。

3 向桩管内投入规定数量的砂石料（根据施工试验经验，为提高施工效率，装砂石也可在桩管下到便于装料的位置时进行）。

4 把桩管提升一定的高度（下砂石顺利时提升高度不超过 1m～2m），提升时桩尖自动打开，桩管内的砂石料流入孔内。

5 降落桩管，利用振动及桩尖的挤压作用使砂石密实。

6 重复 4、5 两工序，桩管上下运动，砂石料不断补充，砂石桩不断升高。

7 桩管提至地面，砂石桩完成。

施工中，电机工作电流的变化反映挤密程度及效率。电流达到一定不变值，继续挤压将不会产生挤密效果。然而施工中不可能及时进行效果检测，因此按成桩过程的各项参数对施工进行控制是重要环节，应予以重视，有关记录是质量检验的重要资料。

砂石桩施工时，应间隔进行（跳打），并宜由外侧向中间推进；在邻近既有建（构）筑物邻近施工时，为了减少对邻近既有建（构）筑物的振动影响，应背离建（构）筑物方向进行。

砂石桩施工完毕，当设计或施工投砂量不足时地面会下沉，当投料过多时地面会隆起，同时表层0.5m～1.0m常呈松散状态。如遇到地面隆起过高也说明填砂石量不适当。实际观测资料证明，砂石在达到密实状态后进一步承受挤压又会变松，从而降低处理效果。遇到这种情况应注意适当减少填砂石量。

施工场地土层可能不均匀，土质多变，处理效果不能直接看到，也不能立即测出。为保证施工质量，在土层变化的条件下施工质量也能达到标准，应在施工中进行详细的观测和记录。

12.3.6 砂石桩顶部施工时，由于上覆压力较小，因而对桩体的约束力较小，桩顶形成一个松散层，加载前应加以处理（挖除或碾压）才能减少沉降量，有效地发挥复合地基作用。

12.4 质量检验

12.4.1 对振冲法，应详细记录成桩过程中振冲器在各深度时的水压、电流和留振时间，以及填料量，这些是施工控制的重要手段；而对沉管法，套管往复挤压振冲次数与时间、套管升降幅度和速度、每次填砂石料量等是判断砂石桩施工质量的重要依据，再结合抽检便可以较好地作出质量评价。

12.4.2 置换砂石桩复合地基的砂石桩可以用动力触探检测其密实度，采用十字板、静力触探等方法检测处理后桩间土的性状。桩间土应在桩位布置的等边三角形或正方形中心进行砂石桩处理效果检测，因为该处排水距离远，施工过程产生的超静孔压消散最慢，处理后强度恢复或提高也需要更长时间。此外，由该处检测的结果还可判明桩间距是否合理。检测数量根据工程情况由设计单位提出，可取桩数的1%～2%。

12.4.3 载荷试验数量由设计单位根据工程情况提出具体要求，一般可取桩数的0.5%～1%，且每个单体工程不少于3点。

12.4.4 由于在制桩过程中原状土的结构受到不同程度的扰动，强度会有所降低，土中孔隙水压力上升。待休置一段时间后，超孔隙水压力会消散，强度会逐渐恢复，恢复期的长短视土的性质而定。原则上，应待超孔隙水压力消散后进行检验。黏土中超静孔隙水压的消散需要的时间较长，根据实际工程经验一般规定为28d。

13 强夯置换墩复合地基

13.1 一般规定

13.1.1、13.1.2 强夯置换的加固效果与地质条件、夯击能量、施工工艺、置换材料等有关，采用强夯置换墩复合地基加固具有加固效果显著、施工工期短、施工费用低等优点，目前已广泛用于堆场、公路、机场、港口、石油化工等工程的软土地基加固。采用强夯置换墩复合地基加固可较大幅度提高地基承载力，减少沉降。有关强夯置换加固机理的研究在不断深入，已取得了一批研究成果。目前，强夯置换工程应用夯击能已经达到18000kN·m，但还没有一套成熟的设计计算方法。也有个别工程因设计、施工不当，处理后出现沉降量或差异沉降较大的情况。因此，特别强调采用强夯置换法前，应在施工现场有代表性的场地进行试夯或试验性施工，确定其适用性和处理效果。精心设计、精心施工，以达到预定加固效果。

强夯置换的碎石墩是一种散体材料墩体，在提高强度的同时，为桩间土提供了排水通道，有利于地基土的固结。墩体上设置垫层的主要作用是使墩体与墩间土共同发挥承载作用，同时垫层也起到排水作用。

13.1.3 强夯置换施工，往往夯击能量较大，强大的冲击除能造成场地四周地层较大的振动外，还伴随有较大的噪声，因此周边环境是否允许是考虑该法可行性时必须注意的因素。

13.2 设计

13.2.1 试夯是强夯置换墩处理的重要环节，试夯方案的完善与否直接影响到后续的施工过程和加固效果。试夯过程不但要确定施工参数，还要反馈信息校正设计，所以要进行加固效果的各项测试。

13.2.2 设计内容应在施工图纸中明确，才能确保现场的施工效果。对施工过程中出现的异常情况，相关各方应加强沟通，结合工程实际情况调整设计参数。

墩体布置是否合理直接影响夯实效果，可根据上部荷载的要求进行选择。对于大面积加固区域，可采用正方形、等边三角形、正方形加梅花点布置。对于工业和民用建筑，可以根据柱网或承重墙的位置布置夯点。

13.2.3 由于基础的应力扩散作用和抗震设防需要，强夯置换处理范围应大于建筑物基础范围，具体放大范围可根据建筑结构类型和重要性等因素确定。对于一般建筑物，每边超出基础外缘的宽度宜为基底下设计处理深度的1/3～1/2，并不宜小于3m。对可液化地基，根据现行国家标准《建筑抗震设计规范》GB

50011的有关规定，扩大范围不应小于可液化土层厚度的1/2，并不应小于5m；对独立柱基，当柱基面积不大于夯墩面积时，可采用柱下单点夯，一柱一墩。

13.2.4 墩体材料块石过大过多，容易在墩体中留下比较大的孔隙，在建筑物使用过程中容易使墩间软土挤入孔隙，导致局部下沉，所以本条强调了对墩体填料粒径的要求。

13.2.5 强夯置换深度是选择该方法进行地基处理的重要依据，又是反映强夯处理效果的重要参数。对于淤泥等黏性土，置换墩应尽量加长。大量的工程实例证明，置换墩体为散体材料，没有沉管等导向工具的话，很少有强夯置换墩体能完全穿透软土层，着底在较好土层上。而对于厚度比较大的饱和粉土、粉砂土，因墩下土在施工中密度会增大，强度也有所提高，故在满足地基变形和稳定性要求的条件下，可不穿透该土层。

强夯置换的加固原理相当于下列三者之和：强夯置换＝强夯（加密）＋碎石墩＋特大直径排水井。因此，墩间和墩下的粉土或黏性土通过排水与加密，其性状得到改善。本条明确了强夯置换有效加固深度为墩长和墩底压密土厚度之和，应根据现场试验或当地经验确定。墩底压密土厚度一般为1m～2m。单击夯击能大小的选择与地基土的类别有关，粉土、黏性土的夯击能选择应当比砂性土要大。此外，结构类型、上部荷载大小、处理深度和墩体材料也是选择单击夯击能的重要参考因素。

实际上有效加固深度影响因素很多，除夯锤重和落距外，夯击击数、锤底单位压力、地基土性质、不同土层厚度和埋藏顺序以及地下水位等都与加固深度有密切的关系。鉴于有效加固深度问题的复杂性，且目前尚无适用的计算式，所以本条规定有效加固深度应根据现场试夯或当地经验确定。

考虑到设计人员选择地基处理方法的需要，有必要提出有效加固深度，特别是墩长的预估方法。针对高饱和度粉土、软塑～流塑的黏性土、有软弱下卧层的填土等细颗粒土地基（实际工程多为表层有2m～6m的粗粒料回填，下卧3m～15m淤泥或淤泥质土），根据全国各地50余项工程或项目实测资料的归纳总结（见图12），并广泛征求意见，提出了强夯置换主夯击能与置换深度的建议值（见表13.2.5）。图12中也绘出了现行行业标准《建筑地基处理技术规范》JGJ 79—2002条文说明中的18个工程数据。初步选择时也可以根据地层条件选择墩长，然后参照本图选择强夯置换的能级，而后必须通过试夯确定。同时考虑到近年来，沿海和内陆高填方场地地基采用10000kN·m以上能级强夯法的工程越来越多，积累了大量实测资料，将单击夯击能范围扩展到了18000kN·m，可满足当前绝大多数工程的需要。

需要注意的是表13.2.5中的能级为主夯能级。对于强夯置换法，为了增加置换墩的长度，工艺设计的一套能级中第一遍（工程中叫主夯）的能级最大，第二遍次之或与第一遍相同。每一遍施工填料后都会产生或长或短的夯墩。实践证明，主夯夯点的置换墩长要比后续几遍大。因此，工程中所讲的夯墩长度指的是主夯夯点的夯墩长度。对于强夯置换法，主夯击能指的是第一遍夯击能，是决定置换墩长度的夯击能，即决定有效加固深度的夯击能。

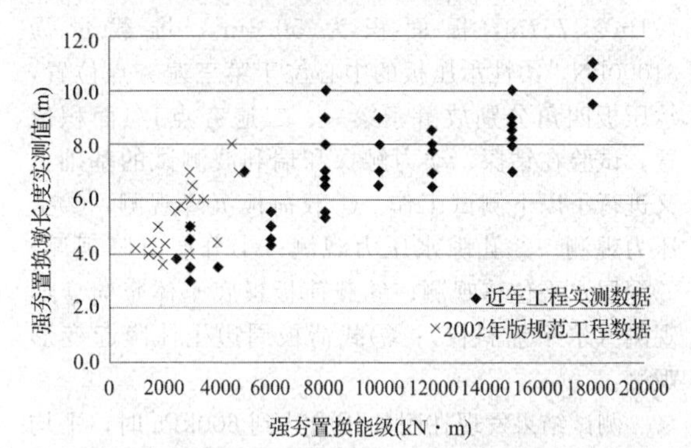

图12 强夯置换主夯击能级与置换墩长实测值

13.2.6 夯击击数对于强夯设计来说是一个非常重要的参数，往往根据工程的具体情况，如压缩层厚度、土质条件、容许沉降量等进行选择。当土体的压缩层越厚、渗透系数越小，同时含水量较高时，需要的夯击击数就越多。国内外目前一般采用8击～20击。总之，夯击击数应通过现场试夯确定，以夯墩的竖向压缩量最大，而夯坑周围隆起量最小为原则。如果隆起量过大，表明夯击效率降低，则夯击击数适当减少。此外，还应考虑施工方便，不会因夯坑过深而导致起锤困难等情况的发生。

累计夯沉量指单个夯点全部夯击击数各夯沉量的总和。累计夯沉量为设计墩长的1.5倍～2.0倍是个最低限值，其目的是为了保证墩体的密实度，与充盈系数的概念有些相似，此处以长度比代替体积比，工程实测中该比值往往很大。

13.2.11 强夯置换墩复合地基上垫层主要是为了使地基土承受的荷载均匀分布，也与墩体的散体材料一起形成排水通道。粒径不宜大于100mm是为了使垫层具有更好的密实度，便于压实。

13.2.12 本条规定实际上是指在软弱地基土，如淤泥等土体中不应考虑墩间土的作用。强夯置换墩法在国外亦称为动力置换与混合法（Dynamic replacement and mixing method），因为墩体在形成过程中大量的墩体材料与墩间土混合，越浅处混合得越多，可与墩体共同组成复合地基，但目前由于实际施工的不利因素，往往混合作用不强，墩间的淤泥等软土性质改善不够，因此目前暂不考虑墩间土地基承载力较为稳妥，也偏于安全。实际工程中，强夯置换墩地基浅层的承载力往往都能满足要求，大部分工程是按照变形控制进行设计，因此此处建议不考虑软黏土地基上墩间土地基承载力。

如山东某工程采用12000kN·m的强夯置换工艺（第一、二遍为12000kN·m，第三遍为6000kN·m）进行处理，大致地层分布如下：0～2.2m为杂填土，2.2m～3.6m为淤泥质粉质黏土，3.6m～8.1m为吹填砂土，8.1m～13.0m为淤泥质粉细砂，13.0m以下为强风化花岗岩。试验载荷板的尺寸为7.1m×7.1m，板面积为50.4m²，堆载量为31000kN。柔性承压板的中心位于第三遍夯点位置，承压板四角分别放置于第一、二遍夯点1/4面积位置。试验在钻探、动力触探和瑞利波测试的基础上又进行了以下测试工作：①载荷板沉降观测；②土压力观测；③孔隙水压力观测；④分层沉降观测；⑤深层水平位移观测；⑥载荷板板底土体竖向变形观测（水平测斜仪）；⑦载荷板周边土体隆起变形观测。

测试结果发现在附加压力达到600kPa时，平均沉降量为62mm，深度4m以下土体水平位移为2mm，荷载对周边土体挤密作用小。夯后墩间土地基承载力特征值不小于300kPa，压缩模量不小于20MPa。地基变形较为均匀，碎石置换墩承担荷载的60%～80%，即载荷板所承受的荷载绝大部分传递至强夯置换墩上，因此软黏土地基静载试验时暂不考虑墩间土地基承载力是符合实际受力情况的。

13.3 施　　工

13.3.1　夯锤质量应根据处理深度要求和起重机起重能力进行选择。夯锤底面形式是否合理也在一定程度上影响地基处理效果。锤底面积可按土的性质确定。为了提高夯击效果，锤底应对称设置若干个与其顶面贯通的排气孔，以利于夯锤着地时坑底空气迅速排出和起锤时减小坑底的负压力。

13.3.3　本条主要是为了在夯坑内或场地地表形成硬层，以支承起重设备，确保机械设备通行和顺利施工，同时还可以增加地下水和地表面的距离，防止夯坑内积水。

13.3.4　当夯坑过深而发生起锤困难时停夯，向坑内填料至坑深的1/3～1/2，如此重复直至满足规定的夯击击数及控制标准，从而完成一个墩体的夯击。

13.3.5　本条要求施工过程由专人监测，是由下列原因决定的：

1　若落距未达到设计要求，将影响单击夯击能。落距计算应从起夯面算至落锤时的锤底高度。

2　由于强夯置换过程中容易造成夯点变位，所以应及时复核。

3　夯击击数、夯沉量和填料量对加固效果有着直接的影响，应严加监测。

4　当场地周围有对振动敏感的精密仪器、设备、建筑物或有其他需要时宜进行振动监测。测点布置应根据监测目的和现场情况确定，可在振动强度较大区域内的建筑物基础或地面上布设观测点，并对其振动速度峰值和主振频率进行监测，具体控制标准及监测方法可参照现行国家标准《爆破安全规程》GB 6722执行。对于居民区、工业集中区，振动可能影响人居环境，宜参照现行国家标准《城市区域环境振动标准》GB 10070和《城市区域环境振动测量方法》GB 10071的有关规定执行。经监测，振动超过规范允许值时可采取减振隔振措施。施工时，在作业区一定范围设置安全禁戒，防止非作业人员、车辆误入作业区而受到伤害。

5　在噪声保护要求较高区域内用锤击法沉桩或有其他需要时可进行噪声监测。噪声的控制标准和监测方法可按现行国家标准《建筑施工场界环境噪声排放标准》GB 12523的有关规定执行。

13.3.6　由于强夯置换施工的特殊性，施工过程中难以直接检验其效果，所以本条强调对施工过程的记录。

13.4 质 量 检 验

13.4.1　强夯置换施工中所采用的参数应满足设计要求，并根据监测结果判断加固效果。未能达到设计要求的加固效果时应及时采取补救措施。

13.4.2　强夯置换墩的直径和墩长较难精确测量，宜采用开挖检查、钻探、动力触探等方法，并通过综合分析确定。墩长的检验数量不宜少于墩点数的3%。

13.4.4　由于复合地基的强度会随着时间延长而逐步恢复和提高，所以本条指出应在施工结束一段时间后进行承载力的检验。其间隔时间可根据墩间土、墩体材料的性质确定。

承载力检验的数量应根据场地复杂程度和建筑物的重要性确定，对于简单场地上的一般建筑物，每个建筑地基的载荷试验检验点不应少于3点；对于复杂场地或重要建筑地基应增加检验点数。强夯置换复合地基竖向抗压载荷试验检验和置换墩长检验数量均不应少于墩点数的1%，且不应少于3点。

14 刚性桩复合地基

14.1 一 般 规 定

14.1.1　实际上刚性桩复合地基适用于可以设置刚性桩的各类地基。刚性桩复合地基既适用于工业厂房、民用建筑，也适用于堆场及道路工程。

14.1.2　本规范中刚性桩包括各类实体、空心和异型的钢筋混凝土桩和素混凝土桩，钢管桩等。

水泥粉煤灰碎石桩复合地基（CFG桩复合地

基）是由水泥、粉煤灰、碎石、石屑或砂加水拌和而成的混凝土，经钻孔或沉管施工工艺，在地基中形成具有一定黏结强度的低强度混凝土桩。

二灰混凝土桩的桩体材料由水泥、粉煤灰、石灰、石子、砂和水等组成，采用沉管法施工。

14.1.3 在使用过程中，通过桩与土变形协调使桩与土共同承担荷载是复合地基的本质和形成条件。由于端承型桩几乎没有沉降变形，只能通过垫层协调桩土相对变形，不可知因素较多，如地下水位下降引起地基沉降，由于各种原因，当基础与桩间土上垫层脱开后，桩间土将不再承担荷载。因此，本规范指出刚性桩复合地基中刚度桩应为摩擦型桩，对端承型桩进行限制。

14.2 设 计

14.2.3 当刚性桩复合地基中的桩体穿越深厚软土时，如采用挤土成桩工艺（如沉管灌注成桩），桩距过小易产生明显的挤土效应，一方面容易引起周围环境变化，另一方面，挤土作用易产生桩挤断、偏位等情况，影响复合地基的承载性能。

采用挤土工艺成桩（一般指沉管施工工艺）时，桩的中心距应符合表6的规定。

表6 桩的最小中心距

土的类别	最小中心距	
	一般情况	排数超过2排，桩数超过9根的群桩情况
穿越深厚软土	$3.5d$	$4.0d$
其他土层	$3.0d$	$3.5d$

注：表中d为桩管外径；采用非挤土工艺成桩，桩中心距不宜小于$3d$。

桩长范围内有饱和粉土、粉细砂、淤泥、淤泥质土，采用长螺旋钻中心压灌成桩时，宜采用大桩距。

14.2.4 垫层设置的详细介绍见本规范第3.0.9条条文说明。

14.2.5 复合地基承载力由桩的竖向抗压承载力和桩间土地基承载力两部分组成。由于桩土刚度不同，两者对承载力的贡献不可能完全同步。一般情况下桩间土地基承载力发挥度要小一些。式中β_s反映这一情况。β_s的影响因素很多，桩土模量比较大时，β_s取值较小；建筑混凝土基础下垫层较厚时，β_s取值较大；建筑混凝土基础下复合地基β_s取值较路堤基础下复合地基小；桩的持力层较好时，β_s取值较小。β_s取值应通过综合分析确定。

14.2.6 按本规范公式（5.2.2-1）估算由桩周土和桩端土的抗力可能提供的单桩竖向抗压承载力特征值，考虑到刚性桩刚度一般较大，桩端土地基承载力折减系数（α）可取1.00。

对水泥粉煤灰碎石桩、二灰混凝土桩等有关规范刚性桩提出桩体强度应符合下式规定：

$$f_{cu} \geqslant 3\frac{R_a}{A_p} \tag{9}$$

式中：f_{cu}——桩体试块标准养护28d的立方体（边长150mm）抗压强度平均值（kPa）；

R_a——单桩竖向抗压承载力特征值（kN）；

A_p——单桩截面积（m^2）。

有关桩基规范对钢筋混凝土桩桩体强度提出应符合下式规定：

$$f_c \geqslant \frac{R_a}{\psi_c A_p} \tag{10}$$

式中：f_c——混凝土轴心抗压强度设计值（kPa），按现行国家标准《混凝土结构设计规范》GB 50010的有关规定取值；

A_p——单桩截面积（m^2）；

ψ_c——桩工作条件系数，预制桩取0.75，灌注桩取0.6～0.7（水下灌注桩、沉管灌注桩或长桩时用低值）。当桩体的施工质量有充分保证时，可以适当提高，但不得超过0.8。

混凝土轴心抗压强度标准值（f_{ck}）与立方体抗压强度标准值（f_{cu}）之间的关系在现行国家标准《混凝土结构设计规范》GB 50010中有详细说明，$f_{ck}=0.88\alpha_1\alpha_2 f_{cu}$，$\alpha_1$为棱柱强度与立方体强度的比值，C50及以下普通混凝土取0.76，高强混凝土C80取0.82，中间按线性插值，α_2为C40以上混凝土考虑脆性折减系数，C40取1.00，高强混凝土C80取0.87，中间按线性插值。经计算f_{ck}与f_{cu}的大致关系为$f_{ck}=0.67f_{cu}$。按现行国家标准《混凝土结构设计规范》GB 50010规定，混凝土轴心抗压强度设计值（f_c）与混凝土轴心抗压强度标准值（f_{ck}）之间的关系为$f_c=f_{ck}/1.4$。结合上面分析将公式（10）表示为$0.67f_{cu}/1.4\geqslant R_a/\psi_c A_p$，代入相关的参数发现公式（10）与公式（9）基本一致。

因此本规范中，刚性桩按公式（5.2.2-2）估算由桩体材料强度可能提供的单桩竖向抗压承载力特征值时，其中桩体强度折减系数（η）建议取0.33～0.36。灌注桩或长桩时用低值，预制桩取高值。

14.4 质 量 检 验

14.4.2 采用低应变动力测试检测桩体完整性时，检测数量可取不少于总桩数的10%。

14.4.3 刚性桩复合地基工程验收时，检验数量由设计单位根据工程情况提出具体要求。一般情况下，复合地基竖向抗压载荷试验数量对于建筑工程为总桩数的0.5%～1.0%，对于交通工程为总桩数的0.2%，对于堆场工程为总桩数的0.1%，且每个单体工程的试验数量不应少于3点。单桩竖向抗压载荷试验数量为总桩数的0.5%，且每个单体工程的试验数量不应少于3点。

15 长-短桩复合地基

15.1 一般规定

15.1.2 长-短桩复合地基中长桩常采用刚性桩，如钻孔或沉管灌注桩、钢管桩、大直径现浇混凝土筒桩或预制桩（包括预制方桩、先张法预应力混凝土管桩）等；短桩常采用柔性桩或散体材料桩，如深层搅拌桩、高压旋喷桩、石灰桩以及砂石桩等。

长-短桩复合地基上部置换率高、刚度大，下部置换率低、刚度小，与荷载作用下地基上部附加应力大，下部附加应力小相适应。

长-短桩复合地基长桩和短桩的置换率是根据上部结构荷载大小、单桩竖向抗压承载力、沉降控制等要求综合确定的。

短桩选用种类与浅层土性有关。

15.1.3 长桩的持力层选择是复合地基沉降控制的关键因素，大量工程实践表明，选择较好土层作为持力层可明显减少沉降，但应避免长桩成为端承桩，否则不利于发挥桩间土及短桩的作用，甚至造成破坏。

15.2 设　计

15.2.1、15.2.2 长-短桩复合地基工作机理复杂，因此，其承载力特征值应通过现场复合地基竖向抗压载荷试验来确定。在初步设计时，按本规范公式(5.2.5)计算复合地基承载力时需要参照当地工程经验，选取适当的β_{p1}、β_{p2}和β_s。这三个系数的概念是，当复合地基加载至承载能力极限状态时，长桩、短桩及桩间土相对于其各自极限承载力的发挥程度，不能理解为工作荷载下三者的荷载分担比。

对β_{p1}、β_{p2}和β_s取值的主要影响因素有基础刚度，长桩、短桩和桩间土三者间的模量比，长桩面积置换率和短桩面积置换率，长桩和短桩的长度，垫层厚度，场地土的分层及土的工程性质等。

当长-短桩复合地基上的基础刚度较大时，一般情况下，β_s小于β_{p2}，β_{p2}小于β_{p1}。此时，长桩如采用刚性桩，其承载力一般能够完全发挥，β_{p1}可近似取1.00，β_{p2}可取0.70～0.95，β_s可取0.50～0.90。垫层较厚有利于发挥桩间土地基承载力和柔性短桩竖向抗压承载力，故垫层厚度较大时β_s和β_{p2}可取较高值。当刚性长桩面积置换率较小时，有利于发挥桩间土地基承载力和柔性短桩竖向抗压承载力，β_s和β_{p2}可取较高值。长-短桩复合地基设计时应注重概念设计。

对填土路堤和柔性面层堆场下的长-短桩复合地基，一般情况下，β_s大于β_{p2}，β_{p2}大于β_{p1}。垫层刚度对桩的竖向抗压承载力发挥系数影响较大。若垫层能有效防止刚性桩过多刺入垫层，则β_{p1}可取较高值。

15.2.3 在短桩的桩端平面，复合地基承载力产生突变，当短桩桩端位于软弱土层时，应验算此深度的软弱下卧层承载力，这也是确定短桩桩长的一个关键因素（另一关键因素是复合地基的沉降控制要求）。短桩桩端平面的附加压力值可根据短桩的类型，由其荷载扩散或传递机理确定。对散体材料桩或柔性桩，按压力扩散法确定，对刚性桩采用等效实体法计算。

15.2.5 复合地基沉降采用分层总合法计算时，主要作了两个假设：①长-短桩复合地基中的附加应力分布计算采用均质土地基的计算方法，不考虑长、短桩的存在对附加应力分布的影响；②在复合地基产生沉降时，忽略长、短桩与桩间土之间因刚度、长度不同产生的相对滑移，采用复合压缩模量来考虑桩的作用。

上述假设带来的误差通过复合土层压缩量计算经验系数来调整。在计算时，需要根据当地经验，选择适当的经验系数。

15.2.6 为充分发挥桩间土地基承载力和短桩竖向抗压承载力，垫层厚度不宜过小，但垫层厚度过大时，既不利于长桩竖向抗压承载力发挥，又增加成本，因此根据经验，建议垫层厚度采用100mm～300mm。

垫层材料多为中砂、粗砂、级配良好的砂石等，不宜选用卵石。

15.2.7 如果长-短桩复合地基中长桩为刚性桩、短桩为柔性桩，为了充分发挥柔性桩的作用，使刚性长桩与柔性短桩共同作用形成复合地基，要合理选择刚性桩的桩距。对挤土型刚性桩，应严格控制布桩密度，特别是对于深厚软土地区，应尽量减少成桩施工对桩间土的扰动。

15.3 施　工

15.3.1 长桩与短桩的施工顺序可遵守下列原则：

1 挤土桩应先于非挤土桩施工。如果先施工非挤土桩，当挤土桩施工时，挤土效应易使已经施工的非挤土桩偏位、断裂甚至上浮，深厚软土地基上这样施工的后果尤为严重。

2 当两种桩型均为挤土桩时，长桩宜先于短桩施工。如先施工短桩，长桩施工时易使短桩上浮，影响其端阻力的发挥。

15.3.5 当基础底面桩间土含水量较大时，应进行试验确定是否采用动力夯实法，避免桩间土地基承载力降低，出现弹簧土现象。对较干的砂石材料，虚铺后可适当洒水再进行碾压或夯实。

15.3.6 基础埋深较浅时宜采用人工开挖，基础埋深较深时，可先采用机械开挖，并严格均衡开挖，留一定深度采用人工开挖，以围扩桩头质量。

16 桩网复合地基

16.1 一 般 规 定

16.1.1 桩网复合地基适用于有较大工后沉降的场地，特别适用于新近填海地区软土、新近填筑的深厚杂填土、液化粉细砂层和湿陷性土层的地基处理。当桩土共同作用形成复合地基时，桩网复合地基的工作机理与刚性桩复合地基基本一致。当处理新近填土、湿陷性土和欠固结淤泥等地基时，工后沉降较大，桩间土不能与桩共同作用承担上覆荷载，桩帽以上的填土荷载、使用荷载通过填土层、垫层和加筋层共同作用形成土拱，将桩帽以上的荷载全部转移至桩帽由桩承担。此时桩网地基是填土路堤下桩承堤的一种形式。

16.1.2 桩网复合地基一般用于填土路堤、柔性面层的堆场和机场跑道等构筑物的地基加固，已广泛应用于桥头路基、高速公路、高速铁路和机场跑道等严格控制工后沉降的工程，具有施工进度快、质量易于控制等特点。

16.1.3 当采用桩网复合地基时，还应着重查明加固土层的固结状态、震陷性和湿陷性等特性，判断是否会发生较大的工后沉降。对于大面积新近填土的软土层、未完成自重固结的新近填土层、可液化的粉细砂层和湿陷性土层，均有可能产生较大的工后沉降。在该类地层采用刚性桩复合地基时，应按本规范桩网复合地基的规定和要求进行设计和施工。

16.1.4 桩网复合地基以桩承担大部分或全部桩顶以上的填土荷载和使用荷载，桩的竖向抗压承载力、变形性能直接影响复合地基的承载力和变形性状，所以该类地基在正式施工前应进行现场试桩，确定桩的竖向抗压承载力和 p-s 曲线。

16.1.5 桩网复合地基中的桩可采用刚性桩，也可选用低强度桩。实际上采用低强度桩时布桩间距较密，桩顶不需要设置荷载传递所需的桩帽、加筋层，对填土层高度也无严格要求，在形式上与桩网复合地基不一致。所以，桩网复合地基中的桩普遍指的是刚性桩。

刚性桩的形式有多种，应根据施工可行性和经济性比选桩型。在饱和软黏土地层，不宜采用沉管灌注桩；采用打（压）入预制桩时，应采取合理的施工顺序和必要的孔压消散措施。填土、粉细砂、湿陷性土等松散的土层宜采用挤土桩。

塑料套管桩是专门开发用于桩网复合地基的一种塑料套管就地灌注混凝土桩，桩径为 150mm～250mm，先由专门的机具将带铁靴的塑料套管压入地基土层中，后灌注混凝土，桩帽可一次浇筑，具有施工速度快，饱和软土地层施工影响小等特点。

16.1.6 为了充分发挥桩网复合地基刚性桩桩体强度，宜采用较大的布桩间距。但是，加大桩间距时，需加大桩长、增加桩帽尺寸和配筋量，加筋体应具有更高的性能，以及加大填土高度以满足土拱高度要求，结果有可能导致总体造价升高。所以，应综合地质条件、桩的竖向抗压承载力、填土高度等要求，确定桩间距、桩帽尺寸、加筋层和垫层及填土层厚度。

16.2 设 计

16.2.1 应该根据桩的设计承载力、桩型和施工可行性等因素选用经济合理的桩径，根据国内的施工经验，就地灌注桩的桩径不宜小于 300mm，预应力管桩直径宜选 300mm～400mm，桩体强度较低的桩型可以选用较大的桩径。桩穿过原位十字板强度小于 10kPa 的软弱土层时，应考虑压曲影响。

16.2.2 正方形布桩并采用正方形桩帽时，桩帽和加筋层的设计计算较方便。同时加筋层的经向或纬向正交于填方边坡走向时，加筋层对增强边界稳定性最有利。三角形布桩一般采用圆形桩帽，采取等代边长参照正方形桩帽设计方法。

根据实际工程统计，桩网复合地基的桩中心间距与桩径之比大多在 5～8 之间。当桩的竖向抗压承载力高时，应选较大的间距桩径比。但 3.0m 以上的布桩间距较少见。过大桩间距会导致桩帽造价升高，加筋体的性能要求提高，以及填土总厚度加大，在实际工程中不一定是合理方案。

16.2.3 单桩竖向抗压承载力应通过试桩确定，在方案设计和初步设计阶段，可根据勘察资料采用现行行业标准《建筑桩基技术规范》JGJ 94 规定的方法按下式计算：

$$R_{\mathrm{a}} = u_{\mathrm{p}} \sum_{i=1}^{n} q_{\mathrm{s}i} l_i + q_{\mathrm{p}} A_{\mathrm{p}} \tag{11}$$

式中：u_{p}——桩的截面周长（m）；

n——桩长范围内所划分的土层数；

$q_{\mathrm{s}i}$——第 i 层土的桩侧摩阻力特征值（kPa）；

l_i——第 i 层土的厚度（m）；

q_{p}——桩端土地基承载力特征值（kPa）。

16.2.4 参照现行行业标准《建筑桩基技术规范》JGJ 94 中第 5.4.4 条计算下拉荷载（$Q_{\mathrm{n}}^{\mathrm{g}}$）。计算时要注意负摩阻力取标准值。

16.2.5 当处理松散填土层、欠固结软土层、自重湿陷性土等有明显工后沉降的地基时，桩间土的沉陷是一个较缓慢的发展过程，复合地基的载荷试验不能反映桩间土下沉导致不能承担荷载的客观事实，所以不建议采用复合地基竖向抗压载荷试验确定该类地质条件下的桩网复合地基承载力。桩网复合地基主要由桩承担上覆荷载，用桩的单桩竖向抗压载荷试验确定单桩竖向抗压承载力特征值，推算复合地基承载力更为恰当。

对于有工后沉降的桩网复合地基，载荷试验确定的单桩竖向抗压承载力应扣除负摩擦引起的下拉荷载。注意下拉荷载为标准值，当采用特征值计算时应乘以系数 2。

16.2.6 当复合地基中的桩和桩间土的相对沉降较小时，桩间土能发挥作用承担一部分上覆荷载，桩网复合地基的工作机理与刚性桩复合地基一致，属于复合地基的一种形式，β_p 和 β_s 按刚性桩复合地基的规定取值。当桩和桩间土有较大的相对沉降时，不应考虑桩间土分担荷载的作用，β_p 取 1.0，β_s 取 0。

16.2.7 当采用圆形桩帽时，可采用面积相等的原理换算圆形桩帽的等效边长（a_0）。等效边长按下式计算：

$$a_0 = \frac{\sqrt{\pi}}{2} d_0 \tag{12}$$

式中：d_0——圆形桩帽的直径（m）。

16.2.8 桩帽宜采用现浇，可以保证对中和桩顶与桩帽紧密接触。当采用预制桩帽时，一般在预制桩帽的下侧面设略大于桩径的凹槽，安装时对中桩位。桩帽面积与单桩处理面积之比宜取 15%～25%。当桩径为 300mm～400mm 时，桩帽之间的最大净间距宜取 1.0m～2.0m。方案设计时，可预估需要的上覆填土厚度为最大间距的 1.5 倍。

桩帽作为结构构件，采用荷载基本组合验算截面抗弯和抗冲剪承载力（图 13）。

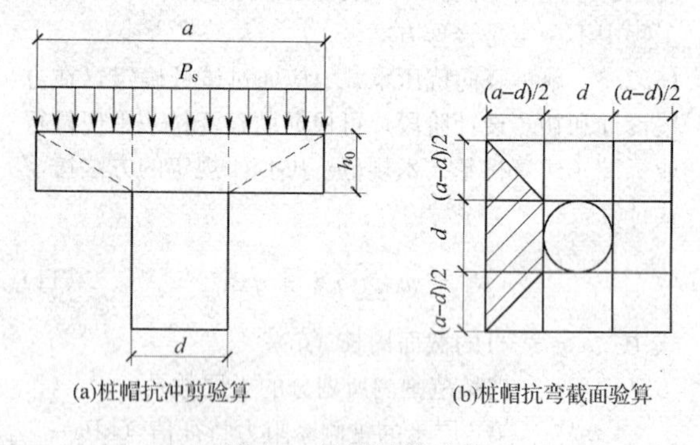

图 13 桩帽计算示意

桩帽抗冲剪按下列公式计算：

$$V_s / u_m h_0 \leqslant 0.7 \beta_{hp} f_t / \eta \tag{13}$$

$$V_s = P_s a^2 - (\tan 45^\circ h_0 + d)^2 \pi P_s / 4 \tag{14}$$

$$u_m = 2(d/2 + \tan 45^\circ h_0 / 2)\pi \tag{15}$$

式中：V_s——桩帽上作用的最大冲剪力（kN）；

P_s——相应于荷载效应基本组合时，作用在桩帽上的压力值（kPa）；

β_{hp}——冲切高度影响系数，取 1.0；

f_t——混凝土轴心抗拉强度（kPa）；

η——影响系数，取 1.25。

桩帽截面抗弯承载力按下列公式计算：

$$M_R \geqslant M \tag{16}$$

$$M = \frac{1}{2} P_s d \left(\frac{a-d}{2}\right)^2 + \frac{2}{3} P_s \left(\frac{a-d}{2}\right)^3 \tag{17}$$

式中：M_R——截面抗弯承载力（kN·m）；

M——桩帽截面弯矩（kN·m）。

16.2.9 当处理松散填土层、欠固结软土层、自重湿陷性土等有明显工后沉降的地基时，确定土拱高度是桩网地基填土高度设计的前提，也是计算确定加筋体的依据。实用的土拱计算方法主要有英国规范法、日本细则法和北欧规范法等。

英国规范 BS 8006 法根据 Hewlett、Low 和 Randolph 等人的研究成果，假定土体在压力作用下形成的土拱为半球拱。提出了桩网土拱临界高度的概念，认为路堤的填土高度超过临界高度［$H_c = 1.4(S-a)$］时，才能产生完整的土拱效应。该规定忽视了路堤填土材料的性质，在对路堤填料有严格限制的条件下，英国规范的方法方便实用。

北欧规范法引用了 Carlsson 的研究成果，假定桩网复合地基平面土拱的形式为三角形楔体，顶角为 30°。可计算得土拱高度为 $H_c = 1.87(S-a)$。

日本细则法采用了应力扩散角的概念，同样假定桩网复合地基平面土拱的形式为三角形楔体，顶角为 2φ，φ 为材料的内摩擦角，黏性土取综合内摩擦角（图 14）。

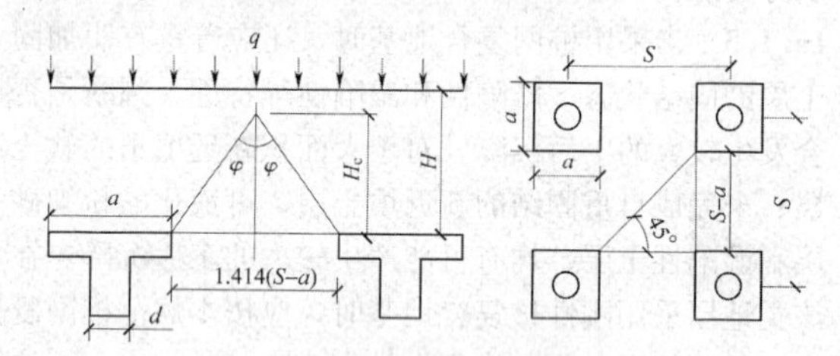

图 14 土拱高度计算示意

桩网复合地基采用间距为 S 的正方形布桩，正方形桩帽边长为 a，土拱高度计算应考虑桩帽之间最大的间距，$H_c = 0.707(S-a)/\tan\varphi$。当 $\varphi = 30^\circ$ 时，$H_c = 1.22(S-a)$；日本细则法另外规定土拱高度计算取 1.2 的安全系数，设计取值时 $H_c = 1.46(S-a)$。

目前各国采用的规范方法略有不同，但是考虑到路堤填料规定的差异，各国关于土拱高度计算方法实质上差异较小。

16.2.12 当处理松散填土层、欠固结软土层、自重湿陷性土等有明显工后沉降的地基时，根据桩网地基的工作机理，土拱产生之后，桩帽以上以及土拱部分填土荷载和使用荷载均通过土拱作用，传递至桩帽由桩承担。当桩间土下沉量较大时，拱下土体通过加筋体的提拉作用也传递至桩帽，由桩承担。目前国外规范关于加筋体拉力的计算方法主要有下列几种：

1 英国规范 BS8006 法。

将水平加筋体受竖向荷载后的悬链线近似看成双曲线，假设水平加筋体之下脱空，得到竖向荷载（W_T）引起的水平加筋体张拉力（T）按下式计算：

$$T = \frac{W_T(S-a)}{2a}\sqrt{1 + \frac{1}{6\varepsilon}} \tag{18}$$

式中：S——桩间距（m）；

a——桩帽宽度（m）；

ε——水平加筋体应变；

W_T——作用在水平加筋体上的土体重量（kN）。

当 $H>1.4(S-a)$ 时，W_T 按下列公式计算：

$$W_T=\frac{1.4S\gamma(S-a)}{S^2-a^2}\left[S^2-a^2\left(\frac{C_c a}{H}\right)^2\right] \quad (19)$$

对于端承桩：

$$C_c=1.95H/a-0.18 \quad (20)$$

对于摩擦桩及其他桩：

$$C_c=1.5H/a-0.07 \quad (21)$$

式中：H——填土高度（m）；

γ——土的重度（kN/m^3）；

C_c——成拱系数。

2 北欧规范法。

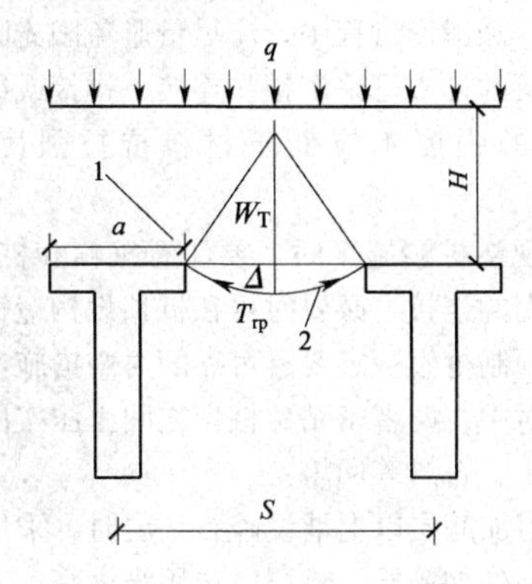

图15 加筋体计算

1—路堤；2—水平加筋体

北欧规范法的计算模式采用了三角形楔形土拱的假设(图15)，不考虑外荷载的影响，则二维平面时的土楔重量（W_{T2D}）按下式计算：

$$W_{T2D}=\frac{(S-a)^2}{4\tan 15^\circ}\gamma \quad (22)$$

该方法中水平加筋体张拉力的计算采用了索膜理论，也假定加筋体下面脱空，得到二维平面时的加筋体张拉力（T_{rp2D}）可按下式计算：

$$T_{rp2D}=W_{T2D}\left(\frac{S-a}{8\Delta}\right)\sqrt{1+\frac{16\Delta^2}{(S-a)^2}} \quad (23)$$

式中：Δ——加筋体的最大挠度（m）。

瑞典 Rogheck 等考虑了三维效应，得到三维情况下土楔重量（W_{T3D}）可按下式计算：

$$W_{T3D}=\left(1+\frac{S-a}{2}\right)W_{T2D} \quad (24)$$

则三维情况下水平加筋体的张拉力（T_{rp3D}）可按下式计算：

$$T_{rp3D}=\left(1+\frac{S-a}{2}\right)T_{rp2D} \quad (25)$$

3 日本细则法。

日本细则法考虑拱下三维楔形土体的重量，假定加筋体为矢高 Δ 的抛物线，土拱下土体荷载均布作用在加筋体上，推导出加筋体张拉力可按下式计算：

$$W=\frac{1}{2}h\gamma\left(S^2-\frac{1}{4}a^2\right) \quad (26)$$

格栅上的均布荷载：

$$q=\frac{W}{2(S-a)a} \quad (27)$$

加筋体的张力：

$$T_{max}=\sqrt{H^2+\left(\frac{q\Delta}{2}\right)^2} \quad (28)$$

$$H=q(S-a)^2/8\Delta \quad (29)$$

式中：h——土拱的计算高度（m）；

W——土拱土体的重量（kN）。

4 本规范方法。

本规范采用应力扩散角确定的土拱高度，考虑空间效应计算加筋体张拉力（图16）。

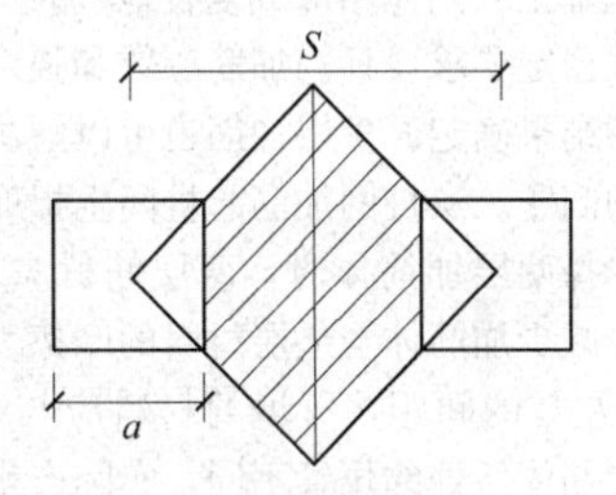

图16 加筋体计算平面示意

土拱设计高度 $h=1.2H_c$，$H_c=0.707(S-a)/\tan\varphi$（图16）。加筋体张拉力产生的向上的分力承担图中阴影部分楔体土的重量，假定加筋体的下垂高度为 Δ，变形近似于三角形，土荷载的分项系数取1.35，则加筋体张拉力可按下式计算：

$$T\geqslant\frac{1.35\gamma h(S^2-a^2)\sqrt{(S-a)^2+4\Delta^2}}{32\Delta a} \quad (30)$$

5 不同方法计算结果的对比。

此处以一个算例，对比上述不同规范计算土拱高度和加筋拉力的结果。算例中：布桩间距2.0m，桩帽尺寸1.0m，填料内摩擦角取35°、30°和25°三种情况，填土的重度取20kN/m³，填土的总高度大于2.5m，加筋体最大允许下垂量0.1m。土拱的高度和加筋体的拉力分别按照不同的规范方法计算，结果列于表7。

表7 不同规范土拱高度和加筋体拉力计算比较

采用方法		英国规范BS8006法	北欧规范法	日本细则法	本规范方法
$\varphi=35^\circ$	土拱高度(m)	1.68	2.24	1.45	1.45
	加筋拉力(kN/m)	64.10	101.90	49.90	58.30
$\varphi=30^\circ$	土拱高度(m)	1.68	2.24	1.76	1.76
	加筋拉力(kN/m)	64.10	101.90	60.70	69.40
$\varphi=25^\circ$	土拱高度(m)	1.68	2.24	2.18	2.18
	加筋拉力(kN/m)	64.10	101.90	75.20	85.32

在本规范确定总填土厚度时，考虑了20%的安全余量。能够保证桩网复合地基形成完整的土拱，不至于在路面产生波浪形的差异沉降。工程实际和模型试验都表明，增加加筋层数能够有效地减小土拱高度。但是，目前这方面还没有定量的计算方法，建议采用有限元等数值方法和足尺模型试验确定多层加筋土土拱高度。

加筋层材料应选用土工格栅、复合土工布等具有铺设简便、造价便宜、材料性能适应性好等特点的土工聚合物材料。宜选用尼龙、涤纶、聚酯材料的经编型、高压聚乙烯和交联高压聚乙烯材料等拉伸型土工格栅，或该类材料的复合土工材料。热压型聚苯稀、低密度聚乙烯等材料制成的土工格栅强度较低、延伸性大、蠕变性明显，不宜采用。玻纤土工格栅强度很高，但是破坏时应变率较小，一般情况下也不适用。

桩与地基土共同作用形成复合地基时，桩帽上部加筋按边坡稳定要求设计。加筋层数和强度均应该由稳定计算的结果确定。多层加筋也可以解决单层加筋强度不够的问题。从桩网加筋起桩间土提兜作用的机理分析，选择两层加筋体时，两层筋材应尽量靠近。但是贴合会减少加筋体与垫层材料的摩擦力，要求之间有10cm左右的间距，所填的材料应与垫层相同。由于两层加筋体所处的位置不同，实际产生的变形量也不同，所以强度发挥也不同。两层相同性质的加筋体，上层筋材发挥的拉力只有下层的60%左右。

加筋体的允许下垂量与地基的允许工后沉降有关，也关系到加筋体的强度性能。当工后沉降控制严格时，允许下垂量Δ取小值。规定的加筋体下垂量越小，加筋体的强度要求就越高。所以，一般情况下本规范推荐取桩帽间距的10%。

16.2.13 当桩间土发生较大沉降时，加筋层和桩间土可能脱开，为了避免垫层材料漏到加筋层之下，填料的最小粒径不应小于加筋体的孔径尺寸。如果加筋体的孔径较大，垫层材料粒径不能满足要求时，可在加筋层之上铺设土工布，或者采用复合型的土工格栅。

16.2.15、16.2.16 当复合地基中的桩和桩间土发生较大相对沉降时，导致桩帽以上荷载通过土拱作用转移至桩帽，根据土体体积不变的原理，推导出形成稳定土拱所导致的地面沉降量 s_3 的计算公式(16.2.16)。在实际工作中往往更关心工后沉降，桩网复合地基的工后沉降主要由桩受荷后的沉降和桩间土下沉而产生的地面沉降组成，所以控制加筋层的下垂量，对于控制工后沉降有重要作用。

16.3 施　工

16.3.2 在饱和软土地层施工打入桩、压桩时，随着打入或压入地层的桩数增加，会引起软土层超静孔隙水压力升高，导致打桩或压桩的阻力减小，很难实现施工初期确定的收锤标准和压桩力标准。所以本条规定“饱和黏土地层预制桩沉桩施工时，应以设计桩长控制为主，工艺试桩确定的收锤标准或压桩力控制为辅的方法控制施工桩长。”在工艺试桩过程中，应记录在不同地层、设计桩长时的贯入量或压桩力，结合桩的载荷试验结果，总结出收锤标准和压桩力控制标准。对于成孔就地灌注桩，主要根据钻孔揭示的土层判断持力层来控制桩长。

16.3.3 饱和软土地层采用挤土桩施工时，可以采取较长间隔时间跳打、由中间往两侧施工等办法，减小超静孔隙水压力升高对成桩质量和周边环境的影响。必要时在饱和软土层中插塑料排水板或打设砂井等竖向排水通道，促使超静孔隙水压力消散。

16.3.4 聚合物土工材料在紫外线强烈曝晒下，都会有一定的强度损失，即发生老化现象。所以在材料的运输、储存和铺设过程中，应尽量避免阳光曝晒。

加筋层的接头可采用锁扣连接、拼接或缝接，加筋层接头的强度不应低于材料抗拉强度设计值的70%。

16.3.5 现浇桩帽施工时，要注意桩帽和桩的对中，桩头与桩帽的连接，必要时可在桩顶设构造钢筋与桩帽连接。预制桩帽一定要有可靠的对中措施，安装时桩帽和桩对中、两者密贴。桩帽之间土压实困难，故应采用砂土、石屑等回填。

16.3.6 当加筋层以上铺设碎石垫层时，采用振动碾压很容易损伤加筋层。垫层应选用强度高、变形小的填料，铺设平整后可不作压实处理。

16.4 质量检验

16.4.4 土工合成加筋体抗老化性能测试采用现行国家标准《塑料实验室光源暴露试验方法　第2部分：氙弧灯》GB/T 16422.2光照老化试验的有关规定。光照老化法是指氙弧灯光照辐射强度55W/m²，照射150h，测试加筋体的拉伸强度不小于原有强度的70%。加筋体的其他检测与检验按照现行行业标准《公路工程土工合成材料试验规程》JTGE 50的有关规定和要求进行试验。

17 复合地基监测与检测要点

17.2 监　测

17.2.1 复合地基技术目前还处于半理论、半经验状态，应重视监测，利用监测成果指导施工、完善设计。

17.2.2 不少工程事故归因于监控流程不通畅，宜成立以建设管理单位代表为组长包括监理、设计、监测、施工等各方的监控小组，遵循合理可行的监控流程，这对于发挥施工监控的作用，保证工程质量十分必要。

17.2.5 上海地区采用沉降控制桩复合地基的部分工程长期监测表明，桩承担荷载逐渐增加，桩间土承担荷载逐渐减少。因此，对重要工程、试验工程、新型复合地基工程等应监测桩土荷载分担情况。

17.2.8 应根据施工进度、周边环境等判断监测指标是否合理，工程事故通常伴随地面裂缝或隆起等，因此合理分析监测数据，监测时应记录施工、周边环境变化等情况。

17.3 检 测

17.3.1 当荷载大小、荷载作用范围、荷载类型、地基处理方案等不同时，检测内容有所不同，应根据工程特点确定主要检测内容。填土路堤和柔性面层堆场等工程的复合地基往往受地基稳定性和沉降控制，应注重检测竖向增强体质量。

17.3.3 检测方案宜包括以下内容：工程概况、检测方法及其依据的标准、抽样方案、所需的机械或人工配合、试验周期等。

复合地基检测方法有平板载荷试验、钻芯法、动力触探试验、土工试验、低应变法、高应变法、声波透射法等，应根据检测目的和工程特点选择合适的检测方法（表 8）。

表 8 适宜的检测和监测方法

被检体	PLT	BCM	SPT	DPT	CPT	LSM	HSM
桩间土	√	√	√	√	√	—	—
桩端持力层	—	√	√	√	—	—	—
挤密砂石桩及其复合地基	√	—	—	√	—	—	—
置换砂石桩及其复合地基	√	—	—	√	—	—	—
强夯置换墩及其复合地基	√	—	—	√	—	—	—
深层搅拌桩及其复合地基	√	√	√	√	—	—	—
高压旋喷桩及其复合地基	√	√	√	√	—	—	—
素土挤密桩及其复合地基	√	√	√	√	—	—	—
灰土挤密桩及其复合地基	√	√	—	—	—	—	—
夯实水泥土桩及其复合地基	√	√	—	—	—	—	—
石灰桩及其复合地基	√	√	√	√	√	—	—
灌注桩及其复合地基	√	√	—	—	—	√	√
预制桩及其复合地基	√	—	—	—	—	√	√

注：表中 PLT 为平板载荷试验，BCM 为钻芯法，SPT 为标准贯入试验，DPT 为圆锥动力触探，CPT 为静力触探，LSM 为低应变法，HSM 为高应变法。

散体材料桩或抗压强度较低的深层搅拌桩、高压旋喷桩采用平板载荷试验难以反映复合地基深处的加固效果，宜采用标准贯入、钻芯（胶结桩）、动力触探等手段检查桩长、桩间土、桩体质量。由于钻芯法适用深度小，难以反映灌注桩缩径、断裂等缺陷，所以小直径刚性桩应采用低应变法、高应变法或静载试验进行检测。复合地基检测方法和数量宜由设计单位根据工程具体情况确定。由静载试验检测散体材料桩、柔性桩复合地基浅层的承载力以及刚性桩复合地基的承载力。对于柔性桩复合地基，单桩竖向抗压载荷试验比复合地基竖向抗压载荷试验更易检测桩体质量。

17.3.5 为真实反映工程地基实际加固效果，应待竖向增强体及其周围土体物理力学指标稳定后进行质量检验。地基处理施工完毕至检测的间隙时间受地基处理方法、施工工艺、地质条件、荷载特点等影响，应根据工程特点具体确定。

不加填料振冲挤密处理地基，间歇时间可取 7d～14d；振冲桩复合地基，对粉质黏土间歇时间可取 21d～28d，对粉土间歇时间可取 14d～21d；砂石桩复合地基，对饱和黏性土应待孔压消散后进行，间歇时间不宜小于 28d，对粉土、砂土和杂填土地基，不宜少于 7d；水泥土桩复合地基间歇时间不应小于 28d；强夯置换墩复合地基间歇时间可取 28d；灌注桩复合地基间歇时间不宜小于 28d；黏性土地基中的预制桩复合地基间歇时间不宜小于 14d。

17.3.7 验证检测应符合以下规定：

1 可根据平板载荷试验结果，综合分析评价动力触探试验等地基承载力检测结果。

2 地基浅部缺陷可采用开挖验证。

3 桩体或接头存在缺陷的预制桩可采用高应变法进行验证。

4 可采用钻芯法、高应变法验证低应变法检测结果。

5 对于声波透射法检测结果有异议时，可重新检测或在同一根桩进行钻芯法验证。

6 可在同一根桩增加钻孔验证钻芯法检测结果。

7 可采用单桩竖向抗压载荷试验验证高应变法单桩竖向抗压承载力检验结果。

扩大抽检的数量宜按不满足设计要求的点数加倍扩大抽检：

1 平板载荷试验、单桩竖向抗压承载力检测或钻芯法抽检结果不满足设计要求时，应按不满足设计要求的数量加倍扩大抽检。

2 采用低应变法抽检桩体完整性所发现的Ⅲ、Ⅳ类桩之和大于抽检桩数的 20%时，应按原抽检比例扩大抽检。两次抽检的Ⅲ、Ⅳ类桩之和仍大于抽检桩数 20%时，该批桩应全部检测。Ⅲ、Ⅳ类桩之和不大于抽检桩数 20%时，应研究处理方案或扩大抽检的方法和数量。

3 采用高应变法和声波透射法抽检桩体完整性所发现的Ⅲ、Ⅳ类桩之和大于抽检桩数的20%时，应按原抽检比例扩大抽检。当Ⅲ、Ⅳ类桩之和不大于抽检桩数的20%时，应研究处理方案或扩大抽检的方法和数量。

4 动力触探等方法抽检孔数超过30%不满足设计要求时，应按不满足设计要求的孔数加倍扩大抽检，或适当增加平板载荷试验数量。

附录A 竖向抗压载荷试验要点

A.0.1 复合地基采用的桩往往与桩基础的桩不同，前者有时采用散体材料桩、柔性桩，后者均采用刚性桩，相应的载荷试验方法应有区别。

A.0.3 单桩（墩）复合地基竖向抗压载荷试验的承压板可用圆形或方形，多桩（墩）复合地基竖向抗压载荷试验的承压板可用方形或矩形。

A.0.5 垫层的材料、厚度等对复合地基的承载力影响较大，承压板底面以下可铺设50mm的中、粗砂垫层，桩（墩）顶范围内的垫层厚度为100mm～150mm（桩体强度高时取大值）。垫层厚度对桩土荷载分担比和复合地基 p-s 曲线影响很大，有条件时应采用设计要求的垫层材料、厚度进行试验。为尽量接近工程实际的侧向约束条件、减少垫层受压流动和压缩产生的沉降，垫层应在整个试坑内铺设并夯至设计密实度。

A.0.6 采用并联于千斤顶油路的压力表或压力传感器测定油压，根据千斤顶率定曲线换算荷载时，压力表精度应优于或等于0.4级。

A.0.7 按照本规范第A.0.15条确定一个检验批承载力特征值的做法，3点中，2点承载力特征值的试验值为设计承载力特征值的0.9倍，一点为1.2倍时最易出现误判现象。为避免误判，试验荷载（P）应符合下式要求：

$$P \geqslant \frac{2.4R_{sp}n}{n-1} \tag{31}$$

式中：P——最大试验荷载（kN）；

R_{sp}——承压板覆盖范围设计承载力特征值（kN）；

n——破坏时的加载级数。

采用8级荷载时，P 为 R_{sp} 的2.75倍；采用10级时，P 为 R_{sp} 的2.67倍。为避免 p-s 曲线承载力偏小的试验点过少，加载分级宜大于8级。

预压的目的是减少接触空隙及垫层压缩量。垫层较厚时，垫层本身的压缩量较大，对确定地基承载力可能产生误导，因此建议增大预压荷载。

A.0.8 处理对象为软黏土地基，散体材料桩（墩）复合地基、柔性桩复合地基承载板宽度（直径）大于2m时，达到沉降稳定标准的时间较长，应适当放宽稳定标准以缩短试验时间。深圳规定当总加载量超过设计荷载时，沉降速率小于0.25mm/h时可以加下一级荷载；国家现行标准《上海地基处理技术规范》DG/TJ 08—40对碎（砂）石桩、强夯置换墩复合地基，稳定标准取0.25mm/h；国家现行标准《火力发电厂振冲法地基处理技术规范》DL/T 5101、《石油化工钢储罐地基处理技术规范》SH/T 3083对饱和黏性土地基中的振冲桩或砂石桩复合地基竖向抗压载荷试验稳定标准取0.25mm/h。

A.0.9、A.0.10 相对沉降为总沉降与承压板宽度或直径之比。载荷试验确定承载力特征值的相对沉降是根据大量载荷试验承载力特征值对应的相对沉降统计分析得到的，起源于其他方法确定的承载力特征值，没有具体的物理意义，与上部结构的容许变形、实际变形均无必然联系。即使承压板尺寸与基础尺寸相同，由于荷载作用时间不同测定的沉降也与实际沉降不同，载荷试验只是测定承载力，不能代替沉降验算；另外，不同行业、不同增强体类型相对沉降差别较大，可操作性差。为减少需要采用相对沉降确定承载力特征值的概率，对终止试验的相对沉降由现行国家标准《岩土工程勘察规范》GB 50021中规定的0.06增大至0.10。

A.0.12～A.0.14 散体材料桩、柔性桩复合地基采用比例界限对应的荷载确定承载力特征值往往严重偏小，应用价值不大，本规范未采用。

单桩竖向抗压极限承载力对应的总沉降、相对沉降主要参考现行行业标准《建筑基桩检测技术规范》JGJ 106，并考虑散体材料桩（墩）、柔性桩桩体压缩性较大的特点。

散体材料桩（墩）与桩（墩）间土变形协调，复合地基形状与天然地基类似，参考天然地基取值。淤泥地基中深层搅拌桩、高压旋喷桩竖向抗压承载力受桩体强度限制，桩体破坏时沉降较小，因此采用较小的相对沉降。复合地基承载力特征值对应的相对沉降参考表9规定的数值。

复合地基承载力特征值也可按下式计算：

$$f_{spk} = \frac{mf_{puk} + \beta(1-m)f_{suk}}{K_c} \tag{32}$$

式中：f_{spk}——复合地基承载力特征值（kPa）；

β——桩间土地基承载力折减系数；

f_{puk}——桩竖向抗压极限承载力标准值（kPa）；

f_{suk}——桩间土地基极限承载力标准值（kPa）；

K_c——综合安全系数。

除散体材料桩（墩）外，综合安全系数 K_c 必然大于2，因此复合地基承载力特征值取极限承载力除以2～3的安全系数。

表9 复合地基承载力特征值对应相对沉降标准

国家现行标准	砂石桩	强夯置换墩	CFG桩、素混凝土桩、夯实水泥土桩	高压旋喷桩	深层搅拌桩、劲性搅拌桩	石灰桩、柱锤冲扩桩	灰土挤密桩	刚柔性桩
建筑地基处理技术规范JGJ 79	黏性土为主0.015，粉土、砂土为主0.010	黏性土为主0.015，粉土、砂土为主0.010	卵石、圆砾、密实中粗砂为主0.008，黏性土、粉土为主0.010	0.060	0.060	0.012	0.008	—
建筑地基基础检测规范DBJ 15—60	黏性土为主0.013，粉土、砂土为主0.009	黏性土、粉质黏土为主0.010	同JGJ 79	黏性土、粉质黏土为主0.007	黏性土、粉质黏土为主0.005，小区道路0.010	—	—	—
建筑地基处理技术规范DBJ 15—38	同JGJ 79	—	0.010～0.015	0.006～0.010，多桩取高值，淤泥等软黏土取低值		—	—	—
深圳地区地基处理技术规范SJG 04—96	—	0.015～0.020	—	0.006～0.010	0.006～0.010	—	—	—
上海地基处理技术规范DGTJ 08—40	0.070（极限承载力）		—	0.050（极限承载力）		—	—	—
石油化工钢储罐地基处理技术规范SH/T 3083	黏性土为主0.020，粉土、砂土为主0.015	—	—	—	—	0.010～0.015	0.008	—
CM三维高强复合地基技术规程苏JG/T 021	—	—	—	—	—	—	—	0.008
劲性搅拌桩技术规程DB 29—102	—	—	—	—	0.006	—	—	—
火力发电厂振冲法地基处理技术规范DL/T 5101	黏性土为主0.020，粉土、砂土为主0.015	—	—	—	—	—	—	—
水电水利工程振冲法地基处理技术规范DL/T 5214	黏性土、粉土为主0.015，砂土为主0.010	—	—	—	—	—	—	—
港口工程碎石桩复合地基设计与施工规程JTJ 246	黏性土为主0.015，粉土、砂土为主0.010	—	—	—	—	—	—	—

中华人民共和国国家标准

民用建筑室内热湿环境评价标准

Evaluation standard for indoor thermal environment in civil buildings

GB/T 50785—2012

主编部门：中华人民共和国住房和城乡建设部
批准部门：中华人民共和国住房和城乡建设部
施行日期：2 0 1 2 年 1 0 月 1 日

中华人民共和国住房和城乡建设部
公　　告

第1410号

关于发布国家标准《民用建筑室内热湿环境评价标准》的公告

现批准《民用建筑室内热湿环境评价标准》为国家标准，编号为GB/T 50785—2012，自2012年10月1日起实施。

本标准由我部标准定额研究所组织中国建筑工业出版社出版发行。

中华人民共和国住房和城乡建设部

2012年5月28日

前　　言

根据住房和城乡建设部《关于印发〈2008年工程建设标准规范制订、修订计划（第一批）〉的通知》（建标［2008］102号）的要求，标准编制组经广泛调查研究，认真总结实践经验，参考有关国际标准和国外先进标准，并在广泛征求意见的基础上，编制本标准。

本标准的主要技术内容是：1. 总则；2. 术语；3. 基本规定；4. 人工冷热源热湿环境评价；5. 非人工冷热源热湿环境评价；6. 基本参数测量。

本标准由住房和城乡建设部负责管理，由重庆大学负责具体技术内容的解释。执行过程中如有意见和建议，请寄送重庆大学（地址：重庆市沙坪坝区沙北街83号重庆大学B区城市建设与环境工程学院；邮编：400045）。

本标准主编单位：重庆大学
中国建筑科学研究院

本标准参编单位：中国建筑设计研究院
西安建筑科技大学
住房和城乡建设部科技促进发展中心
哈尔滨工业大学
沈阳建筑大学
华南理工大学

本标准主要起草人员：李百战　王清勤　潘云钢
李安桂　李　楠　王智超
张小玲　赵加宁　姚润明
冯国会　孟庆林　王昭俊
喻　伟　刘　红

本标准主要审查人员：吴德绳　王有为　王唯国
丁　高　伍小亭　虞永宾
艾为学　姚　杨　杨仕超
戎向阳　李　荣

目　次

Contents

1 总　　则

1.0.1 为贯彻执行国家有关节约能源、保护环境的法律、法规和政策，规范民用建筑室内热湿环境的评价，引导民用建筑工程营造适宜、健康的室内热湿环境，制定本标准。

1.0.2 本标准适用于居住建筑和办公建筑、商店建筑、旅馆建筑、教育建筑等的室内热湿环境评价。

1.0.3 民用建筑室内热湿环境的评价，除应符合本标准外，尚应符合国家现行有关标准的规定。

2 术　　语

2.0.1 热舒适　thermal comfort

人对于热湿环境的主观满意程度。

2.0.2 Ⅰ级热湿环境　thermal environment category Ⅰ

人群中 90％感觉满意的热湿环境。

2.0.3 Ⅱ级热湿环境　thermal environment category Ⅱ

人群中 75％感觉满意的热湿环境。

2.0.4 Ⅲ级热湿环境　thermal environment category Ⅲ

人群中低于 75％感觉满意的热湿环境。

2.0.5 人工冷热源热湿环境　thermal environment in heated and cooled buildings

使用供暖、空调等人工冷热源进行热湿环境调节的房间或区域。

2.0.6 非人工冷热源热湿环境　thermal environment in free-running buildings

未使用人工冷热源，只通过自然调节或机械通风进行热湿环境调节的房间或区域。

2.0.7 服装热阻　clothing insulation（I_{cl}）

表征服装阻抗传热能力的物理量。

2.0.8 热感觉　thermal sensation

人体对冷热的主观感受。

2.0.9 预计平均热感觉指标　predicted mean vote（*PMV*）

根据人体热平衡的基本方程式以及心理生理学主观热感觉的等级为出发点，考虑了人体热舒适感的诸多有关因素的全面评价指标，是人群对于热感觉等级投票的平均指数。

2.0.10 预计不满意者的百分数　predicted percentage dissatisfied（*PPD*）

处于热湿环境中的人群对于热湿环境不满意的预计投票平均值。

2.0.11 预计适应性平均热感觉指标　adaptive predicted mean vote（*APMV*）

在非人工冷热源热湿环境中，考虑了人们心理、生理与行为适应性等因素后的热感觉投票预计值。

2.0.12 代谢率　metabolic rate

人体通过代谢将化学能转化为热能和机械能的速率，通常用人体单位面积的代谢率表示。

2.0.13 冷吹风感　draft

因空气流动引起的人体局部不同程度的寒冷感。

2.0.14 不对称辐射温度　radiant temperature asymmetry

与人体相对的两个微小平面辐射温度的差异。

2.0.15 紊流强度　turbulence intensity（T_u）

空气流速标准差与空气流速平均值的比值。

2.0.16 局部不满意率　local percentage dissatisfied caused by thermal environment（*LPD*）

由于冷吹风感、垂直温差、地板表面温度、不对称辐射温度等局部热湿环境引起的不满意率。

2.0.17 体感温度　operative temperature（t_{op}）

具有黑色内表面的封闭环境的平均温度。

2.0.18 室外平滑周平均温度　running mean of outdoor temperature（t_{rm}）

连续 7d 室外日平均温度的指数加权值。

3 基本规定

3.0.1 民用建筑室内热湿环境的评价宜以建筑物内主要功能房间或区域为对象，也可以单栋建筑为对象。当建筑中 90％以上主要功能房间或区域满足某评价等级条件时，可判定该建筑达到相应等级。

3.0.2 民用建筑室内热湿环境的评价可分为设计阶段的评价（简称“设计评价”）和使用阶段的评价（简称“工程评价”）。

3.0.3 设计评价应在建筑的施工图设计完成后进行。申请设计评价的建筑应提供下列资料：

1　相关审批文件；

2　施工图设计文件；

3　施工图设计审查合格的证明文件。

3.0.4 工程评价应在建筑投入正常使用一年后进行，申请工程评价的建筑除应提供本标准第 3.0.3 条规定的资料外，尚应提供工程竣工验收资料和室内热湿环境运行资料。

3.0.5 民用建筑室内热湿环境的评价应区分为人工冷热源热湿环境评价和非人工冷热源热湿环境评价。

3.0.6 民用建筑室内热湿环境评价等级可划分为Ⅰ级、Ⅱ级和Ⅲ级等三个等级，且等级的判定应按本标准第 4 章和第 5 章的规定执行。

4 人工冷热源热湿环境评价

4.1 一般规定

4.1.1 对于采用人工冷热源的建筑室内热湿环境，

应在满足下列条件时，再进行等级判定：

1 室内温度、湿度、空气流速等参数满足设计要求，并符合现行国家标准《采暖通风与空气调节设计规范》GB 50019 的规定；

2 建筑围护结构内表面无结露、发霉等现象；

3 采用集中空调时，新风量符合国家现行有关标准的规定。

4.2 评价方法

4.2.1 对于人工冷热源热湿环境，设计评价的方法应按表 4.2.1 选择，工程评价的方法宜按表 4.2.1 选择。当工程评价不具备按表 4.2.1 执行的条件时，可采用由第三方进行大样本问卷调查法。调查问卷应按本标准附录 A 执行，代谢率应按本标准附录 B 执行，服装热阻应按本标准附录 C 执行，体感温度的计算应按本标准附录 D 执行。

表 4.2.1 人工冷热源热湿环境的评价方法

冬季评价条件		夏季评价条件		评价方法
空气流速（m/s）	服装热阻（clo）	空气流速（m/s）	服装热阻（clo）	
$v_a \leqslant 0.20$	$I_{cl} \leqslant 1.0$	$v_a \leqslant 0.25$	$I_{cl} \geqslant 0.5$	计算法或图示法
$v_a > 0.20$	$I_{cl} > 1.0$	$v_a > 0.25$	$I_{cl} < 0.5$	图示法

4.2.2 采用计算法进行人工冷热源热湿环境等级评价时，设计评价应按其整体评价指标进行等级判定；工程评价应按其整体评价指标和局部评价指标进行等级判定，且所有指标均应满足相应等级要求。

4.2.3 整体评价指标应包括预计平均热感觉指标（PMV）、预计不满意者的百分数（PPD），PMV-PPD 的计算程序应按本标准附录 E 执行；局部评价指标应包括冷吹风感引起的局部不满意率（LPD_1）、垂直空气温度差引起的局部不满意率（LPD_2）和地板表面温度引起的局部不满意率（LPD_3），局部不满意率的计算应按本标准附录 F 执行。

4.2.4 对于人工冷热源热湿环境的评价等级，整体评价指标应符合表 4.2.4-1 的规定，局部评价指标应符合表 4.2.4-2 的规定。

表 4.2.4-1 整体评价指标

等级	整体评价指标	
Ⅰ级	$PPD \leqslant 10\%$	$-0.5 \leqslant PMV \leqslant +0.5$
Ⅱ级	$10\% < PPD \leqslant 25\%$	$-1 \leqslant PMV < -0.5$ 或 $+0.5 < PMV \leqslant +1$
Ⅲ级	$PPD > 25\%$	$PMV < -1$ 或 $PMV > +1$

表 4.2.4-2 局部评价指标

等级	局部评价指标		
	冷吹风感（LPD_1）	垂直空气温度差（LPD_2）	地板表面温度（LPD_3）
Ⅰ级	$LPD_1 < 30\%$	$LPD_2 < 10\%$	$LPD_3 < 15\%$
Ⅱ级	$30\% \leqslant LPD_1 < 40\%$	$10\% \leqslant LPD_2 < 20\%$	$15\% \leqslant LPD_3 < 20\%$
Ⅲ级	$LPD_1 \geqslant 40\%$	$LPD_2 \geqslant 20\%$	$LPD_3 \geqslant 20\%$

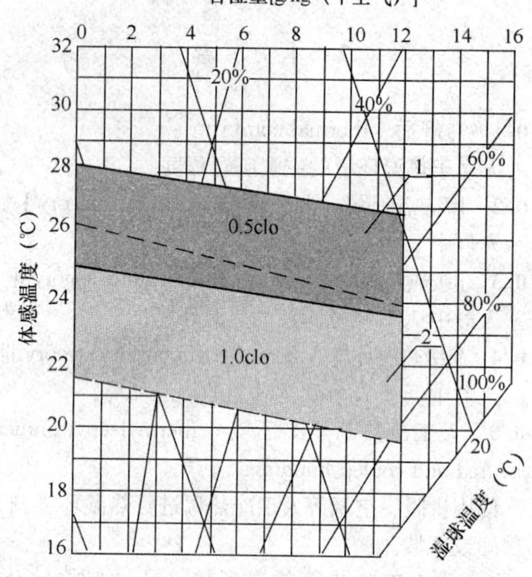

图 4.2.5-1 人工冷热源热湿环境体感温度范围

1—服装热阻为 0.5clo 的Ⅰ级区（实线区域）；

2—服装热阻为 1.0clo 的Ⅰ级区（虚线区域）

4.2.5 人体代谢率为 1.0met～1.3met，服装热阻为 0.5clo 和 1.0clo 的人工冷热源热湿环境，可采用图示法进行等级评价（图 4.2.5-1、图 4.2.5-2）。采用图示法评价时，应先根据图 4.2.5-1 判断室内热湿环境等级，当室内热湿环境不满足图 4.2.5-1 的要求时，再根据图 4.2.5-2 判定其等级。动态服装热阻应按本标准附录 C.2 进行修正。不同服装热阻所对应的体感温度上限和下限应按下列公式进行线性插值计算：

$$t_{\min, I_{cl}} = [(I_{cl} - 0.5)\, t_{\min, 1.0clo} + (1.0 - I_{cl})\, t_{\min, 0.5clo}]/0.5 \quad (4.2.5\text{-}1)$$

$$t_{\max, I_{cl}} = [(I_{cl} - 0.5)\, t_{\max, 1.0clo} + (1.0 - I_{cl})\, t_{\max, 0.5clo}]/0.5 \quad (4.2.5\text{-}2)$$

式中：$t_{\max, I_{cl}}$——在服装热阻为 I_{cl} 时的体感温度上限（℃）；

$t_{\min, I_{cl}}$——在服装热阻为 I_{cl} 时的体感温度下限（℃）；

$t_{max,1.0clo}$——在服装热阻为 1.0clo 时的体感温度上限（℃）；

$t_{max,0.5clo}$——在服装热阻为 0.5clo 时的体感温度上限（℃）；

$t_{min,1.0clo}$——在服装热阻为 1.0clo 时的体感温度下限（℃）；

$t_{min,0.5clo}$——在服装热阻为 0.5clo 时的体感温度下限（℃）；

I_{cl}——服装热阻（clo）。

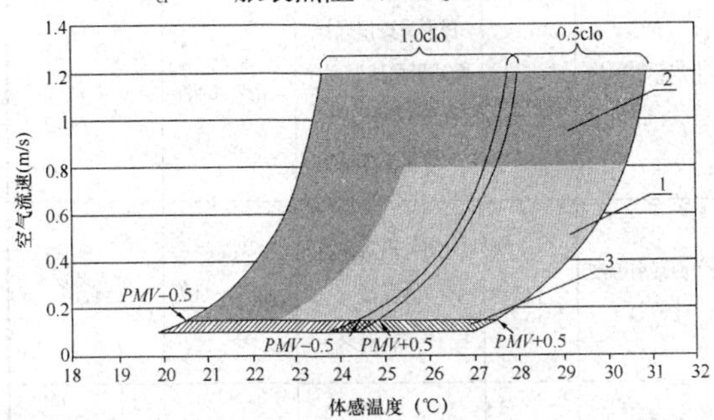

图 4.2.5-2 抵消空气温度上升需要的空气流速

1—服装热阻为 0.5clo 的Ⅱ级区（不具备风速控制条件）；2—服装热阻为 0.5clo 的Ⅱ级区（具备风速控制条件）；3—服装热阻为 0.5clo 的Ⅰ级区（斜线阴影区域）；浅色阴影区—不具备风速控制条件；深色阴影区—具备风速控制条件

4.2.6 采用图示法进行人工冷热源热湿环境等级评价时，不同服装热阻、不同空气流速对应的体感温度（t_{op}）应符合下式的规定：

$$t_{min,I_{cl}} \leqslant t_{op} \leqslant t_{max,I_{cl}} \quad (4.2.6)$$

5 非人工冷热源热湿环境评价

5.1 一 般 规 定

5.1.1 对于采用非人工冷热源的建筑室内热湿环境，应在满足下列条件时，再进行等级判定：

1 建筑围护结构内表面无结露、发霉等现象；

2 具备合理的自然通风措施。

5.2 评 价 方 法

5.2.1 对于非人工冷热源热湿环境，设计评价应采用计算法或图示法，工程评价宜采用计算法或图示法。当工程评价不具备采用计算法和图示法的条件时，可采用大样本问卷调查法。调查问卷应按本标准附录 A 执行，代谢率应按本标准附录 B 执行，服装热阻应按本标准附录 C 执行，体感温度的计算应按本标准附录 D 执行。

5.2.2 采用计算法评价时，应以预计适应性平均热感觉指标（*APMV*）作为评价依据。预计适应性平均热感觉指标（*APMV*）应按下式计算：

$$APMV = PMV/(1+\lambda \cdot PMV) \quad (5.2.2)$$

式中：*APMV*——预计适应性平均热感觉指标；

λ——自适应系数，按表 5.2.2 取值；

PMV——预计平均热感觉指标，按本标准附录 E 计算。

表 5.2.2 自适应系数

建筑气候区		居住建筑、商店建筑、旅馆建筑及办公室	教育建筑
严寒、寒冷地区	$PMV \geqslant 0$	0.24	0.21
	$PMV<0$	−0.50	−0.29
夏热冬冷、夏热冬暖、温和地区	$PMV \geqslant 0$	0.21	0.17
	$PMV<0$	−0.49	−0.28

5.2.3 采用计算法评价时，非人工冷热源热湿环境评价等级的判定应符合表 5.2.3 的规定。

表 5.2.3 非人工冷热源热湿环境评价等级

等级	评价指标（*APMV*）
Ⅰ级	$-0.5 \leqslant APMV \leqslant 0.5$
Ⅱ级	$-1 \leqslant APMV<-0.5$ 或 $0.5<APMV \leqslant 1$
Ⅲ级	$APMV<-1$ 或 $APMV>1$

5.2.4 采用图示法评价时，非人工冷热源热湿环境应符合表 5.2.4-1 和表 5.2.4-2 的规定。室外平滑周平均温度应按下式计算：

$$t_{rm} = (1-\alpha)(t_{od-1} + \alpha t_{od-2} + \alpha^2 t_{od-3} + \alpha^3 t_{od-4} + \alpha^4 t_{od-5} + \alpha^5 t_{od-6} + \alpha^6 t_{od-7}) \quad (5.2.4)$$

式中：t_{rm}——室外平滑周平均温度（℃）；

α——系数，取值范围为 0～1，推荐取 0.8；

t_{od-n}——评价日前 7d 室外日平均温度（℃）。

表 5.2.4-1 严寒及寒冷地区非人工冷热源热湿环境评价等级

等级	评价指标	限定范围
Ⅰ级	$t_{opⅠ,b} \leqslant t_{op} \leqslant t_{opⅠ,a}$ $t_{opⅠ,a}=0.77t_{rm}+12.04$ $t_{opⅠ,b}=0.87t_{rm}+2.76$	$18℃ \leqslant t_{op} \leqslant 28℃$
Ⅱ级	$t_{opⅡ,b} \leqslant t_{op} \leqslant t_{opⅡ,a}$ $t_{opⅡ,a}=0.73t_{rm}+15.28$ $t_{opⅡ,b}=0.91t_{rm}-0.48$	$18℃ \leqslant t_{opⅡ,a} \leqslant 30℃$ $16℃ \leqslant t_{opⅡ,b} \leqslant 28℃$ $16℃ \leqslant t_{op} \leqslant 30℃$
Ⅲ级	$t_{op}<t_{opⅡ,b}$ 或 $t_{opⅡ,a}<t_{op}$	$18℃ \leqslant t_{opⅡ,a} \leqslant 30℃$ $16℃ \leqslant t_{opⅡ,b} \leqslant 28℃$

注：本表限定的Ⅰ级和Ⅱ级区如图 5.2.4-1 所示。

表 5.2.4-2 夏热冬冷、夏热冬暖、温和地区非人工冷热源热湿环境评价等级

等级	评 价 指 标	限 定 范 围
Ⅰ级	$t_{opⅠ,b} \leqslant t_{op} \leqslant t_{opⅠ,a}$ $t_{opⅠ,a}=0.77t_{rm}+9.34$ $t_{opⅠ,b}=0.87t_{rm}-0.31$	$18℃ \leqslant t_{op} \leqslant 28℃$

续表 5.2.4-2

等级	评价指标	限定范围
Ⅱ级	$t_{op\,Ⅱ,b} \leqslant t_{op} \leqslant t_{op\,Ⅱ,a}$ $t_{op\,Ⅱ,a}=0.73t_{rm}+12.72$ $t_{op\,Ⅱ,b}=0.91t_{rm}-3.69$	18℃$\leqslant t_{op\,Ⅱ,a} \leqslant$30℃ 16℃$\leqslant t_{op\,Ⅱ,b} \leqslant$28℃ 16℃$\leqslant t_{op} \leqslant$30℃
Ⅲ级	$t_{op}<t_{op\,Ⅱ,b}$或$t_{op\,Ⅱ,a}<t_{op}$	18℃$\leqslant t_{op\,Ⅱ,a} \leqslant$30℃ 16℃$\leqslant t_{op\,Ⅱ,b} \leqslant$28℃

注：本表限定的Ⅰ级和Ⅱ级区如图 5.2.4-2 所示。

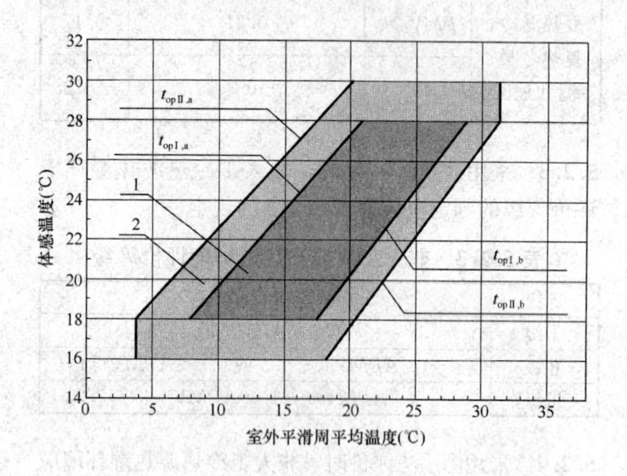

图 5.2.4-1　严寒及寒冷地区非人工冷热源热湿环境体感温度范围

1—Ⅰ级区；2—Ⅱ级区；t_{op}—体感温度

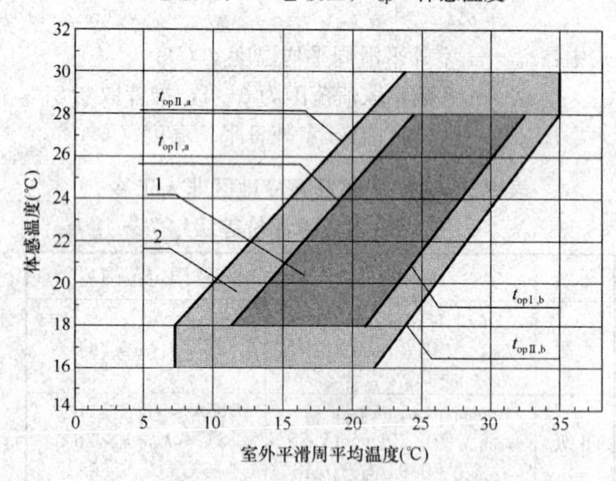

图 5.2.4-2　夏热冬冷、夏热冬暖、温和地区非人工冷热源热湿环境体感温度范围

1—Ⅰ级区；2—Ⅱ级区；t_{op}—体感温度

6　基本参数测量

6.1　基本参数和仪器

6.1.1　室内热湿环境评价的基本参数和测量仪器应符合表 6.1.1 的规定，且测量仪器的响应时间不应过长，其中空气流速测量仪器的响应时间不得大于 0.5s。

表 6.1.1　室内热湿环境评价的基本参数测量仪器

测量参数	参数符号	测量仪器	测量范围	最低精度
空气温度(℃)	t_a	膨胀式 电阻式 热电偶式	−10℃～50℃	±0.5℃
平均辐射温度(℃)	$\overline{t_r}$	球形黑球温度计 椭球形黑球温度计 双球辐射温度计 等温温度计	−10℃～50℃	±2℃
平面辐射温度(℃)	t_{pr}	反射-吸收盘 等温盘 净全辐射表	−10℃～50℃	±0.5℃
表面温度(℃)	t_f	接触式温度计 红外辐射计	−10℃～50℃	±1℃
体感温度(℃)	t_{op}	球形黑球温度计 椭球形黑球温度计	−10℃～50℃	±2℃
相对湿度(%)	RH	干湿球温度计 露点式湿度计 氯化锂湿度计 电容式湿度计 金属氧化物电阻式 毛发湿度表	10%～100%	±5%
空气流速(m/s)	v_a	叶片风速计 风杯风速计 热线风速计 热球风速计 热敏电阻风速计 超声波风速计 激光风速计 激光多普勒测速仪	0.05～3m/s	±(0.05+0.05v_a)m/s

6.2　测 量 条 件

6.2.1　冬季测量，不宜在晴天天气条件下进行，且室内外温差不应小于设计温差的 50%。

6.2.2　夏季测量时，应在室内外温差和湿度差不小于设计温差和湿度差的 50%且晴天或者少云天气条件下进行。

6.2.3　测量应符合国家现行有关测试标准的规定。

6.3　测点位置和数量

6.3.1　测量位置应选择室内人员的工作区域或座位处，并应优先选择窗户附近、门进出口处、冷热源附近、风口下和内墙角处等不利的地点。

6.3.2 测量位置距墙的水平距离应大于 0.5m。

6.3.3 房间或区域环境的基本参数分布均匀时，空气温度、空气流速、相对湿度、平均辐射温度、平面辐射温度的测量高度，坐姿时，应距离地面 0.6m；站姿时，应距离地面 1.1m。

6.3.4 房间或区域环境的基本参数分布不均匀时，空气温度、空气流速、相对湿度、平均辐射温度、平面辐射温度、体感温度的测量高度，坐姿时，应分别距离地面 0.1m、0.6m 和 1.1m；站姿时，应分别距离地面 0.1m、1.1m 和 1.7m。测量值应取不同高度测量值的加权平均值。

6.3.5 坐姿时，计算空气垂直温度差应分别测量距离地面 0.1m 和 1.1m 处的空气温度；站姿时，应分别测量距离地面 0.1m 和 1.7m 处的空气温度。

6.3.6 地板表面温度应在安装好预期地面覆盖物的情况下测量。

6.3.7 坐姿和站姿时，吹风感应分别测量 1.1m 和 1.7m 高度处人体头部/肩区域的空气温度和空气流速值，脚踝和下腿区域没有覆盖物时，应加测 0.1m 处的空气温度和空气流速值。

6.3.8 测点的数量和位置应根据房间或区域面积确定，并应符合下列规定：

1 房间或区域面积小于等于 $16m^2$ 的，应测试房间的中心；

2 房间或区域面积大于 $16m^2$ 但小于等于 $30m^2$ 的，应选择测试区域对角线上的两个等分点作为测点；

3 房间或区域面积大于 $30m^2$ 但小于等于 $60m^2$ 的，应选择测试区域对角线上的三个等分点作为测点；

4 房间或区域面积大于 $60m^2$ 的，应选择测试区域两个对角线上的五个等分点作为测点。

6.4 测量时间

6.4.1 测量周期宜为 24h～48h，测量时间间隔应小于 30min，并应取测量时间段内最不利时刻的值。

6.4.2 测量前，测量仪器的读数应在待测环境中趋于稳定。

6.4.3 测量空气温度、相对湿度、平均辐射温度与平面辐射温度的时间应至少为 3min，并不得大于 15min。测量结果应取测量时间段内至少 18 个时间点的算术平均值。

6.4.4 对于供冷或供暖辐射地板表面温度，测量时间宜按空气温度的时间平均方法进行处理。

6.4.5 测量空气流速的时间应为 3min，测量结果应取测量时间段内至少 18 个时间点的算术平均值。瞬时速度的测量时间应为 2s。

附录 A 热湿环境调查问卷

表 A 热湿环境调查问卷

<table>
<tr><td colspan="2">以下部分由被调查者填写</td><td>调查编号： 调查员：</td></tr>
<tr><td colspan="2">1. 姓名：</td><td rowspan="6">人员在室内的位置（请在下图中用 X 标出工作时常在位置）</td></tr>
<tr><td colspan="2">2. 日期：</td></tr>
<tr><td colspan="2">3. 时间：</td></tr>
<tr><td colspan="2">4. 室外空气温度：</td></tr>
<tr><td colspan="2">5. 天气：晴□ 多云转晴□ 阴天□</td></tr>
<tr><td colspan="2">6. 季节：冬季□ 春季□ 夏季□ 秋季□</td></tr>
<tr><td colspan="2">7. 服装
上衣：
裤子：
其他：</td><td>以下部分由调查者填写：
服装热阻（clo）总和：
I_{cl}＝</td></tr>
<tr><td colspan="2">8. 活动
□斜倚
□坐姿，放松
□坐姿活动（学校、办公室）
□立姿，放松
□立姿，轻度活动（购物、实验室工作、轻体力工作）
□立姿，中度活动（商店售货、家务劳动、机械工作）
□重度活动</td><td>代谢率（met）：
1. 0.8met
2. 1.0met
3. 1.2met
4. 1.4met
5. 1.6met
6. 2.0met
7. 3.0met</td></tr>
<tr><td colspan="3">9. 设备（散热设备、空调设备）</td></tr>
<tr><td>设备名称</td><td>型号、功率</td><td>热量汇总</td></tr>
<tr><td></td><td></td><td></td></tr>
<tr><td colspan="2">10. 整体热感觉
□热
□暖
□较暖
□适中
□较凉
□凉
□冷</td><td>整体热感觉：
1. +3
2. +2
3. +1
4. 0
5. −1
6. −2
7. −3</td></tr>
<tr><td colspan="2">11. 对所处热湿环境总体评价：</td><td>面积：
房间/建筑形式：
室外相对湿度（%）：
空调设定温度（℃）：
相对湿度设定值（%）：
调查总人数：</td></tr>
</table>

附录B 不同活动代谢率

B.0.1 代谢率测量应符合现行国家标准《热环境人类工效学：代谢率的测定》GB/T 18048 的规定。

B.0.2 常见活动的代谢率可按表 B.0.2 取值。

表 B.0.2 常见活动的代谢率

常见活动		代谢率		
		W/m²	met	kcal/(min·m²)
斜倚		46.52	0.8	0.67
坐姿，放松		58.15	1.0	0.83
坐姿活动（办公室、居住建筑、学校、实验室）		69.78	1.2	1.00
立姿，放松		81.41	1.4	1.17
立姿，轻度活动（购物、实验室工作、轻体力工作）		93.04	1.6	1.33
立姿，中度活动（商店售货、家务劳动、机械工作）		116.30	2.0	1.66
平地步行	2km/h	110.49	1.9	1.58
	3km/h	139.56	2.4	2.00
	4km/h	162.82	2.8	2.33
	5km/h	197.71	3.4	2.83

附录C 服装热阻值

C.1 代表性服装热阻

C.1.1 对于典型全套服装的热阻（I_{cl}）可按表 C.1.1-1 取值，有代表性成年男女单件服装的热阻（I_{cl}）可按表 C.1.1-2 取值。

表 C.1.1-1 典型全套服装的热阻

工作服	服装热阻		日常着装	服装热阻	
	clo	m²·K/W		clo	m²·K/W
内裤、锅炉服、袜、鞋	0.70	0.110	内裤、T恤、短外衣、薄袜子、便鞋	0.30	0.050
内裤、衬衫、锅炉服、袜、鞋	0.80	0.125	衬裤、短袖衬衫、轻便裤子、薄短袜、鞋	0.50	0.080
内裤、衬衫、裤、罩衫、袜、鞋	0.90	0.140	内裤、衬裙、长裤、连衣裙、鞋	0.70	0.110
有短袖和短裤腿的内衣、衬衫、裤、夹克、袜、鞋	1.00	0.155	内衣、衬衫、裤、袜、鞋	0.70	0.110
有长袖和长裤腿的内衣、保暖夹克、袜、鞋	1.20	0.185	衬内裤、衬衫、裤、夹克、袜、鞋	1.00	0.155
有短袖和短裤腿的内衣、锅炉服、保暖夹克和裤、袜、鞋	1.40	0.220	衬内裤、长袜、女上衣、长裙、夹克、鞋	1.10	0.170
有短袖和短裤腿的内衣、衬衫、裤、夹克、填厚料外用夹克和工装裤、袜、鞋	2.00	0.310	有长袖及长裤腿的内衣、衬衫、裤、V形领毛衣、夹克、袜、鞋	1.30	0.200
有长袖及长腿内衣、保暖夹克、有厚填料风雪大衣、工装裤、袜、鞋及手套	2.55	0.395	有短袖及短裤腿的内衣、衬衫、裤、马甲、夹克、外衣、袜、鞋	1.50	0.230

表 C.1.1-2 中国有代表性成年男女单件服装的热阻

服装样式		服装热阻（clo）		服装样式		服装热阻（clo）	
		男	女			男	女
内裤	三角裤	0.04	0.03	裙子	半身薄	—	0.09
	短布裤	0.06	0.05		半身厚	—	0.12
内衫	背心	0.03	0.03		全身	—	0.20
	汗衫	0.05	0.04	毛线衣	背心	0.16	0.14
外衬衣	短袖	0.05	0.05		薄	0.20	0.18
	长袖	0.07	0.06		厚	0.30	0.25
	厚	0.10	0.10	绒衣	大	0.40	0.40
针织衣	薄	0.10	0.10		中	0.35	0.35
	厚	0.15	0.15		小	0.30	0.30
单衫（春装）	薄	0.15	0.12	绒裤	大	0.40	0.40
	厚	0.20	0.15		中	0.35	0.35
长裤	薄	0.12	0.09		小	0.30	0.30
	中	0.15	0.12	毛绒裤	薄	0.20	0.18
	厚	0.20	0.15		厚	0.25	0.20
帆布工作服	大	0.25	0.25	线裤	—	0.10	0.08
	中	0.20	0.20	帆布工作裤	大	0.25	0.25
	小	0.15	0.15		中	0.20	0.20
拖鞋	—	0.10	0.10		小	0.15	0.15

C.1.2 单件服装的热阻可按表 C.1.2 规定取值。当活动量主要为坐姿活动（1.2met），增减一件衣物时，体感温度修正值可按表 C.1.2 取值。

表 C.1.2 单件服装的热阻及体感温度修正值

服装		I_{cl}		体感温度修正值
		clo	$m^2 \cdot K/W$	℃
内衣类	内裤	0.03	0.005	0.2
	衬裤，长裤	0.10	0.016	0.6
	汗衫	0.04	0.006	0.3
	T恤	0.09	0.014	0.6
	长袖衬衫	0.12	0.019	0.8
	内裤及乳罩	0.03	0.005	0.2
衬衫类/女上衣	短袖	0.15	0.023	0.9
	轻薄长袖	0.20	0.031	1.3
	常规式长袖	0.25	0.039	1.6
	法兰绒衬衫、长袖	0.30	0.047	1.9
	轻薄女上衣、长袖	0.15	0.023	0.9
裤子	短裤	0.06	0.009	0.4
	轻薄	0.20	0.031	1.3
	常规式	0.25	0.039	1.6
	法兰绒	0.28	0.043	1.7
女装/裙	轻薄裙（夏季）	0.15	0.023	0.9
	厚裙（冬季）	0.25	0.039	1.6
	轻薄连衣裙（短袖）	0.20	0.031	1.3
	冬装、长裙	0.40	0.062	2.5
	锅炉服	0.55	0.085	3.4
毛衣	毛背心	0.12	0.019	0.8
	薄毛衣	0.20	0.031	1.3
	毛衣	0.28	0.043	1.7
	厚毛衣	0.35	0.054	2.2
夹克	轻薄、夏季夹克	0.25	0.039	1.6
	夹克	0.35	0.054	2.2
	罩衫	0.30	0.047	1.9
高隔热性能、纤维-皮	锅炉服	0.90	0.140	5.6
	裤子	0.35	0.054	2.2
	夹克	0.40	0.062	2.5
	马甲	0.20	0.031	1.3
户外服装	外衣	0.60	0.093	3.7
	羽绒服	0.55	0.085	3.4
	风雪外衣	0.70	0.109	4.3
	纤维—皮工装裤	0.55	0.085	3.4
杂项	短袜	0.02	0.003	0.1
	厚、到踝短袜	0.05	0.008	0.3
	厚、到膝长袜	0.10	0.016	0.6
	尼龙长袜	0.03	0.005	0.2
	鞋（薄底）	0.02	0.003	0.1
	鞋（厚底）	0.04	0.006	0.3
	靴	0.10	0.016	0.6
	手套	0.05	0.008	0.3

C.1.3 人处于坐姿时，椅子的热阻可附加0～0.4clo，并应按表C.1.3取值。

表 C.1.3 椅子的热阻

椅子类型	热阻	
	clo	$m^2 \cdot K/W$
金属椅子	0	0
木制凳子	0.01	0.002
标准办公椅	0.10	0.016
高级办公椅	0.15	0.023

C.2 动态服装热阻的确定

C.2.1 动态服装热阻的确定应符合下列规定：

1 对于服装热阻（I_{cl}）大于0.6且小于1.4或服装总热阻（I_T）大于1.2且小于2.4的人，修正后的服装总热阻应按下式计算：

$$I_{T,r} = I_T \cdot \exp[-0.281 \cdot (v_{ar} - 0.15) + 0.44 \cdot (v_{ar} - 0.15)^2 - 0.492 \cdot v_w + 0.176 \cdot v_w^2] \quad (C.2.1\text{-}1)$$

式中：$I_{T,r}$——修正后的服装总热阻（clo）；

I_T——服装总热阻（clo）；

v_{ar}——人附近的空气流速（m/s）；

v_w——人行走的速度（m/s）。

2 对于裸体的人（I_{cl}=0clo），修正后的边界层空气总热阻应按下式计算：

$$I_{a,r} = I_a \cdot \exp[-0.533 \cdot (v_{ar} - 0.15) + 0.069 \cdot (v_{ar} - 0.15)^2 - 0.462 \cdot v_w + 0.201 \cdot v_w^2] \quad (C.2.1\text{-}2)$$

式中：$I_{a,r}$——修正后的边界层空气总热阻（clo）；

I_a——边界层空气总热阻（clo），取0.7clo。

3 当人附近的空气流速（v_{ar}）不大于3.5m/s、人身体移动速度（v_w）不大于1.2m/s时，动态服装热阻应按下式计算：

$$I_{cl,r} = I_{T,r} - \frac{I_{a,r}}{f_{cl}} \quad (C.2.1\text{-}3)$$

式中：$I_{cl,r}$——动态服装热阻（clo）；

f_{cl}——服装面积因数，等于着装时人的体表面积与裸露时人的体表面积之比。

4 当人进行除行走外其他形式活动时或静止时，人身体移动速度（v_w）按下式计算，且应低于0.7m/s：

$$v_w = 0.0052 \cdot (M - 58) \quad (C.2.1\text{-}4)$$

式中：M——代谢率（W/m^2）。

5　当服装热阻小于等于0.6clo时，修正后的服装总热阻（$I_{T,r}$）应按下式计算：

$$I_{T,r}=I_T\cdot[(0.6-I_{cl})\cdot I_a+I_{cl}\cdot I_T]/0.6 \quad (C.2.1\text{-}5)$$

附录D　体感温度的计算方法

D.0.1　当满足下列四个条件时，体感温度可近似等于空气温度：

1　室内没有辐射加热或者辐射冷却系统；

2　外窗或外墙的平均传热系数符合下式的规定：

$$U_w<50/(t_{d,i}-t_{d,e}) \quad (D.0.1)$$

式中：U_w——外窗或外墙的平均传热系数[W/(m²·K)]；

$t_{d,i}$——室内设计温度（℃）；

$t_{d,e}$——室外设计温度（℃）。

3　窗户太阳得热系数（*SHGC*）小于0.48；

4　室内没有产热设备。

D.0.2　当空气流速小于0.2m/s或者平均辐射温度与空气温度差小于4℃时，体感温度可近似等于平均辐射温度与空气温度的加权平均值，并应按下式计算：

$$t_{op}=A\cdot t_a+(1-A)\cdot t_r \quad (D.0.2)$$

式中：t_{op}——体感温度（℃）；

t_a——空气温度（℃）；

t_r——平均辐射温度（℃）；

A——系数，按表D.0.2取值。

表D.0.2　系数A取值

空气流速（m/s）	<0.2	0.2～0.6	0.6～1.0
A	0.5	0.6	0.7

附录E　PMV-PPD的计算程序

E.0.1　PMV-PPD的计算程序宜采用BASIC语言按表E.0.1-1的格式编写，且计算程序中使用的变量应符合表E.0.1-2的规定。

表E.0.1-1　PMV-PPD计算程序格式

```
10  Computer program (BASIC) for calculation of
20  Predicted Mean Vote (PMV) and Predicted Percentage of Dissatisfied (PPD)
30  in accordance with International Standard, ISO 7730
40  CLS: PRINT "DATA ENTRY"                          data entry
50  INPUT"   Clothing                          (clo)";       CLO
60  INPUT"   Metabolic rate                    (met)"        MET
70  INPUT"   External work, normally around 0  (met)"        WME
80  INPUT"   Air temperature                   (℃)"          TA
90  INPUT"   Mean radiant temperature          (℃)"          TR
100 INPUT"   Relative air velocity             (m/s)"        VEL
```

续表E.0.1-1

```
110 INPUT"   ENTER EITHER RH OR WATER VAPOUR PRESSURE BUT
             NOT BOTH"
120 INPUT"   Relative humidity (%)" RH
130 INPUT"   Water vapour pressure (Pa)" PA
140 DEF FNPS (T) = EXP (16.6536-4030.183/T+235)
                           : saturated vapour pressure, kPa
150 IF PA = 0 THEN PA = RH * 10 * FNPS (TA)
                           : water vapour pressure, Pa
160 ICL=.155*CLO           : thermal insulation of the clothing in m²·K/W
170 M=MET*58.15            : metabolic rate in W/m²
180 W=WME*58.15            : external work in W/m²
190 MW=M-W                 : internal heat production in the human body
200 IF ICL≤0.078 THEN FCL = 1 + 1.29 * ICL
    ELSE FCL = 1.05 + 0.645 * ICL
                           : clothing area factor
210 HCF = 12.1 * SQR (VEL)   : heat transf. coeff. by forced convection
220 TAA=TA + 273             : air temperature in Kelvin
230 TRA = TR + 273           : mean radiant temperature in Kelvin
240 —CALCULATE SURFACE TEMPERATURE OF CLOTHING BY ITERA-
    TION—
250 TCLA=TAA+(35.5-TA)/(3.5*ICL+.1)
                             : first guess for surface temperature of clothing
260 P1 = ICL * FCL           : calculation term
270 P2 = P1 * 3.96           : calculation term
280 P3 = P1 * 100            : calculation term
290 P4 = P1 * TAA            : calculation term
300 P5=308.7-.028*MW+P2*(TRA/100)*4
310 XN=TLCA/100
320 XF=XN
330 N=0                      : N: number of iterations
340 EPS=.00015               : stop criteria in iteration
350 XF = (XF + XN)/2
360 HCN =2.38 * ABS(100 * XF - TAA)^.25
                             : heat transf. coeff. by natural convection
370 IF HCF>HCN THEN HC = HCF ELSE HC = HCN
380 XN = (P5 + P4 * HC - P2 * XF^4) / (100 + P3 * HC)
390 N = N + 1
400 IF N > 150 THEN GOTO 550
410 IF ABS (XN - XF) > EPS GOTO 350
420 TCL = 100 * XN - 273     : surface temperature of the clothing
430 ——————HEAT LOSS COMPONENTS——————
440 HL1 = 3.05 * .001 (5733-6.99 * MW-PA)    :heat loss diff. through skin
450 IF MW > 58.15 THEN HL2 = .42 * (MW - 58.15)
    ELSE HL2 = 0!                            :heat loss by sweating (comfort)
460 HL3 = 1.7 * .00001 * m * (5867-PA)
                                             :latent respiration heat loss
470 HL4=.0014*m*(34-TA)                      :dry respiration heat loss
480 HL5 = 3.96 * FCL * (XN^4 - (TRA/100^4))
                                             :heat loss by radiation
```

续表 E.0.1-1

```
500 ————————CALCULATE PMV AND PPD————————
510 TS=.303*EXP(-.036*m)+.028 : thermal sensation trans coeff
520 PMV=TS*(MW-HL1-HL2-HL3-HL4-HL5-HL6)
                              : predicted mean vote
530 PPD=100-95*EXP(-.03353*PMV^4-.2179*PMV^2)
                              : predicted percentage dissat.
540 GOTO 570
550 PMV = 999999!
560 PPD = 100
570 PRINT: PRINT "OUTPUT"        : output
580 PRINT " Predicted Mean Vote        (PMV): "
       : PRINT USING "##.#": PMV
590 PRINT " Predicted Percent of Dissatisfied(PPD): "
       : PRINT USING "###.#": PPD
600 PRINT: INPUT "NEXT RUN (Y/N)"; RS
610 IF (RS = "Y" OR RS = "y") THEN RUN
620 END
```

表 E.0.1-2 程序中所需变量

变　量	程序中的符号
服装热阻(clo)	CLO
代谢率(met)	MET
对外做功(met)	WME
空气温度(℃)	TA
平均辐射温度(℃)	TR
空气流速(m/s)	VEL
相对湿度(%)	RH
水蒸气分压力(Pa)	PA

E.0.2 PMV-PPD 的计算程序的输出结果可按表 E.0.2 进行验证。

表 E.0.2 PMV-PPD 的计算程序的输出结果验证

序号	空气温度(℃)	平均辐射温度(℃)	空气流速(m/s)	相对湿度(%)	代谢率(met)	服装热阻(clo)	*PMV*	*PPD*
1	22	22	0.1	60	1.2	0.5	-0.75	17
2	27	27	0.1	60	1.2	0.5	0.77	17
3	27	27	0.3	60	1.2	0.5	0.44	9
4	23.5	25.5	0.1	60	1.2	0.5	-0.01	5
5	23.5	25.5	0.3	60	1.2	0.5	-0.55	11
6	19	19	0.1	40	1.2	1	-0.6	13
7	23.5	23.5	0.1	40	1.2	1	0.37	8
8	23.5	23.5	0.3	40	1.2	1	0.12	5
9	23	21	0.1	40	1.2	1	0.05	5
10	23	21	0.3	40	1.2	1	-0.16	6
11	22	22	0.1	60	1.6	0.5	0.05	5
12	27	27	0.1	60	1.6	0.5	1.17	34
13	27	27	0.3	60	1.6	0.5	0.95	24

附录 F 局部评价指标

F.0.1 冷吹风感引起的局部不满意率（LPD_1）应按下式计算：

$$LPD_1 = (34 - t_{al})(\overline{v_{al}} - 0.05)^{0.62}$$

$$(0.37 \cdot \overline{v_{al}} \cdot T_u + 3.14) \qquad (F.0.1)$$

式中：LPD_1——局部不满意率（%）；

t_{al}——局部空气温度（℃）；

$\overline{v_{al}}$——局部平均空气流速（m/s）。若局部平均空气流速小于 0.05m/s，取 0.05m/s；

T_u——局部紊流强度（%）。

F.0.2 当头和踝部垂直高度之间的空气温度差小于 8℃时，局部不满意率（LPD_2）应按下式计算或按图 F.0.2 确定：

$$LPD_2 = \frac{100}{1 + \exp(5.76 - 0.856 \cdot \Delta t_{a,v})} \qquad (F.0.2)$$

式中：LPD_2——局部不满意率（%）；

$\Delta t_{a,v}$——头和踝部之间的垂直空气温度差（℃）。

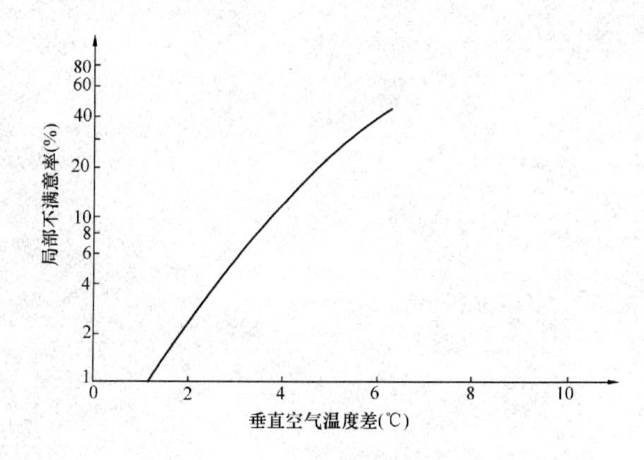

图 F.0.2 由垂直空气温度差引起的局部不满意率

F.0.3 地板表面温度引起的局部不满意率（LPD_3）应按下式计算或按图 F.0.3 确定：

$$LPD_3 = 100 - 94 \cdot \exp$$

$$(-1.387 + 0.118 \cdot t_f - 0.0025 \cdot t_f^2) \qquad (F.0.3)$$

式中：LPD_3——局部不满意率（%）；

t_f——地板表面平均温度（℃）。

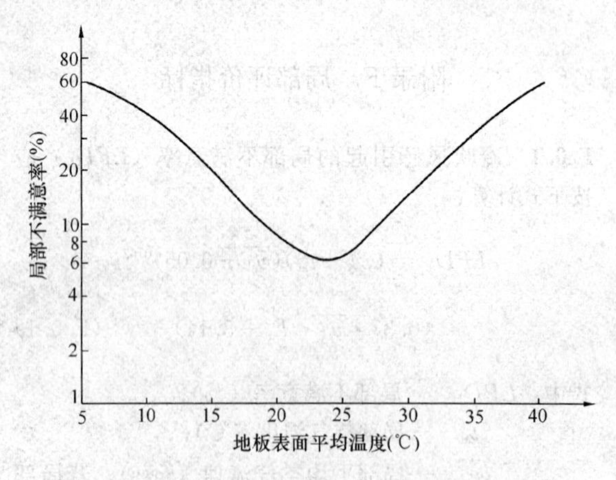

图 F.0.3　地板表面温度引起的局部不满意率

本标准用词说明

1　为便于在执行本标准条文时区别对待，对要求严格程度不同的用词说明如下：

1）表示很严格，非这样做不可的：
正面词采用“必须”，反面词采用“严禁”；

2）表示严格，在正常情况下均应这样做的：
正面词采用“应”，反面词采用“不应”或“不得”；

3）表示允许稍有选择，在条件许可时首先应这样做的：
正面词采用“宜”，反面词采用“不宜”；

4）表示有选择，在一定条件下可以这样做的，采用“可”。

2　条文中指明应按其他有关标准执行的写法为：“应符合……的规定”或“应按……执行”。

引用标准名录

1　《采暖通风与空气调节设计规范》GB 50019

2　《热环境人类工效学：代谢率的测定》GB/T 18048

中华人民共和国国家标准

民用建筑室内热湿环境评价标准

GB/T 50785—2012

条 文 说 明

制 订 说 明

《民用建筑室内热湿环境评价标准》GB/T 50785—2012，经住房和城乡建设部2012年5月28日以第1410号公告批准、发布。

本标准制订过程中，编制组进行了广泛的调查研究，总结了我国工程建设室内热湿环境营造的实践经验，同时参考了国外先进技术法规、技术标准ISO 7730、ASHRAE55等，通过全国范围内的现场调研测试，结合实验室热舒适实验研究，提出了适合我国民用建筑室内热湿环境的评价方法。

为便于广大设计、施工、科研、学校等单位有关人员在使用本标准时能正确理解和执行条文规定，《民用建筑室内热湿环境评价标准》编制组按章、节、条顺序编制了本标准的条文说明，对条文规定的目的、依据以及执行中需注意的有关事项进行了说明。但是，本条文说明不具备与标准正文同等的法律效力，仅供使用者作为理解和把握标准规定的参考。

目　次

1 总　　则

1.0.1 室内热湿环境与人们的工作、生活息息相关，对人们的健康、舒适有重要的影响。如何合理设计、营造适宜、健康的室内热湿环境是人类面临的挑战。因此，本标准根据我国国情和最新科研成果，参考国内外相关标准，制定了民用建筑室内热湿环境的等级划分以及评价方法，以规范民用建筑室内热湿环境的营造、运行及评价。

1.0.2 本条规定了本标准的适用范围。本标准适用于评价年满18周岁，躯体没有疾病、心理健康、社会适应良好的健康成年人所在的室内热湿环境。一些特殊形式的建筑，例如阳光房、窑洞等，不在本标准的适用范围之内。

2 术　　语

2.0.7 服装热阻表征服装隔热性能，单位为克罗(符号clo)，1clo=0.155m^2·K/W。

2.0.12 单位时间代谢产热量，单位符号为met。1met=58.2W/m^2，1met等于一般人在静坐时单位身体表面积所产能量的平均值。

2.0.15 紊流强度一般用百分数表示，可以按下式计算：

$$T_u = [S_{DV}/v_a] \times 100 \quad (1)$$

式中：S_{DV}——空气流速标准差；

v_a——空气流速平均值(m/s)。

该公式参考了美国ASHRAE55标准。

2.0.17 体感温度是指具有黑色内表面的封闭环境的平均温度，在该封闭环境中，人体通过辐射和对流交换的热量与人体在实际环境中交换的热量相等。

3 基本规定

3.0.1 本条规定的"主要功能房间或区域"指的是：这些功能房间的数量和(或)房间的累积总面积等，在一个建筑中占有最大的比例的房间或区域。例如：办公建筑或写字楼中的办公室、旅馆建筑中的客房等。

3.0.3 本条规定了申请室内热湿环境设计评价的建筑应提供的资料，主要有：

1 相关审批文件，如：立项批文、规划许可证、建筑红线图等；

2 施工图设计文件，包括：各有关专业(主要是建筑和暖通空调专业)的施工图纸、计算书等；

3 施工图设计审查合格的证明文件，如：施工图设计文件审查记录和审查报告等。

3.0.5 本条规定民用建筑室内热湿环境按照冷热源方式分为人工冷热源热湿环境和非人工冷热源热湿环境两类，主要是考虑到了在我国不同地区的经济发展情况及实际建筑的不同情况和使用要求。这两类热湿环境的评价在本标准第4章和第5章分别作出了规定。

3.0.6 将民用建筑室内热湿环境划分为三个等级，目的是为了根据建筑的使用要求、气候、适应性等条件，合理控制室内热湿环境，鼓励营造舒适、节能的室内热湿环境。

4 人工冷热源热湿环境评价

4.1 一般规定

4.1.1 本条规定了人工冷热源热湿环境评价的前提条件。满足这些条件的室内热湿环境，再按本标准第4.2节的方法进行等级评价，并且评价结果可能是Ⅰ级或Ⅱ级，也可能是Ⅲ级；不满足这些前提条件的，则不能采用本标准进行评价。

建筑围护结构要避免结露，是因为结露利于霉菌的生长，不利于人体身体健康。设计评价阶段检查设计计算书，尤其是围护结构表面温度是否高于空气的露点温度；工程评价阶段采用现场查看围护结构表面是否出现结露、发霉等现象。

4.2 评价方法

4.2.1 本条规定了人工冷热源热湿环境评价方法选用条件及原则。参照国际标准ISO 7730，由于吹风感而造成局部不满意率(LPD_1)一般不大于20%。当$LPD_1 \leqslant 20\%$时，空气温度、空气流速和空气紊流强度之间的关系如图1所示：

根据实际情况，夏季室内紊流强度较高，取为40%，空气温度取26℃，得到夏季室内允许最大空气流速约为0.25m/s；冬季一般室内空气紊流强度较小，取为20%，空气温度取18℃，得到冬季室内允许最大空气流速约为0.2m/s。

室内热湿环境参数通过热湿环境模拟(设计评价)或现场测试(工程评价)获得。当采用问卷调查法时，为保证科学性和正确性，根据统计学理论，当随机抽取的样本数量大于等于30，视为大样本。

4.2.5 本条规定了图示法进行人工冷热源热湿环境评价的步骤与方法。图4.2.5-1和图4.2.5-2参考美国ASHRAE55标准。

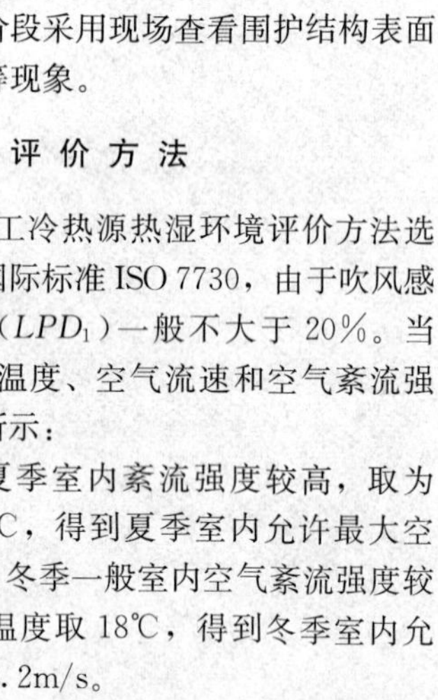

图1 空气温度、空气流速和空气紊流强度关系图

图 4.2.5-1 给出的Ⅰ级区，适用于代谢率 1.0met～1.3met，分别对应于着装情况为 0.5clo 和 1.0clo。

评价人工冷热源热湿环境时，含湿量应小于 12g/kg(干空气)，对应于标准大气压下水蒸气压力为 1.910kPa 或露点温度为 16.8℃。参考 ASHRAE55 标准，本标准没有规定最低湿度水平，在低湿环境下，一些非热舒适因素，如皮肤干燥、肌肉膜的不适、眼干和静电产生，会限制可接受相对湿度下限。

对于不同服装热阻下 $t_{max,I_{cl}}$，$t_{min,I_{cl}}$，可根据等含湿量线采用线性插值确定。其中 $t_{max,0.5clo}$、$t_{min,0.5clo}$、$t_{max,1.0clo}$、$t_{min,1.0clo}$，均可根据图 4.2.5-1 确定。

例如：当服装热阻 $I_{cl}=0.75$clo，含湿量为 8g/kg(干空气)时，$t_{max,0.75clo}$、$t_{min,0.75clo}$的计算步骤如下：

1) 首先根据图 4.2.5-1，可查得含湿量为 8g/kg(干空气)时：

$$t_{max,0.5clo}=27.1℃，t_{min,0.5clo}=24.1℃，$$

$$t_{max,1.0clo}=24.7℃，t_{min,1.0clo}=20.3℃$$

2) 然后根据公式（4.2.5-1）和（4.2.5-2）计算可得：

$$t_{min,0.75clo}=[(0.75-0.5)\ 20.3+(1.0-0.75)\ 24.1]/0.5=22.2℃$$

$$t_{max,0.75clo}=[(0.75-0.5)\ 24.7+(1.0-0.75)27.1]/\ 0.5=25.9℃$$

各点位置如图 2 所示。

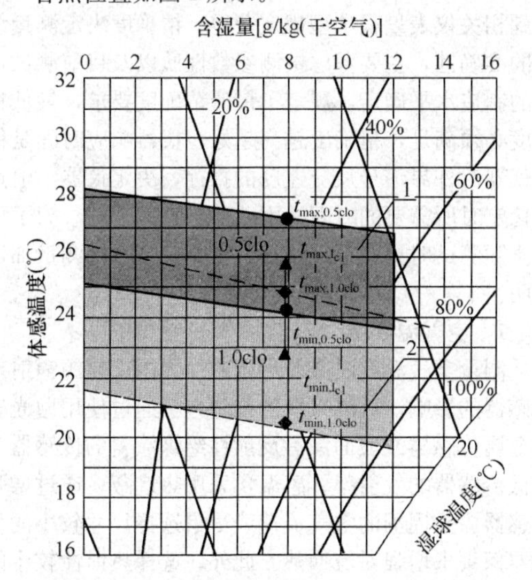

图 2　不同服装热阻体感温度上下限计算举例

1—服装热阻为 0.5clo 的Ⅰ级区（实线区域）；

2—服装热阻为 1.0clo 的Ⅰ级区（虚线区域）

空气流速影响人体和环境之间的对流换热，从而影响人体热舒适。在夏季，提高空气流速可以提高人们所能接受的空气温度上限。图 4.2.5-2 给出了不同衣着条件下，提高空气流速后体感温度的上限值。

Ⅰ级区适用于空气流速为 0～0.15m/s，相对湿度为 50％的情况，依据服装热阻分别划分为 0.5clo 和 1.0clo 两个区域，分别根据 *PMV* 为－0.5～＋0.5 确定体感温度边界。

当空气流速大于 0.15m/s 时，根据是否具备空气流速控制条件（房间内每 6 人或每 84m² 内应具有控制空气流速的设备）划分为不同的区域。一般来说，空气流速上限不宜大于 0.8m/s；如果空气流速可以调控，当室内体感温度高于 25.5℃时，短时间内空气流速可提高至 1.2m/s。当室内体感温度低于 22.5℃时，为避免冷吹风感，空气流速不应高于 0.15m/s。

5　非人工冷热源热湿环境评价

5.1　一 般 规 定

5.1.1　本条规定了非人工冷热源热湿环境评价的前提条件。满足这些条件的室内热湿环境，再按本标准第 5.2 节的方法进行等级评价，并且评价结果可能是Ⅰ级或Ⅱ级，也可能是Ⅲ级；不满足这些前提条件的，则不能采用本标准进行评价。对于非人工冷热源室内热湿环境，同样要避免建筑围护结构结露，是因为结露利于霉菌的生长，不利于人体身体健康。设计评价阶段检查设计计算书，尤其是围护结构表面温度是否高于空气的露点温度；工程评价阶段采用现场查看围护结构表面是否出现结露、发霉等现象。对于非人工冷热源（即：设计图中不设计人工冷热源）热湿环境，采取合理的自然通风等有效措施，可以较大地改善室内热湿环境。

5.2　评 价 方 法

5.2.2　本条规定了预计适应性平均热感觉指标（*APMV*）的计算方法。

1　预计适应性平均热感觉指标（*APMV*）原理

应用自动控制原理，稳态热平衡模型可用图 3 表示。预计平均热感觉指标（*PMV*）可用下式表示：

$$PMV=G\times\delta \tag{2}$$

式中：δ——物理刺激量；

G——人体感受量。

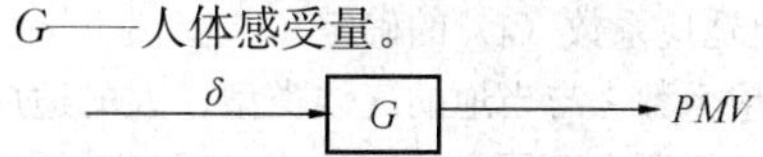

图 3　稳态模型框图

热湿环境的刺激会引起人体生理、心理和行为的适应性调节，从而形成负反馈，其过程可反映于预计适应性平均热感觉指标（*APMV*）模型当中，见图 4。

预计适应性平均热感觉指标（*APMV*）可按下式计算：

$$APMV=G\cdot\delta-APMV\cdot K_{\delta}\cdot G \tag{3}$$

式中：K_{δ}——大于 0 的系数，取决于气候、季节、

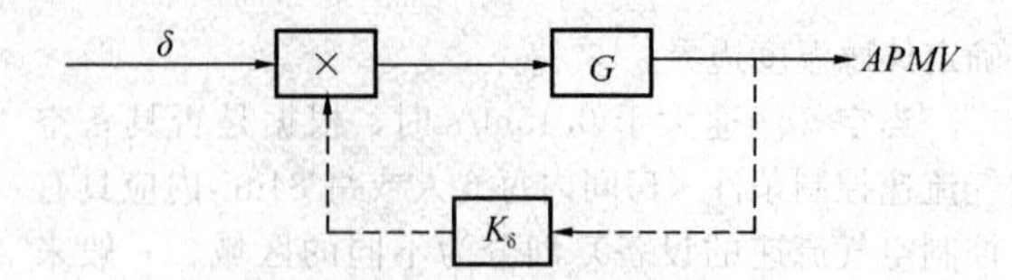

图4　适应性模型框图

建筑形式及功能，社会文化背景以及其他瞬时物理环境中的相关因素。

整理得，

$$APMV=\frac{G\times\delta}{(1+K_{\delta}\times G)} \tag{4}$$

将式（2）代入式（3），可得

$$APMV=\frac{PMV}{\left(1+\dfrac{K_{\delta}\times PMV}{\delta}\right)} \tag{5}$$

设$\lambda=K_{\delta}/\delta$，式（5）可得：

$$APMV=\frac{PMV}{(1+\lambda\times PMV)} \tag{6}$$

式中：λ——自适应系数。

式（6）即条文中给出的本标准公式（5.2.2），可以用于计算预计适应性平均热感觉指标（$APMV$）。

假设：

$$\delta=t_{m}-t_{n} \tag{7}$$

式中：t_{m}——考虑了室内空气温度和辐射温度的室内空气综合温度（℃）；

t_{n}——室内热中性温度，即测试组中最少的人认为不舒适的温度（℃）。

式（7）表明，在夏季或温暖的环境中，即$t_{m}>t_{n}$，$\lambda=K_{\delta}/(t_{m}-t_{n})>0$，预计适应性平均热感觉指标（$APMV$）小于预计平均热感觉指标（$PMV$），即预计平均热感觉指标（$PMV$）预计的热感觉偏暖。在冬季或凉爽的环境中，即$t_{m}<t_{n}$，$\lambda=K_{\delta}/(t_{m}-t_{n})<0$，预计适应性平均热感觉指标（$APMV$）大于预计平均热感觉指标（$PMV$），即预计平均热感觉指标（$PMV$）预计的热感觉偏冷。

2　自适应系数（λ）的确定

自适应系数λ与当地的气候类型、人的适应性等因素有关，需要在不同类型建筑中，通过大样本的热湿环境测试和热舒适问卷调查经过统计分析得到。λ确定后，根据条文中公式（5.2.2）计算可以得到预计适应性平均热感觉指标（$APMV$）。在全国各典型气候区典型城市对居住建筑、商店建筑、旅馆建筑、办公建筑和教育建筑的非人工冷热源热湿环境开展了现场调查测试，获得问卷2万余份，通过数理统计方法，利用自适应模型进行回归分析，获得典型气候区不同类型建筑在偏热和偏冷环境中的自适应系数（λ）。

5.2.4　在评价非人工冷热源热湿环境时，根据建筑所处地区分别选用表5.2.4-1或表5.2.4-2，表5.2.4-1和表5.2.4-2限定的Ⅰ级和Ⅱ级区如图5.2.4-1和图5.2.4-2所示。表5.2.4-1和表5.2.4-2及图5.2.4-1和图5.2.4-2是根据全国民用建筑（不包括阳光房、窑洞等特殊类型建筑）大范围室内热湿环境现场测试和问卷调研，结合实验室研究结果和我国国情确定的。室内体感温度Ⅰ级上下限分别为18℃和28℃。Ⅱ级下限为16℃，适用于冬季服装较厚，人在室内、外衣着变化不大的情况；Ⅱ级上限范围为30℃，适用于室内具备局部控制室内空气流速条件，并且室内空气流速可以适当提高的非人工冷热源热湿环境。严寒地区和寒冷地区、夏热冬冷地区、夏热冬暖地区、温和地区的划分按现行国家标准《民用建筑热工设计规范》GB 50176执行。根据评价日的室外平滑周平均温度确定室内体感温度等级范围，通过与实际室内体感温度比较确定室内热湿环境等级。

6　基本参数测量

6.1　基本参数和仪器

6.1.1　为了保证测试数据结果准确可靠，本条对室内热湿环境基本参数和测量仪器提出要求。仪器测量范围基于目前国内民用建筑大量测试研究结果，并考虑到相关仪表量程选型规定获得；精确度决定测量结果的准确性，主要考虑被测参数性质以及目前测试仪器的制造水平确定，规定了最低精确度要求，最低精确度必须满足，精确度越高越好；仪器响应时间是衡量仪器对外界信号反应速度的指标，决定仪器示值达到稳定时所需要的时间，因此要求越短越好。为了便于实际测试时更规范地执行，对相关参数的测量加以说明。

1　空气温度

测量空气温度时必须尽量减少周围冷热源辐射对传感器的影响，可以采取的措施包括通过使用抛光表面金属传感器或表面涂有反射性绝缘涂料的传感器来降低传感器的发射率；感温包采用热遮蔽；通过增强传感器探头周围的空气流速或尽量选择尺寸较小的传感器探头来增强对流换热。此外，选择热惯性较小的温度传感器可以提高仪器的反应速度。

2　平均辐射温度

平均辐射温度的测试方法主要包括黑球温度计法、双球辐射温度计法和等温温度计法。

黑球温度计法：通过测量黑球温度、空气温度和空气流速后计算平均辐射温度。

自然对流时：

$$\overline{t_{r}}=\left[(t_{g}+273)^{4}+\frac{0.25\times10^{8}}{\varepsilon_{g}}\left(\frac{|t_{g}-t_{a}|}{D}\right)^{\frac{1}{4}}\times(t_{g}-t_{a})\right]^{\frac{1}{4}}-273 \tag{8}$$

强迫对流时：

$$\overline{t_r} = \left[(t_g + 273)^4 + \frac{1.1 \times 10^8 \times v_a^{0.6}}{\varepsilon_g \times D^{0.4}} (t_g - t_a) \right]^{\frac{1}{4}} - 273 \tag{9}$$

式中：$\overline{t_r}$——平均辐射温度（℃）；

t_g——黑球温度（℃）；

t_a——空气温度（℃）；

v_a——黑球处空气流速（m/s）；

D——黑球温度计黑球直径（m）；

ε_g——黑球发射率。

标准黑球温度计黑球的直径 $D=0.15$m，$\varepsilon_g=0.95$。

测量黑球温度时应注意如下事项：在不均匀辐射环境中，需要根据人体各部位高度设置三个黑球温度计，并对各高度处测量值进行加权平均；黑球温度计的响应时间通常在20min～30min之间，因此不适合于测试热辐射温度变化非常快的环境；随着其他环境参数的变化，黑球温度计测量精确度将发生很大变化，因此在实际测试中应该确定获得的平均辐射温度精确度是否符合本标准的要求，若不符合，则给出实际的精确度；由于人体与椭球或球体外形之间的差异，用黑球温度计获得的只是平均辐射温度近似值。

双球辐射温度计法：对具有不同发射率的一个黑球和一个抛光球进行加热，使之达到相同的温度，则二者对流换热量损失相等，但黑球的发射率较高，因此通过二者之间加热量的差别可以计算得到平均辐射温度。

$$\overline{T}_r^4 = T_s^4 + \frac{P_p - P_b}{\sigma(\varepsilon_b - \varepsilon_p)} \tag{10}$$

式中：$\overline{T}_r$——平均辐射温度（K）；

T_s——传感器温度（K）；

P_p——提供给抛光球的加热量（W/m²）；

P_b——提供给黑球的加热量（W/m²）；

ε_b——黑球发射率；

ε_p——抛光球发射率；

σ——波尔兹曼常数，$\sigma=5.67\times10^{-8}$ W/(m²·K⁴)。

等温温度计法：控制传感器的温度与周围空气相同，使传感器与周围空气没有对流换热，则对传感器的加热量等于辐射换热量。

$$\overline{T}_r^4 = T_s^4 - \frac{P_s}{\sigma \varepsilon_s} \tag{11}$$

式中：$\overline{T}_r$——平均辐射温度（K）；

T_s——传感器温度（K）；

P_s——提供给传感器的加热量（W/m²）；

ε_s——传感器发射率；

σ——波尔兹曼常数，$\sigma=5.67\times10^{-8}$ W/(m²·K⁴)。

3 平面辐射温度

平面辐射温度主要用来计算不对称性辐射温度差，由测得的两侧平面辐射温度相减即得到不对称性辐射温度差。反射-吸收盘法和等温盘法可测试获得平面辐射温度，净全辐射表直接测试得到不对称性辐射温度差。

反射-吸收盘法：平面辐射温度通过一个由反射盘和吸收盘组成的传感器测量而得。反射盘只通过对流换热与环境交换热量，而吸收盘则通过对流换热和辐射换热与环境交换热量，如果将两个盘都加热到相同的温度，则两个盘之间的供热量之差则等于吸收盘与环境之间的辐射换热量：

$$T_{pr}^4 = T_s^4 + \frac{P_p - P_b}{\sigma(\varepsilon_b - \varepsilon_p)} \tag{12}$$

式中：T_{pr}——平面辐射温度（K）；

T_s——反射盘和吸收盘温度（K）；

P_p——提供给反射盘的加热量（W/m²）；

P_b——提供给吸收盘的加热量（W/m²）；

ε_b——吸收盘发射率；

ε_p——反射盘发射率；

σ——波尔兹曼常数，$\sigma=5.67\times10^{-8}$W/(m²·K⁴)。

等温盘法：控制传感器平面盘的温度与空气温度一致，与周围空气没有对流换热，则对传感器平面盘的加热量等于辐射换热量。

$$T_{pr}^4 = T_s^4 + \frac{P_s}{\sigma \varepsilon_s} \tag{13}$$

式中：T_{pr}——平面辐射温度（K）；

T_s——传感器温度（K）；

P_s——传感器平面盘的加热量（W/m²）；

ε_s——传感器平面盘的发射率；

σ——波尔兹曼常数，$\sigma=5.67\times10^{-8}$W/(m²·K⁴)。

净全辐射表法：净全辐射表由上下两个涂黑感应面和感应面之间的热电堆组成，两个感应面之间的总热流量等于两个感应面与环境之间的辐射换热量。

$$P = \sigma(T_{pr1}^4 - T_{pr2}^4) \tag{14}$$

式中：P——总辐射换热量（W/m²）；

T_{pr1}——感应面1的平面辐射温度（K）；

T_{pr2}——感应面2的平面辐射温度（K）；

σ——波尔兹曼常数，$\sigma=5.67\times10^{-8}$W/(m²·K⁴)。

将上式转换可得：

$$P = 4\sigma T_n^3 (T_{pr1} - T_{pr2}) \tag{15}$$

式中：$T_n=(T_{pr1}+T_{pr2})/2$。

而不对称性辐射温度差

$$\Delta t_{pr} = T_{pr1} - T_{pr2}$$

则

$$\Delta t_{pr} = \frac{P}{4\sigma T_n^3} \tag{16}$$

上式中 P 和 T_n 都可以通过净全辐射表获得，从而可以求得不对称性辐射温度差。

4 表面温度

本标准中测量表面温度用来评价地板表面温度所引起的人体局部不满意率。采用接触式温度计（热电阻式和热电偶式）和红外辐射计两种测量仪器。

接触温度计必须保证传感器与表面之间的换热量远大于传感器与环境之间的换热量，可以采取增加传感器与表面接触面积、在传感器与环境之间增设热绝缘等措施。

红外辐射计可以进行非接触远距离测试表面温度，测试精度与被测物体温度有关，被测物体温度越低，测试精度也越差。

5 体感温度

体感温度可以直接测量，但是要求传感器的辐射换热和对流换热之比 h_c/h_r 必须与人体的 h_c/h_r 之比相同。最佳的传感器直径与空气流速有关，在 0.04m～0.1m 之间。

在大多数实际情况中体感温度根据测试得到的空气温度和平均辐射温度，并按照附录 D 的方法计算而得。

6 空气相对湿度

本条文只规定空气相对湿度的测试，水蒸气分压力可以通过空气相对湿度和空气温度计算而得。

干湿球温度计是最常用的空气相对湿度测量仪器，在使用时注意事项如下：湿球温度计周围至少要保证 4m/s～5m/s 的空气流速；干湿球温度计应采取屏蔽措施防止辐射影响；湿球温度计探头必须完全被湿纱布覆盖，湿球温度计水槽中的水应该采用蒸馏水，因为水蒸气的分压力与水质有关；包裹湿球温度计探头的纱布必须能够使水在毛细作用下流通顺畅，特别是在空气含湿量低的条件下。

7 空气流速

选择风速计时应考虑仪器对气流方向的敏感性、对流速波动的敏感性以及在一定时间内能否获得平均空气流速和标准偏差值。

空气流速测试精度主要与三个因素有关，即仪器的校准、仪器和传感探头的响应时间以及测试时间。平均空气流速的精确测量与仪器的校准相关；紊流强度的精确测量与响应时间相关，响应时间较长的仪器将不能测试空气流速的快速波动；而对具有高紊流强度和低空气流速波动频率的空气流速测量则需要更长的测试时间。

测量空气流速的仪器主要分为两类：一类是对气流方向不敏感的仪器，如热球风速计、热敏电阻风速计、超声波风速计和激光风速计等；另一类是对气流方向敏感的仪器，如叶片风速计、风杯风速计和热线风速计等。

6.2 测量条件

6.2.1、6.2.2 为了保证进行室内热湿环境评价测试时室内环境不会偏离正常状况太远，而设计参数通常代表了某一季节对应的室内外正常环境条件，因此第 6.1.1～6.1.2 条参照设计值对测量条件进行了规定。过渡季节春季和秋季可参考第 6.1.1 和 6.1.2 条的条件进行测试。另外，在测试大型民用建筑内部区域时，如果调节系统不是比例控制的，则需要在区域负荷不小于设计负荷 50%而且调节系统工作至少一个完整周期条件下进行测量。

6.2.3 进行测量时除符合本标准的规定外，尚需要执行现行国家标准《公共场所空气温度测定方法》GB/T 18204.13、《公共场所空气湿度测定方法》GB/T 18204.14、《公共场所风速测定方法》GB/T 18204.15 等。

6.3 测点位置和数量

6.3.1 由于本标准是评价人的热舒适性，因此测量位置应选择有人活动的地方。另外，如果一些最不利的地方的热舒适性能够满足人的热舒适性要求，那么其他地方也会满足，因此要优先选择人员所处的最不利地点如窗户附近、门进出口处、冷热源附近、风口下和内墙角处进行测试。

6.3.2 本条规定测量位置离墙距离应大于 0.5m 是为了保证探头周围空气流动畅通。

6.3.3 针对某个环境参数的均匀与否判断标准如下：若一段时间内某参数单个测试值与平均值的偏差小于本标准表 6.1.1 中对应的测量精确度乘以表 1 中的 X 因子，则对该参数而言该测试环境即为均匀稳定环境，否则为非均匀环境。

表 1 各测量参数 X 因子

参　　数	X 因子
空气温度	3
平均辐射温度	2
辐射温度不对称性	2
平均空气流速	2
水蒸气分压（相对湿度）	2

6.3.4 在均匀与非均匀环境中测量传感器的安装高度和测量值权重系数如表 2 所示，非均匀环境中各参数的最终值应按照各测量点值的权重系数进行加权平均。

表 2　物理量测量高度及权重系数

传感器位置	计算平均值时的权重系数		推荐高度	
	均匀环境	非均匀环境	坐姿	站姿
头部	—	1	1.1m	1.7m
腹部	1	1	0.6m	1.1m
脚踝	—	1	0.1m	0.1m

6.3.5　空气垂直温差带来的热不舒适主要考虑头部和脚踝处的温度差，因此本条规定坐姿时测量高度为距离地面 0.1m 和 1.1m，站姿时测量高度为距离地面 0.1m 和 1.7m。此外，在头部和脚踝高度处至少应该测一个点的温度值，如果能够围绕头部和脚踝高度处测量多个点取平均值将更准确。

6.3.6　本条预期地面覆盖物包括木地板和地毯等。

6.3.7　本条规定引起人体吹风感热不舒适的部位主要是头部和脚部处，主要环境参数是空气流速、空气温度和紊流强度。空气流速和空气温度可以直接测试获得，紊流强度根据测试的空气流速和瞬时流速计算得到。

6.3.8　本条测量位置点数量的确定参考了 GB/T 18024.13～15 中关于公共场所空气温度、空气湿度和空气流速测定方法中关于房间内测点数量的规定。

6.4　测 量 时 间

6.4.1　本条规定的测量时间应在周围环境完整变化一个周期（昼夜），即 24h 以上，同时，测量也无需无限进行下去，在周围环境完整变化两个周期（48h）以内即可。测量时间间隔小于 30min 可以较为准确反映被测环境的变化规律。在进行民用建筑室内热湿环境评价时应对最不利的工况进行评价，因此，被测参数值取测量时间段内最不利时刻的值。

6.4.5　空气流速为人体周围空气的平均流速，本条规定测量时间平均为 3min，如果波动的时间超过了 3min，则认为是多个不同的空气流速。瞬时流速的测试用来计算空气流速标准差，空气流速标准差与空气流速平均值的比值即为紊流强度。2s 瞬时速度平均能较好地反映空气流速的瞬时变化性。

附录 C　服装热阻值

C.2　动态服装热阻的确定

由于空气流速和人的活动都会降低服装热绝缘性，因此需要对服装热阻进行修正。服装总热阻（I_t）是指从皮肤表面到环境的总传热热阻，其中包括了服装本身的热阻以及服装内所包含的空气层和服装外表面空气边界层的热阻，其取值可参考国际标准《热环境人类工效学-服饰整体隔热和抗水蒸气性的估计》ISO 9920—2007。

附录 E　PMV-PPD 的计算程序

PMV-PPD 的计算程序输入示例：

```
DATA ENTRY
Clothing                                  (clo)? 1.0
Metabolic rate                            (met)? 1.2
External work, normally around 0          (met)? 0
Air temperature                           (C)? 19.0
Mean radiant temperature                  (C)? 18.0
Relative air velocity                     (m/s)? 0.1
ENTER EITHER RH OR WATER
VAPOUR PRESSURE

BUT NOT BOTH
Relative humidity                         (%)? 40
Water vapour pressure                     (Pa)?
OUTPUT
Predicted Mean Vote                       (PMV): −0.7
Predicted Percent of Dissatisfied         (PPD): 15.3
```

附录 F　局部评价指标

F.0.1～F.0.3　参考了国际标准 ISO 7730。

中华人民共和国国家标准

建筑电气制图标准

Standard for building electricity drawings

GB/T 50786—2012

主编部门：中华人民共和国住房和城乡建设部
批准部门：中华人民共和国住房和城乡建设部
施行日期：2 0 1 2 年 1 0 月 1 日

中华人民共和国住房和城乡建设部
公　告

第1411号

关于发布国家标准《建筑电气制图标准》的公告

现批准《建筑电气制图标准》为国家标准，编号为GB/T 50786－2012，自2012年10月1日起实施。

本标准由我部标准定额研究所组织中国建筑工业出版社出版发行。

中华人民共和国住房和城乡建设部

2012年5月28日

前　言

根据原建设部《关于印发〈二〇〇一～二〇〇二年度工程建设国家标准制订、修订计划〉的通知》（建标［2002］85号）的要求，标准编制组经广泛调查研究，认真总结实践经验，参考有关国际标准和国外先进标准，并在广泛征求意见的基础上，编制本标准。

本标准的主要技术内容是：1. 总则；2. 术语；3. 基本规定；4. 常用符号；5. 图样画法。

本标准由住房和城乡建设部负责管理，由中国建筑标准设计研究院负责具体技术内容的解释。执行过程中若有意见和建议，请寄送中国建筑标准设计研究院（地址：北京市海淀区首体南路9号主语国际2号楼；邮编：100048）。

本标准主编单位：中国建筑标准设计研究院
中国纺织工业设计院

本标准参编单位：中国航空规划建设发展有限公司
中国航天建筑设计研究院（集团）
上海现代设计集团上海建筑设计
研究院有限公司

本标准主要起草人员：孙　兰　徐玲献　李道本　范景昌　翟华昆　丁　杰　王　勇　陈众励　陈泽毅　崔福涛　汪　浩

本标准主要审查人员：田有连　王素英　王金元　孙成群　邵民杰　张文才　王东林　张艺滨　费锡伦　熊　江　吴恩远

目　次

Contents

1 总 则

1.0.1 为统一建筑电气专业制图规则，保证制图质量，提高制图效率，做到图面清晰、简明，符合设计、施工、存档的要求，适应工程建设的需要，制定本标准。

1.0.2 本标准适用于建筑电气专业的下列工程制图：

1 新建、改建、扩建工程的各阶段设计图、竣工图；

2 通用设计图、标准设计图。

1.0.3 本标准适用于建筑电气专业的计算机制图和手工制图方式绘制的图样。

1.0.4 建筑电气专业制图除应符合本标准外，尚应符合国家现行有关标准的规定。

2 术 语

2.0.1 系统图 overview diagram

概略地表达一个项目的全面特性的简图，又称概略图。

2.0.2 项目 object

在设计、工艺、建筑、运行、维修和报废过程中所面对的实体。

2.0.3 简图 diagram

主要是通过以图形符号表示项目及它们之间关系的图示形式来表达信息。

2.0.4 电路图 circuit diagram

表达项目电路组成和物理连接信息的简图。

2.0.5 接线图（表） connection diagram (table)

表达项目组件或单元之间物理连接信息的简图（表）。

2.0.6 电气平面图 electrical plan

采用图形和文字符号将电气设备及电气设备之间电气通路的连接线缆、路由、敷设方式等信息绘制在一个以建筑专业平面图为基础的图内，并表达其相对或绝对位置信息的图样。

2.0.7 电气详图 electrical details

一般指用1∶20至1∶50比例绘制出的详细电气平面图或局部电气平面图。

2.0.8 电气大样图 electrical detail drawing

一般指用1∶20至10∶1比例绘制出的电气设备或电气设备及其连接线缆等与周边建筑构、配件联系的详细图样，清楚地表达细部形状、尺寸、材料和做法。

2.0.9 电气总平面图 electrical site plan

采用图形和文字符号将电气设备及电气设备之间电气通路的连接线缆、路由、敷设方式、电力电缆井、人（手）孔等信息绘制在一个以总平面图为基础的图内，并表达其相对或绝对位置信息的图样。

2.0.10 参照代号 reference designation

作为系统组成部分的特定项目按该系统的一方面或多方面相对于系统的标识符。

3 基本规定

3.1 图 线

3.1.1 建筑电气专业的图线宽度（*b*）应根据图纸的类型、比例和复杂程度，按现行国家标准《房屋建筑制图统一标准》GB/T 50001的规定选用，并宜为0.5mm、0.7mm、1.0mm。

3.1.2 电气总平面图和电气平面图宜采用三种及以上的线宽绘制，其他图样宜采用两种及以上的线宽绘制。

3.1.3 同一张图纸内，相同比例的各图样，宜选用相同的线宽组。

3.1.4 同一个图样内，各种不同线宽组中的细线，可统一采用线宽组中较细的细线。

3.1.5 建筑电气专业常用的制图图线、线型及线宽宜符合表3.1.5的规定。

表3.1.5 制图图线、线型及线宽

图线名称		线型	线宽	一般用途
实线	粗	———	*b*	本专业设备之间电气通路连接线、本专业设备可见轮廓线、图形符号轮廓线
	中粗	———	0.7*b*	
			0.7*b*	本专业设备可见轮廓线、图形符号轮廓线、方框线、建筑物可见轮廓
	中	———	0.5*b*	
	细	———	0.25*b*	非本专业设备可见轮廓线、建筑物可见轮廓；尺寸、标高、角度等标注线及引出线
虚线	粗	– – – –	*b*	本专业设备之间电气通路不可见连接线；线路改造中原有线路
	中粗	– – – –	0.7*b*	
			0.7*b*	本专业设备不可见轮廓线、地下电缆沟、排管区、隧道、屏蔽线、连锁线
	中	– – – –	0.5*b*	
	细	– – – –	0.25*b*	非本专业设备不可见轮廓线及地下管沟、建筑物不可见轮廓线等
波浪线	粗	〰〰	*b*	本专业软管、软护套保护的电气通路连接线、蛇形敷设线缆
	中粗	〰〰	0.7*b*	
单点长画线		—·—·—	0.25*b*	定位轴线、中心线、对称线；结构、功能、单元相同围框线
双点长画线		—··—··—	0.25*b*	辅助围框线、假想或工艺设备轮廓线
折断线		—\/—	0.25*b*	断开界线

3.1.6 图样中可使用自定义的图线、线型及用途，并应在设计文件中明确说明。自定义的图线、线型及用途不应与本标准及国家现行有关标准相矛盾。

3.2 比 例

3.2.1 电气总平面图、电气平面图的制图比例，宜与工程项目设计的主导专业一致，采用的比例宜符合表3.2.1的规定，并应优先采用常用比例。

表3.2.1 电气总平面图、电气平面图的制图比例

序号	图 名	常用比例	可用比例
1	电气总平面图、规划图	1∶500、1∶1000、1∶2000	1∶300、1∶5000
2	电气平面图	1∶50、1∶100、1∶150	1∶200
3	电气竖井、设备间、电信间、变配电室等平、剖面图	1∶20、1∶50、1∶100	1∶25、1∶150
4	电气详图、电气大样图	10∶1、5∶1、2∶1、1∶1、1∶2、1∶5、1∶10、1∶20	4∶1、1∶25、1∶50

3.2.2 电气总平面图、电气平面图应按比例制图，并应在图样中标注制图比例。

3.2.3 一个图样宜选用一种比例绘制。选用两种比例绘制时，应做说明。

3.3 编号和参照代号

3.3.1 当同一类型或同一系统的电气设备、线路(回路)、元器件等的数量大于或等于2时，应进行编号。

3.3.2 当电气设备的图形符号在图样中不能清晰地表达其信息时，应在其图形符号附近标注参照代号。

3.3.3 编号宜选用1、2、3……数字顺序排列。

3.3.4 参照代号采用字母代码标注时，参照代号宜由前缀符号、字母代码和数字组成。当采用参照代号标注不会引起混淆时，参照代号的前缀符号可省略。参照代号的字母代码应按本标准表4.2.4选择。

3.3.5 参照代号可表示项目的数量、安装位置、方案等信息。参照代号的编制规则宜在设计文件里说明。

3.4 标 注

3.4.1 电气设备的标注应符合下列规定：

1 宜在用电设备的图形符号附近标注其额定功率、参照代号；

2 对于电气箱（柜、屏），应在其图形符号附近标注参照代号，并宜标注设备安装容量；

3 对于照明灯具，宜在其图形符号附近标注灯具的数量、光源数量、光源安装容量、安装高度、安装方式。

3.4.2 电气线路的标注应符合下列规定：

1 应标注电气线路的回路编号或参照代号、线缆型号及规格、根数、敷设方式、敷设部位等信息；

2 对于弱电线路，宜在线路上标注本系统的线型符号，线型符号应按本标准表4.1.4标注；

3 对于封闭母线、电缆梯架、托盘和槽盒宜标注其规格及安装高度。

3.4.3 照明灯具安装方式、线缆敷设方式及敷设部位，应按本标准表4.2.1-1～表4.2.1-3的文字符号标注。

4 常用符号

4.1 图形符号

4.1.1 图样中采用的图形符号应符合下列规定：

1 图形符号可放大或缩小；

2 当图形符号旋转或镜像时，其中的文字宜为视图的正向；

3 当图形符号有两种表达形式时，可任选用其中一种形式，但同一工程应使用同一种表达形式；

4 当现有图形符号不能满足设计要求时，可按图形符号生成原则产生新的图形符号；新产生的图形符号宜由一般符号与一个或多个相关的补充符号组合而成；

5 补充符号可置于一般符号的里面、外面或与其相交。

4.1.2 强电图样宜采用表4.1.2的常用图形符号。

表4.1.2 强电图样的常用图形符号

序号	常用图形符号		说 明	应用类别
	形式1	形式2		
1	―/// ―	―/3―	导线组(示出导线数，如示出三根导线)Group of connections(number of connections indicated)	电路图、接线图、平面图、总平面图、系统图
2	―∽―		软连接 Flexible connection	
3	○		端子 Terminal	
4	[□□□□□□]		端子板 Terminal strip	电路图

续表 4.1.2

序号	常用图形符号 形式 1	常用图形符号 形式 2	说　明	应用类别
5	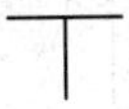	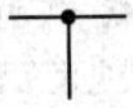	T 型连接 T-connection	电路图、接线图、平面图、总平面图、系统图
6	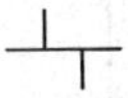		导线的双 T 连接 Double junction of conductors	
7			跨接连接 (跨越连接) Bridge connection	
8	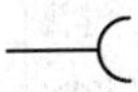		阴接触件(连接器的)、插座 Contact，female(of a socket or plug)	电路图、接线图、系统图
9			阳接触件(连接器的)、插头 Contact，male(of a socket or plug)	电路图、接线图、平面图、系统图
10	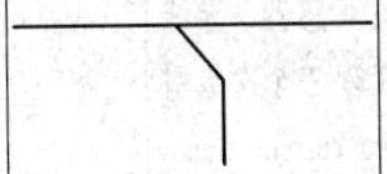		定向连接 Directed connection	
11	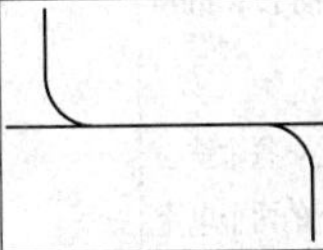		进入线束的点 Point of access to a bundle(本符号不适用于表示电气连接)	电路图、接线图、平面图、总平面图、系统图
12			电阻器，一般符号 Resistor，general symbol	
13			电容器，一般符号 Capacitor，general symbol	
14			半导体二极管，一般符号 Semiconductor diode， general symbol	电路图
15			发光二极管(LED)，一般符号 Light emitting diode(LED)，general symbol	
16			双向三极闸流晶体管 Bidirectional triode thyristor；Triac	
17			PNP 晶体管 PNP transistor	
18			电机，一般符号 Machine，general symbol，见注 2	电路图、接线图、平面图、系统图
19	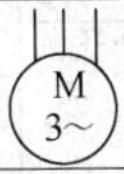		三相笼式感应电动机 Three-phase cage induction motor	电路图
20	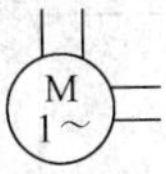		单相笼式感应电动机 Single-phase cage induction motor 有绕组分相引出端子	

续表 4.1.2

序号	常用图形符号 形式 1	常用图形符号 形式 2	说　明	应用类别
21			三相绕线式转子感应电动机 Induction motor，three-phase，with wound rotor	电路图
22	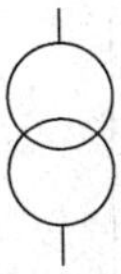	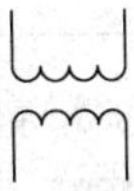	双绕组变压器，一般符号 Transformer with two windings，general symbol (形式 2 可表示瞬时电压的极性)	电路图、接线图、平面图、总平面图、系统图 形式 2 只适用电路图
23	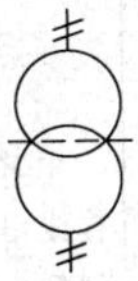	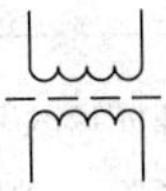	绕组间有屏蔽的双绕组变压器 Transformer with two windings and screen	
24	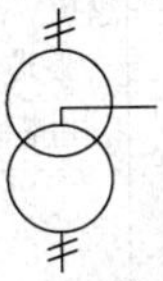		一个绕组上有中间抽头的变压器 Transformer with center tap on one winding	
25	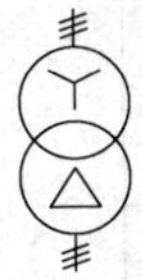	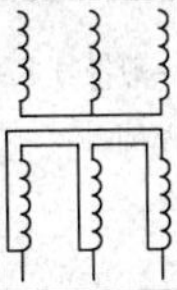	星形一三角形连接的三相变压器 Three-phase transformer，connection star-delta	
26		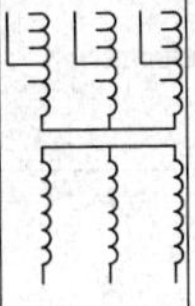	具有 4 个抽头的星形一星形连接的三相变压器 Three-phase transformer with four taps，connection：star-star	
27	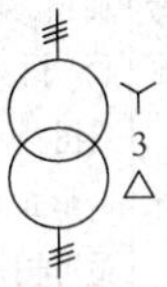	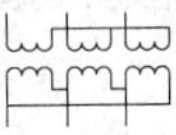	单相变压器组成的三相变压器，星形一三角形连接 Three-phase bank of single-phase transformers，connection star-delta	
28	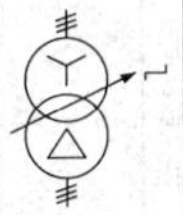	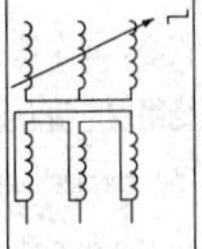	具有分接开关的三相变压器，星形一三角形连接 Three-phase transformer with tap changer	
29	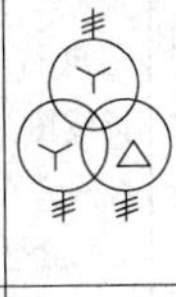	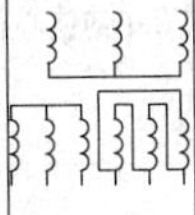	三相变压器，星形一星形一三角形连接 Three-phase transformer，connection star-star-delta	电路图、接线图、系统图 形式 2 只适用电路图
30		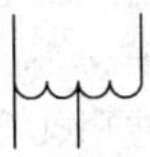	自耦变压器，一般符号 Auto-transformer，general symbol	电路图、接线图、平面图、总平面图、系统图 形式 2 只适用电路图

续表 4.1.2

序号	常用图形符号		说明	应用类别
	形式 1	形式 2		
31			单相自耦变压器 Auto-transformer，single-phase	电路图、接线图、系统图 形式 2 只适用电路图
32			三相自耦变压器，星形连接 Auto-transformer，three-phase，connection star	
33			可调压的单相自耦变压器 Auto-transformer，single-phase with voltage regulation	
34			三相感应调压器 Three-phase induction regulator	
35			电抗器，一般符号 Reactor，general symbol	
36			电压互感器 Voltage transformer	
37			电流互感器，一般符号 Current transformer，general symbol	电路图、接线图、平面图、总平面图、系统图 形式 2 只适用电路图
38			具有两个铁心，每个铁心有一个次级绕组的电流互感器 Current transformer with two cores with one secondary winding on each core，见注 3，其中形式 2 中的铁心符号可以略去	电路图、接线图、系统图 形式 2 只适用电路图
39			在一个铁心上具有两个次级绕组的电流互感器 Current transformer with two secondary windings on one core，形式 2 中的铁心符号必须画出	

续表 4.1.2

序号	常用图形符号		说明	应用类别
	形式 1	形式 2		
40			具有三条穿线一次导体的脉冲变压器或电流互感器 Pulse or current transformer with three threaded primary conductors	电路图、接线图、系统图 形式 2 只适用电路图
41			三个电流互感器（四个次级引线引出）Three current transformers	
42			具有两个铁心，每个铁心有一个次级绕组的三个电流互感器 Three current transformers with two cores with one secondary winding on each core，见注 3	
43			两个电流互感器，导线 L1 和导线 L3；三个次级引线引出 Two current transformers on L1 and L3，three secondary lines	
44			具有两个铁心，每个铁心有一个次级绕组的两个电流互感器 Two current transformers with two cores with one secondary winding on each core，见注 3	
45			物件，一般符号 Object，general symbol	电路图、接线图、平面图、系统图
46				
47	注 4			
48			有稳定输出电压的变换器 Converter with stabilized output voltage	电路图、接线图、系统图
49			频率由 f1 变到 f2 的变频器 Frequency converter，changing from f1 to f2（f1 和 f2 可用输入和输出频率的具体数值代替）	电路图、系统图
50			直流/直流变换器 DC/DC converter	电路图、接线图、系统图
51			整流器 Rectifier	
52			逆变器 Inverter	

续表 4.1.2

序号	常用图形符号 形式1	形式2	说明	应用类别
53			整流器/逆变器 Rectifier/Inverter	电路图、接线图、系统图
54			原电池 Primary cell 长线代表阳极，短线代表阴极	
55			静止电能发生器，一般符号 Static generator, general symbol	电路图、接线图、平面图、系统图
56			光电发生器 Photovoltaic generator	电路图、接线图、系统图
57			剩余电流监视器 Residual current monitor	
58			动合（常开）触点，一般符号；开关，一般符号 Make contact, general symbol; Switch, general symbol	电路图、接线图
59			动断（常闭）触点 Break contact	
60			先断后合的转换触点 Change-over break before make contact	
61			中间断开的转换触点 Change-over contact with off-position	
62			先合后断的双向转换触点 Change-over make before break contact, both ways	
63			延时闭合的动合触点 Make contact, delayed closing（当带该触点的器件被吸合时，此触点延时闭合）	
64			延时断开的动合触点 Make contact, delayed opening（当带该触点的器件被释放时，此触点延时断开）	

续表 4.1.2

序号	常用图形符号 形式1	形式2	说明	应用类别
65			延时断开的动断触点 Break contact, delayed opening（当带该触点的器件被吸合时，此触点延时断开）	电路图、接线图
66			延时闭合的动断触点 Break contact, delayed closing（当带该触点的器件被释放时，此触点延时闭合）	
67			自动复位的手动按钮开关 Switch, manually operated, push-button, automatic return	
68			无自动复位的手动旋转开关 Switch, manually operated, turning, stay-put	
69			具有动合触点且自动复位的蘑菇头式的应急按钮开关 Push-button switch, type mushroom-head, key by operation	
70			带有防止无意操作的手动控制的具有动合触点的按钮开关 Push-button switch, protected against unintentional operation	
71			热继电器，动断触点 Thermal relay or release, break contact	
72			液位控制开关，动合触点 Actuated by liquid level switch, make contact	
73			液位控制开关，动断触点 Actuated by liquid level switch, break contact	
74			带位置图示的多位开关，最多四位 Multi-position switch, with position diagram	电路图
75			接触器；接触器的主动合触点 Contactor; Main make contact of a contactor（在非操作位置上触点断开）	电路图、接线图

续表 4.1.2

序号	常用图形符号		说　明	应用类别
	形式1	形式2		
76			接触器；接触器的主动断触点 Contactor；Main break contact of a contactor（在非操作位置上触点闭合）	
77			隔离器 Disconnector；Isolator	
78			隔离开关 Switch-disconnector；on-load isolating switch	
79			带自动释放功能的隔离开关 Switch-disconnector，automatic release；On-load isolating switch，automatic（具有由内装的测量继电器或脱扣器触发的自动释放功能）	
80			断路器，一般符号 Circuit breaker，general symbol	
81			带隔离功能断路器 Circuit breaker with disconnector (isolator) function	电路图、接线图
82			剩余电流动作断路器 Residual current operated circuit-breaker	
83			带隔离功能的剩余电流动作断路器 Residual current operated circuit-breaker with disconnector (isolator) function	
84			继电器线圈，一般符号；驱动器件，一般符号 Relay coil，general symbol；operating device，general symbol	
85			缓慢释放继电器线圈 Relay coil of a slow-releasing relay	
86			缓慢吸合继电器线圈 Relay coil of a slow-operating relay	
87			热继电器的驱动器件 Operating device of a thermal relay	
88			熔断器，一般符号 Fuse，general symbol	

续表 4.1.2

序号	常用图形符号		说　明	应用类别
	形式1	形式2		
89			熔断器式隔离器 Fuse-disconnector；Fuse isolator	
90			熔断器式隔离开关 Fuse switch-disconnector；On-load isolating fuse switch	电路图、接线图
91			火花间隙 Spark gap	
92			避雷器 Surge diverter；Lightning arrester	
93			多功能电器 Multiple-function switching device 控制与保护开关电器（CPS）（该多功能开关器件可通过使用相关功能符号表示可逆功能、断路器功能、隔离功能、接触器功能和自动脱扣功能。当使用该符号时，可省略不采用的功能符号要素）	电路图、系统图
94			电压表 Voltmeter	
95			电度表（瓦时计）Watt-hour meter	电路图、接线图、系统图
96			复费率电度表（示出二费率）Multi-rate watt-hour meter	
97			信号灯，一般符号 Lamp，general symbol，见注5	
98			音响信号装置，一般符号（电喇叭、电铃、单击电铃、电动汽笛）Acoustic signalling device，general symbol	电路图、接线图、平面图、系统图
99			蜂鸣器 Buzzer	
100			发电站，规划的 Generating station，planned	
101			发电站，运行的 Generating station，in service or unspecified	总平面图
102			热电联产发电站，规划的 Combined electric and heat generated station，planned	

续表 4.1.2

序号	常用图形符号		说明	应用类别
	形式 1	形式 2		
103			热电联产发电站，运行的 Combined electric and heat generated station，in service or unspecified	总平面图
104			变电站、配电所，规划的 Substation，planned（可在符号内加上任何有关变电站详细类型的说明）	
105			变电站、配电所，运行的 Substation，in service or unspecified	
106			接闪杆 Air-termination rod	接线图、平面图、总平面图、系统图
107			架空线路 Overhead line	总平面图
108			电力电缆井/人孔 Manhole for underground chamber	
109			手孔 Hand hole for underground chamber	
110			电缆梯架、托盘和槽盒线路 Line of cable ladder，cable tray，ca-ble trunking	平面图 总平面图
111			电缆沟线路 Line of cable trench	
112			中性线 Neutral conductor	电路图、平面图、系统图
113			保护线 Protective conductor	
114			保护线和中性线共用线 Combined protective and neutral conductor	
115			带中性线和保护线的三相线路 Three-phase wiring with neutral conductor and protective conductor	

续表 4.1.2

序号	常用图形符号		说明	应用类别
	形式 1	形式 2		
116			向上配线或布线 Wiring going upwards	平面图
117			向下配线或布线 Wiring going downwards	
118			垂直通过配线或布线 Wiring passing through vertically	
119			由下引来配线或布线 Wiring from the below	
120			由上引来配线或布线 Wiring from the above	
121			连接盒；接线盒 Connection box；Junction box	平面图
122		MS	电动机启动器，一般符号 Motor starter，general symbol	电路图、接线图、系统图 形式 2 用于平面图
123		SDS	星-三角启动器 Star-delta starter	
124		SAT	带自耦变压器的启动器 Starter with auto-transformer	
125		ST	带可控硅整流器的调节-启动器 Starter-regulator with thyristors	
126			电源插座、插孔，一般符号（用于不带保护极的电源插座）Socket outlet（power），general symbol；Receptacle outlet（power），general symbol，见注 6	平面图
127	3		多个电源插座（符号表示三个插座）Multiple socket outlet（power）	

续表 4.1.2

序号	常用图形符号 形式1	形式2	说明	应用类别
128			带保护极的电源插座 Socket outlet (power) with protective contact	平面图
129			单相二、三极电源插座 Single phase two or three poles socket outlet (power)	
130			带保护极和单极开关的电源插座 Socket outlet (power) with protection pole and single pole switch	
131			带隔离变压器的电源插座 Socket outlet (power) with isolating transformer (剃须插座)	
132			开关，一般符号 Switch, general symbol (单联单控开关)	
133			双联单控开关 Double single control switch	
134			三联单控开关 Triple single control switch	
135		n	n 联单控开关，n>3 n single control switch, n>3	
136			带指示灯的开关 Switch with pilot light (带指示灯的单联单控开关)	
137			带指示灯双联单控开关 Double single control switch with pilot light	
138			带指示灯的三联单控开关 Triple single control switch with pilot light	
139		n	带指示灯的 n 联单控开关，n>3 n single control switch with pilot light, n>3	
140		t	单极限时开关 Period limiting switch, single pole	
141		SL	单极声光控开关 Sound and light control switch, single pole	
142			双控单极开关 Two-way single pole switch	

续表 4.1.2

序号	常用图形符号 形式1	形式2	说明	应用类别
143			单极拉线开关 Pull-cord single pole switch	平面图
144			风机盘管三速开关 Three-speed fan coil switch	
145			按钮 Push-button	
146			带指示灯的按钮 Push-button with indicator lamp	
147			防止无意操作的按钮 Push-button protected against unintentional operation (例如借助于打碎玻璃罩进行保护)	
148			灯，一般符号 Lamp, general symbol，见注 7	
149	E		应急疏散指示标志灯 Emergency exit indicating luminaires	
150			应急疏散指示标志灯（向右）Emergency exit indicating luminaires (right)	
151			应急疏散指示标志灯（向左）Emergency exit indicating luminaires (left)	
152			应急疏散指示标志灯（向左、向右）Emergency exit indicating luminaires (left、right)	
153			专用电路上的应急照明灯 Emergency lighting luminaire on special circuit	
154			自带电源的应急照明灯 Self-contained emergency lighting luminaire	
155			荧光灯，一般符号 Fluorescent lamp, general symbol (单管荧光灯)	
156			二管荧光灯 Luminaire with two fluorescent tubes	
157			三管荧光灯 Luminaire with three fluorescent tubes	

续表 4.1.2

序号	常用图形符号 形式1	形式2	说明	应用类别
158	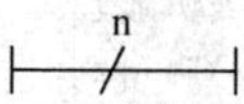		多管荧光灯，n>3 Luminaire with many fluorescent tubes	平面图
159	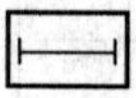		单管格栅灯 Grille lamp with one fluorescent tubes	
160	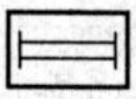		双管格栅灯 Grille lamp with two fluorescent tubes	
161	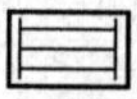		三管格栅灯 Grille lamp with three fluorescent tubes	
162			投光灯，一般符号 Projector，general symbol	
163	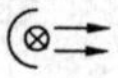		聚光灯 Spot light	
164			风扇；风机 Fan	

注：1 当电气元器件需要说明类型和敷设方式时，宜在符号旁标注下列字母：EX-防爆；EN-密闭；C-暗装。

2 当电机需要区分不同类型时，符号"★"可采用下列字母表示：G-发电机；GP-永磁发电机；GS-同步发电机；M-电动机；MG-能作为发电机或电动机使用的电机；MS-同步电动机；MGS-同步发电机-电动机等。

3 符号中加上端子符号（○）表明是一个器件，如果使用了端子代号，则端子符号可以省略。

4 □可作为电气箱（柜、屏）的图形符号，当需要区分其类型时，宜在□内标注下列字母：LB-照明配电箱；ELB-应急照明配电箱；PB-动力配电箱；EPB-应急动力配电箱；WB-电度表箱；SB-信号箱；TB-电源切换箱；CB-控制箱、操作箱。

5 当信号灯需要指示颜色，宜在符号旁标注下列字母：YE-黄；RD-红；GN-绿；BU-蓝；WH-白。如果需要指示光源种类，宜在符号旁标注下列字母：Na-钠气；Xe-氙；Ne-氖；IN-白炽灯；Hg-汞；I-碘；EL-电致发光的；ARC-弧光；IR-红外线的；FL-荧光的；UV-紫外线的；LED-发光二极管。

6 当电源插座需要区分不同类型时，宜在符号旁标注下列字母：1P-单相；3P-三相；1C-单相暗敷；3C-三相暗敷；1EX-单相防爆；3EX-三相防爆；1EN-单相密闭；3EN-三相密闭。

7 当灯具需要区分不同类型时，宜在符号旁标注下列字母：ST-备用照明；SA-安全照明；LL-局部照明灯；W-壁灯；C-吸顶灯；R-筒灯；EN-密闭灯；G-圆球灯；EX-防爆灯；E-应急灯；L-花灯；P-吊灯；BM-浴霸。

4.1.3 弱电图样的常用图形符号宜符合下列规定：

1 通信及综合布线系统图样宜采用表 4.1.3-1 的常用图形符号。

表 4.1.3-1 通信及综合布线系统图样的常用图形符号

序号	常用图形符号 形式1	形式2	说明	应用类别
1	MDF		总配线架（柜） Main distribution frame	系统图、平面图
2	ODF		光纤配线架（柜） Fiber distribution frame	
3	IDF		中间配线架（柜） Mid distribution frame	
4	BD	BD	建筑物配线架（柜） Building distributor（有跳线连接）	系统图
5	FD	FD	楼层配线架（柜） Floor distributor（有跳线连接）	
6	CD		建筑群配线架（柜） Campus distributor	平面图、系统图
7	BD		建筑物配线架（柜） Building distributor	
8	FD		楼层配线架（柜） Floor distributor	
9	HUB		集线器 Hub	
10	SW		交换机 Switchboard	
11	CP		集合点 Consolidation point	
12	LIU		光纤连接盘 Line interface uni	
13	TP	TP	电话插座 Telephone socket	
14	TD	TD	数据插座 Data socket	
15	TO	TO	信息插座 Information socket	
16	nTO	nTO	n 孔信息插座 Information socket with many outlets，n 为信息孔数量，例如：TO—单孔信息插座；2TO—二孔信息插座	
17	○ MUTO		多用户信息插座 Information socket for many users	

2 火灾自动报警系统图样宜采用表 4.1.3-2 的常用图形符号。

表 4.1.3-2 火灾自动报警系统图样的常用图形符号

序号	常用图形符号		说明	应用类别
	形式1	形式2		
1	见注1		火灾报警控制器 Fire alarm device	
2	见注2		控制和指示设备 control and indicating equipment	
3			感温火灾探测器（点型）Heat detector (point type)	
4	N		感温火灾探测器(点型、非地址码型) Heat detector	
5	EX		感温火灾探测器（点型、防爆型）Heat detector	
6			感温火灾探测器（线型）Heat detector (line type)	
7			感烟火灾探测器（点型）Smoke detector (point type)	
8	N		感烟火灾探测器（点型、非地址码型）Smoke detector (point type)	
9	EX		感烟火灾探测器（点型、防爆型）Smoke detector (point type)	
10			感光火灾探测器（点型）Optical flame detector (point type)	平面图、系统图
11			红外感光火灾探测器（点型）Infra-red optical flame detector (point type)	
12			紫外感光火灾探测器（点型）UV optical flame detector (point type)	
13			可燃气体探测器（点型）Combustible gas detector (point type)	
14			复合式感光感烟火灾探测器(点型) Combination type optical flame and smoke detector (point type)	
15			复合式感光感温火灾探测器（点型）Combination type optical flame and heat detector (point type)	
16			线型差定温火灾探测器 Line-type rate-of-rise and fixed temperature detector	
17			光束感烟火灾探测器（线型，发射部分）Beam smoke detector (line type, the part of launch)	
18			光束感烟火灾探测器（线型，接受部分）Beam smoke detector (line type, the part of reception)	
19			复合式感温感烟火灾探测器（点型）Combination type smoke and heat detector (point type)	
20			光束感烟感温火灾探测器（线型，发射部分）Infra-red beam line-type smoke and heat detector (emitter)	
21			光束感烟感温火灾探测器（线型，接受部分）Infra-red beam line-type smoke and heat detector (receiver)	
22			手动火灾报警按钮 Manual fire alarm call point	
23			消火栓启泵按钮 Pump starting button in hydrant	
24			火警电话 Alarm telephone	
25			火警电话插孔（对讲电话插孔）Jack for two-way telephone	
26			带火警电话插孔的手动报警按钮 Manual station with Jack for two-way telephone	平面图、系统图
27			火警电铃 Fire bell	
28			火灾发声警报器 Audible fire alarm	
29			火灾光警报器 Visual fire alarm	
30			火灾声光警报器 Audible and visual fire alarm	
31			火灾应急广播扬声器 Fire emergency broadcast loud-speaker	
32		L	水流指示器（组）Flow switch	
33	P		压力开关 Pressure switch	
34	70°C		70℃动作的常开防火阀 Normally open fire damper, 70℃ close	
35	280°C		280℃动作的常开排烟阀 Normally open exhaust valve, 280℃ close	
36	280°C		280℃动作的常闭排烟阀 Normally closed exhaust valve, 280℃ open	

续表 4.1.3-2

序号	常用图形符号 形式1	常用图形符号 形式2	说　明	应用类别
37			加压送风口 Pressurized air outlet	平面图、系统图
38	SE		排烟口 Exhaust port	

注：1　当火灾报警控制器需要区分不同类型时，符号“★”可采用下列字母表示：C-集中型火灾报警控制器；Z-区域型火灾报警控制器；G-通用火灾报警控制器；S-可燃气体报警控制器。

2　当控制和指示设备需要区分不同类型时，符号“★”可采用下列字母表示：RS-防火卷帘门控制器；RD-防火门磁释放器；I/O-输入/输出模块；I-输入模块；O-输出模块；P-电源模块；T-电信模块；SI-短路隔离器；M-模块箱；SB-安全栅；D-火灾显示盘；FI-楼层显示盘；CRT-火灾计算机图形显示系统；FPA-火警广播系统；MT-对讲电话主机；BO-总线广播模块；TP-总线电话模块。

3　有线电视及卫星电视接收系统图样宜采用表4.1.3-3的常用图形符号。

表 4.1.3-3　有线电视及卫星电视接收系统图样的常用图形符号

序号	常用图形符号 形式1	常用图形符号 形式2	说　明	应用类别
1			天线，一般符号 Antenna，general symbol	电路图、接线图、平面图、总平面图、系统图
2			带馈线的抛物面天线 Antenna，parabolic，with feeder	
3			有本地天线引入的前端（符号表示一条馈线支路）Head end with local antenna	平面图、总平面图
4			无本地天线引入的前端（符号表示一条输入和一条输出通路）Head end without local antenna	
5			放大器、中继器一般符号 Amplifier，general symbol（三角形指向传输方向）	电路图、接线图、平面图、总平面图、系统图
6			双向分配放大器 Dual way distribution amplifier	
7			均衡器 Equalizer	平面图、总平面图、系统图
8			可变均衡器 Variable equalizer	
9	A		固定衰减器 Attenuator，fixed loss	电路图、接线图、系统图
10	A		可变衰减器 Attenuator，variable loss	

续表 4.1.3-3

序号	常用图形符号 形式1	常用图形符号 形式2	说　明	应用类别
11		DEM	解调器 Demodulator	接线图、系统图 形式2用于平面图
12		MO	调制器 Modulator	
13		MOD	调制解调器 Modem	
14			分配器，一般符号 Splitter，general symbol（表示两路分配器）	电路图、接线图、平面图、系统图
15			分配器，一般符号 Splitter，general symbol（表示三路分配器）	
16			分配器，一般符号 Splitter，general symbol（表示四路分配器）	
17			分支器，一般符号 Tap-off，general symbol（表示一个信号分支）	
18			分支器，一般符号 Tap-off，general symbol（表示两个信号分支）	
19			分支器，一般符号 Tap-off，general symbol（表示四个信号分支）	
20			混合器，一般符号 Combiner，general symbol（表示两路混合器，信息流从左到右）	
21	TV	TV	电视插座 Television socket	平面图、系统图

4　广播系统图样宜采用表4.1.3-4的常用图形符号。

表 4.1.3-4　广播系统图样的常用图形符号

序号	常用图形符号	说　明	应用类别
1		传声器，一般符号 Microphone，general symbol	系统图、平面图
2	注1	扬声器，一般符号 Loudspeaker，general symbol	
3		嵌入式安装扬声器箱 Flush-type loudspeaker box	平面图
4	注1	扬声器箱、音箱、声柱 Loudspeaker box	

续表 4.1.3-4

序号	常用图形符号	说　明	应用类别
5		号筒式扬声器 Horn	系统图、平面图
6		调谐器、无线电接收机 Tuner; radio receiver	接线图、平面图、总平面图、系统图
7	注2	放大器，一般符号 Amplifier, general symbol	
8	M	传声器插座 Microphone socket	平面图、总平面图、系统图

注：1　当扬声器箱、音箱、声柱需要区分不同的安装形式时，宜在符号旁标注下列字母：C-吸顶式安装；R-嵌入式安装；W-壁挂式安装。

2　当放大器需要区分不同类型时，宜在符号旁标注下列字母：A-扩大机；PRA-前置放大器；AP-功率放大器。

5　安全技术防范系统图样宜采用表 4.1.3-5 的常用图形符号。

表 4.1.3-5　安全技术防范系统图样的常用图形符号

序号	常用图形符号		说　明	应用类别
	形式 1	形式 2		
1			摄像机 Camera	平面图、系统图
2			彩色摄像机 Color camera	
3			彩色转黑白摄像机 Color to black and white camera	
4			带云台的摄像机 Camera with pan/tilt unit	
5	OH		有室外防护罩的摄像机 Camera with outdoor protective cover	
6	IP		网络（数字）摄像机 Network camera	
7	IR		红外摄像机 Infrared camera	
8	IR⊗		红外带照明灯摄像机 Infrared camera with light	
9	H		半球形摄像机 Hemispherical camera	
10	R		全球摄像机 Spherical camera	
11			监视器 Monitor	
12			彩色监视器 Color monitor	
13			读卡器 Card reader	
14	KP		键盘读卡器 Card reader with keypad	

续表 4.1.3-5

序号	常用图形符号		说　明	应用类别
	形式 1	形式 2		
15			保安巡查打卡器 Guard tour station	平面图、系统图
16			紧急脚挑开关 Deliberately-operated device (foot)	
17			紧急按钮开关 Deliberately-operated device (manual)	
18			门磁开关 Magnetically operated protective switch	
19	B		玻璃破碎探测器 Glass-break detector (surface contact)	
20	A		振动探测器 Vibration detector (structural or inertia)	
21	IR		被动红外入侵探测器 Passive infrared intrusion detector	
22	M		微波入侵探测器 Microwave intrusion detector	
23	IR/M		被动红外/微波双技术探测器 IR/M dual-technology detector	
24	Tx — IR — Rx		主动红外探测器 Active infrared intrusion detector（发射、接收分别为 Tx、Rx）	
25	Tx — M — Rx		遮挡式微波探测器 Microwave fence detector	
26	L		埋入线电场扰动探测器 Buried line field disturbance detector	
27	C		弯曲或振动电缆探测器 Flex or shock sensive cable detector	
28	LD		激光探测器 Laser detector	
29			对讲系统主机 Main control module for flat intercom electrical control system	
30			对讲电话分机 Interphone handset	
31			可视对讲机 Video entry security intercom	
32			可视对讲户外机 Video intercom outdoor unit	

续表 4.1.3-5

序号	常用图形符号		说 明	应用类别
	形式1	形式2		
33			指纹识别器 Finger print verifier	平面图、系统图
34	M		磁力锁 Magnetic lock	
35	E		电锁按键 Button for electro-mechanic lock	
36	EL		电控锁 Electro-mechanical lock	
37			投影机 Projector	

6 建筑设备监控系统图样宜采用表 4.1.3-6 的常用图形符号。

表 4.1.3-6 建筑设备监控系统图样的常用图形符号

序号	常用图形符号		说 明	应用类别
	形式1	形式2		
1	T		温度传感器 Temperature transmitter	电路图、平面图、系统图
2	P		压力传感器 Pressure transmitter	
3	M	H	湿度传感器 Humidity transmitter	
4	PD	ΔP	压差传感器 Differential pressure transmitter	
5	GE *		流量测量元件（*为位号） Measuring component，flowrate	
6	GT *		流量变送器（*为位号） Transducer，flowrate	
7	LT *		液位变送器（*为位号） Transducer，level	
8	PT *		压力变送器（*为位号） Transducer，pressure	
9	TT *		温度变送器（*为位号） Transducer，temperature	
10	MT *	HT *	湿度变送器（*为位号） Transducer，humidity	
11	GT *		位置变送器（*为位号） Transducer，position	
12	ST *		速率变送器（*为位号） Transducer，speed	
13	PDT *	ΔPT *	压差变送器（*为位号） Transducer，differential pressure	

续表 4.1.3-6

序号	常用图形符号		说 明	应用类别
	形式1	形式2		
14	IT *		电流变送器（*为位号） Transducer，current	电路图、平面图、系统图
15	UT *		电压变送器（*为位号） Transducer，voltage	
16	ET *		电能变送器（*为位号） Transducer，electric energy	
17	A/D		模拟/数字变换器 Converter，A/D	
18	D/A		数字/模拟变换器 Converter，D/A	
19	HM		热能表 Heat meter	
20	GM		燃气表 Gas meter	
21	WM		水表 Water meter	
22	M		电动阀 Electrical valve	
23	M		电磁阀 Solenoid valve	

4.1.4 图样中的电气线路可采用表 4.1.4 的线型符号绘制。

表 4.1.4 图样中的电气线路线型符号

序号	线型符号		说 明
	形式1	形式2	
1	S	—S—	信号线路
2	C	—C—	控制线路
3	EL	—EL—	应急照明线路
4	PE	—PE—	保护接地线
5	E	—E—	接地线
6	LP	—LP—	接闪线、接闪带、接闪网
7	TP	—TP—	电话线路
8	TD	—TD—	数据线路
9	TV	—TV—	有线电视线路
10	BC	—BC—	广播线路
11	V	—V—	视频线路
12	GCS	—GCS—	综合布线系统线路
13	F	—F—	消防电话线路
14	D	—D—	50V以下的电源线路
15	DC	—DC—	直流电源线路
16			光缆，一般符号

4.1.5 绘制图样时，宜采用表 4.1.5 的电气设备标注方式表示。

表 4.1.5 电气设备的标注方式

序号	标注方式	说明
1	$\frac{a}{b}$	用电设备标注 a—参照代号 b—额定容量（kW 或 kVA）
2	—a+b/c 注 1	系统图电气箱（柜、屏）标注 a—参照代号 b—位置信息 c—型号
3	—a 注 1	平面图电气箱（柜、屏）标注 a—参照代号
4	a b/c d	照明、安全、控制变压器标注 a—参照代号 b/c—一次电压/二次电压 d—额定容量
5	$a-b\frac{c\times d\times L}{e}f$ 注 2	灯具标注 a—数量 b—型号 c—每盏灯具的光源数量 d—光源安装容量 e—安装高度（m） "—"表示吸顶安装 L—光源种类，参见表 4.1.2 注 5 f—安装方式，参见表 4.2.1-3
6	$\frac{a\times b}{c}$	电缆梯架、托盘和槽盒标注 a—宽度（mm） b—高度（mm） c—安装高度（m）
7	a/b/c	光缆标注 a—型号 b—光纤芯数 c—长度
8	a b—c（d×e+f×g）i—jh 注 3	线缆的标注 a—参照代号 b—型号 c—电缆根数 d—相导体根数 e—相导体截面（mm^2） f—N、PE 导体根数 g—N、PE 导体截面（mm^2） i—敷设方式和管径（mm），参见表 4.2.1-1 j—敷设部位，参见表 4.2.1-2 h—安装高度（m）
9	a—b（c×2×d）e—f	电话线缆的标注 a—参照代号 b—型号 c—导体对数 d—导体直径（mm） e—敷设方式和管径（mm），参见表 4.2.1-1 f—敷设部位，参见表 4.2.1-2

注：1 前缀"—"在不会引起混淆时可省略。
2 灯具的标注见第 3.4.1 条第 3 款的规定。
3 当电源线缆 N 和 PE 分开标注时，应先标注 N 后标注 PE（线缆规格中的电压值在不会引起混淆时可省略）。

4.2 文 字 符 号

4.2.1 图样中线缆敷设方式、敷设部位和灯具安装方式的标注宜采用表 4.2.1-1～表 4.2.1-3 的文字符号。

表 4.2.1-1 线缆敷设方式标注的文字符号

序号	名 称	文字符号	英文名称
1	穿低压流体输送用焊接钢管（钢导管）敷设	SC	Run in welded steel conduit
2	穿普通碳素钢电线套管敷设	MT	Run in electrical metallic tubing
3	穿可挠金属电线保护套管敷设	CP	Run in flexible metal trough
4	穿硬塑料导管敷设	PC	Run in rigid PVC conduit
5	穿阻燃半硬塑料导管敷设	FPC	Run in flame retardant semiflexible PVC conduit
6	穿塑料波纹电线管敷设	KPC	Run in corrugated PVC conduit
7	电缆托盘敷设	CT	Installed in cable tray
8	电缆梯架敷设	CL	Installed in cable ladder
9	金属槽盒敷设	MR	Installed in metallic trunking
10	塑料槽盒敷设	PR	Installed in PVC trunking
11	钢索敷设	M	Supported by messenger wire
12	直埋敷设	DB	Direct burying
13	电缆沟敷设	TC	Installed in cable trough
14	电缆排管敷设	CE	Installed in concrete encasement

表 4.2.1-2 线缆敷设部位标注的文字符号

序号	名 称	文字符号	英文名称
1	沿或跨梁（屋架）敷设	AB	Along or across beam
2	沿或跨柱敷设	AC	Along or across column
3	沿吊顶或顶板面敷设	CE	Along ceiling or slab surface
4	吊顶内敷设	SCE	Recessed in ceiling
5	沿墙面敷设	WS	On wall surface
6	沿屋面敷设	RS	On roof surface
7	暗敷设在顶板内	CC	Concealed in ceiling or slab
8	暗敷设在梁内	BC	Concealed in beam
9	暗敷设在柱内	CLC	Concealed in column
10	暗敷设在墙内	WC	Concealed in wall
11	暗敷设在地板或地面下	FC	In floor or ground

表 4.2.1-3 灯具安装方式标注的文字符号

序号	名 称	文字符号	英文名称
1	线吊式	SW	Wire suspension type
2	链吊式	CS	Catenary suspension type
3	管吊式	DS	Conduit suspension type
4	壁装式	W	Wall mounted type
5	吸顶式	C	Ceiling mounted type
6	嵌入式	R	Flush type
7	吊顶内安装	CR	Recessed in ceiling
8	墙壁内安装	WR	Recessed in wall
9	支架上安装	S	Mounted on support
10	柱上安装	CL	Mounted on column
11	座装	HM	Holder mounting

4.2.2 供配电系统设计文件的标注宜采用表 4.2.2 的文字符号。

表 4.2.2 供配电系统设计文件标注的文字符号

序号	文字符号	名 称	单位	英文名称
1	U_n	系统标称电压，线电压（有效值）	V	Nominal system voltage
2	U_r	设备的额定电压，线电压（有效值）	V	Rated voltage of equipment
3	I_r	额定电流	A	Rated current
4	f	频率	Hz	Frequency
5	P_r	额定功率	kW	Rated power
6	P_n	设备安装功率	kW	Installed capacity
7	P_c	计算有功功率	kW	Calculate active power
8	Q_c	计算无功功率	kvar	Calculate reactive power
9	S_c	计算视在功率	kVA	Calculate apparent power
10	S_r	额定视在功率	kVA	Rated apparent power
11	I_c	计算电流	A	Calculate current
12	I_{st}	启动电流	A	Starting current
13	I_p	尖峰电流	A	Peak current
14	I_s	整定电流	A	Setting value of a current
15	I_k	稳态短路电流	kA	Steady-state short-circuit current
16	$\cos\varphi$	功率因数	—	Power factor
17	u_{kr}	阻抗电压	%	Impedance voltage
18	i_p	短路电流峰值	kA	Peak short-circuit current
19	S''_{KQ}	短路容量	MVA	Short-circuit power
20	K_d	需要系数	—	Demand factor

4.2.3 设备端子和导体宜采用表 4.2.3 的标志和标识。

表 4.2.3 设备端子和导体的标志和标识

序号	导 体		文字符号	
			设备端子标志	导体和导体终端标识
1	交流导体	第1线	U	L1
		第2线	V	L2
		第3线	W	L3
		中性导体	N	N
2	直流导体	正极	+或C	L+
		负极	—或D	L—
		中间点导体	M	M
3	保护导体		PE	PE
4	PEN导体		PEN	PEN

4.2.4 电气设备常用参照代号宜采用表 4.2.4 的字母代码。

表 4.2.4 电气设备常用参照代号的字母代码

项目种类	设备、装置和元件名称	参照代号的字母代码	
		主类代码	含子类代码
两种或两种以上的用途或任务	35kV开关柜	A	AH
	20kV开关柜		AJ
	10kV开关柜		AK
	6kV开关柜		—
	低压配电柜		AN
	并联电容器箱（柜、屏）		ACC
	直流配电箱（柜、屏）		AD
	保护箱（柜、屏）		AR
	电能计量箱（柜、屏）		AM
	信号箱（柜、屏）		AS
	电源自动切换箱（柜、屏）		AT
	动力配电箱（柜、屏）		AP
	应急动力配电箱（柜、屏）		APE
	控制、操作箱（柜、屏）		AC
	励磁箱（柜、屏）		AE
	照明配电箱（柜、屏）		AL
	应急照明配电箱（柜、屏）		ALE
	电度表箱（柜、屏）		AW
	弱电系统设备箱（柜、屏）		—
把某一输入变量（物理性质、条件或事件）转换为供进一步处理的信号	热过载继电器	B	BB
	保护继电器		BB
	电流互感器		BE
	电压互感器		BE
	测量继电器		BE
	测量电阻（分流）		BE
	测量变送器		BE
	气表、水表		BF
	差压传感器		BF
	流量传感器		BF
	接近开关、位置开关		BG
	接近传感器		BG
	时钟、计时器		BK
	湿度计、湿度测量传感器		BM
	压力传感器		BP
	烟雾（感烟）探测器		BR
	感光（火焰）探测器		BR
	光电池		BR
	速度计、转速计		BS
	速度变换器		BS
	温度传感器、温度计		BT
	麦克风		BX
	视频摄像机		BX
	火灾探测器		—
	气体探测器		
	测量变换器		
	位置测量传感器		BG
	液位测量传感器		BL

续表 4.2.4

项目种类	设备、装置和元件名称	参照代号的字母代码 主类代码	含子类代码
材料、能量或信号的存储	电容器	C	CA
	线圈		CB
	硬盘		CF
	存储器		CF
	磁带记录仪、磁带机		CF
	录像机		CF
提供辐射能或热能	白炽灯、荧光灯	E	EA
	紫外灯		EA
	电炉、电暖炉		EB
	电热、电热丝		EB
	灯、灯泡		—
	激光器		
	发光设备		
	辐射器		
直接防止（自动）能量流、信息流、人身或设备发生危险的或意外的情况，包括用于防护的系统和设备	热过载释放器	F	FD
	熔断器		FA
	安全栅		FC
	电涌保护器		FC
	接闪器		FE
	接闪杆		FE
	保护阳极（阴极）		FR
启动能量流或材料流，产生用作信息载体或参考源的信号。生产一种新能量、材料或产品	发电机	G	GA
	直流发电机		GA
	电动发电机组		GA
	柴油发电机组		GA
	蓄电池、干电池		GB
	燃料电池		GB
	太阳能电池		GC
	信号发生器		GF
	不间断电源		GU
处理（接收、加工和提供）信号或信息（用于防护的物体除外，见F类）	继电器	K	KF
	时间继电器		KF
	控制器（电、电子）		KF
	输入、输出模块		KF
	接收机		KF
	发射机		KF
	光耦器		KF
	控制器（光、声学）		KG
	阀门控制器		KH
	瞬时接触继电器		KA
	电流继电器		KC
	电压继电器		KV
	信号继电器		KS
	瓦斯保护继电器		KB
	压力继电器		KPR
提供驱动用机械能（旋转或线性机械运动）	电动机	M	MA
	直线电动机		MA
	电磁驱动		MB
	励磁线圈		MB
	执行器		ML
	弹簧储能装置		ML

续表 4.2.4

项目种类	设备、装置和元件名称	参照代号的字母代码 主类代码	含子类代码
提供信息	打印机	P	PF
	录音机		PF
	电压表		PV
	告警灯、信号灯		PG
	监视器、显示器		PG
	LED（发光二极管）		PG
	铃、钟		PB
	计量表		PG
	电流表		PA
	电度表		PJ
	时钟、操作时间表		PT
	无功电度表		PJR
	最大需用量表		PM
	有功功率表		PW
	功率因数表		PPF
	无功电流表		PAR
	（脉冲）计数器		PC
	记录仪器		PS
	频率表		PF
	相位表		PPA
	转速表		PT
	同位指示器		PS
	无色信号灯		PG
	白色信号灯		PGW
	红色信号灯		PGR
	绿色信号灯		PGG
	黄色信号灯		PGY
	显示器		PC
	温度计、液位计		PG
受控切换或改变能量流、信号流或材料流（对于控制电路中的信号，见K类和S类）	断路器	Q	QA
	接触器		QAC
	晶闸管、电动机启动器		QA
	隔离器、隔离开关		QB
	熔断器式隔离器		QB
	熔断器式隔离开关		QB
	接地开关		QC
	旁路断路器		QD
	电源转换开关		QCS
	剩余电流保护断路器		QR
	软启动器		QAS
	综合启动器		QCS
	星—三角启动器		QSD
	自耦降压启动器		QTS
	转子变阻式启动器		QRS
限制或稳定能量、信息或材料的运动或流动	电阻器、二极管	R	RA
	电抗线圈		RA
	滤波器、均衡器		RF
	电磁锁		RL
	限流器		RN
	电感器		—

续表 4.2.4

项目种类	设备、装置和元件名称	参照代号的字母代码	
		主类代码	含子类代码
把手动操作转变为进一步处理的特定信号	控制开关	S	SF
	按钮开关		SF
	多位开关（选择开关）		SAC
	启动按钮		SF
	停止按钮		SS
	复位按钮		SR
	试验按钮		ST
	电压表切换开关		SV
	电流表切换开关		SA
保持能量性质不变的能量变换，已建立的信号保持信息内容不变的变换，材料形态或形状的变换	变频器、频率转换器	T	TA
	电力变压器		TA
	DC/DC转换器		TA
	整流器、AC/DC变换器		TB
	天线、放大器		TF
	调制器、解调器		TF
	隔离变压器		TF
	控制变压器		TC
	整流变压器		TR
	照明变压器		TL
	有载调压变压器		TLC
	自耦变压器		TT
保护物体在一定的位置	支柱绝缘子	U	UB
	强电梯架、托盘和槽盒		UB
	瓷瓶		UB
	弱电梯架、托盘和槽盒		UG
	绝缘子		—
从一地到另一地导引或输送能量、信号、材料或产品	高压母线、母线槽	W	WA
	高压配电线缆		WB
	低压母线、母线槽		WC
	低压配电线缆		WD
	数据总线		WF
	控制电缆、测量电缆		WG
	光缆、光纤		WH
	信号线路		WS
	电力（动力）线路		WP
	照明线路		WL
	应急电力（动力）线路		WPE
	应急照明线路		WLE
	滑触线		WT
连接物	高压端子、接线盒	X	XB
	高压电缆头		XB
	低压端子、端子板		XD
	过路接线盒、接线端子箱		XD
	低压电缆头		XD
	插座、插座箱		XD
	接地端子、屏蔽接地端子		XE
	信号分配器		XG
	信号插头连接器		XG
	（光学）信号连接		XH
	连接器		—
	插头		

4.2.5 常用辅助文字符号宜按表 4.2.5 执行。

表 4.2.5 常用辅助文字符号

序号	文字符号	中文名称	英文名称
1	A	电流	Current
2	A	模拟	Analog
3	AC	交流	Alternating current
4	A、AUT	自动	Automatic
5	ACC	加速	Accelerating
6	ADD	附加	Add
7	ADJ	可调	Adjustability
8	AUX	辅助	Auxiliary
9	ASY	异步	Asynchronizing
10	B、BRK	制动	Braking
11	BC	广播	Broadcast
12	BK	黑	Black
13	BU	蓝	Blue
14	BW	向后	Backward
15	C	控制	Control
16	CCW	逆时针	Counter clockwise
17	CD	操作台（独立）	Control desk (independent)
18	CO	切换	Change over
19	CW	顺时针	Clockwise
20	D	延时、延迟	Delay
21	D	差动	Differential
22	D	数字	Digital
23	D	降	Down, Lower
24	DC	直流	Direct current
25	DCD	解调	Demodulation
26	DEC	减	Decrease
27	DP	调度	Dispatch
28	DR	方向	Direction
29	DS	失步	Desynchronize
30	E	接地	Earthing
31	EC	编码	Encode
32	EM	紧急	Emergency
33	EMS	发射	Emission
34	EX	防爆	Explosion proof
35	F	快速	Fast
36	FA	事故	Failure
37	FB	反馈	Feedback
38	FM	调频	Frequency modulation

续表 4.2.5

序号	文字符号	中文名称	英文名称
39	FW	正、向前	Forward
40	FX	固定	Fix
41	G	气体	Gas
42	GN	绿	Green
43	H	高	High
44	HH	最高（较高）	Highest（higher）
45	HH	手孔	Handhole
46	HV	高压	High voltage
47	IN	输入	Input
48	INC	增	Increase
49	IND	感应	Induction
50	L	左	Left
51	L	限制	Limiting
52	L	低	Low
53	LL	最低（较低）	Lowest（lower）
54	LA	闭锁	Latching
55	M	主	Main
56	M	中	Medium
57	M、MAN	手动	Manual
58	MAX	最大	Maximum
59	MIN	最小	Minimum
60	MC	微波	Microwave
61	MD	调制	Modulation
62	MH	人孔（人井）	Manhole
63	MN	监听	Monitoring
64	MO	瞬间（时）	Moment
65	MUX	多路复用的限定符号	Multiplex
66	NR	正常	Normal
67	OFF	断开	Open，Off
68	ON	闭合	Close，On
69	OUT	输出	Output
70	O/E	光电转换器	Optics/Electric transducer
71	P	压力	Pressure
72	P	保护	Protection
73	PL	脉冲	Pulse
74	PM	调相	Phase modulation
75	PO	并机	Parallel operation
76	PR	参量	Parameter
77	R	记录	Recording
78	R	右	Right

续表 4.2.5

序号	文字符号	中文名称	英文名称
79	R	反	Reverse
80	RD	红	Red
81	RES	备用	Reservation
82	R、RST	复位	Reset
83	RTD	热电阻	Resistance temperature detector
84	RUN	运转	Run
85	S	信号	Signal
86	ST	启动	Start
87	S、SET	置位、定位	Setting
88	SAT	饱和	Saturate
89	STE	步进	Stepping
90	STP	停止	Stop
91	SYN	同步	Synchronizing
92	SY	整步	Synchronize
93	SP	设定点	Set-point
94	T	温度	Temperature
95	T	时间	Time
96	T	力矩	Torque
97	TM	发送	Transmit
98	U	升	Up
99	UPS	不间断电源	Uninterruptable power supplies
100	V	真空	Vacuum
101	V	速度	Velocity
102	V	电压	Voltage
103	VR	可变	Variable
104	WH	白	White
105	YE	黄	Yellow

4.2.6 电气设备辅助文字符号宜按表 4.2.6-1 和表 4.2.6-2 执行。

表 4.2.6-1 强电设备辅助文字符号

强电	文字符号	中文名称	英文名称
1	DB	配电屏（箱）	Distribution board（box）
2	UPS	不间断电源装置（箱）	Uninterrupted power supply board（box）
3	EPS	应急电源装置（箱）	Electric power storage supply board（box）
4	MEB	总等电位端子箱	Main equipotential terminal box
5	LEB	局部等电位端子箱	Local equipotential terminal box
6	SB	信号箱	Signal box
7	TB	电源切换箱	Power supply switchover box
8	PB	动力配电箱	Electric distribution box
9	EPB	应急动力配电箱	Emergency electric power box

续表 4.2.6-1

强电	文字符号	中文名称	英文名称
10	CB	控制箱、操作箱	Control box
11	LB	照明配电箱	Lighting distribution box
12	ELB	应急照明配电箱	Emergency lighting board (box)
13	WB	电度表箱	Kilowatt-hour meter board (box)
14	IB	仪表箱	Instrument box
15	MS	电动机启动器	Motor starter
16	SDS	星—三角启动器	Star-delta starter
17	SAT	自耦降压启动器	Starter with auto-transformer
18	ST	软启动器	Starter-regulator with thyristors
19	HDR	烘手器	Hand drying

表 4.2.6-2　弱电设备辅助文字符号

弱电	文字符号	中文名称	英文名称
1	DDC	直接数字控制器	Direct digital controller
2	BAS	建筑设备监控系统设备箱	Building automation system equipment box
3	BC	广播系统设备箱	Broadcasting system equipment box
4	CF	会议系统设备箱	Conference system equipment box
5	SC	安防系统设备箱	Security system equipment box
6	NT	网络系统设备箱	Network system equipment box
7	TP	电话系统设备箱	Telephone system equipment box
8	TV	电视系统设备箱	Television system equipment box
9	HD	家居配线箱	House tele-distributor
10	HC	家居控制器	House controller
11	HE	家居配电箱	House Electrical distribution
12	DEC	解码器	Decoder
13	VS	视频服务器	Video frequency server
14	KY	操作键盘	keyboard
15	STB	机顶盒	Set top box
16	VAD	音量调节器	Volume adjuster
17	DC	门禁控制器	Door control
18	VD	视频分配器	Video amplifier distributor
19	VS	视频顺序切换器	Sequential video switch
20	VA	视频补偿器	Video compensator
21	TG	时间信号发生器	Time-date generator
22	CPU	计算机	Computer
23	DVR	数字硬盘录像机	Digital video recorder
24	DEM	解调器	Demodulator
25	MO	调制器	Modulator
26	MOD	调制解调器	Modem

4.2.7　信号灯和按钮的颜色标识宜分别按表 4.2.7-1 和表 4.2.7-2 执行。

表 4.2.7-1　信号灯的颜色标识

名　称	颜 色 标 识	
状　态	颜　色	备　注
危险指示	红色（RD）	—
事故跳闸		
重要的服务系统停机		
起重机停止位置超行程		
辅助系统的压力/温度超出安全极限		
警告指示	黄色（YE）	
高温报警		
过负荷		
异常指示		
安全指示	绿色（GN）	
正常指示		核准继续运行
正常分闸（停机）指示		设备在安全状态
弹簧储能完毕指示		
电动机降压启动过程指示	蓝色（BU）	
开关的合（分）或运行指示	白色（WH）	单灯指示开关运行状态；双灯指示开关合时运行状态

表 4.2.7-2　按钮的颜色标识

名　称	颜 色 标 识
紧停按钮	红色（RD）
正常停和紧停合用按钮	
危险状态或紧急指令	
合闸（开机）（启动）按钮	绿色（GN）、白色（WH）
分闸（停机）按钮	红色（RD）、黑色（BK）
电动机降压启动结束按钮	白色（WH）
复位按钮	
弹簧储能按钮	蓝色（BU）
异常、故障状态	黄色（YE）
安全状态	绿色（GN）

4.2.8　导体的颜色标识宜按表 4.2.8 执行。

表 4.2.8　导体的颜色标识

导体名称	颜色标识
交流导体的第1线	黄色（YE）
交流导体的第2线	绿色（GN）
交流导体的第3线	红色（RD）
中性导体 N	淡蓝色（BU）
保护导体 PE	绿/黄双色（GNYE）
PEN 导体	全长绿/黄双色（GNYE），终端另用淡蓝色（BU）标志或全长淡蓝色（BU），终端另用绿/黄双色（GNYE）标志
直流导体的正极	棕色（BN）
直流导体的负极	蓝色（BU）
直流导体的中间点导体	淡蓝色（BU）

5 图样画法

5.1 一般规定

5.1.1 同一个工程项目所用的图纸幅面规格宜一致。

5.1.2 同一个工程项目所用的图形符号、文字符号、参照代号、术语、线型、字体、制图方式等应一致。

5.1.3 图样中本专业的汉字标注字高不宜小于3.5mm，主导专业工艺、功能用房的汉字标注字高不宜小于3.0mm，字母或数字标注字高不应小于2.5mm。

5.1.4 图样宜以图的形式表示，当设计依据、施工要求等在图样中无法以图表示时，应按下列规定进行文字说明：

1 对于工程项目的共性问题，宜在设计说明里集中说明；

2 对于图样中的局部问题，宜在本图样内说明。

5.1.5 主要设备表宜注明序号、名称、型号、规格、单位、数量，可按表5.1.5绘制。

表5.1.5 主要设备表

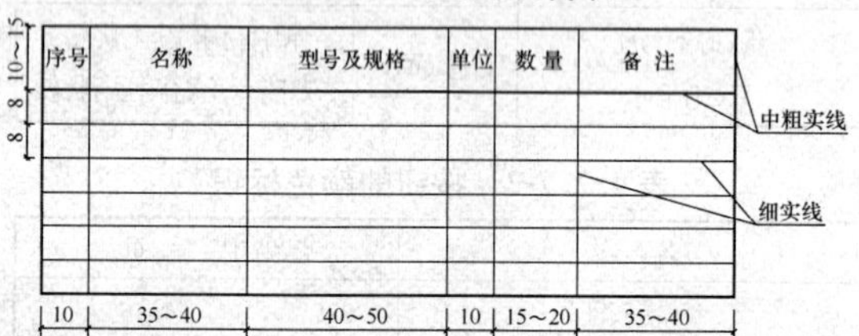

序号	名称	型号及规格	单位	数量	备注
10	35~40	40~50	10	15~20	35~40

5.1.6 图形符号表宜注明序号、名称、图形符号、参照代号、备注等。建筑电气专业的主要设备表和图形符号表宜合并，可按表5.1.6绘制。

表5.1.6 主要设备、图形符号表

序号	名称	图形符号	参照代号	型号及规格	单位	数量	备注
10	35~40	20~30	15~20	40~50	10	15~20	35~40

10~15；8~15；8~15；中粗实线；细实线

5.1.7 电气设备及连接线缆、敷设路由等位置信息应以电气平面图为准，其安装高度统一标注不会引起混淆时，安装高度可在系统图、电气平面图、主要设备表或图形符号表的任一处标注。

5.2 图号和图纸编排

5.2.1 设计图纸应有图号标识。图号标识宜表示出设计阶段、设计信息、图纸编号。

5.2.2 设计图纸应编写图纸目录，并宜符合下列规定：

1 初步设计阶段工程设计的图纸目录宜以工程项目为单位进行编写；

2 施工图设计阶段工程设计的图纸目录宜以工程项目或工程项目的各子项目为单位进行编写；

3 施工图设计阶段各子项目共同使用的统一电气详图、电气大样图、通用图，宜单独进行编写。

5.2.3 设计图纸宜按下列规定进行编排：

1 图纸目录、主要设备表、图形符号、使用标准图目录、设计说明宜在前，设计图样宜在后；

2 设计图样宜按下列规定进行编排：

1）建筑电气系统图宜编排在前，电路图、接线图（表）、电气平面图、剖面图、电气详图、电气大样图、通用图宜编排在后；

2）建筑电气系统图宜按强电系统、弱电系统、防雷、接地等依次编排；

3）电气平面图应按地面下各层依次编排在前，地面上各层由低向高依次编排在后。

5.2.4 建筑电气专业的总图宜按图纸目录、主要设备表、图形符号、设计说明、系统图、电气总平面图、路由剖面图、电力电缆井和人（手）孔剖面图、电气详图、电气大样图、通用图依次编排。

5.3 图样布置

5.3.1 同一张图纸内绘制多个电气平面图时，应自下而上按建筑物层次由低向高顺序布置。

5.3.2 电气详图和电气大样图宜按索引编号顺序布置。

5.3.3 每个图样均应在图样下方标注出图名，图名下应绘制一条中粗横线（0.7*b*），长度宜与图名长度相等。图样比例宜标注在图名的右侧，字的基准线应与图名取平；比例的字高宜比图名的字高小一号。

5.3.4 图样中的文字说明宜采用“附注”形式书写在标题栏的上方或左侧，当“附注”内容较多时，宜对“附注”内容进行编号。

5.4 系统图

5.4.1 电气系统图应表示出系统的主要组成、主要特征、功能信息、位置信息、连接信息等。

5.4.2 电气系统图宜按功能布局、位置布局绘制，连接信息可采用单线表示。

5.4.3 电气系统图可根据系统的功能或结构（规模）的不同层次分别绘制。

5.4.4 电气系统图宜标注电气设备、路由（回路）等的参照代号、编号等，并应采用用于系统的图形符号绘制。

5.5 电路图

5.5.1 电路图应便于理解电路的控制原理及其功能，可不受元器件实际物理尺寸和形状的限制。

5.5.2 电路图应表示元器件的图形符号、连接线、参照代号、端子代号、位置信息等。

5.5.3 电路图应绘制主回路系统图。电路图的布局应突出控制过程或信号流的方向，并可增加端子接线图（表）、设备表等内容。

5.5.4 电路图中的元器件可采用单个符号或多个符号组合表示。同一项工程同一张电路图，同一个参照代号不宜表示不同的元器件。

5.5.5 电路图中的元器件可采用集中表示法、分开表示法、重复表示法表示。

5.5.6 电路图中的图形符号、文字符号、参照代号等宜按本标准的第4章执行。

5.6 接线图（表）

5.6.1 建筑电气专业的接线图（表）宜包括电气设备单元接线图（表）、互连接线图（表）、端子接线图（表）、电缆图（表）。

5.6.2 接线图（表）应能识别每个连接点上所连接的线缆，并应表示出线缆的型号、规格、根数、敷设方式、端子标识，宜表示出线缆的编号、参照代号及补充说明。

5.6.3 连接点的标识宜采用参照代号、端子代号、图形符号等表示。

5.6.4 接线图中元器件、单元或组件宜采用正方形、矩形或圆形等简单图形表示，也可采用图形符号表示。

5.6.5 线缆的颜色、标识方法、参照代号、端子代号、线缆采用线束的表示方法等应符合本标准第4章的规定。

5.7 电气平面图

5.7.1 电气平面图应表示出建筑物轮廓线、轴线号、房间名称、楼层标高、门、窗、墙体、梁柱、平台和绘图比例等，承重墙体及柱宜涂灰。

5.7.2 电气平面图应绘制出安装在本层的电气设备、敷设在本层和连接本层电气设备的线缆、路由等信息。进出建筑物的线缆，其保护管应注明与建筑轴线的定位尺寸、穿建筑外墙的标高和防水形式。

5.7.3 电气平面图应标注电气设备、线缆敷设路由的安装位置、参照代号等，并应采用用于平面图的图形符号绘制。

5.7.4 电气平面图、剖面图中局部部位需另绘制电气详图或电气大样图时，应在局部部位处标注电气详图或电气大样图编号，在电气详图或电气大样图下方标注其编号和比例。

5.7.5 电气设备布置不相同的楼层应分别绘制其电气平面图；电气设备布置相同的楼层可只绘制其中一个楼层的电气平面图。

5.7.6 建筑专业的建筑平面图采用分区绘制时，电气平面图也应分区绘制，分区部位和编号宜与建筑专业一致，并应绘制分区组合示意图。各区电气设备线缆连接处应加标注。

5.7.7 强电和弱电应分别绘制电气平面图。

5.7.8 防雷接地平面图应在建筑物或构筑物建筑专业的顶部平面图上绘制接闪器、引下线、断接卡、连接板、接地装置等的安装位置及电气通路。

5.7.9 电气平面图中电气设备、线缆敷设路由等图形符号和标注方法应符合本标准第3章和第4章的规定。

5.8 电气总平面图

5.8.1 电气总平面图应表示出建筑物和构筑物的名称、外形、编号、坐标、道路形状、比例等，指北针或风玫瑰图宜绘制在电气总平面图图样的右上角。

5.8.2 强电和弱电宜分别绘制电气总平面图。

5.8.3 电气总平面图中电气设备、路灯、线缆敷设路由、电力电缆井、人（手）孔等图形符号和标注方法应符合本标准第3章和第4章的规定。

本标准用词说明

1 为便于在执行本标准条文时区别对待，对要求严格程度不同的用词说明如下：

1）表示很严格，非这样做不可的：
正面词采用“必须”，反面词采用“严禁”；

2）表示严格，在正常情况下均应这样做的：
正面词采用“应”，反面词采用“不应”或“不得”；

3）表示允许稍有选择，在条件许可时首先应这样做的：
正面词采用“宜”，反面词采用“不宜”；

4）表示有选择，在一定条件下可以这样做的，采用“可”。

2 条文中指明应按其他有关标准执行的写法为“应符合……的规定”或“应按……执行”。

引用标准名录

《房屋建筑制图统一标准》GB/T 50001

中华人民共和国国家标准

建筑电气制图标准

GB/T 50786—2012

条 文 说 明

制 订 说 明

《建筑电气制图标准》GB/T 50786－2012，经住房和城乡建设部2012年5月28日以第1411号公告批准、发布。

本标准制订过程中，编制组进行了调查研究，总结了实践经验，同时参考了国内外技术法规、技术标准，取得了制订本标准所必要的重要技术参数。

为便于广大设计、施工、科研、学校等单位有关人员在使用本标准时能正确理解和执行条文规定，《建筑电气制图标准》编制组按章、节、条顺序编制了本标准的条文说明，对条文规定的目的、依据以及执行中需注意的有关事项进行了说明。但是，本条文说明不具备与标准正文同等的法律效力，仅供使用者作为理解和把握标准规定的参考。

目　次

1 总 则

1.0.1 建筑电气包括强电、弱电（智能化）两部分。强电包括：电源、变电所（站）、供配电系统、配电线路布线系统、常用设备电气装置、电气照明、电气控制、防雷与接地等；弱电（智能化）包括：信息设施系统、信息化应用系统、建筑设备管理系统、公共安全系统等。

信息设施系统（ITSI）包括通信接入系统、电话交换系统、信息网络系统、综合布线系统、室内移动通信覆盖系统、卫星通信系统、有线电视及卫星电视接收系统、广播系统、会议系统、信息导引及发布系统、时钟系统及其他相关的系统。

信息化应用系统（ITAS）包括工作业务应用系统、物业运营管理系统、公共服务管理系统、公众信息服务系统、智能卡应用系统、信息网络安全管理系统及其他业务功能所需要的应用系统。

建筑设备管理系统（BMS）是对建筑设备监控系统（BAS）和公共安全系统（PSS）等实施综合管理。

公共安全系统（PSS）包括火灾自动报警系统、安全技术防范系统和应急响应系统等。

1.0.2 新建、改建、扩建工程包括装修装饰工程。

1.0.4 本标准有规定的应按本标准执行，本标准无规定的应按现行国家标准《房屋建筑制图统一标准》GB/T 50001等有关规定执行。

建筑电气专业绘制的各设计阶段图样深度，应符合中华人民共和国住房和城乡建设部现行《建筑工程设计文件编制深度规定》的要求。

2 术 语

2.0.1 概略图术语引用国家标准《电气技术用文件的编制 第1部分：规则》GB/T 6988.1－2008/IEC 61082－1：2006中第3.4.1条。

《电气简图用图形符号第1部分：一般要求》GB/T 4728.1－2005/IEC 60617database第2.2节中，概略图（含框图、单线简图等）表示系统、分系统、装置、部件、设备、软件中各项目之间的主要关系和连接的相对简单的简图，通常用单线表示。

根据上述两个标准的定义及目前建筑电气专业实际使用的现状，本规范将概略图和系统图的概念同时使用。设计人员根据实际工程情况绘制相应的系统图如低压配电系统图、火灾自动报警系统图（示例见本标准图4）、安全技术防范系统图等。

弱电系统如采用方框图形式表达其全面特性时，宜称为概略图。

2.0.2 项目术语摘自国家标准《电气技术用文件的编制 第1部分：规则》GB/T 6988.1－2008/IEC 61082－1：2006中第3.1.7条。

本规范条款中的项目包括电气设备、电气设备之间电气通路的连接线缆、保护槽管、元器件等。

电气设备包括强电设备和弱电设备。线缆包括电线电缆、控制电缆、弱电系统的电缆和光缆。

2.0.3 简图术语摘自国家标准《电气技术用文件的编制 第1部分：规则》GB/T 6988.1－2008/IEC 61082－1：2006中第3.3.2条。

2.0.4 电路图术语摘自国家标准《电气技术用文件的编制 第1部分：规则》GB/T 6988.1－2008/IEC 61082－1：2006中第3.4.3条。

《电气简图用图形符号第1部分：一般要求》GB/T 4728.1－2005/IEC 60617database第2.2节中，电路图表示系统、分系统、装置、部件、设备、软件等实际电路的简图，采用按功能排列的图形符号来表示各元件的连接关系，以表示功能而不需考虑项目的实际尺寸、形状或位置。

2.0.5 接线图（表）术语摘自国家标准《电气技术用文件的编制 第1部分：规则》GB/T 6988.1－2008/IEC 61082－1：2006中第3.4.4条、第3.4.8条。

《电气简图用图形符号 第1部分：一般要求》GB/T 4728.1－2005/IEC 60617database第2.2节中，接线图（包括单元接线图、互连接线图、端子接线图、电缆图等）表示或列出一个装置或设备的连接关系的简图。

2.0.6 建筑电气专业涉及的系统较多，一张电气平面图绘制不全，至少强电和弱电平面图应分别绘制。设计人员根据实际工程情况可绘制相应的电气平面图。例如，照明设备、连接线缆以及安装位置等信息绘制在一个建筑平面图内的图样称为照明平面图；综合布线系统设备、连接线缆以及安装位置等信息绘制在一个建筑平面图内的图样称为综合布线系统平面图。其他系统平面图表示法以此类推。

2.0.7 国家标准《民用建筑设计术语标准》GB/T 50504－2009中第2.4.10条将建筑详图定义为："对建筑物的主要部位或房间用较大的比例（一般为1：20至1：50）绘制的详细图样"。

电气详图根据建筑专业详图的定义，规定了使用比例。

2.0.8 国家标准《民用建筑设计术语标准》GB/T 50504－2009中第2.4.11条将建筑大样图定义为："对建筑物的细部或建筑构、配件用较大的比例（一般为1：20、1：10、1：5等）将其形状、大小、材料和做法详细地表示出来的图样，又称节点详图"。

电气大样图根据建筑专业大样图的定义及本专业的特性，规定了使用比例。电气大样图包括建筑电气设备大样图和局部电气平面大样图。

2.0.9 国家标准《民用建筑设计术语标准》GB/T

50504－2009中第2.4.3条将总平面图定义为："表示拟建房屋所在规划用地范围内的总体布置图，并反映与原有环境的关系和邻界的情况等"。

2.0.10 参照代号术语摘自国家标准《电气技术用文件的编制 第1部分：规则》GB/T 6988.1－2008/IEC 61082－1：2006中第3.1.8条。

3 基本规定

3.1 图 线

3.1.2 电气总平面图和电气平面图一般有本专业（包括强电和弱电，下同）设备轮廓线、图形符号轮廓线、本专业设备之间电气通路的连接线缆、非本专业设备轮廓线等，图样采用三种及以上的线宽绘制，可清楚表示上述项目之间的关系。系统图、电路图等以本专业设备为主，简单的系统图采用两种线宽绘制就可表示清楚。线宽的应用可见本标准表3.1.5。

3.1.3 线宽组的具体数值可见《房屋建筑制图统一标准》GB/T 50001－2010中表4.0.1的规定，每组线宽可分为b、$0.7b$、$0.5b$、$0.25b$四种宽度。

3.1.4 当一个图样中需要采用五种及以上的线宽绘制时，一组线宽的图线不能满足绘制要求。采用两组及以上线宽组绘制图样时，$0.25b$细线可采用较细的线宽组的细线。如采用b为0.7和0.5的线宽组，$0.25b$细线分别为0.18和0.13，图样中的细线可采用0.18和0.13两种线宽，也可统一采用0.13一种线宽。

3.1.5 为使图面清晰方便设计人员选用，主要使用的制图线型表3.1.5给出了两种线宽。该表中的连锁线包括气动、电动、机械、液压等联动线。

3.1.6 设计人员编制设计文件时，可以自定义图线、线型、图形符号等，但不应与本标准及国家现行的相关标准相矛盾。如本标准表3.1.5中已规定虚线线型为本专业设备之间电气通路不可见连接线、设备不可见轮廓线、地下电缆沟、排管区等，不应再在电气平面图中定义为应急电源线。

3.2 比 例

3.2.1 民用建筑的主导专业为建筑专业；工业建筑的主导专业除建筑专业外，还应以工艺设计为主。

3.2.2 绘制电气总平面图、电气平面图、电气详图时，制图比例一般不包括图形符号。电气大样图中的所有元器件均应按比例绘制。

3.3 编号和参照代号

3.3.2 当电气设备的图形符号在图样中不会引起混淆时，可不标注其参照代号，例如电气平面图中的照明开关或电源插座，如果没有特殊要求时，可只绘制图形符号。当电气设备的图形符号在图样中不能清晰地表达其信息时，例如电气平面图中的照明配电箱，如果数量大于等于2且规格不同时，只绘制图形符号已不能区别，需要在图形符号附近加注参照代号AL1、AL2……等。

3.3.3 采用1、2、3……数字顺序排列，直观、便于统计。

3.3.4 参照代号里的数字应标注在字母代码之后，数字可对项目进行编号，也可附加特定含意。个位数采用单个数字表示，十位数采用两个数字表示，以此类推。

国家标准《工业系统、装置与设备以及工业产品结构原则与参照代号 第1部分：基本规则》GB/T 5094.1－2002/idt IEC 61346－1：1996中第5.2.1条规定：前缀符号"＝"表示项目的功能信息，"－"表示项目的产品信息，"＋"表示项目的位置信息。

3.3.5 参照代号的应用应根据实际工程的规模确定，同一个项目其参照代号可有不同的表示方式。以照明配电箱为例，如果一个建筑工程楼层超过10层，一个楼层的照明配电箱数量超过10个，每个照明配电箱参照代号的编制规则为：

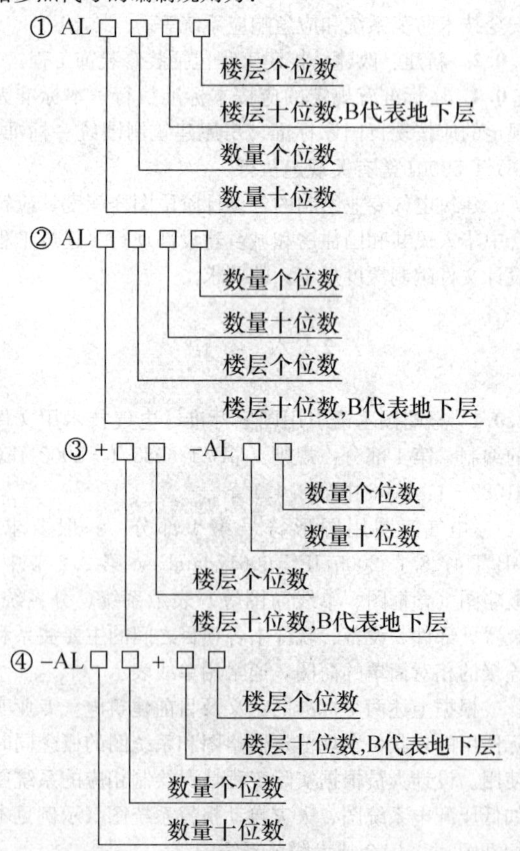

参照代号AL11B2，ALB211，＋B2－AL11，－AL11＋B2，均可表示安装在地下二层的第11个照明配电箱。采用①②参照代号标注，因不会引起混淆，所以取消了前缀符号"－"。①②表示方式占用字符

少，但参照代号的编制规则需在设计文件里说明。采用③④参照代号标注，对位置、数量信息表示更加清晰、直观、易懂，且前缀符号国家标准有定义，参照代号的编制规则不用再在设计文件里说明。

上面介绍的4种参照代号的表示方式，可供设计人员选用，但同一项工程使用参照代号的表示方式应一致。

3.4 标 注

3.4.1 第1款 用电设备主要指电机、电加热器、空调机组等。此款适用于系统图、电气平面图标注。

第2款 电气箱（柜、屏）包括动力配电、照明配电、控制、信号箱（柜、屏）等。此款适用于系统图、电气平面图标注。

设备安装容量包括预留安装容量。

第3款 相同类型的照明灯具绘制在一张图纸上又不会与其他灯具混淆时，灯具的标注可在任一处图形符号附近完成。照明灯具的型号、光源种类可在设计说明或材料表里说明，也可标注在图样上。

此款适用于电气平面图标注。示例可见本标准图9照明平面图。

3.4.2 第1款 电气线路包括强电的电源线缆、控制线缆及敷设路由；弱电的火灾自动报警系统、安全技术防范系统等智能化各子系统的信号线缆及敷设路由。电气线路的信息，可标注在线路上，也可标注在线路引出线上。简单的弱电系统可不标注回路编号或参照代号。

当电气线路的标注不会引起混淆时，电气线路的信息可在系统图或电气平面图任一处标注完整，另一处可只标注回路编号或参照代号。

线缆型号一般由系列代号、材料代号和使用特性、结构特征组成。例如：BV、ZD-BV、YJY、WDZ-YJY、WDZN-YJY、SYWV等。当线缆的额定电压不会引起混淆时，标注可省略。

第2款 当多个弱电系统或一个弱电系统的信号、电源、控制线缆绘制在一张电气平面图内时，为表示清楚宜在本系统的信号线缆上标注线型符号。示例可见本标准图4火灾自动报警系统图和图10弱电系统平面图。

第3款 封闭母线的规格包括其额定载流量和外形尺寸。封闭母线在系统图上主要标注其额定载流量及导体（铜排）规格，在平面图上主要标注其外形尺寸。

4 常用符号

4.1 图形符号

4.1.1 第1款 图形符号在不改变其含义的前提下可放大或缩小，但图形符号的大小宜与图样比例相协调。

第2款 当图形符号旋转或镜像时，图形符号所包含的文字标注方位，宜为自设计文件下方或右侧为视图正向。

第4款 新的图形符号创建方法可参见《电气技术用文件的编制 第1部分：规则》GB/T 6988.1-2008/IEC 61082-1：2006。

4.1.2

1 图形符号主要依据《电气简图用图形符号》GB/T 4728.1-2005～GB/T 4728.5-2005/IEC 60617、《电气简图用图形符号》GB/T 4728.6-2008～GB/T 4728.11-2008/IEC 60617编制。

2 表4.1.2里序号45图形符号一般用于指示仪表等，序号46图形符号一般用于记录仪表等。

3 电源插座在图样中的布置示例见图1。

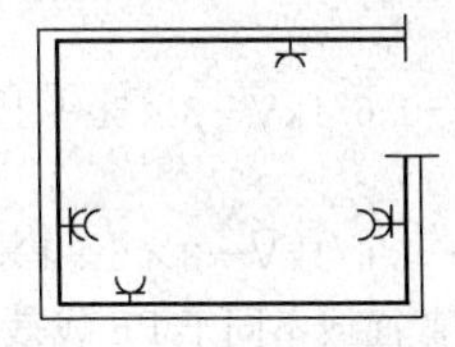

图1 电源插座在图样中的布置示例

4.1.3 第1款

1）通信及综合布线系统图形符号主要依据《电气简图用图形符号》GB/T 4728.9-2008/IEC 60617、GB/T 4728.11-2008/IEC 60617和行业标准《电信工程制图与图形符号规定》YD/T 5015-2007编制。

2）当设计文件说明时，TO可表示一个电话插座和一个数据插座。示例可见本标准图10。

3）电话插座在图样中的布置示例见图2，文字标注方位为自设计文件下方和右侧为视图正向。

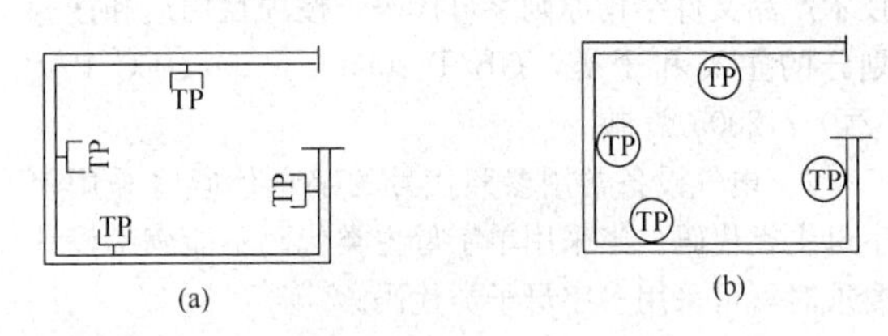

图2 电话插座在图样中的布置示例

第2款 火灾自动报警系统常用图形符号主要依据《消防技术文件用消防设备图形符号》GB/T 4327-2008和《火灾报警设备图形符号》GA/T 229。

第5款 安全技术防范系统常用图形符号主要依据行业标准《安全防范系统通用图形符号》GA/T 74-2000编制。

第6款 建筑设备监控系统常用图形符号主要依据《工业系统、装置与设备以及工业产品信号代号》

GB/T 16679-2009/IEC 61175：2005 编制。

4.1.4 当图样中的电气线路采用实线绘制不会引起混淆时，电气线路可不采用表 4.1.4 所示的线型符号。例如当综合布线系统单独绘制时，其线路可采用实线表示，其间或其上不用加 GCS 标注。

4.1.5

1 系统图电气箱（柜、屏）采用表 4.1.5 序号 2 标注方式时，如果参照代号已含有位置信息，标注 b 可省略。

2 线缆采用表 4.1.5 序号 8 标注方式时，标注内容应符合本标准第 3.4.2 条第 1 款的规定。

当电源线缆 N 和 PE 分开标注时，应先标注 N 后标注 PE。举例如下：

例 1：YJV－0.6/1kV－4×25＋1×16 或 YJV－0.6/1kV－3×25＋1×25＋1×16（N 线截面和相线截面一致）

例 2：YJV－0.6/1kV－3×50＋2×25（N 和 PE 线截面一致）。

例 3：YJV－0.6/1kV－3×6＋1×10＋1×6（N 线截面高于相线截面或不同于 PE 线截面时）。

例 4：BV－450/750V 3×2.5（单相相线、N 线和 PE 线截面一致）。

4.2 文 字 符 号

4.2.3 设备端子和导体终端标识主要依据《人机界面标志标识的基本方法和安全规则　设备端子和特定导体终端标识及字母数字系统的应用通则》GB/T 4026-2004/IEC 60445：1999 编制。

4.2.4

1 电气设备常用参照代号的字母代码主要依据《工业系统、装置与设备以及工业产品结构原则与参照代号　第 2 部分：项目的分类与分类码》GB/T 5094.2-2003/IEC 61346-2：2000 和《技术产品和技术产品文件结构原则字母代码　按项目用途和任务划分的主类和子类》GB/T 20939-2007/IEC PAS 62400：2005 编制。

2 电气设备常用参照代号的字母代码宜采用单字母主类代码。当采用单字母主类代码不能满足设计要求时，可采用多字母子类代码。

4.2.6 为了区分不同的电气设备，可采用［　　］内填加不同的英文缩略语作为电气设备的图形符号。例如：［MEB］：等电位端子箱；［UPS］：不间断电源装置箱；［VAD］：音量调节器；［ST］：软启动器；［HDR］：烘手器。

4.2.7

1 信号灯和按钮的颜色标识主要依据《人机界面标志标识的基本和安全规则　指示器和操作器的编码规则》GB/T 4025-2003/IEC 60073：1996 编制。

2 合闸（启动）按钮选择绿色时，分闸（停机）按钮必须选择红色；合闸（启动）按钮选择白色时，分闸（停机）按钮必须选择黑色。

4.2.8 导体的颜色标识主要依据《人机界面标志标识的基本和安全规则　导体的颜色或数字标识》GB 7947-2006/IEC 60446：1999 编制。

5 图 样 画 法

5.1 一 般 规 定

5.1.1 对于规模较大的建筑群或底部连体的建筑群，同一个工程项目可以是其中的一个子项目（一栋建筑物或上部独立的建筑物）。图纸幅面规格应符合现行国家标准《房屋建筑制图统一标准》GB/T 50001 的有关规定。如有困难时，同一个工程的图纸幅面规格不宜超过 2 种。

5.1.2 本标准第 4 章里有些图形符号有两种表示方式，参照代号的表示方式也不止一种。无论设计人员选择哪种方式绘制图纸，同一个工程项目所用的图形符号、文字符号、参照代号等表示方式应一致。

5.1.3 条文中规定的字高为完成纸质图样中的实际文字高度。如有困难时，本专业汉字标注字高不应小于 3.0mm。电气总平面图或电气平面图中除主导专业工艺、功能用房标注外，其他专业的文字标注字高不应小于 2.5mm。

5.1.5 表 5.1.5 适用于建筑电气工程初步设计和施工图设计，表格绘制数据可根据不同图幅不同工程特性做调整。该表为一个工程项目或一个子项目的主要电气设备表。

5.1.7 为简化设计，电气设备及连接线缆、敷设路由的安装高度可在系统图、电气平面图、主要设备表或图形符号表的任一处标注。例如家居配电箱，在主要设备表备注栏里注明暗装箱底边距地 1.8m，系统图、平面图里可不用再标注家居配电箱的安装高度。

5.2 图号和图纸编排

5.2.1 设计图纸加注图号标识是为了便于图纸管理与检索。设计阶段指规划、方案、初步设计、施工图设计、装修设计；设计信息指强电设计和弱电设计。简单的电气工程可不分强电、弱电出图；规模大的工程，强电、弱电宜分别出图。

5.2.2 第 1 款　初步设计阶段，图纸数量相对少，除建筑群多个工程子项目需分时间段出图或建设方有要求外，一般单体建筑或建筑群宜以一个工程项目为单位编写图纸目录。

第 2 款　施工图设计阶段，单体建筑工程项目一般以工程项目为单位编写图纸目录；建筑群工程项目一般以工程子项目（单体建筑）为单位编写图纸目录。

第3款　建筑群工程项目如有共用的电气详图、电气大样图、通用图，这些共用图宜单独编写图纸目录。

5.2.3　图纸目录包括使用的统一电气详图、电气大样图、通用图。图纸目录、主要设备表、图形符号、使用标准图目录宜以表格的形式绘制，便于查找。为使图面整洁，同一张图纸中上述表格的外形宽度尺寸宜一致。

图纸目录、主要设备表、图形符号、使用标准图目录、设计说明在一张图纸内编排不全时，应按所述内容顺序成图和编号。

为便于审图、施工，图纸宜绘制出本工程涉及的图形符号。

5.2.4　建筑电气专业总图的设计深度按现行的《建筑工程设计文件编制深度规定》执行，本条款只规定了图纸编排顺序。

5.3　图样布置

5.3.3　使用电气详图和电气大样图编号作图名时，编号下不再绘制中粗横线（0.7*b*）。图名和比例标注见图3。

电气照明平面图　1:100　　⑥　1:20

图3　图名和比例标注示例

5.3.4　现行国家标准《房屋建筑制图统一标准》GB/T 50001 规定图纸的标题栏应设置在图纸的下方或右侧。

5.4　系　统　图

5.4.1　电气系统图表达的是系统、分系统、装置、设备等的主要构成和他们之间的关系，不是全部组成、全部特征。各系统、分系统、装置、设备等的详细信息应在电路图、接线图（表）、电气平面图中表示。火灾自动报警系统图示例见图4。

5.4.2　系统图应优先按功能布局绘制，图中可补充位置信息。当位置信息对理解其功能很重要时，可采用位置布局绘制。图纸表示的内容，应做到使信息、控制、能源和材料的流程清晰，易于辨认和读图。

5.4.3　供配电系统图按功能可绘制低压系统图、照明配电箱系统图；按结构（规模）可绘制供配电总系统图（见图5供配电系统图示例）、供配电分系统图（见图6 10kV供配电系统图示例、图7动力配电箱系统图示例、图8照明配电箱系统图示例）。

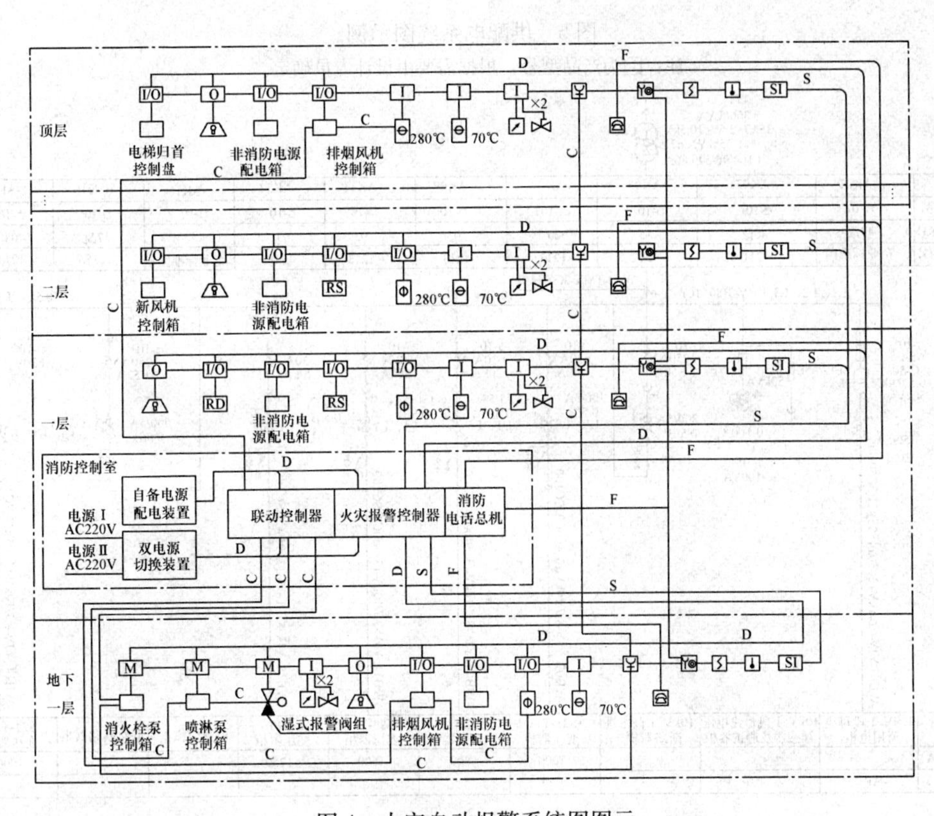

图4　火灾自动报警系统图图示

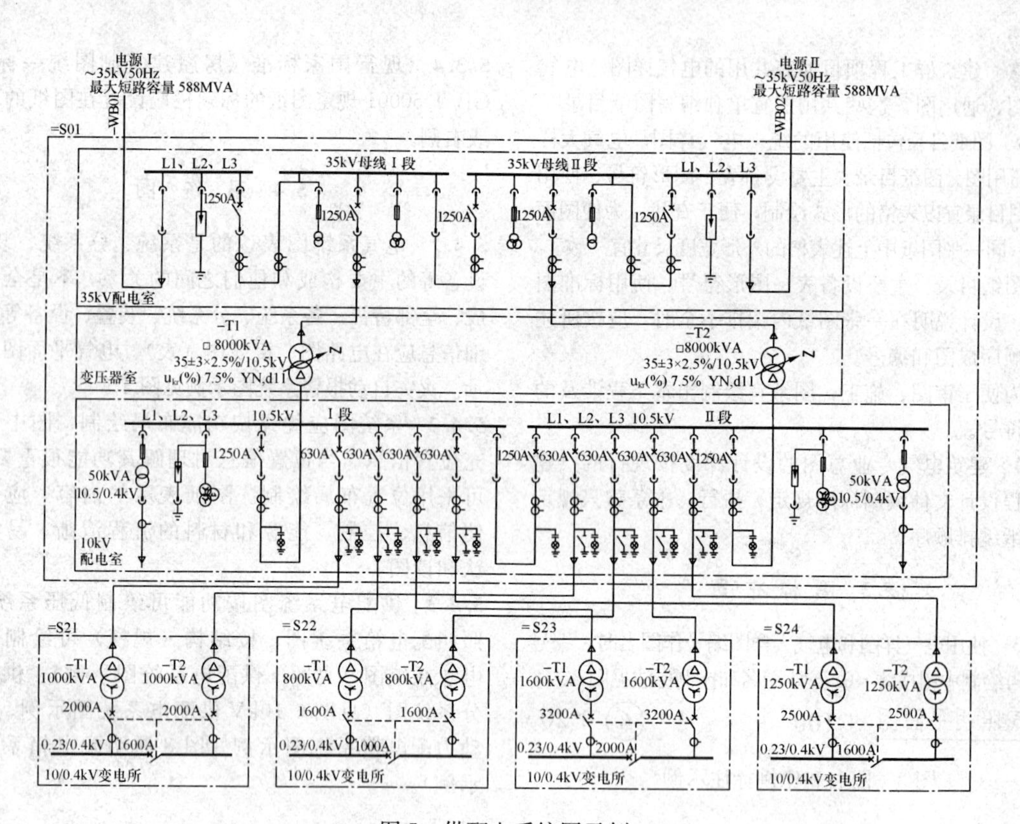

图5 供配电系统图示例

注：□为产品型号，根据需要由设计人员确定。

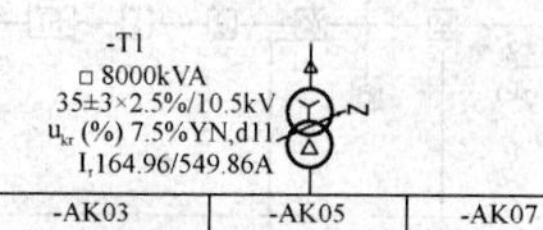

参照代号	-AK01	-AK03	-AK05	-AK07	-AK09	-AK11	-AK13	-AK15	-AK16	-AK14
配电柜型号	□-10	□-10	□-10	□-10	□-10	□-10	□-10	□-10	□-10	□-10
一次接线方案号	47改	46改	15	03	03	03	03	33	47改	03
二次电路图图号	企业标准图	1211	1212	1213	1213	1213	1213	企业标准图	1215	1213

用途	10kV Ⅰ段母线所用电柜	10kV Ⅰ段母线电压互感器及避雷器柜	10kV Ⅰ段主进断路器柜	=S21-T1 变压器柜	=S22-T1 变压器柜	=S23-T1 变压器柜	=S24-T1 变压器柜	联络隔离柜	联络断路器柜	=S21-T2 变压器柜
装机容量(kVA)				1000	800	1600	1250			1000
备注	-AP1									

图6 10kV供配电系统图示例

注：1.□为产品型号，根据需要由设计人员确定。

2. 一次接线方案号和二次电路图图号由设计人员根据实际情况确定。

图5采用单线示出供电系统由35kV总降站（=S01）和10/0.4kV变电所（=S21、=S22、=S23、=S24）分供电系统组成。忽略各组成部分的实际方位，通过其接线示出35kV总降站由布置在35kV配电室的35kV配电系统、变压器室的35/10.5kV主变压器（－T1、－T2）、10kV配电室的10kV配电系统组成。该图按功能布局采用图形符号和参照代号绘制，方便了解供配电系统电能供给流程及结构，展示出系统、分系统、装置、设备等的主要构成和他们之间的关系，提供了供配电系统的总体印象。

图6为10kV供配电分系统的系统图，该图详细地绘制了10kV配电部分的一次电路信息，为编制二次电路图提供依据。通过提供一次主接线、一次设备、二次电路图、外部接线、设备型号、方案号等信息满足设备订货、布置、安装施工、运行及管理的需要。

当配电柜数量较多一张图纸中布置不全时，应为下一张图纸衔接标出导体断开点的识别字母。见图6右上侧的A。

图7是35kV总降站所用电的配电装置，该图垂直分支电路从左到右布置，电源进线在左侧。配电装置进线的接地型式为TN-C系统，出线的接地型式为TN-S系统，所以在图中绘制出相线、中性线和保护线的图形符号。该图表示出了元器件、参照代号、元器件规格等标注的方法。当电气箱系统图采用垂直方向表示时，文字标注于图形符号的左侧，回路容量和用途标注于图形符号下方。

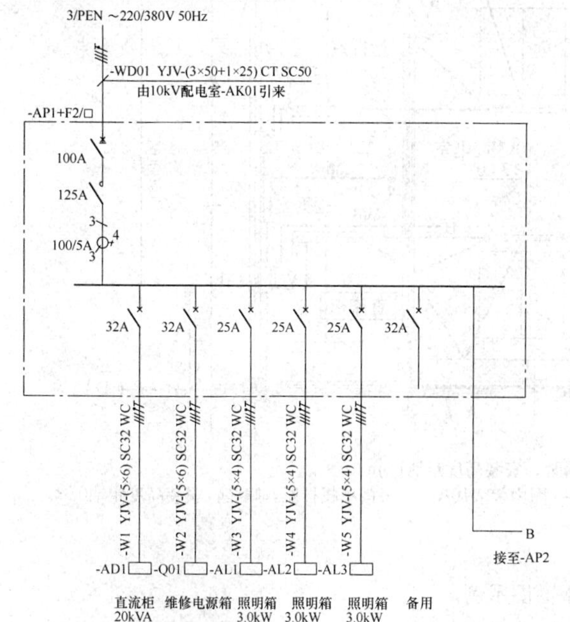

图7　动力配电箱系统图示例（垂直方向表示）

注：□为产品型号，根据需要由设计人员确定。

图8是35kV总降站10kV配电室二层照明系统的配电装置。该图水平分支电路自上而下布置，电源线进线在上部。该图表示出了元器件、参照代号、元器件规格标注等标注的方法。当电气箱系统图采用水平方向表示时，文字标注于图形符号的上方，回路容量和用途标注于图形符号右侧。

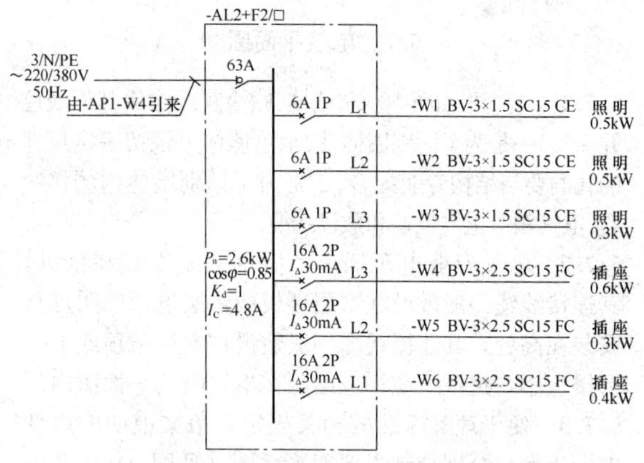

图8　照明箱配电系统图示例（水平方向表示）

注：□为产品型号，根据需要由设计人员确定。

5.4.4　系统图标注电气设备、路由（回路）等的参照代号、编号是为了便于位置检索和查找。

5.5　电　路　图

5.5.2　电路图一般包括图形符号、连接线、参照代号、端子代号及了解其功能必需的补充信息。

电路图中的元器件及其相互连接至少应表示控制电路的控制过程。

5.5.3　电路图的图形符号排列应整齐，电路连线应直通；依据功能关系，应将功能相关元件放到一起进行绘制；可在电路图中增加端子接线图（表），方便施工和维修。

5.5.4　同一个参照代号不宜表示不同的元器件是为了方便施工和维修

5.5.5　集中表示法：表示符号的组合可彼此相邻，用于简单的电路图。分开表示法：表示符号的组合可彼此分开，实现布局清晰。重复表示法：同一符号用于不同的位置。

为了便于理解和检索元器件在布置图中的位置，宜在电路图图样的某个位置列出元器件及符号表。

5.6　接线图（表）

5.6.1　单元接线图（表）一般由厂商提供或非标设备设计时绘制。单元接线图（表）应提供单元或组件内部的元器件之间的物理连接信息；互连接线图（表）应提供系统内不同单元外部之间的物理连接信息；端子接线图（表）应提供到一个单元外部物理连接的信息；电缆图（表）应提供装置或设备单元之间敷设连接电缆的信息。

5.6.2　线缆较多时标注其编号、参照代号便于查找，接线图（表）所表示的端子顺序应方便其预定用途。

5.6.4 元器件、单元或组件采用简单图形表示，是为了简化图面突出其接线。例如控制箱元器件、单元或组件的布置及接线应有相应的图纸，标准控制箱的布置及接线图一般由厂商完成。

5.7 电气平面图

5.7.1 电气平面图中承重墙体、柱涂灰或涂成其他浅色并涂实，一是为了区别墙体，因承重墙体上预留一定尺寸的孔洞要与结构专业配合；二是为了识别墙体内的接线盒、电气箱等电气设备和敷设线缆。

5.7.2 电气专业电源插座、信息插座安装在低处，其连接线缆一般敷设在本层楼板或垫层里；照明灯具安装在高处，其连接线缆一般敷设在本层吊顶或上一层楼板中，这些线缆均应绘制在本层电气平面图内。

5.7.3 便于理解标准的相关规定，条文说明中以变电所为例，分别绘制出照明平面图（见图 9）和弱电系统平面图（见图 10）图示。配电箱暗装或明装可采用图示，画在墙体内为暗装，也可和照明开关、电源插座一样采用文字标注或说明。

电气平面图上线缆的根数如已文字说明且不会引起混淆时，可不用在线缆上示出其根数，示例可见本标准图 9。

5.7.5 使用功能不同的楼层，如地下一层、首层，一般电气设备配置也不一样，电气平面图应分别绘制。使用功能相同的楼层，如办公、住宅建筑的标准层，电气设备配置一样，电气平面图可只绘制一张，但每层电气箱的参照代号应表示清楚。

5.7.8 《建筑物防雷设计规范》GB 50057－2010 给出接闪器的定义："由拦截闪击的接闪杆（原避雷针）、接闪带（原避雷带）、接闪线（原避雷线）、接闪网（原避雷网）以及金属屋面、金属构件等组成。"

建筑物的接闪器、引下线、断接卡、连接板、接地装置等应根据《建筑物防雷设计规范》GB 50057－2010 设置，其安装位置包括安装高度。

当接地平面图需单独绘制时，接地平面图宜在建筑物或构筑物建筑专业的地下平面图上绘制。

5.8 电气总平面图

5.8.2 电气总平面图涉及强电和弱电进出建筑物的相关信息，所以电气总平面图应根据工程规模、系统复杂程度及当地主管部门审批要求进行绘制，既可将强电和弱电绘制在一张图里，也可分别绘制。

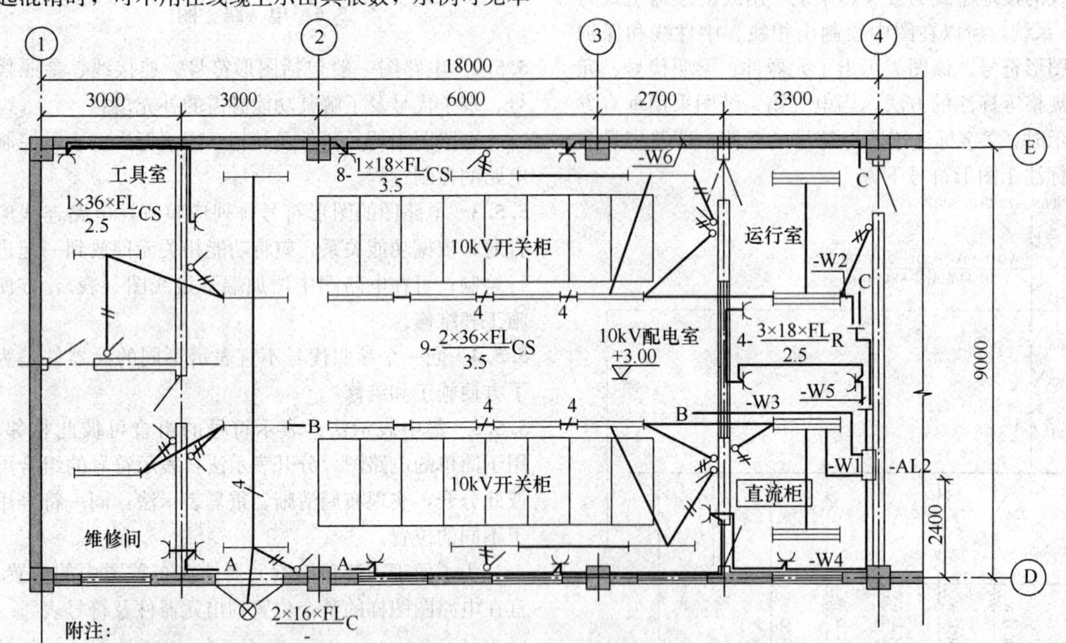

附注：

1.照明线路采用BV-3×1.5电线穿SC15管暗敷。灯开关为暗装，安装高度距地1.3m。

2.插座线路采用BV-3×2.5电线穿SC15 管暗敷。插座图例 ⋎ 图中代表10A二、三极单相插座，暗装，安装高度距地0.3m。

3.图中没标导线数均为3根。

二层照明平面图 1:100

图 9 照明平面图示例

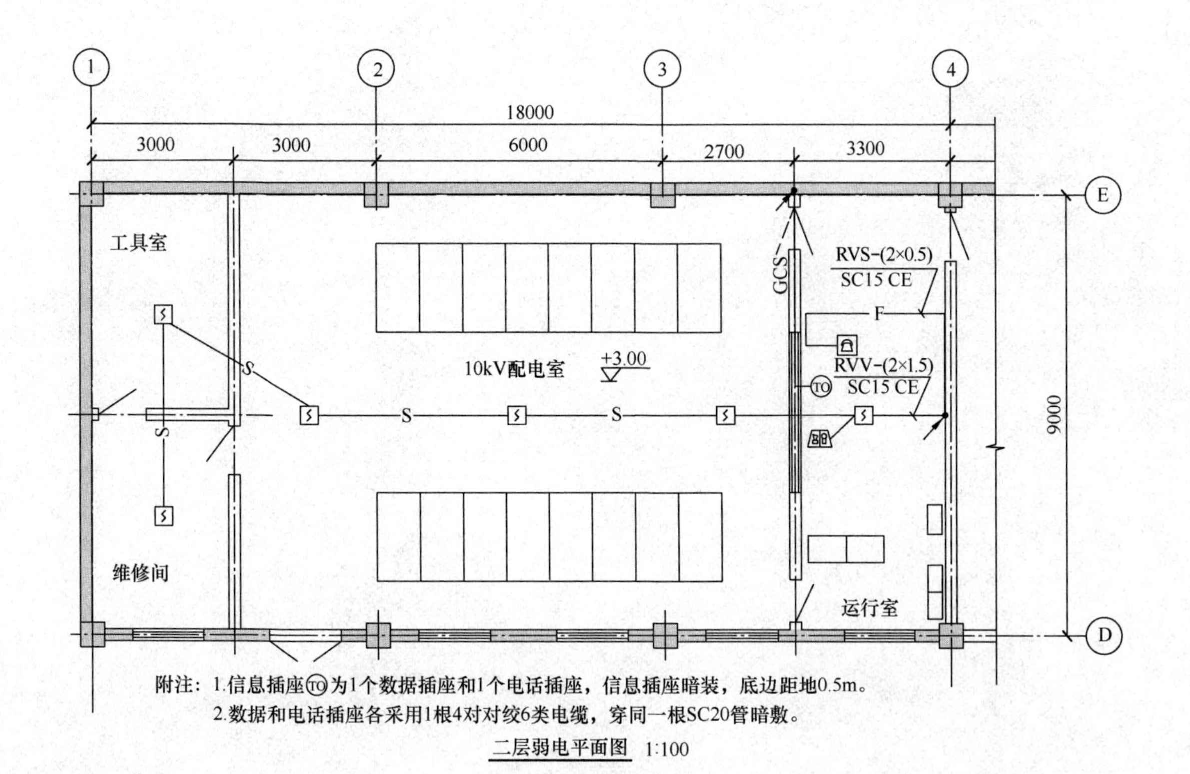

图 10　弱电系统平面图示例

中华人民共和国国家标准

民用建筑太阳能空调工程技术规范

Technical code for solar air conditioning system of civil buildings

GB 50787—2012

主编部门：中华人民共和国住房和城乡建设部
批准部门：中华人民共和国住房和城乡建设部
施行日期：2 0 1 2 年 1 0 月 1 日

中华人民共和国住房和城乡建设部
公　　告

第1412号

关于发布国家标准《民用建筑太阳能空调工程技术规范》的公告

现批准《民用建筑太阳能空调工程技术规范》为国家标准，编号为GB 50787-2012，自2012年10月1日起实施。其中，第1.0.4、3.0.6、5.3.3、5.4.2、5.6.2、6.1.1条为强制性条文，必须严格执行。

本规范由我部标准定额研究所组织中国建筑工业出版社出版发行。

中华人民共和国住房和城乡建设部

2012年5月28日

前　　言

根据住房和城乡建设部《关于印发〈2008年工程建设标准规范制订、修订计划（第一批）〉的通知》（建标［2008］102号）的要求，规范编制组经广泛调查研究，认真总结实践经验，参考有关国际标准和国外先进标准，并在广泛征求意见的基础上，编制本规范。

本规范的主要技术内容是：1　总则；2　术语；3　基本规定；4　太阳能空调系统设计；5　规划和建筑设计；6　太阳能空调系统安装；7　太阳能空调系统验收；8　太阳能空调系统运行管理。

本规范中以黑体字标志的条文为强制性条文，必须严格执行。

本规范由住房和城乡建设部负责管理和对强制性条文的解释，由中国建筑设计研究院负责具体技术内容的解释。执行过程中如有意见或建议，请寄送中国建筑设计研究院国家住宅工程中心（地址：北京市西城区车公庄大街19号，邮编：100044）。

本规范主编单位：中国建筑设计研究院
　　　　　　　　中国可再生能源学会太阳能建筑专业委员会

本规范参编单位：上海交通大学
　　　　　　　　国家太阳能热水器质量监督检验中心（北京）
　　　　　　　　北京市太阳能研究所有限公司
　　　　　　　　青岛经济技术开发区海尔热水器有限公司
　　　　　　　　深圳华森建筑与工程设计顾问有限公司

本规范主要起草人员：仲继寿　王如竹　王　岩　张　昕　翟晓强　朱敦智　张　磊　何　涛　王红朝　孙京岩　郭延隆　张兰英　林建平　曾　雁

本规范主要审查人员：郑瑞澄　何梓年　冯　雅　罗振涛　王志峰　由世俊　郑小梅　寿炜炜　陈　滨

目　次

Contents

1 总 则

1.0.1 为规范太阳能空调系统的设计、施工、验收及运行管理，做到安全适用、经济合理、技术先进，保证工程质量，制定本规范。

1.0.2 本规范适用于在新建、扩建和改建民用建筑中使用以热力制冷为主的太阳能空调系统工程，以及在既有建筑上改造或增设的以热力制冷为主的太阳能空调系统工程。

1.0.3 太阳能空调系统设计应纳入建筑工程设计，统一规划、同步设计、同步施工，与建筑工程同时投入使用。

1.0.4 在既有建筑上增设或改造太阳能空调系统，必须经过建筑结构安全复核，满足建筑结构及其他相应的安全性要求，并通过施工图设计文件审查合格后，方可实施。

1.0.5 民用建筑太阳能空调系统的设计、施工、验收及运行管理，除应符合本规范外，尚应符合国家现行有关标准的规定。

2 术 语

2.0.1 太阳辐射照度 solar irradiance

照射到表面一点处的面元上的太阳辐射能量除以该面元的面积，单位为瓦特每平方米（W/m^2）。

2.0.2 太阳能空调系统 solar air conditioning system

一种主要通过太阳能集热器加热热媒，驱动热力制冷系统的空调系统，由太阳能集热系统、热力制冷系统、蓄能系统、空调末端系统、辅助能源系统以及控制系统六部分组成。

2.0.3 热力制冷 heat-operated refrigeration

直接以热能为动力，通过吸收式或吸附式制冷循环达到制冷目的的制冷方式。

2.0.4 吸收式制冷 absorption refrigeration

一种以热能为动力，利用某些具有特殊性质的工质对，通过一种物质对另一种物质的吸收和释放，产生物质的状态变化，从而伴随吸热和放热过程的制冷方式。

2.0.5 单效吸收 single-effect absorption

具有一级发生器，驱动热源在机组内被直接利用一次的制冷循环。

2.0.6 双效吸收 double-effect absorption

具有高低压两级发生器，驱动热源在机组内被直接和间接利用两次的制冷循环。

2.0.7 吸附式制冷 adsorption refrigeration

一种以热能为动力，利用吸附剂对制冷剂的吸附作用而使制冷剂液体蒸发，从而实现制冷的方式。

2.0.8 太阳能集热系统 solar collector system

用于收集太阳能并将其转化为热能的系统，包括太阳能集热器、管路、泵、换热器及相关附件。

2.0.9 直接式太阳能集热系统 solar direct system

在太阳能集热器中直接加热水供给用户的太阳能集热系统。

2.0.10 间接式太阳能集热系统 solar indirect system

在太阳能集热器中加热液体传热工质，再通过换热器由该种传热工质加热水供给用户的太阳能集热系统。

2.0.11 设计太阳能空调负荷率 design load ration of solar air conditioning

在太阳能空调系统服务区域中，太阳能空调系统所提供的制冷量与该区域空调冷负荷之比。

2.0.12 辅助能源 auxiliary energy source

太阳能加热系统中，为了补充太阳能系统的热输出所用的常规能源。

2.0.13 热力制冷性能系数 coefficient of performance (COP)

在指定工况下，热力制冷机组的制冷量除以加热源耗热量与消耗电功率之和所得的比值。

2.0.14 集热器总面积 gross collector area

整个集热器的最大投影面积，不包括那些固定和连接传热工质管道的组成部分，单位为平方米（m^2）。

3 基 本 规 定

3.0.1 太阳能空调系统应做到全年综合利用。

3.0.2 太阳能热力制冷系统主要分为吸收式与吸附式两类。

3.0.3 太阳能空调工程应充分考虑土建施工、设备运输与安装、用户使用和日常维护等要求。

3.0.4 太阳能空调系统类型的选择应根据所处地区太阳能资源、气候特点、建筑物类型及使用功能、冷热负荷需求、投资规模和安装条件等因素综合确定。

3.0.5 设置太阳能空调系统的新建、改建和扩建的民用建筑，其建筑热工与节能设计应满足所在气候区现行国家建筑节能设计标准的有关规定。

3.0.6 太阳能集热系统应根据不同地区和使用条件采取防过热、防冻、防结垢、防雷、防雹、抗风、抗震和保证电气安全等技术措施。

3.0.7 热力制冷机组、辅助燃油锅炉和燃气锅炉等设备应符合国家现行标准有关安全防护措施的规定。

3.0.8 太阳能空调系统应因地制宜配置辅助能源装置。

3.0.9 太阳能空调系统选用的部件产品应符合国家相关产品标准的规定。

3.0.10 安装太阳能空调系统建筑的主体结构，应符合现行国家标准《建筑工程施工质量验收统一标准》GB 50300 的有关规定。

3.0.11 太阳能空调系统应设计并安装用于测试系统主要性能参数的监测计量装置。

4 太阳能空调系统设计

4.1 一般规定

4.1.1 太阳能空调系统设计应纳入建筑暖通空调系统设计中，明确各部件的技术要求。

4.1.2 太阳能空调系统的设计方案应根据建筑物的用途、规模、使用特点、负荷变化情况与参数要求、所在地区气象条件与能源状况等，通过技术与经济比较确定。

4.1.3 太阳能空调系统应与太阳能采暖系统以及太阳能热水系统集成设计，提高系统的利用率。

4.1.4 太阳能空调系统应根据制冷机组对驱动热源的温度区间要求选择太阳能集热器，集热器总面积应根据设计太阳能空调负荷率、建筑允许的安装条件和安装面积、当地气象条件等因素综合确定。

4.1.5 太阳能空调系统性能应根据热水温度、制冷机组的制冷量、制冷性能系数等参数进行分析计算后确定。

4.1.6 蓄能水箱的容积应根据太阳能集热系统的蓄能要求和制冷机组稳定运行的热量调节要求确定。

4.1.7 太阳能空调系统应设置安全、可靠的控制系统。

4.1.8 热力制冷机组对冷水和热水的水质要求，应符合现行国家标准《蒸汽和热水型溴化锂吸收式冷水机组》GB/T 18431 的有关规定。

4.2 太阳能集热系统设计

4.2.1 太阳能集热系统的集热器总面积计算应符合下列规定：

1 直接式太阳能集热系统集热器总面积应按下式计算：

$$Q_{YR}=\frac{Q\cdot r}{COP} \quad (4.2.1\text{-}1)$$

$$A_c=\frac{Q_{YR}}{J\eta_{cd}(1-\eta_L)} \quad (4.2.1\text{-}2)$$

式中：Q_{YR} ——太阳能集热系统提供的有效热量(W)；

Q——太阳能空调系统服务区域的空调冷负荷(W)；

COP ——热力制冷机组性能系数；

r——设计太阳能空调负荷率，取 40%～100%；

A_c ——直接式太阳能集热系统集热器总面积(m^2)；

J ——空调设计日集热器采光面上的最大总太阳辐射照度(W/m^2)；

η_{cd} ——集热器平均集热效率，取 30%～45%；

η_L ——蓄能水箱以及管路热损失率，取 0.1～0.2。

2 间接式太阳能集热系统集热器总面积应按下式计算：

$$A_{IN}=A_c\cdot\left(1+\frac{U_L\cdot A_c}{U_{hx}\cdot A_{hx}}\right) \quad (4.2.1\text{-}3)$$

式中：A_{IN} ——间接式太阳能集热系统集热器总面积(m^2)；

A_c ——直接式太阳能集热系统集热器总面积(m^2)；

U_L ——集热器总热损系数[$W/(m^2\cdot℃)$]，经测试得出；

U_{hx} ——换热器传热系数[$W/(m^2\cdot℃)$]；

A_{hx} ——换热器换热面积(m^2)。

4.2.2 太阳能集热系统的设计流量计算应符合下列规定：

1 太阳能集热系统的设计流量应按下式计算：

$$G_S=gA \quad (4.2.2)$$

式中：G_S ——太阳能集热系统设计流量(m^3/h)；

g ——太阳能集热系统单位面积流量[$m^3/(h\cdot m^2)$]；

A ——直接式太阳能集热系统集热器总面积，A_c(m^2)，或间接式太阳能集热系统集热器总面积，A_{IN}(m^2)。

2 太阳能集热系统的单位面积流量应根据集热器的相关技术参数确定，也可根据系统大小的不同，按表 4.2.2 确定。

表 4.2.2 太阳能集热器的单位面积流量

系统类型		单位面积流量 $m^3/(h\cdot m^2)$
小型太阳能集热系统	真空管型太阳能集热器	0.032～0.072
	平板型太阳能集热器	0.065～0.080
大型太阳能集热系统(集热器总面积大于 100m²)		0.020～0.060

4.2.3 太阳能集热系统的循环管道以及蓄能水箱的保温设计应符合现行国家标准《设备及管道保温设计导则》GB/T 8175 的有关规定。

4.2.4 太阳能集热器的主要朝向宜为南向。全年使用的太阳能集热器倾角宜与当地纬度一致。如果系统主要用来实现夏季空调制冷，其集热器倾角宜为当地纬度减 10°。

4.3 热力制冷系统设计

4.3.1 热力制冷系统应根据建筑功能和使用要求，

选择连续供冷或间歇供冷方式，并应符合现行国家标准《采暖通风与空气调节设计规范》GB 50019 的有关规定。

4.3.2 太阳能空调系统中选用热水型溴化锂吸收式制冷机组时，应符合下列规定：

1 机组在名义工况下的性能参数，应符合现行国家标准《蒸汽和热水型溴化锂吸收式冷水机组》GB/T 18431 的有关规定；

2 机组的供冷量应根据机组供水侧污垢及腐蚀等因素进行修正；

3 机组的低温保护以及检修空间等要求应符合现行国家标准《蒸汽和热水型溴化锂吸收式冷水机组》GB/T 18431 的有关规定。

4.3.3 太阳能空调系统中选用热水型吸附式制冷机组时，应符合下列规定：

1 机组在名义工况下的性能参数，应符合现行相关标准的规定；

2 宜选用两台机组；

3 工况切换的电动执行机构应安全可靠。

4.3.4 热力制冷系统的热水流量、冷却水流量以及冷冻水流量应按照机组的相关性能参数确定。

4.4 蓄能系统、空调末端系统、辅助能源与控制系统设计

4.4.1 太阳能空调系统蓄能水箱的设置应符合下列规定：

1 蓄能水箱可设置在地下室或顶层的设备间、技术夹层中的设备间或为其单独设计的设备间内，其位置应满足安全运转以及便于操作、检修的要求；

2 蓄能水箱容积较大且在室内安装时，应在设计中考虑水箱整体进入安装地点的运输通道；

3 设置蓄能水箱的位置应具有相应的排水、防水措施；

4 蓄能水箱上方及周围应留有符合规范要求的安装、检修空间，不应小于 600mm；

5 蓄能水箱应靠近太阳能集热系统以及制冷机组，减少管路热损；

6 蓄能水箱应采取良好的保温措施。

4.4.2 太阳能空调系统蓄能水箱的工作温度应根据制冷机组高效运行所对应的热水温度区间确定。

4.4.3 太阳能空调系统蓄能水箱的容积宜按每平方米集热器（20～80）L 确定。

4.4.4 空调末端系统应根据太阳能空调的冷冻水工作温度进行设计，并应符合现行国家标准《采暖通风与空气调节设计规范》GB 50019 的有关规定。

4.4.5 辅助能源装置的容量宜按最不利条件进行设计。

4.4.6 辅助能源装置的设计应符合现行相关规范的规定。

4.4.7 太阳能空调系统的控制及监测应符合下列规定：

1 热力制冷系统宜采用集中监控系统，不具备采用集中监控系统的热力制冷系统，宜采用就近设置自动控制系统；

2 辅助能源系统与太阳能空调系统之间应能实现灵活切换，并应通过合理的控制策略，避免辅助能源装置的频繁启停；

3 太阳能空调系统的主要监测参数可按表 4.4.7 确定。

表 4.4.7 太阳能空调系统的主要监测参数

序号	监测内容	监测参数
1	室内外环境	太阳辐射照度、室内外温度与相对湿度
2	太阳能空调系统	集热器进出口温度与流量、热力制冷机组热水进出口温度与流量、热力制冷机组冷却水进出口温度与流量、热力制冷机组冷冻水进出口温度与流量、蓄能水箱温度、热力制冷机组耗电量、辅助能源消耗量

5 规划和建筑设计

5.1 一 般 规 定

5.1.1 应用太阳能空调系统的民用建筑规划设计，应根据建设地点、地理、气候和场地条件、建筑功能及其周围环境等因素，确定建筑布局、朝向、间距、群体组合和空间环境，满足太阳能空调系统设计和安装的技术要求。

5.1.2 太阳能集热器在建筑屋面、阳台、墙面或建筑其他部位的安装，除不得影响该部位的建筑功能外，还应符合现行国家标准《民用建筑太阳能热水系统应用技术规范》GB 50364 的相关要求。

5.1.3 屋面太阳能集热器的布置应预留出检修通道以及与冷却塔和制冷机房连通的竖向管道井。

5.2 规 划 设 计

5.2.1 建筑体形和空间组合应充分考虑太阳能的利用要求，为接收更多的太阳能创造条件。

5.2.2 规划设计应进行建筑日照分析和计算。安装在屋面的集热器和冷却塔等设施不应降低建筑本身或相邻建筑的建筑日照要求。

5.2.3 建筑群体和环境设计应避免建筑及其周围环境设施遮挡太阳能集热器，应满足太阳能集热器在夏季制冷工况时全天不少于 6h 日照时数的要求。

5.3 建筑设计

5.3.1 太阳能空调系统的制冷机房宜与辅助能源装置或常规空调系统机房统一布置。机房应靠近建筑冷负荷中心，蓄能水箱应靠近集热器和制冷机组。

5.3.2 应合理确定太阳能空调系统各组成部分在建筑中的位置。安装太阳能空调系统的建筑部位除应满足建筑防水、排水等功能要求外，还应满足便于系统的检修、更新和维护的要求。

5.3.3 安装太阳能集热器的建筑部位，应设置防止太阳能集热器损坏后部件坠落伤人的安全防护设施。

5.3.4 直接构成围护结构的太阳能集热器应满足所在部位的结构和消防安全以及建筑防护功能的要求。

5.3.5 太阳能集热器不应跨越建筑变形缝设置。

5.3.6 应合理设计辅助能源装置的位置和安装空间，满足辅助能源装置安全运行、便于操作及维护的要求。

5.4 结构设计

5.4.1 建筑的主体结构或结构构件，应能够承受太阳能空调系统相关设备传递的荷载要求。

5.4.2 结构设计应为太阳能空调系统安装埋设预埋件或其他连接件。连接件与主体结构的锚固承载力设计值应大于连接件本身的承载力设计值。

5.4.3 安装在屋面、阳台或墙面的太阳能集热器与建筑主体结构通过预埋件连接，预埋件应在主体结构施工时埋入，且位置应准确；当没有条件采用预埋件连接时，应采用其他可靠的连接措施。

5.4.4 热力制冷机组、冷却塔、蓄能水箱等较重的设备和部件应安装在具有相应承载能力的结构构件上，并进行构件的强度与变形验算。

5.4.5 支架、支撑金属件及其连接节点，应具有承受系统自重荷载、风荷载、雪荷载、检修动荷载和地震作用的能力。

5.4.6 设备与主体结构采用后加锚栓连接时，应符合现行行业标准《混凝土结构后锚固技术规程》JGJ 145 的有关规定，并应符合下列规定：

1 锚栓产品应有出厂合格证；

2 碳素钢锚栓应经过防腐处理；

3 锚栓应进行承载力现场试验，必要时应进行极限拉拔试验；

4 每个连接节点不应少于 2 个锚栓；

5 锚栓直径应通过承载力计算确定，并不应小于 10mm；

6 不宜在与化学锚栓接触的连接件上进行焊接操作；

7 锚栓承载力设计值不应大于其选用材料极限承载力的 50%。

5.4.7 太阳能空调系统结构设计应计算下列作用效应：

1 非抗震设计时，应计算重力荷载和风荷载效应；

2 抗震设计时，应计算重力荷载、风荷载和地震作用效应。

5.5 暖通和给水排水设计

5.5.1 太阳能空调系统的机房应保持良好的通风，并应满足现行国家标准《采暖通风与空气调节设计规范》GB 50019 中对机房的要求。

5.5.2 太阳能空调系统中机房的给水排水设计应符合现行国家标准《建筑给水排水设计规范》GB 50015 中的相关规定，其消防设计应按相关国家标准执行。

5.5.3 太阳能集热器附近宜设置用于清洁集热器的给水点并预留相应的排水设施。

5.6 电气设计

5.6.1 电气设计应满足太阳能空调系统用电负荷和运行安全的要求，并应符合现行行业标准《民用建筑电气设计规范》JGJ 16 的有关规定。

5.6.2 太阳能空调系统中所使用的电气设备应设置剩余电流保护、接地和断电等安全措施。

5.6.3 太阳能空调系统电气控制线路应穿管暗敷或在管道井中敷设。

6 太阳能空调系统安装

6.1 一般规定

6.1.1 太阳能空调系统的施工安装不得破坏建筑物的结构、屋面防水层和附属设施，不得削弱建筑物在寿命期内承受荷载的能力。

6.1.2 太阳能空调系统的安装应单独编制施工组织设计，并应包括与主体结构施工、设备安装、装饰装修的协调配合方案及安全措施等内容。

6.1.3 太阳能空调系统安装前应具备下列条件：

1 设计文件齐备，且已审查通过；

2 施工组织设计及施工方案已经批准；

3 施工场地符合施工组织设计要求；

4 现场水、电、场地、道路等条件能满足正常施工需要；

5 预留基座、孔洞、预埋件和设施符合设计要求，并已验收合格；

6 既有建筑具有建筑结构安全复核通过的相关文件。

6.1.4 进场安装的太阳能空调系统产品、配件、管线的性能和外观应符合现行国家及行业相关产品标准的要求，选用的材料应能耐受系统可达到的最高工作温度。

6.1.5 太阳能空调系统安装应对已完成的土建工程、安装的产品及部件采取保护措施。

6.1.6 太阳能空调系统安装应由专业队伍或经过培训并考核合格的人员完成。

6.1.7 辅助能源装置为燃油或燃气锅炉时，其安装单位、人员应具有特种设备安装资质并按省级质量技术监督局要求进行安装报批、检验和验收。

6.2 太阳能集热系统安装

6.2.1 支承集热器的支架应按设计要求可靠固定在基座上或基座的预埋件上，位置准确，角度一致。

6.2.2 在屋面结构层上现场施工的基座完工后，应作防水处理并应符合现行国家标准《屋面工程质量验收规范》GB 50207 的相关规定。

6.2.3 钢结构支架及预埋件应作防腐处理。防腐施工应符合现行国家标准《建筑防腐蚀工程施工及验收规范》GB 50212 和《建筑防腐蚀工程质量检验评定标准》GB 50224 的相关规定。

6.2.4 集热器安装倾角和定位应符合设计要求，安装倾角误差不应大于±3°。

6.2.5 集热器与集热器之间的连接宜采用柔性连接方式，且密封可靠、无泄漏、无扭曲变形。

6.2.6 太阳能集热系统的管路安装应符合现行国家标准《建筑给水排水及采暖工程施工质量验收规范》GB 50242 的相关规定。

6.2.7 集热器和管道连接完毕，应进行检漏试验，检漏试验应符合设计要求与本规范第 6.7 节的规定。

6.2.8 集热器支架和金属管路系统应与建筑物防雷接地系统可靠连接。

6.2.9 太阳能集热系统管路的保温应在检漏试验合格后进行。保温材料应符合现行国家标准《工业设备及管道绝热工程质量检验评定标准》GB 50185 的有关规定。

6.3 制冷系统安装

6.3.1 吸收式和吸附式制冷机组安装时必须严格按随机所附的产品说明书中的相关要求进行搬运、拆卸包装、安装就位。严禁对设备进行敲打、碰撞或对机组的连接件、焊接处施以外力。吊装时，荷载点必须在规定的吊点处。

6.3.2 制冷机组宜布置在建筑物内。若选用室外型机组，其制冷装置的电气和控制设备应布置在室内。

6.3.3 制冷机组及系统设备的施工安装应符合现行国家标准《制冷设备、空气分离设备安装工程施工及验收规范》GB 50274 及《通风与空调工程施工质量验收规范》GB 50243 的相关规定。

6.3.4 空调末端的施工安装应符合现行国家标准《建筑给水排水及采暖工程施工质量验收规范》GB 50242 和《通风与空调工程施工质量验收规范》GB 50243 的相关规定。

6.4 蓄能和辅助能源系统安装

6.4.1 用于制作蓄能水箱的材质、规格应符合设计要求；钢板焊接的水箱内外壁均应按设计要求进行防腐处理，内壁防腐材料应卫生、无毒，且应能承受所贮存热水的最高温度。

6.4.2 蓄能水箱和支架间应有隔热垫，不宜直接采用刚性连接。

6.4.3 地下蓄能水池应严密、无渗漏，满足系统承压要求。水池施工时应有防止土压力引起的滑移变形的措施。

6.4.4 蓄能水箱应进行检漏试验，试验方法应符合设计要求和本规范第 6.7 节的规定。

6.4.5 蓄能水箱的保温应在检漏试验合格后进行。保温材料应能长期耐受所贮存热水的最高温度；保温构造和保温厚度应符合现行国家标准《工业设备及管道绝热工程质量检验评定标准》GB 50185 的有关规定。

6.4.6 蒸汽和热水锅炉及配套设备的安装应符合现行国家标准《建筑给水排水及采暖工程施工质量验收规范》GB 50242 的相关规定。

6.5 电气与自动控制系统安装

6.5.1 太阳能空调系统的电缆线路施工和电气设施的安装应符合现行国家标准《电气装置安装工程 电缆线路施工及验收规范》GB 50168 和《建筑电气工程施工质量验收规范》GB 50303 的相关规定。

6.5.2 所有电气设备和与电气设备相连接的金属部件应作接地处理。电气接地装置的施工应符合现行国家标准《电气装置安装工程接地装置施工及验收规范》GB 50169 的相关规定。

6.5.3 传感器的接线应牢固可靠，接触良好。接线盒与套管之间的传感器屏蔽线应作二次防护处理，两端应作防水处理。

6.6 压力试验与冲洗

6.6.1 太阳能空调系统安装完毕后，在管道保温之前，应对压力管道、设备及阀门进行水压试验。

6.6.2 太阳能空调系统压力管道的水压试验压力应为工作压力的 1.5 倍。非承压管路系统和设备应做灌水试验。当设计未注明时，水压试验和灌水试验应按现行国家标准《建筑给水排水及采暖工程施工质量验收规范》GB 50242 的相关要求进行。

6.6.3 当环境温度低于 0℃ 进行水压试验时，应采取可靠的防冻措施。

6.6.4 吸收式和吸附式制冷机组安装完毕后应进行水压试验。系统水压试验合格后，应对系统进行冲洗直至排出的水不浑浊为止。

6.7 系 统 调 试

6.7.1 系统安装完毕投入使用前，应进行系统调试，系统调试应在设备、管道、保温、配套电气等施工全部完成后进行。

6.7.2 系统调试应包括设备单机或部件调试和系统联动调试。系统联动调试宜在与设计室外参数相近的条件下进行，联动调试完成后，系统应连续 3d 试运行。

6.7.3 设备单机、部件调试应包括下列内容：

1 检查水泵安装方向；

2 检查电磁阀安装方向；

3 温度、温差、水位、流量等仪表显示正常；

4 电气控制系统应达到设计要求功能，动作准确；

5 剩余电流保护装置动作准确可靠；

6 防冻、防过热保护装置工作正常；

7 各种阀门开启灵活，密封严密；

8 制冷设备正常运转。

6.7.4 设备单机或部件调试完成后，应进行系统联动调试。系统联动调试应包括下列内容：

1 调整系统各个分支回路的调节阀门，各回路流量应平衡，并达到设计流量；

2 根据季节切换太阳能空调系统工作模式，达到制冷、采暖或热水供应的设计要求；

3 调试辅助能源装置，并与太阳能加热系统相匹配，达到系统设计要求；

4 调整电磁阀控制阀门，电磁阀的阀前阀后压力应处在设计要求的压力范围内；

5 调试监控系统，计量检测设备和执行机构应工作正常，对控制参数的反馈及动作应正确、及时。

6.7.5 系统联动调试的运行参数应符合下列规定：

1 额定工况下空调系统的工质流量、温度应满足设计要求，调试结果与设计值偏差不应大于现行国家标准《通风与空调工程施工质量验收规范》GB 50243 的相关规定；

2 额定工况下太阳能集热系统流量与设计值的偏差不应大于10%；

3 系统在蓄能和释能过程中应运行正常、平稳，水泵压力及电流不应出现大幅波动，供制冷机组的热源温度波动符合机组正常运行的要求；

4 溴化锂吸收式制冷机组的运行参数应符合现行国家标准《蒸汽和热水型溴化锂吸收式冷水机组》GB/T 18431 的相关规定。

7 太阳能空调系统验收

7.1 一 般 规 定

7.1.1 太阳能空调系统验收应根据其施工安装特点进行分项工程验收和竣工验收。

7.1.2 太阳能空调系统验收前，应在安装施工过程中完成下列隐蔽工程的现场验收：

1 预埋件或后置锚栓连接件；

2 基座、支架、集热器四周与主体结构的连接节点；

3 基座、支架、集热器四周与主体结构之间的封堵；

4 系统的防雷、接地连接节点。

7.1.3 太阳能空调系统验收前，应将工程现场清理干净。

7.1.4 分项工程验收应由监理或建设单位组织施工单位进行验收。

7.1.5 太阳能空调系统完工后，施工单位应自行组织有关人员进行检验评定，并向建设单位提交竣工验收申请报告。

7.1.6 建设单位收到工程竣工验收申请报告后，应由建设单位组织设计、施工、监理等单位联合进行竣工验收。

7.1.7 所有验收应做好记录，签署文件，立卷归档。

7.2 分项工程验收

7.2.1 分项工程验收应根据工程施工特点分期进行，分部、分项工程可按表 7.2.1 划分。

表 7.2.1 太阳能空调系统工程的分部、分项工程划分表

序号	分部工程	分项工程
1	太阳能集热系统	太阳能集热器安装、其他辅助能源/换热设备安装、管道及配件安装、系统水压试验及调试、防腐、绝热等
2	热力制冷系统	机组安装、管道及配件安装、水处理设备安装、辅助设备安装、系统水压试验及调试、防腐、绝热等
3	蓄能系统	蓄能水箱及配件安装、管道及配件安装、辅助设备安装、防腐、绝热等
4	空调末端系统	新风机组、组合式空调机组、风机盘管系统与末端管线系统的施工安装、低温热水地板辐射采暖系统施工安装等
5	控制系统	传感器及安全附件安装、计量仪表安装、电缆线路施工安装

7.2.2 对影响工程安全和系统性能的工序，应在该工序验收合格后进入下一道工序的施工，且应符合下列规定：

1 在屋面太阳能空调系统施工前，应进行屋面防水工程的验收；

2 在蓄能水箱就位前，应进行蓄能水箱支撑构件和固定基座的验收；

3 在太阳能集热器支架就位前，应进行支架固定基座的验收；

4 在建筑管道井封口前，应进行预留管路的验收；

5 太阳能空调系统电气预留管线的验收；

6 在蓄能水箱进行保温前，应进行蓄能水箱检漏的验收；

7 在系统管路保温前，应进行管路水压试验；

8 在隐蔽工程隐蔽前，应进行施工质量验收。

7.2.3 太阳能空调系统调试合格后，应按照设计要求对性能进行检验，检验的主要内容应包括：

1 压力管道、系统、设备及阀门的水压试验；

2 系统的冲洗及水质检验；

3 系统的热性能检验。

7.3 竣工验收

7.3.1 工程移交用户前，应进行竣工验收。竣工验收应在分项工程验收和性能检验合格后进行。

7.3.2 竣工验收应提交下列资料：

1 设计变更证明文件和竣工图；

2 主要材料、设备、成品、半成品、仪表的出厂合格证明或检验资料；

3 屋面防水检漏记录；

4 隐蔽工程验收记录和中间验收记录；

5 系统水压试验记录；

6 系统水质检验记录；

7 系统调试和试运行记录；

8 系统热性能评估报告；

9 工程使用维护说明书。

8 太阳能空调系统运行管理

8.1 一般规定

8.1.1 太阳能空调系统交付使用前，系统提供单位应对使用单位进行操作培训，并帮助使用单位建立太阳能空调系统的管理制度，提交使用手册。

8.1.2 太阳能空调系统的运行和管理应由专人负责。

8.1.3 当太阳能空调系统运行发生异常时，应及时处理。

8.1.4 使用单位应对太阳能空调系统进行定期检查，检查周期不应大于1年。

8.2 安全检查

8.2.1 使用单位应对太阳能集热系统的运行和安全性进行定期检查。

8.2.2 使用单位应对安装在墙面处的太阳能集热器定期进行其防护设施的维护和检修。

8.2.3 使用单位应在进入冬季之前检查系统防冻性能的安全性。

8.2.4 使用单位应定期检查太阳能集热系统的防雷设施。

8.2.5 使用单位应定期检查辅助能源装置以及相应管路系统的安全性。

8.3 系统维护

8.3.1 使用单位应对系统中的传感器进行年检，发现问题应及时更换。

8.3.2 太阳能集热器应每年进行全面检查，定期清洗集热器表面。

8.3.3 使用单位应定期检查水泵、管路以及阀门等附件。

8.3.4 夏季空调系统停止运行时，应采取有效措施防止太阳能集热系统过热。

8.3.5 热力制冷机组的维护应按照生产企业的相关要求进行。

本规范用词说明

1 为便于在执行本规范条文时区别对待，对要求严格程度不同的用词说明如下：

1）表示很严格，非这样做不可的：
正面词采用“必须”，反面词采用“严禁”；

2）表示严格，在正常情况下均应这样做的：
正面词采用“应”，反面词采用“不应”或“不得”；

3）表示允许稍有选择，在条件许可时首先应这样做的：
正面词采用“宜”，反面词采用“不宜”；

4）表示有选择，在一定条件下可以这样做的，采用“可”。

2 条文中指明应按其他有关标准执行的写法为：“应符合……的规定”或“应按……执行”。

引用标准名录

1 《建筑给水排水设计规范》GB 50015

2 《采暖通风与空气调节设计规范》GB 50019

3 《电气装置安装工程　电缆线路施工及验收规范》GB 50168

4 《电气装置安装工程接地装置施工及验收规范》GB 50169

5 《工业设备及管道绝热工程质量检验评定标准》GB 50185

6 《屋面工程质量验收规范》GB 50207

7 《建筑防腐蚀工程施工及验收规范》

GB 50212

8 《建筑防腐蚀工程质量检验评定标准》GB 50224

9 《建筑给水排水及采暖工程施工质量验收规范》GB 50242

10 《通风与空调工程施工质量验收规范》GB 50243

11 《制冷设备、空气分离设备安装工程施工及验收规范》GB 50274

12 《建筑工程施工质量验收统一标准》GB 50300

13 《建筑电气工程施工质量验收规范》GB 50303

14 《民用建筑太阳能热水系统应用技术规范》GB 50364

15 《设备及管道保温设计导则》GB/T 8175

16 《蒸汽和热水型溴化锂吸收式冷水机组》GB/T 18431

17 《民用建筑电气设计规范》JGJ 16

18 《混凝土结构后锚固技术规程》JGJ 145

中华人民共和国国家标准

民用建筑太阳能空调工程技术规范

GB 50787—2012

条 文 说 明

制 订 说 明

《民用建筑太阳能空调工程技术规范》GB 50787－2012，经住房和城乡建设部2012年5月28日以第1412号公告批准、发布。

为便于广大设计、施工、科研、学校等单位有关人员在使用本规范时能正确理解和执行条文规定，《民用建筑太阳能空调工程技术规范》编制组按章、节、条顺序编制了本规范的条文说明，对条文规定的目的、依据以及执行中需注意的有关事项进行了说明。但是，本条文说明不具备与规范正文同等的法律效力，仅供使用者作为理解和把握规范规定的参考。

目　次

1 总　　则

1.0.1 本条明确了制定本规范的目的和宗旨。近年来，我国经济持续发展、稳步增长，虽经历了全球性的金融危机，但发展的态势一直呈上升趋势，能源的消耗不断攀升，尤其以化石燃料为主的能源大量使用，带来能源紧缺、环境恶化等一系列的问题。在我国，每年建筑运行所消耗的能源占全国商品能源的21%～24%，这其中很大部分被用来为建筑提供夏季空调及冬季采暖。面对如此严峻的用能环境，只有有效地开发和利用可再生能源才是解决问题的出路。

太阳能空调把低品位的能源转变为高品位的舒适性空调制冷，对节省常规能源、减少环境污染具有重要意义，符合可持续发展战略的要求。太阳能空调系统的制冷功率、太阳辐射照度及空调制冷用能在季节上的分布规律高度匹配，即太阳辐射越强，天气越热，需要的制冷负荷越大时，系统的制冷功率也相应越大。目前，利用太阳能光热转换的吸收式制冷技术较为成熟，国际上一般采用溴化锂吸收式制冷机，同时，吸附式制冷技术也在逐步发展并日趋完善。我国太阳能空调工程的建设起步于20世纪80年代，经过30年的研究、试验和工程示范，太阳能空调在国内已有较好的应用基础，但仍需要进一步推广。

太阳能空调工程大部分是由太阳能生产企业和太阳能研究机构等自行设计、施工并加以运行管理，过程中存在几个问题：第一，太阳能空调系统设计与国家现行的民用建筑设计规范衔接不到位，导致与传统设计有隔阂甚至矛盾，阻碍了太阳能空调的发展；第二，各生产企业的系统设计立足本单位产品，设计的各种系统良莠不齐，系统优化难于实现，更谈不上规模化和标准化；第三，太阳能空调系统中集热系统与民用建筑的整合设计得不到体现；第四，系统的安装和验收没有统一标准，通常各自为政，也缺乏技术部门的监管，容易产生安全隐患；第五，系统的运行、维护和管理缺乏科学的指导。因此，本规范的制定有重要的现实意义。

1.0.2 本条规定了本规范的适用范围。从理论上讲，太阳能空调的实现有两种方式：一是太阳能光电转换，利用电力制冷；二是太阳能光热转换，利用热能制冷。对于前者，由于大功率太阳能发电技术的高额成本，目前实用性较差。因此，本规范只适用于以太阳能热力制冷为主的太阳能空调系统工程。本规范从技术的角度解决新建、扩建和改建的民用建筑中太阳能空调系统与建筑一体化的设计问题以及相关设备和部件在建筑上应用的问题。这些技术内容同样也适用于既有建筑中增设太阳能空调系统及对既有建筑中已安装的太阳能空调系统进行更换和改造。

1.0.3 太阳能空调系统采用可再生能源——太阳能，并以燃油、燃气、电等为辅助能源，为民用建筑提供满足要求的良好的室内环境。作为系统，它包含了较多的设备、管路等，需要工程建设中各专业的配合和保证，例如太阳能空调系统中太阳能集热器与建筑的整合设计等，因此必须在建设规划阶段就由设计单位纳入工程设计，通盘考虑，总体把握，并按照设计、施工和验收的流程一步步进行，这样才可以做到科学、合理、系统、安全和美观的统一。

1.0.4 本条为强制性条文，主要出发点是保证既有建筑的结构安全性。由于太阳能空调发展滞后，随着今后太阳能空调的推广和未来规模化发展，势必会存在大量既有建筑改装太阳能空调系统的现象，而根据民用建筑太阳能热水系统的发展经验，在改造过程中既有建筑的结构安全与否必须率先确定，然后才可以进行太阳能集热系统的安装。

结构的安全性复核应由建筑的原建筑设计单位、有资质的设计单位或权威检测机构进行，复核安全后进行施工图设计，并指导施工。

1.0.5 太阳能空调系统由太阳能集热系统、热力制冷系统、蓄能系统、空调末端系统、辅助能源系统以及控制系统组成，包含的设备及部件在材料、技术要求以及设计、安装、验收方面，均有相应的国家标准，因此，太阳能空调系统产品应符合这些标准要求。太阳能空调系统在民用建筑上的应用是综合技术，其设计、施工安装、验收与运行管理涉及太阳能和建筑两个行业，与之密切相关的还有许多其他国家标准，其相关的规定也应遵守，尤其是强制性条文。

2 术　　语

2.0.3 热力制冷是一种基于热驱动吸收式或吸附式制冷机组产生冷水的技术。已应用的太阳能热力制冷技术包括：溴化锂-水吸收式制冷、氨-水吸收式制冷、硅胶-水吸附式制冷等。其中，太阳能驱动的溴化锂-水吸收式制冷是目前国内外最为成熟、应用最为广泛的技术。

2.0.7 吸附式制冷是太阳能热力制冷的一种类型，该种热力制冷方式在国内应用较少，但在国外发展较为完善。

2.0.11 设计太阳能空调负荷率用于计算太阳能集热器总面积。由于太阳能集热器安装面积的限制，太阳能空调系统一般可用来满足建筑的部分区域，在设计工况下，太阳能空调系统可以全部或部分满足该区域的空调冷负荷。因此，设计太阳能空调负荷率是指设计工况下太阳能空调系统所能提供的制冷量占太阳能空调系统服务区域空调冷负荷的份额。

2.0.13 热力制冷性能系数（*COP*）是热力制冷系统的一项重要技术经济指标，该数值越大，表示制冷系统能源利用率越高。由于这一参数是用相同单位的输入和输出的比值表示，因此为无量纲数。

3 基 本 规 定

3.0.1 随着我国国民经济的快速发展，普通民众对办公与居住条件的改善需求日益增长，建筑能耗尤其是夏季制冷能耗随之逐年升高。因此，太阳能在夏季制冷中也会发挥重要作用。但是由于不同气候区的夏季制冷工况需匹配的集热器总面积与冬季采暖工况需匹配的集热器总面积不一样，尤其是夏热冬冷地区夏季炎热且漫长，冬季寒冷但短暂。所以在设计与应用太阳能空调系统时，应同时考虑太阳能热水在夏季以外季节的应用，例如生活热水与采暖，避免浪费，做到全年综合利用。

太阳能集热系统在同时考虑热水及采暖应用时，其设计应符合现行国家标准《建筑给水排水设计规范》GB 50015、《民用建筑太阳能热水系统应用技术规范》GB 50364 与《太阳能供热采暖工程技术规范》GB 50495 的有关规定。

3.0.2 太阳能制冷系统可按照图 1 进行分类。

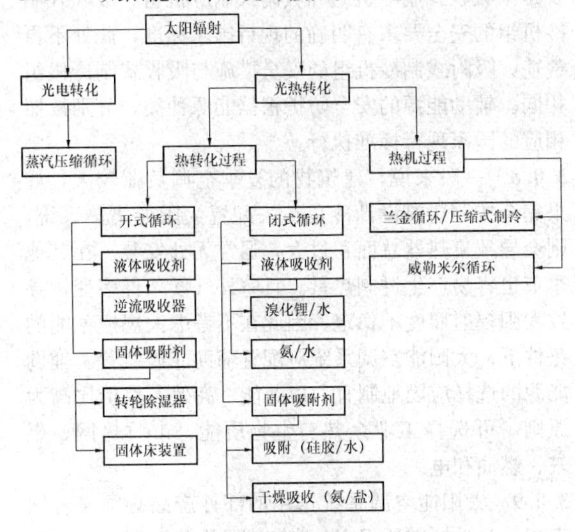

图 1 太阳能制冷系统分类

从热力制冷角度出发，本规范只适用于吸收式与吸附式制冷。

从太阳能热力制冷机组和制冷热源工作温度的高低来分，目前国内外太阳能热力制冷系统可以分为三类（表 1）。

表 1 太阳能热力制冷系统分类

序号	制冷热源温度（℃）	制冷机 *COP*	制冷机型	适配集热器类型
1	130～160	1.0～1.2	蒸汽双效吸收式	聚光型、真空管型
2	85～95	0.6～0.7	热水型吸收式	真空管型、平板型
3	65～85	0.4～0.6	吸附式	真空管型、平板型

根据表 1 可知，热力制冷系统可以分为高温型、中温型和低温型三种类型。国外实用性系统多为中温型，也有高温型的实验装置，但国内目前只有后两种，且制冷机组热媒为水。因此，本规范只适用于后两种制冷方式，且不考虑集热效率较低的空气集热器。

吸收式制冷技术从所使用的工质对角度看，应用广泛的有溴化锂-水和氨-水，其中溴化锂-水由于 *COP* 高、对热源温度要求低、没有毒性和对环境友好等特点，占据了当今研究与应用的主流地位。按照驱动热源分类，溴化锂吸收式制冷机组可分为蒸汽型、直燃型和热水型三种。

太阳能吸附式制冷具有以下特点：

1 系统结构及运行控制简单，不需要溶液泵或精馏装置。因此，系统运行费用低，也不存在制冷剂的污染、结晶或腐蚀等问题。

2 可采用不同的吸附工质对以适应不同的热源及蒸发温度。如采用硅胶-水吸附工质对的太阳能吸附式制冷系统可由（65～85）℃的热水驱动，用于制取（7～20）℃的冷冻水；采用活性炭-甲醇工质对的太阳能吸附制冷系统，可直接由平板集热器驱动。

3 与吸收式及压缩式制冷系统相比，吸附式系统的制冷功率相对较小。受机器本身传热传质特性以及工质对制冷性能的影响，增加制冷量时，就势必增加吸附剂并使换热设备的质量大幅度增加，因而增加了初投资，机器也会变得庞大而笨重。此外，由于地面上太阳辐射照度较低，收集一定量的加热功率通常需较大的集热面积。受以上两方面因素的限制，目前研制成功的太阳能吸附式制冷系统的制冷功率一般均较小。

4 由于太阳辐射在时间分布上的周期性、不连续性及易受气候影响等特点，太阳能吸附式制冷系统应用于空调或冷藏等场合时通常需配置辅助能源。

3.0.3 太阳能空调系统包含各种设备、管路系统和调控装置等，系统涉及内容庞杂，因此在设计时除考虑系统的功能性，还要考虑以下几个方面：

1 土建施工：即建筑主体在土建施工时与设备、管道和其他部件的协调，如对各部件的保护、施工预留基础、孔洞和预埋受力部件，以及考虑施工的先后次序等；

2 设备运输和安装：设计时要充分考虑设备的运输路线、通道和预留吊装孔等，并为设备安装预留足够的空间；

3 用户使用和日常维护：系统设计时要考虑用户使用是否简便、易行，日常维护要简单、易操作，使用与维护的便利有助于太阳能空调系统的推广。

3.0.4 太阳能作为可再生能源的一种，具有不稳定的特点，太阳能资源由于所处地区地理位置、气象特点等不同更存在很大的差异，加之太阳能集热系统的运行效率不同，选择太阳能空调系统时应有针对性。

另一方面，建筑物类型如低层、多层或高层，和使用功能如公共建筑或居住建筑，以及冷热负荷需求（各个气候区冷热负荷侧重不同），会影响太阳能集热系统的大小、安装条件及系统设计，而同时业主对投资规模和产品也有相应的要求，导致设计条件较为复杂。因此，为适应这些条件，需要设计人员对系统类型的选择全面考虑、整合设计，做到系统优化、降低投资。

3.0.5 “十一五”国家科技支撑计划开展以来，我国政府大力提倡建筑节能降耗，各气候区所在城市和农村纷纷出台具有当地特色的建筑节能设计标准和实施细则，并要求在新建、改建和扩建的民用建筑的建筑设计过程中严格执行相关标准，所以，太阳能空调系统的设计前提是建筑的热工与节能设计必须满足相关节能设计标准的规定。建筑的热工性能是影响制冷机组容量的最主要因素，有条件的工程应适当提高围护结构的设计标准，尤其是隔热性能，才能降低建筑的制冷负荷，从而提高太阳能利用率，降低投资成本。同样的道理也适用于既有建筑的节能改造，只有改造后的既有建筑热工性能满足节能设计标准，才能设置太阳能空调系统，否则根本达不到预期的节能效果。

3.0.6 本条为强制性条文，目的是确保太阳能集热系统在实际使用中的安全性。第一，集热系统因位于室外，首先要做好保护措施，如采取避雷针、与建筑物避雷系统连接等防雷措施。第二，在非采暖和制冷季节，系统用热量和散热量低于太阳能集热系统得热量时，蓄能水箱温度会逐步升高，如系统未设置防过热措施，水箱温度会远高于设计温度，甚至沸腾过热。解决的措施包括：(1) 遮盖一部分集热器，减少集热系统得热量；(2) 采用回流技术使传热介质液体离开集热器，保证集热器中的热量不再传递到蓄能水箱；(3) 采用散热措施将过剩的热量传送到周围环境中去；(4) 及时排出部分蓄能水箱（池）中热水以降低水箱水温；(5) 传热介质液体从集热器迅速排放到膨胀罐，集热回路中达到高温的部分总是局限在集热器本身。第三，在冬季最低温度低于0℃的地区，安装太阳能集热系统需要考虑防冻问题。当系统集热器和管道温度低于0℃后，水结冰体积膨胀，如果管材允许变形量小于水结冰的膨胀量，管道会胀裂损坏。目前常用的防冻措施见表2。

表2 太阳能系统防冻措施的选用

防冻措施	严寒地区	寒冷地区	夏热冬冷
防冻液为工质的间接系统	●	●	●
排空系统	—	—	●
排回系统	○[1]	●	●
蓄能水箱热水再循环	○[2]	○[2]	●
在集热器联箱和管道敷设电热带	—	○[2]	●

续表2

注：1 室外系统排空时间较长时（系统较大，回流管线较长或管道坡度较小）不宜使用；
2 方案技术可行，但由于夜晚散热较大，影响系统经济效益；
3 表中“●”为可选用；“○”为有条件选用；“—”为不宜选用。

最后，还应防止因水质问题带来的结垢问题。一般合格的集热器均能满足防雹要求，采取合适的防冻液或排空措施均可实现集热系统的防冻。用电设备的用电安全在设计时也要考虑。

3.0.7 本条强调了热力制冷机组、辅助燃油锅炉和燃气锅炉等设备安全防护的重要性。热力制冷机组主要是指吸收式制冷机组和吸附式制冷机组，吸收式制冷机组的安全要求有明确的现行国家标准，此处不再赘述，吸附式制冷机组的安全措施与吸收式制冷机组相同。辅助能源的安全防护根据能源种类，分别按照相应的国家现行标准执行。

3.0.8 一般来说，建筑物的夏季空调负荷较大，如果完全按照建筑设计冷负荷去配置太阳能集热系统，则会导致集热器总面积过大，通常无处安装，在其他季节也容易产生过剩热量。且室外气候条件多变，导致太阳辐射照度不稳定。因此在不考虑大规模蓄能的条件下，太阳能空调系统应配置辅助能源装置。辅助能源的选择应因地制宜，以节能、高效、性价比高为原则，可选择工业余热、生物质能、市政热网、燃气、燃油和电。

3.0.9 太阳能空调系统选用的部件产品必须符合国家相关产品标准的规定，应有产品合格证和安装使用说明书。在设计时，宜优先采用通过产品认证的太阳能制冷系统及部件产品。太阳能空调系统中的太阳能集热器应符合《平板型太阳能集热器》GB/T 6424和《真空管型太阳能集热器》GB/T 17581中规定的性能要求。溴化锂制冷机组应满足《蒸汽和热水型溴化锂吸收式冷水机组》GB/T 18431中的要求。

其他设备和部件的质量应符合国家相关产品标准规定的要求。系统配备的输水管和电器、电缆线应与建筑物其他管线统筹安排、同步设计、同步施工，安全、隐蔽、集中布置，便于安装维护。太阳能空调系统所选用的集热器应在制冷机组热源温度范围内进行性能测试，保证集热器热性能与制冷机组的匹配性。生产企业应提供详细的制冷机组工作性能报告，包括制冷机组随热源温度变化的性能特性曲线，并应出示相关的检测报告。

3.0.10 太阳能空调系统是建筑的一部分，建筑主体结构符合现行国家标准《建筑工程施工质量验收统一标准》GB 50300 是保证太阳能空调系统达到设计效果的前提条件，更是整个工程的必要工序。

3.0.11 在当前国家大力发展建筑节能减排的背景下，各种能源消耗设备都会成为"能源审计"的对象，太阳能空调系统也不例外。如何既保障系统设备安全运行，又能同时衡量太阳能空调系统的集热系统效率和制冷性能系数等指标，离不开系统的监测计量装置。因此，应设计并安装用于测试系统主要性能参数的监测计量装置，包括热量、温度、湿度、压力、电量等参数。

4 太阳能空调系统设计

4.1 一 般 规 定

4.1.1 本条明确太阳能空调系统应由暖通空调专业工程师进行设计，并应符合现行国家标准《采暖通风与空气调节设计规范》GB 50019 的相关要求。在具体设计中，针对太阳能空调系统的特点，首先，设计师需要考虑太阳能集热器的高效利用问题，为此，从产品方面，需要选用高温下仍然具有较高集热效率的太阳能集热器；从安装方面，需要保证合理的安装角度，并要求实现太阳能集热器与建筑的集成设计。其次，设计师需要综合考虑太阳能集热器、蓄能水箱、制冷机组以及辅助能源装置之间的合理连接问题，既要保证设备布局紧凑，又要优化管路系统，减少热损。

4.1.2 本条从太阳能空调系统与建筑相结合的基本要求出发，规定了太阳能空调系统的设计必须根据建筑的功能、使用规律、空调负荷特点以及当地气候特点综合考虑。太阳能空调系统应优先选用市场上成熟度较高的太阳能集热器以及热力制冷机组。国内高效平板以及高效真空管太阳能集热器成熟度已较高，可应用在太阳能空调系统中。热力制冷机组方面，溴化锂吸收式（单效）制冷机组属于成熟产品，制冷量为15kW 的硅胶-水吸附式制冷机组已经有小批量生产。

从目前的应用情况来看，太阳能空调系统规模均较小，国内应用的制冷量一般为 100kW 左右。在具体方案确定中，100kW 以上的太阳能空调系统可优先采用太阳能溴化锂吸收式（单效）空调系统；而对于一些小型太阳能空调系统，可采用太阳能吸附式空调系统。

4.1.3 本条主要强调太阳能空调系统所用太阳能集热装置的全年利用问题。民用建筑的用能需求是多样的，例如在寒冷地区和夏热冬冷地区既包括夏季制冷，同时也包括冬季采暖以及全年热水供应，因此，太阳能空调系统所用太阳能集热装置应得到充分利用。集成设计的基本原则是要保证太阳能集热系统产生的热水在过渡季节得到充分利用，所以在设计空调系统时，应考虑合理的切换措施，使得太阳能集热装置为采暖以及热水供应提供部分热量，从而实现太阳能的年综合热利用。目前太阳能空调系统的投资成本中，太阳能集热装置的成本约占 40%～60%，这也是影响太阳能空调系统经济性的主要因素，本条所强调的太阳能综合热利用可在很大程度上提高太阳能系统的经济性。

4.1.4 本条规定了太阳能空调系统集热器的确定原则。太阳能空调系统集热器的选择有别于太阳能热水系统以及太阳能采暖系统，其中的关键问题是太阳能空调系统的集热器通常在高温工况下运行，而太阳能热水和太阳能采暖系统中，集热器的运行温度通常较低。因此，太阳能空调系统设计中，应对太阳能集热器进行性能测试，或由生产商提供相关部门的性能测试报告，着重分析太阳能空调驱动热源在不同温度区间的不同集热效率，在可能的情况下，尽量多选择几种集热器，进行性能比较，优选出其中最适合的集热器作为太阳能空调系统的驱动热源，保证集热器热性能与制冷机组的匹配。

确定太阳能空调系统集热器总面积时，根据设计太阳能空调负荷率以及制冷机组设计耗热量得到太阳能集热系统在设计工况下所应提供的热量。在此计算结果的基础上，根据空调冷负荷所对应时刻的太阳能辐射强度即可得到太阳能集热器的面积。但是，建筑实际可以安装集热器的面积往往是有限的，因此，集热器总面积计算值还应根据建筑实际可供的安装面积进行修正。

4.1.5 作为热力制冷机组，其工作性能随热源温度的变化而变化。因此，在太阳能空调系统设计时，必须首先考察制冷机组随热源温度的变化规律，生产企业应提供详细的制冷机组工作性能报告，其中，必须包括制冷性能随热源温度的变化曲线，并应出示相关的检测报告。

热水型（单效）溴化锂吸收式制冷机组热力 *COP* 随热水温度的变化如图 2 所示。

在一般的太阳能吸收式制冷系统中，吸收式制冷机组（单效）在设计工况下所要求的热源温度为（88～90）℃，太阳能集热器可以满足系统的工作要求。对应于该设计工况，制冷机组的热力 *COP* 约为 0.7。

吸附式制冷机组 *COP* 随热水温度的变化如图 3 所示。

吸附式制冷机组在设计工况下所要求的热源温度为（80～85）℃，对应的热力 *COP* 约为 0.4。太阳能集热器可以满足系统的工作要求。

4.1.6 在太阳能空调系统中，蓄能水箱是非常必要的，它连接太阳能集热系统以及制冷机组的热驱动系

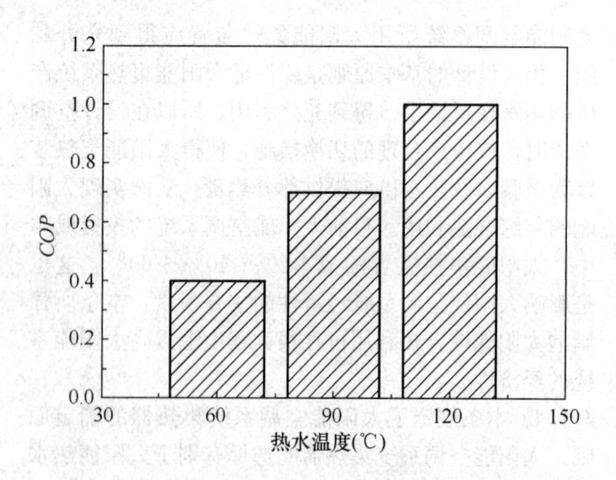

图 2　溴化锂（单效）吸收式制冷机组 COP 随热水温度的变化

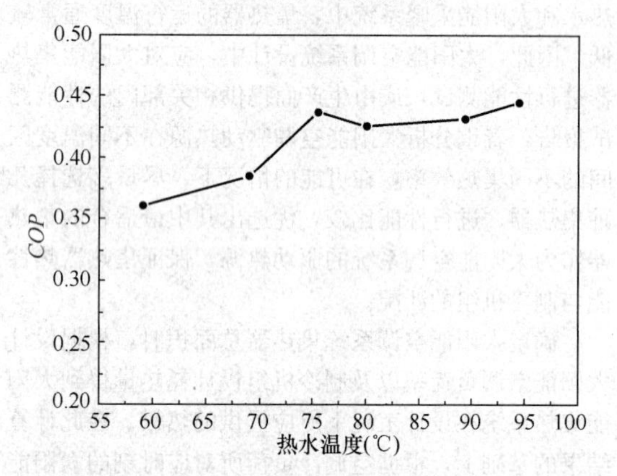

图 3　吸附式制冷机组 COP 随热水温度的变化

统，可以起到缓冲作用，使热量输出尽可能均匀。

4.1.7　太阳能空调系统在实际运行过程中，应根据室外环境参数以及蓄能水箱温度进行太阳能集热系统与辅助能源之间的切换，或者进行太阳能空调系统与常规空调系统之间的切换。因此，为了保证系统稳定可靠运行，宜设计自动控制系统，以实现热源之间以及系统之间的灵活切换，并便于进行能量调节。

4.1.8　本条规定吸收式制冷机组或吸附式制冷机组的冷却水、补充水的水质应符合国家现行有关标准的规定。

4.2　太阳能集热系统设计

4.2.1　本条介绍了太阳能空调集热系统集热器总面积的计算方法。按照太阳能集热系统传热类型，集热器总面积分为直接式和间接式两种计算方法。

计算公式中，热力制冷机组性能系数（COP）的选取方法为：对于太阳能单效溴化锂吸收式空调系统，对应于热源温度为（88～90）℃，制冷机组的性能系数约为 0.7；对于太阳能硅胶-水吸附式空调系统，对应于相同的设计工况，制冷机组的性能系数约为 0.4。

公式中 Q 为太阳能空调系统服务区域的空调冷负荷，与建筑空调冷负荷有所不同，目前太阳能空调系统可以提供的设计工况下制冷量还较小，而多数公共建筑空调冷负荷相对较大，因此在大部分案例中，太阳能空调系统仅能保证单体建筑中部分区域的温湿度达到设计要求。而当单体建筑体量较小时，且经计算空调冷负荷可以完全由太阳能空调系统供应，此时太阳能空调系统服务区域的空调冷负荷与建筑空调冷负荷相等。

设计太阳能空调负荷率 r 由设计人员根据不同资源区、建筑具体情况以及投资规模进行确定，通常宜控制在 50%～80%。设计计算中，对于资源丰富区（Ⅰ区）、资源较丰富区（Ⅱ区）以及资源一般区（Ⅲ区），当预期初投资较大时，建议设计太阳能空调负荷率取 70%～80%，当预期初投资较小时，建议设计太阳能空调负荷率取 60%～70%；对于资源贫乏区（Ⅳ区），建议设计太阳能空调负荷率取 50%～60%。

当太阳能集热器的朝向为水平面或不同朝向的立面时，空调设计日集热器采光面上的最大总太阳辐射照度 J 为水平面或不同朝向立面的太阳辐射照度，可根据现行国家标准《采暖通风与空气调节设计规范》GB 50019 的附录 A（夏季太阳总辐射照度）查表求得。当集热器的朝向为倾斜面时，最大总太阳辐射照度 $J=J_\theta$。

倾斜面太阳辐射照度：$J_\theta = J_{D,\theta} + J_{d,\theta} + J_{R,\theta}$

式中，J_θ 为倾斜面太阳总辐射照度（W/m^2）；$J_{D,\theta}$ 为倾斜面太阳直射辐射照度（W/m^2）；$J_{d,\theta}$ 为倾斜面太阳散射辐射照度（W/m^2）；$J_{R,\theta}$ 为地面反射辐射照度（W/m^2）。

倾斜面太阳直射辐射照度：

$$J_{D,\theta} = J_D[\cos(\Phi-\theta)\cos\delta\cos\omega + \sin(\Phi-\theta)\sin\delta]/(\cos\Phi\cos\delta\cos\omega + \sin\Phi\sin\delta)$$

式中，J_D 为水平面太阳直射辐射照度（W/m^2），根据现行国家标准《采暖通风与空气调节设计规范》GB 50019 的附录 A 查取；Φ 为当地地理纬度；θ 为倾斜面与水平面之间的夹角；δ 为赤纬角；ω 为时角。

赤纬角　$\delta = 23.45\sin[360\times(284+n)/365]$

式中，n 为一年中的日期序号。

时角 ω 的计算方法为：一天中每小时对应的时角为 15°，从正午算起，正午为零，上午为负，下午为正，数值等于离正午的小时数乘以 15。

倾斜面太阳散射辐射照度：

$$J_{d,\theta} = J_d(1+\cos\delta)/2$$

式中，J_d 为水平面太阳散射辐射照度（W/m^2），根据现行国家标准《采暖通风与空气调节设计规范》GB 50019 的附录 A 查取。

地面反射辐射照度：

$$J_{R,\theta} = \rho_G(J_D + J_d)(1-\cos\delta)/2$$

式中，ρ_G 为地面反射率，工程计算中可取 0.2。

集热器平均集热效率 η_{cd} 应参考所选集热器的性能曲线确定，此处需要注意，集热效率应按照热力制冷机组热源的有效工作温度区间进行确定，一般在 30%～45%之间。

蓄能水箱以及管路热损失率 η_L 可取 0.1～0.2。

集热器总面积还应按照建筑可以提供的安装集热器的面积来校核。当集热器总面积大于可安装集热器的建筑外表面积时，需要先按照实际情况确定集热器的面积，然后采用公式（4.2.1-1）和（4.2.1-2）反算出太阳能空调系统的服务区域空调冷负荷，从而确定热力制冷机组的容量。

4.2.2 本条规定了太阳能集热系统设计流量与单位面积流量的确定方法，太阳能集热系统的单位面积流量与太阳能集热器的特性有关，一般由太阳能集热器生产厂家给出。在没有相关技术参数的情况下，按照条文中表 4.2.2 确定。

4.2.3 太阳能集热系统循环管道以及蓄能水箱的保温十分重要，已有相关标准作出了详细规定，应遵照执行。

4.2.4 南向设置太阳能集热器可接收最多的太阳辐射照度。太阳能空调系统除了在夏季制冷工况中应用外，应做到全年综合利用，避免非夏季季节集热器产生的热水浪费。太阳能集热器安装倾角等于当地纬度时，系统侧重全年使用；其安装倾角等于当地纬度减 10°时，系统侧重在夏季使用。建筑师可根据建筑设计与制冷负荷需求，综合确定集热器安装屋面的坡度。

4.3 热力制冷系统设计

4.3.1 本条规定了热力制冷系统的设计应同时符合现行国家标准《采暖通风与空气调节设计规范》GB 50019 的相关技术要求。系统的运行模式可根据建筑的实际使用功能以及空调系统运行时间分为连续供冷系统和间歇供冷系统。

4.3.2 本条规定了对吸收式制冷机组的具体要求。热水型溴化锂吸收式制冷机组是以热水的显热为驱动热源，通常是用工业余废热、地热和太阳能热水为热源。根据热水温度范围分为单效和双效两种类型。目前应用最为普遍的是太阳能驱动的单效溴化锂吸收式制冷系统。

吸收式制冷机组需要在一端留出相当于热交换管长度的空间，以便清洗和更换管束，另一端留出有装卸端盖的空间。机组应具备冷冻水或冷剂水的低温保护、冷却水温度过低保护、冷剂水的液位保护、屏蔽泵过载和防汽蚀保护、冷却水断水或流量过低保护、蒸发器中冷剂水温度过高保护和发生器出口浓溶液高温保护和停机时防结晶保护。

4.3.3 本条规定了对吸附式制冷机组的具体要求。太阳能固体吸附式制冷是利用吸附制冷原理，以太阳能为热源，采用的工质对通常为活性炭-甲醇、分子筛-水、硅胶-水及氯化钙-氨等。利用太阳能集热器将吸附床加热用于脱附制冷剂，通过加热脱附-冷凝-吸附-蒸发等几个环节实现制冷。目前已研制出的太阳能吸附式制冷系统种类繁多，结构也不尽相同，可以在太阳能空调系统中使用的一般为硅胶—水吸附式制冷机组。

由于吸附式制冷机组的工作过程具有周期性，因此，在实际工程设计中，建议至少选用两台机组，并实现错峰运行。机组的循环周期应通过优化计算确定，目前国内市场上的小型硅胶—水吸附式制冷机组的优化循环周期一般为 15min 的加热时间，15min 的冷却时间。

4.3.4 本条规定了热力制冷系统的流量（包括热水流量、冷却水流量以及冷冻水流量）应按照制冷机组产品样本选取，一般由生产厂家给出。

4.4 蓄能系统、空调末端系统、辅助能源与控制系统设计

4.4.1 在太阳能空调系统中，蓄能水箱是非常必要的，它同时连接太阳能集热系统以及制冷机组的热驱动系统，可以起到缓冲作用，使热量输出尽可能均匀。本条规定了蓄能水箱在建筑中安装的位置、需要预留的空间、运输条件及对其他专业如结构、给水排水的要求。其中，蓄能水箱必须做好保温措施，否则会严重影响太阳能空调系统的性能。保温材料选取、保温层厚度计算和保温做法等在现行国家标准《采暖通风与空气调节设计规范》GB 50019 中的“设备和管道的保冷和保温”一节中已作详细规定，应遵照执行。

4.4.2 太阳能空调系统的蓄能水箱工作温度应控制在一定范围内。例如，对于最常见的单效溴化锂吸收式太阳能空调系统，在设计工况下所要求的热源温度为（88～90）℃，因此，蓄能水箱的工作温度可设定为（88～90）℃。对于吸附式太阳能空调系统，在设计工况下所要求的热源温度为（80～85）℃，因此，蓄能水箱的工作温度可设定为（80～85）℃。

4.4.3 太阳能空调系统通常与太阳能热水系统集成设计，因此，蓄能水箱的容积同时要考虑热水系统的要求，在对国内外已有的太阳能空调项目进行总结的基础上，得到蓄能水箱容积的设计可按照每平方米集热器（20～80）L 进行。如没有热水供应的需求，蓄能水箱容积可适当减小。同时，系统应考虑非制冷工况下太阳能热水的利用问题。此外，受建筑使用功能的限制，当太阳能空调系统的运行时间与空调使用时间不一致时，蓄能水箱应满足蓄热要求。

在确定蓄能水箱的容量时，按照目前国内的应用案例，可参考的方案包括：

1 设置一个不做分层结构的普通蓄能水箱。如上海生态建筑太阳能空调系统，由于建筑的热水需求很小，因此，150m² 集热器对应的蓄能水箱设计容量仅为 2.5m³，其主要作用是稳定系统的运行。在非空调工况，太阳能热水被用作冬季采暖以及过渡季节自然通风的加强措施。再如北苑太阳能空调系统，制冷量 360kW，集热面积 850m²，蓄能水箱 40m³。

2 设置一个分层蓄能水箱。如香港大学的太阳能空调示范系统，38m² 太阳能集热器，采用了 2.75m³ 的分层蓄能水箱。

3 设置大小两个蓄能水箱（小水箱用于系统快速启动，大水箱用于系统正常工作后进一步蓄存热能）。如我国"九五"期间实施的乳山太阳能空调系统，540m² 太阳能集热器，采用了两个蓄能水箱，小水箱 4m³ 用于系统快速启动，大水箱 8m³ 用于蓄存多余热量。

4 设置具有跨季蓄能作用的蓄能水池。如我国"十五"期间建设的天普太阳能空调系统，812m² 太阳能集热器，采用了 1200m³ 的跨季蓄能水池。

对于不做分层结构的普通蓄能水箱，为了很好地利用水箱内水的分层效应，在加工工艺允许的前提下，蓄能水箱宜采用较大的高径比。此外，在水箱管路布置方面，热驱动系统的供水管以及太阳能集热系统的回水管宜布置在水箱上部；热驱动系统的回水管以及太阳能集热系统的供水管宜布置在水箱下部。

根据现有的太阳能空调工程案例可知，一般情况下不需要设置蓄冷水箱。部分工程对蓄冷水箱有所考虑，但中小型系统的蓄冷水箱容积一般不超过 1m³。仅当系统考虑跨季蓄能时，蓄热或蓄冷水箱才设置得比较大，如北苑太阳能空调系统，除设置 40m³ 的蓄热水箱外，还设置了 30m³ 的蓄冷水箱。

4.4.4 空调末端系统设计应结合制冷机组的冷冻水设定温度。吸收式制冷机组一般可提供冷冻水的设计温度为（7/12）℃，此时，空调末端宜采用风机盘管或组合式空调机组。而吸附式制冷机组的冷冻水进出口温度通常为（15/10）℃，此时空调末端处于非标准工况，因此需要对末端产品的制冷量进行温度修正，相应地，空调末端宜采用干式风机盘管或毛细管辐射末端。设计时应按照现行国家标准《采暖通风与空气调节设计规范》GB 50019 的有关规定执行。

4.4.5 本条规定了太阳能空调系统辅助能源装置的容量配置原则。由于太阳能自身的波动性，为了保证室内制冷效果，辅助能源装置宜按照太阳辐射照度为零时的最不利条件进行配置，以确保建筑室内舒适的热环境。

4.4.6 从技术可行性以及目前的应用现状来看，太阳能空调系统的辅助能源装置涉及燃气锅炉、燃油锅炉以及常规空调系统等。在结合建筑特点以及当地能源供应现状确定好辅助能源装置后，各类辅助能源装置的设计均应符合现行的设计规范，例如：

1 辅助燃气锅炉的设计应符合现行国家标准《锅炉房设计规范》GB 50041 和《城镇燃气设计规范》GB 50028 的相关要求；

2 辅助燃油锅炉的设计应符合现行国家标准《锅炉房设计规范》GB 50041 的相关要求；

3 辅助常规空调系统的设计应符合现行国家标准《采暖通风与空气调节设计规范》GB 50019 的相关要求。

4.4.7 太阳能空调系统的控制主要包括太阳能集热系统的自动启停控制、安全控制以及制冷机组的自动启停控制和安全控制。系统的控制应将制冷机组以及辅助能源装置自身所配的控制设备与系统的总控有机联合起来。除通过温控实现主要设备的自动启停外，其他有关设备的安全保护控制应按照产品供应商的要求执行。宜选用全自动控制系统，条件有限时，可部分选用手动。其中，太阳能集热系统应自动控制，其中应包括自动启停、防冻、防过热等控制措施。

太阳能空调系统的热力制冷机组宜采用自动控制，一般通过监测蓄能水箱水温来控制制冷机组以及辅助能源装置的启停。在实现自动控制的过程中，还要综合考虑建筑空调使用时间以及制冷机组、辅助能源装置的安全性和可靠性。

1 当达到开机设定时间（结合建筑物实际使用功能确定），同时蓄能水箱温度达到设定值时，开启制冷机组。例如：在设计工况下，单效吸收式制冷机组的开机温度可设定为 88℃；而吸附式制冷机组的开机温度可设定为 85℃。然而，在实际应用中，开机设定温度可适当降低，例如：单效吸收式制冷机组的开机温度可设定为 80℃左右；而吸附式制冷机组的开机温度可设定为 75℃左右。这种情况下，虽然制冷机组 *COP* 有所降低，但是，空调冷负荷也相对较低。随着太阳辐射照度不断升高，蓄能水箱的水温会逐渐升高，制冷机组 *COP* 相应逐渐升高，这与空调冷负荷的变化趋势相似。

2 在太阳能空调系统运行过程中，如果受环境影响，蓄能水箱水温太低不足以有效驱动制冷机组时，应开启辅助能源装置。为了避免辅助能源装置的频繁启停，辅助能源装置的开机温度设定值可适当降低，例如：对于单效吸收式制冷机组，可将开机温度设定为 75℃左右；对于吸附式制冷机组，可将开机温度设定为 70℃左右。辅助能源装置的停机温度设定值可按照制冷机组设计工况确定。

3 如果达到开机设定时间，蓄能水箱温度尚未达到设定值时，应及时开启辅助能源装置。

4 当达到停机设定时间（结合建筑物实际使用功能确定），除太阳能集热系统保持自动运行外，系统其他部件均应停机。

太阳能空调系统的监测参数主要包括两部分：室

内外环境参数和太阳能空调系统参数。其中，与常规空调系统有所区别的主要是太阳辐射照度的监测、太阳能集热器进出口温度与流量、蓄热水箱温度和辅助能源消耗量的监测。

5 规划和建筑设计

5.1 一般规定

5.1.1 太阳能空调系统设计与建筑物所处建筑气候分区、规划用地范围内的现状条件及当地社会经济发展水平密切相关。在规划和建筑设计中应充分考虑、利用和强化已有特点和条件，为充分利用太阳能创造条件。

太阳能空调系统设计应由建筑设计单位和太阳能空调系统产品供应商相互配合共同完成。首先，建筑师要根据建筑类型、使用功能确定安装太阳能空调系统的机房位置和屋面设备的安装位置，向暖通工程师提出对空调系统的使用要求；暖通工程师进行太阳能热力制冷机组选型、空调系统设计及末端管线设计；结构工程师在建筑结构设计时，应考虑屋面太阳能集热器和室内制冷机组的荷载，以保证结构的安全性，并埋设预埋件，为太阳能集热器的锚固、安装提供安全牢靠的条件；电气工程师满足系统用电负荷和运行安全要求，进行防雷设计。

其次，太阳能空调系统产品供应商需向建筑设计单位提供热力制冷机组和太阳能集热器的规格、尺寸、荷载，预埋件的规格、尺寸、安装位置及安装要求；提供热力制冷机组和集热器的技术指标及其检测报告；保证产品质量和使用性能。

5.1.2 本条引用了《民用建筑太阳能热水系统应用技术规范》GB 50364 中的相关规定。

5.1.3 本条对屋顶太阳能集热器设备和管道的布置提出要求，目的是集中管理、维修方便和美化环境。检修通道和管道井的设计应遵守相关的国家现行的规范和标准。

5.2 规划设计

5.2.1 建筑的体形设计和空间组合设计应充分考虑太阳能的利用，包括建筑的布局、高度和间距等，目的是为使集热器接收更多的太阳辐射照度。

5.2.2 太阳能空调系统在屋面增加的集热器等组件有可能降低相邻建筑底层房间的日照时间，不能满足建筑日照的要求。在阳台或墙面上安装有一定倾角的集热器时，也有可能会降低下层房间的日照时间。所以在设计太阳能空调之前必须对日照进行分析和计算。

5.2.3 太阳能集热器安装在建筑屋面、阳台、墙面或其他部位，不应被其他物体遮挡阳光。太阳能集热器总面积根据热力制冷机组热水用量、建筑上允许的安装面积等因素确定。考虑到热力制冷机组需要匹配较大的集热器总面积和较长时间的辐照时间，本条规定集热器要满足全天有不少于 6h 日照时数的要求。

5.3 建筑设计

5.3.1 太阳能空调系统的制冷机房应由建筑师根据建筑功能布局进行统一设置，因机房功能与常规空调系统一致，所以宜与常规空调系统的机房统一布置。制冷机房应靠近建筑冷负荷中心与太阳能集热器，及制冷机组应靠近蓄能水箱等要求，都是为了尽量减少由于管道过长而产生的冷热损耗。

5.3.2 太阳能空调系统中的太阳能集热器、热力制冷系统和空调末端系统应由建筑师配合暖通工程师和太阳能空调系统产品供应商确定合理的安装位置，并重点满足集热器、蓄能水箱和冷却塔等设备的补水、排水等功能要求。而热力制冷机组、辅助能源装置等大型设备在运行期间需要不同程度的检修、更新和维护，建筑设计要考虑到这些因素。

建筑设计应为太阳能空调系统的安装、维护提供安全的操作条件。如平屋面设有屋面出口或上人孔，便于集热器和冷却塔等屋面设备安装、检修人员的出入；坡屋面屋脊的适当位置可预留金属钢架或挂钩，方便固定安装检修人员系在身上的安全带，确保人员安全。集热器支架下部的水平杆件不应影响屋面雨水的排放。

5.3.3 本条为强制性条文。建筑设计时应考虑设置必要的安全防护措施，以防止安装有太阳能集热器的墙面、阳台或挑檐等部位的集热器损坏后部件坠落伤人，如设置挑檐、入口处设雨篷或进行绿化种植隔离等，使人不易靠近。集热器下部的杆件和顶部的高度也应满足相应的要求。

5.3.4 作为太阳能建筑一体化设计要素的太阳能集热器可以直接作为屋面板、阳台栏板或墙板等围护结构部件，但除了满足系统功能要求外，首先要满足屋面板、阳台栏板、墙板的结构安全性能、消防功能和安全防护功能等要求。除此之外，太阳能集热器应与建筑整体有机结合，并与建筑周围环境相协调。

5.3.5 建筑的主体结构在伸缩缝、沉降缝、抗震缝的变形缝两侧会发生相对位移，太阳能集热器跨越变形缝时容易被破坏，所以太阳能集热器不应跨越主体结构的变形缝。

5.3.6 辅助能源装置的位置和安装空间应由建筑师与暖通工程师共同确定，该装置能否安全运行、操作及维护方便是太阳能空调系统安全运行的重要因素之一。

5.4 结构设计

5.4.1 太阳能空调系统中的太阳能集热器、热力制冷机组和蓄能水箱与主体结构的连接和锚固必须牢固可靠，主体结构的承载力必须经过计算或实物试验予以确认，并要留有余地，防止偶然因素产生突然破坏。真空管集热器每平方米的重量约（15～20）kg，平板集热器每平方米的重量约（20～25）kg。

安装太阳能空调系统的主体结构必须具备承受太阳能集热器、热力制冷机组和蓄能水箱等传递的各种作用的能力（包括检修荷载），主体结构设计时应充分加以考虑。例如，主体结构为混凝土结构时，为了保证与主体结构的连接可靠性，连接部位主体结构混凝土强度等级不应低于C20。

5.4.2 本条为强制性条文。连接件与主体结构的锚固承载力应大于连接件本身的承载力，任何情况不允许发生锚固破坏。采用锚栓连接时，应有可靠的防松动、防滑移措施；采用挂接或插接时，应有可靠的防脱落、防滑移措施。

为防止主体结构与支架的温度变形不一致导致太阳能集热器、热力制冷机组或蓄能水箱损坏，连接件必须有一定的适应位移的能力。

5.4.3 安装在屋面、阳台或墙面的太阳能集热器与建筑主体结构的连接，应优先采用预埋件来实现。因为预埋件的连接能较好地满足设计要求，且耐久性能良好，与主体连接较为可靠。施工时注意混凝土振捣密实，使预埋件锚入混凝土内部分与混凝土充分接触，具有很好的握裹力。同时采取有效的措施使预埋件位置准确。为了保证预埋件与主体结构连接的可靠性，应确保在主体施工前设计并在施工时按设计要求的位置和方法进行预埋。如果没有设置预埋件的条件，也可采用其他可靠的方法进行连接。

5.4.4 由于制冷机组、冷却塔等设备自重或满载重量较大，在太阳能空调系统设计时，必须事先考虑将其设置在具有相应承载能力的结构构件上。在新建建筑中，应在结构设计时充分考虑这些设备的荷载，避免错、漏；在既有建筑中应进行强度与变形的验算，以保证结构构件在增加荷载后的安全性，如强度或变形不满足要求，则要对结构构件进行加固处理或改变设备位置。

5.4.5 进行结构设计时，不但要计算安装部位主体结构构件的强度和变形，而且要计算支架、支撑金属件及其连接节点的承载能力，以确保连接和锚固的可靠性，并留有余量。

5.4.6 当土建施工中未设置预埋件、预埋件漏放、预埋件偏离设计位置太远、设计变更，或既有建筑增设太阳能空调系统时，往往要使用后锚固螺栓进行连接。采用后锚固螺栓（机械膨胀螺栓或化学锚栓）时，应采取多种措施，保证连接的可靠性及安全性。

5.4.7 太阳能空调系统结构设计应区分是否抗震。对非抗震设防的地区，只需考虑风荷载、重力荷载和雪荷载（冬天下雪夜晚平板集热器可能会出现积雪现象）；对抗震设防的地区，还应考虑地震作用。

经验表明，对于安装在建筑屋面、阳台、墙面或其他部位的太阳能集热器主要受风荷载作用，抗风设计是主要考虑因素。但是地震是动力作用，对连接节点会产生较大影响，使连接处发生破坏甚至使太阳能集热器脱落，所以除计算地震作用外，还必须加强构造措施。

5.5 暖通和给水排水设计

5.5.1 太阳能空调系统机房是指热力制冷机组及相关系统设备的机房，应保持其良好的通风。有条件时可利用自然通风，但应防止噪声对周围建筑环境的影响；无条件时则应独立设置机械通风系统。当辅助燃油、燃气锅炉不设置在机房时，机房的最小通风量，可根据生产厂家的要求，并结合机房内余热排除的需求综合确定，机房的换气次数通常可取（4～6）次/h；当辅助燃油、燃气锅炉设置在机房内时，机房的通风系统设计应满足现行国家标准《锅炉房设计规范》GB 50041中对燃油和燃气锅炉房通风系统设计的要求。机房位置、机房内设备与建筑的相对空间及消防等要求在《采暖通风与空气调节设计规范》GB 50019中已作详细规定，应遵照执行。

5.5.2 太阳能空调系统的机房存在用水点，例如一些设备运行或维修时需要排水、泄压、冲洗等，因此机房需要给水排水专业配合设计。太阳能集热系统要进行良好的介质循环，也涉及给水排水设计。更重要的是，辅助能源装置如采用燃油、燃气、电热锅炉等，则还需要设置特殊的水喷雾或气体灭火消防系统。一般的给水排水相关设计应遵守现行国家标准《建筑给水排水设计规范》GB 50015的要求，给水排水消防设计应按照现行国家标准《高层民用建筑设计防火规范》GB 50045及《建筑设计防火规范》GB 50016中的规定执行。

5.5.3 太阳能集热器置于室外屋顶或建筑立面，集热管表面日久会积累灰尘，如不及时清洗将影响透光率，降低集热能力。本条要求在集热器附近设置用于清洁的给水点，就是为了定期打扫预留条件。给水点预留要注意防冻。因为污水要排走，排水设施也需要同时设计。

5.6 电 气 设 计

5.6.1、5.6.2 这两条是对太阳能空调系统中使用电气设备的安全要求，其中5.6.2条为强制性条文。如果系统中含有电气设备，其电气安全应符合现行国家标准《家用和类似用途电器的安全》（第一部分通用要求）GB 4706.1的要求。

5.6.3 太阳能空调系统的电气管线应与建筑物的电气管线统一布置，集中隐蔽。

6 太阳能空调系统安装

6.1 一般规定

6.1.1 本条为强制性条文。太阳能空调系统的施工安装，保证建筑物的结构和功能设施安全是第一位的，特别在既有建筑上安装系统时，如果不能严格按照相关规范进行土建、防水、管道等部位的施工安装，很容易造成对建筑物的结构、屋面防水层和附属设施的破坏，削弱建筑物在寿命期内承受荷载的能力，所以，该条文应予以充分重视。

6.1.2 目前，国内太阳能空调系统的施工安装通常由专门的太阳能工程公司承担，作为一个独立工程实施完成，而太阳能系统的安装与土建、装修等相关施工作业有很强的关联性，所以，必须强调施工组织设计，以避免差错、提高施工效率。

6.1.3 本条的提出是由于目前太阳能系统施工安装人员的技术水平参差不齐，不进行规范施工的现象时有发生。所以，着重强调必要的施工条件，严禁不满足条件的盲目施工。

6.1.4 由于太阳能空调系统在非使用季节会在较恶劣的工况下运行，以此规定了连接管线、部件、阀门等配件选用的材料应能耐受高温，以防止系统破坏，提高系统部件的耐久性和系统工作寿命。

6.1.5 太阳能空调系统的安装一般在土建工程完工后进行，而土建部位的施工通常由其他施工单位完成，本条强调了对土建相关部位的保护。

6.1.6 本条对太阳能空调系统安装人员应具备的条件进行规定。

6.1.7 根据《特种设备安全监察条例》（国务院令第549号），燃油、燃气锅炉属于特种设备，其安装单位、人员应具有特种设备安装资质，并需要进行安装报批、检验和验收。

6.2 太阳能集热系统安装

6.2.1 支架安装关系到太阳能集热器的稳定和安全，应与基座连接牢固。

6.2.2 一般情况下，太阳能空调系统的承重基座都是在屋面结构层上现场砌（浇）筑，需要刨开屋面面层做基座，因此将破坏原有的防水结构。基座完工后，被破坏的部位需重做防水。

6.2.3 实际施工中，钢结构支架及预埋件的防腐多被忽视，会影响系统寿命，本条对此加以强调。

6.2.4 集热器的安装方位和倾角影响太阳能集热系统的得热量，因此在安装时应给予重视。

6.2.5 太阳能空调系统由于工作温度高，并可能存在较严重的过热问题，因此集热器的连接不当会造成漏水等问题，本条对此加以强调。

6.2.6 现行国家标准《建筑给水排水及采暖工程施工质量验收规范》GB 50242 规范了各种管路施工要求，太阳能集热系统的管路施工应遵照执行。

6.2.7 为防止集热器漏水，本条对此加以强调。

6.2.8 本条规定了太阳能集热系统钢结构支架应有可靠的防雷措施。

6.2.9 本条强调应先检漏，后保温，且应保证保温质量。

6.3 制冷系统安装

6.3.1 本条强调安装时应对制冷机组进行保护。

6.3.2 本条是根据电气和控制设备的安装要求对制冷机组的安装位置作出规定。

6.3.3 现行国家标准《制冷设备、空气分离设备安装工程施工及验收规范》GB 50274 及《通风与空调工程施工质量验收规范》GB 50243 规范了空调设备及系统的施工要求，应遵照执行。

6.3.4 空调末端系统的施工安装在现行国家标准《建筑给水排水及采暖工程施工质量验收规范》GB 50242 和《通风与空调工程施工质量验收规范》GB 50243 中均有规定，应遵照执行。

6.4 蓄能和辅助能源系统安装

6.4.1 为提高水箱寿命和满足卫生要求，采用钢板焊接的蓄能水箱要对其内壁作防腐处理，并确保材料承受热水温度。

6.4.2 本条规定是为减少蓄能水箱的热损失。

6.4.3 本条规定了蓄能地下水池现场施工制作时的要求，以保证水池质量和施工安全。

6.4.4 为防止水箱漏水，本条对检漏和实验方法给予规定。

6.4.5 本条规定是为减少蓄能水箱的热损失。

6.4.6 现行国家标准《建筑给水排水及采暖工程施工质量验收规范》GB 50242 规范了额定工作压力不大于 1.25MPa、热水温度不超过 130℃的整装蒸汽和热水锅炉及配套设备的安装，规范了直接加热和热交换器及辅助设备的安装，应遵照执行。

6.5 电气与自动控制系统安装

6.5.1 太阳能空调系统的电缆线路施工和电气设施的安装在现行国家标准《电气装置安装工程电缆线路施工及验收规范》GB 50168和《建筑电气工程施工质量验收规范》GB 50303 中有详细规定，应遵照执行。

6.5.2 为保证系统运行的电气安全，系统中的全部电气设备和与电气设备相连接的金属部件应作接地处理。而电气接地装置的施工在现行国家标准《电气装置安装工程接地装置施工及验收规范》GB 50169 中均有规定，应遵照执行。

6.5.3 本条强调了传感器安装的质量和注意事项。

6.6 压力试验与冲洗

6.6.1 为防止系统漏水，本条对此加以强调。

6.6.2 本条规定了管路和设备的检漏试验。对于各种管路和承压设备，试验压力应符合设计要求。当设计未注明时，应按现行国家标准《建筑给水排水及采暖工程施工质量验收规范》GB 50242 的相关要求进行。非承压设备做满水灌水试验，满水灌水检验方法：满水试验静置 24h，观察不漏不渗。

6.6.3 本条规定是为防止低温水压试验结冰造成管路和集热器损坏。

6.6.4 本条强调了制冷机组安装完毕后应进行水压试验和冲洗，并规定了冲洗方法。

6.7 系统调试

6.7.1 太阳能空调系统是一个比较专业的工程，需由专业人员才能完成系统调试。系统调试是使系统功能正常发挥的调整过程，也是对工程质量进行检验的过程。

6.7.2 本条规定了系统调试需要包括的项目和连续试运行的天数，以使工程能达到预期效果。

6.7.3 本条规定了设备单机、部件调试应包括的主要内容，以防遗漏。

6.7.4 系统联动调试主要指按照实际运行工况进行系统调试。本条解释了系统联动调试内容，以防遗漏。

6.7.5 本条规定了系统联动调试的运行参数应符合的要求。

7 太阳能空调系统验收

7.1 一般规定

7.1.1 本条规定了太阳能空调系统的验收步骤。

7.1.2 本条强调了在验收太阳能空调系统前必须先完成相关的隐蔽工程验收，并对其工程验收文件进行认真的审核与验收。

7.1.3 太阳能空调系统较复杂，在安装热力制冷机组等设备及空调系统管线的过程中产生的废料和各种辅助安装设备应及时清除以保证验收现场的干净整洁。

7.1.4 本条强调了现行国家标准《建筑工程施工质量验收统一标准》GB 50300 中的规定要求。

7.1.5 本条强调了施工单位应先进行自检，自检合格后再申请竣工验收。

7.1.6 本条强调了现行国家标准《建筑工程施工质量验收统一标准》GB 50300 中的规定要求。

7.1.7 本条强调了太阳能空调系统验收记录、资料立卷归档的重要性。

7.2 分项工程验收

7.2.1 本条划分了太阳能空调系统工程的分部与分项工程，以及分项工程所包括的基本施工安装工序和项目，分项工程验收应能涵盖这些基本施工安装工序和项目。

7.2.2 太阳能空调系统某些工序的施工必须在前一道工序完成且质量合格后才能进行本道工序，否则将较难返工。

7.2.3 本条强调了太阳能空调系统的性能应在调试合格后进行检验，其中热性能的检验内容应包括太阳能集热器的进出口温度、流量和压力，热力制冷机组的热水和冷水的进出口温度、流量和压力。

7.3 竣工验收

7.3.1 本条强调了竣工验收的时机。

7.3.2 本条强调了竣工验收应提交的资料。实际应用中，一些施工单位对施工资料不够重视，这会对今后的设备运行埋下隐患，应予以注意。

8 太阳能空调系统运行管理

8.1 一般规定

8.1.1～8.1.3 规定在太阳能空调系统交付使用后，系统提供单位应对使用单位进行工作原理交底和相关的操作培训，并制定详细的使用说明。使用单位应建立太阳能空调系统管理制度，其中包括太阳能空调系统的运行、维护和维修等。太阳能空调系统开始使用后，使用单位应根据建筑使用特点以及空调运行时间等因素，建立由专人负责运行维护的管理制度，设专人负责系统的管理和运行。系统操作和管理人员应严格按照使用说明对系统进行管理，发现仪表显示出现故障及系统运行失常，应及时组织检修。但太阳能集热器、制冷机组、控制系统等关键设备发生故障时，应及时通知相关产品供应商进行专业维修。

8.1.4 本条规定了应对太阳能空调系统的主要设备、部件以及数据采集装置、控制元件等进行定期检查。

8.2 安全检查

8.2.1 本条规定应对太阳能集热器进行定期安全检查，包括定期检查太阳能集热器与基座和支架的连接，更换损坏的集热器，检查设备及管路的漏水情况。定期检查基座和支架的强度、锈蚀情况和损坏程度。

8.2.2 本条强调建筑立面安装太阳能集热器的安全防护措施。应对墙面等建筑立面处安装太阳能集热器的防护网或其他防护设施定期检修，避免集热器损坏造成对人身的伤害。

8.2.3 本条强调进入冬季之前应进行防冻系统的检查，保证系统安全运行。此处需要强调的是，防冻检查既包括太阳能集热系统的防冻设施（具体见现行国家标准《民用建筑太阳能热水系统应用技术规范》GB 50364），也包括太阳能空调系统的其他部件以及管路。

8.2.4 本条强调了应对太阳能集热系统防雷设施进行定期检查，并进行接地电阻测试。

8.2.5 从现有的太阳能空调系统工程案例来看，许多项目采用了燃气锅炉或燃油锅炉等作为辅助能源装置，此类工程项目中，应按照国家现行的安检以及管理制度对燃油和燃气锅炉、燃油和燃气输送管道以及其他相关的消防报警设施进行定期检查。

8.3 系统维护

8.3.1 温度、流量等传感器对太阳能空调系统的全自动运行起着重要作用，本条规定每年应对传感器进行检查，发现问题应及时更换。

8.3.2 考虑到空气污染等问题影响太阳能集热器的高效运行，应每年检查集热器表面，定期进行清洗。

8.3.3 本条规定每年对管路、阀门以及电气元件进行检查，包括管路是否渗漏、管路保温是否受损以及阀门是否启闭正常、有无渗漏等。

8.3.4 本条规定了太阳能空调系统停止运行时，应采取适当措施将太阳能集热系统的得热量加以利用或释放，避免集热系统过热。

8.3.5 对于目前太阳能空调系统所采用的热驱动吸收式或吸附式制冷机组，建议其维护由产品供应商进行。

中华人民共和国国家标准

城镇给水排水技术规范

Technical code for water supply and sewerage of urban

GB 50788—2012

主编部门：中华人民共和国住房和城乡建设部
批准部门：中华人民共和国住房和城乡建设部
施行日期：2 0 1 2 年 1 0 月 1 日

中华人民共和国住房和城乡建设部
公　　告

第 1413 号

关于发布国家标准《城镇给水排水技术规范》的公告

现批准《城镇给水排水技术规范》为国家标准，编号为 GB 50788－2012，自 2012 年 10 月 1 日起实施。本规范全部条文为强制性条文，必须严格执行。

本规范由我部标准定额研究所组织中国建筑工业出版社出版发行。

中华人民共和国住房和城乡建设部

2012 年 5 月 28 日

前　言

根据原建设部《关于印发〈2007 年工程建设标准规范制订、修订计划（第一批）〉的通知》（建标［2007］125 号文）的要求，规范编制组经广泛调查研究，认真总结实践经验，参考有关国际标准和国外先进标准，并在广泛征求意见的基础上，编制了本规范。

本规范是以城镇给水排水系统和设施的功能和性能要求为主要技术内容，包括：城镇给水排水工程的规划、设计、施工和运行管理中涉及安全、卫生、环境保护、资源节约及其他社会公共利益方面的相关技术要求。规范共分 7 章：1. 总则；2. 基本规定；3. 城镇给水；4. 城镇排水；5. 污水再生利用与雨水利用；6. 结构；7. 机械、电气与自动化。

本规范全部条文为强制性条文，必须严格执行。

本规范由住房和城乡建设部负责管理和解释，由住房和城乡建设部标准定额研究所负责具体技术内容的解释。执行过程中如有意见或建议，请寄送住房和城乡建设部标准定额研究所（地址：北京市海淀区三里河路 9 号，邮编：100835）。

本规范主编单位：住房和城乡建设部标准定额研究所
城市建设研究院

本规范参编单位：中国市政工程华北设计研究总院
上海市政工程设计研究总院（集团）有限公司
北京市市政工程设计研究总院
中国建筑设计研究院机电专业设计研究院
上海市城市建设设计研究总院
北京首创股份有限公司
深圳市水务（集团）有限公司
北京市节约用水管理中心
德安集团

本规范主要起草人员：宋序彤　高　鹏　陈国义　李　铮　吕士健　陈　冰　陈湧城　牛树勤　徐扬纲　李　晶　朱广汉　李春光　赵　锂　刘振印　沈世杰　刘雨生　戴孙放　王家华　张金松　韩　伟　汪宏玲　饶文华

本规范主要审查人员：杨　榕　罗万申　章林伟　刘志琪　厉彦松　王洪臣　朱雁伯　左亚洲　刘建华　郑克白　葛春辉　王长祥　石　泉　刘百德　焦永达

目　次

Contents

1 总　　则

1.0.1 为保障城镇用水安全和城镇水环境质量，维护水的健康循环，规范城镇给水排水系统和设施的基本功能和技术性能，制定本规范。

1.0.2 本规范适用于城镇给水、城镇排水、污水再生利用和雨水利用相关系统和设施的规划、勘察、设计、施工、验收、运行、维护和管理等。

城镇给水包括取水、输水、净水、配水和建筑给水等系统和设施；城镇排水包括建筑排水，雨水和污水的收集、输送、处理和处置等系统和设施；污水再生利用和雨水利用包括城镇污水再生利用和雨水利用系统及局部区域、住区、建筑中水和雨水利用等设施。

1.0.3 城镇给水排水系统和设施的规划、勘察、设计、施工、运行、维护和管理应遵循安全供水、保障服务功能、节约资源、保护环境、同水的自然循环协调发展的原则。

1.0.4 城镇给水排水系统和设施的规划、勘察、设计、施工、运行、维护和管理除应符合本规范的规定外，尚应符合国家现行有关标准的规定；当有关现行标准与本规范的规定不一致时，应按本规范的规定执行。

2 基本规定

2.0.1 城镇必须建设与其发展需求相适应的给水排水系统，维护水环境生态安全。

2.0.2 城镇给水、排水规划，应以区域总体规划、城市总体规划和镇总体规划为依据，应与水资源规划、水污染防治规划、生态环境保护规划和防灾规划等相协调。城镇排水规划与城镇给水规划应相互协调。

2.0.3 城镇给水排水设施应具备应对自然灾害、事故灾难、公共卫生事件和社会安全事件等突发事件的能力。

2.0.4 城镇给水排水设施的防洪标准不得低于所服务城镇设防的相应要求，并应留有适当的安全裕度。

2.0.5 城镇给水排水设施必须采用质量合格的材料与设备。城镇给水设施的材料与设备还必须满足卫生安全要求。

2.0.6 城镇给水排水系统应采用节水和节能型工艺、设备、器具和产品。

2.0.7 城镇给水排水系统中有关生产安全、环境保护和节水设施的建设，应与主体工程同时设计、同时施工、同时投产使用。

2.0.8 城镇给水排水系统和设施的运行、维护、管理应制定相应的操作标准，并严格执行。

2.0.9 城镇给水排水工程建设和运行过程中必须做好相关设施的建设和管理，满足生产安全、职业卫生安全、消防安全和安全保卫的要求。

2.0.10 城镇给水排水工程建设和运行过程产生的噪声、废水、废气和固体废弃物不应对周边环境和人身健康造成危害，并应采取措施减少温室气体的排放。

2.0.11 城镇给水排水设施运行过程中使用和产生的易燃、易爆及有毒化学危险品应实施严格管理，防止人身伤害和灾害性事故发生。

2.0.12 设置于公共场所的城镇给水排水相关设施应采取安全防护措施，便于维护，且不应影响公众安全。

2.0.13 城镇给水排水设施应根据其储存或传输介质的腐蚀性质及环境条件，确定构筑物、设备和管道应采取的相应防腐蚀措施。

2.0.14 当采用的新技术、新工艺和新材料无现行标准予以规范或不符合工程建设强制性标准时，应按相关程序和规定予以核准。

3 城镇给水

3.1 一般规定

3.1.1 城镇给水系统应具有保障连续不间断地向城镇供水的能力，满足城镇用水对水质、水量和水压的用水需求。

3.1.2 城镇给水中生活饮用水的水质必须符合国家现行生活饮用水卫生标准的要求。

3.1.3 给水工程规模应保障供水范围规定年限内的最高日用水量。

3.1.4 城镇用水量应与城镇水资源相协调。

3.1.5 城镇给水规划应在科学预测城镇用水量的基础上，合理开发利用水资源、协调给水设施的布局、正确指导给水工程建设。

3.1.6 城镇给水系统应具有完善的水质监测制度，配备合格的检测人员和仪器设备，对水质实施严格有效的监管。

3.1.7 城镇给水系统应建立完整、准确的水质监测档案。

3.1.8 供水、用水必须计量。

3.1.9 城镇给水系统需要停水时，应提前或及时通告。

3.1.10 城镇给水系统进行改、扩建工程时，应保障城镇供水安全，并应对相邻设施实施保护。

3.2 水源和取水

3.2.1 城镇给水水源的选择应以水资源勘察评价报告为依据，应确保取水量和水质可靠，严禁盲目开发。

3.2.2 城镇给水水源地应划定保护区，并应采取相应的水质安全保障措施。

3.2.3 大中城市应规划建设城市备用水源。

3.2.4 当水源为地下水时，取水量必须小于允许开采量。当水源为地表水时，设计枯水流量保证率和设计枯水位保证率不应低于90%。

3.2.5 地表水取水构筑物的建设应根据水文、地形、地质、施工、通航等条件，选择技术可行、经济合理、安全可靠的方案。

3.2.6 在高浊度江河、入海感潮江河、湖泊和水库取水时，取水设施位置的选择及采取的避沙、防冰、避咸、除藻措施应保证取水水质安全可靠。

3.3 给水泵站

3.3.1 给水泵站的规模应满足用户对水量和水压的要求。

3.3.2 给水泵站应设置备用水泵。

3.3.3 给水泵站的布置应满足设备的安装、运行、维护和检修的要求。

3.3.4 给水泵站应具备可靠的排水设施。

3.3.5 对可能发生水锤的给水泵站应采取消除水锤危害的措施。

3.4 输配管网

3.4.1 输水管道的布置应符合城镇总体规划，应以管线短、占地少、不破坏环境、施工和维护方便、运行安全为准则。

3.4.2 输配水管道的设计水量和设计压力应满足使用要求。

3.4.3 事故用水量应为设计水量的70%。当城镇输水采用2条以上管道时，应按满足事故用水量设置连通管；在多水源或设置了调蓄设施并能保证事故用水量的条件下，可采用单管。

3.4.4 长距离管道输水系统的选择应在输水线路、输水方式、管材、管径等方面进行技术、经济比较和安全论证，并应对管道系统进行水力过渡过程分析，采取水锤综合防护措施。

3.4.5 城镇配水管网干管应成环状布置。

3.4.6 应减少供水管网漏损率，并应控制在允许范围内。

3.4.7 供水管网严禁与非生活饮用水管道连通，严禁擅自与自建供水设施连接，严禁穿过毒物污染区；通过腐蚀地段的管道应采取安全保护措施。

3.4.8 供水管网应进行优化设计、优化调度管理，降低能耗。

3.4.9 输配水管道与建（构）筑物及其他管线的距离、位置应保证供水安全。

3.4.10 当输配水管道穿越铁路、公路和城市道路时，应保证设施安全；当埋设在河底时，管内水流速度应大于不淤流速，并应防止管道被洪水冲刷破坏和影响航运。

3.4.11 敷设在有冰冻危险地区的管道应采取防冻措施。

3.4.12 压力管道竣工验收前应进行水压试验。生活饮用水管道运行前应冲洗、消毒。

3.5 给水处理

3.5.1 城镇水厂对原水进行处理，出厂水水质不得低于现行国家生活饮用水卫生标准的要求，并应留有必要的裕度。

3.5.2 城镇水厂平面布置和竖向设计应满足各建（构）筑物的功能、运行和维护的要求，主要建（构）筑物之间应通行方便、保障安全。

3.5.3 生活饮用水必须消毒。

3.5.4 城镇水厂中储存生活饮用水的调蓄构筑物应采取卫生防护措施，确保水质安全。

3.5.5 城镇水厂的工艺排水应回收利用。

3.5.6 城镇水厂产生的泥浆应进行处理并合理处置。

3.5.7 城镇水厂处理工艺中所涉及的化学药剂，在生产、运输、存储、运行的过程中应采取有效防腐、防泄漏、防毒、防爆措施。

3.6 建筑给水

3.6.1 民用建筑与小区应根据节约用水的原则，结合当地气候和水资源条件、建筑标准、卫生器具完善程度等因素合理确定生活用水定额。

3.6.2 设置的生活饮用水管道不得受到污染，应方便安装与维修，并不得影响结构的安全和建筑物的使用。

3.6.3 生活饮用水不得因管道、设施产生回流而受污染，应根据回流性质、回流污染危害程度，采取可靠的防回流措施。

3.6.4 生活饮用水水池、水箱、水塔的设置应防止污水、废水等非饮用水的渗入和污染，并应采取保证储水不变质、不冻结的措施。

3.6.5 建筑给水系统应充分利用室外给水管网压力直接供水，竖向分区应根据使用要求、材料设备性能、节能、节水和维护管理等因素确定。

3.6.6 给水加压、循环冷却等设备不得设置在居住用房的上层、下层和毗邻的房间内，不得污染居住环境。

3.6.7 生活饮用水的水池（箱）应配置消毒设施，供水设施在交付使用前必须清洗和消毒。

3.6.8 消防给水系统和灭火设施应根据建筑用途、功能、规模、重要性及火灾特性、火灾危险性等因素合理配置。

3.6.9 消防给水水源必须安全可靠。

3.6.10 消防给水系统的水量、水压应满足使用要求。

3.6.11 消防给水系统的构筑物、站室、设备、管网等均应采取安全防护措施，其供电应安全可靠。

3.7 建筑热水和直饮水

3.7.1 建筑热水定额的确定应与建筑给水定额匹配，建筑热水热源应根据当地可再生能源、热资源条件并结合用户使用要求确定。

3.7.2 建筑热水供应应保证用水终端的水质符合现行国家生活饮用水水质标准的要求。

3.7.3 建筑热水水温应满足使用要求，特殊建筑内的热水供应应采取防烫伤措施。

3.7.4 水加热、储热设备及热水供应系统应保证安全、可靠地供水。

3.7.5 热水供水管道系统应设置必要的安全设施。

3.7.6 管道直饮水系统用户端的水质应符合现行行业标准《饮用净水水质标准》CJ 94 的规定，且应采取严格的保障措施。

4 城 镇 排 水

4.1 一 般 规 定

4.1.1 城镇排水系统应具有有效收集、输送、处理、处置和利用城镇雨水和污水，减少水污染物排放，并防止城镇被雨水、污水淹渍的功能。

4.1.2 城镇排水规划应合理确定排水系统的工程规模、总体布局和综合径流系数等，正确指导排水工程建设。城镇排水系统应与社会经济发展和相关基础设施建设相协调。

4.1.3 城镇排水体制的确定必须遵循因地制宜的原则，应综合考虑原有排水管网情况、地区降水特征、受纳水体环境容量等条件。

4.1.4 合流制排水系统应设置污水截流设施，合理确定截流倍数。

4.1.5 城镇采用分流制排水系统时，严禁雨、污水管渠混接。

4.1.6 城镇雨水系统的建设应利于雨水就近入渗、调蓄或收集利用，降低雨水径流总量和峰值流量，减少对水生态环境的影响。

4.1.7 城镇所有用水过程产生的污染水必须进行处理，不得随意排放。

4.1.8 排入城镇污水管渠的污水水质必须符合国家现行标准的规定。

4.1.9 城镇排水设施的选址和建设应符合防灾专项规划。

4.1.10 对于产生有毒有害气体或可燃气体的泵站、管道、检查井、构筑物或设备进行放空清理或维修时，必须采取确保安全的措施。

4.2 建 筑 排 水

4.2.1 建筑排水设备、管道的布置与敷设不得对生活饮用水、食品造成污染，不得危害建筑结构和设备的安全，不得影响居住环境。

4.2.2 当不自带水封的卫生器具与污水管道或其他可能产生有害气体的排水管道连接时，应采取有效措施防止有害气体的泄漏。

4.2.3 地下室、半地下室中的卫生器具和地漏不得与上部排水管道连接，应采用压力排水系统，并应保证污水、废水安全可靠的排出。

4.2.4 下沉式广场、地下车库出入口等不能采用重力流排出雨水的场所，应设置压力流雨水排水系统，保证雨水及时安全排出。

4.2.5 化粪池的设置不得污染地下取水构筑物及生活储水池。

4.2.6 医疗机构的污水应根据污水性质、排放条件采取相应的处理工艺，并必须进行消毒处理。

4.2.7 建筑屋面雨水排除、溢流设施的设置和排水能力不得影响屋面结构、墙体及人员安全，并应保证及时排除设计重现期的雨水量。

4.3 排 水 管 渠

4.3.1 排水管渠应经济合理地输送雨水、污水，并应具备下列性能：

1 排水应通畅，不应堵塞；

2 不应危害公众卫生和公众健康；

3 不应危害附近建筑物和市政公用设施；

4 重力流污水管道最大设计充满度应保障安全。

4.3.2 立体交叉地道应设置独立的排水系统。

4.3.3 操作人员下井作业前，必须采取自然通风或人工强制通风使易爆或有毒气体浓度降至安全范围；下井作业时，操作人员应穿戴供压缩空气的隔离式防护服；井下作业期间，必须采用连续的人工通风。

4.3.4 应建立定期巡视、检查、维护和更新排水管渠的制度，并应严格执行。

4.4 排 水 泵 站

4.4.1 排水泵站应安全、可靠、高效地提升、排除雨水和污水。

4.4.2 排水泵站的水泵应满足在最高使用频率时处于高效区运行，在最高工作扬程和最低工作扬程的整个工作范围内应安全稳定运行。

4.4.3 抽送产生易燃易爆和有毒有害气体的室外污水泵站，必须独立设置，并采取相应的安全防护措施。

4.4.4 排水泵站的布置应满足安全防护、机电设备安装、运行和检修的要求。

4.4.5 与立体交叉地道合建的雨水泵站的电气设备

应有不被淹渍的措施。

4.4.6 污水泵站和合流污水泵站应设置备用泵。道路立体交叉地道雨水泵站和为大型公共地下设施设置的雨水泵站应设置备用泵。

4.4.7 排水泵站出水口的设置不得影响受纳水体的使用功能，并应按当地航运、水利、港务和市政等有关部门要求设置消能设施和警示标志。

4.4.8 排水泵站集水池应有清除沉积泥砂的措施。

4.5 污水处理

4.5.1 污水处理厂应具有有效减少城镇水污染物的功能，排放的水、泥和气应符合国家现行相关标准的规定。

4.5.2 污水处理厂应根据国家排放标准、污水水质特征、处理后出水用途等科学确定污水处理程度，合理选择处理工艺。

4.5.3 污水处理厂的总体设计应有利于降低运行能耗，减少臭气和噪声对操作管理人员的影响。

4.5.4 合流制污水处理厂应具有处理截流初期雨水的能力。

4.5.5 污水采用自然处理时不得降低周围环境的质量，不得污染地下水。

4.5.6 城镇污水处理厂出水应消毒后排放，污水消毒场所应有安全防护措施。

4.5.7 污水处理厂应设置水量计量和水质监测设施。

4.6 污泥处理

4.6.1 污泥应进行减量化、稳定化和无害化处理并安全、有效处置。

4.6.2 在污泥消化池、污泥气管道、储气罐、污泥气燃烧装置等具火灾或爆炸危险的场所，应采取安全防范措施。

4.6.3 污泥气应综合利用，不得擅自向大气排放。

4.6.4 污泥浓缩脱水机房应通风良好，溶药场所应采取防滑措施。

4.6.5 污泥堆肥场地应采取防渗和收集处理渗沥液等措施，防止水体污染。

4.6.6 污泥热干化车间和污泥料仓应采取通风防爆的安全措施。

4.6.7 污泥热干化、污泥焚烧车间必须具有烟气净化处理设施。经净化处理后，排放的烟气应符合国家现行相关标准的规定。

5 污水再生利用与雨水利用

5.1 一般规定

5.1.1 城镇应根据总体规划和水资源状况编制城镇再生水与雨水利用规划。

5.1.2 城镇再生水与雨水利用工程应满足用户对水质、水量、水压的要求。

5.1.3 城镇再生水与雨水利用工程应保障用水安全。

5.2 再生水水源和水质

5.2.1 城镇再生水水源应保障水源水质和水量的稳定、可靠、安全。

5.2.2 重金属、有毒有害物质超标的污水、医疗机构污水和放射性废水严禁作为再生水水源。

5.2.3 再生水水质应符合国家现行相关标准的规定。对水质要求不同时，应首先满足用水量大、水质标准低的用户。

5.3 再生水利用安全保障

5.3.1 城镇再生水工程应设置溢流和事故排放管道。当溢流排入管道或水体时应符合国家排放标准的规定；当事故排放时应采取相关应急措施。

5.3.2 城镇再生水利用工程应设置再生水储存设施，并应做好卫生防护工作，保障再生水水质安全。

5.3.3 城镇再生水利用工程应设置消毒设施。

5.3.4 城镇再生水利用工程应设置水量计量和水质监测设施。

5.3.5 当将生活饮用水作为再生水的补水时，应采取可靠有效的防回流污染措施。

5.3.6 再生水用水点和管道应有防止误接或误用的明显标志。

5.4 雨水利用

5.4.1 雨水利用工程建设应以拟建区域近期历年的降雨量资料及其他相关资料作为依据。

5.4.2 雨水利用规划应以雨水收集回用、雨水入渗、调蓄排放等为重点。

5.4.3 雨水利用设施的建设应充分利用城镇及周边区域的天然湖塘洼地、沼泽地、湿地等自然水体。

5.4.4 雨水收集、调蓄、处理和利用工程不应对周边土壤环境、植物的生长、地下含水层的水质和环境景观等造成危害和隐患。

5.4.5 根据雨水收集回用的用途，当有细菌学指标要求时，必须消毒后再利用。

6 结构

6.1 一般规定

6.1.1 城镇给水排水工程中各厂站的地面建筑物，其结构设计、施工及质量验收应符合国家现行工业与民用建筑标准的相应规定。

6.1.2 城镇给水排水设施中主要构筑物的主体结构和地下干管，其结构设计使用年限不应低于50年；

安全等级不应低于二级。

6.1.3 城镇给水排水工程中构筑物和管道的结构设计，必须依据岩土工程勘察报告，确定结构类型、构造、基础形式及地基处理方式。

6.1.4 构筑物和管道结构的设计、施工及管理应符合下列要求：

1 结构设计应计入在正常建造、正常运行过程中可能发生的各种工况的组合荷载、地震作用（位于地震区）和环境影响（温、湿度变化，周围介质影响等）；并正确建立计算模型，进行相应的承载力和变形、开裂控制等计算。

2 结构施工应按照相应的国家现行施工及质量验收标准执行。

3 应制定并执行相应的养护操作规程。

6.1.5 构筑物和管道结构在各项组合作用下的内力分析，应按弹性体计算，不得考虑非弹性变形引起的内力重分布。

6.1.6 对位于地表水或地下水以下的构筑物和管道，应核算施工及使用期间的抗浮稳定性；相应核算水位应依据勘察文件提供的可能发生的最高水位。

6.1.7 构筑物和管道的结构材料，其强度标准值不应低于95%的保证率；当位于抗震设防地区时，结构所用的钢材应符合抗震性能要求。

6.1.8 应控制混凝土中的氯离子含量；当使用碱活性骨料时，尚应限制混凝土中的碱含量。

6.1.9 城镇给水排水工程中的构筑物和地下管道，不应采用遇水浸蚀材料制成的砌块和空芯砌块。

6.1.10 对钢筋混凝土构筑物和管道进行结构设计时，当构件截面处于中心受拉或小偏心受拉时，应按控制不出现裂缝设计；当构件截面处于受弯或大偏心受拉（压）时，应按控制裂缝宽度设计，允许的裂缝宽度应满足正常使用和耐久性要求。

6.1.11 对平面尺寸超长的钢筋混凝土构筑物和管道，应计入混凝土成型过程中水化热及运行期间季节温差的作用，在设计和施工过程中均应制定合理、可靠的应对措施。

6.1.12 进行基坑开挖、支护和降水时，应确保结构自身及其周边环境的安全。

6.1.13 城镇给水排水工程结构的施工及质量验收应符合下列要求：

1 工程采用的成品、半成品和原材料等应符合国家现行相关标准和设计要求，进入施工现场时应进行进场验收，并按国家有关标准规定进行复验。

2 对非开挖施工管道、跨越或穿越江河管道等特殊作业，应制定专项施工方案。

3 对工程施工的全过程应按国家现行相应施工技术标准进行质量控制；每项工程完成后，必须进行检验；相关各分项工程间，必须进行交接验收。

4 所有隐蔽分项工程，必须进行隐蔽验收；未经检验或验收不合格时，不得进行下道分项工程。

5 对不合格分项、分部工程通过返修或加固仍不能满足结构安全或正常使用功能要求时，严禁验收。

6.2 构 筑 物

6.2.1 盛水构筑物的结构设计，应计入施工期间的水密性试验和运行期间（分区运行、养护维修等）可能发生的各种工况组合作用，包括温度、湿度作用等环境影响。

6.2.2 对预应力混凝土构筑物进行结构设计时，在正常运行时各种组合作用下，应控制构件截面处于受压状态。

6.2.3 盛水构筑物的混凝土材料应符合下列要求：

1 应选用合适的水泥品种和水泥用量。

2 混凝土的水胶比应控制在不大于0.5。

3 应根据运行条件确定混凝土的抗渗等级。

4 应根据环境条件（寒冷或严寒地区）确定混凝土的抗冻等级。

5 应根据环境条件（大气、土壤、地表水或地下水）和运行介质的侵蚀性，有针对性地选用水泥品种和水泥用量，满足抗侵蚀要求。

6.3 管 道

6.3.1 城镇给水排水工程中，管道的管材及其接口连接构造等的选用，应根据管道的运行功能、施工敷设条件、环境条件，经技术经济比较确定。

6.3.2 埋地管道的结构设计，应鉴别设计采用管材的刚、柔性。在组合荷载的作用下，对刚性管道应进行强度和裂缝控制核算；对柔性管道，应按管土共同工作的模式进行结构内力分析，核算截面强度、截面环向稳定及变形量。

6.3.3 对开槽敷设的管道，应对管道周围不同部位回填土的压实度分别提出设计要求。

6.3.4 对非开挖顶进施工的管道，管顶承受的竖向土压力应计入上部土体极限平衡裂面上的剪应力对土压力的影响。

6.3.5 对跨越江湖架空敷设的拱形或折线形钢管道，应核算其在侧向荷载作用下，出平面变位引起的 $P-\Delta$ 效应。

6.3.6 对塑料管进行结构核算时，其物理力学性能指标的标准值，应针对材料的长期效应，按设计使用年限内的后期数值采用。

6.4 结构抗震

6.4.1 抗震设防烈度为6度及高于6度地区的城镇给水排水工程，其构筑物和管道的结构必须进行抗震设计。相应的抗震设防类别及设防标准，应按现行国家标准《建筑工程抗震设防分类标准》GB 50223

确定。

6.4.2 抗震设防烈度必须按国家规定的权限审批及颁发的文件（图件）确定。

6.4.3 城镇给水排水工程中构筑物和管道的结构，当遭遇本地区抗震设防烈度的地震影响时，应符合下列要求：

1 构筑物不需修理或经一般修理后应仍能继续使用；

2 管道震害在管网中应控制在局部范围内，不得造成较严重次生灾害。

6.4.4 抗震设计中，采用的抗震设防烈度和设计基本地震加速度取值的对应关系，应为6度：0.05g；7度：0.1g(0.15g)；8度：0.2g(0.3g)；9度：0.4g。g为重力加速度。

6.4.5 构筑物的结构抗震验算，应对结构的两个主轴方向分别计算水平地震作用（结构自重惯性力、动水压力、动土压力等），并由该方向的抗侧力构件全部承担。当设防烈度为9度时，对盛水构筑物尚应计算竖向地震作用效应，并与水平地震作用效应组合。

6.4.6 当需要对埋地管道结构进行抗震验算时，应计算在地震作用下，剪切波行进时管道结构的位移或应变。

6.4.7 结构抗震体系应符合下列要求：

1 应具有明确的结构计算简图和合理的地震作用传递路线；

2 应避免部分结构或构件破坏而导致整个体系丧失承载力；

3 同一结构单元应具有良好的整体性；对局部薄弱部位应采取加强措施；

4 对埋地管道除采用延性良好的管材外，沿线应设置柔性连接措施。

6.4.8 位于地震液化地基上的构筑物和管道，应根据地基土液化的严重程度，采取适当的消除或减轻液化作用的措施。

6.4.9 埋地管道傍山区边坡和江、湖、河道岸边敷设时，应对该处边坡的稳定性进行验算并采取抗震措施。

7 机械、电气与自动化

7.1 一 般 规 定

7.1.1 机电设备及其系统应能安全、高效、稳定地运行，且应便于使用和维护。

7.1.2 机电设备及其系统的效能应满足生产工艺和生产能力要求，并且应满足维护或故障情况下的生产能力要求。

7.1.3 机电设备的易损件、消耗材料配备，应保障正常生产和维护保养的需要。

7.1.4 机电设备在安装、运行和维护过程中均不得对工作人员的健康或周边环境造成危害。

7.1.5 机电设备及其系统应能为突发事件情况下所采取的各项应对措施提供保障。

7.1.6 在爆炸性危险气体或爆炸性危险粉尘环境中，机电设备的配置和使用应符合国家现行相关标准的规定。

7.1.7 机电设备及其系统应定期进行专业的维护保养。

7.2 机 械 设 备

7.2.1 机械设备各组成部件的材质，应满足卫生、环保和耐久性的要求。

7.2.2 机械设备的操作和控制方式应满足工艺和自动化控制系统的要求。

7.2.3 起重设备、锅炉、压力容器、安全阀等特种设备必须检验合格，取得安全认证。运行期间应按国家相关规定进行定期检验。

7.2.4 机械设备基础的抗震设防烈度不应低于主体构筑物的抗震设防烈度。

7.2.5 机械设备有外露运动部件或走行装置时，应采取安全防护措施，并应对危险区域进行警示。

7.2.6 机械设备的临空作业场所应具有安全保障措施。

7.3 电 气 系 统

7.3.1 电源和供电系统应满足城镇给水排水设施连续、安全运行的要求。

7.3.2 城镇给水排水设施的工作场所和主要道路应设置照明，需要继续工作或安全撤离人员的场所应设置应急照明。

7.3.3 城镇给水排水构筑物和机电设备应按国家现行相关标准的规定采取防雷保护措施。

7.3.4 盛水构筑物上所有可触及的导电部件和构筑物内部钢筋等都应作等电位连接，并应可靠接地。

7.3.5 城镇给水排水设施应具有安全的电气和电磁环境，所采用的机电设备不应对周边电气和电磁环境的安全和稳定构成损害。

7.3.6 机电设备的电气控制装置应能够提供基本的、独立的运行保护和操作保护功能。

7.3.7 电气设备的工作环境应满足其长期安全稳定运行和进行常规维护的要求。

7.4 信息与自动化控制系统

7.4.1 存在或可能积聚毒性、爆炸性、腐蚀性气体的场所，应设置连续的监测和报警装置，该场所的通风、防护、照明设备应能在安全位置进行控制。

7.4.2 爆炸性危险气体、有毒气体的检测仪表必须定期进行检验和标定。

7.4.3 城镇给水厂站和管网应设置保障供水安全和满足工艺要求的在线式监测仪表和自动化控制系统。

7.4.4 城镇污水处理厂应设置在线监测污染物排放的水质、水量检测仪表。

7.4.5 城镇给水排水设施的仪表和自动化控制系统应能够监视与控制工艺过程参数和工艺设备的运行，应能够监视供电系统设备的运行。

7.4.6 应采取自动监视和报警的技术防范措施，保障城镇给水设施的安全。

7.4.7 城镇给水排水系统的水质化验检测设备的配置应满足正常生产条件下质量控制的需要。

7.4.8 城镇给水排水设施的通信系统设备应满足日常生产管理和应急通信的需要。

7.4.9 城镇给水排水系统的生产调度中心应能够实时监控下属设施，实现生产调度，优化系统运行。

7.4.10 给水排水设施的自动化控制系统和调度中心应安全可靠，连续运行。

7.4.11 城镇给水排水信息系统应具有数据采集与处理、事故预警、应急处置等功能，应作为数字化城市信息系统的组成部分。

本规范用词说明

1 为便于在执行本规范条文时区别对待，对要求严格程度不同的用词说明如下：

1） 表示很严格，非这样做不可的：
正面词采用“必须”，反面词采用“严禁”；

2） 表示严格，在正常情况下均应这样做的：
正面词采用“应”，反面词采用“不应”或“不得”；

3） 表示允许稍有选择，在条件许可时首先应这样做的：
正面词采用“宜”，反面词采用“不宜”；

4） 表示有选择，在一定条件下可以这样做的，采用“可”。

2 条文中指明应按其他有关标准执行的写法为：“应符合……的规定 ”或“应按……执行”。

引用标准名录

1 《建筑工程抗震设防分类标准》GB 50223

2 《饮用净水水质标准》CJ 94

中华人民共和国国家标准

城镇给水排水技术规范

GB 50788—2012

条　文　说　明

制 订 说 明

《城镇给水排水技术规范》GB 50788－2012经住房和城乡建设部2012年5月28日以第1413号公告批准、发布。

本规范定位为一本全文强制性国家标准，以现行强制性条文为基础，以功能性能为目标，是参与工程建设活动的各方主体必须遵守的准则，是管理者对工程建设、使用及维护依法履行监督和管理职能的基本技术依据。城镇给水排水系统和设施是保障城镇居民生活和社会经济发展的生命线，是保障公众身体健康、水环境质量的重要基础设施，本规范旨在全面、系统地提出城镇给水排水系统和设施的基本功能和技术性能要求。

为便于广大设计、施工、科研、学校等单位有关人员在使用本标准时能正确理解和执行条文规定，《城镇给水排水技术规范》编制组按章、节、条顺序编制了本标准的条文说明，对条文规定的目的、依据以及执行中需注意的有关事项进行了说明。但是本条文说明不具备与标准正文同等的法律效力，仅供使用者作为理解和把握标准规定的参考。

目　次

1 总 则

1.0.1 本条阐述了制定本规范的目的。城镇给水排水系统和设施是保障城镇居民生活和社会经济发展的生命线，是保障公众身体健康、水环境质量的重要基础设施；同时，城镇给水排水系统形成水的社会循环还往往对水自然循环造成干扰和破坏，因此，维护水的健康循环也是制定本规范的重要目的。本规范按照"综合化、性能化、全覆盖、可操作"的原则，制定了城镇给水排水系统和设施基本功能和技术性能的相关要求。

《中华人民共和国水法》、《中华人民共和国水污染防治法》、《中华人民共和国城乡规划法》和《中华人民共和国建筑法》等国家相关法律、部门规章和技术经济政策等对城镇给水排水有关设施提出了诸多严格规定和要求，是编制本规范的基本依据。

1.0.2 规定了本规范的适用范围，明确了"城镇给水"、"城镇排水"以及"城镇污水再生利用和雨水利用"包含的内容。城镇给水排水的规划、勘察、设计、施工、运行、维护和管理的全过程都直接影响着城镇的用水安全、城镇水环境质量以及水的健康循环，因此，必须从全过程规范其基本功能和技术性能，才能保障城镇给水排水系统安全，满足城镇的服务需求。

1.0.3 本条规定了城镇给水排水设施规划、勘察、设计、施工、运行、维护和管理应遵循的基本原则。"保障服务功能"是指作为市政公用基础设施的城镇给水排水设施要保障对公众服务的基本功能，提供高质量和高效率的服务；"节约资源"是指节约水资源、能源、土地资源、人力资源和其他资源；"保护环境"是指减少污染物排放，保障城镇水环境质量；"同水的自然循环协调发展"是指城镇给水排水系统作为城镇水的社会循环的基础设施，要减少对水自然循环的影响和冲击，并使其保持在水自然循环可承受的范围内。

1.0.4 规定了本规范与其他相关标准的关系。说明本规范作为全文强制标准，执行效力高于国家现行有关城镇给水排水相关标准；当现行标准与本规范的规定不一致时，应按本规范的规定执行。

2 基本规定

2.0.1 本条规定了城镇必须建设给水排水系统的要求。城镇给水排水系统是保障城镇居民健康、社会经济发展和城镇安全的不可或缺的重要基础设施；由于城镇水资源条件、用水需求和用水结构差异较大，因此，要求城镇建设"与其发展需求相适应"的给水排水系统。"维护水环境生态安全"是指城镇给水排水系统运行形成水的社会循环对水环境的水质以及地表、地下径流和储存产生的影响不应该危及和损害水环境生态安全。

2.0.2 本条规定了城镇给水排水发展规划编制的基本要求。《中华人民共和国城乡规划法》规定，城镇给水排水系统作为城镇重要基础设施应编制专项发展规划；《中华人民共和国水法》规定，应制定流域和区域水的供水专项规划，并与城镇总体规划和环境保护规划相协调；《中华人民共和国水污染防治法》也规定，县级以上地方人民政府组织建设、经济综合宏观调控、环境保护、水行政等部门编制本行政区域的城镇污水处理设施建设规划。县级以上地方人民政府建设主管部门应当按照城镇污水处理设施建设规划，组织建设城镇污水集中处理设施及配套管网，并加强对城镇污水集中处理设施运营的监督管理；在国务院颁发的《全国生态环境保护纲要》中规定，要制定地区或部门生态环境保护规划，并提出要重视城镇和水资源开发利用的生态环境保护，建设生态城镇示范区等要求。

城镇排水规划与城镇给水规划密切相关。相互协调的内容主要包括城镇用水量和城镇排水量；水源地和城镇排水受纳水体；给水厂和污水处理厂厂址选择；给水管道和排水管道的布置；再生水系统和大用水户的相互关联等诸多方面。

2.0.3 本条规定了城镇给水排水设施必须具备应对突发事件的安全保障能力。《中华人民共和国突发事件应对法》、《国家突发公共事件总体应急预案》、《国家突发环境事件应急预案》、住房和城乡建设部《市政公用设施抗灾设防管理规定》和《城镇供水系统重大事故应急预案》等相关法律、法规和文件，都对城镇给水排水公共基础设施在突发事件中的功能保障提出了相关要求。城镇给水排水设施要具有预防多种突发事件影响的能力；在得到相关突发事件将影响设施功能信息时，要能够采取应急准备措施，最大限度地避免或减轻对设施功能带来的损害；要设置相应监测和预警系统，能够及时、准确识别突发事件对城镇给水排水设施带来的影响，并有效采取措施抵御突发事件带来的灾害，采取相关补救、替代措施保障设施基本功能。

2.0.4 本条规定了城镇给水排水设施防洪的要求。现行国家标准《防洪标准》GB 50201－94中第1.0.6条作出了如下规定："遭受洪灾或失事后损失巨大、影响十分严重的防护对象，可采用高于本标准规定的防洪标准"。城镇给水排水设施属于"影响十分严重的防护对象"，因此，要求城镇给水排水设施要在满足所服务城镇防洪设防相应要求的同时，还要根据城镇给水排水重要设施和构筑物具体情况，适度加强设置必要的防止洪灾的设施。

2.0.5 本条规定了城镇给水排水设施选用的材料和

设备执行的质量和卫生许可的原则。城镇给水排水设施选用材料和设备的质量状况直接影响设施的运行安全、基本功能和技术性能，要予以许可控制。城镇给水排水相关材料和设备选用要执行国务院颁发的《建设工程勘察设计管理条例》中“设计文件中选用的材料、构配件、设备，应当注明其规格、型号、性能等技术指标，其质量要求必须符合国家规定的标准”的规定。处理生活饮用水采用的混凝、絮凝、助凝、消毒、氧化、pH调节、软化、灭藻、除垢、除氟、除砷、氟化、矿化等化学处理剂也要符合国家相关标准的规定。

2.0.6 本条规定了城镇给水排水系统建设时就要选取节水和节能型工艺、设备、器具和产品的要求。即规定了城镇给水、排水、再生水和雨水系统和设施的运行过程以及相关生活用水、生产用水、公共服务用水和其他用水的用水过程，所采用的工艺、设备、器具和产品都应该具有节水和节能的功能，以保证系统运行过程中发挥节水和节能的效益。《中华人民共和国水法》和《中华人民共和国节约能源法》分别对相关节能和节水要求作出了原则的规定；国家发改委等五部委颁发的《中国节水技术政策大纲》中对各类用水推广采用具有节水功能的工艺技术、节水重大装备、设施和器具等都提出了明确要求。

2.0.7 本条规定了城镇给水排水系统建设的有关“三同时”的建设原则。《中华人民共和国安全生产法》第二十四条，《中华人民共和国环境保护法》第二十六条和《中华人民共和国水法》第五十三条都分别规定了有关安全生产、环保和节水设施建设应“与主体工程同时设计、同时施工、同时投产使用”的要求。城镇给水排水系统建设要认真贯彻执行这些规定。

2.0.8 本条规定了城镇给水排水系统和设施日常运行和维护必须遵照技术标准进行的基本原则。为保障城镇给水排水系统的运行安全和服务质量，要对相关系统和设施制定科学合理的日常运行和维护技术规程，并按规程进行经常性维护、保养，定期检测、更新，做好记录，并由有关人员签字，以保证系统和设施正常运转安全和服务质量。

2.0.9 本条规定了城镇给水排水设施建设和运行过程中必须保障相关安全的问题。施工和生产安全、职业卫生安全、消防安全和安全保卫工作都需要必要的相关设施保障和管理制度保障。要根据具体情况建设必要设施，配备必要设备和器具，储备必要的物资，并建立相应管理制度。国家在工程建设安全和生产安全方面已发布了多项法规和文件，《中华人民共和国安全生产法》、国务院2003年颁发的《建设工程安全生产管理条例》、2004年颁发的《安全生产许可证条例》、2007年颁发的《生产安全事故报告和调查处理条例》和《安全生产事故隐患排查治理暂行规定》等，都对工程施工和安全生产做出了详细规定；建设主管部门对建筑工程的施工还制定了一系列法规、文件和标准规范，《建筑工程安全生产监督管理工作导则》、《建筑施工现场环境与卫生标准》JGJ 146、《施工现场临时用电安全技术规范》JGJ 46和《建筑拆除工程安全技术规范》JGJ 147等对工程施工过程做了更详细的规定；另外，国家在有关职业病防治、火灾预防和灭火以及安全保卫等方面制定了一系列法规和文件，城镇给水排水设施建设和运行中都必须认真执行。

2.0.10 本条对城镇给水排水设施工程建设和生产运行时防止对周边环境和人身健康产生危害做出了规定。城镇给水排水设施建设和运行除产生一般大型土木工程施工的噪声、废水、废气和固体废弃物外，特别是污水的处理和输送过程还产生有毒有害气体和大量污泥，要进行有效的处理和处置，避免对环境和人身健康造成危害。1996年颁发的《中华人民共和国环境噪声污染防治法》，2008年发布的《社会生活环境噪声排放标准》GB 22337，对社会生活中的环境噪声作出了更高要求的新规定。2002年国家还特别对城镇污水处理厂排放的水和污泥制定了《城镇污水处理厂污染物排放标准》GB 18918。国家还对固体废弃物、水污染物、有害气体和温室气体的排放制定了相关标准或要求，城镇给水排水设施建设和运行过程中都要采取严格措施执行这些标准。

城镇给水排水设施建设和运行过程温室气体的排放主要是能源消耗间接产生的CO_2和污水储存、输送、处理和排放过程产生的CH_4和N_2O。CH_4和N_2O的温室效应分别为CO_2的23～62倍和280～310倍。政府间气候变化专门委员会（IPCC）在《气候变化2007第四次评估报告（AR4）》和2008年《气候变化与水》的专项技术报告中都对污水处理过程中产生的CH_4和N_2O进行了评估，并提出了减排意见。因此，城镇给水排水设施建设和运行过程要采取综合措施减排温室气体，为适应和减缓气候变化承担相应的责任。

2.0.11 本条规定了易燃、易爆及有毒化学危险品等的防护要求。城镇给水排水设施运行过程中使用的各种消毒剂、氧化剂，污水和污泥处理过程产生的有毒有害气体都必须予以严格管理，特别是有关污泥消化设施运行，污水管网和泵站的维护管理以及加氯消毒设施的运行和管理等都是城镇给水排水设施运行中经常发生人身伤害和事故灾害的主要部位，要重点完善相关防护设施的建设和监督管理。国家和相关部门颁布的《易燃易爆化学物品消防安全监督管理办法》和《危险化学品安全管理条例》等相关法规，对化学危险品的分类、生产、储存、运输和使用都做出了详细规定。城镇给水排水设施建设和运行过程中要对其涉及的多种危险化学品和易燃易爆化学物品予以严格管理。

2.0.12 城镇给水排水系统在公共场所建有的相关设施，如某些加压、蓄水、消防设施和检查井、闸门井、化粪池等，其设置要在方便其日常维护和设施安全运行的同时，还要避免对车辆和行人正常活动的安全构成威胁。

2.0.13 城镇给水排水系统中接触腐蚀性药剂的构筑物、设备和管道要采取防腐蚀措施，如加氯管道、化验室下水道等接触强腐蚀性药剂的设施要选用工程塑料等；密闭的、产生臭气较多的车间设备要选用抗腐蚀能力较强的材质。管道都与水、土壤接触，金属管道及非金属管道接口，当采用钢制连接构造时均要有防腐措施，具体措施应根据传输介质和设施运行的环境条件，通过技术经济比选，合理采用。

2.0.14 本条规定了城镇给水排水采用新技术、新工艺和新材料的许可原则。城镇给水排水设施在规划建设中要积极采用高效的新技术、新工艺和新材料，以保障设施功效，提高设施安全可靠性和服务质量。当采用无现行相关标准予以规范的新技术、新工艺和新材料时，要根据国务院《建设工程勘察设计管理条例》和原建设部《实施工程建设强制性标准监督规定》的要求，由拟采用单位提请建设单位组织专题技术论证，报建设行政主管部门或者国务院有关主管部门审定。其相关核准程序已在《采用不符合工程建设强制性标准的新技术、新工艺、新材料核准行政许可实施细则》的通知中做出了详细规定。

3 城镇给水

3.1 一般规定

3.1.1 本条规定了城镇给水设施的基本功能和性能要求。城镇给水是保障公众健康和社会经济发展的生命线，不能中断。按照国家相关规定，在特殊情况下也要保证供给不低于城镇事故用水量（即正常水量的70%）。

城镇用水是指居民生活、生产运行、公共服务、消防和其他用水。满足城镇用水需求，主要是指提供供水服务时应该保障用户对水量、水质和水压的需求。对水质或水压有特殊要求的用户应该单独解决。

3.1.2 城镇给水所提供的生活饮用水水质要符合现行国家标准《生活饮用水卫生标准》GB 5749 的要求。世界卫生组织认为，提供安全的饮用水对身体健康是必不可少的。

3.1.3 给水工程最高日用水量包括综合生活用水、生产运营用水、公共服务用水、消防用水、管网漏损水和未预见用水，不包括因原水输水损失、厂内自用水而增加的取水量。

3.1.4 《城市供水条例》（中华人民共和国国务院令第158号）第十条规定："编制城市供水水源开发利用规划，应当从城市发展的需要出发，并与水资源统筹规划和水长期供求规划相协调"。应该提出保持协调的对策，包括积极开发并保护水资源；对城镇的合理规模和产业结构提出建议；积极推广节约用水，污水资源化等举措。

3.1.5 给水工程关系着城镇的可持续发展，关系着城镇的文明、安全和公众的生活质量，因此要认真编制城镇给水规划，科学预测城镇用水量，避免不断建设，重复建设；合理开发水资源，对城镇远期水资源进行控制和保护；协调城镇给水设施的布局，适应城镇的发展，正确指导给水工程建设。

3.1.6 国务院办公厅《关于加强饮用水安全保障工作的通知》（国办发［2005］45号）要求："各供水单位要建立以水质为核心的质量管理体系，建立严格的取样、检测和化验制度，按国家有关标准和操作规程检测供水水质，并完善检测数据的统计分析和报表制度"。要予严格执行，严格检验原水、净化工序出水、出厂水、管网水、二次供水和用户端（"龙头水"）的水质，保障饮用水水质安全。

3.1.7 饮用水水质安全问题直接关系到广大人民群众的生活和健康，城镇供水系统应该建立完整、准确的水质监测档案，除了出于供水系统管理的需要外，更重要的是对实施供水水质社会公示制度和水质任意查询举措的支持。

3.1.8 供水、用水计量是促进节约用水的有效途径，也是供水部门及用户改善管理的重要依据之一，出厂水及输配水管网供给的各类用水用户都必须安装计量仪表，推进节约用水。

3.1.9 供水部门主动停水时要根据相关规定提前通告，以避免造成用户损失和不便。《城市供水条例》（中华人民共和国国务院令第158号）第二十二条要求："城市自来水供水企业和自建设施对外供水的企业应当保持不间断供水。由于施工、设备维修等原因需要停止供水的，应当经城市供水行政主管部门批准并提前24小时通知用水单位和个人；因发生灾害或者紧急事故，不能提前通知的，应当在抢修的同时通知用水单位和个人，尽快恢复正常供水，并报告城市供水行政主管部门。"居民区停水，也要按上述规定报请相关部门批准并及时通知用户。

3.1.10 强调了城镇给水系统进行改、扩建工程时，要对已建供水设施实施保护，不能影响其正常运行和结构稳定。对已建供水设施实施保护主要有两方面：一是不能对已建供水设施的正常运行产生干扰和影响，并要对飘尘、噪声、排水等进行控制或处置；二是针对邻近构筑物的基础、结构状况，采取合理的施工方法和有效的加固措施，避免邻近构筑物发生位移、沉降、开裂和倒塌。

3.2 水源和取水

3.2.1 进行城镇水资源勘察与评价是选择城镇给水水源和确定城镇水源地的基础，也是保障城镇给水安全的前提条件。要选择有资质的单位根据流域的综合规划进行城镇水资源勘查和评价，确定水质、水量安全可靠的水源。水资源属于国家所有，国家对水资源依法实行取水许可证制度和有偿使用制度。不能脱离评价报告和在未得到取水许可时盲目开发水源。

3.2.2 《中华人民共和国水法》、《中华人民共和国水污染防治法》都规定了“国家建立饮用水水源保护区制度。饮用水水源保护区分别为一级保护区和二级保护区；必要时可在饮用水水源保护区外围划定一定的区域作为准保护区。”生活饮用水地表水一级保护区内的水质适用国家《地面水环境质量标准》GB 3838中的Ⅱ类标准；二级保护区内的水质适用Ⅲ类标准。在饮用水水源保护区内要禁止设置排污口、禁止一切污染水质的活动。取自地表水和地下水的水源保护区要对水质进行定期或在线监测和评价，并要实施适用于当地具体情况的供水水源水质防护、预警和应急措施，应对水源污染突发事件或其他灾害、安全事故的发生。

3.2.3 本条规定大中城市为保障在特殊情况下生活饮用水的安全，应规划建设城市备用水源。国务院办公厅《关于加强饮用水安全保障工作的通知》（国办发［2005］45号文）要求：“各省、自治区、直辖市要建立健全水资源战略储备体系，各大中城市要建立特枯年或连续干旱年的供水安全储备，规划建设城市备用水源，制订特殊情况下的区域水资源配置和供水联合调度方案。”对于单一水源的城市，建设备用水源的作用更显著。

3.2.4 规定了有关水源取水水量安全性的要求。水源选择地下水时，取水水量要小于允许开采量。首先要经过详细的水文地质勘察，并进行地下水资源评价，科学地确定地下水源的允许开采量，不能盲目开采。并要做到地下水开采后不会引起地下水位持续下降、水质恶化及地面沉降。水源选择地表水时，取水保证率要根据供水工程规模、性质及水源条件确定，即重要的工程且水资源较丰富地区取高保证率，干旱地区及山区枯水季节径流量很小的地区可采用低保证率，但不得低于90%。

3.2.5 地表水取水构筑物的建设受水文、地形、地质、施工技术、通航要求等多种因素的影响，并关系取水构筑物正常运行及安全可靠，要充分调查研究水位、流量、泥沙运动、河床演变、河岸的稳定性、地质构造、冰冻和流冰运动规律。另外，地表水取水构筑物有些部位在水下，水下施工难度大、风险高，因此尚应研究施工技术、方法、施工周期。建设在通航河道上的取水构筑物，其位置、形式、航行安全标志要符合航运部门的要求。地表水取水构筑物需要进行技术、经济、安全多方案的比选优化确定。

3.2.6 本条文规定了有关高浊度江河、入海感潮江河、藻类易高发的湖泊和水库水源取水安全的要求。水源地为高浊度江河时，取水要选在水浊度较低的河段或有条件设置避开沙峰的河段。水源为感潮江河时，要尽量减少海潮的影响，取水应选在氯离子含量达标的河段，或者有条件设置避开咸潮、可建立淡水调蓄水库的河段。水源为湖泊或水库时，取水应选在藻类含量较低、水深较大，水域开阔，能避开高藻季节主风向向风面的凹岸处，或在湖泊、水库中实施相关除藻措施。

3.3 给 水 泵 站

3.3.1 明确给水泵站的基本功能。泵站的基本功能是将一定量的流体提升到一定的高度（或压力）满足用户的要求。泵站在给水工程中起着不可替代的重要作用，泵站的正常运行是供水系统正常运行的先决条件。给水工程中，取水泵站的规模要满足水厂对水量和水压的要求；送水泵站的规模要满足配水管网对水量和水压的要求；中途加压泵站要满足目的地对水量和水压的要求；二次供水泵站的规模要满足用户对水量和水压的要求。

3.3.2 给水泵站设置备用水泵是保障泵站安全运行的必要条件，泵站内一旦某台水泵发生故障，备用水泵要立即投入运行，避免造成供水安全事故。

备用水泵设置的数量要根据泵房的重要性、对供水安全的要求、工作水泵的台数、水泵检修的频率和检修难易程度等因素确定。例如在提升含磨损杂质较高的水时，要适当增加备用能力；供水厂中的送水泵房，处于重要地位，要采用较高的备用率。

3.3.3 本条规定提出了对泵站布置的要求。这些要求对于保证水泵的有效运行、延长设备的寿命以及维护运行人员的安全都是必不可少的。吸水井的布置要满足井内水流顺畅、不产生涡流的吸水条件，否则会直接影响水泵的运行效率和使用寿命；水泵的安装，吸水管及吸水口的布置要满足流速分布均匀，避免汽蚀和机组振动的要求，否则会导致水泵使用寿命的缩短并影响到运行的稳定性；机组及泵房空间的布置要以不影响安装、运行、维护和检修为原则。例如：泵房的主要通道应该方便通行；泵房内的架空管道不得阻碍通道和跨越电气设备；泵房至少要设置一个可以搬运最大尺寸设备的门等。

3.3.4 给水泵站的设备间往往有生产杂水或事故漏水需及时排除，地上式泵房可采取通畅的排水通道，地下或半地下式泵站要设置排水泵，避免积水淹及泵房造成重大损失。

3.3.5 鉴于停泵或快速关闭阀门时可能形成水锤，引发水泵阀门受损、管道破裂、泵房淹没等重大事故，必要时应进行水锤计算，对有可能产生水锤危害的泵站要采取防护措施。目前常用的消除水锤危害的措施有：在水泵压水管上装设缓闭止回阀、水锤消除器以及在输水管道适当位置设置调压井、进排气阀等。

3.4 输 配 管 网

3.4.1 本条规定了输水管道在选线和管道布置时应遵循的准则。输水管道的建设应符合城镇总体规划，选择的管线在满足使用功能要求的前提下要尽量的短，这样可少占地且节省能耗和投资；其次管线可沿现有和规划道路布置，这样施工和维护方便。管线还要尽可能避开不良地质构造区域，尽可能减少穿越山川、水域、公路、铁路等，为所建管道安全运行创造条件。

3.4.2 原水输水管的设计流量要按水厂最高日平均时需水量加上输水管的漏损水量和净水厂自用水量确定。净水输水管道的设计流量要按最高日最高时用水条件下，由净水厂负担的供水量计算确定。

配水管网要按最高日最高时供水量及设计水压进行管网水力平差计算，并且还要按消防、最大转输和最不利管段发生故障时3种工况进行水量和水压校核，直接供水管网用户最小服务水头按建筑物层数确定。

3.4.3 本条强调了城镇输水的安全性。必须保证输水管道出现事故时输水量不小于设计水量的70％。为保证输水安全，输水管道系统可以采取下列安全措施：首先输水干管根数采用不少于2条的方案，并在两条输水干管之间设连通管，保证管道的任何一段断管时，管道输水能力不小于事故水量；在多水源或设有水量调蓄设施且能保证事故状态供水能力等于或大于事故水量时，才可采用单管输水。

3.4.4 长距离管道输水工程选择输水线路时，要使管线尽可能短，管线水平和竖向布置要尽量顺直，尽量避开不良地质构造区，减少穿越山川和水域。管材选择要依据水量、压力、地形、地质、施工条件、管材生产能力和质量保证等进行技术经济比较。管径选择时要进行不同管径建设投资和运行费用的优化分析。输水工程应该能保证事故状态下的输水量不小于设计水量的70％。长距离管道输水工程要根据上述条件进行全面的技术、经济的综合比较和安全论证，选择可靠的管道运行系统。

长距离管道输水工程要对管路系统进行水力过渡过程分析，研究输水管道系统在非稳定流状态下运行时发生的各种水锤现象。其中停泵（关阀）水锤，以及伴有的管道系统中水柱拉断而发生的断流弥合水锤，是造成诸多长距离管道输水工程事故的主要原因。因此，在管路运行系统中要采取水锤的综合防护措施，如控制阀门的关闭时间，管路中设调压塔注水，或在管路的一些特征点安装具备削减水锤危害的复合式高速进排气阀、三级空气阀等综合保护措施，保证长距离管道输水工程安全。

3.4.5 安全供水是城镇配水管网最重要的原则，配水管网干管成环布置是保障管网配水安全诸多措施中最重要的原则之一。

3.4.6 管网的漏损率控制要考虑技术和经济两个方面，应该进行“投入—产出”效益分析，即要将漏损率控制在当地经济漏损率范围内。控制漏损所需的投入与效益进行比较，投入等于或小于漏损控制所造成效益时的漏损量是经济合理的漏损率。供水管网漏损率应控制在国家行业标准规定的范围内，并根据居民的抄表状况、单位供水量管长、年平均出厂压力的大小进行修正，确定供水企业的实际漏损率。降低管网的漏损率对于节约用水、优化企业供水成本，建设节约型的城市具有重大意义。

降低管网的漏损率需要采取综合防护措施。应该从管网规划、管材选择、施工质量控制、运行压力控制、日常维护和更新、漏损探测和漏损及时修复等多方面控制管网漏损。

3.4.7 城镇供水管网是向城镇供给生活饮用水的基本渠道。为保障供水水质卫生安全，不能与其他非饮用水管道系统连通。在使用城镇供水作为其他用水补充用水时，一定要采取有效措施防止其他用水流入城镇供水系统。

《城市供水条例》中明确：“禁止擅自将自建设施供水管网系统与城市公共供水管网系统连接；因特殊情况需要连接的，必须经城市自来水供水企业同意，报城市供水行政管理部门和卫生行政主管部门批准，并在管道连接处采取必要的防护措施。”为保证城镇供水的卫生安全，供水管网要避开毒物污染区；在通过腐蚀性地域时，要采取安全可靠的技术措施，保证管道在使用期不出事故，水质不会受污染。

3.4.8 管网优化设计一定要考虑水压、水量的保证性，水质的安全性，管网系统的可靠性和经济性。在保证供水安全可靠，满足用户的水质、水量、水压需求的条件下，对管网进行优化设计，保障管道施工质量，达到节省建设费用、节省能耗和供水安全可靠的目的。

管网优化调度是在保证用户所需水质、水量、水压安全可靠的条件下，根据管网监测系统反馈的运行状态数据或者科学的预测手段确定用水量分布，运用数学优化技术，在各种可能的调度方案中，合理确定多水源各自供水水量和水压，筛选出使管网系统最经济、最节能的调度操作方案，努力做到供水曲线与用水曲线相吻合。

3.4.9 本条规定了输配水管道与建（构）筑物及其他工程管线之间要保留有一定的安全距离。现行国家标准《城市地下管道综合规划规范》GB 50289 规定了给水管与其他管线及建（构）筑物之间的最小水平净距和最小垂直净距。

输水干管的供水安全性十分重要，两条或两条以上的埋地输水干管，需要防止其中一条断管，由于水流的冲刷危及另一条管道的正常输水，所以两条埋地管道一定要保持安全距离。输水量大、运行压力高，敷设在松散土质中的管道，需加大安全距离。若两条干管的间距受占地、建（构）筑物等因素控制，不能满足防冲距离时，需考虑采取有效的工程措施，保证输水干管的安全运行。

3.4.10 本条规定了输配水管道穿过铁路、公路、城市道路、河流时的安全要求。当穿过河流采用倒虹方式时，管内水流速度要大于不淤流速，防止泥沙淤积管道；管道埋设河底的深度要防止被洪水冲坏和满足航运的相关规定。

3.4.11 在有冰冻危险的地区，埋地管道要埋设在冰冻土层以下；架空管道要采取保温防冻措施，保证管道在正常输水和事故停水时管内水不冻结。

3.4.12 管道工作压力大于或等于0.1MPa时称为压力管道，在竣工验收前要做水压试验。水压试验是对管道系统质量检验的重要手段，是管道安全运行的保障。生活饮用水管道投入运行前要进行冲洗消毒。建设部第158号文《城镇供水水质管理规定》明确："用于城镇供水的新设备、新管网或者经改造的原有设备、管网，应当严格进行冲洗、消毒，经质量技术监督部门资质认定的水质检测机构检验合格后，方可投入使用"。

3.5 给水处理

3.5.1 本条明确了城镇水厂处理的基本功能及城镇水厂出水水质标准的要求。强调城镇水厂的处理工艺一定要保证出水水质不低于现行国家标准《生活饮用水卫生标准》GB 5749的要求，并留有必要的裕度。这里"必要的裕度"主要是考虑管道输送过程中水质还将有不同程度降低的影响。

3.5.2 水厂平面布置应根据各构（建）筑物的功能和流程综合确定。竖向设计应满足水力流程要求并兼顾生产排水及厂区土方平衡需求，同时还应考虑运行和维护的需要。为保证生产人员安全，构筑物及其通道应根据需要设置适用的栏杆、防滑梯等安全保护设施。

3.5.3 为确保生活饮用水的卫生安全，维护公众的健康，无论原水来自地表水还是地下水，城镇给水处理厂都一定要设有消毒处理工艺。通过消毒处理后的水质，不仅要满足生活饮用水水质卫生标准中与消毒相关的细菌学指标，同时，由于各种消毒剂消毒时会产生相应的副产物，因此，还要求满足相关的感官性状和毒理学指标，确保公众饮水安全。

3.5.4 储存生活饮用水的调蓄构筑物的卫生防护工作尤为重要，一定要采取防止污染的措施。其中清水池是水厂工艺流程中最后一道关口，净化后的清水由此经由送水泵房、管网向用户直接供水。生活饮用水的清水池或调节水池要有保证水的流动、避免死角、空气流通、便于清洗、防止污染等措施，且清水池周围不能有任何形式的污染源等，确保水质安全。

3.5.5 城镇给水厂的工艺排水一般主要有滤池反冲洗排水和泥浆处理系统排水。滤池反冲洗排水量很大，要均匀回流到处理工艺的前点，但要注意其对水质的冲击。泥浆处理系统排水，由于前处理投加的药物不同，而使得各工序排水的水质差别很大，有的尚需再处理才能使用。

3.5.6 水厂的排泥水量约占水厂制水量的3%～5%，若水厂排泥水直接排入河中会造成河道淤堵，而且由于泥中有机成分的腐烂，会直接影响河流水质的安全。水厂所排泥浆要认真处理，并合理处置。

水厂泥浆通常的处理工艺为：调解—浓缩—脱水。脱水后的泥饼要达到相应的环保要求并合理处置，杜绝二次污染。泥饼的处置有多种途径：综合利用、填埋、土地施泥等。

3.5.7 本条规定了城镇水厂处理工艺中所涉及的化学药剂应采取严格的安全防护措施。水厂中涉及化学药剂工艺有加药、消毒、预处理、深度处理等。这些工艺中除了加药中所采用的混凝剂、助凝剂仅具有腐蚀性外；其他工艺采用的如：氯、二氧化氯、氯胺、臭氧等均为强氧化剂，有很强的毒性，对人身及动植物均有伤害，处置不当有的还会发生爆炸，故在生产、运输、存储、运行的过程中要根据介质的特性采取严密安全防护措施，杜绝人身或环境事故发生。

3.6 建筑给水

3.6.1 本条提出了合理确定各类建筑用水定额应该综合考虑的因素。民用建筑与小区包括居住建筑、公共建筑、居住小区、公共建筑区。我国是一个缺水的国家，尤其是北方地区严重缺水，因此，我们在确定生活用水定额时，既要考虑当地气候条件、建筑标准、卫生器具的完善程度等使用要求，更要考虑当地水资源条件和节水的原则。一般缺水地区要选择生活用水定额的低值。

3.6.2 生活给水管道容易受到污染的场所有：建筑内烟道、风道、排水沟、大便槽、小便槽等。露明敷设的生活给水管道不要布置在阳光直接照射处，以防止水温的升高引起细菌的繁殖。生活给水管敷设的位置要方便安装和维修，不影响结构安全和建筑物的使用，暗装时不能埋设在结构墙板内，暗设在找平层内时要采用抗耐蚀管材，且不能有机械连接件。

3.6.3 本条规定了有回流污染生活饮用水质的地方，要采取杜绝回流污染的有效措施。生活饮用水管道的供、配水终端产生回流的原因：一是配水管出水口被淹没或没有足够的空气间隙；二是配水终端为升压、升温的管网或容器，前者引起虹吸回流，后者引起背压回流。为防止建筑给水系统产生回流污染生活饮用水水质一定要采取可靠的、有效的防回流措施。其主要措施有：禁止城镇给水管与自备水源供水管直接连接；禁止中水、回用雨水等非生活饮用水管道与生活饮用水管连接；卫生器具、用水设备、水箱、水池等设施的生活饮用水管配水件出水口或补水管出口应保持与其溢流边缘的防回流空气间隙；从室外给水管直接抽水的水泵吸水管，连接锅炉、热水机组、水加热器、气压水罐等有压或密闭容器的进水管，小区或单体建筑的环状室外给水管与不同室外给水干管管段连接的两路及两路以上的引入管上均要设倒流防止器；从小区或单体建筑的给水管连接消防用水管的起端及从生活饮用水池（箱）抽水的消防泵吸水管上也要设置倒流防止器；生活饮用水管要避开毒物污染区，禁止生活饮用水管与大便器（槽）、小便斗（槽）采用非专用冲洗阀直接连接等。

3.6.4 本条文规定了储存、调节和直接供水的水池、水箱、水塔保证安全供水的要求。储存、调节生活饮用水的水箱、水池、水塔是民用建筑与小区二次供水的主要措施，一定要保证其水不冰冻，水质不受污染，以满足安全供水的要求。一般防止水质变质的措施有：单体建筑的生活饮用水池（箱）单独设置，不与消防水池合建；埋地式生活饮用水池周围 10m 以内无化粪池、污水处理构筑物、渗水井、垃圾堆放点等污染源，周围 2m 以内无污水管和污染物；构筑物内生活饮用水池（箱）体，采用独立结构形式，不利用建筑物的本体结构作为水池（箱）的壁板、底板和顶盖；生活饮用水池（箱）的进、出水管，溢、泄流管，通气管的设置均不能污染水质或在池（箱）内形成滞水区。一般防冻的做法有：生活饮用水水池（箱）间采暖；水池（箱）、水塔做防冻保温层。

3.6.5 本条规定了建筑给水系统的分区供水原则：一是要充分利用室外给水管网的压力满足低层的供水要求，二是高层部分的供水分区要兼顾节能、节水和方便维护管理等因素确定。

3.6.6 水泵、冷却塔等给水加压、循环冷却设备运行中都会产生噪声、振动及水雾，因此，除工程应用中要选用性能好、噪声低、振动小、水雾少的设备及采取必要的措施外，还不得将这些设备设置在要求安静的卧室、客房、病房等房间的上、下层及毗邻位置。

3.6.7 生活饮用水池（箱）中的储水直接与空气接触，在使用中储水在水池（箱）中将停留一定的时间而受到污染，为确保供水的水质满足国家生活饮用水卫生标准的要求，水池（箱）要配置消毒设施。可采用紫外线消毒器、臭氧发生器和水箱自洁消毒器等安全可靠的消毒设备，其设计和安装使用要符合相应技术标准的要求。生活饮用的供水设施包括水池（箱）、水泵、阀门、压力水容器、供水管道等。供水设施在交付使用前要进行清洗和消毒，经有关资质认证机构取样化验，水质符合《生活饮用水卫生标准》GB 5749 的要求后方可使用。

3.6.8 建筑物内设置消防给水系统和灭火设施是扑灭火灾的关键。本条规定了各类建筑根据其用途、功能、重要性、火灾特性、火灾危险性等因素合理设置不同消防给水系统和灭火设施的原则。

3.6.9 本条规定了消防水源一定要安全可靠，如室外给水水源要为两路供水，当不能满足时，室内消防水池要储存室内外消防部分的全部用水量等。

3.6.10 消防给水系统包括建筑物室外消防给水系统、建筑物室内的消防给水系统如消火栓、自动喷水、水喷雾和水炮等多种系统，这些系统都由储水池、管网、加压设备、末端灭火设施及附配件组成。本条规定了系统的组成部分均应该按相关消防规定要求合理配置，满足灭火所需的水量、水压要求，以达到迅速扑灭火灾的目的。

3.6.11 本条规定了消防给水系统的各组成部分均要具备防护功能，以满足其灭火要求；安全的消防供电、合理的系统控制亦是及时有效扑灭火灾的重要保证。

3.7 建筑热水和直饮水

3.7.1 生活热水用水定额同生活给水用水定额的确定原则相同，同样要根据当地气候、水资源条件、建筑标准、卫生器具完善程度并结合节约用水的原则来确定。因此它应该与生活给水用水定额相匹配。

生活热水热源的选择，要贯彻节能减排政策，要根据当地可再生能源（如太阳能、地表水、地下水、土壤等地热热源及空气热源）的条件，热资源（如工业余热、废热、城市热网等）的供应条件，用水使用要求（如用户对热水用水量，水温的要求，集中、分散用水的要求）等综合因素确定。一般集中热水系统选择热源的顺序为：工业余热、废热、地热或太阳能、城市热力管网、区域性锅炉房、燃油燃气热水机组等。局部热水系统的热源可选太阳能、空气源热泵及电、燃气、蒸汽等。

3.7.2 本条规定了生活热水的水质标准。生活热水通过沐浴、洗漱等直接与人体接触，因此其水质要符合现行国家标准《生活饮用水卫生标准》GB 5749 的要求。

当生活热水源为生活给水时，虽然生活给水水质符合标准要求，但它经水加热设备加热、热水管道输送和用水器具使用的过程中，有可能产生军团菌等致病细菌及其他微生物污染，因此，本条规定要保证用水终端的热水出水水质符合标准要求。一般做法有：选用无滞水区的水加热设备，控制热水出水温度为 55℃～60℃，选用内表光滑不生锈、不结垢的管道及阀件，保证集中热水系统循环管道的循环效果；设置消毒设施。当采用地热水作为生活热水时，要通过水质处理，使其水质符合现行国家标准《生活饮用水卫生标准》GB 5749 的要求。

3.7.3 本条对生活热水的水温做出了规定，并对一些特殊建筑提出了防烫伤的要求。生活热水的水温要满足使用要求，主要是指集中生活热水系统的供水温度要控制在 55℃～60℃，并保证终端出水水温不低于 45℃。当水温低于 55℃时，不易杀死滋生在温水中的各种细菌，尤其是军团菌之类致病菌；当水温高于 60℃时，一是系统热损耗大、耗能，二是将加速设备与管道的结垢与腐蚀，三是供水安全性降低，易产生烫伤人的事故。

幼儿园、养老院、精神病医院、监狱等弱势群体集聚场所及特殊建筑的热水供应要采取防烫伤措施，一般做法有：控制好水加热设备的供水温度，保证用水点处冷热水压力的稳定与平衡，用水终端采用安全可靠的调控阀件等。

3.7.4 热水系统的安全主要是指供水压力和温度要稳定，供水压力包括配水点处冷热水压力的稳定与平衡两个要素；温度稳定是指水加热设备出水温度与配水点放水温度既不能太高也不能太低，以保证使用者的安全；集中热水供应系统的另一要素是热水循环系统的合理设置，它是节水、节能、方便使用的保证。水加热设备是热水系统的核心部分，它来保证出水压力、温度稳定，不滋生细菌、供水安全且换热效果好、方便维修。

3.7.5 生活热水在加热过程中会产生体积膨胀，如这部分膨胀量不及时吸纳消除，系统内压力将升高，将影响水加热设备、热水供水管道的安全正常工作，损坏设备和管道，同时引起配水点处冷热水压力的不平衡和不稳定，影响用水安全，并且耗水耗电，因此，热水供水管道系统上要设置膨胀罐、膨胀管或膨胀水箱，设置安全阀、管道伸缩节等设施以及时消除热水升温膨胀时给系统带来的危害。

3.7.6 管道直饮水是指原水（一般为室外给水）经过深度净化处理达到《饮用净水水质标准》CJ 94 后，通过管道供给人们直接饮用的水，为保证管道直饮水系统用户端的水质达标，采取的主要措施有：①设置供、回水管网为同程式的循环管道；②从立管接出至用户用水点的不循环支管长度不大于 3m；③循环回水管道的回流水经再净化或消毒；④系统必须进行日常的供水水质检验；⑤净水站制定规章和管理制度，并严格执行等。

4 城 镇 排 水

4.1 一 般 规 定

4.1.1 本条规定了城镇排水系统的基本功能和技术性能。城镇排水系统包括雨水系统和污水系统。城镇雨水系统要能有效收集并及时排除雨水，防止城镇被雨水淹渍；并根据自然水体的水质要求，对污染较严重的初期雨水采取截流处理措施，减少雨水径流污染对自然水体的影响。为满足某些使用低于生活饮用水水质的需求，降低用水成本，提高用水效率，还要设置雨水储存和利用设施。

城镇污水系统要能有效收集和输送污水，因地制宜处理、处置污水和污泥，减少向自然水体排放水污染物，保障城镇水环境质量和水生态安全；水资源短缺的城镇还要建设污水净化再生处理设施，使再生水达到一定的水质标准，满足水再利用或循环利用的要求。

4.1.2 排水设施是城镇基础设施的重要组成部分，是保障城镇正常活动、改善水环境和生态环境质量，促进社会、经济可持续发展的必备条件。确定排水系统的工程规模时，既要考虑当前，又要考虑远期发展需要；更应该全面、综合进行总体布局；合理确定综合径流系数，不能被动适应城市高强度开发。建立完善的城镇排水系统，提高排水设施普及率和污水处理达标率，贯彻“低影响开发”原则，建设雨水系统等都需要较长时间，这些都应在城镇排水系统规划总体部署的指导下，与城镇社会经济发展和相关基础设施建设相协调，逐步实施。低影响开发是指强调城镇开发要减少对环境的冲击，其核心是基于源头控制和延缓冲击负荷的理念，构建与自然相适应的城镇排水系统，合理利用景观空间和采取相应措施对暴雨径流进行控制，减少城镇面源污染。

4.1.3 排水体制有雨水污水分流制与合流制两种基本形式。分流制是用不同管渠系统分别收集、输送污水和雨水。污水经污水系统收集并输送到污水处理厂处理，达到排放标准后排放；雨水经雨水系统收集，根据需要，经处理或不经处理后，就近排入水体。合流制则是以同一管渠系统收集、输送雨水和污水，旱季污水经处理后排放，雨季污水处理厂需加大雨污水处理量，并在水环境容量许可情况下，排放部分雨污水。分流制可缩小污水处理设施规模、节约投资，具有较高的环境效益。与分流制系统相比，合流制管渠投资较小，同时施工较方便。在年降雨量较小的地区，雨水管渠使用时间极少，单独建设雨水系统使用效率很低；新疆、黑龙江等地的一些城镇区域已采用的合流制排水体制，取得良好效果。城镇排水体制要因地制宜，从节约资源、保护水环境、节省投资和减少运行费用等方面综合考虑确定。

4.1.4 因大气污染、路面污染和管渠中的沉积污染，初期雨水污染程度相当严重，设置污水截流设施可削减初期雨水和污水对水体的污染。因此，规定合流制排水系统应设置污水截流设施，并根据受纳水体环境容量、工程投资额和合流污水管渠排水能力，合理确定截流倍数。

4.1.5 在分流制排水系统中，由于擅自改变建筑物内的局部功能、室外的排水管渠人为疏忽或故意错接会造成雨污水管渠混接。如果雨、污水管渠混接，污水会通过雨水管渠排入水体，造成水体污染；雨水也会通过污水管渠进入污水处理厂，增加了处理费用。为发挥分流制排水的优点，故作此规定。

4.1.6 城镇的发展不断加大建筑物和不透水地面的建设，使得城镇建成区域降雨形成的径流不断加大，不仅增加了雨水系统建设和维护投资，加大了暴雨期间的灾害风险，还严重影响了地下水的渗透补给。如从源头着手，加大雨水就近入渗、调蓄或收集利用，可减少雨水径流总量和峰值流量；同时如充分利用绿地和土壤对雨水径流的生态净化作用，不仅节省雨水系统设施建设和维护资金，减少暴雨灾害风险，还能有效降低城镇建设对水环境的冲击，有利于水生态系统的健康，推进城镇水社会循环和自然循环的和谐发展。这是一种基于源头控制的低影响开发的雨水管理方法，城镇雨水系统的建设要积极贯彻实施。

4.1.7 随意排放污水会破坏环境，如富营养化的水臭味大、颜色深、细菌多，水质差，不能直接利用，水中鱼类大量死亡。水污染物还会通过饮水或食物链进入人体，使人急性或慢性中毒。砷、铬、铵类、笨并（a）芘和稠环芳烃等，可诱发癌症。被寄生虫、病毒或其他致病菌污染的水，会引起多种传染病和寄生虫病。重金属污染的水，对人的健康均有危害，如铅造成的中毒，会引起贫血和神经错乱。有机磷农药会造成神经中毒；有机氯农药会在脂肪中蓄积，对人和动物的内分泌、免疫功能、生殖机能均造成危害。世界上80%的疾病与水污染有关。伤寒、霍乱、胃肠炎、痢疾、传染性肝病是人类五大疾病，均由水污染引起。水质污染后，城镇用水必须投入更多的处理费用，造成资源、能源的浪费。

城镇所有用水过程产生的污染水，包括居民生活、公共服务和生产过程等产生的污水和废水，一定要进行处理，处理方式包括排入城市污水处理厂集中处理或分散处理两种。

4.1.8 为了保护环境，保障城镇污水管渠和污水处理厂等的正常运行、维护管理人员身体健康，处理后出水的再生利用和安全排放、污泥的处理和处置，污水接入城镇排污水管渠的水质一定要符合《污水排入城镇下水道水质标准》CJ 3082 等有关标准的规定，有的地方对水质有更高要求时，要符合地方标准，并根据《中华人民共和国水污染防治法》，加强对排入城镇污水管渠的污水水质的监督管理。

4.1.9 城镇排水设施是重要的市政公用设施，当发生地震、台风、雨雪冰冻、暴雨、地质灾害等自然灾害时，如果雨水管渠或雨水泵站损坏，会造成城镇被淹；若污水管渠、污水泵站或污水处理厂损坏，会造成城镇被污水淹没和受到严重污染等次生灾害，直接危害公众利益和健康，2008年住房和城乡建设部发布的《市政设施抗灾设防管理规定》对市政公用设施的防灾专项规划内容提出了具体的要求，因此，城镇排水设施的选址和建设除应该符合本规范第2.0.2条的规定外，还要符合防灾专项规划的要求。

4.1.10 为保障操作人员安全，对产生有毒有害气体或可燃气体的泵站、管道、检查井、构筑物或设备进行放空清理或维修时，一定要采取防硫化氢等有毒有害气体或可燃气体的安全措施。安全措施主要有：隔绝断流，封堵管道，关闭闸门，水冲洗，排尽设备设施内剩余污水，通风等。不能隔绝断流时，要根据实际情况，操作人员穿戴供压缩空气的隔离式安全防护服和系安全带作业，并加强监测，或采用专业潜水员作业。

4.2 建筑排水

4.2.1 建筑排水设备和管道担负输送污水的功能，有可能产生漏水污染环境，产生噪声，甚至危害建筑结构和设备安全等，要采取措施合理布置与敷设，避免可能产生的危害。

4.2.2 存水弯、水封盒等水封能有效地隔断排水管道内的有害有毒气体窜入室内，从而保证室内环境卫生，保障人民身心健康，防止事故发生。

存水弯水封需要保证一定深度，考虑到水封蒸发损失、自虹吸损失以及管道内气压变化等因素，卫生器具的排水口与污水排水管的连接处，要设置相关设施阻止有害气体泄漏，例如设置有水封深度不小于50mm的存水弯，是国际上为保证重力流排水管道系统中室内压不破坏存水弯水封的要求。当卫生器具构造内自带水封设施时，可不另设存水弯。

4.2.3 本条规定了建筑物地下室、半地下室的污、废排水要单独设置压力排水系统排除，不应该与上部排水管道连接，目的是防止室外管道满流或堵塞时，污、废水倒灌进室内。对于山区的建筑物，若地下室、半地下室的地面标高高于室外排水管道处的地面标高，可以采用重力排水系统。建筑物内采用排水泵压力排出污、废水时，一定要采取相应的安全保证措施，不应该因此造成污、废水淹没地下室、半地下室的事故。

4.2.4 本条规定了下沉式广场、地下车库出入口处等及时排除雨水积水的要求。下沉式广场、地下车库出入口处等不能采用重力流排除雨水的场所，要设集水沟、集水池和雨水排水泵等设施及时排除雨水，保证这些场所不被雨水淹渍。一般做法有：下沉式广场地面排水集水池的有效容积不小于最大一台排水泵30s的出水量，地下车库出入口明沟集水池的有效容积不小于最大一台排水泵5min的出水量，排水泵要有不间断的动力供应；且定期检修，保证其正常使用。

4.2.5 化粪池一般采用砖砌水泥砂浆抹面，防渗性差，对于地下水取水构筑物和生活饮用水池而言属于污染源，因此要防止化粪池渗出污水污染地下水源，可以采取化粪池与地下取水构筑物或生活储水池保持一定的距离等措施。

4.2.6 本条规定医疗机构污水要根据其污水性质、排放条件（即排入市政下水管或地表水体）等进行污水处理和确定处理流程及工艺，处理后的水质要符合现行国家标准《医疗机构水污染物排放标准》GB 18466的有关要求。

4.2.7 建筑屋面雨水的排除涉及屋面结构、墙体及人员的安全，屋面雨水的排水设施由雨水斗、屋面溢流口（溢流管）、雨水管道组成，它们总的排水能力要保证设计重现期内的雨水的排除，保证屋面不积水。

4.3 排 水 管 渠

4.3.1 本条规定了排水管渠的基本功能和性能。经济合理地输送雨水、污水指利用地形合理布置管渠，降低排水管渠埋设深度，减少压力输送，花费较少投资和运行费用，达到同样输送雨水和污水的目的。为了保障公众和周边设施安全、通畅地输送雨水和污水，排水管渠要满足条文中提出的各项性能要求。

4.3.2 立体交叉地道排水的可靠程度取决于排水系统出水口的畅通无阻。当立体交叉地道出水管与城镇雨水管直接连通，如果城镇雨水管排水不畅，会导致雨水不能及时排除，形成地道积水。独立排水系统指单独收集立体交叉地道雨水并排除的系统。因此，规定立体交叉地道排水要设置独立系统，保证系统出水不受城镇雨水管影响。

4.3.3 检查井是含有硫化氢等有毒有害气体和缺氧的场所，我国曾多次发生操作人员下井作业时中毒身亡的悲剧。为保障操作人员安全，作此规定。

强制通风后在通风最不利点检测易爆和有毒气体浓度，检测符合安全标准后才可进行后续作业。

4.3.4 为保障排水管渠正常工作，要建立定期巡视、检查、维护和更新的制度。巡视内容一般包括污水冒溢、晴天雨水口积水、井盖和雨水箅缺损、管道塌陷、违章占压、违章排放、私自接管和影响排水的工程施工等。

4.4 排 水 泵 站

4.4.1 本条规定了排水泵站的基本功能。为安全、可靠和高效地提升雨水和污水，泵站进出水管水流要顺畅，防止进水滞流、偏流和泥砂杂物沉积在进水渠底，防止出水壅流。如进水出现滞流、偏流现象会影响水泵正常运行，降低水泵效率，易形成气蚀，缩短水泵寿命。如泥砂杂物沉积在进水渠底，会减小过水断面。如出水壅流，会增大阻力损失，增加电耗。水泵及配套设施应选用高效节能产品，并有防止水泵堵塞措施。出水排入水体的泵站要采取措施，防止水流倒灌影响正常运行。

4.4.2 水泵最高扬程和最低扬程发生的频率较低，选择时要使大部分工作时间均处在高效区运行，以符合节能要求。同时为保证排水畅通，一定要保证在最高工作扬程和最低工作扬程范围内水泵均能正常运行。

4.4.3 为保障周围建筑物和操作人员的安全，抽送产生易燃易爆或有毒有害气体的污水时，室外污水泵站必须为独立的建筑物。相应的安全防护措施有：具有良好的通风设备，采用防火防爆的照明和电气设备，安装有毒有害气体检测和报警设施等。

4.4.4 排水泵站布置主要是水泵机组的布置。为保障操作人员安全和保证水泵主要部件在检修时能够拆卸，主要机组的间距和通道、泵房出入口、层高、操作平台设置要满足安全防护的需要并便于操作和检修。

4.4.5 立体交叉地道受淹后，如果与地道合建的雨水泵站的电气设备也被淹，会导致水泵无法启动，延长了地道交通瘫痪的时间。为保障雨水泵站正常工作，作此规定。

4.4.6 在部分水泵损坏或检修时，为使污水泵站和合流污水泵站还能正常运行，规定此类泵站应设置备用泵。由于道路立体交叉地道在交通运输中的重要性，一旦立体交叉地道被淹，会造成整条交通线路瘫痪的严重后果；为大型公共地下设施设置的雨水泵站，如果水泵发生故障，会造成地下设施被淹，进而影响使用功能，所以，作出道路立体交叉地道和大型公共地下设施雨水泵站应设备用泵的规定。

4.4.7 雨水及合流泵站出水口流量较大，要控制出水口的位置、高程和流速，不能对原有河道驳岸、其他水中构筑物产生冲刷；不能影响受纳水体景观、航运等使用功能。同时为保证航运和景观安全，要根据需要设置有关设施和标志。

4.4.8 雨污水进入集水池后速度变慢，一些泥砂会沉积在集水池中，使有效池容减少，故作此规定。

4.5 污 水 处 理

4.5.1 本条规定了污水处理厂的基本功能。污水处理厂是集中处理城镇污水，以达到减少污水中污染物，保护受纳水体功能的设施。建设污水处理厂需要大量投资，目前有些地方盲目建设污水处理厂，造成污水处理厂建成后无法正常投入运行，不仅浪费了国家和地方政府的资金，而且污水未经有效处理排放造成水体及环境污染，影响人民健康。国家有关部门对污水处理厂的实际处理负荷作了明确的规定，以保证污水处理厂有效减少城镇水污染物。排放的水应符合

《城镇污水处理厂污染物排放标准》GB 18918、《地表水环境质量标准》GB 3838 和各地方的水污染物排放标准的要求；脱水后的污泥应该符合《城镇污水处理厂污染物排放标准》GB 18918 和《城镇污水处理厂污泥泥质》GB 24188 要求。当污泥进行最终处置和综合利用时，还要分别符合相关的污泥泥质标准。排放的废气要符合《城镇污水处理厂污染物排放标准》GB 18918 中规定的厂界废气排放标准；当污水处理厂采用污泥热干化或污泥焚烧时，污泥热干化的尾气或焚烧的烟气中含有危害人民身体健康的污染物质，除了要符合上述标准外，其颗粒物、二氧化硫、氮氧化物的排放指标还要符合国家现行标准《恶臭污染物排放标准》GB 14554 及《生活垃圾焚烧污染控制标准》GB 18485 的要求。

4.5.2 本条规定了污水处理厂的技术要求。对不同的地表水域环境功能和保护目标，在现行国家标准《城镇污水处理厂污染物排放标准》GB 18918 中，有不同等级的排放要求；有些地方政府也根据实际情况制定了更为严格的地方排放标准。因此，要遵从国家和地方现行的排放标准，结合污水水质特征、处理后出水用途等确定污水处理程度。进而，根据处理程度综合考虑污水水质特征、地质条件、气候条件、当地经济条件、处理设施运行管理水平，还要统筹兼顾污泥处理处置，减少污泥产生量，节约污泥处理处置费用等，选择污水处理工艺，做到稳定达标又节约运行维护费用。

4.5.3 污水处理厂的总体设计包括平面布置和竖向设计。合理的处理构筑物平面布置和竖向设计以满足水力流程要求，减少水流在处理厂内不必要的折返以及各类跌水造成的水头浪费，降低污水、污泥提升以及供气的运行能耗。

同时，污水处理过程中往往会散发臭味和对人体健康有害的气体，在生物处理构筑物附近的空气中，细菌芽孢数量也较多，鼓风机（尤其是罗茨鼓风机）会产生较大噪声，为此，污水处理厂在平面布置时，应该采取措施。如将生产管理建筑物和生活设施与处理构筑物保持一定距离，并尽可能集中布置；采用绿化隔离，考虑夏季主导风向影响等措施，减少臭气和噪声的影响，保持管理人员有良好的工作环境，避免影响正常工作。

4.5.4 初期雨水污染十分严重，为保护环境，要进行截流并处理，因此在确定合流制污水处理厂的处理规模时，要考虑这部分容量。

4.5.5 污水自然处理是利用自然生物作用进行污水处理的方法，包括土地处理和稳定塘处理。通常污水自然处理需要占用较大面积的土地或人工水体，或者与景观结合，当处理负荷等因素考虑不当或气候条件不利时，会造成臭气散发、水体视觉效果差甚至有蚊蝇飞虫等影响，因此，在自然处理选址以及设计中要采取措施减少对周围环境质量的影响。

另外，污水自然处理常利用荒地、废地、坑塘、洼地等建设，如果不采取防渗措施（包括自然防渗和人工防渗），必定会造成污水下渗影响地下水水质，因此，要采取措施避免对地下水产生污染。

4.5.6 污水处理厂出水中含有大量微生物，其中有些是致病的，对人类健康有危害，尤其是传染性疾病传播时，其危害更大，如 SAS 的传播。为保障公共卫生安全规定污水处理厂出水应该消毒后排放。

污水消毒场所包括放置消毒设备、二氧化氯制备器和原料的地方。污水消毒主要采用紫外线、二氧化氯和液氯。采用紫外线消毒时，要采取措施防止紫外光对人体伤害。二氧化氯和液氯是强氧化剂，可以和多种化学物质和有机物发生反应使得它的毒性很强，其泄漏可损害全身器官。若处理不当会发生爆炸，如液氯容器遭碰撞或冲击受损爆炸，同时，也会因氯气泄漏造成次生危害；又如氯酸钠与磷、硫及有机物混合或受撞击爆炸。为保障操作人员安全规定消毒场所要有安全防护措施。

4.5.7 《中华人民共和国水污染防治法》要求，城镇污水集中处理设施的运营单位，应当对城镇污水集中处理设施的出水水质负责；同时，污水处理厂为防止进水水量、水质发生重大变化影响污水处理效果，以及运行节能要求，一定要及时掌握水质水量情况，因此作此规定。

4.6 污 泥 处 理

4.6.1 随着城镇污水处理的迅速发展，产生了大量的污泥，污泥中含有的病原体、重金属和持久性有机污染物等有毒有害物质，若未经有效处理处置，极易对地下水、土壤等造成二次污染，直接威胁环境安全和公众健康，使污水处理设施的环境效益大大降低。我国幅员辽阔，地区经济条件、环境条件差异很大，因此采用的污泥处理和处置技术也存在很大的差异，但是污泥处理和处置的基本原则和目的是一致的，即进行减量化、稳定化和无害化处理。

污泥的减量化处理包括使污泥的体积减小和污泥的质量减少，如前者采用污泥浓缩、脱水、干化等技术，后者采用污泥消化、污泥焚烧等技术。污泥的减量化也可以减少后续的处理处置的能源消耗。

污泥的稳定化处理是指使污泥得到稳定（不易腐败），以利于对污泥作进一步处理和利用。可以达到或部分达到减轻污泥重量，减少污泥体积，产生沼气、回收资源，改善污泥脱水性能，减少致病菌数量，降低污泥臭味等目的。实现污泥稳定可采用厌氧消化、好氧消化、污泥堆肥、加碱稳定、加热干化、焚烧等技术。

污泥的无害化处理是指减少污泥中的致病菌数量和寄生虫卵数量，降低污泥臭味。

污泥安全处置有两层意思，一是保障操作人员安全，需要采取防火、防爆及除臭等措施；二是保障环境不遭受二次污染。

污泥处置要有效提高污泥的资源化程度，变废为宝，例如用作制造肥料、燃料和建材原料等，做到污泥处理和处置的可持续发展。

4.6.2 消化池、污泥气管道、储气罐、污泥气燃烧装置等处如发生污泥气泄漏会引起爆炸和火灾，为有效阻止和减轻火灾灾害，要根据现行国家标准《建筑设计防火规范》GB 50016 和《城镇燃气设计规范》GB 50028 的规定采取安全防范措施，包括对污泥气含量和温度等进行自动监测和报警，采用防爆照明和电气设备，厌氧消化池和污泥气储罐要密封，出气管一定要设置防回火装置，厌氧消化池溢流口和表面排渣管出口不得置于室内，并一定要有水封装置等。

4.6.3 污泥气约含 60%的甲烷，其热值一般可达到 $21000kJ/m^3 \sim 25000kJ/m^3$，是一种可利用的生物质能。污水处理厂产生的污泥气可用于消化池加温、发电等，若加以利用，能节约污水处理厂的能耗。在世界能源紧缺的今天，综合利用污泥气显得越发重要。污泥气中的甲烷是一种温室气体，根据联合国政府间气候变化专门委员会（IPCC）2006 年出版的《国家温室气体调查指南》，其温室效应是 CO_2 的 21 倍，为防止大气污染和火灾，污泥气不得擅自向大气排放。

4.6.4 污泥进行机械浓缩脱水时释放的气体对人体、仪器和设备有不同程度的影响和损害；药剂撒落在地上，十分黏滑，为保障安全，作出上述规定。

4.6.5 污泥堆肥过程中会产生大量的渗沥液，其 COD、BOD 和氨氮等污染物浓度较高，如果直接进入水体，会造成地下水和地表水的污染。一般采取对污泥堆肥场地进行防渗处理，并设置渗沥液收集处理设施等。

4.6.6 污泥热干化时产生的粉尘是 St1 级爆炸粉尘，具有潜在的爆炸危险，干化设施和污泥料仓内的干污泥也可能会自燃。在欧美已发生多起干化器爆炸、着火和附属设施着火的事件。安全措施包括设置降尘除尘设施、对粉尘含量和温度等进行自动监测和报警、采用防爆照明和电气设备等。为保障安全，作此规定。

4.6.7 污泥干化和焚烧过程中产生的烟尘中含有大量的臭气、杂质和氮氧化物等，直接排放会对周围环境造成严重污染，一定要进行处理，并符合现行国家标准《恶臭污染物排放标准》GB 14554 及《生活垃圾焚烧污染控制标准》GB 18485 的要求后排放。

5 污水再生利用与雨水利用

5.1 一 般 规 定

5.1.1 资源型缺水城镇要积极组织编制以增加水源为主要目标的城镇再生水和雨水利用专项规划；水质型缺水城镇要积极组织编制以削减水污染负荷、提高城镇水体水质功能为主要目标的城镇再生水专项规划。在编制规划时，要以相关区域城镇体系规划和城镇（总体）规划为依据，并与相关水资源规划、水污染防治规划相协调。

城镇总体规划在确定供水、排水、生态环境保护与建设发展目标及市政基础设施总体布局时，要包含城镇再生水利用的发展目标及布局；市政工程管线规划设计和管线综合中，要包含再生水管线。

城镇再生水规划要根据再生水水源、潜在用户地理分布、水质水量要求和输配水方式，经综合技术经济比较，合理确定城镇再生水的系统规模、用水途径、布局及建设方式。城镇再生水利用系统包括市政再生水系统和建筑中水设施。

城镇雨水利用规划要与拟建区域总体规划为主要依据，并与排水、防洪、绿化及生态环境建设等专项规划相协调。

5.1.2 本条规定了城镇再生水和雨水利用工程的基本功能和性能。城镇再生水和雨水利用的总体目标是充分利用城镇污水和雨水资源、削减水污染负荷、节约用水、促进水资源可持续利用与保护、提高水的利用效率。

城镇再生水和雨水利用设施包括水源、输（排）水、净化和配水系统，要按照相关规定满足不同再生水用户或用水途径对水质、水量、水压的要求。

5.1.3 城镇再生水与雨水的利用，在工程上要确保安全可靠。其中保证水质达标、避免误接误用、保证水量安全等三方面是保障再生水和雨水使用安全减少风险的必要条件。具体措施有：①城镇再生水与雨水利用工程要根据用户的要求选择合适的再生水和雨水利用处理工艺，做到稳定达标又节约运行费用。②城镇再生水与雨水利用输配水系统要独立设置，禁止与生活饮用水管道连接；用水点和管道上一定要设有防止误饮、误用的警示标识。③城镇再生水与雨水利用工程要有可靠的供水水源，重要用水用户要备有其他补水系统。

5.2 再生水水源和水质

5.2.1 本条规定了城镇再生水水源利用的基本要求。城镇再生水水源包括建筑中水水源。再生水水源工程包括收集、输送再生水水源水的管道系统及其辅助设施，在设计时要保证水源的水质水量满足再生水生产与供给的可靠性、稳定性和安全性要求。

有了充足可靠的再生水水源可以保障再生水处理设施的正常运转，而这需要进行水量平衡计算。再生水工程的水量平衡是指再生水原水水量、再生水处理水量、再生水回用水量和生活补给水量之间通过计算调整达到供需平衡，以合理确定再生水处理系统的规模和处理方法，使原水收集、再生水处理和再生水供应等协调运行，保证用户需求。

5.2.2 重金属、有毒有害物质超标的污水不允许排入或作为再生水水源。排入城镇污水收集系统与再生处理系统的工业废水要严格按照国家及行业规定的排放标准，制定和实施相应的预处理、水质控制和保障计划。并在再生水水源收集系统中的工业废水接入口设置水质监测点和控制闸门。

医疗机构的污水中含有多种传染病菌、病毒，虽然医疗机构中有消毒设备，但不可能保证任何时候的绝对安全性，稍有疏忽便会造成严重危害，而放射性废水对人体造成伤害的危害程度更大。考虑到安全因素，因此规定这几种污水和废水不得作为再水水源。

5.2.3 再生水利用分类要符合现行国家标准《城市污水再生利用分类》GB/T 18919 的规定。再生水用于城市杂用水时，其水质要符合国家现行的《城市污水再生利用城市杂用水水质》GB/T 18920 的规定。再生水用于景观环境用水时，其水质要符合现行国家标准《城市污水再生利用景观环境用水水质》GB/T 18921 的规定。再生水用于农田灌溉时，其水质要符合现行国家标准《城市污水再生利用农田灌溉用水水质》GB 20922 的规定。再生水用于工业用水时，其水质要符合现行国家标准《工业用水水质标准》GB/T 19923 的规定。再生水用于绿地灌溉时，其水质要符合现行国家标准《城市污水再生利用绿地灌溉水质》GB/T 25499 的规定。

当再生水用于多种用途时，应该按照优先考虑用水量大、对水质要求不高的用户，对水质要求不同用户可根据自身需要进行再处理。

5.3 再生水利用安全保障

5.3.1 再生水工程为保障处理系统的安全，要设有溢流和采取事故水排放措施，并进行妥善处理与处置，排入相关水体时要符合先行国家标准《城镇污水处理厂污染物排放标准》GB 18918 的规定。

5.3.2 城镇再生水的供水管理和分配与传统水源的管理有明显不同。城镇再生水利用工程要根据设计再生水水量和回用类型的不同确定再生水储存方式和容量，其中部分地区还要考虑再生水的季节性储存。同时，强调再生水储存设施应严格做好卫生防护工作，切断污染途径，保障再生水水质安全。

5.3.3 消毒是保障再生水卫生指标的重要环节，它直接影响再生水的使用安全。根据再生水水质标准，对不同目标的再生水均有余氯和卫生指标的规定，因此再生水必须进行消毒。

5.3.4 城镇再生水利用工程为便于安全运行、管理和确保再生水水质合格，要设置水量计量和水质监测设施。

5.3.5 建筑小区和工业用户采用再生水系统时，要备有补水系统，这样可保证污水再生利用系统出事故时不中断供水。而饮用水的补给只能是应急的，有计量的，并要有防止再生水污染饮用水系统的措施和手段。其中当补水管接到再生水储存池时要设有空气隔断，即保证补水管出口距再生水储存池最高液面不小于 2.5 倍补水管径的净距。

5.3.6 本条主要指再生水生产设施、管道及使用区域都要设置明显标志防止误接、误用，确保公众和操作人员的卫生健康，杜绝病原体污染和传播的可能性。

5.4 雨 水 利 用

5.4.1 拟建区域与雨水利用工程建设相关基础资料的收集是雨水利用工程技术评价的基础。降雨量资料主要有：年均降雨量；年均最大月降雨量；年均最大日降雨量；当地暴雨强度计算公式等。最近实施的北京市地方标准《城市雨水利用工程技术规程》DB11/T685 中，要求收集工程所在地近 10 年以上的气象资料作为雨水利用工程的参考资料。有专家认为，通过近 10 年以上的降雨量资料计算设计的雨水利用工程更接近实际。

其他相关基础资料主要包括：地形与地质资料（含水文地质资料），地下设施资料，区域总体规划及城镇建设专项规划。

5.4.2 现行国家标准《给水排水工程基本术语标准》GB/T 50125 中对“雨水利用”的定义为：“采用各种措施对雨水资源进行保护和利用的全过程”。目前较为广泛的雨水利用措施有收集回用、雨水入渗、调蓄排放等。

“雨水收集回用”即要求同期配套建设雨水收集利用设施，作为雨水利用、减少地表径流量等的重要措施之一。由于城市化的建设，城市降雨径流量已经由城市开发前的 10%增加到开发后的 50%以上，同时降雨带来的径流污染也越来越严重。因此，雨水收集回用不仅节约了水资源，同时还减少了雨水地表径流和暴雨带给城市的淹涝灾害风险。

“雨水入渗”即包括雨水通过透水地面入渗地下，补充涵养地下水资源，缓解或遏制地面沉降，减少因降雨所增加的地表径流量，是改善生态环境，合理利用雨水资源的最理想的间接雨水利用技术。

“雨水调蓄排放”主要是通过利用城镇内和周边的天然湖塘洼地、沼泽地、湿地等自然水体，以及雨水利用工程设计中为满足雨水利用的要求而设置的调蓄池，在雨水径流的高峰流量时进行暂存，待径流量下降后再排放或利用，此措施也减少了洪涝灾害。

5.4.3 利用城镇及周边区域的湖塘洼地、坝塘、沼泽地等自然水体对雨水进行处理、净化、滞留和调蓄是最理想的水生态循环系统。

5.4.4 在设计、建造和运行雨水设施时要与周边环境相适宜，充分考虑减少硬化面上的污染物量；对雨水中的固体污物进行截流和处理；采用生物滞蓄生态净化处理技术，不破坏周边景观。

5.4.5 雨水经过一般沉淀或过滤处理后，细菌的绝对值仍可能很高，并有病原菌的可能，因此，根据雨水回用的用途，特别是与人体接触的雨水利用项目应在利用前进行消毒处理。消毒处理方法的选择，应按相关国家现行的标准执行。

6 结　　构

6.1 一 般 规 定

6.1.1 城镇给水排水工程系指涵盖室外和居民小区内建筑物外部的给水排水设施。其中，厂站内通常设有办公楼、化验室、调度室、仓库等，这些建筑物的结构设计、施工，要按照工业与民用建筑的结构设计、施工标准的相应规定执行。

6.1.2 城镇给水排水设施属生命线工程的重要组成部分，为居民生活、生产服务，不可或缺，为此这些设施的结构设计安全等级，通常应为二级。同时作为生命线网络的各种管道及其结点构筑物（水处理厂站中各种功能构筑物），多为地下或半地下结构，运行后维修难度大，据此其结构的设计使用年限，国外有逾百年考虑；本条根据我国国情，按国家标准《工程结构可靠性设计统一标准》GB 50153 的规定，对厂站主要构筑物的主体结构和地下干管道结构的设计使用年限定为不低于 50 年。这里不包括类似阀门井、铁爬梯等附属构筑物和可以替换的非主体结构以及居民小区内的小型地下管道。

6.1.3 城镇给水排水工程中的各种构筑物和管道与地基土质密切相关，因此在结构设计和施工前，一定要按基本建设程序进行岩土工程勘察。根据国家标准《岩土工程勘察规范》GB 50021 的规定，按工程建设相应各阶段的要求，提供工程地质及水文地质条件，查明不良地质作用和地质灾害，根据工程项目的结构特征，提供资料完整，有针对性评价的勘察报告，以便结构设计据此正确、合理地确定结构类型、构造及地基基础设计。

6.1.4 本条主要是依据国家标准《工程结构可靠性设计统一标准》GB 50153 的规定，要确保结构在设计使用年限内安全可靠（保持其失效概率）和正常运行，一定要符合“正常设计”、“正常施工”和“正常管理、维护”的原则。

6.1.5 盛水构筑物和管道均与水和土壤接触，运行条件差，为此在进行结构内力分析时，应该视结构为弹性体，不要考虑非弹性变形引起的内力重分布，避免出现过大裂缝（混凝土结构）或变形（金属、塑料材质结构），以确保正常使用及可靠的耐久性。

6.1.6 本条规定对位于地表水或地下水水位以下的构筑物和管道，应该进行抗浮稳定性核算，此时采用核算水位应为勘察文件提供在使用年限内可能出现的最高水位，以确保结构安全。相应施工期间的核算水位，应该由勘察文件提供不同季节可能出现的最高水位。

6.1.7 结构材料的性能对结构的安全可靠至关重要。根据国家标准《工程结构可靠性设计统一标准》GB 50153 的规定，结构设计采用以概率理论为基础的极限状态设计方法，要求结构材料强度标准值的保证率不应低于 95%。同时依据抗震要求，结构采用的钢材应具有一定的延性性能，以使结构和构件具有足够的塑性变形能力和耗能功能。

6.1.8 条文主要依据国家标准《混凝土结构设计规范》GB 50010 的规定，确保混凝土的耐久性。对与水接触、埋设于地下的结构，其混凝土中配制的骨料，最好采用非碱活性骨料，如由于条件限制采用碱活性骨料时，则应该控制混凝土中的碱含量，否则发生碱骨料反应将导致膨胀开裂，加速钢筋锈蚀，缩短结构、构件的使用年限。

6.1.9 遇水浸蚀材料砌块和空芯砌块都不能满足水密性要求，也严重影响结构的耐久性要求。

6.1.10 本条规定主要在于保证钢筋混凝土构件正常工作时的耐久性。当构件截面受力处于中心受拉或小偏心受拉时，全截面受拉一旦开裂将贯通截面，因此应该按控制裂缝出现设计。当构件截面处于受弯或大偏心受拉、压状态时，并非全截面受拉，应按控制裂缝宽度设计。

6.1.11 条文对平面尺寸超长（例如超过 25m～30m）的钢筋混凝土构筑物的设计和施工，提出了警示。在工程实践中不乏由于温度作用（混凝土成型过程中的水化热或运行时的季节温差）导致墙体开裂。对此，设计和施工需要采取合理、可靠的应对措施，例如采取设置变形缝加以分割、施加部分预应力、设置后浇带分期浇筑混凝土、采用合适的混凝土添加剂、降低水胶比等。

6.1.12 给水排水工程中的构筑物和管道，经常会敷设很深，条文要求在深基坑开挖、支护和降水时，不仅要保证结构本身安全，还要考虑对周边环境的影响，避免由于开挖或降水影响邻近已建建（构）筑物的安全（滑坡、沉陷而开裂等）。

6.1.13 条文针对构筑物和管道结构的施工验收明确了要求。从原材料控制到竣工验收，提出了系统要求，达到保证工程施工质量的目标。

6.2 构 筑 物

6.2.1 条文对盛水构筑物即各种功能的水池结构设计，规定了应该予以考虑的工况及其相应的各种作用。通常除了池内水压力和池外土压力（地下式或半地下式水池）外，尚需考虑结构承受的温差（池壁内外温差及季节温差）和湿差（池壁内外）作用。这些作用会对池体结构的内力有显著影响。

环境影响除与温差作用有关外，还要考虑地下水位情况。如地下水位高于池底时，则不能忽视对构筑物的浮力和作用在侧壁上的地下水压力。

6.2.2 本条针对预应力混凝土结构设计作出规定，对盛水构筑物的构件，在正常运行时各种工况的组合作用下，结构截面上应该保持具有一定的预压应力，以确保不致出现开裂，影响预应力钢丝的可靠耐久性。

6.2.3 条文针对混凝土结构盛水构筑物的结构设计，为确保其使用功能及耐久性，对水泥品种的选用、最少水泥用量及混凝土水胶比的控制（保证其密实性）、抗渗和抗冻等级、防侵蚀保护措施等方面，提出了综合要求。

6.3 管　　道

6.3.1 城镇室外给水排水工程中应用的管材，首先要依据其运行功能选用，由工厂预制的普通钢筋混凝土管和砌体混合结构管道，通常不能用于压力运行管道；结构壁塑料管是采用薄壁加肋方式，提高管刚度，藉以节约原材料，其中不加其他辅助材料（如钢材）由单一纯塑料制造的结构壁塑料管不能承受内压，同样不能用于压力运行管道。

施工敷设也是选择要考虑的因素，开槽埋管还是不开挖顶进施工，后者需要考虑纵向刚度较好的管材，同时还需要加强管材接口的连接构造；对过江、湖的架空管通常采用焊接钢管。

对存在污染的环境，要选择耐腐蚀的管材，此时塑料管材具有优越性。

当有多种管材适用时，则需通过技术经济对比分析，做出合理选择。

6.3.2 本条要求在进行管道结构设计时，应该判别所采用管道结构的刚、柔性。刚柔性管的鉴别，要根据管道结构刚度与管周土体刚度的比值确定。通常矩形管道、混凝土圆管属刚性管道；钢管、铸铁（灰口铸铁除外，现已很少采用）管和各种塑料管均属柔性管；仅当预应力钢筒混凝土管壁厚较小时，可能成为柔性管。

刚、柔两种管道在受力、承载和破坏形态等方面均不相同，刚性管承受的土压力要大些，但其变形很小；柔性管的变形大，尤其在外压作用下，要过多依靠两侧土体的弹抗支承，为此对其进行承载力的核算时，尚需作环向稳定计算，同时进行正常使用验算时，还需作允许变形量计算。据此条文规定对柔性管进行结构设计时，应按管结构与土体共同工作的结构模式计算。

6.3.3 埋设在地下的管道，必然要承受土压力，对刚性管道可靠的侧向土压力可抵消竖向土压力产生的部分内力；对柔性管道则更需侧土压力提供弹抗作用；因此，需要对管周土的压实密度提出要求，作为埋地管道结构的一项重要的设计内容。通常应该对管两侧回填土的密实度严格要求，尤其对柔性圆管需控制不低于95%最大密实度；对刚性圆管和矩形管道可适当降低。管底回填土的密实度，对圆管不要过高，可控制在85%～95%，以免管底受力过于集中而导致管体应力剧增。管顶回填土的密实度不需过高，要视地面条件确定，如修道路，则按路基要求的密实度控制。但在有条件时，管顶最好留出一定厚度的缓冲层，控制密实度不高于85%。

6.3.4 对非开挖顶进施工的管道，管体承受的竖向土压力要比管顶以上土柱的压力小，主要由于土柱两侧滑裂面上的剪应力抵消了部分土柱压力，消减的多少取决于管顶覆土厚度和该处土体的物理力学性能。

6.3.5 钢管常用于跨越河湖的自承式结构，当跨度较大时多采用拱形或折线形结构，此时应该核算在侧向荷载（风、地震作用）作用下，出平面变位引起的P-Δ效应，其影响随跨越结构的矢高比有关，但通常均会达到不可忽视的量级，要给予以重视。

6.3.6 塑料与混凝土、钢铁不同，老化问题比较突出，其物理力学性能随时间而变化，因此对塑料管进行结构设计时，其力学性能指标的采用，要考虑材料的长期效应，即在按设计使用年限内的后期数值采用，以确保使用期内的安全可靠。

6.4 结构抗震

6.4.1 本条是对给水排水工程中构筑物和管道结构的抗震设计，规定了设防标准，给水排水工程是城镇生命线工程的重要内容之一，密切关联着广大居民生活、生产活动，也是震后震灾抢救、恢复秩序所必要的设施。因此，条文依据国家标准《建筑工程抗震设防分类标准》GB 50223（这里“建筑”是广义的，包涵构筑物）的规定，对给水排水工程中的若干重要构筑物和管道，明确了需要提高设防标准，以使避免在遭遇地震时发生严重次生灾害。

这里还需要对排水工程给予重视。在国内几次强烈地震中，由于排水工程的震害加重了次生灾害。例如唐山地震时，唐山市内永红立交处，因排水泵房毁坏无法抽水降低地面积水，造成震后救援车辆无法通行；天津市常德道卵形排水管破裂，大量基土流失，而排水管一般埋地较深，影响到旁侧房屋开裂、倒塌。同时，排水管道系统震坏后，还将造成污水横溢，严重污染整个生态环境，这种次生灾害不可能在短期内获得改善。

6.4.2 本条规定了在工程中采用抗震设防烈度的依据，明确要以现行中国地震动参数区划图规定的基本烈度或地震管理部门批准的地震安全性评价报告所确定的基本烈度作为设防烈度。

6.4.3 本条规定抗震设防应达到的目标，着眼于避免形成次生灾害，这对城镇生命线工程十分重要。

6.4.4 本条对抗震设防烈度和相应地震加速度取值的关系，是依据原建设部 1992 年 7 月 3 日颁发的建标［1992］419 号《关于统一抗震设计规范地面运动加速度设计取值的通知》而采用的，该取值为 50 年设计基准期超越概率 10%的地震加速度取值。其中 $0.15g$ 和 $0.3g$ 分别为 $0.1g$ 与 $0.2g$、$0.2g$ 与 $0.4g$ 地区间的过渡地区取值。

6.4.5 条文对构筑物的抗震验算，规定了可以简化分析的原则，同时对设防烈度为 9 度时，明确了应该计算竖向地震效应，主要考虑到 9 度区一般位于震中或邻近震中，竖向地震效应显著，尤其对动水压力的影响不可忽视。

6.4.6 本条对埋地管道结构的抗震验算作了规定，明确了应该计算在地震作用下，剪切波行进时对管道结构形成的变位或应变量。埋地管道在地震作用下的反应，与地面结构不同，由于结构的自振频率远高于土体，结构受到的阻尼很大，因此自重惯性力可以忽略不计，而这种线状结构必然要随行进的地震波协同变位，应该认为变位既是沿管道纵向的，也有弯曲形的。对于体形不大的管道，显然弯曲变位易于适应被接受，主要着重核算管道结构的纵向变位（瞬时拉或压）；但对体形较大的管道，弯曲变位的影响会是不可忽视的。

上述原则的计算模式，目前国际较为实用的方法是将管道视作埋设于土中的弹性地基梁，亦即考虑了管道结构和土体的相对刚度影响。管道在地震波的作用下，其变位不完全与土体一致，会有一定程度的折减，减幅大小与管道外表构造和管道四周土体的物理力学性能（密实度、抗剪强度等）有关。由于涉及因素较多，通常很难精确掌控，因此有些重要的管道工程，其抗震验算就不考虑这项折减因素。

6.4.7 对构筑物结构主要吸取国家标准《建筑抗震设计规范》GB 50011 的要求做出规定。旨在当遭遇强烈地震时，不致结构严重损坏甚至毁坏。

对埋地管道，在地震作用下引起的位移，除了采用延性良好的管材（例如钢管、PE 管等）能够适应外，其他管材的管道很难以结构受力去抵御。需要在管道沿线配置适量的柔性连接去适应地震动位移，这是国内外历次强震反应中的有效措施。

6.4.8 当构筑物或管道位于地震液化地基土上时，很可能受到严重损坏，取决于地基土的液化严重程度，应据此采取适当的措施消除或减轻液化作用。

6.4.9 当埋地管道傍山区边坡和江、河、湖的岸边敷设时，多见地震时由于边坡滑移而导致管道严重损坏，这在四川汶川地震、唐山地震中均有多发震害实例。为此条文提出针对这种情况，应对该处岸坡的抗震稳定性进行验算，以确保管道安全可靠。

7 机械、电气与自动化

7.1 一 般 规 定

7.1.1 机电设备及其系统是指相关机械、电气、自动化仪表和控制设备及其形成的系统，是城镇给水排水设施的重要组成部分。城镇给水排水设施能否正常运行，实际上取决于机电设备及其系统能否正常运行。城镇给水排水设施的运行效率以及安全、环保方面的性能，也在很大程度上取决于机电设备及其系统的配置和运行情况。

7.1.2 机电设备及其系统是实现城镇给水排水设施的工艺目标和生产能力的基本保障。部分机电设备因故退出运行时，仍应该满足相应运行条件下的基本生产能力要求。

7.1.3 必要的备品备件能加快城镇给水排水机电设备的维护保养和故障修复过程，保障机电设备长期安全地运行。易损件、消耗材料一定要品种齐全，数量充足，满足经常更换和补充的需要。

7.1.4 城镇给水排水设施要积极采用环保型机电设备，创造宁静、祥和的工作环境，与周边的生产、生活设施和谐相处。所产生的噪声、振动、电磁辐射、污染排放等均要符合国家相关标准。即使在安装和维护的过程中，也要采取有效的防范措施，保障工作人员的健康和周边环境免遭损害。

7.1.5 城镇给水排水设施一定要具有应对自然灾害、事故灾难、公共卫生事件和社会安全事件等突发事件的能力，防止和减轻次生灾害发生，其中许多内容是由机电设备及其系统实现或配合实现的。一旦发生突发事件，为配合应急预案的实施，相关的机电设备一定要能够继续运行，帮助抢险救灾，防止事态扩大，实现城镇给水排水设施的自救或快速恢复。为此，在机电设备系统的设计和运行过程中，应该提供必要的技术准备，保障上述功能的实现。

7.1.6 在水处理设施中，许多场所如氨库、污泥消化设施及沼气存储、输送、处理设备房、甲醇储罐及投加设备房、粉末活性炭堆场等可能因泄漏而成为爆炸性危险气体或爆炸性危险粉尘环境，在这些场所布置和使用电气设备要遵循以下原则：

1 尽量避免在爆炸危险性环境内布置电气设备；

2 设计要符合《爆炸和火灾危险环境电力装置设计规范》GB 50058 的规定；

3 防爆电气设备的安装和使用一定要符合国家相关标准的规定。

7.1.7 城镇给水排水机电设备及其构成的系统能否正常运行，或能否发挥应有的效能，除去设备及其系统本身的性能因素外，很大程度上取决于对其的正确使用和良好的维护保养。机电设备及其系统的维护保养周期和深度应根据其特性和使用情况制定，由专业人员进行，以保障其具有良好的运行性能。

7.2 机械设备

7.2.1 本条规定了城镇给水排水机械设备各组成部件材质的基本要求。给水设施要求，凡与水直接接触的设备包括附件所采用的材料，都必须是稳定的，符合卫生标准，不产生二次污染。污水处理厂和再生水厂要求与待处理水直接接触的设备或安装在污水池附近的设备采用耐腐蚀材料，以保证设备的使用寿命。

7.2.2 机械设备是城镇给水排水设施的重要工艺装备，其操作和控制方式应满足工艺要求。同时，机械设备的操作和控制往往和自动化控制系统有关，或本身就是自动化控制的一个对象，需要设置符合自动化控制系统的要求的控制接口。

7.2.3 凡与生产、维护和劳动安全有关的设备，一定要按国家相关规定进行定期的专业检验。

7.2.4 发生地震时，机械设备基础不能先于主体工程损毁。

7.2.5 城镇给水排水机械设备运行过程中，外露的运动部件或者走行装置容易引发安全事故，需要进行有效的防护，如设置防护罩、隔离栏等。除此之外，还需要对危险区域进行警示，如设置警示标识、警示灯和警示声响等。

7.2.6 临空作业场所包括临空走道、操作和检修平台等，要具有保障安全的各项防护措施，如空间的高度、安全距离、防护栏杆、爬梯以及抓手等。

7.3 电气系统

7.3.1 城镇给水排水设施的正常、安全运行直接关系城镇社会经济发展和安全。原建设部《城市给水工程项目建设标准》要求：一、二类城市的主要净（配）水厂、泵站应采用一级负荷。一、二类城市的非主要净（配）水厂、泵站可采用二级负荷。随着我国城市化进程的发展，城市供水系统的安全性越来越受到关注。同时，得益于我国电力系统建设的发展，城市水厂和给水泵站引接两路独立外部电源的条件也越来越成熟了。因此，新建的给水设施应尽量采用两路独立外部电源供电，以提高供电的可靠性。

原建设部《城市污水处理工程项目建设标准》规定，污水处理厂、污水泵站的供电负荷等级应采用二级。

对于重要的地区排水泵站和城镇排水干管提升泵站，一旦停运将导致严重积水或整个干管系统无法发挥效用，带来重大经济损失甚至灾难性后果，其供电负荷等级也适用一级。

在供电条件较差的地区，当外部电源无法保障重要的给水排水设施连续运行或达到所需要的能力，一定要设置备用的动力装备。室外给水排水设施采用的备用动力装备包括柴油发电机或柴油机直接拖动等形式。

7.3.2 城镇给水排水设施连续运行，其工作场所具有一定的危险性，必要的照明是保障安全的基本措施。正常照明失效时，对于需要继续工作的场所要有备用照明；对于存在危险的工作场所要有安全照明；对于需要确保人员安全疏散的通道和出口要有疏散照明。

7.3.3 城镇给水排水设施的各类构筑物和机电设备要根据其使用性质和当地的预计雷击次数采取有效的防雷保护措施。同时尚应该采取防雷电感应的措施，保护电子和电气设备。

城镇给水排水设施各类建筑物及其电子信息系统的设计要满足现行国家标准《建筑物防雷设计规范》GB 50057 和《建筑物电子信息系统防雷技术规范》GB 50343 的相关规定。

7.3.4 给水排水设施中各类盛水构筑物是容易产生电气安全问题的场所，等电位连接是安全保障的根本措施。本条规定要求盛水构筑物上各种可触及的外露导电部件和构筑物本体始终处于等电位接地状态，保障人员安全。

7.3.5 安全的电气和电磁环境能够保障给水排水机电设备及其系统的稳定运行。同时，给水排水设施采用的机电设备及其系统一定要具有良好的电磁兼容性，能适应周围电磁环境，抵御干扰，稳定运行。其运行时产生的电磁污染也应符合国家相关标准的规定，不对周围其他机电设备的正常运行产生不利影响。

7.3.6 机电设备的电气控制装置能够对一台（组）机电设备或一个工艺单元进行有效的控制和保护，包括非正常运行的保护和针对错误操作的保护。上述控制和保护功能应该是独立的，不依赖于自动化控制系统或其他联动系统。自动化控制系统需要操作这些设备时，也需要该电气控制装置提供基本层面的保护。

7.3.7 城镇给水排水设施的电气设备应具有良好的工作和维护环境。在城镇给水排水工艺处理现场，尤其是污水处理现场，环境条件往往比较恶劣。安装在这些场所的电气设备应具有足够的防护能力，才能保证其性能的稳定可靠。在总体布局设计时，也应该将电气设备布置在环境条件相对较好的区域。例如在污水处理厂，电气和仪表设备在潮湿和含有硫化氢气体的环境中受腐蚀失效的情况比较严重，要采用气密性好，耐腐蚀能力强的产品，并且布置在腐蚀性气体源的上风向。

城镇给水排水设施可能会因停电、管道爆裂或水池冒溢等意外事故而导致内部水位异常升高。可能导致电气设备遭受水淹而失效。尤其是地下排水设施，电气设备浸水失效后，将完全丧失自救能力。所以，城镇给水排水设施的电气设备要与水管、水池等工艺设施之间有可靠的防水隔离，或采取有效的防水措施。地下给水排水设施的电气设备机房有条件时要设置于地面，设置在地下时，要能够有效防止地面积水倒灌，并采取必要的防范措施，如采用防水隔断、密闭门等。

7.4 信息与自动化控制系统

7.4.1 对于各种有害气体，要采取积极防护，加强监测的原则。在可能泄漏、产生、积聚危及健康或安全的各种有害气体的场所，应该在设计上采取有效的防范措施。对于室外场所，一些相对密度较空气大的有害气体可能会积聚在低洼区域或沟槽底部，构成安全隐患，应该采取有效的防范措施。

7.4.2 各种与生产和劳动安全有关的仪表，一定要定期由专业机构进行检验和标定，取得检验合格证书，以保证其有效。

7.4.3 为了保障城镇供水水质和供水安全，一定要加强在线的监测和自动化控制，有条件的城镇供水设施要实现从取水到配水的全过程运行监视和控制。城镇给水厂站的生产管理与自动化控制系统配置，应该根据建设规模、工艺流程特点、经济条件等因素合理确定。随着城镇经济条件的改善和管理水平的提高，在线的水质、水量、水压监测仪表和自动化控制系统在给水系统中的应用越来越广泛，有助于提高供水质量、提高效率、减少能耗、改善工作条件、促进科学管理。

7.4.4 根据《中华人民共和国水污染防治法》，应该加强对城镇污水集中处理设施运营的监督管理，进行排水水质和水量的检测和记录，实现水污染物排放总量控制。城镇污水处理厂的排水水质、水量检测仪表应根据排放标准和当地水环境质量监测管理部门的规定进行配置。

7.4.5 本条规定了给水排水设施仪表和自动化控制系统的基本功能要求。

给水排水设施仪表和自动化控制系统的设置目标，首先要满足水质达标和运行安全，能够提高运行效率，降低能耗，改善劳动条件，促进科学管理。给水排水设施仪表和自动化控制系统应能实现工艺流程中水质水量参数和设备运行状态的可监、可控、可调。除此之外，自动化控制系统的监控范围还应包括供配电系统，提供能耗监视和供配电系统设备的故障报警，将能耗控制纳入到控制系统中。

7.4.6 为了确保给水设施的安全，要实现人防、物防、技防的多重防范。其中技防措施能够实现自动的监视和报警，是给水排水设施安全防范的重要组成部分。

7.4.7 城镇给水排水系统的水质化验检测分为厂站、行业、城市（或地区）多个级别。各级别化验中心的设备配置一定要能够进行正常生产过程中各项规定水质检查项目的分析和检测，满足质量控制的需要。一座城市或一个地区有几座水厂（或污水处理厂、再生水厂）时，可以在行业、城市（或地区）的范围内设一个中心化验室，以达到专业化协作，设备资源共享的目的。

7.4.8 城镇给水排水设施的通信系统设备，除用于日常的生产管理和业务联络外，还具有防灾通信的功能，需要在紧急情况下提供有效的通信保障。重要的供水设施或排水防汛设施，除常规通信设备外，还要配置备用通信设备。

7.4.9 城镇给水排水调度中心的基本功能是执行管网系统的平衡调度，处理管网系统的局部故障，维持管网系统的安全运行，提高管网系统的整体运行效率。为此，调度中心要能够实时了解各远程设施的运行情况，对其实施监视和控制。

7.4.10 随着电子技术、计算机技术和网络通信技术的发展，现代城镇给水排水设施对仪表和自动化控制系统的依赖程度越来越高。实际上，现代城镇给水排水设施离开了仪表和自动化控制系统，水质水量等生产指标都难以保证。

7.4.11 现代计算机网络技术加快了信息化系统的建设步伐，全国各地大中城市都制定了数字化城市和信息系统的建设发展计划，不少城市也建立了区域性的给水排水设施信息化管理系统。给水排水设施信息化管理系统以数据采集和设施监控为基本任务，建立信息中心，对采集的数据进行处理，为系统的优化运行提供依据，为事故预警和突发事件情况下的应急处置提供平台。在数字化城市信息系统的建设进程中，给水排水信息系统要作为其中一个重要的组成部分。

中华人民共和国国家标准

±800kV 直流换流站设计规范

Code for design of ±800kV DC converter station

GB/T 50789—2012

主编部门：中 国 电 力 企 业 联 合 会
批准部门：中华人民共和国住房和城乡建设部
施行日期：2 0 1 2 年 1 2 月 1 日

中华人民共和国住房和城乡建设部
公　　告

第1501号

住房城乡建设部关于发布国家标准《±800kV直流换流站设计规范》的公告

现批准《±800kV直流换流站设计规范》为国家标准，编号为GB/T 50789—2012，自2012年12月1日起实施。

本规范由我部标准定额研究所组织中国计划出版社出版发行。

中华人民共和国住房和城乡建设部

2012年10月11日

前　　言

本规范根据住房和城乡建设部《关于印发〈2008年工程建设标准规范制订、修订计划（第二批）〉的通知》（建标〔2008〕105号）的要求，由中国电力工程顾问集团公司会同有关单位共同编制完成。

本规范在编制过程中，进行了广泛的调查研究，认真总结了我国已投运的±800kV直流输电工程换流站关键技术研究和设计成果，参考了我国超高压直流换流站的设计、建设和运行经验。

本规范共10章和2个附录，主要内容包括：总则、术语、换流站站址选择、交流系统基本条件及直流输电系统的性能要求、换流站电气设计、换流站控制和保护设计、换流站通信设计、换流站土建、换流站辅助设施、换流站噪声控制和节能。

本规范由住房和城乡建设部负责管理，由中国电力企业联合会负责日常管理，由中国电力工程顾问集团公司负责具体技术内容的解释。执行过程中如有意见或建议，请随时反馈给中国电力工程顾问集团公司（地址：北京市西城区安德路65号，邮政编码：100120），供今后修订时参考。

本规范主编单位：中国电力工程顾问集团公司
中国南方电网有限责任公司
中国电力企业联合会

本规范参编单位：国家电网公司
中国电力工程顾问集团西南电力设计院
中国电力工程顾问集团华东电力设计院
中国电力工程顾问集团中南电力设计院
中国电力工程顾问集团西北电力设计院
中国电力工程顾问集团东北电力设计院
中国电力工程顾问集团华北电力设计院工程有限公司
广东省电力设计研究院

本规范主要起草人员：汪建平　李品清　刘泽洪　李宝金　胡劲松　方　静　陈　兵　高理迎　孟　轩　王　静　邓长红　冯春业　乐党救　谢　龙　张正祥　赵大平　余　波　许玉香　申卫华　饶　冰　陈传新　徐昌云　郑培钢　汪　伟　刘庆欣　戴　波　聂　伟　苏　炜　张劲松　俞　正　俞敦耀　颜士海　梁　波　曾　静　张玉明　马　橱　王春成　刘宗辉　孙帮新　龚天森　黄　勇　卢理成　丁一工

本规范主要审查人员：梁言桥　郭贤珊　尚　涛　印永华　杜澍春　谷定燮　黄　成　马为民　杨国富　张谢平　张亚萍　李　苇　黄晓明　穆华宁　吴小颖

目　次

Contents

1 总 则

1.0.1 为规范±800kV直流换流站设计，使换流站的设计符合国家的有关政策、法规，达到安全可靠、先进适用、经济合理、环境友好的要求，制定本规范。

1.0.2 本规范适用于±800kV两端直流输电系统换流站工程的设计。

1.0.3 换流站设计应结合工程特点，采用具备应用条件的新技术、新设备、新材料、新工艺。

1.0.4 换流站的设计应采取切实有效的措施节约用地、保护环境、满足劳动安全要求。环境保护、水土保持及劳动安全卫生设施应与主体工程同步设计。

1.0.5 ±800kV直流换流站的设计除应符合本规范外，尚应符合国家现行有关标准的规定。

2 术 语

2.0.1 换流器 converter

换流站中用以实现交、直流电能相互转换的设备，也称换流阀组。通常由换流阀连接成一定的回路进行换流。换流器采用一个或者多个三相桥式换流电路（也称为6脉动换流器或6脉动换流阀组）串联或并联构成。两个相差30°的6脉动换流器串联可构成一个12脉动换流器，或称12脉动换流阀组。改变换流阀的触发相位，换流器既可运行于整流状态，也可运行于逆变状态，其中将交流电变换成直流电的称为整流器，将直流电变换成交流电的称为逆变器。整流器与逆变器设备基本相同，统称为换流器。本规范中出现的“阀组”如无特殊说明则专指12脉动换流阀组。

2.0.2 换流阀 converter valve

直流输电系统中为实现换流所用的三相桥式换流器中作为基本单元设备的桥臂，又称单阀。现代直流输电采用的半导体换流阀是半导体电力电子元件串（并）联组成的桥臂主电路及其合装在同一个箱体中的相应辅助部分的总称。

2.0.3 二重阀 double valve unit

对于一个12脉动阀组接线，12脉动阀组由2个6脉动阀组串联组成，一个6脉动阀组每相又由2个换流阀臂构成，结构上每相2个阀臂紧密连接在一起组成的阀塔称为二重阀。

2.0.4 四重阀 quadruple valve unit

对于一个12脉动阀组接线，12脉动阀组由2个6脉动阀组串联组成，一个6脉动阀组每相又由2个换流阀臂构成，结构上每相4个阀臂紧密连接在一起组成的阀塔称为四重阀。

2.0.5 晶闸管阀 thyristor valve

由晶闸管元件及其辅助设备组成的半导体换流阀。

2.0.6 阀厅 valve hall

安装换流阀的建筑物。它是换流站中的主要建筑物。换流站阀厅布置一般以12脉动换流器单元为单位，一个阀厅布置一个换流器单元的换流桥和相关设备。

2.0.7 高端阀厅 high voltage valve hall

当换流站极由2个12脉动换流器单元串联而成时，安装靠近极线换流器单元的换流桥和相关设备的建筑物。

2.0.8 低端阀厅 low voltage valve hall

当换流站极由2个12脉动换流器单元串联而成时，安装靠近中性线换流器单元的换流桥和相关设备的建筑物。

2.0.9 换流站辅助设施 auxiliary equipments of converter station

保证换流站主设备正常工作所需的其他设施，主要包括站用电系统、换流阀冷却系统、阀厅空调系统、消防设施和接地网等。

2.0.10 旁路开关回路 by-pass breaker circuit

在每极多阀组串联方式中，用于将与其并接的12脉动阀组的退出和投入的电气回路，通常由1台旁路断路器及其两侧的检修用隔离开关、与旁路断路器并联的1台旁路隔离开关所组成。

2.0.11 运行控制模式 operational control mode

为使换流站运行参数保持在预期的值而对换流器单元、极或换流站采取的控制模式。

2.0.12 附加控制模式 additional control mode

为有助于与换流站相连的交流系统运行参数保持在预期的值而对换流器单元、极或换流站采取的控制模式。

2.0.13 主导站/从控站 master station/slave station

两端直流输电系统的一个换流站被定义为主导站，与主导站相对的另一个换流站被定义为从控站。主导站的控制系统接收调度或站内运行人员下达的控制指令，并将该指令通过直流远动系统传送至从控站，通常选择整流站为主导站。主导站/从控站可以在直流远动系统完好条件下进行转换。

2.0.14 直流远动系统 telecontrol system

用于在两端换流站之间交换的直流系统控制信号、保护信号、运行信号和监视信号进行信号传输和数据处理的系统。

2.0.15 极控制 pole control

用于换流站一个极的控制、监视的设备，通常情况包括控制系统主机、I/O单元以及现场总线等。

2.0.16 换流阀组控制 converter valve unit control

在极控制和阀基电子设备之间按阀组独立设置的控制监视设备。

3 换流站站址选择

3.0.1 站址选择除应符合现行行业标准《220kV～500kV变电所设计技术规程》DL/T 5218有关站址选择的规定外，还应结合±800kV换流站的工艺特点，根据电力系统规划、城乡规划、污秽情况、水源、交通运输、土地资源、环境保护和接地极极址等的要求，通过技术经济比较和经济效益分析确定。

3.0.2 站址选择应满足换流站在电力系统中的地位和作用。整流站宜靠近电源中心，逆变站宜靠近负荷中心。当同一地区有多个换流站时，站址选择应分析各换流站之间的电气距离、共用接地极及外力破坏等因素对电力系统的影响。

3.0.3 站址应避开各类严重污染源。当完全避开严重污染源有困难时，换流站应处于严重污染源的主导风向上风侧，并应对污染源的影响进行评估。

3.0.4 站址选择应符合现行国家标准《建筑抗震设计规范》GB 50011、《岩土工程勘察规范》GB 50021的有关规定。

3.0.5 站址应与邻近设施、周围环境相互协调，站址距飞机场、导航台、卫星地面站、军事设施、通信设施以及易燃易爆设施等的距离应符合国家现行有关标准的规定。

3.0.6 当换流阀外冷却方式采用水冷却时，站址附近应有可靠水源，其水量及水质应满足换流站生产用水、消防用水及生活用水要求。所选水源应避免或减少与其他用水发生矛盾，当采用地表水作为供水水源时，其设计枯水流量的保证率不应低于97%，并应保证所供水源质量的稳定性。

3.0.7 站址宜选择在铁路、公路和河流等交通线路附近，交通运输条件应满足换流变压器及平波电抗器等大件设备的运输要求。

4 交流系统基本条件及直流输电系统的性能要求

4.1 交流系统基本条件

4.1.1 交流系统基本数据应包括下列内容：

1 换流站交流母线电压和频率变化范围。

2 换流站交流侧短路电流水平。

3 负序工频电压和背景谐波电压。

4 故障清除时间和单相重合闸时序。

4.1.2 直流输电系统研究所需的等值交流系统应包括下列内容：

1 用于AC/DC仿真模拟研究的等值系统。

2 用于AC/DC系统电磁暂态特性研究的等值系统。

3 用于无功投切和工频过电压研究的等值系统。

4 用于交流滤波器性能计算的等值阻抗。

4.2 直流输电系统的性能要求

4.2.1 直流输电系统的额定参数应包括额定功率、额定电流和额定电压。

4.2.2 直流输电系统的过负荷能力应包括连续过负荷能力、短时过负荷能力和暂态过负荷能力。

4.2.3 直流输电系统允许的最小直流电流不宜大于额定电流的10%。

4.2.4 在不额外增加无功补偿容量的前提下，直流输电系统任一极都应具备降低直流电压运行的能力。降压运行的电压值宜为额定电压的70%～80%。

4.2.5 直流输电系统的功率倒送能力应根据系统要求确定。

4.2.6 双极直流输电系统应具备下列基本运行方式：

1 完整双极运行方式。

2 不完整双极运行方式。

3 完整单极大地返回运行方式。

4 完整单极金属回线运行方式。

5 不完整单极大地返回运行方式。

6 不完整单极金属回线运行方式。

4.2.7 无功补偿及电压控制应符合下列规定：

1 整流站宜充分利用交流系统提供无功的能力，不足部分应在站内安装无功补偿设备；逆变站的无功功率宜就地平衡。当直流小负荷运行方式因投入交流滤波器引起容性无功过剩时，可利用交流系统的无功吸收能力。

2 无功补偿设备应根据换流站接入的交流系统的强弱，选择采用并联电容器、静止补偿器和同步调相机。当采用并联电容器作为无功补偿设备时，应与交流滤波器统一设计。

3 无功补偿设备宜分成若干个小组，且分组中应至少有一小组是备用。

4 无功补偿设备分组容量除应满足无功平衡的要求外，还应符合下列规定：

1）投切单组无功补偿设备引起的稳态交流母线电压变化率应在系统可以承受的范围之内，且不应导致换流变压器有载调压开关动作；

2）任一组无功补偿设备的投切，不应改变直流控制模式或直流输送功率，不应引起换相失败，不应引起邻近的同步电机自励磁。

5 无功补偿设备的无功容量宜按交流系统的长期运行电压计算。

4.2.8 直流输电系统不应与邻近的发电机产生次同步谐振。

4.2.9 交流系统谐波干扰指标及滤波应符合下列规定：

1 换流站交流母线上谐波干扰指标可采用单次谐波的畸变率、总有效谐波畸变率和电话谐波波形系数来表征。交流系统谐波干扰指标应符合本规范附录A的规定，谐波次数应计算到50次。对220kV及以上的交流系统，单次谐波的畸变率，奇次不宜大于1.0%（其中3次和5次可不大于1.25%），偶次不宜大于0.5%；总有效谐波畸变率不宜大于1.75%；电话谐波波形系数不宜大于1.0%。

2 交流滤波器的配置应根据换流站产生的谐波和交流系统的背景谐波以及谐波干扰指标确定。

4.2.10 直流系统谐波干扰指标及滤波应符合下列规定：

1 直流系统谐波干扰指标可采用直流线路等效干扰电流来表征。直流线路等效干扰电流的计算应符合本规范附录B的规定，谐波次数应计算到50次。

2 采用架空线输电的两端直流系统应在换流站的直流侧配置直流滤波器。直流系统谐波干扰指标及直流滤波器配置方案应根据具体工程直流线路沿线通信线路的实际情况、通信干扰杂音电动势的标准、直流滤波器制造技术水平及设备费用确定。

3 当直流系统中存在非特征谐波的激励源和谐振点时，应采取相应的限制措施。

4.2.11 换流站损耗的确定应符合现行国家标准《高压直流换流站损耗的确定》GB/T 20989的有关规定。

4.2.12 换流站的可听噪声应符合现行国家标准《高压直流换流站可听噪声》GB/T 22075的有关规定。

4.2.13 直流输电系统可靠性的设计目标值应符合下列规定：

1 强迫能量不可用率不宜大于0.5%。

2 计划能量不可用率不宜大于1.0%。

3 换流器单元平均强迫停运次数不宜大于2次/(单元·年)。

4 单极强迫停运次数不宜大于2次/（极·年）。

5 双极强迫停运次数不宜大于0.1次/年。

4.2.14 直流输电系统的动态和暂态性能应根据系统研究确定。

5 换流站电气设计

5.1 电气主接线

5.1.1 换流站的建设规模应通过系统论证确定。换流站建设规模应包括直流输电的额定功率、额定电压、直流单极和双极接线、交流侧电压、滤波器容量及组数、交流系统的连接方式和出线规模。换流站的电气主接线应根据换流站的接入系统要求及建设规模确定。换流站电气主接线应包括换流器单元接线、交/直流开关场接线、交流滤波器及无功补偿设备接线以及站用电接线。

5.1.2 换流器单元接线应符合下列规定：

1 换流器单元的接线应根据晶闸管的额定参数、换流变压器的制造水平及运输条件，通过综合技术经济比较后确定。

2 换流器单元宜采用三台单相双绕组换流变压器与一个三相桥式6脉动整流电路联接形成6脉动换流器单元，两个6脉动换流器单元串联构成一个12脉动换流器单元的接线方式。

3 换流站每极宜采用两个12脉动换流器单元串联的接线方式。

4 每个12脉动换流器单元应设置旁路断路器和旁路隔离开关，任意一个12脉动换流器单元的切除、检修和再投入运行，不应影响健全部分的功率输送。

5.1.3 交/直流开关场接线应符合下列规定：

1 交流开关场接线应符合现行行业标准《220kV～500kV变电所设计技术规程》DL/T 5218的有关规定。

2 直流开关场接线应按极组成，极与极之间应相对独立。接线中应包括平波电抗器、直流滤波器、中性母线和直流极线等。

3 直流开关场接线应具有下列功能：

1）直流开关场接线应满足双极、单极大地返回、单极金属回线等基本运行方式；

2）当换流站内任一极或任一换流器单元检修时应能对其进行隔离和接地；

3）当直流线路任一极检修时应能对其进行隔离和接地；

4）在完整单极或不完整单极金属回线运行方式下，当检修直流系统一端或两端接地极及其引线时，应能对其进行隔离和接地；

5）在完整双极或不完整双极平衡运行方式下，当检修直流系统一端或两端接地极及其引线时，应能对其进行隔离和接地；

6）当双极中的任一极运行时，大地返回方式与金属回线方式之间的转换不应中断直流功率输送，且不宜降低直流输送功率；

7）故障极或换流器单元的切除和检修不应影响健全极或换流器单元的功率输送。

4 平波电抗器的设置应根据平波电抗器的制造能力、运输条件和换流站的过电压水平确定，可串接在每极直流极母线上或分置串接在每极直流极母线和中性母线上。

5.1.4 交流滤波器接线应符合下列规定：

1 交流滤波器接线除应满足直流系统要求外，还应满足交流系统接线，以及交、直流系统对交流滤波器投切的要求。

2 交流滤波器宜采用大组的方式接入换流器单元所联接的交流母线。

3 交流滤波器的高压电容器前应设接地开关。

5.1.5 站用电系统接线应符合下列规定：

1 站用电源宜按三回相对独立电源设置，且至少有一回应从站内交流系统引接。

2 站用电系统宜采用两级电压。高压站用电系统宜采用10kV电压，低压站用电系统宜采用380/220V电压。

3 高压站用电系统宜采用单母线分段接线。全站宜设置两段工作母线和一段专用备用母线，每段母线均应由独立的电源供电，工作母线和备用母线之间应设置分段开关。

4 低压站用电系统宜按换流器单元设置。每个换流器单元的低压站用电系统宜采用单母线单分段接线，两段工作母线应分别由不同的高压站用工作母线供电，两段母线之间应设置分段开关。

5.2 电气设备布置

5.2.1 交流开关场的布置应结合交流滤波器和无功补偿设备、阀厅、换流变压器以及换流建筑物的布置，通过技术经济比较确定，并应符合现行行业标准《220kV～500kV变电所设计技术规程》DL/T 5218和《高压配电装置设计技术规程》DL/T 5352的有关规定。

5.2.2 交流滤波器及无功补偿设备宜集中或分区集中布置，整体布局设计还应满足换流站厂界的噪声标准要求。

5.2.3 直流开关场的布置应符合下列规定：

1 极母线设备采用户外或户内布置应根据站址环境条件和设备选型情况确定。

2 换流器旁路开关设备宜布置在阀厅外。

3 直流开关场的布置应符合国家现行有关标准中对于静电感应场强等电磁环境的有关规定。

4 直流开关场宜按极对称分区布置，布置方式应便于设备的巡视、操作、搬运、检修和试验。

5.2.4 阀厅内设备的布置应符合下列规定：

1 换流阀的布置方式宜根据换流变压器的形式选择二重阀布置或四重阀布置。当采用单相双绕组换流变压器时，宜采用二重阀布置；当采用单相三绕组换流变压器时，宜采用四重阀布置。

2 阀厅应按换流器单元分别设置高端阀厅和低端阀厅，其位置关系应根据换流站总体布置需要确定。

5.2.5 换流变压器及平波电抗器的布置应符合下列规定：

1 换流变压器及平波电抗器的布置应符合换流站总体布置需要。

2 换流变压器阀侧套管宜采用插入阀厅布置。插入阀厅布置的阀侧套管应采用充气式或干式套管。

3 当直流开关场采用户内布置时，平波电抗器的布置应根据技术经济比较确定采用户内或户外布置。干式平波电抗器宜采用支撑式布置。极母线的平波电抗器宜布置在阀厅和直流滤波器高压侧之间。

4 换流变压器及平波电抗器的布置应满足搬运、安装及更换的场地要求。

5 换流变压器和油浸式平波电抗器的布置应满足消防要求。

5.2.6 控制楼和继电器小室的布置应符合下列规定：

1 换流站宜设主控制楼和辅助控制楼。主、辅控制楼应按规划容量设计并一次建成。

2 控制楼的位置应方便运行并节省电缆。控制楼与阀厅宜相邻布置并采用联合建筑。

3 全站宜设置若干个继电器小室，将部分控制保护设备下放至继电器小室。

5.3 换流站过电压保护、绝缘配合及防雷接地

5.3.1 换流站过电压保护应符合国家现行标准《绝缘配合　第2部分：高压输变电设备的绝缘配合使用导则》GB/T 311.2和《绝缘配合　第3部分：高压直流换流站绝缘配合程序》GB/T 311.3、《高压直流换流站绝缘配合导则》DL/T 605和《交流电气装置的过电压保护和绝缘配合》DL/T 620的有关规定。换流站的直击雷防护与接地设计应符合现行行业标准《交流电气装置的过电压保护和绝缘配合》DL/T 620和《交流电气装置的接地》DL/T 621的有关规定。

5.3.2 换流站过电压保护和避雷器配置应符合下列规定：

1 交流侧产生的过电压应由交流侧的避雷器加以限制。

2 直流侧产生的过电压应由直流侧的避雷器加以限制。

3 换流站的重要设备应由其邻近的避雷器保护。

4 换流变压器的阀侧绕组可由保护其他设备的避雷器联合保护。最高电位的换流变压器阀侧绕组高压端也可由紧靠它的避雷器直接保护。

5 避雷器的配置可采用多柱并联结构的避雷器，也可采用多支避雷器并联分散布置的方式。

6 直流侧中性母线应装设冲击电容器。

5.3.3 其他过电压保护措施应符合下列规定：

1 晶闸管应配备保护性触发功能。

2 换流变压器交流侧断路器应装设合闸电阻或选相合闸装置。

3 交流滤波器和电容器小组断路器应装设合闸电阻或选相合闸装置。大组断路器可装设分闸电阻。

5.3.4 直流甩负荷、接地故障清除和"孤岛"运行产生的过电压应专题研究。

5.3.5 换流站绝缘配合应符合下列规定：

1 换流站设备额定耐受电压应采用绝缘配合的确定性法确定。

2 避雷器直接保护的设备额定耐受电压与避雷

器保护水平的最小裕度系数应符合表5.3.5的规定。

表5.3.5 设备额定耐受电压与避雷器保护水平的最小裕度系数

设备类型	裕度系数		
	操作	雷电	陡波
交流开关场（包括母线及户外绝缘和其他常规设备）	1.20	1.25	1.25
交流滤波器元件	1.15	1.25	1.25
换流变压器（油绝缘设备） 网侧 阀侧	 1.20 1.15	 1.25 1.20	 1.25 1.25
换流阀	1.10～1.15	1.10～1.15	1.15～1.20
直流阀厅设备	1.15	1.15	1.25
直流开关场设备（户外）包括直流滤波器和平波电抗器	1.15	1.20	1.25

5.3.6 对直流场和交流滤波器区域的直击雷防护应采用电气几何法进行校核。

5.4 换流站设备外绝缘设计

5.4.1 换流站交流侧设备外绝缘爬电比距应根据污区分布图确定的站址污秽等级，按照现行国家标准《高压架空线路和发电厂、变电所环境污区分级及外绝缘选择标准》GB/T 16434中的有关规定确定。

5.4.2 换流站直流侧设备外绝缘爬电比距应根据站址污秽水平预测的研究结果确定。

5.4.3 换流站直流侧设备外绝缘设计应符合下列规定：

1 直流侧设备的外绝缘应根据污秽特征选择合适的伞形结构。

2 直流极母线设备的套管宜采用复合绝缘型，爬电比距可按瓷质套管爬电比距的75%选择。

3 换流站直流侧极母线支柱绝缘子可选用瓷质芯棒复合绝缘型、玻璃钢芯棒复合绝缘型或涂防污涂料瓷质型支柱绝缘子。

4 直流侧设备干闪距离应通过研究确定。

5 高海拔地区换流站的外绝缘设计应根据海拔对外绝缘闪络特性的影响，进行高海拔修正。

5.5 主要设备选择

5.5.1 换流阀选择应符合下列规定：

1 换流阀宜采用户内悬吊式、空气绝缘、水冷却。

2 换流阀触发方式可采用电触发方式或光触发方式。

3 换流阀应为组件式，晶闸管冗余度不宜小于3%。

4 换流阀连续运行额定值和过负荷能力应满足系统要求。

5 换流阀浪涌电流取值不应小于阀的最大短路电流。

6 换流阀应能承受各种过电压，并应有足够的安全裕度。

7 换流阀阀本体及其控制、保护装置的设计应保证阀能够承受由于阀的触发系统误动以及站内外各种故障所产生的电气应力。

5.5.2 换流变压器选择应符合下列规定：

1 换流变压器容量应满足直流系统额定输送容量及过负荷要求。

2 换流变压器形式应结合容量、设备制造能力以及运输条件确定。

3 换流变压器阻抗除应满足交、直流系统要求外，还应满足换流阀的浪涌电流能力要求。

4 有载调压范围应满足交、直流系统运行工况。

5 调压开关分接头级差应与无功分组的投切协调。

6 换流变压器应具有耐受一定直流偏磁电流的能力。

7 换流变压器的噪声水平应满足换流站的总体噪声控制要求。

5.5.3 平波电抗器选择应符合下列规定：

1 平波电抗器可选择空芯干式或油浸式。

2 平波电抗器额定电流应按直流系统额定电流选定，并考虑各种运行工况下的过电流能力。

3 平波电抗器电感值应能满足在最大直流电流到最小直流电流之间总体性能的要求，并应避免直流侧发生低频谐振。

4 平波电抗器应能承受由于谐波电流和冲击电流产生的机械应力。

5 平波电抗器的噪声水平应满足换流站的总体噪声控制要求。

5.5.4 交流滤波器选择应符合下列规定：

1 交流滤波器有单调谐型、双调谐型、三调谐型等形式，结合不同频次的谐波可组成多种形式。

2 同一个换流站内交流滤波器的形式不宜超过3种。

3 交流滤波器各元件的额定参数应根据换流器产生的谐波电流及电压和背景谐波所产生的谐波电流及电压确定。

4 交流滤波器电抗器宜采用低噪声电抗器，高压电容器宜采用双塔布置。

5.5.5 直流滤波器选择应符合下列规定：

1 直流滤波器宜采用双调谐或三调谐无源滤波器。

2 直流滤波器各元件的额定参数应根据直流电压分量和换流器产生的谐波电压确定。

5.5.6 直流避雷器的配置和参数选择应根据换流站过电压计算和绝缘配合结果确定。

5.5.7 旁路断路器的额定电流不应小于直流输电系统短时过负荷电流，其转换能力应与控制系统相配合。

5.5.8 金属回路转换断路器和大地回路转换开关宜具备在直流输电系统允许的短时过负荷电流工况下的转换能力。

5.5.9 直流中性母线低压高速开关和中性母线临时接地开关的电流转换能力不宜小于直流输电系统允许的短时过负荷电流。

5.5.10 直流隔离开关应满足各种工况的直流工作电流及过负荷电流的要求。直流滤波器回路的高压直流隔离开关应具有带电投切直流滤波器的能力。

5.5.11 直流电压测量装置和直流电流测量装置选择应符合下列规定：

1 用于极线和中性母线的直流电压分压器宜采用阻容分压器。

2 极线和中性母线上的直流电流测量装置可选用直流光纤传感器或零磁通直流电流测量装置。

3 直流电压和电流测量装置应具有良好的暂态响应和频率响应特性，并应满足直流控制保护系统的测量精度要求。

5.5.12 直流绝缘子、套管选择应符合下列规定：

1 直流绝缘子和套管的爬电比距应根据换流站的污秽水平以及直流绝缘子和套管的耐污特性选择，还应计及直径大小对爬电距离的影响。

2 直流绝缘子和套管应根据等值盐密与积污特性的关系、运行电压和伞裙对积污的影响、闪络特性及闪距进行选择。

5.5.13 直流导体应结合电场效应、无线电干扰和可听噪声进行选择。硬管母线的动稳定、微风振动和扰度应根据现行行业标准《导体和电器选择设计技术规定》DL/T 5222 的有关规定进行校核。

5.5.14 交流设备的选择应符合现行行业标准《导体和电器选择设计技术规定》DL/T 5222 的有关规定。

6 换流站控制和保护设计

6.1 一 般 规 定

6.1.1 换流站的控制和保护设计原则应根据换流站的建设规模、电气主接线、换流站的运行方式和控制模式确定。

6.1.2 换流站的控制和保护系统应包括计算机监控系统、直流控制保护系统、交流控制保护系统、阀冷却控制保护系统等。

6.1.3 换流站内的交、直流系统应合用一个统一平台的运行人员监控系统。

6.2 计算机监控系统

6.2.1 换流站计算机监控系统除应符合现行行业标准《220kV～500kV 变电所计算机监控系统设计技术规程》DL/T 5149 的有关规定外，还应满足本规范的要求。

6.2.2 计算机监控系统宜由站控层、控制层和就地层组成，并宜采用分层、分布式的网络结构。

6.2.3 交流和直流操作员工作站宜合建，且宜按双重化配置。

6.2.4 计算机监控系统应能实现数据采集和处理功能，数据范围应包括直流场、交流场以及所有辅助系统的全部模拟量、开关量。

6.2.5 计算机监控系统控制操作对象应包括交、直流系统各电压等级的断路器、电动操作的隔离开关及接地刀闸、换流变压器及其他变压器有载调压分接头、阀组的解锁/闭锁、站内其他辅助系统的启动/停运等。

6.2.6 换流站的顺序控制宜包括换流器单元交流侧充电/断电、换流站阀组的连接/隔离、旁路断路器的投退、换流站极的连接/隔离、阀组/极/双极的启动与停运、运行方式转换、直流滤波器投切、交流滤波器投切、线路开路试验、阀组开路试验、潮流反转、直流线路故障恢复顺序。

6.2.7 换流站的调节控制应包括对直流电流、直流电压、直流输送功率、无功功率以及换流变压器和联络变压器有载调压分接头的调节。

6.2.8 阀厅大门与阀厅内接地开关之间、滤波器围栏场地的网门与滤波器高压电容器高压侧的接地开关之间应具有相关联锁。

6.2.9 计算机监控系统的安全防护设计应满足“安全分区、网络专用、横向隔离、纵向认证”的原则，应设置相应的隔离和认证措施。

6.3 直流控制保护系统

6.3.1 直流控制保护系统的结构应符合下列规定：

1 直流控制系统宜按功能划分为站控制、双极控制、极控制和阀组控制。

2 直流控制保护系统应按冗余的原则进行配置，且控制系统应具有自动的系统选择与切换功能。

3 当换流站为双极接线时，两个极的控制保护系统功能应完全独立。当每极采用两个阀组接线时，两个阀组的控制保护系统功能应相对独立。

4 两个极的直流远动系统应完全独立，每个极的直流远动系统应双重化配置。

5 控制和保护系统宜相对独立。

6 直流控制保护系统应满足整流运行和逆变运

行的要求。

6.3.2 直流控制保护系统的硬软件系统应符合下列规定：

1 直流控制保护系统的硬件及软件系统应具有稳定性、可靠性、安全性、可扩展性和易维护性，并应具有较强的抗干扰能力。

2 直流控制保护系统的硬件设备应选用工业标准的产品，软件系统应支持分层分布、模块化结构的设计。

6.3.3 直流控制系统的设计应符合下列规定：

1 直流控制系统的基本控制模式可包括双极功率控制模式、独立极功率控制模式、同步极电流控制模式、无功功率控制模式、应急极电流控制模式、极线路开路试验模式、潮流反转控制模式、直流全压/降压运行控制模式和低负荷无功优化控制模式。

2 直流控制系统的基本控制功能宜包括主导站/从控站的选择、功率指令及双极功率定值的计算、直流功率传输方向的选择、双极电流平衡控制、无功功率控制、直流电流控制、直流电压控制、触发角/熄弧角控制、换流阀触发相位控制、换流变压器分接头控制、高压直流系统启动/停运控制、故障策略控制、过负荷控制以及低压限流功能等。

3 直流控制系统的附加调制控制功能应由系统研究确定，可包括功率提升、功率回降、异常交流电压和频率控制、阻尼次同步振荡以及附加调制信号等。

4 直流控制系统的基本控制功能应能满足各种可能的运行方式，并应有相应的控制策略。

5 直流控制系统输入/输出信号宜包括直流控制系统与直流保护系统之间交换的信号、两侧换流站直流控制系统之间交换的信号、交流开关场信号、直流开关场信号、换流器及阀厅信号和阀冷却系统信号等。

6 极控制系统应配置保护性监控功能。保护性监控功能可包括换相失败预测、晶闸管结温监视、大角度监视、线路开路试验监视等。

6.3.4 直流保护系统的设计应符合下列规定：

1 直流保护应按保护区域设置，每一个保护区应与相邻的保护区重叠，不应存在保护死区。保护区域宜分为交流滤波器/并联电容器保护区、换流变压器保护区、换流器保护区、直流极母线保护区、直流滤波器保护区、直流接地极线路保护区、直流线路保护区、极中性母线保护区、双极中性母线保护区等。

2 每一个保护区域的保护应至少为双重化配置。

3 与故障极或双极有关的保护在双极运行中禁止误跳另一极。

4 阀组区保护应具有独立性，退出运行的阀组不应对剩余阀组的正常运行产生影响。

5 对于每一个保护区域内设备的短路、闪络、接地故障等宜配置相应的主、后备保护。

6 是否设置最后交流断路器保护功能应根据工程实际情况研究确定。

6.3.5 直流远动系统的设计应符合下列规定：

1 直流远动系统及通道宜按极双重化配置。

2 用于两端换流站直流控制保护系统信息交换的高压直流远动系统功能宜集成到直流控制保护系统中，用于两端换流站监控系统信息交换的高压直流远动系统功能可集成到换流站计算机监控系统。

3 直流远动系统信号的传输延时应满足直流系统动态响应要求。直流远动系统应优先采用光纤通信系统作为信号传输的主通道。

6.4 直流线路故障测距系统

6.4.1 每侧换流站均应配置直流线路故障测距装置。

6.4.2 直流线路故障测距装置的测距误差不应超过±0.5km或一个档距。

6.5 直流暂态故障录波系统

6.5.1 每个阀组应独立配置直流暂态故障录波系统，每个交流滤波器大组宜独立配置直流暂态故障录波系统，直流控制保护装置内部宜配置故障录波功能。

6.5.2 交、直流暂态故障录波系统宜共用一个保护信息管理子站。

6.6 阀冷却控制保护系统

6.6.1 每个阀组的阀冷却控制保护系统应独立并冗余配置。

6.6.2 阀冷却控制保护系统应能对主水泵、冷却风扇、电动阀门等重要设备进行监控，并应适应高压直流系统的各种运行工况。

6.7 站用直流电源系统及交流不停电电源系统

6.7.1 站用直流电源系统的设计应符合下列规定：

1 站用直流电源系统的接线方式、网络设计、负荷统计、设备选择和布置、保护和监控等设计应符合现行行业标准《电力工程直流系统设计技术规程》DL/T 5044的有关规定。

2 换流站宜按阀组或极、站公用设备，交流场设备分别设置独立的直流电源系统。交流场设备用直流电源系统可集中或分散设置。

3 站用直流电源系统标称电压宜采用110V或220V。全站交流电源事故停电时间应按2h计算。

6.7.2 站用交流不停电电源系统的设计应符合下列规定：

1 负荷统计、保护和监测、设备布置等设计应符合现行行业标准《火力发电厂、变电所二次接线设计技术规程》DL/T 5136的有关规定。

2 全站公用的交流不停电负荷宜配置1套交流

不停电电源。换流站直流控制和保护系统的交流不停电电源供电可按阀组或极各配置1套。

3 每套交流不停电电源宜采用主机双套冗余配置。

4 交流不停电电源系统的直流电源应直接由站内直流系统引接，不应单独配置蓄电池组。

5 交流不停电电源系统应采用单相、辐射状供电方式。

6.8 图像监视及安全警卫系统

6.8.1 换流站宜配置一套图像监视及安全警卫系统。

6.8.2 图像监视系统的监视范围应包括阀厅内的换流设备、换流站大门、配电装置以及继电器小室、主控楼内的主要设备间。

6.8.3 换流站围墙宜配置电子围栅，也可采用红外对射装置。

6.8.4 图像监视系统所配置的各种摄像机应适应换流站的电磁干扰环境。

6.9 全站时间同步系统

6.9.1 换流站应设置全站统一的时间同步系统，其时钟源应双重化配置。

6.9.2 时间同步系统宜采用两套全球卫星定位系统标准授时信号进行时钟校正，同时宜具备接收上级调度时钟同步的能力。

6.9.3 用于相角测量装置的时间同步系统的测量误差不应大于1μs。

7 换流站通信设计

7.1 换流站主要通信设施

7.1.1 换流站的通信系统应包括系统通信和站内通信。

7.1.2 换流站主要通信设施可包括光纤通信设备、载波通信设备、调度行政交换机、调度数据网设备、综合数据网设备、会议电视终端设备、动力和环境监测子站设备、综合布线设施和与控制保护的接口设备等。

7.2 系统通信

7.2.1 换流站与其电网调度机构之间应至少设立两个独立的调度通信通道或两种通信方式。

7.2.2 系统通信电路应满足传输电力调度、生产行政、继电保护、安全自动装置、调度自动化等业务的需求。

7.2.3 换流站间交换信息应包括下列内容：

1 直流控制及保护信息。

2 线路故障定位装置站间交换信息。

3 换流站监控系统交换信息。

7.2.4 换流站至各调度端传输信息应包括下列内容：

1 远动信息。

2 电能计费信息。

3 故障录波信息。

4 继电保护及安全稳定装置信息。

5 远方用户电话。

7.2.5 换流站宜提供至运行管理单位之间的通信通道。

7.3 站内通信

7.3.1 换流站内宜设一台数字程控调度交换机，该交换机宜兼作站内行政通信，用户数量宜为48门～128门，中继端口数量应根据调度和生产管理关系确定。调度交换机的组网宜采用Qsig信令及2Mbit/s数字中继方式，宜分别从两个不同的方向就近与上级汇接中心连接。数字程控调度交换机应具备组网、路由选择、优先等待等特殊功能，并应附设调度控制台和能够自动及手动启动的录音装置。

7.3.2 站内交换机可就近接入当地市话网。

7.4 通信电源、机房和接口要求

7.4.1 换流站内应设两套独立的、互为备用的直流48V电源系统。每套电源系统宜配置一个开关电源和一组48V免维护蓄电池，开关电源和蓄电池的容量宜根据远期设备负荷确定并留有裕度。

7.4.2 换流站控制楼及相关的辅助建筑物内的通信网络可采用综合布线方式。

7.4.3 通信机房技术要求应符合现行行业标准《220kV～500kV变电所通信设计技术规定》DL/T 5225的有关规定。

7.4.4 与控制保护的接口设备应符合2Mbit/s G.703同向型接口要求。

8 换流站土建

8.1 总平面及竖向布置

8.1.1 总平面布置除应符合现行行业标准《变电站总布置设计技术规程》DL/T 5056、《220kV～500kV变电所设计技术规程》DL/T 5218的有关规定外，还应符合下列规定：

1 换流站建筑物、构筑物火灾危险性分类及耐火等级不应低于表8.1.1的规定。

2 换流站的油罐区设计应符合现行国家标准《石油库设计规范》GB 50074的有关规定，油泵房的设置应根据绝缘油的输送方式确定。

3 阀厅、主（辅）控制楼等重要建筑物、构筑物以及换流变压器、平波电抗器等大型设备宜布置在

地质条件较好的地段。

4 换流变压器的运输道路宽度不宜小于 6m，转弯半径应根据运输方式确定；平波电抗器的运输道路宽度不宜小于 4.5m，转弯半径不宜小于 15m；环形消防道路的宽度不宜小于 4m，转弯半径不宜小于 9m；其余道路宽度不宜小于 3m，转弯半径不宜小于 7m。

5 进站道路的路径应根据站址周围道路现状，结合远景发展规划和站区平面、竖向布置综合确定；路面宽度和平曲线半径应满足超限运输车辆内转弯半径的要求，换流站进站道路路面宽度不宜小于 6m，转弯半径不宜小于 24m，最大纵坡不宜大于 8%。

表 8.1.1 建筑物、构筑物火灾危险性分类及耐火等级

序号		建筑物、构筑物名称		火灾危险性类别	最低耐火等级
一、主要生产建筑物、构筑物	1	阀厅（含高、低端阀厅）		丁	二级
	2	控制楼（含主、辅控制楼）		戊	二级
	3	继电器小室		戊	二级
	4	站用电室		戊	二级
	5	电缆夹层	全部采用阻燃电缆时	丁	二级
			采用非阻燃电缆时	丙	二级
	6	气体绝缘金属封闭开关设备（GIS）室、户内直流场	单台设备充油量60kg及以上	丙	二级
			单台设备充油量60kg以下	丁	二级
			无含油电气设备	戊	二级
	7	屋外配电装置	单台设备充油量60kg及以上	丙	二级
			单台设备充油量60kg以下	丁	二级
			无含油电气设备	戊	二级
	8	油浸变压器室		丙	一级
	9	气体或干式变压器室		丁	二级
二、辅助生产建筑物、构筑物	1	事故油池		丙	一级
	2	综合水泵房、取水泵房、深井泵房		戊	二级
	3	露天油罐、油泵房		丙	二级
三、附属生产建筑物、构筑物	1	综合楼		戊	三级
	2	换流变压器检修车间		丁	二级
	3	检修备品库		丁	二级
	4	车库		丁	二级
	5	雨淋阀间、泡沫消防间		戊	二级
	6	警卫传达室		戊	二级
	7	锅炉房		丁	二级
	8	水池		戊	二级
	9	消防小室		戊	二级

注：当控制楼、继电器小室不采取防止电缆着火后延燃的措施时，火灾危险性为丙类。

8.1.2 换流站内建筑物、构筑物及设备最小间距应符合表 8.1.2 的规定，并应符合下列规定：

1 两座建筑相邻两面的外墙为非燃烧体，且无门窗洞口、无外露的燃烧屋檐时，其防火间距可按表 8.1.2 减少 25%。

2 当两座建筑相邻较高一面的外墙如为防火墙时，其防火间距可不限（包括事故油池），但两座建筑物门窗之间的净距不应小于 5m。

3 建筑物外墙距屋外油浸式变压器和可燃介质电容器设备外廓 5m 以内，该墙在设备总高度加 3m 的水平线以下及设备外廓两侧各 3m 的范围内不应设有门窗和通风孔；当建筑物外墙距设备外廓 5m～10m 时，在外墙可设防火门，并可在设备总高度以上设非燃烧性的固定窗。

4 屋外配电装置与其他建筑物、构筑物的间距除注明者外，均以构架外边缘计算，屋外配电装置与道路路边的距离不宜小于 1.5m，在困难条件下不应小于 1m。

8.1.3 竖向布置应符合现行行业标准《变电站总布置设计技术规程》DL/T 5056、《220kV～500kV 变电所设计技术规程》DL/T 5218 的有关规定。

8.2 建　　筑

8.2.1 换流站建筑物应包括阀厅（含高、低端阀厅）、控制楼（含主、辅控制楼）、站用电室、继电器小室、综合水泵房、取水泵房（或深井泵房）、雨淋阀间（或泡沫消防间）、综合楼、检修备品库、车库、警卫传达室等。其他建筑物如户内直流场、气体绝缘金属封闭开关设备（GIS）室、油泵房、换流变压器检修车间等是否设置应根据工艺方案确定。

8.2.2 换流站建筑物应根据站址所在地区的气候条件进行平面布置和朝向选择。建筑体型系数、围护结

表 8.1.2　建筑物、构筑物及设备最小间距（m）

<table>
<tr><th colspan="3" rowspan="3">建筑物、构筑物名称</th><th rowspan="3">丙、丁、戊类生产建筑（一、二级耐火等级）</th><th rowspan="3">屋外配电装置</th><th rowspan="3">换流变压器平波电抗器（油浸式）</th><th rowspan="3">露天油罐</th><th rowspan="3">事故贮油池</th><th colspan="2">站内辅助、附属建筑</th><th rowspan="3">站内道路（路边）</th><th rowspan="3">围墙</th></tr>
<tr><th colspan="2">耐火等级</th></tr>
<tr><th>二级</th><th>三级</th></tr>
<tr><td colspan="3">丙、丁、戊类生产建筑（一、二级耐火等级）</td><td>10</td><td>10</td><td>10</td><td>12</td><td>5</td><td>10</td><td>12</td><td>无出口时 1.5，有出口，但无车道时 3.0；有出口，有车道时 6.0～8.0</td><td>见注 2</td></tr>
<tr><td colspan="3">屋外配电装置</td><td>10</td><td>—</td><td>—</td><td>25</td><td>5</td><td>10</td><td>12</td><td>1.5</td><td>—</td></tr>
<tr><td colspan="3">换流变压器平波电抗器（油浸式）</td><td>10</td><td>—</td><td>—</td><td>25</td><td>—</td><td>25</td><td>30</td><td>—</td><td>—</td></tr>
<tr><td colspan="3">露天油罐</td><td>12</td><td>25</td><td>25</td><td>—</td><td>15</td><td>15</td><td>20</td><td>5</td><td>5</td></tr>
<tr><td colspan="3">事故贮油池</td><td>5</td><td>5</td><td>5</td><td>15</td><td>—</td><td>10</td><td>12</td><td>1</td><td>1</td></tr>
<tr><td rowspan="2">站内辅助、附属建筑</td><td rowspan="2">耐火等级</td><td>二级</td><td>10</td><td>10</td><td>25</td><td>15</td><td>10</td><td>6</td><td>7</td><td rowspan="2">无出口时 1.5，有出口时 3.0</td><td>见注 2</td></tr>
<tr><td>三级</td><td>12</td><td>12</td><td>30</td><td>20</td><td>12</td><td>7</td><td>8</td><td>见注 2</td></tr>
<tr><td colspan="3">站内道路（路边）</td><td>无出口时 1.5，有出口，但无车道时 3.0；有出口，有车道时 6.0～8.0</td><td>1.5</td><td>—</td><td>5</td><td>1</td><td colspan="2">无出口时 1.5，有出口时 3.0</td><td>—</td><td>1</td></tr>
<tr><td colspan="3">围墙</td><td>见注 2</td><td>—</td><td>—</td><td>5</td><td>1</td><td>见注 2</td><td>见注 2</td><td>1</td><td>—</td></tr>
</table>

注：1　建筑物、构筑物防火间距按相邻两建筑物、构筑物外墙的最近距离计算，如外墙有凸出的燃烧构件时，则从其凸出部分外缘算起；

2　当继电器小室布置在屋外配电装置场内时，其间距由工艺确定。围墙与丙、丁、戊类生产建筑物和站内辅助、附属建筑的间距在满足消防要求的前提下不限。

构传热系数、窗墙面积比应符合现行国家标准《公共建筑节能设计标准》GB 50189 的有关规定。

8.2.3　换流站建筑物屋面防水等级应符合下列规定：

1　阀厅屋面防水等级应为Ⅰ级。

2　控制楼、户内直流场、气体绝缘金属封闭开关设备（GIS）室、站用电室、继电器小室、综合楼、综合水泵房、检修备品库、车库等其他建筑物屋面防水等级宜为Ⅱ级。

8.2.4　阀厅与控制楼应采用联合布置；当设有户内直流场时，户内直流场与阀厅宜采用联合布置。

8.2.5　阀厅应采取六面体电磁屏蔽措施。

8.2.6　阀厅应具有优良的气密性能，所有孔隙均应封堵密实。

8.2.7　阀厅零米层的出入口设置应符合下列规定：

1　每极阀厅应至少设置两个出入口，一个出入口应直通室外并与站区主要道路衔接，另一个出入口宜与控制楼连通。

2　每极阀厅应有一个出入口作为运输通道，其净空尺寸应满足阀厅内最大设备的搬运和换流阀安装检修用升降机的出入要求。

3　阀厅各出入口应采用向室外或控制楼方向开启的、满足 40dB 隔声性能指标要求的钢质电磁屏蔽门，与控制楼连通的门还应满足 1.20h 耐火极限的要求。

8.2.8　阀厅内部应设置架空巡视走道，巡视走道的设置应符合下列规定：

1　巡视走道的临空侧和顶部均应采用钢丝网进行封闭。

2　巡视走道宜通至阀塔上部屋架区域，且宜靠近阀塔布置。

3　当阀厅内设有膨胀水箱时，巡视走道宜通至该区域。

4　巡视走道应与控制楼相衔接，联系门应采用向控制楼方向开启的满足 1.20h 耐火极限和 40dB 隔声性能指标要求的钢质电磁屏蔽门。

8.2.9　阀厅与控制楼之间应设置固定式观察窗，观察窗的位置和尺寸应便于工作人员对阀厅内部进行观察，观察窗应满足电磁屏蔽、1.20h 耐火极限及 40dB 隔声性能指标要求。

8.2.10　阀厅外墙不应设置采光窗。

8.2.11　阀厅外墙设置的通风百叶窗或排烟风机应采取可靠的电磁屏蔽、气密和防水措施，百叶窗或风机的叶片应设自动启闭装置。

8.2.12　阀厅与换流变压器、油浸式平波电抗器之间应采用防火墙进行分隔，防火墙的耐火极限不应低于 3.00h。阀厅其他部位梁、柱和屋盖等承重构件可采用无防火保护的钢结构。

8.2.13　当设备或管线穿过阀厅墙面时，开孔部位应待安装工作完毕后实施封堵，开孔封堵除应满足围护系统的整体电磁屏蔽、气密、防水、隔热、隔声等性能要求外，还应符合下列规定：

1 阀厅防火墙上的换流变压器、油浸式平波电抗器套管开孔应待套管安装完毕后采用复合防火板进行封堵，复合防火板应满足3.00h耐火极限、防电涡流、结构强度和稳定性等要求。

2 阀厅与控制楼之间墙体上的管线开孔与管线之间的缝隙应采用满足3.00h耐火极限要求的防火封堵材料封堵密实。

3 阀厅其他无防火要求墙体上的设备或管线开孔与设备或管线之间的缝隙宜采用非燃烧或难燃烧材料进行封堵。

8.2.14 控制楼内的功能用房应包括主控制室、控制保护设备室、交流配电室、直流屏室、交流不停电电源室、电气蓄电池室、通信机房、通信蓄电池室、阀冷却设备间、安全工器具间、二次备品及工作间、交接班室、会议室、办公室、资料室、卫生间等。是否设置空调设备间、换流变压器接口屏室等其他设备用房应根据工艺要求确定。

8.2.15 控制楼宜采用两层或三层布置，各楼层的布置应符合下列规定：

1 交流配电室、电气蓄电池室、阀冷却设备间、换流变压器接口屏室等宜布置在首层，其中电气蓄电池室宜靠外墙布置，阀冷却设备间应靠外墙且与阀外冷却装置毗邻布置。

2 主控制室、交接班室、控制保护设备室、通信机房、会议室、办公室等宜布置在第二层或第三层，其中主控制室、会议室、办公室宜靠外墙布置，交接班室宜靠近主控制室布置。

3 主控制室、交接班室、会议室、办公室所在的楼层应设置卫生间。

4 控制保护设备室、交流配电室、直流屏室、交流不停电电源室、换流变接口屏室、通信机房、蓄电池室等电气、通信设备用房内部不应布置给排水管道，且不应布置在卫生间及其他易积水房间的下层。

8.2.16 控制楼的出入口、走道及楼梯设置应符合现行国家标准《建筑设计防火规范》GB 50016和《火力发电厂与变电站设计防火规范》GB 50229的有关规定，且应符合下列规定：

1 首层出入口布置应满足控制楼的安全疏散要求，主出入口应与站区主要道路衔接。

2 控制楼各楼层的功能用房与楼梯之间应通过走道进行联系，走道布置应满足运行、巡视、检修、安全疏散等要求。

3 控制楼各楼层之间应通过楼梯进行联系，楼梯数量应根据各楼层建筑面积确定。建筑面积不大于$500m^2$的楼层可设置1部楼梯，建筑面积大于$500m^2$的楼层应设置不少于2部楼梯，楼梯间应设置外墙采光通风窗。

4 控制楼内位于相邻两部楼梯之间的功能用房的门至最近楼梯的距离不应大于35m，位于袋形走道尽端的功能用房的门至楼梯的距离不应大于20m。

5 控制楼各出入口、走道、楼梯等部位应设置灯光疏散指示标志和消防应急照明灯具。

6 布置工艺设备的屋面应设置通往该屋面的楼梯，无工艺设备的屋面宜设置带安全护笼的屋面巡视及检修钢爬梯。

8.2.17 控制楼各建筑构件的燃烧性能和耐火极限应符合现行国家标准《建筑设计防火规范》GB 50016的有关规定，各功能用房的内部装修材料应符合现行国家标准《建筑内部装修设计防火规范》GB 50222的有关规定，且应符合下列规定：

1 与阀厅相邻的控制楼墙体应为满足3.00h耐火极限要求的防火墙，该墙上的门窗应采用满足1.20h耐火极限要求的甲级防火门窗，管线开孔封堵应符合本规范第8.2.13条的相关规定。

2 控制保护设备室、交流配电室、直流屏室、交流不停电电源室、电气蓄电池室、通信机房、通信蓄电池室、阀冷却设备间、空调设备间、换流变压器接口屏室等设备用房和楼梯间的墙体耐火极限不应低于2.00h，楼板耐火极限不应低于1.50h，各设备用房的门应采用向疏散方向开启的、满足0.90h耐火极限要求的乙级防火门。

3 电缆、管道竖井在各楼层的楼板处以及与房间、走道等相连通的孔洞部位均应采用防火封堵材料封堵密实；电缆、管道竖井壁的耐火极限不应低于1.00h，井壁上的检查门应采用向竖井外侧开启的、满足0.60h耐火极限要求的丙级防火门。

4 主控制室、控制保护设备室、交流配电室、直流屏室、交流不停电电源室、电气蓄电池室、通信机房、通信蓄电池室、阀冷却设备间、空调设备间等设备用房和楼梯间的楼地面、内墙面、顶棚及其他部位均应采用A级不燃性装修材料；安全工器具间、二次备品及工作间、交接班室、会议室、办公室、资料室、门厅、走道的内墙面、顶棚应采用A级不燃性装修材料，楼地面及其他部位应采用不低于B1级的难燃性装修材料。

8.2.18 控制楼内应设置起吊设施。采用两层布置的控制楼宜设置吊物孔和单轨吊，采用三层布置且主控制室位于第三层的控制楼宜设置客货两用电梯。

8.2.19 控制楼的地下电缆夹层应满足建筑防火、疏散、通风、排烟、防水、排水、防潮、防小动物等要求。

8.2.20 控制楼各楼层层高应根据设备安装、管道布置、结构尺寸及室内空间尺度等因素确定。

8.2.21 主控制室室内背景噪声级（A声级）不应大

于 50dB (A)。

8.2.22 主控制室、控制保护设备室、通信机房、交流配电室、直流屏室等房间应照度均匀，灯具布置应避免在屏面产生眩光。

8.2.23 当控制楼采用中央空调系统时，工艺设备用房顶棚上的风口布置应避免空调冷凝水聚集并滴落到设备和屏柜表面。

8.2.24 户内直流场出入口不应少于两个，其中应有一个出入口作为运输通道直通室外并与站区主要道路衔接，其净空尺寸应满足户内直流场内最大设备的搬运要求。

8.2.25 当户内直流场内布置有单台设备充油量60kg及以上的含油电气设备时，应设置防止火灾蔓延的阻火隔墙，局部梁、柱、屋盖和墙体等建筑构件的燃烧性能和耐火极限应符合现行国家标准《建筑设计防火规范》GB 50016 的有关规定。

8.2.26 户内直流场外墙宜设置固定式采光窗。当户内直流场外墙设置通风百叶窗时，百叶窗的叶片应设自动启闭装置。

8.2.27 当阀厅、户内直流场、气体绝缘金属封闭开关设备（GIS）室、控制楼等建筑物屋面采用压型钢板围护系统时，屋面坡度不应小于10%，且应采取整体防水、抗风技术措施。

8.2.28 阀厅、户内直流场、气体绝缘金属封闭开关设备（GIS）室、检修备品库等体量较大的建筑物屋面应设置巡视及检修钢爬梯，钢爬梯与主体结构之间应连接牢固，全梯段均应设置安全护笼。

8.2.29 阀厅、户内直流场、气体绝缘金属封闭开关设备（GIS）室、控制楼等建筑物的室内地坪饰面材料应符合下列规定：

1 阀厅地坪应采用耐磨、抗冲击、抗静电、不起尘、防潮、光滑、易清洁的饰面材料。

2 户内直流场、气体绝缘金属封闭开关设备（GIS）室地坪应采用耐磨、抗冲击、不起尘、易清洁的饰面材料。

3 控制楼楼（地）面饰面材料应与各房间或部位的使用功能要求相匹配。主控制室、控制保护设备室、通信机房楼面应采用耐磨、抗静电、光滑、不起尘、易清洁的饰面材料，交流配电室、直流屏室、交流不停电电源室、蓄电池室、阀冷却设备间、空调设备间、走道楼（地）面应采用耐磨、光滑、不起尘、易清洁的饰面材料，卫生间楼面应采用防水、防滑、易清洁的饰面材料。

8.3 结　构

8.3.1 换流站建筑物、构筑物的结构重要性系数应根据建筑物、构筑物的使用年限、结构安全等级确定。换流站建筑物、构筑物的使用年限、结构安全等级、结构重要性系数应符合表8.3.1的规定。

表 8.3.1 换流站建筑物、构筑物的使用年限、结构安全等级、结构重要性系数

建筑物、构筑物名称	设计使用年限（年）	结构安全等级	结构重要性系数
阀厅、控制楼、户内直流场	50	一级	1.1
其他建筑物、构筑物	50	二级	1.0

注：1 建筑物中各类结构构件使用阶段的安全等级宜与整个结构的安全等级相同，对其中部分结构构件的安全等级可根据其重要性适当调整，但不得低于三级；

2 阀厅、户内直流场钢屋架结构重要性系数宜采用1.15。

8.3.2 控制楼和阀厅的楼面、地面活荷载标准值、组合值系数、准永久值系数和折减系数不应小于表8.3.2所列的数值。如果设备及运输工具的实际荷载超过表8.3.2所列的数值，应按实际荷载进行设计。

表 8.3.2 控制楼和阀厅的楼面、地面活荷载标准值、组合值系数、准永久值系数和折减系数

序号	项　目	活荷载标准值（kN/m^2）	组合值系数 Ψ_c	准永久值系数 Ψ_q	计算主梁、柱及基础的折减系数
1	主控制室、控制保护设备室、交流配电室、通信机房	4	0.9	0.8	0.7
2	直流屏室、阀冷却设备间、空调设备间、安全工器具间、二次备品及工作间	5	0.9	0.8	0.7
3	交流不停电电源室、蓄电池室	8	0.9	0.8	0.7
4	交接班室、会议室、办公室、进餐室、卫生间、楼梯	2.5	0.7	0.5	0.85
5	资料室	2.5	0.7	0.8	0.85
6	门厅、过厅、走道	4	0.7	0.7	0.85
7	屋面： (1) 上人屋面 (2) 不上人屋面	 2.0 0.7	 0.7 —	 0.5 0	 1.0 —
8	阀厅地面	10	—	—	—

注：1 当采用压型钢板轻型屋面时，屋面竖向均布活荷载的标准值（按水平投影面积计算）取0.5kN/m^2；

2 对受荷水平投影面积大于60m^2的刚架或屋架构件，屋面竖向均布活荷载的标准值取不小于0.3kN/m^2。

8.3.3 换流站建筑物、构筑物的基本风压取值应符合现行国家标准《建筑结构荷载规范》GB 50009 的有关规定。阀厅、户内直流场应按 100 年一遇标准取值，其余建筑物、构筑物应按 50 年一遇标准取值，但不得小于 0.3kN/m²。

8.3.4 换流站主要建筑物、构筑物的结构形式应满足下列规定：

1 阀厅结构布置宜结合换流变压器防火墙结构布置，阀厅主体承重结构宜采用钢-钢筋混凝土框架（或钢-钢筋混凝土框架剪力墙）混合结构，也可采用钢-钢筋混凝土墙混合结构、钢结构框排架结构和钢筋混凝土框架结构。

2 阀厅、户内直流场屋面结构体系宜采用钢结构有檩屋盖结构体系，屋盖宜采用复合压型钢板屋面板和冷弯薄壁型钢檩条；在风荷载较大地区，也可采用以压型钢板为底模的钢-混凝土板组合楼板结构。墙面围护结构宜选用与主体结构相适应的墙面材料。

3 阀厅屋盖支撑体系的布置、钢结构柱间支撑的布置和钢筋混凝土框架结构的刚度布置应满足结构的整体刚度和稳定性要求。钢结构节点设置应满足构造简单、施工方便的要求。

4 阀厅、换流变压器、油浸式平波电抗器之间的防火墙宜采用现浇钢筋混凝土框架填充墙结构，也可采用现浇钢筋混凝土墙结构。钢筋混凝土防火墙受力钢筋的混凝土保护层厚度除应满足混凝土结构的要求外，还应符合防火要求。

5 控制楼主体结构宜采用钢筋混凝土框架结构，楼、屋面宜采用现浇钢筋混凝土板。控制楼墙面围护宜采用砌块填充墙。

6 气体绝缘金属封闭开关设备（GIS）室主体结构宜采用门式刚架轻型钢结构，屋面宜采用钢结构有檩屋盖体系，屋盖宜采用复合压型钢板屋面板和冷弯薄壁型钢檩条。墙面围护结构宜选用与主体结构相适应的墙面材料。

8.3.5 当阀厅、户内直流场、气体绝缘金属封闭开关设备（GIS）室等建筑物采用钢结构且节点采用螺栓连接时，其承重结构的连接宜采用摩擦型高强螺栓连接；钢结构的防腐宜采用有机防腐涂料体系防腐或冷喷锌防腐。

8.3.6 换流站建筑物、构筑物的抗震设计应符合现行国家标准《建筑抗震设计规范》GB 50011 的有关规定，并应符合下列规定：

1 换流站建筑物、构筑物的抗震设防烈度应按照国家规定的权限审批、颁发的文件（图件）确定。抗震设防烈度可采用中国地震烈度区划图规定的地震基本烈度；对已编制抗震设防区划的地区，可按批准的抗震设防烈度或设计地震动参数进行抗震设防。

2 阀厅、控制楼、户内直流场、气体绝缘金属封闭开关设备（GIS）室、站用电室、继电器小室为换流站主要生产建筑物，其抗震设防类别应为乙类，地震作用应符合本地区抗震设防烈度的要求；当抗震设防烈度为 6 度～8 度时，抗震措施应符合本地区抗震设防烈度提高一度的要求，当为 9 度时，抗震措施应进行专题论证；地基基础的抗震措施应符合抗震设计国家现行相关标准的有关规定。

3 辅助生产及附属建筑物、构筑物抗震设防类别应为丙类，地震作用和抗震措施均应符合本地区抗震设防烈度的要求。

9 换流站辅助设施

9.1 采暖、通风和空气调节

9.1.1 阀厅降温可采用空调或通风方案，阀厅温度和相对湿度应根据换流阀的要求确定。空调或通风方案应符合下列规定：

1 阀厅室内温度夏季不应超过 50℃，冬季不应低于 10℃。阀厅室内相对湿度范围宜为 10%～60%，并应保证阀体表面不结露。

2 空调方案可在合适的室外气象条件下大量使用新风以节省能源，室外新风应过滤。

3 通风方案应采用机械进风、机械排风。

4 风管保温材料应采用非燃烧材料，穿越防火墙的空隙应采用非燃烧材料填塞。

5 通风或空调设备应设 100%备用。

6 各个阀厅的通风或空调系统宜独立设置。

7 阀厅通风或空调系统过滤等级应根据换流阀的要求确定。进入阀厅的空气应至少设置两级空气过滤，过滤等级应满足工艺要求。

9.1.2 阀厅应设置灾后机械排烟系统，换气次数宜按 0.25 次/h～0.5 次/h 确定。

9.1.3 阀厅内应保持微正压状态，正压值宜为 5Pa。当大量使用新风时，正压值不应超过 50Pa。

9.1.4 控制楼内主控制室、极控制保护设备室、站公用设备室和通信机房等应设置全年性空气调节系统。主控制室宜按舒适型空气调节设计，极控制保护设备室、站公用设备室和通信机房的室内设计参数应根据工艺要求确定。

9.1.5 控制楼空调宜采用集中式空调系统，集中式空调系统的空气处理设备宜按照设计冷负荷及风量的 2×100%或 3×50%配置。

9.1.6 控制楼内的主控制室、极控制保护设备室、站公用设备室和通信机房等重要房间的排烟方式宜选用独立的机械排烟系统。当利用空调系统进行排烟时，空调系统应设有将空气调节功能自动或手动切换为排烟功能的装置。

9.1.7 采暖或空调有压水管不应穿过控制楼内电气设备间。

9.1.8 当控制楼内配电室设有散热量较大的干式变压器时，室内环境设计温度不宜高于35℃，并应设置事故排风。当符合下列条件之一时，通风系统宜采取降温措施：

1 夏季通风室外计算温度不小于30℃。

2 夏季通风室外计算温度小于30℃，但不低于27℃，且最热月月平均相对湿度宜不小于70%。

9.1.9 站用直流及交流不停电电源室宜设置空气调节装置。

9.1.10 蓄电池室应根据设备形式和当地气象条件确定设置机械通风或空气调节系统。

9.1.11 阀冷却设备室应设置机械通风，当室内布置有电气设备或通风方式不能满足设备运行要求时，可设置空调装置。冬季室内温度不宜低于10℃，夏季室内温度不宜高于35℃。

9.1.12 阀厅和户内直流场通风或空调系统及控制楼集中空调系统应设置自动控制系统。

9.1.13 继电器小室应设置空气调节装置和检修换气通风。

9.1.14 水泵房应设置夏季排除余热措施。在采暖地区采暖可按维持室内温度不低于5℃设计。

9.1.15 综合楼可根据当地的气象条件，设置分散式空调或独立的集中空调系统。

9.1.16 户内直流场可采用空调或通风方案，空调或通风方案应符合下列规定：

1 户内直流场的空气环境应保证电气设备表面不结露。

2 空调方案可在合适的室外气象条件下大量使用新风，通风方案应采用机械进风、机械排风。进风应过滤。

3 各个户内直流场的通风或空调系统宜独立设置。

4 户内直流场应设置灾后机械排烟系统。

9.1.17 气体绝缘金属封闭开关设备（GIS）室应设置机械通风。

9.2 阀冷却系统

9.2.1 换流阀内冷却应符合下列规定：

1 换流阀内冷却应采用闭式冷却水循环系统，每极的高、低端阀厅均应独立设置。

2 内循环介质水系统的管道、阀门、去离子设备及循环水泵、过滤器、冷却塔或空气冷却器内的换热盘等应采用不锈钢材料。喷淋水管、喷淋水泵、阀门、过滤器及喷淋水软化处理装置等宜采用不锈钢材料。

3 内循环介质水应满足换流阀对水质、水压、流速及水温的要求。最低流速应满足阀体内防止电腐蚀的最低允许流速的要求。

4 内循环介质水回路应设置去离子旁路。离子交换器的处理水量宜按2h将内循环介质水系统容积水量处理一遍确定。

5 当内循环介质水通过共用集管进入换流阀时，换流阀进水管宜设置流量平衡阀或截止阀保证流入每组换流阀的流量相等。

6 内循环介质水回路应设置定压补水装置，装置应满足换流阀对水质含氧量的要求。

7 内循环介质水回路的补水应采用纯净水或蒸馏水。

8 进入换流阀的内循环介质水的最低水温应保证换流阀表面不产生凝露。

9 内循环介质水回路及其去离子处理旁路均应设置过滤装置，滤网孔径不应大于换流阀允许通过最大颗粒的尺寸。

10 内循环介质水管路系统高点应设置自动排气装置，冷却介质水管路系统及喷淋水管路系统低点均应设置排水措施。

11 内循环介质水循环水泵、去离子装置、去离子水循环水泵、喷淋水泵及喷淋补充水软化处理装置应100%备用，密闭式蒸发型冷却塔或空气冷却器容量的冗余度不应小于50%。

12 除氧装置应根据换流阀对水质含氧量的要求设置，必要时应采用氮气置换除氧方式。

13 阀冷却系统应设置就地和集中监控系统对水温、电导率、水压、流量进行自动监测。

9.2.2 换流阀外冷却应符合下列规定：

1 换流阀外冷却宜采用水冷却方式，在水资源缺乏和北方地区也可采用空冷方式或水-空冷冷却方式。

2 当换流阀外冷采用水冷方式时，计算闭式蒸发冷却塔的最高冷却水温的气象条件应采用极端最高湿球温度和与之对应的气压及湿度；当采用空冷方式时，计算空冷塔的最高冷却水温的气象条件应采用极端最高干球温度。

3 室外密闭式蒸发型冷却塔或空气冷却器的布置应通风良好，远离高温或有害气体，并应避免飘溢水和蒸发水对环境和电气设备的影响。

4 当采用密闭式蒸发型冷却塔时，应设置室外缓冲水池储存喷淋水，水池容积应保证水冷却系统安全运行；水池容积应保证喷淋水泵一定的吸水压头；水池最小容积不宜小于50m³。

5 室外密闭式蒸发型冷却塔应采取防止喷淋水系统结冰的措施。

6 密闭式蒸发型冷却塔喷淋水的补充水量应按冷却塔蒸发损失、风吹损失及排污损失之和计算，安全系数应取1.10～1.15。

7 密闭式蒸发型冷却塔喷淋水的补充水应结合水质情况选择合适的水软化处理措施。

8 冷却塔喷淋水系统及缓冲水池内壁应采取抑制微生物生长的措施。

9.2.3 冷却水带走的热量应取换流阀在额定工况、

连续过负荷或暂态过负荷中的较大值。

9.3 供水系统

9.3.1 换流站应有可靠的水源，水源宜选用自来水或地下水。在水源条件受限地区，水源也可采用地表水。水源的水质、水量变化不应影响换流站的安全运行。

9.3.2 当换流阀外冷却采用水冷方式时，换流站宜有两路可靠水源。当仅有一路水源时，换流站应设置容积不小于3d生产用水量的储水池。

9.3.3 换流站内生活用水、工业用水及消防水管网宜分开设置。

9.4 火灾探测与灭火系统

9.4.1 火灾探测报警系统的设置应符合下列规定：

1 阀厅内各阀塔上部周围区域，阀厅主要送、回风口，电缆沟应设置吸气式感烟探测器，阀厅内还应设置火焰探测器。

2 主控制室、计算机室、控制保护设备室、配电室、通信设备室、继电器小室、阀冷却设备室应设置感烟探测器，设置火灾探测的区域应包括天花板内以及活动地板下的空间。

3 蓄电池室应设置防爆型感烟探测器。

4 电缆隧道、夹层、竖井应设置线性感温探测器，也可采用感烟探测器或吸气式感烟探测器。

5 换流变压器和油浸式平波电抗器应设置可恢复式缆式线型差定温探测器或热探测器。

9.4.2 火灾自动报警系统应符合现行国家标准《火灾自动报警系统设计规范》GB 50116的有关规定。

9.4.3 灭火系统的设置应符合下列规定：

1 阀厅和户内直流场室内宜配置推车式灭火器，室外应设置消火栓。

2 主控制楼应设置室外和室内消火栓，室内消火栓箱内应配置直流/水雾两用水枪，并应配置自救式消防水喉。

3 换流变压器、油浸式平波电抗器应设置水喷雾灭火系统或其他经消防主管部门审查许可的灭火系统，同时应设置室外消火栓、推车式灭火器和砂箱。

9.4.4 水喷雾灭火系统的设计应符合现行国家标准《水喷雾灭火系统设计规范》GB 50219的有关规定。

9.4.5 消火栓灭火系统的设计应符合现行国家标准《建筑设计防火规范》GB 50016的有关规定。

9.4.6 灭火器的设置应符合现行国家标准《建筑灭火器配置设计规范》GB 50140的有关规定。

10 换流站噪声控制和节能

10.1 换流站噪声控制

10.1.1 换流站的噪声应符合现行国家标准《工业企业厂界环境噪声排放标准》GB 12348和《声环境质量标准》GB 3096的有关规定。产生高噪声的生产设施宜相对集中布置，其周围宜布置对噪声较不敏感、高大、朝向有利于隔声的建筑物、构筑物。

10.1.2 设备选型应通过技术经济比较选用低噪声设备。

10.1.3 当设备噪声水平不能满足控制标准时，可采用隔声、吸声、消声和隔振等降低噪声传播的措施。

10.1.4 当站内噪声水平超标时，应对工作人员采取职业保护措施。

10.2 节能

10.2.1 换流站的无功和滤波装置的配置应符合减少电能损耗的要求。

10.2.2 换流站的设备应选择低损耗的设备。

10.2.3 持续运行的阀冷却、空调等站内辅机系统应采用高效率、低能耗的设备。

10.2.4 换流站应根据环境条件和技术经济比较采用建筑物节能技术。

附录A 交流系统谐波干扰指标

A.0.1 交流系统谐波干扰指标可按下列公式表征：

$$D_{\mathrm{n}}=\frac{E_{\mathrm{n}}\times 100\%}{E_{\mathrm{ph}}} \tag{A.0.1-1}$$

$$D_{\mathrm{eff}}=\left[\sum_{n=2}^{n=50}(E_{\mathrm{n}}/E_{\mathrm{ph}})^2\right]^{\frac{1}{2}}\times 100\% \tag{A.0.1-2}$$

$$THFF=\left[\sum_{n=1}^{n=50}\left(\frac{n\times 50}{800}\times\frac{CCITT}{1000}\times E_{\mathrm{n}}/E_{\mathrm{ph}}\right)^2\right]^{\frac{1}{2}}\times 100\% \tag{A.0.1-3}$$

式中：D_{n}——单次谐波的畸变率；

D_{eff}——总有效谐波畸变率；

$THFF$——电话谐波波形系数；

E_{n}——换流器谐波电流产生的 n 次谐波相对地电压均方根值；

E_{ph}——相对地工频电压均方根值；

n——谐波次数；

$CCITT$——噪声加权系数，应符合表A.0.1的规定。

表A.0.1 噪声加权系数

n	f (Hz)	CCITT
1	50	0.71
2	100	8.91
3	150	35.5
4	200	89.1
5	250	178
6	300	295
7	350	376

续表 A.0.1

n	f（Hz）	$CCITT$
8	400	484
9	450	582
10	500	661
11	550	733
12	600	794
13	650	851
14	700	902
15	750	955
16	800	1000
17	850	1035
18	900	1072
19	950	1109
20	1000	1122
21	1050	1109
22	1100	1072
23	1150	1035
24	1200	1000
25	1250	977
26	1300	955
27	1350	928
28	1400	905
29	1450	881
30	1500	861
31	1550	842
32	1600	824
33	1650	807
34	1700	791
35	1750	775
36	1800	760
37	1850	745
38	1900	732
39	1950	720
40	2000	708
41	2050	698
42	2100	689
43	2150	679
44	2200	670
45	2250	661
46	2300	652
47	2350	643
48	2400	634
49	2450	625
50	2500	617

附录B 直流线路等效干扰电流计算

B.0.1 直流线路等效干扰电流应按下列公式计算：

$$I_{eq}(x)=\left[I_e(x)_R^2+I_e(x)_i^2\right]^{\frac{1}{2}} \tag{B.0.1-1}$$

$$I_e(x)=\left[\sum_{n=1}^{n=50}\left(I(n,x)\times\frac{CCITT}{1000}\times H_f\right)^2\right]^{\frac{1}{2}} \tag{B.0.1-2}$$

式中：$I_{eq}(x)$——沿输电线路走廊的任何点，噪声加权至800Hz的等效干扰电流；

$I_e(x)_R$——由整流站换流器谐波电压源产生的等效干扰电流分量幅值；

$I_e(x)_i$——由逆变站换流器谐波电压源产生的等效干扰电流分量幅值；

x——沿线路走廊的相对位置；

$I(n,x)$——沿线路走廊位置“x”处的n次谐波残余电流的均方根值；

$CCITT$——噪声加权系数，见本规范表A.0.1；

n——谐波次数；

H_f——耦合系数，应符合表B.0.1的规定。

表B.0.1 耦合系数

n	频率（Hz）	H_f
1	50	0.70
2	100	0.70
3	150	0.70
4	200	0.70
5	250	0.70
6	300	0.70
7	350	0.70
8	400	0.70
9	450	0.70
10	500	0.70
11	550	0.75
12	600	0.80
13	650	0.85
14	700	0.90
15	750	0.95
16	800	1.00
17	850	1.04
18	900	1.08
19	950	1.11
20	1000	1.15
21	1050	1.19
22	1100	1.23
23	1150	1.26
24	1200	1.30
25	1250	1.34
26	1300	1.38
27	1350	1.41
28	1400	1.45
29	1450	1.49
30	1500	1.53
31	1550	1.56
32	1600	1.60
33	1650	1.64
34	1700	1.68
35	1750	1.71
36	1800	1.75
37	1850	1.78
38	1900	1.82
39	1950	1.85
40	2000	1.88
41	2050	1.92
42	2100	1.95
43	2150	1.98
44	2200	2.02
45	2250	2.05
46	2300	2.08
47	2350	2.12
48	2400	2.15
49	2450	2.18
50	2500	2.22

本规范用词说明

1 为便于在执行本规范条文时区别对待，对要求严格程度不同的用词说明如下：

1）表示很严格，非这样做不可的：
正面词采用“必须”，反面词采用“严禁”；

2）表示严格，在正常情况下均应这样做的：
正面词采用“应”，反面词采用“不应”或“不得”；

3）表示允许稍有选择，在条件许可时首先应这样做的：
正面词采用“宜”，反面词采用“不宜”；

4）表示有选择，在一定条件下可以这样做的，采用“可”。

2 条文中指明应按其他有关标准执行的写法为：“应符合……的规定”或“应按……执行”。

引用标准名录

《建筑结构荷载规范》GB 50009
《建筑抗震设计规范》GB 50011
《建筑设计防火规范》GB 50016
《岩土工程勘察规范》GB 50021
《石油库设计规范》GB 50074
《火灾自动报警系统设计规范》GB 50116
《建筑灭火器配置设计规范》GB 50140
《公共建筑节能设计标准》GB 50189
《水喷雾灭火系统设计规范》GB 50219
《建筑内部装修设计防火规范》GB 50222
《火力发电厂与变电站设计防火规范》GB 50229
《绝缘配合　第2部分：高压输变电设备的绝缘配合使用导则》GB/T 311.2
《绝缘配合　第3部分：高压直流换流站绝缘配合程序》GB/T 311.3
《声环境质量标准》GB 3096
《工业企业厂界环境噪声排放标准》GB 12348
《高压架空线路和发电厂、变电所环境污区分级及外绝缘选择标准》GB/T 16434
《高压直流换流站损耗的确定》GB/T 20989
《高压直流换流站可听噪声》GB/T 22075
《高压直流换流站绝缘配合导则》DL/T 605
《交流电气装置的过电压保护和绝缘配合》DL/T 620
《交流电气装置的接地》DL/T 621
《电力工程直流系统设计技术规程》DL/T 5044
《变电站总布置设计技术规程》DL/T 5056
《火力发电厂、变电所二次接线设计技术规程》DL/T 5136
《220kV～500kV变电所计算机监控系统设计技术规程》DL/T 5149
《220kV～500kV变电所设计技术规程》DL/T 5218
《导体和电器选择设计技术规定》DL/T 5222
《220kV～500kV变电所通信设计技术规定》DL/T 5225
《高压配电装置设计技术规程》DL/T 5352

中华人民共和国国家标准

±800kV 直流换流站设计规范

GB/T 50789—2012

条 文 说 明

制 订 说 明

《±800kV直流换流站设计规范》GB/T 50789—2012，经住房和城乡建设部2012年10月11日以第1501号公告批准发布。

本规范编制遵循的主要原则是：贯彻国家法律、法规和电力建设政策；坚持科学发展，落实“安全可靠、先进适用、经济合理、环境友好”的原则；广泛深入调研，吸取电力建设工程实践经验，以±800kV云南至广东和向家坝至上海特高压直流示范工程关键技术研究、设计研究成果为基础；广泛征求相关单位意见。

为便于广大设计、施工、科研、学校等单位有关人员在使用本规范时能正确理解和执行条文规定，编制组按章、节、条顺序编制了本规范的条文说明，对条文规定的目的、依据以及执行中需注意的有关事项进行了说明。但是，本条文说明不具备与规范正文同等的法律效力，仅供使用者作为理解和把握规范规定的参考。

目　次

3 换流站站址选择

3.0.3 在大气严重污秽地区和严重盐雾地区不宜建设换流站，主要是考虑耐污设备的生产条件、运行安全和建设投资等因素。

3.0.6 换流站生产用水对水质要求比变电站高，而且用水量比变电站大。因此，在确定换流站水源时，其稳定性和可靠性是重点考虑的因素。考虑到±800kV特高压直流换流站的输送功率大，在电网中地位和作用相当重要，参考现行行业标准《火力发电厂设计技术规程》DL 5000的规定，设计枯水流量的保证率取97%。

3.0.7 选站时要考虑充分利用现有的交通运输条件。良好的交通运输条件便于设备器材的运输和对换流站的管理，也方便职工生活，可减少工程投资和运行管理费用。换流站大型设备较多，对运输条件要求较高。因此，应该尽量选择交通运输条件较好的站址。

4 交流系统基本条件及直流输电系统的性能要求

4.1 交流系统基本条件

4.1.1 换流站交流母线电压变化范围包括正常运行电压、正常连续运行电压范围和极端连续运行电压范围。换流站交流母线频率变化范围包括正常波动范围、事故时波动范围和故障清除后波动范围的上下限。

换流站交流侧短路电流水平包括最大三相、最大单相、最小三相短路电流、对应的短路容量（包括计算短路容量的基准电压水平）以及系统电抗和电阻的比值。

交流系统负序工频电压一般可取正序工频电压的1%。交流系统背景谐波电压可通过实际测量后经系统谐波潮流计算得到。

故障清除时间包括正常和后备（保护）清除故障时间。

4.1.2 每种等值交流系统仅用于指定的研究项目。

4.2 直流输电系统的性能要求

4.2.1 高压直流输电系统的额定功率是指在规定的环境温度及交流系统条件下（交流电压和交流频率在正常变化范围内），全部设备均投入运行（不包括冗余设备）时所能连续输送的直流有功功率。

高压直流输电系统的额定电流是指在所有规定的环境条件下能连续无时间限制传送的直流电流平均值。

高压直流输电系统的额定电压是指按额定电流传输额定功率时所需要的直流电压的平均值。

4.2.2 连续过负荷能力是指直流输电系统能够长期连续运行的过负荷能力。连续过负荷能力可以规定为备用冷却设备投运或不投运两种情况。

短时（2h）过负荷能力是指直流输电系统在2h内可连续运行的过负荷能力。短时（2h）过负荷能力可以规定为备用冷却设备投运或不投运两种情况。直流系统在最小功率至连续过负荷之间的任意功率水平连续运行后仍具备规定的短时（2h）过负荷能力。

暂态过负荷能力是指直流输电系统在数秒中内的过负荷能力。为满足交流系统的需要，暂态过负荷能力可规定为3s、5s或10s。直流系统在最小功率和短时（2h）过负荷之间的任意功率水平连续运行后仍具备规定的暂态过负荷能力。

4.2.3 本条所给出的最小直流电流参考目前国内±500kV和±800kV直流输电工程对直流输电系统允许的最小直流电流水平值确定。

4.2.4 对于每极两个12脉动换流器单元串联的接线方式，当任一极只有一个换流器单元运行时，该极不再考虑降压运行方式。

4.2.6 本条所给出的双极直流输电系统的基本运行方式适用于每极两个12脉动换流器单元串联接线方式。

4.2.9 目前我国对220kV及以上交流系统的谐波干扰指标并无相应规定。本条所给出的交流系统谐波干扰指标参考IEC及IEEE相关标准编写，仅用于交流滤波器设计，不作为电能质量考核依据。

4.2.10 直流系统谐波干扰指标的选择是一个复杂的工程问题。我国±800kV云南至广东特高压直流输电工程要求各种运行方式下的直流线路等效干扰电流不大于2000mA，±800kV向家坝至上海特高压直流输电工程要求双极和单极运行方式下的直流线路等效干扰电流分别不大于3000mA和6000mA。

4.2.13 本条所给出的直流输电系统可靠性的设计目标值适用于每极两个12脉动换流器单元串联接线方式。

4.2.14 直流输电系统的动态性能研究应该包括直流系统的响应、换流器在交流系统故障期间的运行以及直流回路的谐振等内容。直流输电系统的暂态性能研究应该针对正常投切和故障两部分进行。

5 换流站电气设计

5.1 电气主接线

5.1.2 高压大容量直流输电工程均采用12脉动换流器单元接线，±800kV直流换流站可供选择的换流器单元接线有：每极一个12脉动换流器单元接线，每极两个12脉动换流器单元串联接线，每极两个12脉动换流器单元并联接线。

单个12脉动阀组的最大制造容量和换流变压器的制造及运输限制是确定每极换流器单元接线的决定性因素。根据目前换流设备的制造能力，±800kV直流换流站宜采用每极两个12脉动换流器单元串联的接线方式。

5.1.3 直流开关场接线原则应该满足当一极或一个换流器单元发生故障或检修时应不影响另一极或者换流器单元的运行，在各种运行方式之间切换时不应中断直流功率输送，且不宜降低直流输送功率。为满足此要求，直流开关场接线设计中应该保证具备条文中所列的各项功能。

5.1.4 当交流滤波器组数较多时，若交流滤波器以小组的方式接入母线，则由于小组交流滤波器断路器操作频繁，某一小组交流滤波器断路器故障将造成主母线故障。交流滤波器以大组的方式接入母线后，任一小组交流滤波器断路器故障不会造成主母线故障。目前国内高压直流工程多采用交流滤波器大组接入母线的接线方式。

5.1.5 考虑到±800kV特高压直流换流站的重要性及站用变压器轮换检修的要求，高压站用电源宜按三回电源设置。

如果换流站与交流变电站合建，从站内联络变压器第三绕组引接电源的可靠性高且投资省，应优先考虑。当站内设有两台及以上联络变压器时，宜从两台联络变压器第三绕组引接两回，另外一回宜从站外引接；当站内设有一台联络变压器时，宜从联络变压器第三绕组引接一回，另外两回可从站外引接，或从站外引接一回、在站内装设一台专用降压变压器，两个方案须经技术经济比较后确定。

如果换流站与交流变电站分建，宜在站内装设一台或者两台专用降压变压器，另外两回或者一回从站外引接，两个方案须经技术经济比较后确定。

5.2 电气设备布置

5.2.2 由于交流滤波器和无功补偿设备中的电容器和电抗器对换流站场界的噪声水平影响较大，所以在布置设计时要同时考虑上述设备的噪声影响。

5.2.3 本条是关于直流开关场布置的规定。

1 由于直流场的空气间隙形状和电压各不相同，目前普遍采用的方式是根据系统成套计算的设备绝缘水平进行理论计算，有关的计算裕度和取值也没有明确规定，各承包商普遍采用经验值和部分真型试验结果进行间隙值的选取。在工程实施的初期如果有条件，要进行部分间隙的真型试验，以便积累数据为工程所用。

2 国内外的自然积污试验及实际运行经验的结果均证明：直流电压下的绝缘子积污要明显高于交流电压下的积污，防污型直流电气设备制造难度大且价格高，在大气严重污秽地区当采用户外直流开关场设备难以选择时，可考虑采用屋内型直流开关场。目前，国内外的直流工程中采用户内开关场布置的工程较少，运行经验也不多，国内也仅政平换流站一例。

3 ±800kV换流站的旁路断路器回路是在一个12脉动阀组退出和投入时使用，为了便于日常的维护和需要时的正常使用，建议将旁路断路器回路设备布置在阀厅外。

4 直流开关场的布置宜采用两极对称式布置，布置上要尽量保持两极的相对独立性，以保证在一极检修或故障停运的情况下不影响另一极的运行。一般两极的高压直流母线和直流滤波器分别布置在直流开关场两侧，中性母线及转换设备布置于直流开关场中间。高压直流母线与中性母线在布置上尽量减少空间交叉。

5.2.4 本条是关于阀厅布置的规定。

1 空气绝缘的晶闸管换流阀布置在阀厅内，阀厅要密封防尘，有必要的金属屏蔽措施，空气保持一定的温度和湿度，使换流阀有一个良好的运行环境。阀厅采用微正压是为了防止灰尘进入，保持阀厅内空气洁净。

2 单相三绕组或双绕组换流变压器配四重阀还是二重阀，主要取决于换流变压器阀侧和换流阀之间接线和布置的难易程度。当采用单相三绕相换流变压器时，三台单相三绕组换流变压器对应三个四重阀塔，接线方便且节约占地，故宜采用四重阀布置。在我国目前投运的直流输电工程中，葛洲坝—上海直流输电工程和天生桥—广州直流输电工程采用的是单相三绕组换流变压器配四重阀，±500kV、3000MW的三常、三广、三沪直流输电工程采用的是单相双绕组换流变压器配二重阀，贵广Ⅰ、Ⅱ回直流输电工程采用的是单相双绕组换流变压器配四重阀。±800kV云广和向家坝—奉贤高压直流工程采用的单相双绕组换流变压器配二重阀。

3 阀厅内不仅有换流阀还有其他电气设备和阀冷却系统管道等。运行单位对巡视检修换流阀及其相关设备的工具设施的要求越来越高，因此阀厅内的通道以及门窗要充分考虑检修工具的出入和巡视的方便。

4 特高压换流站每极有高端和低端阀厅各一个，全站有四个阀厅，阀厅的布置和换流区域及全站的整体布局密切相关。各站的实际情况不一，阀厅布置的形式选择也有所不同。目前根据初步研究可供选择的阀厅布置可以分为“一字形”（全站阀厅呈一字形排开）、“面对面”（每极高低压阀厅面对面布置，换流变压器布置在两个阀厅之间）和“平行型”（全站阀厅平行布置，每个阀厅的换流变压器布置在阀厅两侧）。在建的高压直流工程采用“一字形”布置和

“面对面”布置两种形式。

5.2.5 本条是关于换流变压器及平波电抗器布置的规定。

1 换流变压器及平波电抗器是换流站的核心电气元件，是连接交、直流系统的重要设备。换流变压器及平波电抗器的布置直接影响到交流开关场和阀厅的布置，因此换流变压器及平波电抗器的布置要根据总体布置要求，力求达到进出线方便、接线简单和布置清晰。

2 换流变压器插入阀厅布置和换流变压器与阀厅脱开的布置各有优缺点。换流变压器插入阀厅布置优点是：可利用阀厅内良好的运行环境减小换流变压器套管的爬距，防止换流变压器套管不均匀湿闪，节省单独的穿墙套管；缺点是：增加了换流变压器制造难度，增大了阀厅面积，换流变压器的运行维护条件较差，备用换流变压器的更换较难。换流变压器与阀厅脱开布置的优缺点正好与之相反。两种布置方式应结合具体工程的地理情况及环境条件，通过技术经济比较确定。由于国内目前污秽水平普遍较高，新建工程均采用了换流变压器插入阀厅布置。

3 由于采用干式平波电抗器工程往往需要多个串联实现，为了降低工程造价，可以采用极线和中性母线分置干式平波电抗器的方式实现。一般布置在旁路开关和直流滤波器之间的极线和中性母线上。

4 为提高直流输电系统的可靠性和可用率，换流站的换流变压器和平波电抗器通常都设备用。每种规格的换流变压器和平波电抗器每站各备 1 台。因此换流变压器及平波电抗器的布置要考虑能方便地搬运和更换。换流站宜设有轨道系统以便于搬运和更换换流变压器和油浸式平波电抗器。备用换流变压器和油浸式平波电抗器要布置在适当的位置，以减少轨道系统的长度。更换换流变压器和平波电抗器时要尽量避免拆除已安装好的电气设备。更换任一 12 脉动阀组的换流变压器时要不影响其他 12 脉动阀组的正常运行。

5.2.6 本条是关于控制楼和继电器小室的规定。

特高压换流站换流建筑物区域面积较大，阀厅和控制单元是±500kV 换流站的 2 倍，为了合理布局和节省电缆和各类管线，宜考虑全站设立 1 个主控制楼和多个辅助控制楼，主控制楼布置运行控制室、通信设备等，辅助控制楼可以按阀组单元设置，布置对应阀组的站用低压配电系统、阀冷单元设备以及其他辅助系统设备等。控制楼与阀厅相邻布置可使得从阀厅到控制楼的光缆最短。在我国已建的高压直流输电工程中，换流站控制楼均布置在两极阀厅之间，与换流站的两极阀厅连成一体。控制楼处在站中心区域，在控制楼内可以观察到两极阀厅和交、直流开关场，便于运行，同时电缆也最省。在建的特高压直流工程中采用了 1 个主控制楼（布置在换流建筑物的中间）和多个辅助控制楼（布置在对应阀厅的边上）的设计方案。

5.3 换流站过电压保护、绝缘配合及防雷接地

5.3.2 换流站单极交、直流侧可能的避雷器类型和布置及各节点编号见图 1。图 1 中单极交、直流设备均由紧靠的避雷器直接保护，可根据设备的过电压耐受能力及其他避雷器串联对该设备的过电压保护情况省去某类型避雷器，也可根据被保护设备与避雷器之间距离对限制快波前或陡波前过电压的影响增加某类型避雷器。

Fac1 和 Fac2 避雷器——用于保护交流滤波器内部元件。

A 避雷器——装于每台换流变压器网侧、换流站交流母线和交流滤波器母线，用于保护换流站交流侧设备。

A1 避雷器——换流变压器网侧中性点避雷器，用于保护处于最高电位的换流变压器阀侧 Y 绕组中性点，与换流变压器网侧 A 避雷器操作波保护水平按换流变压器变比转移到阀侧的 A′避雷器串联，保护换流变压器阀侧 Y 绕组高压端子，为可选择的避雷器。当三台单相换流变压器中性点经一点接地时，考虑雷电侵入波在中性点产生的过电压，可在远离接地点端装中性点避雷器。

A2 避雷器——用于保护处于最高电位的换流变压器阀侧 Y 绕组高压端，为可选择的避雷器。

V1、V2 和 V3 阀避雷器——装于阀两端，直接保护阀组，同时与其他类型避雷器串、并联保护换流变压器阀侧绕组；按能量大小可分为 V1、V2 和 V3 型。

M2 避雷器——装于上组 12 脉动换流器单元的 6 脉动换流桥，保护上组两个 6 脉动换流桥间的直流母线，同时与 V3 型避雷器串联保护上组高电位换流变压器阀侧 Y 绕组。当阀导通时保护直流极母线设备：M2 避雷器装于阀厅内，为可选择的避雷器。

M1 避雷器——装于下组 12 脉动换流器单元的 6 脉动换流桥，保护下组两个 6 脉动换流桥间的直流母线，同时与 V3 型避雷器串联保护下组高电位换流变压器阀侧 Y 绕组，为可选择的避雷器。

CBl 避雷器——装于直流母线中点，用于保护上下组 12 脉动换流器单元之间的直流母线设备，包括旁路断路器、隔离开关和穿墙套管等；限制上组 12 脉动换流器单元旁路断路器合闸或旁通对投入的操作过电压和下组 12 脉动换流器单元单独运行时直流极母线的操作和雷电过电压；CB1 与 V3 型避雷器串联保护上组换流变压器阀侧△绕组。CB1 有两种选择方案：一个是装“CB1B”和“CB1A”分别保护上、下组之间的直流母线，另一个是仅装 CB1A。

C2 和 C1 避雷器——装于上、下组 12 脉动换流

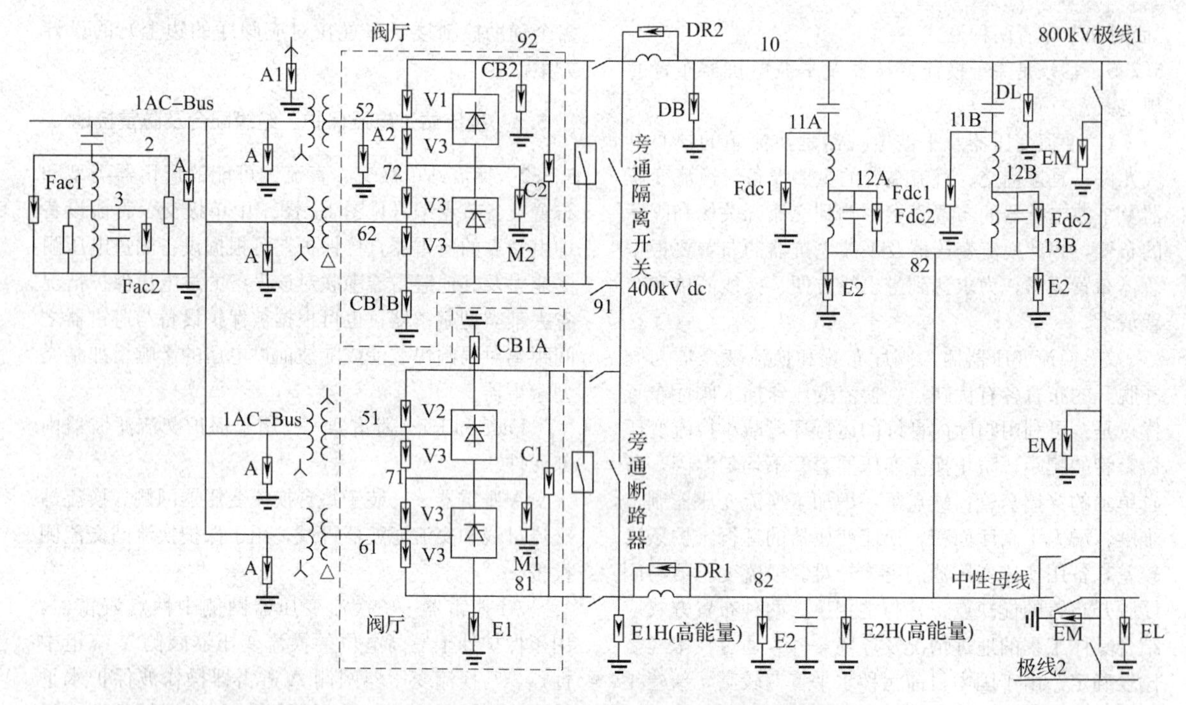

图 1　换流站单极交流侧和直流侧典型的避雷器布置

器单元，上、下 400kV12 脉动换流器单元单独运行工况下，保护上、下组额定电压为 400kV 的 12 脉动换流器单元。C1 避雷器的保护功能与 CBl 相同，为可选择的避雷器。

CB2 避雷器——装于直流极母线，保护直流极母线设备，包括穿墙套管、旁路断路器和隔离开关等，为可选择的避雷器。

DL 和 DB 避雷器——装于平波电抗器线路侧和直流母线侧，用于直流开关场的雷电和操作波保护。可根据雷电侵入波的计算选择 DB 避雷器的数量和在直流母线的布置位置。

DR2 避雷器——跨接于直流极母线平波电抗器两端，用于雷电和操作波保护。若选用户外型干式空芯电抗器时，因单台电抗器的电抗值小，可能需装 4 台，则 2 台可装在中性母线上。若使用油浸式平波电抗器时，因上组换流器单元旁通开关和隔离开关装于户外，油浸式平波电抗器套管不再插入阀厅，也可安装 DR2 避雷器。DR2 避雷器为可选择的避雷器。

DR1 避雷器——跨接于直流中性母线平波电抗器两端，用于来自中性母线的雷电和操作波保护，为可选择的避雷器。

EM 避雷器——安装在金属回线回路上；主要用于来自金属回线的雷电侵入波保护。可根据雷电侵入波计算结果确定 EM 的数量和安装位置。

E2H 避雷器——装于中性母线，用于吸收双极和单极运行方式下线路或阀厅内接地故障下的操作冲击能量。可设计 E2H 避雷器伏安特性曲线低于 EM、EL 和 E2 避雷器。E2H 为高能量避雷器，由多个避雷器并联，在制造和出厂试验时需保证多个并联的避雷器特性一致。

Fdc1 和 Fdc2 避雷器——用于保护直流滤波器内部元件。

EL 避雷器——安装在接地极线回路上，主要用于来自接地极线路的雷电侵入波保护。

E2 避雷器——装于中性母线，主要用于中性母线的雷电侵入波保护。可根据雷电侵入波计算结果确定数量和安装在中性母线上的位置。如在两组直流滤波器底部各装一只，限制经直流滤波器传递到中性母线上的雷电过电压。该避雷器在操作过电压下不动作，仅用于雷电波保护；也可选 E2 避雷器的伏安特性与 EM、EL 和 E2H 一样。

E1H 避雷器——中性母线装有平波电抗器时，接于中性母线平波电抗器阀侧，用于保护阀的底部设备并与 V3 型避雷器串联保护下组换流变压器阀侧△绕组。E1H 型避雷器为高能量避雷器，由多个避雷器并联，装在阀厅外，在制造和出厂试验时需保证多个并联的避雷器特性一致。

E1 避雷器——中性母线平波电抗器阀侧，其伏安特性曲线高于 E1H（高能量）型避雷器，用于雷电侵入波和接地故障下的陡波保护，为可选择的避雷器。

5.3.3　本条是关于其他过电压保护措施的规定。

1　晶闸管正向保护触发和阀避雷器构成阀的过电压保护。当阀承受高于阀避雷器保护水平的快波头和陡波头过电压时，阀组内串联的晶闸管因严重的非线性电压分布导致个别晶闸管击穿，通过保护性触发晶闸管免受正向过电压损坏。

阀避雷器保护水平与保护触发水平的配合有两种

不同方案。第一种方案，阀避雷器限制阀正向及反向出现的过电压，设置阀保护性触发水平高于避雷器保护水平。第二种方案，避雷器限制阀反向过电压，保护触发水平设置为阀避雷器保护水平的 90%～95%作为主要的正向过电压保护。第二种方案仅用于晶闸管的反向耐受电压高于晶闸管正向耐受电压的情况。这样通常使阀的晶闸管级的个数少于第一种方案，带来成本的减少和换流器效率的提高。

交流系统接地故障清除产生的操作过电压会按换流变压器变比传递到阀侧。整流站的阀在工频周期内承受正向阻断电压的时间很短，承受正向操作过电压的可能性比逆变站的阀要小得多。即使发生保护性触发，直流系统也将很快恢复。

逆变站的阀在工频周期内承受正向阻断电压的时间较长，正向操作过电压引起保护性触发的可能性相对较大。如果某个阀因保护性触发而提前导通，则可能导致逆变站换相失败，且故障清除后的恢复时间将可能延长。

选择保护触发水平的原则是清除交流系统故障不会引起逆变站的阀保护性触发。因此以故障中阀避雷器上的保护水平为选择保护触发水平的基础。

2 换流变压器断路器装设合闸电阻或选相合闸装置限制合闸涌流和防止交流系统产生谐波谐振过电压，以及避免合闸时产生的谐波电流注入交流滤波器，导致低压侧内部元件过载。

3 交流滤波器组和电容器组的断路器配合闸电阻或选相合闸装置限制合闸涌流，降低投切操作对系统的扰动。

±800kV 直流系统大组滤波器的容量比±500kV 直流系统大，滤波器大组断路器需开断很大的容性电流，在换流站双极闭锁甩负荷后产生的工频过电压下，要求大组断路器紧急开断更大的容性电流。断路器装分闸电阻可提高大组断路器切除容性电流的能力，也可在保护上规定工频过电压下先切小组后切大组滤波器。

5.3.4 换流站控制系统的交流暂时过电压控制的基本原则如下：

控制策略要按照最少投切滤波器原则控制工频过电压持续时间，以利于交、直流系统的故障恢复，保护换流站设备和故障后能快速恢复传输直流功率；

控制策略要考虑直流系统本身故障或因交流系统故障延迟清除或其他原因导致直流系统延迟恢复的情况下确保工频过电压尽快地降低到限值以下，其持续时间小于指定时间；

控制策略要避免自励磁过电压；

控制策略一般先切除电容器组，后切除滤波器组；

控制策略要满足切除滤波器组后的谐波限值要求；

雷电和操作过电压不要影响控制策略。

5.3.5 表 5.3.5 中的裕度系数考虑了绝缘配合系数 K_{cd}和安全裕度 K_s及外绝缘的 1000m 气象修正 K_a。换流阀由于其中的晶闸管单元有监控装置，易于发现和更换故障晶闸管，换流阀中的晶闸管单元不存在老化问题，一般认为在每次检修后，阀的耐受电压都恢复到它的初始值。而且阀单元有阀避雷器直接保护，而阀的成本和阀的损耗近似地正比于阀的绝缘水平，降低阀的绝缘水平也降低了阀和阀厅的高度。因此换流阀的 SSIWV/SIPL、SLIWV/LIPL 和 SSFIWV/STIPL 可在 1.10～1.15、1.10～1.15、1.15～1.20 范围内经技术和经济比较选取。

5.4 换流站设备外绝缘设计

5.4.2 换流站直流侧污秽水平预测中的测试方法如下：

1 根据拟建站址周边区域的气象条件、工业污染源分布情况（已建、在建和规划）、输变电设备运行的有关资料，通过污染源扩散模型和绝缘子表面积污模式通过计算机仿真计算了站址地区交流盘式绝缘子积污水平，并使用站址大气质量参数的监测确定了站址区的污秽等级。在此基础上，根据附近已有的直流换流站或交流变电站的积污测量数据和同类地区“直交积污比”预测换流站直流设备污秽水平的自然盐密值和灰密值。

2 站址周边区域建设交、直流积污站，根据积污站的实测数据确定站址直流设备的污秽水平的自然盐密值和灰密值。

在换流站污秽水平预测方法 1 中，“直交积污比”是影响进行站址周边污秽水平预测的关键因素。而目前，在各国换流站和自然积污试验站得到的“直交积污比”数据存在很大争议。如日本根据能登、武山等沿海自然污秽试验站得到的直交流积污试验数据结果，提出了一条“直交积污比”随盐密增加而逐渐衰减的曲线，在补充了瑞典一组内陆数据后，国际大电网会议（CIGRE）第 22 03 工作组公布了这一曲线（见图 2），该曲线存在一定的盲目性，主要体现在如下几个方面：

1） 该曲线与国内外众多的现场测量数据相矛盾，如瑞典污秽地区测得交流场自然盐密为 0.08mg/cm^2 时的直交流自然盐密比为 3.4；

2） 该曲线未考虑实际工程中直、交流绝缘子使用差别；

3） 该曲线未考虑实际工程中站址周边污秽物性质的影响；

4） 该曲线未考虑实际工程中站址周边气象条件的影响。

近年来，国内也在不同地区进行了对“直交积污比”的试验研究，该数据的离散性也较大，因此，具

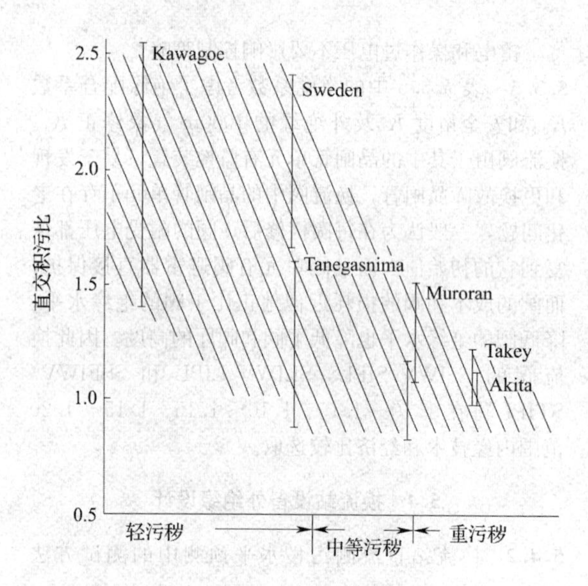

图 2　直交积污比

体工程设计中建议对该值慎重选择。

而方法 2 由于受到具体工程情况的影响，有时不具备建设交、直流积污站的条件或者试验周期较短，不能真实反映拟建站址的污秽水平，同时更不能反映工程投产后，站址周边污染源、气象条件变化后的污秽水平，该方法也存在一定的局限性。

对于换流站，建议采用方法 1 和方法 2 相结合进行污秽水平预测，以提高其准确性。

5.4.3　本条是关于换流站直流设备外绝缘设计的规定。

根据拟建站址和附近区域的交流输变电设备的积污状况和同类地区“直交积污比”，预测该地区直流换流站直流支柱绝缘子污秽水平的自然盐密值和灰密值；根据直流换流站各类设备表面盐密与其平均直径相互关系和直流支柱绝缘子的预测值，推算其他各类直流设备套管表面的自然盐密值和灰密值，确定直流设备等价于自然污秽盐密值的人工污秽试验时使用有效盐密，在有效盐密下进行各类直流设备的人工污秽试验时，获取有效盐密和爬电比距的关系后，依据各类设备的有效盐密值确定各类设备的爬电距离；根据站址的灰密和盐密的比值、上表面和下表面盐密（含灰密）的比值，对现有的人工污秽试验数据进行灰密和上下表面积污比的修正；考虑外绝缘设计中存在诸多不确定因素以及不同试验室人工污秽试验结果的分散性，最终确定直流侧设备外绝缘时要考虑预留的适当裕度。当具体工程需要时要进行人工污秽试验，并依据人工污秽试验结果选择换流站直流设备的外绝缘。

国内外大量的试验数据表明，支柱绝缘子和垂直套管的外绝缘设计与其伞形结构密切相关，换流站使用的支柱绝缘子与垂直瓷套管伞形主要有两种：深棱形（或称防雾型，以下简称 A 型），标准伞间距为 95mm，伞伸出与伞间距之比为 1；大小伞形（以下简称 C 型），其伞间距在 60mm～80mm 范围内变化。

国内直流设备的外绝缘设计上采用如下方法：

方法 1：

根据国内常规换流站的研究成果，绝缘子表面污秽度随绝缘子平均直径 D 的增加而减少，直流设备的垂直套管自然盐密修正系数 S 可按以下经验公式进行修正：

$$S = 5.46D - 0.32 \tag{1}$$

根据修正公式，可得到直流设备的垂直套管自然盐密值。

为解决自然污秽与人工污秽试验的等效性，需将自然盐密加以修正，获得等效人工污秽试验时的试验盐密（或称有效盐密）。国内大量现场测试结果表明，有效盐密修正系数在 0.5～0.9 范围内，具体工程根据工程实际情况进行选择。

目前，国内直流支柱绝缘子和大型瓷套管人工污秽试验数据较少，还需进一步开展试验研究工作。而日本该方面的试验数据较多也较为完整，可考虑暂时采用此试验数据。在试验盐密 0.03mg/cm² 和灰密 0.10mg/cm² 条件下，支柱绝缘子或垂直套管的爬电比距 λ（mm/kV）分别由下式确定：

$$\lambda = AD^N \tag{2}$$

对于 A 型和 C 型支柱和套管，上式中 A 和 N 值选择不同。

不同盐密下换流站直流支柱绝缘子或瓷套管所需的爬电比距 λ 可利用耐受电压与盐密的 -0.33 次方的幂函数关系进行折算。

除此之外，在我国污秽条件下，绝缘子表面的灰密一般都大于 0.10mg/cm²，需要进行灰密修正。

最后，考虑一定裕度后，换流站户外直流设备的爬电比距设计值按下式计算：

$$\lambda_{设计值} = K\lambda(1 + 1.64\sigma) \tag{3}$$

式中：K——考虑测试条件变化等的安全系数；

λ——灰密修正后的人工污秽试验结果；

σ——试验结果的标准偏差，取 $\sigma = 0.045$。

方法 2：

采用下式计算平均直径为 250mm 的绝缘子的爬电比距：

$$L = 132 \times SDD^{0.33} \tag{4}$$

式中：L——爬电比距（mm/kV）；

SDD——人工污秽等值盐密（mg/cm²）。

对其他直径的套管/绝缘子爬电比距采用下式换算：

$$\frac{L_{Cr1}}{L_{Cr2}} = \left(\frac{D_{m1}}{D_{m2}}\right)^{0.3} \tag{5}$$

式中：L_{Cr1}——平均直径 1 设备的爬电比距（mm/kV）；

L_{Cr2}——平均直径 2 设备的爬电比距（mm/kV）；

D_{m1}——平均直径 1（mm）；

D_{m2}——平均直径 2（mm）。

式（4）是在灰密（NSDD）为 0.07mg/cm² ～0.10mg/cm²条件下进行试验得到的结果。如果规定的 $NSDD \geqslant 5 \times SDD$，则需按给定的 NSDD 由下式校正设备的爬电比距。

$$\frac{L_1}{L_2} \approx \left(\frac{NSDD_2}{NSDD_1}\right)^{0.15} \tag{6}$$

式中：NSSD——灰密，指非溶性沉积物密度（mg/cm²）。

方法 3：

根据人工污秽试验的 50%污闪电压试验电压数据结果选择单位长度的污闪电压，根据高压直流设备的污耐压要求进行外绝缘设计。

方法 2 中未对直流设备的伞形结构提出相关的设计要求，因此，对于外绝缘设计存在一定的缺陷；而方法 3 需要大量的试验，目前还不具备工程采用条件。

5.5 主要设备选择

5.5.1 本条是关于换流阀的规定。

1 一般规定。

换流阀的结构设计与冷却方式和绝缘方式有关。从绝缘方式看，换流阀有空气绝缘、油绝缘和 SF6 绝缘。从冷却方式分，换流阀有水冷却、风冷却、油冷却、氟利昂冷却等。阀的绝缘方式和冷却方式之间的配合主要有 4 种形式，详见表 1。

表 1 阀的绝缘方式和冷却方式之间的配合形成及比较

项目	空气绝缘风冷却	空气绝缘水冷却	油绝缘油冷却	SF6 绝缘氟利昂冷却
优点	检修方便，结构简单，可靠性高	冷却效果好，利于降低阀的单位容量占有体积，损耗小，检修方便	绝缘特性好，冷却效果较好，抗震能力强，电磁屏蔽好	可大大减小阀的体积，提供可靠性
缺点	风冷系统庞大，噪声大，冷却效果不佳	存在设备腐蚀及泄漏隐患	检修不便，元件冗余度要求高，杂散电容大，均压回路设计困难	检修复杂，存在冷却介质与绝缘介质互漏隐患
安装要求	需设空调阀厅	需设空调阀厅	可户外布置，全部元件装在油箱中	可户外布置，装在铁箱中
工程实例	早期直流工程如温哥华岛、伊尔河、CU 等工程采用，后逐渐被水冷晶闸管阀取代	20 世纪 80 年代后投产的几乎所有直流输电工程采用，设计制造和运行经验已非常成熟	仅新信浓变频站、卡布拉巴萨、因加—沙巴等极少数工程使用	试验装置投入运行

可以看出，空气绝缘水冷却阀是近代直流工程换流阀的主流，冷却效果理想，检修维护方便，制造技术成熟，运行经验丰富。

空气绝缘水冷却阀对空气的温度和净化有一定要求，故须采用户内式布置。

世界上已投运的直流输电工程，阀的触发方式主要有光电转换触发和光直接触发两种。

光电转换触发是目前使用最普遍的触发方式，已用于大多数直流工程，光电转换触发把由阀控系统来的触发信号首先传达到阀基电子设备（VBE），将触发指令扩大为每个阀的晶闸管数并转换为光信号，通过光缆传送到每个晶闸管级，在门极控制单元把光信号再转换成电信号，经放大后触发晶闸管元件。这种触发方式为了保证使上百个晶闸管同时触发，对元件的要求非常严格，各发光管、光接受器及光缆的特性要一致，分散性要尽量限制到最小范围，光接口装置的光损耗也要尽量小，以降低触发功率损耗，安全快速地触发晶闸管元件。

光电转换触发利用了光电器件和光纤的优良特性，实现了触发脉冲发生装置和换流阀之间的低电位和高电位的隔离，同时也避免了电磁干扰，减小了各元件触发脉冲的传递时差，使均压阻尼回路简化和小型化，使能耗减少、造价降低，是当今直流输电工程的主流。

光直接触发是换流阀的另一种触发方式，其工作原理是在晶闸管元件门极区周围有一个小光敏区，当一定波长的光被光敏区吸收后，在硅片的耗尽层内吸收光能而产生电子-空穴对，形成注入电流使晶闸管元件触发。这种触发方式对光控晶闸管元件的光源有严格的波长、能量、寿命、效率等要求，以降低触发能量的损耗。与光电触发方式相比，光直接触发省去了控制单元的光电转换、放大环节及电源回路，简化了阀的辅助元件，改善了阀的触发特性，能提高可靠性。

2 晶闸管阀不仅能承受额定运行工况、连续过负荷及短时过负荷工况下的直流电流，这是由直流系统正常运行方式所决定的，而且还要具有一定的暂态过电流能力，这是由系统故障条件提出的要求。

3 晶闸管阀要能承受各种不同的过电压，阀的耐压设计要考虑保护裕度，考虑到电压的不均匀分布、过电压保护水平的分散性以及其他阀内非线性因素对阀应力的影响，保护裕度应该足够大。

5.5.2 本条是关于换流变压器的规定。

1 换流变压器的额定功率是最高环境温度和额定冷却条件下允许的长期连续负载功率，由温升试验验证。为适应直流输电多种运行方式的需要，发挥直流输电具有功率调节和紧急支援功能的优势，直流系统要具备一定的过负荷能力，换流变压器要具有与直流系统相协调的过负荷的能力。换流变压器的过负荷能力分为固有过负荷能力和强迫过负荷能力两种。前者是当环境温度低于最高环境温度或当备用冷却器投入运行时变压器能承受的长期过负荷，此时变压器热点温度不超过设计允许值；后者是在前者的基础上强迫做短时过负荷（规定过负荷值、过负荷时间和周期），以牺牲变压器寿命为代价。

换流变压器形式选择要根据直流工程的容量、换流阀组及换流变压器的生产制造能力以及换流变压器的运输尺寸限制情况等综合考虑。在现有制造水平的基础上，用于大容量的直流输电工程的换流变压器的形式有单相三绕组换流变压器和单相双绕组换流变压器两种形式。运输条件受限制或单相容量较大时，选用单相双绕组换流变压器。运输条件不受限制或单相容量较小时，选用单相三绕组换流变压器。由于单相三绕组换流变压器较单相双绕组换流变压器具有接线布置较简单，投资较省等特点，在运输及制造条件许可的前提下，要优先采用；若受制造能力或运输尺寸的限制，则采用单相双绕组变压器。

2 换流变压器短路阻抗值的选择要基于以下几方面的考虑：

1）限制短路电流；

2）使谐波分量减至最小；

3）优化阀、滤波器和其他相关换流设备的设计。

短路阻抗值的选择还会直接对变压器的重量、尺寸和费用产生影响。短路阻抗值大会带来以下影响：

1）较高的额定功率；

2）增加换流器运行中的无功损耗；

3）减少了换流器带来的谐波分量；

4）减小了阀侧短路电流值。

短路阻抗值的选择还与换流变压器绕组的接线、变压器绝缘水平和调压抽头的排列及结构有关。葛上、天广工程$U_k=15\%$，三常、三沪、贵广工程$U_k=16\%$，国际上直流工程Z_k一般在12%～16%之间，最大达19%，最小为11%。

±800kV上海奉贤换流站工程经初步计算，当$U_k=16\%$时，阀侧短路电流约为45.5kA，当$U_k=16.7\%$时，约为44kA，当$U_k=18\%$时，约为40.9kA，从以上结果可以看出，当U_k较小时，虽对换流站系统运行有利，但阀侧短路电流过大，对设备制造不利。目前云广工程$U_k=18\%$（送端）、$U_k=18.5\%$（受端），向家坝—上海奉贤工程$U_k=18\%$（送端）、$U_k=16.7\%$（受端）。

3 换流变压器分接头范围与交流母线电压变化、直流电流范围、换相阻抗，直流电压范围和运行角范围有关。通常，分接头范围的负抽头上限由最小交流母线电压下的全负荷或者有时是过负荷的运行而决定。分接头范围的正抽头上限由最大交流母线电压下最小运行电流方式决定。当要求换流器具备在直流降压情况下的运行能力时，也需要扩大正抽头范围，降压运行需要更多的正抽头级数且是决定因素。

5.5.3 本条是关于平波电抗器的规定。

1 平波电抗器具有两种形式：空芯干式和油浸式。这两种形式的平波电抗器在高压直流工程中均有成功的运行经验。

与油浸式平波电抗器比较，空芯干式平波电抗器具有下列优势：对地绝缘简单；无油，消除了火灾危险和环境影响；潮流反转时无临界介质场强；负载电流与磁链呈线性关系；暂态过电压较低；可听噪声低；重量轻，易于运输；没有辅助运行系统，基本上是免维护的，运行、维护费用低。

油浸式平波电抗器具有与空芯干式平波电抗器几乎相反的特点，其主要优势为：

1）油浸式平波电抗器由于有铁芯，要增加单台电感量很容易。

2）油浸式平波电抗器的油纸绝缘系统很成熟，运行也很可靠。

3）油浸式平波电抗器安装在地面，因此重心低，抗震性能好。

4）油浸式平波电抗器采用干式套管穿入阀厅，取代了水平穿墙套管，解决了水平穿墙套管的不均匀湿闪问题。油浸式平波电抗器的垂直套管也采用干式套管，使其发生污闪的概率降低。国外直流工程中也有采用干油混合式的平波电抗器，该方案结合了两种形式平波电抗器的优点，但运行维护不方便，备品多，价格贵，一般不推荐这种方案。

2 平波电抗器的额定值选择要满足直流系统各种运行工况。

3 平波电抗器电感值由下列公式计算：

1）防止直流低负荷时电流间断，其计算公式为：

$$L_d = \frac{V_{d0} \times 0.023\sin\alpha}{\omega I_{dlj}} \tag{7}$$

式中：I_{dlj}——容许的最小直流电流限值；

V_{d0}——换流器的理想空载电压。

2）限制故障电流的上升率，其简化计算公式为：

$$L_d = \frac{\Delta V_d}{\Delta I_d}\Delta t = \frac{\Delta V_d}{\Delta I_d} \cdot \frac{\beta - 1 - \delta_{min}}{360 \times f} \tag{8}$$

式中：V_d——直流电压下降量，一般选取一个单桥的额定直流电压；

I_d——不发生换相失败所容许的电流增量；

t——换相持续时间；

β——逆变阀的（触发）超前角；

δ_{min}——不发生换相失败的最小熄弧角；

f——交流系统的额定频率。

平波电抗器电感量的取值要避免与直流滤波器、直流线路、中性点电容器、换流变压器等设备在50Hz、100Hz低频发生谐振。

平波电抗器电感值会随着流过的直流电流值变化，为满足直流系统性能要求，平波电抗器电感值在最大直流电流到最小直流电流之间要基本维持不变。

5.5.4 减少交流滤波器类型有利于降低交流滤波器投资，同时减少了备品备件。目前国内工程中已采用的几种交流滤波器的形式见图3。

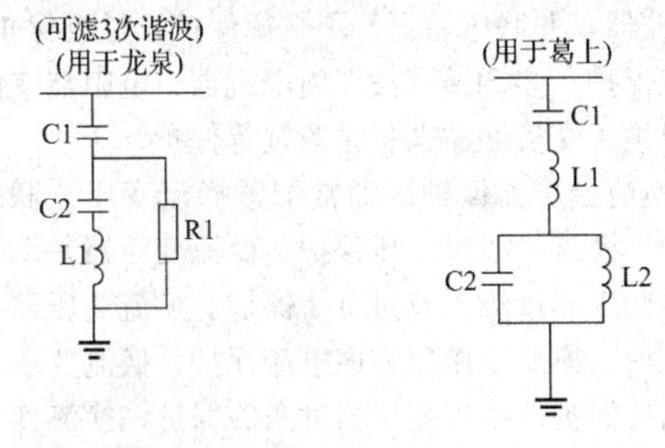

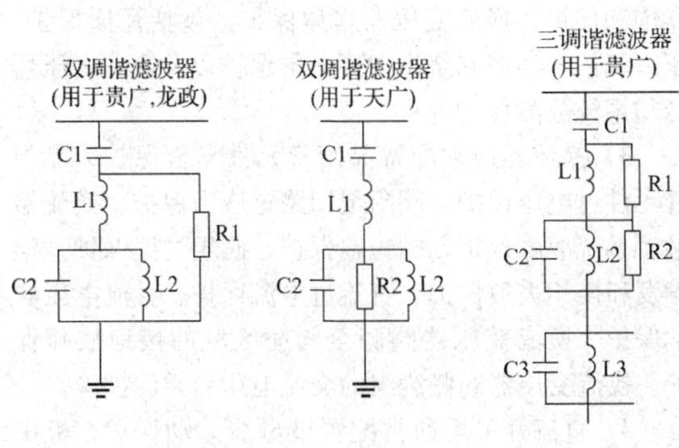

图3 交流滤波器的形式

5.5.11 阻容分压器的电阻要具有足够的热稳定性，以保证在规定的环境温度范围内，该装置的测量精度变化不要超过0.5%；当被测电压在零至最大稳态高压直流电压之间变化时，测量精度要小于额定直流电压的0.2%；该测量装置的量程要满足测量直流电压1.5标幺值的要求，测量精度要小于额定高压直流电压的0.5%。

用于控制的高压直流电流测量系统，当被测电流在最小保证值和2h过负荷运行电流之间时，测量误差要不大于额定电流的±0.5%；用于保护的高压直流电流测量系统，当被测电流低于2h过负荷电流时，测量误差要不大于该测量装置额定电流的±2%；当被测电流达到额定电流的300%时，测量误差不能超过测量装置额定电流的±10%。

6 换流站控制和保护设计

6.2 计算机监控系统

6.2.2 本条是对换流站计算机监控系统所采用的网络系统及现场总线的基本要求。

6.2.3 交、直流系统合建操作员工作站便于运行，从换流站控制保护系统可靠性要求的角度考虑，操作员工作站要双重化配置，同时还能满足运行人员安全、可靠、方便地操作。

6.2.6 ±800kV换流站与±500kV换流站的直流侧接线相比多了旁路断路器，因此在换流站的顺序控制中增加了旁路断路器的投退。

高压直流系统运行方式的转换包括单极大地回路/单极金属回线运行、极全压/降压运行、功率控制模式/电流控制模式之间的切换。本条是对双端双极高压直流输电工程自动顺序控制的基本要求，但考虑到某些工程，如背靠背工程不需要满足全部的自动顺序控制功能，因此本条的用词采用“宜”。

6.2.8 从安全角度出发，阀厅大门钥匙的状态是直流控制系统顺序控制的一个重要环节，只有阀厅接地刀闸闭合，阀厅大门钥匙才能解锁，反之亦然。

6.2.9 国家电力监管委员会发布的《电力二次系统安全防护规定》，要求于2005年2月1日起施行，因此，换流站计算机监控系统也要满足该规定的要求，尤其是要采用相关的硬件设备和软件措施，以防止由于各类计算机病毒侵害造成系统内各存储器的数据丢失或其他原因对系统造成的损害。

6.3 直流控制保护系统

6.3.1 本条是关于直流控制保护系统结构设计的规定。

1 根据现行国家标准《高压直流输电术语》GB/T 13498对HVDC控制系统的分层结构作出了定义，即HVDC控制系统功能上可分为：AC/DC系统层，区域层，HVDC双极控制层，HVDC极控制层，换流器单元控制层。其中，AC/DC系统层是与交、直流系统协调控制有关的功能；区域层是协调整个HVDC系统运行的控制功能，相当于主站控制。对于±800kV换流站，参照了现行国家标准《高压直流输电术语》GB/T 13498对控制系统的分层结构的定义，推荐采用四层结构，且直流控制功能要尽可能地配置到较低的控制层上。

2 因为高压直流换流站的可靠运行对整个电力系统将产生重大影响，因此在直流控制保护系统的设计中均强调了至少双重化配置的原则，双重化的范围包括：信号输入/输出回路，电源回路、通信回路、所有的控制保护装置等，且双重化系统互为热备用，备用子系统的数据随工作子系统的数据自动更新。另外，工作的子系统和备用子系统间的切换要既可以手动，也可以自动进行。子系统间状态转换不影响高压直流系统的正常运行。一个子系统出现故障，不影响其他子系统的运行。

3 若换流站为双极接线，则当一个极的装置检修时，不会对继续运行的另外一极的运行方式产生任何限制，也不会导致另一极任何控制模式或功能失效，更不会引起另一极停运。当每极采用两个阀组串联接线时，将有很多种运行方式，因此要求每个阀组的检修或投退均不会对继续运行的其他阀组的运行产生任何限制。

4 从高压直流系统的实际运行情况来看：直流控制保护系统是一个密切联系、不可分割的整体，但从国内的运行维护习惯以及从减轻控制系统负载率角度考虑，控制和保护系统宜具备一定的独立性，这种相对独立性通常可以是指板卡独立、电源独立、测量回路独立或整个控制/保护机箱独立。

5 目前两端长距离高压直流输电工程的功率方向基本上是可以双方向的，因此要求每个换流站的直流控制保护系统既能适用整流运行，也能适用逆变运行。

6.3.3 本条是关于直流控制系统设计的规定。

1 双极功率控制模式是按运行人员给定的双极功率指令进行调节，并按两个极直流电压将直流电流分配给每个极，且使极间不平衡电流最小的控制模式；独立极功率控制模式是按运行人员给定的本极功率指令进行调节，并按本极的直流电压计算本极直流电流的控制模式；同步极电流控制模式是直接按运行人员下达的极电流指令进行调节以确定传输功率，且两站将自动协调电流指令，以免丧失电流裕度的控制模式。

2 ±800kV换流站的运行方式有两大特点：多样性和部分阀组运行。因此高压直流系统的基本控制功能要能满足各种运行方式。

6.3.4 本条是关于直流保护系统设计的规定。

1 目前，国内外高压直流保护均至少双重化配置，冗余配置的高压直流保护装置采用不同原理，测量器件、通道及辅助电源等独立配置。另外，由于现代高压直流控制系统的鲁棒性，对于一些交、直流系统异常运行状态，高压直流保护动作不会直接停运高压直流系统。控制系统可以采取很多的控制策略以维持高压直流系统运行，因此，防止高压直流保护系统单一元件故障造成高压直流系统停运是对高压直流保护系统的重要要求，而多重化高压直流保护系统易于构成满足此要求的保护出口逻辑。但是，随着高压直流保护系统硬、软件系统功能的不断强大，通过采取一些可行的措施，如测量传感器的监视、数据传输路径的监视、PCI板的监视、处理器插线板的监视、测量值的校核等方法，高压直流保护系统双重化配置也是可以满足要求的，目前在建的贵广二回高压直流输电工程，以及三峡至上海高压直流输电工程中的高压直流保护系统均采用双重化配置。±800kV直流输电系统的大容量输送及其在电网中地位的重要性，对运行可靠性提出了更高的要求，也就对直流控制保护系统的可靠性提出了更高的要求。为了达到更高的系统可用率和可靠性，其保护系统也可采用三取二的保护配置方式。

2 根据±800kV换流站的接线特点，换流器区保护分高端阀组区保护和低端阀组区保护，还增加了阀连接母线区的保护。

本规范推荐的各区域保护配置如下：

1）交流滤波器/并联电容器保护区通常配置滤波器组联线保护、滤波器组过电压保护、滤波器小组断路器失灵保护、滤波器小组差动保护、高压电容器（交流滤波器，并联电容器）不平衡保护、过流保护、零序过流保护、多调谐滤波器内电抗器、电阻器支路过负荷保护、交流滤波器失谐监视等保护。

2）换流变压器保护区通常配置换流变压器联线差动保护、换流母线过电压保护、换流变压器差动保护、换流变压器过流以及过负荷保护、换流变压器零序差动保护、换流变压器零序电流保护、换流变压器中性点偏移保护、换流变压器过激磁保护、换流变压器饱和保护、换流变压器本体保护，包括瓦斯保护、压力释放、油温和绕组温度异常保护以及换流变压器冷却系统故障保护等。

3）换流器通常配置晶闸管元件异常保护、晶闸管元件过电压保护、阀阻尼回路过应力保护、换流器触发系统故障保护、阀短路保护、阀组过流保护、误触发和换相失败保护、直流过电流保护、直流电压异常保护、换流变压器阀侧至阀厅区域的接地故障保护、换流变压器阀侧绕组的交流电压异常保护等。

4）直流开关场通常配置极母线差动保护、极中性母线差动保护、双极中性线差动保护、阀连接母线区的保护、高速直流开关保护、油绝缘平波电抗器本体保护，包括瓦斯保护，油温过高，油压异常，油位过低，压力释放和冷却系统故障等保护。

5）直流滤波器通常配置直流滤波器差动保护、过流保护及过负荷保护、高压容器不平衡保护、直流滤波器失谐状态的监视等保护。

6）直流接地极线路通常配置地极引线差动保护、地极引线过流保护、地极引线不平衡保护，地极引线过压（开路）保护、站内直流接地过流保护等。

7）直流线路保护通常配置直流线路行波保护、直流线路差动保护、直流线路低电压保护等。

6.3.5 本条是关于直流远动系统设计的规定。

1 从目前国内工程的情况来看，直流控制保护系统信号均通过两站直流控制保护系统之间的传输通道进行传送。传送站监控系统信号有两种方式：第一种是通过两站局域网之间通信传送，第二种是通过两站直流控制保护系统之间的传输通道进行传送。

2 直流远动系统信号传输的延时要包括通信系统传输信号的延时。另外，对于所采用的通信系统，各工程均有所不同，天广高压直流输电工程采用的是PLC，贵广高压直流输电工程采用OPGW，三常和三广高压直流输电工程均采用OPGW。从实际运行情况来看，无论是PLC还是OPGW系统，均能满足直流控制保护系统的传输速率要求。考虑到光纤通信系统在各大网已得到较广泛的应用，因此，要尽可能采用光纤通信系统作为传输主通道，以便提高传输可靠性。如果通道安排有可能的情况下，采用独立的2M传输通道将减少中间通信设备环节，更有助于提高可靠性，尤其是在传输大量更完整的对侧换流站控制保护信息的情况下。

6.4 直流线路故障测距系统

6.4.1 长距离高压直流线路的长度均较长，且经常跨越山区和复杂地形区域，因此，每侧换流站配置可靠的直流线路故障测距装置非常必要。从目前收资情况来看：葛洲坝至上海的高压直流输电系统曾采用的直流线路故障测距系统由于没有考虑到PLC中继站的因素，其测距效果不太理想，因此，如果高压直流输电线路中有PLC中继站时，必须在PLC中继站同样配置直流线路故障测距系统，并以PLC中继站为界，分别进行故障测距。

6.5 直流暂态故障录波系统

6.5.1 根据±800kV换流站的阀组配置特点，本规范提出了按阀组配置直流暂态故障录波系统。

三常和三广高压直流输电工程的直流暂态故障录波是集成在高压直流控制保护系统中的，三沪高压直流输电工程的直流暂态故障录波既有集成在高压直流控制保护系统中的，也有独立外置的，天广和贵广高压直流输电工程的直流暂态故障录波均是独立外置，因此，本条对这两种配置方式均表示认可，推荐采用独立外置配置方式。

6.6 阀冷却控制保护系统

6.6.1 由于阀冷却系统是换流站的重要辅助系统，其运行状态的好与坏将直接影响到高压直流输电系统的运行状态，因此，需要为阀冷却系统配置可靠、有效的控制保护系统。另外，考虑到水冷却阀应用比空气冷却多，本条规定主要针对水冷却系统进行说明。

根据±800kV换流站的阀组配置特点，每组阀组都可独立投退，因此要按阀组设置阀冷却控制保护系统。

冗余的阀冷却控制保护系统采用互为热备用方式，且其在硬件上是彼此独立的。冗余的阀冷却控制保护系统要具有对其硬件、软件以及通信通道进行自检的功能，并在有效系统发生故障时发出告警信号至站SCADA系统。同时，要自动切换到备用系统，其切换过程不要引起高压直流输电系统输送功率的降低，如果备用系统不能投运，要发出跳闸命令至高压直流控制保护系统以停运高压直流系统。当冗余的阀冷却控制保护系统有一个系统处于检修状态时，该系统不要对运行系统产生任何影响。

6.6.2 通过对这些重要设备的监控，可提供运行所需要的冷却容量，以避免阀过应力。

6.7 站用直流电源系统及交流不停电电源系统

6.7.1 本条是关于站用直流电源系统设计的规定。

1 换流站直流电源系统除配置方式、交流电源事故停电时间等不同于常规500kV变电站外，其系统接线方式、网络设计、直流负荷统计、蓄电池及充电装置等设备选择和布置、保护和监控等设计原则仍可执行现行行业标准《电力工程直流系统设计技术规程》DL/T 5044的有关规定。

2 根据±800kV换流站中的每个阀组的控制保护系统要完全独立的原则，本规范提出每个阀组的直流电源系统也可分别独立设置。每套直流系统均由2组蓄电池、3套充电装置及相应的直流屏等组成。

6.7.2 本条是关于站用交流不停电电源系统设计的规定。

1 换流站交流不停电系统除系统配置、接线方式和交流电源事故停电时间等不同于常规500kV变电站外，其系统的负荷统计、保护和监测、设备布置等设计原则上仍可执行现行行业标准《火力发电厂、变电所二次接线设计技术规程》DL/T 5136的有关规定。

2 根据±800kV换流站的接线特点及重要性，本规范提出除配置1套交流不停电电源对全站公用的交流不停电负荷供电外，当换流站直流控制和保护系统采用交流不停电电源供电时，按阀组配置交流不停电电源。每套交流不停电电源采用主机双套冗余配置。

6.9 全站时间同步系统

为保证系统运行的可靠性，时间同步系统的时钟源采用完全的双重化配置，并具有主/备时钟源自动切换的功能。对全站的所有智能设备统一对时。

7 换流站通信设计

7.1 换流站主要通信设施

综合布线可按实际工程情况及业主要求考虑；运行条件允许时，通信机房可不设置专门的动力和环境监测系统，要由全站视频安全监视系统统一考虑。

根据系统通信设计方案，确定换流站内光纤通信和载波通信的设备配置。

调度数据网、综合数据网和会议电视终端要根据整个网络的配置要求来进行设计和配置。换流站之间和换流站至调度端之间的主备用通信通道宜采用光纤通信，换流站之间仅以迂回光纤通道作为备用通道时，可考虑在新建输电线路上同杆架设第二条光缆或租用公网及其他运营商的光纤，也可采用另外一种通信方式（如载波通信）作为备用通道。

7.2 系统通信

具体传输信息在工程实施中要由电气二次和系统二次专业确定。

7.3 站内通信

当换流站设一台调度行政交换机不能满足要求时，可以考虑增设一台交换机或采用虚拟分区方式。

8 换流站土建

8.2 建筑

8.2.3 本条根据换流站建筑物的性质、重要程度、使用功能及防水层合理使用年限，对建筑屋面防水划分相应的防水等级：阀厅是换流站最重要的生产建筑，其屋面防水等级要按Ⅰ级考虑，防水层的合理使用年限不要低于25年，可采用复合压型钢板进行防水设防或采用3道或3道以上防水设防（其中应有1道卷材）；控制楼、户内直流场、GIS室、站用电室、继电器小室、综合楼、综合水泵房、检修备品库、车库等其他建筑物屋面防水等级宜按Ⅱ级考虑，防水层的合理使用年限宜为15年，可采用2道防水设防（其中应有1道卷材）或采用压型钢板进行设防。

8.2.4 为便于阀厅与控制楼之间的设备及管道联系，同时便于工作人员的巡视观察，阀厅与控制楼要采用联合布置方式，根据目前国内已投运±800kV直流换流站换流区域建筑物的布置情况，阀厅和控制楼的联合布置方案大致分为以下两种：

1 联合布置方案1：当同极高端阀厅、低端阀厅换流变压器采用"面对面"布置时，主控制楼与极1和极2低端阀厅共同组成联合建筑，2幢辅助控制楼分别与极1、极2高端阀厅组成联合建筑（见图4）。

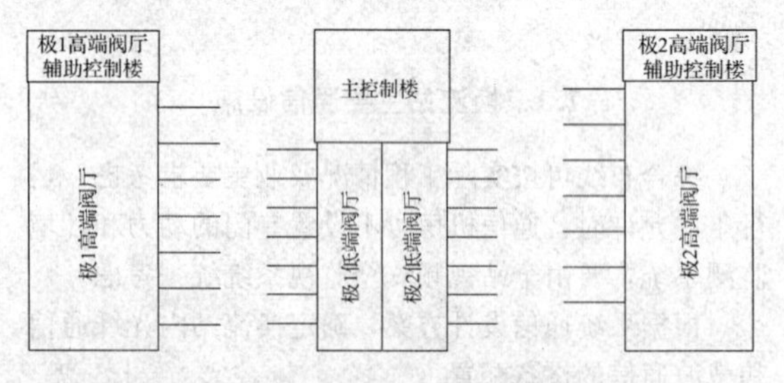

图4 联合布置方案1："面对面"布置方案

2 联合布置方案2：当全站24台换流变压器采用"一字形"排列布置于4幢高、低端阀厅的交流场侧时，主控制楼、辅助控制楼分别布置在同极的高端阀厅和低端阀厅之间（见图5）。

8.2.6 由于换流阀对空气洁净度要求很高，为防止灰尘进入，工艺上通过空调系统对阀厅室内进行加压送风并维持5Pa～30Pa的微正压，以保持阀厅室内空

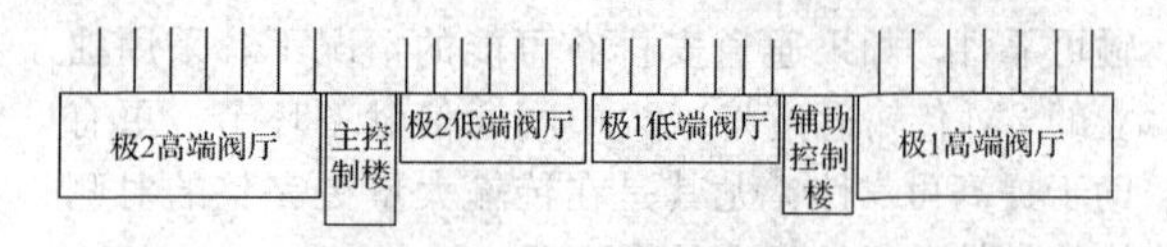

图5 联合布置方案2："一字形"布置方案

气的洁净度，因此本条对阀厅的气密性能提出了明确要求。

8.2.7 根据对目前国内已投运±800kV直流换流站的阀厅建筑设计掌握的情况，同时依据现行国家标准《建筑设计防火规范》GB 50016和《火力发电厂与变电站设计防火规范》GB 50229的相关规定，本条对阀厅零米层出入口的设置、净空尺寸、门的开启方向及性能参数等作出了明确要求。

8.2.10 如果阀厅外墙设置了采光窗，太阳中的紫外线就会照射到阀厅内部。此外，采光窗的玻璃一旦破碎，阀厅的气密性能就会受到严重影响，发生上述情况将对阀厅内设备的安全和稳定运行造成极大危害，因此本条规定阀厅外墙不应设置采光窗。

8.2.12 阀厅的火灾危险性类别为丁类、耐火等级为二级，根据现行国家标准《建筑设计防火规范》GB 50016对于二级耐火等级丁类厂房的规定，梁、柱和屋盖可采用无防火保护的钢结构。

8.2.17 由于阀厅与控制楼之间采用联合布置方式，同时这2幢建筑物又分属于不同的防火分区，因此本条要求与阀厅相邻的控制楼墙体要按防火墙进行设置，满足3.00h耐火极限的要求，与之相适应，门窗要采用满足1.20h耐火极限要求的甲级防火门窗。

8.2.19 从目前国内已投运换流站的情况来看，进出控制楼的电缆有的是采用电缆沟敷设，也有的是采地下电缆夹层敷设，具体采用哪种敷设方案取决于工艺布置和运行、检修习惯。如果采用电缆沟敷设方案，需要解决的技术问题和采取的技术措施要少一些；如果采用地下电缆夹层敷设方案，则需要综合考虑建筑防火、疏散、通风、排烟、防水、排水、防潮、防小动物等技术措施。

8.2.27 根据对目前国内已投运直流换流站的调查结果来看，几乎所有换流站的阀厅、户内直流场、GIS室等建筑物屋面均采用压型钢板围护系统，有近一半换流站的控制楼屋面也采用了压型钢板围护系统，为了有利于迅速排除屋面雨水，本条根据现行国家标准《屋面工程技术规范》GB 50345的相关规定，要求压型钢板屋面的排水坡度不要小于10%。由于屋面压型钢板的接缝和螺钉孔较多，同时由于压型钢板自重较轻，容易发生漏水或被风掀开的事故，因此本条规定压型钢板屋面要采取可靠的整体防水、抗风技术措施。

8.3 结构

8.3.1 阀厅、户内直流场和控制楼是换流站的主要

生产建筑物，发生结构破坏会产生很严重的后果，因此结构安全等级采用一级。考虑到钢屋架跨度大，因此结构重要性系数相应提高，宜采用1.15。

8.3.2 控制楼和阀厅的楼面、地面活荷载标准值、组合值系数、准永久值系数和折减系数的取值根据现行国家标准《建筑结构荷载规范》GB 50009的规定和±800kV换流站及±500kV换流站的工艺布置和工程设计经验确定。

8.3.3 阀厅、户内直流场为单层厂房，房屋高度高，跨度大，而且为重要建筑物，因此基本风压要按现行国家标准《建筑结构荷载规范》GB 50009规定的100年一遇风压采用。

8.3.4 由于±800kV换流站阀厅靠换流变压器侧防火墙的长度约为60m～80m，纵向长度较长（特别是高端阀厅），如采用现浇钢筋混凝土防火墙，其产生的温度应力将较大，钢筋混凝土墙施工将更加困难，因此本规范推荐防火墙采用现浇钢筋混凝土框架填充墙结构，阀厅主体结构采用钢-钢筋混凝土框架（或钢-钢筋混凝土框架剪力墙）混合结构体系。

由于阀厅屋面跨度较大，阀塔荷载较大，本规范规定阀厅屋面围护系统要尽可能采用复合压型钢板轻型屋面，对风荷载较大地区也可采用以压型钢板为底模的钢-混凝土板组合楼板结构。

换流变压器之间防火墙兼作阀厅抗侧力结构，要与阀厅防火墙结构形式一致，因此本规范规定换流变压器之间、油浸式平波电抗器防火墙宜采用现浇钢筋混凝土框架填充墙结构，也可采用现浇钢筋混凝土结构。

8.3.5 现行行业标准《高层民用建筑钢结构技术规程》JGJ 99规定高层建筑钢结构承重构件的螺栓连接要采用摩擦型高强度螺栓，本规范参照执行。

有机防腐涂层防护体系是一种常用的钢结构防腐蚀方法，在我国工业与民用建筑工程中得到广泛应用。对于室内无侵蚀性环境，有机防腐涂料的维护年限可达15年～20年，对于室内弱侵蚀性环境，其维护年限可达10年～15年。有机涂料具有节能、环保、施工方便、维护性能好的特点，缺点是维护次数相对较多，但仍能满足换流站一般建筑物钢结构的防腐要求，设计要根据房屋的使用年限要求合理选用。

热浸镀锌作为一种传统的防腐方式，其防腐蚀性能较高，有效解决了涂料防腐体系的使用寿命短等缺点，防腐年限一般可达30年，在输变电工程构（塔）架中得到广泛应用。但良好的防护性能的同时，带来了高污染，高能耗，国家已在逐步立法限制热浸镀锌的发展，已经不准新建热镀厂；同时，热浸镀锌受镀槽大小限制，运输限制，使得很多大型构件施工起来非常不便，加上钢材受热变形、发花、镀层修复困难等问题，要求更新更好的技术来解决。另外，由于热浸镀锌高强度螺栓容易发生氢脆破坏、扭矩系数发散、钢结构摩擦面较难处理等缺点，因此限制了摩擦型连接（或承压型连接）高强螺栓的使用，而建筑物承重钢结构的连接一般采用摩擦型连接（或承压型连接）高强螺栓，因此换流站建筑物不宜采用热浸镀锌防腐。

冷喷锌的出现有效解决了有机涂料防腐体系和热镀锌防腐体系的缺陷，该技术在欧洲取得了较快发展。随着国家节能减排等措施的相继出台，热镀锌将会限制使用，冷喷锌具有节能、环保、施工方便、维护性能好、全寿命成本低等优势，且具有防腐年限长（一般达30年以上）、经济性好的特点，有很好的综合性价比和竞争力，对于变电构（支）架等室外构筑物宜优先采用冷喷锌，对室内建筑物，经济条件允许时，也要优先采用冷喷锌。

8.3.6 阀厅、控制楼、户内直流场、GIS室、站用电室、继电器小室为主要生产建筑物，本规范将这些建筑物的抗震设防类别归为乙类，地震作用和抗震措施按现行国家标准《建筑抗震设计规范》GB 50011的有关规定执行。

9 换流站辅助设施

9.1 采暖、通风和空气调节

9.1.2 阀厅火灾危险性类别为丁类（建筑面积小于5000m^2），根据现行国家标准《建筑设计防火规范》GB 50016—2006第9.1.3条的规定，阀厅可不设消防排烟系统。为方便恢复生产，建议设置灾后机械排烟系统。

9.2 阀冷却系统

9.2.1 本条是关于换流阀内冷却的规定。

1 要控制空气中的离子和氧气进入换流阀内冷却系统。国内工程普遍采用串联氮气密封系统稳压补水或设置高位膨胀水箱稳压补水两种方式。

2 若换流阀对于阀冷却系统冷却介质电导率无特殊要求时，出于防冻考虑，可采用超纯水＋乙二醇方式作为冷却介质。否则要设电加热装置，电加热装置容量要预留足够裕度，保证直流停运时阀冷却系统冷却介质温度不低于10℃。

9.2.2 本条是关于换流阀外冷却的规定。

1 水冷方式散热效率高，但对于水源可靠程度要求也高，有时会成为影响站址成立的重要因素；空冷方式散热效率较低，但对北方缺水及寒冷地区适应性较好。

2 由于换流阀内冷水温度较高，外冷喷淋水淋到冷却塔盘管时，大量的水被立即蒸发，如外冷水硬度高或杂质多，会在盘管表面结垢而影响换热效率，为了防止结垢，需对外冷却系统水质采取适当的软化措施。原水需先经过软化和除盐设备处理，通常可以采取的措施有反渗透、软化处理或投加水质稳定剂等。经反渗透处理后的水质好，可以大大降低补充水量并减少排污量，但其设备投资大，对运行人员要求较高。软化处理后水质较好，运行维护简便，但占地及投资较大。投加水质稳定剂成本低，但浓缩倍率较低，补充水量及排污量大。根据工程实践，建议在来水水质较好且水质稳定的情况下，采用反渗透处理系统，可以保证反渗透膜组高效运行，不易发生堵塞、破损等威胁安全运行的情况发生。

9.3 供水系统

9.3.1 一般情况下，换流站的运行需要提供连续不断的生产用水，可靠的水源是换流站安全运行的保障。在水源选择时，不同区域差异很大。在华东、华南等地区，城市（镇）建设相对发达，市政自来水作为换流站水源运行、维护费用低，一般优先采用自来水。在西北、西南等地区，换流站站址通常靠近水（火）电电源点，大多地处偏僻，附近没有自来水管网或距离较远，此时可根据具体情况，采用深井地下水、泉水等水源。

9.3.2 当换流阀外冷却方式为水冷，以往硬性规定要两路可靠水源，实际工程中往往难以做到，因此本规范修改为：换流站宜有两路可靠水源。当仅有一路水源时，要设置容积不小于3d用水量的生产用水储水池，这样当该水源发生故障时，能有至少3d的修复时间。

9.4 火灾探测与灭火系统

9.4.1 火灾探测报警系统的设置是按现行国家标准《火力发电厂与变电站设计防火规范》GB 50229—2006第11.5.21条的规定，并结合800kV直流换流站的实际情况而制定的，补充了阀厅的探测报警要求。

吸气式感烟探测器采用主动空气采样探测方式，即采用抽气泵不间断地把被保护区域内的空气样品抽进探测室进行探测，其探测结果和响应时间不易受环境气流的影响，可以发现由于线路过载产生的微小烟雾，在火灾生成初期消除火灾隐患，使火灾的损失降到最小。

缆式线型差定温探测器要同时具备定温特性和差温特性，安装在设备周围提供早期火灾探测功能，探测器可设定温度报警和设定温升率报警。

9.4.3 目前国内已建换流站的换流变压器和油浸式平波电抗器消防大多数采用的是自动水喷雾灭火系统，而合成泡沫喷雾和排油注氮等灭火系统对于油浸式设备都具有良好的灭火效果，如当地消防部门审查许可也不排除使用。

10 换流站噪声控制和节能

10.1 换流站噪声控制

10.1.1 从对直流换流站噪声源的分布和声功率的强弱来看，换流变压器是全站的一个十分重要的噪声源，其次是平波电抗器、滤波器组的电容器和电抗器、阀冷却风扇（冷却塔）等。如果将上述声源控制好，则高压直流换流站的噪声就能有效控制。

10.1.2 由于换流站内的设备流经数量不等的谐波电流，换流站设备的噪声水平普遍较高，为了控制厂界的噪声水平，要在设备选型时尽量考虑低噪声设备，如低噪声电抗器和电容器等。

10.1.3 目前部分前期投产的换流站在运行过程中产生的噪声水平超过控制标准，在运行后进行了噪声治理，根据工程实际条件采用了隔声、吸声和消声等措施，经过噪声治理基本达到控制标准，效果明显，近期建设的换流站工程已经在建设初期就开始考虑噪声控制措施，也取得了良好的预期效果。

10.1.4 换流站部分场合（如换流变压器、电抗器隔声罩内部、交流滤波器近场）噪声水平超标，但对外界影响小，运行人员在该区域停留时间短，这些场合应对工作人员采取职业保护措施，不必高投入降低工作场所的噪声水平。

10.2 节　　能

10.2.1 高压直流输电工程运行过程中需要大量的无功补偿和滤波设备，一般情况需要配置40%～70%输送容量的无功设备才能满足系统运行的条件。合理选择无功和滤波器装置的配置能满足直流系统各种运行方式的要求，为优化运行和优化调度创造了条件，可以有效降低全网的电能损耗。

10.2.2 换流站主要的耗能设备有换流变压器、降压变压器、晶闸管换流阀、平波电抗器、滤波器、通流导线及其金具，其中通流导线及其金具损耗占全站损耗的比例很小，可以忽略不计。通常换流站的损耗约为换流站额定功率的0.5%～1%，其中，换流变压器和晶阀管换流阀的损耗在换流站总损耗中占绝大部分（约71%～88%）。因此，要降低换流站的总损耗以节省能源，降低换流变压器和晶阀管换流阀的损耗是关键。

10.2.3 换流站不同于常规变电站，站内应用冷却设备众多，如换流变压器、降压变压器、阀组冷却设备及其空调系统等。该部分冷却系统的能耗在站用电负荷中占了60%～76%，所以选择效率高、能耗低的冷却设备对减少站用电损耗能带来明显的效果。

10.2.4 近年来，建筑节能技术已成为全世界关注的热点，也是当前国内外节能领域的一个热点研究课题。西方发达国家，建筑能耗占社会总能耗的30%～45%。我国建筑能耗已占社会总能耗的20%～25%，正逐步上升到30%。因此建筑节能是目前节能领域的当务之急。

建筑节能可分为两部分：一是建筑物自身的节能，二是空调系统的节能。建筑物自身的节能主要是从建筑设计规划、围护结构、遮阳设施等方面考虑。空调系统的节能是从减少冷热源能耗、输送系统的能耗及系统的运行管理等方面进行考虑的。

换流站内建筑物主要由工业主厂房（阀厅、GIS室等）、办公建筑（控制楼、备班楼等）、附属建筑（综合泵房等）三大部分组成。根据国家大力发展节能建筑的通知要求，以及换流站本身的特点，满足建筑物各类用房采光、通风、保温、隔热、隔声等室内环境要求，本条提出了节能要求和措施。

对阀厅空调设备，由于其功率大，且长时间运行，因而用电量较大。合理确定阀厅运行环境，合理配置空调容量，将有利于减少阀厅空调系统用电，节约能源显著。

换流站照明考虑采用分层照明：正常巡视开低照度道路照明，设备维护检修开局部强光照明。照明采用高光效光源和高效率灯具以降低能耗。

中华人民共和国国家标准

会议电视会场系统工程施工及验收规范

Code for construction and acceptance of hall system engineering of videoconference

GB 50793—2012

主编部门：中华人民共和国工业和信息化部
批准部门：中华人民共和国住房和城乡建设部
施行日期：2 0 1 2 年 1 2 月 1 日

中华人民共和国住房和城乡建设部
公　　告

第 1433 号

关于发布国家标准《会议电视会场系统工程施工及验收规范》的公告

现批准《会议电视会场系统工程施工及验收规范》为国家标准，编号为GB 50793—2012，自 2012 年 12 月 1 日起实施。其中，第 4.1.2、4.1.3、4.6.1（2、3）、4.8.1（3、5）条（款）为强制性条文，必须严格执行。

本规范由我部标准定额研究所组织中国计划出版社出版发行。

中华人民共和国住房和城乡建设部

二〇一二年六月二十八日

前　　言

本规范是根据住房和城乡建设部《关于印发〈2008 年工程建设标准规范制订、修订计划（第二批）〉的通知》（建标〔2008〕105 号）的要求，由中国电子科技集团公司第三研究所、工业和信息化部电子工业标准化研究院电子工程标准定额站会同有关单位共同编制而成。

本规范在编制过程中，编制组进行了广泛的调查研究，认真总结实践经验，并参考国内外有关标准，广泛征求国内有关单位和专家的意见，最后经审查定稿。

本规范共分 7 章和 3 个附录，主要内容包括：总则、术语、施工准备、施工、系统调试与试运行、检验和测量、验收等。

本规范中以黑体字标志的条文为强制性条文，必须严格执行。

本规范由住房和城乡建设部负责管理和对强制性条文的解释，由工业和信息化部负责日常管理，由中国电子科技集团公司第三研究所负责具体技术内容的解释。在本规范执行过程中，如发现有需要修改和补充之处，请将意见、建议和有关资料寄至中国电子科技集团公司第三研究所（地址：北京市朝阳区酒仙桥北路乙七号，邮政编码：100015，E-mail：zhanglibin@ritvea.com.cn），以供今后修订时参考。

本规范主编单位、参编单位、主要起草人和主要审查人：

主 编 单 位：中国电子科技集团公司第三研究所
　　　　　　工业和信息化部电子工业标准化研究院电子工程标准定额站

参 编 单 位：北京奥特维科技有限公司
　　　　　　中国电子学会声频工程分会
　　　　　　国家广播电视产品质量监督检验中心
　　　　　　北京飞利信科技股份有限公司
　　　　　　盛云科技有限公司
　　　　　　广州兰天电子科技有限公司
　　　　　　广州大学声像与灯光技术研究所

主要起草人：张利滨　王炳南　范宝元　刘　芳　顾克明　李湘平　薛长立　李　强　徐永生　钟厚琼　李敬霞　宋丽红　甄和平　孙　伟　曹忻军　杜宝强　陈建民　彭妙颜

主要审查人：林　杰　沈　嵘　郭维钧　黄与群　崔广中　陈建利　张文才　陆鹏飞　邓祥发

目　次

Contents

1 总　　则

1.0.1 为了加强会议电视会场系统工程质量管理，规范会议电视会场系统工程施工及验收，保证工程质量，制定本规范。

1.0.2 本规范适用于新建、改建和扩建的会议电视会场系统工程的施工及验收。

1.0.3 会议电视会场系统工程实施中采用的工程技术文件、承包合同文件对工程质量验收的要求不得低于本规范的规定。

1.0.4 会议电视会场系统工程的施工及验收，除应符合本规范外，尚应符合国家现行有关标准的规定。

2 术　　语

2.0.1 会议电视声音延时　sound delay of videoconference

声音信号在会议电视系统传输中从发送端到达接收端所产生的时间延迟。

2.0.2 声像同步　sound and image synchronization

图像动作和声音的同步配合。又称唇音同步。

2.0.3 会议电视回声　echo of videoconference

在会议电视系统中，发言会场的声音信号通过传输网络传到多个接收会场，经接收会场扩声系统并由传输网络回传后形成的回声。

3 施 工 准 备

3.1 施工前准备

3.1.1 会场环境的平面布置、建筑装修、建筑声学、电源和接地等分部、分项工程，应按设计要求已完成或阶段性完成，并应完成与会场环境相关专业、工种的工作界面划分，同时应具备进场条件。

3.1.2 施工单位施工前应进行会议电视会场系统施工图纸深化设计，并应符合各分系统的设计文件。

3.1.3 施工单位应具有工程施工承包的相应资质等级的资格及质量管理体系认证。

3.1.4 施工准备应符合下列规定：

1 应具备经审定的设计文件、施工图纸、施工计划和工程预算。

2 施工单位应具有完善的施工组织设计，施工组织机构应健全，岗位责任应明确，施工方案应具体可行。

3 设计人员应完成技术交底，施工人员应熟悉施工图纸，明确施工质量、施工工艺及施工进度。

4 施工使用的电动工具、机械、器材应进行安全检查，并应备有必要的安全施工装备或护具。

3.1.5 施工单位应向建设单位或监理单位提交开工报告。正式开工后应由施工单位填写施工现场质量管理检查记录表，施工现场质量管理检查记录表的填写应符合本规范表 A.0.1-1 的有关要求。

3.2 设备、材料检验

3.2.1 设备、材料应符合下列规定：

1 设备、材料的进场应填写设备材料进场检查记录表，设备、材料进场检查记录表的填写应符合本规范表 A.0.1-2 的有关要求，并应按分系统对设备、材料进行清点、分类。

2 开箱检验时，产品名称、规格、型号、产地、数量应符合设计文件要求，外观应完好无损，随机配件及资料应齐全，并应有出厂合格证。

3 设备通电检查时，应按随机产品资料要求进行；对不能现场检查的设备功能、性能，可在进行厂验或系统验收时重点检验。

4 电源系统中的各种电缆和接插件应具备批次查验合格证后再布放到位。

5 对存在异议的设备、材料，可要求工厂重新检测或委托专门检验机构检测，并应出具检测报告确认符合设计要求后再使用。

3.2.2 灯光、配电系统的设备、材料检验，除应符合本规范的规定外，尚应符合现行国家标准《建筑电气工程施工质量验收规范》GB 50303的有关规定。

3.2.3 软件产品检查应符合下列规定：

1 商业化软件，应进行使用许可证及使用范围的检查。

2 用户应用软件，应进行系统容量、可靠性、安全性、可恢复性、自诊断等性能评估。

3 用户应用软件应提供软件使用说明、安装调试说明等资料。

3.2.4 进口产品除应符合本规范的规定外，尚应提供原产地证明、商检证明；并应提供安装、使用、维护说明书等，文件资料宜为中文文本或原文加中译文本。

4 施　　工

4.1 一 般 规 定

4.1.1 设备安装的位置、角度、工艺应按施工图纸进行，不得随意更改。施工图纸应在施工前经设计单位审查，并应填写施工图纸审查记录表，施工图纸审查记录表的填写应符合本规范表 A.0.1-3 的有关要求。

4.1.2 施工前应对吊装、壁装设备的各种预埋件进行检验，其安全性和防腐处理等必须符合设计要求。

4.1.3 吊装设备及其附件应采取防坠落措施。

4.1.4 设备安装有特殊工艺要求时，除应符合本规范的规定外，尚应按设备安装说明书执行。

4.1.5 设备连接缆线应符合下列规定：

1 设备之间连接缆线均应设置标识，并应按系统连线图要求编制。

2 连接器件应符合设计要求。

3 缆线与连接器件的接续应符合施工工艺要求，不应有虚接、错接和短路现象。

4.1.6 灯光系统的设备安装除应符合本规范的规定外，尚应符合现行国家标准《建筑电气工程施工质量验收规范》GB 50303 的有关规定。

4.2 线　　管

4.2.1 线槽、管道、预埋件的施工应按施工图纸进行，不得随意更改。当需要调整和变更时，应填写工程变更、洽商记录表。工程变更、洽商记录表的填写应符合本规范表 A.0.1-4 的有关要求，并应经批准后再施工。

4.2.2 线槽施工应符合下列规定：

1 线槽应平整，应无扭曲变形、无毛刺，各种附件应齐全。

2 线槽接缝处和槽盖装上后应平整、紧密，出线口位置应准确。

3 线槽应安装牢固，并应横平竖直。

4 固定点间距宜为 1500mm～2000mm，在进出接线箱、柜、转角及 T 形接头端 500mm 内应设固定点。

5 线槽应保持连续的电气连接，并应有良好的接地。

6 信号线缆与交流电源线不应共管共槽，当确需敷设在同一线槽中时，应采用金属线槽，并应采取隔离措施。

7 线槽防火安全应符合现行国家标准《建筑设计防火规范》GB 50016 的有关规定。

4.2.3 管道施工应符合下列规定：

1 明敷管道应采用丝扣或紧固式（压扣式）连接，暗埋管道应采用焊接或丝扣连接。

2 箱、盒安装应牢固平整，开孔应整齐，并应与管径吻合。

3 管道的转弯角度应等于或大于 90°，转弯的曲半径不应小于该管外径的 6 倍。

4 暗埋管道，直线敷设长度不应超过 30000mm，超过时应设置过线盒装置；带转弯敷设长度不应超过 20000mm，超过时应设置过线盒装置。

5 管道应采用跨接方法整体接地连接。

6 管道内应安置牵引线。

4.3 缆　　线

4.3.1 缆线的规格、数量、敷设路由和位置应符合施工图纸要求。敷设缆线除应符合本规范的规定外，尚应符合现行国家标准《综合布线系统工程验收规范》GB 50312 的有关规定。

4.3.2 线槽敷设缆线应符合下列规定：

1 敷设缆线前应清除槽内的异物。

2 敷设缆线前应将缆线两端设置标识，并应标明始端与终端位置，标识应清晰、准确。

3 敷设缆线时应有冗余长度。缆线在线槽内的截面利用率不应超过 50%。

4 敷设缆线不应受到外力的挤压和损伤，并应经检测校对无误后排放整齐。

5 数据信号电缆、音频电缆、视频电缆和光缆等不同类型缆线，应分别绑扎成束、标识用途。

6 缆线在线槽首端、尾端、转弯处距离中心点 300mm～500mm 处应固定绑扎。当垂直敷设缆线时，缆线的上端和每间隔距离 1500mm 处应固定绑扎；当水平敷设缆线时，缆线每间隔距离 3000mm～5000mm 处应固定绑扎。缆线绑扎后应相互紧密靠拢、外观平直、绑扎间距均匀、松紧适度。

4.3.3 管道敷设缆线应符合下列规定：

1 敷设缆线前应清除管道内的异物。

2 敷设缆线时，两端应有冗余长度，并应经检测校对无误后，设置永久性标识。

3 缆线在管道内的截面利用率不应超过 30%。

4 敷设缆线前在管道出入口处应加装护线套，敷设缆线后宜将管道口做密封处理。

4.3.4 采用桥架方式敷设缆线时，应符合本规范第 4.3.2 条的规定。

4.4 摄　像　机

4.4.1 摄像机安装前应检查摄像机的成像方向。

4.4.2 摄像机或电动云台的固定安装架应牢固、稳定。电动云台转动时应平稳、无晃动。

4.4.3 同一会场内的摄像机供电电源应由同一相位电源提供，安装前应核查摄像机的工作电压或工作电流。

4.4.4 摄像机镜头前应避免存在遮挡物体。

4.4.5 摄像机安装过程中应注意镜头的保护。

4.4.6 摄像机连接缆线应留有余量，不应影响电动云台的转动，还应避免连线器件承受缆线的拉力。

4.4.7 采用流动安装的摄像机，应避免连接缆线对周围人员的影响。

4.5 显示屏幕系统

4.5.1 显示屏和投影幕的安装除应符合本规范的规定外，尚应符合现行国家标准《视频显示系统工程技术规范》GB 50464 的有关规定。

4.5.2 显示屏和投影幕的安装应符合下列规定：

1 显示屏应安装在牢固、稳定、平整的专

用底座或支架上，底座或支架应与预埋件牢固连接。

2 背投影硬幕安装前应按设计要求检查预留屏幕开孔位置、尺寸，洞口边缘应平整、美观。

3 背投影硬幕安装应牢固、平整，并应采取防止热胀冷缩造成变形的措施。

4 墙装式显示屏、投影幕的安装，水平和垂直偏差不应大于 5mm。

5 镶嵌安装的显示屏应预留机体散热空间。

6 落地流动安装的显示屏，其安装位置应满足最佳观看视距的要求，其流动支架可调整垂直倾斜角度。

7 显示屏幕周围不应有引起分散视觉注意力的装饰品及强反光材料。

4.5.3 投影机的安装应符合下列规定：

1 前投影的投影机宜采用吊装形式安装，投射距离应符合施工图纸要求，其安装位置应使投影机的镜头与投影幕光域相匹配，并宜使投影镜头垂直正对投影幕的中心线。

2 投影机电动升降吊架的升降行程、荷载应符合设计要求，并应设置限位。

3 背投影的投影间应采取遮光措施，并应采用黑色亚光涂料进行内表面处理。

4 背投影的投影间应采取恒温、防尘、防潮、降噪措施。

5 投影机安装支架及附件应结构牢固、稳定，并可使投影机能够上、下、左、右微调，调整后整个支架应可锁定位置，并应固定不变。

4.6 扬声器系统

4.6.1 扬声器系统的安装应符合下列规定：

1 扬声器系统安装时应按设计文件要求的位置和指向角度施工。

2 吊装或墙装安装件必须能承受扬声器系统的重量及使用、维修时附加的外力。

3 大型扬声器系统应单独支撑，并应避免扬声器系统工作时引起墙面或吊顶产生谐振。

4 会场顶棚内吊装的扬声器系统周边应采取避免与周边装修装饰件直接连接的措施。

5 暗装箱体扬声器系统的正面应保持声音辐射畅通，箱体周围应填塞吸声材料，底部应设置减振垫。

6 落地安装支架应牢固、可靠，重心应稳定。

7 会场顶棚吸顶安装的扬声器系统周边应采取稳固和减振措施。

4.6.2 扬声器系统的连接缆线应符合下列规定：

1 扬声器系统缆线两端应设置标识和相位标记。

2 扬声器系统与缆线两端正、负极性应连接正确、可靠，并应确保系统同相位工作。

4.7 传 声 器

4.7.1 传声器缆线应采用平衡方式连接。

4.7.2 缆线与接插器件之间应采取焊接方式，并应在出线端口采取抗拉保护措施。

4.7.3 传声器缆线标识应与控制室信号输入通道标识内容相对应。

4.8 灯 具

4.8.1 灯具的安装应符合下列规定：

1 灯具安装前应按设计要求检查预留孔、槽、洞的尺寸，其边缘应整齐、无毛刺。

2 嵌入安装灯具应固定在会场顶棚预留洞（孔）内，灯具边框应紧贴会场顶棚，安装应牢固。

3 吊装灯具安装前应按设计要求对灯具悬吊装置进行检查。

4 应检查灯具的缆线、软管布放情况，并应检测缆线绝缘电阻，并应在合格后再安装。

5 灯具缆线必须使用阻燃缆线。

6 灯具的安装位置、投射角度应符合设计要求。

7 灯具不应直接照射显示屏幕。

4.8.2 当采用影视灯具或专用灯具时，连接插头座应选用三芯影视照明专用连接器件。

4.9 控制室和机房

4.9.1 控制室和机房的施工安装除应符合本规范的规定外，尚应符合现行国家标准《电子信息系统机房施工及验收规范》GB 50462的有关规定。

4.9.2 控制台、机柜的安装应符合下列规定：

1 施工前，应对控制室和机房进行现场测绘，施工时，控制台、机柜安装位置应符合控制室和机房布置图的设计要求。

2 多个机柜排列安装时，每排机柜的正面应在同一排的平面上，相邻机柜应紧密靠拢。

3 多组控制台排列安装时，每组控制台的台面应在同一水平线上，其水平偏差不应大于 2mm；相邻控制台应紧密靠拢、协调。

4 控制台、机柜的垂直度偏差不应大于 3mm，并应要求控制台、机柜安装牢固可靠，各种螺丝应拧紧，并应无松动、缺少和损坏。

5 控制台、机柜表面应完整，并应无损伤和划痕；各种组件应安装牢固，漆面不应有脱落或碰坏。

6 控制台、机柜正面与墙的净距不应小于1500mm，控制台、机柜的背面与墙的净距不应小于800mm；控制室主要走道宽度不应小于 1500mm，次要走道宽度不应小于 800mm。

7 监视器安装位置应使屏幕不受强光直射，当不可避免时，应加装遮光罩。安装在机柜内时，应采取通风散热措施。

8 控制台、机柜应按抗震等级要求进行抗震加固措施。

4.9.3 设备安装应符合下列规定：

1 安装前应对设备的型号、规格进行核实，对设备配套组件、板卡、附件等应预先安装到位，并应了解产品说明书要求和安装注意事项，对设备的供电电压、频率等有关参数应进行核准确认。

2 设备为非标准机柜安装结构时，应预先加工安装配件或托盘。较重设备应安装在导轨或固定支架上。

3 设备应按设备布置图要求安装到位，并应牢固、美观、整齐。

4 设备操作旋钮、按键、操作控制键盘、指示灯、显示屏幕等，应安装在控制台、机柜便于操作和观察到的位置。

5 设备安装后应设置标识，应标明设备名称和输入输出口去向。

6 大功率设备应采取散热措施。

4.9.4 设备连接缆线应符合下列规定：

1 缆线与连接器件应按施工工艺要求剥除标准长度缆线护套，并应按线号顺序正确连接。当采用屏蔽缆线时，屏蔽层的连接应符合施工工艺要求。

2 连接器件需要焊接的部位应保证焊接质量，不得虚焊或假焊；连接器件需要压接的部位应保证压接质量，不得松动脱落。

3 需要采用专用工具现场制作的连接器件，制作完成后应经过严格检测，确认合格后再使用。

4 缆线连接器件两端应按系统连线图设置标识。

5 控制台与机柜之间设备缆线应通过线槽分类引到各设备处。缆线应排列整齐，并应绑扎固定，同时应在缆线两端留有余量。

4.9.5 电源线应符合下列规定：

1 电源线的规格、型号和路由应符合施工图纸要求。

2 电源线应有明显的标明走向、用途的标识。

3 布放电源线的金属槽道应有接地保护。

4 电源线两端的连接器件应焊接牢固，并应压接可靠。

4.9.6 接地应符合下列规定：

1 接地线的规格、型号和路由应符合施工图纸要求。

2 应采用等电位接地方式，将所有设备接地和保护接地均集中一点接地，并应分别采用相应截面的铜导线连接至等电位连接端子板。

3 接地铜导线可与信号缆线或电源线布放在同一金属槽道中。

4 铜导线的连接器件应焊接牢固，并应压接可靠。

4.9.7 电视墙的安装应符合控制台和机柜的有关规定，并应使电视墙面平直美观、距离适中、图像画面清晰，且操作方便。

5 系统调试与试运行

5.1 系统调试前准备

5.1.1 会场的音频、视频及灯光系统应按设计文件已完成施工内容。

5.1.2 系统调试前准备应符合下列规定：

1 系统的调试应在设备安装和缆线连接完毕，且施工质量检验合格后进行。

2 应按系统连线图核实、检查系统连接缆线，不应有错接、漏接、短路、断路现象。

3 系统通电前，应检查电源电压和外壳接地是否满足安全运行要求。

4 调试工作应由专业工程师主持，并应制定系统调试方案。

5 测试仪器应符合计量和精度要求。

6 系统操作软件、应用软件应安装完成，专用控制界面、控制程序应已完成编程。

5.2 系统调试

5.2.1 会议电视会场系统的调试应按灯光系统、视频系统、音频系统的顺序进行。

5.2.2 灯光系统调试应符合下列规定：

1 应核查灯光系统的用电总负荷。当调试过程中出现断路器的分断或保险器熔断时，应查清原因、排除隐患后恢复供电。

2 调试过程中应检查光源或灯具表面及导线连接处与周围物品的安全距离。

3 面光灯的投射角度应符合设计、使用要求。

4 具有调光、分区控制功能的会场，应对调光、分区控制功能进行调试。

5 应对会场照度和色温进行测试。

5.2.3 视频系统调试应符合下列规定：

1 应对摄像机、屏幕显示器和切换控制等设备的功能进行查验。

2 应对系统的电性能指标按设计要求进行功能调试。

3 应使用系统配置的视频信号源和摄像机对系统图像效果进行调试。

4 在应用会场环境灯光的条件下，应对系统显示特性指标进行调试。

5 应对系统显示特性指标、系统电性能指标使用标准信号源和检测仪器进行测试。

5.2.4 音频系统调试应符合下列规定：

1 应对传声器、调音台、功率放大器和扬声器系统等设备的功能进行查验。

2　应利用相位仪或试听方法，逐一检查所有扬声器系统的相位，并应调整到一致。

3　应对系统的电性能指标按设计要求进行功能调试。

4　应使用系统配置的音源设备和传声器对会场的音质效果进行调试。

5　应对系统声学特性指标、系统电性能指标使用标准信号源和检测仪器进行测试。

5.2.5　会议电视会场系统调试结束后，应由技术负责人填写系统调试情况记录表，系统调试情况记录表的填写应符合本规范表A.0.1-5的有关要求。

5.3　系统联调

5.3.1　会议电视会场系统应在系统调试合格后，将系统接入会议电视传输网络，并应使用系统配置的音、视频信号源设备进行系统联调。

5.3.2　系统联调应符合下列规定：

1　应根据所建设会场对会议电视系统功能和调试内容的要求，分步进行系统联调。

2　系统联调过程中出现的问题和解决方法等内容，均应翔实记录。

5.3.3　系统联调情况记录表应由技术负责人编写，内容应包括联调内容、联调时间、存在问题、联调结果、解决方式等，并应符合本规范表A.0.1-5的有关要求。

5.4　系统试运行

5.4.1　会议电视会场系统应在联调合格后，经会议电视系统本网管理部门批准后进行系统试运行。系统试运行期间，应由使用单位填写系统试运行记录表，系统试运行记录表的填写应符合本规范表A.0.1-6的有关要求。

5.4.2　系统试运行前，施工单位应对使用单位管理、操作人员进行系统培训，系统培训应具有针对性，应达到熟悉系统操作规程，并应掌握日常操作、维护。培训后，应进行总结并填写系统管理、操作人员培训记录表，系统管理、操作人员培训记录表的填写应符合本规范表A.0.1-7的有关要求。

5.4.3　系统试运行时间不应少于3个月。

5.4.4　系统试运行期间，设计、施工单位应配合使用单位建立健全会议电视会场系统的管理、使用、操作和维护制度。

5.4.5　系统试运行应达到系统随开随用、运行稳定、质量可靠。

5.4.6　系统试运行期间出现的事故应立即组织修复，事故处理情况应做专题分析，并应采取避免再次发生的措施。

5.4.7　系统试运行结束，使用单位应根据试运行记录写出系统试运行报告。系统试运行报告内容应包括试运行起止日期，试运行过程是否出现故障，故障产生的日期、次数、原因和排除情况，以及系统存在的问题和改进建议。

6　检验和测量

6.1　会场环境检验

6.1.1　检验项目和内容应按现行国家标准《会议电视会场系统工程设计规范》GB 50635的有关规定和工程设计文件的要求逐项进行。

6.1.2　检测方法可采用现场检查、主观视听、仪器测量等。

6.1.3　对检验结果中不符合要求的检验项目，应采取使其达到设计要求的相应措施，并应由检验人员填写会场环境检验记录表，会场环境检验记录表的填写应符合本规范表A.0.2-1的有关要求。

6.2　施工质量检验

6.2.1　线管的施工质量检验应按本规范第4.2节的要求进行随工检验，并应填写随工检查记录表，随工检查记录表的填写应符合本规范表A.0.2-2的有关要求。

6.2.2　敷设缆线的施工质量检验可采取随工检验或与会场设备、控制室和机房的施工质量检验统一进行，应按本规范第4.3节的要求执行。

6.2.3　会场设备、控制室和机房的施工质量检验，应按本规范第4.4节～第4.9节的要求执行，并应由检验人员填写施工质量检验记录表，施工质量检验记录表的填写应符合本规范表A.0.2-3的有关要求。

6.2.4　灯光系统的施工质量检验可与建筑照明工程统一检验或采取会场分部工程单独检验。

6.3　会场功能检验

6.3.1　检验项目和内容应按现行国家标准《会议电视会场系统工程设计规范》GB 50635的有关规定和工程设计文件的要求逐项进行。

6.3.2　检验方法应采用现场功能演示。

6.3.3　对检验结果中不符合要求的检验项目，应采取使其达到设计要求的相应措施。检验项目全部检验合格后，应由检验人员填写会场功能检验记录表，会场功能检验记录表的填写应符合本规范表A.0.2-4的有关要求。

6.4　会议电视功能检验

6.4.1　检验项目和内容应按全网总体设计要求的规定和工程设计文件的要求逐项进行。

6.4.2　检验中应有负责全网管理的技术人员配合。

6.4.3　检验方法应采用现场功能演示。

6.4.4 检验结束后，应由检验人员填写会议电视功能检验记录表，会议电视功能检验记录表的填写应符合本规范表 A.0.2-5 的有关要求。

6.5 系统质量主观评价

6.5.1 系统质量主观评价应包括会场声音质量主观评价、会场图像质量主观评价和会议电视综合效果主观评价。

6.5.2 系统质量主观评价应与会议电视系统中至少一个远程会场相连，本会场和远程会场应处于会议电视系统正常使用状态，评价人员应在会场最佳视距和听音使用区域内进行评价。

6.5.3 评价人员不应少于 5 名。

6.5.4 会场声音质量主观评价应符合下列规定：

1 会场声音质量主观评价的内容应包括本会场音频扩声系统、远程会场音频播放系统。

2 会场声音质量主观评价方法可采用五级评分等级，并应符合表 6.5.4 的规定。

表 6.5.4 会场声音质量主观评价五级评分等级

会场声音质量主观评价	评分等级
质量极佳，十分满意	5 分
质量好，比较满意	4 分
质量一般，尚可接受	3 分
质量差，勉强能听	2 分
质量低劣，无法忍受	1 分

3 评价人员应对本会场音频扩声系统、远程会场音频播放系统独立评价打分，并应取算术平均值为评价结果。所有评价人员对本会场音频扩声系统、远程会场音频播放系统的评价得分的算术平均值不小于 4 分为合格。

6.5.5 会场图像质量主观评价应符合下列规定：

1 会场图像质量主观评价的内容应包括本会场视频图像系统、远程会场视频图像系统。

2 会场图像质量主观评价方法可采用五级评分等级，并应符合表 6.5.5 的规定。

表 6.5.5 会场图像质量主观评价五级评分等级

会场图像质量主观评价	评分等级
质量极佳，十分满意	5 分
质量好，比较满意	4 分
质量一般，尚可接受	3 分
质量差，勉强能看	2 分
质量低劣，无法观看	1 分

3 评价人员应对本会场视频图像系统、远程会场视频图像系统独立评价打分，并应取算术平均值为评价结果。所有评价人员对本会场视频图像系统、远程会场视频图像系统的评价得分的算术平均值不小于 4 分为合格。

6.5.6 会议电视综合效果主观评价应符合下列规定：

1 会议电视综合效果主观评价的内容应包括会议电视声音延时、声像同步、会议电视回声、静止图像、活动图像。

2 会议电视综合效果主观评价方法应符合表 6.5.6 的规定。

表 6.5.6 会议电视综合效果主观评价内容及方法

序号	项目	检测方法	结果	备注
1	会议电视声音延时	两地会场由专人进行 1 至 10 交叉报数，用秒表记录时长，扣除不经电路传输进行交叉报数所需时间，除以 10 即得平均延时值		
2	声像同步	由远程会场专人拍手掌，本会场进行测评		
3	会议电视回声	两地会场由男声讲话和报数，两会场进行有无明显回声的主观评价		
4	静止图像	观看远程会场摄像机前静止特写画面，评价其静止图像的清晰度		
5	活动图像	观看远程会场摄像机前人员快速走动画面，评价其活动图像的连续性		

6.5.7 评价人员应根据会议电视系统总体要求或设计文件要求作出评价意见，并应填写系统质量主观评价记录表，系统质量主观评价记录表的填写应符合本规范表 A.0.2-6 的有关要求。主观评价一致时，应填写系统质量检验结论表，系统质量检验结论表的填写应符合本规范表 A.0.2-7 的有关要求。主观评价如有争议时，应待完成系统质量客观测量并作出评价后，再按要求填写表 A.0.2-7。

6.6 系统质量客观测量

6.6.1 当工程设计文件或建设单位对会场系统性能指标提出明确等级要求或对主观评价的结论存有争议时，应进行系统质量客观检测。客观检测的各项指标均应符合现行国家标准《会议电视会场系统工程设计规范》GB 50635 的有关规定。

6.6.2 系统质量客观检测应包括会场音频系统声学特性指标的检测、会场音频系统电性能指标的检测、会场视频系统显示特性指标的检测、会场视频系统电性能指标的检测和会场灯光系统照度和色温的检测。

6.6.3 所有检测仪器应具有有效的计量合格证。

6.6.4 客观检测结束后，应由检测单位编写检测报告，检测报告应包括下列内容：

1 工程项目名称。

2 检测日期、地点和记录人。

3 检测目的。

4 检测系统示意图。

5 检测内容。

6 检测结论。

7 检测人员名单、签字。

6.6.5 会场音频系统声学特性指标的检测项目应包括下列内容：

1 最大声压级。

2 传输频率特性。

3 传声增益。

4 声场不均匀度。

5 扩声系统语言传输指数。

6 总噪声级。

6.6.6 会场音频系统声学特性指标的测量方法应符合本规范附录B的规定。

6.6.7 会场音频系统电性能指标的检测项目应包括下列内容：

1 信噪比。

2 幅频特性。

3 总谐波失真。

4 额定输入/输出电平。

6.6.8 会场音频系统电性能指标的测量方法应符合现行国家标准《广播声频通道技术指标测量方法》GB/T 15943的有关规定。

6.6.9 会场视频系统显示特性指标的检测项目应包括下列内容：

1 显示屏亮度。

2 图像对比度。

3 亮度均匀性。

4 图像清晰度。

5 色域覆盖率。

6 水平视角、垂直视角。

6.6.10 会场视频系统显示特性指标的测量方法应符合现行国家标准《视频显示系统工程测量规范》GB/T 50525的有关规定。

6.6.11 会场视频系统电性能指标的检测项目应包括下列内容：

1 信噪比（加权）。

2 微分增益。

3 微分相位。

4 *K*系数。

5 色、亮延时差。

6 色、亮增益差。

7 幅频特性。

8 视频信号的输出幅度。

9 外同步信号幅度。

10 行同步前沿抖动。

6.6.12 会场视频系统电性能指标的测量方法应符合现行国家标准《电视视频通道测试方法》GB 3659的有关规定。

6.6.13 会场灯光系统的检测项目应包括下列内容：

1 主席台坐席区垂直照度。

2 主席台坐席区水平照度。

3 听众摄像区垂直照度。

4 听众摄像区水平照度。

5 会场照明色温。

6.6.14 会场灯光系统照度和色温的测量应符合现行国家标准《照明测量方法》GB/T 5700的有关规定。

6.6.15 会议电视综合效果的检测项目应包括下列内容：

1 会议电视声音延时。

2 声像同步。

6.6.16 会议电视声音延时和声像同步的测量方法应符合本规范附录C的有关规定。

7 验　收

7.1 竣工验收

7.1.1 会议电视会场系统工程完工后，施工单位应进行自检，自检合格后，施工单位应向建设单位提交工程竣工验收申请报告。

7.1.2 会议电视会场系统工程竣工验收应具备下列条件：

1 工程项目按设计文件要求的内容全部完成，并为建设单位认可。

2 建设单位与设计、监理、施工单位共同制定完成验收大纲。

3 竣工验收文件齐全。

7.1.3 竣工验收应由建设单位组织设计、监理、施工和使用单位等组成验收小组，进行工程竣工验收。

7.1.4 竣工验收程序可按审查竣工资料、现场检验、功能演示、评审、签字和移交的步骤进行。

7.1.5 竣工验收内容应包括下列内容：

1 审核工程实施管理检查记录表。

2 检查工程质量控制及系统质量检测记录表。

3 现场抽检工程施工质量。

4 系统功能演示。

5 审查竣工验收文件。

6 工程验收结论。

7 移交。

7.1.6 验收小组应按本规范、设计文件以及工程合同，对工程施工质量作出验收结论。验收不合格的工程项目不得进行系统运行。

7.1.7 对验收不合格的工程项目，验收小组应在验收结论中明确指出存在的问题与整改措施。

7.1.8 当参加验收各方对工程质量验收意见不一致时，应由当地建设行政主管部门或工程质量监督检验机构协调处理。

7.1.9 验收结束应由验收小组填写工程验收结论表，工程验收结论表的填写应符合本规范表 A.0.3-1 的有关要求。

7.2 竣工验收文件

7.2.1 竣工验收文件应包括下列内容：

1 工程合同。

2 设计文件。

3 设备材料交接清单。

4 竣工图纸应包括下列内容：

1）系统原理图。

2）设备布置图。

3）系统管线图。

4）系统连线图。

5 系统使用说明书（含操作手册和日常维护说明）。

7.2.2 工程实施管理资料应包括下列内容：

1 施工现场质量管理检查记录表。

2 设备、材料进场检查记录表。

3 施工图纸审查记录表。

4 工程变更、洽商记录表。

5 系统调试（联调）情况记录表。

6 系统试运行记录表。

7 系统管理、操作人员培训记录表。

7.2.3 工程质量控制及质量检测记录应包括下列内容：

1 会场环境检验记录表。

2 随工检查记录表。

3 施工质量检验记录表。

4 会场功能检验记录表。

5 会议电视功能检验记录表。

6 系统质量主观评价记录表。

7 系统质量检验结论表。

7.2.4 系统竣工验收时，应审查竣工文件的完整性和准确性，并应由审查人员填写竣工验收文件审查表，竣工验收文件审查表的填写应符合本规范表 A.0.3-2 的有关要求，竣工验收文件审查表签字后应由建设单位和施工单位存档。

附录 A 工程表格式

A.0.1 工程实施管理检查记录的表格应符合表 A.0.1-1～表A.0.1-7的要求。

表 A.0.1-1 施工现场质量管理检查记录表

编号：

<table>
<tr><td>工程名称</td><td colspan="2"></td><td colspan="2">开工日期</td><td></td></tr>
<tr><td>建设单位</td><td colspan="2"></td><td colspan="2">项目负责人</td><td></td></tr>
<tr><td>设计单位</td><td colspan="2"></td><td colspan="2">项目负责人</td><td></td></tr>
<tr><td>监理单位</td><td colspan="2"></td><td colspan="2">总监理工程师</td><td></td></tr>
<tr><td>施工单位</td><td></td><td>项目经理</td><td></td><td>现场负责人</td><td></td></tr>
<tr><td>序号</td><td colspan="2">项目</td><td colspan="3">内容</td></tr>
<tr><td>1</td><td colspan="2">工程施工承包资质</td><td colspan="3"></td></tr>
<tr><td>2</td><td colspan="2">施工组织设计、岗位责任制</td><td colspan="3"></td></tr>
<tr><td>3</td><td colspan="2">施工安全措施</td><td colspan="3"></td></tr>
<tr><td>4</td><td colspan="2">施工图审查情况</td><td colspan="3"></td></tr>
<tr><td>5</td><td colspan="2">施工方案、技术标准</td><td colspan="3"></td></tr>
<tr><td>6</td><td colspan="2">工程质量检验制度</td><td colspan="3"></td></tr>
<tr><td>7</td><td colspan="2">开工报告</td><td colspan="3"></td></tr>
<tr><td>8</td><td colspan="2"></td><td colspan="3"></td></tr>
<tr><td>9</td><td colspan="2"></td><td colspan="3"></td></tr>
<tr><td>10</td><td colspan="2"></td><td colspan="3"></td></tr>
<tr><td>11</td><td colspan="2"></td><td colspan="3"></td></tr>
<tr><td>12</td><td colspan="2"></td><td colspan="3"></td></tr>
<tr><td colspan="6">检查结论：

总监理工程师
（建设单位项目负责人）　　年　　月　　日</td></tr>
</table>

表 A. 0. 1-2　设备、材料进场检查记录表

编号：

工程名称				施工单位			
序号	产品名称	规格、型号	数量	包装及外观	随机配件及资料	检验结果		备注
						合格	不合格	
检验结论：								
签字：	施工单位	监理单位（或建设单位）				检验日期		

表 A. 0. 1-3　施工图纸审查记录表

编号：

工程名称			
建设单位		设计单位	
监理单位		施工单位	

依据：设计文件＿＿＿＿＿＿＿＿＿，设计图纸（图号）＿＿＿＿＿＿＿＿＿＿＿＿＿，专项会议或设计变更、洽商（编号＿＿＿＿＿＿＿＿＿＿＿＿＿＿＿＿＿）及有关国家现行标准等

内容：

1. 施工图纸

申报人：

年　月　日

审查意见：

□ 同意　□不同意　□修改

设计单位签字：

年　月　日

修改后意见：

□ 同意　□不同意

设计单位签字：

年　月　日

审查意见：

□ 同意　□不同意　□修改

监理单位签字：

年　月　日

修改后意见：

□ 同意　□不同意

监理单位签字：

年　月　日

审查意见：

□ 同意　□不同意　□其他

建设单位签字：

年　月　日

表 A. 0. 1-4　工程变更、洽商记录表

编号：

工程名称				
建设单位			设计单位	
监理单位			施工单位	
内容摘要				
洽商、变更内容				
签字栏	建设单位		设计单位	
	监理单位		施工单位	

表 A. 0. 1-5　系统调试（联调）情况记录表

编号：

工程名称			调试部位			
施工单位		项目经理		技术负责人		
调试仪器、环境情况、调试人员						
序号	调试内容	调试时间	调试结果	存在问题	解决方式	调试人员记录
1						
2						
3						
4						
5						
6						
7						
8						
综合评价	技术负责人： 年　月　日					

表 A.0.1-6 系统试运行记录表

编号：

工程名称		建设单位	
施工单位		设计单位	
日期/时间	系统运行情况	备注	值班人
特殊情况说明：			
签字	运行负责人	建设单位代表	

注：系统试运行情况栏中，注明正常/不正常，每次开关机至少填写一次；不正常的在备注栏中扼要说明情况（包括修复日期）；重复出现的问题或改进建议在特殊情况说明中注明。

表 A.0.1-7 系统管理、操作人员培训记录表

编号：

工程名称				培训地点	
建设单位				使用单位	
设计单位			施工单位		
培训人员名单	1. 管理人员： 共 人 部门： 2. 操作人员： 共 人 部门： 3. 维护人员： 共 人 部门：				
时间	培训教师	培训内容	课时	培训结果评价或建议	培训人员签名
综合评价	培训人员： 年 月 日				

A.0.2 工程质量控制及质量检测记录的表格应符合表A.0.2-1～表A.0.2-7的要求。

表 A.0.2-1 会场环境检验记录表

编号：

工程名称					
分项工程名称			验收部位		
施工执行标准名称及编号					
按国家标准《会议电视会场系统工程设计规范》GB 50635—2010第5章的规定				检测记录	
检查项目		检查内容	检查方法	检查结果	备注
1	装饰装修	会场墙面装饰色调	现场检查		
		会场桌椅、地毯颜色	现场检查		
2	建筑声学	建筑声学设计	现场检查		
		会场的混响时间	仪器测量		
		会场背景噪声级	仪器测量		
3	电源、接地	配电箱及电源供电容量	现场检查及审查设计文件		
		保护地线及接地电阻值	仪器测量		
4					
检验人员评定		检验人员： 年 月 日			
监理（建设）单位检验评定		监理工程师 （建设单位项目技术负责人） 年 月 日			

注：1 根据工程实际情况，可增加检查项目、检查内容，填写在空格内。
2 会场环境施工质量在已验收文件中包含上述检验内容时，可不填写本表格。
3 灯光系统作为会场环境分部工程施工时，可采用本表格式填写。

表 A.0.2-2 随工检查记录表

编号：

<table>
<tr><td>工程名称</td><td colspan="4"></td></tr>
<tr><td>随检项目</td><td></td><td>随检日期</td><td colspan="2"></td></tr>
<tr><td>随检部位</td><td colspan="4"></td></tr>
<tr><td colspan="5">随检依据：施工图图号________________，
设计变更、洽商（编号________________）及有关国家现行标准等。
主要材料名称及规格/型号：__________</td></tr>
<tr><td colspan="5">随检内容：

申报人：</td></tr>
<tr><td colspan="5">检查意见：

检查结论：☐ 同意 ☐ 不同意，修改后进行复查</td></tr>
<tr><td colspan="5">复查结论：

复查人： 复查日期：</td></tr>
<tr><td rowspan="3">签字栏</td><td rowspan="2">建设（监理）单位</td><td colspan="3">施工单位</td></tr>
<tr><td>现场负责人</td><td>专业质检员</td><td>专业工长</td></tr>
<tr><td></td><td></td><td></td><td></td></tr>
</table>

表 A.0.2-3 施工质量检验记录表

编号：

<table>
<tr><td colspan="2">工程名称</td><td colspan="3"></td><td colspan="2">验收部位</td><td></td></tr>
<tr><td colspan="2">施工单位</td><td>项目经理</td><td></td><td></td><td colspan="2">现场负责人</td><td></td></tr>
<tr><td colspan="2">施工执行标准名称及编号</td><td colspan="6"></td></tr>
<tr><td rowspan="2">序号</td><td rowspan="2">检验项目</td><td rowspan="2">检验内容</td><td rowspan="2">检验方法</td><td colspan="2">检验结果</td><td rowspan="2" colspan="2">备注</td></tr>
<tr><td>合格</td><td>不合格</td></tr>
<tr><td>1</td><td>摄像机</td><td>安装工艺
支架稳固性
外接线缆</td><td>现场检查</td><td></td><td></td><td colspan="2"></td></tr>
<tr><td>2</td><td>显示屏幕</td><td>牢固、安全性
安装工艺
其他</td><td>现场检查</td><td></td><td></td><td colspan="2"></td></tr>
<tr><td>3</td><td>扬声器系统</td><td>安全、稳固性
安装工艺
系统连线</td><td>现场检查</td><td></td><td></td><td colspan="2"></td></tr>
<tr><td>4</td><td>传声器</td><td>线缆施工工艺</td><td>现场检查</td><td></td><td></td><td colspan="2"></td></tr>
<tr><td>5</td><td>灯具</td><td>安全性
安装工艺
线缆</td><td>现场检查</td><td></td><td></td><td colspan="2"></td></tr>
<tr><td>6</td><td>控制台、机柜</td><td>工艺、美观性
缆线、电源线、接地
其他</td><td>现场检查</td><td></td><td></td><td colspan="2"></td></tr>
<tr><td></td><td></td><td></td><td></td><td></td><td></td><td colspan="2"></td></tr>
<tr><td></td><td></td><td></td><td></td><td></td><td></td><td colspan="2"></td></tr>
<tr><td colspan="2">检验人员评定</td><td colspan="6">
检验人员：
年 月 日</td></tr>
<tr><td colspan="2">监理（建设）单位检验评定</td><td colspan="6">监理工程师
（建设单位项目技术负责人）

年 月 日</td></tr>
</table>

表 A.0.2-4　会场功能检验记录表

编号：

工程名称					验收部位	
施工单位		项目经理			技术负责人	
施工执行标准名称及编号						
项目	序号	设计文件功能要求	检验内容	检验方法	检验结果	备注
音频	1					
	2					
	3					
	4					
视频	1					
	2					
	3					
	4					
灯光	1					
	2					
	3					
	4					
检验人员评定	检验人员： 年　月　日					
监理（建设）单位检验评定	监理工程师 （建设单位项目技术负责人） 年　月　日					

表 A.0.2-5　会议电视功能检验记录表

编号：

工程名称					验收部位	
施工单位			项目经理		技术负责人	
施工执行标准名称及编号						
项目	序号	设计文件（或总体）功能要求	检验内容	检验方法	检验结果	备注
连接检测	1					
	2					
	3					
	4					
终端状态	1					
	2					
	3					
	4					
网络管理	1					
	2					
	3					
	4					
检验人员评定	检验人员： 年　月　日					
监理（建设）单位检验评定	监理工程师 （建设单位项目技术负责人） 年　月　日					

表 A.0.2-6 系统质量主观评价记录表

编号：

评价人员	姓名		性别		年龄	
	工作单位				职称	
工程名称						
本会场调试情况		远程会场系统情况		传输网络情况		
执行标准名称及编号						
项目	序号	评价内容	评价方法		评价结果（等级）	备注
会场声音质量	1	本会场音频扩声系统	由本会场男、女声讲话，播放讲话录音，按本规范表 6.5.4 的要求对会场音频系统进行主观评价			
	2	远程会场音频播放系统	由远程会场男、女声讲话，播放讲话录音，按本规范表 6.5.4 的要求对会场音频系统进行主观评价			
会场图像质量	1	本会场视频图像系统	显示本会场摄像机图像信号、视频源播放信号，按本规范表6.5.5的要求对会场视频系统进行主观评价			
	2	远程会场视频图像系统	显示远程会场摄像机图像信号、视频源播放信号，按本规范表 6.5.5 的要求对会场视频系统进行主观评价			
会议电视综合效果	1	会议电视声音延时	两地会场由专人进行1至10交叉报数，用秒表记录时长，扣除不经电路传输进行交叉报数所需时间，除以10即得平均延时值			
	2	声像同步	由远程会场专人拍手掌，本会场进行声像同步测评			
	3	会议电视回声	两地会场由男声讲话和报数，两会场进行有无明显回声的主观评价			
	4	静止图像	观看远程会场摄像机前静止特写画面，评价其静止图像的清晰度			
	5	活动图像	观看远程会场摄像机前人员快速走动画面，评价其活动图像的连续性			
结论	评价人： 年 月 日					

表 A.0.2-7 系统质量检验结论表

编号：

工程名称					
建设单位			设计单位		
施工单位			监理单位		
工程概要					
主观评价	结论	合格	不合格	备注	
	会场声音质量				
	会场图像质量				
	会议电视综合效果				
客观检测	结论	一级	二级	备注	
	音频系统声学特性				
	音频系统电性能				
	视频系统显示特性				
	视频系统电性能				
	灯光系统检验结论	合格	不合格	备注	
	平均垂直照度				
	平均水平照度				
	会场照明色温				
系统质量检验结论					
建设（或使用）单位签字： （盖章） 年 月 日			施工单位签字： （盖章） 年 月 日		

A.0.3 工程竣工验收记录的表格应符合表A.0.3-1和表A.0.3-2的要求。

表A.0.3-1 工程验收结论表

编号：

工程名称		施工地址	
建设单位		设计单位	
施工单位		监理单位	
工程概要			
施工质量验收结论	合格	不合格	备注
会场功能检验结论	合格	不合格	备注
会议电视功能检验结论	合格	不合格	备注
系统质量检验结论	合格	不合格	备注
竣工验收文件审查结论	合格	不合格	备注
工程验收总结论			
建设（或使用）单位签字：（盖章） 年 月 日	监理单位签字：（盖章） 年 月 日	设计单位签字：（盖章） 年 月 日	施工单位签字：（盖章） 年 月 日

表A.0.3-2 竣工验收文件审查表

编号：

工程名称						
序号	审查内容	审查结果				备注
		完整性		准确性		
		不完整	完整	不合格	合格	
1	工程合同					
2	设计文件					
3	设备材料交接清单					
4	系统使用说明书					
5	工程实施管理资料					
6	工程质量控制及质量检测资料					
7	竣工图纸					
审查结论：						
审核人员签名： 年 月 日						

注：根据工程实际情况，验收组可增加竣工验收要求的文件，填写在空格内。

附录B 会场音频系统声学特性测量方法

B.0.1 会场音频系统声学特性指标应按现行国家标准《厅堂扩声特性测量方法》GB/T 4959有关测量条件和测量仪器的规定，对传输频率特性、声场不均匀度、最大声压级、传声增益、扩声系统语言传输指数和总噪声级进行客观测量。在保证测量精确度的条件下，应根据会议电视会场音频系统特点，作具体规定。

B.0.2 传输频率特性测量应符合下列规定：

1 测量原理框图见图B.0.2。

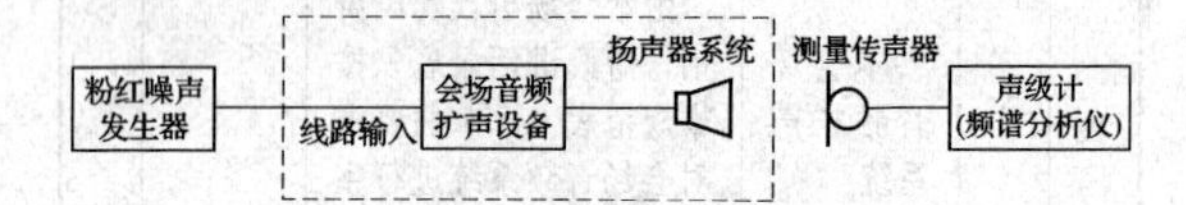

图B.0.2 电输入法测量传输频率特性原理

2 测量步骤及计算应符合下列规定：

1）按图B.0.2连接，系统处于正常稳定工作状态。

2）将粉红噪声的电信号，馈入会场音频扩声系统电输入端口，调节增益，使听众区内产生较其背景噪声高15dB以上的声压级，并保持不变。

3）用声级计频谱分析仪，测得听众区内不同测量点所规定频率范围内各1/3倍频程窄带声压级。

4）按下式计算不同频率点上所有测量点的平均声压级：

$$L_{p_f}(\mathrm{dB})=10\times\lg\left[\left(10^{\frac{L_1}{10}}+10^{\frac{L_2}{10}}+\cdots+10^{\frac{L_n}{10}}\right)\times\frac{1}{n}\right] \tag{B.0.2}$$

式中：L_1、L_2、…、L_n——测量点1、2、…、n的某1/3倍频程窄带声压级；

n——测量点总数；

L_{p_f}（dB）——某1/3倍频程中心频率点的各测量点的稳态平均声压级。

5）以L_{p_f}(dB)为纵坐标，频率f为横坐标绘制响应曲线，即为传输频率特性。

B.0.3 声场不均匀度测量应符合下列规定：

1 测量原理框图见图B.0.2。

2 测量步骤及计算应符合下列规定：

1）按本规范第B.0.2条第2款第1项～第3项测量步骤，测得听众区各测量点1kHz、2kHz和4kHz三个中心频率点各1/3倍频程窄带声压级。

2）计算出1kHz、2kHz和4kHz三个中心频率点间的声压级最大差值，即为该会场的声场不均匀度。

B.0.4 最大声压级测量应符合下列规定：

1 测量原理框图见图 B.0.2。

2 测量步骤及计算应符合下列规定：

1）将粉红噪声信号馈入扩声系统电输入端口。

2）调节增益，使功率放大器输出电压相当于扬声器系统设计使用功率或额定功率的电压值。

3）在会场内听众席各测量点，在额定传输频率范围内，测得各 1/3 倍频程的窄带的有效值声压级。

4）按本规范式（B.0.2）计算得各 1/3 倍频程频率点各测量点的平均有效值声压级；然后按下式计算得到额定传输频率范围内最大有效值总声压级，即为最大声压级。

$$L_{\max}=10\times\lg\left(10^{\frac{L_{p_{f1}}}{10}}+10^{\frac{L_{p_{f2}}}{10}}+\cdots+10^{\frac{L_{p_{fn}}}{10}}\right) \quad (B.0.4)$$

式中：$L_{p_{f1}}$、$L_{p_{f2}}$、…、$L_{p_{fn}}$——第 p_{f1}、p_{f2}、…、p_{fn} 个 1/3 倍频程中心频率点各测量点的稳态平均有效值声压级；

n——1/3 倍频程中心频率点数；

$L_{\max}$——最大声压级。

B.0.5 传声增益测量应符合下列规定：

1 测量原理框图见图 B.0.5。

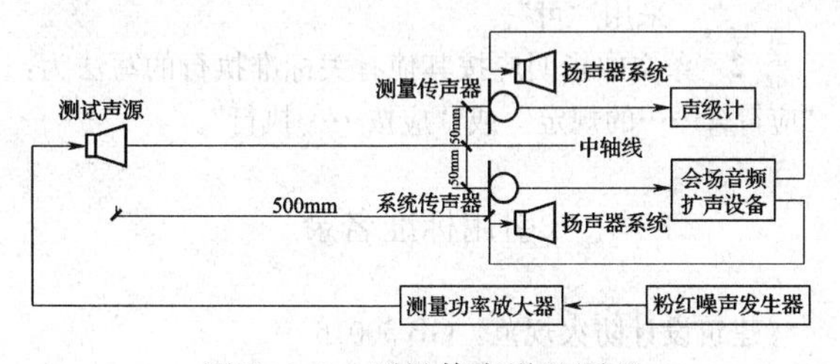

图 B.0.5 测量传声增益原理

2 测量步骤及计算应符合下列规定：

1）按图 B.0.5 连接，把测试声源高频扬声器放在距离主席台前排被测系统传声器后 500mm 处，距地高度 1200mm，将系统传声器和测量传声器分别置于测试声源高频扬声器中轴线两侧的对称位置，且两传声器等高距中轴线各 50mm。测量时，应使用该音频系统实际使用的传声器，测量其传声增益。

2）测试声源不发声信号时，调节扩声系统输出增益，使系统达到临界反馈点，然后把系统增益降低 6dB，使系统达到最高可用增益，然后保持“哑音”状态。

3）调节测试声源输出，用测量传声器监测，使测试声源在系统传声器处产生一个较该会场的背景噪声高 25dB 以上的声压级，并在音频系统所规定的频率范围内，测得各 1/3倍频程或 1/1 倍频程中心频率点的窄带声压级，并保持声压级不变。

4）消除“哑音”状态，使扩声系统恢复到正常最高可用增益状态，在会场内听众席各测量点上在规定的传输频率范围内，按 1/3 倍频程或 1/1 倍频程中心频率点，逐点测出其窄带声压级。

5）采用本规范式（B.0.2）按不同频率分别计算得到各测量点的平均声压级，然后用本规范式（B.0.4）计算得到规定频率范围听众席平均声压级。

6）同样采用本规范式（B.0.4）计算得到规定频率范围的系统传声器处的平均声压级。

7）系统传声器处平均声压级与听众席的平均声压级之差，即为该会场音频系统传输频率范围的传声增益。

B.0.6 扩声系统语言传输指数测量应符合下列规定：

1 本规范采用直接输入电信号方式测量的电输入法，测量原理框图见图 B.0.6。

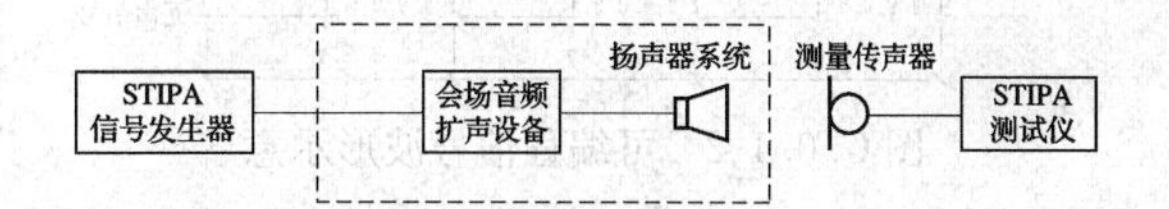

图 B.0.6 电输入法测量原理

2 测量步骤及计算应符合下列规定：

1）按图 B.0.6 原理框图连接。

2）会场音频扩声系统处于最高可用增益工作状态。

3）扩声系统语言传输指数（STIPA）信号发生器的发送信号，通过会场音频扩声系统的输入端口输入扩声系统，调节信号输出，使观众区内产生的声压级比环境噪声大 15dB。

4）在扩声系统处于稳定工作状态时测量扩声系统语言传输指数值，每测量点测量三次，求算术平均值，为该点的扩声系统语言传输指数值。

5）各测量点的算术平均值，为该会场的扩声系统语言传输指数值。

B.0.7 总噪声级测量应按现行国家标准《厅堂扩声

特性测量方法》GB/T 4959的有关规定执行。

附录C 会议电视声音延时和声像同步测量方法

C.0.1 会议电视声音延时测量应符合下列规定：

1 测量原理框图见图C.0.1-1。

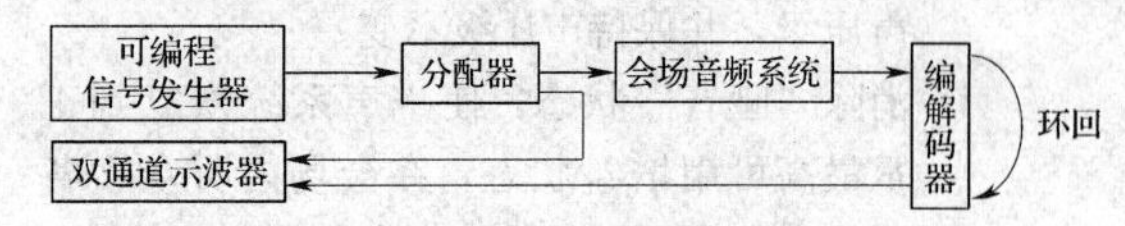

图C.0.1-1 会议电视声音延时测量系统示意

2 测量步骤应符合下列规定：

1) 将可编程信号发生器输出信号接入会场音频系统的输入端。

2) 通过双通道示波器测量可编程信号发生器输出信号和经编解码器环回信号的时间差。

3) 示波器读取的差值即为会议电视声音延时测量结果。

3 会议电视声音延时测试信号特征应符合下列规定：

1) 可编程信号的周期为 T，调制信号为1kHz的正弦波信号。

2) 周期 T 应大于系统延时。

3) 可编程信号波形见图C.0.1-2。

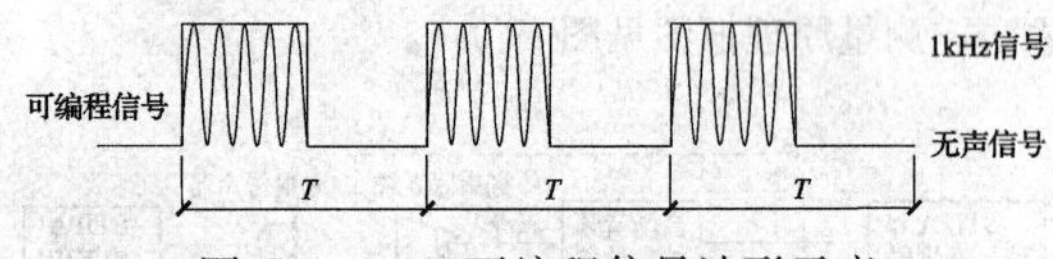

图C.0.1-2 可编程信号波形示意

C.0.2 声像同步测量应符合下列规定：

1 测量原理框图见图C.0.2-1。

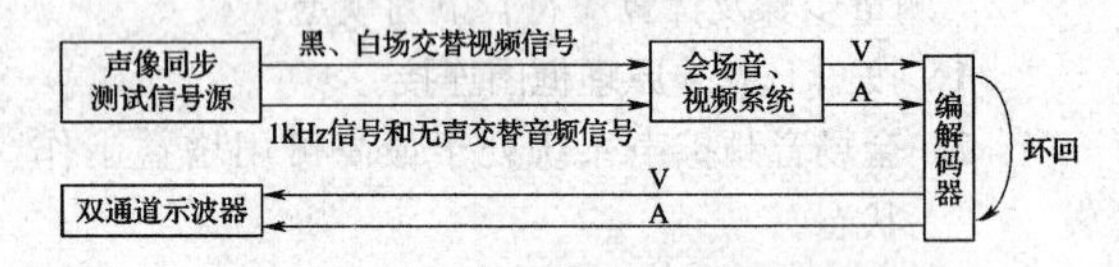

图C.0.2-1 声像同步测量系统示意

2 测量步骤应符合下列规定：

1) 将声像同步测试信号源中的音、视频信号分别接入会场音、视频系统的输入端。

2) 通过双通道示波器测量经编解码器环回的视频白场与音频1kHz信号起始点的时间差。

3) 示波器读取的差值即为声像同步测量结果。

3 声像同步测试信号特征应符合下列规定：

1) 视频信号为100%平场信号和0平场信号循环跳变，每2s跳变一次。

2) 音频信号为1kHz正弦波信号和无声信号循环跳变，每2s跳变一次。

3) 视频信号与音频信号之间存在特定关系，见图C.0.2-2，其中视频100%平场信号与音频1kHz正弦波信号同步，视频0平场信号与音频无声信号同步。

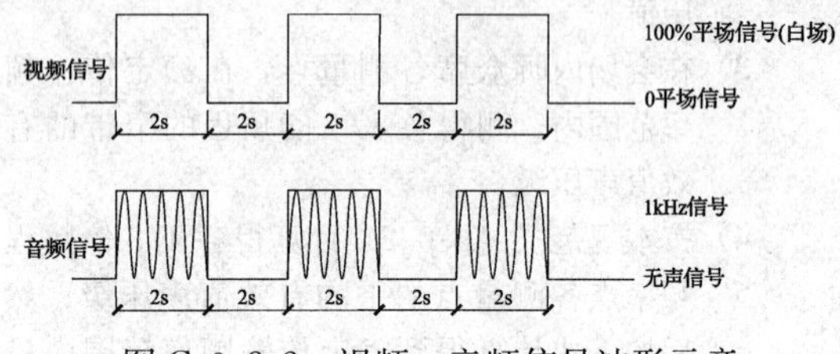

图C.0.2-2 视频、音频信号波形示意

本规范用词说明

1 为便于在执行本规范条文时区别对待，对要求严格程度不同的用词说明如下：

1) 表示很严格，非这样做不可的：
正面词采用“必须”，反面词采用“严禁”；

2) 表示严格，在正常情况下均应这样做的：
正面词采用“应”，反面词采用“不应”或“不得”；

3) 表示允许稍有选择，在条件许可时首先应这样做的：
正面词采用“宜”，反面词采用“不宜”；

4) 表示有选择，在一定条件下可以这样做的，采用“可”。

2 条文中指明应按其他有关标准执行的写法为：“应符合……的规定”或“应按……执行”。

引用标准名录

《建筑设计防火规范》GB 50016
《建筑电气工程施工质量验收规范》GB 50303
《综合布线系统工程验收规范》GB 50312
《电子信息系统机房施工及验收规范》GB 50462
《视频显示系统工程技术规范》GB 50464
《视频显示系统工程测量规范》GB/T 50525
《会议电视会场系统工程设计规范》GB 50635
《电视视频通道测试方法》GB 3659
《厅堂扩声特性测量方法》GB/T 4959
《照明测量方法》GB/T 5700
《广播声频通道技术指标测量方法》GB/T 15943

中华人民共和国国家标准

会议电视会场系统工程施工及验收规范

GB 50793—2012

条 文 说 明

制 定 说 明

《会议电视会场系统工程施工及验收规范》GB 50793—2012，经住房和城乡建设部2012年6月28日以第1433号公告批准发布。

本规范按照实用性原则、先进性原则、合理性原则、科学性原则、可操作性原则、协调性原则、规范化原则制定。

本规范制定过程分为准备阶段、征求意见阶段、送审阶段和报批阶段，编制组在各阶段开展的主要编制工作如下：

准备阶段：起草规范的开题报告，重点分析规范的主要内容和框架结构、研究的重点问题和方法，制定总体编制工作进度安排和分工合作等。

征求意见阶段：编制组根据审定的编制大纲要求，由专人起草所负责章节的内容。各编制人员在前期收集资料的基础上分析国内外相关法规、标准、规范和同类工程技术水平，然后起草规范讨论稿，并经过汇总、调整形成规范征求意见稿初稿。

在完成征求意见稿初稿后，编写组组织了多次会议分别就重点问题进行研讨，并进一步了解有关问题的现状以及工程、测量情况，在此基础上对征求意见稿初稿进行了多次修改完善，形成了征求意见稿和条文说明。并由原信息产业部电子工程标准定额站组织向全国各有关单位发出“关于征求《会议电视会场系统工程施工及验收规范》意见的函”，在截止时间内，共有20个单位和个人返回了意见共计190多条。编制组对意见逐条进行研究，于2010年8月完成了规范的送审稿编制。

送审阶段：2010年11月4日，由工业和信息化部规划司在北京组织召开了《会议电视会场系统工程施工及验收规范》（送审稿）专家审查会，通过了审查。审查专家组认为，本规范在总结我国会议电视会场工程建设实际情况的基础上，结合国情进行分析、论证，符合我国会议电视使用特点，较好地处理了与我国现行相关规范的关系，填补了我国的空白。规范内容针对会议电视会场系统的音频、视频、灯光等专业的工程特点，规定了施工安装要求，统一了质量验收标准。规范内容涉及会议电视会场系统工程施工质量管理，施工质量控制，工程的检验、测量，竣工验收内容和验收文件等，涵盖全面、层次清晰、格式规范。体现了科学性、先进性、协调性、可操作性。本规范的发布和实施将为规范会议电视会场系统的工程建设，提高会议电视会场系统的工程质量提供了依据。

报批阶段：根据审查会专家意见，编制组进行了认真修改、完善，形成报批稿。

本规范制订过程中，编制组进行了深入调查研究，总结了国内已完成同类工程的实践经验，同时进行了多次现场实际测试，广泛征求了国内有关设计、生产、使用等单位的意见，最后制定出本规范。

为便于广大设计、施工、使用等单位有关人员在使用本规范时能正确理解和执行条文规定，《会议电视会场系统工程施工及验收规范》编制组按章、节、条顺序编制了本规范的条文说明，对条文规定的目的、依据以及执行中需要注意的有关事项进行了说明。但是，本条文说明不具备与规范正文同等的法律效力，仅供使用者作为理解和把握规范规定的参考。

目　次

1 总 则

1.0.1 本规范制定的目的是：统一会议电视会场系统工程的质量管理和施工质量验收标准。

1.0.2 本规范适用于专用会议电视会场系统建设工程。

2 术 语

2.0.2 在会议电视系统中，图像的主体是人的发言过程，往往用发言时嘴唇的动作与声音的同步时限作为衡量标准，又称唇音同步。一般唇音同步的时限要求不应大于40ms。

2.0.3 会议电视系统的回声是由传输网络回传的声音，比起通常会场的回声要复杂。因为召开会议电视时有多个会场交互发言、同时收听，随时有可能更换发言和收听的位置，有时候还需要会场之间进行对话，如果会议电视回声较大，会扰乱整个会议电视的使用。因此要保证开好会议电视，必须从技术上采取措施，确保会议正常进行。目前，较普遍采用的办法是设置电路回声抑制器。

3 施 工 准 备

3.1 施工前准备

3.1.1 会议电视会场系统的音频、视频、灯光系统工程施工，需根据土建、装饰装修、空调、供配电、地线系统等分部、分项工程阶段完成后或进入交叉施工阶段时，才能进场施工。进场施工前应明确建筑结构、装饰装修、供配电、通信等相关专业工种的工作界面及进度安排。

3.1.2 施工前应按本规范的施工要求对音频系统、视频系统和灯光系统等设计、施工文件进行深化设计。

3.1.4 本条规定了施工前施工企业应准备落实的各项具体事宜。

1 设计文件、施工图纸、施工计划和工程预算应由甲方或总包方、工程监理等进行审核、批准，解决存在的问题。

2 施工单位应根据现场施工条件，制定详细、可行的施工组织及人员配置方案，明确岗位责任制。

3 明确设计人员、施工人员各自责任，完成技术交底，使各专业施工人员了解自己的职责，熟悉施工图纸、进度、质量及施工工艺。

4 对施工设备进行安全检查，完善可能造成人身伤害的防护措施，落实在施工中可能发生安全事故环节的解决方案。

3.2 设备、材料检验

3.2.1 本条说明如下：

4 电源缆线和电源连接器件应是经出厂检验符合国家安全标准的合格产品，且附有产品合格证。

3.2.3 本条说明如下：

1 确认商业化软件的版权及使用权限。

4 施 工

4.1 一 般 规 定

4.1.1 设备安装的位置、角度、工艺是经过设计会审批准确定的，更改施工图纸时可能会影响系统性能指标或施工质量，如果需要更改，必须按规定进行变更、洽商解决，并如实记录备查。

4.1.2 本条为强制性条文。吊装、壁装设备的重量必须符合建筑结构负载量的承受能力，并且预埋件必须与建筑结构面牢固、稳定地连接；焊接面、紧固件不能有任何虚焊和松动现象，连接处做必要的防腐处理，预埋件的材质必须满足承重要求。另外，大面积显示墙必须采取防倾斜措施，加装水平紧固件。

4.1.3 本条为强制性条文。吊装扬声器系统、投影机、显示设备、灯具等应加装防坠落安全绳锁，且绳锁两端接点应与建筑结构面和所吊设备牢固连接。

4.1.4 在设备使用说明中标明有特殊工艺要求时，施工时应特别注意，严格按照设备安装说明书执行。

4.1.5 本条说明如下：

1 设备之间的缆线两端，按接线图标识设置的标签要字迹工整、清晰，且不易擦涂或脱落，便于工程安装和日后系统维护。

3 缆线与连接器件压接、绕接、焊接点应牢固、美观，注意相位、极性关系，接点之间要做绝缘处理。

4.2 线 管

4.2.1 施工图纸已经过设计会审，是随工检验和下一工序施工的依据，也是竣工后系统维护的文件资料。

4.2.2 本条说明如下：

6 防止交流电源对音、视频信号的干扰，信号线缆与交流电源线应采用金属隔板隔离。

7 线槽材质应符合防火标准。

4.3 缆 线

4.3.2 本条说明如下：

4 缆线敷设后，应检测校对符合施工图纸要求后，再排放整齐。

4.3.3 本条说明如下：

2 缆线两端留有的余量应根据设备放置在会场

的位置或控制台、机架的位置确定。

4.4 摄 像 机

4.4.1 会场内摄像机由于安装方式不同，安装前应检查摄像机的成像方向，并预先设置避免反向成像。

4.4.2 摄像机摄取图像时，要求平稳、无晃动，而电动云台转动时扭矩力很大，因此摄像机或电动云台支架应非常牢固，有条件时，应尽量选用原厂配套的安装支架。

4.4.3 视频设备采用同一相电源供电，有利于视频系统同步。有些型号的摄像机采用直流低压供电，对于传输较长的电缆，直流电压或电流衰减很大，通电前应检查摄像机和电动云台的工作电压或工作电流。

4.4.4 摄像机吊装时应注意视角范围内不要存在灯具或投影机等吊件。

4.4.6 施工中应注意摄像机链接器件两端冗余缆线的灵活性，避免链接器件受外力而短期内损坏。

4.4.7 流动三脚架上的摄像机预留缆线的长度应视现场的具体情况确定，以方便使用、不影响周围人员为度。

4.5 显示屏幕系统

4.5.3 本条说明如下：

1 不同光学的投影机投射距离不同，安装前应核对好安装距离并预留调整余量。

4 高亮度的投影机的防尘、防潮、降温、防噪声很重要，背投影的投影间应根据投影机功率、噪声、散热情况，采取密封并安装空调等措施。

4.6 扬声器系统

4.6.1 本条说明如下：

1 所有扬声器应按设计要求，分别安装在指定位置、高度和指向角度，施工中不能随意更改。

2 本款为强制性内容，扬声器安装件必须是扬声器厂家或专业安装件生产厂家提供的，经过承重检验合格的产品。

3 本款为强制性内容，大型扬声器系统使用安全问题非常重要，由于大功率扬声器声辐射能量很大，很容易与周边连接体一起产生共振或谐振，不利于使用安全和扩声效果。

4 在会场顶棚内安装扬声器系统时应特别注意扬声器系统与周边的接触衔接，应采用软接触的方式，避免扬声器系统与周边接触物形成谐振，同时还要避免扬声器在顶棚内形成腔体共振。

5 暗装时，需要注意扬声器前面的透声效果和盒体周边使用吸音材料，并避免腔体共振。

4.6.2 本条说明如下：

1 所有扬声器系统缆线应设置与控制室功率放大器输出相对应的编号及相位标记，便于检测和维护。

2 扬声器系统的相位对扩声系统的声场和音质影响很大。

4.7 传 声 器

4.7.1 传声器缆线的插头、插座统一按平衡方式连接，能减少噪声干扰。

4.7.2 采取抗拉保护措施是为了防止传声器缆线与接插头断开。

4.7.3 会场传声器的缆线、插座盒、控制室调音台的输入通道标识应一致，便于检测和维护。

4.8 灯 具

4.8.1 本条说明如下：

3 本款为强制性内容，确认灯具吊装设备和预埋吊件连接安全、可靠，防坠落设施完全有效。

4 确认灯具缆线绝缘电阻符合设计要求，并且软管布放位置不会受到环境破坏。

5 本款为强制性内容，用于灯具的电缆必须使用具有防火阻燃特性的合格产品。

4.9 控制室和机房

4.9.1 控制室及机房的空调、防雷、供配电、消防、给排水、监控与安防系统的施工安装应符合现行国家标准《电子信息系统机房施工及验收规范》GB 50462的有关规定。

4.9.2 本条说明如下：

1 控制台、机柜的位置和朝向对使用人员的操作影响很大，施工前，应进行现场实测，深化控制室和机房设备布置图。按施工图纸要求严格执行。

8 在地震区的区域内安装控制台、机柜时，应按抗震等级要求采取必要的抗震加固措施。

4.9.7 电视墙或称图像显示墙，由多个监视器或电视机组成，是能显示多个图像画面的墙体。

5 系统调试与试运行

5.2 系 统 调 试

5.2.1 灯光系统的指标参数对视频系统的图像质量有影响，只有灯光系统指标参数确定后，才能达到视频图像效果的最佳调试；音频系统的噪声指标很重要，只有会场系统设备全部运行时，才能调试。

5.2.2 本条说明如下：

1 调试中应注意检查灯光系统的用电总负荷，并应排查系统隐患。

2 调试过程中应根据灯源表面温度，检查灯光使用的安全性，如果灯源表面温度很高，并与周围物品距离很近，长时间使用时，应避免将周围的物品烧焦、烧坏，杜绝火灾隐患。

5　系统平均照度的测试包括水平照度和垂直照度。同时，还应测量灯源色温是否符合设计要求。

5.2.4　本条说明如下：

4　开机前将各级设备的增益控制调低，音量调至最小，并选用动态较小的音源节目放音，自前级至后级逐个接通设备电源，检查无误后，再将功率放大器和扬声器系统接通，并进行指标、参数的调试。

5.3　系统联调

5.3.1　当会场系统先于传输网络建设时，应根据会场情况分阶段调试。

5.4　系统试运行

5.4.1　会议电视会场系统作为会议电视系统的一个组成部分，进入试运行前，应经过本网有关管理部门批准。

5.4.3　系统试运行时间不少于3个月是对系统试运行的时间约定，指系统在3个月内应将常规使用与定时开机相结合，熟悉系统功能和操作，发现系统存在的问题或可能出现的故障，以便尽快完善。

5.4.4　系统试运行期间，设计、施工单位要对使用单位的技术人员进行实际操作的指导和培训，根据使用情况，逐步建立务实的管理、使用、操作和维护制度。

5.4.6　系统试运行期间如出现重大事故应立即找出故障点，查明原因，尽快修复，是否中止试运行应根据事故分析报告决定。

6　检验和测量

6.1　会场环境检验

6.1.1　本条是对建筑结构、建筑装饰装修和建筑电气等会场环境施工质量的检验内容要求，应由上述施工单位按现行国家标准《会议电视会场系统工程设计规范》GB 50635—2010第5章的规定或工程设计文件要求进行竣工验收。会场系统施工前，如存在会场环境中不符合上述要求的内容，应由建设或监理单位主持按照本条规定重新进行检验，查明原因，分清责任。由于会场环境施工质量造成的不合格项目，应由施工单位负责修复，直至合格为止。

6.2　施工质量检验

6.2.3　本规范附录A.0.2-3表中的检验项目和检验内容，可根据工程设计文件的要求自行增减。只有设备施工质量检验全部合格，才能确保会场系统整体工程质量。

6.2.4　会场灯光系统无论作为建筑照明工程统一验收或作为会场分部工程独立验收，均应执行本规范的相关要求。

6.3　会场功能检验

6.3.1　根据建设方提供的会场功能要求，不同会场的建设规模和使用功能会有很大差别，应根据工程设计文件要求确定会场功能的检验项目和内容。会场功能检验项目和内容一般应包括：音量调节、音色调节、录音、监听、音频扩声；摄像机及云台的控制、监视、系统控制与切换、录像、字幕、大屏幕显示；灯光调控等。

6.3.2　会场功能检验方法应采用在现场进行音频、视频及灯光系统的综合功能演示，满足建设方及工程设计文件规定的各项功能要求。

6.3.3　本规范附录A.0.2-4表中的检验项目和检验内容，应根据工程设计文件的功能要求和条文说明第6.3.1条的要求确定。

6.4　会议电视功能检验

6.4.1　会议电视功能检验主要是检测会场会议电视终端（编解码器）、网络传输与多点控制设备（MCU）组成的会议电视系统实现的功能是否符合总体设计要求。由于不同的会议电视系统的网络传输、系统的选型设备差异很大，总体要求也不尽相同，因此，主会场和分会场的检验项目和内容需要根据总体设计要求或工程设计文件规定进行，并按实际情况确定检测项目和方法。

6.4.2　会议电视功能检验时需要会场系统与全网会议电视系统连通。只有负责全网管理的技术人员参与，才能确保系统工作正常和验收工作顺利进行。

6.4.4　本规范附录A.0.2-5表中的检验项目和检验内容，应根据全网总体设计要求和会场工程设计文件的会议电视系统功能要求确定。

6.5　系统质量主观评价

6.5.3　评价人员通常由下列人员组成：专家、建设单位或工程监理、使用人员、设计人员、施工人员。

6.5.4　本条说明如下：

2　会场声音质量的主观评价主要是为检验音频系统的语言质量，因此评价内容应为男、女语声的现场扩声和远程会场传输的语言声音，并从语言清晰度、可懂性、自然度等方面作出综合评价。

6.5.5　本条说明如下：

2　会场图像质量的主观评价主要是为检验视频系统图像质量，因此评价内容应为会场屏幕显示系统显示本会场摄像机摄取的图像信号和远程会场传送的图像信号，并应从图像还原真实性、亮度、对比度、图像色调及色饱和度等方面作出综合评价。如果会场系统设计具有计算机图像显示或传输功能时，应增加计算机图像效果主观评价内容。

6.5.6 本条说明如下：

1 会议电视综合效果主观评价是针对会议电视特有性能的检验，这些内容直接影响会议电视的使用效果和性能。

2 会议电视声音延时：当工程设计文件没有明确要求时，该指标不应大于500ms。

声像同步：当工程设计文件没有明确要求时，该指标不应大于40ms。

静止图像：将远程会场摄像机对准拇指指纹或其他静止图像，观察指纹的清晰度或静止图像的细腻程度。

6.6 系统质量客观测量

6.6.5 本条说明如下：

6 总噪声级应包括背景噪声和系统噪声。

6.6.7 音频系统电性能指标是指从传声器接入端口开始，经调音台、音频周边设备和编解码器（1次编码1次解码）等所有音频通路的运行指标。

6.6.9 本条说明如下：

1 对采用正投影方式的会议电视会场显示屏，因为会场的灯光照度相对较强，屏幕图像的对比度较差，影响观看效果；此外，某些高亮度投影机的噪声也较高，因此设计中一般不推荐使用正投影方式。但对于某些由于场地原因采用了正投影方式的会场，在检测时应注意，由于投影机的亮度通常以光通量来表示，正投幕以照度来表示，本规范为了便于会场图像效果的可比性，对于采用正投影方式的屏幕指标检测，依然采用同一测量方法检测屏幕的亮度、图像对比度和亮度均匀性等，正投影方式的图像对比度数值与其他显示屏相比会差很多。

4 图像清晰度测量时应包括视频系统通路中的所有设备，如特技信号发生器、分配器、视频切换矩阵、编解码器（1次编码1次解码）等。

6.6.11 视频系统电性能指标是指从摄像机接入端口开始，经特技信号发生器、分配器、视频切换矩阵、编解码器（或1次编码1次解码）等所有视频通路的运行指标。

7 验　　收

7.2 竣工验收文件

7.2.1 竣工验收文件应按本条所列内容并结合工程实际情况，由施工单位整理成册，送交建设单位作为验收文件之一归档。

附录B 会场音频系统声学特性测量方法

B.0.2 传输频率特性测量应符合下列规定：

1 本规范采用《厅堂扩声特性测量方法》GB/T 4959—1995中第6.1.1.2规定的电输入法，用1/3倍频程频谱仪测量其传输频率特性。在电输入法测量传输频率特性原理中，认为系统传声器的频率响应是平直的扩声系统频率特性，也就是放声系统的频率特性。真实的扩声系统频率特性应对系统传声器频率响应进行叠加。

2 会场内各测量点稳态的各1/3倍频程中心频率点的平均声压级按能量平均法（即有效值）计算，即式（B.0.2）。也可采用声压平均法，按下式计算：

$$L_{p_f}(\mathrm{dB}) = 20\times\lg\left[\left(10^{\frac{L_1}{20}}+10^{\frac{L_2}{20}}+\cdots+10^{\frac{L_n}{20}}\right)\times\frac{1}{n}\right] \quad (1)$$

也可采用算术平均法，按下式计算：

$$L_{p_f}(\mathrm{dB}) = (L_1+L_2+\cdots+L_n)\times\frac{1}{n} \quad (2)$$

应该指明，声压平均法与能量平均法的计算结果较接近，可以采用。当L_1、L_2、…、L_n之间最大的声压级最大差值不超过5dB时，也有采用算术平均法计算的，它与能量平均法、声压平均法计算的误差在0.5dB之内。

B.0.4 最大声压级测量应符合下列规定：

2 此处的最大声压级是在应用粉红噪声使功率放大器输出电压相当于“扬声器系统设计使用功率或额定功率”的电压值激励扬声器系统的条件下，在额定传输频率范围内测得的。如果实测传输频率范围较额定传输频率范围宽，则可用实测的传输频率范围计算最大声压级。

在测量时能满足现行国家标准《会议电视会场系统工程设计规范》GB 50635的规定值即可。

B.0.5 传声增益测量应符合下列规定：

2 本款说明如下：

1）测试声源，最好采用“人工嘴”形的点声源或采用扬声器单元直径不大于ϕ165的闭箱同轴扬声器作声源（其他性能要求按现行国家标准《厅堂特性测量方法》GB/T 4959），以提高测量的精确度。系统传声器和测量传声器置于测试声源中轴线两侧对称位置，与中轴线距离为对称的±50mm左右，以提高测量精度。

2）调节系统传声器处的声压级，并测量其1/3倍频程或1/1倍频程中心频率的声压级时，扩声系统应处于“哑音”状态。

3）测量会场内各测量点的1/3倍频程或1/1倍频程声压级时，扩声系统消除“哑音”状态，处于最高可用增益状态。

4）用能量平均法，按式（B.0.2）计算会场内各测量点空间平均声压级，计算得出1/3倍频程或1/1倍频程中心频率与传声器处响应中心频率的声压级差值。再用式（B.0.2）计算出各中心频率的声压级差值的平均值，即为该系统的传声增益值。

B.0.6 扩声系统语言传输指数(STIPA)是语言传输指数(STI)的一种简化形式。语言传输指数(STI)是表示有关语言可懂度的语言传输质量的一个物理量。它是基于98个数据点的调制转移函数 $m(f)i$ 而定的，其测量信号是一个有正弦强度调制的噪声载波，以14个调制频率（容差为±5%）(0.63Hz、0.8Hz、1.0Hz、1.25Hz、1.6Hz、2.0Hz、2.5Hz、3.15Hz、4.0Hz、5.0Hz、6.25Hz、8.0Hz、10.0Hz和12.5Hz)在七个倍频带(125Hz、250Hz、500Hz、1kHz、2kHz、4kHz和8kHz)中调制(共14×7=98个数据点)。由于使用STI方法较繁杂，工作量大，测试时间长，很难广泛推广使用。近年来，国际电工委员会IEC 60286-16.2003(E)《Objective rating of speech intelligibility by speech transmission index》推荐的STIPA方法是STI的一种简化方法，已得到国际上的认可和广泛使用。

附录C 会议电视声音延时和声像同步测量方法

C.0.1 会议电视声音延时测量应符合下列规定：

1 会议电视声音延时应为发言会场的声音传送至接收会场所听到的声音延时时间，包括会场音频系统、一次编码、一次解码和网络传输的延时。在测量中采用编解码器环回或经一次编码、一次解码的方式，是为了能在一个会场内模拟实际使用情况，简单有效地进行客观测量。为了能测到网络传输的延时，编解码器应在远程会场环回，这样测得的会议电视声音延时结果应为实际数值的2倍（实测数值的1/2即为会议电视声音延时）。会场内声信号传播过程的延时，本测量方法没有具体规定。

2 声音延时由会场音频系统、编解码器和传输信道三部分组成。在实际工程中，编解码器的延时时间在选定型号后即为定值，而传输信道则距离远近差距很大，难以硬性规定指标。本规范在第6.5.6条的条文说明中提供的数据只供参考。

C.0.2 声像同步应为发言会场的图像动作和声音传送至接收会场获得的图像动作和声音的同步性，包括会场系统、一次编码、一次解码和网络传输中的同步性叠加。为了能在一个会场内模拟实际使用情况，简单有效地进行客观测量，可采用编解码器本地环回或经一次编码、一次解码的方式进行测量。

中华人民共和国国家标准

光伏发电站施工规范

Code for construction of PV power station

GB 50794—2012

主编部门：中 国 电 力 企 业 联 合 会
批准部门：中华人民共和国住房和城乡建设部
施行日期：2 0 1 2 年 1 1 月 1 日

中华人民共和国住房和城乡建设部
公　　告

第1429号

住房城乡建设部关于发布国家标准《光伏发电站施工规范》的公告

现批准《光伏发电站施工规范》为国家标准，编号为GB 50794-2012，自2012年11月1日起实施。其中，第5.3.4、5.3.5、5.4.3、5.5.4、6.4.4、6.4.5条为强制性条文，必须严格执行。

本规范由我部标准定额研究所组织中国计划出版社出版发行。

中华人民共和国住房和城乡建设部

二〇一二年六月二十八日

前　　言

本规范根据住房和城乡建设部《关于印发〈2010年工程建设国家标准制订、修订计划〉的通知》（建标〔2010〕43号）的要求，由协鑫光伏系统有限公司会同有关单位共同编制完成。

本规范在编制过程中，编制组进行了广泛的调查分析，召开了多次专题研讨会，总结了近年来我国光伏发电站施工技术的实践经验，与国际先进的标准进行了比较和借鉴。在此基础上以多种方式广泛征求了全国有关单位的意见，对主要问题进行了反复讨论和研究，最后经审查定稿。

本规范共分9章和3个附录，主要技术内容包括总则、术语、基本规定、土建工程、安装工程、设备和系统调试、消防工程、环保与水土保持、安全和职业健康等。

本规范中以黑体字标志的条文为强制性条文，必须严格执行。

本规范由住房和城乡建设部负责管理和对强制性条文的解释，由中国电力企业联合会负责日常管理，由协鑫光伏系统有限公司负责具体技术内容的解释，为了提高规范质量，请各单位在执行本规范的过程中，注意总结经验，积累资料，如有意见或建议，请寄协鑫光伏系统有限公司（地址：江苏省南京市珠江路1号珠江壹号大厦50～53层，邮政编码：210008），以供今后修订时参考。

本规范主编单位、参编单位、主要起草人和主要审查人：

主 编 单 位：协鑫光伏系统有限公司
中国电力企业联合会

参 编 单 位：国华能源投资公司
华电新能源发展有限公司
华电电力科学研究院
无锡尚德太阳能电力有限公司
葛洲坝集团电力有限责任公司
中电电气（南京）太阳能研究院有限公司
中国水利水电第三工程局有限公司
诺斯曼能源科技有限公司
国家太阳能研究设计院

主要起草人：徐永邦　康明虎　张文忠　顾华敏　于　耘　瞿建国　高　辉　范　炜　贾艳刚　姚卫星　徐洪军　潘建峰　季蔚蓉　刘小宝　许　霞　董习斌　任玉亭　钟天宇　张　伟　王文平　高鹏飞　余　平　邵　吉　乔　学　支少锋　庄晓武　马万疆　张宫斌　李　杨

主要审查人：李世民　郭家宝　汪　毅　李春山　衣传宝　陆志刚　任玉清　姚敏成　石司强　赵震亚　高　平　王　野　王宏波　李　斌　孙　湧　何国庆　吴福保　葛小丰　马乃兵　沈正平　徐　阳　张云波　王素美　张士平　朱庚富　严玉廷　吕平洋　张友权　孙耀杰

目　次

Contents

1 总 则

1.0.1 为保证光伏发电站工程的施工质量，促进工程施工技术水平的提高，确保光伏发电站建设的安全可靠，制定本规范。

1.0.2 本规范适用于新建、改建和扩建的地面及屋顶并网型光伏发电站，不适用于建筑一体化光伏发电工程。

1.0.3 光伏发电站施工前应编制施工组织设计文件，并制订专项应急预案。

1.0.4 光伏发电站工程的施工，除应符合本规范外，尚应符合国家现行有关标准的规定。

2 术 语

2.0.1 光伏组件 PV module

指具有封装及内部联接的、能单独提供直流电的输出、最小不可分割的太阳电池组合装置。又称为太阳电池组件。

2.0.2 光伏组件串 PV string

在光伏发电系统中，将若干个光伏组件串联后，形成具有一定直流输出电压的电路单元。简称组件串或组串。

2.0.3 光伏支架 PV supporting bracket

光伏发电系统中为了摆放、安装、固定光伏组件而设计的专用支架。简称支架。

2.0.4 方阵（光伏方阵） array（PV array）

由若干个太阳电池组件或太阳电池板在机械和电气上按一定方式组装在一起并且有固定的支撑结构而构成的直流发电单元。又称为光伏方阵。

2.0.5 汇流箱 combiner-box

在光伏发电系统中将若干个光伏组件串并联汇流后接入的装置。

2.0.6 跟踪系统 tracking system

通过机械、电气、电子电路及程序的联合作用，调整光伏组件平面的空间角度，实现对入射太阳光跟踪，以提高光伏组件发电量的装置。

2.0.7 逆变器 inverter

光伏发电站内将直流电变换成交流电的设备。

2.0.8 光伏发电站 PV power station

利用太阳电池的光生伏打效应，将太阳辐射能直接转换成电能的发电系统。

2.0.9 并网光伏发电站 grid-connected PV power station

直接或间接接入公用电网运行的光伏发电站。

3 基本规定

3.0.1 开工前应具备下列条件：

1 在工程开始施工之前，建设单位应取得相关的施工许可文件。

2 施工现场应具备水通、电通、路通、电信通及场地平整的条件。

3 施工单位的资质、特殊作业人员资格、施工机械、施工材料、计量器具等应报监理单位或建设单位审查完毕。

4 开工所必需的施工图应通过会审；设计交底应完成；施工组织设计及重大施工方案应已审批；项目划分及质量评定标准应确定。

5 施工单位根据施工总平面布置图要求布置施工临建设施应完毕。

6 工程定位测量基准应确立。

3.0.2 设备和材料的规格应符合设计要求，不得在工程中使用不合格的设备材料。

3.0.3 进场设备和材料的合格证、说明书、测试记录、附件、备件等均应齐全。

3.0.4 设备和器材的运输、保管，应符合本规范要求；当产品有特殊要求时，应满足产品要求的专门规定。

3.0.5 隐蔽工程应符合下列要求：

1 隐蔽工程隐蔽前，施工单位应根据工程质量评定验收标准进行自检，自检合格后向监理方提出验收申请。

2 应经监理工程师验收合格后方可进行隐蔽，隐蔽工程验收签证单应按照现行行业标准《电力建设施工质量验收及评定规程》DL/T 5210相关要求的格式进行填写。

3.0.6 施工过程记录及相关试验记录应齐全。

4 土 建 工 程

4.1 一 般 规 定

4.1.1 土建工程的施工应按照现行国家标准《建筑工程施工质量验收统一标准》GB 50300的相关规定执行。

4.1.2 测量放线工作应按照现行国家标准《工程测量规范》GB 50026的相关规定执行。

4.1.3 土建工程中使用的原材料进厂时，应进行下列检测：

1 原材料进场时应对品种、规格、外观和尺寸进行验收，材料包装应完好，应有产品合格证书、中文说明书及相关性能的检测报告。

2 钢筋进场时，应按现行国家标准《钢筋混凝土用钢》GB 1499等的规定抽取试件作力学性能检验。

3 水泥进场时应对其品种、级别、包装或散装仓号、出厂日期等进行检查，并应对其强度、安定性及其他必要的性能指标进行复验，其质量应符合现行国家标准《通用硅酸盐水泥》GB 175 等的规定。

4.1.4 当国家规定或合同约定应对材料进行见证检测时或对材料的质量发生争议时，应进行见证检测。

4.1.5 原材料进场后应分类进行保管，对钢筋、水泥等材料应存放在能避雨、雪的干燥场所，并应做好各项防护措施。

4.1.6 混凝土结构工程的施工应符合现行国家标准《混凝土结构工程施工质量验收规范》GB 50204 的相关规定。

4.1.7 对掺用外加剂的混凝土，相关质量及应用技术应符合现行国家标准《混凝土外加剂》GB 8076 和《混凝土外加剂应用技术规范》GB 50119 的相关规定。

4.1.8 混凝土的冬期施工应符合现行行业标准《建筑工程冬期施工规程》JGJ/T 104 的相关规定。

4.1.9 需要进行沉降观测的建（构）筑物，应及时设立沉降观测标志，做好沉降观测记录。

4.1.10 隐蔽工程可包括：混凝土浇筑前的钢筋检查、混凝土基础基槽回填前的质量检查等。隐蔽工程的验收应符合本规范第 3.0.5 条的要求。

4.2 土方工程

4.2.1 土方工程的施工应执行现行国家标准《建筑地基基础工程施工质量验收规范》GB 50202 的相关规定，深基坑基础的土方工程施工还应执行现行行业标准《建筑基坑支护技术规程》JGJ 120 的相关规定。

4.2.2 土方工程的施工中如遇有爆破工程应按照现行国家标准《土方与爆破工程施工及验收规范》GB 50201 的相关规定执行。

4.2.3 工程施工之前应建立全场高程控制网及平面控制网。高程控制点与平面控制点应采取必要保护措施，并应定期进行复测。

4.2.4 土方开挖之前应对原有的地下设施做好标记，并应采取相应的保护措施。

4.2.5 支架基础采用通长开挖方式时，在保证基坑安全的前提下，需要回填的土方宜就近堆放，多余的土方应运至弃土场地堆放。

4.2.6 对有回填密实度要求的，应试验检测合格。

4.3 支架基础

4.3.1 混凝土独立基础、条形基础的施工应按照现行国家标准《混凝土结构工程施工质量验收规范》GB 50204 的相关规定执行，并应符合下列要求：

1 在混凝土浇筑前应先进行基槽验收，轴线、基坑尺寸、基底标高应符合设计要求。基坑内浮土、杂物应清除干净。

2 基础拆模后，应对外观质量和尺寸偏差进行检查，并及时对缺陷进行处理。

3 外露的金属预埋件应进行防腐处理。

4 在同一支架基础混凝土浇筑时，宜一次浇筑完成，混凝土浇筑间歇时间不应超过混凝土初凝时间，超过混凝土初凝时间应做施工缝处理。

5 混凝土浇筑完毕后，应及时采取有效的养护措施。

6 支架基础在安装支架前，混凝土养护应达到70%强度。

7 支架基础的混凝土施工应根据与施工方式相一致的且便于控制施工质量的原则，按工作班次及施工段划分为若干检验批。

8 预制混凝土基础不应有影响结构性能、使用功能的尺寸偏差，对超过尺寸允许偏差且影响结构性能、使用功能的部位，应按技术处理方案进行处理，并重新检查验收。

4.3.2 桩式基础的施工应执行国家现行标准《建筑地基基础工程施工质量验收规范》GB 50202 及《建筑桩基技术规范》JGJ 94 的相关规定，并应符合下列要求：

1 压（打、旋）式桩在进场后和施工前应进行外观及桩体质量检查。

2 成桩设备的就位应稳固，设备在成桩过程中不应出现倾斜和偏移。

3 压桩过程中应检查压力、桩垂直度及压入深度。

4 压（打、旋）入桩施工过程中，桩身应保持竖直，不应偏心加载。

5 灌注桩成孔钻具上应设置控制深度的标尺，并应在施工中进行观测记录。

6 灌注桩施工中应对成孔、清渣、放置钢筋笼、灌注混凝土（水泥浆）等进行全过程检查。

7 灌注桩成孔质量检查合格后，应尽快灌注混凝土（水泥浆）。

8 采用桩式支架基础的强度和承载力检测，宜按照控制施工质量的原则，分区域进行抽检。

4.3.3 屋面支架基础的施工应符合下列要求：

1 支架基础的施工不应损害原建筑物主体结构及防水层。

2 新建屋面的支架基础宜与主体结构一起施工。

3 采用钢结构作为支架基础时，屋面防水工程施工应在钢结构支架施工前结束，钢结构支架施工过程中不应破坏屋面防水层。

4 对原建筑物防水结构有影响时，应根据原防水结构重新进行防水处理。

5 接地的扁钢、角钢均应进行防腐处理。

4.3.4 支架基础和预埋螺栓（预埋件）的偏差应符合下列规定：

1 混凝土独立基础、条形基础的尺寸允许偏差应符合表 4.3.4-1 的规定。

表 4.3.4-1 混凝土独立基础、条形基础的尺寸允许偏差

项目名称		允许偏差（mm）
轴线		±10
顶标高		0，－10
垂直度	每米	≤5
	全高	≤10
截面尺寸		±20

2 桩式基础尺寸允许偏差应符合表 4.3.4-2 的规定。

表 4.3.4-2 桩式基础尺寸允许偏差

项目名称		允许偏差（mm）
桩位		D/10 且小于或等于 30
桩顶标高		0，－10
垂直度	每米	≤5
	全高	≤10
桩径（截面尺寸）	灌注桩	±10
	混凝土预制桩	±5
	钢桩	±0.5%D

注：若上部支架安装具有高度可调节功能，桩顶标高偏差则可根据可调范围放宽；D 为直径。

3 支架基础预埋螺栓（预埋件）允许偏差应符合表 4.3.4-3 的规定。

表 4.3.4-3 支架基础预埋螺栓（预埋件）允许偏差

项目名称		允许偏差（mm）
标高偏差	预埋螺栓	＋20，0
	预埋件	0，－5
轴线偏差	预埋螺栓	2
	预埋件	±5

4.4 场地及地下设施

4.4.1 光伏发电站道路的施工宜采用永临结合的方式进行。

4.4.2 道路的防水坡度及施工质量应满足设计要求。

4.4.3 电缆沟的施工除应符合设计要求外，尚应符合下列要求：

1 电缆沟的预留孔洞应做好防水措施。

2 电缆沟道变形缝的施工应严格控制施工质量。

3 室外电缆沟盖板应做好防水措施。

4.4.4 站区给排水管道的施工应符合下列要求：

1 地埋的给排水管道应与道路或地上建筑物的施工统筹考虑，先地下再地上。管道回填后应尽量避免二次开挖，管道埋设完毕应在地面做好标识。

2 给、排水管道的施工应符合现行国家标准《给水排水管道工程施工及验收规范》GB 50268 的相关规定。

4.4.5 雨水井口应按设计要求施工，如设计文件未明确时，现场施工应与场地标高协调一致；集水井一般宜低于场地 20mm～50mm，雨水口周围的局部场地坡度宜控制在 1%～3%；施工时应在集水口周围采取滤水措施。

4.5 建（构）筑物

4.5.1 光伏发电站建（构）筑物应包括综合楼、配电室、升压站、逆变器小室、大门及围墙等。

4.5.2 建（构）筑物混凝土的施工应符合现行国家标准《混凝土结构工程施工质量验收规范》GB 50204 的相关规定，混凝土强度检验应符合现行国家标准《混凝土强度检验评定标准》GB/T 50107 的相关规定。

4.5.3 砌体工程的施工应符合现行国家标准《砌体结构工程施工质量验收规范》GB 50203 的相关规定。

4.5.4 屋面工程的施工应符合现行国家标准《屋面工程质量验收规范》GB 50207 的相关规定。

4.5.5 地面工程的施工应符合现行国家标准《建筑地面工程施工质量验收规范》GB 50209 的相关规定。

4.5.6 建筑装修工程的施工应符合现行国家标准《建筑装饰装修工程质量验收规范》GB 50210 的相关规定。

4.5.7 通风与空调工程的施工应符合现行国家标准《通风与空调工程施工质量验收规范》GB 50243 的相关规定。

4.5.8 钢结构工程的施工应符合现行国家标准《钢结构工程施工质量验收规范》GB 50205 的相关规定。

5 安装工程

5.1 一般规定

5.1.1 设备的运输与保管应符合下列要求：

1 在吊、运过程中应做好防倾覆、防震和防护面受损等安全措施。必要时可将装置性设备和易损元件拆下单独包装运输。当产品有特殊要求时，尚应符合产品技术文件的规定。

2 设备到场后应做下列检查：

1）包装及密封应良好。

2）开箱检查，型号、规格应符合设计要求，附件、备件应齐全。

3）产品的技术文件应齐全。

4）外观检查应完好无损。

3 设备宜存放在室内或能避雨、雪的干燥场所，并应做好防护措施。

4 保管期间应定期检查，做好防护工作。

5.1.2 安装人员应经过相关安装知识培训。

5.1.3 光伏发电站的施工中间交接验收应符合下列

要求：

1 光伏发电站施工中间交接项目可包含：升压站基础、高低压盘柜基础、逆变器基础、配电间、支架基础、电缆沟道、设备基础二次灌浆等。

2 土建交付安装项目时，应由土建专业填写“中间交接验收签证书”，并提供相关技术资料，交安装专业查验。中间交接验收签证书可按本规范附录A的格式填写。

3 中间交接项目应通过质量验收，对不符合移交条件的项目，移交单位负责整改合格。

5.1.4 安装工程的隐蔽工程可包括：接地装置、直埋电缆、高低压盘柜母线、变压器吊罩等。隐蔽工程的验收应按照本规范第3.0.5条执行。

5.2 支架安装

5.2.1 支架安装前应做下列准备工作：

1 采用现浇混凝土支架基础时，应在混凝土强度达到设计强度的70%后进行支架安装。

2 支架到场后应做下列检查：

1）外观及防腐涂镀层应完好无损。

2）型号、规格及材质应符合设计图纸要求，附件、备件应齐全。

3 对存放在滩涂、盐碱等腐蚀性强的场所的支架应做好防腐蚀工作。

4 支架安装前安装单位应按照“中间交接验收签证书”的相关要求对基础及预埋件（预埋螺栓）的水平偏差和定位轴线偏差进行查验。

5.2.2 固定式支架及手动可调支架的安装应符合下列规定：

1 支架安装和紧固应符合下列要求：

1）采用型钢结构的支架，其紧固度应符合设计图纸要求及现行国家标准《钢结构工程施工质量验收规范》GB 50205 的相关规定。

2）支架安装过程中不应强行敲打，不应气割扩孔。对热镀锌材质的支架，现场不宜打孔。

3）支架安装过程中不应破坏支架防腐层。

4）手动可调式支架调整动作应灵活，高度角调节范围应满足设计要求。

2 支架倾斜角度偏差度不应大于±1°。

3 固定及手动可调支架安装的允许偏差应符合表5.2.2中的规定。

表5.2.2 固定及手动可调支架安装的允许偏差

项目名称	允许偏差（mm）
中心线偏差	≤2
梁标高偏差（同组）	≤3
立柱面偏差（同组）	≤3

5.2.3 跟踪式支架的安装应符合下列要求：

1 跟踪式支架与基础之间应固定牢固、可靠。

2 跟踪式支架安装的允许偏差应符合设计文件的规定。

3 跟踪式支架电机的安装应牢固、可靠。传动部分应动作灵活。

4 聚光式跟踪系统的聚光部件安装完成后，应采取相应防护措施。

5.2.4 支架的现场焊接工艺除应满足设计要求外，还应符合下列要求：

1 支架的组装、焊接与防腐处理应符合现行国家标准《冷弯薄壁型钢结构技术规范》GB 50018 及《钢结构设计规范》GB 50017 的相关规定。

2 焊接工作完毕后，应对焊缝进行检查。

3 支架安装完成后，应对其焊接表面按照设计要求进行防腐处理。

5.3 光伏组件安装

5.3.1 光伏组件安装前应做下列准备工作：

1 支架的安装应验收合格。

2 宜按照光伏组件的电压、电流参数进行分类和组串。

3 光伏组件的外观及各部件应完好无损。

5.3.2 光伏组件的安装应符合下列要求：

1 光伏组件应按照设计图纸的型号、规格进行安装。

2 光伏组件固定螺栓的力矩值应符合产品或设计文件的规定。

3 光伏组件安装允许偏差应符合表5.3.2规定。

表5.3.2 光伏组件安装允许偏差

项目	允许偏差	
倾斜角度偏差	±1°	
光伏组件边缘高差	相邻光伏组件间	≤2mm
	同组光伏组件间	≤5mm

5.3.3 光伏组件之间的接线应符合下列要求：

1 光伏组件连接数量和路径应符合设计要求。

2 光伏组件间接插件应连接牢固。

3 外接电缆同插接件连接处应搪锡。

4 光伏组件进行组串连接后应对光伏组件串的开路电压和短路电流进行测试。

5 光伏组件间连接线可利用支架进行固定，并应整齐、美观。

6 同一光伏组件或光伏组件串的正负极不应短接。

5.3.4 严禁触摸光伏组件串的金属带电部位。

5.3.5 严禁在雨中进行光伏组件的连线工作。

5.4 汇流箱安装

5.4.1 汇流箱安装前应符合下列要求：

1 汇流箱内元器件应完好，连接线应无松动。

2 汇流箱的所有开关和熔断器应处于断开状态。

3 汇流箱进线端及出线端与汇流箱接地端绝缘电阻不应小于20MΩ。

5.4.2 汇流箱安装应符合下列要求：

1 安装位置应符合设计要求。支架和固定螺栓应为防锈件。

2 汇流箱安装的垂直偏差应小于1.5mm。

5.4.3 汇流箱内光伏组件串的电缆接引前，必须确认光伏组件侧和逆变器侧均有明显断开点。

5.5 逆变器安装

5.5.1 逆变器安装前应作下列准备：

1 室内安装的逆变器安装前，建筑工程应具备下列条件：

1）屋顶、楼板应施工完毕，不得渗漏。

2）室内地面基层应施工完毕，并应在墙上标出抹面标高；室内沟道无积水、杂物；门、窗安装完毕。

3）进行装饰时有可能损坏已安装的设备或设备安装后不能再进行装饰的工作应全部结束。

2 对安装有妨碍的模板、脚手架等应拆除，场地应清扫干净。

3 混凝土基础及构件应达到允许安装的强度，焊接构件的质量应符合要求。

4 预埋件及预留孔的位置和尺寸，应符合设计要求，预埋件应牢固。

5 检查安装逆变器的型号、规格应正确无误；逆变器外观检查完好无损。

6 运输及就位的机具应准备就绪，且满足荷载要求。

7 大型逆变器就位时应检查道路畅通，且有足够的场地。

5.5.2 逆变器的安装与调整应符合下列要求：

1 采用基础型钢固定的逆变器，逆变器基础型钢安装的允许偏差应符合表5.5.2的规定。

表5.5.2 逆变器基础型钢安装的允许偏差

项目	允许偏差	
	mm/m	mm/全长
不直度	＜1	＜3
水平度	＜1	＜3
位置误差及不平行度	—	＜3

2 基础型钢安装后，其顶部宜高出抹平地面10mm。基础型钢应有明显的可靠接地。

3 逆变器的安装方向应符合设计规定。

4 逆变器与基础型钢之间固定应牢固可靠。

5.5.3 逆变器交流侧和直流侧电缆接线前应检查电缆绝缘，校对电缆相序和极性。

5.5.4 逆变器直流侧电缆接线前必须确认汇流箱侧有明显断开点。

5.5.5 电缆接引完毕后，逆变器本体的预留孔洞及电缆管口应进行防火封堵。

5.6 电气二次系统

5.6.1 二次设备、盘柜安装及接线除应符合现行国家标准《电气装置安装工程 盘、柜及二次回路接线施工及验收规范》GB 50171的相关规定外，还应符合设计要求。

5.6.2 通信、远动、综合自动化、计量等装置的安装应符合产品的技术要求。

5.6.3 安防监控设备的安装应符合现行国家标准《安全防范工程技术规范》GB 50348的相关规定。

5.6.4 直流系统的安装应符合现行国家标准《电气装置安装工程 蓄电池施工及验收规范》GB 50172的相关规定。

5.7 其他电气设备安装

5.7.1 高压电器设备的安装应符合现行国家标准《电气装置安装工程 高压电器施工及验收规范》GB 50147的相关规定。

5.7.2 电力变压器和互感器的安装应符合现行国家标准《电气装置安装工程 电力变压器、油浸电抗器、互感器施工及验收规范》GB 50148的相关规定。

5.7.3 母线装置的施工应符合现行国家标准《电气装置安装工程 母线装置施工及验收规范》GB 50149的相关规定。

5.7.4 低压电器的安装应符合现行国家标准《电气装置安装工程 低压电器施工及验收规范》GB 50254的相关规定。

5.7.5 环境监测仪等其他电气设备的安装应符合设计文件及产品的技术要求。

5.8 防雷与接地

5.8.1 光伏发电站防雷系统的施工应按照设计文件的要求进行。

5.8.2 光伏发电站接地系统的施工工艺及要求除应符合现行国家标准《电气装置安装工程 接地装置施工及验收规范》GB 50169的相关规定外，还应符合设计文件的要求。

5.8.3 地面光伏系统的金属支架应与主接地网可靠连接；屋顶光伏系统的金属支架应与建筑物接地系统可靠连接或单独设置接地。

5.8.4 带边框的光伏组件应将边框可靠接地；不带

边框的光伏组件，其接地做法应符合设计要求。

5.8.5 盘柜、汇流箱及逆变器等电气设备的接地应牢固可靠、导通良好，金属盘门应用裸铜软导线与金属构架或接地排可靠接地。

5.8.6 光伏发电站的接地电阻阻值应满足设计要求。

5.9 架空线路及电缆

5.9.1 架空线路的施工应符合现行国家标准《电气装置安装工程35kV及以下架空电力线路施工及验收规范》GB 50173和《110～500kV架空送电线路施工及验收规范》GB 50233的有关规定。

5.9.2 电缆线路的施工应符合现行国家标准《电气装置安装工程电缆线路施工及验收规范》GB 50168的相关规定。

5.9.3 架空线路及电缆的施工还应符合设计文件中的相关要求。

6 设备和系统调试

6.1 一般规定

6.1.1 调试方案应报审完毕。

6.1.2 设备和系统调试前，安装工作应完成并验收合格。

6.1.3 室内安装的系统和设备调试前，建筑工程应具备下列条件：

1 所有装饰工作应完毕并清扫干净。

2 装有空调或通风装置等特殊设施的，应安装完毕，投入运行。

3 受电后无法进行或影响运行安全的工作，应施工完毕。

6.2 光伏组件串测试

6.2.1 光伏组件串测试前应具备下列条件：

1 所有光伏组件应按照设计文件数量和型号组串并接引完毕。

2 汇流箱内各回路电缆应接引完毕，且标示应清晰、准确。

3 汇流箱内的熔断器或开关应在断开位置。

4 汇流箱及内部防雷模块接地应牢固、可靠，且导通良好。

5 辐照度宜在高于或等于700W/m^{2}的条件下测试。

6.2.2 光伏组件串的检测应符合下列要求：

1 汇流箱内测试光伏组件串的极性应正确。

2 相同测试条件下的相同光伏组件串之间的开路电压偏差不应大于2%，但最大偏差不应超过5V。

3 在发电情况下应使用钳形万用表对汇流箱内光伏组件串的电流进行检测。相同测试条件下且辐照度不应低于700W/m^{2}时，相同光伏组件串之间的电流偏差不应大于5%。

4 光伏组件串电缆温度应无超常温等异常情况。

5 光伏组件串测试完成后，应按照本规范附录B的格式填写记录。

6.2.3 逆变器投入运行前，宜将接入此逆变单元内的所有汇流箱测试完成。

6.2.4 逆变器在投入运行后，汇流箱内组串的投、退顺序应符合下列要求：

1 汇流箱的总开关具备灭弧功能时，其投、退应按下列步骤执行：

1）先投入光伏组件串小开关或熔断器，后投入汇流箱总开关。

2）先退出汇流箱总开关，后退出光伏组件串小开关或熔断器。

2 汇流箱总输出采用熔断器，分支回路光伏组件串的开关具备灭弧功能时，其投、退应按下列步骤执行：

1）先投入汇流箱总输出熔断器，后投入光伏组件串小开关。

2）先退出箱内所有光伏组件串小开关，后退出汇流箱总输出熔断器。

3 汇流箱总输出和分支回路的光伏组件串均采用熔断器时，则投、退熔断器前，均应将逆变器解列。

6.3 跟踪系统调试

6.3.1 跟踪系统调试前，应具备下列条件：

1 跟踪系统应与基础固定牢固、可靠，并接地良好。

2 与转动部位连接的电缆应固定牢固并有适当预留长度。

3 转动范围内不应有障碍物。

6.3.2 在手动模式下通过人机界面等方式对跟踪系统发出指令，跟踪系统的动作应符合下列要求：

1 跟踪系统动作方向应正确；传动装置、转动机构应灵活可靠，无卡滞现象。

2 跟踪系统跟踪转动的最大角度和跟踪精度应满足设计要求。

3 极限位置保护应动作可靠。

6.3.3 在自动模式调试前，跟踪系统应具备下列条件：

1 手动模式下的调试应已完成。

2 对采用主动控制方式的跟踪系统，还应确认初始条件的准确性。

6.3.4 跟踪系统在自动模式下，应符合下列要求：

1 跟踪系统的跟踪精度应符合产品的技术要求。

2 设有避风功能的跟踪系统，在风速超出正常工作范围时，跟踪系统应启动避风功能；风速减弱至正常工作允许范围时，跟踪系统应在设定时间内恢复到正确跟踪位置。

3 设有避雪功能的跟踪系统，在雪压超出正常工作范围时，跟踪系统应启动避雪功能；雪压减弱至正常工作允许范围时，跟踪系统应在设定时间内恢复到正确跟踪位置。

4 设有自动复位功能的跟踪系统在跟踪结束后应能够自动返回到跟踪初始设定位置。

5 采用间歇式跟踪的跟踪系统，电机运行方式应符合技术文件的要求。

6.4 逆变器调试

6.4.1 逆变器调试前，应具备下列条件：

1 逆变器控制电源应具备投入条件。

2 逆变器直流侧、交流侧电缆应接引完毕，且极性（相序）正确、绝缘良好。

3 方阵接线应正确，具备给逆变器提供直流电源的条件。

6.4.2 逆变器调试前，应对其做下列检查：

1 逆变器接地应牢固可靠、导通良好。

2 逆变器内部元器件应完好，无受潮、放电痕迹。

3 逆变器内部所有电缆连接螺栓、插件、端子应连接牢固，无松动。

4 当逆变器本体配有手动分合闸装置时，其操作应灵活可靠、接触良好，开关位置指示正确。

5 逆变器本体及各回路标识应清晰准确。

6 逆变器内部应无杂物，并经过清灰处理。

6.4.3 逆变器调试应符合下列要求：

1 逆变器控制回路带电时，应对其做下列检查：

1）工作状态指示灯、人机界面屏幕显示应正常。

2）人机界面上各参数设置应正确。

3）散热装置工作应正常。

2 逆变器直流侧带电而交流侧不带电时，应进行下列工作：

1）测量直流侧电压值和人机界面显示值之间偏差应在允许范围内。

2）检查人机界面显示直流侧对地阻抗值应符合要求。

3 逆变器直流侧带电、交流侧带电，具备并网条件时，应进行下列工作：

1）测量交流侧电压值和人机界面显示值之间偏差应在允许范围内；交流侧电压及频率应在逆变器额定范围内，且相序正确。

2）具有门限位闭锁功能的逆变器，逆变器盘门在开启状态下，不应作出并网动作。

4 逆变器并网后，在下列测试情况下，逆变器应跳闸解列：

1）具有门限位闭锁功能的逆变器，开启逆变器盘门。

2）逆变器交流侧掉电。

3）逆变器直流侧对地阻抗低于保护设定值。

4）逆变器直流输入电压高于或低于逆变器的整定值。

5）逆变器直流输入过电流。

6）逆变器交流侧电压超出额定电压允许范围。

7）逆变器交流侧频率超出额定频率允许范围。

8）逆变器交流侧电流不平衡超出设定范围。

6.4.4 逆变器停运后，需打开盘门进行检测时，必须切断直流、交流和控制电源，并确认无电压残留后，在有人监护的情况下进行。

6.4.5 逆变器在运行状态下，严禁断开无灭弧能力的汇流箱总开关或熔断器。

6.4.6 施工人员测试完成后，应按照本规范附录C的格式填写施工记录。

6.5 二次系统调试

6.5.1 二次系统的调试内容主要可包括：计算机监控系统、继电保护系统、远动通信系统、电能量信息管理系统、不间断电源系统、二次安防系统等。

6.5.2 计算机监控系统调试应符合下列规定：

1 计算机监控系统设备的数量、型号、额定参数应符合设计要求，接地应可靠。

2 遥信、遥测、遥控、遥调功能应准确、可靠。

3 计算机监控系统防误操作功能应完备可靠。

4 计算机监控系统定值调阅、修改和定值组切换功能应正确。

5 计算机监控系统主备切换功能应满足技术要求。

6 站内所有智能设备的运行状态和参数等信息均应准确反映到监控画面上，对可远方调节和操作的设备，远方操作功能应准确、可靠。

6.5.3 继电保护系统调试应符合下列要求：

1 调试时可按照现行行业标准《继电保护和电网安全自动装置检验规程》DL/T 995的相关规定执行。

2 继电保护装置单体调试时，应检查开入、开出、采样等元件功能正确；开关在合闸状态下模拟保护动作，开关应跳闸，且保护动作应准确、可靠，动作时间应符合要求。

3 保护定值应由具备计算资质的单位出具，且应在正式送电前仔细复核。

4 继电保护整组调试时，应检查实际继电保护动作逻辑与预设继电保护逻辑策略一致。

5 站控层继电保护信息管理系统的站内通信、交互等功能实现应正确；站控层继电保护信息管理系统与远方主站通信、交互等功能实现应正确。

6 调试记录应齐全、准确。

6.5.4 远动通信系统调试应符合下列要求：

1 远动通信装置电源应稳定、可靠。

2 站内远动装置至调度方远动装置的信号通道应调试完毕，且稳定、可靠。

3 调度方遥信、遥测、遥控、遥调功能应准确、可靠。

4 远动系统主备切换功能应满足技术要求。

6.5.5 电能量信息采集系统调试应符合下列要求：

1 光伏发电站关口计量的主、副表，其规格、型号及准确度应符合设计要求，且应通过当地电力计量检测部门的校验，并出具报告。

2 光伏发电站关口表的电流互感器、电压互感器应通过当地电力计量检测部门的校验，并出具报告。

3 光伏发电站投入运行前，电能表应由当地电力计量部门施加封条、封印。

4 光伏发电站的电量信息应能实时、准确地反应到后台监控画面。

6.5.6 不间断电源系统调试应符合下列要求：

1 不间断电源的主电源、旁路电源及直流电源间的切换功能应准确、可靠，且异常告警功能应正确。

2 计算机监控系统应实时、准确地反映不间断电源的运行数据和状况。

6.5.7 二次系统安全防护调试应符合下列要求：

1 二次系统安全防护应主要由站控层物理隔离装置和防火墙构成，应能够实现自动化系统网络安全防护功能。

2 二次系统安全防护相关设备运行功能与参数应符合要求。

3 二次系统安全防护运行情况应与预设安防策略一致。

6.6 其他电气设备调试

6.6.1 其他电气设备的试验标准应符合现行国家标准《电气装置安装工程 电气设备交接试验标准》GB 50150 的相关规定。

6.6.2 无功补偿装置的补偿功能应能满足设计文件的技术要求。

7 消防工程

7.1 一般规定

7.1.1 消防工程应由具备相应等级的消防设施工程施工资质的单位承担，项目负责人及其主要的技术负责人应具备相应的管理或技术等级资格。

7.1.2 消防工程施工前应具备下列条件：

1 施工图纸应报当地消防部门审查通过。

2 工程中使用的消防设备和器材的生产厂家应通过相关部门认证。设备和器材的合格证及检测报告应齐全，且通过设备、材料报验工作。

7.1.3 消防部门验收前，建设单位应组织施工、监理、设计和使用单位进行消防自验；安装调试完工后，应由当地专业消防检测单位进行检测并出具相应检测报告。

7.2 火灾自动报警系统

7.2.1 火灾自动报警系统施工应符合现行国家标准《火灾自动报警系统施工及验收规范》GB 50166 的相关规定。

7.2.2 火灾报警系统的布管和穿线工作，应与土建施工密切配合。

7.2.3 火灾自动报警系统调试，应先分别对探测器、区域报警控制器、集中报警控制器、火灾报警装置和消防控制设备等逐个进行单机通电检查，正常后方可进行系统调试。

7.2.4 火灾自动报警系统通电后，应按照现行国家标准《火灾报警控制器》GB 4717 的相关规定进行检测，对报警控制器主要应进行下列功能检查：

1 火灾报警自检功能应完好。

2 消音、复位功能应完好。

3 故障报警功能应完好。

4 火灾优先功能应完好。

5 报警记忆功能应完好。

6 电源自动转换和备用电源的自动充电功能应完好。

7 备用电源的欠压和过压报警功能应完好。

7.2.5 在火灾自动报警系统与照明回路有联动功能时，联动功能应正常、可靠。

7.2.6 火灾自动报警系统竣工时，施工单位应根据当地消防部门的要求提供必要的竣工资料。

7.3 灭火系统

7.3.1 消火栓系统的施工应符合现行国家标准《建筑给水排水及采暖工程施工质量验收规范》GB 50242 的相关规定，其灭火系统的施工还应符合下列规定：

1 消防水池、消防水箱的施工应符合现行国家标准《给水排水构筑物工程施工及验收规范》GB 50141 的相关规定和设计要求。

2 消防水泵、消防气压给水设备、水泵接合器应经国家消防产品质量监督检验中心检测合格，并应有产品出厂检测报告或中文产品合格证及完整的安装使用说明。

3 消防水泵、消防水箱、消防水池、消防气压给水设备、消防水泵接合器等供水设施及其附属管道的安装，应清除其内部污垢和杂物。安装中断时，其敞口处应封闭。

4 消防供水设施应采取安全可靠的防护措施，其安装位置应便于日常操作和维护管理。

5 消防供水管直接与市政供水管、生活供水管连接时，连接处应安装倒流防止器。

6 供水设施安装时，环境温度不应低于5℃；当环境温度低于5℃时，应采取防冻措施。

7 消防水池和消防水箱的满水试验或水压试验应符合设计要求。

8 消火栓水泵接合器的各项安装尺寸，应符合设计要求；接口安装高度允许偏差为20mm。

7.3.2 气体灭火系统的施工应符合现行国家标准《气体灭火系统施工及验收规范》GB 50263的相关规定。

7.3.3 自动喷水灭火系统的施工应符合现行国家标准《自动喷水灭火系统施工及验收规范》GB 50261的相关规定。

7.3.4 泡沫灭火系统的施工应符合现行国家标准《泡沫灭火系统施工及验收规范》GB 50281的相关规定。

8 环保与水土保持

8.1 一 般 规 定

8.1.1 应根据工程实际情况和环境特点，制订环境保护及水土保持的措施和对策。

8.1.2 光伏发电站的施工宜采取永临结合、因地制宜的方式，减少施工对环境的影响。

8.2 施工环境保护

8.2.1 施工噪声控制应按照现行国家标准《建筑施工场界噪声排放标准》GB 12523的相关规定，对各施工阶段的噪声进行监测和控制。

8.2.2 施工废液控制应符合下列要求：

1 生活污水及施工中产生的其他废水应经过处理达标排放，不得直接排放。

2 施工产生的废油应排入专门盛放废油的容器内进行回收处理。

8.2.3 施工粉尘控制应符合下列要求：

1 施工现场应采取洒水、清扫等措施；施工道路宜硬化。

2 水泥等易飞扬的细颗粒及建筑材料应采取覆盖或密闭存放。

3 混凝土搅拌站应采取围挡、降尘措施。

8.2.4 施工固体废弃物控制应符合下列规定：

1 应对施工中产生的固体废弃物进行分类存放并按照相关规定进行处理，不应现场直接焚烧各类废弃物。

2 建筑垃圾、生活垃圾应及时清运，并按指定地点堆放。

8.3 施工水土保持

8.3.1 施工中的水土保持应符合下列要求：

1 临建设施的搭设应科学布局、减少用地。

2 光伏发电站的施工应减少破坏自然植被。工程完工后应按设计要求恢复地貌、植被。

8.3.2 光伏发电站的施工不宜破坏自然排水沟渠，场地排水及道路排水宜采用自然排水。

8.3.3 弃土区不应妨碍站区排水系统，临时弃土区应采用覆盖和围挡。

9 安全和职业健康

9.1 一 般 规 定

9.1.1 开工前应结合工程自身特点，建立工程施工安全和职业健康管理组织机构，健全各项管理制度，并应同其他管理体系协调一致。

9.1.2 应对施工人员和管理人员进行各级安全和职业健康教育和培训。

9.1.3 危险区域应设置明显的安全、警示标志或隔离带。

9.2 安全文明施工总体规划

9.2.1 施工现场应挂设工程概况牌、管理人员名单及监督电话牌、消防保卫（防火责任）牌、安全生产牌、文明施工牌和施工现场平面图。

9.2.2 施工现场安全标志的使用应符合现行国家标准《安全标志及其使用导则》GB 2894的有关规定。

9.2.3 施工现场应实行区域模块式管理，对施工作业区、辅助作业区、材料堆放区、办公区和生活区等应进行明显的划分，办公区、生活区与作业区应保持足够的安全距离。

9.2.4 站区施工道路应畅通，不宜在路边堆放设备和材料等物品。

9.2.5 临时设施应布局合理、紧凑，充分利用地形，节约用地。

9.2.6 施工机械应进行定期检查和保养。

9.2.7 设备、材料、土方等物资应堆放合理，并应标识清楚，排放有序。

9.3 安全施工管理

9.3.1 进入施工现场人员应自觉遵守现场安全文明施工纪律规定，各施工项目作业时应严格按照现行行业标准《电力建设安全工作规程》DL 5009的相关规定执行。

9.3.2 所有电气设备都应有可靠接地或接零措施，对配电盘、漏电保护器应定期检验并标识其状态，并在使用前进行确认。施工用电线路布线应合理、安全、可靠。

9.3.3 施工过程中，应减少交叉作业。

9.4 职业健康管理

9.4.1 进入施工现场的各级人员可在指定的医疗机构进行体检。对于不宜从事有关现场作业疾病的人员，不应进入现场从事相关工作。

9.4.2 对噪声控制、粉尘污染防治、固体弃废物管理、水污染防治管理等，应制订有效的措施，并组织实施。

9.4.3 施工区、办公区和生活区等场所应有良好的工作、生活条件。

9.4.4 施工单位应加强食品卫生的管理，并应制定食堂管理制度。

9.5 应急处理

9.5.1 在光伏发电站开工前，应根据项目特点编制防触电、防火等应急预案。

9.5.2 应急预案的编制应包括应急组织体系及职责、危险源分析、预防措施和应急响应等内容。

9.5.3 施工人员应进行应急救援培训，并进行演练。

附录A 中间交接验收签证书

表A 中间交接验收签证书

编号：　　　　　　　　　　表码：

工程名称			
我单位施工的＿＿＿＿＿已具备交接条件，请检查接收。 以下项目我方承诺在　　年　　月　　日完成：			
交付单位		代表签名/日期	
接收单位		代表签名/日期	
监理/业主		代表签名/日期	

注：参与交接的各方各执复印件一份，原件组织单位保存。

附录B 汇流箱回路测试记录表

表B 汇流箱回路测试记录表

工程名称									
汇流箱编号：			测试日期：			天气情况：			
序号	组件型号	组串数量	组串极性	开路电压（V）	组串温度 ℃	辐照度 W/m²	环境温度	测试时间	
1									
2									
3									
4									
5									
6									
7									
8									
9									
10									
11									
12									
13									
14									
15									
16									
17									
18									
19									
20									
备注：									

检查人：　　　　　　　　　　确认人：

附录C 并网逆变器现场检查测试表

表C 并网逆变器现场检查测试表

工程名称			
逆变器编号：	测试日期：	天气情况：	
类别	检查项目	检查结果	备注
本体检查	型号		
	逆变器内部清理检查		
	内部元器件检查		
	连接件及螺栓检查		
	开关手动分合闸检查		
	接地检查		
	孔洞阻燃封堵		
人机界面检查	主要参数设置检查		
	通信地址检查		
直流侧电缆检查、测试	电缆根数		
	电缆型号		
	电缆绝缘		
	电缆极性		
	开路电压		
交流侧电缆检查、测试	电缆根数		
	电缆型号		
	电缆绝缘		
	电缆相序		
	交流侧电压		
逆变器并网后检查、测试	冷却装置		
	柜门连锁保护		
	直流侧输入电压低		
	交流侧电源失电		
	通信数据		

检查人：　　　　　　　　　　确认人：

本规范用词说明

1 为便于在执行本规范条文时区别对待，对要求严格程度不同的用词说明如下：

1）表示很严格，非这样做不可的：
正面词采用“必须”，反面词采用“严禁”；

2）表示严格，在正常情况下均应这样做的：
正面词采用“应”，反面词采用“不应”或“不得”；

3）表示允许稍有选择，在条件许可时首先应这样做的：
正面词采用“宜”，反面词采用“不宜”；

4）表示有选择，在一定条件下可以这样做的，采用“可”。

2 条文中指明应按其他有关标准执行的写法为：“应符合……的规定”或“应按……执行”。

引用标准名录

《钢结构设计规范》GB 50017

《冷弯薄壁型钢结构技术规范》GB 50018

《工程测量规范》GB 50026

《混凝土强度检验评定标准》GB/T 50107

《混凝土外加剂应用技术规范》GB 50119

《给水排水构筑物工程施工及验收规范》GB 50141

《电气装置安装工程　高压电器施工及验收规范》GB 50147

《电气装置安装工程　电力变压器、油浸电抗器、互感器施工及验收规范》GB 50148

《电气装置安装工程　母线装置施工及验收规范》GB 50149

《电气装置安装工程　电气设备交接试验标准》GB 50150

《火灾自动报警系统施工及验收规范》GB 50166

《电气装置安装工程　电缆线路施工及验收规范》GB 50168

《电气装置安装工程　接地装置施工及验收规范》GB 50169

《电气装置安装工程　盘、柜及二次回路接线施工及验收规范》GB 50171

《电气装置安装工程　蓄电池施工及验收规范》GB 50172

《电气装置安装工程　35kV及以下架空电力线路施工及验收规范》GB 50173

《土方与爆破工程施工及验收规范》GB 50201

《建筑地基基础工程施工质量验收规范》GB 50202

《砌体结构工程施工质量验收规范》GB 50203

《混凝土结构工程施工质量验收规范》GB 50204

《钢结构工程施工质量验收规范》GB 50205

《屋面工程质量验收规范》GB 50207

《建筑地面工程施工质量验收规范》GB 50209

《建筑装饰装修工程质量验收规范》GB 50210

《110～500kV架空送电线路施工及验收规范》GB 50233

《建筑给水排水及采暖工程施工质量验收规范》GB 50242

《通风与空调工程施工质量验收规范》GB 50243

《电气装置安装工程　低压电器施工及验收规范》GB 50254

《自动喷水灭火系统施工及验收规范》GB 50261

《气体灭火系统施工及验收规范》GB 50263

《给水排水管道工程施工及验收规范》GB 50268

《泡沫灭火系统施工及验收规范》GB 50281

《建筑工程施工质量验收统一标准》GB 50300

《安全防范工程技术规范》GB 50348

《通用硅酸盐水泥》GB 175

《钢筋混凝土用钢》GB 1499

《安全标志及其使用导则》GB 2894

《火灾报警控制器》GB 4717

《混凝土外加剂》GB 8076

《建筑施工场界噪声排放标准》GB 12523

《电力建设安全工作规程》DL 5009

《电力建设施工质量验收及评定规程》DL/T 5210

《继电保护和电网安全自动装置检验规程》DL/T 995

《建筑桩基技术规范》JGJ 94

《建筑基坑支护技术规程》JGJ 120

《建筑工程冬期施工规程》JGJ/T 104

中华人民共和国国家标准

光伏发电站施工规范

GB 50794—2012

条 文 说 明

制 定 说 明

《光伏发电站施工规范》GB 50794—2012，经住房和城乡建设部2012年6月28日以第1429号公告批准发布。

本规范制定过程中，编制组进行了广泛、深入的调查研究，总结了我国在太阳能光伏发电站建设中的实践经验，同时参考了国外先进技术法规、技术标准。

为便于广大施工建设、监理及科研、学校等单位有关人员在使用本规范时能正确理解和执行条文规定，《光伏发电站施工规范》编制组按章、节、条顺序编制了本规范的条文说明，对条文规定的目的、依据以及执行中需注意的有关事项进行了说明，还着重对强制性条文的强制性理由做了解释。但是，本条文说明不具备与规范正文同等的法律效力，仅供使用者作为理解和把握规范规定的参考。

目　次

1 总 则

1.0.1 随着全球能源的持续紧缺和环境恶化的日益加剧，可再生能源的开发利用已经变得越来越重要。光伏发电被认为是解决未来能源需求的重要途径。近年来，随着可再生能源法的实施，我国光伏产业发展迅速。为了规范光伏发电项目的施工，在未来光伏发电站的建设中，做到技术先进、安全适用、经济合理、长期可靠、确保质量，并能够得到健康有序的发展，制定本规范。

1.0.2 本条规定了本规范的适用范围，适用于新建、改建和扩建的地面及屋顶并网型光伏发电站。而对于建筑一体化光伏发电工程，由于其施工工艺的特殊性，国家相关部门正在制定相应规范，故不适用于本规范。

1.0.3 本条强调了施工组织设计及应急预案的重要性。施工组织设计是对拟建工程施工全过程合理的安排，实行科学管理的重要手段和措施。通过施工组织设计的编制，可以全面考虑拟建工程的各种施工条件，扬长避短，制订合理的施工计划（包括确保实施的准备工作计划），提供最优的临时设施，以及材料和机具在施工场地上的布置方案，以确保施工的顺利进行。它在整个施工管理过程中起着核心作用。应急预案是各类突发事故的应急基础，通过编制应急预案，可以对那些事先无法预料到的突发事故起到基本的应急指导作用。

1.0.4 本条表明本规范与国家现行有关标准规范的关系。需要说明的是，对引进设备的施工验收，应按合同规定的标准执行，这是常规做法，以免施工验收中因为标准不同产生异议。标准不同的情况应在签订订货合同时解决，或在工程联络会（其会议纪要同样具有合同效果）时协商解决。

3 基 本 规 定

3.0.1 本条规定了光伏发电站开工前应具备的一些基本条件。

1 建设单位在开工前应办理完毕的必备手续，包括：国土资源部门的土地规划许可、建筑规划许可；环保部门的环境影响评价报告、水土保持方案；安全部门的安全性评价、职业健康评价；消防部门的施工图报审；建设行政主管部门的施工许可证等。

2 “四通一平”是基本建设项目开工的前提条件。

3 只有选择具有相应从业资质的施工单位和工作人员及合格的机械、材料、器具，才能在工程中控制好施工安全和质量。因此，在工程开工前监理或建设单位应对此进行审查并通过。

4 通过图纸会审和设计交底可以熟悉设计图纸、领会并传达设计意图、掌握工程特点，找出需要解决的技术错误并拟定解决方案，从而将因设计缺陷而存在的问题消灭在施工之前。只要认真做好此项工作，图纸中存在的问题一般都可以在图纸会审时被发现并尽早得到处理，从而可以提高施工质量、节约施工成本、缩短施工工期，提高效益。施工方案是施工组织设计的重要组成部分，是指导专项工程施工的纲领性文件，对确保工程质量、进度和安全，实现预期经济效益起着重要作用。项目开工前明确质量划分及评定标准，能够提高工程的质量管理，规范和统一表格，促进工程质量的提高，以满足检查、验收和质量评定的需要。因此，规定在工程开工前，以上工作应准备就绪。

5 为了合理有序进行施工前期准备工作，施工单位应根据施工总平面布置图，布置施工临建设施完毕。

6 强调工程定位测量基准的确立，是工程前期顺利开展的重要条件。依据施工图图纸准确地进行工程定位测量工作，是保障光伏发电站土建工程和安装工程质量的重要一环。

3.0.2 按设计文件进行采购和施工是最基本的要求。本条还强调在工程中使用的设备和材料，均应为符合国家现行标准及相关产品标准的合格产品，严禁使用低劣和伪造的不合格产品。

3.0.3 随设备装箱的技术文件（图纸、说明书、合格证、测试记录等）是电站投运以后设备运行和检修时的重要依据，应统一收集保管并最终移交给建设单位。

3.0.4 本规范适用于一般通用设备的运输和保管，当制造厂对个别设备的运输和保管有特殊要求时，则应符合其特殊要求。

3.0.5 为有效控制隐蔽工程的施工质量，杜绝隐蔽工程质量隐患，隐蔽工程在隐蔽前，应会同有关单位做好中间检验及验收记录。

3.0.6 原始的施工记录和施工试验记录一方面是工程开展过程的取证，另一方面又是工程验收时的一项重要依据，同时将作为竣工资料的组成部分，由施工方整理移交。要求施工方在施工过程中收集、整理。

4 土 建 工 程

4.1 一 般 规 定

4.1.1 现行国家标准《建筑工程施工质量验收统一标准》GB 50300规定了建筑工程各专业工程施工验收规范编制的统一准则和单位工程验收质量标准、内容和程序等。建筑工程各专业工程施工质量验收规范应该与该标准配合使用。

4.1.3 本条参考相应国家标准，对一些进场的原材料进行相应检查验收，以防止不合格材料混入工程建设中。

4.1.5 为了防止已经验收合格的建筑材料在仓储过程中发生性能改变，需要根据不同的建筑材料性质来确定需要防雨淋、防潮甚至密封等措施。

4.1.9 对有沉降观测要求的建（构）筑物，为了保证建（构）筑物的正常使用寿命和建（构）筑物的安全性，并为以后的勘察设计施工提供可靠的资料及相应的沉降参数，要求做好沉降观测记录。

4.1.10 本条说明了隐蔽工程的一些基本项目，其中混凝土浇筑前钢筋工程隐蔽验收包括钢筋的型号、材质、尺寸等；基槽隐蔽验收的项目包括基槽开挖尺寸、土层等；回填土之前的基础隐蔽验收包括混凝土强度等级以及外观质量等。

4.2 土方工程

4.2.3 施工之前先建立整个施工现场的高程控制网及平面控制网，便于以后分区（方阵）进行测量放线。高程控制点与平面控制点定期复测是为了保证控制网的准确度，避免在施工过程中由于外界因素引起控制桩偏移而造成一系列的测量偏差。

4.2.4 为了便于地下管线以及其他已有地下基础设施的保护，防止因开挖造成破坏，施工之前需要对地下设施做好标志，开挖时采取避让、移位等保护措施。

4.2.5 由于光伏发电站中支架基础的埋深都不是很深，若采用通长开挖方式时，则土方工程量很大。所以为了便于回填工作，在保证基坑安全的前提下回填土宜堆放在基坑两边。

4.2.6 支架基础土方回填分层夯实可以避免因沉降而造成的凹凸不平，防止因基础上部设备受外力而导致基础倾斜。对土方回填有密实度要求的，现场进行回填土试验来检测压实系数。

4.3 支架基础

4.3.1 支架基础施工是光伏发电站施工工程量最大、工序重复性最强的施工环节。本条对采用独立基础和条形基础的施工提出要求。为了能够满足安装支架的要求，支架基础混凝土浇筑之前需要检查轴线、标高，确保混凝土基础的施工质量。对于存在漏筋、孔洞等严重质量缺陷的支架基础，需要经过相关方确认后进行相应的处理。为了防止预埋件的锈蚀，预埋件上表面需要进行防锈处理。为了防止回填土破坏柱头，支架基础拆模后不能立即进行土方回填，可以采用塑料薄膜包裹养护。为了避免出现因在埋件上焊接产生的高温膨胀而造成混凝土柱头裂纹及荷载能力，混凝土强度达到70%以后才能进行上部支架焊接。支架基础的混凝土施工应根据与施工方式相一致的且便于控制施工质量的原则，按工作班次及施工段划分为若干检验批。检验批的划分可根据以上原则灵活处理。

4.3.2 目前光伏发电站在建设过程中广泛选用静压水泥桩（钢桩）、灌注桩及旋入桩。本条对采用此类桩式支架基础的施工提出要求。桩式基础在进场后和施工前的外观质量检查能够避免一些断桩、裂桩在工程中使用。压（打、旋）式桩施工中应保证桩体的垂直度与压入深度，倾斜的桩体承载力以及抗倾覆性会严重降低。对灌注桩施工的全过程进行检验是为了更好地控制施工质量。对于成品桩式基础的强度和承载力检测宜分区域进行抽检，主要是因为光伏发电站中支架基础的数量巨大，且其大多入地深度较浅，只要在施工中控制好质量，其强度和承载力应该能够满足设计和使用要求，故成品桩式基础的抽检不宜照搬现行国家标准《建筑地基基础工程施工质量验收规范》GB 50202中的检测比例和方法进行，现场可根据实际情况以抽查的方式对桩式基础进行小应变检测。

4.3.3 本条规定在屋面上施工支架基础应遵守的原则。在进行屋面支架基础施工时应保证建筑物主体结构安全，应按照图纸要求与建筑物进行连接，不损害原建筑物主体结构及防水层。对于已经破坏的原建筑物防水的修复应该做到保证建筑物防水性能良好。

4.3.4 本条对采用不同方式施工的支架基础及预埋件的偏差提出了具体要求，主要是参照现行国家标准和通过对多个光伏发电站施工情况的调研而来。光伏支架基础的施工是光伏发电站施工中的重要环节，为了满足光伏支架安装的要求，应在施工中严格控制。对于采用压（打、旋）式桩的基础引起施工质量很难控制，因此若上部支架安装具有高度可调节功能，则可根据可调范围放宽。

4.4 场地及地下设施

4.4.1 本条规定道路施工宜采用永临结合方式，先将路基甚至一部分路面完成作为现场的运输道路，工程完工之后再进行最后的道路路面施工。这既有利于工程施工，又节省工程造价和时间。

4.4.3 本条强调电缆沟道在施工中应做好各项防水措施，以免电缆沟道出现积水而造成安全事故。

4.4.4 给排水管道敷设在支架基础施工完成之后进行，这样便于管道保护。回填完成的管道需要在上部作好标志，以防开挖电缆沟等造成破坏。同时还规定了给排水管路的施工应按照现行国家标准《给水排水管道工程施工及验收规范》GB 50268 的相关规定进行。

4.5 建（构）筑物

4.5.1 本条对光伏发电站建（构）筑物作出相应说明，其中光伏发电站内的建（构）筑物包括综合楼、升压站、大门以及围墙等，方阵内的建筑物主要是逆变器、变压器小室。

4.5.2～4.5.8 这七条规定了建（构）筑物的在各施工环节上，除应满足设计要求外，还应参照相应标准。

5 安装工程

5.1 一般规定

5.1.1 本条规定了设备在运输和保管中的一些基本要求：

1 在吊、运设备过程中，一定要采取好相应安全措施，防止设备在运输过程中受损。精密的仪表和元件必要时可拆下单独包装运输，以免损坏或变形。

2 设备到场后，开箱检查设备型号、规格应符合设计要求，设备无损伤，附件、备件的供应范围和数量符合合同要求。技术文件齐全，技术文件份数可按各厂家规定或合同协议要求配备。

3 设备保管的要求。对温度、湿度有较严格要求的装置型设备，如微机监控系统、综合保护装置和逆变器等设备，应按规定妥善保管在合适的环境中，待现场具备安装条件时，再将设备运进现场进行安装调试。

4 设备的保管是安装前的一个重要前期工作，需要有利于以后的施工。应定期对保管设备进行检查，做好防护工作。

5.1.2 光伏发电站中有许多设施，如光伏组件、逆变器等设备，施工人员应在安装前进行相关培训，以防技术质量事故的发生，保证人身及设备安全。

5.1.3 本条对光伏发电站的施工中间交接验收作出规定，其中包含中间交接项目内容以及中间交接验收时的职责和要求。

5.1.4 本条规定了安装施工中隐蔽工程的内容以及隐蔽验收时的职责和要求。

5.2 支架安装

5.2.1 本条规定了支架安装前的准备工作，主要是对支架安装前混凝土强度提出要求。因支架的重量较轻，荷载较小，没有规定支架混凝土强度必须达到100%才允许安装支架。同时，针对光伏支架的进场检查及保管提出要求，尤其在西北地区和沿海滩涂等土壤盐碱含量比较高的地方，如不采取保护措施，极易腐蚀支架的镀锌层。本条还规定了应在支架安装前对土建专业完成的支架基础进行中间交接验收。

5.2.2 本条对支架的安装和应达到的标准作出了规定。

1 支架安装验收的标准主要应从紧固度和偏差度两方面考虑，紧固度直接影响组件安装好后的抗风能力，故应严格控制。支架大多采用镀锌件，若破坏了镀锌层，将降低支架的使用寿命，在施工过程中不应对支架气焊扩孔。

2 支架的倾斜角度直接影响组件的安装角度，组件的安装角度又直接影响组件的效率。固定式支架的角度，都是综合当地的经纬度和相关气象数据计算而来的。根据计算，组件角度的偏差在±1°时，对组件的效率影响不大，故对支架的安装角度提出此要求。

3 对支架安装过程中的偏差值提出要求，主要为整体感官考虑。但支架的安装质量主要取决于基础的安装质量。所以，在前期土建施工过程中应严把质量关，为后续支架安装提供好便利条件。

5.2.3 本条对跟踪式支架的安装提出具体要求。跟踪式支架个体较大，在安装前一定要将其与基础之间固定牢固，不管是采用焊接方式还是螺接方式。跟踪式支架采用旋转或推动的方式进行动态跟踪，其传动、转动部分的灵活性至关重要，电缆在经过转动部位时应充分考虑预留并固定牢固。对于聚光式跟踪系统，为尽量避免损坏聚光镜，应考虑好安装顺序，并做好相应保护措施。

5.2.4 本条规定了支架安装完成后应按设计要求进行焊接和防腐工作，提出了在施工过程中应遵循的国家标准。

5.3 光伏组件安装

5.3.1 本条对光伏组件在安装前的准备工作做出了规定。

1 本款对光伏组件安装前提出要求。支架的安装质量决定了光伏组件的安装质量，其工作顺序也是互相依托的。在光伏组件安装前支架应该通过质检和监理部门的验收，方可进行光伏组件的安装。

2 将电压、电流偏差过大的光伏组件进行组串，会产生短板效应。但光伏发电站中光伏组件数量众多，现场测试的准确性及工作量都不好把控。若光伏组件厂家将出厂的光伏组件进行了分类，则应按照厂家提供的类别进行组串。

3 光伏组件经过运输、保管等环节，在安装前应进行外观检查。主要对光伏组件玻璃面板及接线盒等位置进行检查。

5.3.2 本条对光伏组件的安装作出了规定。

1 在光伏发电站的建设中，往往会选用不同规格和型号的光伏组件，而不同的光伏组件，其电性能不同。若偏差值较大，则不允许在一个组串内安装。安装前应按照设计图纸仔细核对光伏组件规格和型号。

2 不同的生产厂家生产的光伏组件各有不同。在安装过程中，生产厂家会针对自己的产品如何固定、固定螺栓的力矩值，提出不同要求。尤其是无边框的薄膜组件，如果在安装过程中紧固力矩过小，可能会在今后的运行过程中脱落；如果紧固力矩过大，又会导致组件破裂。故在施工过程中，应严格遵守设计文件或生产厂家的要求。

3 根据支架安装的偏差要求，提出了光伏组件安装的偏差要求，其中最主要的是控制好光伏组件的安装角度。

5.3.3 本条对光伏组件之间的接线提出要求。经过对光伏发电站建设项目的调研，在施工过程中，往往会在光伏组件连接线施工环节上，存在组串数量不对、插接件不牢等问题，从而造成光伏组件串电压过高或过低，甚至无电压。施工人员应认真按照设计图纸施工，并仔细检查回路的开路电压或短路电流，以便在投入运行前，发现并解决问题。插接件与外接电缆间搪锡处理，是为了避免因接触电阻增大而降低效率及出现虚接而造成事故。规定同一光伏组件或光伏组件串不应短接，是因为虽然光伏组件的工作电流值和短路电流值差别不大，但光伏组件或光伏组件串长时间处于短路状态也会对设备和线缆的绝缘造成损伤。

5.3.4 本条为强制性条文，必须严格执行。由于光伏组件在接收光辐射时，在导线两端就会产生电压。当光伏组件组成一个组件串时，电压往往很高。为保障人身安全，在施工过程中严禁碰触光伏组件串的金属带电部位。

5.3.5 本条为强制性条文，必须严格执行。光伏组件的连线是一项带电操作的工作。在雨中由于天气潮湿，人体接触电阻变小，极易造成人身触电事故，所以规定在雨中严禁进行此项工作。

5.4 汇流箱安装

5.4.1 本条规定了汇流箱安装前应做的检查工作。在技术协议书中会对汇流箱的防护等级、元器件的品牌和型号做出相应要求，安装前应进行检查。经过长途运输和现场保管，箱内元器件及连线应进行检查，是否存在破损和松动现象。为后续接线工作的安全，应将箱内开关和熔断器断开。同时对汇流箱的绝缘电阻提出要求。

5.4.2 本条规定了汇流箱安装时应符合的要求。

5.4.3 本条为强制性条文，必须严格执行。汇流箱在进行电缆接引时，如果光伏组件串已经连接完毕，那么在光伏组件串两端就会产生直流高电压；而逆变器侧如果没有断开点，其他已经接引好的光伏组件串的电流可能会从逆变器侧逆流到汇流箱内，很容易对人身和设备造成伤害。所以在汇流箱的光伏组件串电缆接引前，必须确保没有电压，确认光伏组件侧和逆变器侧均有明显断开点。

5.5 逆变器安装

5.5.1 本条对逆变器安装前应具备的基本条件和准备工作提出了要求。

1 为了避免现场施工混乱，实行文明施工，为了给安装工程创造施工条件，本款对室内放置的逆变器安装前，建筑工程应具备的条件提出了具体要求，这对保证安装质量和设备安全是必要的（如为了防止设备受潮，提出逆变器安装前，屋面、楼板不得有渗漏现象、沟道无积水等要求）。

5 光伏发电站内可能会在不同区域安装不同规格、型号的逆变器，要求在逆变器就位前按照设计图纸进行复核，以免安装位置出现错误，造成不必要的返工。

6 按照逆变器的重量、外形尺寸及现场实际条件等因素，选择相应的机具进行运输和吊装。严禁超负荷使用机具。

7 随着逆变器功率的不断增大，逆变器的体积和重量也越来越大。500kW 和 1MW 的大型逆变器已被广泛应用到光伏发电站的建设中，所以要求在大型逆变器就位时要考虑道路和场地的因素，以便于施工。

5.5.2 本条对逆变器的安装与调整提出了具体要求。

1 本规范表 5.5.2 是参照现行国家标准《电气装置安装工程　盘、柜及二次回路接线施工及验收规范》GB 50171 中有关规定制订的。

2 参考同类规范中对盘柜基础的要求。非手车式开关基础，其基础型钢顶部一般都高出抹平地面 10mm。基础型钢与接地干线应可靠焊接。

2 逆变器的安装方向应按设计图纸施工，同时应考虑方便运行人员的操作和检修。

5.5.3 逆变器交流侧电缆接引至升压变压器的低压侧或直接接入电网中。对于大型逆变器来说，逆变器交流侧都接有几根电缆，在接入变压器低压侧以后，不便于电缆绝缘和相序的校验。逆变器直流侧电缆的极性和绝缘同样非常重要，需要施工人员仔细测试。故要求在此部分电缆接引前仔细检查电缆绝缘，校对电缆相序和极性，并做好施工记录。

5.5.4 本条为强制性条文，必须严格执行。逆变器的直流侧通过电缆和汇流箱连接，往往在接引此部分电缆时，部分光伏组件已组串完毕，并接引至汇流箱中，此时在汇流箱的正负极两端将会产生很高的直流开路电压。为保障人身安全，应在逆变器直流侧电缆接线前，确认汇流箱侧有明显断开点，并做好安全防护措施。

5.5.5 为了防止设备受潮和小动物进入逆变器，在电缆接引完毕后，应及时进行防火封堵。

5.6 电气二次系统

5.6.1 二次系统元器件、盘柜安装及接线工作在现行国家标准《电气装置安装工程　盘、柜及二次回路接线施工及验收规范》GB 50171 中，已经有很详细的规定，在施工中应遵照执行。若制造厂针对自己产品有特殊要求，应符合其要求。

5.6.2 对于通信、远动及综合自动化等二次设备的安装与接线，在产品的技术要求中均有规定，在施工中应严格遵守。

5.7 其他电气设备安装

5.7.1～5.7.5 对光伏发电站中的光伏组件、逆变器等新型设备，目前我国尚无施工和验收标准，但很多常规电气设备的施工及验收，国家已经有现行的规范、标准，施工过程中应遵照执行。同时还应按照设计文件及厂家的特殊要求施工。

5.8 防雷与接地

5.8.3 光伏组件的接地目前一般都是经过支架进行连接的，另外跟踪式支架高度大，极易遭受雷击过电压的冲击，故接地工作应严格按照国家相应标准和设计文件进行。

5.8.4 本条对组件的接地提出了要求。对于晶硅组件，边框上预留有接地专用孔，需要用接地导线与地网可靠连接；而对于薄膜组件，制造厂家会根据逆变器的运行方式，采取不同的接地方式，或不接地。

5.8.5 汇流箱内多设置有浪涌保护器，起到过电压保护的作用；而逆变器内部则设置有浪涌保护器、电感和电容元件，故汇流箱和逆变器的接地非常重要，应保证其连接的牢靠性和导通的良好性。同时若盘柜、汇流箱及逆变器的电器绝缘损坏，将使盘门上带有危险的电位，会危及人身安全，故应使用裸铜导线将此部分设备的金属盘门进行可靠接地。

5.8.6 光伏发电站中的接地电阻阻值在设计文件中会参考相应国家标准，并根据电站实际情况而提出要求。它也是考核电站安全性的一项重要指标，应测试合格。

5.9 架空线路及电缆

5.9.1～5.9.3 这三条强调光伏发电站线路及电缆在施工中应遵照的国家标准，同时还应满足相关技术要求和设计文件的特殊要求。

6 设备和系统调试

6.1 一般规定

6.1.1 进行单体实验及设备、系统调试前制订的调试方案是指导施工的重要依据，在调试前应编制完成并通过审查。

6.1.2 在设备和系统调试前，安装工作应完成并通过验收是最基本的要求。

6.1.3 本条是在设备和系统调试前，对建筑工程提出的要求。有很多品牌的逆变器对散热要求都比较严格，所以在设备调试前要求通风及制冷系统具备投入运行的条件。

6.2 光伏组件串测试

6.2.1 本条规定了光伏组件串调试前应做的工作和应具备的条件。

1 光伏组件串接引完毕才具备测试的条件，并要求组串的数量和型号应符合设计文件的要求。

2 回路的标识应清晰、准确，以便于故障的查找和运行人员的维护。

3 在未经测试前，光伏组件串可能因组串错误而出现电压偏差，过高的电压可能会对逆变器等设备造成损坏。

4 汇流箱的防雷模块在过电压的情况下起到保护作用，应将其可靠接地。

5 光伏组件串的测试工作应在使用辐照仪对辐照度进行测试的前提下进行。测试时辐照度宜高于或等于700W/m²。虽然为了准确评估光伏组件的各项电性能参数，最新颁布的国家标准采用了IEC（国际电工委员会）标准，增加了低辐照度（200W/m²、25℃、AM1.5）下的性能测试，但鉴于光伏组件在实际应用中经常工作在低于1000W/m²，又高于200W/m²的情况，为准确全面反映其性能，本规范对测试时的辐照度参考值做出了规定。

6.2.2 本条规定了光伏组件串调试检测应符合的要求。

1 光伏组件在组串过程中，会出现将插接头反装，从而导致光伏组件串的极性反接的现象。在测试过程中，应对此进行认真检测。

2 相同规格和型号的光伏组件组串完毕后，在相同的测试条件下进行测试，其电压偏差不应太大。若电压偏差超出正文规定，应对光伏组件串内的光伏组件进行检查，必要时可进行更换调整。

3 在并网状态下，使用钳形电流表直接测试光伏组件串的电流，直观且安全，并能通过此种测试方法发现光伏组件串之间的电流差异，从而发现存在的问题。

4 若光伏组件串连接电缆温度过高，应检查回路是否有短路现象发生。

5 光伏组件串的测试工作一定要做好相应的测试记录，并作为竣工资料的一部分内容进行整理、移交。

6.2.3 本条说明逆变器在投入运行前，宜将逆变单元内所有汇流箱均测试完成并投入。

6.2.4 本条规定了逆变器在投入运行之后，投、退汇流箱的顺序，主要是为防止带负荷拉刀闸。

6.3 跟踪系统调试

6.3.1 本条对跟踪系统调试的条件提出了具体要求。

1 光伏发电站内的跟踪系统一般体积大、高度大，要求有一定的抗风强度，在调试前应检查跟踪系统固定是否牢固可靠。同时为防止雷击过电压或电缆线路绝缘受损而使支架带有电位，对人身和设备造成伤害，跟踪系统一定要可靠接地。

2 跟踪系统上的电缆在经过转动部位时，为防止被卷入或挣断，要固定牢固并充分考虑转动距离，留足预留。

3 在跟踪系统调试前，检查转动范围内是否有临时设施阻碍跟踪系统转动，以防止出现设备损坏事故。

6.3.2 本条规定了跟踪系统在手动模式下调试应达到的要求。不同的产品有各自不同的结构和运行方式，但转动灵活、动作可靠、保护准确及满足技术文件要求是必须要达到的。本规范规范了跟踪系统转动时的最大方位角及高度角应满足设计文件要求。因为针对不同的业主或不同的地区，会有不同的需求。另外，为保证跟踪系统在允许范围内转动，不会因超行程对设备造成损坏，要求对极限位置保护进行测试，以保证设备运行的可靠。

6.3.3 本条规定自动模式调试前，手动模式下调试应已完成。对于采用主动控制方式的跟踪系统，应在自动模式调试前将参数准确设置完毕。

6.3.4 本条规定了跟踪系统在自动模式下应达到的要求。

1 跟踪系统的跟踪精度在签署技术协议过程中，供货方和采购方会进行充分沟通并确定具体要求，在调试过程中将按照此技术要求来考核跟踪系统的跟踪精度。

2 跟踪系统由于体积较大，抗风能力较弱，为避免设备在恶劣天气下受损，对设有避风保护功能的跟踪系统，要求对此项保护功能进行测试。可手动设置风速值超过保护上限，检测跟踪系统是否能够迅速做出响应（一般厂家都是采取将光伏方阵平面调至水平位置，以减少承载力）；同时需要检测在风速减弱至正常工作允许范围时，跟踪系统是否能在设定时间内恢复到正确跟踪位置。

3 在暴雪天气下，跟踪系统应采取相应的抗雪压措施避免设备受损，对设有避雪保护功能的跟踪系统，要求对此项保护功能进行测试。可手动设置雪压值超过保护上限，检测跟踪系统是否能够迅速作出响应（一般厂家都是采取将光伏方阵平面调至最大下限位置，以减少承载力）；同时需要检测在雪压减弱至正常工作允许范围时，跟踪系统是否能在设定时间内恢复到正确跟踪位置。

4 跟踪系统都会选择一种安全状态来应付特殊情况的发生，因此跟踪系统在夜间应能够自动返回到跟踪初始设定位置，并关闭动力电源。这也是为了保护跟踪系统在不工作时，不至于受到损坏。

5 跟踪系统的跟踪运行方式可分为步进跟踪方式和连续跟踪方式。步进跟踪方式能够大大降低跟踪系统自身能耗，被广泛采用。步进跟踪方式主要依靠电机带动传动装置并间歇式地运行来进行实时跟踪，其间隔时间长短，各厂家生产的产品不尽相同，需要参照技术协议要求进行检查。

6.4 逆变器调试

6.4.1 本条规定了在逆变器调试前应具备的基本条件。要想对逆变器进行最基本的调试工作，首先需要逆变器控制电源得电。逆变器的控制电源有的取自直流侧，有的取自交流侧，还有单独供给的，各个生产厂家都有不同；其次，是逆变器直流侧和交流侧的电缆接引完毕，并正确无误，绝缘良好；最后，方阵的接线工作部分或全部完成并通过检测，能够给逆变器提供安全的直流电源。这里没有提到逆变器的交流侧电源，是因为逆变器在静态调试初期，满足以上几点要求时，即可进行一些常规的参数和设置的检查。

6.4.2 逆变器经过长途运输、现场保管和安装等环节后，调试前还应对本体进行仔细检查，以确保设备安全。逆变器良好、可靠的接地，是保证调试人员人身安全的前提条件，需检查确认；对于逆变器内部的电路板、插接件及端子等部件，应仔细检查是否在运输过程中造成松动或损坏。

6.4.3 本条对逆变器调试过程中提出要求并规定了应做的检查项目。

1 逆变器在控制回路带电时应对逆变器的参数进行检验和设置，同时检查逆变器自带的散热通风装置工作是否正常，以保证逆变器能够稳定地投入运行。

2 在逆变器直流侧带电而交流侧不带电时，可以通过逆变器的显示器查看直流侧的电压值，并和实际测量值进行比较，检测逆变器数据采集的准确性。同时可以查看到逆变器直流侧对地阻抗值是否满足要求，如果显示值偏低，应进一步查明原因。

3 逆变器能够并网发电需要具备三个基本条件，即控制电源带电、直流侧带电且满足逆变器要求和交流侧带电且满足逆变器要求。通过编写组对光伏发电站的调研，前两个条件都可以提前实现，但逆变器交流侧带电，通常都是在电站即将并网启动时才具备条件，因为只有电站整体安装、调试工作结束，并通过一系列审查和质检合格以后，才具备倒送电条件，也就意味着光伏发电站可以并网运行，所以本规范按照这样的顺序进行编写。在逆变器交流侧也带电时，可以对交流侧的相关参数进行检查，确认是否满足逆变器并网条件。另外，对于一些具有门限位闭锁功能的逆变器，也需要确认其闭锁功能。

4 逆变器的保护功能直接涉及光伏发电站接入电网的稳定运行，甚至人身生命安全，所以其保护功能尤为重要。虽然逆变器生产单位在出厂前都经过此方面的测试，但按照现行国家标准《电气装置安装工程 电气设备交接试验标准》GB 50150 中的相关规定，应该在施工现场进行复测。因逆变器的保护功能只能在并网状态下进行，故需要逆变器厂家、施工方和建设方充分沟通并达成共识。具体操作可以通过更改逆变器参数的方法来进行测试。

6.4.4 本条为强制性条文，必须严格执行。逆变器内部布置有感性和容性元件，在运行后会有残留电荷。不同的逆变器厂家均要求在运行后，需静置一段时间才允许接触内部元器件，就是给逆变器一个放电的过程，以保证检修人员的人身安全。因此，规定在逆变器进行检查工作，要接触逆变器带电部位时，一定要断开交、直流侧电源开关和控制电源开关，确保在无电压残留，并在有人监护的情况下进行。

6.4.5 本条为强制性条文，必须严格执行。逆变器在运行状态下，断开没有灭弧能力的汇流箱保险，极易引起弧光。为保证人身和设备安全，严禁带负荷断开没有灭弧能力的开关或保险。

6.4.6 本条规定施工人员应将相关测试记录按照附录C的格式进行填写，并作为施工记录进行移交。

6.5 二次系统调试

6.5.1 本条规定了光伏发电站中二次系统调试的主要内容。

6.5.2 本条规定强调计算机监控系统调试应符合的条件。计算机监控系统能够实现对主要设备的监视，提高系统运行的可靠性，所以要求其准确、可靠。在光伏发电站实施前期，业主方将会就监控系统等很多方面向设计方提出要求，设计方按照设计联络会的要求进行设计，故电站的监控系统应能满足设计要求。同时大多光伏发电站运行都采用无人值守或少人值守，其智能化要求较高。因此，监控系统能够实时、准确地反映现场设备的运行工况，十分重要。

6.5.3 继电保护系统是电力系统的重要组成部分，对保证电力系统的安全经济运行，防止事故发生和扩大起决定作用。继电保护的基本要求是选择性、速动性、灵敏性和可靠性。在继电保护装置的测试过程中，应按照单体调试、带开关调试和整组调试的顺序进行，验证其能否满足要求。现场调试环节应做好调试记录。

6.5.4 在电网运行中，电网调度部门无疑是集中控制和管理的中心，每时每刻都要向发电厂、变电站提取大量的信息，同时又要将大量任务下达。远动通信系统运行的稳定、可靠，将给电网调度部门提供必要的前提和保障。调试时应先保证通信通道畅通，然后检测遥信、遥测、遥控、遥调，即“四遥”功能。若采用101和104等两种规约方式进行传输时，则应分别测试。

6.5.5 本条规定电能量采集系统的配置首先应满足当地电网部门的规定，因为光伏发电站投运后的费用结算都将与电能量的计量密切相关。在电站的初步设计、技术设计和施工图设计阶段，都应和当地电力计量部门充分沟通，符合其要求。

6.5.6 不间断电源为光伏发电站重要的设备提供稳定、可靠的电源。通常由主电源、旁路电源和直流电源供电，在任何一路电源失电的情况下，不间断电源系统应能够持续、不间断的供电，以保证重要设备的可靠运行。监控画面上应能够反映其运行的状态。

6.5.7 为保障电力系统的安全稳定运行，国家电力监管委员会颁布的《电力二次系统安全防护规定》对相关要求已经做出具体规定，现场调试时，可遵照执行。

6.6 其他电气设备调试

6.6.1 常规的电气设备如电缆、变压器、真空断路器等，在国家现行标准《电气装置安装工程 电气设备交接试验标准》GB 50150 中都有明确的实验项目和标准。在光伏发电站的建设中，此部分电气设备的调试工作应遵照执行。

6.6.2 对配置有无功补偿装置的光伏发电站，其补偿性能要满足设计文件的相关技术要求。

7 消 防 工 程

7.1 一 般 规 定

7.1.1 本条对从事消防施工的单位提出资质要求。从业单位应依法对建设工程消防设计和施工质量负责。

7.1.2 本条规定了消防工程施工前应具备的条件。主要对设计图纸及材料的到场检测提出基本要求。

7.1.3 本条规定在消防部门进行专项验收前，应进行建设单位组织的自检。

7.2 火灾自动报警系统

7.2.2 火灾报警系统的布管及穿线工作应与土建建筑施工同期进行，避免返工。

7.2.3 本条规定了火灾自动报警系统调试的顺序，先逐个设备进行单机调试，然后进行系统调试。

7.2.4 本条规定了火灾自动报警系统通电后，应按照现行国家标准《火灾报警控制器》GB 4717 的有关要求对报警控制器进行检查的项目。

7.2.5 火灾报警系统在火灾发生时，为避免事故扩大，对具备将照明回路主开关断开的连锁功能，现场应进行此项目检测。

7.3 灭 火 系 统

7.3.1 本条强调消火栓灭火系统各施工环节中应注意的事项及遵循的标准。

7.3.2～7.3.4 这两条规定了采用其他一些灭火方式的施工应遵循的国家标准。

8 环保与水土保持

8.2 施工环境保护

8.2.1 噪声污染对周边环境影响很大，在施工中应根据《建筑施工场界噪声排放标准》GB 12523 的相关规定，对不同施工阶段作业噪声进行控制。

8.2.2 影响环境的施工废液主要包括泥浆、废油以及生活污水。这些废液直接排放在周围环境中，可能对环境产生较大的危害，需要经过相应的处理。

8.2.3 施工粉尘污染影响施工人员的身体健康，同时也对周边环境造成很大的影响，需要进行处理。

1 施工期间的道路灰尘很多，过往车辆容易造成尘土飞扬，采用经常洒水、清扫等措施，可减少对环境的污染及对人体的危害。

2 施工现场的水泥、粉煤灰及珍珠岩颗粒等细颗粒建筑材料，若露天堆放，容易随风飘散，影响环境。

3 混凝土搅拌站在上料时容易出现大量的粉尘，需要采取相应的措施，以减少对环境的影响。

8.2.4 施工固体废弃物需要适当处理以减少对周边环境的影响。将固体废弃物直接焚烧会产生大量的有毒有害气体，严重影响环境及人体健康。

8.3 施工水土保持

8.3.1 光伏发电站在施工策划阶段需要根据现场的实际情况将临建办公室、钢筋加工场、木工场以及搅拌站等临建设施紧凑布置，尽量减少对原地貌的破坏面积，减少对原地面的开挖。

8.3.2 自然排水沟渠在施工中加以保护，在汛期和雨季不会扩大地表的破坏面积。光伏发电站施工完成以后恢复原地貌，能够保护环境不会恶化。

8.3.3 本条规定弃土区应该避开站区的排水沟渠。临时弃土区采用围挡和覆盖，是为了防止雨水冲淋以及大风天的扬尘污染环境。

9 安全和职业健康

9.1 一 般 规 定

9.1.1 光伏发电站的建设有自己的独特性，因而其安全和职业健康管理体系也有与之相对应的独特性。大型光伏发电站涉及面广，施工方很多，在组织机构和管理制度中，都应纳入施工方管理。

9.1.2 为提高全员安全素质，认识安全施工的重要性，增强安全施工的责任感，最终实现安全和职业健康的目标，施工人员和管理人员应经各级安全和职业健康教育和培训，并经考试合格后，方可上岗。

9.1.3 为了施工安全着想，对危险区域周围设立隔离，并设置明显的安全、警示标志或隔离带，起到必要的警示、隔离作用。

9.2 安全文明施工总体规划

9.2.1 本条要求是根据国家现行标准《建筑施工安全检查标准》JGJ 59 中的规定：施工现场应该设有“五牌一图”，即工程概况牌、管理人员名单及监督电话牌、消防保卫（防火责任）牌、安全生产牌、文明施工牌和施工现场平面图。危险区域悬挂安全警示牌，可以起到一定的警示作用。

9.2.3 本条强调区域隔离、模块化管理的重要性，便于文明施工及安全管理。

9.2.4 本条强调道路的畅通在施工过程中的重要性，光伏发电站的建设特点是：场区大、设备多、工期短且地质条件差。施工过程中一定要加强对施工道路的管理。

9.2.5～9.2.7 这三条对临时设施、施工机械、设备及材料的布置和摆放提出了要求。

9.3 安全施工管理

9.3.1 施工人员应自觉遵守现场安全文明施工纪律规定，同时应严格遵守国家现行标准《电力建设安全工作规程》DL 5009 的相关规定。如在吊装区域、设备耐压区域和送电调试区域等危险作业区域，非作业人员不了解施工内容及其危险性，极易出现人身伤害事故，故施工中应对危险区域设专人监护，并严禁非作业人员进入危险作业区域内。

9.3.2 本条对施工中的临时用电提出要求。

9.3.3 交叉作业存在安全隐患，在施工中应尽量避免。

9.4 职业健康管理

9.4.1 本条规定是根据国家相关管理办法制定，对体检中发现患有医学规定不宜从事有关现场作业疾病的人员，应禁止进入现场从事相关工作。

9.4.2 本条强调在施工中应针对噪声、粉尘、固体弃废物及水污染防治等方面应采取有效的管理措施，避免在施工中造成环境污染。

9.4.3 本条对施工区、办公区和生活区等场所的卫生要求做出规定，以保证施工人员的身体健康。

9.4.4 本条强调应加强食品卫生管理，防止食物中毒或其他食物中毒源性疾病的发生，制定相应的食品卫生管理制度，保证施工人员的身体健康。

9.5 应 急 处 理

9.5.1～9.5.3 这三条强调了在光伏发电站开工前，应根据项目特点编制一些专项应急预案，并要求组织相关人员进行应急预案演练工作。

中华人民共和国国家标准

光伏发电工程施工组织设计规范

Code for construction organization planning
of photovoltaic power project

GB/T 50795—2012

主编部门：中 国 电 力 企 业 联 合 会
批准部门：中华人民共和国住房和城乡建设部
施行日期：2 0 1 2 年 1 1 月 1 日

中华人民共和国住房和城乡建设部
公　　告

第1430号

关于发布国家标准《光伏发电工程施工组织设计规范》的公告

现批准《光伏发电工程施工组织设计规范》为国家标准，编号为GB/T 50795－2012，自2012年11月1日起实施。

本规范由我部标准定额研究所组织中国计划出版社出版发行。

中华人民共和国住房和城乡建设部
2012年6月28日

前　　言

根据住房和城乡建设部《关于印发2010年工程建设标准规范制订、修订计划的通知》（建标〔2010〕43号）的要求，规范编制组经广泛调查研究，认真总结实践经验，参考有关国内标准和国外先进标准，并在广泛征求意见的基础上，编制本规范。

本规范共11章，其主要技术内容有：总则，术语，基本规定，施工准备，施工总布置，施工临时设施及场地，施工总进度，主体施工方案及特殊施工措施，施工交通运输，质量、职业健康安全和环境管理，文明施工等。

本规范由住房和城乡建设部负责管理，由中国电力企业联合会负责日常管理，由华电新能源发展有限公司负责具体技术内容的解释。在执行本规范的过程中，请各单位结合工程实践，注意总结经验，积累资料，随时将有关意见和建议寄送华电新能源发展有限公司（地址：北京市西城区宣武门内大街2号，邮政编码：100031）。

本规范主编单位、参编单位、主要起草人和主要审查人：

主 编 单 位：华电新能源发展有限公司
　　　　　　中国电力企业联合会

参 编 单 位：华电电力科学研究院
　　　　　　新疆电力设计院
　　　　　　中国电子工程设计院
　　　　　　无锡尚德太阳能电力有限公司
　　　　　　中电电气（南京）太阳能研究院有限公司
　　　　　　福建钧石能源有限公司
　　　　　　国电太阳能研究设计院

主要起草人：袁凯峰　范　炜　牛福林　王　立　王和平　钟天宇　吕平洋　于金辉　掌于昶　王　斌　邹宗宪　吕佐超　贾艳刚　李卫江　赵小勇　程德东　邵　吉　严晓宇　程　序

主要审查人：郭家宝　汪　毅　林　鹏　魏泽黎　石司强　高　平　王　野　王文平　陈默子　刘少华　严玉廷　李　扬　肖　斌　李绍敬　梁花荣　韩新玲　曲学直　杨戈秀　孙　建

目　次

Contents

1 总 则

1.0.1 为了适应国家积极发展光伏发电工程的需要，提高光伏发电工程施工组织设计水平，做到技术先进、经济合理、安全实用、资源节约和环境友好，制定本规范。

1.0.2 本规范适用于地面安装和光伏建筑附加（BAPV）的新建、改建和扩建并网型光伏发电工程施工组织设计。本规范不适用于光伏建筑一体化工程（BIPV）施工组织设计。

1.0.3 施工组织设计应结合实际，因地、因时制宜，统筹安排、综合平衡、妥善协调光伏发电工程的施工。

1.0.4 施工组织设计应结合实际推广应用新技术、新材料、新工艺和新设备。

1.0.5 光伏发电工程施工组织设计除应符合本规范外，尚应符合国家现行有关标准的规定。

2 术 语

2.0.1 施工组织设计 construction organization plan

以施工项目为编制对象，用以指导施工的技术、经济和组织管理的综合性文件。

2.0.2 光伏建筑附加 building attached photovoltaic（BAPV）

将太阳能光伏电池组件附着在建筑物上，与用户或电网相连接形成的光伏发电系统。

2.0.3 光伏建筑一体化 building integrated photovoltaic（BIPV）

将太阳能光伏电池组件集成到建筑物上，同时承担建筑结构功能和光伏发电功能，与用户或公用电网相连接形成的户用并网光伏系统。

2.0.4 光伏阵列 PV array

又称光伏方阵。将若干个光伏组件在机械和电气上按一定方式组装在一起并且有固定的支撑结构而构成的直流发电单元。

2.0.5 光伏组件 PV module

又称太阳电池组件（solar cell module）。具有封装及内部联结的，能单独提供直流电输出的，最小不可分割的太阳电池组合装置。

2.0.6 汇流箱 combiner

在光伏发电系统中，将一定数量规格相同的光伏组件串联组成若干光伏串列，再将若干个光伏串列并联汇流后接入的装置。

2.0.7 光伏支架 PV support bracket

光伏发电系统中为了摆放、安装、固定光伏组件而设计的特殊支架。

2.0.8 施工总平面布置 construction site layout plan

在施工用地范围内，对各项生产、生活设施及其他辅助设施等进行的规划和布置。

2.0.9 施工总进度 general schedule for construction

工程总体施工工期和各节点的控制进度。

3 基本规定

3.0.1 施工组织设计应符合下列要求：

1 确定施工组织设计方案时，应综合分析光伏发电工程的装机规模、建设条件、现有施工水平和工程特点等。

2 应满足光伏发电工程合理的建设期限要求和实现工程各项技术经济指标的要求。

3 严格执行基本建设程序和施工程序，应对工程的特点、性质、工程量大小等进行综合分析，合理安排施工顺序。

4 应注重各施工段的综合平衡，调整好各时段的施工强度，降低劳动力高峰系数，均衡连续施工。

3.0.2 施工总布置应充分考虑建（构）筑物、场地和设备的永临结合，减少临时用地和临时设施建设。

3.0.3 施工总进度应重点研究和优化关键路径，合理安排施工计划，制定季节性施工措施。

3.0.4 组织机构的设置和人员配备应符合光伏发电工程建设要求。

3.0.5 施工组织设计应有利于提高工程质量、加强职业健康安全和环境保护管理，确保安全文明施工。

3.0.6 施工组织设计的编制依据应包括下列内容：

1 相关法律、法规、规章和技术标准。

2 光伏发电工程主体设计方案。

3 主要工程量和工程投资概算。

4 主要设备及材料清单。

5 主体设备技术文件及新产品的工艺性试验资料。

6 工程施工合同及招、投标文件和已签约的与工程有关的协议。

7 施工机械设备清单。

8 现场情况调查资料。

3.0.7 施工组织设计应主要包括下列内容：

1 工程任务情况及施工条件分析。

2 从施工角度论证项目建设方案的可行性。

3 根据当前社会综合施工水平，排定项目工程工期，合理安排施工程序和交叉作业，确定节点进度计划。

4 从施工的全局出发，根据工程所在地区域地形地质条件，进行施工总平面布置，选择主体施工方案和施工设备、机具。

5 论证工程总体施工方案和主要施工方法。

6 合理确定各种物资资源和劳动力资源的需求量和配置。

7 根据工程量、排定的工程工期、选择的施工方案和拟投入的劳动力资源等，为编制工程概算提供必要的资料。

8 提出施工交通运输方案。

9 提出与施工有关的组织、技术、质量、职业健康安全、环保和节能等措施。

4 施工准备

4.1 一般规定

4.1.1 施工准备应贯穿施工全过程。开工前应分别对单位工程、分部工程和分项工程进行施工准备；开工后应针对实际情况和季节变化，及时对施工准备做出补充和调整。

4.1.2 施工准备应根据地面光伏发电工程、光伏建筑附加（BAPV）光伏发电工程各自的特点与施工难点，明确管理目标，包括质量目标、工期目标、安全目标及文明施工目标等。

4.2 技术准备

4.2.1 技术准备应搜集、整理与分析下列资料：

1 站址区的自然条件资料，应包括地形与地质构造与状态、水文地质、地震级别与烈度、气象资料（气温、雨、雪、风、沙尘暴和雷电等）等，分析气候对工程施工的影响。

2 项目建设地区的技术经济条件资料，应包括当地施工企业及制造加工企业提供服务的能力及技术状况、物资供应状况、地方能源和交通运输状况、医疗和消防状况等。

3 现行的相关规范及法规、拟选取的设备技术文件、类似工程的经验资料等。光伏建筑附加（BAPV）工程还应掌握原建（构）筑物的结构特点，分析荷载变化对原建（构）筑物的影响等。

4 前期设计阶段尚应收集工程的批准文件、工程施工合同和招投标文件、选定的设备技术文件等其他有关资料。

4.2.2 进行施工组织设计前，应积极参加施工图纸和有关设计技术资料交底，全面了解和掌握设计意图及设计要求。

4.3 物资准备

4.3.1 物资设备准备应包括建筑安装材料的准备，构件、配件和非标制品的加工准备，生产工艺设备的准备和施工机械的准备等。

4.3.2 施工组织设计应根据施工项目的工程量及工期，确定施工机械台班量，制订主要材料需求量计划，构件、配件和半成品需求量计划，施工机械需求量计划。

4.3.3 根据各种物资的需求量计划，应拟订运输计划和运输方案，确定物资进场时间，并按照施工总平面图的要求，明确物资储存或堆放的地点。

4.4 施工组织机构与人员配置

4.4.1 根据项目规模、特点和复杂程度，应建立项目组织管理机构并配备相应人员，建立健全各项管理制度。

4.4.2 应制订施工准备工作计划表，明确各管理部门的职责与分工。

4.4.3 根据施工各项目的工程量及工期，应确定综合劳动力和重要工种劳动力的需求量计划，制订施工各阶段劳动力配备表。

4.4.4 应制订劳动力进场计划。施工前应对施工人员进行安全文明施工教育和技术交底，并明确任务和分工协作。

4.5 现场准备

4.5.1 施工现场准备应主要包括“四通一平”、施工现场的补充勘探、消防设施的设置以及临时设施的搭建等。

4.5.2 环保措施和水土保持措施应根据现场情况，在噪声控制、粉尘污染防治、固体废弃物管理、水污染防治管理、水土流失防治等方面制订防护措施，并组织实施。光伏建筑附加（BAPV）工程应重点分析建筑物的垂直运输条件对施工设备和材料运输的影响及施工噪声对周边居民的影响，并应提出有效处理措施。

4.5.3 施工安全应急预案及相关措施应根据现场条件提出。

5 施工总布置

5.1 一般规定

5.1.1 施工总平面布置应包括施工场地统筹划分、交通组织、临时建筑、施工供水供电、材料堆放、设备存放等场地的合理布置及竖向规划。

5.1.2 施工总布置应符合下列要求：

1 总体布局应合理，场地分配应与各标段施工任务相适应。

2 应合理利用地形，减少场地平整的土石方量。宜利用场内不建及缓建位置，节约用地，减少临时设施投资及现场运输费用。

3 应合理组织交通，并应避免相互干扰，交通应短捷。大宗材料堆场选择时应注意选择合理的运输半径。

4 施工分区应符合施工总体部署和施工流程要求，各工序应互不干扰。

5 应符合节能、环保、安全和消防等要求。

6 应满足文明施工的要求。

5.2 施工区域划分

5.2.1 施工区域应分为施工生产区及施工生活区。

5.2.2 施工生产区应包括土建作业与堆放场、安装作业与堆放场、机械动力及检修场、光伏阵列及安装材料堆场、水泥砂石料堆场、混凝土搅拌站及必要的实验室等。

5.2.3 施工生活区应包括现场施工人员及工程管理人员日常生活所需的办公、休息、餐饮等建筑。

5.2.4 光伏建筑附加（BAPV）工程施工区域划分应符合下列要求：

1 当光伏建筑附加（BAPV）工程与建（构）筑物同时建设时，应作为整体工程的一部分，统一进行施工区域划分，并应充分利用建（构）筑物主体工程建成后形成的可用内部空间及空闲场地。

2 在既有建筑物上进行光伏建筑附加（BAPV）工程建设时，应分析施工对建筑物周边环境及建筑物使用方的影响，充分利用建筑物及附近已有设施，减少施工生产区和生活区的占地面积。

5.3 施工总布置方案

5.3.1 施工生活区布置时宜采用集中布置形式。

5.3.2 施工生产区布置时，各类堆场、施工机具停放、机械动力及检修场、混凝土搅拌站宜集中独立布置。

5.3.3 施工现场划分标段较多的工程，可根据现场情况统一规划，分标段布置施工生产区和施工生活区。

5.3.4 施工生活区与生产区宜相互独立、避免干扰。

5.3.5 光伏建筑附加（BAPV）项目应结合建筑物屋顶结构形式、建筑物内部空间、附近场地情况、主体工程施工总布置方案进行布置。

5.4 施工总平面布置图

5.4.1 地面光伏发电工程施工总平面的布置图宜在比例不低于1：2000、带有坐标方格网的地形图上绘制。光伏建筑附加（BAPV）工程施工总平面布置图应能够反映建（构）筑物位置及周边可利用场地。

5.4.2 施工总平面布置图应包括光伏阵列、逆变器室、升压站、综合楼、围墙、各作业场、堆放场、临时道路和永久道路、施工供水供电管线、施工期间场区及施工区竖向布置、排水设施及用地边界等相对位置及平面布置尺寸、坐标和标高等。图中应注明施工区测量控制网基点的位置、坐标及标高。

5.4.3 光伏建筑附加（BAPV）工程应注明拟建建（构）筑物和其他基础设施的相对位置及平面布置尺寸、坐标和标高等。

6 施工临时设施及场地

6.1 一 般 规 定

6.1.1 施工生活区布置应以有利于生产、方便生活为原则，应依托进场道路布置。

6.1.2 施工生产区布置时，用地应从严控制，利用施工先后顺序交叉使用施工用地，减少单纯施工所需临时用地。

6.1.3 施工组织设计应根据工程需求确定大宗材料储备量，严格核算场地大小。对于安装设备在条件容许时，宜采用随到随安装方式，减少现场堆放量。

6.1.4 施工场地内含场地排水的竖向布置应与光伏发电工程的竖向布置统一规划。

6.2 施工临时设施及场地布置

6.2.1 施工临时设施应包括办公室、宿舍、食堂、仓库、修配间等建（构）筑物，临时设施与施工工地间距应满足消防安全距离，避免相互干扰。

6.2.2 混凝土搅拌站及砂石水泥堆场应靠近基础施工点，减少运输距离。钢筋混凝土预制场宜靠近搅拌站布置。

6.2.3 主要设备存放应符合以下要求：

1 根据设备要求，应将其室内、外分开存放。

2 设备存放场地应采取防水、防倾倒等措施。

3 设备宜集中存放，便于管理。

6.2.4 临时施工建筑总面积应根据电站规模、当地环境和生活条件确定。

6.3 供水、供电及通信

6.3.1 施工现场的供水量应根据整体工程的直接生产用水、生活用水和消防用水的综合最大需求确定。

6.3.2 施工区在无直接引接水管线条件时，可采用水罐车运输等其他适宜方式，同时场内可设临时蓄水池。

6.3.3 施工现场的供电负荷应根据整体工程的土建和安装的动力用电、照明等的最大用电负荷确定。

6.3.4 施工通信范围应覆盖整个施工区域。

7 施工总进度

7.1 一 般 规 定

7.1.1 编制施工总进度时，应结合主要设备供货时间、施工机械化程度、劳动力资源配备和国内当前的光伏发电工程施工组织管理水平，合理安排施工工期。

7.1.2 合理的施工工期应有利于确保工程施工安全和施工质量，有利于优化工程投资和降低建设成本。

7.1.3 光伏发电工程建设可分为工程筹建期、工程准备期、主体工程施工期、工程完建期四个阶段，并应符合下列要求：

1 在工程筹建期内，应积极进行筹备，使主体工程施工承包商具备进场开工条件。

2 在工程准备期内，应做好工程施工准备工作，保证关键线路上的主体工程可以开工，包括“四通一平”、临时设施建设等。

3 在主体工程施工期内，应从关键线路上的主体工程开始开工，使首批光伏阵列能够发电。

4 在工程完建期内，应使全部光伏阵列发电，保证工程投入运行、顺利竣工。

7.1.4 施工总进度表可采用下列三种方式：

1 网络施工进度表。

2 横道施工进度表。

3 斜线施工进度表。

7.2 施工总进度编制原则

7.2.1 编制施工总进度应遵守下列原则：

1 应遵守基本建设程序。

2 应采用国内平均施工进度水平，合理安排工期。

3 应均衡分配资源。

4 各项目施工程序前后兼顾、衔接合理、施工均衡。

7.2.2 光伏发电工程施工宜按下列环节进行节点划分：

1 “四通一平”施工单位进场（工程开工）。

2 “四通一平”及临建完成。

3 光伏阵列基础、支架施工完成。

4 生产综合楼、配电室等建筑物土建完成。

5 首批光伏发电设备安装分项调试完成。

6 首批光伏阵列并网发电。

7 末批光伏阵列并网发电。

8 工程整体移交生产。

9 整体竣工投产。

7.2.3 施工总进度宜按照第7.2.2条中所述节点进行工期排定和编制，提出施工关键线路，突出主、次关键工程；明确开工、首个阵列并网发电和工程完工日期。

7.2.4 施工工期排定时，应根据水文、气象条件，分析相应的有效施工工日。

7.2.5 光伏组件安装和电气设备安装的施工进度应协调，并与土建工程施工交叉衔接；应处理好土建和安装、主体与附属、阵列投产与续建施工等方面的关系。

7.2.6 光伏发电工程施工工期应根据电站装机容量、光伏阵列基础型式、升压站电压等级、地区类别及工程场地海拔高度等指标综合制定。

7.3 施工进度控制

7.3.1 施工进度控制宜以计划投产日期为最终目标。

7.3.2 施工进度控制应全部或部分编制下列辅助计划和措施：

1 施工准备计划。

2 工期保证措施。

3 光伏组件、逆变器、汇流箱等主要设备供应计划。

4 主要施工机械的配置计划。

5 劳动力平衡计划。

7.3.3 工程施工进度控制应按照第7.2.2条中所述节点，合理安排土建、安装、调试作业的时间进度。

7.3.4 工程进度控制应根据施工综合进度要求，提出主要设备、施工图纸和资料的交付进度。

7.3.5 施工组织设计应以工程施工总进度为依据，对设备、材料等各单位的工程施工物资的需求计划进行综合安排。

7.3.6 场内交通主干线应先行安排施工，并确定施工道路投入使用时间。

7.3.7 根据混凝土供应方式可提前建设原材料供应系统、混凝土生产系统。

7.3.8 准备工程如场地平整、施工工厂设施等的建设应与所服务的主体工程施工进度协调安排。

7.3.9 工程防洪排涝设施及水保、环保措施施工应与主体工程同时进行。

7.3.10 施工进度编制时，可安排下列施工工序平行作业：

1 光伏阵列基础混凝土施工时，可安排开挖与混凝土浇筑平行作业。

2 光伏设备安装可与电缆敷设、电气设备安装平行作业。

3 综合楼、升压站施工可与光伏阵列施工平行作业。

7.3.11 新建建（构）筑物上的光伏建筑附加(BAPV)工程施工应与建（构）筑物施工同期进行。对于既有建（构）筑物上的光伏建筑附加（BAPV）工程施工，应统筹兼顾建（构）筑物改造和支架（设备）安装的先后顺序，可交叉作业。

7.3.12 基础施工应兼顾接地、电缆及各种埋件安装等工序。

7.3.13 对于处于施工关键路径上的升压站基础和电气设备安装工程进度，应在施工总进度中逐项确定。

7.3.14 施工总进度应考虑主要设备调试时间，应在各光伏阵列分别安装过程中交叉调试，减少占用工程直线工期。

8 主体施工方案及特殊施工措施

8.1 一 般 规 定

8.1.1 主体施工方案确定时应遵守下列规定：

1 应确保实现光伏发电功能，保证工程质量和施工安全。

2 应有利于缩短工期和节约施工成本。

3 应有利于先后作业之间、各道工序之间协调均衡。

4 施工强度应与施工设备、材料、劳动力等资源需求均衡。

5 应有利于水土保持、环境保护和职业健康安全，便于文明施工。

6 应充分考虑特殊气象条件下的施工预案，应分别对雨季、高温、低温状态下的施工提出应急方案和措施。

8.1.2 施工设备选择及劳动力组合应遵守下列规定：

1 应适应工程所在地的施工条件，符合设计要求，生产能力满足施工强度要求。

2 设备性能灵活、高效、能耗低、运行安全可靠，应符合环境保护要求。

3 设备通用性强，宜在工程项目中持续使用。

4 设备购置及运行费用较低，宜易于获得零、配件，便于维修、保养、管理和调度。

5 新型施工设备宜成套应用于工程，单一施工设备应用时，应与现有施工设备生产率相适应。

6 在设备选择配套的基础上，施工作业人员应按工作面、工作班制、施工方法以混合工种结合国内平均水平进行劳动力优化组合设计。

8.1.3 施工方案的选择应符合下列要求：

1 地面光伏发电工程施工应按照先准备后开工、先地下后地上、先主体后围护、先结构后装修、先土建后设备安装的原则合理安排施工顺序。

2 光伏建筑附加（BAPV）光伏发电工程施工应首先确认施工及材料运输通道，搭建安全防护设施，整体施工宜遵循自上而下的原则。

8.2 土建工程施工

8.2.1 土建工程施工范围可包括下列内容：

1 地面光伏发电工程土建施工范围可包括场地平整、场内道路施工、支架基础施工、支架安装、电缆沟开挖与砌筑、综合楼基础开挖（地基处理）、综合楼砌筑和装修、升压站设备基础开挖与砌筑、围墙砌筑、暖通及给排水、水保环保措施和防洪排涝设施施工等。

2 光伏建筑附加（BAPV）工程土建施工范围可包括建筑物加固和防水保温层的修复、场内道路施工、基础处理和支架安装、电缆桥架安装、综合楼基础开挖（地基处理）、综合楼砌筑和装修、升压站设备基础开挖与砌筑、围墙砌筑、暖通及给排水、水土保持及环境保护措施、防洪排涝设施施工等。

8.2.2 土建工程施工前期应以土建施工为主，并为后续的安装做好预留、预埋；在施工中后期，应以安装为主，土建施工为辅并为安装创造条件。

8.2.3 土石方开挖应符合下列要求：

1 应结合施工总布置和施工总进度做好整个工程的土石方平衡，应与水土保持和环境保护措施相结合。开挖出的土石方宜就地利用，减少二次倒运，不应污染环境。

2 土石方开挖应自上而下分层进行，分层厚度经综合研究确定。

3 开挖设备的配套应根据开挖出渣强度按设备额定生产力或工程实践的平均指标配置设备数量。运输设备应与挖装设备匹配。

4 出渣道路应根据开挖方式、施工进度、运输强度、渣场位置、车型和地形条件统一规划，不占或少占建筑物部位，减少平面交叉。

8.2.4 地基处理及桩式基础施工应符合下列要求：

1 地基处理应按照建（构）筑物对地基的要求，分析地基地质条件和建（构）筑物结构型式，选择合理施工方案。

2 地面光伏发电工程在进行光伏支架基础混凝土垫层浇筑前应组织清槽。

3 光伏建筑附加（BAPV）工程在进行基础处理时，应根据屋顶结构型式和选定的支架型式选择合适的处理措施；屋顶基础处理以不影响原屋顶主体结构安全和使用功能为原则，同时应满足上部结构对基础承载力的要求。支架施工过程中不应破坏屋面防水层，当根据设计要求必须破坏原建筑物防水结构时，应根据原防水结构重新进行防水修复。

4 桩式基础施工方案应根据桩基型式选择相应的施工设备。

8.2.5 混凝土施工应符合下列要求：

1 混凝土施工方案的选择应遵循下列原则：

1）混凝土生产、运输、浇筑、养护和温度控制措施等各施工环节衔接应合理。

2）施工设备配套应合理，综合生产效率应高，应能满足高峰时段浇筑强度要求。

3）运输过程的中转环节应少，运距应短，温度控制措施应简易、可靠。

4）混凝土宜直接入仓，当混凝土运距较远时，宜选用混凝土搅拌运输车。

5）混凝土施工与预埋件埋设、光伏组件安装和电气设备安装之间干扰应少。

2 混凝土施工方案宜通过比较选定，应包括确定混凝土生产方式、运输起吊设备数量及其生产率、浇筑强度和整个浇筑工期等。

3 混凝土浇筑完毕后，应及时采取有效的养护措施。

4 冬季混凝土施工应有保温措施。

8.2.6 光伏支架的安装方案应遵循下列原则：

1 应针对不同的光伏支架型式及材料选择合理的安装方案。

2 针对地面光伏发电工程和光伏建筑附加（BAPV）工程应选择合理的安装方案。

3 光伏支架宜自下而上，成排安装。

4 光伏支架安装完成后，应对其方位角、倾角和松紧度进行检验。

5 光伏支架安装时应符合下列要求：

1）不宜在雨雪、雷电环境中作业。

2）聚光式跟踪系统宜在支架紧固完成后再安装，且应做好防护措施。

3）应在对基础混凝土强度进行检查后再进行顶部预埋件与支架支腿的焊接。

6 光伏建筑附加（BAPV）工程支架安装时应符合下列要求：

1）根据不同屋顶型式应采取对应的安装方式和施工方法。

2）对屋面的结构及防水层应采取防护措施。

7 在盐雾、寒冷、积雪等特殊地区安装支架时，应制订合理的安装施工方案，且不应破坏支架防腐层。

8.2.7 暖通及给排水施工应遵循下列原则：

1 暖通及给排水施工作业与土建结构、电气等专业施工作业存在交叉时，应合理安排专业施工程序，解决各专业和专业工种在时间上的衔接，分系统编写施工方案。

2 施工中应对预留件、预埋件进行确认。对墙体预留套管应提前确认；对设备基础及留孔应复查核对，办理交接手续，合格后方可安装。

3 地埋的给排水管道应与道路或地上建筑物的施工统筹考虑，先地下再地上，管道回填后不宜二次开挖，管道埋设完毕应在地面做好标识。

4 地下给排水管道应按照设计要求做好防腐及防渗漏处理，管道的流向与坡度应符合设计要求。

8.3 设备安装

8.3.1 主要发电设备安装范围应包括光伏组件安装、直流汇流箱安装、直流配电柜安装、逆变器安装、交流配电柜安装、各级变压器安装、二次系统设备安装、电缆敷设和防雷接地等。

8.3.2 主要发电设备安装施工组织设计应遵守下列原则：

1 设备安装方案应符合光伏发电工程的总体设计方案，保证施工安全和工程质量，有利于缩短施工工期，降低施工成本，减小辅助工程量及施工附加量。

2 施工强度和施工设备、材料、劳动力等资源投入应均衡。

3 设备安装方案应有利于落实水土保持、环境保护要求。

4 设备安装方案应有利于保护劳动者的安全和健康。

5 电气设备安装过程中，安装场地应设置安全警示标志；电气设备外壳应设置带电警示标志；高压设备应设置高压安全警示标志和隔离区。

6 特殊气象条件下进行设备安装时应分别对雨季、高温、低温状态下的设备安装提出应急方案和措施。

8.3.3 光伏组件安装的施工组织设计应符合下列规定：

1 光伏组件安装前应对光伏组件的外观及出厂功率进行抽样检测。

2 应在支架的中间交验完成后进行组件安装。

3 根据光伏组件安装工期短、施工集中的特点，应自下而上、成排安装。

4 光伏组件安装完成后，应检查光伏组件是否已可靠固定于支架或连接件上。

5 采用安装钳固定的光伏组件应分析不同施工季节的温差对锁紧力的影响。

6 光伏建筑附加（BAPV）工程中，应对光伏组件与建筑面层之间的安装空间和散热间隙进行清理。

8.3.4 直流汇流箱、直流配电柜及交流配电柜安装的施工组织设计应符合下列要求：

1 安装于支架上的直流汇流箱，宜在支架中间交验完成后进行安装。

2 直流汇流箱、直流汇流柜及交流配电柜安装时，应与支架安装、土建施工协调施工程序，合理安排安装进度，缩短安装工期。

3 交流配电柜的电气管路埋设时，宜与逆变器室基础交叉配合施工。

8.3.5 逆变器与变压器安装的施工组织设计应符合下列规定：

1 逆变器与变压器应在其基础中间交验完成后进行安装。

2 逆变器与就地升压变压器的电气管路敷设及埋件安装时，宜与逆变器室及就地变压器基础混凝土交叉配合施工。

3 主变压器的电气管路埋设及埋件安装时，宜与主变压器基础混凝土交叉配合施工。

8.3.6 二次系统设备应包括计算机监控、继电保护、远动通信、电能量信息管理、不间断电源、二次安防等。二次系统设备安装的施工组织设计宜符合下列要求：

1 二次系统设备宜与一次系统设备同时安装就位。

2 二次系统设备的电气管路敷设及设备基础预埋件安装时，宜与综合楼基础混凝土交叉配合施工。

8.3.7 电缆敷设与防雷接地的施工方案选择应符合下列要求：

1 电缆敷设可采用直埋、电缆沟、电缆桥架和电缆线槽等方式，应针对不同的安装形式选择合理的施工方法。

2 动力电缆和控制电缆宜分开排列，并应满足最小间距要求。

3 电缆沟不得作为其他管沟的排水通路。

4 同一位置进行电缆敷设和防雷接地埋设时，应根据设计要求安排施工顺序。

8.3.8 设备安装完成后，应组织对下列内容进行调试检查：

1 应对发电设备进行调试检查和系统联调。

2 光伏组件的调试检查应符合下列要求：

1）应对光伏组件的表面进行清洗。

2）应对光伏组件的外观、绝缘电阻、组串功率等进行调试检查。

3）绝缘电阻测试不应在雨后进行。

4）光伏组件组串功率测试的时间应选择在日照强度稳定、晴天当地真太阳时12点前后一小时内进行。

3 宜按照直流汇流箱、直流汇流柜、逆变器、交流配电柜的顺序进行调试检查。

4 跟踪系统调试应符合下列要求：

1）应对跟踪系统的外观、平整度、跟踪性能以及安全保护等进行调试检查。

2）跟踪性能调试检查应选择在晴天当地真太阳时9点到15点进行。

3）安全保护调试检查应选择在非工作气候条件下进行。

5 二次系统调试检查应符合下列要求：

1）二次系统调试应安排在土建装修基本完工后进行。

2）二次系统调试准备工作，应按审核校对电气图纸与资料、核对继电保护整定值、编写调试方案、检查二次系统设备接地保护、电气保护等安全措施的顺序组织安排。

6 应在主要发电设备调试检查完成后组织系统联合调试。

8.4 特殊施工措施

8.4.1 应针对下列特殊施工项目制定特殊施工措施：

1 施工中发生设计未预见技术问题的项目。

2 有特殊施工质量要求的项目。

3 在冬、雨季等特殊恶劣气象条件中，需采取特殊技术、安全、环境措施的施工项目。

4 首次采用或带有试验性质的项目。

5 需采取特殊措施来缩短施工工期的项目。

9 施工交通运输

9.1 一 般 规 定

9.1.1 施工交通运输可划分为场外交通运输和场内交通运输两部分。

9.1.2 施工交通运输的规划和设计应取得并分析下列资料：

1 由外部运至现场的各种物资的运输总量及运输方式。

2 分析不同运输方式下的日最大运输量及最大运输密度。

3 场内各加工区及主要堆放场的二次搬运总量、日最大运输量及日最大运输密度。

4 超重、超高、超长、超宽、易碎的设备明细表。

9.1.3 施工交通运输的规划和设计应遵守下列原则：

1 应根据项目本期和规划容量，生产、施工和生活需要，建设地区交通运输条件及发展规划，并结合场址自然条件和总平面布置，从近期出发考虑远景统筹规划。

2 应结合光伏发电工程占地面积大、大型设备少、施工场地较分散等特点，优化道路规划设计方案，进行多方案技术经济比较，合理选择运输方式，使反向运输和二次搬运总量最少。

9.2 场外交通运输

9.2.1 光伏发电设备的运输方案宜采用公路运输方案，必要时可论证铁路、水路运输方式或几种运输方式的组合。

9.2.2 线路运输能力应能满足超重、超高、超长、超宽设备的运输要求，中转环节少，运输安全、可靠、及时。

9.2.3 进站道路应与临近主干道路相连接，连接宜短捷且方便行车；坚持节约用地的原则，可采用在适当的间隔距离增设错车道的方式降低道路宽度。

9.2.4 光伏建筑附加（BAPV）工程进站道路规划应结合原建（构）筑物周边现有道路进行，并合理选择运输设备，减少道路改造工程量。

9.3 场内交通运输

9.3.1 场内道路的施工组织设计应遵守下列原则：

1 施工临时道路宜与永久性道路相结合，应畅通、路面平整、坚实、清洁，应设置明显的路标，宜有环形干道或错车道。

2 路基承载能力、路面宽度等设计标准除根据道路等级确定外，应满足施工期主要车型和运行强度的要求；少数重、大件的运输，可采取临时措施解决。

3 最小转弯半径、最大坡度和最大横坡等技术指标应根据施工运输特性，在现行有关标准规定的范围内合理选用。

4 应满足防洪排水要求。

9.3.2 施工临时道路应满足安全施工、调试要求，宜环形布置并形成路网。

9.3.3 升压站内道路应满足生产、运输、消防及环境卫生等要求。宜与升压站内主要建筑物轴线平行或垂直，且呈环形布置，并与进站道路连接方便。

10 质量、职业健康安全和环境管理

10.1 一 般 规 定

10.1.1 在光伏发电工程的施工组织设计中，应根据现行国家标准《质量管理体系 要求》GB/T 19001、《工程建设施工企业质量管理规范》GB/T 50430、《职业健康安全管理体系 要求》GB/T 28001及《环境管理体系 要求及使用指南》GB/T 24001 的要求制订管理计划。

10.1.2 施工现场宜设立工程的质量、职业健康安全和环境管理机构，组织实施管理计划，监测实施效果。

10.2 管理计划的策划与实施

10.2.1 光伏发电工程质量管理计划的策划应包括下列内容：

1 工程的总体质量目标和可测量的分解目标。

2 技术规范、标准图集、设计图纸和现场作业指导书等技术文件清单。

3 建（构）筑物及设备基础处理、支架安装、光伏组件安装、汇流箱及配电柜安装、逆变器与变压器连接、电缆沟开挖及电缆敷设等施工工艺和施工方法。

4 根据季节、气候变化制定的施工方案和施工措施。

5 特殊施工过程的质量监控点和控制参数。

6 各种材料、施工机具、检测设备等清单。

7 质量过程控制关键点和质量记录要求。

8 工程资料归档文件清单。

9 质量事故处理规定等。

10.2.2 光伏发电工程质量管理计划的实施应符合下列要求：

1 对质量管理计划应审批。

2 工程施工方案、施工方法及施工工艺应向施工人员交底。

3 对质量管理计划中明确的特殊过程的质量监控点和控制参数应进行监控。

4 应检查工程项目经理、质量员、施工员、特殊工种等人员的持证上岗情况。

5 应定期检查和校验施工机具和电气检测设备。

6 对光伏组件等主要设备、完成安装的方阵、完成各项调试的发电系统等应进行标识。

7 发生设计变更、工期延误等情况时，应调整质量计划。

8 依据标准对施工过程进行验证和确认，应对分项工程、隐蔽工程、分部工程进行质量验收。

9 应建立工程建设资料的归档和管理制度，组织文件归档等。

10.2.3 光伏发电工程职业健康安全管理计划的策划应包括下列内容：

1 工程职业健康安全目标。

2 工程危险源清单、重大风险及管理方案。

3 现场人员需配备的安全防护设施。

4 现场安全生产管理制度和职工安全教育培训要求。

5 针对工程重要危险源制订的安全技术措施；对特殊工种作业制订的专项安全技术措施。

6 根据季节、气候变化制订的季节性职业安全措施。

7 现场安全检查制度及安全事故处理规定。

8 职业健康安全应急预案等。

10.2.4 光伏发电工程职业健康安全管理计划的实施应符合下列要求：

1 应根据工程规模和特点为现场人员配备安全防护设施。

2 在施工人员上岗前和施工过程中应进行安全教育和安全操作规程等技术交底，建立培训记录。

3 按照职业健康安全管理计划，应定期并且在计划的时间间隔内对职业健康和安全生产情况进行检查，并形成记录。

4 应组织应急预案的定期演练等。

10.2.5 光伏发电工程环境管理计划的策划应包括下列内容：

1 工程环境管理指标和目标。

2 环境因素清单、重大环境影响因素及管理方案。

3 现场环境保护控制措施。

4 对环境事故处理的规定。

5 针对重要环境因素制订的应急预案等。

10.2.6 光伏发电工程环境管理计划的实施应符合下列要求：

1 在施工人员上岗前和施工过程中应进行环境保护教育并建立培训记录。

2 按照环境检查制度应进行环境因素的检查与监测，形成记录。

3 应组织应急预案的定期演练等。

10.3 监测与纠正措施

10.3.1 应根据工程施工进度对光伏发电工程的质量控制、安全生产、环境保护等进行检查。

10.3.2 应按照工程的质量、职业健康安全和环境管理的目标和指标，安全管理方案，环境管理方案等要求定期检查，纠正不合格或不符合项，制订纠正措施。

10.3.3 发生质量、职业健康安全或环境事故时，应按相应的事故处理规定执行，制订纠正措施将事故可能造成的风险降至最低。

11 文 明 施 工

11.1 一 般 规 定

11.1.1 施工组织设计应根据光伏发电工程特点，制订工程文明施工的总目标及文明施工实施方案。

11.1.2 文明施工宜结合施工模块式管理，实行区域责任制管理，并根据施工的进展适时进行调整。

11.2 实 施 方 案

11.2.1 开工前应制订详细的文明施工措施和方法，落实责任和职责。施工现场的道路、供水、供电、临建设施、防护措施等应满足文明施工的要求。施工现场应设置安全生产宣传标语和有针对性地使用安全标识。

11.2.2 在施工阶段，应根据质量、职业健康安全和环境管理的要求、消防法规及制订的文明施工规定等进行定期检查和不定期抽查，及时纠正、阻止违规、违章及野蛮作业。

11.2.3 责任部门应针对文明施工中存在的问题，制订教育、培训计划，推广文明施工方面的先进经验，不断提高施工队伍的素质。

本规范用词说明

1 为便于在执行本规范条文时区别对待，对要求严格程度不同的用词说明如下：

1）表示很严格，非这样做不可的：
正面词采用“必须”，反面词采用“严禁”；

2）表示严格，在正常情况下均应这样做的：
正面词采用“应”，反面词采用“不应”或“不得”；

3）表示允许稍有选择，在条件许可时首先应这样做的：
正面词采用“宜”，反面词采用“不宜”；

4）表示有选择，在一定条件下可以这样做的，采用“可”。

2 条文中指明应按其他有关标准执行的写法为“应符合……的规定”或“应按……执行”。

引用标准名录

《工程建设施工企业质量管理规范》GB/T 50430

《质量管理体系　要求》GB/T 19001

《环境管理体系　要求及使用指南》GB/T 24001

《职业健康安全管理体系　要求》GB/T 28001

中华人民共和国国家标准

光伏发电工程施工组织设计规范

GB/T 50795—2012

条 文 说 明

制 定 说 明

《光伏发电工程施工组织设计规范》GB/T 50795-2012，经住房和城乡建设部2012年6月28日以第1430号公告批准发布。

本规范编制过程中，编制组进行了广泛、深入的调查研究，总结了我国在太阳能光伏发电工程建设中的实践经验，同时参考了国外先进技术法规、技术标准。

为便于广大设计、施工、科研、学校等单位有关人员在使用本规范时能正确理解和执行条文规定，《光伏发电工程施工组织设计规范》编制组按章、节、条顺序编制了本规范的条文说明，对条文规定的目的、依据以及执行中需注意的有关事项进行了说明。但是，本条文说明不具备与规范正文同等的法律效力，仅供使用者作为理解和把握规范规定的参考。

目　次

1 总 则

1.0.1 施工组织设计是根据工程建设任务的要求，研究施工条件、制订施工方案，用以指导施工的技术经济文件，是光伏发电工程设计文件的重要组成部分，也是光伏发电工程建设和施工管理的指导性文件。认真做好施工组织设计，对正确分析项目可行性、合理组织工程施工、保证工程质量、缩短工程工期、降低工程造价有着非常重要的作用。

1.0.2 光伏建筑一体化工程（BIPV）涉及建筑造型设计、建筑结构设计与施工等问题，本规范规定的内容无法涵盖工业与民用建筑相关标准。因此，本条文明确本规范不适用于光伏建筑一体化工程（BIPV）工程。

3 基本规定

3.0.1～3.0.5 由于目前国内光伏发电工程地理位置分布较广，地形地质条件多样，光伏组件规格、型式有多种选择，地基基础型式和支架型式各有不同，各施工队伍专业化程度有较大差异，因此，根据工程特点制定本工程施工组织设计、提高施工组织设计的针对性，是施工组织设计的指导方针。

3.0.6、3.0.7 施工组织设计一般分为前期设计阶段的施工组织设计和施工阶段的施工组织总设计。本规范涵盖两阶段内容，阐明施工组织设计的标准和要求。

4 施工准备

4.5 现场准备

4.5.1 “四通一平”指的是水通、路通、电通、电信通和场地平整。

5 施工总布置

5.1 一般规定

5.1.1 施工总平面布置是施工组织设计中的各个主要环节，经综合规划后可反映在总平面的联系上。

5.1.2 针对光伏发电工程施工总平面布置的特点，总结光伏发电工程施工经验，从施工总平面布置的依据、原则中对施工总布置做出了具体要求。

5.2 施工区域划分

5.2.1 施工生活区与施工生产区保持一定的间距、施工区域设立临时的围墙，出入口的合理布置等，是安全文明的需要。

5.2.4 光伏建筑附加（BAPV）项目分为两类，一类属于与主体工程同步建设，另一类属于在已有建筑物上进行建设，两种项目的施工区域划分有些不同。

与主体工程同步建设的光伏建筑附加（BAPV）项目，其项目施工组织属于整体工程项目施工组织的一个部分，由整体工程统一进行施工区域划分。光伏建筑附加（BAPV）项目的施工生活区一般与整体工程的施工生活区合并设置，施工生产区可根据实际情况与整体工程施工生产区进行合并。考虑到主体工程基本完成后才能进行光伏建筑附加（BAPV）部分的施工，这时主体工程会形成大量的内部可利用空间及外部空闲场地，这些空间与场地完全可以充分的用于光伏建筑附加（BAPV）项目的施工区域划分。

在已有建筑物上进行光伏建筑附加（BAPV）项目建设，其施工场地面积一般都较狭小，在不影响建筑物使用的同时还要考虑施工对周边环境的影响。针对此类项目，应尽量利用周边能够利用的已有建筑物及已有设施，采用随到随安装、随到随施工的方式，减少施工生产区和生活区的分类，减少占地面积。

5.3 施工总布置方案

5.3.2 施工生产区布置按不同施工阶段实行动态管理，必要时可及时调整各类堆场、施工机具停放场、机械动力及检修场、水泥砂石料堆场及混凝土搅拌站等区域的位置。

5.3.3 分标段施工的工程项目，没有施工总承包单位时，由建设单位（或委托有关单位）负责施工总平面日常管理与协调工作。并做好总体规划、统一标准、明确接口关系、确定共用场地及共用设施等工作。

5.3.4 施工生活区与生产区宜就近布置、利用现有空间、相互独立、避免干扰。

5.4 施工总平面布置图

5.4.1、5.4.2 施工总平面布置图是提供给建设单位、施工单位、监理单位的施工区图纸，施工单位按照各专业图纸要求布置施工区。施工区做到永临结合，同时要满足图纸要求的各建（构）筑物及堆场间的消防安全要求。

6 施工临时设施及场地

6.1 一般规定

6.1.1 对施工临时设施及场地进行科学、合理的规划。工程开工前施工单位应按施工准备工作计划的安排和施工总平面布置的要求，完成相应施工生活区临建设施，使施工能连续地进行。

6.1.2 根据施工工序前后和工程进度，做好施工总平面布置的管理以及施工区交叉作业场地的安排，提高场地利用率。

6.1.4 施工场地内竖向布置（含场地排水）要与厂区统一进行规划。

6.2 施工临时设施及场地布置

6.2.1 施工临时设施主要包括：生产性施工临时建筑（土建、安装的各种加工车间、各类仓库、办公室等）；生活性施工临时建筑（宿舍、食堂、浴室、文化娱乐及体育设施等）；施工与生活所需的水、电、卫生设施，计算机网络系统设施和通信设施，以及施工用的氧气、乙炔等动力能源设施；施工与生活所需的交通运输系统，厂区道路、主要装卸设施等；其他施工临时设施，如施工及生活区的防洪排涝设施、下水管道、围墙等。

6.2.3 采取防水、防倾倒等措施是电池板组件存放场地的基本要求。光伏发电工程的主要设备一般要集中存放，方便管理。

6.2.4 工程临时施工建筑总面积一般根据光伏发电工程规模、当地环境和生活条件确定。

表1 10MW_P 工程施工临时主要建（构）筑面积（m^2）

项　目	面　积
办公室	150.00
宿舍	390.00
警卫室	18.00
材料库	150.00
食堂	150.00
卫生设施	30.000
修配间	26.00

注：表中数据为参考值。

6.3 供水、供电及通信

6.3.1 施工现场的供水量要满足全工地的直接生产用水、施工机械用水、生活用水和消防用水的综合最大需要量（表2）。施工区在无直接引接水管线条件时，可采用水罐车运输，同时场内可设临时水池。

表2 施工用水指标

电站容量（MW_P）	总用水量（t/h）
10～30	10～15
30～50	15～20
50	20～30

注：表中数据为参考值。

6.3.2 对光伏工程施工、生活饮用水的水质要求，可参考国家现行标准《生活饮用水卫生标准》GB 5749、《混凝土拌合用水标准》JGJ 63 中的规定。

6.3.3 全工地土建和安装的动力用电、焊接、照明等的最大用电量是确定施工现场供电量的依据。

表3 施工用电指标表

电站容量（MW_P）	变压器容量（kV·A）	高峰用电负荷（kW）
≤30	125～400	100～300
＞30	400～600	300～500

注：表中数据为参考值。

6.3.4 施工通信范围含由当地电信局引到现场施工通信总机的引入端，但不包括通信总机。场内可按标段划分情况配对外中继线。配置时应有永临结合考虑。

7 施工总进度

7.1 一般规定

7.1.1 由于光伏电池组件供货有不确定性，其供货时间直接影响到工程施工总进度，因此，项目建设时期的市场电池板供应状况通常作为排定施工总进度时考虑的一个重要内容。

7.2 施工总进度编制原则

7.2.2 光伏发电工程里程碑节点与风电、水电等其他发电型式有所区别，不存在首台机组，因此，本规范按光伏组件并网批次进行规定。

7.2.4 混凝土浇筑的月工作日数主要考虑冬、雨、夏季等气象因素对施工的影响。因电池组件安装主要在露天进行，一定程度上也会受到天气影响。其他电气设备则受气象因素影响较小。

7.2.6 根据多个已建光伏发电工程数据统计和专题研究，得出了光伏发电工程工期定额建议表，见表4。表中地区类别划分参见表5，高海拔区域工期调整系数参见表6。

表4 光伏发电工程工期定额建议表（d）

序号	地区类别	装机容量	光伏阵列基础开工至安装开始	光伏阵列支架开始安装至组件完成	光伏阵列配套电气设备基础及构筑物建设完成	光伏阵列配套电气设备安装至完成	升压站基础开工至安装开始	升压站内设备安装至完成	系统开始调试至并网发电	升压站基础开工至并网发电
		MW	1	2	3	4	5	6	7	8
	项间关系									5+6+7
1	Ⅰ类地区	10	71	91	30	48	148	32	3	183

续表 4

序号	地区类别	装机容量	光伏阵列基础开工至安装开始	光伏阵列支架开始安装至组件完成	光伏阵列配套电气设备基础及构筑物建设完成	光伏阵列配套电气设备安装至完成	升压站基础开工至安装开始	升压站内设备安装至完成	系统开始调试至并网发电	升压站基础开工至并网发电
		MW	1	2	3	4	5	6	7	8
2	Ⅱ类地区	10	81	103	34	55	168	37	4	209
3	Ⅲ类地区	10	86	110	36	58	178	39	4	221
4	Ⅳ类地区	10	96	123	41	65	200	44	5	249

注：1 当装机容量小于10MW时，1、2、3、4项工期定额可进行相应折减。
2 当光伏阵列基础采用桩基时，套用本表第2项可适当调整。
3 本表中升压站电压等级为35kV。若升压站电压等级高于35kV时，表中5、6项可适当调整。
4 当电站采用一级升压、无升压站时，本表第5、6项时间应相应减少。
5 对于高海拔区域，其工期调整系数参见表6中海拔高度调整系数表。
6 本工期定额不含“现场施工准备”，该工期是指工程初步设计及施工组织大纲设计已批准，工程及施工用地的征（租）手续已办妥，与各施工单位签订的合同已经生效，主要施工单位进入现场，开始进行总体施工准备工作起直至基本具备开工条件所需的工期。在此以前由建设单位和施工单位所进行的前期工作及非现场性准备工作不计算在内，通常为2～3个月。
7 本表参考电力施工工期定额标准。
8 本表数据为参考值。

表 5 施工地区分类表

地区类别	地区级别	省、市、区名称	气象条件：每年日平均温度5℃及以下的天数（d）	气象条件：最大冻土深度（cm）
Ⅰ	一般	上海、江苏、浙江、安徽、江西、湖南、湖北、四川、云南、贵州、广东、重庆、广西、福建、海南	≤94	≤40
Ⅱ	寒冷	北京、天津、河北、山东、山西（朔州以南）、河南、陕西（延安以南）、甘肃（武威以东）	95～139	41～109
Ⅲ	严寒	辽宁、吉林、黑龙江（哈尔滨以南）、宁夏、内蒙古（锡林郭勒市以南）、青海（格尔木以东）、新疆（克拉玛依以南）、西藏、甘肃、陕西（延安及以北）、山西（朔州及以北）	140～179	110～189
Ⅳ	酷寒	黑龙江（哈尔滨及以北）、内蒙古（霍林郭勒市及以北）、青海（格尔木及以西）、新疆（克拉玛依及以北）	≥180	≥190

注：1 西南地区（四川、云南、贵州）的工程如果所在地为山区，施工场地特别狭窄，施工区域布置分散，或年降雨天数超过150d时，可核定为Ⅱ类地区；
2 Ⅰ类地区的部分酷热地区，当每年的日最高气温超过37℃的天数在30d及以上时，可核定为Ⅱ类地区；
3 特殊地区的核定分类应由工期定额主管部门确定。

表 6 海拔高度调整系数表

海拔高度（m）	k 值
2200～2500 地区	1.10
2500～3000 地区	1.15
3000～3500 地区	1.20
3500～4000 地区	1.30
4000 以上地区	1.40

8 主体施工方案及特殊施工措施

8.1 一般规定

8.1.1 国家提出加快建设资源节约型社会和环境友好型社会的目标，开发建设项目水土保持和环境保护方案的审批已成为转变经济增长方式、实现社会转型的重要手段。因此，在进行施工方案选择时，要充分考虑到水土保持和环境保护的要求。

8.2 土建工程施工

8.2.3～8.2.7 光伏发电工程土建施工范围较广，本条文仅就土建施工中主要施工工序和方案进行规范和说明。本条文未涵盖的内容可根据现行国家相关标准执行。

8.3 设备安装

8.3.2 设备安装并不完全是土建施工的后续工程，也可能在各土建工程的某个分部分项工程穿插进行。为合理安排工程进度，可统筹安排设备安装，使其与土建各专业协调进行。施工强度需与各资源投入相匹配，不宜一味求快，以避免安全、质量隐患。

8.3.3 光伏阵列串联后形成高压直流电，如不慎与人体形成环路，将会产生重大安全事故。一般在将光伏阵列接入系统前，保持组串处于断路状态，接入系统后在汇流箱（盒）开关关断的情况下进行连接。

光伏发电工程一般都位于室外，大型光伏发电工程往往都位于荒漠、滩涂等环境恶劣地区，因此光伏阵列在对风负荷、雪负荷的设计上都具有较高的要求，光伏组件可靠固定于支架或连接件上，是结构上必须达成的条件。另外，尽量避免及减少各种因素对光伏组件的阳光遮挡是光伏阵列布置的关键要求，通常情况下按照设计间距排列整齐，可有效避免组件之间的相互遮挡。

光伏阵列安装完成后，通常要对光伏阵列的高度及平整度进行检查，并据此微调。

如光伏组件与建筑面层之间的安装空间较小，且组件间距较小，可以考虑在安装光伏组件的同时完成组件的接线。

光伏建筑附加（BAPV）项目中，光伏组件与建筑面层之间留有安装空间和散热间隙，该间隙不得被施工材料或杂物填塞；在既有建筑上安装光伏组件，安装方案要考虑建筑物的建设年代、建筑结构等。

8.3.8 除对各项电气设备的调试检查外，一般于电缆敷设完成后，对电缆进行绝缘测试。

主要发电设备调试检查通常遵循以下顺序：光伏组件组串→直流汇流箱→直流配电柜→逆变器→交流配电柜→跟踪系统→二次系统的顺序组织安排，以防止前一步骤的连接错误导致后续设备的损坏。

对光伏组件表面进行清洗，是为了保证光伏组件的发电效率和避免热斑效应。

太阳电池组件通常安装在地域开阔、阳光充足的地带。在长期使用中难免落上飞鸟、尘土、落叶等遮挡物，这些遮挡物在太阳电池组件上就形成了阴影。在大型太阳电池组件方阵中行间距不适合时也能互相形成阴影。由于局部阴影的存在，太阳电池组件中某些电池单片的电流、电压可能发生了变化，其结果使太阳电池组件局部电流与电压之积增大，从而在这些电池组件上产生了局部温升。太阳电池组件中某些电池单片本身缺陷也可能使组件在工作时局部发热，这种现象叫“热斑效应”。

在实际使用太阳电池中，若热斑效应产生的温度超过了一定极限将会使电池组件上的焊点熔化并毁坏栅线，从而导致整个太阳电池组件的报废。据国外权威统计，热斑效应使太阳电池组件的实际使用寿命至少减少10%。

热斑现象是不可避免的，太阳电池组件安装时都要考虑阴影的影响，并加配保护装置以减少热斑的影响。为使太阳电池能够在规定的条件下长期使用，需通过合理的时间和过程对太阳电池组件进行检测，确定其承受热斑加热效应的能力。

中华人民共和国国家标准

光伏发电工程验收规范

Code for acceptance of photovoltaic power project

GB/T 50796—2012

主编部门：中 国 电 力 企 业 联 合 会

批准部门：中华人民共和国住房和城乡建设部

实施日期：2 0 1 2 年 1 1 月 1 日

中华人民共和国住房和城乡建设部
公　　告

第1431号

关于发布国家标准《光伏发电工程验收规范》的公告

现批准《光伏发电工程验收规范》为国家标准，编号为GB/T 50796-2012，自2012年11月1日起实施。

本规范由我部标准定额研究所组织中国计划出版社出版发行。

中华人民共和国住房和城乡建设部

2012年6月28日

前　　言

本规范根据住房和城乡建设部《关于印发〈2010年工程建设国家标准制订、修订计划〉的通知》（建标〔2010〕43号）的要求，由国华能源投资有限公司会同有关单位共同编制完成。

本规范在编制过程中，编制组进行了广泛的调查分析，召开了多次专题研讨会，总结了近年来我国光伏发电工程验收的实践经验，在此基础上以多种方式广泛征求了全国有关单位的意见，对主要问题进行了反复讨论和研究，最后经审查定稿。

本规范共分7章和6个附录，主要技术内容包括：总则、术语、基本规定、单位工程验收、工程启动验收、工程试运和移交生产验收、工程竣工验收等。

本规范由住房和城乡建设部负责管理，由中国电力企业联合会负责日常管理，由国华能源投资有限公司负责具体技术内容的解释，为了提高规范质量，请各单位在执行本规范的过程中，注意总结经验，积累资料，在使用中如发现本规范条文有欠妥之处，请将意见直接函寄国华能源投资有限公司（地址：北京市东城区东直门南大街3号国华投资大厦，邮政编码：100007），以供今后修订时参考。

本规范主编单位、参编单位、主要起草人和主要审查人：

主 编 单 位：国华能源投资有限公司
中国电力企业联合会

参 编 单 位：协鑫光伏系统有限公司
北京科诺伟业科技有限公司
中国科学院电工研究所
华电新能源发展有限公司
华电电力科学研究院
葛洲坝集团电力有限责任公司
无锡尚德太阳能电力有限公司
江西赛维LDK太阳能高科技有限公司
钧石能源有限公司

主要起草人：解建宁　徐永邦　许洪华　施跃文　高　辉　王文平　姚卫星　顾华敏　朱伟刚　吴韶华　邵　吉　刘庆超　张清远　高鹏飞　于　耘　李　春　刘莉敏　冷吉国　王胜利　梁　哲　黄传忠　张羚羚　王志维

主要审查人：郭家宝　汪　毅　李春山　陈　曦　衣传宝　任玉清　姚敏成　李　斌　王宏波　石司强　吴福宝　陈默子　陆志刚　朱庚富　严玉廷　王　立　贾艳刚　吕平洋　孙耀杰　杨微波　李　杨　张友权　吴　捷

目　次

Contents

1 总 则

1.0.1 为确保光伏发电工程质量，指导和规范光伏发电工程的验收，制定本规范。

1.0.2 本规范适用于通过380V及以上电压等级接入电网的地面和屋顶光伏发电新建、改建和扩建工程的验收，不适用于建筑与光伏一体化和户用光伏发电工程。

1.0.3 光伏发电工程应通过单位工程、工程启动、工程试运和移交生产、工程竣工四个阶段的全面检查验收。

1.0.4 各阶段验收应按要求组建相应的验收组织，并确定验收主持单位。

1.0.5 光伏发电工程的验收，除按本规范执行外，尚应符合国家现行有关标准的规定。

2 术 语

2.0.1 光伏发电工程　photovoltaic power project

指利用光伏组件将太阳能转换为电能、并与公共电网有电气连接的工程实体，由光伏组件、逆变器、线路等电气设备、监控系统和建（构）筑物组成。

2.0.2 光伏电站　photovoltaic power station

指利用光伏组件将太阳能转换为电能、并按电网调度部门指令向公共电网送电的电站，由光伏组件、逆变器、线路、开关、变压器、无功补偿设备等一次设备和继电保护、站内监控、调度自动化、通信等二次设备组成。

2.0.3 光伏发电单元　photovoltaic power unit

光伏电站中，以一定数量的光伏组件串，通过直流汇流箱多串汇集，经逆变器逆变与隔离升压变压器升压成符合电网频率和电压要求的电源。这种一定数量光伏组件串的集合称为光伏发电单元。

2.0.4 观感质量　quality of appearance

通过观察和必要的量测所反映的工程外在质量。

2.0.5 绿化工程　plant engineering

由树木、花卉、草坪、地被植物等构成的植物种植工程。

2.0.6 安全防范工程　security and protection engineering

以保证光伏电站安全和防范重大事故为目的，综合运用安全防范技术和其他科学技术，为建立具有防入侵、防盗窃、防抢劫、防破坏、防爆安全检查等功能（或其组合）的系统而实施的工程。

3 基本规定

3.0.1 工程验收依据应包括下列内容：

1 国家现行有关法律、法规、规章和技术标准。

2 有关主管部门的规定。

3 经批准的工程立项文件、调整概算文件。

4 经批准的设计文件、施工图纸及相应的工程变更文件。

3.0.2 工程验收项目应包括下列主要内容：

1 检查工程是否按照批准的设计进行建设。

2 检查已完工程在设计、施工、设备制造安装等过程中与质量相关资料的收集、整理和签证归档情况。

3 检查施工安全管理情况。

4 检查工程是否具备运行或进行下一阶段工作的条件。

5 检查工程投资控制和资金使用情况。

6 对验收遗留问题提出处理意见。

7 对工程建设作出评价和结论。

3.0.3 工程验收结论应经验收委员会（工作组）审查通过。

3.0.4 当工程具备验收条件时，应及时组织验收。未经验收或验收不合格的工程不得交付使用或进行后续工程施工。验收工作应相互衔接，不应重复进行。

3.0.5 单位工程验收应由单位工程验收组负责；工程启动验收应由工程启动验收委员会（以下简称“启委会”）负责；工程试运和移交生产验收应由工程试运和移交生产验收组负责；工程竣工验收应由工程竣工验收委员会负责。

3.0.6 验收资料收集、整理应由工程建设有关单位按要求及时完成并提交，并对提交的验收资料进行完整性、规范性检查。

3.0.7 验收资料分为应提供的档案资料和需备查的档案资料。有关单位应保证其提交资料的真实性并承担相应责任。验收资料目录应符合本规范附录A和附录B的要求。

3.0.8 工程验收中相关单位职责应符合下列要求：

1 建设单位职责应包括：

1）组织或协调各阶段验收及验收过程中的管理工作。

2）参加各阶段、各专业组的检查、协调工作。

3）协调解决验收中涉及合同执行的问题。

4）提供工程建设总结报告。

5）为工程竣工验收提供工程竣工报告、工程概预算执行情况报告、工程结算报告及水土保持、环境保护方案执行报告。

6）配合有关单位进行工程竣工决算及审计工作。

2 勘察、设计单位职责应包括：

1）对土建工程与地基工程有关的施工记录校验。

2）负责处理设计中的技术问题，负责必要的设计修改。

3）对工程设计方案和质量负责，为工程验收提供设计总结报告。

3 施工单位职责应包括：

1）提交完整的施工记录、试验记录和施工总结。

2）收集并提交完整的设备装箱资料、图纸等。

3）参与各阶段验收并完成消除缺陷工作。

4）协同建设单位进行单位工程、启动、试运行和移交生产验收前的现场安全、消防、治安保卫、检修等工作。

5）按照工程建设管理单位要求提交竣工资料，移交备品备件、专用工具、仪器仪表等。

4 调试单位职责应包括：

1）负责编写调试大纲，并拟订工程启动方案。

2）系统调试前全面检查系统条件，保证安全措施符合调试方案要求。

3）对调试中发现的问题进行技术分析并提出处理意见。

4）调试结束后提交完整的设备安装调试记录、调试报告和调试工作总结等资料，并确认是否具备启动条件。

5 监理单位职责应包括：

1）负责组织分项、分部工程的验收。

2）根据设计文件和相关验收规范对工程质量进行评定。

3）对工程启动过程中的质量、安全、进度进行监督管理。

4）参与工程启动调试方案、措施、计划和程序的讨论，参加工程启动调试项目的质量验收与签证。

5）检查和确认进入工程启动的条件，督促工程各施工单位按要求完成工程启动的各项工作。

6 生产运行单位职责应包括：

1）参加工程启动、工程试运和移交生产、工程竣工等验收阶段工作。

2）参加编制验收大纲，并验收签证。

3）参与审核启动调试方案。

4）负责印制生产运行的规程、制度、系统图表、记录表单等。

5）负责准备各种备品、备件和安全用具等。

6）负责投运设备已具备调度命名和编号，且设备标识齐全、正确，并向调度部门递交新设备投运申请。

7 设备制造单位职责应包括：

1）负责进行技术服务和指导。

2）及时消除设备制造缺陷，处理制造单位应负责解决的问题。

4 单位工程验收

4.1 一般规定

4.1.1 光伏发电工程单位工程应按土建工程、安装工程、绿化工程、安全防范工程、消防工程五大类进行划分。

4.1.2 单位工程由若干个分部工程构成，单位工程验收应由建设单位组织，并在分部工程验收合格的基础上进行。

4.1.3 分部工程由若干个分项工程构成，分部工程的验收应由总监理工程师组织，并在分项工程验收合格的基础上进行。

4.1.4 分项工程的验收应由监理工程师组织，并在施工单位自行检查评定合格的基础上进行。

4.1.5 单位工程的验收应符合下列要求：

1 质量控制资料应完整。

2 单位工程所含分部工程有关安全和功能的检测资料应完整。

3 主要功能项目的抽查结果应符合相应技术要求的规定。

4 观感质量验收应符合要求。

4.1.6 单位工程验收组的组成及主要职责应符合下列要求：

1 单位工程验收组应由建设单位组建，由建设、设计、监理、施工、调试等有关单位负责人及专业技术人员组成。

2 单位工程验收组主要职责应包括：

1）应负责指挥、协调分部工程、分项工程、施工安装各阶段、各专业的检查验收工作。

2）应根据分部、分项工程进度及时组织相关单位、相关专业人员成立相应的验收检查小组，负责分部、分项工程的验收。

3）应听取工程施工单位有关工程建设和工程质量评定情况的汇报。

4）应对检查中发现的缺陷提出整改意见，并督促有关单位限期整改。

5）应对单位工程进行总体评价，应签署符合本规范附录C要求的“单位工程验收意见书”。

4.1.7 单位工程完工后，施工单位应及时向建设单位提出验收申请，单位工程验收组应及时组建各专业验收组进行验收。

4.1.8 单位工程验收工作应包括下列内容：

1 应检查单位工程是否符合批准的设计图纸、设计更改联系单及施工技术要求。

2 应检查施工记录及有关材料合格证、检测报告等。

3 应检查各主要工艺、隐蔽工程监理检查记录与报告等。

4 应按单位工程验收要求检查其形象面貌和整体质量。

5 应对检查中发现的遗留问题提出处理意见。

6 应对单位工程进行质量评定。

7 应签署“单位工程验收意见书”。

4.1.9 分部工程的验收应符合下列要求：

1 质量控制资料应完整。

2 分部工程所含分项工程有关安全及功能的检验和抽样检测结果应符合有关规定。

3 观感质量验收应符合要求。

4.2 土建工程

4.2.1 土建工程的验收应包括光伏组件支架基础、场地及地下设施和建（构）筑物等分部工程的验收。

4.2.2 施工记录、隐蔽工程验收文件、质量控制、自检验收记录等有关资料应完整齐备。

4.2.3 光伏组件支架基础的验收应符合下列要求：

1 混凝土独立（条形）基础的验收应符合现行国家标准《混凝土结构工程施工质量验收规范》GB 50204的有关规定。

2 桩基础的验收应符合现行国家标准《建筑地基基础工程施工质量验收规范》GB 50202的有关规定。

3 外露的金属预埋件（预埋螺栓）应进行防腐处理。

4 屋面支架基础的施工不应损害建筑物的主体结构，不应破坏屋面的防水构造，且与建筑物承重结构的连接应牢固、可靠。

5 支架基础的轴线、标高、截面尺寸及垂直度以及预埋螺栓（预埋件）的尺寸偏差应符合现行国家标准《光伏电站施工规范》GB 50794的规定。

4.2.4 场地及地下设施的验收应符合下列要求：

1 场地平整的验收应符合设计的要求。

2 道路的验收应符合设计的要求。

3 电缆沟的验收应符合设计的要求。电缆沟内应无杂物，盖板齐全，堵漏及排水设施应完好。

4 场区给排水设施的验收应符合设计的要求。

4.2.5 建（构）筑物的逆变器室、配电室、综合楼、主控楼、升压站、围栏（围墙）等分项工程的验收应符合现行国家标准《建筑工程施工质量验收统一标准》GB 50300、《钢结构工程施工质量验收规范》GB 50205和设计的有关规定。

4.3 安装工程

4.3.1 安装工程验收应包括对支架安装、光伏组件安装、汇流箱安装、逆变器安装、电气设备安装、防雷与接地安装、线路及电缆安装等分部工程的验收。

4.3.2 设备制造单位提供的产品说明书、试验记录、合格证件、安装图纸、备品备件和专用工具及其清单等应完整齐备。

4.3.3 设备抽检记录和报告、安装调试记录和报告、施工中的关键工序检查签证记录、质量控制、自检验收记录等资料应完整齐备。

4.3.4 支架安装的验收应符合下列要求：

1 固定式支架安装的验收应符合下列要求：

1）固定式支架安装的验收应符合现行国家标准《钢结构工程施工质量验收规范》GB 50205的有关规定。

2）采用紧固件的支架，紧固点应牢固，不应有弹垫未压平等现象。

3）支架安装的垂直度、水平度和角度偏差应符合现行国家标准《光伏电站施工规范》GB 50794的有关规定。

4）固定式支架安装的偏差应符合现行国家标准《光伏电站施工规范》GB 50794的有关规定。

5）对于手动可调式支架，高度角调节动作应符合设计要求。

6）固定式支架的防腐处理应符合设计要求。

7）金属结构支架应与光伏方阵接地系统可靠连接。

2 跟踪式支架安装的验收应符合下列要求：

1）跟踪式支架安装的验收应符合现行国家标准《钢结构工程施工质量验收规范》GB 50205的有关规定。

2）采用紧固件的支架，紧固点应牢固，弹垫不应有未压平等现象。

3）当跟踪式支架工作在手动模式下时，手动动作应符合设计要求。

4）具有限位手动模式的跟踪式支架限位手动动作应符合设计要求。

5）自动模式动作应符合设计要求。

6）过风速保护应符合设计要求。

7）通、断电测试应符合设计要求。

8）跟踪精度应符合设计要求。

9）跟踪控制系统应符合技术要求。

4.3.5 光伏组件安装的验收应符合下列要求：

1 光伏组件安装的验收应符合下列要求：

1）光伏组件安装应按设计图纸进行，连接数量和路径应符合设计要求。

2）光伏组件的外观及接线盒、连接器不应有损坏现象。

3）光伏组件间接插件连接应牢固，连接线应进行处理，整齐、美观。

4）光伏组件安装倾斜角度偏差应符合现行国

家标准《光伏电站施工规范》GB 50794 的有关规定。

5）光伏组件边缘高差应符合现行国家标准《光伏电站施工规范》GB 50794 的有关规定。

6）方阵的绝缘电阻应符合设计要求。

2 布线的验收应符合下列要求：

1）光伏组件串、并联方式应符合设计要求。

2）光伏组件串标识应符合设计要求。

3）光伏组件串开路电压和短路电流应符合现行国家标准《光伏电站施工规范》GB 50794 的有关规定。

4.3.6 汇流箱安装的验收应符合下列要求：

1 箱体安装位置应符合设计图纸要求。

2 汇流箱标识应齐全。

3 箱体和支架连接应牢固。

4 采用金属箱体的汇流箱应可靠接地。

5 安装高度和水平度应符合设计要求。

4.3.7 逆变器安装的验收应符合下列要求：

1 设备的外观及主要零、部件不应有损坏、受潮现象，元器件不应有松动或丢失。

2 对调试记录及资料应进行复核。

3 设备的标签内容应符合要求，应标明负载的连接点和极性。

4 逆变器应可靠接地。

5 逆变器的交流侧接口处应有绝缘保护。

6 所有绝缘和开关装置功能应正常。

7 散热风扇工作应正常。

8 逆变器通风处理应符合设计要求。

9 逆变器与基础间连接应牢固可靠。

10 逆变器悬挂式安装的验收还应符合下列要求：

1）逆变器和支架连接应牢固可靠。

2）安装高度应符合设计要求。

3）水平度应符合设计要求。

4.3.8 电气设备安装的验收应符合下列要求：

1 变压器和互感器安装的验收应符合现行国家标准《电气装置安装工程　电力变压器、油浸电抗器、互感器施工及验收规范》GB 50148 的有关规定。

2 高压电器设备安装的验收应符合现行国家标准《电气装置安装工程　高压电器施工及验收规范》GB 50147 的有关规定。

3 低压电器设备安装的验收应符合现行国家标准《电气装置安装工程　低压电器施工及验收规范》GB 50254 的有关规定。

4 盘、柜及二次回路接线安装的验收应符合现行国家标准《电气装置安装工程　盘、柜及二次回路接线施工及验收规范》GB 50171的有关规定。

5 光伏电站监控系统安装的验收应符合下列要求：

1）线路敷设路径相关资料应完整齐备。

2）布放线缆的规格、型号和位置应符合设计要求，线缆排列应整齐美观，外皮无损伤；绑扎后的电缆应互相紧密靠拢，外观平直整齐，线扣间距均匀、松紧适度。

3）信号传输线的信号传输方式与传输距离应匹配，信号传输质量应满足设计要求。

4）信号传输线和电源电缆应分离布放，可靠接地。

5）传感器、变送器安装位置应能真实地反映被测量值，不应受其他因素的影响。

6）监控软件功能应满足设计要求。

7）监控软件应支持标准接口，接口的通信协议应满足建立上一级监控系统的需要及调度的要求。

8）监控系统的任何故障不应影响被监控设备的正常工作。

9）通电设备都应提供符合相关标准的绝缘性能测试报告。

6 继电保护及安全自动装置的技术指标应符合现行国家标准《继电保护和安全自动装置技术规程》GB/T 14285 的有关规定。

7 调度自动化系统的技术指标应符合现行行业标准《电力系统调度自动化设计技术规程》DL/T 5003 和电力二次系统安全防护规定的有关规定。

8 无功补偿装置安装的验收应符合现行国家标准《电气装置安装工程　高压电器施工及验收规范》GB 50147 的有关规定。

9 调度通信系统的技术指标应符合现行行业标准《电力系统通信管理规程》DL/T 544 和《电力系统通信自动交换网技术规范》DL/T 598 的有关规定。

10 检查计量点装设的电能计量装置，计量装置配置应符合现行行业标准《电能计量装置技术管理规程》DL/T 448 的有关规定。

4.3.9 防雷与接地安装的验收应符合下列要求：

1 光伏方阵过电压保护与接地安装的验收应符合下列要求：

1）光伏方阵过电压保护与接地的验收应依据设计的要求进行。

2）接地网的埋设和材料规格型号应符合设计要求。

3）连接处焊接应牢固、接地网引出应符合设计要求。

4）接地网接地电阻应符合设计要求。

2 电气装置的防雷与接地安装的验收应符合现行国家标准《电气装置安装工程　接地装置施工及验收规范》GB 50169 的有关规定。

3 建筑物的防雷与接地安装的验收应符合现行国家标准《建筑物防雷设计规范》GB 50057 的有关规定。

4.3.10 线路及电缆安装的验收应符合下列要求：

1 架空线路安装的验收应符合现行国家标准《电气装置安装工程 35kV 及以下架空电力线路施工及验收规范》GB 50173 或《110～500kV 架空电力线路施工及验收规范》GB 50233 的有关规定。

2 光伏方阵直流电缆安装的验收应符合下列要求：

1）直流电缆规格应符合设计要求。

2）标志牌应装设齐全、正确、清晰。

3）电缆的固定、弯曲半径、有关距离等应符合设计要求。

4）电缆连接接头应符合现行国家标准《电气装置安装工程 电缆线路施工及验收规范》GB 50168 的有关规定。

5）直流电缆线路所有接地的接点与接地极应接触良好，接地电阻值应符合设计要求。

6）防火措施应符合设计要求。

3 交流电缆安装的验收应符合现行国家标准《电气装置安装工程 电缆线路施工及验收规范》GB 50168 的有关规定。

4.4 绿化工程

4.4.1 设计图纸、设计变更、施工记录、隐蔽工程验收文件、质量控制、自检验收记录等资料应完整齐备。

4.4.2 场区绿化和植被恢复情况应符合设计要求。

4.5 安全防范工程

4.5.1 设计文件及相关图纸、施工记录、隐蔽工程验收文件、质量控制、自检验收记录及符合现行国家标准《安全防范工程技术规范》GB 50348 的试运行报告等资料应完整齐备。

4.5.2 安全防范工程的验收应符合下列要求：

1 系统的主要功能和技术性能指标应符合设计要求。

2 系统配置，包括设备数量、型号及安装部位，应符合设计要求。

3 工程设备安装、管线敷设和隐蔽工程的验收应符合现行国家标准《安全防护工程技术规范》GB 50348 的有关规定。

4 报警系统、视频安防监控系统、出入口控制系统的验收等应符合现行国家标准《安全防范工程技术规范》GB 50348 的有关规定。

4.6 消防工程

4.6.1 设计文件及相关图纸、施工记录、隐蔽工程验收文件、质量控制、自检验收记录等资料应完整齐备。

4.6.2 消防工程的设计图纸应已得到当地消防部门的审核。

4.6.3 消防工程的验收应符合下列要求：

1 光伏电站消防应符合设计要求。

2 建（构）筑物构件的燃烧性能和耐火极限应符合现行国家标准《建筑设计防火规范》GB 50016 的有关规定。

3 屋顶光伏发电工程，应满足建筑物的防火要求。

4 防火隔离措施应符合设计要求。

5 消防车道和安全疏散措施应符合设计要求。

6 光伏电站消防给水、灭火措施及火灾自动报警应符合设计要求。

7 消防器材应按规定品种和数量摆放齐备。

8 安全出口标志灯和火灾应急照明灯具应符合现行国家标准《消防安全标志》GB 13495 和《消防应急照明和疏散指示系统》GB 17945 的有关规定。

5 工程启动验收

5.1 一般规定

5.1.1 具备工程启动验收条件后，施工单位应及时向建设单位提出验收申请。

5.1.2 多个相似光伏发电单元可同时提出验收申请。

5.1.3 工程启动验收委员会的组成及主要职责应包括下列内容：

1 工程启动验收委员会应由建设单位组建，由建设、监理、调试、生产、设计、政府相关部门和电力主管部门等有关单位组成，施工单位、设备制造单位等参建单位应列席工程启动验收。

2 工程启动验收委员会主要职责应包括下列内容：

1）应组织建设单位、调试单位、监理单位、质量监督部门编制工程启动大纲。

2）应审议施工单位的启动准备情况，核查工程启动大纲。全面负责启动的现场指挥和具体协调工作。

3）应组织批准成立各专业验收小组，批准启动验收方案。

4）应审查验收小组的验收报告，处理启动过程中出现的问题。组织有关单位消除缺陷并进行复查。

5）应对工程启动进行总体评价，应签署符合本规范附录 D 要求的“工程启动验收鉴定书”。

5.2 工程启动验收

5.2.1 工程启动验收前完成的准备工作应包括下列内容：

1 应取得政府有关主管部门批准文件及并网许可文件。

2 应通过并网工程验收，包括下列内容：

1）涉及电网安全生产管理体系验收。

2）电气主接线系统及场（站）用电系统验收。

3）继电保护、安全自动装置、电力通信、直流系统、光伏电站监控系统等验收。

4）二次系统安全防护验收。

5）对电网安全、稳定运行有直接影响的电厂其他设备及系统验收。

3 单位工程施工完毕，应已通过验收并提交工程验收文档。

4 应完成工程整体自检。

5 调试单位应编制完成启动调试方案并应通过论证。

6 通信系统与电网调度机构连接应正常。

7 电力线路应已经与电网接通，并已通过冲击试验。

8 保护开关动作应正常。

9 保护定值应正确、无误。

10 光伏电站监控系统各项功能应运行正常。

11 并网逆变器应符合并网技术要求。

5.2.2 工程启动验收主要工作应包括下列内容：

1 应审查工程建设总结报告。

2 应按照启动验收方案对光伏发电工程启动进行验收。

3 对验收中发现的缺陷应提出处理意见。

4 应签发“工程启动验收鉴定书”。

6 工程试运和移交生产验收

6.1 一 般 规 定

6.1.1 工程启动验收完成并具备工程试运和移交生产验收条件后，施工单位应及时向建设单位提出工程试运和移交生产验收申请。

6.1.2 工程试运和移交生产验收组的组成及主要职责应包括下列内容：

1 工程试运和移交生产验收组应由建设单位组建，由建设、监理、调试、生产运行、设计等有关单位组成。

2 工程试运和移交生产验收组主要职责应包括下列内容：

1）应组织建设单位、调试单位、监理单位、生产运行单位编制工程试运大纲。

2）应审议施工单位的试运准备情况，核查工程试运大纲。全面负责试运的现场指挥和具体协调工作。

3）应主持工程试运和移交生产验收交接工作。

4）应审查工程移交生产条件，对遗留问题责成有关单位限期处理。

5）应办理交接签证手续，签署符合本规范附录E要求的“工程试运和移交生产验收鉴定书”。

6.2 工程试运和移交生产验收

6.2.1 工程试运和移交生产验收应具备下列条件：

1 光伏发电工程单位工程和启动验收应均已合格，并且工程试运大纲经试运和移交生产验收组批准。

2 与公共电网连接处的电能质量应符合有关现行国家标准的要求。

3 设备及系统调试，宜在天气晴朗，太阳辐射强度不低于400W/m^{2}的条件下进行。

4 生产区内的所有安全防护设施应已验收合格。

5 运行维护和操作规程管理维护文档应完整齐备。

6 光伏发电工程经调试后，从工程启动开始无故障连续并网运行时间不应少于光伏组件接收总辐射量累计达60kW·h/m^{2}的时间。

7 光伏发电工程主要设备（光伏组件、并网逆变器和变压器等）各项试验应全部完成且合格，记录齐全完整。

8 生产准备工作应已完成。

9 运行人员应取得上岗资格。

6.2.2 工程试运和移交生产验收主要工作应包括下列内容：

1 应审查工程设计、施工、设备调试、生产准备、监理、质量监督等总结报告。

2 应检查工程投入试运行的安全保护设施的措施是否完善。

3 应检查监控和数据采集系统是否达到设计要求。

4 应检查光伏组件面接收总辐射量累计达60kW·h/m^{2}的时间内无故障连续并网运行记录是否完备。

5 应检查光伏方阵电气性能、系统效率等是否符合设计要求。

6 应检查并网逆变器、光伏方阵各项性能指标是否达到设计的要求。

7 应检查工程启动验收中发现的问题是否整改完成。

8 工程试运过程中发现的问题应责成有关单位限期整改完成。

9 应确定工程移交生产期限。

10 应对生产单位提出运行管理要求与建议。

11 应签发“工程试运和移交生产验收鉴定书”。

7 工程竣工验收

7.0.1 工程竣工验收应在试运和移交生产验收完成后进行。

7.0.2 工程竣工验收委员会的组成及主要职责应包括下列内容：

1 工程竣工验收委员会应由有关主管部门会同环境保护、水利、消防、质量监督等行政部门组成。建设单位及设计、监理、施工和主要设备制造（供应）商等单位应派代表参加竣工验收。

2 工程竣工验收委员会主要职责应包括下列内容：

1）应主持工程竣工验收。

2）应审查工程竣工报告。

3）应审查工程投资结算报告。

4）应审查工程投资竣工决算。

5）应审查工程投资概预算执行情况。

6）应对工程遗留问题提出处理意见。

7）应对工程进行综合评价，签发符合本规范附录F要求的“工程竣工验收鉴定书”。

7.0.3 工程竣工验收条件应符合下列要求：

1 工程应已经按照施工图纸全部完成，并已提交建设、设计、监理、施工等相关单位签字、盖章的总结报告，历次验收发现的问题和缺陷应已经整改完成。

2 消防、环境保护、水土保持等专项工程应已经通过政府有关主管部门审查和验收。

3 竣工验收委员会应已经批准验收程序。

4 工程投资应全部到位。

5 竣工决算应已经完成并通过竣工审计。

7.0.4 工程竣工验收资料应包括下列内容：

1 工程竣工决算报告及其审计报告。

2 竣工工程图纸。

3 工程概预算执行情况报告。

4 水土保持、环境保护方案执行报告。

5 工程竣工报告。

7.0.5 工程竣工验收主要工作应包括下列内容：

1 应检查竣工资料是否完整齐备。

2 应审查工程竣工报告。

3 应检查竣工决算报告及其审计报告。

4 应审查工程预决算执行情况。

5 当发现重大问题时，验收委员会应停止验收或者停止部分工程验收，并督促相关单位限期处理。

6 应对工程进行总体评价。

7 应签发“工程竣工验收鉴定书”。

附录A 验收应提供的档案资料

表A 验收应提供的档案资料目录

序号	资料名称	分项工程验收	分部工程验收	单位工程验收	启动验收	试运和移交生产验收	竣工验收	提供单位
1	工程建设总结报告				√	√	√	建设单位
2	工程竣工报告						√	建设单位
3	工程概预算执行情况报告						√	建设单位
4	水土保持、环境保护方案执行报告						√	建设单位
5	工程结算报告						√	建设单位
6	工程决算报告						√	建设单位
7	拟验工程清单	√	√	√	√	√	√	建设单位
8	未完工程清单						√	建设单位
9	工程建设监理工作报告	√	√	√	√	√	√	监理单位
10	工程设计工作报告			√	√	√	√	设计单位
11	工程施工管理工作报告			√	√	√	√	施工单位
12	运行管理工作报告					√	√	运行管理单位
13	工程质量和安全监督报告				√	√	√	质量和安全监督机构
14	工程启动计划文件				√			参建单位
15	工程试运行工作报告					√		参建单位
16	重大技术问题专题报告						*	建设单位

注：符号“√”表示“应提供”，符号“*”表示“宜提供”或“根据需要提供”。

附录B 验收应准备的备查档案资料

表B 验收应准备的备查档案资料目录

序号	资料名称	分项工程验收	分部工程验收	单位工程验收	启动验收	试运和移交生产验收	竣工验收	提供单位
1	前期工作文件及批复文件			√	√	√	√	建设单位
2	主管部门批文			√	√	√	√	建设单位
3	招标投标文件			√	√	√	√	建设单位
4	合同文件			√	√	√	√	建设单位
5	工程项目划分资料	√	√	√	√	√	√	建设单位
6	分项工程质量评定资料	√	√	√	√	√	√	建设单位
7	分部工程质量评定资料		√	√	√	√	√	建设单位
8	单位工程质量评定资料			√	√	√	√	施工单位
9	工程外观质量评定资料			√	√	√	√	施工单位
10	工程质量管理有关文件	√	√	√	√	√	√	参建单位
11	工程安全管理有关文件	√	√	√	√	√	√	参建单位
12	工程施工质量检验文件	√	√	√	√	√	√	施工单位
13	工程监理资料	√	√	√	√	√	√	监理单位
14	施工图设计文件	√	√	√	√	√	√	设计单位
15	工程设计变更资料	√	√	√	√	√	√	设计单位
16	竣工图纸			√	√	√	√	施工单位
17	征地有关文件			√	√	√	√	建设单位
18	重要会议记录	√	√	√	√	√	√	建设单位
19	质量缺陷备案表	√	√	√	√	√	√	监理单位
20	安全、质量事故资料	√	√	√	√	√	√	建设单位
21	竣工决算及审计资料						√	建设单位
22	工程建设中使用的技术标准	√	√	√	√	√	√	参建单位
23	工程建设标准强制性条文	√	√	√	√	√	√	参建单位
24	专项验收有关文件						√	建设单位
25	安全、技术鉴定报告						√	建设单位
26	其他档案资料	根据需要由有关单位提供						

注：符号"√"表示"应提供"。

附录C 单位工程验收意见书

C.0.1 单位工程验收意见书内容与格式应符合表C.0.1的要求

表C.0.1 ××工程单位工程验收

××工程单位工程验收

（合同编号）

意 见 书

××年××月××日

验收主持单位：××

设计单位：××

施工单位：××

监理单位：××

验收时间：××年××月××日

验收地点：

续表 **C.0.1**

<table>
<tr><td>

前言（简述验收依据、验收组织结构和验收过程）

一、工程概况

（一）工程名称及任务。

（二）单位工程主要建设内容。

（三）单位工程建设过程情况。

二、验收范围

三、单位工程的建设情况

包括开工日期、完工日期、实际完成工作量和主要工程量。

四、单位工程质量评定

（一）分项工程质量评价。

（二）分部工程质量评价。

（三）工程质量检测情况。

（四）单位工程质量等级评定意见。

五、工程存在的问题及处理意见

六、意见和建议

七、验收结论

包括工程工期、质量、技术要求是否达到批准的设计标准，工程档案资料是否符合要求，以及是否同意交工等。

八、单位工程验收组成员签字

见“××单位工程验收组成员签字表”

××单位工程验收主持单位（盖章）：　　××单位工程验收组组长（签字）：

××年××月××日　　××年××月××日

</td></tr>
</table>

C.0.2 单位工程验收组成员签字表应符合表 C.0.2 的要求。

表 C.0.2 ××单位工程验收组成员签字表

姓名	单位	职务/职称	签字	备注

附录D　工程启动验收鉴定书

D.0.1 工程启动验收鉴定书内容与格式应符合表 D.0.1 的要求。

表 D.0.1 ××工程启动验收

<table>
<tr><td>

××工程启动验收

（合同编号）

鉴　定　书

××年××月××日

</td></tr>
</table>

续表 D.0.1

验收主持单位：××
设计单位：××
施工单位：××
监理单位：××
调试单位：××
电网调度单位：××
质量和安全监督机构：××
验收时间：××年××月××日
验收地点：
前言（简述验收依据、验收组织结构和验收过程） 一、工程概况 （一）工程名称及任务。 （二）工程主要建设内容。 （三）工程建设过程情况。 二、验收范围 三、概算执行情况 四、光伏发电工程验收情况 五、工程质量评定 六、存在的问题及处理意见 七、意见和建议 八、验收结论 包括工程工期、质量、投资控制是否达到要求，工程档案资料是否符合要求等。 九、验收委员会委员签字 见“××工程启动验收委员会委员签字表” 十、参建单位代表签字 见“××工程启动验收参建单位代表签字表”
××工程启动验收主持单位（盖章）：　　××工程启动验收委员会主任委员（签字）：
××年××月××日　　××年××月××日

D.0.2 工程启动验收委员会委员签字表应符合表D.0.2的要求。

表 D.0.2 ××工程启动验收委员会委员签字表

工程启动验收委员会	姓名	单位	职务/职称	签名
主任委员				
副主任委员				
副主任委员				
委员				
委员				
⋮				
⋮				
⋮				
⋮				
⋮				
⋮				
⋮				
⋮				

D.0.3 工程启动验收参加单位代表签字表应符合表D.0.3的要求。

表 D.0.3 ××工程启动验收参加单位代表签字表

单位	姓名	单位	职务/职称	签字
建设单位				
设计单位				
施工单位				
监理单位				
生产运行单位				
电网调度单位				
工程质量监督中心站				

附录E 工程试运和移交生产验收鉴定书

E.0.1 工程试运和移交生产验收鉴定书内容与格式应符合表E.0.1的要求。

表 E.0.1 ××工程试运和移交生产验收鉴定书

××工程试运和移交生产验收鉴定书
（合同编号）
鉴　定　书
××年××月××日

续表 E.0.1

验收主持单位：××
生产运行单位：××
设计单位：××
监理单位：××
施工单位：××
电力主管部门：××
质量和安全监督机构：××
验收时间：××年××月××日
验收地点：
前言（简述验收依据、验收组织结构和验收过程） 一、工程概况 （一）工程名称及任务。 （二）工程主要建设内容。 （三）工程建设有关单位。 （四）工程建设过程情况。 二、生产准备情况 三、设备备品备件、工器具、专用工具、资料等清查交接情况 四、存在的问题及处理意见 六、意见和建议 七、验收结论 八、验收组成员签字 见“××工程试运和移交生产验收组成员签字表” 九、交接单位代表签字 见“××工程试运和移交生产验收交接单位代表签字表”
××工程试运和移交生产验收主持单位（盖章）：　××工程试运和移交生产验收组组长（签字）： ××年××月××日　××年××月××日

E.0.2 工程试运和移交生产验收组成员签字表应符合表E.0.2的要求。

表 E.0.2 ××工程试运和移交生产验收组成员签字表

工程试运和移交生产验收组	姓名	单位	职务/职称	签名

E.0.3 工程试运和移交生产验收单位代表签字表应符合表E.0.3的要求。

表 E.0.3 ××工程试运和移交生产验收交接单位代表签字表

单位	姓名	单位	职务/职称	签字
建设单位				
设计单位				
施工单位				
监理单位				
电力主管部门				
生产运行单位				
工程质量监督中心站				

附录F 工程竣工验收鉴定书

F.0.1 工程竣工验收鉴定书内容与格式应符合表F.0.1的要求。

表 F.0.1 ××工程竣工验收鉴定书

××工程竣工验收鉴定书 （合同编号） 鉴　定　书 ××年××月××日

续表 F.0.1

验收主持单位：××   设计单位：××   建设单位：××   监理单位：××   施工单位：××   主要设备制造单位：××   电网调度单位：××   质量和安全监督机构：××   验收时间：××年××月××日   验收地点：   前言（简述验收依据、验收组织结构和验收过程）   一、工程概况   （一）工程名称及任务。   （二）工程主要建设内容。   （三）工程建设有关单位。   （四）工程建设过程情况。   二、概算执行情况及投资效益预测   三、光伏发电工程单位工程验收、工程启动验收、工程试运和移交生产验收情况   四、工程质量鉴定   五、存在的问题及处理意见   六、验收结论   七、验收委员会委员签字   见“××工程竣工验收委员会委员签字表”   八、参建单位代表签字   见“××工程竣工验收参建单位代表签字表”   ××工程竣工验收主持单位（盖章）：　××工程竣工验收委员会负责人（签字）：   ××年××月××日　××年××月××日

F.0.2 工程竣工验收委员会委员签字表应符合表F.0.2的要求。

表 F.0.2 ××工程竣工验收委员会委员签字表

工程竣工验收委员会	姓名	单位	职务/职称	签名
主任委员				
副主任委员				
副主任委员				
委员				
委员				
委员				
委员				
委员				
委员				
委员				
委员				
委员				
委员				

F.0.3 工程竣工验收参加单位代表签字表应符合表F.0.3的要求。

表 F.0.3 ××工程竣工验收参加单位代表签字表

单位	姓名	单位	职务/职称	签字
建设单位				
设计单位				
施工单位				
监理单位				
电网调度单位				
工程质量监督中心站				

本规范用词说明

1 为便于在执行本规范条文时区别对待，对要求严格程度不同的用词说明如下：

1） 表示很严格，非这样做不可的：
正面词采用“必须”，反面词采用“严禁”；

2） 表示严格，在正常情况下均应这样做的：
正面词采用“应”，反面词采用“不应”或“不得”；

3） 表示允许稍有选择，在条件许可时首先应这样做的：
正面词采用“宜”，反面词采用“不宜”；

4） 表示有选择，在一定条件下可以这样做的，采用“可”。

2 条文中指明应按其他有关标准执行的写法为“应符合……的规定”或“应按……执行”。

引用标准名录

《建筑设计防火规范》GB 50016
《建筑物防雷设计规范》GB 50057
《电气装置安装工程　高压电器施工及验收规范》GB 50147
《电气装置安装工程　电力变压器、油浸电抗器、互感器施工及验收规范》GB 50148
《电气装置安装工程　电缆线路施工及验收规范》GB 50168
《电气装置安装工程　接地装置施工及验收规范》GB 50169
《电气装置安装工程　盘、柜及二次回路接线施工及验收规范》GB 50171
《电气装置安装工程　35kV及以下架空电力线路施工及验收规范》GB 50173
《建筑地基基础工程施工质量验收规范》GB 50202
《混凝土结构工程施工质量验收规范》GB 50204
《钢结构工程施工质量验收规范》GB 50205
《110～500kV架空电力线路施工及验收规范》GB 50233
《电气装置安装工程　低压电器施工及验收规范》GB 50254
《建筑工程施工质量验收统一标准》GB 50300
《安全防范工程技术规范》GB 50348
《光伏发电站设计规范》GB 50797
《光伏电站施工规范》GB 50794
《消防安全标志》GB 13495
《继电保护和安全自动装置技术规程》GB/T 14285
《消防应急照明和疏散指示系统》GB 17945
《电能计量装置技术管理规程》DL/T 448
《电力系统通信管理规程》DL/T 544
《电力系统通信自动交换网技术规范》DL/T 598
《电力系统调度自动化设计技术规程》DL/T 5003

中华人民共和国国家标准

光伏发电工程验收规范

GB/T 50796—2012

条 文 说 明

制 定 说 明

《光伏发电工程验收规范》GB/T 50796－2012，经住房和城乡建设部2012年6月28日以第1431号公告批准发布。

本规范制定过程中，编制组进行了广泛、深入的调查研究，总结了我国在太阳能光伏发电工程建设中的实践经验，同时参考了国外先进技术法规、技术标准。

为便于广大设计、施工、验收、科研、学校等有关人员在使用本规范时能正确理解和执行条文规定，《光伏发电工程验收规范》编写组按章、节、条顺序编制了条文说明，对条文规定的目的依据以及执行中需注意的有关事项进行了说明。但是，本条文说明不具备与规范正文同等的法律效力，仅供使用者作为理解和把握规范规定的参考。

目　次

1 总 则

1.0.3 对于大型光伏发电工程（大于30MWp）应通过单位工程、工程启动、工程试运和移交生产、工程竣工四个阶段验收，对于中型光伏发电工程（大于1MWp和小于或等于30MWp）宜通过上述四阶段的验收，对于小型光伏发电工程（小于等于1MWp）可通过上述四个阶段验收。

1.0.4 确定验收主持单位，并主持验收工作，主要是为了落实验收责任，保证验收工作质量。

3 基 本 规 定

3.0.3 工程验收结论应经委员会（工作组）委员总人数2/3以上通过，验收结论为是否合格。

3.0.4 在实际操作中，为了分清历次验收的职责，提高效率，本规范作出了“验收工作应相互衔接，不应重复进行”的规定，对于光伏发电工程施工过程中的工序验收（如中间验收等）不包含在本规范验收范围内。

3.0.6、3.0.7 明确了资料提交单位及资料应进行的检查。提供资料是指需要分发给所有验收工作组组员或验收委员会委员的资料；备查资料是指按一定数量准备，放置在验收会场，由专家和委员根据需要进行查看的资料。

3.0.8 明确验收工作中各单位职责，主要是为了落实各单位责任，更好地保证验收工作质量。

4 单位工程验收

4.1 一 般 规 定

4.1.1 按照工程实践和广泛调研，将光伏发电工程划分为土建工程、安装工程、绿化工程、安全防范工程、消防工程五大类单位工程，环境保护、水土保持等专项工程验收由有关主管部门负责，本规范不再作规定。

4.1.2～4.1.4 单位工程验收按照分项工程、分部工程、单位工程的顺序进行，前一验收是进行后面验收的基础。确定了各阶段验收的组织单位，以保证各阶段验收顺利进行，确保验收质量。

4.1.5 单位工程验收是工程启动前的最后一次验收，也是最重要的一次验收。单位工程验收要求除有关的资料文件应完整齐备外，还需进行以下三方面的检查：

涉及安全和使用功能的分部工程应进行检验资料的复查。不仅要全面检查其完整性（不得有漏检缺项），而且对分部工程验收时补充进行的见证抽样检验报告也要复核。这种强化验收的手段体现了对安全和主要使用功能的重视。

此外，对主要使用功能还需进行抽查。使用功能的检查是对建筑工程和设备安装工程的综合检验，也是用户最为关心的内容。因此，在分项、分部工程验收合格的基础上，验收时再做全面检查。抽查项目是在检查资料文件的基础上，由参加验收的各方人员商定，并用计量、计数等抽样方法确定检查部位。检查要求按有关专业工程施工质量验收标准的要求进行。

最后，还需由参加验收的各方人员共同进行观感质量检查。检查的方法、内容、结论等已在分部工程的相应部分中阐述，最后共同确定是否通过验收。

4.1.6 附录C：扉页中明确了需要参加的各个单位；前言，简述验收依据、验收组织结构和验收过程；单位工程主要建设内容，是指本单位工程的主要建设内容、规模、标准；单位工程建设过程，包括本单位工程施工准备、开工日期、完工日期、验收时工程形象面貌，施工中采取的主要措施以及施工质量与安全管理情况等；验收范围，是指本次验收所包括的分部工程和分项工程验收的内容及相关资料等；工程建设情况，包括主要建设内容的设计工程量、合同工程量、验收时实际完成工程量；工程存在的问题及处理意见，是对本次验收中发现的主要问题提出处理意见；意见和建议，主要是指工程安全运行、监测方面的意见和建议；验收结论，包括对工程质量、是否达到批准的设计指标及预期经济效益、工程档案资料是否符合电力行业档案管理有关规定，以及是否同意通过验收等，均应有明确的结论。有保留意见时，应当明确记载；鉴定书应当力求简明扼要。具体详见附录C。

4.1.8 单位工程验收是工程内在质量把关的最主要的验收阶段，是光伏发电工程项目建设工程验收中不可缺少的阶段验收，应详细、认真地检查，做好各单位工程的检查验收工作是确保光伏发电工程安全启动调试、正常试运的不可缺少的重要环节。验收中如有疑问或已暴露出重大质量问题，可视情况决定验收是否继续进行。对验收存在缺陷的工程，验收机构应明确指出存在的问题和整改要求。

4.1.9 分部工程的验收是在其所含各分项工程验收的基础上进行。本条给出了分部工程验收应符合的要求。除分部工程相应的质量控制资料文件完整齐备外，由于各分项工程的性质不尽相同，因此作为分部工程不能简单的组合而加以验收，尚需增加以下两类检查项目：

涉及安全和使用功能的地基基础、主体结构、有关安全及重要使用功能的安装分部工程应进行有关见证取样送样试验或抽样检测。

关于观感质量验收，这类检查往往难以定量，只能以观察、触摸或简单量测的方式进行，并由个人的主观印象判断，检查结果并不给出“合格”或“不合格”的结论，而是综合给出质量评价。

4.2 土建工程

4.2.1 场地及地下设施中，场地主要是指场地平整和道路，道路包括进场道路和场内道路；地下设施主要是指电缆沟和场区给排水设施等。

4.2.3 光伏组件支架基础采用混凝土独立（条形）基础、桩基础两种类型。本规范范围包含屋顶光伏发电工程，故对屋顶支架基础验收提出了要求。

4.2.4 场地及地下设施由场地平整、道路（进场道路和场内道路）、电缆沟、场区给排水设施等分项工程组成。

4.2.5 建（构）筑物可由逆变器室、综合楼、主控楼、升压站和围栏（围墙）等分项工程组成。

4.3 安装工程

4.3.2、4.3.3 明确了应提交的资料和其他辅助设备要求，以保障安装工程的质量和设备的正常运行及后期维护。应提交的光伏组件抽检报告，是指光伏组件在安装前，按批次抽查，送交第三方权威鉴定机构检测所出具的检测报告。

4.3.4 支架安装可分为固定式支架和跟踪式支架两种类型。按照产品手册，通过相应的机构调整手动可调式支架的高度角，检测过程中重点确认相关机构的振动和有效传动，并确认高度角范围是否满足设计要求。

检测跟踪式支架的手动模式动作：将跟踪系统切换至手动工作模式，在手动模式下通过相应的机构调整高度角和方位角。检测过程中重点确认相关机构的振动和有效传动，并确认高度角和方位角运行范围是否满足跟踪系统规格书中所定义的范围。

检测具有限位手动模式的跟踪式支架限位手动动作：一般情况下跟踪系统都会配置独立的限位单元。在手动模式下，分别检测高度角和方位角方向上的独立限位单元的工作状态。限位单元功能正常与否的判断依据是相应的过载保护装置是否正常启动。

检测自动模式动作：设定项目工程的地理位置、日期和时间，将跟踪系统切换至自动工作模式。使跟踪系统运行不少于2d，测试运行状况。

检测过风速保护：手动向跟踪系统发送过风速触发信号，检查跟踪支架能否切换到过风速保护模式。

通、断电测试检查：将系统切换至自动工作模式。在跟踪系统跟踪时间段内，切断主电源不少于30min再开启主电源，检测跟踪系统能否运转至正确位置。

检测跟踪精度：测量跟踪系统光伏组件平面相对于阳光光线的位置偏差。测试将在跟踪系统的准确跟踪全范围内进行，连续一周的最大高度角和方位角偏差应符合产品手册的规定。

4.3.5 光伏组件安装可由安装和布线等分项工程组成。布线系统指的是光伏组件间的串、并联线缆。

绝缘电阻测试时，若方阵输出端装有防雷器，测试前要将防雷器的接地线从电路中脱开，测定完毕后再回复原状。

绝缘电阻测试方法：①先测试方阵负极对地的绝缘电阻，然后测试方阵正极对地的绝缘电阻；②测试光伏方阵正极与负极短路时对地的绝缘电阻。

对于方阵边框没有接地的系统，测试方法：在电缆与大地间做绝缘测试；在方阵电缆与光伏组件之间做绝缘测试。

对于没有接地的导电部分应在方阵电缆与接地体之间进行绝缘测试。

4.3.6 对于非金属箱体的汇流箱，其接地按照设计图纸进行验收。

4.3.7 通风条件对逆变器的安全、正常运行非常重要，故对通风提出了验收要求。

4.3.8 电气设备安装可由变压器和互感器、高压电器设备、低压电器设备、盘、柜及二次回路接线、光伏电站监控系统、继电保护及安全自动装置、调度自动化系统、无功补偿装置、调度通信系统和电能计量装置等分项工程组成。电气设备国家标准、规范健全，可以直接参照执行。光伏电站监控系统尚无标准可依，因此给出了详细的验收要求。根据监控系统监控量的不同，根据实际情况可对验收内容相应地添加或删减，线路敷设资料包括：由总图和布线端子图、机房设备平面图、变送器和传感器安装位置图、监控系统配置图、监控系统网络连接图、通信协议、各种设备的使用说明书、技术文件（操作维护手册、测试资料等）、软件总体结构流程图、备品备件和工具仪表清单等。

4.3.9 防雷与接地安装可由光伏方阵过电压保护与接地、电气设备的防雷与接地和建筑物的防雷与接地等分项工程组成。

4.3.10 线路及电缆可由架空线路、光伏方阵直流电缆和交流电缆等分项工程组成。光伏方阵直流电缆包括方阵到汇流箱、汇流箱到逆变器部分的直流电缆。光伏方阵直流电缆尚无标准可依，故对直流电缆的验收提出了要求。

4.4 绿化工程

4.4.1、4.4.2 这两条规定了绿化工程验收资料情况和检查项目。光伏发电工程地理位置不同，绿化工程内容也将不同，可以对检查项目进行相应的调整，并依据设计要求进行检查。

4.5 安全防范工程

4.5.1 安全防范工程的试运行报告内容包括：试运行起讫日期；试运行过程是否正常；故障（含误报

警、漏报警）发生的日期、次数、原因和排除状况；系统功能是否符合设计要求以及综合评述等。

4.5.2 本条规定了验收应检查的项目。工程设备包括现场前端设备和监控中心终端设备。前端设备检查项目包括安装位置（方向）、安装质量（工艺）、线缆连接；监控中心终端设备检查项目包括机架及操作台、控制设备安装、开关及按钮、机架及设备接地、接地电阻、雷电防护措施、机架电缆线扎及标识、电源引入线缆标识。管线敷设验收包括明敷管线、明装接线盒及线缆接头等的验收。

4.6 消防工程

4.6.2 消防工程有专项验收要求，应得到当地消防部门的认可。

4.6.3 消防工程验收是建设单位组织的验收，本条规定了验收应检查的项目，保证消防工程的质量，但最终工程质量还需当地消防部门进行认定。

5 工程启动验收

5.1 一般规定

5.1.1、5.1.2 光伏发电工程启动验收是对已安装完成的光伏方阵及其电气设备、相关并网条件等启动前的检查验收。根据工程完成情况，光伏发电单元可以单个单独验收，也可以多个同时验收。

5.1.3 附录D：扉页中明确了需要参加的各个单位；前言，简述验收依据、验收组织结构和验收过程；工程主要建设内容，是指本单位工程的主要建设内容、规模、标准；工程建设过程，包括开工日期、完工日期、实际完成工作量和主要工程量、消防、水土保持和环境保护方案落实情况等；验收范围，是指验收前应完成的准备工作、应具备的基本资质条件、基本技术条件及应满足的其他条件等内容；概算执行情况，是指工程款到位和支付情况；光伏发电工程验收情况，是指单位工程验收情况；工程质量评定，评定标准是合格或是不合格；存在的问题及处理意见，是对本次验收中发现的主要问题提出处理意见；意见和建议，主要是指工程安全运行、监测方面的意见和建议；验收结论，包括对工程质量、是否达到批准的设计指标及预期经济效益、工程档案资料是否符合电力行业档案管理有关规定，以及是否同意通过验收等，均应有明确的结论。有保留意见时，应当明确记载；鉴定书应当力求简明扼要。

5.2 工程启动验收

5.2.1 本条明确了工程启动验收前应完成的主要工作，包括光伏发电工程的政府批文和并网许可、并网工程的验收、单位工程验收文档、工程整体自检及关键设备的准备情况等，保证光伏发电工程能够正常启动。

6 工程试运和移交生产验收

6.1 一般规定

6.1.1 试运行和移交生产是全面检验设备及其配套系统的制造、设计、施工、调试的重要环节，是保证光伏发电工程能安全、可靠、经济地投入生产，形成生产能力，发挥投资效益的关键性程序。

6.1.2 附录E：扉页中明确了需要参加的各个单位；前言，简述验收依据、验收组织结构和验收过程；工程主要建设内容，是指本单位工程的主要建设内容、规模、标准；工程建设过程，包括开工日期、完工日期、实际完成工作量和主要工程量、消防、水土保持和环境保护方案落实情况等；生产准备情况，是指生产单位接收光伏电站的准备情况，若是建设单位和生产单位为一家，可相应简化；设备备品备件、工器具、专用工具、资料等清查交接情况，是指建设单位向生产单位移交情况；存在的问题及处理意见，是对本次验收中发现的主要问题提出处理意见；意见和建议，主要是指工程安全运行、监测方面的意见和建议；验收结论，包括对工程质量、是否达到批准的设计指标及预期经济效益、工程档案资料是否符合电力行业档案管理有关规定，以及是否同意通过验收等，均应有明确的结论；有保留意见时，应当明确记载；鉴定书应当力求简明扼要。

6.2 工程试运和移交生产验收

6.2.1 本条规定工程试运和移交生产验收应具备的条件。在工程试运和移交生产过程中，有些设备需要调试，若太阳辐射强度较低，会影响调试的正常进行，故作出此项规定。其中400W/m^{2}是依据《地面用晶体硅光伏组件设计鉴定和定型》GB/T 9535/IEC 61215确定的。光伏发电工程各项启动运行检查调试结束后，即可投入试运行，确定光伏组件面接收的总辐射量累计达60kW·h/m^{2}这一时间，是为了保证太阳能电池片暴晒后经初始光致衰减光伏组件功率输出稳定，逆变器通过这段时间运行性能也达到稳定状态。其中60kW·h/m^{2}主要是依据《地面用晶体硅光伏组件设计鉴定和定型》GB/T 9535确定的。

6.2.2 本条规定了工程试运和移交生产应满足的要求以及试运和移交生产验收的主要内容，从而保证工程尽快进入正常管理程序，发挥工程效益。

7 工程竣工验收

7.0.2 本条规定了工程竣工委员会的组成及主要职

责。明确了建设工程设计、施工、监理单位作为被验收单位不参加验收委员会，可以更好地保证验收的公正与合理。同时，也规定被验收单位应参加验收会，而且要实事求是地回答验收委员的质疑，保证验收工作顺利进行。竣工验收中有关工程质量的结论性意见，是在工程质量监督报告有关质量评价的基础上，结合启动、试运行和移交生产检查情况确定的，最终结论是工程质量是否合格。

附录F：扉页中明确了需要参加的各个单位；前言，简述验收依据、验收组织结构和验收过程；工程主要建设内容，是指本工程的主要建设内容、规模、标准；工程建设过程，包括开工日期、完工日期、实际完成工作量和主要工程量、消防、水土保持和环境保护方案落实情况等；概算执行情况及投资效益预测，是指工程款最终审计和投资回报预测；光伏发电工程单位工程验收、工程启动验收、工程试运和移交生产验收情况，是对前面三个阶段的检查；工程质量评定，评定标准是合格或是不合格；存在的问题及处理意见，是对本次验收中发现的主要问题提出处理意见；验收结论，包括对工程质量、是否达到批准的设计指标及预期经济效益、工程档案资料是否符合电力行业档案管理有关规定，以及是否同意通过验收等，均应有明确的结论。有保留意见时，应当明确记载；鉴定书应当力求简明扼要。

7.0.3 本条规定工程竣工验收应具备的条件。第4款是指全部建设资金要到建设单位账户，以便在验收前后，能及时完成有关工程，及时处理有关财务往来。第5款根据国家审计署、发展和改革委员会（原国家计委）、建设银行《基本建设项目竣工决算审计试行办法》（审基发〔1991〕430号）制定，审计部门根据有关审计规定进行审计后，要出具书面审计意见。

7.0.5 竣工验收主要工作是对之前各阶段验收成果进行认定，协调解决有关重大问题，鉴定工程能否发挥投资效益投入正常运行。

中华人民共和国国家标准

光伏发电站设计规范

Code for design of photovoltaic power station

GB 50797—2012

主编部门：中 国 电 力 企 业 联 合 会
批准部门：中华人民共和国住房和城乡建设部
施行日期：2 0 1 2 年 1 1 月 1 日

中华人民共和国住房和城乡建设部
公　　告

第 1428 号

关于发布国家标准《光伏发电站设计规范》的公告

现批准《光伏发电站设计规范》为国家标准，编号为GB 50797－2012，自 2012 年 11 月 1 日起实施。其中，第 3.0.6、3.0.7、14.1.6、14.2.4 条为强制性条文，必须严格执行。

本规范由我部标准定额研究所组织中国计划出版社出版发行。

中华人民共和国住房和城乡建设部

二〇一二年六月二十八日

前　　言

本规范是根据住房和城乡建设部《关于印发〈2009 年工程建设标准规范制订、修订计划〉的通知》（建标〔2009〕88 号）的要求，由上海电力设计院有限公司会同有关单位编制完成的。

本规范共分 14 章，主要技术内容是：总则，术语和符号，基本规定，站址选择，太阳能资源分析，光伏发电系统，站区布置，电气，接入系统，建筑与结构，给排水、暖通与空调，环境保护与水土保持，劳动安全与职业卫生，消防，并有三个附录。

本规范中以黑体字标志的条文为强制性条文，必须严格执行。

本规范由住房和城乡建设部负责管理和对强制性条文的解释，由中国电力企业联合会负责日常管理，由上海电力设计院有限公司负责具体技术内容的解释。执行过程如有意见或建议，请寄送上海电力设计院有限公司（地址：上海市重庆南路 310 号；邮政编码：200025）。

本规范主编单位、参编单位、主要起草人和主要审查人：

主 编 单 位：上海电力设计院有限公司
　　　　　　中国电力企业联合会

参 编 单 位：中国电子工程设计院
　　　　　　协鑫光伏系统有限公司
　　　　　　中国科学院电工研究所
　　　　　　北京科诺伟业科技有限公司
　　　　　　新疆电力设计院
　　　　　　福建钧石能源有限公司
　　　　　　上海绿色环保能源有限公司
　　　　　　中电电气（南京）太阳能研究院有限公司
　　　　　　上海神舟电力有限公司
　　　　　　诺斯曼能源科技（北京）有限公司
　　　　　　四川中光防雷科技股份有限公司
　　　　　　北京鉴衡质量认证中心
　　　　　　北京乾华科技股份有限公司
　　　　　　无锡昊阳新能源科技有限公司
　　　　　　国电太阳能研究设计院

主要起草人：郭家宝　徐永邦　顾华敏　袁智强
于金辉　朱伟钢　王　立　余　寅
刘代智　朱开情　何　晖　于　耘
张　萍　曹海英　晁　阳　赵小勇
龚春景　嵇尚海　刘莉敏　黄　键
吕平洋　谈　红　唐征岐　程　序
张开军　陈水松　霍达仁　朱　涛
乔海文　许兰刚　贾艳刚　司德亮
李　扬　王德言　王　宗　叶留金
张海平

主要审查人：王斯成　许松林　汪　毅　李世民
袁凯峰　韩传高　吴金华　高　平
王　野　张海洋　鄢长会　王玉国
王文平　冉启平　陈默子　吕宏水
冯　炜　习　伟　钟天宇　林岚岚
姜世平　王小京　李晓军　张树森
韩金玲　张　磊　杨戈秀

目　次

Contents

1 总 则

1.0.1 为了进一步贯彻落实国家有关法律、法规和政策，充分利用太阳能资源，优化国家能源结构，建立安全的能源供应体系，推广光伏发电技术的应用，规范光伏发电站设计行为，促进光伏发电站建设健康、有序发展，制定本规范。

1.0.2 本规范适用于新建、扩建或改建的并网光伏发电站和100kWp及以上的独立光伏发电站。

1.0.3 并网光伏发电站建设应进行接入电网技术方案的可行性研究。

1.0.4 光伏发电站设计除符合本规范外，尚应符合国家现行有关标准的规定。

2 术语和符号

2.1 术 语

2.1.1 光伏组件 PV module

具有封装及内部联结的、能单独提供直流电输出的、最小不可分割的太阳电池组合装置。又称太阳电池组件（solar cell module）。

2.1.2 光伏组件串 photovoltaic modules string

在光伏发电系统中，将若干个光伏组件串联后，形成具有一定直流电输出的电路单元。

2.1.3 光伏发电单元 photovoltaic（PV）power unit

光伏发电站中，以一定数量的光伏组件串，通过直流汇流箱汇集，经逆变器逆变与隔离升压变压器升压成符合电网频率和电压要求的电源。又称单元发电模块。

2.1.4 光伏方阵 PV array

将若干个光伏组件在机械和电气上按一定方式组装在一起并且有固定的支撑结构而构成的直流发电单元。又称光伏阵列。

2.1.5 光伏发电系统 photovoltaic（PV）power generation system

利用太阳电池的光生伏特效应，将太阳辐射能直接转换成电能的发电系统。

2.1.6 光伏发电站 photovoltaic（PV）power station

以光伏发电系统为主，包含各类建（构）筑物及检修、维护、生活等辅助设施在内的发电站。

2.1.7 辐射式连接 radial connection

各个光伏发电单元分别用断路器与发电站母线连接。

2.1.8 “T”接式连接 tapped connection

若干个光伏发电单元并联后通过一台断路器与光伏发电站母线连接。

2.1.9 跟踪系统 tracking system

通过支架系统的旋转对太阳入射方向进行实时跟踪，从而使光伏方阵受光面接收尽量多的太阳辐照量，以增加发电量的系统。

2.1.10 单轴跟踪系统 single-axis tracking system

绕一维轴旋转，使得光伏组件受光面在一维方向尽可能垂直于太阳光的入射角的跟踪系统。

2.1.11 双轴跟踪系统 double-axis tracking system

绕二维轴旋转，使得光伏组件受光面始终垂直于太阳光的入射角的跟踪系统。

2.1.12 集电线路 collector line

在分散逆变、集中并网的光伏发电系统中，将各个光伏组件串输出的电能，经汇流箱汇流至逆变器，并通过逆变器输出端汇集到发电母线的直流和交流输电线路。

2.1.13 公共连接点 point of common coupling（PCC）

电网中一个以上用户的连接处。

2.1.14 并网点 point of coupling（POC）

对于有升压站的光伏发电站，指升压站高压侧母线或节点。对于无升压站的光伏发电站，指光伏发电站的输出汇总点。

2.1.15 孤岛现象 islanding

在电网失压时，光伏发电站仍保持对失压电网中的某一部分线路继续供电的状态。

2.1.16 计划性孤岛现象 intentional islanding

按预先设置的控制策略，有计划地出现的孤岛现象。

2.1.17 非计划性孤岛现象 unintentional islanding

非计划、不受控出现的孤岛现象。

2.1.18 防孤岛 Anti-islanding

防止非计划性孤岛现象的发生。

2.1.19 峰值日照时数 peak sunshine hours

一段时间内的辐照度积分总量相当于辐照度为1kW/m^{2}的光源所持续照射的时间，其单位为小时(h)。

2.1.20 低电压穿越 low voltage ride through

当电力系统故障或扰动引起光伏发电站并网点电压跌落时，在一定的电压跌落范围和时间间隔内，光伏发电站能够保证不脱网连续运行。

2.1.21 光伏发电站年峰值日照时数 annual peak sunshine hours of PV station

将光伏方阵面上接收到的年太阳总辐照量，折算成辐照度1kW/m^{2}下的小时数。

2.1.22 法向直接辐射辐照度 direct normal irradiance (DNI)

到达地表与太阳光线垂直的表面上的太阳辐射强度。

2.1.23 安装容量　capacity of installation

光伏发电站中安装的光伏组件的标称功率之和，计量单位是峰瓦（Wp）。

2.1.24 峰瓦　watts peak

光伏组件或光伏方阵在标准测试条件下，最大功率点的输出功率的单位。

2.1.25 真太阳时　solar time

以太阳时角作标准的计时系统，真太阳时以日面中心在该地的上中天的时刻为零时。

2.2 符　号

2.2.1 能量、功率

C_c——储能电池的容量（kW·h）；

E_p——上网发电量（kW·h）；

E_s——标准条件下的辐照度（常数=1kW/m²）；

H_A——水平面太阳能总辐照量（kW·h/m²）；

P_{AZ}——组件安装容量（kW_p）；

P_O——平均电负荷容量（kW）；

Q——光伏阵列倾斜面年总辐照量（kW·h/m²）。

2.2.2 电压

U_N——光伏发电站并网点的电网标称电压（kV）；

V_{dcmax}——逆变器允许的最大直流输入电压（V）；

$V_{mpptmax}$——逆变器 MPPT 电压最大值（V）；

$V_{mpptmin}$——逆变器 MPPT 电压最小值（V）；

V_{oc}——光伏组件的开路电压（V）；

V_{pm}——光伏电池组件的工作电压（V）。

2.2.3 温度、时间

D——最长无日照期间用电时数（h）；

T_p——光伏阵列倾斜面年峰值日照时数（h）；

t——光伏组件工作条件下的极限低温（℃）；

t'——光伏组件工作条件下的极限高温（℃）。

2.2.4 无量纲系数

F——储能电池放电效率的修正系数（通常取1.05）；

K——综合效率系数；

K_a——包括逆变器等交流回路的损耗率（通常为0.7～0.8）；

K_v——光伏组件的开路电压温度系数；

K'_v——光伏组件的工作电压温度系数；

N——光伏组件的串联数（N取整）；

U——储能电池的放电深度（取0.5～0.8）。

2.2.5 结构系数

C——结构构件达到正常使用要求所规定的变形限值；

R——结构构件承载力的设计值；

S——荷载效应（和地震作用效应）组合的设计值；

γ_0——重要性系数；

γ_{RE}——承载力抗震调整系数；

γ_G——永久荷载分项系数；

γ_W——风荷载分项系数；

γ_t——温度作用分项系数；

γ_S——雪荷载的分项系数；

γ_{Eh}——水平地震作用分项系数；

S_{GK}——永久荷载效应标准值；

S_{tK}——温度作用标准值效应；

S_{wK}——风荷载效应标准值；

S_{sK}——雪荷载效应标准值；

S_{EhK}——水平地震作用标准值效应；

Ψ_t——温度作用组合值系数；

Ψ_s——雪荷载的组合值系数；

Ψ_w——风荷载的组合值系数。

3 基本规定

3.0.1 光伏发电站设计应综合考虑日照条件、土地和建筑条件、安装和运输条件等因素，并应满足安全可靠、经济适用、环保、美观、便于安装和维护的要求。

3.0.2 光伏发电站设计在满足安全性和可靠性的同时，应优先采用新技术、新工艺、新设备、新材料。

3.0.3 大、中型光伏发电站内宜装设太阳能辐射现场观测装置。

3.0.4 光伏发电站的系统配置应保证输出电力的电能质量符合国家现行相关标准的规定。

3.0.5 接入公用电网的光伏发电站应安装经当地质量技术监管机构认可的电能计量装置，并经校验合格后投入使用。

3.0.6 建筑物上安装的光伏发电系统，不得降低相邻建筑物的日照标准。

3.0.7 在既有建筑物上增设光伏发电系统，必须进行建筑物结构和电气的安全复核，并应满足建筑结构及电气的安全性要求。

3.0.8 光伏发电站设计时应对站址及其周围区域的工程地质情况进行勘探和调查，查明站址的地形地貌特征、结构和主要地层的分布及物理力学性质、地下水条件等。

3.0.9 光伏发电站中的所有设备和部件，应符合国家现行相关标准的规定，主要设备应通过国家批准的认证机构的产品认证。

4 站址选择

4.0.1 光伏发电站的站址选择应根据国家可再生能源中长期发展规划、地区自然条件、太阳能资源、交通运输、接入电网、地区经济发展规划、其他设施等因素全面考虑；在选址工作中，应从全局出发，正确处理与相邻农业、林业、牧业、渔业、工矿企业、城市规划、国防设施和人民生活等各方面的关系。

4.0.2 光伏发电站选址时，应结合电网结构、电力负荷、交通、运输、环境保护要求，出线走廊、地质、地震、地形、水文、气象、占地拆迁、施工以及周围工矿企业对电站的影响等条件，拟订初步方案，通过全面的技术经济比较和经济效益分析，提出论证和评价。当有多个候选站址时，应提出推荐站址的排序。

4.0.3 光伏发电站防洪设计应符合下列要求：

1 按不同规划容量，光伏发电站的防洪等级和防洪标准应符合表4.0.3的规定。对于站内地面低于上述高水位的区域，应有防洪措施。防排洪措施宜在首期工程中按规划容量统一规划，分期实施。

表4.0.3 光伏发电站的防洪等级和防洪标准

防洪等级	规划容量（MW）	防洪标准（重现期）
Ⅰ	＞500	≥100年一遇的高水（潮）位
Ⅱ	30～500	≥50年一遇的高水（潮）位
Ⅲ	＜30	≥30年一遇的高水（潮）位

2 位于海滨的光伏发电站设置防洪堤（或防浪堤）时，其堤顶标高应依据本规范表4.0.3中防洪标准（重现期）的要求，应按照重现期为50年波列累计频率1%的浪爬高加上0.5m的安全超高确定。

3 位于江、河、湖旁的光伏发电站设置防洪堤时，其堤顶标高应按本规范表4.0.3中防洪标准（重现期）的要求，加0.5m的安全超高确定；当受风、浪、潮影响较大时，尚应再加重现期为50年的浪爬高。

4 在以内涝为主的地区建站并设置防洪堤时，其堤顶标高应按50年一遇的设计内涝水位加0.5m的安全超高确定；难以确定时，可采用历史最高内涝水位加0.5m的安全超高确定。如有排涝设施时，则应按设计内涝水位加0.5m的安全超高确定。

5 对位于山区的光伏发电站，应设防山洪和排山洪的措施，防排设施应按频率为2%的山洪设计。

6 当站区不设防洪堤时，站区设备基础顶标高和建筑物室外地坪标高不应低于本规范表4.0.3中防洪标准（重现期）或50年一遇最高内涝水位的要求。

4.0.4 地面光伏发电站站址宜选择在地势平坦的地区或北高南低的坡度地区。坡屋面光伏发电站的建筑主要朝向宜为南或接近南向，宜避开周边障碍物对光伏组件的遮挡。

4.0.5 选择站址时，应避开空气经常受悬浮物严重污染的地区。

4.0.6 选择站址时，应避开危岩、泥石流、岩溶发育、滑坡的地段和发震断裂地带等地质灾害易发区。

4.0.7 当站址选择在采空区及其影响范围内时，应进行地质灾害危险性评估，综合评价地质灾害危险性的程度，提出建设站址适宜性的评价意见，并应采取相应的防范措施。

4.0.8 光伏发电站宜建在地震烈度为9度及以下地区。在地震烈度为9度以上地区建站时，应进行地震安全性评价。

4.0.9 光伏发电站站址应避让重点保护的文化遗址，不应设在有开采价值的露天矿藏或地下浅层矿区上。

站址地下深层压有文物、矿藏时，除应取得文物、矿藏有关部门同意的文件外，还应对站址在文物和矿藏开挖后的安全性进行评估。

4.0.10 光伏发电站站址选择应利用非可耕地和劣地，不应破坏原有水系，做好植被保护，减少土石方开挖量，并应节约用地，减少房屋拆迁和人口迁移。

4.0.11 光伏发电站站址选择应考虑电站达到规划容量时接入电力系统的出线走廊。

4.0.12 条件合适时，可在风电场内建设光伏发电站。

5 太阳能资源分析

5.1 一般规定

5.1.1 光伏发电站设计应对站址所在地的区域太阳能资源基本状况进行分析，并对相关的地理条件和气候特征进行适应性分析。

5.1.2 当对光伏发电站进行太阳能总辐射量及其变化趋势等太阳能资源分析时，应选择站址所在地附近有太阳辐射长期观测记录的气象站作为参考气象站。

5.1.3 当利用现场观测数据进行太阳能资源分析时，现场观测数据应连续，且不应少于一年。

5.1.4 大型光伏发电站建设前期宜先在站址所在地设立太阳辐射现场观测站，现场观测记录的周期不应少于一个完整年。

5.2 参考气象站基本条件和数据采集

5.2.1 参考气象站应具有连续10年以上的太阳辐射长期观测记录。

5.2.2 参考气象站所在地与光伏发电站站址所在地的气候特征、地理特征应基本一致。

5.2.3 参考气象站的辐射观测资料与光伏发电站站址现场太阳辐射观测装置的同期辐射观测资料应具有较好的相关性。

5.2.4 参考的气象站采集的信息应包括下列内容：

1 气象站长期观测记录所采用的标准、辐射仪器型号、安装位置、高程、周边环境状况，以及建站以来的站址迁移、辐射设备维护记录、周边环境变动等基本情况和时间。

2 最近连续10年以上的逐年各月的总辐射量、直接辐射量、散射辐射量、日照时数的观测记录，且与站址现场观测站同期至少一个完整年的逐小时的观测记录。

3 最近连续10年的逐年各月最大辐照度的平均值。

4 近30年来的多年月平均气温、极端最高气温、极端最低气温、昼间最高气温、昼间最低气温。

5 近30年来的多年平均风速、多年极大风速及发生时间、主导风向，多年最大冻土深度和积雪厚度，多年年平均降水量和蒸发量。

6 近30年来的连续阴雨天数、雷暴日数、冰雹次数、沙尘暴次数、强风次数等灾害性天气情况。

5.3 太阳辐射现场观测站基本要求

5.3.1 在光伏发电站站址处宜设置太阳能辐射现场观测站，观测内容应包括总辐射量、直射辐射量、散射辐射量、最大辐照度、气温、湿度、风速、风向等的实测时间序列数据，且应按照现行行业标准《地面气象观测规范》QX/T 55的规定进行安装和实时观测记录。

5.3.2 对于按最佳固定倾角布置光伏方阵的大型光伏发电站，宜增设在设计确定的最佳固定倾角面上的日照辐射观测项目。

5.3.3 对于有斜单轴或平单轴跟踪装置的大型光伏发电站，宜增设在设计确定的斜单轴或平单轴跟踪受光面上的日照辐射观测项目。

5.3.4 对于高倍聚光光伏发电站，应增设法向直接辐射辐照度（DNI）的观测项目。

5.3.5 现场实时观测数据宜采用有线或无线通信信道直接传送。

5.4 太阳辐射观测数据验证与分析

5.4.1 对太阳辐射观测数据应进行完整性检验，观测数据应符合下列要求：

1 观测数据的实时观测时间顺序应与预期的时间顺序相同。

2 按某时间顺序实时记录的观测数据量应与预期记录的数据量相等。

5.4.2 对太阳辐射观测数据应依据日天文辐射量等进行合理性检验，观测数据应符合下列要求：

1 总辐射最大辐照度小于$2kW/m^2$。

2 散射辐射数值小于总辐射数值。

3 日总辐射量小于可能的日总辐射量，可能的日总辐射量应符合本规范附录A的规定。

5.4.3 太阳辐射观测数据经完整性和合理性检验后，其中不合理和缺测的数据应进行修正，并补充完整。其他可供参考的同期记录数据经过分析处理后，可填补无效或缺测的数据，形成完整的长序列观测数据。

5.4.4 光伏发电站太阳能资源分析宜包括下列内容：

1 长时间序列的年总辐射量变化和各月总辐射量年际变化。

2 10年以上的年总辐射量平均值和月总辐射量平均值。

3 最近三年内连续12个月各月辐射量日变化及各月典型日辐射量小时变化。

4 总辐射最大辐照度。

5.4.5 当光伏方阵采用固定倾角、斜单轴、平单轴、斜面垂直单轴或双轴跟踪布置时，应依据电站使用年限内的平均年总辐射量预测值进行固定倾角、斜单轴、平单轴、斜面垂直单轴或双轴跟踪受光面上的平均年总辐射量预测。

6 光伏发电系统

6.1 一 般 规 定

6.1.1 大、中型地面光伏发电站的发电系统宜采用多级汇流、分散逆变、集中并网系统；分散逆变后宜就地升压，升压后集电线路回路数及电压等级应经技术经济比较后确定。

6.1.2 光伏发电系统中，同一个逆变器接入的光伏组件串的电压、方阵朝向、安装倾角宜一致。

6.1.3 光伏发电系统直流侧的设计电压应高于光伏组件串在当地昼间极端气温下的最大开路电压，系统中所采用的设备和材料的最高允许电压应不低于该设计电压。

6.1.4 光伏发电系统中逆变器的配置容量应与光伏方阵的安装容量相匹配，逆变器允许的最大直流输入功率应不小于其对应的光伏方阵的实际最大直流输出功率。

6.1.5 光伏组件串的最大功率工作电压变化范围应在逆变器的最大功率跟踪电压范围内。

6.1.6 独立光伏发电系统的安装容量应根据负载所需电能和当地日照条件来确定。

6.1.7 光伏方阵设计应便于光伏组件表面的清洗，当站址所在地的大气环境较差、组件表面污染较严重且又无自洁能力时，应设置清洗系统或配置清洗设备。

6.2 光伏发电系统分类

6.2.1 光伏发电系统按是否接入公共电网可分为并网光伏发电系统和独立光伏发电系统。

6.2.2 并网光伏发电系统按接入并网点的不同可分为用户侧光伏发电系统和电网侧光伏发电系统。

6.2.3 光伏发电系统按安装容量可分为下列三种

系统：

1 小型光伏发电系统：安装容量小于或等于1MWp。

2 中型光伏发电系统：安装容量大于1MWp和小于或等于30MWp。

3 大型光伏发电系统：安装容量大于30MWp。

6.2.4 光伏发电系统按是否与建筑结合可分为与建筑结合的光伏发电系统和地面光伏发电系统。

6.3 主要设备选择

6.3.1 光伏组件可分为晶体硅光伏组件、薄膜光伏组件和聚光光伏组件三种类型。

6.3.2 光伏组件应根据类型、峰值功率、转换效率、温度系数、组件尺寸和重量、功率辐照度特性等技术条件进行选择。

6.3.3 光伏组件应按太阳辐照度、工作温度等使用环境条件进行性能参数校验。

6.3.4 光伏组件的类型应按下列条件选择：

1 依据太阳辐射量、气候特征、场地面积等因素，经技术经济比较确定。

2 太阳辐射量较高、直射分量较大的地区宜选用晶体硅光伏组件或聚光光伏组件。

3 太阳辐射量较低、散射分量较大、环境温度较高的地区宜选用薄膜光伏组件。

4 在与建筑相结合的光伏发电系统中，当技术经济合理时，宜选用与建筑结构相协调的光伏组件。建材型的光伏组件，应符合相应建筑材料或构件的技术要求。

6.3.5 用于并网光伏发电系统的逆变器性能应符合接入公用电网相关技术要求的规定，并具有有功功率和无功功率连续可调功能。用于大、中型光伏发电站的逆变器还应具有低电压穿越功能。

6.3.6 逆变器应按型式、容量、相数、频率、冷却方式、功率因数、过载能力、温升、效率、输入输出电压、最大功率点跟踪（MPPT）、保护和监测功能、通信接口、防护等级等技术条件进行选择。

6.3.7 逆变器应按环境温度、相对湿度、海拔高度、地震烈度、污秽等级等使用环境条件进行校验。

6.3.8 湿热带、工业污秽严重和沿海滩涂地区使用的逆变器，应考虑潮湿、污秽及盐雾的影响。

6.3.9 海拔高度在2000m及以上高原地区使用的逆变器，应选用高原型（G）产品或采取降容使用措施。

6.3.10 汇流箱应依据型式、绝缘水平、电压、温升、防护等级、输入输出回路数、输入输出额定电流等技术条件进行选择。

6.3.11 汇流箱应按环境温度、相对湿度、海拔高度、污秽等级、地震烈度等使用环境条件进行性能参数校验。

6.3.12 汇流箱应具有下列保护功能：

1 应设置防雷保护装置。

2 汇流箱的输入回路宜具有防逆流及过流保护；对于多级汇流光伏发电系统，如果前级已有防逆流保护，则后级可不做防逆流保护。

3 汇流箱的输出回路应具有隔离保护措施。

4 宜设置监测装置。

6.3.13 室外汇流箱应有防腐、防锈、防暴晒等措施，汇流箱箱体的防护等级不低于IP 54。

6.4 光 伏 方 阵

6.4.1 光伏方阵可分为固定式和跟踪式两类，选择何种方式应根据安装容量、安装场地面积和特点、负荷的类别和运行管理方式，由技术经济比较确定。

6.4.2 光伏方阵中，同一光伏组件串中各光伏组件的电性能参数宜保持一致，光伏组件串的串联数应按下列公式计算：

$$N \leqslant \frac{V_{\mathrm{dcmax}}}{V_{\mathrm{oc}} \times [1+(t-25) \times K_{\mathrm{v}}]} \quad (6.4.2\text{-}1)$$

$$\frac{V_{\mathrm{mpptmin}}}{V_{\mathrm{pm}} \times [1+(t'-25) \times K'_{\mathrm{v}}]} \leqslant N \leqslant \frac{V_{\mathrm{mpptmax}}}{V_{\mathrm{pm}} \times [1+(t-25) \times K'_{\mathrm{v}}]} \quad (6.4.2\text{-}2)$$

式中：K_{v}——光伏组件的开路电压温度系数；

K'_{v}——光伏组件的工作电压温度系数；

N——光伏组件的串联数（N取整）；

t——光伏组件工作条件下的极限低温（℃）；

t'——光伏组件工作条件下的极限高温（℃）；

V_{dcmax}——逆变器允许的最大直流输入电压（V）；

V_{mpptmax}——逆变器MPPT电压最大值（V）；

V_{mpptmin}——逆变器MPPT电压最小值（V）；

V_{oc}——光伏组件的开路电压（V）；

V_{pm}——光伏组件的工作电压（V）。

6.4.3 光伏方阵采用固定式布置时，最佳倾角应结合站址当地的多年月平均辐照度、直射分量辐照度、散射分量辐照度、风速、雨水、积雪等气候条件进行设计，并宜符合下列要求：

1 对于并网光伏发电系统，倾角宜使光伏方阵的倾斜面上受到的全年辐照量最大。

2 对于独立光伏发电系统，倾角宜使光伏方阵的最低辐照度月份倾斜面上受到较大的辐照量。

3 对于有特殊要求或土地成本较高的光伏发电站，可根据实际需要，经技术经济比较后确定光伏方阵的设计倾角和阵列行距。

6.5 储 能 系 统

6.5.1 独立光伏发电站应配置恰当容量的储能装置，并满足向负载提供持续、稳定电力的要求。并网光伏发电站可根据实际需要配置恰当容量的储能装置。

6.5.2 独立光伏发电站配置的储能系统容量应根据

当地日照条件、连续阴雨天数、负载的电能需要和所配储能电池的技术特性来确定。

储能电池的容量应按下式计算：

$$C_c = DFP_0/(UK_a) \quad (6.5.2)$$

式中：C_c——储能电池容量（kW·h）；

D——最长无日照期间用电时数（h）；

F——储能电池放电效率的修正系数（通常为1.05）；

P_0——平均负荷容量（kW）；

U——储能电池的放电深度（0.5～0.8）；

K_a——包括逆变器等交流回路的损耗率（通常为0.7～0.8）。

6.5.3 用于光伏发电站的储能电池宜根据储能效率、循环寿命、能量密度、功率密度、响应时间、环境适应能力、充放电效率、自放电率、深放电能力等技术条件进行选择。

6.5.4 光伏发电站储能系统应采用在线检测装置进行智能化实时检测，应具有在线识别电池组落后单体、判断储能电池整体性能、充放电管理等功能，宜具有人机界面和通讯接口。

6.5.5 光伏发电站储能系统宜选用大容量单体储能电池，减少并联数，并宜采用储能电池组分组控制充放电。

6.5.6 充电控制器应依据型式、额定电压、额定电流、输入功率、温升、防护等级、输入输出回路数、充放电电压、保护功能等技术条件进行选择。

6.5.7 充电控制器应按环境温度、相对湿度、海拔高度、地震烈度等使用环境条件进行校验。

6.5.8 充电控制器应具有短路保护、过负荷保护、蓄电池过充（放）保护、欠（过）压保护及防雷保护功能，必要时应具备温度补偿、数据采集和通信功能。

6.5.9 充电控制器宜选用低能耗节能型产品。

6.6 发电量计算

6.6.1 光伏发电站发电量预测应根据站址所在地的太阳能资源情况，并考虑光伏发电站系统设计、光伏方阵布置和环境条件等各种因素后计算确定。

6.6.2 光伏发电站上网电量可按下式计算：

$$E_p = H_A \times \frac{P_{AZ}}{E_s} \times K \quad (6.6.2)$$

式中：H_A——水平面太阳能总辐照量（kW·h/m²，峰值小时数）；

E_p——上网发电量（kW·h）；

E_s——标准条件下的辐照度（常数＝1kW·h/m²）；

P_{AZ}——组件安装容量（kWp）；

K——综合效率系数。综合效率系数 K 包括：光伏组件类型修正系数、光伏方阵的倾角、方位角修正系数、光伏发电系统可用率、光照利用率、逆变器效率、集电线路损耗、升压变压器损耗、光伏组件表面污染修正系数、光伏组件转换效率修正系数。

6.7 跟踪系统

6.7.1 跟踪系统可分为单轴跟踪系统和双轴跟踪系统。

6.7.2 跟踪系统的控制方式可分为主动控制方式、被动控制方式和复合控制方式。

6.7.3 跟踪系统的设计应符合下列要求：

1 跟踪系统的支架应根据不同地区特点采取相应的防护措施。

2 跟踪系统宜有通讯端口。

3 在跟踪系统的运行过程中，光伏方阵组件串的最下端与地面的距离不宜小于300mm。

6.7.4 跟踪系统的选择应符合下列要求：

1 跟踪系统的选型应结合安装地点的环境情况、气候特征等因素，经技术经济比较后确定。

2 水平单轴跟踪系统宜安装在低纬度地区。

3 倾斜单轴和斜面垂直单轴跟踪系统宜安装在中、高纬度地区。

4 双轴跟踪系统宜安装在中、高纬度地区。

5 容易对传感器产生污染的地区不宜选用被动控制方式的跟踪系统。

6 宜具备在紧急状态下通过远程控制将跟踪系统的角度调整至受风最小位置的功能。

6.7.5 跟踪系统的跟踪精度应符合下列规定：

1 单轴跟踪系统跟踪精度不应低于±5°。

2 双轴跟踪系统跟踪精度不应低于±2°。

3 线聚焦跟踪系统跟踪精度不应低于±1°。

4 点聚焦跟踪系统跟踪精度不应低于±0.5°。

6.8 光伏支架

6.8.1 光伏支架应结合工程实际选用材料、设计结构方案和构造措施，保证支架结构在运输、安装和使用过程中满足强度、稳定性和刚度要求，并符合抗震、抗风和防腐等要求。

6.8.2 光伏支架材料宜采用钢材，材质的选用和支架设计应符合现行国家标准《钢结构设计规范》GB 50017 的规定。

6.8.3 支架应按承载能力极限状态计算结构和构件的强度、稳定性以及连接强度，按正常使用极限状态计算结构和构件的变形。

6.8.4 按承载能力极限状态设计结构构件时，应采用荷载效应的基本组合或偶然组合。荷载效应组合的设计值应按下式验算：

$$\gamma_0 S \leqslant R \quad (6.8.4)$$

式中：γ_0——重要性系数。光伏支架的设计使用年限宜为25年，安全等级为三级，重要性系数不小于0.95；在抗震设计中，不考虑重要性系数；

S——荷载效应组合的设计值；

R——结构构件承载力的设计值。在抗震设计时，应除以承载力抗震调整系数 γ_{RE}，γ_{RE}按现行国家标准《构筑物抗震设计规范》GB 50191的规定取值。

6.8.5 按正常使用极限状态设计结构构件时，应采用荷载效应的标准组合。荷载效应组合的设计值应按下式验算：

$$S \leqslant C \tag{6.8.5}$$

式中：S——荷载效应组合的设计值；

C——结构构件达到正常使用要求所规定的变形限值。

6.8.6 在抗震设防地区，支架应进行抗震验算。

6.8.7 支架的荷载和荷载效应计算应符合下列规定：

1 风荷载、雪荷载和温度荷载应按现行国家标准《建筑结构荷载规范》GB 50009中25年一遇的荷载数值取值。地面和楼顶支架风荷载的体型系数取1.3。建筑物立面安装的支架风荷载的确定应符合现行国家标准《建筑结构荷载规范》GB 50009的要求。

2 无地震作用效应组合时，荷载效应组合的设计值应按下式计算：

$$S=\gamma_G S_{GK}+\gamma_w \Psi_w S_{wK}+\gamma_s \Psi_s S_{sK}+\gamma_t \Psi_t S_{tK} \tag{6.8.7-1}$$

式中：S——荷载效应组合的设计值；

γ_G——永久荷载分项系数；

S_{GK}——永久荷载效应标准值；

S_{wK}——风荷载效应标准值；

S_{sK}——雪荷载效应标准值；

S_{tK}——温度作用标准值效应；

γ_w、γ_s、γ_t——风荷载、雪荷载和温度作用的分项系数，取1.4；

Ψ_w、Ψ_s、Ψ_t——风荷载、雪荷载和温度作用的组合值系数。

3 无地震作用效应组合时，位移计算采用的各荷载分项系数均应取1.0；承载力计算时，无地震作用荷载组合值系数应符合表6.8.7-1的规定。

表6.8.7-1 无地震作用组合荷载组合值系数

荷载组合	Ψ_w	Ψ_s	Ψ_t
永久荷载、风荷载和温度作用	1.0	—	0.6
永久荷载、雪荷载和温度作用	—	1.0	0.6
永久荷载、温度作用和风荷载	0.6	—	1.0
永久荷载、温度作用和雪荷载	—	0.6	1.0

注：表中"—"号表示组合中不考虑该项荷载或作用效应。

4 有地震作用效应组合时，荷载效应组合的设计值应按下式计算：

$$S=\gamma_G S_{GK}+\gamma_{Eh} S_{EhK}+\gamma_w \Psi_w S_{wK}+\gamma_t \Psi_t S_{tK} \tag{6.8.7-2}$$

式中：S——荷载效应和地震作用效应组合的设计值；

γ_{Eh}——水平地震作用分项系数；

S_{EhK}——水平地震作用标准值效应；

Ψ_w——风荷载的组合值系数，应取0.6；

Ψ_t——温度作用的组合值系数，应取0.2。

5 有地震作用效应组合时，位移计算采用的各荷载分项系数均应取1.0；承载力计算时，有地震作用组合的荷载分项系数应符合表6.8.7-2的规定。

表6.8.7-2 有地震作用组合荷载分项系数

荷载组合	γ_G	γ_{Eh}	γ_w	γ_t
永久荷载和水平地震作用	1.2	1.3	—	—
永久荷载、水平地震作用、风荷载及温度作用	1.2	1.3	1.4	1.4

注：1 γ_G：当永久荷载效应对结构承载力有利时，应取1.0；

2 表中"—"号表示组合中不考虑该项荷载或作用效应。

6 支架设计时，应对施工检修荷载进行验算，并应符合下列规定：

1）施工检修荷载宜取1kN，也可按实际荷载取用并作用于支架最不利位置；

2）进行支架构件承载力验算时，荷载组合应取永久荷载和施工检修荷载，永久荷载的分项系数取1.2，施工或检修荷载的分项系数取1.4；

3）进行支架构件位移验算时，荷载组合应取永久荷载和施工检修荷载，分项系数均应取1.0。

6.8.8 钢支架及构件的变形应符合下列规定：

1 风荷载取标准值或在地震作用下，支架的柱顶位移不应大于柱高的1/60。

2 受弯构件的挠度容许值不应超过表6.8.8的规定。

表6.8.8 受弯构件的挠度容许值

受弯构件		挠度容许值
主梁		$L/250$
次梁	无边框光伏组件	$L/250$
	其他	$L/200$

注：L为受弯构件的跨度。对悬臂梁，L为悬伸长度的2倍。

6.8.9 钢支架的构造应符合下列规定：

1 用于次梁的板厚不宜小于1.5mm，用于主梁和柱的板厚不宜小于2.5mm，当有可靠依据时板厚可取2mm。

2 受压和受拉构件的长细比限值应符合表6.8.9的规定。

表6.8.9 受压和受拉构件的长细比限值

构件类别		容许长细比
受压构件	主要承重构件	180
	其他构件、支撑等	220
受拉构件	主要构件	350
	柱间支撑	300
	其他支撑	400

注：对承受静荷载的结构，可仅计算受拉构件在竖向平面内的长细比。

6.8.10 支架的防腐应符合下列要求：

1 支架在构造上应便于检查和清刷。

2 钢支架防腐宜采用热镀浸锌，镀锌层平均厚度不应小于55μm。

3 当铝合金材料与除不锈钢以外的其他金属材料或与酸、碱性的非金属材料接触、紧固时，宜采取隔离措施。

4 铝合金支架应进行表面防腐处理，可采用阳极氧化处理措施，阳极氧化膜的最小厚度应符合表6.8.10的规定。

表6.8.10 氧化膜的最小厚度

腐蚀等级	最小平均膜厚（μm）	最小局部膜厚（μm）
弱腐蚀	15	12
中等腐蚀	20	16
强腐蚀	25	20

6.9 聚光光伏系统

6.9.1 聚光光伏系统应包括聚光系统和跟踪系统。

6.9.2 线聚焦聚光宜采用单轴跟踪系统，点聚焦聚光应采用双轴跟踪系统。

6.9.3 聚光光伏系统的选择应符合下列要求：

1 采用水平单轴跟踪系统的线聚焦聚光光伏系统宜安装在低纬度且直射光分量较大地区。

2 采用倾斜单轴跟踪系统的线聚焦聚光光伏系统宜安装在中、高纬度且直射光分量较大地区。

3 点聚焦聚光光伏系统宜安装在直射光分量较大地区。

6.9.4 用于光伏发电站的聚光光伏系统应符合下列要求：

1 聚光组件应通过国家相关认证机构的产品认证，并具有良好的散热性能。

2 具有有效的防护措施，应能保证设备在当地极端环境下安全、长效运行。

3 用于低倍聚光的跟踪系统，其跟踪精度不应低于±1°，用于高倍聚光的跟踪系统，其跟踪精度不应低于±0.5°。

7 站区布置

7.1 站区总平面布置

7.1.1 光伏发电站的站区总平面应根据发电站的生产、施工和生活需要，结合站址及其附近地区的自然条件和建设规划进行布置，应对站区供排水设施、交通运输、出线走廊等进行研究，立足近期，远近结合，统筹规划。

7.1.2 光伏发电站的站区总平面布置应贯彻节约用地的原则，通过优化，控制全站生产用地、生活区用地和施工用地的面积；用地范围应根据建设和施工的需要按规划容量确定，宜分期、分批征用和租用。

7.1.3 光伏发电站的站区总平面设计应包括下列内容：

1 光伏方阵。

2 升压站（或开关站）。

3 站内集电线路。

4 就地逆变升压站。

5 站内道路。

6 其他防护功能设施（防洪、防雷、防火）。

7.1.4 光伏发电站的站区总平面布置应符合下列要求：

1 交通运输方便。

2 协调好站内与站外、生产与生活、生产与施工之间的关系。

3 与城镇或工业区规划相协调。

4 方便施工，有利扩建。

5 合理利用地形、地质条件。

6 减少场地的土石方工程量。

7 降低工程造价，减少运行费用，提高经济效益。

7.1.5 光伏发电站的站区总平面布置还应符合下列要求：

1 站内建筑物应结合日照方位进行布置，合理紧凑；辅助、附属建筑和行政管理建筑宜采用联合布置。

2 因地制宜地进行绿化规划，利用空闲场地植树种草，绿地率应满足当地规划部门的绿化要求。

3 升压站（或开关站）及站内建筑物的选址应根据光伏方阵的布置、接入系统的方案、地形、地质、交通、生产、生活和安全等要素确定。

4 站内集电线路的布置应根据光伏方阵的布置、

升压站（或开关站）的位置及单回集电线路的输送距离、输送容量、安全距离等确定。

5 站内道路应能满足设备运输、安装和运行维护的要求，并保留可进行大修与吊装的作业面。

7.1.6 大、中型地面光伏发电站站区可设两个出入口，其位置应使站内外联系方便。站区主要出入口处主干道行车部分的宽度宜与相衔接的进站道路一致，宜采用6m；次干道（环行道路）宽度宜采用4m。通向建筑物出入口处的人行引道的宽度宜与门宽相适应。

7.1.7 地面光伏发电站的主要进站道路应与通向城镇的现有公路连接，其连接宜短捷且方便行车，宜避免与铁路线交叉。应根据生产、生活和消防的需要，在站区内各建筑物之间设置行车道路、消防车通道和人行道。站内主要道路可采用泥结碎石路面、混凝土路面或沥青路面。

7.1.8 光伏发电站站区的竖向布置，应根据生产要求、工程地质、水文气象条件、场地标高等因素确定，并应符合下列要求：

1 在不设大堤或围堤的站区，升压站（或开关站）区域的室外地坪设计标高应高于设计高水位0.5m。

2 所有建筑物、构筑物及道路等标高的确定，应满足生产使用方便。地上、地下设施中的基础、管线，管架、管沟、隧道及地下室等的标高和布置，应统一安排，合理交叉，维修、扩建便利，排水畅通。

3 应减少工程土石方工程量，降低基础处理和场地平整费用，使填方量和挖方量接近平衡。在填、挖方量无法达到平衡时，应落实取土或弃土地点。

4 站区场地的最小坡度及坡向以能较快排除地面水为原则，应与建筑物、道路及场地的雨水窨井、雨水口的设置相适应，并按当地降雨量和场地土质条件等因素确定。

5 地处山坡地区光伏发电站的竖向布置，应在满足工艺要求的前提下，合理利用地形，节省土石方量并确保边坡稳定。

7.1.9 站区场地排水系统应根据地形、工程地质、地下水位等因素进行设计，并应符合下列要求：

1 场地的排水系统应按规划容量进行设计，并使每期工程排水畅通。

2 当室外沟道高于设计地坪标高时，应有过水措施，或在沟道的两侧设排水设施。

3 对建在山区或丘陵地区的光伏发电站，在站区边界处应有防止山洪流入站区的设施。

7.1.10 生产建筑物底层地面标高，宜高出室外地面设计标高150mm～300mm，并应根据地质条件计入建筑物沉降的影响。

7.1.11 光伏发电站的交通运输、供水和排水、输电线路等站外设施，应在确定站址和落实站内各个主要系统的基础上，根据规划容量和站址的自然条件进行综合规划。

7.1.12 应结合工程具体条件，做好光伏发电站的防排洪（涝）规划，充分利用现有防排洪（涝）设施。当必须新建时，可因地制宜地选用防洪（涝）堤、排洪（涝）沟或挡水围墙。

7.1.13 光伏发电站的出线走廊，应根据系统规划、输电线出线方向、电压等级和回路数，按光伏发电站规划容量，全面规划，避免交叉。

7.1.14 光伏发电站的施工区应按规划容量统筹规划，并应符合下列要求：

1 布置应紧凑合理，节省用地。

2 应按施工流程的要求安排施工临时建筑、材料设备堆置场、施工作业场所及施工临时用水、用电干线路径。

3 施工场地排水系统宜单独设置，施工道路宜永临结合。

4 利用地形，减少场地平整土石方量，并应避免施工区场地表土层的大面积破坏，防止水土流失。

7.2 光伏方阵布置

7.2.1 光伏方阵应根据站区地形、设备特点和施工条件等因素合理布置。大、中型地面光伏发电站的光伏方阵宜采用单元模块化的布置方式。

7.2.2 地面光伏发电站的光伏方阵布置应满足下列要求：

1 固定式布置的光伏方阵、光伏组件安装方位角宜采用正南方向。

2 光伏方阵各排、列的布置间距应保证每天9：00～15：00（当地真太阳时）时段内前、后、左、右互不遮挡。

3 光伏方阵内光伏组件串的最低点距地面的距离不宜低于300mm，并应考虑以下因素：

1）当地的最大积雪深度；

2）当地的洪水水位；

3）植被高度。

7.2.3 与建筑相结合的光伏发电站的光伏方阵应结合太阳辐照度、风速、雨水、积雪等气候条件及建筑朝向、屋顶结构等因素进行设计，经技术经济比较后确定方位角、倾角和阵列行距。

7.2.4 大、中型地面光伏发电站的逆变升压室宜结合光伏方阵单元模块化布置，宜采用就地布置方式。逆变升压室宜根据工艺要求布置在光伏方阵单元模块的中部，且靠近主要通道处。

7.2.5 工艺管线的敷设方式应符合下列要求：

1 工艺管线和管沟宜沿道路布置。地下管线和管沟一般宜敷设在道路行车部分之外。

2 电缆不应与其他管道同沟敷设。

3 管沟、地下管线与建筑物、道路及其他管线的水平距离以及管线交叉时的垂直距离，应根据地下管线和管沟的埋深、建筑物的基础构造及施工、检修等因素综合确定。

7.3 站区安全防护设施

7.3.1 光伏发电站宜设置安全防护设施，该设施宜包括：入侵报警系统、视频安防系统和出入口控制系统等，并能相互联动。

7.3.2 安装于室外的安全防护设施应采取防雷、防尘、防雨、防冻等措施。

7.3.3 入侵报警系统设计应按下列要求进行：

1 入侵报警系统设置应符合现行国家标准《入侵报警系统工程设计规范》GB 50394 的规定。

2 入侵报警系统应能与视频监控系统、出入口控制系统等联动。防范区内入侵探测器的设置不得有盲区，系统除应具有本地报警功能外，还宜具有异地报警功能。

3 入侵报警系统的信号传输可采用专用有线传输为主、无线信道传输为辅的传输方式。控制信号电缆及电源线耐压等级、导线及电缆芯线的截面积均应满足传输要求。

4 系统报警应有记录，并能按时间、区域、部位任意编程设防和撤防。系统应具有设备防拆功能、系统自检功能及故障报警功能。

5 主控室内应装有紧急按钮。紧急按钮的设置应隐蔽、安全并便于操作，且应具有防误触发、触发报警自锁、人工复位等功能。

7.3.4 视频安防监控系统设计应符合下列要求：

1 视频安防监控系统设置应符合现行国家标准《视频安防监控系统工程设计规范》GB 50395 的规定，并应具有对图像信号的分配、切换、存储、还原、远传等功能。

2 系统设计应满足监控区域有效覆盖、布局合理、图像清晰、控制有效的要求。

3 视频监控系统宜与灯光系统联动。监视场所的最低环境照度应高于摄像机要求最低照度（灵敏度）的 10 倍，当被监视场所照度低于所采用摄像机要求的最低照度时，应在摄像机防护罩上或附近加装辅助照明（应急照明）设施。

4 摄像机、解码器等宜由控制中心专线集中供电。距控制中心（机房）较远时，可就地供电，但控制中心应能对其进行开关控制。

7.3.5 出入口控制系统设计应符合下列要求：

1 在建筑物内（外）出入口、重要房间门等处宜设置出入口控制系统，出入口控制系统宜按现行国家标准《出入口控制系统工程设计规范》GB 50396 的要求设计。

2 出入口控制系统宜由出入对象识别装置，出入口信息处理、控制、通信装置及出入口执行机构等三部分组成。

3 系统应与火灾报警系统及其他紧急疏散系统联动，并满足紧急逃生时人员疏散的要求。

8 电　　气

8.1 变　压　器

8.1.1 光伏发电站升压站主变压器的选择应符合现行行业标准《导体和电器选择设计技术规定》DL/T 5222 的规定，参数宜按现行国家标准《油浸式电力变压器技术参数和要求》GB/T 6451、《干式电力变压器技术参数和要求》GB/T 10228、《三相配电变压器能效限定值及节能评价值》GB 20052 或《电力变压器能效限定值及能效等级》GB 24790 的规定进行选择。

8.1.2 光伏发电站升压站主变压器的选择应符合下列要求：

1 应优先选用自冷式、低损耗电力变压器。

2 当无励磁调压电力变压器不能满足电力系统调压要求时，应采用有载调压电力变压器。

3 主变压器容量可按光伏发电站的最大连续输出容量进行选取，且宜选用标准容量。

8.1.3 光伏方阵内就地升压变压器的选择应符合下列要求：

1 宜选用自冷式、低损耗电力变压器。

2 变压器容量可按光伏方阵单元模块最大输出功率选取。

3 可选用高压（低压）预装式箱式变电站或变压器、高低压电气设备等组成的装配式变电站。对于在沿海或风沙大的光伏发电站，当采用户外布置时，沿海防护等级应达到 IP 65，风沙大的光伏发电站防护等级应达到 IP 54。

4 就地升压变压器可采用双绕组变压器或分裂变压器。

5 就地升压变压器宜选用无励磁调压变压器。

8.2 电气主接线

8.2.1 光伏发电站发电单元接线及就地升压变压器的连接应符合下列要求：

1 逆变器与就地升压变压器的接线方案应依据光伏发电站的容量、光伏方阵的布局、光伏组件的类别和逆变器的技术参数等条件，经技术经济比较确定。

2 一台就地升压变压器连接两台不自带隔离变压器的逆变器时，宜选用分裂变压器。

8.2.2 光伏发电站发电母线电压应根据接入电网的要求和光伏发电站的安装容量，经技术经济比较后确定，并宜符合下列规定：

1 光伏发电站安装总容量小于或等于1MWp时，宜采用0.4kV～10kV电压等级。

2 光伏发电站安装总容量大于1MWp，且不大于30MWp时，宜采用10kV～35kV电压等级。

3 光伏发电站安装容量大于30MWp时，宜采用35kV电压等级。

8.2.3 光伏发电站发电母线的接线方式应按本期、远景规划的安装容量、安全可靠性、运行灵活性和经济合理性等条件选择，并应符合下列要求：

1 光伏发电站安装容量小于或等于30MW时，宜采用单母线接线。

2 光伏发电站安装容量大于30MW时，宜采用单母线或单母线分段接线。

3 当分段时，应采用分段断路器。

8.2.4 光伏发电站母线上的短路电流超过所选择的开断设备允许值时，可在母线分段回路中安装电抗器。母线分段电抗器的额定电流应按其中一段母线上所联接的最大容量的电流值选择。

8.2.5 光伏发电站内各单元发电模块与光伏发电母线的连接方式，由运行可靠性、灵活性、技术经济合理性和维修方便等条件综合比较确定，可采用下列连接方式：

1 辐射式连接方式。

2 "T"接式连接方式。

8.2.6 光伏发电站母线上的电压互感器和避雷器应合用一组隔离开关，并组装在一个柜内。

8.2.7 光伏发电站内10kV或35kV系统中性点可采用不接地、经消弧线圈接地或小电阻接地方式。经汇集形成光伏发电站群的大、中型光伏发电站，其站内汇集系统宜采用经消弧线圈接地或小电阻接地的方式。就地升压变压器的低压侧中性点是否接地应依据逆变器的要求确定。

8.2.8 当采用消弧线圈接地时，应装设隔离开关。消弧线圈的容量选择和安装要求应符合现行行业标准《交流电气装置的过电压保护和绝缘配合》DL/T 620的规定。

8.2.9 光伏发电站110kV及以上电压等级的升压站接线方式，应根据光伏发电站在电力系统的地位、地区电力网接线方式的要求、负荷的重要性、出线回路数、设备特点、本期和规划容量等条件确定。

8.2.10 220kV及以下电压等级的母线避雷器和电压互感器宜合用一组隔离开关，110kV～220kV线路电压互感器与耦合电容器、避雷器、主变压器引出线的避雷器不宜装设隔离开关；主变压器中性点避雷器不应装设隔离开关。

8.3 站用电系统

8.3.1 光伏发电站站用电系统的电压宜采用380V。

8.3.2 380V站用电系统，应采用动力与照明网络共用的中性点直接接地方式。

8.3.3 站用电工作电源引接方式宜符合下列要求：

1 当光伏发电站有发电母线时，宜从发电母线引接供给自用负荷。

2 当技术经济合理时，可由外部电网引接电源供给发电站自用负荷。

3 当技术经济合理时，就地逆变升压室站用电也可由各发电单元逆变器变流出线侧引接，但升压站（或开关站）站用电应按本条的第1款或第2款中的方式引接。

8.3.4 站用电系统应设置备用电源，其引接方式宜符合下列要求：

1 当光伏发电站只有一段发电母线时，宜由外部电网引接电源。

2 当发电母线为单母线分段接线时，可由外部电网引接电源，也可由其中的另一段母线上引接电源。

3 各发电单元的工作电源分别由各自的就地升压变压器低压侧引接时，宜采用邻近的两发电单元互为备用的方式或由外部电网引接电源。

4 工作电源与备用电源间宜设置备用电源自动投入装置。

8.3.5 站用电变压器容量选择应符合下列要求：

1 站用电工作变压器容量不宜小于计算负荷的1.1倍。

2 站用电备用变压器的容量与工作变压器容量相同。

8.3.6 站用电装置的布置位置及方式应根据光伏发电站的容量、光伏方阵的布局和逆变器的技术参数等条件确定。

8.4 直流系统

8.4.1 光伏发电站宜设蓄电池组向继电保护、信号、自动装置等控制负荷和交流不间断电源装置、断路器合闸机构及直流事故照明等动力负荷供电，蓄电池组应以全浮充电方式运行。

8.4.2 蓄电池组的电压可采用220V或110V。

8.4.3 蓄电池组及充电装置的选择可按现行行业标准《电力工程直流系统设计技术规程》DL/T 5044的规定执行。

8.5 配电装置

8.5.1 光伏发电站的升压站（或开关站）配电装置的设计应符合国家现行标准《高压配电装置设计技术规程》DL/T 5352及《3～110kV高压配电装置设计规范》GB 50060的规定。

8.5.2 升压站35kV以上配电装置应根据地理位置选择户内或户外布置。在沿海及土石方开挖工程量大的地区宜采用户内配电装置；在内陆及荒漠不受气候条件、占用土地及施工工程量等限制时，宜采用户外配电装置。

8.5.3 10kV～35kV 配电装置宜采用户内成套式高压开关柜配置型式，也可采用户外装配式配电装置。

对沿海、海拔高于 2000m 及土石方开挖工程量大的地区，当技术经济合理时，66kV 及以上电压等级的配电装置可采用气体绝缘金属封闭开关设备；在内陆及荒漠地区可采用户外装配式布置。

8.6 无功补偿装置

8.6.1 光伏发电站的无功补偿装置应按电力系统无功补偿就地平衡和便于调整电压的原则配置。

8.6.2 并联电容器装置的设计应符合现行国家标准《并联电容器装置设计规范》GB 50227 的规定。

8.6.3 无功补偿装置设备的型式宜选用成套设备。

8.6.4 无功补偿装置依据环境条件、设备技术参数及当地的运行经验，可采用户内或户外布置型式，并应考虑维护和检修方便。

8.7 电气二次

8.7.1 光伏发电站控制方式宜按无人值班或少人值守的要求进行设计。

8.7.2 光伏发电站电气设备的控制、测量和信号应符合现行行业标准《火力发电厂、变电所二次接线设计技术规程》DL/T 5136 的规定。

8.7.3 电气二次设备应布置在继电器室，继电器室面积应满足设备布置和定期巡视维护的要求，并留有备用屏位。屏、柜的布置宜与配电装置间隔排列次序对应。

8.7.4 升压站内各电压等级的断路器以及隔离开关、接地开关、有载调压的主变分接头位置及站内其他重要设备的启动（停止）等元件应在控制室内监控。

8.7.5 光伏发电站内的电气元件保护应符合现行国家标准《继电保护和安全自动装置技术规程》GB/T 14285 的规定。35kV 母线可装设母差保护。

8.7.6 光伏发电站逆变器、跟踪器的控制应纳入监控系统。

8.7.7 大、中型光伏发电站应采用计算机监控系统，主要功能应符合下列要求：

1 应对发电站电气设备进行安全监控。

2 应满足电网调度自动化要求，完成遥测、遥信、遥调、遥控等远动功能。

3 电气参数的实时监测，也可根据需要实现其他电气设备的监控操作。

8.7.8 大型光伏发电站站内应配置统一的同步时钟设备，对站控层各工作站及间隔层各测控单元等有关设备的时钟进行校正，中型光伏发电站可采用网络方式与电网对时。

8.7.9 光伏发电站计算机监控系统的电源应安全可靠，站控层应采用交流不停电电源（UPS）系统供电。交流不停电电源系统持续供电时间不宜小于 1h。

8.8 过电压保护和接地

8.8.1 光伏发电站的升压站区和就地逆变升压室的过电压保护和接地应符合现行行业标准《交流电气装置的过电压保护和绝缘配合》DL/T 620 和《交流电气装置的接地》DL/T 621 的规定。

8.8.2 光伏发电站生活辅助建（构）筑物防雷应符合现行国家标准《建筑物防雷设计规范》GB 50057 的规定。

8.8.3 光伏方阵场地内应设置接地网，接地网除应采用人工接地极外，还应充分利用支架基础的金属构件。

8.8.4 光伏方阵接地应连续、可靠，接地电阻应小于 4Ω。

8.9 电缆选择与敷设

8.9.1 光伏发电站电缆的选择与敷设，应符合现行国家标准《电力工程电缆设计规范》GB 50217 的规定，电缆截面应进行技术经济比较后选择确定。

8.9.2 集中敷设于沟道、槽盒中的电缆宜选用 C 类阻燃电缆。

8.9.3 光伏组件之间及组件与汇流箱之间的电缆应有固定措施和防晒措施。

8.9.4 电缆敷设可采用直埋、电缆沟、电缆桥架、电缆线槽等方式。动力电缆和控制电缆宜分开排列。

8.9.5 电缆沟不得作为排水通路。

8.9.6 远距离传输时，网络电缆宜采用光纤电缆。

9 接入系统

9.1 一般规定

9.1.1 光伏发电站接入电网的电压等级应根据光伏发电站的容量及电网的具体情况，在接入系统设计中经技术经济比较后确定。

9.1.2 光伏发电站向当地交流负载提供电能和向电网发送的电能质量应符合公用电网的电能质量要求。

9.1.3 光伏发电站应具有相应的继电保护功能。

9.1.4 大、中型光伏发电站应具备与电力调度部门之间进行数据通信的能力，并网双方的通信系统应符合电网安全经济运行对电力通信的要求。

9.2 并网要求

9.2.1 有功功率控制应符合下列要求：

1 大、中型光伏发电站应配置有功功率控制系统，具有接收并自动执行电力调度部门发送的有功功率及其变化速率的控制指令、调节光伏发电站有功功率输出、控制光伏发电站停机的能力。

2 大、中型光伏发电站应具有限制输出功率变化率的能力，输出功率变化率和最大功率的限值不应超过电力调度部门的限值，但因太阳光辐照度快速减少引起的光伏发电站输出功率下降率不受此限制。

3 除发生电气故障或接收到来自于电力调度部门的指令以外，光伏发电站同时切除的功率应在电网允许的最大功率变化率范围内。

9.2.2 电压与无功调节应符合下列要求：

1 应结合无功补偿类型和容量进行接入系统方案设计。

2 大、中型光伏发电站参与电网的电压和无功调节可采用调节光伏发电站逆变器输出的无功功率、无功补偿设备的投入量和变压器的变化等方式。

3 大、中型光伏发电站应配置无功电压控制系统，具备在其允许的容量范围内根据电力调度部门指令自动调节无功输出，参与电网电压调节的能力。其调节方式、参考电压等应由电力调度部门远程设定。

4 接入10kV～35kV电压等级公用电网的光伏发电站，功率因素应能在超前0.98和滞后0.98范围内连续可调。

5 接入110kV（66kV）及以上电压等级公用电网的光伏发电站，其配置的容性无功容量应能够补偿光伏发电站满发时站内汇集线路、主变压器的全部感性无功及光伏发电站送出线路的一半感性无功之和；其配置的感性无功容量能够补偿光伏发电站站内全部充电无功功率及光伏发电站送出线路的一半充电无功功率之和。

6 对于汇集升压至330kV及以上电压等级接入公用电网的光伏发电站群中的光伏发电站，其配置的容性无功容量应能够补偿光伏发电站满发时站内汇集线路、主变压器及光伏发电站送出线路的全部感性无功之和，其配置的感性无功容量能够补偿光伏发电站站内全部充电无功功率及光伏发电站送出线路的全部充电无功功率之和。

7 T接于公用电网和接入用户内部电网的大、中型光伏发电站应根据其特点，结合电网实际情况选择无功装置类型及容量。

8 小型光伏发电站输出有功功率大于其额定功率的50%时，功率因数不应小于0.98（超前或滞后）；输出有功功率在20%～50%时，功率因数不应小于0.95（超前或滞后）。

9.2.3 电能质量应符合下列要求：

1 直接接入公用电网的光伏发电站应在并网点装设电能质量在线监测装置；接入用户侧电网的光伏发电站的电能质量监测装置应设置在关口计量点。大、中型光伏发电站电能质量数据应能够远程传送到电力调度部分，小型光伏发电站应能储存一年以上的电能质量数据，必要时可供电网企业调用。

2 光伏发电站接入电网后引起电网公共连接点的谐波电压畸变率以及向电网公共连接点注入的谐波电流应符合现行国家标准《电能质量 公用电网谐波》GB/T 14549的规定。

3 光伏发电站接入电网后，公共连接点的电压应符合现行国家标准《电能质量 供电电压偏差》GB/T 12325的规定。

4 光伏发电站引起公共连接点处的电压波动和闪变应符合现行国家标准《电能质量 电压波动和闪变》GB/T 12326的规定。

5 光伏发电站并网运行时，公共连接点三相电压不平衡度应符合现行国家标准《电能质量 三相电压不平衡》GB/T 15543的规定。

6 光伏发电站并网运行时，向电网馈送的直流电流分量不应超过其交流额定值的0.5%。

9.2.4 电网异常时应具备下列响应能力：

1 电网频率异常时的响应，应符合下列要求：

1）光伏发电站并网时应与电网保持同步运行。

2）大、中型光伏发电站应具备一定的耐受电网频率异常的能力。大、中型光伏发电站在电网频率异常时的运行时间要求应符合表9.2.4-1的规定。当电网频率超出49.5Hz～50.2Hz范围时，小型光伏发电站应在0.2s以内停止向电网线路送电。

3）在指定的分闸时间内系统频率可恢复到正常的电网持续运行状态时，光伏发电站不应停止送电。

表9.2.4-1 大、中型光伏发电站在电网频率异常时的运行时间要求

电网频率	运行时间要求
$f<48$Hz	根据光伏电站逆变器允许运行的最低频率或电网要求而定
48Hz$\leqslant f<$49.5Hz	每次低于49.5Hz时要求至少能运行10min
49.5Hz$\leqslant f\leqslant$50.2Hz	连续运行
50.2Hz$<f<$50.5Hz	每次频率高于50.2Hz时，光伏发电站应具备能够连续运行2min的能力，但同时具备0.2s内停止向电网送电的能力，实际运行时间由电网调度机构决定；不允许处于停运状态的光伏电站并网
$f\geqslant$50.5Hz	在0.2s内停止向电网送电，且不允许停运状态的光伏发电站并网

2 电网电压异常时的响应应符合下列要求：

1）光伏发电站并网时输出电压应与电网电压相匹配。

2）大、中型光伏发电站应具备一定的低电压穿越能力（图 9.2.4），当并网点电压在图 9.2.4 中电压曲线及以上区域时，光伏发电站应保持并网运行。当并网点运行电压高于 110%电网额定电压时，光伏发电站的运行状态由光伏发电站的性能确定。接入用户内部电网的大、中型光伏发电站的低电压穿越要求由电力调度部门确定。图中 U_{L2} 为正常运行的最低电压限值，宜取 0.9 倍额定电压。U_{L1} 宜取 0.2 倍额定电压。T_1 为电压跌落到 0 时需要保持并网的时间，T_2 为电压跌落到 U_{L1} 时需要保持并网的时间。T_1、T_2、T_3 的数值需根据保护和重合闸动作时间等实际情况来确定。

3）小型光伏发电站并网点电压在不同的运行范围时，光伏发电站在电网电压异常的响应要求应符合表 9.2.4-2 的规定。

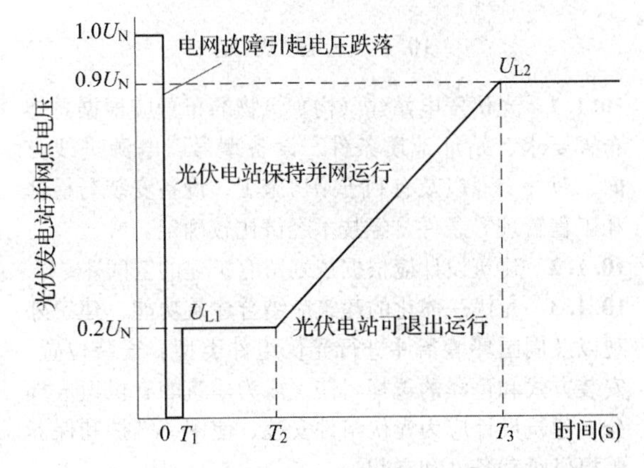

图 9.2.4　大、中型光伏发电站低电压穿越能力要求

表 9.2.4-2　光伏发电站在电网电压异常的响应要求

并网点电压	最大分闸时间
$U<50\%U_N$	0.1s
$50\%U_N \leqslant U<85\%U_N$	2.0s
$85\%U_N \leqslant U \leqslant 110\%U_N$	连续运行
$110\%U_N<U<135\%U_N$	2.0s
$135\%U_N \leqslant U$	0.05s

注：1　U_N 为光伏发电站并网点的电网标称电压。
2　最大分闸时间是指异常状态发生到逆变器停止向电网送电的时间。

9.2.5　光伏发电站的逆变器应具备过载能力，在 1.2 倍额定电流以下，光伏发电站连续可靠工作时间不应小于 1min。

9.2.6　光伏发电站应在并网点内侧设置易于操作、可闭锁且具有明显断开点的并网总断路器。

9.3　继电保护

9.3.1　光伏发电站的系统保护应符合现行国家标准《继电保护和安全自动装置技术规程》GB/T 14285 的规定，且应满足可靠性、选择性、灵敏性和速动性的要求。专线接入公用电网的大、中型光伏电站可配置光纤电流差动保护。

9.3.2　光伏发电站设计为不可逆并网方式时，应配置逆向功率保护设备，当检测到逆流超过额定输出的 5%时，逆向功率保护应在 0.5s～2s 内将光伏发电站与电网断开。

9.3.3　小型光伏发电站应具备快速检测孤岛且立即断开与电网连接的能力，其防孤岛保护应与电网侧线路保护相配合。

9.3.4　大、中型光伏发电站的公用电网继电保护装置应保障公用电网在发生故障时可切除光伏发电站，光伏发电站可不设置防孤岛保护。

9.3.5　在并网线路同时 T 接有其他用电负荷情况下，光伏发电站防孤岛效应保护动作时间应小于电网侧线路保护重合闸时间。

9.3.6　接入 66kV 及以上电压等级的大、中型光伏发电站应装设专用故障记录装置。故障记录装置应记录故障前 10s 到故障后 60s 的情况，并能够与电力调度部门进行数据传输。

9.4　自动化

9.4.1　大、中型光伏发电站应配置相应的自动化终端设备，采集发电装置及并网线路的遥测和遥信量，接收遥控、遥调指令，通过专用通道与电力调度部门相连。

9.4.2　大、中型光伏发电站计算机监控系统远动通信设备宜冗余配置，分别以主、备两个通道与电力调度部门进行通信。

9.4.3　在正常运行情况下，光伏发电站向电力调度部门提供的远动信息应包括遥测量和遥信量，并应符合下列要求：

1　遥测量应包括下列内容：

1）发电总有功功率和总无功功率。

2）无功补偿装置的进相及滞相运行时的无功功率。

3）升压变压器高压侧有功功率和无功功率。

4）双向传输功率的线路、变压器的双向功率。

5）站用总有功电能量。

6）光伏发电站的电压、电流、频率、功率因数。

7）大、中型光伏发电站的辐照强度、温度等。

8）光伏发电站的储能容量状态。

2　遥信量应包括下列内容：

1）并网点断路器的位置信号。

2）有载调压主变分接头位置。

3）逆变器、变压器和无功补偿设备的断路器位置信号。

4）事故总信号。

5）出线主要保护动作信号。

9.4.4 电力调度部门根据需要可向光伏发电站传送下列遥控或遥调命令：

1 并网线路断路器的分合。

2 无功补偿装置的投切。

3 有载调压变压器分接头的调节。

4 光伏发电站的启停。

5 光伏发电站的功率调节。

9.4.5 接入220kV及以上电压等级的光伏发电站应配置相量测量单元（PMU）。

9.4.6 中、小型光伏发电站可根据当地电网实际情况对自动化设备进行适当简化。

9.5 通 信

9.5.1 光伏发电站通信可分为站内通信与系统通信。通信设计应符合现行行业标准《电力系统通信管理规程》DL/T 544和《电力系统通信自动交换网技术规范》DL/T 598的规定。中、小型光伏发电站可根据当地电网实际情况对通信设备进行简化。

9.5.2 站内通信应符合下列要求：

1 光伏发电站站内通信应包括生产管理通信和生产调度通信。

2 大、中型光伏发电站为满足生产调度需要，宜设置生产程控调度交换机，统一供生产管理通信和生产调度通信使用。

3 大、中型光伏发电站内通信设备所需的交流电源，应由能自动切换的、可靠的、来自不同站用电母线段的双回路交流电源供电。

4 站用通信设备可使用专用通信直流电源或DC/DC变换直流电源，电源宜为直流48V。通信专用电源的容量，应按发展所需最大负荷确定，在交流电源失电后能维持放电不小于1h。

5 光伏发电站可不单独设置通信机房，通信设备宜与线路保护、调度自动化设备共同安装于同一机房内。

9.5.3 系统通信应符合下列要求：

1 光伏发电站应装设与电力调度部门联系的专用调度通信设施。通信系统应满足调度自动化、继电保护、安全自动装置及调度电话等对电力通信的要求。

2 光伏发电站至电力调度部门间应有可靠的调度通道。大型光伏发电站至电力调度部门应有两个相互独立的调度通道，且至少一个通道应为光纤通道。中型光伏发电站至电力调度部门宜有两个相互独立的调度通道。

3 光伏发电站与电力调度部门之间通信方式和信息传输应由双方协商一致后确定，并在接入系统方案设计中明确。

9.6 电 能 计 量

9.6.1 光伏发电站电能计量点宜设置在电站与电网设施的产权分界处或合同协议中规定的贸易结算点；光伏发电站站用电取自公用电网时，应在高压引入线高压侧设置计量点。每个计量点均应装设电能计量装置。电能计量装置应符合现行行业标准《电能计量装置技术管理规程》DL/T 448和《电测量及电能计量装置设计技术规程》DL/T 5137的规定。

9.6.2 光伏发电站应配置具有通信功能的电能计量装置和相应的电能量采集装置。同一计量点应安装同型号、同规格、准确度相同的主备电能表各一套。

9.6.3 光伏发电站电能计量装置采集的信息应接入电力调度部门的电能信息采集系统。

10 建筑与结构

10.1 一 般 规 定

10.1.1 光伏发电站建（构）筑物的布置应根据总体布置要求、站址地质条件、设备型号、电源进线方向、对外交通以及有利于站房施工、设备安装与检修和工程管理等条件，经技术经济比较确定。

10.1.2 建筑设计应根据规划留有扩建的空间。

10.1.3 光伏一体化的建筑应结合建筑功能、建筑外观以及周围环境条件进行光伏组件类型、安装位置、安装方式和色泽的选择，使之成为建筑的有机组成部分。建筑设计应为光伏组件安装、使用、维护和保养等提供承载条件和空间。

10.1.4 在既有建筑物上增设光伏发电系统时，应根据建筑物的种类分别按照现行国家标准《工业建筑可靠性鉴定标准》GB 50144和《民用建筑可靠性鉴定标准》GB 50292的规定进行可靠性鉴定。

位于抗震设防烈度为6度～9度地区的建筑还应依据其设防烈度、抗震设防类别、后续使用年限和结构类型，按照现行国家标准《建筑抗震鉴定标准》GB 50023的规定进行抗震鉴定。经抗震鉴定后需要进行抗震加固的建筑应按现行行业标准《建筑抗震加固技术规程》JGJ 116的规定设计施工。

10.1.5 电气间应设防止蛇、鼠类等小动物危害的措施。

10.2 地面光伏发电站建筑

10.2.1 地面光伏发电站的建筑物设计应符合下列要求：

1 满足设备布置、安装、运行和检修的要求。

2 满足内外交通运输的要求。

3 满足站房结构布置的要求。

4 满足站房内采暖、通风和采光要求。

5 满足防水、防潮、防尘、防噪声要求。

6 建筑造型与场地协调，布置合理，适用美观。

10.2.2 建筑物节能设计应满足建筑功能和使用质量的要求，并应符合下列要求：

1 满足建筑围护结构的基本热工性能。

2 宜利用自然采光。

10.2.3 建筑物门窗应根据建筑物内通风、采暖和采光的需要合理布置，必要时可采用双层玻璃窗。

10.2.4 建筑物屋面可根据当地气候条件和站房内通风、采暖要求设置保温隔热层。

10.2.5 建筑物应预留设备搬入口，设备搬入口可结合门窗洞或非承重墙设置。

10.2.6 采用酸性蓄电池的蓄电池室和贮酸室应采用耐酸地面，其内墙面应涂耐酸漆或铺设耐酸材料。

10.3 屋顶及建筑一体化

10.3.1 与光伏发电系统相结合的建筑，应依据建设地点的地理、气候条件、建筑功能、周围环境等因素进行规划设计，并确定建筑布局、朝向、间距、群体组合和空间环境。规划应满足光伏发电系统设计和安装的技术要求。

10.3.2 建筑设计应为光伏发电系统的安装、使用、维护、保养等提供条件，在安装光伏组件的部位应采取安全防护措施。在人员有可能接触或接近光伏发电系统的位置，应设置防触电警示标识。

10.3.3 光伏组件安装在建筑屋面、阳台、墙面或建筑其他部位时，不应影响该部位的建筑功能，并应与建筑协调一致，保持建筑统一和谐的外观。

10.3.4 合理规划光伏组件的安装位置，建筑物及建筑物周围的环境景观与绿化种植不应对投射到光伏组件上的阳光造成遮挡。

10.3.5 光伏发电系统各组成部分在建筑中的位置应满足其所在部位的建筑防水、排水和保温隔热等要求，同时便于系统的维护、检修和更新。

10.3.6 直接以光伏组件构成建筑围护结构时，光伏组件除应与建筑整体有机结合、与建筑周围环境相协调外，还应满足所在部位的结构安全和建筑围护功能的要求。

10.3.7 光伏组件不应跨越建筑变形缝设置。

10.3.8 建筑一体化光伏组件的构造及安装应采取通风降温措施。

10.3.9 多雪地区建筑屋面安装光伏组件时，宜设置人工融雪、清雪的安全通道。

10.3.10 在屋面防水层上安装光伏组件时，若防水层上没有保护层，其支架基座下部应增设附加防水层。光伏组件的引线穿过屋面处应预埋防水套管，并作防水密封处理。防水套管应在屋面防水层施工前埋设完毕。

10.3.11 光伏玻璃幕墙的结构性能应符合现行行业标准《玻璃幕墙工程技术规范》JGJ 102的规定，并应满足建筑室内对视线和透光性能的要求。

10.4 结　　构

10.4.1 光伏发电站中，除光伏支架外的建（构）筑物的结构设计使用年限应为50年。

10.4.2 建（构）筑物结构型式、地基处理方案应根据地基土质、建（构）筑物结构特点、施工条件和运行要求等因素，经技术经济比较后确定。

10.4.3 光伏发电站建（构）筑物的抗震设防烈度应按国家对该地区的要求确定。地震烈度6度及以上地区建筑物、结构物的抗震设防要求，应符合现行国家标准《建筑抗震设计规范》GB 50011的规定。

10.4.4 结构构件应根据承载能力极限状态及正常使用极限状态的要求，进行承载能力、稳定、变形、抗裂、抗震验算。

10.4.5 与光伏发电系统相结合建筑的主体结构或结构构件应能够承受光伏发电系统传递的荷载。

10.4.6 光伏发电站的结构设计应依据岩土工程勘察报告中下列内容进行：

1 有无影响场地稳定性的不良地质条件及其危害程度。

2 场地范围内的地层结构及其均匀性，以及各岩土层的物理力学性质。

3 地下水埋藏情况、类型和水位变化幅度及规律，以及对建筑材料的腐蚀性。

4 在抗震设防区划分的场地土类型和场地类别，并对饱和砂土及粉土进行液化判别。

5 对可供采用的地基基础设计方案进行论证分析；确定与设计要求相对应的地基承载力及变形计算参数，以及设计与施工应注意的问题。

6 土壤腐蚀性。

7 地基土冻胀性、湿陷性、膨胀性的评价。

10.4.7 建筑结构及支架的基础应进行强度、变形、抗倾覆和抗滑移验算，采取相应的措施，且应符合国家现行标准《构筑物抗震设计规范》GB 50191、《建筑地基基础设计规范》GB 50007、《建筑桩基技术规范》JGJ 94和《建筑地基处理技术规范》JGJ 79等的规定。

10.4.8 当场地地下水位低、稳定持力层埋深大、冬季施工、地形起伏大或对场地生态恢复要求较高时，支架的基础可采用钢制地锚。采用钢制地锚时，应符合本规范附录C的要求。

10.4.9 天然地基的支架基础底面在风荷载和地震作用下允许局部脱开地基土，但脱开地基土的面积不应大于底面全面积的1/4。

10.4.10 新建光伏一体化建筑的结构设计应为光伏发电系统的安装埋设预埋件或其他连接件。连接件与主体结构的锚固承载力设计值应大于连接件本身的承载力设计值。安装光伏发电系统的预埋件设计使用年限应与主体结构相同。

10.4.11 与建筑结合的光伏支架，当采用后加锚栓连接时宜采用化学锚栓，且每个连接节点锚栓数量不应少于两个，直径不小于10mm，承载力设计值不应大于其选用材料极限承载力的50%。

11 给排水、暖通与空调

11.1 给 排 水

11.1.1 光伏发电站给排水设计应符合下列要求：

1 应满足生产、生活和消防用水要求，且应符合现行国家标准《建筑给水排水设计规范》GB 50015的规定。

2 应合理利用水资源和保护水体，且排水设计应符合现行国家标准《污水综合排放标准》GB 8978的规定。

11.1.2 给水水源的选择应根据水资源勘察资料和总体规划的要求，通过技术经济比较后确定。

11.1.3 生活饮用水的水质应符合现行国家标准《生活饮用水卫生标准》GB 5749的规定。

11.1.4 条件允许时宜设置光伏组件清洗系统。

11.1.5 寒冷及严寒地区，给水管设计时应设泄水装置。

11.2 暖通与空调

11.2.1 光伏发电站建筑采暖通风与空气调节设计方案，应根据建筑的用途与功能、使用要求、冷热负荷构成特点、环境条件以及能源状况等，结合国家有关安全、环保、节能、卫生等方针、政策，经综合技术经济比较确定。

11.2.2 累年日平均温度稳定低于或等于5℃的日数大于或等于90天的地区，当建筑物内经常有人停留、工作或对室内温度有一定要求时，应设置采暖设施。

11.2.3 采暖通风和空气调节室外空气计算参数的选用，应符合现行国家标准《采暖通风与空气调节设计规范》GB 50019的规定。

11.2.4 光伏发电站内各类建筑物冬季采暖室内计算温度宜符合表11.2.4的规定：

表11.2.4 建筑物冬季采暖室内计算温度

序号	房　间	室内计算温度（℃）
1	主控制室	18
2	配电室	5
3	继电器室	5
4	无功补偿室	5
5	逆变器室	按工艺要求
6	蓄电池室	5
7	电缆夹层	5
8	办公室	18
9	生活间	18

注：采用阀控式密封铅酸电池组的蓄电池室，室内计算温度为15℃。

11.2.5 需设置采暖的建筑物，当其位于严寒地区或寒冷地区且在非工作时间或中断使用的时间内，室内温度需保持在0℃以上而利用房间蓄热量不能满足要求时，应按5℃设置值班采暖。

11.2.6 低温加热电缆辐射采暖宜采用地板式；低温电热膜辐射采暖宜采用顶棚式。

11.2.7 光伏发电站各类建筑应有良好的自然通风。当自然通风达不到室内空气参数要求时，可采用自然与机械联合通风、机械通风、局部空气调节等方式。通风系统应考虑防风沙措施。

11.2.8 当通风装置不能满足工艺对室内的温度、湿度要求时，主控制室、继电器室等应设置空气调节装置。在满足工艺要求的条件下，宜减少空气调节区的面积。当采用局部空气调节或局部区域空气调节能满足要求时，不应采用全室性空气调节。

11.2.9 逆变器室的通风及空气调节应符合下列要求：

1 逆变器室的环境温度应控制在设备运行允许范围内。

2 逆变器室应有通风设施，确保逆变器产生的废热能排离设备。

3 出风口的朝向应根据当地主导风向确定。

4 进风口、出风口应有防尘、防雨设施。

12 环境保护与水土保持

12.1 一 般 规 定

12.1.1 光伏发电站的环境保护和水土保持设计应贯彻执行国家和所在省（市）颁布的环境保护和水土保持法律、法规、标准、行政规章及环境保护规划。

12.1.2 光伏发电站的环境保护设计应贯彻国家产业政策和发展循环经济及节能减排的要求，采用清洁生产工艺，对产生的各项污染物及生态环境影响应采取防治措施。

12.1.3 光伏发电站应根据国家和地方环境保护行政主管部门的要求进行环境影响评价。

12.1.4 光伏发电站的环境保护设计方案应以批复的环境影响报告书（表）为依据。

12.1.5 各污染物的处理应选用资源利用率高、污染物排放量少的设备和工艺，对处理过程中产生的二次污染应采取相应的治理措施。

12.2 污 染 防 治

12.2.1 光伏发电站生活污水应集中处理，有条件的应集中排入站址所在地区的污水处理系统统一处理；没有条件的应在站内收集处理。可外排的，应满足排放标准的要求。

12.2.2 光伏发电站污水排放口的设置应满足地方环

境保护标准的要求。

12.2.3 光伏发电站噪声防治设计应符合现行国家标准《工业企业厂界环境噪声排放标准》GB 12348 的规定。对逆变器及其他输变电设施产生的噪声应从声源上进行控制，并可采用隔声、消声、吸声等控制措施。噪声控制的设计应符合现行国家标准《工业企业噪声控制设计规范》GBJ 87 的规定。

12.3 水土保持

12.3.1 光伏发电站水土保持设计应符合当地水土流失防治目标的要求。

12.3.2 光伏发电站所在地为山区、丘陵等水土易流失区域时，应按国家相关规定编制水土保护方案，并取得相关的批复文件。

12.3.3 施工结束后，除基础和道路外，其他地方宜恢复原有植被。对施工过程中形成的控制地貌应进行整治。

12.3.4 站内生活区可绿化部位宜进行绿化。

13 劳动安全与职业卫生

13.0.1 光伏发电站设计应符合国家现行的职业安全与职业病危害防治相关法律、标准及规范的规定，且应贯彻“安全第一、预防为主、综合治理”的方针。

13.0.2 光伏发电站的职业安全与职业病危害防护设施和各项措施应与主体工程同时设计、同时施工、同时投入生产和使用。

13.0.3 光伏发电站站区的配电间、逆变器室、变压器室、综合楼、库房、车库、作业场所等的防火分区、防火隔断、防火间距、安全疏散和消防通道设计均应符合现行国家标准《建筑设计防火规范》GB 50016、《建筑内部装修设计防火规范》GB 50222、《火力发电厂与变电站设计防火规范》GB 50229 等标准的规定。

13.0.4 光伏发电站防爆设计应符合国家现行标准《爆炸和火灾危险环境电力装置设计规范》GB 50058、《电力工程电缆设计规范》GB 50217、《交流电气装置的接地》DL/T 621 等标准的规定。

13.0.5 电气设备的布置应满足带电设备的安全防护距离要求，并应有必要的隔离防护措施和防止误操作措施；应设置防直击雷设施，并采取安全接地等措施。

防电灼伤的设计应符合国家现行标准《高压配电装置设计技术规程》DL/T 5352、《建筑物防雷设计规范》GB 50057、《3～110kV 高压配电装置设计规范》GB 50060、《交流电气装置的接地》DL/T 621、《交流电气装置的过电压保护和绝缘配合》DL/T 620、《电业安全工作规程》DL 408、《电气设备安全设计导则》GB/T 25295 等标准的规定。

13.0.6 平台、走道、吊装孔等有坠落危险处，应设栏杆或盖板。需登高检查、维修及更换光伏组件处，应设操作平台或扶梯。

防坠落伤害设计应符合现行国家标准《生产设备安全卫生设计总则》GB 5083 等标准的规定。

13.0.7 防暑、防寒、防潮、防噪声设计应符合现行国家标准《采暖通风与空气调节设计规范》GB 50019 等标准的规定。

14 消 防

14.1 建（构）筑物火灾危险性分类

14.1.1 光伏发电站建（构）筑物火灾危险性分类及耐火等级应符合表 14.1.1 的规定：

表 14.1.1 建（构）筑物火灾危险性分类及其耐火等级

建（构）筑物名称		火灾危险性分类	耐火等级
综合控制楼（室）		戊	二级
继电器室		戊	二级
逆变器室		戊	二级
电缆夹层		丙	二级
配电装置楼（室）	单台设备油量 60kg 以上	丙	二级
	单台设备油量 60kg 及以下	丁	二级
	无含油设备	戊	二级
屋外配电装置	单台设备油量 60kg 以上	丙	二级
	单台设备油量 60kg 及以下	丁	二级
	无含油设备	戊	二级
油浸变压器室		丁	二级
气体或干式变压器室		丁	二级
电容器室（有可燃介质）		丙	二级
干式电容器室		丁	二级
油浸电抗器室		丙	二级
总事故贮油池		丙	一级
生活、消防水泵房		戊	二级
雨淋阀室、泡沫设备室		戊	二级
污水、雨水泵房		戊	二级
警卫室		戊	三级
汽车库		丁	二级

注：1 当综合控制楼（室）未采取防止电缆着火后延伸的措施时，火灾危险性应为丙类。

2 当将不同使用用途的变配电部分布置在一幢建筑物或联合建筑物内时，除另有防火隔离措施的，其建筑物火灾危险性分类及耐火等级应按火灾危险性类别高的确定。

3 当电缆夹层电缆采用 A 类阻燃电缆时，其火灾危险性可为丁类。

14.1.2 建（构）筑物构件的燃烧性能和耐火极限应符合现行国家标准《建筑设计防火规范》GB 50016的规定。

14.1.3 电站内的建（构）筑物与电站外的民用建（构）筑物及各类厂房、库房、堆场、储罐之间的防火间距应符合现行国家标准《建筑设计防火规范》GB 50016的规定。

14.1.4 电站内的建（构）筑物及设备的防火间距不宜小于表14.1.4的规定。

14.1.5 控制室室内装修应采用不燃材料。

14.1.6 设置带油电气设备的建（构）筑物与贴邻或靠近该建（构）筑物的其他建（构）筑物之间必须设置防火墙。

表14.1.4 电站内的建（构）筑物及设备的防火间距（m）

建（构）筑物名称			丙、丁、戊类生产建筑 耐火等级 一、二级	丙、丁、戊类生产建筑 耐火等级 三级	屋外配电装置 每组断路器油量（t） <1	屋外配电装置 每组断路器油量（t） ≥1	电容器室（有可燃介质）	事故贮油池	生活建筑 耐火等级 一、二级	生活建筑 耐火等级 三级
丙丁戊类生产建筑	耐火等级	一、二级	10	12	—	10	10	5	10	12
		三级	12	14					12	14
屋外配电装置	每组断路器油量（t）	<1	—		—		10	5	10	12
		≥1	10							
油浸变压器	单台设备油量（t）	5～10	10		见14.1.6条		10	5	15	20
		>10～50							20	25
		>50							25	30
干式变压器			—		—		—	5	10	12
电容器室（有可燃介质）			10		10		—	5	15	20
事故贮油池			5		5		5	—	10	12
生活建筑	耐火等级	一、二级	10	12	10		15	10	6	7
		三级	12	14	12		20	12	7	6

注：1 建（构）筑物防火间距应按相邻两建（筑）物外墙的距离计算，如外墙有凸出的燃烧构件时，应从其凸出部分外缘算起。

2 相邻两座建筑物两面的外墙为非燃烧体且无门窗、无外露的燃烧屋檐时，其防火间距可按本距离减少25%。

3 相邻两座建筑两面较高一面的外墙如为防火墙时，其防火间距不限，但两座建筑物门窗之间的净距不应小于5m。

4 生产建（构）筑物外墙5m以内布置油浸变压器或可燃介质电容器（无功补偿）等电气设备时，该墙在设备高度总高度加3m的水平线以下及设备外廓两侧各3m的范围内，不应设有门、窗、洞口；当建（筑）物外墙距设备外廓5m～10m时，在上述范围内的外墙可设甲级防火门，设备高度以上可设防火窗，其耐火极限不应小于0.90h。

14.1.7 大、中型光伏发电站内的消防车道宜布置成环形；当为尽端式车道时，应设回车场地或回车道。消防车道宽度及回车场的面积应符合现行国家标准《建筑设计防火规范》GB 50016的规定。

14.2 变压器及其他带油电气设备

14.2.1 油量为2500kg及以上的屋外油浸变压器之间的最小间距应符合表14.2.1的规定。

表14.2.1 屋外油浸变压器之间的最小间距（m）

电压等级	最小间距
35kV及以下	5
110kV	8
220kV及以上	10

14.2.2 当油量为2500kg及以上的屋外油浸变压器之间的防火间距不能满足本规范表14.2.1的要求时，应设置防火墙。防火墙的高度应高于变压器油枕，其长度不应小于变压器的储油池两侧各1m。

14.2.3 油量为2500kg及以上的屋外油浸变压器与本回路油量为600kg以上且2500kg以下的带油电气设备之间的防火间距不应小于5m。

14.2.4 35kV以上屋内配电装置必须安装在有不燃烧实体墙的间隔内，不燃烧实体墙的高度严禁低于配电装置中带油设备的高度。

总油量超过100kg的屋内油浸变压器必须设置单独的变压器室，并设置灭火设施。

14.2.5 屋内单台总油量为100kg以上的电气设备应设置贮油或挡油设施。挡油设施的容积宜按油量的20%设计，并应设置将事故油排至安全处的设施。当不能满足上述要求时，应设置能容纳全部油量的贮油设施。

14.2.6 屋外单台油量为1000kg以上的电气设备应设置贮油或挡油设施。当设置容纳油量的20%贮油或挡油设施时，应设置将油排至安全处的设施。当不能满足上述要求时，应设置能容纳全部油量的贮油或挡油设施。

当设置有油水分离措施的总事故贮油池时，其容量宜按最大一个油箱容量的60%确定。

贮油或挡油设施应大于变压器外廓每边各1m。

14.2.7 贮油设施内应铺设卵石层，其厚度不应小于250mm，卵石直径宜为50mm～80mm。

14.3 电 缆

14.3.1 当控制电缆或通信电缆与电力电缆敷设在同一电缆沟内时，宜采用防火槽盒或防火隔板进行分隔。

14.3.2 电缆沟道的下列部位应设置防火分隔措施：

1 电缆从室外进入室内的入口处。

2 穿越控制室、配电装置室处。

3 电缆沟道每隔100m处。

4 电缆沟道分支引接处。

5 控制室与电缆夹层之间。

14.4 建（构）筑物的安全疏散和建筑构造

14.4.1 变压器室、电缆夹层、配电装置室的门应向疏散方向开启；当门外为公共走道或其他房间时，该门应采用乙级防火门。配电装置室的中间隔墙上的门应采用不燃材料制作的双向弹簧门。

14.4.2 建筑面积超过250m^{2}的主控室、配电装置室、电缆夹层，其疏散出口不宜少于两个，楼层的第二个出口可设在固定楼梯的室外平台处。当配电装置室的长度超过60m时，应增设一个中间疏散出口。

14.5 消防给水、灭火设施及火灾自动报警

14.5.1 在进行光伏发电站的规划和设计时，应同时设计消防给水系统。消防水源应有可靠的保证。

当电站内的建筑物满足耐火等级不低于二级，建筑物单体体积不超过3000m^{3}且火灾危险性为戊类时，可不设置消防给水系统。

14.5.2 光伏发电站同一时间内的火灾次数应按一次确定。

14.5.3 光伏发电站消防给水量应按火灾时一次最大消防用水量的室内和室外消防用水量之和计算。

14.5.4 含逆变器室、就地升压变压器的光伏方阵区不宜设置消防水系统。

14.5.5 除采用水喷雾主变压器消火栓的光伏电发站之外，光伏电发站屋外配电装置区域可不设置消火栓。

14.5.6 电站室外消火栓用水量不应小于表14.5.6的规定。

表14.5.6 室外消火栓用水量（L/s）

建筑物耐火等级	建筑物火灾危险性类别	建筑物体积（m^3）			
		≤1500	1501～3000	3001～5000	5001～20000
一、二级	丙类	10	15	20	25
	丁、戊类	10	10	10	15
	生活建筑	10	15	15	20

注：1 室外消火栓用水量应按消防用水量最大的一座建筑物计算；

2 当变压器采用水喷雾灭火系统时，变压器室外消火栓用水量不小于10L/s。

14.5.7 电站室内消火栓用水量不应小于表14.5.7的规定。

表14.5.7 室内消火栓用水量（L/s）

建筑物名称	高度、体积	消火栓用水量（L/s）	同时使用水枪数量（支）	每支水枪最小流量（L/s）	每根竖管最小流量（L/s）
综合控制楼、配电装置楼、继电器室、变压器室、电容器室	高度≤24m 体积≤10000m^3	5	2	2.5	5
	高度≤24m 体积>10000m^3	10	2	5	10
	高度≤24m～50m	25	5	5	15
其他建筑	高度≤24m 体积≤10000m^3	10	2	5	10

14.5.8 光伏发电站内建（构）筑物符合下列条件时可不设室内消火栓：

1 耐火等级为一、二级且可燃物较少的单层和多层的丁、戊类建筑物。

2 耐火等级为三级且建筑体积小于3000m^{3}的丁类建筑物和建筑体积不超过5000m^{3}的戊类建筑物。

3 室内没有生产、生活用水管道，室外消防用水取自储水池且建筑体积不超过5000m^{3}的建筑物。

14.5.9 消防管道、消防水池的设计应符合现行国家标准《建筑设计防火规范》GB 50016的规定。

14.5.10 单台容量为125MV·A及以上的主变压器应设置水喷雾灭火系统、合成型泡沫灭火喷雾系统或其他固定式灭火系统装置。其他带油电气设备宜采用干粉灭火器。当油浸式变压器布置在地下室时，宜采用固定式灭火系统。

14.5.11 当油浸式变压器采用水喷雾灭火时，水喷雾灭火系统的设计应符合现行国家标准《水喷雾灭火系统设计规范》GB 50219的规定。

14.5.12 光伏发电站的建（构）筑物与设备火灾类别及危险等级应符合表14.5.12的规定：

表14.5.12 建（构）筑物与设备火灾类别及危险等级

建（构）筑物名称	火灾危险类别	危险等级
综合控制楼（室）	E（A）	严重
配电装置楼（室）	E（A）	中
逆变器室	E（A）	中
继电器室	E（A）	中
油浸变压器（室）	B	中
电抗器	B	中
电容器室	E（A）	中
蓄电池室	C（A）	中
电缆夹层	E（A）	中
生活消防水泵房	A	轻
污水、雨水泵房	A	轻
警卫室	A	轻
车库	B	中

14.5.13 灭火器的设置应符合现行国家标准《建筑灭火器配置设计规范》GB 50140的规定。

14.5.14 大型或无人值守的光伏发电站在综合控制楼（室）、配电装置楼（室）、继电器间、可燃介质电容器室、电缆夹层及电缆竖井处应设置火灾自动报警系统。

14.5.15 电站主要建（构）筑物和设备火灾探测报警系统应符合表14.5.15的规定：

表14.5.15 主要建（构）筑物和设备火灾探测报警系统

建（构）筑物和设备	火灾探测器类型
综合控制楼（室）	感烟
配电装置楼（室）	感烟
电缆层和电缆竖井	线型感温
继电器室	感烟
可燃介质电容器室	感烟

14.5.16 火灾自动报警系统的设计应符合现行国家标准《火灾自动报警系统设计规范》GB 50116的规定。

14.5.17 消防控制室应与电站主控制室合并设置。

14.6 消防供电及应急照明

14.6.1 光伏发电站的消防供电应符合下列要求：

1 消防水泵、火灾探测报警、火灾应急照明应按Ⅱ类负荷供电。

2 消防用电设备采用双电源或双回路供电时，应在最末一级配电箱处自动切换。

3 应急照明可采用蓄电池作备用电源，其连续供电时间不应小于20min。

14.6.2 火灾应急照明和疏散标志应符合下列要求：

1 电站主控室、配电装置室和建筑疏散通道应设置应急照明。

2 人员疏散用的应急照明的照度不应该低于0.5 lx，连续工作应急照明不应低于正常照明照度值的10%。

3 应急照明灯宜设置在墙面或顶棚上。

附录A 可能的总辐射日曝辐量

表A 可能的总辐射日曝辐量［MJ/（m²·d)］

北纬	1月	2月	3月	4月	5月	6月	7月	8月	9月	10月	11月	12月
90	0.0	0.0	0.2	14.0	30.7	36.6	33.3	18.1	3.3	0.0	0.0	0.0
85	0.0	0.0	1.0	14.3	30.6	36.1	32.9	18.4	4.3	0.0	0.0	0.0
80	0.0	0.0	2.9	15.1	30.1	35.4	32.2	18.7	6.0	0.6	0.0	0.0
75	0.0	0.8	5.6	16.4	29.5	34.4	31.0	19.4	8.2	1.9	0.0	0.0
70	0.0	2.2	8.5	18.4	28.8	33.0	29.9	20.5	10.6	3.8	0.7	0.0

续表A

北纬	1月	2月	3月	4月	5月	6月	7月	8月	9月	10月	11月	12月
65	1.0	3.9	11.3	20.4	28.7	32.1	29.5	26.2	13.3	6.1	1.9	0.3
60	2.5	6.1	13.9	22.5	29.2	32.2	30.0	23.5	15.8	8.5	3.6	1.6
55	4.4	8.7	16.4	24.3	30.2	32.8	30.8	25.2	18.1	11.0	5.7	3.0
50	6.8	11.5	18.7	26.0	31.1	33.3	31.7	26.8	20.2	13.6	8.1	5.6
45	9.4	14.5	21.6	27.4	31.9	33.6	32.1	28.3	22.2	14.4	10.9	8.2
40	12.4	17.2	23.0	28.5	32.4	33.7	33.0	29.0	23.9	18.5	13.6	11.1
35	15.0	19.6	24.8	29.4	32.6	33.6	33.1	30.1	25.4	20.6	16.0	13.7
30	17.5	21.7	26.2	30.0	32.6	33.3	32.9	30.6	26.8	22.6	18.4	16.1
25	19.8	23.6	27.3	30.3	32.2	32.8	32.5	30.7	27.9	24.4	20.6	18.4
20	21.8	25.2	28.3	30.3	31.6	32.0	31.7	30.6	28.7	26.0	22.6	20.7
15	23.7	26.6	29.1	30.1	30.8	30.9	30.8	30.3	29.4	27.2	24.4	22.6
10	25.4	27.8	29.7	29.8	29.7	29.5	29.6	29.8	29.8	28.2	26.0	24.6
5	27.7	28.7	30.1	29.4	28.5	28.0	28.3	29.0	29.9	29.1	27.5	26.4
0	28.4	29.4	30.2	28.7	27.1	26.4	26.8	28.2	29.8	29.7	28.7	28.0

附录B 光伏阵列最佳倾角参考值

表B 全国各大城市光伏阵列最佳倾角参考值

城市	纬度ϕ（°）	斜面日均辐射量（kJ/m²）	日辐射量（kJ/m²）	独立系统推荐倾角（°）	并网系统推荐倾角（°）
哈尔滨	45.68	15835	12703	ϕ+3	ϕ−3
长春	43.9	17127	13572	ϕ+1	ϕ−3
沈阳	41.7	16563	13793	ϕ+1	ϕ−8
北京	39.8	18035	15261	ϕ+4	ϕ−7
天津	39.1	16722	14356	ϕ+5	ϕ−3
呼和浩特	40.78	20075	16574	ϕ+3	ϕ−3
太原	37.78	17394	15061	ϕ+5	ϕ−6
乌鲁木齐	43.78	16594	14464	ϕ+12	ϕ−3
西宁	36.75	19617	16777	ϕ+1	ϕ−1
兰州	36.05	15842	14966	ϕ+8	ϕ−9
银川	38.48	19615	16553	ϕ+2	ϕ−2
西安	34.3	12952	12781	ϕ+14	ϕ−5
上海	31.17	13691	12760	ϕ+3	ϕ−7
南京	32	14207	13099	ϕ+5	ϕ−4
合肥	31.85	13299	12525	ϕ+9	ϕ−5
杭州	30.23	12372	11668	ϕ+3	ϕ−4
南昌	28.67	13714	13094	ϕ+2	ϕ−6
福州	26.08	12451	12001	ϕ+4	ϕ−7
济南	36.68	15994	14043	ϕ+6	ϕ−2
郑州	34.72	14558	13332	ϕ+7	ϕ−3
武汉	30.63	13707	13201	ϕ+7	ϕ−6
长沙	28.2	11589	11377	ϕ+6	ϕ−6
广州	23.13	12702	12110	ϕ+0	ϕ−1
海口	20.03	13510	13835	ϕ+12	ϕ−3
南宁	22.82	12734	12515	ϕ+5	ϕ−4
成都	30.67	10304	10392	ϕ+2	ϕ−8
贵阳	26.58	10235	10327	ϕ+8	ϕ−8
昆明	25.02	15333	14194	ϕ+0	ϕ−1
拉萨	29.7	24151	21301	ϕ+0	ϕ+2

附录C 钢制地锚

C.0.1 可根据场区地质条件选用钢制地锚（图C.0.1），并应符合下列要求：

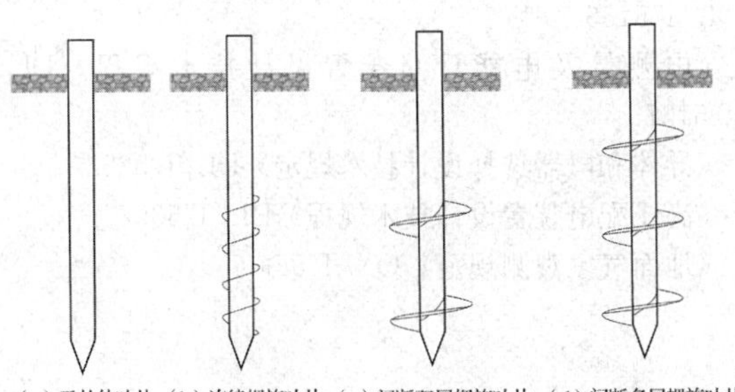

图C.0.1 钢制地锚

1 钢制地锚应满足光伏发电站25年的设计使用年限要求。

2 钢制地锚钢管壁厚不应小于4mm；螺旋叶片钢制地锚的叶片外伸宽度大于或等于20mm时，叶片厚度应大于5mm；当叶片宽度小于20mm时，叶片厚度不应小于2mm；螺旋叶片与钢管之间应采用连续焊接，焊缝高度不应小于焊接工件的最小壁厚。

3 螺旋叶片钢制地锚的外伸宽度与叶片厚度之比不应大于30。

4 钢制地锚与支架连接节点在保证满足设计要求的承载力基础上，在高度方向上宜具有可调节功能，水平方向应采取措施避免支架立柱晃动。

5 基础与支架的连接应安全可靠，不宜现场切割和焊接。有现场焊接时应检验焊接强度，切割、焊接后需要进行防腐处理。

6 钢制地锚的防腐设计应满足电站使用年限的要求。当采用热镀锌防腐处理时，镀锌层厚度应符合现行国家标准《金属覆盖层 钢铁制件热浸镀锌层技术要求及试验方法》GB/T 13912的规定。

7 季节性冻土区的钢制地锚除应符合国家现行标准《建筑地基基础设计规范》GB 50007和《建筑桩基技术规范》JGJ 94的规定外，尚应进行基础的冻胀稳定性与钢制地锚的抗拔强度验算。

本规范用词说明

1 为便于在执行本规范条文时区别对待，对要求严格程度不同的用词说明如下：

1）表示很严格，非这样做不可的：
正面词采用“必须”，反面词采用“严禁”；

2）表示严格，在正常情况下均应这样做的：
正面词采用“应”，反面词采用“不应”或“不得”；

3）表示允许稍有选择，在条件许可时首先应这样做的：
正面词采用“宜”，反面词采用“不宜”；

4）表示有选择，在一定条件下可以这样做的，采用“可”。

2 条文中指明应按其他有关标准执行的写法为：“应符合……的规定”或“应按……执行”。

引用标准名录

《建筑地基基础设计规范》GB 50007
《建筑结构荷载规范》GB 50009
《建筑抗震设计规范》GB 50011
《建筑给水排水设计规范》GB 50015
《建筑设计防火规范》GB 50016
《钢结构设计规范》GB 50017
《采暖通风与空气调节设计规范》GB 50019
《建筑抗震鉴定标准》GB 50023
《建筑物防雷设计规范》GB 50057
《爆炸和火灾危险环境电力装置设计规范》GB 50058
《3～110kV高压配电装置设计规范》GB 50060
《火灾自动报警系统设计规范》GB 50116
《建筑灭火器配置设计规范》GB 50140
《工业建筑可靠性鉴定标准》GB 50144
《构筑物抗震设计规范》GB 50191
《电力工程电缆设计规范》GB 50217
《水喷雾灭火系统设计规范》GB 50219
《建筑内部装修设计防火规范》GB 50222
《并联电容器装置设计规范》GB 50227
《火力发电厂与变电站设计防火规范》GB 50229
《民用建筑可靠性鉴定标准》GB 50292
《入侵报警系统工程设计规范》GB 50394
《视频安防监控系统工程设计规范》GB 50395
《出入口控制系统工程设计规范》GB 50396
《工业企业噪声控制设计规范》GBJ 87
《电气设备安全设计导则》GB/T 25295
《生产设备安全卫生设计总则》GB 5083
《生活饮用水卫生标准》GB 5749
《油浸式电力变压器技术参数和要求》GB/T 6451
《污水综合排放标准》GB 8978
《干式电力变压器技术参数和要求》GB/T 10228
《电能质量 供电电压偏差》GB/T 12325
《电能质量 电压波动和闪变》GB/T 12326
《工业企业厂界环境噪声排放标准》GB 12348
《金属覆盖层 钢铁制件热浸镀锌层技术要求及试验方法》GB/T 13912
《继电保护和安全自动装置技术规程》GB/T 14285
《电能质量 公用电网谐波》GB/T 14549
《电能质量 三相电压不平衡》GB/T 15543

《三相配电变压器能效限定值及节能评价值》GB 20052

《电力变压器能效限定值及能效等级》GB 24790

《建筑地基处理技术规范》JGJ 79

《建筑桩基技术规范》JGJ 94

《玻璃幕墙工程技术规范》JGJ 102

《建筑抗震加固技术规程》JGJ 116

《电业安全工作规程》DL 408

《电能计量装置技术管理规程》DL/T 448

《电力系统通信管理规程》DL/T 544

《电力系统通信自动交换网技术规范》DL/T 598

《交流电气装置的过电压保护和绝缘配合》DL/T 620

《交流电气装置的接地》DL/T 621

《电力工程直流系统设计技术规程》DL/T 5044

《火力发电厂、变电所二次接线设计技术规程》DL/T 5136

《电测量及电能计量装置设计技术规程》DL/T 5137

《导体和电器选择设计技术规定》DL/T 5222

《高压配电装置设计技术规程》DL/T 5352

《地面气象观测规范》QX/T 55

中华人民共和国国家标准

光伏发电站设计规范

GB 50797—2012

条 文 说 明

制 定 说 明

《光伏发电站设计规范》GB 50797－2012，经住房和城乡建设部2012年6月28日以第1428号公告批准发布。

本规范制定过程中，编制组进行了广泛、深入的调查研究，总结了我国在太阳能光伏发电站建设中的实践经验，同时参考了国外先进技术法规、技术标准。

为便于广大设计、施工、科研、学校等单位有关人员在使用本规范时能正确理解和执行条文规定，《光伏发电站设计规范》编制组按章、节、条顺序编制了本规范的条文说明。对条文规定的目的、依据以及执行中需注意的有关事项进行了说明，还着重对强制性条文的强制性理由作了解释。但是，本条文说明不具备与规范正文同等的法律效力，仅供使用者作为理解和把握规范规定的参考。

目　次

1 总 则

1.0.2 本规范适用于所有类型的并网光伏发电站，包括地面（含滩涂）、屋顶和建筑一体化（BIPV），同样也包括用户侧并网光伏发电站；独立光伏发电站则适用于100kW及以上的独立光伏发电站，100kW以下的独立光伏发电站不在本规范适用范围之内。

1.0.3 并网光伏发电站建设应进行接入电网技术方案的可行性研究论证，该技术方案需获得当地电网管理部门的认可。

2 术语和符号

2.1 术 语

2.1.1 光伏组件种类较多，目前较常用的光伏组件有单晶硅光伏组件、多晶硅光伏组件、非晶硅薄膜光伏组件、碲化镉薄膜光伏组件和高倍聚光光伏组件。

2.1.3 单元发电模块一般以逆变升压系统为单元，其规模容量根据电站情况和逆变器容量确定，大、中型地面光伏发电站通常以1MW为一个单元发电模块，该模块一般包括两个500kW逆变器和一个1100kV·A分裂变压器。

2.1.5 光伏发电系统一般包含逆变器和光伏方阵等，也可包含变压器。

2.1.21 该术语参照现行国家标准《太阳能热利用术语》GB/T 12936—2007，定义3.24。

3 基本规定

3.0.3 装设太阳能辐射观测装置的目的是便于分析电站运行状况（包括系统效率变化、组件衰减率），并为光伏发电站发电功率预测提供太阳能资源分析实时记录数据。

3.0.4 电能质量包括频率、电压偏差、三相电压不平衡、电压波动和闪变、谐波等；国家现行相关标准包括：《电能质量 供电电压偏差》GB/T 12325、《电能质量 电压波动和闪变》GB/T 12326、《电能质量 公用电网谐波》GB/T 14549和《电能质量 三相电压不平衡》GB/T 15543等。

3.0.5 用于贸易结算的电能计量装置应经过国家质检部门认证，非贸易结算的电能计量装置没有此项要求。电能计量装置还包括计量用电流互感器、电压互感器等设备。

3.0.6 本条为强制性条文，必须严格执行。为了避免与建筑周围邻近地域的建筑物业主之间因日照引起纠纷，在与建筑相结合的光伏发电站建设初期，有必要事先与相关业主进行充分协商。

3.0.7 本条为强制性条文，必须严格执行。在既有建筑物上建设光伏发电系统，有可能对既有建筑物的安全性造成不利影响，威胁人身安全，因此必须进行安全复核。这些不利影响包括但不限于增加了既有建筑物的荷载，对既有建筑物的结构造成了破坏，导热不利致使既有建筑物局部温度过高，防雷接地性能不足等。

3.0.8 地质勘探或调查的目的是为确定站址、解决岩土工程问题提供基础资料。

3.0.9 光伏组件应符合现行国家标准《光伏（PV）组件安全鉴定 第1部分：结构要求》GB/T 20047.1 idt IEC 61730.1和《光伏（PV）组件安全鉴定 第2部分：实验要求》IEC 61730.2的规定，且应符合《地面用晶体硅光伏组件 设计鉴定和定型》GB/T 9535 idt IEC 61215、《地面用薄膜光伏组件 设计鉴定和定型》GB/T 18911 idt IEC 61646和《聚光光伏（CPV）组件和装配件 设计鉴定和定型》IEC 62108的规定，并确保满足上述标准所规定的使用条件。

目前针对光伏发电站需要专门认证的设备主要是光伏组件和逆变器，其他设备尚无特殊要求。

4 站址选择

4.0.2 本条是站址选择的基本原则。

4.0.3 如站址外侧已有永久防洪堤，则光伏发电站不需建设防洪堤，但在内涝多发地区，站址仍需考虑排内涝措施。

考虑到光伏发电站占地面积较大，若建设防洪堤，会很大地增加工程投资，影响项目的经济性，因此也可使用增加设备基础及建筑物地坪标高的防洪措施。具体采用哪种措施可根据不同项目特点经经济比较后确定。

防洪堤的设计尚需征得当地水利部门的同意。

4.0.8 对站址区域的地震烈度复核及站址地震安全性评价，应由具备相应资质的部门出具专题报告，作为选址的依据。

4.0.10 本条根据合理利用土地、节约用地、避免对自然环境造成重大影响的原则，对站址选择提出的要求。

4.0.12 在风电场内建设光伏发电站时，需要就光伏阵列布置对地面粗糙度的影响、风机塔筒对光伏阵列的遮挡影响等进行综合分析。

5 太阳能资源分析

5.1 一般规定

5.1.1 光伏发电站设计首先需要分析站址所在地区

的太阳能资源概况，并对该地区太阳能资源的丰富程度进行初步评价，同时分析相关的地理条件和气候特征，为站址选择和技术方案初步确定提供参考依据。

5.1.2 若站址所在地附近没有长期观测记录太阳辐射的气象站，可选择站址所在地周边较远的多个（两个及以上）具有太阳辐射长期观测记录的气象站作为参考气象站，同时，借助公共气象数据库（包括卫星观测数据）或商业气象（辐射）软件包进行对比分析。还可收集站址所在地附近基本气象站的各年日照时数与参考气象站的日照时数进行对比分析。

5.1.4 目前在我国有太阳辐射长期观测记录的气象站只有近百个，实际覆盖面积较小，尤其是在我国西北地区，大多数情况下参考气象站距光伏发电站较远，很难获得站址所在地实际的太阳能辐射状况。对于中小型光伏发电站而言，由于其规模小，各种影响相对较小，可借助公共气象数据库或其他手段进行粗略的分析推算。但大型光伏发电站，由于规模较大，辐射资源分析无论是对项目本身的收益还是对接入系统的影响都比较大，因此，项目建设前期宜先在站址所在地设立太阳辐射现场观测站，并进行至少一个完整年的现场观测记录。

5.2 参考气象站基本条件和数据采集

5.2.1 在我国西北地区，由于具有连续10年以上太阳辐射长期观测记录的气象站较少，往往距站址最近的参考气象站也都比较远，故当有太阳辐射长期观测记录的气象站距站址较远时，可考虑选择站址周边两个及以上的气象站作为参考气象站。

5.2.4 最近连续10年以上的最近一年至少不早于前年。

3 收集最近连续10年的逐年各月最大辐照度平均值的目的是分析站址所在地的光伏发电系统的最大直流和交流输出功率情况，为逆变器、变压器及其他电气设备选型提供参考依据。

4～6 为一般气象资料，如参考气象站距站址较远，则需要收集站址附近气象站的相关数据。

5.3 太阳辐射现场观测站基本要求

5.3.1 现场观测站的观测装置包括日照辐射表、测温探头、风速传感器、风向传感器、控制盒等。观测装置的安装位置需要视野开阔，且在一年当中日出和日没方位不能有大于5°的遮挡物。

5.3.2 增设该观测项目的是为了实时观测光伏组件在最佳固定倾角面受光条件下的太阳总辐射量及变化，便于更好地分析光伏发电系统的运行特性和主要设备的工作状况。

5.3.3 增设该观测项目的目的是为了实时观测光伏组件在斜单轴或平单轴跟踪面受光条件下的太阳总辐射量及变化，便于更好地分析光伏发电系统的运行特性和主要设备的工作状况。

5.3.4 增设该观测项目是因为只有法向直接辐射光分量才能实现高倍聚光，实时观测和记录站址所在地的法向直接辐射辐照度（DNI）是进行高倍聚光光伏发电站设计和发电量计算的重要条件。

5.4 太阳辐射观测数据验证与分析

5.4.1 实测数据记录时，由于设备故障、断电等原因，有时会出现数据缺测或记录偏差，因此，需进行实测数据完整性检验。一般来说实测数据完整率应在90%以上。

5.4.2 实测数据记录时，由于一些特殊原因，有时会产生不合理的无效数据，因此，需进行实测数据合理性检验。

总辐射最大辐照度一般应小于太阳常数（$1367W/m^2 \pm 7W/m^2$），由于云层的作用，观测到的瞬间最大辐照度也可能超过太阳常数，但若大于$2kW/m^2$则可判定该数据无效。

5.4.3 太阳辐射观测数据经完整性和合理性检验后，需要进行数据完整率计算，可按照下列公式进行计算：

$$\text{有效数据完整率} = \frac{\text{应测数目} - \text{缺测数目} - \text{无效数据数目}}{\text{应测数目}} \times 100\% \tag{1}$$

若数据完整率较小，且由无其他有效数据补缺，该组数据可视为无效。

缺测数据的填补也可借助其他相关数据，采用插补订正法、线性回归法、相关比值法等进行处理。

5.4.4 在光伏发电站设计中，电站使用年限内的平均年总辐射量是进行电站年发电量计算的主要依据；总辐射最大辐照度预测是逆变器和电气设备容量选择的依据之一。

5.4.5 通常参考气象站记录的太阳辐射观测数据是水平布置日照辐射表接受到的数据，以此预测的电站设计使用年限内的平均年总辐射量也是水平日照辐射表的数据。当光伏方阵采用不同布置方式时，需进行折算。但这种计算比较复杂，通常可采用软件计算。目前，国际上比较流行的软件是RetScreen、PVsyst、Meteonorm等。

6 光伏发电系统

6.1 一般规定

6.1.2 光伏发电系统通常以逆变器为单元划分子系统，其目的是便于建设和运行管理。

接入一个逆变器的光伏电池组件串的直流电压要尽可能一致，故要求对应的光伏方阵朝向、安装倾角要一致，但也有例外情况。如为了适应 BIPV 系统的要求，允许接入组串式逆变器的光伏组件串电压不同，但也应需根据组串式逆变器的具体参数进行配置。

6.1.5 为了提高光伏发电系统输出效率，计算光伏组件串中组件数量时，需考虑光伏组件的工作温度和工作电压温度系数，由环境温度变化等引起的光伏组件串工作电压的变化范围需在逆变器的最大功率跟踪电压范围之内。

6.1.7 当光伏组件表面受到污染时，其发电效率会大幅下降；同时，组件表面局部污染会产生热斑效应，影响光伏组件使用寿命。鉴于以上原因，光伏发电站需设置清洗系统或配置清洗设备，对光伏组件表面进行定期清洗。当环境对组件表面有较好的自洁作用（如有频繁的雨水冲刷，且组件布置倾角较大）时，可不考虑清洗。

6.2 光伏发电系统分类

6.2.1 并网光伏发电系统适用于当地已存在公共电网的区域，并网光伏发电系统可将发出的电力直接送入公共电网，也可就地送入用户侧的供电系统，由用户直接消纳，不足部分再由公共电网作为补充。独立光伏发电系统一般应用于远离公共电网覆盖的区域，如山区、岛屿等边远地区，独立光伏发电系统的安装容量（包括储能设备）需满足用电力负荷的需求。

6.2.4 与建筑结合的光伏发电系统又可分为建筑一体化光伏发电系统（BIPV）和附着在建筑物上的光伏发电系统（BAPV）。用于建筑一体化光伏发电系统（BIPV）的光伏组件一般为建筑构件型光伏组件，具有特定的建筑构件功能；而用于附着在建筑物上的光伏发电系统（BAPV）的光伏组件是普通的光伏组件，该组件没有建筑构件功能。

6.3 主要设备选择

6.3.1 目前光伏组件主要分为三类，其中：晶体硅光伏组件分为单晶硅光伏组件和多晶硅光伏组件；薄膜光伏组件分为非晶硅薄膜光伏组件、碲化镉薄膜光伏组件、铜铟加硒薄膜光伏组件等；聚光光伏组件分为低倍聚光光伏组件和高倍聚光光伏组件。

6.3.7 当逆变器采用室内安装时，可不检验污秽等级，当逆变器采用室外安装时，可不检验相对湿度。

6.3.9 现行国家标准《特殊环境条件 高原用低压电器技术要求》GB/T 20645 适用于安装在海拔 2000m 以上至 5000m 的低压电器，该电器用于连接额定电压交流不超过 1000V 或直流不超过 1500V 的电路，逆变器属于此范畴。该规范对在高原区域使用低压电器的绝缘介质强度、温升、开关电器灭弧能力和脱扣性能作了规定。该规范未对降容进行规定。目前市场上逆变器尚无比较一致的降容标准，故逆变器在高于海拔 2000m 的高原地区使用时，需根据其产品情况给出容量修正系数或降容曲线。

6.3.12 光伏发电站占地面积大，运行方式主要为少人值守或无人值班。在汇流箱上设置监测装置，可以更快、更准确的了解光伏阵列的运行信息。目前汇流箱监测内容主要包括电压和电流。

6.4 光伏方阵

6.4.1 跟踪式光伏方阵又可分为平单轴跟踪、斜单轴跟踪和双轴跟踪三种，一般来说，当安装容量相同时，固定式、平单轴跟踪、斜单轴跟踪和双轴跟踪发电量依次递增，但其占地面积也同时递增。

6.4.2 同一光伏组件串中各光伏组件的电流若不保持一致，则电流偏小的组件将影响其他组件，进而使整个光伏组件串电流偏小，影响发电效率。

为了达到技术经济最优化，地面光伏发电站一般采用最大组件串数设计，此时只需用 6.4.2-1 公式计算即可。与建筑相结合的光伏发电系统，经常不用最大组件串数设计，此时需要结合 6.4.2-1 和 6.4.2-2 两个公式得出光伏组件串数的范围，再结合光伏组件排布、直流汇流、施工条件等因素，进行技术经济比较，合理设计组件串数。组件工作电压温度系数 K'_V 很难测量，如果组件厂商无法给出，可采用组件开压温度系统 K_V 值替代。

6.4.3 光伏组件倾斜面上的总辐射量为倾斜面上的直接辐射量、散射辐射量以及地面反射辐射量之和。工程中常利用下列公式计算倾斜面上的总辐射量，并选择最佳倾角：

$$H_t = H_{bt}(S) + H_{dt}(S) + H_{rt}(S) \tag{2}$$

$$H_{bt} = H_b \times R_b \tag{3}$$

$$H_{dt} = H_d\left[\frac{H_b}{H_0}R_b + 0.5\left(1 - \frac{H_b}{H_0}\right)(1 + \cos S)\right] \tag{4}$$

$$H_{rt} = 0.5\rho H(1 - \cos S) \tag{5}$$

$$R_b = \frac{\cos(\phi - S)\cos\delta\sin h'_s + \frac{\pi}{180}h'_s\sin(\phi - S)\sin\delta}{\cos\phi\cos\delta\sin h_s + \frac{\pi}{180}h_s\sin\phi\sin\delta} \tag{6}$$

式中：H——水平面上总辐射量，为水平面上的直接辐射量与散射辐射量之和；

H_0——大气层外水平面上太阳辐射量；

H_b——水平面上太阳直接辐射量；

H_{bt}——倾斜面上太阳直接辐射量；

H_d——水平面上散射辐射量；

H_{dt}——倾斜面上太阳散射辐射量；

H_{rt}——倾斜面上地面反射辐射量；

H_t——倾斜面上的总辐射量，为倾斜面上的直接辐射量、散射辐射量以及地面反射辐射量之和；

h_s——水平面上的日落时角；

h_s'——倾斜面上的日落时角；

R_b——倾斜面与水平面上直接辐射量的比值；

S——倾斜面的角度；

ϕ——当地的纬度；

δ——太阳的赤纬角度；

ρ——地面反射率，一般计算时，可取 $\rho=0.2$。地面反射率的数值取决于地面状态。不同地面状态的反射率可参照表1执行。

表1 不同地面状态的反射率

地面状态	反射率	地面状态	反射率	地面状态	反射率
沙漠	0.24～0.28	干湿土	0.14	湿草地	0.14～0.26
干燥地带	0.1～0.2	湿黑土	0.08	新雪	0.81
湿裸地	0.08～0.09	干草地	0.15～0.25	冰面	0.69
干燥黑土	0.14	森林	0.04～0.1	湿砂地	0.09
湿灰色地面	0.1～0.12	残雪	0.46～0.7	干砂地	0.18
干灰色地面	0.25～0.3				

一般独立光伏系统，各月的发电量与用电量要力求均衡，所以应该重点关注最低辐照量月份的发电能力，可通过提高最低辐照量月份的发电量来均衡发电输出，保证全年各月发电量均能满足用电需求。

6.5 储 能 系 统

6.5.1 独立光伏发电站配置储能装置的目的是为了满足向负载提供持续、稳定电力的要求；并网光伏发电站配置储能装置的目的是为了改善光伏发电系统输出特性，包括平滑输出功率曲线、跟踪电网计划出力曲线、电力调峰、应急供电等。

6.5.2 本条中，C_c——储能电池的容量计算考虑了环境温度对其容量的影响，并根据储能电池供应商提供的温度—容量关系曲线进行修正。D——最长无日照期间用电时数，是指独立型光伏发电站当地最大连续阴雨用电时数。如对供电要求不很严格的用电负荷，可通过调节用电需求克服恶劣天气带来的不便，设计时可适当减少自给时数，一般可以取3d～5d的用电时数。对于重要设施的独立型光伏发电站则需适当增加蓄电池容量，一般可以取7d～14d的用电时数。

6.5.3 储能电池的选择需根据光伏发电站运行的不同目的，除满足储能电池正常使用的环境温度、相对湿度、海拔高度等环境条件外，还需将储能电池的循环寿命、储能效率、最大储能容量、能量密度、功率密度、响应时间、建设成本运行维护成本、技术成熟度等因素作为衡量各种储能技术的关键指标，在不同的应用场合，关注不同的指标。

6.5.5 储能电池组采用分组控制充放电方式。当一组发生故障隔离或维护时，另一组仍可确保对重要负荷的连续供电。

6.5.9 当技术经济比较合理时，也可选择带有最大功率点跟踪（MPPT）功能的充电控制器，提高充电效率。

6.6 发电量计算

6.6.2 光伏发电站上网电量计算中：

$$E_P = H_A \times A\eta_i \times K = H_A \times \frac{P_{AZ}}{E_S} \times K \qquad (7)$$

式中：H_A——水平面太阳能总辐照量（kW·h/m²，与参考气象站标准观测数据一致）；

A——为组件安装面积（m²）；

η_i——组件转换效率（%）。

1 考虑组件类型修正系数是由于光伏组件的转换效率在不同辐照度、波长时不同，该修正系数应根据组件类型和厂家参数确定，一般晶体硅电池可取1.0。

2 光伏方阵的倾角、方位角的修正系数是将水平面太阳能总辐射量转换到光伏方阵陈列面上的折算系数，根据组件的安装方式，结合站址所在地太阳能资源数据及纬度、经度，进行计算。

3 光伏发电系统可用率 η 为：

$$\eta = \frac{8760-(\text{故障停用小时数}+\text{检修小时数})}{8760} \times 100\% \qquad (8)$$

4 由于障碍物可能对光伏方阵上的太阳光造成遮挡或光伏方阵各阵列之间的互相遮挡，对太阳能资源利用会有影响，因此应考虑太阳光照利用率。光照利用率取值范围小于或等于1.0。

5 逆变器效率是逆变器将输入的直流电能转换成交流电能在不同功率段下的加权平均效率。

6 集电线路、升压变压器损耗系数包括光伏方阵至逆变器之间的直流电缆损耗、逆变器至计量点的交流电缆损耗，以及升压变压器损耗。

7 光伏组件表面污染修正系数是指光伏组件表面由于受到灰尘或其他污垢蒙蔽而产生的遮光影响。该系数的取值与环境的清洁度和组件的清洗方案有关。

8 光伏组件转换效率修正系数应考虑组件衰减率、组件工作温度系数、输出功率偏离峰值等因素。

6.7 跟 踪 系 统

6.7.1 光伏发电的跟踪系统一般可分为单轴跟踪系统和双轴跟踪系统，而单轴跟踪系统又可分为水平单轴、倾斜单轴和斜面垂直单轴三种，且倾斜单轴的倾斜角度可根据实际情况有不同的取值。一般来说，倾斜单轴的倾斜角度不大于当地的纬度角。

6.7.2 主动控制方式是指根据地理位置和当地时间实时计算太阳光的入射角度，通过控制系统使太阳电池方阵调整到指定位置。又称为天文控制方式或时钟控制方式。

被动控制方式是指通过感应器件测量出太阳光的入射角度，从而控制光伏方阵旋转并跟踪太阳光入射角度。又称为光感控制方式。

复合控制方式是主动控制和被动控制相结合的控制方式。

6.7.3 在一些特殊地区应考虑腐蚀、风沙、潮湿、冰雹、盐雾等因素对跟踪系统支架的影响，满足其在设计条件下的使用寿命不低于光伏发电站的设计寿命。有时还要加设驱鸟装置。

跟踪系统预留通信端口用于远程监控和数据采集。

6.7.4 环境情况需要考虑安装地点的地势、阴影遮挡等因素。

气候特征需考虑安装点的环境温度、风沙、雨雪、湿度、冰雹、盐雾等因素。

水平单轴跟踪系统安装在纬度20°以内的地区最佳，低纬度地区全年太阳高度角相对较高，水平面上的太阳直射辐照度较大，水平单轴跟踪系统提高的发电量比较明显。

光感控制方式的跟踪系统容易因外界因素（如灰尘、鸟粪等）的影响而引起系统的非正常工作。

在大风天气，当风速超过跟踪系统工作风速时，可通过远程控制将跟踪系统快速调至最小受风面积位置（顺风向放平）；在暴雪天气，当雪压超过跟踪系统工作雪压时，可通过远程控制将跟踪系统快速调至最小受压位置（最下限位置）。

6.8 光伏支架

6.8.2 当支架采用其他材料时，支架结构设计应满足相应标准的规定。

6.8.4 一般光伏组件的支架的设计使用年限为25年，安全等级为三级。对于特殊光伏组件支架，设计使用年限和重要性系数要另行确定。

6.8.6 对于地面用光伏组件的支架，当设防烈度小于8度时，可以不进行抗震验算；对于与建筑结合的光伏组件的支架，应按相应的设防烈度进行抗震验算。

6.8.10 当采用热镀锌防腐时，镀锌层厚度应符合现行国家标准《金属覆盖层 钢铁制件热浸镀锌层技术要求及试验方法》GB/T 13912的规定。对于酸碱严重的地区，镀锌层厚度的确定应有可靠依据。

隔离材料可采用不锈钢薄片。

6.9 聚光光伏系统

6.9.1 聚光系统包括用于光伏组件（接收器）、聚光镜以及连接线和框架等其他相关部件；跟踪系统包括支架、驱动装置和控制系统等。

聚光光伏系统分类如下：

1 根据光学原理的不同，可分为折射聚光光伏系统、反射聚光光伏系统和混合聚光光伏系统等。

2 根据聚光形式的不同，可分为线聚焦聚光光伏系统和点聚焦聚光光伏系统。

3 根据聚光倍率的不同，可分为低倍聚光光伏系统（聚光倍率小于100倍）和高倍聚光光伏系统（聚光倍率不小于100倍）。

7 站区布置

7.1 站区总平面布置

7.1.3 用于施工图总平面布置的地形图比例宜为1∶500～1∶2000。

7.1.7 在条件允许的情况下，站区内通往就地逆变升压站的道路宜采用混凝土路面或柏油路面，以减少道路扬尘对光伏组件表面的污染。

7.1.9 站区场地排水可根据具体条件，采用雨水口接入城市型道路的下水系统的主干管窨井内的系统，或采用明沟接入公路型道路的雨水排水系统。有条件时，可采用自流排水。

7.2 光伏方阵布置

7.2.1 大、中型地面光伏发电站的光伏方阵布置一般均采用分单元、模块化的布置方式，单元模块的容量需结合逆变器和升压变的配置选取，一般取1MW（2个500kW逆变器＋1个分裂变压器），不宜大于2MW。

7.2.2 光伏方阵各排、列的布置间距，无论是固定式还是跟踪式均应保证全年9：00～15：00（当地真太阳时）时段内前、后、左、右互不遮挡，也即冬至日当天9：00～15：00时段内前、后、左、右互不遮挡。

固定式布置的光伏方阵，在冬至日当天太阳时9：00～15：00不被遮挡的间距如图1所示，可由以下公式计算：

$$D = L\cos\beta + L\sin\beta \frac{0.707\tan\phi + 0.4338}{0.707 - 0.4338\tan\phi} \tag{9}$$

式中：L——阵列倾斜面长度；

D——两排阵列之间距离；

β——阵列倾角；

ϕ——当地纬度。

如采用跟踪布置方式，在同等土地面积条件下，需要尽量优化每台跟踪器上的光伏组件排布，选择合适的跟踪器形式，有效地对跟踪器阵列进行南北和东西间距设计，使得光伏组件能够在同等条件下，最有

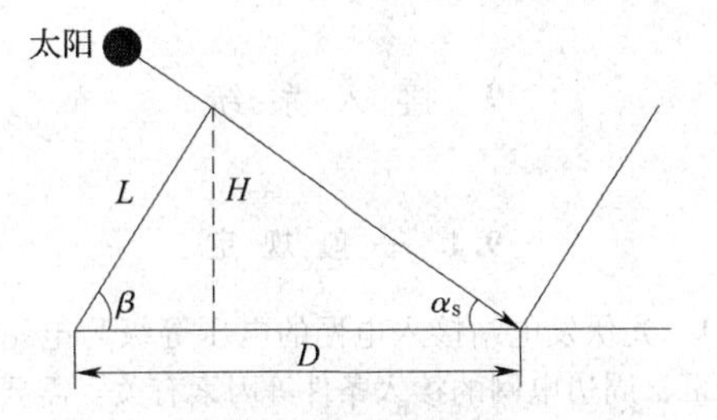

图1　方阵间距示意图

效地跟踪太阳运动轨迹，最大化地提高光伏阵列的发电量，提高光伏发电站总体经济效益。

7.2.4　逆变升压室布置在光伏方阵单元模块中部是为了尽量缩短光伏方阵汇流直流线缆的敷设长度，进而降低直流线损、减少投资；逆变升压室布置在靠近主要通道处是为了方便设备安装及检修。

7.3　站区安全防护设施

7.3.1　光伏发电站一般为无人或少人值守站，为了安全运行，需要设置红外线报警及视频监控系统，并需要将信息传至远方有人值班的控制中心。

本规范中配置的相关设备，应满足现行国家标准《安全防范工程技术规范》GB 50348 和《民用闭路监控电视系统工程技术规范》GB 50198 的要求。

若是与 110 联网的系统，还需通过当地公安部门技防办的验收。

7.3.4　视频监控电视图像质量的主观评价可采用 5 级损伤制评定。在正常工作条件下，图像质量应不低于 4 级的要求；在允许的最恶劣工作条件下或应急照明情况下，图像质量应不低于 3 级的要求。

8　电　　气

8.1　变　压　器

8.1.1　光伏发电站的变压器可分为两部分：一是升压站主变压器，二是就地升压变压器。升压站主变压器一般采用常规电力变压器，可按现行行业标准《导体和电器选择设计技术规定》DL/T 5222 的要求选择。

8.1.3　就地升压变压器一般选用无励磁调压变压器，经调压计算论证确有必要且技术经济比较合理时，可选有载调压变压器。

8.2　电气主接线

8.2.1　光伏发电站设计，必须根据逆变器的输入端直流电压要求，将一定数量的光伏组件组成串，通过直流汇流箱多串汇集，经逆变器逆变与升压变压器升压成符合电网频率和电压要求的电源。这种由一定数量的光伏组件→直流汇流箱→逆变器→就地升压变压器的集合体构成为一个发电单元，光伏发电站就是由多个发电单元组合而成的。发电单元逆变器—就地升压变压器接线方案则按本条第 1 款中的要求确定。

一台就地升压变压器与两台不带隔离变压器的逆变器连接时，根据目前一般逆变器生产技术水平，为了限制并联两台逆变器交流低压输出侧的环流，一般采用分裂绕组变压器。

8.2.2　光伏发电站内连接各单元发电模块就地升压变高压侧的母线为光伏电站母线。母线电压的确定，既要符合地区电力网络的需要，也要根据光伏电站的容量、远景规划、一次性投资和长期运营费诸多因素综合考虑。依据现行企业标准《城市电力网规划设计导则》Q/GDW 156 有关分布式电源并网的电压等级和现行国家标准《标准电压》GB/T 156 的有关规定，本规范中光伏电站母线电压可有 380V、10kV、20kV 和 35kV 四种系统标称电压等级。

光伏发电站安装容量小于或等于 lMW 时，与建筑相结合的光伏发电系统能就地消纳，并网电量可不上网时，为降低造价和运营费用，可采用 0.4kV。当不能就地消纳时，也可采用 10kV。

光伏发电站安装容量大于 lMW 且小于 30MW 时，一般采用 10kV～35kV。其发电站母线电压有 10kV、20kV 和 35kV 三种等级可供选择，主要取决于其综合技术经济效益和光伏发电站周边电网的实际情况。由于为发电站发电的母线电压应高于系统标称电压，以利于母线设备的选型和电量的送出，宜确定为 10kV～35kV（10kV、20kV、35kV 三种）等级。

光伏发电站发电容量大于 30MW，经技术经济分析计算，母线电压采用 35kV 时，电站总体效益比采用 10kV 和 20kV 好，光伏发电站母线电压宜确定为 35kV。

8.2.3　根据光伏发电站的特点，发电母线接线方式除按照本期、远景规划的发电容量、安全可靠、运行灵活和经济合理等条件选择外，还需考虑下列因素：

1　光伏发电站总容量小于或等于 30MW 时，母线电压一般采用 10kV～35kV，根据当前成套开关柜设备制造技术水平，采用单母线接线就能满足安全经济运行的要求。

2　光伏发电站发电容量大于 30MW 时，母线电压一般采用 35kV。如果一次建成投产，在一条并网进线、一个并网点的情况下，可采用单母线接线。如果分期建成投产或有两条并网进线、两个并网点，则采用单母线分段接线较合理。

8.2.5　根据目前生产技术水平，单个逆变器容量一般不超过 1MW，几个兆瓦级的光伏发电站必定由数量众多的发电单元组成，所以站内各单元发电模块与发电母线存在着如何连接问题，需要对运行可靠性、运行方式灵活度和维修方便等条件进行综合比较，选择技术可行而又经济合理的最佳方案。从已建成投产和正在建设的多个光伏电站的连接接线的调查结果看，存在着本条规范中所列举的几种方式。

8.2.8 消弧线圈的容量选择和安装要求完全套用现行行业标准《交流电气装置的过电压保护和绝缘配合》DL/T 620 中的第 3.1.6 条规定作法。

8.3 站用电系统

8.3.1 光伏发电站一般无高压站用电设备，所以站用电的电压宜采用 380V。

8.3.3 当所选用的逆变器不带隔离变压器、安装容量大于 1MW 及以上，采用就地升压变压器低压侧引接，考虑要有备用电源时，集控室和配电室等地还要求按第 1 款和第 2 款中方式配置站用电，经与集中一至两处的布置形式进行经济比较分析，并无明显的优越性，且大型逆变器一般要求独立的外供控制电源，以增加其运行的可靠性。当选用的逆变器带隔离变压器时，通常隔离变压器输出为 0.4kV，站用电可直接引接，不需配置自用变压器，经济性明显，故才采用此种引接方式。

8.5 配电装置

8.5.3 10kV～35kV 配电装置一般采用户内成套式高压开关柜配置型式，若为了减少投资，在符合当地运行管理要求的前提下，也可采用户外装配式布置。

对于 66kV～220 kV 配电装置一般采用户外敞开式布置，考虑到气体绝缘金属封闭开关设备（GIS）制造技术水平的提高和造价的降低，如计及土建费用和安装运行费用后与敞开式经济指标接近时，Ⅳ级及以上污秽地区、土石方开挖工程量大的地区、地震烈度 9 度及以上地区推荐采用 GIS 配电装置。

8.7 电气二次

8.7.2 现行行业标准《火力发电厂、变电所二次接线设计技术规程》DL/T 5136 对变电站二次线设计有明确的规定，二次接线设计应符合上述规定的技术要求。

8.7.8 光伏发电站宜配置同步时钟设备，便于做到与调度端的时间保持一致。

8.7.9 不间断电源的供电时间一般根据光伏发电站的地点与故障修复时间要求而不同。当光伏发电站内配有直流系统时，宜采用一体化电源，UPS 系统不单独配置蓄电池。

8.9 电缆选择与敷设

8.9.2 因光伏电站占地面积大，电缆敷设时会比较分散。在西北干旱地区常采用直埋方式敷设，采用此方式敷设有利于降低工程投资并有利于防止电缆火灾，因此对此部分电缆不做阻燃要求。

8.9.6 传输数据的金属线缆超过一定距离时导致信号衰减，远距离网络电缆传输时，一般采用光纤电缆。

9 接入系统

9.1 一般规定

9.1.1 光伏发电站接入电网的电压等级与电站的装机容量、周边电网的接入条件等因素有关，需要在接入系统设计中，经技术经济比较后确定。

9.1.2 光伏发电作为可再生能源发电重要的组成部分，具有波动性和间歇性的特点，接入电网易产生电网频率变化、电压波动和闪变。同时，光伏发电并网逆变器易产生谐波、三相电流不平衡等，为减少光伏发电接入电网对电力系统产生的影响，并保证电站和电网的安全，在出现严重偏差时，需要有安全防范措施。

9.1.3 本条规定光伏发电站应具有相应的继电保护功能，出现异常及时断开与电网的连接，以保证设备和人身安全。

9.1.4 本条规定大、中型光伏发电站应具备与电力调度部门之间进行实时数据通信的能力，以满足电网调度的需要。小型光伏电站与电力调度部门之间的通信要求可以适当简化。

9.2 并网要求

9.2.1 光伏发电站有功功率控制是很重要的能力，进行功率控制可以产生非常显著的好处，特别是在光伏装机容量比例比较高的电网中，对光伏发电站进行功率控制可以在系统能力降低的情况下，帮助系统恢复正常运行，随着光伏电站容量的增加，控制有功功率的能力也应提高。大型和中型光伏电站应具备一定的电源特性，在一定程度上参与电网的频率调节。出现事故时，如果光伏发电站的并网运行危及电网的安全稳定，则需要电力调度部门暂时将光伏发电站解列。针对目前的技术条件，允许太阳光辐照度快速降低引起功率下降速率超过最大变化率的情况。

9.2.2 无功功率通常与输电系统电压控制有关，因此，光伏发电站能够提供无功功率的能力非常重要。按电力系统无功分层分区平衡的原则，光伏发电站所消耗的无功负荷需要其自身提供的无功出力来平衡，并且当系统需要时，大型和中型光伏发电站需要向电网中注入所需要的无功，以维持并网点的电压水平，对电网电压稳定性做出贡献。当光伏发电站所发无功能力不足时，则需要装设动态无功补偿装置来动态地连续调节无功。由于电网对光伏发电站的无功需求与光伏发电站的容量大小及所接入电网的情况有关，因此很难对光伏发电站的无功容量提出具体要求的范围，本条给出的是基本要求，实际需要补偿的容量一般需要结合电网需求进行相关论证。小型光伏发电站要求其无功能够自平衡，尽量少地依靠电网进行平衡无功。

9.2.3 光伏发电站电能质量问题一般包括以下几个主要方面：谐波、直流分量、电压波动和闪变以及三相不平衡等。

首先，光伏发电站会对电网产生谐波污染。光伏发电站通过光伏电池组件将太阳能转化为直流电能，再通过并网型逆变器将直流电能转化为与电网同频率、同相位的正弦波电流，在将直流电能经逆变转换为交流电能的过程中会产生高次谐波。特别是逆变器输出轻载时，谐波会明显变大。在10%额定出力以下时，电流总谐波畸变率甚至会达到20%以上。因此，在太阳能光伏发电站实际并网时需对其谐波电压（电流）进行测量，检测其是否满足国家标准的相关规定，如不满足，需采取加装滤波装置等相应措施，避免对公用电网的电能质量造成污染，滤波装置可与无功补偿装置配合安装。

其次，光伏发电站易造成电网的电压闪变。光伏发电站的启动和停运与气候条件等因素有关，其不确定性易造成电网明显的电压闪变；同时，若光伏发电站输出突然变化，系统和反馈环节的电压控制设备相互影响也容易直接或间接引起电压闪变。

最后，对系统电压的影响。光伏发电站电压波动可能是出力变化引起，也可能是电站电气系统引起的。若大量光伏发电站接入在配网的终端或馈线末端，由于存在反向的潮流，光伏发电站电流通过馈线阻抗产生的压降将使沿馈线的各负荷节点处电压被抬高，可能会导致一些负荷节点的电压越限。另外，光伏发电站输出电流的变化也会引起电压波动，当光伏发电站容量较大时，这将加剧电压的波动，可能引起电压/无功调节装置的频繁动作，加大配电网电压的调整难度。

《光伏（PV）系统　电网接口的特性》IEC 61727中规定光伏发电站总谐波畸变率少于逆变器输出的5%，各次谐波畸变率限制值见表2。此范围内偶次谐波限值应小于更低奇次谐波的25%。

表2　IEC 61727推荐的逆变器畸变率限制值

奇次谐波	畸变限制值
3～9	＜4.0%
11～15	＜2.0%
17～21	＜1.5%
23～33	＜0.6%
偶次谐波	畸变限制值
2～8	＜1.0%
10～32	＜0.5%

IEC 61727中规定光伏发电站运行造成的电压闪变，不应超出《谐波电流、电压波动和闪烁测试系统》IEC 61000-3-3（小于16A的系统）或《电磁兼容性（EMC）。第3部分：极限　第5节：额定电流大于16A的设备低压供电系统电压波动和闪动的限制》IEC 61000-3-5（16A及以上的系统）相关章节规定的限值。

在电能质量方面，我国已正式发布了《电能质量　公用电网谐波》GB/T 14549、《电能质量　供电电压偏差》GB/T 12325、《电能质量　电压波动和闪变》GB/T 12326、《电能质量　三相电压不平衡》GB/T 15543等规定，本规范规定光伏电站的电能质量按上述标准执行。其中光伏电站向电网注入的谐波电流允许值按照装机容量与公共连接点上具有谐波源的发（供）电设备总容量之比进行分配，引起的长时间闪变值按照装机容量与公共连接点上的干扰源总容量之比进行分配。

9.2.4 光伏发电站检测到电网异常时，一方面应在一定的时间内与电网断开，以有效防止孤岛情况，另一方面，也要保证能运行必要的时间，以避免因短时扰动造成的过多跳闸。

随着光伏发电站接入电网比例的增加，在故障时将电站切除不再是一个合适的策略，因此要求大中型光伏发电站能够耐受系统故障状态，在故障清除后能够正常地发出功率，帮助电网恢复频率与电压，减少对电力系统的影响。

由于低电压穿越对地区和整个电网的安全稳定都很必要，因此，已经成为电力调度部门主要关心的问题之一。低电压穿越曲线包括瞬时电压跌落，最低电压水平持续时间以及电压恢复曲线。T_1、T_2、T_3的数值需根据当地电网的保护和重合闸动作时间等实际情况来确定。一般情况下T_1为0.15s，T_2为0.625s，T_3为2.0s。

9.2.5 本条是考虑在电网重负荷的情况下末端节点电压水平偏低，有可能导致光伏发电站输出电流超过额定值，此时光伏发电站不应立即解列，而应能够对电网提供短时的支撑。根据调研结果，当逆变器输出电流超过1.2额定电流时，逆变器自动关闭输出，一般允许持续时间为20s～10min。

9.2.6 设置并网总断路器的目的在于逆变器维护时，可以实现电站与电网的安全断开，保证设备与人身安全。

9.3　继电保护

9.3.3～9.3.4 防孤岛保护是针对电网失压后光伏发电站可能继续运行，且向电网线路送电的情况而提出的。孤岛现象的发生，将对维修人员、电网与负荷造成诸多不良影响。如当电网发生故障或中断后，由于光伏发电系统持续独立供电给负载，电力部门认为已经停电的电力设施可能仍然带电，将使得维修人员在进行修复时受到安全威胁；当电网发生故障或中断时，电网不能控制孤岛中的电压和频率，造成电站输出电流、电压和频率出现漂移而偏离电网频率，产生不稳定的情况，且可能含有较大的电压与电流的谐波成分，如果不能将光伏发电站切除，处于孤岛中的用电设备会因电压、频率或谐波的变化而损坏。此外，孤岛供电还干扰电网的正常合闸，降低用户的供电可靠性等。

由于大、中型光伏电站防孤岛保护依靠电站内多个并联逆变器的控制存在技术问题，同时一些逆变器厂商在同时实现低电压穿越和防孤岛保护要求时还存在技术困难，因此大、中型光伏电站无需专门设置孤岛保护，但公用电网继电保护装置必须保障公用电网在发生故障时能够合理切除光伏电站。其中接入用户内部电网的大、中型光伏发电站的防孤岛保护能力可由电力调度部门确定。

9.3.5 本条规定目的是保障其他用户的用电可靠性。

9.4 自 动 化

9.4.2 计算机监控系统远动通信设备一般为双套配置，分别以主、备两个通道与调度端进行通信。满足相关调度要求，其容量及性能指标需满足光伏发电站端远动功能及规约转换要求，并能实现与光伏发电站内其他智能IED设备的通信接口，实现数据共享。

9.4.3 在工程设计中，根据各地电力调度部门实际需要，信号会有所不同。

9.4.6 由于配置的调度自动化设备投资较大，考虑到投资方的经济效益，建议对中、小型光伏电站可根据当地电网实际情况对自动化设备进行适当简化。

9.5 通 信

9.5.2 对于无人站，站内通信部分可以简化。当光伏发电站内配有直流系统时，推荐采用一体化电源，通信设备所需的直流电源可由DC/DC变换取得。

9.5.3 光伏发电站与电力调度部门之间通信方式和信息传输，一般可采用基于IEC-60870-5-101和IEC-60870-5-104的通信协议。

9.6 电 能 计 量

9.6.1 电能计量点原则上应设置在电站与电网设施的产权分界处，但为了便于计量和管理，经双方协商同意，也可设置在购售电合同协议中规定的贸易结算点处。

10 建筑与结构

10.1 一 般 规 定

10.1.1 光伏发电站主要配备有综合控制室、变配电站、水泵房、汽车库、警卫室等。根据项目规模及总体布置，这些站、室可增减或合并。本条规定了以上站房布置的基本要求。

10.1.2 站房建筑平面和空间布局一般具有适当的灵活性，为生产工艺的扩建、调整创造条件。

10.1.3 光伏一体化的建筑设计应与光伏发电系统设计同步进行。建筑设计需要根据选定的光伏发电系统类型，确定光伏组件形式、安装面积、尺寸大小、安装位置方式，考虑连接管线走向及辅助能源及辅助设施条件，明确光伏发电系统各部分的相对关系，合理安排光伏发电系统各组成部分在建筑中的位置，并满足所在部位防水、排水等技术要求。建筑设计需为光伏发电系统各部分的安全检修、光伏构件表面清洗等提供便利条件。

10.1.4 根据现行国家标准《建筑抗震鉴定标准》GB 50023的规定，当需要改变结构的用途和使用环境的现有建筑时，需要进行抗震鉴定。抗震鉴定指对现有建筑物是否存在不利于抗震的构造缺陷和各种损伤进行系统“诊断”，因此其基本内容、步骤、要求和鉴定结论必须依照现行国家标准《建筑抗震鉴定标准》GB 50023的要求执行，确保鉴定结论的可靠性。

10.2 地面光伏发电站建筑

10.2.2 地面光伏发电站建筑物的节能设计，主要以加强建筑围护结构的热工性能及自然通风采光为主。建筑热工设计主要包括建筑物及其围护结构的保温、隔热和防潮设计，所采取的主要措施有：控制窗户面积，提高窗户气密性；围护结构实际采用的传热阻尽量接近经济传热阻；在严寒和寒冷地区，入口处设置门斗，加强外门、窗保温等。采取这些措施后，将在一定程度上降低采暖和空调能耗，提高经济和社会效益。

建筑物设计中，需合理布置各用房的外墙的开窗位置、窗口大小、开窗方向，有效地组织与室外空气直接流通的自然风，提高各用房的空气质量，降低设备运行温度。

建筑设计中宜尽量争取好的朝向。各类房间的平面空间组合需有利于获取良好的天然采光，这样既可以保证卫生，又可以节约能源。各类用房的采光标准应按现行国家标准《建筑采光设计标准》GB/T 50033中的有关规定执行。

10.2.3 在严寒和寒冷地区，一般可采用双层玻璃窗以满足保温要求。在风沙较大的荒漠地区，外门窗还需有防风沙措施。

10.3 屋顶及建筑一体化

10.3.1 根据我国的地理条件，建筑单体或建筑群体朝南可为光伏发电系统接收更多的太阳能创造条件。安装光伏发电系统的建筑，建筑间距需满足所在地区日照间距要求，且不能因布置光伏发电系统而降低相邻建筑的日照标准。

10.3.2 一般情况下，建筑的设计寿命是光伏发电系统寿命的2倍～3倍，光伏组件及系统其他部件在构造、型式上需利于在建筑围护结构上安装，便于维护、修理、局部更换。为此，建筑设计需为光伏发电系统的日常维护，尤其是光伏组件的安装、维护、日常保养、更换提供必要的安全便利条件。

当光伏发电系统从交流侧断开后，直流侧的设备仍有可能带电。因此，光伏发电系统直流侧应设置触电警示和防止触电的安全措施。

10.3.3 安装在建筑屋面、阳台、墙面、窗面或其他部位的光伏组件，应满足该部位的承载、保温、隔热、防水及防护要求，并应成为建筑的有机组成部分，保持与建筑和谐统一的外观。

10.3.4 当对投射到光伏组件上的阳光造成遮挡时，会减少发电量，影响组件的正常使用。因此，在进行建筑周围的景观设计和绿化种植时，要避免对投射到光伏组件上的阳光造成遮挡，从而保证光伏组件的正常工作。

10.3.7 建筑主体结构在伸缩缝、沉降缝、抗震缝的变形缝两侧会发生相对位移，光伏组件跨越变形缝时容易遭到破坏，造成漏电、脱落等危险。所以光伏组件不应跨越主体结构的变形缝，或应采用与主体建筑的变形缝相适应的构造措施。

10.3.8 光伏组件温度升高，特别是高于85℃时会严重影响发电量。因此，安装光伏组件时，应采取必要的通风降温措施以抑制其表面温度升高。

10.3.11 光伏幕墙的性能应与所安装普通幕墙具备同等的强度，以及具有同等保温、隔热、防水等性能，保证幕墙的整体性能。

10.4 结 构

10.4.1 按照现行国家标准《建筑结构可靠度设计统一标准》GB 50068，光伏发电站建（构）筑物的结构设计使用年限为50年，结构在规定的设计使用年限内应具有足够的可靠度。

10.4.3 一般情况下，建筑的抗震设防烈度应采用根据中国地震动参数区划图确定的地震基本烈度。

10.4.5 在新建建筑上安装光伏发电系统时，结构设计时需事先考虑其传递的荷载效应；在既有建筑物上安装光伏发电系统时，需进行结构安全复核。

10.4.10 进行结构设计时，不但要校核安装部位结构的强度和变形，而且需要计算支架、支撑金属件及各个连接节点的承载能力。光伏方阵与主体结构的连接和锚固必须牢固可靠，主体结构的承载力必须经过计算或实物试验予以确认，并要留有余地，防止偶然因素产生破坏。

11 给排水、暖通与空调

11.1 给 排 水

11.1.2 条件允许时，可与农业、水利、邻近城镇和工业企业协调，综合利用水资源。

11.2 暖通与空调

11.2.1 由于空气调节系统的初投资和运行费用较高，因此，建（构）筑物是否设置全年使用的空气调节系统应从多个方面进行综合分析。建筑物所在地的室外气象条件、建筑物室内温、湿度要求以及投资是影响空调系统设置与否的主要因素，需要充分考虑。

11.2.2 光伏发电站建筑物可采用散热器采暖、燃气红外线辐射采暖、热风采暖及热空气幕、电采暖等采暖方式。

11.2.4 因环境温度太低会影响蓄电池容量，温度太高会影响其使用寿命，可按现行行业标准《电力工程直流系统设计技术规程》DL/T 5044选择蓄电池。

11.2.5 位于严寒和寒冷地区的建筑物在非工作时间或中断使用时间内，室内温度应保持在4℃以上，当利用房间蓄热量不能满足要求时，需按5℃设置值班采暖系统。

11.2.9 逆变器工作时散热量较大，需采取有效的通风降温措施，保证设备正常运行。

12 环境保护与水土保持

12.2 污 染 防 治

12.2.1 为避免重复投资，有条件的光伏发电站的生活污水可引入集中污水处理系统统一处理，但当企业周围没有污水集中处理场，或有集中处理场但距离太远时，可采用厂内集中处理、回收利用或达标排放。

12.2.3 设计时需对设备制造企业提出要求，采取措施，有效降低噪声。

13 劳动安全与职业卫生

13.0.1 大、中型光伏发电站在项目可行性研究阶段，可根据需要单独编制《劳动安全与职业卫生专篇》。

13.0.2 《中华人民共和国劳动法》规定：“劳动安全与职业卫生设施必须符合国家规定的标准。新建、改建、扩建工程的劳动安全与职业卫生设施必须与主体工程同时设计、同时施工、同时投入生产和使用。”

14 消　　防

14.1 建（构）筑物火灾危险性分类

14.1.1 表14.1.1系根据现行国家标准《建筑设计防火规范》GB 50016及《火力发电厂与变电站设计防火规范》GB 50229的规定，结合光伏发电站内建筑物的特性确定。

14.1.4 表14.1.4系根据现行国家标准《建筑设计防火规范》GB 50016的规定，结合光伏电站内建筑物的特性确定。

14.1.5 主控制室是光伏电站的核心，是人员集中的地方，有必要限制其可燃物放烟量，减少火灾损失。

14.1.6 本条为强制性条文，必须严格执行。带油电气设备在使用过程中容易引发火灾。一旦发生火灾，为了防止火势蔓延到与其贴邻或靠近该建（构）筑物的其他建（构）筑物，在与其他建（构）筑物贴邻或靠近侧应设置防火墙。

14.1.7 光伏发电站占地面积大，光伏组件阵列区道路布置为环形后更易于满足消防半径要求。

14.2 变压器及其他带油电气设备

14.2.4 本条为强制性条文，必须严格执行。由于35kV以上屋外配电装置中带油设备较多且较大，如发生火灾容易向周边蔓延，因此应安装在有不燃烧实体墙的间隔内。

总油量超过100kg的屋内油浸变压器单独设置变压器室（35kV变压器和10kV、80kV·A及以上的变压器油量均超过100kg），并设置灭火设施，目的也是防止火势向周边蔓延。

14.3 电　　缆

14.3.1 电力电缆发热量较大，火灾发生几率远大于控制电缆或通讯电缆，采用适当的防火分隔措施可提高监控系统的可靠性。

14.3.2 电缆的火灾事故率在光伏发电站较低。考虑到光伏发电站电缆分布广，如在电站内大量设置固定的灭火装置，不仅投资太高，而且从发现火情到人员赶到地方需要一定的时间，鉴于电缆火灾的蔓延速度很快，仅仅靠灭火器不一定能及时防止火灾蔓延，为了尽量缩小事故范围，缩短修复时间并节约投资，在电缆沟道内应采用分隔和阻燃作为应对电缆火灾的主要措施。

14.5 消防给水、灭火设施及火灾自动报警

14.5.1 根据现行国家标准《建筑设计防火规范》GB 50016确定光伏电站消防给水的基本原则。消防用水可由城市给水管网、天然水源或消防水池供给。利用天然水源时，其保证率不应小于97%，且应设置可靠的取水设施。在我国，有些地区水源十分丰富（例如长江三角洲地区等），有的地区常年干旱，水资源十分缺乏（如西北地区等），因此光伏电站消防水源的选择应根据当地实际情况确定。

14.5.4 根据现行国家标准《建筑设计防火规范》GB 50016和光伏发电站实际情况，光伏阵列区主要由电气设备构成，白天直流侧始终带电，不适合采用水消防。

14.5.14 根据现行国家标准《火力发电厂与变电站设计防火规范》GB 50229的规定，50MW及以上的火力发电厂在重点部位设置火灾探测报警系统。光伏发电站火灾危险源主要是电缆及电气类设备，因光伏电站发电量由太阳辐射大小决定，其电气设备负荷及电缆载流量也随太阳辐射量的变化而变化，早晚为零，中午接近设计值，因此光伏发电站火灾发生概率较常规火电厂小许多。结合光伏发电站特性，建议大型光伏发电站或无人值守电站设置火灾报警系统，并相应规定火灾探测报警系统的设置范围，以减少设备投资。

14.5.15 根据现行国家标准《建筑灭火器配置设计规范》GB 50016，结合光伏发电站的实际情况，规定了主要建筑物火灾危险类别和危险等级。建筑物不同的火灾危险类别和危险等级需配不同种类的灭火设施，才能防患于未然。

14.6 消防供电及应急照明

14.6.1 消防电源采用双电源或双回路供电时，为了避免一路电源或一路母线故障造成消防电源失去，延误消防灭火的时机，保证消防供电的安全性和消防系统的正常运行，规定两路电源供电至末级配电箱进行自动切换。但是在设置自动切换设备时，要有防止由于消防设备本身故障且开关拒动时造成的全站站用电停电的保护措施，因此需配置必要的控制回路和备用设备，保证可靠的切换。

14.6.2 光伏发电站主控室、配电装置室在发生火灾时应能维持正常工作，疏散通道是人员逃生的途径，应设置火灾事故照明。

中华人民共和国国家标准

石油化工大型设备吊装工程规范

Code for large-size equipment hoisting engineering
in petrochemical industry

GB 50798—2012

主编部门：中 国 石 油 化 工 集 团 公 司
批准部门：中华人民共和国住房和城乡建设部
施行日期：2 0 1 2 年 1 2 月 1 日

中华人民共和国住房和城乡建设部
公　　告

第 1491 号

住房城乡建设部关于发布国家标准《石油化工大型设备吊装工程规范》的公告

现批准《石油化工大型设备吊装工程规范》为国家标准，编号为GB 50798—2012，自 2012 年 12 月 1 日起实施。其中，第 3.0.4、3.0.5、3.0.6 条为强制性条文，必须严格执行。

本规范由我部标准定额研究所组织中国计划出版社出版发行。

中华人民共和国住房和城乡建设部

2012 年 10 月 11 日

前　　言

本规范是根据原建设部《关于印发〈2007 年工程建设标准规范制订、修订计划（第二批）〉的通知》（建标函〔2007〕126 号）的要求，由中石化宁波工程有限公司和中石化第十建设有限公司会同有关单位共同编制完成。

本规范在编制过程中，编制组开展了专题研究，进行了广泛的调研，总结了近几年来石油化工工程建设的实践经验，并以多种形式征求了有关设计、施工、监理等方面的意见，对其中主要问题进行了多次讨论，最后经审查定稿。

本规范共分 12 章，主要内容包括总则、术语、基本规定、施工准备、吊耳、地基处理、吊装绳索、吊装机具、起重机吊装、液压装置吊装、桅杆吊装、设备平移。

本规范中以黑体字标志的条文为强制性条文，必须严格执行。

本规范由住房和城乡建设部负责管理和对强制性条文的解释，由中国石油化工集团公司负责日常管理工作，由中石化宁波工程有限公司负责具体技术内容的解释。为了提高规范质量，请各单位在执行过程中，注意总结经验，积累资料，随时将有关意见和建议反馈给中石化宁波工程有限公司（地址：浙江省宁波市国家高新区院士路 660 号，邮政编码：315103），以供今后修订时参考。

本规范主编单位：中石化宁波工程有限公司
中石化第十建设有限公司

本规范参编单位：中石化第四建设有限公司
北京燕华建筑安装工程有限责任公司
中国石油天然气第六建设公司
中国石化工程建设有限公司
巨力索具股份有限公司

本规范主要起草人员：石　飞　江坚平　孙吉产　蒋利强　张信基　陈文春　关则新　李玉磊　陈贺军　田　英

本规范主要审查人员：吴兆武　贾桂军　葛春玉　孙建军　刘小平　程　志　刘广根　岳　敏　罗　斌　李廷树　郎恩威

目　次

Contents

1 总 则

1.0.1 为保证石油化工大型设备吊装安全、应用技术安全可靠、经济合理，制定本规范。

1.0.2 本规范适用于石油化工工程项目，设备质量大于或等于100t或设备一次性吊装长度或高度大于或等于60m的吊装工程。

1.0.3 石油化工大型设备吊装工程除应符合本规范外，尚应符合国家现行有关标准的规定。

2 术 语

2.0.1 大型设备 large-size equipment

指质量大于或等于100t或一次性吊装长度或高度大于或等于60m的设备，泛指塔器、反应器、反应釜、模块及构件等。

2.0.2 起重机械 lifting machine

各种用来提升设备的机械或装置。包括起重机、卷扬机、提升机系统、手拉葫芦、千斤顶、千斤顶系统、桅杆、吊装架、滑轮系统等。

2.0.3 吊装作业 lifting operation

在起重机械的作用下，设备被提升并安装于规定位置的作业。

2.0.4 吊装荷载 lifting load

设备、吊钩组件、吊索、吊具及其他附件等质量的总和。

2.0.5 吊装高度 lifting height

吊装作业时，设备顶部需起升的最大高度。

2.0.6 桅杆 gin pole

用于吊装作业的柱状结构的统称，本规范特指钢质桅杆。

2.0.7 拖拉绳 tow guy

用于锁定桅杆或设备使其在吊装受力和风载作用下，保持吊装工艺所要求的稳定状态的钢绳索。

2.0.8 走绳 fall lines

用于连接滑轮或滑轮组与起重机械，并承受牵引力的钢丝或麻（棕）绳索。

2.0.9 排子 skid pad

采用牵引机械作为动力，以滚动或滑动方式近距离运输设备的平板运输装置。

2.0.10 尾排 tail skid pad

滑移法吊装立式设备时，承载设备尾部配合设备吊装的排子。

2.0.11 溜尾 tailing

滑移法吊装立式设备时，配合设备的提升所采取的控制设备尾部运行的作业方法。

2.0.12 抬尾 lift tail

立式设备吊装作业中，采用移动式起重机吊起设备尾部，配合主吊起重机械移送的吊装作业。

2.0.13 脱排 take off

滑移法吊装立式设备的吊装作业中，尾排运行至规定位置时，在提升力和溜尾力的作用下，设备尾部离开尾排的工作状态。

2.0.14 移动式起重机 mobile crane

履带式起重机、轮胎式起重机和汽车式起重机等无轨道的可移动起重机械的统称。

2.0.15 超起提升 superlift

移动式起重机在超起配重配置下的起重工作状况。

2.0.16 中孔千斤顶 medium bore jack

由动力装置提供液压动力，通过直接抓持高强度的钢绞线承重的线性液压起重设备，也称绳缆千斤顶。

2.0.17 夹紧千斤顶 gripper jack

由动力装置提供液压动力，通过夹持一定规格方钢等轨道承重的液压起重设备。

2.0.18 推拉千斤顶 pushing and pulling jack

由动力装置提供液压动力，通过直接抓持固定轨道实现设备水平移动的专用千斤顶。

2.0.19 钢绞线 cable

配合中孔千斤顶使用并由多根钢丝捻制而成的丝束。

2.0.20 吊索 slings

用于连接设备与吊钩、承载设施等起吊装置的柔性元件。

2.0.21 吊具 lifting attachments

用于连接吊钩或承载设施和设备与吊索的刚性元件的统称。

2.0.22 吊耳 lifting lug

安装在设备上用于提升设备的吊点结构。

2.0.23 试吊 trial lifting

正式吊装前，将设备起升离开支撑适当距离时，检查各部位受力情况的吊装作业。

2.0.24 地基处理 foundation treatment

在吊装施工中，为达到起重机械或设备运行和站位要求，对吊装作业所涉及的原始场地进行处置，改变此场地的组成或结构。

3 基 本 规 定

3.0.1 石油化工工程大型设备吊装应采用专业化管理模式。

3.0.2 在大型设备吊装工程中，施工单位应根据装备资源、人力资源、现场环境等方面的条件选择吊装工艺。

3.0.3 起重机械应有有效的安全检验合格证。

3.0.4 **吊索、吊具应有质量证明文件，不得使用无**

质量证明文件或试验不合格的吊索、吊具。

3.0.5　起重机械和吊索、吊具严禁超负荷使用。

3.0.6　吊装作业人员必须取得特种作业相关证件。

3.0.7　大型设备吊装应编制吊装方案，并应按规定进行审批。方案变更应编制补充方案并按原审批程序进行审批。

3.0.8　对风险较大的设备吊装工程，必要时可邀请有关专家对吊装方案进行审查。

3.0.9　吊装方案应由专业吊装技术人员负责编制，并应按文件管理程序审核和批准，同时应报送监理和建设单位确认。

3.0.10　大型设备吊装方案编制和审批人员的资格和职责应符合表3.0.10的要求。

表3.0.10　吊装方案编制和审批人员的资格和职责

岗位	资　格	职　责
编制	工程师	1　现场调查和起重机具调查； 2　编制吊装方案； 3　编制吊装计算书； 4　吊装方案修改
审核	高级工程师	1　审查吊装工艺及计算依据； 2　审查起重机具选择及吊装平面布置合理性； 3　审查吊装安全技术措施； 4　审查进度计划、交叉作业计划； 5　审查劳动力组织
批准	企业技术负责人	吊装方案的最终批准

3.0.11　吊装作业前应由吊装方案编制人向所有相关作业人员进行吊装方案交底并记录，作业人员应熟知吊装方案、指挥信号、安全技术要求及应急措施。吊装方案交底应至少包括下列内容：

1　设备吊装顺序。

2　设备吊装方案和吊装工艺。

3　吊装作业工序及要点。

4　安全技术措施。

3.0.12　吊装方案编制人应负责方案的技术实施，应至少包括下列内容：

1　指导并监督作业人员正确执行方案。

2　解决吊装施工过程中出现的技术问题。

3　提出方案修改意见并编制补充方案。

3.0.13　吊装方案、吊装计算书及修改或补充方案、方案交底记录和方案实施的过程记录均应存档。

3.0.14　吊装工程施工应建立完善的吊装安全保证体系。吊装施工准备和实施过程中，吊装施工安全保证体系应正常运转。

3.0.15　大型设备运抵现场，应按吊装方案的要求卸车。

3.0.16　在雷雨、大雪、大雾、沙尘、能见度低、台风、风力等级大于或等于六级等恶劣条件下，不得进行大型设备的吊装作业。

3.0.17　吊装前应根据吊装方案组织包括自检、联合检查等内容的安全质量检查。

3.0.18　检查中发现问题时，应由各级责任人员组织整改和落实。安全质量部门应对整改结果进行确认。

3.0.19　大型设备正式吊装前应进行试吊。

3.0.20　联合检查确认后，设备吊装准备工作应符合吊装方案要求，应由吊装总指挥签署“吊装命令书”后，再进行吊装作业。

3.0.21　吊装作业应设置警戒区域，与吊装作业无关的人员不得进入警戒区域。

3.0.22　吊装过程中设备应设置安全设施。

3.0.23　吊装过程中不得有冲击现象。

3.0.24　被吊装的设备不宜在空中长时间悬空停留。

3.0.25　拖拉绳跨越道路时，离路面高度不宜低于6m，并应悬挂明显标志或警示牌。

3.0.26　立式设备吊装就位后，应立即进行初步找正，并应待固定稳妥后再摘钩。

3.0.27　吊装作业区域应按地基处理方案进行处理，并应做好过程记录和确认。

3.0.28　吊装指挥信号应按现行国家标准《起重吊运指挥信号》GB 5082的有关规定执行。

3.0.29　起重机械、吊索、吊具及设备与架空输电线路间的最小安全距离应符合表3.0.29的规定。钢丝绳从架空输电线路上方经过时，应搭设牢固的竹（木）过线桥架。

表3.0.29　起重机械、吊索、吊具及设备与架空输电线路间的最小安全距离

项　目	输电导线电压（kV）						
	＜1	10	35	110	220	330	500
安全距离（m）	2.0	3.0	4.0	5.0	6	7.0	8.5

3.0.30　起重机械的烟气或废气排放应符合环保排放标准的要求。废弃的油料应回收集中处理，不得随地倾倒或就地掩埋。

3.0.31　吊装工程应在安全、环境、健康方面实施全过程的控制。

3.0.32　大型设备的吊装还应符合现行国家标准《石油化工建设工程施工安全技术规范》GB 50484的有关规定。

4　施工准备

4.1　技术准备

4.1.1　吊装工程的技术准备应包括吊装规划和方案

的编制等。

4.1.2 吊装规划主要编制依据应包括下列内容：

1 工程项目的招标文件。

2 有关的工程设计文件。

3 施工现场地质资料、气象资料及吊装环境。

4 吊装机具装备条件及主要起重机械的资源条件。

5 设备到货计划。

6 工期要求与经济指标。

7 招标方对大型设备吊装的有关要求。

4.1.3 吊装规划应包括下列内容：

1 大型设备吊装参数汇总表。

2 吊装工艺。

3 吊装主要机具选用计划。

4 吊装顺序。

5 吊装进度计划。

6 吊点位置及其结构。

7 设备的供货条件。

8 吊装平面的布置。

9 吊装预留条件。

10 人力资源配置。

11 主要安全技术措施。

4.1.4 吊装工艺对设备的特殊要求应以书面形式提出，应包括下列主要内容：

1 设备吊点的结构形式，焊接或连接的位置及其使用条件。

2 塔架底部扳转铰链的结构形式，所在的基础位置及高度。

3 设备受力部位的支撑加固措施。

4.1.5 吊装方案主要编制依据应包括下列内容：

1 标准规范。

2 吊装规划。

3 工程技术资料，应包括下列内容：

1）设备制造技术文件；

2）工程地质资料；

3）设备及工艺管道平、立面布置图；

4）地下工程布置图；

5）架空电缆布置图；

6）梯子平台、保温等相关专业施工图；

7）设计审查会文件。

4 现场施工条件。

5 设备到货计划。

4.1.6 吊装方案应包括下列主要内容：

1 编制说明及依据。

2 工程概况，应包括下列内容：

1）工程特点；

2）设备参数表。

3 吊装工艺设计，应包括下列内容：

1）设备吊装工艺要求；

2）吊装参数表；

3）吊装机具安装拆除工艺要求；

4）设备支、吊点位置及结构设计图和局部加固图；

5）吊装平、立面布置图；

6）地锚施工图；

7）吊装作业区域地基处理措施；

8）地下工程和架空电缆施工规定；

9）吊装机具材料汇总表；

10）吊装进度计划；

11）相关专业交叉作业计划。

4 吊装组织体系。

5 安全保证体系及措施。

6 吊装工作危险性分析表或健康、安全、环境危害分析。

7 质量保证体系及措施。

8 吊装应急预案。

9 吊装计算书。

4.1.7 吊装方案应根据工程特点、起重机性能以及现场条件等具体情况进行优化，并应符合下列规定：

1 大型设备吊装工艺和吊点位置应满足设备的强度、刚度、局部稳定性等相关要求。

2 细长设备和带内衬设备的吊点设置应满足强度和挠度要求。

3 立式设备宜采用整体组合吊装。

4 大型设备拼装工作宜在起吊的位置或靠近起吊的位置。

4.1.8 起重机吊装工艺计算宜包括下列内容：

1 主起重机和辅助起重机受力分配计算。

2 吊装安全距离核算。

3 吊耳强度核算。

4 吊索、吊具安全系数核算。

4.1.9 吊装平面、立面布置图应包括下列主要内容：

1 设备运输路线及摆放位置。

2 设备组装、吊装位置。

3 吊装过程中吊装机械、设备、吊索、吊具及障碍物相互之间的相对距离。

4 桅杆站立位置及其拖拉绳、主后背绳的平面分布。

5 起重机械的组车、拆车、吊装站位及移动路线。

6 滑移尾排及牵引和后溜滑轮组的设置位置。

7 吊装工程所用的各台卷扬机现场摆放位置及其主走绳的走向。

8 吊装工程所用的各个地锚的平面坐标位置。

9 需要做特殊处理的吊装场地范围。

10 吊装警戒区。

4.1.10 下列情况应绘制详细图纸：

1 钢丝绳穿绕有特殊要求。

2　索具系统布置有特殊要求。

3　吊、索具与主吊耳、溜尾吊耳的连接形式。

4　平衡梁等专用吊具。

4.2　起重机械、吊索、吊具准备

4.2.1　吊装用的机械、吊索、吊具出库前，应核查其维修、检验记录，并应确认其技术性能符合安全质量要求。

4.2.2　对进入吊装现场的起重机械、吊索、吊具及其他设施或材料，应指定存放位置并由专人验收和保管。对每件机具、索具及材料应及时作出标识，并应注明其规格、型号及使用部位。

4.3　施工现场准备

4.3.1　吊装现场的场地、道路等条件应满足吊装作业要求。

4.3.2　桅杆安装位置、起重机工作位置及行车路线的地基处理应满足吊装方案的要求。

4.3.3　机具设备存放场地应采取防护措施。

4.3.4　起重机具应根据吊装方案的要求设置。

4.3.5　作业场地应符合文明施工要求。

4.4　设备现场调整

4.4.1　大型设备运输时，由于工程现场条件或运输条件的限制使大型设备卸车位置及方位不能满足吊装的条件要求时，应对设备的位置、方向和方位进行现场调整，并应制定相应的施工措施。

4.4.2　设备的位置调整应符合下列规定：

1　调整方法主要有起重机吊装法、滚杠法和滑道滑移法。

2　起重机吊运设备时，设备离地面或障碍物高度宜为300mm。

3　滚杠法移动设备时，应设置两个以上设备支座且设备应固定牢固；牵引力应经计算确定。

4　作业区域应设警戒，受力绳内侧严禁站人。

4.4.3　设备的方位调整应符合下列规定：

1　调整方法主要有起重机吊装回转法和设备鞍座回转法。

2　起重机吊装回转法，设备离支撑面宜为300mm。

3　鞍座支撑回转法调整设备方位时应检查确认在鞍座与设备接触面间无杂物及卡涩情况并加润滑脂；设备鞍座的包角不应小于120°，鞍座支撑架回转受力侧的地基应满足设备回转时的要求。

5　吊　　耳

5.1　一 般 规 定

5.1.1　设备吊耳应包括吊盖式吊耳、管轴式吊耳和板式吊耳。

5.1.2　设备吊耳应由施工单位提出技术条件，并应由设计单位确认。设备吊耳宜与设备制造同步完成。

5.1.3　吊耳的结构形式应根据设备的特点及吊装工艺确定，反应器类设备主吊耳宜选用吊盖式吊耳，塔类设备主吊耳宜选用管轴式吊耳。立式设备溜尾吊耳宜选用板式吊耳。

5.1.4　设备吊耳位置和数量的确定应符合下列规定：

1　应保证设备吊装平稳。

2　应满足设备结构稳定性和强度要求。

3　吊索、吊具等应有足够的空间。

4　负荷分配应满足吊装要求。

5　应利于设备就位及吊索、吊具的拆除。

5.1.5　吊耳应满足最大吊装荷载下吊耳的自身强度和设备局部强度的要求。

5.1.6　制作吊耳所用的钢板应符合现行国家标准《碳素结构钢和低合金结构钢　热轧厚钢板和钢带》GB/T 3274的有关规定，钢管应符合现行国家标准《结构用无缝钢管》GB/T 8162的有关规定。

5.1.7　不锈钢和有色金属设备的吊耳补强板应与设备材质相同，其余材质设备的吊耳补强板的材质应与设备材质相同或接近。

5.1.8　制作吊耳的材料应有质量证明文件，不得有裂纹、重皮、夹层等材料缺陷。

5.1.9　吊耳补强板应与设备壳体紧密贴合，间隙不应大于1mm。补强板上应设置透气孔。

5.1.10　吊耳与设备的焊接应按设备焊接工艺进行。整体热处理的设备，吊耳应在设备热处理前焊接，并应一同热处理。

5.1.11　吊耳所有焊缝均应进行外观检查，不得存在裂纹与未熔合等焊接缺陷。钢板卷焊成的管轴，其对接焊缝应经过100%的X射线检测，检查结果应符合现行行业标准《承压设备无损检测》JB/T 4730的有关规定，Ⅱ级应为合格。其余焊缝除管轴式吊耳的内筋板、内加强环板外，还应进行磁粉或渗透检测，检查结果应符合现行行业标准《承压设备无损检测》JB/T 4730的有关规定，Ⅰ级应为合格。

5.1.12　吊耳与设备连接焊缝应按设计文件规定进行检验。

5.1.13　吊耳和吊点加固件切割拆除时，应采取保护措施，不得损伤设备本体。

5.1.14　吊耳设计时应计及动荷载、不均衡等因素的影响，设计系数宜大于或等于1.5。

5.2　吊盖式吊耳

5.2.1　吊盖式吊耳（图5.2.1）可用于顶部中心设置有大法兰类设备吊装的主吊耳。

5.2.2　在吊盖式吊耳的基本结构选定后，应根据设备顶部法兰的结构尺寸、设备重量等条件设计出与设

备顶部法兰相匹配的吊盖结构尺寸。

5.2.3 吊盖式吊耳应有设计图纸、安装说明和设计计算书，并应作为设备吊装方案的内容报批。

5.2.4 吊盖式吊耳与设备顶部法兰间的各连接螺栓应施加均匀的预紧力。

5.2.5 连接螺栓的预紧应采用分级、对称拧紧的方式进行。

5.2.6 组合型吊盖式吊耳管轴中心线应与下盖板平行。

5.2.7 吊盖式吊耳与设备顶部法兰之间的连接螺栓预紧力应进行计算。

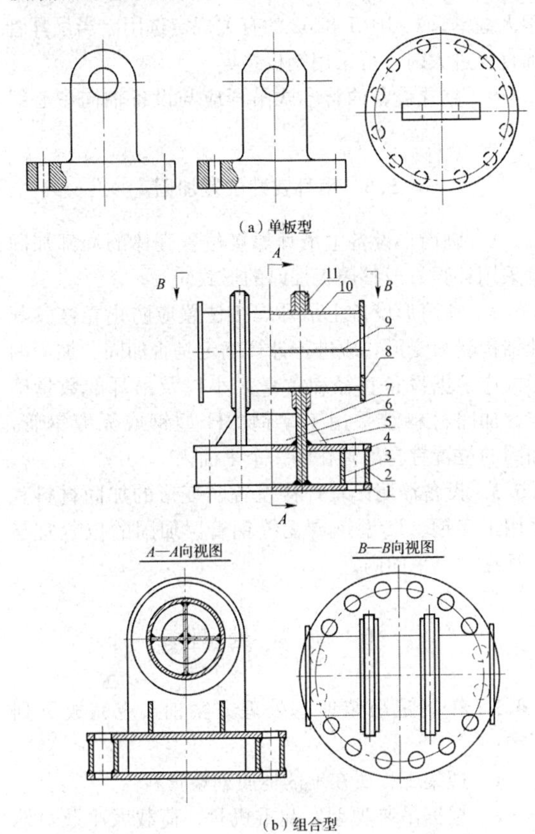

图 5.2.1 吊盖式吊耳典型结构示意

1—下盖板；2—外圈板；3—内圈板；4—上盖板；5、6—外筋板；7—主耳板；8—挡板；9—内筋板；10—管轴；11—补强板

5.3 板 式 吊 耳

5.3.1 板式吊耳可分为侧壁板式吊耳（图 5.3.1-1）和顶部板式吊耳（图 5.3.1-2）。

5.3.2 板式吊耳与吊装绳索的连接应采用卸扣，不得将吊装绳索与板式吊耳直接相连。

5.3.3 板式吊耳的吊耳板应平直，吊耳板方向应与受力方向一致。设备吊装过程中，对于受力方向会随起升过程变化的吊耳，应在吊耳板的两侧设置筋板。

5.3.4 板式吊耳的孔应采用机械加工成型，不得有

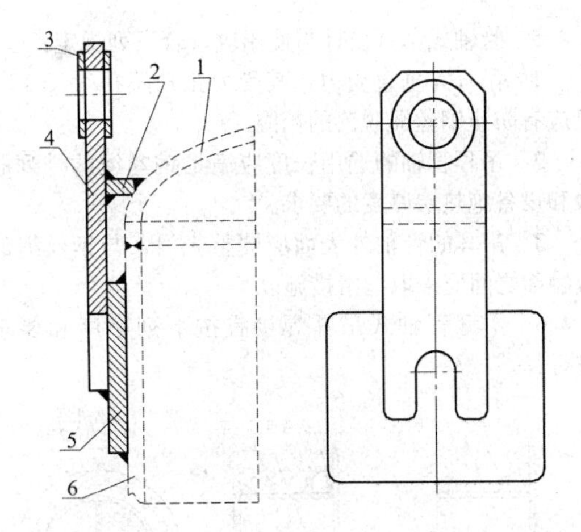

图 5.3.1-1 侧壁板式吊耳典型结构示意

1—设备封头；2—支撑板；3—补强板；4—吊耳板；5—垫板；6—设备壳体

局部缺口等缺陷。

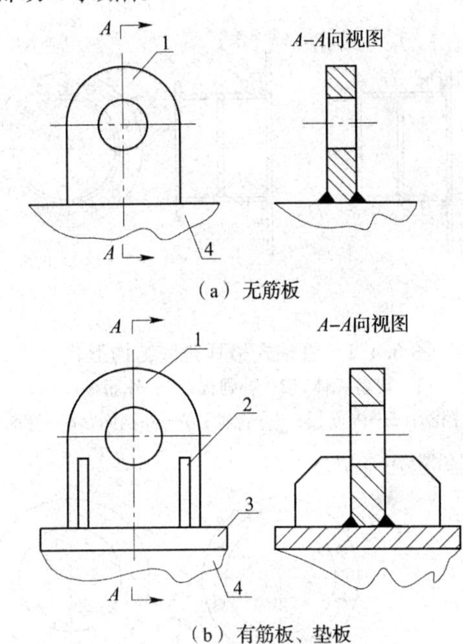

图 5.3.1-2 顶部板式吊耳结构示意

1—吊耳板；2—筋板；3—垫板；4—设备壳体

5.4 管轴式吊耳

5.4.1 立式设备的主吊耳宜采用管轴式吊耳（图 5.4.1）。

5.4.2 管轴式吊耳的内筋板、外筋板、内挡圈和补强板应根据吊耳的具体使用条件、吊耳的强度及管轴的受压稳定性确定设置。补强板上的塞焊孔直径宜为补强板厚度的 1.5 倍。

5.4.3 管轴式吊耳补强板典型结构形式见图 5.4.3。

5.4.4 设置管轴式吊耳的设备局部应根据设备结构、受力大小及形式与吊耳尺寸等进行补强设计。

5.4.5 管轴式吊耳设计与使用应符合下列规定：

1 吊耳宜垂直受力，其受力张角不得大于15°，且应有防止钢丝绳脱落的挡圈。

2 吊耳管轴的选用长度应满足钢丝绳的排列股数和设备绝热层厚度的要求。

3 吊耳的管轴外表面应圆整光滑，与钢丝绳的接触面之间应采取润滑措施。

5.4.6 Ⅰ型管轴式吊耳焊接宜按下列顺序和要求进行：

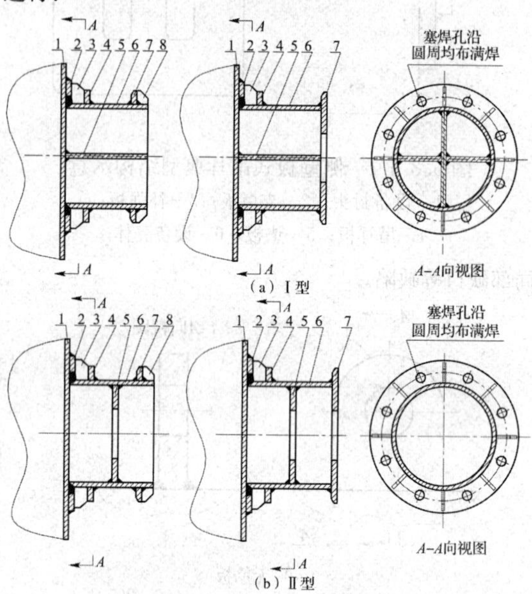

图5.4.1 管轴式吊耳典型结构形式

1—设备壳体；2—补强板；3—外筋板；4—内挡圈；5—内筋板；6—管轴；7—外挡圈；8—外筋板

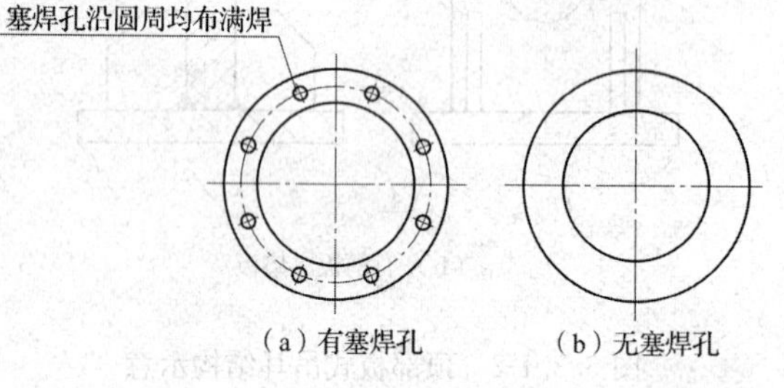

图5.4.3 管轴式吊耳补强板典型结构形式

1 内筋板与设备壳体焊接。

2 管轴与设备壳体焊接。

3 补强板与管轴及设备壳体焊接。

4 外筋板与管轴及补强板焊接。

5 内挡圈与管轴及外筋板焊接。

6 外挡圈与管轴焊接。

7 内筋板之间的焊接采用双面交错间断焊。

8 管轴与内筋板焊缝应大于管长的1/3。

9 补强板拼接时，拼接板数量不得多于3块。

10 角焊缝高度不应低于两焊件较薄板的厚度。

5.4.7 Ⅱ型管轴式吊耳焊接宜按下列顺序和要求进行：

1 内筋板与管轴焊接。

2 管轴与设备壳体焊接。

3 补强板与管轴及设备壳体焊接。

4 外筋板与管轴及补强板焊接。

5 内挡圈与管轴及外筋板焊接。

6 外挡圈与管轴焊接。

7 内筋板与管轴内壁的焊接采用连续焊。

8 补强板拼接时，拼接板数量不得多于3块。

9 角焊缝高度不应低于两焊件较薄板的厚度。

5.4.8 管轴式吊耳的管轴宜按现行国家标准《结构用无缝钢管》GB/T 8162的有关规定选用。当吊耳管轴直径过大时，可采用钢板卷焊。

5.4.9 立式设备的管轴式吊耳应与设备轴向中心线垂直。

5.5 吊耳安装位置加固

5.5.1 圆筒形设备主吊耳焊接位置壳体的局部加固宜采用补强板或整周板加厚的形式。

5.5.2 圆筒形设备主吊耳焊接位置应防止壳体及其他结构受力变形，应进行计算确定是否加固。加固的形式应根据设备直径和重量大小以及吊耳的数量确定。加固材料宜采用工字钢、H型钢或无缝钢管，加固的位置宜与吊耳在同一个平面内。

5.5.3 设备溜尾吊耳焊接位置防变形的加固材料宜采用工字钢、H型钢或无缝钢管，加固的位置宜与吊耳在一个平面内。

6 地基处理

6.0.1 在制定吊装地基处理方案前，应完成下列工作：

1 搜集工程所在地的地质勘察资料。

2 根据吊装类型、起重机具、荷载大小及对地接触方式计算其接地压强。

3 了解邻近建筑、地下工程和地下设施等情况。

6.0.2 地基处理应符合现行行业标准《建筑地基处理技术规范》JGJ 79等的有关规定。

6.0.3 地基处理应按吊装地基处理方案进行，并应有专人负责质量监控和监测，同时应做好施工记录并检验合格。

6.0.4 吊装场地承压地面及现场设备运输道路的处理有特殊要求时，应绘制详细图纸。

6.0.5 在进行设备吊装平面规划时，对吊装区域内地下设施应采取保护措施。

6.0.6 对于设备吊装区域内的主要承载区的地下设施宜在设备吊装完毕后进行。

6.0.7 吊装地下设施在设备吊装前施工时，宜与吊装场地处理同时进行。

6.0.8 地下设施保护措施应根据所处位置、地质情况和地下设施的允许承载力确定。

7 吊装绳索

7.1 麻绳

7.1.1 麻绳适用于在大型设备吊装作业中作为设备的溜绳。

7.1.2 麻绳不得向一个方向连续扭转。

7.1.3 麻绳使用中，不得与锐利的物体直接接触，无法避免时应垫以保护物。

7.1.4 麻绳应存放在通风干燥的地方，不得受热、受潮，且不得与酸、碱等腐蚀性介质接触。

7.2 钢丝绳

7.2.1 钢丝绳选用应符合下列规定：

1 选用一般用途钢丝绳结构要求与基本参数应符合现行国家标准《一般用途钢丝绳》GB/T 20118的有关规定。

2 选用重要用途钢丝绳结构要求与基本参数应符合现行国家标准《重要用途钢丝绳》GB 8918的有关规定。

3 选用粗直径钢丝绳结构要求与基本参数应符合现行国家标准《粗直径钢丝绳》GB/T 20067的有关规定。

7.2.2 钢丝绳的使用安全系数应符合下列规定：

1 作拖拉绳时，应大于或等于3.5。

2 作卷扬机走绳时，应大于或等于5。

3 作捆绑绳扣使用时，应大于或等于6。

4 作系挂绳扣时，应大于或等于5。

5 作载人吊篮时，应大于或等于14。

7.2.3 钢丝绳在绕过不同尺寸的销轴或滑轮时，其强度能力应根据不同的弯曲情况按下列规定确定：

1 绳索的比例系数可按下式计算：

$$R=\frac{D}{d} \tag{7.2.3-1}$$

式中：D——销轴直径；

d——绳索公称直径；

R——绳索比例系数。

2 绳索效率系数E可按下列公式计算：

当$R\leqslant6$时，

$$E=(100-50/R^{0.5})\% \tag{7.2.3-2}$$

当$R>6$时，

$$E=(100-76/R^{0.734})\% \tag{7.2.3-3}$$

式中：E——绳索效率系数。

3 绳索的强度能力可按下式计算：

$$P_n=n\cdot P\cdot E \tag{7.2.3-4}$$

式中：n——绳索的弯曲股数；

P——绳索单根破断力；

P_n——绳索弯曲后的破断力。

7.2.4 钢丝绳的使用应符合下列规定：

1 钢丝绳放绳时应防止发生扭结现象。

2 钢丝绳插接长度宜为绳径的20倍～30倍，较粗的绳应用较大的倍数。

3 接长的钢丝绳用于吊装滑轮组上时应符合下列规定：

1）钢丝绳接头的固结力应经试验验证；

2）接头应能安全顺利地通过滑轮绳槽。

4 切断钢丝绳时，应预先用细铁丝扎紧切断处的两端，切断后应立即将断口处的每股钢丝熔合在一起。

5 钢丝绳不得与电焊导线或其他电线接触，当可能相碰时，应采取防护措施。

6 钢丝绳不得与设备或构筑物的棱角直接接触，必需接触时应采取保护措施。

7 钢丝绳不得折曲、扭结，也不得受夹、受砸而成扁平状。

7.2.5 钢丝绳应根据用途、工作环境和钢丝绳种类进行清洁和保养。

7.2.6 钢丝绳在使用过程中应经常检查、修整，发现磨损、锈蚀、断丝等现象时，应按表7.2.6-1、表7.2.6-2的规定，降低其使用能力，且折断的钢丝应从根部将其剪去。

表7.2.6-1 钢丝绳的折减系数

钢丝绳破断力的折减系数	钢丝绳的构造					
	6×19+1		6×37+1		6×61+1	
	交互捻	同向捻	交互捻	同向捻	交互捻	同向捻
	一个捻丝节距内钢丝绳断丝数					
0.95	5	3	11	6	18	9
0.90	10	5	19	9	29	14
0.85	14	7	28	14	40	20
0.80	17	8	33	16	43	21
0	>17	>8	>33	>16	>43	>21

表7.2.6-2 钢丝绳折减系数的修正系数

磨损量按钢丝直径计（%）	10	15	20	25	30	30以上
修正系数	0.80	0.70	0.65	0.55	0.50	0

7.2.7 钢丝绳报废应符合现行国家标准《起重机 钢丝绳 保养、维护、安装、检验和报废》GB/T 5972的有关规定。

7.3 钢丝绳绳扣

7.3.1 钢丝绳绳扣使用温度应符合下列规定：

1 钢丝绳为纤维芯时，压制钢丝绳绳扣安全使用温度应为－40℃～＋100℃；钢丝绳为钢芯时，铝合金压制钢丝绳绳扣安全使用温度应为－40℃～＋150℃。

2 钢丝绳为纤维芯时，插编钢丝绳绳扣安全使用温度应为－40℃～＋100℃；钢丝绳为钢芯时，插编钢丝绳绳扣安全使用温度应为－40℃～＋150℃。

7.3.2 钢丝绳绳扣维护保养应符合下列规定：

1 使用后应存放在干燥、通风、清洁的场所内，严禁存放在阳光直射、热气烤、潮湿、有腐蚀的场所。

2 使用后应及时清除绳扣上的泥沙等污物，并应悬挂或放置在指定位置。

7.3.3 钢丝绳绳扣存在下列情况之一时，不得使用：

1 压制的接头有裂纹、变形或严重磨损。

2 钢丝绳扣插编或压制部位有抽脱现象。

3 钢丝绳出现断丝、断股、钢丝挤出、单层股钢丝绳绳芯挤出、钢丝绳直径局部减小、绳股挤出或扭曲、扭结等缺陷。

4 无标牌。

7.4 无接头钢丝绳绳圈

7.4.1 绳圈使用应符合下列规定：

1 绳圈为纤维芯时，其安全使用温度应为－40℃～＋100℃；绳圈为钢芯时，其安全使用温度应为－40℃～＋150℃。

2 负载时发生异常变化，应立即停止使用。

3 绳圈不应绕任何曲率半径小于2倍钢丝绳圈绳体直径的锐角弯曲，无法避免时，应采取保护措施。

4 绳圈应有明显的荷载能力标志、规格范围，无标志的无接头钢丝绳圈不应使用。

5 绳圈使用时，绳圈上标有禁吊标记的禁吊点应平行于受力方向，不得挂在吊钩或吊点位置。

6 绳圈应在额定承载力范围内使用。

7.4.2 绳圈维护保养应符合下列规定：

1 使用后的钢丝绳绳圈应存放在干燥、通风、清洁的场所内，严禁存放在阳光直射、热气燥烤、潮湿、有腐蚀的场所。

2 使用后应及时清除绳圈上的泥沙等污物，并应悬挂或放置在指定位置。

7.4.3 绳圈存在下列情况之一时，不得使用：

1 禁吊标志处绳端露出且无法修复。

2 绳股产生松弛或分离，且无法修复。

3 钢丝绳出现断丝、断股、钢丝挤出、单层股钢丝绳绳芯挤出、钢丝绳直径局部减小、绳股挤出或扭曲、扭结等缺陷。

4 无标牌。

7.5 合成纤维吊装带

7.5.1 合成纤维吊装带使用应符合下列规定：

1 吊装设备时宜选用圆形截面的圆环吊装带。

2 吊装带的使用环境温度宜为－40℃～＋100℃，丙纶吊装带使用环境温度宜为－40℃～＋80℃，聚酯及聚酰胺合成纤维吊装带使用环境温度宜为－40℃～＋100℃，高分子量聚乙烯合成纤维吊装带使用环境温度宜为－60℃～＋80℃。

3 吊装带不允许叠压或扭转使用。

4 吊装带不允许在地面上拖曳。

5 当接触尖角、棱边时应采取保护措施。

7.5.2 合成纤维吊装带维护保养应符合下列规定：

1 吊装带应避开热源、腐蚀品、日光或紫外线长期辐射。

2 吊装带应存放在干燥、通风、清洁的场所内。

3 对潮湿的吊装带应晾干后保存。

7.5.3 吊装带存在下列情况之一时，不得使用：

1 吊装带本体被损伤、带股松散、局部破裂。

2 合成纤维出现变色、老化、表面粗糙、合成纤维剥落、弹性变小、强度减弱。

3 吊装带发霉变质、酸碱烧伤、热熔化、表面多处疏松、腐蚀。

4 吊装带有割口或被尖锐的物体划伤。

5 无标牌。

8 吊装机具

8.1 滑轮（组）

8.1.1 吊装所用滑轮组应按出厂铭牌和产品使用说明书选用。

8.1.2 滑轮的轮槽表面应光滑，不得有裂纹、凸凹等缺陷。

8.1.3 滑轮组仅使用其部分滑轮时，其吊装能力应按使用轮数计算。

8.1.4 动滑轮组与定滑轮组间的最小距离不得小于滑轮轮径的5倍，走绳进入滑轮的侧偏角不宜大于5°。

8.1.5 当滑轮组的轮数超过5个时，走绳宜采用双抽头的方式。采用隔轮花穿的方式时，应适当加大上、下滑轮之间的净距。

8.1.6 滑轮组所有转动部分应动作灵活、润滑良好，并应定期添加润滑脂。

8.1.7 当滑轮组贴着地面或在地面滑行使用时，应采取防止杂物进入轮内的措施。

8.1.8 吊钩上的防止脱钩装置应齐全完好，无防止脱钩装置时，应将钩头加封。

8.1.9 吊钩、吊环及吊梁的缺陷不得用焊接的方法修补。

8.1.10 滑轮组在使用前应检查，并应清理干净，同时应加润滑脂。

8.1.11 滑轮组在使用时应经常检查，必要时，滑轮轴、吊环或吊钩应进行无损检测，当发现不符合现行行业标准《起重机用铸造滑轮》JB/T 9005的有关规定时不得使用。

8.1.12 滑轮组使用后，应清理干净，应涂以防锈油，并应存放在干燥的库房内。

8.2 手拉葫芦

8.2.1 手拉葫芦使用应符合下列规定：

1 使用时应首先试吊，当被吊物离开支撑物后，应确认手拉葫芦运转正常，并应制动可靠后再继续起吊。

2 作业时使用者不得站在被吊物上面操作，也不得将被吊物吊起后停留在空中时离开现场。

3 使用前应对吊钩、吊装链条、制动装置等部件及润滑进行检查确认。

4 吊装链条不得弯曲或扭结。

8.2.2 手拉葫芦维护保养应符合下列规定：

1 使用完毕后，应将手拉葫芦擦净，并应存放在干燥地点。

2 手拉葫芦机件应用煤油清洗，在齿轮和轴承部位应加润滑脂。

3 手拉葫芦经过清洗检修后，应进行空载和负载试验，并应确认运行正常后再使用。

8.2.3 当手拉葫芦不符合现行行业标准《手拉葫芦安全规则》JB/T 9010的有关规定时，不得使用。

8.3 卷扬机

8.3.1 卷扬机使用应符合下列规定：

1 卷扬机放出钢丝绳时，卷筒上剩余的钢丝绳不应少于5圈。

2 吊装用卷扬机不得用于运送人员。

3 工作中发现异常现象时，应立即停机检查。

4 停止工作时，卷扬机提升的被吊物不得悬挂在空中。工作结束应关闭电源、开关柜上锁。

8.3.2 维护保养应按现行国家标准《建筑卷扬机》GB/T 1955的有关规定执行。

8.4 千斤顶

8.4.1 千斤顶使用应符合下列规定：

1 作业人员不得在被顶升的重物下工作。

2 使用时应确定被吊物重心，并应选择好千斤顶的着力点。

3 千斤顶应平稳放置。底部支撑应有足够的承载能力。

4 数台千斤顶同时使用时，起升速度应同步，且每台千斤顶的负荷应均衡。

5 起升时升降套筒上出现红色警告线时，应立即停止起升。

8.4.2 维护保养应按现行行业标准《螺旋千斤顶》JB/T 2592或《油压千斤顶》JB/T 2104的有关规定执行。

8.5 钢丝绳绳夹

8.5.1 钢丝绳绳夹应符合现行国家标准《钢丝绳夹》GB/T 5976的有关规定。

8.5.2 钢丝绳绳夹（图8.5.2）夹座应扣在钢丝绳的工作段上，U形螺栓应扣在钢丝绳的尾段上，钢丝绳夹不得在钢丝绳上交替布置。

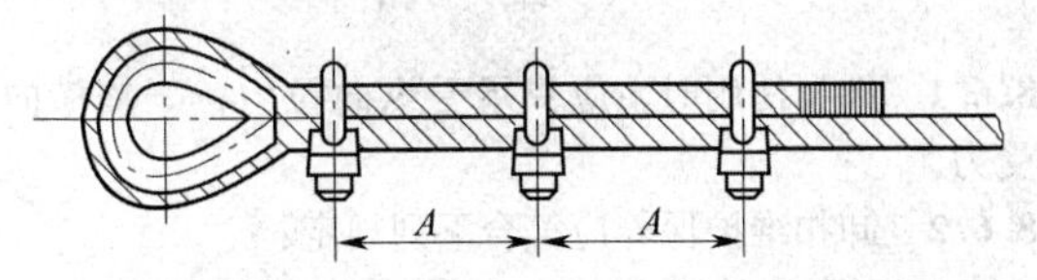

图8.5.2 钢丝绳绳夹的正确布置方法

8.5.3 钢丝绳绳夹使用规格及每一连接处钢丝绳绳夹的最少数量应符合表8.5.3的规定。

表8.5.3 绳夹使用规格和最少数量

绳夹规格	适用钢丝绳公称直径(mm)	绳夹数（个）/组	相邻两绳夹间的距离A（mm）
6	6	3	6倍～7倍钢丝绳公称直径
8	6～8		
10	8～10		
12	10～12		
14	12～14		
16	14～16		
18	16～18		
20	18～20	4	6倍～7倍钢丝绳公称直径
22	20～22		
24	22～24		
26	24～26		
28	26～28	5	
32	28～32		
36	32～36		
40	36～40	6	
44	40～44		
48	44～48	7	
52	48～52		
56	52～56		
60	56～60		

8.5.4 绳头的长度宜为钢丝绳公称直径的10倍，但不得小于200mm。

8.5.5 钢丝绳搭接使用时，所用绳夹的数量应按表

8.5.3 的数量增加一倍。

8.5.6 安装绳夹时应规则排列，宜使U形螺栓弯曲部分在钢丝绳的末端绳股一侧，并应将绳夹拧紧使钢丝绳压扁至绳径的2/3。

8.5.7 钢丝绳在用绳夹夹紧后，宜在两绳夹间作出观察钢丝绳受力状态的标识。

8.5.8 钢丝绳绳夹的报废应按现行国家标准《钢丝绳夹》GB/T 5976 的有关规定执行。

8.6 卸　扣

8.6.1 卸扣使用时，应只承受纵向拉力，严禁横向受力。

8.6.2 卸扣维护保养应符合下列规定：

1 当卸扣出现裂纹和变形时，不得采用焊接和弯曲的方法修理卸扣。

2 卸扣表面应防锈保护，不应允许在酸、碱、盐、腐蚀性气体、潮湿、高温环境中存放。

8.6.3 卸扣存在下列情况之一时，不得使用：

1 各部位磨损量超过原尺寸的5%。

2 扣体和销轴发生明显变形，销轴不能取下。

3 扣体和销轴肉眼看出有横向裂纹。

8.7 平 衡 梁

8.7.1 平衡梁可分为板孔式平衡梁、滑轮式平衡梁、支撑式平衡梁、桁架式平衡梁等。

8.7.2 平衡梁使用应符合下列规定：

1 自行设计、制造的平衡梁，其设计图纸与校核计算书应随吊装施工技术方案一同审批。

2 使用前应检查确认。

3 平衡梁使用时应符合设计使用条件。

4 使用中出现异常响声、结构有明显变形等现象应立即停止。

5 使用中应避免碰撞和冲击。

8.7.3 维护保养应符合下列规定：

1 平衡梁使用后应清理干净，应放置在平整坚硬的支垫物上，并应由专人保管。

2 平衡梁不应允许在酸、碱、盐、腐蚀性气体及潮湿环境中存放。

3 不应在高温环境中存放。

4 转动部位应定期加注润滑油或润滑脂。

8.7.4 当存在下列情况之一时，不得使用：

1 主要受力件出现塑性变形或裂纹。

2 吊轴的磨损量达到原件尺寸的5%。

3 转动件转动不灵活或有卡阻现象，经修复达不到吊装技术要求。

4 平衡梁锈蚀严重。

8.8 地　　锚

8.8.1 地锚结构形式应根据受力条件和施工地区的地质条件设计和选用。

8.8.2 每个地锚均应编号，埋入式地锚应以绳扣出土点为基准在吊装施工方案中给出坐标，并应在埋设及回填后进行复核。

8.8.3 埋入式地锚基坑的前方，拖拉绳受力方向坑深2.5倍的范围内，不得有地沟、线缆、地下管道等。

8.8.4 地锚的制作和设置应按吊装施工方案的规定进行。埋入式地锚在回填时，应使用净土分层夯实或压实，回填高度应高出基坑周围地面400mm以上，且不得浸水，并应做好隐蔽工程记录。

8.8.5 埋入式地锚设置后，受力绳扣应进行预拉紧。

8.8.6 地锚应设置许用工作拉力标志。

8.8.7 在山区施工中，地锚的位置在前坡时，应选在自然或人工开出的局部小平地上。坑口前方的挡土厚度不得小于基坑深度的3倍。

8.8.8 在软土层地区，可采用插座式压重地锚。地锚的插座钢架及压重量均应按地锚承受的最大拉力进行设计、制作，并应符合下列规定：

1 插座与地面应附着牢固。

2 压重物摆放应稳固，位置应正确。

3 不得侧向承受拉力。

8.8.9 利用混凝土柱或钢柱脚作为地锚使用时，受力方向应水平，受力点应设在柱子根部，并应根据受力大小核算柱子相关部位的强度。

8.8.10 利用混凝土柱或钢柱脚作为地锚使用时，柱子的棱角应予以保护。

8.8.11 主地锚需经拉力试验符合设计要求后再使用。

9 起重机吊装

9.1 一 般 规 定

9.1.1 起重机使用前应进行安全技术性能检验，检验应按相关的起重机厂家技术文件和国家标准规定进行。

9.1.2 设备吊装荷载不得超过起重机在该工况下的额定起重能力。

9.1.3 设备与起重机臂杆之间的安全距离应大于或等于500mm。

9.1.4 吊钩与设备及起重机臂杆之间的安全距离应大于或等于500mm。

9.1.5 吊装过程中，起重机、设备与周围设施的安全距离应大于500mm。

9.1.6 当采用两台起重机作为主吊抬吊高、细设备，起重机起重能力宜相同。每台起重机的吊装荷载不得超过其额定起重能力的80%。当设有平衡装置或抬吊对偏载不敏感的粗矮或细长卧式设备时，可按所分配的荷载选择起重机。

9.1.7 吊装过程中，吊钩滑轮组侧偏角应小于3°。

9.1.8 设备用捆扎或其他兜系的方法吊装时，应做到绳扣出头位置合理。

9.1.9 设备用捆扎法吊装时，应防止压伤或擦伤，宜在系绳处采取保护措施。

9.2 吊装方法

9.2.1 起重机吊装方法可分为滑移法、抬送法和直接提升法等。

9.2.2 滑移法吊装应符合下列程序：

1 主吊起重机提升卧置设备上部，设备底部置于尾排之上，尾排上设置回转装置。

2 设备抬头，主起重机提升，尾排前移，设备由平卧状态逐渐过渡到接近自由回转状态。

3 设备直立脱排。

4 设备吊装就位。

9.2.3 抬送法吊装应符合下列程序：

1 主吊起重机提升卧置设备上部，辅助起重机吊设备下部。

2 设备抬头，主吊起重机提升，辅助起重机抬送。

3 设备直立，辅助起重机松钩。

4 设备吊装就位。

9.2.4 直接提升法吊装应符合下列程序：

1 起重机提升设备至安装高度。

2 设备吊装就位。

9.3 起重机选择与布置

9.3.1 起重机选择应包括下列因素：

1 性能数据应主要包括下列内容：

1）起重性能；

2）起重机外形尺寸；

3）臂杆长度及截面尺寸；

4）工作（作业）半径；

5）作业回转界限；

6）吊钩重量；

7）起重机配重。

2 设备技术数据应主要包括下列内容：

1）设备结构尺寸；

2）设备吊装重量；

3）设备组合重心位置；

4）吊耳位置。

3 吊装现场条件应主要包括下列内容：

1）设备吊装平面、立面布置；

2）设备安装标高；

3）起重机在施工现场的行进道路状况；

4）起重机站位处空间及地下设施情况；

5）起重机站位处地质情况；

6）起重机组装、拆卸所需的空间及起重机回转所需的空间；

7）设备起吊后的吊运路线。

9.3.2 主起重机作业工况选择应符合下列程序：

1 确定设备吊点位置。

2 初选主起重机数量和型号。

3 初拟主起重机平面位置。

4 初选主起重机性能数据。

5 计算设备与臂杆之间、吊钩与设备及臂杆之间的安全距离。

6 最终选定主起重机型号、数量及工况。

9.3.3 辅助起重机作业工况选择应符合下列程序：

1 计算吊装过程中辅助起重机最大负荷。

2 初选辅助起重机数量和型号。

3 初选辅助起重机松吊钩时的设备仰角。

4 初拟辅助起重机起吊及行走平面位置。

5 初选辅助起重机性能数据。

6 计算设备与臂杆之间、吊钩与设备及臂杆之间的安全距离。

7 最终选定辅助起重机型号、数量及工况。

9.3.4 起重机布置应符合下列规定：

1 起重机行车路线和站位处应避开地下隐蔽设施，无法避免时，应采取加固和保护措施。

2 起重机布置时应计及设备安装顺序。

3 起重机工作承压地面应坚实，宜采取加垫路基板等扩大支承面措施。

4 双主起重机吊装时，两台主起重机宜对称布置在设备两侧。

5 现场应有起重机组装及拆卸场地。

9.4 安全规定

9.4.1 滑移法吊装时，设备底部尾排移送速度应与起重机提升速度相匹配。

9.4.2 滑移法吊装时，应计及设备在自重下自转的影响，并应采取使设备垂直脱离尾排的措施。

9.4.3 抬送法吊装时，辅助起重机抬送速度应与主起重机提升速度相匹配。

9.4.4 移动式起重机吊装设备时，应对地基进行核算。

9.4.5 起重机操作人员应按操作规程进行作业，不宜同时进行两种及以上动作。

9.4.6 设备不得使用起重机在地面上拖拉。

9.4.7 履带式起重机行走、作业的场地应坚实平整，并应满足其行走及作业的要求。

9.4.8 起重机工作、行驶或停放时应与沟渠、基坑保持一定的安全距离，且不得停放在斜坡上。

9.4.9 起重机一旦触电，应立即采取紧急断电措施。

9.4.10 起重机拆装及运输时，应按起重机制造单位规定的方法和程序进行。

9.4.11　吊装作业范围内严禁无关人员进入。

10　液压装置吊装

10.1　一般规定

10.1.1　吊装方案应根据设备、机具、人力以及现场条件等不同情况选择。

10.1.2　利用门式塔架作液压设备吊装的支撑时，吊装的最大荷载不得超过门式塔架的设计荷载。

10.1.3　千斤顶的规格和数量应根据设备的吊装荷载配置。

10.1.4　利用工程结构作为液压设备吊装的支撑时，应对承载结构的强度和稳定性进行核算。

10.1.5　被锚固件夹持的承载构件表面不得有油漆、油污、锈皮及污物。

10.1.6　液压设备的维护保养应按制造厂家的技术文件进行。

10.1.7　液压设备使用前，在油路和控制线路连接完毕后应进行检查并调试合格。

10.1.8　用中孔千斤顶作提升吊装时，中孔千斤顶及其构件夹持器应有牢固及可靠的支撑；用夹紧式千斤顶作顶升吊装时，千斤顶的爬行方钢应有牢固及可靠的连接和固定。

10.1.9　液压设备使用前应做全面检查，并应进行试运行和负荷试验。

10.2　液压设备

10.2.1　中孔千斤顶使用时应符合下列规定：

1　中孔千斤顶可用作设备的垂直提升及水平移动作业，每台千斤顶穿入钢绞线的数量应根据荷载确定。

2　中孔千斤顶提升作业时，从千斤顶上抽出的钢绞线应设置导向支撑，抽出钢绞线的重量不得作用在千斤顶的柱塞杆上。

3　中孔千斤顶提升设备时，抽出钢绞线束的滑出路径宜采用滚动摩擦形式的轨道，发生堵塞隐患应及时排除。

4　提升设备的中孔千斤顶应垂直安装，作业时承载钢绞线与铅垂线的夹角不得大于2°。

10.2.2　夹紧千斤顶使用应符合下列规定：

1　钢夹楔块的夹齿应保持锐利，齿尖应无杂物。

2　各类传感器应处于完好状态。

3　千斤顶的安装方向应与设备运动方向相一致。

10.2.3　动力包工作时应符合下列规定：

1　动力包的选型应与使用的液压设备的规格和数量相匹配。

2　应根据不同的荷载设定动力包的工作压力。

3　动力包使用中应监控压力表、燃料油位、转速表、液压油位、润滑油位等关键部位。

10.2.4　控制系统使用时应符合下列规定：

1　控制系统使用前，应按产品技术文件规定和控制的对象及控制精度设定参数。对于所控制的每一台千斤顶所有的设定值应始终一致。

2　控制系统应配置不间断电源设施。

10.3　钢绞线与方钢

10.3.1　成盘供货的钢绞线应在分配器中展开。展开应在清洁、干燥、无污染物的环境下进行。

10.3.2　钢绞线应使用机械切割，切割后两端应倒角。

10.3.3　钢绞线使用中不得有折弯。

10.3.4　钢绞线在穿入夹持器前，应清理其表面的浮锈及沾染的污物。

10.3.5　上、下锚固件间每根钢绞线应受力均匀。

10.3.6　钢绞线应成单根盘圈，盘圈直径不应小于1.8m，并应存放于干净、干燥的环境内。

10.3.7　钢绞线有折弯及锈坑时应报废。

10.3.8　夹紧千斤顶的夹持方钢截面尺寸误差以中心线为基准，方钢两侧接头错口偏差不应超过1mm；安装后的方钢整体直线度偏差不应超过其总长度的1/1000，且不应大于50mm；方钢接头错口偏差不应大于1mm。

10.4　吊装方法

10.4.1　液压装置吊装方法有液压提升法与液压顶升法。

10.4.2　液压设备与门式塔架配合使用吊装立式设备时，吊装工艺应与桅杆吊装相同，在直立设备吊装过程中应保持承重钢绞线与铅垂线的夹角不大于2°。

10.4.3　液压设备集群组合使用提升设备时，每两台中孔千斤顶及每组中孔千斤顶之间应设置平衡装置。

10.4.4　液压顶升法吊装应符合下列程序：

1　夹紧千斤顶沿方钢爬升顶升吊装梁，吊装梁向上运动提升设备的顶部。

2　设备底部用尾排溜送或起重机抬送。

3　夹紧千斤顶与尾排或起重机共同作用使设备达到直立状态。

4　设备脱排或抬尾起重机摘钩。

5　设备就位。

10.5　安全规定

10.5.1　塔架的基础应满足吊装要求。

10.5.2　塔架拖拉绳的设置应根据塔架的高度、设备和吊装装置的迎风面积等因素进行核算后确定。门式塔架拖拉绳不得少于6根。

10.5.3　设备底部的溜尾起重机或尾排的移送速度应与主吊起重机械起升速度相匹配，主吊索具垂直度应符合要求。

10.5.4 门架两桅杆的中心连线应通过设备基础的中心。

10.5.5 在吊装过程中，应用仪器监测塔架的变化情况。

10.5.6 塔架与设备外部附件的安全距离不得小于200mm。

10.5.7 在安装夹紧千斤顶之前，应检查夹紧方钢的外形尺寸、表面清洁度等情况；对表面有锈蚀或油污等情况的方钢，应进行除锈和清理后使用。

10.5.8 用中孔千斤顶提升吊装时，在加载后其夹持钢绞线的夹持器或称为固定锚块的压板螺栓应进行二次紧固。

10.5.9 中孔千斤顶在使用过程中钢绞线有松弛现象时，应停止提升，并应分析原因，同时应采取调整措施后继续提升。

10.5.10 千斤顶的出拖拉绳端应采取防止钢绞线滑脱坠落的措施。

10.5.11 采用夹紧千斤顶进行顶升吊装时，应使夹紧千斤顶在吊装过程中负载均衡、同步爬升。

10.5.12 监测吊装梁在顶升过程中的水平度，吊装梁的水平度不得超过其跨度的1/200。

10.5.13 在采用中孔千斤顶进行提升吊装时，应监测设备在上升过程中的水平度，吊耳之间的连线的水平度不得超过设备直径的1/200。

11 桅杆吊装

11.1 一般规定

11.1.1 桅杆应具有下列技术文件：

1 制造质量证明书。

2 设计技术文件及制造图。

3 荷载试验报告。

4 使用说明书。

11.1.2 桅杆的使用应执行使用说明书的规定，桅杆的杆节宜编号。

11.1.3 桅杆组装应执行使用说明书的规定；桅杆组装的直线度应小于其长度的1/1000，且总偏差不应超过20mm。

11.1.4 桅杆杆节间的连接螺栓紧固时，应逐次对称交叉进行，且应满足规定的力矩值。

11.1.5 桅杆应定期检查维护，使用前应进行下列项目的检查：

1 主肢及连接螺栓变形、锈蚀情况。

2 结构的焊缝。

3 转动部分的磨损情况。

11.1.6 桅杆基础应根据桅杆荷载及桅杆竖立位置的地质条件及周围地下情况设计。当采用钢筋混凝土基础形式时，宜由施工单位提出基础方位、荷载、承载面积等技术条件，应由设计单位将桅杆基础与设备基础同时设计，并应同时施工。

11.1.7 桅杆的安装位置应准确定位，其坐标位置偏差应小于10mm，当采用门式桅杆时，两桅杆基础间的标高误差应小于10mm。

11.1.8 采用倾斜桅杆吊装法吊装设备时，其倾斜角度不得超过15°。

11.1.9 牵引与制动用地锚位置应与基础中心在同一直线上。设备脱排时，应控制溜尾滑轮组的走绳与地面夹角，且应按吊装施工方案规定位置脱排，不得提前脱排。

11.1.10 当两套起吊索、吊具共同作用于一个吊点时，应加平衡装置并进行受力平衡监测。

11.1.11 滑移尾排宜采用可改善设备裙部的受力状态及保持设备运行中稳定的回转机构。

11.1.12 吊装过程中，应对桅杆结构的直线度进行监测。

11.1.13 直立单桅杆顶部拖拉绳的设置数量宜为6根～8根，门式桅杆顶部拖拉绳的设置数量不得少于6根。

11.1.14 对倾斜吊装的桅杆应加设主后背绳，主后背绳的设置数量不得少于2根。

11.1.15 拖拉绳与地面的夹角宜为30°，最大不得超过45°。

11.1.16 直立单桅杆各相邻拖拉绳之间的水平夹角不得大于80°。

11.1.17 拖拉绳应有防止滑轮组受力后产生扭转的措施。

11.1.18 需要移动的桅杆应设置备用拖拉绳。

11.2 桅杆的竖立、移动与拆除

11.2.1 桅杆的竖立、移动和拆除应编制施工方案。

11.2.2 桅杆可采用扳转法、滑移法整体竖立，也可利用移动式起重机、高位设施或其他措施分段正装或倒装。

11.2.3 桅杆竖立时，应对称进行拖拉绳松紧度调整。

11.2.4 拖拉绳松紧度调整完毕，应及时采取加设保险绳的安全措施。

11.2.5 主提升滑轮组的设置应符合下列规定：

1 上部定滑轮组与桅杆顶部吊梁的连接，应采用捆绑钢丝绳进行柔性连接。

2 桅杆的主提升滑轮组宜采用双抽头顺穿方式，有效收紧长度应满足设备的最大提升高度要求。

3 上部定滑轮组捆绑完成后，其滑轮横轴的中心线水平度不得大于3°。

4 在桅杆竖立前，应将主提升滑轮组贴紧桅杆固定。

11.2.6 主牵引卷扬机的设置应符合下列规定：

1 卷扬机的规格、型号宜相同。

2 卷扬机卷筒上钢丝绳的缠绕层数宜相同。

3 卷扬机在后侧进行两点封固后，还应在卷扬机的两侧增加封固。

11.2.7 桅杆的竖立应符合下列规定：

1 需要移动的桅杆，在桅杆底座（排子）下面宜安放滚杠，滚杠可选用圆钢或厚壁钢管，选用钢管时应核算其承载能力，其长度应比排子的宽度长500mm～700mm。滚杠间的中心距离应为其直径的2倍。

2 桅杆采用扳转或滑移法竖立时，宜用吊耳作为吊点进行吊装；无吊耳时，应选择刚性较大的节点作为吊点，并应对捆绑绳采取保护措施。

11.2.8 桅杆移动应符合下列规定：

1 移动路线及路面应平整，且应满足其承载要求。

2 桅杆底部应设置牵引滑轮组和制动滑轮组，移动过程中应随时注意其受力情况，在弯道上移动时，应及时改变牵引和制动滑轮组的受力方向。

3 桅杆移动的前倾角度，当采用间歇法时，不应超过15°，当采用连续法时，不应超过5°；桅杆在移动时的侧向偏角不得大于2°。

4 门式桅杆移动时，底部的两个底排应同步移动，宜在门式桅杆下部两支腿间设置刚性横梁连接。

5 调整拖拉绳时，应先放松后收紧，并应对称进行。

6 桅杆移动中暂停时，应将桅杆调整到垂直状态，并应将拖拉绳卡牢，同时应切断卷扬机电源。

11.2.9 桅杆拆除应符合下列规定：

1 拆除桅杆可采用与竖立桅杆相反的顺序进行，可采用整体放倒、分段正拆、分段倒拆等方法。

2 采用扳转法放倒桅杆时，桅杆底部的锚固系统应根据其最大受力设置。

3 用分段正拆的方法拆除桅杆时，待拆除段应用临时拖拉绳固定。

4 用分段倒拆的方法拆除桅杆时，宜利用移动式起重机进行。

11.3 吊装方法

11.3.1 桅杆吊装方法可分为滑移法、抬送法和扳转法。

11.3.2 双桅杆或门式桅杆滑移法吊装应符合下列程序：

1 在提升滑轮组作用下使设备抬头。

2 控制牵引和后溜滑轮组，使尾排开始移动。

3 设备脱排。

4 设备就位。

11.3.3 双桅杆或门式桅杆抬送法吊装应符合下列程序：

1 在提升滑轮组和抬尾起重机的共同作用下使设备抬离支撑。

2 提升滑轮组继续提升，抬尾起重机配合递送。

3 抬尾起重机摘钩。

4 设备就位。

11.3.4 扳转法吊装应符合下列程序：

1 以设备底铰为支点并通过设备上的吊点施加扳转力使设备抬头。

2 在主扳滑轮组作用下使待吊设备由平卧状态逐步回转接近临界自转状态。

3 后溜滑轮组受力并将设备溜放到直立状态。

4 设备就位。

11.4 安全规定

11.4.1 桅杆竖立后应及时进行封底，并应采取防雷措施。

11.4.2 试吊过程中，存在下列现象之一时，应立即停止试吊，消除隐患，并应经有关人员确认安全后，再恢复试吊：

1 地锚移位。

2 走绳抖动。

3 设备或机具有异常声响、变形、裂纹。

4 桅杆地基下沉。

5 其他异常情况。

11.4.3 吊装过程中应对桅杆垂直度、平面度和重点部位进行监测。

11.4.4 滑移法吊装时，应及时调整尾排走向。在尾排滑移到脱排位置后，应对吊装系统各受力部位进行全面检查、确认后再脱排。

11.4.5 两套及以上滑轮组的应同步提升，设备应在自转临界角前脱排。

11.4.6 对影响设备吊装的两桅杆内侧的相关拖拉绳，在设备抬头时应缓慢回松，再移送到塔体下部，并应随着设备的提升及时将回松的拖拉绳收紧。

11.4.7 吊装前应确认提升滑轮组和抬尾起重机吊索的垂直情况。起吊时，提升滑轮组和抬尾起重机应缓慢提升。

11.4.8 抬尾起重机在吊装过程中应保持吊索的垂直，设备底部距离地面宜为200mm。

11.4.9 采用扳转法吊装时，两铰链的铰轴纵向中心线应与设备纵向中心线成正交，两铰链的安装应符合下列规定：

1 水平度应小于或等于2mm/m。

2 同轴度应小于或等于10mm。

3 垂直度应小于或等于1mm/m。

4 应按设计规定的预紧力紧固螺栓。

11.4.10 带有铰链的设备基础应满足扳转所产生的正压力和水平推力的荷载要求，设备下端应采取支撑加固措施。

11.4.11 采用扳转法吊装时，宜在桅杆和塔架底节加设扳转角度指示器，制动滑轮组的锚点应在塔架纵向中心线上，其拖拉绳与地面最大夹角不应大于45°。

11.4.12 经纬仪应设置在扳转主轴线上，应监测设备侧向偏移和转动情况。侧向偏差不得大于设备高度的1/1000，且不应大于60mm。

11.4.13 采用扳转法竖立设备且塔架或设备扳转至临界角之前10°时，制动滑轮组应开始受力，进入临界角之后，主扳转滑轮组应处在松弛状态，应由制动滑轮组控制，并应将塔架或设备溜放到直立状态。

11.4.14 采用起重机滑移法整体竖立门式桅杆时，桅杆底部应设刚性支撑梁进行加固。

11.4.15 门式桅杆的拖拉绳预紧力调整时，应采用经纬仪配合测力计进行监测，并应同时完成预紧力调整和门式桅杆平面度与垂直度的找正，拖拉绳预紧完成后，其调整滑轮组绳末端应卡固。

12 设备平移

12.1 一般规定

12.1.1 设备平移可分为水平移动、转向或水平移动加转向。

12.1.2 临时基础宜按正式基础要求进行施工。临时基础与正式基础临近时，宜施工为联合基础。

12.1.3 设备的正式基础宜采用预留孔形式设置地脚螺栓。

12.1.4 设备平移前，宜进行滚排模拟耐压试验及滚排牵引拉力、启动系数、滚动摩擦系数测定试验。

12.1.5 平移过程中，应用专用仪器对平移方向进行监测，当偏离中心线时，应停止平移，并应采取纠偏措施。

12.1.6 平移过程中监测内容应包括牵引系统的受力，每根滚杠的方位、间距，平移设备的垂直度及刚度，风向的检测和预警。

12.2 平移设施安装

12.2.1 平移设施应包括支撑、牵引、纠偏等系统。

12.2.2 支撑系统应符合下列规定：

1 安装应按临时基础设置、下走道布置、行走装置布置、上走道布置和设备摆放的顺序进行。

2 下走道宜用混凝土、钢板、H型钢或钢轨铺设，并应满足刚度、强度要求。

3 上走道宜与设备底部支座联合设计，可利用设备的支座、构架的底板。

4 走道表面平面度误差应为3mm。采用钢材拼装时，应有详细的排版图及焊接要求，对口错边量不应大于0.5mm，所有高出母材表面的焊缝应进行打磨并与母材平齐。

5 采用滚动形式的行走装置时，滚杠应满足刚度要求；使用前应进行检查。滚杠圆度偏差不应大于1mm，直线度偏差不应大于2mm。

6 采用滚动形式的行走装置时，滚杠放置数量应通过计算确定。

7 采用滚动形式的行走装置时，滚杠应在垂直于临时基础与正式基础中心连线的位置上被切入。

8 采用滚动形式的行走装置时，滚杠放置前应在下滚道上划好定位线，滚杠两端应有标识。

9 采用滑动形式的行走装置时，上、下滑道应配合安装，中间应加润滑剂。

10 设备支座强度应满足平移要求。

12.2.3 牵引系统应符合下列规定：

1 牵引系统可采用前牵、后推、前牵及后推混合等方式。

2 前牵宜采用液压设备，采用多点牵引时，各牵引点应动作同步、受力均匀。

3 后推宜采用有推力显示的卧式千斤顶或自动控制的集群千斤顶。

4 平移水平拉力或推力应计算确定。

12.2.4 纠偏系统应符合下列规定：

1 纠偏系统应设置检测、侧移、溜放及倒行装置。

2 检测装置应包括行进标尺、移动显示指示针和终点限位装置。

3 纠偏宜在发生偏移的初期开始进行，并宜在前行中同时进行。采用滚动形式的行走装置时，应同时调整滚杠的方向。

12.3 平移方法

12.3.1 设备平移可按摩擦方式分为滚动摩擦法和滑动摩擦法，也可按牵引方式分为后推、前牵、后推及前牵混合法。

12.3.2 设备平移应符合下列程序：

1 按正式基础形式设置临时基础。

2 在临时与正式基础间设置行走走道。

3 安装行走装置。

4 设备吊装到位或现场制造，进行必要的设备支座加固。

6 牵引系统设置。

7 启动牵引系统平移设备。

8 当平移超过牵引系统一个行程时，重新设置牵引系统完成下一个行程，重复此过程，连续平移。

9 平移到位后，宜将行走装置拆除。

10 配合设备安装。

12.4 安全规定

12.4.1 设备平移时的启动加速度、运行速度应满足设备的稳定性要求，必要时应采取防倾覆措施。

12.4.2 上滚道板和下滚道板上、下表面之间不得有异物。

12.4.3 滚杠摆放宜采取限位措施。

12.4.4 移动路线地下设施处理应有专项方案。

本规范用词说明

1 为便于在执行本规范条文时区别对待，对要求严格程度不同的用词说明如下：

1）表示很严格，非这样做不可的：
正面词采用“必须”，反面词采用“严禁”；

2）表示严格，在正常情况下均应这样做的：
正面词采用“应”，反面词采用“不应”或“不得”；

3）表示允许稍有选择，在条件许可时首先应这样做的：
正面词采用“宜”，反面词采用“不宜”；

4）表示有选择，在一定条件下可以这样做的，采用“可”。

2 条文中指明应按其他有关标准执行的写法为：“应符合……的规定”或“应按……执行”。

引用标准名录

《石油化工建设工程施工安全技术规范》GB 50484

《建筑卷扬机》GB/T 1955

《碳素结构钢和低合金结构钢 热轧厚钢板和钢带》GB/T 3274

《起重吊运指挥信号》GB 5082

《起重机 钢丝绳 保养、维护、安装、检验和报废》GB/T 5972

《钢丝绳夹》GB/T 5976

《结构用无缝钢管》GB/T 8162

《重要用途钢丝绳》GB 8918

《粗直径钢丝绳》GB/T 20067

《一般用途钢丝绳》GB/T 20118

《建筑地基处理技术规范》JGJ 79

《油压千斤顶》JB/T 2104

《螺旋千斤顶》JB/T 2592

《承压设备无损检测》JB/T 4730

《起重机用铸造滑轮》JB/T 9005

《手拉葫芦安全规则》JB/T 9010

中华人民共和国国家标准

石油化工大型设备吊装工程规范

GB 50798—2012

条 文 说 明

制 订 说 明

《石油化工大型设备吊装工程规范》GB 50798－2012，经住房和城乡建设部2012年10月11日以第1491号公告批准发布。

本规范制订过程中，编制组进行了广泛的调查研究，总结了我国石油化工大型设备吊装的实践经验，并广泛征求了各方面的意见。

为便于广大设计、施工、科研、学校等单位有关人员在使用本规范时能正确理解和执行条文规定，《石油化工大型设备吊装工程规范》编制组按章、节、条顺序编制了本规范的条文说明，对条文规定的目的、依据以及执行中需注意的有关事项进行了说明，还着重对强制性条文的强制性理由作了解释。但是，本条文说明不具备与规范正文同等的法律效力，仅供使用者作为理解和把握规范规定的参考。

目　次

2 术 语

2.0.4 在本规范中，吊装荷载指设备等被吊物、吊钩组件、吊索具及加强措施等质量。采用单吊车作为主吊时，不考虑动荷载、不平衡等系数；采用双吊车作为主吊时，按照本规范第9.1.6条的规定；采用桅杆等工具应考虑动荷载、不平衡等系数。

2.0.6 桅杆

桅杆是指立式或倾斜使用的格构式、管式、实体的结构柱体，并用拖拉绳保持其稳定性。桅杆可由方木或圆木制成，亦可用角钢桁架或钢管做成。在石油化工起重施工中常用的吊装机械，其结构特点、工作方式、使用方法等决定其具有特殊性。在大型设备吊装中常用金属桁架桅杆。

2.0.23 设备起升离开支撑的距离根据设备吊装工艺方法确定，以满足可观测、检查各部位的受力状态为条件。

3 基 本 规 定

3.0.1 近年来，随着特大型石油化工联合装置的建设，大型设备数量较多。参加建设单位较多，大型设备吊装作业条块分割，造成了人力、技术、设备等资源浪费。在特大型石油化工联合装置建设中采用大型设备吊装“一体化”管理模式，对项目所需大型吊装机械进行统筹协调，提高设备利用率，能确保大型设备吊装安全顺利完成。

3.0.4 本条为强制性条文。吊索、吊具对吊装安全关系重大，为确保安全，应严格执行。

3.0.5 本条为强制性条文。在吊装作业中，吊具、吊索和起重机械的使用均有限定负荷，负荷值是经过试验验证，并有安全保障的，若超负荷使用，会造成吊装事故。为保障人身和财产安全以及其他公共利益，本条规定禁止超负荷使用。

3.0.6 本条为强制性条文。吊装作业为高风险性作业，吊装作业人员属特种作业人员，若人员未通过相应特种作业上岗培训且考试合格，则未能掌握安全技术要领，将是发生吊装事故的潜在因素。为保障人身和财产安全以及其他公共利益，本条规定吊装作业人员必须取得相应特种作业证件。

4 施 工 准 备

4.1 技 术 准 备

4.1.7 整体组合吊装是指设备上附设的梯子、平台、管线的组装以及保温等作业，在地面完成后一次吊装就位。

5 吊 耳

5.1 一 般 规 定

5.1.14 考虑到吊装安全性，吊耳设计时应考虑一定裕量。本规范中吊耳设计系数取大于或等于1.5，是将吊装相关文献中提供的吊装动荷载系数1.1与吊耳受载时不均衡系数1.3的乘积1.43保留一位小数并取大值而得出的。该系数不包括吊耳强度校核时应考虑的材料本身的安全系数和焊接焊缝系数。

吊耳设计时应以安全、经济、使用方便、不影响被吊装的设备为基本原则，要综合考虑材料、吊装所使用的机械情况、吊装作业人员的操作水平、吊装作业环境、吊装工艺方法、吊耳制作质量、焊接吊耳位置设备本身的局部强度等因素的影响。

举例：若某设备重量为100t，设置两个吊耳，则每个吊耳受力为50t，吊耳设计时应按每个吊耳能承受50t的1.5倍的荷载（即75t）进行设计和强度校核，依此类推。

5.2 吊盖式吊耳

5.2.7 吊盖与设备顶部法兰之间的连接螺栓预紧时，拧紧螺母时所需力矩按式（1）计算：

$$T = K_t F d_c \tag{1}$$

式中：T——螺栓拧紧力矩（N·cm）；

F——预紧力（N）；

K_t——拧紧力矩系数，取0.2；

d_c——螺纹最小直径（cm）。

螺栓预紧力应满足式（2）的要求：

$$F = \frac{R_A}{K_Z m Z} \tag{2}$$

式中：R_A——设备抬头时设备头部提升力；

K_Z——吊盖式吊耳与设备顶部法兰之间的综合摩擦系数，取值0.3；

m——接合面数目；

Z——螺栓数目。

6 地 基 处 理

6.0.1 地下设施有：埋地管线、电缆沟、窨井和阀井等。

6.0.2 随着石油化工装置设备大型化和大型起重机械的使用，起重吊装作业场地地基的处理成为吊装施工的重要技术措施之一。地基处理的可行性、安全性和经济性是吊装技术人员在考虑地基处理方案时的重要因素。除采用必要的桩基以外，目前对于使用移动式起重机进行起重吊装作业承载地基的处理常采用换填垫层法。这种方法是先挖去承载板下处理范围内的软弱土，再分层换填强度大、压缩性小、性能稳定的材料，并压实达到要求的密实度，作为地基的持力层。其原理是利用换填材料较大的压力扩散角，降低作用于地基持力层的压强，达到满足地基持力层承载力的要求。

换填垫层法适用于淤泥、淤泥质土、湿陷性黄土、素填土、杂填土地基等浅层处理。因换土的宽深范围有限，采用该方法既安全又经济。经工程实践，换填垫层法效果良好，目前已广泛地用在吊装作业的地基处理中。

针对地基处理，有专门的地基处理技术规范，但那一般都是按永久性地基考虑的，而在吊装工程中，因为荷载是短时间的，所以地基处理按照规范处理显然是偏保守的。所以现在现场的地基处理方式往往是实际经验与理论规范相结合，处理后再用检测手段对地基进行检测，来检验地基是否符合吊装时的承载要求。本规范不详细列出地基处理方法，只作了一些通用性的规定。

7 吊装绳索

7.2 钢丝绳

7.2.4 正确的放绳方法，见图1。

图1 正确的放绳方法

错误的放绳方法，见图2。

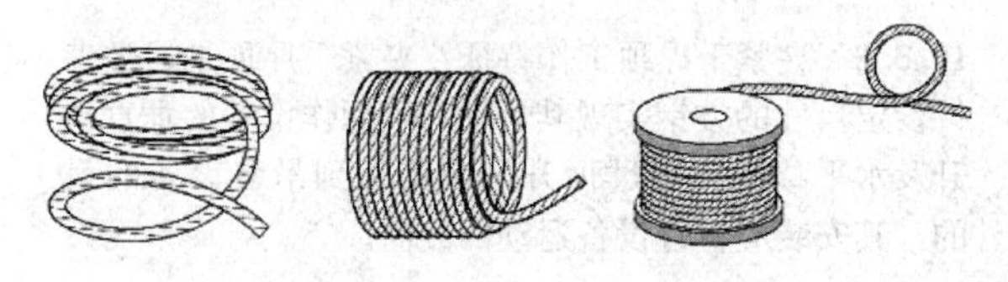

图2 错误的放绳方法

8 吊装机具

8.7 平衡梁

8.7.1 在石油化工工程建设中，吊装作业常用的平衡梁有本规范的四种形式（见图3～图6）。实际上，平衡梁的形式还远不止这几种。实际工作中应根据工件特点、起重机械类型和实际需要来选择和设计不同形式的平衡梁。

1 板孔式平衡梁，见图3。

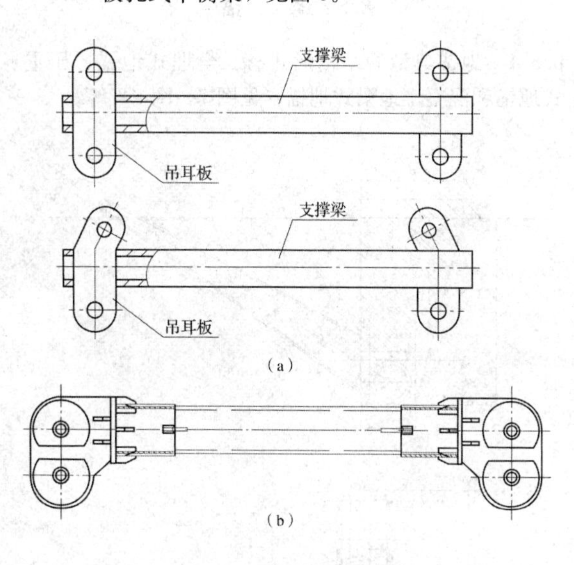

图3 板孔式平衡梁

2 用滑轮组连接的滑轮式平衡梁，见图4。

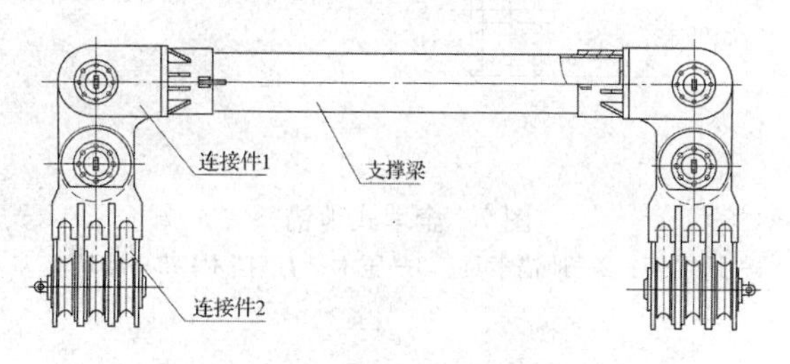

图4 滑轮式平衡梁

3 支撑式平衡梁，见图5。

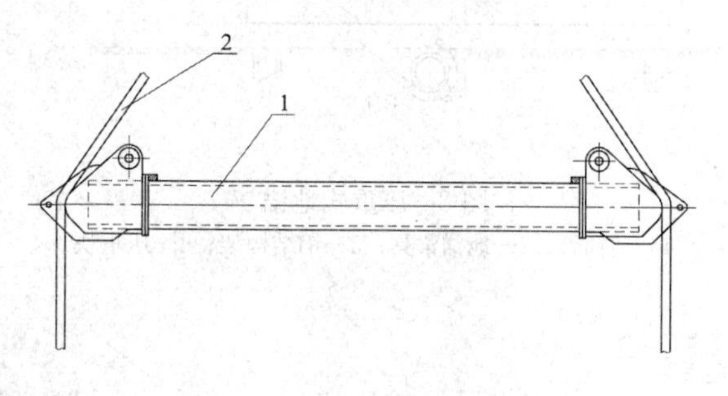

图5 支撑式平衡梁

1—支撑梁；2—吊索

4 桁架式平衡梁，见图6。

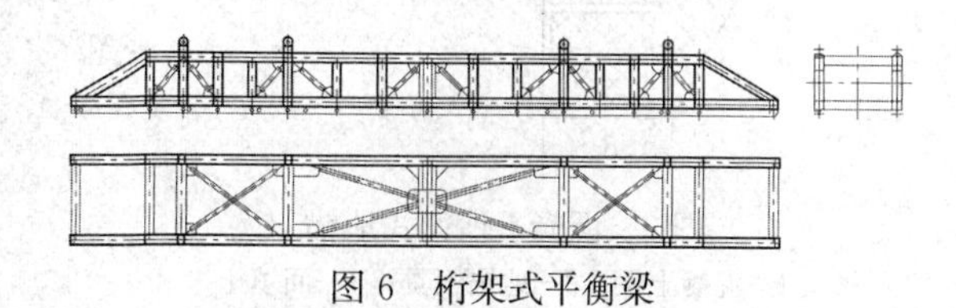

图6 桁架式平衡梁

8.8 地　　锚

8.8.1 地锚典型的结构形式有：全埋式地锚、压重式地锚和混凝土地梁式地锚（见图7～图9）等。

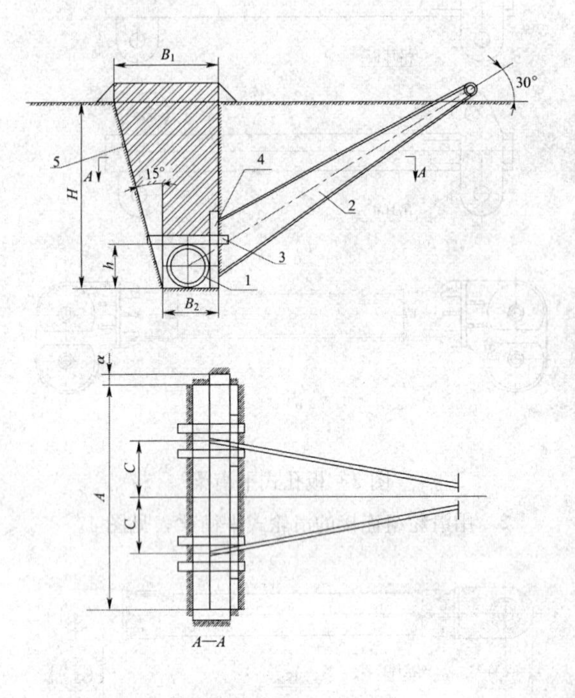

图7　全埋式地锚

1—地锚管；2—地锚索具；3—压木；4—挡木；5—回填土

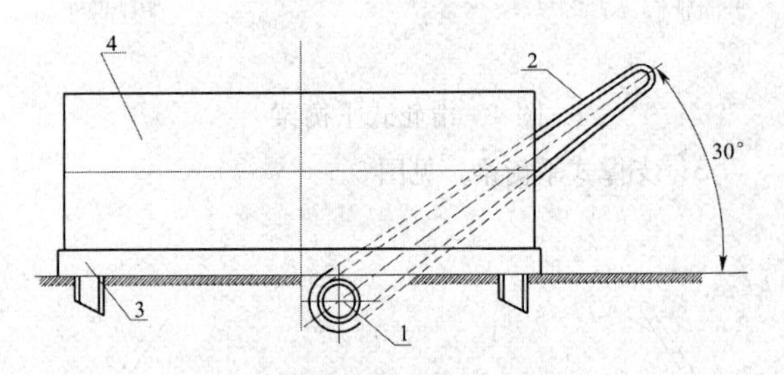

图8　压重式地锚

1—地锚管；2—地锚索具；3—钢结构架；4—压重块

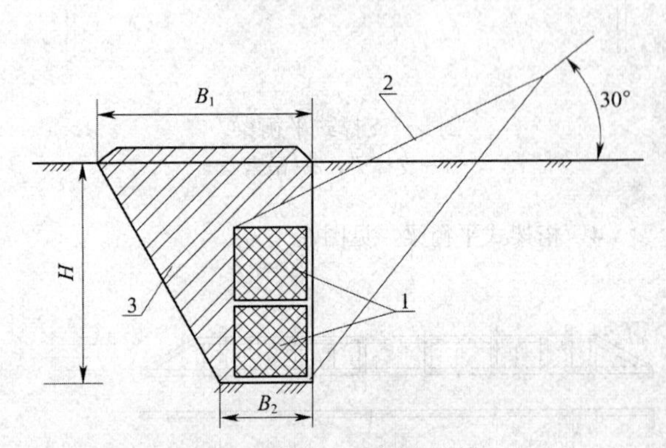

图9　混凝土地梁式地锚

1—混凝土梁；2—地锚索具；3—回填土

9　起重机吊装

9.1　一 般 规 定

9.1.6 双机抬吊是比较危险的作业，对吊装指挥及司机的要求都比较高，国外有些工程管理公司对于双机抬吊作业是持否定态度的。但是在工程现场没有足够大的起重机械能满足单机吊装的情况下，并考虑到合理的吊装机械费用，一般比较多的是采用两台起重机抬吊作业。由于双机抬吊可能出现两台起重机提升速度不同步、起吊能力不同或指挥与司机的不同步等危险因素，所以本条规定了只能用其额定起重能力的80%。

9.3　起重机选择与布置

9.3.1 本条说明如下：

1　起重机臂杆长度及截面尺寸包括主臂、副臂、变幅臂、超起臂。

2　起重机配重包括主车配重、超起提升配重。

3　设备结构尺寸包括直径、高度、壁厚等。

4　设备吊装重量包括设备重量、吊装索具以及随设备一起吊装的梯子、平台、附塔管线、保温、设备内件重量。

5　起重机在施工现场的行进道路状况包括高空和地下。

9.3.2 初选主起重机性能数据包括额定起重能力、起重机工作回转半径、臂杆长度、臂杆仰角等。

9.3.4 起重机组装场地是包括主臂、副臂、变幅臂、超起臂等起重机所有部件的组装场地。

10　液压装置吊装

10.3　钢绞线与方钢

10.3.8 夹紧千斤顶工作特征：夹紧千斤顶是通过夹持设定尺寸的方钢实现其运动，可用作设备的垂直顶升及水平移动。通过顶升吊装梁达到吊装设备的目的，其安装应符合设备运动的方向。

10.4　吊 装 方 法

10.4.1 液压顶升法吊装是用夹紧千斤顶沿方钢向上爬升来顶升吊装梁，通过吊装梁向上运动来提升设备的顶部，设备底部采用尾排或起重机运送，最后将设备安放到预定的位置上。

11　桅 杆 吊 装

11.3　吊 装 方 法

11.3.2 双桅杆和门式桅杆滑移法吊装主要由桅杆系

统、提升系统和牵引后溜系统三部分组成。

桅杆系统主要由桅杆本体、封底滑轮组、拖拉绳组成，提升系统主要由系挂在桅杆顶部的滑轮组和主牵引卷扬机组成，牵引后溜系统主要由牵引后溜卷扬机、滑轮组、尾排组成。

11.3.3 双桅杆和门式桅杆抬吊抬送法吊装主要由桅杆系统、提升系统和抬尾起重机三部分组成。

桅杆系统主要由桅杆本体、封底滑轮组、拖拉绳组成，提升系统主要由系挂在桅杆顶部的滑轮组和主牵引卷扬机组成。

11.3.4 扳转法吊装主要由桅杆系统、牵引系统、回转铰链系统和溜放系统四部分组成。

桅杆系统主要由桅杆本体、回转铰腕（或封底滑轮组）、拖拉绳等组成，牵引系统主要由滑轮组、导向滑轮和牵引卷扬机组成，回转铰链系统主要由钢筋混凝土基础、回转铰腕底座及铰腕连接件组成，溜放系统主要由滑轮组和牵引卷扬机组成。

11.4 安 全 规 定

11.4.3 吊装过程中桅杆垂直度、平面度和重点部位包括主拖拉绳及地锚、后侧拖拉绳及地锚、提升索具、走绳、导向滑轮、主卷扬机等。

12 设 备 平 移

12.1 一 般 规 定

12.1.1 设备平移是指当设备需搬迁移位且无法正常装车运输，或装置改造中设备更新按正常工期无法完成，只能在旁边组装好新设备，等旧设备拆除后，采用平移技术使其沿特定路线水平移动一段距离后就位的方法；当设备安装在受限空间内，不能用起重机械直接吊装就位时，也可用起重机械将设备吊装到合适位置后再采用设备平移方法就位。

12.2 平移设施安装

12.2.2 滚杠放置数量计算公式如下：

$$n = Q \cdot \frac{K_1 K_2}{WL} \tag{3}$$

式中：n——应放置的滚杠数量；

Q——计算重量（包括设备本体重量、加固重量、滚杠重量）（t）；

K_1——动荷载系数，取1.1；

K_2——超载系数，取1.1；

W——滚杠长度上允许荷载（t/m），取值见表1；

L——每根滚杠上有效承压长度（m）。

表1 滚杠允许荷载

滚杠材质	允许荷载（t/m）	滚杠材质	允许荷载（t/m）
厚壁无缝钢管	3.5D	铸钢	4.2D
厚壁无缝钢管充填混凝土	4.0D	锻钢	5.3D

注：D为滚杠直径，单位为cm。

12.2.3 采用滚动形式的行走装置平移时，水平拉力或推力计算公式如下：

$$P = K_q \cdot Q \cdot \frac{(f_1 + f_2)}{D} \cdot g \tag{4}$$

式中：P——水平推或拉力（kN）；

K_q——启动系数（包括变速运动力、滚杠不平行、受力不均等），钢对钢取1.5；

Q——计算重量（包括设备本体重量、加固重量、上滚道重量）（t）；

f_1——滚杠与上滚道板间滚动摩擦系数，钢与钢之间取0.05cm；

f_2——滚杠与下滚道板间滚动摩擦系数，钢与钢之间取0.05cm；

D——滚杠直径（cm）；

g——重力加速度，取9.8m/s^2。

中华人民共和国国家标准

电子会议系统工程设计规范

Code for design of the electrical conference systems

GB 50799—2012

主编部门：中华人民共和国工业和信息化部

批准部门：中华人民共和国住房和城乡建设部

施行日期：2 0 1 3 年 1 月 1 日

中华人民共和国住房和城乡建设部
公　　告

第1457号

住房城乡建设部关于发布国家标准《电子会议系统工程设计规范》的公告

现批准《电子会议系统工程设计规范》为国家标准，编号为GB 50799—2012，自2013年1月1日起实施。其中，第3.0.8、7.4.2（2、3）条（款）为强制性条文，必须严格执行。

本规范由我部标准定额研究所组织中国计划出版社出版发行。

中华人民共和国住房和城乡建设部

2012年8月13日

前　　言

本规范是根据原建设部《关于印发〈2007年工程建设标准规范制订、修订计划（第二批）〉的通知》（建标〔2007〕126号）的要求，由北京奥特维科技有限公司、深圳市台电实业有限公司、工业和信息化部电子工业标准化研究院电子工程标准定额站会同有关单位共同编制而成。

本规范在编制过程中，编制组进行了广泛的调查研究，认真总结实践经验，并参考国内外有关的标准，广泛征求国内有关单位和专家的意见，并反复修改，最后经审查定稿。

本规范共分14章，主要内容包括：总则，术语和缩略语，基本规定，会议讨论系统，会议同声传译系统，会议表决系统，会议扩声系统，会议显示系统，会议摄像系统，会议录制和播放系统，集中控制系统，会场出入口签到管理系统，会议室、控制室要求，线路要求等。

本规范中以黑体字标志的条文为强制性条文，必须严格执行。

本规范由住房和城乡建设部负责管理和对强制性条文的解释，由工业和信息化部负责日常管理，由中国电子科技集团公司第三研究所负责具体技术内容的解释。在本规范的执行过程中，请各单位结合工程实践，认真总结经验，如发现需要修改或补充之处，请将意见和有关资料寄至北京奥特维科技有限公司（地址：北京市朝阳区酒仙桥北路乙七号，邮政编码：100015），以供今后修订时参考。

本规范主编单位：北京奥特维科技有限公司
深圳市台电实业有限公司
工业和信息化部电子工业标准化研究院电子工程标准定额站

本规范参编单位：中国建筑设计研究院
北京世纪伟臣科技发展有限公司
北京彩讯科技股份有限公司
广东威创视讯科技股份有限公司
佛山市天创中电经贸有限公司
深圳锐取信息技术股份有限公司

本规范主要起草人员：刘　芳　侯移门　陈建立　张文才　陈　琪　钟景华　薛长立　杜宝强　谢　宏　张雁鸣　张佩华　高　勇　王　兴

本规范主要审查人员：郭维均　孟子厚　叶恒健　王炳南　崔广中　张　宜　陆鹏飞　彭兴隆　朱立彤

目次

Contents

1 总 则

1.0.1 为规范电子会议系统工程设计，提高电子会议系统工程的设计质量，制定本规范。

1.0.2 本规范适用于电子会议系统工程的新建、扩建和改建的设计。

1.0.3 电子会议系统工程设计应做到技术先进、经济合理、实用可靠。

1.0.4 电子会议系统工程设计中所使用产品，应符合国家相关产品认证要求。

1.0.5 电子会议系统工程的设计，除应符合本规范外，尚应符合国家现行有关标准的规定。

2 术语和缩略语

2.1 术 语

2.1.1 电子会议系统 conference system

通过音频、自动控制、多媒体等技术实现会议自动化管理的电子系统。

2.1.2 代表 delegate

具有发言、收听、表决设备的与会者。

2.1.3 主席 chairman

具有代表的全部权限，并主持会议的人员。

2.1.4 翻译员 interpreter

通过翻译系统将一种语言口译成其他语言的人员。

2.1.5 操作人员 operator

操作控制设备、视听设备、记录设备，监听会场和同声传译室声音质量的人员。

2.1.6 听众 audience

在会议上不发言，而只有收听设备的人员。

2.1.7 原声通路 floor channel

传输发言者讲话的音频通路。

2.1.8 译音通路 language channel

传输指定语言的音频通路。

2.1.9 呼叫通路 call channel

传输翻译员、主席、发言者与操作人员信息的音频通路。

2.1.10 会议讨论系统 conference discussion system（CDS）

可供代表和主席分散或集中控制传声器的单通路声系统。

2.1.11 会议同声传译系统 conference simultaneous interpretation system（CSIS）

将发言者的原声经翻译单元（由翻译员进行）同声翻译成其他语言，并通过语言分配系统把发言者的原声和译音语言分配给代表的声系统。

2.1.12 语言分配系统 language distribution system（LDS）

将发言者的原声和译音语言分配给代表的声系统。

2.1.13 会议表决系统 conference voting system（CVS）

可供代表和主席进行电子表决的中心控制数据处理系统。

2.1.14 会议单元 conference unit

供代表使用的，具有发言、收听、表决功能中的一种或多种功能的电子终端设备。

2.1.15 会议系统控制主机 conference system control main unit

会议系统的中央控制装置。在有线连接的会议系统中，可为会议单元供电。

2.1.16 会议显示系统 conference video display system

显示会议信息、演讲内容、图像等的会场大屏幕显示系统。

2.1.17 会议录制和播放系统 conference recording and playback system

记录和播放会议多媒体信息的系统。

2.1.18 集中控制系统 central control system

对会场的各种电子设备进行集中控制和管理的电子设备系统。

2.1.19 视像跟踪系统 video tracking system

针对即席发言者的定位、特写镜头等图像的控制系统。

2.1.20 会场出入口签到管理系统 conference entrance sign-in management system

设立于会场出入口，针对与会者的资格及权限的报到和确认系统。

2.2 缩 略 语

IC（Integrated Circuit） 集成电路

MD（Mini Disc） 微型唱盘

PZM（Pressure Zone Microphone） 压力区式传声器或界面传声器

VGA（Video Graphic Array） 视频图形阵列

XGA（Extended Graphics Array） 扩展图形阵列，显示分辨率 1024×768

SXGA（Super Extended Graphics Array） 超级扩展图形阵列，显示分辨率 1280×1024

DVI（Digital Visual Interface） 数字视频接口

HDMI（High Definition Multimedia Interface） 高清晰度多媒体接口

HDTV（High Definition Television） 高清晰度电视

CIF（Common Intermediate Format） 常用的标准化图像格式

4CIF（4 Common Intermediate Format） 4倍的CIF

USB（Universal Serial Bus） 通用串行总线

Composite Video 复合视频

S-Video（Separate Video） 亮、色分离

RGB（Red Green Blue） 红、绿、蓝信号

IE（Internet Explorer） 微软公司推出的一款网页浏览器

B/S（Browser/Server） 浏览器一服务器

SAN（Storage Area Network） 存储区域网络

iSCSI（Internet Small Computer System Interface） 基于TCP/IP的协议

PPT（Power Point） 演示文稿制作软件

720P（720 Progressive Scan） 720条逐行扫描线

1080i（1080 interlaced Scan） 1080条隔行扫描线

1080P（1080 Progressive Scan） 1080条逐行扫描线

ASF（Advanced Streaming Format） 数据格式

YPbPr/YCbCr 分量信号

3 基本规定

3.0.1 电子会议系统可包括会议讨论系统、同声传译系统、表决系统、扩声系统、显示系统、摄像系统、录制和播放系统、集中控制系统和会场出入口签到管理系统等。

3.0.2 电子会议系统宜根据会议厅堂规模和实际需求选取子系统。

3.0.3 电子会议系统工程应选用稳定可靠的产品和技术，并应根据需要采取备份和相应的冗余措施。

3.0.4 电子会议系统工程宜具备支持多种通信媒体、多种物理接口的能力，宜具有技术升级、设备更新的灵活性。

3.0.5 电子会议系统工程设计宜保证设备的易管理性。

3.0.6 进行电子会议系统工程设备选型时，应将各子系统集成，并保证各系统之间的兼容性和良好配接性。

3.0.7 设备的人身安全和防火要求，应按现行国家标准《音频、视频及类似电子设备 安全要求》GB 8898的有关规定执行。

3.0.8 会议讨论系统和会议同声传译系统必须具备火灾自动报警联动功能。

3.0.9 电子会议系统工程最大声级的设计应科学、合理。

3.0.10 电子会议系统工程设备的工作环境，宜符合下列要求：

1 温度范围宜为5℃～40℃。

2 相对湿度不宜大于85%。

3 气压宜为86kPa～106kPa。

3.0.11 电子会议系统工程设备的干扰和抗干扰特性，应符合下列要求：

1 当系统处于电磁场强度为1V/m的干扰下，在30Hz～50kHz的任一载频上，一个1kHz调制频率、调幅度为30%的调幅波，并以额定输入电平为参考电平的信号与干扰电平之比，应大于40dB。

2 电子会议系统设备引起的电磁干扰，应符合现行国家标准《信息技术设备的无线电骚扰限值和测量方法》GB 9254的有关规定。

3 以一个频率在50Hz时为1A/m，频率在150Hz时为0.2A/m，频率在250Hz～20kHz为0.1A/m磁场强度的外部干扰源，所产生的A计权噪声电平，应至少低于额定输入电平40dB。

3.0.12 系统互连用的连接器，应符合现行行业标准《视听、视频和电视设备与系统 第3部分：视听系统中设备互连用连接器》SJ/Z 9141.2的有关规定。

3.0.13 声系统设备互连，应符合现行国家标准《声系统设备互连的优选配接值》GB/T 14197和《视听、视频和电视系统中设备互连的优选配接值》GB/T 15859的有关规定。

3.0.14 中型及以上会议厅堂宜设置控制室，控制室宜具有一个推拉式观察窗。

4 会议讨论系统

4.1 系统分类与组成

4.1.1 会议讨论系统可根据信号传输方式分为有线会议讨论系统和无线会议讨论系统；有线会议讨论系统可分为菊花链式会议讨论系统和星型式会议讨论系统；无线会议讨论系统可分为红外线式和射频式。会议讨论系统可根据音频信号处理方式分为模拟会议讨论系统和数字会议讨论系统。

4.1.2 会议讨论系统的构成应符合下列要求：

1 菊花链式会议讨论系统可由会议系统控制主机、有线会议单元、连接线缆和会议管理软件系统组成（图4.1.2-1）。

2 星型式会议讨论系统可由传声器控制处理装置、传声器和连接线缆组成（图4.1.2-2）。

3 无线会议讨论系统可由会议系统控制主机、无线会议单元、信号收发器、连接主机与信号收发器的线缆和会议管理软件等组成（图4.1.2-3）。

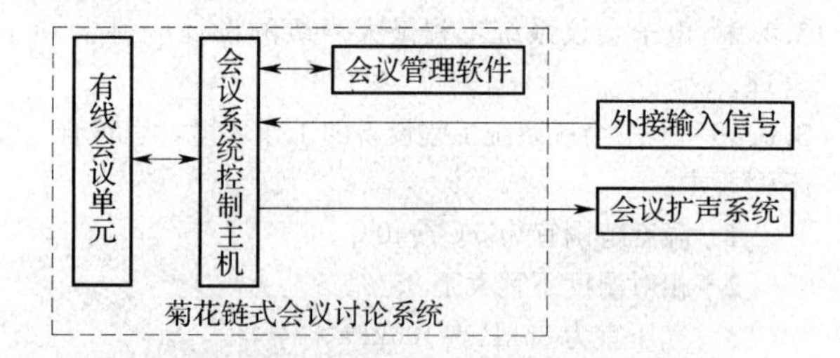

图 4.1.2-1 菊花链式会议讨论系统的组成

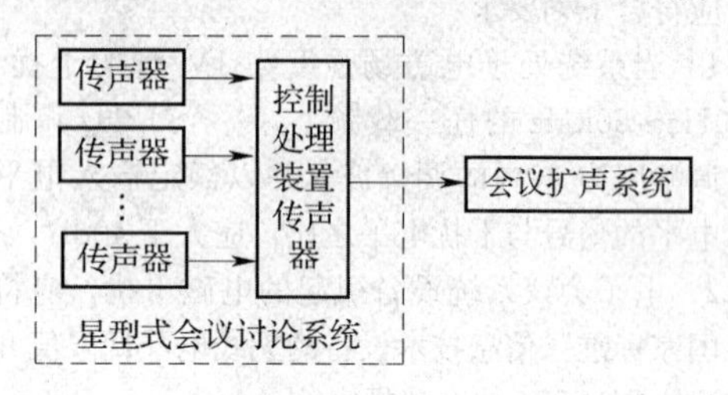

图 4.1.2-2 星型式会议讨论系统的组成

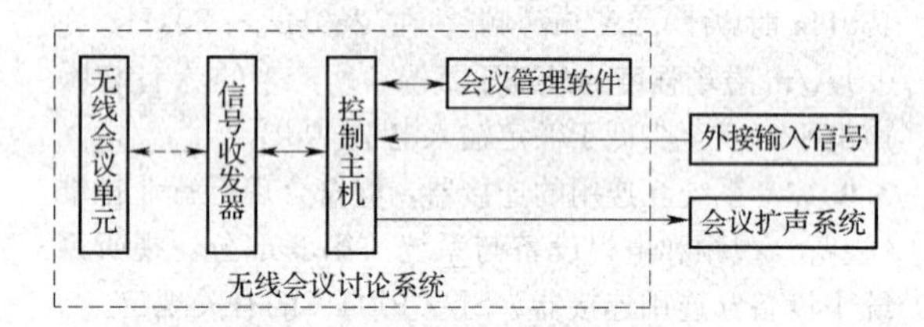

图 4.1.2-3 无线会议讨论系统的组成

4.2 功能设计要求

4.2.1 会议讨论系统应符合下列要求：

1 宜采用单向性传声器。

2 传声器应具有抗射频干扰能力。

3 大型会场宜具有内部通话功能。

4 系统可支持同步录音、录像功能，可具备发言者独立录音功能。

5 操作人员的设备应具有下列功能：

1）应具有头戴监听耳机；

2）应能用节目电平指示器，连续指示原声通路的电平；

3）应具有音量控制功能；

4）宜具有内部通话用的传声器；

5）可提供辅助输入装置给附加信号源；

6）可提供辅助输出装置把原声通路接到扩声系统；

7）可配备带地线隔离的音频分配器供记者录音。

4.2.2 菊花链式会议讨论系统应符合下列要求：

1 系统应具有发言人数限制功能，可设置系统同时开启传声器最大数量。

2 会议单元传声器宜具有下列控制方式：

1）可由代表通过各自会议单元上的按钮控制传声器开关；

2）代表按下会议单元上的“请求发言”按钮，主席或操作人员可决定是否开启传声器；

3）操作人员可集中控制传声器；

4）自动排队和按顺序接通的系统；

5）主席单元的传声器应能优先工作；

6）主席单元的传声器可始终保持常开状态；

7）代表单元可声音控制启动传声器。

3 会议单元应具有传声器状态指示器。

4 主席会议单元应具有优先控制功能。

5 会议单元可内置扬声器。

6 系统可配置定时发言功能。

7 会议单元可配置显示屏。

8 系统可配置操作人员显示屏、主席台显示屏等，并应由操作人员、主席集中控制传声器。

9 系统可配置所需功能的会议管理软件。

10 操作人员的设备应具有下列功能：

1）应能使操作人员按会议程序及主席的指令监听和控制会议室内所有的会议单元。

2）应能监视各个请求和已开启的代表传声器。

4.2.3 星型式会议讨论系统应符合下列要求：

1 传声器可设有静音或开关按钮，并宜具有相应指示灯。

2 传声器控制装置应能支持传声器的数量。

3 传声器数量大于 20 只时不宜采用星型式会议讨论系统。

4.2.4 不能改变或破坏的建筑内、坐席布局不固定的临时会场等，会议讨论系统宜采用无线方式。

4.2.5 在同一建筑物内安装多套无线会议讨论系统，或在会场附近有与本系统相同或相近频段的射频设备工作时，不宜采用射频会议讨论系统。

4.2.6 无线会议讨论系统有保密性和防恶意干扰要求时，宜采用红外线会议讨论系统。

4.2.7 采用红外线会议讨论系统时，应对门、窗等采取防红外线泄露措施。

4.3 性能设计要求

4.3.1 会议讨论系统中从会议单元传声器输入到会议系统控制主机或传声器控制装置输出端口的系统传输电性能要求，应符合表 4.3.1 的要求。

表 4.3.1 会议讨论系统电性能要求

特性	模拟有线会议讨论系统	数字有线会议讨论系统	模拟无线会议讨论系统	数字无线会议讨论系统
频率响应	125Hz～12.5kHz（±3dB）	80Hz～15.0kHz（±3dB）	125Hz～12.5kHz（±3dB）	80Hz～15.0kHz（±3dB）
总谐波失真（正常工作状态下）	≤1.0%（200Hz～8.0kHz）	≤0.5%（200Hz～8.0kHz）	≤1.0%（200Hz～8.0kHz）	≤0.5%（200Hz～8.0kHz）

续表 4.3.1

特性	模拟有线会议讨论系统	数字有线会议讨论系统	模拟无线会议讨论系统	数字无线会议讨论系统
串音衰减	≥60dB (250Hz~4.0kHz)	≥75dB (250Hz~4.0kHz)	≥60dB (250Hz~4.0kHz)	≥75dB (250Hz~4.0kHz)
A计权信号噪声比	≥60dB	≥75dB	≥60dB	≥75dB

4.3.2 传声器数量大于 100 只时，宜采用数字会议讨论系统。

4.3.3 会议单元到会议系统控制主机的距离大于 50m 时，系统宜采用数字传输方式。

4.3.4 当采用无线会议讨论系统时，应保证信号收发器和会议单元的接收距离满足性能设计要求。

4.3.5 信号收发器可采用吊装、壁装或流动方式安装。

4.3.6 红外线会议讨论系统，会场不宜使用等离子显示器。必须使用等离子显示器时，应避免在距离等离子显示器 3m 范围内使用红外线会议单元和安装红外线信号收发器，也可在等离子显示器屏幕上加装红外线过滤装置。

4.4 主要设备设计要求

4.4.1 固定座席的场所，可采用有线会议讨论系统设备或无线会议讨论系统设备；临时搭建的场所或对会场安装布线有限制的场所，宜采用无线会议讨论系统设备；也可有线/无线设备混合使用。

4.4.2 菊花链式会议讨论系统中，会议系统控制主机的选择应符合下列要求：

1 应能支持所需的会议单元传声器控制方式。

2 有线会议讨论系统的会议控制主机，宜支持会议单元的带电热插拔操作。

3 应具备发言单元检测功能。

4 宜具有连接视像跟踪系统的接口和通信协议。

5 宜具有实现同步录音、录像功能的接口。

6 可提供传声器独立输出。

7 会议室宜根据需要对会议系统控制主机进行备份，会议系统控制主机宜具有主机双机“热备份”功能。

8 控制主机应满足会议单元的供电要求。

9 宜具有网络控制接口，可实现远端集中控制。

10 可具备主/从工作模式，可实现多会议室扩展功能。

4.4.3 菊花链式会议讨论系统中，会议单元的选择应符合下列要求：

1 可选用移动式、固定式、半固定式安装方式的会议单元。

2 应具备传声器工作按钮开关和传声器状态指示器。

3 主席会议单元应设有优先按钮开关。

4 宜具有耳机插口及耳机音量调节功能。

5 可在线显示发言人数、申请发言人数、表决结果、签到信息以及接收操作人员发送的短信息。

6 可内置内部通话功能。

7 可内置扬声器。

8 应具有抗射频干扰能力。

9 宜支持带电热插拔操作。

4.4.4 星型式会议讨论系统中，传声器控制处理装置的选择应符合下列要求：

1 传声器控制处理装置应能支持所需会议传声器路数的混音和音量调节功能。

2 传声器控制处理装置宜具有自动反馈抑制、均衡等音频处理功能。

5 会议同声传译系统

5.1 系统分类与组成

5.1.1 会议同声传译系统宜由翻译单元、语言分配系统、耳机以及同声传译室组成。

5.1.2 语言分配系统可根据信号传输方式分为有线语言分配系统和无线语言分配系统；无线语言分配系统可分为红外线语言分配系统和射频语言分配系统。语言分配系统可根据音频信号处理方式分为模拟语言分配系统和数字语言分配系统。

5.1.3 有线语言分配系统可由会议系统控制主机和通道选择器组成（图 5.1.3-1）；无线语言分配系统可由发射主机、辐射单元和接收单元组成（图 5.1.3-2）。

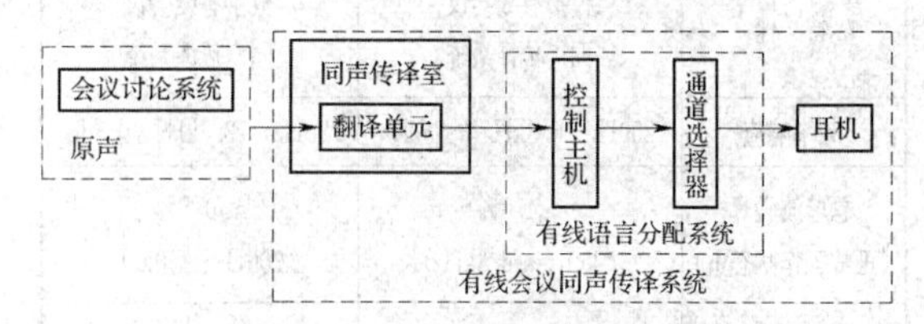

图 5.1.3-1 有线会议同声传译系统的组成

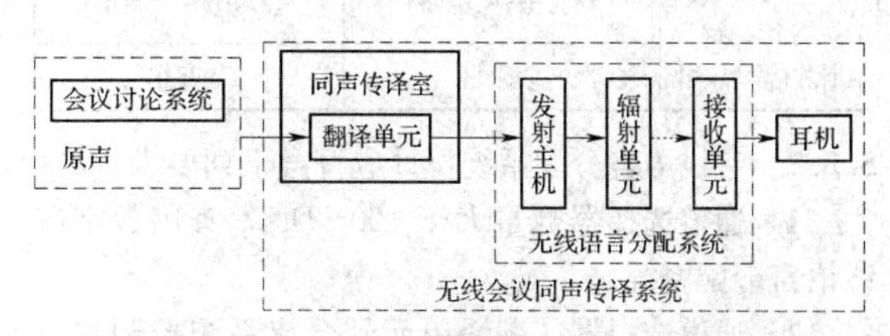

图 5.1.3-2 无线会议同声传译系统的组成

5.2 功能设计要求

5.2.1 有线语言分配系统的收听装置，应符合下列要求：

1 可放置或安装在会议桌、椅上。

2　可与会议讨论系统的会议单元集成为一个整体。

3　应具有音量控制器。

4　应具有通道选择器。

5　可具有监听原声通路的扬声器。

5.2.2　翻译单元、红外线语言分配系统及同声传译室的功能要求，应符合现行国家标准《红外线同声传译系统工程技术规范》GB 50524的有关规定。

5.2.3　同声传译系统宜配备内部通话功能。

5.2.4　操作人员的设备应符合下列要求：

1　应能使操作人员按会议程序及主席的指令监听和控制会议室内所有的会议同声传译系统。

2　应能监视译音通路、原声通路接入语言分配通路。

3　宜具有内部通话用的传声器。

4　应具有头戴耳机，并应能监听所有通路的音频。

5　非自动音量控制的系统，应能用节目电平指示器，连续指示原声通路的电平及每一译音通路的电平，并应能对每个通路的音量分别控制。

6　对附加信号源可提供辅助输入装置。

7　辅助输出装置可把一个或多个通路接到语言分配系统，并可将所有通路接到录音通路。

5.3　性能设计要求

5.3.1　有线会议同声传译系统从翻译单元传声器输入到代表头戴耳机输入端口的系统传输电性能要求，应符合表5.3.1的要求。

表5.3.1　有线会议同声传译系统电性能要求

特　性	模拟有线会议同声传译系统	数字有线会议同声传译系统
频率响应	250Hz～6.3kHz（±3dB）	125Hz～12.5kHz（±3dB）
总谐波失真（正常工作状态下）	≤4.0%（250Hz～6.3kHz）	≤0.5%（200Hz～8.0kHz）
串音衰减	≥50dB（250Hz～4.0kHz）	≥75dB（250Hz～4.0kHz）
A计权信号噪声比	≥50dB	≥75dB

5.3.2　有线语言分配系统设计应符合下列要求：

1　通道选择器数量大于100只时，宜用数字有线语言分配系统。

2　通道选择器、翻译单元到会议系统控制主机的最远距离大于50m时，宜用数字有线语言分配系统。

5.3.3　红外线会议同声传译系统、翻译员和代表的耳机，以及同声传译室的性能要求，应符合现行国家标准《红外线同声传译系统工程技术规范》GB 50524的有关规定。

5.4　主要设备设计要求

5.4.1　系统中同时包含有会议讨论系统和会议同声传译系统时，宜将会议讨论系统和会议同声传译系统进行集成。

5.4.2　固定座席的场所可采用有线同声传译系统或无线同声传译系统；不设固定座席的场所，宜采用无线同声传译系统；也可有线和无线系统混合使用。

5.4.3　会议系统控制主机的选择应符合本规范第4.4.2条的要求。

5.4.4　有线通道选择器的选择应符合下列要求：

1　可选用台面嵌入式或座椅扶手嵌入式安装方式的通道选择器。

2　应具有耳机插口及耳机音量调节功能。

3　应具有通道选择键及显示所选通道的功能。

4　宜支持带电热插拔。

5.4.5　红外线会议同声传译系统的设备选择，应符合现行国家标准《红外线同声传译系统工程技术规范》GB 50524的有关规定。

6　会议表决系统

6.1　系统分类与组成

6.1.1　会议表决系统（图6.1.1）宜由表决系统主机、表决器、表决管理软件等组成。

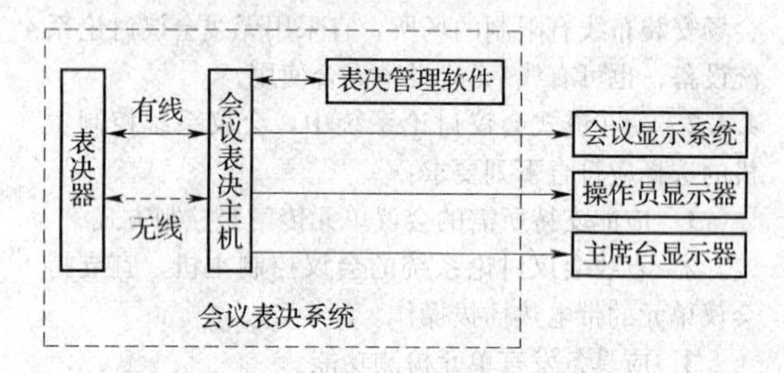

图6.1.1　会议表决系统的组成

6.1.2　会议表决系统可根据设备的连接方式分为有线会议表决系统和无线会议表决系统。有线会议表决系统可根据表决速度分为普通有线会议表决系统和高速有线会议表决系统。无线会议表决系统可分为射频式无线会议表决系统和红外线式无线会议表决系统。

6.2　功能设计要求

6.2.1　投票表决器表决形式应满足使用要求。

6.2.2　会议表决系统应具有下列功能：

1　可选择不记名表决或记名表决方式。

2　可选择第一次按键有效或最后一次按键有效的表决方式。

3　可选择由主席或操作人员启动表决程序。

4　可预先选定表决的持续时间或由主席决定表

决的终止。

5 表决结果的显示可选择直接显示或延时显示。

6 在表决结束时，最后的统计结果应以直方图、饼状图、数字文本显示等方式显示给主席、操作人员和代表。

7 应满足会场会议显示系统和主席台显示屏显示内容不同的要求。

6.2.3 在进行电子表决前，与会人员应先进行电子签到。电子签到可采取下列方式：

1 可利用会议单元上的签到按键进行签到。

2 可利用会议单元上的IC卡读卡器进行签到。

3 可利用与会代表佩带的内置有非接触式IC卡的代表证通过签到门时自动签到。

6.2.4 会议表决系统应实时显示代表签到情况。

6.2.5 表决器可配置显示屏，可在线显示表决结果、签到信息等。

6.2.6 会议表决系统应能实现议案管理、投票表决管理功能，并应支持在会议进行期间对议案、议程和其他与会议相关的内容进行现场修改。

6.2.7 会议表决的议案、出席人数、表决结果、表决时间等，应立即存入本地数据库和会议管理中心核心数据库中，并可导出备份或输出打印。

6.2.8 会议显示系统、操作人员和主席台的显示器，应符合下列要求：

1 会议显示系统应能显示总的表决结果和各自的表决结果。

2 操作人员和主席台显示器可独立显示累计的表决结果和各自的表决结果，并可显示表决过程。

6.3 性能设计要求

6.3.1 会议表决系统的表决速度应符合表6.3.1的要求。

表6.3.1 会议表决系统的表决速度

会议表决系统	普通有线会议表决系统	高速有线会议表决系统	红外线式无线会议表决系统	射频式无线会议表决系统
表决速度	<10ms/单元	<1ms/单元	<100ms/单元	<50ms/单元

6.3.2 表决器数量大于500台时，宜采用高速有线会议表决系统。

6.3.3 表决器宜具有防水性能。

6.4 主要设备设计要求

6.4.1 系统中同时包含有会议讨论系统和会议表决系统时，宜将会议讨论系统和会议表决系统进行集成。

6.4.2 设置固定座席的场所，可采用有线会议表决系统或无线会议表决系统；不设固定座席的场所，宜采用无线会议表决系统；也可有线会议表决系统和无线会议表决系统混合使用。

6.4.3 表决系统主机的选择应符合下列要求：

1 表决系统主机的容量应能支持表决器的数量。

2 系统宜具有自动修复功能，并宜支持线路的"热插拔"。

3 可支持多种形式的投票表决。

4 与控制计算机之间宜采用以太网连接控制方式，可实现系统的远程控制。

5 系统在无表决管理软件的情况下，表决结果应显示在会议单元显示屏上。

6 应通过软件或显示屏对每一台表决器的工作状况进行测试，并应能准确提供错误之处的相关报告和精确定位故障单元。

6.4.4 表决器的选择应符合下列要求：

1 应具有按键签到或坐席IC卡签到功能。

2 表决器可带图形显示屏，显示表决信息和表决结果。

3 表决器表面宜具有防水功能。

7 会议扩声系统

7.1 系统分类和组成

7.1.1 会议扩声系统可分为数字会议扩声系统和模拟会议扩声系统。

7.1.2 会议扩声系统（图7.1.2）可由声源设备、传输部分、音频处理设备和音频扩声设备组成。

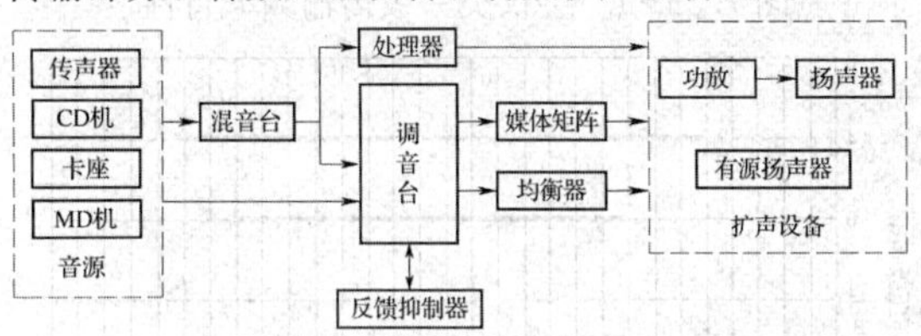

图7.1.2 会议扩声系统的组成

7.1.3 声源设备可包括传声器、CD机、卡座、MD机等。

7.1.4 传输部分可包括各种音频传输线缆和光端机等。

7.1.5 音频处理设备宜包括调音台、自动混音台、自动反馈抑制器、均衡器、数字音频处理器和媒体矩阵等。

7.1.6 音频扩声设备应包括功率放大器和扬声器系统。

7.1.7 厅堂会议扩声系统宜包括观众厅扩声系统和主席台返送系统。

7.2 功能设计要求

7.2.1 会议扩声系统设计应与建筑结构设计、建筑声学设计和其他有关工程设计专业密切配合。

7.2.2 会议扩声系统设计应具有保证会议语言清晰度的建声设计和电声设计。

7.2.3 会议扩声系统设计宜具有计算机仿真的声学预测设计。

7.2.4 会议扩声设计应满足会议扩声的使用要求，多功能会议场所设计应满足多用途功能需求。

7.2.5 会议扩声系统设计应满足与其他子系统的联动功能。

7.2.6 多个会议室宜具有集中控制管理功能。

7.3 性能设计要求

7.3.1 会议扩声系统电气性能指标，应符合现行国家标准《厅堂扩声系统设计规范》GB 50371 的有关规定。

7.3.2 会议扩声系统声学特性指标（图 7.3.2-1、图 7.3.2-2），应符合表 7.3.2 的要求。

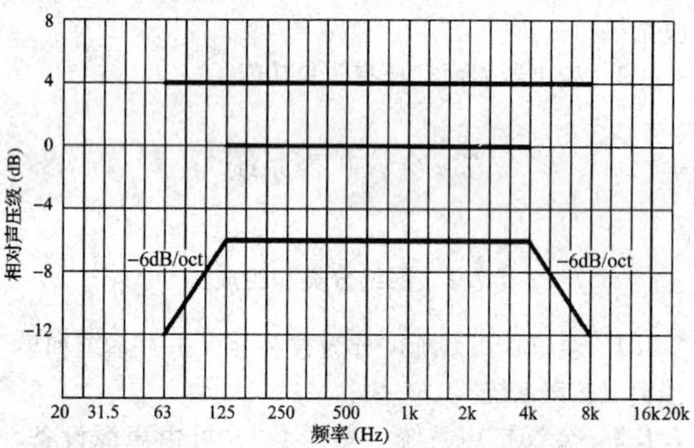

图 7.3.2-1 会议类一级传输频率特性

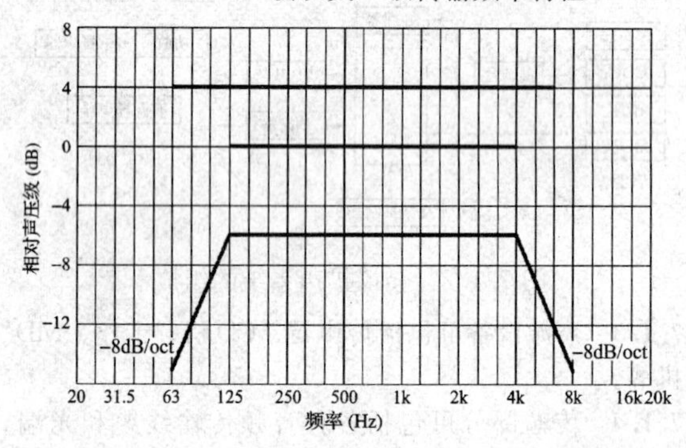

图 7.3.2-2 会议类二级传输频率特性

表 7.3.2 会议扩声系统声学特性指标

等级	语言传输指数 STI	最大声压级 (dB)	传输频率特性	传声增益	声场不均匀度 (dB)	系统总噪声级
一级	大于或等于 0.6	额定通带内：大于或等于 98dB	以 125Hz~4kHz 的平均声压级为 0dB，在此频带内允许范围：－6dB～＋4dB；63Hz～125Hz 和 4kHz～8kHz 的允许范围见图 7.3.2-1	125Hz～4kHz 的平均值大于或等于－10dB	1kHz、4kHz 时小于或等于 8dB	NR-20
二级	大于或等于 0.5	额定通带内：大于或等于 95dB	以 125Hz～4kHz 的平均声压级为 0dB，在此频带内允许范围：－6dB～＋4dB；63Hz～125Hz 和 4kHz～8kHz 的允许范围见图 7.3.2-2	125Hz～4kHz 的平均值大于或等于－12dB	1kHz、4kHz 时小于或等于 10dB	NR-25

注：1 对于语言清晰度要求较高的会议场所、同声传译等应采用一级性能指标进行设计。

2 对于语言清晰度要求不高的会议场所宜采用二级性能指标进行设计。

7.3.3 会堂、报告厅、多用途礼堂建筑声学特性指标混响时间范围，对不同容积在频率为 500Hz～1kHz 时，满场混响时间宜符合图 7.3.3 所示要求。

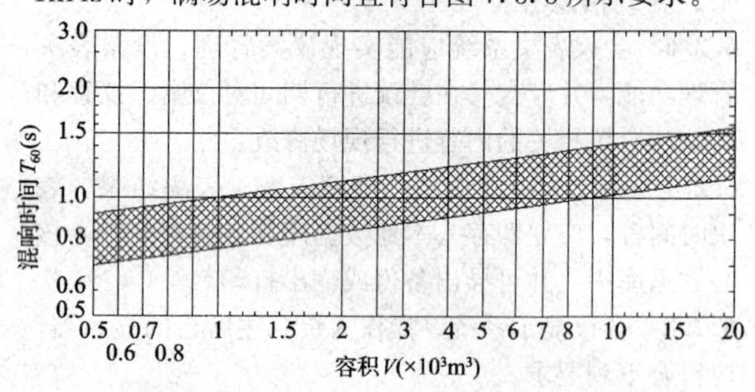

图 7.3.3 会堂、报告厅、多用途礼堂满场混响时间范围

7.3.4 会议扩声系统建声特性指标混响时间频率特性，相对于 500Hz～1000Hz 的比值宜符合表 7.3.4 的要求。

表 7.3.4 会议室、报告厅和多用途厅堂各频率混响时间相对于 500Hz～1000Hz 的比值

频　率（Hz）	混响时间比值
125	1.00～1.30
250	1.00～1.15
2000	0.90～1.00
4000	0.80～1.00

7.4 主要设备设计要求

7.4.1 传声器的选择应符合下列要求：

1 系统宜配置足够数量的传声器。

2 可采用有线传声器或无线传声器。

3 应选用有利于抑制声反馈的传声器。

4 厅堂类会议场所应分别在主席台台口和观众席等处按功能需要设置传声器插座。

5 具有演出功能的会议场所，现场多个工位同时需要传声器信号时，宜设置传声器信号分配系统。

7.4.2 扬声器系统的选择应符合下列要求：

1 扬声器系统应根据会议场所主席台面积和观众席坐席数量、空间高度、容积、混响时间等因素，按下列要求进行设计：

1）扬声器系统可根据会议现场情况选用集中、分散或集中分散相结合的分布方式。

2）扬声器系统可根据厅堂主席台口尺寸，采用相应单通道、双通道和三通道系统。

3）扬声器系统可选用点声源扬声器系统或线阵列扬声器系统。

4）主席台返送监听音箱应安装在靠近舞台台口位置，并应独立控制。

2 扬声器系统必须采取安全保障措施，且不应产生机械噪声。

3 扬声器系统承重结构改动或荷载增加时，必须由原结构设计单位或具备相应资质的设计单位核查有关原始资料，并应对既有建筑结构的安全性进行核验、确认。

4 扬声器系统的安装应符合下列要求：

1）采用暗装方式时，孔洞开口尺寸不应影响扬声器声辐射性能；所用饰面材料和扬声器面罩透声性能应好，饰面材料穿孔率宜大于或等于50%。

2）扬声器系统安装处的空间尺寸应保证扬声器系统声辐射不受影响，并应进行声学吸声处理。

3）有演出功能的会议场所，同一声道扬声器的数量及布置宜有利于减轻服务区内的声波干扰。

5 功率放大器与扬声器系统之间的线路功率损耗应小于扬声器系统功率的10%。

7.4.3 调音及信号处理设备的设计应符合下列要求：

1 扩声系统可配置数字、模拟调音台或数字音频处理设备，调音台的输入通道总数不应少于最大使用输入通道数。调音台应具有不少于扩声通道数量的通道母线。

2 可采用自动混音台。

3 数字音频处理器输入路数应满足调音台主输出的要求，数字音频处理器输出路数应满足相应扬声器数量。

4 数字音频处理器的每一路应具有分频、高低通、滤波、压限、均衡、参数均衡、相位、延时等所需的功能模块。

5 数字音频处理器宜具有预设、储存、调出功能，并应满足语言、演出、紧急呼叫联动等多种模式切换功能。

6 自动反馈抑制器宜单独配置，且宜插入调音台编组输入。

7 舞台返送系统宜单独配置1/3倍频程均衡器，且应具有降噪系统。

8 会议显示系统

8.1 系统分类与组成

8.1.1 会议显示系统可分为交互式电子显示白板显示系统、发光二极管显示系统、投影显示系统、等离子显示系统和液晶显示系统等。

8.1.2 显示系统可由信号源、传输路由、信号处理设备和显示终端组成（图8.1.2）。

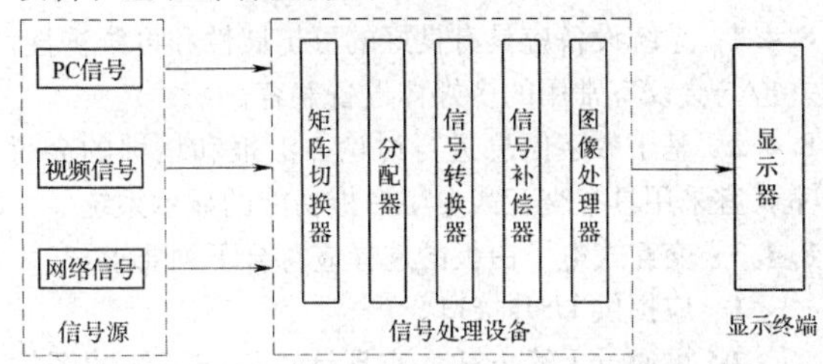

图8.1.2 会议显示系统的组成

8.2 功能设计要求

8.2.1 显示系统的功能设计，应符合现行国家标准《视频显示系统工程技术规范》GB 50464和《会议电视会场系统工程设计规范》GB 50635的有关规定。

8.2.2 显示系统宜具有多种通用标准视频接口，并宜支持VESA标准格式。

8.2.3 显示系统宜具有RGB/DVI视频信号环接输出功能。

8.2.4 显示系统应具有RS232、RS485或以太网接口。

8.2.5 显示系统宜具有遥控功能。

8.2.6 显示系统宜具有控制面板，可实现开关机、图像切换、参数调整等常用功能。

8.3 性能设计要求

8.3.1 显示系统的性能设计，应符合现行国家标准《视频显示系统技术规范》GB 50464和《会议电视会场系统工程设计规范》GB 50635的有关规定。

8.3.2 显示屏物理分辨率不应低于信号源显示分辨率。

8.3.3 显示屏幕的屏前亮度，宜高于会场环境光产生的屏前亮度100cd/m²～150cd/m²。

8.3.4 在使用环境照度下，背投影显示屏幕的对比度不应低于50∶1。

8.3.5 等离子显示器和液晶显示器的光源及显示面板的使用寿命，不应低于产品说明书中的标称值。

8.3.6 具有交互式电子白板功能的显示系统，其触摸定位性能应符合下列要求：

1 可采用专用手写笔和手触摸方式进行书写定位操作。

2 触摸分辨率不应小于显示屏的物理分辨率。

3 触摸响应速度不应大于20ms。

4 手触摸操作定位误差不应大于±2mm；毫米触摸定位误差不应大于0.5mm。

5 屏幕表面应具有耐磨、抗冲击性能。屏幕抗冲击压力不应小于90MPa。

6 有会议摄像的场合，显示屏图像色温宜为3200K。

8.4 主要设备设计要求

8.4.1 系统设备应具有良好的可扩展性和可维护性，并应与会议室常用的多媒体设备兼容。

8.4.2 基于数字信息进行讨论、汇报和培训的会议室，宜采用具有交互式电子白板功能的显示系统。

8.4.3 交互式电子白板的选择应符合下列要求：

1 应提供USB接口。

2 可通过无线方式，实现计算机与系统的图像接入和控制连接。

3 触摸定位系统应至少提供针对操作系统的驱动软件。

4 除应支持手触摸外，还应提供配套的专用手写笔、板擦等。

5 宜智能识别不同颜色的手写笔和板擦的操作，并宜符合日常习惯。

6 宜具有方便实用的快捷键面板，并宜提供可订制、一键式功能调用。

7 应提供配套的电子白板软件。电子白板软件宜具有下列功能：

1）可实现电子白板的手写、保存、打印等功能。

2）可在当前显示的任意视频画面上手写、标注。

3）书写定位应精确，响应速度快，笔迹流畅，无盲区，无断笔。

4）可选各种颜色、粗细的笔迹效果。

5）可显示系统接入的各类视频图像，并进行控制和标注。

6）可实现在常用计算机文档上的手写标注。

7）手写标注的结果可保存、打印和分发。

8）可录制屏幕信息的动态变化过程，并保存为通用视频文件格式。

8.4.4 具有交互式电子白板功能的显示设备，应具备固定和可移动式安装方式。

8.4.5 具有交互式电子白板功能的显示系统，应保证与计算机集成的需要，并应提供方便的连接和部署方式，可选择具有内置式主机的一体化高集成度产品。

8.4.6 信号补偿器的选择应符合下列要求：

1 信号补偿器应根据传输距离选择合适的补偿级别。

2 信号补偿器宜采用后端补偿法。

8.4.7 图像处理器选择应符合下列要求：

1 图像处理器应能同时接受并处理多种不同视频图形信号。

2 图像处理器应能实现实时视频、计算机显卡信号、网络信号的随意缩放、漫游、拖动、叠加，画面应快速、流畅。

8.4.8 矩阵切换器应符合下列要求：

1 输入、输出通道应能满足实际应用需要，且输出通道间彼此应独立。

2 应具有与其他外接设备的适配通讯接口。

3 应具有断电现场保护功能。

4 随机信噪比不应低于60dB。

5 微分增益不应大于±1%。

6 微分相位不应大于±1°。

7 幅频特性不应小于6MHz±0.5dB。

9 会议摄像系统

9.1 系统分类与组成

9.1.1 会议摄像系统可分为会场摄像系统和跟踪摄像系统。

9.1.2 会议摄像系统可由图像采集、传输路由、图像处理和图像显示部分组成（图9.1.2）。

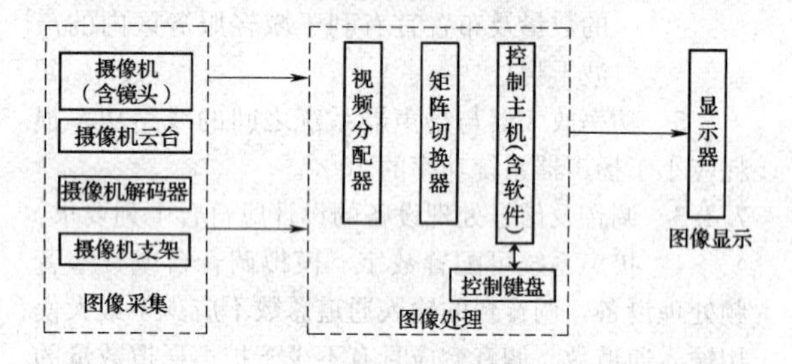

图9.1.2 会议摄像系统组成

9.2 功能设计要求

9.2.1 会议摄像系统应可实现各台摄像机视频信号之间的快速切换。

9.2.2 当发言者开启传声器时，会议摄像跟踪摄像机应自动跟踪发言者，自动对焦放大，并联动视频显示设备，同时显示发言者图像。

9.2.3 会议摄像系统使用视频控制软件可对摄像机预置位与会议单元之间的对应关系进行设置。

9.2.4 系统应具有断电自动记忆功能。

9.2.5 摄像跟踪系统宜具有画面冻结功能和画面的无缝切换功能。

9.2.6 摄像系统宜具有屏幕字符显示功能，可在预置位显示对应代表姓名等信息。

9.2.7 会议控制主机宜兼容不同品牌的摄像机。

9.3 性能设计要求

9.3.1 黑白模拟摄像机水平清晰度不应低于570线，彩色模拟摄像机水平清晰度不应低于480线。

9.3.2 标准清晰度数字摄像机水平清晰度和垂直清晰度不应低于450线，高清晰度数字摄像机水平清晰度和垂直清晰度不应低于720线。

9.3.3 用于会议跟踪摄像机云台水平最高旋转速度不宜低于260°/s，垂直最高旋转速度不宜低于100°/s。

9.3.4 摄像机云台机械噪声级不应大于50dB。

9.3.5 摄像机输出信号的信噪比不应小于50dB。

9.3.6 摄像机最低照度不宜大于1.0lx。

9.3.7 云台摄像机调用预置位偏差不应大于0.1°。

9.4 主要设备设计要求

9.4.1 视频切换器的选择应符合下列要求：

1 视频输入、输出通道数量应满足系统需要，并各预留20%的冗余。

2 可实现逻辑矩阵功能。

3 应支持通用通信协议。

4 宜具有视频信号倍线功能，可将复合视频、S-Video信号转换成高质量的VGA信号。

5 宜具有画面静止、冻结和同步切换功能。

6 宜具有屏幕字符显示功能，可在预置位显示代表姓名等信息。

7 视频切换器的幅频特性、随机信噪比、微分增益和微分相位应符合本规范第8.4.8条的有关要求。

9.4.2 跟踪摄像机的选择应符合下列要求：

1 摄像机分辨率应高于系统要求显示分辨率。

2 宜具有预置位功能，预置位数量应大于发言者数量。

3 摄像机镜头应根据摄像机监视区域大小选择使用定焦镜头或变焦镜头。

4 摄像机镜头应具有光圈自动调节功能。

5 跟踪摄像机镜头应采用变焦镜头摄取所有需要跟踪的画面。

6 跟踪摄像机云台旋转速度选择应满足使用要求。

7 应支持PAL制和NTSC制视频信号。

10 会议录制和播放系统

10.1 系统分类与组成

10.1.1 会议录制及播放系统可分为分布式录播系统和一体机录播系统。

10.1.2 会议录制及播放系统应由信号采集设备和信号处理设备组成（图10.1.2）。

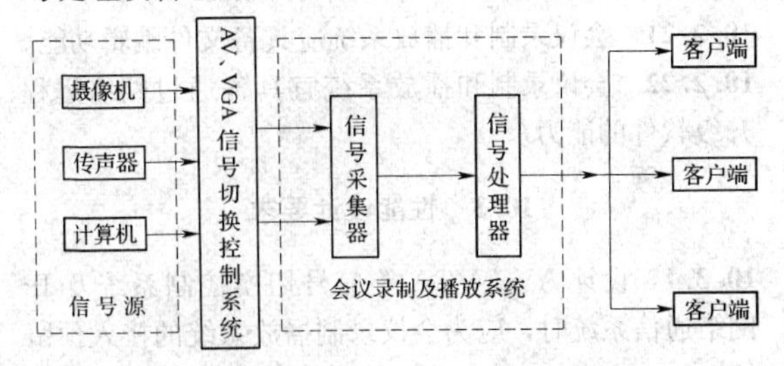

图10.1.2 会议录制及播放系统组成

10.2 功能设计要求

10.2.1 会议录制和播放系统应具有对音频、视频和计算机信号录制、直播、点播的功能。

10.2.2 会议录制和播放系统应具有对会议室内的AV、RGB、VGA信号等进行采集、编码、传输、混合、存储的能力。

10.2.3 会议录制和播放系统应具有多种控制方式及人机访问界面，方便管理者及用户的管理和使用。

10.2.4 播放系统宜具有可视、交互、协同功能。

10.2.5 计算机信号的采集宜支持软件和硬件等多种方式。

10.2.6 会议录制和播放系统宜能配合远程视频会议功能使用，并不宜占用视频会议系统资源。

10.2.7 会议录制和播放系统宜采用基于IE浏览器的系统管理和使用界面的B/S架构。

10.2.8 会议录制和播放系统应支持集中控制系统对设备进行管理和操作。

10.2.9 会议录制和播放系统应支持遥控器对设备进行管理和操作。

10.2.10 会议录制和播放系统应具有监控功能。

10.2.11 会议录制和播放系统应支持双机热备份方式。

10.2.12 会议录制和播放系统宜具有存储空间的扩展能力。

10.2.13 会议录制和播放系统在录制文件时，宜支持PPT自动索引及手动索引功能。

10.2.14 会议录制和播放系统应支持视频字幕添加功能。

10.2.15 会议录制和播放系统宜支持摄像机远程遥控功能。

10.2.16 会议录制和播放系统宜支持多级用户访问权限。

10.2.17 会议录制和播放系统的连续录制时间应满足使用要求。

10.2.18 录制文件应采用通用标准格式。

10.2.19 单套系统可扩展支持多组并发会议的同步录制直播。

10.2.20 会议录制和播放系统应具备在线用户的管理功能。

10.2.21 会议录制和播放系统应具备文件编辑功能。

10.2.22 会议录制和播放系统宜具备通过网络远程升级软件的能力。

10.3 性能设计要求

10.3.1 设计AV、VGA等信号切换控制系统及IP网络通信系统时，应为会议录制播放系统的接入预留接口。

10.3.2 会议录制和播放系统宜支持2路AV信号和1路VGA信号的同步录制，并宜具备扩展能力。

10.3.3 视频图像采集编码能力应与前端摄像机采集能力相匹配，清晰度应至少达到CIF或4CIF标准，并可支持720P、1080i或1080P格式。

10.3.4 VGA信号采集编码能力应支持1280×1024显示格式，并可支持向下兼容，帧率宜为1帧～30帧可调。

10.3.5 局域网环境下直播延时应小于500ms。

10.4 主要设备设计要求

10.4.1 会议录制和播放系统设备宜采用基于IP网络的分布式架构。在不具备网络通信条件的场所，可采用一体机架构。

10.4.2 会议录制和播放系统中的信号采集和信号处理等硬件设备，应采用非PC架构的专用硬件设备或嵌入式操作系统，应具备抗网络病毒攻击能力。

10.4.3 会议录制和播放系统设备宜安装在能保障连续和可靠供电的控制室内。

10.4.4 会议录制和播放系统宜具有液晶屏面板显示方式。

11 集中控制系统

11.1 系统分类与组成

11.1.1 集中控制系统可根据控制及信号传输方式的不同，分为无线单向控制、无线双向控制、有线控制等。

11.1.2 集中控制系统可由中央控制主机、触摸屏、电源控制器、灯光控制器、挂墙控制开关等设备组成(图11.1.2)。

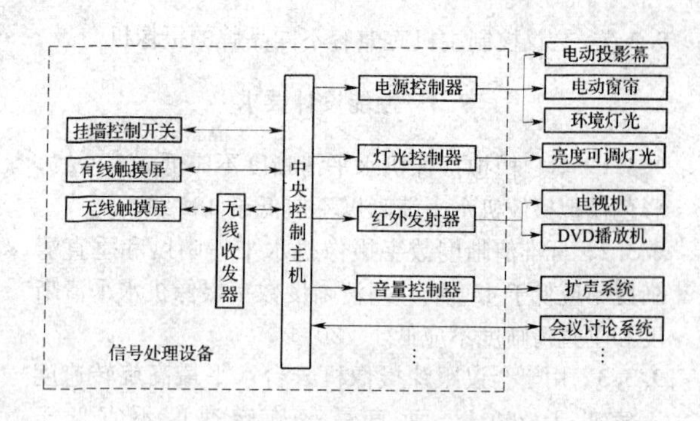

图11.1.2 集中控制系统的组成

11.2 功能设计要求

11.2.1 集中控制系统宜具有开放式的可编程控制平台和控制逻辑，以及人性化的中文控制界面。

11.2.2 集中控制系统宜具有音量控制功能。

11.2.3 集中控制系统宜能与会议讨论系统进行连接通信。

11.2.4 集中控制系统宜具有场景存储及场景调用功能。

11.2.5 集中控制系统宜能配合各种有线、无线触摸屏对会议系统进行遥控。

11.2.6 集中控制系统可具有混音控制功能。

11.2.7 集中控制系统可控制音视频切换和分配。

11.2.8 集中控制系统可控制RS-232、RS-422、RS-485协议设备。

11.2.9 集中控制系统可对需要通过红外线遥控方式进行控制和操作的设备进行集中控制。

11.2.10 集中控制系统可集中控制电动投影幕、电动窗帘、投影机升降台等会场电动设备。

11.2.11 集中控制系统可实现与安全防范信号、环境传感信号的联动。

11.2.12 集中控制系统可扩展连接电源控制器、灯光控制器、无线收发器、挂墙控制开关等外围控制设备。

11.3 主要设备设计要求

11.3.1 中央控制主机的选型应符合下列要求：

1 应提供中文操作系统及开放式的可编程软件。

2 应能安装在标准机柜上。

3 宜具有场景存储及场景调用功能。

4 宜具有以太网接口。

5 宜具有外围设备扩展端口。

6 可具有音量控制功能。

7 可具有多路红外发射口。

8 可具有多路数字I/O控制口。

9 可具有多路继电器控制口。

10 可具有多路RS-232、RS-422、RS-485控制端口。

11.3.2 触摸屏的选型应符合下列要求：

1 宜具有开放式的可编程控制界面。

2 可配备无线触摸屏。

3 可准确监控所有被控设备的实时状态。

4 应根据被控设备的复杂性和会议场合，选择屏幕尺寸和分辨率的触摸屏。

12 会场出入口签到管理系统

12.1 系统分类与组成

12.1.1 会场出入口签到管理系统可分为远距离会场出入口签到管理系统和近距离会场出入口签到管理系统。

12.1.2 会场出入口签到管理系统（图 12.1.2），宜由会议签到主机、门禁天线、IC 卡发卡器、IC 卡、会议签到管理软件及管理计算机组成。

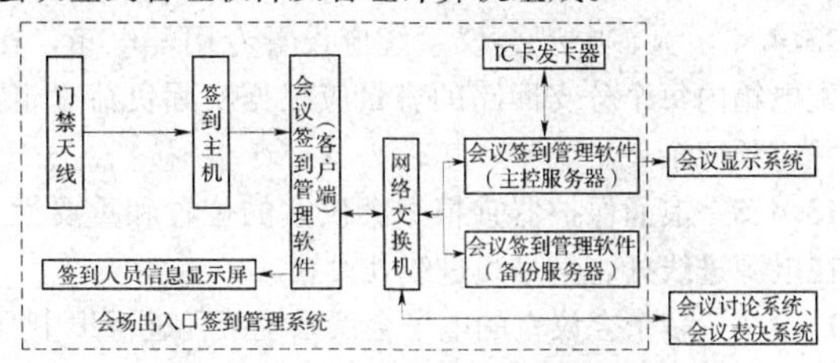

图 12.1.2 会场出入口签到管理系统的组成

12.2 功能设计要求

12.2.1 会场出入口签到管理系统应为会议提供可靠、高效、便捷的会议签到解决方案；会议的组织者应能方便地实时统计包括应到会议人数、实到人数及与会代表的座位位置等出席大会的人员情况。

12.2.2 会场出入口签到管理系统宜具有对与会人员的进出授权、记录、查询及统计等多种功能，并应在代表进入会场的同时完成签到工作。

12.2.3 非接触式 IC 卡应符合下列要求：

1 IC 卡宜采用数码技术、密钥算法及授权发行。

2 宜由会务管理中心统一进行 IC 卡的发卡、取消、挂失、授权等操作。

3 IC 卡宜进行密码保护。

12.2.4 会场出入口签到管理系统宜配置信息显示屏，并显示签到人员的头像、姓名、职务、座位等信息。

12.2.5 会场出入口签到管理系统应设置签到开始、结束时间，并应具有手动补签到的功能。

12.2.6 会场出入口签到管理系统应自行生成各种报表，并应提供友好、人性化的全中文视窗界面，同时应支持打印功能。

12.2.7 会场出入口签到管理系统可生成符合大会要求的实时签到状态显示图，并可由会议显示系统显示。

12.2.8 会场出入口签到管理系统宜分别为会议签到机、会场内大屏幕、操作人员、主席等提供不同形式和内容的签到信息显示。

12.2.9 代表签到时，可自动开启其席位的表决器，未签到的代表其席位的表决器应不能使用。

12.2.10 会场出入口签到管理系统应具备中途退场统计功能。

12.2.11 各会议签到机宜采用以太网连接方式，并应保证安全可靠。

12.2.12 会议签到机发生故障时，不应影响系统内其他会议签到机和设备的正常使用。网络出现故障时，应保证数据能即时备份，网络故障恢复后应能自动上传数据。

12.3 性能设计要求

12.3.1 远距离会议签到机感应距离不宜小于 1.2m。

12.3.2 近距离会议签到机感应距离不宜小于 0.1m。

12.3.3 会议签到机读卡时应无方向性。

12.3.4 每位代表的会议签到时间应少于 0.1s。

12.4 主要设备设计要求

12.4.1 远距离会议签到机选型应符合下列要求：

1 应能支持重叠、密集队列签到。

2 应支持签到数据实时处理，签到结果应实时动态显示。

3 应支持无证代表的人工手动补签功能。

4 宜采用以太网连接方式。

12.4.2 近距离会议签到机选型应符合下列要求：

1 应支持签到数据实时处理，签到结果应实时动态显示。

2 应支持无证代表的人工手动补签功能。

3 宜采用以太网连接方式。

13 会议室、控制室要求

13.1 物理位置要求

13.1.1 会议室选址应远离环境噪声干扰。无法避免时，应采取隔声和隔振措施。

13.1.2 平面布置应以会议室为中心，控制室或机房应与会议室相邻。

13.1.3 控制室宜设置在便于观察主席台、舞台及观众席的位置。

13.2 环 境 要 求

13.2.1 会议室的环境应符合下列要求：

1 温度宜为 18℃～26℃；相对湿度宜为 30％～80％。

2 室内新鲜空气换气量每人不应小于 $30m^3/h$。

3 有摄像要求时，会议室装修的色彩应避免对人物摄像产生光吸收及光反射等不良效应。

4 会议室照明应分为日常照明和会议照明。会议室的照度宜为 300lx；主席台照度宜为 500lx；舞台照度宜为800lx；灯光亮度宜能控制调节。

5 会议室桌椅布置宜采用排桌式。

6 会议室桌椅宜采用与墙面颜色协调的浅色。翻转座椅宜带有阻尼装置。

7 会议室的面积宜根据每人不低于平均2.2m^{2}计算，其体形宜为长方体，长宽高尺寸比例宜避免整数倍。

13.2.2 控制室的环境应符合下列要求：

1 控制室温度宜为18℃～26℃；相对湿度宜为30%～80%。

2 控制室消防设施不宜采用水剂喷淋装置。

3 控制室宜设置双层单向透明玻璃观察窗。观察窗高度宜为800mm；宽度宜大于或等于1200mm；窗底距地面宜为900mm。

4 具有演出功能的会议场所，应面向舞台及观众席开设观察窗，窗的位置及尺寸应确保调音人员正常工作时对舞台的大部分区域和部分观众席有良好的视野。观察窗可开启，操作人员在正常工作时应能获得现场的声音。

5 控制室的面积、地板敷设、噪声、电磁干扰、振动、接地及装修，应符合现行国家标准《电子信息系统机房设计规范》GB 50174的有关规定。

6 控制室内正常工作且有发出干扰噪声的设备时，宜设置设备间；设备间不应对控制室造成噪声干扰。

13.2.3 有保密要求的会议室、控制室，应采取相应的保密措施。

13.3 建筑声学要求

13.3.1 会议室建筑声学设计应满足语言清晰度的要求。

13.3.2 会议室应根据房间的体型、容积等因素选取合理的混响时间，当会议室容积在500m^{3}以内时，宜取0.6s～0.8s。控制室和同声传译室的混响时间宜为0.3s～0.5s。

13.3.3 会议室应选用阻燃型吸声材料进行建筑声学装修处理。

13.3.4 会议室声场环境应采取声扩散措施。

13.3.5 会议室应采取隔声措施。

13.3.6 当不采用扩声系统时，会议室的环境噪声级不应超过噪声评价曲线NR-30；采用扩声系统时，会议室的环境噪声级不应超过噪声评价曲线NR-35。

13.3.7 空调系统在室内所产生的噪声不宜超过噪声评价曲线NR-25。

13.3.8 控制室观察窗关闭时的中频（500Hz～1kHz）隔声量，宜大于或等于25dB。同声传译室的中频（500Hz～1kHz）隔声量，宜大于或等于45dB。

13.4 供电系统

13.4.1 大型和重要会议系统控制室交流电源应按一级负荷供电，中、小型会议系统控制室可按二级负荷供电。电压波动超过交流用电设备正常工作范围时，应采用交流稳压电源设备。交流电源的杂音干扰电压不应大于100mV。

13.4.2 使用流动设备的会议室，应在摄像机、监视器等设备附近设置专用电源插座回路，并应与会场扩声、会议显示系统设备采用同相电源。

13.4.3 大型和重要会议室的照明、会场扩声系统和会议显示系统设备供电，宜采用UPS不间断电源系统分路供电方式。空调设备供电宜采用双回路电源供电。

13.4.4 大、中型会议系统应设置专用配电箱，在配电箱内每个分支回路的容量应根据实际负荷确定，并应预留余量。

13.4.5 浪涌保护器宜根据会议室的位置和重要性，在电源进线处、信号线进线处设置。

13.4.6 多个会议室的电子会议系统工程进行集中监管时，宜提供远程通信端口。

13.5 接地系统

13.5.1 控制室或机房内的所有设备的金属外壳、金属管道、金属线槽、建筑物金属结构等应进行等电位联结并接地。保护性接地、工作接地和功能性接地宜共用一组接地装置，接地电阻应按其中最小值确定。

13.5.2 单独设置接地的电子会议系统工程工作接地，接地电阻不应大于4Ω。

13.5.3 控制室宜采取防静电措施。防静电接地与系统的工作接地宜合用，但其接地电阻值应满足最小者的要求。

13.5.4 对功能性接地有特殊要求的需单独设置接地的电子设备，接地线应与其他接地线绝缘，接地线路与供电线路宜同路径敷设。

13.5.5 保护地线应符合下列要求：

1 在TN-S供电系统中保护地线（PE线）应与交流电源的中性线（N线）分开，并应防止中性线不平衡电流对会议系统产生严重的干扰。

2 保护地线的杂音干扰电压不应大于25mV。

14 线路要求

14.0.1 线路设计应符合现行国家标准《综合布线系统工程设计规范》GB 50311、《视频显示系统工程技术规范》GB 50464的有关规定。

14.0.2 室内线缆的敷设应符合下列要求：

1 宜采用低烟、低毒、阻燃线缆。

2 会议系统控制主机至会议单元之间信号电缆应采用金属管、槽敷设。

3 信号电缆和电力线平行时，其间距不应小于0.3m；信号电缆与电力线交叉敷设时，宜相互垂直。

4 信号电缆暗管敷设与防雷引下线最小净距应符合表14.0.2的要求。

表14.0.2 信号电缆暗管敷设与防雷引下线最小净距（mm）

管线种类	平行净距	垂直交叉净距
防雷引下线	1000	300

14.0.3 室外线缆的敷设应符合下列要求：

1 信号电缆在通信管道内敷设时，不宜与通信线缆共用管孔。

2 线缆在沟道内敷设时，应敷设在支架上或线槽内。

3 引入建筑物管道应采取防水措施。

4 当信号线缆与其他线路共沟敷设时，最小间距应符合表14.0.3的要求。

表14.0.3 信号电缆与其他线路共沟敷设的最小间距（m）

种　类	最 小 间 距
220V交流供电线	0.5
通信线缆	0.1

14.0.4 信号线路与具有强磁场、强电场的电气设备之间的净距，应大于1.5m；采用屏蔽线缆或穿金属保护管或在金属封闭线槽内敷设时，宜大于0.8m。

14.0.5 敷设电缆时，多芯电缆的最小弯曲半径应大于其外径的6倍；同轴电缆的最小弯曲半径应大于其外径的15倍；光缆的最小弯曲半径不应小于其外径的15倍。

14.0.6 线缆线槽敷设截面利用率不应大于60%；穿管敷设截面利用率不应大于40%。

14.0.7 会议扩声系统模拟信号的传输，其电气互连的优选配接值，应符合现行国家标准《声系统设备互连优选配接值》GB/T 14197和《会议系统电及音频的性能要求》GB/T 15381的有关规定，系统设备之间宜采用平衡传输方式；数字信号的传输和接口，应符合现行行业标准《多通路音频数字串行接口》GY/T 187的有关规定。

14.0.8 音视频传输线缆距离超过选用端口支持的标准长度时，应使用信号放大设备、线路补偿设备，或选用光缆传输。

14.0.9 模拟音频信号传输宜采用物理发泡立体音频屏蔽电缆。

14.0.10 模拟系统传声器应选用屏蔽传输线缆。

14.0.11 数字音频传输宜采用超5类及以上4对对绞电缆，链路传输距离不应超过90m。

14.0.12 模拟视频信号传输宜采用RGB同轴屏蔽电缆。

14.0.13 IP视频信号传输应采用超5类或以上等级4对对绞电缆。

14.0.14 USB接口宜采用USB2.0及以上版本传输要求的屏蔽电缆。

14.0.15 数字视频信号宜采用DVI屏蔽电缆或光缆。

14.0.16 高清晰度多媒体信号宜采用满足HDMI1.3及以上版本传输要求的屏蔽电缆。

14.0.17 电源线应符合现行国家标准《电器附件 电线组件和互连电线组件》GB 15934的有关规定，无护套多股线应符合现行国家标准《额定电压450/750V及以下聚氯乙烯绝缘电缆　第3部分：固定布线用无护套电缆》GB 5023.3的有关规定。

14.0.18 传输方式与布线应根据信号分辨率与传输距离确定，并宜符合表14.0.18的要求。

表14.0.18 传输方式与布线要求

信号分辨率	传输距离	传输方式	传 输 线 缆
XGA及以下	≤15m	模拟或数字传输方式	RGB同轴屏蔽电缆或DVI屏蔽电缆
	>15m	数字传输方式	DVI屏蔽电缆或光缆+均衡器
SXGA及以上	≤10m	模拟或数字传输方式	RGB同轴屏蔽电缆或DVI屏蔽电缆
	>10m	数字传输方式	DVI屏蔽电缆或光缆+均衡器
HDTV	≤5m	模拟或数字传输方式	RGB同轴屏蔽电缆或DVI屏蔽电缆
	>5m	数字传输方式	HDMI、Display Port屏蔽电缆或DVI屏蔽电缆或光缆+均衡器
IP视频	≤100m	网络传输方式	超5类及以上等级对绞电缆
	>100m	网络传输方式	超5类及以上等级对绞电缆+均衡器

本规范用词说明

1 为便于在执行本规范条文时区别对待，对要求严格程度不同的用词说明如下：

1）表示很严格，非这样做不可的：
正面词采用"必须"，反面词采用"严禁"；

2）表示严格，在正常情况下均应这样做的：
正面词采用"应"，反面词采用"不应"或"不得"；

3）表示允许稍有选择，在条件许可时首先应这样做的：
正面词采用"宜"，反面词采用"不宜"；

4）表示有选择，在一定条件下可以这样做的，采用“可”。

2 条文中指明应按其他有关标准执行的写法为：“应符合……的规定”或“应按……执行”。

引用标准名录

《电子信息系统机房设计规范》GB 50174

《综合布线系统工程设计规范》GB 50311

《厅堂扩声系统设计规范》GB 50371

《视频显示系统工程技术规范》GB 50464

《红外线同声传译系统工程技术规范》GB 50524

《会议电视会场系统工程设计规范》GB 50635

《额定电压450/750V及以下聚氯乙烯绝缘电缆 第3部分：固定布线用无护套电缆》GB 5023.3

《音频、视频及类似电子设备 安全要求》GB 8898

《信息技术设备的无线电骚扰限值和测量方法》GB 9254

《声系统设备互连的优选配接值》GB/T 14197

《会议系统电及音频的性能要求》GB/T 15381

《视听、视频和电视设备系统中设备互连的优选配接值》GB/T 15859

《电器附件 电线组件和互连电线组件》GB 15934

《多通路音频数字串行接口》GY/T 187

《视听、视频和电视设备与系统 第3部分：视听系统中设备互连用连接器》SJ/Z 9141.2

中华人民共和国国家标准

电子会议系统工程设计规范

GB 50799—2012

条 文 说 明

制　订　说　明

《电子会议系统工程设计规范》GB 50799—2012，经住房和城乡建设部2012年8月13日以第1457号公告批准发布。

本规范按照实用性、先进性、合理性、科学性、可操作性、协调性、规范化等原则制定。

本规范制定过程分为准备阶段、征求意见阶段、送审阶段和报批阶段，编制组在各阶段开展的主要编制工作如下：

准备阶段：起草规范的开题报告，重点分析规范的主要内容和框架结构、研究的重点问题和方法，制定总体编制工作进度安排和分工合作等。

征求意见阶段：编制组根据审定的编制大纲要求，由专人起草所负责章节的内容。各编制人员在前期收集资料的基础上分析国内外相关法规、标准、规范和同类工程技术水平，然后起草规范讨论稿，并经过汇总、调整形成规范征求意见稿初稿。

在完成征求意见稿初稿后，编写组组织了多次会议分别就重点问题进行研讨，并进一步了解国内外有关问题的现状以及管理、实施情况，在此基础上对征求意见稿初稿进行了多次修改完善，形成了征求意见稿和条文说明。并由原信息产业部电子工程标准定额站组织向全国各有关单位发出“关于征求《电子会议系统工程设计规范》意见的函”，在截止时间内，共有21个单位和个人返回意见共计600多条。编制组对意见逐条进行研究，于2009年12月份完成了规范的送审稿编制。

送审阶段：2010年4月19日，由工业和信息化部规划司在北京组织召开了《电子会议系统工程设计规范》（送审稿）专家审查会，通过了审查。审查专家组认为，本规范以科学成果和实际经验为依据，做到了技术先进、安全可靠、适用，填补了我国此专业技术工程设计标准规范的空白；具有可操作性、兼容性，结合国情积极采用、借鉴国际标准，满足在今后一定时期内技术发展的需要，达到了国际先进水平。

报批阶段：根据审查会专家意见，编制组认真进行修改、完善，形成了报批稿。

本规范制定过程中，编制组进行深入调查研究，总结了国内同行业的实践经验，同时参考了国外先进技术法规，广泛征求了国内有关设计、生产、研究等单位的意见，最后制定出本规范。

为便于广大设计、施工、科研、学校等单位有关人员在使用本规范时能正确理解和执行条文规定，《电子会议系统工程设计规范》编制组按章、节、条顺序编制了本标准的条文说明，对条文规定的目的、依据以及执行中需要注意的有关事项进行说明。但是，本条文说明不具备与标准正文同等的法律效力，仅供使用者作为理解和把握规范规定的参考。

目　次

1 总 则

1.0.2 因为会议电视系统已有国家标准《会议电视会场工程设计规范》GB 50635，因此，本规范内容不再赘述该部分内容。

1.0.4 根据国家对电子产品的安全性、电磁兼容性等要求，必须采用通过国家3C等认证的电子会议产品。

1.0.5 与电子会议系统工程相关的国家标准有：

《人机界面标志标识的基本和安全规则　设备端子和导体终端的标识》GB/T 4026

《音频、视频及类似电子设备　安全要求》GB 8898

《声系统设备　第3部分　声频放大器测量方法》GB/T 12060.3

《头戴耳机测量方法》GB/T 6832

《声系统设备　第2部分　一般术语解释和计算方法》GB/T 12060.2

《声系统设备互连的优选配接值》GB/T 14197

《会议系统电及音频的性能要求》GB/T 15381

《视听、视频和电视系统中设备互连的优选配接值》GB/T 15859

《建筑设计防火规范》GB 50016

《火灾自动报警系统设计规范》GB 50116

《电子信息系统机房设计规范》GB 50174

《综合布线系统工程设计规范》GB 50311

《智能建筑设计标准》GB/T 50314

《厅堂扩声系统设计规范》GB 50371

《红外线同声传译系统工程技术规范》GB 50524等。

2 术语和缩略语

2.1 术 语

2.1.9 发言者包括代表、主席或演讲人。

2.1.10 在自动控制的会议讨论系统中，传声器由代表操作，但在会议同声传译系统中，操作人员可以优先控制；在手动控制的会议讨论系统中，传声器由操作人员操作和控制。在菊花链式会议讨论系统中，所有参加讨论的人，都能在其座位上方便地使用传声器，通常是分散扩声的，由一些发出低声级的扬声器组成，置于距代表小于或等于1m处。也可以使用集中的扩声，同时应为旁听者提供扩声。

菊花链式会议讨论系统中，各会议单元以菊花链式连接方式，通过一根信号电缆连接到会议系统控制主机，又称手拉手式或单电缆式会议讨论系统，见图1。

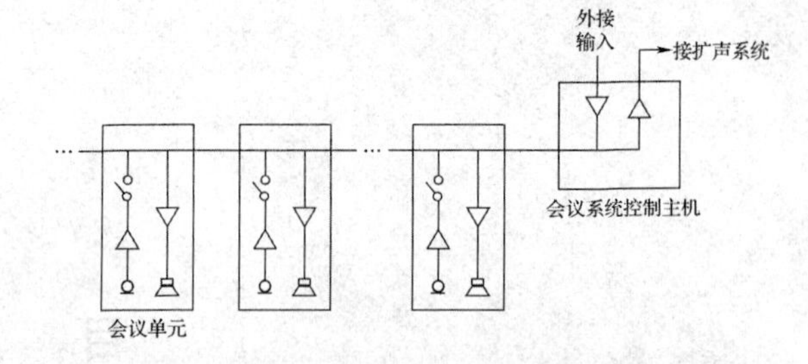

图1　菊花链式会议讨论系统

星型式会议讨论系统中，各传声器以星型连接方式连接到传声器控制装置，见图2。

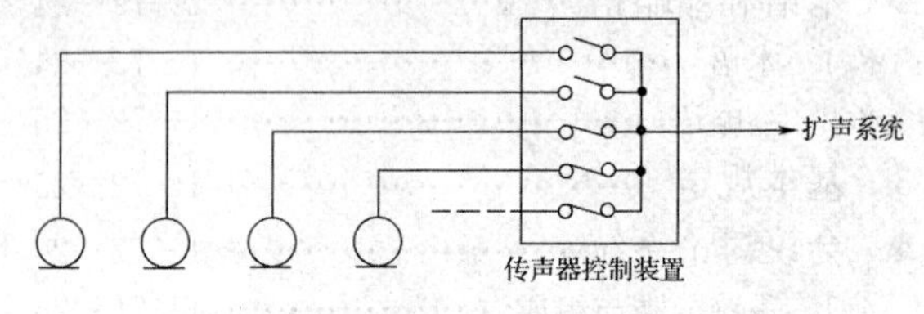

图2　星型式会议讨论系统

2.1.11 会议同声传译系统原理图见图3。

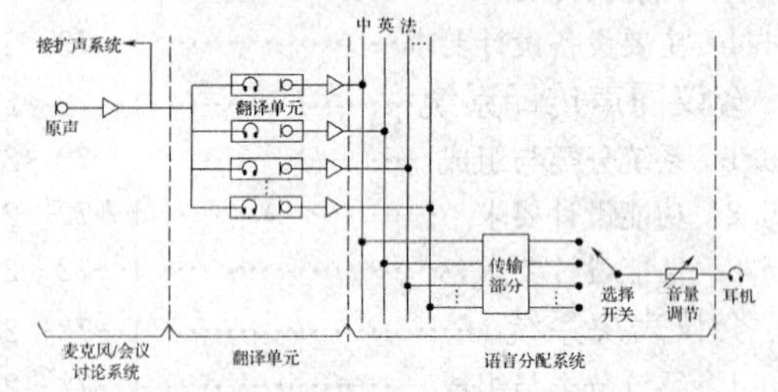

图3　会议同声传译系统

2.1.13 会议表决系统用于对会议议案进行投票表决、选举、调查，或对某事、某人进行评估或评价。会议表决系统原理图见图4。

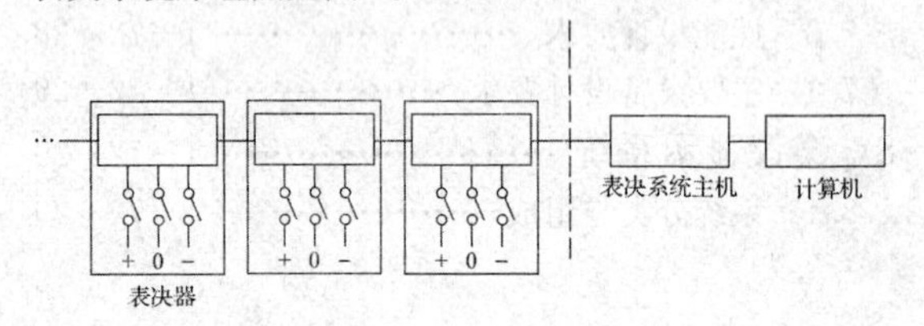

图4　会议表决系统

2.1.14 会议单元有以下三种安装方式：

1　固定式：会议单元的安装和电缆的敷设都是固定的。

2　半固定式：会议单元是可移动的或固定的，电缆的敷设是固定的，系统中的某些设备可固定安装或放在桌子上。

3　移动式：所有的设备，包括电缆的敷设都是可插接和可移动的。

2.1.15 会议系统控制主机可以独立运行，以实现自动化的会议控制，或者在需要更加全面的会议控制管理时，将会议系统控制主机与计算机连接，由操作人员通过会议控制管理软件来控制管理会议系统。

2.1.18 集中控制系统可通过触摸屏或定制的控制面板，对环境设施（如灯光、窗帘）、音视频设备（如DVD播放机、电视机、录像机）、投影机、话筒、视像跟踪系统等进行便捷而高效的集中控制和管理。

2.2 缩 略 语

本节规定有以下说明：

1 CIF = 352×288像素。

2 4CIF=704 × 576像素。

3 SAN是一种连接外接存储设备和服务器的架构。

4 iSCSI是用来建立和管理IP存储设备、主机和客户机等之间的相互连接，并创建存储区域网络(SAN)。

5 音频、视频、图像以及控制命令脚本等多媒体信息通过ASF格式，以网络数据包的形式传输，实现流式多媒体内容发布。

3 基 本 规 定

3.0.1 电子会议系统工程的组成和连接关系见图5。

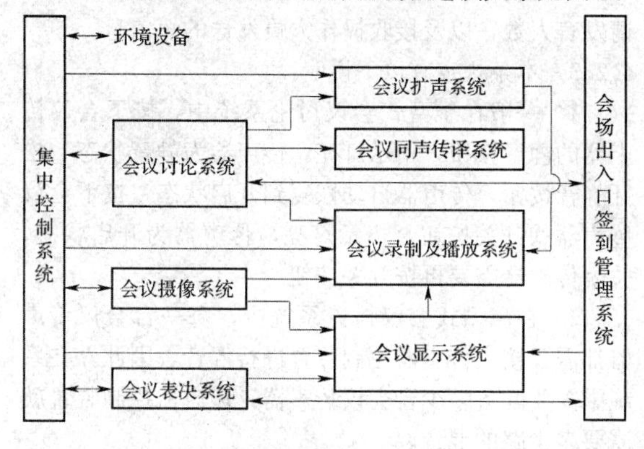

图5 系统组成和连接

根据会议厅堂规模和实际需求的不同，可选择不同的子系统，组合见表1。

表1 典型电子会议系统工程的子系统选择

子系统	小型讨论会议室	中型同传会议厅	政府中型会议厅	会议中心多功能厅	人大、政协会堂	大型国际会议厅
会议讨论系统	√	√	√	√	√	√
有线同声传译系统	—	√	—	—	√	√
红外线同声传译系统	—	√（可选）	—	√	√（可选）	√（可选）
会议表决系统	—	√	√	—	√	√
会议扩声系统	√（可选）	√	√	√	√	√
会议显示系统	√（可选）	√	√	√	√	√
会议摄像系统	—	√	√	√	√	√

续表1

子系统	小型讨论会议室	中型同传会议厅	政府中型会议厅	会议中心多功能厅	人大、政协会堂	大型国际会议厅
会议录制和播放系统	—	√	√	√	√	√
集中控制系统	√（可选）	√	√	√	√	√
会场出入口签到管理系统	—	—	—	—	√	—
控制室	—	√（可选）	√	√	√	√

其中，小型讨论会议室包括会展中心、酒店、政府机构的小型会议室，以及企业会议室、大专院校会议室等。

中型同传会议厅（50个～200个坐席）包括会展中心中型会议厅、酒店高档中型会议厅、涉外企业高档会议厅、国际新闻发布厅、大专院校国际学术交流会议厅等。

政府中型会议厅包括各级政府、人大常委、党委常委会议厅等。

会议中心多功能厅包括会展中心多功能厅、酒店多功能厅、企业多功能厅等。

人大、政协会堂包括各级政府人大、政协大会堂等。

大型国际会议厅包括国际会展中心会议大厅、城市国际会议中心、国家议会大厅、酒店会议中心等。

小型会议是指50个坐席以下的会议场所，中型会议是指50个～200个坐席的会议场所，大型会议是指200个坐席以上的会议场所。

3.0.3 采取相应的冗余措施可以使系统具有必要的容错能力。

3.0.5 可通过会议控制管理软件及集中控制系统，实现对系统和其他电子设备便捷、高效的集中管理。

会议管理软件的功能包括会场坐席安排、主席台坐席安排、会议信息管理、代表信息管理、传声器管理等。

集中控制系统主要对会场电子设备和环境设备进行集中控制，具体功能见本规范第11章。

3.0.8 会议系统控制主机提供火灾自动报警联动触发接口，一旦消防中心有联动信号发送过来，系统立即自动终止会议，同时会议讨论系统的会议单元及翻译单元显示报警提示，并自动切换到报警信号，让与会人员通过耳机、会议单元扬声器或会场扩声系统聆听紧急广播；或者立即自动终止会议，同时会议讨论系统的会议单元及翻译单元显示报警提示，让与会人员通过会场扩声系统聆听紧急广播。

在会议进行中，出现消防报警时，如果没有立即终止会议，可能会产生严重的安全问题，譬如与会人员不能及时撤离现场，因此本条作为强制性条款，必须严格执行。如会议正在进行同声传译，此时翻译员在相对封闭的同声传译室里使用由两个贴耳式耳机组成的头戴耳机来聆听会议，代表通常也是通过耳机来聆听会议，翻译员和代表难以听到会场紧急广播，如果没有消防报警联动功能，后果更为严重。

3.0.9 在实际工程设计中，设计单位往往会把最大声压级指标设计的比标准规定的还要高，认为越高越好，而高声压级对人们听力的危害国际上早有许多限制措施。实验证明，如果听觉器官暴露在80dB～90dB的强声下30min，移去强声后听者会有10dB～15dB的暂时性（约10min）的听力损失。强度为90dB～95dB的突发声，即使时程短语0.05s，也会造成听觉0.4s的暂时性失聪。并且不科学、不合理的高声压级也是对能源的极大浪费，如果声压级设计时要高出3dB，系统功率就要增加2倍，这就意味着放大器的功率和数量、扬声器的数量都需要成倍的增加，给投资建设方造成不必要的资金浪费。

3.0.10 本条规定的是设备正常工作宜符合的环境条件。超过这个范围设备可以工作，因此不要求符合其全部特性，并可允许在更为极端的条件下储存设备。

3.0.11 对本条规定有以下说明：

1 对磁场的抗扰度要求不适用于系统中使用感应线路输入的头戴耳机。

2 电子会议系统工程也是一个电磁干扰源，因此会议系统设备相关性能技术指标应符合国家相关标准的要求。

3.0.14 一般具有50个坐席以上的会议厅堂可称为中型以上会议厅堂。

4 会议讨论系统

4.1 系统分类与组成

4.1.1 会议讨论系统的分类见表2。

表2 会议讨论系统的分类

设备连接方式		有线 （菊花链式/星型式）	无线 （红外线式/射频式）
音频传输方式	模拟	模拟有线会议讨论系统	模拟无线会议讨论系统
	数字	数字有线会议讨论系统	数字无线会议讨论系统

4.1.2 本条规定有以下说明：

2 星型式会议讨论系统中，常用的传声器控制处理装置有混音台、媒体矩阵等。

3 无线会议讨论系统中，信号收发器包括无线射频收发器、红外收发器。会议管理软件系统包括会议管理软件和计算机。

4.2 功能设计要求

4.2.1 本条规定有以下说明：

3 内部通话功能可方便在会议场上代表、主席、操作人员、翻译员之间的语音沟通。内部通话功能可通过会议讨论系统设备实现，也可另行配备设备实现。会场规模根据实际情况来定，一般参会人数超过200人可称为大型会场。

5 本款第5）项中附加信号源有附加的传声器系统、磁带录音机、电影或电视的声音通路。

4.2.2 本条规定有以下说明：

4 当系统中已开启的传声器数量少于预先设置的数量时，主席可直接开关传声器。主席可根据预先设置的优先权模式，关闭或暂时静音正在发言的代表传声器。

6 配置了定时发言功能后，当传声器打开时，在发言者的会议单元、会场大屏幕上和主席台显示屏上显示规定发言时间并进行倒计时，在时间临结束前发言者的会议单元有指示灯自动闪烁提醒发言者，当时间结束时，自动关闭传声器。

7 会议单元的显示屏可在线显示发言人数、申请发言人数，以及接收操作人员发送的短信息。

4.2.3 本条规定有以下说明：

1 一般在星型式会议讨论系统中，按下会议传声器的静音按钮，指示灯亮，传声器为静音状态，松开静音按钮，传声器自动恢复到开启状态；按下会议传声器的开关按钮，指示灯亮，传声器为开启状态，关闭传声器需要再按开关按钮。

2 在星型式会议讨论系统中，每一台会议传声器都需要接入传声器控制装置进行混音，因此，在系统中需要配备多少台会议传声器，传声器控制装置就需要多少路的混音。

3 星型式会议讨论系统中，每一只传声器都需要单独的连接线缆连接到安装于控制室的控制处理装置（如混音台、媒体矩阵等），当传声器数量较多时（譬如20只传声器就需要至少20条线缆连接到控制室），布线、安装将会变得复杂，线路间的干扰也会增大，因此星型式会议讨论系统中的传声器数量不宜过多。对于临时搭建的场所或传声器移动式安装的场所，考虑到布线、安装的复杂性，以及今后越来越高的人工费用，传声器数量较多时也不宜采用星型式会议讨论系统。

4.2.4～4.2.6 从工程应用上来看，无线会议讨论系统的应用场合基本上是一些不能改变或破坏的历史建筑、坐席布局不固定的临时会场等。无线会议讨论系统因其不用布线、可适应会场布局的实时变更、不需要破坏会场原有装修、系统维护方便、不需要担心线材老化、便于保管等，确实有其优势。目前，无线会议讨论系统主流技术有采用红外线技术的无线会议讨论系统、采用WAP技术的无线会议讨论系统和采用DSSS直接序列扩频技术的无线会议讨论系统。

采用DSSS直接序列扩频技术的无线会议讨论系统，优点是一个系统只需一个无线接入点，信号的穿透力强，不受障碍物阻挡；不足的是，当在会场中或会场附近有与本系统相同或相近频段的射频设备工作时，有其他采用相同技术的设备同时运行，就可能引起同频干扰。因此还需要了解会场周边一定范围内（至少100m）的射频设备的工作状况。会议射频干扰源较多，譬如移动电话就是常见的射频干扰源，因此会议单元应具有抗射频干扰能力，虽然厂家已采用了分组和选频的技术来解决这个问题，但这种解决方式对于操作员的技术水平、操作熟练度和应变能力有较高要求。

在红外无线会议讨论系统中，信号是通过红外光进行传输的，在开会时采取关闭门窗和在透明的门窗上加挂遮光窗帘等措施，将会场的光线与外界隔离，即可起到会议保密和防止恶意干扰的效果，非常简单。该系统的不足是由于红外线本身的物理特性，导致该技术的产品存在必须避开障碍物阻挡、红外辐射单元安装数量需要根据现场物理环境进行计算。

4.3 性能设计要求

4.3.2 不同类型的会议讨论系统能够支持的传声器最大数量（供参考）见表3。

表3 不同类型会议讨论系统支持的传声器数量（只）

系统类型	模拟有线会议讨论系统	数字有线会议讨论系统	模拟无线会议讨论系统	数字无线会议讨论系统
传声器最大数量	50～600	约4000	— （各厂商产品差异较大）	150～10000

对于采用模拟音频传输的模拟有线/无线会议讨论系统，各会议单元之间的干扰和外部的电磁波干扰会随着传声器数量增多而加大。另外，对于模拟有线会议讨论系统，当传声器数量增加时，就需要采用多条线路来为会议单元供电，多条线路之间也会产生干扰。因此，尽管模拟会议讨论系统也可以做到支持更多的传声器数量，但在实际应用中一般以不超过100只传声器为宜。

4.3.3 对于采用模拟音频传输的模拟有线会议讨论系统，音频信号电平的衰减随传输距离的增加而增加，使信号噪声比越来越差，系统的高频响应越来越差，通道之间的串音越来越大，随着传输距离的增加（如超过50m），音质变差问题是难以克服的。在大型会议系统中，接地问题引入的干扰（如照明设备、工业电器设备和广播通信设备等）以及电磁波干扰也一直是难以解决的问题。

4.4 主要设备设计要求

4.4.2 本条规定有以下说明：

7 主机双机“热备份”功能是指当主控的会议系统控制主机出现故障时，备份的会议系统控制主机可自动进行工作，而不中断会议进程。如果需要由人工来启用备份主机，即称为“冷备份”。

8 当系统中会议单元的数量超过单台会议系统控制主机的负载能力时，需要配置适当数量的扩展主机（供电单元）来为会议单元供电。

10 可以将多台会议系统控制主机通过电缆连接起来，将其中一台设置为主工作模式，其余控制主机设置为从工作模式（此时这些控制主机相当于供电单元），从而组成一个更大的会议系统。主要用于多房间配置、会议设备租赁，以及会议规模经常变化的场合。

4.4.3 本条规定有以下说明：

3 主席会议单元的优先按钮开关具备优先发言、关闭或静音其他代表会议单元传声器的功能。

5 会议同声传译系统

5.1 系统分类与组成

5.1.2 语言分配系统的分类见表4。

表4 语言分配系统的分类

信号传输方式		有线	无线（红外线式）	无线（射频式）
音频传输方式	模拟	模拟有线语言分配系统	模拟红外语言分配系统	模拟射频语言分配系统
	数字	数字有线语言分配系统	数字红外语言分配系统	数字射频语言分配系统

5.2 功能设计要求

5.2.3 由翻译员到操作人员，从操作人员到主席、演讲人都应有呼叫通路。在会议过程中发生故障时（例如，代表不打开传声器就开始发言或其他紧急情况），翻译员应能通过专用的音频呼叫通道，通知主席、演讲人。

5.3 性能设计要求

5.3.2 对于采用模拟音频传输的模拟有线语言分配系统，传送每种语言至少需要一根专用传输线，如果需要传送10种语言，就需要一条至少12芯的专用传输线缆（包括至少10根音频传输线和2根电源线及数字控制信号线）。这种专用传输线缆不仅昂贵、复杂，而且连接点的故障会增加。各通道选择器之间的干扰和外部的电磁波干扰会随着通道选择器数量的增多而加大。此外，音频信号电平的衰减随传输距离的增加而增加，使得信号噪声比、通道串音衰减、频率响应等音频指标越来越差。在大型会议系统中，接地引入的干扰、电磁波干扰，也一直是难以解决的问题（见本规范第4.3.2条和第4.3.3条的条文说明）。

6 会议表决系统

6.1 系统分类与组成

6.1.2 普通有线会议表决系统的表决系统主机与表决器之间通常采用RS－485、RS－422等协议连接方式，并采用“轮询”方式进行表决结果统计，其表决程序如下：

1 代表在各自的表决器上进行按键表决，表决结果暂存在表决器中。

2 由表决系统主机对各表决器进行逐个查询，并统计结果。

3 表决结束时，表决系统主机需要对系统的全部表决器再重新查询一次。

高速有线会议表决系统的每个单元表决速度应小于1ms，表决系统主机与表决器之间通常采用以太网或CAN总线等协议，并采用“主动报告”方式进行表决结果统计，代表按键表决后，表决器立即将表决结果主动传输给表决系统主机。

6.2 功能设计要求

6.2.1 投票表决器通常有以下投票表决形式供选用：

1 “赞成”/“反对”。

2 “赞成”/“反对”/“弃权”。

3 多选式：1/2/3/4/5。即从多个（通常最多5个）候选议案或候选人中选择一个。

4 评分式：－－/－/0/＋/＋＋。即为候选议案/候选人进行评分（打分），“－－”表示最差（很不满意），“＋＋”表示最优（非常满意），可根据实际需要选择评分的级数，例如，3级：满意、一般、不满意，4级：优、良、中、差，5级：非常满意、满意、一般、不满意、很不满意。

6.2.2 本条规定有以下说明：

1 不记名表决，或称秘密表决，不能鉴别出每个表决者及其表决结果；记名表决，或称公开表决，能鉴别出每个表决者及其表决结果。

4 根据需要，可以把表决的持续时间限定在30s、60s、90s等，或用户自定义的时间值。

5 直接显示是指在表决进行中，显示各个中间结果，在预先选定的表决时间终止时，显示最后的结果；延时显示是指不显示中间结果，只在预先确定的表决时间终止时，显示表决的最后结果。

6.2.3 只有签到的会议单元的表决结果才会被统计。

6.2.4 签到结果可显示在会场显示屏幕上，通过接收签到信息，变化与会人员座位颜色。

6.4 主要设备设计要求

6.4.4 本条规定有以下说明：

3 表决器表面具有防水功能是为防止因代表不小心将水洒入会议单元造成整个系统失效。

7 会议扩声系统

7.2 功能设计要求

7.2.3 对于小型会议室可以不做计算机仿真的声学预测设计。

7.2.5 会议扩声系统应能与会议讨论系统、同声传译系统、显示系统、摄像系统、录播系统、集中控制系统实现联动，并与消防系统应急广播联动，实现强切功能要求。

7.3 性能设计要求

7.3.2 在表7.3.2中传输频率特性、传声增益、声场不均匀度、系统总噪声级指标均是依据现行国家标准《厅堂扩声系统设计规范》GB 50371—2006中对会议类扩声系统声学特性指标的规定。

1 语言清晰度最常用、最方便的表征方法是语言传输指数（STI）。它是由国外科学家提出，经IEC认可并列入IEC文件；但STI的测量比较复杂、烦琐，因此通常在有扩声系统的房间测量扩声系统语言传输指数（STIPA）。在我国，国家标准《厅堂扩声特性测量方法》GB/T 4959—2011增加了评价扩声系统语言传输指数STIPA的测量方法，使STI测量方法更加科学、合理。除了用STI表征语言清晰度外，用辅音清晰度损失率百分比$AL\%$来表征语言清晰度的研究也被诸多科学家所重视，荷兰声学家Peutz从20世纪70年代初，历经10年研究出辅音清晰度损失率百分比的理论，并给出了描述$AL\%$与室内声学参数之间关系的经验公式［公式（1）～公式（3）］，对预测厅堂语言清晰度有很大帮助。

$$STI = 0.9482 - 0.1845 \times AL\% \qquad (1)$$

$$AL\% = \frac{200 D^2 T_{60} 2N}{QVM} \quad (D \leqslant D_C) \qquad (2)$$

$$AL\% = 9RT_{60} \quad (D \geqslant D_C) \qquad (3)$$

式中：D——听音处距声源的距离（m）；

T_{60}——混响时间（s）；

V——房间的体积（m^3）；

N——声源个数；

Q——指向性因子；

D_C——临界距离（m）；

M——临界距离的修正值，一般取$M=1$。

由以上公式可以推导出，当$AL\%$小于或等于6.6，对应 STI 大于或等于 0.6；$AL\%$小于或等于 11.4，对应 STI 大于或等于 0.5。

以上公式是指在同类扬声器作用下时语言传输指数的计算公式，如果作用在该位置的扬声器类型不同，则需要分别计算各类扬声器作用下的语言传输指数，取其低值。

7.4 主要设备设计要求

7.4.1 本条规定有以下说明：

2 目前市场上有动圈、电容、驻极体、PZM 原理的有线、无线传声器。

7.4.2 扬声器系统是指扬声器声道数和每一声道中扬声器数量。

2、3 这两款为强制性条款，必须严格执行。一般扬声器会被吊装或壁挂安装在会场内，由于其重量比较重，如果发生坠落情况会造成严重后果。当扬声器系统的承重结构改动或荷载增加时，如果设计单位不对既有建筑结构的荷载重新进行计算、核验和确认，扬声器系统安装后，其安全性肯定无从保证。

7.4.3 本条规定有以下说明：

2 采用自动混音台可以增加系统传声增益。

7 舞台返送系统所用 1/3 倍频程均衡器宜单独配置，便于现场调音；具有降噪系统可以保证总噪声级要求。

8 会议显示系统

8.1 系统分类与组成

8.1.1 根据会场需要，可将交互式电子显示白板显示系统、发光二极管显示系统、投影显示系统、等离子显示系统和液晶显示系统等显示方式进行组合使用。

8.1.2 信号源包括计算机信号、视频信号和网络信号。传输路由可由视频同轴电缆、对绞电缆、光缆和专用 VGA、DVI 连接线等组成。信号处理设备包括分配器、信号补偿器、信号转换器、矩阵切换器和图像处理器等。显示终端按显示器件的不同可分为交互式电子白板、发光二极管显示屏、投影幕布、等离子显示器和液晶显示器。

8.2 功能设计要求

8.2.2 多种通用标准视频接口指 Composite Video、S - Video、YPbPr/YCbCr、HDMI、RGB、VGA、DVI 等接口。

8.2.4 视频显示系统具有 RS232、RS485 或以太网接口，便于在中控系统中统一控制和管理。

8.3 性能设计要求

8.3.3 在一定的亮度范围内，亮度值越大，则显示的图像越清晰，但亮度值超过一定的范围，亮度值再增加，反而使图像清晰度下降；长时间在高亮度状态下观看显示屏幕，眼睛易感疲劳；此外，亮度太高不仅浪费能源，还会降低显示屏和投影机的使用寿命。

8.3.6 在现行国家标准《视频显示系统工程技术规范》GB 50464 和《会议电视会场系统工程设计规范》GB 50635 中，对 LED、LCD、PDP、DLP 及拼接显示都已作了规定，因此在此处只对交互式电子显示白板进行相应的要求。

8.4 主要设备设计要求

8.4.3 无线方式是指通过分别在计算机、视频显示系统上配备相应外设，实现计算机与视频显示系统的连接。

8.4.6 本条规定有以下说明：

2 采用后端补偿法可以方便设备的安装。

8.4.8 本条规定有以下说明：

3 自动断电保护功能应能够自动保存设备上次关机时的状态。

9 会议摄像系统

9.1 系统分类与组成

9.1.2 图像采集部分可由摄像机（含镜头）、摄像机云台、摄像机解码器、摄像机支架等组成。图像传输部分可由传输线缆组成。图像处理部分可由视频分配器、矩阵切换器、控制主机（含软件）、控制键盘等组成。图像显示部分可由各种显示设备组成。

9.2 功能设计要求

9.2.2 如果是无人发言，会议摄像机通常给出全景图像。

9.2.5 摄像跟踪画面的无缝切换功能，即将视频切换过程中的一些无意义的画面不作显示，这可以通过视频切换器的画面冻结和同步切换功能来实现。可将摄像机高速转动过程中的画面屏蔽掉。

9.3 性能设计要求

9.3.4 鉴于目前摄像机云台机械噪声大多数在 45dB 以上，摄像机云台机械噪声对会议的影响因会场大小、环境、参加人员数量的不同而不同。因此，在选择云台时应综合考虑以上因素。

9.4 主要设备设计要求

9.4.1 本条规定有以下说明：

5 画面冻结功能可以将视频切换过程中的一些无意义画面不作显示，例如，云台摄像机高速转动过程中的画面，从而实现视像跟踪画面的无缝切换。

6 屏幕字符显示功能可以在预置位显示对应发言者的姓名、称谓等信息。

10 会议录制和播放系统

10.1 系统分类与组成

10.1.2 分布式录播系统中信号采集设备通常为各种信号编码器，如音视频编码器、VGA编码器等，信号处理模块通常为录播服务器，信号采集模块和信号处理模块之间通过IP网络进行通信。一体机录播系统集成信号采集设备和信号处理设备于一体。

10.2 功能设计要求

10.2.10 系统可以在控制室内对所有会议室的AV、VGA、RGB信号进行监听监视功能。

10.2.12 存储空间的扩展能力指支持标准的iSCSI、SAN结构的外存储服务器。

10.2.14 字幕添加功能即可在视频窗口的任意指定位置添加文字作为会议备注。

10.2.15 系统宜支持摄像机远程遥控功能，即在后台通过网络即可远程控制摄像机的动作。

10.2.18 录制文件应采用通用标准格式，如ASF等通用格式。

10.2.20 系统具备在线用户的管理功能，如点名、统计等。

10.2.21 系统具备文件编辑功能，可对录制好的文件进行编辑剪辑，删减合并等操作。

10.3 性能设计要求

10.3.4 VGA信号采集编码能力应能支持1280×1024、1280×960、1280×768、1280×720、1024×768、800×600、640×480等显示格式。

10.4 主要设备设计要求

10.4.3 因为点播等功能有时是在会议室其他系统关闭电源后进行，所以信号处理设备宜安装在能够保障连续和可靠供电的（网络）机房内。

10.4.4 目前控制面板通常是液晶屏，可以直观显示设备工作状态。

11 集中控制系统

11.2 功能设计要求

11.2.9 通过红外线遥控方式进行控制和操作的设备有DVD播放机、电视机等。

11.3 主要设备设计要求

11.3.1 本条规定有以下说明：

8 数字I/O控制口和继电器控制口可用来控制电动投影幕、电动窗帘、投影机升降台等会场电动设备，或用作安防感应信号输入。

12 会场出入口签到管理系统

12.1 系统分类与组成

12.1.2 会议签到管理软件包括服务器端模块和客户端模块。管理计算机内应内置双屏显卡。

12.2 功能设计要求

12.2.7 实时签到状态显示图包括会议代表席位分布图，可根据代表报到情况实时改变席位颜色，显示会议已签到人数和会议应到、出席和缺席人数的动态更新。

13 会议室、控制室要求

13.2 环境要求

13.2.1 本条规定有以下说明：

3 会议室的墙面装饰、桌椅颜色、地毯等应有统一的色调要求；宜简洁明亮、浅色为主、双色搭配。避免采用黑色或白色作为背景色。

7 会议室的长宽高尺寸比例如果成整数倍易产生驻波现象，推荐高：宽：长比例宜为1：1.26：1.41。

13.2.2 本条规定有以下说明：

6 会议扩声系统的控制、监听等设备往往是放在电子会议系统工程控制室内，因此，控制室内发出干扰噪声的设备如带冷却风扇的设备、电源变压器等，会对会议扩声系统产生影响。

13.2.3 根据保密级别的不同可以采用的防护方法有：电磁屏蔽、防止电磁泄漏的其他防护措施；所有进出屏蔽室的电源线缆应通过电源滤波或其他屏蔽措施处理；所有进出屏蔽室的信号电缆应通过信号滤波器或其他屏蔽措施处理；网络线缆应采用光缆或屏蔽线缆。非金属材料穿过屏蔽层时应采用波导管，波导管的截面积尺寸和长度应满足电磁屏蔽的性能要求；对系统软件进行加密处理等。

13.3 建筑声学要求

13.3.4 会议室声场环境采取声扩散措施，避免产生声聚焦和共振、回声、多重回声、颤动回声等缺陷。

13.3.5 环境噪声包括空调系统送、回风和电器噪声等建筑物内部设备噪声。环境噪声主要来源于空调系统，因此对空调系统送回风的噪声应该严格控制。

13.3.6～13.3.8 这三条是依据现行国家标准《剧场、电影院和多用途厅堂建筑声学技术规范》GB

50356中的相关规定制定的。

13.4 供电系统

13.4.1 会议系统的供电应根据建筑的负荷等级综合考虑。一般大型建筑中设置大型会议室，另外有些建筑根据其使用性质，设有重要会议室。对于大型和重要会议系统，其供电应按照一级负荷供电。而一些中小型的建筑中，其供电负荷等级一般为二级，但也需要设置会议室，对于这类会议系统，其供电负荷等级可按二级考虑。

13.4.2 有的会议室没有控制室，而是将会议系统的设备临时设置在会议室内，其摄像机、监视器等也是临时设置，会议结束后一并撤离现场。对于这类设备的供电，应考虑提供相应的专用插座。经实际工程发现，采用不同相电源，容易产生干扰现象，如噪声、噪波等。

13.4.3 会场的照明与音频和视频系统设备供电同等重要，为了确保会议期间不间断供电，在一些地区由于市政电源的可靠性不高时，宜采用UPS电源保证持续供电。

13.4.4 大、中型会议系统设置配电箱，主要为控制室、会场音视频等设备以及照明供电。空调系统不由其供电。

13.4.5 在建筑中会议室的位置经常靠近外墙，或设置在建筑的最高层，容易遭受雷电感应，导致设备损坏，因此有必要设置浪涌保护器。但有的会议室设置在建筑物的内区或者地下室，相对来说，受到雷电感应的程度要小得多。因此应根据实际情况考虑是否设置浪涌保护器。

13.4.6 有的建筑中有多个会议室，例如会议中心等，从管理层面上需要进行集中管理，此时每个会议室的专用配电箱宜提供远程通信端口，便于管理人员对各会场供电情况进行实时监视。

中华人民共和国国家标准

消声室和半消声室技术规范

Technical code for anechoic and semi-anechoic rooms

GB 50800—2012

主编部门：中华人民共和国工业和信息化部
批准部门：中华人民共和国住房和城乡建设部
施行日期：2 0 1 3 年 1 月 1 日

中华人民共和国住房和城乡建设部
公　　告

第 1459 号

住房和城乡建设部关于发布国家标准《消声室和半消声室技术规范》的公告

现批准《消声室和半消声室技术规范》为国家标准，编号为GB 50800－2012，自 2013 年 1 月 1 日起实施。其中，第 8.2.8、9.3.3 条为强制性条文，必须严格执行。

本规范由我部标准定额研究所组织中国计划出版社出版发行。

中华人民共和国住房和城乡建设部

二〇一二年八月十三日

前　言

本规范是根据原建设部《关于印发〈2007 年工程建设标准规范制订、修订计划（第二批）〉的通知》（建标［2007］126 号）的要求，由中国电子工程设计院、工业和信息化部电子工业标准化研究院电子工程标准定额站会同有关单位共同编制而成。

本规范在编制过程中，编制组广泛调查研究并认真总结实践经验，参考国内外相关标准规定，在广泛征求意见的基础上反复修改，最后经审查定稿。

本规范共分 10 章，主要内容包括：总则、术语、声学设计、总平面设计、建筑设计、结构与隔振设计、公用专业设计、电磁屏蔽设计、施工与质量控制、声学性能测定与验收。

本规范中以黑体字标志的条文为强制性条文，必须严格执行。

本规范由住房和城乡建设部负责管理和对强制性条文的解释，由工业和信息化部负责日常管理，由中国电子工程设计院负责具体技术内容的解释。在执行本规范过程中，请各单位结合工程实践，认真总结经验，如发现需要修改和补充之处，请将意见和建议寄至中国电子工程设计院科技质量部（地址：北京 307 信箱；邮政编码：100840），以供今后修订时参考。

本规范主编单位、参编单位、参加单位、主要起草人和主要审查人：

主 编 单 位：中国电子工程设计院
工业和信息化部电子工业标准化研究院电子工程标准定额站

参 编 单 位：中国电子科技集团公司第三研究所
中国计量科学研究院
中国建筑科学研究院
南京大学
中电投工程研究检测评定中心
上海声望声学工程有限公司

参 加 单 位：江苏爱富希新型建材有限公司
北京奇佳联合新型建材有限公司
广州新静界消音材料有限公司
江苏东泽环保科技有限公司

主要起草人：周春海　娄　宇　翁泰来　陈剑林　沈　勇　谭　华　罗　伟　钟景华　陈　骝　俞渭雄　朱玉俊　秦学礼　李锦生　蒋慧慧

主要审查人：任文堂　王　劲　钟祥璋　吴启学　赵元祥　陈建华　万宗平　徐　征　吕亚东

目　次

Contents

1 总 则

1.0.1 为使消声室和半消声室工程设计、施工及安装做到技术先进、环保节能、经济适用，确保工程质量，制定本规范。

1.0.2 本规范适用于新建、改建的消声室和半消声室工程的设计、施工及安装。

1.0.3 消声室和半消声室工程的设计、施工及安装，除应符合本规范外，尚应符合国家现行有关标准的规定。

2 术 语

2.0.1 自由场 free sound field

在均匀各向同性媒质中，反射声可忽略不计的声场。

2.0.2 消声室 anechoic room

边界有效吸收所有入射声，使空间的中心部位形成自由声场的房间。

2.0.3 半自由场 half-free sound field

刚性地面上方半空间的均匀各向同类媒质中，边界影响可忽略不计的声场。

2.0.4 半消声室 hemi-anechoic room

在反射面上方可获得模拟自由场的房间。

2.0.5 背景噪声 background noise

来自被测声源外所有其他源的噪声。

2.0.6 环境噪声 environmental noise

在某一环境下由多个不同位置的声源产生的总的噪声。

2.0.7 自由场条件 free field conditions

点声源的声强随距离按平方反比定律变化，即声压随距离按平方反比衰减。

2.0.8 噪声控制 noise control

研究获得适当噪声环境的科学技术。

2.0.9 声桥 sound bridge

在双层或多层隔声结构中两相邻层间的刚性连接物的声能以振动的方式通过它在两层中传播。

2.0.10 声闸 sound lock

两个分隔室之间可使室内两端相通且声耦合很小，并能吸收大量声能的小室或走廊。

2.0.11 隔振 vibration isolation

采用弹性支承抑制外界振动影响的措施。

2.0.12 固有频率 natural frequency

由系统自身质量、刚度和边界条件所决定的频率。

2.0.13 隔振器 vibration isolator

具有衰减振动功能的支承元件。

2.0.14 偏离自由场的允差 allowable deviation from free field

在所有的测量位置上的声压级与满足平方反比定律的声压级理论值间的允许偏差值。

2.0.15 消声室下限频率 lower limit frequency of anechoic room

在消声室一定的空间范围内能满足偏离自由场的允差要求的最低频率。

2.0.16 半消声室下限频率 lower limit frequency of hemi-anechoic room

在半消声室一定的空间范围内能满足偏离半自由场的允差要求的最低频率。

2.0.17 吸声尖劈 wedge absorber

尖劈状或锥形吸声体。通常可分为尖部和基部。

2.0.18 吸声尖劈的下限频率 cut off frequency of wedge absorber

吸声尖劈的吸声系数达99%的最低频率。

3 声学设计

3.1 一 般 规 定

3.1.1 消声室和半消声室的声学设计应满足使用要求，声学设计的技术指标应包括自由场和背景噪声。

3.1.2 消声室和半消声室采取的主要声学技术措施应包括吸声、隔声和隔振。

3.1.3 消声室和半消声室的自由场应根据测试内容和使用要求确定。自由场技术指标应包括消声室和半消声室下限频率。

3.1.4 消声室和半消声室的背景噪声应根据测试内容和测试要求确定。总声级值和每个频带的允许声压级值测量应符合下列要求：

1 应测出每个频带的允许声压级值。

2 在满足背景噪声要求的条件下，测量表面上的所有传声器位置背景噪声的总声级值和测量范围内的每个频带噪声值均应低于被测信号10dB。

3 背景噪声低于被测信号20dB时，可不进行背景噪声的修正。

3.1.5 消声室和半消声室内不应产生有害反射或散射。与最高测试频率对应波长可比的物件，不得直接进入声场。

3.1.6 消声室的悬置地面结构，应符合下列要求：

1 宜采用钢丝绳设计成格栅式地网结构。

2 钢丝绳直径及格栅式地网间距对声场的影响，应控制在满足使用要求的范围内。

3.1.7 在自由场范围内，应设置测试所需的支架、机座、传动装置等辅助测量装置。辅助测量装置不应破坏自由场。

3.1.8 选择材料、工艺、构造时，应对每个消声室和半消声室的吸声结构样品进行测量备案。

3.1.9 建筑、结构、暖通、给水排水、消防、电气和通信等相关专业，应根据声学技术指标要求进行工程设计。

3.2 自由场设计

3.2.1 消声室和半消声室体型与尺寸设计，应符合下列要求：

1 消声室和半消声室的体形应主要根据使用要求确定。用于测试电声产品声学性能时，消声室宜设计为长方体；用于测量机械辐射声功率级或噪声级及其指向性时，消声室可设计为正方体。

2 用于设备声功率测量时，半消声室的净空体积与待测量声功率级的声源体积之比不应小于200。

3 用于纯音测试的消声室和半消声室，体形接近于正方体时，应按下式计算偏离自由场的允差值：

$$\Delta L_P = 20\lg\left(1+6|R|\frac{r_A}{L}\right) \qquad (3.2.1\text{-}1)$$

式中：L——消声室和半消声室空间的边长（m）；

$|R|$——消声室和半消声室吸声结构的反射系数模量；

r_A——测量要求的最大测量距离（m）；

ΔL_P——偏离自由场的允差（dB）。

4 用于宽带噪声测试的消声室和半消声室的偏离自由场的允差值，应按下式估算：

$$\Delta L_P = 10\lg\left(1+6|R|^2\frac{r_A^2}{L^2}\right) \qquad (3.2.1\text{-}2)$$

5 消声室和半消声室空间的长度不应小于高度，且边长尺寸应满足下式要求：

$$L \geqslant r_A + \lambda/2 \qquad (3.2.1\text{-}3)$$

式中：λ——消声室和半消声室的下限频率所对应的波长（m）。

6 长度大于高度和宽度的消声室和半消声室，其高度或宽度应满足下式要求：

$$h \geqslant \lambda/1.2 \qquad (3.2.1\text{-}4)$$

式中：h——消声室和半消声室的高度或宽度（m）。

3.2.2 消声室和半消声室的吸声结构应符合下列要求：

1 应根据测试的频率范围和下限频率的要求设计消声室和半消声室的吸声结构。声学性能要求高的消声室和半消声室的吸声结构，宜选用尖劈状吸声体。

2 对于纯音信号的测试，吸声结构的吸声系数不应小于0.99。对于工程级宽带噪声信号的测试，吸声结构的吸声系数可低于0.99，吸声结构的吸声系数应根据偏离自由场的允差、测量要求的最大测量距离、消声室和半消声室空间的边长等因素进行综合设计。

3 吸声尖劈底部的尺寸宜为400mm×400mm，长度应按下式计算：

$$L_1 + L_2 + D = \lambda/4 \qquad (3.2.2)$$

式中：L_1——吸声尖劈的尖部长度（m）；

L_2——吸声尖劈的基部长度（m）；

D——吸声尖劈底部与刚性壁面间的空腔深度（m）；

λ——消声室和半消声室的下限频率所对应的波长（m）。

4 半消声室刚性面的法向入射吸声系数在工作频率范围内不应大于0.06。

3.3 噪声控制

3.3.1 消声室和半消声室选址时，附近应无明显的噪声和振动源，应避开地铁轨道交通、交通主干线和冲击振动源。

3.3.2 消声室和半消声室拟建场地的环境噪声进行测量时，应包括总声级值和每个频带的声压级值。

3.3.3 消声室和半消声室设计所要求的最低隔声量，应为环境噪声和测量允许的背景噪声之差。

3.3.4 消声室和半消声室的围护结构应选择高隔声性能材料。

3.3.5 消声室和半消声室的隔振设计，应符合下列要求：

1 周围有环境噪声或振动干扰时，消声室或半消声室应建成房中房结构形式，其内壳体应建于弹性隔振系统上。房中房结构应避免内壳体与围护结构的刚性连接而造成固体传声。

2 房中房结构的消声室和半消声室的工作检修夹道内侧，宜设置吸声构造。

3.3.6 消声室和半消声室门应满足隔声和室内自由场要求。门作为测试扬声器单元的障板使用时，应设置使用功能转换装置。

3.3.7 声闸的总隔声量应与消声室和半消声室总隔声要求相匹配，且声闸内表面宜做强吸声构造。

4 总平面设计

4.0.1 消声室和半消声室与铁路、轨道交通、城市交通干线、高速公路等冲击振动源、噪声源之间的距离宜大于300m。

4.0.2 总平面布置应根据消声室和半消声室及附属建筑房间体形、测量精度等级、被测试物件的尺度、环境测量要求和运行工况等因素合理布局。

4.0.3 总平面布置应使消声室位于场地内环境噪声干扰最小区域，并宜选在干燥环境。

5 建筑设计

5.1 一般规定

5.1.1 建筑声学设计应满足消声室内声场技术参数及相关专业的技术要求。

5.1.2 工程中所选建材产品性能质量应满足声学构造

和环保节能的要求。

5.1.3 消声室隔声设计应根据拟建场地的环境噪声状况及消声室内允许背景噪声确定。

5.1.4 消声室和半消声室建筑物耐火等级不应低于二级，其火灾危险性类别应为丁、戊类。

5.1.5 消声室和半消声室室内降噪吸声材料的燃烧等级不应低于B1级。

5.1.6 消声室和半消声室建筑防火设计除应符合本规范的规定外，尚应符合现行国家标准《建筑设计防火规范》GB 50016的有关规定。

5.2 平面布局

5.2.1 消声室应处于拟建场地内环境噪声和振动影响较小的地段，测量高噪声设备的实验室应远离消声室布置。

5.2.2 消声室及附属建筑平面布局应根据消声室的空间尺寸、允许背景噪声、下限频率、测量精度等要求确定。

5.2.3 消声室毗邻的房间应为安静房间，测试控制室宜紧邻消声室布置。

5.2.4 在布置空调机组等设备时，应防止机组噪声和振动对环境的影响。当被测设备有废气排放时，应防止废气对环境的污染。有排污要求时，应预留排污设备位置。

5.2.5 消声室建筑设计应根据工艺要求、噪声源位置、方向、强度等因素综合采取隔声、隔振、降噪措施。

5.3 室内构造工程

5.3.1 消声室的室内尖劈体应按使用要求进行多种组合方案测试，并应从中选取最佳的尖劈体容重、材质、尺寸组合。内填吸声材料应具有防火、防潮、防虫、防蛀、耐老化等性能。

5.3.2 室内除尖劈体外其他所设置的声学构造措施也应进行声学设计。

5.3.3 室内公用专业的管道和管线当穿越消声室围护结构时，应采取隔振、隔声技术措施。需隔绝电磁波干扰的消声室的管道穿墙部位，还应采取滤波构造措施。

5.3.4 室内声学填充材料应避免使用易产生悬浮颗粒的填充材料。

5.3.5 室内不应做第二次墙体湿作业。

5.3.6 地网及尖劈的架设应按设计要求进行施工。地网施工时应在地网下方紧贴安装一层透声的防护网。竣工后应保护室内的声学构造不受损伤。

5.3.7 尖劈门宜选用复合型构造门，并应与室内环境色彩协调。

5.3.8 消声室内工作地网高度与门洞口的标高差不应大于200mm。半消声室内的地面标高应与工作通道持平，有坡度要求时，坡度不宜大于10%，且应使室内地面略高于走道地面。

5.3.9 声闸应具有良好的通畅性，并应设置安全疏散装置。门洞口的工作净宽度不宜小于1.2m，声闸洞口构造的衔接处应避免固体传声。

5.3.10 消声室转换成半消声室使用时，消声室工作地网设计标高与该室内刚性地面净距不宜小于2.4m。

5.3.11 消声室转换成半消声室的功能时，其悬空的工作地网不应拆除，应将地网下的地面尖劈体搬除后转换成半消声室。半消声室恢复为消声室时，应将地面尖劈体对号复位。

5.3.12 通往消声室的各种管道应采用柔性连接。

6 结构与隔振设计

6.1 一般规定

6.1.1 结构主体选型应满足工艺建筑相关专业的设计要求。

6.1.2 结构主体选型所用材料应有利于防止固体传声且满足隔声要求。

6.1.3 消声室外围护结构应与消声室结构相匹配。

6.1.4 结构设计应与隔振系统设计协调一致。

6.2 结构设计

6.2.1 消声室主体结构宜采用钢筋混凝土结构或砌体结构。采用钢结构时，其填充材料不应使用空心砖砌块等非实体材料。

6.2.2 消声室墙体厚度应符合下列要求：

1 钢筋混凝土墙厚宜大于200mm。

2 混凝土及砖砌体厚度宜大于240mm。

6.2.3 采用混凝土砌块为主体时，在墙体转角处、洞口及墙体部位，每隔2m应设置钢筋混凝土构造柱，构造柱截面边长应与墙体厚度相同；构造柱的配筋与构造要求，应符合现行国家标准《建筑抗震设计规范》GB 50011的有关规定。

6.2.4 消声室的工作地网的标高处上下各150mm高度范围内，应设置钢筋混凝土圈梁，圈梁的强度、变形及钢索锚固应符合下列要求：

1 横向均布荷载不得小于$50kN/m^2$。

2 单根钢丝绳拉力不得小于4kN。

3 地网钢丝绳间距宜控制为80mm～120mm。

6.2.5 消声室底部应设置底板圈梁，构造应满足隔振系统的安装调试要求，且应留有检修工作空间。

6.2.6 采用房中房结构时，其夹道空间净宽不宜小于800mm。

6.2.7 有电磁屏蔽要求的消声室，其底板、顶板、墙体构造均应形成完整的屏蔽空间。

6.2.8 消声室的底板、顶板、墙面施工时应按设计要求设置预埋构件，不应采取涨拉锚栓等埋置措施，墙体竣工后不得再开洞钻孔。

6.3 隔 振 设 计

6.3.1 消声室隔振系统设置与选择，应根据消声室周围振源强弱和消声室下限频率确定。其隔振系统材料器件类别应包括下列内容：

1 含空气弹簧隔振器、阻尼器、高度控制阀、仪表箱等空气弹簧隔振装置；

2 金属弹簧隔振器及阻尼器；

3 橡胶隔振器或橡胶隔振垫；

4 矿物棉板及其纤维材料制品。

6.3.2 隔振设计应符合现行国家标准《隔振设计规范》GB 50463 的有关规定。隔振系统固有振动频率取值应小于消声室测试下限频率的 0.1 倍。

6.3.3 隔振系统竖向及横向阻尼比不宜小于 0.10。

6.3.4 采用空气弹簧隔振装置时，应配置压缩空气供气系统设备。供气系统设备的供气压力应大于使用压力 0.1MPa，且不得小于 0.7MPa。

6.3.5 隔振系统采用矿物棉纤维材料及其制品时，其材料容重应小于 250kg/m^3。

6.3.6 隔振系统承受荷载后，应满足消声室门洞底标高与外围主体建筑的地面标高相吻合的要求。

6.3.7 消声室内的动力设备应采取主动隔振措施，其隔振台座重量与设备重量之比宜大于 3∶1。

7 公用专业设计

7.1 暖 通 设 计

7.1.1 用于精密级测量的消声室及被测试件有温湿度要求的消声室，应设置通风空调系统。

7.1.2 通风空调系统的噪声控制，应符合下列要求：

1 消声室需设置通风与空调系统时，应对通风空调系统进行噪声控制设计。

2 通风空调系统的降噪消声设计应根据消声室室内允许噪声级、设备噪声、振动大小、频率特性及传播方式诸因素确定。风管进出口处应根据需要配置消声器及消声弯头，消声量应满足消声室背景噪声要求。

3 通风空调机房应做降噪隔振设计，通风空调系统设备应选择低噪声产品。

4 排风管出口不得设在技术夹层内，送风气流不应直对传声器工作位置。

5 应根据室内背景噪声要求设计通风空调系统主风管、支风管及出风口的风速，并应抑制由气流引起的噪声，送、回风管风口末端风速不宜大于 1m/s。

7.1.3 消声室和半消声室建在冬季采暖地区时，应根据工艺要求决定是否设置采暖设施，并应解决采暖设施产生的噪声干扰。

7.1.4 消声室和半消声室工程设计，应符合现行国家标准《采暖通风与空气调节设计规范》GB 50019 的有关规定。

7.2 给水排水设计

7.2.1 消声室附近不宜布置用水房间。建筑物内的卫生洁具，除应选用低噪声型产品外，尚应符合现行行业标准《节水型生活用水器具》CT 164 的有关规定。

7.2.2 消声室和半消声室的附属建筑给水排水设计，应符合现行国家标准《建筑给水排水设计规范》GB 50015 的有关规定。

7.3 电 气 设 计

7.3.1 供配电设计应符合下列要求：

1 消声室应按用电设备的不同电压等级，根据现行国家标准《供配电系统设计规范》GB 50052 的有关规定执行。

2 低压配电系统的接地形式宜采用 TN－S 系统。

3 对电源质量和连续性有特殊要求的测试设备，宜设置不间断电源或备用发电装置。在消声室内宜设置独立的检修电源。

4 所有进入电磁屏蔽室和设有电磁屏蔽的消声室的电源线缆，应通过电源滤波器进行处理，并应根据室内设备的用电情况，确定电源滤波器的规格、供电方式和数量。

5 消声室内的用电设备宜采用插座配电，其他配电设备宜设置在消声室外便于操作和管理的场所。

6 消声室内的配电线路应采用耐火阻燃铜芯缆线。缆线应穿管保护并暗敷，保护管应为不燃烧材料。

7.3.2 照明设计应符合下列要求：

1 消声室一般照明的照度值宜为 200lx～300lx，其他辅助房间的照度标准值应按现行国家标准《建筑照明设计标准》GB 50034的有关规定执行，照明光源宜采用分组控制方式。

2 消声室内对照度有特殊要求的部位应设置局部照明，其照度值应根据测试要求确定。

3 消声室内应设置供人员疏散用应急照明。在安全出入口、疏散通道和疏散通道转角处应设置疏散标志，疏散照明的照度值不应低于 0.5lx。

4 消声室内的主要照明光源应采用低噪声高效节能荧光灯，灯具宜采用明装盒式荧光灯，并应具有对灯具的检修措施。

7.3.3 通信与安全系统的设计，应符合下列要求：

1 消声室应设有内外联系的通信设施、视频安防监控系统和求救报警装置。

2 消声室内应设置火灾自动报警系统，其防护等级应符合现行国家标准《火灾自动报警系统设计规范》GB 50116 及《建筑设计防火规范》GB 50016 的有关规定。

3　消声室内应同时设置两种火灾探测器，且火灾报警系统应与灭火系统联动。

7.3.4　环境和设备监控系统的设计，应符合下列要求：

1　环境和设备监控系统宜采用集散式网络结构，应满足消声室内环境测试要求，并应具有稳定、可靠、节能、开放和可扩展性。

2　环境和设备监控系统主要应监控下列内容：

1）消声室内的温度、相对湿度；

2）视频监视消声室内设备及人员的工作情况；

3）监控空调和新风系统、动力系统设备运行状态；

4）监测电能质量。

3　环境和设备监控系统的供电电源应可靠，宜采用UPS电源供电。

4　空调系统采用电加热器时，电加热器与风机应联锁控制，并应设置无风、超温断电保护；采用电加湿器时，应设置无水、无风保护。

5　在满足测试要求的前提下，宜对风机、水泵等动力设备采取变频调速等节能控制措施。

7.3.5　防雷与接地系统的设计，应符合下列要求：

1　消声室的防雷和接地设计，应满足保障人身安全及测试设备正常运行的要求，并应符合现行国家标准《建筑物防雷设计规范》GB 50057的有关规定。

2　功能性接地与保护性接地宜采用共用接地系统，接地电阻值应按其中最小值确定。

3　对功能性接地有特殊要求需单独设置接地线的测试设备，接地线应与其他接地线绝缘；供电线路与接地线宜同路径敷设。

4　消声室内所有设备的金属外壳、各类金属管道、金属线槽、建筑物金属结构等，均应进行等电位联结并接地。

8　电磁屏蔽设计

8.1　一般规定

8.1.1　电磁屏蔽室不应跨越建筑物的伸缩缝、沉降缝。

8.1.2　受试设备对电磁场敏感的消声室，应在总图布局中避开强电磁辐射源。无法避开时，应对消声室和测量控制室采取电磁屏蔽措施。

8.2　屏蔽设计

8.2.1　有下列情况之一时，应对消声室和测量控制室采取电磁屏蔽措施：

1　测量系统的设备或受试设备工作中产生的电磁场辐射强度超过国家现行有关标准的允许值；

2　室外环境电磁场强度超过受试设备测试中允许的干扰强度；

3　室外环境电磁场强度超过测量控制室和仪表计量室允许的干扰强度；

4　用户有特殊屏蔽要求的房间。

8.2.2　电磁波干扰场强宜以实测值为设计依据。缺少实测数据时，可采用理论计算值再加上10dB的裕度取值。

8.2.3　消声室和半消声室电磁屏蔽构造的屏蔽效能，应按表8.2.3的指标规定选择。在所选频段范围内，应有不低于10dB的裕度。

表8.2.3　屏蔽构造效能

频率范围(Hz)	简易屏蔽(dB)	一般屏蔽(dB)	高性能屏蔽(dB)	特殊屏蔽(dB)
10k～1G	＜30	30～60	60～80	≥80
＞1G	＜40	40～80	≥80	≥100

8.2.4　消声室和半消声室电磁屏蔽构造，应符合下列要求：

1　消声室壳体屏蔽层应使底板、顶板、墙体构造形成完整闭合的屏蔽空间。

2　室内、外之间所有连接信号电缆、控制信号电缆，均应在穿过屏蔽层外表面时安装滤波器和信号转接板。

3　室内照明应采用低电磁噪声辐射的灯具。

4　所有空调通风送、回风口，均应采用截止波导型通风口。

5　工艺设备给水排水系统进入屏蔽构造时，管道均应采用截止波导管连接。

6　屏蔽层应有独立接地引下线。

7　门、观察窗应采取屏蔽结构。

8.2.5　屏蔽结构层设计应保证消声室的隔声、隔振、吸声结构的合理。

8.2.6　测控室、仪表计量房间的电磁屏蔽结构，宜选用装配构造的屏蔽室。

8.2.7　两个相邻的屏蔽体之间信号连接线缆和电源线缆，均应采取相应的屏蔽措施。

8.2.8　电磁屏蔽构造施工应在消声室主体结构完成后施工。声学构造工程及其他专业施工时，严禁损坏屏蔽构造层。

8.2.9　屏蔽效果验收测量除应符合本规范的规定外，尚应符合现行国家标准《电磁屏蔽室屏蔽效能的测量方法》GB/T 12190的有关规定。

9　施工与质量控制

9.1　施工准备工作

9.1.1　消声室工程宜选择具有声学工程施工经验的施

工单位施工。

9.1.2 施工前应对施工管理人员及技术骨干进行技术交底，并宜增设声学专业技术审核工序。

9.1.3 室内吸声材料及产品应实行全面质量检控。

9.1.4 墙体材料及墙体结构强度应满足安装抗拉强度要求。

9.1.5 隔振器的样件检测及隔振系统优选应在施工准备阶段进行。

9.2 钢筋混凝土施工质量控制

9.2.1 设计中应对隔振系统在承载后的压缩量进行准确计算，工程竣工后各层面标高应满足设计及使用要求。

9.2.2 采用钢弹簧减振器作为隔振元件的承台结构时，应在混凝土未达强度前对顶部面层做二次找平，并应使完成面高差小于±3mm 的水平度要求。

9.2.3 设有电磁屏蔽的消声室或半消声室，在承台上架设内壳体圈梁模板及双向井式梁模板时，梁板底模板应与屏蔽层构造相配合进行施工。

9.2.4 架设内壳体整体模板时，各专业在侧壁及上下底板的各类预埋件应协调布置，并应验校尺寸。

9.2.5 钢筋混凝土载台和内壳体浇注施工时，四周应同步均匀浇注。当选用框架结构内填充墙时，也应采取各界面同步砌筑或绕砌方式施工。

9.2.6 在钢筋混凝土拆模后应对房中房结构内外之间的空腔进行全面检查，并应清除施工垃圾，严禁内外墙搭接造成固体传声。

9.3 隔振及隔声构造安装

9.3.1 隔振器安装前应对承台的水平度进行验收。

9.3.2 隔振器金属底座下与承台之间应放置橡胶或其他制品隔振垫，隔振垫厚度应与隔振器同时进行隔振设计计算。隔振器不可直接安装于承台上。

9.3.3 隔振结构上部载台及内壳体施工时，应按设计和隔振器说明书逐步加载，不得快速大质量承载或过载。

9.4 轻结构隔声墙体构造安装

9.4.1 钢构件及型材应进行除锈防腐处理，焊接部位焊接完成后应做二次防锈处理。在结构封闭工序前应对钢结构防锈做阶段验收，并应在质量合格后再进行封闭工序。

9.4.2 地面与墙面结构连接部位应采取隔声措施。

9.4.3 内外表面材料平搭接部位应避免出现直通缝。采用两层以上材料作封面板缝时，应做错缝处理。

9.4.4 结构面板装配完成后，应对各连接处缝隙、转角连接处等做密封胶填实处理；表面做屏蔽层构造时，应对各焊缝进行质量测量验收。

9.4.5 面层材料出现破损时，应采用原材料或隔声量大于原材料的材质进行修补，并应封闭创面。

9.4.6 隔声门门框及门轴与墙体连接部位应进行结构补强。

9.5 尖劈体及隔声构造安装

9.5.1 尖劈体安装前应对各专业管线、测试拉线锚栓及外引线，以及贯穿性孔洞的声学处理进行检查验收。尖劈体安装时应符合下列要求：

1 应按设计要求对内装管线出口及其他预留安装位置进行放线。尖劈体支架安装时应注意对预设构件的避让；

2 应按设计要求核对消声室内六面空间有效尺寸，并应确认尖劈体安装模数数量后再进行尖劈体支架架设；

3 应按设计要求对尖劈支架平整度、水平度、垂直度进行检查复核后，再进行尖劈体安装；

4 应选择一侧墙面为尖劈体安装起始面，并应按顺时针方向按尖劈体模数进行支架安装。支架安装时应保证尖劈体安装完毕后各吸声面均被尖劈体覆盖；

5 消声室采用地网结构的墙面尖劈体安装前，应按设计要求对地网结构进行结构强度和水平度的验收；

6 架设地网钢丝绳时应采取两端花篮螺栓同时缓慢收紧，每收紧一次应对钢丝绳网格间距进行调整，并应对钢丝绳进行拉力测量。消声室未设地网下部检修门时，应在地网收紧工序过程中预留上下人孔及物流孔。底部尖劈体安装完成后，应对称收紧相关的钢丝绳；

7 悬挂顶部尖劈前应对尖劈悬挂架的结构强度和尺寸进行检查，合格后再进行顶部尖劈体悬挂。

9.5.2 消声室地面尖劈体的安装，应符合下列要求：

1 自带空腔支架的尖劈体安放时可直接安放在地面上；

2 不带空腔支架的尖劈体应预先安置空腔支架，再将尖劈体安放在空腔支架上。

9.5.3 声闸及挑台宜设置在外墙结构上，内外墙结构结合部及缝隙应用弹性隔声吸声材料填充。

9.5.4 安装尖劈门及隔声门时，应先对墙体与门结构连接部位进行强度及预埋件检查验收。

10 声学性能测定与验收

10.0.1 消声室或半消声室声学性能测量，应包括下列内容：

1 自由场下限频率；

2 自由场的偏离；

3 自由场有效空间和背景噪声等。

10.0.2 声信号接收部分应由传声器、电缆、测量放大器及带通滤波器组成。

10.0.3 声信号发射部分应由信号发生器、功率放大器和正弦/无规信号发生器组成。功率放大器和正弦/无规信号发生器在测量期间的稳定度应优于±0.1dB，测试用声源应符合下列要求：

1 在所用频率范围内可近似为点声源。

2 应具有可确定的声中心。

3 应具有相对的无指向性。

4 在所用频率范围内应有足够的声输出，并应使每个传声器路径上所有测点的声压级均高于背景噪声10dB以上。

5 在每个传声器路径测量过程中，包括与之相连的信号发生器和功率放大器的稳定度在内，在任何1/3倍频带上，辐射声功率变化允许偏差为±0.5dB。

6 测试声源指向性的允许偏差应符合表10.0.3的规定。

表 10.0.3 测试声源指向性的允许偏差

消声室类别	1/3倍频带中心频率（Hz）	允许偏差（dB）
消声室	≤630	±1.5
	800～5000	±2.0
	6300～10000	±2.5
	>10000	±5.0
半消声室	≤630	±2.0
	800～5000	±2.5
	6300～10000	±3.0
	>10000	±5.0

10.0.4 消声室或半消声室测量验收，应按现行行业标准《消声室或半消声室声学特性校准规范》JJF 1147的有关规定执行。

本规范用词说明

1 为便于在执行本规范条文时区别对待，对要求严格程度不同的用词说明如下：

1）表示很严格，非这样做不可的：
正面词采用"必须"，反面词采用"严禁"；

2）表示严格，在正常情况下均应这样做的：
正面词采用"应"，反面词采用"不应"或"不得"；

3）表示允许稍有选择，在条件许可时首先应这样做的：
正面词采用"宜"，反面词采用"不宜"；

4）表示有选择，在一定条件下可以这样做的，采用"可"。

2 条文中指明应按其他有关标准执行的写法为："应符合……的规定"或"应按……执行"。

引用标准名录

《建筑抗震设计规范》GB 50011
《建筑给水排水设计规范》GB 50015
《建筑设计防火规范》GB 50016
《采暖通风与空气调节设计规范》GB 50019
《建筑照明设计标准》GB 50034
《供配电系统设计规范》GB 50052
《建筑物防雷设计规范》GB 50057
《火灾自动报警系统设计规范》GB 50116
《隔振设计规范》GB 50463
《电磁屏蔽室屏蔽效能的测量方法》GB/T 12190
《节水型生活用水器具》CT 164
《消声室或半消声室声学特性校准规范》JJF 1147

中华人民共和国国家标准

消声室和半消声室技术规范

GB 50800—2012

条　文　说　明

制 订 说 明

《消声室和半消声室技术规范》GB 50800－2012，经住房和城乡建设部2012年8月13日以第1459号公告批准发布。

本规范按照实用性、先进性、合理性和科学性原则，全面、准确、参数量化原则，协调性原则，规范化原则制定。

本规范制定过程分为准备阶段、征求意见阶段、送审阶段和报批阶段，编制组在各阶段开展的主要编制工作如下：

准备阶段：起草规范的开题报告，重点分析规范的主要内容和框架结构，研究的重点问题和方法，制定总体编制工作进度安排和分工合作等。

征求意见阶段：编制组根据审定的编制大纲要求，由专人起草所负责章节的内容。各编制人员收集分析国内外相关法规、标准、规范，起草规范讨论稿，并经过汇总、调整形成规范征求意见稿初稿。

在完成征求意见稿初稿后，编写组组织了多次会议分别就重点问题进行研讨，并进一步了解国内外有关问题的现状以及管理、实施情况，在此基础上对征求意见稿初稿进行了多次修改完善，形成了征求意见稿和条文说明，并由工业和信息化部电子工业标准化研究院电子工程标准定额站组织向全国各有关单位发出“关于征求《消声室和半消声室技术规范》意见的函”，在截止时间内，共有7个单位返回24条有效意见和建议，编制组对意见逐条进行研究，于2010年3月份完成了规范的送审稿编制。

送审阶段：2010年5月25日，由工业和信息化部综合规划司在北京组织召开了《消声室和半消声室技术规范》（送审稿）专家审查会，通过了审查。审查专家组认为，该规范送审稿在消声室和半消声室工程的声学设计、总平面设计、结构与隔振设计、公用专业、施工与验收等方面，结合国情较合理地制定了相应的规定，为规范消声室和半消声室工程的设计、建造，确保消声室和半消声室安全可靠运行创造了条件。该规范的实施将促进消声室和半消声室工程的规范化，推动声学领域的技术进步。在规范工程市场方面也将起到重要作用，具有较好的经济效益和社会效益。

报批阶段：根据审查会专家意见，编制组认真进行了修改、完善，形成报批稿。

本规范制订过程中，编制组进行了深入调查研究，总结了我国消声室行业的实践经验，同时参考了国外先进技术法规，广泛征求了国内有关设计、生产、研究等单位的意见，最后制定出本规范。

为便于广大设计、施工、科研、学校等单位有关人员在使用本规范时能正确理解和执行条文规定，《消声室和半消声室技术规范》编制组按章、节、条顺序编制了本标准的条文说明，对条文规定的目的、依据以及执行中需要注意的有关事项进行了说明。但是，本条文说明不具备与标准正文同等的法律效力，仅供使用者作为理解和把握标准规定的参考。

目　次

1 总 则

1.0.1 消声室和半消声室是运用土建工程技术建造的声学测量环境，是特殊工程，需要采用先进的科学技术和材料实现。

2 术 语

2.0.1 自由场

自由场是没有干扰的理想空间。在这个空间中，传播声波的介质均匀地向各方向无限延伸，使声源辐射的声波能“自由”地传播，既无障碍物的反射，也无环境噪声的干扰。实际使用中，自由场是指在所需的频率范围内边界反射可以忽略不计的声场。自由场也可称为自由声场。

2.0.2 消声室

消声室是在室内建立的近似的自由场。房间所有内壁面均做吸声处理时称为全消声室，一般简称消声室。

2.0.3 半自由场

半自由场是一个反射平面上方的自由场。

2.0.4 半消声室

房间除地面外其余各面均敷设吸声体，称为半消声室。

2.0.5 背景噪声

背景噪声可以包含来自空气声、结构声和仪器的电噪声。

2.0.18 吸声尖劈的下限频率

吸声尖劈在不同频率处的吸声系数可能是不同的。在某一频率以上，吸声尖劈的吸声系数均在99%以上时，这个频率即为吸声尖劈的下限频率。

3 声 学 设 计

3.1 一 般 规 定

3.1.3 下限频率与偏离自由场的允差和频率有关。

3.2 自由场设计

3.2.1 消声室或半消声室下限频率与偏离自由场的允差、测量要求的最大测量距离、消声室或半消声室吸声结构的反射系数模量、消声室和半消声室空间与尺寸密切相关。当空间与尺寸已确定时，可以用公式（3.2.1-1）或（3.2.1-2）计算出消声室偏离自由场的允差，由此设计出消声室下限频率。当偏离自由场的允差已确定时，可以用公式（3.2.1-1）或（3.2.1-2）计算出消声室的空间与尺寸，由此设计出消声室下限频率。

消声室和半消声室的净空体积是指吸声结构安装完成后的空间的净体积。对于半消声室，声源在半消声室的刚性平面（如地面）上中心位置，按 $L \geqslant r_A + \lambda/2$ 设计空间尺寸边长。对于消声室，r_A 是从消声室中心到接收点的最大测量距离。对于半消声室，r_A 是从半消声室的反射平面（如地面）上中心到接收点的最大测量距离，即测量半球的半径。测量半球的半径应不小于下列要求：

1）声源最大尺寸的 2 倍或声源声中心离反射平面距离的 3 倍，两者中取尺寸较大者。

2）测量下限频率的 $\lambda/4$。

3）半径不小于 1m。

偏离自由场的允差是在所有的测量位置上的声压级与满足平方反比定律的声压级理论值间的允许偏差值。

由于消声室和半消声室的界面吸声结构的吸声系数在下限频率以下时降低很快，使室内空间偏离自由声场的条件变差，所以存在着一个符合自由场条件或半自由场条件的下限频率。由测量和使用目的而确定消声室和半消声室的下限频率，是消声室和半消声室设计的前提。消声室的下限频率确定后才能确定消声室的空间尺寸、背景噪声和振动控制的要求。

3.2.2 对于平头吸声尖劈（图1），其尖部长度为延长为尖头时的长度。

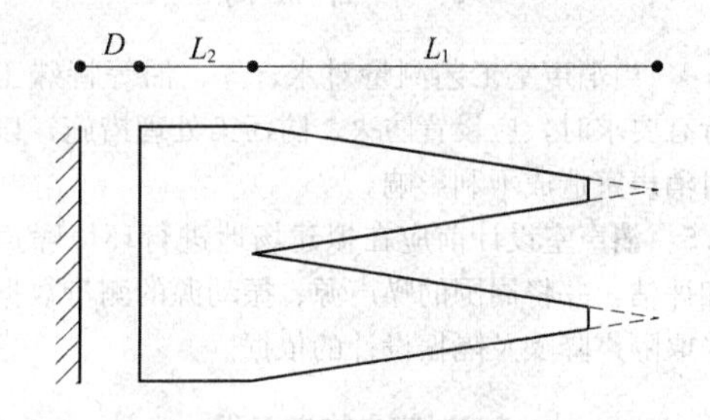

图1 吸声尖劈尺寸示意

法向入射吸声系数是指声波法向入射到试件表面时的吸声系数，一般用阻抗管法测定。

3.3 噪 声 控 制

3.3.5 消声室和半消声室外围护房间的设计应与消声室设计同步进行，这里所指的围护房间包括控制室，隔声环廊、连廊、声闸室等配套房间的背景噪声值由工艺要求而确定。

3.3.6 转换装置是指消声室和半消声室随工艺要求而对使用功能的转换，且对功能转换所设置的置换构造，机具操作程序的安全、快捷、简便为主要条件内容。

3.3.7 声闸室是保证消声室正常使用的重要措施，声闸室的声学处理方式与构造应满足消声室和半消声室对总体隔声量的要求。

4 总平面设计

4.0.2 消声室和半消声室的总平面布局应位于拟建场地的最佳环境位置。运行工况条件系指被检测产品的长、宽、高、体积、重量等。

4.0.3 干燥地段系指隔振构造系统处于地下室或半地下室时需考虑的环境因素。

5 建筑设计

5.1 一般规定

5.1.1 消声室属于声学专用实验室，建筑声学设计工作量较大，需具有一定声学建筑设计经验者来承担消声室设计，并与其他各专业紧密配合。

5.1.2 工程中所选用的声学材料需技术先进、性能可靠，且是经过国家质检单位认定的合格产品。

5.1.4～5.1.6 消声室和半消声室的主体结构应以钢筋混凝土或钢结构为主体建造，属于非燃烧体，而室内无可燃物，墙面、顶棚、地面材料应使用不低于B1级难燃材料。因此将消声室和半消声室的火灾危险性类别定为丁、戊类。

5.2 平面布局

5.2.4 当消声室工艺测量对水、气、油等特殊工况运行有要求时，应设置防火、防污染处理措施，以避免对消声室造成不利影响。

5.2.5 消声室设计前应在拟建场地进行环境噪声测量和评估，并将周围的噪声源、振动源的测量数据作为采取隔声降噪及隔振设计的依据。

5.3 室内构造工程

5.3.1 尖劈体（或称吸声体）应进行多种尺寸、容重、材质等不同方案组合。经测定后优选最佳组合构造型式。

5.3.7 尖劈门设计与选型应以工况运行需求为依据，复合型门对隔声效果有利。

5.3.8 消声室的工作地网高度与尖劈门洞口尺寸的高差应控制在200mm以内，以避免工作人员进出时造成脚伤，在200mm的高差内需再设置高100mm的附加踏板（如木板上铺地毯）。

5.3.9 消声室门洞宽不宜小于1200mm，便于人员和机具设备进出。声锁部位与消声室（声闸室）的连接处应使用弹性材料填充，以避免固体传声。

5.3.10 当消声室转换成半消声室使用时，不需拆除或变换工作地网。设消声室工作地网标高为±0.00mm时，半消声室的硬质地面标高应在消声室工作地网下2.4m处。

6 结构与隔振设计

6.2 结构设计

6.2.1 钢结构的填充墙选用空心砖或空心砌块墙等建筑材料时，其隔声效果不理想，因此要求消声室的填充墙体应选用实体砖材料。

6.2.4 设置工作地网的消声室其工作地网位于圈梁高度300mm范围内，需设置钢丝绳拉引的预埋件，并对圈梁强度进行计算，本处所给出的数据仅为最小荷载标准值。

6.2.5、6.2.6 隔振系统的架设、调试和检修均需一定的工作空间，便于工作人员操作。从底板梁底至夹腔地面的净高不宜小于1.6m。夹道净宽宜大于800mm是为了工作有回旋余地。

6.2.8 由于涨锚螺栓抗拔力小且易造成结构表面局部破损，故不能做消声室预埋件使用。墙面工程竣工后不得再开洞钻孔，以避免声学构造被破坏。

6.3 隔振设计

6.3.2 消声室采用隔振措施是为减少结构的固体传声。由于目前尚无明确的消声室容许振动界定值（容许振动速度、振动加速度等）。根据经验隔振系统当振动频率小于消声室测试下限频率的0.1倍时，即能满足使用要求。因此消声室隔振系统的计算仅作固有振动频率计算。

6.3.3 被动隔振系统阻尼比的作用是减弱共振频率的振动值。减少隔振系统的晃动有利于减弱固体传声作用。根据经验选择阻尼比不小于0.1是恰当的。

6.3.5 矿物棉板容重不宜过大是指重量轻时能得到较好的隔振效果。

6.3.7 采用较厚重的台座是为了减少隔振台座设备的振动，即减少设备连结管道的振动。

7 公用专业设计

7.1 暖通设计

7.1.1 设置消声室空调系统主要解决吸声体对温湿度及现场测量仪器对测量环境的要求。

7.1.2 通风空调的降噪设计应包括：通风机房的布置、通风机选型、通风设备的安装、管路设计和流速控制、消声器的布置与选择、管壁隔声、固体传声的隔绝等内容。在选择产品上要严格把关，选择低噪声产品。

7.2 给水排水设计

7.2.1 由于消声室对室内背景噪声有要求，而给水排水管道在使用过程中易产生噪声而引起固体传声，因此用水房间须远离消声室及控制室布置。

7.3 电气设计

7.3.1 第4款，当信号频率太高，无法采用滤波器进行滤波时，可对信号电缆采取其他的屏蔽措施，如使用屏蔽暗箱等。

7.3.2 第4款，根据实测消声室一般照明的照度值为200lx～300lx，当消声室内设备工作时，室内照度值低于50lx，因此，对照明光源宜采用分组控制的设计方法。

7.3.5 第2款，保护性接地是以保护人身和设备安全为目的的接地，包括防雷接地、防电击接地、屏蔽接地等；功能性接地是用于保证设备（系统）正常运行，正确地实现设备（系统）功能的接地，包括交流工作接地、直流工作接地、信号接地等。

8 电磁屏蔽设计

8.2 屏蔽设计

8.2.8 电磁屏蔽层焊缝、焊点多，施工技术要求高且复杂。当竣工验收后，电磁屏蔽构造层建成的闭合空间能隔离和削弱电磁波对自由场或半自由场声学测量的干扰，所以严禁在已竣工验收后的屏蔽构造层上进行再打洞，或损害屏蔽效果的其他作业。本条为强制性条文，必须严格执行。

9 施工与质量控制

9.2 钢筋混凝土施工质量控制

9.2.6 房中房结构系统中有内外墙之分。为了提高隔声量及系统隔振效果，在内外墙体之间的施工过程中不能造成里外墙的刚性搭接，避免造成固体传声给以后的使用造成不良后果。

9.3 隔振与隔声构造安装

9.3.3 隔振系统加载必须缓慢承载，大质量过快承载可将弹簧隔振系统压闭或失效。承载过程应使四周方向均匀慢速加载，避免造成建筑偏斜，给以后的工序造成不必要的损失。本条为强制性条文，必须严格执行。

中华人民共和国国家标准

城市防洪工程设计规范

Code for design of urban flood control project

GB/T 50805—2012

主编部门：中 华 人 民 共 和 国 水 利 部

批准部门：中华人民共和国住房和城乡建设部

施行日期：2 0 1 2 年 1 2 月 1 日

中华人民共和国住房和城乡建设部
公　　告

第1432号

住房城乡建设部关于发布国家标准《城市防洪工程设计规范》的公告

现批准《城市防洪工程设计规范》为国家标准，编号为GB/T 50805-2012，自2012年12月1日起实施。原行业标准《城市防洪工程设计规范》CJJ 50-92同时废止。

本规范由我部标准定额研究所组织中国计划出版社出版发行。

中华人民共和国住房和城乡建设部

2012年6月28日

前　　言

本规范是根据住房和城乡建设部《关于印发〈2008年工程建设标准规范制订、修订计划（第二批）〉的通知》（建标〔2008〕105号）的要求，由水利部水利水电规划设计总院和中水北方勘测设计研究有限责任公司会同有关单位共同编制而成。

在规范编制过程中，编制组进行了广泛深入的调查研究，认真总结了原行业标准《城市防洪工程设计规范》CJJ 50—92实施近20年的实践经验，吸收了相关行业设计规范的最新成果，认真研究分析了城市防洪工程工作的现状和发展趋势，并在广泛征求意见的基础上，经过反复讨论、修改和完善，最后经审查定稿。

本规范共分13章，主要内容包括：总则，城市防洪工程等级和设计标准，设计洪水、涝水和潮水位，防洪工程总体布局，江河堤防，海堤工程，河道治理及护岸（滩）工程，治涝工程，防洪闸，山洪防治，泥石流防治，防洪工程管理设计，环境影响评价、环境保护设计与水土保持设计等。

本规范由住房和城乡建设部负责管理，由水利部负责日常管理，由水利部水利水电规划设计总院负责具体技术内容的解释。本规范执行过程中，请各单位注意总结经验、积累资料，随时将有关意见反馈给水利部水利水电规划设计总院（地址：北京市西城区六铺炕北小街2-1号，邮政编码：100120），以供今后修订时参考。

本规范主编单位、参编单位、参加单位、主要起草人和主要审查人：

主 编 单 位：水利部水利水电规划设计总院
　　　　　　中水北方勘测设计研究有限责任公司

参 编 单 位：中国市政工程东北设计研究总院
　　　　　　浙江省水利水电勘测设计院
　　　　　　上海勘测设计研究院

参 加 单 位：中国科学院成都山地灾害与环境研究所

主要起草人：谢熙曦　张艳春　刘振林　唐巨山　袁文喜　陈增奇　方振远　郝福良　李加水　任东红　吴正桥　门乃姣　靖颖卓　许煜忠　李秀明　陈瑞方　李有起　谢水泉　张秀崧　陆德超　何　杰　陆秋荣　高晓梅　顾　群　徐富平

主要审查人：梅锦山　邓玉梅　何孝俅　金问荣　程晓陶　王　军　郑健吾　邹惠君　李　红　何华松　倪世生　陆忠民　王洪斌　陈　斌　雷兴顺　洪　建

目　次

Contents

1 总 则

1.0.1 为防治洪水、涝水和潮水危害，保障城市防洪安全，统一城市防洪工程设计的技术要求，制定本规范。

1.0.2 本规范适用于有防洪任务的城市新建、改建、扩建城市防洪工程的设计。

1.0.3 城市防洪工程建设，应以所在江河流域防洪规划、区域防洪规划、城市总体规划和城市防洪规划为依据，全面规划、统筹兼顾，工程措施与非工程措施相结合，综合治理。

1.0.4 城市防洪应在防治江河洪水的同时治理涝水，洪、涝兼治；位于山区的城市，还应防山洪、泥石流，防与治并重；位于海滨的城市，除防洪、治涝外，还应防风暴潮，洪、涝、潮兼治。

1.0.5 城市防洪工程设计，应调查收集气象、水文、泥沙、地形、地质、生态与环境和社会经济等基础资料，选用的基础资料应准确可靠。

1.0.6 城市防洪范围内河、渠、沟道沿岸的土地利用应满足防洪、治涝要求，跨河建筑物和穿堤建筑物的设计标准应与城市的防洪、治涝标准相适应。

1.0.7 城市防洪工程设计遇湿陷性黄土、膨胀土、冻土等特殊的地质条件或可能出现地面沉降等情况时，应采取相应处理措施。

1.0.8 城市防洪工程设计，应结合城市的具体情况，总结已有防洪工程的实践经验，积极慎重地采用国内外先进的新理论、新技术、新工艺、新材料。

1.0.9 城市防洪工程设计应按国家现行有关标准的规定进行技术经济分析。

1.0.10 城市防洪工程的设计，除应符合本规范外，尚应符合国家现行有关标准的规定。

2 城市防洪工程等级和设计标准

2.1 城市防洪工程等别和防洪标准

2.1.1 有防洪任务的城市，其防洪工程的等别应根据防洪保护对象的社会经济地位的重要程度和人口数量按表 2.1.1 的规定划分为四等。

表 2.1.1 城市防洪工程等别

城市防洪工程等别	分等指标	
	防洪保护对象的重要程度	防洪保护区人口（万人）
Ⅰ	特别重要	≥150
Ⅱ	重要	≥50 且＜150
Ⅲ	比较重要	＞20 且＜50
Ⅳ	一般重要	≤20

注：防洪保护区人口指城市防洪工程保护区内的常住人口。

2.1.2 城市防洪工程设计标准应根据防洪工程等别、灾害类型，按表 2.1.2 的规定选定。

表 2.1.2 城市防洪工程设计标准

城市防洪工程等别	设计标准（年）			
	洪水	涝水	海潮	山洪
Ⅰ	≥200	≥20	≥200	≥50
Ⅱ	≥100 且＜200	≥10 且＜20	≥100 且＜200	≥30 且＜50
Ⅲ	≥50 且＜100	≥10 且＜20	≥50 且＜100	≥20 且＜30
Ⅳ	≥20 且＜50	≥5 且＜10	≥20 且＜50	≥10 且＜20

注：1 根据受灾后的影响、造成的经济损失、抢险难易程度以及资金筹措条件等因素合理确定。
2 洪水、山洪的设计标准指洪水、山洪的重现期。
3 涝水的设计标准指相应暴雨的重现期。
4 海潮的设计标准指高潮位的重现期。

2.1.3 对于遭受洪灾或失事后损失巨大、影响十分严重的城市，或对遭受洪灾或失事后损失及影响均较小的城市，经论证并报请上级主管部门批准，其防洪工程设计标准可适当提高或降低。

2.1.4 城市分区设防时，各分区应按本规范表 2.1.1 和表 2.1.2 分别确定防洪工程等别和设计标准。

2.1.5 位于国境界河的城市，其防洪工程设计标准应专门研究确定。

2.1.6 当建筑物有抗震要求时，应按国家现行有关设计标准的规定进行抗震设计。

2.2 防洪建筑物级别

2.2.1 防洪建筑物的级别，应根据城市防洪工程等别、防洪建筑物在防洪工程体系中的作用和重要性按表 2.2.1 的规定划分。

表 2.2.1 防洪建筑物级别

城市防洪工程等别	永久性建筑物级别		临时性建筑物级别
	主要建筑物	次要建筑物	
Ⅰ	1	3	3
Ⅱ	2	3	4
Ⅲ	3	4	5
Ⅳ	4	5	5

注：1 主要建筑物系指失事后使城市遭受严重灾害并造成重大经济损失的堤防、防洪闸等建筑物。
2 次要建筑物系指失事后不致造成城市灾害或经济损失不大的丁坝、护坡、谷坊等建筑物。
3 临时性建筑物系指防洪工程施工期间使用的施工围堰等建筑物。

2.2.2 拦河建筑物和穿堤建筑物工程的级别，应按所在堤防工程的级别和与建筑物规模及重要性相应的级别中高者确定。

2.2.3 城市防洪工程建筑物的安全超高和稳定安全系数，应按国家现行有关标准的规定确定。

3 设计洪水、涝水和潮水位

3.1 设计洪水

3.1.1 城市防洪工程设计洪水，应根据设计要求计算洪峰流量、不同时段洪量和洪水过程线的全部或部分内容。

3.1.2 计算依据应充分采用已有的实测暴雨、洪水资料和历史暴雨、洪水调查资料。所依据的主要暴雨、洪水资料和流域特征资料应可靠，必要时应进行重点复核。

3.1.3 计算采用的洪水系列应具有一致性。当流域修建蓄水、引水、提水和分洪、滞洪、围垦等工程或发生决口、溃坝等情况，明显影响各年洪水形成条件的一致性时，应将系列资料统一到同一基础，并应进行合理性检查。

3.1.4 设计断面的设计洪水可采用下列方法进行计算：

1 城市防洪设计断面或其上、下游邻近地点具有30年以上实测和插补延长的洪水流量资料，并有历史调查洪水资料时，可采用频率分析法计算设计洪水。

2 城市所在地区具有30年以上实测和插补延长的暴雨资料，并有暴雨与洪水对应关系资料时，可采用频率分析法计算设计暴雨，可由设计暴雨推算设计洪水。

3 城市所在地区洪水和暴雨资料均短缺时，可利用自然条件相似的邻近地区实测或调查的暴雨、洪水资料进行地区综合分析、估算设计洪水，也可采用经审批的省（市、区）《暴雨洪水查算图表》计算设计洪水。

4 设计洪水计算宜研究集水区城市化的影响。

3.1.5 设计洪水的计算方法应科学合理，对主要计算环节、选用的有关参数和设计洪水计算成果，应进行多方面分析，并应检查其合理性。

3.1.6 当设计断面上游建有较大调蓄作用的水库等工程时，应分别计算调蓄工程以上和调蓄工程至设计断面区间的设计洪水。设计洪水地区组成可采用典型洪水组成法或同频率组成法。

3.1.7 各分区的设计洪水过程线，可采用同一次洪水的流量过程作为典型，以分配到各分区的洪量控制放大。

3.1.8 对拟定的设计洪水地区组成和各分区的设计洪水过程线，应进行合理性检查，必要时可适当调整。

3.1.9 在经审批的流域防洪规划中已明确规定城市河段的控制性设计洪水位时，可直接引用作为城市防洪工程的设计水位。

3.2 设计涝水

3.2.1 城市治涝工程设计涝水应根据设计要求分析计算设计涝水流量、涝水总量和涝水过程线。

3.2.2 城市治涝工程设计应按涝区下垫面条件和排水系统的组成情况进行分区，并应分别计算各分区的设计涝水。

3.2.3 分区设计涝水应根据当地或自然条件相似的邻近地区的实测涝水资料分析确定。

3.2.4 地势平坦、以农田为主分区的设计涝水，缺少实测资料时，可根据排涝区的自然经济条件和生产发展水平等，分别选用下列公式或其他经过验证的公式计算排涝模数。需要时，可采用概化法推算设计涝水过程线。

1 经验公式法，可按下式计算：

$$q=KR^{m}A^{n} \tag{3.2.4-1}$$

式中：q——设计排涝模数（$m^3/s\cdot km^2$）；

R——设计暴雨产生的径流深（mm）；

A——设计排涝区面积（km^2）；

K——综合系数，反映降雨历时、涝水汇集区形状、排涝沟网密度及沟底比降等因素；应根据具体情况，经实地测验确定；

m——峰量指数，反映洪峰与洪量关系；应根据具体情况，经实地测验确定；

n——递减指数，反映排涝模数与面积关系；应根据具体情况，经实地测验确定。

2 平均排除法，可按下列公式计算：

1）旱地设计排涝模数按下式计算：

$$q_{d}=\frac{R}{86.4T} \tag{3.2.4-2}$$

式中：q_d——旱地设计排涝模数（$m^3/s\cdot km^2$）；

R——旱地设计涝水深（mm）；

T——排涝历时（d）。

2）水田设计排涝模数按下式计算：

$$q_{w}=\frac{P-h_{1}-ET'-F}{86.4T} \tag{3.2.4-3}$$

式中：q_w——水田设计排涝模数（$m^3/s\cdot km^2$）；

P——历时为 T 的设计暴雨量（mm）；

h_1——水田滞蓄水深（mm）；

ET'——历时为 T 的水田蒸发量（mm）；

F——历时为 T 的水田渗漏量（mm）。

3）旱地和水田综合设计排涝模数按下式计算：

$$q_{p}=\frac{q_{d}A_{d}+q_{w}A_{w}}{A_{d}+A_{w}} \tag{3.2.4-4}$$

式中：q_p——旱地、水田兼有的综合设计排涝模数（$m^3/s\cdot km^2$）；

A_d——旱地面积（km^2）；

A_w——水田面积（km^2）。

3.2.5 城市排水管网控制区分区的设计涝水，缺少实测资料时，可采用下列方法或其他经过验证的方法计算：

1 选取暴雨典型，计算设计面暴雨时程分配，并根据排水分区建筑密集程度，按表3.2.5确定综合径流系数，进行产流过程计算。

表3.2.5 综合径流系数

区域情况	综合径流系数
城镇建筑密集区	0.60～0.70
城镇建筑较密集区	0.45～0.60
城镇建筑稀疏区	0.20～0.45

2 汇流可采用等流时线等方法计算，以分区雨水管设计流量为控制推算涝水过程线。当资料条件具备时，也可采用流域模型法进行计算。

3 对于城市的低洼区，按本规范第3.2.4条的平均排除法进行涝水计算，排水过程应计入泵站的排水能力。

3.2.6 市政雨水管设计流量可用下列方法和公式计算：

1 根据推理公式（3.2.6）计算：

$$Q=q\cdot\psi\cdot F \tag{3.2.6}$$

式中：Q——雨水流量（L/s）或（m^3/s）；

q——设计暴雨强度[$L/(s\cdot hm^2)$]；

ψ——径流系数；

F——汇水面积（km^2）。

2 暴雨强度应采用经分析的城市暴雨强度公式计算。当城市缺少该资料时，可采用地理环境及气候相似的邻近城市的暴雨强度公式。雨水计算的重现期可选用1年～3年，重要干道、重要地区或短期积水即能引起较严重后果的地区，可选用3年～5年，并应与道路设计协调，特别重要地区可采用10年以上。

3 综合径流系数可按本规范表3.2.5确定。

3.2.7 对城市排涝和排污合用的排水河道，计算排涝河道的设计排涝流量时，应计算排涝期间的污水汇入量。

3.2.8 对利用河、湖、洼进行蓄水、滞洪的地区，计算排涝河道的设计排涝流量时，应分析河、湖、洼的蓄水、滞洪作用。

3.2.9 计算的设计涝水应与实测调查资料以及相似地区计算成果进行比较分析，检查其合理性。

3.3 设计潮水位

3.3.1 设计潮水位应根据设计要求分析计算设计高、低潮水位和设计潮水位过程线。

3.3.2 当城市附近有潮水位站且有30年以上潮水位观测资料时，可以其作为设计依据站，并应根据设计依据站的系列资料分析计算设计潮水位。

3.3.3 设计依据站实测潮水位系列在5年以上但不足30年时，可用邻近地区有30年以上资料，且与设计依据站有同步系列的潮水位站作为参证站，可采用极值差比法按下式计算设计潮水位：

$$h_{sy}=A_{ny}+\frac{R_y}{R_x}\left(h_{sx}-A_{nx}\right) \tag{3.3.3}$$

式中：h_{sx}、h_{sy}——分别为参证站和设计依据站设计高、低潮水位；

R_x、R_y——分别为参证站和设计依据站的同期各年年最高、年最低潮水位的平均值与平均海平面的差值；

A_{nx}、A_{ny}——分别为参证站和设计依据站的年平均海平面。

3.3.4 潮水位频率曲线线型可采用皮尔逊Ⅲ型，经分析论证，也可采用其他线型。

3.3.5 设计潮水位过程线，可以实测潮水位作为典型或采用平均偏于不利的潮水位过程分析计算确定。

3.3.6 挡潮闸（坝）的设计潮水位，应分析计算建闸（坝）后形成反射波对天然高潮位壅高和低潮位落低的影响。

3.3.7 对设计潮水位计算成果，应通过多种途径进行综合分析，检查其合理性。

3.4 洪水、涝水和潮水遭遇分析

3.4.1 兼受洪、涝、潮威胁的城市，应进行洪水、涝水和潮水遭遇分析，并应研究其遭遇的规律。以防洪为主时，应重点分析洪水与相应涝水、潮水遭遇的规律；以排涝为主时，应重点分析涝水与相应洪水、潮水遭遇的规律；以防潮为主时，应重点分析潮水与相应洪水、涝水遭遇的规律。

3.4.2 进行洪水、涝水和潮水遭遇分析，当同期资料系列不足30年时，应采用合理方法对资料系列进行插补延长。

3.4.3 分析洪水与相应涝水、潮水遭遇情况时，应按年最大洪水（洪峰流量、时段洪量）、相应涝水、潮水位取样，也可按大（高）于某一量级的洪水、涝水或高潮位为基准。分析潮水与相应洪水、涝水或涝水与相应洪水、潮水遭遇情况时，可按相同的原则取样。

3.4.4 洪水、涝水和潮水遭遇分析可采用建立遭遇统计量相关关系图方法，分析一般遭遇的规律，对特殊遭遇情况，应分析其成因和出现几率，不宜舍弃。

3.4.5 对洪水、涝水和潮水遭遇分析成果，应通过多种途径进行综合分析，检查其合理性。

4 防洪工程总体布局

4.1 一般规定

4.1.1 城市防洪工程总体布局，应在流域（区域）

防洪规划、城市总体规划和城市防洪规划的基础上，根据城市自然地理条件、社会经济状况、洪涝潮特性，结合城市发展的需要确定，并应利用河流分隔、地形起伏采取分区防守。

4.1.2 城市防洪应对洪、涝、潮灾害统筹治理，上下游、左右岸关系兼顾，工程措施与非工程措施相结合，并应形成完整的城市防洪减灾体系。

4.1.3 城市防洪工程总体布局，应与城市发展规划相协调、与市政工程相结合。在确保防洪安全的前提下，应兼顾综合利用要求，发挥综合效益。

4.1.4 城市防洪工程总体布局应保护生态与环境。城市的湖泊、水塘、湿地等天然水域应保留，并应充分发挥其防洪滞涝作用。

4.1.5 城市防洪工程总体布局，应将城市防洪保护区内的主要交通干线、供电、电信和输油、输气、输水管道等基础设施纳入城市防洪体系的保护范围。

4.1.6 城市防洪工程总体布局，应根据工程抢险和人员撤退转移等要求设置必要的防洪通道。

4.1.7 防洪建筑物建设应因地制宜，就地取材。建筑形式宜与周边景观相协调。

4.1.8 城市防洪工程体系中各单项工程的规模、特征值和调度运行规则，应按城市防洪规划的要求和国家现行有关标准的规定，分析论证确定。

4.2 江河洪水防治

4.2.1 江河洪水的防治应分析城市发展建设对河道行洪能力和洪水位的影响，应复核现状河道泄洪能力及防洪标准，并应研究保持及提高河道泄洪能力的措施。

4.2.2 江河洪水防治工程设施建设应上下游、左右岸相协调，不同防洪标准的建筑物布置应平顺衔接。

4.2.3 对行（泄）洪河道进行整治时，应上下游、左右岸兼顾，并应避免或减少对水流流态、泥沙运动、河岸稳定等产生不利影响，同时应防止在河道中产生不利于河势稳定的冲刷或淤积。

4.2.4 位于河网地区的城市，可根据城市河网情况分区，采取分区防洪的方式。

4.3 涝水防治

4.3.1 城市涝水的防治，应在城市总体规划、城市防洪规划的基础上进行，并应洪涝兼治、统筹安排。

4.3.2 城市涝水治理，应根据城市地形、地貌，结合已有排涝河道和蓄滞涝区等排涝工程布局，确定排涝分区、分区治理。

4.3.3 城市排涝应充分利用城市的自排条件，并据此进行排涝工程布置，自排条件受限制时，可设置排涝泵站机排。

4.3.4 排涝河道出口受承泄区水位顶托时，宜在其出口处设置挡洪闸。

4.4 海潮防治

4.4.1 防潮堤防布置应与滨海市政建设相结合，与城市海滨环境相协调，与滩涂开发利用相适应。

4.4.2 滨海城市防潮工程，应根据防潮标准及天文潮、风暴潮或涌潮的特性，分析可能出现的不利组合情况，合理确定设计潮位。

4.4.3 位于江河入海口的城市，应分析洪潮遭遇规律，按设计洪水与设计潮位的不利遭遇组合，确定海堤工程设计水位。

4.4.4 海堤工程设计应分析风浪的破坏作用，合理确定设计浪高，采取消浪措施和基础防护措施。

4.4.5 海堤工程设计应分析基础的地质情况，采用相应的加固处理技术措施。

4.5 山洪防治

4.5.1 山洪治理的标准和措施应根据山洪发生的规律，结合城市具体情况统筹安排。

4.5.2 山洪防治应以小流域为单元，治沟与治坡相结合、工程措施与生物措施相结合，进行综合治理。坡面治理宜以生物措施为主，沟壑治理宜以工程措施为主。

4.5.3 排洪沟道平面布置宜避开主城区。当条件允许时，可开挖撇洪沟将山坡洪水导至其他水系。

4.5.4 山洪防治应利用城市上游水库或蓄洪区调蓄洪水削减洪峰。

4.6 泥石流防治

4.6.1 泥石流防治应贯彻以防为主，防、避、治相结合的方针，应根据当地条件采取综合防治措施。

4.6.2 位于泥石流多发区的城市，应根据泥石流分布、形成特点和危害，突出重点，因地制宜，因害设防。

4.6.3 防治泥石流应开展山洪沟汇流区的水土保持，建立生物防护体系，改善自然环境。

4.6.4 新建城市或城区、城市居民区应避开泥石流发育区。

4.7 超标准洪水安排

4.7.1 城市防洪总体布局中，应对超标准洪水作出必要的、应急的安排。

4.7.2 遇超标准洪水所采取的各项应急措施，应符合流域防洪规划总体安排。

4.7.3 对超标准洪水，应贯彻工程措施与非工程措施相结合的方针，应充分利用已建防洪设施潜力进行安排。

5 江河堤防

5.1 一般规定

5.1.1 堤线选择应充分利用现有堤防设施，结合地形、地质、洪水流向、防汛抢险、维护管理等因素综合分析确定，并应与沿江（河）市政设施相协调。堤线宜顺直，转折处应用平缓曲线过渡。

5.1.2 堤距应根据城市总体规划、地形、地质条件、设计洪水位、城市发展和水环境的要求等因素，经技术经济比较确定。

5.1.3 江河堤防沿程设计水位，应根据设计防洪标准和控制站的设计洪水流量及相应水位，分析计算设计洪水水面线后确定，并应计入跨河、拦河等建筑物的壅水影响。计算水面线采用的河道糙率应根据堤防所在河段实测或调查的洪水位和流量资料分析确定。对水面线成果应进行合理性分析。

5.1.4 堤顶或防洪墙顶高程可按下列公式计算确定：

$$Z=Z_p+Y \tag{5.1.4-1}$$

$$Y=Z_p+R+e+A \tag{5.1.4-2}$$

式中：Z——堤顶或防洪墙顶高程（m）；

Y——设计洪（潮）水位以上超高（m）；

Z_p——设计洪（潮）水位（m）；

R——设计波浪爬高（m），按现行国家标准《堤防工程设计规范》GB 50286 的有关规定计算；

e——设计风壅增水高度（m），按现行国家标准《堤防工程设计规范》GB 50286 的有关规定计算；

A——安全加高（m），按现行国家标准《堤防工程设计规范》GB 50286 的有关规定执行。

5.1.5 当堤顶设置防浪墙时，墙后土堤堤顶高程应高于设计洪（潮）水位 0.5m 以上。

5.1.6 土堤应预留沉降量，预留沉降量值可根据堤基地质、堤身土质及填筑密度等因素分析确定。

5.2 防洪堤防（墙）

5.2.1 防洪堤防（墙）可采用土堤、土石混合堤、浆砌石墙、混凝土或钢筋混凝土墙等形式。堤型应根据当地土、石料的质量、数量、分布和运输条件，结合移民占地和城市建设、生态与环境和景观等要求，经综合比较选定。

5.2.2 土堤填筑密实度应符合下列要求：

1 黏性土土堤的填筑标准按压实度确定，1 级堤防压实度不应小于 0.94；2 级和高度超过 6m 的 3 级堤防压实度不应小于 0.92；低于 6m 的 3 级及 3 级以下堤防压实度不应小于 0.90。

2 非黏性土土堤的填筑标准应按相对密度确定，1、2 级和高度超过 6m 的 3 级堤防相对密度不应小于 0.65；低于 6m 的 3 级及 3 级以下堤防相对密度不应小于 0.60。

5.2.3 土堤和土石混合堤，堤顶宽度应满足堤身稳定和防洪抢险的要求，且不宜小于 3m。堤顶兼作城市道路时，其宽度和路面结构应按城市道路标准确定。

5.2.4 当堤身高度大于 6m 时，宜在背水坡设置戗台（马道），其宽度不应小于 2m。

5.2.5 土堤堤身的浸润线，应根据设计水位、筑堤土料、背水坡脚有无渍水等条件计算。逸出点宜控制在堤防坡脚以下。

5.2.6 土堤边坡稳定可采用瑞典圆弧法计算，安全系数应符合现行国家标准《堤防工程设计规范》GB 50286 的有关规定。迎水坡应计及水位骤降的影响，高水位持续时间较长时，背水坡应计及渗透水压力的影响；堤基有软弱地层时，应进行整体稳定性计算。

5.2.7 当堤基渗径不满足防渗要求时，可采取填土压重、排水减压和截渗等措施处理。

5.2.8 土堤迎流顶冲、风浪较大的堤段，迎水坡可采取护坡防护，护坡可采用干砌石、浆砌石、混凝土和钢筋混凝土板（块）等形式或铰链排、混凝土框格等，并应根据水流流态、流速、料源、施工、生态与环境相协调等条件选用；非迎流顶冲、风浪较小的堤段，迎水坡可采用生物护坡。背水坡无特殊要求时宜采用生物护坡。

5.2.9 迎水坡采取硬护坡时，应设置相应的护脚，护脚宽度和深度可根据水流流速和河床土质，结合冲刷计算确定。当计算护脚埋深较大时，可采取减小护脚埋深的防护措施。

5.2.10 当堤顶设置防浪墙时，其净高度不宜高于 1.2m，埋置深度应满足稳定和抗冻要求。防浪墙应设置变形缝，并应进行强度和稳定性核算。

5.2.11 对水流流速大、风浪冲击力强的迎流顶冲堤段，宜采用石堤或土石混合堤。土石混合堤在迎水面砌石或抛石，其后填筑土料，土石料之间应设置反滤层。

5.2.12 城市主城区建设堤防，当其场地受限制时，宜采用防洪墙。防洪墙高度较大时，可采用钢筋混凝土结构；高度不大时，可采用混凝土或浆砌石结构。防洪墙结构形式应根据城市规划要求、地质条件、建筑材料、施工条件等因素确定。

5.2.13 防洪墙应进行抗滑、抗倾覆、地基整体稳定和抗渗稳定验算，并应满足相应的稳定要求；不满足时，应调整防洪墙基础尺寸或进行地基加固处理。

5.2.14 防洪墙基础埋置深度，应根据地基土质和冲刷计算确定。无防护措施时，埋置深度应为冲刷线以下 0.5m，在季节性冻土地区，应为冻结深度以下。

5.2.15 防洪墙应设置变形缝，缝距应根据地质条件和墙体结构形式确定。钢筋混凝土墙体缝距可采用 15m～20m，混凝土及浆砌石墙体缝距可采用 10m～15m。在地面高程、土质、外部荷载及结构断面变化处，应增设变形缝。

5.2.16 已建堤防（防洪墙）进行加固、改建或扩建时，应符合下列要求：

1 堤防（防洪墙）的加高加固方案，应在抗滑稳定、渗透稳定、抗倾覆稳定、地基承载力及结构强度等验算安全的基础上，经技术经济比较确定。

2 土堤加高在场地受限制时，可采取在土堤顶建防浪墙的方式加高。

3 对新老堤的结合部位及穿堤建筑物与堤身连接的部位应进行专门设计，经核算不能满足要求时，应采取改建或加固措施。

4 土堤扩建宜选用与原堤身土料性质相同或相近的土料。当土料特性差别较大时，应增设反滤过渡层（段）。扩建选用土料的填筑标准，应按本规范执行，原堤身填筑标准不满足本规范要求时，应进行加固。

5 堤岸防护工程的加高应对其整体稳定和断面强度进行核算，不能满足要求时，应结合加高进行加固。

5.3 穿堤、跨堤建筑物

5.3.1 与城市防洪堤防（墙）交叉的涵洞、涵闸、交通闸等穿堤建筑物，不得影响堤防安全、防洪运用和管理，多沙江河淤积严重河段堤防上的穿堤建筑物设计，应分析并计入设计使用年限内江河淤积的影响。

5.3.2 穿堤涵洞和涵闸应符合下列要求：

1 涵洞（闸）位置应根据水系分布和地物条件研究确定，其轴线与堤防宜正交。根据需要，也可与沟渠水流方向一致与堤防斜交，交角不宜小于60°。

2 涵洞（闸）净宽应根据设计过流能力确定，单孔净宽不宜大于5m。

3 控制闸门宜设在临江河侧涵洞出口处。

4 涵洞（闸）地下轮廓线布置，应满足渗透稳定要求。与堤防连接应设置截流环或刺墙等，渗流出口应设置反滤排水。

5 涵洞长度为15m～30m时，其内径（或净高）不宜小于1.0m；涵洞长度大于30m时，其内径不宜小于1.25m。涵洞有检修要求时，净高不宜小于1.8m，净宽不宜小于1.5m。

6 涵洞（闸）进、出口段应采取防护措施。涵洞（闸）进、出口与洞身连接处宜做成圆弧形、扭曲面或八字形，平面扩散角宜为7°～12°。

7 洞身与进出口导流翼墙及闸室连接处应设变形缝，洞身纵向长度不宜大于8m～12m。位于软土地基上且洞身较长时，应分析并计入纵向变形的影响。

8 涵洞（闸）工作桥桥面高程不应低于江河设计水位加波浪高度和安全超高，并应满足闸门检修要求。

5.3.3 防洪堤防（墙）与道路交叉处，路面低于河道设计水位需要设置交通闸时，交通闸应符合下列要求：

1 闸址应根据交通要求，结合地形、地质、水流、施工、管理，以及防汛抢险等因素，经综合比较确定。

2 闸室布置应满足抗滑、抗倾覆、渗流稳定以及地基承载力等的要求。

3 闸孔尺寸应根据交通运输、闸门形式、防洪要求等因素确定。底板高程应根据防汛抢险和交通要求综合确定。

4 交通闸应设闸门控制。闸门形式和启闭设施，应根据交通闸的具体情况按下列要求选择：

1）闸前水深较大、孔径较小，关门次数相对较多的交通闸可采用一字形闸门。

2）闸前水深较大、孔径也较大，关门次数相对较多的交通闸可采用人字形闸门。

3）闸前水深较小、孔径较大，关门次数相对较多的交通闸可采用横拉闸门。

4）闸前水位变化缓慢，关门次数较少，闸门孔径较小的交通闸可采用叠梁闸门。

5.4 地基处理

5.4.1 当地基渗流、稳定和变形不能满足安全要求时，应进行处理。

5.4.2 对埋藏较浅的薄层软弱黏土层宜挖除；当埋藏较深、厚度较大难以挖除或挖除不经济时，可采用铺垫透水材料、插塑料排水板加速排水，或在背水侧堤脚外设置压载、打排水井等方法进行加固处理。

5.4.3 浅层透水堤基宜采用黏土截水槽或其他垂直防渗措施截渗；相对不透水层埋藏较深、透水层较厚且临水侧有稳定滩地的地基宜采用铺盖防渗形式；深厚透水堤基，可设置黏土、土工膜、混凝土、沥青混凝土等截渗墙或采用灌浆帷幕处理，截渗墙可采用全封闭、半封闭或悬挂式。

5.4.4 多层透水堤基，可采用在堤防背水侧加盖重、开挖排水减压沟或打排水减压井等措施处理，盖重应设反滤体和排水体。各项处理措施可单独使用，也可结合使用。

5.4.5 对判定堤基可能有液化的土层，宜挖除后换填非液化土。挖除困难或不经济时，应采用人工加密措施，使之达到与设计地震烈度相适应的紧密状态。对浅层可能液化的土层宜采用表面振动压密或强夯，对深层可能液化的土层宜采用振冲、强夯等方法加密。

5.4.6 穿堤建筑物地基处理措施应与堤基处理措施相衔接。

6 海堤工程

6.1 一般规定

6.1.1 海堤应依据流域、区域综合规划及城市总体规划、城市防洪规划等规划设置。

6.1.2 海堤堤线布置应符合治导线规划、岸线规划要求，并应根据河流和海岸线变迁规律，结合现有工程及拟建建筑物的位置、地形地质、施工条件及征地拆迁、生态与环境保护等因素，经综合比较确定。

6.1.3 海堤工程的形式应根据堤段所处位置的重要程度、地形地质条件、筑堤材料、水流及波浪特性、施工条件，结合工程管理、生态环境和景观等要求，经技术经济比较后综合分析确定。堤线较长或水文、地质条件变化较大时，宜分段选择适宜的形式，不同形式之间应进行渐变衔接处理。

6.2 堤身设计

6.2.1 海堤堤身断面可采用斜坡式、直立式或混合式。风浪较大的堤段宜采用斜坡式断面；中等以下风浪、地基较好的堤段宜采用直立式断面；滩涂较低，风浪较大的堤段，宜采用带有消浪平台的混合式或斜坡式断面。

6.2.2 堤顶高程应根据设计高潮（水）位、波浪爬高及安全加高按下式计算确定：

$$Z_p = H_p + R_F + A \quad (6.2.2)$$

式中：Z_p——设计频率的堤顶高程（m）；

H_p——设计频率的高潮（水）位（m）；

R_F——按设计波浪计算的频率为 F 的波浪爬高值，海堤允许部分越浪时 $F=13\%$，不允许越浪时 $F=2\%$（m）；

A——安全加高（m），按表 6.2.2 的规定选用。

表 6.2.2 堤顶安全加高

海堤工程级别	1	2	3	4	5
不允许越浪 A（m）	1.0	0.8	0.7	0.6	0.5
允许部分越浪 A（m）	0.5	0.4	0.4	0.3	0.3

6.2.3 海堤按允许部分越浪设计时，堤顶高程按本规范公式（6.2.2）计算后，还应进行越浪量计算，允许越浪量不应大于 0.02m^3/（s·m）。

6.2.4 当海堤堤顶临海侧设有稳定、坚固的防浪墙时，堤顶高程可算至防浪墙顶面，不计防浪墙高度的堤身顶面高程应高出设计高潮（水）位，高差是累计频率为1%的波高的 0.5 倍。

6.2.5 堤路结合的海堤，按允许部分越浪设计时，在保证海堤自身安全及堤后越浪水量排泄畅通的前提下，堤顶超高可不受本规范第 6.2.2 条～第 6.2.4 条规定的限制，但不计防浪墙高度的堤顶高程仍应高出设计高潮（水）位 0.5m。

6.2.6 海堤设计堤顶高程应预留沉降超高。预留沉降超高值应根据堤基、堤身土质及填筑密度等因素按有关规定分析计算确定。

6.2.7 海堤堤顶宽度应根据堤身安全、防汛、管理、施工、交通等要求，依据海堤工程级别按表 6.2.7 的规定选定。

表 6.2.7 海堤堤顶宽度

海堤工程级别	1	2	3～5
堤顶宽度（m）	≥5	≥4	≥3

6.2.8 海堤堤身设计边坡应根据堤身结构、堤基条件及筑堤材料、堤高等条件，经稳定计算分析确定。初步拟定时可按表 6.2.8 的规定选用。

表 6.2.8 海堤设计边坡

海堤堤型	临海侧坡比	背海侧坡比
斜坡式	1∶1.5～1∶3.5	水上：1∶1.5～1∶3 水下：海泥掺砂 1∶5～1∶10 砂壤土 1∶5～1∶7
直立式	1∶0.1～1∶0.5	
混合式	按斜坡式和陡墙式	

6.2.9 海堤堤身填筑应密实，堤身土体与护面之间应设置反滤层。

6.2.10 海堤工程防渗体应根据防渗要求布设，防渗体尺寸应结合防渗、施工和构造要求经计算确定。堤身防渗体顶部高程应高于设计高潮（水）位 0.5m。

6.2.11 堤身护坡的结构、材料应坚固耐久，应因地制宜、就地取材、经济合理、便于施工和维修。

6.2.12 海堤堤身应进行整体抗滑稳定、渗透稳定及沉降等计算，防浪墙还应进行抗倾覆稳定及地基承载力计算，计算方法应符合现行国家标准《堤防工程设计规范》GB 50286 的相关规定。

6.3 堤基处理

6.3.1 堤基处理应根据海堤工程级别、地质条件、堤高、稳定要求、施工条件等选择技术可行、经济合理的处理方案。

6.3.2 建于软土地基上的海堤工程，可采用换填砂垫层、铺设土工织物、设镇压平台、排水预压、爆炸挤淤及振冲碎石桩等措施进行堤基处理。

6.3.3 厚度不大的软土地基，可用换填砂垫层的措施加固处理，也可采用在地面铺设水平垫层（包括砂、碎石排水垫层及土工织物、土工格栅）堆载预压固结法加固处理。

6.3.4 在软土层较厚的地基上填筑海堤，可采用填筑镇压平台措施处理地基。镇压平台的宽度及厚度，应由稳定分析计算确定。堤身高度较大时，可采用多级镇压平台。

6.3.5 在淤泥层较厚的地基上筑堤时，可采用铺设土工织物、土工格栅措施加固处理。土工织物、土工格栅材料的强度、定着长度以及与堆土及基础地基间的摩擦力等指标，应满足设计要求。

6.3.6 软弱土或淤泥深厚的地基，可采用竖向排水预压固结法加固处理。竖向排水通道材料可采用塑料排水板或砂井。

6.3.7 淤泥质地基也可采用爆炸挤淤置换法进行地基置换处理。

6.3.8 重要的堤段或采用其他堤基处理方法难以满足要求的堤段，可采用振冲碎石桩等方法进行堤基加固处理。

7 河道治理及护岸（滩）工程

7.1 一般规定

7.1.1 治理流经城市的江河河道，应以防洪规划、城市总体规划为依据，统筹防洪、蓄水、航运、引水、景观和岸线利用等要求，协调上下游、左右岸、干支流等各方面的关系，全面规划、综合治理。

7.1.2 确定河道治导线，应分析研究河道演变规律，顺应河势，上下游呼应、左右岸兼顾。

7.1.3 河道治理工程布置应利于稳定河势，并应根据河道特性，分析河道演变趋势，因势利导选定河道治理工程措施，确定工程总体布置，必要时应以模型试验验证。

7.1.4 桥梁、渡槽、管线等跨河建筑物轴线宜与河道水流方向正交，建筑物的跨度和净空应满足泄洪、通航等要求。

7.2 河道整治

7.2.1 城市河道整治应收集水文、泥沙、河床质和河道测量资料，分析水沙特性，研究河道冲淤变化及河势演变规律，预测河道演变趋势及对河道治理工程的影响。

7.2.2 城市河道综合整治措施应适应河势发展变化趋势，利于维护和促进河道稳定。

7.2.3 河道整治工程堤防及护岸形式、布置应与城市建设风格一致，与城市环境景观相协调。

7.2.4 护岸工程布置不应侵占行洪断面，不应抬高洪水位，上下游应平顺衔接，并应减少对河势的影响。

7.2.5 护岸形式应根据河流和岸线特性、河岸地质、城市建设、环境景观、建筑材料和施工条件等因素研究选定，可选用坡式护岸、墙式护岸、板桩及桩基承台护岸、顺坝和短丁坝护岸等。

7.2.6 护岸稳定分析应包括下列荷载：

1 自重及其顶部荷载；

2 墙前水压力、冰压力和被动土压力与波吸力；

3 墙后水压力和主动土压力；

4 船舶系缆力；

5 地震力。

7.2.7 水深、风浪较大且河滩较宽的河道，宜设置防浪平台，并宜栽植一定宽度的防浪林。

7.3 坡式护岸

7.3.1 建设场地允许的河段，宜选用坡式护岸。坡式护岸可采用抛石、干砌石、浆砌石、混凝土和钢筋混凝土板、预制混凝土块、连锁板块、模袋混凝土等结构形式。护岸结构形式的选择，应根据流速、波浪、岸坡土质、冻结深度以及场地条件等因素，结合城市建设和景观要求，经技术经济比较选定。当岸坡高度较大时，宜设置戗台及上、下护岸的台阶。

7.3.2 坡式护岸的坡度和厚度，应根据岸坡坡度、岸坡土质、流速、风浪、冰冻、护砌材料和结构形式等因素，经稳定和防冲分析计算确定。

7.3.3 水深较浅、淹没时间不长、非迎流顶冲的岸坡，宜采用草或草与灌木结合形式的生物护岸，草和灌木的品种，根据岸坡土质和当地气候条件选择。

7.3.4 干砌石、浆砌石和抛石护坡材料，应采用坚硬未风化的石料。砌石下应设垫层、反滤层或铺土工织物。

7.3.5 浆砌石、混凝土和钢筋混凝土板等护坡应设置纵向和横向变形缝。

7.3.6 坡式护岸应设置护脚，护脚埋深宜在冲刷线以下 0.5m。施工困难时可采用抛石、石笼、沉排、沉枕等护底防冲措施。重要堤段抛石宜增抛备填石。

7.4 墙式护岸

7.4.1 受场地限制或城市建设需要可采用墙式护岸。

7.4.2 各护岸段墙式护岸具体的结构形式，应根据河岸的地形地质条件、建筑材料以及施工条件等因素，经技术经济比较选定，可采用衡重式护岸、空心方块及异形方块式护岸或扶壁式护岸等。

7.4.3 采用墙式护岸，应查清地基地质情况。当地基地质条件较差时，应进行地基加固处理，并应在护岸结构上采取适当的措施。

7.4.4 墙式护岸基础埋深不应小于 1.0m，基础可能受冲刷时，应埋置在可能冲刷深度以下，并应设置护脚。

7.4.5 墙基承载力不能满足要求或为便于施工时，可采用开挖或抛石建基。抛石厚度应根据计算确定，砂卵石地基不宜小于 0.5m，土基不宜小于 1.0m。抛石宽度应满足地基承载力的要求。

7.4.6 墙式护岸沿长度方向在下列位置应设变形缝：

1 新旧护岸连接处；

2 护岸高度或结构形式改变处；

3 护岸走向改变处；

4 地基地质条件差别较大的分界处。

7.4.7 混凝土及浆砌石结构相邻变形缝间的距离宜为 10m～15m，钢筋混凝土结构宜为 15m～20m。变形缝宽 20mm～50mm，并应做成上下垂直通缝，缝内应填充弹性材料，必要时宜设止水。

7.4.8 墙式护岸的墙身结构应根据荷载等情况进行下列计算：

1 抗倾覆稳定和抗滑稳定；

2 墙基地基应力和墙身应力；

3 护岸地基埋深和抗冲稳定。

7.4.9 墙式护岸应设排水孔，并应设置反滤。对挡水位较高、墙后地面高程又较低的护岸，应采取防渗透破坏措施。

7.5 板桩式及桩基承台式护岸

7.5.1 地基软弱且有港口、码头等重要基础设施的河岸段，宜采用板桩式及桩基承台式护岸，其形式应根据荷载、地质、岸坡高度以及施工条件等因素，经技术经济比较确定。

7.5.2 板桩宜采用预制钢筋混凝土结构。当护岸较高时，宜采用锚碇式钢筋混凝土板桩。钢筋混凝土板桩可采用矩形断面，厚度应经计算确定，但不宜小于0.15m；宽度应根据打桩设备和起重设备能力确定，可采用0.5m～1.0m。

7.5.3 板桩打入地基的深度，应满足板桩墙和护岸整体抗滑稳定要求。

7.5.4 有锚碇结构的板桩，锚碇结构应根据锚碇力、地基土质、施工设备和施工条件等因素确定。

7.5.5 板桩式护岸整体稳定可采用瑞典圆弧滑动法计算。

7.5.6 桩基承台和台上护岸结构形式，应根据荷载和运行要求，进行稳定分析验算，经技术经济比较，结合环境要求确定。

7.6 顺坝和短丁坝护岸

7.6.1 受水流冲刷、崩塌严重的河岸，可采用顺坝或短丁坝保滩护岸。

7.6.2 通航河道、河道较窄急弯冲刷河段和以波浪为主要破坏力的河岸，宜采用顺坝护岸。受潮流往复作用、崩岸和冲刷严重且河道较宽的河段，可辅以短丁坝群护岸。

7.6.3 顺坝和短丁坝护岸应设置在中枯水位以下，应根据河流流势布置，与水流相适应，不得影响行洪。短丁坝不应引起流势发生较大变化。

7.6.4 顺坝和短丁坝的坝型选择应根据水流速度的大小、河床土质、当地建筑材料以及施工条件等因素综合分析选定。

7.6.5 顺坝和短丁坝应做好坝头防冲和坝根与岸边的连接。

7.6.6 短丁坝护岸宜成群布置，坝头连线应与河道治导线一致；短丁坝的长度、间距及坝轴线的方向，应根据河势、水流流态及河床冲淤等情况分析计算确定，必要时应以河工模型试验验证。

7.6.7 丁坝坝头水流紊乱，受冲击力较大时，宜采用加大坝顶宽度、放缓边坡、扩大护底范围等措施进行加固和防护。

8 治 涝 工 程

8.1 一 般 规 定

8.1.1 治涝工程设计，应以城市总体规划和城市防洪规划为依据，与城市防洪（潮）工程相结合，与城市排水系统相协调。

8.1.2 治涝工程设计，应根据城市可持续发展和居民生活水平逐步提高的要求，统筹兼顾、因地制宜地采取综合治理措施。

8.1.3 缺水城市应保护和合理利用雨水资源，发挥工程的综合效益。

8.1.4 治涝工程设计应节约用地，并与市政工程建设相结合，建筑物设计与城市建筑风格相协调。

8.2 工 程 布 局

8.2.1 治涝工程布局，应根据城市的自然条件、社会经济、涝灾成因、治理现状和市政建设发展要求，与防洪（潮）工程总体布局综合分析，统筹规划，截、排、蓄综合治理。

8.2.2 治涝工程应根据城市地形条件、水系特点、承泄条件、原有排水系统及行政区划等进行分区、分片治理。

8.2.3 治涝工程布局，应充分利用现有河道、沟渠等将涝水排入承泄区，充分利用现有湖泊、洼地滞蓄涝水。

8.2.4 城区有外水汇入时，可结合防洪工程布局，根据地形、水系将部分或全部外水导至城区下游。

8.2.5 排涝工程布局应自排与抽排相结合，有自排条件的地区，应以自排为主；受洪（潮）水顶托、自排困难的地区，应设挡洪（潮）排涝水闸，并设排涝泵站抽排。

8.2.6 承泄区的设计水位，应根据承泄区来水与涝水遭遇规律合理确定。

8.3 排涝河道设计

8.3.1 排涝河道布置应根据地形、地质条件、河网与排水管网分布及承泄区位置，结合施工条件、征地拆迁、环境保护与改善等因素，经过技术经济比较，综合分析确定。

8.3.2 排涝河道的规模和控制点设计水位，应根据排涝要求确定。纵坡、横断面等应进行经济技术比较选定。兼有多种功能的排涝河道，设计参数应根据各方面要求，综合分析确定。

8.3.3 开挖、改建、拓浚城市排涝河道，应排水通畅，流态平稳，各级排涝河道应平顺连接。受条件限制，河道不宜明挖的，可用管（涵）衔接。

8.3.4 利用现有河道排涝，宜保持河道的自然风貌和功能，并为改善河流生态与沿岸环境创造条件。

8.3.5 主城区的排涝河道，可根据排涝及城市建设要求进行防护，并与城市建设相协调；非主城区且无特殊要求的排涝河道，可保持原河床形态或采用生物护坡。

8.4 排涝泵站

8.4.1 排涝泵站的规模，应根据城市排涝要求，按照近期与远期、自排与抽排、排涝与引水相结合的原则，经综合分析确定。

8.4.2 排涝泵站站址，应根据排涝规划、泵站规模、运行特点和综合利用要求，选择在利于排水区涝水汇集、靠近承泄区、地质条件好、占地少、有利施工、方便管理的地段。

8.4.3 排涝泵站的布置，应根据泵站功能和运用要求进行，单一排涝任务的泵站可采用正向进水和正向出水的方式，有排涝、引水要求的，宜采用排、引结合的形式。排涝泵站布置应符合下列规定：

1 泵站引渠的线路，应根据选定的取水口及泵房位置，结合地形地质条件布置。引渠与进水前池，应水流顺畅、流速均匀、池内无涡流。

2 泵站进出水流道形式，应根据泵型、泵房布置、泵站扬程、出水池水位变化幅度等因素，综合分析确定。

3 出水池的位置应结合站址、管线的位置，选择在地形条件好、地基坚实稳定、渗透性小、工程量小的地点。

4 泵房外出水管道的布置，应根据泵站总体布置要求，结合地形、地质条件确定。

8.4.4 泵站应进行基础的防渗和排水设计，在泵站高水侧应结合出水池布置防渗设施，在低水侧应结合前池布置排水设施；在左右两侧应结合两岸连接结构设置防渗刺墙、板桩等，增加侧向防渗长度。

8.4.5 泵房与周围房屋和公共建筑物的距离，应满足城市规划、消防和环保部门的要求，造型应与周围环境相协调，做到适用、经济、美观。泵房室外地坪标高应满足防洪的要求，入口处地面高程应比设计洪水位高 0.5m 以上；当不能满足要求时，可设置防洪设施。泵房挡水部位顶部高程不应低于设计或校核水位加安全超高。

9 防 洪 闸

9.1 闸址和闸线的选择

9.1.1 闸址应根据其功能和运用要求，综合分析地形、地质、水流、泥沙、潮汐、航运、交通、施工和管理等因素，结合城市规划与市政工程布局，经技术经济比较选定。

9.1.2 闸址应选择在水流流态平顺，河床、岸坡稳定的河段。泄洪闸、排涝闸宜选在河段顺直或截弯取直的地点；分洪闸应选在被保护城市上游，且河岸基本稳定的弯道凹岸顶点稍偏下游处或直段。

9.1.3 闸址地基宜地层均匀、压缩性小、承载力大、抗渗稳定性好，有地质缺陷、不满足设计要求时，地基应进行加固处理。

9.1.4 拦河闸的轴线宜与所在河道中心线正交，其上、下游河道的直线段长度不宜小于水闸进口处设计水位水面宽度的 5 倍。

9.1.5 分洪闸的中心线与主干河道中心线交角不宜超过 30°，位于弯曲河段宜布置在靠河道深泓一侧，其方向宜与河道水流方向一致。

9.1.6 泄洪闸、排涝闸的中心线与主干河道中心线的交角不宜超过 60°，下游引河宜短且直。

9.1.7 防潮闸闸址应根据河口河道和海岸（滩）水流、泥沙情况、冲淤特性、地质条件等，经多方面分析研究选择。防潮闸闸址宜选在河道入海口处的顺直河段，其轴线宜与河道水流方向垂直。重要的防潮闸闸址确定，必要时应进行模型试验检验。

9.1.8 水流流态、泥砂问题复杂的大型防洪闸闸址选择，应进行水工模型试验验证。

9.2 工程布置

9.2.1 闸的总体布置应结构简单、安全可靠、运用方便，并应与城市景观、环境美化相结合。

9.2.2 闸的形式应根据其功能和运用要求合理选择。有通航、排冰、排漂要求的闸，应采用开敞式；设计洪水位高于泄洪水位，且无通航排漂要求的闸，可采用胸墙式，对多泥沙河流宜留有排沙孔。

9.2.3 闸底板或闸坎高程，应根据地形、地质、水流条件，结合泄洪、排涝、排沙、冲污等要求确定，并结合堰型、门型选择，经技术经济比较合理选定。

9.2.4 闸室总净宽应根据泄流规模、下游河床地质条件和安全泄流的要求，经技术经济比较后确定。闸室总宽度应与上、下游河道相适应，不应过分束窄河道。

9.2.5 闸孔的数量及单孔净宽，应根据防洪闸使用功能、闸门形式、施工条件等因素确定。闸的孔数较少时，宜用单数孔。

9.2.6 闸的闸顶高程不应低于岸（堤）顶高程；泄洪时不应低于设计洪水位（或校核洪水位）与安全超高之和；挡水时不应低于正常蓄水位（或最高挡水位）加波浪计算高度与相应安全超高之和，并宜结合下列因素留有适当裕度：

1 多泥沙河流上因上、下游河道冲淤变化引起水位升高或降低的影响；

2　软弱地基上地基沉降的影响；

3　水闸两侧防洪堤堤顶可能加高的影响。

9.2.7　闸与两岸的连接，应保证岸坡稳定和侧向渗流稳定，有利于改善水闸进、出水水流流态，提高消能防冲效果、减轻边荷载的影响。闸顶应根据管理、交通和检修要求，修建交通和检修桥。

9.2.8　闸上、下翼墙宜与闸室及两岸岸坡平顺连接，上游翼墙长度应长于或等于铺盖长度，下游翼墙长度应长于或等于消力池长度。下游翼墙的扩散角宜采用7°～12°

9.2.9　翼墙分段长度应根据结构和地基条件确定，建筑在坚实地基上的翼墙分段长度可采用15m～20m，建筑在松软地基上的翼墙分段长度可适当减短。

9.2.10　闸门形式和启闭设施应安全可靠，运转灵活，维修方便，可动水启闭，并应采用较先进的控制设施。

9.2.11　防渗排水设施的布置，应根据闸基地质条件、水闸上下游水位差等因素，结合闸室、消能防冲和两岸连接布置综合分析确定，形成完整可靠的防渗排水系统。

9.2.12　闸上、下游的护岸布置，应根据水流状态、岸坡稳定、消能防冲效果以及航运、城建要求等因素确定。

9.2.13　消能防冲形式，应根据地基情况、水力条件及闸门控制运用方式等因素确定，宜采用底流消能。

9.2.14　地基为高压缩、松软的地层时，应根据基础情况采用换基、振冲、强夯、桩基等措施进行加固处理，有条件时也可采用插塑料排水板或预压加固措施等。

9.2.15　对位于泥质河口的防潮闸，应分析闸下河道泥沙淤积规律和可能淤积量，采取防淤、减淤措施。对于存在拦门沙的防潮闸河口，应研究拦门沙位置变化对河道行洪的影响。

9.3　工程设计

9.3.1　防潮闸的泄流能力应按偏于不利的潮位，依据现行行业标准《水闸设计规范》SL 265的泄流公式计算，并应采用闸下典型潮型进行复核。闸顶高程应满足泄洪、蓄水和挡潮工况的要求。

9.3.2　防潮闸设计应满足闸感潮启闭的运行特性要求，对多孔水闸，闸门启闭应采用对称、逐级、均步启闭方式。

9.3.3　防潮闸门型宜采用平板钢闸门，在有减少启闭容量、降低机架桥高度要求时可采用上、下双扉门。

9.3.4　防洪闸护坦、消力池、海漫、防冲槽等的设计应按水力计算确定。

9.4　水力计算

9.4.1　防洪闸单宽流量，应根据下游河床土质，上、下游水位差、尾水深度、河道和闸室宽度比等因素确定。

9.4.2　闸下消能设计应根据闸门运用条件，选用最不利的水位和流量组合进行计算。

9.4.3　海漫的长度和防冲槽埋深，应根据河床地质、海漫末端的单宽流量和水深等因素确定。

9.5　结构与地基计算

9.5.1　闸室、岸墙和翼墙应进行强度、稳定和基底应力计算，其强度、稳定安全系数和基底应力允许值应满足有关标准的规定。

9.5.2　当地基为软弱土或持力层范围内有软弱夹层时，应进行整体稳定验算。对建在复杂地基上的防洪闸的整体稳定计算，应进行专门研究。

9.5.3　防潮闸应采取分层综合法计算其最终沉降量。

9.5.4　防洪闸应避免建在软硬不同地基或地层断裂带上，难以避开时必须采取防止不均匀沉降的工程措施。

10　山洪防治

10.1　一般规定

10.1.1　山洪防治工程设计，应根据山洪沟所在的地形、地质条件，植被及沟壑发育情况，因地制宜，综合治理，形成以水库、谷坊、跌水、陡坡、撇洪沟、截流沟、排洪渠道等工程措施与植被修复等生物措施相结合的综合防治体系。

10.1.2　山洪防治应以山洪沟流域为治理单元进行综合规划，并应集中治理和连续治理相结合。

10.1.3　山洪防治宜利用山前水塘、洼地滞蓄洪水。

10.1.4　修建调蓄山洪的小型水库，应根据其失事后造成损失的程度适当提高防洪标准，并应提高坝体的填筑质量要求。

10.1.5　排洪渠道、截流沟宜进行护砌，排洪渠道、截流沟、撇洪沟设计应提高质量要求。

10.1.6　植树造林等生物措施以及修建梯田、开水平沟等治坡措施，应按有关标准规定执行。

10.2　跌水和陡坡

10.2.1　山洪沟或排洪渠道底部纵坡较陡时，可采用跌水或陡坡等构筑物调整。

10.2.2　跌水和陡坡设计，水面线应平顺衔接。水面线可采用分段直接求和法和水力指数积分法计算。

10.2.3　跌水和陡坡的进、出口段，应设导流翼墙与沟岸相连接。连接形式可采用扭曲面，也可采用变坡式或八字墙式，并应符合下列要求：

1 进口导流翼墙的单侧平面收缩角，应以进口段长度控制确定，不宜大于15°。翼墙的长度 L 由沟渠底宽 B 与水深 H 的比值确定，并应符合下列规定：

1）当 $B/H<2.0$ 时，$L=2.5H$；

2）当 $2\leqslant B/H<2.5$ 时，$L=3.0H$；

3）当 $2.5\leqslant B/H<3.5$ 时，$L=3.5H$；

4）当 $B/H\geqslant3.5$ 时，L 宜适当加长。

2 出口导流翼墙的单侧平面扩散角，可取10°～15°。

10.2.4 跌水和陡坡的进、出口段应护底，其长度应与翼墙末端平齐，底的始、末端应设一定深度的防冲齿墙。跌水和陡坡下游应设置消能防冲措施。

10.2.5 跌水跌差小于或等于5m时，可采用单级跌水，跌水跌差大于5m，采用单级跌水不经济时，可采用多级跌水。多级跌水可根据地形、地质条件，采用连续或不连续的形式。

10.2.6 陡坡段平面布置应力求顺直，陡坡底宽与水深的比值，宜控制为10～20。

10.2.7 陡坡比降应根据地形、地基土性质、跌差及流量大小确定，可取1∶2.5～1∶5，陡坡倾角必须小于或等于地基土壤的内摩擦角。

10.2.8 陡坡护底在变形缝处应设齿坎，变形缝内应设止水或反滤盲沟，必要时可同时采用。

10.2.9 当陡坡的流速较大时，其护底可采取人工加糙减蚀措施或采用台阶式，人工加糙减蚀或台阶式形式及其尺寸可按类似工程分析确定。重要的陡坡，必要时应进行水工模型试验验证。

10.3 谷　　坊

10.3.1 山洪沟可利用谷坊措施进行整治。

10.3.2 谷坊形式应根据沟道地形、地质、洪水、当地材料、谷坊高度、谷坊失事后可能造成损失的程度等条件比选确定，可采用土石谷坊、浆砌石谷坊、铅丝石笼谷坊、混凝土谷坊等形式。

10.3.3 谷坊位置应选在沟谷宽敞段下游窄口处，山洪沟道冲刷段较长的，可顺沟道由上到下设置多处谷坊。谷坊间沟床纵坡应满足稳定沟道坡降的要求。

10.3.4 谷坊高度应根据山洪沟自然纵坡、稳定坡降、谷坊间距等确定。谷坊高度宜为1.5m～4m，当高度大于5m时，应按塘坝要求进行设计。

10.3.5 谷坊间距，在山洪沟坡降不变的情况下，与谷坊高度接近成正比，可按下式计算：

$$L=\frac{h}{J-J_0} \tag{10.3.5}$$

式中：L——谷坊间距（m）；

h——谷坊高度（m）；

J——沟床天然坡降；

J_0——沟床稳定坡降。

10.3.6 谷坊应建在坚实的地基上。当为岩基时，应清除表层风化岩；当为土基时埋深不得小于1m，并应验算地基承载力。

10.3.7 铅丝石笼、浆砌石和混凝土等形式的谷坊，在其中部或沟床深槽处应设溢流口。当设计谷坊顶部全长溢流时，应进行两侧沟岸的防护。溢流口下游应设置消能设施，护砌长度可根据谷坊高度、单宽流量和沟床土质计算确定。

10.3.8 浆砌石和混凝土谷坊，应每隔15m～20m设一道变形缝，谷坊下部应设排水孔。

10.3.9 土石谷坊，不得在顶部溢流，宜在坚实沟岸开挖溢流口或在谷坊底部设泄流孔，并应进行基础处理。

10.4 撇洪沟及截流沟

10.4.1 城市防治山洪可采用撇洪沟将部分或全部洪水撇向城市下游。

10.4.2 撇洪沟的设计标准应与山洪防治标准相适应，也可根据工程规模大小和失事后造成损失的程度适当提高。

10.4.3 撇洪沟应顺应地形布置，宜短直平顺、少占耕地、减少交叉建筑物、避免山体滑坡。

10.4.4 撇洪沟的设计流量应根据山洪特性和撇洪沟的汇流面积与撇洪比例确定，当只撇山洪设计洪峰流量的一部分时，应设置溢洪堰（闸）将其余部分排入承泄区或原沟道。

10.4.5 撇洪沟设计沟底比降宜因地制宜选择，断面应采取防冲措施。

10.4.6 截流沟的设计标准应与保护地区的山洪防治治理标准一致，设计洪峰流量可采用小流域洪水的计算方法推求。当只能截流设计洪峰流量的一部分时，应设置溢洪堰（闸）将其余部分排入承泄区。

10.4.7 截流沟宜沿保护地区上部边缘等高线布置，并应选择较短路线或利用天然河道就近导入承泄区。

10.4.8 截流沟的设计断面应根据设计流量经水力计算确定，沟底比降宜以沟底不产生冲刷和淤积为控制条件。

10.5 排 洪 渠 道

10.5.1 排洪渠道渠线宜沿天然沟道布置，宜选择地形平缓、地质条件稳定、拆迁少、渠线顺直的地带。渠道较长的宜分段设计，两段排洪明渠断面有变化时，宜采用渐变段衔接，其长度可取水面宽度之差的5倍～20倍。

10.5.2 排洪明渠设计纵坡，应根据渠线、地形、地质以及与山洪沟连接条件和便于管理等因素，经技术经济比较后确定。当自然纵坡大于1∶20或局部渠段高差较大时，可设置陡坡或跌水。

10.5.3 排洪明渠渠道边坡应根据土质稳定条件确定。

10.5.4 排洪明渠进出口平面布置，宜采用喇叭口或八字形导流翼墙，其长度可取设计水深的3倍～4倍。

10.5.5 排洪明渠的安全超高可按有关标准的规定采用，在弯曲段凹岸应分析并计入水位壅高的影响。

10.5.6 排洪明渠宜采用挖方渠道。对于局部填方渠道，其堤防填筑的质量要求应符合有关标准规定。

10.5.7 排洪明渠弯曲段的轴线弯曲半径，不应小于按下式计算的最小允许半径及渠底宽度的5倍。当弯曲半径小于渠底宽度的5倍时，凹岸应采取防冲措施：

$$R_{\min}=1.1v^2\sqrt{A}+12 \quad (10.5.7)$$

式中：$R_{\min}$——渠道最小允许弯曲半径（m）；

v——渠道中水流流速（m/s）；

A——渠道过水断面面积（m^2）。

10.5.8 当排洪明渠水流流速大于土壤允许不冲流速时，应采取防冲措施。防冲形式和防冲材料，应根据土壤性质和水流流速确定。

10.5.9 排洪渠道进口处宜设置拦截山洪泥砂的沉沙池。

10.5.10 排洪暗渠纵坡变化处应保持平顺，避免产生壅水或冲刷。

10.5.11 排洪暗渠应设检查井，其间距可取为50m～100m。暗渠走向变化处应加设检查井。

10.5.12 排洪暗渠为无压流时，断面设计水位以上的净空面积不应小于断面面积的15%。

10.5.13 季节性冻土地区的暗渠，其基础埋深不应小于土壤冻结深度，进出口基础应采取适当的防冻措施。

10.5.14 排洪渠道出口受承泄区河水或潮水顶托时，宜设防洪（潮）闸。对排洪暗渠也可采用回水堤与河（海）堤连接。

11 泥石流防治

11.1 一般规定

11.1.1 泥石流作用强度，应根据形成条件、作用性质和对建筑物的破坏程度等因素按表11.1.1的规定分级。

表11.1.1 泥石流作用强度分级

级别	规模	形成区特征	泥石流性质	可能出现最大流量（m^3/s）	年平均单位面积物质冲出量（m^3/km^2）	破坏作用	破坏程度
1	大型	大型滑坡、坍塌堵塞沟道，坡陡、沟道比降大	黏性，容重 γ_c 大于 $18kN/m^3$	>200	>5	以冲击和淤埋为主，危害严重，破坏强烈，可淤埋整个村镇或部分区域，治理困难	严重
2	中型	沟坡上中小型滑坡、坍塌较多，局部淤塞，沟底堆积物厚	稀性或黏性，容重 $16kN/m^3 \leqslant \gamma_c \leqslant 18kN/m^3$	200～50	5～1	有冲有淤以淤为主，破坏作用大，可冲毁淤埋部分平房及桥涵，治理比较容易	中等
3	小型	沟岸有零星滑坍，有部分沟床质	稀性或黏性，容重 $14kN/m^3 \leqslant \gamma_c < 16kN/m^3$	<50	<1	以冲刷和淹没为主，破坏作用较小，治理容易	轻微

11.1.2 泥石流防治工程设计标准，应根据泥石流作用强度选定。泥石流防治应以大中型泥石流为重点。

11.1.3 泥石流防治应进行流域勘查，勘查重点是判定泥石流规模级别和确定设计参数。

11.1.4 泥石流流量计算宜采用配方法和形态调查法，两种方法应互相验证。也可采用地方经验公式。

11.1.5 城市防治泥石流，应根据泥石流特点和规模制定防治规划，建设工程体系、生物体系、预警预报体系相协调的综合防治体系。

11.1.6 泥石流防治工程设计，应预测可能发生的泥石流流量、流速及总量，沿途沉积过程，并研究冲击力及摩擦力对建筑物的影响。

11.1.7 泥石流防治，应根据泥石流特点和当地条件采用综合治理措施。在泥石流上游宜采用生物措施和截流沟、小水库调蓄径流；泥沙补给区宜采用固沙措施；中下游宜采用拦截、停淤措施；通过市区段宜修建排导沟。

11.1.8 城市泥石流防治应以预防为主，主要城区应避开严重的泥石流沟；对已发生泥石流的城区宜以拦为主，将泥石流拦截在流域内，减少泥石流进入城市，对于重点防护对象应建设有效的预警预报体系。

11.2 拦挡坝

11.2.1 泥石流拦挡坝的坝型和规模，应根据地形、地质条件和泥石流的规模等因素经综合分析确定。拦挡坝应能溢流，可选用重力坝、格栅坝等。

11.2.2 拦挡坝坝址应选择在沟谷宽敞段下游卡口处，可单级或多级设置。多级坝坝间距可根据回淤坡度确定。

11.2.3 拦挡坝的坝高和库容应根据以下不同情况分析确定：

1 以拦挡泥石流固体物质为主的拦挡坝，对间歇性泥石流沟，其库容不宜小于拦蓄一次泥石流固体物质总量；对常发性泥石流沟，其库容不得小于拦蓄一年泥石流固体物质总量。

2 以依靠淤积增宽沟床、减缓沟岸冲刷为主的拦挡坝，坝高宜按淤积后的沟床宽度大于原沟床宽度的2倍确定。

3 以拦挡泥石流淤积物稳固滑坡为主的拦挡坝，其坝高应满足拦挡的淤积物所产生的抗滑力大于滑坡的剩余下滑力。

11.2.4 拦挡坝基础埋深，应根据地基土质、泥石流性质和规模以及土壤冻结深度等因素确定。

11.2.5 拦挡坝的泄水口应有较好的整体性和抗磨性，坝体应设排水孔。

11.2.6 拦挡坝稳定计算，其计算工况和稳定系数应符合相关标准的规定。

11.2.7 拦挡坝下游应设消能设施，可采用消力槛，消力槛高度应高出沟床0.5m～1.0m，消力池长度可取坝高的2倍～4倍。

11.2.8 拦挡含有较多大块石的泥石流时，宜修建格栅坝。栅条间距可按公式（11.2.8）计算：

$$D=(1.4\sim2.0)\ d \qquad (11.2.8)$$

式中：D——栅条间的净距离（m）；

d——计划拦截的大石块直径（m）。

11.3 停 淤 场

11.3.1 停淤场宜布置在坡度小、地面开阔的沟口扇形地带，并应利用拦挡坝和导流堤引导泥石流在不同部位落淤。停淤场应有较大的场地，使一次泥石流的淤积量不小于总量的50%，设计年限内的总淤积高度不宜超过5m～10m。

11.3.2 停淤场内的拦挡坝和导流坝的布置，应根据泥石流规模、地形等条件确定。

11.3.3 停淤场拦挡坝的高度宜为1m～3m。坝体可直接利用泥石流冲积物。对冲刷严重或受泥石流直接冲击的坝，宜采用混凝土、浆砌石、铅丝石笼护面。坝体应设溢流口排泄泥水。

11.4 排 导 沟

11.4.1 排导沟宜布置在沟道顺直、长度短、坡降大和出口处具有停淤堆积泥石场地的地带。

11.4.2 排导沟进口可利用天然沟岸，也可设置八字形导流堤，其单侧平面收缩角宜为10°～15°。

11.4.3 排导沟横断面宜窄深，坡度宜较大，其宽度可按天然流通段沟槽宽度确定，沟口应避免洪水倒灌和受堆积场淤积的影响。

11.4.4 排导沟设计深度可按下式计算，沟口还应计算扇形体的堆高及对排导沟的影响。

$$H=H_c+H_i+\Delta H \qquad (11.4.4)$$

式中：H——排导沟设计深度（m）；

H_c——泥石流设计流深（m），其值不宜小于泥石流波峰高度和可能通过最大块石尺寸的1.2倍；

H_i——泥石流淤积高度（m）；

ΔH——安全加高（m），采用相关标准的数值，在弯曲段另加由于弯曲而引起的壅高值。

11.4.5 城市泥石流排导沟的侧壁应护砌，护砌材料可根据泥石流流速选择，采用浆砌块石、混凝土或钢筋混凝土结构。护底结构形式可根据泥石流特点确定。

11.4.6 通过市区的泥石流沟，当地形条件允许时，可将泥石流导向指定的落淤区。

12 防洪工程管理设计

12.1 一 般 规 定

12.1.1 城市防洪工程管理设计应明确管理体制、机构设置和人员编制，划定工程管理范围和保护范围，提出监测、交通、通信、警示、抢险、生产管理和生活设施，进行城市防洪预警系统设计，编制城市防洪洪水调度方案、运行管理规定，测算年运行管理费。

12.1.2 城市防洪工程管理设计应根据城市的自然地理条件、土地开发利用情况、工程运行需要及当地人民政府的规定划定管理范围和保护范围。

12.1.3 城市防洪工程管理设计应依据现行的有关规定和标准为城市防洪工程管理设置必要的管理设施及必要的监测设施。

12.1.4 城市防洪工程管理应对超标准洪水处置区建立相应的管理制度。

12.2 管 理 体 制

12.2.1 城市防洪工程管理设计应根据管理单位的任务和收益状况，拟定管理单位性质。

12.2.2 城市防洪工程管理设计应根据防洪工程特点、规模、管理单位性质拟定管理机构设置和人员编制，明确相应的管理任务、职责和权利。

12.3 防 洪 预 警

12.3.1 城市防洪工程管理设计，应根据洪水特性和城市防洪保护区的实际需要进行防洪预警系统设计。

12.3.2 城市防洪预警系统的结构体系应符合流域（区域）防洪预警系统的框架要求。

12.3.3 城市防洪预警系统应包括外江河洪水、内涝、雨水排水、山洪和泥石流预警等。

12.3.4 城市防洪预警系统应包括城市雨情、水情、工情信息采集系统，通信传输系统，计算机决策支持系统，预警信息发布系统等。

12.3.5 预警信息采集系统、通信传输系统、计算机决策支持系统的建设应符合国家防汛指挥系统建设有关标准的要求。

12.3.6 防洪预警系统应实行动态管理，结合新的工程情况和调度方案不断进行修订。

13 环境影响评价、环境保护设计与水土保持设计

13.1 环境影响评价与环境保护设计

13.1.1 城市防洪工程在规划、项目建议书和可行性研究阶段，均应进行环境影响评价；在初步设计阶段，应进行环境保护设计。

13.1.2 城市防洪工程对环境的影响，应依据《中华人民共和国环境影响评价法》及现行行业标准《环境影响评价技术导则 水利水电工程》HJ/T 88，结合城市防洪工程的具体情况进行评价。

13.1.3 城市防洪工程的环境影响评价应主要包括下述内容：

1 对河道、河滩及湿地的影响；

2 对城市排水的影响；

3 对城市现有的交通等基础设施的影响；

4 对城市发展及城市风貌景观影响；

5 对城市防洪安全的影响。

13.1.4 城市防洪工程环境保护设计，应依据具有审批权的环境保护主管部门对城市防洪工程环境影响报告书或环境影响报告表的批复意见进行。

13.1.5 城市防洪工程环境保护设计应符合下列规定：

1 合理调度洪水和涝水，维护河道、湿地的生态环境；

2 城市防洪工程对排水有影响时，应进行排水改道设计；

3 对交通等基础设施影响的处理措施设计；

4 保护重要文物、景观与珍稀树木的措施设计；

5 对城市防洪安全不利影响的减免措施设计。

13.1.6 环境保护投资概算，应根据现行行业标准《水利水电工程环境保护概估算编制规程》SL 359的有关规定编制。

13.2 水土保持设计

13.2.1 城市防洪工程应按现行国家标准《开发建设项目水土保持技术规范》GB 50433的有关规定进行水土保持设计。

13.2.2 城市防洪工程的水土保持措施应符合城市建设的要求，与城市绿化、美化相结合，生物措施应与园林景观相协调。

本规范用词说明

1 为便于在执行本规范条文时区别对待，对要求严格程度不同的用词说明如下：

1）表示很严格，非这样做不可的：
正面词采用“必须”，反面词采用“严禁”；

2）表示严格，在正常情况下均应这样做的：
正面词采用“应”，反面词采用“不应”或“不得”；

3）表示允许稍有选择，在条件许可时首先应这样做的：
正面词采用“宜”，反面词采用“不宜”；

4）表示有选择，在一定条件下可以这样做的，采用“可”。

2 条文中指明应按其他有关标准执行的写法为：“应符合……的规定”或“应按……执行”。

引用标准名录

《堤防工程设计规范》GB 50286
《开发建设项目水土保持技术规范》GB 50433
《水闸设计规范》SL 265
《水利水电工程环境保护概估算编制规程》SL 359
《环境影响评价技术导则 水利水电工程》HJ/T 88

中华人民共和国国家标准

城市防洪工程设计规范

GB/T 50805—2012

条 文 说 明

制 定 说 明

本规范系根据住房和城乡建设部《关于印发〈2008年工程建设标准规范制订、修订计划（第二批）〉的通知》（建标〔2008〕105号），水利部水利水电规划设计总院水总科〔2009〕49号《关于确定〈城市防洪工程设计规范〉等4项标准制定与修订项目和主编单位的通知》要求，在原行业标准《城市防洪工程设计规范》CJJ 50—92的基础上，由水利部水利水电规划设计总院和中水北方勘测设计研究有限责任公司主编，会同中国市政工程东北设计研究总院、浙江省水利水电勘测设计研究院、上海勘测设计研究院共同编制完成。

制定工作中以原《城市防洪工程设计规范》CJJ 50—92为基础，坚持科学性、先进性和实用性原则。在本规范中，既要有原则规定，又要体现一定的灵活性；既要反映我国近年来成熟的技术成果和经验，又要借鉴并吸收国外先进经验和新理论、新技术；既要结合我国水利水电工程规划设计的实际需要，又要体现国内和国际上21世纪以来的最新技术水平。

编制组于2009年3月底完成《城市防洪工程设计规范》征求意见稿，根据水利部水利水电规划设计总院印发水总科〔2009〕264号《关于征求国家标准〈城市防洪工程设计规范（征求意见稿）〉意见的函》，中水北方勘测设计研究有限责任公司发送52份给相关设计、管理单位或专家征求意见，根据收到的反馈意见，编制组对征求意见稿进行修改，于2009年8月完成了《城市防洪工程设计规范（送审稿）》。

本规范制定工作中对原《城市防洪工程设计规范》CJJ 50—92内容进行了丰富和调整，由十章调整为十三章，主要变化情况为：总则中增加了对基本资料、水土保持、特殊地基上修建城市防洪工程等内容的要求；以城市防洪工程等别和防洪标准取代了城市等别和防洪标准，取消了有关防洪建筑物的安全超高、抗滑稳定安全系数方面的规定内容；设计洪水和设计潮位章修改为设计洪水、涝水、潮水位章，增加了设计涝水，洪水、涝水和潮水遭遇分析等内容的规定（单独成节）；总体设计章修改为总体布局章，并增加了有关涝灾防治、超标准洪水安排的规定（单独成节）；江河堤防设计章中增加了有关穿堤建筑物设计方面的规定内容；防洪闸章中增加了防潮闸设计的规定；山洪防治章中增加了撇洪沟、截流沟设计及陡坡稳定计算要求等方面的规定；增加海堤设计章，对海堤堤线布置、堤身结构形式、筑堤材料、堤身稳定分析、基础处理等方面作出了具体规定；增加排涝工程设计章，对排涝工程总体布局，排涝河道设计，排涝泵站站址选择、总体布置、基础处理等方面作出具体规定；增加防洪工程管理设计章；增加环境影响评价、环境保护设计与水土保持设计章。

原《城市防洪工程设计规范》CJJ 50—92由中国市政工程东北设计院主编，天津大学、武汉市防汛指挥部、上海市市政工程设计院、太原市市政工程设计院、南宁市市政工程设计院、中国科学院兰州冰川冻土研究所、甘肃省科学院地质自然灾害防治研究所、水利部松辽水利委员会、水利部黄河水利委员会、水利部珠江水利委员会等单位参加编制。主要起草人有：马庆骥、方振远、章一鸣、杨祖玉、李鸿琏、王喜成、曾思伟、张友闻、李鉴龙、陈万佳、肖先悟、郭立廷、全学一、温善章、叶林宜等。

本次规范制定过程中得到了成都山地灾害研究所、广东省水利厅、福建省水利厅、福建省水利水电勘测设计院、北京市水务局、江苏省水利厅防汛办公室等诸多单位的帮助与支持，在此表示衷心感谢。

本规范涉及专业面宽、单项工程范围广，由于经费等原因，在山洪防治、泥石流防治方面投入不足；由于城市排水系统管理与河道管理体制、习惯的原因，涝水标准与室外排水标准还不能很好联系起来，可能使得规范应用中相关内容不够明确。上述问题需要在今后的工作实践中沟通、吸纳、总结，逐步完善。

为便于广大设计、施工、科研、学校等单位有关人员在使用本规范时能正确理解和执行条文规定，《城市防洪工程设计规范》编写组按章、节、条、款、项的顺序编制了本规范的条文说明，对条文规定的目的、依据以及执行中需要注意的有关事项进行了说明。但是，本条文说明不具备与规范正文同等的法律效力，仅供使用者作为理解和把握规范规定的参考。

目　次

1 总　　则

1.0.1 洪灾，包括由江河洪水、山洪、泥石流等引发的灾害，是威胁人类生命财产的自然灾害，给城市造成的经济损失尤为严重。城市涝灾多由暴雨形成，涝洪灾害常相伴发生。涝水形成时，往往洪峰流量也较大，城区外河水位高，涝水排泄不畅，导致低洼地带积水、路面受淹、交通中断，给人民生活带来极大不便，甚至造成较大经济损失。沿海和河口城市地势低洼，经常受海潮及台风的威胁，台风往往带来狂风、大浪、暴潮和暴雨，引起的风灾、潮灾及洪、涝灾害惨重，有时甚至是毁灭性的，潮水顶托更加剧城市的洪涝灾害。城市是地区政治、经济、文化、交通的中心，是流域防洪的重点，为了更有效地减轻洪涝潮水灾害损失，提高城市抵御洪涝潮灾害的能力，指导城市防洪潮建设，特制定本规范。

根据现行国家标准《中华人民共和国国家标准城市规划基本术语标准》GB/T 50280 的规定，城市（城镇）是以非农产业和非农业人口聚集为主要特征的居民点，包括按国家行政建制设立的市和镇。市是经国家批准设市建制的行政地域，是中央直辖市、省直辖市和地辖市的统称，市按人口规模又分为大城市、中等城市和小城市；镇是经国家批准设镇建制的行政地域，包括县人民政府所在地的建制镇和县以下的建制镇；市域是城市行政管辖的全部地域。

本规范中城市防洪工程指为防治江河洪水、涝水、海潮、山洪、泥石流等自然灾害所造成的损失而修建的水工程。

1.0.3 本条基本沿用原《城市防洪工程设计规范》CJJ 50—92 第 1.0.3 条的规定。根据《中华人民共和国防洪法》："防洪规划是江河、湖泊治理和防洪工程设施建设的基本依据。""城市防洪规划，由城市人民政府组织水行政主管部门、建设行政主管部门和其他有关部门依据流域防洪规划、上一级人民政府区域防洪规划编制，按照国务院规定的审批程序批准后纳入城市总体规划。"城市防洪规划是江河流域防洪规划的一部分，并且是流域防洪规划的重点，有些城市必须依赖于流域性的洪水调度才能确保城市的防洪安全，所以本条作此规定。随着我国社会经济的发展，城市化程度不断提高、城市规模在迅速扩大、城市市政建设日新月异，因此城市防洪工程建设一方面要充分考虑城市近远期发展，为城市可持续发展留出空间；另一方面要与城市发展、市政建设相结合、相协调，与生态环境相协调，考虑技术可行、投资经济、方便人们生活、美化人们生存环境与空间，提高生活质量。所以城市防洪工程规划设计，必须以流域规划为依据，全面规划、综合治理。

1.0.4 我国地域辽阔、人口众多，城市分布于平原海滨区和山区，由于所处地域的差异，所受洪灾也有不同，平原区易于洪涝相交，积涝成灾；海滨区除受洪涝灾害威胁外，风暴潮灾也不容忽视；山区城市防洪安全受山洪、泥石流双重威胁。因此，不同地域的城市应分析本城市的灾害特点，在防御江河洪水灾害的同时，对可能产生的涝、潮、山洪、泥石流灾害有所侧重，有的放矢，取得最佳效果。

1.0.5 基础资料是设计的基础和依据，必须十分重视基础资料的收集、整理和分析工作。不同的设计阶段对基础资料的范围、精度要求不同，选用的基础资料应准确可靠，符合设计阶段深度要求。

1.0.6 本条基本沿用原《城市防洪工程设计规范》CJJ 50—92 第 1.0.4 条的规定，是根据《中华人民共和国河道管理条例》第 11 条、第 16 条的规定制定的。制定本条的目的是为确保河道行洪能力，保持河势稳定和维护堤防安全。

1.0.7 湿陷性黄土、膨胀土等特殊土可能使城市防洪工程失去稳定，影响工程安全，造成城市防洪工程失效。我国三北地区（东北、西北、华北）属于季节冻土及多年冻土地区，水工建筑物冻害现象十分普遍和严重；黄河、松花江等江河中下游还存在凌汛灾害；地面沉降导致防洪设施顶部标高降低，从而降低抗洪能力的情况也是屡见不鲜，上海黄浦江、苏州河防洪墙几次加高，一个重要原因就是为了弥补因地面沉降造成防洪标准的降低而进行的。地面沉降还会引起防洪设施发生裂缝、倾斜甚至倾倒，完全失去抗洪能力。上述情况均是可能危及城市防洪安全的不利状况，因此本条作此规定。

1.0.9 本条基本沿用原《城市防洪工程设计规范》CJJ 50—92 第 1.0.5 条的规定，将原规定"重要城市的防洪工程设计在可行性研究阶段，应参照现行《水利经济计算规范》进行经济评价，其内容可适当简化"修改为"城市防洪工程设计应按照国家现行有关标准的规定进行技术经济分析"。技术经济分析是从经济上对工程方案的合理性与可行性进行评价，为工程方案选优提供科学依据，是研究城市防洪工程建设是否可行的前提。

1.0.10 本规范具有综合性特点，专业范围广、涉及的市政设施多。本规范对城市防洪设计中所涉及的问题作了全面、概括、原则的论述，其目的是在城市防洪设计中统筹考虑、相互协调、全面配合，既保证城市防洪安全，又避免相互矛盾和干扰，满足各部门要求。对有些专业规范，我们作了必要的搭接，其他更多的专业规范不再赘述，应按有关专业规范要求执行。

2 城市防洪工程等级和设计标准

2.1 城市防洪工程等别和防洪标准

2.1.1 本条是在原《城市防洪工程设计规范》CJJ

50—92 第 2.1.1 条基础上制定的。在我国 660 余座建制市中，639 座有防洪任务，占 96.67%，达到国家防洪标准的只有 236 个。洪水对城市的危害程度与城市人口数量密切相关，人口越多洪水危害越大。

目前我国城市化速度加快，超过 50 万人口的城市较多，根据第五次人口普查结果，我国城市人口在 200 万以上的城市有 12 个，即北京市、上海市、天津市、重庆市、辽宁省沈阳市、吉林省长春市、黑龙江省哈尔滨市、江苏省南京市、湖北省武汉市、广东省广州市、四川省成都市、陕西省西安市；人口在 100 万～200 万的城市有 22 个，即河北省石家庄市、河北省唐山市、山西省太原市、内蒙古自治区包头市、辽宁省大连市、辽宁省鞍山市、辽宁省抚顺市、吉林省吉林市、黑龙江省齐齐哈尔市、江苏省徐州市、浙江省杭州市、福建省福州市、江西省南昌市、山东省济南市、山东省青岛市、山东省淄博市、河南省郑州市、湖南省长沙市、贵州省贵阳市、云南省昆明市、甘肃省兰州市、新疆维吾尔自治区乌鲁木齐市；人口在50 万～100 万的城市则共有 47 个；人口在 20 万～50 万的城市则更多，共有 113 个。考虑到我国城市的发展，原来的防洪标准已不适应，如果仍按原《城市防洪工程设计规范》CJJ 50—92 的 4 个城市等级，大于 150 万人口的城市不论是首都、直辖市、省会城市，不论其防洪重要性如何均为一等城市，同属一个标准，显然这是不合理的。

城市防洪标准，不仅与城市的重要程度、城市人口有关，还与城市防洪工程在城市中的影响和作用有关。有的山区、丘陵区城市重要性大、人口多，但由于具体城市的自然条件因素，许多重要的基础设施、厂矿企业、学校及城市人口并不受常遇江河洪水威胁，此时笼统用城市人口套城市等别套较高城市防洪标准，就很不经济，并可能影响城市人文景观，给城市人民生活造成不便。

综上所述，本规范中，将表 2.1.1 中的城市等别改为城市防洪工程等别，并根据城市防洪工程保护范围内城市的社会经济地位的重要程度和防洪保护区内的人口数量划分为四等，由城市防洪工程等别确定城市防洪工程的防洪设计标准，避开城市等别问题，以改变由城市的重要程度、城市人口使城市防洪工程标准过高问题。

在现代城市居住的人口有非农业人口、农业人口还有外来人口，在不少城市中外来常住人口占有一定的比例，因此，本规范将原《城市防洪工程设计规范》CJJ 50—92 中规定的非农业人口改为常住人口。

2.1.2 城市防洪工程的防御目标包括江河洪水、山洪、泥石流、海潮和涝水。

城市防洪工程的防洪设计标准是指采用防洪工程措施和非工程措施后，具有的防御江河洪水的能力。表 2.1.2 中的防洪设计标准，主要是参考我国城市现有的或规划的防洪标准，并考虑我国的国民经济能力等因素确定。考虑到山洪对城市造成的灾害，往往是局部的，因此采用略低于防御江河洪水的标准。

城市防洪设计标准的表述：一个城市若受多条江河洪水威胁时，可能有多个防洪标准，但表达城市防洪设计标准时应采用防御城市主要外河洪水的设计标准，同时还要说明其他的防洪（潮）设计标准。例如，上海防御黄浦江洪水的防洪标准为 200 年，防潮标准为 200 年一遇潮位加 12 级台风；武汉防长江洪水的防洪标准为 100 年一遇，防城区小河洪水的防洪标准为 10 年～20 年一遇。

防洪设计标准上、下限的选用，应考虑受灾后造成的社会影响、经济损失、抢险难易等因素，酌情选取，不能一刀切。

城市治涝设计标准是本次《城市防洪设计规范》新增的内容。城市涝水指由城区降雨而形成的地表径流，一般由城市排水工程排除。城市排水工程的规模、管网布设、管理一般是由市政部门负责。城市防洪工程所涉及的治涝工程，应是承接城市排水管网出流的承泄工程，包括排涝河道、行洪河道、低洼承泄区等。

“治涝”措施主要采取截、排、滞，即拦截排涝区域外部的径流使其不进入本区域；将区内涝水汇集起来排到区外；充分利用区内湖泊、洼淀临时滞蓄涝水。

治涝设计标准表达方式有两种，一种以消除一定频率的涝灾为设计标准，通常以排除一定重现期的暴雨所产生的径流作为治涝工程的设计标准；另一种则以历史上发生涝灾比较严重的某年实际发生的暴雨作为治涝标准。

城市治涝设计标准应与城市政治、经济地位相协调。目前，我国一些城市的治涝设计标准基本在 5 年～20 年一遇，北京市和南京市的治涝设计标准为 20 年一遇；上海市治涝设计标准为 20 年一遇 24h 200mm 雨量随时排除；杭州市建成区 20 年一遇 24h 暴雨当天排干；宁波市市内排涝 20 年一遇 24h 暴雨 1 日排干；广东地级市治涝设计暴雨重现期 10 年～20 年一遇，县级市 10 年一遇，城市及菜地排水标准 24h 暴雨 1 日路、地面水排干；天津市规划治涝设计标准为 20 年一遇；福州市治涝设计标准 5 年一遇内涝洪水内河不漫溢；武汉市的治涝设计标准为 3 年～5 年一遇。

城市的治涝设计标准应根据城市的具体条件，经技术经济比较确定。同一城市中，重要干道、重要地区或积水后可能造成严重不良后果的地区，治涝设计标准（重现期）可高些，一些次要地区或排水条件好的地区，重现期也可适当低些。

2.1.3 本条基本沿用原《城市防洪工程设计规范》CJJ 50—92 第 2.1.3 条的规定。我国幅员辽阔，各城市的自然、经济条件相差较大，不可能把各类城市的防洪工程的防洪标准全规定下来，应根据需要与可能，结合城市防洪保护区的具体情况，经技术经济比较论证，报上级主管部门批准后可适当提高或降低其标准。由于投资所限，城市防洪工程的防洪标准不能一步到位时，可分期实施。

2.1.4 本条基本沿用原《城市防洪工程设计规范》CJJ 50—92 第 2.1.4 条的规定。当城市分布在河流两岸或城市被河流分隔成多个片区时，城市防洪工程可分区修建。各分区城市防洪工程可根据其防洪保护区的重要性选取不同的工程等别与设计标准，这样，使必须采用较高防洪设计标准的防护区得到应有的安全保证，同时也不致因局部重要地区而提高整个城市的防洪设计标准，以节省投资。

2.1.5 本条基本沿用原《城市防洪工程设计规范》CJJ 50—92 第 2.1.5 条的规定。

2.1.6 本条是对城市防洪工程抗震设计的规定。

2.2 防洪建筑物级别

2.2.1 本条基本沿用原《城市防洪工程设计规范》CJJ 50—92 第 2.2.1 条的规定，仅将原标准中的"城市等别"修改为"城市防洪工程等别"。城市防洪建筑物系防洪工程中的所有建筑物的总称，主要是堤防、防洪闸、穿堤建筑物和穿越江河的交叉建筑物。

确定城市防洪建筑物的级别主要根据城市防洪工程的等别和建筑物的重要性而定，根据具体情况本规范将防洪建筑物的级别分为5 级。

2.2.2 本条为新增的内容，是参照现行行业标准《水利水电工程等级划分及洪水标准》SL 252—2000 第 2.2.5 条制定的。穿堤建筑物与堤防同时挡水，一旦失事修复困难，加固也很不容易；拦河建筑物两岸联结建筑物也建在堤防上，同样存在加固、修复困难的问题，因此规定拦河建筑物、穿堤建筑物级别不低于堤防级别，可根据其规模和重要性确定等于或高于堤防本身的级别。

2.2.3 因为防洪建筑物的安全超高和稳定安全系数在各单项工程相应的设计规范中均有详细规定，所以本规范取消了原《城市防洪工程设计规范》CJJ 50—92 中第 2.3 节、第 2.4 节内容，代之以"城市防洪工程建筑物的安全超高和稳定安全系数，应按国家现行有关标准的规定确定"。

3 设计洪水、涝水和潮水位

3.1 设 计 洪 水

3.1.1 本章是在原《城市防洪工程设计规范》CJJ 50—92 第 4 章规定的基础上制定的。本条基本沿用原《城市防洪工程设计规范》CJJ 50—92 第 4.1.1 条的规定。本规范所称的设计洪水是指城市防洪工程设计中江河、山沟和城市山丘区河沟设计断面所指定标准的洪水，根据城市防洪工程设计需要可分别计算设计洪峰流量、时段洪量及洪水过程线。城市江河具有一定的长度，一般要选定一个控制断面作为设计断面进行设计洪水计算。城市防洪建筑物主要是洪峰流量（反映在水位）起控制作用。鉴于洪水位受河道断面的影响，一般采用先计算设计洪水流量再用水位流量关系法或推水面线的方法确定设计洪水位，不宜通过洪水位频率曲线外延推求稀遇标准的设计洪水位，因此删除了原《城市防洪工程设计规范》CJJ 50—92 中有关用频率分析方法计算设计洪水位的内容。

3.1.2 本条基本沿用原《城市防洪工程设计规范》CJJ 50—92 第 4.1.3 条的规定。水文资料关系到设计洪水计算方法的选择及成果的精度和质量，因此本条规定计算设计洪水依据的资料应准确可靠，必要时进行重点复核。

3.1.3 本条基本沿用原《城市防洪工程设计规范》CJJ 50—92 第 4.1.4 条的规定，是对计算设计洪水系列及洪水形成条件的一致性的要求，相伴的还有合理性检查。

3.1.4 本条基本沿用原《城市防洪工程设计规范》CJJ 50—92 第 4.1.5 条的规定。计算设计洪水时根据设计流域的资料条件采用下列方法：

1 大中型城市防洪工程，基本采用流量资料计算设计洪水。城市防洪的设计断面或其上、下游附近有水文站且控制面积相差不大时，可直接使用其资料作为计算设计洪水的依据。当城市受一条以上河流的洪水威胁，且不同河流的洪水成因相同并相互连通时，则选定某一控制不同河流的总控制断面作为设计断面，也可将不同河流附近控制站的洪水资料演算至总设计断面进行叠加，计算设计洪水。

2 城市江河设计断面附近没有可以直接引用的流量资料时，可采用暴雨资料来推算设计洪水。由暴雨推算设计洪水有许多环节，如产流、汇流计算中有关参数的确定，要求有多次暴雨、洪水实测资料，以分析这些参数随洪水特性变化的规律，特别是大洪水时的变化规律。

3 有的城市所在河段不仅没有流量资料，且流域内暴雨资料也短缺时，可利用地区综合法估算设计洪水。

对于山沟、城市山丘区河沟等小流域可用推理公式或经验公式法估算设计洪水，也可采用经审批的各省（市、区）《暴雨洪水查算图表》计算设计洪水。但是，《暴雨洪水查算图表》是为无资料地区的中小型水库工程进行设计洪水计算而编制的，主要用于计算稀遇设计洪水，用于计算常遇（50 年一遇及其以下标准）洪水，其计算结果有偏大的可能，因此，需要注意分析计算成果的合理性。

4 对于城市山丘区河沟设计断面，由于城市化的发展使地面不透水面积增长，暴雨的径流系数增大，洪水量增加，加快汇流速度，使洪峰流量增大和峰现时间提前。因此设计洪水计算应根据城市发展规划，考虑城市化的影响。

3.1.5 本条基本沿用原《城市防洪工程设计规范》CJJ 50—92 第 4.1.6 条的规定。设计洪水是重要的设计数据，如果偏小，就达不到要求的设计标准，严重时会影响到城市的安全；若数据偏大，将造成经济上的浪费。一条河流的上下游或同一地区的洪水具有一定的洪水共性，因而应对设计洪水计算的主要环节、选用的有关参数和计算成果进行地区上的综合分析，检查成果的合理性。

3.1.6 本条基本沿用原《城市防洪工程设计规范》CJJ 50—92 第 4.1.7 条的规定。设计断面上游调蓄作用较大的工程，是指设计断面以上流域内已建成或近期将要兴建具有较大调蓄能力的水库、分洪、滞洪等工程。推求设计断面受上游水库调蓄影响的设计洪水，应进行分区，分别计算调蓄工程以上、调蓄工程至城市设计断面之间的设计洪水。应拟定设计断面以上的洪水地区组成方式。本条规定了设计洪量分配可采用典型洪水组成法和同频率组成法两种基本方法。由于河网调蓄作用等因素影响，一般不能用洪水地区组成法拟定设计洪峰流量的地区组成。

3.1.7 本条基本沿用原《城市防洪工程设计规范》CJJ 50—92 第 4.1.8 条的规定。放大典型洪水过程线，要考虑工程防洪设计要求和流域洪水特性。洪峰流量、时段洪量都对工程防洪安全起作用时，可采用按设计洪峰流量、时段洪量控制放大，即同频率放大。但是，为了不致严重影响洪水时程分配特征，时段不宜过多，以2个～3个时段为宜。工程防洪主要由洪峰流量或某个时段洪量控制时，可采用按设计洪峰流量或某个时段洪量控制同倍比放大。

由于各分区洪水过程线是设计断面洪水过程线的组成部分，因此各分区都采用同一典型洪水过程线放大，才能使各分区流量过程组合后与设计断面的时段流量基本一致，满足上下游之间的水量平衡。

3.1.8 本条基本沿用原《城市防洪工程设计规范》CJJ 50—92 第 4.1.9 条的规定。所拟定的设计洪水地区组成方式在设计条件下是否合理，需要通过分析该组成是否符合设计断面以上各分区大洪水组成规律才能加以判断。拟定设计洪水地区组成方式后，一般先分配各分区洪量，后放大设计洪水过程线。如果采用同频率洪水地区组成法分配时段洪量，各分区洪水过程线的放大倍比是不相同的，虽然时段洪量已得到控制，但各分区洪水过程线组合到设计断面的各时段洪量不一定满足水量平衡要求。因此，应从水量平衡方面进行合理性检查。如果差别较大，可进行适当调整。

3.1.9 城市河段治理是流域防洪规划中的重要内容，设计洪水位影响因素复杂。为保持规划设计成果的一致，增加本条规定。在经主管部门审批的流域规划或防洪规划中明确规定城市河段的控制设计洪水位时，该设计洪水位可作为城市防洪工程设计的依据直接引用。但是，当影响设计洪水位的因素与流域规划或防洪规划中的条件不同时，需进行复核，不宜直接引用。

3.2 设计涝水

3.2.1 本条规定了城市涝水计算的基本方法。本规范所称的设计涝水是指城市及郊区平原区因暴雨而产生的指定标准的水量。根据城市防洪工程设计需要可分别计算设计涝水流量（或排涝模数）、涝水总量及涝水过程线。

3.2.2 按涝水形成地区下垫面情况的不同，涝区可分为农区（郊区）和城（市）区（市政排水管网覆盖区域）两部分。涝水的排水系统一般根据城市规划布局、地形条件，按照就近分散、自流排放的原则进行流域划分和系统布局。城区和郊区的下垫面情况不同，对暴雨产、汇流的影响也不同；不同分区涝水的排出口位置不同，承泄区也可能不同，因此应按下垫面条件和排水系统的组成情况进行分区，分别计算各分区的涝水。

3.2.3 郊区以农田为主的分区设计涝水，主要与设计暴雨历时、强度和频率，排水区形状，排涝面积，地面坡度，植被条件，农作物组成，土壤性质，地下水埋深，河网和湖泊的调蓄能力，排水沟网分布情况以及排水沟底比降等因素有关。市政排水管网覆盖区域分区设计涝水，主要与设计暴雨历时、强度和频率，分区面积，建筑密集程度和雨水管设计排水流量等因素有关。因此，设计涝水应根据当地或邻近地区的实测资料分析确定。

设计涝水计算的基本方法与设计洪水相同，只是设计涝水的标准比较低，其次平原区流域下垫面受人类活动影响较大，而且这些影响是渐变的，因此要特别注意实测资料系列的一致性。

3.2.4 本条采用了现行国家标准《灌溉与排水工程设计规范》GB 50288—1999 中第 3.2.4 条的内容。规定了地势平坦、以农田为主分区的地区缺少实测资料时，设计涝水的计算方法。

3.2.5 本条规定了城市排水管网控制区在缺少实测资料情况下分区设计涝水的计算方法。

1 暴雨时段根据设计要求确定，设计面暴雨按资料条件进行计算。各分区采用同一设计面暴雨量。典型暴雨过程在与时段设计面暴雨量接近的自记雨量资料中选取。

综合径流系数采用现行国家标准《室外排水设计规范》GB 50014—2011 中第 3.2.2 条的内容，根据排水分区建筑密集程度，按本规范表3.2.5确定。对于城区而言，流域下垫面大多为硬化的不透水面积，暴雨损失主要表现为暴雨初期的截留和填洼，下渗所占比重较小，因此可根据具体情况分析确定扣损方法，计算产流过程。

2 城市排水管网控制区汇流一般通过地面、众多雨水井和排水管渠汇集，出流受排水管渠规模的限制。汇流时间为地面集水时间和管渠内流行时间，汇流较快。当分区排水面积在$2km^2$左右时，汇流时间一般在1h以内。针对城市化地区排水系统的管道集水范围小、流程短、集流快和整个市政管网的调蓄能力极为有限的特点，可忽略汇流过程中管网的调蓄作用，直接采用净雨过程作为涝水的汇集过程，即可按等流时线法将分区净雨过程概化为时段平均流量过程。然后再以分区雨水管的设计流量为控制推算排水过程。当流量小于或等于雨水管的设计流量时，即为本时段排水流量；当流量大于雨水管的设计流量时，即形成本区地面积水，本时段排水流量为雨水管的设计流量，形成的地面积水计入下一时段；依此类推计算排水过程。在资料较齐全的流域，可选用流域水文模型进行汇流计算。

关于分区雨水管的设计流量，若已有规划设计审批成果或管网已建成，可采用已有成果，否则按本规范第3.2.6条的规定进行计算。

3 对于城市的低洼区，可参照本规范第3.2.4条的平均排除法计算设计涝水。暴雨历时和排水历时等参数可根据设计要求分析确定。排水过程应考虑泵站的排水能力。

3.2.6 本条采用现行国家标准《室外排水设计规范》GB 50014—2011中第3.2.1条和第3.2.4条的内容。

1 城区雨水量的估算，采用其推理公式。

2 城区暴雨强度公式，在城市雨水量估算中，宜采用规划城市近期编制的公式。当规划城市无上述资料时，可参考地理环境及气候相似的邻近城市暴雨强度公式。雨水计算的重现期一般选用1年～3年，重要干道、重要地区或短期积水即能引起较严重后果的地区，一般选用3年～5年，并应与道路设计协调。特别重要地区可采用10年以上。这里所说的重现期与水利行业的重现期不同，为年选多个样法的计算结果。

3 径流系数，在城市雨水量估算中宜采用城市综合径流系数。全国不少城市都有自己城市在进行雨水径流计算中采用的不同情况下的径流系数。按建筑密度将城市用地分为城市中心区、一般规划区和不同绿地等，按不同的区域，分别确定不同的径流系数。城市人口密集，基础设施多且发展快，估算设计涝水流量，应考虑地面硬化涝水流量增大的因素。在选定综合径流系数时，应以城市规划期末的建筑密度为准，并考虑到其他少量污水量的进入，取值不可偏小，必要时应留有适当裕度。

3.2.7 对城市涝水和生产、生活污水合用的排水河道，排水河道的设计排水流量除考虑设计涝水流量外，污水汇入量也要计算在内，以保证排水河道规模。

3.2.8 城市的河、湖、洼地，在排涝期间有一定的调蓄能力。对利用河、湖、洼蓄水、滞洪的地区，排涝河道的设计排涝流量，应考虑排涝期间河、湖、洼地的蓄水、滞洪作用。

3.3 设计潮水位

3.3.1 本节更新了原《城市防洪工程设计规范》CJJ 50—92第4.2节的内容。设计潮水位分析计算采用现行行业标准《水利水电工程水文计算规范》SL 278—2002中第5.2节的内容。

3.3.2 潮水位系列根据设计要求，按年最大（年最小）值法选取高、低潮水位。对历史上出现的特高特低潮水位，需注意特高潮水位时有无漫溢，特低潮水位时河水与外海有无隔断。

3.3.3 本条规定了设计依据站实测潮水位系列在5年以上但不足30年时，设计潮水位计算方法与要求。

3.3.4 本条规定了潮水位频率曲线采用的线型。根据我国滨海和感潮河段37个站潮水位分析，皮尔逊Ⅲ型能较好地拟合大多数较长潮水位系列，因此规定可采用皮尔逊Ⅲ型。

3.3.5 设计潮水位过程的选择，即潮型设计，包括设计高低潮水位相应的高高潮水位（或设计高高潮水位相应的高低潮水位）推求、涨落潮历时统计和潮水位过程线绘制等。

设计高低潮水位相应的高高潮水位（或设计高高潮水位相应的高低潮水位）的确定：从历年汛期实测潮水位资料中选择与设计高低潮水位值相近的若干次潮水过程，求出相应的高高潮水位。采用相应的高高潮水位的平均值或采用其中对设计偏于不利的一次高高潮水位作为与设计高低潮水位相应的高高潮水位（设计高高潮水位相应的高低潮水位的确定，方法同上）。

涨潮历时、落潮历时统计：从实测潮水位资料中找出与设计频率高低潮水位（或高高潮水位）相接近的若干次潮水位过程，统计每次潮水位过程的涨潮历时和落潮历时，取其平均值或对设计偏于不利的涨潮历时和落潮历时。

潮水位过程设计：可根据上述分析拟定的设计高低潮水位（或高高潮水位）和相应的高高潮水位（或高低潮水位）及涨潮历时或落潮历时，在历年汛期实测潮水位过程中选取与上述特征相近的潮型，按设计值控制修匀得到设计潮水位过程。

3.3.6 挡潮闸关闭使涨潮阻于闸前，潮流动能变为势能，产生潮水位壅高现象；落潮时，闸上无水流动能下传，闸下潮水的部分势能变为动能使水流出，产生潮水位落低现象。因此，在挡潮闸设计时，需考虑建闸引起的潮水位壅高和落低。壅高和落低数值，可根据类似工程的实际观测资料和数模计算确定，有条件时还可进行物理模型试验。

3.3.7 设计高、低潮水位计算成果，可通过本站与地理位置、地形条件相似地区的实测或调查特高（低）潮水位、计算成果等方面分析比较，检查其合理性。

3.4 洪水、涝水和潮水遭遇分析

3.4.1 本条规定了洪水、涝水和潮水遭遇分析的基本方法；规定了兼受洪、涝、潮威胁的城市，进行洪水、涝水和潮水位遭遇分析研究的重点。

3.4.2 本条规定了遭遇分析对基本资料的要求。进行遭遇分析所依据的同期洪水、降雨量、潮水位资料系列应在30年以上。当城市上游流域修建蓄水、引水、分洪、滞洪等工程或发生决口、溃坝等情况，明显影响各年洪水资料的一致性时，应将洪水系列资料统一到同一基础。进行遭遇分析，应具有较长的同期资料。同期资料系列越长，反映的遭遇组合信息量越多，便于分析遭遇的规律。如同期资料系列不足30年应采用合理方法进行插补延长。

3.4.3 本条规定了洪、涝、潮遭遇分析的取样原则。进行以洪水为主，与相应涝水、潮水位遭遇分析，洪水按年最大洪峰流量、时段洪量取样；涝水统计相应的时段降水量；潮水位统计相应时段内的最高潮水位。洪量的统计时段长度视洪水过程的陡缓情况确定，降水量的时段长度可按涝水计算的设计暴雨时段长度进行确定。相应时间应以遭遇地点为基准，考虑洪水的传播时间和涝水的产汇流时间确定。为增加遭遇分析的信息量，也可按某一量级以上的洪水或高潮水位或涝水进行统计，可按2年一遇或5年一遇以上量级进行统计。具体量级可根据设计标准的高低确定，设计标准高时可取得高一些，设计标准低时可取得低一些。一年内可选取多次资料。进行高潮水位（或涝水）为主，其他要素相应的遭遇分析，取样方式类似。

3.4.4 本条规定了进行洪、涝、潮遭遇规律分析的原则和方法，同时规定了特殊遭遇情况分析要求。

3.4.5 形成洪水和涝水的暴雨因地域不同而存在差异，必须检查洪水、涝水与潮水位的遭遇分析成果的合理性。

4 防洪工程总体布局

4.1 一般规定

4.1.1 本条基本沿用原《城市防洪工程设计规范》CJJ 50—92第3.1.1条的规定，增加了“利用河流分隔、地形起伏采取分区防守”的内容，我国有些城市，因河流分隔、地形起伏或其他原因，分成了几个单独防护的部分。例如哈尔滨市、武汉市、广州市、芜湖市等城市被河流分隔；重庆市不仅被河流分隔，且城区高程相差悬殊，对于这些情况，可把河流两岸作为两个单独的防护区。因为多数城市还是靠堤防、防洪墙保护的，套用过高的防洪标准，既不符合实际防洪需要，又造成占地和过分投资，还影响城市的美观和人们日常生活。分区防守符合城市防洪形势实际，节省工程占地、节约投资，利于城市景观美化，方便人们日常生活，因此本条作此原则性规定。有关超标准洪水的规定单独成节，故从本条移出。

4.1.2 本条基本沿用原《城市防洪工程设计规范》CJJ 50—92第3.1.2条的规定，并补充规定“城市防洪应对洪、涝、潮灾害统筹治理”，因洪涝潮灾害常相伴而生。处于山区、丘陵区、内陆平原区的城市常受洪、涝灾害威胁，对于沿海和河口城市而言，可能同时受洪、涝、潮灾害威胁，故此本条作此规定。

工程措施与非工程措施相结合，是综合治理的具体体现。非工程措施指通过法令、政策、经济手段和工程以外的技术手段，以减轻灾害损失的措施。“防洪非工程措施”一般包括洪水预报、洪水警报、洪泛区土地划分及管理、河道清障、洪水保险、超标准洪水防御措施、洪灾救济以及改变气候等。

4.1.3 本条基本沿用原《城市防洪工程设计规范》CJJ 50—92第3.1.4条的规定，增加了“城市防洪工程总体布局，应与城市发展规划相协调”的要求，将原条文中“兼顾使用单位和有关部门的要求，提高投资效益”修改为“兼顾综合利用要求，发挥综合效益”。随着社会经济的快速发展和生活水平的提高，人们的生活理念不断变化，越来越重视生存环境的美化、人性化及可持续发展，城市防洪总体布局，特别是江河沿岸防洪工程布置常与河道整治、码头建设、道路、桥梁、取水建筑、污水截流，以及滨江公园、绿化等市政工程相结合，发挥综合效益。自20世纪80年代以来，城市防洪建设从主要靠堤防抗洪发展到综合治理，如上海黄浦江边、天津海河两岸，防洪建设与航运码头、河道疏浚、污水截流、滨河公园等市政建设密切配合，既提高了城市抗洪能力，又改善和美化了城市环境，收到事半功倍的效果。兰州市黄河堤防、护岸建设，将十里长堤与滨河公园、公路密切配合，满足防洪、公园、交通及开拓路南大片土地等四方面的要求。哈尔滨市松花江堤防、护岸建设，在20世纪50年代建成斯大林公园、太阳岛公园，20世纪80年代在为提高防洪标准进行堤防加高培厚建设中，实行堤、路、广场相结合，不但使滨江公园向

上、下游延伸，打通了堤顶通道，而且堤后打通了滨江公路，并建成4个满足交通要求的广场，为方便抗洪抢险和缓解城市交通改善了条件。20世纪80年代以来太原市的汾河公园、福州市的江滨路、杭州市的钱塘江滨江路等都是在建设防洪堤防的同时与公园、道路相结合，美化了城市环境，提升城市品位，带动和促进了城市经济发展，发挥了城市防洪工程多功能作用。这一切都是有前提条件的，即确保防洪安全。

4.1.4 本条基本沿用原《城市防洪工程设计规范》CJJ 50—92第3.1.5条的规定。保留城市湖泊、水塘、湿地等天然水域，不仅有利于维持生态平衡，改善环境，而且可以用来调节城市径流，适当减小防洪排涝工程规模，发挥综合效应。

4.1.5 城市与外部联系的主要交通干线、输油、输气、输水管道、供电线路是城市的生命线，从人性化出发，保障其安全与通畅是必要的。

4.1.7 本条源于原《城市防洪工程设计规范》CJJ 50—92第3.1.3条的规定："防洪建筑物建设应因地制宜，就地取材"是为了降低工程造价；"建筑形式宜与周边景观相协调"则是为了城市整体建筑风格的统一美。

4.1.8 本条参照现行行业标准《水利工程水利计算规范》SL 104—1995有关规定制定，在城市防洪工程体系中的堤防、分蓄洪工程、水库、河道整治、涝水防治等工程，应当根据城市防洪要求明确各单项工程的任务与标准，考虑各单项工程间的相互结合，充分发挥各工程的效能来确定其建设规模与调度运用原则，关于各工程特征值的确定在《水利工程水利计算规范》SL 104—1995中已有详细规定，本规范不再赘述。

4.2 江河洪水防治

4.2.1 基本沿用原《城市防洪工程设计规范》CJJ 50—92第3.2.1条的规定，城市是人类活动强度最大的地域，由于社会经济发展和城市建设必然会影响城市范围内水域发生变化，如扩展市区、填废水面、桥梁、码头、路面硬化等，应注意这方面变化对江河洪水可能带来的影响。因此应充分收集江河水系基础资料，包括水文气象、地形、河势、地质、工程、社会经济等，根据最新资料复核江河的防洪标准。

4.2.2 本条基本沿用原《城市防洪工程设计规范》CJJ 50—92第3.2.3条的规定，是对城市防洪总体布局工程布置原则提出的要求。

4.2.3 本条基本沿用原《城市防洪工程设计规范》CJJ 50—92第3.2.2条的规定，目的在于尽量不改变自然水流条件，维护河势稳定，确保防洪安全。

4.2.4 本条基本沿用原《城市防洪工程设计规范》CJJ 50—92第3.2.5条的规定，主要根据我国河网地区城市防洪工程建设实践经验制定的。

4.3 涝水防治

4.3.1～4.3.4 这4条规定给出涝水防治的一般原则。城市治涝是城市总体规划的重要组成部分，城市治涝工程是城市建设的重要基础工程，因此，治涝工程应满足城市总体规划要求。防洪排涝是密不可分的，城市防洪工程总体设计时，防洪应当考虑排涝出路问题，排涝工程也应充分考虑与防洪工程的衔接，使得防洪排涝两不误。

4.4 海潮防治

4.4.1 本条基本沿用原《城市防洪工程设计规范》CJJ 50—92第3.3.4条的规定。

4.4.2 本条基本沿用原《城市防洪工程设计规范》CJJ 50—92第3.3.1条的规定。

4.4.3 本条基本沿用原《城市防洪工程设计规范》CJJ 50—92第3.3.2条的规定，将原条款中的"采取相应的防潮措施，进行综合治理"修改为"确定海堤工程设计水位"。

4.4.4 本条基本沿用原《城市防洪工程设计规范》CJJ 50—92第3.3.3条的规定。

4.5 山洪防治

4.5.1 本条明确了山洪防治的总原则。

4.5.2 本条基本沿用原《城市防洪工程设计规范》CJJ 50—92第3.4.1条的规定。

4.5.3 本条基本沿用原《城市防洪工程设计规范》CJJ 50—92第3.4.2条的规定。

4.5.4 本条是在确保中小水库和蓄洪区安全的条件下规定的，充分发挥流域防洪体系的作用。

4.6 泥石流防治

4.6.1 本条基本沿用原《城市防洪工程设计规范》CJJ 50—92第3.5.1条的规定。将原条文"泥石流防治应采取防治结合、以防为主，拦排结合、以排为主的方针"修改为"泥石流防治应贯彻以防为主，防、避、治相结合的方针"，由于泥石流灾害暴发突然，破坏性极大，城市人口密集，由此造成人员伤亡、财产损失；泥石流挟裹着大块石和大量泥沙，排导十分困难；根据泥石流防治的实践经验、泥石流的特点，还是应以防为主，防、避、治相结合。新建的城市应避开泥石流发育区。

本规范更加强调综合治理的作用与效果。

4.6.2 本条基本沿用原《城市防洪工程设计规范》CJJ 50—92第3.5.2条的规定。

4.6.3 工程设计中应重视水土保持的作用，降低泥石流发生的几率。

4.7 超标准洪水安排

4.7.1～4.7.3 城市防洪总体布局，应在流域防洪规划总体安排下，对超标准洪水作出安排，最大限度地保障城市人民生命财产安全，减少洪灾损失。

5 江河堤防

5.1 一般规定

5.1.1 本条基本沿用原《城市防洪工程设计规范》CJJ 50—92 第 5.1.1 条的规定。城市范围内一般都修建了堤防，所以在重新规划、修建城市防洪工程时，首先考虑现有堤防的利用；同时考虑岸边地形、地质条件，目的是保证堤防稳定、节省工程量、节约投资；也要考虑防汛抢险要求，给防汛抢险堆料、运输等留出余地和通道。堤线走向一般与洪水主流向平行，遇转折处需以平缓曲线过渡，以顺应流势，避免水流出现横流、旋涡，冲刷堤防。

与沿江（河）市政设施的协调主要是指市政穿堤建筑物、取水口、排水口的位置，港口、码头的位置，交通闸的设置以及涵、闸、泵站等的设置，滨河公园、滨河道路布置、城市景观建设等符合综合利用要求。

5.1.2 本条基本沿用原《城市防洪工程设计规范》CJJ 50—92 第 5.1.2 条的规定。堤距与城市总体规划、河道地形、水位紧密相关。堤距过近，可能使水位壅高、堤身加大、水流流速加大，险工增多，因此，在确定堤距与水面线时需与上、下游统一考虑，避免河道缩窄太小造成壅水，同时需要拟定几个方案，分别比较水位、流速、险工险情、工程量及造价等，最后经技术经济比较确定，并应根据城市社会发展和水环境建设的要求，适当留有余地。

5.1.3 本条基本沿用原《城市防洪工程设计规范》CJJ 50—92 第 5.1.3 条的规定。设计水位决定堤防高度，关系到堤防的安全，因此设计水位的确定要慎重，以接近实际情况为佳。河床糙率既反映河槽本身因素（如河床的粗糙程度等）对水流阻力的影响，又反映水流因素（如水位的高低等）对水流阻力的影响，在水面线计算中，糙率取值对计算结果影响较大。因此，尽可能地用实测洪水资料推求糙率，使糙率取值更接近实际情况。

5.1.5 本条基本沿用原《城市防洪工程设计规范》CJJ 50—92 第 5.1.5 条的规定。设置防浪墙主要是为了降低堤防高度，减少土方量，为保证堤防安全，要求土堤堤顶不应低于设计洪水位加 0.5m。

5.1.6 在确定堤顶高程公式中没有考虑堤防建成后的沉降量，因此，在施工中要预留沉降量，沉降量可参考表 1。对有区域沉降的土堤经论证可以适当提高。

表 1 土堤预留沉降值

堤身的土料		普通土		砂、砂卵石	
堤基的土质		普通土	砂、砂卵石	普通土	砂、砂卵石
堤高（m）	3 以上	0.20	0.15	0.15	0.10
	3～5	0.25	0.20	0.20	0.15
	5～7	0.25～0.35	0.20～0.30	0.20～0.30	0.15～0.25
	7 以上	0.45	0.40	0.40	0.35

5.2 防洪堤防（墙）

5.2.1 本条基本沿用原《城市防洪工程设计规范》CJJ 50—92 第 5.2.1 条的规定。堤防用料较多，因此，要根据当地土石料的种类、质量、数量、分布范围和开采运输条件选择堤型。堤防各段也可根据地形、地质、料场的具体条件和建堤场地分别采用不同堤型，但在堤型变化处，应设置渐变段平顺衔接。当有足够筑堤土料和建堤场地时，应优先采用均质土堤，因地制宜，符合自然生态规律，节省投资；土料不足时，也可采用其他堤型。

5.2.2 本条是参照现行国家标准《堤防工程设计规范》GB 50286—1998 第 6.2.5 条、第 6.2.6 条制定的。主要是保证土堤有足够的抗剪强度和较小的压缩性，避免产生土堤裂缝和大量不均匀变形，满足渗流控制要求。

黏性土填筑设计压实度定义为：

$$P_{ds}=\frac{\rho_{ds}}{\rho_{d.max}} \quad (1)$$

式中：P_{ds}——设计压实度；

ρ_{ds}——设计压实干密度（kN/m³）；

$\rho_{d.max}$——标准击实试验最大干密度（kN/m³）。

标准击实试验按现行国家标准《土工试验方法标准》GB/T 50123—1999 中规定的轻型击实试验方法进行。

无黏性土填筑设计压实相对密度定义为：

$$D_{r.ds}=\frac{e_{max}-e_{ds}}{e_{max}-e_{min}} \quad (2)$$

式中：$D_{r.ds}$——设计压实相对密度；

e_{ds}——设计压实孔隙比；

e_{max}、e_{min}——试验最大、最小孔隙比。

相对密度试验按现行国家标准《土工试验方法标准》GB/T 50123—1999 中规定的方法进行。

5.2.3 本条基本沿用原《城市防洪工程设计规范》CJJ 50—92 第 5.2.4 条的规定。堤顶宽度过窄往往造成汛期抢险运料、堆料困难，为了保证堤身的稳定和便于防洪抢险，规定了堤顶最小宽度为 3m。

5.2.4 本条基本沿用原《城市防洪工程设计规范》CJJ 50—92 第 5.2.5 条的规定。设置戗台（马道）主要是增加堤基和护坡的稳定性，便于抢修、观测和有利通行等，如堤坡坡度有变化，一般戗台（马道）设在坡度变化处，如结合施工上堤道路的需要，也可设置斜戗台（马道）。

5.2.5 本条基本沿用原《城市防洪工程设计规范》CJJ 50—92 第 5.2.6 条的规定。控制逸出点在堤防坡脚以下，目的是控制堤外附近地下水位，避免由于地下水位抬高而对堤外建筑物产生的不利影响。

5.2.6 本条基本沿用原《城市防洪工程设计规范》CJJ 50—92 第 5.2.7 条的规定，参照现行国家标准《堤防工程设计规范》GB 50286—1998第 8.2.4 条制定的。对于均质土堤、厚斜墙土堤和厚心墙土堤可采用不计条块间作用力的瑞典圆弧法。堤坡抗滑稳定安全系数，见《堤防工程设计规范》GB 50286—1998。

5.2.7 本条基本沿用原《城市防洪工程设计规范》CJJ 50—92 第 5.2.8 条的规定。

5.2.8 本条基本沿用原《城市防洪工程设计规范》CJJ 50—92 第 5.2.9 条的规定。护坡可有效防止土堤堤坡的冲刷、冻融破坏，保护堤坡稳定，减少水土流失。迎水坡需做护坡段一般采用硬护坡，非迎流顶冲、受风浪影响较小的堤坡可采用生态护坡。背水堤坡宜优先考虑生态护坡，满足城市生态环境的要求。

5.2.9 本条基本沿用原《城市防洪工程设计规范》CJJ 50—92 第 5.2.10 条的规定。补充"当计算护脚埋深较大时，可采取减小护脚埋深的防护措施"的规定内容。

5.2.10 本条基本沿用原《城市防洪工程设计规范》CJJ 50—92 第 5.2.11 条的规定。在场地受限制或取土困难的条件下，修防浪墙往往是经济合理的。新建防浪墙需在堤身沉降基本完成后进行。防浪墙应设置在稳定的堤身上，以防止防浪墙倾覆。由于防浪墙是修建在填方土堤上，考虑温度应力和不均匀沉陷影响，防浪墙应设置变形缝。

5.2.11 本条基本沿用原《城市防洪工程设计规范》CJJ 50—92 第 5.2.12 条的规定。石堤具有强度高、抗冲刷力强、维修工程量小的优点，当越浪对堤防背水侧无危害时，还可降低堤顶高程允许越浪。土石堤用石料作为堤防外壳，以保持较高强度和稳定性，采用土料作为防渗心墙或斜墙，防渗土料压实后，应具有足够的防渗性能和一定的抗剪强度。在防渗体与堤壳之间，应设过渡层及反滤层，以满足渗流控制的要求，一般应在靠近心墙处填筑透水性较小、颗粒较细的土料，靠近壳体处，填筑透水性较大、颗粒较粗的土石料，并应满足被保护土不发生渗透变形的要求。

5.2.12 本条基本沿用原《城市防洪工程设计规范》CJJ 50—92 第 5.3.1 条的规定。增加"防洪墙结构形式应根据城市规划要求、地质条件、建筑材料、施工条件等因素确定"的内容。城市中心区地方狭窄、土地昂贵，可不修建体积庞大的土堤，而防洪墙具有体积小、占地少、拆迁量小、结构坚固、抗冲击能力强的优点，因此在城市堤防建设中被广泛采用。哈尔滨市城市堤防选用防洪墙结合活动钢闸板形式，满足人们亲水性要求和城市景观要求；芜湖市选用空箱式防洪墙，既节约用地又发展经济；其他城市采用连拱式、加筋板式或混合式防洪墙，多是为适应城市用地紧张、安全、美观、经济要求。因此，防洪墙结构形式应根据城市规划要求、地质条件、建筑材料、施工条件等因素综合比较选定。

5.2.13 本条基本沿用原《城市防洪工程设计规范》CJJ 50—92 第 5.3.2 条、第 5.3.3 条的规定。在防洪墙的设计中，要特别注意满足抗滑、抗倾覆稳定的要求，同时，地基应力、地基渗透也应满足要求，地基应力必须小于地基允许承载能力，且底板不产生拉应力，即合力作用点应在底板三分点之内。

5.2.14 本条基本沿用原《城市防洪工程设计规范》CJJ 50—92 第 5.3.4 条的规定。防洪墙基础埋置深度应满足冲刷深度要求，在季节性冻土地区，还应满足冻结深度要求，目的是保证防洪墙的稳定。

5.2.15 本条基本沿用原《城市防洪工程设计规范》CJJ 50—92 第 5.3.5 条的规定。防洪墙变形缝的设置是考虑温度应力和不均匀沉陷影响。

5.2.16 对堤防（防洪墙）加固、改建或扩建工程的规定。堤防扩建是指对原有堤防的加高帮宽。土堤或防洪墙的扩建在考虑堤身或墙体自身断面加高帮宽的同时，还需满足抗滑、抗倾覆以及渗透稳定要求，往往需要同时采取加固措施。

城市防洪墙的加固，需结合城市的交通道路、航运码头、园林建设等统筹安排，并进行技术经济比较，确定工程设计方案。我国堤防多为历史形成，在某些堤段堤线布局往往不尽合理，需要进行适当的调整。堤线的裁弯取直、退堤或进堤均属局部堤段的改建。由于城镇发展需要，可清除原有土堤重建防洪墙，或者老防洪墙年久损坏严重，难以加固，亦可拆除重建。堤防（防洪墙）的改建应综合考虑，经分析论证确定。

土堤常用的扩建方式主要有以下两种：

1 填土加高帮宽。在有充分土源的条件下，是一种施工简便、投资较省的扩建方式。填土加高又可分为三种形式：①临河侧加高帮宽，可少占耕地，运土距离较近，对多泥沙河流易于淤积还土，一般土方造价较低，所以在设计时应优先考虑采用。填筑土料的防渗性能应不低于原堤身土料。②背水侧帮宽加高，当临水侧堤坡修有护坡、丁坝等防护工程，或临水无滩可取土时，可采用背水侧帮宽加高。③骑跨式帮宽加高，即在原堤身临、背水两侧堤坡和堤顶同时帮宽加高，这种形式施工较复杂，帮宽加高部分与原堤身接触面大，新旧结合面质量不易控制，且两侧取土，故很少采用。

2 堤顶增建防洪墙加高堤防。当堤防地处城镇或工矿区、地价昂贵或帮宽堤防需拆迁大量房屋或重要设施，投资大且对市政建设有较大影响时，采用在土堤顶临水侧增建防洪墙的方法较为经济合理。防洪墙主要有两种形式：①Ⅰ字形墙适用于墙的高度不高时，墙的下部嵌入堤身，靠被动土压力保持其稳定。②⊥形墙适用于墙的高度较高时，靠基底两侧上部填土压力提高墙的稳定性。

各地不同时期建造的防洪墙，其防洪标准和结构形式差别较大。在新的设计条件下进行加高时，首先要对其进行稳定和强度验算，本着充分利用原有结构的原则，针对墙体或基础存在的不足方面，采取相应的加高加固措施，达到技术经济合理的要求。

在堤与各类防洪墙加高时，做好新旧断面的牢固结合以及堤与穿堤建筑物的连接处理十分重要，设计中要提出具体措施。在防洪墙的加固设计中，对新旧墙体的结合面要进行处理，采取可靠的锚固连接措施，保证二者整体工作。变形缝止水破坏的要修复，保证可靠工作。堤岸防护工程旨在保护所在堤段的稳定和安全，由于防洪标准提高，在堤防进行加高扩建的同时，也需对堤前的防护工程进行复核，如不满足要求，也需加高扩建。

5.3 穿堤、跨堤建筑物

5.3.1 本节是在原《城市防洪工程设计规范》CJJ 50—92 第 10.2 节的基础上制定的。穿堤建筑物与堤防紧密接触，处理不好易成为堤防安全隐患，因此，对穿堤建筑物的设置提出较高要求。

5.3.2 本条规定了穿堤涵洞和涵闸的要求。

1 在考虑水流平顺衔接的同时，应尽量缩短涵洞（闸）的轴线长度。考虑结构要求，规定交角不宜小于 60°。

2 考虑到堤防的特殊性，在满足设计流量要求的情况下，闸孔净宽宜采用较小的数值，结构简单，造价经济。

3 闸门设在涵洞出口处，有利于闸室稳定，在闸门下游布置止水，止水效果比较好。

4 设置截流环、刺墙可以延长渗径长度和改变渗流方向，可以有效地防止接触面渗透破坏。与堤防接触的结构物侧面做成斜面，可使土堤与结构物之间接触紧密，便于压实，减少两者间的接触渗流。

5 为涵洞的通风、防护、维修留有工作空间。

6 涵洞（闸）进、出口由于流态和流速发生变化，为防止进、出口冲刷，必须采取护底及防冲齿墙。涵洞（闸）进口边缘的外形，对进口的阻力系数值影响很大。进口胸墙做成圆弧形或八字形，可以减小进口阻力系数，增大流量系数。

7 洞身、闸室与导流翼墙，由于各自承受的荷载不同，地基产生的沉降量也不同，为适应不均匀沉降，在洞身、进出口导流翼墙和闸室连接处应设置变形缝。在软土地基上建涵洞时，对于覆土较厚，荷载大且纵向荷载不均匀可能出现较大的不均匀沉陷的长涵洞，应设置变形缝，考虑纵向变形的影响。

8 涵洞（闸）工作桥高程要求是为满足闸门开启、检修的需要。

5.3.3 本条规定是对交通闸的要求。为满足港口码头、北方冬季冰上运输的要求，在堤防上留有闸口作为车辆通行道路，闸口处设置闸门，枯水期（或冬季）闸门开启，汛期洪水达到闸门底槛时则关闭闸门。

5.4 地 基 处 理

5.4.1 地基处理包括满足渗流控制（渗透稳定和控制渗流量）要求，满足静力、动力稳定、容许沉降量和不均匀沉降等方面的要求，以保证堤防安全运行。

5.4.2～5.4.4 这三条参照现行国家标准《堤防工程设计规范》GB 50286—1998 有关规定制定，规定了对软弱堤基和透水堤基处理的要求。

5.4.5 本条基本沿用原《城市防洪工程设计规范》CJJ 50—92 第 5.4.5 条的规定。

5.4.6 为避免因穿堤建筑物地基处理措施与堤基处理措施不同对堤防安全造成不利的影响，本条规定穿堤建筑物地基处理措施与堤基处理措施之间做好衔接。

6 海 堤 工 程

6.1 一 般 规 定

6.1.1 本条给出海堤工程设计的规定内容，规定海堤工程布置应遵循的大的原则。

6.1.2 本条列举了堤线布置应考虑的影响因素，应根据地点、影响程度综合考虑，堤线布置应遵循的原则可按现行国家标准《堤防工程设计规范》GB 50286 相关规定执行。

6.1.3 本条规定了海堤工程堤型选择的原则。

6.2 堤 身 设 计

6.2.1 本条规定了海堤堤身断面三种基本形式的适用条件。海堤断面按几何外形一般可分为斜坡式、直立式和混合式三种基本形式。斜坡式堤身一般以土堤为主体，在迎水面设护坡，边坡坡度较缓，边坡护面砌体必须依附于堤身土体；直立式（或称陡墙式）堤身一般由土堤和墙式防护墙所组成，迎水面边坡坡度较陡，防护墙可以维持稳定；混合式（或称复坡式）堤是斜坡式与直立式的结合形式，如下坡平缓上坡较陡的折坡式，带平台的复式断面及弧形面等形式。

6.2.2 本条规定了海堤堤顶高程计算公式。堤顶高程是指海堤沉降稳定后的高程。海堤堤顶高程在对潮位及风浪资料进行分析计算的基础上确定。

6.2.3 本条规定了按允许部分越浪设计的海堤，允许越浪水量的值，因为是城市防洪工程中的海堤，其允许越浪量规定要求较一般海堤高。

6.2.6 本条是关于海堤预留沉降超高的规定。根据已建海堤建设经验，海堤沉降量对于非软土地基一般取堤高的3%～8%，软土地基一般取堤高的10%～20%（港湾内及新建的海堤取大值，河口、老海堤加高及地基经排水固结处理的取小值）。

6.2.7 本条规定了确定海堤堤顶宽度的原则和应考虑的因素。海堤堤顶一般不允许车辆通行，交通道路宜设置在背水侧，有利于防汛。对于路堤结合的海堤可以按公路要求设计，但应以保证海堤工程安全为前提，并有相应的保护和维护措施。

6.2.8 本条规定了海堤堤身边坡确定的原则与方法。迎水坡指临海侧，背水坡指背海侧。

6.2.10 本条规定了确定海堤防渗体应满足的安全要求及确定防渗体尺寸的方法。

6.2.12 通常海堤堤线较长，不同的堤段有不同的断面形式、高度及地质情况，选定具有代表性的断面进行稳定分析及沉降计算，是为了保证海堤工程安全。在地形、地质条件变化复杂段的计算断面可以适当加密。防浪墙除了进行整体抗滑稳定、渗透稳定及沉降等计算外，还需抗倾覆稳定及地基承载力计算，验证设计的合理性，保证工程安全。

6.3 堤基处理

6.3.6 为加速软弱土或淤泥的排水固结，以往多采用排水砂井作为垂直排水通道。20世纪70年代以来，应用塑料排水板插入土中作为垂直排水通道在国内外已得到广泛应用。

6.3.7 爆炸置换法中最初采用的是爆炸排淤填石法，它是在淤泥质软基中埋放药包群，起爆瞬间在淤泥中形成空腔，抛石体随即坍塌充填空腔，达到置换淤泥的目的。该法要求堤头爆填一次达到持力层上，并在堤头前面形成石舌，根据交通部的有关规范的规定，其处理深度一般控制在12m以内。近几年，爆炸置换技术得到了进一步的发展，基于土工计算原理，提出了爆炸挤淤置换法，是通过炸药爆炸产生的巨大能量将土体横向挤出，达到置换淤泥的目的，使得置换深度大大提高。据已实施的工程实例，最大置换深度已达30m。该法完工后沉降小，施工进度快，但石方用量大。

7 河道治理及护岸（滩）工程

7.1 一般规定

7.1.1 本条规定了河道治理的原则。流经城市的河道是所在江河的一部分，城市区域河道治理是所在江河河道整治的一部分，局部包含于整体，故要求上下游、左右岸、干支流相互协调。

城市防洪工程是城市总体规划的组成部分，因此，必须满足城市总体规划的要求。河道治理是城市防洪工程的组成部分，必须与城市总体规划相协调，综合考虑城市综合规划中防洪、航运、引水、岸线利用等各方面的要求，做到经济合理、综合利用、整体效益最优。

7.1.2 本条规定了确定河道治导线的原则。河道治导线是河道行洪控制线，需要在充分研究河道演变规律、顺应河势、兼顾上下游左右岸关系的基础上划定。

7.1.3 本条规定了河道治理工程布置原则。

7.1.4 本条规定了拦、跨河建筑物布置应遵循的原则。桥梁或渡槽等横跨河道，可能在河道中设置桥墩，或使河道局部束窄，干扰河道水流流态，使该处河道泄流能力降低。若桥墩轴线与水流方向不一致（即斜交），将增大阻水面积，减少过流面积，使河道水流产生旋流，从而增大水头损失，抬高上游河道水位，增加防洪堤防高度和壅水段长度，对城市防洪是不安全的，对城市防洪工程建设也是不经济的；对桥梁或渡槽等建筑物自身而言，水位壅高，使得其承受的水压力增大，河道冲刷深度增加亦影响其自身防洪安全。

7.2 河道整治

7.2.1 本条强调河道整治工作中基本资料收集整理分析的重要性。河道的冲淤变化、河势演变趋势是河道整治的重要依据，应充分收集水文、泥沙、河道测量资料，分析河道水沙特性、冲淤变化趋势，河势演变规律，并预测河道演变趋势及对河道治理的影响，为河道整治工程设计提供依据。

7.2.4 本条基本沿用原《城市防洪工程设计规范》CJJ 50—92第6.1.1条的规定。设置护岸（滩）是为了保护岸边不被水流冲刷，防止岸边坍塌，保证汛期行洪岸边稳定。

7.2.5 本条基本沿用原《城市防洪工程设计规范》CJJ 50—92第6.1.2条的规定。本条规定了护岸形式选择时需要考虑的影响因素。一般当河床土质较好时，采用坡式护岸和墙式护岸；当河床土质较差时，采用板桩护岸和桩基承台护岸；在冲刷严重河段的中枯水位以下部位采用顺坝或丁坝护岸。顺坝和短丁坝常用来保护坡式护岸和墙式护岸基础不被冲刷破坏。

7.2.6 本条基本沿用原《城市防洪工程设计规范》CJJ 50—92第6.1.3条的规定。

7.2.7 设置防浪平台、栽植防浪林可显著消减风浪作用，但种植防浪林以不影响河、湖行洪为原则。

7.3 坡 式 护 岸

7.3.1 本条基本沿用原《城市防洪工程设计规范》CJJ 50—92 第 6.2.1 条的规定。坡式护岸对河床边界条件改变较小，对近岸水流的影响也较小，是我国城市防洪护岸工程中常用的、优先选用的形式，其中以砌石应用的最为广泛，但在季节性冻土地区要特别注意冰冻对砌石的破坏。为满足城市景观、环境要求，在条件允许的河岸，应尽可能采用生态护岸。设置戗台主要是为了护岸稳定。为便于护岸检修、维护和管理，隔一定间距还应设置上下护岸的台阶。

7.3.2 本条基本沿用原《城市防洪工程设计规范》CJJ 50—92 第 6.2.2 条的规定。坡式护岸的坡度主要是根据岸边稳定确定，护岸厚度主要是根据护岸材料、流速、冰冻等通过计算确定。

7.3.3 本条规定了选择植物护坡的基本条件。

7.3.4 本条基本沿用原《城市防洪工程设计规范》CJJ 50—92 第 6.2.3 条的规定。

7.3.5 本条基本沿用原《城市防洪工程设计规范》CJJ 50—92 第 6.2.4 条的规定。

7.3.6 本条基本沿用原《城市防洪工程设计规范》CJJ 50—92 第 6.2.5 条的规定。护脚设计必须保证其工作的可靠性。护脚埋深要慎重确定，护脚如果被冲垮，则护岸也难以保住。埋深根据冲刷深度设置，同时也要参考已有工程的经验，综合分析确定。护脚处于枯水位以下，必须水下施工时，宜采用抛石、石笼、沉排、沉枕等护脚。抛石是最常用的护脚加固材料，为防止水流淘刷向深层发展造成工程破坏，还需考虑在抛石外缘加抛防冲和稳定加固的备石方量。

7.4 墙 式 护 岸

7.4.1 墙式护岸具有断面小、占地少的优点，但对地基要求较高，造价也较高，多用于堤前无滩、水域较窄、防护对象重要、城市堤防建设中场地受限制的情况。

7.4.2 本条基本沿用原《城市防洪工程设计规范》CJJ 50—92 第 6.3.2 条的规定。

7.4.3 本条基本沿用原《城市防洪工程设计规范》CJJ 50—92 第 6.3.1 条的规定。工程实践经验是：对岩石、砂土及较硬的黏土或砂质黏土地基（其内摩擦角 ϕ 大于 25°），一般多采用墙式结构；对表层有不很厚的淤泥层下面是坚硬的土壤或岩石地基，也可在进行换砂（石）处理后采用墙式结构。

7.4.4 本条基本沿用原《城市防洪工程设计规范》CJJ 50—92 第 6.3.3 条的规定。

7.4.5 本条基本沿用原《城市防洪工程设计规范》CJJ 50—92 第 6.3.4 条的规定。

7.4.6、7.4.7 这两条基本沿用原《城市防洪工程设计规范》CJJ 50—92 第 6.3.5 条的规定。变形缝的缝距不仅与护岸结构材料有关，还与地形、地质、护岸结构形式有关。对有防水要求的护岸，在分缝处应设止水。

7.4.8 本条基本沿用原《城市防洪工程设计规范》CJJ 50—92 第 6.3.11 条的规定。

7.4.9 本条规定了墙身设置排水孔的要求。排水孔的大小和布置应根据水位变化情况、墙后填料透水性能和岸壁断面形状确定，最下一层排水孔应低于最低水位。墙前后水位差较大，墙基作用水头较大，易引起地基渗透破坏。

7.5 板桩式及桩基承台式护岸

7.5.1 本节基本沿用原《城市防洪工程设计规范》CJJ 50—92 第 6.4 节的规定。

7.5.2 板桩式及桩基承台式护岸的结构形式，按有无锚碇可分为无锚板桩及有锚板桩两类。

7.5.4 锚碇结构形式有：锚碇板或锚碇墙、锚碇桩或锚碇板桩、锚碇叉桩、斜拉桩锚碇、桩基承台锚碇。锚碇板一般采用预制钢筋混凝土板，锚碇墙一般采用现浇钢筋混凝土墙，锚碇桩一般采用预应力或非预应力钢筋混凝土桩，锚碇板桩一般采用钢筋混凝土板桩，锚碇叉桩一般采用钢筋混凝土桩。

7.6 顺坝和短丁坝护岸

7.6.1 本节基本沿用原《城市防洪工程设计规范》CJJ 50—92 第 6.5 节的规定。顺坝和短丁坝是河岸间断式护岸的两种主要形式，适用于冲刷严重的河岸。顺坝和短丁坝的作用主要是导引水流、防冲、落淤、保护河岸。由于顺坝不改变水流结构，水流平顺，因此应优先采用；丁坝具有挑流导沙作用，为了减少对流态的影响，宜采用短丁坝，在多沙河流中下游应用，会获得比较理想的效果。不论选用哪种坝型，都应把防洪安全放在首位。

7.6.4 根据工程经验，一般在流速较小、河床土质较差、短丁坝坝高较低时，可采用土石坝、抛石坝或砌石坝；当流速较大时，宜采用铅丝石笼坝或混凝土坝。

7.6.5 土石丁坝和顺坝，迎水坡一般取 1∶1～1∶2，背水坡取1∶1.5～1∶3，坝头可取 1∶3～1∶5。在坝基易受冲刷的河床或修建在水深流急河段的丁坝，为了防止坝基被冲刷，一般以柴排或土工布护底。当坝基土质较好时，可仅在坝头处设置护底。

为了防止水流绕穿坝根，可以在河岸上开挖侧槽，将坝根嵌入其中，或在坝根上下游适当范围加强护岸。

7.6.6 丁坝平面布置，按其轴线与水流的交角可分为上挑丁坝、下挑丁坝、正挑丁坝三种。实践证明，上挑丁坝的坝头水流紊乱，坝头冲刷坑较深且距坝头较近；下挑丁坝则相反，冲刷坑较浅，且离坝头较远；正挑丁坝介于两者之间，设计应根据具体要求合理选用。

丁坝间距以水流绕过上一丁坝扩散后不致冲刷下一丁坝根部为准，一般可取丁坝长度的2倍～3倍，或按计算确定。在每一组短丁坝群中，首尾丁坝受力较大，其长度和间距可适当减小。

对于条件复杂、要求较高的重点短丁坝群护岸，应通过水工模型试验确定。

8 治涝工程

8.1 一般规定

8.1.1 本规范所指城市治涝工程主要有排涝河道、排涝水闸、排涝泵站等城市雨水管网系统之外的排除城市涝水的水利工程。城市雨水管网的设计已经有相关的规范，例如现行国家标准《室外排水设计规范》GB 50014，应执行相应规范的规定。

城市治涝工程是城市基础设施的重要组成部分，也是城市防汛工程体系的有机组成部分。因此，城市治涝工程设计必须在城市总体规划、城市防洪规划、城市治涝规划的基础上进行。

排涝河道，向上接受市政排水管网的排水，向下应及时将涝水排出，起到一个传输、调蓄涝水的作用，其传输、调蓄作用将受到河道本身的容蓄能力大小及下游承泄区水位变动的影响。市政排水管网和河道排涝在排水设计及技术运用上不同，在设计暴雨和暴雨参数推求时选样方法有很大差异，目前尚未建立两种方法所得到的设计值与重现期之间固定的定量关系。市政排水关注的主要是地面雨水的排除速度，即各级排水管道的尺寸，主要取决于1h甚至更短的短历时暴雨强度；而河道排涝问题，除了涝水排除时间外，更关注河道最高水位，与短历时暴雨强度有一定关系，但由于河、湖等水体的调蓄能力，主要还与一定历时内的雨水量有关（一般为3h～6h），以此来确定河道及其排涝建筑物的规模。所以管网排水设计和河道排涝设计之间存在协调和匹配的问题。从建设全局看，既无必要使河道的排涝能力大大超过市政管网的排水能力，使河道及其河口排涝建筑物的规模过大，又不应由于河道及其河口排涝建筑物规模过小而达不到及时排除城市排水管网按设计标准排出的雨水，从而使部分雨水径流暂存河道并壅高河道水位，反过来又影响管网正常排水。当河道容蓄能力较小时，河道设计就应尽可能与上游市政排水管网的排水标准相协调，做到能及时排除市政管网下排的雨水，以保证市政管网下口的通畅，维持其排水能力，此时河道设计标准中应使短历时（如1h或更短历时）设计暴雨的标准与市政管网的排水标准相当，或考虑到遇超标准短历时暴雨市政管网产生压力流时也能及时排水，也可采用略高于市政管网的标准。在河道有一定的容蓄能力、下游承泄区水位变动较大且有对河道顶托作用的条件下，河道排水能力可小于市政管网最大排水量，但应满足排除一定标准某种历时（如24h）暴雨所形成涝水的要求，并使河道最高水位控制在一定的标高以下，以保证城市经济、社会、环境、交通等正常运行，而这种历时的长短，主要取决于河道调蓄能力、城市环境容许等因素。

8.1.2 治涝工程是城市基础设施，应根据自然地理条件、涝水特点以及城市可持续发展要求，统筹兼顾，处理好上游与下游、除害与兴利、整体与局部、近期与远期、治涝与城市其他部门要求等关系；针对城市治涝的特点，处理好排、蓄、截的关系，处理好自排与抽排的关系；为城市人民安居乐业、提高生活水平、稳定发展提供保障。不同类型的涝水采取的防治措施也应不一样，工程措施与非工程措施相结合，是综合治理的具体体现。

8.1.3 在水资源短缺的地区，鼓励因地制宜地采取雨洪利用综合措施，实现雨洪资源化，既有利于消减城市洪峰流量和洪水量，节约工程投资，又可以增加可贵的水资源量。

治涝工程设计应为多元功能的一体化运作、统一管理创造条件，为新技术、新工艺、新材料的应用提供依据，使设计的排涝河道成为城市生态环境保护圈中不可缺少的一环。治涝工程中的排水闸、挡洪（潮）闸、排水泵站、排水河道、蓄涝工程等，应在满足治涝要求的同时，与防洪、灌溉、航运、养殖、生态、环保、卫生等有关部门要求相结合，发挥治涝工程的多功能作用，避免功能单一、重复建设。

8.1.4 在工程实践中，由于城市用地紧张或建筑物紧邻工程并已经建成，工程用地的征用很困难，因此城市治涝工程应重视节约用地，有条件的应与市政工程建设相结合。

城市治涝工程设计要考虑的很重要的一项功能是与城市建筑相协调，美化城市景观。过去的工程设计理念多是注重结构上稳定安全，经济上节约，技术上可行，偏重于工程的水利功能，但随着人们生活水平的提高，人们的需求多样化，对人居环境越来越重视，水利工程建筑物处于城市区域，必须与城市环境相协调，不论是外观轮廓还是细部装饰，都应与城市建筑风格相融合，做到保护生态环境、美化景观、技术先进、安全可靠、经济合理。

8.2 工程布局

8.2.1 我国的大部分城市，一般同时受暴雨、洪水的影响，滨海地区的城市还受潮水、风暴潮等影响，既有防洪（潮）问题，又有治涝问题。因此，治涝工程总体布局需要与防洪（潮）工程统一全面考虑，统筹安排，发挥综合效益。

城市各类建筑物及道路的大量兴建使城市不透水面积快速增长，综合径流系数随之增大，雨水径流量也将大大增加，如果单纯考虑将雨水径流快速排出，所需排涝设施规模将随之增大，这对于城市建设和城市排涝是一个沉重的包袱。结合城市建设，因地制宜地设置雨洪设施截流雨水径流是削减城市排涝峰量的有效措施之一。据有关研究，下凹式绿地，对2年至5年一遇的降雨，不仅绿地本身无径流外排，同时还可消纳相同面积不透水铺装地面的雨水径流，基本无径流外排。

城市治涝工程设计应贯彻全面规划、综合治理、因地制宜、节约投资、讲求实效的原则。拟定几个可能的治理方案，重点研究骨干工程布局，协调排与蓄的关系，通过技术、经济分析比较，选出最优方案。

8.2.2 城市防洪与治涝相互密切结合，治涝分片与防洪工程总体布局密切相关。治涝工程总体布局，应根据涝区的自然条件、地形高程分布、水系特点、承泄条件以及行政区划等情况，结合防洪工程布局和现有治涝工程体系，合理确定治涝分片。

地形高程变化相对较大的城市，还可采取分级治理方式。

8.2.3 治涝工程的蓄与排相辅相成，密切相关，设置一定的蓄涝容积，保留和利用城市现有的湖泊、洼地、河道等，不仅可以调节城市径流，有效削减排涝峰量，减少内涝，而且有利于维持生态平衡，改善城市环境。

8.2.4 对有外水汇入的城市，例如丘陵城市，有中、小河流贯穿城区的城市，有条件时，可结合防洪工程总体布局，开挖撇洪工程，实施河流改道工程使原城区段河流成为排涝内河，让原来穿城而过的上游洪水转为绕城而走，可减轻城区洪水压力，减少治涝工程规模。

8.2.5 因地制宜，妥善处理好自排与抽排的关系，不同区域采取不同措施，既保证排涝安全，又节省工程投资。高水（潮）位时有自排条件的地区，一般宜在涝区内设置排涝沟渠、排涝河道以自排为主，局部低洼区域可设置排涝泵站抽排。高水（潮）位时不能自排或有洪（潮）水倒灌情况的地区，一般应在排水出口设置挡洪（潮）水闸，在涝区内设置蓄涝容积，并适当多设排水出口，以利于低水（潮）位时自流抢排，并可根据需要设置排涝泵站抽排。

我国城市根据所处地理位置不同一般可分为三种类型，可采取不同的排涝方式：

1 沿河城市。沿河城市的内涝一般由于河道洪水使水位抬高，城区降雨产生的涝水无法排入河道或来不及排除而引起，或者两者兼有。承泄区为行洪河道，水位变化较快。内涝的治理，一般在涝区内设置排涝沟渠、河道，沿河防洪堤上设置排涝涵洞或支河口门自排，低洼地区可设置排涝泵站抽排；有河道洪水倒灌情况的城市，一般应在排涝河道口或排涝涵洞口设置挡洪闸，并可设置排涝泵站抽排。

2 滨海城市。滨海城市的内涝一般由于地势低洼，受高潮位顶托，城区降雨产生的涝水无法排除或来不及排除而引起，或者两者兼有。承泄区为海域或感潮河道，承泄区的水位呈周期性变化。内涝的治理，高潮位时有自排条件的地区，可在海塘（或防汛墙）上设置排涝涵洞或支河口门自排；高潮位时不能自排或有潮水倒灌情况的地区，一般应适当多设排水出口和蓄涝容积，以利于低潮时自流抢排，排水出口宜设置挡潮闸，并可根据需要设置排涝泵站抽排；地势低洼又有较大河流穿越的城市，在河道入海口有建闸条件的，可与防潮工程布局结合经技术经济比较在河口建挡潮闸或泵闸。

3 丘陵城市。丘陵城市一般主城区主要分布在山前平原上，而城郊区为山丘林园或景观古迹等，也有城市是平原、丘陵相间分布的。为了减轻平原区的排涝压力，在山丘区有条件的宜设置水库、塘坝等调蓄水体，沿山丘周围开辟撇洪沟、渠，直接将山丘区雨水高水高排出涝区。

8.2.6 承泄区的组合水位是影响治涝工程规模和设计水位的重要因素。我国城市涝区一般以江河、湖泊、海域作为承泄区，江河承泄区水位一般变化较快，湖泊承泄区水位变化缓慢，海域承泄区的水位呈周期性变化。在确定承泄区相应的组合水位时，应根据承泄区与涝区暴雨的遭遇可能性，并考虑承泄区水位变化特点和治涝工程的类型，合理选定。

当涝区暴雨与承泄区高水位的遭遇可能性较大时，可采用相应于治涝设计标准的治涝期间承泄区高水位；当遭遇可能性不大时，可采用治涝期间承泄区的多年平均高水位。承泄区的水位过程，可采用治涝期间承泄区的典型水位过程进行缩放，峰峰遭遇可以考虑较不利组合以保证排涝安全。当设计治涝暴雨采用典型降雨过程进行治涝计算时，也可直接采用相应典型年的承泄区水位过程。各地区也可根据具体情况分析确定。例如，上海市采用设计治涝暴雨相应典型年的实测潮水位过程，天津市采用治涝期典型的潮水位过程。

8.3 排涝河道设计

8.3.1 河道岸线布置关系水流流态、工程的稳定安全、工程投资、工程效益等，城市排涝河道起着承上启下的作用，必须统筹考虑排水管网布设、承泄区位置、城市用地等各种因素，进行技术经济比较。

8.3.2 排涝河道设计水位、过水断面、纵坡等设计参数应根据涝区特点和排涝要求，由排涝工程水利计算、水面线推求等分析确定。河网地区的城市，根据工程设计的需要，可通过河网非恒定流水利计算确定其设计参数。对于多功能的排涝河道，需作河道功能的分项计算。如按常规进行某集水区河道泄洪、排水、除涝等水利计算，以明确河道应达到的规模；按规划河道的水资源配置和蓄贮要求进行水流模拟计算，从而确定河道常水位和控制水位、水体蓄贮量和置换量，河道水质状态等。以上分析计算成果将是整治后的排涝河道进行日常水资源调度管理的重要指导性技术依据。

8.3.4 最大限度地保持河道的自然风貌，有利于涵养水源、保土保墒、美化景观、减少涝灾。城市排涝河道整治应强调生态治河理念，与改善水环境、美化景观、挖掘历史文化底蕴等有机结合，增强河道的自然风貌及亲水性。根据有关研究，河岸发挥生态功能的有效宽度，一般一侧应不小于30m，在城市用地紧张的条件下可以适当减少。

8.3.5 生物护坡成本低廉并能够有效改善河道岸坡的坚固稳定性，对修复河流生态，尤其是基底生态系统有实用价值。

8.4 排涝泵站

8.4.2 本条规定了排涝泵站站址选择应考虑的因素。

选择站址，首先要服从城市排涝的总体规划，未经规划的站址，不仅不能发挥预期的作用，还会造成很大的损失和浪费；二要考虑工程建成后综合利用要求，尽量发挥综合利用效益；三要考虑水源、水流、泥沙等条件，如果所选站址的水流条件不好，不但会影响泵站建成后的水泵使用效率，还会影响整个泵站的运行；四要考虑占地、拆迁因素，尽量减少占地，减少拆迁赔偿费；五要考虑工程扩建的可能性，特别是分期实施的工程，要为今后扩建留有余地。

为了能及时排净涝水，应将排水泵站设在排水区地势低洼，能汇集排水区涝水，且靠近承泄区的地点，以降低泵站扬程，减小装机功率。有的排水区涝水可向不同的承泄区（河流）排泄，且各河流汛期高水位又非同期发生，需对河流水位（即所选站址的站上水位）作对比分析，以选择装置扬程较低、运行费用较经济的站址；有的排水区涝水需高低分片排泄，各片宜单独设站，并选用各片控制排涝条件最为有利的站址。

8.4.3 本条规定了排涝泵站布置的原则和要求。

1 在渍涝区附近修建临河泵站确有困难时，需设置引渠将水引至宜于修建泵站的位置。为了减少工程量，引渠线路宜短宜直，引渠上的建筑物宜少。为了防止引渠渠床产生冲淤变形，引渠的转弯半径不宜太小。为了改善进水前池的水流流态，弯道终点与前池进口之间宜有直线段，其长度不宜小于渠道水面宽的8倍。进水前池是泵站的重要组成部分，池内水流流态对泵站装置性能，特别是对水泵吸水性能影响很大。如流速分布不均匀，可能会出现死水区、回流区及各种旋涡，发生池中淤积，造成部分机组进水量不足，严重时旋涡将空气带入进水流道（或吸水管），使水泵效率大为降低，并导致水泵汽蚀和机组振动等。前池有正向进水和侧向进水两种形式，正向进水的前池流态较好。

3 出水池应尽量建在挖方上。如需建在填方上时，填土应碾压密实，严格控制填土质量，并将出水池做成整体结构，尤其应采取防渗排水措施，以确保出水池的结构安全。出水池中的流速不应太大，否则会由于过大的流速而使池中产生水跃，与渠道流速难以衔接，造成渠道的严重冲刷。根据一些泵站工程实践经验，出水池中流速应控制最大不超过2.0m/s，且不允许出现水跃。

4 进出水流道的设计，进水流道主要问题是保证其进口流速和压力分布比较均匀，进口断面流速宜控制不大于1.0m/s；出水流道布置对泵站的装置效率影响很大，因此流道的型线变化应比较均匀，出口流速应控制在1.5m/s以下。

8.4.4 本条规定了排涝泵站防渗排水设计的原则和要求。防渗排水设施是为了使泵站基础渗流处于安全状况而设置的。根据已建工程的实践，工程的失事多数是由于地基防渗排水布置不当造成的，必须给予高度重视。泵站地基的防渗排水布置，应在泵房高水位侧（出水侧）结合出水池的布置设置防渗设施，如钢筋混凝土防渗铺盖、齿墙、板桩、灌浆帷幕等，用来增加防渗长度，减小泵房底板下的渗透压力和平均渗透坡降；在泵房低水位侧（进水侧）结合前池、进水池的布置，设置排水设施，如排水孔、反滤层等，使渗透水流尽快地安全排出，减小渗流出逸处的出逸坡降，防止发生渗透变形，增强地基的抗渗稳定性。至于采用何种防渗排水布置，应根据站址地质条件和泵站扬程等因素，结合泵房和进、出水建筑物的布置确定。同正向防渗排水布置一样，侧向防渗排水布置也应做好，不可忽视，侧向防渗排水布置应结合两岸连接结构（如岸墙、进出口翼墙）的布置确定，一般可设置防渗刺墙、板桩等，用来增加侧向防渗长度和侧向渗径系数。要注意侧向防渗排水布置与正向防渗排水布置的良好衔接，以构成完整的防渗排水布置。

8.4.5 本条规定了泵房布置与安全方面的原则与要求。泵房挡水部位顶部安全超高，是指在一定的运用条件下波浪、壅浪计算顶高程距离泵房挡水部位顶部的高度，是保证泵房内不受水淹和泵房结构不受破坏的一个重要安全措施。

9 防 洪 闸

9.1 闸址和闸线的选择

9.1.1 防洪闸系指城市防洪工程中的泄洪闸、分洪闸、挡洪闸、排涝闸和防潮闸等。

泄洪闸是控制和宣泄河道洪水的防洪建筑物，一般建在防洪河道上游。

分洪闸是用来分泄天然河道的洪水，在天然河道遭遇到大洪水而宣泄能力不足时，分洪闸就开启闸门分洪，分洪闸应建在城市上游。

挡洪闸多建在支流河口附近，在干流洪水位到达控制水位时关闭闸门挡洪，在洪水位降至控制水位以下时开启闸门排泄支流的洪水。

排涝闸是用来排泄城市涝水、洼地积水的建筑物，一般多建在城市下游。

为防止洪水或潮水倒灌的闸称为挡洪闸或挡潮闸，一般多建在城市防洪河道入海口处。

本条基本沿用原《城市防洪工程设计规范》CJJ 50—92 第 9.2.1 条的规定。地质条件关系到地基的承载能力和抗滑、抗渗稳定性，是防洪闸设计总体布置中考虑的主要因素之一。地形、水流、泥砂直接影响闸的总体布置、工作条件及过流能力。此外，闸址还涉及拆迁房屋多少、占用农田多少以及交通运输、施工条件等，这些又直接影响工程造价。为此需综合考虑，经技术经济比较确定。

随着我国经济的发展，城市建设的现代化水平在逐年提高，城市防洪工程是城市现代化建设的基础工程，其选址、规模应与城市总体布局协调一致，成为城市的一个景点，如苏州河挡潮闸。

9.1.2 本条基本沿用原《城市防洪工程设计规范》CJJ 50—92 第 9.2.3 条的规定。从水力学的观点出发，闸址选择主要考虑水流平顺、岸坡稳定。

泄洪闸、排洪闸、排涝闸闸址宜选在顺直河段上，主要原因是河岸不易冲刷，岸边稳定，水流流态平顺。

分洪闸闸址选在弯道凹岸顶点稍偏下游处，主要是考虑弯曲河段一般具有深槽靠近凹岸的复式断面，河床断面和流态都比较稳定，主流位于深槽一侧，有利于分洪；由于弯道上的环流作用，底沙向凸岸推移，分洪闸进沙量少；同时，分洪闸的引水方向与河道主流方向夹角也小，从而进流量大。

9.1.3 本条基本沿用原《城市防洪工程设计规范》CJJ 50—92 第 9.2.2 条的规定。将原条文中“应避免采用人工处理地基”修改为“有地质缺陷、不满足设计要求时，地基应进行加固处理”。闸址地基条件直接关系着闸的稳定安全和工程投资，应慎重考虑确定，当地基不满足设计要求时应进行加固处理。

9.1.4～9.1.6 这三条是参照现行行业标准《水闸设计规范》SL 265 制定的。

9.1.7 防潮闸一般多建在城市防洪河道入海口处的直段，放在海口处可以尽量减少海潮的淹没和影响范围，可以减少海潮对河道的泥砂淤积量。

9.1.8 本条基本沿用原《城市防洪工程设计规范》CJJ 50—92 第 9.2.4 条的规定。

9.2 工 程 布 置

9.2.1 本条基本沿用原《城市防洪工程设计规范》CJJ 50—92 第 9.3.1 条的规定。增加与城市景观、环境美化相结合的要求。

9.2.2 本条基本沿用原《城市防洪工程设计规范》CJJ 50—92 第 9.3.2 条的规定。对于胸墙式防洪闸，增加“宜留有排沙孔”的要求，以适应在多沙河流上建闸排沙要求。

9.2.3 本条基本沿用原《城市防洪工程设计规范》CJJ 50—92 第 9.3.3 条的规定。确定闸底板高程，首先要确定合适的最大过闸单宽流量，取决于闸下河道水深及河床土质的抗冲流速。采用较小的过闸单宽流量，闸的总宽度较大，闸下水流平面扩散角较小，水流不致脱离下游翼墙而产生回流，流速的平面分布比较均匀，防冲护砌长度可以相应缩短。采用较大的过闸单宽流量，虽可减小防洪闸总宽度，但下游导流翼墙和防冲护砌长度就要加长，不一定能减少工程量，尤其是下游流速平面分布不均匀，极易引起两侧大范围的回流，压缩主流，不仅不能扩散，局部的单宽流量反而会加大，常常引起下游河床的严重冲刷，在这种情况下，过闸单宽流量要取小值。

最大过闸单宽流量确定后，根据上、下游设计洪水位，按堰流状态计算堰顶高程，这是可能采用的最高闸槛高程。最后综合考虑排涝、通航、河道泥砂、地形、地质等因素，通过技术经济比较确定闸底板高程。

防洪闸、分洪闸的闸底板高程，不宜设置在年内特别是在枯水季不能从外江引流的高程之上，而应设置在能够于全年都可以从外江进水的高程，同时，还应从满足改善枯水水环境角度考虑水闸闸孔总净宽，以满足内河冲污、稀释、冲淤的需要。这一点，广东省珠江三角洲河网区有深刻的教训。在 20 世纪 50 年代中期和 60 年代初期，该地区有的地方在分洪河河口兴建水闸时，单纯从防洪分洪着眼，把水闸闸底板高程建在枯季，甚至在平水期都不能从外江引入流量的河口高程之上，也有的地方在分洪河入口处兴建限流堰，2 年～5 年一遇以下外江洪水不能过堰，更不用说过枯水期流量了，5 年以上外江洪水才能过堰顶流入分洪河。但 5 年一遇以上外江洪水并不是年年都出现的，即使是在某一年出现，其分流入河的时间也不过是两三天，时间并不长，当外江洪水位回落到堰顶高程以下时，便又回复到不分流状态。到了 20 世纪 80 年代初以后，分洪区城镇的社会经济有较大的发展，大量未经达标处理的生活污水、工业废水和化肥、农药的农田排水等污染物排入河道，分洪河道的水体、水质受到严重污染，水质发黑发臭，水质标准劣于Ⅴ类，水环境恶化到不可收拾的地步。有的地方防洪、分洪闸的闸孔总净宽由于建得太窄，满足不了枯水入流改善水环境的要求。到了20世纪80年代中期，不得不把原来不能满足引水冲污的旧挡洪、分洪水闸废弃，而另外在附近新建防洪、分洪、冲污、排涝多功能水闸，问题才得到较妥善的解决。

9.2.4、9.2.5 这两条基本沿用原《城市防洪工程设计规范》CJJ 50—92第9.3.4条的规定。确定闸槛高程和闸孔泄流方式后，根据泄流能力计算，就可确定满足运用要求的总过水宽度了。拦河建闸时应注意不要过分束窄河道，以免影响出闸水流，造成局部冲刷，增加闸下连接段工程量，从而增加工程投资。闸室总宽度与河道宽度的比值以0.8左右为宜。闸孔数目少时，应取奇数，以便放水时对称开启，防止偏流，造成局部冲刷。

9.2.6 本条基本沿用原《城市防洪工程设计规范》CJJ 50—92第9.3.5条的规定。

9.2.7 本条基本沿用原《城市防洪工程设计规范》CJJ 50—92第9.3.6条的规定。增加“闸顶应根据管理、交通和检修要求，修建交通和检修桥”的要求。

9.2.8 本条是参照现行行业标准《水闸设计规范》SL 265制定的。防洪闸与两岸连接的建筑物，包括闸室岸墙、刺墙以及上下游翼墙，其主要作用是挡土、导流和阻止侧向绕流，保护两岸不受过闸水流的冲刷，使水流平顺地通过防洪闸。为保护岸边稳定，在防洪闸与两岸的连接布置设计时，要做到闸室岸墙布置与闸室结构形式密切配合，上游翼墙布置要与上游进水条件相配合，长度应长于或等于防渗铺盖的长度，使上游来水平顺导入闸室，闸槛前水流方向不偏，流速分布均匀；下游翼墙布置要与水流扩散角相适应，扩散角应在7°～12°范围，长度应长于或等于消力池的长度，引导水流沿翼墙均匀扩散下泄，避免在墙前产生回流旋涡等恶劣流态。

9.2.9 本条是参照现行行业标准《水闸设计规范》SL 265制定的。

9.2.10 本条基本沿用原《城市防洪工程设计规范》CJJ 50—92第9.3.7条的规定。增加“并应采用较先进的控制设施”的要求，以适应现代化管理的需要。

9.2.11 本条基本沿用原《城市防洪工程设计规范》CJJ 50—92第9.3.9条的规定。防渗排水设施是为了使闸基渗流处于安全状况而设置的。土基上建闸挡水，闸基中将产生渗透水流。当渗透水流的速度或坡降超过容许值时，闸基将产生渗透变形，地基就产生不均匀沉降，甚至坍塌，不少水闸因此失事。如蒙城节制闸就是因渗透变形遭到破坏，该闸总净宽120m，分成10孔，于1958年7月建成，适逢大旱，水闸开始蓄水，上游挡水高5m，仅隔两天就突然倒塌，从发觉闸身变形到整个倒塌仅经历几个小时。因此，在防洪闸板设计中对于防渗排水设施问题必须给予高度重视。

9.2.12 本条基本沿用原《城市防洪工程设计规范》CJJ 50—92第9.3.10条的规定。

9.2.13 本条基本沿用原《城市防洪工程设计规范》CJJ 50—92第9.3.8条的规定。

9.2.14 防潮闸地处海滨，地下水位较高，地基多为软弱、高压缩地层，基坑开挖时为边坡稳定，一定要注意施工排水设计，要把地下水位降下来，必要时采用周边井点排水方法。设计应重视防潮闸的基础处理，软基的基础处理方法很多，对于松软的砂基可采用振冲加固或强夯法；对软土、淤泥质土地基薄层者可采用换基，深层者可采用桩基处理；有条件时对松软土地基也可采用预压加固法。采用桩基应重视在运用期间可能会产生闸底板脱空问题，例如，永定新河河口的蓟运河和潮白新河防潮闸，都有底板脱空现象，用搅拌桩加固软土地基时应注意桩身质量是否能达到设计要求。

9.2.15 河口防潮闸下普遍存在泥沙淤积和拦门沙问题。为保持泄流通畅，闸下要经常清淤，为减少清淤量规定研究应采取防淤、减淤措施；河口拦门沙的存在及变化对河道行洪有一定影响，研究拦门沙位置的变化对行洪的影响是设计内容之一。

9.3 工程设计

9.3.1 本条规定了防洪闸工程设计的内容。

9.4 水力计算

9.4.1 本条基本沿用原《城市防洪工程设计规范》CJJ 50—92第9.4.1条的规定。

9.4.2 本条基本沿用原《城市防洪工程设计规范》CJJ 50—92第9.4.2条的规定。

9.4.3 本条基本沿用原《城市防洪工程设计规范》CJJ 50—92第9.4.3条的规定。

9.5 结构与地基计算

9.5.1 本条基本沿用原《城市防洪工程设计规范》CJJ 50—92第9.5.1条的规定。

9.5.2 本条基本沿用原《城市防洪工程设计规范》CJJ 50—92第9.5.2条的规定。

9.5.3 本条基本沿用原《城市防洪工程设计规范》CJJ 50—92第9.5.4条的规定。

10 山洪防治

10.1 一般规定

10.1.1 本条基本沿用原《城市防洪工程设计规范》CJJ 50—92第7.1.1条的规定。山洪是指山区通过城市的小河和周期性流水的山洪沟发生的洪水。山洪的特点是，洪水暴涨暴落，历时短暂，水流速度快，冲刷力强，破坏力大。山洪防治的目的是，削减洪峰和拦截泥沙，避免洪灾损失，保卫城市安全。防洪对策是，采用各种工程措施和生物措施，实行综合治理。实践证明，工程措施和生物措施相辅相成，缺一不可，生物措施应与工程措施同步进行。

10.1.2 本条基本沿用原《城市防洪工程设计规范》CJJ 50—92 第 7.1.2 条的规定。山洪大小不仅和降雨有关，而且和各山洪沟的地形、地质、植被、汇水面积大小等因素有关，每条山洪沟自成系统。所以，山洪防治应以每条山洪沟为治理单元。由于受人力、财力的限制，如山洪沟较多，不能一次全面治理时，可以分批实施，对每条山洪沟进行集中治理、连续治理，达到预期防治效果。

10.1.3 本条基本沿用原《城市防洪工程设计规范》CJJ 50—92 第 7.1.3 条的规定。山洪特性是峰高、量小、历时短。山洪防治应尽量利用山前水塘、洼地滞蓄洪水，这样可以大大削减洪峰，减小下游排洪渠道断面，从而节约工程投资。

10.1.4 小型水库可大大削减洪峰流量，显著减小下游排洪渠道断面，从而节省工程投资和建筑用地，减免洪灾损失。由于小型水库库容较小，首先应充分发挥蓄洪削峰作用，在满足防洪要求前提下，兼顾城市供水、养鱼和发展旅游事业的要求，发挥综合效益。小型水库的等级划分和设计标准，应符合现行行业标准《水利水电工程等级划分及洪水标准》SL 252 的规定，由于其位于城市上游，应根据其失事后造成的损失程度适当提高防洪标准。工程设计还应符合有关规范的规定。

10.1.5 排洪渠道和截洪沟的护坡形式，常用的有浆砌块石、干砌块石、混凝土（包括预制混凝土）、草皮护坡等。护坡形式的选择，主要根据流速、土质、施工条件、当地材料及安全稳定耐久等综合确定。排洪渠道、截洪沟和撇洪沟可能位于城市的上游，一旦失事也会给城市安全造成较大威胁，因此要求设计者要十分重视其安全，从设计入手严把质量关，同时对建设和管理提出高要求，把质量和安全放在第一位。

10.2 跌水和陡坡

10.2.1 本条基本沿用原《城市防洪工程设计规范》CJJ 50—92 第 7.4.1 条的规定，并与现行国家标准《灌溉与排水工程设计规范》GB 50288—1999 第 9.7.1 条保持一致。具体采用何种形式，需作经济比较。当山洪沟、截洪沟、排洪渠道通过地形高差较大的地段时，需要采用陡坡或跌水连接上下游渠道。坡降在1∶4～1∶20 范围内修建陡坡比跌水经济，特别在地下水位较高的地段施工较方便。当坡度大于 1∶4 时采用跌水为宜，可以避免深挖高填。

10.2.2 本条基本沿用原《城市防洪工程设计规范》CJJ 50—92 第 7.4.2 条的规定。跌水和陡坡水面衔接包括进口与出口，进口段要注意尽量不改变渠道水流要素，使水流平顺均匀进入跌水或陡坡。下游出口流速大，冲刷力强，一般要设消力池消能，从而减轻对下游渠道的冲刷，消力池深度、长度等尺寸应经计算确定。

10.2.3 本条基本沿用原《城市防洪工程设计规范》CJJ 50—92 第 7.4.3 条的规定。进出口导流翼墙单侧收缩角度和翼墙长度的规定系经验数据，在此范围内水流比较平顺、均匀、泄量较大。出口导流翼墙形式和扩散角度的规定，可使水流均匀扩散，对下游消能有利。

10.2.4 本条基本沿用原《城市防洪工程设计规范》CJJ 50—92 第 7.4.4 条的规定。对护底布置及构造作出规定，目的是为了延长渗径，保护基础安全。

10.2.5 本条基本沿用原《城市防洪工程设计规范》CJJ 50—92 第 7.4.5 条的规定，依据设计经验，并与现行国家标准《灌溉与排水工程设计规范》GB 50288—1999 第 9.7.2 条保持一致，将原《城市防洪工程设计规范》CJJ 50—92 规定的单级跌水高度由 3m 以内改为 5m 以内，主要是考虑山洪沟深度一般较小，以及有利于下游消能制定的，在此范围内比较经济，消能设施比较简单。

10.2.6 本条基本沿用原《城市防洪工程设计规范》CJJ 50—92 第 7.4.6 条的规定。规定限制陡坡底宽与水深比值在 10～20 之间，其目的主要是为了避免产生冲击波。

10.2.7 依据设计经验，对陡坡的比降提出了经验性数据，并与现行国家标准《灌溉与排水工程设计规范》GB 50288—1999 第 9.7.8 条保持一致。当流量大、土质差、落差大时，陡坡比降应缓些；当流量小、土质好、落差小时，陡坡比降应陡些。在软基上要缓些，在坚硬的岩基上可陡一些。

10.2.8 本条基本沿用原《城市防洪工程设计规范》CJJ 50—92 第 7.4.7 条的规定。在陡坡护底变形缝内设止水，其目的是为了防止水流淘刷基础，影响底板安全，同时减少经过变形缝的渗透量。设置排水盲沟可以减小渗透压力，在季节性冻土地区，还可避免或减轻冻害。

10.2.9 本条基本沿用原《城市防洪工程设计规范》CJJ 50—92 第 7.4.8 条的规定。人工加糙可以促使水流扩散，以增加水深，降低陡坡水流速度和改善水工建筑物下游流态，对下游消能有利。人工加糙对于改善水流流态作用的大小，与陡坡加糙布置形式和尺寸密切相关，人工加糙的布置和糙条尺寸选择要慎重，重要工程需要水工模型试验来验证，以确保人工加糙的消能效果。

西北水科所通过试验研究和调查指出，在陡坡上加设人工糙条，其间距不宜过小，否则陡坡急流将被抬挑脱离陡坡底，使陡坡底面各处产生不同程度的低压，而且水流极易产生激溅不稳，水面升高，不仅不利于安全泄水，使糙条工程量加大，陡坡边墙衬砌高度增加，而且对下游消能并无改善作用。

10.3 谷　　坊

10.3.1 本条基本沿用原《城市防洪工程设计规范》CJJ 50—92 第 7.3.1 条的规定。谷坊是在山洪沟上修建的拦水截砂的低坝，其作用是固定河床、防止沟床冲刷下切和沟岸坍塌、截留泥砂、改善沟床坡降、削减洪峰、减免山洪危害。

10.3.2 本条基本沿用原《城市防洪工程设计规范》CJJ 50—92 第 7.3.2 条的规定。在谷坊类型的比选条件中增加了"谷坊失事后可能造成损失的程度"的条件。谷坊种类较多，常用的有土谷坊、土石谷坊、砌石谷坊、铅丝石笼谷坊、混凝土谷坊等。上游支流洪水流量小、谷坊高度小，可采用土石谷坊、干砌石谷坊；中下游设计洪水较大、冲刷力较强、谷坊较多，多采用浆砌石谷坊或混凝土谷坊。考虑城市防洪安全，取消了土谷坊。

10.3.3 本条基本沿用原《城市防洪工程设计规范》CJJ 50—92 第 7.3.3 条的规定。谷坊位置选择除了要考虑减小谷坊长度、增大拦沙容积外，还要考虑地基较好、有利防冲消能，宜布置在直线段。山洪沟设计纵坡通常有两种考虑，一是按纵坡为零考虑，即上一个谷坊底标高与下一个谷坊溢流口标高齐平；二是纵坡大于零，小于或等于稳定坡降。各类土壤的稳定坡降如下：沙土为 0.05，黏壤土为 0.008，黏土为 0.01，粗沙兼有卵石为 0.02。

10.3.4 本条基本沿用原《城市防洪工程设计规范》CJJ 50—92 第 7.3.4 条和第 7.3.5 条的规定。

10.3.5 本条基本沿用原《城市防洪工程设计规范》CJJ 50—92 第 7.3.6 条的规定。

10.3.6 本条基本沿用原《城市防洪工程设计规范》CJJ 50—92 第 7.3.8 条的规定。

10.3.7 本条基本沿用原《城市防洪工程设计规范》CJJ 50—92 第 7.3.7 条和第 7.3.9 条的规定。

10.3.8 本条基本沿用原《城市防洪工程设计规范》CJJ 50—92 第 7.3.10 条的规定。

10.3.9 本条基本沿用原《城市防洪工程设计规范》CJJ 50—92 第 7.3.11 条的规定。取消了土谷坊。

10.4 撇洪沟及截流沟

10.4.1 撇洪沟是拦截坡地或河流上游的洪水，使之直接泄入城市下游承泄区的工程设施。

10.4.4 撇洪沟设计流量的拟定一般分为两种情况，一是以设计洪峰流量作为撇洪沟的设计流量，二是以设计洪峰流量的一部分作为撇洪的设计流量，而洪峰的其余部分，则通过撇洪沟上在适当地点设置的溢洪堰或泄洪闸排走。

10.4.5 考虑到撇洪沟的设计流量一般较大，为了使设计的断面和沟道土方量不致太大，常选用较大的沟底比降和较大的设计流速。为防止沟道局部冲刷，断面应采取防冲措施。

10.4.6 截流沟是为拦截排水地区上游高地的地表径流而修建的排水沟道，可以保护某一地区或某项工程免受外来地表水所造成的渍涝、冲刷、淤积等危害。

截流沟的洪水流量过程线，一般是峰高量小、历时短。因此，拟定截流沟设计流量有两种情况，一是取洪峰流量作为截流沟的设计流量，二是取设计洪峰流量的一部分作为截流沟的设计流量，其剩余部分经截流沟上的溢流堰或泄洪闸排入排水区，由排水站排走。具体数值经方案比较确定。

10.5 排 洪 渠 道

10.5.1 本节基本沿用原《城市防洪工程设计规范》CJJ 50—92 第 7.5 节相关条款的规定。排洪渠道的作用是将山洪安全排至城市下游河道，渠线布置应与城市规划密切配合。要确保安全，比较经济，容易施工，便于管理。为了充分利用现有排洪设施和减少工程量，渠线布置宜尽量利用原有沟渠；必须改线时，除了要注意渠线平顺外，还要尽量避免或减少拆迁和新建交叉建筑物，以降低工程造价。

本条对渐变段长度作出规定，目的是为了使水流比较平顺、均匀地与上下游水流衔接。5 倍～20 倍沟渠水面宽度差是根据水工模型试验和总结实践经验确定的。

10.5.2 排洪沟渠纵坡选择是否合理，关系到沟渠排洪能力的大小及其冲淤问题，也关系到工程的造价。排洪沟渠设计纵坡应接近天然纵坡，这样水流较平稳，土石方工程量较少。在地面坡度较大时，宜尽可能地使沟渠下游的流速大于上游流速，以免排洪不畅。沟渠纵坡应使实际流速介于不冲不淤流速之间。当设计流速大于沟渠允许不冲流速时，应采取护砌措施，当设置跌水和陡坡段时，侧墙超高要比一般渠道适当加大，并要注意做好基础处理，防止水流淘刷破坏。

10.5.3 排洪渠道的边坡与渠道的土质条件及运行情况有关，渠道边坡需根据土质稳定条件来选择，在各种运行情况下均应保持渠道边坡的稳定。

10.5.4 本条对排洪沟渠进口布置形式作出规定，目的是为了保持水流顺畅，提高泄流量。对出口布置作出规定则是为了水流均匀扩散，防止产生偏流冲刷破坏。

10.5.5 排洪渠道弯曲段水流在凹岸一侧产生水位壅高，壅高值与流速及弯曲度成正比，一般采用下式计算：

$$Z=\frac{V^2}{g}\ln\frac{R_2}{R_1} \tag{3}$$

式中：g——重力加速度（m/s^2）；

Z——弯曲段内外侧水面差（m）；

V——弯曲段水流流速（m/s）；

R_1、R_2——弯曲段内外弯曲半径（m）。

10.5.6 本条规定排洪渠道应尽量采用挖方渠道，这是因为挖方渠道使洪水在地面以下，比较安全。填方渠道运转状态与堤防相似，所以规定要按堤防要求设计，使回填土达到设计密实度，当流速超过土壤不冲流速时还要采取防护措施，防止水流冲刷。

10.5.7 本条规定了排洪沟渠的最小弯曲半径，是为了使水流平缓衔接，不产生偏流和底部不产生环流，防止产生淘刷破坏。

10.5.8 排洪沟渠的设计流速应满足不冲和不淤的条件。当排洪沟渠设计流速大于土壤允许不冲流速时，必须采取护砌措施，防止排洪沟渠冲刷破坏。护砌形式的选择，在满足防冲要求的前提下，应尽量采用当地材料，减少运输量，节约投资。

10.5.9 山洪沟上游比降大，流速也大，洪水携带大量泥沙，到中下游沟底比降变小，流速也变小，泥沙容易淤积，在排洪渠道进口处设置沉沙池，可以拦截粗颗粒泥沙，是减轻渠道淤积的主要措施。在沉沙池淤满后应及时清除。

10.5.10 排洪暗渠泄洪能力一般按均匀流计算，如果上游产生壅水，泄洪能力就会降低，防洪安全得不到保障。

10.5.11 排洪暗渠设检查井，是为了维修和清淤方便，检查井间距的规定是参考城市排水设计规范制定的。

10.5.12 无压流排洪暗渠设计水位以上，净空面积规定不应小于断面面积的15%，实质上是起安全超高的作用，适当留有余地以弥补洪水计算中的误差。无压流排洪暗渠水面以上的净空关系到排洪过程中是否发生明满流过渡问题，为防止出现满流状态，水面线以上都留有足够的空间余幅。

10.5.13 本条是根据现行行业标准《渠系工程抗冻胀设计规范》SL 23、《水工建筑物抗冻胀设计规范》SL 211制定的，对发生冻害地区渠系建筑物提出安全要求。

10.5.14 当外河洪水位高于排洪沟渠出口洪水位时，排洪沟渠在出口处应设涵闸或在回水范围内做回水堤，防止洪水倒灌淹没城市。

11 泥石流防治

11.1 一 般 规 定

11.1.1 本章基本沿用原《城市防洪工程设计规范》CJJ 50—92第8章的规定，由于泥石流防治研究的局限性，本章条文说明基本沿用原《城市防洪工程设计规范》CJJ 50—92第8章的条文说明内容，方便使用者查阅参考。

泥石流是发生在山区小流域内的一种特殊山洪，我国是世界上泥石流最发育的国家之一，由于泥石流突然暴发，而城市人口密集，所以城市往往是危害最严重的地方。以兰州市为例，新中国成立后的40多年中，发生大规模泥石流4次，造成近400人死亡，是该市自然灾害中死亡人数最多的一种灾害。据钟敦伦、谢洪、王士革等在《北京山区泥石流》一书中的不完全统计，1950年至1999年，北京地区共发生了29次，200多处泥石流，共致死515人，毁坏房屋8200间以上，平均约每1.8年发生一次灾害性较大的泥石流。损失极为惨重。据不完全统计，全国已有150多座县城以上城市受到过泥石流的危害。

从城市防洪角度看，当山洪容重达到14kN/m^{3}时，固体颗粒含量已占总体积的30%，已超过一般流量计算时的误差范围，在流量计算中泥沙含量已不可被忽视。如果所含泥沙颗粒是细粒土，这时的流变性质也发生较大变化，已接近宾汉模型。从水土保持角度看，流体容重超过14 kN/m^{3}已不是一般的水土流失，属于极强度流失，也不是一般的水土保持方法就能防治的，因此这样的标准被工程界广泛接受。根据特征对泥石流加以分类，有利于区别对待，对症防治，也便于对泥石流的描述。泥石流按物质组成的分类方法是最常用的方法，其分类指标见表2。

表2 泥石流按组成物质分类表

类别	泥石流	泥流	水石流
颗粒组成	含有从漂砾到黏土的各种颗粒，黏土含量可达2%～15%，1mm以下颗粒占10%～60%	小于粉砂颗粒占60%以上，1mm以下颗粒占90%以上，平均粒径在1mm以下	1mm以下颗粒少于10%，由较大颗粒组成
力学性质	稀性或黏性	稀性或黏性	稀性

泥石流作用强度是泥石流对建筑物可能带来破坏程度的一般综合指标。泥石流作用强度是根据目前我国受泥石流危害的城镇的基本情况制定的，由于我国没有处于特别严重的泥石流沟区域，因此只分为严重、中等、轻微三类。

泥石流防治工程设计中应该突出重点，即重点防范和治理严重的泥石流沟，对严重的、危害大的泥石流沟采用较高的标准，对轻微的泥石流沟采用较低的标准。泥石流设计标准应按本规范表11.1.1选定。

11.1.3 泥石流是地质、地貌、水文和气象等条件综合作用的产物，是一种自然灾变过程；人类不合理的生产活动，又加剧了泥石流的发展。流域内有充分的固体物质储备，丰沛的水源和陡峭的地形是我们识别流域是否有泥石流的重要依据。对于山区小流域有深厚宽大的堆积扇，其流域形态为金鱼形状，纵剖面的石块、泥粒的混杂沉积，并有反粒径沉积（即上层石块粒径大于下层）趋势等，均提供了以往年代发生泥石流的证据。

泥石流流域勘查的重点是判定泥石流规模级别，确定计算泥石流相关参数，为减灾工程提供设计依据。对流域内泥石流历史事件的调查，要比洪水调查相对容易，因为泥石流痕迹可以保留相当长的时间，而且常常可以在泥石流流通段找到泥石流流经弯道时的痕迹并量测相应的要素来计算泥石流流速、流量。通过调查访问等方法来确定该事件的发生年代，并根据现在流域内各种泥石流形成条件（特别是固体物质补给）的变化及其发展趋势，评价该历史事件重演的可能性。这些都是今后规划和防治工程设计的重要依据。

11.1.4 本条基本沿用原《城市防洪工程设计规范》CJJ 50—92 第 8.1.5 条的规定。由于泥石流形成的条件比较复杂，影响因素较多，流量计算很困难。目前，采用暴雨洪水流量配方法计算，用形态调查法相补充是比较常用的方法。配方法是假定沟谷里发生的清水水流，在流动过程中不断地加入泥沙，使全部水流都变为一定重度的泥石流。这种方法适用于泥沙来源主要集中在流域的中下部，泥沙供应充分的情况。

1 配方法：配方法是泥石流流量计算常用方法之一。知道了形成泥石流的水流流量和泥石流的容重，就可以推求泥石流的流量：设一单位体积的水，加入相应体积的泥沙后，则该泥石流的容重按下列公式计算：

$$\gamma_c=\frac{\gamma_b+\gamma_h\cdot\phi}{1+\phi} \tag{4}$$

$$\phi=\frac{\gamma_c-\gamma_b}{\gamma_h-\gamma_c} \tag{5}$$

$$Q_c=(1+\phi)Q_b \tag{6}$$

式中：γ_c——泥石流容重（kN/m^3）；

γ_h——固体颗粒容重（kN/m^3）；

γ_b——水的容重（kN/m^3）；

ϕ——泥石流流量增加系数；

Q_b——泥石流沟一定频率的水流流量（m^3/s）；

Q_c——同频率的泥石流流量（m^3/s）。

用式（6）计算的泥石流流量与实测资料对比，一般都略为偏小。有人认为，主要是由于泥沙本身含有水而没有计入，如果计入，则：

$$\phi'=\frac{\gamma_c-\gamma_b}{\gamma_h(1+P)-\gamma_c\left(1+\frac{\gamma_h}{\gamma_b}P\right)} \tag{7}$$

式中：ϕ'——考虑泥沙含水量的流量增加系数；

P——泥沙颗粒含水量（以小数计）。

当 γ_h 采用 27 kN/m^3，$P=0.05$ 及 $P=0.13$ 时，ϕ 及 ϕ' 值如表 3。

表 3 不同泥石流容重的 ϕ 及 ϕ' 值

γ_c（kN/m^3）	22.4	22	21	20	19	18	17	16	15	14
ϕ	2.70	2.40	1.85	1.43	1.12	0.89	0.70	0.55	0.42	0.31
ϕ' $P=0.05$	4.24	3.55	2.44	1.77	1.33	1.01	0.77	0.59	0.44	0.32
ϕ' $P=0.13$	50.1	15.2	5.14	2.87	1.86	1.29	0.93	0.67	0.49	0.34

当泥沙含量较大时，计算值相差很大，这是由于这时的土体含水量已接近泥石流体的含水量，泥石流形成不是由水流条件而是由动力条件决定的。因此 $Q_c=(1+\phi')Q_b$ 公式不适合于泥沙含水量较大时高容重的泥石流计算。这时常采用经验公式计算：

$$Q_c=(1+\phi)Q_b\cdot D \tag{8}$$

式中：D——因泥石流波状或堵塞等的流量增大系数，一般取 1.5～3.0。

根据云南省东川地区经验：

$$D=\frac{5.8}{Q_c^{0.21}} \tag{9}$$

$$\text{则 } Q_c=[5.8(1+\phi)Q_b]^{0.83} \tag{10}$$

泥石流配方法虽是最常用的方法，但仍需与当地的观测或形态调查资料对照，综合评判后选择使用。

2 形态调查法：泥石流形态调查与一般河流形态调查方法相同，但应特别注意沟道的冲淤变化，及有无堵塞、变道等影响泥位的情况。在调查了泥石流水位及进行断面测量后，泥石流调查流量可按公式（11）计算：

$$Q_c=\omega_c V_c \tag{11}$$

式中：Q_c——调查频率的泥石流流量（m^3/s），在设计时应换算为设计频率流量；

ω_c——形态断面的有效过流面积（m^2）；

V_c——泥石流形态断面的平均流速（m/s），一般按曼宁公式计算，即 $V_c=m_c R^{1/3} I^{1/2}$，R 为水力半径（m），I 为泥石流流动坡度（小数计），m_c 值可参考表 4 确定。

对于已发生过的泥石流的流量计算，除了从辨认历史痕迹得到最大流速和相应断面以外，也可以通过泥石流流经的类似卡口堰流动时，按堰流公式算得。如按宽顶堰公式：

$$Q_d=\frac{2}{3}\mu\sqrt{2g}H^{1.5}\cdot B\cdot M \tag{12}$$

式中：Q_d——泥石流流量（m^3/s）；

μ——堰流系数，取 0.72；

H——堰上泥石流水深（m）；

B——堰宽（m）；

M——过堰泥石流系数，取 0.9。

11.1.5 泥石流防治规划应从整体环境和个别流域或不同类型泥石流特点出发，从流域上游、中游，出山

表4　泥石流沟糙率系数 m_c 值

泥石流类型	沟槽特征	I	泥深（m）			
			0.5	1	2	4
			m_c			
稀性泥石流	石质山区粗糙系数最大的泥石流沟槽，沟道急陡弯曲，沟底由巨石漂砾组成，阻塞严重，多跌水和卡口，容重为（14～20）kN/m³的泥石流和水石流	0.15～0.22	5	4	3	2
	石质山区中等系数的泥石流沟，沟道多弯曲跌水，坎坷不平，由大小不等的石块组成，间有巨石堆，容重为（14～20）kN/m³的泥石流和水石流	0.08～0.15	10	8	6	4
	土石山区粗糙系数较小的泥石流沟槽，沟道宽平顺直，沟床平顺直，沟床由砂与碎石组成，容重为（14～18）kN/m³的水石流或泥石流或容重为（14～18）kN/m³的泥流	0.02～0.08	18	14	10	8
黏性泥石流	粗糙系数最大的黏性泥石流沟槽，容重为（18～23）kN/m³，沟道急陡弯曲，由石块和砂质组成，多跌水与巨石垄岗	0.12～0.15	18	15	12	10
	粗糙系数中等的黏性泥石流沟槽，容重为（18～22）kN/m³，沟道较顺直，由碎石砂质组成，床面起伏不大	0.08～0.12	28	24	20	16
	粗糙系数很小的黏性泥石流沟槽，容重为（18～23）kN/m³，沟道较宽平顺直，由碎石泥砂组成	0.04～0.08	34	28	24	20

口直至入主河（湖、海），分段分区设立减灾工程，对泥石流形成的物源、水源和地形条件进行控制或改变，以达到抑制泥石流发生，减小泥石流规模的目的。综合防治体系包括工程措施（含生物工程）和非工程措施——预警预报体系。

对于威胁城镇居民点密集的泥石流沟必须采取综合防治体系，才能达到减灾和减少人员伤亡的目的。城镇泥石流综合防治体系应体现以拦蓄为主的原则，对于某些防护要求简单的情况，也可以采用单一的防护措施，为了保障居民点而设立单侧防护堤，甚至为保护某单个民宅，而采用半圆形堡垒式的防护墙等。

综合防治体系及其总体布局都纳入泥石流防治规划中。

11.1.6　泥石流和一般水流不同之处，在于有大量的泥沙，这些泥沙在运动过程中不断地改变着沟道，而且这种变化随着时间的推移在不断累积。对一般水流沟道，只要保证洪峰时的瞬间能够通过，这个沟道就是安全的。而泥石流由于其淤积作用，仅考虑瞬间通过就不行了。这次泥石流通过了，下次泥石流就不一定能通过，今年通过了，明年不一定能通过。因此在防泥石流的洪道设计中，必须了解可能发生泥石流总量、通过沟道的淤积、流出沟道后的情况，有多少被大河带走，有多少沉积下来，沉积成什么形状，对泥石流流动又有什么影响。不仅要考虑一次泥石流，还要考虑使用年限中的影响。

1　泥石流量可由多种方法确定：

1） 调查法：可调查冲积扇多年来的发展速度来确定堆积量，调查流域内的固体物质流失量来计算年侵蚀量。泥石流主要由大沟下切引起的，也可按下切速度来计算侵蚀量，也可按几次典型泥石流调查来推算泥石流量。

2） 计算法：用雨季总径流量折算，用一次降雨径流折算，或用一次典型泥石流过程折算。也可用侵蚀模数法或地区性经验公式。年冲出泥石流总量与堆积总量之间有一定的差别，这是由于很多泥沙被大河带走了，作为一般估计，可按下式计算。

$$V_s = \eta V \tag{13}$$

式中：V_s——年平均泥沙淤积量（m³）；

V——年平均泥沙冲出量（m³）；

η——被大河携带泥沙系数，按表5确定。

表5　大河携带系数 η

堆积区所处部位	η 值
峡谷区	0.5
宽谷区	0.65～0.85
泥石流不直接汇入大河	0.95

泥石流在沟口淤积形成冲积扇，其淤积量是十分可观的，据甘肃省武都县两条流域面积近 2km² 的泥石流沟观测，年平均冲出泥石流量分别为5万 m³ 和7万 m³，8年后，沟口分别淤高了 11m 和 13m。根据白龙江流域的调查，沟口的淤积高度可按经验公

式计算。

当 $W_p<100$ 万 m^3 时：

$$h_T=0.025\cdot W_p^{0.5} \quad (14)$$

当 $W_p>100$ 万 m^3 时：

$$h_T=\left[\frac{W_p\cdot 10^4}{4.3}\right]^{1/0.7} \quad (15)$$

式中：h_T——N 年中沟口淤积高度（m）；

W_p——设计淤积量（m^3），为设计年限 N 与年平均泥沙淤积量 V_s 的乘积；

N——为设计年限（年）。

泥石流的沿途淤积可用水动力平衡法（稀性泥石流）和极限平衡法（黏性泥石流）计算。

2 泥石流流速计算可根据不同地区的自然特点采用不同的计算公式。主要的经验公式包括：

1） 用已有泥石流事件弯道处的参数值计算平均流速：

$$V=\sqrt{\frac{\Delta H\cdot R\cdot g}{B}} \quad (16)$$

式中：V——泥石流平均流速（m/s）；

ΔH——弯道超高值（m）；

B——沟槽泥面宽度（m）；

R——弯道曲率半径（m）；

g——重力加速度（m/s^2）。

2） 王继康公式，用于黏性泥石流。

$$V=K_cR^{2/3}i^{1/5} \quad (17)$$

式中：i——泥石流表面坡度，也可用沟底坡度表示（%）；

R——水力半径，当宽深比大于 5 时，可用平均水深 H 表示（m）；

K_c——黏性泥石流系数，见表 6。

表 6 黏性泥石流系数表

H（m）	<2.50	2.75	3.00	3.50	4.00	4.50	5.00	>5.50
K_c	10.0	9.5	9.0	8.0	7.0	6.0	5.0	4.0

3） 云南东川公式：

$$V=28.5H^{0.33}i^{1/2} \quad (18)$$

式中：H——泥深（m）。

4） 西北地区黏性泥石流公式：

$$V=45.5H^{1/4}i^{1/5} \quad (19)$$

5） 甘肃武都黏性泥石流公式：

$$V=65KH^{1/4}i^{4/5} \quad (20)$$

式中：K——断面系数，取 0.70。

11.1.7 泥石流工程治理的方法各个国家都大同小异，应在不同的自然和经济条件下选用不同的类型组合。防治工程主要可分为预防工程、拦截工程和排导工程。预防工程又可分为：治水，即减少上游水源，例如用截水沟将水流引向其他流域，利用小的塘坝进行蓄水，上游有条件时修建水库是十分有效的方法；治泥，即采用平整坡地、沟头防护、防止沟壁等滑坍及沟底下切以及治理滑坡及坍塌等措施；水土隔离，即将水流从泥沙补给区引开，使水流与泥沙不相接触，避免泥石流发生。预防措施是减轻或避免泥石流发生的措施。在泥石流发生后，则采用拦挡或停淤的方法减少泥沙进入城市，在市区则需要修建排导沟引导泥石流流过。根据我国防治泥石流的经验，要根据当地的条件，综合治理，并结合生物措施和管理等行政措施，才能有效地防治泥石流的危害。

11.1.8 任何工程措施对于大自然而言都不可能是万无一失的，所以相应的非工程措施即预警预报系统对于保障生命安全显得更为重要。

泥石流预警预报是利用相应的设备和方法对将发生或已发生的泥石流提前发出撤离和疏散命令，减少人员伤亡。目前国内外较成功的警报方法有接触法和非接触法。其中接触式为断线法，即在沟床内设置一根金属线，当金属线被泥石流冲断时，其断线信号传至下游，实现报警。也可以用冲击传感器得到泥石流冲击力信号来实现报警。非接触法有地声法、超声波法，即用地声传感器来监测泥石流发生和运动后通过地壳传播的地声信号，用超声泥位计监测沟床内泥石流的水深来实现报警。泥石流次声警报器是接收泥石流发生和运动的声发射过程中的次声部分，这种低频率的信号以空气为介质传播，声速为 344m/s，远大于泥石流运动的速度，有足够的提前量，而且全部装置（含传感器）都置于远离泥石流源地的室内，有较好的应用前景。

11.2 拦 挡 坝

11.2.1 拦挡坝是世界各国防治泥石流的主要措施之一，其主要形式有：采用大型的拦挡坝与其他辅助水工建筑物相配合，一般称为美洲型。成群的中、小型拦挡坝，辅以林草措施，一般称为亚洲型。应用于一般水工建筑物上的各种坝体都被应用在泥石流防治上，例如重力或圬工坝、横形坝、土坝等，泥石流防治中还常采用带孔隙的坝，如格栅坝、桩林坝等，格栅坝有金属材料和钢筋混凝土材料等类。

采用什么形式的坝体，要根据当地的材料、地质、地形、技术和经济条件决定。

11.2.2 拦挡坝在一般情况下大多成群建筑，一般 2 座～5 座为一群，但在条件合适时也可单个建筑。成群的拦挡坝往往用下游坝体的淤积来保护上游拦挡坝的基础，拦挡坝的间距由下式计算决定。

$$L=\frac{i_c-i_o}{H} \quad (21)$$

式中：L——拦挡坝的间距（m）；

H——拦挡坝有效高度（m）；

i_c——修建拦挡坝处的沟底坡度（小数计）；

i_o——预期淤积坡度（小数计）。

一般认为：预期淤积坡度与原沟底坡度有一定关

系，即：

$$i_o = Ci_c \tag{22}$$

式中：C为比例系数。作为工程设计，C值可参考表7。

表7 C值表

泥石流作用强度	严重的	中等的	轻微的
C值	0.7～0.8	0.6～0.7	0.5～0.6

成群的坝体往往用来防护沟底、侧壁、拓宽沟底，当拦挡坝为停留大石块时，需在一定长度内连续修建，需要修建的全长可参考下式计算：

$$L_1 = fL_o \tag{23}$$

式中：L_1——拦截段全长（m）；

f——系数，严重的泥石流沟2.5，一般的泥石流沟2.0，轻微的泥石流沟1.5；

L_o——粒径为d的石块降低到规定速度时所需平均长度（m），见表8。

表8 L_o值表

d（cm）	10	20	30	40	50	60
L_o（m）	350	300	250	200	150	100

不论单个或成群设置的拦挡坝均应考虑有较大的库容和较好的基础。

11.2.3 本条规定了不同目的坝体高度的最低要求。对以拦挡泥石流固体物质为主的拦挡坝淤满了怎么办，一般有两种方法，一是清除，这对间歇性泥石流沟尚可使用，但对常发性泥石流沟则十分困难；另一种方法是将原坝加高，可在原地加高，也可在原坝上游淤积体上加高，这是最常用的方法，并且较为经济。

为稳定滑坡的拦挡坝坝高可参考下列公式计算：

$$H = h + h_1 + L_1(i_c - i_o) \tag{24}$$

$$h = \left[\frac{2.4P}{\gamma \tan^2\left(45° + \frac{\phi}{2}\right)}\right]^{1/2} \tag{25}$$

式中：H——设计拦挡坝高度（m）；

h——稳定滑坡所需高度（m）；

h_1——滑坡滑面距沟底高度平均值（m）；

L_1——坝距滑坡的平均距离（m）；

P——滑坡剩余下滑力（kN/m）；

γ——淤积物容重（kN/m^3）；

ϕ——淤积物内摩擦角（°）。

11.2.4 拦挡坝的基础设置是个很重要的问题，如处理不好，为保护基础的造价会等于或超过坝体的造价。基础的主要问题是冲刷，拦挡坝的坝下冲刷由侵蚀基面下降、泥沙水力条件改变和坝下冲刷三部分组成。

因此对独立的坝体或群坝中最下游坝体的基础埋深要认真地研究，目前常采用坝下护坦和消力槛的办法加以保护。

11.2.5 泥石流中有大量的石块和漂砾，背水面垂直可避免石块撞击坝身而造成破坏。泄水口磨损非常严重，要采用整体性较好和耐磨的材料修建，根据不同情况采用混凝土、钢筋混凝土、钢筋或钢轨衬砌。对整体性较差的坝体，如干砌块石坝，泄水口附近也需用混凝土浇筑。在泥流等细颗粒泥石流沟道中的拦挡坝，背水面不一定要垂直，泄水口的抗磨性要求可较低。

11.2.6 拦挡坝上每米宽度上的泥沙压力可按下式计算：

$$P_c = \frac{1}{2}\gamma_c H^2\left(1 + \frac{2h}{H}\right)\tan^2\left(45° - \frac{\phi}{2}\right) \tag{26}$$

式中：P_c——坝上的泥沙压力(kN/m)；

γ_c——泥石流容重(kN/m^3)；

H——拦挡坝高度(m)；

h——拦挡坝泄流口处泥石流流深(m)；

ϕ——泥石流内摩擦角(°)，如无实测资料时，可参考表9。

表9 泥石流内摩擦角

γ_c(kN/m^3)	＜16	＞16
ϕ(°)	0	$0.125(\gamma_o \sim \gamma_b)$

泥石流冲击力分浆体动压力和大石块冲撞力两部分，浆体动压力可用动量平衡原理导出：

$$Ft = mV \tag{27}$$

式中：m——泥石流的质量，$m=\rho Qt$，Q为泥石流量，ρ为泥流密度；

F——冲击力；

t——冲击力作用时间；

V——为泥石流流速。

当过流面积为ω时，则单位面积冲击力f为：

$$f = \frac{F}{\omega} = \rho V^2 = \frac{\gamma_c}{g}V^2 \tag{28}$$

式中：f——单位面积冲击力(kN/m^2)；

γ_c——泥石流容重(kN/m^3)；

ρ——泥石流的密度(kg/m^3)；

V——泥石流流速(m/s)；

g——重力加速度(m/s^2)。

1966年在云南东川蒋家沟曾用压力盒进行冲击力测定，平均冲击力为$95kN/m^2$。1973年又用电感压力盒测定，其值与计算值相差不多。

目前，国内对泥石流冲击力的研究也取得了很大进展，中科院成都所根据弹性碰撞理论推导出以下公式。

将被撞建筑物概化成悬臂梁类型(如墩、台柱、直立跌水井等)和简支梁类型(如闸、格栅堤、软地基上两岸坚实的坝等)，公式为：

$$F = \sqrt{\frac{AEJGV^2\cos^2\alpha}{gL^3}} \tag{29}$$

式中：F——个别石块冲击力(kg)；

A——系数，当构件为悬臂梁时，$A=3$；当构件为简支梁时，$A=48$；

E——被撞构件之杨氏模量(kg/m^2)；

J——被撞构件通过中性轴之截面惯性矩(m^4)；

G——石块重量(kg)；

V——石块流速(通常与流体等速)(m/s)；

L——构件长(m)；

α——冲击力方向与法线夹角。

以上计算公式可供设计时参考，有实测或试验资料时，应采用实际值。

泥石流拦挡坝建成后，最危险的时候是泥石流一次充满坝体库容，前部并有大石块撞击坝体，但这种情况不是很多，因此认为这是属于特殊组合。如果泥石流已充满坝体库容，大石块就不会再有巨大的撞击，并且随着泥石流的逐渐固化，摩擦角将逐步增大，所以坝体的最大受力时间是很短暂的，因此拦坝设计时应尽量采用减少前期受力的措施。

11.2.7 消力槛是拦挡坝防冲刷和消能的有效形式之一，如修建护坦也宜在消力槛内，并埋入沟底，以免被过坝的大石块击毁。消力槛的位置应大于射流长度，其距离可参考下式计算。

$$L=1.25V_c(H+h)^{1/2} \tag{30}$$

式中：L——消力槛距拦挡坝的距离(m)；

H——拦挡坝高度(m)；

h——拦挡坝顶泥石流过流深度(m)；

V_c——拦挡坝泄流口泥石流泄流速度(m/s)。

11.2.8 格栅坝是泥石流拦挡坝的一种特殊形式，可以采用圬工坝上留窄缝、孔洞等形式，也可用钢杆件或混凝土杆件组装或安置在圬工墩台间，亦可采用桩式或A字形三角架式的桩林坝，还可采用钢索网状坝。格栅坝的主要作用是拦住大石块，而将其他泥石流排出，在流量大时可能暂时蓄满，之后较小颗粒逐渐流出，有调节流量的作用。实际使用时，希望格栅坝不要很快淤满，因此栅距较大，但最终仍将淤平，逐渐与实体坝一致。

11.3 停 淤 场

11.3.1 泥石流停淤场是一种利用面积来停淤泥石流的措施。稀性泥石流流到这里后，流动范围扩大，流深及流速减小，大部分石块失去动力而沉积。对于黏性泥石流，则利用它有残留层的特征，让它黏附在流过的地面上。在城市上、下游有较广阔的平坦地面条件时，是一种很好的拦截形式。如果停淤场处的坡度较大，就不易散布在较大的面积上，应用拦坝等促使其扩散。根据甘肃省武都地区的试验、观测，黏性泥石流在流动一定距离后可能扩散的宽度可用式(31)计算：

$$B=4\sqrt{\frac{\tau_0}{\gamma_c i_c}L} \tag{31}$$

式中：B——黏性泥石流流动L长度后泥石流的扩散宽度(m)；

τ_0——泥石流值限静切压力(kPa)；

γ_c——泥石流容重(kN/m^3)；

i_c——停淤场流动方向的坡度，以小数计。

流动Lm距离后，泥石流可能的停留量：

$$W_u=5\left(\frac{\tau_0}{\gamma_c i_c}L\right)^{3/2} \tag{32}$$

式中：W_u——在流动L米距离后黏性泥石流可能停积的泥石总量(m^3)。

停淤场下游流量将要较原设计流量减小，其折减系数K可参考下式：

$$K=1-\frac{W_u}{W_c} \tag{33}$$

式中：K——泥石流流量折减系数；

W_u——停淤场停淤的泥石流量(m^3)；

W_c——一次泥石流的总量(m^3)。

对于稀性泥石流，停淤场内可能停留的石块直径与流动长度可用下式计算：

$$L=1.5Q_c i_c^{0.7} d_u^{-0.85} \tag{34}$$

式中：L——稀性泥石流在停淤场内流动长度(m)，在此距离内泥石流流动宽度不断增加，扩散角一般不小于15°；

Q_c——泥石流流量(m^3/s)；

i_c——停淤场流动方向坡度，以小数计；

d_u——在经过L长度后，可能停留下来的石块直径(m)。

流量折减系数K可按下式计算：

$$K=1-P\frac{\gamma_c-\gamma_b}{\gamma_h-\gamma_b} \tag{35}$$

式中：P——泥石流中大于或等于d_u颗粒的石块占总泥沙量的百分数(以小数计)；

γ_c——泥石流容重(kN/m^3)；

γ_h——泥沙颗粒容重(kN/m^3)；

γ_b——水的容重(kN/m^3)。

过水的停淤场对防治来说，不起什么作用，因此规定了停淤场的必要条件，计算时可参考式(31)～式(35)。

11.3.2 泥石流停淤场内的拦挡坝及导流坝的作用是使泥石流能流过更多的路程，扩散到更大面积，使泥石流尽可能多地停积在停淤场内。

11.3.3 停淤场内的拦挡坝是一种临时性的建筑，而且可能经常改变，因此材料宜就地取材，并节省费用。

11.4 排 导 沟

11.4.1 排导沟是城市排导泥石流的必要建筑物，根据各地的经验，排导沟宜选择顺直、坡降大、长度短和出口处有堆积场地的地方，其最小坡度不宜小于表10所列数值。

表10 排导沟沟底设计纵坡参考值

泥石流性质	容重(kN/m³)	类别	纵坡(%)
稀性	14～16	泥流	3～5
		泥石流	5～7
	16～18	泥流	5～7
		泥石流	7～10
		水石流	7～15
黏性	18～22	泥流	8～12
		泥石流	10～18

11.4.2 排导沟与天然沟道的连接十分重要，根据实践经验，收缩角不宜太大，否则容易引起淤积和发生泥石流冲起越过堤坝等事故。

11.4.3 较窄的沟道能使泥石流有较大的流速减少淤积，也可以减少在不发生泥石流时水流对沟底的冲刷。但沟底较窄时需要较大的沟深，因此沟底宽度要根据可能的沟深来综合考虑。目前沟道宽度一般是比照天然沟道中流动段的宽度，可参照铁道研究院西南所的公式计算确定：

$$B \leqslant \left(\frac{i}{i_c}\right)^2 B_c \tag{36}$$

式中：B——排导沟底宽(m)；

B_c——流通区天然沟宽(m)；

i——排导沟坡度，以小数计；

i_c——流通区沟道坡度。

也可根据甘肃省武都地区对泥石流沟道的调查，建议的沟底宽度。

当排导沟断面为梯形时：

$$B = 0.81 i^{-0.40} F^{0.44} \tag{37}$$

当排导沟断面为矩形时：

$$B = 1.7 i^{-0.40} F^{0.28} \tag{38}$$

式中：B——排导沟宽度(m)；

i——排导沟坡度，以小数计；

F——流域面积(km²)。

11.4.4 为保证泥石流中大石块的通过，设计沟深不仅应保证泥石流的正常通过，而且应大于最大石块直径1.2倍。对于黏性泥石流，不应小于泥石流波状流动高度。泥石流的波高，可按甘肃省武都地区公式计算：

$$h_c = 2.8\left[\frac{\tau_o}{\gamma_c i_c}\right]^{0.92} \tag{39}$$

式中：h_c——泥石流波高(m)；

τ_o——黏性泥石流的极限静切应力(kPa)；

γ_c——泥石流容重(kN/m³)；

i_c——沟床坡度，以小数计。

在泥石流排导沟的弯道地段，还应加上弯道超高值，其超高值据调查，可按以下公式计算：

$$h_E = \frac{V_c^2 B}{2gR} \tag{40}$$

式中：h_E——泥石流在弯道外侧超过中线设计泥位的超高值(m)；

V_c——泥石流流速(m/s)；

R——弯道中心线半径(m)；

B——设计泥石流深时的泥面宽(m)；

g——重力加速度(m/s²)。

在排导沟进口不平顺有顶冲处，应加上泥石流的顶冲壅高值 h_s。

$$h_s = \frac{V_c^2 \sin^2\alpha}{2g} \tag{41}$$

式中：h_s——泥石流顶冲壅高值(m)；

α——泥石流流向与堤坝夹角(°)。

泥石流排导沟不仅应保证建成时泥石流的通过，而且要保证在淤积后能够通过。考虑到50年一遇流量恰好在第50年时发生的几率很低，因此其淤积计算年限都较设计年限要短，这与现行行业标准《公路桥涵设计通用规范》JTG D60是一致的。

11.4.5 稀性泥石流对排导沟侧壁冲刷较为严重，黏性泥石流一般冲刷较轻，但黏性泥石流沟平时也会发生一般洪水，会对侧壁造成冲刷，因此城市中的泥石流排导沟一般都应该护砌。

11.4.6 将泥石流改向相邻的沟道，使城市免受泥石流的危害，在条件许可时，这是值得采用的一种措施，但应论证其改道的可靠性和对周围环境的影响。

12 防洪工程管理设计

12.1 一般规定

12.1.1 本条规定了防洪工程管理设计的主要内容，运行期管理只是提出原则性要求，具体的管理细则应由管理者根据有关法律法规及规范结合工程运行的实际制定。

本条总括规定了防洪工程管理设计的主要内容。城市防洪工程管理是城市防洪工程设计中的重要组成部分，是城市防洪工程建成投产后能够正常安全运行、发挥工程效益的基础。在社会主义市场经济体制逐步建立、传统水利向现代水利和可持续发展水利转变的新形势下，工程管理提到了一个相对比较高的高度。因此，只有加强对城市防洪工程的管理，才能最大限度地发挥城市防洪工程的效益，保障城市经济的可持续发展。这就要求城市防洪工程设计重视工程管理设计，针对城市防洪工程工程类型多、密度大、标准高的特点，进行管理设计，为运行管理打好基础。

12.1.2 本条是根据《中华人民共和国水法》的规定和工程实际需要制定的。工程管理用地是保证工程安全、进行工程管理所必需的，但现实城市用地十分紧张，地价昂贵，造成管理用地的征用比较困难，工程保护范围用地虽不征用，但对土地使用仍然是有限制的。因此，划定工程的管理范围和保护范围是政策性很强的工作，必须以防洪保安为重点，以法律、法规为依据，同时符合地方法规，取得地方政府的支持。

12.1.3 防洪堤、防洪墙、水库大坝、溢洪道、防洪闸等主要防洪建筑物，一般均应设水位、沉陷、位移等观测和监测设备，掌握建筑物运行状态，以便检验工程设计、积累运行与管理资料，确保正常运行，为持续改进提供资料和依据。目前城市防洪工程中的各类单项工程都已有相应的管理设计规范，在这里只是强调应设置必要的观测、监测设施，工程设计时可按相应规范要求进行设计。

12.1.4 超标准洪水处置区是为保证重点防洪地区安全和全局的安全而牺牲局部利益的一项重要措施。建立相应的管理制度，有条件、有计划地运用，才能将损失降低到最小。

12.2 管理体制

12.2.1 按照国务院体改办2002年9月3日颁布的《水利工程管理体制改革实施意见》，应根据水管单位承担的任务和收益状况，确定城市防洪管理单位的性质。

第一类是指承担防洪、排涝等水利工程管理运行维护任务的水管单位，称为纯公益性水管单位，定性为事业单位。

第二类是指承担既有防洪、排涝等公益性任务，又有供水、水力发电等经营性功能的水利工程管理运行维护任务的水管单位，称为准公益性水管单位。准公益性水管单位依其经营收益情况确定性质，不具备自收自支条件的，定性为事业单位；具备自收自支条件的，定性为企业，目前已转制为企业的，维持企业性质不变。

第三类是指承担城市供水、水力发电等水利工程管理运行维护任务的水管单位，称为经营性水管单位，定性为企业。

城市防洪工程基本上是以防洪为主的纯公益性的水利工程，或者是准公益性的水利工程，城市防洪管理单位一般没有直接的财务收入，不具备自收自支条件，其管理单位大多为事业单位。

12.2.2 城市防洪管理的内容包括了水库、河道、水闸、蓄滞洪区等调度运用、日常维护和管理，同时，与城市供水、水资源综合利用紧密地结合在一起。《中华人民共和国水法》规定："国家对水资源实行流域管理与行政区域管理相结合的管理体制"；《中华人民共和国防洪法》规定："防汛抗洪工作实行各级人民政府行政首长负责制，统一指挥、分级分部门负责"；国家防汛总指挥部《关于加强城市防洪工作的意见》中要求"必须坚持实行以市长负责制为核心的各种责任制"、"建议城市组织统一的防汛指挥部，统一指挥调度全市的防洪、清障和救灾等项工作"。本条根据上述法律法规文件精神制定，要求城市防洪工程设计时，明确城市防洪管理体制，即根据城市防洪工程的特点、工程规模、管理单位性质确定管理机构设置和人员编制，明确隶属关系、相应的防洪管理权限。

对于新建工程，应该建立新的防洪管理单位。对于改扩建工程，原有体制还基本合适的，可结合原有管理模式，进行适当调整和优化；如原有管理模式确实已不适合改建后工程的特点，也可建立新的管理单位。

目前，我国的水管理体制还比较松散，很多城市的防洪工程分别由水利、城建和市政等部门共同管理。在这种体制下，不可避免地形成了各部门之间业务范围交叉、办事效率低下、责任不清等状况，不利于城市防洪的统一管理，也不利于城市防洪工程整体效益的发挥，应逐步集中到一个部门管理，实施水务一体化管理。

12.3 防洪预警

12.3.1～12.3.5 城市防洪是一项涉及面很广的系统工程，除建设完整的工程体系外，还需加强城市防洪非工程体系的建设，工程措施与非工程措施并用，才能最大限度地发挥城市防洪工程的效益。防洪预警系统是防洪非工程措施的重要内容，建立防洪预警系统是非常必要的，在此规定了防洪预警系统应包括的主要内容、设计依据和原则等。

12.3.6 防洪预警系统应是一个实时的、动态的系统，在实际运行中应进行动态管理，结合新的工程情况和调度方案进行不断修订，不断补充完善，其中既包括由于工程情况和调度方案的变化而造成的防汛指挥调度系统的修订，也包括随着科技的发展和对防汛指挥调度系统认识及要求的提高而需要进行的修订。

13 环境影响评价、环境保护设计与水土保持设计

13.1 环境影响评价与环境保护设计

13.1.1 本条规定了不同设计阶段环境影响评价的工作深度与内容。

13.1.2 本条规定了城市防洪工程环境影响评价的依据。

13.1.3 本条规定了城市防洪工程环境影响评价应包括的对特有环境影响内容。

13.1.5 本条规定了城市防洪工程环境保护设计的内容。

13.2 水土保持设计

13.2.1～13.2.3 这三条规定了水土保持设计的依据与城市防洪工程水土保持设计的特殊要求。

中华人民共和国国家标准

硅集成电路芯片工厂设计规范

Code for design of silicon integrated circuits wafer fab

GB 50809—2012

主编部门：中华人民共和国工业和信息化部
批准部门：中华人民共和国住房和城乡建设部
施行日期：2 0 1 2 年 1 2 月 1 日

中华人民共和国住房和城乡建设部
公　告

第 1497 号

住房城乡建设部关于发布国家标准《硅集成电路芯片工厂设计规范》的公告

现批准《硅集成电路芯片工厂设计规范》为国家标准，编号为GB 50809—2012，自 2012 年 12 月 1 日起实施。其中，第 5.2.1、5.3.1、8.2.4、8.3.11 条为强制性条文，必须严格执行。

本规范由我部标准定额研究所组织中国计划出版社出版发行。

中华人民共和国住房和城乡建设部

2012 年 10 月 11 日

前　言

本规范是根据原建设部《关于印发〈2008 年工程建设标准规范制定、修订计划〉的通知（第二批）》（建标〔2008〕105 号）的要求，由信息产业电子第十一研究院科技工程股份有限公司会同有关单位共同编制完成。

在规范编制过程中，编写组根据我国硅集成电路芯片工厂的设计、建造和运行的实际情况，进行了大量调查研究，同时考虑我国目前集成电路生产的现状，对国外的有关规范进行深入的研读，广泛征求了全国有关单位与个人的意见，并反复修改，最后经审查定稿。

本规范共分 12 章，主要内容包括：总则、术语、工艺设计、总体设计、建筑与结构、防微振、冷热源、给排水及消防、电气、工艺相关系统、空间管理、环境安全卫生等。

本规范中以黑体字标志的条文为强制性条文，必须严格执行。

本规范由住房和城乡建设部负责管理和对强制性条文的解释，由工业和信息化部负责日常管理，由信息产业电子第十一设计研究院科技工程股份有限公司负责具体技术内容的解释。本规范在执行过程中，请各单位结合工程实践，认真总结经验，如发现需要修改和补充之处，请将意见和建议寄至信息产业电子第十一设计研究院科技工程股份有限公司《硅集成电路芯片工厂设计规范》管理组（地址：四川省成都市双林路 251 号，邮政编码：610021，传真：028－84333172），以便今后修订时参考。

本规范主编单位、参编单位、主要起草人和主要审查人：

主 编 单 位：信息产业电子第十一设计研究院科技工程股份有限公司
信息产业部电子工程标准定额站

参 编 单 位：中国电子工程设计院
中芯国际集成电路制造有限公司
上海华虹 NEC 微电子有限公司

主要起草人：王毅勃　王明云　李　骥　肖劲戈　江元升　黄华敬　何　武　夏双兵　陆　崎　谢志雯　朱　琳　刘　娟　刘序忠　高艳敏　朱海英　徐小诚　刘姗宏

主要审查人：陈霖新　薛长立　韩方俊　王天龙　刘志弘　彭　力　刘嵘侃　李东升　毛煜林　杨　琦　周礼誉

目　次

Contents

1 总 则

1.0.1 为在硅集成电路芯片工厂设计中贯彻执行国家现行法律、法规，满足硅集成电路芯片生产要求，确保人身和财产安全，做到安全适用、技术先进、经济合理、环境友好，制定本规范。

1.0.2 本规范适用于新建、改建和扩建的硅集成电路芯片工厂的工程设计。

1.0.3 硅集成电路芯片工厂的设计应满足硅集成电路芯片生产工艺要求，同时应为施工安装、调试检测、安全运行、维护管理提供必要条件。

1.0.4 硅集成电路芯片工厂的设计，除应符合本规范外，尚应符合国家现行有关标准的规定。

2 术 语

2.0.1 硅片 wafer

从拉伸长出的高纯度单晶硅的晶锭经滚圆、切片及抛光等工序加工后所形成的硅单晶薄片。

2.0.2 线宽 critical dimension

为所加工的集成电路电路图形中最小线条宽度，也称为特征尺寸。

2.0.3 洁净室 clean room

空气悬浮粒子浓度受控的房间。

2.0.4 空气分子污染 airborne molecular contaminant

空气中所含的对集成电路芯片制造产生有害影响的分子污染物。

2.0.5 标准机械接口 standard mechanical interface

适用于不同生产设备的一种通用型接口装置，可将硅片自动载入设备，并在加工结束后将硅片送出，同时保护硅片不受外界环境污染。

2.0.6 港湾式布置 bay and chase

生产工艺设备按不同的洁净等级进行布置，并以隔墙分隔生产区和维修区。

2.0.7 大空间式布置 ball room

生产工艺设备布置在同一个区域，全区采用同一洁净等级，未划分生产区和维修区。

2.0.8 自动物料处理系统 automatic material handling system (AMHS)

在硅集成电路芯片工厂内部将硅片和掩模板在不同的工艺设备或不同的存储区域之间进行传输、存储和分发的自动化系统。

2.0.9 纯水 pure water

根据生产需要，去除生产所不希望保留的各种离子以及其他杂质的水。

2.0.10 紧急应变中心 emergency response center

内设各种安全报警系统和救灾设备的安全值班室，为24h事故处理中心和指挥中心。

3 工 艺 设 计

3.1 一 般 规 定

3.1.1 硅集成电路芯片工厂的工艺设计应符合下列要求：

1 满足产品生产的成品率的要求；

2 满足工厂产能的要求；

3 具有工厂今后扩展的灵活性；

4 满足节能、环保、职业卫生与安全方面的要求。

3.1.2 硅集成电路芯片工厂设计时应合理设置各种生产条件，在满足硅集成电路生产要求的前提下，宜投资少、运行费用低、生产效率高。

3.2 技 术 选 择

3.2.1 生产的工艺技术和配套的设备应按硅集成电路芯片工厂的产品类型、月最大产能、生产制造周期、投资金额、长期发展进程等因素确定。

3.2.2 对于线宽在 0.35μm 及以上工艺的硅集成电路的研发和生产，宜采用4英寸～6英寸芯片生产设备进行加工。

3.2.3 对于线宽在 0.13μm 及以上工艺的硅集成电路的研发和生产，宜采用8英寸芯片生产设备进行加工。

3.2.4 对于线宽在 20nm～90nm 工艺及以下的硅集成电路的研发和生产，宜采用12英寸芯片生产设备进行加工。

3.3 工 艺 布 局

3.3.1 工艺布置应满足产品类型、规划和产能目标的要求。

3.3.2 工艺布局应根据生产工序分为包含光刻、刻蚀、清洗、氧化/扩散、溅射、化学气相淀积、离子注入等工序在内的核心生产区，以及包括更衣、物料净化、测试等工序在内的生产支持区。

3.3.3 核心生产区的布局应围绕光刻工序为中心进行布置（图 3.3.3），工艺布局应缩短硅片传送距离，并应避免硅片发生工序间交叉污染。

3.3.4 4英寸～6英寸芯片核心生产区宜采用港湾式布局。

3.3.5 8英寸～12英寸芯片核心生产区宜采用微环境和标准机械接口系统，并宜采用大空间式布局。

3.3.6 8英寸～12英寸芯片核心生产区宜将生产辅助设备布置在下技术夹层。

3.3.7 工艺设备的间隔应满足相邻设备的维修和操作需求。

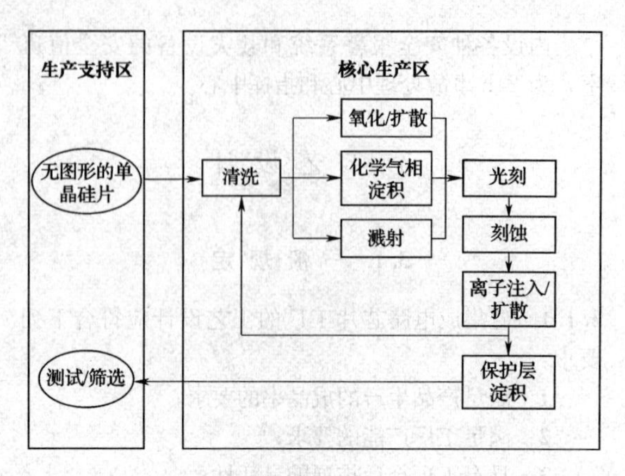

图 3.3.3 硅集成电路芯片生产工艺流程

3.3.8 操作人员走道的宽度应符合下列原则：

1 应满足设备正常操作的需要；

2 应满足人员通行和材料搬运的需要；

3 应满足材料暂存的需要。

3.3.9 生产厂房宜设置参观走道，并应避免影响生产的人流和物流路线以及应急疏散。

3.3.10 8英寸～12英寸芯片生产宜根据生产规模设置自动物料处理系统（AMHS)。

4 总体设计

4.1 厂址选择

4.1.1 厂址选择应符合国家及地方的总体规划、技术经济指标、环境保护等要求，并应符合企业自身发展的需要，基础设施优良。

4.1.2 厂址所在区域应大气含尘量低，并应无洪水、潮水、内涝、飓风、雷暴威胁。

4.1.3 厂址场地应相对平整，距外界强振动源及强电磁干扰源较远。

4.2 总体规划及布局

4.2.1 工厂厂区应包括办公、生产、动力、仓储等功能区域，并应以生产区为核心进行布置。

4.2.2 厂区宜结合工厂发展情况预留发展用地。

4.2.3 厂区的人流、物流出入口应分开设置。

4.2.4 工厂的动力设施宜集中布置并靠近工厂的负荷中心。

4.2.5 厂区内车辆停放场地应满足当地规划要求。

4.2.6 动力设施主要噪声源宜集中布置，并应确保场区边界的噪声强度分别符合现行国家标准《工业企业噪声控制设计规范》GBJ 87及《工业企业厂界环境噪声排放标准》GB 12348 的限值规定。

4.2.7 厂区内应设置消防车道。

4.2.8 工厂厂区内宜规划设备临时存储场地。

4.2.9 厂区道路面层应选用整体性能好、发尘少的材料。

4.2.10 厂区绿化不应种植易产生花粉及飞絮的植物。

5 建筑与结构

5.1 建 筑

5.1.1 硅集成电路芯片工厂的建筑平面和空间布局应适应工厂发展及技术升级。

5.1.2 硅集成电路芯片工厂应包括芯片生产厂房、动力厂房、办公楼和仓库等建筑。生产厂房、办公楼、动力厂房之间的人流宜采用连廊进行联系。

5.1.3 生产厂房的外墙应采用满足硅集成电路芯片生产对环境的气密、保温、隔热、防火、防潮、防尘、耐久、易清洗等要求的材料。

5.1.4 生产厂房外墙应设有设备搬入的吊装口及吊装平台。

5.1.5 生产厂房建筑及装修应避免采用含挥发性有机物的材料和溶剂。

5.1.6 生产厂房应设置与生产设备尺寸和重量匹配的货运电梯。

5.1.7 生产厂房内应设有工艺设备、动力设备的运输安装通道；搬运通道区域的高架地板应满足搬入设备荷载要求。

5.1.8 生产厂房中技术夹层、技术夹道的建筑设计，应满足各种风管和各种动力管线安装、维修要求。

5.1.9 生产厂房外墙和室内装修材料的选择应符合现行国家标准《建筑内部装修设计防火规范》GB 50222 和《电子工业洁净厂房设计规范》GB 50472 的规定。

5.2 结 构

5.2.1 抗震设防区的硅集成电路芯片工厂建筑物应按现行国家标准《建筑工程抗震设防分类标准》GB 50223 的规定确定抗震设防类别及抗震设防标准。

5.2.2 生产厂房的主体结构宜采用钢筋混凝土结构、钢结构或钢筋混凝土结构和钢结构的组合，并应具有防微振、防火、密闭、防水、控制温度变形和不均匀沉降性能。

5.2.3 生产厂房宜采用大柱网大空间结构形式，柱网尺寸宜为 600mm 的模数。

5.2.4 生产厂房变形缝不宜穿越洁净生产区。

5.3 防火疏散

5.3.1 硅集成电路芯片厂房的火灾危险性分类应为丙类，耐火等级不应低于二级。

5.3.2 芯片生产厂房内防火分区的划分应满足工艺生产的要求，并应符合现行国家标准《电子工业洁净厂房设计规范》GB 50472 的规定。

5.3.3 洁净区的上技术夹层、下技术夹层和洁净生产层，当按其构造特点和用途作为同一防火分区时，上、下技术夹层的面积可不计入防火分区的建筑面积，但应分别采取相应的消防措施。

5.3.4 每一生产层、每个防火分区或每一洁净区的安全出口设计，应符合下列规定：

1 安全出口数量应符合现行国家标准《洁净厂房设计规范》GB 50073 的相关规定；

2 安全出口应分散布置，并应设有明显的疏散标志；

3 安全疏散距离可根据生产工艺确定，但应符合现行国家标准《电子工业洁净厂房设计规范》GB 50472 的规定。

6 防 微 振

6.1 一 般 规 定

6.1.1 硅集成电路芯片厂房应满足光刻及测试设备的防微振要求。

6.1.2 硅集成电路芯片厂房的选址应对场地周围的振源进行充分的调查与评估。

6.1.3 厂址选择除既有环境的振源外，尚应计及在未来可能产生的振源对拟建厂房的影响。

6.1.4 振动大的动力设备和运输工具等应远离对振动敏感的净化生产区域，动力厂房与生产厂房不宜贴近布置。

6.1.5 硅集成电路芯片厂房宜在下列阶段进行微振测试和评价：

1 在建设前，对场地素地进行测试和评价；

2 生产厂房结构体完工后，对于布置光刻及测试设备的区域进行测试；

3 生产厂房竣工时，对布置光刻及测试设备的区域进行测试。

6.2 结 构

6.2.1 生产厂房防微振除应计及场地振动外，尚应计及动力设备、洁净区机电系统、物料传输系统运行中产生的振动，以及人员走动的影响。

6.2.2 生产厂房结构宜采用在下夹层实施小柱距柱网或在下夹层设置防振墙或柱间支撑等有利于微振控制的措施。

6.2.3 生产厂房结构分析时应计及由于防微振需要所设的支撑或防振墙等抗侧力构件的影响。

6.2.4 生产厂房的地面宜采用厚板型钢筋混凝土地面。布置微振敏感设备区域的建筑地坪厚度不宜小于 300mm。当钢筋混凝土地面兼作上部结构的筏板基础时，厚度不宜小于 600mm。

6.3 机 械

6.3.1 动力设备应采取动平衡好、运行平稳、低噪声的产品。

6.3.2 对于易产生振动的动力设备及管道应采取隔振、减振措施。

6.3.3 对于靠近振动敏感区的管道应控制管道内介质的流速。

6.3.4 精密设备和仪器的防微振宜采用专用防振基座，其基座平台的基本频率应避开其下支承结构的共振频率和其他振源的共振频率。

7 冷 热 源

7.0.1 硅集成电路芯片厂房的冷热源设置应满足当地气候、能源结构、技术经济指标及环保规定，并应符合下列要求：

1 宜采用集中设置的冷热水机组和供热、换热设备，供应应连续可靠；

2 应采用城市、区域供热和当地工厂余热；

3 可采用燃气锅炉、燃气热水机组供热或燃气溴化锂吸收式冷热水机组供冷、供热；

4 可采用燃煤锅炉、燃油锅炉供热，电动压缩式冷水机组供冷和吸收式冷热水机组供冷、供热。

7.0.2 在需要同时供冷和供热的工况下，冷水机组宜根据负荷要求选用热回收机组，并应采用自动控制的方式调节机组的供热量。

7.0.3 冷热源设备台数和单台容量应根据全年冷热负荷工况合理选择，并应保证设备在高、低负荷工况下均能安全、高效运行，冷热源设备不宜少于 2 台。

7.0.4 过渡季节或冬季需用一定量的供冷负荷时，可利用冷却塔作为冷源设备。

7.0.5 冷水机组的冷冻水供、回水温差不应小于 5℃，在满足工艺及空调用冷冻水温度的前提下，应加大冷冻水供、回水温差和提高冷水机组的出水温度。

7.0.6 非热回收水冷式冷水机组的常温冷却水的热量宜回收利用。

7.0.7 当冷负荷变化较大时，冷源系统设备宜采用变频调速控制。

7.0.8 电动压缩式制冷机组的制冷剂应符合有关环保的要求，采用过渡制冷剂时，其使用年限应符合国家禁用时间。

7.0.9 燃油燃气锅炉应选用带比例调节燃烧器的全自动锅炉，且每台锅炉宜独立设置烟囱，烟囱的高度应符合相关国家标准及当地环保要求的规定。

7.0.10 锅炉房排放的大气污染物，应符合现行国家标准《锅炉大气污染物排放标准》GB 13271 和《大气污染物综合排放标准》GB 16297的规定，以及所在地区有关大气污染物排放的规定。

8 给排水及消防

8.1 一 般 规 定

8.1.1 给排水系统应满足生产、生活、消防以及环保等要求，应在水量平衡的基础上提高节约用水和循环用水的水平，并应做到技术先进、经济合理、节水节能、减少排污。

8.1.2 给排水系统应在满足使用要求的同时为施工安装、操作管理、维修检测和安全保护提供基础条件。

8.1.3 给排水管道穿过房间墙壁、楼板和顶棚时应设套管，管道和套管之间应采取密封措施。无法设置套管的部位也应采取密封措施。

8.1.4 给排水管道在可能冻结的区域应采取防冻措施，外表面可能产生结露的管道应采取防结露措施。洁净区内给排水管道绝热结构的最外层应采用不发尘材料。

8.2 给 排 水

8.2.1 给水系统应按生产、生活、消防等对水质、水压、水温的不同要求分别设置。

8.2.2 生产和生活给水系统宜利用市政给水管网的水压直接供水。

8.2.3 当市政给水管网的水压、水量不足时，生产、生活给水系统应设置贮水装置和加压装置进行调节。贮水装置不得影响水质并设有水位指示。加压装置宜采用变频调速设备，并应设置备用泵，备用泵供水能力不应小于供水泵中最大一台的供水能力。

8.2.4 不同水源、水质的用水应分系统供水。严禁将城市自来水管道与自备水源或回用水源的给水管道直接连接。

8.2.5 生产废水的排水系统应根据废水的污染因子、废水浓度、产水流量以及废水处理的工艺确定，宜采用重力流的方式自流至废水处理站。

8.2.6 生产废水干管宜设置在地沟或生产厂房下夹层内，严寒地区的室外管沟内的排水管应采取保温防冻措施。

8.2.7 排放腐蚀性废水的架空管道应采用双层管道，不宜采用法兰连接。如必须采用时，法兰处应采取防渗漏措施。

8.2.8 洁净区内工艺设备的生产排水宜采用接管排水，设备附近宜设置事故地漏。排水干管宜设置透气系统。

8.2.9 洁净区内应采用不易积存污物、易于清洗的卫生设备、管道、管架及其附件。

8.2.10 有害化学品贮存间和配送间应设置用于输送事故泄漏的化学药剂和消防排水至安全场所的排水措施。

8.2.11 用于贮存事故泄漏的化学药剂及消防排水的室内地沟等设施的贮存容积不应小于最大罐化学药剂容积。

8.3 消 防

8.3.1 硅集成电路芯片工厂除应采取防火措施以外，还应结合我国当前的技术、经济条件，配置必要的灭火设施。

8.3.2 洁净区内除应设置室内消火栓系统、自动喷水灭火系统和灭火器系统外，还应根据生产工艺或设备的具体条件和要求，有针对性的设置其他消防设备。

8.3.3 消防水泵应设备用泵，消防泵房应设置备用动力源。

8.3.4 厂房室外消防给水可采用高压、临时高压或低压给水系统，并应符合现行国家标准《建筑设计防火规范》GB 50016 的规定。

8.3.5 生产厂房洁净生产层及上、下技术夹层除不通行的技术夹层外，应根据面积大小、设备台数等设置室内消火栓。

8.3.6 设置于生产厂房内的室内消火栓宜设单独隔断阀门。

8.3.7 生产厂房洁净生产层及洁净区吊顶或技术夹层内，均应设置自动喷水灭火系统，设计参数宜按表8.3.7规定确定。

表 8.3.7 自动喷水灭火系统设计参数

设计区域	设计喷水强度	设计作用面积	单个喷头保护面积	喷头动作温度	灭火作用时间
洁净区域	8.0L/min·m²	280m²	13m²	57℃～77℃	60min

8.3.8 洁净区的建筑构造材料为非可燃物且该区域内也无其他可燃物的存在时，该区域可不设自动喷水灭火系统。

8.3.9 垂直单向流的洁净区和洁净区域应使用快速响应喷头。

8.3.10 洁净区吊顶下喷头宜采用不锈钢柔性接管与自动喷水灭火系统供水管道相连接。

8.3.11 存放易燃易爆的特种气体气瓶柜间内应设置自动喷水灭火系统喷头。

8.3.12 在硅烷配送区域应设置直接作用于各气瓶的水喷雾系统，系统的动作信号应来自火灾探测器，且火灾探测器应与气瓶上的自动关断阀联动。

8.3.13 工艺排风管道的消防保护应符合下列要求：

1 设置于厂房内，用于输送可燃气体且最大等效内径大于或等于 250mm 的金属或其他非可燃材质的排风管道，应在风管内设置喷头；

2 风管内自动喷水灭火系统的设计喷水强度不得小于 1.9L/min·m²，风管内自动喷水灭火系统设计流量应满足最远端 5 个喷头的出水量，单个喷头实际出水量不应小于76L/min，水平风管内喷头距离不得大于6.1m，垂直风管内喷头最大间距不得大于3.7m；

3 为风管内喷头供水的干管上应设置独立的信号控制阀；

4 设置喷头保护的排风管应设置避免消防喷水蓄积的排水措施；

5 安装在腐蚀性气体风管内的喷头及管件应采取防腐蚀材质或衬涂合适的防腐材料；

6 风管内喷头的安装应便于定期维护检修。

8.4 灭 火 器

8.4.1 在洁净区内应设置灭火器。

8.4.2 洁净区内宜选用二氧化碳等对工艺设备和洁净区环境不产生污染和腐蚀作用的灭火剂。

8.4.3 在洁净区内的通道上宜设置推车式二氧化碳灭火器。

8.4.4 其他灭火剂的选择应计及配置场所的火灾类型、灭火能力、污损程度、使用的环境温度以及与可燃物的相容性。

9 电 气

9.1 供 配 电

9.1.1 硅集成电路芯片工厂应根据当地电网结构以及工厂负荷容量确定合理的供电电压。

9.1.2 硅集成电路芯片工厂用电负荷等级应为一级，其供电品质应满足芯片生产工艺及设备的要求，并应符合现行国家标准《供配电系统设计规范》GB 50052、《爆炸和火灾危险环境电力装置设计规范》GB 50058及《电子工业洁净厂房设计规范》GB 50472的规定。

9.1.3 硅集成电路芯片厂房配电电压等级应符合生产工艺设备及动力设备的要求。

9.1.4 硅集成电路芯片厂房的供电系统应将生产工艺设备与动力设备的供电分设，生产工艺设备宜采用独立的变压器供电并采取抑制浪涌的措施。带电导体系统的形式宜采用单相二线制、三相三线制、三相四线制，系统接地型式宜采用TN—S或TN—C—S系统。

9.1.5 对于有特殊要求的工艺设备，应设不间断电源(UPS)或备用发电装置。

9.2 照 明

9.2.1 硅集成电路芯片工厂生产区域照明的照度值应根据工艺生产的要求确定。

9.2.2 生产厂房技术夹层内宜设置检修照明。

9.2.3 生产厂房内应设置供人员疏散用应急照明，其照度不应低于5.0 lx。在安全出入口、疏散通道或疏散通道转角处应设置疏散标志。在专用消防口应设置红色应急照明指示灯。

9.2.4 生产厂房洁净区宜选用吸顶明装、不易积尘、便于清洁的灯具。当采用嵌入式灯具时，其安装缝隙应采取密封措施。

9.2.5 生产厂房的光刻区应采用黄色光源，黄光的波长应根据生产工艺要求确定。

9.2.6 生产厂房备用照明的设置应符合下列规定：

1 洁净区内应设计备用照明；

2 备用照明宜作为正常照明的一部分，且不应低于该场所一般照明照度值的20%。

9.3 接 地

9.3.1 生产设备的功能性接地应小于1Ω，有特殊接地要求的设备，应按设备要求的电阻值设计接地系统。

9.3.2 功能性接地、保护性接地、电磁兼容性接地、建筑防雷接地，宜采用共用接地系统，接地电阻值应按其中最小值确定。

9.3.3 生产设备的功能性接地与其他接地分开设置时，应采取防止雷电反击措施。分开设置的接地系统接地极宜与共用接地系统接地极保持20m以上的间距。

9.4 防 静 电

9.4.1 硅集成电路芯片厂房生产区应为一级防静电工作区。

9.4.2 防静电工作区的地面和墙面、柱面应采用导静电型材料。导静电型地面、墙面、柱面的表面电阻、对地电阻应为$2.5\times10^4\Omega\sim1\times10^6\Omega$，摩擦起电电压不应大于100V，静电半衰期不应大于0.1s。

9.4.3 防静电工作区内不得选用短效型静电材料及制品，并应根据生产工艺的需要设置静电消除器、防静电安全工作台。

9.4.4 防静电环境的门窗选择应符合下列要求：

1 应选用静电耗散材料制作门窗或采用静电耗散型材料贴面；

2 金属门窗表面应涂刷静电耗散型涂层，并应接地；

3 室内隔断和观察窗安装大面积玻璃时，其表面应粘贴静电耗散型透明薄膜或喷涂静电耗散型涂层。

9.4.5 防静电环境的净化空调系统送风口和风管，应选用导电材料制作，并应接地。

9.4.6 防静电环境的净化空调系统、各种配管使用部分绝缘性材质时，应在其表面安装紧密结合的金属网并将其接地。当使用导电性橡胶软管时，应在软管上安装与其紧密结合的金属导体，并应用接地引线与其可靠接地。

9.4.7 生产厂房内金属物体包括洁净室的墙面、门窗、吊顶的金属骨架应与接地系统做可靠连接；导静电地面、防静电活动地板、工作台面、座椅等应做防静电接地。

9.4.8 生产厂房防静电接地设计及其他要求，应按现行国家标准《电子工程防静电设计规范》GB 50611 的有关规定执行。

9.5 通信与安全保护

9.5.1 硅集成电路芯片工厂内应设通信设施，并应符合下列要求：

1 厂房内电话/数据布线应采用综合布线系统，综合布线系统的配线间或配线柜不应设置在布置工艺设备的洁净区内；

2 应设置生产、办公及动力区之间联系的语音通信系统；

3 应根据管理及工艺的需要设置数据通信局域网及与因特网连接的接入网；

4 宜设置集中式数据中心。

9.5.2 生产厂房应设置火灾自动报警系统，其防护对象的等级不应低于一级，火灾自动报警系统形式应采用控制中心报警系统，并应符合下列要求：

1 应设有消防控制中心，并应符合现行国家标准《建筑设计防火规范》GB 50016 的规定；

2 生产厂房内火灾探测应采用智能型探测器。在封闭房间内使用或存储易燃、易爆气体及有机溶剂时，房间内应设置火焰探测器；

3 生产厂房洁净区内净化空调系统混入新风前的回风气流中，宜设置高灵敏度早期报警火灾探测器；

4 在洁净区空气处理设备的新风或循环风的回风口处，宜设风管型火灾探测器。

9.5.3 生产厂房应设置火灾自动报警及消防联动控制。控制设备的控制及显示功能应符合现行国家标准《建筑设计防火规范》GB 50016 及《电子工业洁净厂房设计规范》GB 50472 的规定。

9.5.4 生产厂房应设置气体泄漏报警装置，并应符合现行国家标准《建筑设计防火规范》GB 50016 及《特种气体系统工程技术规范》GB 50646 的规定。

9.5.5 生产厂房应设化学品液体泄漏报警装置，并应符合现行国家标准《电子工厂化学品系统工程技术规范》GB 50781 的规定。

9.5.6 生产厂房应设置广播系统，洁净区内应采用洁净室型扬声器。当广播系统兼事故应急广播系统时，应符合现行国家标准《火灾自动报警系统设计规范》GB 50116 的有关规定。

9.5.7 芯片工厂内应设置闭路电视监控系统，监控摄像机宜采用彩色摄像机，闭路电视监控系统监控图像存储时间不应少于15d。

9.5.8 芯片工厂内宜设置门禁系统，所有进入洁净区的通道均应设置通道控制，洁净区内门禁读卡器宜采用非接触型。

9.6 电磁屏蔽

9.6.1 硅集成电路芯片生产相关工序的房间和测量、仪表计量房间，凡属下列情况之一，应采取电磁屏蔽措施：

1 环境的电磁场强度超过生产设备和仪器正常使用的允许值；

2 生产设备及仪器产生的电磁泄漏超过干扰相邻区域所允许的环境电磁场强度值；

3 有特殊电磁兼容要求时。

9.6.2 环境电磁场场强宜以实测值为设计依据。缺少实测数据时，可采用理论计算值再加上 6dB～8dB 的环境电平值作为干扰场强。

9.6.3 生产设备和仪器所允许的环境电磁场强度值，应以产品技术说明要求为依据。

9.6.4 对需要采取电磁屏蔽措施的生产工序，在满足生产操作和屏蔽结构体易于实现的前提下，宜直接对生产工序中的设备工作地环境进行屏蔽。

9.6.5 对需要采取电磁屏蔽措施的区域，屏蔽结构的屏蔽效能应在工作频段有不小于 10dB 的余量。屏蔽室的电磁屏蔽效能，可按表 9.6.5 的数值确定。

表 9.6.5 屏蔽室的电磁屏蔽效能

频段	简易屏蔽	一般屏蔽	高性能屏蔽	特殊屏蔽
10kHz～1GHz	<30dB	30dB～60dB	60dB～80dB	≥80dB
>1GHz	<40dB	40dB～80dB	≥80dB	≥100dB

9.6.6 屏蔽措施可选择下列方式：

1 直接对生产设备工作地环境进行屏蔽时，宜选择装配式的商品屏蔽室；

2 对生产工序整体环境进行屏蔽时，宜选择非标设计和施工安装的屏蔽体；

3 对仪表计量房间的电磁进行屏蔽时，装配式的商品屏蔽室与非标设计和施工安装的屏蔽体均可采用。

9.6.7 屏蔽效果验收测量应符合现行国家标准《电磁屏蔽室屏蔽效能的测量方法》GB/T 12190 的规定。

10 工艺相关系统

10.1 净化区

10.1.1 生产环境的洁净度等级应符合下列要求：

1 芯片生产厂房内各洁净区的空气洁净度等级应根据芯片生产工艺及所使用的生产设备的要求确定；

2 洁净度等级的划分应符合现行国家标准《洁净厂房设计规范》GB 50073 的规定；

3 洁净区设计时，空气洁净度等级所处状态应根据生产条件确定。

10.1.2 生产环境的温度、相对湿度指标应按芯片生产工序分别制定。一般洁净区温度应控制在22℃±0.5℃～22℃±2℃，相对湿度应控制在43%±3%～45%±10%。

10.1.3 洁净区内的新鲜空气量应取下列最大值：

1 补偿室内排风量和保持室内正压值所需新鲜空气量之和；

2 保证供给洁净区内人员所需的新鲜空气量。

10.1.4 洁净区与周围的空间应按工艺要求，保持一定的正压值，并应符合下列规定：

1 不同等级的洁净区之间压差不应小于5Pa；

2 洁净区与非洁净区之间压差不应小于5Pa；

3 洁净区与室外的压差不应小于5Pa。

10.1.5 气流流型的设计，应符合下列要求：

1 气流流型应满足空气洁净度等级的要求；

2 空气洁净度等级要求为1级～4级时，应采用垂直单向流；

3 空气洁净度等级要求为5级时，宜采用垂直单向流；

4 空气洁净度等级要求6级～9级时，宜采用非单向流。

10.1.6 洁净区的送风量，应取下列最大值：

1 为保证空气洁净度等级的送风量；

2 消除洁净区内热、湿负荷所需的送风量；

3 向洁净区内供给的新鲜空气量。

10.1.7 净化系统的型式应根据洁净区面积、空气洁净度等级和产品生产工艺特点确定。

10.1.8 洁净区的送风宜采用下列方式：

1 洁净区面积较小、洁净度等级较低且洁净区可扩展性不高时，宜采用集中送风方式；

2 洁净区面积大、洁净度等级较高时，宜采用风机过滤器机组（FFU）送风。

10.1.9 对于面积较大的洁净厂房宜设置集中新风处理系统，新风处理系统送风机应采取变频措施。

10.1.10 对于有空气分子污染控制要求的区域，可采取在新风机组及该区域风机过滤器机组上加装化学过滤器的措施。

10.1.11 干盘管的设置应符合下列要求：

1 应根据生产工艺和洁净区布局确定合理的安装位置；

2 应根据处理风量、室内冷负荷、风机过滤器特性确定干盘管迎风面速度和结构参数；

3 应采取保证进入干盘管的冷冻水温度高于洁净区内空气露点温度的措施；

4 应设置检修排水设施。

10.2 工艺排风

10.2.1 硅集成电路芯片工厂的工艺排风系统设计，应按工艺设备排风性质的不同分别设置独立的排风系统。

10.2.2 凡属下列情况之一时，应分别设置独立的排风系统：

1 两种或两种以上的气体有害物混合后能引起燃烧或爆炸时；

2 混合后发生反应，形成危害性更大或腐蚀性的混合物、化合物时；

3 混合后形成粉尘时。

10.2.3 洁净区事故排风系统的设计应符合现行国家标准《采暖通风与空气调节设计规范》GB 50019的规定。

10.2.4 使用有毒有害物质的房间排风量应满足最小通风量6次/h。

10.2.5 生产厂房工艺排风系统应设置备用排风机，并应设置不间断电源（UPS）。当正常电力供应中断情况下，应保证工艺排风系统的排风量不小于正常排风量的50%。

10.2.6 生产厂房工艺排风系统宜设置变频调节系统。

10.2.7 易燃易爆工艺排风管道上不应设置熔断式防火阀。工艺排风管道不宜穿越防火分区的防火墙。

10.2.8 工艺排风管道穿越有耐火时限要求的建筑构件处，紧邻建筑构件的风管管道应采用与建筑构件耐火时限相同的防火构造进行封闭或保护，每侧长度不应小于2m或风管直径的两倍，并应以其中较大者为准。

10.2.9 工艺排风管道应采用不燃材料。

10.2.10 工艺排风系统管道及设备应设置防静电接地装置。

10.2.11 工艺排风系统不应兼作排烟系统使用。

10.3 纯水

10.3.1 硅集成电路芯片工厂纯水系统设计应根据生产工艺要求，合理确定纯水制备系统的规模、供水水质。

10.3.2 纯水的制备、储存和输送的设备和材料，除应满足所需水量和水质要求外，尚应符合下列规定：

1 纯水的制备、储存和输送设备的配置应确保系统满足运行安全可靠、技术先进、经济适用、便于操作维护等要求；

2 纯水的制备、储存和输送设备材料的选择应与其接触的水质相匹配，设备内表面应满足光洁、平整等物理性能，同时应化学性质稳定、耐腐蚀、易清洗。

10.3.3 纯水系统应采用循环供水方式。纯水输配系统应根据水质、水量、用水点数量、管道材质以及使用点对水压稳定性等要求确定，可选择采用单管式循环供水系统、直接回水的循环供水系统或逆向回水的循环供水系统，并应符合下列规定：

1　纯水输配系统的附加循环水量宜为额定耗用水量的25%～50%；

2　纯水管道流速的选择应能有效地防止水质降低和微生物的滋生，并应兼顾压力损失，供、回水管流速分别不宜低于1.5m/s和0.5m/s；

3　纯水输配管路系统应根据系统运行维护的需要设置必要的采样口；

4　工艺设备二次配管，且截止阀离设备较远时，宜安装回水管。

10.3.4　用于纯水系统的水质检测设备及仪表，其安装不应使纯水水质降低，其检测范围和精度应符合纯水生产和检验的要求。

10.3.5　纯水精处理或终端处理装置宜靠近主要用水工艺设备设置。

10.3.6　纯水系统管道材质的选用，应符合下列要求：

1　应满足纯水水质指标的要求；

2　材料的化学稳定性应高；

3　管道物理性能应好，内壁光洁度应高；

4　不得有渗气现象。

10.3.7　纯水管道的阀门和附件的选用应符合下列规定：

1　应选择与管道相同的材质；

2　应选用密封好、结构合理、无渗气现象的阀门。

10.3.8　纯水废水回收设计应与硅集成电路芯片生产工艺设计密切配合，并应根据工程实际情况、回收水质、水量，结合当前的技术、经济条件等合理确定回收率。

10.3.9　回收水处理系统流程的拟定和设备的选择，应根据工程的具体情况、回收水水质、水量以及处理后的用途等因素综合确定。当不能取得回收水水质资料时，可按已建同类工程经验或科学实验确定。

10.4　废　　水

10.4.1　硅集成电路芯片工厂生产废水处理系统应根据废水污染因子种类、水量、当地废水排放要求等设置分类收集、处理的废水处理系统。

10.4.2　生产废水处理系统应设置应急废水收集池。

10.4.3　连续处理的生产废水系统应设置调节池，调节池的大小应根据废水水量及水质变化规律确定。

10.4.4　废水处理系统的设备及构筑物应设置放空设施。

10.4.5　生产废水系统污泥脱水设备应根据污泥脱水性能和脱水要求确定。

10.4.6　沉淀池所排出的污泥在进行机械脱水前宜先进行浓缩，污泥进入脱水设备前的含水率不宜大于98%。

10.4.7　污泥脱水间应预留脱水后泥饼的贮存或堆放的空间，并应根据外运条件设置运输设施和通道。

10.4.8　废水处理系统的设备及构筑物应根据所接触的水质采取防腐措施。

10.4.9　废水处理应遵循节水优先、分质处理、优先回用的原则。

10.5　工艺循环冷却水

10.5.1　工艺循环冷却水系统的水温、水压及水质要求，应根据生产工艺条件确定。对于水温、水压、运行等要求差别较大的设备，工艺循环冷却水系统宜分开设置。

10.5.2　工艺循环冷却水系统的循环水泵宜采用变频调速控制，应设置备用泵，备用泵供水能力不应小于最大一台运行水泵的额定供水能力。

10.5.3　工艺循环冷却水系统的循环水泵供电形式，宜采用双回路供电或采用大功率不间断电源（UPS）装置供电。

15.5.4　工艺循环冷却水系统应设置过滤器，过滤器宜设置备用。过滤器的过滤精度应根据工艺设备对水质的要求确定。

10.5.5　工艺循环冷却水系统的换热设备宜设置备用机组。

10.5.6　循环水箱的有效容积不应小于总循环水量的10%，且应设置低位报警装置和大流量自动补水系统。

10.5.7　工艺循环冷却水系统的管路应符合下列规定：

1　配水管路应满足水力平衡的要求；

2　应设置泄水阀或泄水口、排气阀或排气口和排污口；

3　工艺冷却水管道的材质，应根据生产工艺的水质要求确定，宜采用不锈钢管、给水UPVC管或PP管，管道附件与阀门宜采用与管道相同的材质；

4　非保温的不锈钢管与碳钢支吊架之间的隔垫应采用绝缘材料，保温不锈钢管应采用带绝热块的保温专用管卡。

10.5.8　工艺循环冷却水系统应结合工艺用水设备、工艺循环冷却水系统的设备及管路、冷却水水质情况，合理设置水质稳定处理装置。

10.6　大宗气体

10.6.1　大宗气体供应系统宜在工厂厂区内或邻近处设置制气装置或采用外购液态气储罐或瓶装气体。

10.6.2　氢气、氧气管道的终端或最高点应设置放散管。氢气放散管口应设置阻火器。

10.6.3　气体纯化装置的设置，应符合下列要求：

1　气体纯化装置应根据气源和生产工艺对气体纯度、容许杂质含量要求选择；

2 气体纯化装置应设置在其专用的房间内，氢气纯化器应设置在独立的房间内；

3 气体终端纯化装置宜设置在邻近用气点处。

10.6.4 生产厂房内的大宗气体管道等应采取下列安全技术措施：

1 管道及阀门附件应经脱脂处理；

2 应设置导除静电的接地设施；

3 氧气引入管道上应设置自动切断阀。

10.6.5 气体管道和阀门应根据产品生产工艺要求选择，宜符合下列规定：

1 气体纯度大于或等于99.9999%时，应采用内壁电抛光的低碳不锈钢管，阀门应采用隔膜阀；

2 气体纯度大于或等于99.999%、露点低于－76℃时，宜采用内壁电抛光的低碳不锈钢管或内壁电抛光的不锈钢管，阀门宜采用不锈钢隔膜阀或波纹管阀；

3 气体纯度大于或等于99.99%、露点低于－60℃时，宜采用内壁抛光的不锈钢管，阀门宜采用球阀；

4 气体管道阀门、附件的材质宜与相连接的管道材质一致。

10.6.6 气体管道连接，应符合下列规定：

1 管道连接应采用焊接；

2 不锈钢管应采用氩弧焊，宜采用自动氩弧焊或等离子熔融对接焊；

3 管道与设备或阀门的连接，宜采用表面密封的接头或双卡套，接头或双卡套的密封材料宜采用金属垫或聚四氟乙烯垫。

10.7 干燥压缩空气

10.7.1 洁净厂房内的干燥压缩空气系统应根据各类产品生产工艺要求、供气量和供气品质等因素确定，并应符合下列规定：

1 干燥压缩空气系统的供气规模应按生产工艺所需实际用气量及系统损耗量确定；

2 供气设备可集中布置在生产厂房内的供气站或生产厂房外的综合动力站；

3 供气品质应根据生产工艺对含水量、含油量、微粒粒径要求确定；

4 应选用能耗少、噪声低的无油润滑空气压缩机。

10.7.2 风冷式空气压缩机及风冷式干燥装置的设备布置，应防止冷却空气发生短路现象。

10.7.3 干燥压缩空气管道内输送露点低于－76℃时，宜采用内壁电抛光不锈钢管；露点低于－40℃时，可采用不锈钢管或热镀锌碳钢管。阀门宜采用波纹管阀或球阀。

10.7.4 压缩空气系统的管道设计应符合下列规定：

1 压缩空气主管道的直径应按全系统实际用气量进行设计；主支管道的直径应按局部系统实际用气量进行设计；支管道的直径应按设备最大用气量进行设计；

2 干燥压缩空气输送露点低于－40℃时，用于管道连接的密封材料宜选用金属垫片或聚四氟乙烯垫片；

3 当设计软管连接时，宜选用金属软管；

4 管道连接宜采用焊接，不锈钢管应采用氩弧焊。

10.8 真　空

10.8.1 生产厂房工艺真空系统的设计，应符合下列规定：

1 工艺真空系统的抽气能力应按生产工艺所需实际用气量及系统损耗量确定；

2 供气设备应布置在生产厂房内的一个或多个供气站内；

3 工艺真空设备应选用能耗少、噪声低的设备；

4 工艺真空设备应根据工艺系统的实际情况选用水环式或干式真空泵；

5 工艺真空系统宜设置真空压力过低保护装置。

10.8.2 工艺真空系统的管道设计应符合下列规定：

1 工艺真空管路设计应布置成树枝状形式；

2 工艺真空主管道的直径应按全系统实际抽气量进行设计；主支管道的直径应按局部系统实际抽气量进行设计；支管道的直径应按设备最大抽气量进行设计；

3 工艺真空系统的管道材料宜根据工艺真空系统的真空压力及真空特性选用不锈钢管或厚壁聚氯乙烯管道；

4 当设计软管连接时，应选用金属软管。

10.8.3 生产厂房清扫真空系统应符合下列规定：

1 清扫真空系统的抽气能力应按同时使用清扫真空点的数量及每个使用点的抽气量确定；

2 供气设备应布置在生产厂房内的一个或多个供气站内，末端清扫设备应设有过滤器；

3 清扫真空管路设计应布置成树枝状形式，支管路应采用成Y形接头沿抽气方向进入主管路；

4 在净化区面积较小时，可采用移动式清扫真空系统。

10.9 特种气体

10.9.1 特种气体宜采用外购钢瓶气体供应，在厂区内应设置储存、分配系统。

10.9.2 特种气体宜根据危险性质和存储数量设置独立的气瓶间。

10.9.3 洁净区内自燃、易燃、腐蚀性或有毒的特种气体分配系统的设置，应符合下列规定：

1 危险气体钢瓶应设置在具有连续机械排风的

特种气体柜中；

2 排风机、泄漏报警、自动切断阀均应设置应急电源；

3 一个特种气体分配系统供多台生产设备使用时，应设置多路阀门箱。

10.9.4 特种气体分配系统应符合下列规定：

1 应设置吹扫盘；

2 应设置应急切断装置；

3 应设置过流量控制装置；

4 应设置手动隔离阀；

5 运行过程中的吹扫气源不应使用厂区内大宗气体系统；

6 不相容特种气体不得共用同一吹扫盘。

10.10 化 学 品

10.10.1 生产厂房内化学品的储存、输送方式，应根据生产工艺所使用化学品用量及其物理化学特性等确定。

10.10.2 生产厂房内使用的各类化学品应按各自的物理化学特性分类和储存，并应符合现行国家标准《化学品分类和危险性公示　通则》GB 13690 的有关规定。

10.10.3 在洁净区内使用危险化学品的生产设备、化学品储存区（设备），应采取相应的安全保护措施。

10.10.4 洁净厂房内各种化学品储存间（区）的设置，应符合下列规定：

1 易燃易爆化学品储存、分配间应靠外墙布置；

2 危险化学品储存区域（间）和分配区（间），不得设置人员密集房间和疏散走廊的上方、下方或贴邻；

3 各类化学品储存、分配间应设置机械排风。机械排风系统应提供紧急电源；

4 易燃易爆化学品储存间、分配间应采用不发生火花的防静电地面；腐蚀性化学品应采用防腐蚀地面。

10.10.5 当设置集中分配间通过管道输送化学品时，应符合下列规定：

1 输送系统设备、管道的化学稳定性应与所输送的化学品性质相容；

2 分配间以及设备排风应根据化学品的性质分类处理达到国家标准后排至大气；

3 应设置液位监控和自动关闭装置，并应设置溢流应对设施；

4 有机溶剂分配间应设置相应的泄漏浓度报警探头，并应与紧急排风系统连锁；

5 输送易燃、易爆化学品的管道，应设置静电泄放的接地设施；

6 输送易燃、易爆、腐蚀性化学品总管上应设自动和手动切断阀。

10.10.6 危险化学品的储存、分配间，应设置废液收集系统，并应符合下列规定：

1 应按化学品废液成分和性质分类收集；

2 物理化学特性不相容的化学品，不得排入同一种废液收集系统。

10.10.7 液态危险化学品的储存、分配间，应设置溢出保护设施，并应符合下列规定：

1 防护堤形成的有效容积应大于最大储罐的容积；

2 两种化学品混合将引起化学反应时，不同化学品储罐或罐组之间，应设置防护隔堤；

3 应设置液体泄漏报警和废液收集系统。

10.10.8 根据化学品性质在储存间和分配间应设置紧急淋浴器。

10.10.9 管道、阀门设计应符合下列要求：

1 化学品系统管道材质选用，应按所输送的化学品物理化学性质和品质要求确定，应选择化学稳定性能和相容性能良好的材料；

2 化学品输送管路系统，对多台生产设备供应同一种化学品时，应设置分配阀箱，并应设置泄漏检测报警系统；

3 输送非腐蚀性有机溶剂的管道材质，宜采用低碳不锈钢管；输送酸、碱类和腐蚀性有机溶剂管道材质，宜采用 PFA 或PTFE管，并应设置防泄漏保护透明 PVC 套管；用于管道系统的垫片，宜采用与所输送化学品相容的氟橡胶、聚四氟乙烯或其他与所输送化学品相容的材料；

4 阀门和附件的材质应与管道材质一致。

11 空 间 管 理

11.0.1 硅集成电路芯片工厂室外空间管理，应符合下列规定：

1 室外管线宜采用架空敷设的方式集中布置；

2 室外管架不应影响道路的正常通行；

3 室外管架与邻近的建筑物的间距应满足管道安装及维护的要求；

4 室外管架宜设置检修马道；

5 室外管架的空间和荷载应为扩展留有余量。

11.0.2 生产厂房内的空间管理应符合下列规定：

1 应满足设备的正常生产空间；

2 不应影响设备维修以及搬入的空间；

3 应满足辅助设备的维修、安装以及搬入；

4 应满足设备检修的空间；

5 管线之间以及管线与建筑物之间应预留足够的安装维修空间；

6 应计及管道入口的空间及管道井的位置；

7 应为今后扩展预留管道空间和荷载。

11.0.3 生产厂房内的管道应利用净化区上、下技术夹层的空间进行布置。

11.0.4 净化区上技术夹层内除消防管道外，不宜设置水管及其他液体输送管道。

11.0.5 主要管线在上技术夹层布置时，应计及气流组织的空间、排风管道和大宗气体以及特种气体管道敷设的空间高度。

11.0.6 在上技术夹层内宜设置检修通道。

11.0.7 主要管线在下技术夹层布置时，应计及辅助设备、主管、支管、二次配管和消防喷淋管道的空间高度。

11.0.8 在管道种类多，空间有限的区域宜设置公共管架，并应符合下列规定：

1 在华夫板下和净化区高架地板下应留有二次配管配线的空间；

2 尺寸较大的管道宜布置在公共管架的上层；

3 有坡度要求的管道宜布置在管道的下层；

4 管道改变方式时宜同时改变管道的标高；

5 应为今后扩展预留管道空间和荷载；

6 由梁、柱承重的公共管架宜在结构施工时预埋承重构件。

12 环境安全卫生

12.0.1 硅集成电路芯片工厂应具有对环境、安全及卫生进行监控的设施。

12.0.2 8英寸～12英寸硅集成电路芯片工厂宜设置健康中心，并应具备工伤急救及一般医疗、转诊及咨询的设施。

12.0.3 8英寸～12英寸硅集成电路芯片工厂宜在靠近生产区入口处设置专人全天职守的紧急应变中心(ERC)，并应符合下列要求：

1 应制定紧急应变程序；

2 应设置防灾及生命安全监控系统；

3 应配备紧急应变器材。

本规范用词说明

1 为便于在执行本规范条文时区别对待，对要求严格程度不同的用词说明如下：

1) 表示很严格，非这样做不可的：
正面词采用“必须”，反面词采用“严禁”；

2) 表示严格，在正常情况下均应这样做的：
正面词采用“应”，反面词采用“不应”或“不得”；

3) 表示允许稍有选择，在条件许可时首先应这样做的：
正面词采用“宜”，反面词采用“不宜”；

4) 表示有选择，在一定条件下可以这样做的，采用“可”。

2 条文中指明应按其他有关标准执行的写法为：“应符合……的规定”或“应按……执行”。

引用标准名录

《建筑设计防火规范》GB 50016
《采暖通风与空气调节设计规范》GB 50019
《供配电系统设计规范》GB 50052
《爆炸和火灾危险环境电力装置设计规范》GB 50058
《洁净厂房设计规范》GB 50073
《工业企业噪声控制设计规范》GBJ 87
《火灾自动报警系统设计规范》GB 50116
《建筑内部装修设计防火规范》GB 50222
《建筑工程抗震设防分类标准》GB 50223
《电子工业洁净厂房设计规范》GB 50472
《电子工程防静电设计规范》GB 50611
《特种气体系统工程技术规范》GB 50646
《电子工厂化学品系统工程技术规范》GB 50781
《电磁屏蔽室屏蔽效能的测量方法》GB/T 12190
《工业企业厂界环境噪声排放标准》GB 12348
《锅炉大气污染物排放标准》GB 13271
《化学品分类和危险性公示 通则》GB 13690
《大气污染物综合排放标准》GB 16297

中华人民共和国国家标准

硅集成电路芯片工厂设计规范

GB 50809—2012

条 文 说 明

制 定 说 明

《硅集成电路芯片工厂设计规范》GB 50809－2012，经住房和城乡建设部2012年10月1日以第1497号公告批准发布。

本规范紧密结合当前我国电子信息产品制造业对硅集成电路芯片的需求，切实体现了我国集成电路芯片工厂工程建设中新技术、新工艺、新设备和新材料的应用成果和先进经验；特别是参考和借鉴了国内已建成的数十条集成电路芯片生产线工程的先进技术和运行经验，做到了既结合国情又与国际同类标准接轨。

本规范编制经过了准备、征求意见、送审和报批四个阶段。编制工作主要遵循了以下原则：

1. 遵循先进性、科学性、协调性和可操作性等原则。

2. 严格执行国家住房和城乡部标准定额司发布的《工程建设标准编写规定》（建标〔2008〕182号）。

3. 将直接涉及人民生命财产安全、人体健康、环境保护、能源资源节约和其他公共利益等条文列为必须严格执行的强制性条文。

本规范于2011年12月在上海召开了规范审查会。审查会专家一致认为规范条文涵盖了硅集成电路芯片工厂工程设计的主要内容，具有较强的实用性、科学性、协调性和可操作性。该规范的发布和实施，将对我国硅集成电路芯片工厂工程设计水平的提高发挥积极作用，同时将推动硅集成电路芯片工厂工程建设的技术进步。

审查会后，编制组根据审查意见对规范进行了认真的修改、补充和完善，并于2012年4月6日形成了最终的《硅集成电路芯片工厂设计规范》报批稿报住房和城乡建设部。

为便于广大设计、施工、科研、学校等单位有关人员在使用本规范时能正确理解和执行条文规定，《硅集成电路芯片工厂设计规范》编写组按章、节、条、款、项的顺序编制了本规范的条文说明，对条文规定的目的、依据以及执行中需要注意的有关事项进行了说明。但是，本条文说明不具备与规范正文同等的法律效力，仅供使用者作为理解和把握规范规定的参考。

目　次

1 总　　则

本规范为硅集成电路芯片工厂设计的国家标准，适用于各种类型硅集成电路芯片工厂的新建、扩建和改建设计。

由于硅集成电路芯片产品种类较多，技术发展迅速。为适应不同技术水平芯片生产对于环境的需要，本规范对于工艺、总体、建筑与结构、防微振、冷热源、给排水与消防、电气、工艺相关系统、空间管理和环境安全卫生等方面制定工程设计中应遵循的相关规定，确保工程设计做到安全适用、技术先进、经济合理、环境友好。

3 工艺设计

3.1 一般规定

3.1.1、3.1.2 硅集成电路产品发展十分迅速，按照摩尔定律每个集成电路上可容纳的晶体管数目，约每隔18个月增加一倍，性能也将提升一倍。近年来，虽然集成电路发展的速度有所减缓，但变化依然十分巨大。同时集成电路生产所需的水、电的耗量较多，各种原材料和排放物的种类繁多，其中不乏对环境和安全等有较大影响的，因此硅集成电路的厂房设计、建造必须适应这种快速的发展与变化，提高生产效率，减少能耗，同时必须考虑到环保以及职业卫生和安全方面的要求。

3.2 技术选择

3.2.1 硅集成电路产品分为数字电路和模拟电路两大类。数字电路包括存储器、微处理器和逻辑电路，模拟电路主要包括标准模拟电路和特殊模拟电路。产品的品种和技术要求不同产生不同的生产工艺，从线宽来区分从较早的5μm到最新的20nm工艺，从加工硅片直径来区分从3英寸、4英寸、5英寸、6英寸、8英寸、12英寸以及今后的18英寸，工程投资金额存在数千万元至近百亿美元的巨大差异，净化区面积也从数百平方米到最新的数万平方米不等，因此选择适合的工艺技术及配套设备是工厂设计的基础。表1是ITRS公布的2011年国际半导体技术蓝图的预测，集成电路产业的发展更新依然十分迅速。

3.2.2 对于品种多、产量较少、更新较慢的模拟类产品以及对线宽要求不高的部分数字类产品，宜采用4英寸～6英寸芯片生产设备进行加工，可节省项目投资，降低成本。

3.2.3 对于产量较大的模拟类产品和数字类产品，可采用8英寸芯片生产设备进行加工，可做到规模生产以降低成本。

表1　2011年国际半导体技术蓝图

项目＼年份	2011	2012	2013	2014	2015	2016	2017	2018	2019	2020
FLASH线宽（nm）	22	20	18	17	15	14.2	13	11.9	10.9	10
DRAM线宽（nm）	36	32	28	25	23	20	17.9	15.9	14.2	12.6
MPU/ASIC线宽（nm）	38	32	27	24	21	18.9	16.9	15	13.4	11.9
最大光刻场面积（mm^2）	858	858	858	858	858	858	858	858	858	858
最大硅片尺寸（mm）	300	300	300	450	450	450	450	450	450	450

3.2.4 对于主流存储器、微处理器以及逻辑电路等产品，由于产品的产量较大、技术更新快，通常采用最新的12英寸芯片生产设备进行加工，同时也能满足产品对与线宽的要求。

3.3 工艺布局

3.3.1、3.3.2 集成电路芯片工艺十分复杂，复杂电路的工艺步骤可高达500多步，一般可概分为前段工艺及后段工艺。硅片下线后，在其清洗过后的表面上，通过氧化或化学气相淀积的方法形成各种薄膜，经由光刻成型与刻蚀工艺形成各类图形，采用离子注入或扩散方法掺杂形成所需的电学特性，再通过溅射形成多重导线，如此多次循环重复，最终形成电路图形。

1　清洗工艺。

清洗工艺主要用来去除金属杂质、有机物污染、微尘。一般情况下，使用高纯度的化学品来清洗，高纯度的去离子纯水来洗濯，最后在高纯度的气体环境下高速脱水甩干，或采用高挥发性的有机溶剂除湿干化。按照清洗方式的不同，一般可分为湿法化学法、物理洗净法和干法洗净法。

2　氧化工艺。

氧化工艺由硅的氧化形成氧化层，作为性能良好的绝缘材料。一般可分为湿法氧化法和干法氧化法；而常见的氧化设备有水平式与直立式炉管。

3　扩散工艺。

扩散工艺是指物质（气、固、液）中的原子或分子在高温状态下，因高温激化作用，由高浓度区域移至低浓度区域。

4　化学气相淀积工艺。

化学气相淀积工艺利用气态的化学材料在硅片表面产生化学反应，并在硅片表面上淀积形成一层固体薄膜，如二氧化硅、各种硅玻璃、多晶硅、氮化硅、钨与硅化钨等。因反应压力的不同一般可分为：常压化学气相淀积法、低压化学气相淀积法（相关设备有批量加工形式的炉管，也有单一硅片加工形式的设备）、亚大气压化学气相淀积法、等离子体增强型化学气相淀积法、高密度等离子体增强型化学气相淀积法。

5　离子注入工艺。

离子注入工艺是通过将选定的离子加速，射入硅片的特定区域而改变其电学特性的一种工艺。一般可以分为大电流型、低能型、中低电流型、高能型。

6 溅射工艺。

溅射工艺通过靶材来提供镀膜的金属材料，利用其重力作用，使靶材产生的金属晶粒掉落至硅片表面，从而形成金属薄膜。

7 刻蚀工艺。

刻蚀工艺用于将形成在硅片表面的薄膜，被全部或依照特定图形部分地去除至必要的厚度。一般可以分为湿法刻蚀和干法刻蚀。湿法刻蚀利用液体酸液或溶剂，将不要的薄膜去除。干法刻蚀利用带电粒子以及具有高度活性化学的中性原子和自由基的等离子体，将不要的薄膜去除。

8 光刻工艺。

光刻工艺是掩膜板上的图形在感光材料光刻胶上成像的过程。流程一般分为气相成底膜、旋转涂胶、软烘、对准和曝光、曝光后烘焙、显影、坚膜烘焙等。曝光设备一般又可依波长之不同分为365nm的I-line、248nm的KrF深紫外线曝光设备，以及193nm的ArF深紫外线曝光设备和浸润式曝光设备。工艺相关设备需放置在黄光的区域。该区域需要有独立的回风，对洁净度亦有较高的需求，并装置去离子器，对温度、湿度、抗微振性能有最高的要求。

9 化学机械研磨工艺。

化学机械研磨工艺是把芯片放在旋转的研磨垫上，施加一定的压力，用化学研磨液进行研磨的平坦化过程，以完成多层布线所需的平坦度要求。通常应用在8英寸及以上的芯片加工工艺中。

10 检测。

透过微分析技术对材料以及工艺品质做鉴定和改善，可概分为在线检测及离线检测。

11 硅片验收测试。

硅片验收测试是在工艺流程结束后对芯片做电性测量，用来检验各段工艺流程是否符合标准。

12 中测。

中测的目的是将硅片中不良的芯片挑选出来，通常包含电压、电流、时序和功能的验证，所用到的设备有测试机、探针卡、探针台以及测试机与探针卡之间的接口等。

3.3.3 在芯片制造过程中，为了降低生产工序中发生的成本，必须设计出最合理的设备布局来缩短搬运的距离和时间，提高设备的利用率。一般会根据由工艺技术确定工艺流程。

通过对工艺流程的步骤分析，计算芯片在生产过程中传送各功能区域的频次，如图1范例工艺流程与芯片传送频次参数。

通过分析频次的数量，为了减少硅片传送距离，传送频次较高的区域建议相邻放置，如光刻区要靠近刻蚀区，刻蚀区要靠近去胶清洗区等。

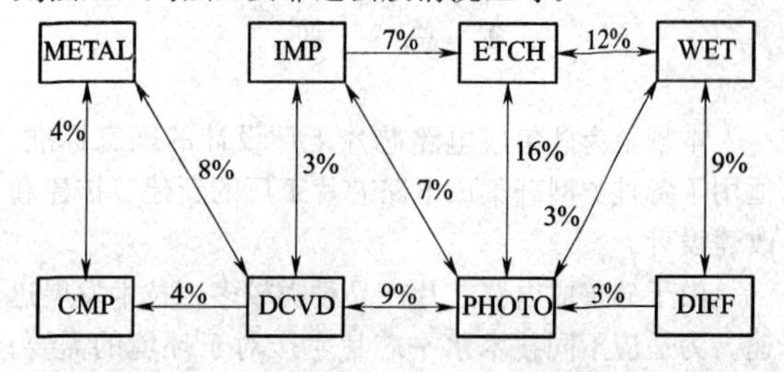

图1 工艺流程与芯片传送频次参数

前段工艺（FEOL）包括硅片下线，浅沟道隔离与有源区的形成，阱区离子注入，栅极形成，源漏极形成，硅化物形成。后段工艺（BEOL）包括器件与金属层间介电层形成，接触孔形成，多层金属层连接，金属层间介电层形成，铝压点保护层形成，硅片验收测试等。进入后段工艺的硅片应避免与前段工艺混用设备，以免金属离子等污染前段工艺中的硅片，造成电气性能异常。

3.3.4、3.3.5 集成电路芯片生产的布局如图2所示的演进趋势。

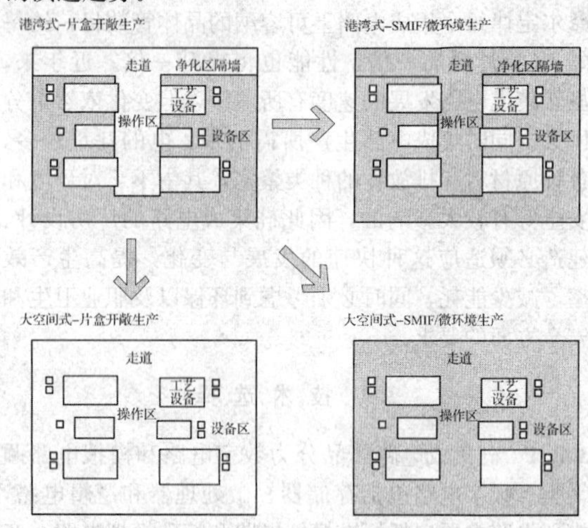

图2 集成电路芯片生产的布局演进趋势

对于4英寸～6英寸芯片生产，由于通常采用片盒开敞式生产，操作区空气中的尘埃会直接影响硅片电路的电气性能，因此对于操作区的净化要求较高。为了节省运行费用，保证净化要求，通常采用壁板将操作区和低洁净度要求的设备区分开。

随着芯片加工尺寸向8英寸及12英寸发展，对于线宽的要求也越来越高，大面积高洁净度净化区的造价和运行成本越发昂贵，因此采用标准机械接口加微环境的生产方式成为8英寸及12英寸芯片生产方式的主流。在这种方式中，硅片放置在密闭的片盒中，在运输和加工过程中不会受到外界环境的污染，因此操作区可以采用较低的净化等级。同时8英寸及12英寸的生产辅助设备通常可以放置在生产区的下技术夹层中，以减少在生产区占用的面积，可以提高净化区的面积利用率，扩大单位面积的产能，因此在生产区中就没有采用隔墙将操作区和设备区隔开，同时可以提高设备布置的灵活性。

3.3.9 由于硅集成电路生产对环境要求很高，参观人员进入生产区参观会对环境及生产产生不利的影响，同时进入洁净区换鞋、更衣等步骤耗时较多，因此通常会在洁净生产区外设置参观走道，参观走道通常布置在厂房的一侧或环形布置。

3.3.10 对于早期的8英寸芯片工厂来说，大部分硅片传送、存储和分发是通过人工操作完成的。目前多数8英寸和12英寸芯片工厂设有自动物料处理系统（AMHS)，其优点在于有效利用洁净室空间、有效地管理生产中的芯片、有效地降低操作人员的负担，近而减少在传送硅片时的失误。在一些12英寸生产工厂，运输系统可延伸到不同的生产区域，借助吊挂传输系统（OHT)，将芯片直接传递到设备端。今后自动物料处理系统中还要在提高生产速度、缩短生产周期和快速适应芯片制造环境变化等方面进行持续改善，在首次投片到成熟生产期间快速发展起来，同时适应和满足芯片工厂的各种需求。

在计算自动物料处理系统时，应考虑生产周期、生产线成品率、研发和生产工艺验证投片需求、机械手臂的处理能力等因素来决定储位数量和载送距离。

4 总 体 设 计

4.1 厂 址 选 择

4.1.1～4.1.3 厂址应选择在大气含尘量低，远离化工厂、制药厂、垃圾焚烧厂的地区，同时要满足环保要求，避免工厂的危险有害因素对周边人群居住或活动环境造成污染与危害。厂址如不能远离严重空气污染源时，则应位于最大频率风向上风侧或全年最小频率风向下风侧，同时应远离铁路、码头、飞机场、交通要道等有振动或噪声干扰的区域。

4.2 总体规划及布局

4.2.1 硅集成电路芯片工厂的厂区中生产区占地较大，同时也是人流和物流的集中区域，因此在厂区总体规划中，要将生产区作为核心进行布置。

4.2.5 我国机动车拥有量逐年增多，设计时对机动车车位宜有前瞻性安排；同时按照绿色工业建筑评价标准，员工出行优先利用公共交通，非机动车的停放场地应满足15%以上员工的需要。

4.2.6 芯片厂房中的柴油发电机、空压机、大容量水泵等动力设备运行中噪声较大，宜远离生产及行政区域，并与厂界保持适当距离，以避免对正常生产及周边的区域环境造成影响。

4.2.8 工厂从试生产到满负荷生产时间较长，工艺设备通常分批购置及到货。而设备在净化区的搬运及安装耗时较多，因此在生产厂房附近宜有面积较大的临时存储场地，用于到货的生产设备临时堆放。

5 建筑与结构

5.1 建　　筑

5.1.2 对于规模较大、人员较多的工厂，采用连廊作为各建筑间人员联系的通道可以有效地减少人员行走的距离，减少更衣、换鞋的时间以及外界环境的影响，连廊可根据气候条件采用开敞式或封闭式，连廊的高度不得影响厂区车辆通行。

5.1.3 硅集成电路芯片厂房由于常年保持恒温恒湿净化的环境，如果气密、保温和隔热的措施不到位，会增加工厂生产的能源消耗，防潮、防尘、耐久及易清洗也主要是满足工厂净化环境的要求。

5.1.4 在净化等系统的设备安装以及工艺设备搬入初期，由于搬运量较大，通常会采用吊装的方式来搬运。此外，有些超重超宽的设备无法用电梯搬运时，也需要采用吊装的方式来搬运。

5.1.5 挥发性有机物（VOC）对于芯片生产的影响已越来越得到重视，特别是对于8英寸～12英寸集成电路芯片生产，VOC会直接影响光刻、氧化等工序的成品率。对于外界空气中的VOC通常采用在新风处理阶段加装化学过滤器的方式来降低VOC的影响。

5.1.6 芯片生产所使用的设备昂贵，从安全角度考虑使用电梯是比较稳妥的搬运方式，对于8英寸芯片生产线设备的搬运宜使用8t货梯，12英寸芯片生产设备的搬运宜使用10t货梯。

5.2 结　　构

5.2.1 本条与现行国家标准《建筑抗震设计规范》GB 50011的要求是一致的。设计时应考虑各建筑物的用途、是否属于易燃易爆厂房等因素。对于芯片生产厂房，则应根据厂房的投资额、建筑面积和职工人数等确定抗震设防类别。本条为强制性条文，必须严格执行。

5.2.3 由于常用的FFU,风口及高架地板的尺寸均为600mm的模数,为便于净化工程的安装与施工,有利于降低建造成本,厂房柱网宜采用600mm的模数。

5.2.4 本条主要考虑避免厂房变形缝对洁净生产区的气密性造成的影响。

5.3 防 火 疏 散

5.3.1 硅集成电路生产厂房中使用了丁酮、丙酮、异丙醇等易燃化学品和H_2、SiH_4、AsH_3、PH_3等可燃、有毒气体,这些物品是集成电路生产工艺所必需的原料,参与过程反应或作为保护性气体使用。随着技术的进步,各种气体及化学品的输送、控制以及监控报警技术有了很大的进步和提高。调查表明，集成电路生产所采用的扩散、外延、离子注入等工艺和设备自身都已配有危险气体泄露报警、连锁装置以及灭火系统，可燃气体及易燃化学品系统设有紧急切断阀，一旦发生事故、火情时，自动切断可燃气体及易燃化学品的供应。本规范制定过程中同时借鉴国内外已竣工投产的硅集成电路芯片厂房的成熟经验。本条为强制性条文，必须严格执行。

6 防 微 振

6.1 一 般 规 定

6.1.1 集成电路芯片厂房的微振控制归根结底是在生产区楼面提供一个满足振动敏感设备安装要求的微振动环境，所以微振控制要求是由生产工艺及所选设备决定的。在集成电路芯片生产中，对微振有较高要求的通常为光刻设备以及扫描电子显微镜，其容许振动值的物理量表达通常有振幅(μm)、振动速度(mm/s)以及振动加速度(mm/s^2)，这三种物理量可以通过公式换算。在国际上通常以通用振动标准曲线 VC 进行定义，如图 3 所示。VC 曲线是指一组表示在一定频率范围内振动幅值(用速度表征)的曲线，按振动速度从高到低依次为 VC－A、VC－B…VC－G。有关 VC 曲线的定义、场地和楼面微振动的测试、数据采集、处理和报告，可参考美国环境科学与技术协会(IEST)的有关标准(表 2)。

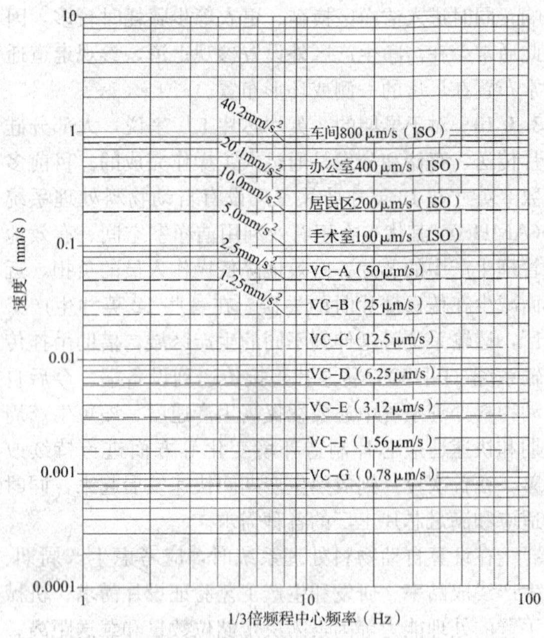

图 3 通用振动标准曲线 VC

表 2 振动标准曲线 VC 的应用及解释

标准曲线	振动速度(μm/s)	特征尺寸(μm)	适 用 场 合
生产车间(ISO)	800	未定义	感觉非常明显的微振。适用于车间与非敏感型区域
办公室(ISO)	400	未定义	感觉明显的微振。适用于办公室与非敏感区域
居住区	200	75	微振很少感觉到。在很多场合下，可以用于睡觉的地方，通常，适用于计算机设备、宾馆、健身房、半导体实验室、低于 40X 显微镜
操作中心	100	25	微振感觉不到。在多数场合下，适用于手术室、100X 显微镜，以及其他低灵敏度的设备
VC－A	50	8	在多数情况下，适用于 400X 光学显微镜、微量天平、投影式光刻机
VC－B	25	3	适用于 3μm 线宽的检验设备与光刻设备(包括单片机)
VC－C	12.5	1～3	至 1000X 光学显微镜、光刻机、检验设备(包括适度灵敏的电子显微镜)(小至 1μm)、TFT－LCD 步进光刻系统
VC－D	6.25	0.1～0.3	大多数情况下，适用于要求严格的设备，包括很多电子显微镜与电子束系统
VC－E	3.12	<0.1	具有挑战性的标准，适用于敏感性系统中最敏感的部分，包括激光长距离小目标的系统，纳米级尺寸的电子束光刻系统，以及要求超常动态稳定的其他系统
VC－F	1.56	未定义	适用于极端的研究空间，绝大多数情况下很难达到的，特别是洁净室(作为设计标准不推荐，只用于评估)
VC－G	0.78	未定义	适用于极端的研究空间，绝大多数情况下很难达到的，特别是洁净室(作为设计标准不推荐，只用于评估)

6.1.2、6.1.3　交通运输设施对建设场地的微振动水平有重要影响，当场地的微振动超过拟建厂房生产工艺的要求时，依靠结构措施抑制厂房结构的振动响应需付出高昂代价且具有较大技术风险。因此，调查交通设施（如码头、火车、高铁、城铁、邻近的飞机场等）对所选场地的影响、评价场地是否适宜建设微振敏感厂房是必须进行的前期工作。规划中的交通设施或振动较大的厂房（如建造新厂房、道路变化、新增城铁及地铁等）对场地的振动影响由于尚未实施而难于评价，对集成电路芯片厂的正常运行具有潜在威胁，因而了解拟建场地周边的远景规划也是重要的前期工作。

6.1.5　场地的测试和评价是指在建设开始前，对拟建场地的微振基本情况进行测试。作为设计的基础；结构完工时的测试和评价主要为验证施工完的结构体是否符合防微振设计的要求；竣工时的测试和评价是指在建筑完工，洁净室安装完成、机电设备就位且运行，洁净室空调系统平稳运行，但工艺设备以及工艺支持系统尚未安装的情况下进行的测试和评价，可最终确定环境是否满足设备防微振的要求。这个阶段的测试有时也由工艺设备提供商负责，用于确定生产环境的微振影响是否能保证设备正常工作。

6.2　结　　构

6.2.2、6.2.3　工艺生产需要大空间，而微振控制需要结构具有较大刚度，通常做法是生产层楼面以上采用大柱网，而在下夹层采用小柱网，甚至设置防振墙以取得较大的结构刚度。但这些措施易造成厂房结构在生产楼面处发生突变，对抗震不利，结构设计时应充分注意。

6.2.4　本条关于地坪和筏板的厚度，来源于已有的工程实例。实际采用的厚度，除满足承载力要求外，尚应在防微振控制设计时评估确定。

6.3　机　　械

6.3.1　对于动力设备尽量采用直接驱动或变频驱动的系统。在周围有振动敏感型的设备时，不推荐采用皮带驱动的系统。

6.3.2、6.3.3　管道（特别是大直径管道）内流体的流动引起的管道振动，或者与管道连接的各种泵的振动，不可避免地会通过管道支架传递到建筑结构上。对这种振动如不加以控制，可能引起微振控制达不到预定目标。通常建议风管内的空气流速限定在9m/s以内，管道内的液体流速控制在2.5m/s以内。

7　冷　热　源

7.0.1　考虑管理、操作、维修的方便性，人工冷热源设备一般采用集中设置的方式，如在工厂建立独立的锅炉房、冷冻站、热交换站等冷、热源供应设施。工厂所在地区的气候条件、能源结构、政策、价格及环保规定也是选择动力设施的必需条件。城市、区域供热系统效率较高、污染小，且符合国家政策鼓励范围，应该是首选；空气源热泵使用与安装较为方便，可用于生活区、办公楼等建筑；地源热泵、水源热泵具有较高的效率，也可用于生活区、办公楼等设施。

7.0.2　热回收冷水机组具有较高的能效比，所以在同时提供冷源与热源的情况下，宜选用热回收机组。

7.0.4　在春、秋过渡季节或冬季，由于室外干球温度较低，冷却塔可以提供10℃～15℃的冷却水，该温度一般可以满足工艺冷却水的需求，且冷却塔制取相同冷量的耗电量远低于冷冻机所需的耗电量，因此，在条件许可时，应利用冷却塔作为冷源设备。

7.0.5　为减少冷冻水泵的电能消耗和冷冻机组单位冷量的耗电量，宜加大冷冻水供、回水温差和提高冷水机组的出水温度。

7.0.7　当冷负荷变化较大时，规定空调系统部分或全部设备宜采用变频空调是为了节约单位冷量的能源消耗。

7.0.8　制冷剂的选取应符合环保的要求，过渡制冷剂的使用年限也应符合国家禁用时间表的规定，因为现代工程设计必须考虑环保的规定。

7.0.9　选用比例调节燃烧器的全自动锅炉是为了在全负荷范围内保持较高的燃烧与运行效率，工厂在实际运行时，不同季节的热负荷变化较大，锅炉运行台数也处于不断变化之中，因此，规定每台锅炉设置独立的烟囱，有利于烟囱内烟气的排放，防止空气倒灌。

7.0.10　锅炉房排放的大气污染物浓度除了应符合国家标准外，还应符合项目所在地区的地方标准的规定。

8　给排水及消防

8.1　一 般 规 定

8.1.1　硅集成电路芯片工厂的给排水系统通常包括一般生产给水系统（主要用于就地洗涤塔给水）、一般生活给水系统、超纯水系统、工艺冷却水系统、生产废水系统、一般生活排水系统、消防给水系统等。各个系统对水温、水质和水压的要求都不一样，因此应根据安全合理、经济适用的要求分别设置系统。此外随着国民经济的发展和城市生活水平的提高，我国很多地区特别在北方和某些沿海城市发生水资源短缺和污染问题。水资源本身不足和水源的污染已成为我国国民经济发展的一个制约因素。因此很多地方实行水资源的统一规划与管理，把用水问题，特别是将节水工作纳入社会经济发展规划，建立与健全相应的规章制度，认真贯彻开源节流并重方针，加强节水的科学管理。

集成电路芯片生产是消耗水资源较大的行业之一，水资源的合理使用和节水技术措施成了企业必须重点考虑的一个方面。这不仅关系到生产成本的降低，同时也是节约资源，实施经济可持续发展的重要战略措施。企业还必须在项目建设过程中落实节水工程、节水设施建设的“三同时、四到位”。

要做到节约用水，通常需要对全厂的给排水系统进行通盘考虑，在完成全厂水量平衡图的基础上，分析该类项目的用水特点，通过各用水系统用水量、水质要求、节水措施及节水潜力进行比较分析，提高节约用水和循环用水的水平，实现节水节能，减少排污。

8.1.3 洁净室的洁净度是受控的，任何可能造成洁净环境受到影响的动作都应有必要措施进行控制。管道穿越洁净室，其穿管处的处理就是关键一环。总的说来，穿越处采用套管方式是行之有效的，一方面它保证了洁净室内的正压风不会大量泄漏造成能量浪费，另一方面也杜绝了非洁净空气顺着管道缝隙进入洁净空间。对于无法设置套管的部位，也应该有必要的技术措施。

8.1.4 洁净室的温度、湿度和压力都是受控的，基本处于恒温恒湿的状态。因此给排水管表面温度高于洁净室环境温度时，应该进行隔热保温处理。同时，当给排水管道表面温度低于环境湿球温度时，为避免由于管道表面结露影响洁净环境的温度、湿度和洁净度，也应该对管道进行防结露保温处理。对于在可能冻结区域架空敷设的给排水管道应尽量避免死端、盲肠、袋状管段。对于难以避免的袋状管段，应考虑设低点排液阀。对于难以避免的盲肠管段或设备间断操作的管道，应考虑保温、伴热等防冻措施。

用于洁净室内给排水管道保温需要的保温材料应确保保温材料脱落的粉尘对环境的影响最小。

8.2 给 排 水

8.2.4 硅集成电路芯片生产工艺复杂，加工精度高，大多数工序都要使用超纯水清洗硅片，水资源消耗量较高。虽然城市自来水作为芯片工厂水源已经很安全，为了保证用水更安全，很多企业都加大了水回用的力度，同时在可能的情况下还自备水源（如地下水）。所以无论回用水还是自备水源水质是否优于城市自来水水质，均不得用管道直接连接在城市自来水管上（即使加装倒流防止器也不允许），这也是国际上通行的规定。本条为强制性条文，必须严格执行。

8.2.8 由于管道法兰处容易泄漏，所以输送有毒、有害、腐蚀性介质的管道，不得在人行通道和机泵上方设置法兰，以免法兰渗漏时介质落于人体上而发生工伤事故。如果在管道与法兰连接的设备、阀门、特殊管件连接处必须采用法兰连接时，连接法兰处应采取有效的防护措施。

8.2.10、8.2.11 硅集成电路芯片厂房根据生产需要，通常使用较多的化学药品。这些化学药品性质各不相同，分别表现为可燃、易燃、自燃、有毒、腐蚀或氧化性。针对不同化学特性，这些化学品通常都应分门别类储存，同时不得和禁忌物品混合储存。作为贮存和配送化学药剂的房间，必须要有可靠的排水措施将泄漏的化学药剂和消防排水有组织收集并临时贮存，避免因为化学药剂和被化学药剂污染的消防排水因无组织四处漫流而导致人员伤害和环境污染。就地通过地沟等设施贮存泄漏的化学药剂和消防排水是一种常见的简单易行的技术措施。

8.3 消 防

8.3.1 硅集成电路芯片生产厂房是一个相对封闭的建筑物，室内设备众多，通道狭长而曲折，一旦发生火灾，人员的疏散和灭火都非常困难。为了确保生产操作人员和设备财产的安全，设计中应贯彻“预防为主，防消结合”的消防工作方针。因此硅集成电路芯片生产厂房除了设计有效的防火措施外，还必须根据消防安全、经济高效、合理统一的原则设计有效的灭火设施，预防火灾的发生和蔓延。

8.3.2 硅集成电路芯片生产过程中使用大量的特种气体和化学品，这些特种气体和化学品通常具有不同的化学性质，如可燃、易燃、自燃、腐蚀、氧化或惰性，因此硅集成电路芯片厂房需要根据不同物品的火灾危险性有针对性的设置不同的消防措施。如 ClF_3 遇水会发生爆炸，就需要根据其特性采用非水消防的消防措施。

8.3.3 消防加压水泵是消防给水系统的关键设备，直接关系消防给水系统是否完善，决定了火灾扑救的效果。根据火灾扑救效果统计，在扑救失利的火灾案例中，81.5%的火场消防供水不足，导致火势失控。

8.3.4、8.3.5 此规定是根据我国的有关方针政策、具体工程实际情况并结合消防施救能力和扑救习惯而制定的。

8.3.6 硅集成电路芯片生产厂房通常根据生产需要，调整房间布置或设备布置，有时需要调整消火栓的位置，室内消火栓设置单独的隔断阀门，可以使消火栓位置的调整变得快捷方便。

8.3.7 自动喷水灭火系统是硅集成电路芯片生产厂房的最为有效的灭火设施。一旦发生火情，喷头及时开启出水，可以有效地控制火情并扑灭火灾。硅集成电路芯片生产厂房自动喷水灭火系统设计参数的确定是根据国内外集成电路芯片生产厂房的常规实践所规定的。

8.3.9 在硅集成电路芯片生产厂房洁净空调系统的运行过程中，送风自上而下，即使发生火灾，部分风机过滤单元仍旧送风，使得喷头不能及时感受到热气流的热量。为了让喷头能及时动作，应采用快速响应喷头，其动作速度远快于标准喷头。

8.3.10 软管用于硅集成电路芯片生产厂房的喷头连接，可以避免地震时由于吊顶与消防管路的相对位移造成的管路和喷头的破损而引发的水渍损害。同时由于软管具有一定的长度，在喷头位置需要根据房间分隔变化时，可以带水作业，便于快捷方便调整喷头布置。而且软管安装简单快捷，还可有效地降低硬管安装误差所造成的吊顶与消防管道间的应力。采用不锈钢材质，是为了减少腐蚀并降低粉尘污染。

8.3.11 本条规定是参照国内外类似项目的设计实践，目的是为了自动喷水灭火系统能够及时开启，迅速控制并扑灭火灾，避免火势蔓延。本条为强制性条文，必须严格执行。

8.3.12 硅烷具有自燃性，一旦泄漏，容易发生自燃。如果采用普通的湿式灭火系统或雨淋系统，火势扑灭后，泄漏的气体容易发生爆炸。所以该类火灾的灭火要求是首先及时关断自动关断阀，切断气源，防止事故扩大，同时做好气瓶的防护。

8.3.13 本条是根据国内外集成电路厂房的工程实践和借鉴美国防火协会标准《半导体制造设施保护标准》NFPA 318的相关规定而制定的。

8.4 灭 火 器

8.4.1～8.4.3 灭火器是扑灭初期火灾的有效手段，考虑到洁净室为防止灭火器误喷而污染洁净环境，洁净室内所用灭火器通常采用二氧化碳作为灭火剂。但是按相关规范设置级别所布置的手提式二氧化碳灭火器通常较重，不便于使用，所以通道上宜设置推车式二氧化碳灭火器以方便使用。

9 电 气

9.1 供 配 电

9.1.3 硅集成电路芯片生产的工艺设备大多数为进口设备，其用电电压可能是208V/120V、380V/220V、415V/240V、480V/277V等。应根据各种电压等级设备的用电需求量，确定合理的变压器配置方案。

9.2 照 明

9.2.1 净化生产区照明的照度值宜为500 lx，光刻区的照度值宜为600 lx，辅助设备区的照度宜为300 lx，实验室的照度值宜为600 lx，辅助工作室、人员净化和物料净化用室、气闸室、走廊等照明的照度值宜为200 lx～300 lx。

9.2.5 光刻区照明使用黄光，由于波长较长，能量较低，不会影响到感光胶；外界照明光线是白光，含有多种波长的组合，其短波长的成分足以使感光胶曝光。

9.5 通信与安全保护

9.5.1 一个完整的硅集成电路芯片工厂通常组织严密、内部分工细致，各工段相互联系紧密，对外需随时保持联系，因而通常需在厂内靠近办公区设一电话站，装设程控数字电话交换机，生产厂房洁净区电话由程控交换机引来。洁净区内通常采用综合布线系统，设置电话插座（单孔）和电话/数据插座（两孔或三孔）两种信息插座。

9.5.2 硅集成电路芯片厂房设置火灾自动报警系统主要目的为保障贵重工艺设备以及及早发现火灾隐患，同时根据洁净厂房的特点，一旦火灾发生，人员进入较困难，因而火灾自动报警系统必须设置。设置火灾自动报警系统的区域根据生产工艺布置和公用动力系统的装设情况，包括洁净生产区、技术夹层、机房、站房等均应设火灾探测器，全面保护。

硅集成电路芯片厂房内设备、仪器较为昂贵且厂房建造费用较高，一旦着火，损失巨大。同时洁净厂房内人员进出迂回曲折，人员疏散困难，不易发现火情，消防人员难以接近，防火有一定的困难。为达到室内净化级别，洁净室内对气流、空间大小、换气率都有较高的要求。火灾发生后，若一旦关闭净化空调系统，即使再恢复也会影响洁净度，使其达不到工艺生产要求而造成损失，而且中断生产和烟雾对设备的影响所造成的损失很难弥补。洁净室内一般空间较大、气流速度高（换气次数40次/h～120次/h），普通的感烟探测器对烟雾探测有很大的困难。所以，洁净室内的烟雾探测既重要又困难，常规的火灾探测器系统往往不能有效地发挥作用，采用早期火灾探测及报警技术可以克服洁净室内高气流、大空间的探测难度以达到火灾极早期报警，使火灾损失最小。

9.5.6 硅集成电路芯片厂广播应满足应急广播最低声压级的要求，即洁净室内扬声器的额定功率不应小于3W，在环境噪声大于60dB的场所，在其播放范围内最远点的播放声压级应高于背景噪声15dB。

10 工艺相关系统

10.1 净 化 区

10.1.1 集成电路技术从最初在同一块衬底材料上只能集成屈指可数的几个半导体器件和无源元件的水平，已经发展到今天的在一个平方厘米的硅晶片上就可以集成几千万个元件水平。随着时代的发展，单个元器件的尺寸越来越小，单个集成电路芯片的面积越来越大，这就使得集成电路的集成度越来越高。集成电路芯片加工精度和生产环境的洁净度密不可分。

洁净区空气中的尘埃会直接影响芯片的品质。表3为美国半导体工业联合会（SIA）制定的有关半导体技术发展路线图中的数据。

表3　半导体工业芯片面积与特征尺寸、临界缺陷尺寸

项目＼年份	1997	1999	2003	2006	2009
最小特征尺寸(nm)	250	180	130	100	70
晶圆片直径(mm)	200	300	300	300	450
DRAM芯片位数	256M	1G	4G	16G	64G
DRAM芯片面积(mm^2)	280	400	560	790	1120
微处理器芯片晶体管数量	11M	21M	76M	200M	520M
最大布线层数	6	6～7	7	7～8	8～9
最小掩模数量	22	22/24	24	24/26	26/28
临界缺陷尺寸(nm)	125	90	65	50	35
原始硅片总的颗粒密度(个/cm^2)	0.60	0.29	0.14	0.06	0.03
DRAM GOI缺陷密度(个/cm^2)	0.06	0.03	0.014	0.006	0.003
逻辑电路GOI缺陷(个/cm^2)	0.15	0.15	0.08	0.05	0.04

从表3中的临界缺陷尺寸一栏清楚地表明了晶圆片表面多大尺寸的随机缺陷或颗粒就会引起集成电路芯片功能的失败。由于临界缺陷尺寸应小于最小特征尺寸的一半，对于当今20nm的最小特征尺寸，临界缺陷尺寸只能小于10nm。例如，在光刻胶的曝光过程中，如果晶圆片表面存在一个尘埃颗粒，则这个小颗粒就会影响到其下方光刻胶的曝光，假如由此引起的缺陷尺寸已经接近了所要光刻图形的特征尺寸且该缺陷恰好又处在芯片上的某个关键区域，那么就极有可能导致该处的器件功能失效；当处在栅氧化工艺步骤时，一个位于MOSFET栅氧化层区域的颗粒就很可能会引起器件失效。对于一个现代的硅集成电路芯片制造厂来说，据统计，大约75％的成品率损失都是由于晶圆上的尘埃颗粒而直接引起。

由于产品和工艺设备不同，对洁净室内空气洁净度等级和被控粒子粒径、温度、相对湿度控制要求也不相同。因此，生产区域的洁净度等级应根据工艺要求确定。为了有效地保证产品合格率，避免概念混淆，应采用现行国家标准《洁净厂房设计规范》GB 50073表3.0.1作为统一标准，如表4所示。该表等同于国际标准ISO 14644－1《洁净室及相关控制环境　第1部分：空气洁净度等级的分类》，也便于与国际接轨。确定空气洁净度等级所处状态的目的是便于设计、施工和项目验收，更主要的是满足产品生产要求。

表4　洁净室及洁净区空气中悬浮粒子洁净度等级

空气洁净度等级	大于或等于表中粒径的最大浓度限值(pc/m^3)					
	0.1μm	0.2μm	0.3μm	0.5μm	1μm	5μm
1	10	2				
2	100	24	10	4		
3	1000	237	102	35	8	
4	10000	2370	1020	352	83	
5	100000	23700	10200	3520	832	29
6	1000000	237000	102000	35200	8320	293
7				352000	83200	2930
8				3520000	832000	29300
9				35200000	8320000	293000

10.1.3　为保证洁净室空气平衡和洁净室内的正压值，新鲜空气量应等于补偿室内排风量和保持室内正压值所需新鲜空气量之和，同时新鲜空气量应满足人员新鲜空气需求量。因此，取两者之中的最大值。现行国家标准《采暖通风与空气调节设计规范》GB 50019规定："工业建筑应保证每人不小于30m^3/h的新风量。"《洁净厂房设计规范》GB 50073规定："保证供给洁净室内每人每小时的新鲜空气量不小于40m^3/h。"芯片厂房内使用化学品、特种气体等原料，这些物品具有有毒有害、易燃、易爆等特性，因此在本条第2款制定了"保证供给洁净区内人员所需的新鲜空气量"的规定。

10.1.4　洁净室与相邻的房间应保持一定压差，确保洁净室在正常状态或空气平衡暂时受到破坏时，气流只能从空气洁净度等级高的房间流向空气洁净度等级低的房间，使洁净室内的洁净度不会受到污染空气的影响。渗漏空气量与压差值有关，压差值选择应适当。若压差值过小，洁净室正压很容易被破坏，洁净室的洁净度会受到影响。若压差值过大，渗漏风量会较大，补充新风量就相应增加，新风空调冷热负荷也会相应增加，新风空调器容量也会增大，过滤器负荷也会增加，过滤器使用寿命也会缩短。试验结果表明：洁净室内正压值小于5Pa时，洁净室外的污染空气就有可能渗入洁净室内。室外空气在洁净厂房的迎风面上产生正压，在背风面上产生负压，因此，洁净室相对于室外的压差参照点应位于迎风面，洁净室与室外的相对压力应大于或等于5Pa。

10.1.5　近年来，国内外集成电路芯片洁净室大多数采用大空间(Ballroom)与微环境相结合型式，主要工艺生产区域洁净度等级为ISO5、ISO6级，气流流型为非单向流，一般采用顶布FFU送风，架空地板下回风，满布率为17％～25％，主要生产设备操作区域布置在微环境内，微环境洁净度等级为ISO2、ISO3、ISO4级。辅助区域洁净度等级一般为ISO5、ISO6级，通常采用非单向流。光刻、电子束曝光等区域洁净度等级为ISO4级或者更高，通常采用顶部满布FFU送风，架空地板下回风。国际标准化组织ISO/TC209技术委员会发布的ISO 14644－4《洁净室及相关控制环境　第4部分：设计、建造和试运行》中的表B.2微电子洁净室的实例，列出了空气洁净度等级、气流流型、洁净送风量的数据，如表5所示。

表5　微电子洁净室的实例

空气洁净度等级工作状态	气流型式	平均气流速度(m/s)	换气次数(次/h)	应用举例
2	U	0.3～0.5	未定义	光刻、半导体加工区
3	U	0.3～0.5	未定义	光刻、半导体加工区
4	U	0.3～0.5	未定义	工作区、多层掩膜加工、光盘制造、半导体服务区、公用设施

续表 5

空气洁净度等级工作状态	气流型式	平均气流速度(m/s)	换气次数(次/h)	应用举例
5	U	0.2～0.5	未定义	工作区、多层掩膜加工、光盘制造、半导体服务区、公用设施区
6	N/M	未定义	70～160	共用设施区、多层掩膜加工、半导体服务区
7	N/M	未定义	30～70	服务区、表面处理
8	N/M	未定义	10～20	服务区

10.1.7、10.1.8 洁净区的送风方式有集中送风、风机过滤器机组(FFU)形式。目前，大规模集成电路厂房，洁净区面积大、洁净度等级高、送风量很大，通常采用FFU送风方式。对于规模较小的实验室，由于面积小，洁净度等级较低，送风量较小，可采用集中送风方式或FFU送风方式。FFU送风方式，由于空气循环路径短，气流速度低，阻力损失小，风机送风压头低，单位送风量电耗较集中送风方式低。对于洁净度等级高的洁净室，推荐采用风机过滤器机组(FFU)送风。

10.1.9 硅集成电路芯片厂房洁净室规模较大，新风量很大，通常采用多台新风机组集中处理新风，集中处理新风具有以下优点：

1 新风集中处理可以去除新风中绝大部分的灰尘，有效延长了末级高效空气过滤器(HEPA)、超高效空气过滤器(ULPA)的使用寿命；

2 新风集中处理有利于去除新风中的水溶性化学污染物，降低了末级化学过滤器的负荷；

3 新风集中处理有利于洁净室湿度控制，避免冷热抵消，节约能耗；

4 通常芯片厂房新风机组有多台，并设置备用机组，宜并联运行。由于工艺设备分期安装，且生产技术发展升级速度迅速，设备更新升级快，工艺设备排风量会随运行设备数量和运行负荷率的变化而变化，新风量也是变化的，因此建议新风系统送风机采用变频措施，以适应新风需求量的变化。

10.1.11 干盘管是采用中温冷冻水作为冷媒的空气换热设备，安装洁净室回风通路上，消除洁净室内余热，因其表面温度高于洁净室内空气露点温度，不会产生冷凝水。干盘管应用于洁净室，一般迎风面速度控制在2m/s以下，以降低盘管空气阻力。干盘管正常运行时，不会产生冷凝水，不需要设置集水盘，但考虑到设备和管道检修，建议设置检修排水设施。

10.2 工 艺 排 风

10.2.1 硅集成电路芯片厂房在生产过程中使用酸、碱、溶剂等化学品和特种气体，一些气体和化学品属于易燃、易爆、有毒、有害物质，因此，必须设置工艺排风系统，排出这些有害物，保证洁净室内的设备、环境、人员安全。工艺排风根据排风性质一般可分为酸排风、碱排风、溶剂排风、热排风，以便按照排风性质分别设置排风系统，进行分类处理。

当工艺排风中有害物含量超出国家排放标准时，应采取相应处理措施达标后，才能排放至室外。当工艺排风中含有剧毒、易燃、易爆等危险物质时，应设置备用排风机和处理设备，并配置应急电源，以维持排风系统连续可靠运行，消除中毒、爆炸、火灾危险，保证洁净室内设备、环境、人员安全。排风管道内可能集聚爆炸危险气体和粉尘而引起爆炸危险。美国防火协会标准《净化间防护标准》NFPA 318 第 3.4 条规定，洁净室排风系统应设计成保证风管内气流被稀释，而不形成可燃蒸汽。

NFPA 定义的 HPM 气态化学品(参考美国防火协会标准《危险品紧急处理系统鉴别标准》NFPA704)如排放浓度大于 TLV 值或 20%LEL，需经过局部处理设备的处理。局部处理设备的选择从安全、卫生和环保方面考量，基本要求如下：

1 可燃性气体，如 H_2(氢气)，较低浓度的 PH_3(磷烷)，较低浓度的 AsH_3(砷烷)等，一般采用电热/燃烧水洗式的局部处理设备；

2 自燃性的气体，如 SiH_4(硅烷)，一般采用电热/燃烧式的局部处理设备；

3 易溶于水的气体，如 HCl(氯化氢)，HBr(溴化氢)等，一般采用填充水洗式的局部处理设备；

4 PFC(全氟化物)气体，如 CHF_3(三氟甲烷)、C_4F_6(六氟丁二烯)、C_5F_8(八氟戊烷)等，一般采用干式吸附式、燃烧式的局部处理设备；

5 毒性气体，且不能燃烧，也不能湿洗的，如 ClF_3(三氟化氯)等，采用干式吸附式的局部处理设备；

6 沸点较接近常温的物质，如 TEOS(正硅酸乙酯)，采用简单的冷却就可以处理，采用冷凝收集器。

10.2.2 排风系统划分原则。

1 防止不同种类和性质的有害物质混合后引起燃烧或爆炸事故；

2 避免形成毒性更大的混合物或化合物，对人体造成危害或对设备和管道的腐蚀；

3 防止在风管中积聚粉尘，从而增加风管阻力或造成风管堵塞，影响通风系统的正常运行。

10.2.4 使用有毒有害物质的房间应通风良好。根据国际规范委员会(ICC)发布的《国际建筑规范》ICC-IBC—2009 第 415.9.2.6 条规定，半导体生产厂房和相当的研发区域应设置机械通风，应按整个生产区面积计算，每平方英尺面积的通风量应不小于1立方英尺/min(折合每平方米面积 18.3m^3/h)，据此，本条作出了使用有毒有害物质的房间排风量应满足最小通风量每小时6次的规定。

10.2.5 硅集成电路芯片厂房在生产过程中使用酸

碱、溶剂等化学品和特种气体，一些气体和化学品属于易燃、易爆、有毒有害物质，设置备用排风机目的是提高排风系统的可靠性，当一台排风机发生故障时，其余排风机仍能够提供足够的排风量，满足工艺设备正常排风需求。工艺排风系统设置不间断电源的意图是保持工艺排风系统运行，当芯片厂房发生电源故障时，大多数工艺设备停止运行，有害物释放量减少，为保证工艺设备和人员安全，排除工艺设备内残余有害物质，建议至少维持正常排风量的 50%。美国防火协会标准《净化间防护标准》NFPA 318 第 3.5.2 条也规定应急电源应维持不小于 50%容量的排风系统运行，排风浓度可维持在安全范围内。

10.2.6 集成电路产品种类很多，产品不同，生产工艺也不同，加工设备的利用率也不同，不同种类的工艺排风量也是变化的。同时，随着加工技术的进步和设备升级，不同种类的工艺排风量也会变化，因此，芯片厂房工艺排风系统宜设置变频调节系统，根据工艺设备对排风的要求调节工艺排风系统的运行状态，也起到了节能效果。

10.2.7、10.2.8 芯片厂房在生产过程中使用酸、碱、溶剂等化学品和特种气体，属于具有腐蚀性、易燃、易爆、毒性物质，工艺排风系统起到了有效捕集有害物，阻止有害物向厂房内扩散，通过排风管道输送到处理设备，处理达标后排放至室外。如果在工艺排风管道上安装防火阀，防火阀关闭，将会造成排风中断，工艺设备释放的有害物就会扩散到室内，造成洁净室内环境污染和人员伤害，因此，芯片厂房工艺排风管道上不应安装防火阀。由于工艺排风中含有腐蚀性、易燃、易爆、毒性物质，防火分区是被动式防火措施，如果工艺排风管道穿越防火分区的防火墙，容易造成火灾穿过防火墙扩散到另一个防火分区，因此，工艺排风管道不应穿越防火分区的防火墙。工艺排风管道穿越有耐火时限要求的建筑构件处，采用必要的防火构造可以阻止火灾从一个房间蔓延到另一个房间。

10.2.9 工艺排风中含有腐蚀性、易燃、易爆、毒性物质，发生火灾的潜在危险大。因此，工艺排风管道应采用不燃材料。

10.2.11 即使在火灾时，工艺排风系统仍有必要保持运行，不可能切断各排风管路。如果采用工艺排风系统兼作排烟系统，工艺设备排风量将会减少，增加了有害物扩散到室内的可能性，同时，也无法保证所需要的排烟量，影响到排烟效果。高温排烟与工艺排风混合，也增加了产生火灾、爆炸危险性。因此，芯片厂房洁净区的工艺排风系统不应兼作排烟系统使用。

10.3 纯　水

10.3.1 芯片生产过程中需大量使用超纯水作为清洗用水。我国水资源短缺、淡水资源总量约每年 26200 亿 m^3，人均占有量为每年 $2392m^3$，为世界人均占有量的 1/4，名列第 110 位，由于各地区处于不同的水文带及受季风气候影响，水资源与土地、矿产资源分布和工业用水结构不相适应。水污染严重，水质型缺水更加剧了水资源的短缺。高速扩张的产能和日益匮乏的水资源的尖锐对立，如何合理的制水、用水并综合利用水资源是硅集成电路芯片工厂纯水系统设计的基础。纯水制备系统需根据生产工艺的要求合理制定制备系统规模和供水水质。超纯水制备可利用水源，包括自来水以外的再生水、甚至废水处理站处理后的水，体现面对水资源匮乏，设计中不能只考虑自来水，而忽略其他水源。

10.3.3 实践证明采用循环供水方式是行之有效的。主要是基于保证输水管道内的流速和尽量减少不循环段的死水区，以减少纯水在管道内的停留时间，减少管道材料微量溶出物（即使目前质量最好的管道也会有微量溶出物）对超纯水水质的影响，同时，较高的流速还可以防止细菌微生物的滋生。

10.3.6 纯水系统管材的选择方面，主要应考虑三方面的因素：

材料的化学稳定性：纯水是一种极好的溶剂，为了保证在输送过程中纯水水质下降最小，必须选择化学稳定性极好的管材，也就是在所要求的纯水中的溶出物最小。溶出物的多少应由材料的溶出试验确定，其中包括金属离子、有机物的溶出等。

管道内壁的光洁度：若管道内壁有微小的凹凸，会造成微粒的沉积和微生物的繁殖，导致微粒和细菌两项指标的不合格。目前聚偏氟乙烯（PVDF）管道内壁粗糙度可达小于 $1\mu m$ 的水平，而不锈钢管约为几十微米。

管道及管件接头处的平整度对于防止产生流水的涡流区是非常重要的。

10.3.8、10.3.9 纯水作为清洗用水经过工艺生产设备使用后，应尽可能做到“清污分流”，选择收集低污染度的清洗废水作为纯水制备的原水或其他次级用水的原水，促进水的循环利用和重复使用，实现高效率的一水多用，是实现纯水系统和全厂高回用率的关键所在。用后纯水的重复利用，既要达到高的回用率，同时也必须保证工艺设备的用水安全，因此确定回收水水质对纯水系统设计影响很大。回收水水质必须根据回收系统的处理工艺和处理能力来确定。在设计初期必须结合目前成熟可靠的工程技术和经济条件，做好相关的技术评估工作，既要确定可供安全回收的回收水水质，也必须考虑到回收水水质变化对纯水系统的影响和冲击。根据国内硅集成电路芯片工厂运行经验以及国外同类工厂的技术水平，6 英寸硅集成电路芯片工厂的工艺废水的回用率不应低于 50%，8 英寸～12 英寸硅集成电路芯片工厂的工艺废水的回用率不应低于 75%。

10.4 废　水

10.4.1 硅集成电路芯片生产废水通常包括可回用废水、含氟废水、化学机械抛光废水、一般酸碱废水、高浓度含氨废水等。分类收集既是提高废水处理效率的需要，也是提高全厂水系统回用率的需要。

10.4.3 硅集成电路芯片生产排放的废水，其水质和水量在一天 24h 内均存在波动。水量、水质波动越大，过程参数越难以控制，处理效果越不稳定。因此为了保证废水处理系统的平稳运行，设计大小合适的调节池对废水进行均质均量的调整是非常重要的。同时，合理地设计调节池，对后续处理设施的处理能力、基建投资、运转费用等均有较大影响。

10.4.5 硅集成电路芯片生产废水种类较多，且污染物特性各不相同，如何处置脱水后的泥饼直接影响废水和污泥系统的分类和处置技术。

目前国内较为成熟的污泥脱水设备有压滤机和离心脱水机等。脱水设备的选择应充分考虑污泥的脱水性质和脱水要求，结合设备的供货情况经技术经济比较后确定。污泥脱水性质的指标有比阻、黏滞度、粒度等。脱水要求通常是指泥饼的含水率。

10.4.6 进入脱水设备的污泥含水率直接影响泥饼的产率。在一定条件下，泥饼的产率与进入脱水设备的污泥含水率成反比关系，因此当污泥含水率大于 98% 时，应该考虑适当的浓缩处理以降低其含水率。

10.4.7 硅集成电路芯片生产废水处理后生成的污泥需要根据其是否是危险废物分别进行外运处置。外运的频度往往取决于委外处置厂商的处理能力和外运条件，所以废水处理站通常都需要考虑污泥暂存的污泥料仓或堆场。

10.4.9 硅集成电路芯片工厂要达到高效用水通常采取两种途径：循环使用和回收利用。循环使用通常在生产工艺设备的设计制造过程中加以考虑，而回收利用则是水系统工程师必须要考虑的问题。如何保证不同水质和水量的用后纯水有效回收和利用，离不开对全厂用水系统的水量平衡。水量平衡是指在一个确定的用水系统内，输入水量之和等于输出水量之和。硅集成电路芯片工厂的水量平衡是以硅集成电路芯片生产为主要考核对象，通过对各用水系统的用水水质和消耗水量的分析，根据水量的平衡关系分析用水的合理程度。

10.5 工艺循环冷却水

10.5.1 工艺循环冷却水系统是硅集成电路芯片生产的重要生产支持系统，工艺循环冷却水系统循环水量大，运行能耗高，如何根据工艺生产设备需求合理设计工艺循环冷却水系统是该系统能否正常运行的关键，所以工艺循环冷却水系统的设计应充分考虑工艺生产设备对水温、水压和水质的需求，经技术经济比较后合理设置。

10.5.2 工艺循环冷却水系统的实际使用负荷往往随着生产设备的实际运行而变化波动，为了满足水压、水量的要求，工艺循环冷却水系统的加压水泵通常都按变频恒压变流量的模式运行。设置备用泵是考虑工艺循环冷却水系统的运行安全。

10.5.4、10.5.5 工艺循环冷却水系统过滤器和换热器设置备用是根据工艺循环冷却水系统的重要性和运行安全考虑。

10.5.7 本条规定了工艺循环冷却水系统输送管路设置的常规要求。

10.5.8 水质对工艺循环冷却水系统非常重要，它不仅关系到系统本身的运行安全和稳定，也直接关系到与冷却水直接接触的工艺生产设备的运行安全和稳定。因此水质稳定装置的合理选择和设置必须充分考虑工艺循环冷却水系统的形式、系统中各设备和管道材料的材质以及工艺生产设备过水部分的材质，并结合防腐、阻垢和灭菌的需要。

10.6 大宗气体

10.6.1 大宗气体供应系统宜在工厂内或邻近处设置制气装置是为了便于输送，外购液态气储罐或瓶装气体是目前许多工厂的实际状况。

10.6.2 硅集成电路芯片工厂用大宗气体包括氮气、氢气、氧气、氩气、氦气五种气体，本条对大宗气体的使用作了一般规定。考虑到大宗气体系统在工程完工、检修后要对系统进行吹扫，同时考虑氢气、氧气的气体特性，规定氢气、氧气管道的终端或最高点应设置放散管，放散管应引至室外并高出建筑的屋脊 1m，氢气放散管道上应设置阻火器。

10.6.3 气体纯化装置是保证气体品质的重要设备，气体气源参数和使用参数是确定纯化装置的重要数据；同时纯化装置的布置既要考虑气体的特性，又要便于操作，所以，规定气体依据性质布置在一个或几个房间内。但是，氢气纯化器因为氢气的爆炸特性应布置在独立的房间内；终端纯化器靠近工艺设备是为了保证气体的品质。

10.6.4 为防止由于管道及阀门附件的油脂与管内氧气因管道静电导致的燃烧，规定氧气管道及阀门附件应经严格的脱脂处理；氧气管道应设置静电泄放的接地设施是为了防止静电产生，设置自动切断阀是安全设计的要求。

10.6.5 大宗气体管道和阀门的选择与工艺对气体品质的要求关联度较大，因此规定根据气体的纯度确定管道材料和阀门类型，同时规定气体管道阀门、附件的材质宜与相连接的管道材质一致。

10.6.6 根据大宗气体的性质，规定管道连接除与设备或阀门连接采用卡套连接或阀门连接外，管道连接应采用焊接，考虑大宗气体管道的高纯性质，规定当采用软管连接时，应采用金属软管。

10.7 干燥压缩空气

10.7.1 干燥压缩空气系统的设计必须考虑供气量、供气品质和压缩空气系统的损耗，从产品的工艺要求考虑，硅集成电路芯片工厂应该选用无油润滑空气压缩机。

10.7.3 工程实践表明，当干燥压缩空气输送露点低于－76℃时，采用内壁电抛光不锈钢管；当干燥压缩空气输送露点低于－40℃时，采用不锈钢管或镀锌碳钢管是较为经济合理的选择。

10.7.4 工程实践表明，干燥压缩空气输送露点低于－40℃时，用于管道连接的密封材料宜选用金属垫片或聚四氟乙烯垫片。

10.9 特种气体

10.9.3 从安全的角度考虑，规定自燃性、可燃性、毒性、腐蚀性气瓶柜设置在具有连续机械排风的特种气体柜中，规定排风机、泄漏报警、自动切断阀设置应急电源是为了防止在电源故障时，保证系统与操作人员的安全。

多路阀门箱的设计是为了把泄漏点放置在封闭的装置内，防止外泄且便于操作。

10.9.4 特种气体分配系统吹扫盘设置，应设置应急切断装置，过流量控制装置，设置手动隔离阀是工艺运行与安全的考虑；为防止特种气体的本质气体在吹扫系统运行故障时污染大宗气体系统及不相容特种气体混合后发生化学事故，规定吹扫气源不应使用工厂大宗气体系统，不相容特种气体的吹扫盘不得共用同一吹扫盘。

10.10 化学品

10.10.1～10.10.3 硅集成电路芯片工厂的化学品的用量及物理化学特性与其储存及输送方式是相关的，如大宗化学品一般会在独立的建(构)筑物中存放，而硅集成电路芯片工厂的许多化学品往往放置在主生产厂房的一楼靠外墙的位置。考虑化学品的易燃、腐蚀、毒性的特点，为防止化学品使用不当造成的人身与生产事故，条文规定其储存应符合现行国家标准《化学品分类和危险性公示 通则》GB 13690 的规定。设计相应的安全保护措施也是为了保护人身安全，一旦发生事故，也可以将事故损失降至最低。

10.10.4 洁净厂房化学品储存间设置的规定既是安全的需要，也是技术的需要。

1 对所有工程上使用的易燃易爆物质在储存、分配间设计的通用规定，都与现行国家标准《建筑设计防火规范》GB 50016 的规定一致，靠外墙是为了有足够的泄爆面积。

2 规定危险化学品储存区域(间)和分配区(间)不得设置人员密集房间(如办公区等)和疏散走廊的上方、下方或贴邻，是为了化学品一旦发生事故，工厂能将事故对人身的损失降到最低。

3 规定化学品储存、分配间应设置机械排风，机械排风系统应提供紧急电源；这是为了泄漏化学品在室内的聚集事故造成工厂财产损失和人员伤害，是一种防止化学品泄漏措施失灵后的补救措施。

10.10.5 集中分配间通过管道输送化学品时：

1 规定输送系统设备、管道化学稳定性应与所输送的化学品性质相容，是说明化学品输送设备与管道性质应该与化学品的性质相容；

2 本款规定是为了防止泄漏化学品排放不达标造成对环境的破坏；

3 本款规定化学品设备应设置液位监控和自动关闭装置，并应设置溢流应对设施，是为了防止化学品操作失误而酿成事故，保护生产环境和人身安全；

4 本款规定是因为有机溶剂属于易燃易爆物质，其分配间设置相应的泄漏浓度报警探头，并应与紧急排风系统连锁是为了防止事故扩大，保护生命安全与工厂财产；

5 输送易燃、易爆化学品的管道，应设置静电泄放的接地设施，是为了防止易燃易爆化学品产生火灾或爆炸事故，防止腐蚀性化学品泄漏后对地面的损害；

6 本款规定是为了在易燃、易爆、腐蚀性等危险性化学品或工厂其他设备发生事故时，能够将其紧急切断，防止事故扩大化。

10.10.6 危险化学品的储存、分配间应设置废液收集系统是为了将化学品废液集中收集与处置，这既是环境保护的需要，也是生产的需要；物理化学特性不相容的化学品，不得排入同一种废液收集系统，是为了防止不当的化学品收集手段造成事故发生。

10.10.7 液态危险化学品的储存、分配间设置溢出保护设施是考虑安全的需要。

1 本款规定防护堤有效容积大于最大储罐的容积是为了一旦发生泄漏，且补救不及时，也会将化学品控制在其设计的防护堤内，不至于造成事故蔓延；

2 规定两种化学品混合将引起化学反应的不同化学品储罐或罐组之间，应设置防护隔堤，是为了防止不相容化学品泄漏造成次生事故的发生；

3 规定危险化学品储存、分配间应设置液体泄漏报警是为了在化学品泄漏时提醒工作人员及时进行处理、废液收集系统设置是为了将化学品废液集中收集与处理，是环境保护的需要。

10.10.8 化学品的储存间和分配间设置紧急淋浴器是为了在化学品事故伤及工作人员时，能够在现场进行自我救援，赢得宝贵的抢救时间，将事故减少到最小。

具体设置可参考 ANSI(American National Standards Institute)Z358.1。

1 紧急淋浴器应位于从危害物操作区步行10s可到达或者小于20m的范围内，或者危害物操作区周围20m的半径之内；

2 紧急淋浴器应和危害物操作区位于同一平面内，两者之间不能通过楼梯或斜面连接；

3 通往紧急淋浴器的通道应保持通畅，尽量没有转弯，不能有障碍物阻挡。

10.10.9 化学品系统管路、阀门材质的选用主要是考虑与其输送介质的良好相容性能。

1 化学品与其接触的管道材料的性能必须是相容的。

2 规定化学品输送管路系统，对多台生产设备供应同一种化学品时，应设置分配阀箱，是为了管理和操作方便；设置泄漏检测报警系统，是安全生产的考虑。

11 空间管理

11.0.1 硅集成电路芯片工厂室外管线通常包括冷热水管、蒸汽、大宗气体等。根据管线的特性及当地的自然条件，可采用架空敷设、埋地或管沟敷设等方式，在目前大多数的集成电路芯片工厂都采用在公共管桥上架空敷设方式。主要是基于成本和维护管理以及今后扩展的便利性方面的考虑。

11.0.3～11.0.6 上技术夹层不宜敷设水管及其他液体输送管道，主要为避免管道漏损后，对下方的净化间及工艺设备造成较大的损失。在上技术夹层确定管道敷设时，首先考虑FFU自身的高度以及吸入空气所需的空间。此高度上再考虑排风管道以及大宗气体及特种气体等管道高度。由于上技术夹层通常为金属壁板，承载有限，同时各种吊架较多，如果没有专门的检修通道，日常巡检和维护会较为困难。

11.0.7 目前产能较大的6英寸、8英寸及12英寸硅集成电路芯片工厂由于生产辅助设备布置在下技术夹层，主要管线也布置在下技术夹层。在下技术夹层的空间管理中首先考虑辅助设备搬运和操作的高度范围，之上按高度分别划分为主管、支管以及二次配管和消防喷淋管道的范围，在设计中可以遵循此原则来规划各系统的管线走向和标高。

11.0.8 硅集成电路芯片厂房内的管道种类繁多，十分密集，如各自独立设置的吊杆和支架，会造成空间吊杆密集，严重影响管道的通行。因此在主要管道通行的区域，宜集中布置公共管架，支、吊架水平间距应根据所有管线最小间距及材料成本统一考虑。

12 环境安全卫生

12.0.1 硅集成电路行业发展十分迅速，特别在美国、日本、韩国、台湾等国家和地区，在硅集成电路芯片工厂的规模和技术上都处于领先地位，而且有数十年的经验，对于环境安全卫生方面的法律更加严格和完善，因此在设计中参考行业国际安全标准，可促进工厂运行过程中的保障措施更加完善。相关国际标准包括美国防火协会标准NFPA、国际半导体设备与材料协会标准SEMI、美国工厂联合保险协会标准FM等。

12.0.3 紧急应变中心应同时兼具消防系统、气体侦测系统、广播系统、门禁系统、闭路电视系统等紧急应变相关系统的监视与操作功能，相关系统报警后在紧急应变同时应有声光报警显示；应配备完整的紧急应变设施，包括消防系统的应急手动操作设备、便携式气体浓度侦测设备、紧急应变救灾设备、医疗救助设备等；应有直接通向生产厂房及安全出口的通道；应有备用的第二紧急应变中心，且应与日常使用的紧急应变中心分别在不同的建筑物内设置。

中华人民共和国国家标准

煤炭工业给水排水设计规范

Code for design of water supply and drainage of coal industry

GB 50810—2012

主编部门：中 国 煤 炭 建 设 协 会

批准部门：中华人民共和国住房和城乡建设部

施行日期：2 0 1 3 年 1 月 1 日

中华人民共和国住房和城乡建设部
公　　告

第 1458 号

住房城乡建设部关于发布国家标准《煤炭工业给水排水设计规范》的公告

现批准《煤炭工业给水排水设计规范》为国家标准，编号为GB 50810－2012，自 2013 年 1 月 1 日起实施。其中，第2.4.4、3.2.2条为强制性条文，必须严格执行。

本规范由我部标准定额研究所组织中国计划出版社出版发行。

中华人民共和国住房和城乡建设部

2012 年 8 月 13 日

前　言

本规范是根据原建设部《关于印发〈2006 年工程建设标准规范制订、修订计划（第二批）〉的通知》（建标〔2006〕136 号）的要求，由中国煤炭建设协会勘察设计委员会和中煤西安设计工程有限责任公司会同中煤科工集团武汉设计研究院、中煤国际工程集团北京华宇工程有限公司、煤炭工业郑州设计研究院有限公司、煤炭工业济南设计研究院有限公司共同编制完成。

在本规范编制过程中，编制组结合近几年给水排水技术和煤炭工业的发展情况，经调查研究和收集资料，广泛征求各设计、建设、施工等单位的意见。最后经审查定稿。

本规范共分 5 章和 1 个附录，主要内容包括：总则、给水、排水、建筑给水排水、热水及饮用水供应等。

本规范中以黑体字标志的条文为强制性条文，必须严格执行。

本规范由住房和城乡建设部负责管理和对强制性条文的解释，由中国煤炭建设协会勘察设计委员会负责日常管理，由中煤西安设计工程有限责任公司负责具体技术内容的解释。本规范在执行过程中，希望各单位结合工程实践，认真总结经验，注意积累资料，如有意见或建议，请反馈至中煤西安设计工程有限责任公司《煤炭工业给水排水设计规范》编制组（地址：西安市雁塔路北段 64 号，邮政编码：710054，传真：029-87853497，E-mail：xmssz@126.com），以供今后修订时参考。

本规范主编单位、参编单位、主要起草人和主要审查人：

主 编 单 位：中国煤炭建设协会勘察设计委员会
中煤西安设计工程有限责任公司

参 编 单 位：中煤科工集团武汉设计研究院
中煤国际工程集团北京华宇工程有限公司
煤炭工业郑州设计研究院有限公司
煤炭工业济南设计研究院有限公司

主要起草人：王亚平　刘珉瑛　张孔思　李　茜　荆波湧　程吉宁　王小强　刘春玲　胡君宝　李爱民　魏年顺

主要审查人：毕孔耜　刘　毅　鲍巍超　李奇斌　张世和　赵　民　宋恩民　袁存忠　李　燕　祝怡虹　万小清　崔　玲　李东阳

目　次

Contents

1 总　　则

1.0.1 为统一煤炭工业给水、排水设计原则和标准，适应煤炭行业给水、排水技术的发展和变化，为煤炭工业给水、排水工程设计提供科学依据，制定本规范。

1.0.2 本规范适用于新建、扩建、改建的矿井、露天矿、选煤厂、矿区机电设备修理厂、煤炭集装站、矿区辅助、附属企业的给水、排水工程的设计。

1.0.3 本规范不适用于地震、湿陷性黄土、膨胀土、永冻以及其他地质特殊地区的给水、排水工程的设计。

1.0.4 煤炭工业给水、排水工程的设计，除应符合本规范外，尚应符合国家现行有关标准的规定。

2 给　　水

2.1 水　　源

2.1.1 永久供水水源的选择应符合现行国家标准《室外给水设计规范》GB 50013 的有关规定，并应根据用水量、用水水质要求及水资源条件等因素，经技术经济比较后确定，且应符合下列规定：

1 应征得当地水行政主管部门的同意并取得“取水许可证”。

2 生活用水水源宜选择符合饮用水卫生标准的地下水。

3 选择矿区井田范围内或井田边界附近地下水作为水源，在计算供水量时，应根据矿井开采对水源供水量的影响程度，在供水水源水文地质勘察报告所提供的可靠供水量的基础上乘以小于 1.0 的衰减系数。

4 在干旱、易沙化等生态脆弱区，采用地下水作为水源时，应避免地下水开采对当地生态环境的影响。

5 井下水、疏干水、矿坑排水及生产、生活污废水应作为生产用水水源进行利用。经过处理后达到生活饮用水卫生标准的井下水可作为生活用水水源。

6 在严重缺水地区，宜对雨水进行综合利用。

2.1.2 永久供水水源工程设计，应有相应的水文和水文地质资料，并应符合下列规定：

1 当采用地下水作水源时，可行性研究阶段应有经过审批的供水水文地质普查报告；初步设计阶段应有经过审批的供水水文地质详查报告；施工图设计阶段应有经过审批的供水水文地质勘探资料。水源勘探勘察资料应符合现行国家标准《供水水文地质勘察规范》GB 50027 的有关规定。确无相关资料时，可按煤田地质报告中的水文地质内容和本区内相同水文地质条件的其他企业的水源勘察资料或利用本区域已有的水资源论证资料，进行探采结合的取水工程设计。

2 当采用地表水作水源时，应有多年连续实测的水文资料，其设计枯水流量的年保证率宜采用 90%～97%。当缺乏水文资料时，可采用近期 1 年～2 年的实测资料或利用本区域已有的水资源论证资料。在严重缺水地区，设计枯水流量的年保证率可适当降低。

3 当以城市市政供水为水源时，应有与当地供水部门签订的“供水协议”。

4 当采用井下水、疏干水、矿坑排水作为供水水源时，其可靠利用量应按正常涌水量的 50%～70%确定。

2.1.3 水源的日供水能力宜按供水对象最高日用水量的 1.2 倍～1.5 倍计算。

2.1.4 水源地应采取防止污染和人为破坏的措施，并应有对外的道路和通信线路。

2.2 给水量、水质及水压

2.2.1 工业场地行政公共建筑区生活用水指标，应采用现行国家标准《室外给水设计规范》GB 50013 和《建筑给水排水设计规范》GB 50015 中相应的生活用水定额，并应按表 2.2.1 计算，同时应符合下列规定：

1 职工食堂用水，日用水量应按全日出勤人数每人两餐计。

2 浴室用水，矿井及露天矿日用水量宜按最大班用水量的 3 倍～4 倍计算，选煤厂、机修厂等日用水量宜按最大班用水量的 2.5 倍计算。淋浴延续时间宜取每班 1h。当淋浴用水直接由室外管网供水时，每班用水时间应取 1h；当淋浴用水由屋顶水箱供水时，水箱充水时间应按 2h 计算；池浴每日用水应为 3 次～4 次，每次充水时间应为 0.5h～1h。

3 洗衣房用水，矿井井下及露天矿生产人员可按每人每天 1.5kg 干衣计算；矿井地面及选煤厂工作人员可按每人每次 1.2kg～1.5kg 干衣，每人每周洗 2 次计算。

4 井下避难系统人员用水量，应按井下避难人员每人每天 8L～10L 计算，每天用水时间应为 24h。

5 井下（地面）制冷站、瓦斯抽采（放）站、井下灌浆站等生产用水量，应按工艺要求确定。井下（地面）制冷站、空气压缩机、真空泵等设备冷却用水，应循环使用或重复利用。循环补充水量可按表 2.2.1 的规定计算，用水时间应按工艺要求确定。选用循环给水系统的冷却设备时，其计算参数应根据工艺要求及气象条件确定。

6 洗车用水，应按每天冲洗的车辆数计算，其用水量应按表 2.2.1 的规定计算，冲洗水应循环使用。

7 液压支架及其他矿山设备冲洗用水，应按工艺要求确定，设备冲洗用水应循环使用。

表 2.2.1 用水量定额

序号	用水项目		指 标	用水定额或占总水量百分数	用水时间(h)	小时变化系数
1	职工生活		每人每班	30L～50L	8	1.5～2.5
2	职工食堂		每人每餐	20L～25L	12	1.5
3	单身宿舍		每人每日	150L～200L	24	3.0～2.5
4	承建制人员（外包队）生活用水		每人每日	100L～150L	24	3.0～2.5
5	浴室	淋浴器	每个每小时	540L	1.0	1.0
		洗脸盆	每个每小时	80L	1.0	1.0
		浴池	每平方米	700L	1.0	1.0
6	洗衣房		每千克干衣	80L	12	1.5
7	锅炉补充水	蒸汽锅炉	总蒸发量	20%～40%	16	—
		热水锅炉	总循环水量	2%～4%	16	—
		非采暖蒸汽锅炉	总蒸发量	60%～80%	16	—
8	循环冷却补充水	空压机真空泵	循环水量	10%	—	—
9	洗车	矿山大型车辆	每辆每次	1000L～2000L	10min	—
		其他载重车辆	每辆每次	400L～500L	10min	—

2.2.2 各生产车间防尘洒水用水量应根据洒水器数量、洒水器用水定额及每天用水时间进行计算。喷雾降尘设施用水时间应根据各生产环节工作时间确定。降尘装置用水量应根据其厂家设备参数确定。

2.2.3 生产车间冲洗地面用水量宜按 5L/（m²·d）～10L/（m²·d）计算，每天冲洗应为 1 次～2 次，每次冲洗时间应为 1h～2h。

2.2.4 浇洒道路用水量可采用 2.0 L/（m²·d）～3.0L/（m²·d），绿化用水量可采用 1.0 L/（m²·d）～3.0L/（m²·d），每天应按 1 次～2 次计算。

2.2.5 矿区机修厂、辅助、附属企业用水量定额可根据生产性质，按各自行业的用水标准选取。

2.2.6 当煤矿开采影响农村用水时，应将受影响的农村居民用水量和牲畜用水量计入矿井用水总量中。农村居民用水量标准可根据其所处地域、用水习惯等，按现行国家标准《农村生活饮用水量卫生标准》GB 11730 的有关规定执行。牲畜用水量标准可按本规范附录 A 的规定执行。

2.2.7 未预见水量及管网漏失水量可按最高日用水量的 15%～25%计算。

2.2.8 煤炭工业企业生活用水水质应符合现行国家标准《生活饮用水卫生标准》GB 5749 的有关规定。

2.2.9 井下避难系统应急供水水质应符合现行国家标准《生活饮用水卫生标准》GB 5749 的有关规定。

2.2.10 洒水除尘用水水质应符合表 2.2.10 的要求。

表 2.2.10 洒水除尘用水水质标准

项 目	标 准
悬浮物含量（mg/L）	≤30
悬浮物粒度（mm）	＜0.3
pH 值	6.5～8.5
总大肠菌群	每 100mL 水样中不得检出
粪大肠菌群	每 100mL 水样中不得检出

2.2.11 煤矿井下用水水质应按现行国家标准《煤矿井下消防、洒水设计规范》GB 50383 的有关规定执行，井下设备用水水质应根据设备对水质的不同要求选取。选煤及水力采煤的用水水质应分别符合表 2.2.11-1 和表 2.2.11-2 的要求。

循环水悬浮物含量的取值还应符合现行行业标准《选煤厂洗水闭路循环等级》MT/T 810 的有关规定。

表 2.2.11-1 选煤用水水质标准

项 目		标 准
悬浮物含量	洗煤生产补充水（mg/L）	≤400
	循环水（g/L）	50～100
悬浮物粒度（mm）		＜0.7
pH 值		6～9
总硬度（水洗工艺）（mg/L）		＜500

表 2.2.11-2 水力采煤用水水质标准

用水设备		标准		
		悬浮物（mg/L）	pH 值	嗅和味
高压密封泵		≤10	≥7	不得有异嗅异味
高压供水泵	高转速	≤30	≥7	不得有异嗅异味
	低转速	≤150	≥7	不得有异嗅异味
	污水泵	≤500	≥7	不得有异嗅异味

2.2.12 设备冷却用水水质应符合表 2.2.12 的要求。

表 2.2.12 设备冷却用水水质标准

项 目	标 准
悬浮物含量（mg/L）	100～150
暂时硬度（以 $CaCO_3$ 计）（mg/L）	≤214
pH 值	6.5～9.5
油（mg/L）	5
BOD_5（mg/L）	25
进出水温差（℃）	≤25
排水温度（℃）	≤40

注：当进水温度低时，暂时硬度指标可适当提高。

2.2.13 洗车及机修厂冲洗设备用水水质应符合表2.2.13的要求。

表 2.2.13 洗车及机修厂冲洗设备用水水质标准

项　目	标　准
pH值	6.0～9.0
色度（度）	≤30
浊度（NTU）	≤5
悬浮物（mg/L）	≤10
嗅味	无不快感
BOD_5（mg/L）	≤10
COD_{Cr}（mg/L）	≤50
氨氮（mg/L）	≤10
阴离子表面活性剂（mg/L）	≤0.5
铁（mg/L）	≤0.3
锰（mg/L）	≤0.1
溶解性总固体（mg/L）	≤1000
溶解氧（mg/L）	≥1.0
总余氯（mg/L）	接触30min后，≥1.0； 管网末端，≥0.2
总大肠菌群（个/L）	≤3
石油类（mg/L）	＜0.5

2.2.14 当采用处理后的井下水、生活污水作为煤炭企业生产用水、杂用水、景观环境用水、农田灌溉等时，除应符合本规范第2.2.10条～第2.2.13条的规定外，还应符合现行国家标准《污水再生利用工程设计规范》GB 50335及《农田灌溉水质标准》GB 5084的有关规定。

2.3 输水及配水

2.3.1 输水管（渠）的定线、走向除应符合现行国家标准《室外给水设计规范》GB 50013的有关规定外，还应符合下列要求：

1 输水管（渠）线路的走向宜沿井田边界敷设，并应避开采空区、露天矿排土场，可沿已有或规划的公路、铁路、矿区输电线路等留设煤柱的区域敷设。

2 输水管（渠）宜少占农田，且不应占用基本农田。在穿过农田时，应结合农田水利等规划进行设计。穿越农田的管道不应妨碍耕作。农田内埋地敷设的管道，管顶最小覆土厚度不宜小于1.0m。

3 矿区输水管（渠）的线路走向宜靠近大用户和重要用户。

2.3.2 输水及配水管道应埋地敷设，当确有困难时，也可明设。在寒冷地区明设管道应采取防冻措施。

2.3.3 埋地敷设的输水管道宜在管道的转弯、分支、阀门以及直线管段每隔500m处的地面上设置标示设施。

2.3.4 长距离输水管道宜每隔1.0km左右设置一个检修阀门。

2.3.5 输水及配水管道宜敷设在地表不变形或变形较小的地带。当给水管道通过采空区或露天矿排土场高填方区时，应采取防止管道损坏和确保供水安全的技术措施和防护措施。

2.3.6 输水管道的设计流量应根据供水量大小，结合调节构筑物的调节容量和水处理厂的处理能力、工作时间，经计算确定。

2.3.7 给水系统的选择和管网的布置，除应符合现行国家标准《室外给水设计规范》GB 50013、《建筑给水排水设计规范》GB 50015、《建筑设计防火规范》GB 50016及《高层民用建筑设计防火规范》GB 50045的有关规定外，还应符合下列规定：

1 应根据不同的水质要求，采用分质给水管道系统。

2 当场区内供水压力相差较大时，应根据技术经济合理性，采用分压给水管道系统。

3 工业场地消防管网宜独立设置或采用与生产合用的管道系统。当采用合用系统时，应采取确保消防用水不被动用的措施。

4 当采用生活给水与消防给水合并管网时，生活给水系统应采取防超压措施和水质防污染措施。

2.3.8 工业场地给水管道应在下列位置设置阀门：

1 区域供水管道与工业场地给水管道的连接处。

2 水池、水塔的进水管、出水管及泄水管上。

3 水泵房出水管与给水管网连接处。

4 在环状管网上，应按管网在检修时主要建筑物和不允许间断供水的建筑物仍能保证供水的原则设置阀门。

5 铁路及汽车水鹤的进水口处。

2.4 储存、调节构筑物

2.4.1 煤炭企业应根据外部供水情况，设置储存、调节构筑物。调节容量应按供水曲线和用水曲线确定，在缺乏资料时，可按不小于表2.4.1中的规定计算确定。

表 2.4.1 水池调节容量

最高日用水量（m^3/d）	调节容量占最高日用水量（%）
≤500	50～30
500～1000	30～25
＞1000	25～20

2.4.2 当供水水源、输水管道或外部供水能力不能满足煤炭企业消防用水要求时，应在工业场地设置消防储水池。当与生产、生活调节水池合建时，水池容

积应能满足储存消防历时内生产、生活用水量、调节容量及全部消防用水量的要求。日用消防储水池容积可按下式计算：

$$V = Q_1 + Q_2 + Q_3 + Q \cdot A \tag{2.4.2}$$

式中：V——日用消防储水池容积（m^3）；

Q_1——室外消防用水量（m^3）；

Q_2——室内消防用水量（m^3）；

Q_3——消防时生产、生活用水量（m^3）；

Q——工业场地最高日生产、生活用水量（m^3/d）；

A——调节容量占日用水量百分率（按表2.4.1执行）（%）。

2.4.3 有条件时，日用消防水池宜采用高位水池。

2.4.4 消防水池与生产、生活水池合建时，应采取确保消防水量不作他用的措施。

2.4.5 输水系统的传输水池容量，可按0.5h～1h的设计输水流量计算确定。

2.4.6 当输水管道为单管时，应结合输水管道的长度、维护检修条件、取水水源的可靠程度等因素，在靠近用水点处设置事故储水构筑物。事故储水量可按8h～12h日平均时流量计算。

2.4.7 生活饮用水水池应按现行国家标准《建筑给水排水设计规范》GB 50015的有关规定采取防污染措施和设置安全防护设施。

2.4.8 水池、水塔应设置水位指示、信号显示及消防水位报警装置。

2.4.9 当室外消防采用临时高压制时，应采取防止由消防水泵供给的消防水进入高位水池、水塔或水箱的措施。

2.5 加压设备

2.5.1 加压设备的选型应满足系统内各用水点的水量、水压要求。

2.5.2 当给水压力不能满足个别建筑物用水压力要求时，应采取局部加压方式供水。

2.5.3 给水加压设备应有备用。备用泵的能力不应小于工作泵中最大一台的能力。

2.5.4 生产、生活水泵的总出水管上应设置计量装置。

2.5.5 水泵总扬程计算时，泵房内管道的总水头损失应经计算确定。当向水池或水塔供水时，管道出口自由水头可采用0.02MPa。

2.5.6 当水泵房噪声不能满足环境噪声要求时，应采取隔音、降噪措施。

2.6 消防给水

2.6.1 消防给水系统应根据所在区域的消防条件，确定采用高压、临时高压或低压制给水系统。当附近有消防站且消防车从接警起在5min内可到达失火点时，可采用低压制给水系统。

2.6.2 矿井地面和井下消防给水系统应分开设置。

2.6.3 煤炭企业的消防用水量计算，应按现行国家标准《建筑设计防火规范》GB 50016的有关规定执行。

2.6.4 煤矿筒仓宜按单个仓体体积与仓上建筑体积之和确定室外消防水量；封闭式储煤场宜根据其储量按室外堆场计算室外消防水量。

2.6.5 建筑物室内消防给水系统的设置，应符合下列规定：

1 下列建筑物或部位应设置室内消火栓给水系统：

1）主、副井井口房，井塔，选矸车间，筛分车间，破碎车间，主厂房原煤生产层及相邻层，原煤仓，混煤仓，封闭储煤场，原煤带式输送机栈桥及暗道，原煤缓冲仓，原煤转载点，准备车间，干燥车间，原煤翻车机房，原煤装车仓，瓦斯抽采（放）站。

2）坑木加工房、器材库（棚）、机修车间。

3）超过五层或建筑体积超过10000m^3的办公楼、单身宿舍、井口浴室、矿灯房任务交代室联合建筑，锅炉房原煤给煤层。

4）建筑体积超过5000m^3的宾馆、招待所、探亲房。

5）按现行国家标准《建筑设计防火规范》GB 50016的有关规定要求设置室内消火栓的其他建筑。

2 下列建筑物或部位可不设置室内消火栓给水系统：

1）煤样室、化验室、制浆车间、内燃机车库、电机车库。

2）选煤厂主厂房水洗部分、浓缩车间、压滤车间、洗后产品的输送机栈桥和产品煤装车仓。

3）主、副井提升机房，压缩空气机房，地面制氮站，非燃烧材料库（棚），油脂库。

4）矸石仓、矸石输送机栈桥、运矸地道、不通行的封闭罩带式原煤输送机栈桥、场地范围外的原煤带式输送机栈桥。

5）换热站、空气加热室、锅炉房（原煤给煤层除外）、水泵房、变电所。

6）给水排水工程的各种建、构筑物。

3 建筑物内自动喷水灭火系统的设置，应按现行国家标准《建筑设计防火规范》GB 50016的有关规定执行。高层原煤生产车间可不设置自动喷水灭火系统。

4 与主井井口房、翻车机房、选矸车间、筛分车间、主厂房、原煤仓、原煤转载点等生产系统连接的原煤输送机栈桥接口处，应设置消防水幕。

5 本条第1款～第4款中未包括的建筑物，其室内消防给水的设置应按现行国家标准《建筑设计防火规范》GB 50016的有关规定执行。

6 汽车库室内消防给水的设置，应按现行国家标准《汽车库、修车库、停车场设计防火规范》GB 50067的有关规定执行。

7 其他自动灭火系统的设置，应按现行国家标准《建筑设计防火规范》GB 50016的有关规定执行。

2.6.6 封闭式储煤场应设置固定灭火器、消火栓或自动消防炮灭火系统。当采用消火栓系统时，消火栓用水量应采用10L/s、2股水柱。

2.6.7 室内消火栓用水量应根据水枪充实水柱长度和同时使用水枪数量经计算确定，但不应小于表2.6.7的规定。

表2.6.7 室内消火栓用水量

建筑物名称	消火栓（炮）用水量（L/s）	同时使用水枪（炮）数量（支）	每根竖管最小流量（L/s）	水枪充实水柱长度（m）
立井井塔	10	2	10	10
原煤仓（缓冲仓、产品仓等）	10	2	10	10
准备车间（筛分、破碎等）	10	2	10	10
原煤输送机栈桥	5	1	5	7

注：表中未列出的建筑物室内消防用水量按现行国家标准《建筑设计防火规范》GB 50016的有关规定执行。

2.6.8 室内消火栓间距应经计算确定。原煤输送机栈桥，室内消火栓的间距不应超过50m。当输送机栈桥两端连接的建筑物内的消火栓可满足其消防需要时，栈桥内可不设置室内消火栓。

2.6.9 同一建筑物内应设置统一规格的消火栓、水枪和水龙带，且每条水龙带长度不应大于25m。

2.6.10 爆炸材料库应有安全、可靠的消防供水水源。消防水池的补水时间不应超过48h。

2.6.11 爆炸材料库区的消防设计，应按国家现行标准《民用爆破器材工程设计安全规范》GB 50089或《小型民用爆炸物品储存库安全规范》GA 838的有关规定执行。

2.6.12 设有专用消防泵的给水系统，各建筑物室内消火栓处应设置直接启动消防泵的按钮，且应设置保护设施。

2.7 给水处理

2.7.1 煤炭企业生产、生活供水水质不符合相应的水质标准要求时，应进行处理。

2.7.2 给水处理工程设计应按现行国家标准《室外给水设计规范》GB 50013的有关规定执行。

2.7.3 给水处理站的设计水量，应按供水对象的最高日用水量及水处理站自用水量之和确定。自用水量应由计算确定，也可采用最高日用水量的5%～10%。

2.7.4 给水处理的方法及工艺流程，应根据原水水质、水量、处理后的水质要求，并结合当地材料、药剂供应条件及施工和运行管理水平等，经技术经济比较确定。

2.7.5 生产用水和生活用水应按不同的水质要求进行处理。

2.7.6 井下水作为生活饮用水水源时，应以具备资质的化验部门提供的水质全分析资料作为依据，确定处理工艺。

2.7.7 给水处理构筑物和设备的处理能力，宜按16h～20h处理设计水量计算确定。

2.7.8 给水处理设施采用构筑物或设备，应通过技术经济比较确定。

2.7.9 给水处理构筑物或设备的数量，应按检修时不间断供水的需要设置。沉淀池、澄清池、滤池的个数或分格数不宜少于两个，并可单独工作，可不设备用。

2.7.10 给水处理过程中所产生的废水、废渣，应作适当处理及处置。

2.7.11 给水处理站的监测与控制，应根据给水处理规模和管理水平等，按现行国家标准《室外给水设计规范》GB 50013的有关规定执行。

2.7.12 寒冷地区的给水处理构筑物和设备宜建在室内或采取加盖措施。当采暖时，室内采暖计算温度不应小于5℃。加药间、化验室、值班室和经常有人停留的房间，室内采暖计算温度不应小于15℃。

2.7.13 给水处理站可根据给水处理规模，按现行行业标准《城镇给水厂附属建筑和附属设备设计标准》CJJ 41的有关规定，确定附属、辅助建筑面积和设备数量。当有条件时，附属、辅助建筑应依托于企业。

3 排 水

3.1 排水量及水质

3.1.1 生活污水和生产废水排水量应符合下列规定：

1 工业场地生活污水量应按表3.1.1计算。

表3.1.1 工业场地生活污水量

排水项目	占用水量比例（%）	时变化系数	备 注
工业场地建筑一般排水	95	1.5～2.5	—
食堂	85	1.5	—
浴室	95	1.0	—
洗衣房	95	1.0	—
单身宿舍	95	2.5～3.0	—
锅炉房	10	—	也可按工艺生产情况确定
未预见部分排水量	按场地各项排水量之和的20%～30%计算	—	—

注：当无单项给水量时，生活污水总量宜为相应的生活给水总量的85%～95%，时变化系数与相应的给水系统时变化系数相同。

2 工业废水量应按工艺要求确定，并应符合下列规定：

1）井下排水按井下正常涌水量确定，有灌浆、井下制冷系统时还应包括灌浆析出水量和井下制冷系统产生的废水量；灌浆析出水量按工艺专业资料计算，确无资料时可按30%～50%的灌浆量计算。

2）露天矿疏干井排水量按工艺生产要求确定，矿坑排水量按正常涌水量确定。

3）选煤厂洗煤废水应闭路循环，按零排放计算废水量。

4）机修厂生产废水、矿区辅助、附属企业废水、爆炸器材工厂生产废水等应按工艺特点和要求确定。

3.1.2 生活污水和生产废水水质应按实测水质资料或按类似矿区已有同类工程实测水质资料设计。当缺乏资料时，可按下列规定执行：

1 工业场地生活污水水质应按下列数据设计：

1）SS为120mg/L～200mg/L。

2）BOD_5为60mg/L～150mg/L。

3）COD_{Cr}为100mg/L～300mg/L。

4）NH_3-N为15mg/L～20mg/L。

2 井下排水常规性指标应按下列数据设计，设计时可根据矿井涌水量大小、煤质、井下运输情况等因素选取高值或低值：

1）SS为600mg/L～3000mg/L。

2）油为1.0mg/L～20.0mg/L。

3）COD_{Cr}为100mg/L～400mg/L。

3 露天矿矿坑排水常规性指标可按下列数据设计：

1）SS为600mg/L～3000mg/L。

2）油为1.0mg/L～20.0mg/L。

3）COD_{Cr}为100mg/L～300mg/L。

4 井下排水、露天矿矿坑排水特殊水质指标，可按实测或按煤田地质勘查报告中相关水质参数设计。

5 露天矿疏干排水水质应按本矿实测资料设计，无实测资料时，可按煤田地质勘察报告中所提水质资料确定。

6 其他工业废水可按本矿区或类似矿区已有同类型工程工业废水水质资料设计。

3.2 排水系统

3.2.1 工业场地排水系统应采用分流制，生活污水、场地雨水分别独立排放。生产废水可根据具体情况采用分流制或与生活污水合流排放。

3.2.2 井下排水、露天矿疏干水、矿坑排水及生活污水，应作为水资源用于生产、生活和农田灌溉。多余水量排放时，必须分别达到现行国家标准《煤炭工业污染物排放标准》GB 20426、《污水综合排放标准》GB 8978和当地环保主管部门规定的排放标准要求。

3.2.3 选煤厂洗煤废水和机修厂水爆清砂废水应采用闭路循环系统。

3.2.4 煤炭筛选加工车间及储装运系统冲洗地板废水应进行处理，并应循环使用。

3.2.5 机修厂电镀废水及其他含油生产废水应先进行单独处理，并应达到现行行业标准《污水排入城市下水道水质标准》CJ 3082的有关规定后，再排入场区污、废水排水管网。

3.2.6 爆炸器材工厂（库）废水应按现行国家标准《民用爆破器材工程设计安全规范》GB 50089的有关规定进行排水系统设计，并应采取处理措施。

3.3 生活污水处理

3.3.1 工业场地的生活污水处理，应按现行国家标准《室外排水设计规范》GB 50014的有关规定执行。

3.3.2 工业场地生活污水处理，应统一规划、合理布局，有条件时生活污水应集中处理。

3.3.3 生活污水处理规模宜按计算排水量的1.2倍～1.5倍确定，可根据企业发展的需要，预留一定的扩建场地。

3.3.4 选择污水处理工艺时，应根据出水水质的要求，结合地区特点和运行管理水平等因素确定。处理后的污水应回用，有条件时应全部回用。

3.3.5 污泥应按现行国家标准《室外排水设计规范》GB 50014的有关规定进行妥善处理及处置。当污泥量较小时，污泥处理设施可不设备用。

3.3.6 工业场地生活污水处理宜设置调节池。调节池容积可按4h～8h日平均小时水量计算。调节池应采取防止污泥沉淀的措施。

3.3.7 污水处理站的附属建筑和附属设备，可根据处理水量，按现行行业标准《城镇污水处理厂附属建筑和附属设备设计标准》CJJ 31的有关规定执行，当有条件时，附属建筑和附属设备应依托于企业。有井下水处理站时，化验室宜与井下水处理站合建。

3.4 井下水处理

3.4.1 井下水处理应按现行国家标准《室外给水设计规范》GB 50013的有关规定执行。

3.4.2 井下水处理规模宜按正常涌水量的1.2倍～1.5倍确定。有条件时，可预留一定的扩建场地。

3.4.3 选择井下水处理工艺，应根据原水水质及对处理后水质的要求，并结合地区特点和企业运行管理水平，经技术经济比较确定。处理后的井下水应回用，有条件时应全部回用。

3.4.4 污泥处理及处置应符合下列要求：

1 污泥处理应有污泥浓缩环节。

2 污泥脱水机械宜设一台备用。当污泥量较小时可不设备用。

3 当污泥浓缩池采用间歇运行时，污水处理构筑物的排泥宜直接排入污泥浓缩池。

4 污泥泵、污泥管道上宜设置冲洗设施。

5 带式污泥脱水机滤布冲洗水应采用过滤后的清水。

6 污泥脱水设备的类型应与煤泥性质及颗粒大小相适应。有条件时，可按类似矿井已运行的成熟经验选择脱水机类型。

3.4.5 井下水处理应设置调节预沉池，调节容积应根据处理规模、正常涌水量，并结合井下排水泵工作制度确定。在缺乏资料时，可按6h～10h的正常涌水量计算。调节预沉池不应少于两座或至少分成可单独排空的两格，并应设置排泥设施。

3.4.6 各井下水处理构筑物或设备，宜设计成平行且能同时工作的两组或两组以上，可不设备用。

3.4.7 井下水处理站的附属建筑和附属设备，可根据处理水量、水质等，按现行行业标准《城镇给水厂附属建筑和附属设备设计标准》CJJ 41和《城镇污水厂附属建筑和附属设备设计标准》CJJ 31的有关规定执行。当有条件时，应依托于矿井有关设施。

4 建筑给水排水

4.1 建筑给水

4.1.1 工业场地建筑给水设计，应按现行国家标准《建筑给水排水设计规范》GB 50015、《建筑设计防火规范》GB 50016及《高层民用建筑设计防火规范》GB 50045的有关规定执行。

4.1.2 各建筑物内用水点对水质、水压的要求不同时，可采用分质、分压供水系统。

4.1.3 室内给水管道的敷设方式应便于检修。

4.1.4 各用水建筑物入户管均应设水表，住宅楼、探亲楼及设有独立卫生间的单身宿舍，应每户单设水表。

4.1.5 浴室的给水设计应符合下列要求：

1 当淋浴给水系统中设有贮热水箱时，水箱有效容积应按最大小时热水量确定。

2 当淋浴给水系统中设有冷水定压水箱时，水箱有效容积应按热水箱有效容积的10%确定，但不应小于1.0m³。

3 淋浴系统的控制阀门和水位、水温指示装置，宜集中设在浴室管理室内。

4 宜使用节水型感应淋浴器和水嘴。

4.1.6 煤炭原煤生产系统各车间应设置冲洗地面用给水栓，洗后煤生产系统、机修厂及其他辅助生产车间应根据工艺要求设置冲洗地面用给水栓，给水栓服务半径不应大于20m。

4.1.7 在原煤筛分、破碎、转载、装卸、储运等产生粉尘的生产环节，宜设置湿式喷雾降尘装置。

4.2 建筑排水

4.2.1 工业场地建筑排水设计应按现行国家标准《建筑给水排水设计规范》GB 50015的有关规定执行。

4.2.2 室内压力生产废水管道应采用符合要求的管材，其余排水管宜采用柔性接口机制排水铸铁管或建筑排水塑料管。

4.2.3 浴池水的排空时间宜按0.5h～1h计算。

4.2.4 在经常需要冲洗地面煤尘的厂房内，利用地漏排除冲洗废水时，地漏的服务半径应符合下列规定：

1 地漏直径为100mm时，应采用6m～8m。

2 地漏直径为150mm时，应采用10m～12m。

4.2.5 煤炭原煤生产系统各车间的冲洗地面含煤废水，应设置独立排水系统，并应就近排至集水坑后，以压力排水方式排至处理系统。

4.2.6 翻车机房、受煤坑、半地下煤仓及其他建（构）筑物的地下部分有可能积水时，应设置排水设施。

5 热水及饮用水供应

5.1 热水供应

5.1.1 单身宿舍（公寓）、探亲楼、招待所、食堂、办公楼等建筑物热水用水量标准及水温，应符合现行国家标准《建筑给水排水设计规范》GB 50015的有关规定。

5.1.2 在条件允许的地区，应充分采用太阳能作为浴室、单身宿舍（公寓）等建筑物热水供应的热源。

5.1.3 热水供应系统的选择，应符合现行国家标准《建筑给水排水设计规范》GB 50015的有关规定，并应根据使用对象、耗热量、用水规律、用水点分布及操作管理条件，结合热源条件按下列原则确定：

1 单身宿舍（公寓）、探亲楼、招待所等可采用全日制或定时供水系统。

2 浴室灯房联合建筑宜采用开式定时供水系统，淋浴宜采用定时循环供水系统。

3 用水点分散、耗热量不大的建筑物宜采用局部供水系统。利用电能为热源的局部供水系统宜采用贮热式电热水器。

5.1.4 单身宿舍（公寓）、探亲楼、招待所及浴室灯房联合建筑的淋浴等，宜根据使用要求采用单管、双管或其他节水型供水系统。

5.1.5 浴室灯房联合建筑淋浴供水与池浴供水系统应分别设置；淋浴器冷水配水管上不宜分支供给其他

用水点用水。

5.1.6 开式热水供应系统冷、热水箱设置高度应保证最不利淋浴器的流出水头要求。

5.1.7 浴室灯房联合建筑中热水供应对温度、压力有特殊要求的个别用水点，可采用局部加热、加压措施。

5.1.8 定时热水供应系统不宜采用塑料热水管。

5.1.9 浴室灯房联合建筑强淋系统应设置温控、稳压装置。

5.2 饮用水供应

5.2.1 饮用水定额及小时变化系数，应符合现行国家标准《建筑给水排水设计规范》GB 50015 的有关规定。

5.2.2 开水制备宜采用电源加热。

5.2.3 饮用水系统设置应符合现行国家标准《建筑给水排水设计规范》GB 50015 的有关规定。

附录 A 禽畜用水量标准

表 A 禽畜用水量标准

序号	名称		单位	用水指标（L）
1	牛	育成牛	每头每日	50～60
		犊牛	每头每日	30～50
		奶牛	每头每日	70～120
2	马、驴、骡		每匹每日	40～50
3	猪	育肥猪	每口每日	30～40
		母猪	每口每日	60～90
		幼猪	每口每日	15～25
4	羊		每头每日	5～10
5	骆驼		每匹每日	10～25
6	兔		每只每日	2～3
7	鸡		每只每日	0.5～1.0
8	鸭		每只每日	1.0
9	鹅		每只每日	1.25

本规范用词说明

1 为便于在执行本规范条文时区别对待，对要求严格程度不同的用词说明如下：

1）表示很严格，非这样做不可的：
正面词采用“必须”，反面词采用“严禁”；

2）表示严格，在正常情况下均应这样做的：
正面词采用“应”，反面词采用“不应”或“不得”；

3）表示允许稍有选择，在条件许可时首先应这样做的：
正面词采用“宜”，反面词采用“不宜”；

4）表示有选择，在一定条件下可以这样做的，采用“可”。

2 条文中指明应按其他有关标准执行的写法为：“应符合……的规定”或“应按……执行”。

引用标准名录

《室外给水设计规范》GB 50013
《室外排水设计规范》GB 50014
《建筑给水排水设计规范》GB 50015
《建筑设计防火规范》GB 50016
《供水水文地质勘察规范》GB 50027
《高层民用建筑设计防火规范》GB 50045
《汽车库、修车库、停车场设计防火规范》GB 50067
《民用爆破器材工程设计安全规范》GB 50089
《污水再生利用工程设计规范》GB 50335
《煤矿井下消防、洒水设计规范》GB 50383
《农田灌溉水质标准》GB 5084
《生活饮用水卫生标准》GB 5749
《污水综合排放标准》GB 8978
《农村生活饮用水量卫生标准》GB 11730
《煤炭工业污染物排放标准》GB 20426
《城镇污水处理厂附属建筑和附属设备设计标准》CJJ 31
《城镇给水厂附属建筑和附属设备设计标准》CJJ 41
《镇（乡）村给水工程技术规程》CJJ 123
《小型民用爆炸物品储存库安全规范》GA 838
《污水排入城市下水道水质标准》CJ 3082
《选煤厂洗水闭路循环等级》MT/T 810

中华人民共和国国家标准

煤炭工业给水排水设计规范

GB 50810—2012

条 文 说 明

制 定 说 明

《煤炭工业给水排水设计规范》GB 50810-2012，经住房和城乡建设部2012年8月13日以第1458号公告批准发布。

为便于广大设计、施工、科研、学校等单位有关人员在使用本规范时能正确理解和执行条文规定，《煤炭工业给水排水设计规范》编制组按章、节、条顺序编制了本规范的条文说明，对条文规定的目的、依据以及执行中需注意的有关事项进行了说明，还着重对强制性条文的强制性理由作了解释。但是，本条文说明不具备与规范正文同等的法律效力，仅供使用者作为理解和把握规范规定的参考。

目　次

1 总　　则

1.0.1 本条阐明了编制本规范的宗旨和目的。

1.0.2 本条规定了本规范的适用范围，主要适用于煤炭工业新建、扩建、改建项目。近年来，各煤炭企业职工居住主要依托社会，很少有企业自建居住区，仅有的一些老矿区的已有居住区，其给水排水设施已基本形成，故本次规范编制未列入居住区的内容。

1.0.3 特殊地质条件地区的给水、排水，应遵守国家现行的有关专门规范。

2 给　　水

2.1 水　　源

2.1.1 确保水源水量可靠、水质符合要求，是水源选择的首要条件。

1 要征得当地水行政主管部门的同意，主要是因为水行政主管部门要对区域水资源进行合理分配，同时，要对企业的用水指标进行核定，确认是否符合国家有关用水定额的规定，批复用水量，核发“取水许可证”。对煤炭企业来说，有了许可证，水源才有保证，进行水源的勘察设计才是合法的。

2 由于地下水水质不易受污染，大多数指标都能满足生活用水卫生标准，所以，在水质符合要求的情况下，生活用水水源宜优先选择地下水。据全国28个煤矿调查，生活用水水源选用地下水的占95%以上。

3 采煤对地下水的影响在各地特别是缺水地区已凸显。如神东矿区考考赖水源，实际供水量由1995年的31000m^3/d减少至2009年的12000m^3/d，年平均降幅6.31%；从2009年12月开始至2011年，水量急剧下降为3000m^3/d。哈拉沟水源实际供水量由1992年的12000m^3/d减少至2010年的3000m^3/d，年平均降幅6.0%；从2010年7月开始水量减少趋势日趋严重，已减少至1000m^3/d。所以，提出要考虑煤矿开采对地下水源的影响，主要是要确保供水水源的可靠。

4 主要针对生态脆弱区域，开采地下水特别是浅层地下水，会直接影响所涵养的地表植被，造成生态破坏。

5 国家发展改革委、环境保护部《煤炭工业节能减排工作意见》（发改能源〔2007〕1456号）第三条要求：到“十一五”末，煤炭企业矿井水利用率由2005年的44%提高到70%；现行行业标准《清洁生产标准　煤炭采选》HJ 446—2008规定：矿井水利用率：缺水地区90%～100%；一般地区70%～90%；水资源丰富地区70%～80%（工业用水80%～100%）；水质复杂矿区不低于70%。所以，目前矿井水、疏干水作为生产用水水源已势在必行。但是，目前有些矿区矿井水利用率还较低，所以本规范规定应对其进行利用。

井下水作为生活用水水源已得到应用，如平朔三号煤矿、夏店煤矿、告城煤矿、石槽村煤矿等经过处理后达到生活饮用水卫生标准的井下水已作为生活用水水源。但是，井下水作为生活饮用水水源，还有待于人们观念和意识的转变、处理效果的提高以及出水水质的稳定。因此，本规范规定允许有选择地利用井下水作为生活用水水源。

6 为实现雨水资源化，节约用水，作此规定。但由于各地区降雨特点、水资源情况和经济发展水平差别较大，设计中可根据当地的实际情况灵活掌握，有条件时宜对雨水进行合理利用。

2.1.2 为确保永久供水水源的设计有可靠的资料依据，制定本条。

1 本款根据《供水水文地质勘察规范》GB 50027—2001第1.0.8条和《室外给水设计规范》GB 50013—2006第5.1.3条的相关规定编制。虽然可行性研究阶段不属于设计范畴，为了确保永久供水水源设计的准确、可靠，对此作了具体规定。但在具体设计中，经常缺乏水源地水文地质勘查资料，而水资源论证资料中，会收集区域地下水资料并对其资源状况及其开发利用情况进行分析，所以可作为参考，进行探采结合的取水工程设计。

2 本款根据《室外给水设计规范》GB 50013—2006第5.1.4条制定。在实际设计中，经常缺乏常年观测的水文资料，而近期1年～2年的实测资料可反映水体的基本情况，所以可作为设计依据。根据水利行业指导性技术文件《建设项目水资源论证导则》（试行）SL/Z 322—2005的相关规定，水资源论证资料中会有区域地表水资料和对地表水资源状况及其开发利用情况的分析，所以可作为参考。

3 取得与当地供水部门签订的“供水协议”，可使企业的供水有可靠保证。

4 矿井煤田地质报告中提供的井下涌水量是预测值，从矿井安全角度考虑，一般还会考虑一定的安全系数，往往数值偏大。因此，为确保企业供水安全、可靠，建议可靠供水量按正常涌水量的50%～70%取值。本规定依据《煤炭工业矿井设计规范》GB 50215—2005的相关要求。设计时，可根据地质资料中涌水量的计算方法和过程，按当地已有同类矿井的实际涌水量资料，确定取下限或上限值。

2.1.3 考虑到水源取水量的衰减因素以及企业用水量的增加，如增加承建制人员、流动人口的用水量，还有企业后续改扩建、机械化水平提升等用水需要，所以水源工程设计要留有一定的富余量。取水量大时选下限值，取水量小时选上限值。

2.2 给水量、水质及水压

2.2.1 煤炭企业的生活用水定额在表 2.2.1 已作了详细规定。在实际生产中，煤炭企业的行政福利区用水都非常紧张，近几年问题尤为突出。主要是实际人数往往都超过设计定员，有些企业还增加了承建制人员。所以，本规范增加了承建制人员用水项。

2 由于煤矿工作制度有 3 班和 4 班之分，所以当工作制度为 3 班时，应按最大班用水量的 3 倍计算，当工作制度为 4 班时，应按最大班用水量的 4 倍计算。考虑到煤矿生产人员洗浴时间集中，池浴充水时间规定为 0.5h～1h，避免由于充水时间过长，水温降低，影响洗浴效果。

3 洗衣房用水的规定系依据现行国家标准《煤炭工业矿井设计规范》GB 50215—2005 和《煤炭洗选工程设计规范》GB 50359—2005 的有关规定制定。由于矿井地面生产性质、环境与洗煤厂类似，所以地面工作人员洗衣用水标准按洗煤厂标准执行。

6 洗车用水依据现行国家标准《建筑给水排水设计规范》GB 50015—2003（2009 年版）表 3.1.13 制定；矿山大型车辆冲洗用水量依据现行国家标准《煤炭工业露天矿设计规范》GB 50215 第 15.8.3 条制定；载重车冲洗用水量依据现行行业标准《机动车清洗站工程技术规程》CJJ 71—2000 第 6.1.5 条大轿车的冲洗用水量制定。由于洗车用水量大，为了节约用水，要求冲洗水应循环使用。

7 矿区机电设备修理厂生产用水量越来越大，如液压支架等井下大型设备修理车间的生产用水占整个修理厂的用水量比重较大，但目前还没有统一的用水量标准，只能根据工艺要求确定。

2.2.2 国家环保、清洁生产的要求越来越高，煤炭企业各生产环节的易产尘点均设置除尘、降尘设施。洒水器用水定额宜根据供水压力、喷雾面积等因素，结合产品性能确定。近几年出现的喷雾抑尘设备，由于各个厂家设备用水量没有统一标准，因此设计时应以厂家提供的设备参数为准。

2.2.3 冲洗地面用水量指标依据现行国家标准《煤炭工业露天矿设计规范》GB 50215—2005 第 15.8.3 条制定。

2.2.4 绿化、浇洒道路用水量，参照了现行国家标准《建筑给水排水设计规范》GB 50015—2003（2009 年版）第 3.1.4 条、第 3.1.5 条的规定。本规范同时给出了每天浇洒的次数，便于计算供水量、管径等。

2.2.6 由于煤矿开采对农村用水的影响时有发生，在设计时应充分考虑给受影响的农村提供水源，以免引起矛盾，造成纠纷。附录 A 主要依据现行行业标准《镇（乡）村给水工程技术规程》CJJ 123—2008，并参照了原《煤炭工业给水排水设计规范》MT/T 5014—96 的有关规定。

2.2.7 现行国家标准《室外给水设计规范》GB 50013—2006 第 4.0.7 条和第 4.0.8 条分别规定了城镇配水管网的漏损水量和未预见水量应分别按供水量的 10%～12%和 8%～12%计算。本规范考虑煤炭企业供水规模、给水管网较小，管理和维护水平相对较低，加之煤矿建成后，未预见因素很多，如规划的变化、临时用工人员用水等都会使用水量增加，所以规定未预见水量及管网漏失水量取最高日用水量的 15%～25%。

2.2.9 根据国家安全生产监督管理总局、国家煤矿安全监察局《煤矿井下安全避险“六大系统”建设完善基本规范（试行）》（安监总煤装〔2011〕33 号）第 42 条要求：“供水施救系统应能在紧急情况下为避险人员供水、输送营养液提供条件”，但未规定用水水质标准，本规范在此作出规定。

2.2.10 洒水除尘用水水质标准系依据现行国家标准《煤炭工业矿井设计规范》GB 50215—2005 相关规定制定。

2.2.11 表 2.2.11-1 依据现行国家标准《煤炭洗选工程设计规范》GB 50359—2005 第 15.2.7 条编制，但对于浮选工艺的水质硬度指标本规范未作规定。设计时，当选煤采用浮选工艺，并对水质硬度指标有特殊要求时，可根据具体要求进行处理。表 2.2.11-2 是沿用原《煤炭工业给水排水设计规范》MT/T 5014—96 的相关规定。

2.2.12 表 2.2.12 依据现行国家标准《煤炭洗选工程设计规范》GB 50359—2005 第 15.2.6 条编制。

2.2.13 考虑到目前洗车用水基本上均为复用水，依据现行国家标准《城市污水再生利用　城市杂用水水质》GB/T 18920—2002、现行行业标准《机动车清洗站工程技术规程》CJJ 71—2000 有关规定制定了表 2.2.13 的水质标准。

2.2.14 煤矿井下水作为各种用途的复用水水源已普遍得到应用。故本条提出，处理后的水质应符合相应的用水水质标准，尤其作为农田灌溉用水，要充分考虑水质对土壤的污染。

2.3 输水及配水

2.3.1 本条规定了输水管道的布置原则。

1 为了保证供水安全，输水管（渠）应避开采空区、露天矿排土场等区域。沿已有公路、铁路、输电线路敷设，可减少留设煤柱，方便管道施工，减少工程量。

2 根据中华人民共和国《基本农田保护条例》的有关规定，输水管线宜尽量少占农田且不应占用基本农田。对于穿过农田敷设的管道，规定管顶最小覆土厚度，主要是为了保证安全供水和不影响正常耕作。

2.3.2 给水管道埋地敷设，以避免与地面交通、线路等互相干扰，减少人为破坏风险，使其更加安全。

2.3.3 为了便于维修、管理，同时避免人为活动对管道造成损坏。

2.3.5 煤炭企业输水管道穿越采空区、排土场，有时是不可避免的，因此，本条规定了穿越时应采取相应的防护措施。一般经常采用的技术和防护措施有：

1）在不良地质带，输水管道局部采用双管，当有一根管道损坏时，另一根管道仍能通过全部流量，可确保供水安全。

2）输水管道采用钢管或韧性较高的其他管材，接口采用加强焊接连接，并在地表变形边缘处，每隔适当距离设置伸缩器。目的是增加管道的抗变形能力，减小由于地表沉陷对管道的破坏。

3）采用砂垫层等可减缓管道变形的基础形式。

4）管道敷设后，宜采用轻质或柔性材料填覆。用轻质材料回填在管道周围，以消除部分土壤变形应力、减轻土壤对管道的挤压。

2.3.7 给水系统的选择和管网的布置在相应的专业规范中都有叙述，为避免内容重复，本规范在此不再赘述，仅对煤炭工业的特殊要求作了规定。

3 目前，煤炭企业的消防给水采用复用水的情况较多，所以宜采用独立的管网系统或与生产合用的管网系统。当采用合用管网时，应采取措施，确保消防水不被动用。

4 《建筑给水排水设计规范》GB 50015—2003 第 3.3.4 条对卫生器具给水配件处所承受的最大工作压力和静水压力都作了规定，在合用管网中应根据系统压力，采取相应的措施，保证生活给水水质不受污染，给水系统不超压。

2.4 储存、调节构筑物

2.4.1 煤炭企业大部分都远离城市，水源一般都按日平均时流量供水。加上煤炭企业用水量少，供水规模较小，从供水安全角度考虑，应设置储存、调节构筑物。

2.4.2 为了统一日用消防储水池容积的计算标准，作此统一规定。日用消防储水池的容积按下式计算：

$$V=Q_1+Q_2+Q_3+Q\cdot A \tag{1}$$

式中：Q_1——室外消防用水量（m^3），包括室外消火栓用水量、水喷雾、冷却系统等需要同时开启的用水量之和；

Q_2——室内消防用水量，包括室内消火栓系统用水量、水幕及自喷系统用水量（m^3）；

Q_3——消防时生产、生活用水量（m^3），即消防历时内一般生产、生活用水量及15%的淋浴用水量。

2.4.3 煤炭企业大多建在山区，可尽量利用周围地形，设置高位水池，使供水系统采用静压供水，提高供水的安全、可靠性。

2.4.4 本条为强制性条文，根据现行国家标准《建筑设计防火规范》GB 50016—2006 第 8.6.2 条制定，目的是强调保证消防用水量不作他用的重要性和必要性。主要技术措施有：生产、生活出水管从消防水位以上出水；在生产、生活出水管上安装真空破坏管；在水池上安装消防水位报警装置；生产、生活出水管安装控制阀门，以消防水位控制其开、关状态等。

2.4.5 经过多年实践，转输水池容积采用 0.5h～1h 的输水流量是适宜的。0.5h～1h 的水池容积可以确保水泵吸水和管道出流处于良好的水力条件。当前端停止输水时，要留有一定的缓冲容量和时间。

2.4.6 规定事故储水量主要是为保证在管道检维修期间，不影响正常供水。考虑到煤炭行业的输水管道大部分敷设于山区，地形较复杂，交通运输不便等因素，结合目前的检维修水平，管道检维修的时间一般需要 8h～12h，所以本条规定事故储水量按 8h～12h 日平均时流量计算。

2.4.7 本条强调生活饮用水水池应保证其水质免受污染和人为破坏，确保供水安全。现行国家标准《建筑给水排水设计规范》GB 50015—2003 第 3.2.9 条、第 3.2.12 条详细规定了避免水质污染的具体要求，本规范不再赘述。

2.4.8 为了节约用水，减少水池、水塔等溢流水量，同时也保证储水构筑物经常处于满水状态，确保供水可靠，规定应设置水位指示、信号显示装置，还应设置消防水位报警装置，避免消防水用作他用。

2.5 加压设备

2.5.4 为了便于计量，节约用水，同时也为企业进行节水指标考核提供方便。

2.5.5 本条只作一般规定，特殊情况可通过计算确定。

2.5.6 强调泵房设计应符合环保要求。

2.6 消防给水

2.6.1 一般情况下，煤炭企业都远离市区，采用高压制消防给水系统较多。现行行业标准《城镇消防站布局与技术装备配备标准》GNJ 1—82 第 1.0.3 条规定："城镇消防站的布局，应以消防队尽快到达火场，即从接警起 5 分钟内到达责任区最远点为一般原则"。因此，本规范亦以消防车在接警后 5min 可到达火灾现场作为设置低压制消防给水系统的条件。

2.6.2 地面消防与井下消防系统所需要的压力、流量、消防历时均不相同，所以应分开设置。

2.6.4 本条是根据现行国家标准《建筑设计防火规范》GB 50016—2006 第 8.2.2 条及第 8.2.3 条，结合煤炭工业特点制定。对于煤矿仓体建筑，虽然储存的煤炭属丙类可燃固体，但其燃烧特点与其他可燃物质不同，主要为隐燃，不会形成迅速蔓延的火焰。另外，每个筒仓仓壁均采用钢筋混凝土结构，仓壁上无洞口，可阻止火势蔓延至其他仓体。如果按照其建筑体积计算室外消火栓用水量，往往水量很大，不符合煤炭工业实际。经过多年煤炭生产实践证明，没有出现过一个筒仓着火，蔓延至相邻筒仓的火灾案例。但仓上建筑是一个连通的整体，所以本规范规定按一个仓体体积与仓上建筑体积之和计算建筑物体积，确定消防流量。

封闭式储煤场可以防止煤尘污染环境，其维护结构一般多为轻质材料，耐火极限时间较短，通常在顶棚与周围围护墙之间，开口面积很大，洞口也较多。因此，结合煤炭的燃烧特点，按室外堆场确定室外消防水量。

2.6.5 本条主要沿用了原《煤炭工业给水排水设计规范》MT/T 5014—96 第 2.3.4 条的主要内容。此前，公安部消防局 1991 年 4 月 23 日以《对能源部“关于煤炭工业设计规范中有关消防部分条文规定的请示函”的批复》（公消〔1991〕80 号）已给予认可。所以本规范继续沿用。但根据现行国家标准《建筑设计防火规范》GB 50016—2006 的要求，结合煤炭生产特点，本次编制增加了部分内容。

1 主厂房原煤系统部分、锅炉房原煤给煤层属生产、储存和使用原（干）煤即丙类固体的场所，所以本规范规定了应设置室内消火栓；

2 不通行的封闭罩带式原煤输送机栈桥，由于其中没有人员停留，通行不便，而且实际生产中也没有火灾案例，所以规定可不设室内消防给水。

3 按现行国家标准《建筑设计防火规范》GB 50016—2006 的规定，高层原煤生产车间，属生产丙类固体的车间，但鉴于煤炭与其他棉麻类等可燃物质不同，其火灾蔓延较慢，加上在原煤生产环节中，还设有防尘、降尘喷雾洒水系统，所以，可不设自动喷水灭火系统。

2.6.6 封闭式储煤场储存的物质主要是煤炭，其燃烧主要是隐燃，不会形成大面积火场，而且容易扑灭，所以规定消火栓流量采用 10L/s、2 股水柱。当消火栓系统无法满足消防要求时，应设置自动消防炮灭火系统。

2.6.7 对于原煤仓等仓体建筑，由于仓壁采用钢筋混凝土实体结构，可阻止火势蔓延至其他仓体，所以不宜以其建筑体积计算室内消火栓流量；立井井塔虽然其高度大（经常超过 24m），但体量小；因此，表 2.6.7 沿用了《煤炭工业给水排水设计规范》MT/T 5014—96 的内容。此前，公安部消防局 1991 年 4 月 23 日以《对能源部“关于煤炭工业设计规范中有关消防部分条文规定的请示函”的批复》（公消〔1991〕80 号）已给予认可。

2.6.8 本条系根据现行国家标准《建筑设计防火规范》GB 50016—2006 第 8.4.3 条的规定，结合煤炭工业特点制定。当带式输送机栈桥长度较短，两端所连接的建筑物所设的消火栓防护半径可以满足其消防要求时，栈桥内可不设消火栓，否则，应按规定设置消火栓。

2.6.11 爆破材料库区消防设施的设计，应根据其储量和当地公安部门的要求，按照现行国家标准《民用爆破器材工程设计安全规范》GB 50089—2007 或现行行业标准《小型民用爆炸物品储存库安全规范》GA 838—2009 的有关规定执行。

2.7 给水处理

2.7.3 本条根据现行国家标准《室外给水设计规范》GB 50013—2006 第 4.0.2 条的规定编制。增加了给水处理规模应考虑水厂自用水量的要求。

2.7.6 煤矿井下排水由于受赋水地层岩性、煤层及其开采的影响，水质变化较大，水中可能含有各种对人体有害的离子和微量元素，应经过水质全分析，才能确定适合的处理工艺。

2.7.7 本条规定的目的是要求给水处理构筑物和设备的处理能力留有一定富余，主要是考虑到给水处理构筑物和设备在运行一定时间后，其处理效率会有所下降。另外，有些设备厂的设备往往达不到标定处理能力。

2.7.8 给水处理设施采用构筑物或设备，应进行技术经济比较。此外，还应结合企业的运行管理经验和技术水平综合考虑。

2.7.9 沉淀池、澄清池、滤池都需要清洗维护，滤池还需要定期更换滤料，设两组或分两格，在检维修时才可做到不间断运行。

2.7.12 在寒冷地区，为确保给水处理构筑物和设备正常运转，保证出水水质，应采取必要的防寒措施。因为水温对混凝效果影响明显，特别是当水温低于 5℃时，混凝效果很差。

2.7.13 现行行业标准《城镇给水厂附属建筑和附属设备设计标准》CJJ 41—91 主要针对城镇给水处理厂，一般来说其水厂规模都较大。煤炭企业给水处理厂规模往往偏小，当水厂规模小于 $0.5\times10^4 m^3/d$ 时，确定附属建筑面积和设备数量以及选取配套工程、建设用地等指标时，可根据水处理站处理规模，按标准作适当调整。

3 排 水

3.1 排水量及水质

3.1.1 关于生活污水和生产废水排水量：

1 根据现行国家标准《建筑给水排水设计规范》

GB 50015—2003，小区生活排水定额取其相应用水定额的85%～95%，本款将排水量细分至各单体建筑物，根据各单体建筑物的用水性质，确定其排水量的取值。未预见排水量应根据所选管材种类、地下水位等因素确定。地下水位高且所选管材管道接口易渗漏时取高值。

2 灌浆析出水量按30%～50%的灌浆量计，"30%～50%"为经验值。

3.1.2 关于生活污水和生产废水水质：

1 据对全国26个煤炭企业生活污水水质的调查，SS在120mg/L～200 mg/L范围内占总数的45%（80mg/L～200mg/L的占总数的75%）；BOD_5在60mg/L～150 mg/L范围内占总数的37%（≤100mg/L的占总数的90%）；COD_{Cr}在100mg/L～300mg/L范围内占总数的75%；NH_3-N在15mg/L～20 mg/L范围内占总数的33.3%（8mg/L～20mg/L的占总数的75%）。污水中SS、BOD_5、NH_3-N值普遍偏低，主要原因为污水中有场地生产废水排入及地下水的渗入。

随着煤炭企业废水复用率的提高，生产废水排入生活污水管道的量会越来越少。另外，更新型、更先进的管材的使用，以及人们生活水平的提高，将使生活污水中地下水渗入量逐步减少，污水中各项污染物指标值会有所提升。

2 据对全国30个矿井井下排水水质资料的统计，井下排水中SS在600mg/L～3000 mg/L范围内占总数的73%；COD_{Cr}在100 mg/L～400mg/L范围内占总数的76%；油在1.0 mg/L～20.0 mg/L范围内占总数的79%。

3.2 排水系统

3.2.2 本条为强制性条文。目的是强调对污废水的综合利用，减少环境污染。

井下排水、露天矿疏干水、矿坑排水及生活污水是一种资源，应充分利用，不得浪费。在对资源充分利用的同时，也可以减少对环境的污染。

国家鼓励和支持企业对生产过程中产生的废水进行再生利用。现行行业标准《煤炭采选业清洁生产标准》HJ 446—2008要求矿井水及露天矿疏干水的利用率不低于70%。《国家发展改革委、国家环保总局关于印发煤炭工业节能减排工作意见的通知》（发改能源〔2007〕1456号）中规定：矿井水必须进行净化处理和综合利用，矿区生产、生活必须优先采用处理后的矿井水；有外供条件的，当地行政管理部门应积极协调，支持矿井水的有效利用。该通知还制定了节能减排目标：到"十一五"末，煤炭企业矿井水利用率由2005年的44%提高到70%。

近年来，各地环保主管部门对企业生活污水排放的要求也越来越严格，许多新建项目甚至要求生活污水零排放。只有将污水作为水资源加以利用才能达到此目的。

所以，本条要求将井下排水、露天矿疏干水、矿坑排水及生活污水作为水资源进行回用。按照环保要求，回用后的多余水量必须达标排放。

3.3 生活污水处理

3.3.3 大多数煤炭企业的实际生活污水量都比设计阶段的计算污水量大。主要原因是人员编制往往超出设计定员，超出的人员主要包括承建制人员和生产中招聘的临时工，这部分人员的生活污水量在设计阶段往往无法估算。调研中就遇到多个煤矿投产不久后即扩建生活污水处理站的情况，不仅增加投资，也影响使用。因此，确定污水处理规模时应取一定的富余系数。

3.3.5 当污泥量较小时，污泥处理设施间断运行，设备的检修、维护等工作均可在运行间歇段进行，对系统的正常工作无影响，故可不设备用。

3.3.6 根据煤炭工业场地生活污水量普遍较小，场地排水量及水质变化较大的特点，确定调节池容积。

本条沿用原《煤炭工业给水排水设计规范》MT/T 5014—96中的有关规定。

3.4 井下水处理

3.4.2 设计阶段工艺专业提供的井下正常涌水量、最大涌水量，均为预测值，不确定因素很多；处理构筑物或设备在运行一段时间后，效率会有所下降；同时，有些设备厂的处理设备往往达不到标定的处理能力。所以，井下水处理站处理能力应留有一定富余。

3.4.4 本条规定了污泥处理及处置的要求。污泥脱水机械比较容易出故障，运行中维修率很高，故可考虑设一台备用。

3.4.5 井下排水往往集中排放，而井下水处理站需要连续工作，处理站设调节预沉池并设排泥设施后，既可调节井下排水水质、水量的不均衡，使构筑物和设备连续运转，充分利用设备能力，又可及时清除沉泥，减轻后续处理环节的负担，保证处理站的整体处理效果。

从矿井生产管理角度出发，井下排水泵不属于煤矿生产的主导设备，很多矿井井下主排水设施采用定时排水的方式运行；同时有些地区对企业实施限电措施，煤矿采取"错峰、避峰"的方式安排排水泵的工作时间，排水泵在夜间低负荷时段（一般为晚10：00～早8：00)开启。根据对全国多家煤矿井下排水泵排水时间的调研，大多数煤矿井下排水时间比较集中，一般为3h～10h。

目前井下水处理站普遍存在调节池容积偏小，影响后续沉淀池处理效果，处理站出水水质不达标的问题。调研中即遇到不少煤矿正在为此扩建调节沉淀池。

综合考虑经济等因素，本条提出调节池容积可按6h～10h的正常涌水量计算。

4 建筑给水排水

4.1 建筑给水

4.1.2 建筑给水设计时应贯彻减量化、再利用、再循环的原则，综合利用各种水资源。

分质、分压供水的目的不仅是为了防止损坏给水配件，同时可避免过高的供水压力造成用水量及能源的不必要浪费。

4.1.4 每户装设水表，便于建立收费管理制度，节约用水。

4.1.5 本条对公共浴室的给水设计作出规定。

4.1.6 给水栓服务半径不应大于20m，是沿用原《煤炭工业给水排水设计规范》MT/T 5014—96的规定，避免橡胶软管过长造成使用不便。

4.2 建筑排水

4.2.2 排水承插铸铁管具有一定的机械强度和抗腐蚀能力，已被广泛应用于室内排水管道系统，而建筑排水塑料管具有质轻、不结垢、不锈蚀，便于安装和美观等特点，近年来已被广泛地应用，因此规定室内排水管道宜选用这两种管材。但在采用建筑排水塑料管时，宜采用低噪声的排水管材。

4.2.3 浴池是煤矿职工重要的生活福利设施，排空时间太长，影响清洗换水，因此规定排空时间范围，使之便于管理。

4.2.4 本条沿用原《煤炭工业给水排水设计规范》MT/T 5014—96的规定。

4.2.5 煤炭原煤生产系统各车间冲洗地板废水，含煤泥多，宜沉淀后以压力排水方式排出，避免管道淤积。

5 热水及饮用水供应

5.1 热水供应

5.1.3 单身宿舍（公寓）、探亲楼、招待所等建筑物的热水，具有用水时间分散、水量变化大、个人入浴习惯不同的特点，为满足入洗人员的舒适性及热水的随时取用，可采用全日制循环供水系统。

根据浴室灯房联合建筑在短时间内入浴人员集中、用水量大的特点，结合矿区工作制度，宜采用定时供水系统；为使淋浴出水温度和压力的稳定，宜采用开式系统；由于浴室灯房联合建筑淋浴供水系统一般较大，管道较长，管道内滞留水较多，为减少每班次入洗时的放空水量，宜采用定时循环供水系统。

对于一些热水用水点分散或耗热量不大的建筑物，若采用集中热水供水系统，室外热水管网敷设距离过长，热损失较大，宜采用局部热水供水系统。当采用电热水器时，为避免耗电功率过大，保证出水水温恒定，宜采用贮热式电热水器。

5.1.4 根据使用的实际情况及用户要求，选用单管、双管供水系统。

5.1.6 对于顶层设有洗浴设施的浴室灯房联合建筑，在屋面设置冷、热水箱不能满足最不利淋浴器混合阀处最低工作压力5m～10m的要求。为确保开式热水供水系统的压力恒定，应增高水箱设置高度。

5.2 饮用水供应

5.2.2 开水制备一般采用煤、蒸汽和电。由于建筑物开水器一般集中设置在开水间内，燃煤易造成环境污染，且操作环境、条件较差；蒸汽制备效率低，投资较大，且供应受季节性影响；电源加热制备热效率高、清洁卫生、使用方便、占地少、维护管理方便，宜采用电源制备。

中华人民共和国国家标准

燃气系统运行安全评价标准

Standard for the operation safety assessment of gas system

GB/T 50811—2012

主编部门：中华人民共和国住房和城乡建设部
批准部门：中华人民共和国住房和城乡建设部
施行日期：2 0 1 2 年 1 2 月 1 日

中华人民共和国住房和城乡建设部
公　　告

第1384号

住房城乡建设部关于发布国家标准《燃气系统运行安全评价标准》的公告

现批准《燃气系统运行安全评价标准》为国家标准，编号为GB/T 50811－2012，自2012年12月1日起实施。

本标准由我部标准定额研究所组织中国建筑工业出版社出版发行。

中华人民共和国住房和城乡建设部

2012年10月11日

前　　言

根据住房和城乡建设部《关于印发〈2008年工程建设标准规范制订、修订计划（第一批）〉的通知》（建标［2008］102号）的要求，标准编制组经广泛调查研究，认真总结实践经验，参考有关国际标准和国外先进标准，并在广泛征求意见的基础上，编制本标准。

本标准主要技术内容是：1总则；2术语；3基本规定；4燃气输配场站；5燃气管道；6压缩天然气场站；7液化石油气场站；8液化天然气场站；9数据采集与监控系统；10用户管理；11安全管理及八个附录。

本标准由住房和城乡建设部负责管理，由中国城市燃气协会负责具体技术内容的解释。执行过程中，如有意见或建议，请寄送中国城市燃气协会（地址：北京市西城区西直门南小街22号，邮政编码：100035）。

本标准主编单位：中国城市燃气协会

本标准参编单位：江苏省天达泰华安全评价咨询有限责任公司
新奥能源控股有限公司
重庆燃气集团股份有限公司
上海燃气（集团）有限公司
天津市燃气集团有限公司
郑州华润燃气有限公司
北京市燃气集团有限责任公司
深圳市燃气集团股份有限公司
上海航天能源股份有限公司
武汉安耐捷科技工程有限公司
北京埃德尔公司
上海飞奥燃气设备有限公司
北京大方安科技术咨询有限公司

本标准主要起草人员：马长城　吴　靖　迟国敬　李树旺　徐激文　王继武　崔剑刚　付永年　耿同敏　李春青　陈秋雄　叶庆红　李英杰　杨　帆　潘　良　卓同森　皇甫金良　李长缨　赵　梅

本标准主要审查人员：周昌熙　孙祖亮　张宏元　殷健康　汪国华　冯志斌　高继轩　许　红　王　启　张颖芝　姜　亢　殷宇新　李宜民　黄均义

目　次

Contents

1 总 则

1.0.1 为加强对燃气系统运行安全的监督管理，促进燃气系统运行安全管理水平的提高，制定本标准。

1.0.2 本标准适用于已正式投产运行的面向居民、商业、工业企业、汽车等领域燃气系统的现状安全评价。

本标准不适用于燃气的生产、城市门站以前的天然气管道输送，以及沼气、秸秆气的生产和使用。

1.0.3 对燃气系统进行安全评价时，除应符合本标准外，尚应符合国家现行有关标准的规定。

2 术 语

2.0.1 燃气 gas

供给居民、商业、工业企业、汽车等各类用户公用性质的，且符合质量要求的可燃气体。燃气一般包括天然气、液化石油气和人工煤气。

2.0.2 燃气系统 gas system

用于燃气储存、输配和应用的场站、管道、用户设施以及人工煤气的生产等组成的系统。

2.0.3 子系统 subsystem

燃气系统中功能相对独立的部分。

2.0.4 评价单元 assessment unit

在危险、有害因素分析的基础上，根据评价目标和评价方法的需要，将系统分成有限、确定范围的单元。

2.0.5 定性安全评价 qualitative safety assessment

借助于对事物的经验、知识、观察及对发展变化规律的了解，科学地进行分析、判断的一类方法。运用这类方法可以找出系统中存在的危险、有害因素，进一步根据这些因素从技术、管理、教育培训等方面提出对策措施，加以控制，达到系统安全的目的。

2.0.6 定量安全评价 quantitative safety assessment

根据统计数据、检测数据、同类和类似系统的数据资料，按有关标准，应用科学的方法构造数学模型进行定量化评价的一类方法。

2.0.7 设施与操作评价 site assessment

对评价对象的周边环境、现场设施状态、运行、维护及现场操作等的安全评价。

2.0.8 管理评价 management assessment

对评价对象所属企业的安全管理体系、人员、制度、规程、教育培训等方面进行的安全评价。

2.0.9 安全检查表分析法 safety review table analysis

将一系列有关安全方面的检查项目以表格方式列出，然后对照评价对象的实际情况进行检查、分析。通过安全检查表可以发现存在的安全隐患，并根据隐患的严重程度，给出评价对象的安全状况等级。

2.0.10 压缩天然气供应站 compressed natural gas (CNG) supply station

将压缩天然气进行卸气、加热、调压、储存、计量、加臭，并送入城镇燃气输配管道的站场。包含压缩天然气储配站和压缩天然气瓶组供应站。

2.0.11 液化石油气供应站 liquefied petroleum gases (LPG) supply station

城镇液化石油气储配站、储存站、灌装站、气化站、混气站的统称，不包括瓶组气化站和瓶装供应站。

3 基本规定

3.1 一般规定

3.1.1 燃气经营企业在生产经营活动期间，应定期开展安全评价工作。对在评价过程中发现的事故隐患应立即整改或制定治理方案限期整改。当燃气系统发生较大及以上事故时，必须立即对发生事故的燃气系统进行安全评价。

3.1.2 燃气经营企业对本单位燃气系统的自我安全评价，可由熟悉本企业生产技术和安全管理的人员组成评价组，也可委托第三方安全生产专业服务机构，依据本标准对本企业燃气系统安全生产状况进行安全评价。

3.1.3 法定或涉及行政许可的安全评价工作必须由具备国家规定资质条件，且无利害关系的第三方安全生产专业服务机构承担。

3.1.4 评价中检查点的数量应根据评价对象的实际情况合理确定。

3.1.5 在评价过程中，本标准检查表中所有8分以上项（含8分）和带下划线的项为重点项，当其不符合要求时必须采取相应的对策措施并加以说明。

3.2 评价对象

3.2.1 评价对象的确定应遵循相对独立、相对完整的原则，以整个燃气系统或其中的若干子系统为对象进行安全评价。

3.2.2 对范围较大的系统进行安全评价时，若其中的子系统已单独进行安全评价，且安全评价结论处于有效期内时，子系统的安全评价得分可直接引用，并作为整个系统安全评价结论的依据。

3.3 评价程序与评价报告

3.3.1 燃气系统安全评价的程序应包括：前期准备、现场检查、整改复查、编制安全评价报告。

3.3.2 燃气系统安全评价报告的内容应包括：基本情况、危险有害因素的辨识与分析、评价单元的划分、定性和定量评价、安全对策措施和建议、安全评价结论等。

3.3.3 安全评价报告格式应符合现行行业标准《安全评价通则》AQ 8001的规定。

3.4 安全评价方法

3.4.1 燃气系统安全评价宜采用定量安全评价方法。当采用定性安全评价方法时，应以安全检查表法为主，其他安全评价方法为辅。

3.4.2 安全检查表每一项的最低得分可为0分。

3.4.3 评价对象设施与操作检查表得分和安全管理检查表得分均应换算成以100分为满分时的实际得分。

3.4.4 采用安全检查表评价时，应分别采用评价对象设施与操作检查表和安全管理检查表进行评价打分，评价对象的总得分应按下式计算：

$$Q = 0.6Q_1 + 0.4Q_2 \tag{3.4.4}$$

式中：Q——评价对象总得分；

Q_1——评价对象设施与操作检查表得分；

Q_2——安全管理检查表得分。

3.4.5 当评价对象拥有多个子系统时，子系统的总得分仍按式（3.4.4）计算。评价对象的总得分应按下式计算：

$$S = \sum_{i=1}^{n} S_i \times P_i \tag{3.4.5}$$

式中：S——评价对象设施与操作评价总得分；

S_i——评价对象的子系统总得分；

P_i——评价对象的子系统所占的权重，评价对象的子系统所占权重根据评价对象特点综合确定，有管网数据采集与监控系统的权重不应低于0.05；

n——评价对象的所有子系统数。

3.4.6 评价对象在检查表中有缺项或特有项目时，应根据实际情况对检查表进行删减或增项，并按本标准第3.4.3条的要求进行换算。

3.4.7 应根据评价对象总得分按表3.4.7对评价对象做出评价结论。

表3.4.7 评价得分与评价结论对照表

评价总得分	评 价 结 论
≥90	安全条件较好，符合运行要求
≥80，且<90	安全条件符合运行要求，需加强日常管理和维护，逐步完善安全条件
≥70，且<80	安全条件基本符合运行要求，但需限期整改隐患
<70	安全条件不符合运行要求，应立即停止运行，进行隐患整改，完善安全条件后重新评价，达到安全条件后方可继续运行

4 燃气输配场站

4.1 一 般 规 定

4.1.1 燃气输配场站的安全评价应包括门站与储配站、调压站与调压装置的设施与操作评价和管理评价。当上述场站与其他燃气场站混合设置时，尚应符合本标准相关规定。

4.1.2 燃气输配场站的评价单元宜划分为：周边环境、总平面布置、站内道路交通、燃气质量、储气设施、调压器、安全阀与阀门、过滤器、工艺管道、仪表与自控系统、消防与安全设施、公用辅助设施等。在评价工作中，可根据评价对象的实际情况划分评价单元。

4.1.3 燃气输配场站设施与操作安全评价应符合本标准第4.2、4.3节和附录A的规定。管理评价应符合本标准第11章的规定。

4.2 门站与储配站

4.2.1 周边环境应评价下列内容：

1 所处位置与规划的符合性；

2 周边道路条件；

3 站内燃气设施与站外建（构）筑物的防火间距；

4 消防和救护条件；

5 噪声。

4.2.2 总平面布置应评价下列内容：

1 总平面功能分区；

2 安全隔离条件；

3 站内建（构）筑物之间的防火间距；

4 储配站储罐区的布置。

4.2.3 站内道路交通应评价下列内容：

1 场站出入口设置；

2 消防车道；

3 进入场站生产区的车辆管理。

4.2.4 燃气质量应评价下列内容：

1 气质；

2 加臭。

4.2.5 储气设施应评价下列内容：

1 罐体；

2 地基基础；

3 低压湿式储气罐；

4 低压干式储气罐；

5 高压储气罐。

4.2.6 调压器应按本标准第4.3.3条评价。

4.2.7 安全阀与阀门应评价下列内容：

1 安全阀的外观和定期校验；

2 安全阀的工作状态；

3 阀门的外观；

4 阀门的操作环境；

5 阀门的开关标志；

6 阀门的密封性；

7 阀门的维护。

4.2.8 过滤器应评价下列内容：

1 过滤器的外观；

2 过滤器的维护；

3 排污和清洗物的处理。

4.2.9 工艺管道应评价下列内容：

1 管道外观和标志；

2 管道的密封性；

3 与站外管道的绝缘性能。

4.2.10 仪表与自控系统应评价下列内容：

1 压力表；

2 燃气浓度检测报警装置；

3 现场计量测试仪表的完整性和可靠性；

4 远传显示功能的完整性和可靠性；

5 超限报警及连锁功能的完整性和可靠性；

6 运行管理的自动化程度。

4.2.11 消防与安全设施应评价下列内容：

1 工艺装置区的通风条件；

2 安全警示标志的设置；

3 消防供水系统的可靠性；

4 灭火器材的配备；

5 电气设备的防爆；

6 防雷装置的有效性；

7 应急救援器材的配备。

4.2.12 公用辅助设施应评价下列内容：

1 供电负荷；

2 配电房的防涝；

3 配电房的防侵入；

4 配电房的应急照明；

5 电缆沟的防护；

6 给水排水系统的防冻保温措施。

4.3 调压站与调压装置

4.3.1 周边环境应评价下列内容：

1 安装位置；

2 重质燃气调压装置的安装位置；

3 与其他建（构）筑物的水平净距；

4 安装高度；

5 地下调压箱的安装位置；

6 悬挂式调压箱的安装位置；

7 设有调压装置的公共建筑顶层房间的位置；

8 间距与通道；

9 环境温度；

10 消防车道。

4.3.2 设有调压装置的建筑应评价下列内容：

1 与相邻建筑的隔离；

2 耐火等级；

3 门、窗的开启方向；

4 设有调压装置的平屋顶的楼梯；

5 室内地坪。

4.3.3 调压器应评价下列内容：

1 调压装置的稳固性；

2 调压器的外观；

3 调压器的运行状态；

4 进口压力；

5 出口压力及安全保护装置；

6 进出口管径和阀门；

7 运行噪声；

8 放散管管口高度。

4.3.4 安全阀与阀门除应按本标准第4.2.7条评价外，还应评价下列内容：

1 高压和次高压调压站的阀门设置；

2 中压调压站的阀门设置。

4.3.5 过滤器应按本标准第4.2.8条评价。

4.3.6 工艺管道应按本标准第4.2.9条评价。

4.3.7 仪表与自控系统应按本标准第4.2.10条第1、3、4、5、6款评价。

4.3.8 消防与安全设施应评价下列内容：

1 通风条件；

2 安全警示标志的设置；

3 灭火器材的配备；

4 设有调压装置的专用建筑内电气设备的防爆；

5 防雷装置的有效性；

6 调压装置的防护；

7 爆炸泄压措施；

8 地下调压箱的防腐；

9 调压装置设在公共建筑顶层房间内的监控与报警；

10 放散管；

11 地下调压站的防水；

12 防静电接地。

4.3.9 调压站的采暖应评价下列内容：

1 明火管理；

2 锅炉室门、窗设置；

3 烟囱排烟温度；

4 烟囱与放散管的间距；

5 熄火保护；

6 外壳温度与电绝缘。

5 燃 气 管 道

5.1 一 般 规 定

5.1.1 设计压力不大于4.0MPa（表压）钢质燃气管

道和最大工作压力不大于0.7MPa（表压）聚乙烯燃气管道的安全评价应包括设施与操作评价和管理评价。

5.1.2 不同地区等级及环境、不同运行压力、不同介质、不同运行年限的管段应分别进行评价，并应根据实际情况分配各管段权重后得出综合评价结论。

5.1.3 燃气管道的评价单元宜划分为：管道敷设、管道附件、日常运行维护、管道泄漏检查、管道防腐蚀等。在评价工作中，可根据评价对象的实际情况划分评价单元。

5.1.4 燃气管道设施与操作安全评价应符合本标准第5.2、5.3节和附录B的规定。管理评价应符合本标准第11章的规定。

5.2 钢质燃气管道

5.2.1 管道敷设应评价下列内容：

1 管道与周边建（构）筑物和其他管线的间距；
2 埋地燃气管道的埋深；
3 管道穿、跨越；
4 管道的有效隔断；
5 埋地管道的地基土层条件和稳定性。

5.2.2 管道附件应评价下列内容：

1 阀门和阀门井；
2 凝水缸；
3 调长器。

5.2.3 日常运行维护应评价下列内容：

1 定期巡线；
2 安全教育与宣传；
3 地面标志；
4 危害管道的活动；
5 建（构）筑物占压；
6 施工监护。

5.2.4 管道泄漏检查应评价下列内容：

1 泄漏检查制度；
2 检测仪器和人员；
3 检查周期。

5.2.5 管道防腐蚀应评价下列内容：

1 气质；
2 地上管道外防腐措施；
3 土壤腐蚀性；
4 埋地钢质管道防腐层；
5 埋地钢质管道阴极保护措施；
6 埋地钢质管道杂散电流防护。

5.3 聚乙烯燃气管道

5.3.1 管道敷设除应按本标准第5.2.1条评价外，还应评价下列内容：

1 与热力管道的间距；
2 引入管的保护；
3 管位示踪。

5.3.2 管道附件应按本标准第5.2.2条评价。

5.3.3 日常运行维护应按本标准第5.2.3条评价。

5.3.4 管道泄漏检查应按本标准第5.2.4条评价。

6 压缩天然气场站

6.1 一 般 规 定

6.1.1 工作压力不大于25.0MPa（表压）压缩天然气场站的安全评价应包括压缩天然气加气站、压缩天然气供应站的设施与操作评价和管理评价。当压缩天然气场站与其他燃气场站混合设置时，尚应符合本标准有关规定。压缩天然气气瓶车和加气车辆的安全评价不适用本标准。

6.1.2 压缩天然气场站的评价单元宜划分为：周边环境、总平面布置、站内道路交通、气体净化装置、加压装置、加（卸）气、储气装置、调压器、安全阀与阀门、过滤器、工艺管道、供热（热水）装置、加臭装置、仪表与自控系统、消防与安全设施、公用辅助设施等。在评价工作中，可根据评价对象的实际情况划分评价单元。

6.1.3 压缩天然气场站设施与操作安全评价应符合本标准第6.2、6.3节和附录C的规定。管理评价应符合本标准第11章的规定。

6.2 压缩天然气加气站

6.2.1 周边环境应评价下列内容：

1 所处位置与规划的符合性；
2 周边道路条件；
3 场站规模与所处的环境的适应性；
4 站内燃气设施与站外建(构)筑物的防火间距；
5 消防和救护条件；
6 噪声。

6.2.2 总平面布置应评价下列内容：

1 总平面功能分区；
2 安全隔离条件；
3 站内燃气设施与站内建(构)筑物之间的防火间距。

6.2.3 站内道路交通应评价下列内容：

1 场站出入口设置；
2 场地大小和道路宽度；
3 路面平整度和路面材质；
4 路面标线；
5 道路上空障碍物；
6 防撞措施；
7 进入场站生产区的车辆管理。

6.2.4 气体净化装置应评价下列内容：

1 净化后的气质；

2 净化装置的运行状态；

3 排污和废弃物处理；

4 净化装置的检测。

6.2.5 加压装置应评价下列内容：

1 运行状态；

2 可靠性；

3 排气压力与排气温度；

4 润滑系统；

5 冷却系统；

6 阀门的设置；

7 所处环境；

8 排污和废弃物处理；

9 防振动措施；

10 压缩机缓冲罐、气液分离器的检测。

6.2.6 加(卸)气应评价下列内容：

1 加(卸)气车辆的停靠；

2 加(卸)气车辆和气瓶的资质查验；

3 加(卸)气操作；

4 防静电措施；

5 充装压力；

6 卸气剩余压力；

7 加(卸)气软管；

8 加(卸)气机或柱的运行状态。

6.2.7 储气装置应评价下列内容：

1 储气井、储气瓶安全装置；

2 储气井、储气瓶的运行状态；

3 储气井、储气瓶的检测；

4 小容积储气瓶的数量、体积和摆放。

6.2.8 调压器应按本标准第 4.3.3 条评价。

6.2.9 安全阀与阀门应按本标准第 4.2.7 条评价。

6.2.10 过滤器应按本标准第 4.2.8 条评价。

6.2.11 工艺管道应按本标准第 4.2.9 条评价。

6.2.12 仪表与自控系统应按本标准第 4.2.10 条评价。

6.2.13 消防与安全设施应按本标准第 4.2.11 条评价。

6.2.14 公用辅助设施应按本标准第 4.2.12 条评价。

6.3 压缩天然气供应站

6.3.1 周边环境应评价下列内容：

1 周边道路条件；

2 站内燃气设施与站外建(构)筑物的防火间距；

3 消防和救护条件。

6.3.2 总平面布置应评价下列内容：

1 总平面功能分区；

2 安全隔离条件；

3 站内燃气设施与站内建(构)筑物之间的防火间距。

6.3.3 站内道路交通应按本标准第 6.2.3 条评价。

6.3.4 气瓶车卸气应按本标准第 6.2.6 条第 1、2、3、4、6、7、8 款评价。

6.3.5 储气瓶组应评价下列内容：

1 总储气量；

2 储气瓶的外观；

3 定期检验；

4 运输；

5 存放。

6.3.6 储气罐应按本标准第 4.2.5 条第 1、2、6 款评价。

6.3.7 供热(热水)装置应评价下列内容：

1 防超压措施；

2 隔热保温措施；

3 热水炉、热水泵的安全保护装置和工作状况；

4 热水泵转动部件的保护措施；

5 热水水质。

6.3.8 加臭装置应按本标准第 4.2.4 条第 2 款评价。

6.3.9 调压器应按本标准第 4.3.3 条评价。

6.3.10 安全阀与阀门应按本标准第 4.2.7 条评价。

6.3.11 过滤器应按本标准第 4.2.8 条评价。

6.3.12 工艺管道应按本标准第 4.2.9 条评价。

6.3.13 仪表与自控系统应按本标准第 4.2.10 条评价。

6.3.14 消防与安全设施应按本标准第 4.2.11 条评价。

6.3.15 公用辅助设施应按本标准第 4.2.12 条评价。

7 液化石油气场站

7.1 一 般 规 定

7.1.1 液化石油气场站的安全评价应包括液化石油气供应站、液化石油气瓶组气化站、瓶装液化石油气供应站和液化石油气汽车加气站的设施与操作评价和管理评价。当液化石油气场站与其他燃气场站混合设置时，尚应符合本标准相关规定。液化石油气火车槽车以及专用铁路线、汽车槽车和运瓶车辆的安全评价不适用本标准。

7.1.2 液化石油气场站的评价单元宜划分为：周边环境、总平面布置、站内道路交通、液化石油气装卸、压缩机和烃泵、气瓶灌装作业、气化和混气装置、储罐、瓶组间（或瓶库）、调压器、安全阀与阀门、过滤器、工艺管道、仪表与自控系统、消防与安全设施、公用辅助设施等。在评价工作中，可根据评价对象的实际情况划分评价单元。

7.1.3 液化石油气场站设施与操作安全评价应符合本标准第 7.2、7.3、7.4、7.5 节和附录 D 的规定。管理评价应符合本标准第 11 章的规定。

7.2 液化石油气供应站

7.2.1 周边环境应评价下列内容：

1 所处位置与规划的符合性；

2 周边道路条件；

3 地势；

4 站内燃气设施与站外建（构）筑物的防火间距；

5 消防和救护条件。

7.2.2 总平面布置应评价下列内容：

1 总平面功能分区；

2 安全隔离条件；

3 站内燃气设施与站内建（构）筑物之间的防火间距；

4 储罐区的布置；

5 液化石油气积聚的可能性；

6 场站内的绿化。

7.2.3 站内道路交通应评价下列内容：

1 场站出入口设置；

2 消防车道；

3 路面平整度和路面材质；

4 路面标线；

5 道路上空障碍物；

6 防撞措施；

7 进入场站生产区的车辆管理。

7.2.4 液化石油气装卸应评价下列内容：

1 气质；

2 槽车的停靠；

3 槽车安全管理；

4 装卸前、后的安全检查和记录；

5 防静电措施；

6 灌装量；

7 装卸软管；

8 铁路装卸栈桥上的装卸设施。

7.2.5 压缩机和烃泵应评价下列内容：

1 压缩机的选择；

2 可靠性；

3 运行状态；

4 出口压力与温度；

5 润滑系统；

6 烃泵的过滤装置；

7 所处环境；

8 防振动措施；

9 转动部件的防护装置；

10 压缩机缓冲罐、气液分离器的检测。

7.2.6 气瓶灌装作业应评价下列内容：

1 灌装秤；

2 气瓶的检查；

3 残液处理；

4 灌装量；

5 泄漏检查；

6 气瓶传送装置；

7 气瓶的摆放；

8 实瓶的存量。

7.2.7 气化和混气装置应评价下列内容：

1 供气的可靠性；

2 运行状态；

3 设备仪表；

4 工作压力和温度；

5 过滤装置；

6 气化器残液的处理；

7 混气热值检测；

8 水浴气化器的水质；

9 所处环境；

10 气化装置的检测。

7.2.8 储罐应评价下列内容：

1 罐体；

2 运行压力和温度；

3 紧急切断装置；

4 排污；

5 注水或注胶装置；

6 埋地储罐的防腐；

7 地基基础；

8 储罐组的钢梯平台；

9 防液堤；

10 接管法兰；

11 喷淋系统；

12 储罐的检测。

7.2.9 调压器应按本标准第4.3.3条评价。

7.2.10 安全阀与阀门应按本标准第4.2.7条评价。

7.2.11 过滤器应按本标准第4.2.8条评价。

7.2.12 工艺管道应按本标准第4.2.9条评价。

7.2.13 仪表与自控系统应按本标准第4.2.10条评价。

7.2.14 消防与安全设施应按本标准第4.2.11条评价。

7.2.15 公用辅助设施应按本标准第4.2.12条评价。

7.3 液化石油气瓶组气化站

7.3.1 总图布置应评价下列内容：

1 地势；

2 瓶组间和气化间与建（构）筑物的防火间距；

3 安全隔离条件；

4 消防和救护条件。

7.3.2 瓶组间与气化间应评价下列内容：

1 瓶组间的气瓶存放量；

2 建筑结构；

3 室内温度。

7.3.3 气化装置应按本标准第7.2.7条第1、2、3、4、5、6、8、9、10款评价。

7.3.4 调压器应按本标准第4.3.3条评价。

7.3.5 安全阀与阀门应按本标准第4.2.7条评价。

7.3.6 过滤器应按本标准第4.2.8条评价。

7.3.7 工艺管道应按本标准第4.2.9条评价。

7.3.8 仪表与自控系统应按本标准第4.2.10条第1、2、3款评价。

7.3.9 消防与安全设施应按本标准第4.2.11条第1、2、4、5、6、7款评价。

7.4 瓶装液化石油气供应站

7.4.1 总图布置应评价下列内容：

1 瓶库与其他建（构）筑物的防火间距；

2 安全隔离条件；

3 消防和救护条件。

7.4.2 瓶库应评价下列内容：

1 瓶库的气瓶存放量；

2 建筑结构；

3 室内温度；

4 气瓶的摆放。

7.4.3 消防与安全设施应按本标准第4.2.11条第1、2、4、5、6、7款评价。

7.5 液化石油气汽车加气站

7.5.1 周边环境应评价下列内容：

1 所处位置与规划的符合性；

2 周边道路条件；

3 场站规模与所处的环境的适应性；

4 地势；

5 站内燃气设施与站外建（构）筑物的防火间距；

6 消防和救护条件；

7 噪声。

7.5.2 总平面布置应评价下列内容：

1 总平面功能分区；

2 安全隔离条件；

3 站内设施之间的防火间距；

4 储罐区的布置；

5 液化石油气积聚的可能性；

6 站内排水；

7 场站内的绿化。

7.5.3 站内道路交通应评价下列内容：

1 场站出入口设置；

2 场地大小和道路宽度；

3 路面平整度和路面材质；

4 路面标线；

5 道路上空障碍物；

6 防撞措施；

7 进入场站生产区的车辆管理。

7.5.4 液化石油气装卸应评价下列内容：

1 气质；

2 槽车的停靠；

3 槽车安全管理；

4 装卸前、后的安全检查；

5 防静电措施；

6 灌装量；

7 装卸软管。

7.5.5 压缩机和烃泵应按本标准第7.2.5条评价。

7.5.6 加气应评价下列内容：

1 加气车辆的停靠；

2 气瓶的检查；

3 加气操作；

4 加气软管；

5 加气机的运行状态。

7.5.7 储罐应评价下列内容：

1 罐体；

2 储罐的运行压力和温度；

3 紧急切断系统；

4 储罐的排污；

5 埋地储罐的防腐；

6 地基基础；

7 储罐的形式；

8 储罐组的防液堤；

9 喷淋系统；

10 储罐的检测。

7.5.8 安全阀与阀门应按本标准第4.2.7条评价。

7.5.9 过滤器应按本标准第4.2.8条评价。

7.5.10 工艺管道应按本标准第4.2.9条评价。

7.5.11 仪表与自控系统应按本标准第4.2.10条评价。

7.5.12 消防与安全设施应评价下列内容：

1 工艺装置区的通风条件；

2 安全警示标志的设置；

3 消防供水系统的可靠性；

4 灭火器材的配备；

5 电气设备的防爆；

6 防雷装置的有效性；

7 应急救援器材的配备。

7.5.13 公用辅助设施应按本标准第4.2.12条评价。

8 液化天然气场站

8.1 一般规定

8.1.1 液化天然气场站的安全评价应包括液化天然气气化站和调峰液化站、液化天然气瓶组气化站的设施与操作评价和管理评价。当液化天然气场站与其他燃气场站混合设置时，尚应符合本标准相关规定。液化天然气汽车槽车、罐式集装箱和液化天然气槽船的安全评价不适用本标准。

8.1.2 液化天然气场站的评价单元宜划分为：周边环境、总平面布置、站内道路交通、气体净化装置、压缩机和膨胀机、制冷装置、液化天然气装卸、气化装置、储罐、加臭装置、调压器、安全阀与阀门、过滤器、工艺管道、仪表与自控系统、消防与安全设施、公用辅助设施、供热（热水）装置、瓶组等。在评价工作中，可根据评价对象的实际情况划分评价单元。

8.1.3 液化天然气场站设施与操作安全评价应符合本标准第8.2、8.3节和附录E的规定。管理评价应符合本标准第11章的规定。

8.2 液化天然气气化站和调峰液化站

8.2.1 周边环境应评价下列内容：

1 所处位置与规划的符合性；

2 周边道路条件；

3 站内燃气设施与站外建（构）筑物的防火间距；

4 消防和救护条件。

8.2.2 总平面布置应评价下列内容：

1 总平面功能分区；

2 安全隔离条件；

3 站内燃气设施与站内建（构）筑物的防火间距；

4 储罐区的布置；

5 场站内的绿化。

8.2.3 站内道路交通应评价下列内容：

1 场站出入口设置；

2 场地大小和道路宽度；

3 路面平整度和路面材质；

4 路面标线；

5 道路上空障碍物；

6 防撞措施；

7 进入场站生产区的车辆管理。

8.2.4 气体净化装置应评价下列内容：

1 净化后的气质；

2 净化装置的运行状态；

3 排污和废弃物处理；

4 净化装置的检测。

8.2.5 压缩机和膨胀机应评价下列内容：

1 运行状态；

2 可靠性；

3 压缩机的排气压力与排气温度；

4 润滑系统；

5 压缩机的冷却系统；

6 所处环境；

7 防振动措施；

8 压缩机缓冲罐、气液分离器的检测。

8.2.6 制冷装置应评价下列内容：

1 制冷剂的储存；

2 冷箱的隔热保温效果。

8.2.7 液化天然气装卸应评价下列内容：

1 气质；

2 槽车的停靠；

3 槽车安全管理；

4 装卸前、后的安全检查；

5 防静电措施；

6 灌装量；

7 装卸软管。

8.2.8 气化装置应评价下列内容：

1 供气的可靠性；

2 运行状态；

3 工作压力和温度；

4 过滤装置；

5 气化器的检测。

8.2.9 储罐应评价下列内容：

1 罐体；

2 储罐的绝热；

3 运行压力和温度；

4 紧急切断系统；

5 防止翻滚现象的控制措施；

6 地基基础和储罐垂直度；

7 防液堤；

8 喷淋系统；

9 储罐的检测。

8.2.10 加臭装置应按本标准第4.2.4条第2款评价。

8.2.11 调压器应按本标准第4.3.3条评价。

8.2.12 安全阀与阀门应按本标准第4.2.7条评价。

8.2.13 过滤器应按本标准第4.2.8条评价。

8.2.14 工艺管道除应按本标准第4.2.9条评价外，还应评价下列内容：

1 管道法兰密封垫片；

2 管道的隔热层。

8.2.15 仪表与自控系统应按本标准第4.2.10条评价。

8.2.16 消防与安全设施除应按本标准第4.2.11条评价外，还应评价下列内容：

1 泡沫灭火系统；

2 低温检测报警装置的可靠性。

8.2.17 公用辅助设施应按本标准第4.2.12条评价。

8.2.18 供热（热水）装置应按本标准第6.3.7条第2、3、4、5款评价。

8.3 液化天然气瓶组气化站

8.3.1 总图布置应评价下列内容：

1 站内燃气设施与建（构）筑物的防火间距；

2 安全隔离条件；

3 消防和救护条件。

8.3.2 气瓶组应评价下列内容：

1 气瓶存放量；

2 气瓶存放地点。

8.3.3 气化装置应按本标准第 8.2.8 条评价。

8.3.4 加臭装置应按本标准第 4.2.4 条第 2 款评价。

8.3.5 调压器应按本标准第 4.3.3 条评价。

8.3.6 安全阀与阀门应按本标准第 4.2.7 条评价。

8.3.7 过滤器应按本标准第 4.2.8 条评价。

8.3.8 工艺管道应按本标准第 8.2.14 条评价。

8.3.9 仪表与自控系统应按本标准第 4.2.10 条第 1、2、3 款评价。

8.3.10 消防与安全设施应按本标准第 4.2.11 条第 1、2、4、5、6、7 款评价。

9 数据采集与监控系统

9.1 一 般 规 定

9.1.1 燃气管网数据采集与监控系统的安全评价应包括调度中心监控系统和通信系统。

9.1.2 数据采集与监控系统的评价单元宜划分为：服务器、监控软件功能、系统运行指标、系统运行环境、网络防护、通信网络架构与通道、通信运行指标、运行与维护管理等。在评价工作中，可根据评价对象的实际情况划分评价单元。

9.1.3 数据采集与监控系统设施与操作安全评价应符合本标准第 9.2、9.3 节和附录 F 的规定。

9.2 调度中心监控系统

9.2.1 服务器应评价下列内容：

1 冗余配置；

2 CPU 负载；

3 磁盘阵列；

4 内存占用。

9.2.2 监控软件功能应评价下列内容：

1 图示功能；

2 数据采集；

3 事件记录和报警功能；

4 数据曲线功能；

5 通信状态显示功能；

6 远程控制操作；

7 人机界面。

9.2.3 系统运行指标应评价下列内容：

1 服务器宕机可能性；

2 记录输出；

3 监控软件系统响应速度；

4 SCADA 数据响应时间。

9.2.4 系统运行环境应评价下列内容：

1 不间断电源（UPS）；

2 机房接地电阻；

3 防静电措施；

4 空气的温度、湿度和清洁度；

5 噪声。

9.2.5 网络防护应评价下列内容：

1 防病毒措施；

2 硬件防火墙。

9.2.6 运行与维护管理应评价下列内容：

1 规章制度；

2 操作员工作站的事件记录；

3 定期巡检；

4 设备维护记录或软件维护记录。

9.3 通 信 系 统

9.3.1 通信网络架构与通道应评价下列内容：

1 调度中心监控系统与远端站点通信方式；

2 视频信号通信方式；

3 无线通信的逢变上报功能。

9.3.2 通信运行指标应评价下列内容：

1 主通信电路运行率；

2 通信设备月运行率；

3 自动上线功能。

9.3.3 运行与维护管理应评价下列内容：

1 通信运行维护管理体制及机构；

2 通信运行监管系统；

3 设备维护记录；

4 通信设备故障。

10 用 户 管 理

10.1 一 般 规 定

10.1.1 燃气用户管理的安全评价应包括管道燃气用户和瓶装液化石油气用户。

10.1.2 管道燃气用户的评价单元宜划分为：室内燃气管道、管道附件、用气环境、计量仪表、用气设备、安全设施、维修管理、安全宣传、入户检查；瓶装液化石油气用户管理的安全评价单元宜划分为气瓶、管道和附件、用气环境、用气设备、安全设施、维修管理、安全宣传。

燃气用户管理的安全评价应符合本标准第 10.2、10.3 节和附录 G 的规定。

10.1.3 对于某一拥有居民用户、商业用户和工业用户中的一种或多种用户类型燃气企业的评价，总评价得分宜按所包含的每一类用户单独评价换算成100分为满分的得分，乘以该类用户用气量占整个系统用气量的百分数之和来确定。

10.1.4 商业和工业用户采用调压装置时，应符合本标准第4.3节相关要求；采用瓶组供气时，应符合本标准第7.3节和第8.3节相关要求。

10.2 管道燃气用户

10.2.1 室内燃气管道应评价下列内容：

1 管道的外观；
2 连接部位密封性；
3 软管；
4 管道的敷设；
5 与电气设备、相邻管道之间的净距；
6 管道穿越墙壁、楼板等障碍物的保护措施；
7 危及管道安全的不当行为；
8 运行压力。

10.2.2 管道附件应评价下列内容：

1 阀门；
2 管道的固定；
3 放散管。

10.2.3 用气环境应评价下列内容：

1 现场环境；
2 环境温度；
3 通风条件。

10.2.4 计量仪表应评价下列内容：

1 安装位置；
2 仪表的外观。

10.2.5 用气设备应评价下列内容：

1 型式和质量；
2 安装位置；
3 熄火保护功能；
4 运行状态；
5 火焰监测和自动点火装置；
6 泄爆装置。

10.2.6 安全设施应评价下列内容：

1 燃气和有毒气体浓度检测报警装置；
2 火灾自动报警和灭火系统；
3 防雷和防静电措施；
4 排烟设施；
5 电气设备的防爆；
6 防火隔热措施；
7 超压切断和放散装置。

10.2.7 维修管理应评价下列内容：

1 维修制度；
2 故障报修；
3 维修记录；
4 维修人员的培训与考核；
5 维修工具；
6 配件供应。

10.2.8 安全宣传应评价下列内容：

1 安全宣传制度或计划；
2 宣传的形式；
3 宣传的内容；

10.2.9 入户检查应评价下列内容：

1 检查制度；
2 检查频次；
3 检查记录；
4 检查人员的培训与考核；
5 检查设备；
6 隐患告知；
7 隐患整改及监控档案。

10.3 瓶装液化石油气用户

10.3.1 气瓶应评价下列内容：

1 气瓶的放置位置；
2 气瓶的存放量；
3 气瓶的检测；
4 气瓶的外观；
5 商业用户气瓶组的放置位置。

10.3.2 管道和附件应评价下列内容：

1 软管的外观；
2 软管连接部位的密封性；
3 软管长度和接口数；
4 阀门的设置。

10.3.3 瓶组间应按本标准第7.3.2条评价。

10.3.4 用气环境应按本标准第10.2.3条评价。

10.3.5 用气设备应按本标准第10.2.5条评价。

10.3.6 安全设施应按本标准第10.2.6条评价。

10.3.7 维修管理应按本标准第10.2.7条评价。

10.3.8 安全宣传应按本标准第10.2.8条评价。

11 安 全 管 理

11.1 一 般 规 定

11.1.1 安全管理评价单元宜划分为：安全生产管理机构与人员、安全生产规章制度、安全操作规程、安全教育培训、安全生产投入、工伤保险、安全检查、隐患整改、劳动保护、重大危险源管理、事故应急救援、事故管理、生产运行管理等。在评价工作中，可根据评价对象的实际情况划分评价单元。

11.1.2 燃气企业安全管理的安全评价应符合本标准第11.2节和附录H的规定。

11.2 安 全 管 理

11.2.1 安全生产管理机构与人员的设置应评价下列

内容：

1 安全生产委员会；

2 日常安全生产管理机构；

3 安全生产管理机构体系；

4 安全生产管理人员。

11.2.2 安全生产规章制度应评价下列内容：

1 安全生产责任制；

2 安全生产规章制度；

3 安全生产责任制的落实和考核；

4 安全生产规章制度的落实与考核。

11.2.3 安全操作规程应评价下列内容：

1 岗位安全操作规程；

2 生产作业安全操作规程；

3 安全操作规程的落实与考核。

11.2.4 安全教育培训应评价下列内容：

1 安全管理人员的安全管理资格；

2 特种作业人员的上岗资格；

3 新员工的三级安全教育培训；

4 从业人员的安全再教育；

5 特种作业人员的复审。

11.2.5 安全生产投入应评价下列内容：

1 安全生产费用的提取和使用范围；

2 安全生产费用的核算；

3 安全生产费用提取和使用的监管体系。

11.2.6 工伤保险应评价下列内容：

1 工伤保险的覆盖；

2 保险费的缴纳；

3 从事高危作业人员的意外伤害保险。

11.2.7 安全检查应评价下列内容：

1 安全检查工作的实施；

2 安全检查的内容。

11.2.8 隐患整改应评价下列内容：

1 隐患整改和复查；

2 事故隐患整改监督和奖惩机制；

3 向主管部门报送事故隐患排查治理统计。

11.2.9 劳动保护应评价下列内容：

1 职业危害告知；

2 劳动防护用品发放标准；

3 劳动防护用品的采购；

4 劳动防护用品的发放和记录；

5 现场劳动防护用品的使用。

11.2.10 重大危险源管理应评价下列内容：

1 重大危险源的辨识；

2 重大危险源的备案；

3 重大危险源的监控和预警措施；

4 重大危险源的管理制度和应急救援预案；

5 重大危险源的检测与评估。

11.2.11 事故应急救援应评价下列内容：

1 应急救援预案的制定；

2 应急救援指挥机构与应急救援组织的建立；

3 应急救援预案的评审；

4 应急救援预案的备案；

5 应急救援器材和物资的配备；

6 应急救援培训和演练。

11.2.12 事故管理应评价下列内容：

1 事故管理制度；

2 事故台账；

3 事故统计分析。

11.2.13 设备管理应评价下列内容：

1 设备维护保养制度；

2 设备安全技术档案。

附录A 燃气输配场站设施与操作检查表

表A.1 门站与储配站设施与操作检查表

评价单元	评价内容	评价方法	评分标准	分值
4.2.1 周边环境	1. 场站所处的位置应符合规划要求	查阅当地最新规划文件	不符合不得分	1
	2. 周边防火间距道路条件应能满足运输、消防、救护、疏散等要求	现场检查	大型消防车辆无法到达不得分；道路狭窄或路面质量较差但大型消防车辆勉强可以通过扣1分	2
	3. 站内燃气设施与站外建（构）筑物的防火间距应符合下列要求：	—	—	—
	（1）储气罐与站外建（构）筑物的防火间距应符合现行国家标准《建筑设计防火规范》GB 50016的相关要求	现场测量	一处不符合不得分	8

续表 A.1

评价单元	评价内容	评价方法	评分标准	分值
4.2.1 周边环境	(2) 露天或室内天然气工艺装置与站外建(构)筑物的防火间距应符合现行国家标准《建筑设计防火规范》GB 50016 中甲类厂房的相关要求	现场测量	一处不符合不得分	4
	(3) 储配站高压储气罐的集中放散装置与站外建(构)筑物的防火间距应符合现行国家标准《城镇燃气设计规范》GB 50028 的相关要求	现场测量	一处不符合不得分	4
	4. 周边应有良好的消防和医疗救护条件	实地测量或图上测量	10km 路程内无消防队扣 0.5 分；10 km 路程内无医院扣 0.5 分	1
	5. 环境噪声应符合现行国家标准《工业企业厂界环境噪声排放标准》GB 12348 的相关要求	现场测量或查阅环境检测报告	超标不得分	1
4.2.2 总平面布置	1. 储配站总平面应分区布置，即分为生产区和辅助区	现场检查	无明显分区不得分	1
	2. 周边应设有非燃烧体围墙，围墙应完整，无破损	现场检查	无围墙不得分；围墙破损扣 0.5 分	1
	3. 站内建(构)筑物之间的防火间距应符合下列要求：	—	—	—
	(1) 储气罐与站内建(构)筑物的防火间距应符合现行国家标准《城镇燃气设计规范》GB 50028 的相关要求	现场测量	一处不符合不得分	8
	(2) 站内露天工艺装置区边缘距明火或散发火花地点不应小于 20m，距办公、生活建筑不应小于 18m，距围墙不应小于 10m	现场测量	一处不符合不得分	4
	(3) 高压储气罐设置的集中放散管与站内建(构)筑物的防火间距应符合现行国家标准《城镇燃气设计规范》GB 50028 的相关要求	现场测量	一处不符合不得分	4
	4. 储配站数个固定容积储气罐的总容积大于200000m^{3}时，应分组布置，组与组和罐与罐之间的防火间距应符合现行国家标准《城镇燃气设计规范》GB 50028 的相关要求	现场测量	一处不符合不得分	4
4.2.3 站内道路交通	1. 储配站生产区宜设有 2 个对外出入口，并宜位于场站的不同方位，以方便消防救援和应急疏散	现场检查	只有一个出入口的不得分；有两个出入口但位于同一侧不利于消防救援和应急疏散的扣 1 分	2
	2. 储配站生产区应设置环形消防车道，消防车道宽度不应小于 3.5m，消防车道应保持畅通，无阻碍消防救援的障碍物	现场检查	储配站未设置环形消防车道不得分；消防车道宽度不足扣 2 分；消防车道或回车场上有障碍物扣 2 分	4
	3. 应制定严格的车辆管理制度，无关车辆禁止进入场站生产区，如确需进入，必须佩带阻火器	现场检查并查阅车辆管理制度文件	无车辆管理制度不得分；生产区内发现无关车辆且未装阻火器不得分；门卫未配备阻火器但生产区内无无关车辆扣 0.5 分	1

续表 A.1

评价单元	评价内容	评价方法	评分标准	分值
4.2.4 燃气质量	1. 应当建立健全燃气质量检测制度。天然气的气质应符合现行国家标准《天然气》GB 17820的第一类或第二类气质指标；人工煤气的气质应符合现行国家标准《人工煤气》GB/T 13612的相关要求	查阅气质检测制度和气质检测报告	无气质检测制度不得分；不能提供气质检测报告或检测结果不合格不得分	2
	2. 当燃气无臭味或臭味不足时，门站或储配站内应设有加臭装置，并应符合下列要求：	—	—	—
	(1) 加臭剂的质量合格	查阅质量合格证明文件	不能提供质量合格证明文件不得分	1
	(2) 加臭量应符合现行行业标准《城镇燃气加臭技术规程》CJJ/T 148的相关要求，实际加注量与气体流量相匹配，并定期检测	查阅加臭量检查记录并在靠近用户端的管网取样抽测	现场抽测不合格不得分；无加臭量检查记录扣2分	4
	(3) 加臭装置运行稳定可靠	现场检查并查阅运行记录	运行不稳定不得分	1
	(4) 无加臭剂泄漏现象	现场检查	存在泄漏现象不得分	2
	(5) 存放加臭剂的场所应确保阴凉通风，远离明火和热源，远离人员密集的办公场所	现场检查	加臭剂露天存放，放置在人员密集的办公或生活用房，放置在靠近厨房、变配电间、发电机间均不得分	2
4.2.5 储气设施	1. 储气罐罐体应完好无损，无变形裂缝现象，无严重锈蚀现象，无漏气现象	现场检查	有漏气现象不得分；严重锈蚀扣6分；锈蚀较重扣4分；轻微锈蚀扣2分	8
	2. 储气罐基础应稳固，每年应检测储气罐基础沉降情况，沉降值应符合安全要求，不得有异常沉降或由于沉降造成管线受损的现象	现场检查并查阅沉降监测报告	未定期检测沉降不得分；有异常沉降但未进行处理不得分	1
	3. 低压湿式储气罐的运行应符合下列要求：	—	—	—
	(1) 寒冷地区应有保温措施，能有效防止水结冰	现场检查	有冰冻现象不得分；一处保温措施有缺陷扣0.5分	2
	(2) 气柜导轮和导轨的运动应正常，导轮与轴瓦无明显磨损现象，导轮润滑油杯油位符合要求	现场检查	发现异常现象不得分	2
	(3) 水槽壁板与环形基础连接处不应漏水	现场检查	有一处漏水现象扣0.5分	1
	(4) 环形水封水位应正常	现场检查	水位不符合要求不得分	4
	(5) 储气罐升降应平稳	现场检查	不平稳不得分	1
	4. 低压稀油密封干式储气罐的运行应符合下列要求：	—	—	—
	(1) 活塞油槽油位和柜底油槽水位、油位应正常	现场检查	油位或水位超出允许范围不得分	1
	(2) 横向分割板和密封装置应正常	现场检查	循环油量超标不得分	1
	(3) 储气罐安全水封的水位不得超出规定的限值	现场检查	安全水封水位不符合要求不得分	4
	(4) 定期测量油位与活塞高度比和活塞水平倾斜度并做好测量记录，其数值应保持在允许范围内	查阅测量记录	一项参数不符合要求扣0.5分	1

续表 A.1

评价单元	评价内容	评价方法	评分标准	分值
4.2.5 储气设施	(5) 定期化验分析密封油黏度和闪点，并做好分析记录，其数值应保持在允许范围内	查阅测量记录	超期未化验分析的或指标不符合要求仍未更换的，不得分	0.5
	(6) 油泵入口过滤网应定期清洗，有清洗记录	查阅清洗记录	超期未清洗的不得分	0.5
	(7) 储气罐升降应平稳	现场检查	不平稳不得分	1
	(8) 储气罐的附属升降机、电梯等特种设备应定期检测，检测合格后方可继续使用	查阅检测报告	一台未检测或检测过期扣0.5分	1
	5. 高压储气罐应符合下列要求：	—	—	—
	(1) 应定期检验，检验合格后方可继续使用	查阅检验报告	未检不得分	4
	(2) 应严格控制运行压力，严禁超压运行	现场检查	压力保护措施缺失一项扣2分	4
	(3) 放散管管口高度应高出距其25m内的建(构)筑物2m以上，且不得小于10m	现场检查	不符合不得分	4
4.2.7 安全阀与阀门	1. 安全阀外观应完好，在校验有效周期内；阀体上应悬挂校验铭牌，并注明下次校验时间，校验铅封应完好	现场检查并查阅校验报告	一只安全阀未检或铅封破损扣2分；一只安全阀外观严重锈蚀扣1分	4
	2. 安全阀与被保护设施之间的阀门应全开	现场检查	有一处关闭不得分；有一处未全开扣1分	2
	3. 阀门外观无损坏和严重锈蚀现象	现场检查	有一处损坏或严重锈蚀扣0.5分	2
	4. 不得有妨碍阀门操作的堆积物	现场检查	有一处堆积物扣0.5分	1
	5. 阀门应悬挂开关标志牌	现场检查	一只未挂标志牌扣0.5分	1
	6. 阀门不应有燃气泄漏现象	现场检查	存在泄漏现象不得分	4
	7. 阀门应定期检查维护，启闭应灵活	现场检查并查阅检查维护记录	不能提供检查维护记录不得分；一只阀门存在启闭不灵活扣1分	2
4.2.8 过滤器	1. 过滤器外观无损坏和严重锈蚀现象	现场检查	有一处过滤器损坏或严重锈蚀扣1分	2
	2. 应定期检查过滤器前后压差，并及时排污和清洗	现场检查并查阅维护记录	无过滤器维护记录或现场检查出一台过滤器失效扣1分	2
	3. 过滤器排污和清洗废弃物应妥善处理	现场检查并查阅操作规程	无收集装置或无处理记录不得分	1
4.2.9 工艺管道	1. 管道外表应完好无损，无腐蚀迹象，外表防腐涂层应完好，管道应有色标和流向标志	现场检查	一处严重锈蚀扣1分；管道无标志扣0.5分	2
	2. 管道和管道连接部位应密封完好，无燃气泄漏现象	现场检查	存在泄漏现象不得分	2
	3. 进出站管线与站外设有阴极保护装置的埋地管道相连时，应设有绝缘装置，绝缘装置的绝缘电阻应每年进行一次测试，绝缘电阻不应低于1MΩ	查阅绝缘电阻检测报告	无绝缘装置，超过1年未检测绝缘电阻或检测电阻值不合格均不得分	1

续表 A.1

评价单元	评价内容	评价方法	评分标准	分值
4.2.10 仪表与自控系统	1. 压力表应符合下列要求：	—	—	—
	（1）压力表外观应完好	现场检查	一只表损坏扣 0.5 分	2
	（2）压力表应在检定周期内，检定标签应贴在表壳上，并注明下次检定时间，检定铅封应完好无损	现场检查并查阅压力表检定证书	一只表未检或铅封破损扣 2 分；一只表标贴脱落或看不清扣 0.5 分	4
	（3）压力表与被测量设备之间的阀门应全开	现场检查	一只阀门未全开扣 0.5 分	1
	2. 站内爆炸危险厂房和装置区内应设置燃气浓度检测报警装置	现场检查并查阅维护记录	一处未安装燃气浓度检测报警装置或未维护扣 1 分	2
4.2.10 仪表与自控系统	3. 现场计量测试仪表的设置应符合现行国家标准《城镇燃气设计规范》GB 50028 的相关要求，仪表的读数应在工艺操作要求范围内	现场检查并查阅工艺操作手册	缺少一处计量测试仪表或读数不在工艺操作要求范围内扣 0.5 分	2
	4. 控制室的二次检测仪表的显示和累加等功能应符合现行国家标准《城镇燃气设计规范》GB 50028 的相关要求，其数值应在工艺操作要求范围内	现场检查并查阅工艺操作手册	缺少一处检测仪表或读数不在工艺操作要求范围内扣 0.5 分	2
	5. 报警连锁功能的设置应符合现行国家标准《城镇燃气设计规范》GB 50028 的相关要求，各种报警连锁系统应完好有效	现场检查	缺少一种报警连锁功能或报警连锁失灵扣 1 分	4
	6. 运行管理宜采用计算机集中控制系统	现场检查	未采用计算机集中控制的系统不得分	1
4.2.11 消防与安全设施	1. 工艺装置区应通风良好	现场检查	达不到标准不得分	2
	2. 应按现行行业标准《城镇燃气标志标准》CJJ/T 153 的相关要求设置完善的安全警示标志	现场检查	一处未设置安全警示标志扣 0.5 分	2
	3. 消防供水设施应符合下列要求：	—	—	—
	（1）应根据储罐容积和补水能力按照现行国家标准《城镇燃气设计规范》GB 50028 的相关要求核算消防用水量，当补水能力不能满足消防用水量时，应设置适当容量的消防水池和消防泵房	现场检查并核算	补水能力不足且未设消防水池不得分；设有消防水池但储水量不足扣 2 分	4
	（2）消防水池的水质应良好，无腐蚀性，无漂浮物和油污	现场检查	有油污不得分；有漂浮物扣 0.5 分	1
	（3）消防泵房内应清洁干净，无杂物和易燃物品堆放	现场检查	不清洁或有杂物堆放不得分	1
	（4）消防泵应运行良好，无异常振动和异响，无漏水现象	现场检查	一台消防泵存在故障扣 0.5 分	2
	（5）消防供水装置无遮蔽或阻塞现象，站内消火栓水阀应能正常开启，消防水管、水枪和扳手等器材应齐全完好，无挪用现象	现场检查	一台消火栓水阀不能正常开启扣 1 分；缺少或遗失一件消防供水器材扣 0.5 分	2

续表 A.1

评价单元	评价内容	评价方法	评分标准	分值
4.2.11 消防与安全设施	4. 工艺装置区、储罐区等应按现行国家标准《城镇燃气设计规范》GB 50028 的相关要求设置灭火器，灭火器不得埋压、圈占和挪用，灭火器应按现行国家标准《建筑灭火器配置验收及检查规范》GB 50444 的相关要求定期进行检查、维修，并按规定年限报废	现场检查，查阅灭火器的检查和维修记录	一处灭火器材设置不符合要求扣1分；一只灭火器缺少检查和维修记录扣0.5分	4
	5. 站内爆炸危险场所的电力装置应符合现行国家标准《爆炸和火灾危险环境电力装置设计规范》GB 50058 的相关要求	现场检查	一处不合格不得分	4
	6. 建（构）筑物应按现行国家标准《建筑物防雷设计规范》GB 50057 的相关要求设置防雷装置并采取防雷措施，爆炸危险环境场所的防雷装置应当每半年由具有资质的单位检测一次，保证完好有效	现场检查并查阅防雷装置检测报告	未设置防雷装置不得分；防雷装置未检测不得分；一处防雷检测不符合要求扣2分	4
	7. 应配备必要的应急救援器材，值班室应设有直通外线的应急救援电话，各种应急救援器材应定期检查，保证完好有效	现场检查	缺少一样应急救援器材或一处不合格扣0.5分	2
4.2.12 公用辅助设施	1. 供电系统应符合现行国家标准《供配电系统设计规范》GB 50052“二级负荷”的要求	现场检查	达不到二级负荷不得分	4
	2. 变配电室的地坪宜比周围地坪相对提高，应能有效防止雨水的侵入	现场检查	低于周围地坪或与周围地坪几乎平齐均不得分	1
	3. 变配电室应设有专人看管；若规模较小，无人值守时，应有防止无关人员进入的措施；变配电室的门、窗关闭应密合；电缆孔洞必须用绝缘油泥封闭，与室外相通的窗、洞、通风孔应设防止鼠、蛇类等小动物进入的网罩	现场检查	无关人员可自由出入不得分；有一处未密封或有孔洞扣0.5分	1
	4. 变配电室内应设有应急照明设备，且应完好有效	现场检查	无应急照明设备不得分；一盏应急照明灯不亮扣0.5分	1
	5. 电缆沟上应盖有完好的盖板	现场检查	一处无盖板或盖板损坏扣0.5分	1
	6. 当气温低于0℃时，设备排污管、冷却水管、室外供水管和消火栓等暴露在室外的供水管和排水管应有保温措施	现场检查	一处未进行保温扣0.5分	1

表 A.2 调压站与调压装置设施与操作检查表

评价单元	评价内容	评价方法	评分标准	分值
4.3.1 周边环境	1. 调压装置不应安装在易被碰撞或影响交通的位置	现场检查	一处安装位置不当扣1分	2
	2. 液化石油气和相对密度大于0.75燃气的调压装置不得设于地下室、半地下室内和地下单独的箱体内	现场检查	不符合不得分	4
	3. 调压站和调压装置与其他建（构）筑物的水平净距应符合现行国家标准《城镇燃气设计规范》GB 50028的相关要求	现场测量	一处不符合不得分	8
	4. 调压装置的安装高度应符合现行国家标准《城镇燃气设计规范》GB 50028的相关要求	现场检查	一处高度不符合要求扣0.5分	1
	5. 地下调压箱不宜设置在城镇道路下	现场检查	一处处于道路下扣0.5分	1
	6. 设有悬挂式调压箱的墙体应为永久性实体墙，墙面上应无室内通风机的进风口，调压箱上方不应有窗和阳台	现场检查	一处安装位置不当扣1分	2
	7. 设有调压装置的公共建筑顶层的房间应靠建筑外墙，贴邻或楼下应无人员密集房间	现场检查	一处不符合要求扣0.5分	1
	8. 相邻调压装置外缘净距、调压装置与墙面之间的净距和室内主要通道的宽度均宜大于0.8m，通道上应无杂物堆积	现场检查	一处间距不足扣1分	2
	9. 调压器的环境温度应能保证调压器的活动部件正常工作	现场检查	当调压器出现异常结霜或冰堵现象时不得分	1
	10. 调压站或区域性调压柜（箱）周边应保持消防车道畅通，无阻碍消防救援的障碍物	现场检查	消防车无法进入或有障碍物的不得分	1
4.3.2 设有调压装置的建筑	1. 设有调压装置的专用建筑与相邻建筑之间应为无门、窗、洞口的非燃烧体实体墙	现场检查	与相邻建筑物之间存在一处门、窗、洞口扣0.5分	1
	2. 耐火等级不应低于二级	现场检查	一处建筑达不到二级扣0.5分	1
	3. 门、窗应向外开启	现场检查	一处门、窗开启方向有误扣0.5分	1
	4. 平屋顶上设有调压装置的建筑应有通向屋顶的楼梯	现场检查	一处无楼梯扣0.5分	1
	5. 设有调压装置的专用建筑室内地坪应为撞击时不会产生火花的材料	现场检查	一处不符合要求扣0.5分	1
4.3.3 调压器	1. 调压箱、调压柜、调压器的设置应稳固	现场检查	一处不稳固扣1分	2
	2. 调压器外表应完好无损，无油污、无腐蚀锈迹等现象	现场检查	外表有一处损伤、油污、锈蚀现象扣0.5分	2
	3. 调压器应运行正常，无喘息、压力跳动等现象，无燃气泄漏情况	现场检查	有燃气泄漏现象不得分；调压器有非正常现象一处扣2分	8
	4. 调压器的进口压力应符合现行国家标准《城镇燃气设计规范》GB 50028的相关要求	现场检查	一台调压器超压运行扣4分	8

续表 A.2

评价单元	评价内容	评价方法	评分标准	分值
4.3.3 调压器	5. 调压器的出口压力严禁超过下游燃气设施的设计压力，并应具有防止燃气出口压力过高的安全保护装置，安全保护装置的启动压力应符合设定值，切断压力不得高于放散系统设定的压力值	现场检查	一处未设置扣4分；一处启动压力不符合设定值扣2分；一处切断压力高于放散压力扣2分	8
	6. 调压器的进出口管径和阀门的设置应符合现行国家标准《城镇燃气设计规范》GB 50028的相关要求	现场检查	一处不符合扣0.5分	1
	7. 调压站或区域性调压柜（箱）的环境噪声应符合现行国家标准《声环境质量标准》GB 3096的相关要求	现场测量或查阅环境检测报告	超标不得分	1
	8. 调压装置的放散管管口高度应符合下列要求：	—	—	—
	(1) 调压站放散管管口应高出其屋檐1.0m以上	现场测量	不符合不得分	4
	(2) 调压柜的安全放散管管口距地面的高度不应小于4m	现场测量	不符合不得分	4
	(3) 设置在建筑物墙上的调压箱的安全放散管管口应高出该建筑物屋檐1.0m	现场测量	不符合不得分	4
4.3.4 安全阀与阀门	1. 高压和次高压燃气调压站室外进、出口管道上必须设置阀门	现场检查	缺一个阀门不得分	4
	2. 中压燃气调压站室外进口管道上，应设置阀门	现场检查	无阀门不得分	4
4.3.8 消防与安全设施	1. 设有调压器的箱、柜或房间应有良好的通风措施，通风面积和换气次数应符合现行国家标准《城镇燃气设计规范》GB 50028的相关要求，受限空间内应无燃气积聚	现场测量	一处燃气浓度超标扣2分；一处通风措施不符合要求扣1分	8
	2. 应按现行行业标准《城镇燃气标志标准》CJJ/T 153的相关要求设置完善的安全警示标志	现场检查	一处未设置安全警示标志扣0.5分	2
	3. 调压装置区应按现行国家标准《城镇燃气设计规范》GB 50028的相关要求设置灭火器，灭火器不得埋压、圈占和挪用，灭火器应按现行国家标准《建筑灭火器配置验收及检查规范》GB 50444的相关要求定期进行检查、维修，并按规定年限报废	现场检查，查阅灭火器的检查和维修记录	一处缺少灭火器材扣1分；一只灭火器缺少检查和维修记录扣0.5分	4
	4. 设有调压装置的专用建筑室内电气、照明装置的设计应符合现行国家标准《爆炸和火灾危险环境电力装置设计规范》GB 50058的1区设计的规定	现场检查	一处不合格不得分	2
	5. 设于空旷地带的调压站或采用高架遥测天线的调压站应单独设置避雷装置，保证接地电阻值小于10Ω	现场检查并查阅防雷装置检测报告	无独立避雷装置的不得分；防雷装置未检测不得分；一处防雷检测不符合要求扣2分	4
	6. 调压装置周边应根据实际情况设置围墙、护栏、护罩或车挡，以防外界对调压装置的破坏	现场检查	一处未设置防护设施扣1分	4

续表 A.2

评价单元	评价内容	评价方法	评分标准	分值
4.3.8 消防与安全设施	7. 设有调压器的柜或房间应有爆炸泄压措施，泄压面积应符合现行国家标准《城镇燃气设计规范》GB 50028的相关要求	现场测量并计算	一处无泄压措施扣1分；一处泄压面积不足扣0.5分	2
	8. 地下调压箱应有防腐保护措施，且应完好有效	现场检查	发现一处箱体腐蚀迹象扣0.5分	1
	9. 公共建筑顶层房间设有调压装置时，房间内应设置燃气浓度监测监控仪表及声、光报警装置。该装置应与通风设施和紧急切断阀连锁，并将信号引入该建筑物监控室	现场检查	一处设置不符合要求扣1分	2
	10. 调压装置应设有放散管，放散管的高度应符合现行国家标准《城镇燃气设计规范》GB 50028的相关要求	现场检查	一处未设放散管扣1分；一处放散管高度不足扣0.5分	2
	11. 地下式调压站应有防水措施，内部不应有水渍和积水现象	现场检查	发现一处积水扣1分；一处水渍扣0.5分	2
	12. 当调压站内、外燃气管道为绝缘连接时，调压器及其附属设备必须接地，接地电阻应小于100Ω	现场检查	一处未接地或接地电阻不符合要求扣1分	2
4.3.9 调压站的采暖	1. 调压室内严禁用明火采暖	现场检查	现场有明火采暖设备不得分	2
	2. 调压器室的门、窗与锅炉室的门、窗不应设置在建筑的同一侧	现场检查	设置在同一侧不得分	1
	3. 采暖锅炉烟囱排烟温度严禁大于300℃	现场测量	超过不得分	2
	4. 烟囱出口与燃气安全放散管出口的水平距离应大于5m	现场测量	距离不足不得分	2
	5. 燃气采暖锅炉应有熄火保护装置或设专人值班管理	现场检查	无熄火保护装置不得分；有熄火保护但无专人值班扣1分	2
	6. 电采暖设备的外壳温度不得大于115℃，电采暖设备应与调压设备绝缘	现场测量	外壳温度超标扣1分；未绝缘扣1分	2

附录B 燃气管道设施与操作检查表

表 B.1 钢质燃气管道设施与操作检查表

评价单元	评价内容	评价方法	评分标准	分值
5.2.1 管道敷设	1. 地下燃气管道与建（构）筑物或相邻管道之间的间距应符合现行国家标准《城镇燃气设计规范》GB 50028的相关要求	查阅竣工资料并结合现场检查	一处不符合不得分	4
	2. 地下燃气管道埋设的最小覆土厚度（地面至管顶）应符合现行国家标准《城镇燃气设计规范》GB 50028的相关要求	查阅竣工资料并结合现场检查	一处埋深不符合要求扣1分	4
	3. 穿、跨越工程应符合现行国家标准《油气输送管道穿越工程设计规范》GB 50423和《油气输送管道跨越工程设计规范》GB 50459的相关要求，安全防护措施应齐全、可靠	查阅竣工资料并结合现场检查	一处不符合要求扣1分	4

续表 B.1

评价单元	评价内容	评价方法	评分标准	分值
5.2.1 管道敷设	4. 同一管网中输送不同种类、不同压力燃气的相连管段之间应进行有效隔断	现场检查	存在一处未进行有效隔断不得分	4
	5. 埋地管道的地基土层条件和稳定性	调查管道沿线土层状况	液化土、沙化土或已发生土壤明显移动的，或经常发生山体滑坡、泥石流的不得分；沼泽、沉降区或有山体滑坡、泥石流可能的扣1分；土层比较松软，含水率较高，有沉降可能的扣0.5分	2
5.2.2 管道附件	1. 管道上的阀门和阀门井应符合下列要求：	—	—	—
	(1) 在次高压、中压燃气干管上，应设置分段阀门，并应在阀门两侧设置放散管。在燃气支管的起点处，应设置阀门	现场检查	少一处阀门扣2分	4
	(2) 阀门本体评价内容见本标准第4.2.7条检查表第3～7条	—	—	4
	(3) 阀门井不应塌陷，井内不得有积水	现场检查	一处塌陷扣1分，一处有积水扣0.5分	2
	(4) 直埋阀应设有护罩或护井	现场检查	一处阀门无护罩或护井扣1分；一处护罩或护井损坏扣1分	2
	2. 凝水缸应设有护罩或护井，应定期排放积水，不得有燃气泄漏、腐蚀和堵塞的现象及妨碍排水作业的堆积物，凝水缸排出的污水不得随意排放	查阅巡检记录并现场检查测试	有燃气泄漏现象不得分；一处凝水缸无护罩或护井扣0.5分；一处护罩或护井损坏，有腐蚀、堵塞、堆积物现象扣0.5分	2
	3. 调长器应无变形，调长器接口应定期检查，保证严密性，且拉杆应处于受力状态	查阅巡检记录并现场检查测试	有燃气泄漏现象不得分；一处调长器变形、拉杆位置不适宜扣0.5分	1
5.2.3 日常运行维护	1. 燃气企业应对管道定期进行巡查，巡查工作内容应符合现行行业标准《城镇燃气设施运行、维护和抢修安全技术规程》CJJ 51的相关要求	查阅巡线制度和巡线记录	无巡线制度不得分；巡线制度不完善扣4分；无完整巡线记录扣4分	8
	2. 对管道沿线居民和单位进行燃气设施保护宣传与教育	查阅相关资料并沿线走访调查	未印刷并发放安全宣传单扣0.5分；未举办广场或进社区安全宣传活动扣0.5分；未与政府和沿线单位举办燃气设施安全保护研讨会扣0.5分；未在报刊、杂志、电视、广播等媒体上登载安全宣传广告扣0.5分	2
	3. 埋地燃气管道弯头、三通、四通、管道末端以及穿越河流等处应有路面标志，路面标志的间隔不宜大于200m，路面标志不得缺损，字迹应清晰可见	查阅竣工资料并沿线检查	一处缺少标志、字迹不清或毁损扣1分	4

续表 B.1

评价单元	评价内容	评价方法	评分标准	分值
5.2.3 日常运行维护	4. 在燃气管道保护范围内，应无爆破、取土、动火、倾倒或排放腐蚀性物质、放置易燃易爆物品、种植深根植物等危害管道运行的活动	查阅竣工资料并沿线检查	存在上述可能危害管道的情况不得分	8
	5. 埋地燃气管道上不得有建筑物和构筑物占压	沿线检查	一处不符合不得分	8
	6. 地下燃气管道保护范围内有建设工程施工时，应有建设单位、施工单位和燃气企业共同制定的燃气设施保护方案，燃气企业应当派专业人员进行现场指导和全程监护	查阅燃气设施保护方案，巡线记录和施工监护记录	无燃气设施保护方案不得分；燃气设施保护方案不全面扣4分；保护方案缺少一方参与的扣2分；未派专业人员现场指导和监护的不得分；有一次未全程监护扣4分	8
5.2.4 管道泄漏检查	1. 应制定完善的泄漏检查制度	查阅泄漏检查制度	无制度不得分，不完善扣0.5分	1
	2. 应配备专业泄漏检测仪器和人员	现场检查	未配备不得分	2
	3. 泄漏检查周期应符合现行行业标准《城镇燃气设施运行、维护和抢修安全技术规程》CJJ 51的相关要求	查阅泄漏检查记录	缺少一次检查记录扣2分	8
5.2.5 管道防腐蚀	1. 燃气气质指标应符合相关标准要求	查阅气质检测报告	水含量不合格扣1分；硫化氢含量不合格扣1分	2
	2. 暴露在空气中的管道外表应涂覆防腐涂层，防腐涂层应完整无脱落	现场检查	无防腐涂层不得分；有防腐涂层但严重脱落扣1.5分；有防腐涂层但有部分脱落扣1分	2
	3. 应对埋地钢质管道周围的土壤进行土壤电阻率分析，采用现行行业标准《城镇燃气埋地钢质管道腐蚀控制技术规程》CJJ 95的相关评价指标对土壤腐蚀性进行分级	对土壤腐蚀性进行检测	土壤腐蚀性分级为强不得分；中扣1分；土壤细菌腐蚀性评价强不得分；较强扣1.5分；中扣1分	2
	4. 埋地钢质管道外表面应有完好的防腐层，防腐层的检测应符合现行行业标准《城镇燃气埋地钢质管道腐蚀控制技术规程》CJJ 95的相关要求	查阅防腐层检测报告	从未检测不得分；未按规定要求定期检测扣4分	8
	5. 埋地钢质管道应按现行国家标准《城镇燃气技术规范》GB 50494的相关要求辅以阴极保护系统，阴极保护系统的检测应符合现行行业标准《城镇燃气埋地钢质管道腐蚀控制技术规程》CJJ 95的相关要求	查阅阴极保护系统检测报告	没有阴极保护系统或从未检测不得分；未按规定要求定期检测扣4分	8
	6. 应定期检测埋地钢质管道附近的管地电位，确定杂散电流对管道的影响，并按现行行业标准《城镇燃气埋地钢质管道腐蚀控制技术规程》CJJ 95的相关要求采取保护措施，并达到保护效果	现场检查并查阅检测记录和排流保护效果评价	无相应措施不得分；有措施但达不到要求扣2分	4

表 B.2 聚乙烯燃气管道设施与操作检查表

评价单元	评价内容	评价方法	评分标准	分值
5.3.1 管道敷设	1. 埋地聚乙烯燃气管道与热力管道之间的间距应符合现行行业标准《聚乙烯燃气管道工程技术规程》CJJ 63的相关要求	查阅竣工资料并结合现场检查	一处不符合不得分	4
	2. 聚乙烯管道作引入管，与建筑物外墙或内墙上安装的调压箱相连在地面转换时，对裸露聚乙烯管道有硬质保护及隔热措施，保护层应完好无损	现场检查	一处硬质保护层缺失或损坏扣2分	4
	3. 聚乙烯管道应敷设示踪装置，并每年进行一次检测，保证完好	查阅示踪装置检查记录	示踪装置未检测不得分	2

附录C 压缩天然气场站设施与操作检查表

表 C.1 压缩天然气加气站设施与操作检查表

评价单元	评价内容	评价方法	评分标准	分值
6.2.1 周边环境	1. 场站所处的位置应符合规划要求	查阅当地最新规划文件	不符合不得分	1
	2. 周边道路条件应能满足运输、消防、救护、疏散等要求	现场检查	大型消防车辆无法到达不得分；道路狭窄或路面质量较差但大型消防车辆勉强可以通过扣1分	2
	3. 场站规模与所处环境应符合下列要求：	—	—	—
	(1) 在城市建成区内的压缩天然气加气站，标准站固定储气瓶（井）不应超过18m^3，子站固定储气瓶（井）不应超过8m^3、且车载储气瓶组的总容积不应超过18m^3	现场检查并查阅当地规划	超过不得分	4
	(2) 当压缩天然气加气站与加油站合建时，加气标准站固定储气瓶（井）不应超过12m^3，加气子站固定储气瓶（井）不应超过8m^3、且车载储气瓶组的总容积不应超过18m^3	现场检查	超过不得分	4
	4. 站内燃气设施与站外建（构）筑物的防火间距符合下列要求：	—	—	—
	(1) 气瓶车在固定车位总几何容积大于18m^3，或最大储气总容积大于4500m^3且小于等于30000m^3时，气瓶车固定车位与站外建（构）筑物的防火间距应符合现行国家标准《城镇燃气设计规范》GB 50028的相关要求	现场测量	一处不符合不得分	8
	(2) 气瓶车在固定车位总几何容积不大于18m^3，且最大储气总容积不大于4500m^3时，气瓶车固定车位与站外建（构）筑物的防火间距应符合现行国家标准《汽车加油加气站设计与施工规范》GB 50156的相关要求	现场测量	一处不符合不得分	8

续表 C.1

评价单元	评价内容	评价方法	评分标准	分值
6.2.1 周边环境	(3) 脱硫脱水装置、放散管管口、储气井组、加气机、压缩机与站外建（构）筑物的防火间距应符合现行国家标准《汽车加油加气站设计与施工规范》GB 50156 的相关要求	现场测量	一处不符合不得分	4
	(4) 压缩天然气加气站站房内不得设有住宿、餐饮和娱乐等经营性场所	现场检查	发现设有上述场所不得分	2
	5. 周边应有良好的消防和医疗救护条件	实地测量或图上测量	10km 路程内无消防队扣 0.5 分；10km 路程内无医院扣 0.5 分	1
	6. 环境噪声应符合现行国家标准《工业企业厂界环境噪声排放标准》GB 12348 的相关要求	现场测量或查阅环境检测报告	超标不得分	1
6.2.2 总平面布置	1. 总平面应分区布置，即分为生产区和辅助区	现场检查	无明显分区不得分	1
	2. 周边应设置围墙，围墙的设置应符合现行国家标准《汽车加油加气站设计与施工规范》GB 50156 的相关要求，围墙应完整，无破损	现场检查	无围墙不得分；围墙高度不足或破损扣 2 分	4
	3. 站内燃气设施与站内建（构）筑物之间的防火间距应符合下列要求：	—	—	—
	(1) 气瓶车在固定车位总几何容积大于 $18m^3$，或最大储气总容积大于 $4500m^3$ 且小于等于 $30000m^3$ 时，气瓶车固定车位与站内建（构）筑物的防火间距应符合现行国家标准《城镇燃气设计规范》GB 50028 的相关要求	现场测量	一处不符合不得分	8
	(2) 气瓶车在固定车位总几何容积不大于 $18m^3$，且最大储气总容积不大于 $4500m^3$ 时，气瓶车固定车位与站内建（构）筑物的防火间距应符合现行国家标准《汽车加油加气站设计与施工规范》GB 50156 的相关要求	现场测量	一处不符合不得分	8
	(3) 加气柱宜设在固定车位附近，距固定车位 2m～3m，距站内天然气储罐不应小于 12m，距围墙不应小于 6m，距压缩机室、调压室、计量室不应小于 6m，距燃气热水室不应小于 12m	现场测量	一处不符合不得分	4
	(4) 站内其他设施之间的防火间距应符合现行国家标准《汽车加油加气站设计与施工规范》GB 50156 的相关要求	现场测量	一处不符合不得分	4

续表 C.1

评价单元	评价内容	评价方法	评分标准	分值
6.2.3 站内道路交通	1. 场站入口和出口应分开设置，入口和出口应设置明显的标志	现场检查	入口和出口共用一个敞开空间，但之间无隔离或无标志不得分；入口和出口共用一个敞开空间，但之间有隔离栏杆且有标志扣3分；入口和出口分开设置但无标志扣2分	4
	2. 供加气车辆进出的道路最小宽度不应小于3.5m，需要双车会车的车道，最小宽度不应小于6m，场站内回车场最小尺寸不应小于12m×12m，车道和回车场应保持畅通，无阻碍消防救援的障碍物	现场检查	道路宽度不足或回车场地尺寸不足扣1分；车道或回车场上有障碍物扣1分	2
	3. 场站内的停车场地和道路应平整，路面不应采用沥青材质	现场检查	有明显坡度扣0.5分；有沥青材质扣0.5分	1
	4. 路面上应有清楚的路面标线，如道路边线、中心线、行车方向线等	现场检查	路面无标线或标线不清扣0.5分	1
	5. 架空管道或架空建（构）筑物高度宜不低于5m，最低不得低于4.5m，架空管道或建（构）筑物上应设有醒目的限高标志	现场检查	架空建（构）筑物高度低于4.5m时不得分；在4.5m～5m之间时扣2分；无限高标志扣2分	4
	6. 场站内脱水装置、压缩机、加气机等重要设施和天然气管道应处于不可能有车辆经过的位置，当这些设施5m范围内有车辆可能经过时，应设置固定防撞装置	现场检查	一处防撞设施不全不得分	4
	7. 应制定严格的车辆管理制度，除压缩天然气气瓶车外，其他车辆禁止进入场站生产区，如确需进入，必须佩带阻火器	现场检查并查阅车辆管理制度文件	无车辆管理制度不得分；生产区内发现无关车辆且未装阻火器不得分；门卫未配备阻火器，但生产区内无无关车辆扣1分	2
6.2.4 气体净化装置	1. 应有脱硫脱水措施，脱硫后的天然气总硫（以硫计）应≤200mg/m³，硫化氢含量应≤15mg/m³，脱水后的天然气二氧化碳含量应≤3%，在25MPa下水露点不应高于－13℃，当最低气温低于－8℃时，水露点应比最低气温低5℃	查阅气质检测制度和气质检测报告	无气质检测制度不得分；不能提供气质检测报告或检测结果不合格不得分	4
	2. 脱硫、脱水装置应运行平稳，无异常声响，无燃气泄漏现象	现场检查	有燃气泄漏现象不得分；一处存在异常情况扣1分	4
	3. 脱水、脱硫装置应定期排污，废脱硫剂、硫等危险废物应可靠收集，并应委托专业危险废物处理机构定期收集处理，严禁随意丢弃	现场检查并检查处理台账和排污记录	不能提供排污记录的扣1分；不能提供处理台账的扣1分	2
	4. 脱硫、脱水装置应定期检验，检验合格后方可继续使用	查阅检验报告	未检不得分	4

续表 C.1

评价单元	评价内容	评价方法	评分标准	分值
6.2.5 加压装置	1. 压缩机前应设有缓冲罐或稳压装置。压缩机的运行应平稳，无异常响声、部件过热、燃气泄漏及异常振动等现象	现场检查	存在燃气泄漏现象不得分；一处不符合要求扣1分	4
	2. 压缩天然气加气站应设有备用压缩机组，保证供气的可靠性，备用压缩机组应能良好运行	现场检查	无备用机组或备用机组运转不正常不得分	2
	3. 压缩机排气压力不应大于25.0 MPa（表压），各级冷却后的排气温度不应超过40℃	现场检查	排气压力超标不得分；排气温度超标扣2分	4
	4. 压缩机的润滑油箱油位应处于正常范围内，供油压力、供油温度和回油温度应符合工艺要求	现场检查	油位不符合扣0.5分；供油压力不符合扣0.5分；供油温度不符合扣0.5分；回油温度不符合扣0.5分	2
	5. 压缩机的冷却系统应符合下列要求：	—	—	—
	（1）采用水冷式压缩机的冷却水应循环使用，冷却水供水压力不应小于0.15 MPa，供水温度应小于35℃，水质应定期检测，防止腐蚀引起内漏	现场检查并查阅水质监测报告或循环水更换记录	供水压力不足扣1分；供水温度超高扣1分；水质未定期检测扣0.5分	2
	（2）采用风冷式压缩机的进风口应选择空气新鲜处，鼓风机运转正常，风量符合工艺要求	现场检查	进风口选择不当扣1分；风扇运转不正常扣1分；风量不符合扣1分	2
	6. 压缩机进口管道上应设置手动和电动（或气动）控制阀门；出口管道上应设置安全阀、止回阀和手动切断阀；安全阀放散管管口应高出建筑物2m以上，且距地面不应小于5m	现场检查	缺一阀门扣2分；放散管高度不足扣1分	4
	7. 压缩机室（撬箱）内应整洁卫生，无潮湿或腐蚀性环境，无无关杂物堆放	现场检查	所处环境不佳或有无关杂物堆放不得分	1
	8. 应有专门的收集装置收集压缩机冷凝液和废油水，严禁直接排入下水道，收集的压缩机冷凝液和废油水应委托专业危险废物处理机构定期收集处理	现场检查并检查处理台账	无专门收集装置直接排放的不得分；有专门的收集装置但不能提供处理台账的扣0.5分	1
	9. 压缩机设置于室内时，与压缩机连接的管道应采取防振措施，防止对建筑物造成破坏，例如压缩机进出口采用柔性连接、管道穿墙处设置柔性套管等	现场检查	无有效防振措施不得分；振动已造成建筑物损坏不得分	2
	10. 压缩机的缓冲罐、气液分离器等承压容器应定期检验，检验合格后方可继续使用	查阅检验报告	未检不得分	4
6.2.6 加(卸)气	1. 气瓶车和加气车辆应在加气站内指定地点停靠，停靠点应有明显的边界线，车辆停靠后应手闸制动，如有滑动可能时，应采用固定块固定，在加（卸）气作业中严禁移动，加满气的车辆应及时离开，不得在站内长时间逗留	现场检查	无车位标识扣1分；无固定设施扣1分；一处车辆不按规定停靠或停车后有滑动可能性而未采取措施时扣0.5分；一辆加满气的车辆停留时间超过1小时扣1分	2

续表 C.1

评价单元	评价内容	评价方法	评分标准	分值
6.2.6 加(卸)气	2. 应建立气瓶车安全管理档案，严禁给不能提供有效资质和检测报告的气瓶车加（卸）气，汽车加气前应对车辆气瓶质量的有效证明进行检查，发现气瓶为非指定有资质单位安装，或气瓶未定期检验，或检验过期的，一律不允许进行加气作业	检查气瓶车安全管理档案	未建立气瓶车安全管理档案的不得分；检查出一台加气车辆未登记建档的扣1分；检查出一辆汽车加气前未核对气瓶资质和检验信息的扣1分	4
	3. 加（卸）气操作应符合下列要求：	—	—	—
	（1）应建立加（卸）气操作规程，气瓶车加（卸）气前应对气瓶组、加（卸）气机和管道等相关设备、仪表、安全装置和连锁报警进行检查，确认无误后方可进行加（卸）气作业；加（卸）气过程中应密切注意相关仪表参数，发现异常应立即停止加（卸）气；加（卸）气后应检查气瓶、阀门及连接管道，确认无泄漏和异常情况，并完全断开连接后方可允许加（卸）气车辆离开	现场检查操作过程并查阅操作记录	无操作规程，不能提供操作记录或检查出一次违章操作均不得分	2
	（2）应建立加气操作规程，压缩天然气汽车加气过程中应密切注意相关仪表参数，发现异常应立即停止加气；加气后应检查气瓶、阀门及连接管道，确认无泄漏和异常情况，并完全断开连接后方可允许加气车辆离开	现场检查并查阅操作规程	无操作规程或检查出一次违章操作均不得分	2
	4. 加（卸）气柱应设有静电接地栓卡，接地栓上的金属接触部位应无腐蚀现象，接触良好，接地电阻值不得超过100 Ω，加（卸）气前气瓶车必须使用静电接地栓良好接地	现场检查，并采用测试仪器测试电阻值	一处无静电接地栓卡扣1分；测试不符合要求扣1分；气瓶车未静电接地扣1分	2
	5. 气瓶车和气瓶组的充装压力，按20℃折算时，不得超过20.0 MPa（表压）	现场检查并计算	超过10%不得分；超过5%不足10%时扣6分；超过5%以内扣3分	8
	6. 不应将瓶内气体全部卸完，卸气后应至少保留有0.05 MPa（表压）的余压，并有相应的记录，防止空气进入	现场检查瓶组压力或检查卸车记录和安全操作规程	不能提供相关记录的扣1分；操作规程中未规定的扣1分；检查出一次现场或记录中气瓶压力不足的扣2分	4
	7. 加（卸）气软管应符合下列要求：	—	—	—
	（1）加（卸）气软管外表应完好无损，有效作用半径不应小于2.5m，气瓶车加（卸）气软管长度不应大于6.0m，软管应定期检查维护，有检查维护记录，达到使用寿命后应及时更换	现场检查，检查维护记录	一处软管不符合要求扣2分；无检查维护记录扣2分	4
	（2）加气软管上应设有拉断阀	现场检查	一处无拉断阀或拉断阀存在故障不得分	4
	8. 加（卸）气机或柱应符合下列要求：	—	—	—

续表 C.1

评价单元	评价内容	评价方法	评分标准	分值
6.2.6 加(卸)气	(1) 加（卸）气枪应外表完好，扳机操作灵活，加（卸）气嘴应配置自密封阀，卸开连接后应立即自行关闭，由此引发的天然气泄漏量不得大于0.01m^3（标准状态），每台加（卸）气机还应配备有加（卸）气枪和汽车受气口的密封帽	现场检查	存在天然气异常泄漏现象不得分；一只加气枪存在故障扣1分	2
	(2) 加（卸）气机或柱应运行平稳，无异常声响，安全保护装置应经常检查，保证完好有效，并保存检查记录	现场检查并查阅维护保养记录	运行中有异常声响不得分；缺少一种安全保护装置或安全保护装置工作不正常的扣1分，不能提供检查维护记录扣1分	2
6.2.7 储气装置	1. 储气井、储气瓶进出口应设有截止阀、压力表、安全阀、排液装置和紧急放散管等安全装置，安全装置应定期维护保养，保证完好有效	现场检查	少一个安全装置或安全装置存在故障不得分	4
	2. 储气井、储气瓶工作状态良好，无损坏、鼓泡和严重锈蚀迹象，无燃气泄漏	现场检查	有燃气泄漏不得分；一处损坏、鼓泡或严重锈蚀扣2分	4
	3. 储气井、储气瓶应定期检验，检验合格后方可继续使用	查阅检验报告	未检不得分	4
	4. 当选用小容积储气瓶时，应符合下列要求：	—	—	—
	(1) 每组储气瓶总容积不宜大于4m^3，且数量不宜超过60个	现场检查	容积或数量超过均不得分	1
	(2) 小容积储气瓶应固定在独立支架上，且宜卧式存放，并固定牢靠，卧式瓶组限宽为1个储气瓶长度，限高1.6m，限长5.5m，同组储气瓶之间的净距不应小于0.03m，储气瓶组间距不应小于1.5m	现场检查	一处不符合要求扣0.5分	1

表 C.2 压缩天然气供应站设施与操作检查表

评价单元	评价内容	评价方法	评分标准	分值
6.3.1 周边环境	1. 周边道路条件应能满足运输、消防、救护、疏散等要求	现场检查	大型消防车辆无法到达不得分；道路狭窄或路面质量较差但大型消防车辆勉强可以通过扣1分	2
	2. 站内燃气设施与站外建（构）筑物的防火间距应符合下列要求：	—	—	—
	(1) 气瓶车在固定车位总几何容积大于18m^3，或最大储气总容积大于4500m^3且小于等于30000m^3时，气瓶车固定车位与站外建（构）筑物的防火间距应符合现行国家标准《城镇燃气设计规范》GB 50028的相关要求	现场测量	一处不符合不得分	8
	(2) 气瓶车在固定车位总几何容积不大于18m^3，且最大储气总容积不大于4500m^3时，气瓶车固定车位与站外建（构）筑物的防火间距应符合现行国家标准《汽车加油加气站设计与施工规范》GB 50156的相关要求	现场测量	一处不符合不得分	8

续表 C.2

评价单元	评价内容	评价方法	评分标准	分值
6.3.1 周边环境	(3) 天然气工艺装置与站外建（构）筑物的防火间距应符合现行国家标准《建筑设计防火规范》GB 50016中甲类厂房的相关要求	现场测量	一处不符合不得分	4
	(4) 采用气瓶组供气的压缩天然气供应站其气瓶组、天然气放散管管口、调压装置与站外建（构）筑物的防火间距应符合现行国家标准《城镇燃气设计规范》GB 50028的相关要求	现场测量	一处不符合不得分	4
	3. 周边应有良好的消防和医疗救护条件	实地测量或图上测量	10km路程内无消防队扣0.5分；10km路程内无医院扣0.5分	1
6.3.2 总平面布置	1. 总平面应分区布置，即分为生产区和辅助区	现场检查	无明显分区不得分	1
	2. 周边应设有非燃烧体围墙，围墙应完整，无破损	现场检查	无围墙不得分；围墙破损扣0.5分	1
	3. 站内燃气设施与站内建（构）筑物之间的防火间距应符合下列要求：	—	—	—
	(1) 气瓶车在固定车位总几何容积大于18m³，或最大储气总容积大于4500m³且小于等于30000m³时，气瓶车固定车位与站内建（构）筑物的防火间距应符合现行国家标准《城镇燃气设计规范》GB 50028的相关要求	现场测量	一处不符合不得分	8
	(2) 气瓶车在固定车位总几何容积不大于18m³，且最大储气总容积不大于4500m³时，气瓶车固定车位与站内建（构）筑物的防火间距应符合现行国家标准《汽车加油加气站设计与施工规范》GB 50156的相关要求	现场测量	一处不符合不得分	8
	(3) 卸气柱宜设在固定车位附近，距固定车位2m～3m，距站内天然气储罐不应小于12m，距围墙不应小于6m，距调压室、计量室不应小于6m，距燃气热水室不应小于12m	现场测量	一处不符合不得分	4
6.3.5 储气瓶组	1. 在保证正常运转的前提下应尽可能减少压缩天然气气瓶的存量，气瓶组最大储气总容积不应大于1000m³，气瓶组总几何容积不应大于4m³	现场检查	气瓶组最大储气总容积超标不得分	4
	2. 气瓶上的漆色、字样应当清晰可见，提手和底座应当牢固、不松动，瓶体应无鼓泡、烧痕或裂纹；气瓶角阀应当密封良好，无漏气现象	现场检查并查阅气瓶检查记录	不能提供气瓶检查记录的扣2分；一只气瓶存在上述情况扣1分	4
	3. 气瓶应按国家有关规定，由具有资质的单位定期进行检验，检验合格后方可继续使用	查阅检验报告，非自有气瓶查验供货方质量证明	一只气瓶未检不得分	8

续表 C.2

评价单元	评价内容	评价方法	评分标准	分值
6.3.5 储气瓶组	4. 气瓶应委托具有危险品运输资质的单位进行运输，运输和搬运时气瓶的瓶帽和防振圈等安全设施应齐全	现场检查并查阅运输协议和运输方资质	运输过程发现无安全设施的不得分；不能提供运输单位资质的扣0.5分；运输协议中无安全责任条款的扣0.5分	1
	5. 站内应设有备用气瓶组，气瓶应固定牢靠，不得在阳光直射的露天存放	现场检查	无备用气瓶组不得分；一处不符合安全使用要求的扣1分	2
6.3.7 供热（热水）装置	1. 热水管道上应设有安全阀	现场检查	未设置安全阀不得分	1
	2. 热水管道和回水管道应设有隔热保温层，保温层应完好无破损，能有效防止热量损失、高温灼烫	现场检查	一处破损或未设置保温层扣0.5分	2
	3. 热水炉的运行应平稳，安全保护功能完好有效，工作参数正常，无异常声响，无热水和燃气泄漏现象	现场检查	有燃气泄漏现象不得分；存在一处故障扣1分	4
	4. 热水泵的转轴外侧应有金属防护罩遮蔽并固定，能有效防止机械伤害事故的发生	现场检查	一处无网罩或网罩破损、未固定扣0.5分	1
	5. 热水系统的补水应采用经离子交换树脂软化后的水，有水质检测设备，并定期进行水质检测，定期更换热水，保证水质干净，防止腐蚀	现场检查并查阅水质检测报告和换水记录	无水处理设备或无水质检测设备扣0.5分；不能提供换水记录的扣0.5分	1

附录D 液化石油气场站设施与操作检查表

表 D.1 液化石油气供应站设施与操作检查表

评价单元	评价内容	评价方法	评分标准	分值
7.2.1 周边环境	1. 场站所处的位置应符合规划要求	查阅当地最新规划文件	不符合不得分	1
	2. 周边道路条件应能满足运输、消防、救护、疏散等要求	现场检查	大型消防车辆无法到达不得分；道路狭窄或路面质量较差但大型消防车辆勉强可以通过扣1分	2
	3. 周边应地势平坦、开阔、不易积存液化石油气	现场检查	超过270°方向地势高于场站不得分；180°～270°方向地势高于场站扣1分；地势不开阔扣1分	2
	4. 站内燃气设施与站外建（构）筑物的防火间距应符合下列要求：	—	—	—
	（1）液化石油气储罐与站外建（构）筑物的防火间距应符合现行国家标准《城镇燃气设计规范》GB 50028的相关要求	现场测量	一处不符合不得分	8
	<u>（2）露天工艺装置、压缩机间、烃泵房、混气间、气化间等与站外建（构）筑物的防火间距应符合现行国家标准《建筑设计防火规范》GB 50016中甲类厂房的相关要求</u>	现场测量	一处不符合不得分	4

续表 D.1

评价单元	评价内容	评价方法	评分标准	分值
7.2.1 周边环境	(3) 灌瓶间和瓶库与站外建（构）筑物的防火间距应符合现行国家标准《建筑设计防火规范》GB 50016 中甲类储存物品仓库的相关要求	现场测量	一处不符合不得分	4
	5. 周边应有良好的消防和医疗救护条件	实地测量或图上测量	10km 路程内无消防队扣 0.5 分；10km 路程内无医院扣 0.5 分	1
7.2.2 总平面布置	1. 总平面应分区布置，即分为生产区和辅助区，铁路槽车装卸区应独立设置，小型液化石油气气化站和混气站（总容积不大于 $50m^3$）生产区和辅助区之间可不设置分区隔墙	现场检查	无分区隔墙不得分； 小型站无明显分区不得分	1
	2. 生产区应设置高度不低于 2m 的非燃烧实体围墙，围墙应完整，无破损	现场检查	无围墙或生产区采用非实体围墙不得分；围墙高度不足或有破损扣 1 分	4
	3. 站内燃气设施与站内建（构）筑物之间的防火间距应符合下列要求：	—	—	—
	(1) 液化石油气储罐与站内建（构）筑物的防火间距应符合现行国家标准《城镇燃气设计规范》GB 50028 的相关要求	现场测量	一处不符合不得分	8
	(2) 灌瓶间和瓶库、气化间和混气间与站内建（构）筑物的防火间距应符合现行国家标准《城镇燃气设计规范》GB 50028 的相关要求	现场测量	一处不符合不得分	8
	(3) 液化石油气汽车槽车库与汽车槽车装卸台柱之间的距离不应小于 6m，当邻向装卸台柱一侧的汽车槽车库山墙采用无门、窗洞口的防火墙时，其间距不限	现场测量	不符合不得分	1
	4. 全压力式储罐区的布置应符合下列要求：	—	—	—
	(1) 全压力式液化石油气储罐不应少于 2 台（不含残液罐），储罐区管道设计应能满足方便倒罐的操作；地上储罐之间的净距不应小于相邻较大罐的直径；一组储罐的总容积不应超过 $3000m^3$，分组布置时，组与组之间相邻储罐的净距不应小于 20m	现场检查	少于 2 台或不能实现倒罐操作不得分；一处净距不足不得分；总容积超过 $3000m^3$ 时未分组布置扣 2 分	4
	(2) 储罐组内储罐宜采用单排布置	现场检查	不符合不得分	1
	(3) 球形储罐与防护墙的净距不宜小于其半径，卧式储罐不宜小于其直径，操作侧不宜小于 3.0m	现场测量	不符合不得分	1

续表 D.1

评价单元	评价内容	评价方法	评分标准	分值
7.2.2 总平面布置	5. 生产区内严禁有地下和半地下建（构）筑物（寒冷地区的地下式消火栓和储罐区的排水管、沟除外）	现场检查	存在地下和半地下建（构）筑物不得分	4
	6. 站内严禁种植油性植物，储罐区内严禁绿化，绿化不得侵入铁路线路和道路，绿化不得阻碍消防救援，不得阻碍液化石油气的扩散而造成积聚	现场检查	不符合不得分	2
7.2.3 站内道路交通	1. 生产区和辅助区至少应各设有1个对外出入口，当液化石油气储罐总容积超过1000m³时，生产区应设有2个对外出入口，其间距不应小于50m，对外出入口宽度不应小于4m	现场检查	生产区无对外出入口不得分；辅助区无对外出入口扣2分；当生产区应设两个出入口时，少一个出入口扣2分；两个出入口间距不足扣1分	4
	2. 生产区应设有环形消防车道，消防车道宽度不应小于4m，当储罐总容积小于500m³时，应至少设有尽头式消防车道和面积不应小于12m×12m的回车场，消防车道和回车场应保持畅通，无阻碍消防救援的障碍物	现场检查	应设环形消防车道未设的不得分；设尽头式消防车道的，无回车场或回车场尺寸不足不得分；消防车道宽度不足扣2分；消防车道或回车场上有障碍物扣2分	4
	3. 场站内的停车场地和道路应平整，路面不应采用沥青材质	现场检查	有明显坡度扣0.5分；有沥青材质扣0.5分	1
	4. 路面上应有清楚的路面标线，如道路边线、中心线、行车方向线等	现场检查	路面无标线或标线不清扣0.5分	1
	5. 架空管道或架空建（构）筑物高度宜不低于5m，最低不得低于4.5m，架空管道或建（构）筑物上应设有醒目的限高标志	现场检查	架空建（构）筑物高度低于4.5m时不得分；在4.5m～5m之间时扣2分；无限高标志扣2分	4
	6. 场站内露天设置的压缩机、烃泵、气化器、混合器等重要设施和管道应处于不可能有车辆经过的位置，当这些设施5m范围内有车辆可能经过时，应设置固定防撞装置	现场检查	一处防撞设施不全不得分	4
	7. 应制定严格的车辆管理制度，除液化石油气火车槽车、汽车槽车和专用气瓶运输车辆外，其他车辆禁止进入场站生产区，如确需进入，必须佩带阻火器	现场检查并查阅车辆管理制度文件	无车辆管理制度不得分；生产区内发现无关车辆且未装阻火器不得分；门卫未配备阻火器，但生产区内无无关车辆扣1分	2
7.2.4 液化石油气装卸	1. 进站装卸的液化石油气气质应符合现行国家标准《液化石油气》GB 11174的相关要求	查阅气质检测报告	不能提供气质检测报告或检测结果不合格不得分	2
	2. 槽车应在站内指定地点停靠，停靠点应有明显的边界线，车辆停靠后应手闸制动（汽车槽车）或气闸制动（火车槽车），如有滑动可能时，应采用固定块（汽车槽车）或车挡（火车槽车）固定，在装卸作业中严禁移动，槽车装卸完毕后应及时离开，不得在站内长时间逗留	现场检查	无车位标识扣1分；无固定设施扣1分；一处车辆不按规定停靠或停车后有滑动可能性而未采取措施时扣0.5分；一辆装卸后的槽车停留时间超过1小时扣1分	2

续表 D.1

评价单元	评价内容	评价方法	评分标准	分值
7.2.4 液化石油气装卸	3. 应建立在本站定点装卸的槽车安全管理档案，具有有效危险物品运输资质且槽罐在检测有效期内的车辆方可允许装卸，严禁给不能提供有效资质和检测报告的槽车装卸	检查槽车安全管理档案	未建立槽车安全管理档案的不得分；检查出一台槽车未登记建档的扣1分	4
	4. 装卸前应对槽罐、装卸软管、阀门、仪表、安全装置和连锁报警等进行检查，确认无误后方可进行装卸作业；装卸过程中应密切注意相关仪表参数，发现异常应立即停止装卸；装卸后应检查槽罐、阀门及连接管道，确认无泄漏和异常情况，并完全断开连接后方可允许槽车离开	现场检查操作过程并查阅操作记录	不能提供操作记录不得分；发现一次违章操作现象扣1分	2
	5. 装卸台应设有静电接地栓卡，接地栓上的金属接触部位应无腐蚀现象，接触良好，接地电阻值不得超过100Ω，装卸前槽罐必须使用静电接地栓良好接地	现场检查，并采用测试仪器测试电阻值	一处无静电接地栓卡或测试不符合要求或槽车未连接扣2分	4
	6. 液化石油气的灌装量必须严格控制，最大允许灌装量应符合现行国家标准《城镇燃气设计规范》GB 50028的相关要求	现场检查、查阅灌装记录	检查出一次超量灌装不得分	8
	7. 装卸软管应符合下列要求：	—	—	—
	(1) 装卸软管外表应完好无损，软管应定期检查维护，有检查维护记录，达到使用寿命后应及时更换	现场检查，检查维护记录	一处软管存在破损现象扣2分；无检查维护记录扣2分	4
	(2) 装卸软管上的快装接头与软管之间应设有阀门，阀门的启闭应灵活，无泄漏现象	现场检查	无阀门，有阀门但锈塞或泄漏均不得分	1
	(3) 装卸软管上宜设有拉断阀，保证在软管被外力拉断后两端自行封闭	现场检查	一处无拉断阀或拉断阀存在故障不得分	1
	8. 铁路装卸栈桥上的装卸设施应符合下列要求：	—	—	—
	(1) 铁路装卸栈桥上的平台、楼梯应设有完整的栏杆，栏杆应完好坚固，无严重锈蚀现象	现场检查	一处栏杆缺损或严重锈蚀扣0.5分	2
	(2) 铁路装卸栈桥上的液化石油气装卸鹤管应设有机械吊装设施	现场检查	无机械吊装设施不得分	1
7.2.5 压缩机和烃泵	1. 液化石油气压缩机应采用安全性能较高的无油往复式压缩机，淘汰结构复杂、运行稳定性差的老式压缩机	现场检查	仍在使用老式压缩机不得分	1
	2. 液化石油气供应站应至少设有2台压缩机和2台烃泵，保证生产的可靠性，备用机组应能良好运行	现场检查	无备用设备或备用设备运转不正常不得分	1
	3. 压缩机和烃泵的运行应平稳，无异常响声、部件过热、液化石油气泄漏及异常振动等现象，在用烃泵盘车应灵活	现场检查	存在燃气泄漏现象不得分；一处存在异常情况扣1分	8
	4. 压缩机排气出口管上应设有压力表和安全阀，出口压力和温度符合工艺操作要求，烃泵出口管上应设有压力表和安全回流阀，安全回流阀工作正常	现场检查	一台压缩机出口压力超标扣2分；一台压缩机出口温度超标扣1分；一台烃泵安全回流阀工作不正常扣2分	8

续表 D.1

评价单元	评价内容	评价方法	评分标准	分值
7.2.5 压缩机和烃泵	5. 压缩机和烃泵的润滑油箱油位应处于正常范围内	现场检查	一台设备缺润滑油扣0.5分	1
	6. 烃泵进口管道应设有过滤器，定期检查过滤器前后压差，并及时排污和清洗	现场检查并查阅维护记录	无过滤器或现场压差超标不得分；有过滤器且现场压差符合要求，但无维护记录扣0.5分	1
	7. 压缩机室和烃泵房内应整洁卫生，无潮湿或腐蚀性环境，无无关杂物堆放	现场检查	所处环境不佳或有无关杂物堆放不得分	1
	8. 压缩机和烃泵基座应稳固，无剧烈振动现象，连接管线穿墙处应采用套管，套管内应填充柔性材料，减小对房屋建筑的振动影响	现场检查	无有效防振措施不得分；振动已造成建筑物损坏不得分	2
	9. 压缩机和烃泵的转轴外侧应有金属防护罩遮蔽并固定，能有效防止机械伤害事故的发生，金属防护罩应与接地线连接	现场检查	一处无网罩或网罩破损、未固定扣0.5分；一处未接地扣0.5分	1
	10. 压缩机缓冲罐、气液分离器等应定期检验，检验合格后方可继续使用	查阅检验报告	未检不得分	4
7.2.6 气瓶灌装作业	1. 液化石油气灌装站应至少设有两台灌装秤，并采用自动灌装秤，灌装秤应运行平稳，无异常响声、液化石油气泄漏及异常振动等现象，灌装秤应检定合格并在有效期内	现场检查	存在液化石油气泄漏不得分；一台自动灌装秤存在故障或未定期检测或检测不合格不得分；使用一台手动灌装秤扣1分	4
	2. 灌装前应对液化石油气气瓶进行检查，对非法制造、外表损伤、腐蚀、变形、报废、超过检测周期、新投用而未置换或未抽真空的气瓶应不予灌装	现场检查并查阅操作规程	发现给存在缺陷的气瓶灌装的不得分；未采取信息化技术完全依靠人工检查的扣1分	4
	3. 灌装间应设有残液倒空和回收装置，在气温较低或气质较差时应在灌装前进行倒残作业，保证气瓶内残液量不超标，残液应回收，严禁随意排放	现场检查并查阅操作规程	无倒残装置，无回收装置，无操作规程均不得分	1
	4. 严禁超量灌装，灌装误差应符合现行国家标准《液化石油气瓶充装站安全技术条件》GB 17267的相关要求，自动化、半自动化灌装和机械化运瓶的灌装作业线上应设有灌装复检装置，采用手动灌装作业的，应设有检斤秤	现场检查并查阅操作规程，同时对已灌装的气瓶进行抽查	无灌装量复检装置或无操作规程的不得分；发现操作人员不进行复检或复检装置存在故障不能正常工作的不得分；检查出一只气瓶超装不得分	8
	5. 灌装作业线上应设置检漏装置或采取检漏措施	现场检查并查阅操作规程，同时对已灌装的气瓶进行抽查	未进行检漏或无操作规程的不得分；检查出一只泄漏气瓶不得分	8
	6. 气瓶传送装置应润滑完好，无卡阻和非正常摩擦现象	现场检查	一处不正常运转扣1分	2
	7. 气瓶的摆放应符合下列要求：	—	—	—
	（1）灌装间和瓶库内的气瓶应按实瓶区、空瓶区分组布置	现场检查	无实瓶和空瓶区标志或存在混放现象不得分	1
	（2）气瓶摆放时，15kg和15kg以下气瓶不得超过两层，50kg气瓶应单层摆放	现场检查	摆放不符合要求一处扣1分	2
	（3）实瓶摆放不宜超过6排，并留有不小于800mm的通道	现场检查	超过6排扣0.5分；通道宽度不足时扣0.5分	1
	8. 灌装间内液化石油气实瓶的量不得超过2天的计算月平均日供应量	现场检查	超过不得分	2

续表 D.1

评价单元	评价内容	评价方法	评分标准	分值
7.2.7 气化和混气装置	1. 液化石油气气化站和混气站应至少设有2套气化器和混合器，备用设备应能良好运行	现场检查	无备用设备或备用设备运转不正常不得分	2
	2. 气化器和混合器的运行应平稳，无异常响声、部件过热、液化石油气泄漏及异常振动等现象	现场检查	存在燃气泄漏现象不得分；一处存在其他异常情况扣1分	4
	3. 气化器和混合器应设有压力表和安全阀；容积式气化器和气液分离器应设有液位计；强制气化气化器应设有温度计	现场检查	缺少一处仪表扣2分	4
	4. 气化器和混合器的工作压力和工作温度应符合设备和工艺操作要求	现场检查	一台设备压力超标扣2分；一台设备温度超标扣1分	4
	5. 气化器进口管道应设有过滤器，定期检查过滤器前后压差，并及时排污和清洗	现场检查并查阅维护记录	无过滤器或现场压差超标不得分；有过滤器且现场压差符合要求，但无维护记录扣0.5分	1
	6. 应有专门的收集装置收集气化器残液，严禁直接排入下水道，收集的残液应委托专业危险废物处理机构定期收集处理	现场检查并检查处理台账	无专门收集装置直接排放的不得分；有专门的收集装置但不能提供处理台账的扣0.5分	1
	7. 混气装置的出口总管上应设有检测混合气热值的取样管，其热值仪宜与混气装置连锁，并能实时调节其混气比例，液化石油气与空气的混合气体中，液化石油气的体积百分含量必须高于其爆炸上限的2倍	现场检查并查阅分析记录	未设取样管或热值仪均不得分；热值仪未与混气比例调节连锁扣2分；检查出一次热值不符合要求扣2分	4
	8. 使用水作为热媒时，补水应采用经离子交换树脂软化后的水或添加防锈剂，定期进行水质检测，定期更换，保证水质干净，防止腐蚀	现场检查并查阅水质检测报告和换水记录	无水处理设备或无水质检测设备扣0.5分；不能提供换水记录或防锈剂添加记录的扣0.5分	1
	9. 气化间和混气间室内应整洁卫生，无潮湿或腐蚀性环境，无无关杂物堆放	现场检查	所处环境不佳或有无关杂物堆放不得分	1
	10. 容积式气化器应定期检验，检验合格后方可继续使用	查阅检验报告	未检不得分	4
7.2.8 储罐	1. 储罐罐体应完好无损，无变形裂缝现象，无严重锈蚀现象，无漏气现象	现场检查	有漏气现象不得分；严重锈蚀扣6分；锈蚀较重扣4分；轻微锈蚀扣2分	8
	2. 储罐应设有压力表和温度计，最高工作压力不应超过1.6 MPa，最高工作温度不应超过40℃	现场检查	一台储罐压力超标不得分；一台储罐温度超标扣4分	8
	3. 储罐容积大于或等于50m³时，液相出口管和气相管必须设有紧急切断阀，紧急切断阀应操作方便，动作迅速，关闭紧密	现场检查	缺少一只紧急切断阀不得分；一只紧急切断阀存在关闭故障扣2分	4
	4. 储罐排污管应设有两道阀门，两道阀门间应有短管连接；寒冷地区应采用防冻阀门或采取防冻措施；排污管应有管线固定装置，排污时不会产生剧烈晃动	现场检查	缺少一道阀门不得分；寒冷地区无防冻措施不得分；排污管无固定装置扣1分	2

续表 D.1

评价单元	评价内容	评价方法	评分标准	分值
7.2.8 储罐	5. 储罐底部宜加装注胶卡具或加装高压注水连接装置，注胶或注水系统启动迅速，密封效果良好，寒冷地区的注水系统应采取防冻措施	现场检查	无注胶或注水装置不得分；一只储罐注胶或注水装置存在故障扣1分	2
	6. 埋地储罐外表面应有完好的防腐层，应定期检测防腐层和阴极保护装置，未采用阴极保护的储罐每年至少检测两次防腐层	查阅防腐层和阴极保护检测报告	未检测或检测过期不得分；存在一处防腐层破损点或阴极保护失效区扣1分	2
	7. 地上储罐基础应稳固，每年应检测储罐基础沉降情况，沉降值应符合安全要求，不得有异常沉降或由于沉降造成管线受损的现象	现场检查并查阅沉降监测报告	未定期检测沉降不得分；有异常沉降但未进行处理不得分	1
	8. 地上储罐宜设有联合钢梯平台，钢梯平台应能方便到达每一个储罐，平台和斜梯应稳固，栏杆应完好无损，无严重锈蚀现象	现场检查	一只储罐未设钢梯平台扣0.5分；一处平台或斜梯不稳固扣0.5分；一处无栏杆或严重锈蚀扣0.5分	1
	9. 储罐组四周应设有不燃烧体实体防液堤（全压力式高度为1m），防液堤应完好无损，堤内无积水和杂物，防液堤内的水封井应保持正常的水位	现场检查	无防液堤不得分；防液堤高度不足扣2分；一处破损扣1分；有积水或杂物扣1分；水封井水位不正常扣1分	4
	10. 储罐第一道管法兰密封面，应采用高颈对焊法兰、带加强环的金属缠绕垫片和专用级高强度螺栓组合，管道的焊接、法兰等连接部位应密封完好，无液化石油气泄漏现象	现场检查	存在泄漏现象不得分；一处储罐第一道管法兰的法兰、垫片和紧固件选用不当扣2分	4
	11. 地上式储罐应设有完好的水喷淋系统，喷淋水应能基本覆盖所有储罐外表面	现场检查	无水喷淋系统不得分；一只储罐不能被水喷淋覆盖扣1分	2
	12. 储罐应定期检验，检验合格后方可继续使用	查阅检验报告	未检不得分	4

表 D.2 液化石油气瓶组气化站设施与操作检查表

评价单元	评价内容	评价方法	评分标准	分值
7.3.1 总图布置	1. 应设置于用气区域的边缘，周边应地势平坦、开阔、不易积存液化石油气	现场检查	超过270°方向地势高于场站不得分；180°～270°方向地势高于场站扣1分；地势不开阔扣1分	2
	2. 当气瓶的总容积超过1m³时，液化石油气瓶组气化站瓶组间和气化间（或露天气化器）与建（构）筑物的防火间距应符合现行国家标准《城镇燃气设计规范》GB 50028的相关要求	现场测量	一处不符合不得分	8
	3. 四周宜设有围墙，其底部应有不低于0.6m的实体部分，围墙应完好，无破损	现场检查	无围墙不得分；全部为非实体围墙或实体高度不足、有破损扣1分	2
	4. 周边的道路条件应能满足气瓶运输、消防等要求，消防车道应保持畅通，无阻碍消防救援的障碍物	现场检查	消防车无法进入或有障碍物的不得分；仅能容一辆车进入时扣1分	2

续表 D.2

评价单元	评价内容	评价方法	评分标准	分值
7.3.2 瓶组间与气化间	1. 瓶组间的气瓶存放量应符合下列要求：			
	（1）气瓶组气瓶的配置数量应符合设计要求，不得超量存放气瓶	现场检查	超量存放不得分	1
	（2）气瓶组总容积不应大于 $4m^3$；当瓶组间与其他建筑物毗连时，气瓶的总容积应小于 $1m^3$	现场检查	超过不得分	4
	2. 建筑结构应符合下列防火要求：	—	—	—
	（1）不得设置在地下和半地下室内	现场检查	设置在地下或半地下建筑内不得分	4
	（2）房间内应整洁，无潮湿或腐蚀性环境，不得有无关物品堆放	现场检查	所处环境不佳或有无关杂物堆放不得分	1
	（3）与其他房间毗邻时，应为单层专用房间，相邻墙壁应为无门、窗洞口的防火墙；应设有直通室外的出口	现场检查	不符合不得分	4
	（4）独立瓶组间高度不应低于 2.2m	现场测量	不符合不得分	4
	3. 瓶组间和气化间内温度不应高于 45℃，气化间内温度不应低于 0℃	现场测量并查阅巡检记录	超过温度不得分；无巡检温度记录扣 2 分	4

表 D.3 瓶装液化石油气供应站设施与操作检查表

评价单元	评价内容	评价方法	评分标准	分值
7.4.1 总图布置	1. 瓶库与其他建（构）筑物的防火间距应符合下列要求：	—	—	—
	（1）Ⅰ、Ⅱ级瓶装供应站的瓶库与站外建（构）筑物的防火间距应符合现行国家标准《城镇燃气设计规范》GB 50028 的相关要求	现场测量	一处不符合不得分	8
	（2）Ⅰ级瓶装供应站的瓶库与修理间或生活、办公用房的防火间距不应小于 10m	现场测量	一处不符合不得分	4
	（3）管理室不得与瓶库实瓶区毗连	现场检查	不符合不得分	1
	（4）Ⅲ级供应站相邻房间应无明火或火花散发	现场检查	不符合不得分	4
	（5）Ⅲ级供应站与道路的防火间距应符合Ⅱ级供应站与道路的防火间距要求	现场测量	不符合不得分	1
	2. 围墙设置应符合下列要求：	—	—	—
	（1）Ⅰ级瓶装供应站出入口一侧应设有高度不低于 2m 的不燃烧体围墙，其底部实体部分高度不低于 0.6m，其余各侧应设置高度不低于 2m 的不燃烧实体围墙	现场检查	无围墙不得分；全部为非实体围墙或实体高度不足、有破损扣 1 分	2
	（2）Ⅱ级瓶装供应站的四周宜设有不燃烧体围墙，其底部实体部分高度不低于 0.6m	现场检查	无围墙不得分；全部为非实体围墙或实体高度不足、有破损扣 1 分	2
	3. 周边的道路条件应能满足气瓶运输、消防等要求，消防车道应保持畅通，无阻碍消防救援的障碍物	现场检查	消防车无法进入或有障碍物的不得分；仅能容一辆车进入时扣 1 分	2

续表 D.3

评价单元	评价内容	评价方法	评分标准	分值
7.4.2 瓶库	1. 瓶库的气瓶存放量应符合下列要求：	—	—	—
	（1）实瓶数量不得超过瓶库的设计等级	现场检查	超过不得分	1
	（2）当瓶库实瓶区与营业室毗连时，气瓶的总容积不应超过 $6m^3$	现场检查	超过不得分	1
	（3）当瓶库与其他建筑物毗连时，气瓶的总容积不应超过 $1m^3$	现场检查	超过不得分	1
	2. 建筑结构应符合下列防火要求：	—	—	—
	（1）不得设置在地下和半地下室内	现场检查	设置在地下或半地下建筑内不得分	4
	（2）房间内应整洁，无潮湿或腐蚀性环境，不得有无关物品堆放	现场检查	所处环境不佳或有无关杂物堆放不得分	1
	（3）瓶库与其他房间毗邻时，应为单层专用房间，相邻墙壁应为无门、窗洞口的防火墙	现场检查	不符合不得分	1
	（4）应设有直通室外的出口	现场检查	无直通室外的出口不得分	1
	3. 瓶库内温度不应高于45℃	现场测量并查阅巡检记录	超过温度不得分；无巡检温度记录扣0.5分	1
	4. 气瓶的摆放应符合下列要求：	—	—	—
	（1）瓶库内的气瓶应按实瓶区、空瓶区分组布置	现场检查	无实瓶和空瓶区标志或存在混放现象不得分	1
	（2）气瓶摆放时，15kg和15kg以下气瓶不得超过两层，50kg气瓶应单层摆放	现场检查	摆放不符合要求一处扣1分	2
	（3）实瓶摆放不宜超过6排，并留有不小于800mm的通道	现场检查	超过6排扣0.5分；通道宽度不足时扣0.5分	1

表 D.4 液化石油气汽车加气站设施与操作检查表

评价单元	评价内容	评价方法	评分标准	分值
7.5.1 周边环境	1. 场站所处的位置应符合规划要求	查阅当地最新规划文件	不符合不得分	1
	2. 周边道路条件应能满足运输、消防、救护、疏散等要求	现场检查	大型消防车辆无法到达不得分；道路狭窄或路面质量较差但大型消防车辆勉强可以通过扣1分	2
	3. 场站规模与所处环境应符合下列要求：	—	—	—
	（1）非城市建成区内的液化石油气加气站，液化石油气储罐总容积不应大于 $60m^3$，单罐容积不应大于 $30m^3$	现场检查并查阅当地规划	超过不得分	4
	（2）城市建成区内的液化石油气加气站，液化石油气储罐总容积不应大于 $45m^3$，单罐容积不应大于 $30m^3$	现场检查并查阅当地规划	超过不得分	4
	（3）城市建成区内的加油和液化石油气加气合建站，液化石油气储罐总容积不应大于 $30m^3$	现场检查并查阅当地规划	超过不得分	4
	4. 周边应地势平坦、开阔、不易积存液化石油气	现场检查	超过270°方向地势高于场站不得分；180°～270°方向地势高于场站扣1分；地势不开阔扣1分	2

续表 D.4

评价单元	评价内容	评价方法	评分标准	分值
7.5.1 周边环境	5. 站内燃气设施与站外建（构）筑物的防火间距应符合下列要求：	—	—	—
	(1) 液化石油气储罐与站外建（构）筑物的防火间距应符合现行国家标准《汽车加油加气站设计与施工规范》GB 50156 的相关要求	现场测量	一处不符合不得分	8
	(2) 液化石油气卸车点、放散管管口、加气机与站外建（构）筑物的防火间距应符合现行国家标准《汽车加油加气站设计与施工规范》GB 50156 的相关要求	现场测量	一处不符合不得分	4
	(3) 液化石油气汽车加气站站房内不得设有住宿、餐饮和娱乐等经营性场所	现场检查	发现设有上述经营性场所不得分	2
	6. 周边应有良好的消防和医疗救护条件	实地测量或图上测量	10km 路程内无消防队扣 0.5 分；10km 路程内无医院扣 0.5 分	1
	7. 环境噪声应符合现行国家标准《工业企业厂界环境噪声排放标准》GB 12348 的相关要求	现场测量或查阅环境检测报告	超标不得分	1
7.5.2 总平面布置	1. 总平面应分区布置，即分为工艺装置区和加气区	现场检查	无明显分区不得分	1
	2. 周边应设置围墙，围墙的设置应符合现行国家标准《汽车加油加气站设计与施工规范》GB 50156 的相关要求，围墙应完整，无破损	现场检查	无围墙不得分；围墙高度不足或破损扣 2 分	4
	3. 站内设施之间的防火间距应符合现行国家标准《汽车加油加气站设计与施工规范》GB 50156 的相关要求	现场测量	一处不符合不得分	8
	4. 储罐的布置应符合下列要求：	—	—	—
	(1) 地上储罐之间的净距不应小于相邻较大罐的直径，埋地储罐之间的净距不应小于 2m	现场测量或查阅设计资料	不符合不得分	1
	(2) 储罐应单排布置，埋地储罐之间应采用防渗混凝土墙隔开	现场检查或查阅设计资料	不符合不得分	0.5
	(3) 地上储罐与防液堤的净距不应小于 2m，埋地储罐与罐池内壁的净距不应小于 1m	现场测量或查阅设计资料	不符合不得分	0.5
	5. 站内不得有地下和半地下室	现场检查	站内有地下或半地下室不得分	4
	6. 站内不应采用暗沟排水	现场检查	不符合不得分	2
	7. 站内严禁种植油性植物，储罐区内严禁绿化，绿化不得侵入道路，绿化不得阻碍消防救援，不得阻碍液化石油气的扩散而造成积聚	现场检查	不符合不得分	4

续表 D.4

评价单元	评价内容	评价方法	评分标准	分值
7.5.3 站内道路交通	1. 场站入口和出口应分开设置，入口和出口应设置明显的标志	现场检查	入口和出口共用一个敞开空间，但之间无隔离或无标志不得分；入口和出口共用一个敞开空间，但之间有隔离栏杆且有标志扣3分；入口和出口分开设置但无标志扣2分	4
	2. 供加气车辆进出的道路最小宽度不应小于3.5m，需要双车会车的车道，最小宽度不应小于6m，场站内回车场最小尺寸不应小于12m×12m，车道和回车场应保持畅通，无阻碍消防救援的障碍物	现场检查	道路宽度不足或回车场地尺寸不足扣1分；车道或回车场上有障碍物扣1分	2
	3. 场站内的停车场地和道路应平整，路面不应采用沥青材质	现场检查	有明显坡度扣0.5分；有沥青材质扣0.5分	1
	4. 路面上应有清楚的路面标线，如道路边线、中心线、行车方向线等	现场检查	路面无标线或标线不清扣0.5分	1
	5. 架空管道或架空建（构）筑物高度宜不低于5m，最低不得低于4.5m，架空管道或建（构）筑物上应设有醒目的限高标志	现场检查	架空建（构）筑物高度低于4.5m时不得分；在4.5m～5m之间时扣2分；无限高标志扣2分	4
	6. 场站内露天设置的压缩机、烃泵、加气机等重要设施和液化石油气管道应处于不可能有车辆经过的位置，当这些设施5m范围内有车辆可能经过时，应设置固定防撞装置	现场检查	一处防撞设施不全不得分	4
	7. 应制定严格的车辆管理制度，除液化石油气槽车，其他车辆禁止进入场站生产区，如确需进入，必须佩带阻火器	现场检查并查阅车辆管理制度文件	无车辆管理制度不得分；生产区内发现无关车辆且未装阻火器不得分；门卫未配备阻火器，但生产区内无无关车辆扣1分	2
7.5.4 液化石油气装卸	1. 进站装卸的液化石油气气质应符合现行国家标准《车用液化石油气》GB 19159的相关要求	查阅气质检测报告	不能提供气质检测报告或检测结果不合格不得分	2
	2. 槽车应在站内指定地点停靠，停靠点应有明显的边界线，车辆停靠后应手闸制动，如有滑动可能时，应采用固定块固定，在装卸作业中严禁移动，槽车装卸完毕后应及时离开，不得在站内长时间逗留	现场检查	无车位标识扣1分；无固定设施扣1分；一处车辆不按规定停靠或停车后有滑动可能性而未采取措施时扣0.5分；一辆装卸后的槽车停留时间超过1小时扣1分	2
	3. 应建立在本站定点装卸的槽车安全管理档案，具有有效危险物品运输资质且槽罐在检测有效期内的车辆方可允许装卸，严禁给不能提供有效资质和检测报告的槽车装卸	检查槽车安全管理档案	未建立槽车安全管理档案的不得分；检查出一台槽车未登记建档的扣1分	4
	4. 装卸前应对槽罐、装卸软管、阀门、仪表、安全装置和连锁报警等进行检查，确认无误后方可进行装卸作业；装卸过程中应密切注意相关仪表参数，发现异常应立即停止装卸；装卸后应检查槽罐、阀门及连接管道，确认无泄漏和异常情况，并完全断开连接后方可允许槽车离开	现场检查操作过程并查阅操作记录	不能提供操作记录不得分；发现一次违章操作现象扣1分	2

续表 D.4

评价单元	评价内容	评价方法	评分标准	分值
7.5.4 液化石油气装卸	5. 装卸台应设有静电接地栓卡，接地栓上的金属接触部位应无腐蚀现象，接触良好，接地电阻值不得超过100Ω，装卸前槽罐必须使用静电接地栓良好接地	现场检查，并采用测试仪器测试电阻值	一处无静电接地栓卡扣2分；槽车未连接扣2分；测试的电阻值不合格扣2分	4
	6. 储罐的灌装量必须严格控制，最大允许灌装量应符合现行国家标准《城镇燃气设计规范》GB 50028的相关要求	现场检查或检查灌装记录	检查出一次超量灌装不得分	8
	7. 装卸软管应符合下列要求：	—	—	—
	(1) 装卸软管外表应完好无损，软管应定期检查维护，有检查维护记录，达到使用寿命后应及时更换	现场检查，检查维护记录	一处软管存在破损现象扣2分；无检查维护记录扣2分	4
	(2) 装卸软管上的快装接头与软管之间应设有阀门，阀门的启闭应灵活，无泄漏现象	现场检查	无阀门不得分；有阀门但锈塞或泄漏扣0.5分	1
	(3) 装卸软管上应设有拉断阀，保证在软管被外力拉断后两端自行封闭	现场检查	一处无拉断阀或拉断阀存在故障不得分	4
7.5.6 加气	1. 加气车辆应在加气站内指定地点停靠，停靠点应有明显的边界线，车辆停靠后应手闸制动，如有滑动可能时，应采用固定块固定，在加气作业中严禁移动，加满气的车辆应及时离开，不得在站内长时间逗留	现场检查	无车位标识扣1分；无固定设施扣1分；一处车辆不按规定停靠或停车后有滑动可能性而未采取措施时扣0.5分；一辆加满气的车辆停留时间超过1小时扣1分	2
	2. 加气前应对液化石油气气瓶进行检查，对非法制造、外表损伤、腐蚀、变形、报废、超过检测周期、新投用而未置换或未抽真空的气瓶应不予灌装	现场检查并查阅操作规程	发现给存在缺陷的气瓶灌装的不得分；未采取信息化技术完全依靠人工检查的扣1分	4
	3. 应建立加气操作规程，加气过程中应密切注意相关仪表参数，发现异常应立即停止加气；加气后应检查气瓶、阀门及连接管道，确认无泄漏和异常情况，并完全断开连接后方可允许加气车辆离开	现场检查并查阅操作规程	无操作规程或检查出一次违章操作均不得分	2
	4. 加气软管应符合下列要求：	—	—	—
	(1) 加气软管外表应完好无损，软管应定期检查维护，有检查维护记录，达到使用寿命后应及时更换	现场检查，检查维护记录	一处软管存在破损现象扣2分；无检查维护记录扣2分	4
	(2) 加气软管上应设有拉断阀，保证在软管被外力拉断后两端自行封闭，拉断阀的分离拉力范围宜为400N～600N	现场检查	一处无拉断阀或拉断阀存在故障不得分	4
	5. 加气机应符合下列要求：	—	—	—
	(1) 加气枪应外表完好，扳机操作灵活，加气嘴应配置自密封阀，卸开连接后应立即自行关闭，由此引发的液化石油气泄漏量不应大于5mL，每台加气机还应配备有加气枪和汽车受气口的密封帽	现场检查	存在液化石油气异常泄漏现象不得分；一只加气枪存在故障扣1分	2

续表 D.4

评价单元	评价内容	评价方法	评分标准	分值
7.5.6 加气	（2）加气机应运行平稳，无异常声响，安全保护装置应经常检查，保证完好有效，并保存检查记录	现场检查并查阅维护保养记录	缺少一种安全保护装置或安全保护装置工作不正常的扣1分；不能提供安全保护装置的检查维护记录扣1分	2
7.5.7 储罐	1. 储罐罐体应完好无损，无变形裂缝现象，无严重锈蚀现象，无漏气现象	现场检查	有漏气现象不得分；严重锈蚀扣6分；锈蚀较重扣4分；轻微锈蚀扣2分	8
	2. 储罐最高工作压力不应超过1.6MPa，最高工作温度不应超过40℃	现场检查	一台储罐压力超标不得分；一台储罐温度超标扣4分	8
	3. 储罐的出液管道和连接槽车的液相管道应设有紧急切断阀，紧急切断阀应操作方便，动作迅速，关闭紧密	现场检查	缺少一只紧急切断阀扣2分；一只紧急切断阀存在关闭故障扣1分	4
	4. 储罐排污管上应设两道切断阀，阀间宜设排污箱；寒冷地区应采用防冻阀门或采取防冻措施；排污管应有管线固定装置，排污时不会产生剧烈晃动	现场检查	缺少一道切断阀不得分；寒冷地区无防冻措施不得分；未设排污箱扣2分；排污管无固定装置扣2分	4
	5. 埋地储罐外表面应采用最高级别防腐绝缘保护层，并采取阴极保护措施，防腐层和阴极保护装置应定期检测，保持完好	查阅防腐层和阴极保护检测报告	未检测或检测过期不得分；存在一处防腐层破损点或阴极保护失效区扣2分	4
	6. 地上储罐基础应稳固，每年应检测储罐基础沉降情况，沉降值应符合安全要求，不得有异常沉降或由于沉降造成管线受损的现象	现场检查并查阅沉降监测报告	未定期检测沉降不得分；有异常沉降但未进行处理不得分	1
	7. 加油加气合建站和城市建成区内的加气站，液化石油气储罐应埋地设置，且不宜布置在车行道下	现场检查	未埋地设置不得分；布置在车行道下扣2分	4
	8. 储罐组四周应设有高度为1m的不燃烧体实体防液堤，防液堤应完好无损，堤内无积水和杂物，防液堤内的水封井应保持正常的水位	现场检查	无防液堤不得分；防液堤高度不足扣1分；一处破损扣0.5分；有积水或杂物扣1分；水封井水位不正常扣0.5分	4
	9. 地上式储罐应设有完好的水喷淋系统，喷淋水应能基本覆盖所有储罐外表面	现场检查	无水喷淋系统不得分；一只储罐不能被水喷淋覆盖扣1分	2
	10. 储罐应定期检验，检验合格后方可继续使用	查阅检验报告	未检不得分	4
7.5.12 消防与安全设施	1. 工艺装置区应通风良好	现场检查	达不到标准不得分	2
	2. 应设置完善的安全警示标志	现场检查	一处未设置安全警示标志扣0.5分	2
	3. 消防供水设施应符合下列要求：	—	—	—
	（1）应根据储罐容积、表面积和补水能力按照现行国家标准《汽车加油加气站设计与施工规范》GB 50156的相关要求核算消防用水量，当补水能力不能满足消防用水量时，应设置适当容量的消防水池和消防泵房	现场检查并核算	补水能力不足且未设消防水池不得分；设有消防水池但储水量不足扣2分	4

续表 D.4

评价单元	评价内容	评价方法	评分标准	分值
7.5.12 消防与安全设施	(2) 消防水池的水质应良好，无腐蚀性，无漂浮物和油污	现场检查	有油污不得分；有漂浮物扣0.5分	1
	(3) 消防泵房内应清洁干净，无杂物和易燃物品堆放	现场检查	不清洁或有杂物堆放不得分	1
	(4) 消防泵和喷淋泵应运行良好，无异常振动和异响，无漏水现象	现场检查	一台泵存在故障扣0.5分	2
	(5) 消防供水装置无遮蔽或阻塞现象，站内消火栓水阀应能正常开启，消防水管、水枪和扳手等器材应齐全完好，无挪用现象	现场检查	一台消火栓水阀不能正常开启扣1分；缺少或遗失一件消防供水器材扣0.5分	2
	4. 工艺装置区、储罐区等应按现行国家标准《汽车加油加气站设计与施工规范》GB 50156的相关要求设置灭火器，灭火器不得埋压、圈占和挪用，灭火器应按现行国家标准《建筑灭火器配置验收及检查规范》GB 50444的相关要求定期进行检查、维修，并按规定年限报废	现场检查，查阅灭火器的检查和维修记录	一处灭火器材设置不符合要求扣1分；一只灭火器缺少检查和维修记录扣0.5分	4
	5. 爆炸危险区域的电力装置应符合现行国家标准《爆炸和火灾危险环境电力装置设计规范》GB 50058的相关要求	现场检查	只要有一处不合格不得分	4
7.5.12 消防与安全设施	6. 建（构）筑物应按现行国家标准《建筑物防雷设计规范》GB 50057的相关要求设置防雷装置并采取防雷措施，防雷装置应当每半年由具有资质的单位检测一次，保证完好有效	现场检查并查阅防雷装置检测报告	未设置防雷装置不得分；防雷装置未检测不得分；一处防雷检测不符合要求扣2分	4
	7. 应配备必要的应急救援器材，各种应急救援器材应定期检查，保证完好有效	现场检查	缺少一样应急救援器材扣0.5分	2

附录E　液化天然气场站设施与操作检查表

表E.1　液化天然气气化站和调峰液化站设施与操作检查表

评价单元	评价内容	评价方法	评分标准	分值
8.2.1 周边环境	1. 场站所处的位置应符合规划要求	查阅当地最新规划文件	不符合不得分	1
	2. 周边道路条件应能满足运输、消防、救护、疏散等要求	现场检查	大型消防车辆无法到达不得分；道路狭窄或路面质量较差但大型消防车辆勉强可以通过扣1分	2
	3. 站内燃气设施与站外建（构）筑物的防火间距应符合下列要求：	—	—	—
	(1) 液化天然气储罐总容积不大于2000m³时，储罐和集中放散装置的天然气放散总管与站外建（构）筑物的防火间距应符合现行国家标准《城镇燃气设计规范》GB 50028的相关要求；露天或室内天然气工艺装置与站外建（构）筑物的防火间距应符合现行国家标准《建筑设计防火规范》GB 50016中甲类厂房的相关要求	现场测量	一处不符合不得分	8

续表 E.1

评价单元	评价内容	评价方法	评分标准	分值
8.2.1 周边环境	(2) 液化天然气储罐总容积大于 $2000m^3$ 时，储罐和其他建（构）筑物与站外建（构）筑物的防火间距应符合现行国家标准《石油天然气工程设计防火规范》GB 50183 的相关要求	现场测量	一处不符合不得分	8
	4. 周边应有良好的消防和医疗救护条件	实地测量或图上测量	10km 路程内无消防队扣 0.5 分；10km 路程内无医院扣 0.5 分	1
8.2.2 总平面布置	1. 总平面应分区布置，即分为生产区和辅助区	现场检查	无明显分区不得分	1
	2. 生产区周边应设置高度不低于 2m 的非燃烧实体围墙，围墙应完好，无破损	现场检查	无围墙或生产区采用非实体围墙不得分；围墙高度不足或有破损扣 1 分	2
	3. 站内燃气设施与站内建（构）筑物的防火间距应符合下列要求：	—	—	—
	(1) 液化天然气储罐总容积不大于 $2000m^3$ 时，储罐和集中放散装置的天然气放散总管与站内建（构）筑物的防火间距应符合现行国家标准《城镇燃气设计规范》GB 50028 的相关要求；露天或室内天然气工艺装置与站内建（构）筑物的防火间距应符合现行国家标准《建筑设计防火规范》GB 50016 中甲类厂房的相关要求	现场测量	一处不符合不得分	8
	(2) 液化天然气储罐总容积大于 $2000m^3$ 时，储罐和其他建（构）筑物之间的防火间距应符合相关设计文件要求	现场测量或查阅设计文件	一处不符合不得分	8
	4. 储罐之间的净距不应小于相邻储罐直径之和的 1/4，且不小于 1.5m；一组储罐的总容积不应超过 $3000m^3$；储罐区内不得布置其他可燃液体储罐和液化天然气气瓶灌装口；储罐组内储罐不应超过两排	现场检查并测量	不符合不得分	4
	5. 站内严禁种植油性植物，储罐区内严禁绿化，绿化不得侵入道路，绿化不得阻碍消防救援	现场检查	不符合不得分	2
8.2.3 站内道路交通	1. 生产区和辅助区应至少设有 1 个对外出入口，当液化天然气储罐总容积超过 $1000m^3$ 时，生产区应设有 2 个对外出入口，其间距不应小于 30m	现场检查	生产区无对外出入口不得分；辅助区无对外出入口扣 2 分；当生产区应设两个出入口时，少一个出入口扣 2 分；两个出入口间距不足扣 1 分	4
	2. 生产区应设有环形消防车道，消防车道宽度不应小于 3.5m，当储罐总容积小于 $500m^3$ 时，应至少设有尽头式消防车道和面积不小于 12m×12m 的回车场，消防车道和回车场应保持畅通，无阻碍消防救援的障碍物	现场检查	应设环形消防车道未设的不得分；设尽头式消防车道的，无回车场或回车场尺寸不足不得分；消防车道宽度不足扣 2 分；消防车道或回车场上有障碍物扣 2 分	4

续表 E.1

评价单元	评价内容	评价方法	评分标准	分值
8.2.3 站内道路交通	3. 场站内的停车场地和道路应平整，路面不应采用沥青材质	现场检查	有明显坡度扣 0.5 分；有沥青材质扣 0.5 分	1
	4. 路面上应有清楚的路面标线，如道路边线、中心线、行车方向线等	现场检查	路面无标线或标线不清扣 0.5 分	1
	5. 架空管道或架空建（构）筑物高度宜不低于 5m，最低不得低于 4.5m，架空管道或建（构）筑物上应设有醒目的限高标志	现场检查	架空建（构）筑物高度低于 4.5m 时不得分；在 4.5m～5m 之间时扣 2 分；无限高标志扣 2 分	4
	6. 场站内露天设置的气化器、低温泵、调压器等重要设施和管道应处于不可能有车辆经过的位置，当这些设施 5m 范围内有车辆可能经过时，应设置固定防撞装置	现场检查	一处防撞设施不全不得分	4
	7. 应制定严格的车辆管理制度，除液化天然气槽车和专用气瓶运输车辆外，其他车辆禁止进入场站生产区，如确需进入，必须佩带阻火器	现场检查并查阅车辆管理制度文件	无车辆管理制度不得分；生产区内发现无关车辆且未装阻火器不得分；门卫未配备阻火器，但生产区内无无关车辆扣 1 分	2
8.2.4 气体净化装置	1. 应有能保证净化后天然气气质的措施，净化后的天然气总硫（以硫计）应≤30mg/m³，硫化氢含量应≤5mg/m³，二氧化碳含量应≤0.1%，氧含量应≤0.01%，氮含量应≤1%，C5+烷烃含量应≤0.5%，C4 烷烃含量应≤2.0%，无游离水	查阅气质检测报告	不能提供气质检测报告或检测结果不合格不得分	2
	2. 气体净化装置应运行平稳，无异常声响，无燃气泄漏现象	现场检查	有燃气泄漏现象不得分；一处存在异常情况扣 1 分	4
	3. 气体净化装置应定期排污，产生的冷凝水、硫、废脱硫剂、废脱水剂等危险废物应可靠收集，并应委托专业危险废物处理机构定期收集处理，严禁随意丢弃	现场检查并检查处理台账和排污记录	不能提供排污记录的扣 0.5 分；不能提供处理台账的扣 0.5 分	1
	4. 气体净化装置应定期检验，检验合格后方可继续使用	查阅检验报告	未检不得分	4
8.2.5 压缩机和膨胀机	1. 压缩机和膨胀机的运行应平稳，无异常响声、部件过热、制冷剂和燃气泄漏及异常振动等现象	现场检查	存在制冷剂和燃气泄漏现象不得分；一处存在异常情况扣 1 分	8
	2. 调峰液化站应设有备用压缩机组和膨胀机，备用压缩机组和膨胀机应能良好运行	现场检查	无备用机组或备用机组运转不正常不得分	1
	3. 压缩机排气压力和排气温度应符合设备和工艺操作要求	现场检查	排气压力超标扣 6 分；排气温度超标扣 2 分	8
	4. 压缩机和膨胀机的润滑油箱油位应处于正常范围内，供油压力、供油温度和回油温度应符合工艺要求	现场检查	油位不符合扣 0.5 分；供油压力不符合扣 0.5 分；供油温度不符合扣 0.5 分；回油温度不符合扣 0.5 分	2
	5. 压缩机的冷却系统应符合下列要求：	—	—	—

续表 E.1

评价单元	评价内容	评价方法	评分标准	分值
8.2.5 压缩机和膨胀机	(1) 采用水冷式压缩机的冷却水应循环使用，冷却水供水压力不应小于0.15MPa，供水温度应小于35℃，水质应定期检测并更换，防止腐蚀引起内漏	检查现场仪表显示读数并检查水质监测报告或循环水更换记录	供水压力不足扣1分；供水温度超高扣1分；水质未定期更换扣0.5分	2
	(2) 采用风冷式压缩机的进风口应选择空气新鲜处，鼓风机运转正常，风量符合工艺要求	现场检查	进风口选择不当扣1分；风扇运转不正常或风量不正常扣1分	2
	6. 压缩机和膨胀机室（撬箱）内应整洁卫生，无潮湿或腐蚀性环境，无无关杂物堆放	现场检查	所处环境不佳或有无关杂物堆放不得分	1
	7. 压缩机和膨胀机设置于室内时，与压缩机和膨胀机连接的管道应采取防振措施，防止对建筑物造成破坏，例如压缩机和膨胀机进出口采用柔性连接、管道穿墙处设置柔性套管等	现场检查	无有效防振措施不得分；振动已造成建筑物损坏不得分	2
	8. 压缩机的缓冲罐、气液分离器等承压容器应定期检验，检验合格后方可继续使用	查阅检验报告	未检不得分	4
8.2.6 制冷装置	1. 制冷剂的储存应符合下列要求：	—	—	—
	(1) 制冷剂气瓶应有专用库房存储，远离热源和明火，无其他杂物堆放	现场检查	距制冷剂储存地点10m范围内有热源和明火不得分；有其他杂物堆放扣1分	2
	(2) 机房中的制冷剂除制冷系统中的充注量外，不得超过150kg，严禁易燃、易爆的制冷剂储存在机房中	现场检查	机房中的制冷剂超量存放或有易燃、易爆的制冷剂储存在机房中不得分	1
	(3) 制冷剂气瓶应在检测有效期内，外观应良好，钢印、颜色标记清晰，附件齐全	现场检查	一只气瓶存在缺陷扣0.5分	1
	2. 冷箱外隔热保温层应完好无损，夹层内氮气压力正常，表面无异常结冻现象	现场检查	存在异常结冻现象不得分；氮气压力不正常扣0.5分；保温层有损坏扣0.5分	1
8.2.7 液化天然气装卸	1. 进站装卸的液化天然气气质应符合相关规范要求	查阅气质检测报告	不能提供气质检测报告或检测结果不合格不得分	2
	2. 槽车应在站内指定地点停靠，停靠点应有明显的边界线，车辆停靠后应手闸制动，如有滑动可能时，应采用固定块固定，在装卸作业中严禁移动，槽车装卸完毕后应及时离开，不得在站内长时间逗留	现场检查	无车位标识扣1分；无固定设施扣1分；一处车辆不按规定停靠或停车后有滑动可能性而未采取措施时扣0.5分；一辆装卸后的槽车停留时间超过1h扣1分	2
	3. 应建立在本站定点装卸的槽车安全管理档案，具有有效危险物品运输资质且槽罐在检测有效期内的车辆方可允许装卸，严禁给不能提供有效资质和检测报告的槽车装卸	检查槽车安全管理档案	未建立槽车安全管理档案的不得分；检查出一台槽车未登记建档的扣1分	4

续表 E.1

评价单元	评价内容	评价方法	评分标准	分值
8.2.7 液化天然气装卸	4. 装卸前应对槽罐、装卸软管、阀门、仪表、安全装置和连锁报警等进行检查，确认无误后方可进行装卸作业；装卸过程中应密切注意相关仪表参数，发现异常应立即停止装卸；装卸后应检查槽罐、阀门及连接管道，确认无泄漏和异常情况，并完全断开连接后方可允许槽车离开	现场检查操作过程并查阅操作记录	不能提供操作记录不得分；发现一次违章操作现象扣 1 分	2
	5. 装卸台应设有静电接地栓卡，接地栓上的金属接触部位应无腐蚀现象，接触良好，接地电阻值不得超过 100Ω，装卸前槽罐必须使用静电接地栓良好接地	现场检查，并采用测试仪器测试电阻值	一处无静电接地栓卡扣 2 分；接地电阻值测试不合格扣 2 分；槽车未连接静电接地栓扣 2 分	4
	6. 液化天然气的灌装量必须严格控制，最大允许灌装量应符合设备要求	现场检查或检查灌装记录	检查出一次超量灌装不得分	8
	7. 装卸软管应符合下列要求：	—	—	—
	(1) 装卸软管外表应完好无损，软管应定期检查维护，有检查维护记录，达到使用寿命后应及时更换	现场检查，检查维护记录	一处软管存在破损现象扣 2 分；无检查维护记录扣 2 分	4
	(2) 装卸软管应处于自然伸缩状态，严禁强力弯曲，恢复常温的软管其接口应采取封堵措施	现场检查	一只装卸软管处于强力弯曲状态扣 0.5 分；一只装卸软管无封堵措施扣 0.5 分	1
	(3) 装卸软管上宜设有拉断阀，保证在软管被外力拉断后两端自行封闭	现场检查	一处无拉断阀或拉断阀存在故障不得分	1
8.2.8 气化装置	1. 站内应至少设置两套气化装置，且应有一套备用，备用设备应能良好运行	现场检查	无备用设备或备用设备运转不正常不得分	2
	2. 气化装置的运行应平稳，无异常响声、天然气泄漏、异常结霜及异常振动等现象	现场检查	存在天然气泄漏现象不得分；一处存在异常情况扣 1 分	4
	3. 气化器应设有压力表和安全阀，容积式气化器还应设有液位计，强制气化气化器应设有温度计，气化器的工作压力和工作温度应符合设备和工艺操作要求	现场检查	一台设备压力或温度超标扣 2 分	4
	4. 气化装置进口管道应设有过滤器，定期检查过滤器前后压差，并及时排污和清洗	现场检查并查阅维护记录	无过滤器或现场压差超标不得分；有过滤器且现场压差符合要求，但无维护记录扣 0.5 分	1
	5. 容积式气化器应定期检验，检验合格后方可继续使用	查阅检验报告	未检不得分	4
8.2.9 储罐	1. 储罐罐体应完好无损，外壁漆膜应无脱落现象，罐体应无变形、凹陷、裂缝现象，无严重锈蚀现象，无燃气泄漏现象	现场检查	一处有燃气泄漏现象不得分；一处罐体存在缺陷扣 1 分	4
	2. 储罐的绝热应符合下列要求：	—	—	—
	(1) 应每年检查一次自然蒸发率，不得超过设备最大允许自然蒸发率	查阅检查记录	未定期检查或检查结果不符合不得分	2

续表 E.1

评价单元	评价内容	评价方法	评分标准	分值
8.2.9 储罐	(2) 真空绝热粉末罐上应设有绝热层真空压力表，应每月检查一次真空度，保证真空度在设备允许范围内	查阅检查记录并现场检查	未定期检查或现场检查不符合要求不得分	2
	(3) 子母罐或混凝土预应力罐上应设有绝热层压力表，应每月检查一次氮气压力，保证压力在设备允许范围内	查阅检查记录并现场检查	未定期检查或现场检查不符合要求不得分	2
	(4) 液化天然气储罐无珠光砂泄漏现象，无异常结霜和冒汗现象	现场检查	有异常结霜现象扣4分；有冒汗现象扣2分；有珠光砂泄漏现象扣1分	4
	3. 液化天然气储罐应设有压力表和温度计，最高工作压力和最高工作温度应符合设备工艺操作要求	现场检查	一台储罐压力或温度超标扣2分	4
	4. 液化天然气储罐的进、出液管必须设有紧急切断阀，并与储罐液位控制连锁，紧急切断阀应操作方便，动作迅速，关闭紧密	现场检查	缺少一只紧急切断阀不得分；一只紧急切断阀未连锁扣2分；一只紧急切断阀存在关闭故障扣1分	4
	5. 液化天然气储罐应有下列防止翻滚现象的控制措施：	—	—	—
	(1) 确保进站装卸的液化天然气含氮量小于1%	查阅气质检测报告	一年内出现一次含氮量超标扣1分	2
	(2) 液化天然气供应商应相对稳定，防止由于组分差异而产生的分层	查阅液化天然气供应商及气质检测报告	一年内出现一次采购气质有明显差异且充注于同一储罐的扣1分	2
	(3) 单罐容积大于 $265m^3$ 的大型液化天然气储罐内部宜设有密度检测仪和搅拌器或循环泵，能够根据储罐内液体密度分布确定从顶部注入还是从底部注入，并且在发生异常分层时能够启动搅拌器或循环泵破坏分层	现场检查	未设置密度检测仪和搅拌器或循环泵等设备不得分；设备工作不正常扣1分	2
	(4) 未安装密度监测设备的液化天然气储罐不宜长时间储存，运行周期超过一个月的，应进行倒罐处理	查阅储罐充注和运行记录	超过两个月不处理的不得分；一年内运行周期一次超过一个月未处理的扣1分	2
	6. 储罐基础应稳固，每年应检测储罐基础沉降情况，沉降值应符合安全要求，不得有异常沉降或由于沉降造成管线受损的现象；立式储罐还应定期监测垂直度，防止储罐倾斜	现场检查并查阅沉降监测报告和垂直度监测报告	未定期检测沉降和垂直度不得分；有异常沉降、倾斜但未进行处理不得分	1
	7. 储罐组的防液堤应符合下列要求：	—	—	—
	(1) 储罐组四周应设有不燃烧体实体防液堤，防液堤内的有效容积应符合现行国家标准《城镇燃气设计规范》GB 50028的要求，防液堤应完好无损，堤内无积水和杂物	现场检查	无防液堤不得分；防液堤高度不足或破损扣2分；有积水或杂物扣1分	4
	(2) 储罐组防液堤内应设有集液池，集液池内应设有潜水泵，潜水泵的运行应良好无故障，集液池内应无积水	现场检查并开机测试	无集液池不得分；未设潜水泵或潜水泵工作不正常扣1分；集液池内有积水扣0.5分	2

续表 E.1

评价单元	评价内容	评价方法	评分标准	分值
8.2.9 储罐	8. 总容积超过 50m³ 或单罐容积超过 20m³ 的液化天然气储罐应设有固定喷淋装置，喷淋水应能覆盖全部储罐外表面	现场检查	一只储罐不能被水喷淋覆盖扣 0.5 分	1
	9. 储罐应定期检验，检验合格后方可继续使用	查阅检验报告	未检不得分	4
8.2.14 工艺管道	1. 液化天然气管道法兰密封面，应采用金属缠绕垫片	现场检查	一处未采用金属缠绕垫片扣 0.5 分	2
	2. 液化天然气管道应设有不燃烧材料制作的保温层，保温层应完好无损，且具有良好的防潮性和耐候性，管道表面无异常结霜现象	现场检查	管道出现异常结冻现象不得分；一处保温层破损或进水扣 1 分	2
8.2.16 消防及安全设施	1. 泡沫灭火系统应符合下列要求：	—	—	—
	(1) 应配有移动式高倍数泡沫灭火系统	现场检查	未配备不得分	2
	(2) 储罐总容量大于或等于 3000m³ 的液化天然气气化站和调峰液化站，集液池应配有固定式全淹没高倍数泡沫灭火系统，并应与低温探测报警装置连锁，连锁装置应运行正常	现场检查	未配备不得分；配备但未与低温探测报警器连锁或连锁装置运行不正常扣 0.5 分	1
	2. 储罐容积超过 2000m³ 的液化天然气气化站和调峰液化站装卸区、储罐区、低温泵房、液化装置区、气化装置区、灌装间、瓶库等液化天然气可能泄漏的部位应设有低温检测装置，报警器应设在经常有人的值班室或控制室内，低温检测报警装置应经常检查和维护，并且每年应进行一次检定，保证完好有效	现场检查，查阅维护记录和检定报告	一处未安装低温检测装置扣 1 分；一台低温检测装置未检测维护扣 0.5 分	2

表 E.2 液化天然气瓶组气化站设施与操作检查表

评价单元	评价内容	评价方法	评分标准	分值
8.3.1 总图布置	1. 站内燃气设施与建（构）筑物的防火间距应符合下列要求：	—	—	—
	(1) 气瓶组与建（构）筑物的防火间距应符合现行国家标准《城镇燃气设计规范》GB 50028 的相关要求	现场测量	一处不符合不得分	8
	(2) 空温式气化器与建（构）筑物的防火间距应符合现行国家标准《城镇燃气设计规范》GB 50028 的相关要求	现场测量	一处不符合不得分	2
	2. 周边宜设有高度不低于 2m 的非燃烧体实体围墙，围墙应完好，无破损	现场检查	无围墙或采用非实体围墙不得分；围墙高度不足或有破损扣 0.5 分	1
	3. 周边的道路条件应能满足气瓶运输、消防等要求，消防车道应保持畅通，无阻碍消防救援的障碍物	现场检查	消防车无法进入或有障碍物的不得分；仅能容一辆车进入时扣 1 分	2
8.3.2 气瓶组	1. 气瓶的存放量应符合下列要求：	—	—	—
	(1) 气瓶组气瓶的配置数量应符合设计要求，不得超量存放气瓶	现场检查	超量存放不得分	1
	(2) 气瓶组总容积不得大于 4m³	现场检查	超过不得分	1
	(3) 单个气瓶最大容积不应大于 410L，灌装量不应大于其容积的 90%	现场检查	超过不得分	1
	2. 气瓶组应在站内固定地点露天（可设置罩棚）设置	现场检查	设在室内不得分	4

附录F　数据采集与监控系统设施与操作检查表

表 F.1　调度中心监控系统设施与操作检查表

评价单元	评价内容	评价方法	评分标准	分值
9.2.1 服务器	1. 服务器应有冗余配置，能实现冗余切换功能	现场检查	无冗余配置不得分；不能实现自动冗余切换功能扣1分	2
	2. CPU负载符合要求，在任意30min内小于40%	现场检查	任意30min内有超过40%的现象不得分	2
	3. 磁盘应采用RAID5阵列，可用空间大于40%	现场检查	未采用RAID5阵列扣1分；可用空间小于40%扣1分	2
	4. 服务器在系统正常运行情况下任意30min内占用内存小于60%	现场检查	任意30min内有超过60%的现象不得分	2
9.2.2 监控软件功能	1. 应有管网分布示意图和场站工艺流程图	现场检查	缺一样流程图或流程图与实际不符合扣0.5分	2
	2. 应动态显示采集工艺参数和设备状态，软件中应以颜色或文字注释反映设备状态变化	现场检查	无数据采集功能不得分；数据采集不全每发现一个扣0.5分；无设备动态显示或显示不正确扣0.5分	2
	3. 应有事件记录功能和事件报警功能，事件记录和事件报警必须可以检索或查询	现场检查	无事件记录或报警功能不得分；事件记录或报警不全每发现一个扣1分；不具备查询和检索功能扣1分	2
	4. 应有数据曲线功能，显示数据的实时和历史趋势图	现场检查	无实时趋势图扣1分；无历史趋势图扣1分	2
	5. 应有通信状态显示功能，用颜色或注释显示通信状态	现场检查	无通信状态显示功能不得分；有状态显示功能但显示状态不正确每发现一个扣0.5分	2
	6. 应有远程控制操作控件，操作员可以通过控件远程控制场站上电动阀、紧急切断阀等设备或远程设定报警参数、控制参数等	现场检查	不能实现远程控制功能和远程参数设定功能不得分；有远程控制功能和远程参数设定功能但偶尔有命令发不出情况扣1分；频繁出现命令发不出情况扣2分	4
	7. 操作键应接触良好，屏幕显示清晰、亮度适中，系统状态指示灯指示正常，状态画面显示系统运行正常	现场检查	一项不正常扣1分	2
9.2.3 系统运行指标	1. 服务器不能发生双机同时宕机	查阅运行记录	服务器发生双机同时宕机超过5min不得分；不超过5min扣2分	4
	2. 监控软件实时曲线和历史曲线不应有掉零、突变和中断等现象，打印机打字应清楚、字符完整	现场检查	每发现一处不正常现象扣0.5分	2
	3. 监控软件系统85%的画面调阅响应时间应小于3s	现场检查	任一个画面响应时间超标扣0.5分	1

续表 F.1

评价单元	评价内容	评价方法	评分标准	分值
9.2.3 系统运行指标	4. SCADA数据响应时间应符合下列要求：	—	—	—
	（1）采用光纤通信，中心发出控制指令到现场设备动作时间＜8s；现场采集数据和设备状态至画面显示时间为5s～8s	现场检查	任一项响应时间超标扣0.5分	2
	（2）采用无线通信，中心发出控制指令到现场设备动作时间＜通信时间间隔＋8s；现场采集数据和设备状态至画面显示时间为通信时间间隔＋5s～8s	现场检查	任一项响应时间超标扣0.5分	2
9.2.4 系统运行环境	1. SCADA系统必须配置在线式不间断电源（UPS），UPS在满负荷时应留有40%容量，市电中断后能维持系统正常运行不小于4h	现场检查	未配置在线式UPS不得分；配置非在线式UPS扣2分；UPS负荷大于60%时扣2分；UPS电源供电时间小于4h扣2分	4
	2. 机房接地电阻应小于1Ω，并应定期检测	查阅机房接地电阻检测记录	接地电阻不符合要求不得分；未定期检查扣2分	4
	3. 计算机房地面及设备应有稳定可靠的导静电措施	现场检查	一处不符合扣1分	2
	4. 计算机房应安装空调系统，保证空气的温度、湿度和清洁度符合设备运行的要求	现场检查	无空调系统不得分；有一项不符合扣1分	2
	5. 计算机房内的噪声应符合现行国家标准《电子信息系统机房设计规范》GB 50174的相关要求	现场检查	噪声超标不得分	1
9.2.5 网络防护	1. 局域网应安装网络版防病毒软件，并每周至少升级一次	现场检查	未安装防毒软件不得分；未按时升级扣1分	2
	2. 局域网和公网接口处应安装硬件防火墙	现场检查	未安装不得分	2
9.2.6 运行维护管理	1. 调度中心应制定健全、可靠的规章制度	查阅规章制度	无管理制度不得分；缺少一种规章制度扣1分	2
	2. 任一台操作员工作站上都能正确显示并有事件记录，对应紧急切断阀动作或泄漏报警等严重故障有抢修记录	现场检查，查阅相关记录	有频繁误报警或漏报现象不得分；存在个别误报或漏报现象扣2分；有严重事故报警记录，但没有抢修记录扣2分	4
	3. 应定期对系统及设备进行巡检，发现现场仪表与远传仪表的显示值、同管段上下游仪表的显示值以及远传仪表和控制中心的显示值不一致时，应及时处理	现场检查，查阅相关记录	显示值不一致不得分；无巡检记录不得分；巡检记录不全扣1分	2
	4. 有完善的设备硬件和软件维护记录	查阅维护记录	没有维护记录不得分；维护记录不全扣1分	2

表 F.2　通信系统设施与操作检查表

评价单元	评价内容	评价方法	评分标准	分值
9.3.1 通信网络架构与通道	1. 调度中心 SCADA 系统与远端站点通信系统应采用主备通信方式，其中主通信信道采用光纤通信，备通信信道采用无线通信	现场检查	只有无线通信方式扣 3 分；只有光纤通信扣 1 分	4
	2. 需要向中心传送视频信号的站点通信方式应采用光纤通信	现场检查	未采用光纤通信不得分	1
	3. 采用无线通信站点应有逢变上报功能	现场检查	中心数据在无线采集周期内没有发生变化不得分；中心数据在无线数据采集周期内发生变化，但时间大于 8 s 扣 2 分	4
9.3.2 通信运行指标	1. 主通信电路运行率应达到考核要求，光纤大于 99.98%	查阅相关记录	不符合不得分	1
	2. 调度中心通信设备月运行率应达到：光纤大于 99.99%；无线通信大于 99.99%；路由设备大于 99.99%；交换设备大于 99.85%	查阅相关记录	不符合不得分	1
	3. 无线通信应具有自动上线功能	现场检查	掉线后不能自动上线不得分	2
9.3.3 运行与维护管理	1. 通信运行维护管理体制及机构应健全、完善	查阅相关文件	一项不完善扣 0.5 分	2
	2. 应建立完善的通信运行监管系统	现场检查	无运行监管系统不得分；一项不健全扣 1 分	2
	3. 有完善的设备维护记录	查阅维护记录	无设备维护记录不得分；缺少一台设备维护记录扣 0.5 分	2
	4. 不能出现由于通信设备故障影响 SCADA 系统正常运行或影响远程控制功能	现场检查并查阅相关记录	一年内发生一起重大通信故障造成 SCADA 数据丢失超过 2 h 不得分；发生一起通信事故造成 SCADA 数据丢失小于 2 h 扣 2 分	4

附录 G　用户管理检查表

附表 G.1　管道燃气用户管理检查表

评价单元	评价内容	评价方法	评分标准	分值
10.2.1 室内燃气管道	1. 管道外表应完好无损，无腐蚀现象	现场检查	得分＝合格户数/检查总户数×4	4
	2. 管道的焊接、法兰、卡套、丝扣等连接部位应密封完好，无燃气泄漏现象，无异常气体释放声响	现场检查	得分＝合格户数/检查总户数×8	8
	3. 软管应符合下列要求：	—	—	—
	（1）软管与管道、燃具的连接处应有压紧螺帽（锁母）或管卡（喉箍）牢靠固定	现场检查	得分＝合格户数/检查总户数×4	4
	（2）软管与家用燃具连接时，其长度不应超过 2m，并不得有接口	现场检查	得分＝合格户数/检查总户数×2	2

续表G.1

评价单元	评价内容	评价方法	评分标准	分值
10.2.1 室内燃气管道	(3) 软管与移动式的工业燃具连接时，其长度不应超过30m，接口不应超过2个	现场检查	得分＝合格户数/检查总户数×2	2
	4. 管道的敷设应符合下列要求：	—	—	—
	(1) 燃气引入管不得敷设在卧室、卫生间、易燃或易爆品的仓库、有腐蚀性介质的房间、发电间、配电间、变电室、不使用燃气的空调机房、通风机房、计算机房、电缆沟、暖气沟、烟道和进风道、垃圾道、电梯井等地方	现场检查	得分＝合格户数/检查总户数×8	8
	(2) 非金属软管不得穿墙、顶棚、地面、窗和门	现场检查	得分＝合格户数/检查总户数×2	2
	(3) 液化石油气管道和烹调用液化石油气燃烧设备不应设置在地下室、半地下室内	现场检查	得分＝合格户数/检查总户数×4	4
	(4) 燃气管道宜明设	现场检查	得分＝合格户数/检查总户数×2	2
	(5) 当管道暗设时，不宜有接头，且不得有机械接头，覆盖层应设有活门以便于检查修复	现场检查	得分＝合格户数/检查总户数×2	2
	(6) 燃气管道及附件不应被擅自改动，现状应与竣工资料一致	现场检查，并查阅竣工资料	得分＝合格户数/检查总户数×4	4
	5. 燃气管道与电气设备、相邻管道之间的净距应符合现行国家标准《城镇燃气设计规范》GB 50028的相关要求	现场检查	得分＝合格户数/检查总户数×2	2
	6. 管道穿过建筑承重墙和楼板时，必须设有钢质套管，套管内管道不得有接头，套管与承重墙、地板或楼板之间的间隙应填实，套管与燃气管道之间的间隙应采用柔性防腐、防水材料密封	现场检查	得分＝合格户数/检查总户数×2	2
	7. 管道不得作为其他电器设备的接地线使用，不得用于承重、作为支撑以及悬挂重物等其他用途	现场检查	得分＝合格户数/检查总户数×2	2
	8. 管道、计量器具和用气设备的运行压力应符合设计要求，不得超压运行	现场检查	得分＝合格户数/检查总户数×4	4

续表 G.1

评价单元	评价内容	评价方法	评分标准	分值
10.2.2 管道附件	1. 阀门应符合下列要求：	—	—	—
	(1) 软管上游与硬管的连接处应设有阀门	现场检查	得分=合格户数/检查总户数	1
	(2) 室内燃气管道调压器前、燃气表前、燃气用具前和放散管起点应设有阀门	现场检查	得分=合格户数/检查总户数×2	2
	(3) 地下室、半地下室和地上密闭的用气房间，一类高层民用建筑，燃气用量大、人员密集、流动人口多的商业建筑，重要的公共建筑，有燃气管道的管道层以及用气量较大的工业用户引入管应设有紧急自动切断阀	现场检查	得分=合格户数/检查总户数×4	4
	(4) 室内燃气管道阀门应采用球阀，不应使用旋塞阀	现场检查	得分=合格户数/检查总户数×2	2
	(5) 阀门应无损坏和燃气泄漏现象，阀门的启闭应灵活，无关闭不严现象	现场检查	得分=合格户数/检查总户数×4	4
	2. 管道应固定牢靠，沿墙、柱、楼板和加热设备构件上明设的燃气管道应采用管支架、管卡或吊卡固定	现场检查	管道摇晃可认为不符合要求，得分=合格户数/检查总户数×2	2
	3. 工业企业用气车间、锅炉房、大中型用气设备及地下室内燃气管道上应设有放散管，放散管管口应高出屋脊（或平屋顶）1m以上或设置在地面上安全处，并应采取防止雨雪进入管道和放散物进入房间的措施	现场检查	得分=合格户数/检查总户数×2	2
10.2.3 用气环境	1. 用气现场应干燥整洁，无水、汽、油烟及其他腐蚀性物质	现场检查	得分=合格户数/检查总户数×4	4
	2. 用气现场温度不应高于60℃	现场测量	得分=合格户数/检查总户数	1
	3. 用气现场通风条件应符合下列要求：	—	—	—
	(1) 封闭式建筑内用气现场应通风良好	现场检查	得分=合格户数/检查总户数×4	4
	(2) 商业用户和工业用户应有机械排风设施，机械排风设施应工作良好	现场检查	得分=合格户数/检查总户数×2	2
10.2.4 计量仪表	1. 计量仪表严禁安装在卧室、卫生间、更衣室内；有电源、电器开关及其他电器设备的管道井内；有可能滞留泄漏燃气的隐蔽场所；堆放易燃易爆、易腐蚀或有放射性物质等危险的地方；有变、配电等电器设备的地方；有明显振动影响的地方；高层建筑中的避难层及安全疏散楼梯间内；经常潮湿的地方	现场检查	得分=合格户数/检查总户数×4	4
	2. 计量仪表应外观良好，无锈蚀和损坏，无私拆或移位现象，无损伤现象，无漏气现象	现场检查	得分=合格户数/检查总户数×4	4
10.2.5 用气设备	1. 用气设备型式和质量应符合下列要求：	—	—	—
	(1) 用气设备的生产厂家应为具有资质的企业，用气设备应具有质量合格证明和使用说明书	现场检查并查阅用气设备质量证明文件	得分=合格户数/检查总户数	1

续表G.1

评价单元	评价内容	评价方法	评分标准	分值
10.2.5 用气设备	(2) 使用的燃气具应与燃气种类相匹配	现场检查	得分=合格户数/检查总户数×4	4
	(3) 用气设备应在规定的年限内使用，不得超期服役	现场检查并查阅相关资料	得分=合格户数/检查总户数	1
	(4) 室内安装的热水器和壁挂炉，严禁使用直排式，安装应符合规范	现场检查	得分=合格户数/检查总户数×2	2
	2. 用气设备的安装位置应符合下列要求：	—	—	—
	(1) 居民生活用气设备严禁设置在卧室内	现场检查	得分=合格户数/检查总户数×4	4
	(2) 除密闭式热水器外，其他类型燃气热水器不得安装在浴室内	现场检查	得分=合格户数/检查总户数×4	4
	(3) 燃气灶的灶面边缘和烤箱的侧壁距木质家具的净距不得小于20cm，当达不到时，应加防火隔热板	现场检查	得分=合格户数/检查总户数×2	2
	(4) 商业用户中燃气锅炉和燃气直燃型吸收式冷（温）水机组宜设置在独立的专用房间内；设置在其他建筑物内时，燃气锅炉房宜布置在建筑物的首层，不应布置在地下二层及二层以下	现场检查	得分=合格户数/检查总户数×2	2
	(5) 商业用户燃气锅炉和燃气直燃机不应设置在人员密集场所的上一层、下一层或贴邻的房间内及主要疏散口的两旁；不应与锅炉和燃气直燃机无关的甲、乙类及使用可燃液体的丙类危险建筑贴邻	现场检查	得分=合格户数/检查总户数×2	2
	(6) 燃气相对密度大于或等于0.75的燃气锅炉和燃气直燃机，不得设置在建筑物地下室和半地下室	现场检查	得分=合格户数/检查总户数×4	4
	3. 用气设备应具有自动熄火保护功能	现场检查	得分=合格户数/检查总户数×4	4
	4. 用气设备的运行状态应良好，安全保护设施应完好有效，无火焰跳动或不稳定情形	现场检查	得分=合格户数/检查总户数×4	4
	5. 大型商业和工业用气设备应设有观察孔或火焰监测装置，并宜设有自动点火装置，装置应运行良好	现场检查	得分=合格户数/检查总户数×2	2
	6. 大型商业和工业用气设备的烟道和封闭式炉膛，均应设置泄爆装置，泄爆装置的泄压口应设在安全处	现场检查	得分=合格户数/检查总户数×2	2
10.2.6 安全设施	1. 燃气和有毒气体浓度检测报警装置应符合下列要求：	—	—	—
	(1) 封闭式用气设备和有燃气管道经过的室内宜设置燃气浓度检测报警装置，报警装置应工作正常	现场检查	得分=合格户数/检查总户数×2	2
	(2) 大型商业和工业用气场所内的燃气浓度检测报警器应与通排风设备连锁	现场检查	得分=合格户数/检查总户数×2	2
	(3) 地下和半地下的商业和工业用气场所内应设有一氧化碳浓度检测报警装置，报警装置应工作正常	现场检查	得分=合格户数/检查总户数×2	2
	2. 工业和大型商业用气场所内应设有火灾自动报警和自动灭火系统，系统应完好有效	现场检查	得分=合格户数/检查总户数×2	2
	3. 商业和工业用气场所应设有防雷和防静电措施，防雷和防静电接地电阻应定期检测，保证符合安全要求	查阅防雷防静电检测报告	得分=合格户数/检查总户数×2	2

续表 G.1

评价单元	评价内容	评价方法	评分标准	分值
10.2.6 安全设施	4. 用气设备应有良好的排烟设施	现场检查	得分＝合格户数/检查总户数×2	2
	5. 地下室、半地下室、设备层和地上密闭房间敷设燃气管道或在上述位置设置用气设施时，室内电气设施应采用防爆型	现场检查	得分＝合格户数/检查总户数×4	4
	6. 用气设备附近的支撑物应采用不燃烧材料，当采用难燃材料时，应加防火隔热板	现场检查	得分＝合格户数/检查总户数×4	4
	7. 用气量较大的商业和工业用气设备应具有超压安全切断和安全放散装置，安全阀应定期校验，保证完好有效	现场检查	得分＝合格户数/检查总户数×2	2
10.2.7 维修管理	1. 维修制度应符合下列要求：	—	—	—
	（1）燃气企业应制定燃气设施的维修制度，并切实落实	查阅维修制度	未制定不得分	8
	（2）大型商业、工业用户应制定燃气设施的维修制度，并切实落实	现场检查	得分＝合格户数/检查总户数×2	2
	2. 燃气设施故障报修应符合下列要求：			
	（1）燃气企业应制定职责范围内燃气设施故障报修程序	查阅相关制度文件	未制定不得分	4
	（2）燃气企业应对外公布报修电话，保证电话的畅通，报修通话和处理结果应有记录	现场检查并查阅电话报修记录	未设报修电话不得分；非24h值班扣4分；电话接通不及时扣4分；无电话报修记录扣4分	8
	3. 燃气企业应保留燃气设施维修记录	查阅维修记录	无记录不得分；记录不完善一处扣1分	4
	4. 应定期对维修人员进行培训和考核，考核合格具备相应的工作能力后方可持证上岗	现场检查并查阅人员培训和考核记录	一人次不符合扣1分	4
	5. 应为维修人员配备适用的维修工具	现场检查	不符合不得分	1
	6. 配件供应应符合下列要求：	—	—	—
	（1）应选择有资质的配件供货商	查阅相关资格文件	不符合不得分	1
	（2）维修所使用的配件应符合国家现行的产品质量标准要求	查阅相关资格文件，现场检查	不符合不得分	1
10.2.8 安全宣传	1. 应制定安全宣传制度和宣传计划，并切实落实	查阅制度文件	不符合不得分	2
	2. 宣传的形式应能满足覆盖所有用户	查阅相关资格文件	不符合不得分	2
	3. 宣传的内容应符合现行行业标准《城镇燃气设施运行、维护和抢修安全技术规程》CJJ 51的相关要求	现场检查	缺一项内容扣1分	2
10.2.9 入户检查	1. 应建立完善的检查制度，制度所规定的内容应全面	查阅检查制度文件	不符合不得分	1
	2. 入户检查的频次应符合现行行业标准《城镇燃气设施运行、维护和抢修安全技术规程》CJJ 51的相关要求	查阅检查记录台账及档案	不符合不得分	4
	3. 对用户设施的入户检查应有记录，记录保存周期应能满足日常查阅的需要。入户检查的内容应符合现行行业标准《城镇燃气设施运行、维护和抢修安全技术规程》CJJ 51的相关要求	查阅检查记录台账及档案	得分＝合格户数/检查总户数×4	4

续表 G.1

评价单元	评价内容	评价方法	评分标准	分值
10.2.9 入户检查	4. 应定期对检查人员进行培训和考核，考核合格具备相应的工作能力后方可持证上岗	现场检查并查阅人员培训和考核记录	一人次不符合扣0.5分	2
	5. 应配备适用的入户检查设备，检查设备应处于良好的状态	现场检查	一台设备不符合要求扣0.5分	1
	6. 检查出的隐患应及时以书面形式告知用户，燃气企业应留存告知文件副本	查阅隐患告知文件	一户不符合扣0.5分	2
	7. 应建立用户隐患监控档案，定期对尚未排除的隐患进行跟踪复查，积极督促用户整改	查阅用户隐患监控档案	未建立用户隐患监控档案不得分；发现一起隐患超过3个月未跟踪复查扣1分	8

附表 G.2　瓶装液化石油气用户管理安全检查表

评价单元	评价内容	评价方法	评分标准	分值
10.3.1 气瓶	1. 气瓶不得设置在地下室、半地下室或通风不良的场所及居住房间内	现场检查	得分＝合格户数/检查总户数×8	8
	2. 气瓶的存放量应符合下列要求：	—	—	—
	(1) 居民用户气瓶最大存放量不应超过2瓶	现场检查	得分＝合格户数/检查总户数×4	4
	(2) 商业和工业用户气瓶的配置数量应按1～2天的计算月最大日用气量确定，不得超量存放气瓶	现场检查	得分＝合格户数/检查总户数×4	4
	3. 使用的气瓶应在检测有效期内	现场检查	得分＝合格户数/检查总户数×8	8
	4. 气瓶的外观应符合下列要求	—	—	—
	(1) 气瓶上的漆色、字样应当清晰可见	现场检查	得分＝合格户数/检查总户数	1
	(2) 气瓶上的提手和底座应当牢固，不松动	现场检查	得分＝合格户数/检查总户数	1
	(3) 气瓶应无鼓泡、烧痕或裂纹	现场检查	得分＝合格户数/检查总户数	1
	(4) 气瓶角阀应当密封良好，无漏气现象	现场检查	得分＝合格户数/检查总户数	1
	5. 商业用户使用的气瓶组严禁与燃气燃烧器具布置在同一房间内	现场检查	得分＝合格户数/检查总户数×4	4
10.3.2 管道和附件	1. 软管的外观应完好无损	现场检查	得分＝合格户数/检查总户数×4	4
	2. 软管与管道、燃具的连接处应有压紧螺帽（锁母）或管卡（喉箍）牢靠固定，密封应良好，无液化石油气泄漏现象，无异常气体释放声响	现场检查	得分＝合格户数/检查总户数×8	8
	3. 软管与家用燃具连接时，其长度不应超过2m，并不得有接口	现场检查	得分＝合格户数/检查总户数×2	2
	4. 阀门的设置应符合下列要求：	—	—	—
	(1) 软管上游与硬管的连接处应设有阀门	现场检查	得分＝合格户数/检查总户数	1
	(2) 阀门应采用球阀，不应使用旋塞阀	现场检查	得分＝合格户数/检查总户数×2	2
	(3) 阀门应无损坏和液化石油气泄漏现象，阀门的启闭应灵活，无关闭不严现象	现场检查	得分＝合格户数/检查总户数×4	4

附录H　安全管理检查表

表H　安全管理检查表

评价单元	评价内容	评价方法	评分标准	分值
11.2.1 安全生产管理机构与人员的设置	1. 应设有由主要负责人领导的安全生产委员会	查阅组织机构文件和安全例会记录	无组织机构文件或主要负责人未参与均不得分	4
	2. 应设有日常安全生产管理机构	查阅组织机构文件	无组织机构文件不得分	4
	3. 应建立从安全生产委员会到基层班组的安全生产管理机构体系	查阅安全管理组织网络图和安全生产责任制及现场询问	基层部门未明确安全生产管理职责不得分	1
	4. 应配备专职安全生产管理人员	查阅安全管理人员的任命文件	未配备或无任命文件不得分	4
11.2.2 安全生产规章制度	1. 应建立健全从上到下所有岗位人员和各职能部门的安全生产职责	查阅安全生产责任制文件	缺少一项扣1分	4
	2. 应建立健全各项安全生产规章制度	查阅安全管理制度	缺少一项扣1分	4
	3. 应与各部门或相关人员签订安全生产责任书，并定期对安全生产责任制落实情况进行考核	查阅安全生产责任书并考核落实情况	从评价之日起向前一年内，有一项安全职责未落实的扣1分	4
	4. 应定期对从业人员执行安全生产规章制度的情况进行检查，并定期对安全生产规章制度落实情况进行考核	查阅安全生产规章制度考核落实情况	未考核不得分	4
11.2.3 安全操作规程	1. 应制定完善的安全操作规程	查阅安全操作规程	少一个岗位扣1分	2
	2. 应制定完善的生产作业安全操作规程	查阅安全操作规程	少一项作业扣1分	2
	3. 从业人员应熟悉本职工作岗位的安全操作规程，能严格、熟练地按照操作规程的要求进行操作，无违章作业现象，应定期对从业人员执行安全操作规程的情况进行检查，并定期对安全操作规程落实情况进行考核	检查安全操作规程考核落实情况并现场检查询问	无考核记录不得分；考核不全面扣2分；现场询问一人不熟悉安全操作规程扣1分	4
11.2.4 安全教育培训	1. 主要负责人和安全生产管理人员应经培训考核合格，并取得安全管理资格证书	查阅主要负责人和安全管理人员的安全管理资格证书	主要负责人或安全管理人员未取得安全管理资格证书扣2分	4
	2. 特种作业人员必须由具有资质的培训机构进行专门的安全技术和操作技能的培训和考核，取得特种作业人员操作证	查阅特种作业人员操作证	发现一人未取得特种作业人员操作证上岗作业的扣1分	4
	3. 新员工（包括临时用工）在上岗前应进行厂、车间（工段、区、队）、班组三级安全生产教育培训	查阅三级安全教育培训记录	发现一人未进行三级安全教育培训扣1分	4
	4. 从业人员应进行经常性的安全生产再教育培训	查阅安全教育培训记录	发现一人未再教育扣1分	2
	5. 特种作业人员每两年应进行一次复审，连续从事本工种10年以上的，经用人单位进行知识更新教育后，可每4年复审一次，复审合格后方可继续上岗作业	查阅特种作业人员操作证的复审记录	发现一人未经复审上岗作业的扣1分	2

续表H

评价单元	评价内容	评价方法	评分标准	分值
11.2.5 安全生产投入	1. 安全生产费用应按一定比例足额提取，其使用范围应符合相关要求	查阅安全生产费用台账	安全生产费用不足不得分	8
	2. 提取安全生产费用应专户核算，专款专用，不得挪作他用	查阅安全生产费用银行账户	未单独设立账户的不得分	1
	3. 应当建立健全内部安全生产费用管理制度，明确安全生产费用使用、管理的程序、职责及权限，并接受安全生产监督管理部门和财政部门的监督	查阅安全生产费用管理制度	无安全生产费用管理制度不得分；监管存在漏洞时根据实际情况扣分	2
11.2.6 工伤保险	1. 应为全体员工办理工伤社会保险	查阅企业花名册和工伤保险缴费清单	少一人扣1分	2
	2. 应按时、足额缴纳工伤社会保险费，不得漏缴或不缴	查阅工伤保险缴费清单并根据工资与缴费率测算	缴费金额不足不得分	2
	3. 应为从事高空、高压、易燃、易爆、高速运输、野外等高危作业的人员办理团体人身意外伤害保险或个人意外伤害保险	查阅意外伤害保险证明	未办理不得分	1
11.2.7 安全检查	1. 安全检查应符合下列要求：	—	—	—
	（1）建立并实施交接班安全检查工作	查阅交接班记录	交接班记录中无安全检查记录不得分	1
	（2）建立并实施班组安全员日常检查工作	查阅班组工作日志	班组工作日志中无安全检查记录不得分	1
	（3）建立并实施安全管理人员日常检查工作	查阅从评价之日起前1年内的安全管理人员检查记录	无检查记录不得分；缺少1日扣0.5分	1
	（4）建立并实施季节性及节假日前后安全检查工作	查阅从评价之日起前1年内的安全检查记录	无检查记录不得分；缺少一个季节或节假日扣0.5分	1
	（5）建立并实施通气前、检修后、危险作业前等专项安全检查工作	查阅从评价之日起前1年内的安全检查记录	无检查记录不得分	1
	（6）建立并实施主要负责人综合性安全检查工作	查阅从评价之日起前1年内的安全检查记录	无检查记录不得分	1
	（7）建立并实施工会和职工代表不定期安全检查工作	查阅从评价之日起前1年内的安全检查记录	无检查记录不得分	1
	2. 安全检查的内容应包括软件系统和硬件系统，并应对危险性大、易发生事故、事故危害大的系统、部位、装置、设备等进行重点检查	查阅安全检查计划、安全检查表或检查提纲	缺一项内容扣1分	4
11.2.8 隐患整改	1. 对各项安全检查发现的事故隐患应及时制定整改措施，落实整改责任人和整改期限，整改完成后应进行复查，达到预期效果	查阅安全检查记录、事故隐患整改联络单和复查意见书	一个重大事故隐患未整改的扣2分；一个一般事故隐患未整改的扣1分	4
	2. 应建立事故隐患整改监督和奖励机制，将事故隐患的整改纳入工作考核的范畴中，对无正当原因未按期完成事故隐患整改的部门和个人应给予相应的处罚	查阅相关制度和奖惩记录	无相关制度不得分；发现一次未按期完成事故隐患整改而无处罚的扣1分	2
	3. 应当每季、每年对本单位事故隐患排查治理情况进行统计分析，并形成书面资料	查阅从评价之日起前1年内的事故隐患排查治理情况统计表	未统计或未报送的不得分；一年内漏报一次扣0.5分	1

续表 H

评价单元	评价内容	评价方法	评分标准	分值
11.2.9 劳动保护	1. 应加强从业人员职业危害防护的宣传教育	查阅安全教育培训记录	未对从业人员进行职业危害防护教育与培训的不得分	1
	2. 应按现行国家标准《个体防护装备选用规范》GB/T 11651 的相关要求，并结合本企业实际情况制定职工劳动防护用品发放标准	查阅劳动防护用品发放标准	未制定书面标准不得分；缺少一项必备物品时扣 1 分	2
	3. 选购的劳动防护用品应为具有资质的企业生产的合格产品，采购特种劳动防护用品时应选购具有安全标志证书及安全标志标识的产品，严禁采购无证或假冒伪劣劳动防护用品	查阅劳动防护用品采购清单及供货企业资质，并结合现场检查库存劳动防护用品	未保留采购的劳动防护用品的质量证明文件不得分；发现一例不符合要求的劳动防护用品扣 1 分	2
	4. 应按时、足额向从业人员发放劳动防护用品，并建立劳动防护用品发放记录，保存至少 3 年	对照劳动防护用品发放标准查阅从评价之日前 1 年起劳动防护用品发放记录	发现一例不按时或未足量发放的扣 1 分；只有 1 年完整发放记录的扣 1 分；只有 2 年完整发放记录的扣 0.5 分	2
	5. 应制定现场劳动防护用品的使用规定，应能正确执行	查阅现场劳动防护用品使用规定并现场检查	未制定现场劳动防护用品的使用规定不得分；发现一例未按规定穿戴劳动防护用品的扣 0.5 分	1
11.2.10 重大危险源管理	1. 应按现行国家标准《危险化学品重大危险源》GB 18218 的相关要求进行重大危险源识别	现场检查并测算	未辨识不得分	1
	2. 重大危险源应当将有关安全措施、应急措施报有关主管部门备案	查阅重大危险源备案回执	未备案不得分	2
	3. 重大危险源应有与安全相关的主要工作参数和主要危险区域视频进行实时监控和预警措施	检查控制机构	无参数监控和预警扣 1.5 分；无视频监控和预警扣 0.5 分	2
	4. 应针对重大危险源制定有针对性的管理制度和应急救援预案	查阅重大危险源管理制度和应急救援预案	无重大危险源管理制度扣 0.5 分；无重大危险源应急救援预案扣 0.5 分	1
	5. 应定期对重大危险源进行技术检测，每两年对重大危险源进行一次安全评估	查阅重大危险源安全评估报告	根据重大危险源评估报告的结论确定得分	2
11.2.11 事故应急救援预案	1. 应依据现行行业标准《生产经营单位安全生产事故应急预案编制导则》AQ/T 9002 的相关要求建立企业应急救援预案体系，包括综合应急预案、专项应急预案和现场处置方案	查阅应急救援预案	根据应急救援预案编写的符合程度确定得分	4
	2. 应明确应急救援指挥机构总指挥、副总指挥、各部门及其相应职责；应明确应急救援人员并组成应急救援小组，确定各小组的工作任务及职责	查阅应急救援预案和相关公司行政文件	无公司行政文件不得分	1
	3. 应组织专家对本单位编制的应急预案进行评审或论证	查阅评审纪要和专家名单	无评审纪要或专家名单不得分	1
	4. 应急救援预案应报有关主管部门备案	查阅应急救援预案备案回执	未备案不得分	1
	5. 应配备应急救援装备、器材，并定期检查，保证完好可用	现场检查	缺少一样必备设备扣 1 分	2

续表 H

评价单元	评价内容	评价方法	评分标准	分值
11.2.11 事故应急救援预案	6. 应定期对从业人员进行应急救援的教育培训，并进行考核；根据应急响应的级别，定期组织从业人员进行应急救援演练，总结并提出需要解决的问题	查阅记录	未进行演练或演练无记录不得分；一人次未进行培训扣 1 分；一人次未进行考核扣 1 分	4
11.2.12 事故管理	1. 应建立完善的事故管理制度	查阅事故管理制度	无事故管理制度不得分；事故管理制度不全面扣 1 分	2
	2. 建立健全事故台账	查阅事故台账	无台账不得分；台账不健全扣 2 分	4
	3. 应定期对事故情况进行统计分析	查阅事故统计分析资料	自评价日前一年内无统计分析资料不得分	2
11.2.13 设备管理	1. 应有完善的设备维护保养制度，并切实落实，有完整记录	查阅设备维护保养制度和记录	无制度不得分；一项记录不完整扣 1 分	2
	2. 每台设备应具备完善的安全技术档案	检查安全技术档案	一台设备档案不完整扣 0.5 分	2

本标准用词说明

1 为便于在执行本标准条文时区别对待，对要求严格程度不同的用词说明如下：

1） 表示很严格，非这样做不可的：
正面词采用“必须”，反面词采用“严禁”；

2） 表示严格，在正常情况下均应这样做的：
正面词采用“应”，反面词采用“不应”或“不得”；

3） 表示允许稍有选择，在条件许可时首先应这样做的：
正面词采用“宜”，反面词采用“不宜”；

4） 表示有选择，在一定条件下可以这样做的，采用“可”。

2 条文中指明应按其他有关标准执行的写法为：“应符合……的规定”或“应按……执行”。

引用标准名录

1 《建筑设计防火规范》GB 50016

2 《城镇燃气设计规范》GB 50028

3 《供配电系统设计规范》GB 50052

4 《建筑物防雷设计规范》GB 50057

5 《爆炸和火灾危险环境电力装置设计规范》GB 50058

6 《汽车加油加气站设计与施工规范》GB 50156

7 《电子信息系统机房设计规范》GB 50174

8 《石油天然气工程设计防火规范》GB 50183

9 《油气输送管道穿越工程设计规范》GB 50423

10 《建筑灭火器配置验收及检查规范》GB 50444

11 《油气输送管道跨越工程设计规范》GB 50459

12 《城镇燃气技术规范》GB 50494

13 《声环境质量标准》GB 3096

14 《液化石油气》GB 11174

15 《个体防护装备选用规范》GB/T 11651

16 《工业企业厂界环境噪声排放标准》GB 12348

17 《人工煤气》GB/T 13612

18 《液化石油气瓶充装站安全技术条件》GB 17267

19 《天然气》GB 17820

20 《危险化学品重大危险源》GB 18218

21 《车用液化石油气》GB 19159

22 《城镇燃气设施运行、维护和抢修安全技术规程》CJJ 51

23 《聚乙烯燃气管道工程技术规程》CJJ 63

24 《城镇燃气埋地钢质管道腐蚀控制技术规程》CJJ 95

25 《城镇燃气加臭技术规程》CJJ/T 148

26 《城镇燃气标志标准》CJJ/T 153

27 《安全评价通则》AQ 8001

28 《生产经营单位安全生产事故应急预案编制导则》AQ/T 9002

中华人民共和国国家标准

燃气系统运行安全评价标准

GB/T 50811—2012

条 文 说 明

制 订 说 明

《燃气系统运行安全评价标准》GB/T 50811－2012经住房和城乡建设部2012年10月11日第1384号公告批准、发布。

为便于广大设计、施工、科研、学校等单位有关人员在使用本标准时能正确理解和执行条文规定，《燃气系统运行安全评价标准》编制组按章、节、条顺序编制了本标准的条文说明，对条文规定的目的、依据以及执行中需注意的有关事项进行了说明。但是，本条文说明不具备与标准正文同等的法律效力，仅供使用者作为理解和把握标准规定的参考。

目　次

1 总 则

1.0.1 阐述本标准编写目的和意义。本标准应用安全系统工程原理和方法，对燃气系统中存在的危险有害因素进行辨识与分析，判断燃气系统发生事故和职业危害的可能性及其严重程度，从而为制定防范措施和管理决策提供科学依据。

1.0.2 阐述本标准适用范围。

3 基 本 规 定

3.1 一 般 规 定

3.1.1 企业自我进行的安全评价是企业安全管理的重要内容之一，各企业自身情况和条件差异较大，不宜规定统一的安全评价周期，宜由企业自行确定。而法定或涉及行政许可的安全评价是一种行政强制行为，其周期应由相关的行政法规来规定。

发生事故的系统，说明存在较为严重的事故隐患，而且事故发生后也会给系统带来损害，因此其安全性能应当重新进行系统的评价。燃气系统较大及以上安全事故的确定应遵照《生产安全事故报告和调查处理条例》（国务院令［2007］第493号）的规定，同时还应包括造成重大社会影响、停气范围较大及其他严重后果的事故。

3.1.2 规定了燃气经营企业进行自我安全评价的方式。

3.1.3 规定了法定或涉及行政许可的安全评价方式。

3.1.4 当同一检查项目存在于多个部位的情况时，每个部位称之为一个检查点，例如管道上有多处阀门，每一个阀门就是一个阀门检查点。当检查点较多时，无法对全部检查点进行检查，这就必须采取抽查的方法。当检查项目存在较多隐患时，检查点的数量应增加，这样才能真正查出危险源。

3.1.5 本标准检查表中所有8分以上项（含8分）和带下划线的项大部分为规范强制性条文或对安全至关重要的条款。

3.2 评 价 对 象

3.2.1 在进行安全评价时可以对整个燃气系统进行评价，也可仅对其中的部分场站或管道进行评价。

3.2.2 评价对象的评价结论是按照本标准第3.2.2条的方法由各子系统得分计算得出的。安全评价的有效期根据评价的性质，分别参照企业自我评价周期和法定周期而定。

3.3 评价程序与评价报告

3.3.1 前期准备阶段应明确评价对象，备齐有关安全评价所需的设备、工具，收集国内外相关法律法规、标准、规章、规范等资料。现场检查阶段是到评价对象现场进行设施与操作评价和管理评价，查找不安全因素，与被评价单位交换意见，落实整改方案。整改复查是在被评价单位完成整改后，到现场进行核实，对于整改比较复杂，不可能在短时间内完成的不安全因素，可以在整改完成前编制安全评价报告，但报告中应如实反映相关的情况。

3.3.2 与《安全评价通则》AQ 8001－2007第6章的要求基本一致，根据安全现状评价的特点，增加了附件。附件中可将检测报告、资质证书等证明性的文件材料放入。基本情况中应包括评价目的、范围、依据、程序及评价对象的概况等。

3.3.3 《安全评价通则》AQ 8001－2007附录D中有对安全评价报告格式的要求。

3.4 安全评价方法

3.4.1 定性安全评价方法目前应用较多的有“安全检查表(SCL)”、“事故树分析(FTA)”、“事件树分析(ETA)”、“危险度评价法”、“预先危险性分析(PHA)”、“故障类型和影响分析(FMEA)”、“危险性可操作研究(HAZOP)”、“如果……怎么办(What……if)”等。定量安全评价方法目前应用较多的有“事故树分析(FTA)”、“格雷厄姆——金尼法”、“火灾、爆炸危险指数评价法”、“ICI/Mond火灾、爆炸、毒性指标法”以及“火灾、爆炸、毒物模拟计算”等。针对我国目前经济和技术条件，安全检查表法相对成熟，因此本标准推荐采用安全检查表法。但有条件的企业或评价单位鼓励采用定量安全评价方法。

3.4.5 例如一个燃气公司有一个门站、一个调压站、一个加气站和若干高、中、低压管道，在进行安全评价时，应将门站、调压站、加气站、高压管道、中压管道、低压管道分别作为评价对象采用相应的检查表进行评价，得出每个评价对象现场评价的得分A（门站）、B（调压站）、C（加气站）、D（高压管道）、E（中压管道）、F（低压管道），然后根据每个评价对象在系统中的重要性确定每个评价对象占系统的权重a（门站）、b（调压站）、c（加气站）、d（高压管道）、e（中压管道）、f（低压管道），其中$a+b+c+d+e+f=1.0$。系统现场评价总得分$S=Aa+Bb+Cc+Dd+Ee+Ff$。然后采用检查表法对该公司安全管理进行评价，得出管理评价安全检查表得分G。评价对象总得分为$T=0.6S+0.4G$。

本标准未规定各子系统所占的权重，这是考虑到各燃气公司拥有的燃气系统形态不一，规模不等，不可能用一个统一的标准去规定，因此各子系统所占的权重由评价人员根据评价对象的实际情况予以确定。

3.4.6 燃气系统在不同企业、不同地区可能有不同的构成，特别是设备有可能增减。例如在压缩天然气场站中，压缩机的冷却方式有多种，有风冷式的、也有水冷式的，如果某一压缩天然气场站采用风冷式的压缩机，那么检查表中的有关水冷的要求就属于缺项，在进行检查时，这些项目都可以取消。需要指出的是，检查表中与评价对象有关的内容不得做缺陷处理。例如一个压缩天然气场站没有设置备用压缩机，检查表中有设置备用压缩机的要求，这一条就不能作为缺项。

4 燃气输配场站

4.1 一般规定

4.1.2 划分评价单元是为方便进行评价活动而进行的工作，合理的划分评价单元有助于更好地进行评价，避免漏项。根据不同场站的实际情况，评价单元可以有所删减或增补。

4.2 门站与储配站

4.2.1 周边环境评价

1 虽然规划问题是建站时需要考虑的，但每隔一定时间会进行一次修编，因此在现状评价时应根据最新规划来评价站址的符合性。

3 由于我国正处于经济快速发展的时期，各地城乡建设日新月异，场站建成后周边环境变化较大，因此防火间距问题是评价的重点内容。

4 消防和救护条件是燃气场站事故应急救援的重要依托。10km是指公路里程，除去报警和准备时间，消防车和救护车正常情况下可以在（20～30）min内赶到，符合救援要求。消防队至少应为国家正规编制的消防中队级别（消防站）或具有同等级别的企业消防队，医院至少应为一级丙等医院。

4.2.2 总平面布置评价

1 是按照《城镇燃气设计规范》GB 50028－2006第6.5.5条第1款的要求编写的。

3 检查表（2）是按照《城镇燃气设计规范》GB 50028－2006第6.5.5条第3款的要求编写的。

4.2.3 站内道路交通评价

1 储配站有大量燃气储存，需有利于消防救援。

门站和储配站在正常运行时无运输需求，只有工艺装置区的门站一般占地比较小，所以不要求设有2个出入口，储配站生产区为了满足消防救援的要求，宜在两个不同方向设2个出入口。

2 是按照《城镇燃气设计规范》GB 50028－2006第6.5.5条第4款的要求编写的。

3 门站和储配站在正常运行时无运输需求，所以在正常情况下应禁止车辆进入，包括本单位的客运车辆。

4.2.4 燃气质量评价

1 是按照《城镇燃气管理条例》（中华人民共和国国务院令第583号）第22条的要求编写的。

4.2.5 储气设施评价

3 是按照《城镇燃气设施运行、维护和抢修安全技术规程》CJJ 51－2006第3.3.5的要求编写的。

4 低压干式储气罐根据密封方法不同有多种形式，这里提出的是使用较多的稀油密封式，其他形式的低压干式储气应另行编制检查表。

5 检查表（3）是按照《城镇燃气设计规范》GB 50028－2006第6.5.12条第6款的要求编写的。

4.2.7 安全阀与阀门评价

1、2 是按照现行行业标准《压力容器定期检验规则》TSG R7001的相关要求编写的。

4、6 是按照《城镇燃气设施运行、维护和抢修安全技术规程》CJJ 51－2006第3.2.8条第1款的要求编写的。

7 是按照《城镇燃气设施运行、维护和抢修安全技术规程》CJJ 51－2006第3.2.8条第2款的要求编写的。

4.2.8 过滤器评价

2 是按照《城镇燃气设施运行、维护和抢修安全技术规程》CJJ 51－2006第3.3.1条第3款第5项的要求编写的。

3 过滤器排出的污物中存在可燃或有毒的危险废物，随意排放会引起火灾、中毒或环境污染事故。妥善处理是指有收集装置，并能按照危险废物处理程序处理。

4.2.9 工艺管道评价

1 管道标志应符合现行行业标准《城镇燃气标志标准》CJJ/T 153的相关要求。

3 是按照《城镇燃气设施运行、维护和抢修安全技术规程》CJJ 51－2006第3.2.5条第2款第2项和《城镇燃气输配工程施工及验收规范》CJJ 33－2005第8.5.1条的要求编写的。

4.2.10 仪表与自控系统评价

1 燃气设施上的压力表与安全防护相关，属于强制检定的范畴，其检定应符合现行行业标准《压力容器定期检验规则》TSG R7001。

2 是按照《城镇燃气设计规范》GB 50028－2006第6.5.21条第3款的要求编写的。

3 是指直接安装在工艺管道或设备上，或者安装在测量点附近与被测介质有接触，测量并显示工艺参数的一次仪表。

4 是指接受由变送器、转换器、传感器等送来的电或气信号，在控制室通过二次仪表或计算机显示屏显示所检测的工艺参数量值。

5 报警功能是指能够让操作人员易于感知的声、光报警措施。

6　计算机集中控制系统是指设有独立的控制室，配备相应的控制柜或计算机，具有远程数据传输、远程操控、声光报警等功能。

4.2.11　消防与安全设施评价

1　设在露天、敞开或半敞开式建筑内的工艺装置通风条件为良好。设在封闭建筑内时，应核算通风量是否满足小时换气次数，不满足视为通风不良。换气次数应符合现行国家标准《城镇燃气设计规范》GB 50028的相关要求。

3　设有消防水池时应注意消防水池的水位是否在正常范围内，若水位不足，应按储水量不足对待。

消防水的水质对灭火会产生一定的影响，固体漂浮物会对消防水泵产生损坏，油污会加剧火势。露天消防水池容易受外界污染，对水质应予以特别关注。

消防泵房内杂物堆放过多会影响消防泵的开启和运行，消防泵房是非防爆区域，易燃易爆物品泄漏有可能被电火花或其他点火源点燃，引起火灾或爆炸，使消防救援无法进行。

场站内每个消火栓附近应设有消防器材箱，器材箱内应配备与消火栓配套的水管、水枪和扳手。

4　目前燃气场站使用的灭火器大多数为干粉灭火器，按照《建筑灭火器配置验收及检查规范》GB 50444-2008的要求，每一个月应进行一次检查，出厂5年应进行第一次维修，以后每满两年维修一次。

5　对门站和储配站电气设备防爆应按照《城镇燃气设计规范》GB 50028-2006附录D对用电场所的爆炸危险区域等级和范围划分，以及现行国家标准《爆炸和火灾危险环境电力装置设计规范》GB 50058的要求进行评价。着重点是检查现场有无非防爆电气设备和电缆连接，以及防爆电气设备在使用过程中是否出现防爆密封破损的现象。

6　对防雷装置的有效性主要通过专业防雷检测报告来评价，根据《防雷减灾管理办法》（中国气象局令［2004］第8号）第十九条，“投入使用后的防雷装置实行定期检测制度。防雷装置检测应当每年一次，对爆炸危险环境场所的防雷装置应当每半年检测一次。”燃气系统是爆炸危险环境场所，因此必须每半年检测一次。检测时间也是有要求的，应当在雷雨季节来临前检测一次，雷雨季节过后检测一次，所以通常应在3月份和9月份检测。

防静电系统通常与防雷系统共同接地，所以可以通过防雷检测来判断防静电接地的有效性，防雷系统要求的接地电阻比防静电接地电阻值低，因此防雷系统检测合格，防静电接地电阻肯定也合格，因此本标准只提出防雷检测要求，不再列防静电接地电阻要求。

7　目前燃气企业应配备的应急救援器材种类尚无任何国家标准和行业标准要求，企业可根据自身特点和经济条件选择必要的应急救援器材。企业应急救援预案中应有已配备的各种应急救援器材的使用要求。

4.2.12　公用辅助设施评价

1　是根据《城镇燃气设计规范》GB 50028-2006第6.5.20条的要求编写的。“二级负荷”的供电系统，宜由来源于不同变电站的两回线路供电。在负荷较小或地区供电条件困难时，“二级负荷”可由一回6kV及以上专用的架空线路或电缆供电。当达不到“二级负荷”要求时，也可配备发电机组为消防泵等大功率用电设备提供备用电源，当场站无消防泵等大功率用电设备时，可采用EPS（Emergency Power Supply，紧急电力供应）系统作为控制系统或应急照明备用电源。

2　变配电间应有良好的防潮、防雨能力，因此地坪应相对提高，防止雨水进入。

3　是根据《10kV及以下变电所设计规范》GB 50053-94第6.2.4条的要求编写的。变配电室是场站内的重要场所，无关人员进入容易导致触电或误操作，引起事故。小动物进入后容易引起短路。

4　变配电室设置应急照明的目的是方便夜间检修的。应急照明是指固定式应急照明灯具，不包括便携式应急照明灯具。

5　是根据《低压配电设计规范》GB 50054-95第5.6.24条的要求编写的。盖板一是为了保护电缆，二是为了防止人员坠跌。电缆沟一般采用钢筋混凝土盖板，盖板的重量不宜超过50kg。

4.3　调压站与调压装置

4.3.1　周边环境评价

1　是按照《城镇燃气设计规范》GB 50028-2006第6.6.4条第4款的要求编写的。

2　是按照《城镇燃气设计规范》GB 50028-2006第6.6.2条第6款的要求编写的。

3　当调压装置设置于建筑物内时，间距应从建筑边缘算起；当调压装置露天时，间距应从装置边缘算起；当调压装置设置于调压柜（或箱）内时，间距应从柜（或箱）的边缘算起。

5　是按照《城镇燃气设计规范》GB 50028-2006第6.6.5条第1款的要求编写的。

6　是按照《城镇燃气设计规范》GB 50028-2006第6.6.4条第1款第2和第3项的要求编写的。

7　是按照《城镇燃气设计规范》GB 50028-2006第6.6.6条第2款第1项的要求编写的。

8　是按照《城镇燃气设计规范》GB 50028-2006第6.6.11条第2款的要求编写的。

9　是按照《城镇燃气设计规范》GB 50028-2006第6.6.8条的要求编写的。

10　楼栋式调压箱处于复杂的居民区内，消防车道的要求实现比较困难，所以本条只要求调压站和区域性调压柜（箱）应处于消防车道的附近。

4.3.2 设有调压装置的建筑评价

1 是按照《城镇燃气设计规范》GB 50028－2006第6.6.6条第1款第1项和第6.6.12条第2款的要求编写的。

2 是按照《城镇燃气设计规范》GB 50028－2006第6.6.4条第1款第3项、第6.6.6条第1款第2项、第6.6.6条第3款第1项和第6.6.12条第1款的要求编写的。

3 是按照《城镇燃气设计规范》GB 50028－2006第6.6.6条第1款第2项和第6.6.12条第7款的要求编写的。

4 是按照《城镇燃气设计规范》GB 50028－2006第6.6.6条第3款第2项的要求编写的。

5 是按照《城镇燃气设计规范》GB 50028－2006第6.6.6条第1款第3项、第6.6.12条第5款和第6.6.14条第5款的要求编写的。

4.3.3 调压器评价

2 是按照《城镇燃气设施运行、维护和抢修安全技术规程》CJJ 51－2006第3.3.1条第3款第2项的要求编写的。

3 是按照《城镇燃气设施运行、维护和抢修安全技术规程》CJJ 51－2006第3.3.1条第3款第1项的要求编写的。

5 是按照《城镇燃气设计规范》GB 50028－2006第6.6.10条第5款的要求编写的，调压器的超压切断功能应优先于放散功能。

7 是按照《城镇燃气设计规范》GB 50028－2006第6.6.7条的要求编写的。

8 是按照《城镇燃气设计规范》GB 50028－2006第6.6.10条第7款的要求编写的。

4.3.4 安全阀与阀门评价

1、2 是按照《城镇燃气设计规范》GB 50028－2006第6.6.10条第2款的要求编写的。

4.3.8 消防与安全设施评价

4 是按照《城镇燃气设计规范》GB 50028－2006第6.6.6条第1款第5项和第6.6.12条第4款的要求编写的。

5 是按照《城镇燃气设计规范》GB 50028－2006第6.6.12条第9款的要求编写的。

6 是按照《城镇燃气设计规范》GB 50028－2006第6.6.2条第1款的要求编写的。

8 是按照《城镇燃气设计规范》GB 50028－2006第6.6.5条第5款的要求编写的。

9 是按照《城镇燃气设计规范》GB 50028－2006第6.6.6条第2款第3项的要求编写的。

11 是按照《城镇燃气设计规范》GB 50028－2006第6.6.14条第3款的要求编写的。

12 是按照《城镇燃气设计规范》GB 50028－2006第6.6.15条的要求编写的。

4.3.9 调压站的采暖评价

1 是按照《城镇燃气设计规范》GB 50028－2006第6.6.13条的要求编写的。

2 是按照《城镇燃气设计规范》GB 50028－2006第6.6.13条第1款的要求编写的。

3、4 是按照《城镇燃气设计规范》GB 50028－2006第6.6.13条第2款的要求编写的。

5 是按照《城镇燃气设计规范》GB 50028－2006第6.6.13条第3款的要求编写的。

6 是按照《城镇燃气设计规范》GB 50028－2006第6.6.13条第4款的要求编写的。

5 燃气管道

5.1 一般规定

5.1.1 压力范围是根据《城镇燃气设计规范》GB 50028－2006第6.1.1条和《聚乙烯燃气管道工程技术规程》CJJ 63－2008第1.0.2条确定的。

我国城镇燃气所采用的压力基本在上述范围之内，但也有少数城市存在特殊压力的输配管道，例如上海市目前有6.3MPa的城镇燃气高压管道。虽然这类燃气管道在设计上与城镇燃气管道有所不同，但在安全评价内容方面是基本相同的，所以这类管道的安全评价可以参照本标准的相关条款执行，在一些具体数值和要求上有所区别，评价人员在评价过程中应注意调整。

5.1.2 城镇燃气输配管道较长，管网和沿线环境情况差异较大，将整个输配管网作为一个评价对象进行评价，难以把握重点，难以确定隐患所处的位置，所以应合理划分评价单元。

环境包括地面环境和地下环境，同一管段当地面环境和地下环境存在较大差异时，也可根据实际情况划分管段分别进行评价。

5.2 钢质燃气管道

5.2.1 管道敷设评价

1 埋地燃气管道是隐蔽工程，难以表面观察，因此在进行间距评价时，除可借助竣工图外，还应辅以有效的定位设备进行检测，燃气经营企业在进行检查时，应全面无遗漏，第三方评价机构在进行评价时，可基于燃气经营企业的自查记录，并按照一定比例抽查。在进行埋深和穿、跨越评价时也应遵循上述要求。

4 是按照《城镇燃气设施运行、维护和抢修安全技术规程》CJJ 51－2006第3.2.1条的要求编写的。此类情况中还包括废弃管道和不带气管线的隔断。

5 是按照《城镇燃气设计规范》GB 50028－2006第6.3.6条的要求编写的。

5.2.2 管道附件评价

1 检查表（1）是按照《城镇燃气设计规范》GB 50028－2006第6.3.13条的要求编写的。

检查表（2）的总分值为4分，而本标准第4.2.7条检查表第3～7条总分值为10分，在按本标准第4.2.7条检查表第3～7条评价后，应将分值折算为以4分为总分的分值。

检查表（3）、（4）是按照《城镇燃气设施运行、维护和抢修安全技术规程》CJJ 51－2006第3.2.8条的要求编写的。燃气经营企业在进行检查时，应全面无遗漏，第三方评价机构在进行评价时，可基于燃气经营企业的自查记录，并可按照一定比例抽查。在进行凝水缸、调长器的评价时也应遵循上述要求。

2 是按照《城镇燃气设施运行、维护和抢修安全技术规程》CJJ 51－2006第3.2.9条的要求编写的。

3 是按照《城镇燃气设施运行、维护和抢修安全技术规程》CJJ 51－2006第3.2.10条的要求编写的。

5.2.3 日常运行维护评价

1 巡线制度完善是指根据管段不同风险制定巡线周期和巡线内容。巡线保障措施包括巡线人员和巡线工具等的配备。

2 评分标准中所列的举办广场或进社区安全宣传活动、与相关政府和单位举办燃气设施安全保护研讨会、在报刊、杂志、电视、广播等媒体上登载安全宣传广告，均应在评价前一年内举行方可有效得分，否则不得分。

3 是按照《城镇燃气输配工程施工及验收规范》CJJ 33－2005第2.6.2条的要求编写的。

4 是按照《城镇燃气管理条例》（中华人民共和国国务院令第583号）第33条的要求编写的。

5 是按照《城镇燃气设计规范》GB 50028－2006第6.3.3条的要求编写的。

6 是按照《城镇燃气管理条例》（中华人民共和国国务院令第583号）第37条的要求编写的。

5.2.4 管道泄漏检查评价

2 燃气经营企业也可以将泄漏检查工作委托给专业机构进行，在这种情况下就应检查委托协议和委托单位的资质。

5.2.5 管道防腐蚀评价

1 气质检测报告可以是企业自己检测的，也可以是上游供气单位提供的。

2 防腐漆严重脱落指防腐漆脱落面积超过50%，部分脱落指防腐漆脱落面积不超过50%，防腐漆脱落面积不超过5%可认为完好无损。

3 应取与管道处于同一水平面且靠近管道的土壤，土壤分析样本应不少于5个取平均值。

5.3 聚乙烯燃气管道

5.3.1 管道敷设评价

2 是按照《聚乙烯燃气管道工程技术规范》CJJ 63－2008第4.3.11条的要求编写的。

3 目前的技术手段难以探测到埋地聚乙烯管道，因此聚乙烯管道的示踪相对于钢质管道的示踪更具有现实意义，所以增加了这项评价内容。

6 压缩天然气场站

6.1 一般规定

6.1.1 适用范围与《城镇燃气设计规范》GB 50028－2006第7.1.1条的规定一致。压缩天然气气瓶车属于危险品车辆，需要在交通管理部门办理相关的危险品运输资质，其安全审查权限归属于交通管理部门，目前国内交通管理部门已经开展了对危险品运输车辆的安全评价工作，形成了一系列评价要求和规范，因此即使危险品运输车辆的产权属于燃气公司，也不在本标准适用的范围内，相关评价执行交通管理部门发布的有关评价标准。类似的也包括液化天然气运输槽车、液化石油气运输槽车、压缩天然气气瓶运输车、液化天然气气瓶运输车、液化石油气气瓶运输车等。需要指出的是，虽然这类车辆的安全评价不适用本标准，但这类车辆在站内的作业是属于本标准规定的范围内，例如对气瓶资质和检测有效性的检查，加气、卸气的操作要求等等。

6.2 压缩天然气加气站

6.2.1 周边环境评价

3 是按照《汽车加油加气站设计与施工规范》GB 50156－2002（2006年版）第3.0.5条和第3.0.7条的要求编写的。

4 《城镇燃气设计规范》GB 50028－2006与《汽车加油加气站设计与施工规范》GB 50156－2002（2006年版）对压缩天然气汽车加气站的气瓶车固定车位防火间距都有规定，采用哪个规范取决于气瓶车在固定车位总几何容积。通常汽车加气子站规模较小，多数都是一个车位，可以采用《汽车加油加气站设计与施工规范》GB 50156－2002（2006年版），而加气母站通常具有多个加气车位，应采用《城镇燃气设计规范》GB 50028－2006。除了气瓶车固定车位外，《城镇燃气设计规范》GB 50028－2006未规定其他设施的防火间距，因此其他设施的防火间距均应按照《汽车加油加气站设计与施工规范》GB 50156－2002（2006年版）执行。

“压缩天然气加气站站房内不得设有住宿、餐饮和娱乐等经营性场所”的要求是按照《汽车加油加气站设计与施工规范》GB 50156－2002（2006 年版）第 11.2.10 条的要求编写的。

6 是按照《城镇燃气设计规范》GB 50028－2006 第 7.6.9 条的要求编写的。压缩天然气加气站内通常设有压缩机，会产生较大的噪声，因此对压缩天然气加气站应评价噪声危害。

6.2.2 总平面布置评价

1 是按照《城镇燃气设计规范》GB 50028－2006 第 7.2.14 条的要求编写的。对于加气子站和标准站生产区指工艺装置区，辅助区指加气区。

3 检查表（3）是按照《城镇燃气设计规范》GB 50028－2006 第 7.2.9 条的要求编写的。

6.2.3 站内道路交通评价

1 是按照《汽车加油加气站设计与施工规范》GB 50156－2002（2006 年版）第 5.0.2 条的要求编写的。

2 是按照《汽车加油加气站设计与施工规范》GB 50156－2002（2006 年版）第 5.0.3 条第 1 款的要求编写的。压缩天然气加气站一般较小，设施设备相对简单，不必要设环形消防车道，但对于加气母站和加气子站，由于使用到气瓶车，回车场地是必须要有的。

3 是按照《汽车加油加气站设计与施工规范》GB 50156－2002（2006 年版）第 5.0.3 条第 2 款和第 3 款的要求编写的。实际评价时可采用车辆停车后不拉手闸，观察是否有溜动迹象的方法来判断平整度。站内道路如果采用沥青路面，则在发生火灾时沥青将发生熔融而影响车辆撤离和消防工作正常进行。

4 对于只有一块场坪的场站来说，不存在道路概念，可以不设检查表中所列的路面标线。

5 根据《工业企业厂内铁路、道路运输安全规程》GB 4387－2008 第 6.1.2 条的规定，“跨越道路上空架设管线距路面的最小净高不得小于 5m，……如有足够依据确保安全通行时，净空高度可小于 5m，但不得小于 4.5m，跨越道路上空的建（构）筑物（含桥梁、隧道等）以及管线，应增设限高标志和限高设施”。因此场站内架空管道和建（构）筑物要求为 5m，但由于普通压缩天然气气瓶车高度通常为 2.95m 左右，即使 3 排 10 个管束的超大气瓶车高度也仅为 3.4m 左右，因此最低要求可以降到 4.5m。

6 防撞装置可以是防撞柱，也可以是坚固的固定式围栏，但可移动式的围栏不能作为防撞柱。

6.2.4 气体净化装置评价

1 是按照《车用压缩天然气》GB 18047－2000 第 4.1 条的要求编写的。

3 目前大多数城市使用的天然气已经经过层层净化，质量比较好，脱水装置脱出的水往往很少，少量的水排出后可以自然挥发掉，对于这种情况可不设专门的收集装置。

6.2.5 加压装置评价

1 目前压缩机的集成化技术越来越高，比较先进的压缩机已经自带缓冲装置，采用这类压缩机可以不必在压缩机前设置缓冲罐。压缩机异常声响包括喘振、邻机干扰等现象。

2 是按照《城镇燃气设计规范》GB 50028－2006 第 7.2.17 条的要求编写的。压缩天然气加气站压缩机至少应配备 2 台，一用一备。

3 压力指标是按照《城镇燃气设计规范》GB 50028－2006 第 7.2.17 条的要求编写的。

5 冷却水循环使用是节能环保的要求。为了保证循环水的水质，减少结垢和腐蚀，补充新的循环水应首先软化除氧，有条件的企业可以在循环水管路上装设在线水质分析仪，也可定期取样检测，发现水质不符合使用标准时，应及时更换。

6 是按照《城镇燃气设计规范》GB 50028－2006 第 7.2.21 条的要求编写的。

8 是按照《城镇燃气设计规范》GB 50028－2006 第 7.2.26 条的要求编写的。

9 在进行评价时，应结合压缩机振动对建筑造成的损伤程度来进行评价，如果发现已经对建筑产生损伤，如开裂、崩块等，即使有防护措施也不得分。

6.2.6 加（卸）气评价

1 根据《城镇燃气设计规范》GB 50028－2006 第 7.2.6 条的要求，每台气瓶车的固定车位宽度不应小于 4.5m，长度宜为气瓶车长度。固定块应由场站准备，当场站设有轮卡装置时，可不配备固定块。气瓶车加满气后使得站内危险物品的量增加，如不及时离开，发生事故后将产生较大的危害。

2 由于涉及利益问题，很多燃气企业往往容易向买方妥协，即使有这样的要求，但执行起来可能由于买方的拖延或承诺而往往不了了之。本条的要求是极其重要的，事故的发生不外乎两方面原因，人的不安全行为（违章操作）和物的不安全状态，在压缩天然气加气站运行过程中，人的操作，站内设施的维护都是加气站方面可控的，唯一不可控的就是气瓶车，因此必须严格要求。

4 为了保障防静电接地的效果，接地装置应定期检测接地电阻值。有条件的燃气企业应配备静电接地检测报警仪，不具备条件的可委托防雷防静电检测机构定期进行检测。静电接地电阻值是按照《防止静电事故通用导则》GB 12158－2006 第 6.1.2 条的要求编写的。

5 是按照《城镇燃气设计规范》GB 50028－2006 第 7.2.16 条的要求编写的。压缩天然气系统的设计压力为最高工作压力的 1.1 倍，因此检查表中压力超过 10%时不得分。

6 是按照《气瓶安全监察规程》（质技监局锅发

[2000] 250号）第79条的要求编写的。

7 检查表（1）是按照《城镇燃气设计规范》GB 50028－2006第7.5.4条的要求编写的。由于目前我国尚未制订高压加气软管的国家标准，各家厂商生产的高压加气软管质量参差不齐，因此本标准未对使用年限进行统一规定。燃气企业应根据产品的使用维护说明进行定期检查和维护，必要时可采取静压试验等方法进行检测。

检查表（2）是按照《汽车加油加气站设计与施工规范》GB 50156－2002（2006年版）第8.4.5条的要求编写的。拉断阀通常在加气软管上使用，卸气软管使用较少，因此对于卸气软管本项可做缺项处理。

8 检查表（1）重点是检查扳机的灵活性和加气嘴的密封性。

检查表（2）中的安全保护装置主要有紧急截断阀、加气截断阀、安全限压装置、流量控制装置、流量计，以及在进气管道上设置的防撞事故自动切断阀等。

6.2.7 储气装置评价

1 是按照《汽车加油加气站设计与施工规范》GB 50156－2002（2006年版）第8.5.2条的要求编写的。

4 是按照《汽车加油加气站设计与施工规范》GB 50156－2002（2006年版）第8.3.4条和第8.3.6条的要求编写的。储气瓶数量越多，接头就越多，可能造成泄漏的危险源点就越多。

6.3 压缩天然气供应站

6.3.2 总平面布置评价

1 是按照《城镇燃气设计规范》GB 50028－2006第7.3.11条的要求编写的。

3 检查表（3）是按照《城镇燃气设计规范》GB 50028－2006第7.3.10条的要求编写的。

6.3.5 储气瓶组评价

1 是按照《城镇燃气设计规范》GB 50028－2006第7.4.1条第1款的要求编写的。

2 根据《气瓶颜色标志》GB 7144－1999表2的规定，天然气气瓶瓶色应为棕色，字色应为白色，检验色标应符合该规范表4的要求。

3 根据《气瓶安全监察规定》（国家质量监督检验检疫总局令第46号）第36条，气瓶定期检验证书有效期为4年。当气瓶产权不属于燃气公司时，燃气公司有义务检查使用气瓶是否在检验周期内，若不符合要求应拒绝使用。

4 是按照《气瓶安全监察规定》（国家质量监督检验检疫总局令第46号）第44条的要求编写的。

6.3.7 供热（热水）装置评价

压缩天然气调压过程中的供热形式有多种，这里提出的是使用较多的热水供热方式，其他形式的供热方式应另行编制检查表。

1 是按照《城镇燃气设计规范》GB 50028－2006第7.3.14条第3款的要求编写的。

3 热水炉的安全保护功能主要有停电停泵安全保护、熄火保护、超温保护等。

7 液化石油气场站

7.2 液化石油气供应站

7.2.1 周边环境评价

1 专为住宅小区或商业设施等配套的小型液化石油气气化站和混气站（总容积不大于50m^3且单罐容积不大于20m^3）可不受本条限制。

3 是按照《城镇燃气设计规范》GB 50028－2006第8.3.6条的要求编写的。当液化石油气供应站周边存在茂密的树林时，也应看做易于造成液化石油气积聚。

7.2.2 总平面布置评价

1 是按照《城镇燃气设计规范》GB 50028－2006第8.3.11条的要求编写的。

2 是按照《城镇燃气设计规范》GB 50028－2006第8.3.12条的要求编写的。由于液化石油气比空气重，泄漏后会沿地面向四周扩散，因此生产区的实体围墙非常重要，不仅仅是起到安全隔离的作用，还能在泄漏时阻止液化石油气向站外扩散。

3 由于《城镇燃气设计规范》GB 50028－2006中未对全冷冻式液化石油气储罐与站内建（构）筑物的防火间距做出规定，因此本标准在液化石油气储罐与站内建（构）筑物的防火间距要求中也不区分储存方式，全冷冻式液化石油气储罐与站内建（构）筑物的防火间距可以参考执行。

检查表第（3）项是按照《城镇燃气设计规范》GB 50028－2006第8.3.33条的要求编写的。

4 是按照《城镇燃气设计规范》GB 50028－2006第8.3.19条的要求编写的。储罐在发生泄漏等事故时，将事故罐内的液化石油气转移到非事故罐内，是常见的非常有效地防止事故扩大的措施，因此设置两台储罐和相应的管道系统十分必要。

5 是按照《城镇燃气设计规范》GB 50028－2006第8.3.15条的要求编写的。

6 是按照《城镇燃气设计规范》GB 50028－2006第8.12.3条的要求编写的。

7.2.3 站内道路交通评价

1 是按照《城镇燃气设计规范》GB 50028－2006第8.3.14条的要求编写的。

2 是按照《城镇燃气设计规范》GB 50028－2006第8.3.13条的要求编写的。

7.2.4 液化石油气装卸评价

2 对于铁路槽车也需要指定地点停靠，但不存在边界线的要求，当液化石油气供应站内设有槽车库时，空槽车可长时间停放在槽车库内。

5 液态物料在装卸过程中产生静电的能力比气态物料强得多，所以静电接地的要求对液态物料而言更为重要，因此相对于气态天然气装卸的分值高。

6 灌装既包括向槽罐车灌装，也包括槽罐车向站内固定储罐灌装。

7 检查表（2）、（3）是按照《城镇燃气设计规范》GB 50028－2006 第 8.3.34 条的要求编写的。

8 检查表（1）是防止人员高处坠落的措施，铁路装卸栈桥通常都在二层平台上。

检查表（2）是按照《城镇燃气设计规范》GB 50028－2006 第 8.3.18 条的要求编写的。

7.2.5 压缩机和烃泵评价

1 目前使用老式压缩机的情况很多，但使用新式无油压缩机比使用老式压缩机在安全性能上有了很大的提高，因此鼓励液化石油气企业淘汰老式压缩机，由于规范目前尚未不允许使用老式压缩机，因此分值不高。

2 是按照《液化石油气瓶充装站安全技术条件》GB 17267－1998 第 7.2.2 条的要求编写的。

4 不同压缩机的排气压力和排气温度不同，因此未规定确切数值，目前大量使用的新式无油润滑压缩机排气压力通常在 1.5MPa，排气温度不超过 100℃。烃泵目前多采用容积式泵，当出口阀门关闭后，很容易产生超压，因此安全回流阀的正常工作十分重要。

5 液化石油气压缩机和烃泵的润滑系统只是保障机械的正常运转，不像天然气压缩机的润滑油还有密封、冷却作用，因此分值较天然气压缩机低。

6 是按照《城镇燃气设计规范》GB 50028－2006 第 8.3.24 条第 2 款的要求编写的。

8 是按照《城镇燃气设计规范》GB 50028－2006 第 8.3.23 条的要求编写的。压缩机同理。

9 转动时由于电磁感应会在金属罩上产生一定的电压，此外电气设备的漏电也会使金属罩产生电压，如不接地有可能发生放电现象引发火灾甚至爆炸事故。

7.2.6 气瓶灌装作业评价

1 是按照《液化石油气瓶充装站安全技术条件》GB 17267－1998 第 7.5.1 条和第 7.5.2 条的要求编写的。自动灌装秤灌装精度较高，相对于手动灌装秤能大大减少人为失误造成的超装。灌装秤属于计量设备，按照计量法规的规定，灌装秤需要强制定期检验，周期为半年。

2 是按照《城镇燃气设施运行、维护和抢修安全技术规程》CJJ 51－2006 第 6.2.4 条编写的。为了方便气瓶的检查可以要求灌装站只灌装自有气瓶，但完全做到这一点十分困难，因此不做这一要求。目前一些地区的质量技术监督管理部门在液化石油气气瓶上设置条形码，就是一种信息化管理技术。

3 是按照《城镇燃气设计规范》GB 50028－2006 第 8.3.29 条的要求编写的。

4、5 是按照《城镇燃气设计规范》GB 50028－2006 第 8.3.28 条的要求编写的。

6 非自动化灌装线，本条可做缺项处理。

7 是按照《城镇燃气设施运行、维护和抢修安全技术规程》CJJ 51－2006 第 6.4.1 条第 1、2 款的要求编写的。

8 是按照《城镇燃气设计规范》GB 50028－2006 第 8.3.27 条的要求编写的。

7.2.7 气化和混气装置评价

1 是按照《城镇燃气设计规范》GB 50028－2006 第 8.4.17 条的要求编写的。

4 是按照《城镇燃气设施运行、维护和抢修安全技术规程》CJJ 51－2006 第 6.2.6 条第 1、2、3 款的要求编写的。由于各种气化器和混合器工作压力和工作温度不同，因此本标准不具体规定相关数值。

5、6 是按照《城镇燃气设施运行、维护和抢修安全技术规程》CJJ 51－2006 第 6.2.6 条第 4 款的要求编写的。

7 是按照《城镇燃气设计规范》GB 50028－2006 第 8.4.19 条的要求编写的。

8 是按照《城镇燃气设施运行、维护和抢修安全技术规程》CJJ 51－2006 第 6.2.6 条第 6 款的要求编写的。

7.2.8 储罐评价

2 液化石油气储罐设计压力为 1.77MPa 时，最高工作压力应设定为 1.6MPa，当温度超过 40℃时，应开启喷淋降温。

3 是按照《城镇燃气设计规范》GB 50028－2006 第 8.8.11 条第 3 款的要求编写的。目前紧急切断阀主要有 3 种动作形式，常见的是手摇油泵，自动化程度较高的采用电磁阀或气动阀门。不管哪种方式都要求操作方便，动作迅速，关闭紧密。

4 是按照《城镇燃气设计规范》GB 50028－2006 第 8.8.11 条第 4 款的要求编写的。

5 是按照《城镇燃气设施运行、维护和抢修安全技术规程》CJJ 51－2006 第 6.2.1 条第 6 款的要求编写的。目前注水和注胶装置尚未普及，因此分值不高。

6 是按照《城镇燃气设计规范》GB 50028－2006 第 8.8.19 条的要求编写的。目前相关规范标准对埋地储罐防腐层和阴极保护的检测周期并未规定，因此可参考埋地钢质管道的要求执行。

8 是按照《城镇燃气设计规范》GB 50028－

2006 第 8.3.20 条的要求编写的。

9 是按照《城镇燃气设计规范》GB 50028－2006 第 8.3.19 条第 4 款和《城镇燃气设施运行、维护和抢修安全技术规程》CJJ 51－2006 第 6.2.1 条第 10 款的要求编写的。

10 是参照《城镇燃气设计规范》GB 50028－2006 第 8.8.10 条和《固定式压力容器安全技术监察规程》TSG R0004－2009 第 3.17 条第 2 款的要求编写的。

11 当喷淋水覆盖储罐外表面积超过 80%，可认为基本覆盖。

7.3 液化石油气瓶组气化站

7.3.1 总图布置评价

2 当采用自然气化方式供气，且配置气瓶的总容积小于 $1m^3$ 时本条可做缺项处理。

3 是按照《城镇燃气设计规范》GB 50028－2006 第 8.5.7 条的要求编写的。

7.3.2 瓶组间与气化间评价

1 检查表（1）是按照《城镇燃气设施运行、维护和抢修安全技术规程》CJJ 51－2006 第 6.4.2 条第 1 款的要求编写的。表（2）是按照《城镇燃气设计规范》GB 50028－2006 第 8.5.2 条和第 8.5.3 条的要求编写的。

2 检查表（1）是按照《城镇燃气设计规范》GB 50028－2006 第 8.5.4 条的要求编写的。表（3）是按照《城镇燃气设计规范》GB 50028－2006 第 8.5.2 条的要求编写的。表（4）是按照《城镇燃气设计规范》GB 50028－2006 第 8.5.3 条的要求编写的。

3 是按照《城镇燃气设计规范》GB 50028－2006 第 8.5.2 条第 5 款的要求编写的。温度超高会导致液化石油气气瓶和管道超压，气化器有可能使用水为加热介质，温度低会导致水结冰或液化石油气难以气化。

7.4 瓶装液化石油气供应站

7.4.1 总图布置评价

1 检查表(2)、(3)是按照《城镇燃气设计规范》GB 50028－2006 第 8.6.5 条的要求编写的。检查表（4）是按照《城镇燃气设计规范》GB 50028－2006 第 8.6.7 条第 3 款的要求编写的。检查表（5）是按照《城镇燃气设计规范》GB 50028－2006 第 8.6.7 条第 7 款的要求编写的。

2 是按照《城镇燃气设计规范》GB 50028－2006 第 8.6.3 条的要求编写的。Ⅲ级瓶装供应站可做缺项处理。

7.4.2 瓶库评价

1 检查表（1）的设计等级即《城镇燃气设计规范》GB 50028－2006 第 8.6.1 条的要求。检查表（2）、（3）分别是按照《城镇燃气设计规范》GB 50028－2006 第 8.6.6 条和第 8.6.7 条的要求编写的。

2 是按照《城镇燃气设计规范》GB 50028－2006 第 8.6.7 条的要求编写的。

4 是按照《城镇燃气设施运行、维护和抢修安全技术规程》CJJ 51－2006 第 6.4.1 条的要求编写的。

7.5 液化石油气汽车加气站

7.5.2 总平面布置评价

4 是按照《汽车加油加气站设计与施工规范》GB 50156－2002（2006 年版）第 5.0.6 条的要求编写的。

5 是按照《汽车加油加气站设计与施工规范》GB 50156－2002（2006 年版）第 11.2.12 条的要求编写的。

6 是按照《汽车加油加气站设计与施工规范》GB 50156－2002（2006 年版）第 9.0.12 条第 5 款的要求编写的。

7.5.4 液化石油气装卸评价

1 根据《汽车加油加气站设计与施工规范》GB 50156－2002（2006 年版）第 7.1.1 条，"汽车用液化石油气质量应符合国家现行标准《汽车用液化石油气》SY 7548 的有关规定"。目前《汽车用液化石油气》SY 7548 已被《车用液化石油气》GB 19159 代替。

7.5.6 加气评价

5 检查表（1）是按照《汽车加油加气站设计与施工规范》GB 50156－2002（2006 年版）第 7.3.3 条第 5 款的要求编写的。

7.5.7 储罐评价

3 是按照《汽车加油加气站设计与施工规范》GB 50156－2002（2006 年版）第 7.5.2 条的要求编写的。需要注意《汽车加油加气站设计与施工规范》与《城镇燃气设计规范》对紧急切断阀设置的要求是不同的。

8 液化天然气场站

8.2 液化天然气气化站和调峰液化站

8.2.1 周边环境评价

3 目前我国很多城市的液化天然气场站的规模都向大型化发展，上万立方米的液化天然气储罐也已在不少大城市出现，而我国在液化天然气设计方面尚未有完善的标准，因此本标准需要引用多个规范，在现行国家标准《石油天然气工程设计防火规范》GB 50183 中，既规定了防火间距，同时又引入热辐射校核的概念，这是按照现行美国防火协会标准《液化天然气（LNG）生产、储存和装运标准》NFPA59A 的要求编写的。在进行现状安全评价时，若不具备热辐射校核条件时，也可依据相关设计文件来进行评价。

8.2.2 总平面布置评价

1、2 是按照《城镇燃气设计规范》GB 50028－2006 第 9.2.7 条的要求编写的。

3 当液化天然气气化站和调峰液化站容积大于 2000m³ 时，《石油天然气工程设计防火规范》GB 50183－2004 第 10.3 节中对液化天然气场站内部防火间距没有十分明确的规定，相关条款有第 10.3.4 条、第 10.3.5 条、第 10.3.7 条和第 5.2.1 条，需要进行热辐射校核和蒸气云扩散模型计算，十分复杂，我国目前其他标准规范中也无相关规定。在现状安全评价过程中无需再进行复杂的设计计算，因此可以直接参考相关设计文件要求。

4 是按照《城镇燃气设计规范》GB 50028－2006 第 9.2.10 条的要求编写的。由于《城镇燃气设计规范》GB 50028 与《石油天然气工程设计防火规范》GB 50183 的要求一致性较高，因此不再区分容积不大于 2000m³ 和容积大于 2000m³ 的情况。

5 由于《城镇燃气设计规范》GB 50028 与《石油天然气工程设计防火规范》GB 50183 中均未对液化天然气场站的绿化提出要求，因此参照液化石油气场站的要求编写。

8.2.3 站内道路交通评价

1 是按照《城镇燃气设计规范》GB 50028－2006 第 9.2.9 条的要求编写的。

2 是按照《城镇燃气设计规范》GB 50028－2006 第 9.2.8 条的要求编写的。

8.2.6 制冷装置评价

1 检查表(1)是按照《制冷空调作业安全技术规范》AQ 7004－2007 第 4.8.5.2 条的要求编写的。

检查表（2）是按照《制冷空调作业安全技术规范》AQ 7004－2007 第 4.1.3 条的要求编写的。

检查表（3）是按照《制冷空调作业安全技术规范》AQ 7004－2007 第 4.8.3 条和第 4.8.4 条的要求编写的。

2 表面有异常结冻现象说明冷箱保温效果不佳。

8.2.7 液化天然气装卸评价

6 目前国内尚无标准对液化天然气的灌装量有规定，液化天然气槽罐或储罐制造厂家在设备出厂时会提供使用说明书，其中对液化天然气的灌装量会有规定，因此规定应符合设备要求。

7 检查表（2）是按照《城镇燃气设施运行、维护和抢修安全技术规程》CJJ 51－2006 第 3.3.17 条第 5 款的要求编写的。

8.2.8 气化装置评价

2 是按照《城镇燃气设施运行、维护和抢修安全技术规程》CJJ 51－2006 第 3.3.15 条第 2 款的要求编写的，液化天然气气化器存在异常结霜说明气化效果不理想，有可能造成气化后的天然气温度过低，对后续设备和管道产生不良影响。

8.2.9 储罐评价

1 是按照《城镇燃气设施运行、维护和抢修安全技术规程》CJJ 51－2006 第 3.3.15 条第 4 款的要求编写的。

2 是按照《城镇燃气设施运行、维护和抢修安全技术规程》CJJ 51－2006 第 3.3.15 条第 2 款和第 3 款的要求编写的。目前液化天然气储罐上设有绝热层的压力表，检查很方便，所以未采纳原标准 2 年检查一次的要求。真空绝热粉末罐绝热层是抽真空的，而子母罐和混凝土预应力罐体积较大，无法抽真空，通常充填氮气。有异常结霜现象说明储罐绝热层破损较严重，冒汗程度较轻，有珠光砂泄漏说明有导致储罐绝热层失效的可能性，因此三种现象的扣分是不同的。

3 是按照《城镇燃气设施运行、维护和抢修安全技术规程》CJJ 51－2006 第 3.3.15 条第 1 款的要求编写的。

4 是按照《城镇燃气设计规范》GB 50028－2006 第 9.4.13 条的要求编写的。

5 翻滚的危害可参见《液化天然气的一般特性》GB/T 19204－2003 第 5.7.1 条。其控制措施是按照《城镇燃气设施运行、维护和抢修安全技术规程》CJJ 51－2006 第 3.3.16 条第 3 款和第 4 款以及《石油天然气工程设计防火规范》GB 50183－2004 第 10.4.2 条的要求编写的。

6 垂直度的检测要求是按照《城镇燃气设施运行、维护和抢修安全技术规程》CJJ 51－2006 第 3.3.15 条第 4 款的要求编写的。

7 检查表（1）是按照《城镇燃气设计规范》GB 50028－2006 第 9.2.10 条第 3 款的要求编写的。（2）是按照《石油天然气工程设计防火规范》GB 50183－2004 第 10.3.3 条第 4 款的要求编写的。

8.2.14 工艺管道评价

2 是按照《城镇燃气设施运行、维护和抢修安全技术规程》CJJ 51－2006 第 3.3.15 条第 5 款的要求编写的。

8.2.16 消防及安全设施评价

1 是按照《石油天然气工程设计防火规范》GB 50183－2004 第 10.4.6 条的要求编写的。

2 是按照《石油天然气工程设计防火规范》GB 50183－2004 第 10.4.3 条第 3 款的要求编写的。

8.3 液化天然气瓶组气化站

8.3.1 总图布置评价

2 是按照《城镇燃气设计规范》GB 50028－

2006第9.3.5条的要求编写的。

8.3.2 气瓶组评价

1 是按照《城镇燃气设计规范》GB 50028－2006第9.3.1条第1款和第2款的要求编写的。

2 是按照《城镇燃气设计规范》GB 50028－2006第9.3.2条的要求编写的。

9 数据采集与监控系统

9.1 一般规定

9.1.1 场站内的站控系统和仪表系统虽然也是数据采集与监控系统的组成部分，但同时也是场站或管道的组成部分，其评价内容在相应的章节中已做评价，因此本章仅对调度中心监控系统和通信系统进行评价。

9.2 调度中心监控系统

9.2.1 服务器评价

1 采用冗余配置，服务器能实现自动冗余切换功能；实时服务器要求365天×24小时不间断运行，采用冗余配置能大幅度提高系统无故障时间。

2 CPU负载率是衡量服务一个重要指标，负荷率大于40%时，系统运行可靠性和效率就明显降低。

3 实时服务器不断采集数据，实时数据库中数据会越来越大，本条是为保证实时数据的安全性。

4 在系统正常运行情况下任意30min内占用内存小于60%，系统内存是衡量服务器一个重要指标，内存占用超过60%时，系统运行可靠性和效率就明显降低。

9.2.2 监控软件评价

7 是按照《城镇燃气设施运行、维护和抢修安全技术规程》CJJ 51－2006第3.4.2条第2款的要求编写的。

9.2.4 系统运行环境评价

1 本条是为保证系统供电安全和系统扩展的需要。

2 关于电子信息设备信号接地的电阻值，IEC有关标准及等同或等效采用IEC标准的国家标准均未规定接地电阻值的要求，根据行业内通用要求，一般计算机房直流工作接地电阻小于1Ω。

3 是按照《电子信息系统机房设计规范》GB 50174－2008第8.3节的要求编写的。

9.3 通信系统

9.3.1 通信网络架构与通道评价

2 视频信号需要占用大量带宽，只有采用光纤通信方式才能实时传输视频信号。

3 无线通信由于数据采集间隔时间长，无法实时采集报警信号，为了保证中心能及时采集到场站报警信号，需要采用逢变上报功能及时捕捉到场站报警信号。

10 用户管理

10.1 一般规定

10.1.1 明确了燃气用户管理现状安全评价的范围。由于管道燃气用户与瓶装液化石油气用户在用气系统的组成存在很大的差异，应分别评价。

10.1.2 管道燃气用户是以用户引入管为起点，对室内燃气管道及相关设施进行划分的，室外燃气管道及配套设施未包括在内；如果需要对管道燃气用户的室外燃气管道及其他部分进行评价，应按照其他章节相关要求进行。

10.1.3 由于每家燃气企业所管理不同类型的用户规模不尽相同，为了全面体现用户的现状水平，给出了总评价得分的一种计算方法，企业也可采用其他更科学的计算方法。

10.2 管道燃气用户

10.2.1 室内燃气管道评价

1 管道外观检查主要检查管道是否有锈蚀以及锈蚀的程度等，评价时可以通过轻轻敲击管道听声音、观察管道表面的损伤、测量管道外径等方式来判断。

2 燃气管道连接部位的密封性可用气密性试验或使用检漏仪器来测定。

3 软管与管道阀门、燃具的连接不牢固，导致软管脱落，燃气泄漏引发爆燃的事故在全国各地均有发生，而且十分频繁。因此，软管与管道阀门、燃具的连接处应采用压紧螺帽（锁母）或管卡（喉箍）固定牢固，不得有漏气现象。选用金属软管是用螺帽（锁母）固定，选用橡胶软管时用管卡（喉箍）固定。

10.2.5 用气设备评价

1 用气设备的生产资质是指国家燃气器具产品生产许可证和安全质量认证。直排式热水器因使用过程中事故不断，安全隐患严重，为了保证人民群众的生命安全，我国已从2000年5月1日起，禁止销售浴用直排式燃气热水器。

3 是按照《家用燃气灶具》GB 16410第5.3.1.12条的要求编写的。

10.2.7 维修管理评价

2 报修程序和报修电话，是保证燃气管道安全运行，保障用户生命财产安全的重要手段，体现了燃气企业作为公用事业行业应承担的社会责任。

10.3 瓶装液化石油气用户

10.3.1 气瓶评价

1 是按照《城镇燃气设计规范》GB 50028-2006第8.7.1条和第8.7.2条的要求编写的。

5 是按照《城镇燃气设计规范》GB 50028-2006第8.7.4条的要求编写的。

11 安全管理

11.2 安全管理

11.2.2 安全生产规章制度评价

2 健全的安全生产规章制度应包括安全例会制度、定期安全学习和活动制度、定期安全检查制度、承包与发包工程安全管理制度、安全措施和费用管理制度、重大危险源管理制度、危险物品使用管理制度、隐患排查和治理制度、事故管理制度、消防安全管理制度、安全奖惩制度、安全教育培训制度、劳动防护用品发放使用和管理制度、安全工器具的使用管理制度、特种作业及特殊作业管理制度、职业健康检查制度、现场作业安全管理制度、三同时制度、定期巡视检查制度、定期维护检修制度、定期检测检验制度、安全标志管理制度、作业环境管理制度、工业卫生管理制度等。

11.2.3 安全操作规程评价

2 生产作业包括带气动火作业、吊装作业、限制性空间内作业、盲板抽堵作业、高处作业、动土作业、设备检修作业、停气与降压作业、带压开孔封堵作业、临时放散火炬作业、通气作业等。

11.2.4 安全教育培训评价

1 是按照《中华人民共和国安全生产法》(中华人民共和国主席令［2002］第70号)第20条的要求编写的。

2 是按照《中华人民共和国安全生产法》(中华人民共和国主席令［2002］第70号)第23条的要求编写的。

3 是按照《中华人民共和国安全生产法》(中华人民共和国主席令［2002］第70号)第21条的要求编写的。

11.2.6 工伤保险评价

1 是按照《工伤保险条例》(国务院令第586号)第2条的要求编写的。

2 是按照《工伤保险条例》(国务院令第586号)第10条的要求编写的。

11.2.10 重大危险源管理评价

2～4 是按照《中华人民共和国安全生产法》(中华人民共和国主席令［2002］第70号)第33条的要求编写的。

11.2.13 设备管理评价

1 设备的日常维护是保证设备正常运行的关键，对防止事故发生具有重要意义。

2 设备的安全技术档案主要包括设计校核文件、竣工图、制造和安装单位相关资质证明、产品质量合格证和说明书、产品质量监督检验证明、铭牌拓印件、注册登记使用证明、定期检验报告、检修维修记录、事故记录等。

中华人民共和国国家标准

石油化工粉体料仓防静电燃爆设计规范

Code for design of static explosion prevention in petrochemical powders silo

GB 50813—2012

主编部门：中 国 石 油 化 工 集 团 公 司
批准部门：中华人民共和国住房和城乡建设部
施行日期：2 0 1 2 年 1 2 月 1 日

中华人民共和国住房和城乡建设部
公　　告

第1494号

住房城乡建设部关于发布国家标准《石油化工粉体料仓防静电燃爆设计规范》的公告

现批准《石油化工粉体料仓防静电燃爆设计规范》为国家标准，编号为GB 50813—2012，自2012年12月1日起实施。其中，第3.0.4、4.0.17条为强制性条文，必须严格执行。

本规范由我部标准定额研究所组织中国计划出版社出版发行。

中华人民共和国住房和城乡建设部

2012年10月11日

前　　言

本规范是根据原建设部《关于印发〈2007年工程建设标准规范制订、修订计划（第二批）〉的通知》（建标〔2007〕126号）的要求，由中石化南京工程有限公司会同有关单位共同编制完成。

本规范在编制过程中，编制组经广泛调查研究，认真总结实践经验，参考有关国际标准和国外先进标准，并在广泛征求意见的基础上，最后经审查定稿。

本规范共分8章和3个附录，主要内容包括：总则、术语、防止料仓静电积聚和放电、防止粉尘燃爆、料仓内结构件的设计、料仓附属设施、防止人体放电、防止料仓着火和火焰传播。

本规范中以黑体字标志的条文为强制性条文，必须严格执行。

本规范由住房和城乡建设部负责管理和对强制性条文的解释，由中国石油化工集团公司负责日常管理工作，由中石化南京工程有限公司负责具体技术内容的解释。本规范在执行过程中如有意见或建议，请寄送中石化南京工程有限公司（地址：江苏省南京市江宁区科建路1189号，邮政编码：211100），以便今后修订时参考。

本规范主编单位： 中石化南京工程有限公司

本规范参编单位： 中国石化工程建设有限公司
中石化上海工程有限公司
中国石油化工股份有限公司青岛安全工程研究院
中国石油化工股份有限公司齐鲁分公司
中国石油集团安全环保技术研究院

本规范主要起草人员： 谭凤贵　肖　峰　李东颐　盛昌国　刘全桢　张乾河　娄仁杰

本规范主要审查人员： 刘尚合　王浩水　孙可平　王国彤　周家祥　龚建华　董宁宁

目　次

Contents

1 总 则

1.0.1 为了规范石油化工企业粉体料仓防静电燃爆设计，防止粉体料仓静电燃爆及次生灾害的发生，保护人身和财产安全，制定本规范。

1.0.2 本规范适用于石油化工企业新建、改建、扩建装置的粉体料仓防静电燃爆工程的设计。本规范不适用于氮气保护下的密闭系统且系统的氧含量得到严格控制的粉体料仓防静电燃爆工程设计。

1.0.3 石油化工企业粉体料仓防静电燃爆工程的设计，除应符合本规范外，尚应符合国家现行有关标准的规定。

2 术 语

2.0.1 石油化工粉体 petro chemical powders

石油化工企业生产或作为原料使用的聚烯烃类、聚酯类等易产生静电积聚并可引起粉尘燃爆的粉粒状产品。

2.0.2 挥发分 fugitive constitute

工艺过程中物料内部没有聚合的单体组分或吸附溶合的气体等。

2.0.3 净化风 clean air

为置换脱除料仓内可燃气体，通过专用管线向料仓内输送的流动气体。

2.0.4 料仓 silo

用于储存聚烯烃类、聚酯类等粉、粒料的容器。

2.0.5 锥形放电 conical surface discharge

料仓中带电物料在料堆表面与仓壁之间发生的沿面放电。

2.0.6 雷状放电 lightning-like discharge

浮游在空气中的带电粒子形成规模及密度较大的空间电荷云时，与周围接地导体发生的放电。

2.0.7 绝缘导体 isolated electric conductor

与地绝缘的孤立导体。

2.0.8 可燃性杂混粉尘 combustible hybrid

可燃粉尘与一种或多种可燃气体或蒸气混合可燃物同空气混合形成的多相流体，简称杂混粉尘。

3 防止料仓静电积聚和放电

3.0.1 石油化工粉体料仓、设备、管道、管件及金属辅助设施，应进行等电位连接并可靠接地，接地线应采用具有足够机械强度、耐腐蚀和不易断线的多股金属线或金属体。石油化工主要粉体产品体电阻率可按本规范附录A的规定取值。

3.0.2 粉体处理系统与料仓设计中不宜采用非金属管和非金属处理设备。接触可燃性粉体或粉尘的非金属零部件，宜用防静电材料，并应做接地处理。

3.0.3 粒径为1mm～10mm的粉体，在工艺处理中应采取防止或减少粉体破碎、拉丝、剥离等措施。石油化工粉体料仓的净化和均化设计应避免粉体沸腾和冲撞。

3.0.4 石油化工粉体料仓内部严禁有与地绝缘的金属构件和金属突出物。

3.0.5 石油化工粉体料仓的接地设计应包括消除人体静电的接地措施和备用接地端子等。

3.0.6 料仓内壁有非金属材料涂层时，其厚度不宜大于2mm。当非金属材料涂层的厚度大于2mm时，应选用体电阻率不大于$10^9\Omega \cdot m$的防静电材料。

3.0.7 料仓进料口宜设离子风静电消除器。离子风静电消除器的设计应满足爆炸危险场所防爆要求，离子风静电消除器宜具有粉体静电在线监测和消电随机调节功能。

3.0.8 当料仓设有紧急放料口或下料包装口，且物料的挥发分较高时，应按下列规定采取防止放料或包装中静电燃爆的措施：

1 放料口或包装口宜设置离子风静电消除器；

2 放料口或包装口应设置专用接地端子或跨接线；

3 放料管或下料管附近应设置防爆型人体静电消除器。

3.0.9 料仓中无可燃气或可燃气体积浓度小于气体爆炸下限（LEL）20%时，应按本规范第3.0.2、3.0.4、3.0.6条的规定，防止传播型刷形放电、绝缘导体的火花放电，以及料堆上方金属突出物的火花放电等高能量放电。

3.0.10 料仓中当可燃气体积浓度大于或等于气体爆炸下限（LEL）20%或粉尘最小点火能（MIE）小于或等于10mJ时，应采用离子风静电消除器，防止料堆表面的锥形放电、空间粉尘云与金属突出物的雷状放电等。

4 防止粉尘燃爆

4.0.1 对于不同性质的石油化工粉体应根据其最小点火能确定采取相应的控制措施。当粉体的最小点火能（MIE）大于30mJ时，应防止传播型刷形放电和绝缘导体的火花放电（包括人体放电）；当粉体的最小点火能（MIE）小于或等于30mJ时，除应防止传播型刷形放电和绝缘导体的火花放电外，还应采取消除粉体静电和抑制气体积聚的措施。石油化工主要粉体产品最小点火能可按本规范附录B的规定取值。

4.0.2 处理石油化工粉体时应减少粉尘的产生和积聚。

4.0.3 在满足工艺要求的情况下，应采取防止石油化工粉体切粒失稳和管道“拉丝”等现象的措施。

4.0.4 物料挥发分含量高、料仓内可燃气含量高于气体爆炸下限（LEL）20%时，应设净化风系统。

4.0.5 采用底部反吹净化风设计时，应设置最小流量报警。

4.0.6 粉体料仓净化风量应根据物料挥发分的逸出速率及粉尘的最小点火能确定。最小净化风量应保证杂混粉尘最小点火能不小于12mJ。在无挥发分逸出速率的数据时，料仓净化风量可按料仓内气体浓度小于气体爆炸下限（LEL）20%的要求进行估算。

4.0.7 杂混粉尘的最小点火能可按下式计算：

$$MIE_{H}=MIE_{D}\left(\frac{MIE_{G}}{MIE_{D}}\right)^{C/C_{P}} \qquad (4.0.7)$$

式中：MIE_{H}——杂混粉尘的最小点火能（mJ）；

MIE_{D}——粉尘的最小点火能（mJ），可按本规范附录B选取；

MIE_{G}——可燃气体的最小点火能（mJ），可按本规范附录C选取；

C_{P}——可燃气体引燃的敏感浓度（%），可按本规范附录C选取；

C——可燃气体的浓度（%）。

4.0.8 粉体料仓设计应减少料仓气相空间的粉尘量，净化风的风压和风量不宜过高。

4.0.9 净化风系统的设计应能防止堵塞及方便检维修。净化风机入口过滤器离地面不宜小于1.5m，并应设防雨棚或防雨罩；容易发生静电燃爆的料仓，料仓进料和净化风机应采用自动联锁设计。

4.0.10 净化风机入口应设置在非爆炸危险区，附近如有可燃气体释放源或存在可燃气体泄漏风险时，应设可燃气体报警器。

4.0.11 在满足工艺要求的前提下，应减少反应物中高沸点组分的含量。

4.0.12 可燃气浓度较高的料仓，料仓排气口宜设可燃气体监测报警系统。

4.0.13 不合格品料仓或过渡料仓中的不合格料应经净化处理合格后再送回正常操作系统。

4.0.14 当不合格品料仓数量多于一个时，各料仓宜设独立的净化风系统；料仓共用净化风机时，各料仓净化风管的阀门与料仓进料管的阀门应采取自动控制措施。

4.0.15 处理本规范第4.0.13和4.0.14条物料时应连续进行，当需间断处理物料（包括采样化验等）时，应通过控制系统保持必需的净化风，也可采取放空物料后再进新料。

4.0.16 放料与包装处应保持良好的通风环境。

4.0.17 当管道出现堵塞现象时，严禁采用含有可燃气体的气体吹扫和排堵，严禁采用压缩空气向含有可燃气体和粉尘的储罐、容器吹扫。

5 料仓内结构件的设计

5.0.1 料仓净化风的引入口宜采用分散分布的多口式引入结构。

5.0.2 仓内有静电屏蔽分隔板或内筒式分割单元结构时，引入口数量应能保证每个分割单元都有净化风引入。

5.0.3 净化风引入口高度的设计，应满足净化风均匀分布的要求，并应减少引入口下方的物料量。

5.0.4 料仓内的内件及内部支撑件宜采用圆钢或圆管等无尖角的结构件，且端部应打磨。

5.0.5 料仓壁内表面应光滑。

5.0.6 净化风引入口伸进料仓内的金属构件宜采取折板式或贴壁式结构，伸进料仓内的径向尺寸不宜超过100mm，不得有尖角。伸进料仓内的径向尺寸超过100mm时，表面应做防静电处理。

5.0.7 掺合管或筒的固定支架朝下部分，不得有尖角和突出“电极”的形状。

5.0.8 金属固定支架与管束和仓壁的焊接结构设计，应保证牢固、可靠。

5.0.9 管束式掺合管的连接处应有足够的机械强度。

5.0.10 料仓进料口宜设置在料仓中心附近。

6 料仓附属设施

6.1 料 位 计

6.1.1 对报警频率较高或料仓内杂混粉尘最小点火能小于30mJ的场合，伸进料仓内检测料位和报警的传感器应选用防静电型。

6.1.2 由仓顶垂直伸进料仓的传感器，其电极的形状与尺寸应选用不产生火花放电的形式，或采用不会引起火花放电的材料进行表面保护。

6.1.3 水平或倾斜方式伸进料仓的传感器（包括传感器上方的保护板），当伸进仓内径向尺寸大于100mm时，应符合本规范第5.0.6条的规定。

6.2 除尘设备

6.2.1 仓顶过滤器内部所有金属零部件和外壳应有可靠的电气连接，并应与料仓和集尘管道跨接。

6.2.2 当仓顶过滤器上金属零件存在松脱、掉进料仓中的风险时，应采取防松措施。

6.2.3 仓顶过滤器的过滤介质应选用防静电材料并做间接静电接地处理。

6.2.4 仓顶过滤器应设置排堵设施。

6.2.5 当料仓进料口设置旋风分离器、淘析器等分离设备时，分离设备的结构设计应符合下列规定：

1 内部所有金属零件应有可靠的电气连接，整个设备应与管道和料仓可靠跨接并接地；

2 内部金属零部件的连接应做防松处理；内部有螺栓紧固连接件时，外部宜设可拆卸检查和维护的设计。

6.2.6 料仓排风系统的粉尘分离设备，还应采取定期清理设备上附着粉尘层的措施。

6.3 管道系统

6.3.1 管道系统应优化设计，应减少管道的水平长度和弯头数量，并应避免粉尘粘壁或产生块料死角。风送管道内表面应做麻面处理。

6.3.2 管道系统不宜选用非金属材料；选用非金属软连接件时，应选用防静电材料。

6.3.3 金属管道之间、管道与管件之间及管道与设备之间，应进行等电位连接并可靠接地。当金属法兰采用螺栓或卡件紧固时，可不另设连接线，但应保证至少两个螺栓或卡件有良好的电气连接。

7 防止人体放电

7.0.1 下列场所宜采取防止人体静电放电的措施：

1 有粉尘飞扬的下料包装处；

2 清仓与清釜时，有可燃粉尘或可燃气的空间；

3 用人工方法向料仓、容器或釜内投放粉体处；

4 料仓采样口附近。

7.0.2 人体静电消除措施应符合下列规定：

1 人体静电消除器应为防爆型，接地电阻值不得超过100Ω；

2 料仓人孔附近宜预留静电接地端子。

8 防止料仓着火和火焰传播

8.0.1 可燃气体浓度较高的粉体料仓宜设氮气保护系统。氮气保护系统宜单独敷设，也可共用净化风管道，宜能自动启动并同时切断净化风。

8.0.2 料仓或其排气口宜设温度监测、报警系统。

附录A 石油化工主要粉体体电阻率与介电常数

表A 石油化工主要粉体体电阻率与介电常数

名　称	体电阻率(Ω·m)	相对介电常数
环氧树脂	10^{10}～10^{15}	3.40～5.00
硅树脂	10^{13}	2.75～3.05
苯乙烯，丙烯腈共聚合体	＞10^{14}	2.75～3.40
苯酚树脂	10^{9}～10^{12}	4.00～8.40

续表A

名　称	体电阻率(Ω·m)	相对介电常数
聚酯树脂	10^{12}	3.00～8.10
聚乙烯(高密度)	10^{13}～10^{14}	2.30～2.35
聚乙烯(低密度)	＞10^{14}	2.25～2.35
聚偏二氯乙烯	10^{12}～10^{14}	4.50～6.00
聚氯乙烯	10^{14}～10^{15}	2.80～3.60
聚氯酸酯	10^{14}	3.17
聚氯三氟乙烯	10^{16}	2.24～2.28
聚二氯苯乙烯	10^{15}～10^{16}	2.55～2.65
聚苯乙烯	＞10^{14}	2.40～2.65
聚四氯乙烯	＞10^{16}	2.00
聚丙烯	10^{14}	2.25

附录B 主要粉体产品燃爆参数

表B 主要粉体产品燃爆参数

名　称	最小着火温度(℃)	最小点火能(mJ)	爆炸下限(g/m^3)	爆炸压力(kgf/cm^2)	最大压力上升速度(kgf/cm^2s)
聚丙烯酰胺	240	30	40	6.0	176
聚丙烯腈	460	20	25	6.3	773
异丁酸甲脂-丙烯酸乙脂-苯乙烯共聚体	440	15	20	7.1	141
纤维素醋酸脂	340	15	35	8.5	457
乙基纤维素	320	10	20	8.4	492
甲基纤维素	340	20	30	9.4	422
尼龙聚合体	430	20	30	7.4	844
聚碳酸脂	710	25	25	6.7	330
聚乙烯，低压工艺	380	10	20	6.1	527
聚乙烯，高压工艺	420	30	20	6.0	281
聚丙烯	—	25	20	—	—
聚苯乙烯乳胶	500	40	15	5.4	352
苯酚糠醛	510	10	25	6.2	598
苯酚甲醛	580	10	15	7.7	773
木质素-水解，木式，细末	450	20	40	7.2	352

续表 B

名　称	最小着火温度（℃）	最小点火能（mJ）	爆炸下限（g/m³）	爆炸压力（kgf/cm²）	最大压力上升速度（kgf/cm²s）
石油树脂（棕色沥青）	500	25	25	6.6	352
橡胶，粗，硬	350	50	25	5.6	267
橡胶，合成，硬（33% S）	320	30	30	6.5	218
虫胶	400	10	20	5.1	253

附录 C　主要可燃气体燃爆参数

表 C　主要可燃气体燃爆参数

名　称	最低引燃能量（mJ）	化学计量混合物（体积百分率，%）	易燃极限值（体积百分率，%）
乙醛	0.37	7.73	4.0～57.0
丙酮	1.15@4.5%	4.97	2.6～12.8
乙炔	0.017@8.5%	7.72	2.5～100
氧内乙炔	0.0002@40%	—	—
丙烯醛	0.13	5.64	2.8～31
丙烯腈	0.16@9.0%	5.29	3.0～17.0
烯丙基氯（3-氯-1 丙烯）	0.77	—	2.9～11.1
氨	680	21.8	15～28
苯	0.2@4.7%	2.72	1.3～8.0
1，3-丁二烯	0.13@5.2%	3.67	2.0～12
丁烷	0.25@4.7%	3.12	1.6～8.4
n-正丁基氯（1-氯丁烷）	1.24	3.37	1.8～10.1
二硫化碳	0.009@7.8%	6.53	1.0～50.0
环己烷	0.22@3.8%	2.27	1.3～7.8
环戊二烯	0.67	—	—
环戊烷	0.54	2.71	1.5～nd
环丙烷	0.17@6.3%	4.44	2.4～10.4
二氯硅烷	0.015	17.36	4.7～96
二乙醚	0.19@5.1%	3.37	1.85～36.5
氧中二乙醚	0.0012	—	2.0～80
二异戊丁烯	0.96	—	1.1～6.0
二异丙醚	1.14	—	1.4～7.9

续表 C

名　称	最低引燃能量（mJ）	化学计量混合物（体积百分率，%）	易燃极限值（体积百分率，%）
2，2-二甲氧基甲烷	0.42	—	2.2～13.8
2，2-二甲基丁烷	0.25@3.4%	2.16	1.2～7.0
二甲基乙醚	0.29	—	3.4～27.0
2，2-二甲基丙烷	1.57	—	1.4～7.5
二甲硫化物（甲硫醚）	0.48	—	2.2～19.7
二-七-叔丁基过氧化物	0.41	—	—
乙烷	0.24@6.5%	5.64	3.0～12.5
氧中乙烷	0.0019	—	3.0～66
乙酸乙酯（醋酸乙酯）	0.46@5.2%	4.02	2.0～11.5
乙胺（氨基乙烷）	2.4	5.28	3.5～14.0
乙烯	0.07@6.25%	—	2.7～36.0
氧中乙烯	0.0009	—	3.0～80
吖丙啶	0.48	—	3.6～46
环氧乙烷（氧丙环）	0.065@10.8%	7.72	3.0～100
呋喃	0.22	4.44	2.3～14.3
庚烷	0.24@3.4%	1.87	1.05～6.7
正已烷	0.24@3.8%	2.16	1.1～7.5
氢	0.016@28%	29.5	4.0～75
氧中的氢	0.0012	—	4.0～94
硫化氢	0.068	—	4.0～44
异辛烷	1.35	—	0.95～6.0
异戊烷	0.21@3.8%	—	1.4～7.6
异丙醇	0.65	4.44	2.0～12.7
异丙氯	1.08	—	2.8～10.7
异丙胺	2.0	—	—
异丙硫醇	0.53	—	—
甲烷	0.21@8.5%	9.47	5.0～15.0
氧中甲醇	0.0027	—	5.1～61
甲醇	0.14@14.7%	12.24	6.0～36.0
甲基乙炔	0.11@6.5%	—	1.7～nd
二氯甲烷	＞1000	—	14～22
甲基丁烷	＜0.25	—	1.4～7.6
甲基环已烷	0.27@3.5%	—	1.2～6.7

续表C

名　　称	最低引燃能量（mJ）	化学计量混合物（体积百分率,%）	易燃极限值（体积百分率,%）
甲基·乙基酮（丁酮）	0.53@5.3%	3.66	2.0～12.0
甲酸甲酯	0.4	—	4.5～23
n-戊烷	0.28@3.3%	2.55	1.5～7.8
2-戊烷	0.18@4.4%	—	—
丙烷	0.28@5.2%	4.02	2.1～9.5
氧中丙烷	0.0021	—	—
丙醛	0.32	—	2.6～17
n-丙基氯	1.08	—	2.6～11.1
丙烯	0.28	—	2.0～11.0
氧化丙烯	0.13@7.5%	—	2.3～36.0
四氢呋喃	0.54	—	2.0～11.8
四氢吡喃	0.22@4.7%	—	—
噻吩甲醇	0.39	—	—
甲苯	0.24@4.1%	2.27	1.27～7.0
三氯硅烷	0.017	—	7.0～83
三乙胺	0.75	2.10	—
2，2，3-三甲基丁烯	1.0	—	—
醋酸乙酯	0.7	4.45	2.6～13.4
乙烯基乙酸酯	0.082	—	1.7～100
乙烯基乙炔	0.2	1.96	1.0～7.0

注：1　nd——未确定数；

2　@后数据为实验时的敏感浓度。

本规范用词说明

1　为便于在执行本规范条文时区别对待，对要求严格程度不同的用词说明如下：

1） 表示很严格，非这样做不可的：

正面词采用“必须”，反面词采用“严禁”；

2） 表示严格，在正常情况下均应这样做的：

正面词采用“应”，反面词采用“不应”或“不得”；

3） 表示允许稍有选择，在条件许可时首先应这样做的：

正面词采用“宜”，反面词采用“不宜”；

4） 表示有选择，在一定条件下可以这样做的，采用“可”。

2　条文中指明应按其他有关标准执行的写法为：“应符合……的规定”或“应按……执行”。

引用标准名录

《防止静电事故通用导则》GB 12158

《粉尘防爆安全规程》GB 15577

《关于处理防静电问题措施的建议》NFPA 77

《防静电技术规范　第1部分　总体考虑》BS 5958.1

《防静电技术规范　第2部分　对特殊工业生产的具体建议》BS 5958.2

日本《静电安全指南》

中华人民共和国国家标准

石油化工粉体料仓防静电燃爆设计规范

GB 50813—2012

条 文 说 明

制 订 说 明

《石油化工粉体料仓防静电燃爆设计规范》GB 50813—2012，经住房和城乡建设部2012年10月11日以第1494号公告批准发布。

本规范制订过程中，编制组进行了广泛的调查研究，总结了我国石油化工粉体料仓防静电燃爆的实践经验，同时参考了美国防火协会标准《关于处理防静电问题措施的建议》NFPA 77—2007、英国国家标准《防静电技术规范》BS 5958—1991和日本《静电安全指南》（1988）等国外先进技术法规、技术标准，并广泛征求了各方面的意见。

为便于广大设计、施工、科研、学校等单位有关人员在使用本规范时能正确理解和执行条文规定，《石油化工粉体料仓防静电燃爆设计规范》编制组按章、节、条顺序编制了本规范的条文说明，对条文规定的目的、依据以及执行中需注意的有关事项进行了说明，还着重对强制性条文的强制性理由做了解释。但是，本条文说明不具备与标准正文同等的法律效力，仅供使用者作为理解和把握标准规定的参考。

目　次

1 总 则

1.0.1 石油化工粉体料仓内粉尘静电燃爆会使料仓破坏和物料燃烧，小的闪爆会产生熔料块和堵管现象。此外，静电吸附力也可以加剧粘壁、粘管现象，影响料仓的维护和产品质量。为防止粉体料仓静电燃爆及次生灾害的发生，保护人身和财产安全，特制定本规范。本条说明了本规范制定的目的。

1.0.2 本条中“氮气保护下的密闭系统且系统的氧含量得到严格控制的粉体料仓”是指氧含量不大于10%（体积比）的料仓。其依据主要是参照了欧洲某研究中心粉尘爆炸研究的最新结论而提出的。具体计算也可以参考下述计算式：

$$LOC = 1.62\lg MIE \cdot (1 + MIT/273) + 12.9 \tag{1}$$

式中：*LOC*——粉尘燃爆临界氧含量（%）；

MIT——粉体最小引燃温度（℃）。

2 术 语

2.0.7 绝缘导体可以通过充电或感应而带电，一旦与周围接地导体放电，往往会产生火花放电。

3 防止料仓静电积聚和放电

3.0.1 介质电阻率高容易积聚静电。国内外多数标准都推荐，处理电阻率在 $10^{10}\Omega \cdot m$ 以上的粉体时，可能存在静电放电着火的危险，应采取相关对策；但同时也指出，在粉体浮游场合，无论电阻率大小都要采取相应防静电对策，如日本《静电安全指南》（1988）第2.2.3条的规定等。

本条规定参见现行国家标准《防止静电事故通用导则》GB 12158—2006 的第6.1.2条的要求，即所有属于静电导体的物体必须接地。

附录A表中数据，主要引自日本《静电安全指南》（1988）参考资料1.6表R.4绝缘性固体的体积电阻率和介电常数。

3.0.2 日本《静电安全指南》（1988）第2.2.3.2和第2.3.3.7规定，系统中“联接用的布、取料袋、排气袋等，要使用混入导电纤维的混纺品”。国外有的规范将粉体气力输送系统中的非金属材料又称做“静电源”。气力输送管线中的非金属设备或零部件不但会增加系统的静电，而且自身也会积聚静电和放电。如某厂DMT反应器进料设备1996年曾发生两次闪爆，当将负压抽料改为正压进料时又发生一次闪爆。经调查确认，爆炸中心系粉体料斗下方的合成纤维联接布，改用防静电软连接后再没出过闪爆事故。国外某有关设计指南中指出，如果非金属材料中有金属零件，如软管中的螺旋线，在管线内会产生更强的放电危险。因此在气力输送粉体处理系统中应尽量不用非金属材料，包括软连接管、滤布、胶板等，如果非用不可，则应采用防静电或导静电改性材料（材料表面电阻小于 $10^9\Omega$）。

3.0.3 虽说细颗粒粉体更容易产生静电，但国外最近几年的研究结论是，粒径在1mm～10mm的颗粒粉体在料堆表面更容易产生着火性放电，因此把1mm～10mm颗粒粉体列为静电放电最危险的粉体。如果粗细料混合输送，静电着火的危险性更大。

3.0.4 料仓中如果有不接地的绝缘导体，会因感应或接触荷电粉体而带电。这种带电绝缘导体一旦与接地设备放电，多数属火花放电，放电能量可达上百毫焦耳，引燃率高，是料仓中最危险的放电形式之一。设计中应严禁此类现象的存在，包括设备运行中可能会脱落的金属零件等。如某厂LDPE装置的计量/脱气料斗曾发生多次闪爆，事后检查发现，这些事故可能与料斗内防静电杆脱落有关。料堆上方如果有金属突出物，可以诱发高能放电。如某厂HDPE颗粒料仓在2006年4月曾发生爆炸着火，事后检查确认这起事故与进料仓中掺合管断裂有关：当物料到达掺合管断裂位置时发生了静电放电。此条作为强制性条文，必须严格执行。

3.0.5 《防静电技术规范》BS 5958—1997第2部分的31.3.1条规定，“当粉尘最小点火能≤100mJ时应使操作人员保持接地状态”。从静电放电性质来说，通常将人体放电列为绝缘导体放电，放电能量从几十毫焦耳到上百毫焦耳，即使没有可燃气体也可以引燃聚烯烃等大多数粉尘，所以料仓的设计还要包括防止人体可能产生的放电。在处理料仓粉体作业中，曾发生过多起粉尘爆炸事故，如2006年7月7日，某厂HDPE反应釜进行清釜作业时发生了闪爆，当场死亡3人。某厂PP装置反应釜（1992年5月）、某厂HDPE装置闪蒸釜（2006年1月）等，都曾发生过清釜闪爆事故。调查表明，这些事故都和作业者及手工工具没有接地有关，在粉体料仓或容器的设计中预留静电接地端子是非常必要的。

3.0.6 本条规定是根据国外近几年的研究结论和相关规定而提出的。实验表明，当料仓涂层或黏壁料厚度在4mm～8mm时，有产生传播型刷形放电的危险。因此，国外相关标准将2mm作为安全管理指标，如涂层厚度超过2mm时则推荐使用绝缘强度小于4kV的导电材料。

本条规定也适用于料仓黏壁料的管理：当黏壁料的厚度超过4mm时不但会产生传播型刷形放电，也容易产生片状料脱落的剥离放电。

3.0.7 对有粉尘静电爆炸的危险场所，国内外相关规范都推荐离子风静电消除器或静电中和器，如现行国家标准《防止静电事故通用导则》GB 12158—2006

的第6.4.5条、第6.1.10条，《防静电技术规范》BS 5958—1997第2部分的第21.2.3条，《防静电作业规范》NFPA 77—2007第5—5条等。这些规范也同时注明，采用离子风静电消除器时其设计必须满足现场防爆使用要求。

3.0.8 紧急放料口或下料包装口处静电闪爆频率较高，其原因除静电因素外，还与作业中可燃气体和粉尘浓度较高有关。本条款的具体规定是根据国内实际存在的问题提出的，同时参照了日本《静电安全指南》应用篇增补本第5条的有关规定。

3.0.9 料仓内存在不同能量的放电形式。不同类型粉尘或杂混粉尘引燃能量也不同，因此防范措施应根据物料引燃能量来限制可能出现的放电形式。传播型刷形放电，一般是在非金属材料或涂层表面局部绝缘发生破坏时产生的放电（能量可达上千毫焦耳）；绝缘导体的火花放电，一般是在不接地导体上产生的放电（放电能量可达上百毫焦耳）；料堆上方金属突出物的放电，主要指发生在料堆表面与上方金属突出物的放电（放电能量可达几十毫焦耳）。以上放电，主要与料仓内部结构设计的选材、连接、布置等有关。

3.0.10 锥形放电是指料堆表面荷电物料与料仓壁之间发生的放电（放电能量一般在十毫焦耳以内）；雷状放电是指荷电粉尘云（直径大于1.5m时）与周边金属突出物发生的放电（放电能量可达几十毫焦耳）。

LDPE装置的抽气料仓、分析仓、掺合料仓、不合格品料仓，HDPE、LLDPE、PP装置的均化料仓、不合格品料仓等，可燃气浓度有时会超出气体爆炸下限（LEL）的20%，杂混粉尘的最小点火能有可能降到10mJ以下，所以应采取相应消电措施，以防止料堆表面的锥形放电、雷状放电等产生的引燃危险。

4 防止粉尘燃爆

4.0.1 处理最小点火能在30mJ以下的粉体时，应考虑挥发分逸出气体对混合物点火能的敏感作用，所以设计中应同时采取防止静电放电的专用消电措施和防止气体积聚的通风措施等。这条规定是20世纪末国际粉爆研究的共识与推荐意见，从我国粉尘静电爆炸事故统计来看，这条规定也是非常必要的。防止静电事故的防静电措施，包括静电接地、静电消除和抑制放电等技术措施，具体设计可以根据现场条件来选择。

附录B表中最小着火温度数据主要引自NFPA325《易燃液体、气体和易挥发固体的火险性能手册》；其他数据，包括最小点火能、爆炸下限、爆炸压力、最大压力上升速度等，主要引自日本《静电安全指南》（1988）参考资料1.5表R.3粉体的引燃危险性。

4.0.2 粉尘颗粒越小，爆炸下限和点火能越小，爆炸危险性越大。这是因为颗粒越小，表面活性和吸附氧原子的能力越强，即越容易燃烧和爆炸。国际上通常将100μm以下粉尘列为易爆粉尘。如某专利商的设计指南第2.1条将200目（75μm）以下的粉尘列为爆炸敏感粉尘，将120目（125μm）以下的粉尘列为爆炸性粉尘。

4.0.3 管线表面粗糙度不够或风送动力不足时，风送过程中容易产生“拉丝”现象；物料熔融指数高和风送速度过高时，容易产生碎屑料。当切粒机出现断刀或模板磨损严重，以及切粒间隙调整不合适等，会出现“带尾巴料”。一旦出现上述现象，风送物料中微细粉尘和针状粉尘就会增多。实验表明，粉尘的最小点火能与其尺寸的平方或立方成正比，微细粉尘的增多会增加粉尘静电燃爆的危险性。如某企业PP料仓在1989年9月发生闪爆，事后检查发现切粒机出现两把断刀、产生带尾巴料，掺合1h后发生闪爆着火。又如某厂PP装置切粒机在1995年换新模板后，不合格品料仓先后发生三次闪爆，事后检查确认事故的发生与物料熔融指数偏高及切粒失稳有关。

4.0.4 此条规定是根据国外实验研究的结论而提出的：聚烯烃类粉尘中乙烯气体质量浓度增加到0.5%时，杂混粉尘最小点火能降到10mJ左右。国内实验也证实了上述结论：HDPE现场混合粉尘的MIE约为20.2mJ，LDPE现场混合粉尘MIE约为15.3mJ，当与20%LEL浓度的乙烯气体混合时，杂混粉尘的最小点火能均降到10mJ～11mJ。

4.0.6、4.0.7 规定内容主要借鉴了某专利商的设计指南、国外的最新研究结论以及国内事故料仓的气体计算而推荐的。本条规定中的公式是瑞士CIBA研究中心在20世纪90年代的研究结论。国内某研究所进行了实验考核，实验结论基本相同。

附录C表中数据主要引自美国防火协会标准NFPA77《关于处理防静电问题措施的建议》(2007年版)附录B表B.1气体和蒸气的可燃性参数一览表。

4.0.8 国内掺合仓发生的静电爆炸，事故规模往往比较大，这主要与掺合仓内上部空间粉尘量较大有关。为避免或减少事故规模，掺合仓的设计应特别注意粉尘的产生和积聚，包括临时性操作的限制等。如某企业HDPE装置3#均化仓处理完134t料后准备送料，由于松动风机（3000m^3/h）临时出现故障，改用均化风机（5300m^3/h）松动，一开机料仓顶部即发生爆炸着火，顶部设备完全报废。又如某厂LDPE掺合仓在2000年10月15日处理三批来料后，在送料过程中发生了爆炸着火。调查表明，事故料位（约13t）刚好在料仓底部风口处，松动风量较高（4000m^3/h），主风管对面的吹风管（ϕ75mm）与风管下方飞扬物料发生了静电放电。

4.0.9 国内某企业新建LDPE装置净化风机过滤器原先采用落地设计，在一次雨天进料中料仓发生闪爆。将过滤器提升 2m 和加防雨罩后，通风系统没再出现问题。容易发生燃爆的料仓有抽气料仓、过渡料仓和不合格品料仓等。

4.0.10 现行国家标准《防止静电事故通用导则》GB 12158—2006 的第 6.4.11 条规定，管道易泄漏处"宜装设气体泄漏自动检测报警器"。某企业 HDPE 装置在 2002 年 2 月发生爆炸着火。事后查明，这起事故是由于原料油管线窥视管破裂、挥发气体被附近流化床干燥器吸入而引起闪爆，并使相邻设备发生连环爆炸。

4.0.11 从反应器送出的聚乙烯料中没反应的乙烯、丙烯单体（原料气），沸点分别为－103.7℃、－47℃，在闪蒸釜和干燥器中容易脱出；但己烷（催化剂稀释剂）、戊烷（冷凝剂）、乙酸乙烯脂（EVA 共聚单体）等，沸点分别为 68.74℃、36.07℃、72.7℃，在闪蒸、干燥等设备中脱出较难，物料中挥发分相对较高。

料仓中可燃气体积聚的程度与反应器、脱挥或气体回收单元（如闪蒸器、汽蒸机、干燥器、脱气仓等），以及料仓的通风控制等有关。上述任何一个环节的设计和控制出现偏差，都可能影响料仓内气体的积聚。在工艺条件不变的情况下过快增加生产节奏或产量，也会影响料仓内气体的积聚。如某厂 LLDPE 装置反应器在 2001 年 6 月试用新的冷凝技术，产量增加 50%，但物料含挥量高，料仓可燃气体浓度增加，造成料仓静电爆炸着火；某厂 PP 装置扩能改造后产量提高 20%，但干燥器脱挥能力下降，挥发分由 800ppm 增加到 2000ppm，料仓发生十几次燃爆；又如某厂 LDPE 装置在 1979 年～1987 年做过 5 次扩能改造，年产量提高 30%以上，但通风系统没有改造，在 1987 年～1998 年，脱气仓、掺合仓、不合格品料仓等先后发生 13 次爆炸着火。该厂 2PP 装置料仓在 2000 年 2 月 12 日和 9 月 16 日发生爆炸。事后检查确认，这两起事故除与物料熔融指数偏高有关外，还与催化剂选型不当造成聚合粉体粒径过小及汽蒸机料位控制过低等气体控制失误有关。

4.0.12 本条规定及具体要求是根据国内部分企业的实践经验和应用效果提出的，但对底部未设净化风的料仓，当物料处于中、低料位时，报警器显示值只作为工艺参考。具体设计时，宜选在现场和控制中心均有可燃气体浓度显示报警的产品，且传感器气体吸入系统应有足够面积的防尘单元。

4.0.13 物料挥发分意外增高可诱发粉尘爆炸，事故频率较高，特别是脱气料仓、不合格品料仓、过渡料仓等。反应失稳或脱挥单元失控等都会引起物料挥发分意外增高。反应失稳包括：切换新牌号产品（特别是生产高沸点原料比例较高和熔融指数较高产品时）、原料气精制不好或催化剂失活，以及稀释剂用量较高等。脱挥单元失控包括闪蒸器、干燥器、汽蒸机等设备故障、处理能力不足、仪表故障等。当上述现象的发生频率较高时，设计上应采取相应措施。

4.0.14 国内某企业 LDPE 装置的三个不合格品料仓原先采用一个净化风机，由于手动控制失误曾发生两次空仓进风、相邻进料仓发生闪爆的事故。

4.0.15 生产过程中出现不合格品料或过渡料时，物料中的挥发分往往偏高，处理过程中若无净化风，或净化时间不足，料仓中极易积聚可燃气体，一旦有新的荷电粉体进入，容易产生闪爆现象。

4.0.17 本条为强制性条文，须严格执行。用带压可燃气体或压缩空气吹扫粉体或堵塞物时，极易产生静电放电和闪爆事故。如 1992 年 10 月某厂 PE 装置沉降管堵塞，用 18.5MPa 介质气体排堵时发生了爆炸着火；1998 年 3 月某厂 PP 反应釜出现结块料，当日上午用 0.07MPa 气体吹扫，下午改用 1.0MPa 气体吹扫后立刻发生闪爆。

5 料仓内结构件的设计

5.0.1～5.0.4 这几条规定是根据企业事故案例和现场设计缺欠而提出的。如某企业 LDPE 装置混合仓多次发生闪爆或出熔料块。检查发现该仓 7 个分隔单元中只有 5 个单元有反吹进风口，闪爆位置恰好在没有进风口单元的上部。又如某企业 LDPE 料仓在 1999 年 9 月发生闪爆，检查发现该料仓底部原设计只有一个净化风口，闪爆后产生的熔料块（面积约 $1m^2$，厚度约 20mm）在净化风口对角线位置（料高 11m），证实料仓内闪爆与仓内通风分配不均及风量不足等有关。净化风口位置的规定，主要是防止诱发火花放电的发生。国外工业模拟实验表明：当物料超过 1t 时，即可观察到锥形放电；当物料上方有金属突出物时，锥形放电可以发展成火花放电。因此，只要将净化风口下的物料量限制到不出现锥形放电时，就可以避免或减缓诱发高能放电的发生。

5.0.5 料仓壁不光滑时容易黏附细粉料，当黏壁料成片状或结块料脱落时，易产生剥离放电，诱发粉尘爆炸。

5.0.6 《防静电作业规范》NFPA 77—2007 第 5—5 条和现行国家标准《防止静电事故通用导则》GB 12158—2006 第 6.4.7 条都提出了料堆上方的金属突出物很容易诱发火花放电。如某企业 LDPE 颗粒料仓投产不久，不合格品料仓、掺合料仓、脱气料仓相继发生爆炸着火，着火位置都在伸长 200mm～300mm 净化风管口附近。模拟实验和理论计算表明，离开仓壁 200mm 时料堆表面电位高达 50kV 以上，超过产生火花放电所需的 40kV 的临界电位（参见日本《静电安全指南》第 4.2.1.5 条）。

5.0.10 国外粉体料仓放电实验表明，当物料荷电较高时，料堆表面不但可以产生"线状"和"面状"的局部放电，甚至会产生由锥顶到罐壁的贯穿型的大面积放电，放电能量较高。“锥顶”离罐壁较近时，容易产生前述后者的放电现象。

6 料仓附属设施

6.1 料 位 计

6.1.1 由料位计诱发的粉尘爆炸事故国内已出现多起，特别在分析仓、计量上贮槽、定量混合仓等料位计频繁报警的场合，事故率更高。如某厂 LDPE 装置混合仓多次发生闪燃和出熔料块，频率高时 2～3 个月就得进仓清理一次熔料块。检查发现，闪燃部位几乎都在 30t 料位计下方位置。又如某企业 LLDPE 装置颗粒料仓在 2001 年 6 月发生爆炸着火，当时进料 156t，物料接近高料位报警器。某企业 PP 料仓在 1994 年 2 月发生闪爆，当时进料 285t，物料接近 95%罐高报警器附近。某企业 LDPE 装置分析仓（每次处理 20t）先后发生过 5 次闪爆，闪爆部位都在进完料的报警器附近。

6.1.3 本条规定是根据国内事故案例和模拟实验数据提出的，参见第 5.0.6 条的说明。

6.2 除尘设备

6.2.1～6.2.3 集尘过滤器容易产生静电放电，包括过滤介质的表面放电，不接地导体的火花放电，滤饼脱落的剥离放电等。此条规定符合《防止静电事故通用导则》GB 12158—2006 第 6.4.10 条规定。如某企业 HDPE 粉体料仓发生爆炸，料仓顶部的过滤器和风机被炸出 40m 远。事后检查，该过滤器过滤介质采用非防静电材料，32 片金属框架有 22 片接地不良，其中 15 片框架电阻大于 $10^9\ \Omega$。从事故现象分析，这起事故可能是由绝缘的金属框架发生火花放电引起的。

6.2.4 料仓集尘系统很容易被黏附料堵塞，影响料仓通风不畅。如某企业 LDPE 料仓排风管采取直排方式，运行一段时间后发现排风管上的防雀网有很大一部分面积被粉尘堵塞。又如某企业 LDPE 料仓曾多次发生闪爆事故，事后检查与通风系统进风管堵塞有关。因此料仓通风系统的设计应包括便于检查和维护的可接近性要求。

6.2.5 旋风分离器内有可燃粉尘或粉尘层，应通过接地措施防止旋风分离器导体部件带电，包括旋风分离器与管线的跨接和接地，以及内部所有金属零件间的可靠连接等。

6.2.6 料仓排风系统容易积聚粉尘和诱发粉尘爆炸。如国内某厂一 PE 装置投产 6 年后，抽气贮仓的 2 条抽气管线先后发生 4 次闪爆；2005 年 4 月 21 日某厂 HDPE 掺合仓的旋风分离器发生爆炸，2009 年 6 月 4 日某厂 ABS 干燥单元二级旋风分离器的进风管发生爆炸等。这些事故，可能与粉尘脱落的二次爆炸有关，也可能与粉尘附着层的静电放电有关（包括传播型刷形放电或脱落层的剥离放电等）。因此过滤器、集尘管、旋风分离器等，除应执行本规范第 6.2.5 条的规定外，还应定期清除料仓排风系统沉积的粉尘。

理由 1：参见 CIBA 规程 4 的“4.2.2.7 粉尘分离”的诠释：由于静电引起的着火的危险是最引人注意的，所以除了与产品性质相应的着火源引入之外，与早期相关的操作也必须予以考虑。

理由 2：近几年有类似事故案例出现。

6.3 管道系统

6.3.1、6.3.2 参见日本《静电安全指南》第 2.2.3.3 条规定。

6.3.3 管道之间如果用松套法兰连接时，法兰两端管线可采用焊接端子和多股软线跨接。具体尺寸参见国内相关标准要求。

7 防止人体放电

7.0.1、7.0.2 参见本规范第 3.0.5 条文说明，人体在清仓清釜作业中产生的静电通常在几千伏，在下料包装口的感应静电可达上万伏，一旦对地放电都可以产生着火性的火花放电。

8 防止料仓着火和火焰传播

8.0.1、8.0.2 本条文是根据国内成功应用案例提出的。1999 年 9 月某企业 LDPE 颗粒料仓进料中突然发现排气管风温由 40℃升到 95℃，随即停止进料和停净化风，并进氮气保护，之后顶部风温由 110℃逐渐回降到 40℃。由于处理及时，料仓内只出现了局部熔料块，没有发展成火灾爆炸和烧穿仓壁等更大事故。

中华人民共和国国家标准

弹药装药废水处理设计规范

Code for design of wastewater treatment
of ammunition loading

GB 50816—2012

主编部门：中 国 兵 器 工 业 集 团 公 司
批准部门：中华人民共和国住房和城乡建设部
施行日期：2 0 1 2 年 1 2 月 1 日

中华人民共和国住房和城乡建设部
公　告

第1490号

住房城乡建设部关于发布国家标准《弹药装药废水处理设计规范》的公告

现批准《弹药装药废水处理设计规范》为国家标准，编号为GB 50816—2012，自2012年12月1日起实施。其中，第4.3.4（4）、5.0.3、5.0.4条（款）为强制性条文，必须严格执行。

本规范由我部标准定额研究所组织中国计划出版社出版发行。

中华人民共和国住房和城乡建设部

2012年10月11日

前　言

本规范是根据原建设部《关于印发〈2006年工程建设标准规范制订、修订计划（第二批）〉的通知》的要求，由北京北方节能环保有限公司会同有关单位共同编制而成的。

本规范在编制过程中，编制组遵循国家环境保护的有关方针和政策，总结了近年来国内外在该领域的科研成果和工程设计经验，吸取了有关工程多年实践经验和科研单位的最新科研成果，并广泛征求有关单位和专家的意见，对规范条文反复讨论修改，最后经审查定稿。

本规范共分7章，主要内容为：总则，术语，处理水量、水质，废水处理，回用处理，污泥及废吸附剂的处理，总体布置。

本规范中以黑体字标志的条文为强制性条文，必须严格执行。

本规范由住房和城乡建设部负责管理和对强制性条文的解释，由北京北方节能环保有限公司负责具体技术条文的解释。在执行过程中，请各单位结合工作实践和科学研究，认真总结经验，注意积累资料。如发现需要修改和补充之处，请将意见和有关资料寄至北京北方节能环保有限公司（地址：北京市丰台区海鹰路总部国际6号院21号楼；邮政编码：100070；传真：010—83112159；电子邮箱：beijingzb2001@163.com），以便今后修订时参考。

本规范主编单位：北京北方节能环保有限公司

本规范参编单位：中国兵器工业集团公司

本规范主要起草人员：姜　鑫　李相龙　靳建永　蒋啸林　张炳东　赵　晨　马　迁　辛立平　苏元元　迟正平　霍　毅　文传选

本规范主要审查人员：张庆毬　王卫政　姚芝茂　孟宪礼　李德喜　孔宝华　李　刚　刘岩龙

目　次

Contents

1 总　　则

1.0.1 为贯彻国家有关法律、法规，建设资源节约型、环境友好型社会，防止弹药装药企业工业废水排放引起环境污染，保护环境，节约水资源。统一工程建设标准，提高工程设计质量，制定本规范。

1.0.2 本规范适用于新建、扩建和改建的弹药装药企业工业废水处理工程的设计。

1.0.3 弹药装药废水处理工程设计，应在不断总结生产实践经验和科学实验成果的基础上，结合工程具体情况，采用行之有效的、符合工程适用条件的新技术、新工艺、新设备和新材料。

1.0.4 废水处理工艺在无成熟经验时，应通过小试或中试确定处理工艺及参数。

1.0.5 弹药装药废水处理工程设计应充分体现节能降耗、节水减排的原则，并应提倡废水回用。

1.0.6 废水处理工程可根据工程规模、水质特性和控制要求采用分级或分质处理，处理后的水质应符合现行国家标准《污水综合排放标准》GB 8978 的有关规定。

1.0.7 弹药装药废水处理工程的设计，除应符合本规范外，尚应符合国家现行有关标准的规定。

2 术　　语

2.0.1 弹药装药　charg loading

指依据规定动能需要，按相关的工艺要求，将一定量的炸药、火药、推进剂等填充到弹药有关零件中的操作过程。

2.0.2 弹药装药废水量　wastewater quantity of charg loading

指装药工艺所涉及的建筑物，混药、装药、压药开合弹、废品拆分等冲洗地面及设备产生的废水。

2.0.3 梯恩梯　trinitrotoluene

学名为：2，4，6-三硝基甲苯，其分子式为：$C_7H_5N_3O_6$，代号为：TNT。

2.0.4 黑索金　hexogen cyclonite、ring trimethylene three nitramine

学名为：环三亚甲基三硝胺，又称 1，3，5-三硝基-1，3，5 三氮杂环己烷，其分子式为：$C_3H_6N_6O_6$，代号为：RDX。

2.0.5 奥克托金　octogen，cyclotetramethylene tetranitramine

学名为：环四次甲基四硝胺，其分子式为：$C_4H_8N_8O_8$，代号为：HMX。

2.0.6 二硝基萘　dinitronaphthalene

学名为：二硝基萘，其分子式为：$C_{10}H_6N_2O_4$ 或 $C_{10}H_6(NO_2)_2$，代号为：DNN。

2.0.7 生产废水　production sewage

弹药装药过程中生产用水与物料、介质或产品等接触，水质受到污染后排出的废水。

2.0.8 冲洗废水　backwash water

冲（擦）洗弹药装药车间地面、工作平台产生的含药废水。

2.0.9 洗衣废水　laundry wastewater

清洗工作服、工作台布等产生的含药废水。

2.0.10 除尘废水　dusting wastewater

车间及工作台面湿除尘产生的、周期排放的含药废水。

2.0.11 分级处理　stage treatment

针对弹药装药废水中需去除的不同污染物，所采取的不同废水处理过程。

2.0.12 分质处理　properties-classified treatment

针对弹药装药过程中产生的不同特性的废水，所采用不同的废水处理过程。

2.0.13 预处理　pre-treatment

为了满足集中废水处理进水水质要求，在进入废水处理厂前，针对某种特殊污染物进行处理的过程。

2.0.14 吸附剂　adsorbent

指能对气体或溶质发生吸附的固体物质。

2.0.15 吸附容量　adsorption capacity

指每克吸附剂能吸附的物质克数。

2.0.16 工作带　working band

吸附剂在一定流速和一定介质浓度下使进水浓度和出水浓度基本相同时的吸附剂层高度。

2.0.17 废吸附剂　spent sorbent

吸附饱和后的吸附剂。

2.0.18 生物处理　biological treatment

利用微生物进行废水处理的过程。

2.0.19 好氧生物处理　aerobic treatment

在有溶解氧或兼有硝态氮的环境状态下进行的废水生物处理过程。

2.0.20 厌氧生物处理　anaerobic treatment

在无溶解氧及硝态氮的环境状态下进行的废水生物处理过程。

3 处理水量、水质

3.1 水量的计算

3.1.1 水量可按实测确定，也可按下列方法进行计算：

1 冲（擦）洗装药工房用水，每班每平方米不得大于 4L，干燥地面洒水应增湿，但洒水不得流淌。

2 工作服的洗涤应先经洗衣池预洗，后进入洗衣机洗涤。预洗水应排入处理设施，其他洗涤水可不进入处理系统，其控制水量应为每千克干洗衣不超过 80L。

3 除尘排水应按水浴除尘设备的容积和排水周期进行计算确定。其他除尘器应按实际排水量确定。

4 理化室等不规律的含药废水应集中收集，其水量和浓度应按实际情况确定或按用水量的 85%～90%确定。

5 未预见水量宜按各装置（车间）平均产生废水量的 10%～15%计算。

6 废水处理厂自用水量应按原水水质、处理工艺及构筑物类型等因素通过计算确定，宜取设计水量的 5%～10%。

3.1.2 废水处理构筑物设计宜按下列规定确定：

1 调节池前处理构筑物应按最高时废水排放量计算，当利用泵提升时，配水管渠应按工作泵最大组合流量复核。

2 调节池后处理构筑物应按调节后废水平均时流量设计。

3.2 设计水质

3.2.1 废水处理设计水质应按各装置平均时废水排放量和废水水质加权平均计算确定，也可按同类企业废水水质确定。

3.2.2 废水处理各处理单元的设计进水水质应按相应处理单元的去除率经计算确定。

3.2.3 工房排水口前应设快速过滤装置或沉药池，沉淀时间应保证为最大流量沉淀的 1h，并应定期进行清理。

4 废水处理

4.1 一般规定

4.1.1 废水处理工艺流程的选用应根据企业的生产工艺、排水体制及处理后的水质要求，经综合比较后确定，排水不宜采用明渠排放。

4.1.2 废水处理宜根据实际情况选用下列基本工艺：

1 格栅→调节均质→沉淀→过滤→吸附。

2 格栅→调节均质→混凝→沉淀→过滤。

3 格栅→调节均质→混凝→沉淀→过滤→吸附。

4 格栅→调节均质→沉淀→厌氧→好氧→沉淀。

4.1.3 废水处理工艺选择应符合下列规定：

1 当废水中污染物以悬浮物为主时，宜选用以混凝沉淀、过滤为主的处理工艺，当污染物通过沉淀、过滤难以除去时，宜采用生化处理。

2 当采用厌氧生物处理时，其主要污染物 TNT 浓度应小于 200mg/L，RDX、DNN 浓度应小于 50mg/L，HMX 浓度应小于20mg/L。

3 处理含 TNT 和 TNT-DNN 等多种混合成分的废水时，宜采用好氧生物处理，其主要污染物 TNT 浓度应小于 100mg/L，RDX、DNN 浓度应小于 30mg/L，HMX 浓度应小于 10mg/L。当 TNT 浓度大于 100mg/L、RDX、DNN 浓度大于 30mg/L，且 HMX 浓度大于 10mg/L 时，应采取预处理措施。

4 当废水用于回用时，后处理应设有过滤、消毒单元。

4.2 预处理

4.2.1 格栅应符合下列规定：

1 废水处理系统废水进口处或提升泵前宜设置格栅。

2 格栅的栅条间隙，粗格栅宜为 15mm～25mm，细格栅宜为 5mm～10mm。泵前格栅的栅条间隙应根据水泵要求确定。

3 废水过栅流速宜采用 0.6m/s～1.0m/s。

4 格栅应选用耐腐蚀材质，并设格栅渣收集设施。

4.2.2 调节均质应符合下列规定：

1 废水处理系统应设调节均质设施，调节、均质池容积宜根据进水水量、水质变化资料或按同类企业资料确定。当缺乏进水水量、水质变化资料及同类企业资料时，调节池容积可按 12h～24h 平均时流量计，均质池容积可按 8h～12h 平均时流量计。

2 调节池与均质池可合并设置，但不宜少于 2 格。

3 调节、均质池宜设空气搅拌设施，并应加盖。

4.3 物化处理

4.3.1 混凝应符合下列规定：

1 混凝剂、助凝剂的品种及用量应按类似水质的处理经验或混凝沉淀实验结果，并结合当地情况选择。

2 混合设备应靠近絮凝池，混合时间宜为 1min～3min，混合可采用水泵混合、管道混合、机械搅拌混合、空气混合等，速度梯度应大于 $250s^{-1}$。

3 絮凝池形式的选择和絮凝时间，应根据原水水质和类似条件废水厂的运行经验或通过实验确定，当无数据时，絮凝时间可采用 15min～30min。

4 絮凝反应宜采用机械搅拌，搅拌机转速应根据桨板边缘处线速度由进水处的 0.5m/s 依次减小到出水的末端 0.2m/s。

4.3.2 沉淀应符合下列规定：

1 沉淀池池型选择宜根据处理水量及废水性质、泥渣性能通过经济技术比较确定。地下水位高、施工困难地区不宜采用竖流沉淀池。

2 沉淀池的设计参数应按相似废水运行数据或实验确定，当无数据可采用时，可采用表 4.3.2 的规定。

3 沉淀池进、出水应采取稳流措施，出水堰前应设浮渣挡板。

表 4.3.2 沉淀池的设计参数

沉淀池类别		沉淀时间(h)	表面水力负荷[m^3/(m^2·h)]	固体负荷[kg/(m^2·d)]
混凝沉淀池	生化处理前	1.0～2.0	1.5～3.5	—
	生化处理后	1.5～4.0	1.0～1.5	—
二次沉淀池	生物膜法后	1.5～4.0	0.75～1.0	≤100
	活性污泥法后	1.5～4.0	0.5～0.75	≤100

4 初次沉淀池的出口堰最大负荷宜小于 2.9L/(m·s)；二次沉淀池的出口堰最大负荷宜小于 1.7L/(m·s)。

5 当采用升流式异向流斜管（斜板）沉淀池时，设计表面水力负荷可按一般普通沉淀池表面水力负荷的 2 倍计；但二次沉淀池，应进行固体负荷校核。

4.3.3 过滤应符合下列规定：

1 滤池或过滤器型式应根据生产规模、进出水水质及运行管理要求，结合具体情况经技术经济比较后确定，宜采用单介质或多介质过滤。

2 滤池或过滤器的滤速可采用 4m/h～10m/h。

3 滤池或过滤器的工作周期应根据进水水质确定，宜为12h～24h。

4 对连续生产的废水处理系统，滤池或过滤器不应少于 2 套，冲洗方式应具有气、水反冲洗功能，反冲水应返回废水处理系统进行再处理。

5 滤料应具有机械强度和抗腐蚀性，宜采用石英砂、无烟煤等。

4.3.4 吸附应符合下列规定：

1 吸附器的设计和运行宜通过试验或按类似条件下的运行经验确定，无资料时宜采用下列数值：

1）滤速宜为 4m/h～6m/h，装填高度不宜小于 2.5m，运行周期不宜小于 800h。

2）进水悬浮物浓度不宜大于 40mg/L。

2 吸附剂可选用活性炭、大孔树脂、浮石、磺化煤等。

3 吸附剂吸附饱和后，应退出运行，具备再生条件时宜进行再生处理。

4 不具备再生条件时应将废吸附剂送专业销毁场焚烧销毁。

4.4 厌氧生物处理

4.4.1 厌氧生物处理应符合下列规定：

1 弹药装药废水厌氧生物处理工艺宜选用水解酸化或上流式厌氧污泥床工艺。

2 厌氧生物处理单元不宜少于 2 个，宜采用常温或中温厌氧消化。

3 污泥储存池的有效容积不宜小于单个厌氧反应器容积的 40%，并应采取向厌氧反应器投加污泥的措施。

4 厌氧反应器内壁应防腐，产生的沼气应妥善处置，并应符合国家现行有关安全标准的规定。

5 调节池内投加营养物宜通过试验或类比确定。

4.4.2 水解酸化反应器应符合下列规定：

1 水解酸化反应器的水力停留时间宜按同类企业相似水质运行参数或通过试验确定。当缺乏相关资料时，水力停留时间宜根据废水浓度在 8h～16h 范围取值。

2 水解酸化反应器底部应设均匀配水装置，并应设污泥回流和搅拌装置。

3 水解酸化反应器出水宜设均匀集水系统，集水堰负荷宜按二沉池参数设计。

4.4.3 上流式厌氧污泥床反应器应符合下列规定：

1 反应器宜按常温厌氧条件运行，反应器内部或进水宜设加热装置，外部应采取绝热措施。

2 反应区容积宜按同类企业相似水质运行参数或通过试验，并按水力停留时间确定。当缺乏资料时，水力停留时间宜按12h～16h 计。

3 反应区可安装填料。

4 上流式厌氧污泥床进水应设计量装置，并应在底部设置均匀布水系统。当反应器出水需回流时，表面水力负荷宜按进水量和回流量之和计，反应区表面水力负荷宜为 0.5m^3/(m^2·h)～1.0m^3/(m^2·h)。

4.5 好氧生物处理

4.5.1 好氧生物处理宜采用生物接触氧化法或序批式活性污泥（SBR）工艺处理。

4.5.2 生物接触氧化法应符合下列规定：

1 接触氧化池填料容积负荷宜按同类企业相似水质运行经验数据或通过试验确定，当无资料时，宜按 COD 负荷 0.2kg/(m^3·d)～1.0kg/(m^3·d) 选取。

2 生物接触氧化池填料高度宜为 3m～5m，填料层上水深可取 0.4m～0.6m。

3 营养的补加应因地制宜，控制比例 BOD∶N∶P 应为100∶5∶1，宜设营养投配池。

4 生物接触氧化池的供气量应根据供氧设备效率及需氧量通过计算确定，同时应满足搅拌需求。

5 生物接触氧化池进水应防止短流，并应设放空设施。

4.5.3 序批式活性污泥（SBR）法应符合下列规定：

1 序批式活性污泥（SBR）工艺的运行方式宜根据所需处理的废水性质及处理目标选择。

2 序批式活性污泥（SBR）反应池的数量不宜少于 2 组，进水可采用连续进水或间隙进水。采用连续进水时，进水处应设导流装置。

3 反应池宜采用矩形池，间隙进水时长宽比宜采用(1～2)∶1，连续进水时长宽比宜采用（2～4）∶1；

水深宜为 4m～5m。

4 反应池曝气强度除应满足生化需求外，还应满足搅拌要求，曝气强度不应低于 2.2m³/（m²·h）。

5 反应池排水设备宜采用滗水器，并应在滗水结束水位处设置固定式事故排水装置。滗水器的正常排水速率不宜大于 30mm/min。

6 序批式活性污泥（SBR）系统运行方式宜采用自动程序控制。

4.5.4 脱氮处理应符合下列规定：

1 当需要进行脱氮处理时，选择的生化处理工艺应具有相应的脱氮功能，反应池的设计应同时满足 BOD_5 和脱氮的负荷要求。

2 污泥负荷取值宜根据类似废水的实际运行数据确定，当无资料时应通过试验确定。

5 回用处理

5.0.1 废水的回用应根据回用水的水质要求，采用一种或几种组合工艺进行处理。

5.0.2 回用水管道设计应按最高时用水量设计，并应设置当回用水供水中断时的其他供水保障措施。

5.0.3 明装回用水管应用区别于其他管道的标记颜色，严禁与生活饮用水管道连接。

5.0.4 回用水必须经消毒后使用。

6 污泥及废吸附剂的处理

6.1 一般规定

6.1.1 弹药装药废水处理过程中产生的含药污泥和废吸附剂，应按危险废物进行管理。

6.1.2 清理产生的废药或含药废物的滴滤废水应返回处理构筑物进行再处理。

6.1.3 废吸附剂应按本规范第 4.3.4 条第 4 款的规定执行。

6.2 污泥处理

6.2.1 污泥处理应遵循减量化、稳定化、无害化的原则。

6.2.2 污泥量应根据各处理单元排出的污泥量确定或按类似废水及处理工艺的运行数据确定。

6.2.3 污泥浓缩设置及方式宜根据污泥量及污泥性质通过经济技术比较确定，当设置污泥浓缩池时，浓缩时间不宜小于 12h，可按 12h～24h 设计。

6.2.4 污泥脱水宜采用板框压滤机或箱式压滤机，过滤压力宜为 0.4MPa～0.8MPa；以剩余活性污泥为主且日污泥量较多时，宜采用一体化浓缩脱水机。

6.2.5 板框压滤机或箱式压滤机宜设压缩空气反吹系统。

6.2.6 含药污泥应按危险废物管理，宜采用焚烧法处置，并应符合国家现行有关安全标准的规定。

7 总体布置

7.1 一般规定

7.1.1 废水处理站的位置，应根据实际情况，经技术经济和安全比较后确定，应符合相关安全技术规范要求。

7.1.2 废水处理站宜在排放车间的下游，应符合安全防护距离，废水宜重力流入废水处理站，废水需要提升时，应采用集水池设液位控制自动提升。

7.1.3 废水处理站应设事故水池，事故水池有效容积不应小于正常情况下一个生产周期的废水量。

7.1.4 站区不应受洪涝影响，防洪标准应与厂区相同。

7.1.5 站区的规划应与厂区发展规划相协调，厂区面积应有扩建的可能。

7.2 平面布置及建（构）筑物设置

7.2.1 进行站内布置时，应综合地形、地质、风向等综合因素及施工安装、维护要求。

7.2.2 站内平面布置应符合现行国家标准《工业企业总平面设计规范》GB 50187 和《厂矿道路设计规范》GBJ 22 的有关规定。

7.2.3 建筑物及设施的间距应相对集中、紧凑，应减少占地，通道的设置宜方便药剂和污泥的运输。

7.2.4 寒冷地区构筑物、室外管道及装置应采取防冻措施。

7.2.5 各种水池、贮槽应根据其储存介质按国家现行有关防腐、防渗漏标准的规定进行防腐蚀、防渗漏处理。

7.2.6 废水处理站宜设化验室，并宜配备常规的分析仪器。

7.3 检测和控制

7.3.1 废水处理站应进行检测和控制，并应保障废水处理系统安全、稳定运行。

7.3.2 废水处理站各处理单元宜设置生产控制、运行管理所需的监测和检测仪表，控制水平应根据工程规模、工艺复杂程度等因素确定。

本规范用词说明

1 为便于在执行本规范条文时区别对待，对要求严格程度不同的用词说明如下：

1）表示很严格，非这样做不可的：

正面词采用“必须”，反面词采用“严禁”；

2）表示严格，在正常情况下均应这样做的

正面词采用“应”，反面词采用“不应”或“不得”；

3）表示允许稍有选择，在条件许可时首先应这样做的：

正面词采用“宜”，反面词采用“不宜”；

4）表示有选择，在一定条件下可以这样做的，采用“可”。

2 条文中指明应按其他有关标准执行的写法为：“应符合……的规定”或“应按……执行”。

引用标准名录

《工业企业总平面设计规范》GB 50187

《厂矿道路设计规范》GBJ 22

《污水综合排放标准》GB 8978

中华人民共和国国家标准

弹药装药废水处理设计规范

GB 50816—2012

条 文 说 明

制 订 说 明

《弹药装药废水处理设计规范》GB 50816—2012，经住房和城乡建设部2012年10月11日以第1490公告批准发布。

本规范编制过程中，编制组进行了广泛而深入的调查研究，结合国内外现有治理技术研究进展，进行归纳、优化，提倡采用新技术、新设备、新工艺，总结了我国弹药装药废水处理设计中的实践经验，同时参照我国现行标准《兵器工业水污染物排放标准　弹药装药》和实际情况。

为便于设计、施工、科研、学校等单位有关人员在使用本规范时能正确理解和执行条文规定，《弹药装药废水处理设计规范》编写组按章、节、条顺序编制了本规范的条文说明，供使用者参考。但是，本条文说明不具备与规范正文同等的法律效力，仅供使用者作为理解和把握规范规定的参考。

目　次

1 总 则

1.0.1 本条阐明了编制本规范的宗旨及目的。

为了保持弹药装药工业可持续发展，落实科学发展观，无论从污染治理还是节约用水，都对废水处理与回用的工程设计提出了更高的要求，本规范的制定力求使弹药装药废水处理设计符合国家的有关法律、法规，达到减缓环境污染和保护环境、节约水资源的目的。

同时本规范的制定旨在提高弹药装药废水处理工艺、实施设计的完整性、安全性、可靠性、先进性、经济合理性和科学生产管理。

1.0.2 规定了本规范的适用范围：适用于新建、扩建和改建的弹药装药企业工业废水处理设计。

1.0.3 规定了弹药装药废水处理工程设计依据：设计应符合国家的基本建设方针，选择合适的处理工艺，保证运行安全可靠、技术先进、经济合理。同时规定了设计采用新技术、新工艺、新设备和新材料应遵循的主要原则。

为确保废水处理工艺和设施安全可靠、经济合理、连续稳定地运行，作为技术进步的主要目标，一些新设备、新工艺、新材料在不断涌现，有些新设备、新工艺、新材料是经过实践检验的，是可靠的，可用于实际工程应用；而有些新设备、新工艺、新材料尚未经过工程检验，实际采用时应慎重。随着科学技术的发展，一些新设备、新工艺、新材料还会不断涌现。为此，本规范鼓励积极地、慎重地采用经过科学鉴定，具有占地少、能耗低、成本少、操作管理方便的新设备、新工艺、新材料。

1.0.4 大多数弹药装药企业生产的是多种产品，使用的药剂种类较多，排出的废水水量、水质变化大。同时，一些新的药剂品种不断涌现，这些物质大多是有毒有害物质，处理难度较大，有些新的药剂废水尚无成熟的处理经验，故强调在无成熟经验时，应通过小试或中试确定处理工艺及参数。

1.0.5 随着国家城市化、工业化进程的加剧，对我国的水环境造成了巨大的压力，水资源短缺加之用水效率偏低，工业废水大量排放、水体环境日趋恶化，加剧了水资源的供需矛盾。因此，我国将废水治理及回用作为一项基本国策，高度重视工程实施的科学性，设计阶段充分体现节能降耗、节水减排的原则，在经济技术合理时应尽可能做到废水回用，提高水资源利用效率，减少污染物排放。

1.0.6 由于弹药装药企业大多生产的产品种类多，同时一些新的药剂不断出现，导致排放的废水水质复杂，水质水量差异大，因此建议必要时可采用分级或分质处理。不适合合并处理时，宜分质处理。当采用一级处理不能满足排放要求时，应采用多级处理，处理后的水质应达到国家、行业和地方标准。

1.0.7 弹药装药废水设计规范明确提出了在设计时还需同时执行国家颁布的有关标准、规范的规定，如《室外排水设计规范》GB 50014 中已经有规定的、共性的条文。同时废水处理是一门交叉学科，在设计中还会涉及其他专业的技术问题，如总图布置、防火防爆、道路交通、安全环保等，应按国家现行的有关标准、规范执行。

在地震、湿陷性黄土、多年冻土以及其他地质特殊地区设计废水处理工程时，还应满足现行的有关规范和规定。

3 处理水量、水质

3.1 水量的计算

3.1.1 给出了弹药装药生产过程中各类废水的计算方法及最高限额。

1 为了正确地确定生产废水量，应对各车间每班生产情况、工房冲洗规律进行分析，计算出各车间每班用水量，用水量应严格执行用水限额。

2 规定了洗衣房的洗衣废水收集范围及用水限额。

3 提出了除尘排水的水量确定方法。

5 未预见废水量是指设计时未考虑或不能确定的废水量，包括渗漏水等。

6 提出了废水处理站自用水量计算方法，在无法确定的情况下，可按处理水量的5%～10%考虑。

3.1.2 对废水处理单元、设备设计流量作了界定。

3.2 设 计 水 质

3.2.1 由于各车间（装置）排出的废水量、废水水质不同，需按各车间（装置）平均时污水量和污水水质加权平均计算确定，为使废水水质更符合实际，有同类企业的可参照同类企业污水水质确定。

3.2.2 提出了污水处理各处理单元的进水水质确定原则。

3.2.3 规定了沉药池的最小沉淀时间及清淘周期。

4 废 水 处 理

4.1 一 般 规 定

4.1.1 提出了处理工艺选用原则。

4.1.2 确定了废水处理常用的基本工艺及选用原则。

目前国内部分弹药装药企业废水处理方法统计如表1所示。

美国大多数陆军弹药厂弹药装填、组装和包装以及冲洗和非军事化操作产生的废水也主要采用颗粒活性炭吸附处理，正从事的方法研究主要有：

1）粒状活性炭（GAC）嗜热（生物）处理技术（生物破坏）；

表1 国内部分弹药装药企业废水处理方法统计

主处理工艺	厂家数量	占统计厂家比例
厌氧生物处理	2	15.38%
好氧生物处理	1	7.69%
厌氧—好氧	1	7.69%
沉淀—过滤—生化	1	7.69%
沉淀或沉淀—过滤	3	23.08%
过滤—吸附或沉淀—吸附	5	38.46%

2）FENTON化学处理技术（化学破坏）；

3）电解系统处理技术（电解氧化）；

4）流化床生物反应器处理技术（生物破坏）。

活性炭嗜热处理技术主要侧重于吸附饱和后活性炭的再生处理，采用碱性水解后加生物处理技术对活性炭进行再生；流化床生物反应器主要为生物炭技术，用活性炭作载体进行生物处理。

目前上述方法也大多处于研究验证阶段。

4.2 预 处 理

4.2.1 本条规定了粗、细格栅的间隙大小及设置原则。

4.2.2 本条规定了调节池的设置原则，根据弹药装药企业特点，废水排放水质、水量变化很大，为保证后续处理单元处理效果及稳定运行，宜在处理工艺前端设置废水调节池。调节池的大小可根据具体生产情况或参照同类企业确定，一般调节池容积多在12h～24h之间，均质池在8h～12h之间。同时为防止悬浮物沉淀，宜设空气搅拌设施。

4.3 物 化 处 理

4.3.1 本条提出了混凝剂、助凝剂的品种及用量应结合实际综合考虑选择，以及混合方式选用原则。

4.3.2 本条规定了沉淀池水下设备的设计原则，一般应进行防腐处理或选用耐腐蚀材质（设备）。同时提出了沉淀池的设计参数及确定原则。

4.3.3 本条说明如下：

1 影响滤池或过滤器型式选择的因素很多，主要取决于生产规模、出水水质，应结合具体情况经技术经济比较后确定。

2 规定了滤池或过滤器的一般滤速选择范围。

3 规定了滤池或过滤器的工作周期。

4 滤池或过滤器的设置台数，主要考虑反冲洗时应满足强制滤速的要求和检修时的要求。

5 提出了一般滤料种类及选择原则。

4.3.4 本条说明如下：

1 提出了吸附器的设计参数。

2 提出了常用吸附剂种类，一般应选择具有吸附性能好、中孔发达、机械强度高、化学性能稳定、再生性能好的吸附剂。

4 规定了吸附剂吸附饱和后的处置原则，确保含有废药的吸附剂不会造成二次污染。本款为强制性条文，必须严格执行。

4.4 厌氧生物处理

4.4.1 本条说明如下：

1 提出了厌氧生物处理工艺选用原则，一般厌氧生物处理工艺有水解酸化、UASB、厌氧生物滤池、折流板厌氧反应器等，具体选择何种工艺应根据具体情况经技术比较后确定，弹药装药废水厌氧工艺宜选用水解酸化或上流式厌氧污泥床工艺。

3 由于弹药装药废水排放的不确定性，厌氧反应器应储存一定量污泥以备补加。

4 虽然弹药装药废水浓度较低，厌氧产生的沼气量非常有限，但考虑到一些残留废药的危险性，产生的沼气也要求妥善处置，并符合相关安全规范要求。

5 提出了废水进行生物处理时，营养物质的补加种类及补加量原则上应通过试验确定，当缺乏相关实验时，可按本条规定范围投加。

4.4.2 本条说明如下：

1 水解酸化反应器通常是通过控制水力停留时间来控制废水的水解酸化过程。水解酸化时间应通过试验确定，当缺乏相关资料时，可参照本条取值。

2、3 提出了水解酸化反应器进出水系统设计应遵循的原则。

4.4.3 本条说明如下：

1 通用说明。

2 研究表明，在有机物浓度较低时，反应区容积计算主要取决于水力停留时间。

3 考虑到弹药装药废水有机物浓度较低，为保证上流式厌氧床反应器的一定量的活性污泥量及去除效果，反应区宜装一定量填料，以增加生物量。

4 本条对上流式厌氧污泥床反应器的设计原则作了一般原则要求。

4.5 好氧生物处理

4.5.1 本条针对弹药装药废水的特性，好氧生物处理工艺宜采用接触氧化工艺或序批式活性污泥工艺，从减少占地考虑，本规范不提倡采用氧化塘法，除非自然条件允许。

4.5.2 本条说明如下：

1 本条规定了生物接触氧化池填料容积的取值及计算方法，计算结果应为填料体积。

2 考虑到填料的承压、安装及放空时填料的支撑强度等因素，以及氧利用率方面的考虑，本条对填料的安装高度提出了限制要求。

3 鉴于弹药装药废水的单一性，进行生物处理时，应补加必要的营养物质。

4 本条对供气量及其计算原则进行了规定。

5 对生物接触氧化池进出水方式、放空进行了规定。

4.5.3 本条说明如下：

1 本条给出了 SBR 工艺不同设计要求下的污泥负荷取值原则。

2 考虑到 SBR 反应池属序批式运行，并考虑到维修情况，规定 SBR 反应池的数量不宜少于 2 组。

3 本条从布置、占地、排水情况、防止短流等方面对 SBR 反应池作了一些原则性规定。

4 对反应池曝气强度提出了要求，除应满足生物好氧反应需求外，还应满足搅拌要求，防止活性污泥沉淀。

5 对反应池排水设备的选用提出了建议，事故排水装置主要是考虑到滗水器故障时的应急排水。同时，为保障排水水质，防止活性污泥大量流失，对滗水器的正常排水速率也进行了限制。

6 采用自动程序控制主要考虑到 SBR 反应是周期性的简单重复过程，操作烦琐，自动控制容易实现。

4.5.4 本条提出了当废水需要进行脱氮处理时，应选择具有相应脱氮功能的生物处理工艺，同时要求设计参数应满足脱氮要求。

5 回 用 处 理

5.0.1 本条规定了回用水的水质应满足回用水使用要求。

5.0.2 规定了回用水管道设计原则及供水保障措施要求。

5.0.3、5.0.4 明确提出了明装回用水管应与其他管子有明显区别，并严禁与生活饮用水管道连接，同时规定应消毒后使用，达到严格区分回用水管与生活饮用水管的目的。本条为强制性条文，必须严格执行。

6 污泥及废吸附剂的处理

6.1 一 般 规 定

6.1.1 规定了弹药装药污水处理产生的废药及含药废物的管理原则。

6.1.2 本条要求清理产生的废药及含药废物的滴滤污水应进行再处理，避免产生污染。

6.1.3 本条规定了废吸收剂的处置原则。

6.2 污 泥 处 理

6.2.1 提出了污泥处理应遵循的“三原则”：减量化、稳定化、无害化。

6.2.2 提出了污泥产生量的确定原则。

6.2.3 提出了污泥浓缩池的设置原则及方式，并对浓缩时间进行了限制。

6.2.4 化学无机污泥大多颗粒细小，建议脱水采用板框压滤机或箱式压滤机，当以生物污泥为主且日产生量较多时，建议采用一体化浓缩脱水机。

7 总 体 布 置

7.1 一 般 规 定

7.1.1～7.1.4 厂址选择是否合理涉及整个工程的合理性，对工程投资、管理、运行维护影响较大，本条对厂址的选择提出了应遵循的一般原则。

7.2 平面布置及建（构）筑物设置

7.2.1 提出了站内布置应综合考虑的一些因素，应根据工艺流程，结合自然条件并考虑今后的发展进行规划、布置。

7.2.2 本条提出了平面布置应符合相关防火、安防要求。

7.2.3 按功能分区集中布置，有利于管线布置并减少占地面积。

7.3 检测和控制

7.3.1 提出了污水处理站检测和控制的目的。

7.3.2 关于废水处理站控制系统设计原则的规定。

中华人民共和国国家标准

煤炭工业环境保护设计规范

Code for design of environmental protection in coal industry

GB 50821—2012

主编部门：中 国 煤 炭 建 设 协 会
批准部门：中华人民共和国住房和城乡建设部
施行日期：2 0 1 2 年 1 2 月 1 日

中华人民共和国住房和城乡建设部
公　告

第1488号

住房城乡建设部关于发布国家标准《煤炭工业环境保护设计规范》的公告

现批准《煤炭工业环境保护设计规范》为国家标准，编号为GB 50821—2012，自2012年12月1日起实施。其中，第1.0.3、1.0.4、1.0.5（2）、2.1.1、2.2.4（2）、3.3.8、3.3.9（3）、4.2.11、4.2.12条（款）为强制性条文，必须严格执行。

本规范由我部标准定额研究所组织中国计划出版社出版发行。

中华人民共和国住房和城乡建设部

2012年10月11日

前　言

本规范是根据原建设部《关于印发〈2005年工程建设标准规范制订、修订计划（第二批）〉的通知》（建标函〔2005〕124号）的要求，由中国煤炭建设协会勘察设计委员会和中煤西安设计工程有限责任公司会同有关单位共同编制完成。

本规范在编制过程中，编制组开展了专题研究，进行了比较广泛的调查和收集资料，结合国家环境保护法律、法规的要求和煤炭行业环境保护工程建设的实践经验，借鉴了国内其他行业环境保护的相关规范、标准，并在全国范围内广泛征求了有关单位的意见，经反复讨论、修改，最后经审查定稿。

本规范共分5章，主要内容包括：总则、选址与总体布局、生态保护、环境污染防治、环境保护管理与监测。

本规范中以黑体字标志的条文为强制性条文，必须严格执行。

本规范由住房和城乡建设部负责管理和对强制性条文的解释，由中国煤炭建设协会勘察设计委员会负责日常管理，由中煤西安设计工程有限责任公司负责具体技术内容的解释。在规范执行过程中，请各单位结合工程实践，认真总结经验，如有需要修改或补充的意见和建议，请将意见和建议及相关资料寄至中煤西安设计工程有限责任公司（地址：陕西省西安市雁塔路北段64号，邮政编码：710054），以供今后修订时参考。

本规范主编单位： 中国煤炭建设协会勘察设计委员会
中煤西安设计工程有限责任公司

本规范参编单位： 煤炭工业合肥设计研究院
中煤邯郸设计工程有限责任公司
煤炭工业济南设计研究院有限公司
中煤国际工程集团北京华宇工程有限公司
煤炭工业太原设计研究院
中煤科工集团沈阳设计研究院

本规范主要起草人员： 何　山　张　宏　郑修清　张永民　刘珉瑛　王亚平　肖　波　周　鹏　闫红新　袁存忠　王　斌　董金岳　张铁军

本规范主要审查人员： 毕孔耜　刘　毅　鲍巍超　麦方代　祝怡红　宋恩民　马东生　赵　民　陈锦如　殷同伟　刘海珠　牛路明　李绍生

目　次

Contents

1 总　　则

1.0.1 为保证建设项目在规划和设计中贯彻执行环境保护的基本国策，统一煤炭工业环境保护设计的原则和技术要求，提高设计质量，制定本规范。

1.0.2 本规范适用于新建、改建、扩建、技术改造的矿井、露天矿、选煤厂、矿区机电设备修理厂等辅助附属企业，以及生活居住区设计、咨询各个阶段工作中的环境保护设计。

1.0.3 环境保护设计必须符合国家现行有关污染物排放的标准；在实施重点污染物排放总量控制的区域内，还必须符合重点污染物排放总量控制的要求。

1.0.4 改建、扩建和技术改造项目的环境保护设计，除必须治理新增工程各种污染外，还必须治理与该项目有关的原有环境污染和生态破坏。

1.0.5 环境保护设计应符合下列规定：

1 应贯穿于工程设计的各个阶段和全过程，并应涉及工程设计的各个专业。

2 必须做到环境保护设施与主体工程同时设计、同时施工、同时投产使用。

1.0.6 建设项目的初步设计应编制环境保护篇章，并应依据经批准的建设项目环境影响评价文件和水土保持方案报告书，在环境保护篇章中落实防治环境污染和生态破坏的措施以及环境保护设施投资概算。

1.0.7 煤炭工业环境保护的设计，除应符合本规范规定外，尚应符合国家现行有关标准的规定。

2 选址与总体布局

2.1 选　　址

2.1.1 煤炭建设项目的工业场地及附属设施，严禁建设在城市规划确定的生活居住区、文教区、水源保护区、风景游览区、自然保护区以及其他需要特别保护的区域内。

2.1.2 煤炭建设项目选址或选线，应对所处地区的地理、地形、地质、水文、气象、名胜古迹、城乡规划、土地利用、工农业布局、自然保护区现状及其发展规划等因素进行调查研究，并应在收集建设地区的大气、水体、土壤、生态等基本环境要素的背景资料的基础上进行技术、经济、环境和社会综合分析论证后制定出最佳的规划设计方案。

2.1.3 矿井、露天矿、选煤厂及矿区辅助附属企业中，排放有害气体的建设项目应布置在生活居住区全年最大风向频率（或主导风向）的下风侧；排放污、废水的建设项目的排污口应布置在当地集中生活饮用水水源的下游；排矸场、排土场、垃圾场和其他废渣堆置场应布置在工业区和居民生活区主导风向下风侧且距离不小于500m的地区；向周围环境排放噪声的建设项目应避开居住、医疗、文教等噪声敏感区域。

2.1.4 煤炭建设项目环境保护设施用地应与主体工程用地同时选定。

2.2 总 体 布 局

2.2.1 矿区和矿井、露天矿、选煤厂等建设项目的总图布置，宜在满足主体工程需要的前提下，将污染危害最大的设施布置在远离非污染设施的地段，并应合理地确定其余设施的相应位置。

2.2.2 露天矿的采掘场、排土场，矿井、选煤厂及矿区汽车修理厂、机电设备修理厂等各车间的总体布局，应符合下列规定：

1 产生有害气体、烟、雾、粉尘的车间，不宜布置在常年主导风向的同一轴线上。

2 无组织排放有害气体或颗粒状物质的生产区或车间的边界与生活居住区边界之间，应设大气环境防护距离，该距离的计算方法应按现行行业标准《环境影响评价技术导则　大气环境》HJ 2.2的有关规定执行。

2.2.3 在工业场地总平面布置时，应根据污染源合理确定建（构）筑物间距、卫生防护植物带的位置及宽度。

翻车机房、装车仓、受煤坑、储煤场、事故煤泥沉淀池、锅炉房等粉尘、废气源，应按全年风向频率布置在对工业场地污染最小的地点，与进风井口、提升机房、压缩空气站、变配电所、机电设备维修车间、办公楼、化验室等建筑的距离，应符合现行国家标准《煤炭工业矿井设计规范》GB 50215和《煤炭洗选工程设计规范》GB 50359有关总平面布置的规定。

2.2.4 临时排矸场的设置应符合下列规定：

1 应选择在便于运输、堆存和今后进行综合利用的地点。

2 临时排矸场不得设置在饮用水水源地保护范围内，不得影响农田水利设施。

3 当沿沟谷、山坡排弃矸石时，应防止滑坡等地质灾害发生。

4 排矸场的位置应按全年风向频率布置在对工业场地和居民区污染影响较小的地点。排矸场边界与集中居民区的距离不宜小于500m。

2.2.5 工业场地的总平面布置应在满足工艺流程与生产运输的前提下，结合功能与工艺要求进行合理分区，并宜发挥建（构）筑物的屏蔽与缓冲作用，以及绿化的吸声与隔声作用。

2.2.6 矿井、露天矿、选煤厂及矿区辅助附属企业工业场地的竖向布置，应充分利用地形、地物隔挡噪声；主要噪声源宜低位布置，噪声敏感区宜布置在自然屏障的声影区中。

2.2.7 交通运输线路设计时，应符合下列规定：

1 不宜穿过人员稠密区。

2 在生活区及其他噪声敏感区中布置道路宜采用尽端式布置。

3 铁路站场的设置应充分利用周围的建（构）筑物隔声。

4 铁路专用线边界噪声值可按现行国家标准《铁路边界噪声限值及其测量方法》GB 12525 的有关规定执行。

3 生态保护

3.1 一般规定

3.1.1 煤炭项目的建设和开采应节约和保护土地资源。在建设期、开采期以及开采结束后，应对因采掘、排土、排矸、建设等活动破坏的土地进行沉陷区防治和土地复垦，并应采取场地绿化和水土保持措施。对受采煤影响严重的村庄居民或其他建（构）筑物应实施搬迁安置或采取其他保护措施。

3.1.2 土地复垦和水土保持设计应符合下列原则：

1 土地复垦规划应与区域土地利用总体规划相协调，水土保持规划应与流域、区域水土保持规划相统一。当复垦区、治理区在城市规划区内时，还应符合城市规划。

2 应与环境污染防治工程相结合，环境效益与社会效益相统一。

3 应与开采、剥离、运输、排土、排矸等生产环节工艺统筹设计，并应纳入煤矿生产统一管理。

4 水土保持措施设计应贯彻“预防为主，全面规划，综合防治，因地制宜，加强管理，注重效益”的方针，并应做到植物措施与工程措施相结合、人工营造与天然植被封育相结合。

5 土地复垦设计应坚持“科学规划、因地制宜、综合治理、经济可行、合理利用”的原则。

3.2 土地复垦

3.2.1 复垦工程设计应明确复垦工程的对象（包括位置、范围、面积、特征等）、达到矿区总体规划目标的工艺流程、工艺措施、机械设备选择、材料消耗、劳动用工等指标，以及实施计划安排、资金预算。

3.2.2 煤炭建设项目应对采掘场、排土场、排矸场、沉陷区以及工业场地、道路施工等临时用地进行全面复垦，并应根据生产建设进度统一规划、合理确定各阶段土地复垦的目标和任务，同时应按期统筹实施。

3.2.3 复垦土地的用途应根据复垦的原则、自然条件以及土地损毁状态确定。复垦后的土地宜用于农业。

3.2.4 矿井和露天矿需进行土地复垦的各类场地，经复垦后用于不同用途的土地质量应符合国家现行有关土地复垦标准的规定。

3.2.5 露天矿宜先单独剥离表土，剥离的厚度应根据赋存条件和后期覆土用量确定。剥离的表土应采取妥善存放的措施。

3.2.6 表土运输宜采用机械搬运。当运距较远、水源丰富或用来改造矿区附近的贫瘠土地时，也可采用泥浆法搬运表土。

3.2.7 表土覆盖厚度应根据当地土质情况、气候条件、复垦土地用途以及土源量确定，其厚度应满足复垦要求。表土覆盖经平整后宜进行土壤改良。

3.2.8 露天矿复垦工程设备应与生产设备同时选定，并应与采、剥、运、排设备协调一致。复垦设备的选型和数量应根据复垦工程量、覆盖土的运距确定。

3.2.9 采用矸石充填沉陷区、井田支沟或低洼地的复垦方式，应根据排矸工艺、回填后的土地用途等综合确定。回填用于建筑场地时，应根据建筑物的类型选择合理的地基处理方法和施工工艺，充填物的含碳量不宜大于12%，含硫量不宜大于1.5%，当达不到要求时应采取防自燃措施。

3.3 水土保持

3.3.1 煤炭建设项目水土流失防治责任范围应包括项目建设区和直接影响区。

3.3.2 煤炭建设项目水土保持设计，应达到下列防治水土流失的基本目标：

1 项目建设区的原有水土流失得到基本治理。

2 新增水土流失得到有效控制。

3 生态得到最大限度的保护，环境得到明显改善。

4 水土保持设施安全有效。

5 扰动土地整治率、水土流失总治理度、土壤流失控制比、拦渣率、林草植被恢复率、林草覆盖率等指标，应达到现行国家标准《开发建设项目水土流失防治标准》GB 50434 中相应等级指标值的规定。

3.3.3 防治水土流失应在充分调查项目区的地形地貌、气候条件、植被类型及覆盖率、水土流失现状等的基础上，根据项目所处的水土流失类型区，结合建设项目的工程特征以及防护要求，采取相应的工程措施和植物措施。

3.3.4 工程防护措施可包括拦渣工程、斜坡防护工程、防洪排导工程、降水蓄渗工程、防风固沙工程、土地整治工程、临时防护工程等。防治水土流失应根据环境条件和项目建设特征采取适宜的防护措施，并应分阶段进行设计，设计内容和要求应符合现行国家标准《开发建设项目水土保持技术规范》GB 50433 的有关规定。

3.3.5 植物防护可采取种草、造林等措施。项目建设的下列区域，宜进行植被恢复工程：

1 稳定性较好的开挖破损面、堆弃面、占压破损面及边坡。

2 工程建设不再使用的取土（料）场、弃土（渣）场以及临时占地。

3 项目区适宜种植林草的裸露地。

3.3.6 项目建设应保护原地表植被、表土及结皮层。施工迹地应及时进行土地整治。

3.3.7 建设项目的施工组织设计应符合下列规定：

1 应合理安排施工、减少土方开挖量和废弃量。

2 应合理安排施工进度与时序、减少施工扰动区域裸露面积和裸露时间。

3 应合理调配土石方、防止重复开挖和土（石、渣）多次倒运。

3.3.8 煤炭建设项目在施工过程中必须采取临时防护措施。开挖、排弃、堆垫的场地必须采取拦挡、护坡、截排水以及其他整治措施。

3.3.9 弃土（石、渣）应综合利用，不能利用时应妥善处置，并应符合下列要求：

1 应有专门的存放地，并宜选荒沟、洼地作为弃土（石、渣）场。

2 弃土（石、渣）场应按“先拦后弃”的原则采取拦挡措施，并应及时采取植物措施。

3 弃土（石、渣）场不得布设在江河、湖泊、建成水库及河道管理范围内。

3.4 开采沉陷防治

3.4.1 对矿井开采沉陷，应根据开采沉陷预测结果和沉陷区环境条件进行防治。开采沉陷的预计和防治可按国家现行有关建筑物、水体、铁路及主要井巷煤柱留设与压煤开采的规定执行。

3.4.2 矿区范围内需留煤柱保护的重要保护目标及保护等级，应按国家现行有关建筑物、水体、铁路及主要井巷煤柱留设与压煤开采的规定执行。

3.4.3 当开采沉陷影响农业耕种、居民生活和自然生态景观时，应根据国家及行业有关环境保护和土地复垦规定，结合当地土地利用规划和矿区具体情况，制定沉陷区综合防治规划。

3.4.4 煤炭开采后对于出现沉陷区地表积水的情形，应根据当地条件、积水程度，因地制宜地采取保留水面、挖深垫浅、填平补齐或综合整治等复垦措施。

3.4.5 开采沉陷引起地面建（构）筑物破坏时，应根据其破坏程度、重要程度、规模大小及压占资源量的情况，在综合分析社会、技术经济等因素的前提下，确定最优防治对策。当采用采前加固、采后维修、就地重建抗变形结构房屋及保护性开采等防治措施仍不能确保地面建（构）筑物正常、安全使用时，应采取搬迁或留保护煤柱措施。

3.4.6 开采沉陷影响矿区铁路专用线、过境低等级铁路支线等正常、安全运行时，可采取起垫路基、调整坡度、调整轨缝和轨距、加宽或加高路基、限制行车速度、加强巡视观测等措施，也可采取保护性开采措施。

3.4.7 开采沉陷影响矿区道路、过境低等级公路等正常运行时，可采取垫高路基、维修路面等措施，也可采取保护性开采措施。

3.4.8 开采沉陷影响矿区自用或过境低等级输电及通信线路、矿区给排水地下管线等正常运行，以及影响地表水体及水利基础设施时，应根据具体情况采取保护性开采或其他保护措施。

3.4.9 对开采沉陷引起地表出现的塌陷坑、台阶式裂缝及可视较大裂缝，应及时采取防治措施。

3.4.10 开采沉陷加剧或造成水土流失和土地荒漠化时，应采取水土保持和荒漠化防治措施。

3.5 绿　　化

3.5.1 绿化设计应纳入到项目的环境保护设计中，并应按设计施工。

3.5.2 矿区绿地规划应符合下列要求：

1 应与国家有关用地政策和土地利用总体规划相协调。

2 应与当地农林和环境保护等部门的发展规划及生态功能区划相协调。

3 应与矿区开发规划结合，并应根据煤炭企业的规划、规模及当地自然环境条件，设置企业本身必要的防护林带、绿地、矿区公园等集中绿化区；对由行政、文教、卫生、医疗设施及居住区组成的矿区中心区，应按现行国家标准《城市居住区规划设计规范》GB 50180 的有关规定执行。

3.5.3 绿化设计应因地制宜，并应符合实用、经济、美观的原则，宜保留施工现场有价值的大乔木及移植珍贵幼树；改建、扩建项目宜保留已有的绿地和树木，不宜随意占用原规划的绿地，当需要占用时，可采用垂直绿化等方法弥补减少的绿地面积。

3.5.4 煤炭建设项目的工业场地绿化占地系数，除应符合现行国家标准《煤炭工业矿井设计规范》GB 50215和《煤炭工业露天矿设计规范》GB 50197 的有关规定外，还应与国家及地方有关部门的用地政策、规定相协调。

3.5.5 工业场地的绿地布置，应符合煤炭建设项目总体规划要求，并应结合总平面布置、竖向布置、土方施工、综合管网布设进行全面规划，同时应分期实施。

3.5.6 树种、花卉选择应根据企业性质、环境保护及厂容、景观的要求，结合当地自然环境条件、植物生态习性、抗污性能和苗木来源，确定各类适地植物的比例与配置方式。

3.5.7 工业场地内不同区域的绿化布置方式和树种

选择，可按现行国家标准《工业企业总平面设计规范》GB 50187 的有关规定执行，并应对下列地段重点进行绿化布置：

1 生产管理区、进厂主干道及主要出入口。

2 洁净度要求较高的生产车间装置及建筑物周围。

3 散发有害气体、粉尘及产生高噪声的生产车间、装置及堆场周围。

4 易受雨水冲刷的地段。

5 厂区生活服务设施周围。

3.5.8 树木的种植不得影响建筑物的采光和通风。树木与建（构）筑物及地下管线的最小间距，应符合现行国家标准《工业企业总平面设计规范》GB 50187 的有关规定。

3.6 搬迁与安置

3.6.1 露天矿实施剥采前，应对首采区初始拉沟区域所涉及的所有村庄居民或其他重要建（构）筑物实施搬迁安置，其他区域或采区应依据剥采计划提前完成搬迁安置。

3.6.2 矿井对地面建（构）筑物的影响破坏程度，应根据地下开采地表移动与变形预测值确定。当开采破坏达到严重影响地面建（构）筑物的使用安全时，应根据当地的社会经济情况、压占资源量、村庄规模以及建（构）筑物的重要程度等综合分析确定留煤柱保护或搬迁。首采区内的首采工作面所涉及的地面建（构）筑物等应在投产前实施搬迁安置，其他工作面或采区（盘区）应依据开采计划提前完成搬迁安置。

3.6.3 搬迁安置地的选址应符合当地土地利用规划、城镇建设规划、新农村建设规划，并应具备建设地面建（构）筑物的自然地形条件和配套建设保证居民正常生活的水、电、路、通信及其他生活服务设施的条件。

4 环境污染防治

4.1 大气污染防治

4.1.1 煤炭建设项目防治大气污染应包括对煤炭、矸石或剥离物等物料加工、储、装、运过程中产生的煤尘、粉尘，以及锅炉、各种炉窑排放的烟气、烟尘等可能对大气环境造成污染的排放源进行治理的工程设计。

4.1.2 在各类区域中，锅炉应符合现行国家标准《锅炉大气污染物排放标准》GB 13271 的有关规定，各类炉窑应符合现行国家标准《工业炉窑大气污染物排放标准》GB 9078 的有关规定。

4.1.3 新建项目应实现集中供热，改建、扩建项目也应逐步实现联片供热。

4.1.4 新建、改建和扩建的点源烟囱或排气筒的最低高度，应符合现行国家标准《锅炉大气污染物排放标准》GB 13271 或《工业炉窑大气污染物排放标准》GB 9078 的有关规定。烟囱出口处的烟速不得低于该高度处平均风速的 1.5 倍。

4.1.5 工业场地和生活居住区的供热锅炉，应根据建设项目所在地环境保护主管部门批准的污染物排放总量控制指标及燃料情况，采用满足环境保护要求的消烟除尘及减少其他有害气体的净化装置或措施。

4.1.6 在煤炭储、装、运、破碎及筛分过程中宜采用产尘较少的封闭式作业工艺，并应在操作区设置抑尘设施，同时应减少敞开式操作。在其他干物料的储、装、运系统中，也应采取相应的抑尘措施。

生产作业区或车间向外环境无组织排放的粉尘浓度，以及通过除尘系统向室外排放的粉尘浓度控制，应符合现行国家标准《煤炭工业污染物排放标准》GB 20426 的有关规定。

4.1.7 露天储煤场内应设置洒水、喷雾等抑尘和防止自燃设施，其周围应设置防风抑尘设施。在强风干燥地区不宜采用露天储煤场。

4.1.8 排矸场和排土场宜设置防止粉尘污染的设施。当矸石有自燃倾向时，应采取分类堆放、覆盖黄土、碾压、浇灌石灰乳或喷洒抑尘剂等防止自燃措施；并可根据矸石性质采用可燃物、硫铁矿拣选工艺或其他处理措施。

4.1.9 露天矿采场应对作业区爆破、采装、运输等过程采取相应的大气污染防治措施，并应符合下列规定：

1 产生烟尘、粉尘和有害气体的设备应采取除尘净化措施。

2 爆破作业应采用无毒或少毒、少烟的炸药，并应采取向岩体注水、爆破区洒水、钻机采用湿式除尘或干湿结合除尘等综合防尘措施。

3 采用汽车运输的露天矿，应配置洒水车或其他洒水设备。采剥、排土作业区内道路应定时洒水抑尘，必要时可添加抑尘剂。

4 采场排放的污染物浓度控制应符合现行国家标准《煤炭工业污染物排放标准》GB 20426 的有关规定。

4.1.10 露天矿开采有自燃倾向的煤层时，应采取减少煤层的暴露体积和时间、增加开发强度、加强预测等防、灭火的措施。

4.1.11 煤炭洗选产生的煤泥宜回收利用，煤泥干化宜采用密闭设备。对露天煤泥晾干场和除尘装置所收集的粉尘，应采取防止二次污染的措施。

4.1.12 矿区汽车修理厂、机电设备修理厂及喷漆车间等相似类型的工厂、车间，应采取吸收、稳定、冷凝、密封、净化等措施。

4.2 水污染防治

4.2.1 煤炭建设项目污（废）水处理工程应根据水质、水量、用途，经过技术、经济、环境论证，确定最佳处理方法和处理工艺流程。

4.2.2 煤炭建设项目产生的污（废）水处理后应达到排放标准，并应符合当地环境保护主管部门规定的污染物排放总量控制指标。

4.2.3 污（废）水的输送应根据水质、水量、处理方法及用途要求等因素，通过综合比较，合理划分污（废）水的输送系统。

4.2.4 选煤厂应实现煤泥水厂内回收，洗水闭路循环不得外排，厂内的生产废水应收集并入煤泥水处理系统，并应统一净化后循环使用。选煤厂应设置事故水池，并宜用浓缩机代替事故水池，事故浓缩机宜与正常工作浓缩机同型号。

4.2.5 矿井井下排水、露天矿疏干排水及其他污（废）水应先进行处理，并应满足相应的回用水水质要求。经处理达标后的水宜根据水质分别作为煤炭洗选补充水、井下生产用水、井下消防用水、黄泥灌浆用水、电厂循环冷却水、绿化用水、道路洒水、农业灌溉用水、其他工业用水或生活用水加以利用；处理后的污（废）水应建立中水利用系统。

4.2.6 工业场地及生活居住区应设置完善的生产、生活污水与雨水分流制排水系统。污水处理工艺应根据当地接纳水体的实际情况和环境保护的要求，因地制宜地经过多方案论证确定。污泥处理应与污水处理同步实施。

4.2.7 煤炭建设项目的生产废水和生活污水原水水质应按实际监测数据或类比数据确定，当缺乏资料时，可按现行国家标准《煤炭工业给水排水设计规范》GB 50810—2012 的有关规定设计。

4.2.8 矿区机电设备修理厂、汽车修理厂等应设置含油污水处理设施。

4.2.9 污、废水处理工艺应选取高效、无毒、低毒的水处理药剂。

4.2.10 经常受有害物质污染的装置、作业场所的墙壁和地面的冲洗水以及受污染的雨水，应排入相应的废水管网，并应经处理达标后再外排。

4.2.11 输送有毒、有害或含有腐蚀性物质的废水的沟渠、地下管线检查井等，必须采取防渗漏和防腐蚀的措施。

4.2.12 有毒、有害废水严禁采用渗井、渗坑、废矿井或用净水稀释等方式排放。

4.3 固体废物处置及治理

4.3.1 煤炭建设项目的固体废物处置及治理应包括矿井、选煤厂排出的煤矸石和洗选煤泥，露天矿排出的剥离物，辅助、附属企业及其他相关企业排出的锅炉、窑炉灰渣和其他工业垃圾，以及工业场地、生活区排出的生活垃圾等固体废物。

4.3.2 煤炭建设项目的固体废物宜作为二次资源进行综合利用，必须排放时应采取防止造成二次污染的措施，并应符合现行国家标准《煤炭工业污染物排放标准》GB 20426 和《一般工业固体废物贮存、处置场污染防治标准》GB 18599 的有关规定。

4.3.3 新建、扩建的矿井基建期的矸石宜用于填筑公路、铁路的路基，填垫工业场地、铁路护坡或水土保持工程等；生产期的矸石宜进行综合利用。

4.3.4 在利用煤矸石作低热值燃料、生产建筑材料和提取化工产品时，应防止产生二次污染。综合利用过程中排放的烟尘、有害气体、废渣、废水应满足国家或地方的有关排放标准的要求。

4.3.5 对热值很低、不易自燃而又无其他利用价值的矸石的处置，应进行统一规划，宜用于回填沉陷区、采空区、露天矿坑和山沟。对不易风化的中硬以上的矸石，可用作铁路、公路的路基材料。

4.3.6 露天矿选煤矸石宜与剥离物一起堆放在排土场，其排放应满足工艺、环境保护、水土保持和安全的要求。

4.3.7 对排矸场或排土场是否采取防止污染水体的措施，应根据矸石淋溶试验结果确定。对有自燃危险倾向的排矸场或排土场，应按本规范第 4.1.8 条的规定采取相应的防自燃措施。

4.3.8 锅炉、窑炉的灰渣及其他工业固体废物应进行利用，当不能利用必须堆放时，应通过浸出试验确定其性质，并应采取相应的防污染措施。

4.3.9 对含有天然放射性元素的矸石及废渣，当放射性大于 1×10^{-7} Ci/kg 时，应按放射性废物处理，并应符合现行国家标准《辐射防护规定》GB 8703 的有关规定。

4.3.10 生活垃圾的处置及治理应按减量化、资源化、无害化的原则，加强对生活垃圾产生的全过程管理。生活垃圾的收集、运输、处置应统一规划、设计，不得排至排矸场或排土场，并应根据居住区的规模设置相应的卫生设施。

4.3.11 居民区应设置生活垃圾收集点或收集站。生活垃圾日排出量的确定和收集点（站）的规模、数量、服务半径以及布置，应符合现行行业标准《城镇环境卫生设施设置标准》CJJ 27 的有关规定，并应设置绿化带。

4.3.12 有条件的矿区可设垃圾集中处理场，场址应设在当地夏季主导风向的下风向、距居民区至少 500m 以外的地区。垃圾处理场用地面积可按现行行业标准《城镇环境卫生设施设置标准》CJJ 27 的有关规定执行。生活垃圾的处理方式应根据矿区的条件确定。

4.4 噪声与振动防治

4.4.1 新建、改建和扩建的矿井、露天矿、选煤厂及矿区辅助附属生产设施，应进行噪声控制，并应符合现行国家标准《工业企业噪声控制设计规范》GBJ 87的有关规定。

4.4.2 向周围环境排放噪声的煤炭建设项目，其厂界噪声限值应符合现行国家标准《工业企业厂界环境噪声排放标准》GB 12348 的有关规定，厂界外区域的环境噪声应符合现行国家标准《声环境质量标准》GB 3096 的有关规定。

4.4.3 对生产过程和设备产生的噪声，应首先从声源上进行控制，应选择低噪声的工艺和设备；当仍达不到要求时，应采取隔声、消声、吸声、隔振以及综合控制等噪声控制措施。

4.4.4 噪声防治应对生产工艺、操作维修、降噪效果进行综合控制。

4.4.5 可将噪声局限于部分空间范围的场合，可采取隔声措施。对声源进行的隔声，可采用隔声罩的结构形式；对接受者进行的隔声，可采用隔声间（室）的结构形式；对噪声传播途径进行的隔声，可采用隔声屏障的结构形式。必要时也可同时采用隔声罩、隔声间（室）、隔声屏障等结构形式。

4.4.6 混响较强的车间应采取室内吸声减噪措施。

4.4.7 产生较强振动或冲击可引起固体声传播及振动辐射噪声的机械设备，应根据相应的噪声标准采取隔振降噪措施。当振动对操作者、机械设备运行或周围环境产生影响与干扰时，应按国家现行有关振动标准的规定进行隔振。

4.4.8 通风机、空气压缩机、鼓风机、引风机、破碎机、振动筛、泵类、过滤机、压滤机、运输机及落差较大的溜槽等煤矿以及选煤厂的高噪声设备，应采取消声、隔振、隔声、阻尼等综合降噪措施。

4.4.9 对影响露天矿采掘场周围工业和民用建筑物安全的生产爆破，应根据爆破作业环境和保护对象的类别，采取控制一次起爆药量等减振爆破措施。需要控制一次起爆炸药量部位的爆破，应提出采取减振措施的爆破设计。

4.4.10 爆破振动安全允许距离计算及爆破设计，应符合现行国家标准《爆破安全规程》GB 6722 的有关规定。

4.5 煤炭资源综合利用

4.5.1 煤炭项目建设应推广采用洁净煤技术，对煤炭及相关资源的加工、转化、综合利用和煤炭企业的多种经营应进行全面规划、合理安排。

4.5.2 在煤炭资源勘查和开采中，对具有开发利用价值的共生、伴生矿应统一规划，并应综合勘探、评价、开采、利用。在确定主采煤类开采方案的同时应提出可行的共生、伴生矿回收利用方案。

4.5.3 生产动力煤的煤矿，可根据煤炭的质量和用途，在有条件时建设动力配煤生产线，发展水煤浆技术，以及发展和推广工业型煤和民用型煤等煤炭加工方式。

4.5.4 对劣质烟煤、低质褐煤、洗中煤、石煤、煤矸石、煤泥等低质煤，应因地制宜地加以利用，供发电厂或供热锅炉房以及煤矿自建低质煤电厂实行热电联产或煤电联营，并应积极推广采用循环流化床燃烧技术。

4.5.5 煤炭资源综合利用应加强发展煤炭转化技术，应根据煤类条件，建设焦化厂或煤气站，并应采用煤类适应广、技术先进的生产工艺和设备。

4.5.6 高浓度瓦斯矿井对煤层气的利用量、利用方式，应符合现行行业标准《煤矿瓦斯抽放规范》AQ 1027 的有关规定，煤层气地面开发系统的煤层气排放控制管理及排放浓度，均应符合现行国家标准《煤层气（煤矿瓦斯）排放标准（暂行）》GB 21522 的有关规定。

4.5.7 煤炭资源综合利用应加强煤矸石综合利用技术的开发和推广应用，应发展煤矸石发电、煤矸石生产建筑材料及制品和高科技含量、高附加值的煤矸石利用实用技术和产品，以及将煤矸石用于复垦沉陷区工程等。

4.5.8 对煤矸石的综合利用途径，可根据煤矸石矿物特性和理化性质按下列要求确定：

1 按煤矸石岩石特征分类的主要利用途径可按表 4.5.8-1 确定。

2 按煤矸石碳含量分类的主要利用途径可按表 4.5.8-2 确定。

3 对热值较低、拟作为建材原料的煤矸石可按表 4.5.8-3 选择利用方向。

表 4.5.8-1 煤矸石用途分类（一）

岩石特征	主要利用途径
高岭石泥岩（高岭石含量＞60％） 伊利石泥岩（伊利石含量＞50％）	生产多孔烧结料、煤矸石砖、建筑陶瓷、含铝精矿、硅铝合金、道路建筑材料
砂质泥岩 砂岩	生产建筑工程用的碎石、混凝土密实骨料
石灰岩	生产胶凝材料、建筑工程用的碎石、改良土壤用的石灰

表 4.5.8-2 煤矸石用途分类（二）

煤矸石分类	一类	二类	三类	四类
含碳量（％）	＜4	4～6	6～20	＞20
发热量(kJ/kg)	＜2090		2090～6270	6270～12550
利用方向	用作水泥的混合材料、混凝土骨料和其他建材制品的原料，或用于复垦沉陷区、回填采空区		用作生产水泥、砖等建材制品	宜用作燃料

表 4.5.8-3 煤矸石用途分类（三）

成分(%) / 用途	SiO_2	Al_2O_3	FeO+Fe_2O_3	CaO	MgO	SO_2	P_2O_5	其他条件
砖瓦类	50～70	10～30	2～8	<2	<3	<1	—	以泥岩为主，软化系数大于0.85
水泥类	55～65	20～25	3～6	—	0.5～2	—	—	
加气混凝土类	60～65	20～25	4～6	<2	<2	—	—	
铸石类	45～55	20～30	9～14	2～4	2～3	<1	<1	
矿棉类	45～50	14～18	<10	—	—	<1	<1	

4.5.9 对煤炭开采过程中产生的油母页岩，应单独存放、作为资源进行综合利用，可用于炼油，用作发电燃料，产生的废渣可作为生产水泥、制砖的原料。

5 环境保护管理与监测

5.1 环境管理机构

5.1.1 环境保护机构专职人员的编制应根据建设项目的规模和具体情况确定。

5.1.2 矿井、露天矿、选煤厂及矿区辅助附属企业应配备绿化专业人员，负责绿化及水土保持管理工作。人数可按厂（场）区占地面积大小进行设置，面积小于100000m^2时，宜按2人～3人配备；面积大于100000m^2时，宜按2人/100000 m^2配备；场外道路宜按1人/km ～2人/km配备。

5.1.3 矿井采煤沉陷复垦规划和露天矿复垦规划，应纳入生产发展规划和年度计划中，并应由生产部门和环境管理部门协调组织实施。

5.2 环境监测

5.2.1 矿区应设置环境监测站，并应定期对下属各煤炭企业进行环境监测。新建矿区的环境监测站，应在矿区总体规划时作为附属机构列入规划内容，并应与主体机构同时设立。

5.2.2 环境监测站应根据煤炭建设项目的污染源特点，配置烟气、粉尘、污废水等基本监测仪器和应急监测仪器。污染源监测项目应根据建设项目的生产工艺特点、排放的主要污染物和特征污染物的性质，以及经批准的环境影响评价文件的要求确定。

5.2.3 工业场地污染源和内、外环境质量监测点的布置，应符合下列规定：

1 应符合国家现行环境监测技术规范和经批准的环境影响评价文件的有关要求。

2 污染物处理设施的进、出口和污染物总排放口应分别设置监测点。

3 污染源监测点应设置采样和测试用的通道（或平台）、电源、防雨棚（或防雨罩）等设施。其设计应与相关工程同步。平台最小宽度应为1m。

5.2.4 新建的产生废水、烟气的生产设施，其排放管道和烟囱上应设置永久污染源监测采样、计量点，并应建立明显标志。旧有污染排放源应结合技术改造逐步建立该源的监测采样、计量点。

5.2.5 当地下水位受到采煤影响时，应布设地下水位监测井。矿井宜在井田首采区内布置，露天矿应在露天采坑周边1km～2km范围内布置。

5.2.6 环境监测站实验室宜独立建筑。当与其他用房联合建筑时，在设计时应按功能分区，人员通道、给排水、通风采暖、电力供应应相对分离。

5.2.7 煤炭建设项目环境监测制度，应按经环境保护主管部门审批的建设项目环境影响评价文件中的环境监测计划执行。

5.2.8 环境监测的采样、分析方法应按国家现行有关环境监测技术的规定执行。

5.3 清洁生产

5.3.1 煤炭建设项目应符合现行行业标准《清洁生产标准　煤炭采选业》HJ 446的有关规定。

5.3.2 煤炭建设项目设计应符合下列规定：

1 应采用能源消耗量小、资源综合利用率高、污染物产生量少和占地面积小的先进技术、工艺和设备。

2 能源、资源消耗指标应达到国家有关标准或限额的要求。

3 应对生产过程中产生的废水、废物、余热等进行综合利用或循环利用。

5.3.3 矿井井下采区及工作面采出率和露天矿煤层资源综合采出率，应符合国家现行标准《煤炭工业矿井设计规范》GB 50215和《清洁生产标准　煤炭采选业》HJ 446的有关规定。

5.3.4 煤炭建设项目设计应采用可降低开采沉陷及提高煤炭回采率的技术措施，并应采取矿山生态恢复措施。沉陷土地治理率、露天矿排土场复垦率、排矸场覆土绿化率等矿山生态保护指标，应符合现行行业标准《清洁生产标准　煤炭采选业》HJ 446的有关规定。

5.3.5 矿井、露天矿、选煤厂和矿区其他企业的生产用水，应使用矿井水和露天矿疏干水。煤炭生产对矿井水和露天矿疏干水的重复利用率，应符合现行行业标准《清洁生产标准　煤炭采选业》HJ 446的有关规定。

5.3.6 选煤厂洗水重复利用率不应小于90%，入洗原煤补充水量指标应符合现行行业标准《选煤厂洗水闭路循环等级》MT/T 810的有关规定。

本规范用词说明

1 为便于在执行本规范条文时区别对待，对要求严格程度不同的用词说明如下：

1）表示很严格，非这样做不可的：
正面词采用“必须”，反面词采用“严禁”；

2）表示严格，在正常情况下均应这样做的：
正面词采用“应”，反面词采用“不应”或“不得”；

3）表示允许稍有选择，在条件许可时首先应这样做的：
正面词采用“宜”，反面词采用“不宜”；

4）表示有选择，在一定条件下可以这样做的，采用“可”。

2 条文中指明应按其他有关标准执行的写法为：“应符合……的规定”或“应按……执行”。

引用标准名录

《工业企业噪声控制设计规范》GBJ 87

《城市居住区规划设计规范》GB 50180

《工业企业总平面设计规范》GB 50187

《煤炭工业矿井设计规范》GB 50215

《煤炭洗选工程设计规范》GB 50359

《开发建设项目水土保持技术规范》GB 50433

《开发建设项目水土流失防治标准》GB 50434

《煤炭工业给水排水设计规范》GB 50810

《声环境质量标准》GB 3096

《爆破安全规程》GB 6722

《辐射防护规定》GB 8703

《工业炉窑大气污染物排放标准》GB 9078

《工业企业厂界环境噪声排放标准》GB 12348

《铁路边界噪声限值及其测量方法》GB 12525

《锅炉大气污染物排放标准》GB 13271

《一般工业固体废物贮存、处置场污染控制标准》GB 18599

《煤炭工业污染物排放标准》GB 20426

《煤层气（煤矿瓦斯）排放标准（暂行）》GB 21522

《城镇环境卫生设施设置标准》CJJ 27

《煤矿瓦斯抽放规范》AQ 1027

《环境影响评价技术导则　大气环境》HJ 2.2

《清洁生产标准　煤炭采选业》HJ 446

《选煤厂洗水闭路循环等级》MT/T 810

中华人民共和国国家标准

煤炭工业环境保护设计规范

GB 50821—2012

条 文 说 明

制 定 说 明

《煤炭工业环境保护设计规范》GB 50821—2012，经住房和城乡建设部2012年10月11日以第1488号公告批准发布。

为便于各单位和有关人员在使用本规范时能正确理解和执行条文规定，《煤炭工业环境保护设计规范》编制组按章、节、条顺序编制了本规范的条文说明，对条文规定的目的、依据及执行中需注意的有关事项进行了说明。但是，本条文说明不具备与规范正文同等的法律效力，仅供使用者作为理解和把握规范规定的参考。

目　次

1 总　　则

1.0.1 本条提出了本规范的编制目的和依据。

1.0.2 本条规定了本规范的适用范围。

本规范适用于编制新建、改建、扩建和技术改造煤炭建设项目在预可行性研究、可行性研究、初步设计及施工图设计等阶段的环境保护设计。

本规范所指环境保护设计包括：对因项目建设、运行所产生的各类污染源、污染物采取的污染防治工程（措施）和造成的项目区生态环境损毁采取的生态保护、修复工程（措施）及水土保持工程（措施）以及环境管理等内容。

1.0.3 本条为强制性条文，系依据《建设项目环境保护管理条例》第三条的内容提出，必须严格执行。

1.0.4 本条为强制性条文，系依据《建设项目环境保护管理条例》第五条内容提出，必须严格执行。

1.0.5 环境保护是一门边缘学科，牵涉面广，一项好的设计必须保证建设项目的各个方面都符合国家有关环境保护的要求，因而需要各个专业设计人员通力合作。为此，专门列出本条，以引起各专业设计人员的高度重视。

本条第2款系依据《建设项目环境保护管理条例》第十六条的内容提出，阐述了煤炭建设项目必须执行的“三同时”原则，体现了“以防为主、防治结合、综合治理”的理念。本款为强制性条款，必须严格执行。

1.0.6 本条系依据《建设项目环境保护管理条例》第十七条的内容提出。

1.0.7 本规范有规定的应按本规范规定执行，没有规定的内容应符合相应标准的有关规定。

如对于污水处理、垃圾处理、噪声控制、生态工程设计等，这些不同类别的工程还有具体的规范或标准要求，设计中应满足其相应规定。其中污水处理设计还应执行《煤炭工业给水排水设计规范》GB 50810，噪声控制设计还应执行《工业企业噪声控制设计规范》GBJ 87，垃圾处理设计还应执行《一般工业固体废物贮存、处置场污染控制标准》GB 18599、《生活垃圾填埋污染控制标准》GB 16889等，生态工程设计还应执行《水土保持综合治理技术规范》以及相关的土地复垦技术标准、规范等。

2 选址与总体布局

2.1 选　　址

2.1.1 本条为强制性条文，系依据《中华人民共和国环境保护法》第十八条和《建设项目环境保护设计规定》第十一条的内容并结合煤炭工业的特点提出，必须严格执行。

条文中所指“煤炭建设项目”是对在煤炭矿区中建设的矿井、露天矿、选煤厂以及矿区辅助附属企业的总称。

2.1.2 本条系依据《建设项目环境保护设计规定》第十条的内容并结合煤炭工业的特点提出。

选址是环境保护设计关键的一环。如果选址时没有考虑环境保护的要求，待以后各环节再考虑，也只是一个“头痛治头”的方案。为统筹兼顾，全面考虑，只有在选址一开始就充分考虑各个环节的环境保护要求，才能真正达到“经济效益、社会效益、环境效益”的统一。

2.1.3 本条系依据《建设项目环境保护设计规定》第十二条的内容并结合煤炭工业的特点提出。

2.1.4 本条系依据《建设项目环境保护设计规定》第十三条的内容提出。

2.2 总 体 布 局

2.2.1 本条系依据《建设项目环境保护设计规定》第十五条的内容并结合煤炭工业的特点提出。

2.2.2 本条系依据《建设项目环境保护设计规定》的第十二条、第十四条内容及《环境影响评价技术导则　大气环境》HJ 2.2—2008第10章有关要求，结合煤炭工业的具体情况提出。

本条主要强调了对生活居住区的保护。对产生有害气体、烟、雾、粉尘的各车间，应避免布置在常年主导风向的同一轴线上，以防止共同作用增大对环境的危害。

2.2.3 本条系依据《建设项目环境保护设计规定》第十五条，并结合《煤炭工业矿井设计规范》GB 50215—2005第10.1.7条～第10.1.10条、《煤炭洗选工程设计规范》GB 50359—2005第12.0.5条～第12.0.8条内容，对煤炭建设项目设计在工业场地内的总平面布置提出了环境保护要求。可能对环境产生污染危害的生产设施或建（构）筑物与需要保护的建（构）筑物的间距应按相关规范进行设计。

2.2.4 本条系依据《煤炭工业矿井设计规范》GB 50215—2005中第10.1.15条内容和《一般工业固体废物贮存、处置场污染控制标准》GB 18599—2001中第5.1.2条内容编写，主要是对排矸场的选址和布局提出要求。本条第2款为强制性条款，必须严格执行。

2.2.5 本条系依据《工业企业噪声控制设计规范》GBJ 87—85第2.0.1条、第3.3.1条的内容，结合煤炭企业的特点提出。

2.2.6 本条系依据《工业企业噪声控制设计规范》GBJ 87—85第3.3.2条提出。

声影区是指由于障碍物或折射关系，声线不能到达的区域，即几乎没有声音的区域。

2.2.7 本条系依据《工业企业噪声控制设计规范》GBJ 87—85 第 3.3.3 条内容提出。

铁路专用线边界系指距铁路外侧轨道中心线 30m 处。

3 生 态 保 护

3.1 一 般 规 定

3.1.1 本条系依据《土地管理法》第十八条、第二十条，《矿产资源法》第三十条，《水土保持法》第八条、第十八条以及 2011 年 2 月 22 日国务院颁布的《土地复垦条例》（国务院令第 592 号）第三条，并结合煤炭工业特点提出。

3.1.2 本条系依据《土地复垦条例》第四条和第六条，《开发建设项目水土保持技术规范》GB 50433—2008 有关内容并结合煤炭工业特点提出。

3.2 土 地 复 垦

3.2.1 土地复垦工程设计是在矿区土地复垦总体规划的基础上，对近期要付诸实施的复垦项目所作的详细设计。本条根据煤矿开采特点，对矿区土地复垦工程设计提出了需达到的基本内容要求。

3.2.2 煤炭建设项目土地复垦划分为工程复垦和生物复垦两个阶段。工程复垦是指通过采矿工艺及设备为今后利用采矿破坏的土地所做的前期准备，包括表土采集、运输、堆存、覆盖以及修建防排水沟和专用道路等。生物复垦是工程复垦结束后进行的工作，其实质是恢复被破坏土地的肥力及生物生产效能，内容包括复垦土地的土壤评价、土壤改良方法、植被品种筛选和植被工艺方法等。

土地复垦根据煤炭开采方法可分为露天矿复垦和矿井复垦。其中，露天矿复垦又分为采场复垦和排土场复垦；矿井复垦又可分为沉陷区复垦和排矸场复垦。以上复垦均是通过采用工程复垦或生物复垦来对因开发而破坏和压占的土地进行整治，使其重新具有某种使用功能并产生效益的活动。

3.2.3 依据《土地复垦条例》第四条规定，“复垦的土地应当优先用于农业”，故在此予以强调。

3.2.4 依照《土地复垦条例》第六条“编制土地复垦方案、实施土地复垦工程、进行土地复垦验收等活动，应当遵守土地复垦国家标准；没有国家标准的，应当遵守土地复垦行业标准”的规定提出此条。

根据土地复垦行业的特点，不同复垦方向的土地复垦质量要求和验收标准是不一样的，即土地复垦设计应执行的技术标准不是一个而是相关标准的集合体，所以各建设项目的土地复垦应根据其不同用途采用适宜的技术标准或技术规程、规范。

3.2.5 表土是指能够进行剥离的、有利于快速恢复地力和植物生长的表层土壤或岩石风化物，它不仅限于耕地的耕作层，也包括园地、林地、草地等的腐殖质层。表土的剥离厚度应根据原土壤表土层厚度、复垦土地利用方向及土方需要量等确定。

表层土是否剥离，不同地区的要求如下：东北黑土区、北方土石山区、西南土石山区、南方红壤丘陵区、青藏高原区和平原区的煤炭建设项目应做好表土的剥离、保存和利用工作；风沙区和黄土高原区的则可不进行表土剥离。

3.2.9 本条系根据国家煤炭工业局《建筑物、水体、铁路及主要井巷煤柱留设与压煤开采规程》（煤行管字〔2000〕第 81 号）第 122 条、第 123 条的规定提出。

3.3 水 土 保 持

3.3.1 水土流失防治责任范围即项目建设单位依法应承担水土流失防治义务的区域，由项目建设区和直接影响区组成。根据《开发建设项目水土保持技术规范》GB 50433—2008 第 5.1.2 条规定，项目建设区包括项目建设永久征地、临时占地、租赁土地及其他属于建设单位管辖范围的土地；直接影响区则指在建设过程中可能对项目建设区以外造成水土流失危害的地域，但其范围最终应通过调查和分析后确定。

3.3.2 本条第 5 款中各指标系依据现行国家标准《开发建设项目水土流失防治标准》GB 50434—2008 第 3.0.3 条的规定提出，其不同生产阶段的防治标准要求应按照表 1 执行。

表 1 建设生产类项目水土流失防治标准

分级 / 时段 / 分类	一级标准			二级标准			三级标准		
	施工期	试运行期	生产运行期	施工期	试运行期	生产运行期	施工期	试运行期	生产运行期
扰动土地整治率（%）	*	95	>95	*	95	>95	*	90	>90
水土流失总治理度（%）	*	90	>90	*	85	>85	*	80	>80
土壤流失控制比	0.7	0.8	0.7	0.5	0.7	0.5	0.4	0.5	0.4
拦渣率（%）	95	98	98	90	95	95	85	95	85
林草植被恢复系数（%）	*	97	97	*	95	>95	*	90	>90
林草覆盖率（%）	*	25	>25	*	20	>20	*	15	>15

注：表中*表示指标值应根据批准的水土保持方案措施实施进度，通过动态监测获得，并作为竣工验收依据之一。

表 1 中不同级别标准适用区域如下：

1）一级标准适用于依法划定的国家级水土流失重点预防保护区、重点监督区和重点治理区及省级重点预防保护区。

2）二级标准适用于依法划定的省级水土流失重点治理区和重点监督区。

3）三级标准适用于一级标准和二级标准未涉及的其他区域。

3.3.3 水土流失类型区即土壤侵蚀类型分区。根据《土壤侵蚀分类分级标准》SL 190—2007 中的有关规定，全国分为水力、风力、冻融 3 个一级土壤侵蚀类型区。其中，水力侵蚀类型区分为西北黄土高原区、东北黑土区、北方土石山区、南方红壤丘陵区和西南土石山区 5 个二级类型区；风力侵蚀类型区分为“三北”戈壁沙漠及沙地风沙区和沿河环湖滨海平原风沙区 2 个二级类型区；冻融侵蚀区分为北方冻融土侵蚀区和青藏高原冰川冻土侵蚀区 2 个二级类型区。

《开发建设项目水土保持技术规范》GB 50433—2008 第 3.3 节对处于不同水土流失类型区建设项目的水土保持措施均有具体的规定，在水土保持工程设计中应分别遵照执行。

3.3.4 本条给出了煤炭建设项目可采取的水土保持工程的不同类型以供设计参考。由于水土保持措施在工程不同的设计阶段都有不同的内容深度要求，本条意在强调按照《开发建设项目水土保持技术规范》GB 50433 的各项规定进行工程防护措施的设计。

3.3.5 本条根据《开发建设项目水土保持技术规范》GB 50433—2008 第 13.1 节和第 13.3.1 条相关内容制订。

3.3.8 本条为强制性条文，必须严格执行。一般情况下，当预报日降雨量 50mm 以上的暴雨、风速大于 5m/s 的大风时，很容易造成水土流失。因此强调对施工过程中的动土区域和堆放的弃土（石）渣等，必须采取覆盖、拦挡、防护等措施，以避免或减轻水土流失。

3.3.9 本条说明如下：

3 本款为强制性条款，必须严格执行。根据《中华人民共和国防洪法》第二十二条、《中华人民共和国河道管理条例》第二十四条规定，禁止在河道、湖泊管理范围内建设妨碍行洪的建筑物、构筑物，禁止倾倒垃圾、渣土。在河岸边弃渣应严格遵循这一规定。

河道、湖泊的管理范围依照《中华人民共和国河道管理条例》第二十条规定，分两种情况：一是有堤防的河道、湖泊，其管理范围为两岸堤防之间的水域、沙洲、滩地（包括可耕地）、行洪区，两岸堤防及护堤地；二是无堤防的河道、湖泊，其管理范围为历史最高洪水位或设计洪水位之间的水域、沙洲、滩地和行洪区。在上述范围内均不得设立弃土（石、渣）场。

3.4 开采沉陷防治

3.4.1 开采沉陷防治的主要任务是分析和评定矿井地下开采引起的地表沉陷对生态环境（包括土地、植被、水系等）和地面建（构）筑物的影响程度，并针对影响情况提出防护和治理措施。

本条规定了开采沉陷防治的一般原则。当建设项目已有经环境保护管理部门批准的环境影响评价文件（含开采沉陷预测内容）时，可根据其中的预测结果和防治原则，进行开采沉陷防治工程设计。

3.4.4 我国煤炭矿区地域性分布广泛，涉及全国各省区，其地形地貌、地下水水文地质条件、气候等自然条件和社会经济条件差别均较大。本条针对采煤后出现积水程度不同的沉陷区域提出一些原则性的整治措施及复垦方向以供参考。

对地处高潜水位的矿区，开采沉陷后地表易出现较大面积的永久积水区，应因地制宜采取综合整治等措施，将其整治为蓄水、水产养殖、文化娱乐、旅游、休闲等功能区。

对地处中潜水位的矿区，开采沉陷后地表可能出现局部积水或季节性积水，应因地制宜采取保留水面、挖深垫浅、填平补齐、疏排等综合整治措施。

对地处低潜水位的矿区，开采沉陷后地表基本不会出现积水，应因地制宜地进行裂缝填堵、土地平整、覆土造地或综合整治等复垦措施，优先恢复其原土地利用功能；对不能恢复原土地利用功能的区域，则可根据当地的土地规划、经济条件等恢复为适宜的其他土地利用类型。

3.4.5～3.4.9 均依据《建筑物、水体、铁路及主要井巷煤柱留设与压煤开采规程》的相关内容制订。

条文中，过境低等级铁路支线是指为地方运输服务，其等级不大于Ⅲ级铁路的线路区间；过境低等级公路是指为地方运输服务，沟通县或县以上城市交通，其等级不大于Ⅲ级公路的线路区间；过境低等级输电线路是指基本只为农村电网服务，其电压等级不大于 35kV 的输电线路。

3.4.10 本条依据《中华人民共和国水土保持法》第十九条制订。

3.5 绿　　化

3.5.1 本条着重强调应把绿化设计作为工程设计的正式内容，列入各阶段设计中，不应只泛泛地要求路边、荒山植树造林，而是要把绿化作为环境保护的重要措施和手段，使绿化设计成为煤炭建设项目总平面设计的重要组成部分。

3.5.3 绿化设计一定要符合经济、实用、美观的原则。近年来发现有些地区过分强调美观的要求，为购买名贵花木而投资巨大，但绿化效果不佳，往往使花卉及名贵树种仅仅成为局部地区（如厂前区）的点缀。所以，本条强调经济、实用在前，美观在后；经济不言而喻，实用是指对有防护要求的生产场所选用具有较强抗性的树种，能起到减弱甚至消除污染的作用。

对施工现场有价值的植物（特别是大乔木），应在设计时纳入总图及绿化的设计中，尽量保留。对原设计规划绿地的占用，本条提出可把垂直绿化作为补充手段，目的在于保持应有的绿化面积。当然在一般新建项目进行绿化设计时，有条件的建（构）筑物附近或墙面上也同样可安排垂直绿化的内容，以增加绿化面积。

3.5.4 绿化占地系数是反映工厂、企业绿化土地占用情况的指标，根据《环保工作者实用手册》（冶金工业出版社 1984 年版）有关内容定义为：

$$绿化占地系数=\frac{绿化植物占地面积}{厂区占地面积}\times100\% \quad (1)$$

绿化植物占地面积的计算见表 2。

表 2 绿化植物占地面积的计算

绿化种类	占地面积（m^2）
单株乔木	2.25
单行乔木	1.5×长度
多行乔木	行距×（行数+1）×长度
单株大灌木	1.0
单株小灌木	0.25
单行绿篱	0.5×长度
多行绿篱	行距×（行距+1）×长度
草坪	实际面积
区域绿化	用栅栏、砖、石等把种植树木的土地划分为绿化区时（如厂内小游园、小开放绿地等），该范围内的实际面积

根据国土资源部颁布的《工业项目建设用地控制指标》（国土资发〔2008〕24 号）第四条第（五）点规定："工业企业内部一般不得安排绿地。但因生产工艺等特殊要求需要安排一定比例绿地的，绿地率不得超过 20%"。此外，各地政府根据当地的实际情况对绿化率也都有不同的要求，故在此强调工业场地的绿化占地系数在满足煤炭行业相关设计规范的要求外，还应满足国家和地方的有关要求。

3.5.6 本条系依据《工业企业总平面设计规范》GB 50187—93第 8.1.1 条要求提出。

企业绿化应有别于城市园林绿化，首先应针对企业生产特点和环境保护要求并兼顾美化厂容需要进行布置。同时，还应根据各类植物的生态习性、抗污性能，结合当地自然条件以及苗木来源进行绿化，尽快发挥绿化效果，提高绿化的经济效益。

3.5.7 本条依据《工业企业总平面设计规范》GB 50187—93第 8.2.1 条要求提出。该规范对不同区域的绿化布置作出了具体要求，企业绿化设计时可按照执行。

3.6 搬迁与安置

3.6.1 露天矿开采的工艺性质决定了其开采区的地表所有附着物均会受到损毁性破坏。而一般情况下，露天矿的服务年限较长，搬迁安置工作不可能一次完成，因此可根据开采计划分期、分批进行。本条强调了对处于开采区范围内的所有村庄居民应在实施剥采前完成异地重建和搬迁安置；而其他建（构）筑物则应视其性质和重要程度等确定是否异地搬迁、重建或报废补偿。

条文中，"初始拉沟"是指露天矿首采区为建立初始台阶工作面而开挖的初始沟道。

3.6.2 矿井开采会使地表发生变形、倾斜，并形成一定的变形曲率。地表变形、倾斜和曲率值是衡量其对地面建（构）筑物影响破坏程度的重要参评依据。地面建（构）筑物受开采影响的程度取决于地表变形的大小和建（构）筑物本身抵抗采动变形的能力，对于长度或变形缝区段内长度小于 20m 的砖混结构建（构）筑物，其损坏等级划分见表 3。其他结构类型的建（构）筑物可参照表 3 的规定执行。

当矿井地下开采对地面建（构）筑物的影响破坏程度在Ⅲ级及以下时，可采取有针对性的维修或加固等综合措施来确保地面建（构）筑物的使用安全；当矿井地下开采对地面建（构）筑物的影响破坏程度大于Ⅲ级时，则应采取留煤柱保护或搬迁的措施来确保使用安全。

表 3 砖混建（构）筑物的损坏等级

损坏等级	建筑物损坏程度	地表变形值 水平变形 ε（mm/m）	曲率 K（10^{-3}/m）	倾斜 i（mm/m）	损坏分类	结构处理
Ⅰ	自然间砖墙上出现宽度 1mm～2mm 的裂缝	≤2.0	≤0.2	≤3.0	极轻微损坏	不修
Ⅰ	自然间砖墙上出现宽度小于 4mm 的裂缝；多条裂缝总宽度小于 10mm	≤2.0	≤0.2	≤3.0	轻微损坏	简单维修
Ⅱ	自然间砖墙上出现宽度小于 15mm 的裂缝；多条裂缝总宽度小于 30mm。钢筋混凝土梁、柱上裂缝长度小于 1/3 截面高度；梁端抽出小于 20mm；砖柱上出现水平裂缝，缝长大于 1/2 截面边长；门窗稍有歪斜	≤4.0	≤0.4	≤6.0	轻度损坏	小修

续表 3

损坏等级	建筑物损坏程度	地表变形值			损坏分类	结构处理
		水平变形 ε (mm/m)	曲率 K (10^{-3}/m)	倾斜 i (mm/m)		
Ⅲ	自然间砖墙上出现宽度小于 30mm 的裂缝；多条裂缝总宽度小于 50mm。钢筋混凝土梁、柱上裂缝长度小于 1/2 截面高度；梁端抽出小于 50mm；砖柱上出现小于 5mm 的水平错动；门窗严重变形	≤6.0	≤0.6	≤10.0	中度损坏	中修
Ⅳ	自然间砖墙上出现宽度大于 30mm 的裂缝；多条裂缝总宽度大于 50mm。梁端抽出小于 60mm；砖柱上出现小于 25mm 的水平错动	>6.0	>0.6	>10.0	严重损坏	大修
	自然间砖墙上出现严重交叉裂缝、上下贯通裂缝，以及墙体严重外鼓、歪斜、钢筋混凝土梁、柱裂缝沿截面贯通；梁端抽出小于 60mm；砖柱上出现大于 25mm 的水平错动；有倒塌的危险				极度严重损坏	拆建

表 3 中建（构）筑物的损坏等级按自然间为评判对象，根据各自然间的损坏情况按此表分别进行。

3.6.3 现在越来越重视“以人为本”，只有在设计中明确提出要求，才能促使建设方重视和落实搬迁安置工作。

4 环境污染防治

4.1 大气污染防治

4.1.1 本条明确了本节的主要内容。条文中所说“可能对大气环境造成污染的排放源进行治理的工程设计”，是为了区分环境保护和劳动保护的界限。车间内的粉尘治理、井下工作面的粉尘治理均属劳动保护范畴，只有当这些粉尘、烟气排入大气造成大气环境的污染，需进行的相应治理工程才是环境保护设计项目。在噪声、水体等方面的劳动保护与环境保护的区分界限也是如此。

4.1.2 结合目前新建锅炉房时所选用的锅炉，其制造厂家一般都已配备了一定型号的除尘器。因此，设计人员应根据《锅炉大气污染物排放标准》GB 13271 等标准对所在地区的要求，对所配置的除尘器进行核算，如结果不符合要求，就需增设一级除尘器或另选除尘器。

4.1.3 本条系根据 2002 年 1 月 30 日国家环境保护总局、国家经贸委、科技部颁布的《燃煤二氧化硫排放污染防治技术政策》（环发〔2002〕26 号）第 2.4 条规定，并考虑到煤矿现状而提出。

4.1.5 本条强调对锅炉排污应根据具体情况采取有效的净化措施。

4.1.6 本条系依据 1987 年 3 月 20 日国家计划委员会、国务院环保委员会颁布的《建设项目环境保护设计规定》第二十七条的规定，结合煤炭企业特点而提出。

煤炭企业地面生产作业区或车间产生的煤粉尘一般为无组织排放，由于作业区或车间内属劳动卫生保护范围，因此其粉尘浓度控制应按《工业企业设计卫生标准》GBZ 1 的有关要求执行，而煤粉尘排放对周围环境的影响控制则应按照《煤炭工业污染物排放标准》GB 20426 的有关要求执行。

4.1.7 本条系依据《建设项目环境保护设计规定》第二十二条第 3 款提出。

露天储煤场是煤矿较大的污染源之一，尤其是在强干旱地区，煤尘的飞扬距离较远，不仅影响环境，而且还造成煤资源的损失，目前常用的做法是顶部加盖、采用半封闭篷式料仓或全封闭筒仓。

当采用露天储煤场时，应合理选择场址，采取建防风抑尘网等方式防止煤的散失，采取喷水、喷表面抑尘剂等措施抑制起尘。

根据《煤炭装卸、堆放起尘及煤尘扩散规律的研究》（《交通环保》21 期），煤炭起尘量与风速、煤的外在含水量、堆煤高度有以下关系：

$$Q_1 = 2.1\,(V - V_0)^3\,e^{-1.023W} \tag{2}$$

$$Q_2 = 0.03V^{1.8}\,H^{1.23}\,e^{-0.23W} \tag{3}$$

式中：Q_1——煤堆起尘量［kg/（t·a）］；

Q_2——堆放起尘量（kg/t）；

V_0——起尘风速（m/s）；

V——实际风速（m/s）；

W——含水量（%）；

H——装卸高度（m）。

研究结果表明：煤炭含水量在原 7%的基础上增加 2.5 个百分点，起尘量可减少 1/2，由此证明喷水抑尘措施是很有效的。另外，堆煤高度减少 1/2，起尘量可减少 52%。

4.1.8 本条依据《煤炭工业污染物排放标准》GB 20426—2006第 6.4 条和第 6.7 条规定提出，意在强调对于有自燃倾向的煤矸石排放场地应采取行之有效的防自燃措施。

4.1.9 露天矿采场是一个较特殊的场所，采场内是工作区，其环境应属劳动保护范围，但它又是敞口的"生产车间"，作业时会直接对环境空气产生影响。综合分析后，我们将露天矿采场内划为劳动保护的范畴，工人作业点空气质量控制应按《工业企业设计卫生标准》GBZ 1 有关规定执行。按《煤炭工业污染物排放标准》GB 20426—2006 编制说明的观点，露天矿采场对外环境的排污可认为属于污染物弥散型无组织排放形式，因此对采场排污浓度控制可按该标准中"无组织排放监控浓度限值"执行，即采场周界外浓度值应满足规定的监控浓度限值。

为有效减少污染影响，露天矿采场应对作业区爆破、采装、运输等环节中使用的生产设备、材料以及工作点采取综合的防治措施。

露天作业区道路扬尘是作业区大气污染的主要污染源之一。根据调查，采用洒水降尘措施，路面保持一定的湿度，扬尘即明显减轻。国内外关于抑尘剂的研究较多，由于价格限制，必要时可以考虑采用。

4.1.11 根据《建设项目环境保护设计规定》第二十四条"废弃物在处理或综合利用过程中，如有二次污染物产生，还应采取防止二次污染的措施"的规定，应对煤泥进行妥善处理。

4.1.12 根据调查，国内煤矿汽车修理总装车间及喷漆车间等有害气体超标严重，以往设计采取局扇等机械通风方式效果不明显，所以提出应采取各种相应的措施来净化车间内的空气，从而减少或避免含有易挥发物质的液体原料、成品、中间产品的有害物质逸入大气对周围环境造成污染。

4.2 水污染防治

4.2.1 本条阐述了煤炭建设项目污（废）水治理工程设计的总原则。我国是一个水资源缺乏的国家，人均占有淡水量较少，污（废水）治理工程应在水资源保护和利用原则的指导下认真论证确定最佳工艺方案。

4.2.2 本条强调了污（废）水最终排放的总要求，一是污染物排放总量控制，二是达标排放。

排污总量控制指标应由地方环境保护主管部门规定。

当污（废）水不得不排放时，对于矿井井下排水、露天矿疏干水和选煤厂等工业废水，水质应满足《煤炭工业污染物排放标准》GB 20426 的相关规定；对于工业场地一般生活污水，水质则应达到《污水综合排放标准》GB 8978 的规定，当地方有综合排放标准时，还应符合地方污水排放标准的规定。对就近排入城市下水道的污（废）水的水质，其最高允许浓度必须符合《污水排入城市下水道水质标准》CJ 3082 的规定，该标准第 4.1.6 条还明确规定："水质超过本标准的污水，按有关规定和要求进行预处理。不得用稀释法降低其浓度，排入城市下水道"。

4.2.3 本条系根据《建设项目环境保护设计规定》第三十三条提出。污（废）水输送系统的划分要考虑不同水质、不同用途、不同处理工艺等因素，应做到污（废）水尽可能多地复用，尽可能少地排放，使处理费用降到最低。

4.2.4 《煤炭工业污染物排放标准》GB 20426—2006 中明确规定：自 2009 年 1 月 1 日起，所有选煤厂都应实行洗水闭路循环。因此，本规范要求选煤厂的洗水不得外排。

4.2.5 对废水进行重复利用是保护水资源的有力措施之一。本条指出了煤炭企业污废水重复利用的途径，并强调应先进行处理使之达标，同时对不同用途的污（废）水还应注意其水质需分别达到相应的回用水水质标准要求。

此外，一般煤矿废水无毒，也可用于农业灌溉用水，而在缺水地区，最好能作为生活用水，但必须进行技术、经济、环境等多方面、多方案论证才能确定。对于高矿化度采煤废水，还应根据实际情况进行深度处理和综合利用，用作农田灌溉时，则应满足《农田灌溉水质标准》GB 5084 规定的限值要求。

4.2.6 煤炭建设项目污（废）水处理工艺和利用的原则，应在建设项目环境影响评价文件中经过充分论证后确定。1986 年 11 月 22 日国务院环境保护委员会发布的《关于防治水污染技术政策的规定》第 22 条规定："污泥处理是城市污水处理厂的重要组成部分，必须与污水处理同步实施"。

4.2.9 本条系根据《建设项目环境保护设计规定》第三十九条的内容提出。

4.2.10 本条是根据《建设项目环境保护设计规定》第四十二条内容提出。

4.2.11 本条为强制性条文，系根据《建设项目环境保护设计规定》第三十八条内容提出，必须严格执行。目的是防止有毒、有害物质对环境的污染。

4.2.12 本条为强制性条文，系根据《建设项目环境保护设计规定》第四十三条内容提出，必须严格执行。目的是防止有毒、有害物质对环境的污染。

4.3 固体废物处置及治理

4.3.1 本条意在明确煤炭建设项目固体废物的范围和种类。

4.3.2 本条根据国家环境保护总局、国土资源部、科技部颁布的《矿山生态环境保护与污染防治技术政策》（环发〔2005〕109 号）中的指导方针和技术原则，对煤炭建设项目产生的固体废物提出"综合利用，防治污染"的要求，以及应遵循的相关法规和标准。

4.3.3 国家经贸委、科技部颁布的《煤矸石综合利用技术政策要点》（国经贸资源〔1999〕1005号）规定："新建煤矿（厂）应在矿井建设的同时，制定煤矸石利用和处置方案，不宜设永久性矸石山。老矿井的矸石山，应因地制宜有计划地治理和利用，让出或减少所压占土地"。据此，本规范结合基建期与生产期的矸石特点分别作出规定。

4.3.4 本条系根据1987年3月20日国家计划委员会、国务院环境保护委员会颁布的《建设项目环境保护设计规定》第二十四条有关要求提出。

4.3.5 本条系根据国务院2011年2月22日颁布的《土地复垦条例》（国务院令第592号）有关条文及不同类型的矸石应因地制宜地加以利用的要求提出。

4.3.7 依照《一般工业固体废物贮存、处置场污染控制标准》GB 18599—2001的有关规定，结合煤炭企业特点提出。

4.3.8 本条系依据《一般工业固体废物贮存、处置场污染控制标准》GB 18599—2001的有关规定提出，旨在强调加强对煤矿锅炉灰渣等固体废物堆放的管理，以减少对环境的污染。

4.3.10 我国城市生活垃圾问题已经是一个严重的环境问题，目前在不少煤矿区还未引起足够重视。为加强对生活垃圾排放的管理、处置，依照《中华人民共和国固体废物污染环境防治法》第四十一条、第四十二条，建设部、国家环境保护总局、科学技术部颁布的《城市生活垃圾处理及污染防治技术政策》（建城〔2000〕120号）第1.5条及三、四部分内容以及《城镇环境卫生设施设置标准》CJJ 27—2005第2.0.1条、第2.0.3条内容制定本条。

4.3.11 本条系根据《城镇环境卫生设施设置标准》CJJ 27—2005第3.2.5条、第3.2.7条、第4.1.1条、第4.1.3条、第4.1.5条内容提出。

4.3.12 有条件的矿区应对生活垃圾进行集中处置，并尽量综合利用。目前对生活垃圾的处理有堆肥、焚烧、填埋等方式，可根据矿区的条件进行选择，但场址的确定、处理工艺的技术要求以及处理工艺中排放的各类污染物均应满足建设部、国家环境保护总局、科学技术部颁布的《城市生活垃圾处理及污染防治技术政策》（建城〔2000〕120号）第1.6条和第五、六、七部分内容的有关要求。

4.4 噪声与振动防治

4.4.1 本条阐述了本节内容的总原则。现行国家标准《工业企业噪声控制设计规范》GBJ 87—85规定了工业企业厂内各类地点噪声限值和厂界噪声限值，按照上述要求，煤炭企业应进行噪声控制设计。

4.4.3 本条根据《工业企业噪声控制设计规范》GBJ 87—85第1.0.3条内容提出。

车间噪声应根据声源性质的不同采取隔声、消声、吸声、隔振等单一或综合措施。根据《工业企业噪声控制设计规范》GBJ 87—85表4.1.1和相关产品样本，以及相关降噪设施调查，常见降噪设施的降噪效果可参考表4。

表4 常见降噪设施降噪效果一览表

降噪设施	降噪效果[dB(A)]	应用部位实例	备注
消声器	10～30	鼓风机及压风机排气管道	1. 安装在鼓风机管口时消声20dB(A) 2. 安装在靠近鼓风机处消声10dB(A)～15dB(A)
固定密封型隔声罩	30～40	压风机	可自行设计，也可用隔声板组装
活动密封型隔声罩	15～30	真空机	
敞开式隔声罩	10～20	破碎机	
带通风消声器的隔声罩	15～25	电动机	
隔声室	20～30	水泵房、鼓风机房、集控室	用隔声板组装
吸声体	5～7	悬挂在混响较强的部位	一般不超过12dB(A)

4.4.4 本条系根据《工业企业噪声控制设计规范》GBJ 87—85第1.0.4条内容提出。

4.4.5 本条系根据《工业企业噪声控制设计规范》GBJ 87—85第4.1.1条内容提出。

4.4.6 本条系根据《工业企业噪声控制设计规范》GBJ 87—85第6.1.1条内容提出。

4.4.7 本条系根据《工业企业噪声控制设计规范》GBJ 87—85第7.1.1条内容提出。

4.4.8 本条系根据《工业企业噪声控制设计规范》GBJ 87—85第5.1.1条内容提出。根据煤炭企业设备噪声调查监测资料，不少生产设备超标严重，所以规定了煤炭企业高噪声设备应进行降噪治理，以改善煤矿职工的劳动工作环境。

4.4.9 本条系根据《爆破安全规程》GB 6722—2003第5.1.6条、第6.2.1条内容提出。

露天矿爆破应根据不同保护对象的安全允许振速和所处位置、距离确定一次最大药量。对煤矿居住区、辅助附属企业以及附近居民造成爆破振动影响时，应按要求提出爆破设计。

4.5 煤炭资源综合利用

4.5.1 煤炭是世界上最丰富的化石燃料资源，占常规化石燃料储量的90%以上，并且以化石能为主的能源格局在相当时期内不会改变。但传统的煤炭开发和利用技术以及对矿物能源不加限制的消耗已极大地污染了人类赖以生存的环境，成为造成大气、土地、水资源污染、酸雨和影响全球气候变化的重要因素。因此，本条强调煤炭项目建设应推广采用洁净煤技术，其目的就是要发展以提高利用效率和减少污染为宗旨的煤炭加工、燃烧、转化和污染控制等新技术，从而使煤炭成为高效、洁净、安全、可靠的能源。

本条所指煤炭及相关资源，包括煤炭，煤系共生、伴生矿，煤层气及可作为二次资源再利用的煤矸石、锅炉灰渣、煤泥等煤炭生产的废弃物。

煤炭可分为优质煤炭和低质煤炭。所谓低质煤炭包括：低热值煤和着火困难的煤，主要有劣质烟煤、低质褐煤、石煤、煤矸石、煤泥、高灰煤等。我国对低热值煤的划分及其主要特性详见表5。

煤系共生、伴生矿是指在煤系地层中与煤炭共生或伴生的其他矿产和元素，包括高岭土、铝矾土、耐火黏土、硫铁矿、硅藻土、膨润土、蒙脱石、石膏、油母页岩等矿物。

煤层气，在煤矿俗称瓦斯，甲烷（CH_4）成分占90%以上，以吸附、游离状态赋存于煤层及其邻近岩层之中，是一种自生、自储式非常规的天然气。

表5 低热值煤的划分及其主要特性

燃料名称 / 燃料特性	低热值煤					
	劣质烟煤	洗中煤	石煤	褐煤	煤矸石	煤泥
挥发分 V_{daf}（%）	>16	>20	>20	42～55	—	—
水分 M_{ar}（%）	≤12	≤18	≤12	20～45	—	18～35
灰分 A_{ar}（%）	35～55	30～50	50～65	20～30	—	3.4～16.7
发热值 $Q_{net.ar}$（MJ/kg）	10.5～14.7	8.4～15.9	4.2～8.4	8.4～14.7	2.1～4.2	3.4～16.7
特点	灰分较多，发热值低	灰分较多，水分多，发热值低	灰分很多，发热值很低	挥发分高，水分高，灰熔点低，发热值低	发热值很低	粒度细，持水性强，灰分高

4.5.2 本条系根据1996年8月9日国家经济贸易委员会、财政部、国家税务总局发布的《关于进一步开展资源综合利用的意见》第二部分第（一）条内容提出。

4.5.3 本条为生产动力煤的煤矿指出了发展多种经营、综合利用的途径。

（1）工业锅炉往往是燃用性质最合适的煤才能发挥最大的燃烧效率和显著减少对环境的污染。而煤的性质十分复杂，一些地区的煤炭资源由于质量较差或质量不稳定，造成使用困难，还会使锅炉热效率大大降低。

动力配煤基本上可解决锅炉结构与煤炭质量相适应的问题，不但可稳定煤炭的质量，提高锅炉热效率、减少污染，还可使低质煤得到充分合理利用，节约优质煤炭。

（2）水煤浆是以煤代油为目标的新型燃料。水煤浆在制备、运输、贮存、燃烧的整个过程中都能有效地减轻污染，并既可避免装卸运输中的损耗，又能提高煤的燃烧效率。

我国水煤浆制备技术的发展和应用实践表明，目前国内已可以把不同煤种、不同灰分、不同热值的煤加工制备成水煤浆的系列产品，同时还可利用煤泥作制浆原料；燃用水煤浆代油、代煤、代气技术上都是可行的，都有明显的节能效益和环保效益，经济上合理，是很值得发展和推广的一种新型燃料。

（3）采用层状燃烧方式的工业锅炉、窑炉、蒸汽机车及民用炉灶，如直接用原煤散烧，会造成严重的粉尘污染和能源浪费。

研究表明，与烧散煤相比，燃用型煤的工业锅炉平均节煤25%，民用炉灶平均节煤20%；热效率提高20%～50%，一氧化碳排放减少70%～80%，烟尘排放减少60%，苯并［a］芘排放减少50%。如果添加脱硫剂，燃用高硫煤还可减少50%以上的二氧化硫排放，节能、环保效益显著。

另外无烟煤、烟煤、褐煤、煤泥、劣质煤等多种资源均可制成型煤，便于推广使用。

4.5.4 循环流化床是一种使高速气流与其所携带的处于稠密悬浮颗粒充分接触的技术。我国自20世纪80年代开始研制循环流化床锅炉，进展较快，并取得了初步的成果。与常规流化床锅炉相比，循环流化床锅炉对燃料的适应性更强、更广泛，既可烧优质煤，也可烧多种劣质燃料，如：高灰煤、高硫煤、高水分煤、石煤，还可烧油母页岩、石油焦、尾气、炉渣、树皮、垃圾等。而且循环流化床锅炉燃烧效率高，脱硫性能好，氮氧化物生成量低，二氧化硫、氮氧化物排放量小，排出的灰渣是很好的建筑材料。是国内外公认的“清洁燃烧技术”。因此，在对低质煤的利用中，应积极推广采用循环流化床燃烧技术。

4.5.5 煤炭转化是指以化学方法为主将煤炭转化为洁净的燃料或化工产品的技术，与传统的用煤技术相比，不仅可明显提高煤的利用效率，而且能够减少用煤过程造成的环境污染。因此，强调应加强发展煤炭转化技术。

用煤炭炼焦或制备煤气的工艺在我国已比较成熟并已得到长期广泛的应用，但有些生产工艺仍存在低效、高污染的问题，因此，强调要采用先进的生产技术和工艺设备，以获得最佳的经济效益、社会效益和环境效益。

近年来，随着科学研究的发展，又开发出不少高效、洁净利用煤炭的转化技术，如煤炭液化、燃料电池、磁流体发电等。

煤炭液化是将煤在适宜的反应条件下转化为洁净的液体燃料和化工原料，工艺上分为直接液化和间接液化等技术。对我国来说，发展替代液体燃料是一项带有战略意义的任务。

燃料电池是直接将资源的化学能转化为电能的技术，具有能量转换效率高、污染排放物少等特点。

磁流体发电是一种将热能直接转化为电能的新型发电方法。燃煤磁流体发电的重大意义在于它提供了一种高效、低污染的热能直接发电技术，无疑为主要以煤为发电燃料的我国电力工业的发展与更新改造开辟了重大革新的前景。

上述各项高新技术，有的已进入商业化示范阶段，有的正在实验室试验研究之中，有的目前尚处于试验起步阶段，但都将为煤炭的高效、洁净利用拓展更广阔的前景。煤炭设计也应紧跟科技发展潮流，尽早采用先进技术，使煤炭真正成为洁净、安全、可靠的资源。

4.5.6 在煤炭开采史中，煤层气曾导致多起煤矿瓦斯、煤尘爆炸事故和煤与瓦斯突出事故，因此一直被视为是对生产安全构成严重威胁的有害气体；此外，煤层气的主要成分甲烷具有强烈的温室效应，把煤层气直接排放到大气层，会导致温室效应增强，引起气候异常，还可诱发某些疾病，危害人类健康。但同时煤层气又是一种洁净的非常规天然气，甲烷在常温条件下发热量为 $3.43MJ/Nm^3$～$3.71MJ/Nm^3$，其热值与天然气相当，在燃烧过程中不产生二氧化硫和尘粒，可以用作民用燃料，也可用于发电和用作汽车燃料，还是生产化工产品的上等原料，具有很高的经济价值。所以，开发利用煤层气既能增加新的能源，又能防止瓦斯灾害，还能改善地区环境，一举数得，有资源条件的矿井应加强对煤层气的开发和利用。

4.5.7 本条系根据 1998 年 2 月 12 日由国家经济贸易委员会等八个部门联合颁布的《关于印发〈煤矸石综合利用管理办法〉的通知》（国经贸资〔1998〕80 号）中第一章第七条规定提出，意在指出煤矸石综合利用的主要方向。

1999 年 10 月 20 日国家经济贸易委员会和科学技术部颁布的《关于印发〈煤矸石综合利用技术政策要点〉的通知》（国经贸资源〔1999〕1005 号）中明确规定了煤矸石综合利用时的各项技术原则、政策要点及技术要求，各煤矿企业在综合利用煤矸石的过程中均应遵照执行。

4.5.8 本条根据国经贸资源〔1999〕1005 号文附件《煤矸石综合利用技术要求》第一点提出。

4.5.9 油母页岩是煤炭开采的产物，若将其丢弃堆放，不仅占用大量土地，还会因岩石中含油率高而发生自燃，产生的烟气会对大气造成严重污染；经雨水冲刷、岩石风化，其有机成分又会对土壤和水体造成污染。此外，开发利用油母页岩又是对逐步减少的石油资源的补充。因此，本条提出应对油母页岩作为资源进行综合利用。

5　环境保护管理与监测

5.1　环境管理机构

5.1.1 本条所指的环境保护机构专职人员的管理职责包括环境保护、水土保持、土地复垦等若干方面，故在人员编制上应充分考虑上述因素。

根据目前我国煤炭矿区及项目建设规模跨度大、企业种类多的现状，矿区和单个项目环境保护机构专职人员的编制，可按所在地区自然地理条件、企业类型、规模等具体情况参考下列指标确定。

1　矿区可根据规模按以下规定设置：

1）年产量 10.0Mt 及以上的矿区，人员编制宜为 6 人～10 人。

2）年产量 5.0Mt～10.0Mt 的矿区，人员编制宜为 5 人～7 人。

3）年产量 5.0Mt 以下的矿区，人员编制宜为 4 人～6 人。

2　矿井及露天矿可根据规模按以下规定设置：

1）矿井生产能力为 1.2Mt/a 及以上规模、露天矿生产能力为 4.0Mt/a 及以上规模的大型煤矿，人员编制宜为 2 人～6 人。

2）矿井生产能力为 0.45Mt/a～0.9Mt/a 规模、露天矿生产能力为 1.0Mt/a～4.0Mt/a 以下规模的中型煤矿，人员编制宜为 2 人～3 人。

3）矿井生产能力为 0.3Mt/a 及以下规模、露天矿生产能力为 1.0Mt/a 以下规模的小型煤矿，人员编制宜为 1 人～2 人。

3　矿区独立建设的选煤厂及其他辅助附属企业等，应单独设置环境保护专职人员，编制宜为 1 人～2 人；煤矿下属一般企业，设置环境保护兼职人员。

5.1.2 绿化工作配备专业人员才能收到应有的效果，从调查情况看，凡是绿化成绩突出的企业，都有专业绿化管理人员负责管理和实施。

5.2　环 境 监 测

5.2.1 本条系根据《建设项目环境保护设计规定》

第五十九条规定并结合煤炭企业特点提出。

5.2.2 国家环境保护总局颁布的《全国环境监测站建设标准》（环发〔2007〕56号）中规定的三级标准适用于各地级市（自治州）所辖区、县（自治县）设置的环境监测站。因此，其基本监测仪器和应急监测仪器的配置完全可以满足矿区环境监测站对煤炭企业的定期监测和应急监测，使企业的环境管理得到有效加强。

煤炭企业污染物排放来源主要有：供热锅炉排烟、生产系统扬尘、采煤疏干排水、工业场地生产、生活排水、工业场地强噪声设备噪声等。因此，矿区环境监测站应配备适合监测煤炭企业排污特征的仪器设备，对各污染源排放的污染物以及相应处理设施的处理效果等定期进行监测，以监督企业加强日常的环境管理工作。

5.2.3 工业场地内、外环境通常是指工业场地厂界内及井（矿）田的大气环境、地表水体、地下水体、声环境等。关于污染源监测点的布置，国家环境保护部颁布的“环境监测技术规范”对废气、废水和噪声的监测点布置均有原则性的规定，同时还应根据经批准的环境影响评价文件的要求进行设置。在处理设施进、出口设置监测点，有利于维护管理、操作调整及技术改进。

本规范所称“环境监测技术规范”，是指环境监测活动使用的由国家制定的有关布点、采样、样品运输与保存、分析测试、数据处理、分析评价及报告编写等方面的技术规范。

5.2.4 在设计中预留好监测采样及计量点，既可为开展测试工作带来方便，也可促进经常性的监测工作，能够收到事半功倍的效果。

对于锅炉烟气监测，现行国家标准《锅炉大气污染物排放标准》GB 13271—2001规定，新建成使用（含扩建、改造）单台容量不小于14MW（20t/h）的锅炉，必须安装固定的连续监测烟气中烟尘、二氧化硫含量的仪器。各级环境保护主管部门对煤炭建设项目的含二氧化硫烟气排放源也有同样要求。

5.2.5 可根据项目环境影响评价文件的要求布置地下水位采样点，矿井首采区开采时间小于3年的，还应在接续开采区布置地下水位监测井。

5.2.8 矿区环境监测站应按照由国家环境保护部制定的“环境监测技术规范”进行环境监测和污染源监测。

5.3 清洁生产

5.3.2 本条依据《中华人民共和国清洁生产促进法》的有关规定制定。

5.3.3 提高煤炭采出率，即是从源头做起使有限的煤炭资源得到充分的利用。

根据《煤炭工业矿井设计规范》GB 50215—2005第2.1.4条，矿井采区的采出率应符合下列规定：

1 厚煤层不应小于75%。

2 中厚煤层不应小于80%。

3 薄煤层不应小于85%。

4 水力采煤的采区回采率，厚煤层、中厚煤层、薄煤层分别不应小于70%、75%和80%。

根据《煤炭工业矿井设计规范》GB 50215—2005第5.2.6条，采煤工作面的采出率应符合下列规定：

1 厚煤层不应小于93%。

2 中厚煤层不应小于95%。

3 薄煤层不应小于97%。

根据《清洁生产标准　煤炭采选业》HJ 446—2008中资源能源利用指标的要求，露天矿煤层资源综合采出率应符合下列要求：

1 厚煤层综合机械化采煤不应小于97%。

2 中厚煤层综合机械化采煤不应小于95%。

3 薄煤层综合机械化采煤不应小于93%。

5.3.4 本条根据国家现行标准《清洁生产标准　煤炭采选业》HJ 446—2008的有关规定提出。

5.3.5 本条根据国家现行标准《清洁生产标准　煤炭采选业》HJ 446—2008关于废物回收利用指标的有关规定和《煤炭工业污染物排放标准》GB 20426—2006第4.4条的有关规定编写。

5.3.6 1999年煤炭行业为推进选煤厂的清洁生产和洗水重复利用，制定了《选煤厂洗水闭路循环等级》MT/T 810，作为选煤厂行业环境保护达标的重要技术标准。该标准主要是按洗水闭路循环率高低分为三级，每级有5项细化指标。其中，洗水不外排、水重复利用率和单位补充水量是环境影响评价需要考虑的重要指标。该标准规定1级～3级的水重复利用率都为90%以上；入洗原煤补充水量分别为0.15m^3/t、0.2m^3/t、0.25m^3/t；1级～2级闭路循环洗水都不外排。

煤炭行业洗煤水一级闭路循环标准如下：

1 煤泥全部厂房内由机械回收，取消煤泥沉淀池。

2 洗煤水重复利用率90%以上，补充水量小于0.15m^3/t。

3 设有事故放水池或缓冲浓缩机，并有完备的回收系统。

4 洗煤水浓度小于50g/L。

5 入选原料达到稳定能力的70%以上。

中华人民共和国国家标准

中密度纤维板工程设计规范

Code for design of medium density fiberboard engineering

GB 50822—2012

主编部门：国　　家　　林　　业　　局
批准部门：中华人民共和国住房和城乡建设部
施行日期：２　０　１　２　年　１　２　月　１　日

中华人民共和国住房和城乡建设部
公　　告

第 1489 号

住房城乡建设部关于发布国家标准《中密度纤维板工程设计规范》的公告

现批准《中密度纤维板工程设计规范》为国家标准，编号为 GB 50822—2012，自 2012 年 12 月 1 日起实施。其中，第 5.5.13、10.0.7、10.0.9、10.0.11 条为强制性条文，必须严格执行。

本规范由我部标准定额研究所组织中国计划出版社出版发行。

中华人民共和国住房和城乡建设部

2012 年 10 月 11 日

前　言

本规范是根据原建设部《关于印发〈2005 年工程建设标准规范制定、修订计划（第二批）〉的通知》（建标函〔2005〕124 号）的要求，由国家林业局林产工业规划设计院会同有关单位共同编制完成的。

本规范在编制过程中，编制组进行了广泛的调查研究，认真总结实践经验，参考有关国际标准和国内外先进标准，并在广泛征求意见的基础上，最后经审查定稿。

本规范共分为 11 章，主要技术内容包括：总则、术语、工程设计内容及范围、原料贮存、中密度纤维板生产线、辅助生产工程、公用工程、环境保护、职业安全卫生、防火与防爆、资源综合利用与节能。

本规范中以黑体字标志的条文为强制性条文，必须严格执行。

本规范由住房和城乡建设部负责管理和对强制性条文的解释，中国林业工程建设协会负责日常管理，国家林业局林产工业规划设计院负责具体技术内容的解释。在执行过程中，如发现需要修改和补充之处，请将意见和建议寄国家林业局林产工业规划设计院（北京市朝阳门内大街 130 号，邮政编码：100010），以供今后修订时参考。

本规范主编单位： 国家林业局林产工业规划设计院

本规范参编单位： 苏州苏福马机械有限公司
福建福人木业有限公司
辛北尔康普公司

本规范主要起草人： 喻乐飞　钱小瑜　赵旭霞　肖小兵　王高峰　齐爱华　朱瑞华　许焕义　于建亚　张忠涛　牛京萍　陈铭奎　米泉龄　邱　雁　王　容　陈坤霖　李中善　崔宇全　崔文剑　戴　菁　张建辉　覃家源

本规范主要审查人： 叶克林　言智刚　郭西强　常英男　常建民　周志远　华毓坤　吴荣秋　郭慎学

目 次

Contents

1 总 则

1.0.1 为贯彻国家有关法律法规和方针政策，规范中密度纤维板工程设计，统一和明确设计原则、技术要求，保证技术先进、经济适用、安全可靠、提高工程建设水平和投资效益，制定本规范。

1.0.2 本规范适用于生产能力不小于 $100m^3/d$，以木质材料作为主要原料，采用干法工艺生产中密度纤维板的新建、改建和扩建工程的设计。

1.0.3 中密度纤维板工程设计应符合下列规定：

1 应有效利用资源、节约用地、节省能源、安全卫生、保护环境及清洁生产。

2 应采用先进合理、切实可行的技术，积极采用成熟可靠的新工艺、新设备；应努力提高机械化、连续化、自动化水平，降低劳动强度，改善生产条件。

1.0.4 中密度纤维板产品质量应符合现行国家标准《中密度纤维板》GB 11718 的有关规定。

1.0.5 扩建和改建中密度纤维板项目的工程设计，应合理利用原有的设备、设施。

1.0.6 中密度纤维板工程的设计，除应符合本规范外，尚应符合国家现行有关标准的规定。

2 术 语

2.0.1 中密度纤维板 medium density fiberboard (MDF)

以木质纤维或其他植物纤维为原料，施加适用的胶粘剂，在加热加压的条件下，压制而成的一种板材。密度为 $450kg/m^3$～$880kg/m^3$。亦可无胶生产。

2.0.2 高密度纤维板 high density fiberboard (HDF)

以木质纤维或其他植物纤维为原料，施加脲醛树脂或其他适用的胶粘剂，并加热加压制成密度在 $800kg/m^3$～$1000kg/m^3$ 的板材。

2.0.3 低密度纤维板 low density fiberboard (LDF)

以木质纤维或其他植物纤维为原料，施加脲醛树脂或其他适用的胶粘剂，并加热加压制成密度在 $500kg/m^3$ 以下的板材。

2.0.4 加压曲线 pressure diagram

中密度纤维板热压时的压力与时间关系曲线。

2.0.5 含水率 moisture content

木材或人造板所含水分质量占木材或人造板质量的百分比。

2.0.6 绝对含水率 absolute moisture content

木材或人造板所含水分质量占木材或人造板绝干质量的百分比。

2.0.7 相对含水率 relative moisture content

木材或人造板所含水分质量占木材或人造板所含水分总质量的百分比。

2.0.8 剥皮 debarking

用人工或机械的方法从木材上剥除树皮的作业。

2.0.9 密度 density

单位体积木材或板材的绝干重量，用 kg/m^3 表示。

2.0.10 削片 chipping

将木质原料切削成适用于人造板生产并具有一定规格的片状的作业。

2.0.11 制材剩余物 sawmill residue

制材生产过程中的剩余物，如小板边、边条、截头、锯屑以及缺陷过大的等外材等。

2.0.12 木片蒸煮 chip steaming

木片在纤维分离前，经水、蒸汽或添加某些化学药品的处理，削弱纤维间结合力，提高其塑性的过程。

2.0.13 碎屑 debris

木片在筛分中通过筛网的过小碎木片。

2.0.14 干燥机 dryer

将纤维加热并控制介质条件，使纤维含水率降至预定值的设备。

2.0.15 预固化 precuring

纤维板坯在加压之前，纤维上的胶粘剂就产生部分或完全固化的状态。

2.0.16 加压时间 pressing time

纤维板坯在压机中受压成板所需时间。

2.0.17 工艺参数 process variable

纤维生产过程中影响产品性能的工艺因子。

2.0.18 砂光粉 sander dust

纤维板砂光时产生的粉尘。

2.0.19 砂光余量 sanding allowance

为进行砂光作业对纤维板的名义厚度的附加量。

2.0.20 毛边板 slabbed board

带有未经裁切毛边的中密度纤维板。

2.0.21 热磨机 refiner

木片经加热、加压软化后用磨盘进行纤维分离的设备。由进料机构、预热蒸煮器、磨浆室和排料装置等部分组成。

2.0.22 多层热压机 multi-daylight press

热压机有一个以上开口的平板热压机。

2.0.23 单层热压机 single-daylight press

热压机仅有一个开口的平板热压机。

2.0.24 连续平压热压机 continous double-belt press

人造板板坯在上下两条钢带间连续平压制人造板的热压机。

2.0.25 连续辊压热压机 continuative roll pessing

由一对钢带夹持着板坯连续经过加热辊、加热压辊、导向辊、加压辊等而制得中密度纤维板的热压机。

2.0.26 排气罩 exhaust hood

置于有关设备上方用于排除设备运行时产生的各种气体的罩子。

2.0.27 含水率测定仪 moisture meter

用于测定木材或纤维中含水率的仪器。

3 工程设计内容及范围

3.0.1 中密度纤维板工程设计应包括生产工程、辅助生产工程、公用工程。

3.0.2 生产工程部分应包括原料贮存、中密度纤维板生产线。

3.0.3 辅助生产工程部分宜包括实验室、磨刀间、维修间、物料仓库、工具房以及其他辅助生产用房。

3.0.4 公用工程应包括厂区总平面布置及运输工程、土建工程、供电工程、给水与排水工程、供热与制冷工程、压缩空气站及压缩空气管道工程等。

3.0.5 工程设计应包括初步设计阶段和施工图设计阶段，其内容及深度应符合有关设计文件组成及深度要求。

4 原 料 贮 存

4.1 一 般 规 定

4.1.1 原料堆场贮存的原料数量不宜小于15d的生产用量。

4.1.2 原料堆存应符合下列规定：

1 针叶材、阔叶材宜分别堆存。

2 小径木、枝丫材、板皮板条、原木芯、造材剩余物等宜分类堆存。

3 外购木片宜单独设置木片堆场、料仓或库房；当场地受到限制时可与削片生产线的木片堆场、料仓或库房合并设置。

4.1.3 原料堆场宜采用机械作业。

4.1.4 原料采用质量计量时，应设置地磅房。地磅的选型不宜小于35t的称量。

4.1.5 中密度纤维板生产常用原料的实积系数可按表4.1.5确定。

表 4.1.5 原料实积系数

原料的种类	实 积 系 数
直径大于或等于200mm的造材剩余物	0.70
直径小于200mm的造材剩余物和小径材	0.60
板皮板条	0.50
木片	0.35
枝丫材	0.30

4.2 原料堆场布置

4.2.1 原料垛的长度不宜大于120m，垛高不宜小于3.5m；木片堆的规格可因地制宜，以先到先用为原则。垛堆的摆置方向宜为主导风横向吹过垛堆，可根据地形确定，但最小夹角不宜小于30°。

4.2.2 原料垛之间间距不应小于1.5m，原料堆场内的主通道宽度不应小于6.0m。

5 中密度纤维板生产线

5.1 生产线组成和工作制度

5.1.1 中密度纤维板生产线可分为下列工段：

1 木片生产工段包括剥皮和削片等工序。

2 纤维制备工段包括木片贮存、木片筛选、木片再碎、木片清洗、热磨（纤维分解）、纤维干燥和纤维分选等工序。

3 纤维调胶与施胶工段包括原胶贮存；胶液计量；防水剂、固化剂、甲醛捕捉剂制备与计量；缓冲剂、颜料及其他添加剂计量及各组分输送和施加等工序。

4 成型与热压工段包括纤维贮存、成型、预压、板坯锯截与输送、热压等工序。

5 毛板加工工段包括毛板检测、冷却、锯割、垛板、毛板贮存等工序。

6 砂光与裁板工段包括砂光、裁板、检验、分等、垛板和包装等工序。

5.1.2 中密度纤维板生产线年工作日应为300d。

5.1.3 除削片工序每天宜为2班生产外，砂光工段每天宜为3班生产，其他应为每天3班生产。

5.1.4 削片线的有效工时应按班工作5.5h计算。

5.1.5 中密度纤维板生产线每班工作时间应为8h，有效工作时间应按7.5h计。

5.2 生产能力计算

5.2.1 中密度纤维板生产能力应以日生产标准厚度合格的中密度纤维板立方米的数量计算，成品板合格率不宜小于95%。

5.2.2 中密度纤维板生产能力计算应符合下列规定：

1 当以生产成品板厚度大于12mm为主时，计算厚度应以15mm作为计算依据。

2 当以生产成品板厚度大于6mm小于或等于12mm为主时，计算厚度应以8mm作为计算依据。

3 当以生产成品板厚度小于6mm为主时，计算厚度应以3mm作为计算依据。

5.2.3 中密度纤维板生产线设备能力应以热压机为基准平衡其他工序设备的生产能力，并应符合下列规定：

1 单层压机及多层压机生产能力应按下式计算：

$$Q=(3.6\times n\times l\times b\times \delta)/[(\delta'\times t)+t'] \quad (5.2.3\text{-}1)$$

式中：Q——每小时生产能力（m^3/h）；

n——热压机的层数；

l——成品板幅面长度（m）；

b——成品板幅面宽度（m）；

δ——成品板厚度（mm）；

δ'——毛板厚度（mm）；

t——单位热压时间（s/mm）；

t'——热压辅助时间（s）。

2 连续压机生产能力应按下式计算：

$$Q=(3.6\times b\times \delta\times l)/(\delta'\times t) \quad (5.2.3\text{-}2)$$

式中：l——热压机计算长度（m）。

5.3 工艺流程与设备布置

5.3.1 工艺流程应根据原料条件、场地条件和产品要求设计。

5.3.2 工艺流程应具有适当的调节能力。

5.3.3 工艺流程应做到简捷通畅，并应满足优质、高产、低耗、安全、清洁生产和环境保护的要求。

5.3.4 中密度纤维板生产线工艺设备及工艺管道的布置应与工艺流程相适应，宜避免逆向布置或迂回转折。

5.3.5 中密度纤维板车间应设有一条宽度不小于2.5m的纵向通道，并应在适当位置设置横向通道或过桥。

5.3.6 设备布置应紧凑，并应计及设备安装、检修用地和空间，同时应保证安全生产。设备布置间距宜符合表5.3.6的规定。

表5.3.6 设备布置间距（m）

部　位	操作面	非操作面
设备与设备	≥1.5	≥0.6
设备与墙柱	≥1.5	≥0.5

5.3.7 生产车间厂房跨度应符合下列规定：

1 应符合生产线的实际布置宽度及操作距离的要求，并应计及检修通道的宽度。

2 宜符合建筑模数的要求。

5.3.8 生产车间厂房高度应符合下列规定：

1 应根据设备布置的实际高度确定，并应满足检修空间的要求。

2 当车间内设置吊车或其他起重设备时，应保证起吊工件上部有足够的起吊空间。

3 宜按生产设备要求分段确定，不宜因局部要求将整个厂房高度提高。

5.3.9 削片间宜与中密度纤维板车间分开或分隔，其上料设备宜布置在上料棚内，但原木横向上料运输机可局部露天布置。

5.3.10 当采用人工上料时，削片机前人工上料段运输机侧挡板上端标高宜小于0.7m，长度应按上料量确定。

5.3.11 木片上料宜设置混合计量料斗。

5.3.12 木片清洗设备布置宜靠近热磨机，其周围应留有检修用地，其上面宜预设吊装设备安装用构件。

5.3.13 热磨机应布置在单独或分隔的房间内，预热缸进料螺旋宜采用钢架支撑或钢筋混凝土楼面支撑，但不宜两种结构形式混合使用。

5.3.14 热磨机喷放管线应减少喷放阻力，总长不宜大于30m，喷放管弯曲半径不宜小于1.5m。喷放管弯头的总数不宜超过4个。

5.3.15 热磨机磨室体上方和进料螺旋上方宜设可移动的起吊装置。

5.3.16 热磨机布置应留有其螺旋维修时拉出的空间。

5.3.17 当采用先施胶后干燥的工艺时，调胶、施胶、施蜡系统宜布置在热磨机喷放管附近，并宜采用多层布置。宜设置运输物料的可移动式电动起吊设备。

5.3.18 干燥机的干燥管道应设置在室外，其电控、操作设备应布置于室内。在严寒地区，干燥机的换热设备可设置在室内，但入风口应通向室外。

5.3.19 成型、热压设备应以热压机中心线为基准线，并宜直线布置。当生产线工作面高度大于1.4m时，两侧宜设工作平台。

5.3.20 热压机液压系统宜布置在单设房间内。

5.3.21 热压机采用有机热载体作为热媒时，二次循环泵组宜布置在单独房间内。

5.3.22 干燥机、热压机采用有机热载体作热媒加热时，有机热载体炉应布置在离热负荷较近的单独房间内，热能中心宜露天布置。

5.3.23 砂光前应留有毛板贮存区，贮存时间应大于48h。在生产能力大于600m^3/d时，也可采用全机化堆垛设备。

5.3.24 毛板堆垛高度应小于5m。

5.4 气力运输系统

5.4.1 气力运输系统设计应符合工艺流程和工艺布置的要求，设备及管道安装应符合安全生产，并应便于操作、维修。

5.4.2 气力运输系统管路设计应总体规划，并应力求管线简捷、布置整齐、美观。在室内应避免影响采光、通风，并应避免与门窗、设备等发生干扰。

5.4.3 在干燥工序后生产中产生的细屑、纤维、砂光粉等细小料的气力运输系统，宜设计为运载气流封闭循环；也可采用布袋除尘器作为二次除尘系统。

5.4.4 远距离气力输送宜采用高压输送系统。

5.4.5 中密度纤维板生产线内气力运输管道宜沿墙

或柱架空敷设，地下风管应有管沟，沟盖板应与地坪标高一致。

5.4.6 干燥管道和干燥旋风分离器、干纤维输送管道及旋风分离器应保温。

5.4.7 风机的布置应符合下列规定：

1 非采暖地区宜布置在室外。

2 寒冷地区宜布置在室内，且室外部分风管宜保温，但应采取隔声降噪及防雨措施。

5.4.8 气力运输系统风管的设计走向宜选择其支吊架易固定的线路，宜靠墙柱布置，宜与水、暖管道支架合并布置。

5.4.9 气力运输管道内的输送气流速度宜符合表5.4.9的规定。

表 5.4.9 输送气流速度

物 料		气流速度（m/s）
输送木片		24～32
纤维气流干燥	水平管道	27～35
	垂直主管	25～33
输送纤维	含水率 14%以下	20～24
	含水率 30%	22～26
输送锯屑		20～26
输送砂光粉		20～26
吸尘		22～28

注：采用高压输送时，其气流计算速度应大于 26m/s。

5.4.10 气力运输系统管道内输送物与气流混合常用的重量浓度比值宜符合表 5.4.10 的规定。

表 5.4.10 气力输送重量浓度比

物 料	重量浓度比（kg/kg）
输送木片	0.20～0.30
纤维气流干燥	0.05～0.10
输送纤维	0.10～0.65
输送锯屑	0.10～0.65
输送砂光粉	0.08～0.65
纤维、细屑吸尘	＜0.07

5.4.11 气力运输系统的设备选择时，设计风量或实际风量应计及漏风系数，宜为 1.05 倍～1.20 倍。

5.5 设备配置与选型

5.5.1 削片能力大于 $50m^3/h$ 的生产线宜设置剥皮装置。

5.5.2 削片能力大于 $30m^3/h$ 的生产线，削片机上料宜增设横向上料链式运输机，且宜留有人工直接上料的皮带运输机位置。

5.5.3 削片机前宜设置金属探测器。

5.5.4 原料为直径稍大又齐整的木材，可选择盘式削片机；当选用盘式削片机时，宜配置相应的再碎机。

5.5.5 原料以枝丫为主时宜选择鼓式削片机。

5.5.6 削片机采用斜喂料时，上料皮带斜度宜小于 14°。

5.5.7 木片运输宜选用皮带运输机、螺旋运输机和斗式提升机，也可选用刮板运输机等设备，不宜选用气力运输装置。木片运输采用皮带运输机时，其爬升角度宜小于或等于 17°；采用特种防滑皮带时，其爬升角度应小于或等于 24°。大倾角皮带可不受限制。

5.5.8 采用外购木片时，宜设置外购木片上料系统，并宜设置木片清洁设备。

5.5.9 木片料仓容量应根据削片机的工作班次确定，削片机采用 1 班生产时，料仓应具有大于 16h 生产用量的贮存量；削片机采用 2 班生产时，料仓应具有大于 8h 生产用量的贮存量。料仓应按实际情况选用，但针、阔叶材木片应按比例搭配上料。采用木片库的方式贮存木片时，木片库的宽度和长度应大于装载机的转弯直径 1.5 倍。

5.5.10 木片在进热磨机前应设置磁选器。

5.5.11 热磨机宜选用一次磨浆、连续喷放的热磨机。

5.5.12 纤维干燥机宜选用气流式管道干燥机。干燥机宜选用烟气作为热媒，也可选用有机热载体；在有蒸汽供应的条件下，可采用蒸汽、热水为热媒。

5.5.13 纤维干燥机旋风分离器下部应设置着火纤维排出系统的设备。

5.5.14 干纤维在进纤维仓前宜设置纤维含水率连续测定装置。

5.5.15 防水剂制备宜设置石蜡熔解槽和石蜡熔液贮槽。

5.5.16 调胶工艺应具备胶粘剂、固化剂、缓冲剂、水及其他添加剂的施加条件，宜配备施胶计量设备。

5.5.17 成型工序宜设置干纤维仓或纤维计量仓，贮存量不宜少于 5min 的生产用量，并应满足着火纤维反向迅速排出料仓的要求。

5.5.18 成型机的成型速度应与热压机生产速度相匹配，成型机的扫平装置应配备纤维回收系统。

5.5.19 成型机后应设置相应的预压机。

5.5.20 板坯的成型线上应设置金属探测装置，并宜设置含水率检测仪、板坯计量秤或密度检测仪等板坯质量控制与检测装置。

5.5.21 在板坯进入热压机前应设置带有松散装置的废板坯仓，对板坯含水率过高、密度不符合要求、含金属等的不合格板坯应剔除至废板坯仓，废板坯仓宜靠近装板机处。对不含金属的不合格板坯宜回收再用。

5.5.22 当中密度纤维板生产能力小于 $400m^3/d$，生产中密度纤维板厚度以大于或等于 8mm 为主时，热压机宜选用多层压机；生产中密度纤维板厚度以小于 8mm 为主时，热压机宜选用连续平压机或辊式压机。当中密度纤维板生产能力大于或等于 400m³/d 时，热压机宜选用连续压机。选用连续压机，其压机后宜设置毛板厚度测定仪。在大于 100m³/d 生产能力的生产线中不宜选用单层压机，但生产产品厚度大于 30mm 时，可选用单层喷蒸热压机。

5.5.23 热压机后应设置翻板冷却机及规格锯，其生产能力应保证热压机的最大生产能力。

5.5.24 在生产薄型中密度纤维板时，可在翻板冷却后设置预堆板装置。

5.5.25 宽带型砂光机选型宜与产品幅面及产量相匹配，其砂光机的宽度应满足最大成品宽度的要求。

5.5.26 定厚砂光机的砂架宜与精细砂光机的砂架分离。

5.5.27 中密度纤维板生产线内的削片机、脱水螺旋、装板小车等设备上方，宜设置定期检修的吊装设施，并宜按起重工件最大重量选型。

5.6 自动控制

5.6.1 中密度纤维板生产线宜采用集中控制系统或分段集中控制系统，相邻工段应有联锁和控制信号。热磨、干燥、成型、热压主生产线宜采用可编程逻辑程序控制（PLC），在靠近操作中心宜设中心控制室。

5.6.2 应在操作方便的位置设置紧急停车按钮。

5.6.3 对操作顺序要求严格的设备，应设防误操作或自锁按钮。

5.6.4 对可编程逻辑程序控制（PLC）和计算机应设置不间断电源供电。电源切换时间应满足可编程逻辑程序控制（PLC）和计算机的供电要求。

5.6.5 控制电压应为 220V、110V、36V、24V。交流接触器使用电压应与控制回路电压相匹配。

5.7 主要工艺参数

5.7.1 生产中密度纤维板的原料宜以针叶材为主，针、阔叶材原料宜按比例搭配使用。

5.7.2 木片的质量宜符合下列规定：

1 长度宜为 10mm～55mm；

2 宽度宜为 5mm～45mm；

3 厚度宜为 3mm～7mm；

4 含水率宜大于 45%；

5 合格率宜大于 85%；

6 树皮含量宜小于 8%。

5.7.3 当木片含水率小于 40%或木片含砂较多时，宜增加木片水洗工艺。

5.7.4 木片的堆积密度宜按 140kg/m³～220kg/m³（绝干量）计。

5.7.5 中密度纤维板生产过程中，各工序原料损失量与成品板重量的百分比可按表 5.7.5 取值。

表 5.7.5 中密度纤维板生产线各工序原料损失

生产工序名称		木材原料损失与成品板重量比（%）
原料贮存		1.0～3.0
削片、筛选		3.0～7.0
木片清洗	水洗	1.5～2.5
	干洗	0.5～1.5
热磨损失	1.0～3.0	
纵横齐边	多层压机	4.5～8.0
	连续压机	2.0～3.5
砂光	0.0～25.0	
其他	2.5～4.5	

5.7.6 纤维质量检验宜采用纤维筛分仪确定。

5.7.7 热磨机蒸煮缸采用的蒸汽压力宜为 0.7MPa～1.2MPa。

5.7.8 气流式管道干燥机，干燥热媒为烟气时，入口温度宜小于 320℃；干燥热媒为热空气时，入口温度宜小于 180℃。

5.7.9 干燥后的纤维含水率，当采用先施胶后干燥工艺时，宜为 7%～13%；当采用先干燥后施胶工艺时，含水率宜为 5%～7%，施胶后的纤维含水率应为 9%～13%。干燥机选型其能力应以不低于初含水率 100%的湿纤维为计算条件。

5.7.10 中密度纤维板用脲醛树脂胶质量应符合现行国家标准《木材工业胶粘剂用脲醛、酚醛、三聚氰胺甲醛树脂》GB/T 14732 的有关规定。

5.7.11 中密度纤维板设计施胶的固体胶量占绝干纤维的百分数应符合下列规定：

1 采用干燥前施胶应为 9%～15%。

2 采用干燥后施胶应为 7%～10%。

5.7.12 使用脲醛树脂作胶粘剂时，宜使用适量的固化剂、缓冲剂、防水剂，并宜符合下列规定：

1 固化剂用量宜为绝干胶料的 1%～3%。

2 缓冲剂用量宜为绝干胶料的 0～2.5%。

3 防水剂用量宜为绝干纤维的 0.8%～1.5%。

4 甲醛捕捉剂等量宜为绝干纤维的 0～17%。

5.7.13 中密度纤维板坯各部分的密度差不得大于 ±5%。

5.7.14 预压机的线压力宜为 80N/mm～250N/mm，通过预压机板坯应压缩至厚度为原板坯厚度的25%～45%。

5.7.15 板坯热压时，其单位压力宜为 3.0MPa～5.4MPa，热压板温度宜为 145℃～240℃。

5.7.16 多层热压时，其闭合时间和升压时间之和宜小于 40s。

5.7.17 中密度纤维板生产线板坯热压时间宜符合表

5.7.17-1和表5.7.17-2的规定。

表5.7.17-1 多层热压机板坯热压时间

热压温度（℃）	单位热压时间（s/mm）
145	22～30
160	16～28
180	15～27
200	14～25

注：本表适用于使用脲醛树脂胶时。

表5.7.17-2 连续热压机板坯热压时间

成品板厚度（mm）	单位热压时间（s/mm）
2.5～4.0	7.0～13.0
6.0～9.0	8.0～13.5
10.0～16.0	8.5～15.0
18.0～25.0	9.0～16.0
30.0～40.0	10.0～20.0

注：本表适用于使用脲醛树脂胶，进口鼓后第一温度区热压温度为220℃时。

5.7.18 热压后毛板经冷却机冷却后，毛板温度宜小于70℃。

5.7.19 热压后中密度纤维板含水率应以5%～8%计。

5.7.20 中密度纤维板设计砂光余量应符合表5.7.20的规定。

表5.7.20 中密度纤维板砂光余量（mm）

成品板厚度	多层压机		连续压机	
	毛板厚度	砂光余量	毛板厚度	砂光余量
2.5	—	—	2.5～3.5	0～1.0
3.2	—	—	3.2～4.4	0～1.2
4	—	—	4.0～5.2	0～1.2
6	7.0～8.0	1.0～2.0	6.6～7.3	0.6～1.3
8	9.2～10.0	1.2～2.0	8.7～9.4	0.7～1.4
9	10.2～11.0	1.2～2.0	9.8～10.4	0.8～1.4
12	13.4～14.0	1.4～2.0	12.9～13.5	0.9～1.5
15	16.6～17.0	1.6～2.0	16.0～16.6	1.0～1.6
16	17.6～18.0	1.6～2.0	17.0～17.6	1.0～1.6
18	19.6～20.2	1.6～2.2	19.0～19.8	1.0～1.8
20	21.6～22.2	1.6～2.2	21.2～23.0	1.2～2.0
25	25.8～26.5	1.8～2.5	26.2～27.2	1.2～2.2
30	31.8～32.5	1.8～2.5	31.4～32.2	1.4～2.2
35	37.0～37.5	2.0～2.5	36.5～37.5	1.5～2.5
40	42.2～43.0	2.2～3.0	41.8～42.5	1.8～2.5

5.7.21 砂光粉仓中砂光粉的堆积密度可取200kg/m³～260kg/m³（绝干量）。

5.8 成品板单耗

5.8.1 中密度纤维板生产线生产每吨成品中密度纤维板消耗指标应符合表5.8.1的规定。

表5.8.1 生产每吨中密度纤维板消耗指标

名　称	指　标	备　注
木材（t）	1.04～1.24	按绝干木材计
脲醛树脂（kg）	80～130	按固体计
固化剂（kg）	0.8～3.6	按固体计
缓冲剂（kg）	0.6～3.0	—
石蜡（kg）	8～16	工业用，按固体计
热（GJ）	4.8～9.4	—
电（kW·h）	280～500	—
水（m³）	1.6～5.0	—
压缩空气（Nm³）	34～150	—

6 辅助生产工程

6.1 实 验 室

6.1.1 实验室宜设在中密度纤维板生产车间内，也可根据全厂总体规划设在工厂的中心实验室。

6.1.2 实验内容应包括原、辅材料的分析化验，半成品的质量检测，胶料及成品物理机械性能和游离甲醛的测定和必要的工艺测试。

6.1.3 实验室面积不宜小于50m²，物理力学检测与化学分析宜分隔开。

6.1.4 当要进行试验研究时，可增加必要设备，其面积也应相应增加。

6.1.5 断面密度测定仪宜设置在单独房间内。

6.1.6 一般化验室用柜、工作台、水池可选用定型系列产品。

6.1.7 实验室应保证良好的通风条件。

6.2 磨 刀 间

6.2.1 中密度纤维板生产线当选用削片机时，应设置磨刀间。

6.2.2 磨刀间应单独设置，并应置于削片机附近。

6.2.3 磨刀机的选型和数量应根据削片机数量、刀量及换刀周期计算确定。

6.2.4 磨刀间面积应按磨刀机的型号、数量、削片刀具存放及辅助设备的布置情况计算。

6.2.5 削片机、锯机等切削设备宜配备相应的刃磨设备；生产能力大于600m³/d时宜设置锯片焊齿机。

6.3 维 修 间

6.3.1 维修间应配备承担生产机械设备、电气装备的日常保养、维修和小修的设备。大、中修则应由外协解决。

6.3.2 维修间面积宜为 $100m^2$～$150m^2$。

6.3.3 中密度纤维板生产线的锯片研磨设备可设置在维修间内。

6.4 仓 库

6.4.1 中密度纤维板生产企业宜设置成品库、化工原料库、备品易损件库、劳保用品库，还可根据需要单独设置工具、油脂及五金库。

6.4.2 仓库设计应为运输、装卸、管理创造有利条件。

6.4.3 成品库内应按现行国家标准《建筑设计防火规范》GB 50016 的有关规定设置消防设施。

6.4.4 综合库房设计，应按物料性质分别存放设置，其中化工原料和易燃品应砌墙隔断。

6.4.5 工作班次宜为1班～3班。

6.4.6 成品库面积应根据需要计算确定，宜按贮存10d～30d的产量计算。

6.4.7 化工原料库贮存量应根据供货周期确定，宜按15d～30d的消耗量计算。

6.4.8 成品库其中密度纤维板堆垛高度、仓库净高和面积利用系数可按表6.4.8确定。

表6.4.8 中密度纤维板垛高、仓库净高及堆积系数

堆垛方式	堆垛高度（m）	仓库净高（m）	含通道等的堆积系数（m^3/m^2）
人工堆垛	1.5～2.2	4.0～5.0	0.6～0.9
叉车堆垛	4.0～5.0	5.0～6.0	1.6～3.0
机械化堆垛	6.0～7.0	8.0～9.0	2.4～3.6

6.4.9 备品易损件库应仅设置车间日常维护用零件、易损件和工具的存放用地。

6.4.10 库内每隔20m～30m应有较宽的横贯通道，其宽度宜大于3.5m，库门应与通道衔接；库内其余固定通道宽度不应小于1m；货物离墙、柱距离应为0.1m～0.5m。

6.4.11 仓库门的规格应根据仓库运输工具及成品板的幅面尺寸确定。

6.4.12 仓库宜单独设置，也可与中密度纤维板生产线合建，但应间隔合理，并应符合现行国家标准《建筑设计防火规范》GB 50016 的有关规定。

6.4.13 成品库内需要设置值班室时，值班室应与仓库隔开。

7 公 用 工 程

7.1 总平面布置及运输工程

7.1.1 中密度纤维板工程总平面设计应符合现行国家标准《工业企业总平面设计规范》GB 50187 等的有关规定。

7.1.2 厂址选择应从地理位置、用地规划、土地面积、地形地貌、工程地质、原料供应、电源水源、防洪排涝、交通运输、消防安全、社会协作等建厂要素综合选择，并应具备建设中密度纤维板项目所要求的基本建厂条件，并应远离学校与医院。

7.1.3 总平面设计应与当地城镇总体规划相协调。

7.1.4 总平面布置应根据生产工艺流程、建筑朝向、交通运输、消防、安全生产、职业卫生、环境保护、行政管理诸多方面的要求结合厂区特征合理安排，应保证生产过程的连续和安全，并应使生产作业线短捷、方便，同时应避免交叉干扰。

7.1.5 中密度纤维板车间宜充分利用自然采光、自然通风条件。

7.1.6 在满足防火间距要求的前提下，中密度纤维板车间宜靠近原料堆场、仓库、热源、电源、水源。

7.1.7 改、扩建的中密度纤维板生产线应与原企业的总体布置相协调。

7.1.8 厂区道路设计应符合现行国家标准《厂矿道路设计规范》GBJ 22 的有关规定，路面宜采用混凝土或块石铺砌。

7.1.9 原料堆场地面宜用混凝土浇筑或用毛石、条石铺砌。

7.1.10 原料堆场地面排水坡度不宜小于0.005。当受条件限制时，排水坡度不应小于0.003。

7.1.11 中密度纤维板厂内应设置环形道路网，与厂外道路衔接的出入口不应少于2处。

7.1.12 中密度纤维板生产线的削片间宜远离居住区。

7.2 土 建 工 程

7.2.1 土建工程设计应符合下列规定：

1 中密度纤维板车间的建筑工程设计应符合现行国家标准《建筑设计防火规范》GB 50016 的有关规定，并应根据生产规模、设备技术水平、自然条件及当地特殊规定等进行设计，应保证建筑工程设计适用、安全和经济。

2 宜根据当地的具体情况，利用地方建筑材料。

3 除特殊情况外，各类建、构筑物宜执行建筑统一模数制。

4 中密度纤维板生产线属丙类生产车间。建筑物耐火等级不宜低于二级。

7.2.2 中密度纤维板生产线各生产工段应符合下列规定：

1 中密度纤维板生产线各生产工段的建筑结构设计应充分满足工艺生产流程的要求，并应在满足设备安装、操作与维修的要求条件下与工艺协调。

2 当削片间与中密度纤维板生产线相连时，应设墙隔开。

3 削片上料间宜采用开敞或半开敞设计，但应采取防止水浸的措施。

4 热压工段宜有良好的自然通风。

5 对噪声、振动、湿热较大的风机、热磨机、水洗机、干燥用热交换器等设备，建筑设计应密切配合工艺采用分隔措施。

6 中密度纤维板生产线内设置的封闭式电气中心控制室，地面宜做架空地面，室内净高应在2.4m以上。

7 生产车间与仓库不宜采用内落水。

8 中密度纤维板车间厂房结构形式，应根据生产工段的特征、当地的施工条件与建材供应等因素确定，宜为钢结构、钢筋混凝土结构。

7.2.3 辅助与生活用房设计应符合下列规定：

1 宜在中密度纤维板生产线适当位置集中设置辅助与生活用房。

2 辅助与生活用房宜置于中密度纤维板车间的边跨。

3 调胶间地坪、墙裙应采用防水、防酸、易清洁材料。

4 空压站通向室外的门应保证安全疏散，并应便于设备出入和操作管理。

5 管理、生活用房应根据车间生产组织情况确定，宜设办公室、更衣室、休息间、厕所等。有条件时还可设男女淋浴室。

7.2.4 楼面均布荷载宜符合表7.2.4的规定。

表7.2.4 楼面均布荷载（kN/m²）

项　目	活荷载	备　注
皮带运输机层	4.0	—
摆动筛选平台	8.0	—
栈桥、楼梯、楼梯平台	4.0	—
水洗设备周围	5.0	—
热磨机进料螺旋周围	12.0	—
调胶平台	10.0	按有临时化工原料堆放
热压机操作平台	2.0	—
车间生活间	2.0～4.0	—

注：表中楼面均布活荷载为标准值。

7.2.5 设备动荷载的动力系数宜符合表7.2.5的规定。

表7.2.5 设备动荷载的动力系数

设备名称	总静荷重	动力系数
鼓式剥皮机	机＋料	3.0～4.5
削片机	机器自重	3.0～4.5
圆筒筛	机＋料	1.5
摆动筛	机＋料	2.0
皮带运输机	机＋料	1.25
螺旋运输机	机＋料	1.5
热磨机	机＋料	2.0
离心泵	机器自重	1.5～2.0
风机	机器自重	1.4
成型机	机器自重	1.2
多层装板机	机＋料	2.0
多层热压机	机器自重	1.5
连续压机	机器自重	1.3
翻板冷却器	机＋料	2.0
横向锯	机器自重	1.5
推板器、堆垛机	机＋料	1.5
砂光机	机器自重	1.3

7.3 电气工程

7.3.1 电气负荷应为三级负荷。

7.3.2 一般照明、动力配电电压应采用交流220V/380V，高压电机配电电压宜采用10kV，频率与电压偏差应符合现行国家标准《供配电系统设计规范》GB 50052的有关规定。

7.3.3 车间变配电室、控制室等宜设在单独房间内。

7.3.4 中密度纤维板生产线电气负荷需要系数宜为0.55～0.65，自然功率因数宜为0.75，经电容补偿后功率因数应为0.90以上。

7.3.5 原料堆场照明照度宜为10lx～15lx。

7.3.6 中密度纤维板车间照明设计应符合现行国家标准《建筑照明设计标准》GB 50034的有关规定，一般照明照度不应小于100lx，生产线局部照明设计宜按表7.3.6确定。

表7.3.6 中密度纤维板生产线局部照明标准值

位　置	照度（lx）
上料、削片	150
木片筛选、水洗	150
热磨、调胶	200
铺装、成型、热压、冷却	300
锯截、堆垛	200

续表 7.3.6

位　置	照度（lx）
砂光	200
检验	750
实验室	300
控制室	500
液压间、有机热载体泵间、制冷间、压缩空气站	150
磨刀间、修锯间	300

7.4 给水排水工程

7.4.1 中密度纤维板生产线给水与排水设计应符合现行国家标准《室外给水设计规范》GB 50013、《室外排水设计规范》GB 50014 和《建筑给水排水设计规范》GB 50015 等的有关规定。

7.4.2 给水工程应符合下列规定：

1 中密度纤维板生产线用水水质应符合一般工业用水标准，用水压力应为 0.25MPa～0.35MPa。

2 热磨机主电动机、热压机的液压油、热压机旋转编码器等的冷却用水应循环使用，可采用一般工业用水，并宜符合下列规定：

1）水温宜小于 32℃；

2）总硬度宜小于 450mg/L。

3 调胶间宜设热水供应系统。

4 热磨机机械密封用水宜采用软化水作为密封水。

5 中密度纤维板生产线与火花探测器配套的自动灭火系统，其给水设备应设置增压装置。

7.4.3 排水工程应符合下列规定：

1 采用木片水洗时，木片水洗机排出的水应经处理后循环使用。

2 热磨机木塞螺旋挤出水宜单独处理。

7.5 供热与制冷工程

7.5.1 供热与采暖通风工程设计应符合现行国家标准《采暖通风与空气调节设计规范》GB 50019 和国家现行有关工业企业设计卫生标准的规定。

7.5.2 供热工程应符合下列规定：

1 应以生产过程中产生的可燃废料作为燃料的热能中心供热。

2 应充分利用热能和回收余热。

3 纤维干燥宜选用热烟气作为热媒。

4 石蜡熔化宜采用有机热载体作为热媒，温度不宜超过 150℃。

5 热压机宜采用有机热载体作为热媒，进出口温度差应小于 5℃。

6 热媒温度大于 50℃的有机热载体管、热风管、热水管、蒸汽管和凝结水管均应保温。

7 管道上各种阀件的安装位置应便于操作和维修，各种仪表的安装位置应便于观察和维修。

8 供热参数应满足工艺对各用热点用热参数的要求。中密度纤维板生产线用热参数可按表 7.5.2 选用。

表 7.5.2 中密度纤维板生产线用热参数

用热设备	可供选择的热媒			
	饱和蒸汽	有机热载体	热烟气	热水
木片料斗预热	0.2 MPa～0.4MPa	—	—	—
热磨机蒸煮	0.6 MPa～1.2MPa	—	—	—
干燥	1.2 MPa～2.2MPa	200℃～220℃	180℃～320℃	—
石蜡熔化	0.3 MPa～0.4MPa	100℃～120℃	—	—
调胶	—	—	—	60℃～80℃
热压	1.2 MPa～2.2MPa	220℃～280℃	—	—

7.5.3 制冷工程应符合下列规定：

1 纤维采用拌胶机施胶时，拌胶设备应配备冷水机组、水箱和水泵组成的循环冷却水系统。

2 当冷却塔提供的冷却水温度高于 33℃时，热磨机冷却水宜配备冷水机组、水箱和水泵组成的循环冷却水系统。

7.6 压缩空气站及压缩空气管道工程

7.6.1 压缩空气站及压缩空气管道工程设计应符合现行国家标准《压缩空气站设计规范》GB 50029 的有关规定。

7.6.2 压缩空气质量及参数应符合表 7.6.2 的规定。

表 7.6.2 压缩空气质量及参数

名　称	一般用途	用于仪表
固体尘（μm）	≤3.0	≤0.01
含油量（mg/m³）	≤0.1	≤0.01
常压露点（℃）	+2	+2
压力（MPa）	0.6～1.0	0.6～1.0

7.6.3 压缩空气站宜设在中密度纤维板车间的辅助房间内。

7.6.4 螺杆空气压缩机和离心空气压缩机共用后冷却器和贮气罐时，贮气罐容积宜为每分钟总用气量的 1.0 倍～2.0 倍。

7.6.5 压缩空气管道在车间内的布置应根据用气设备的位置和要求而定，并应设清扫接口。

8 环境保护

8.0.1 环境保护设计应符合环境影响评价报告的要求，并应控制各类污染物的排放指标。

8.0.2 环境保护措施应与主体工程设计同时进行，在工艺和设备选型时，应消除或减少各类污染因素。

8.0.3 厂址选择应按自然环境和社会环境、国家环境质量标准和有关规定选定生产区、水源以及有害废水、废气、废渣的排放点。

8.0.4 厂区总平面布置应功能分区明确，在生产区与生活区之间应设置卫生防护绿化带。

8.0.5 热磨机进料螺旋挤出废水及木片水洗排出废水、调胶工序的清洗水应经治理达到现行国家标准《污水综合排放标准》GB 8978 规定的标准后排放。

8.0.6 除尘器排放口粉尘浓度应符合现行国家标准《大气污染物综合排放标准》GB 16297 的有关规定。

8.0.7 凡有粉尘逸出的设备，均宜配置相应的除尘系统。

8.0.8 木片筛选细屑、废纤维、锯屑及小碎块、砂光粉宜采用封闭式输送和贮存，并宜集中利用或妥善处理。对物料输送接收端应采用旋风分离器，且不宜进行封闭式输送时应设二级除尘。

8.0.9 连续压机在生产中所产生的废气宜采用废气处理系统进行治理。

8.0.10 皮带输送机在运输易扬粉尘物料时，宜安装密闭防尘罩。

8.0.11 防治噪声应与总体布置同步设计。厂界噪声应符合现行国家标准《工业企业厂界环境噪声排放标准》GB 12348 的有关规定。

9 职业安全卫生

9.1 职业安全

9.1.1 职业安全卫生应严格依据可行性研究和安全评价的要求，将安全卫生设施与主体工程同时设计。

9.1.2 安全卫生要求应贯穿于各专业设计中，做到安全可靠、经济合理。

9.1.3 安全设施应符合下列规定：

1 车间内设备地坑、管沟等地下设施应采取防水、防渗、排水措施，应加盖板或其他安全防护措施。加盖板时，其顶面标高应与车间地坪标高一致。

2 各种机械传动及高速旋转设备、零部件处应设置安全防护装置。防护罩上部宜密封，下部宜采用网格。

3 设备的运动部分，凡危及安全的位置，其周围均应设置安全护栏。

4 易燃、高温、高压、易触电、易挤伤等场所应设警示标志。高温设备应进行保温、隔热。

5 高压容器设备应设置安全阀及压力表。

6 中密度纤维板工程建筑结构的安全等级应为二级。

9.1.4 生产工艺安全应符合下列规定：

1 制定生产工艺和设备选型时应避免工人与危害因素直接接触。

2 中密度纤维板生产线布置应按生产工艺流程及劳动安全要求使生产工序衔接紧密、物料运距短捷，并应保证设备与设备之间、设备与建筑物之间有足够的间距。

3 气力输送系统设备及管道布置应符合安全生产要求，并应便于操作与维修。

4 各种分离器出料口不宜出现正压。

5 在原料堆场、原料上料、半成品和成品的搬运、装卸等处，宜设置叉车、装载机、小拖拉机、挂车等装卸运输设备。

9.1.5 电气安全应符合下列规定：

1 中密度纤维板车间除设有正常照明外应设有应急照明。

2 原料堆场的动力、照明不应采用架空敷设；原料堆场内应设封闭式安全灯，灯具与堆垛最近水平距离应在 2m 以上，下方不得堆放可燃物；也可利用建、构筑物高处安装照明灯。

3 有粉尘可能逸出的设备周围宜设封闭式安全灯。

9.1.6 防雷应符合下列规定：

1 中密度纤维板车间应为三类防雷建筑物，防雷设计应符合现行国家标准《建筑物防雷设计规范》GB 50057 的有关规定。

2 钢结构厂房可利用钢结构屋面作为防雷接闪装置，并可利用钢柱作为引下线。

3 高于建筑物的设备应设避雷针设施，并可利用其钢架作为引下线。

9.1.7 接地应符合下列规定：

1 接地设计应按国家现行标准《建筑物电子信息系统防雷技术规范》GB 50343 的规定执行。

2 纤维与砂光粉气力输送管道均应接地。气力输送管道采用法兰连接时，法兰之间应设跨接导线。

3 砂光机设备应接地。

4 中密度纤维板生产线应做等电位联结。

5 中密度纤维板车间宜采用共用接地装置，接地电阻不应大于 1Ω。

9.2 职业卫生

9.2.1 中密度纤维板工程防寒、防暑、通风、除尘设计，宜符合国家现行有关工业企业设计卫生标准的规定。

9.2.2 中密度纤维板生产车间卫生特征应分级为 3

级。生产卫生室、生活室等辅助用室的设置，应符合国家现行有关工业企业设计卫生标准的规定。

9.2.3 采暖与空调工程应符合下列规定：

1 中密度纤维板工程冬季采暖室内计算温度，生产时宜按表9.2.3规定执行。

表9.2.3 冬季采暖室内计算温度

生产及辅助用房名称	冬季采暖室内计算温度（℃）
削片间、筛选间	7～10
水洗间、热磨间	10～12
纤维贮存间	7～10
调胶间、施胶间	16～18
成型及热压间	18～21
砂光间	10～12
液压站、压缩空气站、制冷站、冷却水间	7～10
实验室、磨刀间、维修间	16～18
配电间、开关柜间	16～18
控制室	18～21

2 办公室和生活间等辅助房间的冬季采暖室内计算温度，应按现行国家标准《采暖通风与空气调节设计规范》GB 50019及有关工业企业设计卫生标准的规定执行。

3 采暖方式宜采用散热器采暖系统，并应根据需要设置热风采暖系统。

4 在寒冷地区，主车间经常开启的外门宜设热空气幕。

5 中密度纤维板车间控制室和办公室宜配置空气调节设施。

9.2.4 车间通风应符合下列规定：

1 中密度纤维板车间应有自然通风和机械通风设施。工作场所空气中有毒物质容许浓度应符合国家现行有关工作场所有害因素职业接触限值的规定。

2 在热压机、卸板机、翻板冷却机上方应设置排气罩，排气罩形式应根据设备的结构特点合理设计。在严寒和寒冷地区，排气罩应封闭。

3 热压机和卸板机排气罩的罩口平均风速宜为0.45m/s～0.7m/s，翻板冷却机排气罩的罩口平均风速宜为0.45m/s。

4 中密度纤维板生产线排气罩排风和各除尘、气力运输系统排风，均应进行风量平衡和热量平衡计算。冬季采暖的车间，宜根据具体情况设置补风系统。

5 调胶间宜设置机械通风设备，宜按每小时4次～10次换气次数设计。

6 热压机液压站和有机热载体二次循环泵房宜设置机械通风设备，宜按每小时1次～2次换气次数设计。

7 实验室易产生有毒或有刺激气味挥发气体的位置宜设置通风柜，通风换气次数宜为每小时4次～10次。

9.2.5 除尘系统应符合下列规定：

1 中密度纤维板车间产生砂光粉、木屑等细小粉尘处应设置单机吸尘或多机吸尘设施。工作场所空气中木粉尘容许浓度应按国家现行有关工作场所有害因素职业接触限值的规定控制。

2 有粉尘散发的砂光、锯边和铺装设备处应设置除尘系统；其他有粉尘散发的设备处宜设置除尘系统。除尘宜以产尘性质分别设置除尘系统，规模较小时也可将除尘器直接装在产尘设备上。

3 除尘系统中砂光粉、木粉和细小纤维等细小物料的分离设备应采用袋式除尘器，其余粉尘宜采用旋风分离器。

4 除尘系统宜选用专用除尘风机。

5 除尘系统的输送管道宜以负压状态运行。

6 除尘管道内的风速与输送重量浓度比宜符合本规范表5.4.9与表5.4.10的规定。

9.2.6 防噪声应符合下列规定：

1 厂内各类作业地点的噪声A声级及对噪声的控制设计应符合现行国家标准《工业企业噪声控制设计规范》GBJ 87的要求。

2 噪声超标的设备应采取隔声、隔振等降低噪声措施。

3 削片间宜采取防噪声措施。

4 压缩空气站应采取防噪声措施，通向车间的内门宜设隔声门，采取防噪声措施。

5 对采取技术措施或噪声控制措施仍不能达到国家噪声标准的作业区应配备个人防护用品。

10 防火与防爆

10.0.1 中密度纤维板项目单项工程生产、贮存的火灾危险性类别及建（构）筑物耐火等级应符合表10.1.1的规定。

表10.0.1 主要单项工程生产、贮存的火灾危险类别、耐火等级

工程名称	生产、贮存类别	耐火等级
原料堆场	丙类	—
削片间	丙类	二级
纤维制备与干燥间	丁类	二级
中密度纤维板车间	丙类	二级
化工原料库	丙类	二级
成品库	丙类	二级
机修车间	戊类	二级
供热站	丁类	二级
压缩空气站、风机间	戊类	三级

10.0.2 中密度纤维板工程的消防给水设计应符合现行国家标准《建筑设计防火规范》GB 50016 的有关规定。

10.0.3 厂区内应设置环形道路网，路网密度应满足消防通道的要求，并应设置2处以上的对外出入口与厂外道路衔接。

10.0.4 原料堆场的布置每隔120m～150m应设置一条宽度为10m的防火间隔带。

10.0.5 原料堆场周围应设置环形消防管网，消火栓宜设置在地下。

10.0.6 气力运输系统用于纤维、砂光粉除尘的袋式除尘器、旋风分离器设备，宜设置防爆门等安全设施。

10.0.7 干燥旋风分离器、砂光粉料仓应设置防爆设施。

10.0.8 干燥旋风分离器顶部应设置高压大流量灭火系统。喷水口处的压力应大于或等于0.2MPa。

10.0.9 干纤维料仓、成型机等设备应设置灭火等安全设施。

10.0.10 每个自动灭火喷水口处的压力应大于或等于0.6MPa。

10.0.11 纤维干燥系统、干纤维输送系统和砂光粉输送系统应设置火花探测与自动灭火系统。

10.0.12 与自动火花探测灭火装置配套的消防水泵，应布置在接近需要消防之设备的适当位置。

10.0.13 连续压机宜配备灭火装置。

10.0.14 厂区消防宜充分利用当地提供的社会协作条件。

10.0.15 原料堆场宜设置消防工具室。

11 资源综合利用与节能

11.1 资源综合利用

11.1.1 中密度纤维板生产应充分利用营林剩余物、采伐剩余物、造材剩余物和木材加工剩余物。

11.1.2 中密度纤维板生产可利用人工速生林提供的木材为原料。

11.1.3 中密度纤维板厂的供水、供电、供热及辅助原料供应，应充分利用当地提供的社会协作条件。

11.1.4 不再利用的废木屑、废纤维、锯屑、碎块、砂光粉等宜作为燃料处理。

11.2 节 能

11.2.1 中密度纤维板的供热系统宜选用热能中心，热能中心应能同时生产有机热载体、蒸汽和烟气分别供热压机、热磨机和干燥机使用。

11.2.2 工艺布置应与工艺流程相适应，物料的输送应避免管道迂回曲折或多次输送。

11.2.3 中密度纤维板生产线气力运输系统，其输送用重量浓度比值宜符合本规范第5.4.10条的规定。

11.2.4 应选用低能耗、体积小、效率高的先进设备，严禁选用淘汰产品。

11.2.5 中密度纤维板厂应实施连续生产。

11.2.6 用热设备的余热应收集利用。采用蒸汽供热时应回收凝结水的热能。石蜡熔化槽的凝结水宜返回至热水槽。

11.2.7 当中密度纤维板生产能力大于600m³/d时，干燥机宜选用二级式干燥机。

11.2.8 热压机液压系统宜设置蓄压装置。

11.2.9 中密度纤维板生产线生产单位产品的能耗指标应符合本规范第5.8.1条的规定。

11.2.10 中密度纤维板生产线用热设备及管道的保温措施应按本规范第7.5.2条第6款的规定执行。

11.2.11 所选用的产品及设备应节能节水。

本规范用词说明

1 为便于在执行本规范条文时区别对待，对要求严格程度不同的用词说明如下：

1）表示很严格，非这样做不可的：
正面词采用“必须”，反面词采用“严禁”；

2）表示严格，在正常情况下均应这样做的：
正面词采用“应”，反面词采用“不应”或“不得”；

3）表示允许稍有选择，在条件许可时首先应这样做的：
正面词采用“宜”，反面词采用“不宜”；

4）表示有选择，在一定条件下可以这样做的，采用“可”。

2 条文中指明应按其他有关标准执行的写法为：“应符合……的规定”或“应按……执行”。

引用标准名录

《室外给水设计规范》GB 50013
《室外排水设计规范》GB 50014
《建筑给水排水设计规范》GB 50015
《建筑设计防火规范》GB 50016
《采暖通风与空气调节设计规范》GB 50019
《厂矿道路设计规范》GBJ 22
《压缩空气站设计规范》GB 50029
《建筑照明设计标准》GB 50034
《供配电系统设计规范》GB 50052
《建筑物防雷设计规范》GB 50057

《工业企业噪声控制设计规范》GBJ 87
《工业企业总平面设计规范》GB 50187
《建筑物电子信息系统防雷技术规范》GB 50343
《污水综合排放标准》GB 8978
《中密度纤维板》GB 11718
《工业企业厂界环境噪声排放标准》GB 12348
《木材工业胶粘剂用脲醛、酚醛、三聚氰胺甲醛树脂》GB/T 14732
《大气污染物综合排放标准》GB 16297

中华人民共和国国家标准

中密度纤维板工程设计规范

GB 50822—2012

条 文 说 明

制 订 说 明

《中密度纤维板工程设计规范》GB 50822—2012，经住房和城乡建设部2012年10月11日以第1489号公告批准发布。

为便于各单位和有关人员在使用本规范时能正确理解和执行条文规定，本规范编制组按章、节、条顺序编制了本规范的条文说明，对条文规定的目的、依据及执行中需注意的有关事项进行了说明。但是，本条文说明不具备与标准正文同等的法律效力，仅供使用者作为理解和把握规范规定的参考。

目　次

1 总　　则

1.0.2 本规范仅适用于以木材作为主要原料制取中密度纤维板的工程设计。采用甘蔗渣、棉秆、秸秆等植物纤维制取中密度纤维板，在工艺上有差别，本规范暂不作规定，但可参照本规范执行。

本规范仅适用于生产能力大于或等于 $100m^3/d$。对于生产能力小于 $100m^3/d$ 的中密度纤维板工程，相对投入多、产出少、生产效率低、单位能耗增大、经济效益差，故本规范不包括，但有关强制性条文的内容仍然适用。

本规范的主要技术经济指标不能完全覆盖高密度纤维板和低密度纤维板的指标。

1.0.3 中密度纤维板工程设计应遵循下列原则：

1 环境保护、节省能源、"三废"治理，均为国家对建设项目的重点要求，本规范充分重视，专列条款加以规定。

2 本规范注重考虑技术进步与技术可靠方面的规定。

3 工程设计内容及范围

3.0.3 辅助生产部分的内容应根据项目的实际需要确定增减。

3.0.4 本条所列的公用工程一般是不可缺少的，均有国家工程建设专业设计规范及有关技术标准对其进行规定。

3.0.5 由于建设项目业主或投资者对工程设计阶段的要求不一致，对较成熟的工艺项目，也可分为方案阶段和施工图设计阶段。

4 原 料 贮 存

4.1 一 般 规 定

4.1.1 原料贮存数量应根据具体情况确定，各厂不一。主要依据原料的到厂周期、数量和本中密度纤维板厂原料的消耗量而定，再由贮存量推算原料堆场大小。从经济效益看，原料贮量过大不利于资金周转，占用土地增大，土地征用费也增加。再则，贮量过大亦不便管理。原料堆场工作班次视原料进场情况而定，但与中密度纤维板车间削片工序相配合的部分，其班次应与削片工序一致。全年工作日按 300d 计算，但全年 365d 均应有值班人员工作。

4.1.2 对木片贮存用的木片堆场、料仓或库房可只选其一。

4.1.3 原料堆场一般采用装载机作业，人工辅助。

4.1.4 地磅的选型一般根据运输工具与木材质量之和的最大值考虑。

4.1.5 本条的实积系数是常用的原料，由于原料种类的差异，可根据实际情况进行调整。

4.2 原料堆场布置

4.2.1 以往设计中对原料堆场布置一般不明确提出要求。我国中密度纤维板的原料大都是针、阔混杂的小径枝桠和规格不一的木材加工剩余物。各厂大多采用混合散堆，原料堆场布置欠规范。本规范只是提出一般规定和建议。

4.2.2 原料堆场布置的垛之间间距是保证人员通行、原料垛通风、机械卸垛操作等基本要求。

5 中密度纤维板生产线

5.1 生产线组成和工作制度

5.1.1 中密度纤维板车间生产工段的划分各有不一。本规范生产工段，按工艺流程、原料被加工后的形态变化过程及便于集中控制的原则划分，并采用习惯叫法命名。

中密度纤维板生产线各工段中的个别工序，根据项目的具体设计和要求可增减。

中密度纤维板车间一般不设制冷站。对某些热磨机轴承必须冷却，我国南方地区一般的冷却水水温又不能满足时，可考虑设置。

5.1.2 中密度纤维板车间的工作制度每年按 300d 设计，但工人每周工作时间按 40h 计。

5.2 生产能力计算

5.2.1 中密度纤维板生产能力表示方法有两种，一种是以年计的生产能力；一种是以天计的生产能力。为了提法统一，本规范规定以天计合格板的生产量为中密度纤维板车间的生产能力。

5.2.2 中密度纤维板车间的生产能力随产品厚度变化而不同。为统一生产能力的核定，特作此规定。

生产能力的计算不宜采用生产模型的方式计算。

5.2.3 中密度纤维板车间生产能力与生产设备、生产工艺、合成树脂的性能、产品质量的水平等诸多因素有关，在热压机生产能力计算时，把以上诸多相关因素的影响均折算到单位厚度的热压时间中，该参数称为"单位热压时间"。

5.3 工艺流程与设备布置

5.3.1 为了保证工艺设备的适应性，工艺流程应根据当地的实际情况确定。

5.3.5 为了保证设备的检修和发生危险时人员能快速撤离，除满足检修车辆的位置，同时还需要保证人员能顺利通过。2.5m 的纵向通道是指中密度纤维板生产线成型工段及之后的通道。

中密度纤维板车间的成型热压生产流水线较长，为了安全和便于生产线两侧的联系，横跨生产线的过桥和通道是必要的。

5.3.9 削片设备是中密度纤维板车间的主要噪声和粉尘污染源，所以应将削片间布置在单独的车间内，以尽量减少噪声和粉尘的影响。

5.3.10 削片机前运输机侧挡板上端标高于0.7m时，可将皮带运输机向下卧，或将人工上料段平台垫高。

5.3.11 木片上料混合计量料斗一般采用2台可调速的螺旋运输机，分别用于针、阔叶材种上料，以达到材种按比例混合的要求。

5.3.13 热磨机进料螺旋部分采用钢支架支撑便于设计、安装和设备操作时上、下的工作联系，但其稳定性和对空间的利用不如采用混凝土楼面支撑。

5.3.14 喷放管的弯头形式较多，主要用于减少弯头的磨损、减小曲率半径，便于布置。但弯头的阻力没有减小，所以喷放管弯头的总数不宜超过4个。

5.3.15 热磨机磨室体上方设可移动的起吊装置主要是为更换磨盘使用，热磨机主轴上方同时设可移动起吊装置的轨道，在需要检修主轴时，再安装起吊装置。

5.3.18 干燥机体积较大，设置在室内占用大量的建筑，并在发生火灾时不易处理。在严寒地区，干燥机的换热设备设置在室内可减少热损失。

5.3.23 砂光前毛板贮存的堆垛设备一般采用叉车，在产量大于600m^3/d时采用机化堆垛设备可提高厂房的利用率、减轻劳动强度。

5.3.24 毛板的预固化层较松软，毛板贮存的堆垛高度过高时易翻倒，所以限制毛板的堆垛高度。

5.4 气力运输系统

5.4.3 设计为负压运行和采用运载气流封闭循环，其目的为减少在气力运输过程中，细屑、粉尘、小纤维等的漏冒，保护环境。

5.4.6 在采暖地区由室内抽出的空气经室外又返回室内或在室外排空，在室外的风管应保温，以防凝结水冻结在管道内壁上堵塞管道。

5.4.8 气力运输系统风管设计时，应充分考虑风管支、吊架的布置，其支、吊架不能影响检修设备的运行。

5.4.9 气力干燥水平管道内的输送气流速度不宜过低，一般计算时采用30m/s；喷浆口到开始拐弯处的长度应大于30m。

5.4.10 气力运输系统管内混合浓度在运输物料（纤维、锯屑、砂光粉）时宜取上限。纤维气流干燥计算基准是干燥后的纤维重量。

5.4.11 对工艺成熟且风管采用焊接方式连接，其计算漏风系数可取下限。

对主生产线生产能力没有预留时，主生产线设备只考虑生产中的冲击负荷，气力运输系统设计能力预留系数也只考虑生产中的冲击负荷。

5.5 设备配置与选型

5.5.2 削片机的上料应尽量减轻工人的劳动强度，加强机械化作业。

5.5.3 金属探测器不能检测小石等异物，所以在削片机前宜设置辊筒运输机，避免小石、树皮、泥沙和小金属物等小型异物进入削片机。

5.5.5 鼓式削片机能基本满足工艺要求，且布置简捷，一般情况宜选用鼓式削片机。

削片机换刀时间一般需要1h，另外要考虑去除金属物等其他影响使削片机不能满负荷工作所损失的时间，班有效工作计算时间为5.5h。

5.5.7 木片运输采用皮带运输机及特种防滑皮带时，其爬升角度应根据特种防滑皮带的参数确定。

5.5.9 由于中密度纤维板生产对针、阔叶材搭配比例要求较高，所以针、阔叶材木片宜分别贮存，按比例出料。

木片料仓的贮存时间除考虑运行班次外，还应考虑削片工段的班工作时间。

木片库的跨距一般不宜小于15m。

5.5.13 本条文为强制性条文，主要是为了防止火灾的扩大，阻止火灾向系统后部漫延。着火纤维排出系统的设备主要有：纤维三通换向阀，可正反转的螺旋运输机、皮带运输机，可反向排料的纤维料仓等设备，必须设置其中一台或多台设备。

5.5.14 干纤维在进纤维料仓前设置纤维含水率连续测定装置，目的是为了检查干燥机的干燥效果，指导干燥机的工艺调整，同时也可作为热压机工艺参数的调整依据；也可将该纤维含水率连续测定装置安装在成型线上。

5.5.15 工艺设计中采用其他类型的防水剂时，应设置与其使用方式一致的设备。

5.5.16 其他添加剂主要指染色剂、阻燃剂等特殊的添加剂，宜单独施加。

5.5.17 在使用纤维计量料仓贮存纤维时（不设置干纤维料仓），其纤维计量料仓应满足着火纤维反向迅速排出纤维计量料仓的要求。对生产能力大于350m^3/d的设备，如设备运行可靠，其贮存时间可减少。

5.5.19 纤维铺装形成的板坯厚度大又蓬松，因此应设置预压机，以提高板坯自身强度和减小热压机开挡。

5.5.22 在生产中密度纤维板厚板时所需要的单位热压时间较长，喷蒸工艺可有效地缩短单位热压时间，所以在生产产品厚度大于30mm时，可选用单层喷蒸热压机。

5.5.23 当锯机速度不能满足生产需求时，应增加锯机数量或采用预堆板装置。

5.6 自动控制

5.6.1 由于自动控制水平在不断地提高，也可采用集散控制系统（DCS）。

5.7 主要工艺参数

5.7.1 中密度纤维板质量与纤维形状的优劣有直接关系，针叶材纤维优于阔叶材纤维，所以宜以针叶材为主。

5.7.2 通常树皮纤维少、强度低、色泽较深，作为中密度纤维板的原料，有树皮掺入就会影响成品板的质量，所以应控制原料中的树皮含量。

本规范一律采用绝对含水率。

5.7.3 木片含水率过低直接影响磨浆质量，因此所设的有关工序应能尽量提高木片的含水率。

5.7.11 设计施胶量为生产符合国家中密度纤维板所必要的量，实际生产中由于产品要求和生产条件的变化，施胶量亦可能不同。

5.7.17 本规范推荐的热压时间是根据国内和国外中密度纤维板厂通常实际生产情况提出来的，在实际生产中随着各种因素的变化，热压时间也应变化。

表5.7.17-2中热压时间的计算是根据连续平压机热压温度：进口鼓175℃，向后分别为220℃、210℃、190℃、185℃。

5.7.19 热压后中密度纤维板含水率应与产品销售的目的地相适应，对潮湿地区取上限，反之取下限。

5.8 成品板单耗

5.8.1 中密度纤维板车间消耗指标是考虑生产能力大于或等于100m^3/d，并根据国内中密度纤维板生产的实际消耗提出的。

中密度纤维板的计量单位，国家标准规定以立方米计，因成品板密度不一，故设计时消耗指标统一以每吨成品板计。

6 辅助生产工程

6.1 实验室

6.1.1 全厂需要设置多个实验室时，中密度纤维板实验室可与其他实验室、化验室等合并建设，组成工厂的中心实验室，可以节约部分设备和人员。

6.1.4 需要进行的试验研究主要指工艺试验，主要增加试验热压机等相关设备。

6.1.5 实验室设置断面密度测定仪时，由于设备中含有放射源，应加强管理，设置单独房间。

6.1.7 实验室一般应设置强制快速通风的设施。

6.2 磨刀间

6.2.1 磨刀间除配置磨刀机外，还可配置部分维修设备和工具，如砂轮机、台虎钳等。

6.3 维修间

6.3.1 维修间分为机械维修保养和电气维修保养两部分，主要以保养为主。

6.4 仓库

6.4.3 成品库中密度纤维板的贮存量较大，并可燃烧，安装消防设置是必需的。

6.4.5 仓库工作制度定为1班工作，可以减少人员。

6.4.6 成品库面积与产品运输、销售情况直接有关，应酌情考虑，不宜过大以致造成资金积压，亦不宜过小使周转困难。

6.4.7 生产中化工原料的消耗较为稳定，如有较稳定的供货商，化工原料贮存天数可取下限。

6.4.8 一般均采用叉车堆垛，如产品幅面大于或等于1860mm×2440mm、生产能力大于或等于600m^3/d时，可采用机械化堆垛。

7 公用工程

7.1 总平面布置及运输工程

7.1.10 地面排水坡度在环境较为困难时不宜小于0.003。

7.1.12 中密度纤维板生产线的削片间相距居住区较近，削片机应采取隔声措施。

7.2 土建工程

7.2.1 中密度纤维板车间采用钢结构时，其跨度与柱距以实用为宜，其尺寸在与模数接近时宜采用模数。

中密度纤维板生产车间系非木工车间。

7.3 电气工程

7.3.5 原料堆场应尽可能地减少灯柱，以减少线路和灯柱对原料堆场运输的妨碍。

7.4 给水排水工程

7.4.3 木片水洗用水在不影响正常生产情况下应尽量提高循环回用量，减少污水排出系统。

7.5 供热与制冷工程

7.5.2 项目建设地有发电等工程所产生的余热并可利用时，设备选型应充分考虑余热可利用性。

供热方案的选择为：热磨机选用蒸汽；干燥机选择顺序为烟气、热油、蒸汽；热压机选择顺序为热油、蒸汽。

7.6 压缩空气站及压缩空气管道工程

7.6.4 贮气罐的容量应能满足生产线冲击负荷的需求。

8 环境保护

8.0.5 热磨机进料螺旋挤出的废水及木片水洗机排出的废水含有大量悬浮物和有机物，清洗胶罐的废水含有凝固的胶块、石蜡、胶和甲醛等有毒物质。以上几种废水的水质均超过国家《污水综合排放标准》GB 8978 的规定，必须进行净化处理。

8.0.8 木片筛选细屑、废纤维、锯屑及小碎块、砂光粉不能作为其他利用时，应作为燃料进行处理，不能外弃。

9 职业安全卫生

9.1 职业安全

9.1.3 防护罩上部一般可采用铁皮等材料制造，使纤维粉尘不易进入防护罩内；下部采用网状材料制造，进入防护罩内的纤维粉尘不易在防护罩内积累。

设置安全防护栏是为了防止动力部件对人的伤害和防止人误入或提醒人已进入有危险区域。

高温设备中热压机不保温。

9.1.5 下列情况通常需要配置紧急事故电源：

1 热压过程中事故停电，需紧急电源驱动排出压机中的板坯。采用连续平压机或连续辊压机时，压机后部的毛板输送设备和横截设备同时需要紧急电源驱动以接受来自压机中的板坯。

2 以导热油为热介质的供热系统中，事故停电时需紧急电源驱动循环油泵冷却降温。

3 自动灭火系统中的增压泵在事故停电时需紧急电源驱动。

4 室外布置的纤维干燥设备、热能中心等区域在事故停电时需紧急电源照明。

5 热压机区域在事故停电时需紧急电源照明。

9.1.6 原料堆场的防雷接地、干燥旋风分离器的防雷接地、成型机上部的旋风分离器的防雷接地等均应与邻近的重复接地装置连接。

9.1.7 纤维与砂光粉等在风管中高速动力时，会产生大量静电，静电会产生静电火花，并引起燃烧或爆炸。为了防止静电积累，风送管道应接地良好。

9.2 职业卫生

9.2.5 除尘系统与粉尘输送系统中的混合浓度相差较大，宜分别设计，以减少功率消耗。

除尘系统中一般不能进行气体封闭循环使用，需排向大气，为减少排尘量，应设置袋式除尘器。

10 防火与防爆

10.0.4 防火间隔带是为了阻止火灾从一个区漫延到另一个区。防火间隔带在横向和纵向均设置，防火通道也可与道路合并设置。

10.0.7 本条文为强制性条文。因干燥旋风分离器和砂光粉料仓有发生火灾和爆炸的因素，必须严格执行。

10.0.8 干燥旋风分离器顶部设置的高压大流量灭火系统是阻止火灾漫延的有效措施。干燥旋风分离器顶部的高压大流量灭火水管的阀门可安装在地面，并宜安装带阀门的小排空管，流量按5L/s计。

10.0.9 本条文为强制性条文。因干纤维料仓、成型机有发生火灾和爆炸的因素，必须严格执行。

10.0.10 自动灭火喷水口是指气力输送管道的火花探测与自动灭火系统的喷水点。

10.0.11 本条文为强制性条文。纤维干燥系统、干纤维输送系统和砂光粉输送系统的气力输送管道中物料易燃烧和爆炸，火花探测与自动灭火是控制危害发生的有效措施，必须严格执行。

11 资源综合利用与节能

11.2 节　　能

11.2.1 采用热能中心是中密度纤维板生产中非常有效的节能措施，在没有其他废热利用的前提下宜优先选用热能中心。

中华人民共和国国家标准

电磁波暗室工程技术规范

Technical code for construction of electromagnetic wave anechoic enclosure

GB 50826—2012

主编部门：中华人民共和国工业和信息化部
批准部门：中华人民共和国住房和城乡建设部
施行日期：2 0 1 2 年 1 2 月 1 日

中华人民共和国住房和城乡建设部
公　告

第1493号

住房城乡建设部关于发布国家标准《电磁波暗室工程技术规范》的公告

现批准《电磁波暗室工程技术规范》为国家标准，编号为GB 50826—2012，自2012年12月1日起实施。其中，第3.0.8条为强制性条文，必须严格执行。

本规范由我部标准定额研究所组织中国计划出版社出版发行。

中华人民共和国住房和城乡建设部

2012年10月11日

前　言

本规范是根据原建设部《关于印发〈2006年工程建设标准规范制订、修订计划（第二批）〉的通知》（建标〔2006〕136号）的要求，由中国电子工程设计院与工业和信息化部电子工业标准化研究院电子工程标准定额站会同有关单位编制而成。

本规范在编制过程中，编制组结合工程调研，认真总结实践经验，经过多次反复讨论研究，并在广泛征求意见的基础上，最后经审查定稿。

本规范共分11章和1个附录，主要内容包括：总则、术语、基本规定、电磁波暗室分类、总体设计、工艺设计、吸波及电磁屏蔽工程设计、建筑与结构设计、公用工程设计、电磁屏蔽和吸波工程施工、工程验收等。

本规范中以黑体字标志的条文为强制性条文，必须严格执行。

本规范由住房和城乡建设部负责管理和对强制性条文的解释，由工业和信息化部负责日常管理，由中国电子工程设计院负责具体技术内容的解释。本规范在执行过程中，请各单位结合工程实践，认真总结经验，如发现需要修改和补充之处，请将意见和建议寄至中国电子工程设计院科技质量部（地址：北京市海淀区万寿路27号或北京307信箱，邮政编码：100840），以供今后修订时参考。

本规范主编单位： 中国电子工程设计院
工业和信息化部电子工业标准化研究院电子工程标准定额站

本规范参编单位： 信息产业电子第十一设计研究院科技工程股份有限公司
世源科技工程有限公司
中国航空规划建设发展有限公司
中国五洲工程设计有限公司
中国兵器北方工程设计研究院
中国航天建设集团有限公司
南京洛普股份有限公司
南大波平电子信息有限公司
大连中山化工有限公司
大连东信微波吸收材料有限公司
常州雷宁电磁屏蔽设备有限公司
中国电子系统工程第四建设有限公司
常州长城屏蔽机房有限公司
中国航天科工集团二院203所
中国兵器北方通用电子集团有限公司
中国航天科工集团二院

207所
北京惠华伟业机房工程有限公司

本规范主要起草人员： 朱玉俊　娄　宇　晁　阳　秦学礼　黄　健　郑秉孝　申志超　钟景华　李锦生　杨　韧　万宗平　刘本东　徐国英　李自强　赵天良　辛国良　程其恒　刘滋厚　王　立　赵玉娟　李　卫　陈志刚　杜宝强　周忠振　潘奇俊　周乐乐　张宇桥　黄忠明　赵　雷　巢增明　陈　刚　黄晓春　李秋梅　张铁雄　王立威　李承士　李京荣

本规范主要审查人员： 吴　钒　薛长立　张林昌　何国瑜　陈淑凤　贾守斌　张扬伟　任庆英　丁克乾

目　次

Contents

方向强度的隔离程度。

2.0.14 多路径传输损耗 multipath transmisson loss

电磁波在多条路径传输中能量叠加而引起的衰减。

2.0.15 辐射功率密度 density of radiation power

在垂直于电磁波传播方向的横截面内，每单位面积辐射的功率值。

2.0.16 电磁波吸波材料 electromagnetic wave absorbing materials

专用于吸收入射电磁波能量的材料。

2.0.17 吸收性能 absorber performance

电磁波吸波材料对投射到材料上的电磁波能量的吸收能力。

2.0.18 电磁屏蔽 electromagnetic shield

用导电或导磁材料结构体衰减电磁波向指定区域传输的措施。

2.0.19 电磁屏蔽室 electromagnetic shield room

采用电磁屏蔽和其他技术建造，房间关闭状态下能对内、外电磁环境实现一定程度隔离的房间。

1 总 则

1.0.1 为规范电磁波暗室的设计、施工及验收，确保电磁波暗室工程技术先进、经济合理、安全适用，制定本规范。

1.0.2 本规范适用于新建、改建和扩建电磁波暗室的设计、施工和验收。

1.0.3 电磁波暗室的设计、施工和验收除应符合本规范外，尚应符合国家现行有关标准的规定。

2 术 语

2.0.1 暗室 anechoic enclosure

主要采用电磁波能量吸收技术建造的房间。试验中在指定区域有要求的电磁信号和限定的电磁背景杂波的环境。

2.0.2 功能性房间 functional room

配合暗室对受试设备进行测试的房间。

2.0.3 电磁环境 electromagnetic environment

存在于给定场所的所有电磁现象的总和。

2.0.4 暗室电磁背景杂波 electromagnetic noise of anechoic enclosure

暗室内非测量要求电磁能谱的总和。

2.0.5 暗室静区 quiet zone of anechoic enclosure

暗室内电磁信号和电磁背景杂波均能满足受试设备性能测试要求的空间区域。

2.0.6 静区静度 performance of quiet zone

静区范围内电磁背景杂波电平与测试信号电平比值之对数值，单位是分贝（dB）。

2.0.7 静区电磁信号特性 signal performance of quiet zone

静区范围内电磁波信号的特性。

2.0.8 主反射区 principal reflection zone

暗室内壁面对入射的测试信号电磁波产生指向静区方向反射的重点区域。

2.0.9 远场区 far-field regions

电磁场随角度的分布基本上与天线距离无关的天线场区。

2.0.10 近场区 near-field regions

场矢量的角度分布与发射点源距离相关的场区。

2.0.11 紧缩场区 compact regions

采用技术手段，在辐射近场区内实现幅度和相位的均匀性都能够满足电磁测试要求的区域。

2.0.12 场均匀性 amplitude uniformity

规定区域内测试信号电磁场强度和相位分布的一致性。

2.0.13 交叉极化隔离度 cross-polarization isolation

在收发天线之间，电磁波在水平和垂直两个极化

3 基 本 规 定

3.0.1 电磁波暗室工程建设除应包括主体房间暗室建设外，还应包括配合暗室开展测试的其他设施建设，以及建筑工程的支撑建设。

3.0.2 暗室与所在建筑物的工程划分应以暗室结构外表面分界。界线内应为暗室工程，界线外应为建筑工程。

3.0.3 暗室工程的设计、招投标、施工和验收应独立于建筑工程开展。

3.0.4 新建电磁波暗室应先有暗室总体方案，再对支撑的建筑物进行设计。

3.0.5 改造项目在可实现总体方案的基础上，对暗室性能技术的要求应与暗室工程技术水平相适应。

3.0.6 暗室静区的电磁信号环境和电磁背景杂波环境，应满足受试设备测量项目的要求。

3.0.7 暗室内的电磁环境性能验收应通过测量确认。

3.0.8 作业人操作位容许微波辐射平均功率密度限量值超过现行国家标准《作业场所微波辐射卫生标准》GB 10436、超高频辐射功率密度限值超过现行国家标准《作业场所超高频辐射卫生标准》GB 10437或公众照射导出限值超过现行国家标准《电磁辐射防护规定》GB 8702规定的暗室及相关房间时，应采取下列措施：

1 对暗室或房间应采取电磁屏蔽。屏蔽效果必须确保泄漏到室外的电磁波能量功率密度控制到安全限值以下。

2 在强功率照射区域的周边应设置警示标志。

3 在强功率照射区域的中心和界面处应装设强功率照射报警探头，确保在强功率照射状态下，通过报警器发送警示信号。

4 受强功率照射部位所敷设的吸波材料，必须选择耐高功率吸波材料。

3.0.9 暗室主体工程应进行结构安全计算。

3.0.10 电磁波暗室的火灾危险性类别应为丁类或戊类。主体结构耐火等级不应低于二级。

3.0.11 建筑工程公用专业对暗室提供的系统方案应满足暗室使用要求。

3.0.12 电磁波暗室设计应依据下列基础资料：

1 电磁波暗室建设项目的总体要求。

2 电磁波暗室的组成、规模和特殊要求。

3 暗室内测试系统设备配置和安装布局要求。

4 对暗室内电磁环境和其他非电磁环境的要求。

5 总体规划、建筑物和公用设施的相关情况资料。

4 电磁波暗室分类

4.0.1 电磁波暗室的分类应符合表 4.0.1 的规定。

4.0.2 暗室电磁环境指标项应符合表 4.0.2 的规定。

4.0.3 暗室非电磁环境指标项应符合表 4.0.3 的规定。

表 4.0.1 电磁波暗室分类

<table>
<tr><th>分类号</th><th>名称</th><th>电磁场的场结构</th><th>主要频段</th><th>常用体型</th><th>功能和应用领域</th><th>主要功能性房间</th></tr>
<tr><td>1-1</td><td>天线远场电磁波暗室</td><td>远场</td><td>射频</td><td>长方体锥体双喇叭体</td><td rowspan="3">无线电收发装备的天线性能测量</td><td>测控间</td></tr>
<tr><td>1-2</td><td>天线近场电磁波暗室</td><td>近场</td><td>射频</td><td>长方体</td><td>测控间</td></tr>
<tr><td>1-3</td><td>天线紧缩场电磁波暗室</td><td>紧缩场</td><td>射频</td><td>长方体</td><td>测控间设备间</td></tr>
<tr><td>2-1</td><td>整机性能调测电磁波暗室</td><td rowspan="2">远场</td><td>射频</td><td>长方体正多边柱体</td><td>雷达、通信等电子设备性能测量</td><td rowspan="2">测控间设备间试验间</td></tr>
<tr><td>2-2</td><td>仿真试验电磁波暗室</td><td>射频</td><td>长方体正多边柱体异形体</td><td>电子装备设备和系统性能的仿真试验</td></tr>
<tr><td>3-1</td><td>雷达截面紧缩场微波暗室</td><td>紧缩场</td><td>射频</td><td>长方体</td><td rowspan="2">雷达目标散射面积测量</td><td rowspan="2">测控间设备间试验间</td></tr>
<tr><td>3-2</td><td>雷达截面远场微波暗室</td><td>远场</td><td>射频</td><td>长方体锥体</td></tr>
</table>

续表 4.0.1

<table>
<tr><th>分类号</th><th>名称</th><th>电磁场的场结构</th><th>主要频段</th><th>常用体型</th><th>功能和应用领域</th><th>主要功能性房间</th></tr>
<tr><td>4-1</td><td>电磁兼容电波暗室</td><td>—</td><td>10kHz～40GHz</td><td>长方体异形体</td><td>电磁兼容性测试</td><td>测控间设备间试验间</td></tr>
<tr><td>5-1</td><td>强辐射电磁波暗室</td><td>远场近场</td><td>全频段</td><td>长方体</td><td>高能装备强辐射和防护能力试验</td><td rowspan="2">测控间设备间试验间</td></tr>
<tr><td>5-2</td><td>生物试验电磁波暗室</td><td>远场近场</td><td>全频段</td><td>长方体</td><td>强辐射生物试验</td></tr>
</table>

表 4.0.2 暗室电磁环境指标项

<table>
<tr><th rowspan="3">暗室分类号</th><th colspan="2">静区</th><th colspan="3">静区电磁背景杂波</th><th colspan="6">静区电磁信号特性</th><th rowspan="3">屏蔽性能</th></tr>
<tr><th rowspan="2">位置</th><th rowspan="2">尺寸</th><th rowspan="2">反射</th><th rowspan="2">散射</th><th rowspan="2">外界</th><th rowspan="2">远场或近场区条件</th><th colspan="2">场均匀性</th><th rowspan="2">交叉极化隔离度</th><th rowspan="2">多路径传输损耗均匀性</th><th rowspan="2">辐射功率密度</th></tr>
<tr><th>幅度</th><th>相位</th></tr>
<tr><td>1-1</td><td>远场区</td><td rowspan="7">淹没被测装备运动轨迹所覆盖的区域</td><td colspan="3" rowspan="3">必有</td><td rowspan="3">必有</td><td colspan="2">选择</td><td>必有</td><td>选择</td><td rowspan="2"></td><td rowspan="3">选择</td></tr>
<tr><td>1-2</td><td>近场区</td><td colspan="2">无要求</td><td colspan="2">无要求</td></tr>
<tr><td>1-3</td><td>紧缩场区</td><td colspan="2">选择</td><td>必有</td><td>无要求</td><td>选择</td></tr>
<tr><td>2-1</td><td>远场区</td><td colspan="3" rowspan="2">必有</td><td rowspan="2">必有</td><td colspan="2" rowspan="2">选择</td><td colspan="2" rowspan="2">无要求</td><td rowspan="2"></td><td rowspan="4">必有</td></tr>
<tr><td>2-2</td><td>远场区</td></tr>
<tr><td>3-1</td><td>紧缩场区</td><td colspan="3" rowspan="2">必有</td><td rowspan="2">必有</td><td colspan="2" rowspan="2">选择</td><td colspan="2" rowspan="2">无要求</td><td rowspan="2">选择</td></tr>
<tr><td>3-2</td><td>远场区</td></tr>
<tr><td>4-1</td><td colspan="2">测试区位置和范围执行相关标准</td><td colspan="3">必有</td><td>必有</td><td colspan="4">幅度均匀性、1GHz以下归一化场地衰减（NSA）、1GHz以上电压驻波比（VSWR）</td><td>选择</td><td>必有</td></tr>
<tr><td>5-1</td><td rowspan="2">远/近场区</td><td rowspan="2">覆盖被测物</td><td colspan="3" rowspan="2">必有</td><td colspan="5" rowspan="2">无要求</td><td rowspan="2">必有</td><td rowspan="2">必有</td></tr>
<tr><td>5-2</td></tr>
</table>

表 4.0.3　暗室非电磁环境指标

<table>
<tr><th rowspan="2">暗室分类号</th><th colspan="3">内部尺寸</th><th colspan="2">温、湿度环境</th><th rowspan="2">洁净度</th><th rowspan="2">真空度</th><th rowspan="2">设备基础的防微振</th><th rowspan="2">不均匀沉降</th><th rowspan="2">荷载</th><th rowspan="2">环保</th></tr>
<tr><th>设备尺寸</th><th>操作运输维护空间</th><th>电磁环境要求空间</th><th>测试区温度（℃）</th><th>设备区相对湿度（%）</th></tr>
<tr><td>1-1</td><td rowspan="10">设备安装空间尺寸</td><td rowspan="10">根据产品和运输手段综合考虑</td><td rowspan="7">需满足静区电磁信号与静区电磁背景杂波环境要求</td><td>夏季≤28
冬季≥18</td><td>—</td><td rowspan="10">由要求决定</td><td rowspan="10">由要求决定</td><td>—</td><td>室内≤2mm</td><td rowspan="10">需满足平均荷载与集中荷载要求</td><td rowspan="10">暗室内的甲醛、二甲苯、苯，在空气中的含量应控制在现行国家标准《工作场所有害因素职业接触限值　第1部分：化学有害因素》GBZ 2.1规定的接触限值以内</td></tr>
<tr><td>1-2</td><td rowspan="2">根据设备要求决定</td><td rowspan="2">根据设备要求决定</td><td rowspan="2">≤0.01λ</td><td rowspan="2">室内≤1mm</td></tr>
<tr><td>1-3</td></tr>
<tr><td>2-1</td><td>夏季≤28
冬季≥18</td><td>—</td><td>—</td><td>室内≤2mm</td></tr>
<tr><td>2-2</td><td rowspan="2">根据设备要求决定</td><td rowspan="2">根据设备要求决定</td><td rowspan="3">≤0.01λ</td><td rowspan="2">室内≤1mm</td></tr>
<tr><td>3-1</td></tr>
<tr><td>3-2</td><td rowspan="4">夏季≤28
冬季≥18</td><td rowspan="2">—</td><td>室内≤2mm</td></tr>
<tr><td>4-1</td><td>按民标或军标测试场地要求尺寸</td><td rowspan="3">—</td><td rowspan="3">无要求</td></tr>
<tr><td>5-1</td><td rowspan="2">由试验决定</td><td rowspan="2">根据试验要求决定</td></tr>
<tr><td>5-2</td></tr>
</table>

注：λ为电磁波波长。

5　总 体 设 计

5.1　选址和总图设计

5.1.1　新建电磁波暗室项目选址宜远离有强电磁辐射源和强振源的区域。

5.1.2　本规范表 4.0.1 中 1-2、1-3、2-2、3-1 类的电磁波暗室建筑工程，在建设场地的总图布局宜远离场地内的强振源设施。

5.2　总 体 方 案

5.2.1　电磁波暗室在建筑内的布局应保证功能的完整性和独立性。

5.2.2　电磁波暗室所在建筑的总体方案应满足暗室体型尺寸、组成布局和荷载要求。

5.2.3　为电磁波暗室配套的公用工程，应是利于各系统安全可靠操作运行和动力输送的独立系统。

5.2.4　电磁波暗室不应与火灾危险性类别高的其他部门布局在同一个防火分区内。

5.2.5　位于同层电磁波暗室的功能性房间，应和暗室布局在同一个防火分区内。

5.2.6　防微振要求严格的暗室，在建筑内不应有强振源设施。

5.2.7　建筑内有其他高功率辐射源的设施应远离暗室。

5.2.8　有洁净度要求的暗室，应按洁净等级要求合理布局，并应采取相应措施。

5.2.9　总体方案应根据下列因素中最严格的要求确定电磁屏蔽效能（SE）指标：

1　根据测量精度确定的电磁屏蔽效能应优于下式计算的 SE：

$$SE \geqslant HJP - GXP - XBX + 10 \quad (5.2.9\text{-}1)$$

式中：HJP——暗室外侧电磁环境电平（dB）；

GXB——测试不确定度所限定的环境杂波电平（dB）；

XBX——暗室内吸波材料吸收电磁波的性能（dB）。

2　根据环境保护确定的电磁屏蔽效能应优于下式计算的 SE：

$$SE \geqslant FSZ - HJZ - XBX + 10 \quad (5.2.9\text{-}2)$$

式中：FSZ——测试中以自由空间传输方式在暗室边界处的电平（dB）；

HJZ——电磁辐射环境保护限定电平（dB）。

3　有防电磁信息泄漏要求的暗室，确定的电磁屏蔽效能应优于下式计算的 SE：

$$SE \geqslant FSR - LMD - XBX + 10 \quad (5.2.9\text{-}3)$$

式中：FSR——测试中以自由空间传输方式辐射到可接近区域的电平（dB）；

LMD——接收机灵敏度（dB）。

4　用户特别要求。

5.2.10　功能性房间的电磁屏蔽效能指标也应按本规

范第 5.2.9 条的规定执行。

5.2.11 在暗室和功能性房间的区域内，不应设置建筑抗震缝、沉降缝、变形缝。

5.2.12 公用工程所有管道不应穿越暗室内部空间。

6 工艺设计

6.0.1 电磁波暗室的工艺区划应满足暗室体型尺寸、暗室与功能性房间之间的相对位置要求。

6.0.2 暗室应与测控间、设备间、试验间等相邻。

6.0.3 暗室开门位置不宜在主反射区。

6.0.4 暗室布局宜自建筑的底层开始。

6.0.5 暗室体型宜选择内壁对电磁波反射路径既少又弱、试验操作安全可靠、结构简单的体型。

6.0.6 暗室内有两套或以上功能测试系统时，其体型和尺寸除应满足各测试系统的测量技术要求外，还应满足系统间相互耦合的隔离要求。

6.0.7 长方体暗室尺寸应符合下列规定：

1 内壁长度 L 应按下式计算：

$$L \geqslant L_1 + L_2 + L_3 + L_4 \qquad (6.0.7\text{-}1)$$

式中：L_1——测量距离（m），按表 6.0.7 计算；

L_2——暗室内测量系统设备和受试设备在测试中，沿暗室测量纵轴方向所占据的最大尺寸之和（m）；

L_3——为满足运输、维护及电磁辐射性能要求，沿测量纵轴方向增加的长度；

L_4——暗室两端墙壁吸波材料沿测量纵轴方向的高度和（m）。

表 6.0.7 L_1 计算

暗室类别	L_1
1-1、2-1、2-2、3-2	$L_1 = KD^2/\lambda$，K 为系数，取值应满足天线口面内电磁波相位偏差要求；D 为受试设备的天线口径或有效尺寸（m）；λ 为工作波长（m）
1-2	$L_1 =$（2～10）λ
1-3、3-1	$L_1 \approx 4\Phi$，其中 Φ 为单反射面紧缩场的圆柱静区直径（m）
4-1	根据测试场地标准要求，L_1 取 1m、3m、5m、10m、30m
5-1、5-2	根据测试项目环境要求决定

2 内壁宽度 W 应按下式计算：

$$W = W_1 + W_2 + W_3 \qquad (6.0.7\text{-}2)$$

式中：W——内壁宽度（m），不宜小于 $0.87L_1$；

W_1——暗室内测量系统设备和受试设备在测试中，沿暗室宽度方向所占据的最大尺寸（m）；

W_2——满足运输、维护和辐射特性需要，沿暗室宽度方向的空间尺寸（m）；

W_3——暗室两侧墙壁吸波材料高度的总和（m）。

3 内壁高度 H 应按下式计算，并应满足辐射特性要求：

$$H = H_1 + H_2 + H_3 \qquad (6.0.7\text{-}3)$$

式中：H——内壁高度（m），对于 1-1、2-1、2-2、3-2 类暗室，不宜小于 $0.87L_1$；

H_1——测量系统设备或受试设备的最大高度（m）；

H_2——设备上部安装空间尺寸（m）；

H_3——暗室顶部吸波材料高度（m）。

6.0.8 锥体暗室尺寸设计应符合下列规定：

1 暗室静区尺寸不应小于待测天线尺寸。

2 暗室长方体部分宽度和高度应相等，不应小于暗室静区尺寸的 3 倍。

3 暗室长方体部分长度不应小于暗室宽度和主墙吸波材料高度的和。

4 锥顶角可选取 20°～22°。

5 根据本条第 1 款～第 4 款设计的锥形暗室，测量距离 L_1 应满足本规范表 6.0.7 的远场条件。

6 6GHz 及以上频段的锥形暗室，应符合自由空间电波传播幅度与相位的均匀性要求。

6.0.9 正多边柱体暗室尺寸应符合下列规定：

1 内壁内切圆半径 R 应按下式计算：

$$R \geqslant L_1 + R_2 + R_3 + R_4 \qquad (6.0.9\text{-}1)$$

式中：L_1——测量距离，按本规范表 6.0.7 计算。对于 1-1、2-1、3-2类远场测量暗室，当天线口面内电磁波相位偏差要求小于或等于 $\lambda/8$ 时，K 值取 2。对于 2-2 类暗室，K 值可小于 2；

R_2——测量系统设备与受试设备沿半径方向的长度之和；

R_3——满足运输、维护和辐射特性需要，在半径方向的空间尺寸；

R_4——吸波材料的总高度。

2 高度应按本规范式（6.0.7-3）计算。

6.0.10 雷达截面紧缩场微波暗室（3-1 类暗室）尺寸，应与要求的静区尺寸、测量系统布局、操作维护空间相协调匹配。

6.0.11 除本规范表 4.0.1 中 1-2、1-3、2-2、3-1、3-2、4-1 类暗室测量系统在高度方向布局另有要求外，其他暗室内部测量系统应对称布局。

6.0.12 暗室静区范围尺寸应大于受试设备试验状态中所覆盖的区域。

7 吸波及电磁屏蔽工程设计

7.1 吸波工程设计

7.1.1 暗室吸波工程设计应根据电磁波暗室总体设

计和工艺设计所确立的方案与要求，选择和布局吸波材料。

7.1.2 吸波材料的选择和布局应符合下列规定：

1 暗室主反射区范围设定宜大于二阶菲涅尔半径覆盖的区域。

2 在合理的暗室尺寸和正确的材料布局情况下，主反射区域采用的吸波材料吸收性能宜高于静区特性要求值 3dB～6dB。

7.1.3 受强功率照射的区域应选择耐高功率照射的吸波材料。

7.1.4 吸波材料的氧指数不得小于 28。

7.1.5 在行人通道位置，吸波材料的荷载不应低于 1.5kN/m²。

7.1.6 除 1-3、3-1 类暗室外，暗室静区静度 J_{tx} 可按下列公式计算：

$$J_{tx}=10\lg\left(10^{J_w/10}+10^{J_S/10}+\sum_{i=1}^{N}10^{J_i/10}\right) \quad (7.1.6\text{-}1)$$

$$J_i=J_{xb}+J_{fx}+J_{li} \quad (7.1.6\text{-}2)$$

$$J_{li}=20\lg(L_{fi}/L_z) \quad (7.1.6\text{-}3)$$

式中：J_w——外界环境泄漏到静区的电磁噪声和暗室内直射到静区的测量信号，两者同频段的功率密度值之比的对数值（dB）；

J_S——暗室内设备等所散射或反射到静区的测量电磁波和直射到静区的测量电磁波，两者的功率密度值之比的对数值（dB）；

N——暗室内测试电磁波信号形成一次反射到静区路径的数量；

J_i——暗室内第 i 条反射到静区的测试电磁波信号和直射到静区的测量电磁波，两者功率密度值之比的对数值（dB）；

J_{xb}——电磁波吸波材料在主反射区域的实际反射损耗（dB）；

J_{fx}——标准天线发射电磁波至反射点方向相对于主辐射方向的增益差（dB）；

J_{li}——到达静区的第 i 条反射路径电磁波相对于直射电磁波的路径损耗（dB）；

L_{fi}——第 i 条反射电磁波信号的反射路径长度（m）；

L_z——测量信号电磁波的直射路径长度（m）。

7.2 电磁屏蔽工程设计

7.2.1 暗室的电磁屏蔽工程设计应包括屏蔽层壳体、支撑框架、屏蔽地面、屏蔽整件和部件。

7.2.2 暗室内部公用设施设计应与建筑公用工程设计协调。

7.2.3 暗室电磁屏蔽设计应符合本规范第 5.2.9 条和第 5.2.10 条所确定的屏蔽效能指标要求。

7.2.4 暗室电磁屏蔽设计应符合下列规定：

1 应满足总体方案所确立的暗室体型和尺寸的要求。

2 屏蔽体结构可借助建筑体设置支撑和吊挂杆件，加强屏蔽结构的整体稳固性。

3 屏蔽门的位置与结构应满足吸波工程要求。

4 地面的屏蔽结构应满足地面荷载、各类沟槽和设备基础结构要求。

5 地面的各类沟槽与管道应满足测量系统和公用工程要求。

6 屏蔽结构和装修应满足抗震设防和防火要求。

7 屏蔽结构应满足顶部和侧壁荷载变形与安全要求。

8 暗室内的公用工程设施应与公用工程系统相一致。

9 有单点接地要求的屏蔽体应满足屏蔽体与建筑之间的绝缘要求。

10 屏蔽结构应满足测量系统和受试设备的安装结构要求。

11 对屏蔽结构应采取防护处理措施。

7.2.5 较大型暗室电磁屏蔽宜采用钢型材支撑体和钢屏蔽板材整体焊接的结构。

7.2.6 采用组装结构的电磁屏蔽体，模块单元及其之间的紧固连接应满足整体屏蔽效能。模块单元应方便加工和安装，并应满足结构力学要求。

7.2.7 暗室电磁屏蔽层材料的厚度应符合下列规定：

1 焊接结构屏蔽体，四壁和顶棚屏蔽层厚度不应小于 2mm。

2 装配结构屏蔽体，四壁和顶棚屏蔽模块屏蔽壁板层厚度不应小于 1.5mm。

3 地面屏蔽层厚度不应小于 3mm。

7.2.8 地沟、地槽和设备穿越电磁屏蔽层时，应采取屏蔽结构。

7.2.9 电磁屏蔽部件选择应同时满足使用功能屏蔽性能要求。

7.2.10 在消火栓位置附近，电磁屏蔽体应设置可开启的灭火操作口。

7.2.11 屏蔽钢结构件设计耐火极限等级应符合现行国家标准《建筑设计防火规范》GB 50016 的有关规定。

8 建筑与结构设计

8.1 建 筑 设 计

8.1.1 电磁波暗室的建筑平面和空间布局应满足工艺要求。

8.1.2 在暗室的周围宜设置技术平台环廊。技术平台环廊宜结合功能性房间布局和走廊布置，且层高不宜大于5.0m，宽度不宜小于1.2m，并应加护栏。

8.1.3 有电磁屏蔽要求的暗室，建筑地面、设备基础和沉台、支撑平台，以及地沟的结构应满足电磁屏蔽结构层要求。

8.1.4 电磁波暗室的建筑维护结构和室内装修应满足使用要求。装修材料的燃烧性能应符合现行国家标准《建筑内部装修设计防火规范》GB 50222的有关规定。

8.1.5 暗室地面平整度不应大于3/2000。

8.1.6 暗室地面和设备基础宜做整体防水处理。

8.2 结构设计

8.2.1 新建电磁波暗室工程，建筑的抗震设防类别不宜低于乙类。

8.2.2 电磁波暗室主体建筑宜采用大空间及大跨度柱网。

8.2.3 暗室大门两侧建筑柱网和地梁设置应保证大门的开启和闭合。

8.2.4 暗室上部建筑主体结构吊挂荷载，有电磁屏蔽要求的暗室不应小于1.5kN/m^2，无电磁屏蔽要求的暗室不应小于1.2kN/m^2。

8.2.5 暗室范围内的建筑地面和地沟盖板应满足使用荷载要求。

8.2.6 以相邻柱基中心距LK为计算跨度，暗室上部建筑主体结构挠度不应大于$LK/400$。对于采用铁氧体复合吸波材料的暗室吊顶结构，挠度不应大于$LK/1000$。

8.2.7 有电磁屏蔽层的暗室，地基基础设计等级应为甲级，地基变形允许值应符合表8.2.7的规定。

表8.2.7 地基变形允许值

变形类别		沉降差值
当暗室结构为独立建筑物时，暗室地基基础	框架结构	0.002LZ（0.0005LZ）
	砌体墙填充的边排柱	0.0007LZ（0.0005LZ）
当暗室结构依附于主体结构时，主体结构地基基础	框架结构	0.001LZ（0.0005LZ）
	砌体墙填充的边排柱	0.0005LZ（0.0005LZ）

注：1 LZ为相邻柱基的中心距离（mm）；

2 括号内数据对应有铁氧体复合吸波材料的暗室。

8.2.8 有电磁屏蔽层的暗室，暗室地面不均匀沉降不应大于相应的地基基础沉降差值。

8.2.9 暗室内测量系统有防微振要求时，应进行防微振设计。

8.2.10 暗室构件变形的控制应符合表8.2.10的规定。

表8.2.10 构件变形容许值

构件变形类别	容许值
顶部主龙骨主梁挠度	$LK/400$
顶部次梁挠度	$LK/250$
立柱柱顶侧移	$HD/700$
顶部网格钢板挠度	$LK/150$
侧面网格钢板水平挠度	$LK/700$

注：1 LK为悬臂梁悬臂长度2倍时的计算跨度，HD为基础顶面至柱顶的高度；

2 计算变形时的荷载组合应符合现行国家标准《建筑结构荷载规范》GB 50009的规定。

9 公用工程设计

9.1 通风与空气调节设计

9.1.1 暗室的通风与空气调节系统宜独立设置。

9.1.2 暗室通风与空气调节系统负荷计算应包含电磁波辐射产生的热效应。

9.1.3 暗室内的气流组织宜采取下列方式：

1 送风宜采用下送、下侧送、下送和下侧送组合三种方式。

2 回风宜采用上回、上侧回、上回和上侧回组合三种方式。

9.1.4 暗室内风口的位置布置应避开测试信号电磁波在屏蔽壁上的主要反射区域。

9.1.5 暗室通风与空气调节系统风口的风速不应大于3m/s。

9.1.6 有电磁屏蔽要求的暗室，风口与风管的连接应采用非金属软连接。

9.1.7 暗室风口风阻计算应计及吸波材料的影响。

9.1.8 暗室的通风空调气流组织应保证测量系统设备所在区域对空气调节参数的要求。

9.1.9 暗室的通风换气次数宜选择1次/h～4次/h。

9.1.10 暗室的消防送排烟系统应与消防报警系统进行连锁。

9.2 给水排水设计

9.2.1 暗室的消防设计应符合下列规定：

1 暗室内不宜设置室内消火栓。暗室的消火栓应设置在暗室出入口外侧附近，每个出入口的消火栓数量不应少于2个，消火栓的水压应满足暗室内最不利着火点的充实水柱要求。

2 暗室以外设置的室内消火栓应符合现行国家标准《建筑设计防火规范》GB 50016的有关规定。

3 暗室内手提灭火器应进行吸波处理，且不应放在主反射区域。

9.2.2 在暗室周围底层技术环廊宜设置排水设施。

9.3 供配电设计

9.3.1 电磁波暗室用电负荷等级除消防用电负荷外，其他设备用电负荷应为三级，供电要求应按现行国家标准《供配电系统设计规范》GB 50052 的有关要求执行。

9.3.2 电磁波暗室使用的电源质量应满足试验设备和动力设备的正常运行要求。

9.3.3 电磁波暗室内的试验测量设备配电应与动力和照明设备的配电采用不同的回路。

9.3.4 电磁波暗室配电线路应采用难燃铜芯缆线，电线电缆敷设应符合下列规定：

1 电线电缆沿试验间外壳内侧敷设时，应采用金属线槽或镀锌钢管保护。

2 电线电缆穿越有电磁屏蔽要求的暗室设备基础时，应穿金属套管，并应满足屏蔽要求。

3 进入有电磁屏蔽要求房间的各种电力和信号的电线电缆，应在屏蔽体外侧加装滤波器。

4 暗室内的测试信号电缆地沟与电源电缆沟宜分开设置。

9.4 照明设计

9.4.1 暗室应设置正常照明和疏散照明。正常照明的照度值，在试验设备处不宜低于 50lx。疏散照明的照度值应按现行国家标准《建筑照明设计标准》GB 50034 的有关规定执行。

9.4.2 暗室内的照明光源应采用低电磁辐射的光源，且不应布置在测试信号电磁波在屏蔽壁上的主反射区内。

9.4.3 暗室的照明总开关应设置在出入门的外侧，室内应设置为局部照明使用的电源插座。

9.4.4 暗室内的照明系统应便于更换和维修。

9.5 防雷与接地设计

9.5.1 电磁波暗室的防雷和接地设计应满足人身安全及试验设备正常运行的要求，并应符合现行国家标准《建筑物防雷设计规范》GB 50057 和《建筑物电子信息系统防雷技术规范》GB 50343 的有关规定。

9.5.2 暗室内的低压配电接地形式应采用 TN-S 系统。

9.5.3 电磁波暗室内所有设备的金属外壳、金属电缆桥架、金属管道、金属屏蔽结构、金属灯具的外壳应进行等电位连接。

9.5.4 暗室的接地宜采用共用接地装置。接地电阻值应小于 1Ω。有电磁屏蔽要求的壳体应采用单独接地引下线。接地端子应集中布置在电源和信号滤波器附近。

9.6 火灾自动报警和安全防范设计

9.6.1 电磁波暗室应设置火灾自动报警及安全防范系统，并应符合现行国家标准《火灾自动报警系统设计规范》GB 50116 和《安全防范工程技术规范》GB 50348 的有关规定。

9.6.2 电磁波暗室的火灾自动报警系统的保护等级不应低于二级。火灾探测器种类不应少于两种。当电磁波暗室位于其他建筑物内时，应按建筑内各保护对象的最高保护等级确定电磁波暗室的保护等级。

9.6.3 火灾自动报警探测器和安防设备的布设和安装应保证暗室的电磁环境性能要求。

10 电磁屏蔽和吸波工程施工

10.1 一般规定

10.1.1 暗室的电磁屏蔽工程和吸波工程施工，应根据电磁屏蔽工程和吸波工程设计技术文件，分别编制电磁屏蔽工程施工组织设计文件和吸波工程施工组织设计文件，在此基础上组织施工。

10.1.2 暗室电磁屏蔽和吸波工程在施工全过程中，应根据施工监理规程要求，办理各项签署。

10.1.3 电磁屏蔽和吸波工程施工前应具备下列条件：

1 暗室所在位置的建筑和与暗室相关的动力系统完成施工验收。

2 与暗室施工相关的建筑工程资料准确、完备。

3 电磁屏蔽、吸波、建筑、动力系统工程之间的配合内容和要求明确到位。

4 施工现场的电源、气源、水源、交通、安全环境，以及材料和设备储运与加工的场地应满足施工要求。

10.1.4 电磁屏蔽和吸波工程施工，各工序应按施工组织计划技术标准进行质量控制。

10.1.5 电磁屏蔽工程和吸波工程的施工，不应损伤建筑主体结构。吸波工程施工不应损伤电磁屏蔽结构。

10.1.6 电磁屏蔽工程和吸波工程的施工，应采取防火和施工人员安全操作措施。

10.2 电磁屏蔽工程施工

10.2.1 电磁屏蔽工程施工应在其工程部位的建筑主体结构施工完成，并应经确认合格后进行。地下管道设施、设备基础、地面、地坑和地沟等应满足电磁屏蔽施工配合要求。

10.2.2 电磁屏蔽工程施工应包括下列内容：

1 暗室内配电、照明、通风空调、安防和监控、消防报警和通信设施的安装施工。

2　测量系统设备安装基础、支撑结构体和地面的配合施工。

3　暗室运输和起吊设备的安装与施工。

4　与吸波工程的配合施工。

5　有电磁屏蔽要求的功能性房间的屏蔽和内装修。

10.2.3　焊接结构的电磁屏蔽体施工应符合下列规定：

1　钢结构型材和屏蔽钢板应做防腐、防锈处理。在外露屏蔽材料的表面应喷涂防锈漆及面漆。

2　钢结构应进行施工和表面处理。

3　屏蔽体骨架构件尺寸、布局定位、各个面壁的平整度、各面壁相互之间的垂直度应满足设计要求。

4　屏蔽层钢板之间的焊接应全部满焊，并宜采用气体保护焊。屏蔽钢板与骨架构件之间的焊接，其焊接工艺、方法、焊材和设备应符合现行行业标准《建筑钢结构焊接技术规程》JGJ 81 的有关规定。

5　屏蔽体骨架构件之间焊接焊缝应满足钢结构焊接施工工艺要求。焊缝应连续到位、致密、光滑，不得有夹渣、裂纹、虚焊等缺陷。焊接后的屏蔽板不得有明显凹凸、翘曲变形。

6　应用检漏仪对所有电磁屏蔽层钢板焊缝进行检漏检查，不合格时应进行补焊和复检，并应直至合格后再进行下道工序施工。

10.2.4　组装结构的电磁屏蔽体宜按本规范第10.2.3条的规定和产品安装操作手册施工。

10.2.5　电磁屏蔽整件和部件的施工安装应与屏蔽层做可靠连接。

10.2.6　电磁屏蔽体结构顶部龙骨应与建筑主体结构安全连接。

10.2.7　屏蔽层平整度应保证在任意范围内不大于6/2000。安装铁氧体复合吸波材料基材的平整度不应大于3/2000。

10.2.8　有电磁屏蔽要求的屏蔽层钢板在施工中应采取去应力处理。

10.2.9　有绝缘要求的暗室电磁屏蔽体，地面绝缘层施工应达到设计要求的绝缘性能指标，并在后续的电磁屏蔽和吸波施工中不得损伤绝缘层。

10.2.10　暗室电磁屏蔽体钢结构型材和屏蔽钢板，其表面防腐、防锈处理不应误涂、漏涂。涂层应均匀，并应无明显皱皮、流坠、针眼和气泡，不脱皮和返锈。

10.2.11　经验算，屏蔽钢结构构件的耐火极限低于要求的耐火极限时，应采取下列防火保护措施：

1　防火施工时，不应产生对人体有害的粉尘或气味。

2　钢构件受火灾后发生允许变形时，防火保护不应发生结构性破坏与损效。

3　施工应方便，且不应影响前续已完成的施工和后续施工。

4　应具有良好的耐久性和耐气候性能。

10.2.12　屏蔽钢结构节点的防火保护应与被连接构件中的防火保护耐火极限最高者相同。

10.3　吸波工程施工

10.3.1　吸波工程施工安装应在电磁屏蔽工程施工验收合格，并完成测量系统设备支撑台架、基础、地面、地沟施工后进行。

10.3.2　吸波工程施工安装不应破坏屏蔽层结构。

10.3.3　暗室吸波工程施工应包括下列内容：

1　屏蔽层侧壁以及顶壁吸波材料的敷设。

2　截止波导通风口、吸波屏蔽门、测量系统设备基础和支撑台架、照明灯具四周、运输起吊设备等特殊部位吸波材料的处理与敷设。

3　设备表面的吸波材料敷设。

4　地面、地沟、走道等部位吸波材料的敷设。

10.3.4　无电磁屏蔽结构的暗室，吸波工程应按提供暗室需求的界线以内公用配套工程施工。

10.3.5　进场吸波材料应有国家认可资质单位提供的防火、防老化、防环境污染等的检测报告和合格证明资料。

10.3.6　进场吸波材料吸波性能应检验合格。吸波材料的各项指标应满足要求。其中，吸波性能检测应符合国家现行标准《射频吸波材料吸波性能测试方法》GJB 5239 和《雷达吸波材料反射率测试方法》GJB 2038A 的有关规定。

10.3.7　吸波材料安装应符合下列规定：

1　安装布局应与施工实施方案图纸符合。

2　任意两块吸波单元体间距应小于或等于2mm。

3　吸波材料安装应牢固，应无轻微晃动，抗拉强度应大于或等于600N/m²。

4　吸波单元体角锥直线度，0.7m高以下的吸波材料在任意范围内不应大于±5mm，0.7m高及以上吸波材料不应大于±1.5%。

11　工 程 验 收

11.0.1　暗室的电磁屏蔽和吸波工程竣工验收应分别在屏蔽性能和吸波性能测量合格后进行。

11.0.2　各工序应按施工组织计划技术标准进行质量控制。每道工序完成后应进行自检，相关各专业工种之间应进行交接检验，自检和交接检验应作记录，并应作为工程竣工验收的资料。

11.0.3　暗室的电磁屏蔽工程和吸波工程竣工验收，应由施工单位向监理单位提出，并应由监理单位组织建设单位、设计单位、施工单位、质量监督机构组成验收组，应根据合同、设计文件、本规范及相关技术文件进行竣工验收。

11.0.4 暗室的电磁屏蔽工程和吸波工程竣工验收应提交下列竣工资料：

1 移交清单。

2 原材料和设备合格证、质量证明、说明书。

3 图纸会审记录、变更设计或洽商记录。

4 各工序施工安装、质量自检和互检验收记录。

5 屏蔽或吸波性能第三方测试报告。

6 开工报告。

7 竣工验收报告。

8 竣工图。

11.0.5 验收不合格的工程应返工施工或更换构（配）件。更换的构（配）件应由有资质的检测单位检测合格，或由原设计单位认可能够满足性能。

11.0.6 通过返修仍不能满足安全使用和功能使用要求的工程，不得进行验收。

11.0.7 电磁屏蔽和吸波工程采用的各种主要材料、整件和部件的合格证、检测报告、技术规格、使用说明等资料应齐备。

11.0.8 隐蔽工程施工验收资料应齐全。

11.0.9 电磁屏蔽工程验收应在吸波工程施工开始前进行。

11.0.10 电磁屏蔽工程施工验收主要内容应包括工程材料、屏蔽整部件、屏蔽体结构、安全和消防器材等的施工质量和屏蔽效能指标。

11.0.11 电磁屏蔽效能验收测试应符合现行国家标准《电磁屏蔽室屏蔽效能的测量方法》GB/T 12190等的有关规定。

11.0.12 吸波工程的电磁特性测试与验收可在测量系统安装前或安装后，由验收各方根据工程项目情况商定。

11.0.13 非电磁兼容类电磁波暗室的电磁特性验收测试应分别符合下列规定：

1 1-1、2-1、2-2、5-1和5-2类暗室等，静区特性检测应采用现行国家标准《微波暗室性能测试方法》GJB 6780的有关规定，静区反射电平测试宜采用自由空间电压驻波比法，小型暗室可采用方向图比较法。

2 1-2类暗室，静区特性检测可采用空间位移扫描比较法。

3 暗室残余散射特性检测可按本规范附录A采用单站雷达截面比较法。

11.0.14 电磁兼容电波暗室的测试与验收应符合现行国家标准《电磁兼容性测试实验室认可要求》GJB 2926的有关规定。

附录A 单站雷达截面比较法

A.0.1 单站雷达截面比较法的测试原理及步骤应包括下列内容：

1 应根据测试频段要求选取适当直径 d（m）的金属定标球 σ_S（dBm^2），保证定标球处于光学区内（$k_a=\pi d/\lambda\geqslant 10$）。

2 将定标球放置于暗室静区中心处，采用矢量网络分析仪S21网络，校准仪器，设置时域门中心和门宽，对定标球进行测量，得到接收机的输出电压 V_S。取下定标球，对暗室本身进行测量，得到接收机的输出电压 V_0。

3 当 $V_0\ll V_S$ 时，暗室残余反射电平的雷达目标散射面积 σ_0 应按下式计算：

$$\sigma_0=\sigma_S+20\lg(V_0/V_S)(dBm^2) \quad (A.0.1)$$

4 选取不同频段的天线、使用相应的频段和极化，重复2和3步骤，便可完成暗室残余反射电平 σ_0（dBm^2）的检测。结果记录在测试报告表中。

A.0.2 测试系统仪表、设备配置应包括下列内容：

1 型号矢量网络分析仪一套。

2 标准角锥喇叭天线一套，增益为15dB～20dB。

3 射频低噪放大器一套，增益为20dB～25dB。

4 金属定标球一套。

5 激光测距仪一台，直尺一套，低雷达目标散射面积的散射支架一个。

6 数据处理系统（计算机，打印机）一套。

本规范用词说明

1 为便于在执行本规范条文时区别对待，对要求严格程度不同的用词说明如下：

1）表示很严格，非这样做不可的：
正面词采用“必须”，反面词采用“严禁”；

2）表示严格，在正常情况下均应这样做的：
正面词采用“应”，反面词采用“不应”或“不得”；

3）表示允许稍有选择，在条件许可时首先应这样做的：
正面词采用“宜”，反面词采用“不宜”；

4）表示有选择，在一定条件下可以这样做的，采用“可”。

2 条文中指明应按其他有关标准执行的写法为：“应符合……的规定”或“应按……执行”。

引用标准名录

《建筑结构荷载规范》GB 50009

《建筑设计防火规范》GB 50016
《建筑照明设计标准》GB 50034
《供配电系统设计规范》GB 50052
《建筑物防雷设计规范》GB 50057
《火灾自动报警系统设计规范》GB 50116
《建筑内部装修设计防火规范》GB 50222
《建筑物电子信息系统防雷技术规范》GB 50343
《安全防范工程技术规范》GB 50348
《电磁辐射防护规定》GB 8702
《作业场所微波辐射卫生标准》GB 10436
《作业场所超高频辐射卫生标准》GB 10437
《电磁屏蔽室屏蔽效能的测量方法》GB/T 12190
《雷达吸波材料反射率测试方法》GJB 2038A
《电磁兼容性测试实验室认可要求》GJB 2926
《射频吸波材料吸波性能测试方法》GJB 5239
《微波暗室性能测试方法》GJB 6780
《建筑钢结构焊接技术规程》JGJ 81

中华人民共和国国家标准

电磁波暗室工程技术规范

GB 50826—2012

条 文 说 明

制 订 说 明

《电磁波暗室工程技术规范》GB 50826—2012，经住房和城乡建设部2012年10月11日以第1493号公告批准发布。

本规范按照先进性、科学性、协调性、可操作性原则制定。

本规范制订过程分为准备阶段、征求意见阶段、送审阶段和报批阶段，编制组在各阶段开展的主要编制工作如下：

准备阶段：起草规范的开题报告，重点分析规范的主要内容和框架结构、研究的重点问题和方法，制定总体编制工作进度安排和分工合作等。

征求意见阶段：本规范主要由主编单位执笔形成初稿，在2008—2009年期间，编制组先后召开七次会议对初稿进行讨论并形成规范征求意见稿。

2009年10月由工业和信息化部电子工业标准化研究院电子工程标准定额站组织向全国各有关单位发出“关于征求《电磁波暗室技术规范》（征求意见稿）意见的通知”，在截止时间内，共有16个单位返回30条有效意见和建议。编制组召开了四次修编工作会议，对意见逐条进行研究修改，于2011年3月份完成了规范的送审稿。

送审阶段：2011年5月31日，由工业和信息化部综合规划司在北京组织召开了《电磁波暗室技术规范》（送审稿）专家审查会，通过了审查。审查专家组同意本规范更名为“电磁波暗室工程技术规范”。认为本规范反映了当今先进的工程技术水平，能够很好地满足工程建设的要求，具有较强的先进性、科学性、协调性和可操作性，达到了国内先进水平，填补了国内在该工程建设领域的空白，通过对本规范的实施贯彻，可促进电磁波暗室工程的规范化，推动该领域工程建设的技术进步，在规范市场方面将起到重要作用，具有较好的经济效益和社会效益。

报批阶段：根据审查会专家意见，编制组认真进行了修改、完善，形成报批稿。

本规范制订过程中，编制组进行了深入调查研究，结合工程实践，总结了我国电磁波暗室工程建设的丰富经验，采用了设计领域的先进技术和成果，广泛征求了国内有关设计、生产、研究等单位的意见，最后制定出本规范。

为便于广大设计、施工、科研、学校等单位有关人员在使用本规范时能正确理解和执行条文规定，《电磁波暗室工程技术规范》编制组按章、节、条顺序编制了本规范的条文说明，对条文规定的目的、依据以及执行中需要注意的有关事项进行了说明。但是，本条文说明不具备与规范正文同等的法律效力，仅供使用者作为理解和把握规范规定的参考。

目　次

1 总　　则

1.0.1～1.0.3 电磁波暗室是由满足内部特定电磁环境要求的暗室、功能性用房、辅助用房、配套设施和测量系统组成的实验室。通过对暗室内的电磁环境进行控制，实现受试装备在模拟环境下进行性能试验测量的科研与生产。

在工程勘察设计领域，电磁波暗室工程被分类在“技术复杂类的非标准室类项”中，其工程建设依赖于建筑和公用工程建设的支撑。作为工程技术规范，本规范内容不包括电磁波暗室测量系统的选择和配置。

2 术　　语

本规范的术语及定义仅限于本规范所涉及的工程范围。规范中未定义的术语，可优先依据现行国家标准《电工术语　电磁兼容》GB/T 4365 选用。

2.0.1 由暗室作为主要房间，与其他用房、测量系统、配套设施等所组成的电磁波暗室，是受试设备电磁性能测试的实验室。暗室的功能和技术水平决定了电磁波暗室的能力。

暗室内部指定的区域，即受试设备性能测量应处于的区域，称“静区”（或“测试区”）。在此区域内的电磁环境，包括所要求电磁信号和限定的电磁背景杂波，取决于采用的测量系统技术以及受试设备测试项目内容对测试结果不确定度的要求。能够实现其要求的电磁环境则主要是依赖于暗室的型体和尺寸、采用的吸波技术（或有屏蔽要求的屏蔽技术）、测量系统技术和内部场地布局等。

2.0.2 所有电磁波暗室的功能性房间均应包括测控间。此外，还可根据暗室的类别、测量系统和试验项目内容不同，包括不同的设备间，以及受试设备进行不同性能试验的试验间。设备间一般包括馈源间、功放间、负载间、信号间等。

2.0.4 暗室电磁背景杂波主要是暗室内部各种界面对电磁波信号所产生反射和散射的相干杂散信号，以及外界泄漏到暗室内的电磁噪声。这些杂波存在会对暗室内试验测量的结果造成不利影响。

2.0.5 暗室静区由位置、范围、静区内的电磁信号性能和静区静度等四个要素构成。暗室静区是暗室工程建设的最核心内容。对于已建成的暗室，随着受试设备的工作频率、尺寸大小和试验状态、测量项目内容和不确定度的要求、采用的不同测量系统，暗室静区四个要素的量值是不一样的。对于待建暗室，应根据上述受试设备的不同内容和要求，设计暗室型体和尺寸、布局测量系统，采用合理的吸波和屏蔽技术，满足暗室静区四个要素的不同量值要求。

2.0.6 静区范围内电磁背景杂波是指落入静区内的不利于测试的电磁波能量。包括测试信号被暗室内各种物体界面反射和散射到静区的相干杂散测试信号，以及外界泄漏到暗室静区的电磁噪声。两者的总合成电平是电磁背景杂波。

2.0.7 对静区内电磁波信号的要求，主要是幅度均匀性和相位一致性。对其要求既取决于测试项目内容，又取决于系统分配给电磁波信号传播对受试设备性能测量不确定度的贡献程度。因此，对静区电磁信号特性的具体要求应根据项目不同而异。

2.0.8 测试信号电磁波在暗室内壁界面处产生的反射如指向静区，则在此反射处的一定区域范围内大部分能量反射到静区。此主要反射区域，通常以较低阶数的菲涅尔区域所包围的范围界定。

2.0.9 在满足电磁波远场区最小距离要求条件下，被测对象天线口面横向尺寸范围内的电磁场波前分布，能够满足相位误差要求。一般情况下，当需要满足球面波前相位偏离 $\pi/8$ 要求的情况下，远场最小距离应大于 $2D^2/\lambda$。其中，D 为天线口面有效横向尺寸，λ 为工作波长。

2.0.10 近场区包括辐射近场区和电抗性近场区。其中辐射近场区，其范围介于电抗性近场区范围（在 $\lambda/2\pi$ 以内）和最小距离远场区范围（$2D^2/\lambda$）之间。暗室工程的近场区是指辐射近场区，一般在 3λ～10λ 范围内，需满足大于 $\lambda/2\pi$ 且小于 $2D^2/\lambda$ 的要求。

2.0.11 产生紧缩场的测量系统，一般常用高精度的单反射面天线系统或高精度的双反射面天线系统。

2.0.13 影响交叉极化隔离度的因素有多种，主要有系统设备加工精度、装配和安装误差、测量技术误差、传输环境产生的误差等。作为暗室工程，注重于传输因素对交叉极化隔离度的影响程度。

2.0.14 电磁波在不同路径传输中的能量衰减程度，是与传输介质特性、传输路径长短、电磁波频率等因素密切相关的。

2.0.15 辐射功率密度的单位，在暗室工程中根据使用领域的不同，常采用 dBkW/m²、dBmW/m²、dBmW/cm²、dBμW/cm²。

2.0.16 电磁波吸收材料根据应用场合和性能要求的不同，其结构形式、尺寸、材质多种多样。在暗室工程中应该合理选择。

2.0.17 电磁波吸收材料的反射性能，在其他情况不变的情况下，与电磁波投射到材料表面的入射角度关系密切。通常吸波材料提供的是垂直投射界面状态下的反射性能。暗室工程技术特别要重视投射角度的变化所引起的材料反射性能的变化。

3 基本规定

3.0.1 电磁波暗室作为实验室，暗室是其中最为主要的测试用房。暗室的功能及水平决定了实验室的能力和水平。但是实验室还应包含配合暗室开展测试工作的其他设施，诸如测量系统、功能性用房、辅助用房等。因此，电磁波暗室工程建设项目除包含暗室专项建设外，还包含其他设施的建设，以及支撑暗室的建筑工程建设内容。

3.0.2 在工程勘察设计领域，国家发展计划委员会和建设部在2002年联合发布的《工程勘察设计收费管理规定》（计价格〔2002〕10号）中，明确地将暗室工程归类为技术复杂的非标准室类项。暗室作为技术复杂的非标准室类项，界线内工程包括暗室内电磁波吸波工程、暗室内外电磁环境隔离的电磁屏蔽工程。界线外工程包括支撑暗室和其他设施建设的建筑工程和公用工程。暗室内设备基础、支撑平台、土建地面和沟槽设计与施工纳入建筑工程。

3.0.3 暗室的建设内容和要求，无论是在设计还是施工方面采用的技术手段和评价标准等均不同于建筑工程。在电磁波暗室建设项目中，凡是将暗室作为专项进行独立处理的，既利于工程顺利实施，质量又容易得到保证。反之，工程出现的问题既多又大，容易造成许多不能解决的重大缺陷。因此，应对暗室工程开展独立设计、施工、招投标、施工监理、验收，并在此基础上，与建筑工程密切配合。

3.0.4 暗室总体方案中的型体尺寸和功能性房间的组成与布局，是影响暗室技术性能和需要获得建筑工程合理支撑的首要因素。因此，新建电磁波暗室首先要明确暗室总体方案，才能实现暗室技术功能，并获得建筑设计的合理支撑。

3.0.5 改造项目可实现的总体方案受原有建筑型体空间尺寸、结构承载能力、建筑基础状况、公用工程系统支撑能力等因素的限制。因此，改造项目对暗室性能的要求在可实现总体方案的前提下，不应超出暗室工程技术能力所能够达到的水平。

3.0.6 不同受试设备对电磁环境性能有不同的要求。另外，处于同一状态（型体尺寸、测量系统、场地布局、吸波和屏蔽技术）下的暗室，在不同频率下能够获得的电磁环境性能也是不同的。因此，暗室的电磁环境性能应满足所有受试设备被测项目的要求。

3.0.7 暗室可实现的电磁环境性能，取决于暗室工程设计和施工所采取的技术措施。但是，暗室建设最终能获得的电磁环境性能，应通过工程验收测量确定。

3.0.8 本条为强制性条文。人体受到强电磁波功率照射，会产生严重伤害。因此，在强功率辐射试验测量中，必须对暗室采取电磁屏蔽措施；并在相关部位设置警示标志和安装报警探测装置；受高强度照射的部位必须安装高功率吸波材料。

作业人员操作位容许微波辐射平均功率密度限量值采用现行国家标准《作业场所微波辐射卫生标准》GB 10436—89中第2章卫生标准限量值的规定。

作业人员操作位容许超高频辐射功率密度限值采用现行国家标准《作业场所超高频辐射卫生标准》GB 10437—89中第2章卫生标准限值的规定。

公众照射导出限值采用现行国家标准《电磁辐射防护规定》GB 8702—88 中第2.2节导出限值的规定。

3.0.9 暗室主体结构安全计算除应考虑暗室主体自身结构因素外，还应考虑测量系统和运输设施产生的荷载，以及建筑物的吊挂与支撑作用。

3.0.10 暗室一般型体尺寸既高又大，内部设施占空比极低。暗室内部既无易燃易爆物品存放，测试过程中也不产生燃爆物质和明火。暗室内壁和设备表面敷设的吸波材料，燃烧性能等级不低于B2级。除此之外，暗室和功能性房间布局关系要求严格，在建筑内布局相对独立，总体设计方案能够确保暗室不与火灾危险性类别高的其他部门布局在同一个防火分区内。因此，根据现行国家标准《建筑设计防火规范》GB 50016的规定，将暗室的火灾危险性类别定为丁类或戊类，主体结构耐火等级应不低于二级。另外，为保证电磁环境性能，暗室内不宜设置灭火装备；受试设备测试中暗室内又处于全密封无人状态。以此实际情况出发，加强对电磁波暗室的火情报警措施，是与丁类或戊类火灾危险性类别要求采取的消防措施相适应的。

3.0.12 鉴于在暗室内试验测量的受试设备技术性能千差万别、测量系统技术不同，以及电磁环境对测量不确定度影响机理和要求不一，用户需通过科学论证向工程设计单位提出总体和具体的要求。对暗室的具体要求，应包括暗室的型体尺寸和功能性房间组成与布局、测量系统设备配置和安装布局、静区等内容。设计单位需根据建设条件和暗室工程技术的可实施性，对用户的要求进行确认，在此基础上开展设计。

4 电磁波暗室分类

4.0.1 本规范的电磁波暗室是按使用功能分类，便于策划暗室方案、选择测量系统、确定电磁环境性能、布局吸波材料。

1 为了充分利用资源，在许多暗室内设置有多套相同或者不同的测量系统，承担着多个相同功能或者不同功能的测试任务。每套测量系统所需要的测试环境都必须满足各自的环境要求（电磁场的场结构、频段、型体、功能性房间组成，应与对应功能类别的电磁波暗室试验间相一致）。这一类暗室虽具有多个复合功能，但由于其功能组合种类多、差异大，不再单独分类。

2 电磁兼容的辐射测量和敏感度测量对暗室地面要求不一，所以电磁兼容暗室有两种方式：一种在同一暗室内，通过敷设或者搬走地面吸波材料实现两种测量要求；另外一种是分别各建一个暗室，地面分别有或无吸波材料，分别承担辐射测量和敏感度测量。

3 天线紧缩场电磁波暗室除配置天线测量系统承担天线测量外，还通常配置雷达截面测量系统，承担受试设备的雷达截面测量，某种意义上是一种复合功能的暗室。

4.0.2 本条说明如下：

1 暗室对电磁环境性能指标项的要求，可分为必有项、选择项和无要求三种情况。三种情况是根据测试项目内容、受试设备的技术体制机理和技术性能指标、测量技术三个方面综合因素决定的。

2 对电磁屏蔽性能的要求，从暗室内、外对电磁波能量传播的控制要求两个方面综合考虑，并按电磁屏蔽室相关分级标准选择屏蔽性能。

3 实现静区电磁背景杂波和电磁信号特性要求，是由暗室型体、尺寸、测量系统和在暗室内的布局、吸波材料选择和布局、屏蔽技术措施的采用等综合因素，通过暗室专项设计决定。

4.0.3 暗室非电磁环境指标性项由建筑工程各相关专业设计保障。对温湿度环境的要求，主要是在测量系统设备和被测设备区域。

5 总体设计

5.1 选址和总图设计

5.1.1 强电磁辐射源和较强振动干扰的存在，会增加暗室内受试设备性能测量误差。为避免或降低干扰，电磁波暗室工程建设宜远离机场、电气化铁路（含地铁）、主要公路、高压输电线走廊、高频发生器、变电所、电视发射塔、军事基地，以及冲压、锻造、重载交通道路等地带。

5.1.2 为了降低周围外界的电磁噪声和振动对测试的影响，总图布局应将选择电磁辐射和振动环境好的位置作为重要因素，结合工艺流程、消防和保密安全防护、交通和能源供应等要求综合考虑。

5.2 总体方案

5.2.2 暗室体型尺寸和组成布局是暗室设计首先要确定的，这是影响暗室性能众多因素中的首要因素，也是吸波和屏蔽设计的前提条件，更是建筑工程设计的依据，需要得到建筑工程的合理支撑。电磁波暗室所在建筑的总体方案主要包括：对建筑空间平面和各层高度的要求、对梁柱和地面荷载的要求、电磁波暗室的组成和在建筑内的布局、对人流和物流的要求、重大设施对结构和承载要求、关键动力要求。

5.2.3 不同暗室对动力需求不仅差异大，而且与各功能房间和其他科研生产部门对动力的需求也很不一致。因此，为了节约能源和降低公用系统的运行成本，提高动力供应的有效性，并不对电磁波暗室测试造成干扰，供电磁波暗室用的公用配套系统应是独立的专供系统。

5.2.4 根据现行国家标准《建筑设计防火规范》GB 50016—2006第3.1.2条的规定，任一防火分区内有不同火灾危险性生产时，厂房或分区内的火灾危险性分类应定为其中较高危险性的类别。鉴于暗室的生产火灾危险性类别属于丁类或戊类，而且内部又不宜布局灭火装备，消防操作比较困难。因此，为确保暗室的防火安全，电磁波暗室不应与火灾危险性类别高的部门布局在同一防火分区内。另外，暗室和功能性房间布局要求严格，在建筑内相对独立，也易于同其他部门实现布局分割，使之不在一个防火分区内。

5.2.5 组成电磁波暗室的各个房间相对位置关系严格，暗室型体尺寸又偏高大，为方便电磁波暗室试验开展和安全，建筑整体方案合理，应保证电磁波暗室的所有同层功能性房间在一个防火分区内。

5.2.6 本规范表4.0.1中规定的1-2、1-3、2-2、3-1类暗室，尤其是1-2类毫米波平面近场测试系统的暗室，测量中对微振影响极其敏感。因此，所在建筑内不得有强振源设施。其他有防微振要求的暗室，如建筑内有不可避免的强振源，则必须远离暗室布局，并对强振源进行有效的减振隔离措施。

5.2.7 电磁波暗室所在建筑内如不可避免有其他高功率辐射源的设施，两者布局需要远离，并对辐射源设施采取主动屏蔽隔离措施。

5.2.8 有较高洁净度要求的暗室，布局宜结合受试设备的生产装配工艺流程，利用装配与试验测量之间的过渡区所提供的洁净环境，采取满足洁净等级要求的措施。

5.2.9 通常情况下，有电磁屏蔽要求的工程，屏蔽性能选择相关标准。当满足本条第1款～第3款的条件时，暗室可不做屏蔽。

5.2.11 暗室具有高技术、高造价的特点，不但吸波和屏蔽结构体损坏后修复困难，而且其功能技术指标与组成的整体性密切关联。所以为了保证电磁波暗室的安全，减少损坏发生，凡是在电磁波暗室所在的建筑部位，不应该设置建筑抗震缝、沉降缝、变形缝。

5.2.12 公用工程所有管道如直接穿越暗室内部空间，将破坏暗室电磁环境。

6 工艺设计

6.0.1 不同暗室的体型尺寸差异大，各个功能性房间要求和组成不一，并且相对位置关系要求严格。因此，建筑设计平面布局应以暗室为核心展开，既要保证暗室体型和尺寸要求，又要保证各功能性房间的相对位置关系要求，才能够实现暗室功能和技术性能，有利于运行操作安全、方便，建筑才能够给暗室建设合理地支撑。

6.0.3 主反射区是影响暗室静区静度的关键区域。如在主反射区开门，由于结构原因，在门与墙壁处，既容易造成电磁波反射程度不一致的背景差异，又会增加反射程度，降低静区静度。

6.0.6 当暗室内部有多套测量系统时，由于各测量系统设备之间的电磁耦合作用，会对测量造成相互间的干扰。因此，暗室体型尺寸应留有空间隔离或其他隔离方式所需要的空间，避免因测量系统之间的较强耦合，造成测量不确定度的恶化。

6.0.7 随着电磁波入射角的增加，电磁波吸收材料吸收性能会下降。通过控制暗室内壁宽度 W 和高度 H，使电磁波在壁面上产生的反射不因入射角度过大，而有所快速明显增加。

6.0.11 1-2、1-3、2-2、3-1、3-2、4-1 类暗室测量系统在高度方向布局需要考虑设备安装的实际需求。

7 吸波及电磁屏蔽工程设计

7.1 吸波工程设计

7.1.1 电磁波暗室总体和工艺设计所确立的暗室方案与要求，主要包括暗室体型尺寸、测量系统设备布局、试验操作运行姿态、静区性能等。暗室吸波工程设计可根据约定，承担暗室总体方案制定。在上述暗室方案与要求已经确认的基础上，选择和布局吸波材料。

7.1.2 暗室各内壁面产生的反射电磁波能量通过合成而对静区静度有不同程度的贡献。在合理的暗室尺寸和正确的吸波材料布局情况下，静区静度一般比吸波材料性能低 3dB～6dB。所以主反射区吸波材料宜选择反射性能优于静区静度要求的 3dB～6dB。在邻近主反射区四周的吸波材料，其高度可选择主反射区吸波材料高度的 0.7 倍或以上。

7.2 电磁屏蔽工程设计

7.2.1 屏蔽整件和部件包括：屏蔽门、信号与电源滤波器、截止波导通风口、信号转接板、观察窗、接地装置等。暗室内测量系统和受试设备的基础、吊装设施、轨道设施等一般纳入建筑工程设计内容，也可依据工程合同约定纳入电磁屏蔽工程设计。

7.2.2 暗室内的公用工程设计内容包括：供电与照明、接地与绝缘、火灾自动报警、安全防范与监控、通风与空调、通信信息、测量系统的管路布局等。

8 建筑与结构设计

8.1 建筑设计

8.1.2 为便于暗室施工、维护、动力管路布局和消防装备布局，宜在其周边设置技术平台连廊。

8.2 结构设计

8.2.1 电磁波暗室是高端技术的重要装备实验室，在建筑中一般是核心部门。因此，其抗震设防类别应高于普通建筑的要求。不应采用抗震性能较差的砌体结构和木结构，一般来说，抗震设防类别最低为乙类。

8.2.2 暗室型体一般比较高大，施工、维护、动力管路和消防都需要在其四周有一定的空间。除此之外，暗室大、小门的特殊结构要求和运输要求也都需要在相应位置有一定的空间。因此，暗室所在建筑部位应根据实际需要采用大空间及大跨度柱网。

8.2.4 根据已有的工程经验，本条规定了暗室上部建筑主体结构的吊挂荷载最小值。

8.2.6 为保证吊顶结构的变形不影响暗室的使用功能，特对上部建筑主体结构的挠度提出了要求。铁氧体复合吸波材料的性能对变形更为敏感，因此，为了保证暗室的性能指标达到设计要求，对采用该材料暗室的吊顶结构提出了更高的挠度要求。

8.2.7、8.2.8 对于有屏蔽层的暗室，为了防止地面屏蔽层的撕裂，根据已有工程经验和相关规范规定，对地基基础的沉降差和地面不均匀沉降提出了相应的要求。

9 公用工程设计

9.1 通风与空气调节设计

9.1.1 暗室对通风与空气调节系统运行的要求与一般实验室相比，情况特殊、差别大。为方便管理和节约能源，并能获得合理的通风与空气调节效果，暗室通风与空气调节系统宜独立设置。

9.1.2 暗室内的热负荷，除人员和照明的热负荷较小外，设备用电和电磁波照射到吸波材料上所产生的热效应是主要的。因此，暗室通风与空气调节系统负荷计算不应忽视电磁波辐射产生的热效应。

9.1.4 主要反射区域采用高性能吸波材料是保证暗室性能的最主要技术措施。风口和四周吸波材料结构形式的变化，不利于对电磁波的吸收，会造成暗室性能下降。所以暗室内风口的布置应避开电磁波的主要反射区域。

9.1.5 风速大既容易吹落四周吸波材料，也会在通风滤波器的微小风口产生哨声。

9.1.6 本条规定是为了防止金属风管与暗室屏蔽外壳直接连接，产生天线效应，降低屏蔽性能。

9.1.9 暗室内的热负荷主要是电子设备用电和电磁波照射到吸波材料上所产生的热效应。测试过程中暗室闭合，室内无人，工作照明也是针对范围较小的设备区域，照度较低。因此，整个暗室内的热负荷一般不大。暗室六面墙壁又敷满吸波材料，内外热传递弱。鉴于上述情况，为了避免设置过多的风口影响暗室性能，一般情况下通风换气次数不宜选择过多。

9.4 照明设计

9.4.2 主要反射区域采用高性能吸波材料是保证暗室性能的最主要技术措施。由于照明灯具和四周吸波材料的结构形式变化，会使暗室性能下降，所以暗室照明灯具不应布置在主反射区内。

10 电磁屏蔽和吸波工程施工

10.1 一般规定

10.1.4 电磁屏蔽和吸波施工质量控制，需在各工序完成后进行自检和专业工种之间的交接检验，并作出记录。在质量合格后方可进行下道工序施工。

10.2 电磁屏蔽工程施工

10.2.2 测量系统设备的土建安装基础、支撑结构体、建筑地面的配合施工应纳入建筑和安装工程施工范围。

10.2.3 钢结构型材和屏蔽钢板防腐应符合现行行业标准《建筑钢结构防火技术规范》CECS 200：2006的有关规定。

10.2.5 电磁屏蔽整件和部件的施工安装与屏蔽层做可靠连接包括以下内容：

1 各个屏蔽门结构要与设计要求相一致。门框与屏蔽层之间的连接需做可靠处理。

2 测量系统设备基础和支撑平台与屏蔽层的连接要合理、可靠。

3 屏蔽观察窗、各电源和信号滤波器、信号接口板和通信系统、截止波导通风口、消防报警设施、安全和操作监控设施、配电和照明灯具、接地系统等的安装要与屏蔽层做可靠连接，确保屏蔽性能。

4 地沟、管道、运输起吊设备与屏蔽层连接要合理、可靠。

10.2.6 暗室屏蔽体跨度一般比较大，屏蔽体顶部吊挂在建筑主体结构上，因此，两者之间的连接应确保安全可靠。

10.3 吸波工程施工

10.3.4 施工内容包括：

1 暗室内配电、照明、通风空调、安防和监控、消防报警和通信设施的安装施工。

2 测量系统设备安装基础、支撑结构体、地面的配合施工。

3 暗室运输和起吊设备的安装与施工。

无屏蔽的暗室仍然存在界线以内的公用配套工程设施需要施工。因此，应由吸波工程承担施工。

中华人民共和国国家标准

刨花板工程设计规范

Code for design of particleboard engineering

GB 50827—2012

主编部门：国　　家　　林　　业　　局
批准部门：中华人民共和国住房和城乡建设部
施行日期：2 0 1 2 年 1 2 月 1 日

中华人民共和国住房和城乡建设部
公　　告

第1485号

住房城乡建设部关于发布国家标准《刨花板工程设计规范》的公告

现批准《刨花板工程设计规范》为国家标准，编号为GB 50827—2012，自2012年12月1日起实施。其中，第4.3.14、9.0.3、9.0.4条为强制性条文，必须严格执行。

本规范由我部标准定额研究所组织中国计划出版社出版发行。

中华人民共和国住房和城乡建设部

2012年10月11日

前　言

本规范是根据原建设部《关于印发〈2005年工程建设标准规范制订、修订计划（第二批）〉的通知》（建标函〔2005〕124号）的要求，由国家林业局林产工业规划设计院会同有关单位共同编制完成的。

本规范在编制过程中，编制组进行了广泛的调查研究，认真总结实践经验，参考有关先进标准，并在广泛征求意见的基础上修改完善，最后经审查定稿。

本规范共分10章，主要技术内容包括总则、术语、原料贮存、刨花板生产线、辅助生产工程、公用工程、环境保护、职业安全卫生、防火防爆、资源综合利用与节能。

本规范中以黑体字标志的条文为强制性条文，必须严格执行。

本规范由住房和城乡建设部负责管理和对强制性条文的解释，国家林业局林产工业规划设计院负责具体技术内容的解释。执行过程中如发现需要修改和补充之处，请将意见和建议寄国家林业局林产工业规划设计院（北京市朝阳门内大街130号，邮政编码100010），以供今后修订时参考。

本规范主编单位：国家林业局林产工业规划设计院

本规范参编单位：大亚木业有限公司
吉林森林工业股份有限公司

本规范主要起草人员：肖小兵　齐爱华　张发安　李雪红　牛京萍　于建亚　喻乐飞　崔文剑　戴　菁　孟庆彬　米泉龄　邱　雁　崔宇全　冯良华　张建辉　刘占场　陈坤霖　王　容　李中善

本规范主要审查人员：叶克林　常建民　言智刚　郭西强　常英男　华毓坤　吴荣秋　周志远　郭慎学

目　次

Contents

1 总　　则

1.0.1　为在刨花板工程设计中统一技术要求，提高建设水平和投资效益，做到技术先进适用、投资经济合理、有效利用资源、节约用地、节省能源，有利于环境保护和安全生产，制定本规范。

1.0.2　本规范适用于生产能力大于 $100m^3/d$ 以上，利用人工速生林以及以采伐剩余物、造材剩余物、加工剩余物、次小薪材、回收木材等为原料的新建、改建和扩建项目的工程设计。

1.0.3　刨花板产品质量应符合现行国家标准《刨花板》GB/T 4897的有关规定。

1.0.4　扩建和改建项目的工程设计应合理利用原有设施。

1.0.5　刨花板项目的工程设计除应符合本规范外，尚应符合国家现行有关标准的规定。

2 术　　语

2.0.1　回收木材　recycled wood

回收作为生产原料的废弃木质制品，如废弃的木家具、木质包装箱板、木质托盘、木质混凝土模板等。

2.0.2　削片　chipping

将木质原料切削成一定规格的用于刨片生产木片的过程，通常采用鼓式削片或盘式削片方式。

2.0.3　木片分选与净化　chips screening and cleaning

利用筛选或分选设备，将混杂于木片中的木屑、过大木片以及砂石等异物分离排除的过程。

2.0.4　刨片　flaking

以刨切的方式将木质原料或木片切削成一定规格刨花的过程。

2.0.5　刨花干燥　drying

通过加热蒸发的方式将刨花含水率降低到一定数值的过程。

2.0.6　刨花分选　screening and sifting

利用筛选或分选设备，将刨花分为木粉、表层刨花、芯层刨花和粗大刨花的过程。

2.0.7　打磨　refining

以打磨的方式将粗大刨花加工成为合格刨花的过程。

2.0.8　刨花拌胶　blending

将一定量的胶粘剂和其他化学添加剂均匀分布在刨花表面的过程。

2.0.9　防水剂　moistureproof agent

用于降低刨花板材吸水性能的化学添加剂。

2.0.10　固化剂　hardener

用于提高胶粘剂固化速度的化学添加剂。

2.0.11　甲醛捕捉剂　formaldehyde scavenger

用于减少刨花板材中游离甲醛量的化学添加剂。

2.0.12　缓冲剂　buffer

用于降低胶粘剂固化速度的化学添加剂。

2.0.13　板坯铺装　mat forming

将一定量的施胶刨花按设定的结构均匀地铺撒在板坯运输设备上形成板坯的过程。

2.0.14　板坯预压　prepressing

在热压前对板坯加压，排出板坯中的部分空气，使板坯密实平整、减小板坯厚度、增加板坯初强度的加工工序。

2.0.15　热压　hot pressing

施加压力将板坯压缩到一定的厚度，同时通过加热使胶粘剂固化形成板材的过程，分为单层平压、多层平压、连续辊压和连续平压等方式。

2.0.16　砂光　sanding

以砂磨的方式将刨花板材加工到规定的厚度，同时提高板面光洁度的加工过程。

3 原料贮存

3.1 一 般 规 定

3.1.1　原料堆场贮存原料量不宜小于 15d 的生产用量。

3.1.2　原料贮存应符合下列规定：

1　针叶材、软阔叶材、硬阔叶材宜分别堆存。

2　小径木、枝丫材、板皮板条、原木芯、造材截头等宜分类堆存。

3　外购木片、工厂刨花、锯屑等宜单独设置堆场或库房。

4　回收木材应单独设置堆场。

3.1.3　原料堆场宜采用机械作业。

3.1.4　原料采用质量计量时应设置地磅房。

3.1.5　刨花板生产常用原料的实积系数可按表3.1.5 确定。

表 3.1.5　原料实积系数

原料种类	实积系数
直径大于或等于 200mm 的造材剩余物	0.70
直径小于 200mm 的造材剩余物和小径材	0.60
板皮、板条	0.50
木片	0.35
枝丫材	0.30
锯屑	0.25
工厂刨花	0.20

3.2 原料堆场布置

3.2.1　原料垛的长度、宽度和高度应根据所使用的机械及场地确定，垛长不宜大于 120m，垛高不宜小于 3.5m；木片堆可因地制宜，以先到先用为原则。

3.2.2 原料垛之间间距不应小于 1.5m，原料堆场内的主通道宽度不应小于 6m。

4 刨花板生产线

4.1 工 作 制 度

4.1.1 刨花板生产线年工作日应为 280d～320d。

4.1.2 除木片生产、砂光与裁板工段外，其他应为每天 3 班生产。严寒及寒冷地区木片生产宜为每天 2 班生产，砂光与裁板工段应根据设备能力确定工作班次。

4.1.3 每班工作时间应为 8h，有效工作时间应按 7.5h 计。

4.2 生产能力计算

4.2.1 刨花板生产线生产能力应以日产或年产合格成品板的体积量计算、以立方米为计量单位，成品板合格品率可取95％～98％。

4.2.2 刨花板生产线生产能力计算应符合下列规定：

1 主要生产中厚板（成品板厚度 13mm～28mm）时，计算厚度以 16mm 或 19mm 厚成品板为计算依据。

2 主要生产薄板（成品板厚度 6mm～12mm）时，计算厚度以 6mm 或 8mm 厚成品板为计算依据。

3 主要生产超薄板（成品板厚度小于 6mm）时，计算厚度以 3mm 厚成品板为计算依据。

4.2.3 刨花板生产线设备能力应以热压机为基准平衡其他工序设备的生产能力。

4.3 工艺流程与设备布置

4.3.1 刨花板生产线可分为下列工段：

1 木片生产与分选净化工段，包括削片、木片分选与净化等工序。

2 刨花生产工段，包括木片贮存与计量、刨片等工序。

3 刨花干燥与分选工段，包括湿刨花贮存与计量、刨花干燥、刨花分选、粗大刨花打磨等工序。

4 刨花施胶工段，包括原胶贮存、胶液计量输送、防水剂制备与计量输送、固化剂制备与计量输送、甲醛捕捉剂制备与计量输送、缓冲剂计量输送、颜料及其他添加剂计量输送、干刨花贮存与计量及刨花拌胶等工序。

5 铺装与热压工段，包括板坯铺装、板坯输送、板坯检测、板坯预压、板坯横截、废板坯回收、热压等工序。

6 毛板加工工段，包括毛板检测、齐边、分割、冷却、垛板、中间贮存等工序。

7 砂光与裁板工段，包括砂光、裁板、检验、分等、垛板、打包等工序。

4.3.2 工艺流程应根据原料条件、场地条件和产品要求设计。

4.3.3 工艺流程应具有适当的调节能力，并应保证在改变产品品种的情况下能连续稳定生产。

4.3.4 工艺流程应做到简捷顺畅，应满足优质、高产、低耗、安全生产、职业卫生和环境保护的要求。

4.3.5 刨花板生产线工艺设备及工艺管道布置应与工艺流程相适应。

4.3.6 刨花板生产车间内应设有宽度不小于 2.5m 的纵向通道，并应在适当位置设置横向通道或过桥。

4.3.7 生产车间内设备布置应紧凑，但应满足操作、设备安装、检修及安全生产的要求。设备布置间距宜符合表 4.3.7 的规定。

表 4.3.7 设备布置间距

部 位	操作面（m）	非操作面（m）
设备与设备	≥1.5	≥0.6
设备与墙柱	≥1.5	≥0.5

4.3.8 生产车间厂房跨度确定应符合下列规定：

1 应满足生产线的实际布置宽度、操作距离及检修通道的要求。

2 宜符合建筑模数的要求。

4.3.9 生产车间厂房高度确定应符合下列规定：

1 应根据设备布置的实际高度确定，并应满足安装、检修空间的要求。

2 当车间内设置吊车或其他起重设备时，应保证足够的起吊空间。

3 宜按生产设备要求分段确定，不宜因局部要求提高整个厂房高度。

4.3.10 原料进入生产线采用人工辅助上料时，上料运输机的上料段宜置于地下，上料段长度应按原料量确定。

4.3.11 削片机宜布置在削片间内。

4.3.12 刨片机宜布置在刨片间内。

4.3.13 刨花干燥与分选工段应与刨花板车间隔开。刨花干燥设备宜选择在棚内或室外布置。刨花分选宜将木粉排出。

4.3.14 干刨花仓必须室外布置。

4.3.15 板坯铺装至毛板冷却设备应直线布置，以热压机为基准，分别向板坯铺装与毛板冷却两个方向布置，构成连续的生产线。当生产线工作面高度大于 1.4m 时，两侧宜设工作平台。

4.3.16 采用热烟气、有机热载体作热媒时，供热设备宜布置在用热设备附近。

4.3.17 热压机液压泵组宜布置在单独房间内。

4.3.18 热压机有机热载体二次循环泵组宜布置在单独房间内。

4.3.19 砂光前应留有毛板贮存区，贮存时间应大于48h。

4.3.20 生产能力大于$400m^3/d$的生产线宜采用先砂光后裁板技术。

4.4 气力输送系统

4.4.1 气力输送系统管道布置应整体规划，管线应简捷、整齐、美观。

4.4.2 气力输送系统宜选用负压运行。

4.4.3 生产车间内的气力输送管道宜沿墙或柱架空敷设。地下管道应设管沟加盖板，盖板应与车间地面标高一致。

4.4.4 木片输送不宜采用气力输送系统。

4.4.5 锯屑、工厂刨花、湿刨花、干刨花、废板坯回收刨花，以及砂光粉等物料采用气力输送系统输送时，管道内的气流速度宜为22m/s～28m/s。

4.4.6 远距离气力输送宜采用高压输送系统。

4.4.7 在严寒及寒冷地区风机宜布置在室内。在其他地区风机可布置在室外，但宜采取隔声降噪及防雨措施。

4.5 设备配置与选型

4.5.1 在削片机前设置金属探测仪应根据原料确定。

4.5.2 木片输送宜选择皮带运输机、螺旋运输机、斗式提升机、刮板运输机等机械运输方式。

4.5.3 木片贮存可选择封闭式或开敞式仓体形式，材性差异大的软、硬材木片宜分仓贮存。木片仓的容积应适应连续生产的要求，木片仓出料装置的出料量应可调节。

4.5.4 小径木宜选用长材刨片方式生产刨花，枝丫材、板皮、板条等原料可采用削片与环式刨片组合方式生产刨花。

4.5.5 外来木片宜配备分选与净化设备处理。

4.5.6 外来工厂刨花宜配备筛选、净化与再碎设备生产适用刨花。

4.5.7 外来锯屑宜配备筛选与净化设备处理。

4.5.8 回收木材作为原料时，应根据洁净程度选择配备除铁磁性金属、非磁性金属、砂石、混凝土块、玻璃、塑料等异物的设备。

4.5.9 刨花运输可采用皮带运输机、刮板运输机、螺旋运输机和斗式提升机等机械运输方式，也可采用气力输送系统。

4.5.10 刨片机停机换刀期间，湿刨花仓的贮存量应保证连续生产供料，其贮存量宜大于1h的生产用量。

4.5.11 长材刨片刨花、环式刨片刨花以及其他种类刨花宜分仓贮存。湿刨花仓应密封，出料装置的出料量应可调节。

4.5.12 刨花干燥的热媒宜选用热烟气，也可选用有机热载体或蒸汽。

4.5.13 刨花干燥设备应配备温度控制装备。

4.5.14 依据原料的含水率以及环境温度确定刨花干燥机生产能力时，宜适度留有余量。

4.5.15 表层和芯层干刨花应分别贮存，干刨花仓应密封，出料装置的出料量应可调节。

4.5.16 干刨花仓贮存量宜大于1h的生产用量，且应满足生产不同厚度成品板材时调节表层、芯层刨花量的要求。仓体宜采取保温或隔热措施。

4.5.17 刨花施胶可选择在线施胶技术，也可采用固化剂单独施加技术。

4.5.18 刨花施胶设备应满足表层和芯层刨花分别施胶的需要，拌胶机选型应满足生产不同厚度成品板材时最大用量的要求。

4.5.19 板坯铺装机铺装头的数量和形式应适应成品板材结构的要求，铺装能力应与热压机的最大生产能力相适应。

4.5.20 选用连续压机时，板坯运输线上宜设除铁器、金属探测仪、板坯秤、含水率检测仪等板坯质量控制与检测装置。

4.5.21 选用多层压机或连续压机时宜配置预压机。

4.5.22 生产能力小于$400m^3/d$的生产线宜选用单层压机、多层压机或连续辊压机，生产能力大于$600m^3/d$的生产线宜选用连续平压机或多层压机。

4.5.23 热压机的热媒应选用有机热载体，也可选用蒸汽。

4.5.24 生产能力大于$600m^3/d$的连续平压生产线，毛板贮存宜采用机械化自动贮存设备。

4.6 自 动 控 制

4.6.1 刨花板生产线自动控制系统宜采用集中控制或分工段控制，工段之间应有联锁和通讯信号。

4.6.2 刨花板生产线宜采用可编程序逻辑控制（PLC）。

4.6.3 中心控制室应靠近生产线操作中心。

4.6.4 紧急停机按钮应在生产线操作方便的位置设置。

4.6.5 对可编程序逻辑控制（PLC）和计算机供电应设置不间断电源，电源切换时间应满足可编程序逻辑控制（PLC）和计算机的供电要求。

4.7 主要工艺参数

4.7.1 进入削片机或刨片机的木材原料含水率宜大于40%。

4.7.2 木片平均长度宜为35mm。

4.7.3 木片仓中木片的堆积密度可取$160kg/m^3$～$220kg/m^3$（绝干量）。

4.7.4 刨花厚度宜为0.2mm～0.6mm。

4.7.5 湿刨花仓中刨花的堆积密度可取$80kg/m^3$～$120kg/m^3$（绝干量）。

4.7.6 刨花干燥时热媒入口温度可按表4.7.6确定。

表4.7.6 干燥机热媒入口温度

热媒种类	入口温度（℃）
热烟气	400～500
有机热载体	180～200
蒸汽	170～190

4.7.7 干燥后刨花含水率可按表4.7.7确定。

表4.7.7 干刨花含水率

热压方式	干刨花含水率（%）
连续平压	1.5～2.0
连续辊压	1.5～2.0
单层平压	1.5～2.0
多层平压	2.0～3.0

4.7.8 表层刨花和芯层刨花的比例应根据毛板厚度、成品板结构以及压机类型确定。

4.7.9 干刨花筛选时，通过0.2mm网孔尺寸的木粉宜排出生产线作为燃料；通过1.2mm网孔尺寸的刨花宜作为表层刨花。

4.7.10 表层干刨花仓中刨花的堆积密度可取90kg/m³～140kg/m³（绝干量）。

4.7.11 芯层干刨花仓中刨花的堆积密度可取60kg/m³～110kg/m³（绝干量）。

4.7.12 刨花板生产使用脲醛树脂或改性脲醛树脂为胶粘剂时，原胶的固体树脂含量应为65%±1%。表层刨花施胶量可取11%～13%，芯层刨花施胶量可取7%～9%；生产均质刨花板时，芯层刨花施胶量可取8%～10%。

4.7.13 刨花板生产使用脲醛树脂或改性脲醛树脂为胶粘剂时，可选用硫酸铵、硝酸铵、氯化铵或六次甲基四胺等作为固化剂。固化剂施加量受原胶性能、刨花的缓冲容量、固化剂种类以及环境温度影响，表层不宜超过1%，芯层宜为1%～3%。

4.7.14 刨花板生产可使用石蜡乳液或熔融石蜡作为防水剂。防水剂施加量宜为0.5%～1.0%；刨花板生产也可使用其他复合防水剂。

4.7.15 胶液及其他添加剂溶液的计量误差不应超过±0.5%。

4.7.16 施胶刨花含水率宜控制在表层9%～11%、芯层6%～8%。

4.7.17 预压机的线压力宜为80N/mm～120N/mm。

4.7.18 多层和单层压机的单位压力宜为3.5MPa～4.5MPa，连续平压机的单位压力最大宜为5MPa。热压温度宜为180℃～220℃。

4.7.19 使用脲醛树脂为胶粘剂时，成品板的单位热压时间可按表4.7.19确定。

表4.7.19 单位热压时间

压机类型	计算厚度（mm）	热压温度（℃）	刨花板		均质刨花板	
			成品板密度（kg/m³）	单位热压时间（s/mm）	成品板密度（kg/m³）	单位热压时间（s/mm）
单层压机	16	200	680～700	8.0～11.5	710～730	11.5～13.5
多层压机	16	180	690～710	10.5～13.5	720～740	14.5～16.5
连续平压机	6	200	760～780	6.5～9.5	780～800	11.5～13.5
	16		670～690	5.0～8.0	700～720	9.0～11.0

4.7.20 毛板堆垛前冷却应低于60℃。

4.7.21 成品板砂光余量可按表4.7.21确定。

表4.7.21 砂光余量（mm）

成品板厚度（mm）	连续平压机	单层压机	多层压机
4	0.5～0.6	0.7～1.0	1.0～1.2
6	0.5～0.6	0.7～1.0	1.0～1.2
8	0.5～0.6	0.8～1.1	1.2～1.4
10	0.5～0.6	0.9～1.2	1.3～1.5
13	0.6～0.7	0.9～1.2	1.3～1.5
16	0.6～0.7	0.9～1.2	1.4～1.6
19	0.6～0.7	1.0～1.3	1.4～1.6
22	0.6～0.7	1.1～1.4	1.5～1.7
25	0.7～0.8	1.2～1.5	1.5～1.7
32	0.7～0.8	1.3～1.6	1.6～1.8
38	0.8～0.9	1.4～1.7	1.7～1.9
40	0.9～1.0	1.5～1.8	1.8～2.0

4.7.22 砂光粉仓中砂光粉的堆积密度可取200kg/m³～260kg/m³（绝干量）。

4.8 成品板单耗

4.8.1 刨花板生产单耗指标可按表4.8.1确定。

表4.8.1 刨花板生产单耗指标

名 称	连续平压	单层平压	多层平压
成品板密度（kg/m³）	670～690	680～700	690～710
木材（t）	0.66～0.70	0.70～0.73	0.77～0.80
脲醛树脂（kg）	60～65	62～68	68～75
固化剂（kg）	0.9～1.0	0.9～1.1	1.0～1.3
石蜡（kg）	3.0～3.5	3.2～3.7	3.5～4.0
热（GJ）	2.3～2.7	2.6～3.0	2.8～3.2
电（kW·h）	160～180	170～190	175～195
水（m³）	0.2～0.6	0.4～0.8	0.4～0.8

注：1 表中数据以生产1m³成品板（16mm厚）为依据；
2 木材以绝干量计算；
3 脲醛树脂以固体树脂量计算。

4.8.2 均质刨花板生产单耗指标可按表4.8.2确定。

表 4.8.2 均质刨花板生产单耗指标

名　　称	连续平压	单层平压	多层平压
成品板密度（kg/m^3）	700～720	710～730	720～740
木材（t）	0.69～0.73	0.73～0.76	0.80～0.83
脲醛树脂（kg）	66～70	70～74	76～80
固化剂（kg）	1.0～1.1	1.0～1.2	1.1～1.4
石蜡（kg）	3.1～3.7	3.3～3.9	3.7～4.2
热（GJ）	2.4～2.8	2.7～3.1	2.9～3.3
电（kW·h）	190～210	200～220	210～230
水（m^3）	0.2～0.6	0.4～0.8	0.4～0.8

注：1 表中数据以生产 $1m^3$ 成品板（16mm 厚）为依据；
2 木材以绝干量计算；
3 脲醛树脂以固体树脂量计算。

5 辅助生产工程

5.1 实　验　室

5.1.1 实验室宜设在刨花板车间内。

5.1.2 实验室的检测内容应包括原、辅材料的分析化验，半成品质量检测及成品板物理、力学性能测定，胶粘剂及游离甲醛测定，刨花形态、刨花含水率等测定。

5.1.3 实验室面积应根据检测与实验设备的布置需要确定，使用面积不宜小于 $50m^2$。

5.2 磨　刀　间

5.2.1 切削设备应配置相应的刃磨设备。

5.2.2 磨刀间主要研磨各种切削设备的刀具，应包括削片机、刨片机的刀片和各种锯机的锯片等。

5.2.3 磨刀间应单独设置，并应位于刨片机或削片机附近。

5.2.4 研磨设备的选型和数量应根据切削设备的换刀周期、换刀量及刀具参数确定。

5.2.5 磨刀间面积除应根据研磨设备的特性、操作要求布置外，尚应满足切削设备刀具存放及辅助设备的用地要求。

5.3 维　修　间

5.3.1 维修间宜用于生产线机械设备、电气装置的维修与保养。

5.3.2 维修间面积宜为 $50m^2$～$100m^2$。

5.4 仓　　库

5.4.1 刨花板项目应设置物料库、化工原料库和成品库等。

5.4.2 仓库设计应因地制宜，可采用综合库房，也可按功能采用独立仓库。

5.4.3 仓库设计应便于运输、装卸和管理。

5.4.4 仓库工作制度宜为每天 1 班～3 班。

5.4.5 物料库宜用于存放生产线日常维护用零部件、易损件和工具。

5.4.6 化工原料库贮存量应根据供货周期确定，宜按 15d～30d 的消耗量计算。

5.4.7 成品库面积应根据生产经营与销售方式具体确定，可按贮存 10d～30d 的生产量计算。

5.4.8 成品库内每隔 20m～30m 应有横贯通道，其宽度宜大于 3.5m，库内其余固定通道宽度不应小于 1.0m。库门应与通道衔接，库门的宽度应根据成品板的幅面尺寸确定。成品板垛离墙、柱的距离宜为 0.1m～0.5m。

5.4.9 成品库内宜使用叉车堆存成品板，其堆垛高度、仓库净高和面积利用系数可按表 5.4.9 确定。

表 5.4.9 堆垛高度、仓库净高和面积利用系数

堆垛设备	堆垛高度(m)	仓库净高(m)	面积利用系数
叉车	4.0～5.0	5.0～6.0	0.4～0.5

5.4.10 成品库宜单独设置，也可与刨花板车间连体设置。

6 公 用 工 程

6.1 总平面布置及运输工程

6.1.1 厂址选择应综合地理位置、用地规划、土地面积、地形地貌、工程地质、原料供应、电源水源、防洪排涝、交通运输、消防安全、社会协作等建厂要素，应具备建设刨花板项目所要求的基本条件，并应远离学校与医院。

6.1.2 总平面布置应与当地城镇总体规划相协调，应节约并合理使用土地。

6.1.3 总平面布置应符合现行国家标准《工业企业总平面设计规范》GB 50187 的有关规定。

6.1.4 总平面布置应根据生产工艺流程、建筑朝向、交通运输、消防、安全生产、职业卫生、环境保护、行政管理等要求结合厂区特征合理安排，应保证生产过程的连续和安全，并应使生产作业线短捷、方便，应避免交叉干扰。

6.1.5 刨花板生产线宜布置在生活区的下风向。

6.1.6 原料堆场、热源、电源、水源、仓库等应靠近刨花板生产线，但应满足防火间距的要求。

6.1.7 主要生产车间建筑方位应保证室内有良好的自然通风和自然采光。

6.1.8 改建、扩建的刨花板生产线应与原企业的总体布置相协调，并应合理利用原有设施。

6.1.9 厂区道路设计应符合现行国家标准《厂矿道路设计规范》GBJ 22 的有关规定，路面宜采用混凝

土或块石铺砌。

6.1.10 原料堆场地面宜采用混凝土浇筑或毛石、条石铺砌。

6.1.11 原料堆场地面排水坡度不宜小于0.005；当受条件限制时，排水坡度不应小于0.003。

6.1.12 总平面布置应合理安排绿化用地。

6.2 土 建 工 程

6.2.1 土建工程设计应符合下列规定：

1 应符合国家现行有关建筑与结构设计标准的规定，并应满足生产工艺要求，建筑物应安全、适用、经济。

2 应因地制宜，并应合理利用地方材料。

3 各类建、构筑物宜执行建筑统一模数制。

6.2.2 刨花板生产线各生产工段土建工程设计应符合下列规定：

1 应满足生产工艺流程和设备布置要求。

2 削片线上料间宜采用开敞或半开敞设计，并应防止水浸。

3 当刨花干燥与分选工段和刨花板车间相连时，应设隔墙。

4 车间内设备地坑、管沟等地下设施应采取防水、防渗和排水措施。

5 车间屋面排水宜采用外排水，严寒及寒冷地区应避免内落水。

6 车间厂房结构选型应根据生产工段的特征、当地的施工条件与建材供应等因素确定，宜采用钢结构或钢筋混凝土结构。

7 基础设计应根据地质状况合理确定方案。

6.2.3 辅助设施及辅助用室应符合下列规定：

1 辅助设施及辅助用室宜设置在生产车间的偏跨，并应根据要求合理布局。

2 调胶间地面和墙裙应采用防水、易清洁材料，也可采用防酸材料。

3 中心控制室宜设架空地面，室内净高不应小于2.4m。

6.3 电 气 工 程

6.3.1 刨花板项目供电，除现行国家标准《建筑设计防火规范》GB 50016规定的消防用电为二级负荷外，其余应为三级负荷。

6.3.2 一般照明、动力配电电压应采用交流220V/380V，高压电机配电电压应根据电源情况采用交流10kV或6kV，电压偏差应符合现行国家标准《供配电系统设计规范》GB 50052的有关规定。

6.3.3 车间变配电室、开关柜间等宜设在单独房间内。

6.3.4 刨花板项目可根据需要配置应急电源。

6.3.5 刨花板生产线电气负荷需用系数宜为0.55～0.65，自然功率因数宜为0.75，经电容补偿后功率因数应大于0.90。

6.3.6 原料堆场夜间照明照度宜为10 lx～15 lx。

6.3.7 刨花板各生产车间照明设计应符合现行国家标准《建筑照明设计标准》GB 50034的规定，一般照明照度不应小于100 lx，局部照明宜按表6.3.7确定。

表6.3.7 刨花板生产线局部照明照度

位 置	照度标准值（lx）
削片、木片分选与净化、刨片	150
刨花干燥、分选与打磨、添加剂制备、刨花计量与拌胶	200
铺装与热压	300
毛板处理、砂光与裁板	200
砂光板面检验台	750
控制室	500
开关柜间、变配电室	200
实验室、磨刀间、维修间	300
液压间、有机热载体泵间、制冷间、压缩空气站	150

6.4 给水排水工程

6.4.1 刨花板项目生产用水应符合一般工业用水标准，用水点压力应为0.25MPa～0.35MPa。

6.4.2 热压机液压系统的冷却水进口温度应根据厂址的环境温度确定。

6.4.3 调胶间应设热水供应系统。

6.5 供热与制冷工程

6.5.1 供热工程设计应符合下列规定：

1 宜采用以生产过程中产生的可燃废料作为燃料的热能中心供热。

2 应充分利用热能和回收余热。

3 石蜡乳化采用有机热载体为热媒时，热媒温度不应超过150℃。

4 热压机采用有机热载体为热媒时，热媒进出口温度差应小于5℃。

5 管道上各种阀件的安装位置应便于操作和维修，各种仪表的安装位置应便于观察和维修。

6.5.2 制冷工程设计应符合下列规定：

1 拌胶机的冷却水应配备冷水机组、水箱和水泵组成循环冷却水系统。

2 拌胶机的冷却水进口温度宜为7℃，出口温度宜为12℃。

3 石蜡乳化设备的冷却水进口温度宜为15℃，出口温度宜为25℃。

4 冷水机组的制冷能力除应满足拌胶机等设备的耗冷量外，还应满足水箱和管道的冷损耗量。

5 循环冷却水的供水和回水管道应采取防结露措施，严寒及寒冷地区应采取防冻保护措施。

6 循环冷却水的水温应自动控制。

6.6 压缩空气站及压缩空气管道工程

6.6.1 压缩空气站及压缩空气管道工程设计，应符合现行国家标准《压缩空气站设计规范》GB 50029的有关规定。

6.6.2 压缩空气质量及参数应符合表6.6.2的规定。

表6.6.2 压缩空气质量及参数

名 称	一般用途	仪器仪表
固体尘（μm）	≤3.0	≤0.01
含油量（mg/m³）	≤0.1	≤0.01
常压露点（℃）	2.0	2.0
压力（MPa）	0.6～0.8	0.6～0.8

6.6.3 压缩空气站宜设在刨花板车间的辅助房间内。

6.6.4 压缩空气管道在车间内布置，应根据用气设备的位置和要求确定，并应设清扫接口。

7 环境保护

7.0.1 环境保护设计应符合环境影响评价报告的要求，并应控制各类污染物的排放量。

7.0.2 环境保护措施应与主体工程同时设计，工艺和设备选型应消除或减少各类污染因素。

7.0.3 厂址选择应适应自然环境和社会环境，应按国家环境质量标准和有关规定选定生产区、水源以及有害废水、废气、废渣的排放点。

7.0.4 厂区总平面布置应功能分区明确，在生产区与生活区之间应设置防护绿带。

7.0.5 生产废水排放应符合现行国家标准《污水综合排放标准》GB 8978的有关规定；在条件允许时也可送厂外污水处理站集中处理。

7.0.6 刨花干燥设备排放的大气污染物应低于现行国家标准《大气污染物综合排放标准》GB 16297允许的限值。

7.0.7 除尘器排放口粉尘浓度应符合现行国家标准《大气污染物综合排放标准》GB 16297的有关规定。

7.0.8 砂光粉、木粉等细小粉尘的除尘系统宜采用封闭式输送和贮存，并应采用袋式除尘器或二级除尘装置。

7.0.9 厂界噪声应符合现行国家标准《工业企业厂界环境噪声排放标准》GB 12348的有关规定。

8 职业安全卫生

8.1 职 业 安 全

8.1.1 刨花板工程建筑结构的安全等级应为二级。

8.1.2 改建或扩建项目总平面布置应全面分析原有企业的安全状况，并应改善原有不合理布局；扩建不得占用劳动保护设施。

8.1.3 对易燃、高温、高压、易触电、易挤伤等场所，应设明显的警示标志。

8.1.4 地坑、地沟、楼面洞口、平台、走廊等有坠落危险的场所，应设安全防护栏杆或盖板，盖板顶面标高应与车间地坪标高一致。

8.1.5 生产工艺安全应符合下列规定：

1 生产工艺制定应避免工人与危害因素的直接接触。

2 刨花干燥后应设置防火螺旋或隔离仓与后工段隔离。

3 气力输送系统设备及管道布置应符合安全生产要求，并应便于操作与维修。

8.1.6 机械设备安全应符合下列规定：

1 设备选型应避免工人与危害因素的直接接触。

2 各种机械传动及高速旋转设备、零部件处应设置安全防护装置。

3 各种分离器出料口不应出现正压。

4 高压容器设备应设置安全阀及压力表。

8.1.7 电气安全与防雷设计应符合下列规定：

1 原料堆场照明应采用封闭式安全灯，灯具与堆垛最近水平距离应大于2m，下方不得堆放可燃物。

2 生产车间应设有事故照明、疏散照明、等电位联结等装置。电气系统设计应采取过压保护、过流保护、接零保护和防静电等措施。

3 刨花板生产车间厂房防雷应属于第三类工业建筑物，防雷设计应符合现行国家标准《建筑物防雷设计规范》GB 50057的规定。

4 高出建筑物的设备应设避雷设施，并可利用其钢架作为引下线。

8.2 职 业 卫 生

8.2.1 刨花板工程设计以及防寒与防暑、通风与除尘、噪声防治设计等，应符合国家现行有关工业企业设计卫生标准的规定。

8.2.2 刨花板生产车间卫生特征分级应为3级。

8.2.3 改建或扩建项目总平面布置应全面分析原有企业的卫生状况，并应改善原有不良的生产条件。

8.2.4 卫生设施应符合下列规定：

1 厂内职工食堂、浴室以及车间更衣室、厕所、盥洗室、休息室等，应根据卫生特征及人数按国家现行有关工业企业设计卫生标准的规定设置。

2 主要生产车间内宜设男女更衣室、男女厕所与盥洗室、员工休息室等。

3 原料堆场可设休息室、厕所等。

8.2.5 防寒与防暑设计应符合下列规定：

1 刨花板项目采暖设计应符合现行国家标准《采暖通风与空气调节设计规范》GB 50019的规定。

2 集中采暖系统的热媒应根据厂区供热情况和生产要求及当地气候特点等条件，经技术经济比较确定，并应利用余热和回收利用废热。

3 刨花板项目各工作地点的冬季采暖室内计算温度宜符合表8.2.5的规定。

表8.2.5 冬季采暖室内计算温度

生产用房名称	冬季采暖室内计算温度（℃）
削片间	7～10
刨片间，干燥、分选与打磨间	12～14
胶液、添加剂制备间	16～18
铺装与热压间	18～21
毛板处理间、砂光与裁板间	12～14
控制室	18～21
配电间、开关柜间	16～18
实验室、磨刀间、维修间	16～18
液压泵房、压缩空气站、制冷站、冷却水间	7～10

4 办公室和生活间等辅助房间的冬季采暖室内计算温度，应符合国家现行有关工业企业设计卫生标准和《采暖通风与空气调节设计规范》GB 50019的规定。

5 采暖方式宜采用散热器采暖系统，并宜根据需要设置热空气幕采暖系统。

6 刨花板生产线作业地点防暑降温措施应符合国家现行有关工业企业设计卫生标准的规定。

7 刨花板生产线控制室宜配置空气调节设施。

8.2.6 通风与除尘设计应符合下列规定：

1 刨花板项目通风与除尘设计应符合现行国家标准《采暖通风与空气调节设计规范》GB 50019的有关规定。

2 刨花板生产工作场所空气中有毒物质容许浓度和粉尘容许浓度，应符合国家现行有关工作场所有害因素职业接触限值的规定。

3 实验室应设通风装置排除有害挥发气体，通风换气次数宜为4次/h～10次/h。

4 调胶间应设通风装置排除湿热气体和有害挥发气体，通风换气次数宜为4次/h～10次/h。

5 热压和毛板冷却工序应设通风装置强制排除湿热气体或有害挥发气体。

6 成品库宜设通风装置排除有害挥发气体。

7 有热辐射的设备或管道应采取隔热降温措施。

8 生产车间内凡产生粉尘污染的地方均应采取防尘措施。

9 砂光粉、木粉等细小粉尘的分离宜采用袋式除尘器。

8.2.7 噪声防治设计应符合下列规定：

1 厂内各类作业地点的噪声A声级及对噪声的控制设计，应符合现行国家标准《工业企业噪声控制设计规范》GBJ 87的有关规定。

2 噪声超标的设备应采取隔声、隔振等降低噪声措施。

3 削片间、刨片间应采取防噪声措施。

4 压缩空气站应采取防噪声措施。

5 采取技术措施或噪声控制措施仍不能达到国家噪声控制标准的作业区，应配备个人防护用品。

9 防火防爆

9.0.1 刨花板工程设计应符合现行国家标准《建筑设计防火规范》GB 50016的有关规定。

9.0.2 刨花板项目单项工程生产的火灾危险性类别及建筑物耐火等级、贮存物品的火灾危险性类别，应符合表9.0.2的规定。

表9.0.2 生产的火灾危险类别及建筑物耐火等级、贮存物品火灾危险类别

工程名称	火灾危险类别	耐火等级
原料堆场	丙类	—
削片间、刨片间、刨花干燥与分选间、刨花板车间	丙类	二级
化工原料库、成品库	丙类	二级
机修车间	戊类	二级
供热站	丁类	二级
压缩空气站、风机间	戊类	三级

9.0.3 刨花干燥设备必须配备灭火设施。

9.0.4 干刨花仓和砂光粉仓必须设置防爆设施。

9.0.5 在易产生火花的气力输送和除尘系统中应设置火花探测及自动灭火装置。

9.0.6 采用气力输送系统输送细小、干燥物料时，应有静电接地装置。

9.0.7 综合库房设计应按物料性质分别堆存。

9.0.8 原料堆场应设消防值班及工、器具室。

10 资源综合利用与节能

10.1 资源综合利用

10.1.1 刨花板生产应充分利用采伐剩余物、造材剩余物和木材加工剩余物。

10.1.2 刨花板生产可利用人工速生林提供的木材为原料。

10.1.3 刨花板生产可利用回收木材为原料。

10.1.4 刨花板生产中齐边分割和裁板等产生的废料以及废板坯应收集利用。

10.1.5 刨花板生产中产生的木屑、筛选木粉和砂光粉等宜作为燃料。

10.2 节　　能

10.2.1 刨花板工程设计应采用先进实用的节能技术和节能措施，应合理利用能源。

10.2.2 刨花板生产主要耗能环节应配置监控、调节和计量装置。

10.2.3 工艺设计及设备选型优化与节能应符合下列规定：

1 刨花板生产应采用先进可靠的工艺和设备。

2 刨花干燥设备选型应注意降低热能消耗，宜采用热烟气为热媒干燥刨花。

3 热压机宜采用有机热载体为热媒。

10.2.4 总平面布置与建筑设计优化与节能应符合下列规定：

1 改、扩建项目应利用企业现有设施合理利用能源。

2 总平面布置应最大限度地减少厂内运输和输送的能耗。

3 刨花板生产车间应在总平面协调统一布置中获得最佳朝向，宜利用自然采光、自然通风条件。

10.2.5 供电系统优化与节能应符合下列规定：

1 供电系统应整体优化、综合规划。

2 变配电系统的位置应靠近负荷中心。

3 无功功率补偿功率因数应大于0.90。

4 各生产车间照明功率密度值应符合现行国家标准《建筑照明设计标准》GB 50034的规定。

5 应选用低损耗、高效率节能型变压器、节能电机、节能泵、节能灯具等产品。

10.2.6 供热系统优化与节能应符合下列规定：

1 供热系统应整体优化、综合规划，应提高整体能源利用率，并应重视能源的多级利用和合理回收。

2 应合理确定项目的热负荷，并应避免简单叠加。

3 应选用高效节能的供热设备和装置。

4 采用蒸汽供热时应利用凝结水的热能。

5 热媒温度大于50℃的有机热载体管、热空气管、热水管、蒸汽管和凝结水管均应保温。保温材料的选择应因地制宜。

10.2.7 供水系统优化与节能应符合下列规定：

1 生产用冷却水应循环使用。

2 刨花板生产线给水排水设计所选用的产品及设备应节能节水。

本规范用词说明

1 为便于在执行本规范条文时区别对待，对要求严格程度不同的用词说明如下：

1）表示很严格，非这样做不可的：
正面词采用“必须”，反面词采用“严禁”；

2）表示严格，在正常情况下均应这样做的：
正面词采用“应”，反面词采用“不应”或“不得”；

3）表示允许稍有选择，在条件许可时首先应这样做的：
正面词采用“宜”，反面词采用“不宜”；

4）表示有选择，在一定条件下可以这样做的，采用“可”。

2 条文中指明应按其他有关标准执行的写法为：“应符合……的规定”或“应按……执行”。

引用标准名录

《建筑设计防火规范》GB 50016
《采暖通风与空气调节设计规范》GB 50019
《厂矿道路设计规范》GBJ 22
《压缩空气站设计规范》GB 50029
《建筑照明设计标准》GB 50034
《供配电系统设计规范》GB 50052
《建筑物防雷设计规范》GB 50057
《工业企业噪声控制设计规范》GBJ 87
《工业企业总平面设计规范》GB 50187
《刨花板》GB/T 4897
《污水综合排放标准》GB 8978
《工业企业厂界环境噪声排放标准》GB 12348
《大气污染物综合排放标准》GB 16297

中华人民共和国国家标准

刨花板工程设计规范

GB 50827—2012

条 文 说 明

制 订 说 明

《刨花板工程设计规范》GB 50827—2012 经住房和城乡建设部 2012 年 10 月 11 日以第 1485 号公告批准发布。

为便于广大建设、监理、设计、施工、房屋业主和市政基础设计管理部门有关人员在使用本规范时能正确理解和执行条文规定，本规范编制组按章、节、条顺序编制了本规范的条文说明，对条文规定的目的、依据以及执行中需注意的有关事项进行了说明。但是，本条文说明不具备与规范正文同等的法律效力，仅供使用者作为理解和把握标准参考。

目　次

3 原料贮存

3.1 一般规定

3.1.1 为合理组织生产，厂区内需要有一定数量的原料贮备。原料贮存量视生产规模、原料种类、运输条件、到厂方式等因素确定。原料贮存量过大不利于资金周转，且占用土地面积大，不便管理。

3.1.3 机械堆垛通常垛高可达3.5m以上。为节省场地、减轻工人劳动强度、提高效率，原料堆场宜采用机械作业。

3.1.4 原料收购有质量和材积两种计量方式。

4 刨花板生产线

4.1 工作制度

4.1.1 刨花板生产线年工作日应视选用设备的运行可靠情况和维修与大修所需的时间而定。

4.2 生产能力计算

4.2.1 成品板合格品率应视选用设备的运行可靠情况而定。

4.2.2 刨花板生产线生产不同厚度的成品板材时生产能力随之变化，相对统一计算厚度便于生产管理。

4.3 工艺流程与设备布置

4.3.1 由于生产规模、原料种类、产品品种等不同将导致生产工艺有所差异，设备配置不尽相同，本规范工段和工序划分为一般情况。

4.3.3 生产不同厚度、不同幅面或不同品种的刨花板时，各工序的物流量、工艺参数等通常需调整。

4.3.10 原料量的多少决定上料位的数量，上料段长度需满足上料位数量的需求。

4.3.11 削片机布置在削片间内利于阻挡噪声传播。

4.3.12 刨片机布置在刨片间内利于阻挡噪声传播。

4.3.13 以热烟气为热媒的单通道或三通道刨花干燥设备多选择室外布置；以有机热载体或蒸汽为热媒的管束式转子刨花干燥设备可选择在棚内布置。

4.3.14 本条为强制性条文，必须严格执行。干刨花仓室外布置有利于发生火灾或爆炸时减少损失。

4.3.17、4.3.18 热压机液压泵组、热压机有机热载体二次循环泵组布置在单独房间内利于避免意外伤害。

4.5 设备配置与选型

4.5.1 只有在原料中存在含有铁磁性金属异物可能性的情况下，削片机前才有必要设置金属探测仪。

4.5.3 软、硬材木片分仓贮存以及木片仓出料量可调节能够实现不同木片的合理搭配，利于稳定生产。

4.5.8 回收木材中通常含有铁钉、连接件等磁性金属杂物；铜、铝等非磁性金属杂物；塑料、漆膜、玻璃、混凝土块、砂石、泥土等非金属杂物。

4.5.11 不同种类刨花分仓贮存以及湿刨花出料量可调节能够实现不同刨花的合理搭配，利于稳定生产。

4.5.12 刨花干燥以热烟气为热媒与以有机热载体或蒸汽为热媒相比能够节约热能，但由于设备费用高，适宜在生产规模较大的生产线采用。

4.5.14 刨花干燥机选型应综合考虑原料最大含水率和最低环境温度对生产能力的影响，但不应简单按最不利因素选型。

4.5.16 干刨花仓贮存量不宜过大，干刨花贮存时间长易导致温度下降、含水率上升。仓体采取保温隔热措施可有效避免内壁产生冷凝水。

4.5.17 生产能力大于350m^3/d的刨花板生产线宜采用在线施胶技术，原胶、防水剂、固化剂、甲醛捕捉剂、缓冲剂、颜料以及其他添加剂单独计量，分别进入表层、芯层刨花拌胶系统。

4.5.19 生产渐变结构刨花板可采用2头铺装机；生产三层结构刨花板则应采用3头或多头铺装机。

4.6 自动控制

4.6.1 中小型刨花板生产线自动控制可以以工段为单元。

4.7 主要工艺参数

4.7.3 针叶材、软阔叶材比例大时取较小数值，硬阔叶材比例大时取较大数值。

4.7.5 针叶材、软阔叶材比例大时取较小数值，硬阔叶材比例大时取较大数值；长材刨片刨花比例大时取较小数值。

4.7.8 毛板厚度不同，表层和芯层厚度比例不同；渐变结构或三层结构所需表层和芯层比例不同；压机类型不同，砂光余量不同。

4.7.10 针叶材、软阔叶材比例大时取较小数值，硬阔叶材比例大时取较大数值。

4.7.11 针叶材、软阔叶材比例大时取较小数值，硬阔叶材比例大时取较大数值；长材刨片刨花比例大时取较小数值。

4.7.16 表层施胶刨花含水率过低不利于热压过程中热量向芯层传递，芯层施胶刨花含水率过高易导致热压过程中产生大量蒸汽而不得不延长排汽时间。

4.7.18 生产均质刨花板时，多层和单层压机的单位压力宜为4.0MPa～4.5MPa。

4.7.19 单位热压时间受胶粘剂性能、热压温度、毛板厚度、毛板密度以及压机类型等因素的影响而不同。

4.8 成品板单耗

4.8.1、4.8.2 以相同的木材原料生产刨花板达到同样力学性能指标，采用连续平压或单层、多层平压方式时，成品板密度不同。

用于刨花板生产的原料种类及特性差异大，南北地区气温影响差异大，导致刨花板生产耗热、耗电数据差异大。单耗指标表中电、热等的数据以利用小径木、枝丫材和板皮板条为原料生产刨花板为依据；采用连续平压方式生产时，刨花干燥以热烟气为热媒；采用单层或多层平压方式生产时，刨花干燥以有机热载体为热媒。

5 辅助生产工程

5.2 磨 刀 间

5.2.4 大型环式刨片机可配备专用全自动磨刀装置。

5.3 维 修 间

5.3.1 设备的大、中型修理应外协或设机修车间解决。

5.4 仓 库

5.4.5 充足的备品备件利于连续生产。

5.4.6 化工原料库贮存量不宜过大，避免占用大量资金。

6 公 用 工 程

6.1 总平面布置及运输工程

6.1.10 原料表面如黏附泥砂将加快刀具磨损，影响刨花形态，易导致产生火花，且增加成品板中的含砂量，因此堆场地面宜用混凝土浇筑或用毛石、条石铺砌。

6.3 电 气 工 程

6.3.1 刨花板生产线对供电可靠性的要求及中断供电在政治、经济上所造成的损失或影响程度不属于现行国家标准《供配电系统设计规范》GB 50052负荷分级规定的一级和二级负荷。

6.3.4 下列情况可配置应急电源：

1 刨花干燥采用单通道或三通道烟气干燥机，事故停电时需应急电源驱动干燥滚筒旋转散热。

2 热压过程中事故停电，需电源驱动排出压机中的板坯。采用连续平压机或连续辊压机时，压机后部的毛板输送设备和横截设备同时需要电源驱动以接受来自压机中的板坯。

3 以有机热载体为热媒的供热系统中，事故停电时需电源驱动循环泵冷却降温。

4 自动灭火系统中的增压泵在事故停电时需电源驱动。

5 室外布置的刨花干燥设备、热能中心等区域在事故停电时需电源照明。

6 热压机区域在事故停电时需电源照明。

6.4 给水排水工程

6.4.2 厂址的环境温度影响冷却水的进口温度。

8 职业安全卫生

8.2 职 业 卫 生

8.2.5 本条第5款，冬季采暖的生产车间可设置补热空气装置，以平衡气力输送系统、除尘系统以及通风系统向车间外排气排风时的热量损失。

8.2.7 本条第2款，噪声超标的设备有削片机、刨片机、砂光机、裁板锯、大型风机、真空泵等。

9 防 火 防 爆

9.0.3 本条为强制性条文，利于发生火灾时减少损失，必须严格执行。

9.0.4 本条为强制性条文，利于发生爆炸时减少损失，必须严格执行。

10 资源综合利用与节能

10.2 节 能

10.2.3 本条第3款，特定条件下，热压机也可采用蒸汽为热媒，譬如利用电厂余热等。

中华人民共和国国家标准

防腐木材工程应用技术规范

Technical code for engineering application of preservative treated wood

GB 50828—2012

主编部门：中 华 人 民 共 和 国 商 务 部
批准部门：中华人民共和国住房和城乡建设部
施行日期：2 0 1 2 年 1 2 月 1 日

中华人民共和国住房和城乡建设部
公　　告

第1496号

住房城乡建设部关于发布国家标准《防腐木材工程应用技术规范》的公告

现批准《防腐木材工程应用技术规范》为国家标准，编号为GB 50828—2012，自2012年12月1日起实施。其中，第4.1.1、7.1.10条为强制性条文，必须严格执行。

本规范由我部标准定额研究所组织中国计划出版社出版发行。

中华人民共和国住房和城乡建设部

2012年10月11日

前　言

本规范是根据住房和城乡建设部《关于印发〈2008年工程建设标准规范制订、修订计划（第一批）〉的通知》（建标〔2008〕102号）的要求，由木材节约发展中心和宁波建工股份有限公司会同有关单位共同编制完成的。

本规范在编制过程中，编制组经过广泛深入的调查研究，系统总结了防腐木材工程应用的实践经验，参考有关国内外标准，广泛吸纳多方面意见和建议，并结合我国防腐木材工程应用的具体情况，最后经审查定稿。

本规范共分8章和4个附录，主要内容包括：总则、术语、基本规定、材料选择、构件设计计算、连接设计计算、施工、检验验收等。

本规范中以黑体字标志的条文为强制性条文，必须严格执行。

本规范由住房和城乡建设部负责管理和对强制性条文的解释，商务部负责日常管理，木材节约发展中心负责具体技术内容的解释。在执行本规范过程中，请各单位结合工程实践，提出意见和建议，并寄送木材节约发展中心《防腐木材工程应用技术规范》编制组（地址：北京市西城区月坛北街25号，邮政编码：100834，传真：010-68391872，e-mail：mjzx@cwp.org.cn），以供今后修订时参考。

本规范主编单位：木材节约发展中心
宁波建工股份有限公司

本规范参编单位：中国木材保护工业协会
哈尔滨工业大学
长春市新阳光防腐木业有限公司
福建省漳平木村林产有限公司
中国物流与采购联合会木材保护质量监督检验测试中心
上海大不同木业科技有限公司
同济大学
东北林业大学
南京林业大学
北京天湖山环境艺术设计有限公司
中铁物资鹰潭木材防腐有限公司
四川省恒希木业有限责任公司

本规范参加单位：扬州市怡人木业有限公司
东莞市尚源木业有限公司
苏州中瑞嘉珩景观工程有限公司
绍兴奥林木材防腐技术有限公司
沈阳枫蓝木业有限公司
浙江海悦景观工程有限公司
北京盛华林木材保护科技有限公司

海南中林鸿锦木业有限公司

本规范主要起草人员： 喻迺秋　祝恩淳　李玉栋　李水明　姜铁华　吴冬平　李惠明　陈人望　黄凤武　钱晓航　王洁瑛　何敏娟　苏文强　刘用海　范良森　程康华　孙永良　王清文　赵运铎　张海燕　陶以明　马守华　唐镇忠　党文杰　王　倩　张少芳　文庆辉　姚有涛　李明月　朱　燚　冯　刚　郭剑永　刘兴财　黄国林　陈泽锦　张丁辉

本规范主要审查人员： 肖　岩　金重为　陆伟东　张双保　张新培　任海青　程少安　吕　斌　曾斌斌

目　次

Contents

1 总　　则

1.0.1 为规范和指导防腐木材工程应用，贯彻执行国家技术经济政策，保证安全和人身健康，保护环境及维护公共利益，制定本规范。

1.0.2 本规范适用于房屋建筑（构筑）、海事、矿山、铁道等工程中使用防腐木材作为工程主要构件的选材、设计、施工、检验与验收。

1.0.3 防腐木材工程应用中的工程技术文件和承包合同文件及施工质量验收应符合本规范的规定。

1.0.4 防腐木材工程的选材、设计、施工、检验与验收除应符合本规范外，尚应符合国家现行有关标准的规定。

2 术　　语

2.0.1 防腐木材　preservative treated wood

经木材防腐剂处理的木材及其制品。

2.0.2 防腐木材工程应用　engineering application of preservative treated wood

防腐木材在房屋建筑、园林景观、海事、古建筑的修缮、矿用木支护与矿用枕木、铁道枕木等工程中的应用。

2.0.3 木材防腐　wood preservation

应用化学药剂防止菌、虫、海生钻孔动物等对木材的侵害和破坏且延长使用年限的防护技术。

2.0.4 木材防腐剂　wood preservative

用于增强木材抵抗菌腐、虫害、海生钻孔动物侵蚀风化、化学损害等破坏因素作用的化学药剂，主要分为油类、油载型和水载型。

2.0.5 木材防腐处理　wood preservative treatment

采用防腐剂对木材进行真空/加压浸渍的过程。

2.0.6 木材败坏　wood deterioration

木材遭受生物侵害和物理、化学等损害所造成的材质退化。

2.0.7 木材腐朽　wood decay

木材腐朽菌侵入木材组织，其细胞壁受到破坏，木材呈筛孔状、纤维状、粉末状、大理石状的现象。

2.0.8 齿连接　step joint

木桁架中木压杆抵承在弦杆齿槽上传递压力的节点连接形式。

2.0.9 齿板连接　truss plate joint

用镀锌钢板冲压成多齿的连接板，主要用于轻型木桁架节点的连接。

2.0.10 木材含水率　moisture content of wood

木材中的水分质量占木材质量的百分数。分为相对含水率和绝对含水率。

2.0.11 层板胶合木　glued laminated timber

由木板层叠胶合而成的木产品，简称胶合木，也称结构用集成材。

2.0.12 方木　square timber

直角锯切、截面为矩形或方形的木材。

2.0.13 规格材　dimension lumber

截面尺寸按规定的系列尺寸加工的锯材，并经干燥、刨光、定级和标识后的一种木产品。

2.0.14 胶合板　plywood

奇数层单板按相邻层木纹方向互相垂直组坯胶合压制而成的板材。

2.0.15 定向刨花板　oriented strand board（OSB）

应用扁平窄长刨花，施加胶黏剂和其他添加剂，铺装时刨花在同一层按同一方向排列成型再热压而成的板材。

2.0.16 结构复合木材　structural composite lumber（SCL）

用于建筑工程中承重构件的复合木材产品的总称。将原木旋切成单板或切削成木片，施胶加压而成的一类木基结构用材，包括旋切板胶合木（LVL）、平行木片胶合木（PSL）、层叠木片胶合木（LSL）及定向木片胶合木（OSL）等。

2.0.17 木栈道　wood trestle road along cliff

架设于陡峻地段提供给行人、物资运输的木质通道。

2.0.18 海事工程　marine engineering

用含木质构件的金属连接件或防护件在内的木质人工构筑物建造和维护的涉水工程。

2.0.19 桩木　timber stake

用于桥梁承载、石坝、堤防、海塘等重力式建筑的防护水工构件，也称木桩。

2.0.20 海岸护木　seacoast guard timber（fender beam）

码头、堤岸或水工建筑物前沿的木质防撞构件。

2.0.21 木栈桥　wood trestle

由木桩或墩柱与梁板组成的连接码头与陆域的木质排架结构物。

2.0.22 浮码头　floating pier

由趸船和活动引桥或再接一段固定引桥组成的停靠船舶的箱形浮体。

2.0.23 压木　accumbent wood

为防止室外裸露的立木或桩木等木质构件遭到水、阳光、微生物等外部因素侵袭时腐烂或开裂，在其端部铺设的具有防护性的横木或其他木质构件。

2.0.24 龙骨　timber framework

截面为长方形或正方形的木条，用于撑起外面的装饰板，起支架作用。

2.0.25 木材害虫　wood insect

通常为食木性昆虫和食菌性昆虫。

2.0.26 海生蛀木动物　marine borer

海水中或略含盐分水中钻蛀木材的动物，主要包括软体动物和甲壳纲动物。

2.0.27 白蚁 termite

主要指家白蚁属（*Coptotermes* spp.）、散白蚁属（*Reticulitermes* spp.）、堆砂白蚁属（*Cryptotermes* spp.）等品种。

2.0.28 耐候性涂料 weathering coating

涂于木材表面能形成具有高耐久性保护及装饰固态涂膜的一类液体材料。

2.0.29 废弃物 waste

在防腐木材工程施工过程中，已失去使用价值，且无法利用的边角余料。

2.0.30 房屋建筑工程 building engineering

指木结构房屋和各种混合结构房屋建筑工程。

2.0.31 修缮 maintenance and repair

对建筑物进行修理、修补、整修和翻新等。

2.0.32 枕木 sleeper

木质的轨枕，也泛指其他材料制成的轨枕。用于铁路、专用轨道走行设备铺设和承载设备铺垫的材料。

2.0.33 节子 knot

指木材内的枝条根部部分，分为活节和死节。

3 基本规定

3.0.1 防腐木材工程设计除应符合基本建设工程设计程序外，尚应符合下列规定：

1 建筑及装饰装修中涉及防腐木材工程应用的内容应按要求设计，并应在设计文件中注明。

2 设计说明中应有防腐木材工程专项条款，并应在施工图中以注释或详图注明。

3 防腐木材工程设计应依据木材的使用环境分类，并应符合本规范第3.0.5条的规定。

4 防腐木材工程设计应依据木材的使用环境分类、工程所在地的生物败坏因子及其危害程度、木材应用部位、木材的耐腐性等级和耐蚁蛀等级、木材的可处理性，选择木材树种、木材防腐剂及防腐处理措施。

5 木结构构件设计计算应符合本规范第5章的规定。

6 木结构节点连接设计计算应符合本规范第6章的规定。

7 应对防腐木材、木制品及木材防腐技术的施工提出要求。

8 根据项目需要确定防腐木材工程外观质量等级时，应符合本规范第8.2.4条第1款的规定。

3.0.2 防腐木材构件的设计应符合现行国家标准《建筑结构可靠度设计统一标准》GB 50068和《木结构设计规范》GB 50005的有关规定。

3.0.3 防腐木材设计指标的取用值应符合现行国家标准《木结构设计规范》GB 50005的有关规定。

3.0.4 经刻痕处理的规格材，设计指标的调整应符合下列规定：

1 刻痕沿顺纹方向，刻痕深度不超过10.0mm、长度不超过9.5mm，且刻痕密度每平方米不超过12000个时，弹性模量应下调5%；抗弯、抗拉、抗剪和顺纹抗压强度应下调20%，横纹抗压强度不应作调整。

2 其他刻痕方式，强度调整系数应根据试验确定。

3.0.5 木材及其制品的使用分类应符合本规范表3.0.5的规定。

表3.0.5 木材及其制品使用分类

使用分类	使用条件及环境	主要生物败坏因子	典型用途
C1	在室内干燥环境中使用，且不接触土壤，避免气候和水分的影响	蛀虫	建筑内部及装饰、家具
C2	在室内环境中使用，且不接触土壤，有时受潮湿和水分的影响，但避免气候的影响	蛀虫、白蚁、木腐菌	建筑内部及装饰、家具、地下室、卫生间
C3.1	在室外环境中使用，但不接触土壤，暴露在各种气候中，包括淋湿，但表面有油漆等保护，避免直接暴露在雨水中	蛀虫、白蚁、木腐菌	户外家具、（建筑）外门窗
C3.2	在室外环境中使用，但不接触土壤，暴露在各种气候中，包括淋湿，表面无保护，但避免长期浸泡在水中	蛀虫、白蚁、木腐菌	（平台、步道、栈道）的甲板、户外家具、（建筑）外门窗
C4.1	在室外环境中使用，且接触土壤或浸在淡水中，暴露在各种气候中，且与地面接触或长期浸泡在淡水中	蛀虫、白蚁、木腐菌	围栏支柱、支架、木屋基础、冷却水塔、电杆、矿柱（坑木）

续表 3.0.5

使用分类	使用条件及环境	主要生物败坏因子	典型用途
C4.2	在室外环境中使用，且接触土壤或浸在淡水中，暴露在各种气候中，且与地面接触或长期浸泡在淡水中。难于更换或关键结构部件	蛀虫、白蚁、木腐菌	（淡水）码头护木、桩木、矿柱（坑木）
C5	长期浸泡在海水（咸水）中使用	海生钻孔动物	海水（咸水）码头护木、桩木、木质船舶

4 材料选择

4.1 木材

4.1.1 下列环境条件下使用的木构件或木制品，当作为建设工程的主要结构构件时，必须进行防腐处理：

1 浸在淡水、海水或咸水中。

2 埋入土壤、砌体或混凝土中。

3 长期暴露在室外。

4 长期处于通风不良且经常潮湿的环境中。

5 承重结构且易腐朽或遭虫害的木材或树种。

4.1.2 在不与土壤、砌体或混凝土接触，且处于通风良好的室内干燥环境中，使用分类为 C1 的木构件或木制品宜采用常压浸渍或涂刷防腐处理。

4.1.3 防腐木材及其制品的载药量应符合表 4.1.3-1 和表 4.1.3-2 的规定。

4.1.4 防腐木材应符合下列规定：

1 防腐木材的产品标识应符合现行行业标准《商用木材及其制品标志》SB/T 10383 的有关规定，外观和材质应符合现行国家标准《防腐木材》GB/T 22102 的有关规定。

2 结构用防腐木材的材质等级应符合现行国家标准《木结构设计规范》GB 50005 的有关规定。

3 用于室内和特殊地区的防腐木材宜选用二次窑干防腐木材，干燥质量应符合现行国家标准《锯材干燥质量》GB/T 6491 的有关规定。

4 室内使用防腐木材应符合现行国家标准《室内装饰装修材料 木家具中有害物质限量》GB 18584 和《室内装饰装修材料 溶剂型木器涂料中有害物质限量》GB 18581 的有关规定。

4.1.5 海事工程用防腐木材应符合下列规定：

1 原木材质等级应达到现行国家标准《原木检验》GB/T 144 规定的二等或以上等级。针叶锯材、阔叶锯材的材质等级应分别达到现行国家标准《针叶树锯材》GB/T 153 和《阔叶树锯材》GB/T 4817 规定的二等或以上等级。

表 4.1.3-1 防腐木材及其制品的载药量

防腐剂名称		活性成分	组成比例（%）	药剂保持量（kg/m³）使用分类 C1	C2	C3.1	C3.2	C4.1	C4.2	C5
硼化合物①		三氧化二硼	100	≥2.8	≥4.5	NR	NR	NR	NR	NR
季铵铜（ACQ）	ACQ-2	氧化铜 DDAC②	66.7 33.3	≥4.0	≥4.0	≥4.0	≥4.0	≥6.4	≥9.6	NR
	ACQ-3	氧化铜 BAC③	66.7 33.3	≥4.0	≥4.0	≥4.0	≥4.0	≥6.4	≥9.6	NR
	ACQ-4	氧化铜 DDAC②	66.7 33.3	≥4.0	≥4.0	≥4.0	≥4.0	≥6.4	≥9.6	NR
铜唑（CuAz）	CuAz-1	铜 硼酸 戊唑醇	49.0 49.0 2.0	≥3.3	≥3.3	≥3.3	≥3.3	≥6.5	≥9.8	NR
	CuAz-2	铜 戊唑醇	96.1 3.9	≥1.7	≥1.7	≥1.7	≥1.7	≥3.3	≥5.0	NR
	CuAz-3	铜 丙环唑	96.1 3.9	≥1.7	≥1.7	≥1.7	≥1.7	≥3.3	≥5.0	NR
	CuAz-4	铜 戊唑醇 丙环唑	96.1 1.95 1.95	≥1.0	≥1.0	≥1.0	≥1.0	≥2.4	≥4.0	NR
唑醇啉（PTI）		戊唑醇 丙环唑 吡虫啉	47.6 47.6 4.8	≥0.21	≥0.21	≥0.21	≥0.29	NR	NR	NR
铜铬砷（CCA-C）		氧化铜 三氧化铬 五氧化二砷	18.5 47.5 34.0	NR	NR	≥4.0	≥4.0	≥6.4	≥9.6	≥24.0
柠檬酸铜（CC）		氧化铜 柠檬酸	62.3 37.7	≥4.0	≥4.0	≥4.0	≥4.0	≥6.4	NR	NR
氨溶砷酸铜锌（ACZA）		氧化铜 氧化锌 五氧化二砷	50.0 25.0 25.0	NR	NR	≥4.0	≥4.0	≥6.4	≥9.6	≥24.0
8-羟基喹啉铜（Cu8）		铜	100	≥0.32	≥0.32	≥0.32	≥0.32	NR	NR	NR
环烷酸铜（CuN）		铜	100	NR	NR	≥0.64	≥0.64	≥0.96	NR	NR
克里苏油		—	100	NR	NR	NR	NR	≥160	≥160	≥400

注：①硼化合物包括硼酸、四硼酸钠、八硼酸钠、五硼酸钠等及其混合物；
② DDAC 即二癸基二甲基氯化铵；
③ BAC 即十二烷基苄基二甲基氯化铵；
NR 指不建议使用。

表 4.1.3-2 防腐木材中防腐剂应达到的透入度

使用分类	边材透入率（%）
C1	≥85
C2	≥85
C3.1	≥90
C3.2	≥90
C4.1	≥90
C4.2	≥95
C5	100

2 海岸护木、桥桩、桩木的规格尺寸应具有相应的承载力。海桩木的长度、直径、入土深度、桩距、材质等应根据水深、流速、泥沙、地质和潮汐情况，按设计确定。

3 经常浸泡在海水中的海桩木、海岸护木、下水坡道、浮码头护木和桥桩木等木构件，防腐处理的载药量和透入度应符合本规范表 4.1.3-1 和表 4.1.3-2 中 C5 分类的要求；偶尔接触海水的压木、木栈道与木栈桥的铺面板和护栏等用材的载药量和透入度应符合本规范表 4.1.3-1 和表 4.1.3-2 中 C4.2 分类的要求。

4.1.6 古建维修用防腐木材应符合下列规定：

1 修复材料树种宜与原物一致。无法保持一致时，应选用材质及外观纹理等性质相近的材料代替。

2 木构件之间的连接件应按原物的材料和样式制作。

3 木材和木构件防腐处理应符合本规范第 3.0.5 条和第 4.1.3 条的规定。

4.1.7 矿用木支护与矿用枕木的防腐木材应符合下列规定：

1 防腐处理的载药量和药剂透入度应符合本规范第 4.1.3 条的规定。

2 木材的材质等级应符合现行国家标准《针叶树锯材 分等》GB 153.2 有关一等材的要求，可不做抛光处理。

4.1.8 铁道枕木用防腐木材应符合下列规定：

1 铁道枕木的树种、规格尺寸、材质等级及检验方法应符合现行国家标准《枕木》GB 154 的有关规定。

2 防腐枕木的技术质量要求应符合现行行业标准《防腐木枕》TB/T 3172 的有关规定。

4.1.9 防腐木材的包装、运输和仓储应符合下列规定：

1 应根据材料防潮和防破损的要求选择表面包裹防水布和捆扎带，并应捆扎牢固。

2 应根据装运、搬运条件及要求，设定包装的规格体积和重量，并应分类包装。

3 应采用机械运输，装卸作业应防破损。运输过程中应采取防雨、防污染措施。

4 防腐木材应在防雨、通风的场所存储，并应分类堆放。

4.2 防 腐 剂

4.2.1 防腐木材工程应用中使用的防腐剂应符合现行国家标准《木材防腐剂》GB/T 27654 的有关规定。

4.2.2 含砷或含铬的防腐剂处理的木材，不应用于建筑内部及装饰、家具、地下室、卫生间和室外桌椅、儿童娱乐设施等居住或与人直接接触的构件、饮用水源地及其周围、储存食品或饮用水的房屋及场所。

4.2.3 硼化合物处理木材应避免与雨水和土壤接触，并应避免药剂流失。

4.2.4 需进行油漆涂刷时，不应采用油类防腐剂。

4.2.5 需保持木材原色的构件，应采用无色的木材防腐剂。

4.2.6 矿用木支护与矿用枕木宜选用低毒、抗流失性好的木材防腐剂。

4.2.7 铁道枕木宜采用由木材防腐油和煤焦油混合均匀的混合油。

4.3 金属连接件

4.3.1 用于防腐木材的金属连接件的材质应符合现行国家标准《碳素结构钢》GB/T 700 的有关规定，螺栓的材质应符合现行国家标准《六角头螺栓》GB/T 5782 和《六角头螺栓—C 级》GB/T 5780 的有关规定，钉的材料性能应符合现行行业标准《一般用途圆钢钉》YB/T 5002 的有关规定。

4.3.2 与防腐木材直接接触的金属连接件应采用不锈钢或热浸镀锌材料，与海水接触的金属连接件应采用抗腐蚀性不低于 316 型的不锈钢材料。

5 构件设计计算

5.1 轴心受拉和轴心受压构件

5.1.1 轴心受拉构件的承载力应按下式验算：

$$N \leqslant T_r = \alpha_t f_t A_n \quad (5.1.1)$$

式中：N——轴心受拉构件拉力设计值（N）；

T_r——轴心受拉构件的承载力（N）；

f_t——木材顺纹抗拉强度设计值（N/mm²）；

A_n——构件的净截面面积（mm²），应由构件的截面毛面积扣除分布在 150mm 长度上的缺孔投影面积；

α_t——受拉构件抗力调整系数，可按表 5.1.1 的规定取值。

表 5.1.1 构件抗力调整系数

木产品种类	受拉构件 α_t	受压构件 α_c	受弯构件 α_m
方木、原木、普通层板胶合木	1.0	1.0	1.0
目测分等和机械分等层板胶合木（6层以上）	0.694	0.803	0.766
目测分等规格材	0.467	0.760	0.623
机械分等规格材	0.617	0.651	0.685

5.1.2 轴心受压构件的承载力应按下式验算：

1 按强度验算时：

$$N \leqslant N_r = \alpha_c f_c A_n \tag{5.1.2-1}$$

式中：N——轴心受压构件压力设计值（N）；

N_r——轴心受压构件的承载力（N）；

f_c——木材顺纹抗压强度设计值（N/mm^2）；

A_n——构件的净截面面积（mm^2），应由构件的截面毛面积扣除分布在 150mm 长度上的缺孔投影面积；

α_c——受压构件抗力调整系数，可按表 5.1.1 的规定取值。

2 按稳定条件验算时：

$$N \leqslant N_r = \alpha_c f_c \varphi A_0 \tag{5.1.2-2}$$

式中：N——轴心受压构件压力设计值（N）；

N_r——轴心受压构件的稳定承载力（N）；

f_c——木材顺纹抗压强度设计值（N/mm^2）；

α_c——受压构件抗力调整系数，可按本规范表 5.1.1 的规定取值；

A_0——轴心受压构件截面的计算面积（mm^2）；

φ——轴心受压构件的稳定系数。

3 轴心受压构件截面的计算面积应按下列规定确定：

1） 截面无缺损时，计算面积应取构件截面的毛面积；

2） 缺损在截面的中部位置时，应取构件毛面积的 0.9 倍；

3） 缺损对称于截面边缘两侧时，应取构件截面的净面积；

4） 缺损不对称时，应按偏心受压构件计算；

5） 采用原木构件时，计算面积应按原木的平均直径计算，平均直径应按下式计算：

$$d = d_0 + 0.0045 l \tag{5.1.2-3}$$

式中：d_0——原木的梢径；

l——构件的长度。

4 轴心受压构件的稳定系数应按下列公式计算：

$\lambda \leqslant a_c \sqrt{\dfrac{E^*}{f_c^*}}$ 时：

$$\varphi = \frac{1}{1 + \dfrac{b_c \lambda^2}{E^*/f_c^*}} \tag{5.1.2-4}$$

$\lambda > a_c \sqrt{\dfrac{E^*}{f_c^*}}$ 时：

$$\varphi = \frac{c_c E^*}{\lambda^2 f_c^*} \tag{5.1.2-5}$$

$$f_c^* = \alpha_c f_c \tag{5.1.2-6}$$

$$E^* = \frac{E\mu\ (1 - 1.645\upsilon)}{\gamma_c} \tag{5.1.2-7}$$

式中：λ——轴心受压构件的长细比；

f_c——木材顺纹抗压强度设计值（N/mm^2）；

f_c^*——木材顺纹抗压强度计算值（N/mm^2）；

E——木材的弹性模量（N/mm^2）；

E^*——木材的弹性模量计算值（N/mm^2）；

α_c——受压构件抗力调整系数，可按本规范表 5.1.1 的规定取值；

γ_c——受压构件的抗力分项系数，按表 5.1.2 的规定取值；

υ——弹性模量变异系数，按表 5.1.2 的规定取值；

μ——木材表观弹性模量换算为纯弯弹性模量的系数，按表 5.1.2 的规定取值；

a_c、b_c、c_c——轴心受压构件稳定系数计算调整系数，按表 5.1.2 的规定取值。

表 5.1.2 轴心受压构件稳定系数计算调整系数

木产品种类		a_c	b_c	c_c	γ_c	υ	μ
方木、原木、普通层板胶合木	TC17、TC15及TB20	4.33	0.0467	10.00	1.45	0.25	1.03
	TC13、TC11、TB17、TB15、TB13及TB11	5.00	0.060	10.00	1.45	0.25	1.03
目测分等和机械分等层板胶合木（6层以上）		2.90	0.040	6.30	1.21	0.10	1.05
目测分等规格材		3.142	0.06	6.20	1.28	0.25	1.03
机械分等规格材		3.142	0.06	6.20	1.21	0.15	1.03

5.2 受弯构件

5.2.1 受弯构件的抗弯承载力应按下式验算：

$$M \leqslant M_r = \alpha_m f_m W \tag{5.2.1-1}$$

式中：M——构件弯矩设计值；

M_r——构件抗弯承载力；

f_m——构件所用木材的抗弯强度设计值；

W——构件验算截面处的截面弹性抵抗矩；

α_m——受弯构件抗力调整系数，按本规范表 5.1.1 的规定取值。

5.2.2 受弯构件应满足稳定承载力的要求，并应符合下列规定：

1 计及侧向稳定时，受弯构件的抗弯承载力应按下列公式验算：

$$M\leqslant M_r=\alpha_m f_m W\varphi_l \quad (5.2.2\text{-}1)$$

$$\lambda_B\leqslant a_m\sqrt{\frac{E^*}{f_m^*}}\text{时：}\varphi_l=\frac{1}{1+\frac{b_m\lambda_B^2}{E^*/f_m^*}} \quad (5.2.2\text{-}2)$$

$$\lambda_B>a_m\sqrt{\frac{E^*}{f_m^*}}\text{时：}\varphi_l=\frac{c_m E^*}{\lambda_B^2 f_m^*} \quad (5.2.2\text{-}3)$$

$$f_m^*=\alpha_m f_m \quad (5.2.2\text{-}4)$$

$$E^*=\frac{E\mu(1-1.645\upsilon)}{\gamma_m} \quad (5.2.2\text{-}5)$$

$$\lambda_B=\sqrt{\frac{l_{eq}h}{b^2}} \quad (5.2.2\text{-}6)$$

式中：φ_l——受弯构件的侧向稳定系数；

α_m——受弯构件抗力调整系数，可按表5.1.1的规定取值；

λ_B——受弯构件的长细比；

l_{eq}——受弯构件的计算长度，可取表5.2.2-1规定的长度系数乘以构件侧向支撑的间距（无支撑段的长度）；

b——矩形截面受弯构件的截面宽度（mm）；

h——矩形截面受弯构件的截面高度（mm）；

f_m——木材抗弯强度设计值（N/mm²）；

f_m^*——木材抗弯强度计算值（N/mm²）；

E——木材的弹性模量（N/mm²）；

E^*——木材的弹性模量计算值（N/mm²）；

μ——木材表观弹性模量换算为纯弯弹性模量的系数，按表5.2.2-2的规定取值；

γ_m——受弯构件抗力分项系数，按表5.2.2-2的规定取值；

υ——弹性模量变异系数，按表5.2.2-2的规定取值；

a_m、b_m、c_m——受弯构件侧向稳定系数计算调整系数，按表5.2.2-2的规定取值。

表 5.2.2-1 受弯计算长度系数

构件类型、荷载情况	荷载作用位置		
	顶部	中部	底部
简支构件，两端弯矩相等	—	1.00	—
简支构件，均布荷载	0.95	0.90	0.85
简支构件，中部一个集中力	0.80	0.75	0.70
悬臂梁，均布荷载	—	1.20	—
悬臂梁，梁端一个集中力	—	1.70	—
悬臂梁，梁端作用弯矩	—	2.00	—

表 5.2.2-2 受弯构件侧向稳定系数计算调整系数

木产品种类	a_m	b_m	c_m	γ_m	υ	μ
方木、原木、普通层板胶合木	1.306	0.08	1.50	1.60	0.25	1.03
目测分等和机械分等层板胶合木（6层以上）	0.864	0.20	0.65	1.27	0.10	1.05
目测分等规格材	1.028	0.23	0.85	1.56	0.25	1.03
机械分等规格材	1.028	0.23	0.85	1.27	0.15	1.03

2 当受弯构件截面的高宽比 h/b 和侧向支撑满足下列条件时，可不必验算稳定承载力：

1）$h/b\leqslant 4$，且跨中部可不设侧向支撑；

2）$4<h/b\leqslant 5$，跨中部有檩条等侧向支撑；

3）$5<h/b\leqslant 6.5$，在受压翼缘有直接固定其上的密铺板或间距不大于600mm的搁栅支撑；

4）$6.5<h/b\leqslant 7.5$，在受压翼缘有直接固定其上的密铺板或间距不大于600mm的搁栅支撑，且受弯构件间设有间距不大于8倍截面高度的横撑；

5）$7.5<h/b\leqslant 9$，在构件的上、下翼缘均设有沿长度方向通长的限制侧向位移的装置；

6）层板胶合木受弯构件，当截面高度比不超过2.5：1时；

7）原木受弯构件。

5.2.3 受弯构件的抗剪承载力应按下列公式验算：

$$V\leqslant V_r=\frac{f_v Ib}{S} \quad (5.2.3\text{-}1)$$

或

$$V\leqslant V_r=\frac{2}{3}f_v A \quad (5.2.3\text{-}2)$$

式中：V——构件的剪力设计值（N）；

V_r——构件的抗剪承载力（N）；

f_v——木材的顺纹抗剪强度设计值（N/mm²），方木、原木、规格材和胶合木皆应根据所用树种，按现行国家标准《木结构设计规范》GB 50005规定的方木、原木的抗剪强度设计指标取值；

I——截面的惯性矩（mm⁴）；

S——最大剪应力所在点以上部分截面对形心轴的面积矩（mm³）；

b——最大剪应力所在位置的截面宽度；

A——构件截面面积（mm²）。

5.2.4 受弯构件支座处横纹承压承载力应按下式验算：

$$R\leqslant R_r=bl_b f_{c,90} \quad (5.2.4)$$

式中：R——受弯构件的支座反力设计值（N）；

R_r——受弯构件支座处局部承压承载力（N）；

b——受弯构件支座处的截面宽度（mm）；

l_b——受弯构件支座的支承长度（mm）；

$f_{c,90}$——木材的横纹承压强度设计值（N/mm²），按现行国家标准《木结构设计规范》GB 50005 规定的方木、原木的横纹承压强度设计指标取值；当支承长度 $l_b \leqslant 150$mm，且支承面外缘距构件端部不小于 75mm 时，$f_{c,90}$ 取局部表面横纹承压强度，其他情况应取全面积横纹承压强度；当支座反力主要由距支座为构件截面高度范围内的荷载所引起时，局部承压承载力应取式（5.2.4）计算结果的 2/3。

5.2.5 规格材受弯构件的支座横纹承压承载力除应按本规范第 5.2.4 条计算外，尚应乘以局部承压长度（顺木纹测量）调整系数 K_B 和局部承压尺寸调整系数 K_{Zcp}。局部承压长度调整系数 K_B 应按表 5.2.5-1 的规定取值，局部承压尺寸调整系数 K_{Zcp} 应按表 5.2.5-2 的规定取值，并应符合下式要求：

$$R \leqslant R_r = b l_b K_B K_{Zcp} f_{c,90} \qquad (5.2.5)$$

表 5.2.5-1 承压长度调整系数 K_B

承压长度（顺纹量）或垫圈直径（mm）	K_B
≤12.5	1.75
25.0	1.38
38.0	1.25
50.0	1.19
75.0	1.13
100.0	1.10
≥150.0	1.00

注：支承面外缘距构件端部不小于 75mm。

表 5.2.5-2 承压尺寸调整系数 K_{Zcp}

构件截面宽度与高度比 b/h	K_{Zcp}
1.0 或更小	1.0
2.0 或更大	1.15

注：b/h 介于 1.0 和 2.0 之间，按线性内插法计算。

5.2.6 受弯构件的挠度应按下式验算：

$$\omega \leqslant [\omega] \qquad (5.2.6)$$

式中：ω——构件在荷载效应标准组合作用下的变形计算值（mm）；

$[\omega]$——受弯构件的挠度限值，按表 5.2.6 取用。

表 5.2.6 受弯构件挠度限值

构件类型		挠度限值
檩条	l≤3.3m	1/200
	l>3.3m	1/250
椽条		1/150
吊顶中的受弯构件		1/250
楼盖梁、搁栅		1/250

5.2.7 双向受弯构件的承载力和挠度验算应符合下列规定：

1 双向受弯构件的承载力应按下列公式验算：

$$M_x \leqslant M_{xr} = \frac{\omega}{\omega + m} \alpha_m f_m W_x \qquad (5.2.6\text{-}1)$$

或

$$\frac{M_x}{\alpha_m f_m W_x} + \frac{M_y}{\alpha_m f_m W_y} \leqslant 1.0 \qquad (5.2.6\text{-}2)$$

$$m = M_y / M_x \qquad (5.2.6\text{-}3)$$

$$\omega = W_y / W_x \qquad (5.2.6\text{-}4)$$

式中：M_x、M_y——作用在构件两个主平面内的弯矩设计值；

M_{xr}——构件截面绕 x 轴的抗弯承载力；

W_x、W_y——构件两个主轴方向的截面弹性抵抗矩；

α_m——受弯构件抗力调整系数，按本规范表 5.1.1 的规定取值。

2 挠度应按下式验算：

$$\omega = \sqrt{\omega_x^2 + \omega_y^2} \leqslant [\omega] \qquad (5.2.6\text{-}5)$$

式中：ω_x、ω_y——为荷载在 x 轴和 y 轴方向产生的挠度。

5.3 偏心受拉与偏心受压构件

5.3.1 对于单向偏心受拉和拉弯构件应按下列公式验算承载力：

$$T \leqslant T_r = \frac{\alpha_t f_t \alpha_m f_m}{\alpha_m f_m + \frac{e}{e_n} \alpha_t f_t} \qquad (5.3.1\text{-}1)$$

或

$$\frac{T}{\alpha_t f_t A_n} + \frac{M}{\alpha_m f_m W_n} \leqslant 1.0 \qquad (5.3.1\text{-}2)$$

$$e = M/T \qquad (5.3.1\text{-}3)$$

$$e_n = \frac{W_n}{A_n} \qquad (5.3.1\text{-}4)$$

式中：M——构件验算截面上的弯矩设计值；

T——构件验算截面上的拉力设计值；

e——拉力相对于净截面的偏心距；

W_n——构件验算截面的净截面抵抗矩；

e_n——验算截面的净截面核心距；

α_t——受拉构件抗力调整系数，按本规范表 5.1.1 的规定取值；

α_m——受弯构件抗力调整系数，按本规范表 5.1.1 的规定取值。

5.3.2 偏心受压或压弯构件应符合下列规定：

1 偏心受压或压弯构件应按下列公式验算其承载力：

$$N \leqslant N_r = \frac{\alpha_c f_c \alpha_m f_m A_n}{\alpha_m f_m + \frac{|e + e_0|}{e_n} \alpha_c f_c} \qquad (5.3.2\text{-}1)$$

或

$$\frac{N}{\alpha_c f_c A_n} + \frac{|N e_0 + M|}{\alpha_m f_m W_n} \leqslant 1.0 \qquad (5.3.2\text{-}2)$$

$$e=\frac{M}{N} \qquad (5.3.2\text{-}3)$$

式中：M——横向荷载产生的弯矩设计值；

N——轴力设计值；

e_0——轴力作用的偏心距；

e_n——净截面的核心距；

h——弯矩作用平面内的截面边长；

α_c——受压构件抗力调整系数，按本规范表5.1.1的规定取值；

α_m——受弯构件抗力调整系数，按本规范表5.1.1的规定取值。

2 偏心受压或压弯构件弯矩作用平面内的稳定承载力应按下列公式验算：

$$N\leqslant N_r=\alpha_c f_c \varphi\varphi_m A_0 \qquad (5.3.2\text{-}4)$$

$$\varphi_m=(1-k)^2\ (1-k_0) \qquad (5.3.2\text{-}5)$$

$$k=\frac{|Ne_0+M|}{W\alpha_m f_m\left(1+\sqrt{\frac{N}{\alpha_c f_c A}}\right)} \qquad (5.3.2\text{-}6)$$

$$k_0=\frac{Ne_0}{W\alpha_m f_m\left(1+\sqrt{\frac{N}{\alpha_c f_c A}}\right)} \qquad (5.3.2\text{-}7)$$

式中：φ——轴心受压构件稳定系数，按本规范式（5.1.2-4）计算；

φ_m——偏心弯矩和横向作用力弯矩共同作用时，在弯矩作用平面内的稳定影响系数；

M——横向荷载在构件中产生的最大初始弯矩；

e_0——轴向作用力的初始偏心距；

α_c——受压构件抗力调整系数，按本规范表5.1.1的规定取值；

α_m——受弯构件抗力调整系数，按本规范表5.1.1的规定取值。

3 偏心受压或压弯构件弯矩作用平面外的稳定承载力应按下式验算：

$$\frac{N}{\varphi_y\alpha_c f_c A_0}+\left(\frac{M_x}{\varphi_l\alpha_m f_m W_x}\right)^2\leqslant 1.0 \qquad (5.3.2\text{-}8)$$

式中：φ_l——构件的侧向稳定系数，按本规范式（5.2.2-2）计算；

φ_y——弯矩作用平面外的轴心压杆稳定系数，按本规范公式（5.1.2-4）计算；

α_c——受压构件抗力调整系数，按本规范表5.1.1的规定取值；

α_m——受弯构件抗力调整系数，按本规范表5.1.1的规定取值。

6 连接设计计算

6.1 齿 连 接

6.1.1 齿连接可采用单齿连接（图6.1.1-1）或双齿连接（图6.1.1-2），并应符合下列规定：

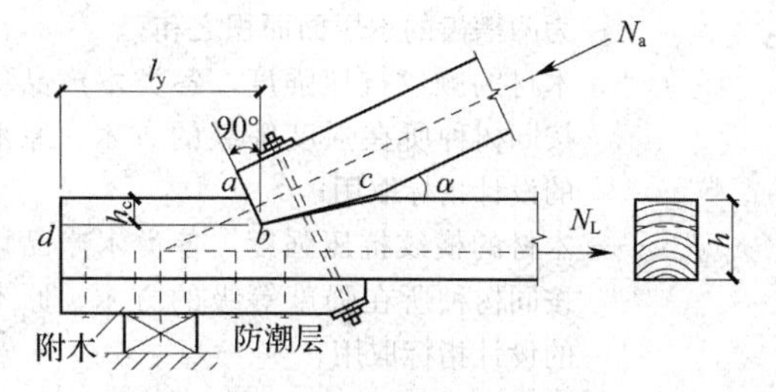

图6.1.1-1 单齿连接

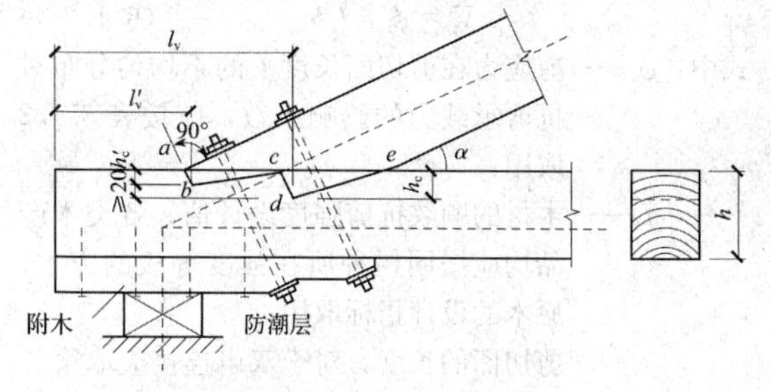

图6.1.1-2 双齿连接

1 齿连接的承压面应与所连接压杆的轴线垂直。

2 单齿连接应使压杆轴线通过承压面的中心。

3 桁架支座节点采用齿连接时，对于木方或板材桁架，宜采用下弦杆净截面的中心线作为轴线；对于原木桁架，可采用毛截面的中心线作为下弦杆的轴线。齿槽处的静截面可按轴心受拉验算。

4 齿槽深度，对于方木桁架不应小于20mm，原木桁架不应小于30mm；对于支座节点，方木桁架齿槽深度不应大于下弦截面高度的1/3，原木桁架不应大于原木直径的1/3；对于其他节点，方木桁架不应大于下弦截面高度的1/4，原木桁架不应大于原木直径的1/4。

5 双齿连接中，第二齿槽的深度 h_c 应至少大于第一齿槽深度 h'_c 20mm。

6 单齿连接及双齿连接中的第一、第二齿，其受切面长度 l_v 或 l'_v 均不应小于槽深 h_c 或 h'_c 的4.5倍。

7 单齿或双齿连接的桁架支座节点均应设保险螺栓。保险螺栓应垂直于上弦杆轴线，每个剪切面应各设一个。对于其他节点的齿连接，应用扒钉将相交于节点处的杆件两侧彼此钉牢。

6.1.2 齿连接应按下列公式计算其承载力：

1 承压面的承载力：

$$N_r=f_{c\alpha}A_a \qquad (6.1.2\text{-}1)$$

$$\alpha\leqslant 10^\circ:\quad f_{c\alpha}=f_c \qquad (6.1.2\text{-}2)$$

$$10^\circ<\alpha<90^\circ:\quad f_{c\alpha}=\frac{f_c}{1+\left(\frac{f_c}{f_{c,90}}-1\right)\frac{\alpha-10^\circ}{80^\circ}\sin\alpha} \qquad (6.1.2\text{-}3)$$

式中：$f_{c\alpha}$——木材斜纹承压强度设计值；

A_a——承压面面积，可根据槽深和相应的几何关系计算，双齿连接的承压面面积为两槽齿的承压面面积之和；

f_c——木材的顺纹抗压强度，各类木产品均按同树种所在强度等级的方木、原木的设计指标取用；

$f_{c,90}$——木材的横纹抗压强度，各类木产品均按同树种所在强度等级的方木、原木的设计指标取用。

2 剪切面的承载力：

$$V_r=\psi_v f_v l_v b_v \quad (6.1.2\text{-}4)$$

式中：ψ_v——剪应力在剪切面长度上的不均匀分布对抗剪承载力的影响系数，应按表6.1.2取用；

f_v——木材的顺纹抗剪强度设计值，各类木产品均应按同树种所在强度等级的方木、原木的设计指标取用；

l_v——剪切面的长度，对于双齿连接应取第二齿的剪切面长度；

b_v——剪切面宽度。

实际剪切面长度不应小于槽齿深度的4.5倍，对于单齿也不应大于槽齿深度的8倍，双齿不应大于槽齿深度的10倍；剪切面宽度，对于方木下弦杆应为下弦截面宽度，对于原木下弦则应为槽齿深度 h_c 处的弦长。

表6.1.2 剪应力不均匀分布对抗剪承载力的影响系数 ψ_v

l_v/h_c	4.5	5	6	7	8	10
单齿	0.95	0.89	0.77	0.70	0.64	—
双齿	—	—	1.00	0.93	0.85	0.71

6.1.3 在齿连接剪切面失效时，保险螺栓应有足够的抗拉能力阻止上弦杆滑移。保险螺栓的设计应符合下列规定：

1 保险螺栓的拉力设计值应按下式计算：

$$T=N_a\tan(60°-\alpha) \quad (6.1.3\text{-}1)$$

式中：T——螺栓拉力；

N_a——上弦杆的轴力；

α——端节点处上、下弦间的夹角。

2 保险螺栓的抗拉承载力应按下式计算：

$$T_r=1.25f_yA \quad (6.1.3\text{-}2)$$

式中：T_r——保险螺栓的抗拉承载力；

f_y——保险螺栓所用钢材的抗拉强度设计值；

A——保险螺栓的净面积，按表6.1.3选用；双齿时A为两根保险螺栓净面积之和，且应采用两根同直径的螺栓。

表6.1.3 普通螺栓净面积

公称直径（mm）	12	14	16	18	20	22	24	27	30
净面积（mm²）	84	115	157	192	245	303	353	459	561

6.2 螺栓连接和钉连接

6.2.1 螺栓连接和钉连接可采用双剪连接（图6.2.1-1）或单剪连接（图6.2.1-2）。被连接木构件的最小厚度应符合表6.2.1的规定。

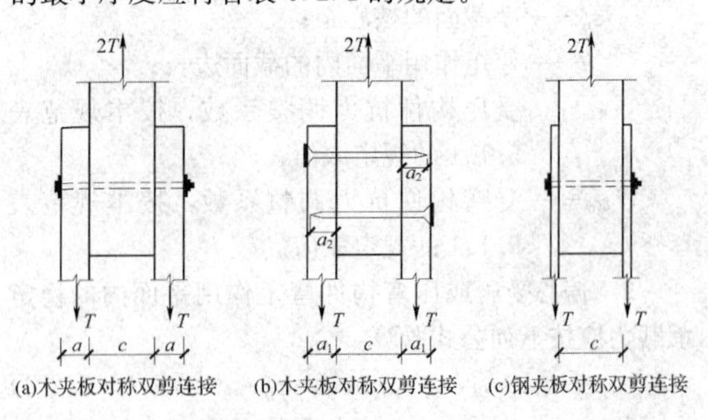

图6.2.1-1 双剪连接

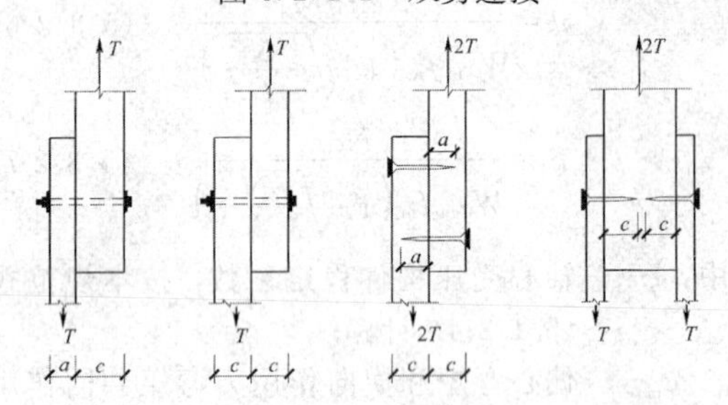

图6.2.1-2 单剪连接

表6.2.1 螺栓和钉连接中木构件最小厚度

连接形式	螺栓连接		钉连接
	$d<18$mm	$d\geqslant18$mm	
对称双剪连接	$c\geqslant5d$，$a\geqslant2.5d$	$c\geqslant5d$，$a\geqslant4d$	$c\geqslant8d$，$a\geqslant4d$
单剪连接	$c\geqslant7d$，$a\geqslant2.5d$	$c\geqslant7d$，$a\geqslant4d$	$c\geqslant10d$，$a\geqslant4d$

注：1 c为中部构件的厚度或单剪连接中较厚构件的厚度，a为边部构件的厚度或单剪连接中较薄构件的厚度，d为螺栓或钉的直径；

2 钉连接计算a、c时，在未被穿透的构件中，应扣除1.5d的钉尖长度；若钉尖穿透最后构件，该构件的计算厚度也应减少1.5d。

6.2.2 木构件的最小厚度满足本规范表6.2.1的规定时，每一螺栓连接或钉连接顺纹受力的承载力应按下式计算：

$$N_r=nk_vd^2\sqrt{f_c} \quad (6.2.2)$$

式中：n——同一根螺栓或钉上的剪切面数，单剪连接取1，对称双剪连接取2；

f_c——木材顺纹承压强度设计值，方木、原木、规格材和胶合木皆应根据所用树种，按现行国家标准《木结构设计规范》GB 50005规定的方木、原木的轴心抗压强度设计指标取值；

d——螺栓连接或钉的直径；

k_v——螺栓或钉连接的载承力计算系数，按表6.2.2取值。当木材含水率大于19%时，k_v 不得大于6.7；对钢夹板 k_v 取表6.2.2中的最大值。

表6.2.2 螺栓和钉连接的设计承载力计算系数 k_v

连接件类型	螺栓				钉				
a/d	2.5～3	4	5	≥6	4	6	8	10	≥11
k_v	5.5	6.1	6.7	7.5	7.6	8.4	9.1	10.2	11.1

6.2.3 螺栓连接，当作用力方向与木纹间呈夹角 α 时，除应按本规范式（6.2.2）计算其连接承载力外，尚应乘以木材斜纹承压的折减系数 ψ_α，ψ_α 值应按表6.2.3确定。钉连接可不计木材斜纹承压的影响。

表6.2.3 斜纹承压螺栓连接承载力折减系数 ψ_α

夹角 α（°）	螺栓直径（mm）					
	12	14	16	18	20	22
$\alpha \leqslant 10$	1.0	1.0	1.0	1.0	1.0	1.0
$10<\alpha<80$	1.0～0.84	1.0～0.81	1.0～0.78	1.0～0.75	1.0～0.73	1.0～0.71
$\alpha \geqslant 80$	0.84	0.81	0.78	0.75	0.73	0.71

注：$10<\alpha<80$ 范围内，由表中所列数值经线性插入法确定。

6.2.4 单剪连接中，木构件厚度不能满足本规范表6.2.1的规定时，按本规范式（6.2.2）计算的连接承载力不得大于 $0.3cdf_c\psi_\alpha^2$。

6.2.5 螺栓可采用两行齐列（图6.2.5-1）或两行错列（图6.2.5-2）的布置方式，排列的间距不应小于表6.2.5的规定。

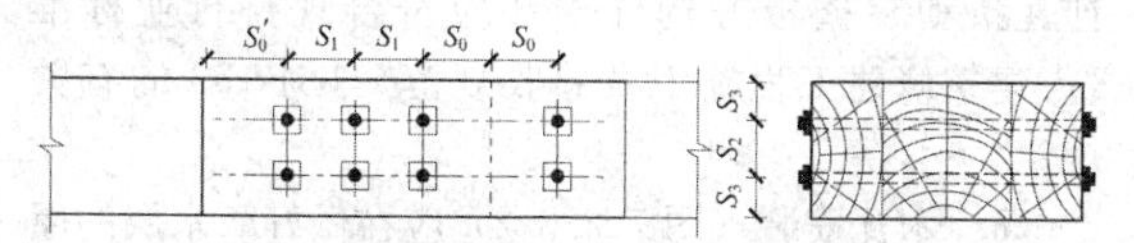

图6.2.5-1 两行齐列

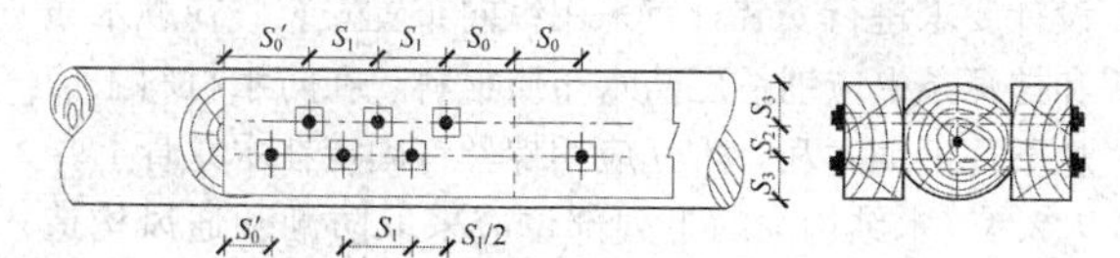

图6.2.5-2 两行错列

表6.2.5 螺栓排列的最小端距、边距和中距

排列类型	顺木纹		横木纹	
	端距 S_0、S_0'	中距 S_1	边距 S_3	中距 S_2
两行齐列	7d	7d	3d	3.5d
两行错列		10d		2.5d

注：d 为螺栓直径。

6.2.6 钉可采用齐列（图6.2.6-1）、错列（图6.2.6-2）或斜列（图6.2.6-3）的布置方式，排列的间距不应小于表6.2.6的规定。

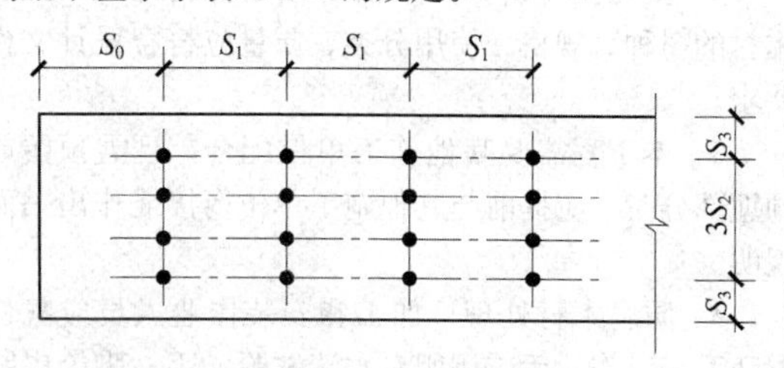

图6.2.6-1 齐列

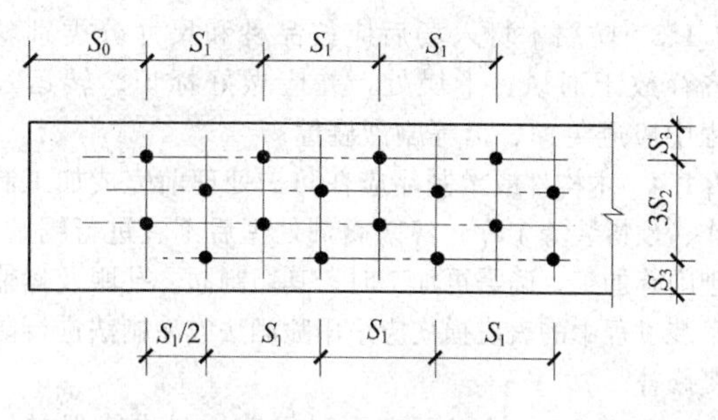

图6.2.6-2 错列

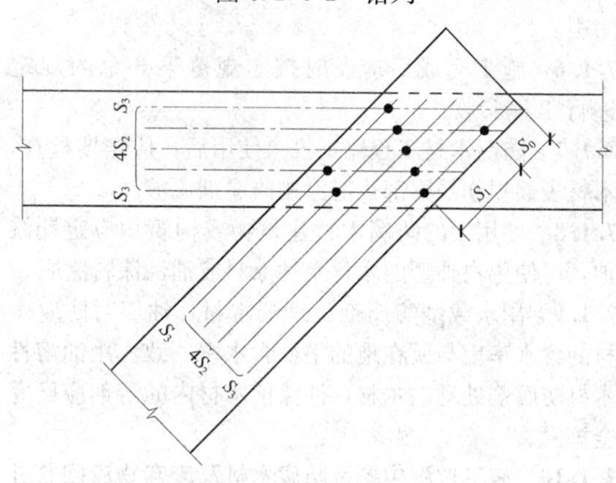

图6.2.6-3 斜列

表6.2.6 钉排列的最小端距、边距和中距

钉入木构件中的有效厚度（深度）a	顺木纹		横纹		
	中距 S_1	端距 S_0	中距 S_2		边距 S_3
			齐列	错列或斜列	
$a \geqslant 10d$	15d	15d	4d	3d	4d
$10d>a>4d$	内插法				
$a=4d$	25d				

注：d 为钉的直径。

7 施　工

7.1 一般规定

7.1.1 防腐木材工程施工准备应符合下列规定：

1 应制定施工质量责任制度、相应的管理制度和工程质量检验制度。

2 应根据材料分类和清单作出材料计划，防腐木材的树种、规格、使用分类、质量应符合设计文件要求。

3 本工程需要其他施工单位配合，且需预留或预埋部分时，应提前与其他施工单位衔接或作出书面说明。

7.1.2 防腐木材处理、加工和安装作业人员应戴口罩和手套，作业后应用肥皂水清洗脸、手、脚等皮肤暴露部位。

7.1.3 防腐木材入场后应按品种和尺寸分类别整齐存放于通风、干燥处，并应做好标识。转运过程中应避免摔、扔等剧烈碰撞。

7.1.4 木构件或木制品应在防护处理前完成加工制作、预拼装等工序；经防腐剂处理后不宜进行锯解、刨削等加工。确需再加工时，其切割面、孔眼及运输吊装过程中的表皮损伤应采用喷洒法或涂刷法进行防腐修补。

7.1.5 防腐木材表面宜用耐候性涂料进行保护性涂刷。

7.1.6 施工完成后应及时按本规范第8章的规定进行工程验收。

7.1.7 防腐木材工程完工投入使用后，应定期检查，木材表面损伤暴露部位应涂刷防腐剂原液。

7.1.8 使用中的防腐木材建筑物或构筑物应定期维护，可使用户外型的木材水性涂料或油性涂料涂刷。

7.1.9 用水载型防腐剂处理的木材，油漆时防腐木材的含水率应与所在地的平衡含水率一致。用油溶性木材防腐剂处理的木材，油漆前木材内的溶剂应已完全挥发。

7.1.10 施工过程中剩余防腐木材及废弃物应回收并集中处理，严禁随意丢弃或焚烧。

7.1.11 有回收利用价值的防腐木材，其储存、保管应符合现行国家标准《防腐木材生产规范》GB/T 22280的有关规定。

7.2 房屋建筑工程

7.2.1 防腐木材可用于木柱、木梁、木龙骨、墙骨、户外用木板和地板、外墙挂板、外立面墙的门和窗框木料、封檐板、屋面板、挂瓦条和木瓦等。

7.2.2 房屋建筑工程的材料选择应符合下列规定：

1 应确定防腐木材应用环境的腐朽和虫蚁危害程度级别。

2 应根据木材在房屋建筑中使用的部位确定防腐木材使用环境分类。

3 房屋外墙挂板用防腐木材应符合下列规定：

1）外墙挂板宜选用易进行防腐处理的木材；

2）材质等级应符合现行国家标准《针叶树锯材 分等》GB 153.2中一等材的规定。

4 工程应用的金属连接件应符合本规范第4.3.1条和第4.3.2条的规定。

7.2.3 房屋建筑工程木结构及木构件的安装施工应符合下列规定：

1 木结构房屋建筑中立柱的安装应按设计要求在混凝土基础中预埋钢件，并应将木柱通过钢件固定在混凝土基础上（图7.2.3-1）。

2 木结构墙体框架安装应符合现行国家标准《木结构设计规范》GB 50005的有关规定。

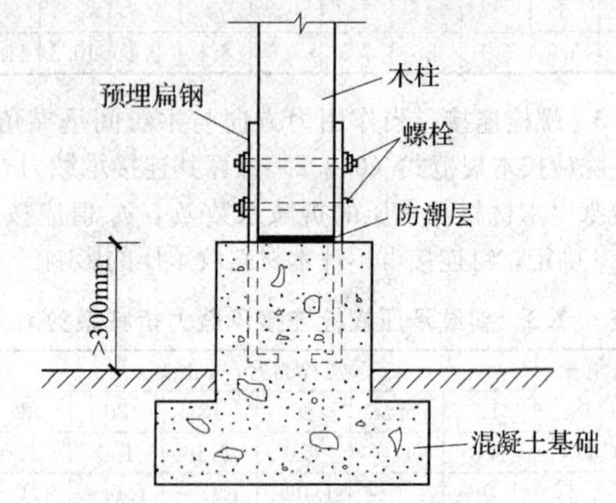

图7.2.3-1 立柱安装方法

3 木构件搁置在混凝土或砖石支座时，应设置防潮层。

4 木结构屋面防水处理应符合设计文件的要求，并应符合现行国家标准《木结构设计规范》GB 50005的有关规定。

5 仿古木结构建筑柱应安装在石墩上，爪柱应安装在梁上；应根据施工方案，按顺序安装各种立柱和梁构件；平衡木构件和斗拱、檩条、屋面板或挂瓦条和封檐板等构件安装应符合现行行业标准《古建筑修建工程施工及验收规范》JGJ 159的有关规定。

6 木瓦安装（图7.2.3-2）应在做好防水层的屋面板上固定顺水条和挂瓦条，顺水条和挂瓦条应根据设计要求进行安装，宜采用纵向布置安装。在顺水条和挂瓦条上应铺一层防水布质材料，在防水材料上应从下往上铺木瓦，木瓦应用螺丝钉固定在木龙骨上。

7.2.4 木结构中的下列部位应采取防潮和通风构造措施：

1 桁架、大梁的支座节点或其他承重木构件不应封闭在墙、保温层或通风不良的环境中（图7.2.4-1、图7.2.4-2）。

2 处于房屋隐蔽部分的木结构应设通风孔洞。

3 露天结构在构造上应避免积水。

4 房屋的围护结构宜采取保温和隔汽措施。

7.2.5 房屋建筑中防腐木材工程的维护应符合下列规定：

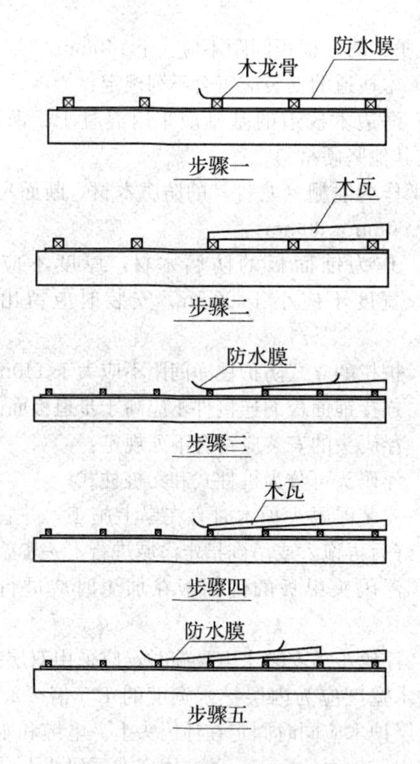

图 7.2.3-2　木瓦安装方法

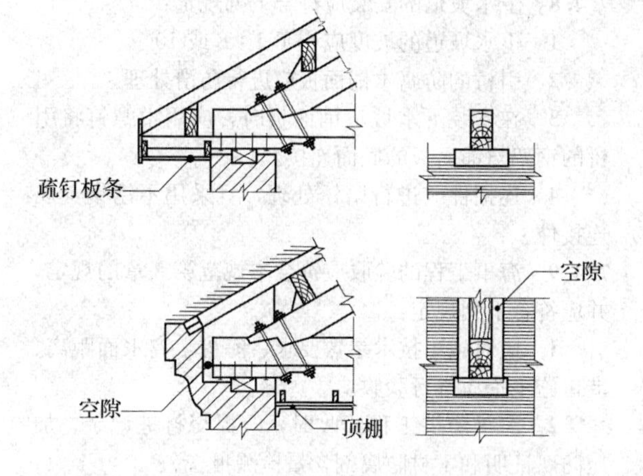

图 7.2.4-1　外排水屋盖支座节点通风构造示意

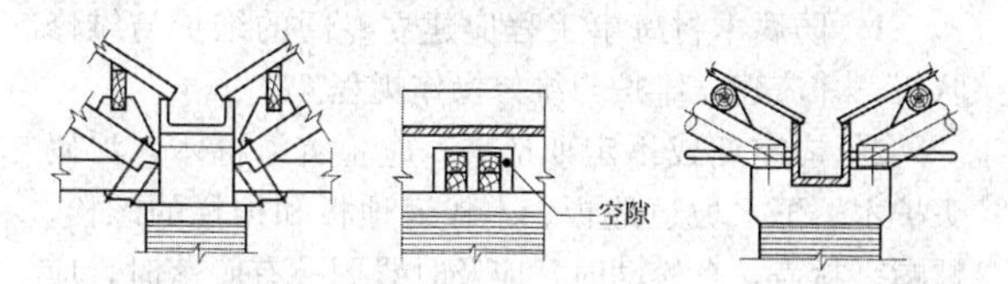

图 7.2.4-2　内排水屋盖支座节点通风构造示意

1　油漆维护应根据使用环境和油漆性能定期进行。涂刷前应先清洁和砂光木构件表面。

2　工程竣工验收 180d 内，应检查螺栓、螺帽是否突出、松动，并应予拧紧。

3　工程竣工验收 360d 内，应检查木构件是否开裂。外墙面构件的心材部位，裂缝宽 10mm 以上、深 20mm 以上时，应用水性木材防腐剂兑两倍水进行灌注或涂刷，防腐剂药液应达到裂缝底部。

7.3　园林景观工程

7.3.1　景观构架类立柱的固定与连接应符合下列规定：

1　立柱的安装方法可通过预埋金属连接件或后置锚固件固定在混凝土基础上。

2　应用不锈钢或做防腐防锈处理的金属连接件。

7.3.2　栅栏栏杆类的安装应符合下列规定：

1　栅栏栏杆立柱的安装宜采用埋桩或角铁连接，宜采用现浇混凝土或在预制混凝土上安装，可预先埋入金属连接件，并应与木柱锚固。木柱两侧宜安装角铁，应保证立柱的稳固与垂直。

2　栅栏立柱间距宜取 800mm～2000mm。

3　栅栏板的固定，每根栅栏板应保证有两个以上的固定点。栏杆的横条安装宜采取榫接方式。

7.3.3　铺装用龙骨的安装应符合下列规定：

1　龙骨的间距应根据安装板面厚度和实际情况进行调整。

2　龙骨在混凝土基础上的固定方法宜采用膨胀螺栓或角铁。固定点应从龙骨端头 100mm 起开始固定。中间固定点间距不应大于 800mm。

3　龙骨安装的金属连接件宜采用镀锌或不锈钢材料或防腐涂装处理。

4　地面为自然土层时，应先把土层夯实后插入木桩或先筑混凝土桩，并应将龙骨固定在木桩或混凝土上。

7.3.4　铺装类板面的安装应符合下列规定：

1　板面固定应采用镀锌或不锈钢材质的螺纹钉。

2　板面端头固定点应控制在 20mm～100mm 的范围内，应两点固定。

3　当两个板接头时应置于龙骨上，并应分别用两颗螺钉固定。

4　螺钉载入深度应保持一致，并应分布均匀整齐。

7.3.5　外墙挂板和装饰件的安装应先固定龙骨，龙骨的安装应注意外墙防水层和外墙保温层的保护，可采用在构筑墙体时先埋入连接件，或用膨胀螺栓直接锁定木龙骨，应在墙体上钻孔后清洁孔眼，注入专业防水胶，再置入膨胀螺栓固定龙骨。

7.3.6　园林景观建筑的维护和保养应符合下列规定：

1　用于园林景观建筑的防腐木材，在安装施工完成后应在木材表面涂刷户外水封涂料或油漆。

2　涂刷水封涂料或油漆前应将防腐木材表面清洗干净。

3　经涂料或油漆涂刷后 24h 内，应避免雨水冲刷、人员走动和重物碰击。

7.4　海 事 工 程

7.4.1　海事工程施工方案的确定应符合下列规定：

1 应避免气象情况对施工产生影响。

2 应按海水潮汐规律安排施工和制定安装进度表。应在潮汐高位时做好准备工作，将桩木摆放在岸边，并临近安装位置，将工程船舶停在护岸边，并应准备好连接件、胶黏剂；应在潮汐低位时进行安装。

7.4.2 护木（立木）的上端头、压木的两个端头应加钉防裂板。防裂板应采用不锈钢材料。

7.4.3 护木/护板与压木的安装应符合下列规定：

1 在现场安装过程中应准备好工程船舶和吊装机械，并应制作施工人员使用的专用爬梯；施工人员应穿好工作服，并应戴好安全帽和安全带，应与吊装人员密切配合。

2 在护岸或码头安装预埋件，螺栓间距不应大于400mm，螺栓直径不应小于20mm。

3 应按设计要求采用不锈钢螺栓将护木牢固地安装在护岸上，再用防腐木塞将钻孔（螺栓孔）堵住，并应用强力防水胶固定。防腐木塞木纹方向应与护木木纹方向一致。

4 压木在长度方向的连接，宜在2根压木之间用2根～4根阔叶木圆棒连接并定位，也可采用螺栓连接。

5 压木与护木（立木）之间应采用不锈钢角钢连接，角钢规格不应小于60mm×60mm，角钢长度与护木厚度应一致。角钢与压木和护木之间应采用不锈钢螺钉固定，螺钉间隔不应大于50mm，螺钉直径不应小于8mm。

6 压木的宽度应大于或等于护木的厚度。

7.4.4 海桩木的安装应按设计要求和施工方案进行，并应符合下列规定：

1 海桩木的布置可采用1排～3排桩，应按需要选择坝型，排距应为2.0m～4.0m，同一排桩的桩与桩之间可采用透水式或不透水式。透水式桩间应以横梁连接，并应用防腐木挂板等材料构成屏蔽式桩坝，桩间及与堤脚之间可填加块石、混凝土预制块等。

2 打桩前应对海桩木进行外观检查，桩木不得有劈裂，接桩应牢固、直顺、接榫整齐，不得脱榫、折断。不符合设计要求的海桩木不得使用。

7.4.5 木栈桥的安装应符合下列规定：

1 木栈桥采用木桩柱时，原木桩柱的直径不应小于200mm，方木桩柱的短边不应小于150mm。

2 海桩基础可采用混凝土或打桩式固定，应牢固并能抗击海浪和海潮的冲击。

3 木栈桥步道板面的高度应高于最大潮位时的海平面2m～4m。

4 木栈桥铺面板厚度不应小于38mm。

5 连接铺面板的连接件不应高于步道板面。

6 木栈桥护栏高度不应小于1500mm，护栏的立式防护柱净间距不应大于140mm。采用交叉式、带状式护栏时，横板间距不应大于140mm。

7.4.6 木栈道的安装应符合下列规定：

1 海边木栈道的基础应采用混凝土、钢结构、岩石或其他坚硬材料。

2 作为隔栅（龙骨）的防腐木材，断面尺寸不应小于60mm×80mm。

3 作为铺面板的防腐木材，厚度不应小于38mm，宽度不应小于90mm。安装时应留出散水空间。

4 护栏的立式防护柱净间距不应大于140mm。

5 连接铺面板的连接件不应高于步道板面。

7.4.7 浮码头的安装应符合下列规定：

1 浮码头可分为桩柱式和无桩柱式。

2 安装浮码头护木时宜在岸上施工，并宜待基本安装好后再拖入或吊到指定海域进行下一步施工。

3 浮码头甲板的铺面板在加工时应进行防滑处理。

4 浮码头需安装水电设施时，应采用双层护木。外层护木宽度应为内层护木宽度的1.5倍～2.0倍，内、外层护木应同时固定在浮码头上。电缆和水管应布置在内层护木的底部，并应固定在浮码头上。

7.4.8 下水坡道的安装应符合下列规定：

1 下水坡道的坡度应小于1∶8或10°。

2 引桥的防腐木铺面板应进行防滑处理。

3 在安装下水坡道铺面板时，应用木螺钉将引桥的钢架与铺面板的底面连接。

4 连接件应进行防锈处理，宜采用不锈钢金属连接件。

7.4.9 海事工程的验收应符合本规范第8章的规定，并应符合下列规定：

1 应对施工技术参数要求、海桩、离水面距离、港口施工资质进行验收。

2 海桩防护工程验收时，应提交打桩记录、加压防腐证明和木材防腐剂含量检测报告。

7.4.10 海事工程的维护和保养应符合下列规定：

1 防腐木材海事工程应建立专门的维护与维修队伍，并应建立维护与维修操作规程。

2 应定期或不定期巡查；应检查海桩木、浮码头护木、下水坡道地板、木栈道地板和护栏的螺栓、螺帽、封盖，有松动时，应及时紧固；有脱落时，应及时填补。更换或填补新的封盖前，应首先紧固螺栓、螺帽，并应补充密封胶。更换或填补新的螺栓、螺帽等连接件时，应选用抗腐蚀性高的不锈钢材质连接件，最低应为316型号。

3 海桩木、浮码头护木、坡道地板、木栈道地板和护栏的木材出现劈裂、贯通裂和严重翘曲时，应及时更换。更换的防腐木板或木方的棱角（直角）应加工为圆角或弧形。

4 工程中防腐木材安装时应采用暗连接方式，

在更换时可采用明连接，但应使用沉头螺钉固定。

5 浸入海水中的下水坡道部位应及时清除海藻类动植物，可采用铁铲、铁刷等工具进行清除，不应破坏防腐木材表面。

7.5 古建筑的修缮

7.5.1 古建筑木结构修缮前应对承重木结构进行可靠性查勘与鉴定，应包括下列内容：

1 结构、构件及其连接的尺寸。

2 结构整体的变位和支承情况，包括房屋整体倾斜程度、屋架垂直度、水平移位等情况及下弦、木梁等两端支座搁置的长度及腐朽程度；木柱开裂、柱根腐朽程度。

3 木材的材质情况，包括木材（树）品名和木节、斜纹、扭纹、髓心在受弯木构件上的分布情况。在利用旧木材修接时，应按现行行业标准《古建筑修建工程施工及验收规范》JGJ 159 的有关规定检查，并应在检验合格后再使用。

4 承重构件的受力和变形情况，包括梁、搁栅、檩条、木柱和屋架等构件的挠曲、开裂程度等。

5 主要吊点、连接的工作状态，包括构件节点木榫、夹铁（穿杆）等松动、开裂、腐（锈）朽程度。

6 历次修缮措施的现存内容及其当前状态。

7.5.2 古建筑木构件材质的勘查，应对木构件的腐朽程度、虫蛀程度及白蚁侵食程度进行分级和标识。木材腐朽分级和标记应符合本规范第 C.0.1 条的规定，木材虫蛀分级和标识应符合本规范第 C.0.2 条的规定，白蚁侵食分级和标识应符合本规范第 C.0.3 条的规定。

7.5.3 古建筑的修缮应符合下列规定：

1 应遵循渐进、先撑后拆、先撑后补、分区（段）进行的原则。

2 对屋架的脊柱、步柱、廊柱与廊川等及梁枋榫接点等受力部位可能发生的损坏应采取相应的安全措施，在施工中应对木结构各构件的变形情况、构件节点的连结情况进行标记、观察和监测，出现异常情况时应及时处理。

3 埋入墙体的木梁、檩条、搁栅等构件端部、与墙体接触紧靠的木柱、门窗樘（杆）构件及柱根等应做防腐、防虫蚀处理。

4 木结构表面的防火、防腐及防虫的处理要求应符合设计要求，无要求时应按现行国家标准《木结构设计规范》GB 50005 的有关规定执行。

5 木结构木柱、梁枋内部存在中空时，应采取剔除、清理虫蛀或腐朽部位的措施；当木柱中空部位直径超过 150mm 时，应在中空部位填充木块；对木柱中空部位应进行不饱和聚酯树脂灌注加固，对梁枋中空部位应进行环氧树脂灌注加固。

6 古建筑木结构构件所使用的胶黏剂应保证胶缝强度不低于被胶合木材的顺纹抗剪和横纹抗拉强度，胶黏剂的耐水性及耐久性应与木构件的用途和使用年限相适应。

7 木构件中使用的金属连接件级别、规格、力学性能应符合设计要求，金属连接件应除锈，并应进行防锈处理；螺栓材料应采用Ⅰ级钢，钢和螺栓的直径不应小于 12mm，采用钢夹板连接时，其厚度不应小于 6mm。

7.5.4 古建筑修缮的材料选择应符合下列规定：

1 金属连接件的材质、型号、规格和连接方法应符合修缮设计的要求。安装前应检查出厂合格证和检测报告。

2 修缮或更换承重构件的木材，其材质应与原构件相同，并应进行材质检查验收，旧桁（檩）的上、下面不得颠倒搁置。

7.5.5 古建筑木结构加固修缮施工应符合下列规定：

1 古建筑的木构架进行打牮拨正时，应先揭除瓦顶、拆下望板和部分椽，并应将擦端的榫卯缝清理干净；有加固金属连接件时应全部取下；对已严重残损的檩、角梁、平身科斗等构件，也应先行取下。对古建筑木构架的打牮拨正，应根据实际情况分次调整。

2 古建筑的木构架进行整体加固时，应符合下列规定：

1）加固方案不得改变原受力体系。

2）对既有建筑结构和构造的固有缺陷，应采取予以消除的措施，对所增设的连接件应设法加以隐蔽。

3）对本应拆除的梁枋、柱，当其文物价值较高而必须保留时，可另加支柱，但另加的支柱应易于识别。

4）对任何整体加固措施，木构架中原有的连接件，包括椽、檩和构架间的连接件应全部保留。有缺陷时，应更新补齐。

5）加固所用材料的耐久性不应低于原有结构材料的耐久性。

3 古建筑木构架中，下列部位的榫卯连接在整体加固时，应根据结构构造的具体情况采用连接件进行锚固：

1）柱与额枋连接处；

2）檩端连接处；

3）有外廊或周围的木构架中，抱头梁或穿插枋与金柱的连接处；

4）其他用半银锭榫连接的部位。

4 古建筑木结构加固修复时，应从构造上改善通风防潮条件，应使木结构经常保持干燥；对易受潮腐朽或遭受虫蛀的木结构应用防腐防虫药剂进行处理。

5 古建筑腐朽以及虫蚁危害的处理应符合下列规定：

1）应先剥除或清理腐朽层及白蚁侵蚀层。

2）应采用水载型木材防腐剂原液浓度的60%液体喷、涂3遍，每次喷、涂时间应间隔2h以上。

3）应按原油漆工艺修复。

4）堵塞虫蛀孔洞，应用浓度为15%的水载型木材防腐剂原液浸泡木屑，晒干后拌胶水堵塞。堵塞深度达20mm以上时，也可用材质坚硬的木材做成直径大小不一的木栓，用水载型木材防腐剂原液浸泡后晒干，用药栓堵塞虫眼和虫道。针眼小虫孔宜用针筒装浓度为15%的水载型木材防腐剂原液注射。也可用材质坚硬的木材做成牙签状，或将竹牙签用水载型木材防腐剂原液浸泡透后晒干，用药签堵塞小虫眼。

5）承重柱和梁、楼板、地框、屋面板和瓦条中度腐朽或中度虫蚁危害时，受危害部位可裁切更换的，应裁切并更换为经防腐处理的木材。不可裁切更换时，经承重受力计算，危害部位尚能承载时，可按本规范第7.5.5条第5款第1～4项的要求进行修复。

6）木雕刻工艺品轻度、中度腐朽，可用钢丝刷清除腐朽层，用无色木材防腐剂原液喷、涂3遍。

7）所有重度腐朽、重度白蚁侵蚀的木构件均应拆除并更换为经防腐处理的木材。

7.5.6 古建筑移建与改造应符合下列规定：

1 古建筑木结构建筑物的移建、部分托换修复时，应先揭除瓦顶，再由上而下分层拆落望板、椽及梁架。在拆落过程中，应采取防止榫头折断或劈裂的措施，并应避免磨损木构件上的彩画和墨书题记。

2 拆落木构架前，应先将所有拆落的构件编号，并应将构件编号标明在记录的图纸上，不得损坏构件和榫卯，应确保构件的完整无损。

3 构件安装前，应认真检查构件是否齐全。有损构件应按本规范第7.5.5条的要求进行加固修复，损坏严重时应更换。

4 古建筑木结构预防受潮腐朽或遭受虫蛀的加固修复应符合下列规定：

1）从构造上改善通风防潮条件；

2）对易受潮腐朽或遭受虫蛀的木结构用防腐防虫药剂进行处理。

5 古建筑木结构加固修复时，天花、藻井以上的梁架宜喷涂防火涂料；天花、吊顶用的苇席和纸、木板墙等应进行防火处理，处理方法应经专门研究确定。

6 结构安装的轴线、标高、收势、侧脚、升起、弯势应符合原状及记录的要求。

7 移建、部分托换修复工程中采用金属连接件加固时，金属连接件的材质、型号、规格和连接方法应符合移建、部分更换修复设计的要求。

7.5.7 加固修复木柱应符合加固修复设计要求。加固修复设计无明确规定时，应符合下列规定：

1 当柱脚损坏高度超过80cm时，应采用榫和螺栓牢固换接，不得使用铁钉代替。

2 当柱损坏深度不超过柱直径的1/2，采用剔补包镶做法时，应用同一种木材加胶填补、楔紧。包镶较长时，应用金属连接件加固。

3 当柱外皮最薄处厚度不小于50mm时，柱心腐朽时应采用化学材料浇注法加固；应观察、尺量检查和检查施工记录。

7.5.8 加固修复梁、枋、檩（桁）等木构件应符合加固修复设计要求。加固修复设计无明确规定时，应符合下列规定：

1 当顺纹裂缝的深度不大于构件直径的1/4时，宽度不应大于10mm，裂缝的长度不应大于构件自身长度的1/2；斜纹裂缝在短型构件中不应大于180°，在圆形构件中裂缝的长度不大于周长的1/3时，可用胶结、化学材料浇注加固、金属连接件加固修补。

2 当顺纹裂缝的深度大于构件直径的1/4或斜纹裂缝在短型构件中大于180°时，应更换构件。

3 当梁类构件腐朽截面面积大于构件原截面的1/5，且角梁腐朽长度大于挑出长度的1/5时，不宜修补加固，应更换构件。

7.5.9 斗拱加固修复应符合加固修复设计要求。加固修复设计无明确规定时，应符合下列规定：

1 斗劈裂为两半，断纹能对齐时，可采取胶黏方法。座斗被压扁超过3mm时，可在斗口内用硬木薄板补齐，薄板的木纹应与原构件木纹一致，断纹不能对齐或严重腐朽时应更换。

2 拱劈裂未断开时可采用浇注法，腐朽严重时应锯掉后榫接，并应用螺栓加固。

3 牌条、琵琶撑等构件腐朽超过截面的2/5以上或折断时，应更换。

4 应进行观察和尺量检查。

7.5.10 斗拱（科牌）制作和安装应符合下列规定：

1 斗拱的维修应严格掌握尺度、形象和法式特征。添配昂嘴和雕刻构件时，应拓出原形象，并应制成样板进行核对。

2 凡能整攒卸下的斗拱，应先在原位捆绑牢固；卸下时应整攒轻卸，并应标出部位，堆放应整齐。

3 维修斗拱时不得增加杆件。

4 斗拱中受弯构件的相对挠度未超过1/20时，不应更换，当有变形引起的尺寸偏差时，可在小斗的腰上粘贴硬木垫，但不得放置活木片或楔块。

5 加固修复斗拱时，应将小斗与斗拱间的暗销补齐。暗销的榫卯应严实。

6 对斗拱的残损构件，凡能用胶黏剂粘接而不影响受力时，均不宜更换。

7 各类斗拱制作之前应放实样套样板，样板应符合设计要求，应观察检查。

8 各类斗拱榫卯节点做法应符合下列规定：

1）斗拱纵横构件刻半相交，昂、要、云头应在腹面刻口，横拱（斗三升、斗六升）应在背面刻口，角斜斗拱等三层构件相交时，斜出构件应在腹面刻口；

2）斗盘枋与座斗面应以斗桩榫结合，大斗内应留五分胆与三升拱相嵌连，拱面应作小榫与升子相嵌连，每座斗拱自顶至底应贯以半寸硬木梢子，每层用于固定作用的暗梢不应少于2个，坐斗，斗三升、斗六升等不应少于1个。

9 斗拱构件在正式安装前应进行检验、试装，并应分别编码，不得混淆；应进行观察和检查施工记录。

10 拱安装时，各类构件应齐全，不得使用残缺和缺棱掉角等缺陷的构件；应观察检查。

7.5.11 古建筑修缮的检验与验收应符合下列规定：

1 木构件加固修缮安装及观感应符合下列规定：

1）金属连接件位置基本正确，连结基本严密牢固，外观基本整齐美观，防锈处理均匀无漏涂；

2）木构件接槎基本平整，无刨、锤印；

3）木构件榫卯连接基本严密牢固，标高基本一致，表面基本洁净无污物。

2 木结构移建、部分托换修复工程的允许偏差和检验方法应符合表7.5.11-1的规定。

表7.5.11-1 移建、部分托换修复工程的允许偏差和检验方法

项目	允许偏差（mm）	检验方法
轴线偏移	±15	尺量检查
垂直度（有收势侧脚扣除）	10	用经纬仪或吊线尺量检查
榫卯节点的间隙	2	用楔形塞尺检查
檐口标高	±10	用水准仪和尺量检查
翼角起翘标高	±15	
翼角伸出	±15	尺量检查
檐椽椽头齐直	5	以间为单位拉线尺量检查
楼面平整度	15	用2m直尺和楔形塞尺检查

3 斗拱构件的制作外观应表面平整，线条应顺直，棱角应完整，应无刨、锤印。

4 斗拱榫卯节点应结合严密，安装应牢固，梢子应齐全，应无翘曲、无缝隙和松动，并应观察检查。

5 斗拱安装外观应构件齐全，层次应清楚，棱角应分明，斗拱配置应均匀一致。

6 斗拱制作安装的允许偏差和检验方法应符合本规范表7.5.11-2的规定，并应观察检查。

表7.5.11-2 斗拱制作安装的允许偏差和检验方法

项目	允许偏差（mm）	检验方法
上口平直	7	以间为单位，拉线尺量检查
出挑齐直	5	
榫卯间隙	0.5	用楔形塞尺检查
垂直度	3	吊线和尺量检查
轴线位移	2	尺量检查

7.6 矿用木支护与矿用枕木

7.6.1 矿用木支护与矿用枕木应选用防腐木材。

7.6.2 矿用木支护与矿用枕木的施工方案应符合下列规定：

1 应根据井下巷道的结构特点和掘进进度提出详细的木支护施工和枕木安装要求。

2 应合理安排掘进、通风、运输等相关工序。

3 应制定安装进度计划和作业流程表。

4 安装前应准备好相关的防腐木材及其辅助材料。

5 应做好施工人员的安保措施。

6 应明确施工技术标准与施工技术方案，应满足作业规程要求。

7.6.3 矿用木支护与矿用枕木的材料选择应符合下列规定：

1 矿井内木支护和枕木与土壤接触时，木支护应属于C4.2使用分类，枕木应属于C4.1使用分类。

2 矿用枕木和矿用木支护宜选用易进行防腐处理且透入度高的木材。

3 应检验防腐木材的数量、规格、出厂产品合格证和检测报告。

7.6.4 矿用木支护与矿用枕木的安装与施工应符合下列规定：

1 应进入工作地点辅道前检查确认安全后再作业。安全检查应符合下列规定：

1）应测量巷道掘高、净宽。

2）未达标准时应进行处理，应确保辅道结束后巷道净高符合要求，矿车能够正常通行，不撞不擦巷帮。

3）轨道铺设时运输大巷和总回风巷木轨枕长

度应为 1.0m，枕间距 1m，允许误差为±50mm，轨道中线距上帮为 1.1m，下帮为 1.4m（水沟侧），允许误差为±50mm。机巷、风巷枕轨距为 1.2m，允许误差为±100mm。机巷轨道中线距风袋侧应为 1150mm，另一侧应为 650mm，风巷距风袋侧 950mm，另一侧为 550mm，允许误差为±50mm。轨距 600mm，两轨直线段误差不应大于 5mm。

4） 道渣的粒度及铺设厚度应符合要求，木轨枕下应捣实；应经常清理道床杂物、浮煤、积水。

2 矿用木支护的安装应符合下列规定：

1） 木支护前应确定中线、腰线，量取棚距，并按中线拉三角线找出木棚立柱的腿窝；

2） 架木棚前应备齐备好所用的木材和工具等，材料的规格、材质应符合要求；

3） 按作业规程要求将腿窝扒够深度并清出实底，棚腿不得高吊；

4） 按顺序安装棚腿和棚梁，棚梁与棚腿接口应严密吻合；

5） 棚梁安装就位后，应按设计要求校正中线、腰线，并确认符合要求后再安装顶板和侧板；

6） 按设计规定位置及数量刹紧背实小杆锲块；

7） 支木棚要及时，木棚距迎头不得超过作业规程或施工中所规定的最大空顶距；

8） 倾斜巷道、交岔点和弯道处的木棚应按局部木支护施工大样图安装每架木棚。

7.6.5 矿用木支护与矿用枕木的验收应由防腐木生产方、矿生产及安监部门及施工方等共同验收。

7.6.6 矿用木支护与矿用枕木应定期进行维护保养和检查，发现断裂和机械表面损伤时应更换，表面损伤部位应涂刷较高浓度的防腐剂封闭。

7.6.7 废弃的矿用木支护与矿用枕木的回收处理，应符合本规范第 7.1.11 条的规定。

7.7 铁 道 枕 木

7.7.1 铁道枕木的设计和施工方案应符合下列规定：

1 在正线木枕地段，线路设备大修时，下列情况之一应增加木轨枕配置数量：

1） 半径为 800m 及以下的曲线地段；

2） 坡度大于 12‰的下坡制动地段；

3） 长度 300m 及以上的隧道内。

2 木轨枕配置数量为木枕应每千米增加 160 根，但每千米木轨枕最多铺设根数标准应为木枕 1920 根。

3 下列地段应铺设木枕：

1） 铺设木岔枕的普通道岔两端各 5 根木轨枕，铺设木岔枕的提速道岔两端各 50 根木轨枕；

2） 铺设木枕的有碴桥和无碴桥的桥台挡碴墙范围内及两端各不少于 15 根木轨枕，有护轨时应延至梭头外不少于 5 根木轨枕。

4 木轨枕应按设计技术条件规定的标准铺设，除道岔内专用钢枕外，非同类型轨枕的铺设应符合下列规定，并不得混铺：

1） 混凝土枕与木枕的分界处，距钢轨接头不应少于 5 根木轨枕；

2） 提速道岔铺设木枕时，应用 160mm×260mm×2600mm 的木枕过渡，两端过渡枕均不得少于 50 根。

7.7.2 铁道枕木的材料选择应符合下列规定：

1 普通枕木应选用阔叶树种或针叶树种，杨木不应作岔枕。

2 铁道枕木尺寸应按现行国家标准《枕木》GB 154 的有关规定执行。

7.7.3 铁道枕木用防腐木材技术条件应按现行行业标准《防腐木枕》TB/T 3172 的有关规定执行。

7.7.4 铁道枕木的安装与施工应符合下列规定：

1 木枕（含木岔枕）的安装应符合下列规定：

1） 木枕宽面在下，顶面与底面同宽时，应使髓心一面向下；

2） 接头处应使用质量较好的木枕；

3） 劈裂的木枕，铺设前应捆扎或钉板；

4） 使用新木枕，应预先钻孔，孔径 12.5mm，有铁垫板时孔深应为 110mm，无铁垫板时孔深应为 130mm，使用螺纹道钉时，应按普通道钉处理；

5） 用于改道的道钉孔木片，长应为 110mm，宽应为 5mm～10mm，并应经防腐处理。

2 组装轨排时，轨端相错量应在铺轨前方向一端量测，直线两轨端应取齐，曲线相错量应按计算确定。

3 铺设木枕应一端取齐。在区间直线地段，单线铁路应沿线路计算里程方向左侧取齐，双线铁路应沿列车运行方向的左侧取齐，曲线地段应沿外侧取齐。邻近站台的轨道均应在靠站台的一侧取齐，木枕应预钻直径小于道钉 3mm～4mm 的道钉孔，不得用归钉挤轨的方法调整轨距。

4 钉道钉应符合下列规定：

1） 有铁垫板时，直线及半径 800mm 以上的曲线地段，每根木枕上每股钢轨内、外侧各钉 1 个道钉；半径在 800mm 及以下的曲线（含缓和曲线）地段，内侧加钉 1 个道钉。铁垫板与木枕连结道钉，应钉齐（冻害地段，明桥面除外）。

2） 无铁垫板时，每根枕木上每股钢轨的内、外各钉 1 个，4 个道钉位置成八字形，道钉中心至木枕边缘的距离应大于 50mm，钢轨内、外侧道钉应错开 80mm 以上。

7.7.5 铁道枕木的工程验收应按现行行业标准《铁路轨道工程施工质量验收标准》TB 10413 的有关规定执行，并应符合下列规定：

1 木轨枕进场时，应对其规格、型号、外观进行验收，其质量应符合设计及产品标准规定。

2 木枕 K 型分开式扣件安装时，应符合下列规定：

1）螺纹道钉应旋入木枕，不得硬性击入。

2）根据接头位置调整枕木，选用接头垫板及接头扣件。在钢桥上使用，应在铺轨后安装护木。

3）桥上按设计要求设置不扣紧轨底扣件。

3 同一类型的轨枕应集中连续铺设（不同类型钢轨接头处除外），两木枕地段间长度小于 50m 时，应铺设木枕。

4 在木枕护轨底设置经防腐处理的木垫板时，其厚度不得大于 30mm，并应加钉固定。

7.7.6 铁道枕木的维护与保养应符合下列规定：

1 有下列情况之一时，应更换含木岔枕在内的木枕：

1）腐朽失去承压能力，钉孔腐朽无处改孔且不能持钉；

2）折断或拼接的接合部分分离，不能保持轨距；

3）因机械磨损，经削平或除去腐朽木质后，允许速度大于 120km/h 的线路，其厚度不足 140mm，其他线路不足 100mm；

4）劈裂或其他损伤，且不能承压和持钉。

2 应用削平、捆扎、腻缝或钉组、钉板等方法修理木枕。

3 应保持木枕表面清洁，应无污染，且应一端整齐，枕木扣件应干净无杂物。

4 道岔的岔枕端头应在直股外侧，应整齐划一，侧股外侧应呈有规律增减，且枕面及扣件应无杂物。

7.7.7 从线路上更换下来的旧木轨枕应及时回收、分类堆码，并应集中存放、合理使用。

8 检验验收

8.1 进场检验

8.1.1 防腐木材工程应用材料进场检验，应根据合同检测防腐木材的产品合格证、树种、规格尺寸、材积及其相应的检测报告等。其他材料应按相应产品标准进行验收。材料有下列情况之一时不得使用：

1 检验不合格。

2 不符合设计。

3 不符合合同约定。

8.1.2 材料验收应由监理工程师或建设单位工程师组织施工项目质量员等进行。材料未经检验不得使用。

8.1.3 进场检验合格的防腐木材及木材防腐剂应进行抽样检验，每种规格应抽取相应的样品数量进行检测。检测内容应为防腐剂类型、载药量、边（心）材透入度。其他材料应按相应产品标准进行检验。

8.1.4 当抽样检验有下列情况之一时，应对入场的材料进行双倍抽样复检：

1 设计有复检要求的产品。

2 有约定的产品。

3 当任一相关方对抽样送检的检验数值和样品的真实性有异议时。

8.1.5 防腐木材的抽样检验及复检应符合下列规定：

1 样品应送具备国家相关资质的检测机构进行检测。

2 抽检和复检应按现行行业标准《防腐木材及木材防腐剂取样方法》SB/T 10558 的有关规定进行取样，复检取样数量应为抽样检验的 2 倍。

8.1.6 管理员应定期检查现场材料，发现防腐木材产生腐朽、严重开裂等情况时，应进行分离和标注，不合格品不得在工程中使用。

8.2 工程验收

8.2.1 防腐木材工程质量验收程序和组织应符合现行国家标准《建筑工程施工质量验收统一标准》GB 50300 的有关规定。

8.2.2 防腐木材工程验收应符合下列规定：

1 工程完工后，施工单位应向建设单位提交工程竣工报告，并应申请工程竣工验收。实行监理的工程，工程竣工报告应经总监理工程师签署意见。

2 项目单位收到工程竣工报告后，对符合竣工验收要求的工程应组织设计、施工、监理等单位和其他有关方面的专家组成验收组，进行验收。

8.2.3 工程文件性验收应符合下列规定：

1 施工现场质量管理应有相应的施工技术标准、健全的质量管理体系、施工质量检验制度和综合施工质量水平的考评制度。施工现场质量管理应按本规范附录 D 的要求检查记录。

2 施工方应提供施工组织技术方案、施工日志、图纸会审、自检报告、施工过程当中的资料及产品合格证等资料。

3 应包括隐蔽工程和分部分项工程的验收资料。

4 应包括不合格项的处理与验收记录。

5 应包括重大质量问题的处理方案及验收记录。

8.2.4 工程现场勘查的主要查验项目合格项应符合下列规定：

1 防腐木材工程外观质量应按表 8.2.4 评定。

2 垂直度、平整度、平行度、平面尺寸、标高等应符合现行国家标准《木结构工程施工质量验收规范》GB 50206的有关规定。

表 8.2.4 防腐木材工程外观质量

分级	结构及外观	涂刷油漆	外观质量描述	检查方法
A	结构外露，外观要求高	需要	木构件表面应平整光滑，表面空隙需用不收缩材料封填	目测
B	结构外露，外观要求一般	需要	木构件表面应平整光滑，不允许有漏刨、松软节子和空洞，但允许有细小的缺漏（空隙、缺损）	目测
C	无特殊要求	不需要	允许有目测等级规定的缺陷、孔洞	目测

3 木材缝隙应符合胀缩缝隙的预留量，材料含水率应在19%以下；户外地板胀缩缝隙应为4mm～7mm，含水率应在15%以下；户外雾天环境下使用的铺装防腐木板胀缩缝隙应为3mm～8mm；外墙板的胀缩缝隙应为2mm～3mm；内墙板的胀缩缝隙应为1mm～2mm。

4 螺栓、螺丝帽的平齐度应紧固，应无漏钉，螺帽、钉帽不应突出木材表面。

5 检查建筑物的外观效果，死节尺寸和开裂程度应在允许范围内。死节大于材料宽度1/3以上时应为不合格，小于1/3时应填补，开裂长度小于50mm且裂缝宽小于3mm时，可采用胶水拌木屑填补裂缝；木构件加工和安装的精确度应在允许范围内；榫卯槽孔和板与板间的接缝应平齐，缝隙宽度应小于3mm。

6 必要时可现场取样复检，应确认符合设计载药量要求。

8.2.5 防腐木材结构工程应在各分项工程检验批验收合格后验收，验收程序应按现行国家标准《木结构工程施工质量验收规范》GB 50206的有关规定执行。

8.2.6 验收不合格项目应提出整改方案，应组织设计、监理、建设单位、施工单位进行会审，并应进行整改，对整改项目应重新进行验收，并应有不合格项的处理与验收记录；重大质量问题应有处理方案及验收记录。

8.2.7 矿用木支护与矿用枕木施工质量验收应按现行国家标准《煤矿井巷工程质量验收规范》GB 50213的有关规定执行，铁道枕木施工质量验收应按现行行业标准《铁路轨道工程施工质量验收标准》TB 10413的有关规定执行。

附录A 生物危害分区表

表A 生物危害分区

分区	省份	空气相对湿度（%）	木材平衡含水率（%）	易腐朽程度	蛀虫危害程度	白蚁危害程度
A区	福建	76～79	15.6	++++	++++	++++
	广东、香港、澳门	77～81	15.1	++++	++++	++++
	海南	79	17.3	++++	++++	++++
	台湾	78～82	16.4	++++	++++	++++
B区	广西	76～79	15.4	++++	+++	+++
	云南	63～79	13.5	++++	+++	+++
	四川	81	16.0	++++	+++	+++
	贵州	76	15.4	++++	+++	+++
	重庆	80	15.9	++++	+++	+++
	江西	76～78	16.0	++++	+++	+++
	浙江	77～79	16.5	++++	+++	+++
	湖南	80～82	16.5	++++	+++	+++
	湖北	77～81	15.4	++++	+++	+++
	上海	76	16.0	++++	+++	+++
	江苏	69～79	14.9	+++	++	++
	安徽	76～81	14.8	+++	++	++
C区	天津	62	12.2	+++	++	+
	北京	57	11.4	+++	++	+
	河北	67	11.8	+++	++	+
C区	辽宁	64	13.0	+++	++	+
	陕西	70	14.3	+++	++	+
	山东	66～77	14.4	+++	++	+
	河南	67～75	12.4	+++	++	+
	黑龙江	67	13.6	+++	++	+
	吉林	63	13.6	+++	++	+
D区	新疆	58	12.1	++	+	0
	西藏	44	8.6	++	+	0
	山西	39	11.7	++	+	0
	宁夏	43～56	11.8	++	+	0
	甘肃	43～56	11.3	++	+	0
	内蒙古	58	11.2	++	+	0

注：++++：严重区；+++：中度区；++：轻度区；+：轻微区；0：无害区。

附录B　木材及构件的使用分类

表B　木材及构件的使用分类

材料及使用		使用分类
楼板		C3
墙骨		C3
屋面板	锯材	C3
	胶合木	C3
户外用地板	地面以上使用	C3
	与土壤或淡水接触	C4.1
企口板	地面以上使用	C3
	与土壤或淡水接触	C4.1
室内地板	锯材	C2
	胶合板	C2
地坪	锯材	C3
	胶合板	C3
垫板、垫条		C3
搁栅/龙骨		C3
外墙挂板		C3
永久性木基础		C4.2
门槛、窗槛、地槛		C2
建筑木线材		C3
嵌角板条		C3
表面涂饰的柱、桩		C4.1
建筑结构用桩、柱		C4.2
方材、方柱形围栏		C4.1
板条围栏、板条形支柱等		C4.1
景观用枕木		C4.1

注：C1、C2、C3、C4.1、C4.2表示防腐木材及其制品使用环境分类，应符合本规范第3.0.5条的规定。

附录C　木材腐朽分级、虫蛀分级、白蚁侵食分级和标识

C.0.1　木材腐朽分级和标识应符合表C.0.1的规定。

表C.0.1　木材腐朽分级和标识

级别	标识	腐朽状况
无腐朽	0	材质完好，肉眼观察毫无腐朽
轻微腐朽	+	表面有可见的轻微腐朽，深度不足2mm，对木材力学性能无影响
轻度腐朽	++	表面可见明显腐朽或有腐朽菌生长，深度2mm～5mm，对木材力学性能无明显影响
中度腐朽	+++	表面可见腐朽，深5mm～10mm，对木材力学性能有明显影响
重度腐朽	++++	木材腐朽至损坏程度，腐朽部分可以轻易折断或手握钉子直接刺入木材内，不能继续使用

C.0.2　木材虫蛀分级和标识应符合表C.0.2的规定。

表C.0.2　木材虫蛀分级和标识

级别	标识	虫蛀状况
无虫蛀	0	木材表面未见虫眼、木材表层无虫蛀道痕
轻微虫蛀	+	木构件1m长范围内虫眼不超过3个或木材浅层仅有2个～3个不相连贯的长度10mm以内的虫蛀道痕
轻度虫蛀	++	木构件1m范围内虫眼不超过5个，木材内蛀道相连，深度20mm以内
中度虫蛀	+++	木构件1m长范围内虫眼6个～10个，木材内虫蛀道交叉相连，蛀蚀深度超过50mm
重度虫蛀	++++	木构件表面虫眼密布，木材内蛀道交错相连成蜂窝状，强度完全丧失

C.0.3　白蚁侵食分级和标识应符合表C.0.3的规定。

表C.0.3　白蚁侵食分级和标识

级别	标识	蚁食状况
无白蚁危害	0	材质完好，肉眼观察无白蚁
轻微危害	+	木构件被白蚁侵食面积5%以内，食层深5mm以内，对木材力学性能无影响
轻度危害	++	木构件被白蚁侵食面积10%以内，食层深10mm以内，对木材力学性能无明显影响
中度危害	+++	木构件被白蚁侵食面积40%以内，食层深20mm以内，或白蚁钻进木材内部侵食，木材内部被食空达20%以内，对木材力学性能无明显影响
重度危害	++++	木构件被白蚁侵食面积60%以内，食层深40mm以内，或白蚁钻进木材内部侵食，木材内部被食空达40%以上，木材力学性能丧失，不能继续使用

附录D 施工现场质量管理检查

表D 施工现场质量管理检查记录

开工日期：

<table>
<tr><td>工程名称</td><td colspan="2"></td><td>施工许可证号</td><td colspan="3"></td></tr>
<tr><td>建设单位</td><td colspan="2"></td><td>项目负责人</td><td colspan="3"></td></tr>
<tr><td>设计单位</td><td colspan="2"></td><td>项目负责人</td><td colspan="3"></td></tr>
<tr><td>监理单位</td><td colspan="2"></td><td>总监理工程师</td><td colspan="3"></td></tr>
<tr><td>施工单位</td><td colspan="2"></td><td>项目经理</td><td></td><td>项目技术负责人</td><td></td></tr>
<tr><td>序号</td><td colspan="3">项 目</td><td colspan="3">主要内容</td></tr>
<tr><td>1</td><td colspan="3">现场质量管理制度</td><td colspan="3"></td></tr>
<tr><td>2</td><td colspan="3">质量责任制</td><td colspan="3"></td></tr>
<tr><td>3</td><td colspan="3">主要专业工种操作上岗证书</td><td colspan="3"></td></tr>
<tr><td>4</td><td colspan="3">施工图审查情况</td><td colspan="3"></td></tr>
<tr><td>5</td><td colspan="3">施工组织设计、施工方案及审批</td><td colspan="3"></td></tr>
<tr><td>6</td><td colspan="3">施工技术标准</td><td colspan="3"></td></tr>
<tr><td>7</td><td colspan="3">工程质量检验制度</td><td colspan="3"></td></tr>
<tr><td>8</td><td colspan="3">现场材料、设备管理</td><td colspan="3"></td></tr>
<tr><td>9</td><td colspan="3">其他</td><td colspan="3"></td></tr>
<tr><td>10</td><td colspan="3"></td><td colspan="3"></td></tr>
<tr><td>结论</td><td colspan="2">施工单位
项目负责人：
（签章）

年 月 日</td><td colspan="2">单位项目
负责人：
（签章）

年 月 日</td><td colspan="2">建设单位
项目负责人：
（签章）

年 月 日</td></tr>
</table>

本规范用词说明

1 为便于在执行本规范条文时区别对待，对要求严格程度不同的用词说明如下：

1） 表示很严格，非这样做不可的：

正面词采用“必须”，反面词采用“严禁”；

2） 表示严格，在正常情况下均应这样做的：

正面词采用“应”，反面词采用“不应”或“不得”；

3） 表示允许稍有选择，在条件许可时首先应这样做的：

正面词采用“宜”，反面词采用“不宜”；

4） 表示有选择，在一定条件下可以这样做的，采用“可”。

2 条文中指明应按其他有关标准执行的写法为：“应符合……的规定”或“应按……执行”。

引用标准名录

《木结构设计规范》GB 50005
《建筑结构可靠度设计统一标准》GB 50068
《木结构工程施工质量验收规范》GB 50206
《煤矿井巷工程质量验收规范》GB 50213
《建筑工程施工质量验收统一标准》GB 50300
《原木检验》GB/T 144
《针叶树锯材》GB/T 153
《针叶树锯材 分等》GB 153.2
《枕木》GB 154
《碳素结构钢》GB/T 700
《阔叶树锯材》GB/T 4817
《六角头螺栓—C级》GB/T 5780
《六角头螺栓》GB/T 5782
《锯材干燥质量》GB/T 6491
《室内装饰装修材料 溶剂型木器涂料中有害物质限量》GB 18581
《室内装饰装修材料 木家具中有害物质限量》GB 18584
《防腐木材》GB/T 22102
《防腐木材生产规范》GB/T 22280
《木材防腐剂》GB/T 27654
《古建筑修建工程施工及验收规范》JGJ 159
《商用木材及其制品标志》SB/T 10383
《防腐木材及木材防腐剂取样方法》SB/T 10558
《防腐木枕》TB/T 3172
《铁路轨道工程施工质量验收标准》TB 10413
《一般用途圆钢钉》YB/T 5002

中华人民共和国国家标准

防腐木材工程应用技术规范

GB 50828—2012

条 文 说 明

制　订　说　明

《防腐木材工程应用技术规范》GB 50828—2012，经住房和城乡建设部2012年10月11日以第1496号公告批准、发布。

本规范制订过程中，编制组进行了广泛的调查研究，总结了我国防腐木材工程应用的实践经验，同时参考了国外先进技术法规和技术标准，通过调研和实验，取得了多方面的技术参数。

为便于广大设计、施工、检验验收、科研、学校等单位有关人员在使用本规范是能正确理解和执行条文规定，《防腐木材工程应用技术规范》编制组按章、节、条顺序编制了本规范的条文说明，对条文规定的目的、依据以及执行中需注意的有关事项进行了说明，还着重对强制性条文的强制性理由作了解释。但是，本条文说明不具备与规范正文同等的法律效力，仅供使用者作为理解和把握规范规定的参考。

目　次

2 术 语

2.0.17 古时建筑物之间的通道也叫栈道（或阁道）。

2.0.18 海事工程包括船舶、港口、码头、海上平台、水下设施、木栈道、涉水景观、水工建筑物以及护岸设施（含堤防、海塘）的建造与维护工程。

2.0.25 食木性昆虫和食菌性昆虫主要有粉蠹虫（*Lyctus branneus* Stephens）、长蠹虫（*Calophagu pekinensis* Lesne）、小蠹虫等。小蠹虫包括松纵坑切梢小蠹（*Tomicus piniperda* Linnaeus）、落叶松八齿小蠹（*Ips subelongatus* Motschulsky）、云杉八齿小蠹（*Ips typographus* Linnaeus）、多毛切梢小蠹（*Tomicus pilifer* Spessivtseff）以及白蚁（termite）等。

2.0.26 海生蛀木动物对海洋中的木质建筑、桩和木船只危害极大。本规范中所指海生蛀木动物主要分为软体类蛀木动物，如船蛆科（*Teredinidae*）的三个属——船蛆属（*Teredo*）、节铠蛆属（*Bankia*）和马特海笋属（*Martesia*）；甲壳类蛀木动物：蛀木海虱属（*Limnoria*）、团海虱属（*Sphaeroma*）等。海生蛀木动物一般指船蛆和水虱。

我国船蛆科有20多种，常见的有船蛆（*Teredo navalis* Linné）、长柄船蛆（*T. parks*：Bartsch）、列铠船蛆［*T. manni*（Wright）］、密节铠船蛆［*Bankia saulii*（Wright）］、钟形节铠船蛆（*B. campanullata* Moll et Roch）和套杯船蛆［*Teredomassa jousseaume*（Wright）］等，主要分布在南方温暖水域，发现于北方水域的只有两种船蛆。我国发现危害木材的海笋主要有马特海笋（*Martesia riata* Linnaeus）和江马特海笋（*M. rivicola* Sowerby），后者也能在江河淡水中生活。甲壳纲中危害木材的，我国主要有蛀木水虱属（*Limnoria* spp.），团水虱属（*Sphaeroma* spp.）和蛀木跳虫属（*Chelura* spp.）等。

2.0.27 白蚁（亦称虫尉）属节肢动物门，昆虫纲，等翅目，类似蚂蚁营社会性生活，其社会阶级为蚁后、蚁王、兵蚁、工蚁。以其栖性分类有木栖性、土栖性和土木两栖性三类，主要分布于热带和亚热带地区，以木材或纤维素为食。

3 基 本 规 定

3.0.1 本条是关于防腐木材工程设计的规定。

1～4 这几款规定是为了使防腐木材工程应用在建筑设计中清晰表述。

5、6 防腐木材用作结构构件时，其设计计算必须满足承载力和刚度要求。诸如齿连接、螺栓连接和钉连接等连接设计，也必须满足承载力要求。

本章适用于工程中使用的木材、木构件和木产品以及防腐剂和金属连接件。工程中使用的木材、木构件及木产品，应根据其树种木材性质及本规范第3.0.5条规定的使用条件分类确定是否适宜和需要进行防腐处理。天然防腐性能较好的木材、木构件及木产品，如能够满足其使用条件下的防腐设计要求，可以不再进行防腐处理。木材防腐处理时，应选用适当的防腐剂及防腐处理工艺，其载药量和透入度应符合本规范第4.1节的规定。如生产商与使用客户达成协议，双方应共同确认所使用材料的性质并同意使用，否则不应使用。

在选择木材时应首先选用天然耐久性木材，之后选用经防腐处理的木材。参照英国标准BS EN350—2《Durability of wood and wood-based products-Natural durability of solid wood-Part 2：Guide to natural durability and treatability of selected wood species of importance in Europe》，常用木材的天然耐久性见表1和表2，木材的可处理性见表3和表4。

表1 针叶材的天然耐久性

序号	树种名称			产地	密度（kg/m³）	心材天然耐久性	
	中文名	国外商品材名称	拉丁名			天然耐腐性	天然抗白蚁性
1	欧洲银冷杉 北美冷杉	Fir Silver Fir	*Abies* spp. *A. alba* *A. grandis*	欧洲、北美洲	440～480	稍耐腐	不耐蚁蛀
2	贝壳杉	Agathis Damar minyak Kauri pine	*Agathis* spp. *A. dammara*	澳大利亚、新西兰、马来西亚、巴布亚新几内亚	430～550	中等耐腐～稍耐腐	不耐蚁蛀
3	窄叶南洋杉	Parana pine Bunya pine Hoop pine	*Araucaria* spp. *A. angustifolia*	巴西	500～600	稍耐腐～不耐腐	不耐蚁蛀
4	阿拉斯加扁柏	Yellow cedar	*Chamaecyparis* spp. *C. nootkatensis*	北美洲	430～530	耐腐～中等耐腐	不耐蚁蛀
5	日本柳杉	Sugi	*Cryptomeria japonica*	东亚、欧洲栽培	280～400	不耐腐	不耐蚁蛀
6	落叶松	Larch European larch Westen larch	*Larix* spp. *L. gmelinii*	欧洲 日本	470～650	中等耐腐～稍耐腐	不耐蚁蛀

续表1

序号	树种名称			产地	密度(kg/m^3)	心材天然耐久性	
	中文名	国外商品材名称	拉丁名			天然耐腐性	天然抗白蚁性
7	欧洲云杉	Spruce White spruce	*Picea* spp. *P. abies*	欧洲	400～470	稍耐腐	不耐蚁蛀
8	西加云杉	Spruce White spruce	*Picea* spp. *P. sitchensis*	北美洲、欧洲栽培	400～450	稍耐腐～不耐腐	不耐蚁蛀
9	加勒比松	Caribbean pine	*Pinus* spp. *P. caribaea*	中美洲	710～770	中等耐腐	中等耐蚁蛀～不耐蚁蛀
10a	湿地松 长叶松 火炬松 萌芽松(短叶松) [统称:南方松]	Slash pine Longleaf pine Loblolly pine Shortleaf pine [Southern pine]	*Pinus* spp. *P. elliottii* *P. palustris* *P. taeda* *P. echinata*	北美洲	650～670	中等耐腐	中等耐蚁蛀～不耐蚁蛀
10b	湿地松 火炬松 [也统称:南方松]	Slash pine Loblolly pine [Southern pine]	*Pinus* spp. *P. elliottii* *P. taeda*	中美洲、北美洲栽培	400～500	稍耐腐	不耐蚁蛀
11	海岸松	Maritime pine	*Pinus* spp. *P. pinaster*	西南欧、南欧	530～550	中等耐腐～稍耐腐	不耐蚁蛀
12	辐射松	Radiata pine	*Pinus* spp. *P. radiata*	巴西、智利、澳大利亚、新西兰、南非栽培	420～500	稍耐腐～不耐腐	不耐蚁蛀
13	北美乔松	Yellow pine	*Pinus* spp. *P. strobus*	北美洲、欧洲栽培	400～420	稍耐腐	不耐蚁蛀
14	北美黄杉(俗称:花旗松)	Douglas fir	*Pseudotsuga menziesii*	北美洲、欧洲栽培	510～550 470～520	中等耐腐 中等耐腐～稍耐腐	不耐蚁蛀
15	欧洲红豆杉	European yew	*Taxus baccata*	欧洲	650～800	耐腐	无充分数据
16	红崖柏(俗称:红侧柏、红雪松)	West redc edar	*Thuja* spp. *T. plicata*	北美洲、英国栽培	330～390	耐腐 中等耐腐	不耐蚁蛀
17	异叶铁杉(俗称:西部铁杉)	Westen hemlock	*Tsuga* spp. *T. heterophylla*	北美洲、英国栽培	470～510	稍耐腐	不耐蚁蛀

表 2　阔叶材的天然耐久性

序号	树种名称			产地	密度（kg/m^3）	心材天然耐久性	
	中文名	国外商品材名称	拉丁名			天然耐腐性	天然抗白蚁性
1	奥克榄（俗称：奥古曼）	Okoume	*Aucoumea klaineana*	西部非洲	430～450	稍耐腐	不耐蚁蛀
2	黄桦	Yellow birch	*Betula* spp. *B. alleghaniensis*	北美洲	550～710	不耐腐	不耐蚁蛀
3	北美白桦	Paper birch	*Betula* spp. *B. papyrifera*	北美洲	580～740	不耐腐	不耐蚁蛀
4	欧洲桦	European white birch	*Betula* spp. *B. pubescens*	欧洲	640～670	不耐腐	不耐蚁蛀
5	海棠木	Bintangor	*Calophyllum* spp. *C. inophyllum*	东南亚、巴布亚新几内亚	630～690	中等耐腐	中等耐蚁蛀
6	光皮山核桃 鳞皮山核桃 毛山核桃	Hickory	*Carya* spp. *C. glabra* *C. ovata* *C. tomentosa*	北美洲	790～830	稍耐腐	不耐蚁蛀
7	香洋椿 劈裂洋椿	Cedro	*Cedrela* spp. *C. odorata* *C. fissilis*	中美洲、南美洲	450～600	耐腐	中等耐蚁蛀
8	龙脑香（俗称：克隆木、阿必东）	Keruing	*Dipterocarpus* spp. *D. alatus*	东南亚	740～780	稍耐腐（变异性很大）	不耐蚁蛀
9	异色桉（俗称：红桉）	Karri	*Eucalyptus* spp. *E. diversicolor*	澳大利亚	800～900	耐腐	无充分数据
10	蓝桉	Blue gum	*Eucalyptus* spp. *E. globulus*	欧洲栽培	700～800	不耐腐	不耐蚁蛀
11	边缘桉（俗称：红桉）	Karri	*Eucalyptus* spp. *E. marginata*	澳大利亚	790～900	强耐腐	中等耐蚁蛀
12	良木芸香	Pau amarelo	*Euxylophora paraensis*	南美洲	730～810	强耐腐	耐蚁蛀
13	欧洲水青冈（俗称：山毛榉、欧洲榉木）	European beech	*Fagus* spp. *F. sylvatica*	欧洲	690～750	不耐腐	不耐蚁蛀
14	香脂苏木	Agaba	*Cossweilerodendron balsamiferum*	西部非洲	480～510	耐腐～稍耐腐	不耐蚁蛀
15	单叶银叶树 爪哇银叶树	Mengkulang Lumbayau	*Heritiera* spp. *H. simplicifolia* *H. javanica*	东南亚	680～720	稍耐腐	不耐蚁蛀
16	良木银叶树	Mengkulang Lumbayau	*Heritiera* spp. *H. utilis*	西部非洲	670～710	稍耐腐	中等耐蚁蛀

续表 2

序号	树种名称			产地	密度（kg/m^3）	心材天然耐久性	
	中文名	国外商品材名称	拉丁名			天然耐腐性	天然抗白蚁性
17	印茄（木）（俗称：波罗格）	Merbau	*Intsia* spp. *I. bijuga*	东南亚、巴布亚新几内亚	730～830	强耐腐～耐腐	中等耐蚁蛀
18	黑核桃	Black walnut	*Juglans* spp. *J. nigra*	北美洲	550～660	稍耐腐	无充分数据
19	甘巴豆（俗称：金不换）	Kempas	*Koompassia* spp. *K. malaccensis*	东南亚	850～880	耐腐	不耐蚁蛀
20	翼红铁木	Azobe	*Lophira* spp. *L. alata*	西部非洲	950～1100	耐腐（变异性很大）	耐蚁蛀
21	曼森梧桐	Mansonia	*Mansonia* spp. *M. altissima*	西部非洲	610～630	强耐腐	耐蚁蛀
22	狄氏黄胆木	Badi	*Nauclea* spp. *N. diderrichii*	西部非洲	740～780	强耐腐	耐蚁蛀
23	绿心樟	Green heart	*Ocotea rodiei*	南美洲	980～1150	强耐腐	耐蚁蛀
24	大美木豆	Afrormosia	*Pericopsis* spp. *P. elata*	西部非洲	680～710	强耐腐～耐腐	耐蚁蛀
25	番龙眼	Taun，Kasai	*Pometia* spp. *P. pinnata*	东南亚、巴布亚新几内亚	650～750	稍耐腐	中等耐蚁蛀
26	非洲紫檀	African padauk	*Pterocarpus* spp. *P. soyauxii*	西部非洲	720～820	强耐腐	耐蚁蛀
27	红木棉	Alone，Bouma	*Rhodognaphalon* spp. *R. brevicuspe*	非洲	470～490	不耐腐	不耐蚁蛀
28	平滑娑罗双 黑脉娑罗双 粉绿娑罗双 （俗称：巴劳木）	Balau	*Shorea* spp. *S. laevis* *S. atrinervosa* *S. glauca*	东南亚	700～1150	耐腐	耐蚁蛀
29	胶状娑罗双 吉索娑罗双 库特娑罗双	Red balau	*Shorea* spp. *S. collina* *S. guiso* *S. kunstleri*	东南亚	750～900	中等耐腐～稍耐腐	中等耐蚁蛀
30	柯氏娑罗双 疏花娑罗双	Dark red meranti	*Shorea* spp. *S. curtisii* *S. pauciflora*	东南亚	600～730	耐腐～稍耐腐	中等耐蚁蛀
31	大叶桃花心木	Mahogany，Mogno	*Swietenia* spp. *S. madrophylla*	中美洲、南美洲 加勒比	510～580 700～770	耐腐	不耐蚁蛀
32	柚木	Teak	*Tectona* spp. *T. grandis*	亚洲及其他国家栽培	650～750	强耐腐	中等耐蚁蛀
33	白梧桐	Ayus	*Triplochitin* spp. *T. scleroxylon*	西部非洲	370～400	不耐腐	不耐蚁蛀

续表 2

序号	树种名称			产地	密度（kg/m³）	心材天然耐久性	
	中文名	国外商品材名称	拉丁名			天然耐腐性	天然抗白蚁性
34	山榆 英国榆 平榆	Elm, Wych elm	*Ulmus* spp. *U. glabra* *U. procera* *U. laevis*	欧洲	630～680	稍耐腐	不耐蚁蛀

表 3　常用针叶材的可处理性

序号	树种名称			产地	密度（kg/m³）	可处理性分级	
	中文名	国外商品材名称	拉丁名			心材	边材
1	欧洲冷杉 北美冷杉	Fir Silver Fir	*Abies* spp. *A. alba* *A. grandis*	欧洲、北美洲	440～480	2级～3级	2级（变异性很大）
2	贝壳杉	Agathis Damar minyak Kauri pine	*Agathis* spp. *A. dammara*	澳大利亚、新西兰 马来西亚 巴布亚新几内亚	430～550	3级	无充分数据
3	窄叶南洋杉	Parana pine Bunya pine Hoop pine	*Araucaria* spp. *A. angustifolia*	巴西	500～600	2级	1级
4	阿拉斯加扁柏	Yellow cedar	*Chamaecyparis* spp. *C. nootkatensis*	北美洲	430～530	3级	1级
5	日本柳杉	Sugi	*Cryptomeria*	东亚、欧洲栽培	280～400	3级	1级
6	落叶松	Larch European larch Westen larch	*Larix* spp. *L. gmelinii*	欧洲、日本	470～650	4级	2级（变异性很大）
7	欧洲云杉	Spruce White spruce	*Picea* spp. *P. abies*	欧洲	440～470	3级～4级	3级（变异性很大）
8	西加云杉	Spruce White spruce	*Picea* spp. *P. sitchensis*	北美洲、欧洲栽培	400～450	3级	2级～3级
9	加勒比松	Caribbean pine	*Pinus* spp. *P. caribaea*	中美洲	710～770	4级	1级
10a	湿地松 长叶松 火炬松 萌芽松（短叶松） [统称：南方松]	Slash pine Longleaf pine Loblolly pine Shortleaf pine [Southern pine]	*Pinus* spp. *P. elliottii* *P. palustris* *P. taeda* *P. echinata*	北美洲	650～670	3级～4级	1级
10b	湿地松 火炬松 [也统称：南方松]	Slash pine Loblolly pine [Southern pine]	*Pinus* spp. *P. elliottii* *P. taeda*	中美洲、北美洲栽培	400～500	3级	1级
11	海岸松	Maritime pine	*Pinus* spp. *P. pinaster*	西南欧、南欧	530～550	4级	1级

续表 3

序号	树种名称			产地	密度 (kg/m³)	可处理性分级	
	中文名	国外商品材名称	拉丁名			心材	边材
12	辐射松	Radiata pine	*Pinus* spp. *P. radiata*	巴西、智利、澳大利亚、新西兰、南非栽培	420～500	2 级～3 级	1 级
13	北美乔松	Yellow pine	*Pinus* spp. *P. strobus*	北美洲、欧洲栽培	400～420	2 级	1 级
14	北美黄杉（俗称：花旗松）	Douglas fir	*Pseudotsuga* spp. *P. menziesii*	北美洲、欧洲栽培	510～550 470～520	4 级 4 级	3 级 2 级～3 级
15	欧洲红豆杉	European yew	*Taxus baccata*	欧洲	650～800	3 级	2 级
16	红崖柏（俗称：西部侧柏、红雪松）	West redc edar	*Thuja* spp. *T. plicata*	北美洲、英国栽培	330～390	3 级～4 级 3 级～4 级	3 级 3 级
17	异叶铁杉（俗称：西部铁杉）	Westen hemlock	*Tsuga* spp. *T. heterophylla*	北美洲、英国栽培	470～510	3 级 2 级	2 级 1 级

表 4 常用阔叶材的可处理性

序号	树种名称			产地	密度 (kg/m³)	可处理性分级	
	中文名	国外商品材名称	拉丁名			心材	边材
1	奥克榄（俗称：奥古曼）	Okoume	*Aucoumea klaineana*	西部非洲	430～450	3 级	无充分数据
2	黄桦	Yellow birch	*Betula* spp. *B. alleghaniensis*	北美洲	550～710	1 级～2 级	1 级～2 级
3	北美白桦	Paper birch	*Betula* spp. *B. papyrifera*	北美洲	580～740	1 级～2 级	1 级～2 级
4	欧洲桦	European white birch	*Betula* spp. *B. pubescens*	欧洲	640～670	1 级～2 级	1 级～2 级
5	海棠木	Bintangor	*Calophyllum* spp. *C. inophyllum*	东南亚、巴布亚新几内亚	630～690	4 级	2 级
6	光皮山核桃 鳞皮山核桃 毛山核桃	Hickory	*Carya* spp. *C. glabra* *C. ovata* *C. tomentosa*	北美洲	790～830	2 级	1 级
7	香洋椿 劈裂洋椿	Cedro	*Cedrela* spp. *C. odorata* *C. fissilis*	中美洲、南美洲	450～600	3 级～4 级	1 级～2 级
8	龙脑香（俗称：克隆木、阿必东）	Keruing	*Dipterocarpus* spp. *D. alatus*	东南亚	740～780	3 级（变异性很大）	2 级
9	异色桉（俗称：红桉）	Karri	*Eucalyptus* spp. *E. diversicolor*	澳大利亚	800～900	4 级	1 级
10	蓝桉	Blue gum	*Eucalyptus* spp. *E. globulus*	欧洲栽培	700～800	3 级	1 级

续表 4

序号	树种名称			产地	密度 (kg/m³)	可处理性分级	
	中文名	国外商品材名称	拉丁名			心材	边材
11	边缘桉（俗称：红桉）	Karri	*Eucalyptus* spp. *E. marginata*	澳大利亚	790～900	4级	1级
12	良木芸香	Pau amarelo	*Euxylophora paraensis*	南美洲	730～810	3级～4级	无充分数据
13	欧洲水青冈（俗称：山毛榉、欧洲榉木）	European beech	*Fagus* spp. *F. sylvatica*	欧洲	690～750	1级	1级
14	香脂苏木	Agaba	*Cossweilerodendron balsamiferum*	西部非洲	480～510	3级	1级
15	单叶银叶树 爪哇银叶树	Mengkulang Lumbayau	*Heritiera* spp. *H. simplicifolia* *H. javanica*	东南亚	680～720	3级	2级
16	良木银叶树	Mengkulang Lumbayau	*Heritiera* spp. *H. utilis*	西部非洲	670～710	4级	3级
17	印茄（木）（俗称：波罗格）	Merbau	*Intsia* spp. *I. bijuga*	东南亚、巴布亚新几内亚	730～830	4级	无充分数据
18	黑核桃	Black walnut	*Juglans* spp. *J. nigra*	北美洲	550～660	3级～4级	1级
19	甘巴豆（俗称：金不换）	Kempas	*Koompassia* spp. *K. malaccensis*	东南亚	850～880	3级	1级～2级
20	翼红铁木	Azobe	*Lophira* spp. *L. alata*	西部非洲	950～1100	4级	2级
21	曼森梧桐	Mansonia	*Mansonia* spp. *M. altissima*	西部非洲	610～630	4级	1级
22	狄氏黄胆木	Badi	*Nauclea* spp. *N. diderrichii*	西部非洲	740～780	2级	1级
23	绿心樟	Green heart	*Ocotea rodiei*	南美洲	980～1150	4级	2级
24	大美木豆	Afrormosia	*Pericopsis* spp. *P. elata*	西部非洲	680～710	4级	1级
25	番龙眼	Taun, Kasai	*Pometia* spp. *P. pinnata*	东南亚、巴布亚新几内亚	650～750	3级～4级	2级
26	非洲紫檀	African padauk	*Pterocarpus* spp. *P. soyauxii*	西部非洲	720～820	2级	无充分数据
27	红木棉	Alone, Bouma	*Rhodognaphalon* spp. *R. brevicuspe*	非洲	470～490	1级	1级
28	平滑娑罗双 黑脉娑罗双 粉绿娑罗双 （俗称：巴劳木）	Balau	*Shorea* spp. *S. laevis* *S. atrinervosa* *S. glauca*	东南亚	700～1150	4级	1级～2级

续表 4

序号	树种名称			产地	密度 (kg/m^3)	可处理性分级	
	中文名	国外商品材名称	拉丁名			心材	边材
29	胶状娑罗双 吉索娑罗双 库特娑罗双	Red balau	*Shorea* spp. *S. collina* *S. guiso* *S. kunstleri*	东南亚	750～900	4 级（变异性很大）	2 级
30	柯氏娑罗双 疏花娑罗双	Dark red meranti	*Shorea* spp. *S. curtisii* *S. pauciflora*	东南亚	600～730	4 级（变异性很大）	2 级
31	大叶桃花心木	Mahogany, Mogno	*Swietenia* spp. *S. madrophylla*	中美洲、南美洲 加勒比	510～580 700～770	4 级	2 级～3 级
32	柚木	Teak	*Tectona* spp. *T. grandis*	亚洲及其他国家栽培	650～750	4 级	3 级
33	白梧桐	Ayus	*Triplochitin* spp. *T. scleroxylon*	西部非洲	370～400	3 级	1 级
34	山榆 英国榆 平榆	Elm, Wych elm	*Ulmus* spp. *U. glabra* *U. procera* *U. laevis*	欧洲	630～680	2 级～3 级	1 级

3.0.2 任何材料的构件设计都应符合现行国家标准《建筑结构可靠度设计统一标准》GB 50068 的规定，因此本条规定防腐木材构件的设计首先应符合该标准的规定。就设计原则而言，现行国家标准《木结构设计规范》GB 50005 的相关规定与《建筑结构可靠度设计统一标准》GB 50068 是一致的，在此基础上考虑木结构的特殊性，又作出了木结构的基本设计规定。除方木、原木外，现行国家标准《木结构设计规范》GB 50005 所规定的规格材和层板胶合木的设计指标，尚不满足现行国家标准《建筑结构可靠度设计统一标准》GB 50068 规定的可靠度要求，故本规范在构件设计时尚需对各类构件的承载力进行调整。调整办法详见本规范第 5 章及相关的条文说明。

3.0.3 除规格材外，不计防腐处理对木材设计指标的影响，故本条规定防腐木材的设计指标按现行国家标准《木结构设计规范》GB 50005 取用。设计指标由现行国家标准《木结构设计规范》GB 50005按方木、原木、目测分等规格材、机械分等规格材和层板胶合木等分别给出。层板胶合木分为普通层板胶合木（视为同树种的方木、原木）、目测分等层板胶合木和机械弹性模量分等层板胶合木，后两类胶合木又分为同等组合胶合木、对称异等组合胶合木和非对称异等组合胶合木。现行国家标准《木结构设计规范》GB 50005 还规定，目测分等层板胶合木和机械弹性模量分等层板胶合木的设计指标应符合现行国家标准《胶合木结构技术规范》GB/T 50708 的规定，实际上就是指按该规范的规定取值。取用木材的设计指标时还应注意，设计指标需要随木结构的使用年限、使用条件及木构件的尺寸不同而调整，详细规定需参考现行国家标准《木结构设计规范》GB 50005。

为方便应用和参考，将现行国家标准《木结构设计规范》GB 50005 中关于方木、原木的强度等级划分以及各类木产品的设计指标规定列于表 5～表 11 中。

表 5　方木、原木强度等级和适用树种

强度等级	组别	针叶材适用树种
TC17	A	柏木　长叶松　湿地松　粗皮落叶松
	B	东北落叶松　欧洲赤松　欧洲落叶松
TC15	A	铁杉　油杉　太平洋海岸黄柏　花旗松一落叶松　西部铁杉　南方松
	B	鱼鳞云杉　西南云杉　南亚松
TC13	A	油松　新疆落叶松　云南松　马尾松　扭叶松　北美落叶松　海岸松
	B	红皮云杉　丽江云杉　樟子松　红松　西加云杉　俄罗斯红松　欧洲云杉　北美山地云杉　北美短叶松
TC11	A	西北云杉　新疆云杉　北美黄松　云杉一松木一冷杉　铁杉一冷杉　东部铁杉　杉木
	B	冷杉　速生杉木　速生马尾松　新西兰辐射松

续表 5

强度等级	组别	针叶材适用树种
强度等级		阔叶材适用树种
TB20		青冈　椆木　门格里斯木　卡普木　沉水稍克隆　绿心木　紫心木　孪叶豆　塔特布木
TB17		栎木　达荷玛木　萨佩莱木　苦油树　毛罗藤黄
TB15		锥栗（栲木）　桦木　黄梅兰蒂　梅萨瓦木　水曲柳　红劳罗木
TB13		深红梅兰蒂　浅红梅兰蒂　白梅兰蒂　巴西红厚壳木
TB11		大叶椴　小叶椴

表 6　方木、原木的强度设计值和弹性模量（N/mm^2）

强度等级	组别	抗弯 f_m	顺纹受压及承压 f_c	顺纹受拉 f_c	顺纹受剪 f_v	横纹承压 $f_{c,90}$			弹性模量 E
						全面积	局部齿面	受拉螺栓垫板下	
TC17	A	17	16	10	1.7	2.3	3.5	4.6	10000
	B		15	9.5	1.6				
TC15	A	15	13	9.0	1.6	2.1	3.1	4.2	10000
	B		12	9.0	1.5				
TC13	A	13	12	8.5	1.5	1.9	2.9	3.8	10000
	B		10	8.0	1.4				9000
TC11	A	11	10	7.5	1.4	1.8	2.7	3.6	9000
	B		10	7.0	1.2				
TB20	—	20	18	12	2.8	4.2	6.3	8.4	12000
TB17	—	17	16	11	2.4	3.8	5.7	7.6	11000
TB15	—	15	14	10	2.0	3.1	4.7	6.2	10000
TB13	—	13	12	9.0	1.4	2.4	3.6	4.8	8000
TB11	—	11	10	8.0	1.3	2.1	3.2	4.1	7000

表 7　北美地区进口目测分等规格的强度设计值和弹性模量（N/mm^2）

树种名称	等级	截面最大尺寸 (mm)	抗弯 f_m	顺纹抗压 f_c	顺纹抗拉 f_t	顺纹抗剪 f_v	横纹承压 $f_{c,90}$	弹性模量 E
花旗松—落叶松类（南部）	Ⅰc	285	16	18	11	1.9	7.3	13000
	Ⅱc		11	16	7.2	1.9	7.3	12000
	Ⅲc		9.7	15	6.2	1.9	7.3	11000
	Ⅳc，Ⅴc		5.6	8.3	3.5	1.9	7.3	10000
	Ⅵc	90	11	18	7.0	1.9	7.3	10000
	Ⅶc		6.2	15	4.0	1.9	7.3	10000

续表 7

树种名称	等级	截面最大尺寸 (mm)	抗弯 f_m	顺纹抗压 f_c	顺纹抗拉 f_t	顺纹抗剪 f_v	横纹承压 $f_{c,90}$	弹性模量 E
花旗松—落叶松类（北部）	Ⅰc	285	15	20	8.8	1.9	7.3	13000
	Ⅱc		9.1	15	5.4	1.9	7.3	11000
	Ⅲc		9.1	15	5.4	1.9	7.3	11000
	Ⅳc，Ⅴc		5.1	8.8	3.2	1.9	7.3	10000
	Ⅵc	90	10	19	6.2	1.9	7.3	10000
	Ⅶc		5.6	16	3.5	1.9	7.3	10000
铁杉—冷杉（南部）	Ⅰc	285	15	16	9.9	1.6	4.7	11000
	Ⅱc		11	15	6.7	1.6	4.7	10000
	Ⅲc		9.1	14	5.6	1.6	4.7	9000
	Ⅳc，Ⅴc		5.4	7.8	3.2	1.6	4.7	8000
	Ⅵc	90	11	17	6.4	1.6	4.7	9000
	Ⅶc		5.9	14	3.5	1.6	4.7	8000
铁杉—冷杉（北部）	Ⅰc	285	14	18	8.3	1.6	4.7	12000
	Ⅱc		11	16	6.2	1.6	4.7	11000
	Ⅲc		11	16	6.2	1.6	4.7	11000
	Ⅳc，Ⅴc		6.2	9.1	3.5	1.6	4.7	10000
	Ⅵc	90	12	19	7.0	1.6	4.7	10000
	Ⅶc		7.0	16	3.8	1.6	4.7	10000
南方松	Ⅰc	285	20	19	11	1.9	6.6	12000
	Ⅱc		13	17	7.2	1.9	6.6	12000
	Ⅲc		11	16	5.9	1.9	6.6	11000
	Ⅳc，Ⅴc		6.2	8.8	3.5	1.9	6.6	10000
	Ⅵc	90	12	19	6.7	1.9	6.6	10000
	Ⅶc		6.7	16	3.8	1.9	6.6	9000
云杉—松木—冷杉类	Ⅰc	285	13	15	7.5	1.4	4.9	10300
	Ⅱc		9.4	12	4.8	1.4	4.9	9700
	Ⅲc		9.4	12	4.8	1.4	4.9	9700
	Ⅳc，Ⅴc		5.4	7.0	2.7	1.4	4.9	8300
	Ⅵc	90	11	15	5.4	1.4	4.9	9000
	Ⅶc		5.9	12	2.9	1.4	4.9	8300
其他北美树种	Ⅰc	285	9.7	11	4.3	1.2	3.9	7600
	Ⅱc		6.4	9.1	2.9	1.2	3.9	6900
	Ⅲc		6.4	9.1	2.9	1.2	3.9	6900
	Ⅳc，Ⅴc		3.8	5.4	1.6	1.2	3.9	6200
	Ⅵc	90	7.5	11	3.2	1.2	3.9	6900
	Ⅶc		4.3	9.4	1.9	1.2	3.9	6200

表 8　机械分等规格材的强度设计值和弹性模量（N/mm²）

强度名称	强度等级							
	M10	M14	M18	M22	M26	M30	M35	M40
抗弯 f_m	8.20	12	15	18	21	25	29	33
顺纹抗拉 f_t	5.0	7.0	9.0	11	13	15	17	20
顺纹抗压 f_c	14	15	16	18	19	21	22	24
顺纹抗剪 f_v	1.1	1.3	1.6	1.9	2.2	2.4	2.8	3.1
横纹承压 $f_{c,90}$	4.8	5.0	5.1	5.3	5.4	5.6	5.8	6.0
弹性模量 E	8000	8800	9600	10000	11000	12000	13000	14000

表 9　同等组合胶合木的强度设计值和弹性模量（N/mm²）

强度等级	抗弯 f_m	顺纹抗压 f_c	顺纹抗拉 f_t	弹性模量 E
TCT30	30	27	21	12500
TCT27	27	25	19	11000
TCT24	24	22	17	9500
TCT21	21	20	15	8000
TCT18	18	17	13	6500

表 10　对称异等组合胶合木的强度设计值和弹性模量（N/mm²）

强度等级	抗弯 f_m	顺纹抗压 f_c	顺纹抗拉 f_t	弹性模量 E
TCYD30	30	25	20	14000
TCYD27	27	23	18	12500
TCYD24	24	21	15	1100
TCYD21	21	18	13	9500
TCYD18	18	15	11	8000

表 10 中，当验算荷载的作用方向与层板窄边垂直时（如梁的侧向弯曲），抗弯强度设计值 f_m 应乘以 0.7 的降低系数，弹性模量 E 应乘以 0.9 的降低系数。

表 11 中，当验算荷载的作用方向与层板窄边垂直时（如梁的侧向弯曲），抗弯强度设计值 f_m 应乘以 0.7 的降低系数，弹性模量 E 应乘以 0.9 的降低系数。

表 11　非对称异等组合胶合木的强度设计值和弹性模量（N/mm²）

强度等级	抗弯 f_m		顺纹抗压 f_c	顺纹抗拉 f_t	弹性模量 E
	正弯曲	负弯曲			
TCYF30	28	17	21	18	13000
TCYF27	25	19	19	17	11500
TCYF24	23	17	17	15	10500
TCYF21	20	15	15	13	9000
TCYF18	17	13	13	11	6500

3.0.4　规格材有时需经刻痕处理，其载药量或透入度才能达到要求，但这种处理方法会损伤木纤维，损伤程度对规格材的力学性能的影响已不可忽视，故需对规格材的设计指标予以折减。我国目前尚未见相关的研究成果，本条系参照美国《木结构设计规范》NDS—2005 的相关规定制定的。刻痕处理对其他木产品力学性能的影响，目前世界各国的设计规范中都未予考虑。

3.0.5　木材的使用寿命与使用环境密切相关，也与生物（主要是腐朽菌和白蚁）对木材的危害等级相关。为了使木质建筑材料经久耐用，除了要考虑当地的腐朽因素外，还必须考虑虫害特别是白蚁的危害情况。分类考虑了对室外地上用木材是否进行保护及进行何种程度保护的重要依据，也对室内结构用材的环境危害程度以及所需要的设计和保护手段提供了参考。

4　材料选择

4.1　木　　材

4.1.1　木材防腐处理应由专业工厂加压浸渍。由于木材边材的可处理性比心材好，因此边材比例大的木材（树种）更适宜用作防腐处理，如南方松、辐射松。而心材比例大的木材（树种），如花旗松，进行防腐处理时，大多需要预处理（刻痕）。对于药物难浸入的木材，可采用刻痕处理。本条涉及工程安全质量，为强制性条文，必须严格执行。防腐木材工程应用在一些特殊环境、特殊地点或承重结构等特殊部位，其使用必须严格按照分类进行。质量不达标或防腐等级不符合应用环境的防腐木材应用到工程中，易遭受蛀虫、白蚁、木腐菌的侵害，导致木材败坏，给工程整体质量和安全埋下巨大隐患，甚至导致建筑坍塌危及人员安全。

埋入混凝土或砌体中，等同于接触土壤的使用条件。在户内与土壤接触的条件，属于 C4.1。

4.1.3 当防腐木材及制品为非承重结构时，其心材透入度不作要求。当防腐木材及其制品为承重结构时，使用分类C5的心材透入度应达到8mm。防腐木材材质指标和防腐质量是防腐木材使用年限的根本保证，上述各项要求应严格执行，达不到标准的防腐木材，在施工前应拒绝使用。

4.1.4 本条对防腐木材作出规定。

1 为便于与国际通用规则接轨，防腐木材及产品出口时，推荐使用图1的方法和符号进行标记。

如获买方同意，以上信息可以采用其他方式标记在防腐木材或产品上。

防腐木材常用规格：墙板常用规格为10mm、12mm、16mm、20mm、25mm、30mm、38mm，家装用木龙骨常用规格为20mm×30mm、30mm×30mm、30mm×40mm；木屋用木龙骨常用规格为40mm×90mm、40mm×140mm、40mm×184mm，防腐木地板常用规格为20mm×90mm、40mm×100mm、50mm×120mm，木柱常用规格为90mm×90mm、95mm×95mm、100mm×100mm、120mm×120mm、150mm × 150mm、180mm × 180mm、200mm×200mm、250mm×250mm、300×300mm。

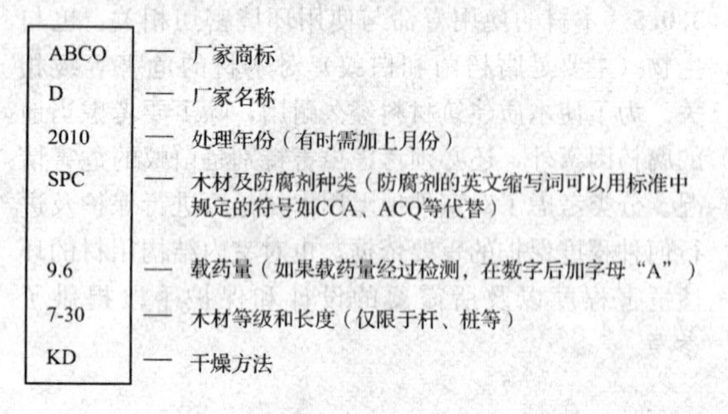

图1 出口防腐木材及产品标记

3 按照现行国家标准《锯材干燥质量》GB/T 6491的要求，干燥锯材的干燥质量规定为四个等级。干燥质量指标包括平均最终含水率、干燥均匀度、锯材厚度上含水率偏差、残余应力指标和可见干燥缺陷。防腐木材二次窑干的干燥质量应符合现行国家标准《锯材干燥质量》GB/T 6491的相关要求。

4.1.5 本条对海事工程用防腐木材作出规定。

2 海事工程中海桩木常用规格为200mm×200mm、200mm×250mm、220mm×260mm、300mm×300mm和300mm×350mm。

4.1.7 本条对矿用木支护与矿用枕木的防腐木材作出规定。

1 矿用枕木和矿用木支护所要求的载药量高、透入度大，故宜选用易进行防腐处理的木材。

4.1.9 属于危险化学品的木材防腐剂，其包装、运输、储存和使用、事故应急救援应遵守《危险化学品安全管理条例》的相关规定。

4.2 防 腐 剂

4.2.1 防腐木材工程应用中使用的防腐剂应具有毒杀木腐菌和害虫的功能、稳定性和持久性，且不应显著增加木材的吸湿性，不应危及人畜健康，不应污染环境。

4.2.2 因施工需要，施工现场需使用防腐剂原液和浓液，对防腐木材进行涂刷等，故本条对现场需使用的防腐剂作出规定。

4.3 金属连接件

4.3.1 本条参照现行国家标准《木结构设计规范》GB 50005—2003中第3.2节的规定。

4.3.2 某些防腐剂可能对金属材料具有腐蚀作用，故选用金属材料及螺栓时应考虑采用耐腐蚀的连接件。海水对金属的腐蚀性较强，应尽可能选择耐腐蚀的金属连接件，不应用铁、铜或铝质制品，避免使用过程中生锈腐蚀，影响连接牢度。

5 构件设计计算

5.1 轴心受拉和轴心受压构件

5.1.1、5.1.2 轴心受拉和轴心受压构件的设计计算中，引入了承载力调整系数。对方木、原木构件，承载力调整系数为1.0，其他木产品构件都采用了小于1.0的系数。现行国家标准《木结构设计规范》GB 50005已明确说明，按所规定的方木、原木的设计指标，顺纹受拉构件的可靠指标为4.3，顺纹受压构件的可靠指标为3.8，符合现行国家标准《建筑结构可靠度设计统一标准》GB 50068中关于安全等级为二级的一般工业与民用建筑，延性破坏构件的可靠指标不应低于3.2，脆性破坏构件的可靠性指标不应低于3.7的规定，故承载力调整系数取1.0。

对于层板胶合木，我国按所用层板的种类分为普通层板胶合木、目测分等层板胶合木和机械分等层板胶合木。其中的普通层板胶合木，强度指标的取值与同树种的方木、原木相同，故承载力调整系数与方木、原木相同。

对于规格材、目测分等层板胶合木和机械分等层板胶合木，其设计指标系由美国《木结构设计规范》NDS—1997规定的设计指标转换而来。现经可靠度验算，现行国家标准《木结构设计规范》GB 50005所规定的设计指标符合北美可靠性的要求（北美木结构的可靠性指标为2.4～2.8，平均值为2.6），尚达不到我国的可靠性要求。因而构件设计计算中需要对构件的承载力进行调整，使设计符合我国可靠性指标的规定，故引入承载力调整系数。

本规范所给出的承载力调整系数系根据可靠度验算，在满足现行国家标准《建筑结构可靠度设计统一标准》GB 50068 规定的可靠度要求的前提下给出的。对于目测分等规格材，考虑不同树种和恒载分别与住宅可变荷载、办公楼楼面荷载以及屋盖雪荷载效应组合，在可变荷载与恒载效应比值为 0.25、0.5、1.5、2.0 的不同情况下进行可靠度验算。取荷载效应比值对应的最低可靠度计算值满足可靠度要求，各树种和目测等级对应的平均可靠度计算值满足可靠度要求，由此计算出应有的抗力分项系数。由现行国家标准《木结构设计规范》GB 50005 所规定的设计指标计算出实有的抗力分项系数，实有抗力分项系数与应有抗力分项系数的比值即为本规范所采用的承载力调整系数。对于目测分等层板胶合木和机械分等层板胶合木，除考虑上述荷载效应组合外，增加了风荷载效应组合，强度按正态分布，变异系数按 $v_m = 0.16$ 计（见现行国家标准《胶合木结构技术规范》GB/T 50708 第 7 章构件防火设计条文说明），按不同荷载效应组合和不同荷载效应比值下的最低可靠度满足现行国家标准《建筑结构可靠度设计统一标准》GB 50068的要求，不同组坯、强度等级取平均值满足现行国家标准《建筑结构可靠度设计统一标准》GB 50068 的要求来确定承载力调整系数。对于机械分等规格材，在目前缺乏研究资料的情况下，其强度分布函数及其统计参数作最理想的假定，与层板胶合木一致，$v_m = 0.16$，符合正态分布，经进行与目测分等规格材相同的验算，确定承载力调整系数。

关于轴心受压构件稳定承载力的验算，我国原有稳定系数的计算方法仅适用于方木、原木结构，不适用于规格材和胶合木等现代木产品构件。受压构件的稳定系数和受弯构件的侧向稳定系数的理论分析结果表明，稳定系数 φ 应与 E/f 存在正相关关系。又由于木材的抗压、抗弯强度随荷载持续时间的增长而降低，故稳定系数应随荷载持续时间的增加而增大。我国原有的稳定系数计算方法均未体现这两个特点，导致其取值保守，特别是在长细比较大的情况下，更为明显。另一方面，如果进口规格材和胶合木构件的稳定系数仍采用原有计算公式，会导致其取值与国外规范相比偏差过大。各类木产品构件的稳定系数也应采用与方木、原木和规格材形式一致的计算式。因此，本规范对我国原有轴心受压木构件稳定系数的计算式进行了调整，使之既适用于方木、原木构件，也适用于规格材和胶合木等现代木产品构件。

轴心受压构件稳定系数计算式调整的原则是，对于原木、方木构件，TC17～TC15 受压构件的稳定系数基本上与我国历次设计规范取值一致，因此其平均稳定系数基本不作变动；对于 TC13～TC11，需要考虑的是低强度等级树种的木材，E/f 值往往高于高强度等级树种木材，其稳定系数应相对较高，而不是更低。本次调整中为消除这一矛盾，采用与 TC17、TC15 一致的计算式。对于进口规格材和层板胶合木受压和受弯构件的稳定系数，我国未作过系统的试验研究，本次调整参照美国《木结构设计规范》NDS—2005 的取值进行，但考虑了荷载持续时间对强度取值的不同。在稳定系数的计算形式上，仍沿用我国习惯，采用分段形式，且使受压、受弯构件的稳定系数的计算在形式上也统一。调整后，稳定系数计算的误差一般在 10%以内，多数情况在 5%以内。

5.2 受弯构件

5.2.1 与轴心受拉、受压构件同理，在满足我国可靠性指标要求的前提下，对方木、原木受弯构件的承载力验算无需调整，对其他木产品受弯构件的承载力验算应按本规范规定的承载力调整系数予以调整。

5.2.2 我国木结构设计计算理论长期以来并未涉及受弯构件的侧向稳定问题，原因是我国木结构设计计算理论基本基于方木、原木结构，受弯构件一般并不细长。随着规格材和胶合木的工程应用，受弯构件趋于细长，侧向稳定问题不容忽视。本着稳定系数计算结果应与国外规范同类构件的计算结果基本一致，且与受压构件稳定系数计算式形式也宜相近，便于工程应用的原则，本规范给出了一个有别于各国的回归计算式，该式的计算精度与国外规范比，误差也基本在 10%以内，多数情况下在 5%以内。

5.2.3 对于抗剪承载力计算，美国《木结构设计规范》NDS—2005 仍根据清材小试件的试验结果给出各类木产品的抗剪强度设计值，这种做法与现行国家标准《木结构设计规范》GB 50005 关于方木、原木设计指标的确定方法是一致的。故本规范建议仍按树种确定各类木产品的设计指标，即按现行国家标准《木结构设计规范》GB 50005 规定的方木、原木的抗剪强度设计值取用，设计时不必对承载力进行调整。

5.2.4、5.2.5 木材的横纹承压强度，不管是哪类木产品，国内外都是基于清材小试件的试验结果给出各类木产品的抗剪强度设计值。由于受缺陷影响小，同一树种不同强度等级木材的横纹承压强度基本相同。因此，本条规定各类木产品木材的横纹承压强度一律取用树种所在强度等级的方木、原木的设计指标，并且无需考虑承载力调整。

5.2.6 在持续荷载作用下，木材发生蠕变。木结构正常使用极限状态的验算应考虑蠕变变形的影响，这是世界各国木结构设计通常的做法。我国的习惯计算方法是通过仅计算受弯构件的短期挠度，达到控制长期挠度的目的，即通过采用严格的短期变形限值，使受弯构件的长期挠度也符合正常使用极限状态的要求。这一点在结构设计时是应予注意的。

6 连接设计计算

6.1 齿 连 接

6.1.1 “宜采用下弦杆净截面的中心线作为轴线”，即宜使上弦杆轴线、下弦杆净截面的中心线及支座反力作用线汇交于一点；对于原木桁架，可采用毛截面的中心线作为下弦杆的轴心，即可使上弦杆轴线、下弦杆毛截面的中心线及支座反力作用线汇交于一点。

齿连接的工作性能很大程度上取决于其正确的构造设计，本条对单齿、双齿连接的构造要求作了详细规定。

6.1.2 齿连接通过抵承传递压力，弦杆在齿槽处斜纹受压、受剪。由于木材的抗压、抗剪强度受木材缺陷的影响小，同树种不同强度等级木材的抗压、抗剪强度差别不大，故本条规定各类木产品均按方木、原木的设计指标取用，而不必进行承载力调整。

6.1.3 采用保险螺栓的目的是为了一旦齿连接发生受剪破坏，能通过螺栓受拉阻止上、下弦杆的相对滑移，避免突然性倒塌，为桁架修复提供保障。式(6.1.3-1)中的60°是考虑了上、下弦杆之间的摩擦力影响；采用式（6.1.3-2）中的强度调整系数，是考虑到螺栓仅在抗剪失效时参与工作，对其强度设计值予以提高。双齿连接设计时尚需注意，每一齿槽上都应设置一枚保险螺栓。

6.2 螺栓连接和钉连接

6.2.1 对于螺栓或钉连接，我国传统的设计思想是充分利用销槽的承压能力和螺栓或钉的抗弯能力。本条规定被连接构件的最小厚度，就是为了避免过薄的木构件发生劈裂，并且假定被连接木构件具有相同的材质等级。本规范所给出的连接承载力计算式就是基于这种假定才成立的，且仅适用于方木、原木结构。木结构发展至今，被连接的木构件有时并不具有相同的材质等级，甚至可以是不同种类的木产品（如轻型木结构中木基结构板材与墙骨的连接），我国螺栓或钉连接承载力的设计计算显然需要改进和扩展。本规范所规定的计算方法是将各类木产品的螺栓或钉连接均近似按方木、原木处理，是一种偏于保守的做法。

6.2.2 螺栓连接或钉连接的承载力实际上取决于销槽的承压强度和钢材的抗弯强度，欧美各国的设计规范一般按此两项强度设计值计算。我国所给出的计算公式是基于木材顺纹抗压强度的试验回归结果，在节点连接采用相同材质等级木材和破坏模式相同的情况下，计算结果与国外规范相差并不大，故本规范仍采用我国习惯计算方法计算各类木产品螺栓或钉连接的承载力，但仅适用于被连接构件采用相同材质等级的木材，并要求各类木产品均按树种所在强度等级的方木、原木的轴心抗压强度取值。对于不同材质等级木材的节点连接，其承载力计算尚有待于我国从事木结构的科技人员进一步研究。

7 施 工

7.1 一 般 规 定

7.1.2 本条从人员安全防护的角度对防腐木材的施工过程提出了相关控制要求。

7.1.4 原则上，防腐木材在进入施工前应加工至最终尺寸，在施工现场不应再进行锯、切、钻等工序。如确实难以避免，应在新的切口或孔眼处涂刷渗透性强的防腐剂2遍～3遍。在施工安装过程中，如果防腐木材被机械磨损或损伤，暴露出未浸渍防腐剂的木材表面时，应及时采取补救措施，用渗透性强的防腐剂涂刷2遍～3遍。透入度及载药量取样分析时，如果采用空心钻取样，应用相同木材防腐剂加压处理的木芯将取样留下的钻孔塞紧。

7.1.6 矿用木支护与矿用枕木工程因其特殊性，其质量验收按现行国家标准《煤矿井巷工程质量验收规范》GB 50213的相关要求执行。

7.1.10 本条涉及人员和环境安全，为强制性条文。防腐剂中含有重金属成分的防腐处理材，应进行回收集中处理。严禁随意丢弃，因防腐材中的药剂若流失则有污染土壤和水源的危险。为避免防腐木材废料对人员健康和环境保护产生有害影响，施工现场防腐木材再加工过程中产生的锯切边角料、锯屑、刨花、凿洞碎料等，应集中装袋，运到指定地点进行处理后挖坑填埋，填埋地点应远离人、畜居住活动的地方和水源地，埋深达2m以上，不易被一般的耕种或沟渠开挖等作业造成裸露。

7.2 房屋建筑工程

7.2.4 本条对木结构中应采取防潮和通风构造措施的部位进行了规定。

3 露天结构可在构件之间留有空隙（连接部位除外），以在构造上避免积水。

7.2.5 本条对防腐木材工程的维护进行了规定。

2 采用螺丝固定的板材厚度较小，安装木材干湿度不统一时，经180d后木材的干湿平衡度基本达到统一，会产生局部干缩，造成钉帽突出和松动，需检查维护。

3 结构用木材通常截面规格较大，含水率较高，且心材部分在安装后360d后会自然干燥，产生收缩干裂，因潮湿白蚁危害严重的区域，腐朽菌和白蚁可从木材裂缝侵入，故需对裂缝进行专门处理。

7.3 园林景观工程

7.3.1 亭、廊、棚架构架类的防水卷材的安装，卷材铺设应平顺、贴实，尽量减少褶皱，铺设后及时压载或锚固。其平整度应在容许的范围内平缓变化，坡度均匀，坡厚一致。无开裂、无明显尖突、凹凸不平；应合理布置每片防水卷材的位置，力求接缝最少；铺设不论是边坡还是场底，应平整、顺直，避免出现褶皱、波纹，以使两幅对正、搭齐。搭接宽度按设计要求。多彩瓦的安装应按照多彩玻纤瓦的安装指南，使用正确型号、尺寸和等级的钉子；应从屋面底部开始向上铺设多彩玻纤瓦，在此过程中确保不影响多彩瓦屋面的耐用性和美观性；应选用镀锌防锈钉并应按照多彩玻纤瓦的安装要求确定钉子的位置，钉子的位置应位于装饰缝上方 16mm，距离两端 25mm，且距每个装饰缝中心左、右各 25mm 处；固定钉子前，多彩玻纤瓦要排列整齐，以免钉子外露；每张多彩玻纤瓦使用不少于 4 枚钉子。

7.3.2 本条对栅栏栏杆类安装作出规定。

2 一般栅栏越高，立柱的间距越小，以确保栅栏的稳固性。

7.3.3 常用龙骨搭接方法有 3 种：斜接、对接、错位搭接，见图 2。

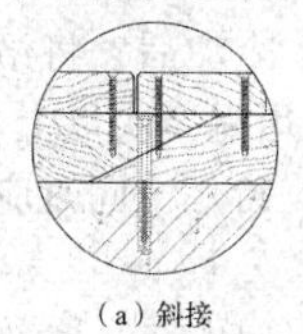
(a) 斜接

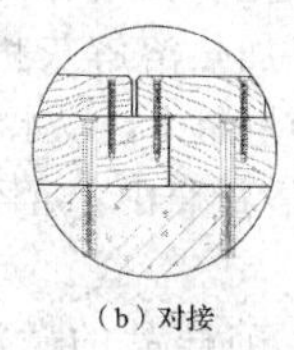
(b) 对接

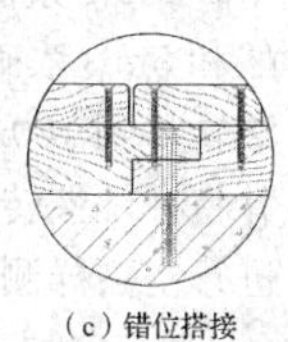
(c) 错位搭接

图 2 龙骨搭接方法

木龙骨安装前应先进行场地检查，检查施工场地是否满足施工要求。重点检查场地水泥基层强度及平整度，也要检查施工现场其他作业班组是否影响木地板工程施工。确认场地完全满足施工要求后，方可组织进场施工。

7.3.6 园林景观建筑用的防腐木材，长时间暴露在室外不同气候环境下使用，在安装施工完后应在木材表面涂刷功能性优、环保性好、耐候性强的户外水封涂料或油漆。

7.4 海事工程

7.4.1 本节适用于经常接触海水的桩木、护木、压木、木栈道、浮码头、海岸防护、下水坡道等的施工。

7.4.4 海岸防护工程应符合现行国家标准《堤防工程设计规范》GB 50286 的有关规定。

7.4.7 本条对浮码头的安装进行了规定。

1 浮码头是游艇的停泊场。桩柱式浮码头是以防腐木海桩或混凝土桩为柱，浮码头沿桩柱上下滑动。无桩柱式浮码头是一项新的海事工程技术，以青岛奥帆赛基地浮码头为例，该浮码头清晰、美观，具有良好的视觉空间，浮码头的主体是特殊配方混凝土制成的构件，桩基为高性能橡胶拉簧，拉簧可使浮码头始终浮在水面，在 5m 潮差、1m 波高的极限情况下也能使甲板（干舷）到水面的高度保持在 0.5m。浮码头平面距水面控制在 0.5m 之内，人们可以在上面自由行走。

4 当游艇或船舶停靠浮码头时，需充电、照明、清洗、加水等，所以需安装水电等配套设施。

7.4.8 本条对下水坡道的安装进行了规定。

1 下水坡道是用于人员和小型（无动力）船舶上下水使用的，下水坡道可采用铰接式并配以近水式浮箱式平台，也可采用固定式下水坡道。固定式坡道的优点是承载力大，可承载较大型拖带机械。下水坡道的坡度应小于 1∶8 或 10°是依据国际帆联的规定。

3 本款规定是由于在铺面板的底面往上安装，可以使铺面板上表面无钉帽，以防伤人。

7.4.10 本条对海事工程的维护和保养进行了规定。

1 维护与维修队伍应经过专业培训，具备相应的海事工程、防腐木材等的知识，充分了解海事工程的特殊性，尤其是船舶撞击、海浪冲击等。

3 加工为圆角或弧形是为了防止伤人。

7.5 古建筑的修缮

7.5.2 古建筑木构件材质的勘查过程中，要对木构件的腐朽程度，虫蛀的个数、深度，蛀孔大小以及白蚁侵食的深度、范围，木构件内部被虫蛀空，白蚁食空的程度、范围等，都要进行分级和标识。

参照相关国家标准《木材耐久性能 第 2 部分：天然耐久性野外试验方法》GB/T 13942.2 及福建地方标准《风貌建筑加固修复工程施工质量安全与技术规程》DBJ13 的要求，把各等级的腐朽和虫蛀列表说明。以上判定方法和标准是多年实践的总结，部分为现场测定值，在实际勘查中操作人员及使用工具的不同，对标准的掌握会略有差异，因此，腐朽和虫蛀等级应该是一个定性的判定。实践证明，这种判定方法和标准对于修缮设计具有很高的参考价值。

7.6 矿用木支护与矿用枕木

7.6.1 矿用枕木常用规格为 120mm×140mm×1200mm，木支护用木材常用规格：立柱用原木 ϕ200mm 以上或横截面短边尺寸不应小于 120mm 的方木，顶板厚度不应小于 30mm，侧板厚度不应小于 25mm。

7.6.4 本条中轨道铺设标准按照《煤矿各工种操作规程》中《铺道工操作规程》的要求制定。

7.7 铁道枕木

本节适用于防腐普枕、岔枕、桥枕等。

8 检 验 验 收

8.1 进 场 检 验

8.1.2 施工材料进场均要进行验收，验收程序根据现行国家标准《建筑工程施工质量验收统一标准》GB 50300—2001第6章的要求执行。

8.1.4 当与防腐木材工程相关的任何一方，包括甲方、乙方或监理方等，对抽样检验的结果，包括防腐木材的载药量、边材透入度、材料的规格尺寸，金属连接件等产品质量有异议，以及在设计文件或甲、乙双方在合同中有双倍抽样复检要求时，应在原抽样送检的同一批次中，再次抽取样本进行检验，样本量为抽样检验时的2倍，以决定该批材料是否通过验收。

8.1.5 防腐木材样品检测可按以下方法进行：

1 防腐木产品取样应按现行行业标准《防腐木材及木材防腐剂取样方法》SB/T 10558的有关规定执行。

当双方对取样方法有约定时，应按与客户协商的取样标准进行。

2 含铜、铬、砷样品的湿灰化消解应按现行国家标准《防腐木材化学分析前的预处理方法》GB/T 27652的有关规定执行，并应进行空白样测试。也可采用下列湿灰化方法消解：

1) 称取约5g粉碎好的样品（精确至0.1mg），置于250mL锥形瓶中，加入50mL硫酸溶液（2.5mol/L）和10mL过氧化氢溶液（30%水溶液），混合均匀，于75℃±1℃的水浴中振荡加热30min，用慢速滤纸将溶液过滤至250mL锥形瓶中，并用不超过100mL的水彻底清洗残渣和滤纸。加热滤液至停止冒泡（即过氧化氢全部分解），冷却至室温，将滤液转移至250mL容量瓶中，加入25mL硫酸钠溶液（30g/L），用水定容至刻度，摇匀，用原子荧光光谱仪测定。同时进行空白样测试。

2) 称取1g经过干燥的木粉样品（精确至0.1mg）至消解杯，加入10mL浓盐酸，消解杯上盖上一个玻璃皿，或者真空回收装置，将样品置于电热板上，在95℃±5℃条件下加热、回流15min，直到消解液体积减少到5mL左右。或者在95℃±5℃条件下加热2h，直到消解液不再沸腾，避免将消解液煮干。如果采用微波消解的话，在95℃±5℃条件下消解6min。当溶液不沸腾时开始计时，再保持10min，以便将消解液中的酸排除干净。冷却后，将消解液转移到100mL容量瓶，并用去离子水定容。如果消解液中有颗粒状的不溶物，应通过离心（2000rpm～3000rpm，10min）或者采用Whatman No. 41滤纸或过滤器进行过滤，将其除去，或将定容后的溶液静置一段时间待用。定容后的消解液中大约含有5%的硝酸，在分析前根据适当的比例进行稀释，并根据仪器条件，添加相应的试剂如基体改进剂等。同时进行空白样测试。

3) 称取约0.5g木粉（精确至0.1mg），置于250mL烧杯（或三角瓶）中，用少量水润湿，再加入5.0mL浓硫酸，如果待测样品为CCA（铜铬砷防腐剂）防腐处理材，需另外加入8mL 30%的过氧化氢。在75℃条件下保持30min，冷却至室温，将消解液移入200mL容量瓶，用去离子水定容，并过滤，滤液待用。同时进行空白样测试。

4) 称取约1g试样（精确至0.1mg），置于250mL烧杯（或三角瓶）中，加入5 mL浓硫酸，于加热板上加热至炭化，待冒白烟后，小心滴加硝酸至反应结束，溶液澄清后，冷却，将溶液转移至100mL容量瓶中，以水冲洗烧杯3次以上，并定容混匀待用。同时进行空白样测试。

3 含铜、铬、砷样品的干法消解时应称取约1g试样（精确至0.1mg），置于30mL瓷坩埚中，在电炉上明火加热至炭化变黑，将样品全部转移到马弗炉中，500℃条件下灰化2h，冷却，先后加入2mL浓硫酸和5mL浓硝酸，加热溶解灰状物，冷却后，将溶液转移到100mL容量瓶中，以水冲洗坩埚3次以上，并将冲洗液转移至容量瓶中，定容混匀待用。同时应进行空白样测试。

4 含铜、铬、砷样品的微波消解时应称取约0.5g试样（精确至0.1mg），置于100mL微波消解罐中，加入10mL硝酸和4mL过氧化氢，放置片刻，待剧烈反应完成后，首先在12min内升温到120℃，保持12min，再在6min内升温到180℃，保持30min，待消解罐冷却后，将消解液转移到100mL容量瓶中，以去离子水冲消解罐内壁3次以上，并将冲洗液转移至容量瓶中，定容混匀待用。同时进行空白样测试。

5 季铵盐萃取时用植物粉碎机将待测样品粉碎至通过30目标准筛之后将木粉在103℃±2℃的烘箱中干燥至恒重，称取1.5g（精确至0.1mg），置于30mL的具塞聚四氟乙烯萃取瓶中，用移液管准确加入25mL 0.1mol/L盐酸-乙醇萃取剂。塞紧盖子，放入超声波浴中萃取3h（超声功率不低于360W），其间每隔30min取出一次萃取瓶，摇匀后重新放入超声波水浴继续萃取。萃取结束后，取出，静置冷却，在测定前要使木粉沉淀下来（必要时可用离心机分离）。

6 唑类化合物的索氏萃取时应准确称取约2.0g样品（精确至0.1mg）到圆底烧瓶，放入几颗玻璃珠。往烧瓶中加入50mL甲醇，并安装上水冷冷凝装置，加热圆底烧瓶，自甲醇出现回流开始计时，保持30min，将萃取液转移到100mL容量瓶中。重复上述萃取2次，并定容备用。

7 唑类化合物的超声波萃取时应准确称取0.5g

样品（精确至0.1mg），全部转移到聚四氟乙烯材质的萃取管中，称量并记录萃取管、样品的质量 m_1。准确加入10mL色谱级甲醇，并将盖旋紧。将萃取管置于已预热至55℃的超声波萃取仪中，开始萃取计时，每隔30min将萃取管取出，并用力甩动萃取管，共萃取3h。如果有必要，需要小心地将萃取管的盖子打开，缓慢释放其中的压力，并防止样品流失。萃取结束，将萃取管取出，冷却，并将外壁的水擦拭干净，然后再次称取并记录萃取管、样品和萃取液的质量 m_2。前后质量差（m_2-m_1）就是萃取用的甲醇的量。将萃取液用100mL的注射器通过0.45μm的滤膜过滤。过滤后的溶液转移到100mL容量瓶中，往滤液中加入2mL的1000 mg/L的戊唑醇内标溶液，并定容备用。

8 样品中铜、铬和砷的化学法测定应按现行行业标准《水载型防腐剂和阻燃剂主要成分的测定》SB/T 10404的有关规定执行。

9 样品中铜、铬和砷的原子吸收光谱法测定应符合下列规定：

1） 混合标准工作溶液配置时应分别吸取0、0.5mL、1.0mL、2.0mL、3.0mL、4.0mL、5.0mL、6.0mL、7.0mL的混合标准溶液于100mL的容量瓶中，用硫酸（0.5mol/L）-硫酸钠（3g/L）溶液定容至刻度线，摇匀。该混合标准工作溶液的浓度水平见表12。

表12 混合标准工作溶液浓度水平

序号	1	2	3	4	5	6	7	8	9
铜(Cu)	0	0.5	1	2	3	4	5	6	7
铬(Cr)	0	0.5	1	2	3	4	5	6	7
砷(As)	0	5	10	20	30	40	50	60	70

表12中可根据试样的元素含量及不同仪器的检测范围适当调整混合标准溶液的浓度水平。

2） 测定时应将消解后的样品溶液中待测元素的含量用上述硫酸-硫酸钠溶液稀释到标准工作溶液的浓度范围之内，选择适当的仪器工作条件（见表13），对上述混合标准工作溶液进行测定，并得出工作曲线，然后分别测定空白试样和样品溶液。

表13 仪器工作条件

项　目	工作条件		
	铜的测定	铬的测定	砷的测定
测定波长(nm)	324.8	357.9	193.7
通带宽度(nm)	0.5	0.2	0.5
灯电流(mA)	4.0	7.0	10.0
火焰类型	空气/乙炔	空气/乙炔	空气/乙炔
空气流量(L/min)	13.50	11.00	13.50
乙炔流量(L/min)	2.00	3.00	2.45
背景校正	氘灯	氘灯	氘灯

实验室可根据仪器型号，选择合适的工作条件。

3） 计算时样品中铜(以CuO计)、铬(以 CrO_3 计)和砷(以 As_2O_5 计)的含量按下式计算，计算结果应保留3位有效数字：

$$w_j=n\times\frac{V_1(c_j-c_0)(100+h)}{m}\times10^{-6} \quad (1)$$

式中：w_j——样品中被测元素浓度(%)；

c_j——样品溶液中被测元素的浓度(mg/L)；

c_0——空白溶液中被测元素的浓度(mg/L)；

V_1——消解溶液定容后的体积(mL)；

h——样品的含水率(%)；

m——样品的质量(g)；

n——计算因子，CuO、CrO_3 和 As_2O_5 的计算因子分别是：1.2518、1.9231和1.5339。

10 样品中硼的仪器法测定应符合下列规定：

1) 称取适量绝干后的待测木粉样品（含硼约0.01g，精确至0.1mg）置入一150mL的锥形瓶中，准确移取5.0mL去离子水，加热并煮沸1min后冷却至室温，再次加入去离子水稀释至溶液总质量为100.0g(精确至0.1mg)，定容混匀待用。同时进行空白样消解，作为测试的空白样。

2) 或称取0.5g绝干后的待测木粉样品(精确至0.1mg)，置入石英消解管内，加入5mL浓硝酸，放置过夜以防止消解时产生泡沫过多。将消解仪温度调到150℃，开始计时并保持1h；再加入5mL硝酸，并将温度升高至180℃，直至溶液澄清透明。待消解液冷却后，将其转移至100mL容量瓶中，用去离子水洗涤消解管数次，洗涤水一并转移至容量瓶中，定容混匀待用。同时进行空白样测试。

3) 或者将样品在70℃条件下干燥至恒重，准确称取2.5g样品(精确至0.1mg)和1.5g无水碳酸钠与无水氧化钙的混合物至瓷坩埚，并充分混匀。在550℃条件下干法消解1h，并冷却。将消解后的样品转移到烧杯中，并用少量的10%盐酸溶液冲洗瓷坩埚，再用去离子水彻底冲洗干净，并将冲洗液倒入烧杯中；往烧杯中再加入10mL浓盐酸，并盖上蒸发皿，防止溶液飞溅。用去离子水冲洗蒸发皿和烧杯的内壁，加入1mL酚酞指示剂；往溶液中逐滴加入已冷却的、新配置的15%氢氧化钠溶液，充分摇动烧杯，使得溶液混合均匀，直至溶液变为粉红色，此时溶液呈弱碱性。将烧杯中的溶液和沉淀全部转移到

100mL 容量瓶，并定容，过滤溶液待用。

4)样品溶液采用电感耦合等离子发射光谱(ICP-OES)或原子吸收光谱进行测定。

11 样品中硼的化学法——甲亚胺-H 酸法测定：

1)标准溶液配置：应将 0.5715g 分析纯硼酸溶解在 1000mL 的去离子水中，此溶液中硼的浓度为 100mg/L，将此溶液稀释为硼的浓度分别为 2mg/L、4mg/L、6mg/L、8mg/L、10mg/L 的一系列工作溶液。

2)缓冲溶液配置：应将 250g 乙酸铵溶解在 400mL 去离子水中，加入 15g 乙二胺四乙酸二钠(EDTA)和 125mL(131g)冰乙酸，搅拌均匀。该溶液可放冰箱里保存。

3)甲亚胺-H 试剂配置：应将 1.0g 抗坏血酸和 0.45g 甲亚胺-H 溶解在 100mL 容量瓶中，并用去离子水定容，混合均匀后，放冰箱里储存。

4)标准曲线的绘制：应取 1.0mL 标准溶液到比色皿中，依次加入 1.0mL 的缓冲液和 1.0mL 的甲亚胺-H 试剂，混合均匀，并放置 30min～40min。然后用紫外分光光度计(波长设置为 420nm)测量各标液的吸光度。以去离子水混合缓冲液和甲亚胺-H 试剂作为空白对照。最后以吸光度为 y 轴，硼标准溶液的硼含量为 x 轴，绘制标准曲线。

5)样品的测定方法与硼标准溶液的测定相同，在同样条件下测定吸光度。用湿灰化法得到的样品溶液必须先用稀氨水将其 pH 值调到 5.5～6.0 之间才能用此方法检测。根据所绘制的标准曲线计算出相对应的硼含量。

12 样品中唑类化合物的测定可按现行国家标准《水载型木材防腐剂分析方法》GB/T 23229 的有关规定执行。

13 防腐木材的边材透入度的测定应用空心钻(内径约 5mm)在距样品中央部位的边棱上钻取边材木芯，确定具体位置时应避开节子、开裂和应力木等缺陷，钻取时应垂直边棱，取出木芯。或者在样品长度方向的中间位置截取一段木块，用游标卡尺测量防腐剂的透入深度；水载型木材防腐剂处理的木材，可借助化学显色剂判断防腐木材中防腐剂的边材透入度。

14 含铜木材防腐剂处理材的边材透入度可采用 0.5g 铬天青和 5g 醋酸钠先后溶于 80mL 去离子水中混匀成浓缩液，然后再稀释至 500mL 去离子水溶液作为显色剂储存备用；测定含铜木材防腐剂处理材的透入度，应将显色剂分装于 50mL 滴管玻璃瓶中并顺滴在木芯上，或利用喷雾器将显色剂喷在木芯或者截取的试件端面上，稍等片刻，凡含铜的试样应显现深蓝色。

15 对含砷木材防腐剂处理材可采用三种显色剂配合使用，1 号显色剂为取 3.5g 钼酸铵溶于 90mL 去离子水，再加入 9mL 浓盐酸，即配即用；2 号显色剂为取 1g 茴香胺(邻氨基苯甲醚)溶于 99g 的浓度为 1.7%的稀盐酸中，并贮存在棕色试剂瓶内，备用，有效期 7d。3 号显色剂为取 30g 氯化亚锡溶于 100mL 的 1∶1 的盐酸溶液中(1 份浓盐酸加 1 份水)，贮存在棕色瓶内，备用，有效期 7d。

16 测定含砷木材防腐剂处理材的透入度，应将三种显色剂分装于滴管玻璃瓶中，并按 1、2、3 号显色剂的顺序先后点滴或喷在试件的端面或木芯上，约 1min 后，含砷部分的试样应呈蓝绿色，试样不含砷或砷的含量非常低时，应呈橙红色。

17 对含铬木材防腐剂处理材可采用 0.5g 羟基萘磺酸溶于 100mL 的浓度为 1%的硫酸溶液中备用。测定含铬木材防腐剂处理材的透入度，应将木芯或截取的试件放置在白色滤纸上，用配置好的显色剂试液不断滴在试样上，大约经过 10min 后予以冲洗，然后检测滤纸，呈现紫红色的部分可证明该部分有铬的存在。

18 含硼木材防腐剂处理材的边材透入度可采用 10mL 盐酸与 80mL 乙醇混合，然后用乙醇将其稀释至 100mL，加入 0.25g 姜黄素，再加入 10g 水杨酸，混匀待用后将显色剂直接滴加或喷洒在木芯或者木材的截面上，防腐木材含硼木芯部分显示淡红至亮红色。

19 对含锌木材防腐剂处理材应采用铁氰酸钾、碘化钾和淀粉(可溶)各 1g，分别溶入 100mL 去离子水中备用。其中可溶性淀粉应先用少许水浸湿，然后加水至 100mL，并在烧杯中加热，不断搅拌直到全部溶解。测定时，应将三种溶液各取 10mL 混匀作为显色剂使用(有效期 3d)，将显色剂直接滴在木芯或者木材的截面上，含锌部分的木芯应立即呈深蓝色，无锌的木芯部分应保持原色。

20 测定有色的木材防腐油、环烷酸铜等木材防腐剂的边材透入率或透入深度，可直接在木芯上测量，对浅色的环烷酸铜、煤杂酚油等处理防腐木材，可采用含有 5%的红染料干粉喷刷样品进行显色反应。

21 积分仪测定防腐木材的边材透入率：在样品的横切面上使用积分仪分别测出边材总面积和防腐剂活性成分在边材中的渗透面积，两个面积值的比值即为边材透入率。外露心材透入深度按防腐剂活性成分透入到外露心材中离表面最小的距离计算。

8.2 工 程 验 收

8.2.4 本条对工程现场勘查的主要查验项目合格项进行了规定。

3 含水率采用测水仪测量得到。胀缩缝隙为木材的干缩湿胀系数对应的调整值。

中华人民共和国国家标准

城市规划基础资料搜集规范

Code for basic data collection of urban planning

GB/T 50831—2012

主编部门：中华人民共和国住房和城乡建设部
批准部门：中华人民共和国住房和城乡建设部
施行日期：2 0 1 2 年 1 2 月 1 日

中华人民共和国住房和城乡建设部
公　　告

第1495号

住房城乡建设部关于发布国家标准《城市规划基础资料搜集规范》的公告

现批准《城市规划基础资料搜集规范》为国家标准，编号为GB/T 50831—2012，自2012年12月1日起实施。

本规范由我部标准定额研究所组织中国计划出版社出版发行。

中华人民共和国住房和城乡建设部

2012年10月11日

前　　言

本规范是根据住房和城乡建设部《关于印发〈2008年工程建设标准制定、修订计划（第一批）〉的通知》（建标标函〔2008〕23号）的要求，由江苏省城市规划设计研究院会同有关单位共同编制完成。

本规范在编制过程中，编制组经过广泛调查研究，认真总结实践经验，参考国内外相关标准，并广泛征求意见，最后经审查定稿。

本规范共分5章，主要技术内容是：总则，城市总体规划的基础资料搜集，控制性详细规划的基础资料搜集，修建性详细规划的基础资料搜集，基础资料搜集的步骤、方法及成果。

本规范由住房和城乡建设部负责管理，由江苏省城市规划设计研究院负责具体技术内容的解释。执行过程中如有意见或建议，请寄送江苏省城市规划设计研究院（地址：江苏省南京市鼓楼区草场门大街88号江苏建设大厦，邮政编码：210036），以便今后修订时参考。

本规范主编单位：江苏省城市规划设计研究院

本规范参编单位：重庆市规划设计研究院
广州市城市规划勘测设计研究院
哈尔滨市城市规划设计研究院

本规范主要起草人员：袁锦富　徐海贤　杨红平　郑文含　叶兴平　彭瑶玲　王国恩　刘　伟　李　铭　杨秀华　陈燕飞　何　波　钱紫华　刘亚丽　易晓峰　余炜楷　张建喜　刑　青

本规范主要审查人员：陈秉钊　张京祥　鹿　勤　苏功洲　黄　平　任　洁　程大林

目　次

Contents

1 总　　则

1.0.1 为了规范城市规划基础资料搜集，服务城市规划编制，制定本规范。

1.0.2 本规范适用于城市总体规划、控制性详细规划和修建性详细规划基础资料的搜集工作。

1.0.3 编制城市规划应搜集有关城市及其相关区域的自然、历史、经济、社会、文化、生态、环境、城市建设的现状资料、相关规划及其他资料。

1.0.4 基础资料搜集应以编制基准年数据为准。需要搜集历史数据资料时，宜以“历年”表述，应搜集5年～10年的数据。

1.0.5 城市人民政府应组织提供准确、有效的基础资料，其中涉及城市安全、经济、人口的资料，应以相关行政主管部门提供的数据为准。

1.0.6 城市规划基础资料的搜集，除应执行本规范外，尚应符合国家现行有关标准的规定。

2 城市总体规划的基础资料搜集

2.0.1 综合资料应包括政府及有关部门制定的法律、法规、规范、政策文件、规划成果和行政区划等资料，应由发改、经信、国土、民政、交通、环保、农业、规划、建设、水利（务）、电力、市政等部门提供。

2.0.2 自然条件资料应包括地形地貌、工程地质、水文及水文地质、气象等资料，应由国土、测绘、水利（务）、地震、气象等部门提供。

2.0.3 自然资源资料应包括土地资源、水资源、矿产资源、生物资源、能源等资料，应由国土、水利（务）、农林、环保、发改、统计等部门提供。

2.0.4 历史发展资料应包括城镇发展历史演变、行政区划变动等资料，应由地方志办公室、规划、建设等部门提供。

2.0.5 历史文化资料应包括市域的历史文化名城、名镇、名村，文物保护单位，地下文物埋藏区，非物质文化遗产，世界文化遗产，中心城区的历史城区、历史文化街区、历史地段、历史建（构）筑物、古树名木等资料，应由文物、文化等部门提供。

2.0.6 人口资料应包括户籍人口、城镇人口、农村人口和常住人口等资料，应由统计、计生、公安等部门提供，从其他渠道获取的资料应经统计部门确认。

2.0.7 经济社会资料应包括市域、市区、县（市）、镇（乡）的经济总量、产业发展、社会发展资料，应由统计、发改、经信等部门提供。

2.0.8 土地利用资料应包括市域城镇，乡、村庄建设用地、基本农田、土地出让等资料，应由规划、建设、国土等部门提供。

2.0.9 生态环境资料应包括生态保护空间、环境质量、排污量、生态建设工程及主要生态环境问题等资料，应由环保、农林、水利（务）、园林等部门提供。

2.0.10 居住资料应包括中心城区的各类居住用地、保障性住房用地等资料，应由房管、建设等部门提供。

2.0.11 公共管理与公共服务资料应包括行政办公、文化、教育科研、体育、医疗卫生、社会福利、外事、宗教等设施的数量、规模、布局等资料，应由文化、教育、卫生、体育、科技、民政、宗教事务等部门提供。

2.0.12 商业服务业资料应包括中心城区的商业、商务、娱乐康体、公用设施营业网点等主要设施的数量、规模、布局等资料，应由商务、文化等部门及金融机构提供。

2.0.13 工业资料应包括各类开发区、工业用地和主要工业企业资料，应由经信、外经贸、发改、规划等部门和开发区管理机构提供。

2.0.14 物流仓储资料应包括物资中转、配送、批发、交易等设施资料，应由交通、经信、发改、规划等部门及物流园区管理机构提供。

2.0.15 绿地资料应包括中心城区的公园绿地、防护绿地和广场用地等资料，应由城市园林绿化、建设等部门提供。

2.0.16 特殊用地资料应包括专门用于军事目的和安全保卫的设施资料，应由军事机关、公安等部门提供。

2.0.17 综合交通资料应包括区域交通设施和城市交通设施的等级、布局、运能、运量等资料，应由交通、港务、民航、铁路、发改、外经贸、公安、规划、建设等部门提供。

2.0.18 旅游资料应包括旅游镇、旅游村、A级景区、旅游度假区、风景名胜区、其他旅游资源和旅游服务设施等资料，应由旅游管理、规划、建设等部门及风景区管理机构提供。

2.0.19 供水工程资料应包括水源、清水通道、用水量、供水工程设施等资料，应由水利、规划、建设等部门及自来水公司、水务集团等企事业单位提供。

2.0.20 排水工程资料应包括污水处理厂、达标尾水通道、纳污水体、排水管网等资料，应由水利、规划、建设等部门及污水处理厂、水务集团等企事业单位提供。

2.0.21 电力工程资料应包括电源、用电量、电网等资料，应由发改、规划、建设等部门及电力公司等企事业单位提供。

2.0.22 通信工程资料应包括各类通信业务用户数据、通信设施等资料，应由规划、建设、经信等部门及电信、移动、联通、广电、邮政等企事业单位提供。

2.0.23 燃气工程资料应包括气源、供气方式、燃气场站设施、燃气管网等资料，应由发改、规划、建设、经信等部门及燃气公司等企事业单位提供。

2.0.24 供热工程资料应包括热源、供热方式、供热管网等资料，应由发改、规划、建设等部门及热力公司等企事业单位提供。

2.0.25 环卫工程设施资料应包括垃圾产生量、垃圾收集处理方式、垃圾填埋场、垃圾焚烧厂、粪便处理厂、餐厨垃圾处理厂（站）、堆肥厂等资料，应由建设、市政、城管、统计等部门提供。

2.0.26 殡葬设施资料应包括殡仪馆、火葬场、墓地与骨灰存放处等资料，应由民政等部门提供。

2.0.27 综合防灾资料应包括地质灾害、防洪、消防、抗震、人防、气象灾害等资料，应由国土、水利、消防、气象、地震、人防、规划、建设等部门提供。

2.0.28 地下空间利用资料应包括中心城区地下商业、交通等设施的资料，应由人防、商务、建设、交通等部门提供。

3 控制性详细规划的基础资料搜集

3.0.1 综合资料应包括政府及有关部门制定的法律、法规、规范、政策文件和规划成果等资料，应由国土、规划、建设、交通、环保、文化、教育、体育、卫生、水利（务）、电力、市政等部门提供。

3.0.2 自然条件资料应包括地形地貌、河流水系、地下水、植被等资料，应由国土、测绘、水利（务）、地震、农林等部门提供。

3.0.3 历史文化资料应包括历史文化街区、历史地段、文物保护单位、历史建（构）筑物、非物质文化遗产、古树名木等资料，应由文物、文化、规划、建设、园林绿化等部门提供。

3.0.4 土地利用资料应包括地价、地籍资料，应由国土、规划等部门提供。

3.0.5 生态环境资料应包括环境质量、生态建设工程、规划范围内排污量等资料，拟改变土地使用性质的原工业用地应搜集土壤污染的评价资料，应由环保、农林等部门提供。

3.0.6 居住资料应包括各类住宅、保障性住房、服务设施资料，应由房管、建设等部门和房产交易机构提供。

3.0.7 公共管理与公共服务资料应包括行政办公、文化、教育科研、体育、医疗卫生、社会福利、外事、宗教等设施的规模、布局、建筑等资料，应由文化、教育、卫生、体育、科技、民政、宗教事务等部门提供。

3.0.8 商业服务业资料应包括商业、商务、娱乐康体、公用设施营业网点等主要设施的规模、布局、建筑等资料，应由商务、文化等部门及金融机构提供。

3.0.9 工业资料应包括工业企业的规模、布局、建筑等资料，应由经信、外经贸、发改、规划等部门及开发区管理机构提供。

3.0.10 物流仓储资料应包括物流仓储设施性质、规模、布局等资料，应由交通、经信、发改、规划等部门及物流园区管理机构提供。

3.0.11 绿地资料应包括公园绿地、防护绿地和广场用地等资料，应由城市园林绿化、规划、建设等部门提供。

3.0.12 特殊用地资料应包括专门用于军事目的和安全保卫的设施资料，应由军事机关及公安等部门提供。

3.0.13 综合交通资料应包括区域交通设施、城市交通设施和重要地段地下交通设施的用地范围、线形走向、控制要求等资料，应由交通、发改、规划、建设等部门提供。

3.0.14 供水工程资料应包括用水量、供水工程设施等资料，应由规划、建设、水利等部门及自来水公司、水务集团等企事业单位提供。

3.0.15 排水工程资料应包括排水体制、污水处理厂、达标尾水通道、纳污水体、排水管网等资料，应由规划、建设、水利等部门及污水处理厂、水务集团等企事业单位提供。

3.0.16 电力工程资料应包括用电负荷、电源、供电方式、电力工程设施等资料，应由规划、建设等部门及电力公司等企事业单位提供。

3.0.17 通信工程资料应包括通信用户、通信管网、通信工程设施等资料，应由规划、建设、经信等部门及电信、移动、联通、广电、邮政等企事业单位提供。

3.0.18 燃气工程资料应包括气源、用气量、供气方式、燃气输配系统、燃气管网、燃气场站设施等资料，应由规划、建设等部门及燃气公司等企事业单位提供。

3.0.19 供热工程资料应包括热源、热负荷、供热方式、供热管网等资料，应由发改、规划、建设等部门及供热公司等企事业单位提供。

3.0.20 环卫资料应包括垃圾产生、处置及环卫设施布局等资料，应由规划建设部门提供。

3.0.21 殡葬设施资料应包括殡仪馆、火葬场、墓地与骨灰存放处等资料，应由民政等部门提供。

3.0.22 综合防灾资料应包括防洪、消防、抗震、人防等资料，应由国土、水利、消防、气象、地震、人防、规划、建设等部门提供。

3.0.23 地下空间利用资料应包括交通、市政等基础设施及地下商业、文化娱乐等公共设施的资料，应由人防、商务、交通、规划、建设等部门提供。

4　修建性详细规划的基础资料搜集

4.0.1　综合资料应包括政府及有关部门制定的法律、法规、规范、政策文件和规划成果等资料，应由规划、建设等部门提供。

4.0.2　自然条件资料应包括地形地貌、地下水、工程地质、植被等资料，应由国土、测绘、水利（务）、地震、农林等部门提供。

4.0.3　历史文化资料应包括规划地块和邻近地区的文物保护单位、历史建（构）筑物、非物质文化遗产、古树名木及城市的文化底蕴、空间肌理、建筑特色等资料，应由文化、文物、园林绿化、规划、建设等部门提供。

4.0.4　土地利用资料应包括地价、地籍资料，应由国土、规划等部门提供。

4.0.5　建（构）筑物资料应包括各类建（构）筑物的质量、功能、结构资料，应由建设部门提供。

4.0.6　道路交通资料应包括规划范围内道路交通规划和城市交通设施布局的相关资料，应由交通、规划、建设等部门提供。

4.0.7　供水工程资料应包括给水管线、预留接管、给水加压泵站、再生水设施等资料，应由规划、建设、水利等部门及自来水公司、水务集团等企事业单位提供。

4.0.8　排水工程资料应包括排水体制和污水、雨水设施资料，应由规划、建设、水利等部门及污水处理厂、水务集团等企事业单位提供。

4.0.9　电力工程资料应包括用电负荷、电源、供电方式、电力工程设施及中低压配网等资料，应由规划、建设等部门及电力公司等企事业单位提供。

4.0.10　通信工程资料应包括通信用户、通信管网、通信工程设施等资料，应由规划、建设、经信等部门及电信、移动、联通、广电、邮政等企事业单位提供。

4.0.11　燃气工程资料应包括气源、用气量、供气方式、燃气输配系统、燃气管网、燃气场站设施等资料，应由规划、建设等部门及燃气公司等企事业单位提供。

4.0.12　供热工程资料应包括热源、热负荷、供热方式、供热管网等资料，应由发改、规划、建设等部门及供热公司等企事业单位提供。

4.0.13　环卫工程资料应包括垃圾转运站、垃圾收集点、公共厕所和餐厨垃圾处理设施等资料，应由规划、建设、城管等部门提供。

4.0.14　防灾设施资料应包括防洪、消防、抗震防灾、人防等资料，应由国土、水利、消防、气象、地震、人防、规划、建设等部门提供。

4.0.15　地下空间利用资料应包括交通、市政等基础设施和地下商业、文化娱乐等公共设施的资料，应由人防、交通、市政、规划、建设等部门提供。

5　基础资料搜集的步骤、方法及成果

5.0.1　搜集步骤应符合下列规定：

1　应根据规划类型和编制要求，确定所需资料的调查提纲。

2　应根据调查提纲，拟定有关资料的调查内容、调查对象、调查方法，设计调查表格、调查问卷、访谈要点等。

3　应开展调查。

4　应分析、整理、归纳基础资料，并应形成调研成果。

5.0.2　调查方法应符合下列规定：

1　应现场踏勘调查。

2　应召开座谈会。

3　应根据调查内容发放调查表格、调查问卷。

4　应走访有关部门、企业、公众，进行访谈和资料搜集。

5　应进行文献资料的摘编整理。

5.0.3　成果表达应符合下列规定：

1　搜集的基础资料应进行分析、整理，并应作为规划成果的组成部分。其中，城市总体规划应形成“基础资料汇编”。基础资料汇编应包括综合资料目录、各类表格汇总及分析、各类资料的文字整理、重要座谈会记录、调查问卷原始表格等。

2　应绘制完成现状图。

本规范用词说明

1　为便于在执行本规范条文时区别对待，对要求严格程度不同的用词说明如下：

1）表示很严格，非这样做不可的：
正面词采用“必须”，反面词采用“严禁”；

2）表示严格，在正常情况下均应这样做的：
正面词采用“应”，反面词采用“不应”或“不得”；

3）表示允许稍有选择，在条件许可时首先应这样做的：
正面词采用“宜”，反面词采用“不宜”；

4）表示有选择，在一定条件下可以这样做的，采用“可”。

2　条文中指明应按其他有关标准执行的写法为：“应符合……的规定”或“应按……执行”。

中华人民共和国国家标准

城市规划基础资料搜集规范

GB/T 50831—2012

条 文 说 明

制 订 说 明

根据住房和城乡建设部《关于印发〈2008年工程建设标准制定、修订计划（第一批）〉的通知》（建标标函〔2008〕23号）的要求，《城市规划基础资料搜集规范》GB/T 50831—2012由江苏省城市规划设计研究院主编，重庆市规划设计研究院、广州市城市规划勘测设计研究院、哈尔滨市城市规划设计研究院参加编制。经住房和城乡建设部2012年10月11日以第1495号公告批准发布。

为便于广大城市规划的设计、管理、教学、科研等有关单位人员在使用本规范时能正确理解和执行本规范，《城市规划基础资料搜集规范》编制组按章、条顺序编制了本规范的条文说明，对条文规定的目的、依据以及执行中需注意的有关事项进行了说明。但是，本条文说明不具备与规范正文同等的法律效力，仅供使用者作为理解和把握规范规定的参考。

目　次

1 总　则

1.0.1 基础资料是指编制城市规划所需的最基本、最关键的原始资料，包括各类数据、图纸、文字说明等。基础资料的搜集与整理是规划工作的一个重要环节，也是城市规划的基础工作。根据城市规划编制要求，确定资料搜集的内容、深度、来源，并使城市规划基础资料搜集规范化、标准化。

1.0.2 本规范适用于城市规划的编制工作，与《城市用地分类与规划建设用地标准》GB 50137—2011等标准配套使用。

1.0.3 根据城市规划编制办法的要求，本规范确定了应当调研的各类基础资料。我国幅员辽阔，不同地域城市在自然条件、区域位置、发展阶段、规划重点等方面存在诸多差异，因此，基础资料搜集内容可酌情增减。

1.0.4 “基准年”是指基础资料统计的截止时间，城市总体规划以规划编制起始年的前一年为基准年。城市总体规划一般编制时间较长，上报时涉及经济社会发展状况等的主要数据资料应更新到上报前一年。控制性详细规划一般以编制起始年的前一年为基准年，有条件的应搜集当年的资料。

1.0.5 “准确”是指有关部门提供的数据资料应当客观、真实，与空间范围一致。“有效”是指资料的时效性和权威性，地形图应为反映已建设情况的图纸，数据资料应为基准年的数据，历年的资料应从基准年追溯到5年以上资料，涉及城市安全和人口等数据应以权威部门提供的为准。城市安全资料包括地质灾害、气象灾害等资料。灾害分布、影响范围和危害程度的相关数据资料和图纸应由测绘、地震、水利（务）、气象等部门提供。经济增长和人口自然增长预测的数据应由发改、计生等部门提供或确认。

2 城市总体规划的基础资料搜集

2.0.1 综合资料是确定城乡发展战略和经济、社会、生态、城乡建设发展目标的依据，包括国家、省、城市人民政府及其有关部门的年度总结（报告）、调研成果、研究报告、政策文件等；省、城市人民政府制定的国民经济和社会发展五年规划、省域城镇体系规划、省域主体功能区规划、区域规划、基础设施规划，地（市）需要搜集隶属城市的城市总体规划及其经济、社会、基础设施等方面的相关规划；相邻城市的城市总体规划；城市国民经济和社会发展五年规划、土地利用总体规划以及住房、公共设施、工业、生态、环境、交通、旅游、物流、市政设施、地质灾害、矿产资源开发等相关规划；历版城市总体规划，城市及所辖各县（市）、镇（乡）总体规划，地（市）市区范围或县（市）市域范围的镇村体系规划；行政区划资料，包括省级行政区划图、城市行政区划图，其中城市行政区划图需要提供包括各级行政界线的电子文件；中心城区各类用地的审批资料、近期新建及改建项目计划；各级城市（镇、乡）的统计年鉴（统计报表）、城市建设年报、村镇建设年报。其中，“政策文件”指国家、省、城市人民政府和规划建设主管部门制定的涉及城市总体规划编制和实施管理的文件。由于全国城镇体系规划、省域城镇体系规划等编制时间不同步，某些城市在搜集上述规划资料时还应搜集国家、区域层面的相关规划资料，如广州城市总体规划编制需要搜集全国城镇体系规划、珠三角城镇群规划等资料。“相关规划”指由有关城市职能部门编制的专项规划，包括住房建设规划，教育设施规划，生态市建设规划，环境保护规划，地表水（环境）功能区划，综合交通运输体系规划，城市综合交通规划，供水、供电、供热、防灾等城市基础设施专项规划。

2.0.2 自然条件资料是开展城市用地评定、空间布局、基础设施、综合防灾和蓝线规划的重要依据，分市域和中心城区搜集。市域资料包括：（1）地形图：比例尺1∶10000～1∶50000，有条件时可搜集航片图、卫星遥感图；（2）工程地质：历史上地震的活动周期、震源、震级、烈度，断裂带、火山等的分布及活动情况，地热、温泉等的分布，滑坡、崩塌、泥石流、地面沉降、流砂、采空区等的分布；（3）水文及水文地质：地面水系的名称、源流、走向及其分布，主要河流的泥沙淤积、水位、流量等，地下水的分布、补给条件等；（4）气象：气候类型，太阳辐射，年均气温、极端最低气温、极端最高气温，年均降水量、丰枯年降水量、历年暴雨量资料。中心城区资料包括：（1）地形图：比例尺1∶1000～1∶10000；（2）工程地质：断裂带的位置、活动性、影响范围，地热、温泉等的位置、储量，地基承载力资料，崩塌、滑坡、泥石流、地面沉降、流砂、采空区等的位置、影响范围；（3）水文及水文地质：主要河流的位置、断面、水位、流量、流速，地下水的种类、分布、水位、水温、影响范围；（4）气象：风玫瑰图、四季主导风向、平均风速、最大风速，暴雨强度公式，最大冻土深度及分布。

国土、测绘等部门应提供地质灾害分布、影响范围、危害程度的图纸和数据；水利（务）部门应提供洪涝灾害等的分布、影响范围、危害程度的图纸和数据；气象部门应提供飓风等气象灾害的分布、影响范围、危害程度的图纸和数据。

我国各地不同城市的市域、中心城区面积差别很大，地形图可根据实际情况选取合适的比例尺。

2.0.3 自然资源资料是开展城市空间布局、基础设施和资源利用与保护规划的依据，分市域和中心城区搜集。

市域资料包括：(1) 土地资源：土地总面积，耕地、林地、滩涂、水域、未利用土地等的面积和分布，可根据需要搜集草地、沼泽地、盐碱地等其他土地类型资料，沿海、沿江、滨湖城市由于滩涂侵蚀、淤积以及人工吹填等原因，陆地面积可能发生变化，因此在搜集土地资料时，应明确土地面积对应的时间，同时搜集相应的图纸；(2) 水资源：历年地表水的水资源总量、可开发利用量，历年地下水的储量、可开发利用程度，主要河流的名称、流量，主要湖泊、水库等的名称、类型、范围、面积、容量（库容）、历年水量等；(3) 矿产资源：主要矿种及品位、储量、分布，已开发利用比例；(4) 生物资源：植被类型及分布，珍稀动植物、各级保护动植物的种类、数量、保护级别和分布；(5) 风能、地热、潮汐能、水能等的分布、开发利用现状及开发潜力，太阳能、生物质能的开发利用现状及开发潜力，核能的开发利用现状，各类能源的使用情况与能源结构。

中心城区资料包括：(1) 土地资源：耕地、林地、水域、空闲地等的范围；(2) 矿产资源：主要矿种的分布范围、已开采范围。

2.0.4 历史发展资料是确定城市职能、发展方向和空间布局等的重要依据。城镇发展历史演变包括：不同历史时期城镇职能、经济、文化、社会发展、城镇规划建设等变化情况，中心城区不同发展阶段的城市人口规模、用地规模、用地范围；行政区划变动包括撤地设市、撤县设市、撤县设区、乡镇撤并、中心城区行政界线等的变动。相关资料也可从地方志、建设志和历版城市总体规划中获取。

2.0.5 历史文化资料是历史文化保护规划、四区划定和旅游等服务业发展规划的重要依据。历史文化资料包括：历史文化名城、名镇、名村的名称、级别、分布；文物保护单位的名称、类型、级别、分布；地下文物埋藏区范围；非物质文化遗产名录及其分布；世界文化遗产的名称、分布；历史城区的范围；具有保护价值的历史地段的用地范围；历史建（构）筑物的名称、年代、性质、分布等；古树名木的年代、保护级别。其中文物保护单位的分级包括国家级、省级、县（市）级。“四区划定”指依据资源环境保护和经济社会发展要求划定“已建区、禁建区、限建区、适建区”。

2.0.6 人口资料是预测城镇化水平、城市人口规模的主要依据。其中，户籍人口资料包括：历年市域、市区的户籍人口总量、出生率、死亡率、自然增长率、机械增长率、性别构成、年龄结构、素质结构、民族构成和宗教构成；城镇人口资料包括历年市域、市区城镇人口数量；农村人口资料包括历年市域、市区、镇（乡）的农村人口数量；常住人口资料为户籍人口数量与暂住半年以上人口数量之和，应搜集历年市域、市区暂住半年以上的人口数量。地（市）应搜集基准年分县（市）、分乡镇各类人口资料，县（市）应搜集基准年分乡镇各类人口资料。

计生部门应提供规划期内人口自然增长预测的数据，公安部门应提供暂住半年以上人口的数量、职业构成。

2.0.7 经济社会资料是确定城乡发展战略与目标、产业发展与空间布局、重点城镇发展定位的依据。其中，经济总量资料包括：历年市域、市区、县（市）、镇（乡）的GDP、财政收入、固定资产投资、实际利用外资、进口总额、出口总额、社会零售商品总额等。产业发展资料包括：历年市域、市区、县（市）的农业总产值、工业总产值、三次产业增加值，规模以上企业的分行业产值、各产业内部产值构成等。社会发展资料包括：市域、市区、县（市）的城镇居民人均可支配收入、农民人均纯收入、恩格尔系数，卫生机构数、床位数、卫生技术人员数、人均期望寿命，各类专业技术人员数、劳动力人均受教育年限、九年制义务教育普及率。地（市）应按市区、分县（市）搜集资料，县（市）应分镇（乡）搜集资料。经济社会数据以统计部门的统计年鉴、统计报表为准。发改部门应提供规划期内经济增长速度、经济总量、三产结构的预测数据。有条件时可搜集信息流、资金流的相关数据。

2.0.8 土地利用资料是进行四区划定、确定土地资源利用与保护要求、重点城镇用地规模与建设用地控制范围、村庄布局调整的依据，包括：城镇、乡、村庄的建设用地面积；基本农田的面积、分布；历年新增建设占用农用地面积、新增建设占用耕地面积；历年土地出让的用途、面积，已批未建的用地类型、面积及闲置时间。城镇、乡、村庄建设用地面积可从规划建设部门的城市建设年报、村镇建设年报获取。国土部门应提供土地利用变化的有关数据及相应图纸。

2.0.9 生态环境资料是确定生态环境保护与利用的综合目标和要求、提出污染控制与治理、空间管制原则和措施的依据，分市域和中心城区搜集。

市域资料包括：(1) 生态保护空间：自然保护区、森林公园、风景名胜区、地质公园、饮用水源保护区、水源涵养区、重要湿地、清水通道维护区、郊野公园等的名称、类别、等级、范围、面积；(2) 生态建设工程：生态公益林、防护林、水土流失治理、退耕还林（草）、湿地恢复、水体生态恢复等工程的名称、规模、分布等；(3) 环境质量：大气环境和水环境功能区划，主要水体及大气环境质量状况及变化趋势，酸雨频率、分布区域，生活污水、工业废水排放总量及主要污染物排放量，主要污染源分布和纳污水体，工业废气排放总量及主要污染物排放量；工业固体废物排放量、综合利用和处置量，危险固废产生量及其处置设施的位置、规模、占地面积、处置量等；(4) 区域生态问题：水土流失、沙漠化、石漠化、盐渍化、生物多样性减少等的成因、范围、发生特点、历史发展过程和发展趋势。

中心城区资料包括：(1) 水：历年主要水体水质，生活污水、工业废水排放总量及主要污染物排放量，主要污染源分布和纳污水体；(2) 大气：历年大气环境质量、工业废气排放总量及主要污染物排放量、主要工业污染源分布，机动车尾气排放总量和主要污染物排放量；(3) 噪声：区域环境噪声和功能区噪声等效声级；(4) 固废：工业固体废物排放量、综合利用和处置量、处置方式，危险废物产生量及综合处理、处置量、处置方式。

2.0.10 居住资料是确定住房政策、建设标准、居住用地布局及标准的依据。其中，保障性住房指经济适用房、廉租住房以及其他政府限定标准、限定价格或租金、为中低收入阶层提供的住房。居住资料包括：中心城区各类居住用地的面积、分布；经济适用房、廉租住房与其他保障性住房的用地面积、分布、建筑面积和套数；住房供应体制及供需状况；外来人口集中居住区的分布、面积及设施水平。有条件时可搜集房地产年鉴。

2.0.11 公共管理与公共服务资料是确定市域重要公共管理与公共服务设施布局、中心城区中心体系及公共管理与公共服务设施布局的依据。其中，“布局”在市域是指以城镇为单元，按类别统计的设施数量；在中心城区是指设施的空间位置。市域公共管理与公共服务资料包括：高等院校、中等专业学校、中小学、特殊教育学校等教育设施的规模、数量、分布；公共图书馆、综合文化活动中心、老年活动中心等文化设施的规模、数量、分布；综合医院、专科医院、卫生防疫机构、急救中心等医疗卫生设施的规模、数量、分布；体育场馆、体育训练设施等体育设施的规模、数量、分布；福利院、养老院、孤儿院等社会福利设施的规模、数量、分布。中心城区公共管理与公共服务设施资料包括：党政机关、社会团体、事业单位等行政办公设施的名称、位置、占地面积、建筑面积；公共图书馆、博物馆、科技馆、纪念馆、美术馆和展览馆、会展中心、综合文化活动中心、文化馆、青少年宫、儿童活动中心、老年活动中心等文化设施的名称、数量、位置、占地面积、建筑面积、规模；高等院校、中等专业学校、中小学、特殊教育学校、科研事业单位等教育科研设施的名称、数量、位置、占地面积、建筑面积、学生数、教职工数，中小学需要统计班级数；综合医院、专科医院、社区卫生服务中心、卫生防疫机构、特殊医疗设施、急救中心等医疗卫生设施的名称、数量、位置、占地面积、建筑面积、卫生技术人员数，医院的等级、床位数、诊疗人次；体育场馆、体育训练设施等体育设施的名称、数量、位置、占地面积、建筑面积、座位数；福利院、养老院、孤儿院等社会福利设施的名称、数量、位置、占地面积、建筑面积、接纳人数；外国驻华使馆、领事馆、国际机构等外事设施的名称、数量、位置、占地面积、建筑面积；宗教设施的名称、数量、位置、占地面积、建筑面积。除上述资料外，中心城区文化、教育科研、医疗卫生、体育、社会福利等设施，需要搜集更为详细的现状配置情况资料，如等级、服务范围等。

2.0.12 商业服务业资料是确定中心城区中心体系、商业服务业设施布局的依据，包括零售、餐饮、旅馆等商业设施的数量、位置、占地面积、建筑面积，市场的名称、性质、占地面积、建筑面积；金融保险、艺术传媒等商务设施的位置、占地面积、建筑面积；娱乐、康体等设施的数量、位置、占地面积、建筑面积；零售加油、加气、电信、邮政、供水、燃气、供电、供热等公用设施营业网点设施的数量、位置、占地面积。商业服务业设施资料搜集以大、中类设施为主，中小城市可搜集至小类设施。

2.0.13 工业资料是确定工业用地布局的依据。其中，“开发区”包括经济开发区、高新技术园区、保税区、出口加工区、边境经济合作区等。其中“经济开发区”包括国家级经济技术开发区、省级经济开发区、市级开发区；“高新技术园区”包括国家级高新技术产业开发区、省级高新技术产业园区。市域工业资料包括：各类开发区的名称、等级、分布、占地面积、已开发面积、工业总产值及增加值等；分乡镇集中工业用地的分布、占地面积等；各区、县（市）主要工业企业的名称、工业门类、权属、工业总产值、工业产品销售收入、工业利润总额、工业利税总额、职工人数等。中心城区工业资料包括：各类开发区的名称、等级、用地范围、占地面积、已开发面积，工业总产值及增加值、分行业工业产值、就业人口数量，其他工业区的用地范围、占地面积；工业企业的名称、位置、占地面积、工业门类、工业产值、工业利税总额、职工人数等。县（市）城市总体规划编制时一般需要搜集分乡镇集中工业用地资料，地（市）城市总体规划编制时应搜集市区范围内的相应资料。

2.0.14 物流仓储资料是确定物流仓储设施布局的依据。其中，市域物流仓储资料包括物流园区、物流中心、货运站等设施的名称、分布、占地面积、已开发面积、设计货物集散能力；中心城区物流仓储资料包括物流设施的名称、位置、占地面积、功能、服务范围、运输方式，一般仓库、危险品仓库、堆场等设施的名称、权属、存储物品、位置、占地面积。

2.0.15 绿地资料是城市绿地系统规划、空间景观规划和绿线规划的依据。其中，公园绿地指向公众开放，以游憩为主要功能，兼具生态、美化、防灾等作用的绿地，包括综合性公园、纪念性公园、儿童公园、动物园、植物园、古典园林、风景名胜公园等。公园绿地资料中包括其名称、位置、占地面积。防护绿地指城市中具有卫生、隔离和安全防护功能的绿地，包括卫生隔离带、道路防护绿地、城市高压走廊绿带等。防护绿地资料包括其名称、位置、占地面积、主要树种。广场用地指以硬质铺装为主的城市公共活动场地。广场绿地资料包括其名称、位置、占地面积、绿化覆盖率。

2.0.16 特殊用地资料是确定军事和安保等设施用地规划的依据。其中，军事设施资料包括指挥机关、营区、训练场、军用机场、港口、军用仓库、军用通信、导航、观测台站等设施的分布、占地面积；安保设施资料包括监狱、拘留所、劳改场所等的名称、位置、占地面积。军事设施是属于保密性质的设施，应了解其分布和对周边规划建设要求；安保设施应搜集较为详细的资料，应由军事机关、公安等部门提供。特殊用地资料可视情况进行搜集，并按照相关法律法规要求进行必要的处理后使用。

2.0.17 综合交通资料是确定交通发展战略、发展目标和设施布局的依据。其中，区域交通设施资料包括市域范围内公路、铁路、水运、航空、管道等五大运输方式的相关资料。公路资料包括高速公路、一级公路和其他等级公路名称、里程、布局，国、省道历年日均交通量；铁路资料包括高速铁路、城际铁路和Ⅰ、Ⅱ、Ⅲ级铁路及重要铁路专用线等的线路布局、年均客货运量；航道资料包括等级以上航道的名称、等级、布局，干线航道（五级以上）主要断面和船闸历年年均货物通过量、通过能力；航空资料包括民用机场的等级和布局、各机场历年航线以及客货运量、净空要求；管道资料包括区域性油、气等管道的类型、布局及其历年流量、流向，主要配套阀站布局；岸线和港口资料包括沿江（河）、沿海已利用岸线的类型、长度、范围，港口布局，港口码头的泊位等级、数量、通过能力、历年客货运吞吐量、流向及对外集疏运系统；对外口岸资料包括港口、陆地、航空等的等级、分布、功能、历年客货运吞吐量；客货运站场资料包括公路客货运站、铁路客货运站的布局、占地面积、集散能力、历年集散量，主要交通枢纽各类运输方式转换量；车辆保有量资料包括市区、县（市）历年机动车、非机动车分车型保有量。公路资料的搜集可根据城市规模以及公路现状建设水平确定搜集的深度，一般地（市）搜集到二级及以上等级公路资料，县（市）搜集到三级以上等级公路资料，部分公路建设水平较低的县（市）搜集等级以上公路和县乡公路资料。铁路资料的搜集，县（市）搜集到支线及以上等级铁路资料，重要的铁路支线地（市）也应搜集。航道资料可根据市域范围内航道数量、等级等确定搜集的深度，市域内航道网密集、高等级航道较多的城市一般搜集到五级及以上等级航道资料，航道较少或现状航道等级较低的城市可搜集到等级以上航道资料。交通枢纽和多式联运是未来综合交通发展的趋势，应重视综合交通枢纽和多式联运场站的客货运流量、流向和变化趋势的调查。

城市交通设施资料包括中心城区范围内城市道路、交通设施和客货运量相关资料。城市道路资料包括快速路、主干路、次干路、主要支路等的名称、起讫点、长度、宽度、横断面形式；主要桥梁、涵洞、立交的位置。公共交通资料包括城市轨道的线路和站点布局、日均客运量、单向高峰最大断面流量，车辆段、停车场布局；快速公交（BRT）的线路、站点及配套停车场布局；常规公交历年的运营线路、车辆数、年客运量，首末站的数量、占地面积，停车场、维修保养场布局和占地面积，专用道布局；历年出租车车辆数；水上公共交通的线路、码头布局，船舶运载能力、数量，历年客运量；缆车、索道的线路、运载能力、历年客运量。停车设施资料包括配建标准，停车设施泊位总数，路内、路外公共停车设施的泊位数，主要路外停车设施布局、占地面积、收费方式和标准。加油（气）站资料包括数量、布局、总占地面积。交通政策资料包括各类交通工具发展政策、城市交通管理政策、公交优先发展政策、停车设施发展政策等。城市交通设施资料搜集重点包括三个方面：一是空间属性，即分布、位置和用地面积；二是现状配置情况，如道路、桥梁、轨道交通线路、停车场、保养场、加油站、公交车辆的配置等；三是运营情况，如轨道交通、快速公交、常规公交的客运量，停车场的周转率、收费形式等。资料搜集应重视公共交通，特别是轨道交通、公交专用道、常规公交基础设施的调查。城市公共交通分为轨道交通、快速公交、常规公交、水上公共交通、其他公共交通。轨道交通包括地铁系统、轻轨系统、单轨系统、有轨电车、磁浮系统、自动导向轨道系统；水上公共交通包括城市客渡、城市车渡；其他公共交通包括客运索道、客运缆车、客运扶梯、客运电梯。县（市）公共交通资料的搜集，不仅要搜集城市公交的相关资料，还需搜集城乡公交的线路、场站、客运量等资料。中心城区道路资料可根据城市规模确定搜集深度，大城市可搜集到次干路，中小城市应搜集到重要支路。停车设施的资料搜集，特大城市和大城市只需搜集停车设施泊位总数，公共停车设施的泊位数，路内、路外停车设施的比例等资料，中小城市还需要对规模较大的路外公共停车设施（一般大于50个泊位）的相关资料进行搜集。不同城市根据自身的交通状况，对小汽车、摩托车、非机动车等各类型交通工具会制定不同的交通发展政策，同时，城市在公交优先、停车设施等方面会制定发展目标和实施措施。因此，在资料搜集时应了解有关政策的实施情况及对城市交通产生的影响。城市总体规划阶段，为加强交通定量分析，可在中心城区范围内进行居民出行OD调查、城市道路交通流量调查、出入口机动车OD调查等。

2.0.18 旅游资料是确定旅游发展目标、发展战略、空间布局、产品组织和服务设施等的依据。旅游资料包括历年市域、县（市）、旅游镇、旅游村的游客人数、旅游总收入、旅游从业人数，基准年客源市场构成、游客构成，主要旅游线路；旅游资源的名称、分布；A级景区、旅游度假区、风景名胜区的名称、等级、范围、占地面积；旅游服务设施的名称、接待能力、位置等。其他旅游资源指具有旅游价值或旅游开发潜力的自然资源、人文资源、产业资源等，应搜集其名称、位置、范围等。

2.0.19 供水工程资料是用水量预测、供水设施规划的依据，市域应搜集到镇（乡）及以上，中心城区应搜集到总体规划用地范围。市域资料包括：（1）水源：名称、分布、供水能力，清水通道名称、分布；（2）用水量：生活用水、生产用水等各类用水量及其所占比重，供水普及率；（3）设施：水厂及取水口的名称、分布、设计规模、实际供水规模、服务范围，区域供水加压泵站的名称、分布、规模、服务范围，区域输水管线的管径、走向、服务范围。中心城区资料包括：（1）水源：主要水源及备用水源的名称、位置、供水能力；主要自备水源的名称、位置、来源、取水量及供水能力；（2）用水量：生活用水量、工业用水量、其他用水量及其所占比例、供水水质达标率；主要用水大户的分布、用水量；（3）设施：水厂及取水口的名称、位置、设计规模、建设规模、实际供水规模、占地面积、服务范围，加压泵站的名称、位置、规模、服务范围，输水、配水管线的管径、走向、服务范围；再生水处理设施名称、位置、规模、服务范围，再生水管线的管径、走向。

2.0.20 排水工程资料是排水量预测、排水标准确定、排水设施规划的依据，市域应搜集到镇（乡）及以上，中心城区应搜集到总体规划用地范围。市域资料包括：（1）污水处理厂的名称、分布、规模、处理等级、尾水排放水体；（2）跨区域、跨流域的大型污水干管的走向、管径；（3）尾水通道的名称、位置、走向；（4）生活污水量、工业废水量，污水集中处理率，再生水用量。中心城区资料包括：（1）排水体制、排水分区划分；（2）污水：生活污水量、工业废水量，污水集中处理率，再生水用量及污泥处置方式；（3）设施：污水处理厂（站）的名称、位置、规模、工艺、处理等级及服务范围，尾水排放及纳污水体，污水（截流）干管的走向、管径，污水提升泵站的名称、位置、规模，雨水干管（沟）走向，雨水储蓄、利用设施的规模、布局、占地面积。

2.0.21 电力工程资料是用电量及负荷预测、电力设施规划的依据，市域应搜集到镇（乡）及以上，中心城区应搜集到总体规划用地范围。其中市域资料包括：（1）电源：名称、类型、分布、装机容量、电压等级、服务范围；（2）用电量：历年分县（市、区）全社会用电量、最高用电负荷；三次产业与居民用电量，工业用电量，主要行业用电量；电力弹性系数，年最大负荷利用小时；（3）电网：供电电压等级、电网结构；110kV及以上变电站的名称、分布、电压等级、主变容量、供电范围、最大负荷、最大负载率；110kV及以上电力线路走向、敷设方式。中心城区资料包括：（1）电源：名称、类型、位置、装机容量、电压等级、占地面积、服务范围；（2）用电量：用电量、最高用电负荷、负荷分布；（3）电网：110kV及以上变电站（含用户变）名称、位置、主变容量、电压等级、占地面积、供电范围、供电能力、最大负荷、最大负载率、改扩建计划；110kV及以上电力线路走向、敷设方式。

用电量、负荷一般应搜集5年～10年资料，有条件时可搜集10年以上资料；市域主要行业用电量资料包括按行业用电分类或产业用电分类的各类负荷年用电量；中心城区负荷分布指具有明显地域界限、行政界限的各片区用电负荷，大城市一般需搜集负荷分布资料。经济发展水平高的城市市域电网资料只需搜集220kV及以上电压等级，经济发展水平低的城市市域电网资料应搜集110kV及以上电压等级；部分有66kV电压等级的地区，中心城区可搜集66kV及以上电压等级电网资料。110kV及以上电力线路敷设包括架空、埋地（含共同沟）两种方式，采用共同沟敷设的，应标明其走向、位置、断面形式。

2.0.22 通信工程资料是通信业务预测、通信设施规划的依据，市域应搜集到镇（乡）及以上，中心城区应搜集到总体规划用地范围。其中市域资料包括：（1）固定电话、移动电话、互联网、有线电视的用户数量、普及率；各通信运营商的业务范围、网络覆盖、用户分布；汇接中心、综合交换端局、卫星地面接收站等通信局所的分布、功能、容量、服务范围，广电中心（分中心）的分布、功能，邮政枢纽中心和邮政局的名称、分布、服务范围等；区域微波通道的功能、走向；（2）通信主干光缆通道走向。中心城区资料包括：（1）固定电话、移动电话、互联网、有线电视的用户数量、普及率；汇接中心、综合交换端局、综合接入模块局、服务中心等通信局所的名称、位置、类型、功能、容量、实装用户、占地面积、服务范围，广电中心、分中心、分前端等设施的位置、功能、占地面积及服务范围，邮政局所的位置、服务功能、占地面积；微波通道走廊的功能、走向；（2）各运营商的通信管线走向、敷设方式，军用通信管线的走向、敷设方式。

市域通信工程资料应反映近年来用户发展趋势和网络建设重点，有条件时可搜集5年～10年的固定电话、移动电话、互联网、有线电视用户数量、普及率等资料。通信线路敷设包括架空、埋地（含共同沟）两种方式，采用共同沟敷设的，应标明其走向、位置、断面形式；市域通信主干光缆通道包括与周边城市通信联系的主要通道和市域内部主要通信局所间的主干联系通道。

2.0.23 燃气工程资料是用气量预测、供气方式确定、燃气设施规划的依据，市域应搜集到镇（乡）及以上，中心城区应搜集到总体规划用地范围。其中市域资料包括：气源种类、来源、供应量及构成，历年用户及用气量变化，燃气普及率，燃气分输站、接收门站、储配站、调压站等设施的分布、规模、服务范围，长输燃气管线压力等级、走向及管径。中心城区资料包括：气源种类、来源、供应量及构成，燃气用户数量、用气指标、用气量，燃气普及率；燃气分输站、接收门站、储配站、调压站等设施的名称、位置、压力、占地面积、规模，燃气干管压力等级、走向、管径。

燃气用户及用气量资料包括天然气、液化石油气和人工煤气等的用户数量和用气量，最高月、日、时用气量。燃气管线敷设包括架空、埋地（含共同沟）两种方式，采用共同沟敷设的，应标明其走向、位置、断面形式。燃气干管包括高压、次高压及中压干管。

2.0.24 供热工程资料是热负荷预测、供热设施规划的依据，市域应搜集到镇（乡）及以上，中心城区应搜集到总体规划用地范围。其中市域资料包括：（1）城镇现有集中供热规模，农村取暖设施现状；（2）城镇主要供热设施的数量、规模和分布。中心城区资料包括：（1）集中供热范围和热负荷，民用建筑采暖热指标，工业区用热性质、用热参数以及负荷变化规律，供热分区划分；（2）热源点的名称、位置、占地面积、规模、装机型号、服务范围、使用燃料、用量及来源，供热主干管网走向、管径、敷设方式。

2.0.25 环卫工程设施资料是确定环卫发展目标及设施布局的依据，市域应搜集到镇（乡）及以上，中心城区应搜集到总体规划用地范围。市域资料包括：（1）垃圾收集、处理方式；（2）环卫设施：城镇垃圾填埋场、垃圾焚烧厂、粪便处理厂等的名称、分布、规模，垃圾转运站的数量及分布等，农村环卫设施现状，垃圾填埋场的剩余使用年限以及扩建潜力。中心城区资料包括：（1）各类垃圾产生量及分类收集、处置量、处置方式；（2）环卫设施：垃圾填埋场、垃圾焚烧厂、粪便处理厂、餐厨垃圾处理厂（站）等的名称、位置、规模、占地面积、服务范围，垃圾转运站的位置、规模，公共厕所的等级、数量和分布，环卫站的数量、位置、占地面积。

2.0.26 殡葬设施资料是确定殡葬设施布局的依据，应搜集到镇（乡）及以上，中心城区应搜集到总体规划用地范围。其中，市域层面包括殡仪馆、火葬场、墓地等设施的名称、分布、服务能力；中心城区层面包括殡仪馆、火葬场、骨灰存放处、墓地等设施的名称、位置、占地面积。

2.0.27 综合防灾资料是确定综合防灾与公共安全保障体系，开展防洪、消防、人防、抗震、地质灾害防护等相关规划和市域空间管制、中心城区四区划定的重要依据，市域应搜集到镇（乡）及以上，中心城区应搜集到总体规划用地范围。市域资料包括：（1）地质灾害：崩塌、滑坡、泥石流、地面沉降、塌陷等地质灾害的分布、影响范围、危害程度；地震历史记载、地震动峰值加速度（地震烈度）及抗震设防标准、地震断裂带位置；（2）防洪：历史洪水资料，区域和流域防洪的设防要求、设防标准，区域防洪工程设施的分布、设防标准；（3）消防：消防站的等级、数量、分布等；（4）气象防灾：台风、海啸、沙尘暴等气象灾害的分布、强度、影响范围、出现时间、发生频率。中心城区资料包括：（1）地质灾害：崩塌、滑坡、泥石流、地面沉降、塌陷等地质灾害的位置、影响范围、成因、发生频率、危害程度、现状采取的治理措施；（2）防洪：洪涝灾害及其成因，主要水体的特征、流向、水位，防洪排涝标准、防洪水位，防洪堤位置、堤顶标高，防洪闸的位置、类型，排涝泵站的位置、规模和服务范围；（3）消防：消防站的名称、位置、等级、占地面积、服务范围，消防人员数量，消防车辆的类型、数量，消防水鹤、消火栓及消防水池的设置，消防安全布局存在的主要问题，消防指挥中心及消防通信建设方式；（4）抗震防灾：抗震设防标准、地震断裂带位置，各类建筑物、构筑物、基础设施等的设防标准，疏散场地及疏散通道建设情况；（5）人防：设防等级，各类人防设施的布局、规模，现有人防设施的使用、管理情况，重点防护地区的疏散通道、疏散场地和临时避难点。

2.0.28 地下空间利用资料是确定城市地下空间开发布局的依据，包括地下商业、交通等设施的分布、主要功能。需要搜集中心城区重要节点地区的浅层、中层、深层地下空间开发情况。本条目仅列出地下商业、交通等设施资料，地下市政基础设施资料在有关条文中列出。

3 控制性详细规划的基础资料搜集

3.0.1 综合资料是确定规划范围内土地利用、建设控制等的依据，包括城市总体规划以及公共设施、基础设施等相关专项规划；规划地区和周边地区已批准的控制性详细规划、修建性详细规划；已批在建、已批未建地块的控制要求、近期新建及改建项目计划；国家、省、市人民政府制定的规划条例、技术规定和发布的有关文件；城市拆迁安置办法等。

3.0.2 自然条件资料是细化土地利用和专项规划的

依据，包括：(1) 地形图：比例尺一般为1：500～1：2000，应根据编制单元的面积选择合适的比例尺；(2) 河流、湖泊、水库等的名称、范围、面积；(3) 地下水水质、温度、埋深、可开采利用量等；(4) 植被的种类、分布范围、面积。国土、测绘等部门应提供规划范围内的地质灾害分布、影响范围、危害程度的图纸和数据。

3.0.3 历史文化资料是确定历史文化街区和文物古迹保护范围内土地使用与建设管理要求的重要依据，包括历史文化街区的名称、保护区范围、建设控制地带；文物保护单位的名称、等级、类型、年代、结构材料、使用功能、保护范围、建设控制地带；历史建(构)筑物的名称、年代、位置、使用性质、建筑高度、建筑质量等；具有保护价值的历史地段的用地范围；非物质文化遗产的名称、类型、年代、传承场所用地范围等；古树名木的年代、保护级别、位置。

3.0.4 土地利用资料是确定用地界线、进行经济性分析的依据，包括：基准地价分布、楼面地价、开发成本、拆迁补偿标准等；地籍线、权属；已出让土地的使用年限；耕地、园地、林地等用地的面积、范围。其中"楼面地价"是按土地上建筑物面积均摊的土地价格。"开发成本"主要包括土地征用及拆迁补偿费、基础设施费、建筑安装工程费等。一般从国土部门制定的基准地价、房产交易机构的房屋交易以及土地拍卖情况等获取。"地籍线"包含宗地的界址线、面积、位置等信息，由国土部门提供。土地权属包括土地所有权（国有或集体）和土地使用权（使用权人），应统计违法建筑的分布、范围和性质。

3.0.5 生态环境资料是明确生态空间范围和生态环境保护要求的依据，包括：(1) 生态建设工程：湿地、水体生态恢复工程等的名称、规模、用地范围等；(2) 环境质量：大气环境和水环境功能区划，主要水体及大气环境质量状况及变化趋势，生活污水、工业废水排放总量及主要污染物排放量，主要污染源类型及分布、排污口位置和纳污水体，工业废气排放总量及主要污染物排放量，主要污染源类型及分布；区域环境噪声和功能区噪声等效声级；工业固体废物排放量、综合利用和处置量、处置方式，危险固废产生量、处置方式及其处置设施的位置、规模、占地面积、处置量等。

3.0.6 居住资料是确定居住用地布局和控制要求的依据，包括：住宅用地的范围、面积，住宅建筑的面积、层数、年代、质量，居住户数和人口数；经济适用住房、廉租住房与其他保障性住房的用地范围、占地面积，住宅建筑的面积、套数、层数、年代、质量；幼托、文化体育、商业金融、社区卫生服务站、公用设施等服务设施的用地范围、占地面积、建筑面积、层数、质量；农村居民点名称、界线、建筑面积、户数、人口数、劳动力总数。居住资料调研至小类设施。居住人口数量统计到各住宅小区，应由派出所提供。

3.0.7 公共管理与公共服务资料是确定公共管理与公共服务用地布局和控制要求的依据，包括：党政机关、社会团体、事业单位等行政办公设施的名称、用地范围、占地面积，建筑面积、年代、层数、质量；公共图书馆、博物馆、科技馆、纪念馆、美术馆和展览馆、会展中心、综合文化活动中心、文化馆、青少年宫、儿童活动中心、老年活动中心等文化设施的名称、数量、规模、用地范围、占地面积，建筑面积、年代、层数、质量；高等院校、中等专业学校、中小学、特殊教育学校、科研事业单位等教育科研设施的名称、数量、用地范围、占地面积、学生数、教职工数、中小学班级数，建筑面积、年代、层数、质量；综合医院、专科医院、社区卫生服务中心、卫生防疫机构、特殊医疗设施、急救中心等医疗卫生设施的名称、数量、用地范围、占地面积、卫生技术人员数，医院的等级、床位数、诊疗人次，建筑面积、年代、层数、质量；体育场馆、体育训练设施等体育设施的名称、数量、用地范围、占地面积、座位数，建筑面积、年代、层数、质量；福利院、养老院、孤儿院等社会福利设施的名称、数量、用地范围、占地面积、接纳人数，建筑面积、年代、层数、质量；外国驻华使馆、领事馆、国际机构等外事设施的名称、数量、用地范围、占地面积，建筑面积、年代、层数、质量；宗教设施的名称、数量、用地范围、占地面积，建筑面积、年代、层数、质量。公共管理与公共服务设施资料调研至小类设施。必要时应搜集规划范围外为本区域服务的文化、教育科研、体育、医疗卫生、社会福利等公共管理与公共服务设施的名称、位置、规模等资料。

3.0.8 商业服务业资料是确定商业服务业用地布局和控制要求的依据，包括：零售、农贸市场、餐饮、旅馆等商业设施，金融保险、艺术传媒等商务设施，娱乐、康体设施以及零售加油、加气、电信、邮政、供水、燃气、供电、供热等公用设施营业网点设施。应搜集各类设施的数量、用地范围、占地面积，建筑面积、年代、层数、质量。商业服务业设施资料调研至小类设施。部分省编制的控规导则在用地分类中增加了混合用地类型，如Cb商办混合用地、Cr商住混合用地等类型，应搜集相应资料。

3.0.9 工业资料是确定工业用地布局与控制指标的依据，包括：工业企业的名称、用地范围、占地面积、工业门类、主要产品、工业产值、工业利税、职工人数、企业搬迁计划或功能置换设想，建筑面积、年代、层数、质量。

3.0.10 物流仓储资料是确定仓储用地范围与控制指标的依据，包括：物流设施的名称、用地范围、占地面积、功能、服务范围；一般仓库、危险品仓库、堆场等设施的名称、权属、存储物品、用地范围、占地面积，建筑面积、层数、质量。

3.0.11 绿地资料是细化绿地布局、划定绿线范围的依据，包括：综合性公园、纪念性公园、儿童公园、动物园、植物园、古典园林、风景名胜公园等的名称、用地范围、占地面积；防护绿地包括卫生隔离带、道路防护绿地、城市高压走廊绿带等的名称、用地范围、占地面积、主要树种；广场用地包括公共活动广场的名称、用地范围、占地面积、绿地率。

3.0.12 特殊用地资料是确定军事和安保等设施用地界线和控制要求的依据。军事设施资料包括指挥机关、营区、训练场、军用机场及港口，军用仓库、军用通信、导航、观测台站等设施的用地范围、占地面积。安保设施资料包括监狱、拘留所、劳改场所等设施的名称、用地范围、占地面积，建筑层数、建筑面积、建筑质量。其中，军事设施是属于保密性质的设施，应了解其分布和对周边规划建设要求。特殊用地资料可视情况进行搜集，并按照相关法律法规要求进行必要的处理后使用。

3.0.13 综合交通资料是确定城市道路、轨道交通线路、综合交通枢纽、交通场站及其他交通设施的用地范围和控制要求的依据。其中，区域交通资料包括公路的名称、横断面形式，铁路的名称、等级、线形走向，公路及铁路客货运站场的范围、占地面积，航道的等级、走向，沿江（河）、沿海已利用岸线的类型、用地范围，港口码头的用地范围，机场的用地范围、净空要求，管道的类型、走向、控制要求。

城市道路资料包括快速路、主干路、次干路、支路等的名称、起讫点、长度、宽度、横断面形式，城市道路交叉口、桥梁和隧道控制点的高程，大型桥梁和隧道的位置、长度、宽度、车道数，交叉口交通渠化、控制方式，地块出入口的位置、宽度，人行过街设施的形式、位置、用地控制范围，步行街的起讫点、长度、宽度；地下道路、地下人行道等的布局、规模、标高、净高以及与地面的衔接关系；山地城市复杂地段主干路的纵断面以及两侧护坡挡墙的控制范围。公共交通资料包括城市轨道的线路走向和用地控制范围，站点的名称、用地范围，车辆段、停车场的用地范围和占地面积；快速公交（BRT）的线路走向、站点名称、配套停车场的用地范围和占地面积；常规公交专用道布局，首末站、停车场、维修保养场等设施的用地范围、占地面积、泊位数，中途站点的名称、位置、形式；水上公共交通场站的用地范围、占地面积、码头泊位数；缆车、索道等设施的用地范围、占地面积。停车设施资料包括地块配建停车泊位数（细化到不同类型建筑），路内停车设施的位置、泊位数，路外停车设施的用地范围、占地面积、出入口位置、宽度，地下公共停车设施的平面布局、标高。加油（气）站资料包括名称、用地范围、占地面积。

3.0.14 供水工程资料是确定供水工程管线位置、管径、供水设施的用地界线和管线综合的依据，包括：（1）用水量：生活用水量、工业用水量、其他用水量及其所占比例，供水水质达标率，管道水压；（2）设施：水厂、自备水厂及取水口的名称、位置、设计规模、建设规模、实际供水规模、占地面积、服务范围，给水加压泵站的名称、位置、规模、服务范围，给水管线走向、位置、管径等；再生水处理设施名称、位置、规模、服务范围，再生水管线的管径、走向。

除规划范围内资料外，还需要搜集规划范围外为本区域供水的加压泵站名称、规模和供水管线位置、管径等资料。

3.0.15 排水工程资料是确定排水工程管线位置、管径和排水设施的用地界线和管线综合的依据，包括：（1）排水体制；（2）污水：生活污水量、工业废水量，污水集中处理率，再生水用量；（3）设施：污水处理厂（站）的名称、位置、规模、占地面积、工艺、处理等级、污泥处置、服务范围，尾水利用及纳污水体，污水管线的走向、位置、管径、主要控制点标高，污水提升泵站、排涝泵站的名称、位置、规模、占地面积；雨水管（沟）的走向、断面形式、位置、主要控制点标高，雨水储蓄及利用设施的规模、布局、占地面积。

除规划范围内资料外，还需要搜集规划范围外为本区域服务的污水提升泵站名称、规模和排水管线位置、管径等资料。

3.0.16 电力工程资料是确定电力管线位置、建设方式、高压走廊控制宽度、电力设施用地界线和管线综合的依据，主要包括：用电量及最高负荷；电源的名称、位置、装机容量、电压等级、占地面积、服务范围；35kV及以上变电站的名称、位置、电压等级、主变容量、占地面积、供电能力、供电范围、最大负荷、最大负载率及改扩建计划；35kV及以上电力线路的走向、位置、敷设方式、架空线路走廊控制宽度；电缆通道的位置、数量、管材、敷设方式；开闭所、环网柜等中压配网设施的位置、容量、占地面积、供电范围。

除规划范围内资料外，还需要搜集规划范围外为本区域供电的电源、35kV及以上变电站的名称、装机容量、电压等级、主变容量等资料。必要时可搜集到10kV及以上电压等级的电网资料。

3.0.17 通信工程资料是确定通信管线位置、管孔数、建设方式、通信设施用地界线和管线综合的依据，主要包括：汇接中心、综合交换端局、综合接入模块局、移动通信基站、服务中心等通信设施的名称、位置、类型、功能、容量、占地面积、建设方式、服务范围；广电中心、分中心、分前端等设施的名称、位置、功能、占地面积、建设方式及服务范围；邮政局所的位置、建设方式、服务功能、占地面积；通信管线的位置、管材、管径、管孔数和建设方式。

除规划范围内资料外，还需要搜集规划范围外为本区域服务的各类通信设施、邮政局所、广电设施等的名称、服务范围。通信管线资料应分电信、移动、联通、广电等运营商或部门进行统计，包括军用通信管线；应包括各类通信管线建设方式和使用情况。

3.0.18 燃气工程资料是确定燃气管线位置、管径、燃气设施用地界线和管线综合的依据，主要包括：气源的种类、来源、供应量及构成，燃气分输站、接收门站、储配站、调压站等设施的名称、位置、占地面积、规模，中压及以上等级燃气管线的压力、走向、管位、管径、管材。

燃气工程资料应调查该规划范围由哪些燃气运营公司提供服务。除规划范围内资料外，还需要搜集规划范围外为本区域提供燃气供应服务的各类燃气设施的名称、类型、规模、服务范围。

3.0.19 供热工程资料是确定供热管线位置、管径、管材、建设方式、供热设施用地界线和管线综合的依据，主要包括：集中供热范围和热负荷，民用建筑采暖热指标，工业区的用热性质、用热参数以及负荷变化规律；热源名称、位置、占地面积、规模、装机型号、服务范围，供热管网主要管线的走向、管径、位置、敷设方式，供热泵站分布。

除规划范围内资料外，还需要搜集规划范围外为本区域服务的热源名称、规模和热力管线位置、管径等资料。

3.0.20 环卫资料是确定规划环卫设施规模、用地界线的依据，包括：（1）各类垃圾产生量及处置（理）方式、处置（理）率；（2）环卫设施：垃圾填埋场、垃圾焚烧厂、粪便处理厂等设施的名称、位置、规模、占地面积、服务范围，垃圾转运站的位置、规模、占地面积，公共厕所的等级、数量和分布，环卫站及环卫停车场的数量、位置、占地面积；餐厨垃圾处理设施、工业废物处理设施的位置、规模、占地面积。

除规划范围内资料外，还需要搜集规划范围外为本区域服务的环卫设施的名称、位置、规模等资料。

3.0.21 殡葬设施资料是确定殡葬设施范围和控制要求的依据，包括殡仪馆、火葬场、骨灰存放处、墓地等设施的名称、用地范围、占地面积。

3.0.22 综合防灾资料是确定防洪、消防、人防、抗震、地质灾害防护等设施布局和控制要求的依据，包括：（1）防洪：防洪排涝标准、防洪水位、常水位，防洪堤位置、堤顶标高，防洪闸的位置、类型，排涝泵站的位置、规模、占地面积和服务范围；（2）消防：消防站的名称、位置、等级、占地面积及辖区，消防人员数量、消防车辆的类型、数量，消防水鹤、消火栓及消防水池的设置；（3）抗震防灾：地震断裂带位置，各类建筑物、构筑物、基础设施设防标准，疏散场地、疏散通道和临时避难点等的位置、容量；（4）人防：各类人防设施的布局、规模，现有人防设施的使用、管理情况，重点防护地区的疏散通道、疏散场地。

除规划范围内资料外，还需要搜集规划范围外为本区域服务的设施名称、位置、服务范围等资料。防灾设施的空间数据是资料搜集的重点，需要落实到规划编制的地块单元；对于各类防灾减灾的具体设施（主要是建筑设施），也需要落实到规划编制的地块单元。

3.0.23 地下空间利用资料是确定土地使用和地下空间利用及其平面、竖向关系控制要求的依据，包括交通、市政等基础设施及地下商业、文化娱乐等公共设施的位置、平面布局、主要功能、层数、标高、建筑面积，地下设施连接通道的位置和标高。

4 修建性详细规划的基础资料搜集

4.0.1 综合资料是确定规划地块平面布局、交通组织、建筑设计和空间景观设计等的依据，包括城市总体规划以及公共设施、基础设施等专项规划；规划地块所在地区的控制性详细规划；规划设计任务书；规划范围内已批准的规划设计和建筑设计成果；省、市人民政府及有关部门制定的规划条例、技术规定和发布的有关文件；规划对象的特殊要求，如工业企业的流程要求等。

4.0.2 自然条件资料是进行建筑布局、场地设计和管线设计的依据，包括：（1）地形图：比例尺1∶500～1∶1000；（2）地下水的分布、埋深、化学成分等水文地质情况；（3）岩体、土地的成分、结构、承重等工程地质状况；（4）地震断裂带的位置，滑坡、泥石流等的影响范围，地面沉降和地表塌陷的范围，应由国土、测绘部门提供；（5）植被的种类、分布范围。

4.0.3 历史文化资料是保护规划地块历史文化资源或传承历史文化内涵的依据，包括规划地块内文物保护单位的名称、保护范围、建设控制地带、保护要求；历史建（构）筑物的名称、年代、建筑高度、建筑质量等；非物质文化遗产的名称、类型、年代、传承场所用地范围等；古树名木的年代、保护级别、位置。其中“传承历史文化内涵”指具有悠久历史的学校、医院、文化等公共设施在新址规划时，应搜集城市和原址的历史文化内涵、建筑和人文特色资料，以便在规划中加以体现。

4.0.4 土地利用资料是进行建设条件分析、估算总造价、分析投资效益的依据，包括：基准地价、楼面地价、拆迁补偿标准、各类建（构）筑物工程造价等；地籍线、权属。

4.0.5 建（构）筑物资料是确定建筑空间布局和现有建筑保留、改造、利用及实施时序的依据，包括居住、公共管理与公共服务、商业服务业、工业、物流仓储、交通设施、公用事业、特殊用地等用地内建（构）筑物的建筑用地范围、占地面积、建筑面积、年代、高度、层数、质量等；保留建（构）筑物、沿街建筑的平面图、立面图、剖面图。

4.0.6 道路交通资料是确定地块、建筑的出入口位置和进行交通设施规划设计的依据，包括道路交叉口的设计图，规划范围及周边地区出入口的位置、宽度，人行过街设施的形式、位置、用地控制范围；地下道路、地下人行道等的标高、净高、控制界线、出入口位置；山地城市复杂地段主干路的纵断面以及两侧护坡挡墙的控制范围。公共交通资料包括城市轨道的线路走向和用地控制范围，站点的名称、用地范围；快速公交（BRT）的线路走向及站点的名称、位置；常规公交站点的名称、位置、形式。停车设施资料包括地块配建停车泊位数，路外停车设施的用地界线，地下公共停车设施及路内停车设施的用地界线、泊位数，停车设施出入口的位置、宽度。加油（气）站资料包括名称、用地界线。

4.0.7 供水工程资料是供水设施规划的依据，包括规划范围内及周边给水管线走向、位置、管径、水压、埋深等，预留接管的位置、管径、埋深，给水加压泵站（高地水池）的位置、用地界线、规模；再生水处理设施的名称、位置、规模、服务范围，再生水管线的管径、走向。

4.0.8 排水工程资料是排水设施规划的依据，包括：(1) 污水：规划范围内及周边污水管线走向、位置、管径、埋深等，预留接管的位置、管径、埋深；污水提升泵站的位置、用地界线、规模等；(2) 雨水：规划范围内及周边雨水管线走向、位置、管径、埋深、出水口等，预留接管的位置、管径、埋深；雨水泵站的位置、用地界线、规模等；收纳水体的常水位、丰水位。

4.0.9 电力工程资料是确定高压走廊控制宽度、电力管线通道位置、建设方式、管材、管径、电力设施用地界线和管线综合的依据，包括：规划范围内及周边 35kV 及以上变电站的名称、电压等级、主变容量、用地界线、供电范围；开闭所、环网柜、变电所等中压配网设施的名称、容量、用地界线、供电范围及配网接线方式；10kV 及以上架空电力线路的走向、位置、线路型号、敷设方式、走廊控制宽度；电缆通道的位置、数量、管材、敷设方式、埋深及敷设电缆型号，预留接管的位置、管径、埋深。

4.0.10 通信工程资料是确定通信管线位置、管孔数、管材、管径、建设方式、通信设施用地界线和管线综合的依据，包括：规划范围内及周边汇接中心、综合交换端局、综合接入模块局、接入点、移动通信基站、服务中心等通信设施的名称、位置、类型、功能、容量、建设方式、服务范围；广电中心、分中心、分前端、接入点等设施的名称、位置、功能、建设方式及服务范围；邮政局所的位置、建设方式、服务功能、占地面积；通信管线的位置、管材、管径、管孔数、建设方式、埋深，预留接管的位置、管径、埋深。

4.0.11 燃气工程资料是确定各压力等级燃气管线位置、管径、管材、燃气设施用地界线和管线综合的依据，包括：气源的种类、来源、供应量及构成，燃气分输站、接收门站、储配站、调压站等设施的名称、位置、规模，高、中、低各等级燃气管线的压力、走向、管位、管径、管材、埋深，预留接管的位置、管径、埋深。

4.0.12 供热工程资料是确定供热管线位置、管径、管材、建设方式、供热设施用地界线和管线综合的依据，包括：供热管线的走向、位置、管径、敷设方式，预留接管的位置、管径；换热站的位置、用地界线、规模。

4.0.13 环卫工程资料是环卫设施规划的依据，包括：垃圾转运站的位置、用地界线、规模，垃圾收集点、公共厕所的分布；餐厨垃圾处理设施的位置、用地界线、规模。

4.0.14 防灾设施资料是进行建筑布局、场地设计和管线设计的重要依据，包括：(1) 防洪：防洪堤位置、堤顶宽度及标高，防洪闸的位置、宽度，排涝泵站的位置、规模、用地界线；(2) 消防：消防水鹤、消火栓及消防水池的分布；(3) 抗震防灾：临时疏散场地的位置、用地界线；疏散通道的分布；(4) 人防：各类人防设施的分布、规模。

4.0.15 地下空间利用资料是进行总平面设计、竖向设计、管线规划和建筑设计的依据，包括规划地块及相邻地区交通、市政等基础设施和地下商业、文化娱乐等公共设施的平面图、剖面图。

5 基础资料搜集的步骤、方法及成果

5.0.1 “调查提纲”是指根据规划编制技术思路，提出资料调查的框架、要点。调查对象主要包括有关部门、公众、企业等。

5.0.2 现场踏勘、部门调查时，需要用图纸表达的资料应绘制在相应的地形图上。地形图应为最新资料，地形图较老、地形变化较大的应由委托单位进行修测。调查表格、调查问卷可以结合规划编制动员会、联络员会议发放，公众意见的征询应制定专门的调查问卷，通过报刊、网络等媒体发布，或以社区为单元进行发放和回收。走访有关部门应重点了解现状

问题、规划设想，搜集相应图纸、规划成果、研究报告等资料。"文献资料"除从有关部门获取外，还可以从公开出版物及新闻媒体的有关报道中获取。

5.0.3 "表格汇总及分析"是指发放的调查表格应分类统计形成汇总表，也可绘制成分析图表。"现状图"包括城镇体系现状图、城市现状图（城市总体规划）、土地利用现状图（控制性详细规划），作为规划成果的组成部分，不必列入基础资料汇编。

中华人民共和国国家标准

城市轨道交通工程基本术语标准

Standard for basic terminology of
urban rail transit engineering

GB/T 50833—2012

主编部门：中华人民共和国住房和城乡建设部
批准部门：中华人民共和国住房和城乡建设部
施行日期：2 0 1 2 年 1 2 月 1 日

中华人民共和国住房和城乡建设部
公　告

第1492号

住房城乡建设部关于发布国家标准《城市轨道交通工程基本术语标准》的公告

现批准《城市轨道交通工程基本术语标准》为国家标准，编号为GB/T 50833－2012，自2012年12月1日起实施。

本标准由我部标准定额研究所组织中国建筑工业出版社出版发行。

中华人民共和国住房和城乡建设部

2012年10月11日

前　言

根据住房和城乡建设部《关于印发〈2008年工程建设标准规范制订、修订计划（第一批）通知》（建标［2008］102号）的要求，由住房和城乡建设部标准定额研究所和北京交通大学会同有关单位共同编制完成。本标准编制过程中，编制组经广泛调查研究，认真总结实践经验，广泛吸取全国有关单位和专家意见，并参考国内外有关标准，编制本标准。

本标准的主要技术内容是：总则，一般术语，客流，行车组织，车辆与车辆基地，线路、限界、轨道，建筑与结构，机电设备，客运服务，技术经济指标等。

本标准由住房和城乡建设部负责管理，由住房和城乡建设部标准定额研究所负责具体技术内容的解释。执行过程中如有意见和建议，请寄送住房和城乡建设部标准定额研究所（地址：北京市三里河路9号；邮政编码：100835），供今后修订时参考。

本标准主编单位：住房和城乡建设部标准定额研究所
北京交通大学

本标准参加单位：中国城市规划设计研究院
中国中铁二院工程集团有限责任公司
北京全路通信信号研究设计院
上海市隧道工程轨道交通设计研究院
北京城建设计研究总院有限责任公司
广州地铁设计院有限公司
中国中铁电气化局集团有限公司
国家磁浮交通工程技术研究中心
上海市城市交通运输管理处
深圳市地铁三号线投资公司
同济大学

本标准主要起草人员：黄　卫　王志宏　曾少华　雷丽英　宁　滨　秦国栋　张海波　于松伟　史海欧　申大川　周国甫　王元丰　倪永军　韩　冰　刘万明　熊学玉　杨大忠　刘卡丁　周志宇　申伟强　胡维撷　叶为民　张德贯

本标准主要审查人员：施仲衡　常文森　王振信　战明辉　黄桂兴　李耀宗　蒋玉琨　王永宁　范金富　蔡　波　周华杰　孙峻岭

目　次

Contents

1 总　　则

1.0.1 为适应我国城市轨道交通事业发展的需要，规范城市轨道交通工程术语，便于国内外合作与交流，制定本标准。

1.0.2 本标准适用于城市轨道交通规划、建设、运营等工程技术领域。

1.0.3 城市轨道交通工程术语除应符合本标准外，尚应符合国家现行有关标准的规定。

2 一般术语

2.0.1 城市轨道交通 urban rail transit

采用专用轨道导向运行的城市公共客运交通系统，包括地铁、轻轨、单轨、有轨电车、磁浮、自动导向轨道、市域快速轨道系统。

2.0.2 城市轨道交通标志 urban rail transit sign

用于公众和专业人员识别、代表城市轨道交通系统的文字标识与专用图形符号。

2.0.3 低运量城市轨道交通 urban rail transit with low transport capacity

单向客运能力小于每小时1万人次的轨道交通方式。

2.0.4 中运量城市轨道交通 urban rail transit with medium transport capacity

单向客运能力为每小时（1～3）万人次的轨道交通方式。

2.0.5 大运量城市轨道交通 urban rail transit with large transport capacity

单向客运能力为每小时（2.5～5.0）万人次的轨道交通方式。

2.0.6 高运量城市轨道交通 urban rail transit with high transport capacity

单向客运能力不小于每小时（4.5～7.0）万人次的轨道交通方式。

2.0.7 单向客运能力 monotonous passenger transport capacity

单位时间内单方向通过线路断面的客位数上限，即列车额定载客量与行车频率上限值的乘积。

2.0.8 地铁 metro/underground railway/subway

在全封闭线路上运行的大运量或高运量城市轨道交通方式，线路通常设于地下结构内，也可延伸至地面或高架桥上。

2.0.9 轻轨交通 light rail transit

在全封闭或部分封闭线路上运行的中运量城市轨道交通方式，线路通常设于地面或高架桥上，也可延伸至地下结构内。

2.0.10 单轨交通 monorail transit

采用电力牵引列车在一条轨道梁上运行的中低运量城市轨道交通系统，根据车辆与轨道梁之间的位置关系，单轨交通分为跨座式单轨交通和悬挂式单轨交通两种类型。

2.0.11 有轨电车 tram

与道路上其他交通方式共享路权的低运量城市轨道交通方式，线路通常设在地面。

2.0.12 磁浮交通 maglev transit

通过磁力实现列车与轨道的非接触支承、导向和驱动的轨道交通。

2.0.13 中低速磁浮交通 medium and low speed maglev transit

采用直线异步电机驱动，定子设在车辆上的磁浮交通。

2.0.14 高速磁浮交通 high-speed maglev transit

采用直线同步电机驱动，定子设在轨道上的磁浮交通。

2.0.15 自动导向轨道系统 automated guideway transit system

在混凝土轨道上，采用橡胶轮胎，并通过导向装置，自动导引车辆运行方向的轨道交通系统。

2.0.16 市域快速轨道系统 urban rail rapid transit system

服务范围覆盖城市市域范围内的城市轨道交通系统。

2.0.17 工程筹划 engineering scheme

对项目建设全过程的工程计划及可实施性的统筹安排。

3 客　　流

3.0.1 出行 trip

从出发地到目的地的交通行为。

3.0.2 出行量 trip volume

单位时间内，居民出行的总人次数。

3.0.3 出行分担率 mode share rate

某种交通方式的出行量与出行总量之比，通常用百分比表示。

3.0.4 乘降 getting on/off

乘客上车和下车行为的统称。

3.0.5 乘降量 capacity volume of getting on/off passengers

单位时间内，上下车人次数之和。

3.0.6 出行距离 trip distance

在一次出行中，乘客从出发地到目的地的行程。

3.0.7 乘距 riding distance

在一次出行中，乘客从上车站到下车站的里程。

3.0.8 平均乘距 average riding distance

在统计期内，所有乘客出行距离的平均值。

3.0.9 出行时耗 traveling time/travel time/trip time

在一次出行中，乘客从出发地到目的地所花费的时间。

3.0.10 候乘时间 waiting time/wait time

乘客在车站等候乘车的时间。

3.0.11 乘行时间 riding time/ride time

在一次乘行中，乘客从上车到下车所花费的时间。

3.0.12 换乘 transfer

乘客在出行过程中转换车次、线路、交通方式的行为。

3.0.13 换乘距离 transfer distance

乘客在一次换乘中的步行距离。

3.0.14 换乘时间 transfer time

乘客在换乘过程中所用的时间。

3.0.15 停车换乘 park-and-ride

在出行途中将自用车辆存放后，改乘公共交通工具的行为。

3.0.16 客流 passenger flow/ridership

在一定时间内乘客的流量、流向和旅行距离信息的总称。包含时间、地点、方向和流量四个要素。

3.0.17 断面客流量 ridership volume

在一定时间内，沿某方向通过某线路断面的乘客数量。

3.0.18 高峰时间 peak time

一天中，客流量最大的时段。

3.0.19 高峰小时 peak hour

一天中，客流量最大的一小时。

3.0.20 线路高峰小时系数 peak hour flow rate/peak hour factor

在一条线路上，高峰小时客流量与全日客流量之比。

3.0.21 客流断面 cross-section flow/traffic section/passenger flow section

为预测或调查统计客流量而选取的同一线路上某相邻两站间路段的断面。

3.0.22 客流图 passenger flow diagram

描述客流量、流向随时间变化的图表。

3.0.23 客流方向不均衡系数 directional disequilibrium factor for passenger flow

在一条线路上，高峰小时时段内，客流量较大方向的最大客流断面客流量与较小方向的最大客流断面客流量之比。

3.0.24 客流断面不均衡系数 sectional disequilibrium factor for passenger flow

在一条线路的同一方向，最大客流断面的客流量与所有断面客流量的平均值之比。

3.0.25 站间断面客流 passenger volume between stations

在单位时间内线路上某相邻两站之间单程或往返的乘客人数。

3.0.26 突发客流 outburst passenger flow

在特殊情况下或某一时段内，发生的超常规的客流。

3.0.27 客流调查 ridership survey

为掌握客流规律所进行的调查。

3.0.28 客流预测 ridership prediction

根据客流调查数据，对未来客流的变化趋势作出科学的估计与测算。

3.0.29 线路客流量 line ridership

线路在单位时间内单程或往返的乘客人数。

3.0.30 换乘客流量 transfer passenger volume

在单位时间内各轨道交通线路之间的换乘乘客人数之和。

3.0.31 负荷强度 load intensity

线路日客运量与线路长度之比，即单位线路长度所承担的日客运量。

3.0.32 客流密度 passenger flow density

线路日客运周转量与线路长度之比，即单位线路长度所承担的日客运周转量。

3.0.33 线网换乘系数 transfer coefficient

线网所有线路日客流量之和与线网日进站客流量之比值。

3.0.34 高峰小时单向最大断面客流 unidirectional peak hour maximum passenger volume

高峰小时时段线路某一个方向客流最大区间对应的断面客流量。

4 行车组织

4.0.1 行车组织 operation organization

根据列车运行计划，利用车辆、设备、线路及车站设施组织并指挥列车运行的过程。

4.0.2 运营控制中心 operation control center

对轨道交通运营实施集中监控和管理的场所。

4.0.3 首班列车 first train

每天开始运营的第一班载客列车。

4.0.4 末班列车 last train

每天结束运营的最后一班载客列车。

4.0.5 起点站 origin station

列车按调度指令开始单程载客运行的车站。也称始发站。

4.0.6 终点站 terminal station

列车按调度指令结束单程载客运行的车站。

4.0.7 中间站 intermediate station

起点站和终点站之间的车站。

4.0.8 折返站 turn-back station

按列车交路进行列车折返作业的车站。

4.0.9 换乘站 transfer station

设在两条（及以上）线路交汇处，可供乘客换乘的车站。

4.0.10 行车间距 headway distance

先行列车与跟踪列车车头前端之间的距离。

4.0.11 安全行车间距 safe headway

为避免前行列车与后续列车首尾相撞而必须保持的最小行车间距。

4.0.12 行车调度 train dispatching

行车调度员监控和指挥列车运行的作业。

4.0.13 列车运行图 train operation plan/train diagram

列车运行的时间和空间关系的图解，表示列车在各区间运行及在各车站停车或通过状态的二维线条图。

4.0.14 列车发出时刻 departure time of train

列车从车站或车辆基地按规定发车位置启动的时刻。

4.0.15 列车到达时刻 arriving time of train

列车到车站或停车场规定停车位置停稳的时刻。

4.0.16 列车通过时刻 passing time of train

列车前端通过规定位置的时刻。

4.0.17 折返 turn-back

列车改变行驶线路和行驶方向的返回运行作业。

4.0.18 站前折返 turn-back ahead of station

列车在运行区间内的折返作业。

4.0.19 站后折返 turn-back behind of station

列车在运行区间外的折返作业。

4.0.20 列车交路 train routing

根据运营组织和运营条件的变化，调度指挥列车按规定区间运行、折返的运营模式。

4.0.21 运营时间 operating time/serving time

首班车驶离运营起点至末班车到达运营终点的时间。

4.0.22 单程 single travel/single trip

列车沿线路的一个方向，从运营起点至终点的行程。

4.0.23 站停时间 dwell time

列车到站开门至关门离站的时间。

4.0.24 首末站停车时间 dwell time at terminal station

运营列车在相邻两个单程运行之间，在首末站停留的时段。

4.0.25 运行周期 round trip time/operation cycle time

列车沿运营线路往返循环运行一次的时间。

4.0.26 首班列车时间 departure time of first train

首班列车驶离某车站的时刻。

4.0.27 末班列车时间 departure time of last train

末班列车驶离某车站的时刻。

4.0.28 收车时间 time of last train arriving terminal station/ time of end operation

末班列车到达运营终点，结束运营的时刻。

4.0.29 发车间隔 departing time interval

同一线路的相邻两列同向列车驶离起点站的时间间隔。

4.0.30 行车密度 operation frequency/train frequency

同一线路在单位时间（小时）内，驶离某车站的车次数。

4.0.31 最高运行速度 maximum operating speed

车辆所允许的能够实际载客安全运行的最高速度。

5 车辆与车辆基地

5.1 车 辆

5.1.1 车辆 vehicle

在线路上可编入列车运行的单节车。

5.1.2 动车 motor vehicle

具备牵引动力装置的车辆。

5.1.3 拖车 trailer vehicle

无牵引动力装置的车辆。

5.1.4 列车单元 train unit

至少包括一台动车的车组，从列车中解列后可独立行驶的最小行车单元。

5.1.5 列车 train

若干列车单元连挂而成的车列。

5.1.6 列车长度 train length

列车前后端车钩连接面间的距离。

5.1.7 列车编组 train formation

组成一列车的车辆数。

5.1.8 中间车 middle vehicle

在列车首尾车辆之间的车辆。

5.1.9 铰接式车辆 articulated vehicle

毗邻车辆的相邻端部由铰接装置支撑并连接的车辆。

5.1.10 低地板车辆 low-floor vehicle

车内地板面与轨顶面的高差不大于350mm的车辆。

5.2 车辆设施

5.2.1 车体 vehicle body

在车辆上容纳乘客、安装各种车载设备的厢形承载结构。

5.2.2 牵引系统 traction system

从牵引网获取电流，并提供列车牵引、制动及车载设备用电的设备及控制系统的总称。

5.2.3 制动系统 braking system

为列车提供制动力的车载设备及其控制系统的总称。

5.2.4 转向架 bogie

与车体底架相连，承载并缓冲车体载荷，引导车辆沿轨道行驶的部件组合体。

5.2.5 客室 carriage

在车辆上，容纳乘客并设有门窗的厢形结构。也称车厢。

5.2.6 乘客门 passenger door

在车辆上，供乘客进出车厢的门。

5.2.7 车内通道 corridor in vehicle

在车厢内，供乘客通行的过道。

5.2.8 列车广播系统 broadcasting system in carriage

向车内乘客播放乘车信息、列车运行信息及其他相关信息的设备总称。

5.2.9 列车信息显示系统 information display system in carriage

向车内乘客显示乘车信息、列车运行信息及其他相关信息的设备总称。

5.2.10 车内乘客报警系统 alarm system for passengers in carriage

在紧急情况下，乘客与驾乘人员联络的设备总称。

5.2.11 列车视频监视系统 video monitoring system in carriage

监视并记录车厢内乘客动态的闭路电视设备总称。

5.2.12 车厢换气系统 air-exchange system in carriage

以强制进出风保持车内空气清新的设备总称。

5.2.13 车厢空调 air-conditioner in carriage

车厢内的温度、湿度调节和换气装置的总称。

5.2.14 车门防夹装置 clamp-prevention device of door

在关闭车门过程中，当关门阻力大于给定值后，能使车门重复开启动作的安全装置。

5.2.15 车内净高 clear height in vehicle

车厢地板面至车厢顶棚的最大高度。

5.2.16 地板面高度 height of floor in vehicle

空车时，车厢地板面与轨面的高差。

5.2.17 车门宽度 opening width of door

车门开启后的最大宽度。

5.2.18 有效站立面积 standing area in carriage

车厢内可供乘客站立的总面积。

5.2.19 额定站立密度 rating standing density

在额定定员工况时，客室内单位有效站立面积上允许站立的人数。

5.2.20 额定站位数 rating standing volume

根据客室有效站立面积和额定站立密度，计算出的站立人数。也称站席数。

5.2.21 额定载客量 rating carrying amount

车厢内座席数与额定站位数之和。也称定员。

5.2.22 测速定位 location and velocity detecting system

检测列车位置、运行方向和速度的检测系统。

5.2.23 悬浮架 levitation bogie

通过磁力及机械结构支承车体，借助机械解耦适应轨道曲线与不平顺公差，配合悬浮控制系统与驱动控制系统，实现无接触和平稳运行的装置。

5.2.24 悬浮导向 levitation and guidance

通过磁力控制，使车辆与轨道保持额定间隙的无接触状态。

5.3 车辆基地

5.3.1 车辆基地 vehicle base

以车辆停放、检修和日常维修为主体，集中车辆段（停车场）、综合维修中心、物资总库、培训中心及相关的生活设施等组成的综合性生产单位。

5.3.2 车辆段 depot

承担车辆停放、运用管理、整备保养、检查和较高或高级别的车辆检修的基本生产单位。

5.3.3 停车场 stabling yard

承担所辖车辆停放和日常维护的基本生产单位。

5.3.4 检修修程 examine and repair program

根据车辆技术状况和寿命周期所确定的车辆检查、修理的等级，分为厂修、架修、定修、月检、周检和列检等。

5.3.5 检修周期 examine and repair period

相邻两次同等级检修的运用里程或时间间隔。

6 线路、限界、轨道

6.1 线路

6.1.1 正线 main line

列车载客运营的线路。

6.1.2 辅助线 auxiliary line

为保证正线运营而设置的不载客列车运营的线路。

6.1.3 渡线 transition line

引导列车从一条线路转移到另一条线路的设施，一般由两组单开道岔及一条连接轨道组成。

6.1.4 出入线 inlet/outlet line

车辆基地与正线的连接线路。也称出入段（场）线。

6.1.5 试车线 test line

对车辆进行动态性能检测的线路。

6.1.6 检修线 maintenance line

用于车辆检查、维修的专用线路。

6.1.7 停车线 parking line

用于正线运行中列车临时停放的线路。也称存车线。

6.1.8 联络线 connecting line

连接两条独立运营线路的辅助线路。

6.1.9 运营线 operation line

列车沿固定路线和车站正常载客运行的线路。

6.1.10 站间距 station spacing

两相邻车站计算站台中心之间的线路长度。

6.1.11 线路长度 route length

线路从起点到终点的距离。

6.1.12 线网 rail transit network

在一定区域内，由全部线路组成的轨道交通网络。

6.1.13 线网长度 length of line network

在线网内各线路长度之和，共线部分只计一次。

6.1.14 线网密度 network density

在一定区域内的线网长度与区域面积之比。

6.1.15 线路设施 route facilities

在轨道交通线路上设置的相关建筑物、构筑物、设备及标志等的总称。

6.1.16 内环线路 inner loop line

在右侧行车方式下，沿顺时针方向运行的环行线路。

6.1.17 外环线路 outer loop line

在右侧行车方式下，沿逆时针方向运行的环行线路。

6.1.18 全封闭线路 full closed line

以护栏、隧道、桥梁等物质实体与其他车辆和行人在全线进行物理隔离的线路。

6.1.19 部分封闭线路 semi-closed line

以护栏、隧道、桥梁等物质实体与其他车辆和行人在部分路段进行物理隔离的线路。

6.1.20 安全线 over run line

防止车辆在未开通进路的情况下，越过警冲标进入其他线路而设置的尽头式线路。

6.2 限　界

6.2.1 限界 gauge

保障城市轨道交通安全运行、限制车辆断面尺寸、限制沿线设备安装尺寸及确定建筑结构有效净空尺寸的图形及相应定位坐标参数称为限界。分为车辆限界、设备限界和建筑限界三类。

6.2.2 车辆限界 dynamic vehicle envelope

车辆在正常运行状态下形成的最大动态包络线。

6.2.3 设备限界 equipment gauge

基准坐标系中，在车辆限界外，考虑其未计及因素。包括一系或二系悬挂故障状态和安全间距的动态包络线，是限制轨旁设备安装的控制线。

6.2.4 建筑限界 construction gauge

建筑限界是位于设备限界外考虑了沿线设备安装后的最小有效断面。任何沿线永久性固定建筑物，包括施工误差值、测量误差值及结构永久变形量在内，均不得向内侵入的控制线。

6.2.5 限界坐标系 coordinate system of gauge

在正交于轨道线路中心线的平面内，以两侧钢轨轨顶中心的连线为水平轴，以该连线的中垂线为垂直轴的直角坐标系。

6.2.6 建筑限界宽度 width of construction gauge

轨行区内线路中心线至两侧建筑物的横向净距。

6.2.7 建筑限界高度 height of construction gauge

轨行区内轨顶面至建筑物的垂向净距。

6.3 轨　道

6.3.1 轨道 track

承受列车荷载和约束列车运行方向的设备或设施总称。

6.3.2 轨道结构 track structure

轨道设备或设施中用于车辆支承和导向并将列车载荷传向下部结构的组合体。

6.3.3 轨距 track gauge

钢轮钢轨系统中，轨面以下规定距离处左右两股钢轨内侧之间的距离。

6.3.4 超高 superelevation/cant

钢轮钢轨系统中，曲线段线路内外钢轨轨顶的高差。

6.3.5 轨底坡 rail base slope/rail cant

钢轨底面与轨道平面之间形成的横向坡度。

6.3.6 轨面 top of rail

轨道顶面。钢轮钢轨系统中，一般指两股钢轨顶面的公切线；磁浮系统中，轨面指磁极面；跨座式单轨交通中，指轨道梁走行面中心点的位置。

6.3.7 钢轨 rail

直接支承列车荷载和引导车轮行驶的型钢。

6.3.8 扣件 track fastening

将钢轨固定在轨枕或其他轨下基础的连接部件。

6.3.9 轨枕 tie/cross tie/sleeper

承受来自钢轨的压力，使之传布于道床，同时利用扣件有效保持轨道的几何形态，保持轨距并将列车载荷弹性地传向下部结构的构件。

6.3.10 道床 ballast bed/track-bed

支承和固定轨枕，并将列车载荷传向路基面或桥梁、隧道等其他下部建筑结构的轨道组成部分。

6.3.11 轨排 track panel

两根钢轨和若干轨枕用扣件连接成的整体结

构件。

6.3.12 轨枕间距 tie spacing/sleeper span

沿线路方向上相邻两根轨枕中心线之间的距离。

6.3.13 道床纵向阻力 longitudinal ballast resistance

轨枕在道床中纵向位移时，道床对轨枕所产生的抵抗力。

6.3.14 道床横向阻力 lateral ballast resistance

轨枕在道床中横向位移时，道床对轨枕所产生的抵抗力。

6.3.15 道岔 turnout/switch

车辆从一股轨道转入或越过另一股轨道的线路连接设备。

6.3.16 无缝线路 continuously welded rail track

钢轨连接方式采用连续焊接的轨道结构。

6.3.17 轨温 rail temperature

钢轨的温度。

6.3.18 最高轨温 highest rail temperature

根据当地历年一定年限范围内的气象资料，确定最高气温，最高气温加20℃为最高轨温。

6.3.19 最低轨温 lowest rail temperature

根据当地历年一定年限范围内的气象资料，确定最低气温，最低气温为最低轨温。

6.3.20 无缝线路锁定轨温 stress-free rail temperature

无缝线路钢轨温度应力为“零”时的轨温。

6.3.21 护轮轨 guard rail/check rail

为防止车轮脱轨或向一侧偏移，在轨道上钢轨内侧加铺的不承受车轮垂直荷载的钢轨。

6.3.22 车挡 buffer stop/bumper post

防止列车驶出线路末端的安全阻挡装置。

6.3.23 铺轨基标 track laying benchmarks/track laying points

为控制、核查线路设计中心线和高程而设置在线路上的标桩。

6.3.24 警冲标 fouling point sign post/fouling point indicator

指示列车停车位置，以防止停留在线的列车与相邻线上运行的列车发生侧面冲突，而在两线路之间设置的一种警示标志。

7 建筑与结构

7.1 地 质

7.1.1 地层 soil stratum

地质历史上某一时代形成的层状岩土体。

7.1.2 土体 soil mass

与工程建筑的稳定、变形有关土层的组合体。

7.1.3 岩体 rock mass

在一定工程范围内，通常由岩石块和各种结构面共同组成的自然地质体。

7.1.4 工程地质勘察 engineering geologic investigation

研究、评价建设场地的工程地质条件所进行的地质测绘、勘探、室内实验、原位测试等工作的统称。它为工程建设的规划、设计、施工提供必要的地质依据及参数。

7.1.5 地质图 geological map

将沉积岩层、火成岩体、地质构造等的形成时代和相关的各种地质体、地质现象，用一定图例表示在某种比例尺地形图上的一种图件。

7.1.6 渗漏 leakage

水沿土体或岩石的孔隙、裂隙、断层、溶洞等流失的现象。

7.1.7 管涌 piping

指在渗流作用下土体中的细土粒在粗土粒形成的孔隙通道中发生移动被带出的现象。

7.1.8 流沙 quicksand

指在渗流作用下局部土体表面隆起或土粒同时启动而流失的现象。

7.1.9 砂土液化 sand liquefaction

由于孔隙水压力上升，有效应力减小所导致的砂土从固态到液态的变化，饱水的疏松粉、细砂土在振动作用下突然破坏而呈现液态的现象。

7.1.10 滑坡 landslide

指斜坡土体或岩体在重力作用下失去原有稳定状态，沿着斜坡内某些滑动面（或滑动带）作整体向下滑动的现象。

7.1.11 崩塌 falling

较陡斜坡上的岩、土体在重力作用下突然脱离山体崩落、滚动，堆积在坡脚（或沟谷）的地质现象（又称崩落、垮塌或塌方）。

7.1.12 泥石流 mudslide

指在山区或者其他沟谷深壑，地形险峻的地区，因为暴雨暴雪或其他自然灾害引发的携带有大量泥沙以及石块的特殊洪流。

7.1.13 地裂缝 ground fissure

地裂缝是地表岩、土体在自然或人为因素作用下，产生开裂，并在地面形成一定长度和宽度的裂缝的一种地质现象。

7.1.14 褶皱 fold

由于地壳运动，岩层受到挤压而形成的弯曲。

7.1.15 断层 fault

地壳岩层因受力达到一定强度而发生破裂，并沿破裂面有明显相对移动的构造。

7.2 建 筑

7.2.1 车站 station

供列车停靠、乘客购票、候车和乘降并设有相应设施的场所。

7.2.2 地面车站 at grade station

轨道设在地面上的车站。

7.2.3 高架车站 elevated station

轨道设在高架结构上的车站。

7.2.4 地下车站 underground station

轨道设在地面下的车站。

7.2.5 车站出入口 station entrance-exit

供乘客进出轨道交通车站的通道。

7.2.6 站厅 station concourse mezzanine

在车站出入口和站台之间，供乘客购票、检票或换乘的场所。

7.2.7 站台 platform

车站内供乘客候车和乘降的平台。

7.2.8 岛式站台 island platform

设置在上下行线路之间，可在其两侧停靠列车的站台。

7.2.9 侧式站台 side platform

设置在上下行线路两侧，只能在其一侧停靠列车的站台。

7.2.10 站台高度 platform height

站台面与轨道顶面的高差。

7.2.11 站台计算长度 calculated length of platform

供乘客上、下列车乘降平台的使用长度。无屏蔽门的车站站台计算长度为首末两节车辆司机室门外侧之间的长度加停车误差。有屏蔽门的车站站台计算长度为站台屏蔽门的长度。

7.2.12 侧站台宽度 side platform width

侧站台宽度为车站站台和乘降区的最小宽度。

7.2.13 车站公共区 public zone of station

车站内允许乘客进出的区域，包括付费区和非付费区。

7.2.14 付费区 paid area

经检票后乘客方能进入的车站公共区域。

7.2.15 非付费区 non-paid area

不需要检票，乘客可以进出的车站公共区域。

7.2.16 付费区换乘 transfer within paid zone

两条及以上轨道交通线路之间在付费区内进行的换乘。

7.2.17 节点换乘 transfer at crossing

两条及以上轨道交通线路立体交叉，在其站台的水平投影重叠部分直接以楼（扶）梯相连的换乘。

7.2.18 通道换乘 transfer through corridor

两条及以上轨道交通线路立体交叉，在其站厅付费区、站台、出入口间以通道相连的换乘。

7.2.19 平行换乘 parallel transfer

站台相互平行的不同线路，通过同一站台或楼（扶）梯和公共站厅层完成的换乘，包括相互平行的不同线路同层设置或上下层设置两种类型。

7.2.20 同站台换乘 one platform transfer

通过同一站台完成的换乘，分为同向换乘和不同向换乘两种方式。

7.2.21 防火卷帘门 fireproof rolling shutter door

置于建筑物较大洞口处的卷帘式防火、隔热设施。

7.2.22 挡烟垂帘 smoke stop curtain

大空间建筑内防烟分区的悬挂式防烟分隔物。

7.3 地下结构

7.3.1 车站结构 station structure

由车站的梁、柱、墙、板、拱等主要承重构件组成的结构物。

7.3.2 区间隧道 interval tunnel

车站之间形成行车所需空间的地下构筑物。

7.3.3 支护结构 supporting structure/retaining structure

基坑工程中的围护墙、支撑（或土层锚杆）、围檩、防渗帷幕等结构体系的总称。根据使用环境不同，也称围护结构。

7.3.4 复合墙 compound wall

基坑围护结构和车站结构内衬墙之间有填充物（如防水层结构）隔离开的墙体形式。

7.3.5 叠合墙 composite wall

基坑围护结构（多为地下连续墙）和车站结构内衬墙之间通过结构和施工措施，保证叠合面的剪力传递，两者结合成整体墙的墙体形式。

7.3.6 管片结构 segment structure/segmental lining

利用工厂预制、现场拼装的管片衬砌隧道的结构形式。

7.3.7 明挖法 cut and cover method/open cut method

在地面挖开的基坑中修筑地下结构的施工方法。

7.3.8 暗挖法 mining method

不开挖地面，在地下进行开挖和修筑地下结构的施工方法。

7.3.9 明挖顺筑法 cut-bottom up method/cut-and-cover method

设置围护结构，由上向下挖土，然后由下向上修筑结构的施工方法。

7.3.10 盖挖顺筑法 cover and cut-bottom up method

在地面修筑维持地面交通的临时路面及其支撑结构后，自上而下开挖土方至坑底设计标高，再自下而上修筑结构的施工方法，属于明挖法。

7.3.11 盖挖逆筑法 cover and cut-top down method

开挖地面修筑地下结构顶板及其竖向支撑结构后，在顶板的下面自上而下分层开挖土方，分层修筑结构的施工方法，属于明挖法。

7.3.12 矿山法 mining method

传统的矿山法是指用钻眼爆破的方法修筑隧道的暗挖施工方法，又称钻爆法，现代矿山法还包括机械开挖法、新奥法等施工方法。

7.3.13 新奥法 new Austrian tunneling method

利用围岩的自承能力和开挖面的空间约束作用，采用以锚杆、喷射混凝土和钢支撑为主要支护手段，及时对围岩进行加固，约束围岩的松弛和变形，并通过对围岩和支护结构的监控、测量进行施工指导的暗挖方法。

7.3.14 浅埋暗挖法 shallow excavation method/mining method with shallow coverage

针对埋深较浅、松散不稳定的地层和软弱破碎岩层，在开挖中以多种辅助措施加固围岩及周围土体，开挖后及时支护，封闭成环，与围岩及周围土体共同作用形成联合支护体系，有效地控制围岩及周围土体过大变形的一种综合施工方法。

7.3.15 盾构隧道法 shield method

使用圆形钢壳结构保护、开挖、推进、拼装、衬砌和注浆等作业的暗挖施工方法。

7.3.16 顶进法 jacking method

通过传力顶铁和导向轨道，用支承于基坑后座上的液压千斤顶将预制箱涵或管节逐节压入土层中，同时挖除并运走其正面泥土的施工方法。

7.3.17 冻结法 freezing method

采用冷冻的方法固结地层土体，提高土体强度的施工方法。

7.3.18 铺盖法 blanket method

采用钢构式梁柱体系及临时盖板形成临时路面系统进行顺筑地下结构的施工方法。

7.3.19 沉管法 immersed tube method/sunken tube method

采用预制管段沉埋修筑水底隧道的施工方法。

7.3.20 结构耐久性 structure durability

构筑物在实际使用条件下抵抗各种破坏因素、长期保持强度和外观完整性的能力。

7.3.21 设计使用年限 designed lifetime

对构筑物由设计规定的在一般维护条件下不需大修仍可按其预定目的使用的时期。

7.4 地上结构

7.4.1 站桥合一 integrated station-bridge structure

车站主体与轨道桥梁的结构结合在一起的车站结构形式。

7.4.2 站桥分离 detached station and bridge structure

车站主体与轨道桥梁的结构完全分开，轨道桥梁从车站建筑体中穿过的车站结构形式。

7.4.3 桥上无缝线路伸缩力 force produced in continuously welded rail track due to bridge expansion

桥上无缝线路因温度变化，桥梁结构与轨道相对位移时所产生的纵向力。

7.4.4 桥上无缝线路挠曲力 force produced in continuously welded rail track due to bridge bending

在列车载荷作用下，因桥梁结构挠曲引起桥梁与钢轨相对位移而产生的纵向力。

7.4.5 桥上无缝线路断轨力 broken force of seamless track

因长钢轨折断引起桥梁与长钢轨相对位移而产生的纵向力。

7.4.6 动力系数 dynamic coefficient

承受动力荷载的结构或构件，按静力设计时所采用的系数，其值为结构或构件的最大动力效应与相应的静力效应的比值。

7.5 施工监测

7.5.1 基坑监测 monitoring of foundation pit

在基坑施工及使用期限内，对基坑及其周边环境实施的检查、监控工作。

7.5.2 基坑周边环境 surroundings around foundation pit

基坑开挖影响范围以内包括既有建（构）筑物、道路、地下设施、地下管线、岩土体及地下水体等的统称。

7.5.3 应测项目 necessary monitoring items

保证基坑周边环境和围岩的稳定以及施工安全进行的日常监测项目。

7.5.4 选测项目 selected monitoring items

为满足设计和施工的特殊需要，由设计文件规定的在局部地段，除应测项目外所进行的监测项目。

7.5.5 水平位移量测 horizontal displacement measurement

测定变形体沿水平方向的位移值，并提供变形趋势及稳定预报而进行的测量工作。

7.5.6 垂直位移量测 vertical displacement measurement/settlement observation

测定变形体沿垂直方向的位移值，并提供变形趋势及稳定预报而进行的测量工作。

7.5.7 地表沉降 subsidence/settlement

施工过程中地层的扰动区延伸至地表而引起的沉降。

7.5.8 监测频率 monitoring frequency

监测方对监测点实施的取值频率。

7.5.9 监测报警值 monitoring alarm value

施工过程中为确保基坑及其周边环境安全而设置的监控值。

8 机电设备

8.1 供电与照明

8.1.1 主变电所 high voltage substation

由城市电网引入高压电源，转换为城市轨道交通用中压电源的专用高压变电所。

8.1.2 牵引变电所 rectifier substation

将中压交流电降压并整流为牵引用直流电的变电所。

8.1.3 降压变电所 lighting and power substation

将中压交流电降压为动力及照明用低压交流电的变电所。

8.1.4 牵引降压混合变电所 combined substation

既提供牵引电源又提供动力照明交流低压电源的变电所。

8.1.5 牵引供电系统 traction power supply system

给列车提供电能的全部电力装置的总称。

8.1.6 供电制式 power supply mode

指牵引供电系统中采用的电流制式、电压等级及供电方式等。

8.1.7 集中式供电 centralized power supply mode

由专门设置的主变电所集中为各牵引变电所及降压变电所等供电的供电方式。

8.1.8 分散式供电 distributed power supply mode

由沿线分散引入的城市中压电源分别为各类变电所供电的供电方式。

8.1.9 混合式供电 combined power supply mode

同一条线路供电系统中部分采用集中式供电、部分采用分散式供电的供电方式。

8.1.10 接触网 contact wire system

向电动车辆输送牵引电能的供电网。分为架空接触网和接触轨两种形式。

8.1.11 接触轨 contact rail system

敷设在走行轨一侧通过受流器为电动车辆授给电能的导电轨系统。由导电轨、绝缘支架或绝缘子、绝缘防护罩、辅件等组成。

8.1.12 架空接触网 overhead contact wire system

由架空接触导线或其他导电体及悬挂装置组成的接触网。分柔性接触网和刚性接触网。

8.1.13 柔性接触网 flexible catenary

由接触悬挂和支持装置梁部分组成，是由一根接触线直接固定在支柱支持装置上悬挂形式的接触网，其驰度受车辆受电弓的压力而改变。

8.1.14 刚性接触网 rigid conduct wire

将接触线夹装在汇流排中，靠其自身的刚性保持接触线的恒定位置，接触线不因重力而产生驰度的改变。

8.1.15 中压供电网 medium voltage power supply network

把中压电能配送到各牵引变电所、降压变电所的供电网络。

8.1.16 外部电源 municipal power supply

为城市轨道交通提供电能的城市电网电源。

8.1.17 馈电线 feeder cable

接触网与牵引变电所之间的电连接线。

8.1.18 接触线 contact wire

架空接触悬挂中与受电弓直接接触，向车辆供电的导线。

8.1.19 导电轨 conduct rail

与电动车辆的受流器接触，向电动车辆供给牵引电能的金属轨。

8.1.20 回流轨 return current rail

供牵引电流返回牵引变电所负极的金属导电轨。

8.1.21 接触网供电分区 power supply section

在接触网上电气相互断开的供电区段，分为纵向供电分区和横向供电分区两种。

8.1.22 牵引整流机组 traction rectifier unit

由牵引变压器与整流器组成的电流变换设备组。

8.1.23 整流机组负荷等级 rectifier unit load grade

根据负荷特性划分的牵引整流机组过载能力等级。

8.1.24 接触网最小短路电流 minimum short-circuit current of contact line system

在最小运行方式下，接触网中离馈入点最远端发生正负极间短路时的电流。

8.1.25 接触网最大短路电流 maximum short-circuit current of contact line system

在最大运行方式下，接触网的馈入点处发生正负极间短路时的电流。

8.1.26 末端电压 terminal voltage

在单边供电的接触网区段中离馈入点最远端的电压。

8.1.27 双边供电 two-way feeding

一个供电区间由相邻两座牵引变电所共同供电的供电方式。

8.1.28 单边供电 one-way feeding

一个供电区间只由一座牵引变电所供电的供电方式。

8.1.29 越区供电 overpass feeding

当一座牵引变电所解列时，其供电区间由相邻牵引变电所供电的供电方式。

8.1.30 受电弓 pantograph

电动车辆从接触线上接受电能的装置。

8.1.31 受流器 current collector

电动车辆从接触轨上接受电能的装置。

8.1.32 动力照明供电系统 power lighting feeder system

为动力及照明设备提供低压交流电的供电系统。

8.1.33 车站照明系统 station lighting system

为车站提供照明的电气系统。

8.1.34 应急照明 emergency lighting

因正常照明的电源失效而启动的照明，应急照明包括疏散照明、备用照明。

8.1.35 疏散照明 escape lighting

作为应急照明灯的一部分，用于确保疏散通道被有效地辨认和使用的照明。

8.1.36 线路用电负荷 line power load

一条线路的车辆及动力照明设备的总用电需求。

8.1.37 线路年耗电量 electricity consumption of line per year

一条线路的车辆及动力照明设备的一年总耗电量。

8.1.38 杂散电流 stray current

在非指定回路上流动的电流。

8.1.39 变电所综合自动化系统 integrated substation automation system

对变电所设备集中进行控制、保护、测量、计量的自动化系统。

8.1.40 备用电源 stand-by electric source

当正常电源断电时，由于非安全原因用来维持电气装置或其某些部分所需的电源。

8.2 通　信

8.2.1 专用通信系统 special communication system

用于运营指挥、企业管理、乘客服务等的专用通信设施、设备的总称。主要包括传输、无线通信、公务电话、视频监视、专用电话、广播、时钟等子系统。

8.2.2 传输系统 transmission system

为各专用通信子系统和其他专业提供语言、数据、图像信息传输通道的系统设备。

8.2.3 无线通信系统 radio system

为运营及管理部门的移动人员之间、移动人员与固定人员之间提供无线通信手段的系统设备。

8.2.4 公务电话系统 private branch exchange

为一般公务通信和内部用户与公用电话网用户电话联络的系统设备。

8.2.5 视频监视系统 closed circuit television system

为控制中心调度员、车站值班员、列车司机等提供有关列车运行、变电所设备、防灾、救灾及客流状态等视频信息的系统设备。

8.2.6 专用电话系统 direct line telephone system

为控制中心调度员、车站、车辆基地的值班员指挥行车、运营管理及确保行车安全而设置的专用电话设备。包括调度电话、站间行车电话、站内直通电话和轨旁电话。

8.2.7 调度电话 schedule telephone

为调度人员与车站、车辆基地值班人员及相关业务人员之间提供指挥调度手段所设的专用直达调度电话系统。

8.2.8 站间行车电话 direct telephone inter-station

相邻车站值班员之间有关行车业务的专用电话设备。

8.2.9 站内直通电话 direct connection telephone inside station

车站、车辆基地内值班室或站长与本站有关人员直接通话的设备。

8.2.10 轨旁电话 track side telephone

设置在区间的轨道旁边供司机、区间维修人员与邻近车站值班员及有关部门联系的直通电话设备。

8.2.11 广播系统 public address system

供控制中心调度员和车站等值班员向乘客通告列车运行以及安全、向导、防灾等服务信息，向工作人员发布作业命令和通知的音响设备。

8.2.12 时钟系统 clock system

为运营线路的各系统及相关工作人员、乘客提供统一标准时间的系统设备。

8.2.13 乘客信息系统 passenger information system

依托多媒体技术，以计算机技术为核心，以车站和车载显示终端为媒介，向乘客提供信息服务的系统。

8.3 信　号

8.3.1 信号系统 signal system

根据列车与线路设备的相对位置和状态，人工或自动实现行车指挥和列车运行控制、安全间隔控制的信息自动化系统。

8.3.2 闭塞 block

用信号或凭证保证运行列车之间保持安全追踪间隔的技术方法。

8.3.3 固定闭塞 fixed block

预先设定列车之间最小追踪间隔且固定不变的闭塞方式。

8.3.4 准移动闭塞 quasi-moving block

列车之间最小安全追踪间隔预先设定且固定不变，并根据前方目标状态设定列车的目标距离和速度的闭塞方式。

8.3.5 移动闭塞 moving block

列车之间的最小安全追踪间隔不预先设定，并随列车的移动、速度的变化而变化的闭塞方式。

8.3.6 站间闭塞 inter-station block

列车运行间隔为相邻两座车站出站信号机之间的闭塞方法。

8.3.7 进路闭塞 route block

列车运行间隔为进路始端信号机至相邻下一架顺向信号机之间的闭塞方法。

8.3.8 列车自动控制 automatic train control

实现列车自动监控、自动防护和自动运行控制等技术的总称。

8.3.9 基于通信的列车控制 communication-based train control

基于大容量、连续的车地信息双向通信及列车定位与控制技术，实现列车的速度控制。

8.3.10 列车自动监控 automatic train supervision

实现列车运行的自动监视、控制、调整和管理等技术的总称。

8.3.11 列车自动防护 automatic train protection

实现列车运行间隔、超速防护、进路和车门等自动安全控制技术的总称。

8.3.12 列车自动运行 automatic train operation

实现列车启动、速度调整、定点停车和车门等自动控制技术的总称。

8.3.13 无人驾驶 driverless train control

实现列车全自动监控、安全防护和运行控制。

8.3.14 连锁 interlocking

道岔、区段、信号机按一定的规则和条件建立的相互关联、制约的安全关系。

8.3.15 轨道电路 track circuit

以钢轨为导体构成电气回路，检测传递线路占用信息，并可实现地面与列车间信息传递的轨旁设备。

8.3.16 定点停车 fixed-point stopping

自动控制列车在指定位置停车。

8.3.17 地面信号 fixed signal/wayside signal

轨旁信号机显示的信号。

8.3.18 车载信号 on-board signal

列车驾驶室内显示前方运行条件的信号。

8.3.19 降级运行模式 Fallback mode

系统的部分设备使用受限或故障后，降低或减少系统功能的运行模式。

8.3.20 道口信号 crossing signal

线路与道路平面交叉处设置的防护信号。

8.3.21 列车优先 superiority of train

线路与道路平面交叉处，城市轨道交通优先通行。

8.3.22 安全保护距离 safe protection distance

实施停车安全控制时，预定停车位置至限制点的安全距离。

8.3.23 故障-安全原则 fail-safe principle

在系统或设备发生故障、错误或失效的情况下，能自动导向安全侧并具有减轻以至避免损失的功能，以确保行车安全的要求。

8.3.24 保护区段 overlap section

为实现超速防护，保证安全停车而延伸的闭塞区段。

8.3.25 目标速度 target speed

列车运行至前方目标地点应达到的允许速度。

8.3.26 目标距离 target distance

列车运行至前方目标地点的走行距离。

8.3.27 移动授权 movement authority

列车在指定方向上可以走行的距离。

8.4 综 合 监 控

8.4.1 综合监控 integrated supervision

通过计算机网络、信息处理、控制及系统集成等技术实现城市轨道交通机电系统设备的监视、控制及综合管理。

8.4.2 综合监控系统 integrated supervision system (ISCSI)

对机电系统设备的监视、控制及综合管理的成套设备及软件的总称。

8.4.3 综合监控系统集成 integrated supervision system integration

综合监控系统实现各接入系统监控层全部功能的技术行为。

8.4.4 综合监控系统集成度 integration degree of integrated supervision system

综合监控系统的集成规模、接入系统的种类及完成所集成功能的程度。

8.4.5 综合监控系统互联 interconnection of integrated supervision system

综合监控系统与各接入系统的信息互通和协调互动。

8.4.6 综合监控系统监控权限 supervision authority of integrated supervision system

对综合监控系统监控设备的使用权限。

8.4.7 综合监控系统联动 linkage of integrated supervision system

综合监控系统因某触发条件而启动的、涉及多个系统之间的协调互动。

8.4.8 综合管理系统 integrated management system

联结运营部门、管理部门和决策部门的综合性计算机网络系统。

8.4.9 仿真测试平台 simulation and test platform

用于测试综合监控系统软件功能的计算机网络系统。

8.4.10 综合显示屏 integrated display screen

用于综合显示行车、电力及环控等信息的大型屏幕装置。

8.4.11 综合后备盘 integrated backup panel

对多专业的重要监控对象在紧急情况下仍可实现手动操作并显示其功能的装置。

8.5 自动售检票系统

8.5.1 自动售检票系统 automatic fare collection

基于计算机、通信、网络、自动控制等技术，实现轨道交通售票、检票、计费、收费、统计、清分、管理等全过程的自动化系统。

8.5.2 票务中心 ticket center

集中管理轨道交通票证和票款业务的自动化设施和场所。

8.5.3 自动售票机 automation ticket vending machine

用于现场自助发售、赋值有效车票，具备自动支付和找零功能的设备。

8.5.4 自动检票机 automation ticket checking machine

在付费区出入口处自动检验车票的有效性并为乘客放行的设备。

8.5.5 自动查询机力 automation inquiring machine

用于乘客自助查询车票的历史交易信息的设备。

8.5.6 操作员权限管理 operator authority management

操作员可通过权限登录系统进行身份许可范围内的自动售检票系统管理工作。

8.5.7 清分系统 clearing system

用于发行和管理轨道交通车票，对不同线路的票款进行结算，并具有与城市公共交通卡进行清算功能的系统。

8.6 空调、通风与采暖

8.6.1 通风系统 ventilation system

采用自然热压、风压或机械动力的方法，对受控区域进行换气，以满足卫生、工艺条件、安全等适宜空气环境的系统。

8.6.2 开式通风 opened mode ventilation

利用机械或活塞效应的方法实现轨道交通内部与外界大气的空气交换。

8.6.3 活塞通风 piston ventilation

利用列车在隧道内快速行驶所产生的活塞效应与外界大气的空气交换。

8.6.4 阻塞通风 obstructed ventilation

列车因故滞留在隧道内时，为保证列车空调正常运行及提供乘客新风量的通风方式。

8.6.5 新风量 fresh air volume

来自室外的新鲜空气量。

8.6.6 内部空气环境 internal air condition

车站内温湿度参数、新风量比率和区间隧道内温度、风速参数和换气次数。

8.6.7 闭式通风系统 closed mode ventilation system

在热季车站和区间隧道内的空气与室外空气基本上不相连通的方式，车站公共区与区间隧道相连通，采用空调系统。

8.6.8 屏蔽门式通风系统 platform screen door system

在车站站台公共区边缘设置透明的、可滑动的屏蔽门，将站台和轨行区分开，使车站公共区成为独立的空调通风场所，区间隧道采用活塞通风。

8.6.9 开式运行 open mode

车站内新风或空调风通过排风系统排至室外，区间隧道内空气与室外空气可自由交换。

8.6.10 闭式运行 close mode

热季车站内采用空调，列车行驶时的活塞效应将车站内空调风引入区间隧道，冷却区间隧道内的温度。

8.6.11 活塞风道 piston ventilation duct

连接活塞风亭与区间隧道的风道，活塞风正压时风道排风，活塞风负压时风道进风。

8.6.12 迂回风道 circulation duct

连接上行线和下行线的横向通道，用作活塞风泄压风道。

8.6.13 临界风速 critical air velocity

区间隧道内防止烟流逆向流动的最小风速，它是区间隧道坡度、净高和火灾功率的函数。

8.6.14 事故通风 emergency ventilation

列车火灾工况，启动火灾区段两端的隧道通风机，视列车火灾车厢部位、构成推挽型纵向通风方式，并确保风速大于临界风速。

8.6.15 排热风道 heat exhaust duct

排除列车进站、停站和启动时产热量的风道，设置在车站轨行区的上方和站台板之下。

8.6.16 排热通风 heat exhaust ventilation

由排热风机、风道和风口构成半横向排风系统，人工一次性调节风口开度。

8.6.17 早高峰负荷 morning peak load

早高峰小时车站公共区热、湿负荷。

8.6.18 晚高峰负荷 evening peak load

晚高峰小时车站公共区热、湿负荷。

8.6.19 排烟 smoke extraction

将火灾时产生的烟气和有毒气体排出室外，防止烟气在室内扩散的措施。

8.7 给排水与消防

8.7.1 消火栓给水系统 penstock water supply system

由消火栓、水龙带、启泵按钮、消防卷盘、管道及供水设施等组成，火灾时供消防队员或工作人员实施灭火的系统，分为室内及室外消火栓给水系统。

8.7.2 临时高压消防给水系统 temporary high pressure fire fight water supply system

消防给水系统管网压力平时不能满足最不利点消火栓的压力要求，消防时必须开启消防泵以满足系统灭火所需水压的系统。

8.7.3 稳高压消防给水系统 steady high pressure fire fight water supply system

消防给水系统管网压力平时由消防稳压给水设备维持，且能满足最不利点消火栓的压力要求，火灾时，消防泵可根据管网系统压力变化自动开启的系统。

8.7.4 自动喷水灭火系统 sprinkler system

由洒水喷头、报警阀组、水流报警装置（水流指示器或压力开关）等组件，以及管道、供水设施组成，并能在发生火灾时喷水的自动灭火系统。

8.7.5 局部应用系统 part application system

在建筑物室内净空高度不大于 8m 的位置设置，且保护区域总面积不超过 $1000m^2$ 的湿式系统。

8.7.6 自动灭火系统 auto extinguish fire system

灭火介质为洁净气体等的灭火系统。

8.7.7 生活杂用水 non-drinking water

用于冲洗便器、汽车、浇洒道路、浇灌绿化、补充空调循环用水的非饮用水。

8.7.8 主排水泵站 lord drain a pump station

设置在区间线路实际坡度最低点及车站线路坡度下坡方向的一端，主要排除结构渗水、冲洗及消防废水，承担车站及区间的主要防水淹功能。

8.7.9 防淹门 flood gate

防止水流涌入车站或隧道的密封门。

8.7.10 暴雨强度 rainfall intensity

一定汇水面积的雨水量与降水量的比值。

8.7.11 专用消防栓箱 fire fight device box

设置在车站端部或区间联络通道处供消防队员获取水龙带和水枪的消防设备箱。

8.8 火灾自动报警系统

8.8.1 火灾自动报警系统 fire alarm system

实现火灾监测、自动报警并直接联动消防救灾设备的自动控制系统。

8.8.2 探测区域 detecting area

按防火区域或楼层划分的火灾自动报警系统的警戒范围。

8.8.3 报警区域 alarm area

将火灾自动报警系统的警戒范围按防火分区或楼层划分的单元。

8.8.4 保护半径 monitoring radius

一只火灾探测器能有效探测的单向最大水平距离。

8.8.5 感烟探测器 smoke detector

探测烟雾浓度并进行火灾探测和报警处理的装置。

8.8.6 感温探测器 temperature detector

探测温度变化并进行火灾探测和报警处理的装置。

8.8.7 消防联动控制盘 coordinated control device of fire protection

人工启动后能实现消火栓泵、喷淋泵、排烟机等联动运行的装置。

8.9 站台屏蔽门

8.9.1 站台屏蔽门 platform screen door

设置在站台边缘，将乘客候车区与列车运行区相互隔离，并与列车门相对应、可多级控制开启与关闭滑动门的连续屏障，有全高、半高、密闭和非密闭之分。简称屏蔽门。

8.9.2 全高密闭式屏蔽门 full height platform screen door

关闭状态时能阻隔乘客候车区与列车运行区之间气流交换的站台屏蔽门。

8.9.3 全高非密闭式屏蔽门 almost full height platform edge door

关闭状态时不能阻隔乘客候车区与列车运行区之间气流交换的全高站台屏蔽门。

8.9.4 半高屏蔽门 half-height platform screen door

高度不大于 2m，其上部空间无设施，关闭状态时不能阻隔乘客候车区与列车运行区之间气流交换的站台屏蔽门。

8.9.5 滑动门 sliding door

站台屏蔽门上，与列车门位置、数量相对应，可开启或关闭的门。

8.9.6 应急门 emergency escape door

当列车门与滑动门不能对齐时，供疏散的门。

8.9.7 端头门 platform end door

置于屏蔽门两端进出轨行区的门。

8.9.8 门机 door mechanism

开启与关闭滑动门的驱动机构。

8.9.9 门控单元 door control unit

就地对门机进行控制的装置。

8.9.10 门锁机构 lock device

可将滑动门、应急门、端门锁紧或解锁的装置。

8.9.11 就地控制盘 platform screen doors local control panel

就地控制单侧屏蔽门的控制装置。

8.9.12 中央控制盘 platform screen doors central control panel

一个车站的屏蔽门控制中心，包括逻辑控制单元、监视单元及其各种接口。

8.10 自动扶梯、电梯

8.10.1 自动扶梯 escalator

带有循环运行梯级，服务于车站规定楼层的向上或向下倾斜运送乘客的固定电力驱动设备。

8.10.2 自动扶梯提升高度 raise of escalator

自动扶梯进出口楼面板之间的垂直距离。

8.10.3 自动扶梯额定速度 rated speed of escalator

自动扶梯设计所规定的空载速度。

8.10.4 自动步行道 automatic footway/travelator

由循环运行的步道和扶手带沿水平或坡度小于12°的方向运送乘客的电力驱动设备。

8.10.5 电梯 lift/elevator

服务于车站规定楼层的固定式升降设备，它具有一个轿厢，运行在至少两列垂直的刚性导轨之间，轿厢尺寸与结构形式便于乘客出入。

9 客运服务

9.1 客运服务

9.1.1 客运服务 passenger transport service

为使用城市轨道交通出行的乘客提供的服务。

9.1.2 服务组织 service organization

提供客运服务的组织。

9.1.3 站务员 service personnel (agent)

在车站从事客运服务工作的服务人员。

9.1.4 票务员 ticket staff

在城市轨道交通系统内从事票务工作的服务人员。

9.1.5 服务设施 service facilities

在城市轨道交通系统内设置的，直接为乘客提供服务的设施。

9.1.6 乘客服务中心 customer service center

在城市轨道交通系统内设置的为乘客提供票务、咨询等客运服务或延伸服务的场所。

9.1.7 服务标志 service signs

通过颜色、图形或文字的组合，表达客运服务信息的设施。

9.1.8 安全标志 safety sign

通过颜色与几何形状的组合表达通用的安全信息，并且通过附加图形符号表达特定安全信息的标志。

9.1.9 导向标志 direction sign

由图形标志和（或）文字标志与箭头符号组合形成，用于指示通往预期目的地路线的公共信息标志。

9.1.10 位置标志 location sign

由图形标志和（或）文字标志形成，用于标明服务设施或服务功能所在位置的公共信息标志。

9.1.11 综合信息标志 information sign

由图、表、文字所构成的标志，用于表达与服务有关的公共信息。

9.1.12 无障碍标志 accessibility sign

由专为轮椅利用者（老年人、肢体残疾人、伤病人等）、视觉障碍者使用的图形符号、文字（包括盲文）和有关设备设施等构成，用于提供导向、位置、综合信息服务的标志。

9.1.13 票制 ticket system

城市轨道交通乘车收费制度。即车票分类、制作、发售、使用规则及计费方法、票价率等规定的总称。

9.1.14 单一票制 flat fare system

在一次乘行中，无论乘行距离长短，票价相同。

9.1.15 计程票制 metered fare system; grade fare system

按一定里程或站数将乘行距离划分的段数确定客票的价格。也称分段票制。

9.1.16 起始票价 basic fare

在计程票制中，按里程或站数划分的第一段乘距以内的票价。

9.1.17 单程票 single journey ticket

仅在一次进出站的乘行中有效的车票。

9.1.18 定期票 periodical ticket

在一定时期内乘车有效的日票、周票等车票。

9.2 运营安全

9.2.1 试运行 commissioning

完成系统联调并在工程初验合格后，按照运营模式进行系统试运转、安全测试等的非载客运行。

9.2.2 运营 operation

运营企业为了有效完成乘客运输任务，通过计划、组织、指挥与控制等过程，运用人力、设备和运能等资源所进行的一系列活动。

9.2.3 试运营 trial operation

试运行合格至工程竣工验收之前所从事的载客运营活动。

9.2.4 试运营基本条件 basic conditions of trial operation

试运营应满足的建设方面（土建系统、机电设备、车辆、环境保护）和运营方面（机构组织、行车组织、客运组织、作业规章及管理等）的要求。

9.2.5 正式运营 formal operation

工程竣工验收后所从事的载客运营活动。

9.2.6 正式运营基本条件 basic conditions of formal operation

试运营期满后，进入正式运营阶段应满足的要求。

9.2.7 运营单位 operation organization

从事城市轨道交通运营的机构或企业。

9.2.8 运营管理 operation management

为保障城市轨道交通系统正常安全运营所进行的

行车组织、车站作业组织、客运组织、运价与票务管理、安全管理等一系列活动。

9.2.9 运营组织 operation organization

运营单位对列车运行、车站行车和客运、列车调度、机电设备系统运行实施的有序管理。

9.2.10 运营事故 operation accident

由于运营组织的管理和处置不当，造成乘客伤亡、车辆和设备损坏、中断行车及其他危及运营安全的情况。

9.2.11 运营安全 operation safety

运营中能够使危险、故障等发生的概率小到可以忽略的程度，以及它们所造成的对人与物的损失能够控制在可接受水平的状态。

9.2.12 运营指标 operation index

反映运营工作在一定时间和条件下的规模、程度、比例、结构等的概念和数值。

9.2.13 运营安全指标 operation safety index

反映运营安全方面的规模、程度、比例、结构等的概念和数值。

9.2.14 调度指挥 dispatching and command

组织和指导企业运营生产过程的核心工作，主要包括行车计划编制、现场调度指挥等。

9.2.15 满载率 load factor

运量与运能之比。

9.2.16 事故率 accident rate

发生事故的行车次数与总行车次数之比。

9.2.17 准点率 punctuality

准点列车次数与全部开行列车次数之比，用以表示运营列车按规定时间准点运行的程度。

9.2.18 运行图兑现率 fulfillment rate of operation graph

实际开行列车数与运行图定开行列车之比。实际开行的列车中不包括临时加开的列车数。

9.2.19 运营纪律 operation discipline

为保证运营安全、乘客的合法权益、服务质量，运营单位制定的运营服务人员必须遵守的行为准则。

9.2.20 乘务纠纷 crew working dispute

列车运营中，乘务员与乘客之间发生的争执。

10 技术经济指标

10.0.1 客运量 passenger volume

在统计期内，城市轨道交通系统运送的乘客数量。

10.0.2 平均运距 average distance carried

城市轨道交通系统运送乘客的平均距离。即客运周转量与客运量之比。

10.0.3 客运周转量 passenger person-kilometres

在统计期内，城市轨道交通系统运送的乘客所乘坐里程的综合。

10.0.4 运营车数 operating vehicles

用于运营业务的全部车辆数。

10.0.5 运营车日数 operating vehicle-days

在统计期内，运营企业每一天拥有的运营车数之和。

10.0.6 完好车日数 well-conditioned vehicle-days

在统计期内，运营企业每一天拥有的技术状况完好的运营车数之和。

10.0.7 完好车率 well-conditioned vehicle rate

完好车日数与运营车日数之比。

10.0.8 工作车日数 working vehicle-days

在统计期内，运营企业每一天投入运行的运营车数之和。

10.0.9 工作车率 working vehicle rate

工作车日数与运营车日数之比。

10.0.10 完好车利用率 well-conditioned vehicle rate

工作车日数与完好车日数之比。

10.0.11 总行驶里程 total running mileage

运营车所行驶的全部里程，包括运营里程和非运营里程。

10.0.12 运营里程 operating mileage

运营车在运营中运行的全部里程，包括载客里程和调度空驶里程。

10.0.13 载客里程 carrying mileage

运营车辆按规定可载客的运行里程。

10.0.14 调度空驶里程 deadhead scheduling mileage

运营车辆按规定不载客的运行里程。

10.0.15 里程利用率 mileage utilization ratio

运营里程与行驶总里程之比。

10.0.16 车日行程 daily vehicle-kilometers

运营车辆每个工作日平均运行的里程。

10.0.17 运力利用率 utilization ratio of transportation capacity

客运周转量与客位里程之比。

10.0.18 运营速度 operation speed

列车在运营线路上运行时，包括运行时间、停站时间、折返时间的平均速度。

10.0.19 旅行速度 traveling speed

列车从起点站发车至终点站运行（包括停站时间）的平均速度。

10.0.20 运营总收入 total income of operation

与运营直接有关的经济收入之和。不含补贴、赞助和广告等收入。

10.0.21 运营总成本 total cost of operation

为完成运营服务所发生的按国家规定应列入成本开支范围的总费用。

10.0.22 单位运营里程成本 unit mileage cost of operation

运营总成本与总运营里程之比。

10.0.23 单位客运周转量成本 unit turnover cost of passenger transport

运营总成本与总客运周转量之比。

10.0.24 单位客运里程成本 unit mileage cost of passenger transport

运营总成本与总客位里程之比。

10.0.25 行车责任事故次数 times of traffic accidents

在统计期内，运营方应负全部或部分责任的行车事故次数。

10.0.26 行车责任事故率 ratio of traffic accidents

在统计期内，平均每百万公里运营里程发生的行车责任事故次数。

10.0.27 单位能耗 unit power consumption

在统计期内，完成单位车公里所消耗的电量。

10.0.28 人均能耗 per capita power consumption

在统计期内，完成单位客运周转量所消耗的电量。

10.0.29 单位牵引能耗 unit power consumption in traction

在统计期内，完成单位车公里所消耗牵引电量。

10.0.30 人均牵引能耗 per capita traction power consumption

在统计期内，完成单位客运周转量所消耗的牵引电量。

附录A 中文术语索引

出行量	trip volume	3.0.2
出行时耗	traveling time/trave time/trip time	3.0.9
传输系统	transmission system (TRS)	8.2.2
垂直位移监测	vertical displacement measurement/settlement observation	7.5.6
磁浮交通	maglev transit	2.0.12

D

大运量城市轨道交通	urban rail transit with large transport capacity	2.0.5
单边供电	one-way feeding	8.1.28
单程	single travel/single trip	4.0.22
单程票	single journey ticket	9.1.17
单轨交通	monorail transit	2.0.10
单位客运里程成本	unit mileage cost of passenger transport	10.0.24
单位客运周转量成本	unit turnover cost of passenger transport	10.0.23
单位能耗	unit power consumption	10.0.27
单位牵引能耗	unit consumption in traction	10.0.29
单位运营里程成本	unit mileage cost of operation	10.0.22
单向客运能力	monotonous passenger transport capacity	2.0.7
单一票制	flat fare system	9.1.14
挡烟垂帘	smoke stop curtain	7.2.22
导电轨	contact rail	8.1.19
导向标志	direction sign	9.1.9
岛式站台	island platform	7.2.8
道岔	turnout/switch	6.3.15
道床	ballast bed/track-bed	6.3.10
道床横向阻力	lateral ballast resistance	6.3.14
道床纵向阻力	longitudinal ballast resistance	6.3.13
道口信号	crossing signal	8.3.20
低地板车辆	low-floor vehicle	5.1.10
低运量城市轨道交通	urban rail transit with low transport capacity	2.0.3
地板面高度	height of floor in vehicle	5.2.16
地表沉降	subsidence/settlement	7.5.7
地层	soil stratum	7.1.1
地裂缝	ground fissure	7.1.13
地面车站	at grade station	7.2.2
地面信号	fixed signal/wayside signal	8.3.17
地铁	metro/underground railway/subway	2.0.8
地下车站	underground station	7.2.4
地质图	geological map	7.1.5
电梯	lift/elevator	8.10.5
调度电话	schedule telephone	8.2.7
调度空驶里程	deadhead scheduling mileage	10.0.14
调度指挥	dispatching and command	9.2.14
叠合墙	composite wall	7.3.5
顶进法	jacking method	7.3.16
定点停车	fixed-point stopping	8.3.16
定期票	periodical ticket	9.1.18
动车	motor vehicle	5.1.2
动力系数	dynamic coefficient	7.4.6
动力照明供电系统	power lighting feeder system	8.1.32
冻结法	freezing method	7.3.17
渡线	transition line	6.1.3
端门	platform end door	8.9.7
断层	fault	7.1.15
断面客流量	ridership volume	3.0.17
盾构隧道法	shield method	7.3.15

E

额定载客量	rating carrying amount	5.2.21
额定站立密度	rating standing density	5.2.19
额定站位数	rating standing volume	5.2.20

F

发车间隔	departing time interval (departure headway)	4.0.29
防火卷帘门	firproof rolling shutter door	7.2.21
防淹门	flood gate	8.7.9
仿真测试平台	simulation and test platform	8.4.9
非付费区	non-paid area	7.2.15
分散式供电	distributed power supply mode	8.1.8
服务标志	service signs	9.1.7
服务设施	service facilities	9.1.5
服务组织	service organization	9.1.2
辅助线	auxiliary line	6.1.2
付费区	paid area	7.2.14
付费区换乘	transfer within paid zone	7.2.16
负荷强度	load intensity	3.0.31
复合墙	compound wall	7.3.4

G

盖挖逆筑法	cover and cut-top down method	7.3.11
盖挖顺筑法	cover and cut-bottom up method	7.3.10
感温探测器	temperature detector	8.8.6
感烟探测器	smoke detector	8.8.5
刚性接触网	rigid conduct wire	8.1.14
钢轨	rail	6.3.7
高峰时间	peak time	3.0.18
高峰小时	peak hour	3.0.19
高峰小时单向最大断面客流	unidirectional peak hour maximum passenger volume	3.0.34
高架车站	elevated station	7.2.3

高速磁浮交通	high-speed maglev transit	2.0.14
高运量城市轨道交通	urban rail transit with high transport capacity	2.0.6
工程筹划	engineering scheme	2.0.17
工程地质勘察	engineering geologic investigation	7.1.4
工作车率	working vehicle rate	10.0.9
工作车日数	working vehicle-days	10.0.8
公务电话系统	private branch exchange (PBX)	8.2.4
供电制式	power supply mode	8.1.6
固定闭塞	fixed block	8.3.3
故障-安全原则	fail-safe principle	8.3.23
管片结构	segment structure/segment lining	7.3.6
管涌	piping	7.1.7
广播系统	public address system (PA)	8.2.11
轨道	track	6.3.1
轨道电路	track circuit	8.3.15
轨道结构	track structure	6.3.2
轨底坡	rail base slope/rail cant	6.3.5
轨距	track gauge	6.3.3
轨面	top of rail (TOR)	6.3.6
轨排	track panel	6.3.11
轨旁电话	track side telephone	8.2.10
轨温	rail temperature	6.3.17
轨枕	tie/cross tie/sleeper	6.3.9
轨枕间距	tie spacing/sleeper span	6.3.12

H

候乘时间	waiting time (wait time)	3.0.10
护轮轨	guard rail (check rail)	6.3.21
滑动门	sliding door	8.9.5
滑坡	landslide	7.1.10
换乘	transfer	3.0.12
换乘距离	transfer distance	3.0.13
换乘客流量	transfer passenger volume	3.0.30
换乘时间	transfer time	3.0.14
换乘站	transfer station	4.0.9
回流轨	return current rail	8.1.20
混合式供电	combined power supply mode	8.1.9
活塞风道	piston ventilation duct	8.6.11
活塞通风	piston ventilation	8.6.3
火灾自动报警系统	fire alarm system	8.8.1

J

基坑监测	monitoring of foundation pit	7.5.1
基坑周边环境	surroundings around foundation pit	7.5.2
基于通信的列车控制	communication-based train control (CBTC)	8.3.9
集中式供电	entralized power supply mode	8.1.7
计程票制	metered fare system/grade fare system	9.1.15
架空接触网	overhead contact wire system	8.1.12
监测报警值	monitoring alarm value	7.5.9
监测频率	monitoring frequency	7.5.8
检修线	maintenance line	6.1.6
检修修程	examine and repair program	5.3.4
检修周期	examine and repair period	5.3.5
建筑限界	construction gauge	6.2.4
建筑限界高度	height of construction gauge	6.2.7
建筑限界宽度	width of construction gauge	6.2.6
降级运行模式	fallback mode	8.3.19
降压变电所	lighting and power substation	8.1.3
铰接式车辆	articulated vehicle	5.1.9
接触轨	contact rail system	8.1.11
接触网	contact wire system	8.1.10
接触网供电分区	power supply section	8.1.21
接触网最大短路电流	maximum short-circuit current of contact line system	8.1.25
接触网最小短路电流	minimum short-circuit current of contact line system	8.1.24
接触线	contact wire	8.1.18
节点换乘	transfer at crossing	7.2.17
结构耐久性	structure durability	7.3.20
进路闭塞	route block	8.3.7
警冲标	fouling point sign post/fouling point indicator	6.3.24
就地控制盘	platform screen doors local control panel	8.9.11
局部应用系统	part application system	8.7.5

K

开式通风	opened mode ventilation	8.6.2
开式运行	open mode	8.6.9
客流	passenger flow	3.0.16
客流调查	ridership survey	3.0.27
客流断面	cross-section flow/traffic section/passenger flow section	3.0.21
客流断面不均衡系数	sectional disequilibrium factor for passenger flow	3.0.24
客流方向不均衡系数	directional disequilibrium factor for passenger flow	3.0.23
客流密度	passenger flow density	3.0.32
客流图	passenger flow diagram	3.0.22
客流预测	ridership prediction	3.0.28
客室	carriage	5.2.5
客运服务	passenger transport service	9.1.1
客运量	passenger volume	10.0.1
客运周转量	passenger person-kilometres	10.0.3
扣件	rail fastening	6.3.8

矿山法	mining method	7.3.12
馈电线	feeder cable	8.1.17

L

里程利用率	mileage utilization ratio	10.0.15
联络线	connecting line	6.1.8
连锁	interlocking	8.3.14
列车	train	5.1.5
列车编组	train formation	5.1.7
列车长度	train length	5.1.6
列车单元	train unit	5.1.4
列车到达时刻	arriving time of train	4.0.15
列车发出时刻	departure time of train	4.0.14
列车广播系统	broadcasting system in carriage	5.2.8
列车交路	train routing	4.0.20
列车视频监控系统	video monitoring system in carriage	5.2.11
列车通过时刻	passing time of train	4.0.16
列车信息显示系统	information display system in carriage	5.2.9
列车优先	superiority of train	8.3.21
列车运行图	train operation plan/train diagram	4.0.13
列车自动防护	automatic train protection (ATP)	8.3.11
列车自动监控	automatic train supervision (ATS)	8.3.10
列车自动控制	automatic train control (ATC)	8.3.8
列车自动运行	automatic train operation (ATO)	8.3.12
临界风速	critical air velocity	8.6.13
临时高压消防给水系统	temporary high pressure fire fight water supply system	8.7.2
流沙	quicksand	7.1.8
旅行速度	traveling speed	10.0.19

M

满载率	load factor	9.2.15
门机	door mechanism	8.9.8
门控单元	door control unit	8.9.9
门锁机构	lock device	8.9.10
明挖法	cut and cover method/open cut method	7.3.7
明挖顺筑法	cut-bottom up method/cut-and-cover method	7.3.9
末班列车	last train	4.0.4
末班列车时间	departure time of last train	4.0.27
末端电压	terminal voltage	8.1.26
目标距离	target distance	8.3.26
目标速度	target speed	8.3.25

N

内部空气环境	internal air condition	8.6.6
内环线路	inner loop line	6.1.16
泥石流	mudslide	7.1.12

P

排热风道	heat exhaust duct	8.6.15
排热通风	heat exhaust ventilation	8.6.16
排烟	smoke extraction	8.6.19
票务员	ticket staff	9.1.4
票务中心	ticket center	8.5.2
票制	ticket system	9.1.13
平均乘距	average riding distance	3.0.8
平均运距	average distance carried	10.0.2
平行换乘	parallel transfer	7.2.19
屏蔽门式通风系统	platform screen door mode (PSD)	8.6.8
铺盖法	blanket method	7.3.18
铺轨基标	track laying benchmarks/track laying points	6.3.23

Q

起点站	origin station	4.0.5
起始票价	basic fare	9.1.16
牵引变电所	rectifier substation	8.1.2
牵引供电系统	traction power supply system	8.1.5
牵引降压混合变电所	combined substation	8.1.4
牵引系统	traction system	5.2.2
牵引整流机组	traction rectifier unit	8.1.22
浅埋暗挖法	shallow excavation method/mining method with shallow coverage	7.3.14
桥上无缝线路断轨力	broken force of seamless track	7.4.5
桥上无缝线路挠曲力	force produced in CWR due to bridge bending	7.4.4
桥上无缝线路伸缩力	force produced in CWR due to bridge expansion	7.4.3
轻轨交通	light rail transit	2.0.9
清分系统	clearing system	8.5.7
区间隧道	interval tunnel	7.3.2
全封闭线路	full closed line	6.1.18
全高非密闭式屏蔽门	almost full height platform edge door	8.9.3
全高密闭式屏蔽门	full height platform screen door (PSD)	8.9.2

R

人均能耗	per capita power consumption	10.0.28
人均牵引能耗	per capita traction power consumption	10.0.30

附录B 英文术语索引

closed mode	闭式运行	8.6.10
closed mode ventilation system	闭式通风系统	8.6.7
combined power supply mode	混合式供电	8.1.9
combined substation	牵引降压混合变电所	8.1.4
commissioning	试运行	9.2.1
communication-based train control (CBTC)	基于通信的列车控制	8.3.9
composite wall	叠合墙	7.3.5
compound wall	复合墙	7.3.4
connecting line	联络线	6.1.8
construction gauge	建筑限界	6.2.4
contact wire system	接触网	8.1.10
contact rail	导电轨	8.1.19
contact rail system	接触轨	8.1.11
contact wire	接触线	8.1.18
continuously welded rail track (CWR)	无缝线路	6.3.16
coordinate system of gauge	限界坐标系	6.2.5
coordinated control device of fire protection	消防联动控制盘	8.8.7
corridor in vehicle	车内通道	5.2.7
cover and cut-bottom up method	盖挖顺筑法	7.3.10
cover and cut-top down method	盖挖逆筑法	7.3.11
crew working dispute	乘务纠纷	9.2.20
critical air velocity	临界风速	8.6.13
crossing signal	道口信号	8.3.20
cross-section flow/traffic section/passenger flow section	客流断面	3.0.21
current collector	受流器	8.1.31
customer service center	乘客服务中心	9.1.6
cut and cover method/open cut method	明挖法	7.3.7
cut-bottom up method/cut-and-cover method	明挖顺筑法	7.3.9

D

daily vehicle-kilometers	车日行程	10.0.16
deadhead scheduling mileage	调度空驶里程	10.0.14
departing time interval (departure headway)	发车间隔	4.0.29
departure time of first train	首班列车时间	4.0.26
departure time of last train	末班列车时间	4.0.27
departure time of train	列车发出时刻	4.0.14
depot	车辆段	5.3.2
designed lifetime	设计使用年限	7.3.21
detached station and bridge structure	站桥分离	7.4.2
detecting area	探测区域	8.8.2
direct connection telephone inside station	站内直通电话	8.2.9
direct line telephone system (DLTS)	专用电话系统	8.2.6
direct telephone inter-station	站间行车电话	8.2.8
direction sign	导向标志	9.1.9
directional disequilibrium factor for passenger flow	客流方向不均衡系数	3.0.23
dispatching and command	调度指挥	9.2.14
distributed power supply mode	分散式供电	8.1.8
door control unit	门控单元	8.9.9
door mechanism	门机	8.9.8
driverless train control	无人驾驶	8.3.13
dwell time	站停时间	4.0.23
dwell time at terminal station	首末站停车时间	4.0.24
dynamic coefficient	动力系数	7.4.6
dynamic vehicle envelope	车辆限界	6.2.2

E

electricity consumption of line per year	线路年耗电量	8.1.37
elevated station	高架车站	7.2.3
emergency escape door	应急门	8.9.6
emergency lighting	应急照明	8.1.34
emergency ventilation	事故通风	8.6.14

engineering geologic investigation	工程地质勘察	7.1.4
engineering scheme	工程筹划	2.0.17
entralized power supply mode	集中式供电	8.1.7
equipment gauge	设备限界	6.2.3
escalator	自动扶梯	8.10.1
escape lighting	疏散照明	8.1.35
evening peak load	晚高峰负荷	8.6.18
examine and repair period	检修周期	5.3.5
examine and repair program	检修修程	5.3.4

F

fail-safe principle	故障-安全原则	8.3.23
fallback mode	降级运行模式	8.3.19
falling	崩塌	7.1.11
fault	断层	7.1.15
feeder cable	馈电线	8.1.17
fire alarm system	火灾自动报警系统	8.8.1
fire fight device box	专用消防栓箱	8.7.11
firproof rolling shutter door	防火卷帘门	7.2.21
first train	首班列车	4.0.3
fixed block	固定闭塞	8.3.3
fixed signal/wayside signal	地面信号	8.3.17
fixed-point stopping	定点停车	8.3.16
flat fare system	单一票制	9.1.14
flexible catenary	柔性接触网	8.1.13
flood gate	防淹门	8.7.9
fold	褶皱	7.1.14
force produced in CWR due to bridge bending	桥上无缝线路挠曲力	7.4.4
force produced in CWR due to bridge expansion	桥上无缝线路伸缩力	7.4.3
formal operation	正式运营	9.2.5
fouling point sign post/fouling point indicator	警冲标	6.3.24
freezing method	冻结法	7.3.17
fresh air volume	新风量	8.6.5
fulfillment rate of operation graph	运行图兑现率	9.2.18
full closed line	全封闭线路	6.1.8
full height platform screen door (PSD)	全高密闭式屏蔽门	8.9.2

G

gauge	限界	6.2.1
geological map	地质图	7.1.5
getting on/off	乘降	3.0.4
ground fissure	地裂缝	7.1.13
guard rail/check rail	护轮轨	6.3.21

H

half-height platform screen door (PSD)	半高屏蔽门	8.9.4
headway distance	行车间距	4.0.10
heat exhaust duct	排热风道	8.6.15
heat exhaust ventilation	排热通风	8.6.16
height of construction gauge	建筑限界高度	6.2.7
height of floor in vehicle	地板面高度	5.2.16
high voltage substation	主变电所	8.1.1
highest rail temperature	最高轨温	6.3.18
high-speed maglev transit	高速磁浮交通	2.0.14
horizontal displacement measurement	水平位移监测	7.5.5

I

immersed tube method/sunken tube method	沉管法	7.3.19
information display system in carriage	列车信息显示系统	5.2.9
information sign	综合信息标志	9.1.11
inlet/outlet line	出入线	6.1.4
inner loop line	内环线路	6.1.16
integrated backup panel	综合后备盘	8.4.11
integrated display screen	综合显示屏	8.4.10
integrated management system	综合管理系统	8.4.8
integrated station-bridge structure	站桥合一	7.4.1
integrated substation automation system	变电所综合自动化系统	8.1.39

piping	管涌	7.1.7
piston ventilation	活塞通风	8.6.3
piston ventilation duct	活塞风道	8.6.11
platform	站台	7.2.7
platform end door	端门	8.9.7
platform height	站台高度	7.2.10
platform screen door mode (PSD)	屏蔽门式通风系统	8.6.8
platform screen doors	站台屏蔽门	8.9.1
platform screen doors central control panel	中央控制盘	8.9.12
platform screen doors local control panel	就地控制盘	8.9.11
power lighting feeder system	动力照明供电系统	8.1.32
power supply mode	供电制式	8.1.6
power supply section	接触网供电分区	8.1.21
private branch exchange (PBX)	公务电话系统	8.2.4
public address system (PA)	广播系统	8.2.11
public zone of station	车站公共区	7.2.13
punctuality	准点率	9.2.17

Q

quasi-moving block	准移动闭塞	8.3.4
quicksand	流沙	7.1.8

R

radio system (RADS)	无线通信系统	8.2.3
rail	钢轨	6.3.7
rail base slope/rail cant	轨底坡	6.3.5
rail fastening	扣件	6.3.8
rail temperature	轨温	6.3.17
rail transit network	线网	6.1.12
rainfall intensity	暴雨强度	8.7.10
raise of escalator	自动扶梯提升高度	8.10.2
rated speed of escalator	自动扶梯额定速度	8.10.3
rating carrying amount	额定载客量	5.2.21
rating standing density	额定站立密度	5.2.19
rating standing volume	额定站位数	5.2.20
ratio of traffic accidents	行车责任事故率	10.0.26
rectifier substation	牵引变电所	8.1.2
rectifier unit load grade	整流机组负荷等级	8.1.23
return current rail	回流轨	8.1.20
ridership prediction	客流预测	3.0.28
ridership survey	客流调查	3.0.27
ridership volume	断面客流量	3.0.17
riding distance	乘距	3.0.7
riding time (ride time)	乘行时间	3.0.11
rigid conduct wire	刚性接触网	8.1.14
rock mass	岩体	7.1.3
round trip time/operation cycle time	运行周期	4.0.25
route block	进路闭塞	8.3.7
route facilities	线路设施	6.1.15
route length	线路长度	6.1.11

S

safe headway	安全行车间距	4.0.11
safe protection distance	安全保护距离	8.3.22
safety sign	安全标志	9.1.8
sand liquefaction	砂土液化	7.1.9
schedule telephone	调度电话	8.2.7
sectional disequilibrium factor for passenger flow	客流断面不均衡系数	3.0.24
segment structure/segment lining	管片结构	7.3.6
selected monitoring items	选测项目	7.5.4
semi-closed line	部分封闭线路	6.1.19
service facilities	服务设施	9.1.5
service organization	服务组织	9.1.2
service personnel (agent)	站务员	9.1.3
service signs	服务标志	9.1.7
shallow excavation method/mining method with shallow coverage	浅埋暗挖法	7.3.14
shield method	盾构隧道法	7.3.15

side platform	侧式站台	7.2.9
side platform width	侧站台宽度	7.2.12
signaling system	信号系统	8.3.1
simulation and test platform	仿真测试平台	8.4.9
single journey ticket	单程票	9.1.17
single travel/single trip	单程	4.0.22
sliding door	滑动门	8.9.5
smok stop curtain	挡烟垂帘	7.2.22
smoke detector	感烟探测器	8.8.5
smoke extraction	排烟	8.6.19
soil mass	土体	7.1.2
soil stratum	地层	7.1.1
special communication system	专用通信系统	8.2.1
sprinkler system	自动喷水灭火系统	8.7.4
stabling yard	停车场	5.3.3
stand-by electric source	备用电源	8.1.40
standing area in carriage	有效站立面积	5.2.18
station	车站	7.2.1
station concourse mezzanine	站厅	7.2.6
station entrance-exit	车站出入口	7.2.5
station lighting system	车站照明系统	8.1.33
station spacing	站间距	6.1.10
station structure	车站结构	7.3.1
steady high pressure fire fight water supply system	稳高压消防给水系统	8.7.3
step-down substation	降压变电所	8.1.7
stray current	杂散电流	8.1.38
stress-free rail temperature	无缝线路锁定轨温	6.3.20
structure durability	结构耐久性	7.3.20
subsidence/settlement	地表沉降	7.5.7
superelevation/cant	超高	6.3.4
superiority of train	列车优先	8.3.21
supervision authority of integrated supervision system	综合监控系统监控权限	8.4.6
supporting structure	支护结构	7.3.3
surroundings around foundation pit	基坑周边环境	7.5.2

T

target distance	目标距离	8.3.26
target speed	目标速度	8.3.25
temperature detector	感温探测器	8.8.6
temporary high pressure fire fight water supply system	临时高压消防给水系统	8.7.2
terminal station	终点站	4.0.6
terminal voltage	末端电压	8.1.26
test line	试车线	6.1.5
ticket center	票务中心	8.5.2
ticket staff	票务员	9.1.4
ticket system	票制	9.1.13
tie spacing/sleeper span	轨枕间距	6.3.12
tie/cross tie/sleeper	轨枕	6.3.9
time of last train arriving terminal station/time of end operation	收车时间	4.0.28
times of traffic accidents	行车责任事故次数	10.0.25
top of rail (TOR)	轨面	6.3.6
total cost of operation	运营总成本	10.0.21
total income of operation	运营总收入	10.0.20
total running mileage	总行驶里程	10.0.11
track	轨道	6.3.1
track circuit	轨道电路	8.3.15
track gauge	轨距	6.3.3
track laying benchmarks/track laying points	铺轨基标	6.3.23
track panel	轨排	6.3.11
track side telephone	轨旁电话	8.2.10
track structure	轨道结构	6.3.2
traction power supply system	牵引供电系统	8.1.5
traction rectifier unit	牵引整流机组	8.1.22
traction system	牵引系统	5.2.2
trailer vehicle	拖车	5.1.3

train	列车	5.1.5
train dispatching	行车调度	4.0.12
train formation	列车编组	5.1.7
train length	列车长度	5.1.6
train operation plan/train diagram	列车运行图	4.0.13
train routing	列车交路	4.0.20
train unit	列车单元	5.1.4
tram	有轨电车	2.0.11
transfer	换乘	3.0.12
transfer at crossing	节点换乘	7.2.17
transfer coefficient	线网换乘系数	3.0.33
transfer distance	换乘距离	3.0.13
transfer passenger volume	换乘客流量	3.0.30
transfer station	换乘站	4.0.9
transfer through corridor	通道换乘	7.2.18
transfer time	换乘时间	3.0.14
transfer within paid zone	付费区换乘	7.2.16
transition line	渡线	6.1.3
transmission system (TRS)	传输系统	8.2.2
traveling speed	旅行速度	10.0.19
traveling time/trave time/trip time	出行时耗	3.0.9
trial operation	试运营	9.2.3
trip	出行	3.0.1
trip distance	出行距离	3.0.6
trip volume	出行量	3.0.2
turn-back	折返	4.0.17
turn-back ahead of station	站前折返	4.0.18
turn-back behind of station	站后折返	4.0.19
turn-back station	折返站	4.0.8
turnout/switch	道岔	6.3.15
two-way feeding	双边供电	8.1.27

U

underground station	地下车站	7.2.4
unidirectional peak hour maximum passenger volume	高峰小时单向最大断面客流	3.0.34
unit consumption in traction	单位牵引能耗	10.0.29
unit mileage cost of operation	单位运营里程成本	10.0.22
unit mileage cost of passenger transport	单位客运里程成本	10.0.24
unit power consumption	单位能耗	10.0.27
unit turnover cost of passenger transport	单位客运周转量成本	10.0.23
urban rail rapid transit system	市域快速轨道系统	2.0.16
urban rail transit	城市轨道交通	2.0.1
urban rail transit with high transport capacity	高运量城市轨道交通	2.0.6
urban rail transit with large transport capacity	大运量城市轨道交通	2.0.5
urban rail transit with low transport capacity	低运量城市轨道交通	2.0.3
urban rail transit with medium transport capacity	中运量城市轨道交通	2.0.4
urban rail transit sign	城市轨道交通标志	2.0.2
utilization ratio of transportation capacity	运力利用率	10.0.17

V

vehicle	车辆	5.1.1
vehicle base	车辆基地	5.3.1
vehicle body	车体	5.2.1
ventilation system	通风系统	8.6.1
vertical displacement measurement/settlement observation	垂直位移监测	7.5.6
video monitoring system in carriage	列车视频监控系统	5.2.11

W

waiting time/wait time	候乘时间	3.0.10
well-conditioned vehicle rate	完好车利用率	10.0.10
well-conditioned vehicle rate	完好车率	10.0.7
well-conditioned vehicle-days	完好车日数	10.0.6
width of construction gauge	建筑限界宽度	6.2.6

working vehicle rate	工作车率	10.0.9
working vehicle-days	工作车日数	10.0.8

本标准用词说明

1 为便于在执行本标准条文时区别对待，对于要求严格程度不同的用词说明如下：

1） 表示很严格，非这样做不可的：
正面词采用“必须”；反面词采用“严禁”。

2） 表示严格，在正常情况下均应这样做的：
正面词采用“应”；反面词采用“不应”或“不得”。

3） 表示允许稍有选择，在条件许可时首先应这样做的：
正面词采用“宜”；反面词采用“不宜”。

4） 表示有选择，在一定条件下可以这样做的，采用“可”。

2 条文中指明应按其他有关标准、规范执行的写法为：“应符合……的规定”或“应按……执行”。

中华人民共和国国家标准

城市综合管廊工程技术规范

Technical code for urban municipal tunnel engineering

GB 50838—2012

主编部门：上海市城乡建设和交通委员会
批准部门：中华人民共和国住房和城乡建设部
施行日期：2012年12月1日

中华人民共和国住房和城乡建设部
公　告

第1498号

住房城乡建设部关于发布国家标准《城市综合管廊工程技术规范》的公告

现批准《城市综合管廊工程技术规范》为国家标准，编号为GB 50838—2012，自2012年12月1日起实施。其中，第3.3.4、5.5.7条为强制性条文，必须严格执行。

本规范由我部标准定额研究所组织中国计划出版社出版发行。

中华人民共和国住房和城乡建设部

2012年10月11日

前　言

本规范根据住房和城乡建设部《关于印发〈2008年度工程建设标准制定、修订计划（第一批）〉的通知》（建标〔2008〕102号）的要求，由上海市政工程设计研究总院（集团）有限公司和同济大学会同有关单位共同编制完成。

本规范在编制过程中，编制组经广泛调查研究，认真总结实践经验，参考有关国际标准和国外先进标准，并在广泛征求意见的基础上，最后经审查定稿。

本规范共分7章，主要技术内容有：总则、术语和符号、综合管廊系统规划、综合管廊土建工程设计、综合管廊附属工程设计、综合管廊施工及验收、综合管廊维护管理等。

本规范中以黑体字标志的条文为强制性条文，必须严格执行。

本规范由住房和城乡建设部负责管理和对强制性条文的解释，由上海市政工程设计研究总院（集团）有限公司负责具体技术内容的解释。在执行过程中，请各单位结合工程实践，认真总结经验，并将意见和建议寄交上海市中山北二路901号上海市政工程设计研究总院（集团）有限公司国家标准《城市综合管廊工程技术规范》管理组（邮政编码：200092，E-mail：wanghengdong@smedi.com），以供今后修订时参考。

本规范主编单位： 上海市政工程设计研究总院（集团）有限公司
同济大学

本规范参编单位： 中国城市规划设计研究院
上海建工集团股份有限公司
北京城建设计研究总院有限责任公司
上海防灾救灾研究所
北京市市政工程设计研究总院
上海市城市建设设计研究总院
河南省信阳市水利勘测设计院
上海交通大学

本规范主要起草人员： 王恒栋　薛伟辰（以下按姓氏笔画排列）
王　建　王家华　王　梅　朱雪明　乔信起　刘雨生　刘澄波　汤　伟　祁　峰　祁德庆　孙　磊　杨行运　肖传德　肖　燃　汪　胜　张　辰　郄燕秋　胡　翔　高振峰　董更然　席　红　韩　新　谢映霞　谭　园　魏保军

本规范主要审查人员： 束　昱　李云贵　吴　波　马荣全　朱　蕾　傅建平　吴会平　郑　琴　屈　凯　靳俊伟　程泽坤

目　次

Contents

1 总 则

1.0.1 为合理利用城市用地，统筹安排市政公用管线在综合管廊内的敷设，保证城市综合管廊工程建设做到安全适用、经济合理、技术先进、便于施工和维护，制定本规范。

1.0.2 本规范适用于城镇新建、扩建、改建的市政公用管线采用综合管廊敷设方式的工程。

1.0.3 综合管廊工程的规划、设计、施工、维护，除应符合本规范外，尚应符合国家现行有关标准的规定。

2 术语和符号

2.1 术 语

2.1.1 综合管廊 municipal tunnel

实施统一规划、设计、施工和维护，建于城市地下用于敷设市政公用管线的市政公用设施。

2.1.2 干线综合管廊 trunk municipal tunnel

一般设置于机动车道或道路中央下方，采用独立分舱敷设主干管线的综合管廊。

2.1.3 支线综合管廊 branch municipal tunnel

一般设置在道路两侧或单侧，采用单舱或双舱敷设配给管线，直接服务于临近地块终端用户的综合管廊。

2.1.4 电缆沟 cable trench

封闭式不通行、盖板可开启的电缆构筑物，盖板与地坪相齐或稍有上下。

2.1.5 现浇混凝土综合管廊 cast-in-site municipal tunnel

采用在施工现场支模、整体浇筑混凝土的综合管廊。

2.1.6 预制拼装综合管廊 precast municipal tunnel

综合管廊分节段在工厂内浇筑成型，经出厂检验合格后运输至现场采用拼装工艺施工成为整体。包括仅带纵向拼缝接头的预制拼装综合管廊和带纵、横向拼缝接头的预制拼装综合管廊。

2.1.7 排管 cable duct

按规划管线根数开挖壕沟一次建成多孔管道的地下构筑物。

2.1.8 投料口 manhole

用于将各种管线和设备吊入综合管廊内并满足人员出入而在综合管廊上开设的洞口。

2.1.9 通风口 air vent

供综合管廊内外部空气交换而开设的洞口。

2.1.10 管线分支口 junction for pipe or cable

综合管廊内部管线和外部直埋管线相衔接的部位。

2.1.11 集水坑 sump pit

用来收集综合管廊内部渗漏水或供水管道排空水、消防积水的构筑物。

2.1.12 安全标识 safety mark

为便于综合管廊内部管线分类管理、安全引导、警告警示而设置的铭牌或颜色标识。

2.1.13 电缆支架 cantilever bracket

具有悬臂形式用以支承电缆的刚性材料支架。

2.1.14 电缆桥架 cable tray

由托盘或梯架的直线段、弯通、组件以及托臂（悬臂支架）、吊架等构成具有密集支承电（光）缆的刚性结构系统之全称。

2.1.15 防火分区 fire compartment

在综合管廊内部采用防火墙、阻火包等防火设施进行防火分隔，能在一定时间内防止火灾向其余部分蔓延的局部空间。

2.1.16 阻火包 fire protection pillows

用于阻火封堵又易作业的膨胀式柔性枕袋状耐火物。

2.2 符 号

2.2.1 材料性能

f_c——混凝土轴心抗压强度设计值；

f_{py}——预应力筋或螺栓的抗拉强度设计值。

2.2.2 作用、作用效应及承载力

M——弯矩设计值；

M_j——预制拼装综合管廊节段横向拼缝接头处弯矩设计值；

M_k——预制拼装综合管廊节段横向拼缝接头处弯矩标准值；

M_z——预制拼装综合管廊节段整浇部位弯矩设计值；

N——轴向力设计值；

N_j——预制拼装综合管廊节段横向拼缝接头处轴向力设计值；

N_z——预制拼装综合管廊节段整浇部位轴力设计值。

2.2.3 几何参数

a——水平净距；

b——截面宽度；

b_1、b_2——竖向净距；

h——截面高度；

l——水平距离；

w——预制拼装综合管廊拼缝外缘张开量；

w_{max}——预制拼装综合管廊拼缝外缘最大张开量；

x——混凝土受压区高度；

A——密封垫沟槽截面面积；

A_0——密封垫截面面积；

A_p——预应力筋或螺栓的截面面积；

H——综合管廊基坑开挖深度；

H_e——建（构）筑物基础底砌置深度；

θ——预制拼装综合管廊拼缝相对转角。

2.2.4 计算系数及其他

K——旋转弹簧常数；

α——土壤内摩擦角；

α_1——系数；

ζ——拼缝接头弯矩影响系数。

3 综合管廊系统规划

3.1 一 般 规 定

3.1.1 市政公用管线遇到下列情况之一时，宜采用综合管廊形式规划建设：

1 交通运输繁忙或地下工程管线设施较多的机动车道、城市主干道以及配合地下铁道、地下道路、立体交叉等建设工程地段；

2 不宜开挖路面的路段；

3 广场或主要道路的交叉处；

4 需同时敷设多种工程管线的道路；

5 道路与铁路或河流的交叉处；

6 道路宽度难以满足直埋敷设多种管线的路段。

3.1.2 综合管廊系统规划应遵循节约用地的原则，确定纳入的管线，统筹安排管线在综合管廊内部的空间位置，协调综合管廊与其他地上、地下工程的关系。

3.1.3 综合管廊系统规划应符合城镇总体规划要求，在城镇道路、城市居住区、城市环境、给水工程、排水工程、热力工程、电力工程、燃气工程、信息工程、防洪工程、人防工程等专业规划的基础上，确定综合管廊系统规划。

3.1.4 综合管廊系统规划应考虑城镇长期发展的需要。

3.1.5 综合管廊系统规划应明确管廊的空间位置。

3.1.6 纳入综合管廊内的管线应有管线各自对应的主管单位批准的专项规划。

3.1.7 综合管廊系统规划的编制应根据城市发展总体规划，充分调查城市管线地下通道现状，合理确定主要经济指标，科学预测规划需求量，坚持因地制宜、远近兼顾、全面规划、分步实施的原则，确保综合管廊系统规划和城市经济技术水平相适应。

3.1.8 综合管廊的系统规划应明确管廊的最小覆土深度、相邻工程管线和地下构筑物的最小水平净距和最小垂直净距。

3.1.9 综合管廊等级应根据敷设管线的等级和数量分为干线综合管廊、支线综合管廊及电缆沟。

3.1.10 干线综合管廊宜设置在机动车道、道路绿化带下，其覆土深度应根据地下设施竖向综合规划、道路施工、行车荷载、绿化种植及设计冻深等因素综合确定。

3.1.11 支线综合管廊宜设置在道路绿化带、人行道或非机动车道下，其覆土深度应根据地下设施竖向综合规划、道路施工、绿化种植及设计冻深等因素综合确定。

3.1.12 电缆沟宜设置在人行道下。

3.2 综合管廊总体布置

3.2.1 综合管廊平面中心线宜与道路中心线平行，不宜从道路一侧转到另一侧。

3.2.2 综合管廊沿铁路、公路敷设时应与铁路、公路线路平行。

3.2.3 综合管廊与铁路、公路交叉时宜采用垂直交叉方式布置；受条件限制，可倾斜交叉布置，其最小交叉角不宜小于60°。

3.2.4 综合管廊穿越河道时应选择在河床稳定河段，最小覆土深度应按不妨碍河道的整治和管廊安全的原则确定。

1 在一至五级航道下面敷设，应在航道底设计高程2.0m以下；

2 在其他河道下面敷设，应在河底设计高程1.0m以下；

3 当在灌溉渠道下面敷设，应在渠底设计高程0.5m以下。

3.2.5 埋深大于建（构）筑物基础的综合管廊，其与建（构）筑物之间的最小水平净距离，应按下式计算：

$$l \geqslant \frac{H-H_e}{\tan\alpha} \tag{3.2.5}$$

式中：l——综合管廊外轮廓边线至建（构）筑物基础边水平距离（m）；

H——综合管廊基坑开挖深度（m）；

H_e——建（构）筑物基础底砌置深度（m）；

α——土壤内摩擦角（°）。

3.2.6 干线综合管廊、支线综合管廊与相邻地下构筑物的最小间距应根据地质条件和相邻构筑物性质确定，且不得小于表3.2.6规定的数值。

3.2.7 综合管廊最小转弯半径应满足综合管廊内各种管线的转弯半径要求。

3.2.8 综合管廊的监控中心与综合管廊之间宜设置直接联络通道，通道的净尺寸应满足管理人员的日常检修要求。

3.2.9 干线综合管廊、支线综合管廊应设置人员逃生孔，逃生孔宜同投料口、通风口结合设置，并应符合下列规定：

表 3.2.6 干线综合管廊、支线综合管廊与相邻地下构筑物的最小间距（m）

相邻情况 \ 施工方法	明挖施工	非开挖施工
综合管廊与地下构筑物水平间距	1.0	不小于综合管廊外径
综合管廊与地下管线水平间距	1.0	不小于综合管廊外径
综合管廊与地下管线交叉穿越间距	1.0	1.0

1 人员逃生孔不应少于2个，采用明挖施工的综合管廊人员逃生孔间距不宜大于200m；采用非开挖施工的人员逃生孔间距应根据综合管廊地形条件、埋深、通风、消防等条件综合确定；

2 人员逃生孔盖板应设有在内部使用时易于开启、在外部使用时非专业人员难以开启的安全装置；

3 人员逃生孔内径净直径不应小于800mm；

4 人员逃生孔应设置爬梯。

3.2.10 综合管廊的投料口宜兼顾人员出入功能。投料口最大间距不宜超过400m。投料口净尺寸应满足管线、设备、人员进出的最小允许限界要求。

3.2.11 综合管廊的通风口净尺寸应满足通风设备进出的最小允许限界要求，采用自然通风方式的通风口最大间距不宜超过200m。

3.2.12 综合管廊的投料口、通风口、逃生孔等露出地面的构筑物应满足城市防洪要求或设置防止地面水倒灌的设施。

3.2.13 投料口、通风口、逃生孔的外观宜与周围景观相协调。

3.2.14 综合管廊的管线分支口应满足管线预留数量、安装敷设作业空间的要求，相应的管线工作井的土建工程宜同步实施。

3.2.15 综合管廊同其他方式敷设的管线连接处，应做好防水和防止差异沉降的措施。

3.2.16 综合管廊的纵向斜坡超过10%时，应在人员通道部位设防滑地坪或台阶。

3.3 综合管廊容纳的管线

3.3.1 信息电（光）缆、电力电缆、给水管道、热力管道等市政公用管线宜纳入综合管廊内。地势平坦建设场地的重力流管道不宜纳入综合管廊。

3.3.2 综合管廊内相互无干扰的工程管线可设置在管廊的同一个舱，相互有干扰的工程管线应分别设在管廊的不同空间。

3.3.3 信息电缆与高压电缆应分开设置；给水管道与排水管道可在综合管廊同侧布置，排水管道应布置在综合管廊的底部。

3.3.4 热力管道、燃气管道不得同电力电缆同舱敷设。

3.3.5 燃气管道和其他输送易燃介质管道纳入管廊尚应符合相应的专项技术要求。

3.4 综合管廊的标准断面

3.4.1 综合管廊的标准断面应根据容纳的管线种类、数量、施工方法综合确定。采用明挖现浇施工时宜采用矩形断面，采用明挖预制装配施工时宜采用矩形断面或圆形断面，采用非开挖技术时宜采用圆形断面、马蹄形断面。

3.4.2 综合管廊标准断面内部净高应根据容纳的管线种类、数量综合确定：

1 干线综合管廊的内部净高不宜小于2.1m；

2 支线综合管廊的内部净高不宜小于1.9m；与其他地下构筑物交叉的局部区段的净高，不应小于1.4m。当不能满足最小净空要求时，可改为排管连接。

3.4.3 综合管廊标准断面内部净宽应根据容纳的管线种类、数量、管线运输、安装、维护、检修等要求综合确定。

3.4.4 干线综合管廊、支线综合管廊内两侧设置支架或管道时，人行通道最小净宽不宜小于1.0m；当单侧设置支架或管道时，人行通道最小净宽不宜小于0.9m。

3.4.5 电缆沟内人行通道的净宽不宜小于表3.4.5所列值。

表 3.4.5 电缆沟内人行通道净宽（mm）

电缆支架配置方式	电缆沟净深		
	≤600	600～1000	≥1000
两侧支架	300	500	700
单侧支架	300	450	600

3.4.6 综合管廊内通道的净宽，尚应满足综合管廊内管道、配件、设备运输净宽的要求。

3.5 综合管廊的电（光）缆敷设

3.5.1 纳入综合管廊内的电（光）缆，在垂直和水平转向部位、电（光）缆热伸缩部位以及蛇行弧部位的弯曲半径，不宜小于表3.5.1规定的弯曲半径。

表 3.5.1 电（光）缆敷设允许的最小弯曲半径

电（光）缆类型			允许最小转弯半径	
			单芯	3芯
交联聚乙烯绝缘电缆	≥66kV		20*D*	15*D*
	≤35kV		12*D*	10*D*
油浸纸绝缘电缆	铝包		30*D*	
	铅包	有铠装	20*D*	15*D*
		无铠装	20*D*	
光缆			20*D*	

注：*D*表示电（光）缆外径。

3.5.2 电（光）缆的支架层间间距，应满足电（光）

缆敷设和固定的要求，且在多根电（光）缆同置于一层支架上时，应有更换或增设任意电（光）缆的可能。电（光）缆支架层间垂直距离宜符合表3.5.2规定的数值。

表3.5.2 电（光）缆支架层间垂直距离的允许最小值（mm）

电缆电压等级和类型，光缆，敷设特征		普通支架、吊架	桥架
控制电缆		120	200
电力电缆明敷	6kV以下	150	250
	6kV～10kV交联聚乙烯	200	300
	35kV单芯	250	300
	35kV三芯	300	350
	110kV～220kV，每层1根以上	300	350
	330kV、500kV	350	400
电缆敷设在槽盒中，光缆		h+80	h+100

注：1 h表示槽盒外壳高度；

2 10kV及以上电压等级高压电力电缆接头的安装空间应单独考虑。

3.5.3 水平敷设时电缆支架的最上层布置尺寸，应符合下列规定：

1 最上层支架距综合管廊顶板或梁底的净距允许最小值，应满足电缆引接至上侧的柜盘时的允许弯曲半径要求，且不宜小于表3.5.2所列数值再加80mm～150mm的和值；

2 最上层支架距其他设备的净距，不应小于300mm；当无法满足时应设防护板。

3.5.4 水平敷设时电缆支架的最下层支架距综合管廊底板的最下净距，不宜小于100mm。

3.5.5 电（光）缆支架各支持点之间的距离，不宜大于表3.5.5的规定。

表3.5.5 电（光）缆支架各支持点之间的距离（mm）

电缆种类	敷设方式	
	水平	竖向
全塑小截面电（光）缆	400	1000
中低压电缆	800	1500
35kV及以上的高压电缆	1500	3000

3.5.6 电（光）缆支架、桥架应采用可调节层间距的活络支架、桥架。当电（光）缆桥架上下折弯90°时，应分3段完成，每段折弯30°；当左右折弯90°，应分2段完成，每段折弯45°。

3.5.7 电缆支架和桥架应符合下列规定：

1 表面应光滑无毛刺；

2 应适应环境的耐久稳固；

3 应满足所需的承载能力；

4 应符合工程防火要求。

3.5.8 电缆支架宜选用钢制。在强腐蚀环境选用其他材料电缆支架、桥架应符合下列规定：

1 普通支架（臂式支架）可选用耐腐蚀的刚性材料制；

2 电缆桥架组成的梯架、托盘，可选用满足工程条件阻燃性的玻璃钢制；

3 技术经济综合较优时，可选用铝合金制电缆桥架。

3.5.9 电缆支架的强度，应满足电缆及其附件荷重和安装维护的受力要求，且应符合下列规定：

1 有可能短暂上人时，计入900N的附加集中荷载；

2 机械化施工时，计入纵向拉力、横向推力和滑轮质量等影响。

3.5.10 电缆桥架的组成结构，应满足强度、刚度及稳定性要求，且应符合下列规定：

1 桥架的承载能力，不得超过使桥架最初产生永久变形时的最大荷载除以安全系数为1.5的数值；

2 梯架、托盘在允许均布承载力作用下的相对挠度值，钢制不宜大于1/200，铝合金制不宜大于1/300；

3 钢制托臂在允许承载力下的偏斜与臂长比值，不宜大于1/100。

3.5.11 电缆支架型式的选择应符合下列规定：

1 全塑电缆数量较多或电缆跨越距离较大、高压电缆蛇形敷设时，宜选用电缆桥架；

2 除上述情况外，可选用普通支架、吊架。

3.5.12 电缆桥架型式的选择应符合下列规定：

1 需屏蔽外部的电气干扰时，应选用无孔金属托盘加实体盖板；

2 需因地制宜组装时，可选用组装式托盘；

3 除上述情况外，宜选用梯架。

3.5.13 梯架、托盘的直线段敷设超过下列长度时，应留有不小于20mm的伸缩缝：

1 钢制30m；

2 铝合金或玻璃钢制15m。

3.5.14 金属桥架系统每隔30m～50m应设置重复接地。非金属桥架应沿桥架全长另敷设专用接地线。

3.6 综合管廊的管道敷设

3.6.1 纳入综合管廊的管道应采用便于运输、安装的材质，并应符合管道安全运行的物理性能。

3.6.2 钢管的管材强度等级不应低于Q235，其质量应符合现行国家标准《碳素结构钢》GB/T 700的有关规定。

3.6.3 钢管的焊接材料应符合下列要求：

1 手工焊接用的焊条应符合现行国家标准《碳钢焊条》GB/T 5117的有关规定。选用的焊条型号应与钢管管材力学性能相适应；

2 自动焊或半自动焊应采用与钢管管材力学性能相适应的焊丝和焊剂，焊丝应符合现行国家标准《熔化焊用钢丝》GB/T 14957 的有关规定；

3 普通粗制螺栓、锚栓应符合现行国家标准《碳素结构钢》GB/T 700 的有关规定。

3.6.4 灰口铸铁管的质量应分别符合现行国家标准《连续铸铁管》GB 3422、《柔性机械接口灰口铸铁管》GB/T 6483 的有关规定。

3.6.5 铸态球墨铸铁管的质量除应符合现行国家标准《水及燃气管道用球墨铸铁管、管件和附件》GB 13295 的有关规定外，其中延伸率指标还应根据生产厂提供的数据采用。

3.6.6 采用化学材料制成的管道及复合材料制成的管道，所用的管材、管件和附件、密封胶圈、粘接溶剂，应符合设计规定的技术要求，并应具有合格证、产品许可证等有效的证明文件。

3.6.7 综合管廊的管道安装净距（图 3.6.7），不宜小于表 3.6.7 规定的数值。

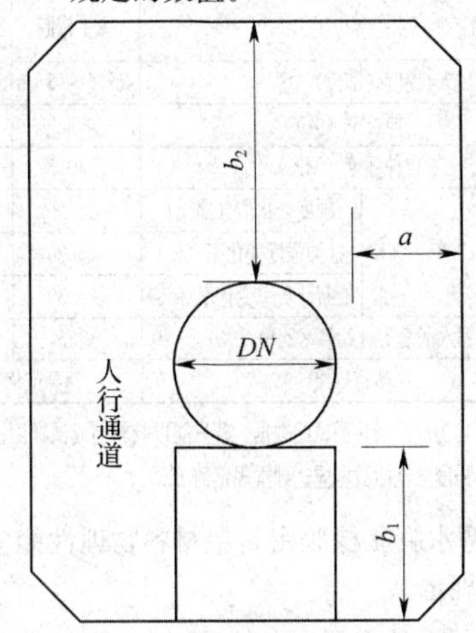

图 3.6.7 综合管廊的管道安装净距

表 3.6.7 综合管廊的管道安装净距（mm）

<table>
<tr><th rowspan="2">管道公称直径
DN</th><th colspan="3">铸铁管、螺栓连接钢管</th><th colspan="3">焊接钢管</th></tr>
<tr><th>a</th><th>b_1</th><th>b_2</th><th>a</th><th>b_1</th><th>b_2</th></tr>
<tr><td>DN<400</td><td>400</td><td>400</td><td rowspan="5">800</td><td rowspan="3">500</td><td rowspan="2">500</td><td rowspan="5">800</td></tr>
<tr><td>400≤DN<800</td><td rowspan="2">500</td><td rowspan="2">500</td></tr>
<tr><td>800≤DN<1000</td><td>500</td></tr>
<tr><td>1000≤DN<1500</td><td>600</td><td>600</td><td>600</td><td>600</td></tr>
<tr><td>DN≥1500</td><td>700</td><td>700</td><td>700</td><td>700</td></tr>
</table>

3.6.8 主干管管道在进出管廊时，应在管廊外部设置阀门井。

3.6.9 管道在管廊敷设时，应考虑管道的排气阀、排水阀、伸缩补偿器、阀门等配件安装、维护的作业空间。

3.6.10 管道的三通、弯头等部位应设置供管道固定用的支墩或预埋件。

3.6.11 在综合管廊顶板处，应设置供管道及附件安装用的吊钩或拉环，拉环间距不宜大于 10m。

4 综合管廊土建工程设计

4.1 一 般 规 定

4.1.1 综合管廊土建工程设计应采用以概率理论为基础的极限状态设计方法，以可靠指标度量结构构件的可靠度，除验算整体稳定外，均应采用含分项系数的设计表达式进行设计。

4.1.2 综合管廊结构设计应计算下列两种极限状态：

1 承载能力极限状态：对应于管廊结构达到最大承载能力，管廊主体结构或连接构件因材料强度被超过而破坏；管廊结构因过量变形而不能继续承载或丧失稳定；管廊结构作为整体失去平衡；

2 正常使用极限状态：对应于管廊结构符合正常使用或耐久性能的某项规定限值；影响正常使用的变形量限值；影响耐久性能的控制开裂或局部裂缝宽度限值等。

4.1.3 综合管廊工程的结构设计使用年限应按建筑物的合理使用年限确定，不宜低于 100 年。

4.1.4 综合管廊工程抗震设防分类标准应按乙类建筑物进行抗震设计。抗震设计应符合现行国家标准《建筑抗震设计规范》GB 50011和《构筑物抗震设计规范》GB 50191 的有关规定。

4.1.5 综合管廊的结构安全等级应为二级，结构中各类构件的安全等级宜与整个结构的安全等级相同。

4.1.6 综合管廊结构构件的裂缝控制等级应为三级，结构构件的最大裂缝宽度限值不应大于 0.2mm，且不得贯通。

4.1.7 综合管廊地下工程的防水设计，应根据气候条件、水文地质状况、结构特点、施工方法和使用条件等因素进行，满足结构的安全、耐久性和使用要求，防水等级标准应为二级。

4.1.8 对埋设在地表水或地下水以下的综合管廊，应根据设计条件计算结构的抗浮稳定。计算时不应计入管廊内管线和设备的自重，其他各项作用均取标准值，并应满足抗浮稳定性抗力系数不低于 1.05。

4.2 材 料

4.2.1 综合管廊工程中的材料应根据结构类型、受力条件、使用要求和所处环境等选用，并考虑耐久性、可靠性和经济性。主要材料宜采用钢筋混凝土，在有条件的地区可采用纤维塑料筋、高性能混凝土等新型高性能工程建设材料。当地基承载力良好、地下水埋深在综合管廊底板以下时，可采用砌体材料。

4.2.2 钢筋混凝土结构的混凝土强度等级不应低于 C30。预应力混凝土结构的混凝土强度等级不应低于

C40；当采用钢绞线、钢丝、热处理钢筋作为预应力钢筋时，混凝土强度等级不应低于C40。

4.2.3 地下工程部分宜采用自防水混凝土，设计抗渗等级应符合表4.2.3的规定。

表4.2.3 防水混凝土设计抗渗等级

管廊埋置深度 H（m）	设计抗渗等级
$H<10$	P6
$10\leqslant H<20$	P8
$20\leqslant H<30$	P10
$H\geqslant 30$	P12

4.2.4 用于防水混凝土的水泥应符合下列规定：

1 水泥品种宜选用硅酸盐水泥、普通硅酸盐水泥；

2 在受侵蚀性介质作用下，应按侵蚀性介质的性质选用相应的水泥品种；

3 不得使用过期或受潮结块的水泥，并不得将不同品种或强度等级的水泥混合使用。

4.2.5 用于防水混凝土的砂、石应符合下列规定：

1 宜选用坚固耐久、粒形良好的洁净石子；最大粒径不宜大于40mm，泵送时其最大粒径不应大于输送管径的1/4；吸水率不应大于1.5%；不得使用碱活性骨料；石子的质量要求应符合现行行业标准《普通混凝土用砂、石质量及检验方法标准》JGJ 52的有关规定；

2 砂宜选用坚硬、抗风化性强、洁净的中粗砂，不宜使用海砂。砂的质量要求应符合现行行业标准《普通混凝土用砂、石质量及检验方法标准》JGJ 52的有关规定。

4.2.6 防水混凝土中各类材料的总碱量（Na_2O当量）不得大于3kg/m³；氯离子含量不应超过胶凝材料总量的0.1%。

4.2.7 混凝土可根据工程需要掺入减水剂、膨胀剂、防水剂、密实剂、引气剂、复合型外加剂及水泥基渗透结晶型材料，其品种和用量应经试验确定，所用外加剂的技术性能应符合现行国家标准《混凝土外加剂应用技术规范》GB 50119的有关规定。

4.2.8 用于拌制混凝土的水，应符合现行行业标准《混凝土用水标准》JGJ 63的有关规定。

4.2.9 混凝土可根据工程抗裂需要掺入合成纤维或钢纤维，纤维的品种及掺量应通过试验确定。

4.2.10 钢筋应符合现行国家标准《混凝土结构设计规范》GB 50010的有关规定。

4.2.11 预应力钢丝应符合现行国家标准《混凝土结构设计规范》GB 50010的有关规定。

4.2.12 纤维塑料筋应符合现行国家标准《纤维增强复合材料建设工程应用技术规范》GB 50608的有关规定。

4.2.13 预埋钢板宜采用Q235钢、Q345钢，其质量应符合现行国家标准《碳素结构钢》GB/T 700的有关规定。

4.2.14 砌体结构所用材料的最低强度等级应符合表4.2.14的规定。

表4.2.14 砌体结构所用材料的最低强度等级

基土的潮湿程度	烧结普通砖、蒸压灰砂砖		混凝土砌块	石材	水泥砂浆
	严寒地区	一般地区			
稍潮湿的	MU10	MU10	MU7.5	MU30	MU5
很潮湿的	MU15	MU10	MU7.5	MU30	MU7.5
含水饱和的	MU20	MU15	MU10	MU40	MU10

4.2.15 弹性橡胶密封垫材料物理性能应符合表4.2.15的规定。

表4.2.15 弹性橡胶密封垫材料物理性能

序号	项目			指标	
				氯丁橡胶	三元乙丙橡胶
1	硬度（邵氏），度			45±5～65±5	55±5～70±5
2	伸长率（%）			≥350	≥330
3	拉伸强度（MPa）			≥10.5	≥9.5
4	热空气老化	（70℃×96h）	硬度变化值（邵氏）	≥+8	≥+6
			扯伸强度变化率（%）	≥−20	≥−15
			扯断伸长率变化率（%）	≥−30	≥−30
5	压缩永久变形（70℃×24h）（%）			≤35	≤28
6	防霉等级			达到或优于2级	

注：以上指标均为成品切片测试的数据，若只能以胶料制成试样测试，则其伸长率、拉伸强度的性能数据应达到本规定的120%。

4.2.16 遇水膨胀橡胶密封垫材料物理性能应符合表4.2.16的规定。

表4.2.16 遇水膨胀橡胶密封垫材料物理性能

序号	项目		指标			
			PZ-150	PZ-250	PZ-450	PZ-600
1	硬度（邵氏A），度*		42±7	42±7	45±7	48±7
2	拉伸强度（MPa）		≥3.5	≥3.5	≥3.5	≥3
3	扯断伸长率（%）		≥450	≥450	≥350	≥350
4	体积膨胀倍率（%）		≥150	≥250	≥400	≥600
5	反复浸水试验	拉伸强度（MPa）	≥3	≥3	≥2	≥2
		扯断伸长率（%）	≥350	≥350	≥250	≥250
		体积膨胀倍率（%）	≥150	≥250	≥500	≥500
6	低温弯折（−20℃×2h）		无裂纹	无裂纹	无裂纹	无裂纹
7	防霉等级		达到或优于2级			

注：1 * 硬度为推荐项目；

2 成品切片测试应达到标准的80%；

3 接头部位的拉伸强度不低于上表标准性能的50%。

4.3 结构上的作用

4.3.1 综合管廊结构上的作用，应符合现行国家标准《建筑结构荷载规范》GB 50009 的有关规定。

4.3.2 结构设计时，对不同的作用应采用不同的代表值：对永久作用，应采用标准值作为代表值；对可变作用，应根据设计要求采用标准值、组合值或准永久值作为代表值。作用的标准值，应为设计采用的基本代表值。

4.3.3 当结构承受两种或两种以上可变作用时，在承载力极限状态设计或正常使用极限状态按短期效应标准值设计中，对可变作用应取标准值和组合值作为代表值。

4.3.4 当正常使用极限状态按长期效应准永久组合设计时，对可变作用应采用准永久值作为代表值。可变作用准永久值应为可变作用的标准值乘以作用的准永久值系数。

4.3.5 结构主体及收容管线自重可按结构构件及管线设计尺寸计算确定。对常用材料及其制作件，其自重可按现行国家标准《建筑结构荷载规范》GB 50009 的有关规定执行。

4.3.6 预应力综合管廊结构上的预应力标准值，应为预应力钢筋的张拉控制应力值扣除各项预应力损失后的有效预应力值。张拉控制应力值应按现行国家标准《混凝土结构设计规范》GB 50010 的有关规定执行。

4.3.7 对于建设场地地基土有显著变化段的综合管廊结构，需计算地基不均匀沉降的影响，其标准值应按现行国家标准《建筑地基基础设计规范》GB 50007 的有关规定计算确定。

4.4 现浇混凝土综合管廊结构

4.4.1 现浇混凝土综合管廊结构的截面内力计算模型宜采用闭合框架模型。作用于结构底板的基底反力分布应根据地基条件具体确定：

1 对于地层较为坚硬或经加固处理的地基，基底反力可视为直线分布；

2 对于未经处理的柔软地基，基底反力应按弹性地基上的平面变形截条计算确定。

4.4.2 现浇混凝土综合管廊结构设计，应符合现行国家标准《混凝土结构设计规范》GB 50010 的有关规定。

4.5 预制拼装综合管廊结构

4.5.1 预制拼装综合管廊结构宜采用预应力筋连接接头、螺栓连接接头或承插式接头。当有可靠依据时，也可采用其他能够保证预制拼装综合管廊结构安全性、适用性和耐久性的接头构造。

4.5.2 仅带纵向拼缝接头的预制拼装综合管廊结构的截面内力计算模型宜采用与现浇混凝土综合管廊结构相同的闭合框架模型。

4.5.3 带纵、横向拼缝接头的预制拼装综合管廊的截面内力计算模型应考虑拼缝接头的影响，拼缝接头影响宜采用 $K-\zeta$ 法（旋转弹簧－ζ 法）计算，构件的截面内力分配应按下列公式计算：

$$M = K\theta \tag{4.5.3-1}$$

$$M_j = (1-\zeta)M, N_j = N \tag{4.5.3-2}$$

$$M_z = (1+\zeta)M, N_z = N \tag{4.5.3-3}$$

式中：K——旋转弹簧常数，25000kN·m/rad≤K≤50000kN·m/rad；

M——按照旋转弹簧模型计算得到的带纵、横向拼缝接头的预制拼装综合管廊截面内各构件的弯矩设计值(kN·m)；

M_j——预制拼装综合管廊节段横向拼缝接头处弯矩设计值（kN·m）；

M_z——预制拼装综合管廊节段整浇部位弯矩设计值（kN·m）；

N——按照旋转弹簧模型计算得到的带纵、横向拼缝接头的预制拼装综合管廊截面内各构件的轴向力设计值（kN）；

N_j——预制拼装综合管廊节段横向拼缝接头处轴向力设计值（kN）；

N_z——预制拼装综合管廊节段整浇部位轴力设计值（kN·m）；

θ——预制拼装综合管廊拼缝相对转角（rad）；

ζ——拼缝接头弯矩影响系数。当采用拼装时取 $\zeta=0$，当采用横向错缝拼装时取 $0.3<\zeta<0.6$。

K、ζ 的取值受拼缝构造、拼装方式和拼装预应力大小等多方面因素影响，一般情况下应通过试验确定。

4.5.4 预制拼装综合管廊结构中，现浇混凝土截面的受弯承载力、受剪承载力和最大裂缝宽度宜符合与现浇混凝土综合管廊相同的规定。

4.5.5 预制拼装综合管廊结构采用预应力筋连接接头或螺栓连接接头时，其拼缝接头的受弯承载力（图 4.5.5），可按下列公式计算：

$$M \leqslant f_{py}A_p\left(\frac{h}{2}-\frac{x}{2}\right) \tag{4.5.5-1}$$

$$x = \frac{f_{py}A_p}{\alpha_1 f_c b} \tag{4.5.5-2}$$

式中：M——接头弯矩设计值（kN·m）；

f_c——混凝土轴心抗压强度设计值（N/mm²）；

f_{py}——预应力筋或螺栓的抗拉强度设计值（N/mm²）；

A_p——预应力筋或螺栓的截面面积（mm²）；

h——构件截面高度（mm）；

x——构件混凝土受压区截面高度（mm）；

α_1——系数，当混凝土强度等级不超过 C50 时，α_1 取 1.0，当混凝土强度等级为 C80 时，α_1 取 0.94，期间按线性内插法确定。

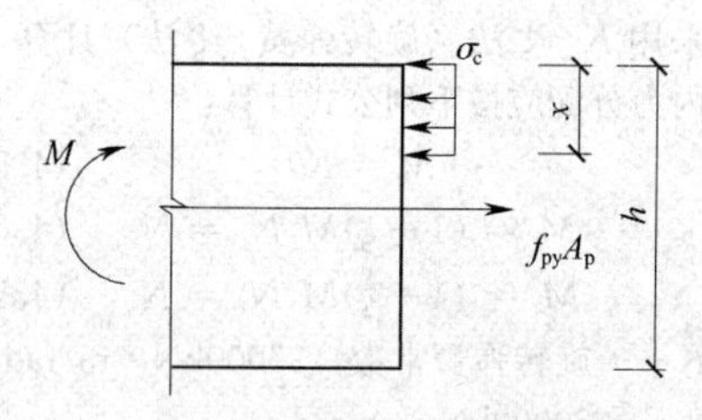

图 4.5.5 拼缝接头的受弯承载力

4.5.6 带纵、横向拼缝接头的预制拼装综合管廊结构应按荷载效应的标准组合并应考虑长期作用影响对拼缝接头的外缘张开量，应按下式计算：

$$w = \frac{M_k}{K}h \leqslant w_{max} \quad (4.5.6)$$

式中：w——预制拼装综合管廊拼缝外缘张开量（mm）；

w_{max}——拼缝外缘最大张开量限值，一般取 2mm；

h——拼缝截面高度（mm）；

K——旋转弹簧常数（kN·m/rad）；

M_k——预制拼装综合管廊拼缝截面弯矩标准值（kN·m）。

4.5.7 预制拼装综合管廊拼缝防水应采用弹性密封原理，以预制成型弹性密封垫为主要防水措施，并保证弹性密封垫的界面应力满足限值要求，弹性密封垫的界面应力不应低于 1.5MPa。

4.5.8 预制拼装综合管廊拼缝接头宜设有企口防水构造（图 4.5.8）。拼缝弹性密封垫应沿环、纵面兜绕成框型。沟槽形式、截面尺寸应与弹性密封垫的形式和尺寸相匹配。

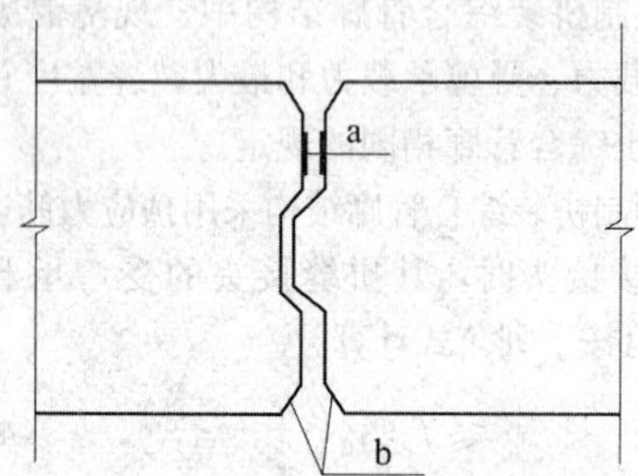

图 4.5.8 拼缝接头企口防水构造

a—弹性密封垫材；b—嵌缝槽

4.5.9 拼缝处应至少设置一道密封垫沟槽，密封垫及其沟槽的截面尺寸，应按下式计算：

$$A = 1.0A_0 \sim 1.5A_0 \quad (4.5.9)$$

式中：A——密封垫沟槽截面面积；

A_0——密封垫截面面积。

4.5.10 拼缝处应选用弹性橡胶与遇水膨胀橡胶制成的复合密封垫。弹性橡胶密封垫宜采用三元乙丙（EPDM）橡胶或氯丁（CR）橡胶为主要材质。

4.5.11 复合密封垫宜采用中间开孔、下部开槽等特殊截面的构造形式，并应制成闭合框型。

4.6 构造要求

4.6.1 综合管廊结构应在纵向设置变形缝，变形缝的设置应符合下列规定：

1 现浇混凝土综合管廊结构变形缝的最大间距应为 30m，预制装配式综合管廊结构变形缝应为 40m；

2 在地基土有显著变化或承受的荷载差别较大的部位，应设置变形缝；

3 变形缝的缝宽不宜小于 30mm；

4 变形缝应设置橡胶止水带、填缝材料和嵌缝材料的止水构造。

4.6.2 混凝土综合管廊结构主要承重侧壁的厚度不宜小于 250mm，非承重侧壁和隔墙等构件的厚度不宜小于 200mm。

4.6.3 混凝土综合管廊结构中钢筋的混凝土保护层厚度，在结构迎水面应不小于 50mm，在结构其他部位应根据环境条件和耐久性要求按现行国家标准《混凝土结构设计规范》GB 50010 的有关规定执行。

4.6.4 综合管廊各部位的预埋金属预埋件，其锚筋面积和构造要求除应按现行国家标准《混凝土结构设计规范》GB 50010 的有关规定执行外，预埋件的外露部分还应做可靠的防腐保护。

5 综合管廊附属工程设计

5.1 消防系统

5.1.1 综合管廊的承重结构体的燃烧性能应为不燃烧体，耐火极限不应低于 3.0h。

5.1.2 综合管廊内装修材料除嵌缝材料外，应采用不燃材料。

5.1.3 综合管廊的防火墙燃烧性能应为不燃烧体，耐火极限不应低于 3.0h。

5.1.4 综合管廊内防火分区最大间距不应大于 200m。防火分区应设置防火墙、甲级防火门、阻火包等进行防火分隔。

5.1.5 综合管廊的交叉口部位应设置防火墙、甲级防火门进行防火分隔。

5.1.6 在综合管廊的人员出入口处应设置灭火器、黄沙箱等灭火器材。

5.1.7 综合管廊内应设置火灾自动报警系统。

5.1.8 综合管廊内可设置自动喷水灭火系统、水喷雾灭火或气体灭火等固定设施。

5.1.9 综合管廊内的电缆防火与阻燃应符合现行国

家标准《电力工程电缆设计规范》GB 50217 的有关规定。

5.1.10 当综合管廊内纳入输送易燃易爆介质管道时，应采取专门的消防设施。

5.2 供电系统

5.2.1 综合管廊供配电系统接线方案、电源供电电压、供电点、供电回路数、容量等应依据管廊建设规模、周边电源情况、管廊运行管理模式，经技术经济比较后合理确定。

5.2.2 综合管廊附属设备中消防设备、监控设备、应急照明宜按二级负荷供电，其余用电设备可按三级负荷供电。

5.2.3 综合管廊附属设备配电系统应符合下列要求：

1 综合管廊内的低压配电系统宜采用交流220V/380V 三相四线（TN－C－S）系统，并宜使三相负荷平衡；

2 综合管廊应以防火分区作为配电单元，各配电单元电源进线截面应满足该配电单元内设备同时投入使用时的用电需要；

3 设备受电端的电压偏差允许值：动力设备应为±5％额定电压，照明设备应为＋5％、－10％额定电压；

4 应有无功功率补偿措施，使电源总进线处功率因数满足当地供电部门要求；

5 应在各供电单元总进线处设置电能计量测量装置。

5.2.4 综合管廊内供配电设备应符合下列要求：

1 供配电设备防护等级应适应地下环境的使用要求；

2 供配电设备应安装在便于维护和操作的地方，不应安装在低洼、可能受积水浸入的地方；

3 电源总配电箱宜安装在管廊进出口处。

5.2.5 综合管廊内应有交流 220V/380V 带剩余电流动作保护装置的检修插座，插座沿线间距不宜大于60m。检修插座容量不宜小于 15kW，应防水防潮，防护等级不低于 IP54，安装高度不宜小于 500mm。

5.2.6 一般设备供电电缆宜采用阻燃电缆，火灾时需继续工作的消防设备应采用耐火电缆。

5.2.7 在综合管廊每段防火分区各人员进出口处均应设置本防火分区通风设备、照明灯具的控制按钮。

5.2.8 综合管廊内通风设备应在火警报警时自动关闭。

5.2.9 综合管廊内的接地系统应形成环形接地网，接地电阻允许最大值不宜大于 1Ω。

5.2.10 综合管廊的接地网宜使用截面面积不小于40mm×5mm 的热镀锌扁钢，在现场应采用电焊搭接，不得采用螺栓搭接的方法。

5.2.11 综合管廊内的金属构件、电缆金属保护皮、金属管道以及电气设备金属外壳均应与接地网连通。

5.2.12 综合管廊内敷设有系统接地的高压电网电力电缆时，综合管廊接地网尚应满足当地电力公司有关接地连接技术要求和故障时热稳定的要求。

5.3 照明系统

5.3.1 综合管廊内应设正常照明和应急照明，且应符合下列要求：

1 在管廊内人行道上的一般照明的平均照度不应小于 10lx，最小照度不应小于 2lx，在出入口和设备操作处的局部照度可提高到 100lx；监控室一般照明照度不宜小于 300lx；

2 管廊内应急疏散照明照度不应低于 0.5lx，应急电源持续供电时间不应小于 30min；监控室备用应急照明照度不应低于正常照明照度值的 10％；

3 管廊出入口和各防火分区防火门上方应有安全出口标志灯，灯光疏散指示标志应设置在距地坪高度 1.0m 以下，间距不应大于 20m。

5.3.2 综合管廊照明灯具应符合下列要求：

1 灯具应为防触电保护等级Ⅰ类设备，能触及的可导电部分应与固定线路中的保护（PE）线可靠连接；

2 灯具应防水防潮，防护等级不宜低于 IP54，并具有防外力冲撞的防护措施；

3 光源应能快速启动点亮，宜采用节能型荧光灯；

4 照明灯具应采用安全电压供电或回路中设置动作电流不大于 30mA 的剩余电流动作保护的措施。

5.3.3 照明回路导线应采用不小于 1.5mm² 截面的硬铜导线，线路明敷设时宜采用保护管或线槽穿线方式布线。

5.4 监控与报警系统

5.4.1 综合管廊的监控与报警系统应保证能准确、及时地探测管廊内火情，监测有害气体、空气含氧量、温度、湿度等环境参数，并应及时将信息传递至监控中心。

5.4.2 综合管廊的监控与报警系统宜对沟内的机械风机、排水泵、供电设备、消防设施进行监测和控制。控制方式可采用就地联动控制、远程控制等控制方式。

5.4.3 综合管廊内应设置固定式语音通信系统，电话应与控制中心连通。在综合管廊人员出入口或每个防火分区内应设置一个通信点。

5.5 通风系统

5.5.1 综合管廊宜采用自然通风和机械通风相结合的通风方式。

5.5.2 综合管廊通风口的通风面积应根据综合管廊

的截面尺寸、通风区间经计算确定。换气次数应在2次/h以上，换气所需时间不宜超过30min。

5.5.3 综合管廊的通风口处风速不宜超过5m/s，综合管廊内部风速不宜超过1.5m/s。

5.5.4 综合管廊的通风口应加设能防止小动物进入综合管廊内的金属网格，网孔净尺寸不应大于10mm×10mm。

5.5.5 综合管廊的机械风机应符合节能环保要求。

5.5.6 当综合管廊内空气温度高于40℃时，或需进行线路检修时，应开启机械排风机。

5.5.7 **综合管廊应设置机械排烟设施。**

5.5.8 综合管廊内发生火灾时，排烟防火阀应能够自动关闭。

5.6 排水系统

5.6.1 综合管廊内宜设置自动排水系统。

5.6.2 综合管廊的排水区间应根据道路的纵坡确定，排水区间不宜大于400m，应在排水区间的最低点设置集水坑，并设置自动水位排水泵。集水坑的容量应根据渗入综合管廊内的水量和排水扬程确定。

5.6.3 综合管廊的底板宜设置排水明沟，并通过排水沟将综合管廊内积水汇入集水坑内，排水明沟的坡度不宜小于0.3%。

5.6.4 综合管廊的排水应就近接入城市排水系统，并应在排水管的上端设置逆止阀。

5.7 标识系统

5.7.1 在综合管廊的主要出入口处应设置综合管廊介绍牌，对综合管廊建设的时间、规模、容纳的管线等情况进行简介。

5.7.2 纳入综合管廊的管线应采用符合管线管理单位要求的标志、标识进行区分，标志铭牌应设置于醒目位置，间隔距离不应大于100m。标志铭牌应标明管线的产权单位名称、紧急联系电话。

5.7.3 在综合管廊的设备旁边应设置设备铭牌，铭牌内应注明设备的名称、基本数据、使用方式及其紧急联系电话。

5.7.4 在综合管廊内应设置“禁烟”、“注意碰头”、“注意脚下”、“禁止触摸”等警示、警告标识。

5.7.5 在人员出入口、逃生孔、灭火器材等部位应设置明确的标识。

6 综合管廊施工及验收

6.1 一般规定

6.1.1 施工单位应取得安全生产许可证，并应遵守有关施工安全、劳动保护、防火、防毒的法律、法规，建立安全管理体系和安全生产责任制，确保安全施工。

6.1.2 施工单位应具备相应的施工资质，施工人员应具备相应资格。施工项目质量控制应有相应的施工技术标准、质量管理体系、质量控制和检验制度。

6.1.3 施工前应熟悉和审查施工图纸，掌握设计意图与要求。实行自审、会审（交底）和签证制度；对施工图有疑问或发现差错时，应及时提出意见和建议。需变更设计时，应按照相应程序报审，经相关单位签证认定后实施。

6.1.4 施工前应根据工程需要进行下列调查研究：

1 现场地形、地貌、地下管线、地下构筑物、其他设施和障碍物情况；

2 工程用地、交通运输、施工便道及其他环境条件；

3 施工给水、排水、动力及其他条件；

4 工程材料、施工机械、主要设备和特种物资情况；

5 地表水水文资料，在寒冷地区施工时尚应掌握地表水的冻结资料和土层冰冻资料；

6 与施工有关的其他情况和资料。

6.1.5 综合管廊的防水工程施工及验收标准应按现行国家标准《地下防水工程质量验收规范》GB 50208的有关规定执行。

6.1.6 综合管廊工程应经过竣工验收合格后，方可投入使用。

6.2 基础工程施工与验收

6.2.1 综合管廊工程基坑（槽）开挖前，应根据围护结构的类型、工程水文地质条件、施工工艺和地面荷载等因素制定施工方案，经审批后方可施工。

6.2.2 土石方爆破应按国家有关部门规定，由具有相应资质的单位进行施工。

6.2.3 基坑回填应在综合管廊结构及防水工程验收合格后及时进行。回填材料应符合设计要求。

6.2.4 综合管廊两侧回填应对称、分层、均匀。管廊顶板上部1000mm范围内回填材料应采用人工分层夯实，禁止大型碾压机直接在管廊顶板上部施工。

6.2.5 综合管廊回填土压实度应符合设计要求，设计无要求时，应符合表6.2.5的规定。

表6.2.5 综合管廊回填土压实度

检查项目		压实度(%)	检查频率		检查方法
			范围	组数	
1	绿化带下	≥90	管廊两侧回填土按50延米/层	1（三点）	环刀法
2	人行道、机动车道下	≥95		1（三点）	环刀法

6.2.6 综合管廊基础施工及验收除应符合本节规定外，还应符合现行国家标准《建筑地基基础工程施工质量验收规范》GB 50202的有关规定。

6.3 现浇钢筋混凝土结构

6.3.1 综合管廊模板施工前，应根据结构形式、施工工艺、设备和材料供应条件进行模板及其支架设计。模板及其支架的强度、刚度及稳定性应满足受力要求。

6.3.2 混凝土的浇筑应在模板和支架检验符合施工方案的要求后方可进行。入模时应防止离析，连续浇筑时每层浇筑高度应满足振捣密实的要求。浇筑预留孔、预埋管、预埋件及止水带等周边混凝土时，应辅助人工插捣。

6.3.3 混凝土底板和顶板应连续浇筑不得留置施工缝；设计有变形缝时，应按变形缝分仓浇筑。

6.3.4 混凝土施工质量验收标准应按现行国家标准《混凝土结构工程施工质量验收规范》GB 50204 的有关规定执行。

6.4 预制装配式钢筋混凝土结构

6.4.1 预制装配式钢筋混凝土构件的模板应采用精加工的钢模板。

6.4.2 构件堆放的场地应平整夯实，并应有良好的排水措施。

6.4.3 构件的标识应朝向外侧。

6.4.4 构件运输及吊装时的混凝土强度应符合设计要求。当设计无要求时，不应低于设计强度的75%。

6.4.5 预制构件安装前，应复验合格；有裂缝的构件应进行鉴定。

6.4.6 预制构件和现浇结构之间、预制构件之间的连接应按设计要求进行施工。

6.5 砌 体 结 构

6.5.1 砌体所用的材料应符合下列规定：

1 机制烧结砖的强度等级不应低于 MU10，其外观质量应符合现行国家标准《烧结普通砖》GB/T 5101 一等品的规定；

2 石材强度等级不应低于 MU30，且质地坚实，无风化削层和裂纹；

3 砌筑砂浆应采用水泥砂浆，其强度等级应符合设计要求，且不应低于 M10。

6.5.2 砌体中的预埋管、预留洞口结构应加强，并应有防渗措施。

6.5.3 砌体结构的砌筑施工除符合本节规定外，还应符合现行国家标准《砌体工程施工质量验收规范》GB 50203 的有关规定和设计要求。

6.6 附属工程施工与安装

6.6.1 综合管廊预埋过路排管管口无毛刺和尖锐棱角。排管弯制后不应有裂缝和显著的凹瘪现象，其弯扁程度不宜大于排管外径的10%。

6.6.2 电缆排管的连接应符合下列要求：

1 金属电缆排管不应直接对焊，宜采用套管焊接的方式，连接时应管口对准、连接牢固，密封良好；套接的短套管或带螺纹的管接头的长度，不应小于排管外径的 2.2 倍；

2 硬质塑料管在套接或插接时，其插入深度宜为排管内径的 1.1 倍～1.8 倍；在插接面上应涂以胶合剂粘牢密封；

3 水泥管宜采用管箍或套接方式连接，管孔应对准，接缝应严密，管箍应有防水垫密封，防止地下水和泥浆渗入。

6.6.3 电缆支架的加工应符合下列要求：

1 钢材应平直，无明显扭曲。下料误差应在 5mm 范围内，切口应无卷边、毛刺；

2 支架焊接应牢固，无显著变形；各横撑间的垂直净距与设计允许偏差应为±5mm；

3 金属电缆支架必须进行防腐处理。

6.6.4 电缆支架应安装牢固，横平竖直。各支架的同层横档应在同一水平面上，其高低允许偏差应为±5mm。

6.6.5 仪表工程的安装应符合现行国家标准《自动化仪表工程施工及验收规范》GB 50093 的有关规定。

6.6.6 电气设备施工应符合现行国家标准《电气装置安装工程　电缆线路施工及验收规范》GB 50168 和《建筑电气工程施工质量验收规范》GB 50303 的有关规定。

6.6.7 火灾自动报警系统施工应符合现行国家标准《火灾自动报警系统施工及验收规范》GB 50166 的有关规定。

6.6.8 通风系统施工应符合现行国家标准《压缩机、风机、泵安装施工及验收规范》GB 50275 的有关规定。

7 综合管廊维护管理

7.1 维 护 管 理

7.1.1 综合管廊建成后，应确定具备相关给水、排水、照明等专业的资质和相应技术人员的单位进行日常管理工作。

7.1.2 综合管廊的日常管理单位应会同各管线单位编制管线维护管理办法和实施细则。

7.1.3 综合管廊的日常管理单位应做好综合管廊的日常维护管理工作，建立健全维护管理制度和工程维护档案，确保综合管廊处于安全工作状态。

7.1.4 纳入综合管廊内的各专业管线使用单位应配合综合管廊日常管理单位工作，共同确保综合管廊及管线的安全运营。

7.1.5 各管线单位应按照年度编制所属管线的维护

维修计划，报综合管廊日常管理单位，经协调平衡后统一安排管线的维修时间。

7.1.6 城市其他建设工程施工需要搬迁、改建综合管廊设施的，应报经城市建设主管部门批准后方可实施。

7.1.7 城市其他建设工程毗邻综合管廊设施的，应按照有关规定预留安全间距，采取施工安全保护措施，并接受有关部门的监督。

7.2 资 料 管 理

7.2.1 综合管廊建设、运营维护过程中的档案资料的存放、保管应执行《城市地下管线工程档案管理办法》及当地城市档案管理的有关规定。

7.2.2 综合管廊建设期间的档案资料应由建设单位负责收集、整理、归档。建设单位应及时移交相关资料。维护期间应由综合管廊日常管理单位负责收集、整理、归档。

7.2.3 综合管廊相关设施进行维修及改造后，应将维修和改造的技术资料整理后存档。

本规范用词说明

1 为便于在执行本规范条文时区别对待，对要求严格程度不同的用词说明如下：

1） 表示很严格，非这样做不可的：
正面词采用“必须”，反面词采用“严禁”；

2） 表示严格，在正常情况下均应这样做的：
正面词采用“应”，反面词采用“不应”或“不得”；

3） 表示允许稍有选择，在条件许可时首先应这样做的：
正面词采用“宜”，反面词采用“不宜”；

4） 表示有选择，在一定条件下可以这样做的，采用“可”。

2 条文中指明应按其他有关标准执行的写法为：“应符合……的规定”或“应按……执行”。

引用标准名录

《碳素结构钢》GB/T 700

《烧结普通砖》GB/T 5101

《连续铸铁管》GB 3422

《碳钢焊条》GB/T 5117

《柔性机械接口灰口铸铁管》GB/T 6483

《水及燃气管道用球墨铸铁管、管件和附件》GB 13295

《熔化焊用钢丝》GB/T 14957

《砌体结构设计规范》GB 50003

《建筑地基基础设计规范》GB 50007

《建筑结构荷载规范》GB 50009

《混凝土结构设计规范》GB 50010

《建筑抗震设计规范》GB 50011

《自动化仪表工程施工及验收规范》GB 50093

《地下工程防水技术规范》GB 50108

《混凝土外加剂应用技术规范》GB 50119

《火灾自动报警系统施工及验收规范》GB 50166

《电气装置安装工程　电缆线路施工及验收规范》GB 50168

《构筑物抗震设计规范》GB 50191

《建筑地基基础工程施工质量验收规范》GB 50202

《砌体工程施工质量验收规范》GB 50203

《混凝土结构工程施工质量验收规范》GB 50204

《地下防水工程质量验收规范》GB 50208

《电力工程电缆设计规范》GB 50217

《建筑电气工程施工质量验收规范》GB 50303

《压缩机、风机、泵安装施工及验收规范》GB 50275

《城市工程管线综合规划规范》GB 50289

《纤维增强复合材料建设工程应用技术规范》GB 50608

《普通混凝土用砂、石质量及检验方法标准》JGJ 52

《混凝土用水标准》JGJ 63

中华人民共和国国家标准

城市综合管廊工程技术规范

GB 50838—2012

条 文 说 明

制 订 说 明

《城市综合管廊工程技术规范》GB 50838—2012，经住房和城乡建设部2012年10月11日以第1498号公告批准发布。

本规范制定过程中，编制组进行了广泛而深入的调查研究，总结了我国城市综合管廊工程建设经验，同时参考了国外先进技术法规、技术标准，通过试验取得了综合管廊的重要技术参数。

为便于广大设计、施工、科研、学校等单位有关人员在使用本规范时能正确理解和执行条文规定，《城市综合管廊工程技术规范》编制组按章、节、条顺序编制了条文说明，对条文规定的目的、依据以及执行中需注意的有关事项进行了说明。但是，本条文说明不具备与标准正文同等的法律效力，仅供使用者作为理解和把握标准规定的参考。

目　次

1 总　　则

1.0.1 由于传统直埋管线占用道路下面地下空间较多，同时管线的敷设往往不能和道路的建设同步，造成道路频繁开挖，不但影响了道路的正常通行，同时也带来了噪声和扬尘等环境污染。因而在我国一些经济发达的城市，借鉴国外先进的市政管线建设和维护方法，开始兴建综合管廊工程。

综合管廊在我国有“共同沟、综合管沟、共同管道”等多种称谓，在日本称为“共同沟”，在我国台湾省称为“共同管道”，在欧美等国家多称为“Urban Municipal Tunnel”。

综合管廊实质是指按照“实施统一规划、设计、施工和维护，建于城市地下用于敷设市政公用管线的市政公用设施”。

综合管廊根据其所容纳的管线等级和数量的不同，其性质及结构有所不同，大致可分为干线综合管廊、支线综合管廊、电缆沟等多种形式。

1.0.2 综合管廊工程建设在我国正处于起步阶段，一般情况下多为新建的工程。但也有一些建于20世纪90年代的综合管廊，以及一些地下人防工程根据功能的改变，需要改建和扩建为综合管廊。

2 术语和符号

2.1 术　　语

2.1.2 干线综合管廊一般设置于机动车道或道路中央下方，主要连接原站（如自来水厂、发电厂、热力厂等）与支线综合管廊，一般不直接服务于综合管廊沿线地区。综合管廊内主要容纳的管线为高压电力电缆、信息主干电缆或主干光缆、给水主干管道、热力主干管道等，有时结合地形也将排水管道容纳在内。在干线综合管廊内，电力电缆主要从超高压变电站输送至一、二次变电站，信息电缆或光缆主要为转接局之间的信息传输，热力管道主要为热力厂至调压站之间的输送。干线综合管廊的断面通常为圆形或多格箱形，综合管廊内一般要求设置工作通道及照明、通风等设备。干线综合管廊的特点主要为：

1. 稳定、大流量的运输；
2. 高度的安全性；
3. 紧凑的内部结构；
4. 可直接供给到稳定使用的大型用户；
5. 一般需要专用的设备；
6. 管理及运营比较简单。

2.1.3 支线综合管廊主要用于将各种供给从干线综合管廊分配、输送至各直接用户，一般设置在道路的两侧或单侧，容纳直接服务于综合管廊沿线地区的各种管线。支线综合管廊的截面以矩形较为常见，一般为单舱或双舱箱形结构。综合管廊内一般要求设置工作通道及照明、通风等设备。支线综合管廊的特点主要为：

1. 有效（内部空间）截面较小；
2. 结构简单，施工方便；
3. 设备多为常用定型设备；
4. 一般不直接服务于大型用户。

2.1.4 电缆沟一般设置在道路的人行道下面，其埋深较浅，一般在1.5m以内。截面以矩形较为常见，一般不要求设置工作通道及照明、通风等设备，仅设置供维修时用的工作手孔即可。

3 综合管廊系统规划

3.1 一 般 规 定

3.1.1 综合管廊工程建设可以做到“统一规划、统一建设、统一管理”，减小道路重复开挖的频率。但是由于综合管廊主体工程和配套工程建设的初期一次性投资较大，不可能在所有道路下均采用综合管廊方式进行管线敷设。根据现行国家标准《城市工程管线综合规划规范》GB 50289—98第2.3节规定，在道路运输繁忙、道路下规划管道数量众多、重要的路段和广场、道路交叉口等部位，宜采用综合管廊形式进行管线敷设。

3.1.2 综合管廊工程是一项复杂的地下综合工程，在城市道路中实施综合管廊工程，要协调好道路路面、高架道路、地下道路、地下铁路或其他地下构筑物的相互影响。

3.1.3 一般情况下，管线的专项规划在总体规划的原则条件下编制，综合管廊的系统规划根据道路路网规划和管线专项规划确定，在此基础上反馈给相关管线专项规划，经过多次协调最终形成综合管廊的系统规划。

3.1.4 综合管廊为大型地下综合管线工程，土建工程一般一次建设到位，管线工程一般根据使用要求分期敷设，考虑到远期使用的要求，综合管廊的土建工程宜按照远期的使用要求一次建设到位。

3.1.5 综合管廊在系统规划阶段，应当根据道路横断面形式合理确定综合管廊在道路下的具体空间位置，以利于道路地下空间的综合利用效益。

3.2 综合管廊总体布置

3.2.1 综合管廊一般在道路的规划红线范围内建设，综合管廊的平面线形应符合道路的平面线形。当综合管廊从道路的一侧折转到另一侧时，往往会对其他的地下管线和构筑物建设造成影响，因而尽可能避免从道路的一侧转到另一侧。

3.2.2 参照现行国家标准《城市工程管线综合规划规范》GB 50289—98 第 2.2.7 条规定。一般情况下铁路和公路均有限界要求。综合管廊与铁路和公路平行敷设，可以减少相互间的交叉矛盾。

3.2.3 参照现行国家标准《城布工程管线综合规划规范》GB 50289—98第 2.2.7 条规定。

3.2.4 参照现行国家标准《城市工程管线综合规划规范》GB 50289—98第 2.2.8 条规定。

3.2.6 参照国家现行标准《城市电力电缆线路设计技术规定》DL/T 5221—2005 第 12.1.8 条规定。

3.2.9 综合了国家现行标准《电力工程电缆设计规范》GB 50217—2007第 5.5.7 条国家现行标准《城市电力电缆线路设计技术规定》DL/T 5221—2005 第 6.3.2 条的规定确定。

3.2.12 综合管廊的投料口、通风口、逃生孔是综合管廊必须的功能性要求，这些孔、口往往会形成地面水倒灌的通道，为了保证综合管廊的安全运行，应当采取技术措施确保在道路积水期间地面水不会倒灌。

3.2.14 综合管廊建设的目的之一就是避免道路的开挖，在有些综合管廊工程建设中，虽然建设了综合管廊的主体工程，但由于未考虑到综合管廊的管线分支口及横穿道路的管线套管预埋，在道路路面施工完工后再建设，往往又会产生多次开挖路面或人行道的不良影响，因而要求在综合管廊分支口预埋管线，实施管线工作井的土建工程。

3.3 综合管廊容纳的管线

3.3.1 根据国内外工程实践，各种市政公用管线均可以敷设在综合管廊内，从技术层面上，通过安全保护措施可以确保这些管线在综合管廊内安全地运行。但是综合管廊容纳的管线数量和种类还应当考虑到经济合理的因素。一般情况下，信息电（光）缆、电力电缆、给水管道可以同舱敷设。在平原地区和地势平坦的场地，综合管廊的纵坡不能满足重力流管道纵向坡度的要求，一般情况下不宜纳入重力流管道。

3.3.3 信息电缆容易受到高压电缆电磁场的影响，因而应当同高压电缆分开设置。一般情况下，在同舱敷设时，可将信息电缆和高压电缆分别敷设在综合管廊的两侧。

3.3.4 根据现行国家标准《电力工程电缆设计规范》GB 50217—2007 第 5.1.9 条的规定，在隧道、沟、浅槽、竖井、夹层等封闭式电缆通道中，不得布置热力管道，严禁有易燃气体或易燃液体的管道穿越。该条为强制性条文。为了确保综合管廊的安全运行和国家规范标准的协调，本条同样为强制性条文。

3.4 综合管廊的标准断面

3.4.1 矩形断面的空间利用效率高于其他断面，因而一般具备明挖施工条件时往往优先采用矩形断面。但是当施工条件制约必须采用非开挖技术如顶管法、盾构法施工综合管廊时，一般需要采用圆形断面。在地质条件适合采用暗挖法施工时，采用马蹄形断面更合适。

3.4.2 考虑头戴安全帽的工作人员在综合管廊内作业或巡视工作所需要的高度，并应考虑通风、照明、监控因素。

由于城市道路下地下空间资源的紧张，已有大量的地下构筑物占用了有限的空间，因而在局部地段，可以缩小净空高度或改用排管敷设。

现行行业标准《城市电力电缆线路设计技术规定》DL/T 5221—2005 第 6.4.1 条规定：电缆隧道的净高不宜小于 1900mm，与其他沟道交叉的局部段净高，不得小于 1400mm 或改为排管连接。

现行国家标准《电力工程电缆设计规范》GB 50217—2007 第 5.5.1 条规定：（1）隧道、工作井的净高，不宜小于 1900mm，与其他沟道交叉的局部段净高，不得小于 1400mm；（2）电缆夹层的净高，不得小于 2000mm。

3.4.4 综合了国家现行标准《城市电力电缆线路设计技术规定》DL/T 5221—2005 第 6.1.4 条、《电力工程电缆设计规范》GB 50217—2007第 5.5.1 条的规定确定。

3.5 综合管廊的电（光）缆敷设

3.5.1 参照国家现行标准《城市电力电缆线路设计技术规定》DL/T 5221—2005 第 6.1.1 条、《电力工程电缆设计规范》GB 50217—2007第 5.1.2 条的规定确定。主要是考虑到电（光）缆从制造到出厂盘绕、现场施工以及运行时，电（光）缆会承受弯曲机械力，如多次过分弯曲将给电（光）缆绝缘和金属护套带来不良影响，例如绝缘纸和导电屏蔽或绝缘屏蔽起皱、撕裂、金属护套疲劳甚至出现开裂，同时也不便于电（光）缆的转弯敷设。

3.5.2 参照国家现行标准《城市电力电缆线路设计技术规定》DL/T 5221—2005 第 6.1.2 条、《电力工程电缆设计规范》GB 50217—2007 第 5.5.3条的规定确定。

3.5.9 参照现行国家标准《电力工程电缆设计规范》GB 50217—2007 第 6.2.4 条的规定确定。

3.5.10 参照现行国家标准《电力工程电缆设计规范》GB 50217—2007第 6.2.5 条的规定确定。

3.5.11 参照现行国家标准《电力工程电缆设计规范》GB 50217—2007第 6.2.6 条的规定确定。

3.5.12 参照现行国家标准《电力工程电缆设计规范》GB 50217—2007第 6.2.7 条的规定确定。

3.5.13 参照现行国家标准《电力工程电缆设计规范》GB 50217—2007第 6.2.8 条的规定确定。

3.6 综合管廊的管道敷设

3.6.1 管道的材质建议采用钢管和钢骨架塑料复合管，主要原因是管道的安全运行和便于安装维修的需要，因而建议采用高强、轻质、韧性好的金属材料。

3.6.7 管道的连接一般为焊接、法兰连接、承插连接。根据日本《共同沟设计指针》的规定，管道周围操作空间根据管道连接形式和管径而定。

3.6.9 管道内输送的介质一般为液体或气体，为了便于管理，往往需要在管道的交叉处设置阀门进行控制。阀门的控制可分为电动阀门或手动阀门两种。由于阀门占用空间较大，应予考虑。

4 综合管廊土建工程设计

4.1 一 般 规 定

4.1.3 根据现行国家标准《建筑结构可靠度设计统一标准》GB 50068—2001 第 1.0.4、第 1.0.5 条规定，普通房屋和构筑物的结构设计使用年限按照 50 年设计，纪念性建筑和特别重要的建筑结构，设计年限按照 100 年考虑。近年来以城市道路、桥梁为代表的城市生命线工程，结构设计使用年限均提高到 100 年或更高年限的标准。综合管廊作为城市生命线工程，同样需要把结构设计年限提高到 100 年。

4.1.6 现行国家标准《混凝土结构设计规范》GB 50010—2010 第 3.3.3 条、第 3.3.4 条将裂缝控制等级分为三级。现行国家标准《地下工程防水技术规范》GB 50108—2008 第 4.1.6 条明确规定，裂缝宽度不得大于 0.2mm，并不得贯通。

4.1.7 根据现行国家标准《地下工程防水技术规范》GB 50108—2008 第 3.2.1 条规定，综合管廊防水等级标准应为二级。综合管廊的地下工程不应漏水，结构表面可有少量湿渍。总湿渍面积不应大于总防水面积的 1/1000；任意 100m^2 防水面积上的湿渍不超过 1 处，单个湿渍的最大面积不得大于 0.1m^2。

4.2 材　　料

4.2.6 在现行国家标准《混凝土结构设计规范》GB 50010—2010 第 4.1 节中，没有关于混凝土中总碱含量的限制。《地下工程防水技术规范》GB 50108—2008 第 4.1.14 条中，对防水混凝土总碱含量予以限制。主要是由于地形混凝土工程长期受地下水、地表水的作用，如果混凝土中水泥和外加剂中含碱量高，遇到混凝土中的集料具有碱活性时，即有引起碱骨料反应的危险，因此在地下工程中应对所用的水泥和外加剂的含碱量有所控制。控制的标准同《地下工程防水技术规范》GB 50108—2008 第4.1.14 条。

4.3 结构上的作用

4.3.7 综合管廊属于狭长形结构，当地质条件复杂时，往往会产生不均匀沉降，对综合管廊结构产生内力。当能够设置变形缝时，尽量采取设置变形缝的方式来消除由于不均匀沉降产生的内力。当外界条件约束不能够设置变形缝时，应考虑地基不均匀沉降的影响。

4.4 现浇混凝土综合管廊结构

4.4.1 现浇混凝土综合管廊结构一般为矩形箱涵结构。结构的受力模型为闭合框架。

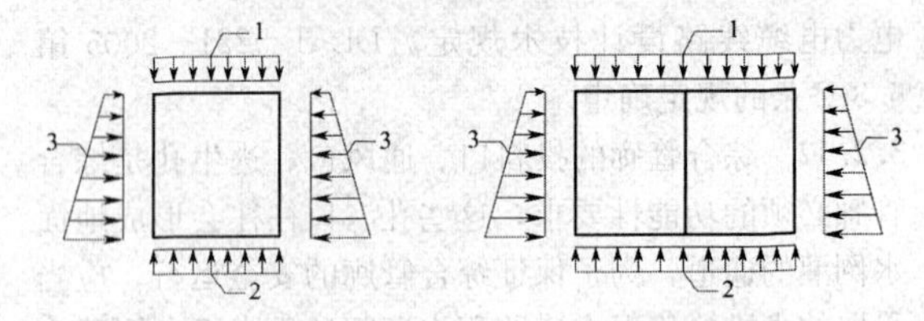

图 1 现浇综合管廊闭合框架计算模型

1—综合管廊顶板荷载；2—综合管廊地基反力；
3—综合管廊侧向水土压力

4.5 预制拼装综合管廊结构

4.5.2 预制拼装综合管廊结构计算模型为封闭框架，但是由于拼缝刚度的影响，在计算时应考虑到拼缝刚度对内力折减的影响。

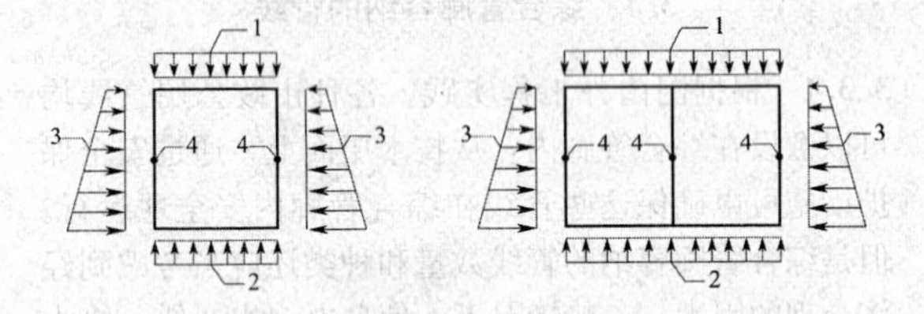

图 2 预制拼装综合管廊闭合框架计算模型

1—综合管廊顶板荷载；2—综合管廊地基反力；
3—综合管廊侧向水土压力；4—拼缝接头旋转弹簧

4.5.3 估算拼缝接头影响的 $K-\zeta$ 法（旋转弹簧—ζ 法）是根据主编单位完成的上海世博会园区预制拼装综合管廊相关研究成果，并参考国际隧道协会（ITA）公布的《盾构隧道衬砌设计指南》（Proposed recommendation for design of lining of shield tunnel）中关于结构构件内力计算的相关建议确定的。

该方法用一个旋转弹簧模拟预制拼装综合管廊的横向拼缝接头，即在拼缝接头截面上设置一旋转弹簧，并假定旋转弹簧的弯矩—转角关系满足（4.5.3-1）式，由此计算出结构的截面内力。根据结构横向拼缝拼装方式的不同，再按（4.5.3-2、4.5.3-3）式对计算得到的弯矩进行调整。

参数 K 和 ζ 的取值范围是根据本规范主编单位的相关试验结果和国际隧道协会（ITA）的建议取值

确定的。由于K、ζ的取值受拼缝构造、拼装方式和拼装预应力大小等多方面因素影响，其取值应通过试验确定。

4.5.6 带纵、横向拼缝接头的预制拼装综合管廊截面内拼缝接头外缘张开量计算公式以及最大张开量限值均根据本规范主编单位完成的相关研究成果（上海世博园区预制预应力综合管廊接头防水性能试验研究．特种结构，2009，26（1）：109—113）确定。限于篇幅，本规范未列出公式（4.5.6）的推导过程。

根据上海市工程建设规范《城市轨道交通设计规范》DGJ 08—109—2004第14.4.3条，拼缝张开值为2mm～3mm，错位量不应大于10mm。本规范结合试验结果取2mm。

4.5.7 预制拼装综合管廊弹性密封垫的界面应力限值根据本规范主编单位完成的相关研究成果（上海世博园区预制预应力综合管廊接头防水性能试验研究．特种结构，2009，26（1）：109—113）确定，主要为了保证弹性密封垫的紧密接触，达到防水防渗的目的。

4.6 构 造 要 求

4.6.1 参照了现行国家标准《混凝土结构设计规范》GB 50010—2010 第 8.1.1 条。由于地下结构的伸（膨胀）缝、缩（收缩）缝、变形缝功能不一样，这些结构缝是防水防渗的薄弱部位，应尽可能少设，因而把各种缝综合设置为变形缝。

4.6.3 综合管廊迎水面混凝土保护层厚度参照现行国家标准《地下工程防水技术规范》GB 50108—2008 第 4.1.6 条的规定确定。

5 综合管廊附属工程设计

5.1 消 防 系 统

5.1.1 参照现行国家标准《建筑设计防火规范》GB 50016—2006 第 3.2.1 条规定。由于综合管廊一般为钢筋混凝土结构或砌体结构，能够满足建筑构件的燃烧性能和耐火极限要求。

5.1.8 参照现行国家标准《电力工程电缆设计规范》GB 50217—2007 第 7.0.14 条的规定确定。

对于密闭环境内的电气火灾，通常可采用以下一些灭火措施：气体灭火、高倍数泡沫灭火、水喷雾灭火等。由于环境保护方面的原因，不考虑采用卤代烷灭火的方式。由于综合管廊内的可燃物较少，综合管廊内的消防可按轻危险级考虑。对各种灭火方式的分析如下：

1. 气体灭火：气体灭火包括二氧化碳、赛龙灭火等，是一种利用向空气中大量注入灭火气体，相对地减少空气中的氧气含量，降低燃烧物的温度，使火焰熄灭。二氧化碳是一种惰性气体，对绝大多数物质没有破坏作用，灭火后能很快散逸，不留痕迹，又没有毒害。二氧化碳还是一种不导电的物质，可用于扑救带电设备的火灾。

二氧化碳对于扑救气体火灾时，需于灭火前切断气源。因为尽管二氧化碳灭气体火灾是有效的，但由于二氧化碳的冷却作用较小，火虽然能扑灭，但难于在短时间内使火场的环境温度（包括其中设置物的温度）降至燃气的燃点以下。如果气源不能关闭，则气体会继续逸出，当逸出量在空间里达到或高过燃烧下限浓度，则有发生爆炸的危险。

由于综合管廊是埋设于地下的封闭空间，且其保护范围为一狭长空间，难以定点实施气体喷射保护，因此，需采用全淹没灭火系统。

2. 高、中倍数泡沫灭火：高倍数、中倍数泡沫灭火系统是一种较新的灭火技术。泡沫具有封闭效应、蒸汽效应和冷却效应。其中封闭效应是指大量的高倍数、中倍数泡沫以密集状态封闭了火灾区域，防止新鲜空气流入，使火焰熄灭。蒸汽效应是指火焰的辐射热使其附近的高倍数、中倍数泡沫中水分蒸发，变成水蒸气，从而吸收了大量的热量，而且使蒸汽与空气混合体中的含氧量降低到7.5%左右，这个数值大大低于维持燃烧所需氧的含量。冷却效应是指燃烧物附近的高倍数、中倍数泡沫破裂后的水溶液汇集滴落到该物体燥热的表面上，由于这种水溶液的表面张力相当低，使其对燃烧物体的冷却深度超过了同体积普通水的作用。

由于高倍数、中倍数泡沫是导体，所以不能直接与带电部位接触，否则必须在断电后，才可喷发泡沫。

综合管廊是埋设于地下的封闭空间，其中分隔为较多的防火分区，根据对规范的系统分类及适用场合的分析，本消防系统可采用高倍数泡沫灭火系统，一次对单个防火分区进行消防灭火。

3. 水喷雾灭火：水喷雾灭火系统是利用水雾喷头在一定水压下将水流分解成细小水雾滴进行灭火或防护冷却的一种固定式灭火系统。该系统是在自动喷水系统的基础上发展起来的，不仅安全可靠，经济实用，而且具有适用范围广，灭火效率高的优点。

水喷雾的灭火机理主要是具有表面冷却、窒息、乳化、稀释的作用。

由于水喷雾所具备的上述灭火机理，使水喷雾具有适用范围广的优点，不仅在扑灭固体可燃物火灾中提高了水的灭火效率，同时由于其独特的优点，在扑灭可燃液体火灾和电气火灾中得到广泛的应用。

从以上比较可见，采用二氧化碳等气体灭火或泡沫灭火，设备比较复杂，并需占用较多空间来存储二氧化碳或泡沫液，管理维护工作量较大。对于整体构造简单，功能相对单一的综合管廊来说，水喷雾灭火系统设备较简单，管理维护较方便，灭火范围广，效率高，同时，细小的雾滴能降低火场的温度，适用于有电缆的管廊。

5.2 供电系统

5.2.1 综合管廊系统一般具有网络化的特点，涉及的区域比较大。综合管廊内部电源的供给模式一般应结合电力系统规划和变电站、变电所的位置综合考虑，经综合比较后确定经济的供电方案。

5.2.5 设置检修插座的目的主要考虑到综合管廊管道及其设备安装时的动力要求。

5.3 照明系统

5.3.1、5.3.2 为防范灯具受潮而短路，应采用防潮型灯具。并明确规定了在综合管廊内照度计算点的最小照度和平均照度。

5.3.3 从机械强度考虑，照明配线用的塑料绝缘导线应为单股硬铜线，且截面不应小于 1.5mm^2。1.5mm^2 的塑料绝缘导线工作电流为 14A。当不能满足照明负荷或降压要求时，则应选用更大的导线截面。

5.4 监控与报警系统

5.4.1 综合管廊内部容纳的管线较多，涉及的专业管线单位也较多，应采用统一的监控与报警平台，以保证综合管廊的安全运行。

5.5 通风系统

5.5.1 综合管廊的通风主要是保证综合管廊内部空气的质量，应以自然通风为主，机械通风为辅。

5.5.7 本条为强制性条文。综合管廊一般为密闭的地下构筑物，不同于一般民用建筑。综合管廊内一旦发生火灾应及时可靠地关闭通风设施。火灾扑灭后由于残余的有毒烟气难以排除，对人员灾后进入清理十分不利，为此应设置机械排烟设施。

5.6 排水系统

5.6.1 综合管廊内的排水系统主要满足排出综合管廊的渗水、管道检修放空水的要求，未考虑管道爆管或消防情况下的排水要求。

5.6.3 采用有组织的排水系统，主要是考虑将水流尽快汇集至集水坑。一般在综合管廊的单侧或双侧设置排水明沟，排水明沟的纵向坡度不小于 0.3%。

5.7 标识系统

5.7.1 综合管廊的主要人员出入口一般情况下指控制中心与综合管廊直接连接的出入口，在靠近控制中心侧，应当根据控制中心的空间布置，布置合适的介绍牌，对综合管廊的建设情况进行简要的介绍，以利于综合管廊的管理。

5.7.2 综合管廊内部容纳的管线较多，管道一般按照颜色区分或每隔一定距离在管道上标识。电（光）缆一般每隔一定间距设置铭牌进行标识。同时针对不同的设备应有醒目的标识。

6 综合管廊施工及验收

6.1 一般规定

6.1.4 综合管廊一般建设在城市的中心地区，同时涉及的线长面广，施工组织和管理的难度大。为了保证施工的顺利，应当对施工现场、地下管线和构筑物等进行详尽的调查，并了解施工临时用水、用电的供给情况。

6.2 基础工程施工与验收

6.2.3 综合管廊基坑的回填应尽快进行，以免长期暴露导致地下水和地表水侵入基坑。根据地下工程的验收要求，应当首先通过结构和防水工程验收合格后，方能够进行下道工序的施工。

6.2.4 综合管廊属于狭长形结构，两侧回填土的高度较高，如果两侧回填土不对称均匀回填，会产生较大的侧向压力差，严重时导致综合管廊的侧向滑动。

6.3 现浇钢筋混凝土结构

6.3.1 综合管廊工程施工的模板工程量较大，因而施工时应确定合理的模板工程方案，确保工程质量，提高施工效率。

6.3.3 综合管廊为地下工程，在施工过程中施工缝是防水的薄弱部位，本条强调施工缝施工的重点事项。

6.4 预制装配式钢筋混凝土结构

6.4.1 预制装配式管廊采用工厂化制作的预制构件，采用精加工的钢模板可以确保构件的混凝土质量、尺寸精度。

6.4.3 构件的标识朝外主要便于施工人员对构件的辨识。

6.4.5 有裂缝的构件应进行技术鉴定，判定其是否属于严重质量缺陷，经过有关处理后能否合理使用。

6.5 砌体结构

6.5.1 综合管廊采用砌体结构形式较少，但在有些地区仍有采用砌体的传统和条件，本条参考现行国家标准《砌体工程施工质量验收规范》GB 50203 的规定。

6.6 附属工程施工与安装

6.6.1 综合管廊预埋过路排管主要为了满足今后电

缆的穿越敷设，管口出现毛刺或尖锐棱角会对电缆表皮造成破坏，因而应重点检查。

6.6.5 仪表工程的安装专业性强，一般对安装单位有专项资质要求，本条文说明仪表工程的施工应按照现行国家标准《自动化仪表工程施工及验收规范》GB 50093 执行。

7 综合管廊维护管理

7.1 维护管理

7.1.1 综合管廊多为政府投资建设的市政公用工程，其建设主要是“统一规划、统一建设、统一维护”。综合管廊容纳的市政公用管线为城市的生命线，管理的专业性强，应由有一定资质的物业管理单位管理和维护。

7.1.4 综合管廊的主体工程和附属配套工程为政府投资建设和管理维护，但容纳的市政公用管线分属于不同的使用单位和产权拥有人，这部分管线的维护由管线产权拥有人负责。

7.2 资料管理

7.2.2 综合管廊建设模式多样，无论是由政府直接负责建设或由其他机构代为建设，在建设过程中形成的档案资料应完整移交给管理单位。

中华人民共和国国家标准

矿浆管线施工及验收规范

Code for construction and acceptance of
slurry pipeline engineering

GB 50840—2012

主编部门：中 国 冶 金 建 设 协 会
批准部门：中华人民共和国住房和城乡建设部
施行日期：2 0 1 2 年 1 2 月 1 日

中华人民共和国住房和城乡建设部
公　　告

第1500号

住房城乡建设部关于发布国家标准《矿浆管线施工及验收规范》的公告

现批准《矿浆管线施工及验收规范》为国家标准，编号为GB 50840—2012，自2012年12月1日起实施。其中，第6.0.4条为强制性条文，必须严格执行。

本规范由我部标准定额研究所组织中国计划出版社出版发行。

中华人民共和国住房和城乡建设部

2012年10月11日

前　　言

本规范是根据住房和城乡建设部《关于印发〈2010年工程建设标准制订、修订计划〉的通知》（建标〔2010〕43号）的要求，由中国二冶集团有限公司会同有关单位共同编制完成。

在本规范编制过程中，编制组开展了广泛深入的调查研究，认真总结了多年来国内矿浆管线工程施工经验，借鉴了现行国际矿浆管线工程相关标准，并在广泛征求各方面意见的基础上，通过反复讨论、修改和完善，最后经审查定稿。

本规范共分15章和2个附录，主要技术内容包括：总则，术语，基本规定，测量放线及施工作业带清理，材料及管线附件验收，布管，管沟，管线焊接与验收，管线下沟及管沟回填，管线防腐及补口、补伤，管线穿越工程，管线清管、测径和试压，管线附属工程，安全与环境，工程交工验收等。

本规范中以黑体字标志的条文为强制性条文，必须严格执行。

本规范由住房和城乡建设部负责管理和对强制性条文的解释，由中国冶金建设协会负责日常管理，由中国二冶集团有限公司负责具体技术内容的解释。请各使用单位在执行本规范过程中，注意总结经验，积累资料，随时将有关意见和建议反馈到中国二冶集团有限公司（地址：内蒙古包头市稀土开发区黄河大街83号甲；邮政编码：014030），以供今后修订时参考。

本规范主编单位： 中国二冶集团有限公司
中冶建工集团有限公司

本规范参编单位： 美国管道系统工程（包头）有限公司
中国石油天然气管道科学研究院
中冶建筑研究总院有限公司
内蒙古科技大学
冶金工业工程质量监督总站包钢监督站

本规范主要起草人员： 李凤春　任文军　史爱军　隋永莉　谢　琦　程振武　文建国　王定洁　刘景凤　车跃光　薛天铸　靳海成　李　斌　高显铎　孙权仁　张振昊　刘从学　闫爱中　王蒙强　朱　宇　于英虎　丁月峰　孟凡云　薛利生

本规范主要审查人员： 谭雪峰　丁宏达　韩文亮　刘德忠　李　军　张成金　刘　欢　胡长明　张德权　尹万云　董荔苇　李长良

目　次

Contents

1 总 则

1.0.1 为在矿浆管线工程施工中贯彻执行国家技术经济政策，做到技术先进、经济合理、安全适用、确保质量、节能环保，制定本规范。

1.0.2 本规范适用于新建、改建和扩建钢制管道的矿浆管线工程，包括在产地、储存库、使用单位之间的管道安装工程的施工及验收，不适用于场、站内管道安装工程。

1.0.3 矿浆管线工程施工及验收除应符合本规范规定外，尚应符合国家现行有关标准的规定。

2 术 语

2.0.1 矿浆管线 slurry pipeline

输送固体粒状物料和液体混合介质的管道线路。

2.0.2 弹性敷设 pipe laying with elastic bending

管道利用外力或自重作用下产生弹性弯曲变形进行管道敷设。

2.0.3 冷弯弯管 cold bends

管子在不加热条件下用模具或夹具弯制成需要角度的管。

2.0.4 热煨弯管 hot bends

管子在加热条件下，在夹具上弯曲成需要角度的管。

2.0.5 变坡点 slope varying points

纵向管沟坡度变化点。

2.0.6 多道焊 multi-pass welding

由两条以上焊道完成整条焊缝所进行的焊接。

2.0.7 根焊道 root bead

多层焊时，在接头根部焊接的焊道。

2.0.8 热焊道 hot bead

为了防止根部冷裂纹或根部烧穿，而在根焊完成后立即进行焊接的第二层焊道。

2.0.9 填充焊道 filler bead

根焊或热焊完成后，盖面焊之前的焊道。

2.0.10 立填焊道 stripper bead

采用下向焊工艺时，为弥补立焊位置焊层厚度不足而进行的补填焊道。

2.0.11 盖面焊道 over bead

最外面一层的成形焊道。

2.0.12 返修焊接 repair welding

对经外观检查或无损检测发现的超标缺陷进行的修补焊接。

2.0.13 连头 tie-in

用一根管子或一个短节将两个相邻固定管段焊口连接在一起的作业。

2.0.14 道间温度（层间温度） interpass temperature

多道焊及相邻母材在施焊下一焊道之前的瞬间温度。

2.0.15 百米桩 100m posts

线路直线段每100米设置的桩点。

2.0.16 变壁桩 wall thickness change marker stakes

在钢管壁厚发生变化的分界点处设置的桩点。

2.0.17 纵向变坡桩 vertical slope change marker stakes

在纵向转角大于2°处设置的桩点。

2.0.18 曲线加密桩 curve control points stakes

当采用弹性弯曲和冷弯弯管处理水平或竖向转角时，在曲线的始点、中点、终点及曲线段中间5m～10m处设置的桩点。

2.0.19 穿越标志桩 crossings marker stakes

在各种管线穿越起、终点处设置的桩点。

3 基 本 规 定

3.0.1 承担矿浆管线工程的施工单位应在资质等级许可范围内从事相应的管线施工。检测单位应具有相应的管线工程检测资质等级。施工人员应具备相应的资格。

3.0.2 矿浆管线工程应按设计图纸施工，当需要修改设计或材料代用时，应经原设计单位出具设计变更。

3.0.3 矿浆管线工程施工前，应具备下列条件：

1 工程设计图纸和相关技术文件应齐全，应按规定程序进行设计交底和图纸会审，并应根据建设单位提供的施工界域内地下管线及建（构）筑物等资料、工程地质水文资料，深入沿线调查，掌握现场实际情况。

2 施工组织设计和施工方案应已获批准，并应已进行技术和安全交底。应实行自审、会审和签证制度，有变更时应办理变更审批手续。

3 施工人员应具备相应的资格，并应在上岗前按规定考核合格。

4 应办理工程开工文件。

5 用于管线施工的机械、工器具应安全可靠，并应在开工前进行检验维修。未经监检合格的吊装设备不得用于任何吊装活动。应有备用动力和设备。

6 计量器具应检定合格，并应在有效期内。

7 应已制定相应的职业健康安全与环境保护预案。

3.0.4 设计交底和图纸会审完成后应进行交底。交底应包括下列内容：

1 施工组织设计和施工技术措施。

2 施工中的质量要求、关键控制点。

3 施工中的安全、职业健康。

4 新设备、新工艺、新材料和新技术。

3.0.5 矿浆管线工程中的管线与输电和通信线路、公路、铁路，以及其他用途管线平行敷设时，如设计未明确，应符合下列规定：

1 管线与架空高压输电线平行敷设时，其净间距不应小于电杆的高度，并应符合国家现行有关标准的规定。

2 管线与埋地通信电缆平行敷设时，其最小平面净间距不宜小于10m，为本管线服务的且同时施工的埋地通信电缆，其净间距不应受此限制，但应满足维修要求。

3 管线与铁路平行敷设时，其净间距不宜小于14m。

4 管线与Ⅰ、Ⅱ级公路平行敷设时，其净间距不宜小于10m，对于受限制的与公路平行的局部管段，在加强公路保护措施并征得同意后，可埋设在公路肩边线以外的公路用地范围内。

5 管线与其他管道平行敷设时，最小净间距不宜小于10m，当条件限制需敷设在10m以内时，应采取加强保护措施。

3.0.6 管线施工前，施工单位应向管线工程所在地的质量技术监督部门办理书面告知手续，并应接受监督检验单位的监督检验。

3.0.7 管线安装应按规定的程序进行，相关各专业之间应交接检验，形成记录；本专业各工序应按施工标准进行质量控制，每道工序完成后，应进行检查，形成记录。上道工序未经检查认可，不得进行下道工序施工。

3.0.8 矿浆管线工程施工质量验收应按分项工程、分部（子分部）工程、单位（子单位）工程的顺序进行验收，并应符合下列规定：

1 工程施工质量应符合本规范和相关专业验收规范的规定，以及设计文件的要求。

2 工程施工质量验收应在施工单位自行检查且评定合格的基础上进行。

3 隐蔽工程在隐蔽前应由施工单位通知监理等单位进行验收，并应形成验收文件。

4 涉及结构安全和使用功能检查项目，应按规定进行平行检测或见证取样检测。

5 外观质量应由质量验收人员通过现场检查共同签字认可。

4 测量放线及施工作业带清理

4.1 一般规定

4.1.1 施工前，应进行交桩工作。交桩工作的内容包括线路控制桩、沿线路设置的临时性及永久性水准点。交桩记录应由各方代表签字认可。

4.1.2 测量放线前，应确定障碍物准确位置，施工时应采取相应措施避开障碍物。

4.1.3 测量人员应确定线路安装中心线位置和施工作业带界限，并应复核桩点坐标。

4.1.4 施工测量应实行施工单位复核制、监理单位复测制。

4.1.5 施工测量允许偏差应符合现行国家标准《工程测量规范》GB 50026的有关规定。

4.1.6 管线安装完毕后，应进行竣工测量。应将实测值标注在原设计图纸上，绘制成管线竣工图，并应画出单线图。

4.1.7 管沟回填后，应将设计控制桩、转角桩恢复到原位置。

4.2 测量放线

4.2.1 测量放线前，应做好下列交桩、移桩工作：

1 设计单位交桩后，施工单位应采取措施，保护控制桩、转角桩。

2 应对线路测定资料、线路平面图和断面图进行详细审核和现场核对。

3 宜在固定的参照物上做好标识，标明桩号，并应指示出方向。

4 平原地区可采用与管线轴线等距平行移动方法移桩，山区移桩困难时可采用引导法定位。

4.2.2 应根据确定的基准点复核桩点坐标，并应测定管线中心线。在转角桩之间应按照图纸要求设置百米桩、纵向变坡桩、变壁厚桩、穿越标志桩、曲线加密桩，并应注明桩的类别、编号、里程等要素。

4.2.3 管线中心线测设应包含交点测设、转向角测设、中线里程桩位置测设和圆曲线测设。

4.2.4 管线水平转角较大时，曲线段的放线应设置曲线加密桩，桩距不宜大于10m。

4.2.5 测量人员应对设计图纸中线路的弹性敷设管段、冷弯弯管管段、热煨弯管管段的数量及角度进行复核。

4.2.6 对于弹性敷设管段或冷弯弯管管段，其水平转角应根据切线长度、外矢矩等参数在地面上放出曲线。采用预制弯管的管段，应根据曲率半径和角度放出曲线。

4.2.7 山区和地形起伏较大地段的管线，其纵向转角变坡点应根据施工图或管线施工测量成果表所标明的变坡点位置、角度、曲率半径等参数放线。

4.2.8 水平弹性敷设曲率半径不得小于钢管径的1000倍。垂直面上弹性敷设管线的曲率半径应大于管子在自重作用下产生的挠度曲线的曲率半径。管线弹性弯曲曲率半径应按下式计算：

$$R \geqslant 77559.6\sqrt[3]{\frac{\left(1-\cos\frac{\alpha}{2}\right)}{\alpha^{4}}D^{2}} \quad (4.2.8)$$

式中：R——管线弹性弯曲曲率半径（m）；

D——钢管的外径（m）；

α——管线的转角（°）。

4.2.9 管线水平角与纵向角宜采用同一曲率半径圆形曲线控制。

4.2.10 为保证管线弹性敷设贴沟底，应按设计要求放线，管沟深度应符合设计要求。

4.3 施工作业带清理

4.3.1 施工作业带清理时，应注意对土地进行保护，减少水土流失，保护地表植被。低洼地段有积水应排除。应注意保护标志桩，若损坏应立即恢复。

4.3.2 对于地貌恢复后易产生异议或纠纷的地段，作业带清理前，应采用拍照、录像等方式记录作业带原始地貌，作为地貌恢复依据。

4.3.3 作业带清理前应保护好表层土。

4.3.4 施工作业带占地宽度应执行设计规定。

4.3.5 修筑施工便道时宜符合下列要求：

1 施工便道应平坦，并应具有足够承载能力，应能保证施工车辆和设备行驶安全。施工便道宽度宜大于4m，并应与公路平缓接通，间隔2km左右宜设置一个会车处，弯道和会车处的路面宽度宜大于10m，弯道的转弯半径宜大于18m。

2 管线敷设地点距离公路较远时，宜间隔5km～10km修筑一条与公路相连的施工便道。

3 施工便道经过小河、沟渠时，应根据现场情况决定是否修筑临时性桥涵或加固原桥涵；桥涵承载能力应能满足运管及设备搬迁的要求。

4 在河床、河谷、沟谷、山洪冲刷和受泥石流影响区域，修筑施工通道应与后续工序紧密相接，且不得在洪水期施工。

5 若施工作业带内通道平行于管沟，则保证施工机具和运输车辆通过的道路应修在靠近现有运输道路一侧。

6 施工便道经过埋设较浅的地下障碍物时，应及时与使用管理方联系，并应商定保护地下障碍物的措施。

5 材料及管线附件验收

5.1 一 般 规 定

5.1.1 工程所用材料和管线附件，材质、规格、型号应符合设计要求，质量应符合国家现行有关标准的规定。进入施工现场时应进行进场验收。质量合格证书、性能检验报告、使用说明书、进口产品的商检报告及证件应齐全。

5.1.2 冷弯弯管制作应符合设计要求和现行国家标准《工业金属管道工程施工规范》GB 50235的规定。

5.2 防腐管装卸、运输

5.2.1 经防腐处理后的钢管（简称防腐管）装卸应使用专用吊具，在吊装过程中，防腐管与吊绳夹角不宜小于30°。接触面应与钢管内壁为相同弧度，不得损坏管口。

5.2.2 防腐管运输应使用专用的拖管车，且应符合国家有关交通管理的规定。拖车与驾驶室之间应有止推挡板。

5.2.3 装车前应核对防腐管的材质、规格，每车宜装运同一种材质、规格的防腐管。

5.2.4 防腐管运输应捆扎牢固，并应采取包敷橡胶圈或其他隔离圈等保护措施，捆扎用具接触钢管的部位应衬垫软质材料。拖管车底部应采用橡胶板或其他柔性材料做软垫层。运输弯头、弯管还应采取有效的固定措施。

5.2.5 运至现场的防腐管，应由运管人员、施工现场验收人员共同进行检查，填写检查记录，并应移交相关检验、运输单据。

5.2.6 在行车、吊装、装卸过程中，所有施工机具和设备的任何部位与架空电力线路的安全距离应符合表5.2.6的规定。

表5.2.6 施工机具和设备与架空电力线路的安全距离

电力线路电压（kV）	＜1	1～35	60	110	220	330	n
安全距离（m）	＞1.5	＞3	＞5.1	＞5.6	＞6.7	＞7.8	＞0.01（n−50）+5

注：n＞330 kV。

5.3 验收及保管

5.3.1 材料及管道附件验收应填写验收记录。

5.3.2 防腐管不得有变形或压扁的管段。若有凿痕、划伤、变形等缺陷，应修复或消除后使用。进行防腐的钢管金属内外表面的凿痕、槽痕和机械刻痕可用打磨的方式去除。打磨后钢管的剩余厚度不应低于管壁设计壁厚，且打磨处应与钢管表面圆滑过渡，否则应将这部分钢管整段切除。不应采用焊接的方法修补钢管体表面。

5.3.3 管线的热煨弯管、冷弯弯管验收应符合表5.3.3的规定。

5.3.4 防腐管及其他材料应按说明书要求妥善保管，存放过程中应注意定期检查。

5.3.5 防腐管应分层码垛堆放，堆放层高不宜超过5层，且层间应加垫松软物。防腐管距地面不应小于200mm，防腐管两端的支撑物应松软无棱角。最底层固定防腐管的楔形物硬度应比防腐层软。

5.3.6 堆放场地应平整、压实，并应有1%～2%的坡度，不得有积水。

表5.3.3 管线的热煨弯管、冷弯弯管验收

<table>
<tr><th colspan="2">种类</th><th>曲率半径</th><th>外观和主要尺寸</th><th>其他规定</th></tr>
<tr><td colspan="2">热煨弯管
DN（mm）</td><td>＞5D</td><td>无皱褶、裂纹、重皮、机械损伤；弯管两端椭圆度不应大于1.0%，管体椭圆度不应大于2.0%；弯管制作后的最小厚度不得小于直管的设计壁厚</td><td>应满足清管器和探测仪器顺利通过；端部直管段保留长度不应小于0.5m</td></tr>
<tr><td rowspan="6">冷弯弯管
DN
（mm）</td><td>公称直径（mm）</td><td>最小曲率半径</td><td rowspan="6">无褶皱、裂纹、重皮、机械损伤。弯管两端椭圆度不应大于2.0%，管体椭圆度不应大于2.5%。弯管制作后的最小厚度不得小于直管的设计壁厚</td><td rowspan="6">端部直管段保留长度不应小于2.0m</td></tr>
<tr><td>≤300</td><td>18D</td></tr>
<tr><td>350</td><td>21D</td></tr>
<tr><td>400</td><td>24D</td></tr>
<tr><td>450</td><td>27D</td></tr>
<tr><td>≥500</td><td>30D</td></tr>
</table>

注：D为钢管外径，DN为公称直径。

6 布　　管

6.0.1 布管前应对管口的椭圆度、壁厚等进行级配，并应按设计要求进行布管。

6.0.2 应掌握布管区段内的施工作业带地形、地质情况，遇有冲沟、道路、堤坝等构筑物时，应将管道布设在宽阔的一侧，不应摆放在构筑物上。

6.0.3 管道应首尾衔接，相临管口成锯齿形分开，宜用沙袋或其他柔性材料作为管墩。

6.0.4 布管时，钢管必须安放稳定。

6.0.5 沟上布管时，管线边缘至管沟边缘的安全距离应符合表6.0.5的规定。

表6.0.5 管线边缘与管沟边缘的安全距离 y（m）

土壤类别	干燥硬实土	潮湿软土
安全距离 y	≥1.0	≥1.5

7 管　　沟

7.1 一般规定

7.1.1 管沟深度和管沟坡度应符合设计要求。

7.1.2 管沟开挖侧向斜坡地段的管沟深度，应按管沟横断面的低侧深度确定。

7.1.3 管线与地下障碍物交叉时，应与有关部门协商，制定开挖方案；管线与电缆交叉时，净距不得小于0.5m；管线与地下管线交叉时，净距不得小于0.3m。

7.2 管沟几何尺寸

7.2.1 管沟边坡坡度应根据岩土地质条件、开挖深度、坡顶荷载和周边环境条件确定。无坡顶荷载和振动时，土质边坡坡度可按现行国家标准《建筑地基基础设计规范》GB 50007—2011第6.7.2条第1款执行；有坡顶荷载时，土质边坡坡度应通过计算确定。管沟边有需要保护的建（构）筑物或地质条件复杂管沟较深时，可进行基坑支护。

7.2.2 管沟沟底宽度应符合下列规定：

1 管沟沟底宽度宜根据管道外径、开挖形式、组装焊接工艺及工程地质等因素确定。深度在5m以内的管沟沟底宽度，可按下式计算：

$$B = D_m + K \tag{7.2.2}$$

式中：B——沟底宽度（m）；

D_m——钢管的结构外径（包括防腐层、保温层的厚度）（m）；

K——沟底加宽余量（m），按表7.2.2的规定取值。

表7.2.2 沟底加宽余量K值（m）

<table>
<tr><th colspan="2" rowspan="3">条件因素</th><th colspan="4">沟上焊接</th><th colspan="3">沟下焊条电弧焊接</th><th rowspan="3">沟下半自动焊接处管沟</th><th rowspan="3">沟下焊接弯头、弯管及连头处管沟</th></tr>
<tr><th colspan="2">土质管沟</th><th rowspan="2">岩石爆破管沟</th><th rowspan="2">弯头、冷弯管处管沟</th><th colspan="2">土质管沟</th><th rowspan="2">岩石爆破管沟</th></tr>
<tr><th>沟中有水</th><th>沟中无水</th><th>沟中有水</th><th>沟中无水</th></tr>
<tr><td rowspan="2">K值</td><td>沟深3m以内</td><td>0.7</td><td>0.5</td><td>0.9</td><td>1.5</td><td>1.0</td><td>0.8</td><td>0.9</td><td>1.6</td><td>2.0</td></tr>
<tr><td>沟深3m～5m</td><td>0.9</td><td>0.7</td><td>1.1</td><td>1.5</td><td>1.2</td><td>1.0</td><td>1.1</td><td>1.6</td><td>2.0</td></tr>
</table>

2 采用机械开挖管沟时，计算的沟底宽度小于挖斗宽度，则沟底宽度应按挖斗宽度计算。

3 管沟开挖需要加强支撑时，沟底宽度应计入支撑结构的厚度。

7.3 管沟开挖

7.3.1 管沟开挖前，应将管中心线上百米桩、标志桩和转角控制桩移至管线组焊一侧。

7.3.2 管沟弃土距管沟边缘不应小于0.8m，不应掩埋百米桩和标志桩，弃土不宜堆于管线组焊一侧，堆土高度不应超过1.5m，弃土不得掩埋边缘熟土。

7.3.3 石方段管沟开挖，应按设计要求进行。无设计要求时，均应在管沟开挖时比管底设计标高加深

0.2m，卵石、砾石地段的管沟应加深0.1m，在管线下沟前用细土回填超挖部分。

7.3.4 土石方爆破施工应符合国家有关标准的规定，并应由具有资质的单位进行施工。

7.3.5 采用现浇混凝土稳管的山区季节性中小型河流穿越施工，管沟开挖深度应符合设计要求。

7.3.6 管沟宜采用机械开挖，边坡应按设计要求开挖；遇有地下障碍物时，管沟宜采用人工开挖。

7.3.7 先焊管线后挖沟时，沟边与焊接管线的净距不应小于1m。

7.3.8 挖掘到古代构筑物时应停止施工，保护好现场，并应及时向有关文物部门报告，待确定保护级别后再进行施工或变更设计要求。

7.3.9 河床段基岩管沟开挖不得采用大剂量爆破施工。

7.3.10 应合理安排湿陷性土质地段的管线施工，缩短管沟成形后的暴露时间。

7.3.11 沟下连头处应加大管沟宽度，连头处沟壁应坚实，地质不良时应加设防护。连头处应设人行安全通道。作业面应平整、清洁、无积水，沟底应比设计深度加深0.5m～0.8m。

7.3.12 管顶应埋设在经平整符合设计要求的地表下，且应根据周边地形条件，对可能受到风蚀而造成管线埋深不够或悬空的局部地段加大埋深，并应采取防风固沙措施。

7.3.13 由于地形、地物变化等因素导致管线任何部位的管顶埋深达不到设计要求时，应保证管顶埋深在冻土层以下。

7.3.14 管线地基应符合设计要求，并应满足国家现行有关标准的规定。

7.3.15 管沟开挖应根据工程地质条件、施工方法、周围环境等要求进行比较，确保施工安全和环境保护要求。

7.4 管沟验收

7.4.1 管沟开挖成形后，直管段应保证畅通顺直，曲线段应保持圆滑过渡，并应保证设计要求的曲率半径。

7.4.2 沟底应平坦，无凹凸现象，沟内积水应小于0.1m，且无杂物、无塌方。

7.4.3 管沟成形后应进行测量，检验管沟位置和形状。管沟中心线偏移、管沟底标高、管沟底宽、变坡点位移的允许偏差应符合表7.4.3的规定。

表7.4.3 管沟中心线偏移、管沟底标高、管沟底宽、变坡点位移的允许偏差

内　　容	允许偏差（mm）
管沟中心线偏移	≤100
管沟底标高	±50
管沟底宽	±100
变坡点位移	≤1000

7.4.4 石方段管沟沟壁不得有松动的石头。

7.4.5 管沟开挖后，应及时检查验收，办理工序交接手续，不符合要求时应及时修整。

8 管线焊接与验收

8.1 一 般 规 定

8.1.1 施焊前应进行焊接工艺评定，并应依据焊接工艺评定结果编制焊接工艺规程。焊接工艺评定应按本规范附录A的规定执行。焊接工艺规程的编制应符合现行国家标准《电弧焊焊接工艺规程》GB/T 19867.1的规定。

8.1.2 管线焊接宜采用手工焊、半自动焊、自动焊或上述任何方法组合的焊接技术。

8.1.3 管线焊接设备的性能应满足焊接工艺要求，并应具有良好的工作状态和安全性能，适合于野外工作条件。

8.1.4 管线焊接采用的焊接材料应符合现行国家标准《碳钢焊条》GB/T 5117、《低合金钢焊条》GB/T 5118、《气体保护电弧焊用碳钢、低合金钢焊丝》GB/T 8110、《碳钢药芯焊丝》GB/T 10045和《低合金钢药芯焊丝》GB/T 17493的有关规定，还应符合设计文件对焊接材料的技术要求，并应与焊接工艺评定时所采用的焊接材料一致。

8.1.5 从事管线焊接的焊工应取得相应的资格证书。

8.1.6 从事管线焊接的焊工应根据管线的材质、焊接方法、操作位置等要求，进行附加技能考试，并应取得相应的上岗证书。

8.2 焊 接 环 境

8.2.1 管线焊接时，焊接作业区最大风速若超出下述范围，应采取措施以保障焊接电弧区域不受影响：

1 纤维素焊、自保护药芯焊丝电弧焊最大风速不宜超过8m/s。

2 气体保护电弧焊最大风速不宜超过2m/s。

3 低氢型焊条电弧焊最大风速不宜超过5m/s。

8.2.2 焊接作业处于下列情况之一，应采取措施：

1 焊接作业区的相对湿度大于90%。

2 管道表面潮湿或暴露于雨、冰、雪中。

3 焊接作业条件不符合现行国家标准《焊接与切割安全》GB 9448的有关规定。

8.2.3 焊接环境温度低于0℃但不低于－10℃时，应采取加热及保护措施，应确保焊接接头各方向不小于2倍母材厚度且不小于100mm范围内的母材温度，不应低于20℃或规定的最低预热温度二者的较高者，且在焊接过程中不应低于这一温度。

8.2.4 焊接环境温度低于－10℃时，应进行相应的焊接环境下的工艺评定试验，并应在评定合格后再进行焊接。不符合上述规定时，不得焊接。

8.3 焊前准备

8.3.1 管线施焊前，应核对用于焊接施工的焊材和钢管。

8.3.2 管端坡口应符合焊接工艺规程的要求。当采用复合型坡口时，坡口加工宜在施工现场进行，并应采用坡口机。

8.3.3 焊接坡口表面应均匀、光滑，不应有起鳞、磨损、铁锈、渣垢、油脂、油漆和影响焊接质量的其他有害物质。管内外表面坡口两侧25mm范围内应清理至显现金属光泽。

8.3.4 管端坡口不符合焊接工艺规程要求或管端坡口损伤时，应采用机械方法加工或切除坡口并符合要求。

8.3.5 电弧擦伤或磨痕等，可采用打磨的方式去除，打磨方式应符合本规范第5.3.2条的规定。缺陷打磨清除后，应采用20%的过硫酸铵溶液涂到磨光面上。

8.4 管口组对

8.4.1 管墩应分布合理并接近管口，以保证正在施焊的钢管处于稳定的状态。

8.4.2 组对前，应将钢管、管件和阀门内的杂物清理干净。

8.4.3 管口组对应采用内对口器。无法采用内对口器时，可采用外对口器。采用内对口器时，对口器不应在钢管内表面留下刻痕、磨痕和油污。错口不应用锤击法校正。

8.4.4 相邻两管的制管焊缝（直焊缝）在对口处应相互错开，距离不应小于100mm。制管焊缝宜在钢管周长的上半部。

8.4.5 相邻环焊缝间距不应小于1个管径，且不应小于2m。

8.4.6 公称壁厚相同的钢管组对时，错边宜沿钢管圆周均匀分布，且错边量不应大于1.6mm。

8.4.7 公称壁厚不等壁钢管组对时，应采用过渡坡口，厚壁管内侧打磨至薄壁管厚度，锐角应为14°～30°。

8.4.8 焊接接头坡口角度、钝边、根部间隙应符合焊接工艺规程的要求。

8.4.9 管线组对应避免强力对口。

8.5 预热温度和道间温度控制

8.5.1 预热温度和道间温度应按焊接工艺规程要求执行。焊接工艺规程无要求时，全纤维素焊条焊接时预热温度和道间温度不应低于149℃且不应高于200℃；低氢型焊条填充、盖面焊接时预热和道间温度不应低于75℃且不应高于200℃。

8.5.2 选择预热方法应能确保焊口加热均匀，且应满足预热温度要求。预热宽度不宜小于坡口两侧各50mm。

8.5.3 检查人员及操作人员可用测温笔、红外测温仪、热电偶或其他适合的方法检测，测温点应在离电弧经过前的焊接点各方向不小于75mm处；当采用火焰加热器预热时，正面测温应在火焰离开后进行。

8.5.4 具有不同预热要求的异种材料焊接时，预热温度和道间温度应按要求较高的材料执行。

8.5.5 焊接环境湿度大于焊接工艺规程要求时，宜采用预热温度上限进行预热。

8.5.6 焊接环境温度低于5℃时，宜采用感应加热或电加热方法进行管口预热，预热宽度宜为坡口两侧各75mm。焊接作业宜在保温棚内进行，应使用保温措施保证道间温度。在组装和焊接过程中焊口温度冷却至焊接工艺规程要求的最低温度以下时，应重新加热至要求温度。焊后宜采用缓冷措施。

8.5.7 预热中产生的可能影响焊接质量的表面污垢应清除。预热时不应破坏钢管防腐层。

8.6 对口器撤离

8.6.1 使用内对口器时，应在根焊道全部完成后撤离。根焊焊缝承受应力较高或钢管管径较大时，可在热焊焊缝完成后撤离内对口器。

8.6.2 使用外对口器时，应在根焊道均匀对称完成50%以上且单焊道长度不小于50mm后撤离，对口支撑和吊具则应在根焊道全部完成后撤离。

8.6.3 将焊接完的钢管放置到管墩的过程中，钢管不应受到振动和冲击。

8.7 焊接

8.7.1 焊接前，应采取在钢管端部加装盲板等措施防止管内空气流速过快。

8.7.2 焊接设备启动前，应检查设备、指示仪表、开关位置和电源极性。在正式焊接前，应在试板上进行焊接工艺参数调试。不得在坡口以外的钢管表面上起弧灼伤母材。

8.7.3 焊接地线应靠近焊接区，宜用卡具将地线与被焊管牢固接触，不应产生电弧灼伤母材。

8.7.4 采用气体保护电弧焊时，引弧前宜将焊丝端部去除约10mm。

8.7.5 相邻焊道的起弧或收弧处应相互错开30mm以上，并应在前一焊道全部完成后再开始下一焊道的焊接。根焊与热焊宜连续进行。

8.7.6 焊接时，焊条或焊丝不宜摆动过大，对较宽焊道宜采用多道焊方法。焊接时发现偏吹、黏条、表面气孔或其他不正常现象时应立即停止焊接，修磨接头后方可继续施焊。

8.7.7 坡口、道间焊道、焊缝的表面不应有锈皮、焊渣、密集气孔、飞溅物等缺陷。

8.7.8 填充焊道完成（或修磨）后的焊缝金属厚度宜为距坡口外表面1mm～2mm。可根据填充情况在立焊部位增加立填焊。盖面焊缝为多道焊时，后续焊道宜至少覆盖前一焊道1/3的宽度。

8.7.9 在两个焊工（操作工）相向焊接时，先到达收弧处的焊工（操作工）应多焊部分焊道。

8.7.10 每道焊口宜连续完成。当日不能完成的焊口应完成50%钢管壁厚且不应少于三层焊道。次日焊接前，应预热至焊接工艺规程要求的最低道间温度。

8.7.11 当日工作结束时应将管线端部管口临时封堵好。沟下焊管线还应注意防水。

8.7.12 对需要后热或热处理的焊缝，应按焊接工艺规程的规定进行后热和热处理。

8.7.13 架空高压输电线区域进行焊接时，应通过接地来保护管线和支管不受感应电流的干扰。

8.8 修补和返修焊接

8.8.1 焊接过程中的层间缺陷应立即清理修补，并应控制层间温度，每处修补长度应大于50mm，且不应大于钢管周长的1/3。相邻两修补处的距离小于50mm时，应按一处缺陷进行修补。

8.8.2 盖面焊缝局部余高不足或表面存在明显气孔、咬边等缺陷时，应对相应部位焊缝的整个表面宽度进行打磨和焊接修补。

8.8.3 有裂纹的焊口应从管线上切除。焊道中存在的非裂纹性缺陷应清除后进行返修。

8.8.4 返修焊接前应使用机械方法清除焊缝缺陷。返修焊接宜选用低氢型焊条电弧焊，并应由具有返修上岗证书的焊工按返修焊接工艺规程进行焊接。

8.8.5 全壁厚返修时应按焊接工艺规程要求的预热温度和宽度对整个焊口进行预热，非全壁厚返修时可对返修部位及其上下各100mm范围内的焊道进行局部预热。

8.8.6 同一部位的焊缝返修不应超过1次。

8.9 连头焊接

8.9.1 连头地点宜选择在地势平坦段，连头口宜选择在直管段上。应避免连头口设在不等壁厚焊缝处。热煨弯管和冷煨弯管不应进行切割。

8.9.2 应对两端的被连接钢管进行适当的支撑和调整，使其在同一水平线上。测量、划线和切割过程中应考虑热胀冷缩的影响量，确保下料准确。连头坡口可采用机械或火焰切割后打磨成形。

8.9.3 管口组对应采用外对口器，并应避免强力组对。对于组对间隙较大的部位，可采取在单侧或双侧坡口壁上堆焊的方法，直至间隙适合并修磨出坡口后再完成单面焊双面成形。

8.9.4 采用短管连接时，宜先焊接完成两道连头焊口中的一道，再焊接另外一道。

8.9.5 连头根焊宜采用向上焊的工艺。根焊过程中，不应振动或移动管道。

8.9.6 连头焊接应由具有连头焊上岗证书的焊工快速、连续地进行。

8.9.7 连头焊缝外观检查合格后应分别进行100%的射线检测和超声波检测，无损检测宜在焊接作业完成24h后进行。

8.9.8 连头焊缝检验合格后，应立即进行补口及回填工作。

8.10 焊口标识

8.10.1 焊口应有标识，焊口标识可由焊工或流水作业焊工组的代号及所完成焊口的数量等组成。

8.10.2 标识可用记号笔标在距焊口下游1m处防腐层表面，并应作好焊接记录。

8.11 管线焊缝的验收

8.11.1 焊缝外观成形应均匀一致，焊缝宽度应比外表面坡口宽度每侧增加0.5mm～2.0mm。错边宜沿钢管圆周均匀分布，且错边量不应大于1.6mm。

8.11.2 焊缝外表面不应低于母材表面，焊缝余高不宜大于2.0mm，余高大于2.0mm且不超过3.0mm局部区域的连续长度不应超过50mm。焊缝余高超高时，应进行打磨，打磨时不应伤及母材，并应与母材圆滑过渡。

8.11.3 盖面焊缝为多道焊时，相邻焊道间的沟槽底部应高于母材，焊道间的沟槽深度（即焊道与相邻沟槽的高度差）不应超过1.0mm。焊缝表面鱼鳞纹的余高和深度应符合多道焊焊道间的沟槽要求。

8.11.4 焊缝及其附近表面上不应有裂纹、未熔合、气孔、夹渣、引弧痕迹、有害的焊瘤、凹坑及夹具焊点等缺陷。咬边的最大尺寸应符合表8.11.4的规定。

表8.11.4 咬边的最大尺寸

深 度	长 度
大于12.5%管壁厚和大于0.8mm，取二者中的较小值	任何长度均不合格
大于6%～12.5%的管壁厚和大于0.4mm，取二者中的较小值	在焊缝任何300mm连续长度上不超过50mm或焊缝长度的1/6，取二者中的较小值
不大于6%的管壁厚和小于或等于0.4mm二者中的较小值	任何长度均为合格

8.11.5 根焊内表面成形应均匀圆滑，余高不应超过1.6mm。

8.11.6 焊缝应采用射线检测和超声波检测。焊接接头的射线、超声等无损检测方法应符合现行行业标准《石油天然气钢质管道无损检测》SY/T 4109的有关规定，自动超声检测方法应符合现行行业标准《石油天然气钢质管道对接环焊缝全自动超声波检测》SY/T 0327的有关规定，合格级别为Ⅱ级。

8.11.7 焊接连头应进行全周长无损检测。采用超声波检测时，应对环焊缝数量的20%进行全周长射线检测复查。

8.11.8 对居民区、工矿企业和穿（跨）越大中型水域、一二级公路、铁路、隧道的管线环焊缝，以及不得进行压力试验的环焊缝，均应进行100%超声波检测和射线检测。

8.11.9 焊缝射线检测复验抽查中，有一个焊口不合格，应对该焊工或流水作业焊工组在该日或该检查段中焊接的焊口加倍检查。仍有不合格的焊口，则应对其余的焊口逐个进行射线检测。

8.11.10 管线采用全自动焊时，宜采用全自动超声波检测，检测比例应为100%。可不进行射线探伤复查。全自动超声波检测应符合现行行业标准《石油天然气钢质管道对接环焊缝全自动超声波检测》SY/T 0327的有关规定。

8.11.11 返修焊缝应进行射线检测。

8.11.12 对管线焊接质量有疑问时，可选定或指定环焊缝进行破坏性检验。破坏性检验应按本规范附录A要求执行。

9 管线下沟及管沟回填

9.1 管线下沟

9.1.1 管线下沟前应具备下列条件：

1 应复测管沟沟底标高、沟底宽度、管沟坡度。

2 管沟应平直，沟内应无杂物、石块、坍落土、积水。对塌方较大的管沟，清理后应进行复测，管沟深度应符合设计要求。

3 石方段和卵石、砾石地段管线下沟前，应检查管沟平整度，合格后回填垫层，垫层宜采用细砂回填，也可采用细土回填，粒径不应大于5mm，石方段垫层厚度应为200mm，卵石、砾石地段垫层厚度应为100mm。

4 下沟前应使用电火花检漏仪检查管道防腐层，检测电压应符合设计或现行有关标准的规定。应做出漏点标记，按补伤要求进行修补。

9.1.2 管线下沟时，应根据管线实际情况确定吊装设备，其数量不应少于3台。吊装带应采用尼龙吊带或下管器，不得直接使用钢丝绳。

9.1.3 管线吊起后应对与地面接触的部位再次进行电火花检漏，有破损的地方应立即进行修补。

9.1.4 管线下沟过程中，起吊点距管线环焊缝距离不应小于2m，起吊高度以1m为宜。下管到沟底要轻放，吊装设备不能排空挡下沟。管线下沟吊点间距宜符合表9.1.4的规定。

表9.1.4 管线下沟吊点间距

钢管公称直径（mm）	100	140	200	250	300	350	400	450	500	600	700	800	900	1000
允许最大间距（m）	6	9	12	13	14	15	17	18	19	21	23	24	25	26

9.1.5 管线中心线与管沟中心线的偏移不应大于100mm。

9.1.6 管线下沟时，应在沟壁突出位置垫上木板或草袋。

9.1.7 管线下沟时，应由专人指挥作业，沟内不得有人。

9.1.8 管线就位后，在焊口处测量管顶标高，管线不应悬空，悬空部位应采用填土夯实。

9.1.9 弹性敷设段管线应独立下沟，不得与直管段组焊成一体后下沟。

9.2 管沟回填

9.2.1 管线最小覆土层厚度应符合设计要求。

9.2.2 管线下沟后经检查合格应立即回填；农耕地段，应先填生土，后填熟耕作土。

9.2.3 管线回填过程中不得使雨水流入管沟和管线内。

9.2.4 下沟管线的端部，管沟沟端应留出30m，暂不回填，待连头后再进行回填。

9.2.5 管线下沟后，管顶200mm以内宜采用细砂回填，也可采用细土回填；再回填原状土，应高出自然地面300mm，其宽度为管沟上开口宽度，原状土中石子含量不得超过30%，最大粒径不得大于200mm。回填土应平整密实。

9.2.6 管线的出入土端和热煨弯管两侧应分层夯实回填。

9.2.7 管沟回填后，应恢复原有地貌及田坎、排水系统，并应符合当地水利设施和水土保护的要求。

9.2.8 水源地区的管沟回填，应使用灰土垫层。对溶洞漏斗段的回填应夯实，并应做好四周的排水措施。

9.2.9 管沟回填应按设计要求进行，回填部位见图9.2.9，密实度要求应符合表9.2.9的规定。

表 9.2.9 管沟回填土密实度要求

填 土 区	质 量 要 求
Ⅰ区	土壤压实系数不小于 0.80
Ⅱ区	土壤压实系数不小于 0.90
Ⅲ区	土壤压实系数：相应地面密实度

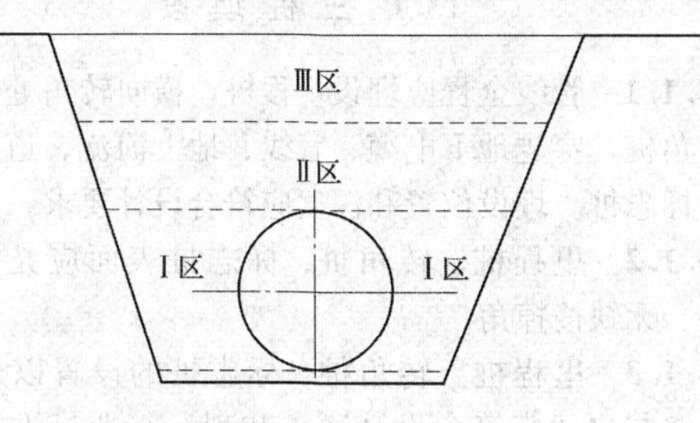

图 9.2.9 管沟回填部位

9.2.10 管沟回填时，沟槽底部回填可采用人工夯填，沟槽上部路基宜采用振动碾压夯实。

9.2.11 管线两侧及管顶以上 500mm 范围内的回填土，应由沟槽两侧对称运入槽内，不得直接放在管线上；其他部位回填时，应采用装载机沟上推填，人工沟下滩铺。

10 管线防腐及补口、补伤

10.1 一 般 规 定

10.1.1 管线接口焊缝经除锈合格后应用防腐补口材料进行包覆。

10.1.2 成形管段防腐层破损处，应进行补伤。

10.1.3 不得在雨、雪、雾及大风天气进行露天防腐作业。

10.2 管 线 防 腐

10.2.1 钢管在防腐前应进行表面处理，其质量标准应符合现行国家标准《涂装前钢材表面锈蚀等级和除锈等级》GB 8923 的有关规定。

10.2.2 施工环境气温低于 5℃或相对湿度大于 85％时，不得进行防腐作业。

10.3 管线防腐的补口、补伤

10.3.1 矿浆管线的外防腐层补口、补伤的结构和所用材料，应与管体防腐层的结构和所用材料相同，并应具有质量证明书。特殊产品及新产品进场，应进行复检，合格后方可使用。

10.3.2 补口、补伤前，应除掉补口及补伤部位的泥土、油污等污物及潮气和周围变质的防腐层。

10.3.3 补口时，焊缝处应无焊渣、棱角和毛刺。焊缝高于 2mm 时，应打磨成过渡曲面。与原管线防腐层搭接长度不应小于 100mm。补伤时，与周围原防腐层搭接长度不应小于 50mm。防腐层表面应平整，无折皱和鼓包。补口、补伤防腐层厚度，不得低于管体防腐层厚度。

10.3.4 补口后的黏结力，常温下剥离强度不应小于 0.50MPa。

11 管线穿越工程

11.0.1 管线穿（跨）越施工时，应在施工前编制专项施工方案。

11.0.2 管线穿越干线公路时应加设套管，套管长度超出路基根部不应小于 2m，埋深应符合设计要求。

11.0.3 主管穿越应采取保护措施，保护防腐层不被损坏，管线在套管中的位置应符合设计要求。

11.0.4 管沟开挖前，施工单位应将埋地设施调查清楚，做出明显标记，并应在机械设备操作前，采用人工开挖探坑，将设施裸露，并做好保护。

11.0.5 在河流水域穿越处，应按设计要求的剖面和深度进行挖掘管沟，并应保证管沟平直，沟底平坦。无法排出沟内积水时，应采用超声波探测仪检查管沟成形情况。

11.0.6 管线下沟前，应先检查管线防腐涂层合格后下沟，做好稳管措施后立即回填。

11.0.7 管线穿越隧道施工前，应对隧道中心线、标高进行测量。

11.0.8 隧道内管线焊接应满足安全和光纤导管的安装要求。

11.0.9 管线应垂直穿越铁路或公路，斜穿其夹角不应小于 60°。穿越管线的安装应与周围土壤之间的空隙最小，覆盖层应符合设计规定。

11.0.10 采用套管时应平直，套管内应无堵塞物，绝缘支撑安装应牢固。套管应封堵，并按设计要求安装排气孔。套管与穿越管线应绝缘。

12 管线清管、测径和试压

12.1 一 般 规 定

12.1.1 管线试压应在管沟回填后进行；试压前应对所有管件、阀门、仪表进行检查，清管和测径后进行。

12.1.2 清管和试压应分段进行。

12.1.3 管线试压前，应做好下列准备工作：

1 应具有获得批准的管线试压方案、取水水源及水的输送方案、用水的排放处理方案。

2 应做好管线试压地点的交通中断、转换预案工作，并应设置警示和安全标示。

3 管路系统沿线应有巡视人员检查，并应配备通信工具。

12.1.4 管线进行压力试验时，应满足下列要求：

1 试压介质应采用洁净水。

2 管线穿越一、二级公路、铁路，大中型河流、大型冲沟穿（跨）越段的管段应单独进行试压。

3 分段试压合格后，连接各管段的连头焊缝，应进行100％超声波测试和射线探伤，不再单独进行试压。

4 试压中有泄漏时，应泄压后进行修补，检验合格后应重新试压。

12.2 管线清管、测径

12.2.1 清管宜使用清管器电子定位跟踪装置。清管器应根据采用的管线规格、壁厚、材质和线路上的最小弯管半径进行选择。

12.2.2 清管和测径时应满足下列要求：

1 分段试压前，应采用清管球（器）进行清管，清管次数不应少于两次，以开口端不再排出杂物为合格。管线内无异物后，应进行测径。

2 分段清管应设临时清管器收发装置，清管器接收装置应设置在地势较高的地方，且50m内不得有居民和建筑物，并应设置警示装置。

3 清管器运行速度宜控制在4km/h～5km/h，工作压力宜为0.05MPa～0.2MPa。最大压力不得超过管线设计压力。

4 测径应采用铝质测径板，厚度不宜小于10mm，测径板直径应为试压段中管线最小直径的95％。当测径板通过管段后，应无变形、褶皱。

12.3 管线压力试验

12.3.1 管线测试压力应按照设计给定的测试压力进行。

12.3.2 参加试压的阀门、管件应预先试压。

12.3.3 架空管线采用水压试验前，应核算管线及其支撑结构的强度。

12.3.4 试压宜在环境温度5℃以上进行，否则应采取防冻措施。

12.3.5 试压设备应符合下列要求：

1 压力表量程为试验压力的1.5倍～2倍。

2 压力表精度不应低于1级，并在周检期内校验合格，且不得少于2块。

12.3.6 试压时，管线两端应装有符合试压方案所规定的压力表和温度计，并应每0.5h记录一次。试压用泵入口前应设置水沉淀池、过滤器，泵出口与高压管间应安装逆止阀。

12.3.7 管线升压应分阶段缓慢进行，压力升至试验压力的30％、60％时，稳压30min，无渗漏和压力表无压降后再升至试验压力，稳压8h后，当压差不大于1％的试验压力，且不大于0.1MPa时为合格。

12.3.8 试压前应划出警戒区域，试压设备和试压管线50m范围内应为警戒区，该区域内严禁人员进入，重点部位应设置专人进行巡视。

13 管线附属工程

13.1 三桩埋设

13.1.1 管线全程应埋设里程桩，横向转角处应埋设转角桩，穿越地下电缆、管线、地上河流、道路应埋设标志桩。埋设位置和深度应符合设计要求。

13.1.2 里程桩、转角桩、标志桩表面应光滑、平整、无缺棱掉角。

13.1.3 里程桩、转角桩、标志桩的设置以及标记内容与格式应符合设计要求和现行行业标准《管道干线标记设置技术规定》SY/T 6064的相关规定。

13.2 水工保护

13.2.1 线路水工保护构筑物应在管线下沟后及时进行施工，并宜在雨季到来之前完成。对于影响施工安全的地方应预先施工。

13.2.2 宽度小于5m的河流穿越和潜在的冲刷区域，管线应安装混凝土管座进行保护。宽度大于5m的河流穿越和潜在的冲刷区域，管线应采用混凝土外敷层处理。混凝土管座和外敷层应符合设计要求。

13.3 阴极保护

13.3.1 采用阴极保护的管线应做好防腐处理。

13.3.2 阴极保护工程选用的电源设备、电料器材的规格、型号应与设计图纸相符。

13.3.3 阴极保护设备的技术文件、图纸及设备使用说明书应齐全。到达施工现场后，应根据装箱单开箱检查清点主体设备和零附件，并按要求存放。

13.3.4 在搬运电器设备时，应防止损坏各部件和碰破漆面。

13.3.5 辅助阳极的材料、尺寸、导线长度及安全件应符合设计要求，在搬运和安装时应注意避免阳极断裂或损伤。

13.3.6 对导线应作绝缘探伤检查，辅助阳极接头的绝缘密封性，不得有破损、裂纹。

13.3.7 阴极保护工程应与主管线施工同步进行，并应在干线敷设后半年内投运。

13.3.8 阴极保护的安装、调试，应符合现行行业标准《长输管道阴极保护工程施工及验收规范》SYJ 4006的相关规定。

14 安全与环境

14.0.1 矿浆管线施工应制定安全技术措施，对危险性较大的分部分项工程应编制安全专项施工方案。

14.0.2 施工中使用的特种设备应经检测合格后方可进入施工现场，特种作业人员应持证上岗。

14.0.3 施工前应对进场员工进行安全交底，作业人员应熟悉项目施工区域对于环境的要求并制订环境管理措施。

14.0.4 高温、寒冷天气时应采取健康安全措施。

14.0.5 上岗员工应有必要的劳动防护用品，并应有地方病防治措施。

14.0.6 应做好交通安全管理工作。施工现场应有防火措施，配备消防器材。

14.0.7 管线工程施工应对表层土、水源、风景、自然保护区、文物古迹和化石资源、野生动物等进行保护。应清理和处理施工废弃物及生活垃圾，避免泄漏和扬尘。

14.0.8 对管线施工中造成的土地、植被等原始地貌、地表的破坏，应按设计要求恢复原始地貌。

15 工程交工验收

15.0.1 施工单位按合同规定的范围完成全部工程项目后，应与建设单位或总承包单位办理交接验收手续。

15.0.2 工程交接验收前，建设单位或总承包单位应对工程进行检查和验收，并应确认下列内容：

1 施工范围和内容符合合同、设计文件的规定。

2 工程质量符合设计文件和本规范的规定。

15.0.3 施工单位应向建设单位或总承包单位提交下列竣工资料：

1 管线敷设竣工图。

2 设计变更及材料代用文件。

3 工程洽商记录。

4 材料、管件、设备出厂质量证明书、合格证及设备说明书。

5 施工质量检查记录除应符合国家现行标准的有关规定外，还应包括下列内容，其内容应符合附录B的规定：

1）管沟开挖检查记录；

2）管线下沟、回填质量检查记录；

3）管线焊口组对及焊缝外观检查记录；

4）管线（弯头）连头检查记录表；

5）焊口返修质量检查记录表；

6）隐蔽工程检查记录；

7）管线工程隐蔽检验记录；

8）管线竣工测量成果表；

9）管线穿越公路、铁路、河渠质量检查记录；

10）穿越管线水下稳管检查记录；

11）穿越管线就位检查测量记录；

12）跨越混凝土墩、塔检查记录；

13）跨越索塔施工检查记录；

14）管线清管、测径记录；

15）压力试验及通球扫线检查记录；

16）防腐补口、补伤剥离强度试验报告；

17）管线防腐补口质量检查记录表；

18）防腐绝缘层电火花检漏记录；

19）阴极保护检查记录；

20）水工保护工程检查记录表；

21）回填土夯实检查记录；

22）焊缝无损检测报告；

23）焊缝无损检测复探报告。

15.0.4 对符合竣工验收条件的单位工程，应由建设单位组织施工、勘察、设计、监理等单位验收。

附录A 焊接工艺评定要求

A.1 一般规定

A.1.1 焊接施工前，承包商应根据管线焊接的技术要求提出详细的焊接工艺预规程提交业主代表审核批准，焊接工艺预规程的内容应符合现行国家标准《电弧焊焊接工艺规程》GB/T 19867.1的有关规定。

A.1.2 提出的焊接工艺预规程应在业主代表的监督下进行评定。焊接工艺评定应在具有资质的试验室进行。焊接工艺评定的环境条件、焊接位置等应与施工条件相符。

A.1.3 应使用破坏性试验检验焊接接头的质量和性能，应针对根焊用焊接材料、焊接工艺、焊接极性和焊接工艺参数等因素，评价根焊内表面成形和余高，确保内表面成形均匀圆滑，余高不应超过1.6mm。

A.1.4 焊接工艺评定应规定焊件的预热和应力消除工序。评定期间应对焊接工艺的各项细节和试验结果进行记录，形成焊接工艺评定报告，并应根据合格的焊接工艺评定报告编制焊接工艺规程。

A.1.5 合格的焊接工艺评定报告和焊接工艺规程应提交业主代表审核批准。焊接施工应按业主批准的焊接工艺规程执行。

A.1.6 焊接工艺评定除应执行现行行业标准《钢质管道焊接及验收》SY/T 4103的相关规定外，尚应进行V形缺口夏比冲击韧性试验、宏观金相和硬度试验。试件取样位置如图A.1.6所示。

A.1.7 进行返修焊接工艺评定时，破坏性试验的试样数量宜为：拉伸试样1个，弯曲试样2个，刻槽锤断试样1个，V形缺口夏比冲击试样3组（钢管壁厚大于20mm时还应增加3组），宏观金相和硬度试样1个。

A.2 V形缺口夏比冲击韧性试验

A.2.1 夏比冲击试验应按现行国家标准《金属材料

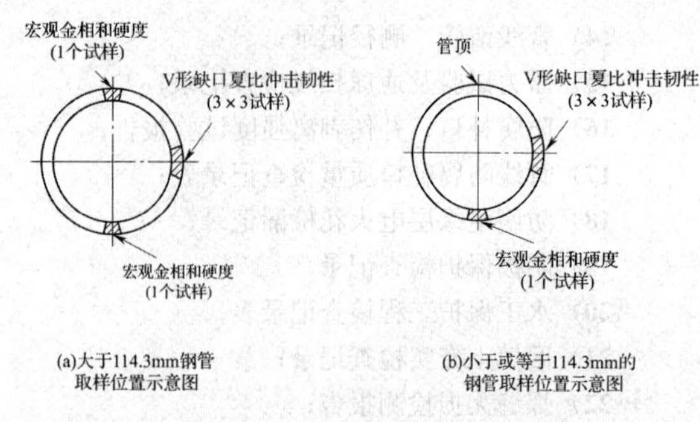

图 A.1.6 试件取样位置示意图

夏比摆锤冲击试验方法》GB/T 229 的相关规定执行。采用火焰切割取样时应冷加工去掉不少于 3mm 的热影响区。每个截取的试件应各机加工出三组（每组三块）夏比 V 形缺口冲击试样（图 A.2.1）。其中一组试样的 V 形缺口应开在焊缝根部垂直中心线上，第二组试样的 V 形缺口应开在焊缝根部熔合线上，第三组试样的 V 形缺口应开在焊缝根部熔合线＋2mm 上。两侧母材不同的焊接接头，则应在每侧熔合线各制取一组冲击试样。

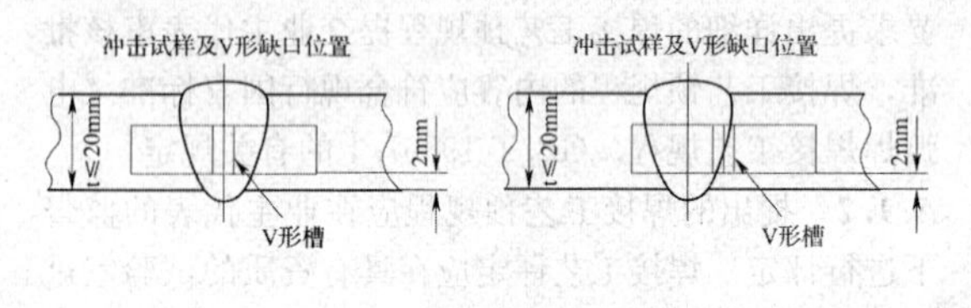

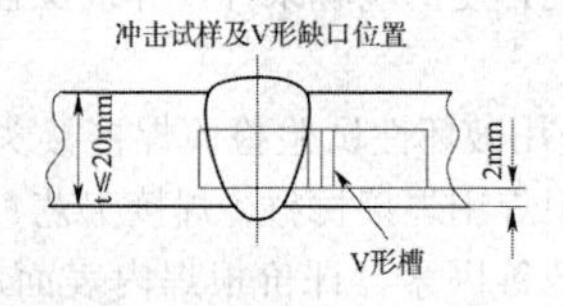

图 A.2.1 钢管壁厚不大于 20mm 时的夏比冲击试样加工示意图

A.2.2 管线壁厚大于 20mm 时，应增加三组（每组三块）夏比 V 形缺口冲击试样（图 A.2.2）。其中一组试样的 V 形缺口应开在焊缝表面垂直中心线上，第二组试样的 V 形缺口应开在焊缝表面熔合线上，第三组试样的 V 形缺口应开在焊缝表面熔合线＋2mm上。

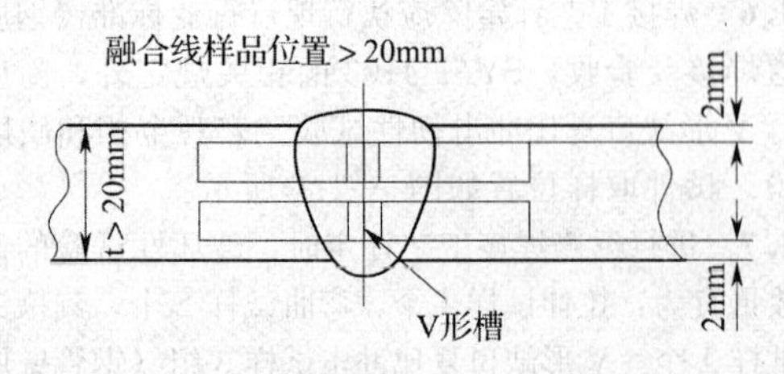

图 A.2.2 钢管壁厚大于 20mm 时增加的夏比冲击试样加工示意图

A.2.3 冲击试验温度应为 0℃。焊缝金属和热影响区的冲击吸收功应满足表 A.2.3 的要求。

表 A.2.3 焊缝金属和热影响区冲击吸收功的要求

钢管等级	55mm×10mm×10mm 试样（J）		55mm×10mm×7.5mm 试样（J）		55mm×10mm×5mm 试样（J）	
	最小平均	最小单值	最小平均	最小单值	最小平均	最小单值
B	27	20	20	14	14	10
X42	29	22	22	17	14	11
X46	32	25	24	19	15	13
X52	36	28	27	21	18	14
X56	39	30	29	23	20	14
X60	41	32	31	24	21	15
X65	45	38	34	29	23	19
X70	50	40	38	30	25	20

A.3 宏观金相和硬度检测

A.3.1 在垂直焊缝轴线方向上应按图 A.1.6 规定的位置截取试样，试样应包含焊接热影响区和部分母材。采用火焰切割取样时应冷加工去掉不少于 3mm 的热影响区。

A.3.2 试样的一个断面应经研磨腐蚀后，作为检测面。应使用五倍手持放大镜，对检测面进行宏观检验。宏观金相检验面不应有裂纹和未熔合现象。

A.3.3 焊接接头硬度测定应在宏观组织检验试样上进行，并应符合现行国家标准《金属材料 维氏硬度试验 第 1 部分：试验方法》GB/T 4340.1 的相关规定。试验应选用 10kg 载荷测定接头维氏硬度值（HV10）。硬度测定压痕点位置见图 A.3.3。

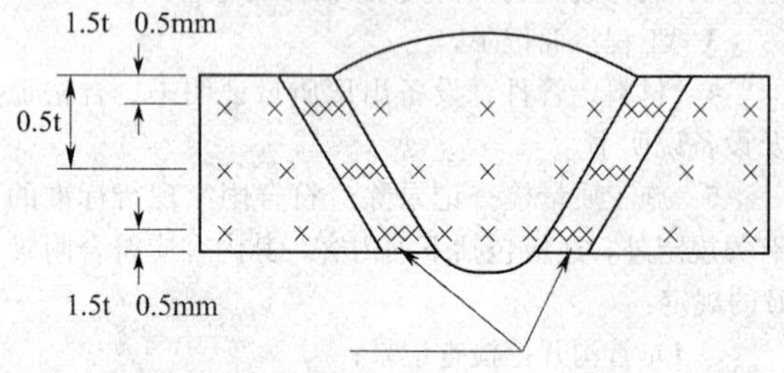

图 A.3.3 焊接接头硬度测定压痕点示意图

A.3.4 焊接接头所有硬度测定点的硬度值应低于 300HV10。

A.4 复 验

A.4.1 出现一个拉伸或弯曲试样不满足验收要求时，应重新制取两个试样进行试验，且两个试样的试验结果均应符合验收要求。

A.4.2 V 形缺口夏比冲击韧性试验不能达到规定的平均值或有一个试样的冲击吸收功小于规定的最小单

值时，应重新制取三个冲击试样进行试验。新试样的取样位置应尽可能靠近原试样位置。新试样的冲击吸收功均应符合验收要求。

A.4.3 仅有一个硬度结果超过验收要求时，应在原位置附近重新测定三个硬度点，且新测试点的试验结果均应满足验收要求。

A.4.4 任何一个复验试样的试验结果不能满足验收要求时，被评定的焊接工艺应判定为不合格。

A.4.5 如还不能达到合格标准，应分析原因，制订新的焊接工艺评定方案，按原步骤重新评定。

附录B 施工质量检查记录

B.0.1 管沟开挖检查记录宜符合表B.0.1的规定。

B.0.2 管线下沟、回填质量检查记录宜符合表B.0.2的规定。

B.0.3 管线焊口组对及焊缝外观检查记录宜符合表B.0.3的规定。

表B.0.1 管沟开挖检查记录

工程名称				管沟位置：自第　号桩至第　号桩			工程编号		
管沟开挖	管沟情况			管沟深度		管沟宽度			
						要求宽度		实挖宽度	
	平整度	中心偏移（m）	实长（m）	设计深度（m）	实挖深度（m）	上口宽度（m）	沟底宽度（m）	上口宽度（m）	沟底宽度（m）
沟槽土质情况（描述）：									
施工单位： 年　月　日				监理单位： 年　月　日			建设单位： 年　月　日		

表B.0.2 管线下沟、回填质量检查记录

单位工程名称：　　　　分部工程：　　　　施工单位：

检验部位	号桩至第　号桩							检验长度：　千米							
序号	检验区段桩号+米至桩号+米	长度（m）	土壤及岩石名称	黄土地段处理情况				特殊土地段处理情况		沟壁、沟底清理	电火花检漏（kV）	细土回填（是否合格）	补口补伤（处）	管顶埋深（m）	评定
				夯实机具	夯击遍数	需铺厚度	压实系数	换土厚度（m）	袋装土压管（m）						
1	至														
2	至														
3	至														
4	至														
备注	□机械回填；□沟下焊接；□人工回填；□边坡比；□沟上焊接			管线下沟所用吊管设备和数量： 电火花检漏仪类型： 吊装工具是否符合设计或规范要求：□是；□否						填表说明：管沟各项条件相近的一段为一检验区段，测量值为平均值，电火花检漏栏内填检漏电压。各项指标符合设计和规范要求在评定栏内打√					
施工单位： 年　月　日				监理单位： 年　月　日						建设单位： 年　月　日					

表 B.0.3 管线焊口组对及焊缝外观检查记录

单位工程名称：　　　　　　　　分部工程名称：　　　　　　　　施工单位：

施工日期	焊口编号	钝边（mm）	坡口角度（度）	对口间隙（mm）	螺旋焊道间距（mm）	预热温度（℃）	组对方式	对口合格情况	焊道余高（mm）				焊缝宽度（mm）				错口（mm）				表面缺陷	外观合格情况	备注
施工单位： 年　月　日								监理单位： 年　月　日									建设单位： 年　月　日						

备注：表面缺陷包括：焊瘤、凹坑、夹渣、表面裂纹、咬肉、熔合性飞溅、引弧痕迹、表面气孔等。

B.0.4 管线（弯头）连头检查记录宜符合表 B.0.4 的规定。

表 B.0.4 管线（弯头）连头检查记录

单位工程名称：　施工单位：

分部/分项工程名称：

日期：　　年　　月　　日

天气：□晴；□阴；□小雨；□大雨；□雪			风速：m/s；风向：	气温：　℃～　℃			
分部工程名称			分项工程名称				
施工地点		施工作业面			桩号		
施工图号		连头负责人			技术负责人		
施工日期	焊口编号	焊缝余高（mm）	焊道宽度（mm）	错口（mm）	表面缺陷	外观合格情况	备注
连头情况简图及说明：							
施工单位： 年　月　日		监理单位： 年　月　日			建设单位： 年　月　日		

注：本表按分部工程或分项工程填写。

B.0.5 焊口返修质量检查记录宜符合表 B.0.5 的规定。

B.0.6 隐蔽工程检查记录宜符合表 B.0.6 的规定。

B.0.7 管线工程隐蔽检验记录宜符合表 B.0.7 的规定。

B.0.8 管线竣工测量成果记录宜符合表 B.0.8 的规定。

B.0.9 管线穿越公路、铁路、河渠质量检查记录宜符合表 B.0.9 的规定。

B.0.10 穿越管线水下稳管检查记录宜符合表 B.0.10 的规定。

B.0.11 穿越管线就位检查测量记录宜符合表 B.0.11 的规定。

B.0.12 跨越索塔施工检查记录宜符合表 B.0.12 的规定。

B.0.13 跨越混凝土墩检查记录宜符合表 B.0.13 的规定。

B.0.14 管线清管、测径记录宜符合表 B.0.14 的规定。

B.0.15 压力试验及通球扫线检查记录宜符合表 B.0.15 的规定。

B.0.16 防腐补口、补伤剥离强度试验报告宜符合表 B.0.16 的规定。

B.0.17 管线防腐补口质量检查记录宜符合表 B.0.17 的规定。

B.0.18 防腐绝缘层电火花检漏记录宜符合表 B.0.18 的规定。

B.0.19 阴极保护检查记录宜符合表 B.0.19 的规定。

B.0.20 水工保护工程检查记录宜符合表 B.0.20 的规定。

B.0.21 回填土夯实检查记录宜符合表 B.0.21 的

规定。

表 B.0.5　焊口返修质量检查记录

单位工程名称：　　　　　　　　　　分部工程名称：　　　　　　　　　　施工单位：

焊口编号	返修位置	返修长度（mm）	预热温度（℃）	余高（mm）	焊缝宽度（mm）	缺陷类型								返修焊工号	返修日期	评定
						内凹	气孔	夹渣	裂纹	咬边	未焊透	未熔合	其他			
施工单位： 年　月　日					监理单位： 年　月　日						建设单位： 年　月　日					

表 B.0.6　隐蔽工程检查记录

工程名称		项目编号	
工程地点		工程数量	
隐蔽工程内容：			
检查意见：			
施工单位： 年　月　日	监理单位： 年　月　日	建设单位： 年　月　日	

表 B.0.7　管线工程隐蔽检验记录

单位工程名称			分项名称		
隐蔽部位	设计图号	材质	规格	单位	数量
检查内容			说明及简图：		
位置标记					
标高、坡度、坡向					
基座、支架					
接口、接头材质					
防腐措施					
保温方式					
试压结果					
预留孔洞处理					
渗水量试验结果					
管沟土质情况					
施工单位： 年　月　日		监理单位： 年　月　日		建设单位： 年　月　日	

表 B.0.8 管线竣工测量成果记录

工程名称						施工单位				工程编号		
桩 号	水平距	里程（水平）	水平转角（°）		纵向转角（°）		高程		埋深		管线实长	备注
			设计	实际	设计	实际	地面标高	管顶标高	设计	实际		
技术负责人： 年 月 日			监理单位： 年 月 日				建设单位： 年 月 日			测量人： 年 月 日		

表 B.0.9 管线穿越公路、铁路、河渠质量检查记录

单位工程名称： 日期： 年 月 日

穿越名称		施工单位			
起止桩		穿越长度（m）			
监理检查情况					
序号	项目	设计要求	实际	是否与设计相符	备注
1	穿越方式				
2	钢管材质				
3	钢管规格				
4	钢管防腐类型及等级				
5	电火花捡漏（kV）				
6	套管材质				
7	套管规格				
8	套管防腐类型及等级				
9	两端封堵情况				
10	管顶埋深（m）				
11	稳管方式				
12	试压（MPa）				

焊口检查情况								
焊口数	外观检查（道）		X射线检测（道）				防腐补口（道）	
	合格	返修	Ⅰ	Ⅱ	Ⅲ	Ⅳ	合格	返修
穿越情况简图：								
施工单位： 年 月 日			监理单位： 年 月 日			建设单位： 年 月 日		

表 B.0.10 穿越管线水下稳管检查记录

单位工程名称			工程编号	
施工单位			管身结构	
片石卵石稳管	厚度（mm）	宽度（mm）	长度（mm）	石笼个数
石笼或片石稳管				
其他稳管形式				
稳管检查说明				
施工单位： 年 月 日		监理单位： 年 月 日		建设单位： 年 月 日

表 B.0.11 穿越管线就位检查测量记录

工程名称		工程编号	
施工单位		管材规格	
偏差值项目	设计（mm）	实测（mm）	差值（mm）
不垂直度			
最大挠度			
标高（中间）			
标高（左边）			
标高（右边）			
吊索间距			
平面位移画图或说明			
备注			
施工单位： 年 月 日	监理单位： 年 月 日	建设单位： 年 月 日	

表 B.0.12 跨越索塔施工检查记录

工程名称		工程编号		
检查日期		塔号	天气	
序号	项 目	索塔施工检查（mm）		备注
		允许偏差	实测偏差	
1	轴线偏移	≤20		
2	端面尺寸	±20		
3	倾斜度	H/1500		H 为结构标高
4	塔身横向挠曲	H/1000		
5	塔顶标高	±10		
6	斜缆索锚固电标高	±10		
查结果或说明：				
施工单位： 年 月 日	监理单位： 年 月 日	建设单位： 年 月 日		

表 B.0.13 跨越混凝土墩检查记录

工程名称						工程编号					
检查日期			墩、塔号		天气						
序号	项目		基础（mm）		承台（mm）		墩身、台身（mm）		墩式台（mm）		墩、台（mm）
			允许	实测	允许	实测	允许	实测	允许	实测	允许	实测
1	端面尺寸		±50		±20		±15				±10	
2	垂直或斜坡						0.005 H 且 ≤50		0.003 H 且 ≤20			
3	底面标高		±50									
4	顶面标高		±30		±15		±10					
5	轴线偏移		30		20		10		10		10	
6	预埋件位置						5					
7	相邻间距								±20			
8	跨径	中小型					±50					
		大型					±$L0$/4000					
说明：$L0$——设计单跨长度（mm）；H——结构高度（mm）												
施工单位： 年 月 日			监理单位： 年 月 日			建设单位： 年 月 日						

表 B.0.14 管线清管、测径记录

工程名称		工程编号	
施工单位		长度	
桩号		测径板直径	
测径仪型号		清管测径时间	
速度		管道规格	
清管球(器)型号			
清管测径情况记录			
结论			
施工单位： 年 月 日	监理单位： 年 月 日	建设单位： 年 月 日	

表 B.0.15 压力试验及通球扫线检查记录

工程名称：__________工程编号：__________

业　　主：__________；监理单位：__________

施工单位：______________________________

试压段桩号：______；试压段长度(m)：______

压力表型号：______；量程：______；精度：______

试压介质：______；pH 值：______；环境温度：______℃

试验记录　　日期：　　年　　月　　日

时间	压力(MPa)	压降(MPa)	温度(℃)	时间	压力(MPa)	压降(MPa)	温度(℃)

续表 B.0.15

时间	压力(MPa)	压降(MPa)	温度(℃)	时间	压力(MPa)	压降(MPa)	温度(℃)
说明：升压过程、强度、试验过程、降压及严密性试压、稳压过程、泄压及扫线过程							
施工单位： 年 月 日			监理单位： 年 月 日			建设单位： 年 月 日	

表 B.0.16 防腐补口、补伤剥离强度试验报告

编号：______

单位工程名称：______分部工程名称：______

监理单位：______施工单位：______

试验日期：__年__月__日试验点桩号：__

天气：______；气温：______℃；热收缩带（补伤片）表面温度：______℃

补口（补伤）编号：____________________

补口（补伤）材料：____________________

参加试验监理人员：____________________

参加试验施工人员：____________________

其他人员：____________________

试验器具：____________________

剥离位置	试片宽度(cm)	拉力值(N)	剥离强度(N/cm)	备注
母材处				
与防腐层搭接处				

试验结论：□合格　　□不合格

施工单位代表签字：___　　日期：　年　月　日

监理单位代表签字：___　　日期：　年　月　日

表 B.0.17 管线防腐补口质量检查记录

单位工程名称：　　　　分部工程名称：　　　　施工单位：

天气：		气温：					湿度：			风速：				
施工日期	补口编号	除锈等级	光管长度(mm)	预热温度(℃)	外观		轴向长度(mm)	轴向搭接(mm)		周向搭接(mm)	有无漏点	剥离强度(N/cm)	评定	备注
					平整、无皱、不焦	气泡情况		左	右					
施工单位： 年 月 日				监理单位： 年 月 日				建设单位： 年 月 日						

表 B.0.18　防腐绝缘层电火花检漏记录

工程名称		记录单编号	
施工单位		记录日期	

被检件名称	防腐区段	防腐等级	涂料种类及配合比

防腐层厚度			防腐区段长度（km）	设计检漏电压（kV）
设计要求	实际厚度			

检查结果					
漏点部位	检测值（kV）	复检结果	漏点部位	检测值（kV）	复检结果

施工技术负责人： 检测人： 年　月　日	监理单位代表： 年　月　日

表 B.0.19　阴极保护检查记录

工程名称										工程编号	
序号	水平里程	检查片				检查头		通电点		安装点管线绝缘等级	备注
		编号	安装日期	重量（g）		编号	埋设深度（m）	编号	埋设深度（m）		
				通电绝缘	不通电绝缘						

施工单位	监理单位
施工技术负责人： 年　月　日	现场代表： 年　月　日

表 B.0.20　水工保护工程检查记录

单位工程名称：日期：　　年　　月　　日

分部工程		分部工程编号	
施工单位		桩　号	
水工保护描述：		简图说明：	
检查内容（包括基础、结构形式符合设计要求）：			
施工单位： 年　月　日	监理单位： 年　月　日	建设单位： 年　月　日	

表 B.0.21　回填土夯实检查记录

工程名称			工程编号					
施工单位			施工单编号					
施工部位								
序号	项　目		检查记录情况及分层标高					
			m	m	m	m	m	m
1	施工地段及面积							
2	基底土质							
3	夯实机具类型							
4	回填土施工情况							
5	预夯实土的厚度							
6	含水率（%）	天然						
		最佳						
7	实际加水（L/m³）							
8	夯击遍数	规定						
		实际						
9	最后下沉量(cm)							
10	总下沉量(cm)							
说明								
施　工　单　位			监　理　单　位			建　设　单　位		
技术负责人： 年　月　日			现场代表： 年　月　日			现场代表： 年　月　日		

B.0.22　焊口射线检测报告宜符合表 B.0.22 的规定。

表 B.0.22　焊口射线检测报告

检测单位：　　　　指令编号：

工程名称		工程编号		
施工单位		机　组		桩号
执行标准		合格等级	是否合格	
材　质		规　格	Φ　　×	
检测日期		透照方式		黑度
曝光参数	设备名称：	暗室处理	胶片名称：型号：	
	管电流：		洗片机型号：	
	管电压：		显影：时间：	
	曝光时间：		定影：时间：	
检测数量	道口	合格数量	道	合格率
返修数量	道口	合格数量	道	合格率
备注（示意图）： 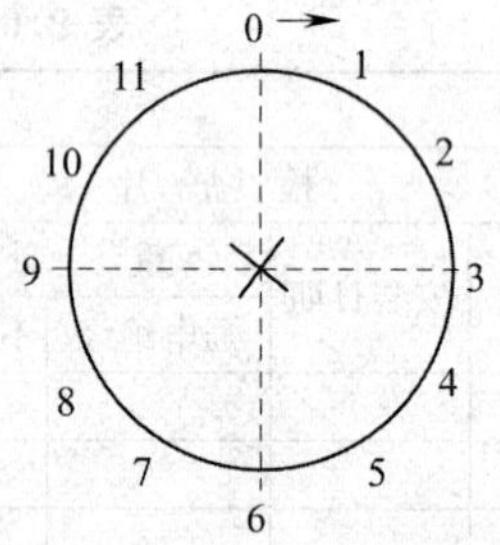			监理工程师意见：	
评片人： 级别： 日期：	审核人： 级别： 日期：		监理工程师： 日期： 年　月　日	

B.0.23 焊口射线复探检测报告宜符合表 B.0.23 的规定。

表 B.0.23 焊口射线复探检测报告

检测单位：　　　　　　　　指令编号：

工程名称		工程编号			
施工单位		机　组		桩号	
执行标准		合格等级	是否合格		
材　质		规　格	Φ　　　×		
检测日期		透照方式	单壁透照	黑度	
曝光参数	设备名称：	暗室处理	胶片名称：		
	管电流：		洗片机型号：		
	管电压：		显影：时间：		
	曝光时间：		定影：时间：		
检测数量	道口	合格数量	道	合格率	
返修数量	道口	合格数量	道	合格率	
备注（示意图）： 0→ 1 2 3 4 5 6 7 8 9 10 11			监理工程师意见：		
评片人： 级别： 日期：	审核人： 级别： 日期：		监理工程师： 日期：		

本规范用词说明

1 为便于在执行本规范条文时区别对待，对要求严格程度不同的用词说明如下：

1）表示很严格，非这样做不可的：
正面词采用"必须"，反面词采用"严禁"；

2）表示严格，在正常情况下均应这样做的：
正面词采用"应"，反面词采用"不应"或"不得"；

3）表示允许稍有选择，在条件许可时首先应这样做的：
正面词采用"宜"，反面词采用"不宜"；

4）表示有选择，在一定条件下可以这样做的，采用"可"。

2 条文中指明应按其他有关标准执行的写法为："应符合……的规定"或"应按……执行"。

引用标准名录

《建筑地基基础设计规定》GB 50007
《工程测量规范》GB 50026
《工业金属管道工程施工规范》GB 50235
《金属材料夏比摆锤冲击试验方法》GB/T 229
《金属材料　维氏硬度试验　第1部分：试验方法》GB/T 4340.1
《碳钢焊条》GB/T 5117
《低合金钢焊条》GB/T 5118
《气体保护电弧焊用碳钢、低合金钢焊丝》GB/T 8110
《涂装前钢材表面锈蚀等级和除锈等级》GB 8923
《焊接与切割安全》GB 9448
《碳钢药芯焊丝》GB/T 10045
《低合金钢药芯焊丝》GB/T 17493
《电弧焊焊接工艺规程》GB/T 19867.1
《长输管道阴极保护工程施工及验收规范》SYJ 4006
《石油天然气钢质管道对接环焊缝全自动超声波检测》SY/T 0327
《钢质管道焊接及验收》SY/T 4103
《石油天然气钢质管道无损检测》SY/T 4109
《管道干线标记设置技术规定》SY/T 6064

中华人民共和国国家标准

矿浆管线施工及验收规范

GB 50840—2012

条 文 说 明

制 订 说 明

《矿浆管线施工及验收规范》GB 50840—2012，经住房和城乡建设部2012年10月11日以第1500号公告批准发布。

本规范制定过程中，编制组进行了大量的调查研究，总结了我国矿浆管线施工领域的实践经验，同时参考了国外先进技术法规、技术标准，通过大量试验与实际应用验证，取得了矿浆管线施工及验收等方面的重要技术参数。

为便于广大设计、施工、科研、学校等单位有关人员在使用本规范时能正确理解和执行条文规定，《矿浆管线施工及验收规范》编制组按章、节、条顺序编制了本规范的条文说明，对条文规定的目的、依据以及执行中需注意的有关事项进行了说明（还着重对强制性条文的强制理由做了解释）。但是，本条文说明不具备与标准正文同等的法律效力，仅供使用者作为理解和把握规范规定的参考。

目　次

程依序进行。

本条第5款强调工程的外观质量应由质量验收人员通过现场检查共同确认，这是考虑外观（观感）质量通常是定性的结论，需要验收人员共同确认。

1 总　　则

1.0.1 本条旨在说明制定本规范的作用和目的。

1.0.2 本条界定本规范的使用范围。凡是输送固体粒状物料的管线施工及验收均适用本规范。本规范包括在产地、储存库、使用单位之间的管道安装工程的施工及验收，不包括场、站的施工及验收。

1.0.3 本条明确了本规范与其他国家现行有关标准的关系。涉及的其他工程施工本规范不重复规定，应按相应的国家现行标准的规定执行。

2 术　　语

2.0.1、2.0.5、2.0.13、2.0.16～2.0.20 本条的定义及范围参照国外标准《浆液输送管道系统》AMSE B31.11—1989（R1998）制定。

2.0.2～2.0.4 本条的定义及范围参照现行国家标准《油气长输管道工程施工及验收规范》GB 50369 制定。

2.0.6～2.0.12、2.0.15 本条的定义及范围参照现行国家标准《焊接术语》GB/T 3375 制定。

3 基本规定

3.0.1 本条依据国家建筑法规，施工企业应具有相应资质等级和施工范围，应按相应等级承揽相应的工程，不得擅自超越资质等级和施工范围承揽工程。检测单位是指独立于管线施工以外的检测单位，应按国家有关规定取得相应的检验资格，并在国家主管部门核准的项目范围内从事检验检测活动。

3.0.2 本条是指在施工过程中发生的设计变更、材料代用及代用部位时，应取得同一设计单位发出的设计变更文件或同一设计单位签署同意的工程变更单。

3.0.3 为保证管线施工质量，管线施工前的准备工作非常重要。本条根据《建设工程质量管理条例》及住房和城乡建设部的有关规定，把设计技术交底、图纸会审、施工组织设计（施工方案）、技术和安全交底、资质考核、开工文件、施工机械与计量器具检定、职业健康安全与环境保护应急预案等方面的内容作为管线施工前应具备的基本条件。

3.0.4 本条规定了技术交底的具体内容。根据以往的施工经验及教训，技术交底工作做不好，将会直接影响到工程质量及使用的安全性能。接受交底人员应包括参加管线施工的有关管理人员（如技术人员、质检人员等）和施工作业人员。

3.0.8 本条规定矿浆管线输送工程中管线工程施工质量验收基础条件是施工单位自检合格，并应按验收分项工程、分部（子分部）工程、单位（子单位）工程依序进行。

4 测量放线及施工作业带清理

4.1 一 般 规 定

4.1.1 线路走向应经设计单位勘测，并埋设线路控制桩，设计单位与施工单位应在现场进行交接，一般由业主组织，业主，设计，监理，施工单位参加。

4.1.4、4.1.5 这两条为施工测量条文，施工测量的准确性是保证施工质量的基础。

4.1.6 本条规定是为了管网运行后维护维修及管理需要。

4.1.7 控制桩是设计测量的成果，是其他桩点的基准点，施工后将控制桩恢复到原位置也是管线运行管理的需要。

4.2 测 量 放 线

4.2.1 本条规定了测量放线前应进行的工作。

本条1款～3款通过核对桩号、里程、高程、转角角度，原桩丢失后复测补桩，防止造成工程失误。

本条4款由于设计控制桩是在开挖管沟范围内，因此，施工前统一规定平移或采用引导法引出原桩。副桩不宜设置在堆土侧，因为堆土将会埋掉副桩，给查找和测量工作增加困难。引导法定位即在控制（转角）桩四周埋设4个引导桩，4个引导桩构成的四边形对角线的交点为原控制（转角）桩的位置。

4.2.2 管线中心线要符合图纸要求，在管壁厚度变更处，防腐涂层结构不同处、地下构筑物位置等要设立明显标志。百米桩间加撒白灰。

4.2.3 本条文依据《工程测量学》制定。

4.2.4～4.2.8 转角处和变坡点是线路工程关键的控制位置，因此，应增设加密桩和根据其参数放线，以便精确控制线路位置。

4.3 施工作业带清理

4.3.1～4.3.3 清理工作为测量放线和施工机具进场创造工作条件，考虑到近年来对环保要求的不断提高，以及山区、石方、农田段表层土较少，为尽量减少表层土流失，故提出了保护地表植被的要求。

4.3.4 在确定施工作业带占地宽度时，考虑到各种影响作业带占地宽度因素的公式计数法，有利于减少用户和施工企业之间的分歧，保证工程顺利进行。对特殊地段占地可适当增加。山区地形复杂，非机械化流水时占地宽度不做明确规定。穿越或跨越河流、沟渠、公路、铁路，地下水丰富和管沟挖深超过5m的地段及拖管车调头处，可根据实际需要，适当增加占地宽度。山区非机械化施工及人工凿岩地段可根据地形、地貌条件酌情减少占地宽度。

4.3.5 本条依据近几年的施工经验，需要修筑施工便道，并提出一些要求。

1款、2款从经济实用性角度出发，施工便道没有考虑路基和排水要求，仅考虑了好天气条件下可以通过的车辆，但在具体工程中，可根据需要加以考虑。对施工便道宽度、承载力、平坦的要求是总结了近年来钢管在便道上运输时屡次出现的翻车等事故而提出的。

3款规定一般在中东部地区应修临时性桥涵，西部无水或水很小的石质小河、沟渠可不修。很多野外地下构筑物和设施没有考虑大型施工机具和车辆在其上面通过，因此，管线施工机具和车辆如果在上面通过前应酌情采取保护措施。

5 材料及管线附件验收

5.1 一般规定

5.1.1 所采用的材料及管件应符合设计要求，并应具备质量、技术性控制资料。

5.1.2 弯管制作参照现行国家标准《工业金属管道工程施工规范》GB 50235—2010第5.3节中弯管制作的规定。

5.2 防腐管装卸、运输

5.2.1 采用专用吊具可以很好地保护管口及防腐层不被破坏。钢管与吊绳的夹角不宜小于30°，以免产生过大横向拉力损坏管口，并应避免管子与其他物体或管子之间相互碰撞。

5.2.2 钢管的运输应符合国家交通部门的有关规定。

5.2.3 核对管子型号材质，可以预防管材混装及用错。

5.2.4 此条为减少对防腐管防腐层的破坏，减少修补。

5.2.5 明确现场管理人员的责任。

5.3 验收及保管

5.3.2 对防腐后钢管验收提出具体要求，目的是为保证管材的使用寿命。

5.3.4～5.3.6 对材料堆放及场地提出具体的要求。

6 布 管

6.0.1 布管对管线进行级配是保证对口质量和施工效率的有效措施。

6.0.2、6.0.3 布管时，管子首尾留有100mm的距离，并错开摆放，防止管口碰撞及方便管线清洁。软材料作为管墩为防止防腐层的破坏。

6.0.4 本条为强制性条文，主要考虑工作安全，管线滚落会危及施工人员生命安全。

7 管 沟

7.1 一般规定

7.1.1 管沟深度、管沟坡度对工程质量、投产后管线运行安全、环境保护和土地所有者的利益起着决定性的作用。

7.2 管沟几何尺寸

7.2.1 本条规定了管沟边坡坡度。根据实际情况，施工时常有推土机、挖掘机、吊管机、拖拉机、运管车运行，应按动载荷考虑边坡坡度。应根据现场条件和土质状况，编制专项方案并进行论证，一般采用阶梯式开挖。当采用机械开挖时，阶梯面的宽度应能容纳一台设备（单斗）行走，阶梯的高度以3.5m为宜，便于在单斗臂长范围内作业。

7.2.2 本条1款弯头、弯管处$K=1.5$m是因为管线热胀冷缩，弯头、弯管地点有一定的变动，只有加大K值，才能消除影响。沟下焊接时，根据半自动焊接规程$K=1.6$m，连头$K=2.0$m，是因为要进行沟下射线检测。

7.3 管沟开挖

7.3.1 说明对百米桩、标志桩和转角控制桩的保护。

7.3.2 本条是为安全施工考虑及保护表层耕作土。

7.3.3 本条对石方段管沟开挖提出具体要求，用细土回填超挖部分为保护防腐管的防腐层。

7.3.5 本条对季节性中小型河流穿越施工地段的管沟深度提出要求，为了保证管线埋深。

7.3.7 为保留施工作业面及安全施工提出。

7.3.8 根据文物保护法规，施工单位有责任保护地下文物不受损坏。

7.3.9 河床段基岩管沟如采用大剂量爆破，会使河床段基岩大面积松动，破坏了整体的稳定性。

7.3.10 为了避免成形后的管沟大面积塌方，造成施工过程困难及诸多不利安全因素提出。

7.3.11 本条对沟下连头处管沟宽度、沟壁土质、沟底提出详细的要求，主要是为了保证作业面宽度及施工安全性。

7.4 管沟验收

7.4.1 为了控制成形后的管沟位置和形状提出。

7.4.3 为了保证管线运行安全，对施工过程控制。

8 管线焊接与验收

8.1 一般规定

8.1.1 明确了焊接工艺规程应执行的标准。

8.1.2 适用的焊接方法包括焊条电弧焊、熔化极自保护电弧焊、熔化极气体保护电弧焊、埋弧焊、钨极氩弧焊等。

8.1.3 依据现行国家标准《油气长输管道工程施工及验收规范》GB 50369 第10.1.2条制定。

8.1.4 填充金属应满足的标准依据现行行业标准《钢制管道焊接及验收》SY/T 4103 表1制定。同时，由于不同供货商提供的相同型号的产品存在单面焊双面成形、全位置焊接工艺性能等方面的差异，对管线焊接质量造成一定的困扰，因此规定工程采用的焊接材料应与焊接工艺评定时所采用的焊接材料一致。

8.1.5、8.1.6 焊工的资格和能力是焊接质量控制环节中的重要组成部分，焊接从业人员的专业素质是关系到焊接质量的关键因素。

8.2 焊接环境

8.2.1 实践经验表明：对于全纤维素焊和自保护药芯焊丝电弧焊，当焊接作业区风速超过8m/s，对于气体保护电弧焊，当焊接作业区风速超过2m/s，对于低氢型焊条电弧焊最大风速大于5m/s时，焊接熔渣或气体对熔化的焊缝金属保护环境就会遭到破坏，致使焊缝金属中产生大量的密集气孔。所以实际焊接施工过程中，应避免在上述风速条件下进行施焊，进行施焊时应设置防风屏障。

8.2.2 焊接作业环境不符合要求，会对焊接施工造成不利影响。应避免在工件潮湿或雨、雪天气下进行焊接操作，因为水分是氢的来源，而氢是产生焊接延迟裂纹的重要因素之一。

低温会造成钢材脆化，使得焊接过程的冷却速度加快，易于产生淬硬组织，对于碳当量相对较高的钢材焊接是不利的。

8.3 焊前准备

8.3.1 依据工程实践经验制定，目的在于确保用于焊接施工的材料正确。

8.3.2 若复合型坡口是在管厂预制好的，则进行钢管管体防腐时，钢管端面尤其是变坡口的夹角处易在喷砂除锈过程中受到损伤，并在随后的运输过程中形成锈蚀坑。施工现场打磨清理的难度大，容易损坏坡口形状，从而影响根焊质量。

8.3.3 焊接坡口表面的铁锈、油污等杂物宜造成气孔、熔合不良、未焊透等缺陷，因此要求清理焊接坡口表面。

8.3.4～8.3.6 依据美国标准《浆液管道输送系统》ASME B31.11－1989（R1998）第1134.5条制定。

8.4 管口组对

8.4.1 目的是减小钢管震动、移位等外力作用对焊道的应力影响。减小完成根焊的管口两侧管墩间的跨度。

8.4.3 采用内对口器可使管口对接处错边减少，且能保证错边在钢管圆周均匀分布，还可避免强力组对。

8.4.4 依据现行国家标准《油气长输管道工程施工及验收规范》GB 50369 第10.2.2条制定。

8.4.5 依据美国标准《浆液管道输送系统》ASME B31.11－1989（R1998）第1106.2.2条制定。

8.4.6 依据美国标准《浆液管道输送系统》ASME B31.11－1989（R1998）第1153.1条，为减少矿浆管线的冲刷磨蚀，对于根焊道的焊缝成形要求严格。错边量不大于1.6mm的规定是依据太钢尖山矿浆管线工程、昆钢大红山矿浆管线工程、包钢白云山矿浆管线工程及攀钢白马二期矿浆管线工程的工程建设经验制定的。

8.4.7 矿浆管线应严格控制管线组对错边量，如超过规范规定，此处焊缝内表面余高就会大于1.6mm，浆体易在此焊缝处出现漩涡流，磨损焊缝内表面，影响钢管使用寿命。

8.5 预热和道间温度控制

8.5.1 采用全纤维素焊条焊接和低氢型焊条填充、盖面焊接时的预热温度和道间温度依据美国管道系统工程公司PSI的焊接施工程序文件制定。

8.5.2 规定了预热方法的选择原则。

8.5.3 规定了预热及道间温度测量工具的选择原则。

8.5.4 依据现行国家标准《油气长输管道工程施工及验收规范》GB 50369 第10.2.5条制定。

8.5.5 规定了高湿环境条件下进行焊接施工的预热温度要求。

8.5.6 规定了高寒环境条件下进行焊接施工的预热及道间温度要求。

8.5.7 为不影响焊接质量，预热后产生的表面污垢应清除干净。

8.6 对口器撤离

8.6.1 避免焊接过程中由于钢管移位、震动而引发因焊接裂纹。

8.6.2 根焊或热焊完成后撤离内对口器，以防止由于应力造成焊接处开裂。

8.6.3 外对口器撤离时，对口支撑和吊具应保留至根焊道全部完成，防止根焊开裂。

8.7 焊　　接

8.7.1 采取相关措施减小钢管内部的穿堂风，可保证根焊质量。

8.7.2 钢管表面的引弧点、引弧坑宜形成裂纹源，因此管线焊接施工过程中应严格控制，禁止在管表面引弧。

8.7.3 焊接地线牢固可靠，可防止电弧偏吹及管体表面电弧灼伤。

8.7.4 为方便引弧，需要剪除焊丝头，一方面调整适合的焊丝伸出长度；另一方面是去除上次收弧后形成的焊丝端部小球。

8.7.5 应连续完成每层（道）焊缝的焊接操作。根焊与热焊的时间间隔不宜过长，一般应超过10min。

8.7.6 焊道宽度在14mm～18mm范围内时推荐每层焊缝双焊道，焊道宽度超过18mm时推荐每层焊缝三道及更多焊道。

8.7.7 清理坡口及层间的熔渣，焊道上的气孔、焊凸处等，均为保证焊接质量的措施。

8.7.8 为保证盖面焊缝的余高不会过高或过低，应合理控制填充焊道的厚度，及多道焊盖面的操作方法。

8.7.9 保证收弧处的焊接质量。

8.7.10 防止因钢管意外移位、震动而引发因焊接裂纹。

8.7.11 根据多年现场实际经验，对焊接管段进行封堵，可防止动物、杂物进入焊接管段。

8.7.12 目前，焊后缓冷可采用复合型缓冷装置，即耐热材料、保温材料、保护层等组成，需缓冷焊缝，焊后不允许立即清除药皮，待缓冷结束后，方可清除药皮和修补。

8.8 修补和返修焊接

8.8.1 修补是指焊工在操作过程中对发现的焊道上或焊层间的缺陷进行打磨、清理和焊接，涉及的范围一般为单层或单道焊缝金属。此类缺陷的及时修补，有利于保证整个焊接质量。

8.8.2 为了保证盖面焊缝与母材的圆滑过渡，禁止在盖面焊道上直接进行修补类的焊接操作。像表面焊趾部位的咬边、盖面余高不足等缺陷，应将相应区域的盖面焊缝全部进行修磨，直至焊缝金属厚度适合，重新进行该部位的盖面焊接。

8.8.3 返修是指对通过后续的无损检测方法发现的缺陷进行打磨、清理和焊接，涉及的范围包括非全壁厚焊缝金属和全壁厚焊缝金属。焊口裂纹原则上应从管口上切除。不具备切除条件的阀门、法兰等连接处的焊口的返修，应有业主及焊接工程师批准的返修文件。

8.8.4 采用低氢型焊条进行返修焊接，可防止焊接裂纹。专职的返修焊工、合格的返修焊接工艺规程是保证返修质量的措施。

8.8.5 从钢管外表面进行根部焊缝的返修时，根焊将承受较大的拘束应力，采用整个焊口进行焊前预热的方式，有利于防止焊接裂纹。填充焊缝或盖面焊缝返修时，不涉及根焊的问题，可采取局部预热的方式。

8.8.6 为避免多次返修造成的返修区域的焊接热影响区组织恶化，规定了返修次数不应超过1次。

8.9 连头焊接

8.9.1 这些措施可保证连头焊口的组对精度，降低焊接难度。

8.9.2 为保证测量、划线和切割的准确性，需要调直管线，并考虑施工期间昼夜温差引起的管线热胀冷缩量。一般情况下，钢的线膨胀系数可选用$11.8\times10^{-6}℃^{-1}$，管线热胀冷缩量的计算公式为：

$$\Delta l=11.8\times10^{-6}\times l_0\times\Delta T \tag{1}$$

式中：Δl——管道热胀冷缩量（mm）；

l_0——管道外露长度，一般可选40000mm～50000mm；

ΔT——温差变化（℃）。

8.9.3 连头施工由于在尺寸、角度、时间和位置等技术空间上受到限制，焊口组对难度较大。施工时应从创造适合的施工条件、确保下料精度、使用合适的设备等各方面做好工作来确保后续的焊接操作顺利进行，不应采取硬拉对准使管道产生应变。

8.9.4 同时进行两道连头焊口的焊接操作，将会产生过大的焊接应力，易引发焊接裂纹，应避免。

8.9.5 上向焊方法能够较好的克服组对间隙不均匀、坡口质量差、错边量不宜保证等问题，保证焊接质量。另外，采用上向焊方法可将根焊道最后的封口留在管顶位置，有利于焊接操作，避免空气对流最为剧烈的封口部位不产生气孔。

8.9.7 连头焊口承受的拘束应力相对较大，且只能进行双壁单影透照方式的射线检测。为加强后续质量监督环节的可靠性，建议无损检测在焊接作业完成24小时以后再进行，并应对连头焊口中存在缺陷的长度和深度进行综合评价。

8.9.8 防止外界的影响因素对焊口质量造成危害。

8.10 焊口标识

8.10.1 焊口标识的具体要求由工程项目管理部门确定，编号原则应使每道焊口都具有可追溯性。

8.10.2 进行焊口标识时，不应打钢印，应用记号笔标识并写在防腐层上，其记号既可保留一定时间而且不破坏防腐层又可查找。

8.11 管线焊缝的验收

8.11.1～8.11.4 对于错边量的规定，根据美国标准

《浆液管道输送系统》ASME B31.11－1989（R1998）第1153.1条及太钢尖山矿浆管线工程、昆钢大红山矿浆管线工程、包钢白云山矿浆管线工程及攀钢白马二期矿浆管线工程的工程建设经验，采取了比现行国家标准《油气长输管道工程施工及验收规范》GB 50369更严格的标准。

8.11.5 依据美国标准《浆液管道输送系统》ASME B31.11－1989（R1998）第1153.1条，为减少矿浆管线的冲刷磨蚀，对于根焊道的焊缝成形要求严格。

8.11.6 依据现行国家标准《油气长输管道工程施工及验收规范》GB 50369第10.3.3条和第10.3.4条，结合输气管线检测比例要求，按照较输油管线严格的方法规定了矿浆管线的检测比例要求。

8.11.7 依据现行国家标准《油气长输管道工程施工及验收规范》GB 50369第10.3.3条和第10.3.4条制定。

8.11.8 依据现行国家标准《油气长输管道工程施工及验收规范》GB 50369第10.3.5条制定。

8.11.9 依据现行国家标准《油气长输管道工程施工及验收规范》GB 50369第10.3.6条制定。

8.11.11 由于返修焊缝不适合进行自动超声检测，而普通超声检测对检测人员经验的依赖性较大，因此规定返修焊缝应进行射线检测。

8.11.12 依据太钢尖山矿浆管线工程、昆钢大红山矿浆管线工程、包钢白云山矿浆管线工程及攀钢白马二期矿浆管线工程的工程建设经验制定的。

9 管线下沟及管沟回填

9.1 管线下沟

9.1.1 本条第4款是保证补口、补伤质量的重要检验标准，将对防腐补口、补伤质量产生决定性影响。

9.1.3 由于这是控制防腐补口、补伤质量的最后一道工序，对管线施工质量和管线能否安全运行关系重大，具有决定性作用。

9.2 管沟回填

9.2.1 本条规定管线埋深应达到设计要求，否则将会产生极大的安全隐患，如易造成人为破坏管线、雨水冲刷管线等。

9.2.5 本条规定了回填细土或细砂粒径的具体要求。

9.2.9 本条提出管沟回填部位、密实度要求。

10 管线防腐及补口、补伤

10.1 一般规定

10.1.1、10.1.2 管线补口、补伤是管线防腐的薄弱环节，应加强控制。

10.1.3 野外现场作业时，地理环境、施工条件、作业人员情绪、天气情况等都是直接影响施工质量的因素。因此要求如遇雨、雪、雾及大风天气，应采取措施，方可作业。

10.2 管线防腐

10.2.1 管线涂装前，应对管线进行表面清洁，所有管面要清洁到没有脏物、灰尘、轧制鳞皮、锈斑、腐蚀剂、氧化物等其他外部污物。呈现均匀的灰白表面，达到近白级。

10.2.2 气温低于5℃或相对湿度大于85%时，直接影响管线与防腐层之间的黏结力，因此在未采取可靠措施的情况下，不得进行钢管的防腐作业。

10.3 管线防腐的补口、补伤

10.3.1 防腐管线现场补口补伤所用材料和补口补伤的结构，应与管体相同。只有这样才能使补口补伤处的材质相同、厚度一致，否则就会出现两种防腐层之间黏结不牢、密封不严的现象，产生与管体防腐层不等强度、不等寿命等问题，从而影响整条管线防腐性能和使用寿命。

10.3.2 为保证补口补伤质量，首先应把住材料质量关，应严格检查各项性能指标是否符合要求。同时为了可追溯性，应保留各项检查的记录，以便查验。

10.3.3 补口时，焊缝处应清除干净，无焊渣、棱角和毛刺等杂物，否则会影响防腐层与管体黏结力；同时与原管线防腐层应有一定的搭接长度，补伤时，与周围原防腐层保持一定的搭接长度。防腐层表面应平整，无折皱和鼓包。补口、补伤防腐层厚度，不得低于管体防腐层厚度。

10.3.4 补口补伤是野外现场作业，钢管表面除锈只能采用手工和手动工具，所以本规范要求钢管表面预处理质量应达到现行国家标准《涂装前钢材表面锈蚀等级和除锈等级》GB 8923中规定的St2级要求。

11 管线穿越工程

本节依据美国管道系统工程公司PSI的施工技术文件及施工经验制定。管线穿越施工时，地基处理、钢结构安装及混凝土支墩均执行国家现行有关规定。

12 管线清管、测径和试压

12.1 一般规定

12.1.1 明确管线试压前应先回填管沟，并规定了应分段清管和试压。所有管件、阀门、仪表应进行检查。

12.1.3 本条规定了水压测试前应做好的准备工作。

12.1.4 本条规定了管线水压试验对试压介质的要求、穿越管线的检测和试压的要求。

12.2 管线清管、测径

12.2.1 清管器用于清除管线中的沉积物。清管器上有一把刷子和至少4个杯状物，杯状物比较柔软，在管线内直径缩小20%时不会损坏清管器。

12.2.2 本条依据美国管线系统工程公司PSI的施工技术文件及施工经验，对管线清管和测径提出要求。管内无异物之后，管线进行测径，主要测沿线各点的椭圆度和内焊缝高度。

12.3 管线水压试验

12.3.1～12.3.8 依据美国管道系统工程公司PSI的施工技术文件及美国标准《浆液输送管道系统》ASME B31.11-1989（R1998）制定。

13 管线附属工程

13.1 三桩埋设

13.1.1～13.1.3 规定了管线全程应埋设里程桩、转角柱、标志桩，是为了便于寻找管线位置，以利于维护管理。对三桩的制作和埋设提出了较详细的要求。

13.2 水工保护

13.2.1、13.2.2 水工保护是线路的保护构筑物，对管线的安全有着重要的作用，所以应执行国家建筑施工及验收规范及国家有关水利方面的施工及验收规范。

13.3 阴极保护

13.3.1～13.3.8 本章节只对管线阴极保护施工进行一般性规定，具体的阴极保护安装、调试，应符合现行行业标准《长输管道阴极保护工程施工及验收规范》SYJ 4006及国家现行相关规范。

14 安全与环境

本章根据《中华人民共和国安全生产法》、《中华人民共和国建筑法》、《危险性较大的分部分项工程安全管理办法》、《特种设备安全监察条例》、《特种设备作业人员监督管理办法》、《中华人民共和国消防法》、《中华人民共和国环境保护法》、《中华人民共和国水污染防治法》、《中华人民共和国水土保持法》、《中华人民共和国固体废弃物污染环境防治法》及长输管道工程的施工特点（易受征地、天气、特殊地形条件的制约）提出为保证安全文明施工的相关规定，并在实施过程中执行国家有关安全、环境等方面的相关规定。

本章所称危险性较大的分部分项工程是指建筑工程在施工过程中存在的、可能导致作业人员群死群伤或造成重大不良社会影响的分部分项工程。危险性较大的分部分项工程范围参照住房和城乡建设部印发的《危险性较大的分部分项工程安全管理办法》的规定。

15 工程交工验收

15.0.1 本条规定了施工单位向建设单位办理交接验收手续前，应完成合同规定范围内的全部工程项目。

15.0.2 本条明确了建设单位对交工验收工程进行检查的内容。

15.0.3 本条明确了工程交接验收前，应核查的工程施工技术文件。只包含施工质量检查资料，不包含施工记录资料及监理资料。

附录A 焊接工艺评定要求

A.1 一般规定

A.1.1 依据现行行业标准《钢制管道焊接及验收》SY/T 4103和《管道及相关设施的焊接》API Std 1104关于焊接工艺评定的相关要求制定。

A.1.2 强调焊接工艺评定应模拟现场施工的极限条件，如高湿环境、低温环境，山区施工的6G焊接位置等。

A.1.3 考虑矿浆管线输送介质对钢管内壁的磨损，在焊接工艺评定过程中应对影响根焊道焊缝成形及余高的因素进行比较、评价，包括选择的焊接方法的适用性、不同供货商的根焊材料工艺性、正极性或反极性的影响，焊接工艺参数的适合范围等。

A.1.4 依据美国标准《浆液管道输送系统》ASME B31.11-1989（R1998）第1134.8.3条制定。

A.1.5 依据《钢制管道焊接及验收》SY/T 4103和《管道及相关设施的焊接》API Std 1104关于焊接工艺评定的相关要求制定。

A.1.6、A.1.7 依据已建设并安全运行的矿浆管线工程的经验制定。

A.2 V形缺口夏比冲击韧性试验

依据已建设并安全运行的矿浆管线工程的经验制定。

A.3 宏观金相和硬度检测

依据已建设并安全运行的矿浆管线工程的经验制定。

A.4 复　　验

依据已建设并安全运行的矿浆管线工程的经验制定。

中华人民共和国国家标准

住宅区和住宅建筑内光纤到户通信设施工程设计规范

Code for design of communication engineering for fiber to the home in residential districts and residential buildings

GB 50846—2012

主编部门：中华人民共和国工业和信息化部
批准部门：中华人民共和国住房和城乡建设部
施行日期：2 0 1 3 年 4 月 1 日

中华人民共和国住房和城乡建设部
公　　告

第1566号

住房城乡建设部关于发布国家标准《住宅区和住宅建筑内光纤到户通信设施工程设计规范》的公告

现批准《住宅区和住宅建筑内光纤到户通信设施工程设计规范》为国家标准，编号为GB 50846—2012，自2013年4月1日起实施。其中，第1.0.3、1.0.4、1.0.7条为强制性条文，必须严格执行。

本规范由我部标准定额研究所组织中国计划出版社出版发行。

中华人民共和国住房和城乡建设部

2012年12月25日

前　　言

本规范是根据住房和城乡建设部《关于印发2012年工程建设标准规范制订修订补充计划的通知》(建标标函〔2012〕123号)的要求，由中国移动通信集团设计院有限公司会同有关单位共同编制完成的。

本规范在编制过程中，为了更有效地贯彻国家关于推进光纤宽带网络建设、资源共享等方针政策，编制组进行了深入的调查研究，认真总结实践经验，并参考国内外有关标准，广泛征求国内有关单位和专家的意见，经反复讨论、修改和完善，最后经审查定稿。

本规范共分9章，主要内容包括：总则、术语、基本规定、住宅区通信设施安装设计、住宅建筑内通信设施安装设计、用户光缆敷设要求、线缆与配线设备的选择、传输指标、设备间及电信间选址与工艺设计要求。

本规范中以黑体字标志的条文为强制性条文，必须严格执行。

本规范由住房和城乡建设部负责管理和对强制性条文的解释，工业和信息化部负责日常管理，中国移动通信集团设计院有限公司负责具体技术内容的解释。本规范在执行过程中，请各单位注意发现问题，总结经验，积累资料，随时将有关意见和建议反馈给中国移动通信集团设计院有限公司（地址：北京市海淀区丹棱街甲16号，邮政编码：100080），以供今后修订时参考。

本规范主编单位、参编单位、主要起草人和主要审查人：

主编单位：中国移动通信集团设计院有限公司

参编单位：广东省电信规划设计院有限公司
江苏省邮电规划设计院有限责任公司
长春电信工程设计院股份有限公司
重庆信科设计有限公司
中国建筑标准设计研究院
福建省建筑设计研究院
中国电信集团公司
中国联合网络通信集团有限公司
中国移动通信集团公司
华为技术有限公司
康宁光缆系统（上海）有限公司

主要起草人：张　宜　张晓微　封　铎　李　昶
谢桂月　陈烈辉　冒　兵　刘　毅
张青山　卢　彬　孙　兰　陈汉民
林　睿　毛　宇　王俊杰　杨　彪
李仲俊　王传兵　王　恒　房　毅
盛国庆

主要审查人：侯明生　赵伟灵　郭贵凤　陕海燕
胡蓉华　曹　旭　贺永涛　沈　梁
刘　健　陈　琪　成　彦　朱立彤
詹叶青　冯　岭

目　次

Contents

1 总 则

1.0.1 为了适应城市建设与信息通信的发展，规范住宅区和住宅建筑内光纤到户通信设施的建设，实现资源共享，避免重复建设，满足居民对通信业务的需求，保障居住者的合法权益，制定本规范。

1.0.2 本规范适用于新建住宅区和住宅建筑内光纤到户通信设施工程设计，以及既有住宅区和住宅建筑内光纤到户通信设施的改建、扩建工程设计。

1.0.3 住宅区和住宅建筑内光纤到户通信设施工程的设计，必须满足多家电信业务经营者平等接入、用户可自由选择电信业务经营者的要求。

1.0.4 在公用电信网络已实现光纤传输的县级及以上城区，新建住宅区和住宅建筑的通信设施应采用光纤到户方式建设。

1.0.5 县级以下乡镇及农村地区新建住宅区和住宅建筑宜采用光纤到户的接入方式。

1.0.6 既有住宅区和住宅建筑通信设施的改建和扩建宜采用光纤到户的接入方式。

1.0.7 新建住宅区和住宅建筑内的地下通信管道、配线管网、电信间、设备间等通信设施，必须与住宅区及住宅建筑同步建设。

1.0.8 光纤到户通信设施工程设计应选用符合国家现行有关技术标准的定型产品。未经产品质量监督检验机构鉴定合格的设备及主要材料，不得在工程中使用。

1.0.9 光纤到户通信设施工程设计应贯彻执行国家的技术经济政策，并应做到安全可靠、技术先进、经济合理、整体美观、维护管理方便。

1.0.10 光纤到户通信设施工程的设计除应符合本规范外，尚应符合国家现行有关标准的规定。

2 术 语

2.0.1 住宅区和住宅建筑内光纤到户通信设施 fiber to the home communication facilities in residential districts and residential buildings

指建筑规划用地红线内住宅区内地下通信管道、光缆交接箱，住宅建筑内管槽及通信线缆、配线设备，住户内家居配线箱、户内管线及各类通信业务信息插座，预留的设备间、电信间等设备安装空间。

2.0.2 地下通信管道 underground communication duct

通信线缆的一种地下敷设通道。由管道、人（手）孔、室外引上管和建筑物引入管等组成。

2.0.3 配线区 wiring zone

在住宅区内根据住宅建筑的分类、住户密度，以单体或若干个住宅建筑组成的配线区域。

2.0.4 配线管网 wiring pipeline network

建筑物内竖井、管槽等组成的管网。

2.0.5 用户接入点 access point for subscriber

多家电信业务经营者共同接入的部位，是电信业务经营者与住宅建设方的工程界面。

2.0.6 线缆 cable

光缆与电缆的统称。

2.0.7 配线光缆 wiring optical cable

用户接入点至设备间配线设备、设备间至与公用通信管道互通的人（手）孔之间连接的光缆。

2.0.8 用户光缆 subscriber optical cable

用户接入点配线设备至家居配线箱之间连接的光缆。

2.0.9 户内线缆 indoor cable

家居配线箱至户内信息插座之间连接的线缆。

2.0.10 电信间 telecommunications room

住宅建筑内放置配线设备并进行线缆交接的专用空间。

2.0.11 设备间 equipment room

住宅区内具备线缆引入、安装通信配线设备条件的房屋。

2.0.12 光缆交接箱 optical cable intersection box

住宅区内设置的连接配线光缆和用户光缆的配线设备。

2.0.13 配线设备 wiring facilities

住宅建筑内连接通信线缆的配线机柜（架）、配线箱的统称。

2.0.14 机柜 cabinet

用于安装配线与网络设备、引入线缆并端接的封闭式装置。由框架、前后门及侧板组成。

2.0.15 家居配线箱 household distribution box

安装于住户内的多功能配线箱体。

2.0.16 终端盒 terminal box

户内电缆的终端部位盒体。

2.0.17 信息插座 telecommunications outlet

支持各类通信业务的线缆终端模块。

2.0.18 尾纤 tail fiber

一根一端带有光纤连接器插头的光缆组件。

2.0.19 跳纤 optical fiber jumper

一根两端均带有光纤活动连接器插头的光缆组件。

2.0.20 适配器 adaptor

使插头与插头之间实现光学连接的器件。

2.0.21 光纤连接器 optical fiber connector

由跳纤或尾纤和一个与插头匹配的适配器组成。

3 基 本 规 定

3.1 工 程 界 面

3.1.1 光纤到户工程中，用户接入点的位置应依据不同类型住宅建筑形成的配线区以及所辖的用户数确定，并应符合下列规定：

1 由单个高层住宅建筑作为独立配线区时，用户接入点应设于本建筑物内的电信间。

2 由低层、多层、中高层住宅建筑组成配线区时，用户接入点应设于本配线区共用电信间。

3 由别墅组成配线区时，用户接入点应设于光缆交接箱或设备间。

3.1.2 光纤到户工程中，住宅建筑通信设施工程建设分工应符合下列规定：

1 用户接入点设置的配线设备建设分工应符合下列规定：

1）电信业务经营者和住宅建设方共用配线箱或光缆交接箱时，由住宅建设方负责箱体的建设；

2）电信业务经营者和住宅建设方分别设置配线箱或配线柜时，各自负责箱体或机柜的建设；

3）交换局侧的配线模块由电信业务经营者负责建设，用户侧的配线模块由住宅建设方负责建设。

2 用户接入点交换局侧以外的配线设备及配线光缆，应由电信业务经营者负责建设；用户接入点用户侧以内配线设备、用户光缆及户内家居配线箱、终端盒、信息插座、用户线缆，应由住宅建设方负责建设。

3 住宅区内通信管道及住宅建筑内配线管网，应由住宅建设方负责建设。

4 住宅区及住宅建筑内通信设施的安装空间，应由住宅建设方负责提供。

3.2 配置原则

3.2.1 光纤到户工程一个配线区所辖住户数量不宜超过300户，光缆交接箱形成的一个配线区所辖住户数不宜超过120户。

3.2.2 地下通信管道的管孔容量、用户接入点处预留的配线设备安装空间、电信间及设备间面积，应满足至少3家电信业务经营者通信业务接入的需要。

3.2.3 地下通信管道的总容量应根据管孔类型、线缆敷设方式，以及线缆的终期容量确定，并应符合下列规定：

1 地下通信管道的管孔应根据敷设的线缆种类及数量选用，可选用单孔管、单孔管内穿放子管或多孔管。

2 每一条光缆应单独占用多孔管的一个管孔或单孔管内的一个子管。

3 地下通信管道应预留一个到两个备用管孔。

3.2.4 配线光缆、用户光缆及配线设备的容量应满足远期各类通信业务的需求，并应预留不少于10%的维修余量。

3.2.5 用户光缆各段光纤芯数应根据光纤接入的方式、住宅建筑类型、所辖住户数计算。

3.2.6 用户接入点至每一户家居配线箱的光缆数量，应根据地域情况、用户对通信业务的需求及配置等级确定，其配置应符合表3.2.6的规定。

表3.2.6 光缆配置

配　置	光纤（芯）	光缆（条）
高配置	2	1
低配置	1	1

注：高配置采用2芯光纤，其中1芯作为备份。

3.2.7 设备间及电信间的设置应符合下列规定：

1 每一个住宅区应设置一个设备间，设备间宜设置在物业管理中心。

2 每一个高层住宅楼宜设置一个电信间，电信间宜设置在地下一层或首层。

3 多栋低层、多层、中高层住宅楼宜每一个配线区设置一个电信间，电信间宜设置在地下一层或首层。

3.2.8 住宅建筑单元的楼道处或弱电竖井内应预留配线设备的安装空间。

3.2.9 住户内应预留家居配线箱的安装空间。

3.2.10 设备间、电信间的使用面积以及配线箱的占用空间，应根据配线设备类型、数量、容量、尺寸进行计算，且不宜小于表3.2.10-1～表3.2.10-3的要求。

表3.2.10-1 设备间面积

类型	分类	场地	设备间面积（m²）	设备间尺寸（m）	备　注
住宅区	组团	1个配线区（300户）	10	4×2.5	可安装4个机柜（宽600mm×深600mm），按列设置①
			15	5×3	可安装4个机柜（宽800mm×深800mm），按列设置①
		3个配线区（301户～700户）	10	4×2.5	可安装3个机柜（宽600mm×深600mm），按列设置②。为3个配线区的光缆汇聚
	小区	7个配线区（701户～2000户）	10	4×2.5	可安装3个机柜（宽600mm×深600mm），按列设置②。为7个配线区的光缆汇聚
		14个配线区（2001户～4000户）	10	4×2.5	可安装3个机柜（宽600mm×深600mm），按列设置②。为14个配线区的光缆汇聚

注：①设备间直接作为用户接入点，4个机柜分配给电信业务经营者及住宅建设方使用；

②多个配线区的配线光缆汇聚于设备间，3个机柜分配给电信业务经营者使用。

表 3.2.10-2　电信间面积

1个配线区住户数	面积（m²）	尺寸（m）	备　注
300户	10	4×2.5	可安装4个机柜（宽600mm×深600mm），按列设置
	15	5×3	可安装4个机柜（宽800mm×深800mm），按列设置

注：4个机柜分配给电信业务经营者及住宅建设方使用。

表 3.2.10-3　配线箱占用空间

项　目	占有空间尺寸（高×宽×深）（mm）	备　注
配线箱（72芯）	450×450×200	设于单元或楼层
配线箱（144芯）	750×550×300	设于单元或楼层
家居配线箱	450×350×150	设于住户内

3.2.11　户内管线及各类通信业务信息插座等家居布线系统的设计，应符合现行行业标准《住宅建筑电气设计规范》JGJ 242及《住宅通信综合布线系统》YD/T 1384的有关规定。

4　住宅区通信设施安装设计

4.1　地下通信管道设计

4.1.1　住宅区内的光缆应采用地下通信管道方式敷设。

4.1.2　住宅区内的光缆敷设路由应根据地理环境和住宅区综合管道的规划确定。

4.1.3　地下通信管道的设计应与住宅区其他设施的地下管线整体布局相结合，应与住宅区道路同步建设，并应符合下列规定：

1　应与光缆交接箱引上管相衔接。

2　应与公用通信网管道互通的人（手）孔相衔接。

3　应与高压电力管、热力管、燃气管、给排水管保持安全的距离。

4　应避开易受到强烈震动的地段。

5　应敷设在良好的地基上。

6　路由宜以住宅区设备间为中心向外辐射，应选择在人行道、人行道旁绿化带。

4.1.4　地下通信管道可根据线缆敷设要求采用不同管径的管材进行组合。

4.1.5　地下通信管道宜采用塑料管或钢管，并应符合下列规定：

1　在下列情况下宜采用塑料管：

1）管道的埋深位于地下水位以下或易被水浸泡的地段；

2）地下综合管线较多及腐蚀情况比较严重的地段；

3）地下障碍物复杂的地段；

4）施工期限急迫或尽快要求回填土的地段。

2　在下列情况下宜采用钢管：

1）管道附挂在桥梁上或跨越沟渠，或需要悬空布线的地段；

2）管群跨越主要道路，不具备包封条件的地段；

3）管道埋深过浅或路面荷载过大的地段；

4）受电力线等干扰影响，需要防护的地段；

5）建筑物引入管道或引上管道的暴露部分。

4.1.6　地下通信管道与其他地下管线及建筑物间的最小净距，应符合现行国家标准《通信管道与通道工程设计规范》GB 50373的有关规定。

4.1.7　地下通信管道的埋深应根据场地条件、管材强度、外部荷载、土壤状况、与其他管道交叉、地下水位高低、冰冻层厚度等因素确定，并应符合下列规定：

1　在住宅区内管道最小埋深宜符合表4.1.7的规定。

表 4.1.7　管道最小埋深（m）

管材规格 \ 管道位置	绿化带	人行道	车行道
塑料管	0.5	0.7	0.8
钢管	0.3	0.5	0.6

注：1　塑料管的最小埋深达不到本表要求时，应采用混凝土包封或钢管等保护措施；
　　2　管道最小埋深指管道的顶面至路面的距离。

2　在经过市政道路时，埋深要求应符合现行国家标准《通信管道与通道工程设计规范》GB 50373的有关规定。

4.1.8　进入人孔处的管道基础顶部距人孔基础顶部不宜小于400mm，管道顶部距人孔上覆底部的净距不应小于300mm，进入手孔处的管道基础顶部距手孔基础顶部不宜小于200mm。

4.1.9　塑料管道应有基础，敷设塑料管道应根据所选择的塑料管的管材与管型，采取相应的固定组群措施。

4.1.10　塑料管道弯管道的曲率半径不应小于10m。

4.1.11　地下通信管道敷设应有坡度，坡度宜为3.0‰～4.0‰，不得小于2.5‰。

4.1.12　引入住宅建筑的地下通信管道应伸出外墙不小于2m，并应向人（手）孔方向倾斜，坡度不应小于4.0‰。

4.1.13　地下通信管道进入建筑物处应采取防渗水

措施。

4.1.14 人（手）孔位置的选择应符合下列规定：

1 在管道拐弯处、管道分支点、设有光缆交接箱处、交叉路口、道路坡度较大的转折处、建筑物引入处、采用特殊方式过路的两端等场合，宜设置人（手）孔。

2 人（手）孔位置应与燃气管、热力管、电力电缆管、排水管等地下管线的检查井相互错开，其他地下管线不得在人（手）孔内穿过。

3 交叉路口的人（手）孔位置宜选择在人行道上。

4 人（手）孔位置不应设置在建筑物的主要出入口、货物堆积、低洼积水等处。

5 与公用通信网管道相通的人（手）孔位置，应便于与电信业务经营者的管道衔接。

4.1.15 人（手）孔的选用应符合下列规定：

1 远期管群容量大于6孔时，宜采用人孔。

2 远期管群容量不大于6孔时，宜采用手孔。

3 采用暗式渠道时，宜采用手孔。

4 管道引上处、放置落地式光缆交接箱处，宜采用手孔。

4.1.16 通信管道手孔程式应根据所在管段的用途及容量合理选择，通信管道手孔程式可按表4.1.16的规定执行。

表 4.1.16 通信管道手孔程式

<table>
<tr><th colspan="2" rowspan="2">管道段落</th><th rowspan="2">管道容量</th><th colspan="3">手孔程式
选用规格（mm）</th><th rowspan="2">用　途</th></tr>
<tr><th>长</th><th>宽</th><th>高</th></tr>
<tr><td colspan="2" rowspan="2">通信管道</td><td>3孔及3孔以下</td><td>1120</td><td>700</td><td>1000</td><td>用于线缆分支与接续</td></tr>
<tr><td>3孔及3孔以下</td><td>700</td><td>500</td><td>800</td><td>用于线缆过线</td></tr>
<tr><td rowspan="4">引入管道</td><td>至设备间</td><td>6孔及6孔以下</td><td>1120</td><td>700</td><td>注</td><td rowspan="2">用于线缆接续及管道分支</td></tr>
<tr><td>至光缆交接箱</td><td>3孔及3孔以下</td><td>700</td><td>500</td><td>800</td></tr>
<tr><td colspan="2">至高层住宅电信间</td><td>1120</td><td>700</td><td>注</td><td rowspan="2">用于线缆过线和引入</td></tr>
<tr><td colspan="2">至低层、多层、中高层住宅电信间</td><td>1120</td><td>700</td><td>注</td></tr>
<tr><td>衔接手孔</td><td colspan="2">与公用通信网管道相通的手孔</td><td>1120</td><td>700</td><td>1000</td><td>用于衔接电信业务经营者通信管道</td></tr>
</table>

注：可根据引入管的埋深调节手孔的净深与高度。

4.1.17 对于管道容量大于6孔的段落，应按现行行业标准《通信管道人孔和手孔图集》YD 5178、《通信管道横断面图集》YD/T 5162的有关规定选择人孔程式。

4.1.18 人（手）孔的制作应符合下列规定：

1 人（手）孔设置在地下水位以下时，应采取防渗水措施。设置在地下冰冻层以内时，应采用钢筋混凝土人孔，并应采取防渗水措施。

2 人（手）孔应有混凝土基础，遇到土壤松软或地下水位较高时，还应增设渣石基础或采用钢筋混凝土基础。

3 人（手）孔的盖板可采用钢筋混凝土或钢纤维材料预制，厚度不宜小于100mm。手孔盖板数量应根据手孔长度确定。

4 人（手）孔制作的其他要求应符合现行国家标准《通信管道与通道工程设计规范》GB 50373的有关规定。

4.2 室外配线设备安装设计

4.2.1 光缆交接箱、墙挂式配线箱、接头盒的安装位置应符合下列规定：

1 应安装在线缆的交汇处或分支处。

2 应安装在人行道边的绿化带内、院落的围墙角、背风处。

3 应安装在不易受外界损伤、比较安全隐蔽和不影响环境美观的位置。

4 应安装在靠近人（手）孔便于线缆出入，且利于施工和维护的位置。

5 应避开高温、高压、电磁干扰严重、腐蚀严重、易燃易爆、低洼等场所。

6 应避开设有空调室外机及通风机房等有振动的场所。

7 应避开行人和车辆的正常通行处。

4.2.2 光缆交接箱容量应根据进、出光缆交接箱的远期光缆总容量及备用量确定。

4.2.3 光缆交接箱箱体接地应符合设计要求。

4.2.4 室外配线设备的安装设计应考虑雨、雪、冰雹、风、冰、烟雾、沙尘暴、雷电及不同等级的太阳辐射等各种不良环境的影响，并应采取相应的防护措施。

4.2.5 光缆交接箱安装底座应符合下列规定：

1 宜采用混凝土现浇底座并预埋PVC管。

2 底座浇注的混凝土宜采用强度等级32.5MPa及以上的水泥。

3 底座高度不应小于300mm。

4 底座的长度和宽度应大于箱体底部的长度和宽度，长×宽不宜小于800mm×400mm。

5 箱体应使用M12膨胀螺栓固定于水泥底座。

5 住宅建筑内通信设施安装设计

5.1 配线管网设计

5.1.1 配线管网应包括楼内弱电竖井、导管、梯架、托盘、槽盒等，其设置应符合下列规定：

1 每一住宅楼或住宅建筑单元宜设置独立的配线管网。

2 配线管网应与线缆引入及建筑物布局协调，并应选择距离较短、安全和经济的路由。

3 引入管应按建筑物的平面、结构和规模在一处或多处设置，并应引入建筑物的进线部位。

4 导管、槽盒不应设置在电梯或供水、供气、供暖管道竖井中，不宜设在强电竖井中。

5 低层、多层、中高层住宅建筑宜采用导管暗敷设，高层住宅建筑宜采用弱电竖井与导管暗敷设相结合的方式。

6 弱电竖井应上、下贯通，并应靠近或设置在电信间内。

7 家居配线箱的引入导管不宜少于2根。

8 家居配线箱至终端盒的暗敷设导管不应穿越非本户的房间。

5.1.2 导管穿越沉降缝或伸缩缝时，应做沉降或伸缩处理。

5.1.3 竖向导管外径宜为50mm～100mm，槽盒规格宽×高宜为（50mm×50mm）～（400mm×150mm），入户导管外径宜为15mm～25mm。

5.1.4 导管暗敷设宜采用钢管和硬质塑料管，埋设在墙体内的导管外径不应大于50mm，埋设在楼板垫层内的导管外径不应大于25mm，并应符合下列规定：

1 导管直线敷设每30m处，应加装过路箱（盒）。

2 导管弯曲敷设时，其路由长度应小于15m，且该段内不得有S弯。连续弯曲超过2次时，应加装过路箱（盒）。

3 导管的弯曲部位应安排在管路的端部，管路夹角不得小于90°。

4 导管曲率半径不得小于该管外径的10倍，引入线导管弯曲半径不得小于该管外径的6倍。

5 导管内宜穿放不少于一根带线，带线中间不得有接头。

5.1.5 通信导管、槽盒与其他管线的最小净距应符合现行国家标准《综合布线系统工程设计规范》GB 50311的有关规定。

5.1.6 既有住宅建筑通信设施改造工程中宜使用原有配线管网。

5.2 室内配线设备设置要求

5.2.1 室内配线设备应包括配线机柜、墙挂式或壁嵌式配线箱等设备，安装位置应符合下列规定：

1 配线机柜应安装在设备间、电信间。

2 墙挂式或壁嵌式配线箱应安装在住宅建筑单元入口处、楼道、管线引入处等公共部位。

3 墙挂式或壁嵌式配线箱不应安装于人行楼梯踏步侧墙上。

5.2.2 用户接入点的配线设备应符合下列规定：

1 模块类型与容量应按引入光缆的类型及光纤芯数配置。

2 交换局侧与用户侧配线模块之间应能通过跳纤互通。

3 用户光缆小于144芯时，宜共用配线箱，各电信业务经营者的配线模块应在配线箱内分区域安装。

5.2.3 在公共场所安装配线箱时，壁嵌式箱体底边距地不宜小于1.5m，墙挂式箱体底面距地不宜小于1.8m。

5.2.4 家居配线箱的安装设计应符合下列规定：

1 家居配线箱应根据住户信息点数量、引入线缆、户内线缆数量、业务需求选用。

2 家居配线箱箱体尺寸应充分满足各种信息通信设备摆放、配线模块安装、线缆终接与盘留、跳线连接、电源设备及接地端子板安装等需求，同时应适应业务应用的发展。

3 家居配线箱安装位置宜满足无线信号的覆盖要求。

4 家居配线箱宜暗装在套内走廊、门厅或起居室等便于维护处，并宜靠近入户导管侧，箱体底边距地高度宜为500mm。

5 距家居配线箱水平150mm～200mm处，应预留AC220V带保护接地的单相交流电源插座，并应将电源线通过导管暗敷设至家居配线箱内的电源插座。电源接线盒面板底边宜与家居配线箱体底边平行，且距地高度应一致。

6 当采用220V交流电接入箱体内电源插座时，应采取强、弱电安全隔离措施。

6 用户光缆敷设要求

6.0.1 用户光缆路由中不应采用活动光纤连接器的连接方式。

6.0.2 用户光缆接续、成端宜符合下列规定：

1 用户光缆接续宜采用熔接方式。

2 在用户接入点配线设备及家居配线箱内宜采用熔接尾纤方式成端。不具备熔接条件时可采用现场组装预埋光纤连接器成端。

3 每一光纤链路中宜采用相同类型的光纤连接器。

6.0.3 用户光缆的敷设应符合下列规定：

1 宜采用穿导管暗敷设方式。

2 应选择距离较短、安全和经济的路由。

3 穿越墙体时应套保护管。

4 采用钉固方式沿墙明敷时，卡钉间距应为

200mm～300mm，对易触及的部分可采用塑料管或钢管保护。

5 在成端处纤芯应作标识。

6 穿放4芯以上光缆时，直线管的管径利用率应为50%～60%，弯曲管的管径利用率应为40%～50%。

7 穿放4芯及4芯以下光缆或户内4对对绞电缆的导管截面利用率应为25%～30%，槽盒内的截面利用率应为30%～50%。

8 光缆金属加强芯应接地。

6.0.4 室内光缆预留长度应符合下列规定：

1 光缆在配线柜处预留长度应为3m～5m。

2 光缆在楼层配线箱处光纤预留长度应为1m～1.5m。

3 光缆在家居配线箱成端时预留长度不应小于500mm。

4 光缆纤芯在用户侧配线模块不作成端时，应保留光缆施工预留长度。

6.0.5 光缆敷设安装的最小曲率半径应符合表6.0.5的规定。

表6.0.5 光缆敷设安装的最小曲率半径

光缆类型		静态弯曲
室内、外光缆		$15D/15H$
微型自承式通信用室外光缆		$10D/10H$，且不小于30mm
管道入户光缆、蝶形引入光缆、室内布线光缆	G.652D光纤	$10D/10H$，且不小于30mm
	G.657A光纤	$5D/5H$，且不小于15mm
	G.657B光纤	$5D/5H$，且不小于10mm

注：D为缆芯处圆形护套外径，H为缆芯处扁形护套短轴的高度。

7 线缆与配线设备选择

7.1 线缆及连接器选择

7.1.1 光缆采用的光纤应符合下列规定：

1 用户接入点至楼层配线箱之间的用户光缆应采用G.652D光纤。

2 楼层配线箱至家居配线箱之间的用户光缆应采用G.657A光纤。

7.1.2 室内、外光缆选择应符合下列规定：

1 室内光缆宜采用干式+非延燃外护层结构的光缆。

2 室外架空至室内的光缆宜采用干式+防潮层+非延燃外护层结构的室内、外用自承式光缆。

3 室外管道至室内的光缆宜采用干式+防潮层+非延燃外护层结构的室内、外用光缆。

7.1.3 光缆选型应符合现行行业标准《室内光缆系列 第二部分：单芯光缆》YD/T 1258.2、《室内光缆系列 第三部分：双芯光缆》YD/T 1258.3、《室内光缆系列 第四部分：多芯光缆》YD/T 1258.4、《接入网用室内外光缆》YD/T 1770和《接入网用蝶形引入光缆》YD/T 1997的有关规定。

7.1.4 线缆应根据建筑防火等级对材料提出的耐火要求，采用相应等级的防火线缆。

7.1.5 光纤连接器宜采用SC、LC或FC类型。

7.1.6 户内对绞电缆、连接器件、信息插座及终端盒的选择应符合现行国家标准《综合布线系统工程设计规范》GB 50311的有关规定。

7.2 光缆交接箱选择

7.2.1 光缆交接箱的选择应符合下列规定：

1 箱体孔洞应满足进出光缆管孔的需求。

2 箱体内宜配置熔接配线一体化模块，适配器或连接器宜采用SC、LC或FC类型。

3 应有光分路器的安装位置。

4 应有光缆终接、保护及跳纤的位置。

5 箱门板内侧应有存放资料记录卡片的装置。

6 应设置固定光缆的保护装置和接地装置。

7 箱体应防雨、良好通风，光缆进、出口处应采取密封防潮措施。

8 箱体应具有良好的抗腐蚀、耐老化、抗冲击损坏性能及防破坏功能，门锁应为防盗结构。

9 光缆交接箱应符合现行行业标准《通信光缆交接箱》YD/T 988的有关规定。

7.3 配线设备选择

7.3.1 19″机柜应符合下列规定：

1 应满足跳纤管理。

2 可安装各类光纤模块。

3 应配置线缆水平与垂直理线器。

4 应具备接地端子板。

7.3.2 配线箱应符合下列规定：

1 结构应符合下列规定：

1）箱体应有光纤盘留空间及空余纤芯放置空间；

2）当电信业务经营者和住宅建设方共用配线箱时，箱体应有安装适配器及光分路器的空间；

3）所有紧固件联结应牢固可靠；

4）箱门开启角度不应小于120°；

5）箱体密封条粘结应平整牢固，门锁启闭应灵活可靠。

2 功能应符合下列规定：

1）应有可靠的光缆固定与保护装置；

2）光纤熔纤盘内接续部分应有保护装置；

3）光纤熔纤盘的基本容量宜为12芯；

4）应具有接地装置；

5）容量应根据成端光缆的光纤芯数配置，最大不宜超过144芯。

3 应具有良好的抗腐蚀、耐老化性能及防破坏功能，门锁应为防盗结构。

4 标识记录应符合下列规定：

1）箱门内侧应具有完善的标识和记录装置；

2）记录装置应易于识别、修改和更换。

7.3.3 家居配线箱应根据安装方式、线缆数量、模块容量和应用功能成套配置，并应符合下列规定：

1 结构应符合下列规定：

1）所有紧固件联结应牢固可靠；

2）箱门开启角度不应小于110°；

3）箱体密封条粘结应平整牢固，门锁的启闭应灵活可靠；

4）箱体内应有线缆的盘留空间；

5）箱体内应有不小于1m光缆的放置空间；

6）箱体宜为光网络单元ONU、路由器等提供安装空间。

2 功能应符合下列规定：

1）应有可靠的线缆固定与保护装置；

2）应具备通过跳接实现调度管理的功能；

3）具有接地装置；

4）箱体具备固定装置；

5）箱体应具有良好的抗腐蚀、耐老化性能。

6）当箱体内需安装家用无线通信设备时，箱体门应选用非金属材质。

3 标识记录应符合下列规定：

1）箱门内侧应具有完善的标识和记录装置；

2）记录装置应易于识别、修改和更换。

7.3.4 室外型箱体的防护性能应达到现行国家标准《外壳防护等级（IP代码）》GB 4208中IP65级的要求。

8 传输指标

8.0.1 用户接入点用户侧配线设备至家居配线箱光纤链路长度不大于300m时，光纤链路全程衰减不应超过0.4dB。

8.0.2 用户接入点用户侧配线设备至家居配线箱光纤链路长度大于300m时，光纤链路全程衰减限值可按下式计算：

$$\beta = \alpha_f \times L_{max} + (N+2) \times \alpha_j \qquad (8.0.2)$$

式中：β——用户接入点用户侧配线设备至家居配线箱光纤链路的衰减限值（dB）；

L_{max}——用户接入点用户侧配线设备至家居配线箱光纤链路的最大长度（km）；

α_f——光纤衰减常数（dB/km）；

N——用户接入点用户侧配线设备至家居配线箱光纤链路中熔接的接头数量；

2——光纤通道成端接头数，每端1个；

α_j——光纤接头损耗系数，取0.1dB/个。

8.0.3 户内5e类及以上等级4对对绞电缆的链路与信道的传输最大衰减、近端串音衰减等指标值，应符合现行国家标准《综合布线系统工程设计规范》GB 50311的有关规定。

9 设备间及电信间选址与工艺设计要求

9.1 选址要求

9.1.1 独立设置的设备间选址应符合下列规定：

1 宜设置在住宅区中心位置，并宜靠近住宅物业管理中心机房，同时宜有可靠的电源供给。

2 应有安全的环境，不应选择在堆积易燃、易爆物质的场所附近。

3 应有良好的卫生环境，不应选择在散发有害气体以及有较多的烟雾、粉尘等的场所附近。

4 不宜选择在易遭受洪水淹灌的场所。

5 应满足消防的有关要求。

9.1.2 在建筑物内设置设备间、电信间时，应符合下列规定：

1 宜设置在建筑物的首层，当条件不具备时，也可设置在地下一层。

2 不应设置在厕所、浴室或其他易积水、潮湿场所的正下方或贴邻，不应设置在变压器室、配电室等强电磁干扰场所的楼上、楼下或隔壁房间。

3 应远离排放粉尘、油烟的场所。

4 应远离高低压变配电、电机、无线电发射等有干扰源存在的场所，当无法满足要求时，应采取相应的防护措施。

5 宜靠近本建筑物的线缆入口处、进线间和弱电间，并宜与布线系统垂直竖井相通。

9.2 工艺设计要求

9.2.1 设备间、电信间为底层时应进行防水处理。

9.2.2 无关的管道不宜穿过设备间和电信间。

9.2.3 穿墙及楼板孔洞处应采用防火材料封堵，并应做防水处理。

9.2.4 耐火等级不应低于2级。

9.2.5 设备间、电信间不宜设窗，不宜临街开门，并应采取防盗措施。

9.2.6 设备间、电信间应具备带保护接地的单相交流电源插座。

9.2.7 场地环境条件应符合下列规定：

1 装修应采用不燃烧、不起灰、耐久的环保材料。

2 应防止有害气体侵入，并应采取防尘措施。

3 梁下净高不应小于 2.5m。

4 地面等效均布活荷载不应小于 6.0kN/m²。

5 设备间宜采用防火外开双扇门，门宽不应小于 1.2m；电信间宜采用丙级防火外开单扇门，门宽不应小于 1.0m。

6 一般照明的水平面照度不应小于 150 lx。

7 设备间和电信间应设置等电位接地端子板，接地电阻值不应大于 10Ω。

8 机柜应就近可靠接地，导体截面积不应小于 16mm²。

9.2.8 线缆敷设应符合下列规定：

1 线缆布放应采取防潮、防鼠、防火等措施。

2 信号线与电源线应分开敷设。

3 梯架、托盘及槽盒高度不宜大于 150mm，宜敷设在机柜顶部。

9.2.9 机柜安装应符合下列规定：

1 操作维护侧距墙净距离不应小于 800mm。

2 安装位置应避开空调口。

3 应进行抗震加固，并应符合现行行业标准《电信设备安装抗震设计规范》YD 5059 的有关规定。

本规范用词说明

1 为便于在执行本规范条文时区别对待，对要求严格程度不同的用词说明如下：

1）表示很严格，非这样做不可的：
正面词采用"必须"，反面词采用"严禁"；

2）表示严格，在正常情况下均应这样做的：
正面词采用"应"，反面词采用"不应"或"不得"；

3）表示允许稍有选择，在条件许可时首先应这样做的：
正面词采用"宜"，反面词采用"不宜"；

4）表示有选择，在一定条件下可以这样做的，采用"可"。

2 条文中指明应按其他有关标准执行的写法为："应符合……的规定"或"应按……执行"。

引用标准名录

《综合布线系统工程设计规范》GB 50311

《通信管道与通道工程设计规范》GB 50373

《外壳防护等级（IP 代码）》GB 4208

《住宅建筑电气设计规范》JGJ 242

《通信光缆交接箱》YD/T 988

《室内光缆系列　第二部分：单芯光缆》YD/T 1258.2

《室内光缆系列　第三部分：双芯光缆》YD/T 1258.3

《室内光缆系列　第四部分：多芯光缆》YD/T 1258.4

《住宅通信综合布线系统》YD/T 1384

《接入网用室内外光缆》YD/T 1770

《接入网用蝶形引入光缆》YD/T 1997

《电信设备安装抗震设计规范》YD 5059

《通信管道横断面图集》YD/T 5162

《通信管道人孔和手孔图集》YD 5178

中华人民共和国国家标准

住宅区和住宅建筑内光纤到户通信设施工程设计规范

GB 50846—2012

条 文 说 明

制 定 说 明

《住宅区和住宅建筑内光纤到户通信设施工程设计规范》GB 50846—2012，经住房和城乡建设部2012年12月25日以第1566号公告批准发布。

为了适应城市建设与信息网络的发展，加快建设宽带、融合、安全、泛在的下一代国家信息基础设施，落实“宽带普及提速工程”并加快光纤宽带网络建设，本规范主要针对“光纤到户”宽带接入方式对住宅区和住宅建筑内通信设施工程提出设计要求。

为便于广大设计、施工等单位有关人员在使用本规范时能正确理解和执行条文规定，编写组按章、节、条顺序编制了《住宅区和住宅建筑内光纤到户通信设施工程设计规范》的条文说明，对条文规定的目的、依据以及执行中需要注意的有关事项进行了说明。但是，本条文说明不具备与规范正文同等的法律效力，仅供使用者作为理解和把握规范规定的参考。

目　　次

1 总 则

1.0.3 本条为强制性条文，是根据原信息产业部和原建设部联合发布的《关于进一步规范住宅小区及商住楼通信管线及通信设施建设的通知》（信部联规〔2007〕24号）的要求而提出的，即“房地产开发企业、项目管理者不得就接入和使用住宅小区和商住楼内的通信管线等通信设施与电信运营企业签订垄断性协议，不得以任何方式限制其他电信运营企业的接入和使用，不得限制用户自由选择电信业务的权利”。

1.0.4 本条为强制性条文，是根据《中华人民共和国国民经济和社会发展第十二个五年规划纲要》中“构建下一代信息基础设施”，“推进城市光纤入户，加快农村地区宽带网络建设，全面提高宽带普及率和接入带宽”以及《“十二五”国家战略性新兴产业发展规划》中“实施宽带中国工程”、“加快推进宽带光纤接入网络建设”等内容而提出。加快推进光纤到户，是提升宽带接入能力、实施宽带中国工程、构建下一代信息基础设施的迫切需要。《“十二五”国家战略性新兴产业发展规划》明确提出“到2015年城市和农村家庭分别实现平均20兆和4兆以上宽带接入能力，部分发达城市网络接入能力达到100兆”的发展目标，要实现这个目标，必须推动城市宽带接入技术换代和网络改造，实现光纤到户。

当前，光纤到户（FTTH）已作为主流的家庭宽带通信接入方式，其部署范围及建设规模正在迅速扩大。与铜缆接入（xDSL）、光纤到楼（FTTB）等接入方式相比，光纤到户接入方式在用户接入带宽、所支持业务丰富度、系统性能等方面均有明显的优势。主要表现在：一是光纤到户接入方式能够满足高速率、大带宽的数据及多媒体业务的需求，能够适应现阶段及将来通信业务种类和带宽需求的快速增长，同时光纤到户接入方式对网络系统和网络资源的可管理性、可拓展性更强，可大幅提升通信业务质量和服务质量；二是采用光纤到户接入方式可以有效地实现共建共享，减少重复建设，为用户自由选择电信业务经营者创造便利条件，并且能有效避免对住宅区及住宅建筑内通信设施进行频繁的改建及扩建；三是光纤到户接入方式能够节省有色金属资源，减少资源开采及提炼过程中的能源消耗，并能有效推进光纤光缆等战略性新兴产业的快速发展。

1.0.7 本条为强制性条文。通信设施作为住宅建筑的基础设施，工程建设由电信业务经营者与住宅建设方共同承建。为了保障通信设施工程质量，由住宅建设方承担的通信设施工程建设部分，在工程建设前期应与土建工程统一规划、设计，在施工、验收阶段做到同步实施。

2 术 语

2.0.1 住宅区与住宅建筑光纤到户通信设施指住宅区规划红线范围内所包括的通信配线网络部分内容，具体如图1所示。

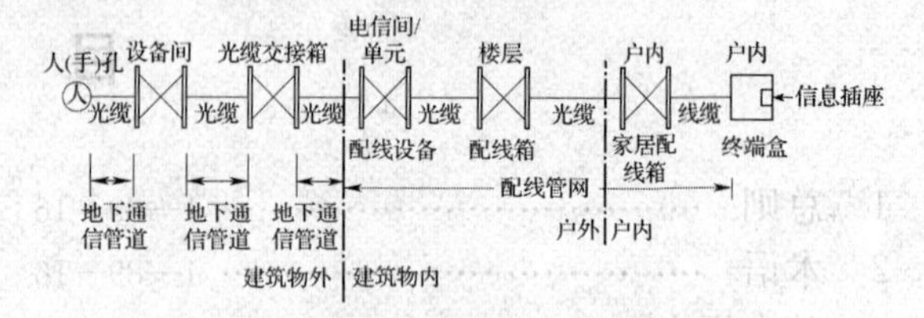

图1 住宅区及住宅建筑内通信设施构成示意

图1中，人（手）孔为地下通信管道与公用通信网管道互通的部位，为多家电信业务经营者管线的接入提供了条件。

为了保障住宅区内的美观，应尽量减少光缆交接箱的设置。

当住宅建筑内每一层的住户数较少时，相邻几层可设置一个共用楼层配线箱。

2.0.13 用户接入点处的配线箱具有光缆分路、配线及分纤的功能，住宅建筑单元或楼层配线箱的主要作用为用户光缆中光纤的熔接和分纤。

3 基 本 规 定

3.1 工 程 界 面

3.1.1 在光纤到户工程设计中，用户接入点的设置位置非常重要，为了减少用户光缆与管道的数量，一般会在用户接入点配线设备的机柜或箱体内设置光分路器设备，并将配线光缆与用户光缆互连。

1 高层住宅建筑用户接入点位置如图2所示。

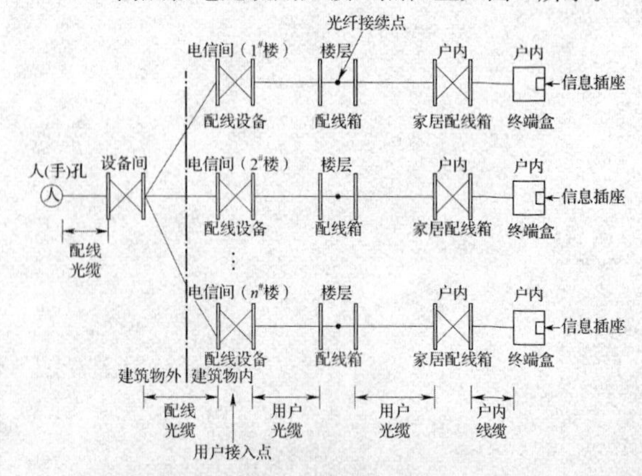

图2 高层住宅建筑用户接入点位置示意

2 低层、多层、中高层住宅建筑用户接入点位置如图3所示。

图3中，当住宅区只有一个配线区，且规模较小

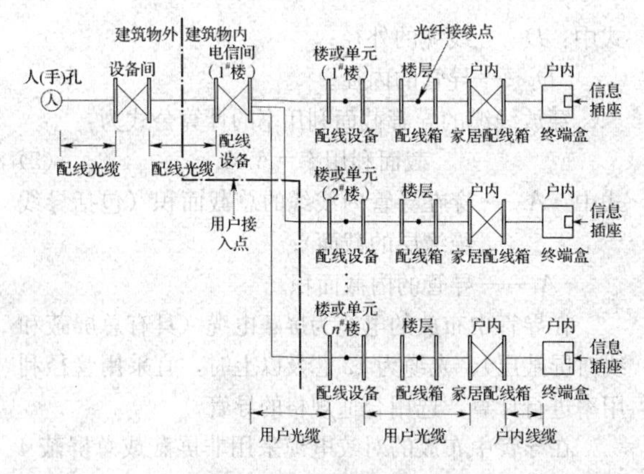

图 3　低层、多层、中高层住宅建筑用户接入点位置示意

（小于 300 户）时，也可将用户接入点设于设备间，采用从设备间直接布放光缆至每栋住宅建筑的配线设备。

3　别墅建筑用户接入点位置如图 4 所示。

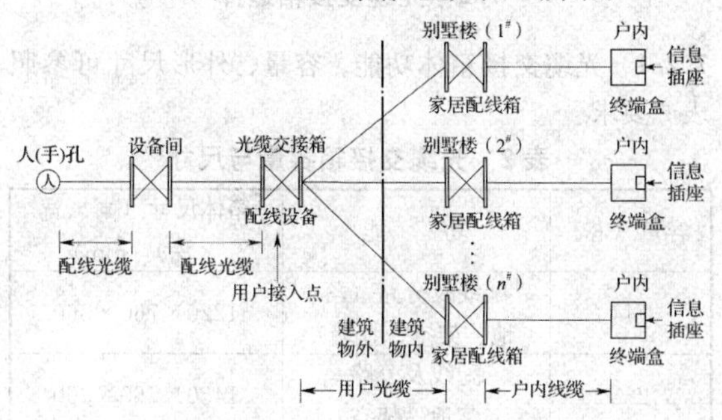

图 4　别墅建筑用户接入点设置示意

图 4 中，当住宅区规模较小（小于 120 户），别墅建筑相对集中时，也可将用户接入点设于设备间，采用从设备间直接布放光缆至每栋别墅的家居配线箱。家居配线箱作为配线模块的连接与管理场所，通过光纤连接器与通信设备光端口实现互通。

3.1.2　本条根据《中华人民共和国电信条例》第四十六条规定“城市建设和村镇、集镇建设应当配套设置电信设施。建筑物内的电信管线和配线设施以及建设项目用地范围内的电信管道，应当纳入建设项目的设计文件，并随建设项目同时施工与验收。所需经费应当纳入建设项目概算”提出，以明确电信业务经营者和住宅建设方在住宅建筑光纤到户通信设施工程中的建设分工。

本规范不包含住宅区有线电视网、小区自建的计算机局域网及智能化弱电系统等信息业务所需的地下通信管线的要求。

3.2　配 置 原 则

3.2.10　参照建筑行业有关住宅类型的技术要求，低层住宅为一至三层的住宅；多层住宅为四至六层的住宅；中高层住宅为七至九层的住宅；高层住宅为十层及以上的住宅；别墅一般指带有私家花园的低层独立式住宅。住宅组团由单栋或多栋建筑组成；住宅小区是指一个住宅建设方开发建设的，由多个住宅组团所组成的住宅建筑群。

本规范是按照各类住宅建筑户数最多的情况来计算配线设备所需要的安装空间：低层住宅按 6 个单元、3 层、每层 3 户计算，多层住宅按 6 个单元、6 层、每层 3 户计算，中高层住宅按 6 个单元、9 层、每层 3 户计算，高层住宅按 35 层、每层 9 户计算。

设备间为多家电信业务经营者配线光缆的引入部位，同时也是住宅区多个电信间至设备间配线光缆的汇聚部位。

设备间安装通信接入网设备、传输设备、电源等设备所需面积不包括在表 3.2.10-2 中。

4　住宅区通信设施安装设计

4.1　地下通信管道设计

4.1.1　如果环境不具备采用地下管道敷设线缆的条件，也可采用架空等方式。

4.1.5　表 1 和图 5～图 7 所示为常用塑料管规格型号。

表 1　塑料管规格尺寸

序号	名称	孔数	内孔直径	长度（m/根）	管连接方式	备注
1	实壁管（PVC/HDPE）	单孔	88mm	6	套接	敷设线缆缆径较小时，需布放子管
2	双壁波纹管（PVC/HDPE）	单孔	88mm	6	承口插接	敷设线缆缆径较小时，需布放子管
3	栅格管（PVC-U）	3～9	28mm、33mm（可选 32mm），42mm、50mm（可选 48mm），外形尺寸不超过 110mm	6	套接	—
4	蜂窝管（PVC-U/HDPE）	3/5/7	28mm、32mm（可选 32mm），外形尺寸不超过 110mm	6	套接	—
5	梅花管	3/5/6	28mm、33mm	6	套接	—

4.1.7　地下通信管道的埋深应使管道强度能承受路面荷载和土壤荷载所加的压力。硬塑料管和钢管也应

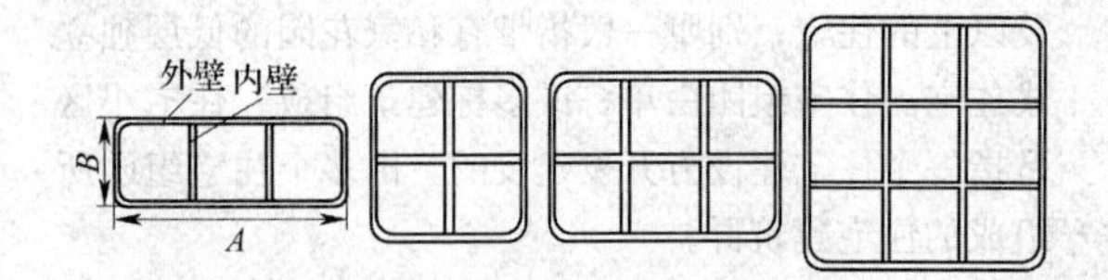

图 5　栅格式塑料管横断面形式

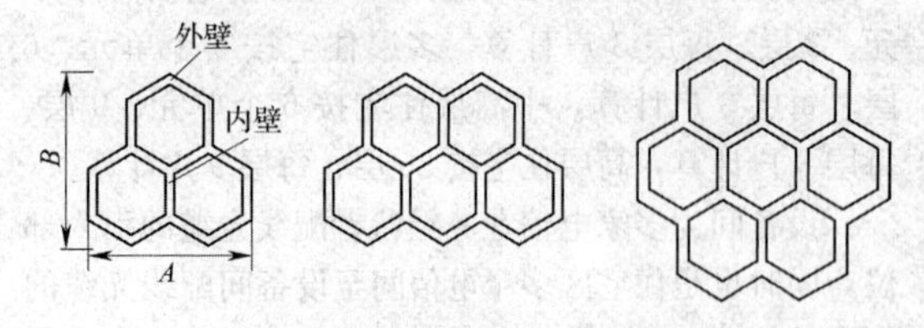

图 6　蜂窝式塑料管横断面形式

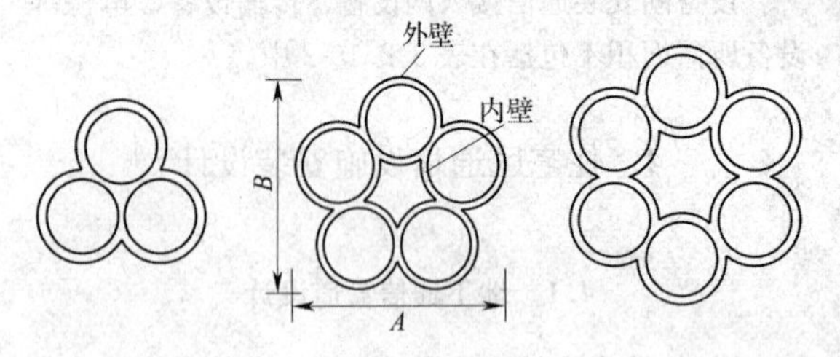

图 7　梅花式塑料管横断面形式

根据不同的地质条件采取垫砂、筑混凝土墩或铺设混凝土基础等技术措施。

地下通信管道的埋深应考虑到与其他地下管线交越的情况。

5　住宅建筑内通信设施安装设计

5.2　室内配线设备设置要求

5.2.2　多家电信业务经营者设置的配线模块与用户侧配线模块采用跳纤相连接，如果跳纤过长、过多，在敷设时易造成杂乱。共用配线箱可减少对安装空间的需求，也可以方便各家电信业务经营者通信设施的运行维护。

在既有住宅建筑通信设施改造工程中，不具有设备间及电信间时，用户接入点的配线设备推荐选用电信业务经营者与住宅建设方共用配线箱。

5.2.4　家居配线箱内可安装无线路由器等家用无线通信设备，因此家居配线箱宜安装在无线信号不被屏蔽之处。

6　用户光缆敷设要求

6.0.2　用户光缆采用熔接方式进行接续是为了降低光纤链路的衰减，并减少因施工产生的故障。

6.0.3　导管的管径应根据穿入管内的不同线缆确定。

穿放线缆的导管管径利用率的计算公式为：

$$\text{管径利用率}=D/D_1 \tag{1}$$

式中：D——线缆的外径；

D_1——导管的内径。

穿放线缆的导管截面利用率的计算公式为：

$$\text{截面利用率}=A/A_1 \tag{2}$$

式中：A——穿在导管内线缆的总截面积（包括导线绝缘层的截面）；

A_1——导管的内截面积。

在导管中布放的电缆为屏蔽电缆（具有总屏蔽和线对屏蔽层）、光缆为 12 芯及以上时，宜采用管径利用率进行计算，选用合适规格的导管。

在导管中布放的对绞电缆采用非屏蔽或总屏蔽 4 对对绞电缆及 4 芯以下光缆时，宜采用截面利用率公式进行计算，选用合适规格的导管。

7　线缆与配线设备选择

7.2　光缆交接箱选择

7.2.1　光缆交接箱体功能、容量、外形尺寸可参照表 2 要求。

表 2　光缆交接箱容量与尺寸

容量（芯）	功　能	箱体尺寸（高×宽×深）(mm)
144	配线及分路（落地、架空、挂墙）	1220×760×360
288	配线及分路（落地、架空）	1450×760×360
576	配线及分路（落地）	1550×1360×360

7.3　配线设备选择

7.3.1　19″机柜容量、外形尺寸可参照表 3 要求。

表 3　19″机柜容量与尺寸

SC/LC 端口数量	机柜尺寸（高×宽×深）(mm)
600/1200	2600×600/800×600/800（54U）
552/1104	2400×600/800×600/800（50U）
504/1008	2200×600/800×600/800（47U）
456/912	2000×600/800×600/800（42U）
408/816	1800×600/800×600/800（38U）
240/480	1200×600/800×600/800（24U）

表 3 中，1U 的高度为 44.45mm。19″机柜内各种类型的光纤适配器可以混合安装。19″机柜安装的光分路器，一般采用 19″机架式光分路器，每一个光分路器占用 1U 的高度。

7.3.2　配线箱功能、容量、外形尺寸可参照表 4 要求。

表 4　配线箱容量与尺寸

容　量	功能	箱体外形尺寸（高×宽×深）(mm)
12 芯～16 芯	配线、分路	250×400×80
24 芯～32 芯		300×400×80
36 芯～48 芯		450×400×80
6 芯～8 芯	分纤（壁挂、壁嵌）	247×207×50
12 芯		370×290×68
24 芯		370×290×68
32 芯		440×360×75
48 芯		440×360×75
72 芯		440×450×190
96 芯		570×490×160
144 芯		720×540×300

7.3.3　家居配线箱用于住宅建筑各类弱电信息系统布线的集中配线管理，便于户外各业务提供商的各类接入服务并满足住宅内语音、数据、有线电视、家庭自动化系统、环境控制、安保系统、音频等各类信息接入用户终端的传输、分配和转接。家居配线箱功能与尺寸可参照表 5 要求。

表 5　家居配线箱功能与尺寸

功　能	箱体埋墙尺寸（高×宽×深）(mm)
可安装 ONU 设备、有源路由器/或交换机、语音交换机、有源产品的直流（DC）电源、有线电视分配器及配线模块等弱电系统设备	400×300×120
可安装 ONU 设备，安装无源数据配线模块、电话配线模块、有线电视配线模块等弱电系统设备	350×300×120
可安装 ONU 设备，安装有线电视配线模块，主要用于小户型住户	300×250×120

8　传 输 指 标

8.0.1　不同波长的光信号在同一条光纤中传输的衰减是不一样的，这不仅与光纤的类型有关，还与光纤的敷设路由、弯曲情况等有关。因此在目前技术条件下，用户接入点用户侧配线设备至家居配线箱光纤链路的全程衰减不大于 0.4dB 是指分别采用 1310nm 及 1550nm 波长进行测试的全程衰减值。

9　设备间及电信间选址与工艺设计要求

9.2　工艺设计要求

9.2.1～9.2.9　设备间和电信间建筑设计应满足消防、安防、空调、供电、防雷接地及设备安装工艺等方面的技术要求。

设备间及电信间为安装配线设备和线缆引入的场地，本规范按上述通信设施提出工艺要求，在设备间与电信间如果需安装电话远端模块局、用户电话交换机、计算机网络交换机、接入网局端及无线通信等设备时，其安装工艺要求应符合相应规范。

中华人民共和国国家标准

住宅区和住宅建筑内光纤到户通信设施工程施工及验收规范

Code for construction and acceptance of communication engineering for fiber to the home in residential districts and residential buildings

GB 50847—2012

主编部门：中华人民共和国工业和信息化部
批准部门：中华人民共和国住房和城乡建设部
施行日期：2 0 1 3 年 4 月 1 日

中华人民共和国住房和城乡建设部
公　　告

第1565号

住房城乡建设部关于发布国家标准《住宅区和住宅建筑内光纤到户通信设施工程施工及验收规范》的公告

现批准《住宅区和住宅建筑内光纤到户通信设施工程施工及验收规范》为国家标准，编号为GB 50847—2012，自2013年4月1日起实施。其中，第1.0.3条为强制性条文，必须严格执行。

本规范由我部标准定额研究所组织中国计划出版社出版发行。

中华人民共和国住房和城乡建设部

2012年12月25日

前　　言

本规范是根据住房和城乡建设部《关于印发2012年工程建设标准规范制订修订补充计划的通知》（建标函〔2012〕123号）的要求，由中国移动通信集团设计院有限公司会同有关单位共同编制完成的。

本规范在编制过程中，为了能更有效地贯彻国家关于推进光纤宽带网络建设、资源共享等方针政策，编制组进行了深入的调查研究，认真总结实践经验，并参考国内外有关的标准，广泛征求国内有关单位和专家的意见，经反复讨论、修改和完善，最后经审查定稿。

本规范共分7章，主要技术内容包括：总则、施工前检查、管道敷设、线缆敷设与连接、设备安装、性能测试、工程验收等。

本规范中以黑体字标志的条文为强制性条文，必须严格执行。

本规范由住房和城乡建设部负责管理和对强制性条文的解释，工业和信息化部负责日常管理，中国移动通信集团设计院有限公司负责具体技术内容的解释。本规范在执行过程中，请各单位注意总结经验，积累资料，将有关意见和建议反馈给中国移动通信集团设计院有限公司（地址：北京市海淀区丹棱街甲16号，邮政编码：100080），以供今后修订时参考。

本规范主编单位、参编单位、主要起草人和主要审查人：

主编单位：中国移动通信集团设计院有限公司

参编单位：江苏省邮电建设工程有限公司
广东省电信工程有限公司
长春电信工程设计院股份有限公司
重庆信科设计有限公司
华东建筑设计研究院有限公司
安测信贸易（上海）有限公司
中冶京诚工程技术有限公司

主要起草人：张晓微　张　宜　封　铎　李　昶
李　晨　熊少云　沈敬忠　李　彬
郑君浩　任长宁　魏兴波

主要审查人：侯明生　赵伟灵　郭贵凤　陕海燕
胡蓉华　曹　旭　贺永涛　沈　梁
刘　健　陈　琪　成　彦　朱立彤
詹叶青　冯　岭

目　次

Contents

1 总 则

1.0.1 为了保证住宅区和住宅建筑内光纤到户通信设施工程质量，统一工程的施工及质量检查、随工检验和竣工验收等工作的技术要求，制定本规范。

1.0.2 本规范适用于新建住宅区和住宅建筑内光纤到户通信设施工程，以及既有住宅区和住宅建筑内光纤到户通信设施改建和扩建工程的施工及验收。

1.0.3 新建住宅区和住宅建筑内的地下通信管道、配线管网、电信间、设备间等通信设施应与住宅区及住宅建筑同步施工、同时验收。

1.0.4 住宅区和住宅建筑内光纤到户通信设施工程的施工及验收，除应符合本规范外，尚应符合国家现行有关标准的规定。

2 施工前检查

2.1 一 般 规 定

2.1.1 工程施工前应进行器材检验，并应记录器材检验的结果。

2.1.2 工程所用器材的程式、规格、数量、质量应符合设计要求，无产品合格证、出厂检验证明材料、质量文件或与设计要求不符的器材不得在工程中使用。

2.1.3 器材外包装应完整，并应无破损、凹陷、受潮等现象。

2.2 设备安装环境检查

2.2.1 设备间和电信间的位置、面积、高度、承重等应符合设计要求。

2.2.2 设备间和电信间的设备安装环境，应符合下列要求：

1 地面应平整、光洁，门的高度和宽度应符合设计要求。

2 通风、防火及环境温度、湿度等应符合设计要求，并应采取防尘措施。

3 设备间和电信间应按设计要求采取防水措施。

4 不得存放杂物及易燃、易爆等危险品。

2.2.3 设备间和电信间引入管道的空置管孔、穿墙及楼板孔洞处，应采取封堵措施，线缆入口处应采取防渗水、防雨水倒灌的措施。

2.2.4 设备间和电信间的电源应符合设计要求。

2.2.5 设备间和电信间应提供可靠的接地装置，其设置位置和接地电阻值应符合设计要求。

2.3 器 材 检 查

2.3.1 地下通信管道和人（手）孔所使用器材的检查，应符合现行国家标准《通信管道工程施工及验收规范》GB 50374 的有关规定。

2.3.2 通信线缆的检查应符合下列要求：

1 通信线缆包装应完整，外护套应无损伤，端头封装应完好，各种随盘资料应齐全。

2 光缆 A、B 端标识应正确明显。

3 光缆的光纤传输特性、长度及电缆的电气特性、长度，应符合设计要求。

4 尾纤应有明显的光纤类型标记，光纤连接器插头端面应装配合适的防尘帽。

2.3.3 光纤连接器应外观平滑、洁净，并应无油污、毛刺、伤痕及裂纹等缺陷，各零部件组合应严密、平整。

2.3.4 配线设备、光缆交接箱等设施的检查，应符合现行行业标准《通信线路工程验收规范》YD 5121 的有关规定。

2.3.5 工程中所使用的其他型材、管材与金属件的检查，应符合现行国家标准《综合布线系统工程验收规范》GB 50312 的有关规定。

3 管 道 敷 设

3.1 一 般 规 定

3.1.1 地下通信管道应符合下列要求：

1 管道容量和敷设方式应符合设计要求。

2 管道出入口部位应采取封堵措施。

3 地下通信管道的埋深与间距应符合设计要求。

4 管道通过住宅区绿化带、景观、车行道等特殊地段时，应按设计要求进行处理。

3.1.2 地下通信管道的管孔数量、规格、材质、程式、管群断面组合，人（手）孔的位置、类型、规格，以及住宅建筑室内配线管网的竖井、导管、槽盒、梯架、托盘的位置、规格、材质、安装方式等，均应符合设计要求。

3.1.3 隐蔽工程应进行随工检验并具有签证记录，并应在隐蔽工程检验合格后再进行下一道工序的施工。

3.2 地下通信管道

3.2.1 施工单位应按设计要求对地下通信管道的路由、位置、坐标和标高进行核查，并应设置标记。

3.2.2 地下通信管道场地的施工条件、安全设施等，应符合当地市政、消防等部门的规定。

3.2.3 管道沟开挖和回填应符合下列规定：

1 管道沟底应平整，坚硬杂物应清除干净，并应按设计要求进行处理。

2 施工现场堆置土不应压埋消火栓、其他管线检查井、雨水口等设施。

3 室外最低气温低于－5℃时，应对所挖沟（坑）底部采取防冻措施。

4 回填土前应先清除沟内积水、淤泥和杂物，管道两侧应同时进行回填土，每回填土150mm厚应夯实；在管道两侧和顶部300mm范围内，应采用细砂或过筛细土回填。

5 管道沟回填后应将路面、绿化带及相应景观恢复。

3.2.4 地下通信管道的埋设深度达不到设计要求时，应采用混凝土包封或钢管保护。

3.2.5 地下通信管道的地基处理、基础规格、包封规格、段落、混凝土标号，应符合设计要求。

3.2.6 地下通信管道敷设应有坡度，坡度宜为3.0‰～4.0‰，且不得小于2.5‰。

3.2.7 塑料管道的敷设应符合下列规定：

1 应根据所选择的塑料管的管材与管型，采取相应的固定组群措施。

2 多孔管组群时，多孔管间宜留10mm～20mm空隙，进入人（手）孔处多孔管之间应留50mm空隙，空隙应分层填实。

3 单孔管组群时，单孔管间宜留20mm空隙，空隙应分层填实。

4 两个相邻人（手）孔之间的管位应一致，且管群断面应符合设计要求。

5 管道基础进入建筑物或人（手）孔时，靠近建筑物或人（手）孔处的基础和混凝土包封应符合设计要求。

6 管道进入人（手）孔时，管口不应凸出人（手）孔内壁，应终止在距墙体内侧100mm处，并应严密封堵，管口应做成喇叭口。管道基础进入人（手）孔时，在墙体上的搭接长度不应小于140mm。

7 弯管道的曲率半径不应小于10m，同一段管道不应有反向弯曲或弯曲部分中心夹角小于90°的弯管道。

8 各塑料管的接口宜纵向错开排列，相邻两管的接头之间错开距离不宜小于300mm。

9 塑料管应由人工传递放入沟内，不得翻滚入沟。

10 塑料管敷设和接续时，施工环境温度不宜低于－5℃。

3.2.8 塑料管的连接宜采用承插式粘接、承插弹性密封圈连接和机械压紧管体连接。

3.2.9 钢管管道的敷设、断面组合等应符合设计要求；钢管接续宜采用套管焊接，并应符合下列规定：

1 两根钢管应分别旋入套管长度的1/3以上。

2 使用有缝管时应将管缝置于上方。

3 钢管在接续前应将管口磨圆或锉成坡边，并应保证光滑无棱、无飞刺。

3.2.10 住宅建筑预埋的引入管的设置应符合下列规定：

1 引入管不应穿越建筑物的沉降缝和伸缩缝。

2 引入管出口端应伸出外墙至少2m，并应向人（手）孔方向下沉，坡度不应小于4.0‰。

3.2.11 光缆交接箱安装基座的引上管的数量、位置及管径，应符合设计要求。

3.2.12 地下通信管道子管的敷设应符合下列规定：

1 在管道管孔内敷设子管时，多根子管的等效外径不应大于管道孔内径的90%。

2 子管宜采用不同颜色或在子管两端用永久性标记进行区分。

3 多根聚乙烯子管同时敷设时，宜每隔5m用尼龙带捆扎。

4 子管不应跨人（手）孔敷设，子管在管道内不应有接头。

5 子管在人（手）孔内伸出长度宜为100mm～200mm。

3.3 人（手）孔

3.3.1 人（手）孔的地基处理、外形、尺寸、净高等，应符合设计要求，人（手）孔的施工应符合下列规定：

1 人（手）孔应建在良好的地基上，土质松软、淤泥等地区地基应打桩加固。

2 人（手）孔壁四周的回填土，不应有直径大于100mm的砾石、碎砖等坚硬物；每回填土300mm厚应夯实。

3 人（手）孔的回填，不得高出人（手）孔口圈的高度。

4 砖、混凝土砌块在砌筑前应充分浸湿，砌体面应平整、美观，不应出现竖向通缝。

5 砖砌体砂浆饱满程度不应低于80%，砖缝宽度应为8mm～12mm，同一砖缝的宽度应一致。

6 砌块砌体横缝应为15mm～20mm，竖缝应为10mm～15mm，横缝砂浆饱满程度不应低于80%，竖缝灌浆应饱满、严实，不得出现跑漏现象。

7 砌体应垂直，砌体顶部四角应水平一致；砌体的形状、尺寸应符合设计图纸要求。

3.3.2 管道进入人（手）孔的位置应符合设计要求，并应符合下列规定：

1 进入人孔处的管道基础顶部距人孔基础顶部不宜小于400mm，管道顶部距人孔上覆底部的净距不应小于300mm，进入手孔处的管道基础顶部距手孔基础顶部不宜小于200mm。

2 引上管进入人孔处宜在上覆顶下面200mm～400mm范围内，并应与管道进入的位置错开。

3 人（手）孔内相对管孔高差不宜大于500mm。

3.3.3 人（手）孔的施工质量检查，应符合现行国家标准《通信管道工程施工及验收规范》GB 50374 的有关规定。

3.4 建筑物内配线管网

3.4.1 住宅建筑内配线管网和通信线缆的敷设应符合设计要求。

3.4.2 梯架、托盘、槽盒和导管穿越建筑物变形缝时，应做伸缩处理。

3.4.3 建筑物内预埋敷设的导管应便于线缆的布放，并应符合下列规定：

1 预埋导管宜采用钢管或阻燃硬质 PVC 管。

2 导管直线敷设路由较长时应加装过路箱（盒），过路箱（盒）间的直线距离不应大于 30m，并应安装在住宅建筑物的公共部位。

3 导管弯曲敷设时，其路由长度应小于 15m，且该段内不得有 S 弯。连续弯曲超过两次时，应加装过路箱（盒）。

4 导管的弯曲部位应安排在管路的端部，管路夹角不得小于 90°。

5 引入线导管弯曲半径不得小于该管外径的 6 倍，其他导管弯曲半径不应小于该管外径的 10 倍。

6 导管管口应光滑，并应有管口保护，管口伸出部位不宜短于 25mm。

7 至电信间、设备间导管的管口应排列有序。

8 导管内应安置带线。

9 在墙壁内应按水平和垂直方向敷设导管，不得斜穿敷设。

10 导管与其他设施管线最小净距应符合设计要求。

3.4.4 导管明敷时，在距接线盒 300mm 处、弯头处两端和直线段每隔 3m 处，应采用管卡固定。

3.4.5 各段金属梯架、托盘、槽盒和导管应进行电气连接。

3.4.6 金属梯架、托盘、槽盒和导管应良好接地。

3.4.7 楼内槽盒、梯架、托盘、预埋导管等设施的安装和保护，应符合现行国家标准《综合布线系统工程验收规范》GB 50312 的有关规定。

4 线缆敷设与连接

4.1 一般规定

4.1.1 地下通信管道管孔的使用分配应符合设计要求。

4.1.2 线缆的规格、程式、数量、敷设路由、敷设方式及布放间距均应符合设计要求。

4.1.3 敷设线缆时牵引力应限定在线缆允许的范围内。

4.1.4 通信线缆曲率半径应符合下列规定：

1 光缆敷设安装的最小曲率半径应符合表 4.1.4 的规定。

表 4.1.4 光缆敷设安装的最小曲率半径

光缆类型	静态弯曲	动态弯曲
室内外光缆	15D	30D
室内光缆	10D/10H 且不小于 30mm	20D/20H 且不小于 60mm

注：D 为缆芯处圆形护套外径，H 为缆芯处扁形护套短轴的高度。

2 非屏蔽 4 对对绞电缆的弯曲半径应至少为电缆外径的 4 倍。

4.1.5 在梯架、托盘及槽盒内线缆布放应平直，不得产生扭绞、交叉、打圈等现象，不应有接头。

4.1.6 线缆两端应贴有标签，并应标明编号，标签书写应清晰、端正和正确。标签应选用不易损坏的材料。

4.1.7 线缆敷设完毕后，在其管孔、导管、子管或槽盒两端出线处应使用防火材料进行封堵。空闲的管孔及子管管孔应及时封堵。

4.2 室外通信光缆

4.2.1 地下通信管道的光缆敷设应符合下列规定：

1 光缆在管道管孔内的占孔应符合设计要求。

2 人工敷设光缆的一次敷设长度不得超过 1000m。

3 光缆出管孔 150mm 以内不得做弯曲处理。

4 敷设后的光缆应平直、无扭转、无明显刮痕和损伤，并应保持自然状态，不得拉紧受力。

5 光缆在人（手）孔内应紧靠孔壁、排列整齐，并应采取保护措施。

6 人（手）孔内的光缆应设置醒目的识别标志。

7 在管道出口处应采取避免损伤光缆外护层的保护措施。

4.2.2 引入建筑物的光缆应符合下列规定：

1 光缆引入建筑物时应设置标识并加装引入保护管。

2 沿建筑物外墙敷设的光缆宜采用钢管保护，钢管出土部分不应小于 2.5m。

3 引入保护管管径利用率应符合设计要求。

4 光缆敷设完成后，在引入管两端应采取封堵措施。

4.2.3 室外通信光缆及引上光缆的验收，应符合现行行业标准《通信线路工程验收规范》YD 5121 的有关规定。

4.3 建筑物内通信线缆

4.3.1 用户接入点至家居配线箱的用户光缆应一次布放。

4.3.2 在梯架、托盘及槽盒中敷设光缆应符合下列规定：

1 在槽盒内布放光缆应顺直、不交叉，在光缆进出槽盒部位、转弯处应绑扎固定。

2 光缆垂直敷设时，应在光缆上端和每隔 1.5m 处进行固定；水平敷设时应在光缆的首、尾、转弯以及每隔 5m～10m 处进行固定。

3 在梯架、托盘中敷设光缆时，应对光缆进行分束绑扎，间距应均匀，不宜绑扎过紧或使光缆受到挤压。

4 光缆在建筑物内易触及部分、易受外力损伤处、梯架及托盘中绑扎固定段，应加装保护措施。

4.3.3 在槽盒和导管中敷设通信线缆应符合下列要求：

1 在槽盒和导管的两端对敷设的线缆应进行标识。

2 在导管中穿放光缆时应涂抹无机润滑剂或专用润滑油。

3 使用导管内的带线敷设光缆时，应将带线和光缆的加强构件相连。

4.3.4 通信线缆维护余量应符合设计要求。

4.3.5 住宅建筑内通信线缆敷设的验收，应符合现行国家标准《综合布线系统工程验收规范》GB 50312 的有关规定。

4.4 通信线缆接续与成端

4.4.1 光缆之间的接续应符合下列规定：

1 接续前应核对光缆的端别、纤序，接续后不得出现纤序错接。

2 切割光缆、剥除光缆外护套应使用专用工具，并应避免损伤光纤。

3 线缆端别及纤序应作永久性标识。

4.4.2 光缆（纤）接头的封装应符合下列要求：

1 光缆加强芯在接头盒内应固定牢固，金属构件在接头处应呈电气断开状态。

2 光纤预留在接头盒内时，应保证其曲率半径不小于 30mm，且盘绕方向应一致，并应无挤压、松动。

3 接头盒密封后应保持良好的水密性和气密性。

4 管道光缆接头盒在人（手）孔内应采取保护和固定措施，接续后的光缆余长应在人（手）孔内按设计要求盘放并固定整齐。

4.4.3 光缆的成端应符合下列要求：

1 光缆的光纤连接方式和纤序分配应符合设计要求。

2 室外光缆与室内光缆的金属构件不得电气连通，光缆内金属构件的接地应符合设计要求。

3 光纤成端后应有标识，并应与用户标识相对应。

4 尾纤在机架内的盘绕应大于规定的曲率半径要求。

5 未使用的光纤连接器插头应盖上防尘帽。

4.4.4 对绞电缆的终接应符合下列规定：

1 每对对绞线应保持扭绞状态，电缆扭绞松开长度不应大于 13mm。

2 对绞线与 8 位模块式通用插座相连（图 4.4.4）时，应按色标和线对顺序进行卡接。A 类和 B 类连接方式均可采用，但在同一布线工程中 A 类和 B 类连接方式不应混合使用。

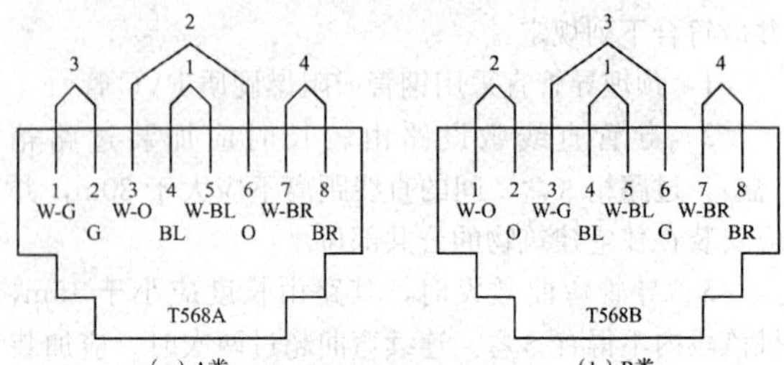

（a）A类　（b）B类

图 4.4.4 8 位模块式通用插座连接

G（Green）—绿；BL（Blue）—蓝；BR（Brown）—棕；W（White）—白；O（Orange）—橙

3 线缆终接处应牢固、接触良好。

4 标识内容应正确清晰。

5 设备安装

5.0.1 光缆交接箱、配线设备和家居配线箱的规格、容量应符合设计要求。

5.0.2 在搬运及开箱时应避免损坏设备和机箱，并应按装箱单与实物进行逐一核对检查，开箱后应及时清离施工现场。

5.0.3 光缆交接箱与配线设备安装完毕后应符合下列要求：

1 应平整端正，紧固件应齐全，安装应牢固。

2 机柜（箱）门锁的启闭应灵活可靠。

3 配线模块等部件应横平竖直。

4 应按抗震设计进行加固。

5.0.4 各类配线部件应完整并安装就位，标志应齐全、清晰、耐久可靠，安装螺丝应拧紧，面板应保持在一个平面上。

5.0.5 配线模块的类型与容量应符合设计要求。

5.0.6 机柜、光缆交接箱、配线设备应就近良好接地，并应保持良好的电气连通性。

5.0.7 配线箱的安装应符合下列规定：

1 应安装在住宅区和住宅建筑内的公共部位，安装位置应符合设计要求。

2 在公共场所安装配线箱时，壁嵌式箱体底边距地不宜小于 1.5m，墙挂式箱体底面距地不宜小于 1.8m。

5.0.8 机柜的安装应符合下列规定：

1 有架空活动地板时，架空地板不应承受机柜重量，应按设备机柜的底平面尺寸制作底座，底座应直接与地面固定，机柜应固定在底座上，底座水平误差每米不应大于 2mm。

2 机柜垂直偏差不应大于 3mm。

3 机柜的主要维护操作侧的净空不应小于 800mm。

4 电源线与信号线在机柜（箱）内应分侧布放，不得布放在同一线束内。

5 安装完成后，应按设计要求设置标识。

5.0.9 光缆交接箱的安装应符合下列要求：

1 光缆交接箱应安装在水泥底座上，箱体与底座应用地脚螺丝连接牢固，缝隙应用水泥抹八字。

2 水泥底座的尺寸、高度、荷载等应符合设计要求。

3 水泥底座与人（手）孔之间应采用管道连接。

4 光缆交接箱应有接地装置，接地体及接地引入线的安装位置、材料、规格、长度、间距、埋深和接地电阻，应符合设计要求。

5 光缆交接箱应严格防潮，设备和光缆安装完毕后，应封堵管孔缝隙和空管孔。

5.0.10 家居配线箱的安装应符合下列规定：

1 壁嵌式箱体应预装于墙体内，应在住宅房屋建造时同步完成；明装箱体安装时，应按设计要求的位置进行安装。

2 箱体应采用膨胀螺栓对墙固定，箱体安装应牢靠、不晃动，并应无明显歪斜。

3 箱体内的通信设备与配线模块应安装牢固。

4 引入线缆应在家居配线箱终接，连接端子应标识清晰、准确。

5 箱内应预留 0.5m～1.0m 的线缆盘留空间，线缆应排列整齐、绑扎松紧适度。

6 箱体散热措施应符合设计要求。

7 家居配线箱的电源供给应符合设计要求。

6 性能测试

6.0.1 用户接入点至家居配线箱之间的光纤链路应全部检测，衰减指标值应符合设计要求。

6.0.2 光纤链路衰减指标宜采用插入损耗法进行测试。

6.0.3 户内对绞电缆布线系统宜对接线图、衰减、近端串音进行测试，测试方法和性能指标值应符合现行国家标准《综合布线系统工程验收规范》GB 50312 的有关规定。

6.0.4 性能测试的各项测试结果应有详细记录，测试记录可采用自制表格、电子表格或仪表自动生成的报告文件等方式，测试记录应作为竣工文档资料的一部分。

7 工程验收

7.0.1 竣工技术资料应内容齐全、数据准确，并应包括下列内容：

1 安装工程量。

2 工程说明。

3 设备、器材明细表。

4 竣工图纸。

5 测试记录。

6 工程变更、检查记录及施工过程中的洽商记录。

7 随工验收记录。

8 隐蔽工程签证。

9 工程决算。

7.0.2 住宅区和住宅建筑内光纤到户通信设施工程宜按表 7.0.2 所列方式进行检验，检验结果应作为工程竣工资料的组成部分。

表 7.0.2 工程检验项目及内容

序号	阶段	检验项目	检验内容	检验方式
1	施工前检查	设备安装环境	设备间和电信间环境条件	施工前检查
		器材检验	1. 规格、数量、外观等检查； 2. 通信管道和人（手）孔器材检查； 3. 线缆及连接器件检验； 4. 配线设备检查	
2	管道敷设	地下通信管道	1. 室外预埋管道路由及施工条件； 2. 管道沟开挖和回填土； 3. 管道埋深； 4. 管道敷设和连接； 5. 进入建筑物及防护措施； 6. 子管敷设	随工检验隐蔽工程签证记录
2	管道敷设	人（手）孔	1. 地基、外形、尺寸等； 2. 施工质量； 3. 管道进入位置	随工检验隐蔽工程签证记录
		建筑物内配线管网	1. 导管敷设； 2. 梯架、托盘、槽盒敷设； 3. 其他	
3	线缆敷设与连接	室外光缆	1. 管孔孔位及占用数量； 2. 敷设及保护措施	随工检验
		建筑物内线缆	1. 线缆敷设路由； 2. 线缆保护措施	
		线缆接续与成端	1. 光缆接续与成端； 2. 对绞电缆成端与终接	

续表 7.0.2

序号	阶段	检验项目	检验内容	检验方式
4	设备安装	光缆交接箱、配线设备、家居配线箱等设备	1. 规格、容量； 2. 安装位置及安装工艺； 3. 抗震加固措施； 4. 接地措施	随工检验
5	系统测试	光纤链路测试	光纤链路衰减指标	随工或竣工检验
		对绞电缆布线系统测试	1. 接线图； 2. 衰减； 3. 近端串音	
6	工程总验收	竣工技术资料	清点、交接技术资料	竣工检验
		工程验收评价	考核工程质量，确认验收结果	

7.0.3 住宅区和住宅建筑内光纤到户通信设施工程的质量评判，应符合下列规定：

1 地下通信管道的管孔试通应符合现行国家标准《通信管道工程施工及验收规范》GB 50374 的有关规定，竣工验收需抽验时，抽样比例应由验收小组确定。

2 工程安装质量应按 10％的比例抽查，符合设计要求时，被检项检查结果应为合格；被检项的合格率为 100％时，工程安装质量应判为合格。

3 竣工验收需对光纤链路抽验时，抽样比例不应低于 10％。全部检测或抽样检测的结果为合格时，光纤链路质量应判为合格。

4 对绞电缆布线系统工程质量的评判标准，应符合现行国家标准《综合布线系统工程验收规范》GB 50312 的有关规定。

5 住宅区和住宅建筑内光纤到户通信设施工程检验项目全部合格时，工程质量应判定为合格。

本规范用词说明

1 为便于在执行本规范条文时区别对待，对要求严格程度不同的用词说明如下：

1）表示很严格，非这样做不可的：
正面词采用“必须”，反面词采用“严禁”；

2）表示严格，在正常情况下均应这样做的：
正面词采用“应”，反面词采用“不应”或“不得”；

3）表示允许稍有选择，在条件许可时首先应这样做的：
正面词采用“宜”，反面词采用“不宜”；

4）表示有选择，在一定条件下可以这样做的，采用“可”。

2 条文中指明应按其他有关标准执行的写法为：“应符合……的规定”或“应按……执行”。

引用标准名录

《综合布线系统工程验收规范》GB 50312
《通信管道工程施工及验收规范》GB 50374
《通信线路工程验收规范》YD 5121

中华人民共和国国家标准

住宅区和住宅建筑内光纤到户通信设施工程施工及验收规范

GB 50847—2012

条 文 说 明

制 定 说 明

《住宅区和住宅建筑内光纤到户通信设施工程施工及验收规范》GB 50847—2012，经住房和城乡建设部 2012 年 12 月以第 1565 号公告批准发布。

为了适应城市建设与信息网络的发展，加快建设宽带、融合、安全、泛在的下一代国家信息基础设施，落实“宽带普及提速工程”并加快光纤宽带网络建设，本规范主要针对“光纤到户”宽带接入方式对住宅区和住宅建筑内通信设施工程提出施工和验收技术要求。

为便于广大设计、施工等单位有关人员在使用本规范时能正确理解和执行条文规定，编写组按章、节、条顺序编制了《住宅区和住宅建筑内光纤到户通信设施工程施工及验收规范》的条文说明，对条文规定的目的、依据以及执行中需要注意的有关事项进行了说明。但是，本条文说明不具备与规范正文同等的法律效力，仅供使用者作为理解和把握规范规定的参考。

目　次

1 总 则

1.0.1 住宅区与住宅建筑内通信设施的工程质量将影响通信网络的信息传送，本规范的制定为住宅光纤到户通信设施工程的施工、系统检测和验收是否合格提供判断标准，提出切实可行的验收要求，从而起到确保工程质量的作用。

工程质量检查为施工前检查，包括器材、场地及环境检查；随工检验包括施工过程中的安装工程质量检查、系统指标检测等；竣工验收包括竣工技术文件检查和验收测试等。

1.0.2 根据现行国家标准《住宅区和住宅建筑内光纤到户通信设施工程设计规范》GB 50846 关于分工界面的规定，本规范适用于用户接入点至家居配线箱的地下通信管道和楼内管槽、线缆、配线机柜、配线箱、家居配线箱、设备间和电信间等通信设施工程的施工及验收。用户接入点处交换局侧以外的配线设备、线缆等由电信业务经营者根据相关国家标准或行业标准进行验收。

1.0.3 本条为强制性条文，必须严格执行。通信设施作为住宅建筑的基础设施，工程建设由电信业务经营者与住宅建设方共同承建。为了保障通信设施工程质量，由住宅建设方承担的工程建设部分在施工、验收阶段应与住宅工程建设同步实施，以避免多次施工对建筑和住户造成的影响。

2 施工前检查

2.1 一 般 规 定

2.1.2 产品质量检查应包括列入《中华人民共和国实施强制性产品认证的产品目录》或实施生产许可证和上网许可证管理的产品，未列入强制性认证产品目录或未实施生产许可证和上网许可证管理的产品，应按规定程序通过产品检测后方可使用。对不具备现场检测条件的产品，可要求进行工厂检测并出具检测报告。

器材应具备的质量文件或证书包括产品合格证（质量合格证或出厂合格证）、国家指定的检测单位出具的检验报告或认证标志、认证证书、质量保证书等。

2.2 设备安装环境检查

2.2.4 设备间和电信间内安装设备所需要的交流电源系统、接地装置及其预埋的导管、槽盒应由工艺设计提出要求，在土建工程中实施。设备供电系统应按工艺设计要求进行验收。

3 管 道 敷 设

3.1 一 般 规 定

3.1.2 地下通信管道和住宅建筑内配线管网的管孔数量、管槽容量等应符合设计要求，并预留备用管孔。

3.2 地下通信管道

3.2.7 本条规定了塑料管道的敷设要求。

1 多个多孔管组成管群时，宜选用栅格管、蜂窝管或梅花管，同一管群宜选用一种管型的多孔管，也可与波纹单孔管等大孔径管组合在一起。

7 反向弯曲即“S”形弯，弯曲部分中心夹角小于90°的弯管道即“U”形弯。

10 由于塑料管接续所用胶水在－5℃下黏结性能不好，故不宜在－5℃下接续。

3.2.12 本条规定了地下通信管道子管的敷设要求。

5 子管在人（手）孔内伸出的长度应根据人（手）孔实际尺寸和地区环境条件确定。

4 线缆敷设与连接

4.1 一 般 规 定

4.1.1 敷设的通信线缆数量应满足各类有线、无线通信业务的需要，并为维修和业务发展做适当预留。

4.1.2 当具备条件时，通信线缆不应布放在电梯、供水、供气、供暖管道竖井中，并且不宜与强电线缆共井布放。如果不具备条件，通信线缆敷设时应按照设计要求采取防护隔离措施。

4.2 室外通信光缆

4.2.1 室外通信光缆应采用地下管道方式敷设，如果实际环境条件不允许，也可采用直埋、架空等其他敷设方式，施工和验收要求应符合现行行业标准《通信线路工程验收规范》YD 5121 的有关规定。

3 当线缆较长时，可通过盘∞字分段布放。

4.3 建筑物内通信线缆

4.3.1 通信线缆应按照设计的数量和路由布放到位、端到端终接完毕。

7 工 程 验 收

7.0.2 住宅区和住宅建筑内光纤到户通信设施工程的验收除符合本规范的规定外，还应参照现行国家标准《智能建筑工程质量验收规范》GB 50339 中关于“住宅（小区）智能化”的检验内容和竣工验收的相关要求。